U0210789

工程建设标准年册（2011）

（中）

住房和城乡建设部标准定额研究所　编

中国建筑工业出版社
中　国　计　划　出　版　社

目　录

一、工程建设国家标准

上

中

下

二、住房和城乡建设部行业标准

三、附录　工程建设国家标准与住房和城乡建设部行业标准目录

中华人民共和国国家标准

机械设备安装工程术语标准

Terminology standard for mechanical equipment installation

GB/T 50670—2011

主编部门：中 国 机 械 工 业 联 合 会
批准部门：中华人民共和国住房和城乡建设部
施行日期：2 0 1 1 年 1 0 月 1 日

中华人民共和国住房和城乡建设部
公　　告

第 949 号
关于发布国家标准
《机械设备安装工程术语标准》的公告

现批准《机械设备安装工程术语标准》为国家标准，编号为 GB/T 50670—2011，自 2011 年 10 月 1 日起实施。

本标准由我部标准定额研究所组织中国计划出版社出版发行。

中华人民共和国住房和城乡建设部

二〇一一年二月十八日

前　　言

本标准是根据原建设部《关于印发〈2006 年度工程建设标准制订、修订计划（第二批）〉的通知》（建标〔2006〕136 号）的要求，由中国机械工业建设总公司会同有关单位共同编制完成。

本标准在编制过程中，标准编制组经广泛调查研究，参考有关国际标准和国外先进标准，并在广泛征求意见的基础上，最后经审查定稿。

本标准共分 11 章，主要内容包括总则，通用术语，金属切削机床安装术语，锻压设备安装术语，风机、压缩机、泵安装术语，制冷、空气分离设备安装术语，起重设备安装术语，铸造设备安装术语，破碎、粉磨设备安装术语，输送设备安装术语，锅炉安装术语。

本标准由住房和城乡建设部负责管理，由中国机械工业联合会负责日常管理，由中国机械工业建设总公司负责具体技术内容的解释。在执行过程中，请各单位结合工程实践，认真总结经验，如发现需要修改或补充之处，请将意见和建议寄交国家机械工业安装工程标准定额站（地址：北京市西城区三里河路南 5 巷 5 号，邮政编码：100045，邮箱：jxdez@cmiic.com.cn），以便今后修订时参考。

本标准组织单位、主编单位、参编单位、主要起草人和主要审查人：

组 织 单 位：中国机械工业勘察设计协会

主 编 单 位：中国机械工业建设总公司

参 编 单 位：中国机械工业机械化施工公司
西南工程学校
中国机械工业第四建设工程公司
中国机械工业第一建设工程公司
中国机械工业第五建设工程公司
中国三安建设工程公司
中国机械工业第二建设工程公司

主要起草人：关　洁　徐　辉　晏文华　刘瑞敏　彭勇毅　梅芳迪　高　杰　杜世民　薛　韬　李功福　郑明享　王丽鹃　刘绪龙　樊慧霞　占　元　雷　玮

主要审查人：徐英騄　孙　巍　王春明　陈光云　杨现利　姚建光　孙书英　张广志　周　彦　毛文祥

目　次

Contents

1 总 则

1.0.1 为统一机械设备安装工程的术语及释义，制定本标准。

1.0.2 本标准适用于金属切削机床、锻压设备、风机、压缩机、泵、制冷设备、空气分离设备、起重设备、铸造设备、破碎设备、粉磨设备、输送设备、锅炉的安装工程。

1.0.3 机械设备安装工程的术语除应符合本规范外，尚应符合国家现行有关标准的规定。

2 通 用 术 语

2.0.1 安装水平 installing levelness

设备在安装过程中，达到静态稳定时水平的状态。

2.0.2 设备找正 equipment aligning

调整设备及其相关零部件的位置、相关状态应符合设计和规范的过程。

2.0.3 设备调平 equipment leveling

调整设备主要工作面为水平状态或铅垂状态的过程。

2.0.4 粗平 rough leveling

设备调平过程中，调整安装水平的初步工作。设备就位后，结合调整设备位置及标高，初步将设备的安装水平调整至接近规定的过程。

2.0.5 精平 final leveling

设备的安装水平进行最后的调整，直至达到规定的过程。

2.0.6 设备放线 equipment setting out

根据工程设计将机械设备的纵、横向平面位置和标高线画在该设备的基础或建筑结构上，同时在设备上相应位置作出定位的标识。

2.0.7 设备就位 equipment positioning

根据工程设计划定的安装基准线和标高，把设备放置在安装位置上。

2.0.8 随机技术文件 accompanying technical documentation

随设备出厂的设备说明书、图纸、产品质量证明文件和装箱清单等文件的总称。

2.0.9 偏差 variation

实测尺寸减其基本尺寸所得的代数差。

2.0.10 允许偏差 tolerance

极限尺寸减其基本尺寸所得的代数差。

2.0.11 安装精度偏差方向 bilateral tolerance

安装精度在允许偏差范围内，按一定原则对偏差值的正负（即方向）所作的规定。

2.0.12 基础预压试验 foundation preloading test

大型设备就位前，对设备基础进行的静载压力沉降试验。

2.0.13 设备灌浆 equipment foundation grouting

用混凝土或其他材料密实地填充地脚螺栓预留孔及设备底部与基础之间的空间，以固定地脚螺栓和垫铁。

2.0.14 压浆法 mud-jack method

用螺栓调整垫铁或平垫铁安装设备时，采用适当手段压实垫铁下尚处于初凝后期灌浆层的安装方法。

2.0.15 座浆法 bedding mortar method

在混凝土基础上凿坑，浇灌具有早强、快硬和微膨胀特性的混凝土，然后在其上安放垫铁的方法。

2.0.16 设备开箱 unpacking

将设备的包装箱等包装物拆开，对设备及其附件进行清点检查。

2.0.17 制动器 brake

用于机构或机器减速或停止的装置。

2.0.18 离合器 clutch

一种可通过各种操纵方式，使主、从动部分在同轴线上传递运动和动力时，具有接合或分离功能的装置。

2.0.19 线锤找正法 aligning with string pendulum

依据重力垂直指向地心原理，利用线锤自重，确定点的垂直投影和直线垂直度的方法。

2.0.20 蜂窝 honey comb

设备基础混凝土表面形成石子外露疏松等状态。

2.0.21 麻面 pockmark surface

设备基础混凝土呈现麻点、凹坑状态。

2.0.22 刮研 scraping

用工具从零、部件接触面刮去较高点，反复进行表面处理的方法。

2.0.23 密封 sealing

防止介质泄漏的措施总称。

2.0.24 拆卸 disassembling

将设备分解为数个部件或将部件拆散成若干个零件的过程。

2.0.25 装配 assembling

将构件与零件按一定的技术要求组装成部件或设备的过程。

2.0.26 压装 press mounting

将具有过盈量配合的两个零件压到配合位置的过程。

2.0.27 热装 heat shrink fitting

具有过盈量配合的两个零件，装配时先将包容件加热，再将被包容件装入到配合位置的过程。

2.0.28 冷装 cold shrink fitting

具有过盈量配合的两个零件，装配时先将被包容件用冷却剂冷却，再装入包容件使其达到配合位置的过程。

2.0.29 吊装 lifting

借助于起重装置对大型零、部件或设备进行安装就位的过程。

2.0.30 预埋件 embedded parts

预先埋置在混凝土结构中的构件，用于结构构件之间相互连接和传力的钢连接件。

2.0.31 地脚螺栓 ground bolt

用于设备、构件与基础固定的螺栓。

2.0.32 预埋地脚螺栓 embedded ground bolt

在浇灌设备混凝土基础时，预先将地脚螺栓安设在基础上，与基础混凝土同时浇灌。

2.0.33 锚固地脚螺栓 removable ground bolt

可拆卸及更换的地脚螺栓。

2.0.34 清洗 cleaning

除去金属件表面污染物或覆盖层而使其表面状况恢复的过程。

2.0.35 酸洗 pickling

用酸性溶液洗去金属件表面锈蚀物的方法。

2.0.36 碱洗 alkaline degreasing

用碱性溶液进行脱脂的方法。

2.0.37 脱脂 degreasing

用化学方法除去金属件表面油污的过程。

2.0.38 清洁度 cleanliness

是指零件、部件及整机特定部位的清洁程度。

2.0.39 防锈 rust prevention

防止金属件锈蚀的技术或措施。

2.0.40 除锈 derusting

除去金属件表面锈蚀物的过程。

2.0.41 啮合 engaging

齿轮传动机构中，两个相互配合连接的齿轮的摩擦面按照一定的条件进行结合以传递力。

2.0.42 轴承顶间隙 top clearance

轴承装配时，在轴顶部形成的间隙。

2.0.43 轴承侧间隙 side clearance

轴承装配时，在两侧面形成的间隙。

2.0.44 压铅丝法 pressing-lead-wire method

检查齿轮啮合间隙和轴套轴承间隙的常用方法，将铅丝放入齿轮啮合部位或上、下轴瓦接合处及轴颈顶部，经齿轮滚压或轴承盖挤压后，测量铅丝各部分厚度，并通过计算得出相应的间隙数值。

2.0.45 涂色法 dye method

在机械部件接触面上涂抹或贴有色物料，检查接触面的接触情况，并以此确定有关部件制造、装配、安装质量的方法。

2.0.46 正装法 sequential assembly

设备或构件按工艺图纸的要求顺序进行安装，或者由下至上逐节逐段按顺序安装的安装方法。

2.0.47 倒装法 reverse assembly

设备或构件在安装时，受环境或机具设备条件的限制，其安装顺序与工艺图纸的要求顺序相反，或由上至下逐节逐段安装的安装方法。

2.0.48 煤油渗透试验 kerosene penetration test

用煤油做渗透试验，根据渗透程度来检验焊缝和设备的密封性。

2.0.49 无损检测 nondestructive detection

在不损坏材料、焊缝或零部件的情况下，检查和测定其表面或内部质量。

2.0.50 射线检测 X or γ ray detection

将X射线或γ射线射向被检验件，根据射线透过后强度的变化状态来检查内部质量的无损检测方法。

2.0.51 超声波检测 ultrasonic detection

利用超声波传递到被检验件上，根据反射波的变化来检查内部质量的无损检验方法。

2.0.52 磁粉检测 magnetic powder detection

利用漏磁场与磁粉来检测铁磁性材料表面和近表面不连续的无损检验方法。

2.0.53 渗透检测 penetration detection

将渗透性强的着色液体或荧光的液体涂敷在被检验件表面，使其渗入缺陷来检查表面缺陷的无损检验方法。

2.0.54 直线度偏差 variation of straightness

实际被测直线对其理想直线的变动量。

2.0.55 直线度允许偏差 tolerance of straightness

实际被测直线对其理想直线的允许变动量。

2.0.56 平行度偏差 variation of parallelism

测量被测线或平面的若干点到另一线或平面的距离，在规定的范围内所测得的最大差值。

2.0.57 同轴度偏差 variation of coaxiality

实际被测轴线相对于基准轴线的变动量。

2.0.58 圆跳动 circular runout

实际被测要素绕基准轴线做无轴向移动回转一周时，由位置固定的指示器在给定方向上测得的最大与最小示值的差值。

2.0.59 全跳动 total runout

实际被测要素绕基准轴线做无轴向移动回转，同时指示器沿理想素线连续移动（或被测要素每回转一周，指示器沿理想素线作间断移动），由指示器在给定方向上测得的最大与最小示值之差。

2.0.60 基准点 datum point

安装定位用的测量起始点。

2.0.61 压力试验 pressure test

设备或系统在工作压力和试验压力下，检查它们是否有损坏、变形或泄漏现象的试验。

2.0.62 渗漏试验 leakage test

在规定的条件下，用液体检查设备或系统的严密程度。

2.0.63 气密性试验 air tightness test

在规定的条件下，用气体检查设备或系统的气密程度。

2.0.64 点动 inching

按动按钮产生的瞬时运动。

2.0.65 手动 manual operation

人力驱动实现的运动。

2.0.66 机动 mechanical operation

动力驱动实现的运动。

2.0.67 试运转 test run

设备安装完毕进行的运转试验。

2.0.68 空负荷试运转 no-load test

设备安装完毕后，不带负荷所进行的运转试验。

2.0.69 负荷试运转 load test

设备空负荷运转合格后，带负荷所进行的运转试验。

2.0.70 单机试运转 single unit test run

单台设备进行的运转试验。

2.0.71 联动试运转 combined test run

整套机组按其工作性能和运行要求，对数台设备组成的机组进行的运转试验。

3 金属切削机床安装术语

3.0.1 金属切削机床 metal cutting machine

用切削、特种加工等方法加工金属工件，使之获得所要求的几何形状、尺寸精度和表面质量的机械设备。

3.0.2 预调精度 precision pre-adjusting

现场组装的机床，对床身或基础部件的安装水平、垂直平面内的直线度、垂直平面内平行度、水平平面内的直线度进行检测、调整，使之符合规定的要求。

3.0.3 自然调平 unforced leveling

机床在自重作用的自由状态下，调整水平的方法。

3.0.4 纵向 longitudinal direction

与被检部件运动方向平行的方向。

3.0.5 横向 transverse direction

与被检部件运动方向垂直的方向。

3.0.6 纵向安装水平 longitudinal levelness

将水平仪放置于与被检部件运动方向平行的位置进行检测的安装水平。

3.0.7 横向安装水平 transverse levelness

将水平仪放置于与被检部件运动方向垂直的位置进行检测的安装水平。

3.0.8 垂直平面内的直线度 straightness in vertical plane

机床导轨或部件的运动轨迹在垂直面内偏离理想直线的程度。

3.0.9 水平平面内的直线度 straightness in horizontal plane

机床导轨或部件的运动轨迹在水平面内偏离理想直线的程度。

3.0.10 拉钢丝显微镜法 steel wire & microscope method

在机床导轨上放置专用检具，检具上固定显微镜，在导轨两端张紧钢丝，以钢丝为基准，用显微镜测取读数的方法。

3.0.11 相交度 intersection

两条不平行轴线间的最短距离的公差。

3.0.12 行程 stroke

零、部件在运动过程中相对移动的距离。

3.0.13 变速 speed change

运动部件从一级速度变换为另一级速度的过程。

3.0.14 有级变速 step speed change

在若干固定速度级内，不连续的变速。

3.0.15 无级变速 stepless speed change

在一定速度范围内，能连续、任意的变速。

4 锻压设备安装术语

4.0.1 锻压 forging and pressing

对坯料施加外力，使其产生塑性变形，改变尺寸、形状及改善性能，用以制造机械零件、工件或毛坯的成形加工方法。它是锻造与冲压的总称。

4.0.2 曲柄压力机的公称压力 norminal pressure of crank press

滑块离下死点前某一特定距离或曲柄旋转到下死点前某一特定角度时，滑块上所允许承受的最大作用力。

4.0.3 液压机的公称压力 norminal pressure of hydraulic press

液压机所能给出的最大压力。

4.0.4 上死点 upper dead center

压力机滑块向上位移的最高位置。

4.0.5 下死点 lower dead center

压力机滑块向下位移的最低位置。

4.0.6 滑块 slide

安装模具，往复运动的部分。

4.0.7 内滑块 inner slide

双动压力机两个滑块中的内侧的滑块，又称主滑块。

4.0.8 外滑块 outer slide

双动压力机两个滑块中的外侧的滑块，又称压边滑块。

4.0.9 滑块行程次数 number of stroke

滑块一分钟的往复次数。

4.0.10 最大行程 maximum stroke

滑块行程调节装置的偏心距被调到最大值时，滑块由上死点移动到下死点的位移。

4.0.11 装模高度 die set height

滑块在下死点时，滑块下平面至工作台板上平面的距离。

4.0.12 最大装模高度 maximum die set height

封闭高度调节机构处于下极限位置和滑块处于下死点时，滑块底面至工作台垫板上平面之间的距离。

4.0.13 最小装模高度 minimum die set height

封闭高度调节机构处于上极限位置和滑块处于下死点时，滑块底面至工作台垫板上平面之间的距离。

4.0.14 装模高度调节量 die set height adjustment

最大装模高度与最小装模高度的差值，称为装模高度调节量。

4.0.15 行程长度 length of stroke

滑块一次行程移动的距离。

4.0.16 开式压力机 gap-frame press

具有开式机身，工作台的三个方向是敞开的机械压力机。

4.0.17 闭式压力机 straight side press

工作台仅前后敞开，左右有立柱的机械压力机。

4.0.18 单点压力机 one point press

由一个连杆驱动滑块的压力机。

4.0.19 双点压力机 two point press

由两个连杆驱动滑块的压力机。

4.0.20 四点压力机 four point press

由四个连杆驱动滑块的压力机。

4.0.21 砧 anvil

压力机上直接给毛坯或工件上加力的工模具。

4.0.22 砧座 anvil stand

安装下砧块并承受打击力的部分。

4.0.23 砧垫 anvil plate

固定在砧座上的一个金属垫块，其上安装下模。

4.0.24 气垫 cushion

利用压缩空气进行顶件和压边的一种装置。

4.0.25 平衡机构 balancing mechanism

平衡滑块上全部重力、惯性力及摩擦力的机构。

4.0.26 等高度 equi-height

两轴线、平面对水平面在垂直平面内的距离差值。

4.0.27 共面度 coplanarity

被测面与理想平面的距离偏差。

4.0.28 等距度 equi-distance

数根轴线与一基准平面间的距离偏差。

5 风机、压缩机、泵安装术语

5.0.1 垫板 shim plate

底座(或整体底座)与混凝土基础面之间的铁板。

5.0.2 工况点 working point

系统的阻力曲线与风机的压力-流量性能曲线的交点。

5.0.3 盘车 barring

启动前或停机后用手动、电动或其他方法使转子缓慢转动。

5.0.4 正常运行点 normal working point

机组经常在该点运行，设计具有最佳效率的运行点。

5.0.5 正常转速 normal rpm

与正常运行点的要求相对应的转速。

5.0.6 最高连续转速 maximum continuous rpm

对于可变速原动机驱动的压缩机，至少等于任一指定运行点的最高转速的105%；对于恒速驱动机的机组，等于100%的转速。

5.0.7 跳闸转速 trip rpm

超速紧急制动装置动作，迫使原动机停车的转速。

5.0.8 允许的最高工作压力 maximum allowable working pressure

当机组在允许的最高温度运行时制造厂设计设备的最高连续压力。

5.0.9 真空试验 vacuum test

设备组装以后将机壳内保持某一真空度，考核机组的气密性。

5.0.10 喘振 surge

风机与管网联合工作，当流量减少到一定值时风机与管网出现大幅度低频率的气流脉动，机组振动急增的现象。

5.0.11 喘振点 surge point

风机发生喘振时的工况点。

5.0.12 表压力 gauge pressure

以大气压力为零测得的压力。

5.0.13 绝对压力 absolute pressure

以绝对真空为零点的压力，等于大气压力和表压力的代数和。

5.0.14 测振装置 vibration meter

由测振探头、趋近器、转换器等部件组成的装置，利用测量探头与被测表面间磁场的变化，测量转子的横向振动和轴向窜动。

5.0.15 中体 distance piece

往复式压缩机中位于机身和气缸或接筒之间及气缸与气缸间，具有十字头或滑块、滑道的零件。

5.0.16 扬程 lift head

泵产生的总水头。其值等于泵出口总水头和入口总水头的代数差。

5.0.17 泵基准面 datum level of pump

计算排出、吸入水头时确定位置水头基准的水平面。

5.0.18 汽蚀　cavitation

流动着的流体由于局部压力降低产生气泡的现象。

5.0.19 灌水　water filling

启动前向泵内和吸入管内注水。

5.0.20 静水位　static water level

井用泵在工作之前，自基面到井中自由水面的距离。

5.0.21 泵下死点　lower dead center of pump

往复泵在吸入行程时，位移元件（活塞、柱塞等）运动到吸入行程终点那一瞬间的位置。

5.0.22 泵上死点　upper dead center of pump

往复泵在排出行程时，移动元件（活塞、柱塞等）运动到排出行程终点那一瞬间的位置。

5.0.23 并联运转　parallel operation

两台以上的泵向同一管路输液的运转。

5.0.24 串联运转　serial operation

两台以上的泵接力式安装在同一管路的输液运转。

6　制冷、空气分离设备安装术语

6.0.1 制冷设备　refrigeration equipment

包括原动机在内的按制冷循环依次连接起来的机械和设备的整体。

6.0.2 制冷系统　refrigeration system

在两个热源之间工作的用于制冷目的的系统，即通过制冷剂从低温热源中吸取热量并将热量排到高温热源中。

6.0.3 空气分离设备　air separation equipment

用深冷法把空气分离成氧、氮、氩及其他稀有气体的成套设备。

6.0.4 制冷压缩机　refrigeration compressor

制冷系统中的一个组成部分，当制冷剂气体流过此压缩机时，压力提高，容积缩小。

6.0.5 制冷压缩机组　refrigeration compressor unit

由制冷压缩机、原动机及其他附件组装在一个公共底座上的机组。

6.0.6 抽真空　vacuumizing

用真空泵或制冷机本身将系统内的压力降低到比大气压低的状态。

6.0.7 检漏　leakage detection

检查制冷系统是否有制冷剂泄漏的操作。

6.0.8 泄漏率　leakage rate

单位时间内，在一定条件下从泄漏点流出或流入流体的$P \cdot V$值。

6.0.9 精馏　rectification

在一塔器中，上升的蒸汽和下流液体多次间断或连续接触，同时进行部分冷凝和蒸发，进行热质交换的过程。

7　起重设备安装术语

7.0.1 制动距离　braking distance

工作机构从操作制动开始到机构停住，取物装置（或大车、小车）所经过的距离。

7.0.2 跨度　span

桥架型起重机支承中心线之间的水平距离。

7.0.3 轨距　rail distance

轨道中心线之间的水平距离。

7.0.4 轮距　wheel distance

起重机行走轮踏面中心线之间的水平距离。

7.0.5 基距　basic distance

沿大车（或小车）纵向运动方向的大车（或小车）支承中心线之间的距离。

7.0.6 车轮踏面　wheel tread

车轮与轨道承载面接触的工作面。

7.0.7 起重机轨道梁　crane beam

敷设起重机轨道的梁。

7.0.8 起重机轨道梁的定位轴线　positioning axis of crane beam

起重机轨道梁在水平面内定位用的设计轴线。

7.0.9 主梁　main girder

桥架跨度方向的主要承载梁。

7.0.10 端梁　end girder

与主梁两端连接，或和主梁、副梁两端连接构成桥架，并装有大车车轮的梁。

7.0.11 有效悬臂处　effective cantilever plane

小车行至悬臂极限位置时，吊钩垂直中心线所在的、且垂直于悬臂纵向的平面。

7.0.12 主梁上拱度　camber of main girder

主梁预制的由水平线算起的向上拱起量。

7.0.13 静刚度　static rigidity

由额定起重量和小车自重在主梁跨中引起的垂直静挠度。

7.0.14 悬臂上翘度　warp of cantilever

悬臂端部向上翘起的高度。

7.0.15 下挠度　down deflection

在额定荷载下，梁或杆件向下产生的弹性变形量。

7.0.16 起重机轨道标高　crane rail elevation

起重机轨道顶面与地面上高程测量基准面之间的垂直距离。

7.0.17 顺穿法　sequential threading

钢丝绳从滑车组边上的一片滑轮穿入，然后按滑轮的排列顺序依次穿过其他滑轮的穿绳方法。

7.0.18 花穿法　alternative threading

钢丝绳从滑车组边上的或中间的一片穿入，然后间隔穿过其他滑轮的穿绳方法。

7.0.19 静载试验 static load test

将超过额定起重量的静荷载加到取物装置上，以考核起重机强度和稳定性的试验。

7.0.20 动载试验 dynamic load test

在超过额定起重量的动荷载作用下，完成规定的各个工作运动，以考核起重机性能的试验。

8 铸造设备安装术语

8.0.1 砂处理设备 sand preparation equipment

将铸造用的原材料、型砂进行预先处理和制备的设备。

8.0.2 造型设备 moulding equipment

能完成填砂、紧实、起模、合箱、脱箱等主要工序或至少完成紧砂的机器。

8.0.3 制芯设备 core making equipment

制造砂芯的机器。

8.0.4 造型生产线 moulding line

将造型机和各辅助设备按一定的工艺流程，用输送设备联系起来，并采用适当的控制方法组成的机械化或自动化造型的生产流水线。

8.0.5 落砂设备 shakeout equipment

提供一定的能量使铸件、型砂和砂箱分离的机器统称。

8.0.6 清理设备 cleaning equipment

对铸件表面进行清理和处理的机器统称。

8.0.7 金属型铸造设备 metal mould casting equipment

采用金属制成的铸型，并以重力浇注熔融金属，完成充型和凝固来生产铸件的机器。

8.0.8 熔模设备 investment casting equipment

模料制备、蜡模制造、制壳、脱蜡、模壳焙烧等设备的统称。

8.0.9 熔炼设备 melting equipment

将金属进行熔融或精炼的机器或装置。

8.0.10 单循环 single cycle

按预定的程序，完整地运行一个循环的过程。

8.0.11 自动循环 automatic cycle

按预定的程序，自动地完整地运行多个循环的过程。

9 破碎、粉磨设备安装术语

9.0.1 破碎机械 crushing machinery

用机械力对固体物料进行破碎作业，使之变成小块细料的机械。

9.0.2 粒度 granularity

物料颗粒的尺寸大小。

9.0.3 磨机 mill

对物料进行碾磨以减小其粒度的机械。

9.0.4 破碎腔 crushing chamber

破碎机中进行物料破碎的空间。

9.0.5 动颚 moving jaw

用于对破碎腔中的物料施加压力进行破碎，由偏心轴（简摆颚式破碎机为心轴）、动颚体、动颚板和轴承等组成。

9.0.6 颚板 jaw plate

颚式破碎机的破碎板。其中装在固定颚上的破碎板叫固定颚板，装在动颚上的破碎板叫活动颚板。

9.0.7 锤头 hammer

通过销轴装在转子上可以自由摆动的工作零件。

9.0.8 均整板 size regulating plate

控制物料粒度均匀化的零件。

9.0.9 出料口间隙 outlet gap

转子板锤外缘与反击板或整板下缘之间的最小距离。

10 输送设备安装术语

10.0.1 输送设备 conveyor equipment

可连续或间断地沿给定线路输送物料或物品的机械设备。

10.0.2 纵向中心线 longitudinal central line

输送设备沿物料运动方向的理论中心线。

10.0.3 横向中心线 transverse central line

垂直于输送设备纵向中心线方向的理论中心线。

10.0.4 驱动装置 drive device

输送机械的动力装置。

10.0.5 过载保护装置 overload protection device

防止输送机械超过规定荷载的装置。

10.0.6 拉紧装置 tension device

产生输送机牵引件预张力，以保证其正常运行的装置。

10.0.7 清扫装置 sweeping device

清扫运输机械承载件和牵引件附着物的装置。

10.0.8 卸料装置 unloading device

输送机械卸下物料的装置。

10.0.9 逆止器 anti-kickback device

防止输送机逆向运行的装置。

10.0.10 带式逆止器 belt type anti-kickback device

用带条作逆止件的逆止器。

10.0.11 滚柱逆止器 rod type anti-kickback device

由滚柱楔入棘轮与外壳内壁之间产生制动力阻止逆转的装置。

10.0.12 道岔 track switch

将载货小车从一条输送线转移至另一条输送线的装置。

10.0.13 回转机构 turning mechanism

使输送机械的回转部分在水平面内绕回转中心转动的机构。

10.0.14 捕捉器 catcher

牵引件意外破断时，在倾斜段上及时卡住运动部件，使之不能高速下滑的安全装置。

10.0.15 停止器 stopper

能在输送线路上停止承载小车运行的机构。

10.0.16 升降段 lifting rail

可带着承载小车升降的承载轨。

10.0.17 导向柱 guide post

对升降轨运行提供导向的立柱。

10.0.18 机械接头 mechanical joint

用机械连接件连接而成的接头。

10.0.19 硫化接头 vulcanized joint

用胶浆或胶料粘合并硫化而成的接头。

10.0.20 粘接接头 adhesive joint

用胶浆或胶料粘合并在常温下经过一段时间强化形成的接头。

10.0.21 对接 butt joint

被连接两端互不搭叠的接头形式。

10.0.22 搭接 overlap joint

被连接两端互相搭叠的接头形式。

10.0.23 贴合 laminating

将数层胶布粘在一起的操作。

11 锅炉安装术语

11.0.1 锅炉 boiler

利用燃料燃烧释放的热能或其他热能加热给水或其他工质，以获得规定参数（温度、压力）和品质的蒸汽、热水或其他工质的设备。

11.0.2 通球试验 ball passing test

用规定直径的球通入管道进行检查的过程。

11.0.3 管端倾斜度 gradient of pipe end

管子端面平面与垂直平面间的偏移距离。

11.0.4 胀管 pipe expansion

利用管子塑性变形和管板弹性变形产生残余应力达到管子与管板密封和紧固的联接方式。

11.0.5 胀管率 expansion efficiency

管子外壁与管孔壁面贴合后管子内径的增大值相对于管孔原始直径的比值。

11.0.6 欠胀 under expansion

管端扩胀后未达到规定的胀管率范围。

11.0.7 超胀 over expansion

管端扩胀后超过规定的最大胀管率。

11.0.8 偏胀 eccentric expansion

管端扩胀后，管孔板外侧呈偏心状态。

11.0.9 同类焊接接头 congener welds

在相同环境条件下，同一焊接作业人员用相同的焊接参数对同规格和同类材质母材进行焊接的接头。

11.0.10 水压试验 hydrostatic test

按规定的压力和保持时间对锅炉受压元件、部件或整台锅炉机组用水进行的压力试验，检查其有无泄漏和残余变形。

11.0.11 泪珠 tear drop

在胀口周围未连成水带的不下滴的水珠。

11.0.12 泪水 tear

在胀口周围不下滴，但已连成水带或泪水状的水。

11.0.13 整定压力 set pressure

安全阀在运行条件下开始启动的预定压力。

11.0.14 起座压力 popping pressure

安全阀阀瓣完全离开阀座强烈排放汽体时的进口侧静压。

11.0.15 回座压力 reseating pressure

安全阀排放后其阀瓣重新与阀座接触，开启高度变为零时的阀进口静压力。

11.0.16 漏风试验 air leakage test

检查锅炉炉墙及烟风道严密性的过程。

11.0.17 烘炉 furnace drying

用加热方法以一定的温升速度和保温时间烘干炉墙的过程。

11.0.18 煮炉 boiling out

在汽水系统内部加入碱性溶液，点火后维持一定压力和排汽量，以清除汽水系统内表面上油污和铁锈的方法。

11.0.19 管道冲洗 pipe flushing

用具有规定流速的清水清除汽水系统和管道内表面上杂物的方法。

11.0.20 吹管 pipe blowing

用规定的工作压力和额定流量的蒸汽吹扫过热器和蒸汽管道，清除管内杂物的处理方法。

11.0.21 吹扫 purge

点火前将规定流量的空气通入炉膛和烟道，以清除其中所聚积的可燃物的过程。

11.0.22 冷态试验 cold test

在锅炉热启动前，对炉床阻力、炉膛风量均匀度、风机开度进行测定和临界风量进行标定的过程。

本标准用词说明

1 为便于在执行本标准条文时区别对待，对要求严格程度不同的用词说明如下：

1）表示很严格，非这样做不可的：

正面词采用“必须”，反面词采用“严禁”；

2）表示严格，在正常情况下均应这样做的：

正面词采用“应”，反面词采用“不应”或“不得”；

3）表示允许稍有选择，在条件许可时首先应这样做的：

正面词采用“宜”，反面词采用“不宜”；

4）表示有选择，在一定条件下可以这样做的，采用“可”。

2 条文中指明应按其他有关标准执行的写法为：“应符合……的规定”或“应按……执行”。

中华人民共和国国家标准

机械设备安装工程术语标准

GB/T 50670—2011

条 文 说 明

制 定 说 明

《机械设备安装工程术语标准》GB/T 50670—2011，经住房和城乡建设部 2011 年 2 月 18 日以第 949 号公告批准发布。

本标准共计 11 章 235 条。其中"总则"共三条，分别规定了制定术语的目的，术语的适用范围，本术语标准与相关标准的联系；第二章"通用术语"规定了所有设备安装的共用术语；其他各章专业设备安装术语主要包括：机床、锻压、锅炉、铸造、破碎粉磨、起重、输送、压缩机、风机、泵、制冷设备等。"通用术语"和"专业设备安装术语"章节应相互配套使用，不能将它们分割开和孤立起来使用。凡涉及人身安全、设备安全、环保的，在安装施工中容易混淆，在安装中经常使用，定义不明确的安装名词术语均列入本标准。

为了广大设计、施工、科研、学校等单位有关人员在使用本标准时能正确理解和执行条文规定，《机械设备安装工程术语标准》编制组按章、节、条的顺序编制了本标准的条文说明，对条文规定的目的、依据以及执行中需注意的有关事项进行了说明。但是，本条文说明不具备与标准正文同等的法律效力，仅供使用者作为理解和把握标准规定的参考。

目　次

1 总　　则

1.0.1　本条为本标准制订的宗旨。机械设备安装工程是基本建设领域中不可缺少的组成部分，但长期以来机械设备安装术语的命名、释义在各种书刊中不尽一致，为利于规范的贯彻执行，促进本专业的技术交流，特组织编制本术语标准。

1.0.2　本条规定了本标准的适用范围。本标准是机械设备安装工程中均可使用的术语，它是以金属切削机床、锻压设备、铸造设备、破碎粉磨设备、起重设备、输送设备、风机、压缩机、泵、制冷设备、空气分离设备和锅炉设备安装工程为基础，同时适用于冶金、化工、纺织、轻工等行业各类机械设备安装工程。

2 通 用 术 语

2.0.2　设备找正

找正决定设备在水平方向位置的准确性，找正包括找正设备中心和设备标高。找正设备中心的方法有线锤及钢板尺法、挂边线法、利用样板法和万用电表找正法。找正设备标高一般是根据设置临时标高基准点和钢制永久性标高基准点来确定设备的安装标高。

2.0.3　设备调平

设备调平是使设备获得精度的重要因素之一。

2.0.5　精平

精平是设备找平的最后工序。

2.0.6　设备放线

在机械设备安装工程中，放线即在水平面内划出纵、横向安装基准线和垂直面内的标高安装基准线，放线常见形式有划墨线、以点代线、光线(用光学仪器如水准仪、经纬仪)、拉钢丝线。

2.0.7　设备就位

设备就位是使设备上的定位基准对准安装基准线或符合所规定的要求，当然绝对符合要求是不可能的，总会有偏差值存在，但是偏差值一定在允许的范围内。

2.0.13　设备灌浆

多数情况下，灌浆层还有承受设备重力及传递设备运转时的动负荷至基础的作用。

2.0.14　压浆法

此方法尤其适用于大型精密金属切削机床的安装。

2.0.15　座浆法

特点是不必铲磨混凝土基础表面，能保证垫铁安装质量好、强度高，使混凝土与垫铁粘接牢固、接触面大、与基础粘合良好，此方法有先座浆法和后座浆法两种基本形式。

2.0.16　设备开箱

设备开箱是安装的先期工序之一，目的是保证设备安装工作能顺利进行。

2.0.17　制动器

制动器是保证机构或机器安全正常工作的重要部件。

2.0.19　线锤找正法

它是安装施工中找正的基本方法之一。

2.0.22　刮研

通过对零、部件表面进行刮研，保证其接触面达到规范规定的要求。

2.0.24　拆卸

一般是为了清洗、修理而进行拆卸。

2.0.26　压装

压装可通过手锤或螺旋式、杠杆式、气动式压入工具和压力机、液压垫产生的压力对零部件进行装配。

2.0.27　热装

热装可通过火焰加热、电阻炉加热和感应加热对零部件进行装配。

2.0.28　冷装

冷装可通过干冰、液氮液氧冷缩对零部件进行装配。

2.0.31　地脚螺栓

地脚螺栓是机械设备安装中不可缺少的零件，其作用是使设备固定在基础上，以免设备运行时发生位移和倾覆。

2.0.33　锚固地脚螺栓

锚固地脚螺栓又称长地脚螺栓，是一种可拆卸的地脚螺栓，它主要用来固定工作时有强烈振动和冲击的重型设备。

2.0.34　清洗

清洗主要是洗去金属件的氧化皮、锈迹、油脂或油污等以获得清洁的表面的过程。

2.0.38　清洁度

清洁度是从规定部位以及用规定方法采集到的杂质微粒的质量、大小和数量来表示。

2.0.41　啮合

齿轮传动副中，两个齿轮互相配合的专用名称。互相啮合的两个齿轮的轮齿间按照设计的位置进行接触，即可以达到传递力的目的，又可以最大限度地减少对齿轮的损害。

2.0.42、2.0.43　轴承顶间隙、轴承侧间隙

齿轮装配和轴承装配时，都会产生一定的间隙。顶部的间隙就叫顶间隙，两侧面的间隙叫侧间隙。顶间隙和侧间隙的大小对齿轮传动和轴承的工作都非常重要，必须符合设计的要求，间隙太大或太小都会对设备的振动、磨损不利。

2.0.54、2.0.55　直线度偏差、直线度允许偏差

参照《形状和位置公差标准应用指南》进行定义，其定义中的理想直线的位置应符合最小条件，即理想直线与另一根与之平行的理想直线必须共同包容整个被测实际线，并使其间的距离为最小。

2.0.56 平行度偏差

平行度测量方法有最小包容区域法、最小二乘法、对角线平面法和三点平面法。

2.0.57 同轴度偏差

同轴度测量方法有回转轴线法、准直法、顶尖法、V形座法和模拟法。

2.0.62 渗漏试验

安装工程中常做的是水压渗漏试验，也就是用水作为试验液体，在规定的压力下，观察设备的渗漏情况是否符合有关规定。

2.0.67 试运转

试运转是设备安装的最后一道工序，将安装完毕的设备进行运转试验，以综合检验安装过程中各工序的施工质量，并进一步发现设备在设计和制造上的缺陷，从而进行必要的调整。

2.0.68 空负荷试运转

空负荷试运转是试运转的第一个步骤，其目的是检查设备各部分动作和相互间协调的正确性，同时使设备某些摩擦表面初步磨合。

2.0.69 负荷试运转

负荷试运转是在设备空负荷试运转完成后进行，目的是检验设备达到正常运转的要求。

2.0.70 单机试运转

其过程是先从部件开始，由部件至组件，由组件至整台设备试运转。

2.0.71 联动试运转

系统的所有设备单机试运转合格后，按照规定的工艺流程，对整套设备进行联合试运转。

3 金属切削机床安装术语

3.0.2 预调精度

根据机床产品标准的规定而编制，它是现场组装机床的基础工序。

3.0.3 自然调平

自然调平这个名词是根据多年的实践经验而得。实践证明，凡用拧紧地脚螺栓、强制变形的方法来调平机床，最终是无法保证安装质量的。

3.0.4、3.0.5 纵向、横向

对金属切削机床而言，这里的纵向、横向是对检具放置位置所作的专门规定，即检具放置在与被检部件运动方向相平行或垂直的方向。

3.0.6、3.0.7 纵向安装水平、横向安装水平

在被检部件的纵向或横向放置水平仪，测量机床在进行几何精度检验前的水平状态，其水平仪读数即为纵向安装水平或横向安装水平。安装水平这个名词，来源于机床精度标准的预调精度中。

3.0.8、3.0.9 垂直平面内的直线度、水平平面内的直线度

参照《形状和位置公差标准应用指南》及《金属切削机床 精度检验通则》JB 2670—1982进行定义。两条均为机床精度标准中的必检项目。

3.0.10 拉钢丝显微镜法

它是以钢丝作为基准，检测床身导轨或部件在水平平面内的直线度的有效方法，其来源于机床精度标准。

4 锻压设备安装术语

4.0.1 锻压

产品有自由锻件和模锻件两种工件。直接锻造成型或添加通用型的工具而获得的形状及内部质量的锻件是自由锻件，通过添加模具锻造成形的工件或毛坯是模锻件。

4.0.4 上死点、下死点

曲柄连杆压力机有两个死点，上死点也称上极限，下死点也称下极限。

4.0.7、4.0.8 内滑块、外滑块

内滑块和外滑块都是针对双动压力机有两个滑块而言的。

4.0.9 滑块行程次数

曲柄压力机说明书中所列出的滑块行程次数是指压力机在空载时的次数，在压力机负载下，滑块行程次数随负荷的大小（严格地说是做功的大小）较空载时的行程次数降低不同的数值。滑块行程次数决定压力机的生产率。滑块行程长度和滑块行程次数决定压力机的速度。

4.0.10 最大行程

对于曲柄压力机和偏心轴压力机都适用。

4.0.11 装模高度

压力机的装模高度是指压力机的闭合高度减去垫板厚度的差值。没有垫板的压力机，其装模高度等于压力机的闭合高度。模具的闭合高度是指冲模在最低工作位置时，上模座上平面至下模座下平面之间的距离。

4.0.14 装模高度调节量

压力机滑块调整机构是压力机的关键精度部件，调节的快慢直接影响生产线的效率，调节精度的高低直接影响零件的质量。

4.0.15 行程长度

滑块行程长度是指曲柄旋转一周滑块所移动的距离，即上、下两个极点之间的距离，其值为曲柄半径的两倍。选择压力机时，滑块行程长度应保证毛坯能顺利地放入模具和冲压件能顺利地从模具中取出。特

别是成形拉深件和弯曲件应使滑块行程长度大于制件高度的2.5倍～3.0倍。

4.0.16 开式压力机

床身的结构特点是C字形床身三面敞开的称为开式压力机，由连杆将偏心轴的回转运动转变为滑块的上下往复运动。特别适用于大张板料边缘的冲压加工。但这种形式的床身结构本身刚性较差，因而所能承受的荷载较小。

4.0.17 闭式压力机

闭式曲轴压力机的框架结构受立柱的限制，工作台面极有限，操作空间小，因而对冲压件的周边尺寸有一定的限制。框架形结构床身刚性好，所承受的荷载大而均匀。

4.0.18 单点压力机

具有一个曲柄的压力机就是单点压力机。

4.0.19 双点压力机

具有两个曲柄的压力机就是双点压力机。

4.0.20 四点压力机

具有四个曲柄的压力机就是四点压力机。

4.0.25 平衡机构

压力机一般都带有滑块平衡装置；弹簧平衡装置具有弹簧破损时的安全结构；气动平衡装置具有防止活塞、拉杆等零件发生破损或松脱时，影响安全的结构。

4.0.26 等高度

等高度为等距度的特例。

4.0.27 共面度

共面度是检验平锻机模具接触面的一项专用检验。

4.0.28 等距度

两轴线对一平面等距度的检验，首先要检验两轴线对平面的平行度，再用同一指示器在代表该两轴线的圆柱体上，检验它们与该平面的距离是否相等。

6 制冷、空气分离设备安装术语

6.0.9 精馏

分为单级精馏和双级精馏。

7 起重设备安装术语

7.0.2 跨度

起重机支承中心线即行走梁（端梁或下横梁）的中心线。

7.0.3、7.0.4 轨距、轮距

测量方向垂直于大车（或小车）的行走方向。

7.0.5 基距

测量方向平行于起重机（或小车）的行走方向。这里的轴距是指车架支承中心铰链轴之间的轴距，而不是车轮轴的轴距，但对四轮的车架铰链轴与车轮轴是合二为一的。

7.0.6 车轮踏面

起重机车轮的踏面可以是圆柱面的，也可以是圆锥面的，还可以是圆弧面的。

7.0.7 起重机轨道梁

常见的起重机轨道梁有混凝土结构和钢结构两种。

7.0.8 起重机轨道梁的定位轴线

此轴线在工程设计中均有表示，施工时应以牛腿上的标记为准。

7.0.9 主梁

在桥架类起重机上敷设有承载小车轨道的梁。桥架类起重机有单主梁的，也有双主梁的；有带悬臂的，也有不带悬臂的。

7.0.10 端梁

梁式和桥式起重机的行走梁（装有大车车轮的梁）。

7.0.11 有效悬臂处

荷载作用在有效悬臂处时，悬臂将承受最大的弯矩。

7.0.12 主梁上拱度

轨道设置在上面的主梁，上拱度应以主梁的上表面为准；轨道设置在下面的主梁，上拱度应以主梁的下表面为准。

7.0.13 静刚度

这里的静挠度是指在荷载作用下的挠度，而不是作用后的残余挠度。

7.0.14 悬臂上翘度

轨道设置在上面的主梁，上翘度应以主梁的上表面为准；轨道设置在下面的主梁，上翘度应以主梁的下表面为准。

7.0.16 起重机轨道标高

在大地测量系统中标高是以海拔高度表示的，在工程设计中为了便于计量，常以相对标高表示。

7.0.17 顺穿法

常用的穿绳方法，缺点是钢丝绳的入绳端与出绳端相距较远，产生的力偶导致滑车组的旋转，且滑轮的片数越多，此力偶越大。因此，顺穿法适用于滑轮片数较少的滑车组的穿绳。

7.0.18 花穿法

花穿法使得钢丝绳的入绳端与出绳端的距离大为减小，产生的力偶可以忽略不计，克服了顺穿法的缺点，但所需的滑轮片数较多。因此，花穿法适用于滑轮片数较多的滑车组的穿绳。

8 铸造设备安装术语

8.0.1 砂处理设备

砂处理设备是铸造工艺中不可缺少的配套设备，指将铸造用的原材料、型砂进行预先处理和制备的设备。包括新砂处理、贮存和输送系统，旧砂回用和再生系统，辅料贮存和输送系统，型砂混制和输送系统，型砂质量控制系统等。

8.0.2 造型设备

造型设备主要包括震实造型机、压实造型机、震压造型机、射压造型机、气力紧实造型机等。

8.0.3 制芯设备

制芯设备主要包括普通制芯机、冷芯盒射芯机、热芯盒射芯机、壳芯机和射芯机等。

8.0.4 造型生产线

造型生产线由造型段、下芯段、浇注段、冷却段、落砂段组成。

8.0.5 落砂设备

主要有靠振动转换能量的振动落砂机，也有靠势能转换的滚筒落砂机。

8.0.6 清理设备

主要包括滚筒清理机、喷丸设备、抛丸设备和抛喷丸设备。

8.0.7 金属型铸造设备

金属型铸造设备又称重力型金属铸造，是将熔化好的合金液浇入金属制成的铸型中，在重力作用下完成充型和凝固获取铸件的一种机械。

8.0.8 熔模设备

熔模铸造又称精密铸造或失蜡铸造，是在蜡模表面涂上数层耐火材料，待其硬化干燥后，将其中的蜡模熔去而制成型壳，再经过焙烧，然后进行浇注而获得铸件的一种方法。与此工艺相关的设备统称为熔模设备。

8.0.9 熔炼设备

熔炼设备主要指熔炼炉，包括冲天炉、电弧炉、感应电炉、坩埚炉、转炉等。

8.0.10 单循环

在试运行时，对设备或自动线的某一项功能或动作运行后，再对紧后的功能或动作进行运行，直至所有的功能或动作全部运行完成的试运行过程。

8.0.11 自动循环

指按机器预先设置的程序，在试运行时，按程序对每项功能或动作自动进行多个循环运行的试运行过程。

9 破碎、粉磨设备安装术语

9.0.1 破碎机械

包括颚式、旋回、圆锥、锤式、反击和辊式破碎机，都是采用机械力进行破碎。

9.0.2 粒度

指破碎后物料的尺寸，破碎机械的作用就是将固体物料破碎成尺寸符合要求的颗粒。

9.0.3 磨机

就是粉磨机械。包括球磨、棒磨、管磨、自磨、振动、磨粉机、风扇磨等，都是以碾磨的方式减小物料的粒度。

9.0.5、9.0.6 动颚、颚板

都是颚式破碎机所特有的部件。

9.0.7 锤头

锤式破碎机和环锤破碎机所特有的部件。

10 输送设备安装术语

10.0.2 纵向中心线

是输送设备安装的主要基准线。

10.0.3 横向中心线

是输送设备安装的主要基准线，与纵向中心线垂直，一般依据纵向中心线测定。

11 锅炉安装术语

11.0.1 锅炉

锅炉的核心部分是“锅”和“炉”，锅是容纳水和蒸汽的受压部件，炉是燃料燃烧的场所，锅和炉是由传热系统联系起来的。受热面是“锅”和“炉”的分界面。

11.0.2 通球试验

检查管子弯曲和对接后内径改变量的大小是否符合规定值的方法。

11.0.4 胀管

胀接方法有滚胀管、爆炸胀管、液压、液袋和橡胶胀管法等。

11.0.5 胀管率

衡量胀管质量（胀接强度和严密性）的主要量化指标。

11.0.6 欠胀

欠胀会造成胀口不严密而引起渗漏。

11.0.7 超胀

超胀会使管壁严重减薄，影响使用寿命。

11.0.10 水压试验

水压试验分两种，一种是制造厂进行的水压试验，一种是新安装和在用锅炉进行的水压试验。

11.0.13 整定压力

是在阀门进口处的表压力。在该压力下，在规定的运行条件下，由介质压力产生的使阀门开启的力与同时使阀瓣保持在阀座上的力相平衡。

11.0.16 漏风试验

漏风试验的目的是检查燃烧室、制粉系统、冷热风系统、烟气系统等的严密性，并找出漏风处予以消除。新砌炉墙在烘炉前应进行此项工作，在送风机入

口处撒白粉或烟雾剂，检查系统密封及接缝等处，应无白粉或烟雾漏出。

11.0.17 烘炉

新安装的锅炉炉墙，耐火混凝土和抹面层内部都含有大量水分，为了防止锅炉运行时由于炉墙潮湿，急骤受热膨胀不均造成炉墙开裂，在锅炉投运前要通过烘炉使炉墙达到一定的干燥程度。此外，烘炉还可使炉墙的灰缝达到比较好的强度，提高炉墙耐高温的能力。烘炉质量决定炉墙的使用寿命，烘炉速度过快会导致炉墙开裂，引起墙体漏风或漏烟。因此要求烘炉应缓慢进行。烘炉主要有火焰烘炉和蒸汽烘炉两种，可在炉膛内燃烧火焰，也可用蒸汽或热风进行。

11.0.18 煮炉

在制造、运输、保管及安装过程中，锅炉受热面内壁会受到油垢等杂物污染，会有氧化腐蚀产生铁锈，这些污物会影响锅炉传热和使蒸汽品质受到影响，在锅炉投运前应进行煮炉，其目的是除去受压部件内表面的锈、垢、油污等脏物，以保证锅炉炉水水质，确保锅炉在安全、经济的工况下运行。

11.0.22 冷态试验

为了保证锅炉的正常燃烧，防止炉床床面结焦和设备的损坏，在锅炉热启动前应进行冷态试验。冷态试验的主要内容有测定炉床的空床阻力、床料阻力特性、确定临界风量和检查布风板的均匀性。

中华人民共和国国家标准

飞机喷漆机库设计规范

Code for design of aircraft paint hangar

GB 50671—2011

主编部门：中国航空工业集团公司
　　　　　中国民用航空局
批准部门：中华人民共和国住房和城乡建设部
施行日期：2012年5月1日

中华人民共和国住房和城乡建设部
公　　告

第978号
关于发布国家标准
《飞机喷漆机库设计规范》的公告

现批准《飞机喷漆机库设计规范》为国家标准，编号为GB 50671—2011，自2012年5月1日起实施。其中，第3.0.2、5.1.3、5.1.4、5.1.5、5.2.1、5.2.2、5.2.6、5.3.1、5.3.2、6.3.1、7.3.9、7.5.3、7.5.5、9.1.2条为强制性条文，必须严格执行。

本规范由我部标准定额研究所组织中国计划出版社出版发行。

中华人民共和国住房和城乡建设部

二〇一一年四月二日

前　　言

本规范是根据住房和城乡建设部《关于印发〈2008年工程建设标准规范制订、修订计划（第二批）〉的通知》（建标〔2008〕105号）的要求，由中国航空规划建设发展有限公司会同有关单位共同编制完成的。

本规范在编制过程中，遵照国家有关基本建设的方针政策，开展了广泛深入的调查研究和专题论证，在总结我国50年来飞机喷漆机库设计、使用和维护经验的基础上，广泛征求科研、生产使用、高等院校等部门和单位的意见，同时研究和消化吸收了国外有关标准、规范的技术内容，最后经有关部门审查定稿。

本规范共9章，主要内容包括：总则，术语，飞机喷漆机库分类和爆炸危险区域划分，工艺，建筑结构，给排水及消防设施，供暖、通风和空气调节，供气，电气等。

本规范中以黑体字标志的条文为强制性条文，必须严格执行。

本规范由住房和城乡建设部负责管理和对强制性条文的解释，中国航空规划建设发展有限公司负责具体技术内容的解释。在执行过程中，请各单位结合工程实践和科学研究，积累有关数据和资料，如发现需要修改或补充之处，请将意见和建议寄送中国航空规划建设发展有限公司（地址：北京市西城区德外大街12号；邮政编码：100120），以供今后修订时参考。

本规范主编单位、参编单位、主要起草人和主要审查人：

主编单位： 中国航空规划建设发展有限公司（原中国航空工业规划设计研究院）

参编单位： 中国民用航空局公安局
首都机场公安分局
公安部天津消防研究所
中国民用航空维修协会
广州飞机维修工程有限公司
成都飞机工业（集团）有限责任公司
准信投资控股有限公司
科大立安公司
美国安素公司
陕西快特制冷工程有限责任公司

主要起草人： 沈顺高　陆国杰　崔忠余　田　虹　叶　鸣　彭吉兴　刘国新　谢哲明　魏　旗　杨丽莉　刘　芳　张景林　陶极楦　王勇传　裴永忠　王瑞林　李学良　顾南平　邵良洪　姜明理　杜岳涛　郑林斌　张晓明　蔡民章　吴龙标　云　虹　赵　雷　岳景飞

主要审查人： 张恩厚　姜春玉　陈进春　李道本　沈耀宗　曹晓丹　吕　越　陈建新　麻天云

目　次

Contents

1 总 则

1.0.1 为保证飞机喷漆机库的设计技术先进、经济合理、安全适用，满足职业安全健康、环境保护及节能减排的要求，制定本规范。

1.0.2 本规范适用于新建、扩建和改建的飞机喷漆机库的设计。

1.0.3 飞机喷漆机库的设计，除应符合本规范外，尚应符合国家现行有关标准的规定。

2 术 语

2.0.1 飞机喷漆机库 aircraft paint hangar

用于飞机整机或飞机主要部件如机翼、垂直尾翼、水平尾翼、机身段等喷漆、退漆的建筑物。

2.0.2 飞机喷漆区 aircraft paint area

飞机喷漆机库内用于飞机整机或飞机主要部件退漆、喷漆的区域。

2.0.3 工位 working area

沿着飞机整机或飞机主要部件外形，同时考虑一定的安全生产距离，对飞机或飞机主要部件进行准备、清洗、打磨、退漆、喷漆、干燥等工序作业的工作区。

2.0.4 生产辅助用房 production auxiliary room

飞机喷漆区外用于满足喷漆生产要求的房间。

2.0.5 不带油飞机 unfueled aircraft

航空燃油量少于油箱及管道总容量的0.5%的飞机。

2.0.6 呼吸供气系统 air supply system for mask

供呼吸器使用的压缩空气系统。

3 飞机喷漆机库分类和爆炸危险区域划分

3.0.1 飞机喷漆机库可分为Ⅰ、Ⅱ、Ⅲ类，各类飞机喷漆机库内飞机喷漆区允许的最大建筑面积应符合表3.0.1的规定。

表3.0.1 飞机喷漆机库分类及飞机喷漆区允许的最大建筑面积

类 别	飞机喷漆区允许的最大建筑面积（m²）
Ⅰ	10000
Ⅱ	5000
Ⅲ	3000

注：当采用防火墙隔开的多个喷漆区组成1个喷漆机库时，应以单个喷漆区允许的最大建筑面积确定飞机喷漆机库类别。

3.0.2 飞机喷漆区内爆炸危险区域的划分应符合下列规定：

1 下列区域应划分为1区：

1）以飞机整机或飞机主要部件外形为基点，向外延伸3.0m并向下投影的空间区域；

2）飞机喷漆区与地面相通的地沟、地坑及与其相通的其他区域。

2 下列区域应划分为2区：

1）与飞机喷漆区相通而无隔断的地面区域，其空间高度到地面上0.5m处；

2）以飞机整机或飞机主要部件外形为基点，向外延伸6.0m并向下投影除1区以外的空间区域。

注：1 飞机整机喷漆时，距离飞机垂直尾翼上1.5m～3.0m的空间区域应视为2区；

2 危险区内装有可燃气体探测器时，在爆炸性气体最易聚集的地点，可燃气体浓度达到爆炸下限值的25%时发出报警信号，并自动启动通风装置且该区域通风良好时，上列区域的级别均应降低一级。

4 工 艺

4.1 工 艺 布 置

4.1.1 飞机喷漆机库宜单独设置。与装配厂房或维修机库等合建时，应采用防火墙隔开。

4.1.2 飞机喷漆机库的规模应根据飞机类型、工艺过程及生产纲领确定。

4.1.3 飞机喷漆机库的跨度、进深、高度及机库大门的尺寸，应满足飞机停放、牵引移动和安全生产的要求。

4.1.4 飞机喷漆机库应配套设置调漆间、漆料暂存间，宜设置零部件喷漆间、干燥间、清洗间等生产辅助用房。

4.1.5 飞机喷漆机库内通风系统、电气系统的控制室，应设置在爆炸危险区域外，并宜集中设置。

4.1.6 漆料暂存间内存放的甲、乙类有机溶剂和漆料等易燃易爆物质的储量，不宜超过1昼夜的需要量。

4.1.7 飞机喷漆机库应设置通风机房。

4.1.8 飞机喷漆机库宜设置厕所、浴室、更衣室及休息室。

4.2 工 艺 设 备

4.2.1 飞机喷漆机库宜配置工作平台。工作平台踏板的透空率应大于50%。

4.2.2 飞机喷漆宜采用自封式喷枪。

4.2.3 飞机退漆宜采用高压喷枪。

4.3 喷漆区环境及配套设施要求

4.3.1 喷漆和干燥时，飞机喷漆区应保持环境空气清洁，尘埃允许度宜为 5μm 以上的尘粒少于 300 个/L。

4.3.2 飞机喷漆机库的温度、相对湿度应满足喷漆生产工艺要求。无特定要求时，宜符合表 4.3.2 的规定。

表 4.3.2 飞机喷漆机库温度、相对湿度要求

部位名称	温度（℃）	相对湿度（%）
准备工位、喷漆工位	15～38	30～80
干燥工位	25～50	30～80
调漆间	15～35	30～80
漆料暂存间	5～35	—

4.3.3 喷漆作业用压缩空气质量应符合下列规定：

1 固体颗粒尺寸应小于或等于 5μm，固体颗粒浓度应小于或等于 $5mg/m^3$。

2 湿度和液态水压力露点应小于或等于－40℃。

3 总含油量（液态油、悬浮油、油蒸气）应小于或等于 $0.01mg/m^3$。

4.3.4 清洗飞机用水的水质、水温应符合喷漆生产工艺要求。

4.3.5 清洗一架次飞机的工作时间宜为 1h～2h，飞机清洗用水量宜为每次 $7.5L/m^2$；供水压力应根据飞机高度及采用的清洗设备要求经计算确定。

4.3.6 喷漆作业面混合照度不应低于 500 lx。

4.3.7 飞机喷漆区的通风系统与喷漆作业应设联动控制。

4.3.8 飞机喷漆区宜设吊顶。

4.3.9 飞机喷漆区应设置静电防护设施。

4.3.10 飞机喷漆区内宜设置应急洗眼器及应急淋浴装置。

4.3.11 飞机喷漆机库大门应设置电动、手动机械应急启闭装置。大门应设置供人员进出的小门，且大门和小门应设不能同时启闭的安全连锁控制。

4.3.12 飞机喷漆区内宜设置呼吸供气系统。

5 建筑结构

5.1 总平面布局

5.1.1 飞机喷漆机库的总平面布局应符合机场的总体规划要求。飞机喷漆机库的建筑高度应满足机场净空限高的有关规定。

5.1.2 两座相邻飞机喷漆机库之间的防火间距不应小于 15.0m。但下列情况可除外：

1 两座飞机喷漆机库，其相邻的较高一面的外墙为防火墙时，其防火间距不限。

2 两座飞机喷漆机库，其相邻的较低一面外墙为防火墙，且较低一座飞机喷漆机库屋顶结构的耐火极限不低于 1.00h 时，其防火间距不应小于 7.5m。

5.1.3 飞机喷漆机库与其他建筑物之间的防火间距应符合表 5.1.3的规定。

表 5.1.3 飞机喷漆机库与其他建筑物之间的防火间距（m）

建筑物名称			飞机喷漆机库
飞机库			15.0
甲类厂房			15.0
单层、多层乙类厂房			12.0
单层、多层丙、丁、戊类厂房	耐火等级	一、二级	12.0
		三级	14.0
		四级	16.0
甲类物品库房			20.0
乙、丙类物品库房			14.0
机场油库			100.0
其他民用建筑			25.0
重要的公共建筑			50.0
高层厂房			13.0

注：1 当飞机喷漆机库与飞机库贴邻建造时，应采用防火墙隔开。
2 建筑之间的防火间距应按相邻建筑外墙的最近距离计算，如外墙有凸出的燃烧构件，应从其凸出部分外缘算起。
3 耐火等级低于四级的原有厂房，其耐火等级应按四级确定。
4 表中未规定的防火间距，应符合现行国家标准《建筑设计防火规范》GB 50016 的有关规定。

5.1.4 Ⅰ、Ⅱ类飞机喷漆机库周围应设环形消防车道。当Ⅲ类飞机喷漆机库设置环形消防车道有困难时，应沿飞机喷漆机库的两个长边设置消防车道。消防车道的设置应符合现行国家标准《飞机库设计防火规范》GB 50284 的有关规定。当设置尽头式消防车道时，应设置回车场。

5.1.5 飞机喷漆机库的喷漆区跨度（进深）大于或等于 50.0m 时，应至少设置一处消防车出入口。

5.1.6 飞机喷漆机库应设置从室外地面或附属建筑屋顶通向飞机喷漆区屋面的室外消防梯，且数量不应少于 2 部。当飞机喷漆机库长边长度大于 250.0m 时，应增设 1 部。

5.2 平面布置与建筑防火

5.2.1 Ⅰ、Ⅱ类飞机喷漆机库的耐火等级应为一级。Ⅲ类飞机喷漆机库的耐火等级不应低于二级。

地下室的耐火等级应为一级。

5.2.2 建筑构件均应为不燃烧材料，其耐火极限不应低于表5.2.2的规定。

表 5.2.2 建筑构件的耐火极限

构件名称		耐火极限（h）	
		一级耐火等级	二级耐火等级
防火墙		3.00	3.00
墙	承重墙	3.00	2.50
	楼梯间、电梯井的墙	2.00	2.00
	非承重墙、疏散走道两侧的隔墙	1.00	1.00
	房间隔墙	0.75	0.50
柱	支承多层的柱	3.00	2.50
	支承单层的柱	2.50	2.00
	柱间支撑	1.50	1.00
梁		2.00	1.50
楼板、疏散楼梯、屋顶承重构件		1.50	1.00
吊顶		0.25	0.25

5.2.3 在飞机喷漆区内，支承屋顶承重构件的钢柱和柱间钢支撑应采取防火隔热保护措施，并应达到相应耐火等级建筑要求的耐火极限。

5.2.4 飞机喷漆机库喷漆区屋顶金属承重构件应采取外包敷防火隔热板或喷涂防火隔热涂料等措施进行防火保护，当采用泡沫-水雨淋灭火系统或采用自动喷水灭火系统后，屋顶可采用无防火保护的金属构件。

5.2.5 飞机喷漆区和与其贴邻建造的生产辅助用房之间的防火分隔措施，应根据生产辅助用房的使用性质和火灾危险性确定，并应符合下列规定：

1 飞机喷漆区应采用防火墙与附楼、零部件喷漆间、配电室和动力站等房间隔开，防火墙上的门窗应采用甲级防火门窗，或耐火极限不低于3.00h的防火卷帘。

2 飞机喷漆区与单层附属用房应采用耐火极限不低于2.00h的不燃烧体墙隔开，隔墙上的门窗应采用乙级防火门窗，或耐火极限不低于2.00h的防火卷帘。

5.2.6 飞机喷漆机库与飞机库合建时，飞机喷漆机库应靠端部设置。飞机喷漆机库的防火分区之间应采用防火墙分隔，防火墙上的门应采用甲级防火门，确有困难的局部开口应采用耐火极限不低于3.00h的防火卷帘，卷帘或常开防火门应与其两侧的火灾探测器联动控制，并应具有手动和机械操作的功能。

5.2.7 飞机喷漆区内不应设置办公室、资料室、休息室等用房。

5.2.8 漆料暂存间、调漆间应靠外墙设置，并应设置直接通向室外的安全出口，与其他部位之间必须用耐火极限不低于3.00h的隔墙和耐火极限不低于1.50h的不燃烧体楼板隔开。漆料暂存间、调漆间应采取防止可燃液体流淌扩散的措施。

5.2.9 与飞机喷漆作业无关的甲、乙类物品暂存间，不应设置在飞机喷漆机库内或与飞机喷漆机库贴邻建造。

5.2.10 附设在飞机喷漆机库内的消防控制室、消防水泵房，应采用耐火极限不低于2.00h的隔墙和耐火极限不低于1.50h的楼板与其他部位隔开。隔墙上的门应采用甲级防火门，其疏散门应直接通向安全出口或疏散楼梯、疏散走道。观察窗应采用甲级防火窗。

5.2.11 飞机喷漆区应至少有2个直通室外的安全出口，且应位于两个方向上。其最远工作地点到安全出口的距离不应大于75.0m。

5.2.12 在飞机喷漆区的地面上应设置标示疏散方向和疏散通道宽度的永久性标线，并应在安全出口处设置明显指示标志。

5.2.13 当飞机喷漆机库内供疏散用的门和供消防车辆进出的门为自控启闭时，应有可靠的手动开启装置。飞机喷漆机库大门应设置使用拖车、卷扬机等辅助动力设备开启的装置。

5.2.14 在防火分隔墙上设置的防火卷帘门应设逃生门，当同时用于人员通行时，应设疏散用的平开防火门。

5.2.15 调漆间、漆料暂存间应做防爆设计，并应设置泄压设施。泄压比应符合现行国家标准《建筑设计防火规范》GB 50016的有关规定。

5.3 建筑构造

5.3.1 飞机喷漆机库的外围护结构、内部隔墙和屋面保温隔热层，均应采用不燃烧材料。飞机喷漆机库大门主体结构及采光材料应采用不燃烧材料。

5.3.2 飞机喷漆区、调漆间、漆料暂存间、零部件喷漆间，应采用不发火花地面。采用绝缘材料作整体面层时，应采取防静电措施。飞机喷漆机库地面下的沟、坑均应采用不渗透液体的不燃烧材料建造。

5.3.3 飞机喷漆区内墙面应采取防潮措施，并应平整、光滑、易于清洁。

5.3.4 飞机喷漆区吊顶应采取防止结露及防止脱落细小纤维和尘粒的措施。

5.3.5 飞机喷漆区地面应平整、耐磨、防滑、易清洗。喷漆工位地面宜采取防止退漆剂等腐蚀性液体浸蚀的措施。

5.3.6 飞机喷漆区的外围护结构应采取保温、节能措施。

5.3.7 建筑构造设计除应执行本规范规定外，尚应符合现行国家标准《飞机库设计防火规范》GB 50284

的有关规定。

6 给排水及消防设施

6.1 给 水

6.1.1 飞机喷漆机库清洗飞机用水的水质、水温应符合本规范第4.3.4条的要求。清洗飞机水量应符合本规范第4.3.5条的要求。

6.1.2 当清洗飞机用去离子水时，应按间歇供水方式选用去离子水制水及供水设备。供水系统应有确保去离子水在储存期内水质要求的措施。

6.1.3 当消防水源为市政供水时，清洗飞机用水可取自消防水池，但应采取保证消防用水量的技术措施。

6.1.4 清洗飞机用水的管道、贮水箱、阀门和水泵等，应采用对水质不产生污染的材料。

6.2 排 水

6.2.1 具有清洗、退漆工序的工位应设排水设施，排水设施应具有防止漆渣进入排水系统的措施，且应便于维修清理。不具有清洗、退漆工序的喷漆工位，应在排风沟内设置污水集水坑或泵坑。排水设施过水部分应采取防腐措施。当飞机喷漆区与飞机维修区或其他用房毗邻建设时，各自的排水沟之间不应连通。

6.2.2 飞机清洗和退漆废水应集中处理，处理后的水质应符合现行国家标准《污水综合排放标准》GB 8978的有关规定。处理方案应结合废水水质、水量、排放周期、排放标准、环境保护要求等因素综合比较后确定。

6.2.3 飞机喷漆区应采取消防时废水不进入机库地下室重要设备间的措施，并宜设置储存消防排水的水池或其他储存措施。

6.2.4 退漆废水排水泵宜采用耐酸、碱及有机溶剂腐蚀的污水泵，并宜采用干式或电机不接触退漆废水的液下式安装。

6.2.5 飞机喷漆区排水明沟与地下管道的连接管处应设水封。

6.2.6 飞机喷漆区地井内应设置排水系统。

6.2.7 飞机清洗和退漆废水排水管应采用耐酸、碱及有机溶剂腐蚀的材料。

6.3 消 防 设 施

6.3.1 Ⅰ、Ⅱ、Ⅲ类飞机喷漆机库飞机喷漆区应设置灭火系统，灭火系统的设置应分别符合现行国家标准《飞机库设计防火规范》GB 50284的有关规定。

6.3.2 飞机喷漆机库内飞机为不带油飞机时，灭火系统的设置应符合下列规定：

1 Ⅰ、Ⅱ类飞机喷漆机库的飞机喷漆区应设置泡沫枪、消火栓及屋架内自动喷水灭火系统。

2 Ⅲ类飞机喷漆机库的飞机喷漆区应设置泡沫枪及消火栓系统。

6.3.3 飞机喷漆区内的消火栓、泡沫枪及自动喷水灭火系统的设置，应符合现行国家标准《飞机库设计防火规范》GB 50284的有关规定。

6.3.4 在飞机喷漆区内应设置不发火花的移动式建筑灭火器，且应符合下列规定：

1 应配置级别不小于89B的手提式灭火器4具、级别不小于233B且不发火花的推车式灭火器3具。

2 灭火器应按飞机喷漆具体情况临时布置在距喷漆作业面不大于15.0m的范围内。

6.3.5 飞机喷漆机库附楼及配套生产辅助用房的室内消防给水和灭火器的配置，以及飞机喷漆机库室外消火栓的设计，应符合现行国家标准《建筑设计防火规范》GB 50016、《自动喷水灭火系统设计规范》GB 50084和《建筑灭火器配置设计规范》GB 50140的有关规定。

7 供暖、通风和空气调节

7.1 供 暖

7.1.1 位于严寒及寒冷地区的飞机喷漆区和生产辅助用房、生活用房，均应设计集中供暖系统。位于设计计算供暖日数低于且接近90d地区的飞机喷漆机库生活、办公用房，宜设计集中供暖系统。

7.1.2 设计供暖时，室内设计温度应符合下列规定：

1 准备工位、喷漆工位、调漆间、生产辅助用房应为16℃～18℃。

2 漆料暂存间、工具库应为5℃～15℃。

3 控制室、生活及办公用房应为18℃～20℃。

7.1.3 设计集中供暖时，宜采用散热器对流供暖方式。热媒的选择应符合下列规定：

1 生活、办公辅助用房散热器供暖系统，宜采用供水温度不高于95℃的热水。

2 飞机喷漆区及生产辅助用房散热器供暖系统，宜采用供水温度不高于130℃的热水或供汽压力不高于0.3MPa的蒸汽。

7.1.4 当采用热水辐射供暖时，热媒的选择应符合下列规定：

1 低温热水地板辐射供暖系统的供水温度不应高于60℃，供水、回水温差不宜大于10℃。

2 吊装式热水辐射板供暖系统的供水温度宜采用60℃～130℃。

7.1.5 采用热风供暖时，热媒可采用高压蒸汽或热水。高压蒸汽的供汽压力宜为0.2MPa～0.3MPa，热水的供水温度不宜低于95℃。

7.1.6 供暖热负荷计算应符合现行国家标准《采暖

通风与空气调节设计规范》GB 50019 的有关规定，并应计算由室外进入室内冷体飞机的吸热量。

7.1.7 飞机喷漆区、调漆间、漆料暂存间及其他甲、乙类有易燃易爆物质的房间采用散热器供暖时，应选用表面光滑、便于清扫的散热器。散热器应明装，不得设防护罩。

7.1.8 飞机喷漆区、调漆间、漆料暂存间及其他甲、乙类有易燃易爆物质的房间采用热风供暖时，应为直流系统。

7.2 生产供热、加湿

7.2.1 生产供热热媒可采用高压蒸汽或热水。高压蒸汽的供汽压力宜为 0.2MPa～0.3MPa，热水供水温度不宜低于 95℃。

7.2.2 飞机喷漆机库的围护结构应有良好的保温隔热性能，外墙的传热系数、吊顶和屋面的综合传热系数不宜大于 0.6W/(m^2·K)。严寒地区外窗的传热系数不宜大于 2.8W/(m^2·K)，寒冷地区外窗的传热系数不宜大于 3.0W/(m^2·K)。

7.2.3 干燥工位的耗热量应包括下列内容：

1 围护结构的传热耗热量。

2 飞机及各种设备的温升吸热耗热量。

3 门窗缝隙冷风渗透耗热量。

7.2.4 干燥间的围护结构宜采用热容量大的保温材料，且不宜有外窗。热工性能应符合本规范第 7.2.2 条的要求。

7.2.5 干燥工位宜采用热风循环系统进行加热。加热量应根据工位的温度、升温时间和送风温度确定。

7.2.6 喷漆工位的加湿方式宜采用高压饱和蒸汽，机组内的加湿段宜设挡水板。

7.3 通 风

7.3.1 飞机喷漆区应设机械送、排风系统，并宜保持室内微正压。

7.3.2 飞机喷漆工位应采用气流覆盖的通风方式，应合理组织气流，并应控制漆雾扩散。气流组织应符合下列规定：

1 采用侧向气流覆盖的通风方式时，断面气流速度可控制在 0.20m/s～0.50m/s。

2 按飞机的不同部位采用上送下排或与侧送下排相结合的通风方式时，可按飞机定位平面投影面积作为气流的控制范围，气流速度可控制在 0.25m/s～0.50m/s。

3 采用多种气流组织相结合的通风方式时，应采取使两种气流搭接，并避免相互干扰的措施。

7.3.3 喷漆工位的气流控制范围与飞机喷漆区其他区域之间，宜采用风幕进行隔离，风幕系统应独立设置，进风应取自非防爆区。

7.3.4 采用气流覆盖的通风方式时，送风口的型式、数量、位置及出口风速等应通过计算确定。

7.3.5 送风口应具有调节气流流向和速度的功能，宜采用能自动平衡风量的风口。

7.3.6 送、排风系统应按飞机的部位划分，并应对称布置。送风总管宜设风量测量孔。

7.3.7 送风系统应经初效和中效两级过滤，并应满足喷漆生产工艺要求。

7.3.8 排风地沟应采用通行或半通行地沟。主地沟内风速宜小于 6m/s，支地沟内风速宜小于 4m/s。地面排风口或支风沟应有风量调节装置，地面排风口宜设过滤装置。

7.3.9 排风系统应采取相应的废气净化措施，废气排放应符合现行国家标准《大气污染物综合排放标准》GB 16297 的有关规定。喷漆作业产生的漆雾及有机废气严禁未经处理直接排至室外大气。

7.3.10 零部件喷漆间可根据工件尺寸和工艺设备类型，采用局部通风或全空气覆盖的通风方式。

7.3.11 调漆间宜设局部排风系统，且应按事故排风不小于 12 次/h 校核。

7.3.12 漆料暂存间宜设全室换气的通风系统，通风量平时不应小于 6 次/h，事故排风不应小于 12 次/h。

7.3.13 送风机房应设送风量不小于 2 次/h 的送风系统；排风机房应设排风量不小于 1 次/h 的排风系统，排风口宜设在机房下部。喷漆区吊顶内应设 1 次/h～2 次/h 的通风系统。

7.3.14 飞机喷漆机库各生产辅助用房的排风系统应单独设置。

7.3.15 排风管可采用镀锌钢板，废气采用湿法净化时，过滤器后端至排风机前的风管应采用不锈钢板。

7.3.16 送风系统温度高于 50℃时，应采用耐高温空气处理机组。

7.3.17 通风系统应进行热、风平衡计算。

7.3.18 仅用于冬季加热的通风系统，当新风和排风温度差大于或等于 15℃时，宜设置显热能量交换装置。

7.3.19 当含有漆雾及有机废气的排风系统设有能量交换装置时，废气应经净化过滤后再进入能量交换装置，且排风不得污染新风。能量交换装置的额定温度效率不应低于 60%。

7.4 空 气 调 节

7.4.1 准备工位、喷漆工位、调漆间、漆料暂存间等区域和房间的室内设计温度，应根据喷漆生产工艺要求确定。

7.4.2 喷漆工位、调漆间及漆料暂存间的空调系统应为直流空调系统。

7.4.3 空调系统应按各项逐时冷负荷的综合最大值确定。

7.4.4 全空气直流式空调系统新风和排风温度差大

于或等于8℃时，宜设置全热能量交换装置，能量交换装置的额定焓效率不应低于50%。

7.5 防火与防爆

7.5.1 喷漆工位、调漆间、漆料暂存间、零部件喷漆间等防爆区域的送风、循环风和排风系统的风机、电机及活动部件、转轮能量交换装置，应采用防爆型。送风机设置在单独隔开的机房且送风干管上设有防倒流装置时，可采用普通型。系统中的电机及电动调节阀的执行器在非防爆区域时，可采用普通型。

7.5.2 喷漆工位的送风、排风系统及干燥工位的循环风系统的设备布置，应符合下列规定：

1 当送、排风系统未设置能量交换装置时，应符合下列规定：

1）送、排风系统的设备应分别布置在专用的通风机房内；

2）循环风系统的设备与全新风系统的设备不应布置在同一机房。

2 当送、排风系统已设置能量交换装置且送、排风系统的设备布置在同一机房时，其送风机应采用压入式，排风机应采用抽出式。

3 喷漆工位的排风机不应和其他房间的送、排风设备布置在同一机房。

4 防爆型排风机不应布置在建筑物的地下室或半地下室。

7.5.3 送、排风系统风管穿过机房的隔墙、楼板或防火分隔处时，应设置防火阀，并应采用防火材料封堵。

7.5.4 防火阀熔断器的温度设置宜高于系统最高工作温度25℃。

7.5.5 防爆排风系统的管道严禁穿过防火墙和有爆炸危险性房间的隔墙，并不应暗装，应直接排至室外安全处。

7.5.6 通风管与通风设备应接地。

7.5.7 通风和空调系统的风管应采用不燃烧材料制作，飞机喷漆区及防爆房间通风空调系统的保温材料、消声材料及柔性连接管，应采用不燃烧型。

7.6 监测与控制

7.6.1 生产供热系统、通风空调系统应设置监测与控制系统。控制装置应具有自动控制和就地手动控制功能。

7.6.2 干燥工位宜设温度、湿度监测及超温报警装置。

7.6.3 喷漆工位的新风加热系统、干燥工位的热风循环加热系统，宜设温湿度自动控制装置。

7.6.4 送风机组的过滤器应设压差传感器，终阻力达到设定值时，应发出报警信号。

7.6.5 飞机喷漆区、排风过滤室、排风地沟内及干燥工序循环风系统的总回风口处，应设置可燃气体浓度报警装置，超限报警时，应能联动启动排风机。

7.6.6 当喷漆区发生火灾报警并确认后，应关闭相应送、排风系统。

7.6.7 送风机组、热风循环机组停止工作时，应先关闭加热系统的电动阀，并应待送风机组内的温度降至室温后，再关闭风机，同时应联动关闭送风电动阀。

7.6.8 严寒和寒冷地区的送风机组应采取防冻措施。

8 供　气

8.0.1 飞机喷漆机库的压缩空气气源应满足喷漆生产工艺要求，来自厂区的压缩空气管线宜在入口处设置气体净化装置。

8.0.2 在飞机喷漆机库内设置空压站时，宜根据负荷特性曲线，经技术经济综合比较，确定空压机台数和储气罐的容量，并宜配置气体净化装置。空压机的配置数量不宜少于2台。

8.0.3 喷漆作业人员采用呼吸器时，所提供的压缩空气压力及品质应满足呼吸器产品的技术要求。

8.0.4 压缩空气管道在厂房入口处应设置切断阀门、压力表和流量计。

8.0.5 压缩空气管道应采用不锈钢管或铜管。管道的阀门和附件，其密封、耐磨、抗腐蚀性能应与管材相匹配。

8.0.6 气体管道的连接应采用焊接的形式；气体管道与设备、阀门及其他附件的连接应采用法兰或螺纹连接。

8.0.7 压缩空气管道的设计除应符合本规范的规定外，尚应符合现行国家标准《压缩空气站设计规范》GB 50029和《压力管道规范　工业管道》GB/T 20801的有关规定。

9 电　气

9.1 供配电

9.1.1 Ⅰ、Ⅱ类飞机喷漆机库的消防和应急照明设备用电负荷等级应为一级。Ⅲ类飞机喷漆机库的消防和应急照明设备用电负荷等级应为二级。

9.1.2 变电所不应采用油浸式变压器，且应靠机库外墙设置。当需要与甲、乙类场所贴邻建设时，应单面贴邻，并应采用无门窗洞口的实体防火墙隔开。

9.1.3 爆炸危险区域内电气设备的选型和配电线路的安装，应符合现行国家标准《爆炸和火灾危险环境电力装置设计规范》GB 50058的有关规定。

9.1.4 低压配电系统不应采用TN-C接地型式，所有电气设备导电金属外壳，包括照明灯具，均应与专用保护地线可靠连接。

9.1.5 配电和控制电线、电缆应采用铜芯导体，集中成束敷设时应采用阻燃型电线、电缆。吊顶内的电气线路穿管敷设时，应穿镀锌钢管。线路穿越墙、楼板时，应采用和建筑材料耐火性能相当的防火堵料严密封堵。

9.1.6 大型制冷机组及空调机组应装设电能计量表。

9.2 照 明

9.2.1 在符合喷漆生产工艺对于照度、显色性和眩光值要求的前提下，应采用高光效光源、高效灯具和节能型电器附件。

9.2.2 电气照明的功率密度值和灯具能耗指标的确定，应符合现行国家标准《建筑照明设计标准》GB 50034 的有关规定。

9.2.3 飞机喷漆区的照明应具有防止灯具及其碎片坠落的防护措施。

9.2.4 飞机喷漆区的照明控制应按喷漆工位分区控制，宜根据照明使用的特点，设置多处照明开关控制装置。当飞机喷漆区设置集中控制室时，集中控制室内应可控制整个喷漆区照明。

9.2.5 飞机喷漆区应设置安全照明，喷漆作业面上的安全照明照度不应低于一般照明照度的5%。安全照明应能瞬时启动，连续应急工作时间不应少于30min。

9.2.6 由附属用房通往飞机喷漆区的入口上方应设置工作状态显示灯箱。

9.3 防雷、接地和等电位联结

9.3.1 飞机喷漆机库的防雷设计应符合现行国家标准《建筑物防雷设计规范》GB 50057 的有关规定，防直击雷和雷电感应措施应满足第二类防雷建筑物的要求。

9.3.2 排放可燃和爆炸性气体的排气管应设置接闪杆保护。

9.3.3 飞机喷漆区应设置泄放静电电荷的接地端子。连接接地端子的接地导体应就近连接至飞机喷漆机库接地系统。

9.3.4 飞机喷漆机库内电气装置应设置总等电位联结。漆料暂存间和调漆间等有爆炸危险的场所应设置局部等电位联结，入口处应设置人体消除静电装置。

9.4 电 气 控 制

9.4.1 飞机喷漆区宜设置集中控制室，集中控制室应设置在靠近疏散通道并便于观察飞机喷漆区的位置。

9.4.2 飞机喷漆区的通风空调系统宜按喷漆工艺流程设置相应的控制工况，温度、湿度控制应采用自动控制方式。

9.4.3 喷漆用供气系统以及通风机房的通风系统，应与飞机喷漆区主通风机连锁控制。

9.5 火灾自动报警及控制

9.5.1 飞机喷漆机库应设置火灾自动报警系统，火灾探测器的选择应符合下列规定：

1 飞机喷漆区宜选用火焰探测器和可燃气体探测器。

2 在地下室及与地面相通的地坑、地沟和其他区域内有可燃气体聚集的空间，应选用可燃气体探测器。

9.5.2 当可燃气体探测器探测到可燃气体浓度达到爆炸下限的25%时，应联动开启相应的通风设备。

9.5.3 确认火灾后，消防控制设备应能联动开启飞机喷漆机库大门。

9.5.4 易燃易爆场所火灾探测器及火灾报警器的选择，不应低于所在场所的爆炸性气体混合物的级别和组别。

9.5.5 消防控制室宜设置在便于观察飞机喷漆区的位置。

9.5.6 火灾自动报警系统设计除应符合本规范的规定外，尚应符合现行国家标准《火灾自动报警系统设计规范》GB 50116 的有关规定。

9.5.7 飞机喷漆机库内灭火设备的控制应符合现行国家标准《飞机库设计防火规范》GB 50284 的有关规定。

9.6 通讯及安全防范

9.6.1 飞机喷漆机库内宜设置计算机网络系统，计算机网络设备宜设置在专用的设备间内。办公用房宜设置计算机网络端口及电话端口。

9.6.2 在重要的设备机房及出入口处宜设置通道控制装置。

9.6.3 在飞机喷漆机库出入口处宜设置视频监控设备，监控信号宜引至消防控制室或上一级监控中心。

本规范用词说明

1 为便于在执行本规范条文时区别对待，对要求严格程度不同的用词说明如下：

1）表示很严格，非这样做不可的：
正面词采用“必须”，反面词采用“严禁”；

2）表示严格，在正常情况下均应这样做的：
正面词采用“应”，反面词采用“不应”或“不得”；

3）表示允许稍有选择，在条件许可时首先应这样做的：
正面词采用“宜”，反面词采用“不宜”；

4）表示有选择，在一定条件下可以这样做的，采用“可”。

2 条文中指明应按其他有关标准执行的写法为：“应符合……的规定”或“应按……执行”。

引用标准名录

《污水综合排放标准》GB 8978

《大气污染物综合排放标准》GB 16297

《建筑设计防火规范》GB 50016

《采暖通风与空气调节设计规范》GB 50019

《压缩空气站设计规范》GB 50029

《建筑照明设计规范》GB 50034

《建筑物防雷设计规范》GB 50057

《爆炸和火灾危险环境电力装置设计规范》GB 50058

《自动喷水灭火系统设计规范》GB 50084

《火灾自动报警系统设计规范》GB 50116

《建筑灭火器配置设计规范》GB 50140

《飞机库设计防火规范》GB 50284

《压力管道规范 工业管道》GB/T 20801

美国消防协会《飞机库防火标准》NFPA 409（2004年版）

美国消防协会《飞机维修标准》NFPA 410（2010年版）

中华人民共和国国家标准

飞机喷漆机库设计规范

GB 50671—2011

条 文 说 明

制 定 说 明

《飞机喷漆机库设计规范》GB 50671—2011经住房和城乡建设部2011年4月2日以第978号公告批准发布。

本规范制定过程中，编制组进行了大量的调查研究，总结了我国50年来飞机喷漆机库设计、使用和维护等方面的实践经验，同时参考了国外先进技术法规、技术标准，如美国消防协会《飞机库防火标准》NFPA 409（2004年版）、《飞机维修标准》NFPA 410（2010年版）、《易燃可燃物喷雾设备的应用标准》NFPA 33、《国家电气法规》NFPA 70，国际电工委员会《爆炸性气体环境用电设备 第14部分：危险场所分类》IEC 60079—10等，通过对飞机喷漆机库气流组织进行数值模拟分析和现场测试，对民航飞机喷漆机库可燃气体成分、浓度分布及点火等试验，取得了飞机喷漆机库通风气流组织和爆炸危险区域划分等重要技术参数。并通过多次火灾危险性、爆炸危险区划分及防爆问题的专题研讨会，确定了飞机喷漆机库爆炸危险区域划分的原则和方法。

为便于广大设计、施工、科研、学校等单位有关人员在使用本规范时能正确理解和执行条文规定，《飞机喷漆机库设计规范》编制组按章、节、条顺序编制了本规范的条文说明，对条文规定的目的、依据以及执行中需注意的有关事项进行了说明，并着重对强制性条文的强制性理由作了解释。但是，本条文说明不具备与标准正文同等的法律效力，仅供使用者作为理解和把握本标准规定的参考。

目　次

1 总 则

1.0.1 本条规定了制定本规范的目的。

飞机喷漆生产中所使用的原料大多数含有易于着火、对人体健康有害的、挥发性的有机溶剂、树脂、颜料等。在喷涂作业中始终存在着火灾，甚至有产生爆炸的可能；飞机喷漆时，飞机油箱和燃油系统中存在数量不等的航空煤油，在喷漆过程中有可能发生燃油泄漏事故，出现易燃液体流散、挥发，引起局部爆燃和火灾；飞机整机和主要部件体形大、价值昂贵。喷漆机库多为大跨度高大空间，其屋顶承重构件除承受屋架荷载外，还有可能承受悬挂式升降平台、悬挂工作坞等附加荷载，此外，喷漆生产工艺对机库内的环境、消防及配套动力设施等有特殊的要求，导致喷漆机库造价很高。因此，安全、节能、环保等对飞机喷漆机库来说十分重要。

1.0.2 本规范适用于所有飞机整机及主要部件的喷漆机库，包括总装和维修工作中涉及的飞机整机及主要部件的喷漆厂房，也适用于直升机等其他航空器的喷漆机库或厂房。

2 术 语

2.0.1 本条定义的飞机喷漆机库除了指用于飞机整机清洗、退漆、喷漆的建筑物外，还包括了飞机主要部件清洗、退漆、喷漆等的建筑物或车间。

2.0.2 本条定义的飞机喷漆区即指通常意义上的喷漆机库大厅或部件喷漆间。与喷漆区直接相通又无防火隔断的房间，应视为飞机喷漆区。

2.0.3 一般在飞机喷漆机库工位上进行的准备、清洗、打磨、退漆、局部化学处理（氧化）、刷镀、保护、喷漆、干燥或固化等工作可以在1个或多个工位上进行。通常将这些工位称为准备工位、喷漆工位、干燥工位。

2.0.5 等同采用美国消防协会《飞机库防火标准》NFPA 409（2004年版）的定义：残余油量少于油箱及管道容量的0.5%时，可视为飞机不带油。

国内某些飞机制造厂，飞机总装后不需要试飞就进行整机喷漆工作，此时飞机油箱内没有燃油。此外，一些飞机主要部件如机翼、垂直尾翼、水平尾翼、机身段喷底漆时不存在有油的情况，这样的喷漆机库不存在燃油火灾。其消防设施主要针对漆雾和有机溶剂挥发的可燃物，这些可燃物远比飞机所带燃油少，在保证安全的前提下，灭火设施可简化并大大减少投资。

3 飞机喷漆机库分类和爆炸危险区域划分

3.0.1 飞机喷漆机库的分类是按飞机喷漆区建筑面积的大小实行区别对待的原则制定的。在确保飞机喷漆机库消防安全的前提下，适当减少消防设施投资是必要的。

目前国内已经建成的飞机喷漆机库的喷漆区建筑面积情况总体如下：

1) 单架大型飞机如A380、B747-400飞机进行整机喷漆需要的建筑面积小于8000m²、大于5000m²；

2) 单架中型飞机如B767-300、IL—76、Y8发展型飞机进行整机喷漆需要的建筑面积小于5000m²、大于3000m²；

3) 单架B737系列飞机及其他小型飞机进行整机喷漆需要的建筑面积小于3000m²。

考虑到今后近10年内大型飞机的发展及实际可能的喷漆需求，本规范将飞机喷漆机库分为三类：

Ⅰ类：单个喷漆区的建筑面积为5001m²～10000m²。

Ⅱ类：单个喷漆区的建筑面积为3001m²～5000m²。该类飞机喷漆机库仅能对中型飞机进行喷漆。

Ⅲ类：单个喷漆区的建筑面积小于或等于3000m²。该类飞机喷漆机库仅能对小型飞机进行喷漆。火灾面积和火灾损失相对更小，采用的灭火设施相对简单一些。

3.0.2 本条规定了飞机喷漆机库内爆炸危险区域的划分范围。

喷漆作业场所存在爆炸和火灾危险，合理划分爆炸危险区域十分必要。本条规定的飞机喷漆机库内爆炸危险区域划分范围的确定是参考国内标准、国际标准和一些设计实例进行的。

国内外有关标准的划分方法如下：

1 国际标准《爆炸性气氛 第10部分 爆炸气氛的场所分类》IEC 60079-10-1，欧洲标准《爆炸性气氛 第14部分 电气设备设计、选择和安装》EN 60079-14：2008。

爆炸危险场所应根据危险性爆炸气氛出现的可能性来划分爆炸危险区，区域的类型主要取决于释放源和通风。通常，对存在易燃蒸气和薄雾的场所划分为：

0区——危险性易爆气体经常或长时间存在的场所。

1区——危险性易爆气体偶然出现的场所。

2区——危险性易爆气体很少且短时间出现的场所。

2 美国消防协会《易燃和可燃材料的喷涂应用标准》NFPA 33。

第4.3.1条：在开敞的喷漆区域，喷漆区为1区，喷漆区外水平6.10m（20ft）、垂直3.05m（10ft）的范围内为2区。

3 美国消防协会《国家电气法规》NFPA 70。

第505节等效采用了国际电工委员会关于可燃气

体或蒸气的爆炸危险区域的分级规定，也分为0区、1区、2区。第513节有关飞机库内危险区域划分的规定如下：

1）飞机停放地面以下的地沟、地坑到地面的区域为1区；

2）飞机停放的整个区域，包括与其相通而没有隔断的区域，其空间高度到地面以上0.46m（18in）为2区；

3）飞机停放区域内距飞机发动机、油箱水平距离1.53m（5ft），并从地面向上延伸到机翼和发动机外壳表面上方1.53m（5ft）处为2区；

4）不释放可燃液体或蒸气的区域，如储藏间、电气控制室以及其他有良好通风和用分隔墙与机库有效分隔的区域可以不用分区。

第516节有喷漆危险区域的划分，在开敞的喷漆区域，喷漆区为1区，喷漆区外水平6.10m（20ft）、垂直3.05m（10ft）的范围内为2区。

4 美国消防协会《飞机库防火标准》NFPA 409（2004年版）。

第10.4.1条：喷漆机库内的电气设备应符合美国消防协会《国家电气法规》NFPA 70第513条和第516条以及本规范第10.4.2条～第10.4.5条的有关规定。

第10.4.2条：飞机周围3m（10ft）远、3m（10ft）高的区域应被视为一类一级场所。该区域的所有电缆和电气设备应按NFPA 70第501条款的适用规定进行安装使用。

第10.4.3条：飞机周围3m～9.1m（10ft～30ft）远，且3m～6.1m（10ft～20ft）高的区域应被视为一类二级场所。该区域的所有电缆和电气设备应按美国消防协会《国家电气法规》NFPA 70第501条款的适用规定进行安装使用。

5 德国××公司对飞机喷漆车间爆炸危险区域的划分如图1～图4所示。

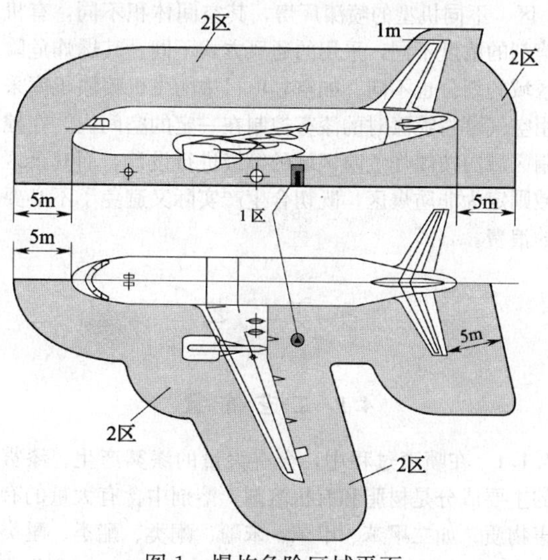

图1 爆炸危险区域平面

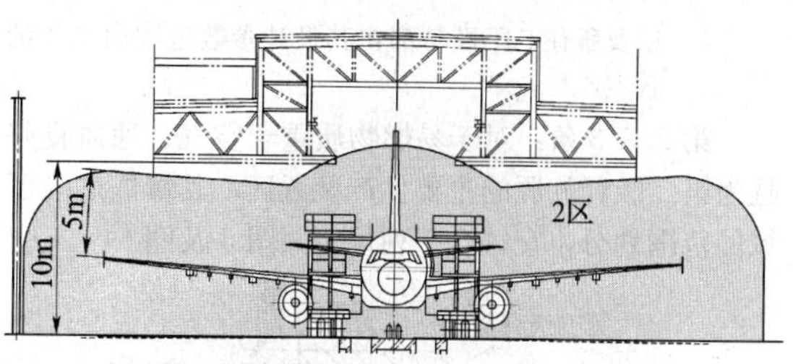

图2 爆炸危险区域剖面1

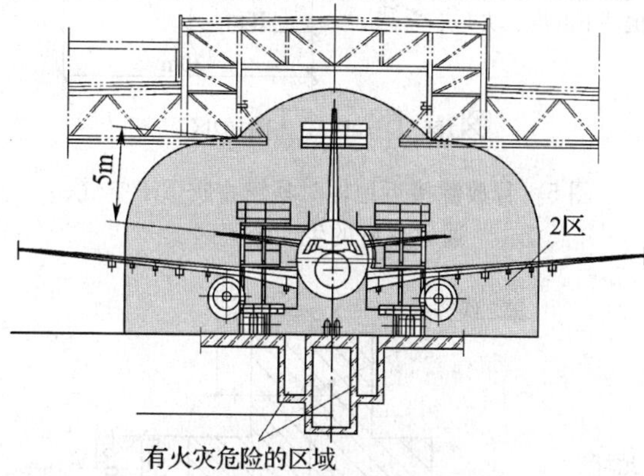

图3 爆炸危险区域剖面2

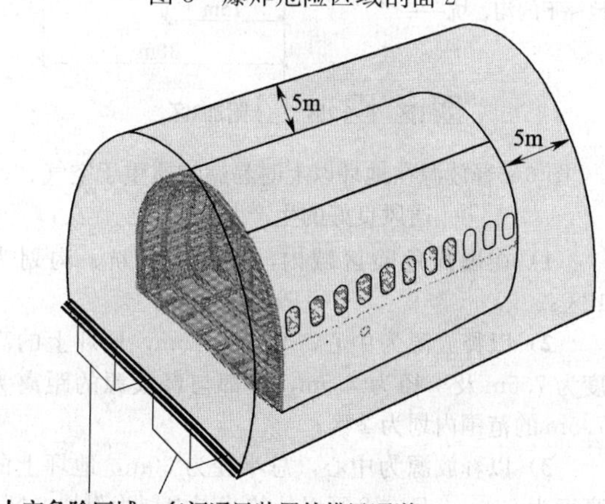

图4 飞机主要部件喷漆爆炸危险区域

6 现行国家标准《爆炸和火灾危险环境电力装置设计规范》GB 50058—92。

第2.2.1条：爆炸性气体环境应根据爆炸性气体混合物出现的频繁程度和持续时间，按下列规定进行分区：

0区：连续出现或长期出现爆炸性气体混合物的环境；

1区：在正常运行时可能出现爆炸性气体混合物的环境；

2区：在正常运行时不可能出现爆炸性气体混合物的环境，或即使出现也仅是短时存在的爆炸性气体混合物的环境。

注：正常运行是指正常的开车、运转、停车，易燃物质产品的装卸，密闭容器盖的开闭，安全阀、排放阀

以及所有工厂设备都在其设计参数范围内工作的状态。

第 2.3.3 条：对于易燃物质重于空气、通风良好且为第二级释放源的主要生产装置区，其爆炸危险区域的范围划分，宜符合下列规定（图 5 及图 6）：

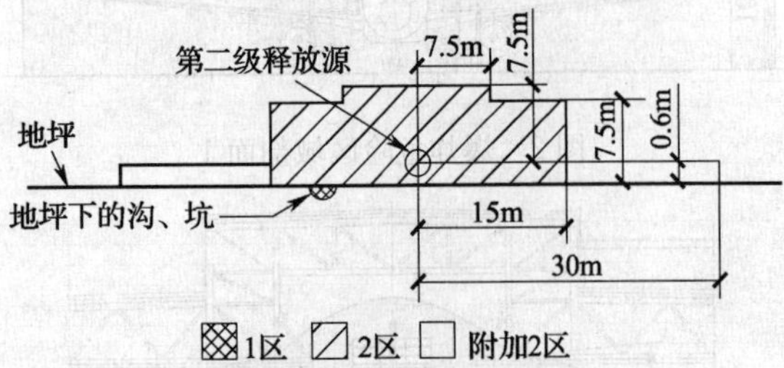

图 5 释放源接近地坪时易燃物质重于空气、通风良好的生产装置区

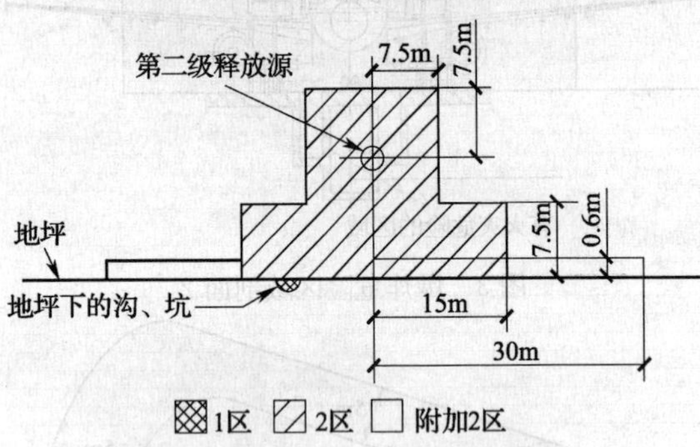

图 6 释放源在地坪以上时易燃物质重于空气、通风良好的生产装置区

1）在爆炸危险区域内，地坪下的坑、沟划为1区；

2）以释放源为中心，半径为 15m，地坪上的高度为 7.5m 及半径为 7.5m，顶部与释放源的距离为 7.5m 的范围内划为 2 区；

3）以释放源为中心，总半径为 30m，地坪上的高度为 0.6m，且在 2 区以外的范围内划为附加 2 区。

7 《民用航空器维修 地面维修设施 第 2 部分：喷漆机库》MH/T 3012.2—2008。

0 区：喷枪的喷射流。

1 区：

1）绕喷嘴半径为 1m 的范围内的空间区域（不含喷射流）；

2）地面上的漆料容器和搅拌容器周围半径为 1.5m 的空间区域；

3）距离溶剂容器 1.5m 的空间区域；

4）机库大厅地面以上 0.5m 内、地面以下与地面相通的地沟内的区域以及与其相通的地下区域。

综上所述，本规范编制主要是参考美国消防协会《飞机库防火标准》NFPA 409（2004 年版）第十章喷漆机库。考虑喷漆时产生可燃物和喷漆时大多数飞机带油等因素，规定 1 区为：以飞机整机或飞机主要部件外形为基点，向外延伸 3.0m 并向下投影的空间区域，及飞机喷漆区与地面相通的地沟、地坑及与其相通的其他区域，此处的“其他区域”指为喷漆区服务且与喷漆区通过地沟相连通的过滤室。规定 2 区为：与飞机喷漆区相通而无隔断的地面区域，其空间高度到地面上 0.5m 处，及以飞机整机或飞机主要部件外形为基点，向外延伸 6.0m 并向下投影除 1 区以外的空间区域。

上述划分方法科学严谨、依据充分。同时，考虑到飞机整机喷漆时，垂直尾翼高、离厂房屋顶或吊顶距离近等特点，将距离飞机垂直尾翼上 1.5m～3.0m 的空间区域视为 2 区。

此外，本条附注中说明在通风良好的情况下，可以降低爆炸危险区域等级。具体依据如下：

1）多数飞机喷漆机库属高大空间，经理论计算和现场测试，在通风良好时，混合气体浓度远低于其爆炸下限。

2）航空工业工程建设标准《喷漆机库设计规定》HBJ 12—95 第 4.1 条规定“如喷漆机库内装有自动检测仪器，能在爆炸性气体最易集结的地方，气体浓度达到爆炸下限的 25%时可靠发出信号，并自动有效启动通风装置时，上列区域的级别均可降低一级”。

3）现行国家标准《爆炸和火灾危险环境电力装置设计规范》GB 50058 第 2.2.4 条和第 2.2.5 条规定中对通风良好有相应的规定：

第 2.2.4 条：爆炸危险区域内的通风，其空气流量能使易燃物质很快稀释到爆炸下限值的 25%以下时，可定为通风良好。

第 2.2.5 条：应根据通风条件调整区域划分：

当通风良好时，应降低爆炸危险区域等级；当通风不良时应提高爆炸危险区域等级。

需要说明的是，爆炸危险区域的划分只是电气防爆要求的区域划分，在生产中 0 区是极个别的，大多数情况属于 2 区，在设计时应采取合理措施尽量减少 1 区。不同机型的喷漆厂房，其空间体积不同，有机溶剂的浓度不同，采用的通风方式不同，其爆炸危险区域的划分也不同。如空客项目中的飞机喷漆机库采用空气幕将喷漆时的漆雾控制在一定的空间内，在控制区域内按爆炸危险区域的等级进行设计，而其余区域则定为非防爆区，既切合生产实际又避免了不必要的浪费。

4 工 艺

4.1 工 艺 布 置

4.1.1 在喷漆过程中，会有大量的漆雾产生。漆雾的主要成分是树脂和有机溶剂。溶剂中含有大量的有害物质，如二甲苯、甲苯、苯酚、酮类、酯类、醚类等挥发性溶剂的气体，这些挥发性溶剂的气体容易集聚产生爆燃。根据建筑设计防火规定，飞机喷漆机库宜单独设置。当由于总图位置、工艺布局等要求飞机喷漆机库必须与装配厂房或维修机库等合建时，应采用防火墙隔开。

4.1.3 飞机喷漆机库的跨度应考虑配套工作梯架停放在机库两侧时飞机进出机库需要的最小安全距离，机库的高度应根据飞机机身最高处及垂直尾翼的高度来确定。飞机喷漆机库大门的宽度、高度应满足飞机进出的需要。具体数据参考《民用航空器维修 地面安全》MH/T 3011.2—2006 的有关规定，详见表 1。

表 1 机坪停放航空器间隔净距离（m）

基准代号	翼展	主起落架外轮距离	最小净距离
A	<15	<4.5	3
B	15（含）～24	4.5（含）～6	3
C	24（含）～36	6（含）～9	4.5
D	36（含）～52	9（含）～14	7.5
E	52（含）～65	9（含）～14	7.5
F	65（含）～80	14（含）～16	7.5

同时，飞机喷漆机库的空间在满足生产要求的前提下应设计紧凑。大型喷漆机库的喷漆区可分前、后两种高度、两种跨度设计，使厂房形式接近机型以减少空间。喷漆区高度的变化还应考虑上部悬挂设备的服务范围和服务方式。

4.1.6 由于飞机需要喷漆的面积较大，其需要的漆料、固化剂、稀释剂等消耗量也较大，为安全起见，本条规定了漆料暂存间存放的漆料、固化剂、稀释剂的储量，与现行国家标准《建筑设计防火规范》GB 50016 的要求一致。

4.2 工艺设备

4.2.1 工作平台的型式有多种，有固定式工作平台、地面或悬挂式升降平台等。设计时可以根据生产需求、建设投资等情况进行选择。同时，平台踏板选择应考虑对通风透空率的要求。

4.3 喷漆区环境及配套设施要求

4.3.1 飞机喷漆区进风应过滤，对尘埃的大小应适当控制，以保证环境空气清洁，防止各种细小粒度的灰尘等杂质进入机库内附着在漆膜表面，影响漆膜质量。

4.3.2 本条规定了飞机喷漆机库不同房间或工位对温、湿度的一般要求。设计时可根据建设投资、采用漆料的喷涂环境要求等进行调整。比如有的喷漆工位要求最佳温度范围为 20℃～30℃，最佳湿度范围为 40％～60％，这种情况下就需要设计空调。但空调运行费用昂贵、能耗大。为此，除非有特殊工艺要求，一般采取合理组织生产，避开高温高湿天气喷漆，而不推荐设计空调。

4.3.3 喷漆作业用压缩空气质量应符合现行国家标准《压缩空气 第 1 部分：污染物净化等级》GB/T 13277.1 的有关规定。

4.3.4 喷漆机库内，清洗飞机用水主要用于飞机退漆前、后的清洗及飞机打磨后的清洗，如果采用阿洛丁进行飞机表面蒙皮的处理，则在阿洛丁处理后也需要用水进行清洗。

由于飞机制造厂及维修基地的水源有城市市政供水或自备深井水等不同情况，对影响飞机喷漆质量的一些水质指标可参考现行国家标准《生活饮用水卫生标准》GB 5749 中的部分指标的限值。指标如下：总硬度（以 $CaCO_3$ 计）小于或等于 450mg/L，pH 值 6.5～8.5，溶解性总固体（TDS）小于或等于 1000mg/L。

飞机清洗水去离子水水质可参考航空工业标准 HB 5472 中的 B 类去离子水水质指标。指标如下：电阻率（25℃）大于或等于 7000Ω · cm，pH 值 5.5～8.5，溶解性总固体（TDS）小于或等于 100mg/L。

清洗用水一般要求供给冷、热两种温度，冷水温度为常温，热水温度多为 60℃～70℃。

4.3.5 根据对国内外已建飞机喷漆机库及厂房内飞机清洗用水量的分析，其平均值约 7.5L/m² · 次，飞机整机表面清洗水量详见表 2。清洗一架次飞机历时因各种需求变化较大，本处仅提出常用值，一般清洗一次为 1h～2h。由于清洗飞机用的清洗设备差异较大，供水压力要求也各不相同，故需根据实际工作中的不同设备和用户需求计算确定系统供水压力。

表 2 飞机整机表面清洗水量

机　型	B757-200/300	B737-300/400/500	B777-200/300	B747	A320	A380
表面积（m²）	1082.56/1171.43	624/661/595	2359/2538	2823	929	3706
耗水量（m³）	8.33	5.11	18.75	18.93	7.00	26.50
单位面积耗水量（L/m²）	7.69/7.11	8.19/7.73/8.59	7.95/7.39	6.70	7.53	7.15

4.3.9 在飞机喷漆区的地面上设置若干静电接地栓，以消除和控制飞机整机或飞机主要部件、工作平台、工作梯架、设备等的静电集聚；在机库内工人进出口设置去除静电的设施。

4.3.11 电动启闭装置有自动控制和手动控制两种型式。停电时，大门应能通过手动机械装置应急启闭。当大门移动时小门不能开启；当小门开启时大门不能移动。

5 建筑结构

5.1 总平面布局

5.1.1 飞机喷漆机库的总图位置通常靠近机场的滑

行道或停机坪，建筑高度受机场净空限制，这对喷漆机库的选址非常重要。

5.1.2 根据现行国家标准《建筑设计防火规范》GB 50016 对厂房的防火间距的规定，在两座甲类厂房防火间距 12.0m 的基础上，考虑到飞机喷漆机库价值高、体形高大、生产火灾危险性大等特点，同时参考了国外对飞机库防火间距的规定，确定防火间距为 15.0m。

5.1.3 本条是根据现行国家标准《飞机库设计防火规范》GB 50284，并参考了国外对飞机库防火间距的规定制定的。表中未规定的防火间距，应根据现行国家标准《建筑设计防火规范》GB 50016 的有关规定参考同类厂房确定。

5.1.4 飞机喷漆机库体量大，为了扑救火灾及时，应采用设置环形消防车道的方式来满足灭火需要。

5.1.5 飞机喷漆机库跨度及进深大时，为了及时扑救火灾和保护人员，应设置能满足消防车进出建筑物内部的出入口。

5.1.6 消防梯是方便消防人员准确快捷到达屋面作业的固定设施。为此，至少应有 2 部消防梯由室外地坪直达飞机喷漆区屋面。

5.2 平面布置与建筑防火

5.2.1 考虑到飞机喷漆机库的价值高，本规范不规定采用三、四级耐火等级的建筑。Ⅲ类飞机喷漆机库的规模较小，耐火等级适当降低，但不应低于二级。与飞机喷漆机库贴邻建造的生产辅助用房的耐火等级应符合现行国家标准《建筑设计防火规范》GB 50016 的有关规定，但也不应低于二级。

5.2.2 本条是以现行国家标准《建筑设计防火规范》GB 50016 及《高层民用建筑设计防火规范》GB 50045 为依据，参考国外标准制定的。

5.2.3、5.2.4 根据现行国家标准《建筑设计防火规范》GB 50016 的规定，并结合飞机喷漆机库屋顶承重构件多为钢构件的特点而制定。支承屋顶承重构件的钢柱和柱间钢支撑可采用防火隔热涂料保护。本标准规定飞机喷漆机库钢屋顶承重构件的保护可采用多种措施，如泡沫—水雨淋灭火系统、自动喷水灭火系统、外包敷防火隔热板或喷涂防火隔热涂料等措施供选择采用，这样可在不降低飞机喷漆机库钢屋顶承重构件防火安全的前提下，防止重复设置造成资源浪费。

5.2.5 为了生产管理方便和满足飞机喷漆工艺的需求，有可能将生产管理用房、生产辅助用房、配电室及动力站等配套用房与飞机喷漆区贴邻，按防火分区的要求，要用防火墙将其隔开。采用防火卷帘代替防火门时，防火卷帘的耐火极限应按现行国家标准《门和卷帘的耐火试验方法》GB 7633 中背火面升温的判定条件进行。

5.2.6 飞机喷漆机库与飞机库合建时，飞机喷漆机库应靠端部设置，降低对附近机库的影响。当飞机喷漆区为两个或两个以上喷漆区时，为了生产需要，在其分隔防火墙上开设尺寸较大的门，为此，本规范规定采用甲级防火门或耐火极限大于 3.00h 的防火卷帘。要求该门两侧均设火灾探测器联动关闭装置，并具有手动和机械操作功能。

5.2.8 漆料暂存间、调漆间是喷漆机库中必须设置的生产房间，由于需设置泄压设施，应靠外墙设置。

5.2.9 本条根据现行国家标准《建筑设计防火规范》GB 50016 和《飞机库设计防火规范》GB 50284 结合飞机喷漆机库的特点制定。

5.2.10 本条根据现行国家标准《飞机库设计防火规范》GB 50284 中第 4.1.7 条制定。

5.2.11 本条是关于安全疏散的要求。飞机喷漆区的安全疏散距离与现行国家标准《飞机库设计防火规范》GB 50284 中飞机停放和维修区一致。其他安全疏散措施应符合现行国家标准《飞机库设计防火规范》GB 50284 的有关规定。

5.2.13、5.2.14 飞机喷漆机库大门应有手动启闭装置和使用拖车、卷扬机等辅助动力设备启闭的装置。设有人行道时，应在它们之间设防护栏，以保证人、车各行其道。

5.2.15 本条是对调漆间、漆料暂存间防爆泄压的要求。调漆间、漆料暂存间平面布置要求应遵守第 5.2.8 条的规定。

5.3 建 筑 构 造

5.3.1 飞机喷漆机库是重要的工业建筑，设施复杂，造价高，且飞机价格昂贵，从防火安全考虑，要求重要构件采用不燃烧材料。

5.3.2 本条是为了防止喷漆生产过程中产生的有机溶剂挥发物因地面摩擦而打出火花引起燃烧提出的要求，为减少可燃物或难燃物并消除火灾的条件而制定此条。

5.3.3、5.3.4 目的是保证飞机喷漆的环境质量要求。

5.3.5 飞机退漆时，有可能使用退漆剂等腐蚀性液体，为了保证地面的耐久性，应采用耐腐蚀的面层材料或对地面采取保护措施。

5.3.6 飞机喷漆机库的能耗大，建筑外围护结构应采取保温、节能措施。

6 给排水及消防设施

6.1 给 水

6.1.2 由于飞机退漆、喷漆工艺的周期较长，仅在喷漆前对飞机表面的清洗采用去离子水，故去离子水制备设备的制水能力、去离子水贮水设备的容积、供水设备的供水能力之间需根据用水情况进行匹配，且去离子水储存期不能过长导致水质变坏，影响清洗效果。常用措施如与机库内其他表面处理车间共用制水设备、定期循环处理以更换贮水箱内的去离子水等。

6.1.3 为避免消防水池内水质恶化，一般需定期换水，为节约用水，在不影响飞机清洗质量的前提下，建议取用消防水池内的储水作为飞机清洗水源。

6.1.4 清洗飞机用的自来水管道宜采用钢衬塑管、工程塑料管及同材质配件；去离子水的管道、贮水箱、阀门和水泵等宜采用不锈钢、工程塑料等不对水质产生污染的材料；以不对水质产生污染为标准。

6.2 排 水

6.2.1 由于退漆水对一些有机物如橡胶、涂层等具有很强的腐蚀性，故排水沟内应采取防腐措施。毗邻建设的飞机喷漆区或飞机维修区一般为不同的防火分区，且火灾危险性较大，为避免火灾蔓延，要求其排水沟之间不应连通，或采取设水封的措施。

6.2.2 飞机清洗和退漆废水的特点为含有一类污染物的高浓度、较难降解、间歇排放的有机废水，其水质分为飞机清洗废水和飞机退漆废水两种。飞机清洗废水中不含有一类污染物，但含有较高浓度的石油类、表面活性剂等二类污染物，该废水 COD 一般在 1000mg/L 左右，目前飞机清洗剂多为环保产品，可在自然界中降解；飞机退漆废水中含有一类污染物，同时含有大量悬浮物、有机溶剂、芳香烃衍生物等，浓度高，较难降解，该废水 COD 一般在 6000mg/L 左右。

6.2.3 由于Ⅰ、Ⅱ类机库的消防用水一般远远大于喷漆区内排水沟的排水能力，且排水沟一般通过污水提升泵将生产废水提升至污水处理站，消防时消防废水充满排水沟后可能会溢流入机库地下排风沟使排风沟内充满消防水，或可能使污水处理站调节池溢流，如无妥善措施，消防废水会造成机库地下室进水，造成不必要的损失；故当喷漆机库建有地下室时，应避免喷漆机库地沟及设于地下室的通风室与地下室其他用房连通，通风室宜设置单独的出入通道。

初期消防排水含污染物较多，将对环境造成污染，故宜储存处理，储存初期消防排水水池可按前 10min 的消防水量考虑。

6.2.4 由于退漆水对一些有机物如橡胶、涂层等具有很强的腐蚀性，如某维修基地机库输送退漆废水的潜污泵，每年需更换一次潜水电机的防水橡胶，对生产运行带来很大影响，故作此规定。

6.2.5 为避免飞机喷漆区内可燃气体通过排水明沟进入飞机喷漆机库地下室等其他非爆炸危险区，故作此规定。

6.2.7 由于防腐性能较好的有机管材发展较快，故在规范条文中未对管材作具体的规定，输送退漆水的管道一般采用不锈钢管、工业型 CPVC 管道等。

6.3 消 防 设 施

6.3.1 飞机喷漆机库与飞机库的火灾危险性相似，故本条文中的Ⅰ、Ⅱ、Ⅲ类飞机喷漆机库飞机喷漆区灭火系统的设置分别对应现行国家标准《飞机库设计防火规范》GB 50284 中的Ⅰ、Ⅱ、Ⅲ类飞机库停放和维修区内灭火系统设置的有关规定。

6.3.2 不带油飞机的灭火系统设置是借鉴美国消防协会《飞机库防火标准》NFPA 409（2004 年版）的有关规定。由于飞机仅带小于总油量0.5%的油，已不能形成航空煤油的大规模流淌火灾，当钢屋架采取外包敷防火隔热板或喷涂防火隔热涂料等措施，使其达到规定的耐火极限后，可不设屋架内自动喷水灭火系统。

6.3.4 本条是参考美国消防协会《飞机维修标准》NFPA 410（2010 年版）第 10.2.8 条的规定，其原文为：飞机进行清洗、退漆或喷漆工作时，在紧靠作业面附近，至少放置 1 台规格不小于 20-B、C 的灭火器，在工作区域内放置 1 台规格不小于 80-B、C 的灭火器，这些灭火器随时可用。

此条中的灭火器配置级别 B、C 均为美国标准，与我国不同。为便于工程设计应用，同时便于我国设计人员执行，在本条中参考现行国家标准《建筑灭火器配置设计规范》GB 50140 中的灭火级别，修正系数 K 用于灭火器级别计算，采用 $K=0.15\sim0.20$，计算结果接近美国消防协会的上述规定。喷漆区内灭火器布置应满足每个工位设置最少 2 具 5kg 干粉（或 9L 泡沫）手提式灭火器，3 具 50kg 干粉（或 60L 泡沫）的推车式灭火器，并按飞机停放的具体情况临时布置在飞机附近。灭火器平时可放置在灭火器间或飞机喷漆区墙周边。

7 供暖、通风和空气调节

7.1 供 暖

7.1.3 散热器供暖系统主要通过对流传热，舒适性较好，运行费用较低，是首先考虑的供暖方式。

散热器供暖系统主要用于飞机喷漆区非工作状态，喷漆工作时与通风加热系统共同为机库服务。非工作状态，供暖系统一般要满足室内工作温度 16℃，由于飞机喷漆区空间大且布置散热器的位置有限，在严寒或寒冷地区热媒温度较低时，有时较难达到室内工作温度，但至少不能低于值班供暖温度 5℃。其他无特殊要求的生活、办公辅助用房，则完全依靠散热器供暖系统来满足室温要求。

一般飞机喷漆区及生产辅助用房的面积和体积较

大，能布置散热器的有效面积不足，故通过提高热媒温度增大散热器的散热量，减少通风加热系统的工作时间。

7.1.6 飞机喷漆区冬季供暖热负荷主要包括：围护结构的耗热量、门窗缝隙冷风渗透耗热量和机库大门开启时进入室内的冷空气耗热量，还应包括由室外进入室内的冷体飞机耗热量等。为防止开启大门时大量冷空气的侵入，在严寒地区宜考虑在大门上侧设置热风幕，此热风幕仅在大门开启后短时间内使用，可以达到缩短室内升温时间的目的。

7.1.7 考虑飞机喷漆区防爆防尘的特殊性，应选用表面光滑、便于清理的散热器。暗装会存在死角，不利于空气流动，可燃气体易积存，故应明装。

7.1.8 飞机喷漆区的喷漆工位属于爆炸危险区域划分等级的1区和2区，调漆间、漆料暂存间及其他甲、乙类房间均属于防爆房间，这些区域严禁空气循环。

7.2 生产供热、加湿

7.2.1 生产供热具有温度高、升温时间短的特点，为满足生产需求，因此要求热媒温度较高。但从人员和设备本身的安全性考虑，采用蒸汽时蒸汽压力不宜超过0.3MPa。

7.2.2～7.2.4 飞机喷漆机库属工业建筑，目前国家尚缺少工业建筑的节能标准。飞机喷漆区空间大、风量大、升温效果与围护结构关系密切，从节能角度考虑，围护结构的保温隔热要求可参照现行国家标准《民用建筑热工设计规范》GB 50176的有关规定。

一般飞机喷漆区喷漆与干燥在同一个工位，由于要求干燥温度相对较高，因此对建筑围护结构的热工性能要求相应提高，目的是减少围护结构的热损失，降低能耗。首先，围护结构的保温要求参照现行国家标准《民用建筑热工设计规范》GB 50176或《采暖通风与空气调节设计规范》GB 50019的最小传热阻规定。当按此确定保温材料的厚度时，保温材料的导热系数λ及蓄热系数S应按现行国家标准《民用建筑热工设计规范》GB 50176进行修正。

7.2.5 减少升温时间，可通过提供送风温度或增大热风循环系统风量来实现。但应根据热源的容量和工艺要求，经综合比较后确定。

7.2.6 加湿方法首先宜采用高压饱和蒸汽快速吸收式；当无蒸汽源时，可采用高压微雾的方式，但对水质要求高，成本相应也高；如加湿量不大，且送风温度较高时，也可以采用多级湿膜循环水方式。加湿过程应有充分的加湿长度。加湿方法可根据房间的空间大小、湿度的精度要求、清洁度的要求、使用维护情况等确定。

7.3 通　风

7.3.1 为保证喷漆时的空气质量，防止室外灰尘进入室内，室内应保证微正压。

7.3.2 排除所产生的有害物最有效的方法是局部排风。由于飞机为不规则体，又有工作平台，无法实现局部排风，故将全面送、排风的气流组织成控制漆雾扩散、尽量保证操作人员呼吸区不被漆雾污染的方式。气流组织方式主要有上送下排、上送侧下排、侧送下排、侧送侧下排。

对于涂装工业的喷漆室，在手动喷漆且无干扰气流时，工作区控制风速一般要求为0.50m/s～0.80m/s。但飞机喷漆区的空间大，且操作人员大都戴有防护口罩和眼镜，穿有防护服，因此气流控制范围和速度可根据具体工程适当调整。

当采用两种气流组织方式时，易产生干扰形成涡流区，故需注意气流的搭接。

7.3.3 采用风幕可以将喷漆工位与非喷漆区域适当隔离，保护非喷漆区不受漆雾的影响，起到一定的隔离作用。此方式在天津某飞机喷漆机库的实际工程中已采用，有一定的效果。

7.3.4 要充分实现全空气覆盖的气流组织方式，最好是靠近工作区上方满布风口，且送风风速较低，形成垂直单向气流。由于工作区的高度随不同部位而不同，要想在不同高度的工作区得到相近的气流流速，就必须要求各处送风口的类型、送风量、射程或出口风速均不同。但在实际工程中，由于各种条件的限制，很难实现。对于高大空间，希望选用的风口具有高阻特性，便于系统平衡，保证每个风口同一射程的核心风速比较接近，通过诱导周围的空气边混合边扩展，在操作区上方形成很好的气流搭接，使操作区各点的控制风速差值尽量小，防止喷漆工位的漆雾扩散并有组织地排走。

7.3.6 对大、中型飞机喷漆时，可按照喷漆的生产情况分别控制不同部位的送、排风系统。这样既保证通风效果又达到节能目的。

7.3.7 进风系统虽经初效和中效两级过滤后仍难以保证喷漆质量要求时，可在送风口设置末端过滤器，但将增加一定投资和维护费用。

如某飞机喷漆机库由于送风机组和风管内出现锈蚀现象，有许多杂质经送风系统进入厂房，最终影响到喷漆质量。

7.3.8 地面排风口宜设置过滤装置，是为防止漆皮、工具等杂物掉入地沟，但同时需考虑不要增加过多的风阻。

7.3.9 随着国家对各行业废气排放监管力度的加强和人们环保意识的提高，喷漆废气的净化处理要求也在不断提高。因此严禁将喷漆作业产生的漆雾及有机废气未经处理直接排至室外大气。排风系统废气净化的方式一般有干式和湿式两种，我们以往常采用的净化方式多为湿式（药剂水喷淋，主要净化漆雾），有时另加干式（活性炭吸附，主要净化有机废气），但由于湿式带水，影响活性炭吸附效率，故湿式加活性炭吸附方式采用得并不多。干式漆雾过滤是20世纪80年代以后欧美国家相继采用水洗式漆雾过滤方式后的又一种新方法。

具体采用哪种方法应根据工艺条件和漆雾成分（含苯漆、无苯漆）及各组分的浓度、过滤效率、机房面积和层高、生产负荷、是否有污水处理站和投资情况等综合分析比较后确定。

7.3.18 全热和显热方式的选择，应根据系统性质、气候特点、投资、运行、维护等情况确定。

7.5 防火与防爆

7.5.1 送风干管上的防倒流装置，可采用止回阀或电动阀。

7.5.3 本条规定了应设置防火阀的部位。风管是建筑内部火灾蔓延的途径之一，为防止火灾通过风管蔓延，防火阀的设置是必须采取的措施。

7.5.4 由于飞机喷漆区送风系统在循环工况（干燥工况）时，送回风管内的温度较高（取决于干燥温度），因此其防火阀的选择参照现行国家标准《建筑设计防火规范》GB 50016—2006第10.3.14条的确定方法及现行国家标准《防火阀试验方法》GB 15930的规定，易熔片及其他感温元件应装在容易感温的部位，其作用温度宜比通风系统在正常工作时的最高温度高25℃。

7.5.5 防爆排风系统排出的气体易燃易爆，容易通过风管蔓延到建筑物的其他部位，因此，其排风管严禁穿过防火墙和有爆炸危险性房间的隔墙，且不应暗装。

7.6 监测与控制

7.6.5 干燥工况的循环风系统随运行时间加长而使有机废气的浓度逐渐增大。为安全起见，设置可燃气体浓度监测，当可燃气体浓度到达爆炸下限的25%时，应开启部分排风系统，补充适当新风，降低系统中可燃气体浓度。

7.6.7 特别是在干燥工况的热风循环系统，为防止风机停止后，高温热媒的余热尚存，使机组内温度过高，故设置停机顺序。

8 供　　气

8.0.1 利用现有气源经外管线引入飞机喷漆机库时，宜在入口处设置空气过滤器、吸附式干燥器等净化装置。

8.0.3 喷漆作业人员呼吸所需压缩空气系统应配过滤装置，包括颗粒物过滤器、聚合过滤器、空气呼吸过滤器、一氧化碳监视器及活性炭过滤器。

8.0.4 根据现行国家标准《企业能源计量器具配备和管理通则》GB/T 17167的有关要求，用气厂房应装流量计，故本条作相应的规定。

8.0.5 压缩空气管道的管材和附件的选择，对于确保压缩空气的气质十分重要。若管材和附件选择不当，常会使已经干燥、净化的压缩空气受到污染，降低喷漆质量。

9 电　　气

9.1 供 配 电

9.1.1 消防用电设备包括消防车通道的大门驱动机构、火灾事故应急照明、火灾自动报警和控制系统、防排烟设备、消防泵等。关于电源的设置，现行国家标准《供配电系统设计规范》GB 50052中已有具体的说明。

9.1.2 喷漆生产工艺过程及漆料储存场所存在爆炸和火灾危险的可能性较大，为确保飞机喷漆机库电源的安全性，本条突出了变电所的平面布置及选择变压器时应把握的主要原则，以消除和降低产生不安全的各种因素。

9.1.5 电线、电缆的阻燃级别包括A级、B级、C级三个等级，应根据使用场所的性质、火灾危险性、火灾扑救和人员疏散难度，以及同一电缆通道内电缆的非金属部分的含量来确定。

9.1.6 装设电能计量表用于主要耗能设备的能耗管理。

9.2 照　　明

9.2.1、9.2.2、9.2.4 照明设计在满足生产工艺要求的前提下，以现行国家标准《建筑照明设计规范》GB 50034的有关规定为基础，在灯具和光源的选型、能耗指标、控制方式等各方面强调节能设计，方便使用。

9.2.3 飞机喷漆机库为高大空间，灯具悬挂高度通常为十几米甚至二三十米，任何坠落物都可能对人员或飞机造成很大的伤害。

9.2.5 飞机侧面和上部喷漆作业时需要利用喷漆作业平台或工作梯架，操作人员处于高空作业状态，且多层狭窄的作业平台和楼梯对人员疏散造成不利的影响。夜间一旦照明中断，工作人员将处于潜在的危险当中。安全照明的照度标准依据现行国家标准《建筑照明设计标准》GB 50034的有关规定。

9.2.6 喷漆作业中释放大量易燃易爆气体，入口上方设置工作状态显示灯箱，警告进入的人员注意安全，禁止携带危险装备进入。可采用“正在喷漆”等白底红字醒目的发光灯箱。

9.3 防雷、接地和等电位联结

9.3.1 飞机喷漆机库内大部分区域划分为爆炸性气

体危险环境，应按照第二类防雷建筑物的要求设防。

9.3.4 将建筑物金属构件、接地导体及各种金属设施进行等电位联结，可有效消除电位差、释放静电电荷，减少电火花引发的火灾和爆炸事故。

9.4 电 气 控 制

9.4.3 飞机喷漆区主通风机工作后才能开启喷漆用供气系统，确保易燃易爆气体及时排出机库。通风机房空间比较狭小，连锁启动机房通风系统，减少泄漏的漆雾在机房内积聚。

9.5 火灾自动报警及控制

9.5.1 飞机喷漆机库属于火灾危险性较大的场所，且飞机价格昂贵，因此应设置火灾自动报警系统。

9.5.2 飞机喷漆作业时，使用的漆料和稀释剂中的可燃液体挥发出的可燃蒸气与空气形成的混合物在条件适宜的情况下，会发生爆炸燃烧，为此需要实时探测可燃气体浓度。依据现行国家标准《爆炸和火灾危险环境电力装置设计规范》GB 50058 第 2.2.4 条规定“爆炸危险区域内的通风，其空气流量能使易燃物质稀释到爆炸下限值的 25%以下时，可定为通风良好”。为此本条规定可燃气体浓度达到爆炸下限的 25%时，联动开启相应的通风设备。此规定也与现行国家标准《石油化工可燃气体和有毒气体检测报警设计规范》GB 50493 第 5.3.3 条“可燃气体的一级报警设定值小于或等于 25%爆炸下限”的规定相一致。

9.5.3 为使飞机喷漆机库在发生火灾时能够及时排烟，设置机库大门与火灾报警设备联动控制功能。

9.5.4 爆炸性气体混合物的级别根据最大试验安全间隙和最小点燃电流进行分级（Ⅰ、ⅡA、ⅡB、ⅡC)，爆炸性气体混合物的组别根据其引燃温度进行分组（T1、T2、T3、T4、T5、T6)。

9.6 通讯及安全防范

9.6.1 计算机网络和电话系统可根据企业的不同性质，分别设置或者合为一个系统。

9.6.3 本条是根据飞机喷漆机库内安全防范要求设置的。为便于管理将监控信号送至消防控制室，管理上可将安防、消防设备设置在同一控制室。

中华人民共和国国家标准

钢铁企业综合污水处理厂工艺设计规范

Code for process design of comprehensive sewage treatment for iron and steel enterprises

GB 50672—2011

主编部门：中 国 冶 金 建 设 协 会
批准部门：中华人民共和国住房和城乡建设部
施行日期：2 0 1 2 年 5 月 1 日

中华人民共和国住房和城乡建设部
公　　告

第 977 号

关于发布国家标准

《钢铁企业综合污水处理厂工艺设计规范》的公告

现批准《钢铁企业综合污水处理厂工艺设计规范》为国家标准，编号为GB 50672—2011，自 2012 年 5 月 1 日起实施。其中，第5.7.1、11.0.2、11.0.7 条为强制性条文，必须严格执行。

本规范由我部标准定额研究所组织中国计划出版社出版发行。

中华人民共和国住房和城乡建设部

二〇一一年四月二日

前　　言

本规范是根据住房和城乡建设部《关于印发〈2008 年工程建设标准规范制订、修订计划第二批〉的通知》（建标〔2008〕105 号）的要求，由中冶建筑研究总院有限公司会同有关单位共同编制完成。

本规范在编制过程中，进行了广泛的调查研究和专题技术论证，结合近年来钢铁企业综合污水处理回用工程的经验和新技术的应用，征求了生产、科研、设计等部门和单位的意见，最后经审查定稿。

本规范共分 11 章和 1 个附录，主要内容有：总则、术语、基本规定、污水汇集、污水处理、净化水输送、泥浆处理、药剂、检测与控制、深度处理、安全与环保等。

本规范中以黑体字标志的条文为强制性条文，必须严格执行。

本规范由住房和城乡建设部负责管理和对强制性条文的解释，中国冶金建设协会负责日常管理工作，中冶建筑研究总院有限公司负责具体技术内容的解释。在执行过程中如有需要修改与补充的建议，请将相关资料寄送中冶建筑研究总院有限公司《钢铁企业综合污水处理工艺设计规范》国家标准管理组（地址：北京市海淀区西土城路 33 号，邮政编码：100088），以供今后修订时参考。

本规范主编单位、参编单位、参加单位、主要起草人和主要审查人：

主 编 单 位： 中冶建筑研究总院有限公司

参 编 单 位： 北京首钢国际工程技术有限公司
本钢设计研究院有限责任公司
攀枝花钢铁（集团）公司

参 加 单 位： 宝山钢铁股份有限公司
宝钢集团上海梅山钢铁有限公司
太原钢铁（集团）有限公司

主要起草人： 钱　雷　邹元龙　赵锐锐　石　宇
寇彦德　黄凤旭　白长君　孟庆森
唐智勇　张宜莓　胡秋平　马　骏
贺占超　秦　华　王旭辉　王海东
贾博中

主要审查人： 程继军　刘全金　刘晓红　李　旭
吴万林　汪群慧　伊源辉　杜　鹃
赵世杰

目　次

Contents

1 总 则

1.0.1 为提高钢铁企业综合污水处理工程设计质量，提升综合污水处理和回用能力，改善和保护环境，节约水资源，制定本规范。

1.0.2 本规范适用于新建、扩建和改建的钢铁企业综合污水处理厂的工艺设计。

1.0.3 钢铁企业综合污水处理工程设计应认真贯彻执行国家钢铁产业发展政策，坚持循环经济的原则，提高综合污水处理水平，做到安全可靠、技术先进、经济合理。

1.0.4 钢铁企业综合污水处理厂的工艺设计除应符合本规范外，尚应符合国家现行有关标准的规定。

2 术 语

2.0.1 钢铁企业综合污水 synthetic sewage from iron and steel enterprises

指企业内除特殊生产污水外，合流制排水系统汇集和输送的旱流污水或分流制排水系统汇集和输送的生产排水。

2.0.2 旱流污水 dry weather flow

合流制排水系统非雨雪天时汇集和输送的生产排水与生活排水。

2.0.3 生产排水 production drainage

分流制排水系统汇集的各用水单元排出的生产废水和生产污水的总和。

2.0.4 生产废水 production waste water

生产过程中，生产用水未与产品、物料和介质等接触后排出的废水。

2.0.5 生产污水 production sewage

生产过程中，生产用水与产品、物料和介质等接触，水质受到污染后排出的污水。

2.0.6 特殊生产污水 special production sewage

各用水单元排出的有碍于厂区排水系统正常稳定运行，不利于生产管理维护人员的安全，不符合城镇排水系统接纳有关水质标准执行要求的生产污水。

2.0.7 可预见排水 foreseen drainage

综合污水处理厂设计中，可预测的缓建或待建的生产车间（厂）排出的综合污水。

2.0.8 污水净化水 purified water from sewage

综合污水经污水处理厂处理后，出厂水质可满足回用或排放要求的水。

2.0.9 污水引入口 sewage entrance

企业综合污水排水干管（渠）上设置截取旱流污水或生产排水导流至综合污水处理厂的组合设施。

2.0.10 综合污水处理厂 comprehensive sewage treatment

钢铁企业综合污水经水处理达到污水净化水水质的工程设施。

2.0.11 深度处理 advanced treatment

进一步去除污水净化水中未能去除的水中杂质的水处理过程。

2.0.12 预沉池 pre-sedimentation tank

综合污水中含有颗粒较大的杂质或悬浮物含量较高时，在混合絮凝前设置的沉淀构筑物。

2.0.13 综合污水调节池 regulating tank of comprehensive sewage

用以调节引入口导入的旱流污水或生产排水的进、出水量和（或）水质不均衡的构筑物。

2.0.14 回流泥浆 backflow mud

澄清池泥渣层分离的回流至絮凝池（室）的具有活性的泥渣。

2.0.15 剩余泥浆 remaining mud

澄清池泥渣层分离而沉于池底集中排出的泥浆。

2.0.16 泥浆调节池 mud regulating tank

用以接纳和调节沉淀池（澄清池）定期排出的泥浆与泥浆脱水机作业率不平衡的构筑物。

2.0.17 一体化澄清池 all-in-one sediment tank

采用专用泥浆泵，促使池中活性泥渣外循环，并使污水中杂质颗粒与已形成的泥渣接触絮凝和分离，集絮凝、澄清、沉淀和剩余泥浆增浓为一体的沉淀构筑物。

2.0.18 消纳用户 comsumer

生产中仅消耗水量而不排水的用水单元。

3 基本规定

3.0.1 钢铁企业综合污水处理厂的设计水量，应由企业各排水总干管（渠）汇集的钢铁企业综合污水量组成。

3.0.2 排入综合污水处理厂的污水水质应符合现行国家标准《钢铁工业水污染物排放标准》GB 13456的有关规定，不应影响综合污水处理厂的正常运行和处理后出水的再利用。

3.0.3 钢铁企业产生的酚氰废水，软化水、除盐水制备产生的浓含盐废水以及酸碱盐废水等不应纳入生产排水系统。

3.0.4 钢铁企业综合污水处理厂的进水水质宜按总排水干管（渠）的旱流污水水质确定。

3.0.5 钢铁企业内每个排水总干管汇集的生活排水量的确定应符合现行国家标准《建筑给水排水设计规范》GB 50015 的有关规定。

3.0.6 钢铁企业内生产排水量的总变化系数应根据企业生产规模、车间（厂）组成、工艺装备、用水需求、生产制度，以及水资源条件、企业节水系统水平等因素确定。

3.0.7 污水净化水可回用于生产用水系统和非生产用水系统。

4 污水汇集

4.1 一般规定

4.1.1 钢铁企业厂区的生产排水、生活污水、特殊生产污水应按设置的分流制或合流制排水系统分别汇集引至综合污水处理厂或相关的废（污）水处理设施进行处理、处置。

4.1.2 污水汇集所属管渠等设施的设计水量的确定应符合下列规定：

1 生产排水系统应按最高日最大时排水量设计。

2 生活污水系统应按最大班最大时排水量设计。

3 合流制排水系统应包括适应厂区雨排水设计标准的雨水量。

4 应根据厂区近期和远期规划，并预留发展的可能。

5 应根据实际监测的排水量确定。

4.1.3 污水汇集的相应设施，当任一环节发生故障或维检修需停止运行时，应仍能保证污水汇集的设计水量和基本水质连续、稳定输送至综合污水处理厂的要求。

4.2 引入口

4.2.1 引入口应设在便于收集排水和靠近综合污水处理厂的位置。引入口的形式应根据排水体制确定。

4.2.2 已实行分流制的污水引入口不应与其他种类污水合流，再输向综合污水处理厂。

4.2.3 合流制总排水管（渠）引入口宜设置下列设施：

1 明渠引入口宜设置粗格栅和调控检修闸门。

2 引入口处总排水管（渠）宜设置可调溢流堰和调控闸板阀。当溢流堰顶标高低于下游总排出口处洪涝水位时，应设置排水泵站排出。

3 引水口构筑物和设施应具有可供生产管理、维护、检修、更换设施的条件和安全措施。

4.2.4 引入口宜设置流量、水位自动化监测、控制和报警系统。

4.3 输送

4.3.1 综合污水由引入口输送至综合污水处理厂的输送方式宜根据总排水管渠埋设深度、引入口的数量、地形高差、输送距离、地貌条件、输送管渠的周边条件和污水处理工艺需求等因素，经技术、经济综合比较后确定。

4.3.2 当污水不能重力流至综合污水处理厂时，应分别建设提升泵站或中间泵站。合流制排水系统的提升泵站应设雨水溢流措施。泵站设计应符合现行国家标准《室外排水设计规范》GB 50014 和《泵站设计规范》GB/T 50265 的有关规定。

4.3.3 输送污水宜采用暗管。

5 污水处理

5.1 一般规定

5.1.1 综合污水处理厂工艺流程的选用应根据钢铁企业水源水质、生产工艺、用水要求、排水体制及处理后水质的要求，经综合比较后确定。

5.1.2 当污水为自流进入时，综合污水处理厂构筑物的设计水量应按最高日最高时设计流量与综合污水处理厂自用水量之和计算；当污水为提升进入时，综合污水处理厂构筑物的设计水量应按工作水泵的最大组合流量校核管渠配水能力。

5.1.3 综合污水处理厂的设计水量应按下列公式计算：

1 企业内合流制排水系统设计流量：

$$Q=\sum Q_d+\sum Q_p+Q_f \quad (5.1.3\text{-}1)$$

2 企业内分流制排水系统设计流量：

$$Q=\sum Q_d+Q_f \quad (5.1.3\text{-}2)$$

式中：Q——钢铁企业综合污水处理厂设计水量（m^3/d）；

Q_d——钢铁企业内汇集至综合污水处理厂的相关车间（厂）外排的最高日生产排水量（m^3/d）；

Q_p——钢铁企业内汇集至综合污水处理厂的相关车间（厂）或公用建筑排出的最高日生活污水排水量（m^3/d）；

Q_f——可预见的车间（厂）外排的最高日排水量（m^3/d）。

5.1.4 企业内排水总干管（渠）或车间（厂）最高日生产排水量可按下列规定计算：

1 可按设计的企业总给水系统冬夏季节的水量、水质平衡计算。

2 可按排水出口处逐月、逐日、逐时连续检测排水量整理分析计算。

5.1.5 综合污水处理厂自用水量应按污水原水水质、所采用的处理工艺和构筑物类型、自用水用户，以及设置的排水系统等因素计算确定，可取设计水量的5%～10%。

5.1.6 水处理构筑物应按并联设计，同类或各类水处理构筑物间应合理设置连通管（渠）或超越管（渠）。必须满足任一构筑物或设备因检修、清洗需停运时，应仍能保障向企业输送合格水质的设计水量要求。

5.1.7 水处理构筑物应根据需要设置放空管、溢流管和冲洗设施，其排出水均应汇入综合污水处理厂厂区回收的排水系统。

5.1.8 综合污水处理宜选用下列基本工艺：

1 预处理→混凝→澄清（沉淀）→消毒→回用。

2 预处理→混凝→澄清(沉淀)→过滤→消毒→回用

└→深度处理→消毒→回用。

3 预处理→混凝→澄清（沉淀）→过滤→深度处理→消毒→回用。

4 当污水中含有特殊污染成分，应在本条第1～3款的工艺中增加相应的水处理设施。

5.1.9 污水净化水回用于生产用水时，其水质控制指标应符合表5.1.9的规定。

表5.1.9 污水净化水回用水质控制指标

序号	项目	单位	水质控制指标	备注
1	pH	—	6.5～9.0	—
2	SS	mg/L	≤5	—
3	COD_{Cr}	mg/L	≤30	—
4	BOD_5	mg/L	≤10	—
5	石油类	mg/L	≤3	—
6	总溶解性固体	mg/L	≤1000	—
7	总硬度	mg/L	≤300	以碳酸钙计
8	暂时硬度	mg/L	≤150	以碳酸钙计
9	氨氮	mg/L	≤5	—
10	总铁	mg/L	≤0.5	—
11	溶解氧	mg/L	≥1.0	—
12	游离余氯	mg/L	末端0.1～0.2	—
13	细菌总数	个/mL	<1000	—

5.1.10 综合污水处理厂宜设置综合楼或中心控制室以及生活设施，主要水处理单元应设置通讯、监控、检测、应急供电等设施。

5.2 总体布置

5.2.1 综合污水处理厂厂址应经过综合性技术经济比较后，在企业内或毗邻排水总干管（渠）处选择，并应符合下列规定：

1 应便于综合污水汇集至综合污水处理厂，污水净化水回用或安全排放以及水、电、气等生产辅助设施的接入。

2 交通运输应便利。

3 应有良好的工程地质条件。

4 应有扩建的可能。

5 防洪标准应与企业主生产区一致，并应有良好的排水条件。

5.2.2 厂区的总体布置应根据选定工艺的功能和流程要求，并应符合节约用地的原则，同时应结合厂址地形、周边环境和地质条件，经技术经济比较后确定。储酸间、加氯间等安全性要求高、危险性大的建（构）筑物宜独立设置，并应符合有关安全设计的要求。

5.2.3 综合污水处理厂工艺流程的竖向设计应充分利用地形。

5.2.4 综合污水处理厂内应统筹安排各种管沟，并应避免相互干扰。管道复杂、场地面积拥挤时应设置管廊。各构筑物间输水、泥浆管线宜短直。管沟（廊）内应设置排水设施。

管渠（廊）内各种管道的布置、敷设以及管道的色标或标识等应符合现行国家标准《工业管道的基本识别色、识别符号和安全标识》GB 7231的有关规定。

5.2.5 综合污水处理厂应设置两路电源供电。当不能满足要求时，应设置备用电源。

5.2.6 寒冷地区的格栅、滤池等设施应设置在室内，并应采取防雾气、电气防潮以及管线保温防冻等措施。

5.2.7 综合污水处理厂内应设置污水净化水供水系统。

5.2.8 综合污水处理厂厂区内的生活排水宜排入厂区内设置的小型生活污水处理系统或排入企业生活综合污水处理厂处理。

5.3 预处理

5.3.1 预处理工艺应根据综合污水来水水量、水质及水处理工艺要求，合理选用单元技术组合。

5.3.2 污水处理系统入口处或污水提升泵前应设置格栅，并应符合下列规定：

1 格栅的栅条间隙宽度，粗格栅宜为20mm～30mm，特殊情况下，可为50mm；细格栅宜为5mm～15mm。水泵吸水池前栅条应根据水泵要求确定。

2 污水过栅流速宜采用0.6m/s～1.0m/s。

3 机械格栅的倾斜角度宜为60°～90°，人工格栅的倾斜角度宜为30°～60°。

4 格栅上部应设置工作平台，工作平台高度应高出最高栅前设计水位0.5m～1.0m。工作平台上应设置冲洗设施。

5 格栅工作平台两侧的走道宽度宜采用0.8m～1.2m，周围应设置围护栏杆。工作平台上部宜设置遮阳防雨顶棚。

6 栅渣宜采用带式输送机输送；栅渣量较小时，可采用移动式推车及时清运。

5.3.3 合流制排水系统污水中含有较多大颗粒杂质和悬浮物，且采用以普通沉淀处理工艺为主时，宜在处理系统前端设置预沉池，并宜符合下列规定：

1 预沉池的水力停留时间宜为30min～60min。

2 池出口端宜设置撇油设施。

3 可采用机械排泥。

5.3.4 污水处理系统前端宜设置调节池，并应符合下列规定：

1 调节池不宜少于2格，并应独立运行，水力停留时间宜为1.0h～2.0h。

2 调节池宜设置除油设施。

3 池内应设置防止泥砂沉淀措施。

5.4 污水提升泵房

5.4.1 水泵的选择应根据最高日最高时设计流量、所需扬程和工作环境等因素计算确定。当水量变化很大时，可配置不同规格的水泵，但不宜超过两种。宜采用变频调速装置水泵。

5.4.2 水泵台数不应少于2台，其备用泵的配置应符合下列规定：

1 工作泵台数不大于4台时，宜配置1台备用泵。

2 工作泵台数不小于5台时，宜配置2台备用泵。

3 潜水泵房备用泵为2台时，可现场备用1台、库存备用1台。

5.4.3 水泵应采用自灌式或淹没式启动。

5.4.4 水泵吸水池的有效容积不应小于最大一台泵容量的5min出水量，且水泵启动次数不宜超过6次/h。吸水池的布置应符合水流顺畅、流速均匀、不产生涡流的要求，并应便于施工和维护。潜水泵房的吸水池的平面尺寸应符合潜水泵安装、维护和检修要求。

5.4.5 吸水池的设计最高水位应根据污水汇集方式、预处理工艺单元组合和形式等综合因素计算确定。

5.4.6 吸水池宜分格，池底应设置集水坑，倾向坑的坡度不宜小于5%。吸水池应设置冲洗装置，池前端入口处应分格，并应设置闸门。

5.4.7 敞开式吸水池四周应设置围护栏杆。盖板吸水池应设置人孔入口。吸水池内应设置立式爬梯。

5.4.8 水泵机组宜采用单行排列，其机组布置应符合下列规定：

1 水泵机组基础间的净距不宜小于1.0m。

2 机组突出部分与墙壁间的净距不宜小于1.2m。

3 泵房主要通道宽度不宜小于1.5m。

4 就地检修时，应保证泵轴和电机转子能够拆卸。

5.4.9 潜水泵上方吊装孔应设置盖板或围护栏杆。寒冷地区的潜水泵房应采取防冻保温措施。

5.4.10 泵房的起重设备应根据需吊装的最重部件确定，起重量不大于1t，宜选用手动或电动葫芦；起重量大于1t，宜选用电动单梁起重机。

5.4.11 泵房管道布置应短而直，水头损失应小，并应便于施工及运行管理。出水总管宜设置2条，并宜设置闸阀。

5.4.12 水泵的出水管上均应顺序设置逆止阀、电动阀或气动阀或液压驱动闸阀、手动闸阀。

5.4.13 半地下式或地下式泵房应设置集水井和自动排泥设施。

5.5 混凝、沉淀和澄清

5.5.1 沉淀池或澄清池的分格数不宜少于2座，应并联运行。各组间应保证配水和集水的均匀性。

5.5.2 沉淀池或澄清池应采用机械化或自动化排泥装置。

5.5.3 澄清池的絮凝区、澄清区及污泥区应设置取样装置。

5.5.4 混合方式应根据处理水量、投加药剂类型选择，宜采用机械混合。

5.5.5 混合设备应靠近絮凝池，混合时间宜为1min～3min，速度梯度应大于$250s^{-1}$。

5.5.6 絮凝池形式的选择和絮凝时间的采用，应根据原水水质和类似条件综合污水厂的运行经验或试验确定。其布置应靠近沉淀池。

5.5.7 沉淀池宜采用辐流式沉淀池，表面水力负荷宜为$1.0m^3/(m^2 \cdot h)$～$2.0m^3/(m^2 \cdot h)$。

5.5.8 机械搅拌澄清池清水区的液面负荷宜为$1.4m^3/(m^2 \cdot h)$～$2.1m^3/(m^2 \cdot h)$。

5.5.9 机械搅拌澄清池的水力停留时间宜为1.2h～1.5h。

5.5.10 一体化澄清池的设计应符合下列规定：

1 一体化澄清池絮凝时间宜为12min～15min。

2 一体化澄清池内的斜管内径宜为50mm～80mm，斜长宜为1000mm，倾角宜为60°。

3 一体化澄清池斜管顶部清水区保护高度不宜小于1m，液面负荷宜为$10m^3/(m^2 \cdot h)$～$18m^3/(m^2 \cdot h)$。

4 一体化澄清池澄清区宜采用集水槽集水。

5 一体化澄清池泥浆泵房应设置自动化机械排水设施及检修设备。

5.5.11 一体化澄清池泥浆输送宜采用变频调速泵组输泥方式。泥浆回流和剩余泥浆排放宜采用泵控自动运行方式。

5.5.12 污泥回流泵、剩余污泥泵可采用螺杆泵或渣浆泵。泥浆回流泵组和泥浆排放泵组宜分别设置备用泵。

5.6 过　滤

5.6.1 滤池或过滤器的形式应根据生产规模、进出水水质、供水系统及运行管理要求，并结合厂区总图及构筑物高程等因素综合比较后确定。

5.6.2 滤池或过滤器的冲洗方式应具有气、水反冲洗功能，有条件的滤池应设表面冲洗装置。反冲洗排水应返回污水处理构筑物进行处理。

5.6.3 滤池或过滤器应按正常情况下的滤速设计，并应以检修情况下的强制滤速校核。

5.6.4 滤池或过滤器滤速应根据进水水质、滤后水水质要求，通过试验或按类似条件下已有滤池的运行经验确定。

5.6.5 滤池或过滤器的工作周期应根据进水水质确定，可为12h～24h。

5.6.6 滤池的分格数应根据生产规模、滤池形式、操作运行及维护检修等条件综合确定，不宜少于4格。

5.6.7 滤池冲洗水的供给可采用专用反冲洗水泵或高位水箱。当采用水泵冲洗时，水泵的能力应按单格滤池冲洗水量设计，并应设置备用机组；当采用水箱时，水箱有效容积应按单格滤池冲洗水量的1.5倍设计。过滤器冲洗应采用专用反冲洗水泵。

5.6.8 滤池或过滤器冲洗气源的供应应采用鼓风机。鼓风机能力应按单格滤池冲洗气量设计，工作风机数量不宜少于2台，并应设备用机组。不得采用工厂的压缩空气作冲洗气源。

5.6.9 滤料应采用有足够的机械强度和化学稳定性、杂质少、不含污染环境及对生产有毒、有害的物质。

5.6.10 单层、双层滤料滤池冲洗前的水头损失宜为2.0m～2.5m，三层滤料滤池冲洗前的水头损失宜为2.0m～3.0m，压力过滤器的水头损失宜为5m。

5.7 消　毒

5.7.1 污水净化水必须经过消毒后回用。

5.7.2 消毒剂和消毒方式的选择应根据处理水量、原水水质、消毒剂的来源、处理工艺等，通过技术经济比较后确定。宜采用氯消毒、二氧化氯消毒、次氯酸钠消毒。

5.7.3 消毒剂投加点应根据原水水质、工艺流程和消毒方式，并结合水质变化的可能综合确定。可在滤后单独投加。

5.7.4 消毒剂的设计投加量宜通过试验或根据相似条件综合污水处理厂运行经验按最大量确定。

5.7.5 消毒剂与水的设计接触时间应根据消毒剂种类和消毒目标，并以满足充分混合要求确定。

5.7.6 氯消毒宜采用液氯，氯与水的有效接触时间不应小于30min。

5.7.7 加氯间的布置及系统设计应符合现行国家标准《室外给水设计规范》GB 50013的有关规定。

5.7.8 二氧化氯宜采用化学法现场制备，二氧化氯与水的有效接触时间不应小于15min。

5.7.9 二氧化氯消毒系统的设计应符合现行国家标准《室外给水设计规范》GB 50013的有关规定。

5.7.10 次氯酸钠可采用溶液投加方法或化学法现场制备，次氯酸钠与水的有效接触时间不应小于30min。

6 净化水输送

6.1 一 般 规 定

6.1.1 综合污水处理厂输出水管应按最高日最高时供水量及需用压力进行计算。

6.1.2 输水管道材质的选择应根据管径、压力、管道敷设区的地质、管材供应，以及运行安全等因素，经技术经济比较后确定。

6.2 贮 水 池

6.2.1 贮水池的有效容积应根据供水能力、自用水量、消防储备水量及供水区域内有无调蓄构筑物等综合确定，并应符合消毒的接触时间要求。资料缺乏时，可按最高日设计需水量的5%～10%确定。

6.2.2 贮水池应分为2格，每格贮水池应设置排空、清洗和通气等设施。

6.3 供 水 泵 房

6.3.1 供水泵房宜与贮水池毗邻。

6.3.2 工作泵宜分设钢铁企业供污水净化水、综合污水处理厂内自用水、消防用水和其他用水泵组。当各泵组供水压力值接近且符合用水户安全用水要求时，也可采用共用泵组。

6.3.3 水泵的选择应符合节能要求，宜采取变频调速等措施。

6.3.4 工作水泵台数不应少于2台，备用泵的数量应结合供水等级及工作水泵台数确定。

6.3.5 水泵应采用自灌式充水离心泵。

6.3.6 水泵吸水井宜分格，池底应设集水坑，倾向坑的坡度不宜小于5%。

6.3.7 泵房布置应符合机组设备安装、运行和检修，以及通风、采暖和采光的要求。泵房宜为地面式或半地下式形式。

6.3.8 泵房内应设置检修吊车。

6.3.9 半地下式及地下式泵房集水坑应设置自动排水泵，并应设备用泵。

7 泥 浆 处 理

7.1 一 般 规 定

7.1.1 综合污水处理厂产生的泥浆应进行脱水处理。

7.1.2 泥浆处理系统应由泥浆的浓缩、调节、脱水及泥饼的贮存和输出等工序组成。

7.1.3 泥浆处理系统采用的工艺流程应根据污水处

理的工艺流程确定。

7.1.4 泥浆处理系统的设计处理能力应按综合污水处理厂最高日最高时污水量产生的干泥量确定。

7.1.5 泥浆处理系统设计处理的干泥量应包括下列内容：

1 污水中固体悬浮物产生的泥量。

2 投加混凝剂、絮凝剂转化成的泥量。

3 投加石灰、碳酸钠产生的沉淀物。

4 投加各种药剂的杂质含量。

7.1.6 泥浆处理过程中产生的各种废水应返回污水处理构筑物进行处理。

7.1.7 泥浆处理各类构筑物的个数或分格数不宜少于2个，并应按同时工作设计。

7.1.8 泥浆处理系统的总体布置应符合下列规定：

1 泥浆脱水间应靠近浓缩池。

2 泥浆脱水间应与泥浆调节池毗连。

3 贯通、连接各处理构筑物之间的管、渠应短捷直通。

4 泥浆脱水间宜单独布置，并宜靠近厂区内运输道路。

7.1.9 泥浆处理给水系统的设置应符合下列规定：

1 生活饮用和洗手器具用水应采用生活饮用水。

2 其余生产或非生产用水应采用污水净化水。

7.2 泥浆输送

7.2.1 泥浆输送泵宜采用泥浆泵、渣浆泵或者偏心螺杆泵，并应设备用泵，备用率不宜小于50%。

7.2.2 泥浆输送管道宜架空或在管沟内敷设，管沟内应设管道支架和排水设施。

7.2.3 泥浆输送管道的临界流速和摩阻损失可根据计算或经验数据确定。管内最小流速不宜小于1.0m/s。

7.2.4 泥浆输送管道宜采用厚壁钢管，其曲率半径不宜小于管径的4倍。

7.2.5 无压自流输送泥浆管道可不设备用，有压连续输送的泥浆管道宜设备用。当泥浆对管道磨蚀较轻或采用耐磨管材及管件时，可不设备用。

7.2.6 泥浆输送管道应设置管道冲洗装置。

7.3 调节池

7.3.1 泥浆处理系统有下列条件之一者应设置泥浆调节池，池中应设置机械搅拌装置：

1 浓缩池或一体化澄清池的排泥方式采用间歇式。

2 脱水机的运行方式为间歇式。

7.3.2 调节池的有效容积应根据脱水机的工况及浓缩池（一体化澄清池）的排泥方式、排泥量、排泥时间和排泥周期等，通过计算确定。

7.3.3 当浓缩池（一体化澄清池）采用间歇式排泥、污泥脱水采用厢式压滤机或板框压滤机时，泥浆调节池贮存的泥浆浓度应按浓缩池（一体化澄清池）的排泥浓度确定，总有效容积不宜小于综合污水处理厂24h平均产生的泥浆量。

7.3.4 泥浆调节池排出管和泄空管入口应接自池底中央集泥坑内，池底应有不小于17%的坡度坡向集泥坑。

7.3.5 泥浆调节池应设液位计。

7.3.6 泥浆调节池应靠近泥浆浓缩池（一体化澄清池），并应与污泥脱水间毗连。

7.4 浓缩池

7.4.1 当沉淀池、澄清池的排泥浓度无法满足脱水机械的进料要求时，应设置浓缩池。

7.4.2 浓缩池的面积和深度应根据要求的排泥浓度，通过沉降浓缩试验结果或按类似的泥浆浓缩运行数据确定。当无试验数据和资料时，可采用下列数据：

1 固体负荷宜采用80kg/(m^2·d)～120kg/(m^2·d)。

2 浓缩时间不宜小于24h。

3 排泥浓度不宜小于10%。

7.4.3 寒冷地区应采用齿轮传动的周边传动浓缩机。

7.4.4 浓缩池溢流堰的形式宜采用可调式溢流堰。当泥浆中含有泡沫或漂浮物时，应在溢流堰前设置挡板，必要时应设置清除装置。

7.4.5 浓缩池底部排泥口不宜少于2个，排泥管上应设置双阀门。阀门之间应装设清洗水管，其水压不应小于0.3MPa。

7.4.6 浓缩机应装设过载报警及必要的保护装置。

7.5 污泥脱水

7.5.1 污泥脱水机的选型应根据泥浆的脱水性质和脱水后泥饼的含水率要求，经技术经济比较后确定，宜采用厢式压滤机或板框压滤机。

7.5.2 脱水机的产率和对进机泥浆浓度的要求应通过试验或根据相同机型、相似泥浆脱水的运行数据确定。当无试验数据和资料，采用厢式压滤机或板框压滤机时，可采用下列数据：

1 进机泥浆浓度不宜小于10%。

2 脱水后泥饼含水率不宜大于50%。

3 脱水机的产率宜采用4kg干泥/(m^2·h)～6kg干泥/(m^2·h)。

4 脱水机的过滤工作周期宜采用2.0h～3.0h。

7.5.3 脱水机可按每日运行1班～2班设计，其工作台数应根据所处理的最大干泥量确定，不宜少于2台，可不设备用。

7.5.4 脱水机进料泵的配置应符合下列规定：

1 应采用自灌式启动。

2 进料泵的能力应满足脱水机一个工作周期内

的进料时间要求。

3 宜采用变频控制的变流量进料泵。

4 进料泵与脱水机宜采用一对一配置。

5 进料泵可选择隔膜柱塞泵、渣浆泵及偏心螺杆泵。

7.5.5 脱水机泥浆管道的设置应符合下列规定：

1 应设置通向泥浆调节池的泥浆回流管道。

2 应设置泥浆放空管道。

3 应采用隔膜式压力传感器和隔膜式传感压力表。

4 应设置冲洗水管。

7.5.6 脱水机机组的布置应符合下列规定：

1 机组至墙壁的净距不宜小于 b+200mm。

2 相邻两个机组之间的净距不宜小于 b+1200mm。

3 操作通道的净宽不应小于1500mm。

4 巡回检查通道的净宽不宜小于800mm。

注：b 表示压滤机滤板的宽度（mm）。

7.5.7 泥浆脱水间宜设电动起重机，起重量应按脱水机最大一台零部件的重量确定。脱水机布置层的有效高度应保证吊件与在位设备之间有0.5m的净空。

7.5.8 脱水机布置层应有设备吊装及维修的面积。楼板上应设吊装孔，吊装孔四周应设挡水和围护栏杆，并应装设活动盖板。

7.5.9 泥浆脱水间应设操作室。

7.5.10 泥浆脱水间应设置滤布手动冲洗装置和管道、清洗地坪用水及排水设施。

7.5.11 泥浆脱水间应设置通风设施，换气次数不应小于6次/h，并应根据具体情况设置采暖设施。

7.6 泥饼贮存及输出

7.6.1 泥饼贮存间应与其他设施隔开，室内地坪入口处应高出室外地面。

7.6.2 泥饼贮存间内泥饼的堆存容积可按1d～7d产生的泥饼量确定。

7.6.3 泥饼的运输宜采用自卸式汽车外运，有条件时，宜进行综合利用。

7.6.4 泥饼贮存间应设置清洗水及排除地面积水的设施。

8 药 剂

8.1 一 般 规 定

8.1.1 药剂种类的选择应根据原水水质、水处理工艺和出水水质要求，通过试验或根据相似条件下的运行经验确定。

8.1.2 选择的药剂纯度应符合国家现行有关标准的规定。药剂种类的选择宜符合下列规定：

1 当选用铁盐、铝盐混凝剂时，宜采用液体药剂，并宜采用液体药剂原液直接投加。

2 当选用聚丙烯酰胺作絮凝剂时，宜采用部分水解的干粉剂产品。

3 当选用硫酸调整水的pH值时，宜采用浓硫酸直接投加。

4 当需要降低水中暂时硬度时，宜采用粒度200目、纯度大于90%的消石灰粉。

5 当需要降低水中永久硬度时，宜采用碳酸钠粉剂。

8.1.3 加药间应由药剂的存放、运输、溶解、贮存、输送、投加和计量等工序组成，加药间的能力应按各种药剂的最大消耗量计算确定。

8.1.4 药剂在存放、溶解、贮存、输送、投加和计量过程中不得混杂。在设计药剂投加设施时，应按药剂分成系统，投加设施应有倒换、泄空、清洗的措施。

8.1.5 每一种药剂的溶解及投配设施不宜少于2套，并宜互为备用。

8.1.6 当加药间与药剂贮存间合并布置时，宜在加药装置附近设置药剂堆放区，并宜设起重运输设备。

8.1.7 药剂的贮存、配制及投加设施应采取相应的防腐、防潮、保温和清洗措施，并应设置相应的生产安全防护设施。

8.1.8 各种药剂的贮池（罐）应为封闭式，并宜设安全平台、围护栏杆、走梯等安全设施。

8.1.9 加药间与药剂贮存区地坪应为防滑地面，并应设置清洗地坪的给水排水设施，不同标高的地坪间应有挡水措施。

8.1.10 加药间的给水系统应符合下列规定：

1 饮用、洗手器具和安全淋浴防护设施应采用生活饮用水。

2 生产用水和其他非生产用水应采用污水净化水。

8.1.11 加药间应设置通风设施，并应根据具体情况设置采暖设施。

8.1.12 加药间应设置操作室。

8.2 贮 存

8.2.1 药剂的贮存量应根据药剂的商品消耗量、运输距离、包装、供应情况和运输条件等因素确定，宜按7d～15d的消耗量计算。当药剂由本地供应时，可适当减少贮存天数。

8.2.2 药剂的贮存宜符合下列规定：

1 药剂的贮存设施宜靠近厂区道路，并宜有必要的装卸设施。

2 采用石灰、消石灰、碳酸钠等固体粉状药剂时，宜设置高位贮存粉仓。粉仓应为密封式，并应设有进料管和快速接头、料位自动监测、防堵塞、除尘、安全阀及防雨、防晒等设施。

3 采用液体药剂时，宜设置贮液罐或贮液池，贮液池（罐）的超高宜为500mm，并宜设有自动液位监测装置。

4 浓硫酸贮罐应设安全围堰或放置在事故池内，围堰或事故池内应做防腐处理，并应设集水坑。

5 袋装药剂的堆码高度宜为1.5m～2.0m。

6 桶装药剂的堆码高度宜为0.8m～1.2m。

7 药剂贮存时，不同的药品间应留有间隔。

8.2.3 药剂贮存堆放区内应留有1.5m宽的通道以及运输、搬运和磅秤计量需用的面积。药剂贮存堆放区的面积应根据药剂的贮存量和堆高计算，并应乘以1.3的面积利用系数。

8.2.4 药剂贮存区的地坪应高出室内地坪200mm～300mm。

8.2.5 药库的净空高度不宜小于4m，当设有起吊设备时其高度应经计算确定。当药库与加药间合并布置时，应按加药间需要的高度要求设计。

8.2.6 药库应设置汽车运输道路，并应有足够的倒车道。汽车进出的大门净宽不宜小于3m。

8.3 计 量

8.3.1 药剂在制备药剂溶液时，应按药剂原药纯度进行计量。当药剂消耗量较大时，宜采用机械化运输的方式将计量后的药剂送进溶解池内。

8.3.2 药剂的溶解池和溶液池宜合并设置，并宜符合下列规定：

1 总有效容积可按8h～24h药剂消耗量和配制药剂溶液的浓度确定。

2 池内宜设机械搅拌装置。

3 池内应设自动液位监测装置。

4 药液的吸入管口宜设置滤网。

8.3.3 各种药剂的配制浓度宜符合下列规定：

1 混凝剂的配制浓度宜为5%～20%。

2 聚丙烯酰胺的配制浓度宜为0.1%～1%。

3 石灰乳及碳酸钠的配制浓度宜为5%～10%。

8.3.4 混凝剂、石灰、碳酸钠药剂溶解池宜采用钢筋混凝土结构或钢板材质制作，内壁应进行防腐处理。并应符合下列规定：

1 池子宜采用封闭式结构，池顶宜设封闭式人孔盖。

2 池内应设溢流管、泄空管，超高不宜小于500mm。

3 池子底部沉渣高度不宜小于200mm。

4 池子底部应有不小于2%的坡度坡向泄空管。

5 池子应设置配制药液和冲洗、清扫用的供水管。

6 池边应设工作台，并应设安全护栏、走梯等安全设施，工作台宽度宜为1.0m～1.5m。

8.4 输 送

8.4.1 药剂溶液输送宜采用管道输送。

8.4.2 投加和输送各种药剂溶液泵的选择宜符合下列规定：

1 混凝剂药剂溶液及硫酸宜选用变频控制的隔膜计量泵。

2 聚丙烯酰胺药剂、碳酸钠药剂溶液及石灰乳宜选用变频控制的偏心螺杆泵。

8.4.3 计量泵入口应设置过滤装置，出口应设置脉冲消除器。

8.4.4 药剂溶液输送泵应设置备用泵。

8.4.5 碳酸钠溶液输送管道宜设置循环回流设施。

8.4.6 由加药间至投加点的石灰乳溶液输送管道宜设置两根，应保证其中一根管道损坏或检修时不影响正常生产。

8.4.7 药剂溶液输送管道、管件和附件应根据药液的性质采用相应的耐腐蚀材料。

8.4.8 药剂溶液输送管道应根据实际情况采取相应的伴热、保温、冲洗和泄空等措施。

8.4.9 药剂溶液输送管道宜架空或在管沟内敷设，不宜直接埋地敷设。管沟内应有排水设施。

8.4.10 明装或管沟内敷设的药剂溶液输送管道，其支架的设置应符合管道的强度和刚度要求。

9 检测与控制

9.1 一般规定

9.1.1 综合污水处理厂应根据水处理工艺流程、系统运行和管理需要确定检测和控制项目。

9.1.2 自动化仪表及控制系统的设置应满足工艺要求。

9.1.3 计算机控制管理系统应兼顾现有、新建及规划要求。

9.2 取样检测

9.2.1 综合污水处理厂应根据主要处理构筑物的进出水水质、泥浆浓度、泥饼含水率及成分、药剂配制浓度等运行指标的控制要求，配置相关检测项目及检测仪器。

9.2.2 取样检测设施的设置应兼顾钢铁企业已建检测中心的检测能力，在厂区新建或部分新建检测项目和化验室。

9.3 在线检测

9.3.1 综合污水处理厂应根据工艺需要，设置在线检测项目的自动化仪表。

9.3.2 污水处理工艺流程中设置的在线检测项目宜

符合表9.3.2的规定。

表 9.3.2 在线检测项目

序号	监测点	检测项目									
		液位	流量	pH	浊度	电导率	COD	水温	压力	泥位	水头损失
1	引入口	√	√	—	—	—	—	—	—	—	—
2	进出水	—	√	√	√	√	√	√	—	—	—
3	格栅渠	√	—	—	—	—	—	—	—	—	—
4	调节池、清水池	√	—	—	—	—	—	—	—	—	—
5	泵房	√	√	—	—	—	—	—	√	—	—
6	澄清（沉淀）池	—	—	√	√	—	—	—	—	√	—
7	过滤	—	—	—	√	—	—	—	—	—	√
8	加药间	√	√	—	—	—	—	—	—	—	—
9	泥浆调节池（浓缩池）	—	—	—	—	—	—	—	—	√	—

注：√表示宜设的项目。

9.3.3 达标外排水系统应根据环境保护部门要求设置相应的检测项目。

9.4 控　制

9.4.1 综合污水处理厂应设中心控制室，控制室内宜设视频监视系统和控制操作系统。

9.4.2 控制系统宜采用集中管理监视、分散控制的自动控制系统。

9.4.3 主要生产工艺单元宜采用可编程序控制器。

9.4.4 泵房水泵机组、鼓风机组、控制阀门宜采用联动、集中或自动控制。

9.4.5 计算机控制管理系统应有信息收集、处理、控制、管理和安全保护功能。

9.4.6 计算机控制系统的设计应符合下列规定：

1 宜对监控系统的控制层、监控层和管理层作出合理的配置。

2 应根据工程具体情况，经技术经济比较后选择网络结构和通信速率。

3 操作系统和开发工具应具有运行稳定、易于开发、操作界面方便等功能。

4 计算机系统应设两路电源供电，并宜设置不间断电源。

5 系统防雷、接地应符合国家现行有关防雷接地的规定。

10 深度处理

10.1 一般规定

10.1.1 当污水净化水含盐量无法满足企业供水系统或用水单元生产要求时，宜采用反渗透工艺对污水净化水进行除盐处理。

10.1.2 深度处理站宜由前处理、脱盐装置、水泵间、控制室及其附属设施间组成。

10.1.3 深度处理站水处理构筑物及设备的生产能力应根据用户需求，并经水质平衡计算后确定。

10.1.4 深度处理站设计时应保证任一设备、构筑物、管道进行检修、清洗或损坏而停运时仍能满足用水单元对水量和水质的需求。

10.1.5 深度处理站设备宜布置在室内，清水箱、除盐水箱、中间水箱等可布置在室外。在寒冷地区布置的室外设备应采取保温防冻措施。

10.1.6 深度处理生产过程中产生的浓含盐废水不得直接排入综合污水处理厂或企业内的排水系统。

10.1.7 深度处理站的设备及相关设施布置宜按工艺流程顺序排列，并应满足建（构）筑物的施工、设备安装、管道敷设及生产人员的巡视、操作、设施维修的工作场地、安全距离和净空高度的要求。

10.1.8 寒冷地区深度处理站设备间应设置采暖设施。

10.2 设计水量与水质

10.2.1 深度处理站设计水量应按下式计算：

$$Q_s=\frac{Q_t\ (C_y-C_z)}{K_1\ (1-K_2)\ (1-K_3)\ K_4 C_y} \quad (10.2.1)$$

式中：Q_s——需深度处理的污水净化水设计水量（m^3/h）；

Q_t——除盐水量（m^3/h）；

K_1——水处理系统总回收率；

K_2——深度处理站自用水率；

K_3——系统漏损率；

K_4——反渗透系统脱盐率，大于或等于95%；

C_y——原水水质控制指标；

C_z——用水户水质控制指标。

10.2.2 反渗透设备进水指标宜符合表 10.2.2 的要求。

表 10.2.2 反渗透设备进水指标

水质指标	单　位	限　值
温度	℃	5～45
油	mg/L	0
铁（Fe^{3+}）	mg/L	≤0.05
锰（Mn）	mg/L	≤0.05
浊度	NTU	≤1

续表 10.2.2

水质指标	单　位	限　值
pH	—	2～11
SDI	—	≤5
余氯	mg/L	不得检出

10.2.3 深度处理站出水水质指标应由用户端确定。

10.3 处理工艺及设备

10.3.1 用污水净化水作为深度处理原水时，宜采用反渗透技术进行除盐。

10.3.2 反渗透工艺的前处理单元宜采用砂滤、多介质过滤、活性炭过滤、微滤或超滤。

10.3.3 前处理的工艺组成和选用应以原水水量和水质为依据，经过不同处理单元组合的试验或按相似条件下的工程实例，并结合当地具体条件，通过技术、经济比较后确定。

10.3.4 工作泵分组应与处理单元相匹配。

10.3.5 选择膜作为反渗透前处理系统时，宜选择超滤膜。膜处理系统设计应符合下列规定：

1 超滤系统的出力应与后续系统用水量相适应。

2 超滤膜元件的型号、数量和运行模式应根据进水水质、水温、产水量、回收率等通过优化计算确定。

3 超滤装置宜按连续运行设计，并宜合理分组，且不宜少于2套。

4 超滤系统的回收率应大于或等于90%。

5 超滤膜元件宜布置在室内，并宜设置膜元件的更换空间。

10.3.6 反渗透处理系统设计应符合下列规定：

1 反渗透系统的出力应根据回用需求，经水质平衡计算后确定。

2 反渗透装置宜按连续运行设计，并宜与前处理系统相匹配，且不宜少于2套。

3 反渗透装置的保安过滤器、高压泵、膜装置等宜按单元制设计。

4 膜元件的型号和数量应根据进水水质、水温、产水量、回收率等通过优化计算确定。膜元件宜选用卷式复合膜；当水源污染严重时，可选用耐污染的复合膜。

5 当采用二级反渗透系统时，第二级反渗透系统的浓水宜循环到第一级反渗透重复利用，第二级反渗透的单根膜回收率及通量可采用较高值。

6 反渗透出水直接用于工业水时，应有产水pH值调节措施。

7 反渗透膜元件宜布置在室内，并宜设置膜元件的更换空间。

10.3.7 深度处理系统应根据贮存、运输介质的特性和工作参数，采用符合技术要求的设备、管材、元件和池槽。

10.3.8 深度处理站内较长、较高或较复杂的管路，宜设置由令、卡套、法兰等，并宜以架空或管沟的形式有序排列敷设。

10.4 辅助设施

10.4.1 深度水处理站应设置生产操作管理系统、仪表监控和信息传输系统、输气系统以及值班人员所需的辅助设施。

10.4.2 深度水处理站化验室应与综合污水处理系统统筹设计，并应配备相应的分析仪器、仪表。

10.4.3 深度水处理站应设置加药间、药剂仓库。药剂仓库的储药量可按最大投药量的30d用量计算。

10.4.4 加药装置加药箱的容积可按1d的药剂使用量设计。

10.4.5 水处理流程中的中间水池（箱）的容积应有一定的调节容积。

11 安全与环保

11.0.1 综合污水处理厂的主要设施运行工况应设故障报警。各处理单元与中心控制室之间，中心控制室与企业给排水系统、环境保护部门之间的信息传输应保持畅通。

11.0.2 污水净化水管道严禁与生活饮用水管道做任何方式的连接。污水净化水管道上严禁安装饮水器和饮水龙头。

11.0.3 污水净化水管道应标明颜色和“污水净化水”字样，阀门井应铸上“污水净化水”字样，凡设有出水阀门处均应标明“污水净化水”字样。

11.0.4 引水口应设置水质、水位监测报警，污水净化水出厂点应设水质、水量监控设施，检测项目应按本规范第9.2节和第9.3节的规定执行。

11.0.5 水处理构筑物应按规定设置围护栏杆、防滑梯等安全设施，高架处理构筑物应采取防雷措施。

11.0.6 水处理构筑物的防火设计应符合现行国家标准《建筑设计防火规范》GB 50016和《钢铁冶金企业设计防火规范》GB 50414的有关规定。

11.0.7 危险化学品储存及使用区域应设置防护罩、事故池以及安全洗眼淋浴器等防护设施，安全洗眼淋浴器应采用生活饮用水水质。

11.0.8 水泵、鼓风机、电机传动接轮处应设置防护罩。

11.0.9 检化验室、加药间、泥浆脱水间应设置在通风良好的地段，室内应设通风设施和保障工作人员卫生安全的劳动保护措施。

11.0.10 鼓风机房、水泵房内外的噪声标准应符合现行国家标准《工业企业厂界环境噪声排放标准》GB 12348的有关规定。

附录A　水质检测项目检测方法及标准

表A　水质检测项目检测方法及标准

序号	检测项目	单位	检测方法	检测标准
1	pH	—	玻璃电极法	《水质　pH值的测定　玻璃电极法》GB 6920
2	悬浮物	mg/L	重量法	《水质　悬浮物的测定　重量法》GB 11901
3	浊度	度	比浊法	《水质　浊度的测定》GB 13200
4	COD_{Cr}	mg/L	重铬酸钾法	《水质　化学需氧量的测定　重铬酸盐法》GB 11914
5	BOD_5	mg/L	稀释接种法	《水质　五日生化需氧量（BOD_5）的测定　稀释与接种法》GB 7488
6	石油类	mg/L	红外分光光度法	《水质　石油类和动植物油的测定　红外光度法》GB/T 16488
7	总溶解性固体	mg/L	重量法	《生活饮用水标准检验方法》GB 5750
8	总硬度（以$CaCO_3$计）	mg/L	乙二胺四乙酸二钠滴定法 原子吸收法	《水质　钙和镁总量的测定　EDTA滴定法》GB 7477、《水质　钙和镁的测定　原子吸收分光光度法》GB 11905
9	暂时硬度（以$CaCO_3$计）	mg/L	乙二胺四乙酸滴定法 原子吸收法	《水质　钙和镁总量的测定　EDTA滴定法》GB 7477、《水质　钙和镁的测定　原子吸收分光光度法》GB 11905
10	氨氮	mg/L	纳氏试剂比色法 水杨酸分光光度法	《水质　铵的测定　纳氏试剂比色法》GB 7479、《水质　铵的测定　水杨酸分光光度法》GB 7481
11	总铁	mg/L	火焰原子吸收分光光度法	《水质　铁、锰的测定　火焰原子吸收分光光度法》GB 11911
12	溶解氧	mg/L	碘量法 电化学探头法	《水质　溶解氧的测定　碘量法》GB 7489、《水质　溶解氧的测定　电化学探头法》GB 11913
13	游离余氯	mg/L	滴定法	《水质　游离氯和总氯的测定　N，N-二乙基-1，4-苯二胺滴定法》GB 11897
14	细菌总数	个/mL	计数器测定法	《生活饮用水标准检验法》GB 5750

本规范用词说明

1　为便于在执行本规范条文时区别对待，对要求严格程度不同的用词说明如下：

1）表示很严格，非这样做不可的：
正面词采用“必须”，反面词采用“严禁”；

2）表示严格，在正常情况下均应这样做的：
正面词采用“应”，反面词采用“不应”或“不得”；

3）表示允许稍有选择，在条件许可时首先应这样做的：
正面词采用“宜”，反面词采用“不宜”；

4）表示有选择，在一定条件下可以这样做的，采用“可”。

2　条文中指明应按其他有关标准执行的写法为：“应符合……的规定”或“应按……执行”。

引用标准名录

《室外给水设计规范》GB 50013
《室外排水设计规范》GB 50014
《建筑给水排水设计规范》GB 50015
《建筑设计防火规范》GB 50016
《泵站设计规范》GB/T 50265
《钢铁冶金企业设计防火规范》GB 50414
《生活饮用水标准检验方法》GB 5750
《水质　pH值的测定　玻璃电极法》GB 6920
《工业管道的基本识别色、识别符号和安全标识》GB 7231
《水质　钙和镁总量的测定　EDTA滴定法》

GB 7477

《水质　铵的测定　纳氏试剂比色法》GB 7479

《水质　铵的测定　水杨酸分光光度法》GB 7481

《水质　五日生化需氧量（BOD_5）的测定　稀释与接种法》GB 7488

《水质　溶解氧的测定　碘量法》GB 7489

《水质　游离氯和总氯的测定　N，N-二乙基-1，4-苯二胺滴定法》GB 11897

《水质　悬浮物的测定　重量法》GB 11901

《水质　钙和镁的测定　原子吸收分光光度法》GB 11905

《水质　铁、锰的测定　火焰原子吸收分光光度法》GB 11911

《水质　溶解氧的测定　电化学探头法》GB 11913

《水质　化学需氧量的测定　重铬酸盐法》GB 11914

《工业企业厂界环境噪声排放标准》GB 12348

《水质　浊度的测定》GB 13200

《钢铁工业水污染物排放标准》GB 13456

《水质　石油类和动植物油的测定　红外光度法》GB/T 16488

中华人民共和国国家标准

钢铁企业综合污水处理厂工艺设计规范

GB 50672—2011

条 文 说 明

制 定 说 明

《钢铁企业综合污水处理厂工艺设计规范》GB 50672—2011，经住房和城乡建设部2011年4月2日以第977号公告批准发布。

本规范编制过程中充分贯彻国家节能减排的方针政策，与新颁布的现行国家标准《钢铁企业节水设计规范》GB 50506—2009相结合，将“节水减排，把钢铁企业内综合污水处理后回用，以最大限度提高企业水的重复利用率，降低吨钢取水量”作为综合污水处理厂工程设计的设计指导思想并贯穿规范整个章节。同时选择多家典型已建综合污水处理厂的钢铁企业进行深入调研，对在工程建设运行中取得成功的宝贵经验进行了系统地归纳、总结。积极采用经实践证明且成熟、有效的新工艺、新技术，促进钢铁企业综合污水处理工艺先进技术的应用。注重安全，通过对钢铁企业综合污水不同的回用水模式进行现场监测，取得了大量的实际数据，以保证纳入规范条文指标、数据的科学性。

本规范编制工作从2008年6月启动，历经两年多时间完成。期间主要完成工作包括筹建编制组，编制工作大纲，进行调研及编写调研报告，现场动态实验及监测，完成征求意见稿、送审稿、报批稿等。

编制组筹建在中国冶金建设协会的组织下完成，由3家钢铁设计研究院和4家钢铁企业组成。

编制规范的第一手资料主要来自钢铁企业，在调研钢铁企业单位选择上主要考虑不同地域、不同处理工艺流程、不同回用对象及管理水平等，选择了鞍钢、本钢、梅钢、包钢、邯钢等8家钢铁企业进行重点调研，广泛听取并收集了相关的技术资料和信息，完成了调研报告。同时为配合规范中净化后回用水水质指标的确定，不仅以某钢铁企业综合污水处理厂出水为实验原水，在不同浓缩倍数、含盐量及水稳药剂等条件下进行一系列现场动态模拟实验，还选择了不同回用模式具有代表性的钢铁企业进行现场水质跟踪监测，取得了大量的宝贵数据。

征求意见稿由国家工程建设标准信息化网在网上公开发布征求意见，同时由中国冶金建设协会以信函方式邀请除参编单位以外的钢铁企业设计领域5家大型钢铁设计研究单位和5家钢铁企业有关专家对征求意见稿进行审查。编制组对征求意见阶段返回的84条意见和建议进一步研究、论证后达成共识，对规范中相关条文进行修改，最终形成送审稿。

送审稿由中国冶金建设协会组织召开审查会，邀请参编单位以外的钢铁企业、冶金设计院、大学等单位的9名专家进行评审。编制组对专家评审意见进行论证、确认，完善规范条文，形成报批稿。

鉴于本规范是初次编制，规范中的污水净化水回用水质控制指标需要在执行中进一步证实和完善，及时跟踪了解规范使用情况，为完善和修订规范搜集第一手资料是今后的主要工作。

为了在使用本规范时能正确理解和执行条文规定，编制组编写了《钢铁企业综合污水处理厂工艺设计规范》条文说明。本条文说明不具备与规范正文同等的法律效力，仅供使用者作为理解和把握规范规定的参考。

目　次

1 总 则

1.0.1 本条阐明了编制本规范的宗旨。

我国水资源短缺和时空分布不均是国家的基本国情。由于国家城市化、工业化进程的加速，需用水资源量不断增加，加之用水效率不高，工业废水大量排放，水体环境日趋恶化，加剧了水资源的供需矛盾。导致全国600多个城市中2/3城市供水不足，其中1/4城市严重缺水。预测到2030年，我国人均水资源量将由1997年2220m^3降低到1760m^3，已逼近国际上认可的人均水资源量少于1700m^3的“用水紧张”标准。

为了保持钢铁工业可持续发展，在政府号召及有关部门、企业领导的关注和支持下，位于严重缺水地区和水体污染水域的企业纷纷加大节水减排工程建设的力度，提高科学生产管理。从而取得在钢铁工业总体上产钢量倍增的情况下，水资源取用量和外排污水量双双递减的生产局面。据有关资料统计，从1998年至2007年十年期间，全国钢铁产量几乎增加近4倍，而生产新水取水量及外排污水量则分别减少了42.8%和56.8%。

在20世纪90年代国内已有部分钢铁企业对外排综合性污水回用处理展开了规模性的试验研究、开发和工程建设，并在实践中取得了良好的经济效益、社会效益和环保效益，促进了企业的可持续发展。根据收集到的资料统计，截止到2007年，我国钢铁企业先后建成投产的总排口综合污水处理回用工程达20多家。设计平均日处理总水量约达160万m^3，年可回收污水资源量达5亿m^3。其中污水回用工程按地区分，在缺水和严重缺水地区约占80%，丰水地区占20%；按污水回用处理水量估算，缺水和严重缺水地区约占73%，丰水地区占27%。今后钢铁企业综合污水回收利用工程兴建，尤其在现有的老企业中必将日渐增多，迅速发展。对综合污水处理工艺设计规范的需求日趋迫切。

本规范制定十分及时和必要，将有利于污水处理回用技术和水处理工艺、设施的设计完整性、安全性、可靠先进性、经济合理性和科学生产管理设置等方面的规范化。

1.0.2 本规范只适用于新建、改建和扩建的钢铁企业新建综合污水处理厂的工艺设计。

对于车间（厂）特殊排水工程，由于基础条件和要求与综合污水回用处理的目的和性质不同，不适用本规范。

3 基 本 规 定

3.0.1 钢铁企业汇集各用水单元、厂区雨水排水管线的走向及总排出口的设置是根据企业生产区域、主辅生产车间（厂）的总体平面布置、厂区地坪标高、企业总体用水系统和企业外部接纳排水的自然条件等综合因素确定。由于企业占地面积大，故排水总排口数量往往是一个以上占多数，因此新建综合污水处理厂的设计水量应为各排水总干管的综合污水水量之和。

3.0.2 对于钢铁联合企业，各工序或车间的排水排入总厂排水系统，其水质应按照现行国家标准《钢铁工业水污染物排放标准》GB 13456的有关规定执行。对含油量高的废水，如连铸、轧钢等的废水不得超标排入总厂排水系统，以免影响综合污水处理厂的运行。

3.0.3 冷轧废水和焦化酚氰污水为特殊生产污水，虽经本工序废水处理站处理，其出水的污染因子仍然非常复杂，剩余有机物基本很难分解，含盐量也很高，一般为3000mg/L以上。因此不应排入综合污水处理厂与其他工业废水混合处理，应单独处置。这类水与综合污水实现合流处理无疑人为增加了污水处理的难度，使处理成本高，且出水水质不稳定，给安全回用带来隐患，应予以避免。特殊生产污水的处理与回用原则应符合现行国家标准《钢铁企业节水设计规范》GB 50506的规定。

虽然含盐量没有纳入排水指标，但含盐量高的浓含盐废水排入生产排水系统后，将增加回用水的含盐量，不利于提高企业水的重复利用率。

3.0.4 通过对国内某些钢铁联合企业厂区外排水质的多年监测和统计工作表明，钢铁污水呈典型冶金企业的污水特性，主要污染物为SS、COD、油及F等；另外，污水中的循环水系统排污水量占大部分，水中硬度、含盐量指标比较高，由此可确定主要基本处理工艺采用的物化处理方法。A、B两钢铁企业监测的污水水质部分指标，供设计中参考，见表1和表2。

表1 A钢铁企业综合污水水质

序号	项 目	单 位	监测数据
1	pH	—	7.0～9.0
2	SS	mg/L	50～200
3	COD_{Cr}	mg/L	30～150
4	BOD_5	mg/L	10～40
5	石油类	mg/L	10～30
6	总硬度	mg/L	300～600
7	暂时硬度	mg/L	250～550
8	钙硬度	mg/L	100～350
9	总碱度	mg/L	200～500
10	Cl^-	mg/L	200～500
11	SO_4^{2-}	mg/L	150～300
12	F^-	mg/L	3～15
13	温度	℃	30～40
14	含盐量	mg/L	900～1600

表 2　B 钢铁企业综合污水水质

序号	项　目	单　位	监 测 数 据
1	pH	—	7.5～9
2	SS	mg/L	70～170
3	浊度	NTU	50～130
4	总硬度	mg/L	450～620
5	暂时硬度	mg/L	120～200
6	钙硬度	mg/L	350～450
7	总碱度	mg/L	150～200
8	Cl^-	mg/L	200～400
9	SO_4^{2-}	mg/L	70～200
10	温度	℃	25～35
11	含盐量	mg/L	900～1500
12	电导率	μs/cm	1500～2000
13	COD_{Cr}	mg/L	—
14	BOD_5	mg/L	—
15	石油类	mg/L	—

3.0.6　总变化系数反映了钢铁企业单元排水的不均衡规律。由于各厂实际情况不同，此值相差较大，因此有条件时应根据连续水量监测结果，确定取值。

对于钢铁企业，由于其生产水量平衡一般以夏季和生产工艺最大时用水量的参数进行计算，因此可以将水量平衡计算的排水量作为夏季最大时的生产排水量。受季节气候变化的影响，钢铁厂生产用水也出现周期性变化：夏季用水量最大，排水量也相应多。根据经验，该值一般宜为 1.2～1.4。

3.0.7　目前钢铁企业综合污水净化水的回用方式主要有三种：一是通过专用回用水管网就近供至指定生产单元的生产用水系统，或绿化、洒地等非生产用水，该类生产用水户多为对水质要求不高的浊循环水用户；二是当污水净化水水质达到与生产新水水质标准接近时，将污水净化水与生产新水混合后，通过原有供水管道输送至各生产单元；三是把污水净化水经深度处理除盐后供至高水质用户。

目前所涉及的回用水用户包括生产用户及非生产用户：生产用水主要包括各工序循环系统补充水，根据实际情况可分别纳入全厂生产新水系统或除盐水系统；非生产用水主要包括消防用水、杂用水系统等。经实践验证综合污水经处理后的污水净化水可用于企业内生产与非生产两大用水系统。

4　污 水 汇 集

4.1　一 般 规 定

4.1.1　厂区采用分流制排水体制，可对污水分质汇集处理，并易于根据水量、水质特性制定有针对性的处理工艺方法，以保障出水水质，保证各类排水处理工艺中污染物的去除效率。含有大量无机泥砂的雨排水进入综合污水处理系统后将影响设施稳定运行。而生活污水中含可降解有机物高而含盐量低，通过生化处理可获得较优质的回用水。

4.1.2　污水汇集设施一般包括引入口和输送管（渠）。

关于生产排水量的确定，参见本规范第 5.1.4 条。

关于生活污水量的确定：钢铁企业生活污水的高峰流量，通常发生在最大班职工下班后 1h～2h 的时间内，影响生活污水流量的主要因素是淋浴排水。

对于已建钢铁企业，排水量亦可根据业主提供的实测数据确定。

4.1.3　污水汇集设施的运行应相对稳定，出现故障时要有不影响综合污水处理厂进水的措施。

4.2　引 入 口

4.2.1　引入口的形式一般分为合流制与分流制两种：合流制污水引入口设有向下游的溢流堰；分流制污水引入口不设溢流堰，但需考虑事故状态向下游排水的设施。

4.2.2　对已经完成的区域性分流制排水系统，不接纳其他种类的污水汇流至引入口，以避免综合污水处理厂因水质异常变化而影响运行。

4.2.3　合流制总排水管渠的污水引入口一般均为老企业，旧有排水管渠形式多种多样，受环境影响排水中杂物较多，故应视具体情况设置拦截杂物的设施。当溢流堰顶标高低于下游总排出口处防涝水位时，应设有排水泵及闸板等防倒灌设施。

4.2.4　引入口应视具体情况和需要，设置计量、水位检测及控制报警系统，并将信息传输至综合污水处理厂的控制室。以便控制室能监控闸板的工作状态，随时掌握综合污水处理厂进水情况，并迅速作出反应。

4.3　输　送

4.3.1　当污水总排出口与综合污水处理厂间的地形、标高相对关系以及预处理工艺设施要求均允许情况下，优先选用重力流方式输水。封闭输水可以减少水中掺杂物，简化预处理工艺，杜绝寒冷季节温热排水开放流时水面的水汽水雾蒸发现象，有利于环境景观。

5　污 水 处 理

5.1　一 般 规 定

5.1.1　本条是关于综合污水厂处理工艺确定原则的

规定。由于影响钢铁企业综合污水水质的因素较多，为保证取得预期的水处理效果及达到处理后净化水水质的要求，应在调研、试验的基础上提出。但考虑到钢铁企业综合污水所具有的共性，亦可参照类似条件下已建污水厂的运行经验，结合钢铁企业自身操作管理水平，通过技术经济比较综合研究后确定。

5.1.3 对于合流排水制企业，综合污水处理厂来水包括旱流生产排水、厂区综合生活污水和雨水，应在引入口设置溢流设施，确保雨水量不进入污水处理系统。因此，合流制排水企业综合污水厂的规模可根据生产排水、厂区综合生活污水与可预见的生产排水量之和确定。对于分流排水制企业，厂区综合生活污水、雨水均单独收集，不排入综合污水处理厂。

5.1.4 本条是关于最高日排水量计算方法的规定。

1 设计时，企业各排出口的排水量均按工艺用水要求、水资源条件和自然条件等因素，经总体技术经济比较后确定企业给排水系统，并进行冬夏两季的水量、水质平衡计算后取得。

2 当无设计资料时，可根据企业多年逐月、逐日、逐时连续监测数据，经整理分析计算求得，并综合考虑企业可预见发展规划等因素。

5.1.5 本条是关于综合污水处理厂自用水量的规定。

综合污水处理厂自用水量一般包括厂内沉淀池或澄清池的排泥水、滤池反冲洗水、药剂调配用水、各水处理构筑物及泥浆管道冲洗用水，以及厂内冲厕、道路绿化、浇洒用水等。结合已建综合污水处理厂经验，取为设计水量的5%～10%。

5.1.6 本条规定了污水处理构筑物的设置原则。由于污水净化水将作为钢铁企业重要的、稳定的供水水源之一，一旦水处理构筑物或设备因故障检修、清洗而停运，将对生产产生较大影响。实践中曾发生综合污水处理厂停运或部分停用若干小时至若干日，致使大量削减处理后水量，乃至断水的事故。因此，对构筑物设置作出本条规定，以保证水处理构筑物和设备的处理及供水能力均能满足水厂安全供水的要求，使污水处理运行更为可靠、灵活和合理。

5.1.7 本条是关于污水处理构筑物放空、溢流及冲洗设施的规定。

考虑到水处理构筑物检修、清洗等因素，应对不同水处理构筑物功能设置溢流、放空管和清洗设施。为保护环境及处理设施正常运行，条文规定排空、溢流及冲洗水均应回流处理，并对其回流点作出规定。对于滤池反冲洗定期排水，由于瞬时排水量大，排至格栅前将对格栅的设计处理能力要求增大，可考虑直接回流至格栅后。

5.1.8 为保证综合污水处理工艺设计的科学合理，根据运行效果良好的工程实例归纳了可供选用的三种物化处理基本工艺。在具体工程中，可根据污水水质及用户对水质的要求等具体条件，经技术经济比较后选用。

当污水净化水的含盐量不能满足回用要求时，还需采用深度处理除盐工艺。在我国，由于水资源分布不均，北方钢铁联合企业普遍严重缺水，提高水的利用率尤为重要。随着综合污水处理后回用，企业外排废水回收率的进一步提高，循环水系统中的盐类将不断富集升高，给生产安全带来一定隐患，从而限制了水重复利用率的再提高。因此，对于综合污水处理厂污水净化水广泛、深层次地回用，应从企业水系统的水质平衡考虑，并宜考虑采用深度处理工艺。

对于合流制排水系统，若来水中的生活污水比例较高时，应在生活污水排放集中处收集后设置小型处理装置进行处理，避免不经任何处理直接排入综合污水处理厂。

5.1.9 污水净化水的回用水质综合考虑了目前国内钢铁企业生产工艺与污染治理措施在经济合理的条件下能够达到的水平，同时结合对国内已建成多家钢铁企业综合污水处理厂实际出水水质的调研结果，以及课题实验结果综合确定的。当污水净化水回用于生产系统时，还应综合考虑企业新水水质、循环水水质及用水情况等因素。

表5.1.9中的各项水质指标值均为未经深度处理工艺时，采用推荐工艺的综合污水处理厂处理后污水净化水作为回用水时的主要水质指标控制值。

1 pH值。

pH值为最常用的水质指标之一，反映了水的酸碱性的强弱。回用水pH值的控制，与循环水水质、浓缩倍数、投加药剂等因素有关，一般控制pH值为6.5～9.0。

2 悬浮物。

回用水中的悬浮物含量过高，补充入循环水系统后，易使管道及设备磨损或堵塞，加重结垢和腐蚀，严重时将造成生产事故。因此，对于回用水该指标值越低越好，但是低指标值对污水处理工艺要求较高，运行成本也随之增加。根据国内外钢铁企业的实际运行经验，对于采用规范中推荐工艺的综合污水处理厂，其值控制在5mg/L以内。

3 COD_{Cr}。

这是表示水中有机物多少的一个指标。有机物对工业水系统的危害很大，含有大量有机物的水由于可提供微生物充分的营养源，使得细菌大量繁殖。当回用水补充到循环水系统时，易在冷却塔和换热设备内产生黏泥，隔绝药剂对金属的保护作用，降低冷却塔的冷却效果和设备的传热效率，对设备造成严重的垢下腐蚀等一系列恶果。且有机物对后续深度处理工艺的膜会造成污染，使膜通量降低，缩短膜的使用寿命。因此，参照现行国家标准《污水再生利用工程设计规范》GB 50335及《工业循环冷却水处理设计规范》GB 50050，取值为小于或等于30mg/L。

4　石油类。

石油类杂质易形成油污黏附在设备、管道上，不仅阻碍热传导，同时还能促进水中淤渣、絮体等的附着，形成水垢状物质，与水垢有同样危害。据实验室试验发现，当循环水系统中油含量较高时，可加速污垢晶体的生长和黏附，表现在微观上即生成低密度的疏松状多组分水垢附着在钢管内侧，宏观上则导致污垢层迅速增长，使年污垢沉积率超出国家标准。因此根据实验结果，并结合国内钢铁企业实际运行经验，确定该值控制在3mg/L以内。

5　总硬度。

水中的硬度过高，易在设备及管道形成水垢，不仅影响传热、浪费能源，而且易使设备局部过热引起破裂事故，影响系统安全。同时由于水垢一般在金属表面覆盖不均匀，易造成局部腐蚀。为控制水垢形成，回用水的总硬度值应在300mg/L以内。

6　总溶解性固体。

总溶解性固体是溶解在水里的无机盐和有机物的总称。不同地区的污水由于受原水水质影响，溶解性总固体指标相差较大。其主要成分如氯化物、硫酸盐、镁、钙和碳酸盐会腐蚀输水管道或在管道中结垢。水中总溶解性固体太高，易使管道腐蚀、结垢。根据现行国家标准《污水再生利用工程设计规范》GB 50335，当再生水作为循环冷却用水时，该指标值应控制在1000mg/L以内。

但对于北方大多数钢铁企业而言，由于原水的该项指标值较高，当循环水系统的浓缩倍数为2～3时，企业外排综合污水的总溶解性固体值普遍高于1000mg/L。因此，当综合污水中的总溶解性固体大于1000mg/L时，建议采用深度除盐工艺。

7　氨氮。

氨氮对循环冷却水系统铜合金有严重的腐蚀作用。同时由于消耗大量的氯，使其失去杀菌作用，使系统中各类细菌数量和黏泥量增加，COD_{cr}及浊度增加，水质发黑。钢铁企业内污水中的氨氮主要来源于焦化污水、高炉煤气冷凝水及少量生活污水，由于前二者为特殊生产污水，不纳入综合污水处理厂，因此水中的氨氮值一般较低。但考虑到该指标对循环水系统有较大影响，参照现行国家《污水再生利用工程设计规范》GB 50335取值为小于或等于5mg/L。

8　总铁。

铁离子含量过高将加剧设备的腐蚀速率。采用较高的总铁指标（小于或等于0.5mg/L）可为后续深度处理创造有利条件。

9　溶解氧、细菌总数。

这两项指标主要针对当污水净化水回用于非生产用水时，参照现行国家标准《污水再生利用工程设计规范》GB 50335确定。

部分企业综合污水厂处理后的主要水质指标对照表见表3。

表3　部分企业综合污水厂处理后的主要水质指标

出水水质指标	A厂	B厂	C厂	D厂	E厂
pH	7.46	7.77	8.31	7.39	8.08
浊度	—	1.01	1.18	1.84	6.10
SS	4.84	—	3.78	—	11.00
COD_{cr}	—	<40	33	—	57
BOD_5	—	—	—	—	—
油	0.96	—	4.03	—	0.30
总硬度	414.88	222.36	150.20	448.10	906.10
钙硬度	120.87	—	97.90	—	—
总碱度	63.97	116.00	52.30	165.00	123.80
总溶解性固体	1714.69	—	641.80	1164.00	—
电导率	—	700～900	—	1401	2040
Cl^-	272.23	87.50	241.00	—	322.20
SO_4^{2-}	—	—	225	370	—
氨氮	—	4.50	3.20	—	—

5.2　总体布置

5.2.1　本条是关于综合污水处理厂厂址选择应考虑的主要因素的规定。

综合污水处理厂作为钢铁企业的重要生产设施，其厂址的选择涉及整个钢铁企业综合污水收集及供回水系统的合理性，对工程投资、运行维护等方面都会产生直接影响。设计时，应通过技术经济比较后确定。

综合污水资源实质上作为钢铁企业重要的供水水源之一，它的安全性、重要性应与常规水资源取水地等同，其厂址的内涝防洪与排水问题应充分重视。条文规定“防洪标准应与企业主生产区一致”。

5.2.2　本条是对厂区的总体布置原则的规定。

综合污水处理厂应遵循节约用地的原则，即以满足正常生产需要为主，尽量减少配套的工程设施和生活服务设施。该规定对我国在现有钢铁企业用地紧张的条件下改造或新建综合污水处理厂尤为重要。

5.2.3　本条是对综合污水处理工艺流程竖向设计原则的规定，各主要构筑物允许的水头损失见表4。

表4　构筑物水头损失

序号	名　称	水头损失（m）
1	粗格栅 细格栅	0.10～0.20 0.15～0.25
2	预沉池	0.10～0.15
3	调节池	0.05～0.10
4	混合	0.30～0.40

续表 4

序号	名　称	水头损失（m）
5	絮凝	0.10～0.15
6	沉淀	0.30～0.50
7	机械加速澄清池 一体化澄清池	0.50 0.50
8	普通快滤池 V 形滤池 压力过滤器	2.0～2.5 2.5～3.0 3.0～5.0

5.2.4 本条是关于综合污水处理厂内管渠设计应考虑因素的规定。

污水厂内各种管渠较多，设计时应综合考虑、统筹布置，以保证综合污水处理厂的安全、可靠运行，并有利于检修。

钢铁企业中管线复杂，为便于维修管理，一般对各种管线标志作出技术规定。因此，综合污水厂内各种管线标志亦应遵循此规定。

5.2.5 本条是关于综合污水处理厂供电负荷的规定。

作为钢铁企业的生产水源之一，由于综合污水处理厂中断供电将对生产安全供水造成严重影响。有若干工程实例中因一路电源两条馈路，曾断电达数小时之久，后增加一路电源。因此，本条作此规定。

5.2.7 本条是关于厂内污水净化水系统的规定。

为充分贯彻国家节约水资源的政策，规定在综合污水处理厂内应设置污水净化水系统，对可使用污水净化水的用户均应优先使用污水净化水。综合污水处理厂内自用水和消防用水可采用污水净化水。当采用污水净化水作为厂区消防供水时，其系统设计应符合现行国家标准《建筑设计防火规范》GB 50016 中的有关规定。

5.2.8 本条是关于厂区内生活污水处理的规定。厂区内生活污水应先经小型生活污水处理系统或企业生活综合污水处理厂处理后，其出水再排入综合污水处理厂污水汇集系统。

对于合流制排水系统，由于综合污水处理厂工艺推荐采用的为物理化学法，不具备生化处理功能，为保证回用水水质的达标，应在生活污水源头设置小型污水处理装置。对于分流制排水系统，生活污水应按条文规定进行处理。

5.3 预　处　理

5.3.1 预处理工艺常用的单元技术有格栅、预沉淀、除油、调节池和预氯化除藻等。在合流制排水体制中，由于混有部分生活污水，当温度适宜时，水中藻类易滋生，对后续过滤工艺及出水水质有较大影响。因此在预处理工艺设计中应考虑预氯化除藻措施。

5.3.2 本条是关于格栅设置的规定。

钢铁企业，尤其是现有采用合流制排水体制钢铁企业的综合污水中常混有垃圾、塑料制品、纸张、树枝等大小不同的杂物。为了防止水泵及后续水处理构筑物的机械设备和管道被堵塞或磨损，保证水处理工艺的正常运行，制定本条规定。

根据调查，综合污水（尤其合流制排水体制）中所含可机械拦截污物的组成及大小与城市污水大致相同，但没有城市污水中所含的大量纤维、毛发等较细的可拦截污物。因此，规定粗格栅栅条间隙为 20mm～30mm，细格栅栅条间隙为 5mm～15mm。水泵前的栅条宽度应根据水泵进口口径选用。

5.3.3 本条是关于设置预沉池的规定。

合流制排水雨季时初期雨水一般会带入较多比重大的大颗粒无机杂质如铁屑、矿石渣粒等。根据某综合污水处理厂 2008 年水质监测统计资料，全年悬浮物含量在 30mg/L～993mg/L，而含量 50mg/L～80mg/L 居多。含量高时多发生在雨季，最大含量发生在 7 月，高达 993mg/L。因此，对合流制排水系统，当水中悬浮物含量较高时，可根据实际情况，设置预沉池以有效避免这类杂质对后续处理构筑物和机械设备的磨损，减少在管渠和处理构筑物中的沉积，减轻后续沉淀单元的处理负荷。当后续处理工艺单元采用一体化澄清池时，由于该工艺对进水悬浮物的适应范围大，抗冲击负荷能力强，亦可不设预沉池。

综合污水中的油类一般为石油类油脂，且多为漂浮状浮油。在预沉池出口端宜设置撇油设施，定期刮撇浮油。根据调查，在正常生产状态下，钢铁企业污水中的油含量一般小于或等于 10mg/L，管理较好的企业排水中油含量小于或等于 5mg/L，采用普通撇油装置即可。若水中含油量持续偏高，多数为前端生产工序尤其是轧钢工序排水水质超标，或事故检修造成，对此应首先加强前端工序的排水管理。

5.3.4 本条是关于设置调节池的规定。

根据钢铁企业的生产特点，其各工序排水的水质、水量变化很大。因此，为均衡来水，保证出水水质，宜在污水处理工艺前端设置调节池。

1 若调节池停留时间较短（0.5h～1.0h），对来水的调节作用不太明显，将给后续处理构筑物带来较大的冲击负荷，影响出水水质。若调节池停留时间太长，一是占地多，二是工程直接投资大，因此在具体工程中，可根据具体情况确定。

2 为保证对浮油的去除，应设置撇油机等除油设施。

3 综合污水中的悬浮物比重较大，易于沉积，为避免泥砂沉积给运行管理带来不便，设计时应予以注意。当采用机械搅拌时，搅拌器布置的间距、位置及数量应根据池型及试验资料确定。据调查，当调节池前端无预沉工艺，若搅拌功率为 $5W/m^3$～$8W/m^3$（水）时，调节池中均易产生积泥；当搅拌功率为 $8W/m^3$～$10W/m^3$（水）时，仅离搅拌器较远处有积泥；

而当搅拌功率为10W/m³～20W/m³（水）时，池中积泥很少。若调节池前端有预沉工艺时，可适当减小搅拌功率，但不宜小于8W/m³（水）。

5.4 污水提升泵房

5.4.1 为保证来水量变化时，水泵的出水量能及时自动作相应调整，水泵变频调速装置的原发信号应采用吸水井液位变化信号。对于变频水泵，为保证变频器的正常工作，宜采用一控一的形式。

5.4.2 本条是关于水泵台数及备用泵的规定。水泵设置数量应综合考虑安全生产、运行管理及便于维护。工作泵台数少于2台，如遇故障维修，影响太大；工作泵台数太多，运行管理不便。备用泵设置数量应考虑生产运行安全、维检修频率及难易等因素。

5.4.5 本条是关于水泵吸水池设计水位的规定。当综合污水为重力流入时，吸水池的设计最高水位应由污水引入口溢流水位经沿程管（渠）、预处理设施等水力坡降至吸水池逐一计算确定。当污水为提升进入时，吸水池的设计最高水位应根据综合污水来水的设计水位高程计算确定。

5.4.6 本条是关于吸水池分格的规定。由于过流介质为污水，水中易沉积的污物较多，吸水池分格有利于吸水池内设备的检修和清理。

5.4.8 本条是关于水泵机组布置的规定。水泵布置是泵站设计的关键，采用单行排列布置，使进、出水管道顺直，对水泵运行、维护管理有利。

5.4.10 本条是关于泵房起重设备的规定。起重设备的设置应考虑方便安装、检修，降低工人劳动强度等因素。

5.5 混凝、沉淀和澄清

5.5.1 本条是关于沉淀池或澄清池最少个数的规定。在运行过程中，为保证停池清洗或检修时不致造成污水厂停产或影响出水水质，制定本条规定。

5.5.2 本条是关于沉淀池或澄清池排泥装置的规定。

沉淀池或澄清池积泥的及时排出，对出水水质的提高有较大影响。当水中悬浮物含量高、药剂投加量大时，污泥产生量较多，排泥较为频繁。采用机械化和自动化排泥不仅易于控制，而且可减轻工人劳动强度。

5.5.3 本条是关于澄清池取样装置设置的规定。为保持澄清池的正常运行，需经常检查澄清池污泥絮凝及沉降性能，检测澄清池出水的主要水质指标，因此规定在澄清池的不同部位应设置取样装置。

5.5.4 本条是关于混合方式选择原则的规定。水处理中常用的混合方式有水力混合、机械混合等，根据对国内已建综合污水处理厂的调研，由于采用水力混合的效果受水量波动影响较大，不易控制，因此基本采用混合效果好、易于操作调控的机械混合方式。故推荐选用机械混合方式。

5.5.5 本条是关于混合反应时间及速度梯度的规定。

混合的目的在于将混凝剂迅速均匀地分散至整个水体中，常用的混凝剂多为铝盐和铁盐，达到快速剧烈的混合时间一般不超过3min。速度梯度反应的是搅拌强度，与药剂类型相匹配。通常金属铁盐混凝剂的速度梯度取大值，高分子絮凝剂的速度梯度取较小值。

5.5.7 本条是关于沉淀池形式及表面水力负荷的规定。据调查，在合流制综合污水处理厂中，来水的泥砂及悬浮物含量一般较大，为避免对后续处理构筑物的影响，减少对设备、管道的磨损及堵塞，在预处理中可设置沉淀池。考虑到钢厂综合污水中所含泥砂及悬浮物的比重较大，根据已建工程实际运行经验，水力负荷采用2.0m³/(m²·h)时处理效果较好。据此，条文推荐此值，当有1座池出现故障时，可按1.5m³/(m²·h)～2.5m³/(m²·h)进行校核。

5.5.10 本条是关于一体化澄清池设计参数的有关规定。

一体化澄清池是在机械搅拌澄清池基础上发展的新型澄清池。目前已在钢铁企业综合污水厂、市政给水厂及电厂等工业领域得到广泛应用。经过多项实际工程运行经验证明，一体化澄清池对水质、水量的耐冲击负荷能力更强，药剂投加量较少，剩余泥浆含水率较低，自控程度高，出水水质好，是一种高效的澄清工艺。

1 关于絮凝时间的规定。据调查，目前大多数已运行的水厂所采用的絮凝时间为12min～15min，这时所产生的矾花致密、均匀，沉降性能好。时间太长不仅易使已生成的矾花破碎，而且在絮凝区有积泥现象发生；时间过短，药剂反应不充分，污泥的沉降性能较差。因此，推荐采用12min～15min。

2 关于斜管几何尺寸等的规定。

条文中的斜管内径是指正六边形内切圆的直径。在一定范围内，斜管内径越小，雷诺数越低，沉淀效果越好。据已建污水厂实际运行经验，在处理钢铁企业综合污水时，若斜管内径小于50mm，则因积泥和藻类滋生使斜管堵塞的几率增大，需要经常停池清洗，影响生产。因此规定斜管内径不宜小于50mm。若斜管内径太大，则易形成紊流，影响沉淀效果，一般不宜大于80mm。

据资料，斜管进口约150mm～200mm的距离内，泥水混杂，污泥浓度较大，该段以上才是真正的泥水分离段。但斜管过长，不仅会增加造价，而且其沉淀效率提高并不显著。因此，一般采用斜长1m。根据工程经验，斜管倾角为60°时，沉泥均能自然滑下，因此规定此值。

3 关于清水区保护高度及液面负荷的规定。

4 关于澄清池出水的规定，以保证澄清池出水均匀。

5　泥浆泵房建于地面以下，各类泥浆管、水管较多，为保障泵房运行安全，方便操作管理人员维修和检查，作出本款规定。

5.5.11　本条是关于一体化澄清池泥浆回流及排泥的规定。

由于一体化澄清池池体高，污泥浓缩时间长，因此其排泥浓度相对其他形式的澄清池或沉淀池高，污泥含固率随污水水质及投加药剂不同而稍有差别，一般为2%～10%。采用机械排泥能有效防止管道的堵塞，并对污泥排放和回流量可以实现自动控制。

一体化澄清池的正常运行对保证出水水质有重大影响，实际运行中经常需要根据污水水质的波动调整污泥回流量，以取得最佳的处理效果。通过变频的方式调节污泥回流泵最为简单易行。

5.6　过　　滤

5.6.2　本条是关于滤池反冲洗方式的规定。据调查，采用气、水联合反冲洗的滤池，其清洗效果比单一的水冲洗更好，且能节约反冲洗水量。表面冲洗可以更彻底地将冲洗至表面的杂质沿冲洗方向排出滤池。

5.6.6　本条是关于滤池分格数的规定。若生产运行中当一格滤池进行检修、换砂，又遇一格滤池反冲洗时将严重影响供水的稳定性、连续性及出水水质。为避免滤池采用分格数太少（≤3），故作本条规定。

5.6.8　本条是关于滤池冲洗气源供应的规定。

冲洗空气应由鼓风机直接供给。由于鼓风机供气在冲洗时间、冲洗气量等方面更易于控制及调节，因此一般宜选用鼓风机直接供气。

条文规定“风机数量不宜少于2台”是为避免气冲时由于气量突增造成“气堵”或布气不均匀对滤池工况的影响。当单格滤池面积较大时，尤为明显。

工厂内压缩空气的气压高，气量不易控制，而且气体含油影响出水水质。实际工程中曾发生采用压缩空气作为冲洗气源，虽经二级减压，仍造成滤池内滤梁、滤板被整块掀起和过滤器跑砂、乱层的事故。因此规定不得使用压缩空气为反冲洗气源。

5.6.9　本条是关于滤池滤料的规定。在污水处理中，为充分发挥滤料的截污性能，延长滤池的工作周期，采用的滤料粒径比净水工艺中的稍大，为0.8mm～1.3mm。主要形式的滤池滤料及滤速组成见表5。

表5　滤料组成及滤速

滤池形式	滤料组成			正常滤速(m/h)	强制滤速(m/h)
	粒径（mm）	不均匀系数 K_{80}	厚度(m)		
普通快滤池	石英砂：d_{10}＝0.80	＜2.0	0.7	7～9	9～12
V形滤池	石英砂：d_{10}＝1.30	＜1.6	1.2～1.5	8～10	10～13
压力过滤器（单层滤料）	石英砂：d_{10}＝1.2～1.6	＜1.4	1.5～2.0	20～25	—
压力过滤器（双层滤料）	无烟煤：d_{10}＝0.85，石英砂：d_{10}＝0.55	＜2.0 ＜2.0	0.5～0.8 1.0～1.5	20～25	—

5.7　消　　毒

5.7.1　为确保用水安全，规定污水净化水回用时必须经消毒后使用。本条为强制性条文，必须严格执行。

5.7.2　本条是关于消毒剂和消毒方式选择原则的规定。根据钢铁企业的实际情况，常用的消毒方法一般有氯消毒、二氧化氯消毒和次氯酸钠消毒。氯消毒由于技术成熟、运行成本低，且有后续消毒作用，一般用于大型综合污水处理厂；而二氧化氯消毒、次氯酸钠消毒由于使用安全可靠，目前多用于中、小型综合污水处理厂。

6　净化水输送

6.3　供 水 泵 房

6.3.2　本条是关于根据不同用途分设泵组的规定。对于消防泵组的设置，应符合现行国家标准《建筑设计防火规范》GB 50016的有关规定。

7　泥浆处理

7.1　一 般 规 定

7.1.1　钢铁企业综合污水处理厂产生的泥浆量比较大，为了缩小体积和质量，减少对环境的污染，为后续处理创造条件，应进行脱水处理。

7.1.3　本条是关于泥浆处理系统采用的工艺流程的原则规定。

目前国内钢铁企业综合污水处理厂的泥浆处理工艺流程一般由浓缩、调节、脱水、泥饼贮存和输出等工序组成。但由于各综合污水处理厂采用的污水处理工艺流程不同，泥浆处理工艺流程也不同。当污水采用一体化澄清池处理工艺时，其排泥浓度可满足脱水机的要求，不需另设浓缩池进行浓缩，而直接将一体化澄清池排出的剩余污泥送至泥浆调节池后再脱水处理；当污水采用沉淀池处理工艺时，其排泥浓度不能满足脱水机的要求，需另设浓缩池处理沉淀池排出的泥浆，使之符合脱水机的要求后，再将浓缩后的泥浆送至泥浆调节池后再进行脱水处理。

7.1.4 本条是关于泥浆处理系统设计处理能力的原则规定。

根据钢铁企业综合污水处理厂的实践及污水的特征，泥浆处理系统的设计处理能力按最高日最高时污水量产生的干泥量设计，是安全可靠的，可以保证泥浆不排放。

7.1.5 泥浆处理系统的能力由所处理的干泥量决定。本条给出了泥浆处理系统需要处理的干泥量计算内容的规定，各项内容产生的干泥量可按给排水设计手册规定的方法计算。

7.1.6 本条是关于泥浆处理系统处理过程中产生的各种废水回用原则的规定。

泥浆处理系统处理过程中产生的各种废水主要包括滤液、溢流、排空、冲洗及清扫等废水。这些废水中主要污染物为悬浮物，流量不是很大，对污水处理不会产生影响。为了达到保护环境、节省水资源的目的，这些废水应返回污水处理构筑物进行处理回用。

7.1.7 本条是关于泥浆处理系统中各类构筑物的个数或分格数的原则规定。为保证综合污水处理厂的安全运行，当一个（格）构筑物出现故障或检修时，另一个（格）应能满足生产运行需要，以防止泥浆处理系统中由于某个环节出现检修或故障而影响整个工艺系统运行。

7.1.8 本条规定了泥浆处理系统各处理构筑物之间的总体布置的原则要求。

7.2 泥浆输送

7.2.1 本条是关于泥浆输送泵的选择原则的规定。

钢铁企业综合污水处理厂产生的泥浆是含有大量砂粒的悬浮液体，磨蚀比较严重、容易沉积堵塞，所以输送泵应该选用耐磨蚀、能通过含颗粒的浆体输送泵。

由于浆体输送泵运行时故障率较清水泵多，所以浆体输送泵安装的备用率也相对较高，一般浆体输送泵的备用率不宜小于50%。

7.2.2 由于泥浆输送管道运行时发生故障的概率较高，泥浆管道敷设在管沟中，便于在较短的时间内处理故障和更换管道。

7.2.3 泥浆输送管道的临界流速（管径）和摩阻损失可按B.C.克诺罗兹方法计算，也可以根据经验数据确定。根据《选矿设计手册》，泥浆输送管道选用的流速值：当泥浆中固体密度为2.7t/m^3、粒径小于或等于0.074mm、输送的泥浆浓度为1%～20%时，流速为1.0m/s。钢铁企业综合污水处理厂产生的污泥中，固体密度一般小于2.7t/m^3，粒径也较小，根据运行实践，泥浆输送管道的流速不宜小于1.0m/s。

7.2.4 泥浆输送管道一般磨蚀较重，采用厚壁钢管可以延长使用寿命，而且抢修方便。采用较大的曲率半径，可改善管道的水力条件，减少管道的堵塞几率。

7.2.5 本条是对泥浆输送管道设置的有关规定，以保证泥浆输送系统的运行安全需要。

7.2.6 为了在泥浆输送管道堵塞或检修时，能快速、方便地清通管道，泥浆管道上应设置冲洗装置。一般可采用在泥浆管道的适当位置上设置快速接头，以便在使用时接上压力水进行冲洗。

7.3 调节池

7.3.1 本条是关于设置泥浆调节池的有关规定。

浓缩工序的排泥方式为间歇式或者脱水工序的工作方式为间歇式，均应设置泥浆调节池，以调节浓缩工序的排泥量与脱水工序所能处理的泥浆量之间的不平衡。

泥浆调节池中设置机械搅拌装置，可防止泥浆在调节池中沉积。

7.3.3 根据国内钢铁企业综合污水处理厂的设计和运行实践统计，当一体化澄清池采用间歇式排泥、污泥脱水采用厢式压滤机时，大多数综合污水处理厂泥浆调节池的总有效容积均为综合污水处理厂24h平均产生的泥浆量，这样便于调整脱水机的运行方式，本规范推荐这一数据。

7.3.4 根据现有综合污水处理厂的实例，按照调节池池底中央设集泥坑的形式排泥和池底17%的坡度设计泥浆调节池，可以保证泥浆调节池中不积泥或积泥很少。

7.3.5 用超声波液位计监测泥位是目前较为可靠和实用的测量仪表。因此，当泥浆调节池设置液位计时，推荐采用超声波液位计，并将信息传至监控中心。

7.3.6 泥浆调节池靠近泥浆浓缩工序可缩短泥浆管道的长度，减少泥浆管道出现故障的机会；与污泥脱水间毗连，可同时将泥浆调节池作为脱水机给料泵的进料池，达到节省投资、一池多用的目的。

7.4 浓缩池

7.4.1 每一种脱水机械对进料浓度都是有一定要求的，脱水机的生产能力与进料浓度有关，进料浓度越高，生产能力越大，而且滤饼含水率也越低，滤饼卸料也越容易。当沉淀池、澄清池的排泥浓度无法满足脱水机械的进料要求时，应设置浓缩池来提高泥浆的浓度。

7.4.2 本条给出了在没有沉降浓缩试验成果或类似的泥浆浓缩运行数据时，设计浓缩池的有关参数。这些参数主要是参考已建成的钢铁企业综合污水处理厂浓缩池的设计资料而得出的。

7.4.3 在寒冷地区，周边传动的浓缩机采用齿轮传动可防止冬季雪天或结冰时传动轮打滑，不能正常运行。

7.4.4 浓缩池溢流堰采用固定式堰时，施工难度大，很难保证堰顶能在一个水平面上。做成可调式溢流堰，便于生产运行中进行调整。

设置挡板主要用于防止泡沫或漂浮物进入溢流水中。

7.4.5 浓缩池底部排泥口一般设置2个，1个运行，1个备用。浓缩池底部排泥管发生堵塞的几率较高，而且一旦发生堵塞，处理较困难，耗时也较多，为了运行安全，故浓缩池底部排泥口宜设置2个。排泥管上设置双阀门主要是为了双向反冲洗的需要。条文中的反冲洗水压是最低要求，有条件时应尽可能高些。

7.4.6 为了保护浓缩机的运行安全，防止压耙等重大事故，对浓缩机应设置必要的报警及保护装置。

7.5 污泥脱水

7.5.1 本条是关于污泥脱水机械选型的原则规定。

污泥脱水机械的选择原则：既要适应前一道工序泥浆浓度的要求，又要满足下一道工序泥饼贮存和外运的要求。根据调研，目前钢铁企业综合污水处理厂泥浆脱水均采用厢式压滤机或板框压滤机，而且运行效果较为稳定。对于离心脱水机或带式压滤机，由于目前在钢铁企业综合污水处理工程中还没有成功应用的实例，缺乏试验资料，因此本规范暂不推荐离心脱水机或带式压滤机。

7.5.2 本条规定了脱水机产率的确定原则。有条件的情况下，最好通过试验数据确定。

1 每一种类型的脱水机对进料浓度都是有一定要求的，低于要求的浓度，脱水机的产量将降低，脱水工作周期将延长，而且产出的泥饼质量也不高。当进料浓度小于7%时，压滤机产出的泥饼有“夹芯”（泥饼中央较稀）现象。因此本规范推荐进料浓度不宜小于10%。

2 脱水后泥饼含水率必须满足贮存和外运的要求，根据国家环境保护总局发布的《环境保护产品技术要求 厢式压滤机和板框压滤机》HJ/T 283—2006的规定：无机、亲水的（含Fe、Al、Cr等的氢氧化物）污泥，当污泥性质为≤10%碳酸盐、铁/干固体时，污泥脱水后滤饼含水率应≤50%。因此本规范推荐脱水后泥饼含水不宜大于50%。

3 脱水机的产率为4kg干泥/（m^2·h）～6kg干泥/（m^2·h），是根据目前已经运行的钢铁企业综合污水处理厂污泥脱水采用压滤机的设计资料，以及大部分处理厂实际设计采用的数据。

4 脱水机每一次过滤的工作周期由进料、压缩空气吹干、卸料三部分工序组成。工作周期决定脱水机的产率，工作周期长，则脱水机的产率低，脱水机的利用率也不高，需要的机型也大或安装的台数也多；反之，则与此相反。以过滤面积为560m^2（滤板尺寸为1500mm×1500mm×70mm，滤板数为141块）的厢式压滤机的运行实例来说明每一次过滤工作周期内各工序所需时间的分配：进料时间一般为1.5h～2.0h（视进料浓度进行调整），压缩空气吹干时间为30s（可多次吹干，每一次仅需数秒钟时间），卸料时间为30min。所以脱水机每一次的过滤工作周期选用2.0h～3.0h是可行的。

7.5.3 脱水机的台数应按照所需要处理的干泥量、每台脱水机单位时间内所能处理的干泥量及每日运行时间确定，正常运行时间可按每日1班～2班考虑。脱水机可不设备用，当脱水机发生故障检修或泥量因故增加时，可以用增加运行班次来解决。但总安装台数不宜少于2台。

7.5.4 本条是关于脱水机进料泵配置的原则规定。

1 由于脱水机的进料泵启、停频繁，且泥浆浓度较大，为便于自动控制，一般采用自灌式启动。

2 脱水机进料泵的流量不能太小，否则会延长脱水机的工作周期，一般以能满足脱水机在一个工作周期内的进料时间要求为原则。进料泵出口压力应按所选择的脱水机的要求确定。

3 为了缩短脱水机的进料时间，要求进料泵的流量是变化的，进料初期要求大流量低压力，进料后期要求小流量高压力，这有利于脱水过程的运行。所以宜采用变频控制的变流量进料泵。

4 本款规定了脱水机进料泵与脱水机的配置原则。

5 本款规定了脱水机进料泵可以选择的形式范围。这些形式的进料泵，在国内外均有应用的实例。

7.5.6 本条是关于脱水机机组的布置和主要通道宽度的原则规定。

脱水机组的布置应满足设备的运行、维护、安装或检修的要求。机组布置时，除满足其结构尺寸的需要外，还要考虑满足操作和检修的最小净距。

机组总体的布置应整齐、美观、紧凑、合理。

7.5.7 本条是关于泥浆脱水间内起重设备配置水平的规定。

为了安装、检修及更换滤板、滤布的需要，脱水间宜采用电动桥式起重机。为了节省投资，起重量宜按脱水机最大的一台零部件的重量确定。

7.5.9 设操作室可实现就地和集中操作。并应对泥浆调节池的液位、泥浆浓度进行显示，对泥浆的脱水过程进行PLC（可编程逻辑控制器）自动控制和视频画面显示。

7.5.10 为了能够及时清通出现故障的设备和管道，保持良好的工作环境，脱水间应设置冲洗、清洗的给水及排水设施。

7.6 泥饼贮存及输出

7.6.1 为改善操作环境，泥饼贮存间应与其他设施隔开。泥饼贮存间的室内地坪入口处应高出室外地面，是为了防止泥饼贮存间内产生的污水外溢造成污染。

7.6.2 本条是关于泥饼贮存间内泥饼贮存量的原则规定。

泥饼的堆积容积与泥饼的含水率、泥的成分有关，不同的企业也有差异。根据某厂的实测，泥饼的含水率为40%～50%时，堆积密度约为1.5 t/m³～1.2t/m³。

泥饼的堆存容积主要与运距、运输条件和气候条件有关，可根据各企业的具体条件进行确定。

7.6.3 泥饼采用自卸式汽车外运的方式比较简单、方便、合理。考虑到目前钢铁企业综合污水处理厂产生的污泥还没有利用价值，主要成分为泥土和泥砂，大多数企业综合污水处理厂的泥饼处置方式有两种：一种是送往企业的弃渣场处理，另一种是采用地面填埋的方式处理。由于地面填埋需要占用大量的土地，还有可能造成新的污染。因此，泥饼运往企业弃渣场处理或运往城市垃圾填埋场与垃圾混合填埋是较为理想的方法。有条件时，宜考虑综合利用，有效利用是泥饼处置的发展方向。

7.6.4 为了保持泥饼贮存间的环境，满足清洁生产的要求，应设置清洗水及排除地面积水的设施。

8 药　　剂

8.1 一 般 规 定

8.1.2 本条是关于选择药剂的原则要求。

对药剂的纯度要求：从水处理的要求出发，药剂的纯度越高越好。但药剂纯度越高，生产运行成本也越高。目前国内大部分水处理药剂均有相应的国家标准和行业标准，应按其相应的药剂标准进行设计。以消石灰为例，由于我国地域广大，全国各地出产的消石灰粉纯度差异较大，一般纯度在40%～92%之间。因此为了提高加药效果，减少不必要的浪费，对药剂纯度的选择应根据各地的实际情况进行，有条件时尽量选择纯度高的药剂。

对药剂种类选择的原则要求：

1 国内有的钢铁企业综合污水处理厂原设计采用固体混凝剂，但由于溶解制备混凝剂药液的劳动强度大，后改为液体药剂。由于钢铁企业综合污水处理厂耗药量较大，为减轻劳动强度，改善工作环境，推荐选用铁盐、铝盐混凝剂时，优先采用液体药剂，并宜采用液体药剂原液直接投加。

2 聚丙烯酰胺作为助凝剂，由于未水解的投加量较部分水解的投加量多，且溶解速度慢，为了降低药剂消耗及生产成本，提高药剂溶解速度，宜采用部分水解的干粉剂产品。

3 由于浓硫酸的贮存、输送及提升设备使用普通碳钢材料即可，因此采用浓硫酸直接投加方式较为简单。当采用稀硫酸投加时，其运输、贮存及投加设施要求的材质较高，需要耐酸不锈钢管道及设备，碳钢制的贮存设备需要用铅或橡胶衬里，且投加量也较浓硫酸大。因此推荐采用浓硫酸直接投加。

4 为了改善石灰投加系统的运行条件，便于采用散装物料罐车运输和气力输送，减少石灰乳制备系统的排渣量，推荐采用粒度小于200目的消石灰粉。

5 采用碳酸钠粉剂，溶解速度快，便于用散装罐车运输和气力输送。

8.1.3 本条是关于加药间的工序组成内容的规定。加药间的规模和能力应按投加各种药剂的最大消耗量计算确定，最大消耗量应包括药剂的投加量（投加至待处理的水中）和非投加量（生产过程中的损耗，如漏损、清洗、排空等）。

8.1.4 药剂在储存或使用过程中如果处置不当而造成混杂，会失去药效或变质。例如，聚合铝不得与有硫酸根的药剂，如硫酸铝、硫酸亚铁、明矾等相混杂；聚丙烯酰胺不得与硫酸铝、三氯化铁、聚合铝相混杂。因此在设计药剂投加设施时，应按不同药剂分成系统，防止药剂混杂。投加设施设有倒换、泄空、清洗的措施，以方便检修和处理故障。

8.1.5 每一种药剂的溶解及投配设施不宜少于2套，并应做到互为备用或交替工作，以保证投药设施能够安全可靠运行，避免投药中断，影响生产。

8.1.6 为了方便管理，缩短和减少药剂二次倒运的距离和环节，加药间与药剂的贮存宜合并布置，并在加药装置附近设置药剂堆放区。同时为提高机械化运输水平，降低药剂搬运劳动强度，宜设置起重运输设备。

8.1.7 各种不同的药剂具有不同的物理、化学性质。例如，铁盐混凝剂具有很强的腐蚀性，粉状物料易吸潮结块，石灰乳液易沉淀堵塞设备和管道，碳酸钠液体能结晶，有的药剂需避光保存，有的药剂需要防冻等。因此药剂的贮存、配制及投加设施应分别不同情况采取相应的措施。

同时由于加药间使用药剂的品种较多，药剂的性质、状态、包装等形式多种多样，因此药剂贮存、配制及投加设施的设计都应根据药剂性状与其贮存、使用条件，在建筑标准、防火等级、卫生、环境保护、安全生产等方面按相关标准、规范执行。

8.1.9 药剂撒落到地面遇水后会变得非常湿滑，为了安全，加药间与药剂贮存区地坪应为防滑地面。为了清扫用水的需要，应设置清洗地坪的给水排水设施，不同标高的地坪间应有挡水措施，以免上一层地坪的清扫水流到下一层的工作面。

8.1.12 设置操作室可便于对药剂的制备及投加实行PLC自动控制，并实现视频画面显示。

8.2 贮 存

8.2.1 明确药剂的贮存量应根据药剂商品的消耗量计算确定。考虑到目前国内运输比较发达，因此药剂的贮存量推荐按7d～15d的消耗量计算确定。

国内药剂供应商较多，很多药剂本地都有供应，当药剂由本地供应时，可适当减少贮存天数。

8.2.2 本条是关于药剂贮存的原则要求。

1 国内综合污水处理厂所需要的各种药剂一般均采用汽车运输，所以药剂的贮存设施宜靠近道路。为了减轻劳动强度，改善工作环境，需设置必要的药剂装卸设施。

2 采用固体粉状药剂（石灰、消石灰、碳酸钠等）时，通常用高位粉仓贮存。当粉料吸潮后含有一定量的水分时，会形成架桥现象，使下粉不畅，甚至中断。可以采用粉仓上设置振荡器、粉仓内加装搅拌装置等防堵塞措施。由于高位粉仓一般均采用散装粉料罐车气力输送的方法装料，所以粉仓应为密封式，粉仓顶应设安全阀，高位粉仓需设*DN*100进料管及快速接头，粉仓上部的排气管应设置布袋除尘器等除尘装置。为了防雨、防晒及环境景观的需要，通常把整个高位粉仓用彩钢板罩起来。

3 采用低位贮液罐或贮液池贮存液体药剂，其卸料方式简单、安全、快速，采用简易的液体药剂罐车用重力流的方式即可卸料。

4 浓硫酸贮罐周围设置围堰或放置于事故池内是为了避免当罐体突然发生破裂、罐体腐蚀穿孔或阀门、管道接口处有严重泄漏时，浓硫酸四处溢流，烧伤操作人员和腐蚀地面。围堰或事故池是用于贮存事故溢出或泄漏的酸液，围堰或事故池内的集水坑主要是用来收集泄漏出来的酸液，便于用泵抽吸排出。

5～6 药剂的堆放高度应根据药剂的包装形式和包装强度确定，推荐采用此数值，并可根据实际进行调整。

7 药剂贮存时，不同的药品间应留有间隔，以防止药品互相混杂、污染，并可以给搬运带来方便。

8.2.3 考虑到药品在堆放时有小于1的体积空间未被利用，同时药剂在运输、搬运和计量过程中均需占有一定的面积，不同药品间应留有间隔等，这部分面积一般占药品堆积面积的30%左右。

8.2.4 药剂贮存区地坪高出室内地坪是为了避免清扫地坪走道时污染药剂，防止贮存的药剂被水浸泡。

8.3 计 量

8.3.1 为了配制药剂溶液的浓度，在制备药剂溶液时，应对药剂原药纯度进行计量，以便确定加入的水量。当药剂的消耗量较大时，为了减轻劳动强度，改善工作环境，应提高机械化运输水平。

8.3.2 为减少配制药液的环节，易溶药剂的溶解池和溶液池可合并设置。已建的钢铁企业综合污水处理厂药液制备大多数采用这种方式。

1 本款规定了药剂溶解（溶液）池总有效容积的确定原则。由于药剂的消耗量和配制浓度要求的不同，各种药剂溶解（溶液）池的大小也不同。一般耗药量大时采用下限，耗药量小时采用上限。

2 为了加快药剂的溶解速度，防止沉积，药剂溶解（溶液）池内宜设搅拌装置。

3 池内设自动液位监测可用于配制药液时测量液体容积，投药使用时测量池内药液耗用状况。

4 为了防止药剂溶液中沉积渣质堵塞吸入管口，宜在药液吸入管口设置过滤网。

8.3.3 本条是各种药剂配制浓度的原则规定。

1 由于采用混凝剂种类的不同，其配制（投加）浓度的要求也不同。固体药剂需配制成一定浓度的溶液再投加；液体药剂可以配成一定浓度的溶液投加，也可以采用原药液直接投加。本款给出的混凝剂药剂配制或投加浓度值是参考有关规范确定的。

2 国内设计聚丙烯酰胺药剂的配制浓度一般为1%，国外设计聚丙烯酰胺药剂的配制浓度一般为0.1%，本规范推荐0.1%～1%。

3 国内设计石灰乳的配制浓度一般为10%～20%，然后调配至浓度5%～10%后再投加；国外设计石灰乳的配制或投加浓度为5%。本规范推荐5%～10%。

8.4 输 送

8.4.1 综合污水处理厂由于平面、高程布置的需要，药剂的投加点距加药间存在一定的距离和几何高差，因此药剂溶液需要用管道输送。

8.4.2 本条是关于选择投加和输送各种药剂溶液泵的原则规定。采用变频控制是为了便于对投药量进行变量（改变投加泵的转速）自动控制。

1 药剂溶液具有腐蚀性的混凝剂及硫酸宜选用隔膜计量泵，这种泵的耐腐蚀性能强，使用寿命较长，目前应用较为普遍。

2 偏心螺杆泵适用于输送黏性较大或含有悬浮颗粒的液体，而且转速低，更适用于聚丙烯酰胺溶液，所以助凝剂、碳酸钠溶液及石灰乳推荐采用此种形式泵。

8.4.3 计量泵入口设置过滤装置是为了防止药液中的大颗粒杂质堵塞泵体或管道，清理方便。出口设置脉冲消除器是为了减轻计量泵输出流量的脉动冲击，使流量稳定。

8.4.4 药剂溶液输送泵出现故障的几率比较高，为了在出现故障或检修时，不影响投药生产的正常进行，应设置备用泵。

8.4.5 碳酸钠溶液易结晶附着在管道上，为了保持输送管道内有足够的速度，防止或减轻沉积、附着、结垢堵塞管道的发生，碳酸钠溶液输送管道宜设置回流设施。

8.4.6 这里“加药点”是指药剂溶液的具体投加点。实际生产中，石灰乳药剂溶液输送管道易发生故障，影响生产。所以由加药间至投加点的石灰乳药剂溶液输送管道最好设置两根，一根工作、一根备用。但如果药剂溶液输送管道距离较短，能在较短时间内检修完毕，不会对生产运行造成较大的影响时，也可设置一根石灰乳药剂溶液输送管。

8.4.7 由于药剂溶液具有的腐蚀性不同，因此药剂溶液输送管道、管件和阀门等应根据药液的性质，采用相应的耐腐蚀材料。例如，腐蚀性较强的铁盐混凝剂需采用塑料、钢塑复合材质或不锈耐酸钢；浓硫酸可采用普通碳钢；其余药剂可根据需要采用塑料、碳钢或钢塑复合等材料。药剂输送管道上设置的阀门一般采用球阀。

8.4.8 为了防冻，应根据实际情况采取相应的伴热或保温措施。为了防止药剂输送管道内沉积或堵塞，管道上应设冲洗水管（浓硫酸不能用水冲洗）或供冲洗用的快速接头等设施。为了检修的需要，应在管道的最低点设置泄空设施。

8.4.9 药剂溶液输送管道架空或在管沟内敷设，有利于安全生产及检修。直接埋地敷设会造成处理故障或检修的困难。

管沟内设排水设施是为了冲洗管道或检修泄空管道时，能及时排出流入管沟内的液体。

8.4.10 药剂溶液输送管道大部分采用非金属管材，本条主要是提示设计时，对非金属管道的设计要引起注意，防止管道支架设置的间距或形式不当而影响以后使用。

9 检测与控制

9.1 一 般 规 定

9.1.1 为保证综合污水处理厂安全可靠、连续稳定运行，规定应对综合污水处理厂进行检测和控制。

9.1.2 自动化仪表及控制系统的设置应满足提高水处理系统的安全可靠性，便于操作运行，改善劳动条件，提高科学管理水平的要求。

9.2 取 样 检 测

9.2.1 本条是关于取样检测位置及项目内容的规定。为更好地监测各处理构筑物运行工况，对综合污水处理厂内主要构筑物的进出水均设置取样点，具体位置及检测项目分别见表6和表7。

表6 水质分析检测

序号	取样点	检测项目														
		pH	SS	浊度	TDS	COD_{Cr}	BOD_5	总硬度	暂时硬度	石油类	色度	氨氮	游离氯	总铁	细菌总数	溶解氧
1	引入口	√	√	√	√	√	√	√	√	√	√	√	—	√	—	√
2	沉淀池或澄清池出口	√	√	√	—	—	—	—	√	√	√	—	—	—	—	—
3	滤池出口	√	√	√	√	√	√	—	—	√	√	—	—	—	—	—
4	贮水池	√	√	√	√	√	√	√	√	√	√	√	√	—	√	√
5	净化水输水管	—	—	—	—	—	—	—	—	—	—	—	√	—	√	—

表7 药剂、泥浆分析检测

序号	取样点	检测项目		
		药剂配制浓度	泥浆含水率	泥饼含水率
1	加药间	√	—	—
2	澄清池或沉淀池	—	√	—
3	浓缩池	—	√	—
4	泥浆脱水间	—	√	√

9.3 在 线 检 测

9.3.1 综合污水处理厂应根据工艺需要，选择设置相关在线必要的检测项目的自动化仪表，以提高企业科学生产管理水平，并将信息连续正确地传输至综合污水处理厂中心控制室。

9.3.2 药剂投加系统的检测项目一般包括投加的药剂量、稀释水量、配制浓度、药剂输送压力及流量。对溶解池、溶液池（罐）以及料仓等还应检测相应的液位及料位，并设置高低液（料）位报警。污泥处理系统的检测项目一般包括污泥输送泵的输送压力及流量，泥浆调节池、浓缩池的液位。

9.4 控 制

9.4.2 本条是关于综合污水处理厂控制系统形式设计原则的规定。

9.4.3 本条是关于综合污水处理厂对如澄清池、滤池、加药和污泥脱水等生产单元自动控制水平原则的规定。当采用成套设备时，设备本身控制宜与系统控制相结合。

10 深 度 处 理

10.1 一 般 规 定

10.1.1 经技术经济比较及实践应用表明，反渗透技术应用在钢铁企业综合污水处理厂深度脱盐技术上是成熟可行的。

10.1.3 深度处理站的处理能力是根据用户需求，经污水净化水和脱盐水水质平衡计算后确定的。

10.1.5 深度处理站内的反渗透设备对进水水质和环境要求比较苛刻，需注意避免经前处理后的水被其他因素二次污染，从而造成反渗透设备的污染。

10.1.6 深度处理排水（浓含盐废水）进入综合污水处理厂排水收集系统后，将使整个钢铁企业循环水系统的盐分不断积累，对安全回用造成影响。因此对浓含盐废水及其他化学废水应根据现行国家标准《钢铁企业节水设计规范》GB 50506 的规定，单独收集后处理。

10.1.8 设备间设置采暖设施，以保证冬季室内温度不低于 5℃。

10.2 设计水量与水质

10.2.1 原水成分是确定系统方案的重要基础资料，在系统设计前应充分掌握原水的各项水质指标，并与工艺用水指标进行比较，以 C_y/C_z 比值最大者作为最终系统设计水质控制指标。

系统总回收率主要由前处理系统回收率和反渗透系统回收率确定。反渗透系统的回收率不应低于 75%。

深度处理站的自用水主要包括设备冲洗水和药剂配制用水。

10.2.2 反渗透设备的进水水质指标应以反渗透厂家技术手册为准，表 10.2.2 提供的参数仅供设计时参考。

10.3 处理工艺及设备

10.3.2 反渗透常用的前处理工艺一般采用以下几种工艺单元组合：

多介质过滤器 + 活性炭过滤器前处理系统；

超滤（柱式或浸没式）前处理系统；

多介质过滤器 + 超滤系统前处理系统。

10.3.4 要求将工作泵分组与处理单元相匹配是为了保证经济运行和操作方便，并可以实现当某套单元检修停运时水量的调配。

10.3.5 污水净化水中的主要污染物为各种复杂的胶体，大小在 1μm 以下甚至 0.1μm 左右，这与常用的微滤膜的孔径接近。因此不建议选用微滤膜作为前处理系统，而选用超滤膜。

由于各生产厂家生产的超滤膜差异较大，膜元件尚未标准化，所以设计时应参考各膜元件生产厂家的产品技术手册。

10.3.6 本条是关于反渗透处理系统设计的规定。

5 在反渗透设备设计使用年限内的系统回收率及脱盐率应满足：一级反渗透系统的回收率大于或等于 75%，二级反渗透系统的回收率大于或等于 90%，系统的脱盐率大于或等于 95%。

6 经反渗透脱盐后的出水一般呈酸性，需要加碱调整 pH 值后才能满足用户要求。

10.4 辅助设备

10.4.2 为保证深度处理系统工艺的正常运行，深度水处理站化验室配备的常用仪器、仪表有：pH 计、浊度仪、温度计、比重计、电导仪、污染指数测定仪及必需的离子检测仪等。

10.4.5 中间水池（箱）考虑一定的调节容积，是为了保证当设备需要维修、检修时，系统仍能正常运行。

11 安全与环保

11.0.1 本条是关于综合污水处理厂内故障报警及通信的规定。鉴于综合污水处理厂作为企业生产的重要水源之一，应考虑到若因事故导致供水量、供水水质发生变化时，应及时通知有关部门或用户，以便采取相应的应急措施。

11.0.2 为防止污染生活饮用水系统，确保生产人员和外来人员的用水安全，防止人们误饮误用，规定严禁污水回用净化水管道与生活给水管道系统相接，并规定了对避免误接采取的防范措施。本条为强制性条文，必须严格执行。

11.0.3 对于钢铁企业，由于管道种类多，为易于识别，对各类管道涂色及标识均有相应规定，因此，可按钢铁企业的有关规定确定管道颜色。

11.0.7 本条是关于危险生产品、化学药剂储存及使用区域安全防护设施的规定。为保障操作工人的人身安全，避免出现人身伤害事故，对危险生产品、化学药剂的储存及使用区域应设置安全防护设施。本条为强制性条文，必须严格执行。

中华人民共和国国家标准

有色金属冶炼厂电力设计规范

Code for power design of non-ferrous metals smelters

GB 50673—2011

主编部门：中 国 有 色 金 属 工 业 协 会

批准部门：中华人民共和国住房和城乡建设部

施行日期：2 0 1 2 年 5 月 1 日

中华人民共和国住房和城乡建设部
公　　告

第 972 号

关于发布国家标准
《有色金属冶炼厂电力设计规范》的公告

现批准《有色金属冶炼厂电力设计规范》为国家标准，编号为 GB 50673—2011，自 2012 年 5 月 1 日起实施。其中，第5.2.14（4）、5.2.18（4）、7.3.28（2）、8.6.2（4）、14.0.10、15.0.10条（款）为强制性条文，必须严格执行。

本规范由我部标准定额研究所组织中国计划出版社出版发行。

中华人民共和国住房和城乡建设部

二〇一一年四月二日

前　　言

本规范是根据原建设部《关于印发〈2007 年工程建设标准规范制订、修订计划（第二批）的通知〉》（建标〔2007〕126 号）的要求，由长沙有色冶金设计研究院会同有关单位编制完成的。

本规范在编制过程中，编制组经广泛调查研究，认真总结实践经验，参考有关国内外现行标准，并在广泛征求意见的基础上，最后经审查定稿。

本规范共分 17 章和 7 个附录。主要技术内容包括：总则、术语、供电与配电、余热电站、厂区线路、电解整流所、车间电力设计基本规定、重有色金属冶炼厂车间电力设计、氧化铝厂车间电力设计、铝电解车间电力设计、镁钛与工业硅厂车间电力设计、炭素厂车间电力设计、氟化盐厂车间电力设计、稀有金属冶炼厂车间电力设计、硬质合金厂车间电力设计、半导体材料厂车间电力设计、公用设施电力设计等。

本规范中以黑体字标志的条文为强制性条文，必须严格执行。

本规范由住房和城乡建设部负责管理和对强制性条文的解释，由中国有色金属工业工程建设标准规范管理处负责日常管理，由长沙有色冶金设计研究院负责具体内容的解释。在执行过程中如有意见或建议，请将意见和建议寄送长沙有色冶金设计研究院（地址：湖南省长沙市解放中路 199 号；邮政编码：410011），以供今后修编时参考。

本规范主编单位、参编单位、主要起草人和主要审查人：

主 编 单 位： 长沙有色冶金设计研究院

参 编 单 位： 中国恩菲工程技术有限公司
沈阳铝镁设计研究院
贵阳铝镁设计研究院
中国瑞林工程技术有限公司
深圳市中金岭南有色金属股份有限公司韶关冶炼厂
施耐德电气（中国）投资有限公司

主要起草人： 魏文华　张鞍生　湛训良　黄应龙
邵晓钢　许小满　彭洪涛　袁进禹
朱政坤　刘祥印　尹泽辉　喻仁盛

主要审查人： 田有连　张权度　江　山　李学文
倪仁金　付新民　周恒琦　杨　力

目　次

Contents

1 总 则

1.0.1 为在有色金属冶炼厂电力设计中贯彻国家有关法律法规和方针政策，统一有色金属冶炼厂电力设计的技术要求，保证工程质量，促进技术进步，制定本规范。

1.0.2 本规范适用于有色金属冶炼厂新建、改建和扩建工程的电力设计。

1.0.3 有色金属冶炼厂电力设计应从全局出发，统筹兼顾，按企业的特点、负荷性质、用电容量和地区内电力网的供电条件，正确处理供用电的关系，合理确定设计方案。

1.0.4 有色金属冶炼厂电力设计应根据工程建设规模和发展规划、正确处理近期建设和远期发展的关系，以近期为主，做到远近结合。

1.0.5 有色金属冶炼厂电力设计中应选用安全可靠、效率高、能耗低、性能先进的电气产品。

1.0.6 有色金属冶炼厂电力设计除应符合本规范外，尚应符合国家现行有关标准的规定。

2 术 语

2.0.1 应急照明 emergency lighting

因正常照明电源失效而启用的照明。应急照明包括疏散照明、安全照明、备用照明。

2.0.2 等电位连结 equipotential bonding

各电器设备的外露可导电部分和外界可导电部分之间用导体连接，以降低其电位差的电气连接。

2.0.3 总等电位连接 main equipotential bonding

在建筑物电源线路干线处，将PE干线、接地干线、金属管道及建筑物金属构件等相互作电气连接。

2.0.4 外部防雷装置 external lightning protection system

主要用于防直击雷的防护装置，由接闪器、引下线和接地装置组成。

2.0.5 内部防雷装置 internal lightning protection system

主要用于减少和防止雷电流在需防空间内产生的电磁效应的防护装置，由等电位连接系统、共用接地系统、屏蔽系统、综合布线的合理布线系统、浪涌保护器等组成。

2.0.6 共用接地系统 common earthing system

将各部分防雷装置、建筑物金属构件、低压配电保护线（PE）、等电位连接线、设备保护地、屏蔽体接地、防静电接地及接地装置等连接在一起的接地系统。

2.0.7 选择性 selectivity

断路器与连接在同一电路中的另一台短路保护装置，在短路条件下，有故障的负荷或馈电回路从电网断开，非故障回路则继续保持供电。选择性分为全选择性和部分选择性。

2.0.8 隔离器 isolator

断开位置能有效的隔离输入、输出和电源及大地之间的电位，并符合安全隔离功能要求规定的机械型开关电器。

2.0.9 计算机控制系统 computer control system

计算机控制系统由硬件系统和软件系统两大部分组成。硬件系统是实现数据运算和控制系统全部设备的总称，包括中央处理器、主存存储器、输入输出控制系统和各种外围设备；软件系统包括系统软件、支援软件、应用软件3个部分。

2.0.10 电炉短网 electric furnace short network

从电炉变压器的低压侧出线端到电极末端之间的大电流载流体，主要包括补偿器、矩形铜排或导电铜管、挠性软电缆、导电横臂或普通电极臂上的导电铜管、石墨电极以及以上各段之间的连接部分，如固定连接座、可动连接座、电极夹持器等部件。

2.0.11 过电流 over current

导电回路超过预定最大电流值时的电流。

2.0.12 短路 short circuit

电源未经过负载而直接由导电材料接通形成闭合回路。

2.0.13 断路 open circuit

当电路的开关没有闭合，或导线没有连接、线路在某处断开的状态（亦称开路）。

2.0.14 中性点 star point

在星形连接的三相电路中，其三个线圈（或绕组）的尾端连在一起的一点称为中性点。

由中性点引出并能用于配电的导线称为中性线。

2.0.15 保护导体 protective conductor

为了安全目的，专门用于将电气装置外界可导电金属部分与地连接的导体（线），亦称保护接地（PE）线。

2.0.16 接地 grounding

为防止电击或保护设备的安全，把电器设备的金属外壳或底座连接到地线的接线方式。

2.0.17 接地极 earth electrode

埋入土壤或特定导电介质中和大地有电接触的可导电体。

2.0.18 余热电站 waste heat power station

利用生产过程中多余的热能转换为电能的电站。

2.0.19 整流所 commutate place

安装将交流电变换为直流电设备的场所。

2.0.20 环境温度 ambient temperature

表示环境冷热程度的物理量。为环境和大气的热辐射温度。

3 供电与配电

3.1 负荷分级与供电电源

3.1.1 有色金属冶炼厂电力负荷应结合企业规模及在国民经济中的地位，根据其对供电可靠性的要求、中断供电所造成的损失或影响程度，分为以下三级：

1 一级负荷：中断供电将造成人身伤亡，或引起重大设备损坏、重要产品大量报废、企业的连续生产流程被打乱，需要长时间才能恢复的用电或造成重大环境污染应为一级负荷。一级负荷中，中断供电将发生中毒、爆炸和火灾危险等情况的用电，大型关键设备的保安用电以及重要的计算机控制系统的用电，属于一级负荷中特别重要的负荷。一级负荷的用电设备应符合本规范附录A的有关规定。

2 二级负荷：大中型冶炼厂中，影响主流程正常运转的生产用电和停电后将造成环境污染的用电，除属于一级负荷者外，应为二级负荷。检修用电及停电后将造成生活用水困难的水泵、严寒地区采暖锅炉房的用电宜列为二级负荷。

3 三级负荷：不属于一级和二级负荷者应为三级负荷。三级负荷的用电设备应符合本规范附录B的规定。

3.1.2 不同级别负荷的供电应符合下列规定：

1 一级负荷应由两个电源供电。当一个电源故障时，另一电源应能连续供电或在不超过负荷允许的中断供电时间内恢复供电。一级负荷中特别重要的负荷，除上述两个电源外，尚应增设独立于电力网的应急电源。并应根据一级负荷允许中断供电的时间，确定备用电源手动或自动方式投入。

2 当地区供电条件允许且投资不高时，二级负荷宜由两个电源或两回线路供电。条件不具备时，也可由一回专用架空线路供电。

3 三级负荷宜由一个电源供电。

3.1.3 冶炼厂供电电源应由地区电力系统供给。符合下列情况之一时，可设置自备发电厂：

1 偏僻地区的小型冶炼厂，由地区电力系统供电技术经济不合理时。

2 具有一级负荷的冶炼厂，从地区电力系统取得第二电源不能满足要求或技术经济不合理时。

3.1.4 有并网条件并满足供电可靠性要求时，自备电厂应与地区电力网并网运行。当外部电力系统发生故障时，自备电厂应在预定的解列点同地区电力网解列，通过自动低频减载，维持电厂运行并对部分重要负荷供电。

3.1.5 冶炼厂的外部供电电压及供电方式，应根据其规模、用电负荷的性质及容量、送电距离及地区电力网的状况，在综合考虑企业经济效益和电网规划的条件下，与供电部门共同协商，并按下列原则确定：

1 外部供电电压应符合下列规定：

1）新建企业应采用10kV、35kV、66kV或110kV，大型冶炼厂也可采用220kV或330kV。当两种电压方案经技术经济比较相差不大或企业规模有发展前景时，应采用较高电压供电；

2）由两路电源供电时，宜采用同级电压，也可根据内部各电压等级负荷的不同需要及地区电网条件采用不同等级的电压供电。

2 供电方式应符合下列规定：

1）大型冶炼厂应由两个电源供电，任一电源应能满足全部用电负荷的需要；

2）中型冶炼厂宜由两个电源供电，主供电源应满足全部用电负荷的需要，备用电源宜满足一、二级用电负荷的需要，当地区电力网不具备双电源供电条件或技术经济论证采用双电源供电不合理时，也可采用单电源供电；

3）小型冶炼厂宜采用单电源供电；

4）以单电源供电或暂以单电源供电的冶炼厂，应妥善解决一级负荷用电，并合理解决重要生活设施与设备检修的用电，必要时可设置备用柴油发电机组或从邻近用户取得备用电源。

3.2 高压供配电系统

3.2.1 在设计供配电系统时，除对一级负荷中特别重要负荷供电外，不应再考虑一个电源系统检修或故障的同时，另一电源系统又发生故障的情况。

3.2.2 冶炼厂宜设一个总降压变电所。当厂区很大或具有多个分散的大容量集中负荷区，经技术经济比较合理时，亦可设置两个及以上降压变电所。

3.2.3 外部供电线路的负荷能力应符合下列规定：

1 采用两回及以上线路时，任一回路中断供电，其余回路应能满足冶炼厂全部用电的需要。

2 采用一回线路供电时，线路系统容量选择应与降压变电所后期容量相适应。

3.2.4 降压变电所主变压器台数选择应符合下列规定：

1 大、中型冶炼厂，主变压器应选用两台；当需要选用两台以上变压器时，应根据技术经济比较确定。

2 小型冶炼厂，无一级负荷或虽有一级负荷但备用电源不经主变压器时可选用一台。有一级负荷且备用电源经过主变压器时，应选用两台。

3 当企业设置两个及以上降压变电所时，各变电所主变压器的台数应根据各自所带电力负荷的性质和容量确定。当设置一台时，根据需要宜在低压侧设联络线。

3.2.5 降压变电所主变压器容量选择应符合下列规定：

1 设一台主变压器时，宜留有25%左右的裕量。

2 设两台及以上主变压器时，应保证任一台变压器停止运行，其余变压器仍能满足全部一级和二级用电负荷的需要。

3 同一降压变电所中，主变压器的容量宜一致。

3.2.6 当降压变电所与电解整流所合建时，向整流机组和全厂动力、照明同时供电的主变压器或仅向全厂动力、照明供电的主变压器，其台数和容量的选择，亦应符合本规范第3.2.4条和第3.2.5条的规定。

3.2.7 降压变电所的主接线应按下列原则确定：

1 单回路进线的变电所，宜采用线路——变压器接线或单母线接线。当由内部系统供电且满足安全运行及继电保护要求，进线侧可只设隔离开关。

2 双回路进线的变电所，当出线为两回，宜采用桥形接线；出线为两回以上，宜采用扩大桥形接线或分段单母线接线；当出线回路较多，且母线分段停运不能保证一级负荷和正常生产所需的最低负荷时，宜采用双母线接线。变电所出线有可能增加时，不宜采用桥形接线。

3.2.8 当需限制变电所10(6)kV线路的短路电流时，可采用下列措施之一：

1 变压器分列运行。

2 采用高阻抗变压器。

3 在变压器回路中装设电抗器。

4 在出线回路上装设电抗器。

3.2.9 冶炼厂内部配电电压选择应符合下列规定：

1 冶炼厂内部配电电压宜用10kV。

2 当存在多个分散的大容量集中负荷点，可采用35kV作为企业的配电电压，车间的低压负荷由35/0.4(0.66)kV变压器直接配电。

3 同一电压的配电级数不宜多于二级。

4 大、中型冶炼厂宜按生产系统设置配电所，对配置分散、供电线路较长的电动机可采用变压器——电动机组配电。

3.2.10 配电所的电源线回路数应符合下列规定：

1 具有大量一级负荷时，应由两个电源供电，其供电回路应接于不同电源的母线上。

2 无一级负荷且主要为二级负荷时，不应少于两回路，且应接于不同电源的母线上。

3 仅有三级负荷，或虽有少量一、二级负荷，而备用电源可由其他途径取得时，宜采用一回路供电。

3.2.11 由两回及以上线路供电的配电所，当任何一回路停电时，其余回路应能保证全部负荷的用电。一回路供电时，其负荷能力应与配电所最大负荷相适应。

3.2.12 10(6)kV配电装置的主接线，宜采用单母线或分段单母线接线。当进、出线回路多或母线分段停运不能保证一级负荷和正常生产所需的最低负荷时，可采用双母线接线。

3.2.13 降压变电所主变压器二次侧10(6)kV总开关及母线分段开关，应采用断路器。

3.2.14 配电所的10(6)kV母线进线开关及分段开关的选择，应符合下列规定：

1 由地区电力网直接供电或由非专用线供电时，应采用断路器。

2 由内部系统以专用线供电时，宜采用断路器。

3.2.15 降压变电所及配电所10(6)kV出线宜装设断路器，符合保护和操作要求的次要回路，可装设熔断器加负荷开关。

3.2.16 断路器的电源侧和出线为架空线路或有反馈电源的电缆线路的线路侧，应装设隔离开关。接在母线上的避雷器与电压互感器，宜合用一组隔离开关。

3.2.17 向需频繁操作的高压用电设备馈电，应采用具有频繁动作性能的断路器。向高压并联电容器组馈电，应采用具有开断时不重击穿的断路器。采用灭弧性能较强的快速断路器时，应根据所切合对象的不同特点设置相应的过电压吸收装置或避雷器。

3.2.18 10(6)kV配电方式，应符合下列规定：

1 高压用电设备和主要生产车间的车间变压器，宜采用放射式配电。

2 同一车间内，需双电源供电的多台变压器，可采用电缆双干线配电。需单电源供电的多台变压器，可采用电缆单干线配电，干线分支不宜超过两个。

3 供电距离较远，且环境条件适于采用架空线路时，重要生产车间或多级泵站，宜采用架空双干线配电。辅助车间和生活设施宜采用单干线配电，干线分支点不宜超过5个。

3.2.19 车间变压器的选择应符合下列规定：

1 有一级和二级负荷时，应不少于两台，且当任一台变压器停止运行时，其余变压器应能保证全部一级及二级负荷的用电需要，当仅有二级负荷时宜不少于两台。

2 仅有三级负荷，或可由低压联络线保证变压器供电区域内一、二级负荷的用电需要时，一般设一台。单台变压器宜留有25%左右的裕量。

3 确定变压器容量时，对于有低压联络线的变压器，除考虑正常负荷外，还应计及事故情况下的外供负荷。有大容量电动机时，应进行电动机启动验算。

4 新建工程或扩建工程中与原有采用Y，yn0结线组别变压器的低压系统无电气联系时，应选用

D，yn11 结线组别的变压器。

3.2.20 车间变电所内变压器高压侧的开关设备，应符合下列规定：

1 干线式配电时，应装设带保护的开关设备。

2 放射式配电时，宜装设隔离开关或负荷开关，当变压器在本配电所内时，可不装设开关。

3.2.21 配电系统中性点的接地方式、接地电阻，以及电气装置保护接地的要求，应符合现行国家标准《交流电气装置的接地设计规范》GB 50065 的有关规定。

3.3 无功补偿

3.3.1 有色金属冶炼厂的功率因数应符合现行国家标准及电力部门的有关要求。设计中应采取措施提高企业的自然功率因数。

3.3.2 在确定全厂的无功补偿容量时，应计入自备发电厂发电机组在正常年运转率下可能输出的无功功率；当设有谐波滤波器时，尚应计入滤波器的补偿容量。

3.3.3 无功补偿应按照分级补偿、就地平衡的原则，在各级供电系统中全面规划、合理分配和避免过补偿。高压部分无功功率宜由高压补偿，低压部分无功功率宜由低压补偿。补偿装置应根据全厂无功补偿的需要，有选择地分散布置在相应的高、低压配电室内。符合下列情况者，亦可在车间内分散补偿：

1 配电距离较远、容量较大、负荷平稳且运行时间较长的电动机，当现场条件许可时，宜选用成套补偿电容器箱，在电动机端头进行单独就地补偿。电容器的额定电流不得超过电动机励磁电流的 90%，其馈电线和过电流保护装置整定值应按电动机——电容器组的电流确定。

2 在环境正常的车间内，对负荷平稳、容量较大的负荷点，宜采用成套集中补偿电容器箱与车间动力配电箱并列，进行低压分散补偿。

3.3.4 高压无功补偿装置宜采用不分组或分组手动投切。装有低压无功补偿装置的场所，当无功负荷相对稳定时，电容器可不分组，或分组手动投切。无功负荷明显不稳定时，应装设无功自动补偿装置，对电容器分组自动投切。当采用高、低压自动补偿装置效果相同时，应采用低压自动补偿装置。

3.3.5 电容器分组或不分组，均应避免投切时产生谐振，且应考虑投入涌流对电容器和本回路电器的影响。无功补偿装置安装处的高次谐波含量超过规定允许值时，高压电容器组回路中应串接适当电抗率的串联电抗器，并配以相应额定电压的电容器；低压电容器组应适当加大分组的容量并采用专用投切接触器。

3.3.6 电容器组应有放电装置。电容器组与放电装置应直接连接，中间不应设置开关设备或熔断器。单台电动机的补偿电容器组可以利用电动机绕组放电。

3.3.7 10kV 及以下的无功补偿，宜选用成套电容补偿装置，其安装方式应按下列原则确定：

1 高压电容器柜应装设在单独的高压电容器室内，属于不同主变压器的屋内并联电容器之间宜设置防火隔墙。

2 密集型电容器或成套电容器装置，可根据环境条件设于户内或户外。

3 低压电容器屏宜与低压配电屏并列安装在低压配电室内。

3.3.8 无功补偿装置应符合现行国家标准《并联电容器装置设计规范》GB 50227 的有关规定。

3.4 电能质量要求

3.4.1 正常情况下，用电设备端子处电压偏差允许值，宜符合下列规定：

1 电动机为±5%。

2 照明：

1）一般工作场所为±5%；

2）远离变电所的小面积一般工作场所可为＋5%、－10%；

3）应急照明、道路照明和警卫照明为＋5%、－10%。

3 其他用电设备当无特殊规定时为±5%。

3.4.2 计算电压偏差时，应计入采取下列措施后的调压效果：

1 自动或手动调整并联补偿电容器、并联电抗器的接入容量。

2 自动或手动调整同步电动机的励磁电流。

3 改变配电系统运行方式。

3.4.3 供电系统的设计，宜采取以下措施减少电压偏差：

1 正确选择变压器的变压比和电压分接头。

2 合理减少网络阻抗。

3 合理补偿无功功率。

4 使三相负荷尽量平衡。

3.4.4 66kV 及以上电压的变电所中的降压变压器，直接向 35kV、10(6)kV 电网送电，其电压偏差不能满足要求时，应采用有载调压变压器。

3.4.5 10(6)kV 配电变压器不宜采用有载调压变压器，但在当地 10(6)kV 电源电压偏差不能满足要求，且用电单位对电压要求严格的设备，单独设置调压装置技术经济不合理时，亦可采用10(6)kV有载调压变压器。

3.4.6 35kV 降压变电所的主变压器，在电压偏差不能满足要求时，应采用有载调压变压器。对冲击性负荷的供电，宜采取以下措施降低冲击性负荷引起的电压波动和闪变(不包括电动机启动时允许的电压降)：

1 用专线供电。

2 与其他负荷共用配电线路时，降低配电线路阻抗。

3 较大功率的冲击负荷或冲击负荷群与对电压波动、闪变敏感的负荷由不同的变压器供电。

4 对于大功率电炉变压器，由容量较大的电网供电。

5 采用动态无功补偿装置或动态电压调节装置。

3.4.7 供配电系统中各类非线性用电设备谐波危害，不仅应考虑对外部电网的影响，同时应考虑对企业内部供电系统的影响。企业内各级电压的正弦波形畸变率，宜按公用电网谐波电压限值进行校验，并应符合现行国家标准《电能质量公用电网谐波》GB/T 14549 的有关规定，否则应采取相应降低谐波含量的措施。

3.4.8 企业电能质量的要求应符合现行国家标准《供配电系统设计规范》GB 50052 的有关规定。

3.5 变电所与配电所

3.5.1 变电所和配电所［以下简称变(配)电所］的所址选择，应符合下列规定：

1 应避免高温、震动、粉尘、蒸汽、水雾、腐蚀性气体等不利影响，并应设于污染源的上风侧。

2 靠近负荷中心。

3 进、出线方便。

4 设备运输方便。

5 节约用地，有较好的地形、地质条件。

6 不被积水淹浸。

7 留有与生产发展相适应的扩建余地。

3.5.2 地震设防烈度为 7 度及以上的地区，变(配)电所的电气设备的安装和建(构)筑物，应符合现行国家标准《工业企业电气设备抗震设计规范》GB 50556 的有关规定。

3.5.3 当企业具有自备电厂、大型整流所或负荷大而集中的生产车间时，变(配)电所应考虑与其合建或靠近的合理性。

3.5.4 35kV 配电装置宜采用户内配置，变压器可采用户外或户内安装。66kV～330kV 配电装置处于污秽区或场地狭窄时，应建成户内式，变压器一般户外安装。

3.5.5 高压配电装置采用户内式配置时，6kV～35kV 配电装置应优先采用具有机械连锁的“五防”功能的成套设备。当场地受限制时，66kV～330kV 配电装置可采用六氟化硫（SF_6）全封闭式组合电器（GIS）。

3.5.6 海拔超过 1000m 的地区，配电装置应选择适用于该海拔高度的电器和电瓷产品。

3.5.7 在湿热带地区应采用湿热带型电器产品。在亚湿热带地区可采用普通电器产品，但应根据当地实践经验采取防护措施。

3.5.8 变(配)电所的操作电源，按下列原则确定：

1 大、中型变(配)电所，当采用直流操作的断路器时，宜采用 220V 全密封免维护铅酸蓄电池组。

2 断路器数量很少的 10(6)kV 配电所和车间内单个断路器的控制，可采用交流操作。

3.5.9 变(配)电所的操作电源的直流母线，宜采用单母线或分段单母线的接线。采用分段单母线时，蓄电池应能切换至任一母线。

3.5.10 大型变(配)电所宜设两台容量相同可互为备用的所用变压器，当能从所外引入可靠的交流备用电源时，亦可只装设一台所用变压器。当 35kV 及以下的变配电所只有一回电源进线及一台主变压器时，应在电源进线断路器之前设一台所用变压器。对于小型配电所，两回所用电源均可从外部引入，不另设所用变压器。所用变压器不宜对外供电。

3.5.11 大型变电所应设调度电话和行政电话。与电力部门联系的电力调度电话的设置，应根据冶炼厂的调度方式与电力部门协商后确定。中、小型变(配)电所，应在控制室设置电力调度总机，对所属各变(配)电所和主要用电车间进行电力调度。

3.5.12 变(配)电所应根据发展需要，在平面布置上留有适当的扩建余地。10(6)kV 配电装置室，每段母线宜留有 2 个～4 个开关柜备用位置。控制室应按变(配)电所的规划容量一次建成。

3.5.13 有人值班的变(配)电所，除设控制室、配电装置室外，应根据需要设置必要的辅助用房，辅助用房的净高不宜低于 3m。

3.5.14 配电装置室和控制室内，宜采用电缆沟配线。配线数量较多时，宜设电缆夹层。电缆夹层的净空高度不宜小于 2m，但不宜大于 3m。地下水位较高时，电缆夹层不宜采用地下式配置。

3.5.15 控制室各屏间及通道宽度距离宜符合表 3.5.15 的规定：

表 3.5.15 控制室各屏间及通道宽度距离

名 称	采用尺寸（mm）	
	一般	最小
屏正面—屏正面	1800	1400
屏正面—屏背面	1500	1200
屏背面—屏背面	1000	800
屏正面—墙	1500	1200
屏背面—墙	1200	800
屏边—墙	1200	800
屏边—屏边	1000	800
主要通道	1600～2000	1400

注：控制屏（台）前经常有人值班时屏（台）正面与墙净距不宜小于 3000mm。

3.5.16 控制室顶棚到地面的净高，不宜低于 3.5m。

3.5.17 高压配电室内各种通道的宽度宜符合表

3.5.17 的规定：

表 3.5.17 高压配电室内各种通道的宽度（mm）

开关柜布置方式	柜后维护通道	柜前操作通道	
		固定式	手车式
单排布置	800～1000	1500～2000	单车长度+（1200～1400）
双排面对面布置	800～1000	2000～2500	双车长度+（900～1100）
双排背对背布置	1000～1200	1500～2000	单车长度+（1200～1400）

注：1 通道宽度在建筑物的墙面遇有柱类局部凸出时，凸出部位的通道宽度可减少 200mm；

2 固定式开关柜为靠墙布置时，柜后与墙净距应大于 50mm，侧面与墙净距应大于 200mm；

3 手车式开关柜的手车不需就地检修时，柜前通道宽度可适当减小；

4 当柜后墙上设有隔离开关，需就地操作时，柜后通道净宽不应小于 1500mm；

5 当开关柜后面有进（出）线附加柜时，柜后维护通道应从其附加柜算起；

6 对于可实现柜前维护的手车式开关柜，靠墙安装时柜后与墙面净距应大于 50mm。背靠背安装时，柜后净距应大于 50mm。

3.5.18 户内成套配电装置及联络母线上方距梁底净距，当电压为 6kV～10kV 时，不应小于 500mm；电压为 35kV 时，不应小于 900mm。

3.5.19 冶炼厂车间变电所，宜采用户内式配置，尽量与低压配电室毗邻；其位置应避开震动、高温、多尘、蒸汽及腐蚀严重的场所，不得靠近易冒槽的贮槽和设置在各种溶液槽和厕所、浴室或其他经常积水场所的楼板下；应尽量避免工艺管道从上部楼面或通风窗的一侧通过。当上述条件难以达到时，可在车间附近设独立式变电所或箱式变电站。车间内设置的变压器宜采用干式变压器。

3.5.20 车间变电所变压器室的土建结构，宜按加大一级或按近期可能增加的最终容量考虑。

3.5.21 当成排布置的配电屏长度大于 6m 时，屏后面的通道应设有两个出口。当低压配电装置两个出口之间的距离超过 15m 时应增加出口。

3.5.22 变电所与配电所的设计应符合现行国家标准《35kV～110kV 变电所设计规范》GB 50059、《3kV～110kV 高压配电装置设计规范》GB 50060 以及《10kV 及以下变电所设计规范》GB 50053 的有关规定。

3.6 继电保护与自动装置

3.6.1 继电保护和自动装置的设计应满足可靠性、选择性、灵敏性和速动性的要求。保护装置的接线回路应简单可靠，运行维护方便。

3.6.2 继电保护和自动装置应能快速地切除短路故障和恢复供电。对相邻设备和线路有配合要求的保护，前后两级之间的灵敏性和动作时间应相互配合。

3.6.3 新建变（配）电所应采用微机综合自动化系统，对老变（配）电所宜采用计算机综合自动化系统进行改造，对保护、控制、测量、信号、直流电源，远方调度等功能进行在线监控。计算机保护和测控装置的安装方式宜符合下列规定：

1 66kV～110kV 及以上变（配）电所断路器及变压器微机保护和测控装置采用集中组屏方式的屏（箱）宜安装在机房或主控制室。

2 6kV～35kV 的变（配）电所计算机保护及测控装置宜就地安装在开关柜上。

3.6.4 油浸式变压器瓦斯保护的设置应符合下列规定：

1 对 800kV·A 及以上和车间内 400kV·A 及以上的油浸式变压器应装设瓦斯保护，有独立油箱的有载调压变压器分接开关箱，亦应单独装设瓦斯保护。

2 对于 1250kV·A 及以下容量的全密封油浸式变压器，可根据制造厂家的结构特点和技术要求，决定瓦斯保护设置方案，当不装瓦斯保护的情况下，应考虑设置“压力释放”报警或跳闸。

3 轻瓦斯保护应瞬时动作于信号，重瓦斯保护应瞬时动作于断开变压器各侧断路器；当变压器安装处电源侧无断路器，且距上级电源专用断路器较远时，可动作于信号并应断开线路出线侧断路器。

3.6.5 对变压器引出线、套管及内部的短路故障，应装设相应的保护装置，并应符合下列规定：

1 电压为 10kV 及以下、容量为 10000kV·A 以下单独运行的变压器，应采用电流速断保护。

2 电压为 10kV 以上、容量为 10000kV·A 及以上单独运行的变压器，以及容量为 6300kV·A 及以上并联运行的变压器，应采用纵联差动保护。

3 容量为 10000kV·A 以下单独运行的重要变压器可装设纵联差动保护。

4 电压为 10kV 的重要变压器或容量为 2000kV·A 及以上的变压器，当电流速断保护灵敏度不符合要求时，宜采用纵联差动保护。

5 容量为 400kV·A 及以上、一次电压为 10kV 及以下，且绕组为三角—星形连接的变压器可采用两相三继电器式的电流速断保护。

6 纵联差动保护和电流速断保护应瞬时动作于断开变压器各侧断路器。

3.6.6 对变压器外部相间短路引起的变压器过电流，一般采用过电流保护作为后备保护，当灵敏性不符合要求时，宜装设复合电压或低电压启动的过电流保护，保护装置应带时限动作于跳闸。

3.6.7 400kV·A及以上变压器，当多台并列运行或单台独立运行并作为其他负荷的备用电源时，应根据可能过负荷的情况装设过负荷保护。过负荷保护采用单相式，带时限动作于信号，在经常无值班人员的变电所，必要时可动作于跳闸或断开部分负荷。

3.6.8 一次电压为10（6）kV、容量在400kV·A及以上，低压侧中性点直接接地的变压器，对低压侧单相接地短路应按灵敏性要求，选择下列保护方式并带时限动作于跳闸：

1 变压器结线组别为Y，yn0时，应符合下列规定：

1）利用高压侧的过电流保护时，保护装置宜采用三相式；

2）在低压侧中性线上装设零序电流保护；

3）在低压侧装设三相过电流保护。

2 变压器结线组别为D，yn11时，应符合下列规定：

1）当灵敏度符合要求时，可利用高压侧的过电流保护；

2）在低压侧中性线上装设零序电流保护；

3）在低压侧装设三相过电流保护。

3.6.9 以10（6）kV干线配电，容量为1250kV·A及以下的变压器，在满足生产要求并符合保护性能时，可采用高压熔断器作为电流速断、过电流、过负荷保护并应符合下列规定：

1 当容量为800kV·A～1250kV·A时，应加装负荷开关配合使用。

2 容量为630kV·A及以下时，可直接采用跌开式熔断器或隔离开关切合空载电流，必要时亦可加装负荷开关配合使用。

3.6.10 35kV供电的小型变电所，在满足生产要求并符合保护性能时，变压器一次侧可采用跌开式熔断器作为电流速断、过电流、过负荷保护，必要时宜加装隔离开关以利维修和切合变压器空载电流。

3.6.11 电力线路的相间短路保护，应符合下列规定：

1 由电流继电器构成的保护装置应接于两相电流互感器上，且同一网络的所有线路均应装于相同的两相上。

2 保护装置应采用远后备方式。

3 如线路短路使发电厂厂用母线或重要用户母线电压低于额定电压的60%，以及线路导线截面过小，不允许带时限切除短路时，应快速切除故障。

4 6kV～10kV线路过电流保护的时限不大于0.5s～0.7s时，且无本条3款所列的情况，或无配合上的要求时，可不装设瞬动电流速断保护。

3.6.12 对电力线路的相间短路，应按下列规定装设保护装置：

1 10（6）kV线路应符合下列规定：

1）对单侧电源线路，可装设两段电流保护，第一段应为不带时限电流速断保护；第二段应为带时限电流速断保护。两段保护均可采用定时限或反时限特性的继电器。重要的短线路（包括线路——变压器和线路——电动机组），当装设上述保护不能满足选择性、灵敏性或速动性要求时，可采用纵联差动保护作主保护，以电流保护作后备保护。带电抗器的线路，当断路器不能切断电抗器前的短路时，不应装设电流速断保护，此时，应由母线保护或其他保护切除电抗器前的故障。保护装置应仅在线路的电源侧装设。

2）对双侧电源线路，可装设带方向或不带方向的电流速断和过电流保护，当装设上述保护不能满足选择性、灵敏性或速动性要求时，应采用光纤纵联差动保护作主保护，以带方向或不带方向的电流保护作后备保护。

3）对并列运行的平行线路，可装设横联差动保护作主保护，以接于两回线电流之和的电流保护作为两回线同时运行的后备保护及一回线断开后的主保护及后备保护。

4）10（6）kV经低电阻接地单侧电源线路，除应配置相间故障保护外，还应配置零序电流保护。零序电流保护应设两段，第一段应为零序电流速断保护，时限应与相间速断保护相同；第二段应为零序过电流保护，时限应与相间过电流保护相同。当零序电流速断保护不能满足选择性要求时，也可配置两套零序过电流保护。零序电流可取自三相电流互感器组成的零序电流滤过器，也可取自加装的独立零序电流互感器。参数整定应根据接地电阻值、接地电流大小值确定。

2 35kV～66kV线路应符合下列要求：

1）对单侧电源线路，可采用一段或两段电流速断或电压闭锁过电流保护作主保护，带时限过电流保护作后备保护。当线路发生短路时，使发电厂厂用母线或重要用户母线电压低于额定电压60%时，应快速切除故障。

2）对双侧电源线路，可装设带方向或不带方向的电流电压保护。当采用电流电压保护不能满足选择性、灵敏性或速动性要求时，可采用光纤纵联差动保护或距离保护作主保护，以带方向或不带方向的电流电压保护作后备保护。

3）对并列运行的平行线路，可装设横联差动保护作主保护，并应接于两回线电流之和的电流保护作为两回线同时运行的后备保护及一回线断开后的主保护及后备保护。

4）经低电阻接地单侧电源线路，可装设一段或两段三相式电流保护，作为接地故障的主保护，装设一段或两段零序电流保护，作为接地故障的后备保护。

3.6.13 对6kV～66kV中性点非直接接地网络的单相接地故障，应按下列规定装设保护装置：

1 在变（配）电所高压母线上，应装设单相接地监视装置，反映于零序电压，动作于信号。

2 在变（配）电所高压母线的引出线上，宜装设有选择性的单相接地保护装置，保护装置应动作于信号或动作于跳闸。

3 对于出线回路不多的10（6）kV配电所，可用依次断开线路的方法，寻找接地故障。

4 经低电阻接地单侧电源线路，应装设一段或两段零序电流保护。

3.6.14 电缆线路或电缆架空混合线路，应装设过负荷保护。保护装置宜带时限动作于信号；当危及设备安全时，可动作于跳闸。

3.6.15 6kV～110kV母线保护应按下列原则配置：

1 当采用单母线接线或采用分段单母线接线分段运行时：

1）由企业内部系统供电时，一般采用电源进线、变压器或发电机的后备保护来实现母线保护，仅在分段断路器设置电流速断保护。分段断路器速断保护仅在分段断路器合闸瞬间投入，应能快速切除充电合闸母线上的故障。合闸后保护应自动退出。

2）由地区电网供电时，母线保护的设置方式应与电力部门协商确定。

2 对于发电厂和重要变电所的分段母线和双母线，在下列情况下应装设专用母线保护：

1）需要快速而有选择地切除一段或一组母线上的故障，以保证发电厂安全运行和重要负荷的可靠供电时；

2）当线路不允许切除线路电抗器前的短路时。

3.6.16 并联补偿电容器装置应按下列规定装设保护装置：

1 对电容器组和断路器之间连接线的短路，可装设带短时限的电流速断和过电流保护，动作于跳闸。

2 对电容器内部故障及其引出线的短路，宜对每台电容器分别装设专用的熔断器。熔断器熔丝的额定电流可为电容器额定电流的1.5倍～2.0倍。

3 为避免电容器组中部分故障电容器被切除后，引起剩余电容器组端电压超过105%额定电压时，保护应带时限动作于信号，过电压超过110%额定电压时，保护应将整组电容器断开，按电容器组的不同接线，分别采用下列保护方式之一：

1）中性点不接地单星形接线的电容器组，可装设中性点电压不平衡保护；

2）中性点接地单星形接线的电容器组，可装设中性点电流不平衡保护；

3）中性点不接地双星形接线的电容器组，可装设中性点间电流或电压不平衡保护；

4）中性点接地双星形接线的电容器组，可装设中性点回路电流差的不平衡保护；

5）多段串联单星形接线的电容器组，可装设段间电压差动或桥式差电流保护；

6）三角形接线的电容器组可装设零序电流保护。

4 不平衡保护应带有短延时的防误动措施。

5 电容器组单相接地故障，可利用电容器组所连接母线上的绝缘监察装置检出；当电容器组所连接母线有引出线时，可装设有选择性的接地保护，并应动作于信号；必要时，保护应动作与跳闸。安装在绝缘支架上的电容器组，可不装设单相接地保护。

6 安装在大型整流设备附近的电容器组，如无限制高次谐波的措施而可能使电容器组过负荷时，宜装设过负荷保护。保护装置可带时限动作于信号或跳闸。

7 电容器组应装设过电压保护，并应带时限动作于信号或跳闸。

8 电容器组应装设失压保护，并应带时限动作于跳闸。

3.6.17 对电动机的定子绕组及引出线的相间短路，应按下列规定装设相应的保护装置：

1 2000kW及以上的电动机应装设纵联差动保护。

2 2000kW以下的电动机宜装设电流速断保护，当电流速断灵敏性不符合要求时，应装设纵联差动保护。

3 上述保护装置应动作于跳闸，对于有自动灭磁装置的同步电动机保护装置还应动作于灭磁。

4 作为纵联差动的后备，宜装设过电流保护，并应延时动作于跳闸。具有自动灭磁装置的同步电动机，保护装置尚应延时动作于灭磁。

3.6.18 对电动机单相接地故障，当接地电流大于或等于5A时，应装设有选择性的单相接地保护装置；当接地电流小于5A时，可装设接地检测装置。

单相接地电流为10A及以上时，保护装置应动作于跳闸；单相接地电流为10A以下时，保护装置可动作于信号。

3.6.19 下列电动机应装设过负荷保护：

1 生产过程易发生过负荷的电动机，保护装置应根据负荷特性带时限动作于信号或跳闸。

2 启动或自启动困难，需要防止启动或自启动时间过长的电动机，保护装置应动作于跳闸。

3.6.20 下列电动机应装设低电压保护：

1 当电源电压短时降低或短时中断后，根据生产过程不允许或不需要自启动的电动机，以及为了保证重要电动机自启动而需要断开的次要电动机应装设低电压保护，保护装置一般带 0.5s 时限，保护动作电压为额定电压的 65%～70%，动作于跳闸。

2 需要自启动，但为保证人身和设备安全，在电源电压长时间消失后，需从电网中自动断开的电动机需装设低电压保护，保护装置一般带 9s 时限，保护动作电压为额定电压的 45%～50%，动作于跳闸。

以上 1 款、2 款保护装置具体的动作电压值和时限尚应与同一配电系统的其他保护装置和自动装置协调配合。

3.6.21 同步电动机应装设失步保护和失磁保护，并应符合下列规定：

1 失步保护应带时限动作，对于重要电动机应动作于再同步控制回路，不能再同步或根据生产过程不需要再同步的电动机保护装置应动作于跳闸。

2 失磁保护装置应带时限动作于跳闸。

3 对 2000kW 及以上和不允许非同步冲击的同步电动机，应装设防止电源短时中断再恢复时造成非同步冲击的保护，保护装置应确保在电源恢复前动作。对于重要电动机，应动作于再同步控制回路。不能再同步或根据生产过程不需要再同步的电动机，保护装置应动作于跳闸。

4 对 2000kW 及以上重要电动机，可装设负序电流保护，保护装置应动作于跳闸或信号。

3.6.22 向厂区外部配电的高压架空线路，当用电设备允许且无备用电源自动投入时，宜装设线路自动重合闸装置。

3.6.23 向一级负荷配电或向生产连续性强的主要车间配电的变（配）电所，有必要时可装设备用电源自动投入装置。

3.6.24 线路自动重合闸和备用电源自动投入装置，应与系统的电源情况（单侧电源或双侧电源）、供电线路的结构及运行方式（单回路运行或双回路并列运行）以及继电保护要求配合动作。对不需要和不允许自启动的受电设备，在自动装置投入以前应及时切除；对自动投入母联装置，应考虑电源进线与负载容量的配合，必要时考虑自动投入前，先启动“失压减载”退出部分次要负荷后，再自动投入母联。

3.6.25 当变（配）电所由受电侧备用电源线路的断路器、母线分段断路器或内桥断路器实现备用电源自动投入时，为避免上述断路器合闸在故障元件上，宜采取闭锁措施或能加速跳闸。

3.6.26 电力系统要求在事故情况下对冶炼厂减负荷时，应装设自动低频减载装置，并应符合下列原则：

1 按频率和时间分轮切除，首先切除次要负荷。

2 在满足低频自动减载切除部分负荷的情况下，仍应保证一级负荷和部分二级负荷供电，尽可能使企业维持部分生产。

3.6.27 工业企业的变（配）电所，宜装设与该企业中央控制室联系的有关信息装置。

3.6.28 当采用微机综合自动化装置时，二次回路应采取下列抗干扰的措施：

1 在电缆敷设时，应首先充分利用自然屏蔽物的屏蔽作用。

2 采用屏蔽电缆，屏蔽层应在一端接地。

3 强电和弱电回路，不应合用同一根电缆。

4 保护用电缆与电力电缆，不宜同层敷设。

5 保护用电缆的敷设路径，宜避开高压母线及高频暂态电流的入地点。

3.6.29 继电保护的设计应符合现行国家标准《电力装置的继电保护和自动装置设计规范》GB/T 50062 的有关规定。

3.7 电测量仪表装置

3.7.1 本节适用于固定安装在屏（柜）上的电气指示（记录）仪表及与仪表配用的互感器等器件。

3.7.2 电测量装置的准确度等级，应符合下列规定：

1 指针式交、直流仪表不应低于 1.5 级。

2 经变送器二次测量的指针式直流仪表不应低于 1.0 级。

3 数字式仪表不应低于 0.5 级。

4 计算机监控系统的测量部分不应低于 0.5 级。

3.7.3 电测量装置配用器件的准确度等级，应符合下列规定：

1 1.5 级的电测量装置，应配用不低于 1.0 级的互感器。

2 0.5 级和 1.0 级的电测量装置，应配用不低于 0.5 级的互感器。

3 电量变送器、分流器的准确等级不应低于 0.5 级。

4 中间互感器的准确等级不应低于 0.2 级。

3.7.4 在 500V 及以下的直流回路中，电流表或电压表可采用直接接入和经分流器或附加电阻接入；500V 以上的直流回路中，电流表或电压表宜经传感器或变送器接入，当被测电流太大、传输距离较远或控制需要用传感器或变送器作反馈信号时，则测量仪表应经传感器或变送器接入。

3.7.5 电能计量装置应符合下列规定：

1 月平均用电量 5000MW·h 及以上或变压器容量为 10MV·A 及以上的高压计费用户、200MW 及以上的发电机或发电（电动）机、发电企业上网电量、电网经营企业之间的电量交换点，以及省级电网经营企业与其供电企业的供电关口计量点的电能计量装置，应为Ⅰ类电能计量装置。

2 月平均用电量1000MW·h及以上或变压器容量为2MV·A及以上的高压计费用户、100MW及以上的发电机或发电（电动）机，以及供电企业之间的电能交换点的电能计量装置，应为Ⅱ类电能计量装置。

3 月平均用电量100MW·h以上或负荷用量为315kV·A及以上的计费用户、100MW以下的发电机、发电企业厂（站）用电量、供企业内部用于承包考核的计量点、考核有功电量平衡的110kV及以上电压等级的送电线路，以及无功补偿装置的电能计量装置，应为Ⅲ类电能计量装置。

4 负荷用量为315kV·A以下的计费用户、发供电企业内部经济技术指标分析，以及考核用的电能计量装置，应为Ⅳ类电能计量装置。

5 单相电力用户计费用电能计量装置，应为Ⅴ类电能计量装置。电能计量装置的准确度不应低于表3.7.5的规定：

表3.7.5 电能计量装置的准确度要求

电能计量装置类别	准确度（级）			
	有功电能表	无功电能表	电压互感器	电流互感器
Ⅰ类	0.2s	2.0	0.2	0.2s或0.2
Ⅱ类	0.5s	2.0	0.2	0.2s或0.2
Ⅲ类	1.0	2.0	0.5	0.5s
Ⅳ类	2.0	2.0	0.5	0.5s
Ⅴ类	2.0	—	—	0.5s

注：0.2级电流互感器仅用于发电机计量回路。

3.7.6 常用电气测量仪表和电能表与继电保护装置共用电流互感器时，应将测量仪表和电能表连接在一个二次绕组上，继电保护装置单独接在另一个二次绕组上，当继电保护所要求的电流互感器变比不能符合测量仪表和电能表的要求时，应分开接用单独的电流互感器；当受条件限制，测量仪表和保护或自动装置共用电流互感器的同一个二次绕组时，应将保护或自动装置接在测量仪表之前；共用电压互感器的同一个二次绕组时，应选用保护用电压互感器，保护或自动装置和测量仪表应分别经各自的熔断器或断路器接入。

3.7.7 互感器变比和仪表测量范围的选择，宜满足电力装置回路在正常最大负荷运行时，指示仪表的指示在标度尺工作部分的2/3以上，经电流互感器接入的电能表，其标定电流不宜低于电流互感器额定二次电流的30%（S级为20%），额定最大电流为额定二次电流的120%左右。

3.7.8 对有可能过负荷运行的电力装置回路，仪表的测量范围宜留有适当的过负荷裕度。对启动电流大且时间较长的电动机或运行过程中可能出现短时冲击电流的电力装置回路，宜采用具有过负荷标度的电流表。

3.7.9 无功补偿装置的测量仪表量程应满足设备允许通过的最大电流和允许耐受的最高电压的要求。并联电容器组的电流测量应按并联电容器组持续通过的电流为其额定电流的1.35倍设计。

3.7.10 在双方向送、受电的回路中，有必要分别计量送、受电量时，应装设双方向有功、无功电能表。

3.7.11 当电力用户用电计量点设在冶炼厂变（配）电所内时，电能计量表的设置，应符合下列规定：

1 执行功率因数调整电费的用户，应装设具有计量有功电能，感性和容性无功电能功能的电能计量装置。

2 按最大需量计收基本电费的用户，应装设具有最大需量功能的电能表。

3 实行分时电价的用户，应装设复费率电能表或多功能电能表。

3.7.12 变（配）电所常用电气测量仪表与计量仪表的数据采集，宜符合表3.7.12的规定：

表3.7.12 变（配）电所常用电气测量仪表与计量仪表数据采集选择表

回路名称	电流	电压	有功功率	无功功率	功率因数	有功电能	无功电能	备注
35kV～330kV								
进线	1		1			1	1	
母线		3（4）						1
母线分段或联络断路器	1							
主变压器一次侧	1		1	1		1	1	
主变压器二次侧	1		1	1		1	1	2、3
馈出线	1		1	1		1	1	
6kV～10kV								
进线	1					1	1	4
母线（每段）		4						5
母线分段或联络断路器	1							
联络线	1		1			1		6
馈出线	1		1			1	1	
消弧线圈	1							
配电变压器或整流变压器	1		1			1	1	
电弧炉变压器	3	1	1		1	1	1	

续表 3.7.12

回 路 名 称	电流	电压	有功功率	无功功率	功率因数	有功电能	无功电能	备注
同步电动机	1			1	1	1	1	
感应电动机	1					1		
并联电容器	3	1		1			1	

注：1 中性点有效接地的系统测量三个线电压，中性点非有效接地的系统测量一个线电压和三个相电压；

2 双绕组变压器可只测一侧电气量，三绕组变压器需测量三侧电气量；

3 当变压器带有大量电炉负荷时，可测量三相电流值；

4 当配电所直接由企业降压变电所专线供电时，不测量有功和无功电能；

5 一个用来通过切换开关检查线电压，三个作为母线绝缘监视；

6 测量电能只在线路的一端进行，应有双向计量功能。

3.7.13 变（配）电所采用微机监控系统时，10（6）kV 馈电线路可不装设多功能电力仪表。但母线电压互感器柜上，根据工程需要，宜装设指针式或数字式电压表。

3.7.14 变（配）电所采用微机监控系统时，10（6）kV 电动机的馈电线路，在开关柜上可不装设多功能电力仪表，在计算机旁操作箱上应装设指针式或数字式电流表。

3.7.15 变（配）电所测量仪表与计量仪表应符合现行国家标准《电力装置的电测量仪表装置设计规范》GB/T 50063 的有关规定。

3.8 防火与蓄油设施

3.8.1 户内配电装置的母线分段处，应有防火隔板或隔墙。户内电缆应根据本规范第 5.2 节的规定，采取防火措施。

3.8.2 油量超过 100kg 的户内油浸变压器，应装设在单独的房间内，并应设置灭火设施。

3.8.3 油量为 2500kg 及以上的户外油浸变压器之间的最小防火净距应符合表 3.8.3 的规定，当最小防火净距不能满足表 3.8.3 的要求时，应设置防火墙，防火墙的耐火极限不宜小于 4h。防火墙的高度应高于变压器的油枕，其长度应大于变压器储油池两侧各 1000mm。

表 3.8.3 油量为 2500kg 及以上的户外油浸变压器之间的最小防火净距

电压等级（kV）	最小防火净距（m）
≤35	5
63	6
110	8

3.8.4 户内单台电气设备的油量大于 100kg 时，应设置储油设施或挡油设施。挡油设施的容积应按容纳 20%油量设计，并应有将事故油排至安全处的设施；当不能满足上述要求时，应设置能容纳 100%油量的储油设施。排油管的内径不应小于 150mm，管口应加装铁栅滤网。

3.8.5 户外单台电气设备的油量大于 1000kg 时，应设置储油或挡油设施并应符合下列规定：

1 当设置有容纳 20%油量的储油或挡油设施时，应将油排至安全处所，且不应引起污染危害。

2 当不能满足本条第 1 款要求时，应设置能容纳 100%油量的储油或挡油设施。储油和挡油设施应大于设备外廓每边各 1000mm，四周应高出地面 100mm。储油设施内应铺设卵石层，卵石厚度不应小于 250mm，卵石直径为 50mm～80mm。

3 当设置有油水分离措施的总事故储油池时，储油池容量按最大一个油箱容量的 60%确定。

3.8.6 生产建（构）筑物侧墙外 5m 以内布置油浸变压器或可燃介质电容器等电气设备时，该墙在设备总高度加 3m 的水平线以下及设备外廓两侧各 3m 的范围内，不应设有门窗、洞口；建筑物外墙距设备外廓 5m～10m 时，在上述范围内的外墙可设甲级防火门，设备高度以上可设防火窗，其耐火极限不应小于 0.9h。

3.8.7 在防火要求较高的场所，有条件时宜选用非油绝缘的电气设备。

3.9 对相关专业的要求

3.9.1 变（配）电所的建筑物应符合下列规定：

1 变（配）电所应防止所内积水。其室内地坪较室外地坪应高出 200mm～300mm 以上。

2 油浸变压器室的耐火等级为一级。控制室、配电装置室、电容器室、蓄电池室、电缆沟、电缆室的耐火等级不应低于二级。检修室、工具材料室的耐火等级不应低于三级。油浸变压器室引至配电室的出线洞必须封闭严实，穿墙隔板应用非燃材料制作。

3 炎热地区的控制室、配电装置室、电容器室和蓄电池室等的屋面应有隔热层，房屋宜适当加高加宽。控制室和电容器室应避免西晒。寒冷地区控制室、配电装置室、电容器室的屋面应设保温层。

4 车间内油浸变压器室、配电装置室必须设防火门，油浸变压器室的门应为甲级防火门，配电装置室通往车间的门应为乙级防火门，通往车间外的门应为丙级防火门，并应向外开启。防火门应装设弹簧锁，严禁使用门闩。相邻配电装置室之间有门时，应采用由不燃材料制作的双向弹簧门。

5 控制室应尽量自然采光。配电装置室，宜设不能开启的自然采光窗，但在烟尘严重的地段和临街面，不宜设采光窗。采光窗窗台距室外地坪不宜低于1.8m。

6 变（配）电所经常开关的门、窗不宜直通相邻的酸、碱、烟尘、蒸汽和噪声严重的生产车间，否则应设门斗并采取密封措施。与上述车间相通的孔洞、沟道应严密封堵。靠近上述车间和多风沙地区的控制室应设双层窗。

7 控制室、配电装置室和电容器室等应有防止雨雪、小动物从可开启的门、窗或电缆沟等孔洞进入的措施。在鼠害严重地区，门、窗及孔洞的堵料应能抵御鼠害的破坏。

8 变（配）电所内，除室内具有裸露带电体的配电装置室、变压器室、电容器室的顶棚和变压器室的内墙面只需刷白外，其他各处的内墙面，均应抹灰刷白。控制室地面以上2m高度内的墙裙宜刷油漆。

9 大中型变（配）电所的控制室宜采用防静电地面。小型变（配）电所控制室可采用水泥压光。

10 在地震设防烈度为7度及以上的变（配）电所，其主要建（构）筑物，应采取必要的抗震措施，应符合现行国家标准《工业企业电气设备抗震设计规范》GB 50556的有关规定。

3.9.2 变（配）电所的采暖和通风，应符合下列规定：

1 控制室、配电装置室，宜采用自然通风，周围环境污秽时宜采用机械通风。

2 配电装置室采用机械通风时，应利用事故排烟机，其换气次数每小时不应少于6次。事故排烟机的开关，应设在配电装置室外便于操作的地方。

3 变（配）电所夏季室内最高温度：控制室不宜超过28℃，配电室和电容器室不宜超过40℃，变压器室不宜超过45℃，电抗器室不宜超过55℃。在采暖地区，有人值班的控制室、休息室，冬季应进行采暖，室内温度不应低于18℃，配电室的最低温度不应低于5℃。当电气设备对环境有特殊要求时，温度、湿度应能满足设备的使用要求，必要时，应采用空调措施。

4 采用机械通风时，通风管道应采用非燃材料制作，周围环境污秽时，宜加空气过滤器。

5 装有六氟化硫（SF_6）设备的配电装置的房间，其排风系统应有底部排风口。

6 采暖装置宜用钢管焊接，且不应有法兰、螺纹接头、阀门等。

7 变（配）电所的采暖通风设计应符合现行国家标准《采暖通风与空气调节设计规范》GB 50019的有关规定。

3.9.3 变压器室、配电装置室、电容器室和控制室内，不应有与其无关管道和线路通过。

3.9.4 变压器室、配电装置室、电容器室和控制室等不应设在厕所、浴室厨房或其他经常积水场所的正下方，且不宜与上述场所贴邻。如果贴邻，相邻隔墙应做无渗漏、无结露等防水处理。

3.9.5 变（配）电所、电容器室、控制室的电缆沟（室）应有防水及排水措施。

3.9.6 有人值班的变（配）电所，应在所内或附近设置卫生间和给排水设施。

3.9.7 变（配）电所区场地宜进行绿化，绿化规划应与周围环境相适应，严防绿化物影响电气设备的安全运行。

3.9.8 变（配）电所内，为满足消防要求的主要道路宽度，不应小于4m。主要设备运输的道路宽度可根据运输要求确定，并应具备回车条件。

4 余热电站

4.1 一般规定

4.1.1 本章适用于有色金属冶炼厂余热电站的电力设计。

4.1.2 电站规模、站址、机组的选择，以及厂房内设备的配置应按废气、余热的容量，与工艺、热机专业协调、综合考虑确定。

4.2 电气部分

4.2.1 电站应设置单独的主控制楼（室），主控制室的面积，应按规划容量设计，并在第一期工程中一次建成。主控制楼（室）应靠近电站的主厂房。

4.2.2 一期工程屏台的布置，应按远景规划确定屏间距离和通道宽度，以满足分期扩建和运行维护、调试方便的要求。

4.2.3 发电机的额定电压应根据发电机容量的大小、企业配电电压，进行综合技术经济比较确定，可采用10.5kV或6.3kV。

4.2.4 电站的主接线宜采用单母线或单母线分段。

4.2.5 发电机的引出线宜采用电缆沿电缆沟或电缆桥架铺设。

4.2.6 当单相接地故障电容电流不大于4A时，10.5（6.3）kV发电机中性点应采用不接地系统。当单相接地故障电容电流大于4A时，发电机中性点宜采用消弧线圈或高电阻接地系统。

4.2.7 接在发电机母线上的避雷器和电压互感器，宜合用一组隔离开关。接在发电机中性点的避雷器，不宜装设隔离开关。

4.2.8 隔离开关与相应的断路器和接地刀闸之间，应装设闭锁装置。

4.2.9 为保证发电机运行稳定和电压质量，宜装设自动电压调整器。

4.2.10 发电机的继电保护和自动装置，应符合现行国家标准《电力装置的继电保护和自动装置设计规范》GB/T 50062以及《继电保护和安全自动装置技术规程》GB/T 14285 的有关规定。

4.2.11 电站的电气测量、电能计量仪表设计，应符合现行国家标准《电力装置的电测量仪表装置设计规范》GB/T 50063 的有关规定。

4.2.12 发电机的远方测温装置宜装在汽轮机的控制屏上。

4.2.13 电站的过电压保护和接地应符合现行国家标准《工业与民用电力装置的过电压保护设计规范》GB 50064 和《交流电气装置的接地设计规范》GB 50065 的有关规定。

4.2.14 电站发电机与企业电网并网时，应选定并网点，宜采用准同步并网方式。

4.2.15 电站宜直接用发电机的母线电压与企业的 6kV～10kV 配电系统相连接。

4.2.16 电站的站用电，宜设一台站用变压器，变压器接于发电机电压母线上，并从站外引入可靠的交流备用电源。

4.2.17 当电站内采用直流操作的断路器时，宜采用 220V 全密封免维护铅酸蓄电池组作为断路器的合、分闸操作电源，同时也作为电站的事故照明电源。计算蓄电池容量时，应留有裕度，交流站用电事故停电时间应按 1h 计算。

4.2.18 电站的启动电源，可从企业电网引接专用线路供给。该线路也可作为电站投入运行后的备用电源。

4.2.19 电站的电气设计尚应符合现行国家标准《小型火力发电厂设计规范》GB 50049 的有关规定。

4.3 对相关专业的要求

4.3.1 电站建筑物的耐火等级油浸变压器室应为一级，其他建筑物为二级。机房、主控室应有两个直接通向室外的出口（平台），其中一个出口的大小应满足搬运电气设备的要求。机组设于楼上时，应预留吊装孔。

4.3.2 屋面应有保温、隔热及良好的防水、排水措施，平屋顶应有必要的坡度，一般不设女儿墙，屋檐防止雨水沿墙流下。

4.3.3 机房、主控室内墙面采用抹灰刷白或乳胶漆面 888 仿瓷涂料，地面采用水泥抹面压光、防滑地砖或大理石。

4.3.4 机房、主控室、低压配电室应尽量自然采光，能开启的窗应设纱窗，在寒冷或多尘的地区采用双层玻璃窗。

4.3.5 变压器室的通风窗应采用百叶窗内加铁丝网，防止雨雪和小动物进入。

4.3.6 机房、主控室、低压配电室的门允许用木制防火门往外开，鼠害严重地区内侧包铁皮，通向室外的门应设金属纱门，门槛处应设高度不低于 500mm 防鼠金属挡板，油浸变压器室的门采用铁门。干式变压器室的门可采用非防火门，均向外开。

4.3.7 电缆沟、电缆室用水泥抹光，并应采取防水、排水措施。室内电缆沟宜采用花纹钢盖板。

4.3.8 电站配电装置的抗震设计应符合现行国家标准《工业企业电气设备抗震设计规范》GB 50556 的有关规定。

4.3.9 电站各建筑物的各房间宜采用自然通风，变压器室的自然通风不满足要求时，应设机械通风。

4.3.10 电站的主控室，宜设空调装置。

4.3.11 站内应设置供排水设施和卫生间。

4.3.12 站内为满足消防要求的主要道路宽度不应小于 4m，主要设备运输道路的宽度，可根据运输要求确定，并应具备回车条件。

4.3.13 电站应根据企业的管理模式设置调度电话和行政电话，是否设置与电力部门联系的电力调度电话，根据企业的调度方式与电力部门协商后确定。

5 厂区线路

5.1 一般规定

5.1.1 本章适用于厂区内车间建筑物外部的电气线路。其中 6kV～35kV 配电线路称为高压配电线路，1kV 以下配电线路称为低压配电线路。

5.1.2 冶炼厂厂区内，一般情况下应采用电缆线路。线路较长、走廊和环境条件许可时，亦可采用架空线路。

5.1.3 导线、电缆和母线截面的选择，应符合下列规定：

1 线路导体持续允许载流量，不得小于该回路可能出现的最大工作电流。

2 导线和母线的截面应根据正常工作电流，按经济电流密度选择。电缆截面宜根据最大工作电流，按电缆持续允许载流量选择。

3 线路在最大工作电流作用下的电压偏差，不得超过由供配电系统电压调整总体要求所确定的允许值。

4 在系统最大正常运行方式下发生三相短路，母线应满足动稳定要求，电缆应满足热稳定要求。

5 导线和母线应满足机械强度的要求。

6 架空线路设计应进行强风、暴雨、覆冰厚度等严酷气象条件的实地调查，应根据气象条件，确定安全系数。

7 选择导体截面时，应合理考虑电力系统和负荷的发展。

5.1.4 爆炸和火灾危险环境中的电气线路设计及其与爆炸和火灾危险介质输送管线的平行、交叉要求，应符合现行国家标准《爆炸和火灾危险环境电力装置设计规范》GB 50058 的有关规定。

5.2 电缆线路

5.2.1 电缆线路的电缆选型、路径及敷设方式，应根据同一路径的电缆数量、电缆通道的环境及施工条件综合比较确定。

5.2.2 电力电缆的选择应符合下列规定：

1 对安全性要求较高的回路应采用铜芯电缆：

1）电机励磁、重要电源、移动式电气设备等电气连接要求具有高可靠性的回路；

2）震动剧烈、有爆炸危险、强腐蚀的工作环境；

3）耐火电缆；

4）控制线路；

5）抗震设防烈度7度以上的线路；

6）应急系统包括消防系统的线路。

2 直埋敷设电缆应采用具有铠装的电缆。

3 在室内、沟内和隧道内敷设的电缆可采用铠装电缆。在确保无机械外力时，可选用无铠装电缆；易发生机械震动的区域和鼠害严重地区采用铠装电缆。

4 60℃以上高温环境，应按经受高温及其持续时间和绝缘类型要求，选用聚氯乙烯、交联聚乙烯等耐热型电缆。

5 100℃以上高温环境，宜选用矿物绝缘电缆。高温场所不宜选用普通聚氯乙烯绝缘电缆。

6 －15℃以下低温环境，应按低温条件和绝缘类型要求，选用交联聚乙烯绝缘电缆或聚乙烯绝缘电缆。

低温环境不宜选用聚氯乙烯绝缘电力电缆。

7 多芯电力电缆导体最小截面：铜导体不宜小于2.5mm^2，铝导体不宜小于4mm^2。

5.2.3 1kV以下电源中性点直接接地时，三相四线制系统的电缆中性线截面，不得小于按线路最大不平衡电流持续工作所需最小截面。有谐波电流影响的回路，应符合下列规定：

1 以气体放电灯为主要负荷的回路，中性线截面不应小于相芯线截面。

2 除上述情况外，中性线截面不宜小于50%的相芯线截面。

5.2.4 1kV以下电源中性点直接接地时，配置保护接地线、中性线或保护接地中性线系统的电缆导体截面的选择，应符合下列规定：

1 中性线、保护接地中性线的截面，应符合本规范第5.2.3条的规定；配电干线采用单芯电缆做保护接地中性线时，铜芯不应小于10mm^2；铝芯不应小于16mm^2。

2 按热稳定要求的保护地线允许最小截面，应满足回路保护电器可靠动作的要求，且应符合表5.2.4的规定：

表5.2.4 按热稳定要求的保护地线允许最小截面（mm^2）

电缆相芯线截面	保护地线允许最小截面
$S\leqslant16$	S
$16<S\leqslant35$	16
$35<S\leqslant400$	$S/2$
$400<S\leqslant800$	200
$S>800$	$S/4$

注：S为电缆相芯线截面。

3 采用多芯电缆的干线，其中性线和保护地线合一的导体，截面不应小于4mm^2。

5.2.5 三相交流系统中单芯电力电缆的选用敷设应符合下列规定：

1 6kV～35kV三相供电回路宜选用三芯电缆，三芯电缆可选用普通统包型，也可选用3根单芯电缆绞合构造型。工作电流较大的回路或电缆敷设于水下时，每回路可选用3根单芯电缆。

2 110kV及以上三相供电回路，每回应选用3根单芯电缆。

3 交流单芯电力电缆，当需要增强电缆抗外力时，应选用非磁性金属铠装电缆，不得采用未经消磁处理的钢制铠装电缆。

4 水平明设的电缆，还应隔适当距离予以固定。

5 电缆夹具的强度，应按短路电动力验算，并计入不小于2的安全系数。

6 交流单芯电缆的刚性固定，宜采用铝合金等不构成磁性闭合回路的夹具。

7 相序的配置及相间距离应同时满足电缆金属护层的正常感应电压不超过允许值。

8 当电缆较长时，应采取使各相阻抗尽可能平衡的措施。

5.2.6 电缆持续载流量应根据环境温度、土壤热阻系数、敷设时并列的根数及日照影响等使用条件确定。特殊敷设条件下的校正计算方法及参数选择，应按现行国家标准《电力工程电缆设计规范》GB 50217的有关规定执行。

5.2.7 电缆持续载流量的环境温度确定，应按使用地区的气象温度多年平均值，并计入实际环境的影响，宜符合表5.2.7的规定。

表5.2.7 电缆持续载流量的环境温度确定

电缆敷设场所	有无机械通风	选取的环境温度
土中直埋		埋深处的最热月平均地温
户外空气中，电缆沟	—	最热月的日最高温度平均值

续表 5.2.7

电缆敷设场所	有无机械通风	选取的环境温度
有热源设备的厂房	有	通风设计温度
	无	最热月的日最高温度平均值另加 5℃
一般性厂房，室内	有	通风设计温度
	无	最热月的日最高温度平均值
户内电缆沟	无	最热月的日最高温度平均值另加 5℃
隧道		
隧道	有	通风设计温度

注：1 当采用大量缆芯工作温度大于 70℃的电缆敷设于未装机械通风的隧道、竖井时，应计入其对环境温升的影响，不能直接加 5℃；

2 电缆直埋敷设在干燥或潮湿土壤中，除实施换土处理能避免水分迁移的情况外，土壤热阻系数取值不宜小于 2.0℃·m/W。

5.2.8 电缆通过不同散热条件区段的缆芯截面选择，应符合下列规定：

1 重要回路，全长宜按其中散热最差区段的缆芯截面选择同一截面，当回路总长超过电缆制造长度时，可按区段选择相应的缆芯截面。

2 非重要回路，可对大于 10m 区段散热条件按段选择截面，但每回路不宜多于 3 种规格。

5.2.9 对非熔断器保护回路，应按满足短路热稳定条件确定允许缆芯最小截面。

5.2.10 厂区电缆敷设路径，应在厂区管网综合规划设计中统一安排，合理地确定电缆的主干道。在施工和维护方便的前提下，敷设路径应尽量短，并应避开下列地段：

1 有高温介质覆盖或漫流的地段。

2 有沉陷、滑坡的地段。

3 有扩建工程，将要挖掘施工的地段。

4 直接埋设或采用电缆沟敷设时，还应尽量避开对电缆有强烈化学腐蚀或电腐蚀和有可能遭受强机械外力作用的地段。

5.2.11 厂区电缆敷设方式的选择，应符合下列规定：

1 厂区内，电缆宜采用电缆支架（包括电缆桥架、普通支架、电缆吊架等）明设。有条件时，应尽量与厂区综合管网支架统一考虑。电缆的主干道宜采用钢筋混凝土或钢结构的桥架，或采用电缆栈桥敷设。

2 地面环境正常，电缆少于 6 根，且无经常开挖可能，宜采用直埋敷设。

3 地面环境正常，电缆较多，且有分期敷设要求，宜采用电缆沟敷设。

4 电缆数量很多，电缆沟不足以容纳时或地面有腐蚀液体，宜采用电缆隧道敷设，当厂内地下设有公用性隧道且无易燃气体或易燃体管道时电缆可与非高温管道共同敷设。

5 厂区地下管网较密的工段，应穿管敷设。

6 电缆敷设的弯曲半径与电缆外径的比值，应满足电缆弯曲半径的要求，且不应小于表 5.2.11 所列数值。

表 5.2.11 电缆敷设的弯曲半径与电缆外径的比值

电缆护套类型		电力电缆		其他多芯电缆
		单芯	多芯	
金属护套	铅	25	15	15
	铝	30	30	30
	皱纹铝套和皱纹钢套	20	20	20
非金属护套		20	15	无铠装 10 有铠装 15

注：电力电缆中包括橡皮、塑料绝缘铠装和无铠装电缆。

5.2.12 同一通道内电缆数量较多时，若在同一侧的多层支架上敷设，应符合下列规定：

1 应按电压等级由高至低的电力电缆、强电至弱电的控制和信号电缆、通信电缆“由上而下”的顺序排列。

2 当水平通道中含有 35kV 以上高压电缆，或为满足引入屏（柜）的电缆符合允许弯曲半径要求时，宜按“由下而上”的顺序排列。

3 在同一工程中或电缆通道延伸于不同工程的情况，均应按相同的上下排列顺序配置。

4 支架层数受通道空间限制时，35kV 及以下的相邻电压级电力电缆可排列于同一层支架上，1kV 及以下电力电缆也可与强电控制和信号电缆配置在同一层支架上。

5 同一重要回路的工作与备用电缆实行耐火分割时，应配置在不同层的支架上。

5.2.13 电缆采用电缆支架明设，应符合下列规定：

1 明设的电缆数量较多，或电缆跨距较大，宜采用电缆桥架；否则，宜采用普通电缆支架或吊架。

2 电缆桥架品种的选择，应满足下列要求：

1) 在有易燃粉尘场所应采用梯级式桥架，需要屏蔽外部电气干扰时，应采用带盖板的无孔托盘桥架；

2) 需要对高温、腐蚀性液体或油的溅落等进行防护的场所，可视情况采用有孔或无孔托盘桥架；

3) 需因地制宜组装时，可采用组装式托盘桥架；

4) 除上述情况外，宜采用梯形桥架。

3 电缆桥架应满足敷设环境下一次性防腐要求。如果采用玻璃钢桥架，而当臂式支架或吊架采用型钢时，应作防腐处理。

4 户外敷设的桥架宜采用梯级式，顶层应加盖板。

5 电缆桥架与地面间的净距应满足总图运输设计的要求，一般情况下，无车辆通行时，不小于2.5m，有车辆通行时，不小于5.5m，跨越准轨铁路时，距轨顶不应小于7m。

6 电缆桥架应满足强度、刚度及稳定性的要求。其设计荷载应小于使桥架产生永久变形的最小允许荷载，且安全系数不小于1.5。

设计荷载应包括：电缆及其附件的荷重、桥架自重、风、雪及冶炼粉尘的荷载、需上人的桥架还应考虑加上安装检修人员及工具荷载。

7 金属材质桥架应有可靠的电气连接并接地。采用非导电性防护层的金属桥架或非金属桥架时，应沿桥架全长另设专用接地线。接地线两端应与变（配）电所接地装置相连。

8 有防火要求的电缆桥架，桥架本体亦应采取防火措施。

5.2.14 电缆直埋敷设，应符合下列规定：

1 直埋敷设于非冻土地区时，电缆外皮至地下构筑物基础不得小于0.3m，至地面不得小于0.7m，位于车行道或耕地下不宜小于1m。在冻土地区，电缆宜埋入冻土层以下，埋深无法超过冻结深度时，可埋设在土壤排水性好的干燥冻土层或回填土中，也可采取其他防止电缆受到损伤的措施。

2 沿直埋电缆的上、下方，应铺以100mm厚的软土或沙层，并盖以混凝土保护板，板宽应超过电缆两则各50mm。

3 沿电缆路径的直线段，每隔约100m处，及在电缆转弯、接头和进出建筑物处，应设明显的方位标志或标桩。标桩露出地面宜为150mm。

4 直埋敷设的电缆，严禁平行敷设于地下管道的正上方或下方。电缆之间和电缆与管道、道路、构筑物等相互间允许最小距离，应符合现行国家标准《电力工程电缆设计规范》GB 50217的有关规定。

5 电缆与道路或铁路交叉时，或有载重设备移经电缆上面的区段，应穿保护管。保护管应伸出路基、道路两侧及排水沟边0.5m以上。

6 电缆与热力管沟交叉，若电缆采用穿石棉水泥管保护，其保护管长度应伸出热力管沟两侧各2m，若采用隔热保护层时保护层应超过热力管沟和电缆两侧各1m。

7 电缆从地下引出地面，地坪以上2m至地坪以下0.2m范围内，应设保护管。

8 电缆进入建筑物，在穿墙孔处应设保护管其长度应超出建筑物散水1m，且应在管口实施阻水堵塞。

5.2.15 电缆在沟内敷设时，应符合下列规定：

1 电缆沟可分为无支架沟、单侧支架构、双侧支架沟。

2 屋内电缆沟的盖板应与地坪相平。屋外电缆沟的沟口宜高出地面50mm，当盖板高出地面影响排水或交通时，可采用有覆盖层的电缆沟，盖板顶部宜低于地面300mm。

3 电缆沟盖板采用混凝土盖板，重量不宜超过50kg，室内经常开启的电缆沟盖板，宜采用花纹钢盖板。

4 屋外电缆沟在进入建筑物（或变电所）处，应采取阻火措施。

5 电缆沟应采取防水措施，底部应有不小于0.5%的纵向排水坡度，积水可排入下水道或经集水井用泵排出。

6 电缆沟与工业水管、沟交叉时，电缆沟应位于上方。

5.2.16 电缆在隧道内敷设，应符合下列规定：

1 电缆隧道长度大于7m时，两端应设出口（包括人孔井）。当两个出口之间的距离超过75m时，应增加出口。人孔井的直径不应小于0.7m。

2 隧道内净高不应低于1.9m，局部与管道交叉处净高不宜低于1.4m。

3 隧道内应有排水措施，底部以0.5%的坡度排往集水井。

4 隧道应采用自然通风，必要时采用机械通风。

5 与隧道无关的管线不得通过电缆隧道。电缆隧道与其他地下管线交叉时，应尽可能避免隧道局部下降。

6 电缆隧道内应设置一般照明和应急照明，照明电压不应高于36V，如高于36V应采用防止触电的安全措施。

7 电缆宜选用阻燃电缆，电缆隧道内应设置火灾自动报警系统和固定式灭火设施。

5.2.17 电缆穿管敷设应符合下列规定：

1 地下埋管距地面深度不宜小于0.5m；与铁路、公路交叉处距路基不宜小于1.0m；距排水沟底不宜小于0.3m。

2 并列管相互间宜留有不小于20mm的空隙。

3 保护管的内径不小于电缆外径（包括外保护层）的1.5倍。

4 保护管弯曲半径为保护管外径的10倍，且不小于所穿电缆的最小弯曲半径。

5 当电缆有中间接头时，在接头盒的周围应采取防火堵料填堵，防止因发生事故而引起火灾的延燃。

6 电缆穿管没有弯头时，长度不宜超过30m；有一个弯头时，长度不宜超过20m；有两个弯头时，长度不宜超过 15m。

5.2.18 电缆的敷设场所存在火灾隐患时，应在空间距离和安装结构上，采取以下防火措施：

1 电缆附近可能出现爆炸或易燃气体时：

1）应尽量远离爆炸释放源，敷设在危险较小的场所；

2）易燃气体比空气重时，应在较高处架空敷设，非铠装电缆还应采取穿管或置于托盘、槽盒中等机械性保护；

3）易燃气体比空气轻时，应敷设在低处的管、沟内，沟内有非铠装电缆时，应采用埋沙敷设。

2 电缆沿具有易燃气体或液体的综合管网支架敷设时：

1）应配置在危险程度较低的管道一侧；

2）易燃气体比空气重时，宜敷设在管道上方；

3）易燃气体比空气轻时，宜敷设在管道下方。

3 有高温熔化金属溢流的场所，不得采用电缆沟，有可燃粉尘弥漫或油类等可燃液体渗漏的场所，不宜采用电缆沟。

4 在隧道、沟、竖井、夹层等封闭式电缆通道中，不得布置热力管道，严禁敷设易燃气体或易燃体的管道。

5 有易燃粉尘的场所，当采用电缆桥架敷设时，应采用无孔托盘封闭式桥架。

5.2.19 对易受外部影响着火或可能因电缆着火蔓延导致严重事故的地段，为防止火源相互串燃，应采取以下阻火分隔措施：

1 电缆及其管、沟、桥架等穿过不同区域之间的隔墙、楼板孔洞处和电缆由电缆构筑物引至电气屏、盘、柜、台的开孔部位，均应实施阻火封堵。

2 在电缆隧道或电缆沟中的下列部位，应设阻火墙：

1）公用主沟的分支处；

2）分段配电装置对应的沟道分段处；

3）至主控室、配电室、车间的沟道入口处；

4）长距离沟道中，每隔约 200m 或通风区段处。

3 当采用电缆隧道时，在主控室、配电室、车间入口或通风区段处所设的阻火墙上应设防火门。其他部位可不设防火门，仅在阻火墙两侧不少于 1m 的电缆上采取施加防火涂料、包带或设置挡火板等防止串燃的措施。

4 互为备用的双回路电缆，宜分开配置在不同的通道或同一通道的不同侧支架上。当采用同一层电缆桥架敷设时，中间应加隔板。

5.2.20 明敷的非难燃电缆，在下列情况下，宜采用局部阻燃措施：

1 在易受外因波及着火的场所，宜对相关范围内的电缆实施阻燃防护。

2 对重要电缆回路或电缆密集敷设的路段，宜在适当部位设阻火段以阻止电缆的延燃。

3 在电缆接头两侧各约 3m 内的所有电缆上，宜用防火包带实施阻燃。

5.2.21 采用难燃电缆，应符合下列规定：

1 燃煤、燃油系统及其他易燃、易爆环境，宜采用难燃电缆。

2 火灾几率较高场所的重要配电回路，当需要增加防火安全性，可采用难燃电缆。

3 在人流密集的场所，宜采用低烟、低毒难燃电缆。

4 选用难燃电缆时，其阻燃类别应根据现行国家标准《电线电缆燃烧试验方法》GB 12666 的有关规定，按照能满足等价工程条件的有效阻止延燃性确定，并应考虑同时附加防火阻燃措施，以降低电缆阻燃类别的合理性。

5 同一通道中，不宜把非难燃与难燃电缆并列配置。

5.2.22 在外部火势作用一定时间内仍需维持通电的下列场所或回路，明设的电缆应实施耐火防护或选用耐火电缆，并应符合下列规定：

1 消防、报警、应急照明、断路器操作直流电源和发电机组紧急停机的保安电源等重要回路。

2 计算机监控、双重化继电保护、保安电源或应急电源等双回路合用同一通道未相互阻隔时的其中一个回路。

3 油罐区或车间必须敷设在可能有熔化金属溅落地段的电缆。

5.2.23 在安全要求较高的电缆密集场所或封闭通道中，应配备与环境特征相适应、能可靠动作的火灾自动探测报警装置。

5.2.24 电缆线路的设计尚应符合现行国家标准《电力工程电缆设计规范》GB 50217 的有关规定。

5.3 架空线路

5.3.1 永久性架空线路的路径和杆位，应避开下列地段：

1 厂内酸、碱腐蚀性气体严重的地段。

2 有高温金属罐或渣罐停留的地段。

3 有爆炸物、易燃物和可燃液（气）体的生产厂房、仓库和储罐等。

4 易被车辆碰撞或有起重车辆经常作业的地段。

5 渣场。

6 厂房规划扩建的地段。

5.3.2 架空线路的导线宜采用铝绞线，当有重要交叉或交叉挡较多时，应采用钢芯铝绞线。

5.3.3 架设在工业场地及住宅区等人口密集地区的架空线路，应按居民区要求设计。线路杆塔应按有关规范的要求，妥善接地。

5.3.4 厂区内和厂区外距围墙1.5km以内的架空线路，导线及绝缘子应根据污染程度采取防腐、防污措施。

5.3.5 架空线路全线或个别地段的实际气象条件与标准气象区规定的数值差异较大时，则全线或个别地段应按实际气象条件进行设计。重冰区架空线路宜采用耐张型杆塔。

5.3.6 线路挡距、杆位高差较大时，应对下列项目进行验算：

1 防震。

2 杆塔上拔力。

3 耐张绝缘子倒挂。

4 导线悬点应力。

5.3.7 向一级负荷配电的双回路，不得采用钢筋混凝土杆塔共杆架设，路径狭窄时，可采用铁塔架设，但应满足带电检修的要求。

向二级负荷配电的双回路可共杆架设，应满足带电检修要求。

5.3.8 厂区配电线路严禁跨越屋顶为可燃材料的建筑物，对其他建筑物，不宜跨越。如必须跨越时，在最大计算弧垂下导线与建筑物的垂直距离，0.4kV线路不应小于2.5m，1kV～10kV线路不应小于3m，35kV线路不应小于4m，66kV～110kV线路不应小于5m。

5.3.9 线路边线与永久建筑物之间的水平距离在最大风偏情况下，1kV～10kV线路不应小于1.5m，35kV线路不应小于3m，66kV～110kV线路不应小于4m。

5.3.10 电杆的埋地部分与地下各种工程设施间的水平净距，不宜小于表5.3.10所列的数值。

表5.3.10 电杆的埋地部分与地下各种工程设施间的水平净距（m）

地下工程设施	6kV～10kV线路	1kV以下线路
企业供水主管道	3.0	2.0
一般上水支管道、下水管道	2.0	1.0
热力和压缩空气管沟及高压水管道	2.0	2.0
电缆隧道、母线隧道、电缆桥架、电缆明沟或土沟	2.0	2.0
电力或弱电电缆线路的人井及混凝土管井	3.0	3.0
消火栓、管道井、地下泵房、地面储水池	4.0	4.0
天然气、煤气、氧气、乙炔管道	2.0	2.0

5.3.11 高压接户线的挡距不宜大于40m，挡距超过40m时，应按配电线路设计。低压接户线的挡距不宜大于25m，挡距超过25m时，宜设接户杆。

5.3.12 高压接户线受电端的对地距离不应小于4m，低压接户线受电端的对地距离不应小于2.5m。

5.3.13 接户线严禁跨越铁路。接户线跨越厂内道路时，至路面中心的垂直距离，高压不应小于6.5m，低压不应小于6m。

5.3.14 架空线路的本体设计，应符合现行国家标准《66kV及以下架空电力线路设计规范》GB 50061及《110kV～500kV架空送电线路设计技术规程》DL/T 5092的有关规定。

6 电解整流所

6.1 一般规定

6.1.1 本章适用于有色金属铜、铅、锌、镍、钴等水溶液电解和铝、镁等溶盐电解的整流所电力设计。

6.1.2 电解整流所应靠近电解车间布置，大型整流所宜与企业总变（配）电所合建。

6.2 供电电源与接线系统

6.2.1 整流所的供电电源应符合下列规定：

1 大中型铝电解整流所的供电电源，不应少于两个，宜从两个不同供电点分别引入，当任一电源停电时，其余电源应能满足全部用电负荷的需要。

2 镁电解整流所、小型铝电解整流所及大型重有色金属电解整流所，应由两个电源供电，任一电源均应能满足全部用电负荷的需要。

3 中型重有色金属电解整流所，宜由两个电源供电；小型整流所可由一个电源供电。

6.2.2 铝、镁电解槽及大、中型锌电解槽，最大允许停电时间及相应的减电幅度，应符合下列规定：

1 铝电解，全停电时间，应小于45min；减电20%，应小于4h。

2 镁电解，全停电时间应小于4h，长时间减电时，应保证66%以上的正常系列电流。

3 锌电解不宜全停电，事故情况下应保证15%～20%的正常系列电流。

6.2.3 整流所交流侧主接线，应符合下列规定：

1 大中型铝电解整流所，应采用双母线系统；小型铝电解整流所，宜采用双母线系统。

2 重有色金属电解整流所，宜采用分段单母线系统。全年连续生产，且整流所机组在3组及以上的大型整流所，宜采用双母线系统。

3 整流机组交流侧母线系统，应按电解系列分段，每个系列的全部整流机组，必须运行于同一段交流母线上，或由双分裂绕组降压变压器同时供电的两段母线上。

4 当一个电解系列由三台降压变压器供电（其中一台备用）时，其中任意两台均应能满足并联运行的条件，并能供全部整流机组负荷。

5 当一个电解系列的全部整流机组有载连续调压至最低一级，电解系列电流仍大于一组整流机组的额定电流时，应设置总进线或母线（分段）断路器，用于同时切合电解系列的全部整流机组。

6 当用进线或母线（分段）断路器切合电解系列全部整流机组时，不应影响整流所所用电及全厂其他用电负荷，整流机组正常运行时，动力负荷宜单独接于另一段母线上。

6.2.4 铝电解整流所的主接线，在任一设备、母线故障或检修时，应保证电解系列正常生产。

6.2.5 多整流机组并联运行的电解系列，各机组直流侧应设电动操作的直流隔离器。单机组电解系列，除电解槽有反电势外，机组直流侧可不设直流隔离器。

6.3 整流机组的选择及谐波治理

6.3.1 整流机组一次侧电压及降压方式的选择，应符合下列规定：

1 整流机组一次侧电压宜按表6.3.1选择。

表6.3.1 整流机组一次侧电压的选择

整流机组单机额定容量（kV·A）	一次侧额定电压（kV）	
	电网直接供电时	经变压器降压供电时
＜1000	3、6、10	0.38、6、10
1000～3150	6、10、35	6、10
3150～12500	10、35、66	6、10
12500～25000	35、66、110	35
≥25000	≥110	≥35

2 当电网电压为110kV时，系列输出总功率大于或等于40MW，应采用110kV自耦直降方式；小于40MW时，采用110kV自耦直降方式或二次降压方式应经技术经济比较确定。

3 当电网电压大于或等于220kV时，整流机组一次侧电压应经技术经济比较确定。

4 当整流所建设在发电厂或自备电厂附近，技术条件许可时，宜采用发电机电压直配方式供电。

6.3.2 整流机组直流侧额定电压的确定，应符合下列规定：

1 铝电解用整流机组应为电解系列正常工作直流电压、同时发生阳极效应电压、总直流汇流母线电压降之和，并应符合下列规定：

1）每个阳极效应计算电压应根据工艺参数确定，宜平均取30V。同时发生阳极效应不降电流的电解槽台数，100台槽及以下取1个；100台槽以上取2个；小型铝厂取1个。汇流母线电压降宜取5V。

2）整流机组直流额定电压还应满足电解系列最后一部分电解槽启动电压，该电压根据工艺专业要求确定。

3）整流机组应能承受在阳极效应熄灭后，因不能立即将直流电压自动降至原来值而产生的冲击电流所造成的过载。

2 重有色金属电解整流机组，应为电解系列的最高运行电压和总直流汇流母线电压降之和。

6.3.3 铝电解整流所机组数量，应根据供电电压、负荷大小、负荷性质、运行损耗和电网对谐波限制的要求确定。每个电解系列的机组数量、等效相数和容量应符合下列规定：

1 机组一次电压为35kV及以下时，以4个～6个机组形成等效24相或36相。

2 机组一次电压为66kV和110kV时，若单机容量在12.5MV·A～35MV·A，以3个机组形成等效18相或36相；若单机容量在35MV·A及以上时，以4个～6个机组形成等效48相或72相。

3 机组供电电压为220kV，单机容量在50MV·A及以上时，以4个～8个机组形成等效48相～96相。

4 机组的容量应能满足，当一个机组因故检修时，其余机组仍能供给1.05倍～1.15倍的全系列直流电流。正常情况下，系列的全部机组应同时运行。

6.3.4 重有色金属电解整流所，备用机组组数和机组额定电流的选择，应符合下列规定：

1 大型整流所，每个系列的整流机组为3组及以上时，每系列宜备用一组；每个系列1组～2组时，两个系列宜备用1组。

2 中型或不连续生产的电解整流所，宜采用元件备用。

3 电解系列整流机组额定电流的总和（不包括备用机组），宜等于系列电流的1.05倍～1.15倍。

6.3.5 电解整流所宜采用自动稳流的整流系统，即由饱和电抗器稳流的二极管整流机组或晶闸管整流机组组成。

6.3.6 电解整流所供电系统注入电网的谐波电流值和母线的电压畸变率，应按现行国家标准《电能质量 公用电网谐波》GB/T 14549的有关规定进行校核。

6.3.7 电解整流所谐波治理，宜采用下列方式：

1 无自动稳流的二极管整流机组，宜采用单机组等效12相，多机组构成等效多相整流系统。

2 有自动稳流的多机组系列整流所，宜采用单机组为6相或等效12相构成的等效多相制整流系统，并设调谐滤波补偿装置。单机组系列整流所，亦可采用单机组等效多相整流系统，必要时亦可加装调谐滤波补偿装置。

6.3.8 滤波装置系统设计，应符合下列规定：

1 调谐滤波应结合无功补偿统一考虑。

2 滤波补偿装置与整流机组宜接在同一供电母线上。

3 滤波装置系统宜经总断路器接入供电母线，各分支调谐滤波器应设单独的隔离开关，一次及二次配电设备，并应能独立运行，保护动作于总断路器。

4 接入滤波装置的断路器，宜采用可避免重燃的断路器。

5 5次和7次调谐滤波器中的串联电抗器，宜设0、±2.5%和±5%抽头，及±5%无级调杆。

6 各分支调谐滤波器应分别设置安全围栏。

7 宜预留一分支调谐滤波器的安装场地。

6.3.9 多机组并联运行时，双反星带平衡电抗器接线或双反星不带平衡电抗器接线的二极管整流机组，其直流额定电压宜小于300V，单机组运行时，其直流额定电压宜小于45V。

6.3.10 电解整流装置直流的电压偏移率，在额定状态下不应大于10%。

6.3.11 整流变压器二次侧为多绕组并联时，各绕组的短路阻抗值与其平均值之差，不应大于平均值的3%。

6.3.12 并联运行于同一电解系列的各整流变压器的短路阻抗值与其平均值之差，不应大于平均值的5%。

6.3.13 电解用整流器应能连续输出100%额定电流，并能持续承受以24h为周期的150%额定电流的过负荷1min。

6.3.14 整流机组的调压方式，应符合下列规定：

1 二极管整流机组，当调压深度小于50%时，单机组可采用单级一次侧抽头有载调压整流变压器；多机组系列还应采取措施，以保证并联机组间的负荷平衡。

2 二极管整流机组，当调压深度大于或等于50%时，应符合下列规定：

1）一次侧电压小于或等于110kV时，应采用端部自耦有载调压；

2）一次侧电压为220kV时，当机组容量小于60MV·A时宜采用第三绕组加串联（辅助）变压器调压；当机组容量大于60MV·A时宜优先采用降压自耦有载调压；

3）一次侧电压大于220kV时，主接线及调压方式具体采用何种方式需经经济比较确定。

3 晶闸管整流机组应根据生产工艺要求，采用晶闸管相控并配以一次侧有适当级数的无载或有载调压整流变压器。

6.3.15 调压范围的下限和级电压差，应满足下列要求：

1 当一个电解系列的全部机组有载连续调压至最低一级时，系列电流宜不大于一个机组的额定电流。

2 最低电压应分别满足轻金属和重金属电解槽焙烧及启动要求，但铝电解也可采用无励磁切换变压器抽头和饱和电抗器控制等方法。

3 单纯采用有载分接开关调压的级电压差：对于铝电解宜为2%～4%，重有色金属电解宜为1%～2%。

4 调压范围的下限应能满足直流侧短路均流试验的要求。

5 电网电压偏差为－5%时，整流机组有载调压装置应能将直流电压调整到额定值。

6 铝电解整流机组的有载调压变压器，若有无载倒段开关，则在无载倒段的上、下段间，宜有20V～40V重叠电压的有载调压级。

6.3.16 高电压、大电流整流机组整流电路可采用桥式接线和同相逆并联接线。当采用同相逆并联电路时应采取可靠措施防止正、逆同名相间产生金属性短路。

6.3.17 为使单机组形成等效12相整流系统，可采用具有共轭式铁芯或两个铁芯，一次侧或二次侧为Y、D两种接线绕组的整流变压器。

6.3.18 整流装置的额定整流效率应符合下列规定：

1 没有自动稳流控制时，机组额定效率不应低于下列数值：

1）U_{dN}＝200VDC～400VDC时，额定效率为：94%～95%；

2）U_{dN}＝400VDC～600VDC时，额定效率为：95%～96.5%；

3）U_{dN}＝600VDC～800VDC时，额定效率为：96.5%～97.8%；

4）U_{dN}＝800VDC～1100VDC时，额定效率为：97.8%～98.4%；

5）U_{dN}≥1100VDC时，额定效率为：98.5%。

2 有自动稳流控制时，机组额定效率不应低于下列数值：

1）U_{dN}＝200VDC～400VDC时，额定效率为：93%～94%；

2）U_{dN}＝400VDC～600VDC时，额定效率为：94%～95%；

3）U_{dN}＝600VDC～800VDC时，额定效率为：95%～96.5%；

4）U_{dN}＝800VDC～1100VDC时，额定效率为：96.5%～97.6%；

5）U_{dN}≥1100VDC时，额定效率为：97.6%～98.2%。

6.4 控制、保护与测量

6.4.1 总降压变电所与电解整流所合建时，宜共用同一控制室。

6.4.2 控制系统控制操作对象宜包括：各电压等级的断路器以及隔离开关、电动操作接地开关、变压器分接头位置、所内其他重要设备的启动、停止。

6.4.3 控制方式包括主控室控制和就地手动控制。并具备主控室、就地手动控制的控制切换功能。控制级别由高到低顺序为就地、主控制室，两种控制级别应相互闭锁，同一时刻只允许一级控制。

6.4.4 当控制系统及网络停运时，应能在间隔层对断路器进行一对一操作。

6.4.5 所有操作控制均应经防误闭锁，并有出错报警和判断信息输出。对断路器的分、合闸回路进线宜采用监视装置，保证回路正常。

6.4.6 主控室应实现面向全所设备的综合操作闭锁功能，间隔层应实现各电气单元设备的操作闭锁功能。

6.4.7 对手动操作的隔离开关和接地开关，应采用编码锁防误操作，也可采用电磁锁，并宜在就地控制箱设电气闭锁。各种操作均应设权限等级管理。

6.4.8 主控室防误操作方式以综合全部信息进行逻辑判断和闭锁为主。间隔层防误操作以实时状态检测、逻辑判断和输出回路闭锁等多种方式结合，充分保证对本单元一次设备的各种安全要求。

6.4.9 防误闭锁判断准则及条件应符合“五防”等相关规程、规范和运行要求。

6.4.10 防误闭锁及闭锁逻辑应能授权后进行修改。

6.4.11 整流机组应设下列保护：

1 整流变压器、调压变压器和有载分接开关应分别设置瓦斯保护。变压器轻瓦斯作用于信号，重瓦斯作用于机组断路器跳闸。有载分接开关瓦斯均作用于机组断路器跳闸。

2 瞬动过流保护（第一套过电流保护）。保护瞬时作用于机组断路器跳闸。保护整定计算可按本规范附录C进行。

3 带时限过电流保护，或延时投入瞬动过电流保护（第二套过电流保护）。保护分别延时或瞬时作用于机组断路器跳闸。保护整定计算可按本规范附录C进行。

4 过负荷保护。保护经延时作用于信号或机组断路器跳闸。

5 当一次侧为中性点直接接地系统时，应设接地短路保护。保护动作于机组断路器跳闸。

6 大气、操作、换相和系统振荡等过电压保护：

1）大气、操作和系统振荡等过电压采用避雷器或阻容吸收装置，产生故障动作时，作用于信号；

2）换相过电压保护采用阻容吸收装置，当产生故障动作时，保护动作于机组断路器跳闸。

7 整流元件反向击穿过流保护，应用快速熔断器将故障隔离。

8 整流机组的控制系统、冷却系统，辅助装置等的运行状态监视和保护。

9 当采用计算机监控保护单元时，计算机保护监控单元故障，动作于机组断路器跳闸。

10 当采用分相有载调压开关调压时，应设置有载调压开关传动轴异常保护，作于机组断路器跳闸。

11 整流机组直流侧应设逆流保护，保护应切除本系列全部整流机组的电源开关。

对于小型机组，上述3款和4款可酌情合并。

6.4.12 整流机组交流侧过电流保护的接线方式，在下述情况时宜采用三相三继电器接线方式：

1 中性点直接接地电力网中的各种整流机组。

2 中性点非直接接地电力网中的整流机组。

6.4.13 整流机组交流侧过电流保护电流互感器的设置，应符合下列规定：

1 采用“调压变压器-整流变压器”方式时，第一套过电流保护装设在调压变压器电源侧；第二套过电流保护装设在调压变压器的二次侧或整流变压器的一次侧，并安装在变压器油箱内。

2 在调变与整流变压器合一，采用第三绕组调压方式时，第一套过电流保护装设在变压器的电源侧，第二套过电流保护装设在串联变压器的一次侧，并装设在变压器的油箱内。

3 采用整流变压器一次侧抽头调压方式或不带调压抽头的整流变压器时，两套保护装置均装设在变压器的电源侧。

4 对于单机等效12相整流系统，应按Y、D两接线系统分别装设电流互感器。

5 电流互感器的数量除保护用外，尚应考虑测量的需要。

6.4.14 计算整流变压器二次侧短路电流时，应符合下列规定：

1 应按实际运行电压，换算整流变压器阻抗相对值。

2 当整流变压器二次侧绕组为两组及以上时，只以一组短路方式计算。

6.4.15 水冷整流器的水冷系统，应装设下列保护及监视装置：

1 水冷母线的每个冷却支路，应装设过热保护，55℃发出信号，65℃作用于机组断路器跳闸。对于气温较高的地区，根据整流元件的具体情况可将温度适当提高。

2 整流器出水口应设置电接点温度计，超过42℃时作用于信号。

3 在冷却整流元件的总循环水的进水管道上，应装设压力降低监视装置，其整定值应按产品要求确定。当产品无要求时，大型整流所宜为78.4kPa～98kPa；小型整流所宜为68kPa。一般作用于信号，必要时延时作用于机组断路器跳闸。

4 整流器水系统宜装设水流监视器，在断水时报警。

5 整流器冷却水系统的水泵宜具有断电后来电自启动功能。

6.4.16 风冷整流器应装设下列保护及监视装置：

1 整流器的冷却风速应大于5m/s，当小于3m/s时，风速继电器作用于信号。

2 当风道出口风温大于55℃时，发出信号；大于65℃时，作用于机组断路器跳闸。对于气温较高的地区，根据整流元件的具体情况可将温度适当提高。

6.4.17 风冷整流器的风机电动机，应能自启动，并应采用断路器作为控制保护电器。

6.4.18 整流所控制室应设中央事故信号和预告信号系统，前者反映保护动作和断路器跳闸的事故信号，后者反映过负荷、轻瓦斯、变压器油温过高、整流元件故障、冷却系统不正常、空气断路器的压缩空气压力异常和保护回路熔断器熔断等预告信号。

6.4.19 整流机组交流侧断路器控制回路与机组冷却装置控制回路之间，应设电气联锁，确保机组断路器在冷却装置正常运行后合闸。

6.4.20 整流机组直流侧隔离器的控制回路与交流侧断路器控制回路之间，应设电气联锁，确保机组断路器在断开情况下分合操作直流隔离器。

6.4.21 整流所交、直流测量仪表和计量装置的装设应符合下列规定：

1 交流侧：

1）每段母线设带转换开关的线电压表1块和相电压表3块。在中性点直接接地的电网中可不设相电压表；

2）每组电源进线设电流表、有功功率表、功率因数表、有功电能表（准确度0.5级～1.0级）、无功电能表（准确度0.5级～2.0级）和最大需量表1块；多回路电源进线时，应加装总加最大需量表；

3）每组整流机组设电流表和有功功率表（大中型机组）各1块；装设交流电能表时，应能满足电解与其他动力用电分别计量的要求；

4）当采用微机综合保护监控装置时，如测量准确度满足要求，上述表计可以不另外设置。

2 直流侧：

1）绝缘检查用的系列母线对地电压表2块，综合准确度为0.5级～1.0级的系列母线电压表一块；

2）综合准确度为0.2级～0.5级的系列电流表和电流小时表各1块；

3）综合准确度为0.2级～0.5级的系列功率表和功率小时表各1块；

4）在控制室内每个机组应设校核调压级数用的电压表和电流表；每个整流柜上应设电流表1块；

5）综合准确度为0.5级～1.0级的电压小时表1块；

6）当直流测量采用成套装置，且带有测量、数据运算及显示功能的综合仪表时，当测量准确度满足要求，本款第2）项、第3）项仪表可不重复设置。

注：小型重有色金属电解整流所可酌情装设。

6.4.22 电解整流所，当二极管整流机组装有饱和电抗器时，宜采用最大需量监控下，以有载调压变压器为粗调，饱和电抗器为细调的恒流式稳流系统；机组无饱和电抗器时，宜采用安培—小时平均值的稳流系统，以有载调压变压器作为调节装置。

6.4.23 大、中型铝电解整流所、大型重有色金属电解整流所，应采用计算机综合监控系统，实现计算机集散控制系统，以完成整流机组分合闸、恒电流、恒电压及最大需量控制和直流开路保护及整流所运行状态显示、参数屏幕显示、数据报表和故障显示打印等功能。

6.4.24 电解车间与整流所间，应装设联系信号和直通电话。必要时可在电解车间装设电解系列异常切断整流装置交流侧断路器的急停按钮。

6.4.25 铝电解整流所，应设电解槽离极保护。当系列直流电压上升超过规定值，且直流电流下降到75%时，保护应切除本系列全部整流机组的电源开关。

6.4.26 大、中型电解整流所，需按电解系列装设电解槽和直流母线对地绝缘监测装置。

6.5 母线、设备配置及接地

6.5.1 整流所的交、直流母线均宜采用铝母线。母线电流密度，宜按下列数值选择：

1 直流汇流母线：

1）铝电解铝母线，0.25A/mm²～0.35A/mm²；

2）重有色金属电解铝母线，0.5A/mm²～0.7A/mm²；铜母线，1.0A/mm²～1.5A/mm²。

2 整流所的交、直流支母线的电流密度，在满足温升要求时，铝母线取0.5A/mm²～0.7A/mm²；铜母线取1.0A/mm²～1.5A/mm²。

6.5.2 整流所的母线连接，应采用焊接。当要求拆卸检修时，宜采用螺栓连接，连接处的接触电流密度应小于0.1A/mm²。当采用铜铝母线连接时室外的连接头，应采用铜铝过渡接头。

6.5.3 母线的配置应符合下列规定：

1 母线相序和极性的排列应一致，母线应有区别相序和极性的色标。

2 同一整流机组内不同整流柜宜对称布置，各机组的交、直流母线，应尽量做到长度一致。

3 为防止直流引出线短路，宜尽量加大正、负极间距离，或采取隔离措施。

4 汇流母线支架应采用钢支架。

6.5.4 母线伸缩接头的设置，应符合下列规定：

1 室内直线段母线，每隔25m～35m装设1个。

2 室外直线段母线，每隔20m～30m装设1个。

3 母线与变压器、整流器和开关等连接处，均应设伸缩接头。

6.5.5 除直流总母线外，所有母线均应满足短路时的动稳定要求。整流所的高压交流母线，应进行共振校验。

6.5.6 单层配置的整流所，直流母线不宜配置在地沟内。

6.5.7 整流所应配置在电解车间主导风向的上风侧。当整流所与电解车间相邻时，不得有门窗相通；通往车间的直流母线穿墙隔板应密封防腐。当整流所与电解车间必须分开时，其距离应尽量缩短。

6.5.8 整流变压器应尽量靠近整流柜配置，并应符合下列规定：

1 当整流柜与整流变压器分别设置在室内与室外时，整流柜应紧靠变压器侧墙的一侧或两侧布置。

2 整流变压器或调压整流变压器与整流柜应配置在同一间隔或同一房间内。

3 采用变压整流装置时，整流柜应紧靠变压器外壳的一侧或两侧布置。

6.5.9 整流变压器的防火及消防，应符合下列规定：

1 不同机组的变压器之间，应按有关规定设防火隔墙，隔墙的高度应比变压器的油枕高出1m。

2 各防火隔墙间隔内，应设置防火及蓄油设施。

3 多机组的油坑，应设置公用事故油池。事故油池的蓄油量，应为单机组调压变压器与整流变压器两者油量之和的60%。

4 整流变压器间隔消防宜采用高压细水雾、泡沫及充氮装置。

6.5.10 整流所主要设备的配置应与主接线顺序相一致。在保证安全运行、维护方便的前提下，设备之间的距离应尽量缩短。

6.5.11 直流母线不应从控制室及其楼板下穿过。有人值班的整流所，控制室与整流器室宜分开设置。

6.5.12 直流电压在125V及以下的整流器，可安装在干燥的地面上，整流器柜壳对地可不经绝缘处理，也不做专门接地，但其周围宜加操作绝缘垫。

6.5.13 铝电解整流机组直流额定电压在125V以上，重有色金属电解在250V以上，当整流器与变压器分开配置时，整流器应安装在户内或半户内，整流器应采用绝缘安装，并应满足下列安装条件：

1 当控制柜与整流器距离小于2m时，均应采用绝缘法安装，并符合下列规定：

1）整流器及控制柜应设置在绝缘台或绝缘层上，其绝缘台或绝缘层应能承受10倍于机组直流额定电压的直流试验电压1min，但不得低于3000V，并应具有足够的机械强度；

2）整流器及控制柜周围1m范围以内的地面，应铺以绝缘层；

3）整流器及控制柜最突出部分1.5m范围以内的墙壁和柱子，应覆盖绝缘层，其对地高度不低于1.7m；

4）整流器及控制柜最突出部分1.5m范围内的电缆金属外壳、金属管道和金属结构等，当其电位与整流器金属结构电位不同时，应用绝缘层隔开；

5）当整流器及控制柜周围设置主回路带电禁止入内的防护围栏时，本款第2）项、第3）项、第4）项中的绝缘台或绝缘层，应能承受2倍于机组直流额定电压加1000V的直流试验电压1min，但不得低于3000V，并应具有足够的机械强度；

6）当整流器及控制柜周围没有设置主回路带电禁止入内的防护围栏时，本款第2）项、第3）项、第4）项中的绝缘台或绝缘层，应满足第1款第1）项的要求；

7）220/380V中性点接地电源线应经隔离变压器进入整流柜（包括与主回路有电气连接的辅助装置）；

8）与整流系统主回路有电气直接连接的控制电缆或导线，应采用耐温不小于105℃的电缆或导线，耐压应按不小于元件反向峰值电压选择，且应采用不带金属外皮的电缆；

9）整流器内应装设监视主回路与整流器柜壳之间和柜壳对地之间的绝缘监视装置。

2 当控制柜距离整流器较远时，可仅对整流器作绝缘法安装，其安装要求见本条第1款。

3 整流器及控制柜也可采用本规范第6.5.14条的绝缘法安装，经专用导体接地。当满足本规范第6.5.14条的要求时，整流器室的墙面和地面可不作绝缘处理。

6.5.14 铝电解整流机组直流额定电压在125V以上，重有色金属电解在250V以上，当采用变压整流装置时，应采用绝缘法安装，整流器外壳必须与变压器共同经专用导体接地，并应符合下列规定：

1 变压整流装置应设置在绝缘台或绝缘层上，其绝缘应能承受2倍机组直流额定电压加1000V的直流试验电压1min。当整流变压器的一次侧电压为66kV及以下时，专用接地导体的接地电阻不应大于4Ω；110kV及以上时，接地电阻应满足电力电网的接地要求。

2 在专用接地导体上装设交、直流电流互感器各一个，并设接地电流保护。保护动作时，应切断全系列机组电源侧断路器。

3 引入整流装置的电气线路尚应满足本规范第6.5.13条第1款第7）项、第8）项的要求。

6.5.15 当整流器为无柜壳自撑式结构时，应将整流器安装在绝缘台或绝缘层上，其绝缘和电气线路应符合本规范第6.5.13条第1款各项的要求。

6.5.16 整流所各级电压交、直流系统的保护接地与中性点接地可共用接地装置。共用接地装置的接地电阻值可按其中要求的最小值确定。为避免直流漏泄电流的腐蚀，接地装置不得利用地下金属管道。接地采用铜导体时截面不得小于150mm²。

6.6 交流所用电系统

6.6.1 所用电应由两个电源供电，大型整流所应设两台变压器，低压侧采用分段单母线系统。

6.6.2 铝电解和大、中型重有色金属电解整流所，直流测量装置、整流器和整流变压器的冷却系统等重要用电设备，应由两个电源供电，末端自动投入。重有色金属小型电解整流所，宜采用两个电源供电。

6.6.3 晶闸管整流机组的同步电压源，宜取自机组供电电源母线电压互感器；当取自所用电系统时，应与整流机组电源同相位。

6.7 直流所用电系统

6.7.1 由110kV及以下电压供电的电解整流所，直流电源采用免维护无端电池的铅酸蓄电池组，设置充电和浮充电硅整流装置各一套。

6.7.2 由220kV及以上电压供电的电解整流所，或含高压总降压变电站时，直流配电装置采用两组蓄电池，三台充电装置，充电机采用高频充电机。每组蓄电池组和充电装置应分别接于直流母线，作为备用的第三台充电装置可在两段母线之间切换。

6.7.3 直流电源系统的直流配电装置应采用两组蓄电池，直流系统采用单母线分段接线，每段母线接一组蓄电池和3只高频开关电源模块，两段母线直流母线采用分段运行方式，每段母线分别采用独立的蓄电池组供电，并在两段母线之间设置联络断路器，正常运行时断路器处于断开位置，当任意工作充电装置退出运行时，手动投入第三台充电装置。

6.7.4 供电电压在35kV以下的中型电解整流所，其直流电源宜采用220V的铅酸蓄电池组。

6.7.5 由110kV及以上电压供电的电解整流所，宜在直流电源装置上设置逆变电源，逆变电源的交流母线采用分段运行方式，每段母线分别采用独立的蓄电池组供电，并在两段母线之间设置联络断路器，正常运行时断路器处于断开位置，当任意工作电源退出运行时，自动投入。

6.7.6 整流机组控制柜控制电源宜采用逆变电源。

6.8 对相关专业的要求

6.8.1 整流器的冷却介质和运行环境，应符合制造厂的要求。当制造厂要求不明确时，应满足下列技术条件：

1 风冷整流器：

1）进口风温度不应高于40℃；

2）出口风温度不应高于65℃。

2 水冷母线冷却方式的整流器：

1）整流器出口水温度应保持在30℃～42℃，进口水温度不得低于环境空气的露点；

2）整流器进口水压应保持在不低于130kPa；

3）整流器的副水循环水，悬浮物质不大于30mg/L，pH值为6～9；硬度不超过德国度12（相当于每升水中含有0.12g的CaO）；进水压力不小于150kPa；进水温度宜为5℃～30℃，对于环境较高的地区可以根据元件的允许条件适当提高。

3 整流器运行环境条件：

1）最低温度不应低于5℃；

2）二极管和晶闸管的最高温度不宜高于40℃，对于环境较高的地区可以根据元件的允许条件适当提高；晶闸管整流的控制系统不应高于35℃；

3）无腐蚀性或有害气体。

6.8.2 风冷整流器的通风，应根据周围环境设置相应的通风系统：

1 环境较好时，宜采用自然进风和机械排风系统。排风口应高于整流器的出风口，并应有便于开闭的蝶阀。

2 环境较差时，应设置机械送排风系统。送风系统的取风口应设置在环境较好的场所，或采取滤尘、降温、升温及防腐措施。室内应保持正压。送、排风口的位置应合理安排。

6.8.3 水冷整流器室，宜采用自然通风；当周围环境较差时，应设置机械送、排风系统。其要求应符合本规范第6.8.2条的规定。

6.8.4 当环境温度低于5℃时，冷却水系统应有保温防冻措施。

6.8.5 水冷式整流器应采用一对一成套纯水冷却装

置。额定直流电压600V及以上整流器，应采用高纯水冷却器。

6.8.6 水系统的总进水管和总排水管与带有电位的整流器冷却系统间的水路，应用绝缘管连接。绝缘管长度可根据电位确定，不宜小于1.5m。绝缘管材质应具有抗老化、高强度等性能。

6.8.7 小型整流所若发生循环水缺水事故，必要时可将工业用水直接加入循环水管路，作为应急措施。

6.8.8 水冷硅整流器的副水循环应按系列自成独立系统。各独立系统检修时，不应影响电解系列的正常运行。

6.8.9 当变压器紧靠建筑物安装时，屋面雨水不应排向变压器，应防止屋面雨水溅落在母线上。

6.8.10 分期建设的整流所，前后期需共用同一控制室时，控制室的土建工程应一次建成。

6.8.11 大、中型主控制室，宜采用发光天棚吊顶，其高度不宜小于3m；墙壁可采用喷塑；地面可采用水磨石。当控制室内设有计算机时，宜设置空调和铝合金门窗或塑钢门窗，并设纱窗。

6.8.12 整流器室的净空高度不宜小于4.5m，室内天棚应刷白，墙壁应抹灰刷白，地面以上2m高度的墙壁宜刷浅色油漆，地面宜采用水磨石。

6.8.13 有人值班的大、中型整流所，除设置整流器室、主控制室等主要生产房间外，尚应设置备品库、维修间、办公室、休息室和水冲卫生间等辅助用房。

6.8.14 整流所内，在适当位置应设置供水点及水池。

6.8.15 主控室为天棚吊顶时，保护屏、控制屏应采用封闭式。

6.8.16 多层布置的整流所，当楼上设有外形尺寸较大的电气设备时，应有搬运设备的通道、平台或吊装孔。

7 车间电力设计基本规定

7.1 配电系统

7.1.1 低压配电系统应根据用电设备对供电可靠性的要求、设备布置、负荷容量等因素综合考虑确定。

7.1.2 生产系统的变（配）电所，宜按车间和工段设置，主要车间变（配）电所应由双电源双变压器供电，每台变压器的容量应能满足本车间一、二类负荷的需要。变电所变压器台数和容量的选择尚应符合本规范第3.2.19条的规定。

7.1.3 工艺过程中具有较多中等容量的电动机等负荷时，应进行660V配电和380V配电的技术经济比较，择优选取。

7.1.4 当为双电源或多电源进线时，采用单母线分段并设母线分段开关。当为单电源进线时，低压母线宜采用单母线不分段。

7.1.5 电源进线总开关和母线分段开关的选择，应符合下列规定：

1 单电源进线的总开关宜选用断路器，不带负荷操作要求时，也可采用隔离器。

2 双电源或多电源进线时，总开关和分段开关应采用断路器。

3 变压器—干线式配电时，干线首端应装设断路器。

4 断路器断开后仍可能带电的一侧应装设隔离器。

7.1.6 向一级负荷的用电设备配电，应满足下列要求：

1 当用电设备由互为备用的多台设备组成时，应将互为备用的设备分别接在不同的电源母线上。

2 仅为单台用电设备时，电源应从两个电源取得，宜在末级切换。

7.1.7 车间内并行工艺流程上的用电设备，宜按流程组合，由不同的母线段配电；同一工艺流程的各用电设备，宜由同一母线段配电。

7.1.8 车间低压配电方式的选择，应符合下列规定：

1 下列情况宜采用放射式配电：

1）向重要负荷配电时；

2）单机容量较大或负荷集中，需要在车间内采用二级配电时；

3）需采用集中联锁或其他自动化设施时；

4）现场不宜装设保护及启动设备时。

2 用电设备容量不大，配置有序，且对供电可靠性无特殊要求时，可采用单干线式配电，当对供电可靠性有特殊要求，宜采用双干线式配电。

3 距供电点较远，且彼此相距很近，容量很小的三级负荷，或同一流程的小容量用电设备，可采用链式配电。但每一回路动力配电箱的链接数不宜超过3台；用电设备的链接数不宜超过5台，单台用电设备容量应接近，且容量不宜超过10kW；小容量插座回路，链接数量可适当增加。

7.1.9 自变压器二次侧至用电设备之间的低压配电级数不宜超过二级。

7.1.10 车间变电所之间，在下列情况宜设联络线：

1 为节日、假日节电和检修的需要。

2 有较大的季节性负荷。

3 供电可靠性要求。

7.1.11 检修电源宜采用专门回路配电。

7.1.12 220/380V低压配电系统，宜采用TN-C系统，有特殊要求的可采用TN-C-S系统或TN-S系统。对于距离电源点较远且负荷相对集中时可采用TT系统。

7.1.13 220/380V系统中，单相用电负荷应均匀地分配在三相上。

7.1.14 在TN及TT系统中，如选用接线组别为D，yn11的三相变压器，不平衡负荷引起的中性线电流，不得超过变压器低压侧中性线所允许的电流，对接线组别为Y，yn0的三相变压器，不平衡负荷引起的中性线电流，不得超过变压器低压侧额定电流的25%。

7.1.15 低压配电屏或配电箱，根据发展的可能性宜留有适当数量的备用回路。

7.2 配 电 设 备

7.2.1 配电设备的选型，应与所在场所的环境特征相适应。有色金属冶炼厂车间环境特征见本规范附录F的规定。

7.2.2 低压配电室内宜采用双面维护的低压配电屏；车间内宜采用动力配电箱。

7.2.3 低压配电屏短时和峰值承载电流能力及分断电流能力，应根据所在母线发生相间短路时的短路电流选择。

7.2.4 低压电器的选择，应符合下列规定：

1 电器的额定电压、额定频率应与所在回路的标称电压、频率相适应。

2 电器的额定电流不应小于所在回路的计算电流。

3 电器应满足短路条件下的动稳定与热稳定要求。

4 用于断开短路电流的电器，应满足短路条件下的通断能力，并满足使用地点的气候环境及海拔高度等条件的要求。

7.2.5 变压器低压侧总开关的额定电流，应按变压器额定输出电流值选择；母线分断开关的额定电流值，宜按变压器额定输出电流2/3选择。

7.2.6 变压器低压侧总断路器及分段断路器，宜选用带短延时、长延时和瞬时动作过电流脱扣器的断路器。

7.2.7 配电回路应装设供维护、测试和检修用的隔离电器，隔离电器应能使所在回路与带电部分隔开。刀开关或熔断器式刀开关，抽屉式低压配电屏上隔离触头，可作为隔离电器使用。

7.2.8 配电回路需要频繁带负荷通断时，宜装设接触器或启动器。操作次数少时，亦可仅用断路器。接触器、启动器的选择，应符合下列规定：

1 接触器或启动器必须适用于它在电路中所执行的最繁重的任务。

2 接触器或启动器应与所在回路的短路保护电器协调配合。

7.2.9 装于密闭屏、箱内的电器，应根据环境温度降容使用，并对其过负荷保护元件的额定电流值进行校正。

7.2.10 隔离电器、熔断器以及连接片严禁带负荷操作。

7.2.11 电气设备宜室内安装；当需要室外安装时，其电气设备应采取防腐、防雨等措施，防护等级不低于IP54。在腐蚀性气体并伴有水蒸气放散环境内的电气设备的防护等级不低于IP55。

7.2.12 当水泵、空气压缩机、风机、真空泵、油泵等设备能配置在与恶劣环境隔离的房间内时，房间内的电力设计可按正常环境处理。

7.2.13 发生炉煤气站、煤气升压机站、氢气回收站、液化石油气体、液化天然气等及其他有爆炸火灾危险场所的电器设备，宜集中安装于配电室内，现场安装的电器设备应按所在场所的爆炸及火灾危险等级，按现行国家标准《爆炸和火灾危险环境电力装置设计规范》GB 50058的有关规定，选择不同等级的防爆型电器设备。

7.3 控制与保护

7.3.1 笼型电动机和同步电动机的启动方式须经技术经济比较，当采用带负荷全压启动时，应满足下列条件：

1 电动机和生产机械，均能承受全压启动时的力矩冲击。

2 启动时，母线和电动机端子电压应符合下列要求：

1）母线电压：频繁启动时，不应低于额定电压的90%，不频繁启动时，不宜低于额定电压的85%；不频繁启动且母线上未接照明或其他对电压波动较敏感的负荷时，不应低于额定电压的80%；

2）电动机端子电压应能保证生产机械所要求的启动转矩；

3）当采用变压器—电动机组配电时，电动机端子电压允许值可仅按生产机械要求的启动转矩确定；

4）除满足上述规定外，还应保证接触器线圈的电压不低于释放电压。

7.3.2 绕线型电动机宜采用转子回路接入频敏变阻器或金属电阻器的启动方式。功率较大的电动机启动可采用磁控或水电阻。绕线型电动机采用转子回路接入频敏变阻器时宜采用一体化结构。

7.3.3 连续工作负载平稳的电动机，其额定功率应按机械的轴功率校验。重载启动的电动机，其额定功率应按启动条件校验；对同步电动机，尚应校验其牵入转矩。

7.3.4 电动机启动频繁或因启动转矩不符合要求需加大电动机容量时，应进行技术经济比较确定电动机的形式、容量和启动方式。

7.3.5 电动机的调速方式，应根据生产机械要求的调速范围、调速平滑性和调速的频繁程度，经技术经济比较决定：

1 只要求几种固定转速的生产机械，宜采用多速鼠笼电动机调速。

2 要求平滑调速的鼠笼电动机，应采用变频调速。

3 大容量风机宜采用变频调速或内反馈斩波调速。

7.3.6 采用异步电动机变频调速时，应符合下列规定：

1 变频调速装置的低频调速性能，应满足生产机械启动力矩和低速运行力矩的要求。

2 变频调速的电动机应选择适用于变频调速方式的电动机。

3 当难以满足上述1、2款要求时，可加大调速装置或电动机的容量，也可改选具有高启动转矩的冶金起重型电动机。

4 当生产机械需要电气制动时，应对变频调速装置的制动力矩进行验算。

5 变频调速装置的外部控制线路，当有干扰源影响时，应采用屏蔽线。

6 当设有电动机主回路接触器时其主接点宜装设在变频调速装置的电源侧，并只能在无负荷（停车状态）下通断。

7 大容量变频调速装置投切时，系统母线压降不应影响装置控制系统的正常工作。

7.3.7 工艺过程中具有大容量的泵类、通风机等且要求调速时，应进行高压变频调速和660V等电压等级变频调速的技术经济比较，择优选取。

7.3.8 配电系统中采用了较多、较大容量的非线性负载时，应满足本规范第3.4.7条的要求。

7.3.9 每台电动机宜装设单独的启动设备，当生产需要或使用条件许可时，一组电机可使用一套启动设备。

7.3.10 高压电动机的正常启动和停车操作，应在机械设备的机旁或控制室进行，其控制开关和信号的装设，应符合下列规定：

1 在机旁操作时，启停开关应设在机旁并有电流指示。

2 在控制室和机旁两地操作时，控制室应装设工作制选择开关、启停开关及运行信号，机旁应装设启停开关及允许控制室启动的工作制选择开关、紧急停车开关。

3 在控制室单独操作时，控制室应装设工作制选择开关和启、停开关及运行信号，机旁应装设允许控制室启动的安全开关和紧急停车开关。

7.3.11 低压电动机的控制按钮或开关，宜装设在电动机附近便于操作和观察的地点。当有两地或多地控制要求时，应在电动机旁装设解除远方控制的安全开关、控制按钮或开关；在远方控制点应装设电动机运行信号和控制按钮或开关。当远方控制可能危及机旁人员安全时，尚应在机旁装设启动预告信号。

7.3.12 链板运输机、长距离胶带运输机等生产机械，应设置下列保护、信号或联锁：

1 应沿人行道侧装设不能自动复位的紧急停车的事故断电开关，亦可沿机架设不能自动复位的拉绳断电开关，拉绳开关之间的距离不宜大于40m；拉绳开关动作后，应停止胶带输送机的运动。

2 胶带跑偏保护或信号。

3 断带、打滑、纵向撕裂等保护。

4 胶带拉紧装置极限位置保护。

5 启动停车的预报及警告信号。

6 胶带的运行宜与其电磁除铁器、卸料小车、收尘系统等联锁。

7 长距离胶带运输机的事故断电开关，应校验相应的控制电器的动作可靠性。

7.3.13 物料连续运输系统应采用电气联锁，控制方式的选择，应符合下列规定：

1 当联锁机械少，独立性强时，宜在机旁分散控制。

2 联锁机械较少或联锁机械虽然较多，但允许分段控制时，宜按系统或工艺要求采用局部集中联锁控制。

3 联锁机械较多，工艺流程复杂时，宜采用控制室集中联锁控制或自动控制。控制装置宜采用计算机控制系统。

7.3.14 工艺设备的联锁控制系统设计中当尚需设置仪表自动装置时，电气与仪表控制应统一协调选择计算机控制系统。

7.3.15 电气联锁的启动和停车程序，应满足工艺要求，并应符合下列规定：

1 连续流程上的小容量电动机，宜采用分批成组延时启动，且启动时配电母线及电动机端子电压应满足启动力矩要求。

2 启动过程中，若减少电动机空载运行时间有明显的节能效果时，宜采用顺流程或分段逆流程启动方式。

3 运行中，任何一台联锁机械停车时，应使给料方向的机械立即停车。

4 因物料堵塞引起启动困难的生产机械，当流程以下的生产机械事故停车时，应在给料方向的机械停止后延时停车。

5 采用手动方式调速的生产机械，宜以反映生产机械实际运行状态的接点参加联锁。

7.3.16 联锁线上，每台电动机旁或相对集中的现场操作箱上应装设手动、自动转换开关及启、停按钮，或同时具有以上功能的转换开关。

7.3.17 控制室或控制点与有关生产岗位之间的联系信号，宜采用声、光信号，联系频繁复杂时，可设置通信设备。

7.3.18 物料连续运输系统采用集中联锁控制时，应装设下列信号：

1 在控制室或控制点设置允许启动信号、生产机械运行信号及事故停车信号。

2 沿运输线设置启动预告信号和启动警告信号。

7.3.19 控制装置采用计算机控制时，应符合下列规定：

1 应采取下列措施，保证控制系统可靠运行：

1）装置接地应符合计算机产品使用要求；

2）交直流控制线路不应共管共缆；

3）弱电信号宜采用屏蔽线；

4）重要的及大型的控制系统，应采用高质量的中间继电器，对输入、输出点进行电气隔离。

2 应对输出点采取下列安全措施：

1）在输出回路装设短路保护，当控制系统需要时，应对保护的动作状态进行监视；

2）被控对象的额定工作电压和功率，不应大于输出点的允许电压和功率；

3）输出回路为感性负载时，应采用抑制过电压的措施，或采用输出隔离继电器；

4）应留有适当的输入、输出点数作为备用。

7.3.20 电动机采用管道通风冷却或轴承为强制性油冷时，应在冷却系统中装设测温仪表和必要的信号及联锁。

7.3.21 有极限位置保护要求的往复行走机械，除有反向应用的行程开关外，还应装设极限位置保护开关。

7.3.22 皮带运输机上方的可往返行走的电磁除铁装置，宜装设位置监视信号，并与皮带运输机联锁。

7.3.23 电动机控制电源的选择，应符合下列规定：

1 电源宜以本台电动机的主回路保护电器与启动器主接点之间引接；如由其他电源引接时，应装设主回路失压切断控制电源的联锁。

2 在控制室集中控制时，控制电源应单独设置，宜经隔离变压器向电磁线圈供电。隔离变压器的一次侧应接至线电压。

3 在TN系统中，当控制电源电压采用220V时，启动器及继电器吸引线圈的一端宜直接接至N端。

4 单独控制的电动机，当启动器和按钮组装在一起时，控制电源电压可采用380V。

5 对可靠性要求较高的复杂控制回路，可采用直流电源。直流控制回路宜采用不接地系统并装绝缘监视。

7.3.24 电动机的控制回路应装设短路保护，当控制电源由电动机主回路引接，且符合下列条件之一时，可不装设：

1 主回路短路保护器件的额定电流不超过20A时。

2 启动器和按钮组装在一起时。

3 控制回路断电不会造成严重后果时。

7.3.25 配电线路应装设短路、过载和接地故障保护，作用于切断供电电源或发出报警信号。配电线路采用的上、下级保护电器，其动作应具有选择性。对于非重要负荷的保护电器，可采用无选择性切断。

7.3.26 配电线路的短路保护，必须在短路电流对线路产生热作用和机械作用造成危害之前切断短路电流。保护电器宜采用熔断器或具有瞬时、短延时功能的断路器。当保护电器为断路器时，短路电流不应小于瞬时和短延时动作过电流脱扣器整定电流的1.3倍。

7.3.27 配电线路的过载保护，应在过电流引起的导体温升对导体的绝缘、接头、端子造成危害之前切断负载电流，且当线路出现短时尖峰电流时，保护电器不应误动作。过载保护电器宜采用熔断器或断路器的长延时电流脱扣器，其熔体额定电流或断路器整定电流不应大于线路的允许载流量，且保证保护电器在约定时间内可靠动作的电流不应大于线路允许载流量的1.45倍。突然断电比过负荷造成的损失更大的线路，其过负荷保护应作用于信号，严禁作用于切断电路。

7.3.28 220/380V TN系统配电回路的接地故障保护，应符合下列规定：

1 电气装置的正常不带电的外露导体应接地，接地干线与PE线及建筑物内的金属管道之间应作等电位连接。

2 供电给手握式电气设备和移动式电气设备的末端线路或插座回路切断故障回路的时间，不应大于0.4s。

3 配电干线和供给固定式电气设备的末端线路切断故障回路的时间，不应大于5s。

4 当过电流保护能满足本条第2款保护要求时，宜采用过电流保护兼作接地故障保护，不能满足时，应采用零序保护，此时，保护整定值应大于配电线路最大不平衡电流，否则应采用漏电电流保护。

5 采用熔断器作短路保护，且当接地故障电流与熔体额定电流之比不小于保证保护电器在规定的时间内自动切断故障回路的电流与熔体额定电流之比时，可认为熔断器满足第2款、第3款要求。

7.3.29 为减少接地故障引起的电气火灾危险而装设的漏电电流继电器，其额定动作电流严禁超过0.5A。

7.3.30 交流电动机应装设短路保护和接地故障保护，并应根据具体情况分别装设过载保护、断相保护和低电压保护。

7.3.31 交流电动机的短路保护器，宜采用熔断器或断路器的瞬动过电流脱扣器。必要时，可采用带瞬动元件的过电流继电器。交流电动机正常运行，正常启动或自动启动时，短路保护电器不应误动作，并应符合下列规定：

1　短路保护电器宜采用保护电动机型。

2　采用熔断器时，熔体的额定电流应大于电动机的额定电流，且其安秒特性曲线计及偏差后略高于电动机启动电流和启动时间的交点。当电动机频繁启动和制动时，熔断体的额定电流应再加大1级～2级。

3　采用断路器时，瞬时动作过电流脱扣器或过电流继电器瞬动元件的整定电流，应取电动机启动电流的2倍～2.5倍。

7.3.32　交流电动机的接地故障保护，应符合现行国家标准《低压配电设计规范》GB 50054的有关规定。当电动机的短路保护器件满足接地故障保护要求时，应采用短路保护兼作接地故障保护。

7.3.33　交流电动机过载保护的装设，应符合下列规定：

1　运行中容易过载的电动机，启动或自启动困难而要求限制启动时间的电启机，应装设过载保护。

2　额定功率大于3kW连续运行的电动机，宜装设过载保护，但断电导致损失比过载更大时，不宜装设过载保护，或使过载保护动作于信号。

3　短时工作或断续周期工作的电动机，可不装设过载保护，当电动机运行中可能堵转时，应装设保护电动机堵转的过载保护。

7.3.34　交流电动机过载保护器件的动作特性应与电动机过载特性相配合。过载保护器件宜采用热继电器或反时限特性的过载脱扣器，亦可采用反时限过流继电器。有条件时可采用温度保护或其他适当保护。过载保护的动作时限应躲过电动机的正常启动或自启动时限，不能满足要求时，可采取下列一种措施：

1　热继电器经饱和倍数低的电流互感器接入电动机回路。

2　在启动过程的一定时限内短接或切除过载保护器件。

7.3.35　交流电动机以熔断器作短路保护时，应装设断相保护。以断路器作短路保护时，宜装设断相保护；当低压断路器兼作电动机控制电器时，可不装设断相保护；短时工作或断续周期工作的电动机或额定功率不超过3kW的电动机，可不装设断相保护；断相保护器件宜采用断相保护热继电器，亦可采用温度保护或专用的断相保护装置。

7.3.36　按工艺或安全条件不允许自启动的交流电动机，或为保证重要电动机自启动而需要切除的次要交流电动机，应装设低电压保护。低电压保护器件，宜采用断路器的欠电压脱扣器或接触器的电磁线圈，必要时可采用低电压继电器和时间继电器来切断主回路。

7.3.37　对生产过程自动化要求程度较高的生产装置，低压配电系统可采用智能型低压配电监控系统。

7.3.38　当起重机采用悬挂式滑触线供电时，宜设断线保护，作用于电源进线断路器跳闸。

7.4　配电线路

7.4.1　配电线路的选择应符合下列规定：

1　配电线路宜采用电缆线路，但下列情况可采用导线穿管：

1）小型冶炼厂的动力线路；

2）大中型冶炼厂的辅助生产车间当用电设备数量少时；

3）动力配电箱至单台电动机的动力线路；

4）照明线路。

2　潮湿腐蚀场所宜采用塑料护套电缆。

3　干线式配电的干线宜采用封闭式母线或电缆绝缘穿刺连接器、预分支电缆。

7.4.2　车间配电线路电缆芯数的选择应符合下列规定：

1　TN-C系统应选用三相四芯电缆。

2　TN-S系统应选用三相五芯电缆。

3　大电流远距离送电可选用单芯电缆，但严禁采用未经消磁处理的单芯铠装电缆。

7.4.3　车间配电线路电缆绝缘材料及护套选择应符合下列规定：

1　一般车间选用聚氯乙烯绝缘，聚氯乙烯护套电缆或交联聚乙烯电缆。

2　应急电源线路、消防系统线路应选耐火型电缆。

3　装设在吊顶内、地沟内、隧道内的电缆宜选用阻燃型电缆。

7.4.4　车间配线方式，应根据车间环境特征和线路数量选择，并应符合下列规定：

1　配电线路较多的车间，宜采用桥架敷设方式，配电线路较少时，可采用塑料绝缘导线穿管暗设或臂式支架明设，保护管的材质应满足相关规范要求。

2　多尘环境中敷设的桥架不宜采用槽式及托盘式而应采用梯级式并应加盖板。

3　有腐蚀性介质，严重积尘、积水或有高温介质覆盖及漫流的场所，宜采用托盘式电缆桥架或臂式支架明设，潮湿腐蚀性场所，当设备数量少或设备离配电点较近时，可采用铜芯塑料绝缘导线穿厚壁塑料管暗设。

4　腐蚀性环境内敷设的电缆桥架，应采用防腐型电缆桥架，有腐蚀性液体喷溅可能时，桥架应加盖板，支架明设时，支架应做防腐处理。

5　正常环境的照明线路，可采用塑料绝缘导线明设。

7.4.5　在建筑物的顶棚内，应采用金属管、金属线槽布线。

7.4.6　敷设在钢筋混凝土现浇楼板内的电线管，最大外径不宜超过板厚的1/3，暗配的导管，埋设深度与建筑物、构筑物表面的距离不应小于15mm。

7.4.7 穿金属管的交流线路应将同一回路的所有相线及中性线穿入同一根管内。互为备用的线路不得共管，不同回路也不应同管敷设，但下列情况可以除外：

1 一台电机的所有回路（含操作回路）。

2 同一设备或同一流水作业线设备的电力回路和无防干扰要求的控制回路和信号线路。

3 引至小闸门的配电和控制回路。

4 电压为50V及以下的回路。

5 同类照明的几个回路，但管内绝缘导线的根数不应多于8根。

7.4.8 大型冶炼厂，当滑触线很长或滑触线上同时有几台起重机工作时，应对供电线路和滑触线的电压损失进行验算。当不能满足要求时，应采取下列措施：

1 增大供电线路或滑触线截面。

2 对滑触线采取辅助导线供电或多供电点供电。

3 对滑触线分段供电时应在滑触线分段处设置稍长于集电器宽度的绝缘段。

4 当上述各款仍不能满足要求时，可在滑触线中部设专用变压器供电。

7.4.9 导线与电缆的敷设应避开高温区，不可避免时，应采取隔热措施。导线或电缆不宜敷设在腐蚀性气体管道的上方及腐蚀性液体管道的下方，有困难时，应采取防腐措施。

7.4.10 电气管路和非电气管路之间的敷设，应符合下列规定：

1 与热水管和蒸汽管同侧敷设时，应敷设在下方，有困难时可敷设在上方，相互之间的净距离，不宜小于下列数值：

1） 位于热水管下方为200mm，位于热水管上方为300mm；

2） 位于蒸汽管下方为500mm，位于蒸汽管上方时为1000mm；

3） 当不能满足本款第1）项、第2）项要求时，应采取隔热措施；对有保温措施的热水管，蒸汽管上、下净距离可减至200mm。

2 与不包括可燃气体及易燃、可燃液体管道的其他管道之间的净距离，不宜小于100mm。

3 与水管同侧敷设时，应敷设在上方。

4 当管路交叉时，相互之间的净距离不宜小于相应上列情况的平均净距。

7.4.11 暗设于地下的电气线路，不宜穿过设备基础，如必须穿越时，应加保护管。在穿过建筑物伸缩缝、沉降缝时，应采取措施。

7.4.12 电缆不应在有易燃、易爆及可燃的气体管道或液体管道的隧道或沟道内敷设。

7.4.13 电缆桥架水平敷设时的距地高度不宜小于2.5m；垂直敷设时距地1.8m以下部分应加盖板，但敷设在配电室、电缆夹层等电气专用房间内时除外。

7.4.14 钢制电缆桥架直线段长度超过30m、铝合金或玻璃钢桥架长度超过15m时，宜设置伸缩节。电缆桥架跨越建筑物变形缝处，应设置补偿装置。

7.4.15 封闭式母线的敷设，应符合下列规定：

1 封闭式母线水平敷设时的距地高度不应小于2.2m，垂直敷设时距地面1.8m以下部分应采取防止机械损伤措施。

2 封闭式母线的插接分支点，应设在安全及维护方便的地方。

7.4.16 下列电缆不宜敷设在同一层桥架上：

1 不同电压等级的电力电缆。

2 同一路径向一级负荷供电的双路电源电缆。

3 应急照明和其他照明的电缆。

4 强电和弱电电缆。

5 上述第1款～第4款如受条件限制需敷设在同一层桥架上时，应用隔板隔开。

7.5 电测量仪表

7.5.1 低压配电室计量及测量仪表的装设，应符合下列规定：

1 变压器低压侧宜装设总电流表和有功电能表，但变压器高压侧已装有有功电能表时低压侧可不装设电能表。

2 有电能考核要求的配电回路，应装设有功电能表及无功电能表，75kW及以上的电动机宜装设有功电能表。三相不平衡时，宜装设三相四线有功电能表。

3 100A以上的配电回路，宜装设电流表，但单台电动机的专用配电回路，当机旁或控制屏上装有电流表时，可不装设。三相基本平衡的回路，可只装一只电流表；三相不对称度大于15%及以上，应在三相上分别装设电流表。

4 每段低压母线上应装设电压表。电压表能通过转换开关分别测量三相电压。

7.5.2 单独或并列安装的动力配电箱，宜装设交流电压表；并列安装的动力配电箱可共用一只电压表，通过转换开关应能测量三相电压。

7.5.3 55kW及以上的低压电动机，以及容易过载的机械及其他需要监视运行状态的机械的电动机主回路，应在机旁装设电流表。

7.5.4 需要在控制室内控制和监视运行状态的电动机，应在控制屏（台）上装设电流表，当需要记录过载状态时，系统未配备计算机装置或计算机未对其采样时，应采用记录式电流表。

7.5.5 电动机用电流表，应采用过载型。

7.5.6 电能计量装置的准确度等级应符合国家现行相关标准的准确度等级要求。

7.6 电气照明

7.6.1 车间照明方式宜采用一般照明。同一车间内的不同区域有不同的照度要求时，应采用分区照明；对于部分作业面照度要求较高，只采用一般照明不合理时，应增设局部照明；在一个工作场所内不应只采用局部照明。有色金属冶炼厂一般照明的照度标准，应符合本规范附录G的有关规定。

7.6.2 在正常照明因故障熄灭后，需要确保人员安全或生产继续进行的场所，应装设应急照明，应急照明应在正常照明故障熄灭后瞬时自动投入工作。应急照明作为正常照明的一部分使用时，应有单独的控制开关，且控制开关面板宜与一般照明开关面板相区别。

7.6.3 车间照明光源的选择，应根据使用场所的不同，合理地选择光源的光效、显色性、寿命等光电特性指标，优先使用节能型光源。无特殊要求不应采用白炽灯。

7.6.4 照明灯具的选择，应符合下列规定：

1 车间一般照明，应采用具有寿命长、高效节能型光源的灯具。

2 特别潮湿的场所，应采用防潮灯具或带有防水灯头的开启式灯具。

3 有腐蚀性气体和蒸汽的场所，宜采用防腐蚀性材料制成的密闭式灯具。采用开启式灯具时，各部分应有防腐蚀、防水的措施。

4 高温场所，宜采用带有散热孔的开启式灯具。

5 有尘埃的场所，应按防尘的保护等级分类，选择合适的灯具。

6 在振动、摆动较大的场所，灯具应有防振措施和保护网。

7 安装在易受机械损伤位置的灯具，应加保护网。

8 在有爆炸和火灾危险场所使用的灯具，应符合现行国家标准的有关规定。

7.6.5 生产车间内检修照明的装设，应符合下列规定：

1 灯具的电压：

1）正常环境应采用36V；

2）具有导电地面或高温、多尘、潮湿的场所，宜采用24V或12V；

3）工作场地狭窄且操作者接触大块金属面的场所，宜采用12V。

2 灯具的供电方式：

1）设置检修插座，由移动式照明变压器供电；

2）大型车间，必要时，应设固定式照明变压器及检修专用线路和插座。

7.6.6 烟囱航空障碍照明的装设，应严格执行当地航空及交通部门的有关规定。排放有腐蚀性气体的烟囱障碍灯，应采用防腐蚀灯。为减少烟气对灯具的腐蚀，烟囱顶部的障碍灯装设在距烟囱顶部3m～5m处。

7.6.7 露天场所，巡视用照明回路宜由专用开关控制，灯具选用防水型。

7.6.8 车间电气照明设计，除应符合本规范规定外，尚应符合现行国家标准《建筑照明设计标准》GB 50034的有关规定。

7.7 建（构）筑物防雷

7.7.1 冶炼厂主要建（构）筑物按防雷要求的分类，应符合下列规定：

1 下列建筑物应划为第二类建筑物：

1）预计雷击次数大于0.3次/a的建筑物；

2）桶装汽油库、汽油加油站及泵站、液化石油气站、液化天然气站，桶装电石库、发生炉煤气站，以及露天装设的有爆炸危险的钢质封闭气罐。

2 下列建筑物应划为第三类建筑物：

1）预计雷击次数大于或等于0.06次/a，且小于或等于0.3次/a的建筑物；

2）氧气站；

3）户外煤气洗涤设施；

4）高度为15m以上的烟囱，水塔等孤立高耸建筑物；

5）历史上雷害事故较多地区的重要建筑物。

7.7.2 防雷接闪器、引下线、接地干线及接地体，应利用建筑物的金属屋面板、结构钢柱（钢筋）及基础钢筋。有困难时，可单独设置。潮湿、腐蚀性场所单独设置的防雷接闪器、引下线、接地干线和接地体，其材料的截面宜较正常环境至少加大一级规格选用，并应作防腐处理。

7.7.3 装设于冶炼厂主烟囱顶部防直击雷的接闪器，应采用耐腐蚀的金属材料制作，引下线可利用钢筋混凝土烟囱的主钢筋，但不得小于两根。

7.7.4 信息楼、调度楼、DCS系统中央控制室等电子设备集中的场所应采用外部防雷和内部防雷等措施进行综合防护。

7.7.5 冶炼厂建筑物的防雷设计除应符合本规范规定外，尚应符合现行国家标准《建筑物防雷设计规范》GB 50057和《建筑物电子信息系统防雷技术规范》GB 50343的有关规定。

7.8 配电室与控制室

7.8.1 配电与控制室的设置，应符合下列规定：

1 配电室应尽可能设在靠近负荷中心。

2 控制室应设在生产机械的主要操作层便于观

察运行情况的地方。

3 配电室与控制室应该避开多尘、腐蚀和振动的场所。

4 配电室与控制室应设在人员进出和电气设备运输方便的场所。

5 配电室与控制室内不应敷设与本室无关的管道。当采用集中空调通风系统时，其管道不应设置在电气设备的正上方。

6 配电室与控制室不得设在各种溶液和厕所、浴池等积水场所的正下方，且不宜与上述场所贴邻。如果贴邻，相邻隔墙应做无渗漏、无结露等防水处理。

7.8.2 配电室与控制室对有关专业的要求，可参照本规范第3.9.1条～第3.9.8条的规定执行。

7.8.3 配电室与控制室进出电气线路的孔洞及沟道，施工完后应作防火封堵。

7.8.4 配电室低压配电屏前、后通道的最小宽度，应符合表7.8.4的规定。

表 7.8.4 低压配电屏前、后通道的最小宽度（mm）

型式	布置方式	屏前通道	屏后通道
固定式	单排布置	1500	1000
	双排面对面布置	2000	1000
	双排背对背布置	1500	1500
抽屉式	单排布置	1800	1000
	双排面对面布置	2300	1000
	双排背对背布置	1800	1000

注：当建筑物墙面遇有柱类局部凸出时，凸出部位的通道宽度可减少 200mm。

7.8.5 同一配电室内并列的两段母线，当任一段母线有一级负荷时，母线分段处应设防火隔板或隔墙。

7.8.6 配电室、控制室的净空高度不应小于 3m。配电室、控制室的地面标高，应比车间地面高 100mm，潮湿环境和有液体漫流的场所，应高出 200mm。

7.8.7 低压柜下电缆沟深度宜为 0.8m～1.2m。沟宽不小于1.5m（含主沟和附沟）。

7.8.8 车间油浸变压器室与车间配电装置应分室布置、车间干式变压器室与车间配电装置宜分室布置。若车间干式变压器与车间配电装置同室布置，干式变压器应带保护外壳，保护外壳的防护等级不应低于 IP20。

8 重有色金属冶炼厂车间电力设计

8.1 一般规定

8.1.1 本章适用于铜、铅、锌、镍、钴、锡等重有色金属冶炼厂的车间电力设计。

8.1.2 特殊场所（如高温、多尘、潮湿、腐蚀、爆炸性等）中的电气设备宜集中配置在与其环境相隔离的配电室或控制室内。

8.1.3 电气设备应避开高温和（或）多尘场所；当无法避开时，应采取隔热和防尘措施。粉尘较多时，宜采用防尘式，防护等级不低于 IP54；粉尘较少时，宜采用封闭式，防护等级不低于 IP4X。

8.1.4 电气设备应避开潮湿和（或）腐蚀场所；当无法避开时，应采取防潮和（或）防腐措施。潮湿和（或）腐蚀场所中电气设备的防护等级不低于 IP55。

8.1.5 原料车间、熔炼车间生产用起重机，宜采用安全型滑触线供电，当有多台吊车时应设置检修段。

8.1.6 高大厂房的照明宜采用金属卤化物灯具或其他高效光源，由不同母线段的两回线交叉供电。当采用带电感镇流器的气体放电光源时，宜将灯具分接在不同相序的线路上。

8.1.7 要求生产自动化水平较高的大中型冶炼厂的生产过程控制宜选用计算机控制系统，电气控制与仪表控制应综合考虑，合理选择计算机控制系统。

8.2 原料车间

8.2.1 本节适用于精矿仓、精矿干燥、熔剂仓、熔剂破碎、返料仓、返料破碎、配料、混合与制粒、原矿槽、原矿（料）破碎、碎矿堆场、原料磨、料浆仓等原料贮存或生产车间。

8.2.2 原料车间宜按厂房设置低压配电室，配电系统宜采用放射式。电气设备很少时，可采用现场动力配电箱配电。

8.2.3 破碎机、胶带输送机、回转窑、混捏机、制粒机等生产机械应按重载启动考虑，并设置过载型电流表。

8.2.4 圆筒干燥机、回转窑、鼓风机、制粒机、计量给料机等生产机械，工艺要求调速时，宜采用交流变频调速。

8.2.5 采用电缆桥架沿输送干燥高硫精矿的皮带廊敷设电缆时，应配置盖板，宜优先采用在皮带廊外部敷设；当需要在皮带廊内部敷设时，宜选用无孔托盘式桥架。

8.3 焙烧与烧结车间

8.3.1 车间内应设低压配电室，配电系统宜采用放射式。

8.3.2 给料机、回转窑、混合机、烧结机、制粒机、风机等生产机械，工艺要求调速时，宜采用交流变频调速。

8.3.3 大型烧结机应设下列联锁与保护：

1 当给料系统事故停车时，烧结机及其点火风机应联锁停车。

2 烧结机、单轴破碎机过力矩时，应立即停车。

3 当烧结机润滑系统发生故障时，应发出信号。

8.4 熔炼车间

8.4.1 本节适用于闪速熔炼和熔池熔炼等火法冶炼工艺相关的车间。

8.4.2 大型冶炼厂熔炼车间生产用起重机的配电，应由车间变电所低压侧不同母线段以两回线引至滑触线电源开关，正常时一回路供电，事故停电时可采用手动或自动切换至备用回路。

8.4.3 车间内宜采用导线穿管或电缆桥架明设，不宜采用电缆沟配线和埋设于地面下的暗管配线。当不可避免时，埋设深度不应少于1m，管径不应小于25mm。

8.4.4 各种冶炼炉的热料进口、出料口、出渣口等特殊高温区域，不应敷设电气线路，当不能避开时，应采用耐高温电缆，并采取隔热防溅措施。

8.4.5 鼓风炉的装料系统、直线铸锭机、圆盘铸锭机应采用计算机控制系统进行程序控制。

Ⅰ 顶吹炉

8.4.6 本部分适用于顶吹浸没熔炼法和顶吹非浸没熔炼法等顶吹炉。

8.4.7 炉顶加料机为移动皮带时，宜采用移动电缆供电，并在机旁设主回路隔离电器。

8.4.8 喷枪流量控制和定位控制宜采用计算机控制系统，并设置现场操作箱。

8.4.9 喷枪提升机的传动及其控制，应符合以下规定：

1 喷枪提升机为一级负荷中的特别重要负荷，除应保证两个电源供电以外，应设置15s内投入的应急电源。

2 喷枪提升机宜采用变频调速及变频调速专用电动机。

3 应设置超速、过卷、过载、钢绳松弛、变频器故障、交流电源失电等保护；当保护动作时，应停止提升机的运动。

4 高速侧、低速侧应分别设置速度和位置检测传感器和制动器。

5 应设置喷枪提升机安全运行控制用计算机控制设备。

6 应在提升机近旁、换枪平台、操作平台、控制室等地设置控制屏（箱）和紧急停止按钮。

8.4.10 应在顶吹炉的操作平台、控制室等地设置系统紧急停止按钮，该按钮动作时，必须停止顶吹炉的空气、氧气、燃料和物料的供应。

Ⅱ 熔炼炉

8.4.11 本部分适用于侧吹式、底吹式等炉体可以倾动的熔炼炉。

8.4.12 事故倾炉电动机的自动启动联锁，应符合下列规定：

1 当工作电动机故障或交流主电源断电，自动启动事故倾炉电动机。

2 当转炉风压低或鼓风机停车时，应发出事故报警信号，条件具备时并自动启动事故倾炉电动机。

3 排风机、二氧化硫抽风机、烟气出口阀事故关闭等转炉排风装置故障时，应发出事故报警信号。

4 自动启动事故倾炉电动机时，尚应与放风阀联锁，使放风阀放风，保证鼓风机安全运行。

5 应设置转炉事故倾转到位时停止的位置开关。

6 工作倾炉电动机和事故倾炉电动机之间应设不能同时运行的闭锁。

8.4.13 当倾炉电动机采用鼠笼型电动机时，宜采用变频调速。

8.4.14 当倾炉电动机采用绕线型电动机时，在主回路应设置线路接触器。

8.4.15 当事故倾炉电动机采用直流电动机时应由蓄电池供电，当事故倾炉电动机采用交流电动机时应由应急电源供电。

8.4.16 转炉控制室与鼓风机控制室之间应设联系信号，必要时可设直通电话。转炉与起重机驾驶室之间应装设双向联络信号。

8.4.17 多台PS转炉实行轮换作业时，应设公用控制室，对公用的加料和送风系统等进行相应的转换控制。

Ⅲ 矿热电炉

8.4.18 本部分适用于熔炼电炉、贫化电炉、合成炉贫化区、电热前床等矿热电炉。

8.4.19 电炉变压器的一次侧电压，应经技术经济比较确定，当容量在10MV·A以上时，宜采用35kV及以上的电压。

8.4.20 大型六电极矩形矿热电炉，宜采用三台单相电炉变压器供电。

8.4.21 为满足矿热电炉开炉所需的电压数值，变压器高压侧可采用星形—三角形倒换接线；当不能满足要求时，应采取其他措施。

8.4.22 电炉变压器宜采用电动有载调压。大容量电炉变压器宜采用强迫油循环系统冷却形式。

8.4.23 电炉装置的操作断路器，应采用具有频繁操作性能的断路器。六电极矿热电炉用三台单相变压器供电时，可共用一台三相断路器，且每台单相变压器的高压侧应装设隔离开关。当有几台电炉同时工作时，应使各相的负荷尽量平衡。

8.4.24 三相电炉变压器保护用电流互感器宜采用三相电流互感器。

8.4.25 电炉变压器应装设下列动作于跳闸的保护：

1 电流速断。

2 带时限过电流、带时限过负荷。

3 变压器及其有载开关重瓦斯。

4 变压器温度超高、油箱压力超高。

8.4.26 电炉变压器应装设下列信号：

1 绕组及其引出线的相间短路。

2 绕组的匝间短路。

3 外部相间短路引起的过电流。

4 变压器过负荷跳闸。

5 变压器及有载开关轻瓦斯报警、重瓦斯跳闸。

6 变压器的油温过高报警或跳闸。

7 变压器油箱压力过高报警或跳闸。

8 有载开关的挡位显示及监控。

9 强迫油循环系统运行或故障。

8.4.27 电炉装置应装设下列信号：

1 电炉高压通电及断电。

2 电炉冷却水、短网冷却水或冷却风机的故障。

3 控制和操作电源失压。

4 电极升降系统的运行和故障。

5 电极连续位置信号，以及上下极限位。

6 工艺要求的其他信号。

8.4.28 电炉装置应装设下列测量仪表：

1 电炉变压器一次侧的有功电能表、无功电能表、电压表、电流表。大型电炉还应装设三相有功功率、功率因数、谐波等测量仪表。

2 显示电极电流、电压值的电流表、电压表。电流表应有过负荷量程。测量电极电流的电流互感器宜安装在变压器的高压侧，当电炉变压器为 Y/△接线组别时，互感器二次绕组宜接成三角形，并将电流表接成星形。

8.4.29 电炉装置应符合下列规定：

1 只有在电炉变压器强迫油循环系统油压正常后，才允许断路器合闸。

2 电炉变压器油循环系统工作时，冷却水应保持正常，并要求油压高于水压。

3 当采用无励磁调压时，其分接开关只有在断路器断开电源时，才允许调压。

8.4.30 大型电炉的操作平台处，宜装设电极电流表、电压表和事故断电开关；并应在电炉操作区域内操作人员能观察到的地方装设电炉通电及断电指示灯。

8.4.31 电极升降的电气控制设计，应符合下列规定：

1 大、中型电炉的电极升降宜具有自动调节和手动操作的功能。小型电炉的电极升降可采用手动操作。

2 当电极升降采用电气传动时，宜优先采用变频调速；备用驱动可采用手摇机构或应急电源驱动。

3 当电极升降采用液压传动时，油路控制系统宜采用不间断电源（UPS）供电。

4 应装设电极升降极限位置开关和上闸环、下闸环、把持器、升降缸等位置开关。

5 大型电炉宜装设最大工作电流保护，动作于断开电极下降控制回路。

8.4.32 电炉短网的设计，应符合下列规定：

1 电炉短网母线的材料，可通过技术经济比较确定。当短网采用铝母线时，接向电极的可挠导线（软铜带或铜软绞线）应采用铜铝过渡接头与铝母线连接。

2 电流在 5000A 及以上的电炉短网与电炉变压器之间，应采用可挠性连接，兼作防震和温度补偿的伸缩器。

3 应减少电炉变压器与电极的距离，缩短短网的长度；短网导体的排列应使阻抗尽量小，三相电炉应尽量使三相阻抗平衡。

4 电炉短网母线间的垫块，宜采用绝缘用的硅材板或纤维板。夹板及其固定件应根据涡流的大小，全部或部分采用非磁性（或弱磁性）材料。

5 当短网工作电压较高，环境较差易引起短路事故时，短网应采取封闭措施；当短网工作电压较低，环境较好时，短网可不封闭。

6 电炉短网裸母线距变压器室地面不得低于 2.5m；距车间地面不低于 3.5m；采用防护等级不低于 IP2X 的网状遮拦时，高度不应低于 2.5m。网状遮拦与裸母线之间净距不应小于 100mm。

7 电炉短网电流密度应按下列数值选取：

1）铝母线0.25A/mm²～0.35A/mm²；

2）铜母线1.0A/mm²～1.3A/mm²；

3）水冷铜导电管或水冷电缆 2.5A/mm²～3.5A/mm²。

8.4.33 需要进行带电焊接电极筒的矿热电炉，严禁将大地电位导入绝缘工作场地，且应采取下列措施：

1 场地内不得引入接地线或接地金属体。

2 敷设于该场地的管线应采用绝缘材料管，或采取绝缘隔离措施。

3 在场地内工作的起重机的吊钩应对地绝缘，在地面上操作的电葫芦控制按钮的防触电类别为Ⅱ类，控制电源应采用隔离变压器与 220/380V 接地系统隔离。

8.4.34 大型熔炼电炉的变压器高压侧宜设置电能质量监测装置，当电能质量不满足现行国家标准《电能质量 供电电压允许偏差》GB 12325、《电能质量 电压波动和闪变》GB 12326、《电能质量 公用电网谐波》GB/T 14549、《电能质量 三相电压不平衡》GB/T 15543、《电能质量 电力系统频率允许偏差》GB/T 15945 等标准要求时，应综合考虑其治理措施。

8.5 浸出过滤与净液车间

8.5.1 本节适用于浸出（浓密）与净液（过滤）

车间。

8.5.2 车间内应设与腐蚀性环境隔离的低压配电室，配电系统应采用放射式。

8.5.3 给料活塞泵电动机宜采用交流变频调速。

8.5.4 大型高温、高压给料泵及其电动机，应设置下列联锁或信号：

1 泵与润滑油泵的联锁。

2 轴承温度过高信号及轴承温度超过极限时停泵的联锁。

3 电动机的定子绕组温度过高信号。

4 泵与辅助设备之间的停车联锁。

5 当润滑油采用水冷时，应设有水流或水压信号，并宜设置监视油压高于水压的差压信号。

8.5.5 沉降速度快的浓密机的主传动装置，应设置过负荷信号和事故音响信号；提升装置的供电电源应与主传动装置的供电电源分接于不同母线段上。

8.5.6 在导电性介质的容器中，采用电极式液位计时，其控制电源电压不应超过24V。

8.5.7 含砷量高的铜电解净液车间的脱铜电解槽，当采用加盖密封时，向脱铜槽供电的整流装置，必须在脱铜槽排气风机正常工作时才允许投入运行。

8.5.8 车间内宜采用非铠装的全塑电缆。但在有机械损伤危险的地方，应采取防护措施或采用塑料护套钢带铠装的全塑电缆。

8.5.9 车间内不宜采用钢管配线和电缆沟配线，应采用电缆桥架或臂式支架明设。电缆桥架应选用防腐型。电缆支架应作防腐处理，局部穿管应采取防腐措施。

8.5.10 腐蚀性较重场所的起重机，以及腐蚀性较轻的场所中不经常开动的起重机，宜采用防腐型滑触线或钢索吊挂软电缆供电。

8.6 电解车间

8.6.1 整流所至电解车间的直流母线，可采用铝母线；电解车间内的直流母线及电解槽的槽边母线，应采用铜母线。母线电流密度宜按下列数值选择：

1 铝母线0.5A/mm²～0.7A/mm²。

2 铜母线1.0A/mm²～1.5A/mm²。

3 槽边铜母线1.0A/mm²。

8.6.2 直流母线的敷设，应符合下列规定：

1 应使母线的敷设路径最短，安装维护方便；避免腐蚀性液体的喷淋。

2 沿同一路径敷设的正负母线，应进行动稳定验算。

3 正负母线间距离应尽量加大，不宜小于100mm。

4 电解车间内的直流母线，当电压高于120V时，对地高度不应小于2.2m。当对地高度不符合要求时可加装栅栏，加栅栏后对地高度不应小于1.9m。当电压较低时，对地高度应符合不妨碍通行及便于安装维护的要求。

5 当直流母线的直线段较长时，铜母线每隔30m，铝母线每隔20m宜装设一个母线伸缩接头。

6 穿过楼板的直流母线对楼板、梁、柱及电解槽的安全净距，不应小于50mm。

8.6.3 直流母线连接，宜采用焊接。引至电解槽边母线的连接头，宜采用机械压板连接。接触面的电流密度不应大于0.1A/mm²，压接处应搪锡。在直流母线的铜铝连接处，应采用铜铝过渡接头。

8.6.4 大型铜电解车间，镍电解及电积车间，电解槽宜根据工艺操作要求分组装设直流母线短路开关，短路开关宜集中监控。

8.6.5 大、中型锌电解车间起重机滑触线，应由不同母线段以两回线路供电，并在车间内切换。小型锌电解车间起重机滑触线，宜采用两回线路供电，并在车间内切换。

8.6.6 腐蚀性较重的锌、镍、钴电解车间及镍、钴造液工段等的起重机滑触线，当车间较长时，宜采用单极绝缘式安全滑触线或双沟形铜电车线。腐蚀性较轻的电解车间，起重机滑触线可采用绝缘式安全滑触线。

8.6.7 电解车间阳极机组、阴极机组等辅助作业联动线，宜采用计算机控制装置。

8.7 对相关专业的要求

8.7.1 对工艺专业的要求应符合下列规定：

1 厂房配置中应考虑变压器室、配电室、控制室的适当位置。

2 转炉、回转式精炼炉、铸锭机等宜就近设置密闭的操作小室。

3 熔炼车间的电炉变压器室应贴近炉体布置并尽量缩短电炉短网长度。

4 各类正常生产时运动的设备应有完善的机械保护，并设置相应的现场检测元器件或装置。

5 破碎机、皮带运输机、回转窑、制粒机、混合机等应采用高启动转矩的电动机。

6 车间内电动机应选用封闭式；腐蚀性较重的场所应选用防腐型电动机或采取其他防腐措施；爆炸性场所应按现行国家标准《爆炸和火灾危险环境电力装置设计规范》GB 50058选择电动机。

7 电解车间起重机的吊钩，应采取与直流母线电压相适应的对地绝缘措施。

8 车间内要求平稳运行、准确操作的起重机，宜采用变频调速。

8.7.2 对土建专业的要求应符合下列规定：

1 高温、多尘环境内（如原料车间、熔炼厂房、电收尘等）的变压器室、配电室等应做隔热或密闭处理。

2 电炉变压器室与熔炼厂房之间不应直接开门相通；条件不允许时，应采取防尘、防火措施。

3 电炉变压器室应设置容量为100%变压器油量的贮油池，或设置容量为20%变压器油量的挡油池并能将油排到安全地点的设施，安全地点的事故油池容量为100%变压器油量。

4 大中型电炉变压器室，有条件时可考虑就地抽芯检查变压器的设施。

5 邻近电炉的控制室应整体设计金属屏蔽网。

6 电炉短网安装平台、焊接电极筒工作平台等应采用绝缘材料制作。

7 电解槽应对地绝缘。当直流母线电压小于或等于250V时，可用瓷砖、橡皮垫、塑料垫等绝缘；当直流母线电压大于250V时，应采用户外型支柱绝缘子绝缘。

8 在潮湿和腐蚀场所内的配电室和控制室，其地坪应高出车间地坪200mm及以上。不宜设直接通向车间的开启门窗。

8.7.3 对水道专业的要求应符合下列规定：

1 电炉短网的冷却水，应用净化水，其水质应符合下列要求：pH值为6.5～9.5，总固体含量不大于250mg/L，总硬度不大于4.2mg/L（以$CaCO_3$计）；进水压力为0.3MPa～0.5MPa，出口水温度不应高于60℃。

2 电炉变压器的冷却水流量、压力不得高于设备允许值。

3 短网冷却水、变压器冷却水宜装水流监视器，在断水时报警。

4 大型高温、高压给料泵，大型风机及其电动机，除常规的联锁及保护外，当润滑油采用水冷时，应设有水流或水压信号，并宜设置监视油压高于水压的差压信号。

8.7.4 对暖通专业的要求应符合下列规定：

1 密闭的配电室等宜设置机械通风设施，当机械通风不能满足要求时，可采用空调。

2 当电气设备室、电缆夹层需要采用机械通风时，应考虑防尘措施。

8.7.5 对电信专业的要求应符合下列规定：

1 控制室、有人值班的配电室应设置调度电话。

2 转炉控制室与鼓风机站、转炉控制室与起重机驾驶室之间宜装设直通电话。

3 配电室、控制室、电缆夹层等应按现行国家标准《火灾自动报警系统设计规范》GB 50116的有关规定设置火灾报警系统。

9 氧化铝厂车间电力设计

9.1 一般规定

9.1.1 车间变电所应按车间或工段设置。主要生产车间的车间变电所应由两个电源供电，设两台变压器。每台变压器应能满足全部一、二级负荷的用电需要；负荷较小，对生产影响小的车间，可设一台变压器，并应设低压联络线。凡采用末极切换的用电设备供电电源，宜设第三应急保安电源。

9.1.2 主要生产车间变压器低压侧总开关和母线分段开关，宜采用断路器。

9.1.3 沉降槽、分解槽和晶种槽应装设备用电源自动投入装置。

9.1.4 主要生产车间的低压配电级数，不应超过两级。

9.1.5 低压配电回路应按回路总数的20%预留备用回路。

9.1.6 厂房内应设置一些容量为100A的检修电源开关。

9.1.7 车间配线应采取抗腐蚀措施。

9.1.8 在潮湿和腐蚀场所内配电室和控制室，其地坪应高出车间地坪450mm～700mm；当设在楼上时，其地坪可高出楼面200mm。不宜设直接通向车间的开启门窗。

9.1.9 电气设备防护等级，应按环境特征选择，并应符合下列规定：

1 多尘场所宜采用IP44。

2 潮湿、腐蚀性场所宜采用IP55，并应满足防腐要求。

3 防腐等级不够的大容量电动机，宜采用管道通风方式。

9.1.10 电动机需要调速时，宜采用变频调速。大容量中压变频调速电机电压宜采用660V。

9.1.11 电动机需要软启动时，应向工艺推荐采用机械软启动联轴器。

9.1.12 当电气设备控制系统与仪表控制系统合一设置时，或纳入仪表自动化控制系统的用电设备，应统一协调采用计算机控制系统，并应设视频监视。

9.1.13 气温高于32℃地区的变（配）电室和控制室，应采取通风、降温措施、防火密封门窗。

9.1.14 集中控制的用电设备现场应设有远控、近控及紧急停机三工位旋钮；控制电源宜由主回路分支供电。

9.1.15 现场指示仪器处应设局部照明；手动操作阀门处应设事故照明；楼梯走廊应设疏散照明。

9.1.16 变（配）电室屏（盘、柜），应按直线配置。

9.2 原料车间

9.2.1 本节适用于原矿槽、原矿破碎、碎矿堆场、石灰炉、原料磨、料浆仓和原料输送线等。

9.2.2 料浆仓的低压配电室，宜在料浆仓底泵房外独立设置。

9.2.3 碱粉仓可由一回低压线路供电。

9.2.4 原料车间的物料输送系统，应设置电气联锁。宜采用计算机装置在控制室集中控制，仪表料位纳入计算机监测系统。混匀取料机除应装设联锁外，还应设视、音通信，宜采用角钢滑触线供电。

9.2.5 移动卸料小车配电，宜采用绝缘式安全滑触线；限位控制宜采用接近开关；启动控制设备不宜装设在车上；控制信号线应固定敷设。

9.2.6 翻车机系统宜设计算机装置集中控制，并设上位机及视频监视。

9.2.7 石灰炉上料系统、出料系统和鼓风机等，宜采用计算机装置在控制室集中控制，并设视频观察加料、卷扬机等工况。

9.2.8 石灰炉卷扬机主传动电动机，选用重型启动变频电机，加、减速起始点选用接近开关。

9.2.9 原料磨主传动、辅助传动、润滑系统、磨前给料、磨后前槽和输送泵等，宜由设计总承采用计算机控制装置实现单系统联锁程序控制。

9.2.10 大型球磨机宜采用高压同步电动机传动；励磁装置应具有环境要求的防护等级；同步机与励磁机应为同一供电电源系统。

9.2.11 多台原料磨宜设控制室集中控制，并按需设视频监视。

9.3 烧结与焙烧车间

9.3.1 本节适用于烧结、焙烧、电气净化、燃料、熟料中碎车间、氢氧化铝运输系统和氧化铝包装工段。

9.3.2 同一回转窑的用电设备，应由配电所同一段母线供电。

9.3.3 烧结、焙烧车间，下列电动机宜采用变频调速：

1 烧结回转窑主转动、鼓风机、排风机、饲料泵和煤粉饲料机。

2 焙烧炉鼓风机。

3 立盘过滤机。

9.3.4 烧成窑的主传动和辅助传动之间，应有电气联锁；主传动电机应采取隔热措施。

9.3.5 烧结回转窑宜按窑分设监视火焰和熟粉块况的工业电视；鼓风机、给煤粉转速、电滤器、排风机等工序宜采用计算机装置集中控制。

9.3.6 烧结回转窑的原煤和窑灰运输系统、煤粉制备系统、熟料中碎、熟料运输系统和氢氧化铝输送系统，应设电气联锁，并宜采用计算机装置在控制室集中控制。

9.3.7 烧结回转窑控制室与有关生产岗位，应设生产联系信号；主传动电动机附近，宜装设启动预告信号。

9.3.8 焙烧炉宜采用计算机控制系统；点燃装置与排风机应连锁，排风机启动后方可点燃。

9.3.9 焙烧炉鼓风机电动机的启动设备，应按重载启动选择。

9.4 高压溶出与熟料溶出车间

9.4.1 本节适用于高压溶出、熟料溶出、赤泥分离洗涤、叶滤、脱硅等工段。

9.4.2 高压溶出电气控制，应与自动化仪表的计算机控制系统统一考虑。

9.4.3 沉降槽槽顶搅拌机控制箱应采用双电源双回路供电的末极切换控制箱。

9.4.4 高压溶出和脱硅的进料活塞泵，宜采用变频调速。电动机的保护和控制设备，应配置在泵附近的配电室内，并应在电动机旁设就地控制箱。在集中控制室内应设监控设施和停机按钮。

9.4.5 溶出磨工段设集中监控室，溶出磨宜采用计算机控制系统实现单系统联锁程序控制；熟料给料设视频监视。

9.4.6 当熟料溶出磨采用高压同步电动机传动时，应符合本规范第 9.2.10 条的规定。

9.4.7 叶滤机应设置能进行点动控制的脚踏开关或点动按钮，并应在机旁设切断主回路电源的紧急停车开关。

9.5 分解过滤与蒸发车间

9.5.1 本节适用于种子分解、碳酸分解、氢氧化铝过滤、母液蒸发和包装工段。

9.5.2 碳酸分解低压配电室宜靠近分解出料泵房。

9.5.3 碳酸分解槽和种子分解槽的机械搅拌装置，宜采用高启动转矩的笼型电动机。

9.5.4 由单电动机传动单轴机械搅拌的种子分解槽和晶种槽，应分组设置两套互相独力的启动控制设备和电缆线路。为其供电的电源宜设第三保护电源。

9.5.5 种子分解工段应与自动化仪表计算机控制系统一并考虑，采用集中切换操作控制。

9.5.6 氢氧化铝盘式过滤机、流量调节泵，宜采用变频调速。盘式过滤机、卸料机和皮带运输机之间应设置电气联锁。

9.5.7 蒸发工段的操作控制，应与自动化仪表控制系统统一考虑。

10 铝电解车间电力设计

10.1 电 解 车 间

10.1.1 大、中型铝电解车间的车间变电所，每个变电所宜设置两台变压器，并分别由两个电源供电；每台变压器应能满足全部负荷95％的用电需要。

10.1.2 电解车间辅助系统供电宜设置第三电源。

10.1.3 车间起重机的滑触线应采用安全滑触线，宜由车间变电所不同母线段的两回线路供电，并应设置切换开关。当安全滑触线由不允许并联的多回路供电时，应在安全滑触线分段处设置稍长于集电器宽度的隔离段。

10.1.4 电解槽上电动机的配电，应符合下列规定：

1 当电动机或配电系统绝缘破坏时，电解槽电位不得移至220/380V中性点接地系统上，也不得通过交流网络使处于不同电位的电解槽发生电的联系。

2 不得将大地电位导入电解槽操作区，并应采取下列措施：

1）电解槽上的电动机应经隔离变压器供电，隔离变压器的一、二次侧中性点均应绝缘，当系列电压低于1000V时，绕组间1min的工频耐压不得低于3000V；当系列电压高于1000V时，绕组间1min的工频耐压不得低于5000V；

2）若干台电解槽可共用一台隔离变压器，应按工艺作业组划分，但电解槽数不宜超过25台，且隔离变压器二次侧供电干线应装设绝缘监视装置。隔离变压器宜组屏安装；

3）为电解车间供电的隔离变压器应靠近电解车间安装；

4）中性点接地系统的导体敷设高度不应小于4m。离电解车间操作地坪的4m范围内不应有接地金属构件。安装在距电解车间操作地坪4m范围内的隔离变压器二次侧的用电设备和保护、启动、控制设备应采用绝缘安装。隔离变压器亦应与其安装支架绝缘；

5）烤槽及检修电源应经隔离变压器供电，其供电电源设备应采用绝缘安装。

10.1.5 向电解槽上电动机供电的隔离变压器容量，应按下列原则确定：

1 一台变压器供电给1台～5台电解槽时，应按其中一台电解槽上同时工作的电动机容量之和确定。

2 一台变压器供电给5台～25台电解槽时，且分属于N个生产组管理，变压器容量应按N台（非自动控制时）或5台～10台（计算机自动控制时）电解槽上同时工作的电动机容量总和确定。

3 隔离变压器的容量，还应进行电动机启动和运行压降校验，变压器二次侧绕组宜有＋10％抽头，阻抗压降不应大于5％。

10.1.6 引至铝电解槽的配线段，除防止交、直流相互短路外，应设隔热和防止漏槽铝水烧坏等保护措施。

10.1.7 槽控箱的控制电源，应由两个单独的隔离变压器供给，当其中一台变压器发生故障或检修时，另一台变压器应保证全部用电。

10.1.8 电解厂房动力和照明配电箱，应采用防尘式，宜设置在厂房中间走廊内或厂房端部，距离电解车间操作地坪应大于4m。

10.1.9 电解车间操作地坪下，电解槽母线层内若设计照明时，照明设备应经隔离变压器供电。

10.1.10 电解车间电气设备的接地干线可利用起重机轨道，但需采取下列措施：

1 起重机轨道及与之相连的金属结构和接地线，敷设高度距电解车间操作地坪均不得小于4m。

2 起重机轨道接地连接线应沿厂房外墙引至接地极。

10.1.11 电解厂房起重机的吊钩应在吊钩与钢丝绳、小车与卷筒、桥架与小车间采取三级绝缘措施。每级的绝缘电阻应按系列电压检验，每100V不应小于0.1MΩ。多功能联合起重机，在机械上亦应有三级绝缘措施，且不得通过配电线路将大地电位导入靠近地面的驾驶室。

10.1.12 浓相输送系统应采用计算机装置集中控制。

10.1.13 超浓相输送系统主电机需要调速时，宜采用变频调速。超浓相输送系统应采用计算机装置集散控制，各子系统宜间断运行；信号线宜采用屏蔽线。各子系统的风机，应就近接自车间变电所的低压母线段。

10.1.14 大、中型电解车间宜作防建筑钢筋和金属构件电化腐蚀的接地。

10.1.15 沿电解厂房（包括厂房端头）40m范围内直埋的电缆当采用金属铠装电缆时应采用具有塑料外护套的电缆。

10.2 铝锭铸造车间

10.2.1 大型车间宜由两台变压器、两个电源供电，每台变压器应能满足一台混合炉全部负荷的用电需要。中型车间可设置一台变压器，但应设联络线。

10.2.2 大、中型车间的起重机，宜由两个电源供电。

10.2.3 圆杆连铸连轧机组的浇铸、轧制和卷线等，应采用计算机装置实现程序控制。主传动电动机宜采用直流电机。配电控制柜应设置在单独的小室内。

10.2.4 连续铝锭铸造机的浇铸、扒渣、堆垛和检测等，应采用计算机装置实现程序控制。配电控制柜宜在机旁安装。

11 镁钛与工业硅厂车间电力设计

11.1 一般规定

11.1.1 整流所自用电，镁氯压机室、净气室、氯化车间和全厂性水泵站，应设置两台变压器，双回路供电，每台变压器应能满足全部负荷的100％的用电需要。

11.1.2 镁电解车间、钛氯化精制车间和还原蒸馏车间，应设置两台变压器，双回路供电，每台变压器应能满足全部负荷的100%的用电需要。若负荷较小可设置一台变压器，但应设低压侧联络线。

11.1.3 镁电解车间不得将大地电位导入电解槽操作区，并应采取下列措施：

1 车间低压配电系统应采用380V，IT系统，电解槽启动烤槽变压器应采用移动式，干线供电。IT系统应设置接地监测装置。用电设备的外露可导电部分应可靠接地。

2 烤钩器、电解槽烘槽加热器、真空抬包、带刮板氯气导管、氯气管道清理机、起重机、高温熔体泵、阴极清刷车和移动风机等设备，应经隔离变压器供电，隔离变压器室应采取通风设施。

11.1.4 镁电解车间起重机吊钩对地应有三级绝缘，其要求可按本规范第10.1.11条的规定执行。

11.1.5 镁电解车间电气设备的接地干线，可利用起重机轨道，并应符合本规范第10.1.10条的规定。

11.1.6 镁电解车间起重机滑触线应采用安全滑触线，应由车间变电所不同母线段的两回路供电，并应设切换开关。镁电解电气设备应采用防腐型。

11.1.7 大、中型镁与钛和工业硅配料车间的物料输送系统，应采用计算机装置实现集中联锁控制，在胶带输送机的两侧应装设不能自动复位的拉绳断电开关。

11.1.8 镁电解车间照明，应符合下列规定：

1 车间应设两台380/220V专用照明变压器，并与配电箱一起放置通廊内；距直流母线4m内的照明设备应经隔离变压器供电。

2 一楼平面照明应采用36V电压。

11.1.9 镁氯化车间的氯化部，电解车间与氯压机室，钛配料车间的熔炼部、氯化部与精制部、还原蒸馏部，液氯库均应设置应急照明。

11.1.10 蒸馏还原炉的电加热元件的调控开关，宜采用晶闸管无触点开关，并应通过计算机装置实现过程控制。

11.1.11 蒸馏还原炉过液管的密闭加热器，应采用二次电压低于110V的隔离变压器供电。

11.1.12 蒸馏还原炉仪表控制电源，应采用双电源、双回路供电，并应装设备用电源自动投入装置。

11.1.13 氯化腐蚀场所的起重机，应采用塑料拖动器带动的软电缆供电。

11.1.14 钛氯化的油焦烘干、混合系统，宜采用PLC集中控制；给料机宜采用变频调速。

11.1.15 钛氯化、精制车间变（配）电所，宜为独立式车间变（配）电所。

11.1.16 蒸馏还原炉滑阀真空泵与其入口的电动或电磁阀门，应设延时开闭阀门的联锁控制。

11.1.17 检修照明变压器，氯化部宜采用固定式；其他厂房可采用移动式。

11.2 氯化竖式炉、钛熔矿炉与纯硅炉

11.2.1 氯化竖式炉上、下两排电极，应分别由两台规格相同的变压器供电，当两台变压器由同一干线供电时，过负荷保护应分别装设。

11.2.2 氯化竖式炉变压器应带有载调压开关，两台变压器应能分别调节负荷。

11.2.3 短网母线连接应采用焊接；铜铝接头宜通过铜铝过渡板焊接。氯化竖式炉母线穿墙处应严密封堵；车间内的母线应涂防腐漆保护。

11.2.4 氯化竖式炉电控设备与过程控制仪表设备，应设置在同一主控室内。主控室宜设可观察操作区的双层密闭观察窗及视频监视系统；与操作区的隔墙不宜开设活动门窗；地坪应高出操作层100mm。

11.2.5 氯化竖式炉控制室控制屏的防护等级宜为IP54。

11.2.6 钛熔矿炉应按电弧炉配置电气设备；纯硅炉应按矿热炉配置电气设备。

11.2.7 钛熔矿炉装置的工作短路电流，不应大于电炉变压器额定电流的3倍；当采用电抗器限制短路电流时，电抗器可不设旁路开关。

11.2.8 钛熔矿炉和纯硅炉宜设电极自动调整装置。

11.2.9 钛熔矿炉和纯硅炉变压器，应采用一次抽头的单级有载调压电炉变压器，并应设置具有可频繁操作性能的操作断路器。

11.2.10 钛熔矿炉和纯硅炉变压器，宜设置在电炉操作层的同一层平面。

11.2.11 电炉短网母线的电流密度宜为：铜，$1.0A/mm^2 \sim 1.2A/mm^2$；铝，$0.6A/mm^2 \sim 0.75A/mm^2$。

11.2.12 氯化竖式炉、钛熔矿炉与纯硅炉的电力设计，除应执行本规范规定外，尚应符合现行国家标准《电热设备电力装置设计规范》GB 50056的有关规定。

12 炭素厂车间电力设计

12.1 一般规定

12.1.1 本章适用于石墨化品和糊类生产、焙烧制品生产的炭素厂。

12.1.2 煅烧车间、配料筛分车间、焙烧车间、阳极组装车间，宜设置两台变压器两回线路供电，每台变压器应能满足全部负荷60%的用电需要。负荷集中的石墨化车间机械加工车间可设置一台变压器，其中重要负荷由低压联络线取得备用电源。原料库可设一回低压线路。

12.1.3 厂区内车间变电所，应采用户内或箱式变

电站。

12.1.4 多碳粉尘和沥青烟气场所电机电器防护等级应为IP54。

12.1.5 配电室和控制室门窗应做到防火密闭；控制室与配电室间应有墙隔开。

12.1.6 物料的粗碎、中碎、磨粉、磨粉料供应、返回料、石墨化炉充料、焙烧炉填充等工艺流程及运输系统，宜采用计算机装置在控制室实现联锁程序集中控制；机旁应设置安全开关和试车按钮。

12.1.7 阳极组装生产线，宜采用计算机控制系统，并根据需要设视频监视。

12.1.8 主要生产车间宜采用阻燃电缆，及封闭桥架敷设，并应避开烟气管道敷设。施工完后应作防火封堵。

12.1.9 热煤锅炉宜采用程序控制，锅炉引风机启动后方可点火、灭火后延时停止运行。

12.1.10 频繁进行接线组合或频繁通断投切加热元件的调控开关，宜采用无触点开关或调功器。

12.1.11 由地面滑触线供电的运输小车，其滑触线的电压应采用36V。

12.1.12 同一工艺流程的用电设备，应由配电所同一段母线供电，辅助传动电机，应接在不同的母线段。

12.1.13 集控室宜设空调。

12.2 电煅烧炉

12.2.1 电煅烧炉宜采用三相交流有载调压的电力变流装置供电。变流装置直流输出的正极，应引至炉顶导电电极。

12.2.2 短网的夹具应采用符合强度、耐热和绝缘要求的材料，不宜采用木质材料。

12.2.3 有载调压变流装置的直流电压级差按3V～5V。

12.2.4 变流装置出线端与短网母线之间，应采用软连接。

12.2.5 短网母线宜采用铝母线，短网母线截面按电流密度0.6A/mm^{2}选择。

12.2.6 电煅烧炉变流装置室，应紧邻电煅烧炉厂房设置，其底层为变流器室；上层为高低压配电室及控制室。在炎热地区应避免西晒。

12.2.7 电煅烧炉变流器室不应有门及活动的窗与相邻电煅烧炉厂房相通；引至电煅烧炉的母线穿墙洞，宜采用黏土耐火砖砌筑封堵；穿墙洞中心对地高度应大于3m。

12.2.8 多组电煅烧炉，宜集中在一个控制室进行控制。

12.2.9 控制室通往电煅烧炉的门加门斗，并密闭防尘。控制室宜采用防滑瓷砖地面、天棚吊顶、掺胶白灰粉刷墙壁、日光灯照明，设空调。

12.2.10 电煅烧炉变流装置的控制、保护、测量，应符合本规范第6.4节的有关规定。

12.2.11 电煅烧炉变流装置及辅助冷却装置等，宜采用计算机装置及上位机监控；并将自动化仪表有关检测数据纳入其中；视频监视烟囱口火焰。

12.2.12 电煅烧炉的上料及出料运输系统，宜采用电气联锁，宜采用计算机装置在控制室集中控制。

12.2.13 电煅烧炉出料转盘的传动电动机，宜采用变频调速，应根据电煅烧炉负荷的大小闭环自动调节转速。

12.2.14 电煅烧炉的冷却水系统应由两个电源供电，互为备用的水泵应分别接在不同电源的母线段。

12.3 石墨化炉

12.3.1 石墨化炉应由有载分接开关调压的电力变流装置供电，有载分接开关油箱宜设自动滤油装置。

12.3.2 石墨化炉变流装置调压，应满足下列要求：

1 最低电压与最高电压之比，应大于30%。

2 电压级差不宜大于5.5V。

3 宜设15V相控电压。

12.3.3 石墨化炉变流装置高压侧的操作断路器，应采用具有频繁操作性能的断路器，并应采用电动操作机构。

12.3.4 用于石墨化炉变流装置直流侧串并联的倒换开关，宜采用双断点桥式隔离器。

12.3.5 石墨化炉变流装置除应符合本规范第6章有关条款外，尚应符合下列规定：

1 宜采用12脉波变流装置。

2 宜采用同相逆并连接线。

3 直流正负母线在配置上，应采取防止发生短路的措施。

4 直流母线配置在地沟内时，应考虑检修方便，当采用母线隧道时，应设置通风装置，隧道和地沟应有排水措施。

12.3.6 石墨化炉属于单极接地的直流系统，应根据本规范第6.5节有关条款的规定采取保护措施。

12.3.7 石墨化炉直流装置室，应紧靠石墨化车间配置；在炎热地区应尽量避免配置在西晒位置。装置室不应有门及活动的窗与相邻的石墨化厂房相通；引至石墨化母线穿墙处设置防火隔板。

12.3.8 串极石墨化炉由移动变流台车供电时，应满足下列要求：

1 设滑触线电源隔离开关，并与电源断路器闭锁。

2 变流装置使用环境污秽等级为户外Ⅲ级。

3 台车行走传动电动机应采用变频调速；行走速度为0～18m/min。

4 台车停车位置精度为小于或等于±5mm。

5 台车上宜设计算机装置监控变流装置及辅助

冷却器、台车行走等设备，并与控制室计算机通信。

6 台车行走与高压电源断路器闭锁。

12.3.9 石墨化炉的控制室宜单独设置，亦可与总降压变电所控制室合并。控制室不宜有门与石墨化厂房直接相通，必须设门时，应采取防尘措施。

12.3.10 多组石墨化炉配置在一个厂房内时，宜集中在一个控制室进行控制。

12.3.11 短网母线截面按发热条件的允许载流量选择。

12.3.12 石墨化炉的短网宜采用铝母线，但炉头及炉尾电极的引出线宜采用铜母线，铜铝母线的连接应采用铜铝过渡接头焊接。

12.3.13 石墨化炉变流装置的保护、监控应符合本规范第6.4节的规定。

12.3.14 石墨化炉按工艺功率曲线送电，宜采用人工手动调节和计算机装置自动调节方式。

13 氟化盐厂车间电力设计

13.0.1 制酸、制盐、压缩空气站和锅炉房等主要生产车间的变电所，技术经济合理时，宜设置两台变压器，受条件限制时可设置一台变压器，并设低压联络线取得备用电源。当一台变压器停止运行，另一台变压器或低压联络线应能满足车间主要负荷的用电。车间变电所应采用户内式。制酸和制盐车间的变电所，不应设置在溶液槽的楼板下，应避免酸、碱溶液的管道从变压器室上部或通风窗一侧通过。

13.0.2 反应窑及其给料机械，宜集中在窑前操作。

13.0.3 反应窑的排风机、洗涤塔的给水泵、氢氧化铝溶解槽和石膏中和搅拌槽等装置的低压电源，应设置备用电源自动投入装置。

13.0.4 反应窑的负压风机和助燃一次风机与炉前的煤气阀门，应联锁控制，并应符合下列规定：

1 在煤气点火前，应先开动负压风机和助燃一次风机。

2 当负压风机突然停止运转时，应立即关闭炉前两个煤气阀，并应打开炉前放散阀。

13.0.5 合成氟化钠冒罐检测报警时，应立即联锁停止加料和搅拌。

13.0.6 电气设备防护等级，应按环境特征选择，并应符合下列规定：

1 制酸、制盐车间的腐蚀性场所应采用IP65，并应满足防腐要求。

2 多尘场所宜采用IP54。

3 高温场所应采取隔热措施。

13.0.7 制酸、制盐车间的配线，应采用塑料外护层铜芯电缆和加盖的防腐型桥架。局部敷设可穿硬塑料管埋设。

14 稀有金属冶炼厂车间电力设计

14.0.1 本章适用于铍、锂、锆、铪、稀土、钽、铌等稀有金属冶炼厂车间电力设计。

14.0.2 各种金属的主要生产车间，应设置车间变配电所。变配电所的位置应避开腐蚀严重和多尘的场所，并应尽量靠近负荷中心。配电室的地面，应高出车间地面100mm～200mm。

14.0.3 稀有金属冶炼厂宜设一座高压配电室，放射式向各主要车间馈电。车间宜采用单台变压器。并从相邻车间取得低压联络线，联络线的负载能力应满足主要生产设备的用电。

14.0.4 厂区电力线路的主干线，宜采用电缆桥架敷设。由电缆桥架引出的支线，一般采用电缆穿管暗设。

14.0.5 湿法冶炼车间的配电线路和控制线路，均应采用电缆桥架敷设，电缆桥架至用电设备处宜采用电缆穿厚壁塑料管敷设。电缆桥架应选用防腐型。

14.0.6 湿法冶炼车间应按工段设置单元控制室。配电设备和控制设备应设置在控制室内。现场应设防腐型控制按钮、开关或采用防护等级较高的工程塑料防腐型密闭箱体。

14.0.7 湿法冶炼车间照明宜选用少盏数、大功率的防腐型灯具，并集中控制。

14.0.8 湿法冶炼车间的接地系统，应有良好的电气连接和可靠的防腐措施，并应便于检修。

14.0.9 干燥器、干燥窑、干燥塔等高温区域内敷设的配电线路应为耐高温电缆。

14.0.10 氧化铍转管炉应采用晶闸管调功器进行温度控制。控制柜必须安装在与管炉间相邻的控制室内。控制室和管炉间应设玻璃隔断，并应密封，控制室应设正压通风。

14.0.11 铍火法冶炼车间的熔炼电弧炉和锆炭化电弧炉，宜设电极升降自动调节器，控制台安装在控制室内。锆炭化电弧炉的电极提升装置应设应急电源。

14.0.12 电弧炉车间的照明灯具应选用防尘型，宜采用高瓦数、少盏数的局部照明方式。

14.0.13 萃取槽的搅拌设备，应采用变频调速。萃取区应设置36V局部照明灯。

14.0.14 锆和稀土煅烧设备，应采用计算机装置对多参数实行综合程序控制。

14.0.15 钽金属的钠还原炉冷却水断水时，应自动断电并发出信号。

14.0.16 各生产车间均应根据需要设置检修开关箱。湿法冶炼车间应选用密闭防腐型检修开关箱。

14.0.17 存放和掺和易燃、易爆有机溶剂的原料库、生产工序、生产过程中有粉尘产生的车间的电气设计，应符合现行国家标准《爆炸和火灾危险环境电力装置设计规范》GB 50058 的有关规定。

15 硬质合金厂车间电力设计

15.0.1 本章适用于硬质合金厂的还原、制粉、压制、烧结、深加工及辅助车间电力设计。

15.0.2 硬质合金厂各主要车间应设车间变电所，大、中型硬质合金厂的车间变电所应设两台或以上变压器，变压器电源应取自不同母线段，低压侧设母联开关。当一台变压器停止运行时，另一台变压器应能负担车间主要负荷。当电源受限制时，小型硬质合金厂的车间变电所，也可仅设一台变压器，但应设低压联络线，当变压器停止运行时，联络线宜能负担车间主要负荷。

15.0.3 还原及烧结车间的大型用电设备，宜采用放射式一级配电，其余用电设备宜采用干线式或混合式配电。配电线路宜选用电缆沿电缆桥架敷设方式，若条件不允许时，也可采用其他敷设方式。

15.0.4 还原炉及烧结炉的各温度带的电加热元件，应分别配电，各温度带的单相负荷和车间内其他同类型单相负荷，应在各相均匀分配，使车间的三相负荷尽量平衡。

15.0.5 还原炉及烧结炉均应按炉设置配电控制柜，配电控制柜宜安装在与炉体设备毗邻的可直接观察炉体设备的控制室内。配电控制柜应能对还原炉或烧结炉各温度带的温度按工艺要求进行独立控制和调节。

15.0.6 还原炉及烧结炉的温度调节，当加热元件采用镍铬丝材料时，宜采用晶闸管调功器；采用钼丝材料时，应采用晶闸管调压器。

15.0.7 当采用晶闸管调功器，特别当调功器所控制设备较多时，应合理配置设备负荷，使变压器留有一定富余量，避免造成较大的电压波动。或将照明回路和一些对电压波动较敏感的设备接于另一台变压器。

15.0.8 烧结炉、碳化炉、中频炉等的冷却水系统，应采用双电源供电。若受条件限制并经过技术经济比较，可采用 EPS 电源供电。

15.0.9 垂熔炉变压器宜设置在垂熔炉近旁。

15.0.10 冷、热等静压机的配电及控制设备应安装于近旁的专用控制室内。专用控制室与设备机房之间的观察窗口应选用高强度抗异物冲击玻璃。

15.0.11 多管还原炉的推舟机及其炉门，宜采用计算机装置进行控制。推舟机的机械过负荷开关动作时，应停止推舟机并发出声光报警信号。

15.0.12 原料混合或制粒间的通风机，应能在通风机房和生产设备旁两地控制。通风机房应装设控制按钮及检修安全开关；生产设备旁亦应装设控制按钮及能正确反映通风机工作状态的指示灯或仪表，设备发生故障时应有声光报警信号。

15.0.13 含有导电合金粉末的生产车间的现场配电、照明、控制、检修箱，应采用防护等级不低于 IP54 的箱体。

15.0.14 中频炉供电设备宜选用成套静止变频器。

15.0.15 为中频炉配电的低压母排 N 线宜与相线同截面，配电线路中的 N 线应与相线同截面。

15.0.16 在还原炉、中频炉、振动筛、舟台等处宜设局部照明灯。

15.0.17 以氢气作为还原和养护的车间屋顶自然通风器的金属外壳，应不少于两点与屋面避雷带连接。

15.0.18 当以氢气作为还原和养护的车间内，无氢气回收、有明火、墙面安装有强排风机，屋顶孔洞安装自然通风器时，除强排风机、氢气报警装置的回路按现行国家标准《爆炸和火灾危险环境电力装置设计规范》GB 50058 的有关规定执行外，其余可按常规车间配电。

15.0.19 存放和掺和易燃易爆有机试剂的原料库、原料制备车间，以氢气作为还原和养护且有氢气回收装置，无明火的车间，氢气制备、氢气回收及净化车间的电气设计，应符合现行国家标准《爆炸和火灾危险环境电力装置设计规范》GB 50058 的有关规定。

16 半导体材料厂车间电力设计

16.0.1 本章适用于半导体硅、锗和化合物材料生产厂的多晶、单晶及片加工生产车间电力设计。

16.0.2 三氯氢硅合成炉和多晶硅氢还原炉的高压启动设备仅在启动时短时工作，可不参与负荷计算和无功功率补偿计算。

16.0.3 三氯氢硅合成炉工频感应线圈的计算，宜采用实验曲线法，计算方法见本规范附录 G。

16.0.4 三氯氢硅合成、精馏提纯、四氯化硅氢化、氢还原及尾气回收装置等控制系统的电力设计，应与仪表专业统一考虑，使控制检测装置协调一致。电控及仪表监测设备应集中安装在同一控制室内。控制室应正压通风。

16.0.5 多晶硅氢还原炉的高压启动设备或硅芯预热装置，常压供电设备和切换开关，可集中安装在同一电气室内。当采用充油式供电设备时，其防火要求应符合本规范第 3.8 节的有关规定。

16.0.6 多晶硅氢还原炉电气室，应与多晶硅氢还原炉室相毗邻，两室之间严禁开设门窗及其他孔洞，电源线穿越墙和楼板的地方应进行严密封堵，与电气室无关的管道严禁通过电气室，必须通过时，应采取隔离措施。

16.0.7 多晶硅氢还原炉的控制室与电气室之间，应设置便于联系的通道。

16.0.8 多晶硅氢还原炉用硅芯生产时，在控制室、电气室和多晶硅氢还原炉室，均应设置声光信号。电气室应装设有电气联锁的安全门，门上应设标志灯，高压启动前应有报警信号并自动锁门，高压启动后自动解除。

16.0.9 当单晶和多晶车间的主要用电设备为单相负荷时，供电变压器的中性线截面应与相线截面相同，供电变压器的接线组别，应采用D，yn11。

16.0.10 每台单晶炉和区熔炉附近，均应设开关箱，箱内应设向主回路和控制回路供电的刀开关及一定数量的检修插座。

16.0.11 单晶炉、区熔炉及物理测试仪表，应由同一台变压器供电；物测室的供电电源尚应采取稳压措施。

16.0.12 高频区熔炉和外延生长炉，均应装设电源滤波器，并应符合下列规定：

1 滤波器应安装在屏蔽室外墙上便于接线的地方。

2 滤波器外壳接地和屏蔽室接地应共用一套接地装置。

3 接地装置应采用镀锌铜板制作，其面积宜为 $1m^2$～$2m^2$，厚度宜为5mm。

4 镀锌铜板应立埋于地下，上端距地面不应小于2m。

5 接地线的长度严禁小于1/4工作波长或1/4工作波长的奇数倍。

16.0.13 未装设屏蔽设施的区熔室内，由滤波器至用电设备的线路，应进行屏蔽。

16.0.14 每台区熔炉均应设置一个独立的槽路接地装置，该装置应设置在区熔炉的地下距槽路最近的地方。接地装置的形式和要求应符合本规范第16.0.12条第3款、第4款的规定。

16.0.15 氢还原炉、单晶炉、区熔炉和外延炉，当冷却水断水时，应切断电源并应有信号显示。

16.0.16 物测室的电源进线处，应装设电源滤波器；电源滤波器外壳与屏蔽室接地应共用一套接地装置，并一点接地。接地装置的形式和要求应符合本规范第16.0.12条第3款、第4款的规定。

16.0.17 物测室的电力和照明电源，均应从滤波器后引接，物测室的照明光源宜采用白炽灯。

16.0.18 穿越屏蔽室的电力、照明线路，在屏蔽室内均应采取屏蔽措施。线路的保护管或波导管在穿越处均应与屏蔽网（板）做环路连续焊接。

16.0.19 单晶车间、区熔室、物测室及片加工生产的电力设计，除应符合本章规定外，尚应符合现行国家标准《洁净厂房设计规范》GB 50073的有关规定。

17 公用设施电力设计

17.1 空气压缩机站

17.1.1 大中型冶炼厂供给主要生产用气的空气压缩机站，宜由两回线路供电，每回线路的容量应能满足全部负荷用电。供给非主要生产用气的空气压缩机站和小型冶炼厂的空气压缩机站，可采用一回线路供电。

17.1.2 高压电动机驱动的空气压缩机，台数较多时，宜在空气压缩机站设置高压配电室，台数较少时，可由附近高压配电室以放射式供电。电动机旁均不另设操作断路器。

17.1.3 附设在空气压缩机站的变（配）电所位置设置，应不受后续扩建影响，并根据后续扩建的时间、设备容量及数量相应预留供电容量及位置。

17.1.4 高速涡轮空气压缩机，当设有两台交流传动润滑油泵时，油泵电源应取自不同母线段，并应装设备用油泵自动投入装置；仅设有一台交流传动油泵时，应由双电源供电，并设置自动切换装置。当设有备用直流传动油泵时，直流传动油泵应由蓄电池供电，且交流传动油泵断电后直流传动油泵应能自动投入。

17.1.5 空气压缩机站除应设置空气压缩机厂规定的各种事故信号外，尚应设置循环冷却系统故障信号。

17.1.6 空气压缩机站附设的变（配）电所、控制室，应采取防震降噪措施。控制室设置宜考虑便于观察空气压缩机站内部设备运行。

17.2 水 泵 站

17.2.1 不同用途的水泵站，应根据其负荷分级，采用单电源或双电源供电。特别重要的一级负荷水泵站，必须设应急电源或柴油驱动的水泵备用机组。重要的水泵站，应设置备用电源自动投入装置。直接供给重要生产用水的水泵机组，无高位调节水池时，应设置自动启动或备用机组自动投入装置。

17.2.2 串联的几个水泵站、水源泵站、深井泵站群，应按供水系统分组的要求及重要程度，采用一回或多回架空干线供电。

17.2.3 水泵宜采用放射式配电，当采用单母线分段接线时，同一用途互为备用的水泵，应分别接在不同母线段上。

17.2.4 水泵站的高、低压配电装置宜集中配置在专用的配电室内。布置在泵房内的配电装置和电控设备应有防滴防溅措施，其防护等级不应低于IP24，配电装置基础应高出地面200mm。机组启动控制设备集中配置时，应与机组对应配置；分散配置时，不应安装在机组进、出水管道的一侧。

17.2.5 水管系统复杂的大型水泵站，当闸阀采用电动操作时，宜采用计算机控制系统，并应设置机旁控制箱。

17.2.6 控制室的位置，宜使操作者观察到水泵机组的运行情况。控制室的地面应高出泵房地面200mm。

17.2.7 需要调速的水泵，对6kV、10kV电动机宜采用变频调速，660V及以下电动机应采用变频调速。

17.2.8 有冷却塔的大中型水泵站，变（配）电所应布置在冷却塔的上风向。

17.2.9 深井泵站群或串联供水的多级泵站，宜采用集中遥控、遥信、遥测。

17.3 发生炉煤气站

17.3.1 煤气站各生产车间爆炸和火灾危险等级的划分，应符合下列规定：

1 主厂房贮煤层为封闭建筑，且煤气发生炉的加煤机与贮煤斗连接时，属2区爆炸危险环境，当符合下列任一情况时，属22区火灾危险环境：

1）贮煤斗内不可能有煤气漏入时；

2）贮煤层为敞开或半敞开建筑。

2 主厂房底层及操作层属无爆炸危险环境。

3 煤气排送机间及煤气净化设备区属2区爆炸危险环境。

4 焦油泵房、焦油库属21区火灾危险环境。

5 煤场属23区火灾危险环境。

6 受煤斗室、破碎筛分间、运煤皮带廊属22区火灾危险环境。

7 煤气管道的排水器室属2区爆炸危险环境。

17.3.2 主厂房、煤气排送机间、空气鼓风机间、煤气净化设备和运煤系统等处，均应设检修照明；在控制箱处设局部照明。

17.3.3 主厂房、煤气排送机间内各设备的操作岗位处和控制室、煤气防护站、主厂房的通道处，应设应急照明。

17.3.4 煤气站应设调度电话，热煤气炉及小型煤气站可仅设行政电话。

17.3.5 煤气站宜采用两回线路供电，线路应取自不同的母线段。煤气站的配电方式应采用放射式。

17.3.6 煤气站的保护、启动设备宜集中安装在配电室内。无爆炸危险环境中的保护、启动和控制设备，宜采用防尘式。

17.3.7 采用电气净化煤气，当电滤器出口煤气压力低于规定的下限值时，应自动切断相应的整流装置电源，并应有声光报警信号。

17.3.8 煤气排送机与空气鼓风机，应设置下列联锁：

1 空气鼓风机启动后，低压煤气总管的压力上升到规定值时，方可启动煤气排送机。

2 空气鼓风机停车或低压煤气总管内的压力降低到规定的下限值时，煤气排送机应立即自动停车。

3 正常停车顺序为先停煤气排送机，后停空气鼓风机。

17.3.9 煤气站运煤系统，宜采用局部集中联锁控制或联锁分散控制；比较复杂的运煤系统采用计算机装置在控制室集中联锁控制。

17.3.10 煤气站贮煤仓与相应的供煤点宜设置联系信号。

17.3.11 煤气站的配电线路应采用塑料绝缘铜芯线穿钢管敷设。

17.3.12 煤气站主厂房操作层、底层、排送机房和鼓风机房的照明宜采用两回线路供电，线路应取自不同的母线段。

17.3.13 煤气站的电力设计除应符合本规范外，尚应符合现行国家标准《发生炉煤气站设计规范》GB 50195及《爆炸和火灾危险环境电力装置设计规范》GB 50058的有关规定。

17.4 氢 气 站

17.4.1 氢气站的电气设计应符合现行国家标准《氢气站设计规范》GB 50177的有关规定。

17.5 氧 气 站

17.5.1 本节适用于有色金属冶炼厂新建、改建、扩建的氧气站工程设计。

17.5.2 大中型冶炼厂供给主要生产工艺的氧气站，应由两回线路供电，每回线路的容量应能满足全部负荷用电。供给非主要生产用气的小型氧气站可采用一回线路供电。

17.5.3 大型制氧主电动机启动时各级配电系统电压降应符合本规范第7.3.1条的要求。

17.5.4 冶炼厂氧气站宜设置高压配电室，高压配电室应采用单母线分段。高压配电室应考虑后期扩建要求。

17.5.5 大中型冶炼厂氧气站应设置两台配电变压器，每台变压器容量能满足主要生产负荷用电，两台变压器电源应分别由高压不同母线段供电，低压应采用单母线分段。

17.5.6 对互为备用的冷水泵和压缩机润滑油泵等，应由电源不同母线段分别供电，并设置备用泵自投装置。

17.5.7 对由多支电阻丝组合的电加热器，当由一个低压断路器引出多于一回路电缆，分别向分支电阻丝供电，应校核该分支电阻器回路短路时，供电断路器的短路保护灵敏度。

17.5.8 应在氧气站控制室和机旁分别设置制氧压缩机主电机紧停按钮。

17.5.9 液氧泵、液氮泵等机旁操作箱位置，应设置在低温液态系统泄漏时，低温液态物质不能喷射到的地方。

17.5.10 积聚液氧、液空的各类设备，氧气管道应有导除静电的接地装置，接地电阻不应大于10Ω。

17.5.11 氧气站电测量仪表设置及氧气站露天设置的氧气罐、空分塔的防雷，应按现行国家标准《电力装置的电测量仪表装置设计规范》GB/T 50063及

《建筑物防雷设计规范》GB 50057 的有关规定执行。

17.6 实验室和化验室

17.6.1 实验室与化验室宜采用干线式配电，并应沿干线配备足够数量和容量的接电点。配电干线的截面除满足设计用电负荷外，尚应考虑设备的变动，适当加大截面。

17.6.2 实验室与化验室每一房间的动力电源，宜装设总进线开关。单相用电设备应适当分配，使三相负荷尽量平衡。但对于经常出现较大尖峰电流，影响某些对电压要求较高的设备精度时，宜由实验室、化验室总进线处引独立线路供电。

17.6.3 实验室与化验室内的配电系统接地形式，应采用 TN-S 系统，应设置等电位连接。

17.6.4 实验室与化验室应采用带保护接地插孔的插座，根据需要，也可配备少量两孔插座。所有插座回路应由具有漏电保护的专用回路供电。

17.6.5 插座一般只应作隔离电源用，由插座供电的电动机回路应设操作开关。1kW 以下的电阻炉，当插座额定电流大于电阻炉额定电流的 1.5 倍时，可不设操作开关。

17.7 充 电 站

17.7.1 本节适用于蓄电池车、蓄电池铲车牵引用铅酸蓄电池和启动用铅酸蓄电池充电站。

17.7.2 蓄电池充电用直流电源，应采用晶闸管整流设备。整流设备不应设置在充电间内。

17.7.3 充电站（间）应通风良好，当自然通风不能满足要求时，应采用机械通风，每小时通风换气次数不小于 8 次。

17.7.4 充电站（间）门窗、墙壁、天棚、地面、金属管道及构架应作耐酸处理。地面应能耐酸，并应有适当的坡度及排水设施。室内及地下，不应有无关沟道及管线通过。

17.7.5 充电站的配电线路，应采用铜芯导线或电缆，宜穿塑料管明设或塑料护套电缆沿配线桥架明敷，不宜采用埋地和电缆沟敷设。

17.7.6 整流设备应根据蓄电池组容量、数量和充电方式选择，并符合现行国家标准《通用用电设备配电设计规范》GB 50055 的有关规定。

17.8 静电滤清器电源装置

17.8.1 本节适用于有色金属冶炼厂烟气净化、烟尘回收静电滤清器（以下简称电滤器）电力设计。

17.8.2 大中型重有色金属冶炼厂的电滤器电源装置按二级负荷要求供电。

17.8.3 电滤器电源装置应采用晶闸管自动调压的高压硅整流装置。

17.8.4 电滤器宜采用一台整流装置带一个电场的供电方式。对并联位置对应、工况相同的两电场，当单个电场电流较小时，也可采用一台整流装置带两个电场的供电方式。

17.8.5 重有色金属冶炼厂，电滤器整流装置的整流变压器优先采用户外式。当整流装置的整流变压器采用户内安装时，每一生产系列宜设置一台备用整流装置。

17.8.6 单相交流电源的整流装置宜均匀分配，使三相负荷尽量平衡。

17.8.7 户内式整流装置宜靠近电滤器，整流装置室内每套整流装置的整流变压器和三点式（或四点式）转换开关应设单独整流隔间，并应在整流隔间之间设置高压直流联络母线，控制柜宜按生产系列分组集中配置。整流设备的控制屏，应装设在整流隔间外附近的地方。

17.8.8 户内整流装置台数较多时，可将每台装置的控制开关、主要检测仪表和运行信号等装设在控制室内集中控制和监视。

17.8.9 户外式整流装置的变压器应装设在电滤器上，并就近设置控制室，控制柜在控制室内宜按生产系列分组集中配置。

17.8.10 整流设备因故障停电时，值班室应有声光信号。

17.8.11 整流装置室内操作维护通道的宽度，应符合下列规定：

1 整流隔间前的操作通道宜为 2000mm～2500mm。

2 控制柜前操作通道不应小于 1500mm。

3 整流隔间与控制屏间的通道不宜小于 2000mm。

4 控制柜与墙之间的维护通道宜为 1000mm～1200mm。

5 每一系列控制柜之间的距离宜为 1200mm～2000mm。

17.8.12 户内式整流装置负极与电滤器阴极（电晕极）之间的连接，应采用专用的高压电缆。高压电缆宜经过装设在电滤器进线箱上的高压整流隔离开关，接至电滤器阴极。

17.8.13 每台整流装置正极与电滤器阳极（收尘极）之间的连接宜采用两根截面不小于 $25mm^2$ 的铜导体。

17.8.14 在电滤器操作层上明设的管线距电滤器高温表面不应小于 200mm。每台整流装置的配电线路和控制线路，以及不同整流装置的线路，均应分开敷设，不得共管共缆。

17.8.15 整流隔间的门及各电场围栏的门，均应装设安全开关，当门打开时，应能切断整流装置交流侧的电源。

17.8.16 电滤器阴、阳极保温箱的加热器，宜根据工艺要求，采用下列控制方式之一：

1 手动控制。

2 根据保温箱温度自动控制。

3 手动与自动相结合的控制。

17.8.17 电滤器阴、阳极振打有要求时，宜采用计算机装置自动控制。

17.8.18 电滤器阳极与整流装置正极应接地，接地电阻不应大于 4Ω。

17.8.19 直流 40kV～80kV 高压设备绝缘等级，不应低于工频 35kV 的绝缘等级。直流带电部分和外露导体间的各项电气净距，不应小于下列数值：

1 电部分至接地部分为 300mm。

2 电部分至网状遮拦为 400mm。

3 电部分至板状遮拦为 330mm。

4 遮拦裸导体至地面为 2600mm。

5 停电检修的无遮拦裸导体的水平净距为 2100mm。

6 套管至有人行通道的室外地面为 4000mm。

17.8.20 整流装置室的土建、通风、防火、通信，应符合下列规定：

1 应设两个出口，双层布置时，应设两个楼梯，当整流装置布置长度超过 60m 时，应增加一个出口或楼梯。

2 净高不应小于 4.5m。

3 高压设备围栏门应设置连锁开关。

4 室内宜设检修场地和相应的检修设施。当整流装置超过 12 台时，检修场地应有吊芯设施。

5 门窗应采用防尘措施。

6 室内温度超过 35℃时，应通风降温（进风需加过滤），对环境灰尘较大的场所，可采用空气制冷机实行空气内循环降温防尘。采暖地区应采暖。

7 建筑物耐火等级不应低于二级。

8 控制室内应设有电话。

9 室内灭火设施的设置，应符合现行国家标准《建筑灭火器配置设计规范》GB 50140 的有关规定。

17.9 大中型风机

17.9.1 本节适用于具有润滑装置、冷却装置、各种检测元件的大中型风机。

17.9.2 大中型风机的电压等级、调速方式应通过技术经济比较确定。

17.9.3 带有润滑装置的高速风机，备用润滑油泵用交流电动机驱动时宜采用应急电源供电，备用润滑油泵用直流电动机驱动时宜采用蓄电池供电。

17.9.4 应设置风机制造厂所要求的保护装置及联锁：

1 风机电机与润滑油泵联锁。

2 轴承温度过高信号及轴承温度超过极限时停止风机的联锁。

3 电动机的定子绕组温度过高信号。

4 风机轴向位移信号以及位移过大时使风机停车的联锁。

5 当润滑油采用水冷时，应设有水流或水压信号，并宜设置监视油压高于水压的差压信号。

6 当可能发生喘振时，应设置相应的电气保护。

17.9.5 控制系统应装设的其他保护及联锁：

1 电动机的继电保护，应符合本规范第 3.6 节的有关规定。

2 风机与进、出口风门位置的联锁。

3 当采用液力偶合器调速时，风机与液力偶合器的联锁。

4 风机的主电动机应与其辅机系统之间设置满足安全运行的联锁。

附录 A 有色金属冶炼厂一级负荷用电设备表

表 A.0.1 一级负荷用电设备表

工厂名称	车间设备名称	备 注
重有色金属冶炼厂	转炉倾炉电动机	当有其他倾炉设施时，可降为二级负荷
	大型铅鼓风炉、铅锌密闭鼓风炉、锌精矿焙烧炉的鼓风机	—
	大型锌电解液循环泵和电解槽	电解槽的一级负荷按系列电流 15%～20%计算
	挥发窑和窑身长、窑温高的干燥窑传动电动机	当有其他盘车设施时，可降为二级负荷
	圆筒干燥机、回转窑等事故转动和紧急润滑油泵	—
	大型高速涡轮机械的循环油泵、供水系统	当有符合要求的高位水池、油槽时，可降为二级负荷
	烟化炉、转炉、沸腾焙烧炉、密闭鼓风炉、反射炉的冷却水套和水壁供水系统的水泵以及大型高速鼓风机的循环冷却水泵	当有符合要求的高位水池或水塔时，可降为二级负荷
	奥托昆普闪速炉、合成闪速炉等大型冶金炉的冷却水套供水系统的水泵及事故保温用供油、供风设施	—
	大型冶炼厂熔炼车间起重机、锌电解车间起重机	熔炼车间起重机是指吊熔包的主起重机

续表 A.0.1

工厂名称	车间设备名称	备　注
重有色金属冶炼厂	基夫赛特炉的冷却水套给水泵	—
	顶吹炉的事故供油、事故供风、喷枪卷扬机、喷枪吊车、炉顶加料机、保温烧嘴等设施	—
	电炉的短网导电铜管和电极夹持器械的冷却水供水系统、电炉的提升系统	—
	大型高速电动机的冷却水供水系统和循环油泵	—
	高压容器搅拌密封装置	—
	大型高浓度釜、槽的搅拌装置	—
	大型冶炼厂计算机控制系统	—
氧化铝厂	大型高速涡轮空气压缩机的循环油泵	当有高位油槽时，可降为二级负荷
	焙烧回转窑辅助传动电动机	当有其他盘车设施时，可降为二级负荷
	焙烧排烟机	—
	赤泥沉降搅拌器耙机	—
	供给种子分解槽、料浆搅拌用的空气压缩机	—
	供给种子分解槽、碳酸化分解槽、料浆搅拌槽的机械搅拌装置	小型回转窑，当有盘车设施时，可降为二级负荷
	焙烧回转窑主传动电动机、辅助传动电动机和排风机	当有高位油槽时，可降为二级负荷
	赤泥输送泵	小型厂可降为二级负荷
	生产用锅炉的送风机、吸风机、排粉机、给矿机、给水泵、直吹式制粉系统的磨煤机	—
铝电解厂	电解槽等直流用电设备及整流所用电设备	包括铝精炼电解负荷
	电解车间的多功能机组及起重机	—
	大型电解槽阳极（阳极框架）提升机	—
	电解车间的槽控箱	—
	空压机站、铸造车间及其循环水泵	—

续表 A.0.1

工厂名称	车间设备名称	备　注
镁钛厂	镁电解槽等直流用电设备及整流所用电设备	—
	镁电解车间起重机	
	氯压机	
	净气排烟机	
	沸腾氯化浓密机	
	钛还原蒸馏车间真空泵	
炭素厂	煅烧回转窑传动电动机	—
	环式焙烧炉排烟机	—
	罐式煅烧炉和电煅烧炉排料装置冷却水套供水系统	当有高位水池时，可降为二级负荷
	车底式焙烧炉冷却水系统	—
全厂性公用设施	大型锅炉（含余热锅炉）给水泵及强制循环水泵，余热锅炉的炉顶事故排空阀	—
	自备电厂（含余热电站）凝结水泵和循环水泵	—
	重要连续生产线的计算机和自控仪表的电源	—
	全厂生产用水泵	小型厂为二级负荷
	余热锅炉的供水系统，给水泵和循环泵，化学水处理站	—
	电厂及变（配）电所的控制电源	—
	气动仪表气源设备的电源	有储气罐可降为二级负荷
硬质合金及稀有冶炼厂	烧结炉、碳化炉、中频炉等冷却水系统供水泵	当有自流冷却水箱时，可降为二级负荷

注：一级负荷中特别重要的负荷见本规范第 3.1.1 条。

附录 B　有色金属冶炼厂三级负荷用电设备表

表 B.0.1　三级负荷用电设备表

工厂名称	车间设备名称
有色金属冶炼厂	试验室用电设备
	化验室用电设备

续表 B.0.1

工厂名称	车间设备名称
有色金属冶炼厂	机修、电修设施用电设备
	仓库
	宿舍区多层住宅楼公用电
	工厂生活福利设施用电

附录 C 整流机组继电保护整定计算

C.0.1 第一套为瞬动过电流保护，须躲开变压器的励磁涌流，并应按大于变压器的额定电流整定，且不必考虑继电器的返回系数。继电器的动作电流应按下式进行计算：

$$I_{dz}=K_k\cdot K_{jx}\frac{I_{le}}{K_{eb}} \qquad (C.0.1)$$

式中：K_k——可靠系数，取 1.5～3；

K_{jx}——接线系数，当继电器接于相电流时，$K_{jx}=1$；

K_{eb}——电流互感器变比；

I_{le}——变压器一次侧额定电流；

I_{dz}——继电器动作电流。

C.0.2 第二套为延时过电流保护，继电器的动作电流应按式（C.0.1）进行计算，但可靠系数 K_k 取 1.1～1.5，延时整定值取0.3s～0.5s，并应计及继电器返回系数；同时应有合闸后能将延时取消的装置。保护装置的灵敏系数应按下式进行计算：

$$K_{Lm}=\frac{I_d}{K_{eb}\cdot I_{dz}} \qquad (C.0.2)$$

式中：I_d——对第一套保护应取第二套保护用电流互感之前的两相短路电流值；对第二套保护取整流变压器一组二次绕组的两相短路电流；且按调压变压器实际所在的无励磁调压段的最低调压级和在系统最小运行方式下的短路容量进行计算。

C.0.3 第一套保护装置的灵敏系数 K_{Lm} 不应小于 2；第二套保护装置的灵敏系数 K_{Lm} 不应小于 1.5。若第二套保护不能满足灵敏系数要求时，则应根据调压级的情况，降低第二套保护的整定值。

附录 D 整流机组短路阻抗计算

D.0.1 在计算整流器二次侧短路电流时，一般取本变压器的额定容量作基准容量，额定电压作基准电压。当整流变压器运行在低于额定二次电压时，其短路阻抗电压百分值应按以下方法进行换算：

1 采用“自耦调压变压器（简称调变）——整流变压器”的组合方式时，调变的短路阻抗百分值可不经换算（由制造厂提供所在调压级的短路阻抗百分值），而整流变压器的短路阻抗百分值由于实际运行电压与额定电压有差异，当折算至调变一次侧时，应按下式计算：

$$V_{dz*}=V_{de*}\left(\frac{V_{le}}{V_1}\right)^2 \qquad (D.0.1\text{-}1)$$

式中：V_{dz*}——整流变压器实际运行电压与选定的短路方式时相对短路阻抗电压百分值；

V_{de*}——整流变压器在选定短路方式下，以额定参数为基准的相对短路阻抗电压百分值；

V_{le}——整流变压器一次电压额定值（V）；

V_1——整流变压器一次电压实际运行值（V）。

2 采用一次侧抽头调压、△-Y 倒换调压或采用主调合一第三线圈调压方式时，由于制造厂给出的整流变压器短路阻抗电压百分值，是以各调压级下的运行容量及额定一次电压作为基准，因此整流变压器在选定短路方式下的计算短路阻抗电压百分值按下式换算：

$$V_{dz*}=V_{ds*}\left(\frac{S_e}{S}\right) \qquad (D.0.1\text{-}2)$$

式中：V_{ds*}——整流变压器在选定短路方式下和实际调压级数相对的短路阻抗电压百分值，该值以实际运行容量 S（kV·A）为基准；

S_e——整流变压器额定容量（kV·A）；

S——整流变压器实际运行容量（kV·A）。

3 整流变压器二次绕组为两组及以上时，以变压器二次侧绕组引出的套管组数为准或以连接整流器的台数为准，通常以一组二次绕组为选定的短路方式，制造厂给出的短路阻抗电压百分值，往往为全部或几组二次绕组同时短路的数值，此时应予换算，或向制造厂索取选定短路方式的有关数据。

附录 E 三氯氢硅合成炉工频感应线圈计算

E.0.1 根据设备及工艺专业提供的条件，确定感应线圈及炉筒的几何尺寸，炉筒的加热面积可按下式进行计算：

$$F=\pi Dh \qquad (E.0.1)$$

式中：F——炉筒的加热表面积（m^2）；

D——炉筒的外径（m）；

h——线圈绕制高度（m）。

E.0.2 炉筒发热表面的单位面积功率，可按下式进行计算：

$$\Delta P=\frac{P}{F} \tag{E.0.2}$$

式中：ΔP——炉筒发热表面的单位面积功率（kW/m^2）；

P——加热所需总功率（kW）。

E.0.3 线圈匝数可按下式进行计算：

$$W=\frac{VA}{\pi D} \tag{E.0.3}$$

式中：W——线圈匝数（T）；

A——系数，根据图E.0.1的 $\Delta P=f(A)$ 曲线查得；

V——电源电压（V）；

D——感应线圈的平均直径（m）。

E.0.4 线圈电流可按下列公式进行计算，并取两种计算结果的较大值：

1 按加热功率计算：

1）三相电流：

$$I=\frac{P}{\sqrt{3}V\cdot\cos\phi} \tag{E.0.4-1}$$

2）单相电流：

$$I=\frac{P}{V\cdot\cos\phi} \tag{E.0.4-2}$$

式中：I——线圈电流（A）；

V——线圈电压（kV）；

$\cos\phi$——功率因数，取0.5～0.75。

2 按安匝数校验：

$$I=\frac{aW_{o}h}{W} \tag{E.0.4-3}$$

式中：aW_{o}——单位长度的安匝数（AT/m），根据图E.0.4的 $\Delta P=f(aW_{o})$ 曲线查得。

E.0.5 导线截面积可按下式计算：

$$S=\frac{I}{j} \tag{E.0.5}$$

式中：S——导线截面面积（mm^2）；

j——电流密度，铜导线可取3A/mm^2～4A/mm^2，铝导线可取1.5A/mm^2～2A/mm^2。

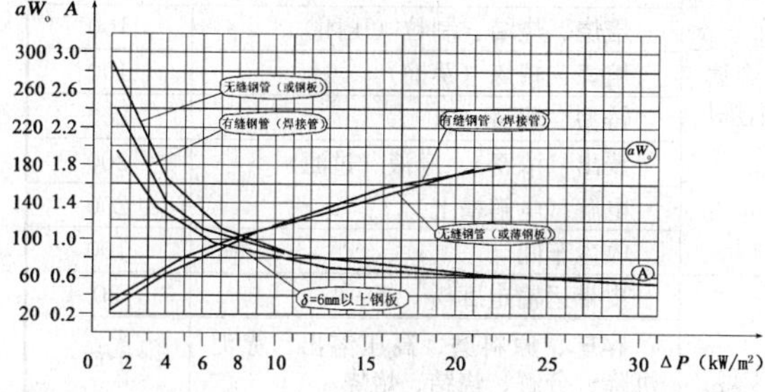

图E.0.4 $\Delta P=f(aW_{o})$、$\Delta P=f(A)$ 曲线

附录F 有色金属冶炼厂环境特征

表F.0.1 车间环境特征

冶炼厂名称	车间名称	环境特征
重有色金属冶炼厂	原料车间（包括精矿仓、精矿干燥、溶剂仓、溶剂、破碎、返料仓、返料破碎、制粒、筛分、磨矿、配料、混捏）	多尘
	焙烧、烧结、氧化还原车间、干燥室、挥发窑	多尘、高温、有腐蚀性气体
	精炼车间（包括鼓风炉、烟化炉、反射炉、顶吹炉、闪速炉、转炉、电炉熔炼、蒸馏、铸型、熔铸）	腐蚀性气体浓、粉尘多、温度高
	浸出、净液车间（湿法冶炼）	有腐蚀性气体、液体
	高压酸浸车间	高压酸浸车间温度高
	制酸车间、电解精炼、电解沉积、电积、造液工段	有腐蚀性气体、液体
氧化铝厂	原矿仓、原矿破碎工段、碎矿堆场、石灰炉、原料磨饲料室、熟料中碎、烧结和焙烧工段、氧化铝包装室、锅炉房	多尘
	碱粉仓	多尘有碱腐蚀
	焙烧回转窑走廊	高温
	料浆仓、烧结饲料室、原料磨厂房、高压溶出、熟料溶出、赤泥分离洗涤、脱硅、叶滤、分解过滤、蒸发等工段、氢氧化铝仓、循环冷却塔、地下运输廊	潮湿有碱腐蚀
	压缩空气站、压缩二氧化碳站、水泵房	正常环境
铝电解厂	电解厂房	轻微腐蚀、高温、多尘、有电化腐蚀
	电铸车间	局部地段高温、有氧化腐蚀
	氧化铝贮槽	多尘
	干法净化	多尘
	湿法净化	轻微腐蚀
	通风机室、排烟机室、附属生活室	正常环境

续表 F.0.1

冶炼厂名称	车间名称	环境特征
镁钛厂	配料车间	多尘
	镁、钛熔炼室	多尘、高温
	镁氯化（竖式电炉生产）、电解槽间、氯压机室、净气室、铸锭室、钛氯化、还原蒸馏	氯气腐蚀
	镁酸洗、钛浸渍	潮湿、有酸气腐蚀
炭素厂	原料仓库、中碎配料、残极破碎、机械加工	多导电粉尘
	煅烧、焙烧、石墨化、阳极组装浇铸工段	高温、多导电粉尘
	浸焙、混捏工段、沥青熔化库	高温、有沥青烟气
	水压机及其泵房、压机辊道、成型冷却水槽	潮湿
	油压机、振动成型、液压站	油污
氟化盐厂	制酸车间、制碱车间、碱粉溶解库、硫酸库、氟氢酸库、酸碱泵房	潮湿有腐蚀
	萤石库、碱粉库、氢氧化铝库、成品包装和成品库、石灰和石膏仓及其运输系统	多尘
	石灰消化、石膏干燥	潮湿和多尘
	反应窑、干燥窑	高温
半导体材料厂	工业硅破碎、三氯氢硅合成上料部分	有粉尘
	液氯库、三氯氢硅合成、四氯化锗生成	有氯气和氯化氢气体
	三氯氢硅精馏提纯、还原尾气回收	有氯化氢气体、三氯氢硅和四氯化硅气体
	四氯化硅氢化、四氯化锗提纯	有氯化氢气体
	还原炉室、单晶室、区熔室、切片、磨片、抛光室、外延室、物理测试室	洁净
	氯化氢合成、三氯氢硅还原、四氯化锗氢还原、外延、粗锗区熔提纯、半导体化合物生产中的石英管封装	生产过程中有泄漏氢气的可能
	其他厂房	正常环境
硬质合金厂	还原车间、烧结车间	多尘、使用氢气
	混合料制备间	掺和有机试剂、有爆炸危险

续表 F.0.1

冶炼厂名称	车间名称	环境特征
硬质合金厂	氢气回收及净化间	生产过程中有泄漏氢气的可能
	铍冶炼间	铍及其化合物的粉尘、烟雾、蒸汽能引起人体多器官的急性或慢性中毒
	钴冶炼车间	砷钴矿和辉砷钴矿是自然界中的主要钴矿，含砷，剧毒。钴萃取工序有易燃易爆气体产生，铜钴矿等其他钴矿按正常环境考虑
发生炉煤气站	主厂房贮煤层为封闭式，且煤气发生炉的加煤机与贮煤斗连接时，煤气排送间、煤气管道的排水器室、煤气净化设备区	有爆炸危险
	贮煤斗不可能有煤气漏入，贮煤层为敞开式或半敞开式焦油泵房、焦油库、煤场受煤斗室、破碎筛分间、运煤皮带廊	有火灾危险
	主厂房底层机操作层	无爆炸危险

附录 G 有色金属冶炼厂一般照明照度标准

G.0.1 车间一般照明照度标准应符合表 G.0.1 的规定。

表 G.0.1 车间一般照明照度标准

冶炼厂名称	车间名称	最低照度 (lx)
重有色金属冶炼厂	溶剂及精矿仓	50
	破碎、筛分、磨矿、配料、混捏、干燥	100
	焙烧、烧结、制粒（压团）	100
	熔炼、精炼（蒸馏）	100
	铸型、熔铸	200
	浸出（浓密）、净液（过滤）	200
	电解（电解槽上）	200
	收尘车间	100
氧化铝厂	皮带运输走廊	30
	碎矿、原料磨、高压溶出、赤泥沉降、分解、烧结、焙烧	100
	石灰炉、熟料溶出、蒸发、赤泥过滤、洗涤、叶滤、氢氧化铝过滤、脱硅、成品包装处	150

续表 G.0.1

冶炼厂名称	车间名称	最低照度（lx）
氧化铝厂	氢氧化铝仓、熟料仓、碱粉仓	50
	回转窑走廊、分解槽顶露天走廊	15
铝电解厂	电解槽	200
	通风机室、排烟机室	100
	气体净化设施	100
	连接走廊	50
	铸造间 铸造机平台	150
	铸造间 线锭冷却平台	100
	氯化室	150
炭素厂	破碎及通风机室	50
	皮带运输走廊	30
	煅烧工段加料平台及操作平台	100
	煅烧工段排风机站	50
	配料工段中碎、磨粉及筛分层	100
	配料工段称料室	200
	混捏锅加料平台	100
	成型工段连续成型机、水泵站	150
	成型工段压机部	150
	焙烧工段轮窑焙烧室底部及清理电极地面	150
	焙烧炉巡检台	100
	浸焙部	100
	石墨化炉炉体	150
	石墨化炉炉头及炉尾通道	100
	机械加工部	150
	机械加工工段、收尘设备室	100
	沥青熔化库	100
	化验室原料制备室	100
	化验室焙烧、压力机室、沥青分析室及高温室	150
	化验分析室、天平室及物理测定室	200
氟化盐厂	制酸、制盐、石灰消化、石膏干燥车间各类泵房及萤石、碱粉、氢氧化铝拆包下料处、搅拌槽处	100
	成品包装处	150
半导体材料厂	工业硅破碎、筛分	75
	三氯氢硅合成	75
	三氯氢硅精馏提纯	150
	液氯库	75
	氧还原	500
	单晶、区熔	500
	桥测、包装室	500
	切磨室	300
	抛光片室	500
	外延室	500

续表 G.0.1

冶炼厂名称	车间名称	最低照度（lx）
公用设施	鼓风机站、空气压缩机站	150
	水泵房、风机室	100
	锅炉房、粉煤车间、煤气站操作层	100
	高（低）压配电室	200
	整流器冷却水热交换室	200
	主控制室、仪表室	300
	变压器室	100
	室外变压器间隔	30
	充电站、蓄电池室	100
	中心化验室	300
	化验间	300
	办公室、值班室	300
	走廊、楼梯间、电缆夹层	100
	设备仓库、备品备件库、五金库	100
	材料库、原料库、成品库	50

G.0.2 厂区露天场所和道路等一般照明照度标准应符合表 G.0.2的规定。

表 G.0.2 厂区露天场所和道路等一般照明照度标准

工作种类和地点		最低照度（lx）
露天工作	视觉要求较高的工作	100
	装卸工作	15
	露天堆场	5
道路和广场	主干道	5
	次干道	3
	厂前广场	10
站台		10
码头		15

本规范用词说明

1 为便于在执行本规范条文时区别对待，对要求严格程度不同的用词说明如下：

1） 表示很严格，非这样做不可的：
正面词采用“必须”，反面词采用“严禁”；

2） 表示严格，在正常情况下均应这样做的：
正面词采用“应”，反面词采用“不应”或“不得”；

3） 表示允许稍有选择，在条件许可时首先应这样做的：
正面词采用“宜”，反面词采用“不宜”；

4） 表示有选择，在一定条件下可以这样做的，采用“可”。

2　条文中指明应按其他有关标准执行的写法为："应符合……的规定"或"应按……执行"。

引用标准名录

《采暖通风与空气调节设计规范》GB 50019

《建筑照明设计标准》GB 50034

《小型火力发电厂设计规范》GB 50049

《供配电系统设计规范》GB 50052

《10kV及以下变电所设计规范》GB 50053

《低压配电设计规范》GB 50054

《通用用电设备配电设计规范》GB 50055

《电热设备电力装置设计规范》GB 50056

《建筑物防雷设计规范》GB 50057

《爆炸和火灾危险环境电力装置设计规范》GB 50058

《35kV～110kV变电所设计规范》GB 50059

《3kV～110kV高压配电装置设计规范》GB 50060

《66kV及以下架空电力线路设计规范》GB 50061

《电力装置的继电保护和自动装置设计规范》GB/T 50062

《电力装置的电测量仪表装置设计规范》GB/T 50063

《交流电气装置的过电压保护和绝缘配合设计规范》GB 50064

《交流电气装置的接地设计规范》GB 50065

《洁净厂房设计规范》GB 50073

《火灾自动报警系统设计规范》GB 50116

《建筑灭火器配置设计规范》GB 50140

《氢气站设计规范》GB 50177

《发生炉煤气站设计规范》GB 50195

《电力工程电缆设计规范》GB 50217

《并联电容器装置设计规范》GB 50227

《建筑物电子信息系统防雷技术规范》GB 50343

《工业企业电气设备抗震设计规范》GB 50556

《电能质量　供电电压允许偏差》GB 12325

《电能质量　电压波动和闪变》GB 12326

《电线电缆燃烧试验方法》GB 12666

《继电保护和安全自动装置技术规程》GB/T 14285

《电能质量　公用电网谐波》GB/T 14549

《电能质量　三相电压不平衡》GB/T 15543

《电能质量　电力系统频率允许偏差》GB/T 15945

《110kV～500kV架空送电线路设计技术规程》DL/T 5092

中华人民共和国国家标准

有色金属冶炼厂电力设计规范

GB 50673—2011

条 文 说 明

制　定　说　明

《有色金属冶炼厂电力设计规范》GB 50673—2011是根据原建设部建标〔2007〕126号文《关于印发〈2007年工程建设标准规范制订、修订计划（第二批）〉的通知》要求，由长沙有色冶金设计研究院会同有关单位编制完成的。

在编制过程中，规范编制组结合我国有色金属冶炼厂近年来电气设计、建造、运行的实际情况，进行了大量的调查研究，广泛征求各方面的意见，最后会同有关部门审查定稿。本规范涵盖了有色金属冶炼厂电力设计的相关内容，为设计提供了一个通用的规范。

为了便于广大设计、施工、科研和教学等单位在使用本规范时能正确理解和执行条文规定，本规范编制组根据国家工程建设主管部门关于编制标准规范条文说明的统一规定，按《有色金属冶炼厂电力设计规范》的章、节、条顺序，编写了本规范的条文说明，对条文规定的目的、依据以及执行中需注意的有关事项进行了说明，并对本规范中强制性条文的强制性理由作了解释。但是，本条文说明不具备与规范正文同等的法律效力，仅供使用者作为理解和执行本规范时参考。

目　次

1 总 则

1.0.1 原行业标准《有色金属冶炼厂电力设计规范》YS—5002—96（以下简称原规范）自1996年批准实施以来，随着新的冶炼工艺和设备的不断应用，有色金属冶炼厂电力设计相对于传统的做法，有了较大的变化。特别在电气安全、变流技术、传动控制和电子、计算机技术的工程应用等方面，行业内各部门都有所创新，并积累了不少经验，为有色金属冶炼厂的安全生产、节能降耗，提高效益，改善工作条件提供了良好的技术保证。另外，原有电气专业的国家标准和规范也陆续进行了修订，原规范中部分内容已不符合现行国家标准的要求。制定本规范的目的即在于反映这一新的形势，统一行业内电力设计的技术标准，保证工程质量，促进技术进步。

1.0.3 企业电力设计是一个系统工程，内部各组成专业之间应在相互的衔接和装备水平上协调一致，外部因受到地区电力网供电条件的制约，需要与供电系统的现状和规划协调统一，然而这一切都应该服从于企业的需要和冶炼工艺的需要。设计是否先进、合理，除安全因素外，只能以能否提高劳动生产率，能否节能降耗，能否使企业取得良好的经济效益为准则。不顾企业的经济效益和承受能力，盲目追求电力设计自身的高标准是不正确的、有害的。从全局出发、统筹兼顾、按企业的特点合理确定设计方案，应成为电力设计的主导思想。

1.0.4 由于供配电系统本身的特点，如果不预先考虑发展，设计中没有周密地为前后期的过渡创造条件，必将给企业的发展带来种种难以克服的困难，并造成重大的经济损失。但不切实际过分扩大初期设计规模，又将大大增加初期投资和运行费用，影响企业的近期效益。本规范强调以近期为主，适当兼顾远期建设。设计时应认真分析企业的建设规模和发展规划，一般宜按5年～10年的规划来考虑供电系统的前后期过渡方案。

1.0.6 有色金属冶炼厂电力设计涉及电力专业的各个领域，既有电力设计的共性要求，也要适应有色金属冶炼厂的环境、工艺等个性要求。本规范是以国家现行标准为基础，结合有色冶金行业的特点制定的。专业性较强的和本规范未涉及的内容，设计时应执行现行的国家有关标准、规范的规定。

3 供电与配电

3.1 负荷分级与供电电源

3.1.1 本条规定了负荷分级的主要原则，结合有色金属冶炼厂的实际情况，对电力负荷等级作了具体的划分。

区分电力负荷对可靠性的要求，在于因停电带来的安全问题和经济上对企业及社会造成损失或影响的程度。损失越大，对供电可靠性的要求越高；损失越小，对供电可靠性的要求越低。

1 不同的用电设备从事故突然停电到形成不良后果，都有一段滞后时间，且长短不一。条文中对一级负荷，并不强调电气事故后不间断供电，仅要求停电不超过允许的中断供电时间。设计中为提高供电连续性所采取的技术措施，应与实际要求相适应，避免盲目追求高标准而造成设备和投资的大量浪费。

条文中把某些大型关键设备的保安用电列入一级负荷中特别重要的负荷。因为有的大型冶炼厂全靠某些关键设备维持生产，其保安用电一旦得不到保证，主体设备就可能损坏或报废，造成巨大损失。如大型铜冶炼闪速炉的冷却水套供水系统和事故保温供油系统。为保证闪速炉的炉体安全，在炉龄的全过程中，不论生产或停产，都必须保证炉温的相对恒定。停电时间过长，仅靠水塔不能满足其冷却用水，为确保水泵和油泵的供电，除从系统取得双电源外，必须另设应急电源。

当一级负荷中特别重要负荷采用计算机控制，计算机控制系统停电后，不能维持设备的正常工作，此时计算机控制系统应为一级负荷中特别重要负荷。

2 关于二级负荷，设计中有人误认为大、中型企业中凡生产用电都属于二级负荷，界线不明确，范围也太宽。本款规定，只有影响主流程正常运转的生产用电才列为二级负荷。因为对不在主流程上的生产车间或并列多流程中的部分流程短期停电所造成的产量下降，在恢复供电后，往往可通过加强生产予以弥补。适当控制二级负荷的数量，对于减少供、配电系统的投资和运行费用，是十分有利的。

条文中将停电后会造成环境污染的用电、部分重要的生活用电和检修用电也列入了二级负荷，虽然这些负荷不属于生产用电，但直接关系到环境保护和职工生活及检修工作，设计中应对这些负荷的供电电源和供电线路作相应的考虑。

3.1.2 本条规定了不同级别负荷对供电电源的原则性要求。这些原则不仅适用于企业对外部电源的要求，也适用于一切用电点和单个用电设备对供电电源的要求：

1 条文“当一个电源故障时，另一电源应能连续供电”，是指两个电源之间无联系，任一电源故障，完全不影响另一个电源的连续供电。“在不超过负荷允许的中断供电时间内恢复供电”，是指两个电源之间有联系，其中一电源故障虽会导致另一电源停止供电，但可以通过继电保护、自动装置或人工倒闸，保证后者及时恢复供电。至于采用何种方式来保证一级负荷的供电，完全决定于负荷本身的特点和重要程度。

现代的大电网中，各发电厂、变电所都是并网运行的，完善的继电保护和自动装置可以维持其安全运行，但是也不可完全避免因局部故障扩大引起的大面积停电。一般的一级负荷与其中的特别重要负荷对电源可靠性要求不同，其区别在于是否需要考虑这种电网事故。要保证供电的绝对可靠，仅靠电网是达不到的，例如2008年1月南方部分省市，由于数十年一遇的冰雪灾害，部分电网垮塌，造成大面积停电，在这种情况下，只能依靠独立于电网的电源，规范中称之为“应急电源”。

2 对于二级负荷，国家标准只规定宜由两回线路供电。由于冶炼厂多为连续性流水作业，调查结果表明，事故停电不仅影响产量，而且会引起连续生产过程中的物料、中间产品及能源的大量浪费和设备寿命的严重降低，恢复正常生产的调整过程也较长。对于电气连锁生产流程，甚至个别设备的停电也会造成类似的后果。所以本条文增加了“宜由两个电源”供电的规定。

二级负荷的供电是采用双电源还是单电源双回路或单电源单回路，影响因素较多，也受制于电力网的供电条件，但最终仍取决于企业的生产规模、产品市场需求、企业本身的承受能力以及增加投入对企业和社会产生的实际效益，设计中应根据工程的具体情况确定。

3.1.3 电力系统所属的大型电厂单位功率投资少，发电成本低，而用电单位的小型自备电厂正好相反。根据国家能源政策，以及对环保的严格要求，已不再批准建设单一发电的小型电厂，所以只有在符合本条规定的情况下，才考虑设置自备发电厂。

3.1.5 外部供电电压和供电方式，关系到企业的供电安全，也在很大程度上影响到企业的建设投资和运行费用，必须慎重对待。条文中“在综合考虑企业经济效益和电网规划的条件下，与供电部门共同商定”即指明了制定供电方案的前提条件。方案比较中，除基建投资外，一切供电费用和电价的差异都应得到全面而真实地反映。

1 当企业附近的电力网存在多种电压可选择时，应力争多方案比较。确定电压等级时，应考虑电源电压的经济输送容量，负荷越大，选用的电压应该越高。当负荷容量接近所选电压的经济输送容量时，宜将电源电压加高一级；两种电压比较相差不大时，宜选用较高的电压，以利于节能和企业的发展。当企业前后期负荷相差较大时，线路可考虑按高一级电压架设，前期降压运行，为后期提高运行电压创造条件。条文要求两回电源线路尽量采用相同电压是为了有利于相互备用、简化接线和方便运行。仅当企业只要求电源保证一级负荷用电或电网只能从不同电压等级保证企业的双电源时，才考虑采用不同电压供电。

2 本款所涉及的电源要求，是以冶炼厂综合用电为对象，与条文第3.1.2条仅以不同级别的负荷为对象相比，侧重点有所不同。

大型冶炼厂的两个电源，可以从一个具有双电源的地区变电所两段母线上取得，对可靠性有更高要求时，应争取从两个不同电源的地区变电所取得。

中、小型冶炼厂的两个电源，可以从一个地区变电所的两段母线上取得，无条件时，也可以从单电源地区变电所的一段母线上取得。

条文中对中型冶炼厂的电源作了比较灵活的规定，当地区电力网不具备双电源供电条件或为取得双电源需花费太多的建设费用，显得不合理，甚至超过了企业的承受能力时，只要能妥善处理好一级负荷的用电，也允许采用单电源供电。

3.2 高压供配电系统

3.2.1 运行经验表明，由于变压器和线路的故障率都很低，企业内部，一电源系统事故或检修，另一系统同时故障的情况极为罕见，且多由操作引起，可以通过加强管理、健全制度加以避免。所以，除一级负荷中特别重要负荷外，在配电系统的设计中不应考虑这种重叠性故障。

3.2.2 当冶炼厂厂区集中且送电距离都在10kV经济输电半径之内时，集中设置一个降压变电所显然是合理的。当厂区面积较大、负荷分散，采用35kV及以上电压作为企业内部一次配电在技术经济上合理时，可在各负荷集中点另设降压变电所。当各集中负荷点分别从地区电力网直接取得电源有利时，亦可分别设置总降压变电所。

3.2.3 大、中型冶炼厂，三级负荷占全厂负荷的比重一般都不大，在已经确定采用两回及以上外部线路供电时，按任一回路中断供电，其余回路满足全部用电的条件选择导线，除获得更高的供电可靠性外，一般不会给线路投资带来大的影响。另外，线路备用容量的增加与主变压器不同，也不引起供电贴费和电费的增加。

输电线路施工复杂、工期长、建设费用高，但其建设费用并非与负荷能力成正比，按变电所后期容量设计线路，初期增加投资有限，对企业的后期扩建却十分有利，故宜一次建设到位。当企业前、后期负荷相差较大，可能先、后以不同电压供电时，线路可按满足后期电压和输送容量建设，初期降压运行。

3.2.4 大、中型冶炼厂降压变电所，采用两台变压器可以相互备用，并满足一、二级负荷对供电可靠性等的要求，与采用多台变压器相比，主接线简单、运行灵活、节省投资，应该是最基本的选择。

3.2.5 设一台变压器时，留有必要的裕量，是为了满足生产过程中，因工艺调整可能增加的少量用电。

由于变压器故障后难以修复，如果没有必要的备用容量，故障检修会造成长时间停产，故设两台及以上变压器时，要求按一台退出运行，其余变压器仍能保证全厂一、二级负荷的用电确定容量。无原则地增大主变压器容量，也是不应该的，不仅造成设备的浪费，也会使供电贴费、电费增加，给企业带来损失。设计时应遵循负荷分级的原则，严格控制一、二级负荷，如：负荷计算中，可以剔除那些在限制用电时不需同时使用的设备，以尽量减少变压器的备用容量。条文中未提及各类冶炼厂一、二级负荷占全厂负荷的比例。因为情况复杂，即便同金属品种的冶炼厂，由于工艺流程和工艺设备的不同，其电力负荷的组成也有差异，用一个固定的百分数来确定主变压器容量并不科学，设计中只能以负荷计算结果作为依据。

同一变电所中，容量一致，有利于负荷的均匀分配，便于接线，且当任一台主变压器退出运行时，事故备用率相同，供电可靠性最高。但如有需以专线馈电的大容量设备（如电炉），使得两段母线的负荷明显不对称时，也可考虑采用不同容量的主变压器。

3.2.7 冶炼厂变电所的主接线，一般根据电压等级和进出线回路数确定，应力求供电可靠、运行灵活、维护方便和节省投资；还应便于扩建，在前、后期的过渡中，原有一、二次设备的变动应最小，能最大限度地减少停电损失并易于保证施工安全。

1 线路——变压器接线适用于单电源、单变压器的变电所。当电源引自电力系统时，为使企业变电所能有相对的独立性，应在变压器一次侧装设带保护或不带保护的断路器。由企业内部以干线式供电时，根据变压器容量的大小和重要程度，可在变压器一次侧装设带有保护的断路器或熔断器。仅当企业内部以专线供电，且能满足继电保护要求时，才可采用典型的线路-变压器组接线，即在变压器一次侧仅装设隔离开关。

单母线接线适用于单电源、多回路出线的变电所，仅当由企业内部以专线供电，且满足继电保护要求时，方考虑在母线进线侧不装设断路器。

2 本款适用于双回路进线的变电所，多回路进线变电所可参照执行。条文中的“出线回路”为主变压器回路和线路馈出回路的总称。

桥形接线断路器少，节省投资。小容量变电所，还可采用隔离开关“桥”。为提高供电可靠性和简化继电保护，桥形接线宜采用正常断开桥开关的方式运行。因桥形接线向单母线接线的过渡比较困难，不适用于有发展前景的变电所。

单母线分段接线，供电可靠性高、接线简单、操作简便灵活，且便于扩建，是变电所常用的接线方式。当为终端变电所时，分段断路器开断运行，用户可由不同母线分别供电，从而获得两个电源。一段母线检修时，另一段母线仍能不间断供电。但单母线接线在一段母线或母线隔离开关检修时，接于该段母线上的所有回路都需在检修期间内停电，故对于负荷重要、出线回路数多，母线分段停运不能保证一级负荷和正常生产所需的最低负荷时，宜采用双母线接线。

3.2.8 当10（6）kV母线短路电流大于断路器的断流能力，又不允许对主变采取增多台数、减小容量的办法降低短路电流时，采用大量高断流能力的断路器作馈线开关是不可取的。条文中列出了限制6kV～10kV线路短路电流的主要措施：

1 变压器分列运行，限流效果显著，且不增加任何投资，应尽量采用。设计中可不考虑变压器在转换电源时的短时并列。

2 高阻抗低损耗变压器用于限流，可以简化配电装置的结构，近年来已逐渐推广。

3 变压器回路中装设电抗器或分裂电抗器，也是一种常用的限流措施。但采用分裂电抗器时，如一臂的馈出线上发生短路，另一臂的母线电压会突然升高，电动机的无功电流也会增大，应在系统的继电保护设计中予以考虑。变压器回路设电抗器还能较好地适应系统发展，当变电所有可能由前期的小容量变压器更换成后期的大容量变压器时，前期只需预留装设电抗器的场地，限流措施可推至后期实施。

出线上装设电抗器投资最高，配电室一般需两层配置，建筑结构复杂。但出线上装设电抗器，在馈出线发生三相短路时，能维持母线有一定的剩余电压，并能减少10（6）kV冲击负荷引起的母线电压波动。因冶炼厂配电系统常有这种需要，故在本规范中仍予保留，设计中，一般按保持60%～70%剩余电压选择电抗器。

3.2.9 向企业直接供电的电网电压称为外部供电电压，企业内部各级供、配电系统的电压称为内部配电电压。本条为6kV及以上配电电压的选择原则：

1 企业配电电压一般采用10kV。采用10kV可以减小导线截面、节约有色金属、降低线损和压降，且与我国公用电力系统电压一致，有利于相互支援，故应优先采用。

2 目前，从电机产品情况看，10kV电动机已逐步向小容量发展，与6kV电动机相比，价格相差不大，在城市的配电网络、水厂以及污水处理厂已普遍采用10kV电动机。因此，在新建的冶炼厂应积极采用10kV电动机，如遇工艺专业选用的机械设备配的是6kV电动机，应与机械设备制造部门协商改用10kV电动机。在特殊情况下（如大型风机出于调速的需要）出现6kV电动机时，可设10kV/6kV中间降压变压器对其供电。对老企业原有的6kV电动机，根据具体情况，有条件的也可逐步过渡到10kV电动机。

3 大型冶炼厂厂区范围大，为使高压深入负荷中心，也可考虑以35kV作为一次配电电压向大容量用电设备或分区降压变电所配电，再由分区降压变电所以10kV作为二次配电电压向各车间、工段配电。如厂区的线路走廊、环境条件允许，也可用35kV及以上的电压作为一次配电电压，用35kV/0.4（0.66）kV直接降压对车间供电，这样做，可以减少变电级数、节省投资、降低损耗，并可提高电压质量。

4 同一电压的配电级数多，继电保护的级数随之增加，延长了继电保护和自动装置的动作时间，不利于及时恢复供电和电动机的自启动。配电层次的增加，还会使操作复杂，管理不便，故障机会增多。所以在条文中对同一电压的配电级数不宜多于二级的要求是符合现行国家标准《供配电系统设计规范》GB 50052中同一电压配电级数规定要求。

3.2.14 配电所6kV～10kV母线进线开关及分段开关的选择，牵涉到配电所内部关系和整体性操作要求，故作此规定：

1 由电网供电的配电所，进线设断路器，一方面可使企业停电、检修都比较灵活安全，减少了操作过程中的联系工作；另一方面也是近年来各供电局的要求，目的是为了使企业内部故障或停电时，均不动作供电局的馈电断路器。

非专线供电时，为避免配电所内部故障影响同回路的其他配电点，应在进线侧装设带保护的断路器。

2 为方便母线带负荷转换和防止倒母线时一段母线的故障影响到另一段，配电所的母线分段开关宜采用带保护的断路器。

3.2.15 带熔断器的负荷开关代替断路器可降低造价，对不太重要的馈出线，在满足断流容量、动热稳定和保护选择性配合的情况下，可以采用。由于隔离开关不能开、合负载电流，除所带的变压器回路有条件利用低压侧电器切断负荷外，隔离开关熔断器不适用于变配电所的馈出线回路。条文中的熔断器加负荷开关指熔断器设在电源侧，目的是便于负荷开关检修。

3.2.16 高压电器检修时，在被检修电器与电源之间设隔离开关，以形成明显的断开点，并置于检修人员的监视之下，这是确保安全的重要措施。避雷器一般仅在雷雨季节前进行检查和试验，可趁母线停电时拉开互感器的隔离开关将其取出，故不需单独装设。

3.2.17 根据理论分析，电容器组的合闸过电压一般不大于$2U_{ex}$。但在合闸过程中，如断路器触头出现弹跳，并引起多次重击穿，其过电压可达$4.8U_{ex}$，对电容器的安全运行十分不利。为了限制电容器组的操作过电压，应选用断开时不重击穿、合闸时无弹跳的断路器。对于固定投入、不常操作的10kV电容器组，可采用切合容量大的断路器。对于频繁投切的分组电容器，可采用重击穿或然率较小的断路器，所以35kV及以上的电容器组，宜采用SF_6断路器，因35kV真空断路器尚不成熟，暂不推荐。

采用灭弧性能强的快速断路器开断空载电力变压器、电炉变压器、并联电抗补偿装置及空载线路都会产生程度不同的操作过电压，应在断路器与切合对象之间配置阻容吸收装置或金属氧化锌避雷器。

避雷器吸取的能量和阻容吸收装置，需根据被保护对象的容量和回路元件进行计算。设计中，可提供用电设备的性质和容量，由制造厂随同断路器配套供应。

3.2.18 本条为10（6）kV配电方式的确定原则：

1 放射式配电回路，相互间互不影响，可靠性最高，且有利于单独进行控制，故适用于高压用电设备和主要生产车间的配电。

2 电缆干线配电是由一回线路带多台变压器，可靠性不如放射式。但对负荷较大的车间或同一生产流程的相邻车间，当原本采用放射式供电的回路，因采用单台变压器容量过大，需改用两台或多台时，用干线式配电，就比较合适，既不会降低原有的供电可靠性，又可节省出线开关和电缆线路的投资。

3.2.19 D，yn11接线与Y，yn0接线的同容量变压器相比，前者空载损耗与负载损耗虽略大于后者，但三次及三的倍数次谐波激磁电流可在原边的“△”形绕组内环流，有利于抑制高次谐波电流。另外，D，yn11接线比Y，yn0接线的零序阻抗要小得多，有利于单相接地短路故障的切除。还有，当接用单相不平衡负荷时，Y，yn0接线的变压器要求中性线电流不超过低压绕组额定电流的25%，影响了变压器在非对称负荷情况下设备能力的充分利用，而D，yn11接线变压器，从电磁原理上可不受三相负荷对称与否的影响，能生产出中性电流为100%额定电流的变压器。在TN及TT系统接地形式的低压电网中，只要与原有采用Y，yn0接线的低压系统没有电气联系，且无误并的可能，均宜采用D，yn11接线组别的变压器。

3.3 无功补偿

3.3.1 冶炼厂大量使用的异步电动机、电力变压器、矿热电炉、感应电炉、晶闸管整流装置、荧光灯、气体放电灯以及电炉短网等都需从系统中吸收无功功率，不仅要占用发电容量，增加网络损耗，还会影响电能质量。工程设计中，降低用电设备的无功消耗，提高自然功率因数，可以减少人工补偿容量，是提高企业功率因数最经济而有效的措施。提高自然功率因数措施有：合理采用同步电动机替代感应电动机；提高变压器的负荷率；减少晶闸管整流装置的深控；选用带有空载自动切除装置的用电设备；合理设计短网，以及正确选择变压器、电抗器的电抗值等。

3.3.3 本条是论述无功补偿的基本原则。为了尽量减少线损和压降，就地平衡的原则无疑是正确的。然而就地平衡也不能理解为所有需要无功补偿的地方都应该就地进行补偿，因为无功功率的平衡应是企业供配电系统的全面平衡，《全国供用电规则》所要求达到的功率因数是对全企业的要求，并非对所有用电点的要求。当高压侧已采取提高自然功率因数的措施，或当有大型滤波装置，其平均功率因数已大大超过0.9时，低压侧就应根据情况少补，或在某些补偿效果不好的配电点不补。所以条文中又强调了"全面规划、合理分配"。为了电网的安全经济运行，企业应避免过补偿，防止向电网倒送无功。条文中强调了单台电机和车间就地补偿应有适当的环境条件，并应注意其负荷特点。其中负荷的平稳是一个很重要的因素，如对于频繁启、制动的电动机、可能快速正反转的电动机以及间断工作制的电动机等不应进行单台就地补偿。单台电动机补偿电流不得超过其励磁电流90%的规定，这是为了防止在电源切断后继续运转的电动机可能因电容过补偿产生自激，转为发电状态，以致造成过电压。

3.3.4 在电力负荷变化较大的场所，如不相应地调整电容补偿容量，就可能过补偿或因电压升高对某些电压敏感的用电设备（如灯泡）造成损坏。

由于高压无功自动补偿装置对切换元件的要求高，价格贵，检修维护困难，因此当补偿效果相同时，宜优先采用低压无功自动补偿装置。

3.3.5 电容器整组或分组投切，均不应与系统产生谐振，以免损坏电容器。另外，还应考虑合闸涌流对电容器组及回路电器的影响。

电容器组投入涌流的计算公式为：

$$I_s=I_c\sqrt{\frac{2S}{Q}} \quad (1)$$

式中：I_s——电容器投入时的涌流（A）；

I_c——电容器额定电流（A）；

S——电容器安装处的短路容量（MV·A）；

Q——电容器容量（MVar）。

从式中可以看出，在相同的电网条件下，电容器分组的容量越小，相对的涌流倍数越大。为了节省设备，方便操作，宜适当减少分组，加大分组容量。

电容器投入时，如涌流大于控制开关所允许的电流，应采用串联电抗器加以限制，其电抗率 K 宜为0.1%～1%。

为避免谐波放大损坏电容器，当母线上5次谐波电压较高时，宜联入 K 值为5%～7%的电抗器；当3次谐波电压较高时，宜串入 K 值为12%～14%的电抗器。

1 串入 K 值的主要原因，当 K 值对应电容器+电抗器回路调谐频率见表1：

表1 当 K 值对应电容器+电抗器回路调谐频率

K 值（%）	4.50	5.00	6.00	7.00	12.00	13.00	14.00
调谐频率（Hz）	236	224	204	189	144	139	133

1） K 值对应的调谐频率越接近5次或3次谐波的谐振频率，此时电容+电抗器回路在对应的3次或5次电压谐波作用下呈现的阻抗值越低，因此如果 K 值对应的调谐频率过于接近3次或5次可能会导致此回路的谐波电流过载，情况严重可能会使电容器+电抗器损坏，乃至发生停电事故。

2） 如果电容器和电抗器的总容量误差（尽管单个电容器和电抗器的误差在国标范围内）较大，或者是一段时间后的电容值和电抗值发生变化，很容易造成 K 值的变化，且一般情况下主要是电容器的乏值降低，从而会使 K 值变得更小，这时候会更接近谐振频率（乃至等于对应3次或5次谐振频率），从而使更多的谐波电流流过，造成补偿回路过载，电容器和电抗器过热、损坏。

3） 因此建议当母线上5次谐波电压较高时，宜联入 K 值为4.5%～5.0%的电抗器；当3次谐波电压较高时，宜串入 K 值为12.0%的电抗器。

2 电容器回路串入电抗器后，电容器的端电压将高于接入电网的额定电压，故在串入电抗器后，装置内每相电容器的额定电压应重新调整并按下式确定：

$$U_{cn}=1.05U_{sn}/[\sqrt{3}(1-K)] \quad (2)$$

式中：U_{sn}——接入电力网的额定电压（kV）；

U_{cn}——每相电容器的额定电压（kV）；

K——电抗器的电抗率，$K=X_1/X_c$；

X_1——每相电抗器的额定感抗（Ω）；

X_c——每相电容器的额定容抗（Ω）。

3.3.6 根据国家有关规范的要求，电容器组应在断电后，通过放电装置，将电容器组两端的电压从峰值（$\sqrt{2}$倍额定电压）迅速降至50V及以下。其放电时间，高压电容器不应大于5s；低压电容器不应大于3min。

放电装置不通过切合设备而与电容器组直接连接，在正常运行时虽会消耗能量，但可避免放电受切合设备故障的影响，安全可靠性高。

3.4 电能质量要求

3.4.3 供配电系统的调压，应满足两个方面的要求，一个是保持合理的电压水平，一个是控制电压偏差的范围。

工程中完全按电网额定电压选择变压器的变比是不恰当的，因为电网各点的电压水平并不相同，根据接电点的实际情况合理选择变压器的变比，才能更好地把供配电系统的电压调整到合理的水平上。按负荷变化适当地调整电压分接头，虽可缩小电压偏差范围，但普通变压器的电压分接头需停电切换，只适合季节性的电压调整。减小网络阻抗和合理补偿无功功率，可以影响网络压降。从而同时起到提高电压水平和缩小电压偏差范围的作用。

3.4.4 当电网的电压偏差超过了允许范围，或因负荷变化使企业内部配电网络末端电压偏差超过了允许范围，电压在66kV及以上的总降压变电所采用有载调压变压器，并按逆调压方式调压是最有效的措施。但应注意，在采用有载调压变压器实现逆调压时，由于电压的提高，处于原低电压水平下的有功负荷和无功负荷都会因电压升高而相应增加，网络因负荷变化而增加的压降可能抵消变电所调压的效果，设计中，必须在网络的负荷侧设置足够的无功电源来补偿因调压而增加的无功负荷。

3.4.7 高次谐波对电力系统的危害已逐渐引起各界的重视，国家已颁布了《电能质量　公用电网谐波》GB/T 14549标准，规定了公用电网谐波的允许值。本条文的中心思想是为了加强企业内部的谐波治理，特别是针对由高压供电，以中压配电的工厂，不能因高次谐波在高压侧达到了电网的要求，就忽视了中压系统高次谐波对厂内配电系统的危害。

3.5 变电所与配电所

3.5.1 本条把变（配）电所位置应避免恶劣环境的影响放在首要地位，是因为冶炼厂的环境特殊，片面追求靠近负荷中心不注意与污染源的距离，常常会严重影响到变（配）电所的安全运行。以往的工程中，也不乏因为污染严重，而移址重建的实例。配电装置采用屋内式配置，可以减轻污染源的影响，但也应根据腐蚀、烟尘等的严重程度保持适当的距离。

3.5.2 变（配）电所如处于地震设防烈度为7度及以上的地区，其建（构）筑物及电气设备的安装，应采取必要的抗震措施，地震情况下的结构抗力或设计强度要适当提高，应符合现行国家标准《工业企业电气设备抗震设计规范》GB 50556的规定。

3.5.5 冶炼厂的电解、熔炼、烧结和大窑等污染车间，从烟囱或车间向四周排出大量的二氧化硫、氟化氢、氧化纳、氧化钙和金属粉尘等，或呈酸性，或呈碱性，对金属、水泥和瓷件等材料均有严重的腐蚀作用，使电气设备和支架的金属生锈或使绝缘性能降低，产生闪络。

对多个冶炼厂总变电所的调查资料表明：距主要污染源（熔炼车间、锌铸车间）50m左右的几个屋内式变电所，屋内电气设备受到的腐蚀程度均较轻，铁件基本无锈蚀，而屋外的导线、金具、钢铁支架均有严重腐蚀，屋外的配电装置的套管和绝缘子串也均集灰结垢；距污染源200m左右的几个屋外总变电所，虽也受到有腐蚀性气体和金属粉尘的影响，但程度大为减轻，在同时采取加大导体截面，加强瓷绝缘强度，使用防尘、防酸涂料及加强人工清扫等措施后，运行良好。可见深入冶炼厂厂区的变（配）电所建成屋内式为好。当距污染源车间200m以上，且处于厂区主导风向上风侧，地形开阔、烟气、粉尘易逸散，同时采取防护措施的情况下，也可建成屋外式。

110kV的SF_6全封闭组合电器是目前比较先进的电气设备，具有安全可靠，检修周期长，土建结构简单，大量节省用地等优点，比较适合于环境恶劣、场地比较狭窄的冶炼厂屋内式配置时采用。但其价格较贵，综合造价较常规屋外形高，设计中可酌情采用。

3.5.6 对安装在海拔高度超过1000m地区的电器外绝缘一般应予加强，可采用高原型产品或选用外绝缘提高一级的产品。海拔3000m以下地区，110kV及以下配电装置也可选用磁吹避雷器来保护一般电气的外绝缘。海拔4000m以下地区，电器的试验电压应乘以系数K。计算公式如下：

$$K=\frac{1}{1.1-\frac{H}{10000}} \tag{3}$$

式中：H——安装地点的海拔高度（m）。

3.5.7 根据我国新的工业气候分类法，将原划为“湿热带”的长江以南大陆地区改称为“亚湿热带”，包括：贵州、湖南、湖北、江西、福建、浙江、广东、广西、安徽和江苏中南部、四川和云南东部以及台湾中北部，新划定的湿热带仅包括广东的雷州半岛、云南的西双版纳地区、台湾省南端及海南省等地。设计中应注意按新的分类法选用电器产品。

3.5.8 本条为变（配）电所直流、交流操作电源的一般设计原则。

全密封铅酸蓄电池具有免维护、高能量、无污染、安全可靠的卓越性能，是我国近年来日趋广泛应用的新型直流电源，现已逐步取代了传统的铅酸蓄电池及镉镍电池产品。

断路器数量很少的6kV～10kV配电所和车间内单个断路器的控制、保护可采用全交流操作。

3.5.15～3.5.18 条文和表中的尺寸，下限为国标有关规定的最小值，其上限为根据有色冶金系统运行经验的推荐值。设计中可根据具体情况灵活掌握。

当控制室设有吊顶时，其净空高度应为吊顶至室内地坪的净高。

屋内成套配电装置如为双列布置，条文中配电装置上方净距应为联络母线与上方梁底的净距。

3.5.20 随着工艺技术的进步和挖潜改造，冶炼厂的车间负荷难免会有所变化，有时仅靠变压器的裕量已不能满足需要，故宜将变压器室的土建结构按变压器容量加大一级设计，以留有较充分的发展余地。若变压器的最终容量已经确定，变压器室也可按最终容量设计。

3.6 继电保护与自动装置

3.6.3 变（配）电所微机综合自动化的特点是：可靠性高、动作正确率高、运行维护灵活方便，对保护、控制、信号、测量、直流电源、远方调度等进行在线监控，特别是将保护监控及远方调度等功能分散到就地完成，仅由一根普通的通信电缆与主控室的主机联络，避免了以往的常规保护继电器将保护、控制、信号、测量线都接入主控室的做法，极大地简化了二次接线，减少了事故隐患。

66kV～110kV 变（配）电所，采用微机综合自动化装置时，110kV 断路器及主变压器安装处由于目前的产品没有专门的屏柜，所以其保护、测量装置宜在主控室集中组屏。

6kV～35kV 变（配）电所，采用微机综合自动化装置时，其保护、测量装置宜就地安装在开关柜上，可避免大量二次控制电缆引入控制室，简化接线，提高可靠性。

目前，国内计算机综合自动化装置的生产厂家较多，如北京德威特电力系统自动化有限公司、国电南京自动化有限公司、南京国电南瑞自动化研究院、许昌继电器股份有限公司等，都生产有同类产品。

近年来，在很多的变（配）电所都广泛采用了计算机综合自动化装置，并已投入运行，情况良好。

对旧企业的 6kV～110kV 变（配）电所改造，根据具体情况，也可采用计算机综合自动化装置，进一步提高自动化水平。

3.6.5 引用现行国家标准《电力装置的继电保护和自动装置设计规范》GB/T 50062。

3.6.8 D，yn11 接线组别变压器因零序阻抗较小，利用高压侧的过电流保护，一般情况下，均能满足变压器低压侧单相接地短路保护的灵敏性要求。

3.6.9 当用隔离开关切合空载电流时，对于大容量变压器，应检验其断流能力，一般不应超过 2A。不能满足时，应采用负荷开关。

3.6.15 配电所 6kV～10kV 母线在无特殊要求时，一般不设专用母线保护，且不宜在进线断路器上增加一级保护来保护母线。

分段断路器设电流速断保护，是为避免合在带故障母线上引起正常母线段跳闸。为不增加与馈线保护实现选择性配合的困难和延长保护动作时间，合闸成功后保护应自动退出。

3.6.16 根据电容器的制造标准，电容器连续运行的工频过电压不得超过 1.10 倍额定电压。一切可能引起电容器过电压的故障，都应装设保护，并将整组电容器断开。电容器组为多个电容器串联组成时，如因内部故障使串联电容器中部分电容器被切除或击穿，由于电压的重新分配，剩余的正常电容器可能过压。这种故障可由本条第 3 款的保护装置进行保护。

变（配）电所设有电源重合闸或备用电源自动投入装置时，电源断开后，如电容器未从母线断开，且其放电残余电压来不及降到 10%额定电压以下，而母线电压又立即恢复，就有可能使电容器承受高于 1.10 倍的过电压。失压后电容器不切除，当电压恢复时，还可能因变压器带电容器合闸，产生谐振过电压。此外，当变压器停电后，电压恢复的初期，因变压器未带上负荷，如不切除电容器，也会引起母线过电压。所以，在母线失压后，应由失压保护将电容器组及时从母线上切除。保护整定值要保证失压后电容器尚有残压时，能可靠动作，又要防止在系统瞬间电压下降时误动作。一般保护动作电压可整定为 0.5 倍～0.6 倍额定电压，动作时限为0.5s～1.0s。

3.6.21 同步电动机带有励磁失步后，电动机定子绕组将产生很大的脉振电流，电流幅值可能超过允许值；失励同步机将从电源吸取大量无功，有可能使机端母线电压严重降低。此时同步机呈异步运转，时间过长将烧坏启动绕组，因此都应带时限动作于跳闸。

3.6.22 线路重合闸主要用于减少瞬时性故障（雷电闪、鸟害等）跳闸引起的停电。

3.6.23 备用电源自动投入装置恢复供电的速度虽比手动倒闸快，但如维护管理不善，也可能造成事故扩大，除在对供电连续性有高要求的场所外，不宜在所有双电源变（配）电所普遍采用。

各级备用电源自动投入装置之间以及与各级继电保护装置之间应注意时限配合，否则会引起误动作而降低供电可靠性。

3.6.26 由于冶炼厂生产连续性强，负荷重要，停电损失大，一般情况下，不宜参入系统的自动低频减载轮次，特别是第一轮。如电力系统调度部门确有要求，可按统一安排装设。

3.6.28 变（配）电所采用微机综合自动化装置时，其保护装置易受外界干扰而引起误动作，除装置本身需采取抗干扰措施外，还必须对外部二次回路采取必要的抗干扰措施。

试验和运行经验证明，干扰电压主要来自一次系统的操作过程、事故和雷电过程，此外还来自二次系统的操作过程。

一次系统的干扰电压主要通过电场耦合、电磁感应和地电位升高传播到二次回路，在二次回路中产生干扰电压。二次系统操作过程产生的干扰电压，主要是通过二次回路连接导线传播。本条所列各项即为了针对上述干扰途径所应采取的主要措施。

条文中高压母线及高频暂态电流的入地点是指避雷器和避雷针的接地点、并联电容器、电容式电压互感器、耦合电容器及电容器式套管等设备处。

3.7 电测量仪表装置

3.7.1 为保证企业用电安全和经济运行，应装设电气指示仪表和电能计量仪表。

电气指示仪表主要用于常规的电流、电压、功率、功率因数和频率等测量。起到监视用电质量，监视用电设备的运行情况，检查用电单位是否遵守规章制度，监视和检查三相交流不接地系统及直流系统的绝缘状况等作用。

电能计量仪表主要用于考核企业内部各部门用电技术经济指标或提供与供电部门结算电费的依据，一般为有功电能表和无功电能表，起到统计企业内各车间或经济核算单位的电能消耗，校核耗电定额，考核产品或半成品的单位耗电指标，核实企业消耗和输出的无功电能，确定企业及各经济核算单位的功率因数等作用。对于供电部门所设的电能计量点，还应能根据计费要求，精确地提供企业的总用电量。

3.7.2、3.7.3 为保证电测量系统的经济实用，仪表的准确度应与测量的具体要求相适应。仪表配用的互感器、分流器、变送器等的准确度，应与测量仪表准确度相适应。工程中应认真分析使用要求，区别对待。

3.7.5 引用现行国家标准《电力装置的电测量仪表装置设计规范》GB/T 50063 的有关规定条文。

3.7.11 用户的用电计量点一般应安设在供电部门与企业的系统产权分界点。基本电费可按变压器容量的千伏安数或最大功率需要的千瓦数计算。由于电费直接影响到企业的经济效益，故应本着对企业负责的原则认真与供电部门商定计量方式，并按规定采用标准的计量装置和保证应有的准确度。

3.7.12 表 3.7.12 主要是根据现行国家标准《电力装置的电测量仪表装置设计规范》GB/T 50063 的规定编制，但在以下几点也反映了有色冶金系统电测量的特点和习惯，工程设计中允许根据使用条件对表中的规定作部分调整：

1 如需为 35kV～110kV 进线电流表和母线电压表专设互感器时，可以不装，由二次侧仪表间接反映。

2 35kV～110kV 主变压器如一次侧母线没有向单独的经济核算单位馈电的出线，一次侧可不设电能表，由二次侧电能表进行计量，以避免为此专设互感器。

3 馈出线输送容量较大时，可加装有功功率表；较小时不装，由电流表间接反映功率。

4 馈出线为单独的经济核算单位时，除设有功电能表外，宜加装无功电能表。因有的企业反映，下属核算单位对无功负荷管理不严，甚至有的为了减少维护工作量，把已装的无功补偿装置停用不投的情况出现。

5 由干线供电的企业内部变（配）电所，应根据电压等级在一次侧（进线侧）或二次侧装设有功和无功电能表。

6 对于三相负荷可能严重不平衡馈线回路，可设三只电流表。

7 1200V 及以上的大容量并联电力电容器组设无功功率表，小容量补偿装置可不装。

3.7.13 计算机监控系统具有测量功能，准确度已达 0.5 级～1.0 级，满足测量、计量要求，可不装设多功能电力仪表。此时为了运行维护的方便，在变（配）电所母线上宜装设指针式或数字式电压表。

3.7.14 为了运行维护需要，在机房操作箱上，应装设指针式或数字式电流表。

3.8 防火与蓄油设施

3.8.3 以往变电所设计中，两台油量均超过 2500kg 的屋外油浸变压器之间无防火隔墙的防火净距规定为不小于 10m，这未能反映变压器容量及电压等级区别。现行国家标准《3kV～110kV 高压配电装置设计规范》GB 50060 已作了修改，应按新的标准执行。

3.8.5 为避免环境污染，贮油池应有油水分离设施，不得让废油随雨水流出影响环境。

3.9 对相关专业的要求

3.9.1 本条文为变（配）电所对土建建筑及结构的主要要求。

在烟尘严重地段，现场反映其配电装置室的采光窗积尘严重，即擦即有，不但达不到采光效果，还影响安全和美观，建议取消。在规范中作了相应的规定。

在鼠害严重地区，现场反映对于木质门、窗，老鼠仍能破门、窗而入，引起事故，后采用铁皮包裹，才得以避免。本规范作了相应的规定，以引起重视。

条文还强调了在地震设防烈度为 7 度及以上的变（配）电所，其主要建（构）筑物，应采取必要的抗震措施，并符合现行国家标准《工业企业电气设备抗震设计规范》GB 50556 的规定。

3.9.2 本条为变（配）电所对采暖和通风的主要要求。配电室装有较多的断路器时，一般要考虑装设事故排烟装置，采用无油设备时，可仅按通风要求设置风机。

4 余 热 电 站

4.1 一 般 规 定

4.1.1 为了贯彻国家节能、环保的基本方针，实现综合利用，达到提高企业的经济效益，改善环境的目的，凡有余热、高温烟气排放的大中型冶炼厂企业，经技术经济比较后确定建设余热电站的合理性。

4.2 电 气 部 分

4.2.1 为了对电站的电气设备进行监控，使电站安全运行，必须单独设置电气主控制室，同时也作为热机设备的控制室。

主控室建起来以后，再行扩建是比较困难的，因为电站的控制屏（箱）已按规划容量布置好，若再行扩建，原有的控制屏（箱）无法移动，难以重新布置，同时也将影响已建机组的正常运行，所以，主控室应按规划容量一次建成。

近年来，由于冶炼工艺技术的不断改进，对规划容量估计不足，给扩建工程带来了困难。因此，在前期工程中要认真做好规划容量的论证工作，当规划容量一时难以最终确定时，电站的建设可在规划容量的基础上，适当留有余地，以利于今后的扩建。

4.2.2 主控制室屏间距离与通道宽度，应满足运行维护，调试方便的要求。屏（箱）布置上，应为分期建设创造条件。

4.2.3 条文中发电机的额定电压，要根据发电机容量的大小、企业配电电压，进行技术经济比较确定。但是，近年来冶炼企业内部的配电电压都采用10kV（也有个别旧企业原来就采用6kV作为企业内部配电电压的）。所以在新建的冶炼企业，电站发电机的额定电压应采用10.5kV，直接用发电机母线电压与企业的10kV配电系统连接，把电力送往企业的配电系统。此时，站用电可通过从发电机母线上连接的10.5kV/0.4kV降压变压器供给。

应该指出的是，在旧的企业配电电压为6kV，又要建余热电站时，发电机的额定电压应采用6.3kV。

4.2.4 电站的总装机容量不大，采用单母线或单母线分段，接线简单，操作和运行维护都较方便。

4.2.6 发电机中性点采用电阻接地有许多优点，相对于不接地方式，能有效地抑制系统单相接地暂态过电压，可降低设备和线路对绝缘水平的要求，防止接地过电压对电动机、电缆绝缘的危害，并可减少由单相接地发展为多相接地短路的可能性。

发电机内部单相接地故障如不要求立即停机，对于不同电压、不同容量的发电机，其允许的最大单相接地故障电容电流有不同的允许值，考虑到余热电站的发电机组多为小型机组，按照现行国家标准《交流电气装置的过电压保护和绝缘配合设计规范》GB 50064的规定，本条文引入了电阻接地方式，单相接地故障电容电流不得大于4A，如不满足此要求时，应通过发电机定子接地保护快速停机。

4.2.14 电站发电机与企业内部电力系统并网，宜选择靠近电站的企业变（配）电所内进行，也可在电站发电机10.5（6.3）kV母线上进行，一般采用准同步并网方式。

4.2.17 为了保证电站的安全运行，计算蓄电池容量时，应留有裕度，所以规定交流站用电事故停电时间应按1h计算。

4.2.18 在取得外接交流电源后电站才能启动，此时的用电负荷主要是水泵、油泵及照明负荷等，用电负荷不大，可从企业电网引接专用线供给。此线路可按永久性线路设计，作为电站投运后的备用电源。

4.3 对相关专业的要求

4.3.6 在鼠害严重地区，现场反映对于木质门、窗，老鼠仍能破门、窗而入，引起事故，后采用铁皮包裹，才得以避免，门槛处应设高度不低于500mm防鼠金属挡板。本规范作了相应的规定，以引起重视。

5 厂区线路

5.1 一般规定

5.1.1 条文所指厂区线路不包括车间内的配电线路。

5.1.2 本条规定和确定了有色金属冶炼厂厂区线路的结构形式和基本原则。

由于厂区内酸、碱腐蚀性气体严重，难以保证架空线路的安全运行，另外冶炼厂总图配置紧凑，室外工艺管道较多，架空线走廊难以布置，故厂区线路应以电缆线路为主。但近年来国家环保部门高度重视环境保护，工厂实现有害气体零排放，所以有条件的地段也可采用架空线路。

5.1.3 本条为设计中应贯彻的一般性设计原则：

1 导体的“持续允许载流量”是采用了现行国家标准《电力工程电缆设计规范》GB 50217中的用词，用以区别导体在基准条件下的“允许持续载流量”，前者为后者按工程敷设条件校正后的数值。“最大工作电流”，不包括运行中短时出现的尖峰电流，如电动机的启动电流、变压器、电容器等电力设备投入时的涌流，但考虑可以预见的负荷增长或运行方式改变后可能出现的最大负荷电流。

2 “正常工作电流”是指在设计的正常运行方式下出现的电流，不考虑事故运行状态。考虑到电缆的价格高，且在厂区内又多为短电缆，为降低造价，本款未规定按经济电流密度选择电缆截面。

3 线路在最大工作电流下的允许电压降，有关规范中虽有高压配电线路为5%；低压配电线路为4%的规定，考虑到企业供配电系统电压调整的最终目的是满足用电设备端子处电压偏差允许值，控制线路压降只是调压计算中的一个部分，故本规范不明确规定线路允许压降的具体数值，仅要求达到在系统电压调整总体要求下所确定的线路压降允许值。

5.1.4 线路设计中，涉及爆炸和火灾危险环境的具体要求，除按现行国家标准《爆炸和火灾危险环境电力装置设计规范》GB 50058外，还有很多专项规范，如煤气站、制氧站、石油气站等，均应遵守。

5.2 电缆线路

5.2.1 电缆通道的环境条件，主要指沿敷设路径地面上、下一切对电缆运行有影响的因素。如：有无酸、碱腐蚀性介质及高温介质或熔化金属的影响，有无爆炸火灾危险气体或灰尘的积聚，有无载重车辆碾压和反复开挖的可能，地下水位及厂内下水管排水标高、地层是否稳定，有无流沙或塌陷可能，冻土地带的冻土深度等。电缆沟或直埋电缆应避开道路的绿化带。

施工条件主要指地面上、下一切对电缆敷设有影响的因素。如：其他工艺管道的敷设情况及所输送介质的品类，有无可供利用的建筑物或共同合建管网支架的条件等。

5.2.2 电力电缆的选择。

1 同截面电缆用铜芯比铝芯允许载流量虽可增大约30%，同样条件下，导体的接触电阻铜与铜比铝与铜，要小10倍～30倍，据美国消费品安全委员会（CPCS）统计的火灾事故率，铜芯线缆仅为铝芯线缆的1/55，可以认为铜芯电缆比铝芯电缆在与以铜导体为主的电气设备相连接时，安全及可靠性较高，故铜芯电缆适用于对电气连接有高可靠性要求的回路。在冶炼厂有酸碱气体的潮湿环境中，由于存在接触面的电化学反应，优点尤为突出。

采用铜线芯损耗比较低，铜材的机械性能优于铝材，延展性好，便于加工和安装，抗疲劳强度为铝材的1.7倍，所以，在冶炼厂中主要的配电回路应采用铜芯电缆。

条文中规定重要电源回路应采用铜芯，是因为电源回路一般电流较大，同一回路往往需多根电缆并联，造成柜、盘内连接拥挤，常因连接处故障导致严重事故，采用铜芯可减少电缆并联根数，提高电缆回路的整体安全可靠性。

2 由于冶炼厂厂区内部都存在不同程度的酸、碱腐蚀，外钢带的一般性防腐处理达不到防腐要求故宜采用挤塑外护层的内铠装电缆。文中规定明敷大截面塑料电缆，可采用无铠装电缆，是根据全塑电缆受鼠害的调查统计资料。资料表明，受害比例最大的是外径10mm～15mm小截面电缆，故在鼠害严重地区明敷的小截面电缆仍宜采用铠装电缆。

3 聚氯乙烯绝缘电缆，线芯长期允许工作温度70℃，短路热稳定允许温度$300mm^2$及以下截面为160℃，$300mm^2$以上为140℃，目前有1kV及6kV两级，优点是制造工艺简便，质量轻，弯曲性能好，接头制作简便，耐油，耐酸、碱腐蚀，不延燃；具有内铠装结构，使钢带或钢丝免受腐蚀，价格便宜，适用于敷设在桥架、槽盒内。聚氯乙烯的缺点是对气候适应性能差，低温时变硬发脆，燃烧时散发有毒烟气。

6kV～35kV交联聚乙烯绝缘聚氯乙烯护套电力电缆，线芯长期允许工作温度90℃，短路热稳定允许温度250℃，介质损耗低，性能优良，结构简单，制造方便，外径小，质量轻，耐腐蚀，载流量大，敷设方便，制作终端和中间接头简便，燃烧时不会产生大量毒气及烟雾，目前被广泛采用。

5.2.3、5.2.4 根据现行国家标准《电力工程电缆设计规范》GB 50217编制。

5.2.6、5.2.7 条文中特殊敷设条件系指：

1 中频供电回路使用非同轴电缆。

2 单芯高压电缆以交叉互连接地，当单元中三个区段不等长时。

3 敷设于塑料保护管中的电缆。

4 敷设于封闭、半封闭或透气式耐火槽盒中的电缆。

5 施加在电缆上的防火涂料、包带等覆盖层厚度大于1.5mm时。

6 沟内电缆埋沙且无正常性水分补充时。

7 缆芯工作温度大于70℃的电缆，多根敷设于未装通风的隧道、竖井或直埋在干燥或潮湿土壤中时。

5.2.10 高温、腐蚀、水泡以及外力破坏是导致电缆故障的主要原因，设计中应尽力避免，不能片面追求最短路径。

5.2.11～5.2.13 由于冶炼厂电缆数量多，且受地面及地下环境条件和施工条件的限制，为保证线路安全和便于施工维护，新建工程中，厂区电缆已普遍采用电缆桥架或栈桥架空敷设，一些老厂也逐步把架空线、电缆沟淘汰，改为电缆桥架或栈桥。条文规定的主要考虑是优先采用电缆桥架或电缆栈桥，有条件地采用其他敷设方式。条文也对电缆架空明设提出了一般性要求。

不同形式的桥架各有特点，选用时应因地制宜。无孔托盘防护性能好，而散热性能不及有孔托盘，应按工程具体情况确定。

工厂制作的金属桥架多为薄钢板冲压组装而成，加之多层装配，电缆敷设完成后，定期涂漆维护是十分困难的。根据国家标准，在冶炼厂的腐蚀环境中，从根本上保证桥架能维持预计工程寿命下可靠安全运行，必须按一次性防腐处理方式所具有的耐久性。作为选择桥架防腐方式的基础工程中可以根据环境的腐蚀轻重程度，采用喷塑金属桥架、普通玻璃钢桥架、无机复合型玻璃钢桥架，也可采用现场制作的钢结构或预制混凝土栈桥（相当于架空的电缆沟）。条文中指出了工厂电缆的主干道采用现场预制的混凝土电缆栈桥是较理想的，从主干道分支到用户的支线，由于电缆根数不多，采用直埋或玻璃钢桥架敷设是较好的。现场预制的混凝电缆栈桥已在一些企业得到应用，运行已十多年，防腐性能良好。型钢制作的臂式支架，基材比薄钢板桥架厚，且易于实施定期涂漆维护，故不强调一次性防腐处理。

5.2.14 本条是考虑到地下管道故障时，在挖掘、检修过程中极易造成人身事故和损伤电缆，造成用户的大面积停电。另外，在挖掘过程中也容易损坏管道，造成用户大面积停水（气），带来生活上的不便。

5.2.18 在隧道、沟、竖井、夹层等封闭式电缆通道中敷设的电力电缆、控制电缆若与有爆炸危险的液化气、天然气、煤气及氢气等气体管道近旁敷设时，一旦这些具有爆炸性气体的管道漏气，引起爆炸、火灾，将造成大量电缆损坏，使全厂发生大面积停电，且恢复供电时间长，严重影响生产。

5.2.19 不同敷设条件下，电缆着火后的蔓延程度及其危害是不相同的。明敷的非难燃电缆在数量较少时，可能不形成延燃而自熄；密集敷设的电缆群着火后则往往难以自熄而使火灾蔓延扩大，甚至密集敷设的难燃电缆，如果所选用电缆的难燃性达不到等价于工程条件的有效阻燃性时仍可能着火延燃。所以适当地采用阻火分隔，防止火源相互串燃，对于电缆防火是十分必要的，也是十分有效的。

1 阻火封堵一般采用防火堵料、填料或阻火包、耐火隔板等组成；阻火墙以往有用普通砖砌，或在电缆贯通孔洞部位用板结状材料封堵的方式，虽可满足阻火性，但在运行中更换或增添电缆时，由于拆装不便常碰伤其他电缆，也因往往未及时封堵处理，导致延燃发展的事故。故宜采用矿棉、岩棉或泡沫石棉块等软质材料或防火堵料、耐火隔板等构成阻火墙。所有封堵和阻火措施，应能经受积水或鼠害的破坏，并能满足等效工程条件下标准试验的耐火极限不低于1h。

2 在隧道中减少防火门的设置数量，改用防串燃的措施，是因为防火门存在着关门运行会影响正常通风，开门运行又可能在火灾发生时因自动关闭装置失灵而使阻火分隔失效的缺点。

3 互为备用的双回路，分开敷设是防止电缆着火后相互蔓延的有效措施。对于向一级负荷送电的双回路，应优先考虑这种敷设方式。

5.2.20 利用电缆防火阻燃材料，对明敷的非难燃电缆，采取分段阻燃是防止电缆着火后延燃不熄的手段，比全线采用难燃电缆更为经济。阻燃防护或阻燃段，可采取在电缆上刷防火涂料、缠绕防火包带，电缆数量较多时，还可采用难燃、耐火槽盒或阻火包等措施。

5.2.21 本条比较严格地规定了难燃电缆的使用条件和注意事项。难燃电缆是指按标准燃烧试验在着火后，能阻止延燃直至自熄的电缆（俗称阻燃电缆）。设计者应充分理解“标准燃烧试验”的含义。难燃电缆并非在任何燃烧条件下即任意的电缆根数及敷设方式下均能保证着火后的自熄，只有所选用电缆的难燃性考核标准能达到等效于工程基本特征时，才能达到采用难燃电缆的目的。

现行国家标准将电缆的难燃性分成A、B、C三级。C级试验条件最严格，价格也最高，应本着安全适度的原则，结合工程的具体条件合理选用。条文中还规定了在同一回路中，当各段的等效工程条件不同时，应考虑在条件较严格的地段采用附加防火阻燃措施，以降低电缆阻燃类别，从而合理地降低工程造价。

5.2.22 条文更严格地限制了耐火电缆的使用条件，并把对普通电缆实施耐火防护放在首要位置。当电缆数量较少时，可用防火涂料、防火包带加于电缆上或把电缆穿于耐火管中。同一通道中电缆较多时，宜敷设于耐火槽盒内。对电力电缆宜用透气形式，在无易燃粉尘的环境可采用半封闭式，敷设在桥架上的电缆防护区段不长时也可采用阻火包。必要时，可采用普通防火电缆。在油罐区及高温场所等耐火要求高且敷设安装和经济性能接受的情况下，可采用不燃性矿物绝缘电缆。

5.2.23 过去在潮湿的隧道中装设报警用探头，常因湿气引起误报，以致停用。然而缺乏自动报警，不能早期发现火情及时进行消防灭火，是很不安全的。采用防潮型探头或火灾检知线（又称感温报警线）可避免上述缺点。

5.3 架空线路

5.3.1 路径及杆位选择是架空线路设计的重要环节。避开条文中所列的地段，是保证线路安全运行、提高供电可靠性的关键。设计中应在充分了解厂区具体环境条件的基础上，合理地确定线路的路径及杆位。

5.3.3 按照国务院关于城乡划分标准的规定，工矿企业列为城镇型居民区。

5.3.4 确定厂区内和厂区外距围墙1.5km以内为架空线路的防腐、防污区，是考虑到冶炼对环境的污染及其影响范围。

5.3.5 架空线路全线或个别地段的实际气象条件与标准气象区规定的数值差异较大（如风速、导线结冰厚度等），在过去的线路设计中常出现，2008年1月，我国南方几个省，如湖南、湖北、贵州、安徽、广西等，发生了我国有气象记录（1954年）以来最严重的冰雪灾害，导线结冰如人腿那么粗，特别是贵州省的山区输电线路倒杆、断线频频发生，部分电网解列崩溃，损失十分严重。在这种情况下，为保证线路的安全可靠运行，在导线的选型和杆塔的结构上都应十分注意，所以应向当地气象部门收集资料，按当地的实际气象资料进行设计。

5.3.7 本条是针对一、二级用电负荷对电源的可靠性要求所作的规定。

由于存在倒杆事故，满足正常带电检修要求的共杆架设双回路，只适合于能满足对二级负荷的配电，达不到一级负荷对电源的可靠性要求。考虑到在厂区内铁塔线路倒杆事故极为罕见，故在路径狭窄，分杆架设确有困难时，允许以铁塔共杆线路向一级负荷配电。

5.3.8 导线跨越屋顶表面（不包括屋架结构）为可燃材料的建筑物时，线路故障可能引起建筑物着火，建筑物发生火灾也可能影响线路的安全运行。考虑到在冶炼厂厂区内，供电可靠性要求高，火灾的损失大，而且线路与建筑物同属一个单位，关系容易协调，故本规范规定为“严禁跨越”。

5.3.11 接户线系指线路终端杆至受电用户建筑物导线支持点间的引线。由于建筑物导线支持点难以承受大的导线拉力，接户线都按控制张力安装，加之支持点间的线间距离都远比线路杆塔小，所以对进户线的挡距应进行限制，以避免因弧垂增大，线间距离不够而发生的碰线事故。

低压接户线挡距在25m～40m时，增设接户杆仍然是为了使接户线挡距控制在25m以内，超过40m应按低压配电线路设计。

6 电解整流所

6.1 一 般 规 定

6.1.1 本规范所提及的整流所，泛指应用硅二极管和晶闸管整流电路装置的整流所。

6.1.2 铝电解厂用整流所均为全厂的负荷中心，90%～95%的负荷为电解整流负荷。全国已生产的各大、中型铝厂的整流所为便于集中管理，均与全厂动力用电的总变（配）电所建在一起。这是合理的，也是很必要的。镁电解整流所靠近总变（配）电所一般是合理的。

重有色金属冶炼厂的大型锌电解整流所，机组台数多，占全厂负荷的比例大，多与企业的总变（配）电所合建。

6.2 供电电源与接线系统

6.2.1 铝电解属高温熔盐电解，温度达900℃～1000℃，需要连续不断地通过一定值的恒定电流才能保持电解槽正常生产所需的温度。停电（不含正常电源操作切换）或降低直流电流，不仅破坏正常生产，严重时将使整个系列电解槽遭受破坏。

降低直流电流时，将引起槽温下降，破坏电解槽的热平衡，槽底沉渣增多，电阻增大，槽电压升高，阳极效应增多，槽子处于病态，严重时电解不可能正常运行而生产不出铝来。直流电流大幅度地波动或降低，槽温变化大，局部过热，在热胀冷缩过程中，出现裂纹，缩短电解槽的寿命。

全停电时间过长，电解质将凝结。恢复供电时，会出现电解槽内衬炭块产生裂缝而漏槽，槽子被迫停产大修等一系列严重问题。大修一个大型预焙电解槽的修理费，约需电解槽基建费的40%，如全部槽子大修，相当于新建一半以上槽子的工作量，而最短也得在半年以后才能恢复生产。

对于供电给铝电解整流所的电源应按一级负荷考虑，应不少于两个供电电源。

重有色金属电解为水溶液电解，其中锌电解直流停电后，阴极会产生返溶并发生氢气，可能引起爆炸，其他重金属电解虽不会因直流停电引起重大事故，但其生产连续性高，产品价值在国民经济所占地位重要，亦不希望长时间停电，影响产量。故条文中根据整流所的规模，对电源提出了不同的要求。

6.2.2 铝电解全停电时间，指电解槽的直流电源中断时间，包括整流机组为恢复供电所需时间。故电源实际中断时间应更短。锌电解保证15%～20%的正常系列电流为维持电解槽极板既不电解亦不返溶的电流。

6.2.3 本条规定了整流所交流侧主接线的确定原则：

1 大、中型铝电解厂整流所的整流机组交流侧主接线都是采用双母线系统。这是由铝电解全年8760小时生产要求不停电不减负荷所确定的。即没有停电检修时间，对供电的可靠性要求很高。

大、中型铝电解厂整流所机组的数量都在3台～6台。如不采用双母线系统，则检修高压母线和母线隔离开关时，将被迫停电或减电。机组数在三组时，若将三组机组分别接在单母线的三段母线上，且每段装设双隔离开关。正常时各分段隔离开关合上由一个电源供电，另一电源作备用。此接线与不带母联断路器的简易双母线系统的投资相差不多，但仍带来诸如所用电变压器、全厂动力用电与整流机组共接于一个电源上，一旦事故需全停机组，有可能造成全厂停电，而另一个电源却没有得到合理的利用，因此铝电解整流所应采用双母线系统。

2 对于重有色金属电解用整流所也有类似铝电解的情况，对全年连续生产的大型整流所，宜采用双母线系统；全年有停电检修时间的整流所一般采用单母线分段。

3 为了避免将同一系列的整流机组分别由两段（指运行时断开段）母线供电，当其中一段母线停电时，接在另一段母线上的机组由于负荷转移而过载，发生损坏整流器的事故。但当一个系列负载很大时。由单台或两台降压变压器同时对一段母线供电造成高压配电设备因短路容量过大而无法选择时，可采用双分裂绕组的降压变压器。该变压器的两个绕组分别接在不并列运行的两段母线上以降低短路容量，此时允许将一个系列的整流机组分别接在两段母线上。如其中一段母线发生事故时将该变压器的电源侧断路器断开。

4 要注意避免三台变压器中的一台或两台为两绕组，而其中一台为三绕组变压器，造成变压器阻抗电压值不相同，变压器并联后输出容量不能满足电解生产的需要。

5 本款规定是为了避免逐台切合整流机组时，出现负荷电流大于每组机组额定值，致使损坏整流器。本款主要针对一些小型电解铝厂当有载自耦调压变压器或第三绕组调压的直降式整流变压器，设置两个或三个无励磁倒换段时，在高一段电压范围内进行有载调压时，其最低一级电压可能为整流机组 1/2～2/3 的额定值，虽然一般电解槽都具有一定值的反电势（铝电解约为槽电压的 35%，锌电解约为 75%，铜电解为零）。当一个电解系列由多个整流机组供电时，必须验算在各无励磁倒换段的最低一级调压级，投入第一组或最后切除的一组可能出现的过负荷情况。若可能过负荷，则应考虑利用总进线或母线（分段）断路器同时切合全部机组的措施，无此要求时，母线（分段）断路器也可不装。

6 若所用电及全厂动力用电与整流机组接于同一母线，用电源进线或母线断路器切合电解系列全部机组时，将造成全厂性停电事故。因此，在正常运行时，应使这部分负荷接于另一段母线上。

6.2.5 一般直流隔离器的安装位置较高，不便于手动操作，为尽快与直流系统隔离以便恢复供电等，而用电动操作。

6.3 整流机组的选择及谐波治理

6.3.1 整流机组一次侧电压及降压方式，与外部供电电压及整流所总容量密切相关；应根据全面的技术经济比较确定。

1 根据设计经验，机组一次电压应优先考虑采用电网电压，尽量避免对电解用整流负荷进行两次降压，以降低投资，减少电能损耗，减少机组一次侧电压波形的畸变。根据上述原则列出了表 6.3.1 整流机组单组容量与机组一次电压的选择表。

2 当电网电压为 110kV，输出总功率大于或等于 40MW，其单机容量在 12.5MV·A～25MV·A，按 1 款采用 110kV 直降式整流机组与经二次降压的普通整流机组相比较，其经济效果显著，应优先采用。

3 当外部供电电压为 220kV 时，多为年产 10 万吨级以上的铝电解厂，应采用 220kV 直降方案。

6.3.2 整流机组直流母线其中包括整流所至电解厂房段的母线。铝电解用整流机组直流额定电压，按条文所述原则确定。随着电解槽容量的增大，平均槽电压和阳极效应电压均在降低，因此铝电解系列发生阳极效应的个数是：100 台电解槽及以下宜取 1 个，以上宜取 2 个。

2 重有色金属电解用整流机组的额定直流电压，除按工艺生产所需的电压值外，还必须考虑电解槽和电解液循环系统的绝缘水平，使漏泄电流不危及人身安全。由于水溶液电解槽在生产过程中产生酸雾，对电解槽、楼板、新液及废渣总流槽虽有绝缘物支持，但绝缘物表面积酸较严重，漏泄电流随着系列电压的增高而增大，既不安全也影响到电解电流效率。根据国内的生产运行经验，确定了最高限制系列电压。

6.3.3 铝电解系列整流机组数量与机组电流，考虑下列因素确定：

1 满足工艺生产要求。

2 节省投资和获得较高的整流效率。整流机组台数的增多相应的增加了一、二次开关设备和辅助设施的数量，因而也增大了土建建筑面积和设备投资；尤其当采用 110kV 及以上电压直降方案时，一次开关设备较为昂贵，而且 110kV 及以上电压直降式调压整流变压器单位容量的制造费用随着容量增大而减小，容量小于 10MV·A 时是不经济的。适当增加整流机组单机容量和减少整流机组台数，不但能节省投资，而且便于整流机组在停电和送电时的操作。

3 保证整流机组中任一台检修或故障时，电解系列电流仍不降低。一般采用（$n+1$）的原则。但全系列机组正常时应全部投入运行，以构成对称等效多相制，有利于抑制谐波，可大大降低电能损耗，特别是大容量系列。

4 由于多机组并联运行，机组间、整流柜间电流分配的不均衡，规定 n 台整流机组额定电流的总和应大于电解系列电流需要值的 5%～15%。

5 在不增加或少增加投资条件下，尽可能使整个整流所形成较高的整流相数，以减少整流机组产生的高次谐波对电网的影响。

6 尽量选用目前国家已生产的标准设备。

7 与工艺发展的可能性相协调。

6.3.4 重有色大型电解整流所的备用整流机组应为热备用，即在正常情况下包括备用的整流机组均投入运行，当任一组故障或检修时，不应降低电解电流。

中小型电解整流所容量小，许多情况下可选择一组整流机组运行。设备检修一般与电解车间检修配合，仅考虑易损元件的备用。

整流机组的容量与组数一般都应经过技术经济方案比较来确定。由于重有色金属电解系列直流电压和电流都不太大，机组数量不宜过多。机组数多，虽然备用率可降低，但占地面积大，维护量大，投资不一定省。适当减少组数，增大机组容量，还可能有利于电网供电电压直降式整流机组的采用，这对减少电压层次，降低电耗，节约投资都是有利的。由于每台机组特性不能完全一致，其相互间的电流差按 4%～6%考虑，因此，一个系列的整流机组额定电流总和（不包括备用机组）宜等于系列电流的 1.05 倍～1.15 倍。

6.3.5 稳流和滤波是电解整流的两大技术进步。电解用整流装置采用自动稳流系统后，可提高电解效率 3%～4%，铝电解单耗节电：130kA～350kA 槽 500kW·h/t～700kW·h/t。

二极管整流加饱和电抗器稳流，其有载调压分接开关较少操作，减少了维护工作量和延长了使用年限，提高了供电可靠性。晶闸管整流精度高、调整范围广、响应速度快、整流变压器结构简单、停送电方便、闭锁后可无载操作机组断路器，计算机控制亦优于二极管整流。

6.3.7 整流所抑制谐波主要有多相制整流和设滤波装置：

1 二极管无饱和电抗器调压，其功率因数一般不低于0.92。不存在无功补偿问题，但谐波不一定达标过关。所以，首先考虑多相整流这种最简单的治理谐波的方法。单机组等效12相整流，基本上消除了幅值较大的5次和7次谐波。

2 二极管加饱和电抗器调压稳流和晶闸管整流控制稳流，功率因数往往达不到要求，必须进行功率因数补偿；至于是否需要谐波治理装置应根据实际电力系统要求确定；多机组并联的整流系统其单机组采用6相还是12相应根据具体工程结合滤波补偿装置的综合考虑为宜。

6.3.8 滤波装置设计考虑的因素是：

1 滤波装置在基波下呈容性，它可兼作无功补偿装置，所以应统一考虑。

2 从国内外运行经验的总结，滤波装置接在整流机组的供电母线上集中补偿，比各机组通过变压器补偿线圈接滤波补偿装置的效果好，因此在有条件时宜在供电母线上集中补偿，具体采用哪种方式应根据工程实际和系统长期运行维护、检修等因素综合考虑。

3 为使各分支滤波器能单独运行，在可靠的前提下考虑电气接线简单、少用设备、节省投资、运行操作及维护检修方便。为防止大气和操作过电压击穿滤波器 应在其两端装设避雷器。滤波器应设有低电压、过负荷、过电流，电流速断及电容器不平衡保护等二次设备。

4 重燃断路器会因过流过压而爆炸。

5 因理论计算与实际有误差，制造上也存在差异，所以串联电抗器应设调整调谐的抽头以达到最佳滤波效果。

6 从安全、独立运行考虑设围栏。

7 特征谐波经计算较接近实际，而非特征谐波（偶次、3和3的倍数次）计算较困难，一般经实测比较准确。如某电解铝厂引进可控硅整流机组及其滤波装置，投产后经测试发现3次谐波超标。另一电解铝厂同样引进设备，结果6次谐波超标，理应采用补救措施，但因设计没考虑预留安装场地而实现困难。

6.3.9 双反星带或不带平衡电器接线的二极管整流机组，整流臂短路将同时构成交流和直流两侧短路。非故障臂以及并联运行的整流器和具有反电动势的直流负荷，都向故障臂供给事故电流。不仅仅是以整流元件的反峰压提高为转移。

某铝电解厂，直流输出电压超过300V，因元件击穿造成严重事故，被迫停产，整流所被废。美国规范也将并联运行时，直流额定电压限制在300V及以下。

本条仅对双反星带或不带平衡电抗器接线的适用电压进行了规定。由于双反星带平衡电抗器接线的整流变压器制造结构比三相桥式接线复杂，容量亦大21%，而整流器的成本一般仅为变压器成本（不包括调压开关）的1/3，故机组并联运行时，虽直流电压小于条文中的电压规定值，只要技术经济合理，亦可选用桥式接线。

6.3.10 电压偏移率等于机组各部分阻抗引起的直流电压降（以空载直流电压的百分数表示），其中变压器的短路阻抗造成的压降占主要成分。在大多数整流电路内，短路阻抗可以代替换相电抗。因而，短路阻抗大，则换相角也大；位移因数低，电压偏移率大（外特性斜度大）。此外，为了限制短路电流不致过大，往往希望提高整流变压器的短路阻抗，但是在大电流机组内，即使将短路阻抗提高到较高值，变压器二次侧的短路电流往往还是大到难以保证短路动稳定的程度。因此，综合以上两个相互矛盾的因素，规定整流变压器的合理的短路阻抗很有必要。在大型机组内，二次侧常为多绕组。校验短路稳定时，只考虑其中一组绕组短路。二次侧一组绕组短路时的短路阻抗值可到20%～30%，而全部绕组短路时的短路阻抗宜在15%以下，为了有一个合理的数值，本规范规定电压偏移率不大于10%。

6.3.14 因分期投产时间间隔较长和使晶闸管不致深控，在整流变压器设置适当的抽头配合调压，不失为降低谐波含量和提高功率因数的措施。如某铝电解厂110kV晶闸管直降机组整流变压器无载抽头为，20%、40%、60%、80%、100%共五档；某锌电解厂220kV晶闸管机组在整流变压器80%处抽头星形和三角形倒换；某铜电解厂晶闸管整流机组采用调压深度为30%的有载抽头配合晶闸管调压。

抽头调压的方式、级数应根据工艺生产情况确定。能用无载抽头尽可能不用有载，以降低设备费用和充分发挥晶闸管的优势。

6.3.15 调压范围的下限和级电压差的确定：

1 为避免全系列整流机组逐台进行停电或送电操作时，最先投入或最后切除的机组不致严重过负荷。

2 投产初期电解系列常分批焙烧启动电解槽，整流装置调压范围的下限主要决定于焙烧过程（铝电解）的需要和开始送电时需要的电压（重有色），同时考虑到适当缩小有载连续调压范围，以简化有载分接开关的结构，还须考虑满足逐个机组停送电需要，如采用无激磁切换变压器抽头和加饱和电抗器的措施。最低电压宜以焙烧末期的槽电压约2.5V～2.7V为依据。此时槽电流已达额定，如果整流装置的直流电压仍高于焙烧末期所需电压，势必造成整流装置及电解槽过流，铝电解最低电压一般为系列电压的10%。

重有色金属电解的启动电压是指开始送电时需要的电压，其中锌电解约为系列电压的80%，铜电解约为系列电压的50%。

3 目前可供选用的有载分接开关级数已达到105级，通常已能满足电压级差要求。

4 有时需要在调压变压器电源侧为额定电压的情况下进行整流器直流短路下的均流试验。为此，需确定试验时需要的最低直流空载电压。

直流短路时，输出电压为零，如略去整流元件的正向压降，则直流空载电压等于换相电抗直流电压降。

5 一般电解整流装置最高电压为系列电压的115%。

6 考虑到由低压段向高压段倒段时，不致引起机组过负荷。

6.3.16 随着电解系列电流的不断增大，如国内铝电解槽已达350kA，无疑要求整流机组的单机电流大。机组电流越大，磁场以及各部分阻抗的不对称对均流的影响越加严重，整流器钢铁外壳和附近铁构件涡流而发热严重。同时增加了电能损耗。

为了降低阻抗压降，提高功率因数，改善均流情况减少杂散损耗，大电流整流机组宜采用同相逆并联整流电路。

采用两个三相桥或两个双反星形带或不带平衡电抗器组成的同相逆并联系统，当正、逆两同名相间绝缘破坏时，元件反峰压将升至正常状态下的2倍或1.5倍，桥臂导电期间电流升至正常状态下的4倍或流过巨大的短路电流。所以对正、逆两同名相间在正常维护操作时容易产生金属性连接的地方，应适当加强绝缘或采取隔离措施等。

6.3.17 单机组形成等效12相，对减少交直流侧谐波电流、电压都有很大的好处。目前共轭式铁芯和两个铁芯结构的整流变压器都有采用，但由于共轭式铁芯迭装费工，制造难度较大，国内有的制造厂不愿生产，所以仍多采用两个铁芯。在同等容量条件下，采用共轭式铁芯比两个铁芯结构的整流变压器能够降低一定的费用，国外通常采用共轭式铁芯。

6.3.18 整流机组的整流效率，随着整流电压的升高而有所提高，有自动稳流系统的效率通常比无自动稳流低一些。

6.4 控制、保护与测量

6.4.1、6.4.2 为了操作、运行上的需要，电解厂的整流所均设有控制室，整流机组、电源进线、母联（分段）、所用电变压器及主要馈出线回路的断路器均集中在控制室作远方电动操作。大型铝电解厂的整流所，一般都与总降压变电所合建在一起。

6.4.3 控制方式包括主控室控制和就地手动控制，为了维护管理和操作的安全，就地、主控制室，两种控制级别应相互闭锁，同一时刻只允许一级控制。

6.4.4 对于计算机综合保护监控系统，当上位计算机及网络死机时，应能在间隔层对断路器进行一对一操作。

6.4.7 对手动操作的隔离开关和接地开关，在就地控制箱设电气闭锁，是十分必要的。

6.4.11 整流机组和其他电气设备一样，在运行中也会发生各种故障，主要为短路、过电压和辅助系统三类故障。其他尚有整流变压器内部和机组过负荷等非正常工作状态，都必须装设相应的保护装置。在机组故障和不正常状态下，尽快将整流机组切断或发出信号。但整流机组的整流变压器二次侧多为大电流、多绕组，很难像一般电力变压器那样对其内部短路故障实现差动保护，因而靠瓦斯保护作为基本内部故障的保护。调压变压器的有载分接开关油箱单设瓦斯保护，有益于对有载开关的监护。

6.4.12 一个系列的整流所往往由几个机组组成。为了形成更多相的等效整流电路，一般有一半的变压器接成Y/Y，另一半为Y/D或D/Y。在中性点不接地的系统上，当D/Y或D/D接线的变压器二次侧发生两相短路时，反应在一次侧的各相电流是不同的，其中两相小，一相大。如果在一次侧仅装两相两继电器作保护，就有可能因灵敏性不够而不动作。尤其是用在带有调压变压器的大型整流机组上。当整流机组运行于低电压时，其灵敏性就很难保证。所以本条文规定了大型整流机组采用三相三继电器接线方式。对中、小型不能满足保护回路阻抗不超过电流互感器10%误差的情况下，也应采用三相三继电器接线，否则宜采用二相三继电器接线方式。对于大接地电流系统中各型变压器是必须用三相三继电器式的。为了整流变压器的互换性，不论整流变压器绕组接法同否，一般整流所采用的继电器接线方式都是一样的。

6.4.13 二极管整流机组输出电压的调整需配有载调压变压器。当机组降低电压运行时，若整流变压器二次侧发生短路，其短路电流将显著减少。装设于调变一次侧的过电流保护的灵敏度就可能不够而拒绝动作，因这一保护是按调变一次额定电流并躲开励磁涌流整定的。因此，必须在调变与整变之间设置另一过电流保护装置。

6.4.16 过去当风速降低到3m/s以下时，风速继电器动作断开机组断路器，根据各电解厂多年运行的经验，风速降低时只要发信号就可以了。因为硅整流柜不会因为风速降低或临时停风，硅元件就会立即损坏。根据运行经验在停电1min后，将负荷降到下列数值尚可继续运行，即整流器室温在20℃以下时，为额定负荷的40%；40℃以下时，为额定负荷的30%；40℃以上时，为额定负荷的20%。

6.4.17 风冷硅整流柜的风机电动机过去有采用磁力启动器作控制设备的。当所用电或系统电压瞬时降低时，磁力启动器迅速切断。当电压立即恢复时，它不能使风机电动机自启动，因而影响了电解生产，采用自动开关后可免除这一缺点。

6.4.21 测量表计的设置，一方面是根据国家有关规范监视电气设备的正常运行和经济核算，另一方面是根据实际需要装设。电解工艺指标中，电解的电流效率和每吨产品的直流单耗指标考核，其准确度直接依靠直流安培小时和直流电度的准确测量。稳流准确度、直流开路保护等均赖于直流电流和电压的测量。

6.5 母线、设备配置及接地

6.5.1 将原规范铝电解直流总汇流铝母线的电流密度由0.3A/mm²～0.5A/mm² 改为0.25A/mm²～0.35A/mm²，是为了与铝电解工艺设计规范中的母线等效电流密度取得一致，并选用同一规格尺寸的铝母线。

6.5.3 母线的配置原则是便于维护、降低损耗、减少不平衡和防止短路事故等。

1 原规范母线应涂刷区别相序和相极性的防腐色漆，这样易理解为母线表面全部刷漆。目前实际作法是仅在母线的接线端头上标注区别相序和极性的色标漆。

2 本款在于使柜间电压相电流尽量达到平衡，以降低环流。

3 因整流器直流引出正、负母线受位置限制，有发生短路的可能，宜尽最加大间距或隔离措施。

4 防止混凝土支架电化腐蚀。

6.5.4 有关母线伸缩头的位置，都是以往设计沿用的数据，为便于安装、拆卸检修，防止振动、热胀冷缩拉坏变压器套管漏油等，需采用的必要措施。

6.5.5 直流汇流母线发生短路的机会非常少，即使有金属导体落在200kA及以上系列电流的正负母线上，流经此金属导体的短路电流为电解系列电流的分流电流，该导体也将很快被熔化或被电动力所抛掉。由于导体与母线间有接触电阻存在，此接触电阻也限制了短路电流。目前整流元件数量是按直流出口短路要求选择的。因此，在发生此类短路时，往往整流机组上的电流还没有来得及反应而此导体已被熔化或抛掉。

6.5.6 母线地沟易积水、积灰，难于清理，造成接地短路，还有安全和散热通风等问题，所以直流母线不宜配置在地沟内。

6.5.7～6.5.10 这几条是整流所的位置和配置原则，是从防火、防腐、通风、采光、减少占地、节省投资、减少有色金属消耗及节约电能等方面综合考虑的。

整流变压器大多为屋外布置，机组间设隔墙，一是为检修安全，当一台检修时不影响系列其他机组的安全运行；二是减小建筑面积；三是从防火、防爆上考虑。是结合有色冶金行业电解整流所的特点，根据现行国家标准《3kV～110kV高压配电装置设计规范》GB 50060的规定而设置的。

6.5.11 直流母线周围的磁场强度较大，直流电流中也含交流谐波，从控制室楼板下穿过会影响保护、计算机系统运行、控制继电器的安全运行和对通信的干扰。

控制室是供变电及整流所的心脏，值班人员必须保持清醒的头脑，以便正确处理事故和运行操作。而整流器室噪声较大，不宜合建在一起。

6.5.12～6.5.14 这几条是针对电解用整流装置中有外壳整流器的安装和接地所采取的方法。

因为直流回路的漏泄电流较大，因此，对电解直流系统，应与一极接地系统等同对待，当一点对地绝缘破坏而未被发现，另一极接地短路，对人身安全和设备将造成巨大危害。由于系列电流太大，有反电势的电解槽直流侧的开关不能带负荷切断（目前还无带负荷切断大电流的开关产品），由电解系列反电势向故障点供给的事故电流，可以延续故障时间和扩大事故。在带电检修的情况下，若带电设备附近的金属外壳和结构采用低电阻直流接地，与经高电阻接地或与地绝缘相比较，对人身安全可能更加危险。

根据以上特点，整流器安装方式有三种：第一种是整流器与变压器分开配置时，采用绝缘法安装及绝缘监视，墙和地面作绝缘处理，发出接地信号；第二种是整流器外壳靠近变压器，与变压器分不开而共同接地时，采用绝缘安装及接地保护，交直流接地保护动作切断全系列机组电源侧断路器；第三种是整流器与变压器分开配置，采用绝缘法安装及接地保护，是前两种的综合方式，整流器周围的墙和地面可不作绝缘处理。根据国内外的运行经验，直流电压在125V及以下的整流器，放在干燥的水泥地面上，对柜壳不连接地线，基本上不会发生因导体接壳而烧硅整流柜的情况。

考虑到目前电解铝整流机组电压越来越高，无论哪种安装方式，带电检修均十分危险，所以在原规范基础上增加了整流器及整流柜周围设置主回路带电禁止人内的防护围栏的安装方式。

6.5.15 自撑式结构的整流器，因无外壳也就无所谓外壳接地，只用绝缘法安装，周围墙和地面均不作绝缘处理。安装简单，无外壳接地保护，是屋内整流器结构发展的方向，国内制造的自撑式整流器已投入运行。

6.6 交流所用电系统

6.6.1、6.6.2 整流所的所用电与电解负荷等级相同，没有所用电的正常供电就不可能保证整流机组的正常运行。

6.7 直流所用电系统

6.7.1～6.7.3 大型电解整流所（如铝电解整流所）机组数量多，一般与总降压变电所合建，控制保护系统复杂，对直流控制电源的可靠性要求很高。现有大型铝电解整流所都采用二组220V铅酸蓄电池组。

6.8 对相关专业的要求

6.8.1 整流器的冷却装置完全可随整流设备配套带来，所以冷却介质和运行环境等技术条件要符合制造厂要求。

6.8.2 无论风冷或水冷的整流器对运行环境都有一定的要求，以保证安全运行。当整流器室的温度高于40℃时，风冷式整流元件损坏率较高，设计时应从通风上设法降低整流器室的温度。

6.8.5 大、中型整流机组都采用大功率整流元件，其元件数少，对水质及冷却可靠性要求高。配套纯水冷却装置在运行中稳定输出定温、定压、定量的去离子水，以控制整流器工作于给定温度范围内，能有效地杜绝其冷却水管电腐蚀、结垢乃至堵塞等情况，从而给整流器长期安全运行提供可靠的保证。

6.8.7、6.8.8 整流所当采用水冷式整流器时，对水系统的重要性可靠性的要求，在某种意义上与所用电不相上下，曾发生过冷却水停水造成系列全停电事故，应引起注意。

6.8.10 因控制室是整流所的心脏，控制系统全集中在此，不允许停止运行，土建扩建施工时往往需要停电，所以按设计规划土建工程应一次建成。

6.8.15 为防止天棚吊顶上的物件掉入保护和控制屏引起事故，所以要采用封闭式结构。

7 车间电力设计基本规定

7.1 配 电 系 统

7.1.4 将母线分段的目的是为了保证供电的可靠性。当一段母线故障时，重要负荷仍可通过另一段母线获得电源，或当某一段母线的供电电源停电时，仍可通过母线联络开关从另一段母线的供电电源得到供电。本规范所指的双电源或多电源进线包括从变压器低压侧来的总进线，也包括从上一级配电室引来的进线和其他车间引来的联络线。

7.1.5 在电源进线处和母线分段处装设开关，是为了满足母线保护、切换和断路器检修的需要。

在变压器—干线式的配电系统中，如果仅依靠变压器高压侧保护干线的短路或者接地故障，则高压开关跳闸后，由于保护区间长，寻找故障点困难。特别是对于变压器高压侧采用熔断器的情况，当干线末端发生单相接地故障时，因干线长、接地故障电流小，熔断器往往不能熔断而造成事故进一步扩大。因此变压器—干线式的干线首端应装设断路器。

断路器断开后仍可能带电的一侧，装设隔离器是为了断路器检修时有可见断点，以保证检修人员的安全。

7.1.6 一级负荷的用电设备，当设有互为备用的多台设备时，应将其分别接在不同的电源母线上，能在向工作设备供电的母线及线路发生故障时，及时投入备用设备。

一级负荷仅为单台设备时，在末级切换，可保证在向末级供电的母线或线路发生故障时通过末级切换使设备获得电源。本规范的末级是指在配电系统的末级配电屏或配电箱上，采用手动或者自动方式进行电路切换。

7.1.7 并行的工艺流程用电设备如由同一电源回路配电，则当此电源回路停止供电时，将使数条流水线停止工作。

同一工艺流程各用电设备如由不同的电源回路配电，则当任一电源母线或线路故障时，都将导致本生产线停产。

7.1.8 不同的配电方式有不同的特点，因此设计中应该根据使用中的不同情况选用不同的配电方式：

1 放射式配电，其接线简单，操作方便，配电可靠性高，适合重要负荷，大容量设备的配电。其缺点是一次性投入高。

2 干线式配电，包括变压器干线配电，其特点是结构简单，经济灵活，不一定要设专用的低压配电室，一次性投入较少，维护工作量不大。所以，对于车间环境正常，用电设备容量不大的情况，宜采用干线式。当要求供电可靠性较高时，则宜采用双干线配电方式。

3 链式配电是指只设一组总保护电器，且采用链状接线的几个用电设备的配电。不包括虽采用链状接线，但各有保护电器的用电设备的配电方式。链式配电用于相互距离较近，容量又很小的用电设备。但对于单相与三相设备同时存在的情况则不宜采用。对于技术操作用途不同的用电设备（如机床、卫生通风机等）同时存在的情况也不宜采用。对容量较小的便携式设备，可以在满负荷情况下经常合闸，这种插座的链接数量可以适当增加。

7.1.9 低压配电级数是指从车间变配电所开始，通过配电屏、箱向用电设备配电的层次数。如果配电级数过多，不仅管理不便，操作复杂，而且因电路上串联的元件多，元件故障或因操作错误产生的事故也随之增多。配电级数增多还会使上下级保护之间的配合造成困难。因此规定不宜超过二级。

7.1.10 当用电单位内部设有多个车间变电所时，为了节电、保安、检修的需要，增设联络线是可行的。

7.1.11 检修用电设备或检修用接电点采用专用回路配电，是为了安全和适用。在生产设备运行时，检修电源可以停电而保证安全；当生产设备检修时，不致因生产设备停电而影响对检修点的供电。

7.1.12 一般工业性用电负荷都是平衡负荷，而且工业用电都有专业人员维护，完全满足TN-C系统的使用条件，TN-C系统主要也是针对工厂一般环境供电设计的，采用TN-C系统可以节约大量配电的投资。

7.1.14 对于D，yn11接线组别的变压器，其显著优点之一就是变压器能承受较大的不平衡电流，这种不平衡负荷所引起的中性线电流可以达到低压侧的额定电流。由于这种接线组别的变压器负荷不对称度尚无统一的标准，本条规定为不超过变压器低压侧中性线所允许的电流。在变压器负荷不对称度标准制定之前，其允许值可以向变压器厂索取。如有特殊要求，还可以向变压器制造厂提出，变压器厂也能满足此要求。对于Y，yn0接线组别的变压器，根据变压器制造标准，其负荷不对称度不得超过变压器额定容量的25%。

7.1.15 车间的用电负荷不可能一成不变，随着时间的推移，总会做局部调整。为此，从变压器容量开始一般都留有裕量。低压配电屏或配电箱备用回路数宜为总回路数的20%。

7.2 配电设备

7.2.1 附录F列出有色金属冶炼厂所具有的高温多尘、潮湿腐蚀、有害气体物体及爆炸危险等不同车间环境特征，作为车间电气设备选型及其他电气设计的依据。由于不同生产车间的产品、生产规模、装备水平等情况不同，各种环境条件的分类标准难以统一，对于有严格要求的场所，可根据具体情况和要求，按现有国家有关标准分类。

7.2.3 低压配电屏的短时和峰值承载能力及分断能力，是表征配电屏结构、母线及其固定方式、进出线开关及电器的短路动稳定与热稳定的综合能力。低压配电屏的电气参数已将这种能力的指标列出，有的将这种能力分为三种类型，Ⅰ型为15kA，Ⅱ型为30kA，Ⅲ型为50kA。设计时应根据配电屏所在的母线上的最大短路电流选择。

7.2.5 变压器低压侧总开关和母线分段开关按变压器额定输出电流选择，可使配电系统第一级配电装置的选择与变压器的输出能力相适应。本规范第3章规定变压器容量的选择应留有适当的裕量，这充分考虑了生产过程和投产后变压器负载有可能增加的各种因数，如果在变压器允许的范围内增加负载受到开关容量的限制或因此需要更换配电装置，必然会造成变压器容量或经济上的浪费。所以变压器低压侧总开关和母线分段开关不能按变压器计算电流来选择。预计变压器在近期内可能更换，还有必要考虑与更换后的变压器容量相匹配。

7.2.6 选用带延时的断路器后可实现选择性保护配合，提高供电的可靠性。

7.2.7 配电回路装设隔离电器是在电气设备及线路检修和试验时，保证人身安全，减小停电范围的重要措施。如果断路器与母线直接连接，则当任一回路检修试验时，母线需要停电，扩大了停电回路数使生产受到了影响，因此隔离电器一般都装在每一配电回路的断路器之前。

7.2.8 配电回路装设接触器或启动器是为了对负荷进行操作。要求接触器或与它在回路中所执行的最繁重任务相适应。接触器、启动器的使用电气寿命取决于触头的寿命。影响触头寿命的主要因素是电压、电流的大小及通断次数的多少。对于频繁操作的机械设备，经常有非正常操作（点动）的情况，此时，触头断开电流接近电动机的启动电流，接触器或启动器的额定电流不能按电动机的额定电流选择，必须加大容量选用。

接触器或启动器，与所在回路的保护电器协调配合，各负其责。这是接触器和启动器制造标准所规定的要求，即在过载保护与短路保护两条时间—电流特性平均曲线交点所对应的电流以下，短路保护电器不应动作，而过载保护应动作，并通过接触器或启动器断开电路，且接触器或启动器在短路条件下不应对人或设备造成危害。

7.2.9 低压电器的额定电流值是指工作温度范围内电器允许长期通过的电流。当多个电器集中安装在密闭的电器屏、箱内，特别是屏箱所处的环境温度比较高的场所，由于电器同时发热，屏、箱内温度升高，可能超过电器允许的工作温度，使电器使用寿命降低或不能正常工作。对于过载保护器件，还会在工作电流尚未达到整定值时就动作。因此本条对装设在密闭屏、箱内的电器选型作了规定。

7.2.11 由于硫化矿在冶炼过程中存在SO_2气体，为避免电气设备被腐蚀，电气设备宜室内安装，而安装室外的箱（盘、柜）应采取防腐措施。在室外安装的电气设备可设置“观察窗”观察设备运行状态。火法车间内有水冷却和水冲渣等设备，常伴有大量水蒸气放散，故应采取防潮措施。使用在防腐、防潮环境内的电气设备或可能受强台风影响的地区环境内的电气设备的防护等级不宜低于IP55。

7.2.12 为了避免遭受恶劣环境的影响，工艺设计有的已将空压机、风机及泵等设备配置在与恶劣环境完全隔开的独立房间内，这种情况下，房间内的电气设计按正常环境处理。

7.3 控制与保护

7.3.1 电动机启动时的电压下降要造成两个方面的影响：一是由于母线电压的降低，影响其他用电设备的正常工作；二是由于电动机端子电压降低电动机启动力矩降低。为此，本条对启动时母线电压水平和电动机端子电压分别作出了规定，两个条件同时都要满足。母线电压水平的限值系使用现行国家标准《通用用电设备配电设计规范》GB 50055 的数值。为了保证电动机启动时不妨碍其他用电设备的正常工作，不必对电气设备的端子电压逐一进行计算，仅根据母线上所接负荷性质的不同对母线电压水平进行限制，这是工程上普遍采用的方法。

7.3.2 频敏变阻器可实现无级启动，具有接近于恒转矩启、制动特性且可限制启动电流。频敏变阻器为静止设备，具有维护方便，接线简单启动平滑等优点，特别是采用机电一体化结构后结构更为简单，运行更为可靠。所以绕线转子电动机在满足启动转矩的情况下，宜优先选用机电一体化频敏变阻器结构。

较大功率的绕线转子电动机采用水电阻启动，在有色金属冶炼厂使用有成功的经验，因此宜在设计中采用。

7.3.3 重载启动的电动机，其额定功率应按启动条件校验，这是因为重载启动过程中，对电动机的堵转力矩（亦称启动力矩）和最大力矩都有相应的要求：启动力矩应克服静阻力矩，最大力矩应满足过载要求。本条要求是为了保证电动机重载启动时，电动机绕组的温升不超过允许值，电动机的额定功率与重载启动条件相适应。

7.3.5 内反馈斩波调速是近年推出的一种调速方案，它的调速性能不及变频调速方案，但一次投资较少，在有色行业中渐有应用。

7.3.6 异步电动机变频调速在有色金属冶炼厂得到了广泛的应用，但在低速运行时，存在电动机发热，振动、噪声增加以及启动力矩不够的问题。本条从装置和电动机的选择两个方面作出了规定，以保证设备运行安全可靠。电动机在低频运行时，因定子绕组的电阻在阻抗中所占的比例增大，使最大力矩下降，为了进行补偿，可采用提高 V/f 值的方法。但是不适当地提高 V/f 值又会增加励磁电流。此外，电动机在最大力矩下运行时，电流也必然会增大，电动机常利用低频下的最大启动力矩作为启动力矩启动，因此要求变频调速装置输出的过负荷能力满足低频运行要求。电动机在低速运行时，自冷效果变差，如果要求长期在低速运行，就必须降低转矩。通常采用变频调速专用电机，或采用功率较大的电动机。

在装置的应用方面，外部控制线采用屏蔽线的目的是防止干扰。主回路接触器主接点装设在变频调速装置的电源侧，是因为如果变频调速装量仅作为启动装置使用时，或因故退出工作时，便于对电动机电源进行倒换。此外，这种方法将接触器作为线路接触器使用，电动机的通断与正反向均通过变频调速装置进行，因此要求接触器在无负荷（停车）状态下通断，以便尽量减少操作过电压对变频器的冲击。

随着变频技术的发展，成套变频调速装置性能越来越好，功能也不断完善。因此，装置的选择和应用需要适应变频技术和应用的快速发展要求。

7.3.7 此条所指的大容量系指电动机功率在 280kW 以上的设备，当这类设备需要电气调速时，可供选择的方案有：高压变频调速、低压 380V 调速和低压 660V 变频调速。调速方案的取舍在很大程度上取决于一次投资和运行的经济性和维护的难易。近年在大型氧化铝厂的设计中，采用 660V 变频调速方案有成功范例。

7.3.10 由高压配电室直接配电的电动机，在高压开关柜上仅根据信号进行启动操作，对设备和人身来说都是很不安全的。因此，如果在高压配电室看不到所配电的电动机时，严禁在高压开关柜上装设电动机的启动控制开关，但应装设紧急停车、允许合闸，断路器合闸试验（与隔离开关断开有连锁）等控制开关。这是本条使用中应予充分注意的问题。

7.3.11 两地或多地控制的电动机，在机旁装设解除远方控制的安全开关，亦称为事故开关，其作用有两个：一个是在生产机械检修时，机旁有禁止远方控制的可见断点，保证检修人员的安全；二是在紧急情况下停止生产机械。例如在事故情况下迅速解除事故危险，在停止按钮失效的情况下作为停止电动机的后备措施。

7.3.12 对于皮带运输机、链板运输机等传送距离较远的机械，沿机械设置事故断电开关的目的，是为了在生产机械发生事故时能就近及时解除事故危险。因为在事故停车后，要求处理好事故方可开车，事故的断电开关应采用不能自复位的开关。拉绳断电开关可在沿机架的任一位置迅速停车，设计中可视需要在机架的一侧或两侧设置。

长皮带运输机拉断事故开关后，由于容性维持电流不能断开相应的回路，致使事故不能解除，故此规定此条。

长距离胶带输送机应设置完善的保护。

7.3.13 冶炼厂物料运输系统参与联锁的机械设备一般较多，近年来一般都是采用控制室集中联锁控制。可编程控制器（PLC）用于开关量为主的物料连续运输集中联锁控制比较适宜。

7.3.15 物料运输系统的联锁控制有多种启动和停车程序。启动方式有：分别启动，按工艺逆流程启动或分段逆流程启动等。停车方式有：同时停车、部分延时停车，按给料方向顺序停车等。在确定启动和停车程序时通常应考虑几个方面的因素，首先应满足生产工艺的要求，诸如物料流向，流程中有无缓冲仓，缓冲仓的容量对运输系统连续性影响；其次应考虑电动机启动时的电压水平不应对其他电动机的启动和运行造成影响；此外，还应尽量缩短启动过程中电动机的空载运行时间以节约电能；最后，正常启动和停止过程不应有物料在设备上堵塞和堆积，事故情况下应防止物料在启动困难的机械（如碎矿机）上堵塞堆积等。设计时应综合考虑各种因素的影响，选择合适的程序。

7.3.16 联锁线上，每台电动机旁装设事故断电开关的目的与本规范第7.3.10条同。联锁线上装设手动、自动转换开关的目的是：在手动位置可对单台生产机械进行检修和调试，且当联锁装置故障时仍能在解除方式下继续生产；在自动位置可作为生产岗位的允许启动信号。

7.3.18 联锁系统设置信号装置的目的是为了进行工作联系，便于及时发现和处理故障，为安全生产创造条件。本条列出的各种信号，它具有不同的用途：

允许启动信号：保证只有在联锁线上的各岗位人员均发出允许启动信号后，集中操作人员才能开车，确保联锁线的安全生产。允许启动信号的方式可以根据需要设置，如每次启动都发允许启动信号，也可在不允许启动时才发不允许启动信号。

运行信号：监视机械运转情况，便于发现故障。

停车信号：便于寻找故障并及时处理故障。

启动预告信号：作为开车前的询问信号，以便使联锁线中各岗位人员做好设备检查及开车前的准备工作。

启动警告信号：作为联锁线正在开车的信号，以便提醒岗位人员注意安全。

7.3.19 可编程序控制器（PLC）是一种先进、成熟、适用的控制设备，具有多种逻辑运算功能，程序可根据要求及时修改，还可以通过接口模块组成PLC网络或参与计算机管理系统，在控制系统中已被广泛应用。

PLC是一种工业控制机，在控制系统中接收外部接点和各类检测信号，并经过本身的逻辑运算，按预先编制的控制程序通过输出点对外部线圈或执行元件进行控制。为了充分利用PLC的控制功能，保证PLC可靠工作，在做PLC控制系统设计时，应根据控制系统的要求，选择合适的机型，并对PLC与外部器件的连接和程序结构进行统筹安排，既使系统接线简单，又使程序结构清晰。

PLC产品使用说明一般都对本机型产品的接地措施、防止外部干扰、I/O点的接点容量、输出点的保护等提出了要求，本条对此分别作出了相应的规定。关于I/O点的备用数量，没有必要也较难做出具体规定，预留备用I/O点通常是考虑在调试或生产阶段有可能增加新的控制对象和便于对损坏的I/O点予以更换。

中间继电器是控制系统中的一个重要环节，它的质量高低将直接影响系统稳定的正常工作。在以往所作的工程项目中，由于劣质的中间继电器曾造成很多麻烦，故提出应采用高质量的中间继电器。

7.3.20 冷却系统中装设温度检测仪表是为了监测冷却介质的温度，并在温度越限时报警，必要时还可以联锁停机。

7.3.21 有极限保护要求的往复机械，不能用反向行程开关作极限保护，因为一旦反向行程开关失灵则极限保护将失效。

7.3.23 对于集中联锁系统，手动控制电源仍由电动机主回路引接，自动控制电源则单独集中设置，这有利于系统调试。因为在自动控制时，电动机控制回路的接触器线圈是通过单独的控制电源工作的，只要把电动机主回路电源断开，电动机就不会在联动调试时通电，调试工作既安全又方便。

电动机控制回路若与主回路不同电源，在主回路停电时，控制回路仍可能带电，此时若主回路恢复供电，电动机会自启动而危及周围人员的安全。因此要装设主回路失压与控制回路的联锁。

电动机的控制回路接自TN系统电源，其控制回路电压采用220V时，启动线圈一端直接接至中性线，可避免控制回路一点接地可能引起的启动线圈受电，使电动机误动作，也可避免正在运行的电动机不能停车。

对于单独控制的电动机，当启动器和按钮组装在一起时，其控制线路很短，接地故障相对较少，为避免采用220V电压而专门引出N线故规定此条。

7.3.25 要求配电线路上、下级保护器的动作具有选择性的目的，是为了在配电线路发生故障时，尽可能缩小事故面，使停电范围限制在发生事故的局部区域。

7.3.26 本条对于短路保护电器在短路发生时的动、热稳定性作出了规定。对于持续时间不大于5s短路，校检稳定的公式是：

$S \geqslant \frac{I}{K}\sqrt{t}$，此式既考虑了短路电流 I，又考虑了短路持续时间 t，还考虑了导线的截面 S 和导线的各种物理特性及短路时的始、终温度 K。对于持续时间不大于0.1s的短路，导体的热稳定检验，还要考虑短路电流非周期分量的影响。

7.3.27 本条对过载保护电器在线路过载时的动作要求作出了规定。只有同时满足熔体电流或整定电流不大于线路的允许载流量和保证电器可靠动作的电流不大于线路允许载流量的1.45倍时，才能满足线路过载保护的要求。当采用符合国家现行标准《低压断路器》JB 1284的断路器，且断路器的整定电流不大于导体的允许载流量时，则可满足“保护电器在约定时间内可靠动作的电流不应大于线路允许载流量的1.45倍”的要求。

7.3.28 接地故障是指相对地或与地有联系的正常不带电的金属体之间的短路。由于故障回路的阻抗分散性很大，对于TN系统，故障电流以金属体为故障电流回路的情况，故障点阻抗可以忽略不计，故障电流较大；而TT系统以大地和难以估算的故障点阻抗作为故障电流回路，故障电流可能很小。因此，不能把接地故障作为相间短路故障处理。

根据熔断器制造标准，为保证保护电器在规定的时间内自动切断故障回路电流，故障回路电流与熔体额定电流 I_n 的最小比值通常可参考表2：

表2 故障回路电流 I_d 与熔体额定电流 I_n 比值 I_d/I_n

熔体额定电流 I_n（A） 切断故障回路时间 ≤5s 时的 I_d/I_n	4～10 4.5	12～63 5	80～200 6	250～500 7
熔体额定电流 I_n（A） 切断故障回路时间 ≤0.4s 时的 I_d/I_n	4～10 8	16～32 9	40～63 10	80～200 11

本规范规定的接地故障保护防止人身电击的安全电压为50V，切断故障回路的时间要求系引用国家标准的规定。当配电装置同时有本条二款所规定的两种切断时限要求的线路引出时，配电装置应作等电位连接。且配电装置与总等电位连接回路之间的一段PE线的阻抗不应大于 $50/U_o \cdot Z_s$，U_o 为相电压（V），Z_s 为故障回路阻抗，否则自配电装置引出的线路，其切断故障回路时间均不应大于0.4s。

对于TT系统和IT系统的接地故障保护，应按照现行国家标准《低压配电设计规范》GB 50054 的规定执行。

7.3.30～7.3.35 电动机的短路，接地故障，过载、缺相和低电压保护，是根据现行国家标准《通用用电设备配电设计规范》GB 50055 的有关条文制定的。

7.4 配电线路

7.4.1 干线电缆自穿刺连接器至用电保护设备电缆或预分支电缆自分支线至用电保护设备电缆一般不超过3m。当超过3m时，应对离短路或接地点最近的上一级保护电器动作进行校验，并满足其他条件。

7.4.4 车间环境特征及配电线路的多少是选择配线方式的重要考虑因素。正常环境且配电线路少，采用穿钢管暗设有利于施工和维护，配电线路电缆较多且集中，采用桥架敷设则使车间线路显得整洁美观。金属管在潮湿环境埋地敷设，会受到不同程度的腐蚀，在有酸、碱的环境，腐蚀速度就更快。因此，车间内有腐蚀性介质，严重积尘、积水或有高温介质覆盖及漫流的场所，宜采用桥架或臂式支架明设，使电缆不被积水或漫流物侵蚀。厚壁硬质塑料管有较强的耐酸、耐碱性能，防潮性能也较好，所以车间用电设备数量不多，离配电点较近的潮湿、有酸碱腐蚀的场所，可采用硬质塑料管。不过硬质塑料管材质较脆，机械强度相对较低易受机械损伤，高温易变形，故使用的硬质塑料管质量要符合标准，施工时要防止浇铸混凝土地面时被震碎或压碎。电缆桥架的防腐蚀处理有镀锌、喷涂防腐漆、粉末静电喷涂、玻璃钢桥架等形式，使用时要根据不同的腐蚀介质，不同的腐蚀环境采用相应的形式。

7.4.9 导线或电缆靠近高温区或沿发热炉体表面敷设，会使导线或电缆过热，加速绝缘老化甚至损坏，造成短路。当需要沿发热体表面敷设时，应用支架使其与发热体表面保持一定的距离。该距离与各地经验及发热体表面温度有关，故条文中不作明确规定。

7.4.10 电气管线与热水管、蒸汽管的最小允许距离或防护要求，是为了防止热力管道对电气管线的热效应和避免管道在施工和检修时对电气管线造成损坏。

7.4.12 受条件限制需要在这类隧道内敷设时，必须采取防爆、防火的措施。

7.4.15

1 在配电室、电气室等电气专用房间内可不受距地2.2m高度的限制。

7.5 电测量仪表

7.5.3 55kW及以上的电动机和容易过负荷机械在机旁装设电流表，操作人员可通过电流指示监视生产机械的工作状态，并采取相应的措施。例如：沉降槽搅拌电动机的电流表可反映矿浆的浓度。当浓度过大时，可通知有关岗位进行处理。

7.6 电气照明

7.6.1 附录G所列冶炼厂各主要车间、工段和露天工作场所、道路等一般照明的照度标准，是参照现行国家标准《建筑照明设计标准》GB 50034 修订而成的最低照明标准。有色金属冶炼厂照明设计的照度不应低于此标准。

7.6.2 在车间内有关场所装设应急照明，是为了在正常照明因故障熄灭后，确保生产继续进行和人员的安全。可视生产和安全的需要，分别装设供生产操作继续进行的备用照明，供确保处于危险之中的人员安全的安全照明和供确保人员安全疏散的疏散照明。

7.6.3 选择光源，不单是比较光源价格，更应进行全寿命期的综合经济比较，T_5、T_8 型直管形荧光灯、金属卤化物灯、高压钠灯等应是首选光源。

7.6.4 根据不同场所的环境特征，选择相应的灯具，是保证灯具使用安全和延长灯具的使用寿命的重要措施，既为车间正常生产创造必要条件，又减少了灯具的维护工作量。

7.6.5 对不同检修场地的检修电源电压作出规定和

对检修照明采用安全隔离变压器进行电气隔离，都是为了保证人身安全的重要措施。正常环境的检修照明电压采用36V，满足安全电压要求，且其照明灯具都是采用具有防止直接接触带电体防护措施的灯具；人体偶然触及24V及以下的带电部件时，通过人体的电流很小，可自主摆脱电源，因此都是安全的。在狭窄且操作者接触大块金属面的场所采用12V，安全程度可进一步提高。

7.7 建（构）筑物防雷

7.7.1 企业自用的桶装汽油库和汽车加油站，一般贮存量不大，并在金属容器内存放，属于爆炸危险2区；汽油泵站亦只有不正常情况才会形成易燃性气体；桶装电石库只有当金属桶封盖不严，且周围空气湿度大时，才形成易燃气体，因此属于二类建筑物。

发生炉煤气站主厂房的贮煤仓，当为封闭建筑且有煤气漏入时，属于爆炸危险2区。煤气排送机间及煤气净化设备区，煤气管道的排水器室，均属于爆炸危险2区。因此，均应划为第二类防雷建筑物。

按照现行国家标准《建筑物防雷设计规范》GB 50057的规定，冶炼厂内，有爆炸危险的露天钢质封闭气罐，应列为第二类防雷建筑物。

7.7.2 潮湿腐蚀场所，其金属的腐蚀程度比正常环境下要快得多，本条规定是为了延长防雷装置的使用寿命，保证防雷保护安全可靠。

7.7.3 冶炼厂的主烟囱排放的烟气中含有腐蚀性气体，使安装在烟囱顶部的金属构件极易受到腐蚀。因为主烟囱一般比较高，防雷接闪器更换困难，所以制作材料应选用不锈钢、镍铬合金或镀钛铜材等耐腐蚀材料，增加抗腐能力延长使用寿命。

7.7.4 信息楼、调度楼及DCS系统中央控制室内，安装有大量的电子设备，其防雷设施应符合现行国家标准《建筑物电子信息系统防雷技术规范》GB 50343的有关规定，防止雷击电磁脉冲对电子设备造成损坏。

7.8 配电室与控制室

7.8.1 配电室尽量靠近负荷中心，是为了缩短车间配电线路的距离，以减少线路用量，节约建设投资，以及减少电力线路损失，降低运行费用。

配电室与控制室配置在环境比较好的地方是为了避免恶劣环境使室内电气设备严重损坏而影响变（配）电室及控制室内电气设备的安全运行。如某冶炼厂的车间配电室处在多尘环境中，因灰尘大，经常造成电器误动作，且维护工作量大。如某冶炼厂锌冶炼车间，配电室设在有腐蚀性介质环境中，造成电器严重腐蚀。如果由于条件限制，配电室只能设在多尘及有腐蚀性介质的恶劣环境中时，则应尽量不开设与上述环境直通的门，否则应设门斗或其他密闭措施。如冶炼厂锌电解车间，整个车间环境都很恶劣，故配电室的门朝向马路，没有开设与车间直通的门；在同样环境的浸出车间配电室，则设门斗。对于环境条件要求较高的配电室，通常采用向室内通入干净空气，使室内处于正压。

7.8.4 条文中表7.8.4系引用现行国家标准《10kV及以下变电所设计规范》GB 50053。

7.8.5 本条引用现行国家标准《低压配电设计规范》GB 50054。

8 重有色金属冶炼厂车间电力设计

8.1 一 般 规 定

8.1.3、8.1.4 火法冶炼区域多为高温和多尘环境，湿法冶炼区域和硫酸区域多为潮湿和腐蚀性环境。根据车间的环境特征，应采用相应防护等级的电气设备和（或）采取相应措施。

8.1.5 由于原料车间、熔炼车间属于多尘环境，且起重机使用频率高，为提高其供电的安全和可靠性，宜采用安全型滑触线供电。

8.1.6 由于金属卤化物灯具启动时间长，不允许热启动，因此应由不同母线段的两回线交叉供电，当一回路停电时，可以维持50%的均匀照度。采用带电感镇流器的气体放电光源，具有频闪现象，为了克服频闪现象，宜将灯具分接在不同相序的线路上。

8.1.7 随着计算机技术的发展，PLC和过程控制器的功能相互靠拢，电气控制和工艺过程控制已完全可用同一套控制系统实现。因此传统意义上的PLC和过程控制器都可构成DCS，可以统称为计算机控制系统。计算机控制系统的选择，应考虑经济适用的原则。

采用计算机控制系统，操作站（上位机）显示器有工艺流程画面，可不再设置模拟屏。

8.2 原 料 车 间

8.2.2 大型冶炼厂的原料车间用电设备较多，一般采用集中联锁控制。为了使生产流程中的各机械运行可靠和便于对启动设备和配电线路进行维护管理，配电系统一般采用放射式。为了防尘，宜将配电控制设备集中于低压配电室内。

小型冶炼厂的原料车间生产机械较少，因此可以采用放射式或混合式的配电系统，将配电设备安装在厂房内，以减少配电支线的长度。

8.2.3 条文中所列的机械设备，有的具有大的转动惯量，有的可能要在事故情况下带负荷启动，因此，此类设备要求按重载启动考虑，并设置过载型电流表。

8.2.4 交流变频调速技术先进成熟、适用范围广、便于操作、设定，应优先采用，其次为多速电动机调速、直流电动机调速。

8.2.5 干燥的、含硫量高的精矿，易在电缆桥架内积尘；并受桥架内温度的影响，容易自燃；需要采取防止干精矿聚积在桥架内的措施。例如，在皮带廊外部敷设或选用带盖板的托盘式桥架。某冶炼厂的皮带廊桥架内曾发生过自燃现象，后将桥架改到皮带廊外。

8.3 焙烧与烧结车间

8.3.1 焙烧与烧结车间用电设备较多，一般采用集中联锁控制。为了使生产流程中的各机械运行可靠和便于对启动设备和配电线路进行维护管理，配电系统一般采用放射式。

8.3.3 本条规定是烧结机安全运行所应有的措施：

1 烧结机点火一般采用吸风点火方式，当给料停止时，若不停止点火风机，烧结机炉箅无料层将被火焰加温，有烧坏的危险，因此烧结机及点火风机应在给料停止时联锁停车。

2 烧结机或单轴破碎机过力矩时，很有可能被烧结块或其他硬物卡住，如不停车处理，会造成设备损坏，因此应立即停车。

3 润滑系统短时间故障时，不会危及烧结机运行，因此只需要发出信号，不必停烧结机。

8.4 熔炼车间

8.4.1 随着科学技术的进步、环境保护和行业准入制度的严格要求，传统的冶炼工艺（如鼓风炉、反射炉）正在逐渐被先进的冶炼工艺所取代。常见的火法冶炼工艺（炉）见表3：

表3 常见的火法冶炼工艺炉

冶炼方法		炉型	已建成的冶炼厂	适用的金属
闪速熔炼	传统型	奥托昆普型	贵冶、金隆等	铜
	合成型	合成炉	金川	铜、镍
溶池熔炼	顶吹式	奥斯麦特炉	中条山、铜陵、云锡、金川等	铜、铅、镍、锡
		艾萨炉	曲靖、云冶	铅、铜
		氧气顶吹自热炉（北镍法）	金川	铜
		三菱炉	日本、韩国	连续炼铜法
	侧吹-回转式	诺兰达炉	大冶	铜
		特尼恩特转炉	智利	铜
		PS转炉	铜陵、金川等	铜、铅、镍
		回转式阳极炉	金川等	铜
	侧吹-固定式	白银炉	白银	
	底吹-转动式	水口山法氧气底吹炉	水口山，以及国内铅厂、越南	铅、铜
	底吹-固定式	烟化炉	大部分铅冶炼厂	铅

8.4.2 熔炼车间起重机是最重要的运输工具，一旦停电，生产将受到影响。若在起重机吊运熔融熟料时发生停电，还有可能产生危险事故。因此，对熔炼车间起重机的滑触线，应保证供电的可靠性，一般由变电所不同母线段以两回电源线路供电。

8.4.3 车间内不宜采用电缆沟，是为了防止电缆沟盖板被砸坏或在事故时熔融金属液体流进电缆沟烧坏电缆，造成事故。

8.4.4 各种冶炼炉的热料进口、出料口、出渣口等特殊高温区域（>200℃），即使是地面以下，仍为高温场所。因此规定此区域不应敷设电气线路。若敷设电气线路，应采用耐高温电缆，并采取隔热防溅措施。

Ⅰ 顶吹炉

8.4.6 顶吹熔炼法的特点是拥有顶部喷枪，在熔池—炉料—气体之间造成强烈搅拌和混合，按喷枪是否浸没在熔渣层，而分为浸没式（如奥斯麦特炉、艾萨炉）和非浸没式（如自热炉、三菱炉）。

8.4.7 由于炉顶加料机的工作区域温度过高，电缆易烧坏，因此建议电缆分段选型设计。

Ⅱ 熔炼炉

8.4.11 “转炉”是泛指，它包括所有可以倾动的炉子，如诺兰达炉、特尼恩特炉、PS转炉、回转式阳极炉、SKS法氧气底吹炉等。

8.4.12 本条规定是转炉安全运行所应有的措施：

1 当发生工作电动机故障、交流断电等严重故障时，事故倾炉电动机应自动启动，将风口转至金属溶液的上面。

2 在设置风包（可以为转炉提供一定时间的供风）的情况下，鼓风机停车时，只需要发出事故报警信号，不必立即进行事故转动。当转炉风压低或停风时，亦可自动启动事故倾炉电动机。

3 排风机、二氧化硫抽风机、烟气出口阀事故关闭等转炉排风装置故障时，转炉的烟气可以通过环保烟罩放空，不会影响转炉车间的环境。

4 防喘振措施。

5 转炉应设置连续位置检测和特征角度检测，转炉进行事故转动时，只需要将风口转至金属溶液的上面。

6 两台倾炉电动机之间设互锁，当一台工作时，另一台不得通电，是为了防止当电动机转向相反时，损坏电动机和设备。

8.4.14 在绕线型电动机的主回路中增设线路接触器，是为了在正反转接触器发生黏合现象时，可以用线路接触器切断电源线路，以免发生翻炉事故。

8.4.16 转炉与鼓风机、转炉与起重机的联系频繁，如果不设联系信号，可能因此造成事故，必要时还可设直通电话。

Ⅲ 矿热电炉

8.4.21 不同的金属由于工艺的不同要求，其开炉电压和工作电压不一。有些矿热电炉工作电压较高，而开炉时需要的烘炉电压又较低。高压采用星形—三角形倒换接线可将电压降低到 $1/\sqrt{3}$，一般可满足烘炉要求。但设计时应对开炉电压进行校核，电压太高太低都不合适。电压高了烘炉时加入功率太大，不符合烘炉要求；电压低了烘炉时则不能点弧，对工作电压低的电炉更应予以注意。当不能满足要求时，应采取其他措施。

8.4.22 由于电炉变压器室通风条件差，因此要求采用强迫油循环系统冷却形式。

8.4.23 电炉操作开关应允许频繁连续接通和断开负荷电流，所以要选用具有频繁操作性能的断路器（如真空断路器、SF6 断路器等）。

矩形矿热电炉各个电极所处位置不同，负荷往往不完全一样，中间相负荷大，炉前（进料）和炉后（出渣）的两相负荷较小，不平衡负荷有时可达10%～20%。因此当有几台电炉同时工作时，电炉的各电极变压器应根据负荷大小均匀接至电网各相，使各相负荷尽量平衡，以改善系统供电质量。

8.4.24 三相电炉具有不对称负荷特性，所以宜采用三相电流互感器。

8.4.25 本条规定是电炉变压器安全运行所应有的措施：

1 电炉变压器均应装设防止故障短路的电流速断保护。对于具有频繁操作性能的断路器，可以将短路故障保护直接装设在电炉变压器的高压侧，动作时切断操作断路器。这种方式在操作和维护方面都很方便。值得注意的是，当采用自耦调压器调压或第三绕组调压方式，电炉在低电压运行时，短路保护的灵敏度可能不够，因而需要采用两套保护。一套设在一次侧，另一套设在自耦调压器与电炉变压器之间或第三绕组上。具体做法见本规范第 6 章的有关规定和说明。

电炉变压器高压侧一般采用计算机综合自动化保护装置。

2 应装设电炉变压器二次侧出口短路的带时限过电流保护，以及由于电炉配料时或炉料严重塌陷时，造成电极短路的带时限过负荷保护。

带时限过电流保护和过负荷保护一般装设在变压器低压侧的电流互感器回路中，动作于切断操作断路器。大型电炉当低压侧无电流互感器时，可装设在高压侧的电流互感器回路中，并经过当电炉变压器调压时相应改换变流比的回路。

过负荷保护一般采用反时限保护，其整定值与电极提升速度有关。

8.4.28 电炉装置设仪表是为了监视电炉的工作状况，以便及时对工艺过程进行调节，还便于进行经济核算。计量电耗的电表一般装设在电炉变压器高压侧，以便计及变压器和一部分短网的损耗。电炉运行过程中经常有冲击电流，所以电流表应有过负荷量程。大型电炉变压器低压侧电流较大，故宜将电流互感器装设在高压侧。

8.4.30 大型矿热电炉的主要操作平台面积较大，炉前操作人员需要及时掌握冶炼情况，并根据炉况采取相应措施，因此应在平台墙上装设三相电流表。平台处装设事故断电开关，是便于加料系统出故障或电极焙烧质量不好掉在炉内时，操作人员可立即在平台上停电。

8.4.31 根据矿热电炉的工作特性和工艺操作的要求，一般通过电极升降或改变电炉变压器的二次电压来实现电炉变压器的电流或功率调节。

1 矿热炉的主要工作特点是电极埋在炉料内，所以一般来说炉内工作比较稳定，一般不会经常产生工作短路冲击电流。但在冶炼过程中炉况不断变化，电极仍需要进行升降调节。为提高调节效果及减轻操作人员劳动强度，规定电炉宜采用电极自动控制，但应注意自动控制应具有连续平稳的调节性能，以便与电炉的稳定工作状态相适应。小型电炉一般可采用手动操作方式。

2、3 电极升降装置通常有两种驱动方式，即电动传动和液压传动。电动传动宜采用变频调速及变频专用电动机。液压传动一般有蓄能器，当交流失电时，可以使用 UPS 电源为液压阀提供电源，作为电极的紧急升降。

8.4.32 本条规定是电炉短网设计应考虑的措施：

1 电炉短网材料的选择应考虑电炉的工作制度。经常有工作短路的电炉装置，电流波动剧烈、频繁，短网应具有动稳定能力，因此短网材料应有足够的强度，一般采用铜导体。对于具有平稳负荷特性的矿热炉短网从机械应力方面考虑允许用铝母线，但变压器低压侧出线及引至电极的软线均是铜的，连接时应采用铜铝过渡接头。

3 缩短短网长度是为了降低短网的损耗。在配置条件允许的情况下，将电炉变压器紧靠电炉；同时，提高或降低变压器室的安装高度，缩短短网的垂直长度。

短网上的电压降主要是感性压降，感抗的大小与短网导体的排列和配置密切相关。因此在设计电炉的短网时，应注意通过导体的排列和配置减少短网的阻抗，并尽量使三相短网阻抗平衡，最有效的办法是短网导体采用单相往复交错排列或三相并行交错排列。对于三个电极的矩形矿热电炉，要达到三相短网阻抗平衡是十分不易做到的，设计时一定要进行阻抗计算，合理选择路径和位置。

4 因为电炉短网母线上流经大电流，应避免磁性材料引起涡流发热，所以电极短网母线间的垫块，宜采用绝缘浸渍的石棉水泥板或纤维压板；夹板及其固定件应采用非磁性材料。

6 依据现行国家标准《低压配电设计规范》GB 50054 有关条款制定。

8.4.34 由于大型熔炼电炉存在无功（或有功）冲击、谐波、三相不平衡、电压闪变等影响电能质量的因素，因此应设置静止型动态无功补偿装置（SVC）。SVC装置可以消除无功冲击，滤除高次谐波，平衡三相电网，提高功率因数。

8.5 浸出过滤与净液车间

8.5.2 浸出与净液车间，环境电气设备使用环境较差，为了避免遭受恶劣环境的影响，低压配电屏、启动器，保护和控制设备集中配置在与腐蚀性环境隔离的配电室内，设备配置在与恶劣环境完全隔开的独立房间内，这种情况下，房间内的电气设计按正常环境处理。

8.5.5 沉降速度大的浓密机的主传动装置，由于停电等原因，易发生压耙事故，再启动时，易使耙折断，故在主传动装置设置过负荷信号和事故音响信号，并使提升装置在断电停机时能将耙提出液面。

8.5.7 脱铜电解的铜电解液若含砷很高，会产生严重影响操作环境和人身健康的 H_3As 和 H_2，因此脱铜槽电解整流装置应与脱铜槽的排气风机联锁启动和运行。

8.5.9 配电线路采用桥架或支架明设主要是为了防止腐蚀性液体漫流浸泡，对线路造成腐蚀。局部穿管应采取防腐措施，包括采用强度符合要求的塑料管和钢管刷防腐涂料等方式。

8.5.10 浸出与净液车间属腐蚀场所，其腐蚀程度与生产产品有关，锌、镍、钴车间较重。处于腐蚀性较重场所中的起重机，或腐蚀性较轻场所中不经常开动的起重机，其滑触线易于受到腐蚀，将导致开车时接触不良，无法工作，故作本条规定。

8.6 电 解 车 间

8.6.2 本条规定是直流母线敷设设计时应考虑的措施：

3 直流母线进出线相距很近，可能因操作不慎引起正负母线短接，造成母线短路事故。如湖南某厂铝电解车间，曾因直流进出母线相距很近，生产工人起槽时误操作，将正负母线短路，造成母线短路事故，将熔断器全部熔断，且烧坏了两个硅整流元件。因此要求正负直流母线相互间的距离应尽量加大，避免短路。

4 当电压高于 120V 时，直流母线的对地高度不应小于2.2m的规定，是沿用原规范的数据，长期运行情况表明，采用这数值未出现过安全事故，故继续使用。加栅栏后对地高度不应小于 1.9m 的规定是参照现行国家标准《10kV 及以下变电所设计规范》GB 50053 的有关要求制定的。

8.6.3 本条规定是为了保证接触面积，减小接触电阻，使接头不至于过热。

8.6.5 锌电解车间若供给电解槽的直流电源中断，阴极返溶产生氢气，可能引起爆炸。为了避免返溶引起爆炸，除了保证直流电源的可靠性外，还需要从起重机电源上采取措施。滑触线用两回电源线路供电，主要是为了提高供电可靠性，当一回路停电时，还有一回路作备用电源。直流电源中断时，起重机从任一电源得电，可将电解槽中的阴极板吊出，使阴极板不致继续返熔产生氢气，因此可避免事故的发生及使产品受到损失。

8.6.6 本条所列的几个车间腐蚀性较重，角钢滑触线易腐蚀生锈，接触不好，故不宜采用。某冶炼厂锌电解车间滑触线，原采用圆形铜电车滑触线，悬挂式安装，因车间太长（180m），悬挂弛度大，运行中经常出现断线事故，现已改为双沟形铜电车线，固定式敷设，运行情况较好。某冶炼厂铜、锌电解车间较长，也是采用铜电车滑触线，固定敷设。故作出本条规定。

8.7 对相关专业的要求

8.7.1 本条规定是工艺专业在设计中要考虑的内容。

7 由于起重机工作时工人接触吊钩，有可能同时接触电解槽壳，如果起重机不绝缘会将大地电位导入电解槽操作区，对工人很不安全，因此厂电解车间的起重机都应根据不同的直流母线电压采取相应的对地绝缘措施。如株冶、金川镍电解的起重机在吊钩、大车、小车三处均设有绝缘，沈冶则是在吊钩处用橡皮带加以绝缘，甘肃省某厂铜电解的电压为180V，有三台起重机，一台是在设备到货后在吊钩上加了绝缘，另外两台是在起重机工作时在吊钩上做临时绝缘处理。

8.7.2 本条规定是土建专业在设计中要考虑的内容。

2 电炉变压器室与熔炼厂房隔开，是为了避免熔炼车间的有害气体和烟尘侵入。

5 由于电炉变压器二次侧电流高达数万安培，周围存在较强的磁场，计算机控制系统工作不正常或发生事故，因此邻近电炉的控制室应整体设计金属屏蔽网。

7 电解槽槽壳带有与该处直流母线相同的电位，操作人员在操作过程中，有可能碰壳并与地构成电气通路而造成触电事故，所以电解槽应对地绝缘。电解槽的绝缘水平要求与直流母线电压有关，因为绝缘水平决定了直流系统的漏电电流，电压越高漏电电流就可能越大，直流回路的损失就越大，使整流效率降低，不适当地提高绝缘水平又使投资增加。因此，电解槽应根据不同的直流母线电压采取不同的对地绝缘措施。如湖南省某厂锌电解的电压为825V，甘肃省某厂镍电解的电压为400V，均采用户外支柱绝缘子绝缘。辽宁省某厂锌电解的电压为385V，铜电解的电压为245V，电解槽均采用瓷砖绝缘。江西省某厂的钴、铜电解的电压只有20余伏，就未采取特别的绝缘措施。

9 氧化铝厂车间电力设计

9.1 一 般 规 定

9.1.1 氧化铝生产的流程长，连续性强；中间缓冲能力有限，停电将引起管道堵塞、沉槽、冒槽、回转窑变形等事故。冒槽污染环境，人工清理沉槽费工费时而不能尽快恢复生产，某个环节停电影响产能。为提高供电可靠性，所以主要生产车间应由两个电源供电，设两台变压器。每台变压器应能满足全部负荷的用电需要。原规范是每台变压器应能满足全部负荷的80%以上的用电需要，本次修改为全部负荷的用电需要。在调研中反映，因工艺改造、提产用电负荷增加较快，以至更换较大容量变压器；另外，当一台变压器停止运行时，不致影响正常生产。负荷较小的生产车间可设一台变压器，但应有低压联络线从附近车间变电所取得备用电源，联络线的截面按允许载流量能保证生产来确定。

9.1.2 一是便于集中监测，尽快恢复供电；二是车间变压器容量选择较大，可选限流量断路器限制短路电流；三是与备用电源自投相适应。

9.1.3 氧化铝厂采用末级切换的用电设备主要是沉降槽、分解槽和晶种槽。若停止搅拌15min物料沉降难于清理，生产被严重破坏。在调研的三个氧化铝厂中均采用了末级切换，比之备用电源自动投入装置在安全可靠性效果上大有提高。其中有两个厂接有第三电源；国外为印度设计的氧化铝厂均配备第三电源。所以在国内为印度及国内某新建厂设计中均设有柴油发电机等应急保安措施。

9.1.4 氧化铝厂低压负荷比较集中，由于环境关系又多采用放射式配电，配电级数增多，势必造成低电压、长距离输送较大负荷。为减少电能损失，提高供电可靠性，缩小影响面，规定低压配电级数不应超过两级。

9.1.5 为工艺改造及设备变动考虑；为发展留余地，用以替换损坏回路，尽快恢复供电；或者采用备用回路少留，而备用的安装位置多留。

9.1.6 生产运行维护要求。

9.1.7、**9.1.8** 根据实际运行经验总结采用独立式变配电所不失为保护电气设备，提高安全供电可靠性的方法。

提高配电室地坪为防止碱液流入室中，因碱液侵蚀，随着地坪处理次数的增加，地坪垫得越来越高，以致发展到超出配电室和控制室，使其处于低矮潮湿情况下，不能保证电气设备和线路的安全运行。

为防止碱液或碱蒸汽喷射进配电室和控制室，故不宜设直接通向车间的开启门窗。

9.1.9 本条规定了根据环境特征选择电气设备防护等级的一般原则、措施。

9.1.10 本条主要从氧化铝生产环境出发推荐采用变频调速。目前，新建和改扩建厂都采用。变频调速从电机本身来讲结构简单；接线方便，节能，防护等级满足要求。660V电压的大容量变频调速电机适合氧化铝生产使用的容量，其配套及备品备件容易配备，价格适中，运行安全可靠性高，可配抑制谐波的电抗器或滤波器。

9.1.11 机械软启动联轴器在山东、贵州等氧化铝厂技改中使用并取得较好的效果，其价格低、免维护，安装使用方便，结构简单。

9.1.12 本条规定是充分利用计算机通信功能，避免大批量、长距离敷设控制电缆；简化二次接线，提高运行可靠性及可维护性，减少事故隐患。

本条在于去掉老式模拟屏，减少占地面积，充分发挥计算机技术功能，扩大监控内容并提高监测可靠性，改善监控环境。

9.1.13 本条规定是使电气设备及IT智能装置有较好的环境并提高运行的安全可靠性。

9.1.14 本条为生产、检修安全经验总结的规定。控制电源宜主回路分支供电，可避免主回路断电而控制回路带电，利于安全查找事故和检修。

9.1.15 现场指示仪表处为现场巡视观察点，仅一般照明不便查看指示数据，所以规定设局部照明；手动操作阀门一般为现场处理事故用，为操作方便，准确和安全而设事故照明；现实发现某些楼梯走廊没有设照明装置，在此强调。

9.1.16 本条规定相对于n型配置而言，通风条件好，便于事故疏散。

9.2 原 料 车 间

9.2.2 料浆仓的泵房设在仓底，贮仓冒槽时碱液、料浆可能沿槽壁溢流到泵房。为防止对配电设备及线路的损坏，低压配电室最好是在泵房附近独立设置。

9.2.3 碱粉仓属三级负荷，一回路供电即可满足要求。

9.2.4 采用PLC为通常方式，仪表料位由PLC监测是电气和仪表间完整协调；混取料机设视、音通信实现远方监视和警告非生产人员远离现场以防不测，混取料机行走时有较大的震动，选用角钢滑触线供电比绝缘安全滑触线更适应震动而避免掉电。

9.2.5 均化库胶带输送机上的移动卸料小车采用绝缘安全滑触线供电其启动控制设备，位置开关，控制线路等全部在车下固定敷设，是对卷缆方式配电的改进，提高了供电可靠性，减少了运行维护工作量，简化了控制接线，取代了易摩坏折断，价格昂贵的多芯数橡套电缆。

9.2.6 本条推荐改进翻车机的控制，减少固定与翻动间的电力和控制电缆，充分发挥 PLC 与远程 I/O 的通信功能，简化供电及控制结构。

9.2.7、9.2.8 本条推荐一套石灰炉生产系统采用 PLC 集中控制，视屏观察，隔离多粉尘高温的生产现场，改善控制操作技术条件和环境。

石灰炉的上料卷扬机属于反复的短时工作频繁启动机械，选用重型启动变频电机较合适，在授料停车，启动加速上料、卸料前减速，卸料终点停车、料斗返回等改变运行方式、速度用接近开关反馈信号均取得较好结果。

9.3 烧结与焙烧车间

9.3.2 回转窑是一个整体，电动机接在车间同一母线段上便于协调工作。

9.3.3 烧结窑的调速范围要求在 1∶3 以上，在挂窑皮和工作不正常熟料烧结不充分时要求低速运行。至于鼓风机、排风机，饲料泵和煤粉饲料机调速是使一个烧结系统找到最佳协调的生产运行状态。

9.3.4 烧成窑辅助传动电力的作用，是在热窑的情况下，主传动电动机停止运行时要求它启动，慢速转动回转窑，以免窑体变形，所以应接在不同的母线上并设电气联锁。

主传动电机安装在窑体中部侧旁，在夏天时，该处的温度通常在 50℃以上，而一般制造厂规定电机的运行介质温度为 40℃以下，所以本条规定主要防辐射的隔热措施。

9.3.5 回转窑的控制通常是观察燃烧状况，依此调节燃料和物料的给料量去调节回转窑速度，采用工业电视观察可改善劳动环境，降低劳动强度，促进技术进步。目前已有成功经验，并收到较好的经济、社会效益。

9.3.6 点燃装置与排风机的联锁至关重要，否则会酿成炉子爆炸。

9.3.7 风机容量大，风管不易密闭而漏风严重、关风门启动不起作用，促使风机满载启动。

9.4 高压溶出与熟料溶出车间

9.4.2 高压溶出电气控制，一是由仪表的 DCS 控制系统集中控制，二是现场就地控制。电气向仪表传送监控信号，推荐采用数字通信方式。

9.4.3 大型沉降槽的抓机由 4 个电机传动，在槽顶设置有配套启动控制箱，为提高供电可靠性，要求双电源双回路供电。

9.4.4 高压溶出和脱硅的进料活塞泵，为调节进料量，需 1∶1.5～1∶2 的调速范围，采用中等容量的变频调速是适宜的。

9.4.5 为提高劳动生产率，加强监视控制水平，根据调研结果而制定。

9.4.7 叶滤电动机只在装卸车时操作，操作人员一边操作，一边观察，在恰当的位置停下。点动脚踏开关和控制按钮均有使用，其选择以机械设备不同和观察方法而定。按钮是拿在操作员手中操作，都不是固定安装而拖有控制电缆，为了安全应在机旁设置紧急开关。

9.5 分解过滤与蒸发车间

9.5.2 碳酸分解槽在分解过程中，因突然停电而停止搅拌会发生沉淀，因加强了监控水平，删掉原规范的备自投，避免事故扩大，监测发现搅拌电动机受阻停转时可及时通知值班人员处理。

9.5.3～9.5.5 种子分解槽多达 30 个以上，新建与老厂改造，均由计算机集控站监测而进行电源切换，提高了运行安全可靠性。

10 铝电解车间电力设计

10.1 电 解 车 间

10.1.1 大、中型铝电解车间具有起重机、真空泵和阳极提升等一级负荷，应从变电所不同的低压母线保证其可靠供电。工程中大、中型铝电解车间一般都设有两个变电所，每个车间变电所设两台变压器，并由两个高压电源供电。

10.1.2 电解槽直流系列正常工作为连续生产，正常有准备停电允许 2h，但是为了保证直流停电后能够对电解槽进行必要的维护，辅助系统的交流电不能停，因此电解车间辅助供电在车间变电所内宜设置带自启动的柴油发电机作应急保安电源。

10.1.4 电解槽槽壳带有与该处直流母线相同的电位，槽壳对地电压的高低，随其在串联电解槽中所处的位置及电解槽的自然零点位置而异。如果自然零点在系列电解槽的中部，则第一个电解槽与最后一个电解槽对地电压各为直流电压的 1/2，其他的电解槽对地电压依次按槽电压降低。极端情况为直流一级接地(对地电压为零)，另一极的第一个电解槽对地则为全直流电压。操作工人如一手触及带电槽壳，就有发生触电事故的危险。所以电解厂房地坪应绝缘且操作地坪上 4m 高以内不能出现大地电位。

车间变压器不论采用 D，yn11 接线或 Y，yn0 接线，均为中性点接地系统，如因绝缘损坏，电解槽槽壳与 220V/380V 系统有了电的联系，则等于该槽有了大地电位，其他电解槽上电气设备对地电压将增高，而且容易损坏，当操作人员一手触及槽壳，另一手接地，槽上的电动机等绝缘破坏，并与电解槽有电的联系时，将使电力变压器绕组与地之间形成直流通路，也有烧毁变压器的可能。所以每台电解槽需单独设置或多台电解槽共同设置隔离变压器。

每个电解槽槽电压一般为4.2V左右，如果通过交流网络使不同电位的电解槽发生电的连接，则电解槽与电解槽间将发生直流短路（也可能发生交流短路）。在多台电解槽共用一台隔离变压器时，只有当两个电解槽上的电动机的绝缘都破坏，同时接通交流电显示目录时才会发生上述短路情况。装设绝缘监视装置后，当一个电解槽上的电动机绝缘损坏时就发出信号，以便能及时处理。

电解槽上电动机的控制、保护设备配置在槽控箱内，槽控箱为对地绝缘安装，由对地绝缘安装的隔离变压器供电。当隔离变压器二次侧线路碰壳时，不致将大地电位引起至电解槽上的电动机。

烤槽器为电解槽修时加热，由多个加热元件组成，其总体接线零散而不规范，相邻电解槽仍在运行生产，经隔离变压器供电，一旦绝缘破坏时，可防止交直流互窜造成设备和人身事故。检修电源也有防止交直流互窜的要求，其电源点就是烤槽器的电源点。因烤槽和检修不会同时使用，为使供电系统简单，而由同一电源同一线路供电。

10.1.6 引至铝电解槽的线路有：阳极提升电动机的动力线、槽电压和加料箱位等参数的信号线及控制线。槽上部配线应防辐射热，避免导线绝缘过早老化；槽下部配线应采取措施，避免漏槽铝水烧坏。

10.1.7 槽控箱是电解槽的控制中心，通常每个电解槽配置一个，单元性较强，每个槽控箱需要三个控制电源：一个为阳极提升机构控制电源；一个为槽控机微机逻辑控制电源；另一个为控制电源。所有为槽控箱供电的电源均经380V/220V隔离变压器供电。

10.1.11 起重机工作时，工人接触吊钩同时又接触电解槽壳的机会很多，而吊车的桥架及轨道均接地。如果不将吊钩绝缘，则会将大地电位导入电解槽操作区，操作工人很不安全。铝电解厂房环境差、多尘，有沥青烟气和腐蚀性气体，采用三级绝缘为的是提高可靠性。

10.1.13 超浓相输送系统的各子系统有互为备用的两台或以上风机，为提高供电可靠性而由变电所的不同母线段供电。子系统分散控制，全系统集中管理、间断运行，可减少能耗，降低电源容量。因输送距离长，子系统分散，就近车间变电所供电，可减少线损和压降。信号线、动力线和控制线共桥架敷设时，为防止电磁干扰造成误动作，故建议选用屏蔽线。

10.1.14 规定本条的目的，是为了防止由于直流漏电的环流，对建筑物钢筋和金属构件，特别是对潮湿的柱子基础部分钢筋产生电化腐蚀而危及厂房安全。

本条所说的防电化腐蚀接地的作用，就是将电解直流系列中的漏电流从一处经接地网导流到另一处又回到直流系列中，避免漏电流在建筑物钢筋和金属构件中环流使其受到电化腐蚀，其做法一般有以下两种：

1 用扁钢将电解槽的基础钢筋焊接串联并形成闭合回路。

2 将每台电解槽的基础钢筋一根引出厂房外，每5槽的引出钢筋并联成一组后接至闭环接地网上串联开关的一端，如图1所示。

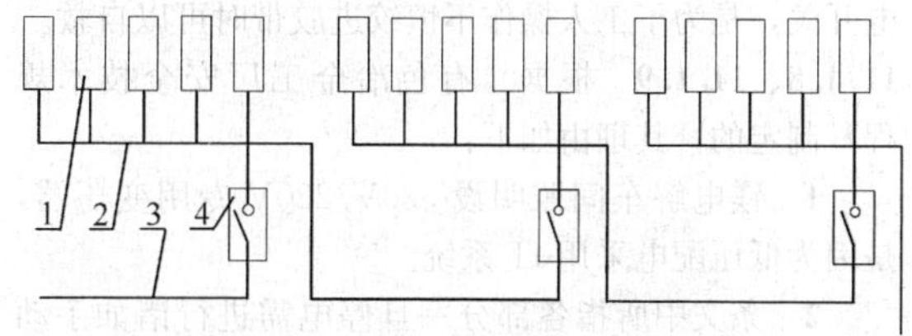

图1　防电化腐蚀接地网示意图

1—电解槽基础；2—并联钢筋；

3—闭合接地网；4—串联开关

设计时须注意以下三点：

1）串联开关选用单极100A，作为测试接地网各段通、断状况的断接点；

2）应与防雷接地网分开，且相距1m以上；

3）5槽并联钢筋与闭合网亦应有1m以上空间距离。

10.2　铝锭铸造车间

10.2.1、10.2.2 电加热混合炉的用电量所占的比例大，保温时间长，突然停电影响质量和浪费电能，起重机要完成吊铝水抬包和扒渣作业，停电时间长抬包铝水会凝固。一般情况下，大型车间由两台变压器、两个电源供电；中型车间设一台变压器，由低压联络母线取得备用电源。

10.2.3 圆杆连铸连轧机属于大型设备，电气配套设备较多，控制较复杂，主传动电机容量较大，还带有乳化液站，为了提高控制的可靠性采用PLC控制。配电控制柜集中放置在单独的小室内。

10.2.4 连续铝锭铸造机的传动电机容量较小，配套电气设备不多，体积也不大，一般都将配电控制柜安装在机旁。

11　镁钛与工业硅厂车间电力设计

11.1　一般规定

11.1.1、11.1.2 主要生产车间的一级和二级负荷约占95%以上，所以应设两台变压器，两个电源供电。

变压器按100%备用从经济上讲与按70%备用费用增加不多，却增加了可靠性。

11.1.3 镁电解车间采取的措施。

2 隔离变压器室夏季温度较高，所以需设强制排风设施。

11.1.6 镁电解车间湿度大，腐蚀性强，电器设备应采用防腐型。

11.1.7 配料车间为多尘场所，为提高控制可靠性和改善劳动条件，故规定采用PLC集中联锁控制。工业硅配料中的木炭是由胶带输送机传送的，工人须将没烧透的木头挑除，在胶带输送机的两侧装设拉绳断电开关，是为了工人操作不慎绞进胶带时可以自救。

11.1.8、11.1.9 根据《有色冶金工厂安全技术规程》制定的，其理由如下：

1 镁电解车间照明设380V/220V专用变压器，是因为低压配电采用IT系统。

2 条文中所指各部分一旦停电需进行诸如手动关闭氯气阀门等应急工作，否则氯气会大量溢漏。

3 经隔离变压器供电是为了防止将零电位引入直流供电系统，而造成接地事故。

11.1.10 对电加热元件用交流接触器分段投切方式，虽能满足工艺生产控制温度的要求，但接触器数量多、体积大，安装占地面积大；动作频繁，即使加大接触器容量，其使用时间短而易损坏，电能损失大，响应速度慢。为克服以上欠缺建议采用无触点开关，与PLC配合使用，可提高其监控水平，实现蒸馏还原炉基础自动和集散型控制管理。

11.1.11 蒸馏还原炉过液管狭窄，加热元件易烧断和接地。为提高生产的安全可靠性，经隔离变压器供电，在加热元件一相接地时可继续生产，直到反应完成，否则产品凝固，设备受损，还会溢漏氯气污染环境。

11.1.12 蒸馏还原炉生产在密闭电加热罐中进行，炉内工况全靠仪表检测，所以仪表对控制电源可靠性要求很高。

11.1.13 镁氯化部、镁电解部、钛氯化部、钛精制部均为较严重的氯气腐蚀场所。一般桥式起重机是采用塑料拖动器在工字钢上带动软电缆供电；电动葫芦是镍铬线挂镍铬环带动软电缆供电。

11.1.15 钛氯化、钛精制车间内，氯气对电气设备腐蚀较严重，车间变电所离开一段距离对减轻腐蚀，提高供电可靠性有利。例如，某钛厂的氯化、精制车间变电所建在环境较好，隔一段距离的冷冻站处，取得了较好效果。

11.2 氯化竖式炉、钛熔矿炉与纯硅炉

11.2.1、11.2.2 竖式氯化炉由上、下两个加热反应区组成，因上、下炉区的负荷不一致，所以过负荷保护应分别装设，但电炉变压器规格应相同，以便于订货和维护检修。正因为上、下炉区负荷不一致，且波动，才各带有载分接开关调压，使电炉变压器不过负荷，保证电炉能正常生产。

11.2.3 竖式氯化炉操作层分三层，厂房三楼比一、二楼腐蚀更严重，所以车间内的母线，无论是铝或铜都要求涂防腐漆保护。

11.2.7 因钛熔矿炉生产周期短，炉况又是不断变化的，一炉的冶炼周期是从矿热炉开始，至电弧炉结束，中间还有一个由矿热炉冶炼转入电弧炉冶炼的过渡阶段。所以，限流电抗器可不设旁路短接开关。

11.2.8 钛熔矿炉和纯硅炉的电极调节频繁，所以一般都设有电极自动调整装置。

11.2.10 电炉变压器设在操作层，可减少短网长度，降低损耗。增加并联电容器补偿装置可以提高功率因数，减少能量损失。

12 炭素厂车间电力设计

12.1 一般规定

12.1.2 煅烧、配料筛分、焙烧、阳极组装等为炭素厂主要生产车间，大部分用电设备为二级负荷，且生产连续性较强，所以设两台变压器两回路供电。其他车间多为三级负荷可用一台变压器供电，但对其中的二级负荷，应有低压联络线作备用电源。

12.1.3～12.1.5 主要生产车间的负荷比较集中，生产环境多为导电粉尘或高温和导电粉尘，车间变电所选用户内式组合电器或箱式变电站都是合适的。电机电器防护等级应适当环境现行消防要求。

12.1.6 为提高监控与管理水平，大、中型厂的设计均以PLC实现了基础自动化，多台PLC联网设上位机监控，并取得了明显的经济效益和社会效益。

12.1.7 阳极组装生产线的各加工站，均采PLC实现了基础自动化，而由PLC控制的悬链运输机将加工件送往各加工站，多台PLC联网设上位机监控均已实现。依需要设视屏监视，一改过去集控制设观察窗的落后局面。

12.1.8 主要生产车间多导电粉尘和沥青烟气、敞开式桥架因碳粉尘堆集引起着火烧坏电缆。沥青烟气附着在电缆表层不便检修，封闭桥架的防护等的提高，便于封堵避免电缆延燃和烟冲效应。

12.1.9 热煤锅炉一般烧重油或煤气，引风机与点装置与灭火保护间的联锁，可避免燃烧室内集聚过多可燃物而引起爆炸。

12.2 电煅烧炉

12.2.1 目前电煅烧炉均采用直流供电，但要解决好直流电压和电流与炉子容量的匹配问题。正常生产时不调压，只根据电炉负荷闭环调节出料转盘转速。而电炉电极的焙烧则需通过改变电压来调整功率。变流

装置正、负极与电炉导电电极接反会使电煅炉产生不稳定而波动，是实践经验的总结。

12.2.2 电煅烧炉每周两次检查电极长度等均要停电，推荐无油化，提高可靠性而采用电动操作的真空断路器。

12.2.3 为保证电煅烧炉负极的焙烧质量而采取的必要条件。

12.2.4 避免变流装置的端子由于热胀冷缩额外受力；调节安装误差使导体接触良好，降低接触电阻，减少发热。

12.2.5 根据国家经济现状和节能而规定的电流密度，电煅炉电流在30kA以下，选用多片铝母线散热好，在引进交流电煅烧炉时，其电流密度为0.75A/mm²。

12.2.6 供电装置室紧邻电煅烧炉厂房，可以缩短短网母线。

12.2.7 电煅烧炉生产环境为高温有导电粉尘，电气装置室应采取有效隔离措施，包括无门、窗相通和穿墙封堵，穿墙洞中心对地高度应大于3m便于隔墙与电炉间的通行。

12.2.13 电煅烧炉的负荷电流和出料转盘的旋转速度与质量的稳定密切相关。变频调速易于设定调节，适应与炭尘高温生产环境而推荐。

12.2.14 电煅烧炉的冷却水系统属一级负荷，停电停水，水套烧漏会引起爆炸。

12.3 石 墨 化 炉

12.3.1 石墨化生产工艺要求按送电功率曲线升温，一般人工调节是每小时一次，自动调整是15s扫描1次，发现超差即进行调整。正因为调整频繁，分接开关油箱内的绝缘油易被碳化。为保证绝缘油的耐压水平和延长开关检修周期，宜设自动滤油装置。

12.3.2 原规范电压级差为4.5V，现规范增加15V相控电压，所以级差升至5.5V；15V相控电压是为减少有载分接开关动作次数和满足前期恒功率送电的工艺要求，保证产品质量，节约能源。

12.3.3 石墨化炉每生产一炉产品，一般需投切切断路器2次～4次，所以要求断路器能频繁操作。因集中遥控，故需电动操作。

12.3.4 本条是根据双断点桥式隔离器与刀片插入式隔离器之优劣比较更适合石墨化炉生产特点而推荐。

12.3.5 根据石墨化炉为大电流、低电压等供电特点，本条作了四项规定。

1 采用12脉波变流装置为减少低次数高幅值谐波。

2 大电流采用同相逆并联接线，已得到普遍使用。

3 主要指整流器出线部分注意防止发生正负母线短路。

4 母线隧道中，从石墨化炉底渗透进去的煤气浓度较大，检修人员有中毒危险，考虑母线散热要求，通风应良好。

12.3.7 石墨化车间属多导电粉尘，且高温、潮湿、水蒸气多等较恶劣环境。为缩短短网母线考虑，整流装置室一般紧靠其车间配置。加强防护，隔离措施以保证电气设备正常安全运行。

12.3.8 由移动变流台车供电的串极石墨化炉，本条作如下规定：

1 一般不设炉前断路器，而设有明显断开点的安全检修隔离开关。

2 根据生产环境而适当提高防护等级。

3 为配合炉头开关的开、合要求。

4 为适应集控监测，减少控制电缆要求。

5 台车行走应断开高压电源。

12.3.9、12.3.10 目前石墨化炉已可实现按功率曲线自动送电，为减少运行值班人员，提高劳动生产率，推荐多组石墨化炉集中在一个控制室。

12.3.11 石墨化负荷电流不是固定的，目前最大电流占整个通电周期的7%～17%，故仅按长期允许载流量选择母线即可。

12.3.12 电流密度按0.6A/mm²选择为便于设计操作，但须经发热允许截流量校验。炉头及炉尾电极引出线用铜母线，是因为膨胀系数小，与石墨电极接触面电流密度要求较铝母线高。由于电极要通水冷却，炉头、炉尾电极处较渐湿，所以要求采用过渡接头。

13 氟化盐厂车间电力设计

13.0.1 氟化盐厂的主要产品生产车间系指直接生产氟化盐产品的车间。氟化盐厂生产连续性强，供电突然中断，将造成生产管理堵塞、沉槽、反应窑变形，恶化劳动条件，致使生产停顿后难以恢复生产。如果停电时间长，沉槽后需要工人下到槽内把物料挖出，槽内劳动条件非常恶劣，酸碱溶液及其气体严重损坏工人健康。另外，因反应窑引风机停电，造成窑内氟化氢气体外冒；因吸收塔供水中断，造成氟化氢气体不能吸收而外冒，都将对人和附近农作物造成危害。此外，因空压机停电，造成萤石粉输送管道堵塞，因石膏浆泵停电，造成石膏泥浆输送管道堵塞，都将因管道清理时间长而影响生产。所以，要求供电要可靠，应有两个电源供电。

由于厂区有腐蚀性气体和粉尘，采用屋内式变电所可以减少对电气设备的危害。为了避免酸、碱溶液侵蚀变电所内的设备，变电所不应设置在酸、碱溶液管网及溶液槽的楼下，避免楼板因腐蚀而漏液。此外，这些管网也不应通过变压器室百叶窗的上方，以免管网漏液溅射到电气设备上造成损坏。

13.0.2 工艺操作要求根据反应窑的反应及燃烧情况

来调节给料量和窑的转速，集中在窑前操作比较方便。

13.0.3 排风机停电后，反应窑的氟化氢气体外冒会污染环境；氟化铝合成槽、氢氧化铝的溶解槽和石膏中和槽停电后沉淀快，沉槽后恢复生产困难。可通过自动切换使排风机获得另一电源，以满足生产连续运行的要求和防止污染。

13.0.4、13.0.5 本两条根据氟化盐工艺生产要求而制定。

14 稀有金属冶炼厂车间电力设计

14.0.2 因稀有金属生产车间粉尘和腐蚀性气体、液体较多，车间变配电所的位置选择应首先考虑环境条件——防腐、防尘，在环境条件许可的情况下，尽量靠近负荷中心。

14.0.3 稀有金属冶炼厂一些产品的种类在生产过程中产生可燃、可爆气体或在萃取过程中采用磺化煤油产生可燃气体，停电后这些可燃、可爆气体将继续产生。因此应满足主要通风设备的正常运行。

14.0.4 由于腐蚀性气体、液体较多，地下情况较为复杂，采用电缆沟的方法是不可取的。而采用沿电缆桥架明设，对维护管理、防止机械、化学损伤及提高线路运行的可靠性都是有益的。

14.0.5 腐蚀性物质较严重，一般金属桥梁、钢管在很短的时间内将被完全腐蚀掉。因此电缆桥架应选用防腐型。并不应该设置在有腐蚀性物质滴、漏的下方。

14.0.6 稀有金属湿法冶炼车间，按工段设单元控制室对维护管理都很方便，并有一定的防护作用。

14.0.7 目前类似的生产厂这样布置的较多。

14.0.8 接地系统直接关系到保护系统的可靠性和人身安全，对有腐蚀的场所尤其重要，要重视接地体连接的可靠性，防腐蚀和便于监测。

14.0.9 为提高高温区域内用电设备配电电缆的耐久性，应选择高温电缆。普通聚氯乙烯电缆，允许的芯线最高温度为70℃与电缆外皮的温差梯度为10℃～15℃，故此当电缆位于60℃及以上的高温环境时，它不能正常工作。

14.0.10 铍及其化合物的粉尘、烟雾、蒸汽能引起人体心肌、肝、肺、肾、脾、胸膜及皮肤等很多器官的急性或慢性中毒。考虑便于生产监视和操作，又能安全防护而采取的措施。

14.0.11 一般电弧炉电炉变压器二次侧为低电压、大电流，为保证各个熔炼阶段对电功率的不同要求，一般采用电炉变压器绕组分接头的切换和电极的升降来达到。

14.0.12 电弧炉生产期间烟气量较大、含尘浓度高。应注意由于电弧炉引起电网电压波动和闪变造成白炽灯光亮变化，使人感到不舒服，应选用对电压波动不太敏感的照明光源。

14.0.13 为使萃取生产作业达到最佳状态，萃取槽的搅拌器要进行无级调速。

14.0.14 不仅锆和稀土的煅烧设备采用PLC来进行监控，现大部分稀有金属冶炼厂均采用PLC来实现自动化过程控制。

14.0.15 使用金属钠作为还原剂，通过真空高温热处理制取铅粉，一旦钠还原炉冷却断水时，应自动切断钠还原炉电源，避免其过热而烧损。

14.0.16 湿法冶炼车间设备故障率高，在现场配备一定数量的检修电源十分必要。

14.0.17 稀有金属冶炼一般需要掺和易燃、易爆有机溶剂和在正常生产中产生易燃、易爆气体、粉尘，应根据其等级按现行国家标准执行。

15 硬质合金厂车间电力设计

15.0.1 湿磨、制粒工段大量使用酒精、丙酮；还原车间利用氢气防氧化和将氧化物还原成需要的金属或金属氧化物；制粉、成型车间在生产过程中产生大量粉尘；烧结车间大量使用氢气，对压胚进行高温氢气保护烧结且为高温场所。

15.0.2 硬质合金厂的各车间生产独立性强，相互为不连续的生产系统，车间内的用电设备停电不停水的情况下一般不会造成人员伤亡。对于还原炉、烧结炉等设备，停电不停水时炉内温度不会突然下降，只要停电时间不长，一般不会造成炉体损坏或炉内产品报废。但如果突然长时间停电，炉内产品将报废，损失仍然是很大的。对于钼丝炉而言，突然长时间停电还可能造成钼丝骤然变冷而损坏。大、中型硬质合金厂的主要生产车间炉用设备较多，因此车间变电所应设两台或以上变压器，当小型厂设一台变压器时应与其他车间变电所之间设联络线，通过联络线使有关炉子继续维持一段生产时间，直到将炉内物料处理完毕，或完成必要的停炉操作。

15.0.3 还原及烧结车间内的大型用电设备还原炉及烧结炉，均由设置在单独配电间内的专用装置向其配电，而一些小单体设备自身带有电控装置，机旁操作。配电线路首先选用沿电缆桥梁敷设，若条件不允许时可采用穿钢管或沿电缆沟敷设，采用电缆沟敷设时，电缆沟应尽量避免设在运送产品的主通道上。

15.0.4 按不同产品的生产工艺要求，还原炉、烧结炉一般均设有若干个温度带，物料在炉体不同的温度带依次通过，并按一定的温度曲线完成还原或烧结过程。因此，各温度带应分别配电，以便于对各带的温度进行调节。各温度带负荷大多为单相380V或220V，因此应考虑三相负荷平衡的问题。

15.0.5 还原炉、烧结炉配电装置较多，一般现场无空余位置供安装，要现场还原和养护还需要氢气、为防止氢气泄露造成事故。一般配电装置均集中设置在控制室内。

15.0.6 还原炉和烧结炉的各带温度值是根据不同生产产品和工艺要求所决定的。生产过程中，各带温度受到物料输送过程及带与带之间温度的相互影响，需要及时调节和控制。还原炉和烧结炉都是电阻加热炉，温度的调节应优先采用晶闸管调功器控制，因为在调功器控制过程中，没有高次谐波产生，功率因数高。但对于加热元件为钼丝的炉子，由于钼丝的电阻温度系数很大，通常在低温时阻值很小。为了防止钼丝炉在开炉时因电阻值小而造成短路，开炉阶段应降低供电电压，以限制电流。随着炉温的升高，钼丝材料的电阻值增大，供电电压亦可随之提高。因此，对于以钼丝材料作为加热元件的炉子，不宜采用调功方式，应采用晶闸管调压器。为了防止高次谐波的影响，调压器的选择应避免晶闸管在正常温度范围内深控。

15.0.7 由于炉子的温控是通过改变调功器通—断周期实现的，当调功数量多或容量大时，供电的母线电压会超出允许的波动范围，对照明及一些对电压波动敏感的电气正常工作不利。

15.0.8 现厂房多为轻钢结构，屋顶不能如混凝土结构可安装自流冷却水箱，若冷却水断流将造成价格昂贵的炉体烧毁。

15.0.9 垂熔炉工作电压一般为几伏至几十伏、电流为数千安至数万安，如果不将垂熔变压器安装在垂熔炉旁则造成线损太大、浪费能源。

15.0.10 冷、热等静压机工作压力一般都在100MPa～2000MPa，工作时严禁包括操作人员等入内，以免设备爆裂造成人身伤害。观察窗口玻璃抗冲击强度应根据压机工作压力确定。

15.0.11 采用PLC或可编程序的逻辑模块控制多管还原炉的推舟机及炉门，技术成熟、已广泛运用。

15.0.12 防止在通风机故障停止运行后，信号系统未能正确反映实际情况，使现场工作人员在不知晓的情况下造成身体伤害。

15.0.13 压制、配料、喷雾等岗位，现场含有大量导电合金粉末。

15.0.14 中频发电机组与静止变频器相比，具有噪声大、振动大、用料多、体积笨重以及电效率低等缺点，随着电子技术的不断提高、发展，已能完全取代中频发电机组。

15.0.15 由于高次谐波的影响，相对应的配电线路将发热。为此适当增加配电线路截面。

15.0.17 由于现在厂房多为轻钢结构，为保护屋顶通风器排气口，不可能如混凝土结构一样安装避雷针。非正常泄露的氢气大部分随安装在墙面的强排风机排出室外，仅剩很少部分由屋顶自然通风器排出。根据近年来各硬质合金厂的经验，自然通风器的金属外壳与屋面避雷带相连接是可行的。

15.0.18 通过了解、回访，此类厂房或钢结构屋面与钢结构大梁之间剩余氢气可自然迅速经自然通风器排出。根据近年来各硬质合金厂都是这样做的经验，可按常规车间配电。

16 半导体材料厂车间电力设计

16.0.2 因通电时间短，其他用电设备尚未投入运行，此时电源的负荷率很低，完全可满足这些短时用电的负荷，所以不必再计算这类负荷的用电及无功动率补偿。

16.0.3 三氯氢硅合成炉的工频感应线圈有三种计算方法，即变压器法、贝塞函数法和实验曲线法。本规范推荐采用实验曲线法，该法是在某种特定条件下，用实际的感应加热器做实验得出的曲线，并以此作为计算的基础。该法计算简洁，误差允许，便于应用。

16.0.4 过去这类电控设计，电力和仪表专业由于配合不当，常常出现各搞一套的不协调局面，为改变这种状况，使电控系统的设计更加合理，更有利于监控和管理，避免不协调现象继续发生，特制定此条。

在控制室内设有正压通风，是为防止 $SiHCl_3$（或 $SiCl_4$）气体对电控设备的腐蚀，但吸风口应设在户外或经简易过滤装置，保证控制室内空气纯净。

16.0.5 多晶硅的电气室是一个专用的电气室，为了方便维护管理，减少占地面积，并经多年实践证明，高、低压设备同室布置完全可行，本规范加以推荐。如电气设备为油浸式冷却方式，按防火要求，两设备之间应设防火隔墙并设排油设施。

16.0.6 为减少电能损耗，便于维护管理，多晶硅氢还原炉电气室通常与多晶硅氢还原炉室上下毗邻。为了防止三氯氢硅气体和氢气渗入电气室，所以在两室之间严禁开设门窗及其他孔洞，电源线的穿越处应做严密封堵。为安全起见，与电气室无关的管道，不应通过电气室，否则应采取隔离设施。

16.0.7 当还原炉高压启动和还原生产时，还原炉内常有异常现象发生，需常去电气室观察电气设备运行情况，因此在还原炉控制室和电气室之间设一个便于联系的通道十分必要。

16.0.9 变压器中性线过热是各半导体材料厂一致反映的问题，采取了加大中性线截面的措施，效果较好。D，yn11型变压器比Y，yn0型变压器对于限制三次谐波，降低零序阻抗，提高单相短路电流和保护装置的灵敏度，具有明显的优越性。

16.0.10 在单晶炉和区熔炉附近设开关箱，有利于单晶炉、区熔炉的断电检修和调试，确保安全。

16.0.11 单晶炉、区熔炉及物测室的测试仪器对电压稳定度要求较高，电压波动直接影响单晶体的形成和测试精度，因此对这些设备最好由单独的变压器供电。

16.0.12 装设电源滤波装置是为了抑制区熔炉高频装置2MC～4MC高频电源沿供电线路进行传导干扰。滤波器的安装位置主要考虑线路简洁，就地抑制，所以一般是安装在屏蔽室外墙的电源进线处。滤波器的接地可借助屏蔽室的高频接地，用镀锌铜板制作接地装置是根据北京劳防所提供的实践资料并征求上海电科所的意见确定的，生产厂反映效果良好。高频接地的接地线长度应避开λ/4及λ/4的奇数倍，是为了减少接地线可能出现的干扰，当接地线长度为高频设备工作波长的1/4或1/4工作波长的奇数倍时，其阻抗为无穷大，此时它相当于一根天线，可接收或辐射干扰信号，故应避开采用这个长度，设计中接地线做得越短越好。

16.0.13 本条规定是为了防止电源滤波器未加屏蔽的配电线路，经高频耦合越过滤波器对电源进行干扰。

16.0.14 区熔炉的槽路接地是高频装置要求的。每台设备单独设接地装置是为了防止相互干扰。

16.0.15 本条规定是为了使设备冷却水断水能及时发现并加以保护，防止断水运行烧坏设备。

16.0.16 物测室装设电源滤波器是为了由电源线传入高频干扰信号，做成一点接地的目的是防止不同的大地电位经屏蔽网进行干扰。

16.0.17 防止经电力、照明线路及荧光灯的镇流器向室内进行干扰。

16.0.18 这样做是为了减少泄漏以提高屏蔽室的屏蔽效能。

17 公用设施电力设计

17.1 空气压缩机站

17.1.1 大中型冶炼厂供给主要生产用气的压缩空气，与主生产线运行关系密切，大中型冶炼厂的空气压缩机站因停电而引起停气时，造成的损失很大。因此要保证空气压缩机站供电电源的可靠性。对大中型有色金属企业中不属于主要生产系统以及小型企业的空气压缩机站，停电时造成的损失较小，对小型企业，一般取得两个电源较为困难，故可以一回路供电。

17.1.4 高速涡轮空气压缩机的油泵是用于空压机启动前和停止后一段时间内润滑和冷却轴承用的。由于空压机转速高，如果在此期间油泵停运，就会烧坏空压机的轴瓦，所以这种油泵的供电可靠性应予以保证。

17.1.6 空压机运转时，震动对电气设备的影响除了地面传递的震动外，还有空压机吸气的脉动气浪引起的震动。最常采用的一种防震措施是将变（配）电所的墙基础与空压机基础分开，以减少地面传递的震动。此外还可改造空压机的空气过滤器吸风口，或将空气过滤器升高到屋面以上，以减少气浪和噪声的影响。在空压机的吸风管、排风管和穿墙洞之间衬减震垫层，以减少吸风管、排风管经由墙体传递的震动。空压机房的噪声一般也很大，故在防震的基础上，同时考虑降低控制室的噪声。

17.2 水泵站

17.2.1 对有色金属冶炼厂，冶炼高温炉循环冷却水泵和余热利用锅炉特别重要一级负荷的水泵突然停电引起的停水将会使冶炼炉和锅炉严重损坏，修复时间很长，造成长时间停产。属特别重要一级负荷，故应设置与正常电源独立的应急电源或柴油驱动的水泵备用机组。

无高位调节水池而直接供给重要生产用水的水泵机组（如供给大型高温炉的循环水、高速鼓风机循环用水、或者矿热电炉的导出铜管和电极夹持器的冷却水套循环冷却水），突然停电都将引起停水并造成重大事故。因此要考虑电动机的自动启动或备用机组的自动投入。

17.2.3 主要考虑当一段母线停电或检修时，不致引起同一用途互为备用的水泵均无法运行。

17.2.4 高低压开关柜集中布置在专用房间内，可防止水泵、水管、闸门损坏时，水喷到电气设备上面可能引起的事故。因此当配电屏或电控设备安装在泵房内时，应采取防滴、防溅措施。安装基础高于泵房地面200mm，是为了防止地面水侵蚀。

17.2.5 水泵设备单机控制时，操作过程比较简单，但大型水泵站，如水管系统闸阀采用电动操作则较复杂，采用计算机控制可以改善工人的操作条件。为了安全和检修，在各机组旁设事故开关和检修试机按钮。

17.2.7 目前，6kV、10kV电动机变频器虽然节能，但价格不低，体积也较大，与液力耦合器还存有比较余地，根据倡导节能要求，用“宜”较合适；但对660V及以下电动机用变频器无论在节能、价格、控制性能、可靠性、体积、标准化等各方面较其他调速方式均占有优势，故对660V及以下电压需调速的电动机应采用变频调速。

17.2.9 深井泵站群或串联供水的多级泵站，每一泵站的供水量相对地说比较小，但泵站数量多，通常要有一个统一地调度系统以决定各泵站的开停时间。因此，宜由一个调度站集中遥控、遥信、遥测。

17.3 发生炉煤气站

17.3.1 本条爆炸和火灾危险等级的划分，系引用现行国家标准《发生炉煤气站设计规范》GB 50195 的规定。

17.3.5 开炉采用煤气、事故状态时靠煤气保温，以及利用煤气进行火法冶炼的用户，突然停电引起停气，将造成停产、减产、产品质量降低、设备损坏、原料结死及检修困难等损失，因此要保证煤气站的供电可靠性。

17.3.6 煤气站多尘、有些场所具有爆炸危险，所以其保护、启动设备有条件时宜安装在配电室内。安装在无爆炸危险环境中的控制设备，则要求采用防尘式，以减少因积尘而引起误动作。

17.3.7 电滤器的特点是工作过程中经常有火花产生，为爆炸提供了必要的火源条件。煤气站如采用电滤器净化煤气，一旦电滤器内的煤气和渗入的空气混合达到爆炸极限，就有可能发生爆炸事故。因此，必须确保电滤器为正压操作。当电滤器出口的煤气压力低于规定值时，空气可能进入电滤器内，为避免发生爆炸事故，应断开相应整流机组的电源，同时用声光信号通知值班人员。

17.3.8 煤气排送机与空气鼓风机之间联锁，是为了避免炉内形成负压，混入空气以致造成爆炸事故。

17.3.12 煤气站对照明可靠性要求较高，不能因照明电源停电引起误操作，而使炉内形成负压，以致引起爆炸事故。所以条文中所列的场所应装设供继续工作用的备用照明（即应急照明），并按照应急照明对供电电源的要求采用两回线路供电，且两回线路取自不同的母线段。

17.4 氢 气 站

17.4.1 氢气站的电气设计参见现行国家标准《氢气站设计规范》GB 50177 中相关规定。

17.5 氧 气 站

17.5.2 当制氧主电机功率很大，为此需增加投资很多时，也可仅按主电机所在母线单回电源线路的容量满足全部负荷用电设计，或由上级配电系统直接向制氧主电机专线供电。

17.5.3 还应符合主电动机允许启动时间限制的要求。启动方式的选择应经技术经济比较确定。若为异步电动机时，宜考虑在高压配电室内设置电容器无功补偿装置，电容器无功补偿装置投切应与主电动机运行状态相关联，并应采取防止并联谐振的措施。

17.6 实验室和化验室

17.6.1 实验室、化验室一般设备数量多，容量且不大，但配置多变，设备的数量容量经常随工艺的变更而改变，因此配电方式宜采用干线式，并应沿干线配备足够数量和容量的接电点，以适应设备配置和数量、容量改变的需要。

17.6.2 实验室、化验室每一房间的工作几乎都是独立进行的，相互间的牵连较小，可以单独送电或停电，故应在每一房间装设总进线开关。由于用电设备的单相负荷数量多，所以负荷分配时要尽量使三相平衡。

17.6.3 实验室、化验室多为移动设备，操作人员经常接触设备外壳，因此配电系统的接地形式要采用与中性线分开的专用接地保护线。为进一步保护操作人员的人身安全，同时设置更为安全的等电位连接装置。

17.6.4 实验室、化验室多为移动设备，操作人员经常接触设备外壳，一般使用带保护接地插孔的插座，但为了方便使用具有标准两眼插头的安全设备，避免新购入的设备都要换插头，也可配备少量两孔插座。

17.6.5 因为电动机是感性负载，切断电源时会产生较大的电弧伤人，所以一般不能用插座作电动机的操作电器，而只能作为隔离电器。一般情况下，电阻炉热态电阻不大于冷态电阻的 1.3 倍，即电阻炉刚接通时的冲击电流不会大于额定电流的 1.3 倍，也没有类似电动机启动时的冲击电流，所以本条规定 1kW 以下的电阻炉，在插座的额定电流大于电阻炉额定电流 1.5 倍时，可用插座作电阻炉的插座电器。

17.7 充 电 站

17.7.1 本节的适用范围。

1 蓄电池车和蓄电池铲车，按一台整流设备对一台蓄电池车或蓄电池铲车的充电方式，与用一台大的整流器设备对同时充电的几组蓄电池充电的方式比较，便于调节，且投资和建筑面积增加不大，故推荐采用。根据蓄电池国家现行制造标准，牵引蓄电池初充电电流第一阶段 $0.5I_5$，第二阶段 $0.25I_5$；普通充电电流第一阶段 $0.7I_5$，第二阶段 $0.35I_5$。故规定整流设备输出电流不得小于 0.7 倍的 5h 放电率电流，以满足最大的充电电流值。

2 汽车启动蓄电池组电压较低，一般将几组电池串联后充电，其原因是蓄电池充电是临时性接线，往往容易脱线和解除不良，发生这种情况整串蓄电池都不充电，容易发现，但串联蓄电池必须是同一型号、同一类型，且新旧程度应一致。充电时，串联数目不宜太多，即电压不宜太高，因为电压太高，工人操作很不安全。故本条结合各种整流器中用得比较普遍的充电电压等级，规定蓄电池的总电势不宜超过 110V；整流设备的额定输出电压不低于总电动势的 15%，且不超过 160V。直流额定输出电流不得小于 10h 放电率电流；同样是根据国家现行标准，启动用铅酸蓄电池普通充电电流为 I_{10} 的规定而制定的。

17.8 静电滤清器电源装置

17.8.2 冶金炉出口烟气中含有大量有色金属粉尘，

若任其放空，必将造成大量有色金属流失，而且对周围环境造成污染。因此有色金属冶炼厂烟气中的粉尘必须回收，并经净化到环境保护所要求的标准内才能排放。电滤器是一种高效滤尘装置，在有色金属冶炼厂中是烟气回收和烟气净化的关键设备，因此应保证其供电的可靠性。

17.8.3 电滤器是靠烟气通过电场时由高压电场电晕放电使尘埃带负电而向正极移动，并在正极沉积进行收尘的。为了提高滤尘效率，需要根据进入电场的烟尘流速、性质、浓度等参数，随时调整电压和电流，以保证电场始终处于电晕放电状态，晶闸管自动调压的高压硅整流装置是为适应这种要求而专门设计的配套产品，就目前看，性价比最高，故应采用。

17.8.4 电滤器在工作过程中通入各种电场的气体，其悬浮粒子含量和气体温度、压力、流量等参数均有差别，为保证气体净化时有最高的效率，对电滤器的每一个电场需要配以不同的供电参数（即电晕电压及电晕电流），此外电滤器在操作过程中气体参数还会发生变化，电晕电压及电流须随时进行调整，因此电滤器的每一个电场宜单独设置整流装置。但对大型电滤器，有时设置两系列并联电场，烟气入端电场烟气工况相同，负载电流较小，为简化交直流供电系统、节约投资，也可采用一台整流装置带两个电场的供电方式。

17.8.5 户外式可节省整流室占地，取消了整流室内的高压直流母线和高压电缆及电缆头，故既节约了投资，又降低了故障率，目前户外式已普遍采用，产品已能满足户外要求。故推荐“电滤器整流装置的整流变压器优先采用户外式”。

17.8.7 整流装置的整流变压器有户内、户外两种形式，户外式整流变压器直接安装在电滤器电场的阴极进线处。户内式整流变压器则安装在单独设置的整流装置室内。为了确保安全，防止人员偶然靠近高压带电部分或者误触及带电部分造成危险，必须将每套整流变压器及三点式（或四点式）转换开关设在单独的整流隔间内。设置整流隔间还可避免因一套整流装置检修而影响其他整流装置的运行。为了节约高压直流电缆长度，户内式整流变压器应尽量靠近电滤器。

生产过程中当某一台整流装置出现临时性故障时，常需要采取措施使电场不停电。较普遍的做法是采用高压直流联络母线使同一台收尘器的各个电场的整流装置互为备用。当整流装置台数多时，也可专门备一台整流装置供事故时替换。

17.8.13 整流装置的正极与电滤器的收尘极的连接线通常不利用设备或金属构件本身作为接地线，因为设备或金属构件的偶然损坏或检修都有可能使接地回路中断。由于电滤器电场闪络，产生高频，在接地线上可能出现比较高的高频电压，对接触不良的金属设备或构件产生放电现象，既不安全又影响电场工作效率。经理论分析和试验发现，放电现象与连接线的关系很大，过去连接线一般采用 4mm×25mm 或 4mm×40mm 的扁钢，对高频来说是一个很大的电抗，试验中，在接地线上增加一根铜线，接地线的放电火花颜色明显变淡。进口的整流装置对接地线均要求用铜导体。

17.8.14 电滤器发生闪络时，两个相邻的供电装置，通过靠近的电力管线和控制线路产生高频干扰，相互影响。本条规定配电线路和控制线路，以及不同整流装置的配电管线不得共管共缆，目的在于尽量削弱相互干扰。

17.8.15 装设开门后自动切断整流装置交流电源的电气联锁，是为了防止人员在整流装置工作时，误入高压整流隔间发生触电危险，以确保安全。

在电场围栏门上装设安全开关，当维护人员在进入电场围栏之前，只要打开门，安全开关即动作，通过控制回路切断整流装置的交流电源，也是为了安全。

17.8.18 规定接地电阻不应大于 4Ω，是为了设备正常运行和人身安全。

17.8.20 整流装置室是配电设备集中的地方，应考虑人员进出和设备安装、运行及维护的需要，室内应保持清洁，采用密闭门窗，尽量避免灰尘进入室内，是为了保证整流装置可靠工作。整流装置及其他电子元件的热稳定性能较差，温度高于允许工作温度时，整流装置运行不稳定，易引起误动作，影响正常工作。故规定室内温度不应超过 35℃，否则应通风降温。但对环境灰尘较大的场所，采用空气制冷机实行空气内循环降温，可达到很好的防尘效果。

17.9 大中型风机

17.9.2 大型风机采用变频调速，其节电效果显著。

17.9.3 大型高速鼓风机因其转速高、惯性大，停电后还要转动一段时间才能停止。所以在主电机停电后，还要继续供给冷却润滑油，否则会造成设备损坏事故。为了可靠供油，通常设置备用润滑油泵，此条对备用润滑油泵的电源可靠性作出了规定。

17.9.5 控制系统应装设的其他保护及联锁。

4 当辅机系统正常时，应发出允许风机主电动机运行的指令；当辅机系统故障时，应发出停止风机主电动机运行的指令，如：

1）向转炉送风的鼓风机，宜装设事故停车时启动备用倾炉电动机的联锁；

2）冶炼炉后高温风机，其调速装置宜按保证炉内负压进行调节；

3）大型风机的辅机系统宜采用独立的 PLC 控制。当辅机系统正常时，应发出允许风机主电动机运行的指令；当辅机系统故障时，应发出停止风机主电动机运行的指令。

中华人民共和国国家标准

纺织工程制图标准

Standard for textile engineering drawings

GB/T 50675—2011

主编部门：中 国 纺 织 工 业 协 会
批准部门：中华人民共和国住房和城乡建设部
施行日期：2 0 1 2 年 3 月 1 日

中华人民共和国住房和城乡建设部
公　告

第 974 号

关于发布国家标准《纺织工程制图标准》的公告

现批准《纺织工程制图标准》为国家标准，编号为 GB/T 50675—2011，自 2012 年 3 月 1 日起实施。

本标准由我部标准定额研究所组织中国计划出版社出版发行。

中华人民共和国住房和城乡建设部

二〇一一年四月二日

前　言

本标准是根据原建设部《关于印发〈2007 年工程建设标准规范制订、修订计划（第二批）〉的通知》（建标函〔2007〕126 号）的要求，由中国纺织工业设计院会同有关单位编制完成的。

本标准编制过程中，编制组经广泛调查研究、认真总结实践经验，参考国内外有关制图标准，并在广泛征求设计、施工安装、管理方面专家意见的基础上，最后经审查定稿。

本标准共 15 章，主要技术内容包括：总则，术语，图纸幅面规格与图纸编排顺序，图线，字体，比例，常用图例，符号，尺寸标注，工艺流程图（PFD）、公用工程流程图（UFD）画法，管道仪表流程图（PID、UID）画法，设备布置图画法，管道安装图画法，管段图画法，机器地脚图画法。

本标准由住房和城乡建设部负责管理，由中国纺织工业协会负责日常管理，由中国纺织工业设计院负责具体技术内容的解释。本标准在执行过程中如有意见或建议，请寄送中国纺织工业设计院（地址：北京市海淀区增光路 21 号，邮政编码：100037，传真：010-68314071）。

本标准主编单位、参编单位、主要起草人和主要审查人：

主 编 单 位： 中国纺织工业设计院

参 编 单 位： 吉林省纺织工业设计研究院
河北省纺织建筑设计院

主要起草人： 穆万春　孙今权　武红艳　刘　凤　徐福官　赵明娟　于　洁　张庆生　蔡学军

主要审查人： 黄承平　刘承彬　高小毛　戴国荣　尤世怀　李晓红　张福义　里碧林　曾冬福　于荣谦　屈振伟　陈建波　胡国权　胡伟红

目 次

Contents

1 总 则

1.0.1 为了统一纺织工程工艺专业（包括工艺管道）制图规则，提高制图质量和效率，做到图面清晰、简明，符合设计、施工、存档的要求，适应工程建设的需要和有利于国内外技术交流，编制本标准。

1.0.2 本标准适用于纺织工程的下列工艺专业（包括工艺管道）制图：

1 新建、改建、扩建工程的各阶段设计图、竣工图。

2 原有工程的实测图。

3 通用设计图、标准设计图。

1.0.3 同一个工程项目的各单项工程、各阶段设计图纸中，图例、术语、绘图表示方法应一致。

1.0.4 纺织工程制图除应符合本标准外，尚应符合国家现行有关标准的规定。

2 术 语

2.0.1 工艺流程图 process flow diagram (PFD)

用统一规定的图形符号和文字代号，表示工艺流程和所使用的机械设备及其相互联系的系统图。它是系统合成和过程分析的结果，表示了工艺流程、主要工艺操作条件、物流组成、主要设备特性和主要控制要求。

2.0.2 公用工程流程图 utilities flow diagram (UFD)

用统一规定的图形符号和文字代号，表示工艺流程以外的辅助系统，包括水、蒸汽、压缩空气、惰性气体等公用工程所使用的机械设备及其相互联系的系统图。

2.0.3 管道仪表流程图 piping & instrument diagram (PID)

用统一规定的图形符号和文字代号，表示工艺装置中所需要的全部设备、仪表、管道、阀门、主要管件及各自功能和相互联系的系统图。

2.0.4 设备平面布置图 equipment layout drawing;

表示设备与建筑物、构筑物、设施等的相对平面关系的图纸。

2.0.5 设备剖面布置图 equipment sectional drawing

用剖切面表示设备立面布置的图纸，应表示设备安装标高、设备基础、室内外地坪标高、各层楼地面的标高等。

2.0.6 管道安装图(配管图) piping arrangement drawing

表示车间或装置内管道、阀门、管件的空间布置的图纸，要求按比例绘制，便于正确表达管道及其组成件的空间位置。

2.0.7 管段图（管道轴测图、单线图） isometric piping drawing、single line diagram

根据管道安装图中管道在空间的位置所勾画的管段三维走向图，标有管线、阀门、管件的长度和定位尺寸，并附包含管道、阀门、管件材质、规格、型号、数量等的管道材料表。

2.0.8 工艺管道 process piping

输送原料、中间物料、成品、催化剂、添加剂及其他工艺介质的管道。

2.0.9 公用工程管道 utility piping

工艺管道以外的辅助性管道，包括输送水、蒸汽、压缩空气、惰性气体等管道。

3 图纸幅面规格与图纸编排顺序

3.1 图 纸 幅 面

3.1.1 图纸幅面及图框尺寸，应符合表 3.1.1 的规定及图 3.1.1、图 3.2.1-1～图 3.2.1-3 的格式。

表 3.1.1 图幅及图框的尺寸 (mm)

图幅代号	A0	A1	A2	A3	A4
b×l	841×1189	594×841	420×594	297×420	210×297
a	25				
c	10			5	

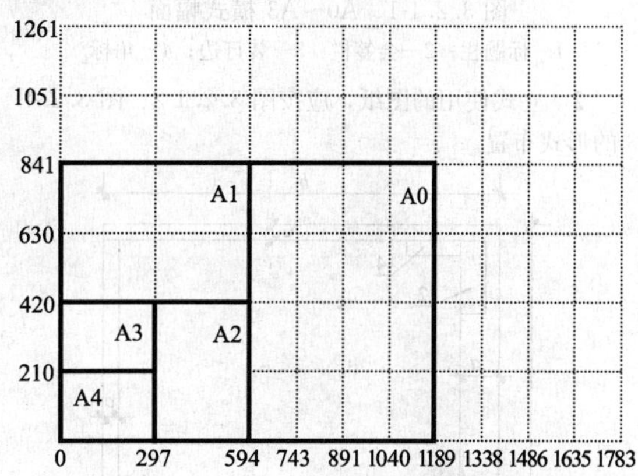

图 3.1.1 图框尺寸 (mm)

3.1.2 图纸的短边不应加长，长边可加长，且应符合表 3.1.2 的规定。A4 幅面不应加长，也不应加宽。

表 3.1.2 图纸长边加长尺寸 (mm)

幅面尺寸	长边尺寸	长边加长后尺寸
A0	1189	1486、1635、1783、1932、2080、2230、2378
A1	841	1051、1261、1471、1682、1892、2102

续表 3.1.2

幅面尺寸	长边尺寸	长边加长后尺寸
A2	594	743、891、1041、1189、1338、1486、1635、1783、1932、2080
A3	420	630、841、1051、1261、1471、1682、1892

3.1.3 A0～A3 图纸宜横式使用；必要时，可立式使用。

3.1.4 一个单项工程或一个单位工程中，除目录和表格外，各种类型的图纸，不宜多于两种幅面。

3.2 标题栏与会签栏

3.2.1 图纸的标题栏、会签栏及装订边的位置，应符合下列规定：

1 横式使用的图纸，应按图 3.2.1-1 的形式布置。

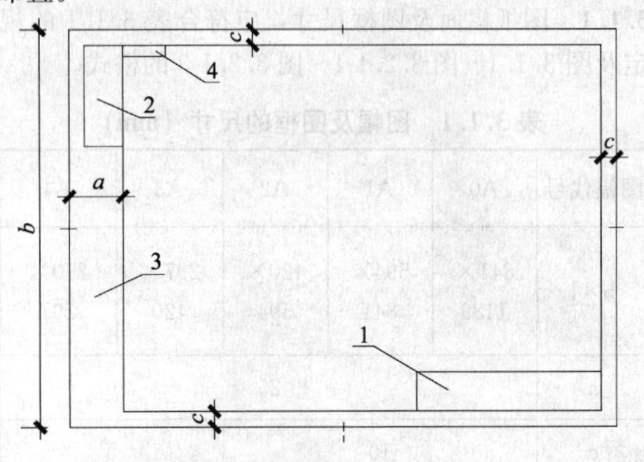

图 3.2.1-1 A0～A3 横式幅面

1—标题栏；2—会签栏；3—装订边；4—角标

2 立式使用的图纸，应按图 3.2.1-2、图 3.2.1-3 的形式布置。

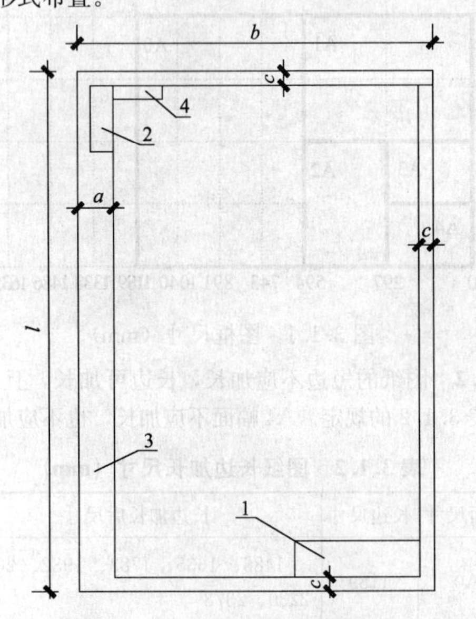

图 3.2.1-2 A0～A3 立式幅面

1—标题栏；2—会签栏；3—装订边；4—角标

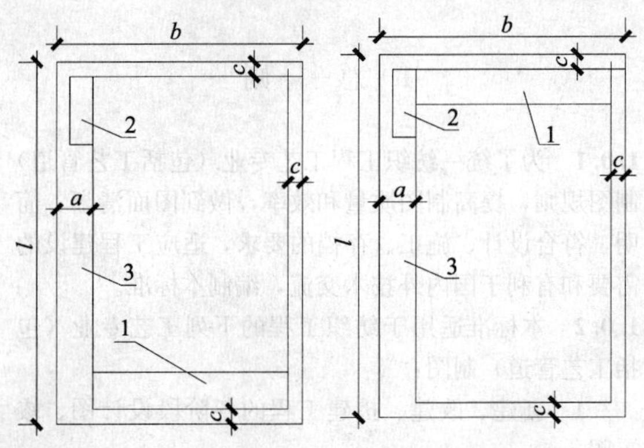

图 3.2.1-3 A4 立式幅面

1—标题栏；2—会签栏；3—装订边

3.2.2 标题栏应根据工程需要选择确定其尺寸、规格及分区。签字区应包含实名列和签名列。涉外工程的标题栏内，各项主要内容的中文下方应附有译文，设计单位名称的上方或左上方，应加"中华人民共和国"字样。

3.2.3 会签栏应按图 3.2.3 的格式绘制，尺寸宜为 100mm×20mm，栏内应填写会签人员所代表的专业、姓名、日期（年、月、日）；一个会签栏不够时，可另加一个，两个会签栏应并列；不需会签的图纸可不设会签栏。

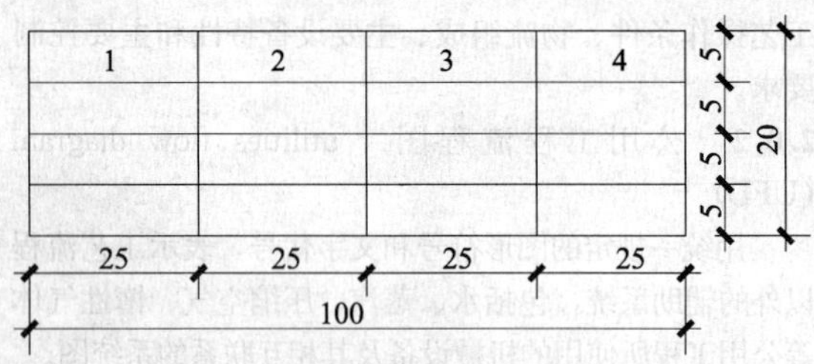

图 3.2.3 会签栏

1—专业；2—实名；3—签名；4—日期

3.2.4 图中文字说明，宜以"注"或"说明"的形式在图纸的右方、标题栏的上方书写，并用"1、2、3……"进行编号。需要说明的表格和详图也可放在图纸的右方、标题栏的上方。

3.3 图纸编排顺序

3.3.1 工程设计图纸宜依次表示图纸目录、施工设计说明、管道规格书、设备一览表、管道表、综合材料表、设备及管道保温一览表、机器地脚图、通用图纸、工艺流程图及物料和能量平衡图表、管道仪表流程图、设备平（剖）面布置图、设备安装路线图、管道安装图、管段图、管架图表等。

3.3.2 工艺、配管图纸，应按图纸内容的主次关系、逻辑关系，有序排列。

4 图 线

4.0.1 同一工程设计图纸中，图样线宽组、图例、符号等应一致。同一张图纸内，相同比例的各图样，应选用相同的线宽组。

4.0.2 每张图样，应根据复杂程度与比例大小，先选定基本线宽 b，再选用表 4.0.2 中相应的线宽组。图线的宽度 b，应根据图纸的类别、比例和复杂程度确定，正常粗线宽宜选 0.7 mm 或 1.0mm。

表 4.0.2 线宽组（mm）

线宽比	线宽组					
b	2.0	1.4	1.0	0.7	0.5	0.35
0.5b	1.0	0.7	0.5	0.35	0.25	0.18
0.25b	0.5	0.35	0.25	0.18	—	—

注：1 需要微缩的图纸，不宜采用 0.18mm 及更细的线宽。

2 同一张图纸内，各不同线宽中的细线，可统一采用较细的线宽组的细线。

4.0.3 工艺制图，宜选用表 4.0.3 所示的图线。

表 4.0.3 图 线

名称		线形	线宽	一般用途
实线	粗	━━━━━━━━	b	1. PFD、PID 主物料、主产品管道；设备位号下画线；UID 中主介质管道； 2. 设备布置图中设备轮廓线； 3. 管道安装图中单线管道、平面图名下画线； 4. 管段图中的管道
	中	━━━━━━━━	0.5b	1. PFD、PID、UID 中次要物料、次要产品管道、夹套管的内管管线； 2. PID 中的公用工程管线、次要物料； 3. 设备布置图中设备支架、设备基础； 4. 管道安装图中双线管道； 5. 管道安装图中夹套管、物料输送管路中三线管道，中间为中粗线； 6. 地脚图中孔、洞、沟、坑、凸台和不同地面间的分解线
	细	────────	0.25b	1. 设备布置图中建筑轮廓线、门窗； 2. PID、UID 中其他图形和线条，如设备外形线、阀门和管件图形、夹套管的边线、分界线、各种标志线、表格线、保温和绝热层线等； 3. 管道安装图中设备轮廓线、设备基础、建筑轮廓线、尺寸界线、尺寸线、引出线及设备、管道的折断线等； 4. 管段图中法兰、阀门及其他
虚线	粗	━ ━ ━ ━ ━	b	1. 表示被遮挡部分的设备或管道轮廓线，线条粗细与可见部分相同； 2. 改、扩建项目原有 PID 上的不修改的管道和设备可采用细虚线表示； 3. PID、UID 中平行于主管的伴热管线； 4. 地脚图中预埋管
	中	━ ━ ━ ━ ━	0.5b	
	细	── ── ── ── ──	0.25b	
单点长画线	粗	━ · ━ · ━ · ━	b	在平面图上可用于表示吊轨
	细	── · ── · ── · ──	0.25b	表示中心线、对称线、基准线等

续表 4.0.3

名称		线形	线宽	一般用途
双点长画线	细		0.25b	1. 管道安装图中用于表示预留及界区外的管道和设备轮廓线； 2. PID 中表示整装单元范围； 3. 纺织设备轮廓线
折断线			0.25b	表示管道、设备、区域的断开界线
波浪线			0.25b	断开界线、云线

注：虚线、单点长画线、双点长画线、折断线等的转弯处和相交处应是实线。

4.0.4 图纸的图框和标题栏线，可采用表 4.0.4 的线宽。

表 4.0.4 图纸框、标题栏线的宽度（mm）

幅面代号	图框线	标题栏处框线	标题栏分格线、会签栏线
A0、A1	1.4	0.7	0.35
A2、A3、A4	1.0	0.7	0.35

4.0.5 相互平行的图线，其间隙不宜小于其中的粗线宽度，且不宜小于 0.7mm。

4.0.6 虚线、单点长画线或双点长画线的线段长度和间隔，宜各自相等。

4.0.7 单点长画线或双点长画线，当在较小图形中绘制有困难时，可用实线代替。

4.0.8 图线不得与文字、数字或符号重叠、混淆、不可避免时，应首先保证文字等的清晰。

4.0.9 虚线、单点长画线、双点长画线的线型比例宜取绘图比例因子的 10 倍。

5 字 体

5.0.1 图纸上所需书写的文字、数字或符号等，均应笔画清晰、字体端正、排列整齐；标点符号应清楚正确。

5.0.2 图样及说明中的汉字，宜采用长仿宋体；大标题、图册封面等的汉字，也可书写成其他字体，但应易于辨认。

5.0.3 长仿宋汉字、拉丁字母、阿拉伯数字与罗马数字应符合现行国家标准《技术制图—字体》GB/T 14691 的有关规定。

5.0.4 采用 AutoCAD 制图时，汉字可采用 HZTXT 字体，汉字高度不宜小于 3mm，阿拉伯数字可采用 SIMPLEX 字体，拉丁字母可采用 SIMPLEX 字体，拉丁字母、阿拉伯数字与罗马数字的字高，不宜小于 2.5mm。

5.0.5 文字的字高，应按表 5.0.5 选用。当需书写更大的字，字高度应按$\sqrt{2}$的比值递增，宽度与高度的关系应符合表 5.0.5。

表 5.0.5 长仿宋体字高宽关系（mm）

字高	20	14	10	7	5	4	3
字宽	14	10	7	5	3.5	2.8	2

5.0.6 拉丁字母、阿拉伯数字与罗马数字的书写与排列，应符合表 5.0.6 的规定。

表 5.0.6 拉丁字母、阿拉伯数字与罗马数字书写规则

书写格式	一般字体	窄字体
大写字母高度	h	h
小写字母高度（上下均无延伸）	7/10h	10/14h
小写字母伸出的头部或尾部	3/10h	4/14h
笔画宽度	1/10h	1/14h
字母间距	2/10h	2/14h
上下行基准线最小间距	15/10h	21/14h
词间距	6/10h	6/14h

5.0.7 拉丁字母、阿拉伯数字与罗马数字，应写成直体。当需写成斜体字时，字体斜度应是从字的底线逆时针向上倾斜 75°，且斜体字的高度与宽度应与相应的直体字相等。

5.0.8 图纸中的数值，应采用正体阿拉伯数字。计量单位应采用国家颁布的单位符号注写，单位符号应采用正体字母。

5.0.9 分数、百分数和比例数的注写，应采用阿拉伯数字和数学符号。

5.0.10 当注写的数字小于 1 时，应写出前定位“0”，小数点应采用圆点，齐基准线书写。

6 比 例

6.0.1 图样的比例，应为图形与实物相对应的线性尺寸之比。

6.0.2 工程图样的比例，应根据图样的复杂程度按规定选择。常用比例和可用比例可按表 6.0.2 选用，且一种图样应选用一种比例。

表 6.0.2 绘图所用的比例

常用比例	1∶1、1∶2、1∶5、1∶10、1∶20、1∶50、1∶100、1∶150、1∶200、1∶500
可用比例	1∶3、1∶4、1∶6、1∶15、1∶25、1∶30、1∶40、1∶60、1∶80、1∶250、1∶300、1∶400、1∶600

7 常用图例

7.1 管 道

7.1.1 物料代号用于管道编号，分为工艺物料、辅助物料代号和公用工程物料代号三类，工艺物料及辅助物料根据项目规定，公用工程物料代号可按表 7.1.1 选用。

表 7.1.1 公用工程物料代号

序号	物料代号	物料名称	序号	物料代号	物料名称
1	AP	工艺压缩空气	13	WHR	热水回
2	AI	仪表压缩空气	14	WO	生活水
3	BW	锅炉水	15	WW	污水
4	C	冷凝水	16	FO	燃料油
5	N	氮气	17	HTM	普通热媒
6	S	蒸汽	18	HMC	热媒凝液
7	WC	循环冷却水供	19	HME	热媒放空
8	WCR	循环冷却水回	20	HMP	一次热媒
9	WD	除盐水	21	HMS	二次热媒
10	WF	新鲜水	22	HMV	热媒蒸汽
11	WFF	消防水	23	WCC	冷冻水供
12	WH	热水供	24	WCC	冷冻水回

7.1.2 管道仪表流程图(PID)管道线型宜按表 7.1.2 选用。

表 7.1.2 管道仪表流程图(PID)管道线型

序号	名称	图例	备注
1	主工艺管线		粗实线
2	次要工艺管线、公用工程管线		中实线
3	蒸汽/电伴热		伴热管可表示一段
4	设备轮廓线、引线、管件、阀门、仪表图形符号和仪表引线		0.25b
5	成套设备		细双点长画线形成的封闭线框
6	电信号线		细虚线
7	气压信号线		细线条，标记线长度 2mm，倾角 60°，间距 8mm
8	液压信号线		标记线长度 2mm，间距 8mm
9	电磁、热、光、声波或核辐射信号线		标记线直径 2mm，间距 8mm
10	控制系统数据连接线		细线条，标记线直径 2mm，间距 8mm
11	毛细管线		细线条

续表 7.1.2

序号	名称	图例	备注
12	夹套管		夹套管可表示一段
13	热媒分流		—
14	材料等级分界线	QHA QHB	—
15	界区线		中单点长画线
16	修改云线		细线条,可采用版次标识

7.1.3 管道仪表流程图(PID)中的阀门和管件的图例宜按表 7.1.3 选用,且应为细实线。

表 7.1.3 管道阀门和附件图例

序号	名称	图例	备注
1	一般隔离阀		当阀门类型未确定时使用
2	闸阀		—
3	截止阀		—
4	球阀		—
5	旋塞阀		—
6	隔膜阀		—
7	止回阀		—
8	减压阀		—
9	针形阀		—
10	蝶阀		—
11	夹紧阀		—
12	插板阀		—
13	三通阀		—
14	四通阀		—
15	角阀		—
16	顶底阀		—
17	特殊三通阀		—
18	换向阀		—

续表 7.1.3

序号	名称	图例	备注
19	波形补偿器		—
20	软管接头		—
21	视镜		—
22	阻火器		—
23	安全淋洗及洗眼器		—
24	静态混合器		—
25	液封弯管		—
26	可拆卸短管		—
27	脉冲缓冲器		—
28	盲板		—
29	8 字盲板		—
30	Y 形粗滤器		—
31	篮式过滤器		—
32	T 形过滤器		—
33	压力安全阀		—
34	真空安全阀		—
35	呼吸阀		—
36	爆破膜(正压)		—
37	爆破膜(真空)		—
38	鹅颈形放空管		—
39	同心异径管	CON	—
40	偏心异径管	EC	底平 顶平
41	坡度(无袋管段)		
42	坡度(自行排尽)		
43	软管连接		—

续表 7.1.3

序号	名称	图例	备注
44	地漏		
45	放空管雨帽		—
46	疏水阀		—
47	管帽		—
48	活接头连接		—
49	快速管接头(阴扣)		—
50	快速管接头(阳扣)		—
51	消音器	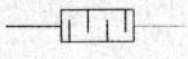	—
52	取样点(取样阀门类型依据按照管道标准)	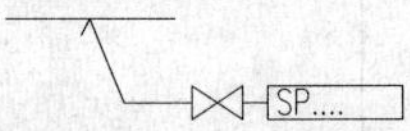 SP....	—
53	物料的界区接续标志	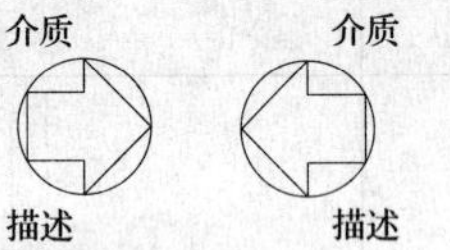 介质 描述 介质 描述	—
54	管道及仪表信号线的图纸连接符号	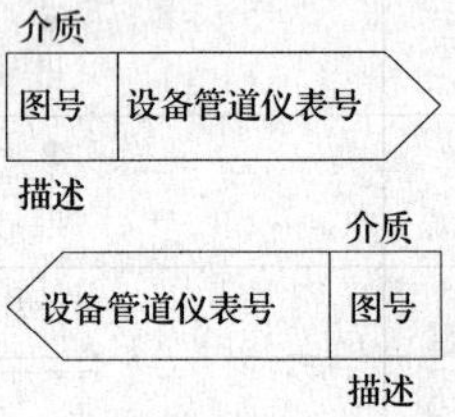 介质 图号 设备管道仪表号 描述 介质 设备管道仪表号 图号 描述	—
55	物流代号	 84	—
56	物料流向		—

7.2 设　　备

7.2.1 每台设备应有相应的位号，设备位号应由两部分组成，前部分用大写英文字母表示设备类别；后部分用阿拉伯数字表示设备所在的位置（工序）及同类设备的顺序，且数字宜为 3 位～4 位。设备类别代号可按表 7.2.1 采用。

表 7.2.1 设备类别代号

序号	字母代号	设备类别	序号	字母代号	设备类别
1	A	搅拌器	6	DI	铸带头
2	B	风机	7	DV	换向阀
3	C	塔类	8	E	传热设备
4	CU	切粒机	9	F	过滤器
5	D	干燥机	10	G	分离设备

续表 7.2.1

序号	字母代号	设备类别	序号	字母代号	设备类别
11	H	料仓/料斗	20	R	反应器
12	I	静态混合器	21	S	烟囱
13	J	喷射器	22	SI	消音器
14	K	车辆	23	T	槽、罐
15	L	起重设备	24	TA	槽(带搅拌器)
16	LA	化验设备	25	V	蒸发器
17	P	泵类	26	M	其他
18	PM	研磨机	27	W	称重设备
19	PU	整装单元	—	—	—

7.2.2 管道仪表流程图（PID）中的工艺设备的图例宜按表 7.2.2 选用。

表 7.2.2 工艺设备图例

序号	名称	图例	备注
1	立式槽罐		—
2	卧式槽罐		—
3	锥顶槽罐		—
4	锥底槽罐		—
5	列管式换热器		—
6	釜式换热器		
7	U形管换热器		—
8	套管式换热器		—
9	板式换热器		
10	引风式空冷器		—
11	鼓风式空冷器		—
12	径向流搅拌器		—
13	轴向流搅拌器		—
14	离心泵		—
15	往复泵		—
16	齿轮泵		

续表 7.2.2

序号	名称	图例	备注
17	螺杆泵		—
18	螺旋式输送机		—
19	轴流/离心式压缩机		—
20	透平式膨胀机		—
21	鼓风机		—
22	液环真空泵		
23	旋转给料机		—
24	旋转进料器		—
25	喷嘴		—
26	视镜/光源镜		—
27	喷射式混合器		—

7.3 仪 表

7.3.1 仪表功能标志的字母代号可按表 7.3.1 采用。

表 7.3.1 仪表功能标志的字母代号

字母	用于第一位字母时		用于后继字母时	备注
	被测变量或初始变量	修饰词	功能	—
A	分析	—	报警	—
B	喷嘴火焰	—	安全栅、隔离栅	—
C	电导率	—	控制	—
D	密度或比重	差	—	—
E	电压(电动势)	—	检测元件	首字母表示电气信号
F	流量	比(分数)	—	—
G	尺度(尺寸)	—	玻璃、视镜	—
H	手动(人工触发)	—	—	后继修饰词表示高

续表 7.3.1

字母	用于第一位字母时		用于后继字母时	备注
	被测变量或初始变量	修饰词	功能	—
I	电流	—	指示	—
J	功率	扫描	—	—
K	时间或时间程序	—	操作器	—
L	物位	—	灯	后继修饰词表示低
M	水分或湿度	—	—	后继修饰词表示中间
N	扭矩	—	供选用	国标为供选用
O	供选用	—	节流孔	—
P	压力或真空	—	试验点(接头)	—
Q	数量或件数	积分、累计	积分(累计)	—
R	放射性	—	记录或打印	—
S	速度或频率	安全	开关或连锁	—
T	温度	—	传送	—
U	多变量	—	多功能	—
V	粘度、振动、机械监视	—	阀、风门、百叶窗	—
W	重量或力	—	套管	—
X	未分类	—	未分类	—
Y	供选用	—	继动器、计算器、转换器	—
Z	位置	—	驱动、执行或未分类的执行器	—

7.3.2 仪表的图例宜按表 7.3.2 选用。

表 7.3.2 仪表图例

序号	名称	图例	备注
1	就地仪表		Φ10
2	控制室盘面/MCC 盘面安装仪表	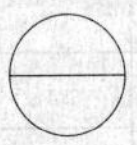	Φ10
3	控制室盘后(内)/MCC 盘后(内)安装仪表	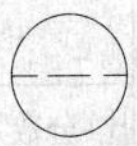	Φ10
4	就地盘面安装仪表	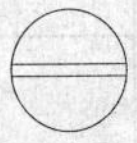	Φ10，双画线间距 1

续表 7.3.2

序号	名称	图例	备注
5	就地盘内安装仪表	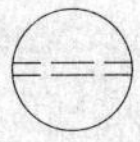	Φ10，双画线间距 1
6	DCS 仪表及功能单元(面向操作工的功能块)	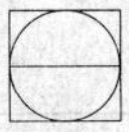	Φ10
7	DCS 仪表及功能单元(不面向操作工的功能块)	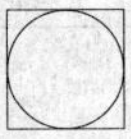	Φ10
8	DCS 就地终端(如:OP)	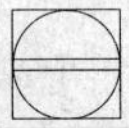	Φ10
9	工控机仪表及功能单元(面向操作工的功能块)	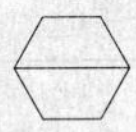	多边形边长为 6
10	工控机仪表及功能单元(不面向操作工的功能块)	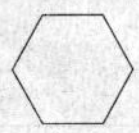	多边形边长为 6
11	逻辑连锁或顺控功能	 A XX	边长 7，A 可分为 I 逻辑，K 顺控
12	逻辑连锁功能，带停车复位	 A XX RESET	边长 7
13	可编程逻辑控制(控制室安装，面向操作工的功能块)	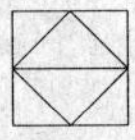	边长为 10、7
14	可编程逻辑控制(控制室安装，不面向操作工的功能块)	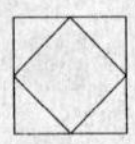	边长为 10、7
15	可编程逻辑控制(现场盘装)	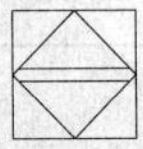	边长为 10、7
16	双金属温度计、热电阻、热电偶或压力表直接安装于管道/设备，无切断阀		—

续表 7.3.2

序号	名称	图例	备注
17	填充式温度计（如温包温度计）		—
18	表面温度计		—
19	取压膜片、隔离膜片		—
20	压力表安装于管道/设备，有切断阀		—
21	膜片压力表直接安装于管道/设备，无切断阀、毛细管		—
22	管道连接化学密封压力表，带毛细管		—
23	膜片压力表安装于管道/设备，有切断阀，无毛细管		—
24	管道连接管式化学密封压力表，无毛细管		—
25	孔板、限流孔板		—
26	喷嘴、文丘里管		—
27	阿牛巴、皮托管		—
28	均速管		—
29	转子流量计	F1	—
30	涡街流量计、锥形流量计		—
31	电磁流量计	M	—
32	质量流量计	Ω	—

续表 7.3.2

序号	名称	图例	备注
33	涡轮、旋翼式流量计		—
34	椭圆齿轮流量计		—
35	位移式、旋进式流量计		—
36	明渠流量计		—
37	超声波流量计		—
38	靶式流量计/流量开关		—
39	楔形流量计		—
40	其他类型流量计		—
41	流量计与变送器一体	FT	通用流量检测元件
42	有两根连接管的液位仪表，如：侧室安装的磁翻柱、玻璃板、外浮筒、外浮球以及差压液位变送器等		隔离阀根据实际需要表示
43	设备顶部安装的雷达、超声波、磁翻柱、磁滞伸缩、静压、电容、射频导纳、伺服液位计以及液位开关、物位开关等		—
44	放射性液位计（内源安装方式）	RE LE	—
45	放射性液位计（外源安装方式）	RE LE	—
46	有单根连接管或整体安装液位、物位仪表，如各种侧装的液位开关、物位开关		—

续表 7.3.2

序号	名称	图例	备注
47	法兰液位变送器(非常压容器,负压侧导压管取压),正、负压侧均带有切断阀		切断阀、负压侧导压管可根据实际需要表示
48	双法兰液位变送器(正、负压侧均毛细管取压)		—
49	支架安装的超声波液位计、雷达液位计等		—
50	带弹簧的薄膜执行机构		单作用
51	不带弹簧的薄膜执行机构		双作用
52	活塞执行机构(单作用)		—
53	活塞执行机构(双作用)		—
54	电动执行机构	M	—
55	电磁执行机构	S	—
56	液动执行机构		—
57	能源中断时,阀开启,即:故障开		以单作用薄膜执行机构为例
58	能源中断时,阀关闭,即:故障关		以单作用薄膜执行机构为例

续表 7.3.2

序号	名称	图例	备注
59	执行机构能源中断,阀保位作用形式		以单作用薄膜执行机构为例
60	气关阀执行机构能源中断,阀保位作用形式,趋向于开		以单作用薄膜执行机构为例
61	气开阀执行机构能源中断,阀保位作用形式,趋向于关		以单作用薄膜执行机构为例
62	电/气阀门定位器	XY I/P	X 为 T、P、F、L、A 等监控参数
63	气动阀门定位器	XY P/P	X 为 T、P、F、L、A 等监控参数
64	执行机构与手轮组合		以单作用薄膜执行机构为例
65	阀门位置开关	ZS O C	以单作用薄膜执行机构为例
66	两位三通单电控电磁阀	S	—
67	电磁阀(带人工复位装置)	S R	—
68	电磁阀(带远程复位装置)	S R	—
69	两位五通双电控电磁阀	S S	—
70	阀内取压的自力式阀后压力控制阀		阀后取压

续表 7.3.2

序号	名称	图例	备注
71	阀内取压的自力式阀前压力控制阀		阀前取压
72	外部取压的自力式阀后压力控制阀		阀后取压
73	外部取压的自力式阀前压力控制阀		阀前取压
74	自力式差压控制阀		—
75	带电气阀门定位器的控制阀，单作用薄膜执行机构，故障关，带手轮	I/P XY	X 为 T、P、F、L、A 等监控参数
76	开关阀，双作用活塞执行机构，故障保位，带 1 个阀门位置开关：位置开	S S ZS O	—
77	自力式温度控制阀	TCV	—
78	风门		—
79	自力式液位控制阀		—
80	仪表吹气冲洗、稳压或稳流装置	P	—
81	分析仪表取样预处理装置		—

注：表中图例 1～8 一般选择 Φ10，必要时可放大至 Φ12，其他仪表圈可同理放大。

7.4 电　　气

7.4.1 电气的图例宜按表 7.4.1 选用。

表 7.4.1 电气图例

序号	名称	图例	备注
1	电机马达	M	—
2	发电机	G	—
3	变速箱		—
4	脉冲发生器、电机测速元件		—
5	变频器		—
6	电气盘		—

8 符　　号

8.1 剖切符号

8.1.1 剖视的剖切符号，应由剖切位置线及投射方向线组成，均以粗实线绘制，剖切位置线的长度，宜为 6mm～10mm；投射方向线应垂直于剖切位置线，长度应短于剖切位置线，宜为 4 mm～6mm，剖视的剖切符号不应与图面上的其他图线相接触。

8.1.2 剖视剖切符号的编号，宜用阿拉伯数字或英文字母，按顺序由左至右，由下至上连续编排，并应注写在剖视方向线的端部，应采用正方向书写；需转折的剖切位置线应在转折角的外侧加注与该符号相同的编号（图 8.1.2）。

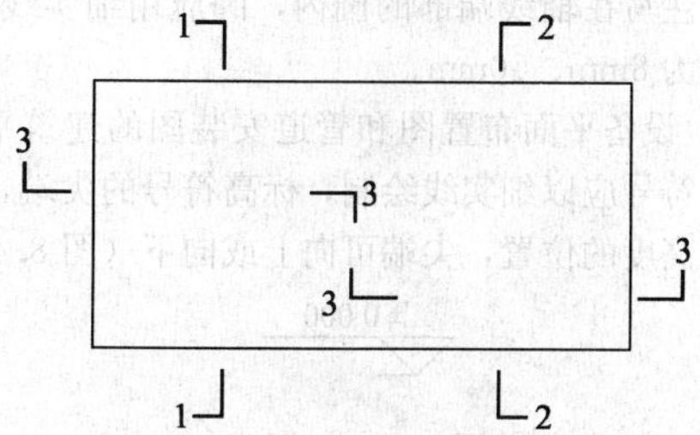

图 8.1.2 剖视的剖切符号

8.1.3 局部断（截）面的剖切符号，可只用剖切位置线表示，编号所在一侧为局部断（截）面的剖视方向（图 8.1.3）。

8.1.4 剖面线或断（截）面线，如与被剖切图样不

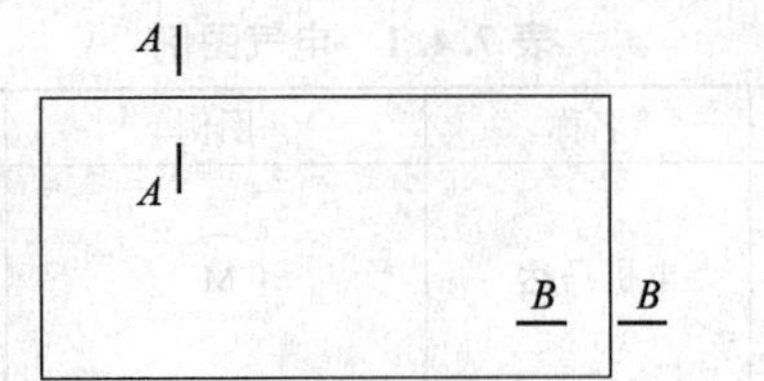

图 8.1.3　局部断（截）面剖切符号

在同一张图内，可在剖切位置线的另一侧注明其所在图纸的编号，也可在图上集中说明。

8.2　连 接 符 号

8.2.1　连接符号应以折断线表示需连接的部位（图 8.2.1）。

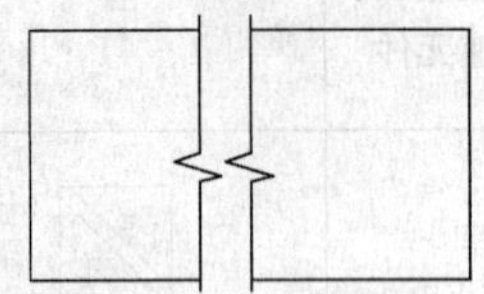

图 8.2.1　连接符号

8.3　指　北　针

8.3.1　总平面图、设备平面布置图和管道安装图应绘制指北针。

8.3.2　指北针圆环应用细实线绘制，圆的直径为 24mm，指针尾部宽度为 3mm，需用较大的直径绘制指北针时，指北针尾部宽度宜为直径的 1/8（图 8.3.2）。

图 8.3.2　指北针

8.3.3　指北针应置于图幅的右上方。

8.4　定位轴线和标高

8.4.1　定位轴线应用单点长画线绘制，且应编号，编号应注写在轴线端部的圆内，圆应用细实线绘制，直径宜为 8mm、10mm。

8.4.2　设备平面布置图和管道安装图的建筑平面上的标高符号应以细实线绘制，标高符号的尖端，应指至被注高度的位置，尖端可向上或向下（图 8.4.2）。

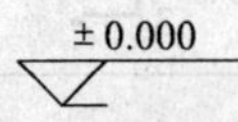

图 8.4.2　标高

8.4.3　标高符号的水平线长度应根据注写数字所占地位而定，且三角形高宜为 3mm（图 8.4.3）。

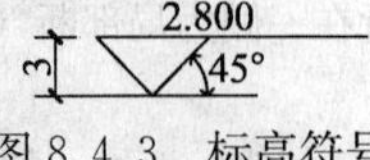

图 8.4.3　标高符号

8.4.4　标高符号的尖端指向所标注的平面，且在平面图上尖端应向下，剖面图尖端宜向下，也可向上（图 8.4.3、图 8.4.4）。

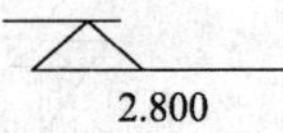

图 8.4.4　标高的指向

8.4.5　土建标高数字应以米为单位，并应标注到小数点后三位。零点标高应写为±0.000；正标高在数字前不宜加“+”符号，负标高应在数字前加“－”符号。

8.4.6　在标高符号上所标写的标高可是相对于±0.000 平面的相对标高，也可是绝对标高；但同一项目应统一。

8.4.7　在图样的同一位置表示几个不同标高时，标高数字可按图 8.4.7 的形式注写。

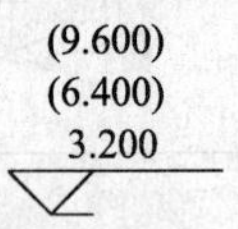

图 8.4.7　同一位置注写多个标高数字

9　尺 寸 标 注

9.0.1　设备布置图和管道安装图，宜按比例绘制图形，图样上的尺寸，应以尺寸数字为准，不得从图上直接量取。

9.0.2　设备布置图和管道安装图中的尺寸以毫米为单位，建筑物标高以米为单位时，图中不应标注计量单位或名称，采用其他计量单位时，应标注相应的计量单位或名称。

9.0.3　尺寸线的终端形式可选用箭头或中粗斜短线。中粗斜短线的倾斜方向应与尺寸界线成顺时针 45°角，长度宜为 2mm（图 9.0.3）。

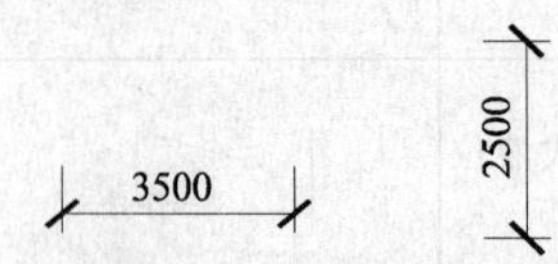

图 9.0.3　尺寸标注图例

9.0.4　标注应整齐有序，被标注的图形、分尺寸应标注在内侧，总尺寸标注在外侧。

9.0.5　当尺寸线较密时，可用引线引出标注或相邻数字分别标在尺寸线上下方错开，在边端时尺寸数字也可标注在尺寸界限外侧（图 9.0.5）。

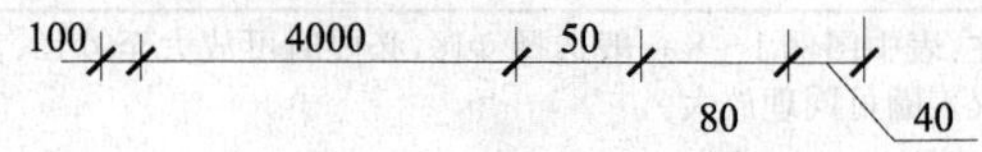

图 9.0.5　密集尺寸的标注

9.0.6　设备、管道的定位尺寸，应与坐标轴或某一基准线相关联，基准线可以是设备中心线或建（构）筑物的轴线、柱网中心线等。

9.0.7 图中尺寸的数字应按从左到右或从下向上书写，文字为0°或逆时针旋转90°标注。

9.0.8 图中尺寸应尽量靠近目的物标注，尺寸标注离目的物较远时，尺寸界线应从目的物附近引出。

9.0.9 尺寸线不得贯穿尺寸数字，不可避免时，应将尺寸数字处的图线断开。尺寸线、尺寸界线应用细实线绘制，尺寸界线应与被注长度垂直，且一端离开图样轮廓线不宜小于2mm，另一端宜超出尺寸线2mm～3mm，必要时图样轮廓线可作尺寸界线。

9.0.10 半径、直径、角度与弧长的尺寸起、止符号，宜用箭头表示。半径的尺寸线，应一端从圆心开始，另一端宜画箭头指至圆弧，半径数字前应加注符号“R”。标注圆的直径尺寸时，直径数字前应加符号“ϕ”，在圆内标注的直径尺寸线应通过圆心，两端画箭头指至圆弧。

10 工艺流程图（PFD）、公用工程流程图（UFD）画法

10.1 一般规定

10.1.1 工艺流程图（PFD）、公用工程流程图（UFD）宜采用A0或A1标准尺寸图纸。图幅不宜加宽。

10.1.2 同一装置内的工艺流程图、公用工程流程图宜统一编号。编号顺序可为图纸目录、工艺流程图、公用工程流程图。装置间工艺流程图和装置间公用工程流程图可另起编号。

10.1.3 流程图应采用横向幅面。

10.2 流程图（PFD、UFD）的内容

10.2.1 流程图的内容应包括：主要工艺设备、工艺物料的组成及流量、操作温度和压力、密度、黏度、焓和热量等以及主要的检测、控制回路。

10.2.2 在工艺流程图（PFD）中能标出工艺设备的水、汽、冷等公用工程用量时，可不绘制公用工程流程图（UFD）。

10.2.3 工艺流程图（PFD）中检测控制回路宜采用简单画法。

10.3 工艺流程图（PFD）、公用工程流程图（UFD）的画法

10.3.1 工艺流程图的图例和线型要求宜符合本标准第4章和第7章的有关规定。

10.3.2 流程图上应标注设备名称和位号（图10.3.2）。

10.3.3 主要工艺和辅助物流宜标注物流序号，并应

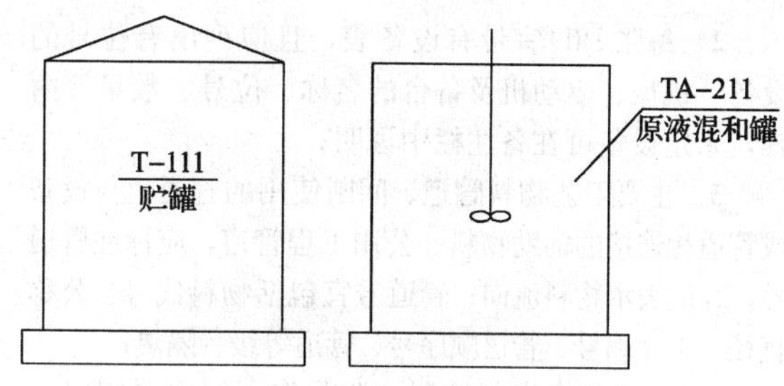

图10.3.2 流程图中设备标注

在相应的物料和能量平衡表中表示物流的组成、流量、温度、压力、黏度、密度、浓度、焓值等物性数据。

11 管道仪表流程图（PID、UID）画法

11.1 一般规定

11.1.1 管道仪表流程图（PID）宜采用标准工艺系统专业绘图模板来绘制。

11.1.2 装置内的工艺管道仪表流程图、装置内的公用工程仪表流程图宜统一编号；装置间工艺管道仪表流程图和装置间公用工程管道仪表流程图可另起编号。编号顺序应为图纸目录——首页图——工艺管道仪表流程图——公用工程管道仪表流程图。

11.1.3 管道仪表流程图宜采用A0图幅图纸，也可采用A1图幅图纸，不应采用A4幅面绘制。图纸不宜缩短或加宽，不够时可分工段绘制。

11.1.4 管道仪表流程图应采用横向幅面。

11.1.5 管道仪表流程图（PID、UID）仪表控制的画法应符合现行国家标准《过程检测和控制流程图用图形符号和文字代号》GB 2625的有关规定，仪表图例符号宜按本标准第7.3节中的规定绘制。

11.1.6 管道仪表流程图（PID、UID）中检测控制回路的简单画法和复杂画法宜根据下列原则确定：

1 检测控制方案较简单的公用工程装置、简单的辅助生产装置等，可采用简单画法；

2 大型复杂的化工、化纤装置宜采用复杂画法。

11.2 管道仪表流程图（PID、UID）的内容

11.2.1 管道仪表流程图（PID）应采用规定的图形符号和文字代号表示生产过程的全部工艺设备、管道、阀门、工艺分析取样点、重要管件以及管道坡度、可拆卸短管、管道长度的特殊要求、公用工程站、隔热以及仪表检测控制回路，并应进行编号和标注。

11.2.2 初步设计阶段的管道仪表流程图应包括下列内容：

1 PID首页图上应表示文字代号、缩写字母、图例符号以及仪表图例符号、工程的工序编号表；

2 每张PID宜带有设备表，且应列出有位号的设备、机械、驱动机及备台的名称、位号、数量等内容，未定设备可在备注栏中说明；

3 主要工艺物料管道、间断使用的管道、与设备或管道相连接的辅助物料、公用工程管道，应标注管道号，并应表示物料流向；管道号宜包括物料代号、公称直径、工序编号、管道顺序号、管道等级、隔热；

4 对工艺生产起控制、调节作用的主要阀门应采用规定的图形符号和标注来表示，管道上的次要阀门、管件、特殊管件可不表示。如果要表示，也可不用标注和编号；

5 应绘出主要的安全阀和爆破片、限流孔板、疏水阀、减压阀；

6 应表示出测量与控制仪表回路功能，并应标注仪表显示和（或）控制位置；

7 应表示出测量与控制仪表回路的编号、逻辑连锁关系及其编号；

8 应表示管道的始终点、排放方向、泄压系统或释放系统要求；

9 应标注界区交接和管道仪表流程图间的连接；

10 可标注设备关键标高和关键设计尺寸以及对设备、管道、仪表特定的布置要求和其他关键的设计要求说明。

11.2.3 详细设计阶段的管道仪表流程图除应符合本标准第11.2.2条要求外，还应满足下列要求：

1 管道仪表流程图上表示和标注的内容，除了应正确表达设计意图，符合管道仪表流程图（PID）的绘制规定外，还应符合制造厂提供的最终版资料与开车要求；

2 设备、管道、仪表、阀门、主要管件、取样点和特殊件的标注和编号应完整并符合规定；

3 不同的连接标准、连接尺寸、不同的管道等级、不同的管道号应准确划分并应标注；

4 管道仪表流程图（PID）上的工艺物料、辅助和公用工程管道走向、物料支管与总管连接的先后位置、顺序，以及管道上的阀门、仪表、主要管件的位置、顺序和类型、数量应与管道布置图一致；编号、规格、类型和数量应与管道表、各类特殊管（阀）件表一致；管道上的放空、放净应标注；

5 设备上方设排风罩或局部排风处，应标注在相应设备上方；

6 设备、机械和特殊要求的操作台应标注关键标高或相对位差；

7 可包含备注和必要的详图，以及安全生产、试车、开停车和事故处理等需要说明的事项。

11.2.4 检测、指示、控制功能仪表应采用规定的图形符号和文字代号表示，并应进行编号和标注，检测控制回路应表达如下信息：

1 控制和被控对象；

2 检测、控制参数；

3 检测、控制功能；

4 显示、控制位置；

5 报警、连锁信息；

6 检测、控制回路编号；

7 逻辑连锁关系及编号。

11.2.5 采用复杂画法的管道仪表流程图（PID、UID），除应满足本标准第11.2.4条的规定外，还应表达如下信息：

1 测量仪表的种类，变送器是否一体化，测量仪表在设备或管道中的安装方式；

2 执行元件的详细信息，如：阀门的种类、执行机构形式、故障位置、定位器、位置开关、电磁阀、手轮以及执行机构的控制信号等信息；

3 测量和控制信号种类及连接关系；

4 复杂运算功能。

11.2.6 管道仪表流程图（PID、UID）中的机械转动设备应表达如下电气信息：

1 显示、操作、控制位置；

2 就地、远程监控参数和功能；

3 报警和连锁信息。

11.3 管道仪表流程图（PID、UID）的画法

11.3.1 管道仪表流程图应从左向右绘制，所有管线应标注管段号；阀门应标注阀门代号和口径；设备应标注设备代号，相同的设备在设备位号后可带分号。

11.3.2 设备和管道有绝热要求的，应作标注；对伴热管道，还应标注伴热介质的代号（图11.3.2-1和图11.3.2-2）。

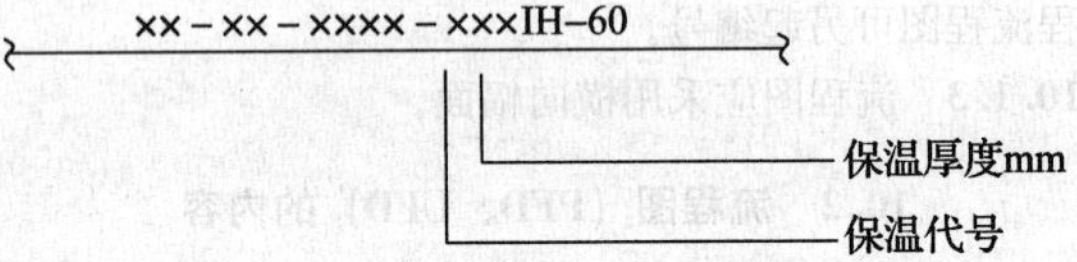

图11.3.2-1 管道绝热的表示方法

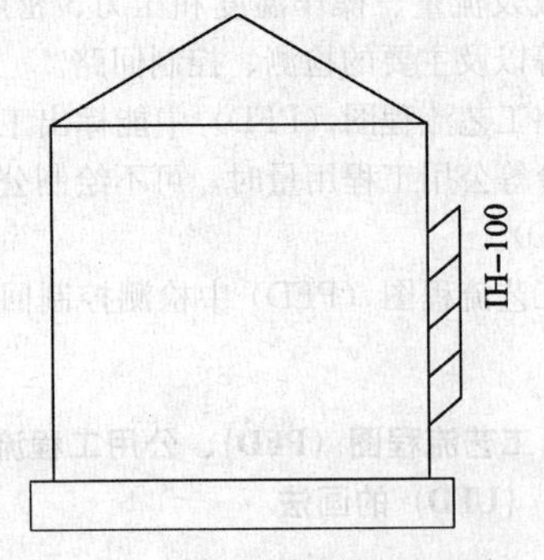

图11.3.2-2 设备绝热的表示方法

注：绝热代号：IH—保温，IC—保冷，IP—人身防护，ID—防结露。

11.3.3 设备、机械的外形应用细实线绘制，外形尺寸可不按比例绘制，但应表示其功能特征。

11.3.4 设备的关键限位尺寸应标注。

11.3.5 管线交叉时，宜竖向管断开(图 11.3.5-1)，当竖向主物料管线与横向公用工程物料管线和仪表管线等交叉时，宜公用工程或辅助物料管线断开(图 11.3.5-2)。

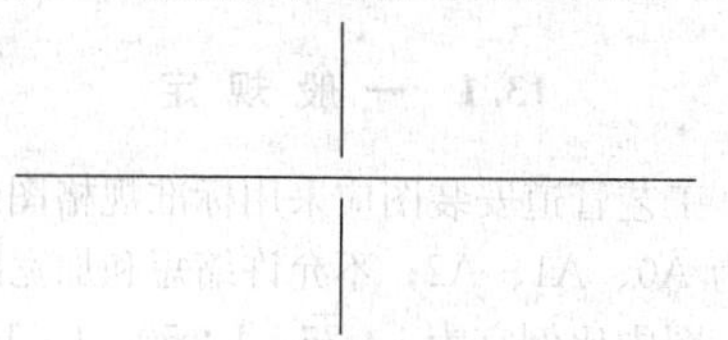

图 11.3.5-1 管线交叉断线图例 1

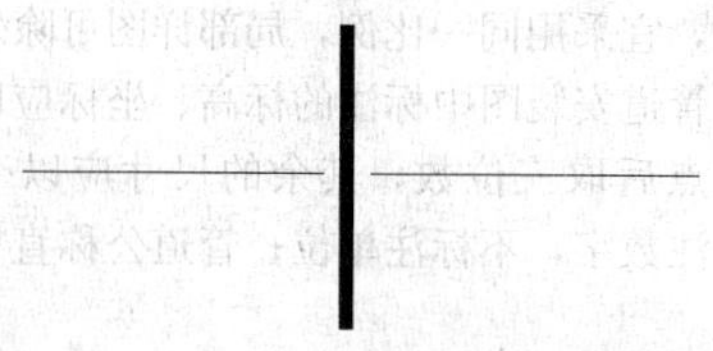

图 11.3.5-2 管线交叉断线图例 2

11.3.6 每根管道应在适当位置表示物料流向，且宜把表示物料流向的箭头标在管道改变走向、分支和进入设备接管处。流向箭头的长和宽尺寸宜为 4mm 和 2mm。

11.3.7 管道的管径有变化，应采用异径管表示，并应标注异径管两侧管道的公称直径；当对异径管的位置有要求时，应标注它的定位尺寸。

11.3.8 管道等级有改变时，应在分界处作标示。

11.3.9 对有坡度要求的管道，应表示坡度方向和标注坡度；对有液封要求的管道，应表示液封高度。

11.3.10 对于改建、扩建项目，原有管道仪表流程图（PID）上的管道和设备应采用细虚线表示；设备表中应与新增加的设备隔行列出原有设备，并应在备注中标注“原有设备”，且原有管道仪表流程图（PID）上的备注应删除。

12 设备布置图画法

12.1 一般规定

12.1.1 设备布置图可采用 A1 图幅，比较简单的可采用 A2 图幅，同区的图应采用同一种图幅，图幅不宜加长。

12.1.2 设备布置图常用比例可采用 1∶100，也可采用 1∶50、1∶200或其他比例，但同区的或各分层的平面图，宜采用同一比例。

12.1.3 设备布置图中标注的标高、坐标应以米为单位，小数点后应取三位数。

12.1.4 一张图幅内绘制平、剖面等多种图样时，宜按平面图、剖面图、安装详图，且宜从上到下、从左到右的顺序排列；当一张图幅绘有多层平面图时，宜按建筑层次由低到高，由下至上顺序排列。

12.2 设备布置图的内容

12.2.1 设备布置图应包括设备总布置图、设备平面布置图、设备剖面布置图。

12.2.2 大型装置宜绘制设备总布置图，设备总布置图应表示装置界区或整个车间内的全貌和相互关系。

12.2.3 设备平面布置图、剖面布置图应符合下列规定：

1 应表示出设备表所列出的全部设备，并标注设备位号；

2 当部分设备及支架在平剖面布置图上表示不清时，可绘制局部安装详图；

3 设备本身可不画剖面线；

4 对于分区绘制的平面图，图标上方应有分区索引图，并应用阴影示出本图分区所在位置；

5 应按建筑图所示的位置，画出建筑物的外轮廓，门、窗、墙、柱、楼梯、操作台，操作台应标注标高；管沟、围堰、安装孔、排水沟、集水坑等也可画出，可不标注尺寸；

6 建（构）筑物的轴线间的尺寸应按土建图标注，并应标注室内外的地坪标高。

12.2.4 设备平面布置图应表示出大型设备的吊装场地和空间及在楼板上的运输路线，主要设备的检修空间和换热器抽芯的预留空间，但可不标注尺寸（图 12.2.4）。

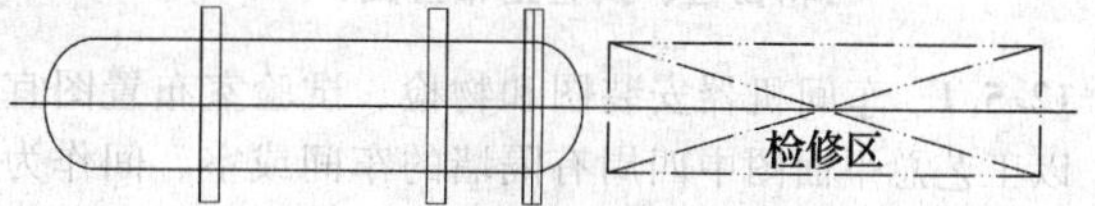

图 12.2.4 设备检修空间或换热器抽芯空间的画法

12.2.5 卧式换热器、容器应标注固定端和滑动端。

12.2.6 生活间及辅助间应标出其组成和名称。

12.2.7 设备平面布置图中应列出本张图中的设备表。设备表中应列出本图设备的位号、名称，数量，并宜按工序号的顺序由下往上填写。

12.3 设备布置图的画法

12.3.1 设备的外形和安装位置应按比例绘制，非定型设备可适当简化外形轮廓，附属的操作台、梯子也应按比例绘制。

12.3.2 剖切符号应注在平面图上，剖面图上楼层标高和操作台标高应采用相对于建筑物±0.000 的标高，且应以米为单位标注到小数点后三位。

12.3.3 设备平面布置图，应表示设备安装的定位尺寸及设备安装方位，标注的尺寸及特征管口应满足设备定位要求，且应避免出现标注“封闭尺寸”。设备安装方位，应画出定位的管口方位或机电及传动部位，表示左、右手车等。

12.3.4 设备安装剖面图，应表示出设备安装控制标高，主要是设备与地面或楼面的高度以及设备间相对尺寸，一台设备安装，不应出现多个安装高度的控制尺寸。

12.4 纺织、印染和服装工艺平面图

12.4.1 施工图阶段的工艺总平面图的绘制应符合下列规定：

1 工艺总平面图上应标注柱网尺寸和建（构）筑物的总长尺寸和总宽尺寸；

2 设备的外轮廓线可用双点长画线或实线表示；

3 生产车间内的设备应标注设备代号、外形尺寸，相同外形尺寸的设备可只标注一个设备；

4 图中应标注车弄和边弄的尺寸，可适当省略相同车弄尺寸的标注。

5 图中应表示所有附房的位置和名称，应列设备表、表示指北针。

12.4.2 绘制初步设计及初步设计以前阶段的工艺平面图时，可依下列规定进行简化：

1 图上的隔墙可用单线表示；

2 图上门、门洞、窗、通道的位置可省略不画；

3 工艺设备的外形尺寸、车弄尺寸、边弄尺寸可不标注；

4 图上可不列设备表。

12.5 纺织、印染和服装车间机器安装图和物检、试验室布置图

12.5.1 车间机器安装图和物检、试验室布置图宜以工艺总平面图中四周有隔墙的车间或室、间作为某一车间机器安装图或某一室、间布置图的制图范围。

12.5.2 图中应标注定位轴线编号，并应标注柱网尺寸和车间或室、间的总长和总宽尺寸。

12.5.3 设备的外轮廓线宜用双点长画线表示。设备很小而难以用双点长画线表示时，可用实线表示。

12.5.4 车间机器安装图中每台机器应画两条正交的机器安装定位基准线，并应标注安装定位基准线的名称。相同的机器可只标注一台或一组机器的两条安装定位基准线的名称。安装定位基准线的名称应与对应的机器地脚图中的安装定位基准线名称相一致。

12.5.5 没有地脚螺栓的机器或设备外形轮廓线的两条正交边也可作为安装定位基准线。

12.5.6 图中应标注机器的安装定位基准线与建筑轴线之间的定位尺寸。

12.5.7 图中宜标注设备外形尺寸，相同外形尺寸的设备可只标注一个设备。

12.5.8 图中的设备表应列明设备所对应的地脚图图号。

12.5.9 车间机器安装图应标注车弄和边弄的尺寸，在不影响尺寸判读的情况下，可适当省略相同车弄尺寸的标注。

13 管道安装图画法

13.1 一 般 规 定

13.1.1 工艺管道安装图应采用标准规格图纸，图纸幅面应为 A0、A1、A2；不允许缩短和加宽图纸。

13.1.2 图中比例宜为 1∶25、1∶50、1∶100，必要时可采用 1∶20、1∶30、1∶60；但同区的或各分层的平面图，宜采用同一比例，局部详图可除外。

13.1.3 管道安装图中标注的标高、坐标应以米为单位，小数点后取三位数，其余的尺寸应以毫米为单位，只标注数字，不标注单位；管道公称直径应用毫米表示。

13.1.4 多层建（构）筑物的管道安装图应按层次绘制，如在一张图纸上绘制几层平面图时，应从最低层起，并应在图纸上由下至上或由左至右依次排列，同时应在各平面图下标注“××.×××平面”。

13.2 管道安装图的内容

13.2.1 管道安装图中建（构）筑物应表示下列内容：

1 建（构）筑物应根据设备布置图按比例画出柱、门、窗、楼梯、平台、安装孔、管沟、围堰、栏杆、梯子和安全护圈等；

2 生活间及辅助间应标出其组成和名称。

13.2.2 管道安装图中设备应表示下列内容：

1 宜按比例以设备布置图所确定的位置画出设备的外形和基础；

2 应按比例画出卧式设备的支撑底座，并应标注固定支座的位置，支座下如为混凝土基础时，应按比例画出基础的大小，可不标注尺寸；

3 应按 PID 规定的符号表示容器上的液面计、液面报警器、排气、排液、取样点、测温点、测压点等，且应表示管道及阀门，尺寸可不标注。

13.2.3 管道安装图中管道宜表示下列内容：

1 管道安装图应表示所有的工艺管道和公用工程管道；

2 标出全部管道的水平定位尺寸或标高；

3 在适当的位置以实心箭头表示物料流向（双线管箭头画在中心线上）；

4 按比例画出管道上的阀门、管件、管道附件、特殊管件等；

5 表示管道压力、温度、流量、液面、分析、料位、取样点等的检测元件的位置；

6 管道材料等级有变化时，应按 PID 在图中标注出具体位置；

7 按比例画出管架的位置，可不标尺寸；

8　宜根据PID中要求表示出管道保温形式。

13.3　管道安装图的画法

13.3.1　管道安装图应标注建（构）筑物柱网轴线编号及柱距尺寸。车间建筑平面、轴线号应与土建图纸一致。应标注地面、楼面、平台面、吊车的标高。

13.3.2　图面的右上角应绘制指北针。

13.3.3　分幅绘制时，在每张管道安装图标题栏上方应绘制缩小的分区索引图，并应用阴影线表示本图所在位置。

13.3.4　管道安装图中设备轮廓宜采用细实线绘制，并应标注设备位号；应标注设备基准线与轴线之间的定位尺寸和定位管口方位。

13.3.5　单线管道宜用同一宽度的粗实线绘制；当管道直径按绘图比例在图纸上绘制的宽度不小于5mm时，宜画双线管，双线管宜用中粗线绘制，并应用细单点画线画出双线管的中心线。当管道弯头曲率半径不大于3倍管径时单线管弯头可用直角表示；双线管和曲率半径大于3倍管径的单线管弯头应按比例绘制。夹套管、纤维等物料输送管路等应采用三线绘制，中间为中粗线，两边为细实线。

13.3.6　纤维加工过程中的物料输送管路图的绘制应符合下列规定：

1　物料输送管路图宜以管路系统的起始设备（含设备）至终止设备作为制图范围；

2　物料输送管道宜以双线表示；小管径管道难以在给定比例的图纸上表示时，可用单粗实线表示；

3　输浆管路宜用单粗实线表示；

4　物料输送管路图中管道由圆形变为方形、矩形时或由方形、矩形变为圆形时，应表示清楚；

5　物料输送管路图的平面图不能清楚表达时，宜在适当的位置加剖视图表示（图13.3.6）。

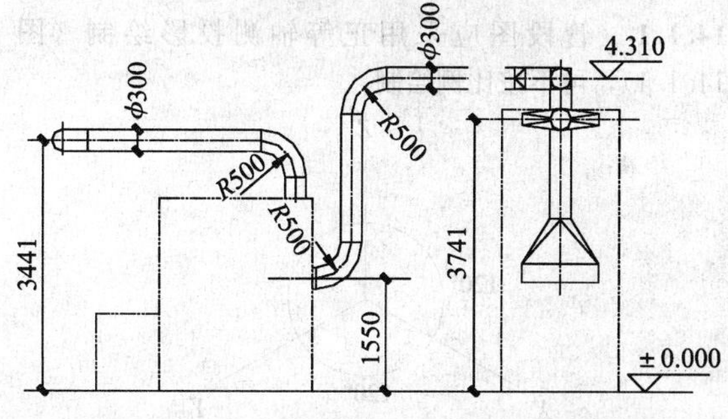

图13.3.6　物料输送管路图上的剖视图

13.3.7　管件、阀门宜用细实线按比例绘制，阀门宜表示手柄的方向，阀门安装位置宜标注定位尺寸。

13.3.8　管道安装图宜表示出管道的定位尺寸，且应相对集中标注在管线附近，并应表示出管道介质流向。管道安装要求有坡度的，应表示坡向和坡度，也可标注管道两端点标高。

管道局部放大详图宜用详图A、详图B……表示（图13.3.8）。

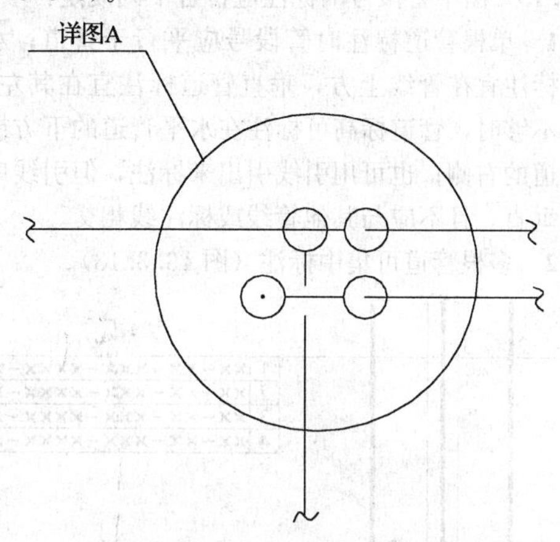

图13.3.8　管道局部放大图

13.3.9　管道安装图应标注检测控制仪表的符号及定位尺寸，并应在Φ10mm的圆内标注仪表位号。

13.3.10　管道安装图可只绘平面图。当平面图中局部表示不够清楚时，可绘制局部剖视图或管段图，剖视图或管段图可画在管道安装图边界线以外的空白处或绘在单独的图纸上，可根据需要标注尺寸。管段图可不按比例，但应标注尺寸。

13.3.11　管排断开可用折断线表示（图13.3.11）。

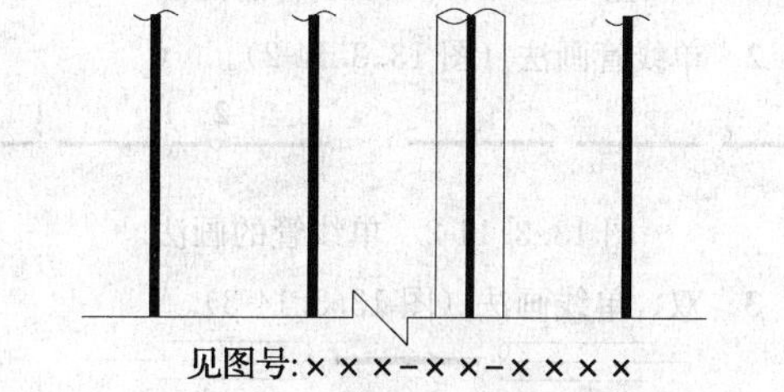

图13.3.11　管排断开的画法

13.3.12　区域断开应用折断线表示（图13.3.12）。

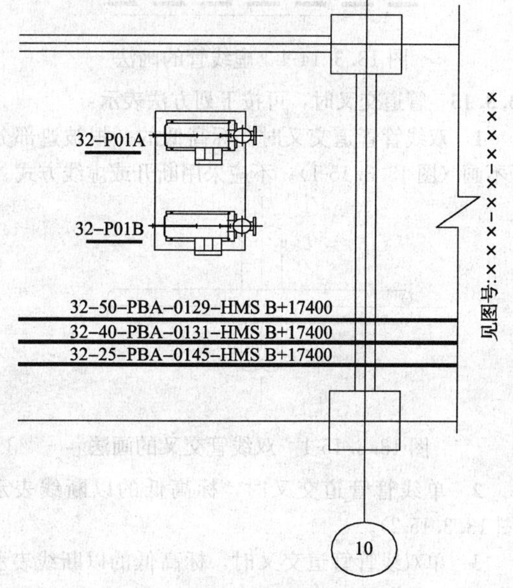

图13.3.12　区域断开的画法

13.3.13 图中管段号的标注应符合下列规定：

1 单根管道标注时管段号应平行于管道；水平管道标注宜在管线上方，垂直管道标注宜在其左侧；位置不够时，管道标高可标注在水平管道的下方或垂直管道的右侧；也可用引线引出来标注，但引线应水平或垂直，且不应与其他管线或标注线相交。

2 多根管道可集中标注（图13.3.13）。

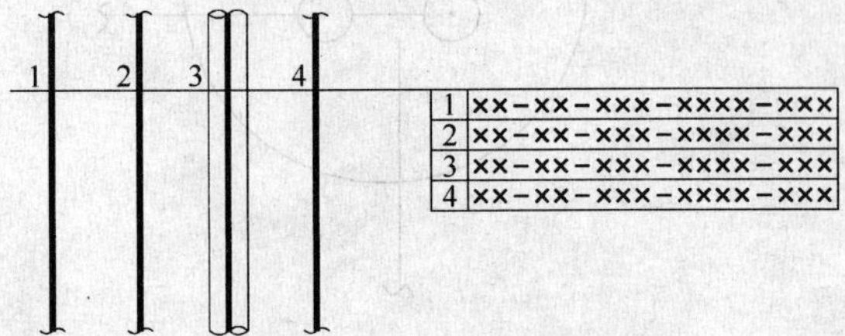

图13.3.13 多根管道集中标注

3 当图中一根管道有多个标高时，应标出每段管道的高度。

13.3.14 平面安装图上当管道重叠时应将标高高的管道断开来表示，并应符合下列规定：

1 双线管画法（图13.3.14-1）。

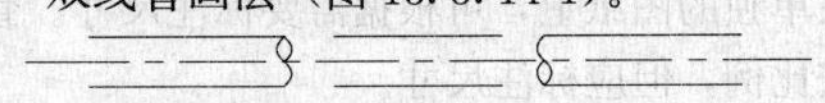

图13.3.14-1 双线管的画法

2 单线管画法（图13.3.14-2）。

图13.3.14-2 单线管的画法

3 双、单线画法（图13.3.14-3）。

图13.3.14-3 双、单线管的画法

4 虚线管画法（图13.3.14-4）。

图13.3.14-4 虚线管的画法

13.3.15 管道交叉时，可按下列方法表示：

1 双线管管道交叉时，标高低的一根被遮部分可不画（图13.3.15-1）。不应采用断开或虚线方式。

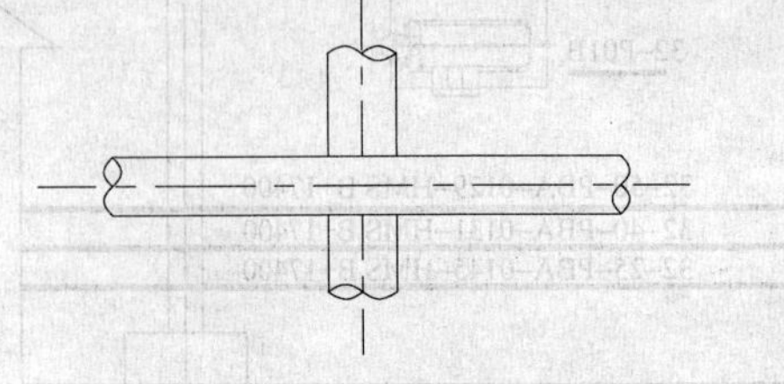

图13.3.15-1 双线管交叉的画法

2 单线管管道交叉时，标高低的以断线表示（图13.3.15-2）。

3 单双线管管道交叉时，标高低的以断线表示（图13.3.15-3）。

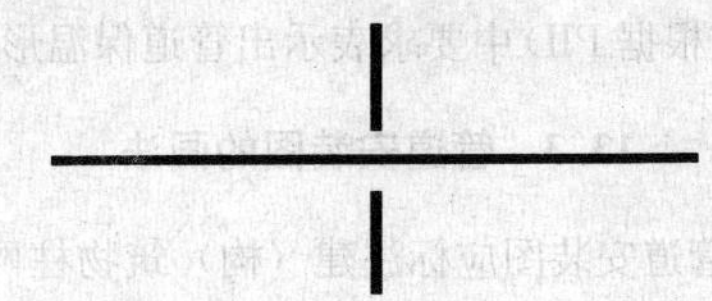

图13.3.15-2 单线管交叉的画法

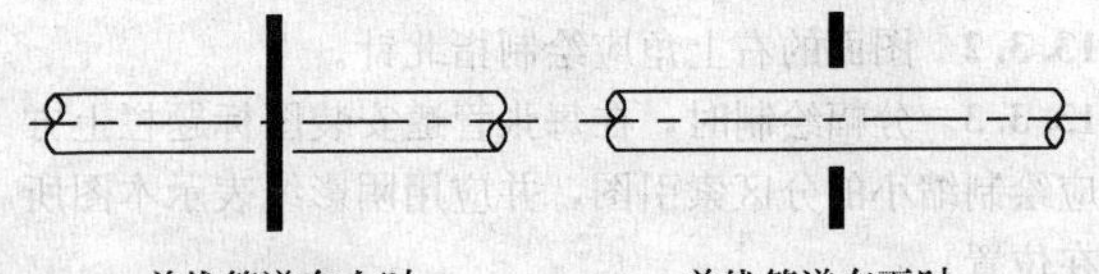

图13.3.15-3 单、双线管交叉的画法

13.3.16 管道标高改变处可按下列方法表示：

1 90°弯头（图13.3.16-1）。

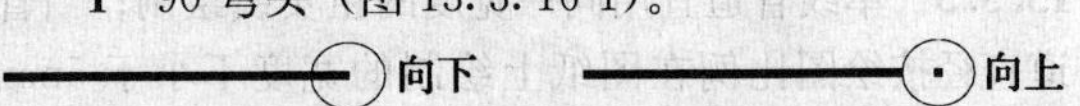

图13.3.16-1 90°弯头的画法

2 非90°弯头（图13.3.16-2）。

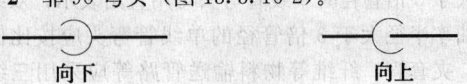

图13.3.16-2 非90°弯头的画法

13.3.17 管道垂直穿过本楼层时，可按图13.3.17标注。

图13.3.17 垂直穿楼层管道的画法

14 管段图画法

14.1 一 般 规 定

14.1.1 管段图应采用正等轴测投影绘制（图14.1.1），可不按比例绘制。

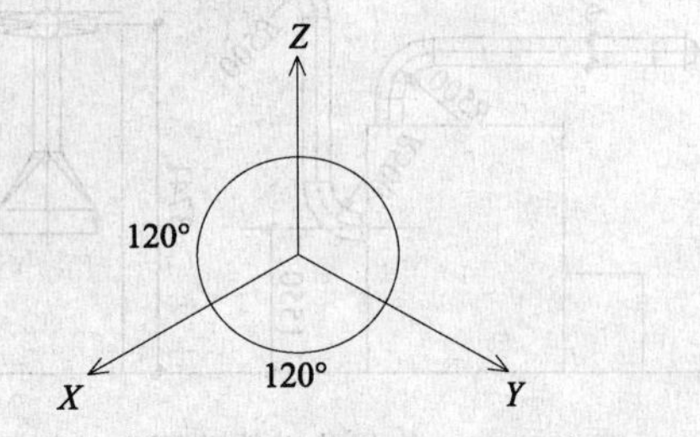

图14.1.1 正等轴测投影法

注：X、Y轴表示水平方向，Z轴表示垂直方向

14.1.2 管段图宜采用A3图幅面绘制，必要时可用A2图幅。同一装置宜采用一种图幅。

14.1.3 管段图应按照管段编号绘制，一个管段号宜一张图，管线较短或较为简单的管段可两个或多个管段合并绘制。如果管线较长也可分为两张图或多张管段图绘制，且应标注相互连接图号。

14.1.4 夹套管施工图应按工程具体情况采用夹套管施工标准图或绘制夹套管管段制作图。

14.2 管段图的内容

14.2.1 管段图应表明所预制管段的全部管件及在三维空间的位置以及起始点的定位尺寸（图 14.2.1）。

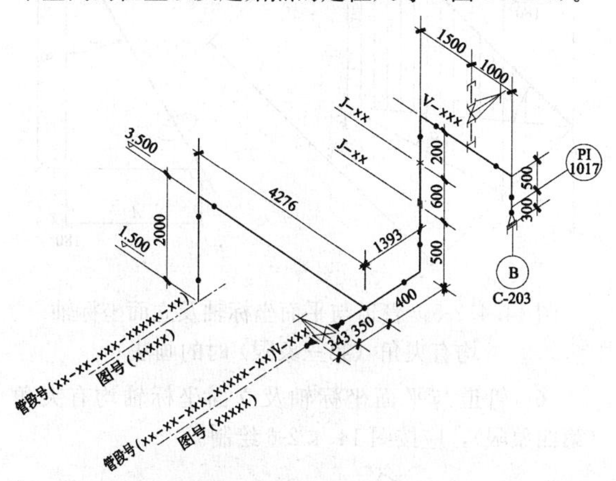

图 14.2.1 管段图举例

14.2.2 管段图中应标注相关尺寸、标高和管道标志、阀门代号及管件规格、编号等工程数据。

14.2.3 管段图的材料表中应列出组成该管段的所有管件型号、规格、材质和数量。

14.2.4 管段图应表示管段的支吊点位置及支吊架编号；并宜表示出管架的型式。

14.2.5 管段图应标示与流程图相一致的仪表编号及位置。

14.3 管段图的表示方法

14.3.1 管段图上的指北针（平面图的上方向）可指向右上方，也可指向左上方。同一装置的管段图指北针的指向应相同。

14.3.2 当管段的起止点为设备、机泵的管口时，应用细实线画出管口，并应标注设备机泵的编号和设备管口的编号。

14.3.3 管段图的起止点为另一根（另一管段号）或同一根（同一管段号）的管道续接管段时，应用虚线画出一小段该管道，并标注该管道的管段号及该管段的图号。

14.3.4 与另张图相接的管段，也应用虚线画出一小段管线并标注其管径、等级、管段号及管段的图号。

14.4 管段图的画法

14.4.1 管段平行于直角坐标时，管段图应按平行于对应的坐标直线绘制，管段不平行于直角坐标时，应同时画出其在相应坐标平面上的投影。

14.4.2 管段在水平面或立面上有倾斜走向，应按下述方法绘制：

1 管道第一象限内与平面坐标轴有夹角（偏角），应按图 14.4.2-1 绘制。

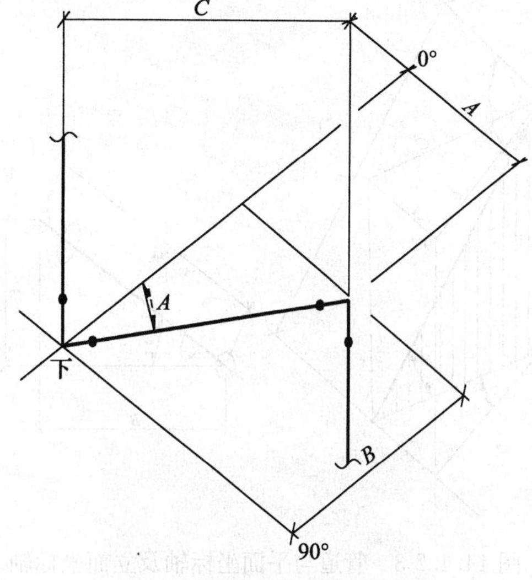

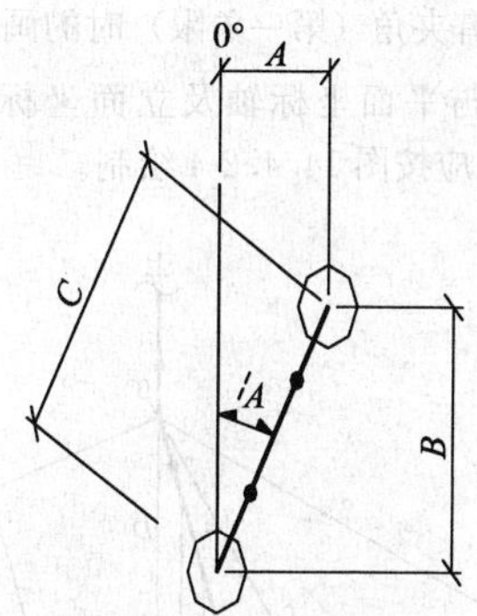

图 14.4.2-1 管线第一象限内与平面坐标轴有夹角（偏角）时的画法

2 管道在 0°～180°立面上与坐标轴有夹角（倾角），应按图 14.4.2-2 绘制。

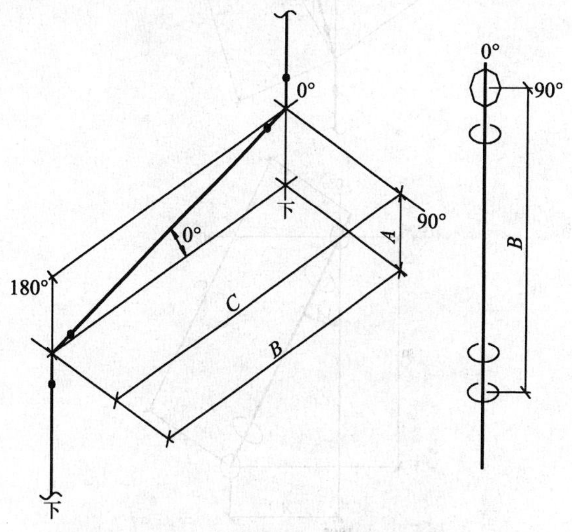

图 14.4.2-2 管道在 0°～180°立面上与坐标轴有夹角（倾角）时的画法

3 管道与平面坐标轴及立面坐标轴均有夹角（第一象限），应按图 14.4.2-3 绘制。

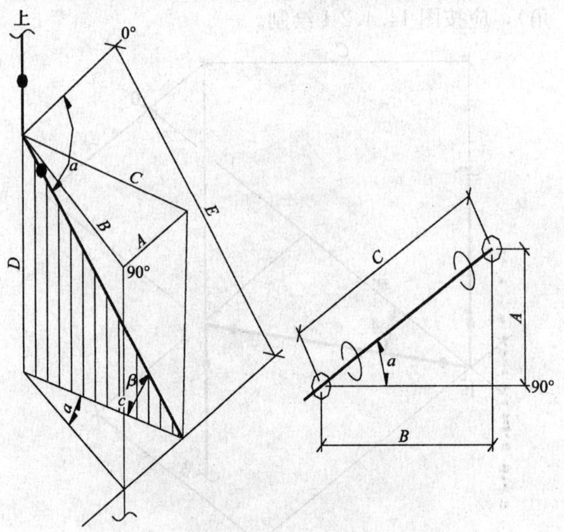

图 14.4.2-3 管道与平面坐标轴及立面坐标轴均有夹角（第一象限）时的画法

4 管道与平面坐标轴及立面坐标轴均有夹角（第二象限），应按图 14.4.2-4 绘制。

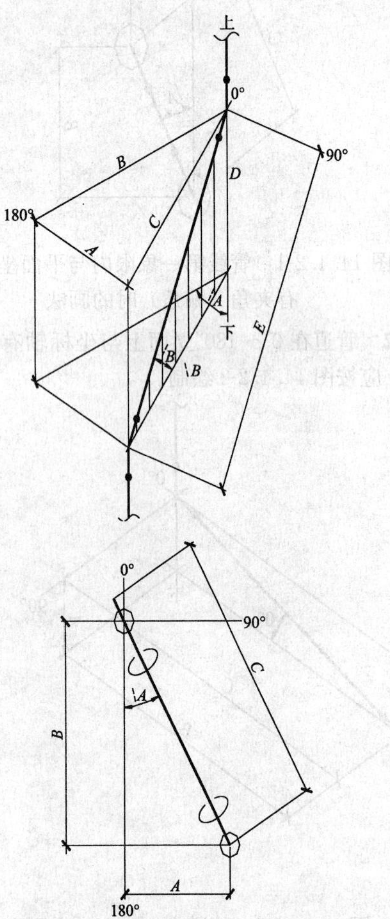

图 14.4.2-4 管道与平面坐标轴及立面坐标轴均有夹角（第二象限）时的画法

5 管道与平面坐标轴及立面坐标轴均有夹角（第三象限），应按图 14.4.2-5 绘制。

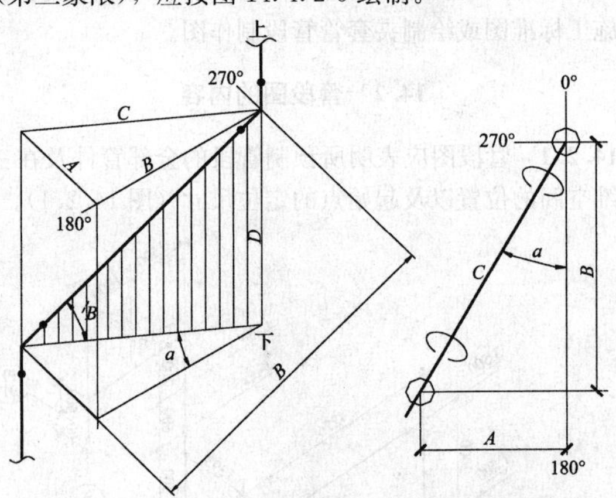

图 14.4.2-5 管道与平面坐标轴及立面坐标轴均有夹角（第三象限）时的画法

6 管道与平面坐标轴及立面坐标轴均有夹角（第四象限），应按图 14.4.2-6 绘制。

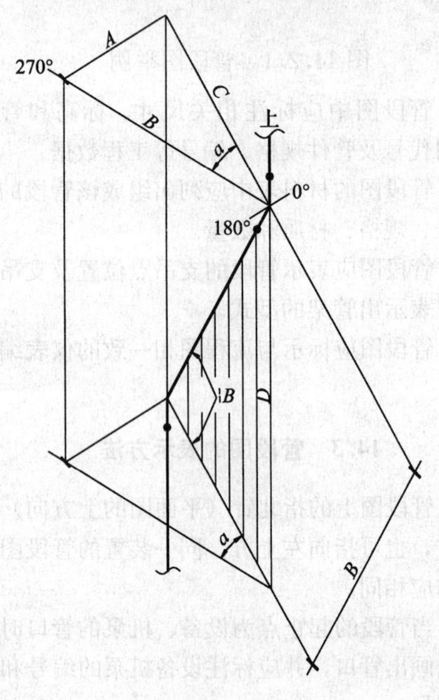

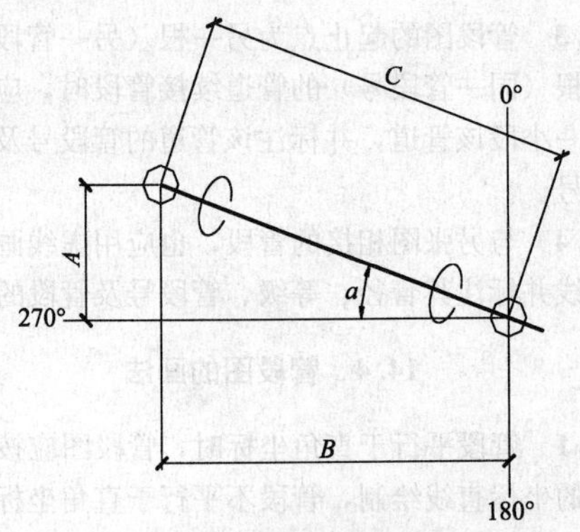

图 14.4.2-6 管道与平面坐标轴及立面坐标轴均有夹角（第四象限）时的画法

7 各种不同方位管口的表示方法，可按图14.4.2-7的示例。

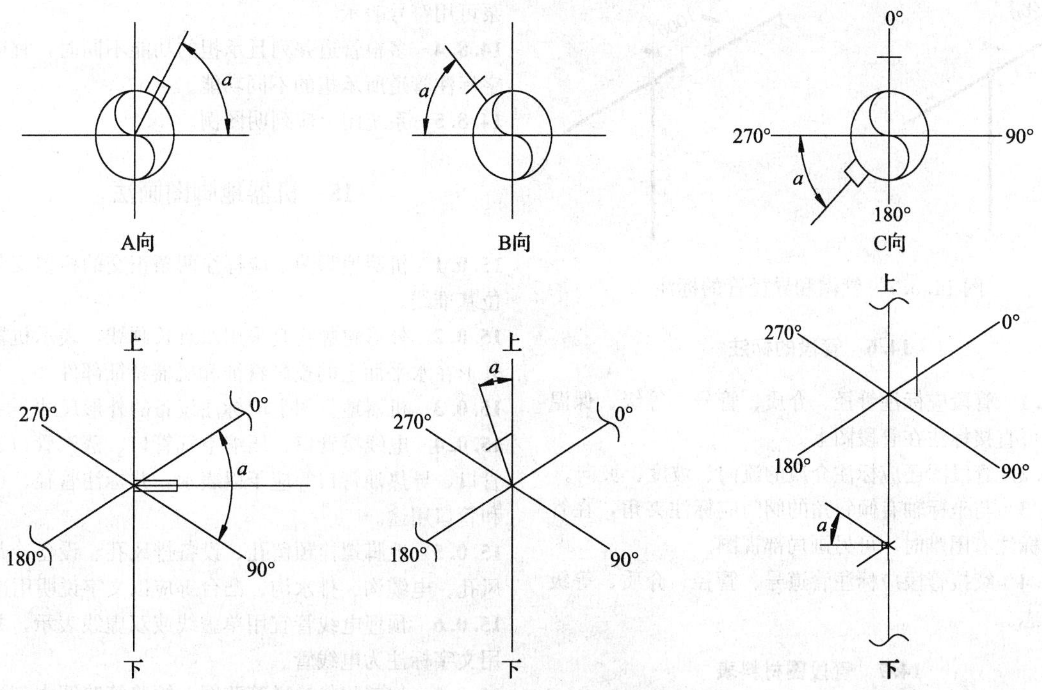

图 14.4.2-7 各种不同方位管口的表示方法

14.4.3 管架型式可按图14.4.3表示。

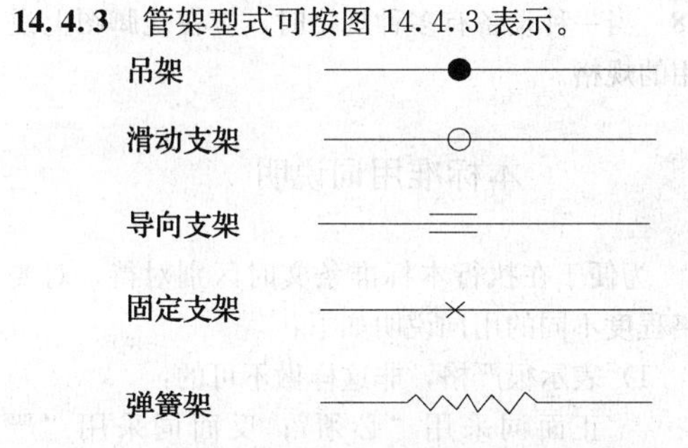

图 14.4.3 管架型式

14.5 尺寸和标高的标注

14.5.1 管段图尺寸界线、尺寸线应与被标注的管道在同一平面上。

14.5.2 管段图应以管中心、管道轴线的交点、管口的中心线、法兰的端面活接头的中点、法兰阀和法兰组件的端面，作为尺寸界线的引出点。对焊焊接、承插焊焊接、螺纹连接的阀门应以阀门中心作为尺寸界线的引出点。

14.5.3 除了管段的起止点、支管连接点和管道改变标高处应标注标高外，在管段图的其他部位可不标注标高。

14.5.4 管段图偏心异径管可标注偏心值（图14.5.4）。

14.5.5 法兰连接的阀门可标注尺寸（图14.5.5）。

14.5.6 孔板法兰、盲板应标注两法兰面间的尺寸，且应包括孔板和两个垫片的厚度。

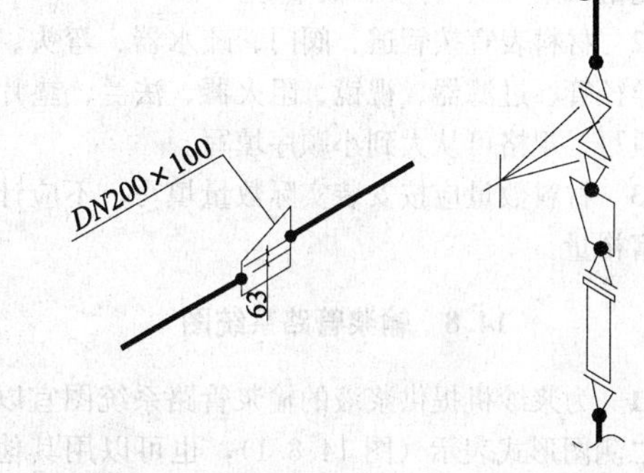

图 14.5.4 偏心异径管的标注

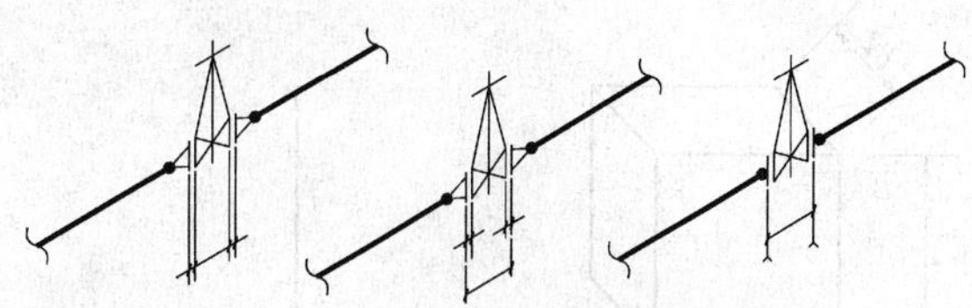

图 14.5.5 法兰阀门的尺寸标注

14.5.7 法兰、弯头、异径管、三通、管帽等管道组件可不标注结构长度尺寸。要求指定大小和管帽的位置时，应以异径管任一对焊端和封头的对焊端标注尺寸（图14.5.7）。

14.5.8 管段穿过平台、楼板、墙洞时，应在管段图中表示，并应标注尺寸。管段穿过分区界线时应标注分区界线位置尺寸。

14.5.9 管段图应标注与建筑或设备的定位尺寸，并应标注建筑轴线或设备位号。

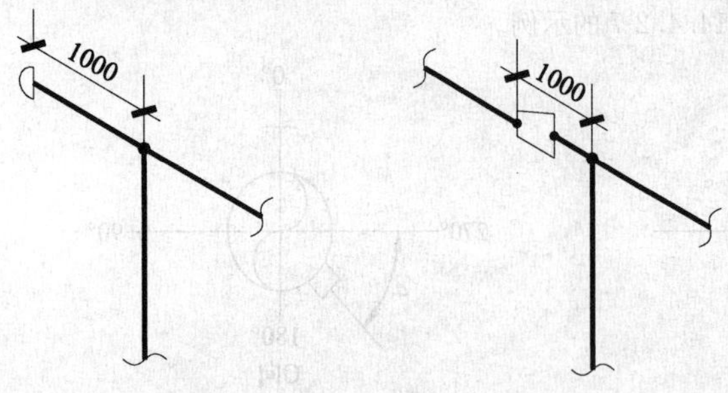

图 14.5.7　管帽和异径管的标注

14.6　管段的标注

14.6.1　管段应标注管径、介质、管号、等级、保温等，可直接标注在管段图上。

14.6.2　管段图还应标注介质的流向、坡度、坡向。

14.6.3　与坐标轴有倾斜角的阀门应标注夹角，在管段图标注有困难时，可另画局部视图。

14.6.4　续接管段应标注管道号、管径、介质、等级等标志。

14.7　管段图材料表

14.7.1　每张管段图应有材料表，表中应表示管件名称、规格（型号）、材质、数量等。

14.7.2　材料表宜按管道、阀门、疏水器、弯头、三通、异径管、过滤器、视镜、阻火器、法兰、垫片等顺序填写。规格可从大到小顺序填写。

14.7.3　材料数量应按安装实际数量填写，不应计入下料富裕量。

14.8　输浆管路系统图

14.8.1　为浆纱机提供浆液的输浆管路系统图宜以正面斜二测图形式表示（图 14.8.1），也可以用其他形式的轴测图表示。

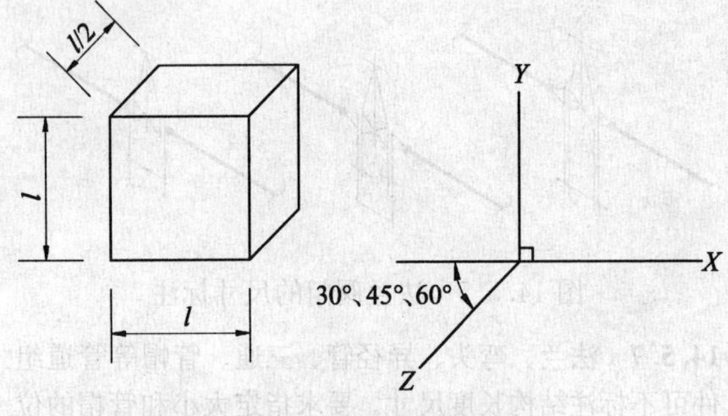

图 14.8.1　正面斜二测图

14.8.2　系统图可以不按比例绘制，但图中调浆设备、煮浆设备、输浆泵、阀门和管道的相对位置应正确表示。

14.8.3　图中的调浆、煮浆设备可用文字表示；输浆泵可用符号表示。

14.8.4　多根管道并列且承担的功能不同时，宜用文字标注管道所承担的不同功能。

14.8.5　系统图上应列明图例。

15　机器地脚图画法

15.0.1　机器地脚图上应标注两条正交的机器安装定位基准线。

15.0.2　外形轮廓线宜采用双点长画线，表示机器的外形在水平面上的投影特征和机器特征部件。

15.0.3　机器地脚图上应标注设备的外形尺寸。

15.0.4　电线接管口、压缩空气管口、蒸汽管口、水管口、导热油管口等应予以表示，并标注管径、标高和管口用途。

15.0.5　地脚螺栓预留孔、设备排风孔、设备冷却排风孔、电缆沟、排水沟、凸台等应以文字说明用途。

15.0.6　预埋电线管宜用单虚线或双虚线表示，并宜用文字标注为电线管。

15.0.7　加工物料输送管路图、输浆管路图中剖视到的设备，地脚图上宜画出设备的立面图。

15.0.8　当一种设备有多种规格时，应在地脚图上说明适用的规格。

本标准用词说明

1　为便于在执行本标准条文时区别对待，对要求严格程度不同的用词说明如下：

1）表示很严格，非这样做不可的：
正面词采用“必须”；反面词采用“严禁”；

2）表示严格，在正常情况下均应这样做的：
正面词采用“应”；反面词采用“不应”或“不得”；

3）表示允许稍有选择，在条件许可时首先应这样做的：
正面词采用“宜”；反面词采用“不宜”；

4）表示有选择，在一定条件下可以这样做的，采用“可”。

2　条文中指明应按其他有关标准执行的写法为：“应符合……规定”或“应按……执行”。

引用标准名录

《技术制图—字体》GB/T 14691

《过程检测和控制流程图用图形符号和文字代号》GB 2625

中华人民共和国国家标准

纺织工程制图标准

GB/T 50675—2011

条 文 说 明

制 定 说 明

《纺织工程制图标准》GB/T 50675—2011 经住房和城乡建设部 2011 年 4 月 2 日以第 974 号公告批准发布。

本标准是为了使纺织工程制图做到基本统一，表达清晰简明，提高制图质量和效率，满足设计、施工和存档等要求，并有利于国内外技术交流而制定。本标准制定过程中，编制组调研了国内纺织设计院的制图规定，广泛吸收了各设计院的实际制图经验，并参考国内相关行业的制图标准、制图规定和国外一些大的工程公司的制图习惯，在征求行业专家意见的基础上，形成本标准。

为便于广大设计、施工、科研、学校等单位有关人员在使用本标准时，能正确理解和执行条文规定，《纺织工程制图标准》编制组按章、节、条顺序编制了本标准的条文说明，对条文规定的目的、依据以及执行中需注意的有关事项进行了说明。但是，本条文说明不具备与标准正文同等的法律效力，仅供使用者作为理解和把握标准规定的参考。

目　次

1 总 则

1.0.2 本条规定了纺织工程适用的三大类工艺专业制图，即设计图、竣工图；实测图；通用设计图、标准设计图。纺织工程包括化纤原料、聚合、化纤、纺织、印染、服装工程。

3 图纸幅面规格与图纸编排顺序

3.1 图纸幅面

3.1.1 表3.1.1幅面及图框的尺寸与现行国家标准《技术制图—图纸幅面和规定》GB/T 14689规定一致，但图框内标题栏略有调整（图3.2.1-1～图3.2.1-3）。

表3.1.1中a，b，c，l表示的部位见第3.2节图3.2.1-1～图3.2.1-3。

3.1.3 图纸以短边作为垂直边称为横式，以短边作为水平边称为立式。

3.2 标题栏与会签栏

3.2.3 由于目前标题栏中的签字过于潦草，难以识别，建议签字区可包含实名列和签字列。

3.3 图纸编排顺序

3.3.1 在不同工程设计阶段，图纸内容和深度以及编排顺序可以不同。

4 图 线

4.0.2 表4.0.2根据现行国家标准《技术制图—图线》GB/T 17450规定了线宽比，即：粗线：中粗线：细线＝4：2：1。另外明确纺织工艺专业制图中线宽b宜为0.7或1.0mm。

5 字 体

5.0.4 鉴于在实际制图中2.5mm高的汉字过小，在文字字高系列中不推荐使用。

5.0.5 为了保证图面统一，图中字高可按下列选取：

图中文字说明宜选用字高为3.5mm～4mm；

设备位号宜选用字高为4mm～5mm；

管段号宜选用字高为2.5mm～3mm；

阀门代号宜选用字高为2.5mm～3mm；

仪表代号宜选用字高为2.5mm；

设备表中字体宜选用字高为3.5mm～4mm；

图签中的工程名称、项目名称、图纸名称、图号宜选用字高为4mm～5mm；

封面图名字体宜选用字高7mm～20mm；图纸中地方不够时，数字与字母才允许使用2.5mm；

字宽度约等于字高的2/3。

5.0.6 根据现行国家标准《技术制图—字体》GB/T 14691的规定，修订了拉丁字母、阿拉伯数字与罗马数字的书写格式。

5.0.9 分数、百分数和比例数的注写，应采用阿拉伯数字和数学符号。例如四分之三、百分之二十五和一比二十应分别写成3/4、25％和1：20。

5.0.10 当注写的数字小于1时，应写出前定位“0”，小数点应采用圆点，齐基准线书写。例如0.01。

6 比 例

6.0.2 根据ISO推荐制图比例为1：1×10^n、1：2×10^n、1：5×10^n系列，由于该系列比例的级差较大。根据纺织工程的特点，修改了常用比例和可用比例，建议设备布置图可采用1：50、1：100、1：200；管道安装图可采用1：25、1：50、1：100；必要时可采用1：20、1：30、1：60。

7 常用图例

7.1 管 道

7.1.1 为了便于统一，本条只对常用的公用工程介质代号作了规定。不同的项目工艺物料及化学品、辅助物料不同，本标准不作统一规定，建议可用规定的大写英文缩写字母表示管内流动的物料介质，物料字母代号参见现行行业标准《管道仪表流程图物料代号和缩写词》HG 20559.5。工程中需要但在标准中没有列入的物料代号可根据工程要求，由工艺专业编制。

7.1.2 本条对本标准第4.0.3条不同线型在PID中的图例进行说明。

7.1.3 根据现行行业标准《管道仪表流程图设计规定》HG 20559的管件、阀门图例规定，并根据其他国内外设计公司的习惯编写。

7.2 设 备

7.2.1 字母代号系取自英文单词的首字母。

7.3 仪 表

7.3.1 表7.3.1中“供选用”指此字母在本表的相应栏目处未规定其含义，可根据使用者的需要确定其含义，该字母作为首位字母表示一种含义，而作为后继字母时表示另一种含义。可在具体工程的设计图例中作出规定。

10 工艺流程图（PFD）、公用工程流程图（UFD）画法

10.2 流程图（PFD、UFD）的内容

10.2.4 工艺流程图（PFD）中检测控制回路的简单画法具体可按现行国家标准《过程检测和控制流程图用图形符号和文字代号》GB 2625 中简单画法的要求。

11 管道仪表流程图（PID、UID）画法

11.1 一 般 规 定

11.1.2 首页图可以规定本项目管道仪表流程图中管线类型、工艺介质代号、公用工程代号、设备代号、管件符号、设备图例以及仪表图例符号等。

11.1.5 管道仪表流程图（PID、UID）仪表控制的画法基本原则应遵循现行国家标准《过程检测和控制流程图用图形符号和文字代号》GB 2625 的要求，本标准对仪表图例符号在 GB 2625 的基础上结合自控行业的发展进行了细化（详见本标准表 7.3.2），不详之处可参照执行国家现行标准《分散控制/集中显示仪表、逻辑控制及计算机系统用流程图符号》SHB-Z 04，《过程测量与控制仪表的功能标志及图形符号》HG/T 20505。

11.1.6 管道仪表流程图中检测控制回路的简单画法可不表示检测仪表和执行机构的详细信息，简单和复杂画法的具体内容详见现行国家标准《过程检测和控制流程图用图形符号和文字代号》GB 2625 的有关规定。

11.2 管道仪表流程图（PID、UID）的内容

11.2.1 管道仪表流程图中的设备指工艺过程的全部设备、机械和驱动机，包括就位的备台，生产衔接的移动设备（如滤芯运送车、纺丝筒子车等），不包括用于现场检验和开车的临时设备。

管道仪表流程图中的重要管件是指管道与设备的连接法兰、过滤器、疏水器、视镜、异径管、快速接头、特殊管件、静态混合器、软管、盲板等，PID 图不表示现场性能检验、耐压、气密性试验、清洗、试车、检修以及用于开车的临时设备、管道、阀门和主要管件。

11.2.2、11.2.3 按国际标准 PID 有 7 版，各版的内容深度要求有区别。根据国内习惯，PID 分初步设计（基础设计）和详细设计（施工图设计）两个阶段，这两条规定了不同阶段 PID 的深度要求。

11.3 管道仪表流程图（PID、UID）的画法

11.3.1 全部管道均应编号，以下情况除外：

1 随设备、机械一起加工和配置的管道，即由制造厂提供详细 PID 或管道布置图，不需要工程设计单位配管以及统计材料的管道。

2 设备管口直接相连，中间不需要管道设计。

3 设备管口上直接接阀门、盲板、丝堵、而无管道连接的接管口。例如设备自身的放净口、放空口、试压口、试漏口、备用口和公用工程连接管口，但当上述管口的阀门后如果连接有管道时，则该管道要编号。

4 管道上的放空管、导淋管，即指的是排至地坪（不是排至地沟或地坑）的排液管、直接排大气的安全阀入口导管（此安全阀无出口导管）。

5 设备上、机械上、管道上的伴热管和夹套管的套管。

6 控制阀的旁路管、切换使用的小型管件或阀组的相同备用管。

7 仪表管线，如压力表接管、各类仪表信号管线等。

11.3.3 设备、机械功能特征包括：设备类别特征以及内部、外部构件。

内部构件：如塔板形式、加热盘管、搅拌器、喷嘴等；

外部构件：如夹套、搅拌电机、视镜、大气腿等。

12 设备布置图画法

12.2 设备布置图的内容

12.2.2 对于大型装置宜绘制设备总布置图，在该图中标出各个分装置的相对位置，并标注各子项的名称，便于对整个装置平面有全面了解。对于每个分装置具体设备布置则在工艺设备平、剖面布置图中表示。对于聚酯装置和纺丝装置，可仅绘制本装置的设备平剖面布置图。

12.2.4 对于大型设备应绘制大型设备安装路线图，用于指导安装大型设备。结构专业需根据安装路线图设计支撑板、梁，承受安装荷载。安装公司在安装设备时，必须遵循设备安装路线图。

12.3 设备布置图的画法

12.3.3 设备平面布置图上的尺寸标注，一般做法如下：

1 对管口安装位置有严格要求的设备，以管口作为设备定位尺寸基准；

2 对立式的槽、反应器、塔，以筒体中心线作

为设备定位尺寸基准；

3 对卧式槽、反应器，以设备中心线和靠近柱轴线一端的支座作为设备定位尺寸基准；

4 对离心式泵，以中心线和出口管中心线作为它的定位尺寸基准；

5 对板式换热器，以中心线和某一管口法兰端面作为它的定位尺寸基准；

6 不应以设备的外形作为定位尺寸基准，无地脚螺栓的纺织印染服装设备除外；

7 每个设备标注的平面定位尺寸应是唯一的；

8 操作台的标高用相对标高表示（对室内设备相对于底层，对室外设备相对于地面）。

12.3.4 本条规定设备安装剖面图应表示出设备安装控制标高，因此设备剖面布置图上的尺寸一般采取如下的标注方法：

1 以设备的基座、支耳的高度作为它的安装控制标高基准；

2 对管口尺寸有严格要求的设备，可以管口标高作为安装控制基准标高，它的基座（支耳）高度作为参考尺寸应用括号标示，并对此作说明；

3 布置在室内的设备，用尺寸线标注它的安装控制标高，布置在室外的设备，用相对标高（相对于地面）表示它的安装控制标高；

4 每个设备的安装控制标高尺寸应是唯一的；

5 操作台的标高用相对标高表示；

6 应标注设备支架的高度，对布置在室内设备的支架用尺寸线标注；

7 对与管道或其他设备不关联的设备，可不标注它的安装控制标高。

8 尺寸线的单位为毫米；相对标高的单位为米，标注到小数点后三位。

12.4 纺织、印染和服装工艺平面图

12.4.1 不同设计阶段的工艺平面图，其内容和表示方法是有较大差异的。施工图阶段的工艺平面图与初步设计及以前阶段相比，幅面大、内容多，表达更细致、更具体。各勘察设计单位对施工图阶段的工艺平面图有各自的习惯名称。为了与初步设计及初步设计以前阶段的工艺平面图相区别，本节将纺织、印染和服装工程施工图阶段的工艺平面图称为工艺总平面图。

本条第5款所述的设备表中应按第3款标注设备代号，与本标准第12.2.7条规定的标注设备位号不同。这是因为纺纱织布等同类设备多达数十、数百台，一般只标注设备代号，与化纤工程标注设备位号不同。

12.4.2 绘制初步设计及初步设计以前阶段的工艺平面图时，因客观条件所限，许多条件没有确定，尤其在方案阶段，没有办法也没有必要按施工图阶段的工艺总平面图的要求来绘制工艺平面图。所以绘制初步设计及初步设计以前阶段的工艺平面图时，可以对图中的图素适当简化。这样的简化不影响设计思路的表达。

12.5 纺织、印染和服装车间机器安装图和物检、试验室布置图

本节各项规定适用于纺织、印染和服装工程施工图阶段绘制的车间机器安装图和物检、试验室布置图。

12.5.5 像分绞机、缝纫机、衡器、纤维杂质分析机、纱线强力试验仪、烘箱等没有地脚螺栓的这类机器、设备，可用机器或设备外形轮廓线的两条正交边作为安装定位基准线。

13 管道安装图画法

13.1 一般规定

13.1.2 本条要求同区的或各分层的平面图，宜采用同一比例。考虑到在同一个项目中同区各层的管道多少、复杂程度不一样，管道特别少的仍按管道最多层的大比例制图没必要，因此程度词为“宜”，遇此种情况时允许选择。

13.2 管道安装图的内容

13.2.3 本条第8款中保温形式分为：工艺要求保温，可用IH表示；人身防护，可用IP表示；保冷，可用IC表示。

13.3 管道安装图的画法

13.3.2 管道安装图的右上角绘制指北针。该指北针方向为图纸北方向，与建筑总图北方向无关。指北针方向作为管道管段图绘制的依据。

14 管段图画法

14.1 一般规定

14.1.4 夹套管管道图可内外管分别绘制，也可内外管画在一起，尺寸分别标注，可根据项目要求决定，原则是满足安装公司施工。

14.7 管段图材料表

14.7.3 管段图及材料表中材料数量为实际数量，没有考虑下料富裕量。但是在综合材料表中应给一定的富裕量，以满足现场实际安装需要。材料表不包含管架材料。

14.8 输浆管路系统图

14.8.3 调浆、煮浆设备一般前后均有出浆口。如在系统图中用实物的形状来表示，则后排的出浆口不容易表示清楚，而用文字来表示则可以较好地解决这个问题。

14.8.4 用文字标注管道所承担的功能（输浆管或称供浆管、调浆管、回浆管和退浆管），便于读图。

15 机器地脚图画法

15.0.7 机器地脚图上画立面图，是为了便于在加工物料输送管路图、输浆管路图中画剖视图，同时也方便了读图。

中华人民共和国国家标准

铀燃料元件厂混凝土结构厂房可靠性鉴定技术规范

Technical code for appraisal of reliability of concrete structural factory buildings for uranium fuel element plants

GB/T 50676—2011

主编部门：中 国 核 工 业 集 团 公 司
批准部门：中华人民共和国住房和城乡建设部
实施日期：2 0 1 1 年 8 月 1 日

中华人民共和国住房和城乡建设部
公　　告

第946号

关于发布国家标准《铀燃料元件厂混凝土结构厂房可靠性鉴定技术规范》的公告

现批准《铀燃料元件厂混凝土结构厂房可靠性鉴定技术规范》为国家标准，编号为GB/T 50676—2011，自2011年8月1日起实施。

本规范由我部标准定额研究所组织中国计划出版社出版发行。

中华人民共和国住房和城乡建设部

二〇一一年二月十八日

前　　言

本规范是根据建设部《关于印发〈2005年工程建设标准规范制订、修订计划〉（第二批）的通知》（建标函〔2005〕124号）的要求，由中国核电工程有限公司郑州分公司会同有关单位共同编制而成。

本规范在编制过程中，根据我国铀燃料元件厂混凝土结构厂房的实际状况，结合当前国内外可靠性鉴定、加固的技术水平，总结了多年来铀燃料元件厂可靠性鉴定的实际经验，征求了铀燃料元件厂土建技术管理人员及行业主管部门的意见，最后经审查定稿。

本规范共分9章，主要内容包括：总则、术语和符号、鉴定工作程序和内容、鉴定评级标准、厂房的调查和检测、结构分析和构件等级评定、结构系统的鉴定评级、厂房综合鉴定评级、鉴定结论和处理措施建议。

本规范由住房和城乡建设部负责管理，由中国核工业集团公司负责日常管理，由中国核电工程有限公司郑州分公司负责具体技术内容的解释。各单位和个人在使用本规范时，如发现需要修改或补充之处，请将意见和有关资料寄送中国核电工程有限公司郑州分公司（地址：郑州市中原东路96号，邮政编码：450052，传真：0371－67968999），以供今后修订时参考。

本规范主编单位、参编单位、主要起草人和主要审查人名单：

主 编 单 位： 中国核电工程有限公司郑州分公司
（原核工业第五研究设计院）

参 编 单 位： 中核建中核燃料元件有限公司
中核北方核燃料元件有限公司

主要起草人： 汪建峰　陈　华　徐会业　孔令利
董其良　姜春跃　马文军

主要审查人： 张家启　倪武英　王兴顺　王晓玲
李筱珍　贺淑贤

目　次

Contents

1 总　则

1.0.1 为在铀燃料元件厂混凝土结构厂房的可靠性鉴定中，贯彻执行核安全法规、国家和核行业的经济技术政策，做到技术可靠、安全适用、经济合理、确保质量，制定本规范。

1.0.2 本规范适用于铀燃料元件厂中混凝土结构单层和多层厂房的可靠性鉴定。

1.0.3 铀燃料元件厂附属的用于生活、工作等不涉及核物料的房屋可靠性鉴定应按现行国家标准《民用建筑可靠性鉴定标准》GB 50292的有关规定执行。

1.0.4 地震区厂房的可靠性鉴定，尚应按现行国家标准《建筑抗震鉴定标准》GB 50023的有关规定进行抗震鉴定。

1.0.5 铀燃料元件厂混凝土结构厂房的可靠性鉴定工作，应由具有相应资质的单位承担。

对进入铀燃料元件厂进行调查和检测的人员，应进行有关辐射防护、安全操作的培训，并应了解鉴定对象的生产工艺、设备布置，以及个人辐射防护基本知识。

1.0.6 铀燃料元件厂混凝土结构厂房的可靠性鉴定，除应符合本规范外，尚应符合国家现行有关标准的规定。

2 术语和符号

2.1 术　语

2.1.1 铀燃料元件厂　uranium fuel element plants

生产铀燃料元件的工厂，主要包括化工转换、芯块制备、燃料棒制造、燃料组件制造、六氟化铀库房、二氧化铀粉末库房、理化分析实验室等厂房。

2.1.2 安全重要厂房　safety-related important factory buildings

指对铀燃料元件厂安全有重要意义的建筑物。

2.1.3 一般厂房　general factory buildings

铀燃料元件厂中安全重要厂房以外的其他厂房。

2.1.4 专项可靠性鉴定　special reliability appraisal

为适应更换设备、局部改变用途或因地震、火灾、爆炸等遭受破坏时的应急鉴定。

2.1.5 重要构件　important structural members

超过承载能力极限状态，丧失安全功能将导致承重结构系统或其他构件丧失安全功能的构件。

2.1.6 一般构件　general structural members

超过承载能力极限状态，丧失安全功能为独立事件，不影响承重结构系统中的其他构件安全功能的构件。

2.1.7 目标使用年限　target working life

根据鉴定的结论建议采取措施后，不需进行大修而能够正常生产使用的期望年限。

2.1.8 围护密封屏障　enclosed confinement

为有效防御或减少安全重要厂房中的铀物料向外逸散而在厂房的周界设置的实体结构；通常由围护墙、门窗、屋面等组成。

2.2 符　号

2.2.1 结构性能及作用效应：

R——结构或构件的抗力；

S——结构或构件的作用效应；

γ_0——结构重要性系数；

l_0——构件的计算长度。

2.2.2 鉴定评级：

a、b、c、d——构件的安全性、使用性和可靠性等评定等级，其中使用性等级仅评为a、b、c三个等级；

A、B、C、D——结构系统的安全性、使用性和可靠性等评定等级，其中使用性等级仅评为A、B、C三个等级；

一、二、三、四——鉴定单元的可靠性评定等级。

3 鉴定工作程序和内容

3.1 一般规定

3.1.1 厂房在下列情况下应进行项目可靠性鉴定或专项可靠性鉴定：

1 厂房存在缺陷，不能满足正常使用要求，需要对厂房或厂房的一部分进行全面修理、修复或加固时；

2 厂房的用途或使用条件有较大改变时；

3 厂房的使用年限超过设计使用年限，还要继续使用时；

4 厂房遭受灾害，可靠性严重降低时。

3.1.2 厂房在下列情况下宜进行项目可靠性鉴定或专项可靠性鉴定：

1 厂房退役处理处置时；

2 应营运单位或其他委托方的要求时。

3.1.3 鉴定的对象宜符合下列要求：

1 整幢厂房；

2 结构或生产线中的相对独立部分；

3 厂房功能上相对独立的部分。

3.1.4 鉴定采用的目标使用年限，应根据鉴定目的、厂房使用年限、生产线、设备、产品的重要性、建筑结构的现状、未来使用要求等与委托方协商确定。鉴定所采用的目标使用年限宜选择5年、10年、15年或20年。

对于不同的鉴定对象，可采用与整幢厂房不同的目标使用年限。易于更换或维修的建筑构配件、结构构件，可采用较短的目标使用年限。

3.1.5 对于有退役要求的厂房应确保生产线停止生产后，在实施封存期间，等待设备、管道、仪器退役期间的密封、安全及可靠性。

3.2 工作程序和内容

3.2.1 鉴定的工作程序宜包括下列内容：

1 接受委托；

2 确定鉴定的目的、范围、内容、成果形式；

3 现场初步调查；

4 收集分析文件资料；

5 编制鉴定大纲；

6 现场详细调查，观察、测量、检测，检验、试验；

7 分析、计算、评定；

8 可靠性鉴定综合评级；

9 编制提交鉴定报告。

3.2.2 鉴定的目的、范围、内容、成果形式，应根据委托方提出的鉴定原因和要求，经询问有关情况、现场观察、初步查看图纸文件后和委托方协商确定。

3.2.3 现场初步调查应包括下列内容：

1 与相邻建筑物的位置关系，厂房的长宽高，围护墙体、结构构配件的外观状况，厂房周围地面、散水、排水沟、周围的路面等是否有裂缝、沉陷，厂房是否存在明显的倾斜，生产是否正在进行，主要的缺陷类型和分布，详细调查时需要重点检查、检测、测量或取样的内容与部位等；

2 调查前，应了解掌握调查区域环境的照明状况、观察条件、放射性污染情况等，应配备必要的照明工具、安全防护用品，并应确保调查人员的安全和生产的正常进行；

3 现场初步调查工作宜在委托方技术人员的陪同下实施。

3.2.4 收集分析的文件资料应包括下列内容：

1 岩土工程勘察报告、设计文件、施工和竣工验收文件、维修加固技术改造文件、施工安装采用的施工验收规范等；

2 原设计遵循的标准规范、标准图、通用图、重复使用图等；

3 厂房所在地区的自然气象条件；

4 工艺、建筑、结构布置，主要的设备设施布置，结构形式、构件类型、连接构造等。

3.2.5 结构和构件应根据初步现场调查结果和收集的相关文件资料，进行初步计算分析。对其在目标使用年限内的可靠性应进行初步评定，对确认处于危险状态的结构构件应提出应急处理措施。

当符合下列要求时，可根据初步调查与分析计算评定的结果编制鉴定报告：

1 承重结构和构件、围护密封系统存在的缺陷严重，需要立即采取应急措施时；

2 承重结构和构件、围护密封系统的状态以及存在的缺陷明确，可对其安全性和正常使用性能作出准确判断时。

3.2.6 鉴定大纲宜包括下列内容：

1 鉴定目的、范围，目标使用年限，预期使用条件和要求；

2 调查人员的组织与分工，调查期间人员和生产设备的安全防护措施；

3 确定安全重要厂房和/或重要构件、重要部位，明确厂房的密封性要求；

4 详细调查的内容，检测检验、测量的内容和方法，使用的仪器、设备、工具，调查的部位、构件，需要记录的内容，采集的数据；需要对外委托进行专项检测的事项；

5 需要重点调查的内容；

6 需要委托方协助解决的事项。

3.2.7 详细调查应根据鉴定大纲、厂房的实际情况、鉴定目的、具备的调查条件和委托方协商确定。除应包括本规范第3.2.6条的内容外，还可包括下列内容：

1 调查或测量地基的变形，检查地基变形对上部结构的影响。必要时，可开挖地基进行检查，也可补充进行岩土工程勘察或进行现场载荷试验；

2 详细检查尚不明确或对其状况存在怀疑的部位、构件，现场初步分析缺陷的严重程度，可能的原因；

3 检查或测量构件的变形；

4 检查围护密封结构的连接是否可靠，材料是否老化，密封功能是否可靠；

5 当发现施工安装偏差不可忽略时，补充测量构件尺寸和安装偏差；

6 需要时抽检结构材料的力学性能指标；

7 检查锈蚀、腐蚀、老化劣化、碱化粉化等；

8 当现在或目标使用年限内的用途和原设计不一致时，调查实际的载荷大小和分布；

9 根据详细调查的结果，对承重结构和构件、围护密封结构进行验算分析。包括结构验算，结构和构件的安全性、正常使用性分析判断。编制缺陷、损伤一览表和/或绘制缺陷、损伤分布图。

3.2.8 在厂房的详细验算、分析、评定的过程中，当调查的数据资料不足或有显著的偏差时，应及时进行补充调查。

3.2.9 厂房的可靠性鉴定评级，宜划分为构件、结构系统、鉴定单元三个层次，并应符合下列要求：

1 构件、结构系统应进行安全性等级评定和使用性等级评定；需要时，可根据安全性等级和使用性等级评定可靠性等级；

2 鉴定单元应进行可靠性等级评定；

3 安全性应分为四个等级，使用性应分为三个等级，可靠性应分为四个等级；并宜按表 3.2.9 的规定进行评定。

表 3.2.9 铀燃料元件厂可靠性鉴定的层次、等级划分及项目内容

<table>
<tr><td>层次</td><td colspan="3">一</td><td colspan="4">二</td><td colspan="2">三</td></tr>
<tr><td>层名</td><td colspan="3">鉴定单元</td><td colspan="4">结构系统</td><td colspan="2">构件</td></tr>
<tr><td rowspan="11">可靠性鉴定</td><td rowspan="11">可靠性等级评定</td><td>等级</td><td>一、二、三、四</td><td rowspan="7">安全性评定</td><td>等级</td><td colspan="2">A、B、C、D</td><td rowspan="7">安全性评定</td><td>a、b、c、d</td></tr>
<tr><td colspan="2" rowspan="10">厂房或厂房的一部分</td><td rowspan="2">地基基础</td><td colspan="2">地基变形</td><td rowspan="2">—</td></tr>
<tr><td colspan="2">地基承载力</td></tr>
<tr><td rowspan="3">上部承重结构</td><td rowspan="2">整体性</td><td>结构布置</td><td>材料、截面、传力路径</td></tr>
<tr><td>支撑系统</td><td>布置、构造、连接</td></tr>
<tr><td colspan="2">承载功能</td><td>构件承载能力构造和连接</td></tr>
<tr><td>围护密封</td><td colspan="2">承载功能构造连接</td><td>裂缝、变形，密封</td></tr>
<tr><td rowspan="4">正常使用性评定</td><td>等级</td><td colspan="2">A、B、C</td><td rowspan="4">正常使用性评定</td><td>a、b、c</td></tr>
<tr><td>地基基础</td><td colspan="2">对上部结构、围护密封系统等的影响</td><td>材料、截面、腐蚀、耐久性</td></tr>
<tr><td>上部承重结构</td><td colspan="2">上部结构的使用状况</td><td>变形、裂缝、损伤、锈蚀、腐蚀等</td></tr>
<tr><td>围护密封</td><td colspan="2">总体满足密封要求的程度</td><td>裂缝及其是否贯穿，贯穿孔洞及门窗的密封性能</td></tr>
</table>

注：构件的可靠性等级评定应符合本规范第 6.2.1 条的规定，结构系统的可靠性等级评定应符合本规范第 7.1.2 条的规定。

3.2.10 专项鉴定的工作程序和内容可根据鉴定目的、预期使用条件、紧急程度等按本规范第 3.2.1 条～第 3.2.9 条的规定进行适当简化。评定的结果可用安全适用、基本安全适用和不安全表述。提出的处理措施应具体，并应满足委托方应急工作的需要。

3.2.11 可靠性鉴定工作完成后，应编制并向委托方提交鉴定报告。鉴定的结论宜在正式提交报告前和委托方沟通。鉴定报告宜包括下列内容：

1 鉴定的目的、范围、内容，目标使用年限、预期使用条件；

2 生产工艺、设备布置概述；

3 工程概况：设计时间、开工和竣工时间，设计单位、施工单位，面积、高度、厂房平面布置、主要剖面等；

4 鉴定的依据；

5 调查检测结果，检测试验的项目、方法；

6 分析、计算评定的结果；

7 鉴定结论；

8 处理措施意见建议；

9 附件：主要现场调查记录，附图、附表。

4 鉴定评级标准

4.0.1 铀燃料元件厂混凝土结构厂房的可靠性鉴定，宜划分为构件、结构系统、鉴定单元进行评级。

4.0.2 构件应按下列规定进行评级：

1 构件的安全性评级标准应符合下列规定：

1）符合现行国家标准规范的安全性要求，在目标使用年限内、预期使用条件下，安全，不需要采取措施时，评定为 a 级；

2）基本符合现行国家标准规范要求，在目标使用年限内、预期使用条件下，基本安全，可不采取措施时，评定为 b 级；

3）不符合现行国家标准规范要求，在目标使用年限内、预期使用条件下，影响安全，应采取措施时，评定为 c 级；

4）严重不符合现行国家标准规范要求，在目标使用年限内、预期使用条件下，已严重影响安全，应及时或立即采取措施时，评定为 d 级。

2 构件的使用性评级标准应符合下列规定：

1）符合现行国家标准规范的正常使用要求，在目标使用年限内、预期使用条件下，可以正常使用，不需要采取措施时，评定为 a 级；

2）基本符合现行国家标准规范要求，在目标使用年限内、预期使用条件下，基本可正常使用，可不采取措施时，评定为 b 级；

3）不符合现行国家标准规范要求，在目标使用年限内，预期使用条件下，明显影响正常使用，应采取措施时，评定为 c 级。

3 构件的可靠性等级评级标准应符合下列规定：

1）符合现行国家标准规范的可靠性要求，安全，在目标使用年限内、预期使用条件下，可正常使用，不需要采取措施时，评定为 a 级；

2）基本符合现行国家标准规范的可靠性要求，基本安全，在目标使用年限内、预期使用条件下，基本可正常使用，可不采取措施时，评定为 b 级；

3）不符合现行国家标准规范的可靠性要求，影响安全，在目标使用年限内、预期使用条件下，明显影响正常使用，应采取措施时，评定为 c 级；

4）严重不符合现行国家标准规范的可靠性要求，严重影响安全，应及时或立即采取措施时，评定为 d 级。

4.0.3 结构系统应按下列规定进行评级：

1 结构系统的安全性评级标准应符合下列规定：

1）符合现行国家标准规范要求，在目标使用年限内、预期使用条件下，安全，不需要采取措施，可能有少数一般构件宜采取适当措施时，评定为A级；

2）基本符合现行国家标准规范的要求，在目标使用年限内、预期使用条件下，基本安全，可能有极少数一般构件应采取适当措施时，评定为B级；

3）不符合现行国家标准规范要求，在目标使用年限内、预期使用条件下，影响整体安全，应采取措施，可能有少数构件应及时或立即采取措施时，评定为C级；

4）严重不符合现行国家标准规范要求，在目标使用年限内、预期使用条件下，严重影响整体安全，应立即采取措施时，评定为D级。

2 结构系统的使用性评级标准应符合下列规定：

1）符合现行国家标准规范的正常使用要求，在目标使用年限内、预期使用条件下，可正常使用，不需要采取措施，可能有少数一般构件宜采取适当措施时，评定为A级；

2）基本符合现行国家标准规范的正常使用要求，在目标使用年限内、预期使用条件下，基本可以正常使用，可能有极少数一般构件应采取适当措施时，评定为B级；

3）不符合现行国家标准规范的正常使用要求，在目标使用年限内、预期使用条件下，明显影响正常使用，应采取措施，可能有少数构件应及时或立即采取措施时，评定为C级。

3 结构系统的可靠性评级标准应符合下列规定：

1）符合现行国家标准规范的可靠性要求，在目标使用年限内，预期使用条件下，整体安全，不影响整体正常使用，不需要采取措施，可能有少数一般构件宜采取适当措施时，评定为A级；

2）基本符合现行国家标准规范的可靠性要求，在目标使用年限内、预期使用条件下，整体上基本安全，基本不影响整体正常使用，可能有极少数一般构件应采取适当措施时，评定为B级；

3）不符合现行国家标准规范的可靠性要求，在目标使用年限内、预期使用条件下，影响整体安全，明显影响整体正常使用，应采取措施，可能有少数构件应及时或立即采取措施时，评定为C级；

4）严重不符合现行国家标准规范的可靠性要求，在目标使用年限内、预期使用条件下，严重影响整体安全，应立即采取措施时，评定为D级。

4.0.4 鉴定单元应按下列规定进行评级：

1 符合现行国家标准规范的可靠性要求，在目标使用年限内、预期使用条件下，整体上可安全正常使用，可能有少数一般构件宜采取适当措施时，评定为一级；

2 基本符合现行国家标准规范的可靠性要求，在目标使用年限内、预期使用条件下，整体上尚不影响安全正常使用，可能有极少数一般构件应采取措施时，评定为二级；

3 不符合现行国家标准规范的可靠性要求，在目标使用年限内、预期使用条件下，影响整体安全、明显影响使用，应采取措施，可能有少数重要构件应及时或立即采取措施时，评定为三级；

4 严重不符合现行国家标准规范的可靠性要求，在目标使用年限内、预期使用条件下，严重影响整体安全，必须立即采取措施时，评定为四级。

5 厂房的调查和检测

5.1 一 般 规 定

5.1.1 调查工作应根据鉴定大纲及本规范第3.2节的规定进行。

5.1.2 现场调查应根据鉴定大纲制订安全防护措施，安全防护措施宜提交委托方审查或备案。

5.1.3 调查方法宜以现场察看为主，并宜辅以必要的工具、器具。可用钢尺量构件截面尺寸，用水平尺、铅垂线观察水平倾斜，用裂缝对比卡观察裂缝宽度，用锤头敲击判断混凝土的密实程度等。

5.2 使用条件的调查

5.2.1 使用条件的调查应包括结构上的荷载、生产使用环境、维修和技术改造的历史，调查宜考虑厂房目标使用年限内，相关条件可能发生的变化。

5.2.2 结构上的荷载宜包括下列内容：

1 结构构件，建筑构配件和建筑装修装饰件，围护密封结构构件，固定设备的支架、桥架、管道及其输送的物料，物料运输通道等永久荷载；

设备等荷载的调查，应查阅原设计文件、设备和物料运输的资料，当在过去的使用过程中没有发现异常情况时，可采用原设计文件的数据。对于技术改造项目，应考虑设备的安装检修荷载；

当设备的振动对厂房有显著影响时，尚应进行振动的调查。

2 楼面、地面、屋面活荷载，地面堆载，风、雪荷载，吊车荷载，原料、产品、堆料等可变荷载。

5.2.3 结构上的荷载应按下列规定取值：

1 经调查，符合现行国家标准《建筑结构荷载规范》GB 50009 的有关规定时，应按现行国家标准《建筑结构荷载规范》GB 50009 的有关规定取值；当观察到超载或改变用途时，应按实际情况采用；

2 当现行国家标准《建筑结构荷载规范》GB 50009 未作规定或按实际情况难于确定时，应按现行国家标准《建筑结构可靠度设计统一标准》GB 50068 的有关规定执行。

5.2.4 生产使用环境调查宜包括下列内容：

1 生产中使用或产生的腐蚀性液体、气体等分布、浓度、对厂房的影响；

2 高温作用；

3 物料及其运输；

4 放射性物质种类、状态、分布、逸散情况；

5 地理、地质、气象条件等。

5.2.5 维修和技术改造历史调查的主要内容应包括生产的变化，技术改造，维修、维护、加固等情况。

5.3 厂房结构的调查和检测

5.3.1 对厂房结构的调查、检测应包括地基基础、上部承重结构。

5.3.2 地基基础的调查，应主要察看地基的沉降、差异沉降。当地基变形没有导致吊车（起重机）轨道的明显调整、围护墙体和梁柱明显的裂缝、厂房整体倾斜等缺陷时，可评定为无静载缺陷、符合要求，不再进行进一步的调查和鉴定评级。

当厂房基础附近有废水排放地沟、集水坑或集水池等时，应重点检查废水的渗漏、对地基基础的腐蚀等不利影响。

5.3.3 当存在本规范第 5.3.2 条所述的明显缺陷时，应进行进一步调查。调查内容应包括查阅原来的岩土工程地质勘察报告，并应验算地基承载力和地基变形。需要时，可补充开挖或委托专项勘察。

5.3.4 需要时，应进行沉降观测和厂房倾斜观测。沉降观测应符合国家现行标准《建筑地基基础设计规范》GB 50007 和《建筑变形测量规范》JGJ 8 的有关规定。沉降和厂房倾斜的观测应由有相应资质的单位、有相近经验的技术人员承担。

5.3.5 上部承重结构的调查应调查结构体系的整体性、完整性，并应重点调查是否构成空间稳定的结构体系。

5.3.6 结构构件材料的调查，宜检查混凝土的颜色、密实度、劣化程度等。如果并不怀疑原设计文件存在差错，经现场查看材料没有明显的劣化时，可不进行材料强度等力学指标的抽检。结构分析验算时应采用原设计的材料强度指标。

需要时，应进行混凝土材料抗压强度等力学指标的检测。检测的方法可根据鉴定目的要求等选用超声回弹等各种无损检测方法，也可现场抽芯检测。具体的检测可按现行国家标准《建筑结构检测技术标准》GB/T 50344 的有关规定执行。

5.3.7 结构几何尺寸的调查，可进行抽检。当施工误差可忽略时，可采用原设计的几何尺寸进行结构分析验算。

5.3.8 混凝土结构构件裂缝的调查，应检查裂缝的位置、走向、长度、宽度，宜判断并记录裂缝的性质。对于新出现的裂缝，应做原位标识并做文字记录。需要时宜绘制构件的裂缝图，绘制裂缝图宜同时拍照记录。

5.3.9 钢结构构件应重点检查下列内容：

1 构件是否完整；

2 杆件是否齐全；

3 杆件的焊缝是否有锈蚀、缺失，螺栓是否锈蚀、松动；

4 节点构造是否合理、焊缝或螺栓是否符合规定的要求；

5 屋架支座的焊接或螺栓是否可靠、松动及其锈蚀的程度。

5.4 围护密封系统的调查和检测

5.4.1 围护密封系统的完整性调查应包括屋面的防水做法、保温材料、构造做法，墙体、门窗和贯穿孔洞的密封性。

围护密封系统应重点调查有负压要求厂房的管道贯穿孔洞、门窗、墙体接缝、人员和物流通道的密封性。

5.4.2 围护密封系统的密封性应重点检查化工转换、芯块制备、燃料棒制造、燃料组件制造、六氟化铀库房、二氧化铀粉末库房、二氧化铀芯块库房、燃料组件库房等厂房。

5.4.3 调查时应记录裂缝的位置、走向、长度、宽度；需要时可测量裂缝的深度。

5.4.4 对围护密封系统承重砖砌体，应检查砖的粉化、碱化的分布面积和深度。

5.5 现场调查的安全技术措施

5.5.1 现场调查应符合国家现行有关现场作业用电、登高、防坠落等安全防护的规定。

5.5.2 现场调查前应对调查人员进行辐射防护知识和工业安全知识、技术的培训。

5.5.3 现场调查前应由专业人员对厂房的放射性表面污染水平进行测量，当放射性表面污染水平符合现行国家标准《电离辐射防护与辐射源安全基本标准》GB 18871—2002 附录 B 表 B.1.1 规定的控制水平时，调查人员方可进入厂房进行检测作业。

5.5.4 现场调查人员在进入厂房前，应了解并遵守铀燃料元件厂的安全管理措施。

5.5.5 现场调查人员进入厂房进行工作时，应根据铀燃料元件厂的安全防护制度穿工作服、专用鞋，戴专用口罩和帽子；出厂房时，宜进行淋浴冲洗和手脚表面污染监测。

5.5.6 调查、检测、鉴定使用的工具、仪器、设备，应根据厂里的规定进行表面污染检查，并应在合格后再带出厂房。

6 结构分析和构件等级评定

6.1 结构分析

6.1.1 结构和构件应按承载能力极限状态进行校核，需要时还应按正常使用极限状态进行校核。

6.1.2 结构分析应符合下列规定：

1 结构分析与结构构件的校核方法，宜符合国家现行有关设计标准的规定；

2 结构分析与结构构件校核采用的作用（荷载和间接作用）应符合工程实际情况，荷载标准值宜按国家现行标准《建筑结构荷载规范》GB 50009 和《铀燃料元件厂设计准则》EJ/T 808 的有关规定取值；需要时，可根据工程实际情况按本规范第 5.2.3 条的规定确定；

3 材料强度的取值，当原设计文件符合当时的设计标准，施工质量可信，材料没有严重的退化、劣化时，应采用原设计指标。需要时，可按现行国家标准《建筑结构检测技术标准》GB/T 50344—2004 第 4 章规定的方法对混凝土、钢筋进行检测。

6.1.3 当需要通过结构构件载荷试验检验其承载能力和使用性能时，可按现行国家标准规范执行。

6.2 混凝土构件的等级评定

6.2.1 混凝土构件的鉴定评级应对其安全性等级和正常使用性等级进行评定；需要时，可评定其可靠性等级。混凝土构件的可靠性等级评定宜符合下列规定：

1 对于安全重要厂房的重要构件，宜取安全性等级和使用性等级中的较低等级；

2 对于安全重要厂房的一般构件和一般厂房的构件，宜符合下列规定：

1）当安全性等级为 a 级、b 级，使用性等级为 c 级时，取 c 级；

2）当安全性等级为 a 级、b 级、c 级、d 级，使用性等级为 a 级、b 级时，取安全性等级。

6.2.2 混凝土构件的安全性等级应按承载能力、构造和连接评定，并应取其较低的等级作为构件的安全性等级。

使用性等级应按裂缝、变形、腐蚀、损伤、钢筋锈蚀评定，并宜取其中的最低等级作为构件的使用性等级。

6.2.3 混凝土构件的承载能力宜按表 6.2.3 评定等级。作用效应和构件抗力宜按国家现行有关设计标准规定的方法计算。

表 6.2.3 混凝土构件承载能力评定分级标准

构件种类		$R/(\gamma_0 S)$			
		a	b	c	d
安全重要厂房	重要构件	≥1.00	0.92～1.00	0.87～0.92	<0.87
	一般构件	≥1.00	0.90～1.00	0.85～0.90	<0.85
一般厂房	重要构件	≥1.00	0.90～1.00	0.85～0.90	<0.85
	一般构件	≥1.00	0.87～1.00	0.82～0.87	<0.82

注：混凝土构件的抗力 R 和荷载效应组合设计值 S 的比值 $R/\gamma_0 S$，应取各受力状态中的最低值。γ_0 为构件重要性系数，安全重要厂房的重要构件取 1.10，安全重要厂房的一般构件和一般厂房的重要构件取 1.05，其余构件均取 1.00。

6.2.4 当构件同时符合下列条件且经初步计算符合或基本符合安全承载的要求时，其安全性等级可评定为 a 级或 b 级，可不再进行详细的分析计算：

1 经详细检查未发现明显的裂缝、损伤、腐蚀、老化和明显的变形；

2 构件受力明确，不直接承受动力荷载，构造合理，构件连接节点构造合理可靠；

3 构件对最不利作用呈现出良好的性能；

4 在预期使用状况下，构件的最不利作用和环境条件不会发生实质性的变化；

5 在未来的维护条件下，在目标使用年限内构件具有足够的耐久性能。

6.2.5 混凝土构件的构造和连接应包括预埋件、连接节点的焊缝或螺栓。应按下列规定评定等级：

1 当预埋件的钢板和锚筋，构造合理、没有或基本没有变形，锈蚀轻微时，可评定为 a 级或 b 级；当变形已经影响到被连接件的受力或变形，锈蚀严重时，可评定为 c 级；

2 当焊缝和螺栓的构造符合或基本符合国家现行有关标准的规定，锈蚀深度小于 0.5mm，并满足使用要求，没有缺陷或缺陷轻微时，可评定为 a 级或 b 级；

当焊缝和螺栓的构造不符合国家现行有关标准的规定，锈蚀深度大于等于 0.5mm，缺陷明显时，可评定为 c 级。

6.2.6 混凝土构件的裂缝可按表 6.2.6 评定等级。

表 6.2.6 混凝土构件的裂缝评定等级

构件种类		裂缝宽度（mm）		
		a	b	c
安全重要厂房	重要构件	≤0.20	0.20～0.25	>0.25
	一般构件	≤0.20	0.20～0.30	>0.30
一般厂房	重要构件	≤0.20	0.20～0.30	>0.30
	一般构件	≤0.30	0.30～0.40	>0.40

注：1 本表所规定的裂缝宽度适用于Ⅰ类环境条件，当构件处于Ⅱ、Ⅴ类环境时，应将表中的相应裂缝宽度减少0.1mm；但裂缝宽度限值为0.2mm时，可不再减少。

2 预应力混凝土构件的裂缝宽度应取表中数值减少0.1mm。

6.2.7 混凝土构件的变形宜按表6.2.7评定等级。

表 6.2.7 混凝土构件变形的评定等级

构件类别		a	b	c
单层厂房屋架挠度		$f \leqslant l_0/500$	$l_0/500 < f \leqslant l_0/450$	$f > l_0/450$
单层厂房屋面主梁、多层框架主梁挠度		$f \leqslant l_0/400$	$l_0/400 < f \leqslant l_0/350$	$f > l_0/350$
其他屋盖、楼盖、楼梯等构件（m）	$l_0 > 9$	$f \leqslant l_0/300$	$l_0/300 < f \leqslant l_0/250$	$f > l_0/250$
	$7 \leqslant l_0 \leqslant 9$	$f \leqslant l_0/250$	$l_0/250 < f \leqslant l_0/200$	$f > l_0/200$
	$l_0 < 7$	$f \leqslant l_0/200$	$l_0/200 < f \leqslant l_0/175$	$f > l_0/175$
吊车梁	电动吊车	$f \leqslant l_0/600$	$l_0/600 < f \leqslant l_0/500$	$f > l_0/500$
	手动吊车	$f \leqslant l_0/500$	$l_0/500 < f \leqslant l_0/450$	$f > l_0/450$

注：1 l_0 为计算长度，f 为挠度。

2 现浇钢筋混凝土结构构件的变形可根据工程经验适当放宽。

6.2.8 混凝土构件腐蚀和损伤的等级评定宜符合下列规定：

1 混凝土构件外观良好，未见腐蚀、剥落、酥松等损伤时，可评定为a级；

2 混凝土构件有腐蚀、剥落、酥松等损伤，其深度小于等于10mm，残留钢筋保护层厚度大于10mm时，可评定为b级；

3 混凝土构件有明显的腐蚀、剥落、酥松等损伤，其深度大于10mm，残留的钢筋保护层厚度小于10mm或多数部位接近钢筋表面时，可评定为c级。

6.2.9 混凝土构件钢筋锈蚀的等级评定宜符合下列规定：

1 构件外观良好，未见顺筋方向裂缝和钢筋锈迹时，可评定为a级；

2 构件外观基本良好，未见顺筋方向裂缝，可见极少钢筋锈迹，混凝土保护层基本完好，裂缝宽度小于等于0.2mm时，可评定为b级；

3 构件表面可见明显的顺筋裂缝和钢筋锈迹，裂缝宽度大于0.2mm时，可评定为c级。

6.2.10 当构件同时符合下列条件时，其使用性等级可根据具体的使用状况评定为a级或b级：

1 经详细检查未发现明显的裂缝、损伤、腐蚀、老化等和明显的变形；

2 构件的状态良好或基本良好，能满足使用要求；

3 在目标使用年限内，构件的用途和使用条件不会发生实质性的变化；

4 在目标使用年限内，构件具有足够的耐久性。

7 结构系统的鉴定评级

7.1 一般规定

7.1.1 厂房结构系统的鉴定评级，应包括地基基础、上部承重结构和围护密封系统。其内容应包括安全性等级和使用性等级的评定；需要评定其可靠性等级时，应符合本规范第7.1.2条的规定。

7.1.2 对地基基础、上部承重结构、围护密封系统进行可靠性评级时，应符合下列规定：

1 当系统的安全性等级为A级、B级，且系统的使用性等级为A级、B级时，可靠性等级应按安全性等级确定；当系统的安全性等级为A级、B级，且系统的使用性等级为C级时，安全重要厂房可靠性等级应取C级，一般厂房可靠性等级应取比安全性等级降低一级；

2 当系统的安全性等级为C级、D级时，可靠性等级应按安全性等级确定。

7.2 地基基础

7.2.1 地基基础的安全性评定，宜按地基变形观察和观测资料、上部结构构件、墙体、吊车轨道、地下风道、特种下水管道等状况进行综合评定。当目标使用年限内，上部结构荷载有明显增加时，尚应进行地基承载能力的评定。

7.2.2 当地基基础的安全性按上部结构构件的状况进行评定时，宜按下列规定评定等级：

1 下列情况可评定为A级：

1）地基变形符合现行国家标准《建筑地基基础设计规范》GB 50007规定的允许值，上部结构构件的状况良好，吊车（起重机）等设备、设施运行正常时；

2）地基变形对地下风道、特种下水管道没有影响时。

2 地基变形基本符合现行国家标准《建筑地基基础设计规范》GB 50007 规定的允许值，平均沉降速率小于 0.03mm/d，且半年内的累计沉降量小于 5mm，上部结构基本满足正常使用的要求，地基变形对地下风道、特种下水管道没有影响时，可评定为B级；

3 下列情况可评定为C级：

1）地基变形不符合现行国家标准《建筑地基基础设计规范》GB 50007 规定的允许值，平均沉降速率大于等于0.03mm/d，且半年内的累计沉降量大于等于 5mm，沉降有进一步发展的趋势时；

2）上部结构已不能满足正常使用的要求，但吊车轨道尚有调整的余地，经调整倾斜可满足使用要求时；

3）墙体开裂，不易修复时。

4 下列情况可评定为D级：

1）地基变形严重不符合现行国家标准《建筑地基基础设计规范》GB 50007 规定的允许值，平均沉降速率大于0.03mm/d，且半年内的累计沉降量大于 5mm 时；

2）沉降有明显发展趋势时；

3）上部结构已不能满足正常使用的要求，吊车轨道难于调整恢复，墙体开裂严重且有继续发展的趋势时。

7.2.3 地基基础的使用性等级可根据上部承重结构、围护密封系统和地下设施的使用状况评定。

7.2.4 根据上部承重结构、围护密封系统和地下设施的使用状况评定地基基础的使用性等级时，可按下列规定评定等级：

1 上部承重结构、围护密封系统和地下设施的使用状况良好，围护密封系统没有透风漏气、地下设施无渗液现象时，可评定为A级；

2 上部承重结构、围护密封系统和地下设施的使用状况基本正常，结构构件因地基变形有轻微裂缝，裂缝宽度小于等于0.3mm；围护密封系统有少数轻微透风漏气、地下设施有轻微渗液现象时，可评定为B级；

3 上部承重结构、围护密封系统和地下设施不能满足正常使用要求，结构构件因地基变形有明显裂缝，裂缝宽度大于0.3mm；围护密封系统有明显的透风漏气、地下设施有漏液现象时，可评定为C级。

7.3 上部承重结构

7.3.1 上部承重结构系统的安全性等级，应按结构整体性和承载功能评定，并应取其中较低的评定等级作为上部承重结构的安全性等级。

7.3.2 结构整体性应包括结构布置和支撑系统，宜按表 7.3.2 进行评定，并宜取结构布置和支撑系统中的较低等级作为结构整体性的评定等级。

表 7.3.2 结构整体性的评定等级

等级	A或B	C或D
结构布置	结构布置合理，结构体系完整；结构形式和结构构件选型正确；构造合理，连接节点可靠，传力路径明确简捷，没有薄弱部位。符合或基本符合国家现行标准规范的要求，满足安全要求或不影响安全	结构布置不合理，基本上未形成或未形成完整的体系；传力路径不明确或不当；结构或构件选型、构造和连接等不符合或严重不符合国家现行标准规范的要求，存在薄弱部位。影响安全或严重影响安全
支撑系统	支撑布置合理，体系完整，构件的材料和截面形式合理，构造连接可靠，符合或基本符合国家现行标准规范的要求，无明显缺陷或损伤	支撑布置不合理，基本未形成或未形成完整的支撑系统；支撑杆件长细比及节点构造不符合或严重不符合国家现行有关标准规范的要求，有明显缺陷或损伤

7.3.3 安全重要厂房上部承重结构系统的承载功能，应按下列规定进行评定：

1 应按现行国家标准《混凝土结构设计规范》GB 50010 规定的结构分析原则和方法对上部结构进行整体分析；

2 结构上的作用（荷载）和混凝土、钢筋强度设计值，应按本规范第 6.1 节的规定取值；

3 在计算结构抗力时应考虑结构构件的损伤、材料的劣化、截面削弱等不利因素的影响；

4 各类构件的承载能力等级应按本规范表 6.2.3 评定；

5 结构系统的承载功能宜按下列规定评定：

1）含 b 级构件，且小于 20%，不含 c 级和 d 级构件时，可评定为A级；

2）含 c 级构件，且小于等于 10%，不含 d 级构件时，可评定为B级；

3）含 d 级构件，且小于等于 10%或 c 级构件小于等于 30%时，可评定为C级；

4）含 d 级构件，且大于 10%或 c 级构件大于 30%时，可评定为D级；

5）一般厂房上部承重结构系统的承载功能可按本条第 1 款～第 4 款各级中的百分数分别增加 5%执行。

7.3.4 使用工况明确、体形规则的单层框排架安全重要厂房上部承重结构系统的承载功能等级，可按下列规定简化评定：

1 可将上部承重结构体系按相对独立的传力体系（平面框、排架）划分为若干平面计算（评定）

单元；

2 可按本规范第6.2.3条计算每个单元中结构构件的承载能力，评定构件的承载能力等级；

3 可按下列规定评定平面计算（评定）单元的承载能力等级：

1）含b级构件，且小于20%，不含c级和d级构件时，可评定为A级；

2）含c级构件，且小于等于10%，不含d级构件时，可评定为B级；

3）含d级构件，且小于等于10%或c级构件小于等于30%时，可评定为C级；

4）含d级构件，且大于10%或c级构件大于30%时，可评定为D级；

5）一般厂房上部承重结构系统的承载功能可按本条第1款～第4款各级中的百分数分别增加5%执行。

4 可按下列规定评定上部承重结构系统的承载功能等级：

1）含B级平面计算（评定）单元，且小于20%，不含C级和D级平面计算（评定）单元时，可评定为A级；

2）含C级平面计算（评定）单元，且小于等于10%，不含D级平面计算（评定）单元时，可评定为B级；

3）含D级平面计算（评定）单元，且小于等于10%或C级平面计算（评定）单元小于等于30%时，可评定为C级；

4）含D级平面计算（评定）单元，且大于10%或C级平面计算（评定）单元大于30%时，可评定为D级；

5）当平面计算（评定）单元数小于等于5时，上部承重结构体系的承载能力等级取平面计算（评定）单元中的最低等级。

7.3.5 上部承重结构的使用性等级宜按上部承重结构的使用状况和结构水平位移评定，并应取其中较低的等级作为上部承重结构的使用性等级。

7.3.6 单层厂房上部结构使用状况的评定等级，可按屋盖、柱、吊车梁三个子系统中的最低使用性等级确定。

子系统的使用性等级宜按下列规定评定：

1 子系统中b级构件小于等于25%，不含c级构件时，可评定为A级；

2 子系统中c级构件小于等于15%时，可评定为B级；

3 子系统中c级构件大于15%时，可评定为C级；

4 屋盖系统应包括屋架或屋面梁、屋架上下弦水平支撑、垂直支撑、各类系杆等；柱系统应包括排架柱、抗风柱，柱间支撑、连系梁等；吊车梁系统应包括车挡、吊车检修平台、走道板、爬梯等；

5 构件的使用性等级按本规范第6.2.2条、第6.2.6条～第6.2.10条的规定评定。

7.3.7 当单层厂房上部承重结构的使用性等级评定需考虑结构水平位移影响时，宜采用实际检测和计算分析的方法，按表7.3.7的规定进行评定。

表7.3.7 钢筋混凝土单层厂房侧向（水平）位移评定等级

评定项目	位移或倾斜值（mm）		
	A级	B级	C级
有吊车厂房柱	$\leqslant H_C/1250$	$>H_C/1250$，但不影响吊车运行	$>H_C/1250$，影响吊车运行
无吊车厂房柱	$\leqslant H/1000$	$>H/1000$，$\leqslant H/750$	$>H/750$

注：1 表中H为自基础顶面至柱顶的高度，H_C为基础顶面至牛腿顶面的高度。

2 表中有吊车厂房柱的水平位移限值，指在吊车水平荷载作用下按平面结构图形计算的厂房柱的横向位移。

3 鉴定人员可根据工程经验，放宽无吊车厂房柱的B级位移限值。

7.3.8 多层厂房上部承重结构的使用性等级宜按下列规定评定：

1 b级构件小于等于25%，不含c级构件时，可评定为A级；

2 c级构件小于等于15%时，可评定为B级；

3 c级构件大于15%时，可评定为C级。

构件的使用性等级按本规范第6.2.2条、第6.2.6条～第6.2.10条的规定评定。

7.4 围护密封系统

7.4.1 围护密封系统的安全性等级，应按承重围护密封结构的承载功能和非承重围护密封结构的构造和连接进行评定，并应取其中较低的评定等级作为该围护密封系统的安全性等级。

承重围护密封结构承载功能的等级，应按本规范第6章和第7.3节的有关规定评定。

非承重围护密封结构的构造和连接可按表7.4.1评定等级，并应取其中的最低等级作为构造和连接的安全性等级。

表7.4.1 非承重围护密封结构构造和连接评定等级

项目	A级或B级	C级或D级
构造	构造合理，符合或基本符合国家现行有关标准的规定，无变形或有轻微变形、劣化或损坏	构造不合理，不符合或严重不符合国家现行有关标准的规定，有明显变形、劣化或损坏

续表 7.4.1

项目	A级或B级	C级或D级
连接	连接方式适当、连接构造符合或基本符合国家现行有关标准的规定，无缺陷或有局部、表面缺陷	连接方式不当、连接构造有缺陷或有严重缺陷；有明显的变形、松动、局部脱落、裂缝或损坏

7.4.2 围护密封系统的密封性、正常使用性等级，可按表 7.4.2 进行评定。

表 7.4.2 围护密封系统密封性、正常使用性的评定等级

项目	A级	B级	C级
屋面系统	构造层、防水层完好，无渗漏。屋面没有杂草、灌木生长，排水通畅	构造层基本完好，防水层有局部老化、鼓泡、龟裂轻微损坏；有轻微渗水，但厂房内没有滴水。有少量杂草或灌木生长，排水基本通畅	构造层有损坏，防水层多处老化、鼓泡、龟裂；有渗水且厂房内有多处滴水或漏水。有杂草或灌木生长，排水受阻
墙体、门窗，贯穿孔	墙体完好，无开裂。门窗无破损，边框和墙体之间无漏气。贯穿孔的密封性适应生产或贮存的需要	墙体基本完好，粉化、劣化深度小于等于5mm，无贯通裂缝。门窗有少量轻微破损，边框和墙体之间有轻微漏气。贯穿孔的密封性尚能适应生产或贮存的需要	墙体有破损，粉化、劣化深度大于5mm，有贯通裂缝。门窗有破损，边框和墙体之间漏气。贯穿孔的密闭性不能适应生产或贮存的需要
楼、地面防水	楼、地面层及翻边防水完好，无劣化、开裂、鼓泡、锈蚀等缺陷。排水通畅，冲洗后无积水	楼、地面层及翻边防水基本完好，有少数部位轻微劣化、龟裂、鼓泡、锈蚀等缺陷，但尚未漏液。排水基本通畅，冲洗后仅存少量且易于擦拭的积水	楼、地面层及翻边防水有破损，有多处劣化、龟裂、鼓泡、锈蚀等缺陷；液体可渗漏至结构层，下层可见渗漏的痕迹；排水不畅，冲洗后多处残存积水

8 厂房综合鉴定评级

8.0.1 铀燃料元件厂房的可靠性综合鉴定评级，可根据厂房的预期生产使用状况、生产工艺布置、防护要求、结构体系、构造特点、鉴定目的等将厂房划分为一个或若干个鉴定区段，每个区段应作为一个鉴定单元进行可靠性等级的综合评定。

8.0.2 鉴定单元可靠性等级综合评定，应根据地基基础、上部承重结构和围护密封系统的可靠性等级评定结果，按下列规定进行评定：

1 对于安全重要厂房，应取地基基础、上部承重结构和围护密封系统中的较低等级作为鉴定单元的可靠性等级；

2 对于一般厂房，当地基基础、上部承重结构和围护密封系统的等级相差不大于一级时，应以地基基础和上部承重结构中的较低等级作为鉴定单元的可靠性等级。当围护密封系统的等级比地基基础和上部承重结构中的较低等级低二级时，应取比地基基础和上部承重结构中的较低等级低一级作为鉴定单元的可靠性等级。

9 鉴定结论和处理措施建议

9.0.1 鉴定结论应根据构件、结构系统、鉴定单元的评定等级，针对具体鉴定对象提出可安全正常使用、可不采取措施、应采取措施、应立即采取措施等明确意见。

鉴定报告宜简要说明 c 级、d 级，C 级、D 级，以及三级、四级的具体含义。

9.0.2 对于应采取措施、应立即采取措施的构件或构件组合，应指出具体的位置、缺陷的性质状态、存在的隐患和可能发生的影响正常生产或安全的程度。宜给出具体的处理措施。

9.0.3 构件或构件组合可靠性为 c 级、d 级时，宜提出下列供委托方选择的措施：

1 出于经济原因接受现状，采取短周期观察、检查，及其他确保核设施安全的措施；

2 减轻结构上的荷载或改变为对安全、密封要求低的用途。启用之前，应进行清污、检查，确认放射性、毒性等符合预期使用要求；

3 修缮、加固构件或部分结构；

4 当厂房从经济、技术上考虑，失去修缮、加固或清污后改作他用的价值时，宜进行简单的维护，拆除生产线，然后拆除厂房。在厂房封存待拆期间，应采取措施确保其可能存在的放射性物质、毒物不向环境逸散。

9.0.4 处理措施建议中，应提出厂房在今后的运行中，定期检查、正常维护的时间间隔；需要时，宜指出重点检查的构件、部位和系统。

9.0.5 处理措施建议，宜在正式形成报告前和委托方技术管理人员进行沟通，并宜力求对主要结论、处理措施取得一致或理解。

本规范用词说明

1 为便于在执行本规范条文时区别对待，对要求严格程度不同的用词说明如下：

1）表示很严格，非这样做不可的：

正面词采用“必须”，反面词采用“严禁”；

2）表示严格，在正常情况下均应这样做的：
正面词采用“应”，反面词采用“不应”或“不得”；

3）表示允许稍有选择，在条件许可时首先应这样做的：
正面词采用“宜”，反面词采用“不宜”；

4）表示有选择，在一定条件下可以这样做的，采用“可”。

2 条文中指明应按其他有关标准执行的写法为：“应符合……的规定”或“应按……执行”。

引用标准名录

《建筑地基基础设计规范》GB 50007

《建筑结构荷载规范》GB 50009

《混凝土结构设计规范》GB 50010

《建筑抗震鉴定标准》GB 50023

《建筑结构可靠度设计统一标准》GB 50068

《民用建筑可靠性鉴定标准》GB 50292

《建筑结构检测技术标准》GB/T 50344

《电离辐射防护与辐射源安全基本标准》GB 18871

《建筑变形测量规范》JGJ 8

《铀燃料元件厂设计准则》EJ/T 808

中华人民共和国国家标准

铀燃料元件厂混凝土结构厂房可靠性鉴定技术规范

GB/T 50676—2011

条　文　说　明

制 定 说 明

《铀燃料元件厂混凝土结构厂房可靠性鉴定技术规范》GB/T 50676—2011，经住房和城乡建设部2011年2月18日以第946号公告批准发布。

本规范参照现行国家标准《工业建筑可靠性鉴定标准》GB 50144—2008的有关规定，根据铀燃料元件厂的特点，制定了铀燃料元件厂混凝土结构厂房可靠性鉴定的规定、要求。遵循的主要原则是：安全重要厂房的构件安全等级和可靠性等级评定标准取高于《工业建筑可靠性鉴定标准》的规定；一般厂房的构件安全等级和可靠性等级评定标准取不低于《工业建筑可靠性鉴定标准》的规定；对辐射防护安全、核设施退役、环境保护对可靠性鉴定的影响提出了要求。

铀燃料元件厂的安全重要厂房在生产使用过程中具有放射性，这是区别于其他工业厂房的特点。预计到2020年我国的核电装机容量将达到电力装机总量的4%，我国的铀燃料元件厂将为这些核电厂提供大部分核燃料，是电力供应中的重要一环，对电力供应的可靠性将产生影响。所以，对铀燃料元件厂的安全重要厂房提出了更高的要求。

本规范制定过程中，编制组对我国铀燃料元件厂建（构）筑物的实际状况进行了调研，总结了铀燃料元件厂混凝土结构厂房可靠性鉴定工程经验，同时参考了国内外有关可靠性鉴定、既有结构的可靠性评定等标准，并广泛征求意见。

为了在使用本规范时能正确理解和执行条文规定，编制组编写了《铀燃料元件厂混凝土结构厂房可靠性鉴定技术规范》条文说明。本条文说明不具备与规范正文同等的法律效力，仅供使用者作为理解和把握规范规定的参考。

目　次

1 总　　则

1.0.1 在铀燃料元件厂混凝土结构厂房的可靠性鉴定中，尤其要贯彻核安全法规，以确保核设施的安全运行或退役过程中的安全。

1.0.2 铀燃料元件厂除了厂房和附属的生活设施外，还有水池、水塔，物料运输连廊等钢筋混凝土构筑物，这些构筑物在强度、刚度、耐久性等方面和钢筋混凝土厂房是相通的，本规范原则上适用于上述构筑物的可靠性鉴定。

铀燃料元件厂通常设置有钢筋混凝土排风筒，排风筒承担着全厂的排风功能，内部空间狭窄、没有日常照明、受污染严重，本规范不适用于这类具有特殊功能构筑物（特种结构）的鉴定。

1.0.4 目前，我国的两座铀燃料元件厂都处于抗震设防区。其中，中核建中核燃料元件有限公司的抗震设防烈度为7度；中核北方核燃料元件有限公司的抗震设防烈度为8度。

《国务院关于进一步加强防震减灾工作的意见》（国发〔2010〕18号）要求“提高核设施的抗震能力”，所以，在进行可靠性鉴定时，务必同时进行抗震鉴定。

由于目前尚没有适用于铀燃料元件厂的抗震鉴定标准，在参照现行国家标准《建筑抗震鉴定标准》GB 50023、《建筑抗震设计规范》GB 50011进行鉴定时，对于安全重要厂房宜采用较严的标准，以确保核设施的安全。

1.0.5 《房屋建筑工程抗震设防管理规定》（中华人民共和国建设部令第148号）第十二条规定，“已经建成的下列房屋建筑工程，（一）《建筑工程抗震设防分类标准》中甲类和乙类建筑工程；（二）……；（三）地震重点监视防御区的房屋建筑工程；……应当委托具有相应设计资质的单位按现行抗震鉴定标准进行抗震鉴定……”，根据该规定原则，铀燃料元件厂的可靠性鉴定，原则上应当由具有相应设计资质的单位承担。但出于在营运单位委托可靠性鉴定时有一定的选择范围的考虑，作出了“可靠性鉴定工作，应由具有相应资质的单位承担”的规定。

1.0.6 铀燃料元件厂混凝土结构厂房的可靠性鉴定需要遵循的准则、技术要求、技术措施，在许多方面和其他“工业建筑”是相同的，在具体鉴定中应遵守相关的标准规范。

3 鉴定工作程序和内容

3.1 一 般 规 定

3.1.1 厂房的用途或使用条件有较大改变是指生产线技术改造，设备、设施需要更新更换等情况。

3.1.4 确定目标使用年限需要考虑的因素较多，除了正文中列出的以外还应考虑：厂房龄期，是应急鉴定、临时鉴定、短期鉴定还是长期鉴定；即根据鉴定报告提出的建议采取措施后，预期再使用多长时间。

预期使用条件是委托方提出的要求，目标使用年限是鉴定单位和委托方共同协商确定的。

3.1.5 由于技术、经济或管理上的原因，某些放射性厂房停止使用后，往往不能及时进入退役程序，而实施封存。厂房或其中的设备、物品往往处于受污染状态，为防止放射性物质向环境逸散，应保持厂房的密封、安全。

3.2 工作程序和内容

3.2.2 根据我国铀燃料元件厂生产管理的具体情况，委托方可能有：营运单位、核燃料行业或行政主管部门、核安全行政管理部门等。

3.2.4 设计文件一般包括：立项、批复，图纸、变更、标准图、通用图，计算书，竣工图，竣工验收文件等；施工和竣工验收文件一般包括：使用材料合格证、材质试验报告，隐蔽工程验收等；维修加固技术改造文件宜查清改造的原因、存在的问题，使用条件发生的变化等。

既有厂房的可靠性鉴定所需的文件往往难于收集齐全，这时可以收集参考同一地区、同期或相近时期建造、具有相近使用条件的工程项目文件。

3.2.5 根据国际标准《结构可靠性总原则》ISO 2394：1998现存结构的评定和现行国家标准《工程结构可靠性设计统一标准》GB 50153提出的一些原则，提出了在满足某些条件时，可以直接作出鉴定结论，这样既满足了工程实际的需要，又降低了鉴定工作量。

3.2.6 现场调查、检测等工作需要委托方安排有关人员配合，所以编制鉴定大纲时应尽量和委托方进行沟通协商，以对主要事项达成一致。

3.2.9 工程经验表明：厂房可靠性鉴定的层次划分不宜过细，应允许鉴定人员根据工程实际情况取舍、合并鉴定的层次。所以条文规定“宜划分为构件、结构系统、鉴定单元三个层次”。

3.2.10 专项鉴定通常是为满足应急工作需要的，所以在抓住主要鉴定对象的情况下，可以适当简化鉴定的内容和程序。

3.2.11 现场调查记录往往是支撑鉴定结论的重要依据，比如：裂缝分布图及其性质、成因的描述、破损检查、地基开挖、现场应急或临时防护支撑等，作为过程资料应保存，所以规定鉴定报告的附件宜包括现场调查记录。

5 厂房的调查和检测

5.1 一般规定

5.1.2 鉴定人员对现场情况、生产状况往往不是很熟悉，请铀燃料元件厂的安全管理人员审查安全防护措施是必要的。

5.1.3 调查方法以实地察看为主。本条是根据《结构可靠性总原则》ISO 2394 ：1998 第 10.5 节的有关规定作出的。现将其内容摘录如下，供鉴定人员参考。

对于结构缺陷的评定推荐采取下列程序：

1）肉眼检查

这经常是有用的，对结构做初步的肉眼检查来对其状况得到一种感觉判断。对各种主要的缺陷应该由有经验的眼睛来证明。

2）对观察到的现象进行解释

确定结构计算简图。估计结构上的作用，如使用荷载、物理化学作用、振动、风荷载等来解释、判断结构的缺陷。

分析原设计文件、查阅有关施工文件，并寻找设计和/或施工因素与结构缺陷的相关关系。

3）可靠性评定

根据结构的状态和取得的设计、施工文件，采用"失效概率或分项系数"估计结构的可靠性。如果可靠性是足够的（即优于在设计中一般能接受的），首先是表示满意并且不再要求采取进一步的行动。

4）附加资料

如果根据上款可靠性评定结果，可靠性不满足要求，首先可以检查变换结构计算简图、精细估计结构上的作用，补充检查、检测，以取得材料更真实的力学指标。进一步进行可靠性评定。

5）最后决策

如果可靠度还是太低，则可作出如下决策：

a. 考虑经济上的原因接受目前的状况；

b. 改变用途或减轻结构上的作用；

c. 修理加固结构；

d. 拆除结构。

5.2 使用条件的调查

5.2.2 设备安装检修荷载包括：设备、配件、工具、器具，尤其要考虑设备或部件、材料等堆集荷载。根据厂房的具体情况，可能还需调查预应力、土压力、水压力以及可能产生的爆炸、撞击等荷载。

5.2.4 地理、气象等和一般工业厂房相同，需调查温度、湿度、降雨、风力、风向等。

5.3 厂房结构的调查和检测

5.3.1 对厂房结构的调查在条文中只给出了地基基础和上部承重结构，实际鉴定工作中，还应包括支撑围护密封系统的结构。

5.3.2 根据铀燃料元件厂的实际情况，尚没有发现因地基不均匀沉陷导致上部结构不能正常工作的情况。参照现行国家标准《建筑抗震鉴定标准》GB 50023 的有关规定，作出没有"静载缺陷"的，认为符合可靠性要求，不再进行进一步鉴定。

5.3.3 验算地基承载力和地基变形时，可根据工程经验考虑地基固结作用的有利影响。

工程实践表明，部分既有建筑地基实际状况，尤其是地下水状况和原设计有较大差别，故强调了补充开挖，以查明实际地质情况和原来的设计是否一致；基础形式、材料、埋置深度、尺寸等和原设计文件是否一致。

5.3.4 建筑变形测量，尤其是沉降速率测量要求的精度较高，需要具有相应资质的单位和人员承担。

5.3.5 结构整体性调查通常包括下列内容：排架结构的柱，屋架、纵向联系梁、柱间纵向垂直支撑，屋架端部支座，屋架的上下弦水平支撑和屋架间的垂直支撑，各种系杆，屋面板的焊接等。

5.3.8 裂缝的性质主要指是什么原因引起的裂缝，如：弯曲裂缝、剪切裂缝、混凝土收缩裂缝、温度升降裂缝、不均匀沉降裂缝等。

对于新出现的裂缝，做原位标识，以作为进一步观察的依据，判断裂缝是否继续开展以及开展的速率。

5.3.9 混凝土结构厂房中有许多钢构件，如柱间支撑、混凝土屋架或屋面梁的水平和垂直支撑、跨度大于等于 21m 的单层厂房屋盖常采用梯形钢屋架。故做混凝土结构厂房的可靠性鉴定，必然要涉及钢构件的检测、鉴定、评级。

详细规定钢结构的调查、检测、评级、鉴定超出了本规范的范围。本条仅提出了钢构件应重点检查的内容。单层厂房的柱、屋面梁、屋架是平面构件，和柱间支撑、屋架间的垂直支撑和上下弦水平支撑等共同构成空间稳定的结构体系。所以重中之重是不能缺构件、不能缺杆件，即检查：构件完整、杆件齐全。

钢构件的安全性、使用性、可靠性评级按现行国家标准《工业建筑可靠性鉴定标准》GB 50144—2008 执行。

厂房内钢平台的检查，可参照本条。

5.4 围护密封系统的调查和检测

5.4.1、5.4.2 铀燃料元件厂的许多厂房、库房内部需要保持负压或在事故状态下保持负压，库房、厂房内部的空气经收集、过滤处理、检测符合标准后排入大气。安全重要厂房的围护密封系统，是纵深防御的最后一道密封屏障，所以，应重点检查其密封性。

5.4.3 对围护密封系统的密封性要求，是铀燃料元件厂区别于其他厂房的特点。鉴定时，要给予重视。

记录裂缝的方法有多种，如拍照、自动扫描记录等，但现场量测、徒手绘画仍是现实可靠的方法；有些厂房，由于特殊的规定，只能徒手绘画。所以，由有经验的眼睛来检查、判断结构损坏的状况是至关重要的。

由于裂缝的三维不规则性，就目前的技术手段，还没有简单可靠的方法量测裂缝深度，且勉强量出有限的裂缝深度，也没有实际工程意义。所以，规定“需要时可测量裂缝的深度”。

5.5 现场调查的安全技术措施

5.5.1～5.5.6 凡是进入现场进行调查检测的工作人员，都应遵守安全生产的有关规定。这些规定主要有：《建筑施工安全检查标准》JGJ 59—99 和《建筑安全生产监督管理规定》（建设部 1991 年第 13 号令）等。

对放射性表面污染水平进行测量的专业人员指铀燃料元件厂从事辐射防护工作的人员。

有关进入铀燃料元件厂进行现场调查的工作人员的辐射安全防护，原则上应遵守厂里的安全防护规定。调查检测人员多为土木工程相关专业，对其进行适当的培训是必要的，以便做到确保调查人员接受的辐射剂量符合规定的要求，又要避免防护过度，影响正常开展工作。

通常，在初步调查阶段不需要进行破损检查、取样等，在厂方技术人员的陪同下进厂观察，是不需要对厂房进行全面表面污染测量的。

铀燃料元件厂的放射性危害主要为内照射，导致内照射的原因为“食入、吸入”。按铀燃料元件厂的安全管理规定，在现场调查期间，禁止进餐饮水，故食入放射性物质的可能性极小，所以应加强对作业人员呼吸道的防护，以防吸入放射性物质。

按现行国家标准《电离辐射防护与辐射源安全基本标准》GB 18871—2002 的规定，对表面污染进行控制，以减少作业过程中放射性粉尘飞扬，以及人体和设备表面污染。为防止交叉污染，作业人员进入厂房进行工作时，应穿戴防护用品；出厂房时，宜进行淋浴冲洗和手脚表面污染监测。

需要时，应对鉴定工具进行表面污染检查，合格后方可带出厂房。

6 结构分析和构件等级评定

6.1 结构分析

6.1.2 根据现行国家标准《工业建筑可靠性鉴定标准》GB 50144 和《结构可靠性总原则》ISO 2394：1998 有关规定的原则，作出结构分析和校核方法、材料强度取值的规定。

《结构可靠性总原则》ISO 2394：1998：各材料性能必须根据结构实际状态进行考虑；如果原设计文件是可用的并且材料没有严重的退化，与各设计误差或施工误差是不被怀疑的，则与原设计相一致的特征值应该被采用。

目前，尚没有简单适宜的检测钢筋强度的方法。通常，提出检测钢筋强度要求时，其构件多为重要构件或处于重要的部位，在这样的部位截出一段钢筋是很困难的，实际鉴定工作中应慎重使用。

钢筋的检查，重点是原位检查锈蚀程度，即锈蚀后的面积损失率。当面积损失率达到 20%以上时，原则上必须加固。

现行国家设计规范主要包括《建筑结构可靠度设计统一标准》GB 50068、《建筑结构荷载规范》GB 50009、《建筑地基基础设计规范》GB 50007、《混凝土结构设计规范》GB 50010。

6.1.3 混凝土结构的载荷试验可按现行国家标准《混凝土结构试验方法标准》GB 50152 执行。现行国家标准《建筑结构检测技术标准》GB/T 50344—2004 第 4.8 节给出了构件性能实荷检验的规定，可参照执行。

对于建设年代久远的厂房，往往收集不全鉴定需要的设计文件、标准图集等，致使无法计算、验算其承载能力。这时，做载荷试验是一常用的方法。

6.2 混凝土构件的等级评定

6.2.1 对于钢筋混凝土构件，重要的是评定其安全性，故规定“需要时，可评定其可靠性等级”。对厂房的每一根构件都评定可靠性等级，工作量太大，也没有工程实际意义。

6.2.3 我国铀燃料元件厂多建造于 20 世纪 60 年代至 80 年代，设计、施工和材料所依据规范的安全度水准比相应的现行规范低。用现在的安全度水准去要求过去的结构构件，是偏严的要求。所以规定“作用效应和构件抗力宜按国家现行有关设计标准规定的方法计算”；当鉴定人员有经验时，可以选择采用更适宜的计算方法、评定准则。

当计算结果评定为 c 级或 d 级时，应采取进一步的评定措施，而不宜简单地判为“应采取措施或应立即采取措施”。其依据是“在保证结构性能（安全性、使用性）的前提下，尽量减少工程处置工作量”的原则（现行国家标准《工程结构可靠性设计统一标准》GB 50153—2008 第 G.1.3 条及其条文说明）。

进一步的评定措施包括：根据现行国家标准《工程结构可靠性设计统一标准》GB 50153—2008 附录 G 所规定的原则进行计算评定；进一步评估结构上实际荷载和荷载组合；改进或变换结构计算模型；附加检验等。

表 6.2.3 a 级、b 级、c 级、d 级的取值原则是：对安全重要厂房重要构件的要求比《工业建筑可靠性鉴定标准》GB 50144—2008 的规定适当提高，提高幅度为 2%～3%；对安全重要厂房的一般构件和一般厂房的重要构件取和《工业建筑可靠性鉴定标准》GB 50144—2008 重要构件相同的规定。

按《铀燃料元件厂设计准则》安全重要厂房多为“重点设防类（乙类）”，故将其承载能力要求提高 2%～3%是适宜的。

根据工程经验，现浇钢筋混凝土超静定结构具有很好的整体性，各构件能够协调变形，共同受力。当鉴定人员有工程经验时，对于现浇钢筋混凝土超静定结构的一般构件，可取 $\gamma_0=0.90$。表 6.2.3 中的数值范围，下限值为含，与限值为不含。

6.2.4 根据现行国家标准《工程结构可靠性设计统一标准》GB 50153—2008 中既有结构可靠性评定“基于结构良好状态”的评定方法，作出本条规定。其前提是要求鉴定对象的结构体系、构件布置、连接和构造要符合现行结构设计规范的要求。

a 级构件和 b 级构件都是安全的，可以正常使用。具体工程中的构件是评定为 a 级还是 b 级，由鉴定工程师根据实践经验、业主的意见、目标使用年限、结构或构件覆盖的生产设施的重要性、经济状况等综合确定。

需要强调的是，和精确复杂的理论计算相比，有些情况下鉴定人员直观肉眼观察判断是更重要的。

6.2.5 关于锈蚀程度轻微、严重的界限，参照钢铁行业关于钢结构锈蚀检查的标准，锈蚀深度小于 0.5mm 时，可认为锈蚀轻微；大于或等于 0.5mm 可认为锈蚀严重。0.5mm 通常小于钢板厚度、螺栓直径的 5%。故以 0.5mm 为界限是合适的。

焊缝和螺栓的构造要求见现行国家标准《混凝土结构设计规范》GB 50010 和《钢结构设计规范》GB 50017。

6.2.6 表 6.2.6 规定的裂缝宽度是基于“受弯构件”，由于弯曲变形而产生的裂缝。对于由于斜截面承载能力不足引起的斜裂缝，应从严掌握。

裂缝是构件状态的综合反映，产生的原因多种多样，形状千差万别，对结构构件的承载能力、正常使用的影响自然差别很大。鉴定人员要认识到，表 6.2.6 给出的数值只能从概念上去理解，对构件的实际工作状态并不具有实质性的定量判定价值。该表反映针对厂房重要性、构件重要性的不同对裂缝宽度的要求不同。目前的技术水平、量测条件，做不到将裂缝宽度的精度精确到 0.05mm～0.10mm 的程度。更何况，反映裂缝特征的因素还有长度、走向、深度、新旧程度等，决非一张表格所能够涵盖。鉴定人员的工程实践经验、肉眼判断是更加重要的。

本条的环境条件划分依据是现行国家标准《混凝土结构耐久性设计规范》GB/T 50476—2008。

6.2.7 表 6.2.7 给出的评定标准依据的是现行国家标准《混凝土结构设计规范》GB 50010—2002 第 3.3 节“受弯构件的挠度限值”。

在可靠性鉴定工程实践中，还没有发现框架柱、排架柱存在明显的缺陷。所以，表 6.2.7 没有列出框架柱、排架柱的变形评级。当需要对框架柱、排架柱进行评级时，可比照现行国家标准《工业建筑可靠性鉴定标准》GB 50144 执行。

评定构件的等级时，要注意判断变形、挠度是施工时的原始变形还是投入使用后受荷载作用产生的。原始变形不计入表中的变形数值。

6.2.8、6.2.9 混凝土腐蚀目前还难以定量描述，腐蚀结果通常是混凝土粉化。实践中，可用锤子、钎子等简易工具敲、抠混凝土，当容易将其抠落，可见流砂、粗骨料松动等情况时，认为是明显的腐蚀、剥落、酥松等损伤，评定为 c 级。

钢筋的锈蚀深度难以用简单易行的方法测定，实践中常用钢筋截面积损失率和混凝土保护层胀裂情况来间接判定。测定面积损失率在现场原位也不易做到。钢筋锈蚀体积膨胀到一定程度，混凝土保护层将被胀裂、脱落，所以通常需要由鉴定人员根据保护层被胀裂的长度、保护层的酥松程度、一个构件上钢筋锈蚀胀裂占钢筋根数的比例等定性判断。

第 6.2.9 条中 b 级、c 级的裂缝宽度是指“顺筋裂缝”以外的其他裂缝。

6.2.10 本条规定的依据是《结构可靠性总原则》ISO 2394：1998。现将其第 10.2 节的有关内容摘录如下，供鉴定人员参考：“对现存结构的这些部分是不需要进行评定的，当该部分未受到和将来也不会受到结构变化、修复、修缮、改变用途的影响；或者它没有明显的损坏，或者并不怀疑其可靠性不足。”

7 结构系统的鉴定评级

7.1 一 般 规 定

7.1.1 根据鉴定目的不同，对地基基础、上部承重结构、围护密封系统或其中的一部分可能只需要进行安全性、使用性中的一项进行评级。

7.2 地 基 基 础

7.2.2 铀燃料元件厂的某些厂房建有地下风道和特种下水管道。生产线运行后，地下风道内往往积聚有放射性物质，长期得不到清污；特种下水管道排的是放射性或有毒废液，地基变形将影响这些风道、管道的安全或使用。所以，在地基基础的安全性鉴定中规定了考虑地下风道、特种下水管道的内容。

现行国家标准《工业建筑可靠性鉴定标准》GB

50144—2008 规定的沉降稳定界限为 0.05mm/d。现行行业标准《建筑变形测量规程》JGJ 8—2007 和浙江省《建筑地基基础设计规范》DB 33/1001—2003 均规定稳定的标准为 0.01 mm/d～0.04 mm/d；上海市《地基基础设计规范》DGJ 08—11—1999 规定沉降停止测量的标准为 2mm/半年，约为 0.01 mm/d；天津市《岩土工程技术规范》DB 29—20—2000 规定的建筑物沉降基本稳定的沉降速率为1mm/100d，为 0.01mm/d。

基于以上标准，结合铀燃料元件厂的重要性和其地基一般都不是软土，取了中间值 0.03 mm/d（折合 5.4mm/半年）。

7.2.4 铀燃料元件厂房的地下设施包括地下风道、生产和生活下水道、含铀的"特种废水沟、水道、储液槽"，考虑地基变形对上述地下设施的影响程度评定地基基础的使用性等级是铀燃料元件厂的特点。

7.3 上部承重结构

7.3.3 本条规定了上部承重结构体系承载功能等级评定的原则，适用于单层厂房和多层厂房。

本条第 5 款，按本规范第 4.0.3 条规定对结构系统的承载功能等级评定做了具体规定。通常表述某值略低于标准规范要求时，是指其值和标准规范要求的偏差小于等于 10%；所以，第 4.0.3 条中的"极少数"可按小于等于 10%掌握。C 级、D 级按 c 级构件含量 30%划界，是基于如下考虑：c 级构件是应采取措施的构件，应采取措施的构件大于 30%时，从安全上考虑，应立即停止使用，采取措施。故定为 D 级。

d 级构件是"应立即采取措施"的，当一个结构系统应立即采取措施的构件超过 10%时，一般认为就需要大修或改为要求较低的其他用途了，故以 d 级构件为 10%为界规定了结构系统的 C 级、D 级。

7.3.4 在评定构件、单元、系统的承载能力等级时，考虑铀燃料元件厂的重要性，对安全重要厂房，和现行国家标准《工业建筑可靠性鉴定标准》GB 50144—2008 的规定相比，总体上要求提高了 10%。

20 世纪 70、80 年代建造的钢筋混凝土单层工业厂房，多为按平面设计（没有考虑空间作用）的"平面排架"，结构简单，所以在评定构件、单元承载能力等级时，没有区分重要构件、一般构件。

这类厂房的平面计算（评定）单元，通常可归为三类：一是中间标准排架，二是端山墙框排架，三是伸缩缝排架。当单元总数小于等于 5 时，计算其 A 级、B 级、C 级、D 级的百分比，在工程上没有意义，故规定：单元数小于等于 5 时，上部承重结构体系的承载能力等级取平面计算（评定）单元中的最低等级。

7.3.7、7.3.8 铀燃料元件厂的单层厂房，通常吊车吨位为 1t、2t、5t、20t，轻级工作制。实践表明，上部结构在风荷载、吊车荷载作用下水平位移很小，通常是不需要考虑水平位移影响的。

现行行业标准《高层建筑混凝土结构技术规程》JGJ 3—2002 第 4.3.6 条规定框架结构的层间位移限值为 1/550，单层厂房多为一次超静定排架结构，其变形性能优于框架结构，位移限值可以放宽。故规定"鉴定人员可根据工程经验，放宽无吊车厂房柱的 B 级位移限值"。

由于铀燃料元件厂的钢筋混凝土多层厂房通常不超过 4 层，工程实践表明，结构的水平位移远小于现行国家标准规范规定的允许限值。故没有给出多层厂房考虑水平位移的等级评定。

7.4 围护密封系统

7.4.1 铀燃料元件厂围护结构构件多是烧结粘土砖砌体墙，支撑、约束墙体的连系梁、圈梁通常是上部承重结构的组成部分，所以，其承载功能的评定等级直接引用本规范第 6 章和第 7.3 节上部承重结构的规定。

当围护墙体的外观状况良好，和钢筋混凝土梁柱的连接可靠，接缝的宽度小于等于 2mm，没有肉眼可以观察到的鼓闪，围护密封系统的安全性等级可直接评定为 A 级或 B 级；当围护墙体面层有剥落，剥落面积超过单片墙体的 10%；和钢筋混凝土梁柱的接缝宽度大于 2mm，有肉眼可以观察到的鼓闪，可评定为 C 级或 D 级。

8 厂房综合鉴定评级

8.0.2 对厂房内空气气流进行合理组织，使厂房内压力低于厂房外压力，保持厂房内处于负压状态，防止放射性气溶胶等污染物向环境扩散，确保工作环境符合辐射防护的规定，是铀燃料元件厂区别于一般工业厂房的特点。密封性能降低后，影响既定的气流组织、降低负压值，将对工作环境造成不利影响，同时也增加能耗。所以，在评定铀燃料元件厂有负压要求的厂房时，围护密封系统的评定等级在可靠性评级中的权重不应降低。

安全重要厂房主要是指：六氟化铀库房，二氧化铀粉末库房、二氧化铀芯块库房和燃料组件库房，化工转换、芯块制备、燃料棒制造、燃料组件制造、理化分析实验室等厂房。

9 鉴定结论和处理措施建议

9.0.1、9.0.2 委托方和鉴定人员最关心的就是哪些部位、哪些构件存在什么缺陷以及缺陷的危害程度，以便有针对性地采取措施。在以往的可靠性鉴定工程实践中，可靠性鉴定报告按照《工业厂房可靠性鉴定标准》GBJ 144—90 给出构件的 b 级、c 级、d 级以及结构系统的 B级、C级、D级。委托方拿到鉴定报告，面对这些评级，没有直观概念，对日常管理和下一步应采取的具体措施不清楚，觉得鉴定报告“不好用”。故本规范规定应指出存在的缺陷、影响生产和安全的程度以及具体的处理措施建议。

具体处理措施包括：修补裂缝、维修加固、临时支撑保护、更换构件等。

9.0.5 铀燃料元件厂房可靠性鉴定报告，往往成为委托方生产线技术改造项目建议书等的附件，报告的结论将被建议书引用。鉴定报告定稿前，与委托方沟通是必要的。

中华人民共和国国家标准

空分制氧设备安装工程施工与质量验收规范

Code for construction and acceptance of oxygen plant equipment installation engineering

GB 50677—2011

主编部门：中　国　冶　金　建　设　协　会
批准部门：中华人民共和国住房和城乡建设部
施行日期：2　0　1　2　年　5　月　1　日

中华人民共和国住房和城乡建设部
公　告

第945号

关于发布国家标准《空分制氧设备安装工程施工与质量验收规范》的公告

现批准《空分制氧设备安装工程施工与质量验收规范》为国家标准，编号为GB 50677—2011，自2012年5月1日起实施。其中，第3.0.4、3.0.14、9.1.1、11.1.1、13.8.1、14.2.10条为强制性条文，必须严格执行。

本规范由我部标准定额研究所组织中国计划出版社出版发行。

中华人民共和国住房和城乡建设部

二〇一一年二月十八日

前　言

本规范是根据原建设部《关于印发〈2007年工程建设标准规范制订、修订计划（第二批）〉的通知》（建标函〔2007〕126号）的要求，由中冶天工集团有限公司会同有关单位编制而成。

本规范在编制过程中，规范编制组学习了有关现行国家法律、法规及标准，进行了调查研究，总结了多年来空分制氧设备工程安装质量验收的经验，对规范条文反复讨论修改，并广泛征求了有关单位和专家的意见，最后经审查定稿。

本规范共分14章和4个附录，主要内容包括：总则，术语，基本规定，设备基础、地脚螺栓和垫板，设备和材料进场，原料空气压缩设备，空气预冷、净化设备，空气分离设备，产品压缩系统设备，低温液体储备系统，稀有气体提取设备，常温吸附空气分离设备，设备试运转，安全环保等。

本规范中以黑体字标志的条文为强制性条文，必须严格执行。

本规范由住房和城乡建设部负责管理和对强制性条文的解释，由中国冶金建设协会负责具体管理，由中冶天工集团有限公司负责具体技术内容的解释。在执行过程中，请各单位结合工程实践，认真总结经验，随时将有关的意见和建议反馈给中冶天工集团有限公司（地址：上海市宝山区铁力路2469号，邮政编码：201999，E-mail：office@13shmcc.cn，传真：021—56600177），以供今后修订时参考。

本规范主编单位、参编单位、主要起草人和主要审查人：

主 编 单 位： 中冶天工集团有限公司

参 编 单 位： 宝山钢铁股份有限公司
武汉钢铁（集团）公司氧气有限责任公司
冶金工业工程质量监督总站宝钢监督站
杭州杭氧股份有限公司
中冶南方工程技术有限公司
宝钢工程技术集团有限公司
上海宝钢建设监理有限公司
中国二十二冶集团有限公司

主要起草人： 郑永恒　宋建伯　王振智　孙兴利　高丽华　葛明伟　武　丽　周学民　张银锋　梁晓忠　马永春　邵伟征　周化来　白　力

主要审查人： 郭启蛟　杨湧源　李永康　马大方　叶必楠　傅　强　吴景刚　夏乃木　史湘林　邓　文　张志义　赵　聪　鲁福利　颜　钰

目次

Contents

1 总 则

1.0.1 为加强空分制氧设备安装工程施工与质量控制，规范施工过程，统一验收标准，确保工程质量，制定本规范。

1.0.2 本规范适用于低温法空气分离设备安装工程和常温吸附法空气分离设备安装工程的施工与质量验收。

1.0.3 空分制氧设备安装工程中采用的工程技术文件、承包合同对安装质量的要求不得低于本规范的规定。

1.0.4 空分制氧设备安装工程的施工与质量验收，除应符合本规范外，尚应符合国家现行有关标准的规定。

2 术 语

2.0.1 低温法空气分离设备 cryogenic air separation unit

以空气为原料，经过滤、加压、预冷、净化、膨胀制冷后，采用深冷精馏技术把空气分离成氧、氮、氩及其他稀有气体的成套设备。

2.0.2 常温吸附法空气分离设备 pressure swing adsorption

以空气为原料，在常温状态下，采用变压吸附法把空气分离成氧气或氮气的成套设备。

2.0.3 空气压缩机组 air compressor unit

从入口过滤器吸入常温常压的原料空气，经压缩机压缩后，产生压缩空气的装置。由入口过滤器、入口消音器、排放消音器、驱动装置、压缩机、级间管道、冷却系统（冷却器等）、润滑系统、仪表空气系统等组成。

2.0.4 空气增压机组 booster air compressor unit

将经原料空气压缩机组加压预冷净化后的部分工艺空气继续压缩至所需压力的装置。

2.0.5 循环氮压机组 circle nitrogen compressor unit

将经换热器复热后的下塔顶部的气态氮压缩成高压氮气的压缩设备，使压缩后的高压氮气进入高压换热器液化后再循环进入精馏塔精馏。

2.0.6 空气预冷装置 air pre-cooling equipment

通过空冷塔、水冷塔、冷却水泵、冷冻水泵、冷冻机组等设备，降低空气压缩机出口压缩空气的温度和含水量，清洗吸收压缩空气中的机械杂质、可溶于水的化学杂质的装置。

2.0.7 空冷塔 air cooling tower

利用常温水和较低温度的水来冷却和清洗压缩空气的设备。

2.0.8 水冷塔 water chiller tower

利用空气分离设备中排出不含水量的干燥污氮与水在塔内进行充分接触吸湿，以降低冷却水温度的设备。

2.0.9 分子筛吸附器 air purity equipment

指低温法空气分离中，将预冷后的空气通过分子筛吸附，去除空气中的水分、二氧化碳、氮氧化合物和乙炔等潜在有害的碳氢化合物的装置。

2.0.10 吸附塔 absorber tower

指常温吸附法空气分离中，通过分子筛变压吸附将空气分离提取氧、氮的设备。

2.0.11 整体冷箱设备 cold box unit

集冷箱壳体、内部容器、设备及管道为一体的整体设备。

2.0.12 膨胀机 expander

利用压缩气体膨胀降压时对外做功使气体温度降低的原理以获得冷量的设备。

2.0.13 主换热器 main heat exchanger

空气分离设备中用来回收产品气体的冷量进行正流空气和返流气体热交换的设备。

2.0.14 下塔 lower column

在双级精馏中对空气进行一次精馏的塔，也称压力塔。

2.0.15 上塔 upper column

在双级精馏中对空气进行二次精馏的塔，也称低压塔。

2.0.16 管道预制 prefabrication of piping

管道在安装之前，依据单线图，对一些管线的部分管段进行加工焊接。

2.0.17 铝/不锈钢转换接头 Al/SS transition joint

用于铝和不锈钢材质的管道之间的焊接接头。

2.0.18 仪表管 instrument piping

主要用于采集压力、压差、温度、液位、流量等数据，并进行检测、控制、分析等管路的总称。

2.0.19 膨胀珍珠岩 expanded perlite

一种导热系数低、堆积密度小的高效保温绝热材料，用于冷箱、绝热套管、低温液体罐等低温设备的填充材料，俗称珠光砂。

2.0.20 氧气压缩机组 oxygen compressor unit

将空气分离出的低压氧气压缩至用户所需压力的设备。由驱动装置、压缩机、级间管道、冷却系统（冷却器等）、润滑系统、启动氮气系统、仪表空气系统等组成。

2.0.21 氮气压缩机组 nitrogen compressor unit

将空气分离出的低压氮气压缩至用户所需压力的设备。由驱动装置、压缩机、级间管道、冷却系统（冷却器等）、润滑系统、仪表空气系统等组成。

2.0.22 低温液体储备系统 cryogenic liquid storage system

用于液氧、液氮、液氩等低温液态产品储存的装置，包括低温液体储罐、液体泵、蒸发器等设备。

2.0.23 低温真空管道 cryogenic vacuum-insulated piping

采用双层不锈钢金属管，夹层中添加专用多层绝热复合材料并保持高真空状态，内层管道用于输送液氧、液氮、液氩等低温液体，现场连接方式主要为法兰式和焊接式。

2.0.24 稀有气体提取设备 rare gas recovery equipment

用于提取氪、氙、氖、氦等气体产品的设备。

2.0.25 裸冷 cold test

在冷箱内尚未填充保冷材料的情况下进行的开车冷冻试验，对空分设备进行低温考核，目的在于检验空分设备、管道及阀门的安装质量和在低温状态下冷变形情况及补偿能力。

3 基本规定

3.0.1 空分制氧设备安装工程的施工单位应具备相应的工程施工资质和相应级别压力管道安装资格。施工现场应有相应的施工技术标准，健全的质量管理体系、质量控制及检验制度，应有经审批的施工组织设计、施工方案等技术文件。

3.0.2 施工图纸变更应有设计单位的设计变更通知书或技术核定签证。

3.0.3 空分制氧设备安装工程施工、质量检查和验收，应使用经计量检定、校准合格的计量器具。

3.0.4 空分制氧设备安装工程中从事施焊的焊工必须经考试合格并取得合格证书，同时应在其考试合格项目及其认可的范围内施焊。

3.0.5 空分制氧设备安装应按规定的程序进行，相关各专业工序之间应交接检验，并应形成记录；本专业各工序应按施工技术标准进行施工和质量控制，每道工序完成后，应进行检查，并应形成记录。上道工序未经检验认可，不得进行下道工序施工。

3.0.6 空分制氧设备安装工程中设备的二次灌浆及其他隐蔽工程，在隐蔽前应由施工单位通知有关单位进行验收，并应形成记录。

3.0.7 空分制氧设备安装工程应在施工单位自检合格基础上，按分项工程、分部工程、单位工程进行质量验收。分部工程及分项工程划分宜按表3.0.7的规定执行。单位工程可按工艺系统划分为空气预处理系统安装工程、空气分离系统安装工程、产品气体压缩系统安装工程、低温液体储备系统安装工程、稀有气体提取安装工程。

3.0.8 分项工程质量验收合格应符合下列要求：

1 主控项目检验应符合本规范质量标准要求；

2 一般项目检验中机械设备应全部符合本规范的规定，工艺钢结构应有80%及以上的检查点（值）符合标准，最大值不应超过其允许偏差值的1.2倍；

表3.0.7 空分制氧设备安装工程分部工程及分项工程划分

序号	分部工程名称	分项工程名称
1	原料空气压缩设备安装	活塞式压缩机、螺杆式压缩机、透平式压缩机（底座、下机壳、转子、上机壳、增速机、驱动装置）、空气增压机、循环氮压机、附属设备（级间管道、入口过滤器、润滑系统、冷却器、消音器）
2	空气预冷、净化设备安装	空冷塔、水冷塔、冷冻水泵及冷却水泵、冷冻机、分子筛吸附器设备、再生加热器设备、蓄热器、真空泵
3	空气分离设备安装	整体冷箱设备、冷箱工艺钢结构、塔器设备（上塔、下塔、冷凝蒸发器、粗氩塔、精氩塔、过冷器、板式换热器）、阀门设备、膨胀机设备、低温液体泵、冷箱管道预制（氧气管道、液氧管道、氮气管道、液氮管道、氩气管道、液氩管道、空气管道、液空管道）、冷箱管道安装（氧气管道、液氧管道、氮气管道、液氮管道、氩气管道、液氩管道、空气管道、液空管道）、试压、吹扫、膨胀珍珠岩充填
4	产品气体压缩设备安装	氧气压缩机（底座、下机壳、转子、上机壳、增速机、驱动装置）、氮气压缩机（氮气压缩机、驱动装置）、附属设备（级间管道、润滑系统、冷却器、消音器）
5	低温液体储备系统设备安装	整体安装的低温液体储罐、大型低温常压平底液体储罐（内罐、外罐）、大型低温粉末绝热组合储罐（内罐、外罐）、蒸发器、真空管、液体泵
6	稀有气体提取设备安装	氪氙提取设备、氦氖提取设备、管道安装
7	常温吸附空气分离设备安装	空气压缩机、罗茨鼓风机、离心式鼓风机、罗茨真空泵、水环式真空泵、吸附塔、氧气压缩机、氮气压缩机、附属设备

3 质量验收记录及质量合格证明文件应完整。

3.0.9 分部工程质量验收合格应符合下列要求：

1 分部工程所含分项工程质量均应验收合格；

2 质量控制记录应完整；

3 设备单体无负荷试运转应合格。

3.0.10 单位工程质量验收合格应符合下列要求：

1 单位工程所含的分部工程质量均应验收合格；

2 质量控制资料应完整；

3　设备无负荷试运转应合格；

4　观感质量验收应合格。

3.0.11　单位工程观感质量检查项目应符合下列要求：

1　连接螺栓、螺母与垫圈应按设计配置齐全，紧固后螺栓应露出螺母或与螺母齐平，外露螺纹应无损伤，螺栓拧入方向除构造原因外应一致；

2　密封状况应无明显漏油、漏水、漏气现象；

3　管道敷设应合理，排列应整齐美观；

4　隔声与绝热材料敷设层厚均匀，绑扎牢固，表面较平整；

5　油漆涂层应均匀，应无漏涂、脱皮、明显皱皮和气泡，色泽应基本一致；

6　走台、梯子、栏杆应固定牢固，应无明显外观缺陷；

7　焊缝的焊波应较均匀，焊渣和飞溅物应清理干净；

8　切口处应无熔渣；

9　设备应无缺损，裸露加工面应保护良好；

10　施工现场应管理有序，设备周围应无施工杂物；

11　本条第1款～第10款各项随机抽查不应少于10处。

3.0.12　空分制氧设备安装工程安装质量验收记录，应符合下列要求：

1　分项工程质量验收记录应按本规范附录A进行；

2　分部工程质量验收记录应按本规范附录B进行；

3　单位工程质量验收记录应按本规范附录C进行；

4　设备无负荷试运转记录应按本规范附录D进行。

3.0.13　工程质量不符合要求，应及时处理或返工，并应重新进行验收。

3.0.14　工程质量不符合要求，且经处理和返工仍不能满足安全使用要求的工程，严禁验收。

3.0.15　空分制氧设备安装工程质量验收应按下列程序组织进行：

1　分项工程应由监理工程师（建设单位项目技术负责人）组织施工单位项目专业技术负责人、质量检查员等进行验收；

2　分部工程应由总监理工程师（建设单位项目负责人）组织施工单位项目负责人和技术、质量负责人等进行验收；

3　单位工程完工后，施工单位应自行组织有关人员进行检查评定，并应向建设单位提交工程验收报告；

4　建设单位收到工程验收报告后，应由建设单位（项目）负责人组织施工（含分包单位）、设计、监理等单位（项目）负责人进行单位工程验收；

5　单位工程有分包单位施工时，总包单位应对工程质量全面负责，分包单位应按本规范规定的程序对所承包的工程项目检查评定，总包单位应派人参加。分包工程完成后，应将工程有关资料交总包单位。

4　设备基础、地脚螺栓和垫板

4.1　一般规定

4.1.1　设备安装前应进行基础的检查验收，未经验收合格的基础，不得进行设备安装。

4.1.2　空分制氧主要设备基础应做沉降观测，并应形成沉降记录。

4.2　设备基础

Ⅰ　主控项目

4.2.1　设备基础强度应符合设计技术文件的规定。

检查数量：全数检查。

检验方法：检查基础交接资料。

4.2.2　分馏塔的抗冻抗渗基础应具有检验合格记录，抗渗等级不应小于P12，抗冻等级不应小于F100。当采用膨胀珍珠岩混凝土时，其抗压强度不应小于7.5MPa，导热系数不应大于836J/(m·h·℃)，并不应有裂纹。

检查数量：全数检查。

检验方法：检查基础交接资料。

4.2.3　分馏塔的基础采用通风管自然通风形式时，通风管的排列位置、尺寸、标高应符合设计技术文件的规定。

检查数量：全数检查。

检验方法：检查基础交接资料。

4.2.4　分馏塔的基础采用电加热形式加温时，电加热设施的布置应符合设计技术文件的规定。

检查数量：全数检查。

检验方法：检查基础交接资料。

4.2.5　设备就位前，应按施工图并依据测量控制网绘制中心标板及标高基准点布置图，按布置图设置中心标板及标高基准点，并应测量投点。主体设备应埋设永久中心标板和标高基准点。

检查数量：全数检查。

检验方法：检查测量成果单、观察检查。

Ⅱ　一般项目

4.2.6　设备基础轴线位置、标高、尺寸和地脚螺栓位置，应符合设计技术文件或现行国家标准《机械设备安装工程施工及验收通用规范》GB 50231 的有关规定。

检查数量：全数检查。

检验方法：检查复查记录。

4.2.7 设备基础表面和地脚螺栓预留孔中的油污、碎石、泥土、积水等，均应清除干净；预埋地脚螺栓和螺母应保护完好。

检查数量：全数检查。

检验方法：观察检查。

4.3 地脚螺栓

Ⅰ 主控项目

4.3.1 地脚螺栓的材质、规格和紧固应符合设计技术文件的规定。

检查数量：抽查 20%，且不少于 4 个。

检验方法：检查质量合格证明文件，尺量，检查紧固记录，力矩扳手，锤击螺母检查。

Ⅱ 一般项目

4.3.2 地脚螺栓上的油污和氧化皮等应清除干净，螺纹部分应涂适量油脂。

检查数量：全数检查。

检验方法：观察检查。

4.3.3 预留孔地脚螺栓应安设垂直，任一部分离孔壁的距离应大于 15mm，且不应碰孔底。

检查数量：全数检查。

检验方法：观察检查。

4.4 垫板

Ⅰ 主控项目

4.4.1 座浆法设置垫板，座浆混凝土 48h 的强度应达到基础混凝土的设计强度。

检查数量：逐批检查。

检验方法：检查座浆试块强度试验报告。

Ⅱ 一般项目

4.4.2 设备垫板的设置应符合设计技术文件或现行国家标准《机械设备安装工程施工及验收通用规范》GB 50231 的有关规定。

检查数量：抽查 20%。

检验方法：观察检查，用尺量、塞尺检查、轻击垫板。

4.4.3 研磨法放置垫板的混凝土基础表面应凿平，混凝土表面与垫板的接触点应分布均匀。

检查数量：抽查 20%。

检验方法：观察检查。

5 设备和材料进场

5.1 一般规定

5.1.1 本章适用于空分制氧设备安装工程安装设备和材料的进场验收。

5.1.2 设备搬运和吊装时，吊装点应在设备或包装箱的标识位置，应采取保护措施，不应因搬运和吊装而造成设备损伤。

5.1.3 设备安装前，应进行开箱检查，并应形成检验记录，设备开箱后应注意保护，并应及时进行安装。

5.1.4 原材料进入现场，应按规格堆放整齐，并应采取防损伤措施。

5.2 设备

5.2.1 设备的型号、规格、质量、数量应符合设计技术文件的规定。

检查数量：全数检查。

检验方法：观察检查，检查设备质量合格证明文件。

5.2.2 空分设备的铜制件不得接触氨气，铝制件不得接触碱液，充氮气保护的设备在保管期间应维持一定的正压，压力应符合设备技术文件的规定。

检查数量：全数检查。

检验方法：观察检查。

5.2.3 材质为不锈钢、铝合金的空分设备、材料，在储存期间不应与碳素钢直接接触。

检查数量：全数检查。

检验方法：观察检查。

5.3 原材料

Ⅰ 主控项目

5.3.1 原材料、标准件等的型号、规格、质量、数量、性能，应符合设计技术文件和现行国家产品标准的要求。进场时应进行验收，并应形成验收记录。

检查数量：质量合格证明文件全数检查。实物抽查 1%，且不少于 5 件。设计技术文件或国家现行有关标准规定有复验要求的，应按规定进行复验。

检验方法：检查质量合格证明文件、复验报告及验收记录，外观检查或实测。

5.3.2 吸附剂和绝热材料应保持干燥，不得混有杂物。

检查数量：全数检查。

检验方法：观察检查。

5.3.3 涂料、稀释剂和固化剂等材料的型号、规格、性能，应符合设计技术文件和现行国家产品标准规定。

检查数量：全数检查。

检验方法：检查产品质量合格证明文件、检验报告。

Ⅱ 一 般 项 目

5.3.4 用于氩弧焊焊接的氩气应符合现行国家标准《氩》GB/T 4842 的有关规定，且氩气纯度不应低于 99.99%。

检查数量：全数检查。

检验方法：检查出厂质量合格证明文件。

5.3.5 焊接材料的品种、规格、性能及与母材的匹配，应符合设计技术文件和国家现行标准的规定。焊条、焊剂、焊丝、熔嘴等，在使用前应按产品说明书及焊接工艺文件的规定进行烘焙和存放。

检查数量：全数检查。

检验方法：检查出厂质量合格证明文件、焊条烘焙记录。

5.3.6 涂料的型号、名称、颜色及有效期应与其质量证明文件相符。开启后，不应存在结皮、结块、凝胶等现象。

检查数量：每种规格抽查 5%，且不应少于 3 桶。

检验方法：观察检查。

6 原料空气压缩设备

6.1 活塞式空气压缩机安装

6.1.1 整体出厂的压缩机安装时，设备的清洗应符合设计技术文件的规定，无规定时应符合下列要求：

1 整体出厂的活塞式空气压缩机应对活塞、连杆、气阀和填料进行清洗和检查，气阀、填料和其他密封件不得采用蒸汽清洗；

2 保护主机和附属设备的防锈油在安装前应清洗洁净，并应除尽清洗剂和水分。

检查数量：全数检查。

检验方法：观察检查。

6.1.2 整体出厂的压缩机安装的允许偏差应符合表 6.1.2 的规定。

检查数量：全数检查。

检验方法：应符合表 6.1.2 的规定。

表 6.1.2 整体出厂的压缩机安装允许偏差和检验方法

项次	项　目	允许偏差（mm）	检验方法
1	纵向水平度	0.2/1000	用水平仪测量
2	横向水平度	0.2/1000	
3	标高	±2.0	用水准仪或平尺、内径千分尺测量
4	纵向中心线	2.0	拉钢丝线、吊线锤、用钢尺测量
5	横向中心线	2.0	

6.1.3 联轴器装配后，联轴器两端面间隙值、两轴心径向位移、两轴线倾斜度，应符合设计技术文件或现行国家标准《机械设备安装工程施工及验收通用规范》GB 50231 的有关规定。

检查数量：全数检查。

检验方法：检查安装质量记录，用百分表、塞尺、千分尺测量或激光对中仪。

6.1.4 解体出厂的空气压缩机安装前，设备的拆卸和清洗应符合设计技术文件的规定。无特殊要求时，应拆卸活塞、连杆、气阀和填料，并应将设备表面和拆下的零、部件清洗干净。气阀、填料和其他密封件不得采用蒸汽清洗。

检查数量：全数检查。

检验方法：观察检查。

6.1.5 活塞式空气压缩机机身安装的允许偏差应符合设计技术文件的规定；无规定时，应按表 6.1.5 的规定执行。

检查数量：全数检查。

检验方法：应符合表 6.1.5 的规定。

表 6.1.5 活塞式空气压缩机机身安装允许偏差和检验方法

项次	项　目	允许偏差（mm）	检验方法
1	纵向水平度	0.05/1000	用水平仪测量
2	横向水平度	0.05/1000	
3	标高	±0.5	用水准仪或平尺、内径千分尺测量
4	纵向中心线	2.0	拉钢丝线、吊线锤、用钢尺测量
5	横向中心线	2.0	

6.1.6 曲轴的堵油螺塞和平衡块的锁紧装置应紧固；轴瓦钢壳与轴承合金层粘合应牢固。

检查数量：全数检查。

检验方法：轻击、着色法检查。

6.1.7 轴瓦与主轴颈之间的径向和轴向间隙应符合设计技术文件或现行国家标准《机械设备安装工程施工及验收通用规范》GB 50231 的有关规定。

检查数量：全数检查。

检验方法：压铅法、用塞尺测量。

6.1.8 对开式厚壁轴瓦的下瓦与轴颈的接触弧面夹角不应小于90°，接触面积不应小于接触弧面面积的70%；四开式轴瓦的下瓦侧瓦与轴颈的接触面积不应小于每块瓦面积的70%。

检查数量：全数检查。

检验方法：用着色法检查。

6.1.9 薄壁瓦的轴瓦外圆直径小于或等于200mm时，其接触弧面的面积不应小于瓦背面积的85%；当轴瓦外圆直径大于200mm时，其接触面面积不应小于瓦背面积的70%，且接触应均匀；薄壁瓦的组装间隙应符合设计技术文件的规定；瓦面的合金层不宜刮研。

检查数量：全数检查。

检验方法：用着色法、塞尺检查。

6.1.10 曲轴安装的水平度偏差应在曲轴每转90°的位置上，用水平仪在主轴颈上测量，曲轴安装的水平度偏差、曲柄轴线对滑道轴线的垂直度偏差、各曲柄之间上下左右四个位置的距离允许偏差，应符合设计技术文件的规定；无规定时，应符合表6.1.10的规定。

检查数量：全数检查。

检验方法：应符合表6.1.10的规定。

表6.1.10 曲轴安装允许偏差和检验方法

项次	项　目	允许偏差（mm）	检验方法
1	曲轴安装水平度	0.1/1000	曲轴每转90°用精密水准仪检查
2	曲轴轴线对滑道轴线垂直度	0.1/1000	挂钢丝线、用摇臂和内径千分尺测量
3	各曲柄之间上下左右四个位置的距离允许偏差	0.1*L*/1000	用内径千分尺或百分表测量

注：*L*为活塞行程。

6.1.11 连杆组装应符合下列要求：

1 厚壁的连杆大头瓦与曲柄轴颈的接触面积不应小于大头瓦面积的70%；薄壁的连杆大头瓦不宜刮研，其连杆小头轴套与十字销的接触面积不应小于小头轴套面积的70%；

2 连杆大、小头轴瓦与曲柄轴颈、十字销的径向间隙、轴向间隙，应符合设计技术文件的规定；

3 连杆螺栓的紧固力矩应符合设计技术文件的规定。

检查数量：全数检查。

检验方法：用着色法检查、用塞尺测量、力矩扳手。

6.1.12 十字头组装应符合下列要求：

1 十字头滑履与滑道接触面面积不应小于滑履面积的60%；

2 十字头滑履与滑道间的间隙在行程的各位置上，均应符合设计技术文件的规定；

3 对称平衡型压缩机的十字头组装时，应按制造厂所作的标记进行，活塞杆轴线与滑道轴线应重合；

4 十字头销的连接螺栓和锁紧装置，均应拧紧和锁牢。

检查数量：全数检查。

检验方法：观察检查，用塞尺测量、着色法检查。

6.1.13 卧式气缸倾斜方向应与滑道倾斜方向一致。在调整气缸轴线时，不得在气缸与中体连接处端面加放垫片。气缸水平度、气缸轴线对滑道轴线同轴度的允许偏差，应符合表6.1.13的规定。

检查数量：全数检查。

检验方法：应符合表6.1.13的规定。

表6.1.13 气缸水平度、气缸轴线对滑道轴线同轴度的允许偏差和检验方法

项次	项目（mm）		允许偏差（mm）	检验方法
1	气缸直径≤100	径向位移	0.05	用内径千分尺、百分表、塞尺测量
2		整体倾斜	0.02	
3	气缸直径>100且≤300	径向位移	0.07	
4		整体倾斜	0.02	
5	气缸直径300～500	径向位移	0.10	
6		整体倾斜	0.04	
7	气缸直径500～1000	径向位移	0.15	
8		整体倾斜	0.06	
9	气缸直径>1000	径向位移	0.20	
10		整体倾斜	0.08	
11	气缸水平度		≤0.05/1000	用水平仪测量

6.1.14 立式气缸安装时，活塞在气缸内四周的间隙应均匀，其最大与最小间隙之差不应大于活塞与气缸间平均间隙的1/2，气缸的水平度、气缸轴线对滑道轴线同轴度的允许偏差，应符合表6.1.13的规定。

检查数量：全数检查。

检验方法：塞尺检查，应符合本规范表6.1.13的规定。

6.1.15 活塞组件安装应符合下列要求：

1 活塞杆与活塞、活塞杆与十字头应连接牢固，并应锁紧；

2 相邻活塞环开口的位置应互相均匀错开，并应避开气缸的阀门孔；

3 活塞与气缸镜面之间的间隙和活塞在气缸内

的内、外止点间隙，应符合设计技术文件的规定。

检查数量：全数检查。

检验方法：观察检查，用塞尺、角度尺、钢尺测量。

6.1.16 刮油器中的刮油环、挡油环的刃口应保持完整，不得有碰伤，刮油环的刃口应朝向来油方向。刮油器与活塞杆的接触面积应符合设计技术文件的规定；无规定时，其接触面积不应小于该组环理论面积的70%，且接触应均匀。

检查数量：全数检查。

检验方法：观察检查，用着色法检查。

6.1.17 填料函组装应符合下列要求：

1 填料环间接触面、填料环与填料盒端面接触应均匀，其接触面积不应小于端面理论面积的70%；

2 填料环与活塞杆的接触面积应符合设计技术文件的规定；无规定时，其接触面积不应小于该组环理论面积的70%，且接触应均匀；

3 填料压盖的锁紧装置应锁牢。

检查数量：全数检查。

检验方法：观察检查，用着色法测量、用塞尺测量。

6.1.18 气阀组装时，各气阀弹簧的自由长度应一致，阀片和弹簧应无卡阻和歪斜，阀片升程应符合设计技术文件的规定。

检查数量：全数检查。

检验方法：观察检查，用钢板尺测量。

6.1.19 盘车装置可在曲轴就位后组装，并应符合设计技术文件的规定，应调整操作手柄的各个位置，其动作应正确可靠。

检查数量：全数检查。

检验方法：盘动手柄检查、观察检查。

6.2 螺杆式压缩机安装

6.2.1 螺杆式空气压缩机安装前，主机和附属设备的防锈油封应清洗洁净，工作腔内不得有异物。

检查数量：全数检查。

检验方法：观察检查。

6.2.2 螺杆式空气压缩机安装允许偏差应符合设计技术文件的规定；无规定时，应符合表6.2.2的规定。

检查数量：全数检查。

检验方法：应符合表6.2.2的规定。

表6.2.2 螺杆式空气压缩机安装允许偏差和检验方法

项次	项　目	允许偏差(mm)	检验方法
1	纵向水平度	0.05/1000	用水平仪测量
2	横向水平度	0.05/1000	
3	标高	±2.0	用水准仪或平尺、内径千分尺测量
4	纵向中心线	2.0	拉钢丝线、吊线锤、用钢尺测量
5	横向中心线	2.0	

6.2.3 联轴器的装配应符合本规范第6.1.3条的规定。

6.3 透平式压缩机安装

6.3.1 透平式压缩机的各零件、部件应清洗洁净，带调整垫结构的组件拆洗时，应做好标记，并不得互换组别或位置。

检查数量：全数检查。

检验方法：观察检查。

6.3.2 机组底座安装允许偏差应符合表6.3.2的规定。

检查数量：全数检查。

检验方法：应符合表6.3.2的规定。

表6.3.2 机组底座安装允许偏差和检验方法

项次	项　目	允许偏差（mm）	检验方法
1	纵向水平度	0.05/1000	用水平仪、精密水准仪检查
2	横向水平度	0.05/1000	
3	标高	±0.5	用精密水准仪检查
4	纵向中心线	2.0	用挂线法检查
5	横向中心线	2.0	

6.3.3 压缩机底座上的导向键与机体间的配合间隙应均匀，并应符合设计技术文件的规定。

检查数量：全数检查。

检验方法：用塞尺、百分表、游标卡尺测量。

6.3.4 单轴型压缩机组的增速机和整体齿轮型压缩机的齿轮箱的装配，应符合下列要求：

1 轴瓦与轴颈的径向间隙、轴向间隙、接触长度，应符合设计技术文件的规定；

2 齿轮轴组间的中心距、平行度、齿侧间隙、齿顶间隙和齿面接触面积应符合设计技术文件的规定。

检查数量：全数检查。

检验方法：用塞尺、内径千分尺、着色法、压铅法测量。

6.3.5 压缩机和齿轮箱（增速机）的底面应与底座紧密贴合，连接螺栓、滑动键的间隙及膨胀方向，应符合设计技术文件的规定。

检查数量：全数检查。

检验方法：用塞尺测量。

6.3.6 压缩机齿轮箱（增速机）安装允许偏差应符合表6.3.6的规定。

检查数量：全数检查。

检验方法：应符合表6.3.6的规定。

表6.3.6 齿轮箱（增速机）安装允许偏差和检验方法

项次	项 目	允许偏差（mm）	检验方法
1	纵向水平度	0.04/1000	用水平仪、精密水准仪检查
2	横向水平度	0.04/1000	
3	标高	±0.5	用精密水准仪检查
4	纵向中心线	2.0	用挂线法检查
5	横向中心线	2.0	

6.3.7 压缩机安装允许偏差应符合表6.3.7的规定。

检查数量：全数检查。

检验方法：应符合表6.3.7的规定。

表6.3.7 压缩机安装允许偏差和检验方法

项次	项 目	允许偏差（mm）	检验方法
1	纵向水平度	0.05/1000	用水平仪、精密水准仪检查
2	横向水平度	0.10/1000	
3	标高	±0.5	用精密水准仪检查
4	纵向中心线	2.0	用挂线法检查
5	横向中心线	2.0	

6.3.8 压缩机轴承的安装应符合下列要求：

1 瓦背与轴承座孔应紧密均匀贴合，厚壁瓦的接触面积不应小于50%；可倾瓦、薄壁瓦、球面瓦的接触面积不应小于75%；径向轴承轴瓦与轴颈的径向接触应均匀，轴向接触长度不应小于80%；推力轴承与推力盘应均匀接触，接触面积不应小于75%；

2 轴瓦与轴承座和轴承盖之间的过盈量、轴承间隙，应符合设计技术文件的规定；

3 可倾瓦轴承装配后瓦块能自由摆动，不得有卡涩现象。

检查数量：全数检查。

检验方法：观察检查，涂色法检查，用塞尺测量。

6.3.9 单轴型压缩机的转子主轴颈与浮环密封配合处轴径的间隙、叶轮外圆和叶轮进口处的端面跳动和径向跳动、推力盘的端面跳动、平衡盘的径向跳动量，应符合设计技术文件的规定。

检查数量：全数检查。

检验方法：用塞尺、百分表测量。

6.3.10 整体齿轮型压缩机的转子叶轮与蜗壳之间的间隙，应符合设计技术文件的规定。

检查数量：全数检查。

检验方法：用直尺、塞尺测量。

6.3.11 轴流式压缩机的调节缸位移、静叶角度值、转子跳动值、动叶和静叶的叶顶间隙值、转子与机壳端面间隙，应符合设备技术文件的规定。

检查数量：全数检查。

检验方法：用钢尺、塞尺、外径千分尺、百分表测量。

6.3.12 迷宫密封各密封片应无裂纹、卷曲等缺陷，镶装应牢固，安装方向应正确；轴端密封、叶轮进口处密封、平衡盘密封的间隙，应符合设计技术文件的规定。

检查数量：全数检查。

检验方法：用着色法、塞尺测量。

6.3.13 机械密封各零件不应有损伤、变形，密封面不应有裂纹、擦痕等缺陷；密封系统应保持清洁，动环及静环的密封面应无灰尘和异物；密封环的平行度偏差不应大于0.01mm，端面垂直度偏差不应大于0.05mm。

检查数量：全数检查。

检验方法：观察检查，用塞尺测量。

6.3.14 机壳闭合时，机壳内各腔道应清洁、无异物；结合面应清洁，并应无破损；耐高温橡胶密封条应无漏设，密封剂应涂抹均匀。

检查数量：全数检查。

检验方法：观察检查。

6.3.15 机壳连接螺栓的螺纹部位应涂防咬合剂，螺栓的紧固力矩应符合技术文件的规定。

检查数量：全数检查。

检验方法：观察检查，检查紧固记录。

6.3.16 汽轮机的汽缸与座架接触面应紧密贴合，接触面积应达75%以上，自由状态下两面之间用0.04mm塞尺检查不得塞入；连接螺栓与螺孔的相对位置、座架与螺帽间的自由间隙，应符合技术文件的规定。

检查数量：全数检查。

检验方法：观察检查，用塞尺测量。

6.3.17 汽轮机各部位的滑销位置及间隙应符合设计技术文件的规定。

检查数量：全数检查。

检验方法：观察检查，用塞尺测量。

6.3.18 汽轮机安装允许偏差应符合表6.3.18的规定。

检查数量：全数检查。

检验方法：应符合表 6.3.18 的规定。

表 6.3.18 汽轮机安装允许偏差和检验方法

项次	项　目	允许偏差（mm）	检验方法
1	纵向水平度	0.04/1000	用水平仪、精密水准仪检查
2	横向水平度	0.05/1000	
3	标高	±0.5	用精密水准仪检查
4	纵向中心线	2.0	挂钢线、用卷尺测量
5	横向中心线	2.0	
6	转子水平度	0.02/1000	用水平仪测量
7	转子与汽缸中心线的重合度	0.03	用塞尺测量

6.3.19 汽轮机的径向轴承和推力轴承的安装应符合本规范第 6.3.8 条的规定。

6.3.20 汽轮机的汽缸剖分面接触应严密，在自由状态下的间隙不应大于 0.05mm，每隔一个螺栓拧紧后不应有间隙。

检查数量：全数检查。

检验方法：用塞尺测量。

6.3.21 汽轮机的转子装入汽缸前，隔板、静叶片、通道、汽封等应清洗干净，疏水口应畅通；转子就位后，转子与缸内部件的相对位置及间隙，应符合设计技术文件的规定。

检查数量：全数检查。

检验方法：观察检查，用塞尺、钢尺测量。

6.3.22 汽缸闭合时机壳内部应清洁无异物；汽缸闭合后盘动转子，内部应无异常音响和摩擦及卡涩现象，转动应灵活，螺栓的紧固力矩应符合设计技术文件的规定。

检查数量：全数检查。

检验方法：观察检查。

6.3.23 电机安装允许偏差应符合表 6.3.23 的规定。

检查数量：全数检查。

检验方法：应符合表 6.3.23 的规定。

表 6.3.23 电机安装允许偏差和检验方法

项次	项　目	允许偏差（mm）	检验方法
1	纵向水平度	0.10/1000	用水平仪、精密水准仪检查
2	横向水平度	0.10/1000	
3	标高	±0.5	用精密水准仪检查
4	纵向中心线	2.0	用挂线法检查
5	横向中心线	2.0	

6.3.24 内置式冷却器安装前应清洗干净；底座上表面水平度不应大于 0.25/1000；上下盖之间的密封应严密，螺栓的紧固力应符合设计技术文件的规定。

检查数量：全数检查。

检验方法：观察检查，用水平仪测量。

6.3.25 电机与齿轮箱（增速机）间的联轴器端面间隙，应按电机的实际磁力中心线调整。

检查数量：全数检查。

检验方法：用游标卡尺、塞尺测量。

6.3.26 联轴器的装配应符合本规范第 6.1.3 条的规定。

6.4 空气增压机、循环氮压机安装

6.4.1 空气增压机设备清洗和检查应符合设计技术文件的规定。

检查数量：全数检查。

检验方法：观察检查。

6.4.2 空气增压机安装的允许偏差应符合设计技术文件的规定；无规定时，应符合表 6.4.2 的规定。

检查数量：全数检查。

检验方法：应符合表 6.4.2 的规定。

表 6.4.2 空气增压机安装允许偏差和检验方法

项次	项　目	允许偏差（mm）	检验方法
1	纵向水平度	0.2/1000	用水平仪测量
2	横向水平度	0.2/1000	
3	标高	±2.0	用水准仪或平尺、内径千分尺测量
4	纵向中心线	2.0	拉钢丝线、吊线锤、用钢尺测量
5	横向中心线	2.0	

6.4.3 空气增压机驱动装置底板安装允许偏差应符合设计技术文件的规定。无规定时，应符合表 6.4.3 的规定。

检查数量：全数检查。

检验方法：应符合表 6.4.3 的规定。

表 6.4.3 驱动装置底板安装允许偏差和检验方法

项次	项　目	允许偏差（mm）	检验方法
1	纵向水平度	0.05/1000	用水平仪测量
2	横向水平度	0.05/1000	
3	标高	±2.0	用水准仪或平尺、内径千分尺测量
4	纵向中心线	1.0	拉钢丝线、吊线锤、用钢尺测量
5	横向中心线	1.0	

6.4.4 空气增压机驱动装置为电机驱动时，其安装允许偏差应符合本规范第 6.3.23 条的规定。

6.4.5 空气增压机驱动装置为汽轮机驱动时，其安装应符合本规范第 6.3.16 条～第 6.3.22 条的规定。

6.4.6 空气增压机电机转子中心线与磁力中心线偏差应符合设计技术文件的规定。

检查数量：全数检查。

检验方法：用游标卡尺、塞尺测量。

6.4.7 空气增压机齿轮接触面、齿顶、齿侧间隙应符合设计技术文件的规定。

检查数量：全数检查。

检验方法：用塞尺、压铅、着色法检查。

6.4.8 空气增压机联轴器的装配应符合本规范第6.1.3条的规定。

6.4.9 循环氮压机的安装应符合本规范第9.2节的规定。

6.5 附属设备安装

6.5.1 入口过滤器的安装应符合下列要求：

1 吸风室的焊接应采用密封焊，焊缝应符合设计技术文件或现行国家标准《钢结构工程施工质量验收规范》GB 50205三级焊缝的有关规定；

2 高效过滤筒安装前过滤器内部应保持清洁；

3 过滤器平台、栏杆、爬梯的安装应符合现行国家标准《钢结构工程施工质量验收规范》GB 50205的有关规定；

4 过滤筒、过滤网的连接螺栓应紧固牢靠。

检查数量：全数检查。

检验方法：观察检查，用钢尺、水准仪、焊接检验尺测量。

6.5.2 入口消音器的安装应符合下列要求：

1 消音器安装前应对消音板锚固钉牢固程度进行检查；

2 消音板与外壳连接螺栓紧固力矩应符合设计技术文件或现行国家标准《机械设备安装工程施工及验收通用规范》GB 50231的有关规定；

3 消音器的清洁度应符合设计技术文件的规定。

检查数量：全数检查。

检验方法：观察检查，用手锤敲击、用力矩扳手检查。

6.5.3 排放消音器的消音板支架应安装牢固；管道上排放孔的位置应符合设计技术文件的规定。

检查数量：全数检查。

检验方法：观察检查。

6.5.4 采用氮气密封或其他惰性气体密封的冷却器，应保持气封的压力。

检查数量：全数检查。

检验方法：观察检查。

6.5.5 冷却器的滑动支座安装应符合下列要求：

1 滑动支座上的开孔位置、形状及尺寸，应符合设计技术文件的规定；

2 地脚螺栓与相应的长圆孔两端的间距，应符合设计技术文件的规定；

3 滑动支座的螺母与支座板面间应留有1mm左右的间隙，并应安装锁紧螺母。

检查数量：全数检查。

检验方法：观察检查，用钢尺测量。

6.5.6 带弹簧支座的冷却器，弹簧支座调整高度应符合设计技术文件的规定，冷却器密封环的厚度应符合密封的要求。

检查数量：全数检查。

检验方法：用游标卡尺、外径千分尺、角度尺测量。

6.5.7 冷却器安装允许偏差应符合表6.5.7的规定。

检查数量：全数检查。

检验方法：应符合表6.5.7的规定。

表6.5.7 冷却器安装允许偏差和检验方法

项次	项目	允许偏差（mm）	检验方法
1	水平度（卧式）	1/1000	用平尺、水准仪、水平仪检查
2	垂直度（立式）	$H/1000$	挂线锤，用钢尺检查
3	标高	±2.0	用水准仪检查
4	纵向中心线	2.0	挂钢线检查、吊线锤、用钢尺测量
5	横向中心线	2.0	

注：H为立式冷却器高度。

6.5.8 淋水式冷却器排管的水平度和排管立面的铅垂度，均应符合设计技术文件的规定；无规定时，均不应超过1.0/1000。

检查数量：全数检查。

检验方法：用水平仪、线锤、钢尺测量。

6.5.9 与设备连接的管道安装前，应将设备内部及管道清洁干净。

检查数量：全数检查。

检验方法：观察检查。

6.5.10 管道与设备连接的配对法兰在自由状态下，应与设备法兰平行且同心，其偏差应符合设计技术文件的规定；无规定时，平行度允许偏差应符合表6.5.10的规定。

检查数量：全数检查。

检验方法：应符合表6.5.10的规定。

表6.5.10 法兰平行度允许偏差和检验方法

项次	项目	允许偏差	检验方法
1	管径＜400mm	1/1000	用塞尺、游标卡尺检查
2	管径≥400mm	0.5/1000	

6.5.11 机体管道的焊接、安装、试压、吹扫应符合设计技术文件的规定或现行国家标准《工业金属管道工程施工规范》GB 50235的有关规定。

检查数量：全数检查。

检验方法：观察检查，用百分表、钢尺、内径千分尺测量。

6.5.12 润滑管道的安装、清洗应符合设计技术文件的规定或现行国家标准《机械设备安装工程施工及验收通用规范》GB 50231 的有关规定。

检查数量：全数检查。

检验方法：观察检查，查看油样污染度报告。

6.5.13 空气压缩机、空气增压机等设备试车完成后应进行隔音罩的安装，隔音罩的安装应符合设计技术文件的规定。

检查数量：全数检查。

检验方法：观察检查，用钢尺测量。

7 空气预冷、净化设备

7.1 空冷塔、水冷塔设备

7.1.1 空冷塔、水冷塔的安装方位应符合设计技术文件的规定，安装允许偏差应符合表 7.1.1 的规定。

检查数量：全数检查。

检验方法：应符合表 7.1.1 的规定。

表 7.1.1 空冷塔、水冷塔安装允许偏差和检验方法

项次	项　目	允许偏差（mm）	检验方法
1	垂直度	1.0/1000，且不应大于 10.0	用经纬仪检查
2	标高	±10.0	用水准仪检查
3	纵向中心线	5.0	用经纬仪、卷尺检查
4	横向中心线	5.0	

7.1.2 空冷塔、水冷塔填料充填前，与空冷塔相连的管道压力试验、吹扫应合格，空冷塔内应清理干净，填料支承板、盖板、水分布器连接应牢固可靠。

检查数量：全数检查。

检验方法：观察检查。

7.1.3 填料的规格、型号、填充量应符合设计技术文件的规定，填料表面应平整。

检查数量：全数检查。

检验方法：观察检查。

7.1.4 空冷塔、水冷塔的绝热保温应符合设计技术文件或现行国家标准《工业设备及管道绝热工程施工质量验收规范》GB 50185 的有关规定。

检查数量：抽查不少于 5 处。

检验方法：观察检查，用钢尺测量。

7.2 冷冻水泵及冷却水泵

7.2.1 泵的安装允许偏差应符合表 7.2.1 的规定。

检查数量：全数检查。

检验方法：应符合表 7.2.1 的规定。

表 7.2.1 泵安装允许偏差和检验方法

项次	项　目	允许偏差（mm）	检验方法
1	纵向水平度	0.1/1000	用水平仪检查
2	横向水平度	0.2/1000	
3	标高	±10.0	用水准仪检查
4	纵向中心线	5.0	用卷尺检查
5	横向中心线	5.0	

7.2.2 联轴器的装配应符合本规范第 6.1.3 条的规定。

7.3 冷冻机设备

7.3.1 冷冻机组的安装允许偏差应符合表 7.3.1 的规定。

检查数量：全数检查。

检验方法：应符合表 7.3.1 的规定。

表 7.3.1 冷冻机组安装允许偏差和检验方法

项次	项　目	允许偏差（mm）	检验方法
1	纵向水平度	1.0/1000	用水平仪、水准仪测量
2	横向水平度	1.0/1000	
3	标高	±5.0	用水准仪测量
4	纵向中心线	5.0	用卷尺测量
5	横向中心线	5.0	

7.3.2 联轴器的装配应符合本规范第 6.1.3 条的规定。

7.4 分子筛吸附器设备

7.4.1 吸附器的安装方位应符合设计技术文件的规定，安装允许偏差应符合表 7.4.1 的规定。

检查数量：全数检查。

检验方法：应符合表 7.4.1 的规定。

表 7.4.1 吸附器安装允许偏差和检验方法

项次	项　目	允许偏差（mm）	检验方法
1	垂直度（立式）	1.0/1000 且≤10.0	用经纬仪检查
2	水平度（卧式）	1/1000	用水平仪检查
3	标高	±5.0	用水准仪检查
4	纵向中心线	5.0	挂钢线检查
5	横向中心线	5.0	

7.4.2 吸附剂的填充应符合下列要求：

1 各类吸附剂填充高度应符合设计技术文件的规定；

2 在每种型号的填料填充完后，其表面应平整；

3 卧式吸附器内部筛网应平整，筛网与容器壁之间的间隙应符合设计技术文件的规定。

检查数量：全数检查。

检验方法：观察检查，用钢尺测量。

7.4.3 吸附器的隔音保温应符合本规范第 7.1.4 条的规定。

7.5 再生加热器

7.5.1 再生加热器的安装允许偏差应符合表 7.5.1 的规定。

检查数量：全数检查。

检验方法：应符合表 7.5.1 的规定。

表 7.5.1 再生加热器的安装允许偏差和检验方法

项次	项　目	允许偏差（mm）	检验方法
1	水平度（卧式）	1.0/1000	用水平仪检查
2	垂直度（立式）	1.0/1000	吊线锤，用钢尺检查
3	标高	±2.0	用水准仪检查
4	纵向中心线	2.0	挂钢线检查、吊线锤、用钢尺测量
5	横向中心线	2.0	

7.5.2 蒸汽再生加热器应按设计技术文件的规定做压力试验；无规定时，应符合下列要求：

1 蒸汽通道应做水压试验，试验压力应为工作压力的 1.5 倍，在试验压力下稳压 10min，再将试验压力降至工作压力，停压 30min，检查压力无下降，无渗漏为合格；

2 水压试验应使用洁净水，环境温度不应低于 5℃，当环境温度低于 5℃时，应有防冻措施；

3 污氮通道应做气压试验，试验压力应为工作压力的 1.15 倍，并应保压 10min，再将试验压力降至工作压力，停压 30min，检查压力无下降，无泄漏为合格；

4 气压试验介质应为干燥无油空气或氮气。

检查数量：全数检查。

检验方法：观察检查，检查压力试验记录。

7.6 蓄热器

7.6.1 蓄热器的安装方位应符合设计技术文件的规定，安装允许偏差应符合表 7.6.1 的规定。

检查数量：全数检查。

检验方法：应符合表 7.6.1 的规定。

表 7.6.1 蓄热器安装允许偏差和检验方法

项次	项　目	允许偏差（mm）	检验方法
1	垂直度	1.0/1000，且应不大于 10.0	用经纬仪检查
2	标高	±10.0	用水准仪检查
3	纵向中心线	5.0	用经纬仪、卷尺检查
4	横向中心线	5.0	

7.6.2 蓄热器填料的规格、型号、填充量应符合设计技术文件的规定。

检查数量：抽查 10%。

检验方法：观察检查，用尺测量。

8 空气分离设备

8.1 整体冷箱设备

Ⅰ 主控项目

8.1.1 整体冷箱设备安装验收合格后，应按下列规定进行气密性试验：

1 试验用气源应为无油、干燥、洁净的压缩空气或氮气，当采用氮气时应采取防窒息措施；

2 冷箱安全阀应处于工作状态；

3 应按不同的压力等级分别进行试压及检漏，气密性试验压力应为各系统工作压力；

4 各主要设备气密性试验应符合设计技术文件的规定；无规定时，允许压力降应符合表 8.1.1 的规定。

表 8.1.1 气密性试验允许压力降

项次	系统压力（MPa，表压）	保压时间（h）	允许压力降（MPa，表压）
1	$5<P\leqslant10$	1.0	0.20
2	$2.5<P\leqslant5$	1.0	0.10
3	$1.2<P\leqslant2.5$	1.0	0.075
4	$0.6<P\leqslant1.2$	2.0	0.05
5	$0.06<P\leqslant0.6$	4.0	0.02
6	$P\leqslant0.06$	8.0	0.01

注：P 为系统压力。

5 压力降应按下式计算：

$$\Delta P=P_1-\frac{T_1}{T_2}P_2 \tag{8.1.1}$$

式中：ΔP——压力降（MPa）；

P_1——起始绝对压力（MPa）；

T_1——起始热力学温度（K）；

P_2——终点绝对压力（MPa）；

T_2——终点热力学温度（K）。

检查数量：全数检查。

检验方法：观察检查，检查压力试验记录。

Ⅱ 一 般 项 目

8.1.2 整体冷箱设备安装的允许偏差应符合表8.1.2的规定。

检查数量：全数检查。

检验方法：应符合表8.1.2的规定。

表8.1.2 整体冷箱设备安装允许偏差和检验方法

项次	项目		允许偏差（mm）	检验方法
1	基板	纵向水平度	0.5/1000	用水平仪检查
		横向水平度	0.5/1000	
		标高	±3.0	用水准仪、钢直尺检查
		纵向中心线	5.0	挂线用尺量检查
		横向中心线	5.0	
2	整体冷箱设备	垂直度	1.0/1000 且不应大于20.0	用经纬仪、钢尺检查
		标高	+5.0 −8.0	用水准仪、钢直尺检查
		纵向中心线	5.0	用经纬仪或挂线用尺量检查
		横向中心线	5.0	

8.2 冷箱工艺钢结构

Ⅰ 主 控 项 目

8.2.1 冷箱结构使用的高强螺栓安装，应符合现行国家标准《钢结构工程施工质量验收规范》GB 50205的有关规定。

检查数量：按节点数抽查20%。

检验方法：检查质量合格证明文件、复验报告和安装质量记录，观察检查。

8.2.2 冷箱结构的焊接应有相应的焊接工艺评定报告，并应根据焊接工艺评定报告编制焊接作业指导书。

检查数量：全数检查。

检验方法：检查焊接工艺评定报告和焊接作业指导书。

8.2.3 框架型冷箱钢结构柱子的对接焊缝内部质量应符合设计技术文件的规定；无规定时，应符合现行国家标准《钢焊缝手工超声波探伤方法和探伤结果分级》GB/T 11345中B类Ⅲ级的规定。

检查数量：焊缝数量的20%，探伤长度不应小于200mm。

检验方法：检查超声波探伤报告或实测。

8.2.4 预制板型冷箱钢结构角柱焊缝的内部质量应符合设计技术文件的规定；无规定时，应符合现行国家标准《钢焊缝手工超声波探伤方法和探伤结果分级》GB/T 11345中B类Ⅲ级的规定。

检查数量：抽查焊缝总长20%。

检验方法：检查超声波探伤报告或实测。

Ⅱ 一 般 项 目

8.2.5 冷箱钢结构焊缝外观质量应符合设计技术文件的规定或现行国家标准《钢结构工程施工质量验收规范》GB 50205中三级焊缝的规定。

检查数量：按同一类型的焊缝应随机抽查10%。

检验方法：观察或用放大镜检查，焊接检验尺测量。

8.2.6 预制板型冷箱结构安装的允许偏差应符合设计技术文件的规定；无规定时，应符合表8.2.6的规定。

检查数量：基板与底层箱体全数检查，其他各项目均抽查20%。

检验方法：应符合表8.2.6的规定。

表8.2.6 预制板型冷箱结构安装允许偏差和检验方法

项次	项目		允许偏差（mm）	检验方法
1	基板	标高	±2.0	用水准仪、钢直尺检查
		纵向中心线	5.0	用经纬仪或挂线用直尺量检查
		横向中心线	5.0	
		纵向水平度	0.5/1000	用水平仪检查
		横向水平度	0.5/1000	
2	底层箱体	标高	±5.0	用水准仪、钢直尺检查
		纵向中心线	3.0	用经纬仪或挂线坠用直尺量检查
		横向中心线	3.0	
		垂直度	H/1000	用经纬仪、尺量检查
		箱体上平面对角线差	5.0	用尺量检查
		箱体顶面高差	5.0	用水准仪、钢直尺检查
3	其余各层箱体	垂直度	H/1000	用经纬仪、尺量检查
		同层箱体上平面对角线差	5.0	用尺量检查
		同层箱体顶面高差	5.0	用水准仪、钢直尺检查
		相邻箱板接头错位	3.0	用钢直尺测量
4	冷箱总体垂直度		H/1000 且不应大于25.0	挂线坠、用直尺测量
5	冷箱总体高度		H/1000 且不应大于25.0	用钢卷尺测量

注：H为冷箱高度。

8.2.7 框架型冷箱结构安装的允许偏差应符合设计技术文件的规定；无规定时，应符合表 8.2.7 的规定。

检查数量：基板全数检查，其他各项目均抽查 20%。

检验方法：应符合表 8.2.7 的规定。

表 8.2.7 框架型冷箱结构安装允许偏差和检验方法

项次	项目			允许偏差（mm）	检验方法
1	柱子	柱底标高		±2.0	用水准仪、钢直尺检查
		纵向中心线		5.0	用经纬仪或挂线用尺量检查
		横向中心线		5.0	
		垂直度	$h\leqslant3$m	2.0	用经纬仪、钢尺检查
			$h\leqslant10$m	5.0	
2	横梁	标高		±5.0	用水准仪、钢直尺检查
		侧向弯曲		±3.0	挂线用尺量检查
3	同层框架对角线差			8.0	用盘尺量
4	整体垂直度	$H\leqslant30$m		10.0	用经纬仪、钢尺检查
		$H\leqslant40$m		15.0	
		$H\leqslant50$m		20.0	
		$H>50$m		25.0	
5	面板平面度			4mm/m^2	用直尺、钢卷尺检查

注：h 为单层柱子高度，H 为冷箱总高度。

8.2.8 塔梯、平台、栏杆安装允许偏差应符合表 8.2.8 的规定。

检查数量：基板全数检查，其他各项目均抽查 20%。

检验方法：应符合表 8.2.8 的规定。

表 8.2.8 塔梯、平台、栏杆安装允许偏差和检验方法

项次	项目	允许偏差（mm）	检验方法
1	塔梯立柱垂直度	h/1000 且全高不应大于 35.0	用经纬仪、钢尺检查
2	平台标高	±15.0	用水准仪、钢尺检查
3	平台梁水平度	L/1000 且不应大于 20.0	用水平仪检查
4	栏杆高度	±15.0	用钢尺检查
5	栏杆立柱间距	±15.0	
6	直梯垂直度	H/1000 且不应大于 15.0	用吊线和钢尺检查

注：h 为单层柱子高度，L 为平台梁长度，H 为直梯高度。

8.2.9 冷箱钢结构防腐涂料、涂装遍数、涂层厚度应符合设计技术文件的规定；当涂层厚度无规定时，每遍涂层干漆膜厚度的允许偏差为 -5μm。

检查数量：按构件数抽查 10%，且同类构件不应少于 3 件。

检验方法：用干漆膜测厚仪检查，每个构件检查 5 处，每处的数值为 3 个相距 50mm 测点涂层干漆膜厚度的平均值。

8.2.10 冷箱箱体上附件安装应符合设计技术文件的规定。

检查数量：全数检查。

检验方法：观察检查。

8.3 塔器设备

Ⅰ 主控项目

8.3.1 压力容器在安装前，应按下列规定做强度试验和气密性试验：

1 压力容器（多腔、多通道容器除外）在保证期内，应具有合格证，且包装应完好，氮封气压应正常，在安装前可不再单独做强度和气密性试验，若氮封气压消失，应做气密性试验；

2 多腔、多通道容器应对各腔、各通道做气密性试验；

3 压力容器在保证期外，应具有合格证，且包装应完好，应做气密封试验；

4 若发现压力容器有损伤，应单独做强度和气密性试验；

5 试验介质应为干燥无油洁净空气或氮气，严禁使用氧气做试验介质；

6 强度试验压力应为设计压力的 1.15 倍，且不应小于 0.1MPa，并应保压 10min～15min，无泄漏、无异常现象应为合格；气密性试验压力应为设计压力，且不应小于 0.1MPa，并应保压 30min～60min，无泄漏、无异常现象应为合格。

检查数量：全数检查。

检验方法：观察检查，查看压力试验报告。

8.3.2 主换热器的吊架与换热器冷箱顶部结构框架焊接时，焊缝质量等级应符合设计技术文件的规定；无规定时，应符合现行国家标准《钢焊缝手工超声波探伤方法和探伤结果分级》GB/T 11345 中 B 类Ⅱ级的规定。

检查数量：全数检查。

检验方法：检查超声波探伤报告或实测。

8.3.3 主换热器的吊架与换热器冷箱顶部结构框架焊接时，焊缝的外观质量符合现行国家标准《钢结构工程施工质量验收规范》GB 50205 中二级焊缝的规定。

检查数量：全数检查。

检验方法：观察或用放大镜检查，焊接检验尺测量。

8.3.4 塔器现场组对焊接应有相应的焊接工艺评定报告，不锈钢塔器焊接工艺评定应符合现行行业标准《承压设备焊接工艺评定》NB/T 47014的有关规定，铝镁合金塔器焊接工艺评定应符合现行行业标准《铝制焊接容器》JB/T 4734的有关规定，并应根据焊接工艺评定报告编制焊接作业指导书。

检查数量：全数检查。

检验方法：检查焊接工艺评定报告和焊接作业指导书。

8.3.5 塔器现场组对接焊缝质量等级应符合设计技术文件的规定。无规定时，焊缝质量应符合下列要求：

1 当采用对接接头时，焊缝应进行射线检测，焊缝质量等级应符合现行行业标准《承压设备无损检测 第2部分 射线检测》JB/T 4730.2中的Ⅱ级规定，仅因气孔缺陷超标的可放宽至Ⅲ级合格；

2 当采用搭接接头双面角焊时，焊缝应进行着色渗透检测，焊缝质量等级应符合现行行业标准《承压设备无损检测 第5部分 渗透检测》JB/T 4730.5中的Ⅰ级规定；

3 当塔器组对坡口采用嵌入环式不锈钢垫板时，如因结构原因不能进行射线检测时，应进行着色渗透检测，焊缝质量等级应符合现行行业标准《承压设备无损检测 第5部分 渗透检测》JB/T 4730.5中的Ⅰ级规定。

检查数量：100%检查。

检验方法：检查射线检测报告、着色检测报告。

8.3.6 现场组对塔器焊缝外观质量应符合设计技术文件的规定；无规定时，应符合现行国家标准《现场设备、工业管道焊接工程施工及验收规范》GB 50236中焊缝质量分级标准的Ⅱ级规定。

检查数量：全数检查。

检验方法：观察或用放大镜检查，焊接检验尺测量。

8.3.7 现场组装塔器设备组对焊接后应按设计技术文件的规定进行强度试验和严密性试验。

检查数量：全数检查。

检验方法：观察检查，查看压力试验报告。

Ⅱ 一般项目

8.3.8 塔器支座的安装方位应符合设计技术文件的规定，安装允许偏差应符合表8.3.8的规定。

表8.3.8 塔器支座安装允许偏差和检验方法

项次	项目	允许偏差(mm)	检验方法
1	纵向水平度	0.5/1000	用水平仪检查
2	横向水平度	0.5/1000	
3	标高	±2.0	用水准仪、钢直尺检查
4	标高差	1.0	用水准仪检查
5	纵向中心线	3.0	挂线用尺量检查
6	横向中心线	3.0	

检查数量：全数检查。

检验方法：应符合表8.3.8的规定。

8.3.9 塔器设备安装的允许偏差应符合表8.3.9的规定。

检查数量：全数检查。

检验方法：应符合表8.3.9的规定。

表8.3.9 塔器设备安装允许偏差和检验方法

项次	项目		允许偏差（mm）	检验方法
1	上塔、下塔、粗氩塔、精氩塔、冷凝器	纵向中心线	2.0	挂线用尺量检查
		横向中心线	2.0	
		标高	±3.0	用水准仪、钢直尺检查
		垂直度	0.5/1000且不应大于10.0	经纬仪或挂线用尺量检查
	上塔和下塔组合、粗氩塔组合	垂直度	0.5/1000且不应大于12.0	
2	蒸发器、过冷器	纵向中心线	3.0	挂线用尺量检查
		横向中心线	3.0	
		标高	±3.0	用水准仪、钢直尺检查
		垂直度	2.0/1000且不应大于10.0	挂线用尺量检查
3	主换热器	纵向中心线	3.0	
		横向中心线	3.0	
		标高	±3.0	用水准仪、钢直尺检查
		垂直度	1.5/1000且不应大于10.0	用钢尺检查

8.3.10 塔器设备安装方位应符合设计技术文件的规定。

检查数量：全数检查。

检验方法：观察检查。

8.3.11 主换热器与支座或悬挂架应相对滑动。

检查数量：全数检查。

检验方法：观察检查。

8.3.12 分段出厂的上塔、下塔、氩塔等塔器现场组装的几何尺寸、允许偏差，应符合设计技术文件的规定。

检查数量：全数检查。

检验方法：用直尺、钢钢尺、水平仪测量。

8.3.13 填料塔的分配器的水平度应符合设计技术文件的规定。

检查数量：全数检查。

检验方法：观察检查，用水平仪测量。

8.3.14 筛板塔内部的筛板的水平度应符合设计技术文件的规定。

检查数量：全数检查。

检验方法：观察检查，用水平仪测量。

8.4 阀门设备

Ⅰ 主控项目

8.4.1 阀门安装前，应按现行国家标准《工业金属管道工程施工规范》GB 50235 中规定的要求进行强度试验和气密性试验。

检查数量：全数检查。

检验方法：观察检查，查看压力试验报告。

8.4.2 需现场脱脂、解体检查的手动阀，其填料函、阀体法兰密封面应做泄漏检查，应无泄漏。

检查数量：全数检查。

检验方法：观察检查，查看试验报告。

8.4.3 自动调节阀在安装前的检查应符合下列要求：

1 分别在气动、手动两种模式下进行泄漏量检查，泄漏量应符合设计技术文件的规定；

2 按规定的气源压力作定位器动作试验，应符合设计技术文件的规定；

3 填料函、阀体法兰密封面做泄漏检查，应无泄漏。

检查数量：全数检查。

检验方法：观察检查，查看试验报告。

8.4.4 安全阀在安装前应做起跳试验，开启压力与回座压力应符合设计技术文件规定并加铅封，安全阀应垂直安装。

检查数量：全数检查。

检验方法：观察检查，查看试验报告。

Ⅱ 一般项目

8.4.5 冷箱面板低温阀阀杆向上倾斜度、阀杆相对冷箱开孔偏移量，应符合设计技术文件的规定。

检查数量：全数检查。

检验方法：观察检查，用钢尺量。

8.4.6 阀门与管道采用焊接方式连接时，焊接时阀体温度不应高于 200℃。

检查数量：全数检查。

检验方法：观察检查，用测温仪测量。

8.4.7 阀门安装前应按设计技术文件核对型号，并应按介质流向确定其安装方向。

检查数量：全数检查。

检验方法：观察检查。

8.4.8 阀门安装完成后，应标注流程位号。

检查数量：全数检查。

检验方法：观察检查。

8.4.9 管路装配完毕后，阀门应启闭灵活，并应无阻滞现象。

检查数量：全数检查。

检验方法：观察检查。

8.4.10 冷箱内低温阀门安装完毕后，其执行机构悬挂吊架的安装应符合设计技术文件的规定。

检查数量：全数检查。

检验方法：观察检查，检查安装记录。

8.5 膨胀机设备

8.5.1 透平膨胀机安装的允许偏差应符合表 8.5.1 的规定。

检查数量：全数检查。

检验方法：应符合表 8.5.1 的规定。

表 8.5.1 透平膨胀机安装允许偏差和检验方法

项次	项目	允许偏差(mm)	检验方法
1	纵向水平度	0.2/1000	用水平仪测量
2	横向水平度	0.2/1000	
3	标高	±3.0	用水准仪、钢直尺检查
4	纵向中心线	2.0	挂线用尺量检查
5	横向中心线	2.0	

8.5.2 联轴器的装配应符合本规范第 6.1.3 条的规定。

8.5.3 整体出厂的活塞式膨胀机安装时，设备的清洗应符合设计技术文件的规定，无规定时应符合下列要求：

1 应对活塞、连杆、气阀和填料进行清洗和检查，气阀、填料和其他密封件不得采用蒸汽清洗；

2 保护主机和附属设备的防锈油在安装前应清洗洁净，并应除尽清洗剂和水分。

检查数量：全数检查。

检验方法：观察检查。

8.5.4 活塞式膨胀机进、排气阀杆与顶杆间的间隙、气缸的余隙，应符合设计技术文件的规定。

检查数量：全数检查。

检验方法：观察检查，用塞尺测量。

8.5.5 活塞式膨胀机应进行气密性试验，管路和接头应无泄漏；进、排气阀杆和活塞杆的填函处均不宜泄漏。

检查数量：全数检查。

检验方法：观察检查。

8.5.6 活塞式膨胀机安装的允许偏差应符合表8.5.6的规定。

检查数量：全数检查。

检验方法：应符合表8.5.6的规定。

表8.5.6 活塞式膨胀机安装允许偏差和检验方法

项次	项　目	允许偏差(mm)	检 验 方 法
1	纵向水平度	0.1/1000	用水平仪测量
2	横向水平度	0.1/1000	
3	标高	±3.0	用水准仪、钢直尺检查
4	纵向中心线	2.0	挂线用尺量检查
5	横向中心线	2.0	

8.5.7 膨胀机附件安装应符合设计技术文件的规定。

检查数量：全数检查。

检验方法：观察检查。

8.5.8 进出口管道接口法兰平行度及同心度应符合设计技术文件的规定。

检查数量：全数检查。

检验方法：用塞尺、直尺测量。

8.5.9 膨胀机润滑系统、冷却系统及密封系统安装应符合设计技术文件的规定；无规定时应符合现行国家标准《机械设备安装工程施工及验收通用规范》GB 50231的有关规定。

检查数量：全数检查。

检验方法：观察检查。

8.6 低温液体泵

Ⅰ 主 控 项 目

8.6.1 低温液体泵安装前，机械零件、部件、管道组成件及仪表的脱脂，应符合设计技术文件的规定。

检查数量：全数检查。

检验方法：滤纸擦拭法、溶剂分析法、樟脑检查法、紫光灯照射检查法。

Ⅱ 一 般 项 目

8.6.2 低温液体泵底座与支撑板之间的滑动板安装时，连接螺栓与纵向长圆孔两端的间距及松紧程度，应符合设计技术文件的规定。

检查数量：全数检查。

检验方法：观察检查，用直尺测量。

8.6.3 离心式低温液体泵安装的允许偏差应符合表8.6.3的规定。

检查数量：全数检查。

检验方法：应符合表8.6.3的规定。

表8.6.3 离心式低温液体泵安装允许偏差和检验方法

项次	项　目	允许偏差(mm)	检 验 方 法
1	纵向水平度	0.1/1000	用水平仪测量
2	横向水平度	0.1/1000	
3	标高	±3.0	用水准仪、钢直尺检查
4	纵向中心线	2.0	挂线用尺量检查
5	横向中心线	2.0	

8.6.4 柱塞式低温液体泵安装的允许偏差应符合表8.6.4的规定。

检查数量：全数检查。

检验方法：应符合表8.6.4的规定。

表8.6.4 柱塞式低温液体泵安装允许偏差和检验方法

项次	项　目	允许偏差(mm)	检 验 方 法
1	横向水平度	0.2/1000	用水平仪测量
2	纵向水平度	0.1/1000	
3	标高	±3.0	用水准仪、钢直尺检查
4	纵向中心线	2.0	挂线用尺量检查
5	横向中心线	2.0	

8.6.5 联轴器的装配应符合本规范第6.1.3条的规定。

8.6.6 液体泵进液管的坡度应符合设计技术文件的规定。

检查数量：全数检查。

检验方法：观察检查，用水平仪测量。

8.6.7 低温液体泵进出口管道上的补偿器安装及调节，应符合设计技术文件的规定。

检查数量：全数检查。

检验方法：观察检查。

8.6.8 低温液体泵进出口管道接口法兰平行度及同心度，应符合设计技术文件的规定。

检查数量：全数检查。

检验方法：用塞尺、直尺测量。

8.7 冷箱管道预制

Ⅰ 主 控 项 目

8.7.1 管道脱脂宜设专用的脱脂场所，且应符合下列要求：

1 所有阀门和管道及管道附件应进行脱脂处理；

2 脱脂剂的选用应符合设计技术文件的规定；无规定时，宜用四氯乙烯或三氯乙烯等溶剂，严禁使用四氯化碳溶剂；

3 脱脂后的阀门、管道应及时采取保护措施。

检查数量：全数检查。

检验方法：观察检查，检查产品说明书。

8.7.2 阀门、管道清洗脱脂要求应符合设计技术文件的规定。

检查数量：全数检查。

检验方法：脱脂后的检验应选用下列方法之一：

1 滤纸擦拭法，用清洁干燥的白色滤纸擦抹脱脂件表面，纸上无油脂痕迹为合格；

2 紫光灯照射检查法，脱脂后用波长 320nm～380nm 的紫外光检查脱脂件表面，无油脂荧光为合格；

3 樟脑检查法，用蒸汽吹扫脱脂时，盛少量蒸汽冷凝液于器皿内，并放入数颗粒度小于 1mm 的纯樟脑，以樟脑不停旋转为合格；

4 溶剂分析法，用有机溶剂脱脂时，取样检查合格后的脱脂剂，油脂含量不超过 125mg/m^2 为合格。

8.7.3 冷箱内管道对接焊缝内部质量应符合设计技术文件或现行行业标准《承压设备无损检测　第 2 部分　射线检测》JB/T 4730.2 承压设备熔化焊对接焊接头射线检测质量分级中的Ⅱ级的规定。

检查数量：焊缝条数的 100％。

检验方法：检查射线探伤报告、射线底片或实测。

Ⅱ　一 般 项 目

8.7.4 冷箱管道的焊接应有相应的焊接工艺评定报告，不锈钢管道焊接工艺评定应符合现行行业标准《承压设备焊接工艺评定》NB/T 47014 的有关规定，铝镁合金管道焊接工艺评定应符合现行行业标准《铝制焊接容器》JB/T 4734 的有关规定，并应根据焊接工艺评定报告编制焊接作业指导书。

检查数量：全数检查。

检验方法：检查焊接工艺评定报告和焊接作业指导书。

8.7.5 冷箱内的管道预制应符合下列要求：

1 管道预制宜按系统单线图施工，预制好的管道应按图纸管线号进行编号；

2 管道上仪表一次部件等开孔、焊接宜在预制时进行，开孔应避开焊缝；

3 预制完毕的管段内部应清理干净，并应及时封闭管口。

检查数量：全数检查。

检验方法：观察检查，检查预制记录。

8.7.6 管道切口表面应平整，并应无裂纹、重皮、毛刺。

检查数量：全数检查。

检验方法：观察检查。

8.7.7 冷箱内管道焊接坡口形式及尺寸应符合设计技术文件或现行国家标准《现场设备、工业管道焊接工程施工及验收规范》GB 50236 的有关规定。

检查数量：按同种类型抽查 20％。

检验方法：观察检查，用焊接检验尺测量。

8.7.8 坡口加工时，应清除管道坡口表层氧化物，并应将凹凸不平处打磨平滑直至露出金属光泽。

检查数量：按同种类型抽查 20％。

检验方法：观察检查。

8.7.9 冷箱管道预制允许偏差应符合设计技术文件的规定；无规定时，应符合表 8.7.9 的规定。

检查数量：全数检查。

检验方法：应符合表 8.7.9 的规定。

表 8.7.9　冷箱管道预制允许偏差和检验方法

项次	项　目		允许偏差（mm）	检验方法
1	切口端面倾斜		D/100，最大不超过 3.0	用直尺、角尺测量
2	管道下料尺寸		±3.0	用钢卷尺测量
3	冷弯管弯曲半径		8D％	拉线、用钢卷尺测量
4	仪表一次部件安装位置		±5.0	用钢卷尺测量
5	法兰面与管中心线垂直度	DN＜100	0.5	用角尺、直尺测量
		100≤DN≤300	1.0	
		DN＞300	2.0	
6	直管段两环焊缝间距		＞100.0	用直尺测量

注：DN 为管道公称直径，D 为管道公称外径。

8.7.10 冷箱内管道焊缝外观质量应符合设计技术文件的规定；无规定时，应符合表 8.7.10 的规定，并不应允许出现裂纹、表面气孔、表面夹渣、未焊透的缺陷。

检查数量：应抽查 10％，且不得少于 3 处。

检验方法：应符合表 8.7.10 的规定。

表 8.7.10　冷箱管道焊缝外观质量允许偏差和检验方法

项次	项　目		允许偏差（mm）	检验方法
1	内壁错边量	壁厚＞5mm	≤10δ％，且应不大于 2.0	用焊接检验尺检查
		壁厚≤5mm	≤0.5	
2	外壁错边量		＜15δ％，且不应大于 3.0	
3	焊缝余高		≤1＋0.1b，且不应大于 3.0	
4	咬边	深度	≤0.5	
		长度	小于焊缝全长 5％，且不应大于 50.0	
5	根部收缩		≤0.2＋0.02δ，且不应大于 0.5	

续表 8.7.10

项次	项目		允许偏差（mm）	检验方法
6	对接接头平直度	DN<100mm	1.0	在距接口中心200mm处，用楔形塞尺和样板尺检查
		DN≥100mm	2.0	

注：b 为焊缝宽度，δ 为管道壁厚。

8.7.11 冷箱内管道宜采用氩弧焊焊接，焊接时应设引弧板。

检查数量：抽查 20%。

检验方法：观察检查。

8.7.12 不锈钢管道焊接后应对焊缝表面进行脱脂、钝化处理，处理后的焊缝表面和热影响区不得氧化变色。

检查数量：全数检查。

检验方法：观察检查。

8.8 冷箱管道安装

Ⅰ 主 控 项 目

8.8.1 管道脱脂应符合本规范第 8.7.1 条、第 8.7.2 条的规定。

8.8.2 冷箱内管道对接焊缝内部质量应符合本规范第 8.7.3 条的规定。

Ⅱ 一 般 项 目

8.8.3 冷箱内管道焊缝外观质量应符合本规范第 8.7.10 条的规定。

8.8.4 铝镁合金管道固定口焊接时，大于或等于 DN100mm 的管道可采用嵌入式复合衬圈；小于 DN100mm 的管道可采用嵌入式不锈钢衬圈。

检查数量：按同种类型抽查 20%。

检验方法：观察检查。

8.8.5 冷箱管道安装坡向、坡度及走向应符合设计技术文件的规定。

检查数量：全数检查。

检验方法：观察检查，拉线、用钢尺测量。

8.8.6 管道与冷箱壁、容器、基础及管道间的最小距离应符合设计文件的规定；无规定时，应符合下列要求：

1 低温液体管道外壁与冷箱内壁距离不应小于 400mm；

2 低温气体管道外壁与冷箱内壁距离不应小于 300mm；

3 低温气体管道外壁距液体容器外壁的间距不应小于 100mm；

4 低温液体管道外壁距基础表面的间距不应小于 300mm；

5 加热管道外壁与低温液体管道、液体容器外壁的间距不应小于 300mm；

6 冷热管道外壁之间的距离不应小于 200mm。

检查数量：全数检查。

检验方法：用钢尺测量。

8.8.7 冷箱管道安装允许偏差应符合设计技术文件的规定；无规定时，应符合表 8.8.7 的规定。

检查数量：同一介质管道抽查不少于 5 处。

检验方法：应符合表 8.8.7 的规定。

表 8.8.7 冷箱管道安装允许偏差和检验方法

项次	项目		允许偏差（mm）	检验方法
1	坐标		10.0	用水平仪、直尺、水平仪和拉线检查
2	标高		±10.0	
3	水平管道弯曲度	DN≤100	2.0/1000，且不应大于 30.0	用直尺和拉线检查
		DN>100	3.0/1000，且不应大于 50.0	
4	立管铅垂度		3.0/1000，且不应大于 20.0	用吊线检查
5	成排管道的间距		10.0	用拉线和直尺检查
6	交叉管外壁间距		10.0	

8.8.8 管路上波纹节应按设计文件的规定进行预拉伸或压缩，允许偏差为±10mm。组装时不应有拉伸、扭曲和错位。

检查数量：全数检查。

检验方法：观察检查，用钢尺测量。

8.8.9 冷箱管道支架安装应符合设计技术文件的规定；无规定时，应符合下列要求：

1 与冷箱壁接触的支撑管支架内应充填干燥的保温材料；

2 支架不得直接焊在塔器外壳或管道上；

3 滑动支架的接触面应洁净平整，不得有歪斜和卡涩现象；

4 框架式导向支架与管道外壁应留有活动间隙；

5 支架的焊接质量应符合现行国家标准《现场设备、工业管道焊接工程施工及验收规范》GB 50236 中Ⅳ级的规定。

检查数量：全数检查。

检验方法：观察检查，用焊接检验尺测量。

8.8.10 冷箱内不锈钢管道固定焊口焊接时应分系统充气保护。

检查数量：全数检查。

检验方法：观察检查。

8.8.11 不锈钢管道焊接后应对焊缝表面进行脱脂、钝化处理，处理后的焊缝表面和热影响区不得氧化变色。

检查数量：全数检查。

检验方法：观察检查。

8.8.12 铝/不锈钢转换接头安装、焊接应符合设计技术文件的规定；无规定时，应符合下列要求：

1 焊接时应先焊接铝合金部分，并应采取限温措施，最高温度应低于120℃；

2 接头应与所在管道系统一起进行强度及严密性试验。

检查数量：全数检查。

检验方法：观察检查，用测温计测量。

8.8.13 冷箱仪表测量、分析管路的安装应符合设计技术文件的规定；无规定时，应符合下列要求：

1 仪表管路安装前应进行清洗、脱脂处理；

2 仪表管应安置在托架内，并应绑扎牢固，不得采取焊接固定，水平部件托架可按图8.8.13-1安装，垂直部件托架可按图8.8.13-2安装；

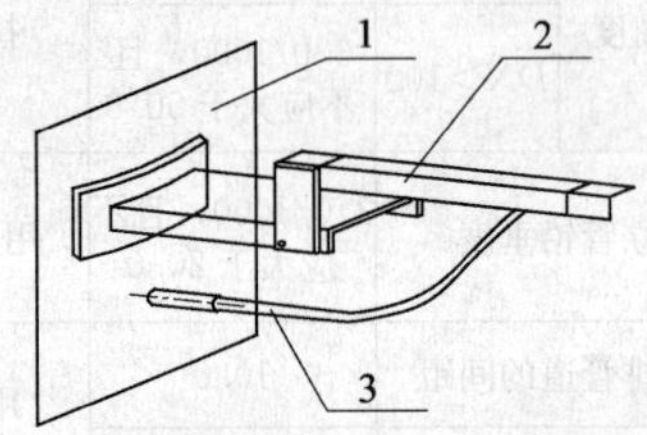

图8.8.13-1 水平部件托架

1—容器或管道；2—托架；3—仪表管

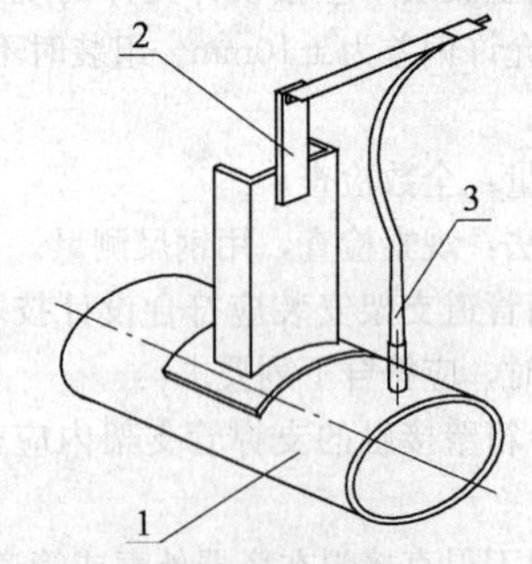

图8.8.13-2 垂直部件托架

1—容器或管道；2—托架；3—仪表管

3 仪表管路的支托架安装应稳固，测点至冷箱壁间支托架应具有一定的活动量；

4 仪表测量、分析管路应从测点以10%～20%的坡度向上倾斜引出，并应以最短路径至冷箱内壁处；

5 仪表测量、分析管路不应与设备或管道接触，其外壁间距不应小于100mm；

6 当冷箱壁上安装的阀门位置低于测点位置时，液体测量、分析管路至冷箱壁后再沿冷箱内壁水平方向敷设长度应大于1m，而后应向上弯成倒U形，并应通向阀门，水平管上表面到倒U形最高点的垂直距离应大于500mm；当阀门位置高于测点位置时，仪表测量、分析管路至冷箱壁后再沿冷箱内壁水平方向敷设长度应大于1m，并应通向阀门；

7 仪表测量、分析管路终端在阀门上部应呈P形弯形式与阀门连接，P形弯弯曲半径不应小于管外径的5倍。

检查数量：全数检查。

检验方法：观察检查，拉线、用尺量。

8.8.14 冷箱排放管路的安装应符合设计技术文件的规定；无规定时，应符合下列要求：

1 排放管路应从测点以均匀的坡度向上倾斜引出，并应以最短路径至终端阀门处；

2 气体排放管路应带有膨胀弯且弯曲半径不应小于管子外径的5倍。

检查数量：全数检查。

检验方法：观察检查，用尺量。

8.8.15 冷箱仪表测量、分析、排放管路与支托架间应采用玻璃纤维带进行保护。

检查数量：全数检查。

检验方法：观察检查。

8.8.16 冷箱仪表测量、分析、排放管路起点和终端连接前应进行通气检查，并应确保其畅通和密封良好。

检查数量：全数检查。

检验方法：观察检查。

8.8.17 加温吹除管的安装应符合下列要求：

1 应避免与其他各种管路和支架等接触，其外壁间距离不应小于200mm；

2 气体吹除管的坡度应符合设计技术文件的规定；无规定时，应设10%的坡度向吹除阀方向下降倾斜，并应无下凹死区。

检查数量：全数检查。

检验方法：观察检查，拉线、用尺测。

8.8.18 冷箱外氧、氮、氩等液态产品管道，当采用隔热套管保冷时，应先安装内部管道，焊缝经射线检查和压力试验合格后，再装隔热套管并充填绝热材料，绝热材料充填应密实。

检查数量：全数检查。

检验方法：观察检查，检查射线探伤报告、压力试验记录。

8.8.19 冷箱外氧、氮、氩等液态产品管道采用真空管形式时，安装应符合本规范第10.6节的规定。

检查数量：全数检查。

检验方法：观察检查。

8.9 试　压

Ⅰ 主 控 项 目

8.9.1 冷箱内管道应做强度试验，试验介质宜采用干燥无油的压缩空气、氮气，试验压力应符合设计技术文件的规定；无规定时，试验压力应为工作压力的1.15倍，稳压10min，压力不降为合格。

检查数量：全数检查。

检验方法：观察检查。

8.9.2 冷箱内管道应在强度试验合格后做严密性试验，并应将强度试验后的压力降至工作压力，稳压30min，用发泡剂检验，不泄漏为合格。

检查数量：全数检查。

检验方法：观察检查。

8.9.3 冷箱内管道应做泄漏量试验，试验压力应为工作压力，停压12h，在试验压力稳定30min，开始记录起点压力、起点温度，泄漏率不应大于2.5%为合格，泄漏率应按下式计算：

$$Q=\left(1-\frac{P_2\times T_1}{P_1\times T_2}\right)\times 100\% \quad (8.9.3)$$

式中：Q——泄漏率（%）；

P_1——起始绝对压力（MPa）；

T_1——起始热力学温度（K）；

P_2——终点绝对压力（MPa）；

T_2——终点热力学温度（K）。

检查数量：全数检查。

检验方法：观察检查，检查压力试验记录。

Ⅱ 一般项目

8.9.4 试压前应具备下列条件：

1 冷箱内管道、仪表测量管线及支架安装验收合格；

2 管道焊缝无损检验合格；

3 压力试验前所有控制阀经过调试，满足压力试验要求；

4 试压管道与无关系统已用盲板或采取其他措施隔开；

5 管道上的安全阀、爆破板、仪表元件及过滤器等已经拆下或加以隔离。

检查数量：全数检查。

检验方法：观察检查，检查试压方案。

8.9.5 试验应采用洁净、干燥、无油压缩空气或氮气，当采用氮气时，应采取防窒息措施。

检查数量：全数检查。

检验方法：观察检查，检查试压方案。

8.9.6 冷箱内所有仪表取源管线应参与各自所在系统工艺管线的试压。

检查数量：全数检查。

检验方法：观察检查，检查试压方案。

8.9.7 各系统压力试验合格后，应将盲板拆除、复原，并应按工作压力进行整体通气检查。

检查数量：全数检查。

检验方法：观察检查。

8.10 吹　　扫

一 般 项 目

8.10.1 吹扫前应具备下列条件：

1 管道试压，严密性试验合格；

2 不参与吹扫的设备（尤其是旋转设备）及管道应隔离；

3 设备、管道支、吊架应牢固可靠；

4 管道排放口应牢固，排放气体不应损坏和污染附近设备及材料；

5 膨胀机和低温液体泵的进、出口管应断开，所有的流量计孔板和入口管过滤器滤芯应拆除。

检查数量：全数检查。

检验方法：观察检查。

8.10.2 吹扫可逆式换热器时，低压侧自动阀孔应用盲板封堵，吹扫后应立即将自动阀复位。

检查数量：全数检查。

检验方法：观察检查。

8.10.3 空分系统吹扫时，应先吹板翅式换热器及其上的仪表管、后吹其他设备和管路。仪表导压管路的吹刷，应在吹刷后期进行。

检查数量：全数检查。

检验方法：观察检查。

8.10.4 吹扫气源应采用洁净、干燥、无油的压缩空气。当采用空压机吹扫时，空气预冷、净化系统应投入运行。吹扫压力不得超过容器和管道的工作压力，流速不应小于20m/s。

检查数量：全数检查。

检验方法：观察检查。

8.10.5 空分系统的吹扫应先吹扫冷箱外系统、后吹扫冷箱内系统；冷箱外管道吹扫时，凡与冷箱内相连接的阀门应关闭。

检查数量：全数检查。

检验方法：观察检查。

8.10.6 各系统的吹扫应反复多次进行，吹扫时间不应小于4h；采用沾湿的白色滤纸或白布放在吹扫出口处，经5min后，在纸或白布上应无机械杂质为合格。

检查数量：全数检查。

检验方法：观察检查，检查吹扫记录。

8.10.7 吹扫后系统恢复应符合清洁度要求，不得再进行影响管内清洁的其他作业。

检查数量：全数检查。

检验方法：观察检查。

8.11 膨胀珍珠岩充填

Ⅰ 主 控 项 目

8.11.1 膨胀珍珠岩充填应在系统裸冷试验合格后进

行，充填前应拆除冷箱内所有脚手架及临时设施，冷箱内应干燥、洁净。

检查数量：全数检查。

检验方法：观察检查。

Ⅱ 一般项目

8.11.2 膨胀珍珠岩充填前，冷箱上所有人孔应封闭，且接触面处应密封严密。

检查数量：全数检查。

检验方法：观察检查。

8.11.3 膨胀珍珠岩充填前，冷箱内的法兰连接部位应用玻璃纤维带捆扎牢固紧密。

检查数量：全数检查。

检验方法：观察检查。

8.11.4 膨胀珍珠岩充填前，低温阀绝热隔套内应充填矿渣棉严实（图8.11.4）。

检查数量：全数检查。

检验方法：观察检查。

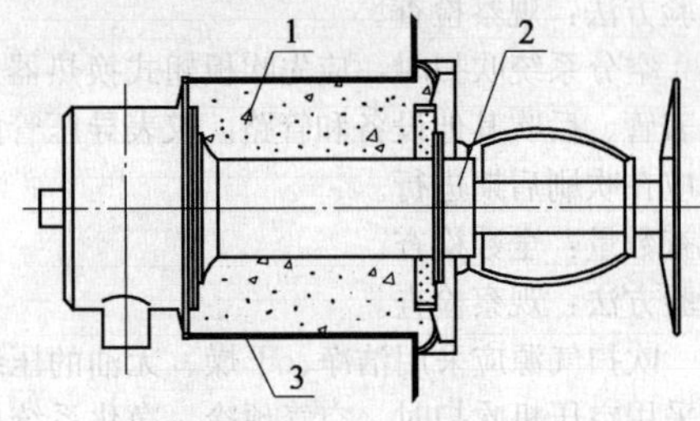

图8.11.4 低温阀矿渣棉充填

1—矿渣棉；2—低温阀；3—阀罩

8.11.5 无绝热套管的冷蝶阀，应在补偿器内填实矿渣棉，靠近冷箱内壁约300mm段，应用矿渣棉毡包扎，并应用扣件紧固。

检查数量：全数检查。

检验方法：观察检查。

8.11.6 膨胀珍珠岩充填前，冷箱内所有温度测量线路及感温元件性能应检查良好。

检查数量：全数检查。

检验方法：观察检查。

8.11.7 膨胀珍珠岩充填前，管道引出冷箱内壁处应安装波纹管（橡胶伸缩性补偿器），密封应良好。

检查数量：全数检查。

检验方法：观察检查。

8.11.8 膨胀珍珠岩充填前，冷箱和冷箱、泵箱、膨胀机箱间连接处，应填充矿渣棉，且应用玻璃纤维布捆扎牢固紧密。

检查数量：全数检查。

检验方法：观察检查。

8.11.9 膨胀珍珠岩充填前，冷箱内测温电缆引出冷箱内壁处密封应良好。

检查数量：全数检查。

检验方法：观察检查。

8.11.10 膨胀珍珠岩充填前，测量管线引出冷箱内壁处应安装保护罩，并应在保护罩内充填矿渣棉。

检查数量：全数检查。

检验方法：观察检查。

8.11.11 整个冷箱填充应密实，不得有空穴，充填完毕后，装入口应密封良好。

检查数量：全数检查。

检验方法：观察检查。

8.11.12 膨胀珍珠岩充填过程中，冷箱各容器和管道内均应充气，压力宜为40kPa～50kPa，并微开各仪表管终端阀门通气，同时各温度计均应通电。

检查数量：全数检查。

检验方法：观察检查。

8.11.13 膨胀珍珠岩充填完毕，应向冷箱内充入干燥氮气保护。运行约一周后，应打开冷箱顶部人孔进行检查，必要时应补充膨胀珍珠岩。

检查数量：全数检查。

检验方法：观察检查。

9 产品压缩系统设备

9.1 氧气压缩机安装

Ⅰ 主控项目

9.1.1 氧气压缩机安装前，凡与氧气接触的机械零件、部件、管道组成件及仪表必须进行脱脂。

检查数量：全数检查。

检验方法：滤纸擦拭法、溶剂分析法、樟脑检查法、紫光灯照射检查法。

9.1.2 氧气压缩机设备安装前、后均应充氮气保护。

检查数量：全数检查。

检验方法：观察检查。

Ⅱ 一般项目

9.1.3 活塞式氧气压缩机的安装应符合本规范第6.1节的规定。

9.1.4 离心式氧气压缩机底座安装的允许偏差应符合表9.1.4的规定。

检查数量：全数检查。

检验方法：应符合表9.1.4的规定。

表9.1.4 底座设备安装允许偏差和检验方法

项次	项目	允许偏差（mm）	检验方法
1	纵向水平度	0.10/1000	用水平仪、精密水准仪检查
2	横向水平度	0.10/1000	

续表 9.1.4

项次	项　　目	允许偏差(mm)	检验方法
3	标高	±1.0	用精密水准仪检查
4	纵向中心线	2.0	用挂线法检查
5	横向中心线	2.0	

9.1.5 离心式氧气压缩机的底面应与底座紧密贴合，连接螺栓、滑动键的间隙及膨胀方向，应符合设计技术文件的规定。

检查数量：全数检查。

检验方法：用塞尺测量。

9.1.6 单轴型氧气压缩机增速机安装允许偏差应符合表 9.1.6 的规定。

检查数量：全数检查。

检验方法：应符合表 9.1.6 的规定。

表 9.1.6 增速机安装允许偏差和检验方法

项次	项　　目	允许偏差(mm)	检验方法
1	纵向水平度	0.04/1000	用水平仪、精密水准仪检查
2	横向水平度	0.04/1000	
3	标高	±0.5	用精密水准仪检查
4	纵向中心线	2.0	用挂线法检查
5	横向中心线	2.0	

9.1.7 单轴型氧气压缩机安装允许偏差应符合表 9.1.7 的规定。

检查数量：全数检查。

检验方法：应符合表 9.1.7 的规定。

表 9.1.7 单轴型氧气压缩机安装允许偏差和检验方法

项次	项　　目	允许偏差(mm)	检验方法
1	纵向水平度	0.05/1000	用水平仪、精密水准仪检查
2	横向水平度	0.1/1000	
3	标高	±0.5	用精密水准仪检查
4	纵向中心线	2.0	用挂线法检查
5	横向中心线	2.0	

9.1.8 整体齿轮型压缩机安装允许偏差应符合表 9.1.8 的规定。

检查数量：全数检查。

检验方法：应符合表 9.1.8 的规定。

表 9.1.8 整体齿轮型压缩机安装允许偏差和检验方法

项次	项　　目	允许偏差(mm)	检验方法
1	纵向水平度	0.04/1000	用水平仪、精密水准仪检查
2	横向水平度	0.04/1000	
3	标高	±0.5	用精密水准仪检查
4	纵向中心线	2.0	用挂线法检查
5	横向中心线	2.0	

9.1.9 电机的安装允许偏差应符合表 9.1.9 的规定。

检查数量：全数检查。

检验方法：应符合表 9.1.9 的规定。

表 9.1.9 电机安装允许偏差和检验方法

项次	项　　目	允许偏差(mm)	检验方法
1	纵向水平度	0.1/1000	用水平仪、精密水准仪检查
2	横向水平度	0.1/1000	
3	标高	±0.5	用精密水准仪检查
4	纵向中心线	2.0	用挂线法检查
5	横向中心线	2.0	

9.1.10 电机的磁力中心线应符合设计技术文件的规定。

检查数量：全数检查。

检验方法：用游标卡尺、塞尺测量。

9.1.11 联轴器的装配应符合本规范第 6.1.3 条的规定。

9.1.12 离心式氧气压缩机在转动压缩机轴之前，应拆除压缩机上的运输锁定装置和保护装置，并应清洗轴承、加入润滑剂。

检查数量：全数检查。

检验方法：观察检查。

9.1.13 氧气压缩机氮气或无油空气试运转完毕后，应对压缩机进行开盖检查，各部位间隙、密封应符合设计技术文件的规定，壳体内部部件应无锈蚀，且应清洁干净。

检查数量：全数检查。

检验方法：观察检查，检查记录。

9.2 氮气压缩机安装

9.2.1 活塞式氮气压缩机的安装应符合本规范第 6.1 节的规定。

9.2.2 离心式氮气压缩机清洗和检查应符合设计技术文件的规定。

检查数量：全数检查。

检验方法：观察检查。

9.2.3 氮气压缩机底座安装的允许偏差应符合表9.2.3的规定。

检查数量：全数检查。

检验方法：应符合表9.2.3的规定。

表9.2.3 氮气压缩机底座设备安装允许偏差和检验方法

项次	项目	允许偏差(mm)	检验方法
1	纵向水平度	0.10/1000	用水平仪、精密水准仪检查
2	横向水平度	0.10/1000	
3	标高	±1.0	用精密水准仪检查
4	纵向中心线	2.0	用挂线法检查
5	横向中心线	2.0	

9.2.4 离心式氮气压缩机的底面应与底座紧密贴合，联接螺栓、滑动键的间隙及膨胀方向，应符合设计技术文件的规定。

检查数量：全数检查。

检验方法：用塞尺测量。

9.2.5 单轴型氮气压缩机增速机安装允许偏差应符合表9.2.5的规定。

检查数量：全数检查。

检验方法：应符合表9.2.5的规定。

表9.2.5 增速机安装允许偏差和检验方法

项次	项目	允许偏差(mm)	检验方法
1	纵向水平度	0.04/1000	用水平仪、精密水准仪检查
2	横向水平度	0.04/1000	
3	标高	±0.5	用精密水准仪检查
4	纵向中心线	2.0	用挂线法检查
5	横向中心线	2.0	

9.2.6 单轴型氮气压缩机安装允许偏差应符合表9.2.6的规定。

检查数量：全数检查。

检验方法：应符合表9.2.6的规定。

表9.2.6 单轴型氮气压缩机安装允许偏差和检验方法

项次	项目	允许偏差(mm)	检验方法
1	纵向水平度	0.05/1000	用水平仪、精密水准仪检查
2	横向水平度	0.10/1000	
3	标高	±0.5	用精密水准仪检查
4	纵向中心线	2.0	用挂线法检查
5	横向中心线	2.0	

9.2.7 整体齿轮型氮气压缩机安装允许偏差应符合表9.2.7的规定。

检查数量：全数检查。

检验方法：应符合表9.2.7的规定。

表9.2.7 整体齿轮型氮气压缩机安装允许偏差和检验方法

项次	项目	允许偏差(mm)	检验方法
1	纵向水平度	0.04/1000	用水平仪、精密水准仪检查
2	横向水平度	0.04/1000	
3	标高	±0.5	用精密水准仪检查
4	纵向中心线	2.0	用挂线法检查
5	横向中心线	2.0	

9.2.8 电机的安装允许偏差应符合表9.2.8的规定。

检查数量：全数检查。

检验方法：应符合表9.2.8的规定。

表9.2.8 电机安装允许偏差和检验方法

项次	项目	允许偏差(mm)	检验方法
1	纵向水平度	0.10/1000	用水平仪、精密水准仪检查
2	横向水平度	0.10/1000	
3	标高	±0.5	用精密水准仪检查
4	纵向中心线	2.0	用挂线法检查
5	横向中心线	2.0	

9.2.9 电机的磁力中心线应符合设计技术文件的规定。

检查数量：全数检查。

检验方法：用游标卡尺、塞尺测量。

9.2.10 联轴器的装配应符合本规范第6.1.3条的规定。

9.3 附属设备安装

9.3.1 级间管道的安装应符合本规范第6.5.9条～第6.5.12条的规定。

9.3.2 冷却器的安装应符合本规范第6.5.4条～第6.5.8条的规定。

10 低温液体储备系统

10.1 一般规定

10.1.1 本章适用于低温液体储备系统设备安装工程施工及质量验收，包括整体安装的低温液体储罐、大型低温常压平底液体储罐、大型低温粉末绝热组合储罐、蒸发器和真空管的安装和质量验收。

10.1.2 低温液体泵的安装应符合本规范第8.6节的规定。

10.2 整体安装的低温液体储罐

10.2.1 整体供货的真空粉末绝热圆筒型低温液体储罐安装允许偏差，应符合表10.2.1的规定。

检查数量：全数检查。

检验方法：应符合表10.2.1的规定。

表10.2.1 真空粉末绝热圆筒罐安装允许偏差和检验方法

项次	项目	允许偏差（mm）	检验方法
1	垂直度	1.0/1000且≤10.0	用经纬仪检查
2	标高	±5.0	用水准仪、直尺检查
3	纵向中心线	5.0	用钢卷尺检查
4	横向中心线	5.0	

10.2.2 整体供货的真空粉末球型低温液体储罐安装允许偏差，应符合表10.2.2的规定。

检查数量：全数检查。

检验方法：应符合表10.2.2的规定。

表10.2.2 真空粉末球型储罐安装允许偏差和检验方法

项次	项目	允许偏差（mm）	检验方法
1	支柱垂直度	2.0/1000	用经纬仪检查
2	标高	±5.0	用水准仪、直尺检查
3	纵向中心线	5.0	用钢卷尺检查
4	横向中心线	5.0	

10.3 大型低温常压平底液体储罐

Ⅰ 主控项目

10.3.1 低温液体储罐内、外罐体焊接应有相应的焊接工艺评定报告，并应根据焊接工艺评定报告编制焊接作业指导书。

检查数量：全数检查。

检验方法：检查焊接工艺评定报告和焊接作业指导书。

10.3.2 内、外罐底板所有焊缝应采用真空箱法进行严密性试验，试验负压值不得低于53kPa，应用发泡剂检查，无渗漏为合格。

检查数量：全数检查。

检验方法：真空箱泄漏检查法。

10.3.3 内罐底板三层钢板重叠部分的搭接接头焊缝和对接底板的T字焊缝，应进行渗透检测，焊缝内部质量应符合现行行业标准《承压设备无损检测》JB/T 4730质量分级中的Ⅰ级规定。

检查数量：每个T字形焊缝在沿三个方向各200mm的范围内，100%检查。

检验方法：检查渗透检测报告。

10.3.4 内罐壁板和顶板所有对接焊缝质量应符合设计技术文件规定；无规定时，内部质量应符合现行行业标准《承压设备无损检测 第2部分 射线检测》JB/T 4730.2承压设备熔化焊对接焊接接头射线检测质量分级中的Ⅱ级规定。

检查数量：全数检查。

检验方法：检查射线底片或探伤报告。

10.3.5 内罐底圈罐壁与罐底T型接头的罐内角焊缝、内罐接管角焊缝、人孔颈部角焊缝、颈部与法兰的角焊缝，以及补强板角焊缝，应进行渗透检测。焊缝内部质量应符合现行行业标准《承压设备无损检测 第5部分 渗透检测》JB/T 4730.5质量分级中的Ⅰ级规定。

检查数量：全数检查。

检验方法：检查渗透检测报告。

10.3.6 外罐的对接焊缝和影响密封的角焊缝应进行渗透检查，焊缝内部质量应符合现行行业标准《承压设备无损检测 第5部分 渗透检测》JB/T 4730.5质量分级中的Ⅰ级规定。

检查数量：全数检查。

检验方法：检查渗透检测报告。

10.3.7 内罐应进行强度及严密性试验，强度试验时，内罐应充水到设计最高液位，24h后缓缓充入无油干燥空气，空气压力应为设计压力的1.25倍，保压1h，无异常变形、无渗漏和无泄漏为合格；严密性试验时，应将试验压力降到设计压力，保压1h，无渗漏、无泄漏为合格。

检查数量：全数检查。

检验方法：观察检查，查看压力试验报告。

10.3.8 内罐应做真空度试验，真空试验压力应符合设计技术文件的规定，内罐达到试验负压时，应持压30min，罐顶无异常变形为合格。

检查数量：全数检查。

检验方法：观察检查，查看试验报告。

10.3.9 内罐应进行脱脂，脱脂剂的选用应符合设计技术文件的规定；无规定时，应采用三氯乙烯等对人体无害的有机溶剂进行擦洗，严禁使用四氯化碳溶剂。

检查数量：抽查脱脂面积的30%。

检验方法：滤纸擦拭法、溶剂分析法、樟脑检查法、紫光灯照射检查法。

10.3.10 内罐气密性试验后内罐内表面应干燥，应用干燥无油的空气或氮气对内筒进行吹除，排出气体的露点不高于−40℃时为合格；内罐干燥后应进行充氮保护，氮气压力应符合设计技术文件的规定。

检查数量：全数检查。

检验方法：观察检查，用测露仪检查、检查气密性试验报告。

Ⅱ 一 般 项 目

10.3.11 储罐基础应从圆心向外向下倾斜5/1000，在离边缘300mm范围的圆周上应保持水平，同一圆周上任意两点高差不得大于两点间距的0.1%，且不应超过12mm。

检查数量：全数检查。

检验方法：用盘尺、水准仪测量。

10.3.12 储罐基础各个部位尺寸允许偏差应符合表10.3.12的规定。

检查数量：全数检查。

检验方法：应符合表10.3.12的规定。

表10.3.12 基础各个部位尺寸允许偏差和检验方法

项次	项 目		允许偏差（mm）	检 验 方 法
1	基础中心圆的尺寸 D_i	储罐容积<1000m³	±5.0	用盘尺测量
		储罐容积≥1000m³	D_i/2000	
2	基础方位		1°	用经纬仪测量
3	相邻支柱基础中心距 S		±2.0	用盘尺测量
4	采用预埋锚固带固定基础	各支柱基础锚固带上表面标高	0.0 −6.0	用水准仪、直尺测量
		相邻支柱基础锚固带标高差	3.0	

注：D_i为储罐设计内径。

10.3.13 检查内、外罐壁板曲率应符合设计技术文件的规定；无规定时，壁板与样板允许间隙不得大于4mm（图10.3.13）。

检查数量：壁板数量的20%，且每带不应少于2块。

检验方法：当壁板弦长大于或等于2m时，应选用弦长2m的样板；当壁板弦长小于2m时，应选用与壁板弦长相同的样板。

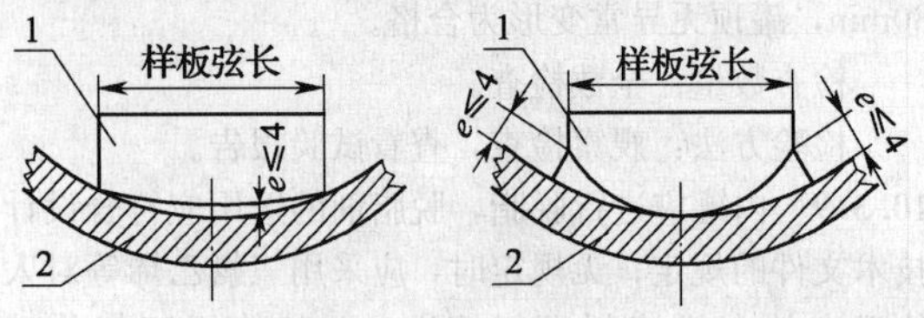

图10.3.13 壁板曲率检查（mm）

1—样板；2—壁板

10.3.14 检查内、外罐壁板几何尺寸允许偏差应符合表10.3.14的规定。

检查数量：壁板数量的20%，且每带不应少于2块。

检验方法：应符合表10.3.14的规定。

表10.3.14 壁板几何尺寸允许偏差和检验方法

项次	项 目	允许偏差（mm）	检 验 方 法
1	长度方向弦长	±2.5	用直尺测量
2	宽度	±2.0	
3	对角线弦长	±3.0	用钢卷尺测量
4	对角线差	3.0	

10.3.15 检查内、外罐底板边缘板几何尺寸允许偏差应符合表10.3.15的规定（图10.3.15）。

检查数量：边缘板数量的20%，且不应少于5块。

检验方法：应符合表10.3.15的规定。

表10.3.15 边缘板尺寸允许偏差和检验方法

项次	项 目	允许偏差（mm）	检 验 方 法
1	长度AB、CD	±2.0	用钢卷尺测量
2	宽度AC、BD、EF	±2.0	
3	对角线AD、BC	≤3.0	

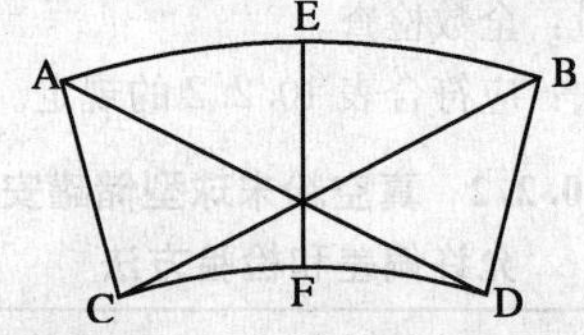

图10.3.15 扇形边缘板测量偏差

10.3.16 底板中幅板采用对接接头时，中幅板的尺寸允许偏差应符合设计技术文件的规定；无规定时，应符合表10.3.16的规定。

检查数量：抽查数量的20%，且不应少于5块。

检验方法：应符合表10.3.16的规定。

表10.3.16 中幅板尺寸允许偏差和检验方法

项次	项 目	允许偏差（mm）	检 验 方 法
1	宽度	±1.0	用钢卷尺测量
2	长度	±1.5	
3	对角线之差	≤2.0	
4	宽度方向直线度	≤1.0	
5	长度方向直线度	≤2.0	

10.3.17 检查内、外罐顶板及加强肋弧度应符合设计技术文件的规定；无规定时，顶板与样板允许间隙不得大于10mm；加强肋与样板允许间隙不得大于2mm。

检查数量：抽查数量的20%，且不应少于5块。

检验方法：用弧度样板与直尺测量。

10.3.18 抗风圈、加强圈、包边角钢等弧形构件的弧度应符合设计技术文件的规定，若无规定时，其与样板允许间隙不得大于2mm。

检查数量：抽查数量的20%，且不应少于5块。

检验方法：用弧度样板与直尺测量。

10.3.19 检查坡口形式及尺寸应符合设计技术文件的规定；无规定时，应符合现行国家标准《气焊、焊条电弧焊、气体保护焊和高能束焊的推荐坡口》GB/T 985.1的有关规定。

检查数量：按同种类型抽查20%。

检验方法：观察检查，用焊接检验尺测量。

10.3.20 内、外罐底板组装时，焊接接头的形式、接头间隙应符合设计技术文件的规定。底板焊接后局部凹凸变形的深度不应大于变形长度的2%，且不应大于50mm。

检查数量：全数检查。

检验方法：观察检查，用尺量。

10.3.21 内、外罐储罐壁板组装允许偏差应符合表10.3.21的规定。

检查数量：全数检查。

检验方法：应符合表10.3.21的规定。

表10.3.21 储罐壁板组装允许偏差和检验方法

项次	项目		允许偏差（mm）	检验方法
1	同一带相邻两壁板高度差		≤2.0	用水准仪检查
2	整个圆周上任意两点高度差		≤6.0	
3	每带壁板的垂直度		≤3.0	用磁力线坠、钢板尺检查
4	内表面纵向焊缝错边量	$\delta \leqslant 10$	≤1.0	用钢卷尺检查
		$\delta \geqslant 10$	≤0.1δ且不应大于1.5	
5	内表面横向焊缝错边量	$\delta \leqslant 8$	≤1.0	
		$\delta \geqslant 8$	≤0.2δ且不应大于2.0	

注：δ为板厚，单位为mm。

10.3.22 内罐的组装，罐壁、罐底及附件不得打焊工号，并应防止划痕和撞伤。组装工卡具宜采用不锈钢材质，碳素钢工卡具不应与不锈钢罐接触及焊接。如需要接触及焊接，应在卡具上焊上不锈钢隔离垫板。

检查数量：全数检查。

检验方法：观察检查。

10.3.23 焊接后的罐壁几何尺寸检查应符合表10.3.23的规定。

检查数量：全数检查。

检验方法：应符合表10.3.23的规定。

表10.3.23 焊接后的罐壁几何尺寸允许偏差和检验方法

项次	项目		允许偏差（mm）	检验方法
1	内罐壁高度		$5H_1/1000$	用钢盘尺检查
2	外罐壁高度		$5H_2/1000$	
3	内罐壁垂直度		$4H_1/1000$且≤50.0	用挂线、钢卷尺检查
4	外罐壁垂直度		$4H_2/1000$且≤50.0	
5	壁板焊缝角变形	$\delta \leqslant 12$	≤12.0	纵焊缝用1m长的弧形样板检查；环焊缝用1m长的直线样板检查
6		$\delta > 12$且$\leqslant 25$	≤10.0	
7	壁板局部凹凸变形	$\delta \leqslant 12$	≤12.0	用样板规检查
8		$\delta > 12$且$\leqslant 25$	≤10.0	
9	底圈内表面半径	$D \leqslant 12.5$	±13.0	用盘尺检查
10		$D > 12.5$	±19.0	

注：δ为板厚，单位为mm；D为储罐直径，单位为m；H_1为内罐设计高度；H_2为外罐设计高度。

10.3.24 内、外罐储罐组装相邻焊缝间距不得小于500mm，任意焊缝间距不得小于200mm。

检查数量：抽查焊缝数量的20%。

检验方法：用钢尺测量。

10.3.25 顶板的局部凹凸变形应符合设计技术文件的规定，应用样板规检查，间隙不得大于15mm。

检查数量：全数检查。

检验方法：观察检查，用尺量。

10.3.26 内罐的绝热基础泡沫玻璃砖同层与不同层均应严格错缝，上表面应平整并用耐低温防潮膜覆盖严实。

检查数量：全数检查。

检验方法：观察检查。

10.3.27 均压板钢筋混凝土型号应符合设计技术文件的规定，上表面应平整，任意点的标高差不应大于6mm。

检查数量：全数检查。

检验方法：观察检查。

10.3.28 内罐开孔的补强板焊接后，应由信号孔通入100kPa～200kPa压缩空气，应检查焊缝的严密性，无渗漏为合格。

检查数量：全数检查。

检验方法：观察检查，检查试压报告。

10.3.29 内罐所有焊缝的外观质量应符合现行国家标准《现场设备、工业管道焊接工程施工及验收规范》GB 50236 中质量分级的Ⅱ级标准。

检查数量：焊缝条数的20％。

检验方法：观察或用放大镜检查，焊接检验尺测量。

10.3.30 外罐所有焊缝的外观质量应符合现行国家标准《现场设备、工业管道焊接工程施工及验收规范》GB 50236 中质量分级的Ⅲ级标准。

检查数量：焊缝条数的20％。

检验方法：观察或用放大镜检查，焊接检验尺测量。

10.3.31 内罐焊接完成，所有附件及其他与罐体焊接的构件应安装完毕，并检验合格后应进行充水试验，充水试验应符合下列要求：

1 试验用水中氯离子含量不得超过25mg/L，试验水温不得低于5℃；

2 充水应达到设计最高液位；

3 充水试验中应进行基础沉降观测，沉降量应符合设计技术文件的规定；

4 充水和放水过程中，应使储罐内部与大气相通，且不得使基础浸水。

检查数量：全数检查。

检验方法：观察检查，检查水质报告、沉降观测记录。

10.3.32 内外罐夹层在填充膨胀珍珠岩之前应洁净、干燥。充填应密实，不得有空穴，充填口应密封良好。

检查数量：全数检查。

检验方法：观察检查。

10.3.33 外罐的防腐涂料的规格、型号、涂装遍数、涂层厚度，应符合设计技术文件的规定；无规定时，每遍涂层干漆膜厚度的允许偏差为$-5\mu m$。

检查数量：各种构件按比例抽查10％。

检验方法：观察检查和用漆膜测厚仪检查，每种构件检查5处，每处的数值为3个相距50mm测点涂层干漆膜厚度的平均值。

10.4 大型低温粉末绝热组合储罐

10.4.1 大型低温粉末绝热组合储罐内罐的定位方式应符合设计技术文件的规定。

检查数量：全数检查。

检验方法：观察检查。

10.4.2 内罐的安装允许偏差应符合表10.4.2的规定。

检查数量：全数检查。

检验方法：应符合表10.4.2的规定。

表10.4.2 内罐安装允许偏差和检验方法

项次	项　目	允许偏差（mm）	检验方法
1	标高	±5.0	用水准仪检查
2	纵向中心线	5.0	用钢卷尺检查
3	横向中心线	5.0	
4	垂直度	H/200且≤15.0	用经纬仪检查

注：H为内罐高度。

10.4.3 外罐的组装、焊接和安装的允许偏差应符合本规范第10.2节的有关规定。

10.4.4 内罐的压力试验、严密性试验应符合本规范第10.2节的有关规定。

10.4.5 内外罐夹层在填充绝热材料之前应洁净、干燥，充填应密实，不得有空穴，充填口应密封良好。

检查数量：全数检查。

检验方法：观察检查。

10.5 蒸　发　器

10.5.1 蒸发器安装允许偏差应符合表10.5.1的规定。

检查数量：全数检查。

检验方法：应符合表10.5.1的规定。

表10.5.1 蒸发器安装允许偏差和检验方法

项次	项　目	允许偏差（mm）	检验方法
1	标高	±5.0	用水准仪检查
2	纵向中心线	5.0	用钢卷尺检查
3	横向中心线	5.0	
4	垂直度	1.5/1000且≤5.0	用经纬仪检查

10.5.2 蒸发器的压力试验应按本规范第7.5.2条规定采用。

10.6 真空管安装

Ⅰ　主 控 项 目

10.6.1 真空管对接焊缝内部质量应符合设计技术文件的规定；无规定时，应符合现行行业标准《承压设备无损检测》JB/T 4730.2 承压设备熔化焊对接焊接头射线检测质量分级中的Ⅱ级规定。

检查数量：焊缝数量的100％。

检验方法：检查射线探伤报告、射线底片。

Ⅱ　一 般 项 目

10.6.2 真空管表面应无划痕，安装前检查允许偏差应符合表10.6.2的规定。

检查数量：全数检查。

检验方法：应符合表10.6.2的规定。

表10.6.2 真空管安装前检查允许偏差和检验方法

项次	项目		允许偏差（mm）	检验方法
1	管段长度		±3.0	用钢卷尺测量
2	法兰面与管中心线垂直度	DN<100	0.5	用角尺、直尺测量
		100≤DN≤300	1.0	
		DN>300	2.0	

注：*DN* 为管道公称直径，单位为mm。

10.6.3 真空管安装前应进行脱脂处理。

检查数量：全数检查。

检验方法：滤纸擦拭法、溶剂分析法、樟脑检查法、紫光灯照射检查法。

10.6.4 真空管坡口形式及尺寸应符合设计技术文件或现行国家标准《工业金属管道工程施工规范》GB 50235的有关规定。

检查数量：按同种类型抽查20%。

检验方法：观察检查，用焊接检验尺检查。

10.6.5 真空管安装允许偏差应符合本规范第8.8.7条的规定。

10.6.6 真空管安装坡度及走向应符合设计文件的规定。

检查数量：全数检查。

检验方法：观察检查。

10.6.7 真空管焊接工艺评定应符合设计技术文件的规定；无规定时，应符合现行行业标准《承压设备焊接工艺评定》JB 4708的有关规定。

检查数量：全数检查。

检验方法：检查焊接工艺评定报告。

10.6.8 真空管焊接的焊缝外观质量应符合本规范第8.7.10条的规定。

10.6.9 真空管试压应符合本规范第8.9.1条～第8.9.5条的规定。

检查数量：全数检查。

检验方法：观察检查，检查试压报告。

10.6.10 真空管试压合格，真空管接头部位充填材料应密实，不得有空穴，绝热包扎应牢固、严密。

检查数量：全数检查。

检验方法：观察检查。

11 稀有气体提取设备

11.1 氪氙提取设备

11.1.1 精馏塔底部加热器安装前应进行脱脂。

检查数量：全数检查。

检验方法：滤纸擦拭法、溶剂分析法、樟脑检查法、紫光灯照射检查法。

11.1.2 贫氪氙储罐、液氮储罐等低温液体储罐表面应无损伤，如有明显损伤时，应做真空度检查。

检查数量：全数检查。

检验方法：观察检查。

11.1.3 储罐应进行充氮保护，氮气压力应符合设计技术文件的规定。

检查数量：全数检查。

检验方法：观察检查。

11.1.4 低温储罐安装的允许偏差，应符合表11.1.4的规定。

检查数量：全数检查。

检验方法：应符合表11.1.4的规定。

表11.1.4 低温储罐安装允许偏差和检验方法

项次	项目	允许偏差（mm）	检验方法
1	垂直度	1.5/1000	挂钢线用直尺或经纬仪测量
2	标高	±5.0	用水准仪标高尺检查
3	纵向中心线	5.0	挂钢线直尺检查
4	横向中心线	5.0	

11.1.5 贫氪氙泵安装允许偏差应符合表11.1.5的规定。

检查方法：全数检查。

检验方法：应符合表11.1.5的规定。

表11.1.5 贫氪氙泵安装偏差和检验方法

项次	项目	允许偏差（mm）	检验方法
1	纵向水平度	0.10/1000	用水平仪检查
2	横向水平度	0.20/1000	
3	标高	±5.0	用水准仪、标高尺检查
4	纵向中心线	5.0	挂钢线直尺检查
5	横向中心线	5.0	

11.1.6 换热器安装允许偏差应符合表11.1.6的规定。

检查数量：全数检查。

检验方法：应符合表11.1.6的规定。

表11.1.6 换热器安装允许偏差和检验方法

项次	项目	允许偏差（mm）	检验方法
1	立式换热器垂直度	1.0/1000	挂钢线用直尺测量或经纬仪测量

续表 11.1.6

项次	项　目	允许偏差（mm）	检 验 方 法
2	卧式换热器水平度	1.0/1000	用水平仪测量
3	标高	±5.0	用水准仪直尺测量
4	纵向中心线	5.0	用挂钢线直尺测量
5	横向中心线	5.0	

11.1.7 卧式换热器滑动支座的地脚螺栓与相应的长圆孔两端的间距，应符合设计技术文件的规定；换热器的工艺配管完成后，应松动滑动端支座的螺母，螺母与支座面板间应留有1mm～3mm的间隙。

检查数量：全数检查。

检验方法：观察检查，用塞尺测量。

11.1.8 氪氙系统换热器绝热应符合设计技术文件或现行国家标准《工业设备及管道绝热工程施工质量验收规范》GB 50185的有关规定。

检查数量：全数检查。

检验方法：观察检查。

11.1.9 除甲烷装置安装允许偏差应符合表11.1.9的规定。

检查数量：全数检查。

检验方法：应符合表11.1.9的规定。

表 11.1.9　除甲烷装置安装允许偏差和检验方法

项次	项　目	允许偏差（mm）	检 验 方 法
1	纵向水平度	0.2/1000	用水平仪检查
2	横向水平度	0.2/1000	
3	标高	±5.0	用水准仪、标高尺检查
4	纵向中心线	5.0	挂钢线用直尺检查
5	横向中心线	5.0	

11.1.10 除甲烷装置的吸附器、催化器在装填前应干燥、洁净，吸附剂、催化剂的规格和填充量应符合设计技术文件的规定，吸附剂、催化剂应按设计技术文件的规定进行活化。

检查数量：全数检查。

检验方法：观察检查。

11.1.11 氪氙分离冷箱安装应符合本规范第8.1节的规定。

11.1.12 加热器与精馏塔间的铜密封圈应进行淬火处理，加热器的连接螺栓紧固力矩应符合设计技术文件的规定。

检查数量：全数检查。

检验方法：观察检查，用力矩扳手检查。

11.1.13 冷箱内管道阀门执行机构的⊓型框架应垂直安装。

检查数量：全数检查。

检验方法：观察检查。

11.1.14 冷箱膨胀珍珠岩填充符合本规范第8.11节的规定。

11.2　氖氦提取设备

11.2.1 除氢装置安装允许偏差应符合表11.2.1的规定。

检查数量：全数检查。

检验方法：应符合表11.2.1的规定。

表 11.2.1　除氢装置安装允许偏差和检验方法

项次	项　目	允许偏差（mm）	检 验 方 法
1	纵向水平度	0.2/1000	用水平仪检查
2	横向水平度	0.2/1000	
3	标高	±5.0	用水准仪、标高尺检查
4	纵向中心线	5.0	挂钢线用直尺检查
5	横向中心线	5.0	

11.2.2 除氢装置的吸附器、催化器在装填前应干燥、洁净，吸附剂、催化剂的规格和填充量应符合设计技术文件的规定，吸附剂、催化剂应按设计技术文件的规定进行活化。

检查数量：全数检查。

检验方法：观察检查。

11.2.3 氖氦储气罐安装允许偏差应符合表11.2.3的规定。

检查数量：全数检查。

检验方法：应符合表11.2.3的规定。

表 11.2.3　氖氦储气罐安装允许偏差和检验方法

项次	项　目	允许偏差（mm）	检 验 方 法
1	立式储罐垂直度	1.0/1000	挂钢线用直尺测量或用经纬仪检查
2	卧式储罐水平度	0.2/1000	用水平仪检查
3	标高	±5.0	用水准仪、直尺检查
4	纵向中心线	5.0	挂钢线用直尺检查
5	横向中心线	5.0	

11.2.4 氖氦储气罐安装前内部应干燥、洁净，安装后应作气密性试验，试验压力应为工作压力，停压24h不应泄漏。

检查数量：全数检查。

检验方法：观察检查，用压力表测量。

11.2.5 除氮装置允许偏差应符合表 11.2.5 的规定。

检查数量：全数检查。

检验方法：应符合表 11.2.5 的规定。

表 11.2.5 除氮装置安装允许偏差和检验方法

项次	项　目	允许偏差 (mm)	检 验 方 法
1	纵向水平度	0.2/1000	用水平仪检查
2	横向水平度	0.2/1000	
3	标高	±5.0	用水准仪、标高尺检查
4	纵向中心线	5.0	挂钢线用直尺检查
5	横向中心线	5.0	

11.2.6 真空泵安装允许偏差应符合表 11.2.6 的规定。

检查数量：全数检查。

检验方法：应符合表 11.2.6 的规定。

表 11.2.6 真空泵安装允许偏差和检验方法

项次	项　目	允许偏差 (mm)	检 验 方 法
1	横向水平度	0.2/1000	用水平仪检查
2	纵向水平度	0.1/1000	
3	标高	±5.0	用水准仪、标高尺检查
4	纵向中心线	5.0	挂钢线用直尺检查
5	横向中心线	5.0	

11.2.7 氖氦气体压缩机（膜式压缩机）安装允许偏差，应符合表 11.2.7 的规定。

检查数量：全数检查。

检验方法：应符合表 11.2.7 的规定。

表 11.2.7 膜式压缩机安装允许偏差和检验方法

项次	项　目	允许偏差 (mm)	检 验 方 法
1	纵、横向中心线	5.0	挂钢线用直尺检查
2	横向水平度	0.1/1000	用水平仪检查
3	纵向水平度	0.2/1000	
4	标高	±5.0	用水准仪、直尺检查

11.2.8 氖氦分离装置安装允许偏差应符合表 11.2.8 的规定。

检查数量：全数检查。

检验方法：应符合表 11.2.8 的规定。

表 11.2.8 氖氦分离装置安装允许偏差和检验方法

项次	项　目	允许偏差 (mm)	检 验 方 法
1	纵向水平度	0.2/1000	用水平仪检查
2	横向水平度	0.2/1000	
3	标高	±5.0	用水准仪、直尺检查
4	纵向中心线	5.0	挂钢线用直尺检查
5	横向中心线	5.0	

11.3 管道安装

Ⅰ 主 控 项 目

11.3.1 除润滑油、冷却水、蒸汽加热系统管路外，其余管路均应作脱脂处理，管路中的阀门、过滤器等管件也应脱脂。

检查数量：全数检查。

检验方法：滤纸擦拭法、溶剂分析法、樟脑检查法、紫光灯照射检查法。

11.3.2 稀有气体预制管段在安装前应进行吹扫，安装阀门前应对阀门进出口的管段进行吹扫，管道安装结束后应进行整体吹扫，吹扫采用粘湿的白色滤纸或白布放在吹扫出口处，经 5min 后，滤纸或白布上无杂质为合格。

检查数量：全数检查。

检验方法：观察检查。

Ⅱ 一 般 项 目

11.3.3 管道安装应符合本规范第 8.8 节的规定。

11.3.4 管道压力试验应符合本规范第 8.9 节的规定，稀有气体装置应充氦气进行气密性试验，并应用氦检漏仪检漏。

检查数量：全数检查。

检验方法：用氦检漏仪测量。

11.3.5 管道压力试验过程中与管道连接的容器设备不应参与试验，安全阀、爆破片、过滤器等应拆除或加以隔离。

检查数量：全数检查。

检验方法：观察检查。

11.3.6 稀有气体管道绝热应符合设计文件或现行国家标准《工业设备及管道绝热工程施工质量验收规范》GB 50185 的有关规定。

检查数量：全数检查。

检验方法：观察检查。

11.3.7 低温液体管道绝热套管安装应符合下列要求：

1 绝热套管安装前，管道应完成压力试验并验收合格；

2 套管的规格和型号应符合设计技术文件的规定；

3 法兰连接的套管应密封严密，焊接连接的套管应进行密封焊；焊接质量应符合设计文件要求或现行国家标准《现场设备、工业管道焊接工程施工及验收规范》GB 50236 中的Ⅳ级焊缝要求；

4 管道穿出套管的位置应加不锈钢穿墙板；

5 绝热套管安装完成后应填充绝热材料，绝热材料的规格、型号应符合设计技术文件的规定，填充应密实。

检查数量：全数检查。

检验方法：观察检查。

11.3.8 稀有气体管道采用真空管连接时，应符合本规范第 10.6 节的规定。

12 常温吸附法空气分离设备

12.1 空气压缩机

12.1.1 活塞式空气压缩机设备安装应符合本规范第 6.1 节的规定。

12.1.2 螺杆式空气压缩机设备安装应符合本规范第 6.2 节的规定。

12.1.3 离心式空气压缩机设备安装应符合本规范第 6.3 节和现行国家标准《风机、压缩机、泵安装工程施工及验收规范》GB 50275 的有关规定。

12.2 罗茨鼓风机、罗茨真空泵

12.2.1 罗茨鼓风机、罗茨真空泵安装的允许偏差应符合表12.2.1的规定。

检查数量：全数检查。

检验方法：应符合表 12.2.1 的规定。

表 12.2.1 罗茨鼓风机、罗茨真空泵安装允许偏差和检验方法

项次	项　目	允许偏差（mm）	检验方法
1	纵向水平度	0.2/1000	用水平仪测量
2	横向水平度	0.2/1000	
3	标高	±2.0	用水准仪或平尺、内径千分尺测量
4	纵向中心线	2.0	拉钢丝线、吊线锤、用钢尺测量
5	横向中心线	2.0	

12.2.2 电机安装允许偏差应符合表 12.2.2 的规定。

检查数量：全数检查。

检验方法：应符合表 12.2.2 的规定。

表 12.2.2 电机安装允许偏差和检验方法

项次	项　目	允许偏差（mm）	检验方法
1	纵向水平度	0.2/1000	用水平仪、精密水准仪检查
2	横向水平度	0.2/1000	
3	标高	±2.0	用精密水准仪检查
4	纵向中心线	2.0	用挂线法检查
5	横向中心线	2.0	

12.2.3 罗茨鼓风机、罗茨真空泵与电机间联轴器的装配应符合本规范第 6.1.3 条的规定。

12.3 离心式鼓风机

12.3.1 整体离心式鼓风机安装允许偏差应符合表 12.3.1 的规定。

检查数量：全数检查。

检验方法：应符合表 12.3.1 的规定。

表 12.3.1 整体离心式鼓风机安装允许偏差和检验方法

项次	项　目	允许偏差（mm）	检验方法
1	纵向水平度	0.05/1000	用水平尺、精密水准仪检查
2	横向水平度	0.1/1000	
3	标高	±2.0	用精密水准仪检查
4	纵向中心线	2.0	用挂线法检查
5	横向中心线	2.0	

12.3.2 电机安装允许偏差应符合表 12.3.2 的规定。

检查数量：全数检查。

检验方法：应符合表 12.3.2 的规定。

表 12.3.2 电机安装允许偏差和检验方法

项次	项　目	允许偏差（mm）	检验方法
1	纵向水平度	0.1/1000	用水平尺、精密水准仪检查
2	横向水平度	0.1/1000	
3	标高	±2.0	用精密水准仪检查
4	纵向中心线	2.0	用挂线法检查
5	横向中心线	2.0	

12.3.3 联轴器的装配应符合本规范第 6.1.3 条的规定。

12.3.4 分体安装的离心式鼓风机应符合现行国家标准《风机、压缩机、泵安装工程施工及验收规范》

GB 50275 的有关规定。

12.4 水环式真空泵

12.4.1 水环式真空泵的安装允许偏差应符合表 12.4.1 的规定。

检查数量：全数检查。

检验方法：应符合表 12.4.1 的规定。

表 12.4.1 泵的安装允许偏差和检验方法

项次	项　目	允许偏差（mm）	检 验 方 法
1	纵向水平度	0.1/1000	用水平仪检查
2	横向水平度	0.2/1000	
3	标高	±5.0	用水准仪检查
4	纵向中心线	5.0	挂钢线检查
5	横向中心线	5.0	

12.4.2 驱动机轴与泵轴、驱动机轴与变速器轴以联轴器连接时，联轴器的装配应符合本规范第 6.1.3 条的规定。

12.5 吸 附 塔

12.5.1 吸附塔的安装方位应符合设计技术文件的规定，安装允许偏差应符合表 12.5.1 的规定。

检查数量：全数检查。

检验方法：应符合表 12.5.1 的规定。

表 12.5.1 吸附塔安装允许偏差和检验方法

项次	项　目	允许偏差（mm）	检 验 方 法
1	垂直度	1.0/1000 且≤10.0	用经纬仪检查
2	标高	±5.0	用水准仪检查
3	纵向中心线	5.0	挂钢线检查
4	横向中心线	5.0	

12.5.2 吸附剂填充的规格、数量、高度应符合设计技术文件的规定。

检查数量：全数检查。

检验方法：观察检查，用钢尺测量。

12.5.3 吸附塔的隔音保温应符合本规范第 7.1.4 条的规定。

12.6 产品压缩机

12.6.1 氧气压缩机的安装应符合本规范第 9.1 节的规定。

12.6.2 氮气压缩机的安装应符合本规范第 9.2 节的规定。

12.7 附 属 设 备

12.7.1 缓冲罐的安装允许偏差应符合表 12.7.1 的规定。

检查数量：全数检查。

检验方法：应符合表 12.7.1 的规定。

表 12.7.1 缓冲罐安装允许偏差和检验方法

项次	项　目	允许偏差（mm）	检 验 方 法
1	垂直度	1.0/1000，且不应大于 10.0	用经纬仪检查
2	标高	±10.0	用水准仪检查
3	纵向中心线	5.0	用经纬仪、卷尺检查
4	横向中心线	5.0	

12.7.2 入口消音器的安装应符合下列要求：

1 消音器安装前应对消音板锚固钉牢固程度进行检查；

2 消音板与外壳连接螺栓紧固力矩应符合设计技术文件或现行国家标准《机械设备安装工程施工及验收通用规范》GB 50231 的有关规定；

3 消音器的清洁度应符合设计技术文件的规定。

检查数量：全数检查。

检验方法：观察检查，用手锤敲击、用力矩扳手检查。

12.7.3 排放消音器的消音板支架应安装牢固；管道上排放孔的位置应符合设计技术文件的规定。

检查数量：全数检查。

检验方法：观察检查。

13 设备试运转

13.1 一 般 规 定

13.1.1 本章适用于空气压缩机、空气增压机、氧气压缩机、氮气压缩机、冷冻机、真空泵、冷冻水泵、冷却水泵、膨胀机、低温液体泵等设备单体试运转和裸冷试验。

13.1.2 试运转前，应编写试运转方案，并应经审批后再进行试运转。

13.1.3 试运转需要的能源、介质、材料、工机具、检测仪器等，均应符合试运转的要求。

13.1.4 试运转的设备及周围环境应清理干净，周围不得有粉尘和噪音较大的作业。

13.1.5 设备及其附属装置、管路等均应全部施工完毕，施工记录和资料应齐全。

13.1.6 设备的安全保护装置应符合设计技术文件的规定，在试运转中需要调试的装置，应在试运转中完成调试，其功能应符合设计技术文件的规定。

13.1.7 每次试运转结束后，应及时做好下列工作：

1 应切断电源和其他动力源；

2 应进行必要的放气、排水、排污；

3 设备、管道内有余压的应卸压。

13.2 空气压缩机

13.2.1 活塞式压缩机试运转前应符合下列要求：

1 全面复查气缸盖、气缸、机身、十字头、连杆、轴承盖等紧固件，应已紧固和锁紧；

2 仪表和电气设备应调整完毕；

3 润滑剂的规格、数量应符合设计技术文件的规定，润滑系统试运转应完毕，供油应正常；

4 进、排水管路应畅通，冷却水质应符合设计技术文件的规定，冷却水系统试运转应完毕；

5 密封气、仪表气、反吹氮气等供气应正常；

6 安全阀应经校验、整定，其动作应灵敏、可靠；

7 手动盘车，应灵活无阻滞现象。

检查数量：全数检查。

检验方法：观察检查，检查校验记录。

13.2.2 活塞式压缩机空负荷试运转应符合下列要求：

1 压缩机空负荷连续试运转时间不得少于4h；

2 试运转中油压、油温、轴承的温升和各摩擦部位的温度、转速等，均应符合设计技术文件的规定；

3 试运转中各部位运动部件应无异常声响，各紧固件应无松动。

检查数量：全数检查。

检验方法：观察检查，用测温仪、计时器测量。

13.2.3 活塞式压缩机空气负荷试运转应符合下列要求：

1 空气负荷试运转前，应先装上空气滤清器，并应逐级装上吸、排气阀，再启动压缩机进行吹扫；应从一级开始，逐级连通吹扫，每级吹扫不应少于30min，直至排出的空气清洁为止；

2 吹扫后，应拆下各级吸、排气阀，并应清洗洁净；

3 升压运动的程序、压力和运转时间应符合设计技术文件的规定；无规定时，其排气压力为额定压力的1/4时，连续运转不应少于1h；排气压力为额定压力的1/2时，连续运转不应少于2h；排气压力为额定压力的3/4时，连续运转不应少于2h；在额定压力下连续运转不应少于3h；

4 运转中油压应符合设计技术文件的规定，曲轴箱或机身内润滑油的温度不应大于70℃；

5 各级排水温度应符合设计技术文件的规定。

检查数量：全数检查。

检验方法：观察检查，用测温仪、计时器测量。

13.2.4 活塞式压缩机在空气负荷试运转中，应进行下列检查，并应做相关记录：

1 润滑油的压力、温度和各部位的供油情况；

2 各级吸、排气的温度和压力；

3 各级进、排水的温度、压力和冷却水的供水情况；

4 各级吸、排气阀的工作应无异常现象；

5 运动部件应无异常响声；

6 连接部位应无松动、无漏气、漏油或漏水现象；

7 气量调节装置应灵敏；

8 主轴承、滑道、填函等主要摩擦部位的温度；

9 电动机的电流、电压、温升；

10 自动控制装置应灵敏、可靠。

检查数量：全数检查。

检验方法：观察检查，用测温仪、计时器、转速仪测量。

13.2.5 螺杆式压缩机的试运转前应符合下列要求：

1 在润滑系统清洗洁净后，加注润滑剂的规格和数量应符合设计技术文件的规定；

2 冷却水系统进、排水管路应畅通，并应无渗漏；冷却水水质应符合设计文件的规定；供水应正常；

3 机组安全连锁装置应调试合格。

检查数量：全数检查。

检验方法：观察检查。

13.2.6 螺杆式压缩机空负荷试运转应符合下列要求：

1 润滑系统运转应正常，油温应达到设计要求，油泵运转不应少于15min。

2 单独启动驱动机，其旋转方向应与压缩机相符；当驱动机与压缩机连接后，盘车应灵活、无阻滞现象。

3 启动压缩机并运转2min～3min，无异常现象后其连续运转时间不应少于30min；再次启动压缩机，应连续进行吹扫，并不应少于2h，轴承温度、转速应符合设计技术文件的规定。

检查数量：全数检查。

检验方法：观察检查，用测温仪、计时器测量。

13.2.7 螺杆式压缩机空气负荷试运转应符合下列要求：

1 各种测量仪表和有关阀门的开启或关闭应灵敏、正确、可靠；

2 压缩机空负荷运转不应少于30min；

3 应按设计技术文件规定的升压程序和运转时间逐级升压、缓慢升温；前一级升压运转期间无异常现象后，应将压力逐渐升高，升压至额定压力下连续运转的时间不应少于2h。

检查数量：全数检查。

检验方法：观察检查，用测温仪测量。

13.2.8 螺杆式压缩机在额定压力下连续运转时，应进行下列检查，并应每隔0.5h记录一次：

1 润滑油压力、温度和各部分的供油情况；

2 各级吸、排气的温度和压力；

3 各级进、排水的温度和冷却水的供水情况；

4 各轴承的温度；

5 电动机的电流、电压、温度。

检查数量：全数检查。

检验方法：观察检查，用测温仪测量。

13.2.9 透平式空气压缩机试运转前应符合下列要求：

1 加注润滑油的数量和规格应符合设计技术文件的规定；

2 密封气系统、冷却系统、润滑系统、排污系统、仪表气系统、入口过滤系统等，应按设计技术文件的规定投入使用；

3 启动压缩机时的油温应符合设计技术文件的规定；

4 润滑、密封和控制等系统的连锁装置、机组的防喘振装置、冷却系统的调节装置等以及阀门、仪表，均应灵敏可靠，并应符合设计技术文件的规定；

5 应关闭排气阀、入口阀或入口导叶，并应全开放空阀；

6 压缩机的进气管和与其连接的有关设备应洁净。

检查数量：全数检查。

检验方法：观察检查，用测温仪测量。

13.2.10 透平式压缩机试运转应符合下列要求：

1 电机的转向应与压缩机的运转方向相符。

2 压缩机试运转时，检测压缩机、驱动装置的振动、转速、轴承温度及各测量点的水温、油温、气温、油压、气压、油流量、油过滤器差压、冷却水流量，应符合设计技术文件的规定。

3 试运转中，在轴颈附近测得的轴振动双振幅值，应符合设计技术文件的规定；若机组中无此仪器可采用接触式测振仪在轴承壳上检测轴承振动速度有效值，该值应符合设计技术文件的规定；无规定时，应符合表13.2.10的规定。

表13.2.10 轴颈附近轴振动双振幅值

项次	种 类	允 许 值
1	轴承壳振动速度有效值（mm/s）	$\leqslant 7400/n$
2	轴振动双振幅值（μm）	$\leqslant 25.4\sqrt{12000/n}$

注：n为额定工作转速（r/min）。

4 试运转时，压缩机的紧停试验、防喘振试验应符合设计技术文件的规定。

5 在未测定和整定防喘振曲线之前，不得靠近性能曲线的喘振区运行。

6 压缩机启动达到额定转速后，入口导叶应及时调整到最小工作角度，不得在入口导叶关闭状态下运行。

7 试运转期间，压缩机应缓慢升压，应远离喘振区域运行，并逐步达到设计工况。

8 试运转的时间应按设计技术文件的规定执行；无规定时，设备连续试运转不应少于4h。

检查数量：全数检查。

检验方法：观察检查，用测温仪、振动仪测量。

13.3 空气增压机

13.3.1 设备试运转之前，应具备下列条件：

1 冷却水和润滑系统冲洗完毕，正常投入使用；

2 密封气、仪表气按设计技术文件的规定能正常投入使用；

3 监控系统模拟试验完毕，能正常运行。

检查数量：全数检查。

检验方法：观察检查。

13.3.2 设备试运转时，应符合下列要求：

1 第一次启动过程中应观察启动时间、启动电流、电网在电机启动过程中的电压降及变化、振动等参数，应符合设计技术文件的规定；

2 压缩机的振动、转速、轴承温度、油压、油温、油流量、油过滤器的压差、冷却水流量、冷却水温度，应符合设计技术文件的规定；

3 空气增压机进口导叶的开启度应符合设计技术文件的规定；

4 设备运行过程中，防喘振、紧停等试验应符合设计技术文件的规定。

检查数量：全数检查。

检验方法：观察检查，用测温仪测量。

13.4 冷冻水泵及冷却水泵设备

13.4.1 泵的试运转前应符合下列要求：

1 驱动机的转向应与泵的转向相符；

2 各固定连接部位应无松动，各连接部位应严密、无泄漏现象；

3 各润滑部位加注润滑剂的规格和数量应符合设计技术文件的规定；

4 各指示仪表、安全保护装置及电控装置均应灵敏、准确、可靠。

检查数量：全数检查。

检验方法：观察检查。

13.4.2 泵的试运转应符合下列要求：

1 泵的连续试运转不得少于2h；

2 试运转过程中，轴承的温度和温升应符合设计技术文件的规定；

3　应无异常振动、噪声。

检查数量：全数检查。

检验方法：观察检查，用测温仪、计时器测量。

13.5　冷　冻　机

13.5.1　活塞式压缩机试运转前应符合下列要求：

1　气缸盖、吸排气阀及曲轴箱盖等应拆下，应检查其内部的清洁及活塞与缸体的配合情况；气缸内壁面应加少量冷冻机油；

2　盘动压缩机数转，各运动部件应转动灵活，应无过紧及卡阻现象；

3　加入曲轴箱冷冻机油的规格及油面高度，应符合设计技术文件的规定；

4　冷却水系统供水应畅通；

5　压力、温度、压差等继电器的整定值应符合设计技术文件的规定；

6　点动电动机，转向应正确。

检查数量：全数检查。

检验方法：观察检查，用测温仪、塞尺、游标卡尺测量。

13.5.2　活塞式压缩机和压缩机组的空负荷试运转应符合下列要求：

1　应先拆去气缸盖和吸、排气阀组，并应固定气缸套；

2　启动压缩机，连续运转不应少于10min，各部位的润滑和温升应无异常；

3　连续运转不应少于2h，运转应平稳，应无异常声响和剧烈振动；

4　油泵供油应正常，油封处不应有油的滴漏现象；

5　停车后，检查气缸内壁面应无异常的磨损。

检查数量：全数检查。

检验方法：观察检查，用测温仪、振动仪、计时器测量。

13.5.3　活塞式压缩机的空气负荷试运转应符合下列要求：

1　吸、排气阀组安装固定后，调整活塞的止点间隙，间隙应符合设计技术文件的规定；

2　压缩机的吸气口应加装空气滤清器；

3　启动压缩机，吸气压力为大气压力时，对于有水冷却的排气压力应为0.30MPa（绝对压力），对于无水冷却的排气压力应为0.20MPa（绝对压力），连续运转不得少于2h；

4　油压调节阀的操作应灵活，调节的油压宜高于吸气压力0.15MPa～0.30MPa；

5　运转应正常，应无漏气、漏油、漏水现象，并应无异常声响和振动，各部位的允许温升应符合设计技术文件的规定；

6　空气负荷试运转后，应拆洗空气滤清器和油过滤器。

检查数量：全数检查。

检验方法：观察检查，用塞尺测量。

13.5.4　活塞式压缩机和压缩机组的抽真空试验应符合下列要求：

1　应关闭吸、排气截止阀，并开启放气通孔，开动压缩机进行抽真空；

2　曲轴箱压力应迅速抽至0.015MPa（绝对压力）；

3　油压不应低于0.10MPa（绝对压力）。

检查数量：全数检查。

检验方法：观察检查。

13.5.5　活塞式压缩机和压缩机组的负荷试运转应在系统充灌制冷剂后进行。试运转中除应符合本规范第13.13.3条第4款～第6款的规定（油温除外），尚应符合下列要求：

1　对使用氟利昂制冷剂的压缩机，启动前应按设计技术文件的规定将热曲轴箱中的润滑油加热；

2　运转中润滑油的油温应符合设计技术文件的规定；

3　最高排气温度应符合设计技术文件的规定。

检查数量：全数检查。

检验方法：观察检查，用塞尺、测温仪测量。

13.5.6　螺杆式压缩机组试运转前应符合下列要求：

1　电动机应单独试运转，转向应正确；

2　盘动压缩机应无阻滞、卡阻等现象；

3　应向油分离器、储油器或油冷却器中加注冷冻机油，油的规格及油面高度应符合设计技术文件的规定；

4　油泵的转向应正确，油温、油压应符合设计技术文件的规定；

5　各保护继电器、安全装置的整定值应符合设计技术文件的规定，其动作应灵敏、可靠。

检查数量：全数检查。

检验方法：观察检查，用百分表、塞尺、钢尺测量。

13.5.7　螺杆式压缩机组的负荷试运转应符合下列要求：

1　应按要求供给冷却水；

2　试运转中，油压和精滤油器前后压差应符合设计技术文件的规定；

3　冷却水温度、压缩机排气温度和冷却后的油温应符合设计技术文件的规定；

4　运转中应无异常声响和振动；

5　压缩机轴承体处的温升应正常。

检查数量：全数检查。

检验方法：观察检查，用测温仪、振动仪测量。

13.6　膨　胀　机

13.6.1　透平膨胀机试运转前应具备下列条件：

1 设备及其附属装置、管路等均应安装完毕并经检查合格；

2 电机制动的透平膨胀机手动盘车应灵活、无异常现象；

3 润滑、密封气、电气、仪表控制系统均应调试完毕；

4 运动部件和导流叶片的调节机构应灵活、无阻滞现象；

5 冷箱系统应试压、吹扫完毕并经检查合格。

检查数量：全数检查。

检验方法：观察检查。

13.6.2 透平膨胀机试运转应符合下列要求：

1 试运转前应进行加温吹扫，试运转后应加温解冻吹扫；

2 膨胀机轴承的温度、轴向、径向振幅值，应符合设计技术文件的规定；

3 润滑油的压力、温度应符合设计技术文件的规定；

4 膨胀机进出口压力、温度和流量及膨胀机转速，应符合设计技术文件的规定；

5 超速控制宜采用模拟方法试验，试验不应少于三次，动作应正确无误；

6 紧急切断阀的开闭试验应动作灵活、准确；

7 转动导流叶片的调节机构，应灵活，无卡阻现象；

8 安全保护和电仪控制装置应灵敏、正确、可靠；

9 连续试运转时间应符合设计技术文件的规定；

10 试运转过程中应平稳，并应无异常振动及噪声；

11 防喘振试验合格应符合设计技术文件的规定。

检查数量：全数检查。

检验方法：观察检查，用测温仪、振动仪、计时器、转速仪测量。

13.6.3 活塞式膨胀机试运转前具备的条件应符合本规范第13.6.1条的规定外，进、排气管路不应存有压缩空气。

检查数量：全数检查。

检验方法：观察检查。

13.6.4 活塞式膨胀机试运转应符合本规范第13.6.2条的规定。

13.7 低温液体泵

13.7.1 低温液体泵试运转前应符合下列要求：

1 设备及其附属装置、管路等均应安装完毕并经检查合格；

2 润滑、密封气、电气、仪表控制系统均应调试完毕；

3 试运转前应用无油干燥空气或氮气对泵体进行加温吹扫；

4 泵体及连接管道应充分预冷，预冷后各运动部件应灵活、无阻滞现象；

5 塔内应形成液体并达到液位要求。

检查数量：全数检查。

检验方法：观察检查。

13.7.2 低温液体泵试运转应符合下列要求：

1 驱动机的转向应与泵的转向一致，转速应符合设计技术文件的规定；

2 转子及各运动部件运转应平稳正常，并应无异常振动及噪声；

3 滑动轴承温度、温升应符合设计技术文件的规定；

4 泵的进出口压力、温度、均应符合设计技术文件的规定；

5 泵体的密封、管道连接处应无渗漏；

6 安全保护和电仪控制装置应灵敏、正确、可靠；

7 连续试运转时间不应少于2h。

检查数量：全数检查。

检验方法：观察检查，用测温仪、计时器、测振仪、转速仪测量。

13.7.3 低温液体泵停止运转后应及时排净泵内积存的液体，并应进行加温解冻处理。

检查数量：全数检查。

检验方法：观察检查。

13.8 氧气压缩机

13.8.1 氧气压缩机的氧气试运转必须在氮气或无油空气试运转合格后进行，严禁采用氧气直接试运转。

13.8.2 活塞式氧气压缩机的试运转应符合本规范第13.2.1条～第13.2.4条的规定。

13.8.3 透平式氧气压缩机的试运转应符合本规范第13.2.9条～第13.2.10条的规定。

13.8.4 氧气压缩机氮气或无油空气试运转合格后，应对压缩机进行开盖检查，壳体内部部件应清洁干净。

检查数量：全数检查。

检验方法：观察检查。

13.8.5 氧气压缩机开盖检查合格后，应再进行氮气或无油空气试运转，确认运转正常后，应再进行氧气试运转。

检查数量：全数检查。

检验方法：观察检查。

13.8.6 氧气压缩机氧气试运转应符合本规范第13.8.2条～第13.8.3条的规定。

13.9 氮气压缩机

13.9.1 活塞式氮气压缩机的试运转应符合本规范第

13.2.1条～第13.2.4条的规定。

13.9.2 透平式氮气压缩机的试运转应符合本规范第13.2.9条、第13.2.10条的规定。

13.10 贫氪氙泵

13.10.1 贫氪氙泵试运转前应符合下列要求：

1 应按设计技术文件的规定加注低温润滑油；

2 吸入液体前应确认脱脂完成，气缸内应进行干燥处理；

3 活塞和气缸应充分预冷，运动部件应灵活、无阻滞现象；

4 安全保护和电仪控制装置应灵敏、正确、可靠。

检查数量：全数检查。

检验方法：观察检查。

13.10.2 贫氪氙泵试运转应符合下列要求：

1 驱动机的转向应与泵的转向一致，转速应符合设计技术文件的规定；

2 贫氪氙泵不得在无液体状态下试运转，连续试运转时间不应少于2h；

3 转子及各运动部件运转应平稳正常，并应无异常振动及噪声；

4 轴承温度和温升应符合设计技术文件的规定；

5 泵的进出口压力、温度均应符合设计技术文件的规定；

6 泵停止运转后，应及时进行充氮干燥处理。

检查数量：全数检查。

检验方法：观察检查，用测温仪、计时器、测振仪、转速仪测量。

13.11 稀有气体真空泵

13.11.1 稀有气体真空泵试运转前应符合下列要求：

1 各润滑部位加注润滑剂的规格和数量应符合设计技术文件的规定；

2 泵试运转前应盘车灵活，并应无阻滞；

3 驱动机的转向应与泵的转向相符；

4 各指示仪表、安全保护装置及电控装置均应灵敏、准确、可靠。

检查数量：全数检查。

检验方法：观察检查。

13.11.2 稀有气体真空泵试运转应符合下列要求：

1 稀有气体真空泵连续试运转时间不应少于30min；

2 轴承的温度和温升应符合设计技术文件的规定；

3 试运转中应无异常的声响和振动，各连接部位应严密无泄漏；

4 检查泵的极限真空度，真空度应符合设计技术文件的规定；

5 停泵前应关闭吸气口处阀门，并应使泵与真空系统隔绝；

6 抽吸气体中含有较多的可凝性蒸汽时，应打开泵的气镇阀。

检查数量：全数检查。

检验方法：观察检查，用测温仪、计时器、真空计测量。

13.12 膜式压缩机

13.12.1 膜式压缩机试运转前应符合下列要求：

1 与压缩气体相接触的进气阀、排气阀、缸盖及膜片应进行清洗脱脂；

2 润滑剂的规格、数量应符合设计技术文件的规定，润滑系统经试运转应符合要求，供油应正常；

3 活塞与膜片之间的油腔应充满油液，油腔内不得有空气残留；

4 压缩机的冷却系统应运行正常。

检查数量：全数检查。

检验方法：观察检查。

13.12.2 膜片式压缩机试运转应符合下列要求，并应做相关记录：

1 压缩机连续试运转时间不得少于2h；

2 试运转中油压、油温、轴承的温升和各摩擦部位的温度、转速、冷却水温度等，均应符合设计技术文件的规定；

3 试运转中各部位运动部件应无异常声响，各紧固件应无松动，并应无漏气、漏油或漏水现象；

4 升压运动的程序、压力应符合设计技术文件的规定。

检查数量：全数检查。

检验方法：观察检查，用测温仪、计时器、转速仪测量。

13.13 罗茨鼓风机

13.13.1 罗茨鼓风机试运转前应符合下列要求：

1 加注润滑油的规格、数量应符合设计技术文件的规定；

2 冷却水系统应投入使用；

3 应全开鼓风机进气和排气阀门；

4 盘动鼓风机转子，应转动灵活，并应无异常声响；

5 电机转向应与风机转向相符。

检查数量：全数检查。

检验方法：观察检查。

13.13.2 罗茨鼓风机试运转应符合下列要求：

1 进气和排气口阀门应在全开的条件下进行空负荷运转，运转时间不得少于30min；

2 空负荷运转正常后，应逐步缓慢地关闭排气阀，直至排气压力调节到额定压力时，应进入负荷试运转，连续负荷试运转时间不应少于 2h；

3 在负荷试运转状态下，电动机的电流不得超过其额定电流值；

4 负荷试运转中，轴承温度不应超过 95℃；润滑油温度不应超过 65℃；振动速度有效值不应大于 13mm/s；并应无异常噪声；

5 负荷试运转中，不得完全关闭进气、排气口的阀门，不应超负荷运转，并应在逐步卸荷后停机，不得在满负荷下突然停机。

检查数量：全数检查。

检验方法：观察检查，用测温仪、振动仪测量。

13.14 离心式鼓风机

13.14.1 离心式鼓风机试运转前应符合下列要求：

1 加注润滑油的数量和规格应符合设计技术文件的规定；

2 冷却系统、润滑系统、入口过滤系统等应按设计技术文件的规定投入使用；

3 启动鼓风机时的油温应符合设计技术文件的规定；

4 润滑和控制等系统的连锁装置、机组的防喘振装置、冷却系统的调节装置等以及阀门、仪表，均应灵敏可靠，并应符合设计技术文件的规定；

5 阀件和控制装置应处于设计技术文件所规定的使风机为最小负荷时的启动位置；

6 电机的转向应与压缩机的运转方向相符。

检查数量：全数检查。

检验方法：观察检查，用测温仪测量。

13.14.2 离心式鼓风机试运转应符合下列要求：

1 启动润滑、密封和控制油系统应符合设计技术文件的规定；

2 小负荷试运转时间应符合设计技术文件的规定；无规定时，连续试运转时间不应少于 2h，转子与定子应无摩擦和异常声响，轴承温升应正常；

3 小负荷试运转正常后，应缓慢升压至额定压力，进入负荷试运转，连续负荷试运转时间不应少于 2h；

4 风机不得在喘振区域内运行；

5 负荷试运转时，应检测鼓风机的转速、轴承温度及各测量点的水温、油温、气温、油压、气压、冷却水流量，应符合设计技术文件的规定；

6 负荷试运转时，振动速度有效值不得大于 6.3mm/s。

检查数量：全数检查。

检验方法：观察检查，用测温仪、振动仪测量。

13.15 罗茨真空泵

13.15.1 罗茨真空泵试运转前应符合下列要求：

1 加注润滑油的规格、数量应符合设计技术文件的规定；

2 冷却水系统应投入使用；

3 应全开吸气和排气阀门；

4 盘车应灵活，并应无异常现象；

5 电机转向应与泵转向相符。

检查数量：全数检查。

检验方法：观察检查。

13.15.2 罗茨真空泵试运转应符合下列要求：

1 应在罗茨真空泵的入口压力达到许可压力后，再启动罗茨真空泵；

2 吸气和排气口阀门应在全开的条件下进行试运转，运转时间不得小于 2h；

3 在试运转状态下，电动机的电流不得超过其额定电流值；

4 轴承温度不应超过 95℃；润滑油温度不应超过 65℃；

5 振动速度有效值不应大于 13mm/s；并应无异常噪音。

检查数量：全数检查。

检验方法：观察检查，用测温仪、振动仪测量。

13.16 水环式真空泵

13.16.1 水环式真空泵的试运转应符合下列要求：

1 盘车应灵活、无阻滞；

2 真空度调节阀应调整至合适的开度；

3 泵填函处的冷却水管路应畅通；

4 启动前应将泵体内清洗干净。

检查数量：全数检查。

检验方法：观察检查，手动盘车检查。

13.16.2 泵试运转时应符合下列要求：

1 泵应在规定的转速下和工作范围内进行运转，连续试运转时间不应少于 30min；

2 泵的供水应正常，水温和供水压力应符合设计技术文件的规定；

3 轴承的温升不应高于 30℃，且温度不应高于 75℃；

4 各连接部位应严密，并应无泄漏现象；

5 运转中应无异常噪声和振动。

检查数量：全数检查。

检验方法：观察检查，用测温仪、计时器测量。

13.16.3 试运转结束后，应放净泵内积水，再用清水将泵冲洗洁净。

检查数量：全数检查。

检验方法：观察检查。

13.17 裸 冷 试 验

13.17.1 裸冷试验前应具备下列条件：

1 电气控制系统及安全保护装置应调试完毕；

2 仪表控制系统、分析系统应安装、调试、校准完毕；

3 空气压缩机、空气增压机、循环氮压机、膨胀机应调试完毕，并应投入运行；

4 空气预冷、净化系统应投入运行；

5 冷箱内管道系统应试压、吹扫完毕并经检查合格；

6 冷箱外解冻、排放及外网成品排放管道系统应试压、吹扫并经检查合格；

7 试验前应对冷箱内系统进行全面加温干燥。

检查数量：全数检查。

检验方法：观察检查，检查试压、吹扫记录及电气、仪表调试记录、设备试运转记录。

13.17.2 裸冷试验应符合下列要求：

1 裸冷试验应按设计技术文件的规定进行；

2 裸冷试验应至膨胀机进、出口温度不再下降，设备、管路外表面上结白霜后，保持时间不应少于4h；

3 在结白霜状态下，系统各部位应无变形、无泄漏；

4 裸冷试验结束后和化霜前应对冷箱内所有法兰、阀门及支架的连接螺栓进行紧固。

检查数量：全数检查。

检验方法：观察检查，用计时器测量。

13.17.3 裸冷试验结束后应对整个冷却系统加温解冻。系统恢复到常温后，应以工作压力对整个系统进行通气检查，有泄漏时应消除故障，必要时应再次进行裸冷试验。

检查数量：全数检查。

检验方法：观察检查。

14 安全环保

14.1 一般规定

14.1.1 从事空分制氧设备安装工程的施工单位应取得安全生产许可证。

14.1.2 施工现场应建立健全安全生产保证体系和环境保护体系，应完善安全生产和环境保护管理制度，应配备专职安全环保管理人员。

14.1.3 施工单位应按相应的技术标准、操作规程组织施工。

14.1.4 施工单位应有经审批的施工组织设计、施工现场临时用电方案、安全技术措施、安全专项方案。

14.1.5 从事空分制氧设备安装工程的安全管理人员应持有安全管理相应资格证书，特种作业人员应持有效证件上岗。

14.1.6 安装前，施工单位负责项目管理的技术人员，应当向施工作业班组、作业人员进行安全技术措施交底，并应经双方签字确认。

14.2 安全

14.2.1 高空作业应符合现行行业标准《建筑施工高处作业安全技术规范》JGJ 80 的有关规定。

14.2.2 脚手架的搭拆应符合现行行业标准《建筑施工扣件式钢管脚手架安全技术规范》JGJ 130 的有关规定。

14.2.3 施工现场临时用电应符合现行行业标准《施工现场临时用电安全技术规范》JGJ 46 的有关规定，冷箱内及容器内的临时照明宜采用12V电压。

14.2.4 起重机械的使用应符合现行行业标准《建筑机械使用安全技术规程》JGJ 33 的有关规定。

14.2.5 大件设备的运输道路和放置场地、吊车站位处应满足承载要求。容器吊装时，应采取防止容器变形及损伤油漆层的保护措施，塔器就位后应采取防风措施。

14.2.6 管道脱脂工作应在室外或有通风装置的室内进行，脱脂区域内应设必要的防火设施，无关人员不得进入脱脂区域，脱脂作业人员应配备必要的防腐蚀、防毒、防灼伤劳动保护用品。

14.2.7 铝镁合金管道的吊装宜采用吊装带吊装，采用钢丝绳进行吊装时应对管道采取保护措施。

14.2.8 铝制容器（含板翅式换热器）在切割封头、管口前，应拆除前后充气阀门，并应通入空气置换后再作业。

14.2.9 管道焊接应采取防火措施，并应设监护人，冷箱内高处管道焊接时应采取防止焊渣掉落侵蚀下部的管道和设备的措施。

14.2.10 进入冷箱或密闭容器作业，必须采取通风措施，在作业过程中氧气含量始终不得低于19.5%。

14.2.11 在缺氧危险作业场所施工，应按现行国家标准《缺氧危险作业安全规程》GB 8958 的有关规定采取防护措施。

14.2.12 油漆涂料应设专用场所妥善保管，涂装人员应配备必要的防护用品。

14.2.13 管道系统压力试验及吹扫应设置禁区，充气时应缓慢逐级升压，升压过程中应设专人监视压力表和开闭气源阀门，如发现异常，应及时卸压处理，严禁带压补漏与紧固螺栓，管道系统卸压、吹扫排气应朝向无人区，严禁对着设备、人员、道路和出入口。

14.2.14 膨胀珍珠岩的填充作业人员应配戴防尘口罩、护目镜等防护用品，填补膨胀珍珠岩时应采取防氮气窒息措施。

14.2.15 膨胀珍珠岩充填应自下而上分层充填，充填口应加设防护措施。

14.2.16 裸冷试验检漏、紧固螺栓时应采取防冻、防滑措施。

14.2.17 设备试运转时应设置禁区，试车过程中严禁吸烟和明火作业，严禁随意操作开关、阀门等控制件，如发现问题，应停机后再进行处理。

14.2.18 氧气压缩机的试运转应使用氮气或无油干燥空气，试运转合格后应用氧气置换，严禁使用氧气直接试运转。

14.2.19 现场进行射线检测时，应符合国家现行有关工业X射线探伤卫生防护标准和工业γ射线探伤卫生防护标准的规定。

14.2.20 现场储存、运输、使用氧气和相关气体时，应符合现行国家标准《深度冷冻法生产氧气及相关气体安全技术规程》GB 16912的有关规定。

14.2.21 氧气压缩机安装应在清洁的环境中进行，安装人员的劳动保护用品、工机具应保持清洁，不得有油污。

14.3 环境保护

14.3.1 膨胀珍珠岩填充过程中，应采取防粉尘飞扬措施。

14.3.2 管道的酸洗液、化学熔剂、设备、管道的冲洗油，应进行无害化处理，严禁直接随处倾泻。

14.3.3 施工固体废弃物应统一分类处理，危化品的固体废弃物应交具有相应资质的消纳单位进行处理，严禁焚烧、掩埋。

附录A 空分制氧设备工程安装分项工程质量验收记录表

表A ____________分项工程质量验收记录

<table>
<tr><td colspan="3">单位工程名称</td><td></td><td>分部工程名称</td><td></td></tr>
<tr><td colspan="3">施工单位</td><td></td><td>项目经理</td><td></td></tr>
<tr><td colspan="3">监理单位</td><td></td><td>总监理工程师</td><td></td></tr>
<tr><td colspan="3">分包单位</td><td></td><td>分包单位负责人</td><td></td></tr>
<tr><td colspan="3">执行标准名称</td><td colspan="3"></td></tr>
<tr><td colspan="3">检查项目</td><td>质量验收规范规定</td><td>施工单位检验结果</td><td>监理（建设）单位验收结果</td></tr>
<tr><td rowspan="5">主控项目</td><td>1</td><td></td><td></td><td></td><td></td></tr>
<tr><td>2</td><td></td><td></td><td></td><td></td></tr>
<tr><td>3</td><td></td><td></td><td></td><td></td></tr>
<tr><td>4</td><td></td><td></td><td></td><td></td></tr>
<tr><td>5</td><td></td><td></td><td></td><td></td></tr>
<tr><td rowspan="17">一般项目</td><td>1</td><td></td><td></td><td></td><td></td></tr>
<tr><td>2</td><td></td><td></td><td></td><td></td></tr>
<tr><td>3</td><td></td><td></td><td></td><td></td></tr>
<tr><td>4</td><td></td><td></td><td></td><td></td></tr>
<tr><td>5</td><td></td><td></td><td></td><td></td></tr>
<tr><td>6</td><td></td><td></td><td></td><td></td></tr>
<tr><td>7</td><td></td><td></td><td></td><td></td></tr>
<tr><td>8</td><td></td><td></td><td></td><td></td></tr>
<tr><td>9</td><td></td><td></td><td></td><td></td></tr>
<tr><td>10</td><td></td><td></td><td></td><td></td></tr>
<tr><td>11</td><td></td><td></td><td></td><td></td></tr>
<tr><td>12</td><td></td><td></td><td></td><td></td></tr>
<tr><td>13</td><td></td><td></td><td></td><td></td></tr>
<tr><td>14</td><td></td><td></td><td></td><td></td></tr>
<tr><td>15</td><td></td><td></td><td></td><td></td></tr>
<tr><td>16</td><td></td><td></td><td></td><td></td></tr>
<tr><td>17</td><td></td><td></td><td></td><td></td></tr>
<tr><td colspan="2">施工单位检验评定结果</td><td></td><td colspan="2">专业技术负责人：

年 月 日</td><td>质量检查员：

年 月 日</td></tr>
<tr><td colspan="2">监理（建设）单位验收结论</td><td></td><td colspan="3">监理工程师（建设单位项目技术负责人）：

年 月 日</td></tr>
</table>

附录B　空分制氧设备工程安装分部工程质量验收记录表

表B ________分部工程质量验收记录

单位工程名称			
施工单位		分包单位	
序号	分项工程名称	施工单位检查评定	监理（建设）单位验收意见
1			
2			
3			
4			
5			
6			
7			
8			
9			
10			
11			
12			
13			
14			
15			
16			
设备单体无负荷联动试运转			
质量控制资料			

验收单位				
验收单位	施工单位	项目经理： 年　月　日	项目技术负责人： 年　月　日	项目质量负责人： 年　月　日
验收单位	分包单位	项目经理： 年　月　日	项目技术负责人： 年　月　日	项目质量负责人： 年　月　日
验收单位	监理（建设）单位	总监理工程师（建设单位项目负责人）： 年　月　日		

附录C　空分制氧设备工程安装单位工程质量验收记录表

C.0.1　空分制氧设备工程安装单位工程质量验收应按表C.0.1进行记录。

表C.0.1　单位工程质量验收记录

<table>
<tr><td colspan="2">工程名称</td><td colspan="6"></td></tr>
<tr><td colspan="2">施工单位</td><td></td><td colspan="2">技术负责人</td><td></td><td>开工日期</td><td></td></tr>
<tr><td colspan="2">项目经理</td><td></td><td colspan="2">项目技术负责人</td><td></td><td>交工日期</td><td></td></tr>
<tr><td>序号</td><td colspan="2">项　目</td><td colspan="3">验收记录</td><td colspan="2">验收结论</td></tr>
<tr><td>1</td><td colspan="2">分部工程</td><td colspan="3">共____分部，经查____分部，符合规范及设计要求____分部</td><td colspan="2"></td></tr>
<tr><td>2</td><td colspan="2">质量控制资料</td><td colspan="3">共____项，经审查符合要求____项</td><td colspan="2"></td></tr>
<tr><td>3</td><td colspan="2">观感质量</td><td colspan="3">共抽查____项，符合要求____项，不符合要求____项</td><td colspan="2"></td></tr>
<tr><td>4</td><td colspan="2">综合验收结论</td><td colspan="5"></td></tr>
<tr><td rowspan="2">验收单位</td><td colspan="2">建设单位</td><td colspan="2">监理单位</td><td colspan="2">施工单位</td><td>设计单位</td></tr>
<tr><td colspan="2">（公章）
单位（项目）负责人
年　月　日</td><td colspan="2">（公章）
总监理工程师
年　月　日</td><td colspan="2">（公章）
单位负责人
年　月　日</td><td>（公章）
单位（项目）负责人
年　月　日</td></tr>
</table>

C.0.2　空分制氧设备工程安装单位工程质量控制资料应按表C.0.2进行记录。

表C.0.2　单位工程质量控制资料核查记录

<table>
<tr><td colspan="2">工程名称</td><td></td><td colspan="2">施工单位</td></tr>
<tr><td>序号</td><td>资料名称</td><td>份数</td><td>核查意见</td><td>核查人</td></tr>
<tr><td>1</td><td>图纸会审</td><td></td><td></td><td></td></tr>
<tr><td>2</td><td>设计变更</td><td></td><td></td><td></td></tr>
<tr><td>3</td><td>竣工图</td><td></td><td></td><td></td></tr>
<tr><td>4</td><td>洽谈记录</td><td></td><td></td><td></td></tr>
<tr><td>5</td><td>设备基础中间交接记录</td><td></td><td></td><td></td></tr>
<tr><td>6</td><td>设备基础沉降记录</td><td></td><td></td><td></td></tr>
<tr><td>7</td><td>设备基准线基准点测量记录</td><td></td><td></td><td></td></tr>
<tr><td>8</td><td>设备、构件、原材料质量合格证明文件</td><td></td><td></td><td></td></tr>
<tr><td>9</td><td>焊工合格证编号一览表</td><td></td><td></td><td></td></tr>
<tr><td>10</td><td>隐蔽工程验收记录</td><td></td><td></td><td></td></tr>
<tr><td>11</td><td>焊接质量检验记录</td><td></td><td></td><td></td></tr>
<tr><td>12</td><td>设备、管道吹扫、冲洗记录</td><td></td><td></td><td></td></tr>
<tr><td>13</td><td>设备、管道压力试验记录</td><td></td><td></td><td></td></tr>
<tr><td>14</td><td>设备、管路脱脂记录</td><td></td><td></td><td></td></tr>
<tr><td>15</td><td>设备安全装置检测报告</td><td></td><td></td><td></td></tr>
<tr><td>16</td><td>设备无负荷试运转记录</td><td></td><td></td><td></td></tr>
<tr><td>17</td><td>分项工程质量验收记录</td><td></td><td></td><td></td></tr>
<tr><td>18</td><td>分部工程质量验收记录</td><td></td><td></td><td></td></tr>
<tr><td>19</td><td>单位工程观感质量检查记录</td><td></td><td></td><td></td></tr>
<tr><td>20</td><td>单位工程质量竣工验收记录</td><td></td><td></td><td></td></tr>
<tr><td>21</td><td>工程质量事故处理记录</td><td></td><td></td><td></td></tr>
<tr><td colspan="5">结论：

施工单位项目经理：　　　　　　总监理工程师：
（建设单位项目负责人）

年　月　日　　　　　　　　　　年　月　日</td></tr>
</table>

C.0.3 空分制氧设备工程安装单位工程观感质量验收应按表C.0.3进行记录。

表 C.0.3 单位工程观感质量验收记录

<table>
<tr><td colspan="2">工程名称</td><td></td><td colspan="10">施工单位</td><td colspan="2"></td></tr>
<tr><td rowspan="2">序号</td><td rowspan="2" colspan="2">项　目</td><td rowspan="2" colspan="10">抽查质量状况</td><td colspan="2">质量评价</td></tr>
<tr><td>合格</td><td>不合格</td></tr>
<tr><td>1</td><td colspan="2">螺栓连接</td><td></td><td></td><td></td><td></td><td></td><td></td><td></td><td></td><td></td><td></td><td></td><td></td></tr>
<tr><td>2</td><td colspan="2">密封状况</td><td></td><td></td><td></td><td></td><td></td><td></td><td></td><td></td><td></td><td></td><td></td><td></td></tr>
<tr><td>3</td><td colspan="2">管道敷设</td><td></td><td></td><td></td><td></td><td></td><td></td><td></td><td></td><td></td><td></td><td></td><td></td></tr>
<tr><td>4</td><td colspan="2">设备管道绝热</td><td></td><td></td><td></td><td></td><td></td><td></td><td></td><td></td><td></td><td></td><td></td><td></td></tr>
<tr><td>5</td><td colspan="2">油漆涂刷</td><td></td><td></td><td></td><td></td><td></td><td></td><td></td><td></td><td></td><td></td><td></td><td></td></tr>
<tr><td>6</td><td colspan="2">走台、梯子、栏杆</td><td></td><td></td><td></td><td></td><td></td><td></td><td></td><td></td><td></td><td></td><td></td><td></td></tr>
<tr><td>7</td><td colspan="2">焊缝</td><td></td><td></td><td></td><td></td><td></td><td></td><td></td><td></td><td></td><td></td><td></td><td></td></tr>
<tr><td>8</td><td colspan="2">切口</td><td></td><td></td><td></td><td></td><td></td><td></td><td></td><td></td><td></td><td></td><td></td><td></td></tr>
<tr><td>9</td><td colspan="2">成品保护</td><td></td><td></td><td></td><td></td><td></td><td></td><td></td><td></td><td></td><td></td><td></td><td></td></tr>
<tr><td>10</td><td colspan="2">文明施工</td><td></td><td></td><td></td><td></td><td></td><td></td><td></td><td></td><td></td><td></td><td></td><td></td></tr>
<tr><td rowspan="2">观感质量综合评价</td><td colspan="14">专业质量检查员：　　　　专业监理工程师：

年　月　日　　　　　　　　　　　　　　年　月　日</td></tr>
<tr><td colspan="14">施工单位项目经理：　　　　总监理工程师：
（建设单位项目负责人）

年　月　日　　　　　　　　　　　　　　年　月　日</td></tr>
</table>

注：质量评价为差的项目，应进行返修。

附录D 空分制氧设备安装无负荷试运转记录表

D.0.1 空分制氧设备安装单体无负荷试运转应按表D.0.1进行记录。

表 D.0.1 空分制氧设备安装单体无负荷试运转记录

<table>
<tr><td>单位工程名称</td><td></td><td>分部工程名称</td><td></td><td>分项工程名称</td><td></td></tr>
<tr><td>施工单位</td><td></td><td colspan="2">项目经理</td><td colspan="2"></td></tr>
<tr><td>监理单位</td><td></td><td colspan="2">总监理工程师</td><td colspan="2"></td></tr>
<tr><td>分包单位</td><td></td><td colspan="2">分包项目经理</td><td colspan="2"></td></tr>
<tr><td colspan="2">试运转项目</td><td colspan="2">试运转情况</td><td colspan="2">试运行结果</td></tr>
<tr><td colspan="2"></td><td colspan="2"></td><td colspan="2"></td></tr>
<tr><td rowspan="2">评定意见：</td><td colspan="2">项目经理：

年　月　日</td><td colspan="2">技术负责人：

年　月　日</td><td>质量检查员：

年　月　日</td></tr>
<tr><td colspan="5">监理工程师：
（建设单位项目专业技术负责人）

年　月　日</td></tr>
</table>

D.0.2 空分制氧设备安装无负荷联动试运转应按表D.0.2进行记录。

表D.0.2 无负荷联动试运转记录

单位工程名称			
施工单位		项目经理	
监理单位		总监理工程师	
分包单位		分包项目经理	
试运转项目	试运转情况		试运行结果
评定意见：	项目经理： 年 月 日	技术负责人： 年 月 日	质量检查员： 年 月 日
	监理工程师： （建设单位项目专业技术负责人） 年 月 日		

本规范用词说明

1 为便于在执行本规范条文时区别对待，对要求严格程度不同的用词说明如下：

1） 表示很严格，非这样做不可的：
正面词采用“必须”，反面词采用“严禁”；

2） 表示严格，在正常情况下均应这样做的：
正面词采用“应”，反面词采用“不应”或“不得”；

3） 表示允许稍有选择，在条件许可时首先应这样做的：
正面词采用“宜”，反面词采用“不宜”；

4） 表示有选择，在一定条件下可以这样做的，采用“可”。

2 条文中指明应按其他有关标准执行的写法为“应符合……的规定”或“应按……执行”。

引用标准名录

《工业设备及管道绝热工程施工质量验收规范》GB 50185

《钢结构工程施工质量验收规范》GB 50205

《机械设备安装工程施工及验收通用规范》GB 50231

《工业金属管道工程施工规范》GB 50235

《现场设备、工业管道焊接工程施工及验收规范》

GB 50236

《风机、压缩机、泵安装工程施工及验收规范》GB 50275

《气焊、焊条电弧焊、气体保护焊和高能束焊的推荐坡口》GB/T 985.1

《氩》GB/T 4842

《缺氧危险作业安全规程》GB 8958

《钢焊缝手工超声波探伤方法和探伤结果分级》GB/T 11345

《深度冷冻法生产氧气及相关气体安全技术规程》GB 16912

《承压设备焊接工艺评定》NB/T 47014

《承压设备无损检测　第2部分　射线检测》JB/T 4730.2

《承压设备无损检测　第5部分　渗透检测》JB/T 4730.5

《铝制焊接容器》JB/T 4734

《建筑机械使用安全技术规程》JGJ 33

《施工现场临时用电安全技术规范》JGJ 46

《建筑施工高处作业安全技术规范》JGJ 80

《建筑施工扣件式钢管脚手架安全技术规范》JGJ 130

中华人民共和国国家标准

空分制氧设备安装工程施工与质量验收规范

GB 50677—2011

条 文 说 明

制 定 说 明

《空分制氧设备安装工程施工与质量验收规范》GB 50677—2011，经住房和城乡建设部2011年2月18日以第945号公告批准发布。

本规范制定过程中，编制组对国内外空分制氧生产工艺、机械设备的现状和发展趋势进行了深入的调查研究，总结了我国空分制氧设备安装工程建设的实践经验，同时参考了国外相关先进技术法规、技术标准。

为便于广大设计、施工、科研、学校等单位有关人员在使用本规范时能正确理解和执行条文规定，《空分制氧设备安装工程施工与质量验收规范》编制组按章、节、条顺序编制了本规范的条文说明，对条文规定的目的、依据以及执行中需注意的有关事项进行了说明，还着重对强制性条文的强制性理由作了解释。但是，本条文说明不具备与标准正文同等的法律效力，仅供使用者作为理解和把握标准规定的参考。

目　次

1 总　　则

1.0.1　本条文阐明了制定本规范的目的。

1.0.2　本条文明确了本规范适用的对象。

1.0.4　本条文反映了其他相关标准、规范的作用。空分制氧设备工程安装涉及的工程技术及安全环保内容很广，且空分制氧设备工程安装中除专业设备外，还涉及液压、气动和润滑设备，通用设备，各类介质管道制作安装，工艺钢结构制作安装、防腐、绝热等。因此，空分制氧设备安装工程施工及验收除应执行本规范外，尚应符合现行国家及行业有关标准的规定。

3 基 本 规 定

3.0.1　空分制氧设备安装是专业性很强的工程施工项目，为保证工程施工质量，本条文规定对从事空分制氧设备工程安装的施工企业进行资质和质量管理内容的检查验收，强调市场准入制度。

3.0.2　施工过程中，经常会遇到需要修改设计的情况，本条文明确规定，施工单位无权修改设计图纸，施工中发现的施工图纸问题，应及时与建设单位和设计单位联系，修改施工图纸必须有设计单位的设计变更正式手续。

3.0.4　本条是强制性条文，必须严格执行。空分制氧设备工程安装中的焊接质量关系工程的安全使用，焊工是保证焊接质量的关键因素之一。本条文明确规定从事本工程施焊的焊工，必须经考试合格，方能在其考试合格项目认可范围内施焊，担任压力管道、容器受压元件安装焊接的焊工必须经基础知识及操作技能考试合格，并取得相应项目的合格证。从事冷箱内不锈钢管道和容器焊接的焊工考试应符合《锅炉压力容器压力管道焊工考试与管理规则》(国质检锅〔2002〕109号)的规定，从事冷箱内铝镁合金管道和容器焊接的焊工考试应符合现行行业标准《铝制焊接容器》JB/T 4734的规定，从事钢结构焊接的焊工考试应符合现行行业标准《建筑钢结构焊接技术规程》JGJ 81的规定，从事现场其他设备及管道焊接的焊工考试应符合现行国家标准《现场设备、工业管道焊接工程施工及验收规范》GB 50236的规定。

3.0.5　与空分制氧设备安装工程相关的专业很多，例如土建专业、电气/仪表专业等。各专业之间应按规定的程序进行交接，例如土建基础完工后交设备安装，设备安装完工后交电气/仪表专业，各专业之间交接时，应进行检验并形成记录。

3.0.6　空分制氧设备工程安装中的隐蔽工程主要是指设备的二次灌浆、空冷塔、水冷塔、吸附器等容器的封闭、冷箱的封闭、低温介质管道保冷套管的封闭等。二次灌浆是在设备安装完成并验收合格后，对基础和设备底座间进行灌浆，二次灌浆应符合设计技术文件和现行国家标准《机械设备安装工程施工及验收通用规范》GB 50231的规定。

3.0.7　本条文强调工程质量验收是在施工单位自检合格的基础上按分项工程、分部工程及单位工程进行。根据现行国家标准《工业安装工程施工质量验收统一标准》GB 50252的规定，结合空分制氧设备安装工程具体情况，空分制氧设备安装工程可划分为几个独立的单位工程；分部工程按专业划分，提高了质量验收的专业性和可操作性；分项工程按设备的台（套）划分，大型设备安装工程的分项工程可按工序划分，如大型透平式压缩机组可按工序划分为底座、下机壳、转子、上机壳、增速机、驱动装置等分项工程，管道安装分项工程按类别划分，如冷箱管道预制可划分为氧气管道、液氧管道、氮气管道、液氮管道、氩气管道、液氩管道、空气管道、液空管道等若干分项工程。

3.0.8　分项工程是工程验收的最小单位，是整个工程质量验收的基础。分项工程质量检验的主控项目是保证工程安全和使用功能的决定性项目，必须全部符合工程验收规范的规定，不允许有不符合要求的检验结果。一般项目的检验也是重要的，其检验结果也应全部达到规范要求。

3.0.9　分部工程验收在分项工程验收的基础上进行。构成分部工程的各分项工程验收合格，质量控制资料完整，设备单体无负荷试运转合格，分部工程则验收合格。

3.0.10　单位工程的验收除构成单位工程的各分部工程验收合格、质量控制资料完整、设备无负荷联动试运转合格外，还需由参加验收的各方人员共同进行观感质量检查。

3.0.11　观感质量验收，往往难以定量，只能以观察、触摸或简单的量测方法，由个人的主观印象判断为合格、不合格的质量评价，不合格的检查点，应通过返修处理。

在空分制氧设备工程安装中，螺栓连接极为普遍，数量很多，工作量大。在一些现行国家规范中，对螺栓连接外露长度有不同的规定，常常成为工程验收的争论点。螺栓连接的长度通常是经设计计算，按规范优选尺寸确定的，外露长度不影响螺栓连接强度，因此本规范对螺栓连接的螺栓型号、规格及紧固力作出严格要求，而对外露长度不作量的规定，仅在工程观感质量检查时提出螺栓、螺母及垫圈按设计配备齐全，紧固后螺栓应露出螺母或与螺母平齐，外露螺纹无损伤的要求。

3.0.12　分项工程质量验收记录（附录A），也可作为自检记录和专检记录。作为自检记录或专检记录时，需有相关质量检查人员签证。

3.0.14 本条为强制性条文，必须严格执行。单位工程、分部分项工程存在严重的质量缺陷，经返修或返工处理仍不能满足安全使用要求的，严禁验收。

3.0.15 本条规定了工程质量验收的程序和组织，分项工程质量是工程质量的基础，验收前，由施工单位填写“分项工程质量验收记录”，并由项目专业质量检验员和项目专业技术负责人分别在分项工程质量检验记录中相关栏目签字，然后由监理工程师组织验收。

分部工程应由总监理工程师（建设单位项目负责人）组织施工单位的项目负责人和项目技术、质量负责人及有关人员进行验收。

单位工程完成后，施工单位首先要依据质量标准，设计技术文件等，组织有关人员进行自检，并对检查结果进行评定，符合要求后向建设单位提交工程验收报告和完整的质量控制资料，请建设单位组织验收。建设单位应组织设计、施工单位负责人或项目负责人及施工单位的技术、质量负责人和监理单位的总监理工程师参加验收。

单位工程有分包单位施工时，总承包单位应按照承包合同的权利与义务对建设单位负责，分包单位对总承包单位负责，亦应对建设单位负责。分包单位对承建的项目进行检验时，总包单位应参加，检验合格后，分包单位应将工程的有关资料移交总包单位。建设单位组织单位工程质量验收时，分包单位负责人应参加验收。

有备案要求的工程，建设单位应在规定的时间内将工程竣工验收报告和有关文件，报有关行政部门备案。

4 设备基础、地脚螺栓和垫板

4.1 一般规定

4.1.1 空分制氧设备安装的基础工程，由土建单位施工，土建单位应按现行国家有关标准验收后，向安装单位进行中间交接，未经验收和中间交接的设备基础，不得进行设备安装。

4.1.2 本条主要是指空分装置、空气压缩机、氧气压缩机、氮气压缩机、低温液体储罐等主要设备应进行基础沉降观测。

4.2 设备基础

Ⅰ 主控项目

4.2.5 设备安装前，应按施工图和测量控制网确定设备安装的基准线。所有设备安装的平面位置和标高，均应以确定的安装基准线为准进行测量。主体设备应埋设永久中心线标板和标高基准点，使安装施工和维修均有可靠的基准。

Ⅱ 一般项目

4.2.6 本条规定的检查项目应在设备吊装就位前完成。

4.3 地脚螺栓

Ⅰ 主控项目

4.3.1 空分制氧设备安装的地脚螺栓，在设备生产运行时受冲击力，涉及设备的安全使用功能，因此将地脚螺栓的规格和紧固应符合设计技术文件的规定列入主控项目。设计技术文件明确规定了紧固力值的地脚螺栓，应按规定进行紧固，并有紧固记录。

5 设备和材料进场

5.1 一般规定

5.1.3 设备安装前，设备开箱检验是十分重要的，建设、监理、施工及厂商等各方代表均应参加，并应形成检验记录。检验内容主要有：箱号、设备名称、设备型号、设备规格、数量、表面质量、随机文件、备品备件、专用工具、混装箱设备清点分类登记等。

5.2 设备

5.2.1 设备必须有合格证明文件，进口设备应通过国家商检部门的查验，具有商检证明文件。以上文件为复印件时，应注明原件存放处，并有抄件人签字和单位盖章。

5.3 原材料

Ⅰ 主控项目

5.3.1 空分制氧设备安装安装工程中所涉及的原材料、标准件等进场应进行验收，产品质量合格证明文件应全数检查。证明文件为复印件时，应注明原件存放处，并有经办人签字，单位盖章。实物宜按1%比例且不少于5件进行抽查，验收记录应包括原材料规格，进场数量，用在何处，外观质量等内容。

设计技术文件或现行国家有关标准要求复验的原材料、标准件，应按要求进行复验。

5.3.3 涂料的进场验收除检查资料文件外，还要开桶抽查。开桶抽查除检查涂料结皮、结块、凝胶等现象外，还要与质量证明文件对照涂料的型号、名称、颜色及有效期等。本规范第5.3.6条条文说明同本条。

Ⅱ 一般项目

5.3.5 本条强调焊接材料的选择应同母材相匹配，

其选用必须符合设计文件和国家现行标准的要求。焊接材料对焊接的质量有重大影响。对于进场时经验收合格的焊接材料，产品的生产日期、保存状态、使用烘焙等也直接影响焊接质量。本条即规定了焊条的选用和使用要求，尤其强调了烘焙状态，这是保证焊接质量的必要手段。

6 原料空气压缩设备

6.1 活塞式空气压缩机安装

6.1.1 整体出厂的压缩机在防锈保证期内可不拆卸清洗，但如果发现压缩机内部有锈蚀，必须清除。

6.1.2 本条规定了整体出厂的压缩机安装允许偏差，压缩机的允许偏差宜在下列部位进行测量：卧式压缩机、对称平衡型压缩机应在机身滑道面或其他基准面上测量；立式活塞式压缩机应拆去气缸盖，并在气缸顶平面上测量；其他型式的压缩机应在主轴外露部分或其他基准面上测量。

6.1.4 本条规定了解体出厂的空气压缩机安装前设备清洗的部位，尤其规定了气阀、填料和其他密封件不得采用蒸汽清洗。

6.1.5 本条规定了活塞式空气压缩机机身安装允许偏差。机身安装的允许偏差宜在下列部位测量：卧式压缩机、对称平衡型压缩机的横向安装水平应在机身轴承孔处测量，纵向安装水平应在滑道的前后两点或气缸镜面位置上进行测量；立式压缩机应在机身与气缸的结合面上测量；L型压缩机应在机身法兰面上测量。

6.1.13 本条阐述了气缸轴线对滑道轴线的同轴度是由制造厂保证的，在组装时应注意按规定装配完整，以保证其装配精度。

6.2 螺杆式压缩机安装

目前螺杆式压缩机均为整体出厂，因此本节规定均按整体出厂制定。

本节阐述了螺杆式压缩机安装一般情况下的规定，如有特殊技术要求，应按设计技术文件的规定执行。

6.3 透平式压缩机安装

6.3.1 清洗是安装前必须进行的工作，主要是将产品出厂时防锈油脂、脏物清洗掉，如发现锈蚀亦应将锈除去。

6.3.3 导向键有用于纵向和横向两种，导向键安装不正确，机组在运转中热胀冷缩时，可能发生卡死现象，从而导致事故的发生，因此，本条对其安装要求加以明确规定。

6.3.18 汽缸的纵向水平度宜以汽轮机后端轴承座孔或轴颈为准，横向水平应以前、后轴承座水平剖分面为基准。转子安装的水平度应以汽轮机排汽侧轴颈为基准，进汽侧的轴颈水平度，应参照转子的挠度值确定。

6.3.24 目前内置立式冷却器的安装多有设计技术文件的规定，无规定时，按本条执行，本条规定主要是考虑确保冷却器与压缩机之间的密封。冷却器下盖、冷却器、冷却器上盖安装前，应确认方向及钢印编号，确保其编号与机壳编号一致。

6.3.25 本条强调电机与齿轮箱之间的联轴器的端面间隙调整前应确认电机的实际磁力中心线，这是为了避免因电机磁力中心线不对导致电机振动，造成设备的损坏。磁力中心线一般是在现场测量确定的，对制造厂已标牌注明的磁力中心线，也应在现场校准其准确度。

6.4 空气增压机、循环氮压机安装

6.4.1～6.4.3 目前空气增压机本体多为整体供货，故本节适用于整体供货空气增压机设备的施工及验收。

6.5 附属设备安装

6.5.1 目前常用的过滤器的型式主要有多级过滤器、自洁式空气过滤器、立式布袋式过滤器，主要作用是除去灰尘和其他机械杂质。由于袋式过滤器和多级过滤器不能停机更换滤芯，维护量较大，目前正逐渐被自洁式过滤器所取代。自洁式空气过滤器由高效过滤筒、文氏管、自洁专用喷头、反吹系统、控制系统、净气室和出风口、框架等组成。本条主要描述自洁式空气过滤器的验收要求。

6.5.4～6.5.8 冷却器的型式有：管壳式、套管式、空冷式、板片式、板翅式等，现阶段制氧机组的空气净化系统的冷却器一般采用管壳式冷却器，这四条以管壳式冷却器为准说明其施工及验收的相关要求。冷却器的支座有滑动式和弹簧式，第6.5.5条和第6.5.6条分别对两种不同型式的支座的安装进行了阐述。表6.5.7中冷却器的标高、中心线和水平度应以气体进出口法兰面为测量基准面。

6.5.9～6.5.11 与设备连接的管道指压缩机进、出口阀，放散控制阀与设备本体之间的管道、各级之间的连接管道。与设备连接的管道连接时，应采用百分表监控联轴器的移动。

7 空气预冷、净化设备

7.1 空冷塔、水冷塔设备

7.1.1 空冷塔、水冷塔的安装允许偏差系参考林德、法液空、杭氧等标准，并结合多年的施工经验而制

定。塔的方位是指入口空气管的中心与基准中心线的偏差。

7.1.3 填料的规格、型号、填充量等在设计图纸及相关资料中有详细的图和说明。

7.2 冷冻水泵及冷却水泵

7.2.1 冷冻水泵和冷却水泵一般均为整体供货，其结构型式基本相同，其清洗、安装允许偏差、试运转等要求均相同。

7.3 冷冻机设备

7.3.1 本条适用于整体出厂的单台和带有公共底座的离心式、活塞式、螺杆式冷冻机组的安装。

7.4 分子筛吸附器设备

7.4.1 卧式分子筛吸附器应检测其水平度，立式分子筛吸附器应检测其垂直度。

8 空气分离设备

8.1 整体冷箱设备

Ⅰ 主控项目

8.1.1 本条强调整体冷箱安装后，应进行气密性试验，以检验在运输、吊装和调整过程中是否对整体分馏塔系统造成损坏。冷箱安全阀是指保护冷箱壳体、防止冷箱内系统泄漏造成壳体损坏的阀门。

Ⅱ 一般项目

8.1.2 本条规定的整体冷箱指出厂前冷箱壳体及内部容器、管道已组装成整体，现场只需吊装就位、进行调整即可。

8.2 冷箱工艺钢结构

Ⅰ 主控项目

8.2.2 由于冷箱钢结构焊接过程中，不可能进行现场实物取样检验，无法确定接头的理化性能。为保证工程焊接质量，应在钢结构安装焊接前进行焊接工艺评定，并根据焊接工艺评定的结果，结合现场的施工环境条件编写作业指导书。

Ⅱ 一般项目

8.2.5 冷箱结构焊缝主要包括对接焊缝、角柱焊缝、冷箱密封焊。

8.2.9 冷箱钢结构防腐涂料涂装应在钢结构安装及密封焊接施工质量验收合格后进行，漆装时的环境温度和相对湿度应符合涂料产品说明书的要求，当无要求时，应符合现行国家标准《钢结构工程施工质量验收规范》GB 50205中的相关规定。

8.2.10 冷箱箱体上附件主要包括安全阀、呼气筒、膨胀珍珠岩排放装置等，其在冷箱上的分布位置及连接方式应符合设计要求。

8.3 塔 器 设 备

Ⅱ 一 般 项 目

8.3.10 本条强调塔器设备安装方位应符合设计文件的规定，塔器设备就位前，一般选定主管口中心应与理论基准线对齐。

8.3.13 填料塔液体分配器的水平度直接影响填料表面喷淋液体的均布度，也即影响填料塔的工作性能。由于运输等因素，在车间组装调整后的液体分配器的水平度并不能作为填料塔现场安装就位后的最终依据，因而空分填料塔在现场安装就位后，应对填料塔液体分配器的水平度再次进行调校。

8.3.14 筛板塔的筛板不水平，筛板上液体层的厚度就不均匀。薄处通过的气体量过多，流速高，和液体接触时间很短，蒸汽中的氧不能得到充分的冷凝，相应放出的冷凝热就少，液体中氮分子就得不到充分的蒸发，影响氧、氮分离；液层厚处的上升蒸汽量少，气体中的氧虽冷凝很充分，但因量少，冷凝潜热也很少，液体中的氮蒸发量也就少，影响精馏。因此，筛板的水平度直接影响筛板塔的精馏效率和氧、氮纯度。由于运输等因素，在车间组装调整后的筛板水平度并不能作为筛板塔现场安装就位后的最终依据，因而空分筛板塔在现场安装就位后，应对筛板塔筛板的水平度进行再一次的调校。

8.4 阀 门 设 备

Ⅱ 一 般 项 目

8.4.5 本条考虑到阀门在低温状态下冷收缩会有一定沉降量，防止与穿墙套筒内表面接触，故需向上提升一定距离，并强调偏移量应按设计技术文件的规定执行。

8.4.6 焊接时控制阀体温度不应高于200℃，是为了防止阀门密封件变形，影响阀门正常使用。

8.4.8 阀门安装完成后应根据工艺流程图在其附近标注位号，以便于辨识和操作阀门。

8.4.10 冷箱外侧部分低温阀门的执行机构较重，容易引起阀杆弯曲变形，从而影响其正常使用，故需安装吊架保持其稳定性。

8.5 膨胀机设备

8.5.1 本条适用风机制动、油制动、电机制动和增压机制动的各类透平膨胀机的安装。

8.5.7 本条是针对切断阀、调节阀的执行机构和入口过滤器等膨胀机附件需现场安装时制定的。由于各制造厂生产的膨胀机，其结构形式各不相同，故强调附件应按设计技术文件的规定进行安装。

8.6 低温液体泵

Ⅰ 主控项目

8.6.1 若低温液体泵出厂前已经脱脂，并有脱脂合格记录，现场可不再进行脱脂。检验方法可详见本规范第8.7.2条。

Ⅱ 一般项目

8.6.2 本条强调液体泵运行过程中轴向可以正常的移动范围。

8.6.7 本条强调补偿器安装及调节应按设计技术文件的规定执行，不应有拉伸、扭曲和错位。

8.6.8 管道与泵连接后，应重新检查泵的安装精度。

8.7 冷箱管道预制

Ⅰ 主控项目

8.7.1 脱脂剂或用于配制脱脂剂的化学制品应具有合格证，已由制造厂作过脱脂处理者，在安装时应进行检查，检查合格可不再脱脂，如被油脂污染，则应再作脱脂处理。阀门、管道脱脂检查合格后，应用干净的白布包好，妥善存放，防止脏物和杂物沾染或侵入。脱脂现场要求通风良好，不受雨水、尘土等的侵染。

Ⅱ 一般项目

8.7.9 本条是结合现行国家标准《工业金属管道工程施工规范》GB 50235 的相关内容及现场实践经验编写的。

8.8 冷箱管道安装

Ⅱ 一般项目

8.8.5 本条强调冷箱管道安装的坡向、坡度按设计技术文件的规定执行，防止盲目施工产生气阻或液阻现象，不利于管内液体或气体的流动。

8.8.6 本条第1款、第2款是针对低温液体、气体管道与冷箱内壁距离太近导致保冷效果差而制定的；第3款～第6款制定是为了防止冷状态下设备、管道收缩变形相互冲突或与基础相碰。

8.8.7 本条是根据现行国家标准《工业金属管道工程施工规范》GB 50235 的相关内容改写的。由于冷箱管道属超低温管道，考虑其实际运行中热胀冷缩现象，故安装的精度要求要比普通室内管道高一些。

8.8.10 由于冷箱管道系统庞大，不锈钢管道焊接时，为保证焊接质量应分成不同的系统进行充气保护。

8.8.12 本条强调接头焊接时应控制其温度，防止过热导致双金属结合面毁坏。

8.8.13 本条第3款目的是使仪表管路的支托架能承受绝热材料的荷载及温度变化所产生的变形。

8.8.17 本条主要目的是防止水分在管内冻结。

8.9 试　压

Ⅰ 主控项目

8.9.3 做泄漏性试验时应重点检验阀门填料函、法兰或螺纹连接处、放空阀、排气阀等。

Ⅱ 一般项目

8.9.7 本条规定在工作压力下进行整体通气检查，其目的是为了检查各系统恢复部位是否泄漏以及各系统压力试验时可能存在的漏检部位。

8.10 吹　扫

一般项目

8.10.1 结合多套大型空分装置施工经验，对吹扫前应具备的条件作了规定。

8.10.4 本条是结合现行国家标准《工业金属管道工程施工规范》GB 50235 和现场实践编写的。吹扫气源应洁净、干燥、无油主要是防止已脱脂的设备和管路被再次污染。当采用装置中的空压机吹扫时，空气预冷、净化系统投入运行是为了保证进入冷箱的空气是干燥、洁净的。

8.10.5 本条是吹扫的常规程序，目的是为了防止冷箱外管道内的脏物吹入冷箱内。

8.10.6 本条规定的吹扫时间是一个考核参数，同时还应以检查白纸或白布上无机械杂质为是否合格的标准。

8.10.7 本条规定强调系统恢复时需经过严格清洗、脱脂。

8.11 膨胀珍珠岩充填

Ⅱ 一般项目

8.11.6 拆除冷箱内的脚手架及临时设施时，可能造成温度测量线路及感温元件的损坏，故在拆除结束后应对其进行检查、确认。

8.11.8 本条规定是为隔绝各箱体，检修和处理问题时不会影响与其相连的其他箱体。

8.11.10 本条规定是为了防止珍珠岩积压引起测量管线引出冷箱内壁处P形弯的变形采取的保护措施。

8.11.12 本条规定十分重要，其目的是观察充填过程中，冷箱容器、管道、测量管路、测温线路是否损坏。

8.11.13 冷箱内充入一定流量的干燥氮气是为了保证冷箱内有一定的内压，避免大气中的潮气进入冷箱，并应调整其流量和压力达设计技术文件的规定。系统投入运行一段时间后，填料振实后在冷箱顶部会出现空隙故需及时补充填料，使冷箱内的珍珠岩始终处于满实状态。

9 产品压缩系统设备

9.1 氧气压缩机安装

Ⅰ 主 控 项 目

9.1.1 本条为强制性条文，必须严格执行。氧气压缩机是将冷箱中分离出的低压氧气进行压缩产生中压、高压氧气的装置。氧气压缩机输送介质为高温高压的高纯度氧气。高压氧（≥2.94MPa）在高速回转的高温状态下遇到油脂就会产生自燃和爆炸，导致机毁人亡的重大事故发生。因此，本条强调凡直接或可能与氧气接触的机械零件、部件、管道组成件及仪表，必须进行脱脂处理。

9.1.2 本条强调在氧气压缩机安装前、安装后都应充氮气保护，目的是为使氧气压缩机在整个安装过程中免于侵蚀。

10 低温液体储备系统

10.3 大型低温常压平底液体储罐

Ⅱ 一 般 项 目

10.3.21 本条强调各圈板的纵向焊缝宜向同一方向逐圈错开焊缝。

11 稀有气体提取设备

11.1 氪氙提取设备

11.1.1 本条为强制性条文，必须严格执行。氪氙原料液体含氧丰富，所以与其接触的加热器应进行脱脂。

11.1.2 低温储罐的保温效果由真空度保证，储罐表面有划伤应进行真空度检查。

11.1.6 氪氙系统的换热器包括管壳卧式换热器、翅片立式换热器。

11.1.7 本条对卧式换热器滑动支座的地脚螺栓与相应的长圆孔两端的间距及螺母与支座面板间的间隙的要求，是为了防止换热器运行时产生热膨胀而损坏设备。

11.1.10 吸附剂、催化剂都是对工艺条件要求很高的物质，装填前应对容器进行干燥。吸附剂活化有加热方法，真空吸附法等，应按照设计要求进行活化。催化剂还要防止中毒、沾污、烧结。稀有气体吸附器、催化器如果在室外下雨天气不能进行装填。

11.1.13 氪氙冷箱部分阀门直径小，阀门的阀芯容易被破坏。为了避免在运输过程中受到损伤，执行机构需要在现场安装。执行机构门型框架垂直安装是为了更好地保护中心的阀芯。

11.2 氖氦提取设备

11.2.5 氖氦系统采用冷凝吸附法除氮，装置是由吸附器、换热器、气液分离器、杜瓦容器（负压液氮储槽）组成的整体装置。

11.2.6 真空泵是除氮装置的附属设备，负压液氮储槽需要抽真空。

11.2.7 膜式压缩机使被压缩的气体不与任何润滑剂接触，可保证气体的高度纯洁，适于压缩少量不允许被润滑剂污染的气体，特别适用于珍贵且纯度高的稀有气体的压缩输送或装瓶。

11.3 管 道 安 装

Ⅰ 主 控 项 目

11.3.2 稀有系统冷箱内阀门公称直径很小，很容易堵塞，影响稀有系统的调试，整个系统的管道应有很高的清洁度，多次吹扫能清除杂质，保证系统清洁。

Ⅱ 一 般 项 目

11.3.7 稀有气体系统低温液体管道采用套管绝热，套管的连接方式有法兰连接、焊接连接两种方式。为了保证绝热效果，套管连接要求很好的密封。

12 常温吸附法空气分离设备

12.1 空气压缩机

12.1.1～12.1.3 常温吸附法空气分离是利用气体在吸附剂上吸附特性的差异以及吸附量随压力变化而变化的特性，通过周期性的压力变换过程实现氧气和氮气的分离的一种非低温空气分离技术；根据吸附剂再生方法不同变压吸附又可分为：加压吸附常压解析的PSA工艺和加压吸附真空解析的VPSA工艺。本节适用于加压吸附常压解析的PSA工艺中的空压机的安装与验收，加压吸附的压力一般为0.2MPa～0.6MPa，空压机一般采用活塞式、螺杆式和离心式空气压缩机。

12.2 罗茨鼓风机、罗茨真空泵

12.2.1、12.2.2 这两条适用于加压吸附真空解析的VPSA工艺中的动力系统的安装与验收。VPSA工艺中常压吸附的压力一般为0kPa～50kPa，鼓风机一般采用罗茨式鼓风机；抽真空解吸的解析压力一般为－50kPa～－80kPa，真空泵一般选用罗茨真空泵。

12.4 水环式真空泵

12.4.1 本条适用于真空变压吸附VPSA工艺中的水环式真空泵的安装与验收。

13 设备试运转

13.1 一 般 规 定

13.1.6 本条文规定试运转前，安全保护装置应按设计的规定完成安装，例如联轴器的安全保护罩等。在试运转中需调试的装置，例如压缩机应根据设备性能要求设防喘振、振动、轴位移、油压、油温、水压、水量、轴承温度及排气温度等报警联锁装置等应在试运转中完成调试，其功能应符合设计要求，本条的目的在于保证设备运转安全。

13.2 空气压缩机

13.2.6 本条第2款强调螺杆式压缩机不允许反转，试运转时必须单独启动驱动机，确认方向后再连接联轴器。

13.5 冷 冻 机

13.5.2～13.5.4 活塞式压缩机的空负荷试运转、空气负荷试运转、抽真空试验为重要试运转内容，压缩机的抽真空试验是指压缩机本体的抽真空试验。

13.5.6 螺杆式压缩机不允许反转，在检查电动机的转向时必须强调脱开联轴器，对电机单独进行转向确认。

13.6 膨 胀 机

13.6.1 由于膨胀机试运转一般是配合裸冷试验进行，因此试运转前冷箱系统应试压、吹扫完毕并经检查合格。

13.6.2 本条第1款规定的目的为防止泵内的空气、水分在运转时结冰造成事故，所以应用干燥的氮气把里面的空气置换出来（即除湿处理）；第3款、第4款为最高转速下的安全操作试验，防止发生人身或设备事故。

13.7 低温液体泵

13.7.1 本条所阐述的低温液体泵试运转包括空气分离系统液体泵、低温液体储备系统液体泵、稀有气体提取系统液体泵。为了防止泵内的空气、水分在运转时结冰造成事故，所以在试运转前应将泵内及管道内的水分除净，并用干燥的氮气把里面的空气置换出来（即除湿处理），然后进行泵体冷却，预冷时应防止急剧局部冷却。

13.7.3 低温液体泵停止运转后排净泵内积存的液体并进行加温解冻处理，为了防止锈蚀和冻裂。

13.8 氧气压缩机

13.8.1 本条是强制性条文，必须严格执行。氧气压缩机的试车先用氮气或无油空气作为试车气源，氮气或无油空气试车主要用于设备最终安装完成后，进入氧气运转之前，确认设备的性能良好，防止直接使用氧气试运转造成燃烧、爆炸事故。

13.8.5 本条强调氧气压缩机在开盖检查后仍应再次进行氮气或无油空气试运转。试运转稳定、一切正常后，打开氧气进口阀，氮气进口阀自动关闭，放空阀进入自调状态。当氧气的浓度经由取样分析合格后，排气压力上升到需要的送氧压力，打开氧气出口阀，放空阀自动关闭，完成氧气压缩机的启动过程。

13.10 贫 氪 氙 泵

13.10.1 贫氪氙泵输送介质为贫氪氙，贫氪氙90%以上成分为氧，为了确保安全试车设备应完成脱脂；贫氪氙泵润滑油应使用设备厂家提供专用低温润滑油；泵应干燥，水遇低温液体会结冰，会破坏泵体；氪氙液体的温度非常低，必须对泵进行预冷，才能确保泵各个部件能正常运转；贫氪氙泵泵体较小，很容易因为杂质堵塞阀门、活塞，与泵体连接的管道较长，里面的杂质很容易堆积在泵体里，阻塞泵的运转，开始运行一段时间后必须对泵体里面进行杂质清理。

13.12 膜式压缩机

13.12.1 为了保证压缩机在运输及储存过程中不被锈蚀，出厂前已做好油封，压缩机在安装前必须进行脱脂。辅助油泵能帮助膜片在行程终了时排净压缩介质，试车前必须调整辅助油泵使其供油可靠；残留的空气会使气缸产生余隙容积而降低压缩机的效率。

13.17 裸 冷 试 验

13.17.2 本条第1款规定裸冷试验应按设计技术文件的规定进行，工艺流程不同，调试程序和方法也不同，防止盲目进行试验。试验过程中应控制各精馏塔和换热器不应有过大的温差，否则会导致热应力产生而损坏设备，冷却过程应缓慢进行。第2款规定冷状态下检查，可根据结霜的情况判断有无泄漏，并将泄漏点的位置作出标记。第4款规定在冷态下重新紧固

螺栓，是为防止螺栓低温下松动。

13.17.3 通气检查后，当有补焊、密封面处理和局部改装时，必要时应再进行裸冷试验。

14 安全环保

14.2 安 全

14.2.8 本条是强调铝制容器应在通入空气置换后方可进行切割作业，是为了防止铝制容器封头、管口切割时可能发生的氢爆炸事故。铝制容器在受潮、遇到空气中的二氧化碳等情况下会产生氢气，在密闭容器的某个地方积聚起来，切割时可能引起氢爆炸。

14.2.10 本条是强制性条文，必须严格执行。条文强调在进入冷箱或密闭容器作业前，必须采取通风措施，确保在作业过程中氧气含量始终不得低于19.5%，以免造成人员窒息甚至死亡。若氧气含量降低，身体和智力效率将大大降低。如果由于氮气和氩气等含量增加而引起缺氧，人将感觉不到身体和智力效率的降低。由于有毒气体引起的缺氧事故，其毒性引起的危害将远远大于单纯性缺氧。

中华人民共和国国家标准

废弃电器电子产品处理工程设计规范

Code for design of the waste electrical and electronic equipment processing engineering

GB 50678—2011

主编部门：中华人民共和国工业和信息化部

批准部门：中华人民共和国住房和城乡建设部

施行日期：2 0 1 2 年 8 月 1 日

中华人民共和国住房和城乡建设部
公　　告

第1161号

关于发布国家标准《废弃电器电子产品处理工程设计规范》的公告

现批准《废弃电器电子产品处理工程设计规范》为国家标准，编号为GB 50678—2011，自2012年8月1日起实施。其中，第4.4.4、4.4.5（1）、4.4.9（3、4、6、8）条（款）为强制性条文，必须严格执行。

本规范由我部标准定额研究所组织中国计划出版社出版发行。

中华人民共和国住房和城乡建设部

二〇一一年九月十六日

前　言

本规范是根据原建设部《关于印发〈2006年工程建设标准规范制订、修订计划（第二批）〉的通知》（建标〔2006〕136号）的要求，由中国电子工程设计院会同有关单位编制而成。

本规范在编制过程中，编制组遵照国家有关基本建设的方针政策和“以人为本”、“安全第一、预防为主”的指导方针，在总结国内外实践经验、吸收近年来的科研成果、借鉴国外的先进经验并结合我国目前实际情况的基础上，广泛征求国内有关设计、生产、研究等单位、专家和科技人员的意见，最后经审查定稿。

本规范共分8章和2个附录，主要内容包括：总则，术语，总体设计，处理工艺工程，建筑结构，采暖通风，给水排水，电气工程等。

本规范中以黑体字标志的条文为强制性条文，必须严格执行。

本规范由住房和城乡建设部负责管理和对强制性条文的解释，由工业和信息化部负责日常管理，由中国电子工程设计院负责具体技术内容的解释。本规范在执行过程中，希望各有关单位结合工程实践，认真总结经验，若发现需要修改或补充之处，请将有关意见、建议和相关资料寄交中国电子工程设计院《废弃电器电子产品处理工程设计规范》管理组（地址：北京市海淀区万寿路27号，北京307信箱；邮政编码：100840；传真：010-68217842；E-mail：ceedi@ceedi.cn），以供今后修订时参考。

本规范主编单位、参编单位、主要起草人和主要审查人：

主编单位：中国电子工程设计院

参编单位：中国海诚工程科技股份有限公司
中国城市建设研究院
苏州同和资源综合利用有限公司
意大利梅洛尼设计工程贸易公司

主要起草人：穆京祥　沈本尧　赵肇一　郁　超　薛正荣　张锦冈　吕　峻　王丽莉　蹇瑞欢　吕德彬　刘克俊　宁晓山　李杜白　陈　利　丁　涛

主要审查人：张希忠　张建志　吴龙水　李道本　董霄龙　寇九贵　林向阳　江博新　林耀武

目次

Contents

1 总 则

1.0.1 为规范废弃电器电子产品处理建设项目的工程设计，确保建设项目满足工程质量、安全可靠、经济适用的要求，并满足保护环境、资源回收利用和节约能源的要求，制定本规范。

1.0.2 本规范适用于废弃电器电子产品处理建设项目的新建、改建和扩建的工程设计。

1.0.3 本规范适用的废弃电器电子产品应包括计算机产品、通信设备、视听产品及广播电视设备、家用及类似用途电器产品、仪器仪表及测量监控产品、电动工具及电线电缆，并应包括构成其产品的所有零（部）件、元（器）件和材料。废弃电器电子产品的类别及清单应符合本规范附录A的有关规定。

1.0.4 工程设计中对施工及验收有特殊要求时，应在设计文件中加以说明。

1.0.5 废弃电器电子产品处理工程设计，除应符合本规范外，尚应符合国家现行有关标准的规定。

2 术 语

2.0.1 废弃电器电子产品 waste electrical and electronic equipment

产品的拥有者不再使用且已经丢弃或放弃的电器电子产品，包括构成其产品的所有零（部）件、元（器）件和材料等，以及在生产、运输、销售过程中产生的不合格产品、报废产品和过期产品。

2.0.2 贮存 storage

为收集、运输、拆解、处理和处置之目的，在符合要求的特定场所暂时性存放废弃电器电子产品的活动。

2.0.3 拆解 disassembly

通过人工或机械的方式将废弃电器电子产品进行拆卸、解体，以便于处理和处置的活动。

2.0.4 再生利用 recycling

对废弃电器电子产品进行处理，使之能够作为原材料重新利用的过程，但不包括能量的回收和利用。

2.0.5 回收利用 recovery

对废弃电器电子产品进行处理，使之能够满足其原来的使用要求或用于其他用途的过程，包括对能量的回收和利用。

2.0.6 处理 treatment

对废弃电器电子产品进行除污、拆解及再生利用的活动。

2.0.7 处置 disposal

采用焚烧、填埋或其他改变废弃物的物理、化学特性的方法，达到减量化或消除其危害性的活动，或将固体废物最终置于符合环境保护标准规定的场所或者设施的活动。

2.0.8 热解法 pyrolysis

利用原料中有机物的热不稳定性，在无氧或缺氧条件下，对原料进行加热蒸馏，使有机物发生热分解转化的过程。

2.0.9 物理处理法 physical treatment

对废弃电器电子产品进行机械破碎，并利用其材料的不同密度、导电性和磁性等特性进行分选回收资源的活动。

2.0.10 化学处理法 chemical treatment

通过化学反应或电化学方法处理废弃电器电子产品，并对其进行资源回收的活动。

2.0.11 焚烧法 burning method

利用高温或燃烧使废弃电器电子产品中金属和非金属物质分离，从中回收金属的活动。

2.0.12 爆炸下限 lower explosion limited

可燃气体或蒸汽与空气混合发生爆炸时所需要的最低浓度，一般以可燃气体或蒸汽在空气中体积含量表示，此时的浓度被定为100%LEL。

3 总体设计

3.1 一般规定

3.1.1 建设项目工程设计应采取污水处理、废气处理、粉尘处理、防止或降低噪声等措施。

3.1.2 总体方案的综合分析比较确定，应符合下列规定：

1 应根据所在区域的人口数量、技术经济水平、自然环境等条件确定，并应符合本地区废弃电器电子产品处理发展规划和地方城乡建设与国土资源用地功能规划的要求。

2 应根据废弃电器电子产品的来源、种类及规模、处理工艺技术、处理设备、环境条件以及能源状况等，通过多方案技术经济比较确定。

3 废弃电器电子产品应进行资源回收利用，其拆解、处理应分别采用合适的处理技术和设备，所采取的处理技术和防范措施应有效、安全可靠。

4 应满足运输、消防、环境保护、节能和职业安全卫生的要求。

5 宜使用类比分析方法对项目经济规模、设备选择、能耗、污染物排放量和环境保护治理设施等方面进行比较。

3.1.3 建设项目分期建设时，总体方案应合理规划近期与远期的关系，近期应集中总图布置，远期应作预留安排。

3.2 项目的设计规模与项目构成

3.2.1 建设项目工程设计规模应根据所在地区废弃

电器电子产品的产生量、回收方式及发展规划确定。

3.2.2 废弃电器电子产品处理建设项目设计规模的确定，应符合下列规定：

1 年处理废弃电器电子产品能力 2×10^4t 以上至 4×10^4t，应为Ⅰ类工程项目。

2 年处理废弃电器电子产品能力 1×10^4t 以上至 2×10^4t，应为Ⅱ类工程项目。

3 年处理废弃电器电子产品能力 1×10^4t 及以下，应为Ⅲ类工程项目。

4 确定废弃电器电子产品建设项目的设计规模时，废弃电器电子产品的单台、套折算重量系数可按本规范附录B的规定取值。

3.2.3 不同类型的工程项目总用地面积宜符合表3.2.3的规定。

表 3.2.3 不同类型的工程项目总用地面积（m^2）

面积 / 工程项目类型	总用地面积
Ⅰ类工程项目	≤80000
Ⅱ类工程项目	≤60000
Ⅲ类工程项目	≤40000

3.2.4 废弃电器电子产品处理工程应包括进/出厂检查、贮存、拆解、处理设施和相应的辅助设施。

3.3 厂址选择

3.3.1 废弃电器电子产品处理建设项目厂址选择，应确保符合职业安全卫生的要求，同时应防止或避免建设项目的危险或有害因素对周边人群居住或活动的环境造成污染及危害。

3.3.2 废弃电器电子产品处理建设项目厂址的选择，应根据下列规定经技术经济比较后确定：

1 厂址选择应符合现行国家标准《环境影响评价技术导则 总纲》HJ 2.1 的有关规定，并应通过该项目环境影响评价报告书的认定。

2 厂址宜选择在工业园区内。

3 厂址选择宜靠近当地废弃电器电子产品产生量大、配套设施或回收体系集中的地区。

4 厂址周边应具有方便的交通运输条件。

5 厂址的选择不宜设在当地居住区、文化区、商业区、医疗区等常年主导风向上风侧。

6 采用焚烧法处理废弃电器电子产品的设施距离主要居民区，以及学校、医院等公共设施的距离，不应小于 800m。

7 采用化学处理法处理废弃电器电子产品的设施距离主要居民区，以及学校、医院等公共设施的距离，不应小于 600m。

8 厂址应具有满足生产、生活及发展规划所必需的水源和电源，且应具有污水排放的条件。

3.3.3 厂址不得选择在下列地区：

1 洪水、潮水或内涝威胁的地区，或决堤溃坝后可能淹没的地区。

2 地震断层和设防烈度高于九度的地震区。

3 有泥石流、滑坡、流沙、溶洞等直接危害的地段及采矿陷落、错动区界限内。

4 爆破危险范围内。

5 放射性物质影响区、自然疫源区、地方病严重流行区。

6 经常发生雷暴、沙暴等气象危害的地区。

7 国家规定的风景区及森林和自然保护区，以及历史文物古迹保护区。

8 对飞机起落、电台通信、电视转播、雷达导航和重要的天文、气象、地震观察，以及军事设施等按规定有影响的范围内。

9 Ⅳ级自重湿陷性黄土、厚度大的新近堆积黄土、高压缩性的饱和黄土、欠固结土和Ⅲ级膨胀土等工程地质恶劣地区。

10 饮用水源一级、二级水源性保护区。

11 重要渔业水体及其他具有特殊经济文化价值的水体保护区。

3.4 总平面布置

3.4.1 总平面布置，应在总体规划的基础上，根据废弃电器电子产品处理工程的规模、处理工艺流程、物流、环境保护，以及消防、职业安全卫生、施工及验收等要求，结合场地自然条件，经技术经济比较后择优确定。

3.4.2 总平面布置应符合下列规定：

1 总平面设计应紧凑布置、节约用地、提高土地利用率。

2 功能分区各项设施的布置，应满足废弃电器电子产品的处理工艺流程、配套设施的要求。

3 含有粉尘、酸雾、有毒有害气体的处理厂房（仓库、贮存场所）和主要排气筒，应布置在厂区常年主导风向的下风侧。

4 产生高噪声的车间宜布置在厂区夏季主导风向的下风侧，并应合理利用地形、建筑物或绿化林带的屏蔽作用。

5 建（构）筑物、露天贮存场地的外形宜规整。

6 厂内应设有废弃电器电子产品的贮存及转运的场地。

7 厂周围应设围墙。

3.4.3 厂区出入口的位置和数量，应根据企业的处理规模、总体规划、厂区用地面积，以及总平面布置等因素综合确定，其数量不宜少于2个，且主要人流出入口宜与主要物流出入口分开设置。物流出入口宜设置货物检查站，且应方便运输车辆的进出。

3.4.4 处理企业应根据处理能力，设置不得少于一套的运输车辆称重地磅设施。地磅房的布置应位于车辆行驶方向道路的右侧，并应临近工厂货物的出入口，且不应影响道路的正常行车。

3.4.5 厂区内的建（构）筑物、贮存堆场、气体储罐等设施之间的距离、所处的位置，应符合现行国家标准《建筑设计防火规范》GB 50016 的有关规定。

3.4.6 厂区内道路的布置应满足货物运输、装卸货地点出入、消防通道、绿化及各种管线敷设的要求。

3.4.7 厂区内主要道路、生产车间和原料仓库四周的行车道路路面宽度，不宜小于 6m，厂区应设置消防车道，道路宽度不应小于 4m，道路的荷载等级应符合现行国家标准《厂矿道路设计规范》GBJ 22 的有关规定。

3.4.8 场地竖向设计应满足生产运输场地排水及防洪排涝的要求。

3.4.9 厂区绿地应结合当地的自然条件选择适宜的植物，并宜在气体、粉尘排放口及产生高噪声的车间及堆场等周围进行绿化。厂区绿地率应与当地城市绿化规定相协调，绿地率不得超过 20%。项目的绿化设计，应符合现行国家标准《工业企业总平面设计规范》GB 50187 的有关规定。

3.4.10 建设项目的建筑系数不应低于 30%。

4 处理工艺工程

4.1 一般规定

4.1.1 处理工艺应采用以保护环境、节能降耗为目标的清洁生产技术，宜采用物理处理法。

4.1.2 处理能力应根据正常回收情况，以及今后的发展确定，宜按每班 8h 计算。

4.1.3 处理技术应符合国家现行标准《废电器电子产品回收利用通用技术要求》GB/T 23685 和《废弃电器电子产品处理污染控制技术规范》HJ 527 的有关规定。

4.1.4 处理工艺和设备的选择，应根据废弃电器电子产品的种类、处理规模、处理技术和处置要求等因素，经技术经济比较后确定，并应符合下列规定：

1 Ⅰ、Ⅱ类工程项目应能综合处理多种类型的废弃电器电子产品，并应具有相应的处理生产线。

2 Ⅲ类工程项目不得采用焚烧法和化学处理法处理废弃电器电子产品。

4.2 贮存区域

4.2.1 建设项目应设置进厂的废弃电器电子产品、处理后的再生材料及待处置废物的贮存场地。

4.2.2 贮存场地应分为一般工业固体废物贮存场地和危险废物贮存场地。一般工业固体废物贮存场地的设计，应符合现行国家标准《一般工业固体废物贮存、处置场污染控制标准》GB 18599 的有关规定，危险废物贮存场地设计，应符合现行国家标准《危险废物贮存污染控制标准》GB 18597 的有关规定。

4.2.3 废弃电器电子产品贮存场地面积，宜按不大于 20d 的处理量计算。

4.2.4 废弃电器电子产品贮存场地货物堆高不宜超过 3.5m。

4.2.5 露天贮存场地的地面应硬化、防渗漏，其周边应设置导流设施。废弃电视机、显示器、阴极射线管、印制电路板等的贮存场地，应有防雨设施。

4.2.6 贮存异丁烷、环戊烷储罐、钢瓶的场所应单独设置，在场地内不得设置电缆井、地坑、地沟等设施，并应在其四周设立禁止烟火的警示标志。

4.2.7 贮存异丁烷、环戊烷储罐、钢瓶周围的电气设计，应符合现行国家标准《爆炸和火灾危险环境电力装置设计规范》GB 50058 的有关规定。

4.3 检修、拆解区域

4.3.1 检修场地应设置检修工作台及仪器，并应设置接地线，接地电阻不应大于 4Ω。

4.3.2 拆解线应设有传送带、作业平台、升降台、工具架台、小型工具及手持电动工具。

4.3.3 人工拆解作业场所应设有物料收集设施。

4.3.4 在拆解线上宜设置排风或除尘系统。

4.3.5 拆解作业区地面应为混凝土地面，该地面应能防止地面水、雨水及油类混入或渗透。

4.3.6 拆解作业区域的噪声应控制在 90dB（A）以下。

4.3.7 对废弃冰箱、废弃空调的压缩机及制冷回路系统的拆解场所及设施，应符合下列规定：

1 在拆解废弃冰箱压缩机及制冷回路系统的区域内，不得设置电缆井、地坑、地沟等设施，并应在其四周设立禁止烟火的警示标志。

2 回收氯氟烃、氢氯氟烃、氢氟烃、碳氢等制冷剂及润滑油时，应设置密闭式的回收装置。回收作业场所应设有对油类、液体截流、收集的设施。

3 回收异丁烷和环戊烷的装置，应符合现行国家标准《爆炸性环境　第 1 部分：设备　通用要求》GB 3836.1 的有关规定，并应采取有效的工艺保护及防火防爆措施。

4 回收异丁烷装置周围的电气设计，应符合现行国家标准《爆炸和火灾危险环境电力装置设计规范》GB 50058 的有关规定。

5 对废弃冰箱采用在制冷回路上打孔使异丁烷直接排空时，应设置在专用的敞篷或露天场地内，其周围 20m 内不应有明火出现，且应在该敞篷或露天场地周围安装避雷设施。在该敞篷或露天场地内不得设置电缆井、地坑、地沟等设施，并应在其四周设立禁止烟火的警示标志。

4.3.8 废弃电视机、废弃显示器的拆解设备，宜采取防止玻璃飞溅的保护措施。

4.3.9 废弃打印机的拆解设备应设置除尘系统。

4.3.10 废弃墨粉盒的拆解设备应设置通风柜和除尘系统。

4.4 处理区域

4.4.1 废弃电器电子产品的处理技术应有利于污染物的控制、资源再生利用和节能降耗。处理设施应安全可靠、节能环保。

4.4.2 废弃电器电子产品的处理应在厂房内进行，处理设施应放置在防止地面水、油类渗透的混凝土地面上，且周围应有对油类、液体的截流、收集设施。

4.4.3 采用物理粉碎分选方式处理的设施，应设置除尘系统和采取降低噪声措施，并应根据具体情况在卸料点、落料处及其本体部分按设备类型设密闭排风罩。采用湿式分选时，分选设施应设置污水处理及循环再利用系统。

4.4.4 采用化学方法处理的设施，应设置废气处理系统、废液回收装置和污水处理系统。

4.4.5 采用焚烧方法处理的设施应符合下列规定：

1 必须设置烟气处理系统。

2 排出气体应符合现行国家标准《危险废物焚烧污染控制标准》GB 18484 的有关规定。

4.4.6 处理车间的噪声应控制在 90dB（A）以下。

4.4.7 废弃印制电路板处理设备应符合下列规定：

1 对废弃印制电路板加热拆除元器件时，应设置废气处理系统。

2 采用热解法工艺时，工艺处理设备应设置废气处理系统。

3 采用化学方法处理废弃印制电路板时，处理设施除应符合本规范第 4.4.4 条的规定外，还应采用自动化程度高、密闭性良好、具有防化学药液外溢措施的设备；对贮存化学品或其他具有较强腐蚀性液体的设备、贮罐，应采取必要的防溢出、防渗漏、事故报警装置、紧急事故贮液池等安全措施。

4.4.8 废弃显像管处理设备应符合下列规定：

1 废弃显像管屏锥分离时，采用切割、热爆带方式处理的设备应设有防护罩，并应设置除尘系统。

2 采用化学方法进行废弃显像管屏锥分离时，应设有废液回收系统和污水处理系统，同时应设有废气处理系统。

3 屏玻璃上的荧光粉涂层去除设备，应设置粉尘抽取装置和除尘系统。

4 废弃显像管碎玻璃干式清洗设备应设置除尘系统，并应采取降低噪声措施。

5 废弃显像管碎玻璃湿式清洗设备，应设置污水处理及循环利用系统，并应采取降低噪声措施。

4.4.9 废弃冰箱处理设施应符合下列规定：

1 废弃冰箱处理设施宜单独设置车间。

2 在废弃冰箱处理车间内，不得设置电缆井、地坑、地沟等设施，并应在其周围设立禁止烟火的警示标志。

3 废弃冰箱处理应在负压密闭的专用处理设备内进行，专用处理设备应设置可燃气体检漏装置，并应采取防止发泡剂泄漏的措施及应急措施。

4 回收环戊烷时，处理设施应设置专用的环戊烷的回收装置，回收装置应密闭和负压，并应设置可燃气体检漏装置及应急措施。

5 回收氟利昂时，处理设施应设置专用的氟利昂的回收装置。

6 回收氟利昂和环戊烷时，处理设施应设置氟利昂与环戊烷的分离装置。

7 废弃冰箱专用处理设备及其环戊烷的回收装置周围的电气设计，应符合现行国家标准《爆炸和火灾危险环境电力装置设计规范》GB 50058 的有关规定。

8 当不回收环戊烷时，应直接向大气排放，处理设施应设置大风量稀释装置，环戊烷稀释后浓度应低于爆炸浓度，处理设施的排风管道周边应设置可燃气体检漏装置和应急措施。在排放口周围 20m 内不应有明火出现，并应设立禁止烟火的警示标志。

9 废弃冰箱处理设施应设置除尘系统，除尘系统应与排风系统和报警系统连锁。

10 在废弃冰箱专用处理设备内，宜采用氮气作为保护气体。

11 废弃冰箱处理设施宜布置在单层厂房靠外墙区域。

4.4.10 废塑料处理设备宜设置单独房间，并应设置废气处理系统。

4.4.11 废弃墨粉盒处理设备应符合下列规定：

1 废弃墨粉盒处理设备应设置除尘系统。

2 废弃墨盒处理设备应采取防爆措施。

5 建筑结构

5.1 一般规定

5.1.1 处理工厂的建筑和结构设计，应符合国家现行有关勘察、建筑、结构、消防、抗震、防腐等的设计标准的规定。

5.1.2 处理工厂的建筑和结构设计，应满足处理工艺的要求，并应保证处理工艺操作、检修空间，宜布置简捷顺畅的水平和垂直物流路线。

5.1.3 处理工厂的建筑和结构设计，应根据环境保护、地区气候特点，满足采光、通风、防寒、隔热、防水、防雨、隔声等要求，并应符合国家现行有关工业企业设计卫生标准的规定。

5.1.4 改建、扩建项目拟利用旧有建（构）筑物时，应根据其现状及新的使用要求，在符合国家现行有关标准规定的前提下对其合理使用。必要时应进行安全性复核，并应采取相应的改造、加固措施。

5.1.5 处理或贮存废弃电器电子产品场所生产的火灾危险性分类，应符合表 5.1.5 的规定。

表 5.1.5 处理或贮存废弃电器电子产品场所的生产火灾危险性分类

生产类别	处理车间或贮存场所
甲	含有异丁烷、环戊烷储罐、钢瓶的库房
丙	废弃冰箱、废弃空调的贮存间、拆解、处理车间，聚氨酯发泡保温材料贮存间
丁	废弃电器电子产品（除废弃冰箱、废弃空调）的贮存间、拆解、处理车间

5.2 建 筑

5.2.1 处理厂房平面设计应按处理工艺流程划分功能区，宜划分为贮存区域、检修/拆解区域、处理区域，并应符合下列规定：

1 处理车间平面布置和空间布局应与处理规模、处理设备相适应，应组织好人流和物流路线，并应避免人流、物流相互干扰。除应符合工艺、职业安全卫生要求外，尚应根据处理活动和物流的要求，在合理的位置布置物料贮存场地。

2 处理厂房内主要物流通道宽度不得小于 2.5m。

5.2.2 处理厂房内地面应采用不渗水、不起尘、易清洗的材料，其表面应平整无裂缝、无局部积水。

5.2.3 处理厂房宜建成单层，其梁下净高不宜小于 6.0m。

5.2.4 处理车间宜采用自然通风，窗户设置应利于自然通风。

5.2.5 处理车间的全部工作区域，在白天应利用直接天然采光，当条件受到限制时，可采用人工照明辅助采光。

5.2.6 采用化学处理法的区域应符合下列规定：

1 墙壁、顶棚和地面内部结构和表面应采用不吸收、不吸附毒物的材料，必要时应加设保护层。

2 墙壁应采取防腐措施。

3 地面应平整、防滑、防腐、易于清扫。

4 车间应设有防漏地沟和防漏液收集池，并应使防漏地沟和防漏液收集池连接。

5.2.7 破碎分选处理间宜采取隔声措施，隔声设计应符合现行国家标准《工业企业噪声控制设计规范》GBJ 87 的有关规定。

5.2.8 废弃冰箱、废弃空调处理车间，应符合下列规定：

1 处理车间宜与其他车间、仓库及办公场所隔开单独设置。

2 处理车间应采用自然通风。

5.3 结 构

5.3.1 厂房的结构构件，应根据承载能力极限状态及正常使用极限状态的要求，按使用工况分别进行承载力、稳定、疲劳、变形、抗裂及抗裂缝宽度计算和验算。

5.3.2 建筑的抗震结构，应符合现行国家标准《建筑抗震设计规范》GB 50011 的有关规定，并应进行结构构件抗震的承载力计算。

5.3.3 厂房框排架柱的允许变形值，应根据结构形式及结构材料按国家现行有关标准的规定执行。钢结构厂房的设计，应符合现行国家标准《钢结构设计规范》GB 50017 的有关规定；钢筋混凝土结构厂房的设计，应符合现行国家标准《建筑抗震设计规范》GB 50011 的有关规定。单层工业厂房的允许变形值，还需根据吊车使用要求加以限制。

5.3.4 厂房的钢筋混凝土或预应力钢筋混凝土结构构件应根据排出气体和液体等介质对混凝土和钢筋的腐蚀程度确定裂缝控制等级，并应符合现行国家标准《混凝土结构设计规范》GB 50010 的有关规定。

5.3.5 地基基础的设计，应按现行国家标准《建筑地基基础设计规范》GB 50007 的有关规定进行地基承载力和变形计算，必要时尚应进行稳定性计算。

5.3.6 厂房应根据建（构）筑物的体型、长度及地基的情况设置变形缝，变形缝的设置部位应避开大型的处理设备、处理生产线、噪声屏蔽室，以及易燃易爆的区域。平面长度大于现行国家标准《混凝土结构设计规范》GB 50010 的有关允许值时，应设置后浇带或采取其他有效消除混凝土收缩变形的影响的措施。

5.3.7 楼地面均布活荷载取值应根据设备、安装、检修、使用的要求确定，并应符合现行国家标准《建筑结构荷载规范》GB 50009 的有关规定。废弃电器电子产品处理建设项目的工艺区域的均布活荷载标准值，可按表 5.3.7 的规定取值。

表 5.3.7 工艺区域的均布活荷载标准值（kN/m^2）

序号	名称	标准值
1	贮存区域	20～60
2	检修、拆解区域	7～10
3	处理区域	10～30

5.3.8 大型处理设备的基础技术要求，宜单独设置设备基础及防振设施。

6 采暖通风

6.0.1 采暖通风与空气调节的设计，应符合现行国家标准《采暖通风与空气调节设计规范》GB 50019 的有关规定。

6.0.2 位于集中采暖地区的处理厂房，处理车间室内温度不得低于5℃。生产工艺对温度有要求，或经常有人停留和操作的场所或区域的温度，应按工艺要求设定或控制不低于16℃。

6.0.3 处理过程中可能产生可燃气体或物料的场所，严禁采用明火采暖设备。

6.0.4 以自然通风为主的处理厂房、库房等建筑物，其方位宜根据主要进风面、建筑物形式，按夏季有利的风向布置。

6.0.5 采用自然通风的建筑物，经常有人工作作业地点的夏季室内温度，应符合国家现行有关工业企业设计卫生标准的规定；自然通风达不到卫生和生产要求时，应设置机械通风或局部降温设施。

6.0.6 对处理过程产生粉尘、酸雾或其他有毒有害气体的设备，应设置除尘系统及废气处理系统。

6.0.7 采用化学处理工艺的场所，其通风设备及管道应进行防腐处理。

6.0.8 废弃冰箱、废弃空调处理车间的排风与通风，应符合下列规定：

1 废弃冰箱、废弃空调处理车间内，在异丁烷、环戊烷等可燃气体存在可能泄漏的地方，应设置局部排风系统或事故排风系统，当废弃冰箱处理设备、制冷剂和发泡剂的回收装置在运行中出现可燃气体泄漏时，应确保排风系统启动、报警并可停止废弃冰箱处理设备、制冷剂和发泡剂的回收装置的运行。其风机应采用防爆风机，排风管道应采用防静电的不燃材料或金属制成，并应良好接地。

2 当废弃冰箱处理设备排放环戊烷气体时，其排气管的排气口高度应高出本建筑屋面3.0m，或高出临近高层建筑屋面1.0m。

6.0.9 破碎分选车间、废塑料造粒车间内，除工艺设备应设置除尘系统、废气处理系统外，车间应设置局部排风系统。

6.0.10 装有自动控制系统的机房宜设置空调。机房室内温度应保持为18℃～28℃。

7 给水排水

7.1 一般规定

7.1.1 给水排水设计应满足生产、生活和消防用水的要求，并应做到安全适用、技术先进、经济合理、保护环境，同时应符合下列规定：

1 应根据地区水资源的总体规划，与本区域城镇和工业部门协商对水的综合利用。

2 在保证用水水质的前提下，应采取循环用水、中水回用等措施。

7.1.2 给水排水设计，应符合现行国家标准《建筑给水排水设计规范》GB 50015 的有关规定。

7.2 给水

7.2.1 生产用水量、水质、水压应根据工艺和设备的要求确定。

7.2.2 生产、生活合用给水管时，接出的生产用水管应采取防止倒流污染的措施。

7.2.3 给水系统应充分利用市政水压供水。市政水压不能满足生产、生活用水时，宜采用局部增压设施供水。

7.2.4 卫生器具和给水配件应采用节水性能良好的产品。

7.3 排水

7.3.1 排水工程设计应结合当地规划，综合设计生活污水、工业污水、雨水和洪水的排除。生活污水、工业污水宜采用合流制，污水、雨水应分别单独排除。

7.3.2 工业污水排水量应根据废弃电器电子产品处理工艺流程、处理设备的要求确定。

7.3.3 超过当地排放标准的污水，排入城市排水管网前应进行处理，并应符合现行国家标准《污水综合排放标准》GB 8978 的有关规定。下列污水宜重点处理：

1 采用化学处理法处理产生的污水。

2 利用重选法产生的污水。

3 对废屏锥玻璃清洗产生的污水。

4 对废塑料清洗产生的污水。

5 其他生产过程产生的污水。

7.3.4 处理工厂的运输车辆、处置物的周转箱、暂时贮存场地、工作现场的冲洗污水，均应进入污水处理设施，并应经处理后达标排放。

7.4 消防

7.4.1 处理工厂应设计消防给水，应按建筑物类别和使用功能设置灭火器和火灾自动报警装置，并应符合现行国家标准《建筑设计防火规范》GB 50016、《建筑灭火器配置设计规范》GB 50140、《自动喷水灭火系统设计规范》GB 50084 和《火灾自动报警系统设计规范》GB 50116 的有关规定。

7.4.2 室外消防给水管网应布置成环状。在Ⅲ类工程项目厂区内，室外消防用水量不超过15L/s时，可布置成枝状。

7.4.3 消防用水量，应符合现行国家标准《建筑设计防火规范》GB 50016 的有关规定。

7.4.4 下列车间和建筑物应设置室内消防给水系统：

1 拆解车间。

2 体积超过 3000m^3 的处理车间。

3 贮存库房。

4 冰箱处理车间。

5 塑料造粒车间。

6 焚烧车间。

8 电 气 工 程

8.1 一 般 规 定

8.1.1 电气设计应满足处理工艺及工程的要求，并应满足节能、降耗、保护环境和保障人身安全的要求，同时应做到运行可靠、操作灵活、布置紧凑、维护管理方便。

8.1.2 设计中应采取有效的防尘、防有害气体扩散的措施。

8.1.3 设计中应选用安全可靠、技术先进、经济实用及节能环保的成套设备和定型产品，严禁选用淘汰产品。

8.2 供配电系统、线路选择与敷设

8.2.1 供配电方案应从全局出发、统筹兼顾，应根据处理工厂建设规模、负荷性质、用电容量、工程特点和建厂地区供电条件等因素合理确定供电电压等级和电源回路数，并应符合现行国家标准《供配电系统设计规范》GB 50052 的有关规定。

8.2.2 厂用变（配）电所的型式与布置，应根据全厂负荷分布状况和周围环境情况综合确定，并应符合现行国家标准《10kV及以下变电所设计规范》GB 50053 和《35kV～110kV 变电站设计规范》GB 50059 的有关规定。

8.2.3 高压配电装置的设计，应符合现行国家标准《3～110kV 高压配电装置设计规范》GB 50060 的有关规定。

8.2.4 厂用变压器接线组别宜选用 D，yn11 型。

8.2.5 低压配电设计，应符合现行国家标准《低压配电设计规范》GB 50054 的有关规定。

8.2.6 处理车间内应设置固定的交流低压检修供电网络，并应在各检修现场装设检修电源箱，检修电源箱应设置漏电保护。

8.2.7 废弃冰箱处理设备的报警系统、控制系统、处理设备及车间的排风系统，应采用两回线路供电。其备用电源可根据用电负荷大小，采用由厂用变压器不同的低压供电回路、由附近低压电网引入的电源、应急柴油发电机组或应急电源。排风机的启停应与工艺设备启停连锁。排风机宜设置自动及手动工作模式，正常时应处于自动模式。

8.2.8 电缆、电线的选择与敷设，应符合现行国家标准《电力工程电缆设计规范》GB 50217 和《低压配电设计规范》GB 50054 的有关规定。

8.2.9 废弃电器电子产品处理厂房及辅助厂房的电缆敷设，应采取有效的阻燃、防火措施。易受外部着火影响区域的电缆，应选用防火、阻燃电缆。

8.3 照 明 系 统

8.3.1 照明设计应符合国家现行标准《建筑照明设计标准》GB 50034 的有关规定。

8.3.2 低压厂用电系统的中性点采用直接接地方式时，正常照明电源宜由动力和照明网络共用的变压器供电，应急照明的备用电源宜由自带的蓄电池组或由厂用直流系统的蓄电池组供电。

8.3.3 应急照明的设置，应符合现行国家标准《建筑设计防火规范》GB 50016 的有关规定。

8.3.4 照明灯具的机械、电气、防火等性能，应符合现行国家标准《灯具　第 1 部分：一般要求与试验》GB 7000.1 和《灯具外壳防护等级分类》GB 7001 的有关规定。

8.3.5 应急照明应采用专用的供电回路，并应符合现行国家标准《建筑设计防火规范》GB 50016 的有关规定。

8.3.6 易触及而又无防止触电措施的固定式或移动式照明器，其安装高度距地面 2.2m 及以下，且符合下列条件之一时，其使用电压不应超过 24V：

1 特别潮湿的场所。

2 高温场所。

3 具有导电灰尘的场所。

4 具有导电地面、金属或特别潮湿的土、砖、混凝土地面等。

5 供金属容器检修用的携带式作业灯，其电压应为 12V。

8.3.7 照明电光源应按工作场所的环境条件和使用要求进行选择，并应采用发光效率高、寿命长和维修方便的照明器。应急照明应采用能快速点燃的照明电光源。

屋内、屋外照明器的安装位置，应便于维修。

8.4 防雷与接地系统

8.4.1 建设项目所属的建（构）筑物，其防雷类别的确定及其相应的防雷设计，应符合现行国家标准《建筑物防雷设计规范》GB 50057 和《建筑物电子信息系统防雷技术规范》GB 50343 的有关规定。

8.4.2 贮存异丁烷、环戊烷储罐、钢瓶等有爆炸危险的露天钢质封闭容器，其壁厚大于 4mm 时可不装设接闪器，但应有可靠接地，接地点不应小于 2 处；两接地点间距不宜大于 30m，冲击接地电阻不应大

于10Ω。

8.4.3 废弃冰箱处理过程中将异丁烷或环戊烷气体向大气直接排放时，应符合下列规定：

1 在专用的敞篷内或露天场地直接排放异丁烷气体时，应符合现行国家标准《建筑物防雷设计规范》GB 50057的有关规定。

2 环戊烷气体向大气排放时，其排风口应设置避雷设施，并应符合下列规定：

1）带有环戊烷气体的室外排风口距厂房避雷针的水平间距，不应小于3m，与避雷针尖的垂直间距不应小于5m。

2）避雷针与被保护物及与被保护物有联系的金属物之间的间距，应不小于3m。

3）带有环戊烷气体的室外排风口不能被厂房避雷针或避雷线（带）保护时，应另外设置避雷针或避雷线（带），其接地线可与厂房避雷接地极连接。

8.5 防静电和防爆设计

8.5.1 建设项目防静电设计，应符合现行国家标准《电子工程防静电设计规范》GB 50611和《防止静电事故通用导则》GB 12158的有关规定。

8.5.2 含有可燃气体或粉尘环境的电气设计，应符合现行国家标准《爆炸和火灾危险环境电力装置设计规范》GB 50058、《爆炸性环境 第1部分：设备 通用要求》GB 3836.1和《可燃性粉尘环境用电气设备 第1部分：用外壳和限制表面温度保护的电气设备 第1节：电气设备的技术要求》GB 12476.1的有关规定。

8.5.3 废弃冰箱处理设备相关的电控装置和排风装置，均应牢靠接地。所有应接地的设备和设施上接触电阻较大的法兰连接、压接部位，均应用防静电短线连接。

8.5.4 防静电接地线与设备连接的接线端子，应采用铜或不锈钢材质，并应有防松螺帽或防松垫圈。

8.5.5 有爆炸危险环境内可能产生静电危险的异丁烷、环戊烷贮罐或钢瓶，应采取防静电措施，其接地电阻不应大于10Ω。

8.5.6 在易燃易爆危险区域内，电控柜、报警柜、照明、风扇等设施应具备相应的防爆等级。

8.5.7 环戊烷和异丁烷回收时，应设置可燃气体检测和报警系统。可燃气体检测系统中的任何一只探测器检测到可燃气体浓度超标时，应能提供相应级别的报警输出。可燃气体探测器报警阈值应设定为两级，一级报警阈值应为20%LEL，二级报警阈值应为40%LEL。

8.5.8 可燃气体探测器的底部距地高度不应超过200mm。装设在可燃气体区域内的探测器应具备相应的防爆等级。

8.5.9 报警系统除应设置可燃气体检测报警外，异丁烷、环戊烷贮存区还应设置温度和烟雾等报警。

8.5.10 在易燃易爆危险区内应严格监控各种可能出现的机械摩擦热和化学反应热，任何部位的温度不得超过200℃，应特别注意电气短路和断路造成的火花和发热，在易燃易爆危险区域内严禁使用电热设备直接加热。

8.5.11 异丁烷、环戊烷的贮存钢瓶、输送管道、异丁烷回收机、回收枪头，以及与异丁烷、环戊烷相关的电控装置和排风装置，均应牢靠接地。

8.6 弱电设计

8.6.1 厂内应设置电话系统和计算机网络系统。电话系统是否设置用户电话交换机，应根据工程规模、当地电信网络状况并与当地电信部门协商确定。电话和计算机用户的设置，应满足工艺和行政管理要求，并应留有发展余量。

8.6.2 废弃电器电子产品处理工厂火灾自动报警系统的设计，应符合现行国家标准《火灾自动报警系统设计规范》GB 50116的有关规定。

附录A 废弃电器电子产品的类别及清单

A.0.1 废弃电器电子产品应包括计算机产品、通信设备、视听产品及广播电视设备、家用及类似用途电器产品、仪器仪表及测量监控产品、电动工具和电线电缆，并应包括构成其产品的所有零（部）件、元（器）件和材料。各类产品清单应包括下列内容：

1 计算机产品应包括下列类别：

1）电子计算机整机产品。

2）计算机网络产品。

3）电子计算机外部设备产品。

4）电子计算机配套产品及材料。

5）电子计算机应用产品。

6）办公设备及信息产品。

2 通信设备应包括下列类别：

1）通信传输设备。

2）通信交换设备。

3）通信终端设备。

4）移动通信设备及移动通信终端设备。

5）其他通信设备。

3 视听产品及广播电视设备应包括下列类别：

1）电视机。

2）摄录像、激光视盘机等影视产品。

3）音响产品。

4）其他电子视听产品。

5）广播电视制作、发射、传输设备。

6）广播电视接收设备及器材。

7）应用电视设备及其他广播电视设备。

4 家用及类似用途电器产品应包括下列类别：

1）制冷电器产品。

2）空气调节产品。

3）家用厨房电器产品。

4）家用清洁卫生电器产品。

5）家用美容、保健电器产品。

6）家用纺织加工、衣物护理电器产品。

7）家用通风电器产品。

8）电动的运动和娱乐器械及电动玩具。

9）自动售卖机。

10）其他家用电动产品。

5 仪器仪表及测量监控产品应包括下列类别：

1）电工仪器仪表产品。

2）电子测量仪器产品。

3）监测控制产品。

4）绘图、计算及测量仪器产品。

6 电动工具应包括下列类别：

1）对木材、金属和其他材料进行加工的设备。

2）用于铆接、打钉或拧紧或除去铆钉、钉子、螺丝或类似用途的工具。

3）用于焊接或者类似用途的工具。

4）通过其他方式对液体或气体物质进行喷雾、涂敷、驱散或其他处理的设备。

5）用于割草或者其他园林活动的工具。

7 电线电缆应包括下列类别：

1）电线电缆。

2）光纤、光缆。

附录 B 主要废弃电器电子产品重量折算

表 B 主要废弃电器电子产品重量折算表

产品名称	重量［kg/台（套）］	备　注
废弃电冰箱	60	240L 以下
废弃空调	45	1.5P 以下（包括室外机＋室内机）
废弃电视机	25	含 CRT 显像管
废弃洗衣机（半自动）	25	—
废弃洗衣机（全自动）	55	—
废弃计算机（台式）	25	含 CRT 显示器
废弃计算机（台式主机）	12.5	不含 CRT 显示器
废弃计算机显示器	12.5	指 CRT 显示器

本规范用词说明

1 为便于在执行本规范条文时区别对待，对要求严格程度不同的用词说明如下：

1）表示很严格，非这样做不可的：
正面词采用“必须”，反面词采用“严禁”；

2）表示严格，在正常情况下均应这样做的：
正面词采用“应”，反面词采用“不应”或“不得”；

3）表示允许稍有选择，在条件许可时首先应这样做的：
正面词采用“宜”，反面词采用“不宜”；

4）表示有选择，在一定条件下可以这样做的，采用“可”。

2 条文中指明应按其他有关标准执行的写法为：“应符合……的规定”或“应按……执行”。

引用标准名录

《建筑地基基础设计规范》GB 50007

《建筑结构荷载规范》GB 50009

《混凝土结构设计规范》GB 50010

《建筑抗震设计规范》GB 50011

《建筑给水排水设计规范》GB 50015

《建筑设计防火规范》GB 50016

《钢结构设计规范》GB 50017

《采暖通风与空气调节设计规范》GB 50019

《厂矿道路设计规范》GBJ 22

《建筑照明设计标准》GB 50034

《供配电系统设计规范》GB 50052

《10kV 及以下变电所设计规范》GB 50053

《低压配电设计规范》GB 50054

《建筑物防雷设计规范》GB 50057

《爆炸和火灾危险环境电力装置设计规范》GB 50058

《35kV～110kV 变电站设计规范》GB 50059

《3～110kV 高压配电装置设计规范》GB 50060

《自动喷水灭火系统设计规范》GB 50084

《工业企业噪声控制设计规范》GBJ 87

《火灾自动报警系统设计规范》GB 50116

《建筑灭火器配置设计规范》GB 50140

《工业企业总平面设计规范》GB 50187

《电力工程电缆设计规范》GB 50217

《建筑物电子信息系统防雷技术规范》GB 50343

《电子工程防静电设计规范》GB 50611

《爆炸性环境　第 1 部分：设备　通用要求》GB 3836.1

《灯具外壳防护等级分类》GB 7001

《灯具　第1部分：一般要求与试验》GB 7000.1

《污水综合排放标准》GB 8978

《防止静电事故通用导则》GB 12158

《可燃性粉尘环境用电气设备　第1部分：用外壳和限制表面温度保护的电气设备　第1节：电气设备的技术要求》GB 12476.1

《危险废物焚烧污染控制标准》GB 18484

《危险废物贮存污染控制标准》GB 18597

《一般工业固体废物贮存、处置场污染控制标准》GB 18599

《废电器电子产品回收利用通用技术要求》GB/T 23685

《环境影响评价技术导则　总纲》HJ 2.1

《废弃电器电子产品处理污染控制技术规范》HJ 527

中华人民共和国国家标准

废弃电器电子产品处理工程设计规范

GB 50678—2011

条 文 说 明

制 定 说 明

《废弃电器电子产品处理工程设计规范》GB 50678—2011，经住房和城乡建设部2011年9月16日以第1161号公告批准发布。

本规范在编制过程中，编制组遵照国家有关基本建设的方针政策和“以人为本”、“安全第一、预防为主”的指导方针，在总结国内外实践经验、吸收近年来的科研成果、借鉴国外的先进经验并结合我国目前实际情况的基础上，广泛征求了国内有关设计、生产、研究等单位、专家和科技人员的意见，最后经审查定稿。

本规范制定过程分为准备阶段、征求意见稿阶段、送审阶段和报批阶段，编制组在各阶段开展的主要编制工作如下：

准备阶段：2007年8月1日在北京召开了《废弃电器电子产品处理工程设计规范》编写组成立暨第一次工作会议。会议主要讨论了主编单位起草规范的开题报告，重点分析规范主要内容和框架结构、研究的重点问题和方法、总体工作进度安排和参编单位和人员组织工作。第一次工作会议之后，主编单位又征询多方意见，对开题报告进行了多次修改，2007年10月确定了开题报告。

编写组根据规范开题报告要求，由专人起草负责所编写章节的内容。各编制人员首先收集分析国内外相关法规、标准、规范和废弃电器电子产品处理工程情况及防范措施，然后起草规范讨论稿，并经过汇总、调整形成规范讨论稿版。

征求意见阶段：完成初稿后，编写组组织了多次会议分别就有关专题进行研讨，进一步充分了解国内外有关问题的现状和法律、法规以及管理执行情况，在此基础上对规范讨论稿进行了多次修改、完善，编制组于2008年11月召开第二次编制工作会议，对规范初稿进行讨论、修改，并形成了征求意见稿和条文说明，并于2009年1月网上公布广泛征求意见。

送审阶段：2009年1月，由原信息产业部电子工程标准定额站向全国各有关单位（35家）发出《关于征求〈废弃电器电子产品处理工程设计规范〉意见的函》，共有10个单位返回85条有效意见和建议，编制组对征集的各方意见进行汇总、分析、处理，并于2009年6月召开第三次编制工作会议，讨论并修改规范文稿，最终完成规范的送审稿编制。

报批阶段：2009年12月，由原信息产业部电子工程标准定额站在北京组织召开了《废弃电器电子产品处理工程设计规范》（送审稿）审查会，会后编写组针对专家意见进行了认真修改，形成报批稿。

本规范制定过程中，编制组进行了深入调查研究，总结了我国废弃电器电子产品处理行业的实践经验，同时参考了国外先进技术法规，广泛征求了国内有关设计、研究等单位的意见，最后制定出本规范。

为便于广大设计、施工、科研、学校等单位有关人员在使用本规范时能正确理解和执行条文规定，编制组按章、节、条顺序编制了本规范的条文说明，对条文规定的目的、依据以及执行中需注意的有关事项进行了说明。但是本条文说明不具备与规范正文同等的法律效力，仅供使用者作为理解和把握规范规定的参考。

目　次

1 总　　则

1.0.1 本条文规定了制定本规范的目的。废弃电器电子产品处理建设项目对人们来说是一项较为新型的建设项目，人们对它的认识还不是很统一，其建设项目管理涉及多个政府管理部门，如：国家发展和改革委员会、住房和城乡建设部、环境保护部、工业和信息化部、商务部等。因此对这类建设项目的工程设计除应保证工程质量、安全可靠、经济适用，还应确保建设项目满足保护环境、资源回收利用和节约能源的要求。

1.0.2、1.0.3 这两条条文规定和明确了适用于本规范的废弃电器电子产品处理建设项目类型和产品范围。在废弃电器电子产品范围中因涉及产品种类繁多，且不同类废弃电器电子产品的处理方法和工程要求差异较大。对于产品种类：可以涉及废弃电力产品、大型机电设备、自动售货机、医疗设备等。对于处理工艺工程：一般废弃电器电子产品处理多采用物理方法，针对特定部件也有采用化学方法或焚烧方法；但废铅酸电池处理工程多为冶炼加电解。为规范主要废弃电器电子产品种类的处理工程设计要求，本规范所涉及废弃电器电子产品的范围（附录A）是依据现行行业标准《废弃电器电子产品处理污染控制技术规范》HT 527 制定的。

1.0.5 近年来，废弃电器电子产品处理建设项目受到大家的关注，但工程项目涉及产品种类繁多，处理方法较多，因此在我国处理企业建设过程中所依据的现行国家标准涉及面较多，除一般工程建设方面的标准外，还包括环境保护、职业安全卫生等方面的规定。目前在编制本规范过程中所涉及的一些废弃电器电子产品处理工程在国内并未有实施，所以难以将工程设计中有关方面的所有问题全部包括，特别是其中专业性很强的问题。因此在工程设计实践中，除应执行本规范外尚应符合相关行业的现行国家标准和规范。

3 总 体 设 计

3.1 一 般 规 定

3.1.1 目前我国在废弃电器电子产品处理过程中因采用的处理技术和措施不当而引起的二次污染较为严重。一些处理厂为了追求利益，取消或减少环保设施投入，停开或减少有关环保设备的运行来降低成本。本条规定目的在于除了本条所述内容外，应特别要注意环境保护问题，应采取目前有效的环境保护工程技术及必要的措施。

3.1.2 建设项目的总体设计方案应进行综合分析比较确定，特别应与国内外同类型的已建、在建项目在各种单项指标上进行全面比较，择优选用，以保证建设项目在总体方面达到先进技术水平。

1 本款规定了建设项目总体规划应符合城市总体规划的功能要求。

本款根据《建设工程勘察设计管理条例》第二十五条制定，该条文明确规定编制建设工程勘察、设计文件，应当以下列规定为依据：

1） 项目批准文件；

2） 城市规划；

3） 工程建设强制性标准；

4） 国家规定的建设工程勘察、设计深度要求。

另外根据《废弃电器电子产品回收处理管理条例》第二十一条的规定，建设项目的总体方案应符合省级人民政府环境保护主管部门会同同级资源综合利用、商务、工业和信息产业主管部门编制本地区废弃电器电子产品处理发展规划要求。同时还应符合地方城乡建设与国土资源用地功能规划的要求。

2～4 款规定工程设计总体方案应从多个因素考虑，并进行多方案比较，选择在多个主要方面都比较优秀的方案作为主要讨论方案，最终通过技术经济比较确定。

目前，我国在废弃电器电子产品处理技术方面还处于起步阶段，主要以人工方式辅以手动工具进行简单拆解，在后面处理过程中为了降低成本，往往采用最简陋的设备和简单的粗放型处理方法（如焚烧和酸解）提炼重金属，技术水平很低，很少考虑处理过程中对污染物的控制和对操作人员的劳动保护。近年来，国内一些研究单位开发了许多针对特定废弃电器电子产品（如：废弃冰箱、废弃阴极射线管、废弃印制电路板）的处理技术和设备，但多只注意资源的再生利用，而对设备的安全性、环境保护方面的要求考虑不足。国外一些先进处理设备拟进入我国，这些设备在安全性、环境保护方面确实存在优势，但是价格较高。如何能够结合我国特点，吸取国际上的经验，在建设项目中选择适合我国废弃电器电子产品处理技术、工艺、设备是一项非常重要的工作。

目前，我国在废弃电器电子产品处理中大量使用人工操作，一些工序可能产生粉尘、噪声等有害操作人员身体健康的因素，在选择处理技术和设备中应注重对操作人员身体健康的保护，应采取必要的安全防护措施。

3.1.3 建设项目分期建设时应明确规划近期与后期的关系，应根据项目规划和实际用地需要征地，以节省土地征地量。

3.2 项目的设计规模与项目构成

3.2.1 废弃电器电子产品处理建设项目设计规模与所在地区情况关系紧密。对于一个省或者一个特大城市、大城市而言，其每年废弃电器电子产品产生量可从几万吨到几十万吨不等，产品种类较多。一个处理企业只能处理其中的一部分，从而需要确定处理厂的年处理能力。当地每年废弃电器电子产品的产生量虽然巨大，但不等于当地新建的处理企业就能拿到这些废弃电器电子产品，回收方式和渠道对于处理企业来说至关重要，因此在确定规模时应考虑回收体系的情况。

3.2.2 本条文根据国内外废弃电器电子产品处理建设项目情况，规定了废弃电器电子产品处理建设项目按年处理能力可分成Ⅰ类、Ⅱ类、Ⅲ类三种规模的工程项目，如果年处理能力按台/套计算的，可以通过附录B主要废弃电器电子产品重量折算表计算。

对于处理能力应以废弃电器电子产品整机计算为基础，且包括必要的处理设施。如只处理某些单一部件或产品（如废弃印制电路板、废弃显像管、废电线电缆等）或只做拆解的工程项目，应作相应调整。

3.2.3 本条文规定了不同规模的处理企业总用地面积指标，目的在于不同规模的建设项目应合理规划和利用土地。

3.2.4 废弃电器电子产品处理建设项目的组成应包括下列几个部分：

进出厂检查设施：处理厂进出厂检查设施主要为原料进厂检查过磅/登记及产品出厂检查过磅/登记。处理厂应建立一套完善的进出厂检查登记流程，以实施全程监控。

贮存设施：应满足进厂废弃电器电子产品的贮存及处理后产生之物质的贮存。

拆解设施：拆解是处理的前工序，作为回收废金属、废塑料、部件、元器件及分类处理和处置的重要环节。

处理设施：处理厂应包括针对不同类型废弃电器电子产品的处理设备。

辅助设施：处理厂的辅助设施包括各种动力供应、维修及环保设施。

但在目前国内实际情况下，有可能存在单独的拆解厂，这类工厂建设项目可能没有处理部分。

3.3 厂址选择

3.3.1 本条文对厂址选择从职业安全和环境保护角度给予规范。因不同的处理方法，产生的有害因素对操作人员和周边人群居住或活动的环境造成污染及危害不同。因此，厂址选择时特别要注意企业选择哪些处理方法，对于不同处理方法（化学方法、焚烧方法）的设施距离主要居民区以及学校、医院等公共设施的距离有所不同。

3.3.2 本条文对厂址选择提出了一些具体要求：

1 根据《建设项目环境保护管理条例》，国家根据建设项目对环境的影响程度，对建设项目的环境保护实行分类管理。废弃电器电子产品处理建设项目厂址选择首先要通过该项目的环境影响评价报告书的评审和认定。

2 建设项目厂址宜选择在当地环境保护产业园、循环经济产业园、静脉产业园、可再生资源利用等相关工业园区内，这样可以得到较好的工业基础条件支持，同时远离当地居民区、商业区或公众活动，对人群和社会活动影响小。

3 建设项目厂址宜选择在废弃电器电子产品产生量大或回收体系比较集中的地区，这样做有利于处理企业获取原料和降低运输成本。

4 厂址周边有发达、方便的交通运输可以降低运输费用。

5 建设项目达到一定规模后，在处理过程中会有粉尘、废气、噪声等不易控制的污染因素，为避免对周边较多人群活动场所造成环境影响，厂址不宜设在居住区、文化区、商业区、医疗区等常年主导风向的上风侧。

6 因废弃电器电子产品中有毒有害物质种类较多且复杂，在采用焚烧方法处理废弃电器电子产品时，将产生大量烟气、粉尘、酸性气体、重金属、有机类（二噁英、呋喃、多氯联苯）残渣等多种有毒有害物质，对此应按照危险废物焚烧处理有关标准执行，本条文参照现行行业标准《危险废物集中焚烧处置工程建设技术规范》HJ/T 176的有关规定制定。

当采用焚烧方法处理废弃电器电子产品时，应选用正规的焚烧设备，并具有完备的废气处理设施。严禁露天焚烧废弃电器电子产品，严禁使用冲天炉、简易反射炉等设备处理废弃电器电子产品。

7 本款参照有色金属冶炼厂、化工企业、硫酸厂、电镀厂等有关工程设计规范、安全卫生设计规范、卫生防护距离标准，考虑到采用化学处理法主要目的是提取废弃电器电子产品中的有色金属及贵重金属，其设施包括电解槽等设备，槽罐排出大量含酸蒸气，贵金属提炼采用王水、氰化物等溶剂，上述有毒有害气体有可能对周围环境产生不良影响，特别是对人群活动或居住的区域。为避免可能出现的风险，本款作此规定。

3.3.3 本条文规定厂址不得选择在下列地区：

1～6 款中的地区为自然灾害较严重的地区，一旦发生灾害可能会使废弃电器电子产品处理工厂内的废弃物产生更大环境影响。

7、8 款的规定将避免废弃电器电子产品处理工厂给有关区域内造成重大环境和经济影响。

10、11 款依据《中华人民共和国水污染防治法》第五十六条、第五十七条、第五十八条、第五十九条、第六十条、第六十四条、第六十五条等的规定制定。

3.4 总平面布置

3.4.1 本条文要求总平面布置应综合考虑多项因素，

特别要按照处理厂的规模、处理工艺流程、环境保护、职业安全卫生等要求经比较后择优确定。

3.4.2 本条文对总平面布置提出一系列具体要求：

2 总平面布置的各功能分区的设计应满足各分区的使用要求，特别是对于不同废弃电器电子产品的存放、不同处理工艺流程的安排，都应以方便、安全、合理、节省建筑面积等进行分区布置设计。

5、6 废弃电器电子产品的露天贮存场地可能会占厂区面积的较大比例，废弃电器电子产品应按不同产品分类贮存，就要求场地划分规整、排列有序，建（构）筑物外形也应做到规整、美观、实用。因物流的需要，应合理规划装卸货场地和交通运输道路的布局。

3.4.4 为了便于对出入处理厂的废弃电器电子产品及处理后的物质进行统计，处理厂应设置不少于一套的运输车辆称重地磅设施。由于废弃电器电子产品处理厂运输车辆出入频繁，为避免交通事故及交通拥堵，在出入口处除应有良好的通视条件外，地磅房的布置应位于车辆行驶方向道路的右侧，以改善出入口处的交通条件。

3.4.7 本条文为厂区道路宽度的具体规定，处理厂房、贮存仓库的四周以设环形道路为好，可以方便进出货运输及消防车的通行，当不具备设置环形道路时，应设有回车场地。

3.4.9、3.4.10 这两条条文根据国土资源部《关于发布和实施〈工业项目建设用地控制指标〉的通知》（国土资发〔2008〕24号）第四条制定。

4 处理工艺工程

4.1 一般规定

4.1.1 废弃电器电子产品种类众多，其处理一般包括拆解、再生利用。从资源回收利用和环境保护角度看，处理应优先采用物理处理法。由于物理处理法相对于化学处理法及焚烧处理法而言，没有添加任何物质，也未改变物质性质，相对是一种清洁生产技术。化学处理法将产生难以处理的废液、废水，对环保不利，焚烧法处理易于产生二噁英等有毒有害气体，因此，宜优先采用物理处理法。

4.1.4 废弃电器电子产品的种类较多，从处理角度应针对拆解、再生利用的要求将废弃电器电子产品合理划分类别，如含制冷剂的废弃产品（废弃冰箱、废弃空调等）、含阴极射线管的废弃产品（废弃电视机、废弃计算机显示器等）、大型废弃产品（废弃洗衣机、废弃程控交换机等）、小型废弃产品（废弃小家电产品、废弃电子零部件/组件、废弃印制电路板等）、废电线电缆等，同时应对处理规模、处理技术从资源回收、污染控制、投资和运行成本等因素，需经技术经济比较后综合考虑，以保证处理工艺和设备能满足处理对象、规模、效果等方面的要求。

2 采用焚烧方法和化学处理方法处理废弃电器电子产品时，必须配备相应的废气和污水处理设施，相对于Ⅲ类工程项目，因规模小，所对应的环保设施投入比例增加较大，且运行成本较高。为此，本款规定Ⅲ类工程项目不得采用焚烧方法和化学处理法处理废弃电器电子产品。

4.2 贮存区域

4.2.1 本条文说明处理企业的贮存场地应包括两个部分：一是进厂废弃电器电子产品的贮存场地，二是处理后的再生材料及待处置废物的贮存场地。

4.2.2 本条文规定贮存场地应分为一般工业固体废物贮存场地及危险废物贮存场地。进厂的废弃电器电子产品及处理后的再生材料进入一般工业固体废物贮存场地贮存，待处理废弃电器电子产品预先取出的含有害物的零部件、材料中属于危险废物的进入危险废物贮存场地，其余进入一般工业固体废物贮存场地贮存。

4.2.3 废弃电器电子产品贮存场地是工程设计主要内容之一。因废弃电器电子产品种类多，应将其合理划分类别，按类别处理。这样将有较多种类的废弃电器电子产品、处理过程后的可再生利用产品和需要处置废物，需要较多的贮存场地。考虑到贮存场地多为单层建筑、构筑物或露天堆场等形式，为节约土地，本条文给出了废弃电器电子产品贮存场地面积宜按不大于20d的处理量计算。

4.2.4 废弃电器电子产品种类较多。一般大型废弃电器电子产品（如：废弃电冰箱、废弃空调、废弃电视机、废弃洗衣机、废弃程控交换机等）会码放，而多数尺寸较小的废弃电器电子产品可采用堆放或装筐/箱贮存，不管采用哪种方式贮存，其高度不宜超过3.5m，否则有倾倒的危险。

4.2.5 本条文规定对露天贮存场地的地面要求，且由于废弃电视机、显示器、阴极射线管（CRT）中均含有铅，以及印制电路板（PWB）中含有溴化阻燃剂和多种金属物质，这些有害物质如遇雨水将渗入土壤及地表水中，对环境将造成严重污染，因此，对上述废弃物的贮存场地应设置防雨设施。

4.3 检修、拆解区域

4.3.1 为了再使用，对废弃电器电子产品及其部件需要进行检测和/或修理，本条文规定了检修废弃电器电子产品所需的基本条件应包括工作台和必要的仪器。接地电阻是针对废弃电器电子产品如作为再使用产品时，检测设备所需要的一般条件。

4.3.4 在拆解废弃电器电子产品时会产生灰尘，为了减少灰尘对操作人员的影响，在拆解线上宜设置排风或除尘系统，也可设置喷射水雾装置来防止扬尘。

4.3.5 拆解作业区一般应在建筑物内，考虑中国实际情况，对于一些废弃电器电子产品的拆解会在建筑物外的场地内进行，对此地面应符合本条规定要求。

4.3.6 拆解作业区有大量操作人员，为保障操作人员身体健康，噪声控制应尽量低。根据现行国家标准《工业企业设计卫生标准》GBZ 1 对工作地点噪声声级的卫生限值规定，连续接触噪声 8h 的作业场所，其噪声应控制在 90dB（A）以下。

4.3.7 本条文根据废弃冰箱、废弃空调的压缩机及制冷回路系统的拆解过程，从保证作业人员身体安全、健康和保护环境角度，对各种废弃冰箱、废弃空调的压缩机及制冷回路系统的拆解设施所作的规定：

1 在拆解、存放废弃冰箱的过程中，各种制冷剂有可能会释放到空气中，其中异丁烷（可燃气体）比空气的比重大，会往下沉积。为避免可能存在的危险，在拆解废弃冰箱的区域内，不得设置电缆井、地坑、地沟等设施。

2 许多科学研究证明，工业上大量生产和使用的全氯氟烃、全溴氟烃等物质，当它们被释放并上升到平流层时，受到强烈的太阳紫外线 UV-C 的照射，将分解出 Cl 自由基（氯自由基）和 Br 自由基（溴自由基），这些自由基很快地与臭氧进行连锁反应，每一个 Cl 自由基可以摧毁 10 万个臭氧分子。人们把这些破坏大气臭氧层的物质称为“消耗臭氧层物质”，因其英文名称为 Ozone Depleting Substances，取其英文名称字头组成缩写，简称 ODS。

目前，认为 ODS 包括下列物质：氯氟烃（CFCs）、氢氯氟烃（HCFCs）、氢氟烃（HFCs）等。为防止臭氧层遭受破坏，保护人类的生存环境，我国加入了《蒙特利尔协议》（修订）签约国的行列。因此不得随意向大气中排放这类物质，应采取有效技术回收这类物质。

因回收制冷剂时会将润滑油带出，为防止润滑油泄露，回收的作业场所应具有收集液体的设施。

3 异丁烷在空气中爆炸浓度为 1.8vol%～8.4vol%，当有引火因素（静电、烟火等）时，会发生爆炸。作为回收异丁烷制冷剂的装置属于有爆炸危险性的设备，因此对于回收异丁烷制冷剂的装置提出应符合现行国家标准《爆炸性环境　第 1 部分：设备通用要求》GB 3836.1 的有关规定。

考虑到其装置贮存有甲类物质，为了对可能产生的危险采取有效措施，参考国外实际运行的有关设施情况，本款规定该装置应采取有效的工艺保护及防火防爆措施。具体措施可参考以下方法：

1）该装置宜设置在单层厂房靠外墙的泄压设施附近，且宜避开厂房的梁、柱等主要承重构件布置。

2）回收异丁烷制冷剂的装置可设置可燃气体检漏装置，并应与报警系统、通风系统、事故排风系统、工艺设备控制连接。

3）回收异丁烷制冷剂的储罐可设置在防止可燃气体泄漏的装置内。

4）回收异丁烷制冷剂的装置可在厂房外单独设置。

5 目前，在世界上为消减破坏臭氧层物质及温室效应气体的大趋势下，冰箱已大量使用无氟利昂的异丁烷作为制冷剂及环戊烷作为发泡剂。一些专家认为，异丁烷、环戊烷作为温室效应的气体其温室效应系数（GWP）较小，从全球变暖的观点看，回收异丁烷、环戊烷也可能会产生较大的环境负荷，此外，目前冰箱的异丁烷制冷剂及环戊烷发泡剂的 VOC（挥发性有机化合物）与其他 VOC 发生源相比，前者 VOC 的排放量也不大。因此，在日本，有一些企业对废弃冰箱中的异丁烷制冷剂及环戊烷发泡剂不予回收，而采取向大气排放。考虑到我国在处理异丁烷制冷剂及环戊烷发泡剂方面没有强制法规和标准，企业可以采取类似方法处理废弃冰箱。但异丁烷制冷剂及环戊烷发泡剂在常温下为气体状态，具有爆炸性，对此本条作了相应规定。

废弃冰箱压缩机中的异丁烷（R600a）向大气排放的操作简单，只需在废弃冰箱冷凝管路上打孔，使异丁烷直接向大气排放，为了使异丁烷不停留于地面，需要在通风良好的敞篷或露天贮存场地内进行排放，要使溶解于润滑油中的异丁烷向大气挥发尽，废弃冰箱应在贮存场地内排放 14d。在其周围 20m 内不应有明火出现，以避开汽车尾气中火星的危害，并应在专用场地周围安装避雷设施。

由于异丁烷气体比空气重，当它在直排时，会产生向下排放的可能，因此不允许在直排场地内设置电气电缆井、地坑、地沟等设施。

4.3.8 在拆解废弃电视机、废弃显示器的设施上，为了防止 CRT 显像管玻璃的破碎危及拆解人员的安全，在设施上宜设有防止玻璃飞溅的保护措施。

4.3.9、4.3.10 在拆解打印机时，为了防止墨粉的飞扬危害拆解人员的健康，因此在拆解设施上应设置除尘系统。

4.4 处理区域

4.4.3 采用物理粉碎分选方式再生利用的设施一般包括各种破碎、粉碎、气浮分选、重力分选及电磁分选等设备，这些设备在运行过程中会产生大量粉尘和噪声，对此在工艺设备或工程上必须设置相应除尘系统和采取降低噪声措施。对于采用湿式分选时，多是利用不同液体对物质的浮力不同将物质按比重或粒径进行分选，因此需要使用水或配比的液体。为了节约资源，应设置污水处理及循环再利用系统。

4.4.4 本条为强制性条文，必须严格执行。使用化学药液处理废弃电器电子产品时，浸泡反应后的废液具有腐蚀性和有毒性，不能直接排入废水处理池中，必须设置废液回收装置，以减少化学药液对环境和人体造成不利影响，同时减轻对废水处理的负荷。

4.4.5 本条第1款为强制性条文，必须严格执行。采用焚烧方式的处理设施，因废弃电器电子产品中有毒有害物质种类较多且复杂，并含有大量有机物质、有色金属物质，焚烧过程容易产生黑烟、二恶英、铅等重金属粉尘（蒸汽），因此必须设置烟气处理系统，并应符合现行国家标准《危险废物焚烧污染控制标准》GB 18484的有关规定，所收集的焚烧飞灰按危险废物处置。

4.4.6 处理车间内因设有粉碎机、破碎机、挤压机、分选设备、各种风机等，运行时噪声比较大［可超过90dB（A）］。本条文根据现行国家标准《工业企业噪声控制设计规范》GBJ 87的有关规定要求，生产车间及作业场所（每天连续接触噪声8h）的噪声应控制在90dB（A）以下。

为了降低噪声，可以将噪声较大［超过90dB（A）］设备单独隔离，并可采用隔声、消声、减振等措施。对于有操作人员的高噪声作业场所也可单独设置隔声操作间。

4.4.7 本条文根据废弃印制电路板处理过程，从保证作业人员身体安全、健康和保护环境角度，对各种废弃印制电路板处理作了规定：

1、2 废弃印制电路板处理过程中可能需要将废弃印制电路板上的电子组件、元器件拆除取出，不管采用人工或设备，只要使用加热方式就会产生含铅废烟气，热解法工艺也将产生含铅废烟气。为保证操作人员安全和环境质量，应设置对含铅废烟气处理的系统。

3 采用化学方法处理废弃印制电路板时，一般会用到王水和氰化物等化学药液，这类物质具有强腐蚀性或剧毒。为保障操作人员安全，本条款对化学方法处理设施作出相关规定。

4.4.8 本条文根据废弃显像管（CRT）处理过程，从保证作业人员身体安全、健康和保护环境角度，对各种废弃显像管（CRT）处理设备所作的规定：

1 采用各种切割、热爆带对显像管（CRT）分离时，为防止玻璃碎片伤人，这类设备应设有防护罩。如切割设备没有防护罩，切割设备安装现场应加装外设防护罩。

3 屏上的荧光粉是一种有害物质，应采取粉尘抽取装置和过滤装置对荧光粉进行回收。

4、5 废弃显像管碎玻璃清洗过程噪声较大，需要采取必要的隔声、消声、减振等措施。

4.4.9 本条文根据废弃冰箱处理过程，从保证作业人员身体安全、健康和保护环境角度，对各种废弃冰箱处理设施作了规定：

1 废弃冰箱的制冷剂及发泡剂分为含有氟利昂（CFC），或含有可燃的异丁烷制冷剂及环戊烷发泡剂。在废弃冰箱处理过程中，上述两种可燃气体的危险性是存在的，为了便于实施防火防爆措施，废弃冰箱处理车间宜与其他车间分开，单独设置。

2 废弃冰箱处理车间一般包括对废弃冰箱、废弃空调的压缩机及制冷回路系统的拆解和对废弃冰箱箱体的处理。一些制冷剂和发泡剂（如异丁烷、环戊烷）是爆炸性物质，且其比重比空气的比重大，会往下沉，因此，在废弃冰箱处理车间内，不应设置电缆井、地坑、地沟等设施，防止可燃气体的存积。

3 本款为强制性条款，必须严格执行。废弃冰箱专用处理设备应能适应各种废制冷剂和发泡剂，目前常见的制冷剂和发泡剂有氯氟烃（CFCs）、氢氯氟烃（HCFCs）、氢氟烃（HFCs）、碳氢（HCs）等物质。氯氟烃（CFCs）、氢氯氟烃（HCFCs）、氢氟烃（HFCs）等消耗臭氧层物质不得随意向大气中排放，而碳氢（HCs）物质中的异丁烷、环戊烷是可燃物质，因此专用处理设备需防止制冷剂和发泡剂的泄漏。因氟利昂不得外泄，另由于处理过程中产生可燃气体，所以对于废弃冰箱处理应采取在负压密闭的专用处理设备内运行，防止发泡剂泄漏。该专用处理设备应符合现行国家标准《爆炸性环境　第1部分：设备　通用要求》GB 3836.1的有关规定并应采取有效的工艺保护及防水防爆措施。

4、6 这两款为强制性条款，必须严格执行。目前多数发达国家和地区对废弃冰箱中的环戊烷发泡剂实行回收。德国对处理废弃冰箱中的环戊烷发泡剂还没有发布明确的规定，但德国对化学工业制定了《TA luft（2002）》（中文名《控制空气污染的技术规定》）标准，其中规定向大气排放的环戊烷浓度不应超过0.058 g/m³空气和排放速率不应超过35g/h。德国的废弃电器电子产品处理企业在上述指标限制之下，回收废弃冰箱的环戊烷发泡剂，回收后实际上还是作为燃料焚烧的。

环戊烷在空气中爆炸浓度为1.1vol%～8.7vol%，当有引火因素（静电、烟火等）时，会发生爆炸，作为回收环戊烷发泡剂的装置属于有爆炸危险性的设备。因此对于回收环戊烷发泡剂的装置应符合现行国家标准《爆炸性环境　第1部分：设备　通用要求》GB 3836.1的有关规定。

考虑到其装置贮存有甲类物质，为了对可能产生的危险采取有效措施，参考国外实际运行的有关设施情况，本款规定该回收装置应采取有效的工艺保护及防火防爆措施。具体措施可参考本规范第4.3.7条第3款说明。

8 本款为强制性条文，必须严格执行。与第4.3.7条第5款情况一样，在处理废弃冰箱实际操作过程中有采取将环戊烷气体向大气排放的情况。因环戊烷气体属可燃气体，不得随意向大气排放，故作本款规定。

废弃冰箱处理设施处理含环戊烷发泡剂保温层时，经过多次破碎、磨碎、分选后，对于分离出的环戊烷气体经大风量空气稀释后，使其远低于爆炸点浓度，用管道向大气安全排放。

为防止可燃气体泄漏，该设施应带有环戊烷连续测试仪，粉尘浓度测试仪等装置，如有异常立刻自动启动应急措施。

11 本款根据现行国家标准《建筑设计防火规范》GB 50016 的第 3.6.7 条中规定制定。

4.4.10 本条文规定在挤压加热造粒处理废塑料时，部分包含溴化阻燃剂的塑料易产生二噁英、呋喃等有毒气体，因此，该造粒处理设备宜单独隔间安置，并应设置带有废气处理装置的全室排风及局部排风系统，以免造成环境污染对操作人员带来健康危害。

4.4.11 本条文根据废弃墨粉盒处理过程，从保证作业人员身体安全、健康和保护环境角度，对废弃墨粉盒处理设备作出规定：

1 墨粉盒拆解处理时，为了防止墨粉对人体健康的影响，废弃墨粉盒处理设备应设置除尘系统。

2 在处理废弃墨粉盒的专用设备内，在粉碎过程中要防止火花的产生以及采用吸尘器，降低粉碎腔中的墨粉浓度以免产生爆炸。

5 建筑结构

5.1 一般规定

5.1.1 废弃电器电子产品处理是一种新的工业行业。它将随着社会的发展而发展，并逐步得到深化和完善。处理工厂的建设不应看作是权宜之策，而是城市规划建设必须长期考虑的一项内容。处理工厂和一般工业企业一样，有其自身的工艺流程，但由于其原料是废弃电器电子产品，来自城乡的千家万户，量少而分散，这就要求建设处理工厂时，从工厂的选址、设计到工程的施工建设都充分考虑其特点，并严格执行国家的相关规范、标准的各项规定。

5.1.2、5.1.3 处理工厂的处理原料是废弃电器和电子产品，品种繁多，体积大小不等，所涉及的物料繁杂。处理过程中对厂房内的环境要求和对厂房外环境产生的影响也不尽相同。所以在设计这类工厂时应对厂房的平面和空间布局进行认真地安排，留有足够的操作空间，并根据各工序的特点，创造良好的室内工作环境，最大限度地减少对室外环境造成不良影响，应符合国家现行工业企业设计卫生标准的有关规定。

5.1.4 利用旧有建筑改建、扩建的处理工厂，应根据其现状，结合处理工厂的需求和国家现行的各相关规范、标准的规定进行设计。对原有建筑的安全性宜进行评定，必要时采取加固措施，以保证厂房的使用安全和工艺的合理。

5.1.5 参照现行国家标准《建筑设计防火规范》GB 50016 对生产的火灾危险性分类，本条将废弃电器电子产品所含物质的火灾危险性特征归并为三个类别，以便设计时对处理或贮存这些物品的场所，确定其相应的火灾危险性分类。

5.2 建　筑

5.2.1 废弃电器电子产品处理工厂的处理工艺流程均可大致分为贮存、检修/拆解、处理三个工序。由于各工序所要求的工作环境不同，宜在设计时明确加以分区，根据各个区域的特点采取相应的措施。

1 处理车间应根据处理物品的种类、数量以及处理设备的情况，对平面和空间进行合理的布局，组织好人流和物流路线，避免相互交叉。最大限度地保障物流的畅通和工作人员的身体健康。

2 根据目前已建工厂通常采用的运输车辆的情况，为保证物流的畅通和运输人员的安全，物流通道的宽度不得小于 2.5m。

5.2.4 为了提供良好的工作环境，处理厂房应有良好的通风条件。在窗户设计时应有足够的通风面积，并尽可能组织对流风。

5.2.5 处理厂房应充分利用天然采光，设计时应结合通风和采光要求，确定开窗面积以创造良好的工作环境，减少人工照明所引起的处理成本。

5.2.6 采用化学方法处理车间，由于工艺中使用的介质多是酸、碱性等强腐蚀性或剧毒性物质。车间的地面、墙壁、顶棚应采用不吸收、不附着、防腐蚀且便于清洗的材料。车间的地面还要满足冲洗后不积水、不渗漏、不打滑的要求。

5.2.7 破碎分选处理车间，因破碎、粉碎设备噪声较大，作业时可达到几十至上百分贝。为保障作业人员职业安全，对一些噪声较大的设备可采取单独隔声措施或将设备置于单独房间来做隔声处理。

5.2.8 因处理废弃冰箱、废弃空调的设施一般会设置在同一个处理车间，故在此按废弃冰箱处理车间对建筑设计所作的规定。

5.3 结　构

5.3.1 本条规定是厂房结构必须满足的基本要求，结构构件必须满足承载力、变形、耐久性等要求，对稳定、裂缝宽度有要求的结构，应进行以上内容的复核验算。

5.3.2 对有地震设防要求的抗震结构，应按抗震规范要求进行结构构件抗震的承载力计算。

5.3.3 不同的结构形式，不同的结构材料对框排架柱的允许变形值有不同的要求，特别是对设有吊车梁的框排架柱允许变形值更需作出限制。

5.3.4 废弃电器电子产品处理过程中，排出的气体和液体等介质对混凝土和钢筋的腐蚀，其工作条件类似露天或室内高湿度环境。环境类别属于二 a。

5.3.5 对不良地基、荷载差异大、建筑结构体型复杂、工艺要求高等情况，除进行地基承载力和变形计算外，必要时应进行稳定性计算。

5.3.6 为保证正常工艺使用和安全生产，在大型的处理设备、处理生产线、噪声屏蔽室及易燃易爆的区域内，不宜设置变形缝，但如果有经实践证明确实可靠的处理方法，也可以设置变形缝。对于超长的建筑物用设置后浇带的措施，可以取代设置变形缝。

5.3.7 由于废弃电器电子产品处理工艺路线和处理技术不同，对活荷载的要求也不一样，因此应根据工艺、设备供货商的所提的活荷载进行设计，如供货商无明确规定时，对生产区域的活荷载，可按照本规范选用。表中贮存区域的均布活荷载标准值应按不同贮存物品类别选用。

5.3.8 大型破碎设备由于其自重大、振动强烈，对厂房会造成破坏，宜单独设置设备基础及防振设施。

6 采暖通风

6.0.2 废弃电器电子产品处理厂房高大，且人员较少，废弃电器电子产品处理厂房内集中采暖温度过高则会浪费大量能源，从节能的目的出发，废弃电器电子产品处理厂房内集中采暖定在5℃以上即可。但是，对于人员比较集中的局部区域，如拆解区域，考虑到操作人员的工作环境要求，应提高此区域的采暖温度（采用16℃的设计采暖温度）。

6.0.4、6.0.5 处理车间应尽量采用自然通风，以实现节能的目的；但自然通风达不到职业卫生和处理工艺要求时，则要考虑机械通风方式。

6.0.7 废弃电器电子产品进行化学处理工艺的场所其通风管道由于介质的腐蚀性，通风管道的管材应做相应的防腐处理。

6.0.8 废弃冰箱、废弃空调一般会在同一车间处理，废弃冰箱中可能含有异丁烷、环戊烷气体等可燃气体。为预防因异丁烷、环戊烷气体的泄漏而造成爆炸的危险，本条文作出有关规定。

1 应在车间可燃气体可能泄漏的工作地点或区域内设置局部排风系统，其局部排风量应按在正常运行和事故情况下风管内可燃气体的浓度不大于其爆炸下限的20%计算。

2 废弃冰箱处理设备采用大风量稀释环戊烷气体向大气排放时，其排气管高度应考虑环戊烷气体易于向四周或高空扩散，其排气管高度应高出本建筑层面3.0m，或高出临近高层建筑层面1.0m。

7 给水排水

7.1 一般规定

7.1.1 在满足工艺水质要求前提下，应尽量循环回用。经处理后的污水如能满足生产用水水质要求，可作为中水回用于生产线，从而节约用水。

7.2 给　水

7.2.2 废弃电子电器产品处理生产线中用水点卫生条件相对较差，产品中污染物较多，为防止给水管失压时污水倒流至生活给水管，特规定从生产、生活合用给水管接出的生产用水管上，应有可靠的防止倒流污染的措施。

7.2.3 本条文规定应充分利用市政水压供水。考虑到废弃电气电子产品处理工厂可能建设在市郊或相对边远区域，如市政水压不能满足生产、生活用水要求时，宜在厂区采用局部增压水泵设施供水。

7.3 排　水

7.3.3 各地排水系统状况不一，有的直排河道，有的排入城镇污水处理厂，对污水排放水质的要求各不相同，所以应按项目环评报告书（表）及环保主管部门审批意见确定的排放标准来确定生产污水是否需要处理，需进行处理的污水，排放后应达到《污水综合排放标准》GB 8978的有关规定。

7.4 消　防

7.4.1 废弃电器电子产品种类繁多，处理厂房内设有不同产品的处理区，其厂房的生产类别的确定应进行综合因素指标考虑而确定，建筑耐火等级不应低于二级。

7.4.4 本条是根据现行国家标准《建筑设计防火规范》GB 50016的有关规定制定。

8 电气工程

8.1 一般规定

8.1.2 目前国内的废弃电气电子产品处理工艺中存在部分产生大量粉尘的环节，对于安装在这些环境中的电气设备，在选型时应充分考虑防尘或绝缘等措施。

8.2 供配电系统、线路选择与敷设

8.2.4 户内型变（配）电所的厂用变压器采用干式变压器可以不需考虑变压器的爆炸和火灾问题，可以与低压配电设备在同一房间内布置，且目前技术十分成熟，价格也已不算过高，与油浸式变压器相比有较多的优越性。厂用变压器接线组别选用D，yn11型与其他接线组别如Y，yn0相比具有许多优势，目前被广泛应用。

8.2.7 在目前国内外处理废弃冰箱的工艺中，存在产生可燃气体的设备或车间，因此对这些设备报警系

统、控制系统及车间作有效而不间断的排风对于运行人员的人身安全或健康非常重要。报警系统、控制系统及排风机应采用双电源供电，末端切换。正常工作时由工作电源供电，当工作电源事故停电时，切换为由备用电源供电，以防正常供电系统发生故障时设备仍能继续进行排风操作。备用电源的选择应根据排风机的总装机容量并全局考虑全厂其他重要负荷的装机容量来确定选用哪类备用电源。

8.3 照明系统

8.3.2 对于中小规模的处理厂，应急照明采用自带蓄电池的应急灯或应急电源（EPS）作为事故电源一般可以满足要求。当处理规模较大，全厂负荷总容量很大，有专门的厂用直流系统时，与直流系统距离较近场所的应急照明，可以与直流系统共用蓄电池组。

8.4 防雷与接地系统

8.4.1 当前，各建（构）筑物内电子设备越来越多，这类设备的耐压等级较低，极易受雷击电磁脉冲影响或损毁或失效，因此建（构）筑物除应设置直击雷防护设施外，还应充分考虑雷击电磁脉冲对户内电子设备和人员人身安全的影响，可以分级设置SPD，逐级降低过电压。

8.4.2 国内外一些废弃冰箱处理企业将异丁烷、环戊烷可燃气体储罐或钢瓶放置在室外，异丁烷、环戊烷气体是易燃易爆物质，异丁烷气体在空气中爆炸浓度为1.8vol%～8.4vol%，环戊烷气体在空气中爆炸浓度为1.1vol%～8.7vol%，对此参考现行国家标准《建筑物防雷设计规范》GB 50057的有关规定制定本条。

8.5 防静电和防爆设计

8.5.5 由于异丁烷制冷剂及环戊烷发泡剂的回收和排放而引发的一系列防爆问题，必须引起重视，特别是在一些关键位置，例如：异丁烷、环戊烷回收装置区域；异丁烷、环戊烷架空运输管路上的阀门；环戊烷、异丁烷排放口；异丁烷回收机抽取回收口；异丁烷、环戊烷储存罐区等处的爆炸区域1区及2区的划分问题。由于当前逆向制造方面的数据比较欠缺，因此可参考正向制造方面的数据，虽然有差别的，但是差别不是很大，在使用该数据时，可以按照实际情况作适当的修改。参考现行行业标准《使用环戊烷发泡剂生产家用和类似用途电器安全技术规范》QB/T 2911和《使用异丁烷制冷剂生产家用和类似用途制冷器具安全技术规范》QB/T 2912。

8.5.7 可燃气体探测器报警阈值设定为两级，一级报警阈值为20%LEL，二级报警阈值为40%LEL：

（1）一级报警时控制器面板上有一级报警指示和LEL浓度标高或数显指示，报警柜一级报警警示灯亮，长鸣低声（音量不低于75dB）报警，风机加速或转换为双风机运行，如在5min～10min内不做处理，则延时联动，关闭相关阀门，切断相关电源，停止生产。

（2）二级报警时控制器面板上有二级报警指示和LEL浓度标高或数显指示，报警柜二级报警闪光警示灯亮，急促高声（音量不低于100dB）报警，风机继续加速或双风机运行，关闭相关阀门，切断相关电源，除报警系统和风机电源外全线停电。

8.5.8 异丁烷、环戊烷气体是易燃易爆物质，异丁烷气体在空气中爆炸浓度为1.8vol%～8.4vol%，环戊烷气体在空气中爆炸浓度为1.1vol%～8.7vol%，且其比重比空气的大、会往下沉，因此，所设置的可燃气体探测器的底部距地高度不应超过200mm，以避免可能存在的爆炸危险。

中华人民共和国国家标准

炼铁机械设备安装规范

Code for acceptance of mechanical equipment installation of ironmaking system

GB 50679—2011

主编部门：中 国 冶 金 建 设 协 会
批准部门：中华人民共和国住房和城乡建设部
施行日期：2 0 1 2 年 6 月 1 日

中华人民共和国住房和城乡建设部
公　　告

第1082号
关于发布国家标准
《炼铁机械设备安装规范》的公告

现批准《炼铁机械设备安装规范》为国家标准，编号为GB 50679—2011，自2012年6月1日起实施。其中，第6.1.6、10.5.8条为强制性条文，必须严格执行。

本规范由我部标准定额研究所组织中国计划出版社出版发行。

中华人民共和国住房和城乡建设部

二〇一一年七月二十六日

前　　言

本规范是根据原建设部《关于印发〈2006年工程建设标准规范制订、修订计划（第二批）〉的通知》（建标〔2006〕136号）的要求，由上海宝冶集团有限公司会同有关单位共同编制完成。

本规范在编制过程中，编制组认真总结了我国50多年来，特别是近20年来炼铁机械设备安装的经验，经调查研究和广泛征求意见，对规范条文反复讨论和修改，最后经审查定稿。

本规范共分19章，5个附录。主要内容包括：总则，术语，基本规定，设备基础、地脚螺栓和垫板，设备、构件及材料进场，工艺钢结构，炉体设备安装，无料钟炉顶设备安装，供料设备安装，上料设备安装，风口平台及出铁场设备安装，热风炉设备安装，高炉鼓风设备安装，煤气净化设备安装，高炉喷煤设备安装，渣处理设备安装，铁处理设备安装，碾泥设备，泄漏性试验等。

本规范中以黑体字标志的条文为强制性条文，必须严格执行。

本规范由住房和城乡建设部负责管理和强制性条文的解释，由中国冶金建设协会负责日常管理，由上海宝冶集团有限公司负责具体技术内容的解释。请各单位在执行本规范中，结合工程实践，认真总结经验，并将执行过程意见和建议寄至上海宝冶集团有限公司国家标准《炼铁机械设备安装规范》编制组（地址：上海宝山区四元路168号；邮政编码：200941；E-mail：byjszx@sbc-mcc.com），以供今后修订时参考。

本规范主编单位、参编单位、主要起草人和主要审查人：

主 编 单 位： 上海宝冶集团有限公司

参 编 单 位： 中国一冶集团有限公司
宝钢工程质量监督站

主要起草人： 唐　燕　刘洪亮　金　宏　宋茂祥　卢立香　游　泰　许立新　罗明文　王　雄　周　勤　李　昆

主要审查人： 张岩宏　郭启蛟　李志远　孙　庆　邹益昌　王全毅　张永新　孙秋丰　唐洪志

目　次

Contents

1 总　　则

1.0.1 为提高炼铁机械设备安装水平，确保建设工程质量、安全、环保，促进技术进步，制定本规范。

1.0.2 本规范适用于新建、改建和扩建的炉容等于或大于 $1000m^3$ 的炼铁高炉、熔融还原炼铁炉机械设备的安装。

1.0.3 炼铁机械设备的安装，除应符合本规范外，尚应符合国家现行有关标准的规定。

2 术　语

2.0.1 工艺钢结构　process steel structure works

高炉建设工程中的壳体、框架、桁架、通廊、大直径卷焊钢管，以及其他冶金工艺设备附属的钢结构件。

2.0.2 组装　assemble

将设备零件或工艺钢结构的钢板或型钢零件，通过装配、焊接或其他形式相互连接组装成的整台设备、部件或工艺钢结构单元的过程。

2.0.3 预组装　preassembly

设备、工艺钢结构件以部件或分段、分块、分片等形式出厂时，为检验其是否满足安装质量要求，出厂前在工厂进行的组装。

2.0.4 拼装　grouping

根据工厂提供的构件供货形态，安装现场为实现整体或扩大组合件吊装（设备或工艺钢结构件）而进行的组装。

2.0.5 正装法　set up in turn

壳体类构件按安装图进行安装或由下至上逐段或扩大组合段的顺序安装的方法。

2.0.6 倒装法　reversal set up

壳体类构件在安装时，受环境或机具的限制，其安装顺序与安装图相反或由上至下逐段或扩大组合段的顺序安装的方法。

2.0.7 泄漏性试验　leakage test

以气体为介质，在设计压力下，采用发泡剂检查设备或构件的焊缝、法兰或螺纹连接处以及阀门等泄漏点的试验。

2.0.8 四芯点　4 core point

圆形壳体构件按设计文件规定的圆周上的 0°为起点，按顺时针方向沿圆周 0°、90°、180°、270°依次设置四等分点。

2.0.9 四芯线　4 core line

将四芯点对应的 0°、180°和 90°、270°相互连接的线。

2.0.10 大直径卷焊钢管　large - diameter coil - welded steel pipe

炼铁系统的冷、热风管、空气管、除尘管、煤气管以及上升、下降管等直径较大且用钢板通过卷制、焊接加工而成的钢管。

2.0.11 框架　frame

高炉本体炉顶平台以下的炉壳周围由四根立柱及横梁、桁架等构成的框架。热风环管吊挂平台以下的框架为下部框架。热风环管吊挂平台以上至炉顶平台以下的框架为上部框架。

2.0.12 炉顶刚架　rigid frame

高炉本体炉顶平台以上的用于支撑炉顶装料设备各层平台的“A”形或其他形式的框架称炉顶刚架。

2.0.13 圈（带、环）　ring

壳体类构件，为适应其形状和供货钢板宽度并满足制造、运输、安装要求，以垂直壳体中心线平面划分的部件。

2.0.14 段　section

柱、梁、桁架、通廊以及直径较小的筒体、罐体等构件，为满足运输和安装要求，按长度或高度划分的部件称段。

2.0.15 扩大组合件吊（拼）装　lift in unit assembled

多个构件或多圈（带、环）炉壳组装成单元或整体件，以单元或整体件进行吊（拼）装。

2.0.16 专项方案　special plan

指在编制施工组织（总）设计的基础上，针对危险性较大的分部、分项工程单独编制的安全技术措施文件。

2.0.17 五通球　five way ball

高炉上升管和下降管以及放散管汇集到一个节点，此节点以球体结构设计，称五通球。

2.0.18 设计文件　design document

由设计或制造单位发放的图纸及其他技术资料。

3 基 本 规 定

3.0.1 炼铁机械设备安装的施工单位应具备相应的工程施工资质，并应在其资质等级许可的范围内承揽工程。

3.0.2 施工现场应有相应的施工技术标准和经审批的施工组织设计、施工方案、作业设计或作业指导书等技术文件，并应进行技术交底。

3.0.3 炼铁机械设备安装施工单位在编制施工组织设计时，应根据高炉工程的特点，并结合安装现场的具体情况，针对安装工况复杂、安装条件较差、危险性较大的分部分项工程项目单独编制专项技术措施文件或专项施工方案。

3.0.4 参与炼铁机械设备安装的气割焊、电焊工、施工现场专业电工、起重吊装操作工等建设系统特种作业人员，应经专门的安全作业培训，并应取得相应的特种作业操作资格证书后再上岗作业。

3.0.5 施工前应进行图纸自审、会审，宜进行设计交底，并应有记录或纪要。施工图纸修改应有设计单位的设计变更通知书或技术核定签证。

3.0.6 炼铁机械设备安装，应使用经计量检定、校准合格的计量器具，精度等级应符合安装质量标准的要求。

3.0.7 炼铁机械设备安装，相关各专业工种之间应检查和交接，并应形成记录。本专业各工序应按施工技术标准进行工序控制，每道工序完成后，应进行自检、专检和监理检查，并应形成记录。上道工序未经检验认可，不得进行下道工序施工。

3.0.8 炼铁机械设备工程中的鼓风机、余压透平机等其他隐蔽工程，应在检查合格后由施工单位通知有关单位进行验收，并应形成验收文件。

3.0.9 一般机械设备的安全保护装置应符合设计文件的规定，在试运转中需要调试的装置，应在试运转中完成调试，其功能应符合设计文件的规定。

3.0.10 机械设备安装前，应符合下列要求：

1 设备基础及有关的厂房应已完工，与安装工程有关的基础、地坪、沟道等应基本完工；安装施工场地及附近有关的残留建筑材料、杂物等应清除；临时设施、运输道路、水、电、蒸汽、压缩空气，以及照明、消防设施等应达到设备安装的要求。

2 劳动力及主要材料、工具、机具、仪器等应有充分准备，并应做出合理安排和配置。

3 应根据施工组织设计调配施工机械、部署和组织大型吊车进场，并应做好吊装准备。

3.0.11 设备安装及吊装过程中，应做好设备保护措施，不得损伤设备。设备安装后，应有成品保护措施。

3.0.12 设备试运转前应具备下列条件：

1 参与试运转的设备或系统各分项工程应安装完毕，设备底座应已按设计文件最终固定，并应经检验合格，同时应完成二次灌浆。

2 液压、润滑、水、气（汽）、电气（仪器）控制等系统及附属装置，应安装和检验完毕，并应符合设计文件的规定。

3 所需工具、机具、检测仪器、安全防护设施等应配备齐全，并应符合试运转要求。

4 各运动部件应充填润滑油、脂，其品种、规格、数量应符合设计文件的规定。

5 试运转设备及其周围的残留物应清扫干净，设备附近不得进行有粉尘的作业或夜间噪声不大于55dB、白天噪声不大于85dB的作业。

6 应配备警戒和警示装置，必要时应采取隔离措施。

4 设备基础、地脚螺栓和垫板

4.1 一 般 规 定

4.1.1 本章适用于高炉和熔融还原炉炼铁机械设备基础交接与验收，以及设备安装基准线、基准点的设置、地脚螺栓、垫板的安装。

4.1.2 高炉、热风炉、熔融还原炉等基础沉降观测，应符合设计文件的规定。高炉鼓风机、余压气轮机—发电机组设备基础，应定期进行观测，沉降观测数据应记录在专用记录本上，并应绘制沉降曲线图。

4.2 设备基础验收、复测和基准线、基准点的设置

4.2.1 设备安装前，应进行基础交接和检验，未经验收合格的设备基础，不得进行设备安装。

4.2.2 土建单位应与设备安装单位进行基础测量控制网、基准点及沉降观测点的实体交接，并应附有经质量检查和工程监理部门签名盖章的交接资料，交接资料应包括交接单、基础外形尺寸、地脚螺栓或预留孔、T形螺栓孔、预埋件等的中心线、标高等实测记录。

4.2.3 设备安装单位应根据交接资料进行基础复测和外观检查，并应符合下列要求：

1 基础表面的模板、地脚螺栓固定架、外露钢筋等应全部拆除，基础表面的浮浆、油污、碎石、泥土、积水等应清除干净。

2 基础表面标高、设备中心线、预留孔中心距和孔的垂直度、预埋地脚螺栓顶部标高、垂直度和中心距、预埋件中心线及标高，以及基础外形等，应符合现行国家标准《机械设备安装工程施工及验收通用规范》GB 50231 的有关规定。对T形头地脚螺栓，应实测检查基础板（锚板）标高及其矩形孔的方向，并应符合设计文件的规定。

3 预埋地脚螺栓螺纹部分应经清理，表面应涂油脂。

4 安装前，应检查预留孔的大小和深度及套管与混凝土的结合情况，并应符合设计文件的规定。

5 地脚螺栓预留孔不得有油、水、杂物等掉入孔内，必要时应采取保护措施。

4.2.4 设备安装前，基础中心线和标高基准点的测量，应符合下列要求：

1 宜根据施工图和测量控制网绘制基准线、基准点布置图，向测量单位下达测量任务通知单。

2 测量单位应根据测量任务单测量和投点放线，并应提交测量成果报告和向安装人员进行实体交接。

3 高炉、热风炉和熔融还原炉主体设备、出铁场设备、鼓风机和余压气轮机—发电机组设备、水渣过滤设备等，应埋设永久中心标板和标高点。

4 单体设备可直接在基础上用“▽”和“**Δ**”分别标记标高和中心线。

4.3 地脚螺栓

4.3.1 预留孔内安装地脚螺栓应符合下列要求：

1 安装前，应检查地脚螺栓的规格及丝扣的完整性，并应清除地脚螺栓上的油污和氧化铁皮等。

2 地脚螺栓在预留孔中应垂直无倾斜。任何部分离孔壁应大于15mm，且不应碰孔底。

3 预留孔内混凝土浇灌应符合设计文件或现行国家标准《混凝土结构工程施工质量验收规范》GB 50204 的有关规定。

4 预留孔内混凝土应达到设计强度的75%后，再紧固地脚螺栓。

5 设备初步找正调平后，地脚螺栓与设备螺栓孔周围宜留有间隙。

4.3.2 T形头地脚螺栓安装应符合下列要求：

1 T形头地脚螺栓与基础板（锚板）应按规格配套使用，其规格应符合国家现行标准《T形头地脚螺栓》JB/ZQ 4362 和《T形头地脚螺栓用单孔锚板》JB/ZQ 4172 的有关规定。

2 基础板（锚板）设置应牢固、平正。

3 设备就位前，应进行T形头地脚螺栓的试穿，并应做好T形头方向记号。

4 地脚螺栓无螺纹部分和基础板（锚板）应按设计文件的规定进行涂装。设计无规定时，应涂防锈漆1道次～2道次。

5 设备安装和T形头地脚螺栓紧固完成后，预留孔内的密封填充物，应符合设计文件的规定。

4.3.3 不同厚度的双螺母防松的地脚螺栓，垫圈和厚、薄螺母的安放，依次应为垫圈、薄螺母，最上面应为厚螺母。

4.3.4 胀锚螺栓安装应符合设计文件的规定。设计无规定时，应符合现行国家标准《机械设备安装工程施工及验收通用规范》GB 50231的有关规定。

4.4 垫板

4.4.1 垫板的规格、尺寸应符合设计文件的规定。设计无规定时，应符合现行国家标准《机械设备安装工程施工及验收通用规范》GB 50231 的有关规定。

4.4.2 垫板的设置方法应符合设计文件的规定。设计无规定时，应采用座浆法。座浆法设置垫板应符合现行国家标准《机械设备安装工程施工及验收通用规范》GB 50231 的有关规定。

5 设备、构件及材料进场

5.1 一般规定

5.1.1 本章适用于炼铁机械设备及附件、工艺钢结构件、原材料、标准件及半成品件的进场验收。

5.1.2 炼铁机械设备及附件、工艺钢结构件、材料、标准件及半成品件，应进行进场验收，并应全数检查产品质量合格证明文件。证明文件为复印件时，应注明原件存放处，并应有经办人签字和单位盖章。验收记录应包括材料名称、规格、型号、进场数量、外观质量，以及用在何处等内容。工艺钢结构件产品质量合格证明文件还应有焊接质量记录、预组装记录等。

5.1.3 设备、构件及材料进场，应根据施工组织设计或施工方案设计规定的场地堆放。

5.2 设备及构件

5.2.1 设备、钢构件及标准件，应按设计文件、有关技术标准和合同的约定进行检验，检验应有记录并经专人签字，未检验或检验不合格的设备及构件，不得安装。

5.2.2 工艺钢结构件进场应核对件号、清点数量，并应检测外形尺寸和表面质量，同时应符合设计文件的规定。表面应无损伤和锈蚀、变形，涂膜外观应均匀、平整，其颜色应一致，应无漏涂等。

5.2.3 工艺钢结构件应堆放在坚实、平坦处所或支架等垫物上。细长构件堆放和运输应采取防变形措施。

5.2.4 设备进场后，应由建设单位组织，工程监理、制造商、施工等单位应参加开箱检验，并应做好记录。开箱检验应符合下列要求：

1 应按装箱单核对箱号，并应检查包装情况，包装情况应符合设计文件或合同附件的规定。

2 应按设计文件核对设备名称、规格、型号，并应清点设备数量，均应符合设计文件或合同附件的规定。

3 设备应无缺损件，表面应无损坏和锈蚀、变形等。

4 随设备装箱的技术文件资料及专用工具，应符合设计文件或合同附件的规定。

5 设备和构件应有合格证明文件，进口设备应有商务检验合格证明文件。

5.2.5 设备开箱后，设备及其零部件和专用工具，均应妥善保管，应有防风、雨、雪等措施，不得使其变形、损坏、锈蚀。进场的设备及构件应及时进行安装。

5.2.6 设备搬运和吊装时，吊装点应在设备或包装箱的标示位置，搬运和吊装应采取保护措施，不得造成设备损伤。

5.3 材料

5.3.1 高强度螺栓连接副进场，应核查批号、类型、品种、规格、数量、生产日期及按批次提供的合格证明文件，并应符合设计文件和现行国家标准《钢结构工程施工质量验收规范》GB 50205 的有关规定。螺栓、螺母、垫圈表面应涂油保护，不应出现生锈和沾染污物，螺纹不得有损伤。

5.3.2 高强度螺栓存放应采取防潮、防雨、防粉尘措施，并应按类型和规格分类存放，在安装前不得任意开箱。高强度螺栓连接副的领取、发放，应按当天施工需用数量进行，不得随意多领。施工结束后，剩余的连接副应按批号妥善保管，不得混放，并不得沾染污物和碰伤螺纹。

5.3.3 焊接材料进场应核查品种、规格、性能、数量，并应符合设计文件和现行国家标准《钢结构工程施工质量验收规范》GB 50205的有关规定。各类焊条、焊丝、焊剂和熔嘴，应按品种、规格、牌号分类存放在通风、干燥、相对湿度小于 60% 的库房内，并应由专人保管。安装现场焊接的焊材，应按需求量分批且陆续运进干燥室，干燥室存放架应有类似木板的隔潮物，且距墙不宜小于 300mm。

5.3.4 气体保护焊使用的二氧化碳气体，应符合国家现行标准《焊接用二氧化碳》HG/T 2537 的有关规定，其二氧化碳含量不得低于 99.5%（体积法），水含量不得高于 0.005%（重量法）。瓶装气体瓶内压力低于 1MPa 时，不得使用。

5.3.5 钢材进场后，应核对钢种、钢号、规格、性能，检查表面质量、清点数量，均应符合设计文件、现行国家标准《钢结构工程施工质量验收规范》GB 50205 和合同附件的规定。

5.3.6 下列情况之一的钢材应进行抽样复验，其复验结果应符合设计文件、现行国家标准《钢结构工程施工质量验收规范》GB 50205和合同附件的规定：

1 国外进口钢材。

2 钢材混批。

3 板厚等于或大于 40mm 或设计文件规定的板厚有 Z 向性能要求的钢板。

4 对质量有疑义的钢材。

5 设计文件或合同附件规定有复验要求的钢材。

5.3.7 钢板的厚度、型钢的规格、尺寸，应用钢尺和游标卡尺进行检查，钢材的表面锈蚀、麻点或划痕，其深度不得大于该钢材厚度负允许偏差的 1/2，并应符合现行国家标准《涂装前钢材表面锈蚀等级和除锈等级》GB 8923 规定的 C 级及 C 级以上。

5.3.8 观察或用放大镜检查钢材端边或断口处，应无裂纹、分层、夹渣等缺陷。

5.3.9 钢材入库前应办理入库交验手续，应核对钢种、钢号、规格、质量合格证明文件、复验报告等，并应符合设计文件和现行国家标准《钢结构工程施工质量验收规范》GB 50205 的有关规定。未经交验的材料或不合格的材料，不得入库。合格的钢材应按品种、钢号、规格分别堆放储存，最底层宜垫上道木或混凝土块等。

5.3.10 涂料进场后应核查其涂料、稀释剂、固化剂等的品种、规格、性能、数量，以及合格证明文件、中文标志、检验报告等，并应符合设计文件和现行国家标准《钢结构工程施工质量验收规范》GB 50205 的有关规定。超过有效期的涂料应进行取样复验，并应取样复验合格后再使用，其取样方法，应符合现行国家标准《色漆、清漆和色漆与清漆用原材料取样》GB/T 3186 的有关规定。

5.3.11 涂料应存放在专用库房内，并应备配严禁烟火的警示标志和防火器具。安装现场不宜存放涂料，涂料存放和保管应有专人负责。

6 工艺钢结构

6.1 一 般 规 定

6.1.1 本章适用于高炉、内燃式、外燃式、顶燃式热风炉、熔融还原炉、除尘器壳体、炉体框架、上料斜桥、上料通廊、煤气净化装置、厂区及厂内大直径卷焊钢管，以及其他附属工艺钢结构的制作、安装、焊接、螺栓连接和涂装工程施工。

6.1.2 工艺钢结构制作应进行详图设计，详图设计应与制造、包装、运输，以及安装等单位结合。详图设计应包括运输、吊装用的吊耳、安装用脚手架挂耳的尺寸、数量及安装位置、焊接质量要求等。

6.1.3 壳体类、框架、通廊、桁架类等大型构件出厂，应在适当的位置标注重心记号及吊点位置。

6.1.4 构件运输、堆放和吊装造成的构件变形及涂层脱落，应进行矫正和修补。

6.1.5 安装后的箱形梁、管道内应无残留物和污物，构件外表面应整洁，并应无污物。

6.1.6 工艺钢结构制作、安装的焊工，必须经考试合格并取得资质合格证书。持证焊工必须在其考试合格项目及认可范围内施焊。

6.2 焊 接

6.2.1 焊接人员及施焊应符合下列要求：

1 焊工应按焊接施工方案或焊接作业指导书的规定进行施焊。

2 局部返修一次且返修率超过 20% 的焊工，应停止上岗操作。

3 焊工所焊的每条焊缝应做出标记并填写焊工焊接记录图表。记录图表应包括天气、日期、坡口状况、焊接材料、预热温度、焊接部位等内容。

6.2.2 焊接设备应符合下列要求：

1 烘焙及保温设备的加热、测温、控温性能，应符合使用和产品质量的要求。

2 手工电弧焊机、电渣焊机、埋弧焊机等焊接设备，应放置在设有防雨、雪措施的电焊机房内，房内地线应统一铺设，接线应正确，设备机壳接地应可靠，焊机和电缆宜进行统一编号。

3 二氧化碳气体保护焊所用的二氧化碳气瓶应装有预热干燥器。

4 焊接设备、烘焙及保温设备，应定期进行检查，电压、电流应稳定正常。发现异常情况应停止使用，并应进行维修。

5 焊接设备电缆破损处应进行绝缘保护。

6.2.3 焊接材料管理应符合下列要求：

1 焊材应无生锈、变质、药皮脱落、龟裂、污损等。

2 焊材烘焙应符合下列要求：

1）管理人员应按施焊所需的焊条、焊丝、焊剂、熔嘴和药芯焊丝等焊材的品种、规格及所需的数量，并根据产品说明书及有关工艺文件的规定进行烘焙。

2）待烘焙的焊条应按品种、规格放入高温烘箱内，逐步升温到规定的温度和时间。低氢型焊条烘焙温度应为350℃～380℃，达到此温度后应保温 1h～2h，并应降温至100℃～150℃后放入恒温桶内保存。保存温度低于100℃时，应重新烘焙。

3）烘焙后的低氢型焊条在大气中放置时间超过 4h 时，应重新烘焙，焊条重复烘焙次数不宜超过两次。

4）酸性焊条应根据其受潮情况进行烘焙，当需要烘焙时，烘焙温度应为 150℃～200℃，恒温应为 1h～2h。恒温贮存时间短且包装良好时，使用前可不再烘焙。

5）焊剂可回收再次烘焙，重复次数不应超过两次。

3 焊材烘干时，不得成堆或成捆进行烘烤，应呈层状烘烤，宜为 1 层～3 层。

4 应按焊接部位规定的焊条品种、规格、牌号及数量发放，并应记录焊接部位、发放品种、规格、牌号及数量、发放时间、领取人等。

5 焊工应配备焊条恒温桶并随身携带，焊条发放数量应根据恒温桶的容量确定。施焊中，不得将焊条放在地上或潮湿处。当天领用的焊条宜当天用完，有剩余焊条时，应当天退回干燥房，并应在烘焙箱内恒温保存，不应露天存放，不得使用药皮脱落或焊芯生锈的焊条和锈蚀的焊丝。

6 焊接材料的选用应符合设计文件的规定。设计无规定时，安装现场选用焊接材料应按本规范附录 A 进行选择，并应符合下列要求：

1）应根据母材化学成分、力学和焊接性能，并结合焊缝坡口的形式、焊接方法、工作环境等选用合适的焊接材料，必要时通过工艺试验确定。

2）专用炉壳钢板的焊接材料可按本规范附录 A 的规定采用。

3）低合金钢宜采用低氢型焊条。

6.2.4 焊接环境应符合下列要求：

1 焊接作业区环境温度低于 0℃时，应将构件焊接区各方向 2 倍～3 倍钢板厚度且不小于 100mm 范围内的母材加热到 20℃以上的温度后再施焊。

2 作业区相对湿度大于 90%时，不得进行施焊。

3 手工电弧焊安装现场风速大于 8m/s、气体保护焊及药芯焊丝电弧焊安装现场风速大 2m/s 时，应设防风棚及其他防风技术措施。制作车间内的焊接作业区，有穿堂风或鼓风机鼓风时，也应设挡风装置。具体防风方案应由施工单位制定，并应报监理单位确认后再实施。

4 当焊件表面潮湿或有冰雪覆盖时，应采取加热去湿措施。

5 焊接过程中应记录天气、温度、湿度和风速等。

6.2.5 壳体类工艺钢结构的焊接，应符合下列要求：

1 工厂制作可采用手工电弧焊、气体保护焊等，拼接对接焊缝宜采用埋弧自动焊。

2 安装现场焊接可采用手工电弧焊、气体保护焊、电渣焊、自保护焊、埋弧自动焊、气电立焊等。

6.2.6 焊接工艺评定应包括下列内容：

1 首次使用的钢种、焊接材料或改变焊接材料类型、焊接方法、焊接热处理工艺。

2 设计规定的钢材类别、焊接材料、焊接方法、接头形式、焊接位置、焊后热处理工艺，以及施工单位所采用的焊接工艺参数、预热措施等各种参数的组合。

3 采用电渣焊或气电立焊进行焊接。

6.2.7 焊接工艺评定的试件，应交由具有法定或国家认可检测资质的检测机构进行试验检测，并应在检测合格后再进行焊接作业。

6.2.8 焊接工艺指导书或焊接方案、工艺卡等应包括下列内容：

1 焊接方法。

2 母材的牌号、厚度及其他相关尺寸。

3 焊接材料型号、规格。

4 焊接接头形式、坡口形状及尺寸允许偏差。

5 夹具、定位焊、衬垫的要求。

6 焊接电流、焊接电压、输入焊接线能量、焊接顺序、焊接速度、焊接层次、清根要求等焊接工艺参数。

7 预热温度及层间温度范围。

8 后热、焊后消除应力处理工艺。

9 检验方法及质量合格标准。

6.2.9 高炉、热风炉、炼铁熔融还原炉等外壳，框架结构中的柱、梁等的焊接工艺评定，应符合设计文件、国家现行标准《钢制压力容器焊接工艺评定》JB 4708和《炼铁机械设备工程安装验收规范》GB 50372的有关规定。

6.2.10 高炉、热风炉、炼铁熔融还原炉正式焊接前，焊接设备及其附属装置均应进行调整和试运转，焊工及焊接设备应进行模拟试验，并应符合焊接工艺的要求。

6.2.11 焊接工艺应符合下列要求：

1 坡口形式和尺寸应符合设计文件和国家现行标准《气焊、焊条电弧焊、气体保护焊和高能束焊的推荐坡口》GB/T 985.1、《埋弧焊的推荐坡口》GB/T 985.2和《建筑钢结构焊接技术规程》JGJ 81的有关规定。手工电弧焊、自保护焊、埋弧焊焊缝的坡口两侧各10mm～20mm，电渣焊、自动立焊焊缝坡口两侧各40mm～50mm范围内，应清除铁锈、油脂、积水、积雪和其他污物。

2 电渣焊和气电立焊的坡口形式和尺寸，宜符合图6.2.11的规定。

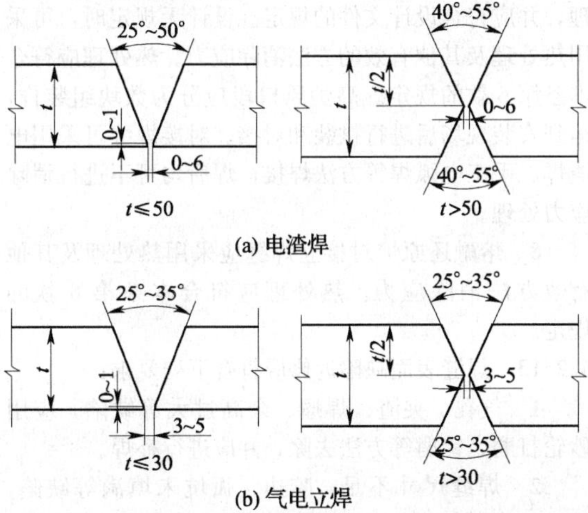

图6.2.11 电渣焊和气电立焊缝坡口形式和尺寸

3 上升、下降管、三通管及其他大直径卷焊钢管、除尘器壳体的钢板纵、横两方向的对接焊缝应采用T形交叉，交叉点的间距不得小于200mm。五通球赤道带的钢板不宜拼接。赤道带与上、下极带钢板的对接焊缝应采用T形交叉，交叉点的间距不得小于100mm。

4 构件组对后，应检查组对构件的形状、位置及坡口对口间隙、错边量。坡口表面应无裂纹、夹层、夹渣等缺陷。坡口组装间隙大于4mm处，应在坡口单侧或双侧堆焊。错边量大于4mm处，应做出标记，焊接时应平缓过渡。

5 定位焊应由符合本规范第6.1.6条规定的焊工施焊，定位焊所用的焊接材料及焊接质量，应与正式焊接相同。定位焊长度和间距应根据母材的厚度、结构型式及拘束度确定。焊缝的厚度不宜超过设计焊缝厚度的2/3。炉壳定位焊可设置在浅坡口的一侧，长度应为200mm～500mm，间距应小于1000mm，炉壳定位焊宜多人、对称、同时焊接，定位焊的预热热温度不应低于正式焊接的预热温度。

6 厚钢板焊接应控制层间温度，层间温度不得低于预热温度，并应连续施焊。

7 需刨平顶紧的接触部位，应经质量检查部门检验合格后再施焊。

8 组装时，应将待焊接工件固定，并应牢固可靠。

9 施焊前应复查组装质量、定位焊质量和焊接部位的清理情况，并应符合国家现行标准《建筑钢结构焊接技术规程》JGJ 81的有关规定。

10 焊缝以外的母材上严禁打火、引弧。T形接头、十字接头、角接接头和对接接头的主焊缝两端，应设置引弧板和引出板，其材质、焊接工艺参数、坡口形式应与被焊焊件相同，严禁使用其他材质的材料充当引弧板和引出板，应防止地线、电缆线、焊钳等与焊件起弧，焊件上电弧擦伤处的弧坑应修磨平滑过渡，修磨的深度不应大于焊件厚度的5%，且不应大于2mm。

11 引弧板和引出板的尺寸及焊缝引出长度，应符合表6.2.11的要求。

表6.2.11 引弧板和引出板的尺寸及焊缝引出长度（mm）

焊接类型	焊缝	引弧板或引出板		
	焊缝引出长度	宽度	长度	厚度
手工电弧焊、气体保护焊	＞25	＞50	板厚的1.5倍且不小于30	不小于6
非手工电弧焊	＞80	＞80	板厚的2倍且不小于100	不小于10

12 多层焊应符合下列要求：

1）厚钢板坡口焊接应采取多层多焊道焊接法。多层多焊道焊接接头宜错开50mm以上。在进行多层多焊道手工焊接时，应采用分段、分层、退步反向、对称焊法。

2）厚钢板多层焊应连续施焊，每一焊道焊接完后，应及时清理焊渣及表面飞溅物，发现影响焊接质量缺陷时，应清除后再焊。

3）在连续焊接过程中，应控制焊接区母材的温度。遇有中断施焊的情况，应采取适当的保温措施，再次焊接时，重新预热温度不应低于规定的预热温度。

4）坡口底层焊道采用手工电弧焊时，宜使用直径不大于4mm的焊条施焊，底层根部焊道最小尺寸应适宜，最大厚度不宜超过6mm。

13 框架箱形柱、梁总装配后焊接，应先焊内部隔板与翼板和腹板的焊缝、后焊翼板与腹板4条主焊缝。4条主焊缝宜采用手工电弧焊或二氧化碳气体保护焊，应从中间开始向两端分别同一方向延伸且分段退焊，并应对称施焊。

14 炉壳体应先焊内侧焊缝再焊外侧焊缝，并应先焊各圈（带）立焊缝、后焊横焊缝，应由多名焊工均布圆周，并应采用对称反向、多层多焊道、分段退焊的方法进行焊接。

15 炉底板的焊接宜从圆中心部向圆周径向延伸的顺序焊接。横焊缝应由多名焊工从中间向两端方向采用分段跳焊、对称反向、多层多焊道的焊接方法施焊。炉底板与环板应由多名焊工均布圆周，并应采用对称反向、多层多焊道、分段退焊的方法进行焊接，宜先焊底板后焊环板。

16 高炉、熔融还原炉下部框架箱形柱对接焊缝，宜先焊内侧、后焊接外侧，并宜对称施焊。

17 炉壳上临时开设的人孔复原封闭焊接、炉壳上的法兰短管，宜对称焊接。长焊缝应分段退焊或跳焊。

18 壳体结构件开孔处与管道或短管的焊接，应采用与主体材料成分和性能相同或相近的低氢型焊条。

6.2.12 焊接预热、后热和消除应力处理，应符合下列要求：

1 焊接预热温度应根据焊接接头坡口形式、尺寸、钢材类别、钢板厚度、构件拘束条件、熔敷金属扩散氢含量、焊接热输入量大小、接头热传导条件，以及环境温度等因素综合确定或通过工艺评定确定。手工电弧焊焊接板厚大于50mm的碳素钢结构钢、板厚大于36mm的低合金结构钢的预热温度，宜为100℃～150℃。炉壳专用钢的预热温度应通过工艺评定确定。

2 焊接预热宜采用电加热器伴随预热，特殊情况下可采用煤气、丙烷等气体火焰均匀预热。预热应在施焊部位背面实施。预热区应在焊接坡口两侧，每侧宽度应为焊件施焊处厚度的2倍～3倍，且不应小于100mm。预热温度宜在施加预热部位的背面测量。测温点应在焊道两侧各50mm处，可用测温笔或远红外线测温仪等测温仪器具进行测温。当用火焰加热器预热时，正面测温应在加热停止后进行。

3 炉壳上附件及临时工具、卡具，焊接前预热要求，应符合本规范第6.2.12条第1款和第2款的规定，可采用火焰预热。

4 根据接头热传导条件选择预热温度，且其他条件不变时，T形接头应高于对接接头的预热温度25℃～50℃。

5 手工电弧焊焊接板厚大于36mm的低合金结构钢，板厚大于50mm的碳素结构钢，板厚大于50mm炉壳，焊接后应进行后热处理。后热处理可利用电加热设备进行。后热处理温度应为200℃～350℃，保温时间应根据工件的板厚，按每25mm板厚不少于0.5h确定，总保温时间不得小于1h，达到保温时间后应缓冷至常温。

6 热风炉高温段焊后消除应力处理应符合设计文件的规定。消除应力处理应在无损检测合格后，且所有开孔及吊耳、卡具等附件焊接完后进行。安装现场焊接的焊缝局部消除应力处理，可采用热处理及其他有效的方法消除应力。热处理应符合国家现行标准《碳钢、低合金钢焊接构件焊后热处理方法》JB/T 6046和《钢制压力容器焊接规程》JB/T 4709的有关规定，热处理后的壳体不得再次进行施焊和切割。

7 高炉风口段在工厂按圆周分块制造时，组装和焊接风口法兰或风口后，应分别进行消除应力处理，并应符合设计文件的规定。设计无规定时，可采用热处理及其他有效的方法消除应力。热处理应符合本条第6款的规定。高炉风口段应分为数块组装件，运到安装现场后进行拼装和对接。对接焊缝可采用电渣焊、手工电弧焊等方法焊接，焊后均可不进行消除应力处理。

8 熔融还原炉对接立焊缝应采用热处理及其他有效方法消除应力。热处理应符合本条第6款的规定。

6.2.13 焊缝表面缺陷返修应符合下列要求：

1 气孔、夹渣、焊瘤、余高过大等缺陷，应用砂轮打磨、铲凿等方法去除，并应进行补焊。

2 焊缝尺寸不足、咬边、弧坑未填满等缺陷，应进行补焊。

6.2.14 焊缝内部缺陷返修应符合下列要求：

1 应根据无损检测确定的位置和缺陷的深度，用砂轮打磨或碳弧气刨清除缺陷。

2 缺陷为裂纹时，应查明原因，并应由焊接技术人员制定修补方案后再进行处理。

3 碳弧气刨前，应在裂纹两端钻裂孔，并应清除裂纹及两端各50mm的焊缝及母材。

4 清除缺陷应将刨槽加工成四侧边斜面角大于10°的坡口，并应修整表面，应磨除气刨渗碳层，必要时应用渗透探伤或磁粉探伤方法确定是否彻底清除。

5 补焊应在坡口内引弧，熄弧时应填满弧坑。多层焊的焊层之间应错开，焊缝长度不应小于100mm，焊缝长度超过500mm时，应采用分段退焊法。

6 返修部位应连续施焊，中断焊接时，应进行后热和保温，再次焊接应进行外观检查。必要时可用磁粉或渗透探伤方法检查，并应在确认无裂纹后再继续施焊。

7 返修焊接预热温度应高于相同条件下正常焊接预热温度10℃～20℃。

8 补焊宜采用超低氢焊条焊接。必要时应进行后热处理。

9 焊缝正、反面应各作为一个部位，同一部位返修不宜超过两次。两次返修后仍不合格的部位，应重新制定返修方案，应经项目负责人审批并报监理工程师认可后实施。

6.2.15 碳弧气刨应符合下列要求：

1 碳弧气刨工应经培训合格后再上岗操作。

2 发现"夹碳"现象时，在"夹碳"边缘5mm～10mm处应重新起刨，所刨深度应比"夹碳"处深2mm～3mm；发生"粘渣"现象时，可用砂轮打磨。

3 低合金高强度钢及高炉专用钢，应用砂轮打磨刨槽表面，并应去除淬硬层后再进行焊接。

6.2.16 焊接检验应符合下列要求：

1 焊接检验应由焊接检查人员、无损检测人员负责。检查人员应按现行国家标准《炼铁机械设备工程安装验收规范》GB 50372、设计文件及焊接工艺作业指导书进行全面检查和监督。

2 焊接过程中应检查焊接工艺的执行情况，发现偏差应及时纠正。

3 所有焊缝应冷却到环境温度后进行外观检查。屈服强度大于或等于235MPa，且小于420MPa钢材的焊缝，焊接完毕24h后的检查结果应作为验收依据。屈服强度大于420MPa的钢材焊缝，焊接完毕48h后的检查结果应作为验收依据。

4 坡口形状及打磨光洁度应进行检查，发现裂纹应进行处理并做好记录。

5 焊缝外观检查宜用目测，裂纹的检查应辅以5倍放大镜并在合适的光照下进行，必要时，应用磁粉探伤或渗透探伤检查。磁粉探伤检测方法及质量评定，应符合国家现行标准《无损检测 焊缝磁粉检测》JB/T 6061的有关规定。渗透探伤检测方法及质量评定，应符合国家现行标准《无损检测 焊缝渗透检测》JB/T 6062的有关规定。焊缝外观检查有裂纹时，应对该批同类焊缝全部进行检查。焊缝外观尺寸的测量应用量具、卡规等。

6 大直径卷焊钢管对接焊缝内部质量采用超声波检测合格后，可不再进行煤油渗漏试验。采用多层多焊道焊接时，宜进行煤油渗漏试验。渗漏试验应在焊缝能够检查的一面清理干净并涂上白粉浆，晾干后应在焊缝另一面涂上煤油，应使表面充分浸润30min后，检查涂白粉的表面无油渍为合格。经试验后，发现焊缝有煤油渗漏现象时，应进行修补。

7 用于吊装炉壳的吊耳与炉壳焊接的角焊缝焊接，应进行磁粉探伤或渗透探伤检验，并应无裂纹。

8 焊缝内部质量超声波检测部位应符合下列要求：

1）接头的丁字焊缝。

2）截面改变处及管道交叉处。

3）在外观检验有异议处或检验人员指定的部位。

6.2.17 高炉和熔融还原炉框架、桁架类工艺钢结构对接焊缝质量，应符合设计文件的规定。设计无规定时，对接焊缝内部质量，应符合现行国家标准《钢焊缝手工超声波探伤方法和探伤结果分级》GB 11345中有关B类Ⅲ级及Ⅲ级以上的规定。外观质量应符合现行国家标准《钢结构工程施工质量验收规范》GB 50205中有关二级的规定。

6.2.18 高炉、热风炉、五通球、熔融还原炉壳体工艺钢结构对接焊缝内部质量，应符合设计文件的规定。设计无规定时，对接焊缝内部质量，应符合现行国家标准《钢焊缝手工超声波探伤方法和探伤结果分级》GB 11345中有关B类Ⅱ级的规定。外观质量应符合现行国家标准《炼铁机械设备工程安装验收规范》GB 50372的有关规定。

6.2.19 其他壳体及T形对接与角接组合焊缝内部质量，应符合现行国家标准《钢焊缝手工超声波探伤方法和探伤结果分级》GB 11345中有关B类Ⅲ级的规定；外观质量应符合现行国家标准《炼铁机械设备工程安装验收规范》GB 50372的有关规定。

6.2.20 炉底水冷管对接焊缝内部质量，应符合设计文件的规定。设计无规定时，对接焊缝内部质量应符合现行国家标准《金属熔化焊焊接接头射线照相》GB 3323中有关B类Ⅱ级的规定；外观质量应符合现行国家标准《现场设备、工业管道焊接工程施工规范》GB 50236中有关焊缝质量分级标准Ⅱ级的规定。

6.2.21 大直径卷焊煤气钢管对接焊缝质量应符合设计文件的规定。设计无规定时，对接焊缝内部质量应符合现行国家标准《金属熔化焊焊接接头射线照相》GB 3323中有关B类Ⅲ级的规定；外观质量应符合现行国家标准《现场设备、工业管道焊接工程施工规范》GB 50236中有关焊缝质量分级标准Ⅲ级的规定。

6.2.22 大直径卷焊钢管、炉体冷却设备短管法兰焊缝质量，应符合设计文件的规定。设计无规定时，宜进行煤油渗漏试验，并应无渗漏。外观质量应符合现行国家标准《现场设备、工业管道焊接工程施工规范》GB 50236中有关焊缝质量分级标准Ⅲ级的规定。

6.3 高强度螺栓连接

6.3.1 高强度螺栓的栓孔应采用钻孔成型，孔边应无飞边、毛刺等。

6.3.2 高强度螺栓连接处的钢板，表面应平整、无焊接飞溅物、无毛刺、无油污，表面处理方法应符合设计文件的规定。

6.3.3 经处理后的高强度螺栓的摩擦面应采取保护措施，不得沾染污物、油污和做任何记号。

6.3.4 高强度螺栓连接的摩擦面抗滑移系数试验，应符合下列要求：

1 制造厂和安装单位应分别以钢结构制造批为单位进行抗滑移系数试验，制造批可按分部工程的工程量，应以每2000t为一批，不足2000t可视为一批。选用两种或两种以上的表面处理工艺时，每种处理工艺应单独试验。每批应有三组试件。

2 抗滑移系数试件应由制造厂加工。构件出厂时，应按批附3套试件，应由安装单位复验抗滑移系数。在运输过程中试件摩擦面不得损伤。

3 试件与所代表的构件材质、摩擦面处理工艺、钢材批次、性能等级、螺栓直径应相同。试验方法及结果应符合现行国家标准《钢结构工程施工质量验收规范》GB 50205的有关规定。

6.3.5 高强度大六角头螺栓连接副应复验扭矩系数。复验用的螺栓应在安装现场待安装的螺栓批中随机抽取，每批应抽取8套连接副进行复验，并应符合现行国家标准《钢结构工程施工质量验收规范》GB 50205的有关规定。

6.3.6 扭剪型高强度螺栓连接副应复验预拉力。复验用的螺栓应在安装现场待安装的螺栓批中随机抽取，每批应抽取8套连接副进行复验。试验方法及结果应符合现行国家标准《钢结构工程施工质量验收规范》GB 50205的有关规定。

6.3.7 高强度螺栓连接副安装时，在每个节点螺栓孔组上穿入的临时螺栓与冲销数，应由安装时可能承担的载荷计算确定，并应符合下列要求：

1 不得少于螺栓孔数的1/3。

2 不得少于两个临时螺栓，不得将连接用的高强度螺栓兼作临时螺栓。

3 冲销穿入数量不宜多于临时螺栓的30%。

6.3.8 高强度螺栓应自由穿入螺栓孔内，严禁强行敲打。不能自由穿入时，应用铰刀铰孔修整，修整的最大孔径应小于螺栓直径的1.2倍。铰孔前应将四周的螺栓全部拧紧，并应使钢板密贴后再进行。不得用气割扩孔。

6.3.9 高强度螺栓安装应在结构件中心位置调整后进行，其穿入方向应以施工方便为准，除构造原因外，应力求一致。扭剪型高强度螺栓连接副安装时，螺母带圆台的一侧应朝向垫圈有倒角的一侧。大六角高强度螺栓连接副安装时，螺栓头下垫圈有倒角的一侧应朝向螺栓头。

6.3.10 高强度螺栓在初拧、复拧和终拧时，节点处螺栓紧固应由螺栓群中央向四周延伸的顺序拧紧。连接副终拧后，螺栓丝扣外露应为2扣～3扣，其中可有10%的螺栓丝扣外露1扣或4扣。

6.3.11 高强度螺栓连接的摩擦面应保持干燥、整洁、无飞边、毛刺、焊接飞溅物、焊疤、氧化铁皮、污垢等。除设计文件规定外，摩擦面不应涂漆。高强度螺栓连接不得在雨中作业。

6.3.12 高强度大六角头螺栓施工用的扭矩扳手，施工前应校正，其扭矩允许偏差不得大于±5%，并应在合格后再使用。

6.3.13 高强度大六角头螺栓连接副终拧完成1h后、48h内，应进行终拧扭矩检查，检查结果应符合现行国家标准《钢结构工程施工质量验收规范》GB 50205的有关规定。

6.3.14 高强度螺栓的拧紧应分为初拧、终拧，大型节点应分为初拧、复拧、终拧，并应符合下列要求：

1 扭剪型高强度螺栓初拧扭矩值，应按现行国家标准《钢结构工程施工质量验收规范》GB 50205的有关规定采用。

2 大六角头高强度螺栓的初拧扭矩值，宜为施工扭矩的50%，施工扭矩值应按现行国家标准《钢结构工程施工质量验收规范》GB 50205的有关规定采用。

3 复拧扭矩应等于初拧扭矩。

6.3.15 扭剪型高强度螺栓终拧后，除构造原因外，螺栓尾部梅花头均应在终拧中拧掉，未在终拧中拧掉梅花头的螺栓连接副，应采用扭矩法或转角法进行终拧并标记，并应按现行国家标准《钢结构工程施工质量验收规范》GB 50205的有关规定进行终拧扭矩检查。

6.4 工艺钢结构零部件加工、组装

6.4.1 放样和号料应符合下列要求：

1 放样前应熟悉施工图和工艺要求，并应核对构件与构件相互连接的几何尺寸，发现问题应及时向有关部门提出。施工图纸修改应符合本规范第3.0.5条的规定。

2 壳体类、框架类构件零件及大直径卷焊钢管的卷板料，应采用计算机放样和排料。

3 放样和号料应根据工艺要求预留制作和安装时的焊接收缩余量及切割、刨边和铣平等加工余量。

4 壳体类构件样板宜采用厚度为0.8mm～1.0mm钢板制作，其弦长不应小于1500mm。样板应经自检和专检合格后再使用。

5 号料前应清除钢材表面油污、泥土等污物，并应核对钢材规格、材质、批号及检查钢材表面外观质量。钢材表面外观质量应符合本规范第5.3.7和第5.3.8条的规定。

6 号料时应划出检查线、中心线、弯曲线，并

应用样冲标记。其深度不宜大于 0.5mm。画线宜用钢划针，画线允许偏差为 0.5mm，大工件可用石笔或粉线画线，画线允许偏差为 1.0mm。

7 焊接缝坡口加工符号、下料方法等，应用油漆醒目标记。

8 号料允许偏差应符合下列要求：

1）零件外形尺寸允许偏差为±1.0mm。

2）零件孔距允许偏差为±0.5mm。

9 弯曲加工部分的外表面及容易引起缺陷的位置，不得用錾子和冲头制作记号。

6.4.2 切割和刨削应符合下列要求：

1 切割前，应清除钢材表面的水、油污、铁锈等。切割后，气割表面应无裂纹、夹渣和分层，以及大于 1mm 的缺棱。

2 壳体类、框架类构件的零件、大直径卷焊钢管的卷板，宜采用数控切割机或自动、半自动切割机进行切割。低合金钢板应在 0℃以上的环境温度下进行。低于 0℃时，应采取相应的措施。

3 碳素结构钢在环境温度低于－20℃、低合金结构钢在环境温度低于－15℃时，不得剪切和冲孔。

4 气割用氧气纯度应为 99.5%以上，乙炔纯度应为 96.5%以上，丙烷纯度应为 98%以上。

5 气割后边缘应平整，缺口可按焊接工艺规定进行少量焊补和修磨，并应清除边缘熔瘤及飞溅物。气割后工件尺寸和切割面的平面度和粗糙度允许偏差，应符合表 6.4.2-1 和表 6.4.2-2 的规定。

表 6.4.2-1 气割后工件尺寸允许偏差（mm）

切割厚度	基本尺寸范围			
	35～315	315～1000	1000～2000	2000～4000
30～50	±0.5	±1.5	±2.0	±2.5
50～100	±1.0	±2.0	±2.5	±3.0

注：表中允许偏差适用于图样上未注公差的尺寸，长宽比小于或等于 4：1 的工件，切割周长大于或等于 350mm 的工件。

表 6.4.2-2 切割面的平面度和粗糙度允许偏差（mm）

钢板厚度	≤20	20～40	40～63	63～100	100～150	150～200
平面度	1.0	1.4	1.8	2.2	3.0	3.5
割纹深度	0.13	0.15	0.18	0.22	0.30	0.40
熔角高度 h	1.0	1.5	2.0		3.0	5.0

注：测量平面度应减去熔角高度 h。

6 切割后的板材应矫正。由于切割引起的变形等缺陷，应标注零件所属的工件号或构件号后再流入下一道工序。

6.4.3 矫正和成型应符合下列要求：

1 碳素结构钢在环境温度低于－16℃、低合金结构钢在环境温度低于－12℃时，不得进行冷矫正和冷弯曲。

2 冷矫正和冷弯曲的最小曲率半径和最大弯曲矢高，应符合现行国家标准《钢结构工程施工质量验收规范》GB 50205 的有关规定。

3 钢材的矫正，宜在常温下用机械设备进行。炉壳钢板可采用压力机或火焰加热矫正，矫正后的钢材，表面上应无明显的凹陷、凹痕及其他损伤，划痕深度不得大于 0.5mm。钢材矫正后的允许偏差，应符合现行国家标准《钢结构工程施工质量验收规范》GB 50205 的有关规定。

4 碳素结构钢和低合金结构钢加热矫正时，加热的温度应根据钢材性能选定，但不得超过 900℃，低合金钢加热矫正后应缓慢冷却，严禁用水激冷，应在自然状态下冷却。

5 零件采用热加工成型时，加热温度宜为 900℃～1000℃，并应避免“过热”现象。碳素结构钢温度降低到 700℃、低合金结构钢降低到 800℃时，应结束加工，低合金结构钢应自然冷却。

6.4.4 边缘加工和端面加工应符合下列要求：

1 气割和机械切割的零件，进行边缘加工时，其刨削量不应小于 2.0mm。

2 边缘加工的允许偏差应符合现行国家标准《钢结构工程施工质量验收规范》GB 50205 的有关规定。

3 端面加工应符合下列要求：

1）两端铣平时，构件长度允许偏差为±2.0mm。

2）两端铣平时，零件长度允许偏为±0.5mm。

3）铣平面的平面度允许偏差为 0.3mm。

4）铣平面对轴线的垂直度允许偏差为构件长度的 1/1500。

6.4.5 制孔应符合下列要求：

1 制孔可采用数控机床加工、钻床钻孔、铣床铣孔等方法。

2 孔壁表面粗糙度和螺栓、螺栓孔径及孔距的允许偏差，应符合表 6.4.5-1 和表 6.4.5-2 的规定。

3 同一类型的零件进行批量加工时，应对首制件的孔径、孔位和孔壁质量进行检查，并应符合设计文件和表 6.4.5-1 的规定，再投入批量生产。所有零件板的制孔，应在构件矫平后再进行画线和钻孔。

表 6.4.5-1　螺栓、螺栓孔、孔壁表面粗糙度允许偏差

名称		高强度螺栓				A、B级（Ⅰ类孔）螺栓			C级（Ⅱ类孔）螺栓
螺栓	直径（mm）	16	20	22	24	10～18	18～30	30～50	—
	允许偏差（mm）	±0.43	±0.52			0.00 −0.21	0.00 −0.21	0.00 −0.25	
螺栓孔	直径（mm）	17.5	22	(24)	26	10～18	18～30	30～50	—
	允许偏差（mm）	+0.43 0.00	+0.52 0.00		+0.84 0.00	+0.18 0.00	+0.21 0.00	+0.25 0.00	+1.0 0.00
圆度		1.00	1.50			—			2.00
中心线倾斜度（mm）		不应大于板厚的0.03，且单层板不应大于2.0，多层板迭组合不应大于3.0				—	—	—	不应大于板厚的0.03，且单层板厚不应大于2.0
孔壁粗糙度（μm）		R_a不应大于25				R_a不应大于12.5			R_a不应大于25

表 6.4.5-2　螺栓孔距允许偏差为（mm）

螺栓孔距	≤500	500～1200	1200～3000	>3000
同一组内任意两孔距离	±1.0	±1.5	—	—
相邻两组端孔间距离	±1.5	±2.0	±2.5	±3.0

注：1　在节点中连接板与一根杆件相连的所有螺栓孔为一组。

2　对接接头在拼接板一侧的螺栓为一组。

3　在两相邻节点或接头间的螺孔为一组，但不包括注1、2规定的螺栓孔。

4　受弯构件翼缘上的连接螺栓孔，每米长度范围内的螺栓孔为一组。

4　制成的螺栓孔，其孔周围应无毛刺、喇叭口或凹凸的痕迹，切屑应清除干净。

5　螺栓孔距的允许偏差超过表6.4.5-2的规定时，应采用与母材材质相匹配的焊条补焊和打磨后重新制孔。

6　数量较多的高强螺栓孔，宜采用数控钻床进行加工。因构件尺寸较大而采用摇臂钻时，应采用钻模板钻孔。

6.4.6　摩擦面加工应符合下列要求：

1　摩擦面的加工应采用机械喷砂、喷（抛）丸方法。机械喷砂、喷（抛）丸方法难以覆盖的局部表面，可采用砂轮打磨的方法加工。

2　砂轮打磨方法加工摩擦面可采用风动、电动砂轮机。砂轮打磨应符合下列要求：

1）打磨方向应与构件受力方向垂直。

2）打磨范围不应小于螺栓孔直径的4倍。

3）打磨后表面呈金属光泽。

4）打磨后应经生成浮锈周期后并除去后再安装螺栓。

6.4.7　组装应符合下列要求：

1　在组装前，组装人员应熟悉施工图、组装工艺及有关设计文件的规定，并应检查组装零部件的外观、材质、规格、数量等。

2　组装的结合面、焊缝处沿边缘30mm～50mm范围内的铁锈、毛刺、污垢、冰雪、雨水等，应在组装前清除干净。

3　构件的隐蔽部位应先进行焊接、涂装，并应经检查合格后再进行组装。完全封闭的内表面可不涂装。

4　构件组装应在工作平台、台架或装配胎模上进行。工作平台、台架、胎模或组装大样定型后，应经检查合格后再进行组装。

5　焊接构件的几何尺寸，应依据焊缝收缩变形情况预放收缩余量。

6　框架、通廊、桁架类构件中的焊接H型钢的翼缘板拼接缝和腹板拼接缝的间距，不应小于200mm。翼缘板拼接长度不应小于板宽的2倍，腹板拼接宽度不应小于300mm，长度不应小于600mm。纵横两方向的对接焊缝，可采用十字形交叉或T形交叉。当采用T字形交叉时，交叉点间距应大于或等于200mm。

7　桁架结构杆件轴线交点错位允许偏差为3.0mm。

8　采用夹具组装，拆除夹具时不得损伤母材，残留的焊疤应修磨平整。

9　顶紧接触面应有75%以上的面积紧贴，应用0.30mm塞尺检查，其塞入面积应小于25%，边缘间隙不应大于0.8mm。

6.4.8 构件的预组装应符合下列要求：

1 工艺钢结构超长、超宽的构件，应由订货单位根据安装、运输条件向制造厂提出分段、分块、分片或分单元制作、运输的技术要求。

2 下列结构在制造厂应进行下列预组装：

1）高炉、熔融还原炉外壳。

2）热风环管。

3）高炉框架、炉顶刚架的主构架及炉顶设备支架。

4）热风炉炉底及与其相连的第一圈。

5）热风炉拱顶外壳、外燃式热风炉拱顶环梁与相应的外壳。

6）除尘器、洗涤塔、文氏管洗涤器等外壳的锥形部分及支座处外壳。

7）上料斜桥主桁架及斜桥上部卸料段。

8）上料胶带机通廊桁架。

9）垂直上料机机头和机尾部框架。

10）设计文件或合同附件规定的构件。

3 工厂预装配或安装现场拼装均应在坚实、稳固的平台、支承凳或胎架上进行，其基础应压实并垫以砾石压平。炉壳组装平台宜用型钢或钢轨作基架，型钢或钢轨作基架，其上面应根据组装的需要铺设钢板。平台、支承凳或胎架上表面的高度差，不得大于2mm。

4 预组装合格的构件应标出构件号和中心线、对接记号等。壳体类构件应标记0°、90°、180°、270°四芯点等，并应用样冲眼和油漆明显标记。

5 高炉工艺钢结构预组装允许偏差，应符合本规范附录B的规定。

6.5 壳体制作

6.5.1 壳体制作施工图应包括炉壳吊装、加固、运输、包装，以及脚手架挂耳、夹具固定块、定位器等，其数量和置应由订货单位协同安装单位提出，并应在订货合同附件上列出。

6.5.2 壳体钢板切割边缘应平整，边长应预留焊接收缩量，对接头或丁字接头的钢板切割允许偏差为±2.0mm，对接接头的钢板应检查两对角线之差，允许偏差为3.0mm。

6.5.3 钢板的坡口形式和尺寸应符合设计文件或本规范第6.2.11条第1款和第2款的规定。坡口的加工方法应符合下列要求：

1 标准抗拉强度不大于540MPa的碳素钢结构和低合金结构钢，可采用冷加工或热加工。采用热加工时，应用冷加工的方法去除影响焊接质量的表层。

2 采用火焰切割的方法加工坡口时，其切割表面质量应符合本规范第6.4.2条的规定。

3 坡口表面应无裂纹、分层、夹渣等缺陷。

6.5.4 不同厚度板材对接，炉壳内侧表面应齐平，并应符合下列要求：

1 对接的板厚均不大于40mm，厚度差不大于4mm时，可采用焊缝金属表层平缓过渡的方法处理［图6.5.4（a）］。厚度差大于4mm时，应采用热切割或冷加工方法在较厚板的厚度方向从一侧做成1∶3的斜度［图6.5.4（c）］。

2 对接的板厚大于40mm，厚度差小于6mm时，可采用焊缝金属表层平缓过渡的方法处理［图6.5.4（b）］。厚度差大于6mm时，应采用热切割或冷加工方法在较厚板的厚度方向从一侧做成1∶3的斜度［图6.5.4（d）］。

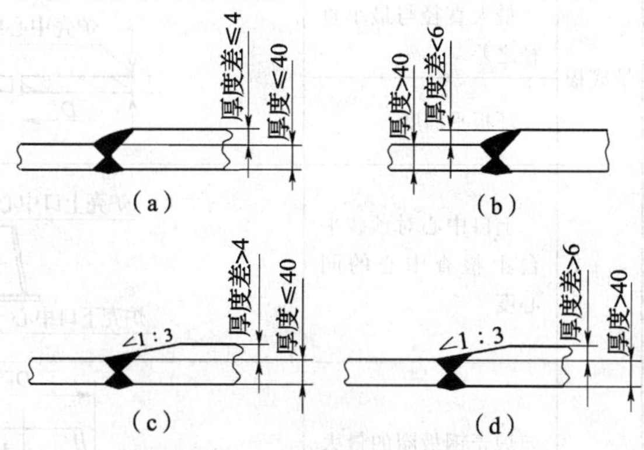

图6.5.4 不同厚度板材对接

（a）对接的板厚均不大于40mm时，厚度差小于4mm；
（b）对接的板厚大于40mm，厚度差小于6mm；
（c）对接的板厚不大于40mm，厚度差大于或等于4mm；
（d）对接的板厚大于40mm，厚度差大于或等于6mm

6.5.5 高炉、热风炉等壳体类构件圆柱、圆锥壳体，可采用弯板机、压力机进行冷弯成型。高炉炉喉与煤气封板之间的过渡圆弧段和热风炉锥球形炉顶，宜采用胎具热压成型，并应符合设计文件的规定。

6.5.6 外壳弯曲成型后，钢板边缘不得有裂纹、分层、褶皱和夹渣，基层处理后的钢板实际厚度不得小于允许的最小厚度。

6.5.7 弯曲成型的壳体钢板应预留压头，压头长度不应小于150mm。弯曲成型后壳体钢应用弧形样板检查，样板弦长不应小于1500mm，成型部位弧线与样板间的间隙不得大于2.0mm。

6.5.8 单块炉壳成型后应立放在平台上检查，炉壳弧长允许偏差为±3mm。下口与平台之间应无间隙，局部间隙不应大于2mm；圆弧板或圆锥扇形板垂直高度允许偏差为±3mm，炉身和炉腹壳体钢板与平台间的夹角，可通过实体测量和计算，允许偏差为±3′。上口、下口圆弧检查，应符合本规范第6.5.7条的规定。

6.5.9 单圈（带、环）壳体预组装，应符合下列要求：

1 组装前，对接焊缝每边各50mm范围内的铁锈、毛刺、油污或保护坡口的防锈材料等，应清除干净。

2 壳体的预组装应在专门设置的预组装平台上进行，预组装平台应符合本规范第 6.4.8 条第 3 款的规定。

3 在每组装一圈（带、环）炉壳前，均应检测预组装平台的精度，并应调整至符合本规范第 6.4.8 条第 3 款的规定后再进行下一圈（带、环）炉壳的预组装作业。

4 预组装平台上应划出炉壳上下口轮廓投影线，炉壳圈（带、环）中心点、炉壳外圆 0°、90°、180°、270°四芯点，应做出明显标记。

5 壳体预组装宜设置垫板和炉壳定位卡板，垫板上表面高度差应小于 2mm。

6 壳体预组装几何形状和尺寸允许偏差应符合表 6.5.9 的规定。

表 6.5.9 壳体预组装几何形状和尺寸允许偏差（mm）

项目			简图	允许偏差
炉底板	最大直径与最小直径之差		炉壳中心线 D	$D/1000$
	环板平面度			≤4
炉壳	上口中心对预装平台上检查中心的同心度		炉壳上口中心 H 炉壳下口中心	$H/1000$ 且不大于 10
	炉壳钢板圈的最大直径与最小直径之差		D_1 中心线	$2D_1/1000$ 且不大于 8
	炉壳高度		中心线 H	$H/500$ 且不大于 6.0
	上口高度差			≤4
坡口间隙	对口错边量	$t≤40$	对口错边量 根部间隙	$t/10$ 且不大于 3.0
		$t>40$		$t/10$ 且不大于 6.0
	坡口根部间隙	$t≤30$		+2.0 −1.0
		$t>30$		0.0 +3.0

注：D 为炉底板直径，H 为单圈炉壳的高度，D_1 为炉壳钢板圈直径。

6.5.10 多圈（带、环）炉壳段预组装，应符合下列要求：

1 多圈（带、环）炉壳预组装应在单圈（带、环）炉壳预组装合格的基础上进行。单圈（带、环）预组装不合格的炉壳，不得参与多圈（带、环）炉壳段的组装。多圈（带、环）炉壳预组装的上、下单圈（带、环）间，宜在下圈（带、环）的上口焊接限位挡块。

2 炉壳预组装应从下往上按顺序进行，每次组装的圈（带、环）数量应根据车间内具体条件确定。每组装一个单元多圈（带、环）并拆开为单圈（带、环）成品后，应将最上面的一圈（带、环）留作下一组装单元的底圈（带、环）。

3 炉壳预组装应按合同附件的规定在每块炉壳钢板上焊接吊耳、脚手架挂耳、夹具固定块、定位器等。各组装圈（带、环）应设置脚手架、跳板、栏杆、梯子等，解体后应保留已焊好的脚手架挂耳。炉壳预组装不宜采用定位焊，应使用卡具、夹具、固定件等，固定件在解体后宜保留。

4 逐圈（带、环）检查合格后，应在拆开的上、下圈（带、环）对接处标出0°、90°、180°、270°四芯点，并应用油漆和钢印做出明显的标记和编号。

5 炉壳立焊缝和环焊缝隙交叉应采用T形对接焊缝，两圈（带、环）之间的立焊缝应错开，其距离不应小于200mm。

6 多圈（带、环）炉壳段预组装应符合本规范表6.5.9的规定。

6.5.11 炉壳上开孔应符合下列要求：

1 炉壳开孔应采用自动切割或机械切割装置开孔，可在钢板成型前平面开孔或在预组装合格后立体开孔。孔径小于50mm时，应采用机械开孔；孔径大于或等于50mm时，宜采用自动切割机开孔。开孔尺寸应符合设计文件的规定。孔的周边应平整，不得有毛刺或沟槽。

2 孔边缘距安装现场焊接的环焊缝小于或等于50mm或距立焊缝小于200mm的孔，应在工厂画线和定位，并应在安装现场拼装和焊接后进行开孔。

3 与炉壳连接的管道宜伸入炉内，伸入尺寸不应大于壳体与砖衬之间的间隙。

6.5.12 炉外壳与风口法兰装配应符合下列要求：

1 风口段炉壳组装后，应进行风口的定位，应用仪器沿炉壳圆周0°、90°、180°、270°四芯点中规定的点按角度等分确定风口中心位置，其允许偏差为4′。风口中心位置宜用全站仪、红外线激光仪进行定位。

2 开风口孔以及安装、焊接风口法兰，应符合下列要求：

1）开风口孔宜设置工装，可采用数控切割机、半自动、自动切割机进行。

2）风口法兰中心标高，其允许偏差为±3.0mm，相邻两风口中心高度差允许偏差为3.0mm，全部风口法兰中心应在同一水平面内，其高度差允许偏差为5.0mm。

3）各相对风口各法兰在中心的水平连线与炉体中心线应相交，允许偏差为10mm。

4）各相对风口各法兰面中心的水平连线与风口法兰面水平中心线的垂直度、法兰面的垂直度允许偏差均为3/1000。

5）法兰面水平中心线的水平度，在法兰直径内允许偏差为2mm。

6）法兰伸出炉壳表面的距离其允许偏差为5mm。

3 风口法兰焊接后应进行消除应力处理，并应符合设计文件的规定。设计无规定时，应符合本规范6.2.12条第7款的规定。

4 风口段分块消除应力处理后，风口段炉壳应进行二次组装，可用全站仪、红外线激光仪对风口进行精确定位，并应进行机械加工。

5 风口段最终预组装并安装风口大套，应检查风口的向心性，并应符合本条第2款的规定。

6 风口的安装和风口向心性检查可采用全站仪、红外线激光仪等检测。

6.5.13 风口焊接焊缝内部质量应符合本规范第6.2.22条的规定。

6.5.14 风口大套应在制造厂装配。大套与风口法兰的配合应严密，连接螺栓应均匀坚固。法兰面及螺栓螺母副应按设计文件的规定进行焊接密封，并应进行渗透检验。

6.5.15 风口大套与炉壳直接装配和焊接应符合本规范第6.5.12条和第6.5.13条的规定。

6.5.16 炉外壳上铁口套、碴口法兰应在制造厂装配和焊接，并应符合下列要求：

1 铁口套、碴口法兰应沿炉壳圆周0°、90°、180°、270°四芯点中以规定的点测量中心点，允许偏差为4′。法兰中心标高允许偏差为±5.0mm，法兰中心线在水平直径内的水平度允许偏差为3.0mm。

2 碴口、铁口套法兰的焊接，其焊接处应牢固可靠，焊肉应饱满，应无漏焊，并应符合本规范第6.2节的规定。

6.5.17 炉体冷却设备在炉壳上的法兰的装配，应符合下列要求：

1 炉壳上冷却板法兰应沿炉壳圆周0°、90°、180°、270°四芯点中以规定的点测量中心点，允许偏差为4′，也可测量中心距，允许偏差为±5.0mm。相邻两层法兰的中心距允许偏差为±5.0mm。法兰面水平面中心线两端分别到炉壳表面的距离，允许偏差为3mm，在法兰全高内，法兰面的垂直度允许偏差3mm。

2 冷却壁同组孔的水平方向和垂直方向中心距，允许偏差为±2mm。相邻组孔的水平方向和垂直方向中心距，允许偏差为±3mm。水管孔不宜超过管子外径的1.5倍，螺栓孔不宜超过螺栓直径的1.3倍。

6.5.18 高炉煤气取样机、炉喉测温装置、炉喉洒水装置、炉顶点火装置等在炉壳上的法兰等装配，应符合下列要求：

1 炉喉测温装置在炉壳上的法兰中心位置沿炉壳圆周以规定的起点测量，允许偏差为5′。中心标高允许偏差为±5.0mm。相邻法兰的中心高度差不得大于5.0mm。

2 炉喉洒水装置在炉壳上的法兰中心位置沿炉壳圆周以规定的起点测量，允许偏差为4′。中心标高允许偏差为±10mm。相邻法兰的中心高度差不得大于10mm。

3 煤气取样机在炉壳上的法兰中心位置沿炉壳圆周以规定的起点测量，允许偏差为5′。中心标高允许偏差为±10mm。法兰面与取样机纵向中心线的垂直度，直径不大于500mm的法兰，在法兰直径内的允许偏差为1.0mm；直径大于500mm的法兰，在法兰直径内的允许偏差为2/1000。法兰伸出炉壳的距离，在法兰端面顶点检查，允许偏差为±5.0mm。

4 炉顶点火装置在炉壳上的法兰中心位置沿炉壳圆周以规定的起点测量，允许偏差为5′。中心标高允许偏差为±10mm。

6.5.19 高炉炉壳采用承重钢绞索液压提升装置实施倒装法安装时，炉顶应设承重（环）梁，宜与相应的炉壳预组装。

6.5.20 炉壳构件预组装合格后，应有记录，并应进行编号和用样冲、油漆标记圆周0°、90°、180°、270°四芯点对接记号，应编制组装和编号图。

6.5.21 炉体外壳在预组装后，应根据安装、运输条件拆分为2件～4件，各部件应采取防止炉壳产生变形的加固措施。

6.6 框架、通廊、桁架的制作

6.6.1 框架结构柱、梁等构件应根据制造加工、运输、安装等具体情况在详图设计时确定供货状态。

6.6.2 框架柱、梁、通廊制造时，应投设中心标记，柱类构件应有中心线和1m标高基准线，应用冲眼和油漆明显标记。

6.6.3 框架箱形柱、梁的组装应符合下列要求：

1 框架箱形柱、梁总装配前，应进行腹板上的型钢类加劲件、内部隔板上加劲件的局部组装、焊接和矫正。

2 框架箱形柱、梁的组装应在水平胎架上进行，水平胎架上表面高度差允许偏差为2mm，并应在每组装一段前，检测其水平度，并应调整至符合本条第1款的要求后再进行下段的组装作业。

3 框架箱形柱总装，应按依次按下翼板，内部隔板，左、右腹板的顺序组装成U形组装件后，再进行上翼板的组装。

4 箱形柱与柱底座的装配和焊接顺序，宜符合下列要求：

1）柱底板与箱形柱组装。

2）间隔装配竖向筋板。

3）装配柱顶板。

4）焊接顺序宜为焊柱底板与柱腹板—竖向筋板与柱腹板—竖向筋板与柱底板和柱顶板—柱顶板与柱腹板。

6.6.4 炉体下部框架的上平台梁与框架柱连接的圆弧段的制作，应符合下列要求：

1 下翼缘板宜预压成型，异形腹板宜采用数控机床切割下料。

2 装配和焊接时，焊接宜先内部隔板、后焊外部翼板与腹板四条主焊缝，应从中间开始向两端延伸且分段退焊，并应对称施焊。

6.6.5 双腹板H形箱形梁的制作，应符合下列要求：

1 箱形梁应采用装配胎具，并应以正H向组装方式进行组装。

2 箱形梁装配胎具应符合梁的拱度调整要求。

3 箱形梁腹板、上、下翼缘板及加劲板装配后，应进行焊接。箱形梁上、下翼缘板与腹板，隔板与箱形梁上、下翼缘板及左、右腹板的焊接，应从中间开始向两端方向延伸且分段退焊，宜配置两名或两名以上的焊工对称施焊。

4 焊箱形梁内部焊缝的焊接宜先焊隔板与箱形梁上、下翼缘板及左、右腹板的焊缝，后焊上、下翼缘板与腹板焊缝。

5 箱形梁所有焊缝焊接完后，应进行平台梁牛腿的装配和焊接。

6 安装现场施工用的人孔应在工厂开设，并应配备有坡口的孔盖。人孔盖复原封闭焊接宜对称、分段、退步施焊。

6.6.6 炉体框架、炉顶刚架等柱类构件的制作允许偏差，应符合下列要求：

1 一节柱高度，应用钢尺检查，允许偏差为±3.0mm。

2 多节柱总高度，应用钢尺检查，允许偏差为±7.0mm。

3 柱身挠曲矢高，拉线应用钢尺检查，允许偏差为柱子高度的1/1000，且不应大于5mm。

4 牛腿的翘曲或扭曲，拉线应用钢尺或直角尺检查。当牛腿长度不大于600mm时，允许偏差为2.0mm；当牛腿长度大于600mm时，允许偏差为3.0mm。

5 柱截面几何尺寸，应用钢尺检查，允许偏差为±3.0mm。

6 翼缘板对腹板的垂直度，应用直角尺和钢尺检查。当翼缘板宽度不大于400mm时，允许偏差为翼缘板宽度的1/100。当翼缘板宽度大于400mm时，允许偏差为5.0mm。连接处允许偏差为1.5mm。

7 腹板中心线，应用钢尺检查，连接处允许偏差为1.5mm，其他处允许偏差为3.0mm。

8 柱脚底板翘曲，应用1m直尺和塞尺检查，允许偏差为3.0mm。

9 柱脚螺栓孔中心至柱中心线的距离，应用钢尺检查，允许偏差为±1.5mm。

10 每节柱的扭曲，拉线、挂线坠应用钢尺检查，允许偏差为5.0mm。

11 柱底刨平面到牛腿支承面的距离，应用钢尺检查，允许偏差为设计尺寸的±1/2000，且不得大于±8.0mm。

6.6.7 框架中的平台梁、框架梁为焊接实腹梁的制作允许偏差，应符合下列要求：

1 梁长度应用钢尺检查，端部刀板封头型的梁，允许偏差为0～−5.0mm。其他型式的梁允许偏差为梁长度的±1/2500，且不应大于10.0mm。

2 梁端部高度，应用钢尺检查。梁端部高度不大于2000mm时，允许偏差为±2.0mm；梁端部高度大于2000mm时，允许偏差±3.0mm。

3 梁两端外侧安装孔组中心距离，应用钢尺检查，允许偏差为±3.0mm。

4 梁的拱度，拉线应用钢尺检查。设计规定起拱时，允许偏差为梁长度的±1/5000。设计未规定起拱时，不得下挠。

5 梁的侧弯矢高，拉线应用钢尺检查，允许偏差为梁长度的1/2000，且不应大于10.0mm。

6 梁的扭曲，拉线、挂线坠应用钢尺检查，允许偏差为梁端部高度的1/250，且不应大于10.0mm。

7 梁的腹板局部平面度，应用1m直尺和塞尺检查。腹板厚度不大于14mm时，允许偏差为5.0mm；腹板厚度大于14mm时，允许偏差为4.0mm。

8 梁的翼缘板对腹板的垂直度，应用直角尺和钢尺检查，允许偏差为翼缘板宽度1/100，且不应大于3.0mm。

9 梁的腹板中心线，应用钢尺检查，允许偏差为3.0mm。

10 梁的翼缘板宽度，应用钢尺检查，允许偏差为±3.0mm。

6.6.8 通廊、桁架制作允许偏差，应符合下列要求：

1 桁架长度应用钢尺检查，允许偏差为±10.0mm。

2 每节桁架最外端两个孔距离，应用钢尺检查。桁架长度不大于24000mm时，允许偏差为+3.0mm～－7.0mm；桁架长度大于24000mm时，允许偏差为+5.0mm～－10.0mm。

3 桁架节点截面几何尺寸，应用钢尺检查，允许偏差为±5.0mm。

4 桁架节点截面两对角线长度之差，应用钢尺检查，允许偏差为5.0mm。

5 桁架侧向弯曲，拉线应用钢尺检查，允许偏差为桁架长度的1/1000，且不应大于10.0mm。

6 桁架弦杆在相邻节点间的平直度，拉线、挂线坠应用钢尺检查，允许偏差为桁架长度的1/1000，且不应大于10.0mm。

7 通廊下平面两对角线长度之差，应用钢尺检查，允许偏差为10.0mm。

8 桁架拼装时的拱度，拉线应用钢尺检查。设计规定起拱时，允许偏差为桁架长度的1/5000。设计未规定起拱时，不得下挠。

6.7 大直径卷焊钢管制作

6.7.1 大直径卷焊钢管制作应根据设计图及钢板供货情况编制排版图，并应进行管道的分段、编号以及确定连接形式。

6.7.2 大直径卷焊钢管宜采用数控切割机床下料和机械切割坡口，曲线形状的零件，可采用手工切割坡口。坡口加工后应进行除锈和预涂装。

6.7.3 大直径卷焊钢管应采用辊式弯板机进行弯曲加工，板端应进行预压或预留弯曲后的直线段长度，卷焊管对接处不应有直线段。

6.7.4 大直径卷焊钢管的同一节上的纵向接缝不宜多于两道，两纵缝间距不应小于200mm；组对时，两纵缝间距应大于100mm；支管外壁距焊缝不宜小于50mm。

6.7.5 卷焊钢管对接焊缝的内壁错边量，不宜超过壁厚的10%，且不应大于2mm。

6.7.6 大直径卷焊钢管校圆板的弧长应为管子周长的1/6～1/4，与管内壁的不贴合间隙，应符合下列要求：

1 对接纵缝处不应大于壁厚的10%加2.0mm，且不应大于3.0mm。

2 离管端200mm处，对接纵缝处不应大于2.0mm，其他部位不得大于1.0mm。

6.7.7 大直径卷焊钢管制作允许偏差，应符合表6.7.7的规定。

表6.7.7 卷焊钢管制作允许偏差（mm）

项目	公称直径						检验方法
	<800	800～1300	1300～1700	1700～2500	2500～3000	≥3000	
	允许偏差						
周长	±5	±7	±9	±11	±13	±15	用钢尺检查
圆度	D/1000 且不大于4.0	4.0	6.0	8.0	9.0	10.0	用钢尺检查
卷管端面垂直度	D/1000且不大于3.0						吊线坠用钢尺检查
管段的直线度	L/1000且不大于10.0						拉线用钢尺检查
法兰的垂直度	d/1000						用直角尺或吊线坠用钢尺检查

注：D为卷管直径，d为法兰的直径，L为管段的长度。

6.7.8 焊制弯头主要尺寸的允许偏差应符合下列要求：

1 当公称直径不大于1000mm时，周长允许偏差为±4.0mm；当公称直径大于1000mm时，周长允许偏差为±6.0mm。

2 焊制弯头端面与中心线垂直度偏差不应大于管子外径的1%，且不应大于3.0mm（图6.7.8）。

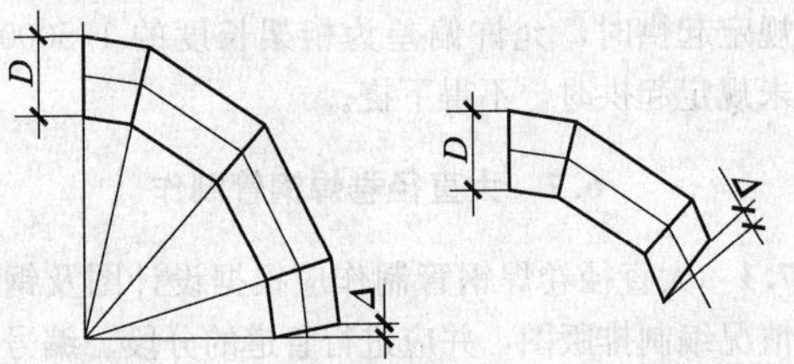

图6.7.8 焊制弯头端面垂直偏差

6.7.9 焊制异径管的圆度允许偏差不应大于各端外径的1%，且不应大于5.0mm。同心异径管两端中心线应重合，其偏心值 $(a_1-a_2)/2$ 不应大于大端外径的1%，且不应大于5.0mm（图6.7.9）。

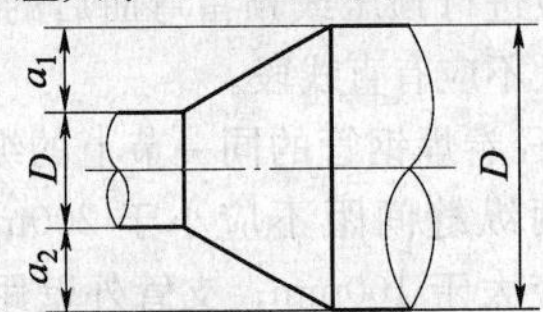

图6.7.9 焊制异径管

6.7.10 焊制三通的支管垂直度允许偏差，不应大于支管长度的1%，且不应大于3.0mm。

6.7.11 大直径卷焊钢管出厂应设防变形支撑，并应符合下列要求：

1 直径600mm～1000mm时，宜采用十字形支撑。

2 直径大于1000mm～1500mm时，宜采用60°角形支撑。

3 直径大于1500mm时，宜采用米字形支撑。

4 支撑件宜采用角钢和连接板，角钢和连接板应采用三面围焊，连接板与管壁宜采用间断焊。

6.7.12 热风环管制作应符合下列要求：

1 热风环管制作宜采用计算机放样和数控切割机下料。工厂应分节制作，并应分数个环段组装，最后应进行整体预组装。环段与环段之间的连接宜采用对接焊接。整体预组装应在平台、支承凳或胎架上进行，平台、支承凳或胎架的设置，应符合本规范第6.4.8条第3款的规定。

2 热风环管预组装应符合下列要求：

1）环管预组装应在平台、支承凳或胎架上进行，其上表面的高度差不得大于2mm。

2）检查环管上表面高度差，用水准仪检查，允许偏差为10.0mm。

3）环管最大直径与最小直径之差，用钢尺检查，允许偏差为环管直径的1.5/1000，且不大于10.0mm。环段与环段之间对口错边量允许偏差为2.0mm，坡口端部间隙允许偏差为－1.0mm～＋2.0mm。

6.7.13 高炉煤气上升管、下降管、三通管或五通球的制作，宜采用计算机放样，应采用数控切割机切割下料。工厂应分段制作，并应分段组装，同时应符合设计文件的规定。预组装应在平台、支承凳或胎架上进行，平台、支承凳或胎架的设置，应符合本规范第6.4.8条第3款的规定。

6.7.14 五通球壳赤道带的钢板不宜拼接。赤道带与上、下极带钢板的对接，应采用T形交叉焊缝，交叉点的间距不应小于100mm。

6.8 壳体安装

6.8.1 高炉炉壳的安装可采用正装法、倒装法、上部倒装和下部正装法、线外拼装整体滑移法等安装工艺。采用正装法时，炉壳安装与框架安装应同步进行。采用倒装法、上部倒装下部正装法、线外拼装整体滑移法时，框架应先于炉壳的安装。

6.8.2 高炉、热风炉、熔融还原炉安装前，其基础0°、90°、180°、270°四芯点及基础中心点，均应埋设中心标板，并应测量投点，同时应测量炉体框架立柱纵、横中心线及标高点。

6.8.3 水冷梁（管）设置在炉底板下时，其安装应符合下列要求：

1 水冷梁（管）垫板设置应符合设计文件的规定。设计无规定时，应符合现行国家标准《机械设备安装工程施工及验收通用规范》GB 50231的有关规定。

2 水冷梁（管）应在工厂预组装，并应拆分分片运入安装现场进行安装，应先安装中部组装件、后安装两侧组装件，并应找正和调整0°、180°和90°、270°四芯线，拉线、挂线坠应用钢尺检查，允许偏差为3mm。用垫板和预埋在水冷梁侧的金属调整件调整梁上表面的水平度和标高时，调整结果应用水准仪或钢尺检查，其值应符合设计文件的规定。设计无规定时，标高允许偏差为±10mm，相邻支承梁的高度差，允许偏差为4mm，全部支承梁的高度差，允许偏差为支承梁组成的直径的1/1000。

3 水冷梁（管）安装和压力试验完成后，应按设计文件的规定安装封板后，再交下道工序进行耐热混凝土和碳捣料的施工。

6.8.4 水冷管设置在高炉炉底板上时，其安装应符合下列要求：

1 应根据炉壳上水冷管孔的标高安装水冷管的支座，并应用钢尺检查，标高允许偏差为±5mm。

2 应用水准仪测量相邻水冷管高度差，允许偏差为3mm，全部支承梁的高度差允许偏差为4mm。

3　水冷管应在炉体冷却设备安装后进行。

6.8.5　水冷管整体水压试验应符合下列要求：

1　水压试验压力应符合设计文件的规定。设计无规定时，试验压力应为设计压力的1.5倍。压力试验应缓慢升压，应待达到试验压力后稳压10min，再将试验压力降到设计压力，然后停压30min，应以压力不降、无渗漏为合格。

2　水压试验合格后，应用压缩空气吹净管内积水，碳钢管应充以惰性气体后进行封闭。

6.8.6　炉底板的安装应符合下列要求：

1　水冷管设置在炉底板下时，炉底板施工过程中，水冷梁中耐热混凝土和碳捣料应采取防雨措施。

2　炉底板就位前，可在基础或水冷梁上以炉中心为圆心、按底板设计半径用专用工具在水冷梁上划圆，并应在圆周设置定位板、划出各片的定位线。

3　底板应逐块吊装就位，其顺序应从炉中心开始然后向半径方向延伸，并应找正和调整底板0°、180°和90°、270°四芯线、上表面水平度、炉底板直径。底板中心线允许偏差为2.0mm，上表面水平度允许偏差为炉底板直径的1/1000，炉底板最大直径与最小之差应为炉底板直径的2/1000。

4　炉底板的焊接应符合本规范第6.2节的规定。底板应先进行定位焊和塞孔焊，塞孔焊应从底板中心向四周辐射施焊，炉底板焊接应先焊横缝再焊纵缝，横向焊缝焊接应从中间向两端延伸，并应分段跳焊、多层多焊道焊接。底板与环板应多人均布、同时同向、对称分段退焊。必要时，可焊接反变形卡具，可用锤击方法消除应力。

5　应根据设计文件的规定安装和焊接灌浆孔及排气孔，焊接宜由多人从底板中心部沿半径方向延伸。灌浆孔及排气孔均应设置防雨水盖。

6　炉底板安装应符合设计文件或现行国家标准《炼铁机械设备工程安装验收规范》GB 50372的有关规定后，再进行压力灌浆。压力灌浆后应切割去除压力灌浆孔、排气孔等，切割宜由多人从底板中心部沿半径方向延伸，并应按设计文件规定进行封闭。

6.8.7　炉壳拼装应符合下列要求：

1　炉壳在安装现场拼装时，应按本规范第6.4.8条第3款的规定设置拼装平台进行。

2　与高炉底板连接的炉缸段壳体制造厂已焊炉底环板时，炉底环板应贴合组装平台面。壳体钢板上口高度差不能满足要求时，不得采用加垫板的方法调高壳体。

3　单圈（带、环）或扩大组合圈（带、环）拼装，应符合本规范第6.5.9条和第6.5.10条的规定。扩大组合圈（带、环）范围和组合的圈（带、环）数量，应根据吊装机械的起重能力确定，其拼装接口不宜在壳体转折处。

4　炉壳拼装时，宜将临时平台、栏杆、梯子等同时拼装。炉壳组装成单圈（带、环）后，应设加固支撑件，单圈（带、环）吊装宜采用专用吊架吊装。

5　炉壳拼装应同步安装炉壳附件。

6.8.8　高炉炉壳的安装应符合下列要求：

1　吊装就位前，应在炉底板上设置炉中心标板，并应测量投点，底板上应设置炉中心测量塔架，并应在炉中心测量塔架上挂设炉中心线坠。

2　逐圈（带、环）组装炉壳，应分别测量炉壳半径、炉壳圈（带、环）中心相对炉底中心的同心度。架设水准仪应测量炉壳钢板圈（带、环）上口高度差等。

3　与高炉炉底环板连接的炉缸段单块壳体板就位安装时，宜设置防倾倒支撑件。

4　高炉炉腰炉壳安装后和炉喉炉壳安装前，应分别安装耐材施工用的安全平台，并应符合设计文件的规定。

5　安全平台安装后，应将炉底中心点移植到安全平台上。

6　高炉炉腰以上的炉壳安装，应设置能搁置在炉壳上的活动的测量桥，并应在测量桥上挂设炉中心线坠和架设水准仪，应分别测量各段炉壳半径、炉壳钢板圈（带、环）中心相对炉底中心的同心度、炉壳圈（带、环）上口高度差等。

7　高炉炉缸、风口段、炉腹、炉腰、炉身、炉喉、炉顶封板炉壳安装时，允许偏差应符合下列要求：

1）炉壳钢板圈（带、环）的最大直径与最小直径之差，用钢尺测量半径值计算，允许偏差为炉底板直径的2/1000。

2）炉壳钢板圈（带、环）中心与炉底中心应重合，拉线用钢尺检查，允许偏差为炉壳钢板圈（带、环）标高与炉底标高之差的2/1000且不大于30.0mm。

3）炉壳钢板圈（带、环）上口高度差，用水准仪检查，允许偏差为4.0mm。

4）炉壳钢板拼接对口间隙允许偏差应符合表6.8.8的规定。

表6.8.8　炉壳钢板拼接对口间隙允许偏差（mm）

项　目		允许偏差	检验方法
对口错边量	$t\leqslant40$	$t/10$且不大于3.0	用钢尺检查
	$t>40$	$t/10$且不大于6.0	
坡口端部间隙	$t\leqslant30$	+2.0 −1.0	用塞规检查
	$t>30$	+3.0 0.0	用塞规检查

注：t为炉壳钢板厚度。

8　扩大组合炉壳圈（带、环）的吊装，其安装允许偏差为应符合本规范第6.8.8条的规定。

9 炉缸铁口或碴口段炉壳安装后，应复测铁口或碴口的中心线及标高，并应符合设计文件的规定。设计无规定时，碴口和铁口套法兰面中心位置，应沿炉壳圆周以规定的起点测量，允许偏差为4′，法兰面水平中心线的水平度，在法兰外径内水平度允许偏差为3mm，标高允许偏差为±5.0mm。

10 安装煤气取样机的炉壳段时，应复测取样机连接法兰的中心标高，其允许偏差为±10.0mm。法兰面与取样机纵向中心线的垂直度，对于直径小于500mm的法兰，在法兰直径内的允许偏差为1mm；对于直径大于或等于500mm的法兰，在法兰直径内的允许偏差为2/1000。

11 煤气封罩拼装时，应根据吊装机械的起重能力安装耐材锚固件及吊兰、炉喉钢砖安装附件等。

6.8.9 设计文件规定工厂画线和定位并在安装现场开的孔，应采用半自动切割机或机械钻具开孔，孔边缘应打磨，不得有割槽或毛刺等缺陷。冷却板的肾形孔宜先用机械钻具在两端钻孔，再用氧炔焰切割孔间的炉壳钢板。

6.8.10 炉顶法兰的安装应符合下列要求：

1 炉顶法兰安装前，应完成煤气封罩炉壳段的开孔及相应的焊接作业。

2 炉顶法兰的安装，应在炉顶平台0°、90°、180°、270°四芯点挂设纵、横向中心线及线坠，应找正和调整炉顶法兰中心，其允许偏差为炉顶法兰的设计标高与炉底的设计标高之差的2/1000，且不应大于30mm。

3 炉顶钢圈侧应设置千斤顶，应找正和调整法兰的标高，应用经纬仪测量，允许偏差为±20.0mm。

4 炉顶法兰上平面可设置平尺、水平仪或水准仪、钢尺，应检查任何两点的高度差，允许偏差为炉顶法兰直径的1/1000，且不应大于3mm。

6.8.11 热风炉炉底板安装应符合下列要求：

1 热风炉蓄热室底板下采用铺垫干砂时，干砂铺垫后应采取防雨措施，并应立即安装蓄热室底板。底板安装时应起落不少于两次，第一次应目视检查干砂与底板的接触程度，接触面积不应小于60%，合格后应再次落位进行找平找正。底板找平找正操作应靠自由落位进行。

2 热风炉蓄热室底板厚度小于20mm时，砌砖前应先进行底板对接焊缝的真空度试验，真空度为40kPa时，应无泄漏。

3 热风炉纵、横向中心线应与炉底板上的0°、90°、180°、270°四芯线重合，炉中心应投设在炉底上的中心标板上。炉底板安装应符合下列要求：

1）炉底板纵、横向中心线，用经纬仪或拉线检查，挂线坠用钢尺检查，允许偏差为2.0mm。

2）炉底板标高，用水准仪或钢尺检查，允许偏差为±10mm。

3）炉底板上口高度差用水准仪检查，允许偏差为4.0mm。

4）炉底板焊后的水平度，允许偏差为热风炉直径2/1000。

6.8.12 热风炉直筒段炉壳的安装，应符合下列要求：

1 整圈（带、环）炉壳的吊装宜采用十字形吊具。

2 直筒段下部炉壳的安装，在炉底板中心处应设置测量塔架。上部壳体安装时，应设置搁置在炉壳上的活动测量桥，并应在活动测量桥上挂设炉中心线坠和架设水准仪，应分别测量炉壳半径、炉壳钢板圈（带、环）上口高度差、炉壳钢板圈（带、环）中心相对炉底中心的同心度等。

3 热风炉直筒段炉壳安装允许偏差，应符合下列要求：

1）炉壳钢板圈（带、环）中心与炉底中心应重合，允许偏差为热风炉高度1/1000，且不大于30.0mm。

2）炉壳钢板圈（带、环）上口高度差，用水准仪检查，允许偏差为4.0mm。

3）炉壳钢板圈（带、环）的最大直径与最小直径之差，用钢尺测量半径值计算，允许偏差为热风炉直径的2/1000。

4 在安装与炉顶炉壳连接的直筒段炉壳时，宜在吊装机械起重能力允许的情况下，将耐火材料施工用安全平台吊装和安装在炉壳上。

6.8.13 热风炉炉顶炉壳安装应符合下列要求：

1 炉顶炉壳安装前，应将炉体中心移植到安全平台上，应设置搁置在炉壳上的活动测量桥，并应在活动测量桥上挂设炉中心线坠和架设水准仪，应分别测量炉壳圆度、炉壳圈（带、环）中心相对炉底中心的同心度、炉壳圈（带、环）上口高度差，以及相关接口短管中心线、标高等。

2 炉顶炉壳的安装允许偏差应符合下列要求：

1）炉顶中心与炉底中心应重合，挂线坠用钢尺检查，允许偏差为热风炉直径的1/1000，且不大于30.0mm。

2）炉顶固定圈（带、环）的中心与炉体中心应重合，挂线坠用钢尺检查，允许偏差为5.0mm。

3）炉顶固定圈（带、环）任意两点直径差，用钢尺测量半径值计算，允许偏差为10.0mm。

4）炉顶固定圈（带、环）标高，用水准仪检查，允许偏差为±5.0mm。

6.8.14 外燃式热风炉的蓄热室与燃烧室、燃烧室与混合室，顶燃式热风炉球顶炉壳与热风竖管安装时，应复核检查炉壳上的对接记号及0°、90°、180°、270°四芯点记号，还应检查联络管法兰的方位和同心度、垂直度，以及标高、相互间距离等，并应符合设计文件的规定，必要时应进行调整。

6.8.15 热风炉炉壳拼接对口间隙允许偏差，应符合表6.8.8的规定。

6.8.16 粗煤气除尘器安装应符合下列要求：

1 粗除尘器宜整圈（带、环）出厂。分块出厂时，安装现场应按本规范第6.4.8条第3款的规定设置平台进行组装，宜逐块拼装成整圈（带、环）或拼装成扩大组合圈（带、环）进行吊装。

2 粗除尘器壳体宜先安装支座处的壳体圈（带、环），然后安装上、下部壳体圈（带、环），上部壳体圈（带、环）应采用正装法安装，下部段应采用倒装法安装。

3 设有煤气遮断阀的重力除尘器壳体的锥罩安装前，应安装煤气遮断阀及附属件。

6.8.17 壳体结构安装完毕后，用于炉壳上安装的附属构件，应距壳体表面5mm处切除，切除时不得损伤母材，残留部分应用砂轮打磨平。

6.9 框架安装

6.9.1 框架结构安装应根据制造加工、运输、吊装机械等具体情况，确定吊装件形状，宜采用组合件或扩大组合件的形式吊装。

6.9.2 框架柱、梁以及支撑等主要构件吊装就位后，应及时进行找正、调整和固定，并应形成刚性单元。暂时不能形成刚性单元时，应采取临时加固措施。

6.9.3 框架结构件安装的同时，平台、栏杆、梯子以及管道、设备等，应同步安装。

6.9.4 箱形框架梁、柱开设的用于焊接或螺栓连接的人孔，在焊接或螺栓紧固完后应进行内部清理，并应按设计文件的规定进行及时复原封闭。

6.9.5 炉体下部框架安装应符合下列要求：

1 炉体下部框架安装时，与基础固定的第一段立柱吊装就位后，应调整和检查纵、横向中心线及标高。标高允许偏差为±10.0mm，纵、横向中心线允许偏差为5mm，柱间两对角线长度之差，允许偏差为15mm。立柱的垂直度允许偏差为1/1000，且不应大于20mm。符合要求后应进行二次灌浆。

2 下部框架各段立柱安装时，应在各安装段设置临时脚手架、平台、梯子、防护栏杆等。

3 立柱安装应逐段或逐层检测和调整标高、纵横中心线、柱间两对角线长度之差、立柱垂直度等，并应符合下列要求：

1）框架柱的标高，用水准仪或钢尺检查，允许偏差为±10.0mm。

2）框架柱纵、横向中心线（相对定位轴线），用经纬仪或拉线用钢尺检查，允许偏差为5.0mm。

3）框架柱的垂直度用经纬仪检查，或吊线坠用钢尺检查，允许偏差为1/1000，且不大于20.0mm。

4）框架柱间两对角线长度之差，允许偏差为15mm。

5）平台梁标高，用水准仪或钢尺检查，允许偏差为±20.0mm。

6）平台梁水平度，用水准仪或钢尺检查，允许偏差为2/1000。

4 分段安装有一定倾斜度的炉体下部框架柱时，宜分别计算各段柱的中心距和对角线，并应以设计图计算值为基准，应找正和调整柱的中心线和对角线的长度，并应符合本条第3款的规定。

6.9.6 上部框架、炉顶刚架安装应符合下列要求：

1 上部框架及炉顶平台安装完并经检查合格后，应在其平台面测量和投设上部刚架纵、横向中心线及标高点。

2 上部框架、炉顶刚架宜分段将两立柱和横梁、斜撑等地面拼装成片后吊装就位。地面拼装应检查和调整外形尺寸及对角线长度，并应符合设计文件和本规范的规定。

3 框架、炉顶刚架安装时，各层平台、梯子、栏杆等应同步安装。

4 上部框架、炉顶刚架安装允许偏差，应符合本规范第6.9.5条第3款的规定。

6.10 通廊、桁架安装

6.10.1 胶带上料机和胶带运输机通廊、料车上料机斜桥，应符合基础测量、放线，应以高炉中心为基准。胶带上料机通廊安装宜将高炉中心移植到炉外的通廊主轴线上，并应以此为基准进行测量。

6.10.2 胶带上料机和胶带运输机通廊、料车上料机斜桥采用分片、分段供货时，应根据安装现场具体情况和承包合同的规定确定，宜在安装现场搭设平台或台架、垫凳等进行拼装，拼装设施应符合本规范第6.4.8条第3款的规定。

6.10.3 通廊、桁架在安装现场拼装应符合下列要求：

1 通廊、桁架拼装应按设计文件的规定设置拱度。桁架拱度应在垂直地平面状态，拉线应用钢尺检查。设计规定起拱时，允许偏差为桁架长度的±1/5000。设计未规定起拱时，不得下挠。

2 桁架长度，应用钢尺检查，允许偏差为±10.0mm。

3 每节桁架最外端孔组中心距离，应用钢尺检查。桁架长度不大于24000mm时，允许偏差为+3.0mm～－7.0mm。桁架长度大于24000mm时，允许偏差为+5.0mm～-10.0mm。

4 桁架任意节点处截面几何尺寸，应用钢尺检查，允许偏差为±5.0mm。截面对角线长度之差，允许偏差为5.0mm。整体桁架对角线长度之差，应用钢尺检查，允许偏差为10.0mm。

5 桁架弦杆在相邻节点间平直度，拉线应用钢尺检查，允许偏差为弦杆在相邻节点间距离的1/1000，且不应大于5.0mm。

6 通廊拼装成整体段的上、下及两侧桁架两对角线长度之差，应用钢尺检查，允许偏差为10.0mm。

6.10.4 料车上料机桁架及卸料段桁架拼装时，宜在起吊机械起吊能力许可范围内，将料车轨道及分歧轨、压轮轨等进行拼装。

6.10.5 胶带上料机通廊拼装时，宜在起吊机械起吊能力许可范围内，拼装胶带上料机附件、通廊支架上的清灰管等。支撑在厂房屋面梁上的支架宜与厂房钢结构同步安装。

6.10.6 胶带上料机通廊和料车上料机卸料段桁架采用单台移动式吊车吊装时，应根据重心位置和斜桥或通廊的设计角度，采取措施调整其角度与设计角度相适应后，再吊装就位。

6.10.7 胶带上料机通廊的支架安装可采用移动式吊车吊装。在支架底部应设计为法兰连接形式并设铰接点，可采用扳转法用起重量较小的移动式吊车或设滑车组用卷扬机牵引竖立就位。

6.10.8 支架在安装现场拼装允许偏差，应符合下列要求：

1 应用钢尺检查支架高度，允许偏差为±15mm。

2 应用钢尺检查支架截面几何尺寸，允许偏差为设计尺寸的1/1000，且不应大于10mm。

3 应用钢尺检查支架两对角线长度差，允许偏差为15mm。

6.10.9 胶带上料机通廊支架的安装允许偏差，应符合下列要求：

1 支架柱脚的中心线，拉线、挂线坠应用钢尺检查，允许偏差为5.0mm。

2 支架上部支座中心线，经纬仪或拉线、挂线坠应用钢尺检查，允许偏差为5.0mm。

3 支架两对角线长度之差，应用钢尺检查，允许偏差为15.0mm。

4 支架标高，应用水准仪和钢尺检查，允许偏差为±15.0mm。

5 支架垂直度，应用经纬仪检查，或拉线用钢尺检查，允许偏差为支架高度的1/1000，且不应大于20.0mm。

6.10.10 胶带上料机通廊宜以两支架间的长度为一段组装单元吊装，可根据吊装机械资源情况选择单机或双机抬吊。单机吊装可采用4个或8个吊点，并应符合本规范第6.10.6条的规定。

6.10.11 胶带上料机通廊宜从固定支架端开始，逐段往活动支架方向顺序安装。其他活动支架上的通廊段应控制接口间的间隙，并应符合设计文件的规定。通廊与支架临时铰接后，可设置防通廊滑动的挡板，全部通廊最终调整、找正并符合设计文件的规定后，应按设计文件的规定进行永久性连接。

6.10.12 通廊中心线与通廊轴线应重合，应用经纬仪和钢尺检查，允许偏差为5.0mm。

6.10.13 料车上料机斜桥及轨道安装允许偏差，应符合下列要求：

1 斜桥中心线，应用经纬仪和钢尺检查，允许偏差为20.0mm。

2 支座中心距，应用经纬仪和钢尺检查，允许偏差为±5.0mm。

3 支座处主梁下部标高或桁架下部标高，应用水准仪或钢尺检查，允许偏差为±5.0mm。

4 桁架节点截面上两对角线长度之差，应用钢尺检查，其值不应大于10.0mm。

5 桁架侧向弯曲，拉线应用钢尺检查，允许偏差为桁架长度的1/1000，且不应大于10.0mm。

6 桁架弦杆在相邻节点间的平直度，拉线应用钢尺检查，允许偏差为弦杆在相邻节点间距离的1/1000，且不应大于5.0mm。

7 斜桥中心线与料车轨道中心线距离，应用钢尺检查，允许偏差为±2.0mm。

8 料车轨道在同一截面内两轨道高度差，应用水准仪检查，允许偏差为4.0mm。

9 料车轨道接头错位，应用钢尺检查，允许偏差为1.0mm。

10 压轮轨中心线与料车轨道中心线距离，应用钢尺检查，允许偏差为±3.0mm。

6.11 大直径卷焊钢管道安装

6.11.1 大直径卷焊钢管道安装应符合下列要求：

1 固定支架应在补偿器预拉伸之前固定。补偿器位置、方向及预拉伸值应符合设计文件的规定。

2 滑动式托架滚柱安装应符合设计文件的规定。设计无规定时，滚柱组中心线允许偏差为10mm。

3 导向支架及滑动支架的滑动面应清洁、无堆积物，不得有歪斜和卡涩，安装位置应符合设计文件的规定。

4 管道上的法兰、焊缝及连接件的设置应便于施工和检修，环焊缝距支架的净距不应小于50mm。

5 法兰连接面间的填（垫）料应符合设计文件的规定。管道安装前，应检查法兰密封面及密封垫片，不得有影响密封性能的划痕、斑点等缺陷。法兰连接应符合现行国家标准《工业金属管道工程施工规范》GB 50235 的有关规定。

6 大直径卷焊钢管道安装允许偏差应符合下列要求：

1）管道支架顶部标高允许偏差为±15.0mm。纵、横向中心线允许偏差为 25.0mm。垂直度允许偏差为支架高度 1/1000，且不大于 20.0mm。

2）管道中心线标高，允许偏差为±15.0mm。纵向中心线，允许偏差为 20.0mm。坡向和坡度应符合设计文件的规定。竖管垂直度，允许偏差为竖管有效长度的 5/1000，且不大于 30.0mm。

6.11.2 大直径卷焊钢管道压力试验，应符合下列要求：

1 管道安装完毕后应进行管道压力试验，并应符合设计文件的规定。设计无规定时，压力试验应采用气压法进行。

2 高炉大直径钢管道压力试验应分段进行，试验段的划分应符合下列要求：

1）厂区冷风管道，从鼓风机站分配管至高炉冷风放风阀。

2）厂内冷风管道，从冷风放风阀至热风炉冷风阀和混风切断阀。

3）洗涤塔、文氏管洗涤器至煤气压力调节阀组和煤气余压发电机组汽轮机入口阀。

4）煤气压力调节阀组以后的净煤气总管。

3 试验前，应将管道和工艺设备施工用的临时设施全部拆除。内部残留物、垃圾应清扫干净，人孔盖、检查孔盖、各种计量仪表器具导管应封闭。金属补偿器连接螺栓应松开。

4 压力试验区段内的管道安装应全部结束、焊缝经检验合格后进行。试验后不得进行开孔和焊接。

5 压力试验区域应设置警戒线及明显标志。在升压和稳压过程中不得敲打、撞击被试验的管道。

6 试验压力应符合设计文件的规定。设计无规定时，气压法试验压力应为工作压力的 1.15 倍，试验时应逐步缓慢增加压力，当压力上升至试验压力的 50%，且未发现异常或泄漏时，应继续按试验压力的 10%逐级升压，应每级稳压 3min，直至试验压力。达到试验压力后，应稳压 10min，再将压力降至设计压力，停压时间应根据查漏工作的需要确定。以发泡剂检验，不泄漏为合格。试验压力在 0.010MPa 以下时，宜采用 U 形压力计进行。

6.11.3 热风主管、热风环管以及上升管、下降管、除尘器至塔前的半净煤气管道，应进行泄漏性试验，泄漏性试验应符合下列要求：

1 泄漏性试验应在压力试验合格后进行，试验介质应为空气。

2 泄漏性试验压力应为设计压力。

3 泄漏性试验可结合高炉整体泄漏性试验一并进行。

4 泄漏性试验应重点检验焊缝、法兰连接处、计量器具等插座螺纹连接处、放空阀、排气阀、排水阀等，应以发泡剂检验，不泄漏为合格。

6.11.4 热风环管拼装应符合下列要求：

1 热风环管宜在下部框架第一层平台（铁口平台）围绕炉壳设置台架或垫凳进行拼装，台架或垫凳上表面应水平，高度差不应大于 2mm。

2 检查环管上表面高度差，应用水准仪检查，允许偏差为 10.0mm。

3 环段与环段之间宜采用对接焊接。坡口对口错边量允许偏差为 2.0mm，坡口端部间隙允许偏差为−1.0mm～+2.0mm。

4 拼装和焊接后，宜安装热风环管下的电葫芦轨道。

6.11.5 热风环管安装应符合下列要求：

1 热风环管的吊装可选择在高炉下部框架顶部设置滑车组用卷扬机牵引吊装、塔式起重机或其他起重机抬吊、钢绞索承重液压提升装置吊装等安装手段。

2 吊装就位后，应用水准仪检查环管下部标高，允许偏差为±10.0mm，环管相对高度差的允许偏差为 10.0mm。

3 应用钢尺检查环管内（径）表面至高炉外壳的距离，允许偏差为±20.0mm。

4 各吊杆安装应垂直于地平面。

6.11.6 高炉煤气导出管安装应符合下列要求：

1 高炉煤气导出短管与煤气封罩段炉壳应在工厂进行开孔和焊接，安装现场应整体吊装就位。

2 导出短管与煤气封罩段炉壳分别供货时，应在煤气封罩段炉壳安装后进行短管的定位，应根据 0°、90°、180°、270°四芯点挂设钢丝线和线坠进行调整和找正，短管就位在炉顶封罩上后，应按设计文件、本规范第 6.2 节和第 6.8.10 条第 1 款的规定进行开孔和焊接作业。

3 短管的安装，应调整和检查上口高度差，其允许偏差为 10mm。相邻两管中心距允许偏差为±10mm，上口中心两对角线之差，允许偏差为 15mm。

6.11.7 高炉煤气上升管、下降管、三通管或五通球的安装，应符合下列要求：

1 三通管或五通球及上、下部弯管、直管等，宜在安装现场拼装，拼装平台的设置应符合本规范第 6.4.8 条第 3 款的规定。拼装允许偏差应符合设计文件和现行国家标准《炼铁机械设备工程安装验收规范》GB 50372 的有关规定。

2 上升管在炉顶平台上设有支座时，上升管支座及管道的安装宜在炉顶刚架安装后进行，应根据高炉 0°、90°、180°、270°四芯点进行定位，管坐标高允许偏差为±10mm，相邻管座中心距允许偏差为±10mm。两对角线之差，允许偏差为 15mm。分段安装应逐段检查标高、中心距及对角线并适时进行控制。上升管安装应垂直，垂直度允许偏差为 1/1000，且不应大于 20mm。

3 设有两根下降管高炉，下降管的直管段应在上升管上部弯头和重力除尘器处的三叉管安装，并应设置临时支撑固定后进行，应检查和调整两管端的标高，并应符合设计文件的规定，两管端中心线应重合，实测对口间距应与直管段尺寸相适应后再分别安装两根下降管的直管段。

4 下降管可采用单台吊车或双台吊车吊装就位，采用单台吊车吊装时，吊点选择应适应管道的安装状态，应采取斜度调节措施，并应根据设计文件的规定角度调整下降管的倾斜度要求再吊装就位。

5 三通管和放散阀可在地面拼装，应整体吊装就位。

6 五通球宜在安装现场拼装和焊接，应根据设计文件进行消除应力处理，应整体吊装就位。就位后应调整和检查纵、横向中心线，其允许偏差为 30mm，标高允许偏差为±30mm。

6.11.8 管道与阀门连接的垂直法兰的安装，应符合下列要求：

1 挂线坠应用钢尺检查垂直法兰面的垂直度，应用专用工具检查法兰面水平中心线与管道中心线的垂直度。法兰直径不大于 1000mm 时，允许偏差为 1.0mm。法兰直径大于 1000mm 时，允许偏差为 1.0/1000。

2 挂线坠应用钢尺检查法兰面螺栓孔位置精度，图 6.11.8 中 A_1 应等于 A_2，B_1 与 B_2 差值不应大于法兰面上螺栓孔的节圆直径的 1/1000，且不应大于 2.0mm。

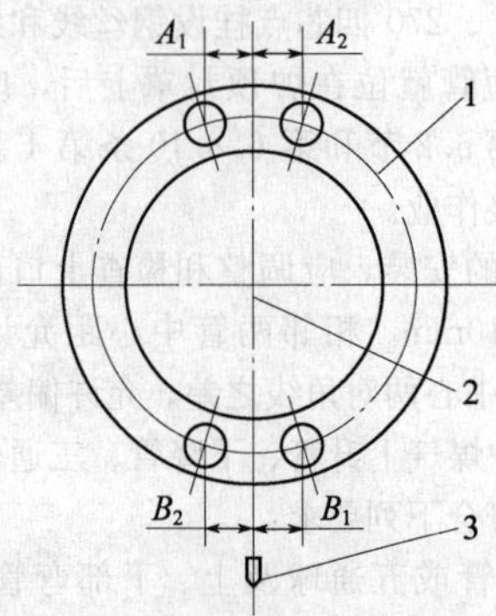

图 6.11.8　法兰面上螺栓孔定位

1—阀门法兰；2—挂设的中心线；3—线坠

6.11.9 金属波纹管膨胀节安装应符合下列要求：

1 金属波纹管膨胀节安装前，应检查波纹管表面无裂纹、焊接飞溅物及大于钢板厚度下偏差的划痕、凹坑等缺陷。

2 金属波纹管膨胀节与管道、设备的连接为对接焊接时，两端管口应开 30°±2.5°的坡口。焊接质量应符合设计文件的规定。金属波纹管膨胀节与管道、设备的连接为异种钢对接焊接时，应进行工艺评定试验，并应符合本规范第 6.2 节的规定。

6.12　涂　装

6.12.1 涂装前，钢材表面除锈等级应符合设计文件的规定。设计无规定时，应符合现行国家标准《涂装前钢材表面锈蚀等级和除锈等级》GB 8923 的有关规定。处理后的钢材表面应无焊渣、焊疤、灰尘、油污、水、毛刺等。

6.12.2 钢板预处理应在工厂专用喷射除锈设备上进行。安装现场焊接的焊缝处和涂层损伤、擦伤处，可采用手工除锈或机械除锈。

6.12.3 涂装时的环境温度和相对湿度，应符合设计文件和产品说明书的规定。设计未规定时，环境温度应为 5℃～38℃，相对湿度不应大于 85%。涂装时构件表面应无结露，涂装后 4h 内应免受雨淋。

6.12.4 喷射除锈合格的钢材，应在表面返锈前涂完第一层底漆。厂房内存放时，应在 16h 内涂完底漆，厂房外存放时，应在当班涂完底漆。喷射除锈合格的钢材，涂底漆前已返锈时，应重新除锈。

6.12.5 涂装遍数、涂层厚度应符合设计文件或产品说明书的规定。设计对涂层厚度无要求时，涂层干漆膜总厚度，室外应为 150μm，室内应为 125μm，其允许偏差为－25μm。每遍涂层干漆膜厚度的允许偏差为－5μm。涂装间隔时间应在前一遍涂装形成干膜后再进行后一遍涂装。

6.12.6 高炉、热风炉、上升管、下降管、三通管或五通球表面耐热防腐蚀涂料的品种、规格和性能及涂装技术要求，应符合设计文件和产品说明书的规定。

6.12.7 涂装可采用刷涂、滚涂、空气喷涂、高压无气喷涂等方法，宜根据涂装场所的条件、被涂物的大小、涂料品种及设计文件的要求等选择合适的涂装方法。

6.12.8 涂层质量应符合下列要求：

1 涂层厚度应符合设计文件的规定，应均匀，颜色应一致。

2 漆膜应附着牢固，应无剥落、皱皮、气泡、针孔等缺陷。

3 涂层应完整，应无损坏、流淌。

4 构件表面不得误涂、漏涂。

5 涂刷色环应间距均匀，宽度应一致。

6.12.9 工厂制作时，下列部位不应进行涂装：

1 安装现场焊缝两侧各 50mm～100mm、孔洞周边 50mm 范围。

2 高强度螺栓连接面。

3 混凝土紧贴或包覆面。

6.12.10 工厂涂装完成后，构件的标识、标记和编号应清晰完整。

6.12.11 工艺钢结构安装后，下列部位应进行补涂装：

1 安装现场焊接部位及烧损、擦伤部位。

2 组装或安装编号、符号部位。

3 结合或连接的外露部位。

4 紧固件。

5 漏涂部位。

6 安装时损伤的部位。

7 炉体设备安装

7.1 炉体冷却设备

7.1.1 炉体冷却壁安装前，应检查进、出水管封闭状态，封闭不良或脱落时，应进行通球试验。球的材质应为木球或金属球，球径应为水管内径的76%±0.2mm。

7.1.2 冷却壁表面质量应符合国家现行标准《高炉用铸铁冷却壁》YB/T 4073的有关规定。

7.1.3 炉体冷却壁设备安装前，应进行压力试验，并应符合设计文件的规定。设计无规定时，试验压力应为1.6MPa，应保持压力15min，并应用0.75kg钢锤敲击冷却壁各部位，先稳压10min，其后5min内允许试压系统压力降不大于3%。

7.1.4 炉体冷却板安装前应进行压力试验，并应符合设计文件的规定。设计无规定时，试验压力应为工作压力的1.5倍，应稳压10min，再将试验压力降至工作压力，应停压30min，以压力不降、无渗漏为合格。

7.1.5 冷却壁和冷却板在安装现场安装过程中，不得碰撞。在吊装过程中发生严重碰撞并留有伤痕时，应单块再次进行水压试验，并应符合本规范第7.1.3条和第7.1.4条的规定。

7.1.6 冷却壁和冷却板安装后，应检查冷却水进出口水管与炉壳上的水管孔之间的间隙，并应符合设计文件的规定。

7.1.7 冷却设备及其管道安装后，应在工作压力下进行通水试验，进出水应畅通，且接头处不应泄漏。

7.1.8 冷却壁安装应符合下列要求：

1 运到安装现场的冷却壁应分类放置和编号。

2 冷却设备的倒运和吊装，应根据设备供货情况、施工进度、安装现场情况，确定冷却壁进入炉内的方式、运输设施，以及在炉壳上开孔的位置、尺寸、数量等。

3 冷却壁安装前，应设置操作平台和水平、垂直两个方向的吊装设施，并应在炉壳内壁投设冷却壁定位轴线和编号。安装就位后，可用楔形铁等工具调整冷却壁之间的垂直间隙和水平间隙，其允许偏差为±10.0mm，且不应小于15.0mm，碴口法兰、风口法兰、铁口套之间的缝隙，不应小于15.0mm。

4 冷却壁固定螺栓应均匀紧固。炉壳与垫板、水管与垫板、螺母与垫板，应层层满焊，焊肉应饱满，应牢固可靠，应无漏焊。

5 冷却壁与冷却水管连接成系统后应进行系统压力试验，其结果应符合设计文件的规定。设计无规定时，试验压力应为工作压力的1.5倍，应稳压10min，再将试验压力降至工作压力，应停压30min，以压力不降、无渗漏为合格。

7.1.9 焊接连接型冷却板安装应符合下列要求：

1 焊接连接型冷却板安装时，应沿炉壳圆周以规定的起点检查冷却板的中心距和标高，允许偏差均为±5.0mm，同一层冷却板上平面高度差，允许偏差为5.0mm。

2 焊接连接型冷却板安装后，垫板与炉壳、水管与垫板的焊接，应层层满焊，应牢固可靠，应无漏焊，不得泄漏煤气。

7.1.10 法兰连接型冷却板安装应符合下列要求：

1 法兰连接型冷却板安装时，应沿炉壳圆周以规定的起点测量冷却板的中心距和标高，允许偏差均为±5.0mm，相邻两层法兰的中心距允许偏差为±5.0mm，法兰面水平中心线两端分别至炉壳表面的距离之差，允许偏差为3.0mm，法兰面的垂直度允许偏差为3.0mm。

2 冷却板的安装应与砌炉专业配合施工。冷却板伸入炉内长度，允许偏差为±5.0mm。

3 冷却板安装用垫圈、螺帽、密封件等，应符合设计文件的规定。法兰面和垫片应清洁无污物，各填料密封部位的连接螺栓应均匀紧固。

7.2 风口装置

7.2.1 风口大套、中套及小套，可采用热风环管下的电葫芦并辅以链式起重机吊装就位，中套及小套可采用配重平衡法吊装。

7.2.2 附设水冷装置的大套、中套及小套，安装前的压力试验应符合设计文件的规定。设计无规定时，试验压力应为工作压力的1.25倍，应稳压10min，再将试验压力降至工作压力，应停压30min，以压力不降、无渗漏为合格。安装完后应以工作压力进行通水试验，进、出水应畅通，接头应无渗漏。

7.2.3 风口各相配的锥面，安装前应清洗干净并清除毛刺。风口二套固定装置顶紧后，法兰之间的间隙应符合设计文件的规定。设计无规定时，不宜小于10mm。大套与中套间的密合面间，应用0.10mm塞尺检查，塞入深度不应大于接触长度的1/3。

7.2.4 风口装置球面配合处，密合面间不得有大于

0.05mm 的间隙。直吹管前端的球面应无沟槽等损伤。

7.2.5 风口装置各法兰的连接面间填（垫）料密封，应符合设计文件的规定，接触应紧密，法兰连接应符合本规范第 6.11.1 条第 5 款的规定。

7.2.6 高炉热风环管下面带法兰的短管，可采用风口装置和送风支管正装法定位。容积 4000m³ 以上的高炉宜采用专用工具定位。短管的焊接应采取防焊接变形措施，其焊接质量应符合设计文件的规定。设计无规定时，应符合现行国家标准《现场设备、工业管道焊接工程施工规范》GB 50236 中有关焊缝质量分级标准Ⅳ级的规定。

7.2.7 高炉热风环管下面带法兰的短管采用风口装置和送风支管正装法定位时，风口装置安装后应依次安装直吹管和弯管，弯管安装允许偏差应符合下列要求：

1 弯管法兰面水平度，应用水平仪检查，允许偏差为 0.50mm。

2 弯管法兰面至风口中心的水平距离，拉线应用钢尺检查，允许偏差为±5.0mm。

3 弯管法兰面中心的垂直线至中套大头端的距离，挂线坠应用钢尺检查，允许偏差为±5.0mm。

4 弯管法兰面中心的垂直线与风口中心的水平线应相交，拉线、挂线坠应用钢尺检查，允许偏差为 5.0mm。

7.3 碴口装置和铁口套

7.3.1 碴口大套、二套、三套及小套，安装前应进行压力试验，并应符合设计文件的规定。设计无规定时，应符合本规范附录 D 的规定。安装后，应在工作压力下进行通水试验，进、出水应畅通，连接处应无泄漏。

7.3.2 碴口大套、二套、三套的固定装置顶紧后，顶板与碴口法兰之间的间隙应符合设计文件的规定。设计无规定时，不宜小于 10mm。大套与二套、二套与三套的密合面间，应用 0.10mm 塞尺检查，塞入深度不应大于接触长度的 1/3。

7.3.3 碴口、铁口套法兰的焊接，其焊接处应牢固可靠，焊肉应饱满，应无漏焊。

7.3.4 碴口装置和铁口套法兰的安装允许偏差，应符合下列要求：

1 法兰面中心位置应沿炉壳圆周以规定的起点测量，允许偏差为 4′。

2 法兰中心标高，应用水准仪或钢尺检查，允许偏差为±5.0mm。

3 法兰面水平中心线在水平直径内的水平度，应用水准仪或钢尺检查，允许偏差为 3.0mm。

7.4 煤气取样机

7.4.1 取样管、密封箱，冷却器的压力试验，应符合设计文件的规定。设计无规定时，应符合本规范附录 D 的规定。

7.4.2 煤气取样机安装前应复测炉壳上的法兰及支座安装精度，并应符合本规范第 6.5.18 条的规定。

7.4.3 煤气取样机取样管小车轨道安装允许偏差，应符合下列要求：

1 纵向中心线相对已安装的法兰短管中心线，拉线、挂线坠应用钢尺检查，允许偏差为 2.0mm。

2 轨面至已安装的法兰面中心的距离，应用钢尺检查，允许偏差为±2.0mm。

3 轨面水平度，应用平尺和水平仪或水准仪检查，允许偏差为 1.0/1500mm；轨面全长范围内的高度差，应用水准仪检查，允许偏差为 5.0mm。

4 同一横截面内两轨面高度差，应用水准仪检查，允许偏差为 2.0mm。

7.4.4 取样管与法兰内的支承件接触时，导向辊与取样管的间隙应符合设计文件的规定。设计无规定时，应用塞规检查，宜为 1.5mm～2.5mm。

7.4.5 高炉烘炉后应调整取样管小车轨道支撑框架立柱的高度。

7.5 煤气取样机试运转

7.5.1 煤气取样机取样管小车试运转应符合下列要求：

1 开动取样管小车在轨道上运行，调整行程极限开关的位置应符合设计文件的规定。

2 取样管小车运行停留在各个规定的位置上，动作应平稳，停止位置应准确，极限开关动作应灵活可靠。

3 取样管小车运行在全行程内往返不应少于 3 次，动作应平稳，停止位置应准确，极限开关动作应灵活可靠。

7.5.2 煤气截止阀正常开、闭不应少于 3 次，动作应灵活可靠。

7.5.3 打开进水阀门，取样管及冷却器的冷却水应进、出畅通，且应无泄漏。

7.5.4 取样管向炉内推进或拉出，与法兰内的支承件应相互吻合，应无卡阻现象。

7.6 炉喉钢砖

7.6.1 通水冷却的炉喉钢砖，安装前应按设计文件的规定进行压力试验。设计无规定时，试验压力应为工作压力的 1.5 倍，并应稳压 10min，然后再将试验压力降至工作压力，并停压 30min，以压力不降、无渗漏为合格。

7.6.2 炉喉钢砖应在炉壳上部安全平台搭设完后进行，钢砖的吊装宜采用高炉结构吊装用吊车完成，并应随吊随安装。

7.6.3 块状钢砖在制造厂应预组装，安装现场应根据制造厂的预组装记录与编号图进行安装。

7.6.4 钢砖吊挂件、托板的焊接应符合设计文件的规定。设计无规定时，应符合现行国家标准《现场设备、工业管道焊接工程施工规范》GB 50236 中有关焊缝质量分级标准Ⅳ级的规定。

7.6.5 钢砖之间的连接螺栓应全部拧紧，且不应漏装。衬板的固定链条应拉紧，不得松动。

7.6.6 条状钢砖安装应符合下列要求：

1 吊挂件中心距，应用钢尺检查，允许偏差为－2.0mm～＋3.0mm；中心距累计偏差，应用钢尺检查，其值不应大于 5.0mm。上、下吊挂中心线应重合，挂线坠应用钢尺检查，允许偏差为 3.0mm。

2 上托板标高，应用水准仪或钢尺检查，允许偏差为±5.0mm；全部托板面上的高度差，应用水准仪或钢尺检查，允许偏差为 4.0mm。

3 钢砖间垂直方向间隙，应用钢尺检查，允许偏差为 10mm。

4 钢砖间垂直方向间隙最小值，应用钢尺检查，不应小于 15mm。

7.6.7 托座支承的块状钢砖安装应符合下列要求：

1 托座标高，应用水准仪或钢尺检查，允许偏差为±15.0mm；上平面高度差，应用水准仪或钢尺检查，允许偏差为 15.0mm。

2 钢砖侧面连接板中心距，应用钢尺检查，允许偏差为±5.0mm；侧面连接板垂直度，挂线坠应用钢尺检查，全长内允许偏差为 2.0mm。

3 同一层钢砖上平面高度差，应用水准仪或钢尺检查，允许偏差为 4.0mm。

4 顶层钢砖上平面高度差，应用水准仪或钢尺检查，允许偏差为 8.0mm。

5 钢砖内圆表面至高炉中心的距离，应用钢尺检查，允许偏差为±10.0mm。

6 钢砖间垂直方向间隙，应用钢尺检查，允许偏差为±5.0mm。

7 顶层保护衬板之间的垂直方向间隙，应用钢尺检查，允许偏差为±15.0mm。

7.7 炉顶保护板

7.7.1 炉顶保护板的固定方法应符合设计文件的规定。

7.7.2 炉顶保护板安装允许偏差应符合下列的要求：

1 保护板上边缘内圆直径，应用钢尺检查，允许偏差为±20mm。

2 相邻保护板之间的高度差，应用水准仪或钢尺检查，允许偏差为 6mm。

3 保护板之间的缝隙，应用钢尺检查，水平缝间隙和垂直缝间隙允许偏差均为±15mm。

4 保护板上探尺孔的位置与炉体中心线距离，应用钢尺检查，允许偏差为±10.0mm；水平位置的角度，应用钢尺检查后换算，允许偏差为±15′。

8 无料钟炉顶设备安装

8.1 炉顶装料设备支架

8.1.1 高炉炉顶装料设备支架安装前，应根据炉顶法兰的中心及 0°、90°、180°、270°四芯点，测量和投设在炉顶平台或其附近框架的适当位置。

8.1.2 高炉炉顶装料设备支架应根据供货和安装现场的具体情况确定，宜采用炉顶吊车吊装，可单件吊装或两立柱及横梁在地面拼装成片后吊装。

8.1.3 高炉炉顶装料设备支架安装应符合下列要求：

1 立柱和炉壳上支座连接的底板宜在安装现场焊接。

2 立柱或立柱及横梁组装件吊装就位后，应调整和测量立柱中心至炉中心的距离，其允许偏差为±5mm，应用水准仪或钢尺测量立柱检查标高及相互高度差，其允许偏差分别为±10.0mm 和 3.0mm，同时应用钢尺检查测量立柱两对角线长度差，允许偏差为 6.0mm。

3 横梁及平台梁安装并调整标高和水平度，其允许偏差分别为±10.0mm 和 2/1000。

8.1.4 炉顶装料设备支架为高强度螺栓连接时，高强度螺栓的连接应符合本规范第 6.3 节和现行国家标准《炼铁机械设备工程安装验收规范》GB 50372 的有关规定。

8.1.5 炉顶设备支架的焊接应符合下列要求：

1 炉顶设备支架的对接焊缝应符合设计文件的规定。设计无规定时，内部质量等级应符合现行国家标准《钢焊缝手工超声波探伤方法和探伤结果分级》GB 11345 中有关 B 类Ⅲ级的规定，外部质量等级应符合现行国家标准《钢结构工程施工质量验收规范》GB 50205 中有关外观质量二级的规定。

2 立柱和底板的焊接质量应符合设计文件的规定。设计无规定时，应符合现行国家标准《钢结构工程施工质量验收规范》GB 50205中有关三级的规定。

8.2 布料溜槽传动齿轮箱

8.2.1 布料溜槽传动齿轮箱安装前，应检查炉顶法兰的安装精度，并应用水准仪或平尺和水平仪复测法兰上平面任意两点的高差，其允许偏差为炉顶法兰直径的 1/1000，且不应大于 3.0mm。当超过 3.0mm 时，可采用研磨等方法进行处理。

8.2.2 布料溜槽传动齿轮箱宜采用炉顶吊车吊装，应先吊放在炉顶平台上，应用阀箱移动轨道梁下的吊车将其吊装就位。

8.2.3 清理炉顶法兰上表面污物并按设计文件规定放置密封材料时，应符合下列要求：

1 密封胶应分别涂抹在法兰表面和密封材料表面，厚度应符合设计文件的规定。设计无规定时，宜为2mm，且应厚度均匀。

2 对于绳式密封带的圈数应符合设计文件的规定，圈与圈之间的间距应均匀，接头位置宜相互错开300mm～500mm。

8.2.4 布料溜槽传动齿轮箱就位后，应调整和找正纵、横向中心线，其允许偏差为3.0mm，同时应调整其水平度，允许偏差为0.50/1000。

8.2.5 布料溜槽传动齿轮箱与炉顶法兰连接螺栓，应对称进行紧固，其紧固力应符合设计文件的规定。

8.3 波 纹 管

8.3.1 波纹管就位后，应调整和检查预拉伸长度，并应符合设计文件的规定。

8.3.2 波纹管的安装应根据吊车的起吊能力，宜与布料溜槽传动齿轮箱在地面组装后随布料溜槽传动齿轮箱吊装就位。

8.4 阀 箱

8.4.1 移动式阀箱的移动轨道安装应与炉顶设备支架安装的同步进行。

8.4.2 阀箱移动轨道安装应符合下列要求：

1 纵向中心线，拉线应用钢尺检查，允许偏差为3.0mm。

2 轨道顶面标高，应用水准仪检查，允许偏差为±5mm；两轨道同一断面高度差，应用水准仪检查，允许偏差为3.0mm。

3 纵向水平度，应用水准仪检查，允许偏差为1/1000，全长不应大于10.0mm。

4 轨距应用钢尺检查，允许偏差为±3mm；轮缘侧面与轨道的间隙，应用塞规检查，其间隙不应小于1.0mm。

8.4.3 固定式阀箱的安装应符合下列要求：

1 固定式阀箱宜采用炉顶吊车进行整体吊装。

2 阀箱下部与波纹管法兰结合部，应按设计文件的规定在法兰面上放置填（垫）料进行密封，并应对称紧固连接螺栓。

3 固定式阀箱就位后，应复测或调整、找正其纵、横向中心线，其允许偏差为3.0mm，同时应调整和找正水平度，其允许偏差为1.0/1000。

8.5 料 罐

8.5.1 料罐的拼装应符合下列要求：

1 料罐分块，分上、中、下三段或上、下两段供货时，应在安装现场进行拼装；上、中、下三段或上、下两段的拼装，可在平台上或坚实的地面上设置支架进行。

2 依次将下、中、上三段或上、下两段进行拼装，应调整和检测料罐整体外形尺寸，上、下两法兰的平行度，上、下口的同心度应符合设计文件的规定。设计无规定时，应符合下列要求：

1）上、下两法兰的平行度，用水准仪或钢尺检查，允许偏差为3mm。

2）上、下口同心度，吊线坠用钢尺检查，允许偏差为5mm。

8.5.2 料罐的焊接应符合下列要求：

1 焊接前应检查坡口尺寸及对口间隙，当间隙大于4mm时，应采用单边堆焊的方法减小对口间隙；当间隙为3mm～4mm时，应做好标记，焊接时应平滑过渡。

2 焊缝定位焊，宜在罐壁外侧进行，当板厚小于50mm时，焊缝长度宜为50mm～100mm，间距宜为200mm～300mm，距交叉接头处宜为150mm～200mm，定位焊缝隙的高度宜为5mm或不超过板厚的2/3；当板厚大于50mm时，定位焊的长度宜为300mm～400mm，间距宜为300mm～800mm。定位焊工艺及质量与正式焊应相同，焊缝两端应平滑过渡，定位焊焊接后应进行外观质量检查，并应符合设计文件或现行国家标准《炼铁机械设备工程安装验收规范》GB 50372的有关规定。

3 焊接应采用“多层多焊道、分段退焊、每缝连续施焊”的方法进行。焊缝分段长度400mm～500mm应为一段，层间接头应错开50mm以上。

4 料罐上的立焊缝的焊接应按一人一条焊缝、同步施焊的方法进行。立缝上、下两端应分别预留150mm～200mm，环焊缝的施焊焊工不得少于3人，且圆周应均布焊工施焊。

5 外侧坡口气刨清根，其深度应以刨掉焊根缺陷为限，宽度不应影响焊接运条，且应平直、深浅一致。

6 法兰接口可采用交错运条法焊接，焊后磨平后应进行超声波检测。

7 料罐对接焊缝内部质量应符合设计文件的规定。设计无规定时，应符合现行国家标准《钢焊缝手工超声波探伤方法和探伤结果分级》GB 11345中有关B类Ⅱ级的规定。

8.5.3 料罐的压力试验应符合下列要求：

1 料罐的压力试验应符合设计文件的规定。设计无规定时，试验压力应为设计压力的1.15倍，应用水和空气同时进行，注水的高度应低于上部密封阀。

2 压力试验前，应关闭密封阀和料罐下料口，应用空气进行预试压，应打开空气入口阀，通入压缩空气，并升压至试验压力的0.02倍，应保持压力10min或根据查漏的需要确定，在焊缝及法兰连接处应涂抹发泡剂，检查各部位应无泄漏。

3 应释放料罐内空气，并应通入水至密封阀以下的液位。

4 应打开入口阀，通入压缩空气升至试验压力，应持压10min，再降至工作压力，停压时间应根据查漏的需要确定，在料罐上部焊缝及法兰连接处应涂抹发泡剂，检查各部位无泄漏为合格。

5 试验装置及附件的连接，可按本规范附录C的规定采用。

8.5.4 料罐的安装应符合下列要求：

1 挂设钢丝线和线坠找正料罐荷重传感器底座纵、横向中心线，其允许偏差为5.0mm，应用平尺、水平仪或水准仪检查荷重传感器底座上表面的标高和相互高度差，其允许偏差分别为±5mm和1.0mm。

2 荷重传感器底座找正后，应放置与传感器等高的模拟件后，料罐再就位。

3 在阀箱上法兰面应按设计文件的规定在法兰面上放置填（垫）料，并应在阀箱自由状态下与料罐下法兰连接并紧固连接螺栓。

8.6 受 料 斗

8.6.1 受料斗的拼装应符合下列要求：

1 受料斗的拼装应在支承凳或平台上进行，支承凳或平台应符合本规范第6.4.8条第3款的规定。

2 受料斗的拼装和焊接、给料阀油缸支座的焊接，应符合设计文件的规定。设计无规定时，应符合现行国家标准《炼铁机械设备工程安装验收规范》GB 50372的有关规定。

3 受料斗组装后，应检测受料斗外形尺寸，并应符合设计文件的规定。

8.6.2 固定受料斗的安装应符合下列要求：

1 固定受料斗采用炉顶吊车吊装就位后，应挂设钢丝线和线坠找正下料口纵、横向中心线，其允许偏差为±5mm。

2 应用钢尺或水准仪测量下料口的标高及高度差，允许偏差分别为±10.0mm和5.0mm。

8.6.3 固定受料斗下料阀箱移动轨道和移动受料斗移动轨道的安装，应符合下列要求：

1 拉线、挂线坠应用钢尺检查轨道纵向中心线，允许偏差为3.0mm。

2 应用水准仪或钢尺检查轨道标高，允许偏差为±5.0mm，同一横截面内两轨面高度差，允许偏差为3.0mm。

3 应用钢尺检查轨距，允许偏差为±3.0mm。

4 应用水平仪、平尺或水准仪检查轨道的水平度，允许偏差为1/1000，且全长不应大于10.0mm。

5 轮缘侧面与轨道的间隙不应小于1.0mm。

8.7 无料钟装料设备试运转

8.7.1 密封阀试运转应符合下列要求：

1 手动电磁阀，应配合电气专业分别调整压紧油缸和旋转油缸极限开关的位置，确认压紧油缸和旋转油缸活塞行程，应符合设计文件的规定。

2 调整压紧油缸和旋转油缸速度应符合设计文件的规定。

3 压紧油缸和旋转油缸联合动作不应少于3次，确认转动应灵活，动作应平稳，极限开关动作应可靠。

4 确认阀瓣与阀座接触应严密。

8.7.2 料流调节阀试运转应符合下列要求：

1 手动电磁阀，应配合电气专业分别调整料流调节阀油缸极限开关位置，确认活塞行程，应符合设计文件的规定。

2 调整料流调节阀油缸速度应符合设计文件的规定。

3 料流调节阀开、闭动作各不应少于3次，确认转动应灵活，动作应平稳，极限开关动作应可靠。

8.7.3 换向给料阀试运转应符合下列要求：

1 手动电磁阀，应配合电气专业分别调整换向给料阀油缸极限位置，确认活塞行程，应符合设计文件的规定。

2 调整换向给料阀油缸速度应符合设计文件的规定。

3 换向给料阀换向动作不应少于3次，确认转动应灵活，动作应平稳，极限开关动作应可靠。

8.7.4 受料斗下料阀试运转应符合下列要求：

1 手动电磁阀，应配合电气专业分别调整受料斗下料阀油缸极限位置，确认活塞行程，应符合设计文件的规定。

2 调整受料斗下料阀油缸速度应符合设计文件的规定。

3 受料斗下料阀开、闭动作各不应少于3次，确认转动应灵活，动作应平稳，极限开关动作应可靠。

8.7.5 布料溜槽传动齿轮箱试运转，应符合下列要求：

1 应打开布料溜槽倾动电机抱闸，应手盘倾动电机，溜槽在倾动行程内应往复动作，确认动作应灵活、无卡阻。

2 应打开布料溜槽旋转电机抱闸，应手盘旋转电机使溜槽旋转一周，确认动作应灵活、无卡阻。

3 应启动倾动和旋转电机，布料溜槽应从原始位置开始，按设计文件规定的角度，从小至大直到最大工作倾角，各倾动角度动作旋转动作，各不应少于3次，然后再回到原始位置。各部动作应灵活，调整凸轮极限开关位置应符合设计文件的规定。

4 应分别连续运转倾动电机和旋转电机，应布料溜槽做倾动和旋转动作，确认凸轮极限开关动作应灵活可靠，各部应无异常声响和振动。

5 应连续运转旋转电机，布料溜槽传动齿轮箱无负荷正、反向运转各不应少于1h，轴承温升应符合设计文件的规定，各部动作应灵活、平稳、无异常振动及声响。

8.8 垂直探料装置

8.8.1 探尺管安装应符合下列要求：

1 复测与炉顶封板连接的探尺管的中心线和垂直度，其允许偏差分别为6.0mm和1.0/1000。

2 应调整探尺管上部法兰的水平度和标高并进行法兰的焊接，上部法兰的水平度和标高允许偏差分别为0.5/1000和±10.0mm。

8.8.2 中间管及驱动装置宜用炉顶吊车并辅以链式起重机将其吊装就位，并应符合下列要求：

1 中间管垂直度，挂线坠应用钢尺检查，允许偏差为1.0/10000；上部法兰的水平度应用水平仪检查，允许偏差为0.5/1000。

2 驱动装置水平度，应用平尺、水平仪检查，允许偏差为0.5/1000；标高应用钢尺或水准仪检查，允许偏差为±5.0mm。

8.9 垂直探料装置试运转

8.9.1 驱动装置不带探尺试运转应符合下列要求：

1 电动驱动装置做正、反方向运转各不应少于30min。

2 确认各部应无异常声响及振动。

8.9.2 驱动装置带探尺试运转应符合下列要求：

1 驱动装置带探尺试运转前，应通告有关专业单位停止高炉炉壳内一切作业，并应撤离作业人员。

2 探尺“零”点定位应符合设计文件的规定。设计无规定时，“零”点定位允许偏差为±20.0mm。

3 应根据设计文件调整探尺各停止位置的行程极限。

4 在待机位置至探料深度位置之间往返，不应少于3次，确认动作应灵活，应无异常声响和振动，行程极限装置动作应可靠。

5 确认探尺下降到探料极限深度位置时，保留在卷扬机卷筒上的钢丝绳，不应少于3圈。

8.10 炉顶煤气放散阀、均压阀

8.10.1 煤气放散阀、均压阀安装前，应将其呈工作状态放置在台架或平台上，应用塞尺检查阀座与阀瓣的结合面，其密合程度应符合设计文件的规定。设计无规定时，应符合本规范附录E的规定。

8.10.2 液压驱动的煤气放散阀、均压阀纵、横向中心线，允许偏差为5.0mm，纵、横向水平度允许偏差为0.5/1000，标高允许偏差为±5.0mm。

8.10.3 卷扬机驱动的煤气放散阀其安装允许偏差，应符合本规范第8.10.2条的规定。

8.10.4 卷扬机驱动装置的安装应符合下列要求：

1 拉线、挂线坠应用钢尺检查卷筒纵、横向中心线，其允许偏差为5.0mm。

2 应用水准仪或钢尺检查卷筒中心线标高，其允许偏差为±10.0mm。

3 应用水平仪和平尺检查卷筒或底座的水平度或挂线坠检查卷筒端面的垂直度，其允许偏差均为0.5/1000。

8.11 炉顶煤气放散阀、均压阀试运转

8.11.1 卷扬机驱动的煤气放散阀、均压阀试运转，应符合下列要求：

1 电动卷扬机驱动阀门应做开、闭动作，调整行程极限开关位置应符合设计文件的规定。

2 电动卷扬机驱动阀门做开、闭动作各不应少于3次。阀的开、闭动作应灵活、平稳；关闭时，阀瓣与阀座接触应严密，阀体与支座应无晃动。

8.11.2 液压驱动的煤气放散阀、均压阀试运转，应符合下列要求：

1 点动电磁阀，应按设计文件的规定调整油缸活塞行程和极限开关位置，活塞行程允许偏差为20mm，应调节调速阀门，其开、闭速度应符合设计文件的规定。

2 自动运转电磁阀，阀门开、闭不应少于3次，阀的开、闭动作应灵活、平稳。阀开闭速度和油缸活塞行程应符合设计文件的规定。阀关闭时，阀瓣与阀座接触应严密，阀体与支座应无晃动。

8.12 炉顶点火装置

8.12.1 与燃烧器连接的煤气和氧气管道接口应符合设计文件的规定，且不得漏气。

8.12.2 炉顶点火装置安装应符合下列要求：

1 框架底座纵、横向中心线，拉线、挂线坠，应用钢尺检查，允许偏差为5.0mm。

2 框架底座标高，应用水准仪或钢尺检查，允许偏差为±5.0mm。

3 喷吹管最大行程，应用钢尺检查，允许偏差为±5.0mm。

4 轨道中心线，应用钢尺检查，允许偏差为5.0mm。

5 轨道直线度，拉线应用钢尺检查，允许偏差为5.0mm。

6 同一截面两轨道高度差，应用水准仪检查，允许偏差为5.0mm。

7 轨道跨距，应用钢尺检查，允许偏差为±5.0。

8 驱动机构主动链轮与从动链轮齿的中心线重合度，允许偏差为1.0mm。

8.12.3 炉顶点火装置的试运转应符合下列要求：

1 应用手扳动燃烧器走行装置做前进、后退动

作，应无障碍物，通过点火孔时不应与孔边缘相擦。

2 电动燃烧器走行装置应做前进、后退动作，调整极限开关位置应符合设计文件的规定。

3 燃烧器走行装置做前进、后退动作，不应少于3次，动作应灵活、无异常声响及振动，极限开关动作应灵活可靠。

8.13 炉喉洒水装置

8.13.1 洒水装置短管与洒水枪之间，应根据设计文件规定的材料进行充填。

8.13.2 洒水装置与炉壳上法兰连接面间的填（垫）料，应符合设计文件规定。法兰连接应符合本规范第6.11.1条第5款的规定。

8.13.3 洒水装置表面涂装应符合设计文件的规定。设计无规定时，应符合本规范第6.12节的有关规定。

8.14 炉喉测温装置

8.14.1 测温装置安装前，应复测与炉壳连接的短管法兰的安装精度，法兰中心位置应沿炉壳圆周规定的起点进行测量，允许偏差为5′，中心标高允许偏差为±5.0mm，相邻法兰的中心高度差允许偏差为5.0mm。

8.14.2 测温装置与炉壳上法兰连接面间的填（垫）料，应符合设计文件的规定。法兰连接应符合本规范第6.11.1条第5款的规定。

9 供料设备安装

9.1 电动胶带卸料小车

9.1.1 电动胶带卸料小车轨道安装应符合下列要求：

1 拉线、挂线坠应用钢尺检查轨道纵向中心线相对胶带运输机纵向中心线的重合度，允许偏差为3.0mm。

2 应用水准仪、钢尺检查轨道水平度，允许偏差为1/1500，且全长不应大于10.0mm。

3 应用水准仪和钢尺检查同一横截面内两轨面高度差，允许偏差为3.0mm。

4 应用钢尺检查轨距，允许偏差为±3.0mm，钢轨接头错位允许偏差为1.0mm，钢轨接头间隙允许偏差为0～1.0mm。

9.1.2 卸料小车走行机构组装应符合下列要求：

1 应用钢尺检查车轮跨距，允许偏差为±3.0mm。

2 小车前、后轴线应平行，应用钢尺检查前、后两轴端中心距之差，允许偏差为2.0mm。

3 应用钢尺检查前、后轮中心两对角线长度之差，允许偏差为3.0mm。

9.1.3 卸料小车胶带导向滚筒安装，应符合下列要求：

1 拉线、挂线坠应用钢尺检查滚筒横向中心线相对输送机纵向中心线的重合度，允许偏差为3.0mm。

2 应用经纬仪或专用摇杆检查滚筒轴心线对输送机纵向中心线的垂直度，允许偏差为2.0/1000。

3 应用水准仪或水平仪检查滚筒上母线的水平度，允许偏差为0.5/1000。

9.1.4 电动胶带卸料小车试运转应符合下列要求：

1 应在全行程内往返移动，调整行程极限开关位置应符合设计文件的规定。

2 卸料小车在全行程内往返各不应少于3次，运行应平稳，停止位置应准确，动作应灵活可靠。

3 卸料小车运行时，输送带边缘与托辊辊端缘的距离应大于30mm。

9.2 称量漏斗

9.2.1 称量漏斗支承台架的安装应符合下列要求：

1 拉线、挂线坠应用钢尺检查称量漏斗支承台架纵、横向中心线，允许偏差为5.0mm。

2 应用水准仪或钢尺检查称量漏斗支承台架标高，允许偏差为±5.0mm。

3 应用水准仪或平尺、水平仪检查称量漏斗支承台架水平度，允许偏差为1.0/1000。

9.2.2 称量漏斗安装应符合下列要求：

1 拉线、挂线坠应用钢尺检查称量漏斗纵、横向中心线，允许偏差为5.0mm。

2 应用钢尺检查标高，允许偏差为±5.0mm。

3 应用钢尺检查荷重传感器支承面或悬吊面的高度差，允许偏差为1.0mm。

4 漏斗通过杠杆与传感器相连时，吊挂第一支点杠杆轴的水平度，应用水平仪检查，允许偏差为0.5/1000。

9.2.3 垂直升降闸门安装应符合下列要求：

1 应用钢尺检查闸门流嘴下缘至料车上部的距离，允许偏差为±10.0mm。

2 挂线坠应用钢尺检查绕过滑轮一侧的钢绳至闸门全长内的垂直度，其值不应大于3.0mm。

9.2.4 称量漏斗闸门正常开、闭各不应少于3次，动作应平稳，应无卡阻。

9.3 碎焦车

9.3.1 碎焦车安装应符合下列要求：

1 安装前，检查料车前、后轴线应平行，应用钢尺检查两轴端中心距，允许偏差为2.0mm，前、后两轮中心两对角线长度之差，允许偏差为3.0mm。

2 应用塞尺检查碎焦车4个车轮踏面与轨道面的接触情况，应允许其中一个车轮踏面与轨道面有间隙，应用塞尺检查，其间隙允许偏差为1.0mm。

3 料车车轮在轨道上的轴向总串动量应为 6mm～12mm。

9.3.2 斜桥轨道安装应符合下列要求：

1 斜桥上、下支架标高，应用水准仪检查，其允许偏差为±10.0mm。

2 拉线、挂线坠应用钢尺检查斜桥轨道纵向中心线，其允许偏差为 5.0mm。

3 拉线应用钢尺检查斜桥轨道直线度，其允许偏差为1/1000，且全长不应大于 10.0mm。

4 应用水准仪检查同一横截面内两轨面高度差，允许偏差为 3.0mm。

5 应用钢尺检查轨距，其允许偏差为±3.0mm，压轮轨道中心线至斜桥轨道中心线的距离，其允许偏差为±3.0mm，压轮轨端面至料车钢轨中心的水平距离，允许偏差为 0～－2.0mm。

6 应用钢尺检查钢轨接头错位允许偏差 1.0mm，钢轨接头间隙允许偏差为 1.0mm。

9.3.3 碎焦车卷扬机安装应符合下列要求：

1 拉线、挂线坠应用钢尺检查碎焦车卷扬机纵、横向中心线，允许偏差为 5.0mm。

2 应用水平仪检查碎焦车卷扬机卷筒轴的水平度，允许偏差为 0.2/1000mm。

3 应用水准仪或钢尺检查碎焦车卷扬机标高，允许偏差为±10.0mm。

9.4 碎焦车试运转

9.4.1 卷扬机单体试运转后，应挂上钢丝绳，并应带动碎焦车低速上、下运行，调整行程极限开关位置应符合设计文件的规定。

9.4.2 碎焦车以工作速度上、下运行不应少于 2h，并应符合下列要求：

1 运行应平稳，极限开关动作应灵活可靠。

2 碎焦车在上部弯轨处倾翻应灵活，并应顺利返回，倾翻角度应符合设计文件的规定。

3 碎焦车扇形闸门开、闭不应少于 3 次，动作应灵活。

10 上料设备安装

10.1 料车上料设备

10.1.1 料车及卷扬机室设备的安装宜采用高炉结构安装用的吊车进行吊装。卷扬机室设备的吊装宜在卷扬机室未封闭前将设备预先吊入卷扬机室内，并应采取设备保护措施。

10.1.2 料车安装应符合下列要求：

1 安装前，检查料车前、后轴中心线应平行，应用钢尺检查两轴端中心距之差，允许偏差为 2.0mm，前、后两轮中心的两对角线长度之差，允许偏差为 3.0mm。

2 应用塞尺检查料车 4 个车轮踏面应与轨道面接触，应允许其中一个车轮踏面与轨道面有间隙，应用塞尺检查隙，允许偏差为 1.0mm。

3 料车车轮在轨道上的轴向总串动量应为 6mm～12mm。

4 钢绳张力平衡装置应灵活，钢绳固定后其长短差，允许偏差为 50mm。

10.1.3 料车卷扬机安装应符合下列要求：

1 卷扬机组合底座的结合面应符合设计文件的规定。设计无规定时，应用 0.05mm 塞尺检查，塞入深度应小于 30mm。键、销装配应牢固。

2 卷筒纵、横向中心线平行位移，允许偏差为 5.0mm；与斜桥中心线的垂直度，允许偏差为 0.5/1000。

3 应用水平仪检查底座水平度，允许偏差为 0.10/1000。

4 应用水准仪或钢尺检查底座标高，允许偏差为±10.0mm。

5 应用水平仪检查卷筒轴、减速器齿轮轴的水平度，允许偏差为 0.10/1000。

6 制动器张开时闸轮与闸瓦的间隙应均匀，其间隙应符合设计文件的规定。抱紧后，闸轮与闸瓦的接触面积不应小于 60%。

10.1.4 绳轮安装应符合下列要求：

1 绳轮支座轴向中心线，允许偏差为 5mm，标高允许偏差为±5.0mm。

2 绳轮中心线的偏移角度应符合设计文件的规定。设计无规定时，允许偏差为 30′。

10.2 料车上料设备试运转

10.2.1 料车上料设备电动机单独试运转后，带动减速器及卷筒无负荷正、反向运转各不应少于 4h，其中以最高速度运转不应少于 1h，并应符合下列要求：

1 轴承的温度应符合设计文件的规定。

2 各部转动应无异常振动和声响，密封部位不应漏油。

10.2.2 卷扬机无负荷运转后，应穿入钢丝绳，带动料车应低速运行，调整料车行程极限开关的位置应符合设计文件的规定。

10.2.3 钢绳松弛断电器应按设计文件的规定进行试验，动作应灵活可靠。

10.2.4 料车在高速运行途中应做紧急停车试验，制动后料车的滑行距离不得超过卷筒周长的 1/2。

10.2.5 料车以正常生产操作速度连续运行不应少于 8h，并应符合下列要求：

1 卷扬机及料车运行应平稳，各部转动应无异常振动和声响，密封部位不应漏油。

2 轴承的温度应符合设计文件的规定。

3　左、右料车的倾翻角度应一致，并应符合设计文件的规定。

10.3　胶带上料设备

10.3.1　胶带上料设备的安装宜在机械室建筑结构及桥式吊车安装和试运转后进行。

10.3.2　胶带上料设备传动装置底座的安装，应符合下列要求：

1　传动装置底座纵、横向中心线，拉线、挂线坠应用钢尺检查，允许偏差为5.0mm。

2　传动装置底座标高，应用水准仪或钢尺检查，允许偏差为±5.0mm。

3　传动装置底座水平度，应用水准仪或水平仪检查，允许偏差为0.5/1000。

10.3.3　头架、尾架、中间支架及其支腿的安装，应符合下列要求：

1　机架纵、横中心线，拉线、挂线坠应用钢尺检查，允许偏差为3.0mm。

2　机架中心线直线度，在任意25m内应用经纬仪检查，允许偏差为5.0mm。

3　中间支架支腿对上料机通廊地面的垂直度，挂线坠应用钢尺检查，允许偏差为2/1000。

4　中间支架间距，应用钢尺检查，允许偏差为±5.0mm。

10.3.4　头、尾部滚筒、驱动滚筒、改向滚筒及清洗滚筒的安装，应符合下列要求：

1　滚筒纵、横（轴）向中心线，拉线、挂线坠应用钢尺检查，允许偏差为3.0mm。

2　滚筒轴线与上料机纵向中心线的垂直度，应用经纬仪或专用摇杆检查，允许偏差为2/1000。

3　滚筒轴向水平度，应用水准仪或水平仪检查，允许偏差为0.5/1000。

4　滚筒标高，应用水准仪或钢尺检查，允许偏差为±5.0mm。

5　双驱动两滚筒轴线间的平行度，应用内径尺检查，其允许偏差为0.5mm。

10.3.5　钢丝绳芯胶带接头应符合下列要求：

1　钢丝绳芯胶带接头工艺作业及其装置的设置等，宜在机械室胶带上部机架段进行。

2　钢丝绳芯胶带接头应采用热硫化法连接；其硫化接头的型式、尺寸和硫化工艺，以及所用胶浆料，应按制造厂设计文件的规定选用。

3　胶带硫化接头处应无分层、无气孔和摺曲。

4　胶带硫化接头尺寸应符合下列要求：

1）接头部胶带厚度，用钢尺检查，允许偏差为0～1.5mm。

2）接头部胶带宽度，用钢尺检查，允许偏差为胶带宽度的±1.0%。

3）接头处直线度，拉线用钢尺检查，其测量长度为5m时，允许偏差为±10.0mm。

10.3.6　安装现场装配液压耦合器联轴节应符合设计文件的规定。设计无规定时，可直接在轴头上测量，其端面跳动和轴向跳动允许偏差均为0.08mm。

10.3.7　托辊搬运小车安装应符合下列要求：

1　上、下轨道纵向中心线，拉线、挂线坠应用钢尺检查，其允许偏差为5.0mm。

2　轨道间距应分别在各段垂直和水平方向检查，挂线坠应用钢尺检查，允许偏差均为±3.0mm。

3　轨道直线度，每2m长度内，拉线应用钢尺检查，允许偏差为1.0mm。

10.4　胶带上料设备试运转

10.4.1　胶带上料设备电动机单独试运转后，应通过传动装置带动胶带上料机无负荷间歇运转，胶带运行长度应分别为2m、4m、半周、一周各一次，并应符合下列要求：

1　胶带边缘与上托辊的侧辊外端缘的距离，允许偏差为±60mm。

2　各部轴承温度应符合设计文件的规定。

3　各部运转应平稳，应无异常冲击、振动和声响。

4　拉紧装置动作应灵活。

10.4.2　胶带上料机连续试运转不应少于4h，并应符合下列要求：

1　胶带边缘与上托辊的侧辊外端缘的距离偏差为±60mm。

2　轴承温度应符合设计文件的规定。

3　各部运转应平稳、灵活，应无异常冲击、振动和声响。

4　拉紧装置动作应灵活。

5　上料机启动和运行时，头、尾滚筒与胶带、头部清洗装置滚筒与胶带不应打滑。

6　不应打滑，转动应灵活。

10.4.3　托辊搬运装置试运转应符合下列要求：

1　电动机单独试运转后，应穿入钢丝绳，应带动托辊搬运装置往返动作，调整极限开关的位置应符合设计文件的规定。

2　在全行程内往返动作不应少于3次，极限开关动作应可靠灵活，各部运转应灵活、平稳、无异常振动及声响。

10.5　垂直胶带上料设备

10.5.1　垂直胶带上料设备头部框架及设备的安装，应在机头顶部的钢结构平台安装前进行。上料设备头部料斗、框架结构及改向辊等宜在地面拼装，应依次采用炉体钢结构安装用吊车吊装就位。

10.5.2　头部框架安装应符合下列要求：

1　框架纵、横向中心线，拉钢丝线吊线坠应用钢尺检查，允许偏差为5mm；标高应用钢尺检查，允许偏差为±5mm。框架水平度允许偏差为1/1000。

2 头部改向轮纵、横向中心线，拉线、吊线坠应用钢尺检查，允许偏差为3mm；标高应用钢尺检查，允许偏差为±5mm。水平度应用水准仪测量，允许偏差为滚筒长度的1/1000。

10.5.3 胶带的提升可采用炉体钢结构吊装用的吊车吊装或设钢绞索承重液压提升装置提升。胶带提升应用专用提升滚筒进行，胶带开箱、开卷、牵引应与胶带提升配合。

10.5.4 头部弯曲段头轮、托辊的安装在胶带提升超过机头轮直径的5倍以上时，应将胶带用专用固定装置固定在机头下部平台上，应用链式起重机和专用滚筒将胶带拉开，应采用链式起重机吊装头轮和托辊并穿入环形胶带内进行就位安装，应调整和找正头轮及托辊的中心线和标高，允许偏差分别为3mm和±4mm，水平度允许偏差为滚筒长度的1/1000。

10.5.5 尾部框架及设备宜采用移动式吊车吊装就位，并应符合下列要求：

1 框架应采用拉线、吊线坠的方法找正框架纵、横中心线，允许偏差为5mm；标高应用钢尺或水准仪检查，允许偏差为±5mm；水平度应用水准仪测量，允许偏差为滚筒长度的1/1000。

2 胶带内、外侧改向轮的安装应符合本规范第10.5.2条第2款的规定。

3 托辊、尾轮安装宜采用移动式起重机将其穿入胶带，并应分别吊装就位和固定在尾轮框架和尾轮滑轨上，应找正和调整中心线、标高及水平度，中心线允许偏差为3mm，标高允许偏差为±4mm。水平度允许偏差为滚筒长度的1/1000。

4 应调整尾轮在滑轨上的位置，并应初步张拉胶带。

10.5.6 胶带及所有部件安装后，胶带呈自由悬垂状态时，应调整尾轮位置。

10.5.7 中间立柱及密封罩可采用挂滑车组和卷扬机牵引吊装，立柱的垂直度允许偏差为1/1000。

10.5.8 垂直胶带上料设备的胶带安装完毕后，在垂直胶带附近动火施工时，必须采取防火措施。

10.6 垂直胶带上料设备试运转

10.6.1 试运转前，应全面检查胶带及各部安装状态，并应符合设计文件的规定。

10.6.2 胶带上料设备试运转应符合下列要求：

1 电机单独试运转后，应通过马达及传动装置带动胶带上料机无负荷间歇运转，胶带运行长度应分别为1/4周、半周、一周，并应符合下列要求：

1）各部运转应平稳，应无异常冲击、振动和声响，胶带与机罩应无碰擦。

2）拉紧装置动作应灵活。

3）轴承温度应符合设计文件的规定。

4）胶带中心线与滚筒中心线应重合，其跑偏值应符合设计文件的规定。

2 启动主马达及传动装置带动胶带上料机无负荷连续运转，不应少于2h，并应符合下列要求：

1）各部运转应平稳，应无异常冲击、振动和声响，胶带与机罩应无碰擦。

2）轴承温度应符合设计文件的规定。

3）胶带中心线与滚筒中心线应重合，其跑偏值应符合设计文件的规定。

11 风口平台及出铁场设备安装

11.1 液压泥炮

11.1.1 高炉泥炮的安装宜采用出铁场内的桥式吊车将设备吊至离泥炮基础最近的位置，应搭设平台，并应设置滚杠、卷扬机、挂设滑车组或链式起重机牵引、拖运泥炮部件至安装位置；垂直吊装可在炉体框架或热风环管上挂设滑车组或链式起重机进行垂直就位吊装。泥炮安装前，宜将泥炮安装位置上部的风口平台或其他干涉物拆除。

11.1.2 底座或基础台板的安装应符合下列要求：

1 纵、横向中心线应用钢尺检查，允许偏差为5.0mm。

2 纵向中心与出铁口中心线的平行度，应用钢尺检查，允许偏差为在底（台）板全长内不大于3.0mm。

3 应用水准仪或钢尺检查标高，允许偏差为±5.0mm。

4 应用水平仪和平尺检查水平度，允许偏差为0.50/1000。

11.1.3 泥炮回转装置底座的安装应符合下列要求：

1 高炉泥炮回转装置底座可采用本规范第11.1.1条的方法吊装就位。

2 泥炮回转装置底座纵、横向中心线，拉线吊线坠应用钢尺检查，允许偏差为3.0mm。

3 泥炮回转装置底座标高，应用钢尺或水准仪检查，允许偏差为±3.0mm；上平面纵、横向水平度，应用水平仪和平尺检查，允许偏差为0.20/1000。

11.1.4 泥炮压泥机构宜按本规范第11.1.1条的规定执行。

11.2 液压泥炮试运转

11.2.1 泥炮试运转应在泥炮液压系统调试完进行，并应符合设计文件和现行国家标准《机械设备安装工程施工及验收通用规范》GB 50231的有关规定。

11.2.2 液压泥炮回转装置试运转应符合下列要求：

1 在回转范围往返动作，调整极限开关的位置应符合设计文件的规定。

2 在回转范围往返动作不应少于3次，各部动作应平稳，且应无异常声响，动作速度应符合设计文件的规定。

11.2.3 液压泥炮锁紧装置试运转应符合下列要求：

1 应在全行程内往返动作，调整极限开关的位置应符合设计文件的规定。

2 在全行程内往返不应少于3次，各部动作应平稳，且应无异常声响，锚钩脱、挂应灵活。

11.2.4 液压泥炮压紧装置试运转应符合下列要求：

1 应在全行程内往返动作，调整极限开关的位置应符合设计文件的规定。

2 在全行程内往返动作不应少于3次，各部动作应平稳，且应无异常声响和振动。

3 压紧装置在压紧炮嘴后，压力降应符合设计文件的规定。

11.2.5 液压泥炮打泥装置试运转应符合下列要求：

1 应在全行程内往返动作，调整极限开关的位置应符合设计文件的规定。

2 在全行程内往返动作不应少于3次，各部动作应平稳且无异常声响，极限开关动作应灵活可靠。

3 活塞或可动油缸行程应符合设计文件的规定，允许偏差为±5mm。

4 活塞或可动油缸动作速度应符合设计文件的规定。

5 抬起炮嘴后，应停止供油，检查炮嘴自由下降量应符合设计文件的规定。

11.3 冲钻式开铁口机

11.3.1 悬臂式开铁口机悬挂底座宜采用出铁场的桥式吊车或炉前悬壁起重机吊装就位，其安装应符合下列要求：

1 纵、横向中心线，应用拉线、挂线坠的方法检查，其允许偏差为5.0mm。

2 标高应用水准仪或钢尺检查，允许偏差为±5.0mm。

3 垂直度挂线坠应用钢尺检查，允许偏差为0.5/1000。

4 底座找正后应进行螺栓紧固，回转臂支座与炉体支柱的焊接质量应符合设计文件的规定。设计无规定时，应符合现行国家标准《现场设备、工业管道焊接工程施工规范》GB 50236中有关Ⅳ级的规定。

11.3.2 悬臂式开铁口机吊挂装置的安装，利用出铁场内的桥式起重机，并应辅以链式起重机进行吊装就位，其安装应符合下列要求：

1 回转臂回转时，吊挂中心点上平面的轨迹应在同一个水平面内。当回转臂处于待机位置或中间位置时，吊挂孔上平面与工作位置时的相对高度差，应用水准仪和钢尺检查，均不得大于5mm。

2 吊挂装置铁口机处于工作位置时，应符合下列要求：

1）吊挂点中心的垂线与出铁口中心线应相交，挂设铁口中心线，吊线坠用钢尺检查，其允许偏差为30mm。

2）吊挂点中心至出铁口中心的水平距离，用钢尺检查，允许偏差为±50mm。

3）钻机导轨前端至出铁口中心距离，用钢尺检查，其允许偏差为±50.0mm。

4）钻机导轨与水平线的夹角，挂线坠用角度板检查，其允许偏差为±30′。

5）钻头与出铁口中心应重合，用钢尺检查，其允许偏差为5.0mm。

11.3.3 顶座式开铁口机应采用出铁场的桥式起重机并辅以链式起重机，应从风口平台由下至上吊至平台框架上就位。找正和调整中心线、标高和水平度，应符合本规范第11.3.1条和第11.3.2条的规定。

11.4 冲钻式开铁口机试运转

11.4.1 冲钻式开铁口机回转臂试运转应符合下列要求：

1 应在回转范围内往返动作，调整极限装置应符合设计文件的规定。

2 在回转范围内往返动作不应少于3次，各部动作应平稳，且均应无异常，极限装置动作应灵活可靠。

11.4.2 冲钻式开铁口机安全钩试运转，应符合下列要求：

1 应在驱动缸全行程内往返动作，调整极限装置应符合设计文件的规定。

2 在驱动缸全行程内往返动作不应少于3次，各部动作应平稳、无异常，极限装置动作应灵活可靠。

11.4.3 冲钻式开铁口机钻机试运转应符合下列要求：

1 应在全行程内往返动作，调整极限装置应符合设计文件的规定。

2 在全行程内往返动作不应少于3次，各部动作应平稳、无异常。极限装置动作应灵活可靠。

11.4.4 冲钻式开铁口机升降机构试运转，应符合下列要求：

1 应在升降全行程内往返动作，调整极限装置应符合设计文件的规定。

2 在升降全行程内往返动作不应少于3次，各部动作应平稳、无异常。极限装置动作应灵活可靠。

3 固定钩挂、脱钩动作应灵活可靠。

11.4.5 按照生产操作程序连续操作不应少于3次，动作应平稳、无异常。

11.5 堵 碴 口 机

11.5.1 堵碴口机塞杆和塞头安装前，应进行压力试验，并应符合设计文件的规定。设计无规定时，应采用液压法试验，试验压力应为工作压力的 1.25 倍。液压试验应缓慢升压到试验压力后，应稳压 10min，再将试验压力降至设计压力，应停压 30min，以压力不降、无渗漏为合格。

11.5.2 堵碴口机安装应符合下列要求：

1 堵碴口机机架和塞杆的纵向中心线水平投影，应与碴口中心线重合，拉线、挂线坠应用钢尺检查，在机架、塞杆全长内，其允许偏差为 2.0mm。

2 机架水平度，应用水平仪检查，允许偏差为 1.0/1000mm。

3 驱动液压缸中心线的垂直度或水平度，挂线坠应用钢尺或水平仪检查，允许偏差为 1.0/1000。

11.6 堵碴口机试运转

11.6.1 堵碴口机试运转前，应进行液压或气动系统的试运转，并应符合设计文件的规定。

11.6.2 堵碴口机连杆机构在全行程内往返动作不应少于 3 次，动作应灵活可靠，不应摇摆，并应堵准碴口。

11.7 碴、铁沟及闸门

11.7.1 碴、铁沟安装应符合下列的要求：

1 碴、铁沟纵、横向中心线，拉线、挂线坠应用钢尺检查，允许偏差为 10.0mm。

2 碴、铁沟标高和坡度，沿金属沟底表面应用水准仪或钢尺检查测量，标高允许偏差为±20.0mm，坡度允许偏差为 1/1000，在沟的横截面上，两侧壁的高度差不得大于 15mm。

11.7.2 铁水主沟支承梁安装应符合下列的要求：

1 纵向中心线（沟长度方向），拉线、挂线坠应用钢尺检查，允许偏差为 30.0mm。

2 标高应用水准仪或钢尺检查，允许偏差为±10.0mm。

3 任意横截面上两侧壁顶面的高度差，应用水准仪或钢尺检查，允许偏差为 15.0mm。

11.7.3 闸板安装应符合下列的要求：

1 框架标高，应用水准仪或钢尺检查，允许偏差为±10.0mm。

2 框架垂直度，挂线坠应用钢尺检查，允许偏差为 2/1000。

3 闸板中心线与框架导槽中心线应重合，允许偏差为 10.0mm。

11.8 摆动流铁嘴

11.8.1 摆动流铁嘴及防热件安装前，应进行耐材施工。

11.8.2 摆动流铁嘴的安装应符合下列要求：

1 摆动流铁嘴应根据耳轴轴承座定位。找正纵、横向中心线，拉线、挂线坠应用钢尺检查，允许偏差为 5.0mm。

2 耳轴轴承座轴线标高，应用水准仪和钢尺检查，允许偏差为±5.0；两轴承座轴线高度差应用水准仪或平尺、水平仪检查，允许偏差为两轴承座中心距的 0.4/1000。

3 两耳轴轴承座的中心距，应用钢尺检查，允许偏差为±3.0mm。

4 减速器水平度，在轴头或剖分面应用水平仪检查，允许偏差为 0.10/1000。

11.8.3 摆动流铁嘴试运转应符合下列要求：

1 应先手动盘车，再点动和连续运转，流铁嘴应左、右摆动，调整极限开关位置应符合设计文件的规定。

2 流铁嘴左、右摆动各不应少于 3 次，动作应平稳，极限开关动作应灵活可靠，摆动角度应符合设计文件的规定。

11.9 主沟揭盖机

11.9.1 悬挂式主沟揭盖机的安装应符合下列要求：

1 移动轨道纵向中心线，拉线、挂线坠应用钢尺检查，允许偏差为 10.0mm。

2 移动轨道标高，应用水准仪检查，允许偏差为±10.0mm，移动轨道同一截面高度差，允许偏差为 5.0mm。

3 移动轨道水平度，应用水准仪检查，允许偏差为1.0/1000，且全长不应大于 5.0mm。

11.9.2 固定式主沟揭盖机的安装应符合下列要求：

1 纵、横向中心线，拉线、挂线坠应用钢尺检查，允许偏差为 10.0mm。

2 标高应用水准仪或钢尺检查，允许偏差为±10.0mm。

3 纵、横水平度应用水平仪检查，允许偏差为 0.5/1000。

11.10 主沟揭盖机试运转

11.10.1 主沟揭盖机试运转前，应完成液压或气动系统的试运转，并应符合设计文件的规定。

11.10.2 悬挂式主沟揭盖机小车走行装置试运转，应符合下列要求：

1 应在全行程内往返运行，调整极限开关的位置应符合设计文件的规定。

2 在全行程内往返运行不应少于 3 次，各部运转应无异常声响、振动及卡阻，极限开关动作应灵活可靠。

11.10.3 悬挂式主沟揭盖机提升装置试运转，应符合下列要求：

1 应做上升和下降动作，调整极限开关的位置应符合设计文件的规定。

2 连续做上升、下降动作各不应少于3次，各部运转应无异常声响及振动，极限开关动作应灵活可靠。

11.10.4 固定式主沟揭盖机提升装置试运转，应符合下列要求：

1 应做揭盖和落盖动作，调整极限开关的位置应符合设计文件的规定。

2 连续做揭盖和落盖动作不应少于3次，各部运转应无异常声响及振动，极限开关动作应灵活可靠。

11.10.5 固定式主沟揭盖机旋转装置试运转，应符合下列要求：

1 应分别做顺时针和逆时针方向动作，调整极限开关的位置应符合设计文件的规定。

2 分别做顺时针和逆时针方向旋转动作不应少于3次，各部运转应无异常声响及振动，极限开关动作应灵活可靠。

12 热风炉设备安装

12.1 炉箅子和支柱

12.1.1 炉箅子安装前，应将炉底0°、90°、180°、270°的四芯点移测在炉壳内侧，拉线和挂线坠应用钢尺测量，并应划出立柱中心标记及立柱基础螺栓中心标记。

12.1.2 炉箅支柱安装应符合下列要求：

1 纵、横向中心线，拉线、挂线坠应用钢尺检查，允许偏差为2.0mm。

2 标高应用水准仪或钢尺检查，允许偏差为±2.0mm。

3 垂直度，挂线坠应用钢尺检查，允许偏差为2.0/1000。

12.1.3 托梁安装应符合下列要求：

1 托梁宜在地面组装后吊装就位，并应采用在托梁与立柱间增减垫片的方法进行水平度和标高的调整。

2 梁的中、端部三点高度差，应用水准仪检查，允许偏差为1mm；全部梁的高度差，应用水准仪检查，允许偏差为2mm；标高应用水准仪检查，允许偏差为±2.0mm。

12.1.4 炉箅子安装应符合下列要求：

1 炉箅子找正时，可在支柱底部用增减垫片的方法调整标高和水平度，每组垫板不得超过5块，垫板间应相互点焊牢固，并应与热风炉底板焊牢。

2 全部炉箅子上平面应在同一水平面内，相邻炉箅子上平面高度差，应用水准仪或钢尺检查，不应大于2.0mm，全部炉箅子上平面高度差不应大于4.0mm。

3 炉箅子格孔应整齐，相邻炉箅子格孔中心距，应用钢尺检查，允许偏差为±3.0mm，炉箅子格子孔应与托梁格子孔对正。

4 炉箅子装配后的直径，应用钢尺检查，允许偏差为－30.0mm～＋10.0mm。

5 炉箅子与大墙间的空隙，应用钢尺检查，允许偏差为－15.0mm～＋15.0mm。

12.2 套筒式燃烧器及助燃风机

12.2.1 内燃式热风炉套筒式燃烧器及助燃风机安装，应符合下列要求：

1 燃烧器水平中心线、助燃风机出口中心线与燃烧口中心线应重合，允许偏差为2.0mm。

2 燃烧器、助燃风机标高，应用钢尺检查，允许偏差为±2.0mm。

3 燃烧器上口法兰面的水平度，应用水平仪检查，允许偏差为1.0/1000。

12.2.2 外燃式和顶燃式热风炉助燃风机的安装应符合设计文件的规定。当设计无规定时，应符合现行国家标准《机械设备安装工程施工及验收通用规范》GB 50231和《压缩机、风机、泵安装工程施工及验收规范》GB 50275的有关规定。

12.3 助燃风机试运转

12.3.1 点动助燃风机确认叶轮旋转方向应符合设备标牌指示的方向。

12.3.2 助燃风机试运转时间不得少于4h，应符合下列要求：

1 助燃风机运转时，转子与机壳应无摩擦声响。

2 轴承温升应符合设计文件的规定。

12.4 热风炉阀门

12.4.1 热风炉阀门的安装宜与管道安装同步进行。当管道先安装时，应预留连接法兰的焊接和阀门及垫片安装的位置。

12.4.2 切断阀的阀体、阀座与阀瓣在制造厂应进行压力试验，其结果应符合设计文件的规定。

12.4.3 切断阀外表不得有损伤，阀瓣与阀座表面不得有径向划痕。有损伤或径向划痕缺陷时，应进行阀门压力试验。阀门试验应采用气压法，其试验压力应符合设计文件的规定。当设计无规定时，试验压力应为工作压力，试验时，应在高压侧阀箱的法兰面安装堵板，并应关闭阀板并通入工作压力的空气，应持续5min，压力降应小于试验压力的5%。

12.4.4 阀门的水冷阀瓣、冷却圈、水冷阀座等安装前，应进行压力试验，并应符合设计文件的规定。设计无规定时，宜用水进行试验，试验压力应为工作压力1.5倍，试验时，应逐步缓慢增加压力，当压力上升至试验压力的50%，且未发现异状或泄漏时，应继续按试验压力的10%逐级升压，应每级稳压3min，直至试验压力后，应稳压10min，再将压力降至设计压力，然后应停压30min，压力不降且无泄漏为合格。

12.4.5 调节阀安装应符合下列要求：

1 设计文件规定有密封要求时，安装前应关闭阀瓣进行8h的盛水检验，不应漏水。

2 调节阀处于关闭位置时，阀瓣与阀座的间隙应均匀。

12.4.6 阀门安装方向应符合设备标牌标示的方向或设计文件规定的方向。

12.4.7 切断阀采用塞尺检查时，阀瓣与阀座的密合程度应符合设计文件的规定。当设计无规定时，应符合本规范附录E的规定。

12.4.8 阀门与管道连接的法兰面间填（垫）料密封，应符合设计文件的规定。法兰的连接应符合本规范第6.11.1条第5款的规定。

12.4.9 热风炉垂直式阀门安装应符合下列要求：

1 垂直法兰面的垂直度，挂线坠应用钢尺检查。法兰直径不大于1000mm时，允许偏差为1.0mm。法兰直径大于1000mm时，允许偏差为1.0/1000。

2 垂直法兰面水平中心线与管子中心线的垂直度，应用专用工具检查。当法兰直径不大于1000mm时，允许偏差为1.0mm；当法兰直径不大于1000mm时，允许偏差为1.0/1000。

3 法兰面上螺栓孔定位（图6.11.8），图6.11.8中A应等于A_1，B与B_1差值不应大于法兰上螺栓孔的节圆直径的1/1000，且不应大于2.0mm。

4 垂直式闸板阀阀杆的垂直度，挂线坠应用钢尺检查，允许偏差为1.0/1000。

12.4.10 水平式阀门法兰面的水平度，应用水平仪检查，允许偏差为1.0/1000。

12.4.11 盘式烟道阀安装应符合下列要求：

1 盘式烟道阀基础上短管与阀门连接的法兰，其纵、横向中心线，拉线、挂线坠应用钢尺检查，允许偏差为2.0mm。

2 法兰标高，应用水准仪或钢尺检查，允许偏差为±2.0mm。

3 法兰水平度，应用水平仪检查，允许偏差为1.0/1000。

4 烟道阀回转轴应水平，其水平度应用水平仪检查，在轴全长内允许偏差为1.0mm。

12.4.12 不寄生在阀体上的传动装置安装，应符合下列要求：

1 传动装置支架标高，应用水准仪或钢尺检查，允许偏差为±5.0mm；上表面水平度，应用水平仪或水准仪检查，允许偏差为1.0/1000。

2 传动装置纵、横向中心线，拉线、挂线坠应用钢尺检查，允许偏差为5.0mm；标高应用水准仪或钢尺检查，允许偏差为±5.0mm；水平度应用水平仪检查，允许偏差为0.3/1000。

12.5 热风炉阀门试运转

12.5.1 热风炉电机驱动的阀门试运转应符合下列要求：

1 阀门应做开、闭动作，调整行程极限开关位置应符合设计文件的规定。

2 阀门开、闭各不应少于3次。阀门开、闭动作应平稳，转动应灵活，极限开关动作应可靠，应无冲击或卡阻等。

12.5.2 热风炉液压驱动的阀门试运转应符合下列要求：

1 阀门应在液压系统调试后，使阀门做开、闭动作，调整行程极限开关位置应符合设计文件的规定。

2 阀门开、闭各不应少于3次。阀门开、闭动作应平稳，转动应灵活，极限开关动作应可靠，应无冲击、卡阻等。

12.5.3 切断阀指示行程应与实际开闭位置相符。

12.5.4 调节阀开度指示器指示的角度应与阀瓣的开启角度相符。

12.5.5 阀门的水冷阀瓣、冷却圈（带）、水冷阀座及其管路，应在工作压力下进行通水试验，进、出口水应畅通，接头不得漏水。

13 高炉鼓风设备安装

13.1 轴流式鼓风机

13.1.1 高炉鼓风设备安装工程开工后，应进行基础沉降观测，观测周期应从基础养护期满后开始直至交工验收，观测周期宜为15d～30d，软土地基观测周期应适当增加观测次数。

13.1.2 中心标板、标高基准点的埋设应符合下列要求：

1 纵、横向中心标板应埋设在出口侧和入口侧。

2 标高基准点宜埋设在出口侧与入口侧之间的中部两侧。

3 中心标板、标高基准点均应采用永久型构造，并应采取保护措施。

13.1.3 台板的安装应符合下列要求：

1 垫板的放置应符合设计文件的规定。设计无规定时，宜采用座浆法放置垫板。座浆法放置垫板应符合现行国家标准《机械设备安装工程施工及验收通用规范》GB 50231 的有关规定。

2 垫板与垫板之间、垫板与台板底面之间接触应密实且均匀，用 0.05mm 塞尺塞入应塞不进，局部塞入部分不应大于边长的 1/4，其深度不应大于侧边长的 1/4。

3 挂设钢丝线和线坠，应找正台板的纵、横中心线，其允许偏差为 1.0mm。

4 在台板上应放置水平仪，应通过调整斜垫板，找正和检测水平度，其允许偏差为 0.10/1000。

5 在台板上竖置钢尺，应用水准仪检测标高，其允许偏差为±0.5mm。

6 台板标高找正时，应按制造厂出厂技术文件的规定预设转子轴线的扬度。

7 台板与轴承座、台板与机壳接触应严密，每 25mm×25mm 的面积应有 3 点～5 点的接触，接触面积应占全部面积的 75%以上，并应均匀分布，应用 0.04mm 塞尺检查，在四角处不应塞入。

13.1.4 轴承座与下机壳不是一体的机组，应先安装轴承座，然后安装机壳。在轴承座上放置转子后，应根据转子校正下机壳镗孔中心与转子轴线的同轴度。

13.1.5 轴承座与下机壳不是一体的机组，轴承座安装应符合下列要求：

1 轴承座的初安装，应以基础上的标高基准点、中心标板为基准找正、调整轴承座纵、横中心线，允许偏差为±0.5mm。

2 转子吊装前，应在下机壳剖分面上的四角安装四根导向杆。转子的吊装应采用专用工具，起吊后应在轴颈部放置水平仪，应通过在吊具上设置的链式起重机调整转子的水平度，然后沿四角四根导向杆缓慢吊落在轴承座内。每根导向杆应有专人监测转子下落的速度。

3 吊入转子后，应以转子为基准进行轴承座最终安装，宜通过出口（非传动）侧轴承座调整转子入口（传动）侧轴颈水平度，其允许偏差为 0.04/1000。轴承座横向水平度可通过块规、平尺和水平仪找正，允许偏差为 0.04/1000，其纵向水平度应综合轴颈水平度进行调整。

4 找正入口（传动）侧轴承座的水平度的同时，应兼顾轴颈推力盘与轴承座内端面或轴肩与轴承座内端的垂直加工面的平行度，应用内径千分尺检查，其允许偏差为 0.08/1000。

5 轴承座中心的找正宜用塞尺，应以同等塞入深度和厚度的塞尺塞入转子轴颈与轴承瓦口两侧并调整，其间隙应相等，允许偏差为 0.3mm。

6 出口（非传动）侧轴承座的纵向水平度应以转子找好中心后的轴颈水平度为基准，与入口侧相对差应符合出厂技术文件的要求。轴承座横向水平度可通过块规、平尺和水平仪找正，允许偏差应为 0.04/1000。

7 轴承座与台板的连接螺栓的紧固应符合设计文件的规定。螺栓与螺孔之间的间隙应符合机体膨胀方向和膨胀量的要求。

13.1.6 轴承座与下机壳不是一体的机组，下部机壳安装应符合下列要求：

1 分入口段和中间段组装件和出口段共计两件出厂下部机壳，拼装前应检查相关尺寸，并应与厂内组装记号、记录核对。

2 下部机壳的初找正应以轴承座为基准进行，下机壳的纵向中心线与轴承座中心线应重合，允许偏差为 0.3mm。横向中心线应按设计文件的规定找正，并应做记录。

3 应用平尺、水平仪检测机壳各段纵、横向水平度，其允许偏差为 0.10/1000，机壳两端部与轴承座剖分面刻有工厂组装记号时，应用相应的工具和量具进行复核。

4 下部机壳的精找正应在转子吊入轴承座后进行。下部间隙应用压铅法检查，左右两侧间隙应用塞尺塞入法检查，下机壳与转子下部和左右两侧的间隙应符合设计文件的规定。

5 下机壳与台板之间接触应严密，应用 0.05mm 塞尺检查，应以不得插入为合格。

6 台板上导向键与机壳导向键槽之间的间隙应符合设计文件的规定。设计无规定时，纵向键或立向键与键槽的两侧间隙总和应为 0.04mm～0.08mm，横向键与键槽的两侧间隙总和应为 0.05mm～0.20mm，且应均匀，顶间隙允许偏差为 0.50mm。

13.1.7 轴承座和下机壳为一体的机组，应将下半部机壳安装在台板上，应挂设纵向中心线在轴承镗孔处找正轴承座中心，中心线允许偏差为 1.0mm。标高允许偏差为±0.5mm。应用平尺和水平仪测量机壳剖分面纵、横向水平度，允许偏差为 0.04/1000。

13.1.8 转子就位后，应测量油封间隙、气封间隙、滑动轴承顶间隙、推力轴承、静叶片与转子、动叶片与机壳的径向间隙等。各部间隙应符合下列要求：

1 油封间隙、汽封间隙、静叶片与转子、动叶片与机壳的上、下部间隙，应用压铅法测量，左、右侧间隙应用塞尺测量，应符合设计文件的规定，并应做记录。

2 推力滑动轴承与转子推力盘接触应均匀，接触面积不应小于 75%，轴承的轴向串动间隙应符合设计文件的规定，并应做记录。

3 滑动轴承轴瓦与轴颈接触弧面应用着色法检查，顶间隙应用压铅法检查，侧间隙应用塞尺检查，应符合设计文件的规定，并应做记录。

4 转子各部位的端面和径向跳动量应符合设计文件的规定。设计无规定时，宜符合表 13.1.8 的规定。

表 13.1.8 转子各部位的端面和径向跳动量（mm）

部 位	径向圆跳动量	端面圆跳动量
轴颈	0.02	—
气封	0.04	—
转子本体	0.04	0.02
推力盘	0.02	0.02

13.1.9 转子与机壳各部间隙在正常运行时的偏移量，应根据设计文件的规定进行补偿。

13.1.10 静叶外部机构安装应符合下列要求：

1 下部壳体静叶机构应用专用工具将其从下机壳下部吊上，应先安装第一组和最后一组。静叶片方向和滑块臂的方向应一致，就位时应拆除出厂固定件，应用专用支持棒将第一组托在机壳上进行安装，然后安装最后一组。此两组安装后，应依次从第二组开始至最后的前一组。

2 上机壳吊装前应将静叶机构依次吊放在机壳上并安装。

13.1.11 轴承盖安装应符合下列要求：

1 轴承盖安装应采用压铅法检查径向滑动轴承轴瓦与轴颈接触弧面接触点和接触角度、顶间隙、侧间隙，并应符合设计文件的规定。

2 轴承紧力应符合设计文件的规定。设计无规定时，过盈量可为 0.02mm～0.05mm。

13.1.12 上机壳安装应符合下列要求：

1 上机壳吊装应在下机壳剖分面上的四角安装四根导向杆，机壳应沿导向杆缓慢吊落在下机壳上。

2 上机壳上的附件安装后，应按本规范第 3.0.8 条的规定做好隐蔽。

3 上机壳吊装就位后，应采用压铅法，检查上机壳与动叶片之间的间隙应符合设计文件的规定。设计无规定时，可按表 13.1.12 的规定采用。

表 13.1.12 上机壳与动叶片之间的间隙允许偏差（mm）

部 位	允 许 偏 差
上	±0.50
下	±0.40
左	±0.40
右	±0.40

4 上、下机壳结合面应按设计文件的规定涂耐高温密封胶，螺栓连接副应按设计文件的规定涂防烧剂。

5 上、下机壳水平中分面在自由状态下应贴合，其局部间隙应符合技术文件的规定。设计无规定时，均匀紧固 1/3 的连接螺栓后，水平中分面周边应无间隙。

6 上、下机壳连接螺栓的紧固应按对称顺序进行，紧固力矩应符合设计文件的规定。

13.1.13 电动机与鼓风机或透平机连接时，其同轴度应符合设计文件的规定。设计无规定时，应符合国家现行标准《电力建设施工及验收技术规范 汽轮机机组篇》DL 5011 的有关规定。

13.2 鼓风机设备试运转

13.2.1 鼓风机试运转应具备下列条件：

1 鼓风机吸入侧和排出侧的管道及设备应清扫干净。

2 驱动鼓风机的电动机或汽轮机，应按设计文件的规定进行试运转。设计无规定时，汽轮机试运转应符合国家现行标准《电力建设施工及验收技术规范 汽轮机机组篇》DL 5011 的有关规定。

3 空气过滤器、脱湿器、阀门应按设计文件的规定进行试运转，并应符合要求。

4 液压、润滑、冷却水、氮气、压缩空气系统，应按设计文件的规定进行试运转，并应符合要求。

13.2.2 静叶片调整装置试运转应符合下列要求：

1 应启动液压系统，叶片角度调整液压缸活塞在全行程内往返不应少于 3 次，动作应灵活、无卡阻，极限位置应符合设计文件的规定。

2 油缸活塞行程和速度应符合技术文件的规定。

3 机体上的刻度和操作盘上的角度计指示应对应。

13.2.3 盘车装置试运转应符合下列要求：

1 顶轴油泵工作应正常，顶升油压应符合设计文件的规定。

2 应启动离合器，嵌合动作应灵活可靠。

3 应手盘动或自动方式盘车，动作应灵活、无卡阻。

4 启动盘车装置并带动鼓风机连续盘车不应少于 8h，鼓风机、电动机或汽轮机运转应正常。

13.2.4 设备联动试运转应符合下列要求：

1 升速运转和低速运转应符合设计文件的规定。设计无规定时，低负荷运转不应少于 4h。

2 负荷运转应符合下列要求：

1）负荷运转前应先进行低负荷运转不少于 1h，各部动作应平稳、无异常振动、声响。

2）静叶可调的鼓风机，应按设计文件的规定，分数次改变静叶片的角度，调整风机负荷。

3）提升负荷应符合设计文件的规定，达到额定负荷后应稳定运转 4h。各部动作应平稳、无异常振动、声响。

4）改变运转状态，应保证鼓风机在安全运行区域内运行。

5）额定负荷运转各部无异常后再降到低负荷运转，低负荷运转时间应为 1h，停机后应立即盘车。

6）负荷运转的检测项目及精度应符合设计文件的规定。

3 各部动作应平稳，应无异常振动、声响。试运转中在轴颈附近检测轴振动值，应符合设计文件的规定。

4 轴承温度和轴承的排油温度应符合设计文件的规定。

13.2.5 联动试运转应配合有关专业调节风量、风压以及防喘振装置，并应符合设计文件的规定。

13.3 脱 湿 器

13.3.1 脱湿器外壳焊缝外观质量应符合设计文件的规定。设计无规定时，应符合现行国家标准《现场设备、工业管道焊接工程施工规范》GB 50236 中有关质量分级标准Ⅳ级的规定。

13.3.2 脱湿器安装应符合下列要求：

1 底板纵、横向中心线，拉线、挂线坠应用钢尺检查，允许偏差为 5.0mm；标高应用水准仪或钢尺检查，允许偏差为±5.0mm；上表面高度差，应用水准仪或钢尺检查，允许偏差为 2.0mm。

2 侧板、密封板的垂直度，挂线坠应用钢尺检查，允许偏差为 1.0/1000。

3 进、出口扩散器的纵、横向中心线，拉线、挂线坠，应用钢尺检查，允许偏差为 1.0/1000；扩散器管口端面的垂直度，挂线坠应用钢尺检查，允许偏差为 1.0/1000。

4 冷却器、除雾器支架立柱的垂直度，挂线坠应用钢尺检查，允许偏差为 2.0/1000。

13.4 空气过滤器

13.4.1 空气过滤器安装允许偏差应符合下列要求：

1 过滤器纵、横向中心线，拉线、挂线坠应用钢尺检查，允许偏差为 5.0mm。

2 过滤器标高，应用水准仪或钢尺检查，允许偏差为±5.0mm。

3 过滤器垂直度，挂线坠应用钢尺检查，允许偏差为1.0/1000。

13.4.2 布袋式空气过滤器布袋应张紧，应用弹簧秤检查，其张紧力应符合设计文件的规定。

13.4.3 布袋式空气过滤器上部悬挂布袋的横梁吊架中心线应与下部夹布袋的短管中心线重合，挂线坠应用钢尺检查，允许偏差为布袋长度的 1/1000。

13.4.4 布袋式空气过滤器本体安装应符合下列要求：

1 框架立柱至过滤器纵、横中心线的距离，拉线、挂线坠应用钢尺检查，允许偏差为±2.0mm；立柱标高，应用水准仪或钢尺检查，允许偏差为±3.0mm；立柱垂直度，挂线坠应用钢尺检查，允许偏差为 1/1000，且不应大于 10.0mm；框架横梁标高，应用水准仪或钢尺检查，允许偏差为±5.0mm。

2 灰斗纵、横向中心线，拉线、挂线坠应用钢尺检查，允许偏差为 5.0mm；上、下口几何尺寸，应用钢尺检查，允许偏差为±5.0mm。高度应用钢尺检查，允许偏差为±10。

3 进、出口法兰标高，应用水准仪或钢尺检查，允许偏差为±5.0mm；中心位置，拉线、挂线坠应用钢尺检查，允许偏差为 20.0mm。

13.5 空气过滤器试运转

13.5.1 卷绕式空气过滤器无负荷试运转，应符合下列要求：

1 试运转前，应进行电动机单独试运转，并应符合设计文件的规定。

2 试运转不应少于 4h，减速器等各运转部件温升应符合设计文件的规定。运转应平稳、无异常声响、振动。

3 切换阀开、闭动作应灵活，极限开关动作应可靠。

4 切换阀气缸行程及速度应符合设计文件的规定。

5 各种模拟故障试验应符合设计文件的规定。

13.5.2 布袋式空气过滤器整体无负荷试运转，应符合下列要求：

1 灰斗振动器动作时间应符合设计文件的规定。设计无规定时，不应少于 3min，振打动作应正常。

2 排灰阀动作不应少于 3 次，动作应灵活可靠。

13.6 阀 门

13.6.1 阀门与管道连接的法兰面填（垫）料密封，应符合设计文件的规定。接触应紧密，法兰连接应符合本规范第 6.11.1 条第 5 款的规定。

13.6.2 阀门安装允许偏差应符合本规范第 12.4 节的规定。

13.6.3 阀门试运转应符合本规范第 12.5 节的规定。

14 煤气净化设备安装

14.1 一 般 规 定

14.1.1 本章适用于高炉煤气湿式净化设备安装。

14.1.2 高炉煤气干式净化设备安装，应符合现行国家标准《冶金除尘设备工程安装与质量验收规范》GB 50566 和《烧结机械设备工程安装验收规范》GB 50402 的有关规定。

14.2 除尘器煤气遮断阀

14.2.1 除尘器煤气遮断阀安装前，应检查制造厂提供的钟罩静平衡试验记录，并应符合设计文件的规定。

14.2.2 除尘器煤气遮断阀安装应符合下列要求：

1 煤气遮断阀座应与除尘器外壳同心，吊线坠应检查，其允许偏差为5.0mm。

2 阀座水平度，应用水平仪或水准仪检查，允许偏差为1.0/1000。

3 钟罩式上、下阀瓣就位后，应用塞尺检查与阀座的密合程度，并应符合设计文件的规定。设计无规定时，应用塞尺检查其间隙。间隙小于0.10mm时，塞尺插入深度应小于设计高度的50%；间隙等于0.10mm时，累计长度应小于圆周长度的20%。

4 除尘器锥罩、阀瓣提升拉杆以及拉杆密封装置的安装，应符合设计文件的规定。

5 上、下阀瓣间密封用蒸汽管道的安装，应符合设计文件的规定。

14.2.3 除尘器煤气遮断阀卷扬机安装应符合下列要求：

1 卷扬机底座标高，应用水准仪或钢尺检查，允许偏差为±10.0mm。水平度应用水平仪检查，允许偏差为0.3/1000。

2 卷扬机底座纵、横向中心线，允许偏差为5.0mm。

3 吊挂滑轮的位置应保持钢丝绳垂直，在滑轮与阀门全长内垂直度允许偏差为3mm。

14.2.4 除尘器煤气遮断阀及卷扬装置试运转，应符合下列要求：

1 应启动卷扬装置，遮断阀应做开、闭动作，调整行程极限开关位置应符合设计文件的规定。

2 应启动卷扬装置，遮断阀开、闭动作不应少于3次。阀的开、闭动作应平稳，极限开关动作应可靠，应无冲击或卡阻。

3 卷扬装置运转应平稳、无异常振动及声响。

14.3 除尘器清灰阀及煤气灰搅拌机

14.3.1 清灰阀安装前，应用塞尺检查阀瓣与阀座的密合程度，并应符合设计文件的规定。设计无规定，且间隙小于0.10mm的塞尺时，其塞入深度应小于阀瓣与阀座设计高度的50%；间隙等于0.10mm时，塞尺塞入累计长度应小于圆周长度的20%。

14.3.2 煤气灰搅拌机的安装应符合下列要求：

1 纵、横向中心线，应用拉线检查，挂线坠应用钢尺检查，允许偏差为5.0mm。

2 标高应用水准仪和钢尺检查，允许偏差为±5.0mm。

3 纵向水平度，应用水平仪或水准仪检查，允许偏差为1.0/1000，且全长不应大于2.0mm。

14.4 除尘器清灰阀及煤气灰搅拌机试运转

14.4.1 煤气灰搅拌机无负荷试运转不应少于30min，并应符合下列要求：

1 试运转中，动作应平稳、无异常声响和振动。

2 煤气灰搅拌机螺旋叶片应牢固无串动，不应摩擦箱体，两根搅拌轴之间不得相互干涉。

14.4.2 除尘器清灰阀正常开、闭动作不应少于3次，动作应灵活、无卡阻。

14.5 煤气压力调节阀组

14.5.1 调节阀的安装可设置移动式吊车进行吊装，应先安装阀门组及附件，再安装框架及隔声件。

14.5.2 调节阀两端的连接管分段供货时，在安装现场应设置拼装平台进行拼装、焊接，焊接质量应符合设计文件的规定。设计无规定时，应符合本规范第6.2.22条的规定。焊后应进行压力试验，并应符合设计文件的规定。设计无规定时，应按本规范附录D的规定取值。

14.5.3 煤气压力调节阀组法兰的安装，应符合下列要求：

1 调节阀组法兰与管道应同心，允许偏差为2.0mm。

2 挂线坠应用钢尺检查垂直法兰面的垂直度，应用专用工具检查法兰面水平中心线与管道中心线的垂直度。法兰直径不大于1000mm时，允许偏差为1.0mm；法兰直径大于1000mm时，允许偏差为1.0/1000。

3 挂线坠应用钢尺检查法兰面上螺栓孔定位精度，并应符合本规范第6.11.8条第2款的规定。

4 应用杆规检查两法兰的平行度，法兰直径不大于1000mm时，允许偏差为1.0mm；法兰直径大于1000mm时，允许偏差为1.0/1000。

14.5.4 以部件形式供货的调节阀组安装后，隔声工程施工前应进行压力试验，并应符合设计文件的规定。

14.5.5 隔声工程框架的安装应符合下列要求：

1 立柱至调节阀组纵、横向中心线的距离，拉线、挂线坠应用钢尺检查，允许偏差为±2.0mm。

2 立柱和横梁的标高，应用水准仪或钢尺检查，允许偏差为±5.0mm，横梁相互间的高度差，允许偏差为5.0mm。

3 立柱垂直度，挂线坠应用钢尺检查，允许偏差为1.0/1000。

14.6 煤气压力调节阀组试运转

14.6.1 电机驱动的煤气压力调节阀组试运转，应符合下列要求：

1 电动机带减速器正、反向运转各不宜少于30min，运转应平稳、无异常振动、声响。

2 调节阀与电动机、减速器连接后，应启动电动机，调节阀应做开、闭动作，调整行程极限开关位置应符合设计文件的规定。

3 调节阀开、闭动作各不应少于3次。开、闭动作应平稳，转动应灵活、无卡阻，极限开关动作应灵活可靠。开度指示器指示的角度应与阀瓣的开启角度相符，且应准确灵敏。

14.6.2 液压驱动的压力调节阀组试运转应符合下列要求：

1 应启动液压系统，调节阀应做开、闭动作，调整行程极限开关位置应符合设计文件的规定。

2 调节阀开、闭动作不应少于3次。开、闭动作应平稳，转动应灵活、无卡阻，极限开关动作应灵活可靠。开度指示器指示的角度应与阀瓣的开启角度相符，且应准确灵敏。

14.7 环缝洗涤塔压力调节装置

14.7.1 压力调节装置安装前，挂线坠应用钢尺检查环缝洗涤塔内煤气导流管的垂直度，允许偏差为0.5/1000。

14.7.2 压力调节装置的外锥体、下部导向杆、内锥体和上部导向杆、液压缸等部件，宜在导流管上部设置吊装用的横梁和挂设链式起重机，应用塔外的移动式吊车依次从上、下人孔吊入，应在导流管上部横梁上，挂设链式起重机配合吊入塔内并垂直吊装就位（图14.7.2）。

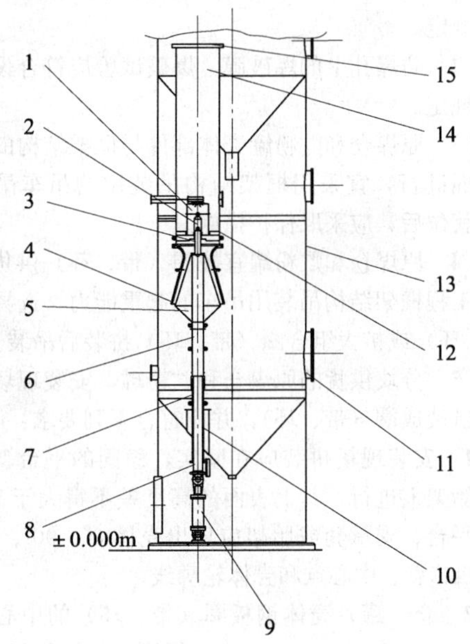

图14.7.2 环缝洗涤塔压力调节装置的安装

1—水导向管；2—内锥导向杆保护罩；3—内锥导向杆；4—外锥体；5—内锥体；6—中间杆；7—中间杆保护管；8—下部杆；9—液压缸；10—润滑脂管；11—人孔；12—焊缝；13—塔壳体；14—导流管；15—安装用临时横梁

14.7.3 压力调节装置安装宜符合下列要求：

1 应用水平仪检查外锥体上部平面的水平度，允许偏差为0.5/1000。

2 外锥体与导流管（煤气入口管）应用对接焊接，其焊缝质量应符合设计文件的规定。设计无规定时，应符合现行国家标准《现场设备、工业管道焊接工程施工规范》GB 50236中Ⅳ级的规定，并应采取防变形焊接措施。

3 应安装下部导向杆并进行固定。

4 应用塔外的吊车将内锥体从下人孔吊入，应在横梁上挂设链式起重机配合吊入塔内并垂直吊装就位。在内外锥接触面间应放入等厚垫块，并应提升内锥体至安装位置。内、外锥体与垫块接触应无间隙，应用塞尺检查，允许偏差为0.10mm。

5 应安装中间杆以及下部导向套、保护管，下部导向杆应与液压缸进行连接。

6 液压缸底座的定位宜在内锥体及导向杆、液压缸等自由下降至地面，应反复多次后确定。

7 应安装内锥导向杆保护套。

8 应从塔上部锥体人孔将导水管吊装就位，并应与外锥体上平面连接固定。

14.7.4 环缝洗涤塔压力调节装置试运转应符合下列要求：

1 应启动液压系统，液压缸带动内锥体应做上、下动作，应调整极限开关位置，并应符合设计文件的规定。

2 液压缸带动内锥体上、下动作不应少于3次，极限开关动作应灵活可靠，锥体导向装置应无卡阻。

14.8 煤气放散阀

14.8.1 放散阀安装前，应用塞尺检查阀座与阀瓣的结合面，其密合程度应符合设计文件的规定。设计无规定时，应符合本规范附录E的规定。

14.8.2 放散阀的安装应符合本规范第8.10节的规定。

14.8.3 放散阀的安装试运转应符合本规范第8.11节的规定。

14.9 卧式消声器

14.9.1 卧式消声器壳体安装前，应检查有无由于运输、堆放和吊装造成的构件变形及涂层脱落，并应进行矫正和修补。

14.9.2 台架的安装应符合下列要求：

1 台架的纵、横向中心线，拉线、挂线坠应用钢尺检查，其允许偏差为10.0mm。

2 台架标高，应用水准仪或钢尺检查，允许偏差为±15.0mm，表面高度差允许偏差为10.0mm。

14.9.3 分段分块供货的消声器安装应符合下列要求：

1 分段分块供货的消声器，安装现场可直接在台架上应进行就位和拼装。

2　壳体拼装焊缝坡口端部间隙，允许偏差为－1.0mm～＋2.0mm，对口错边量允许偏差为3.0mm。

3　壳体焊缝质量应符合设计文件的规定。设计无规定时，应符合现行国家标准《现场设备、工业管道焊接工程施工规范》GB 50236中焊缝质量分级标准Ⅳ级的规定。

4　外壳应平整，方形外壳平面度，应用1m钢尺检查，允许偏差为5.0mm；圆形外壳母线的直线度，拉线应用钢尺检查，允许偏差为外壳长度的1/1000，且不应大于5.0mm。

5　进、出口端面的垂直度，挂线坠应用钢尺检查，允许偏差为消声器直径的1/1000，且不应大于10.0mm。

14.9.4　整体供货的消声器，应采用相适应的大型移动式吊车吊装，就位后应检查和调整消声器本体的纵、横向中心线，拉线、挂线坠应用钢尺检查，允许偏差为5.0mm；进出口中心线标高，应用水准仪或钢尺检查，允许偏差为±10.0mm。

14.10　叶型插板

14.10.1　叶型插板的压力试验应符合设计文件规定。设计无规定时，应符合本规范附录D的规定。

14.10.2　叶型插板连接的固定法兰安装应符合下列要求：

1　法兰面水平中心线与管道中心线的垂直度，应用专用工具检查，允许偏差为1.0mm。

2　法兰面垂直度，挂线坠应用钢尺检查，允许偏差为1.0/1000。

14.10.3　叶型插板宜整体出厂，安装现场宜整体吊装就位。

14.10.4　垂直开闭的插板的安装应符合下列要求：

1　支柱的纵、横向中心线，拉线、挂线坠应用钢尺检查，允许偏差为2.0mm。

2　支柱标高，应用水准仪或钢尺检查，允许偏差为±5.0mm。

3　支柱垂直度，挂线坠应用钢尺检查，允许偏差为1.0/1000。

4　支柱上的插板滑道与阀体上的插板滑道应在同一垂直面内，两滑道垂直中心线应重合，挂线坠应用钢尺检查，允许偏差为2.0mm。

15　高炉喷煤设备安装

15.1　一般规定

15.1.1　本章适用于高炉喷煤设备仓式泵、原煤仓和贮粉罐、煤粉收集器的安装。

15.1.2　磨煤机、提升机等应按现行国家标准《连续输送设备安装工程施工及验收规范》GB 50270、《破碎、粉磨设备安装工程施工及验收规范》GB 50276的有关规定执行。

15.2　仓式泵

15.2.1　仓式泵壳体（罐体）部件的制造应符合设计文件的规定。设计无规定时，应符合本规范第6章的有关规定。

15.2.2　仓式泵体（罐体）压力试验应符合设计文件的规定。设计无规定时，应符合本规范附录D的规定。

15.2.3　仓式泵与框架结构的安装应穿插进行安装，宜采用框架结构吊装用的吊车吊装就位。安装后，应采取保护措施。

15.2.4　仓式泵安装应符合下列要求：

1　泵体纵、横向中心线，拉线、挂线坠应用钢尺检查，允许偏差为5.0mm。

2　泵体标高，应用水准仪或钢尺检查，允许偏差为±5.0mm。

3　泵体上荷重传感器支承面的高度差，应用水准仪或钢尺检查，允许偏差为1.0mm。

15.3　原煤仓和贮粉罐

15.3.1　原煤仓和贮粉罐壳体部件的制造应符合设计文件的规定。设计无规定时，应符合本规范第6章的有关规定。

15.3.2　防爆孔上的爆破膜，爆破试验应符合设计文件的规定。

15.3.3　原煤仓和贮粉罐壳体部件与框架结构的安装应穿插进行，宜采用框架结构吊装用的吊车吊装就位。就位后，应采取保护措施。

15.3.4　原煤仓和贮粉罐宜按圈（带、环）供货，应根据工程框架结构吊装用吊车的起重能力，选择单圈（带、环）或扩大组合圈（带、环）拼装后吊装。

15.3.5　分块供货的原煤仓和贮粉罐，安装现场应在地面拼装成圈（带、环），并应符合下列要求：

1　安装现场拼装应在坚实、稳固的平台、支承凳或胎架上进行，其上表面的高度差不得大于2mm。组装平台、支承凳或胎架应划出壳体0°、90°、180°、270°四芯点、中心点和壳体轮廓线。

2　仓（罐）壳体钢板圈（带、环）的中心对拼装平台上的检查中心应重合，挂线坠应用钢尺检查，允许偏差为5.0mm。

3　仓（罐）壳体钢板圈（带、环）的最大直径与最小直径之差，应用钢尺检查，允许偏差为炉壳钢板圈（带、环）设计直径的2/1000，且不应大于10.0mm。

4　仓（罐）壳体钢板圈（带、环）上口圆周各点相对高度差，应用水准仪或钢尺检查，允许偏差为3.0mm。

5 仓（罐）壳体钢板圈（带、环）对口间隙允许偏差，应符合表15.3.5的规定。

表15.3.5 仓（罐）壳体钢板圈（带、环）对口间隙允许偏差（mm）

项目	允许偏差	检验方法
对口错边量	$t/10$ 且不大于3.0	用钢尺检查
坡口根部间隙	+2.0 −1.0	用塞规检查

注：t 为钢板厚度。

15.3.6 原煤仓和贮粉罐壳体钢板圈（带、环）的吊装，应先吊装固定在框架平台上的壳体钢板圈（带、环）。上部各圈（带、环）应采用正装法安装；下部各圈（带、环）应采用倒装方法安装；顶部壳体宜最后吊装就位。

15.3.7 壳体钢板圈（带、环）安装应符合下列要求：

1 固定在框架平台上的壳体钢板圈（带、环）就位后，应调整和找正炉壳钢板圈（带）纵、横向中心线或四芯线，允许偏差为5.0mm。壳体钢板圈（带、环）上口标高，允许偏差为±5.0mm。上口圆周各点相对高度差，应用水准仪或钢尺检查，允许偏差为3.0mm；壳体钢板圈（带、环）的最大直径与最小直径之差，应用钢尺检测半径值计算，允许偏差为壳体钢板圈（带、环）设计直径的2/1000，且不应大于10.0mm。

2 固定在框架平台上的壳体钢板圈（带、环）设置有荷重传感器时，应先安装模拟支架并进行找正和调整支架标高，应用水准仪或钢尺检查，允许偏差为±5.0mm；相互高度差，应用水准仪或钢尺检查，允许偏差为1.0mm。

15.3.8 采用正装法安装框架平台以上的壳体钢板各圈（带、环）和倒装法安装框架平台以下的锥形壳体钢板各圈（带、环），应符合本节第15.3.7条的规定。

15.3.9 原煤仓和贮粉罐的焊接工艺应符合本规范第6章的有关规定，其焊接质量应符合下列要求：

1 原煤仓焊缝质量应符合设计文件的规定。设计无规定时，对接焊缝内部质量应符合现行国家标准《钢焊缝手工超声波探伤方法和探伤结果分级》GB 11345中B类Ⅲ级的规定。焊缝外观质量应符合现行国家标准《现场设备、工业管道焊接工程施工规范》GB 50236中焊缝质量分级标准Ⅲ级的规定。

2 贮粉罐焊缝质量应符合设计文件的规定。设计无规定时，对接焊缝内部质量应符合现行国家标准《钢焊缝手工超声波探伤方法和探伤结果分级》GB 11345中B类Ⅱ级的规定。焊缝外观质量应符合现行国家标准《现场设备、工业管道焊接工程施工规范》GB 50236中焊缝质量分级标准Ⅲ级的规定。

15.4 煤粉收集器

15.4.1 煤粉收集器与框架结构的安装应穿插进行安装，应根据框架结构吊装用吊车的起重能力确定吊装形态，宜采用扩大拼装件或整体吊装。

15.4.2 煤粉收集器灰斗及上部箱体分段供货时，安装现场应设平台、支承凳进行拼装，并应符合设计文件的规定。设计无规定时，应符合本规范第6章的有关规定。

15.4.3 煤粉收集器支架安装应符合下列要求：

1 立柱中心线至收集器中心线的距离，拉线、挂线坠应用钢尺检查，允许偏差为5.0mm。

2 立柱标高，应用水准仪或钢尺检查，允许偏差为±5.0mm。

3 立柱垂直度，挂线坠应用钢尺检查，允许偏差为1.0/1000，且不应大于10.0mm。

4 横梁标高，应用水准仪或钢尺检查，允许偏差为±5.0mm。水平度允许偏差为1.0/1000。

5 立柱横梁等支架零部件的连接，应符合设计文件的规定。设计无规定时，应符合本规范第6章的有关规定。

15.4.4 灰斗的安装应符合下列要求：

1 灰斗安装前，应检查其上、下口的尺寸，并应符合设计文件的规定。

2 灰斗纵、横向中心线，拉线、挂线坠应用钢尺检查，允许偏差为5.0mm。

3 灰斗标高，应用水准仪或钢尺检查，允许偏差为±5.0mm。

15.4.5 收集器箱体的安装，挂线坠应用钢尺检查和调整箱体的垂直度，允许偏差为1.0/1000，且不应大于10.0mm。

15.4.6 布袋安装前，应根据设计文件的规定，用弹簧秤进行布袋拉紧试验，其拉紧力应符合设计文件或现行国家标准《袋式除尘器技术要求》GB/T 6719的有关规定。

15.4.7 上部悬挂布袋的横梁吊架中心线应与下部夹布袋的短管中心线重合，挂线坠应用钢尺检查，允许偏差为布袋长度的1/1000。

15.4.8 收集器箱体外壳，钢板对接纵缝应错开200mm以上，表面应平整光滑。

15.4.9 煤粉收集器壳体的焊缝质量应符合设计文件的规定。设计无规定时，应符合现行国家标准《现场设备、工业管道焊接工程施工规范》GB 50236中焊缝质量分级标准Ⅳ级的规定。

15.4.10 煤粉收集器安装后，应根据设计文件的规定进行泄漏性试验。泄漏性试验宜在试运转过程中进行，应以发泡剂检验外壳焊缝无泄漏。

15.5 喷吹设备

15.5.1 喷吹罐和氮气罐安装前，应检查出厂压力试验合格证明文件，并应符合设计文件的规定。

15.5.2 喷吹罐和氮气罐安装应符合下列要求：

1 罐体整体吊装就位后，应调整和找正罐体纵、横向中心线，拉线、挂线坠应用钢尺检查，允许偏差为5.0mm。

2 罐体标高应以进口或出口法兰中心线为基准，应用水准仪或钢尺检查，允许偏差为±5.0mm。

16 渣处理设备安装

16.1 吹制箱及水渣槽、冲击挡板

16.1.1 吹制箱及水渣槽下部台架安装允许偏差，应符合下列要求：

1 下部台架纵、横向中心线，拉线、挂线坠应用钢尺检查，允许偏差为5.0mm。

2 下部台架标高，应用水准仪或钢尺检查，允许偏差为±5.0mm。

3 立柱垂直度，挂线坠应用钢尺检查，允许偏差为2.0/1000。

16.1.2 吹制箱及水渣槽本体的安装允许偏差，应符合下列要求：

1 吹制箱及水渣槽的纵、横向中心线，拉线、挂线坠应用钢尺检查，允许偏差为5.0mm。

2 吹制箱及水渣槽标高，应用水准仪或钢尺检查，允许偏差为±5.0mm。

16.1.3 冲击挡板安装应符合下列要求：

1 冲击挡板的纵、横向中心线，拉线、挂线坠应用钢尺检查，允许偏差为16.0mm。

2 标高应用水准仪或钢尺检查，允许偏差为±16.0mm。

3 挡板倾角应符合设计文件的规定。吊线坠应用钢尺检查和测量倾角对边的边长，其允许偏差为±20mm。

16.2 转鼓式炉渣粒化过滤设备

16.2.1 转鼓的安装，应根据安装现场具体情况，配置与其重量相适应的大型移动式吊车进行吊装。转鼓设备安装前，应先安装转鼓下面的集水槽，并应符合设计文件的规定。

16.2.2 转鼓支承座的安装应符合下列要求：

1 转鼓支承座纵、横向中心线，拉线、挂线坠应用钢尺检查，允许偏差为3.0mm。

2 转鼓支承座的标高，应在支承座上表面用水准仪或钢尺检查，允许偏差为±5.0mm。

3 转鼓支承座上表面的水平度，在单个支承座表面和两支座表面间应用平尺、水平仪检查，允许偏差为0.20/1000。

16.2.3 转鼓托轮的安装应符合下列要求：

1 托轮吊放在支承座上后，拉线、挂线坠应用钢尺检查托轮纵、横向中心线，允许偏差为2.0mm。

2 托轮标高，应用水准仪或钢尺检查测量，允许偏差为±3.0mm。

3 托轮顶面高度差，应用平尺、水平仪或水准仪检查，允许偏差为0.50mm。

4 托轮端面水平偏斜度，拉边线应用钢尺检查，允许偏差为托轮直径1/1000。

5 转鼓就位后，应用塞尺检查转鼓与四个托轮之间，并应无间隙，相互间隙差允许偏差为0.10mm。

6 分配器移动的箱形梁应在转鼓就位和安装后进行。挂设转鼓中心线，应用钢尺测量转鼓中心线至箱形梁滑动面中心线的距离，允许偏差为±3.0mm，滑动面的标高应为±3.0mm，同一截面相对高低差，允许偏差为2.0mm。

7 转鼓烟罩的安装应先安装立柱，然后安装烟罩及连接管。立柱标高允许偏差为±5.0mm，立柱垂直度，挂线坠应用钢尺检查，允许偏差为1.0/1000。

16.3 转鼓式炉渣粒化过滤设备试运转

16.3.1 采用液压驱动的转鼓，在液压系统进行调试后，液压马达驱动转鼓连续运转不应少于2h，转鼓运转应平稳，应无异常声响及振动。各部位轴承温度应符合设计文件的规定，且转鼓托轮与托辊接触应无间隙。

16.3.2 采用电动机驱动的转鼓，电动机与减速器连接应单独进行试运转，试运转不应少于2h，运转应平稳，应无异常声响及振动。各部位轴承温度应符合设备技术文件的规定。

16.3.3 采用电动机驱动的转鼓，在驱动系统调试合格后，电动机与减速器、转鼓连接连续运转不应少于2h，并应符合本节第16.3.1条的规定。

17 铁处理设备安装

17.1 铸铁机

17.1.1 铸铁机采用钢结构支承时，安装应符合下列要求：

1 头部台架纵、横向中心线与铸铁机组纵、横向中心线应重合，拉线、挂线坠应用钢尺检查，允许偏差为2.0mm；标高应用水准仪或钢尺检查，允许偏差为±2.0mm；立柱的垂直度，挂线坠应用钢尺检查，允许偏差为2.0/1000；横梁的水平度，应用水

准仪或水平仪检查，允许偏差为1.0/1000。

2 中间台架上梁纵向中心线至铸铁机纵向中心线距离，拉线应用钢尺检查，允许偏差为±2.0mm；标高应用水准仪或钢尺检查，允许偏差为±2.0mm；横梁的水平度，应用水准仪或水平仪检查，允许偏差为1.0/1000。

17.1.2 主动和从动链轮的安装应符合下列要求：

1 链轮轴的纵、横向中心，拉线、挂线坠应用钢尺检查，允许偏差为1.0mm；链轮轴线与铸铁机纵向中心线应垂直，在轴端应用摇杆旋转检查，允许偏差为1.0mm。

2 链轮轴线应水平，并应用水平仪检查，在轴全长内允许偏差为1.0mm。

17.1.3 滚轮固定式铸铁机的安装应符合下列要求：

1 滚轮支承梁纵向中心线，拉线、挂线坠应用钢尺检查，允许偏差为1.0mm；标高应用水准仪和钢尺在梁的支点处检查，允许偏差为±2.0mm。

2 滚轮的纵向中心线至铸铁机纵向中心线的距离，拉线应用钢尺检查，允许偏差为±1.0mm；标高应用水准仪或拉线用钢尺在滚轮面顶部检查，允许偏差为±2.0mm。钢结构支承的滚轮固定式铸铁机辊轮的安装可分段进行，宜以两支架间为一单元段进行找平、找正。

17.1.4 滚轮移动式铸铁机轨道的安装应符合下列要求：

1 轨道纵向中心线，拉线、挂线坠应用钢尺检查，允许偏差为1.0mm。

2 轨道标高应用水准仪和钢尺检查，允许偏差为±2.0mm，同一横截面内两轨面高度差，允许偏差为2mm，接头错位允许偏差为1.0mm，接头间隙允许偏差为1.0mm。

17.1.5 链带宜分段供货，应在铸铁车间铸铁机尾部采用车间内检修吊车吊运和拼装，链带及铸铁模，宜逐段组装，并宜用设置在铸铁机头部的滑车组用卷扬机牵引就位。链带和铸铁模的拼装应符合设计文件的规定。

17.1.6 减速器纵、横向水平度，应用水平仪在剖分面预留位置或传动轴伸出端检查，允许偏差为0.10/1000。主传动链轮等安装后，找正减速器与主动链轮轴的联轴器的同心度，应用百分表检查，允许偏差应符合设计文件或现行国家标准《机械设备安装工程施工及验收通用规范》GB 50231的有关规定。

17.1.7 张紧装置的导向装置与铸铁机纵向中心线应相互平行，在张紧装置全长内允许偏差为0.5mm。

17.1.8 铸铁机试运转应先点动运转，确认正常后，以正常速度无负荷连续运转不应少于2h，并应符合下列要求：

1 链带运行应平稳，与链轮啮合应良好、无卡阻。

2 滚轮转动应灵活，链板不应偏磨滚轮缘。

3 各部轴承温度应符合设备技术文件的规定。

17.2 板式回转卸料机

17.2.1 板式回转卸料机应根据安装现场具体情况及拼装的最大件的重量配置移动式吊车吊装就位。

17.2.2 板式回转卸料机在安装现场进行拼装时，宜分别组装支腿、传动装置、机架、运输带及传动装置。机架、运输带及传动装置宜整体吊装就位。

17.2.3 板式回转卸料机机架拼装应符合设计文件的规定。设计无规定时，应符合本规范第6章的有关规定。

17.2.4 板式回转卸料机架内运输带上、下轨道中心线应重合，允许偏差为2.0mm，同一截面内两轨道面高度差，允许偏差为2.0mm。

17.2.5 回转台下面的环形导轨半径，应用专用长臂圆规检查，允许偏差为±3.0mm；轨道面标高应用水准仪或钢尺检查，允许偏差为±2.0mm。

17.2.6 回转台上平面的水平度，允许偏差为1/1000。

17.2.7 卸料端下面的弧形轨道半径，允许偏差为±5.0mm。轨面标高允许偏差为±2.0mm。

17.3 板式回转卸料机试运转

17.3.1 板式回转卸料机运输机试运转不应少于2h，运转应平稳、无异常声响和振动。各部轴承温度应符合设计文件的规定。

17.3.2 板式回转卸料机回转装置在回转范围内往返不应少于3次，回转时动作应平稳、无异常杂音、无卡阻和撞击。

17.3.3 板式回转卸料机传动装置试运转应符合下列要求：

1 链条松紧适度，弦垂度应符合设计文件或现行国家标准《机械设备安装工程施工及验收通用规范》GB 50231的有关规定。

2 链轮与链条应啮合良好。

3 链轮与链条运行应平稳、无抖动、无异常杂音、无卡阻和撞击。

18 碾泥设备

18.1 二段振动式焦炭粉碎机

18.1.1 二段振动式焦炭粉碎机安装应符合下列要求：

1 机体安装应以进、出料口为基准进行找平、找正，纵、横向中心线应用拉线检查，吊线坠应用钢尺检查，允许偏差为5.0mm。

2 标高应用水准仪或钢尺检查，允许偏差为

±2.0mm。

3 水平度应用水准仪或水平仪检查，允许偏差为0.5/1000。

18.1.2 二段振动式焦炭粉碎机试运转不应少于2h，应符合下列要求：

1 通过振幅指示板测定振幅应符合设计文件的规定，其允许偏差为设计值的±10%。

2 各部轴承的温度应符合设计文件的规定。

3 二段振动式焦炭粉碎机从运转状态至停止工作，应无明显的声响及摇晃等。

18.2 碾 泥 机

18.2.1 碾泥机安装应符合下列要求：

1 碾泥机纵、横向中心线，拉线、吊线坠应用钢尺检查，允许偏差为2.0mm；标高应用水准仪或钢尺检查，允许偏差为±5.0mm。

2 碾盘盘底上平面水平度，应用水准仪或平尺、水平仪检查，允许偏差为1.0/1000。

3 立轴垂直度，挂线坠应用钢尺检查，允许偏差为1.0/1000。

18.2.2 传动齿轮宜用压铅法检查啮合间隙和着色法检查啮合的接触斑点。啮合间隙和啮合的接触斑点，均应符合设计文件或现行国家标准《机械设备安装工程施工及验收通用规范》GB 50231的有关规定。

18.3 碾泥机试运转

18.3.1 碾泥机试运转前，应调整刮板、碾轮与盘底衬板之间的间隙，并应符合设计文件的规定。

18.3.2 碾泥机出料门试运转应符合下列要求：

1 出料门做开、闭动作，应调整出料门行程极限开关位置，并应符合设计文件的规定。

2 出料门做开、闭动作各不应少于3次，动作应灵活，极限开关动作应可靠。

18.3.3 碾泥机本体无负荷运转不应少于30min，转动应平稳，应无异常声响及振动。各部轴承的温度应符合设计文件的规定。

18.4 成 型 机

18.4.1 成型机安装应符合下列要求：

1 成型机安装应以设备进料口法兰为基准进行找平、找正；纵、横向中心线，拉线、吊线坠应用钢尺检查，允许偏差为2.0mm。

2 标高应用钢尺检查，允许偏差为±5.0mm。

3 水平度应用水平仪或水准仪检查，允许偏差为1.0/1000。

18.4.2 成型机无负荷运转不应少于30min，运转应平稳、灵活可靠，且应无异常声响及振动。各部轴承的温度应符合设计文件的规定。

19 泄漏性试验

19.1 一 般 规 定

19.1.1 本章适用于炉顶设计压力为0.2MPa～0.3MPa的高炉系统和熔融还原炉系统的泄漏性试验。

19.1.2 泄漏性试验应由生产厂编制试验方案并组织具体实施。施工单位应配合生产单位做好试验的安全、卫生、防护等工作，应配备试验方案规定数量的作业人员及工具、仪器、发泡剂等，应按生产单位的要求在各部位实施检查和记录。

19.2 泄漏性试验

19.2.1 泄漏性试验前的准备，应符合下列要求：

1 应对作业人员进行泄漏性试验的安全、卫生、环境保护和操作技术交底。

2 应清除设备周围的残留物，并应做好清洁卫生工作。

3 应搭设安全可靠的供观察检查的临时平台或脚手架等，检漏区域应设置安全围护和警示标志。

4 设备附近及周围的通道应畅通，照明应充足，必要时应增设临时照明设备。

5 应根据设计图及安装现场具体情况与生产方协商确定检测点，并应编制相应的记录表格。

6 应根据生产单位要求，结合试验操作具体情况，配备安全监督人员跟踪作业，并应及时进行监督检查。

19.2.2 热风炉烘炉后应分阶段进行泄漏性试验。分阶段试验的试验压力应分别为0.1MPa、高炉炉顶工作压力、高炉炉顶工作压力的1.5倍。

19.2.3 热风炉泄漏性试验首次应通过充风阀充入风压为20kPa的冷空气，稳压后，听觉检查各处无异常后应将压力提高至50kPa，稳压后应用发泡剂检查其间的各部连接部位，发现泄漏部位时应做记号，并应待降压后进行处理。处理后应再次进行充压，并应将压力逐级提高达到0.10MPa，稳压后应用发泡剂检查其间的各部连接部位，发现泄漏部位时应做记号，并应待降压后进行处理，同时应按本条的试验方法分别进行炉顶设计工作压力及炉顶设计工作压力的1.5倍的泄漏性试验。

19.2.4 高炉系统泄漏性试验应在热风炉和高炉本体烘炉后进行，高炉系统泄漏性试验压力应符合设计文件的规定。设计无规定时，不应小于0.1MPa，且不应大于炉顶设计压力。

19.2.5 高炉系统整体泄漏性试验范围，应从厂内冷风管开始，经热风炉、热风主管、热风环管以及高炉本体、煤气净化装置直至煤气调压阀组。其间的各部连接部位，热风炉各阀门的法兰接口、风口装置、高炉本体冷却壁和冷却板与炉壳连接处、煤气压力调节阀组法兰等各处法兰连接处，均应用发泡剂进行检查，并应无泄漏。泄漏部位应做好记号和记录，应待降压后进行处理。

19.2.6 高炉系统泄漏性试验可分三次进行。开始时，应通入风压为20kPa的冷空气，稳压后，应以听觉检查各处无异常后再将压力提高至50kPa，稳压后应用发泡剂检查其间的各部连接部位无泄漏，发现泄漏部位时应做记号，并应待降压后进行处理。处理后应再次进行试验，将压力逐级提高达到0.10MPa或试验压力后，应重点检查第二次泄漏的部位，发现泄漏部位应做记号，并应待降压后进行处理。第三次试验时，应重点检查上一次处理过的泄漏部位，并应做记录。

19.2.7 熔融还原炉应在烘炉前进行冷态强度试验和泄漏性试验，强度试验压力应为设计压力的1.1倍。泄漏性试验压力宜为设计压力的0.5倍。烘炉过程中应进行热态泄漏性试验，其试验压力宜为设计压力的0.5倍。

19.2.8 熔融还原炉系统强度试验和泄漏性试验，应采用氮气从氧气环管通过氧枪将氮气送入气化炉、还原炉、煤、矿装料系统、煤气净化装置直至煤气加压装置。其间的各部连接部位、各阀门的法兰接口、风口装置、冷却壁和冷却板与炉壳连接处、煤气压力调节阀等各处法兰连接处，均应用发泡剂进行检验，并应无泄漏。泄漏部位应做好记号并记录，应待降压后进行处理。

19.2.9 熔融还原炉系统强度试验应逐级升压和稳压进行泄漏性检查，通入氮气压力应为20kPa时，听觉检查各处无异常后，应将压力提高至50kPa、100kPa、200kPa直至强度试验压力。每级应稳压10min，并应用发泡剂检查各处法兰连接处应无泄漏。如发现泄漏部位应做记号，并应待降压后进行处理。

19.2.10 熔融还原炉系统强度试验压力合格后，应进行热态泄漏性试验。应设置专用烘炉装置，可通入煤气进行。热态泄漏性试验应用发泡剂检查各处法兰连接处应无泄漏，如发现泄漏部位应做记号，并应待降压后进行处理。

19.2.11 熔融还原炉系统压力试验介质为氮气时，如遇有能通过手或皮肤触觉到的泄漏处，应及时进行避让。

19.2.12 泄漏性试验应无泄漏，需要进行处理的泄漏部位，应经生产方和施工等有关单位进行协商，提出处理意见或方案后，妥善安排时间处理，并应做好安全防护工作。

附录A 专用炉壳钢板宜选用的焊接材料

表A 专用炉壳钢板宜选用的焊接材料

用 途	钢 号	手工电弧焊	熔化极气保焊	埋弧焊	电渣焊
高炉壳体结构用钢	BB503 ALK490 WSM50C	E5015 E5016	H08Mn2SiA ER50-6 ER50-G	H08MnA H10Mn2	H08MnA H10Mn2 H08MnMoA
热风炉壳体结构用钢	BB41-BF ALK420 WSM41C	E4315 E4316	H08Mn2Si ER50-6	H08A H08MnA	H08MnA H10Mn2

附录B 高炉工艺钢结构预装配允许偏差

表B 高炉工艺钢结构预装配允许偏差（mm）

	项次	项 目	允许偏差	检验方法
高炉、热风炉、除尘器、洗涤塔、文氏管洗涤器外壳	1	炉壳钢板圈（带）中心对预装平台上检查中心	$H/1000$	拉线用钢尺检查
	2	炉壳钢板圈（带）的最大直径与最小直径之差	$2D/1000$ 且不大于8	用钢尺检查

续表 B

	项次	项目	允许偏差	检验方法
高炉、热风炉、除尘器、洗涤塔、文氏管洗涤器外壳	3	炉壳钢板圈（带）上口圆周各点相对高度差	4.0	用水准仪检查
	4	对口错边量 $t\leqslant40$	$t/10$ 且不大于 3.0	用钢尺检查
		对口错边量 $t>40$	$t/10$ 且不大于 6.0	
	5	坡口根部间隙 $t\leqslant30$	+2.0 −1.0	用塞规检查
		坡口根部间隙 $t>30$	+3.0 0.0	
	6	外壳钢板高度	$H/500$ 且不大于 6.0	用钢尺检查
	7	外壳钢板整体相对高度差	≤4.0	
导出管	1	上口高度差	≤10	用水准仪检查
	2	两管相邻间距	±10	用钢尺检查
	3	上口中心两对角线长度之差	15	用钢尺检查
热风环管	1	环管上表面高度差	10.0	用水准仪检查
	2	环管最大直径与最小直径之差	≤$1.5D/1000$ 且不大于 10	用钢尺检查
	3	管子对口错边量	≤2.0	用钢尺检查
	4	坡口端部间隙	+2.0 −1.0	用塞规检查
炉顶刚架主构架	1	全长	±10	用钢尺检查
	2	宽度	±5.0	用钢尺检查
	3	两对角线长度之差	≤10	用钢尺检查
	4	刚架底端支承面至横梁支承面的距离	±2.0	用钢尺检查
	5	弯曲矢高	≤$L/1000$ 且不大于 10	拉线用钢尺检查
	6	底座水平度	≤2/1000	用钢尺检查
上料斜桥主桁架整片预拼装	1	主桁架全长	+30 0	拉线用钢尺检查
	2	主桁架弯曲矢高	$L_1/1000$ 且不大于 20	拉线用钢尺检查
	3	支座中心距	±5.0	用钢尺检查
上料斜桥上部卸料段整体预拼装	1	桁架任意节点截面上两对角线长度之差	≤10	用钢尺检查
	2	料车轨道中心线间距	±2.0	用钢尺检查
	3	料车轨道在同一截面内两轨面高度差	≤4.0	用水准仪检查
	4	分歧轨弧线与样板之间的距离	≤2.0	用样板检查
	5	压轮轨与分歧轨的距离	±3.0	吊线坠用钢尺检查

续表 B

	项次	项目		允许偏差	检验方法
上料皮带通廊组合式或塔架式支架分段出厂时	1	支架高度		±15	用钢尺检查
	2	支架截面几何尺寸		$\leqslant L_2/1000$ 且不大于 10	用钢尺检查
	3	支架两对角线长度之差		±15	用钢尺检查
	4	支座中心距		±5.0	用钢尺检查
上料皮带通廊桁架	1	桁架长度		±10	用钢尺检查
	2	桁架下表面两对角线长度之差		≤10	用钢尺检查
	3	桁架起拱度	设计规定了起拱度	$\pm 0.20f$	拉线用钢尺检查
			设计未规定起拱度	不允许有挠度	
	4	节点截面几何尺寸		±5.0	用钢尺检查
	5	节点截面两对角线长度之差		≤5.0	用钢尺检查
胶带机通廊桁架	1	桁架长度 L_3		±10.0	用钢尺检查
	2	每节桁架最外端两个孔距离	$L_3 \leqslant 24000$	+3.0 −7.0	用钢尺检查
	3		$L_3 > 24000$	+5.0 −10.0	用钢尺检查
	4	任意节点处	截面几何尺寸	±5.0	用钢尺检查
	5	桁架拱度	设计规定起拱	$\pm L_3/5000$	拉线用钢尺检查
				不允许下挠	
	6	桁架下表面两对角线长度之差		10.0	用钢尺检查

注：1 L 为刚架的长度；
2 L_1 为上料斜桥主桁架的长度；
3 L_2 为上料皮带通廊支架截面设计几何尺寸；
4 L_3 为胶带机通廊桁架长度；
5 f 为上料皮带通廊桁架设计的起拱度；
6 D 为炉壳钢板圈（带）的直径。

附录 C 高炉装料设备料罐压力试验

C.0.1 装料设备料罐压力试验装置及附件连接如图 C.0.1 所示。

C.0.2 压力试验宜符合下列步骤：

1 料罐翻转呈工作状态并放置在支撑架上。

2 在下口安装盲板。

3 上密封阀安装并调整至关闭状态。

4 压力试验系统安全阀、截止阀、排气阀、排水阀、压力表及管道等的安装。

5 充入压缩空气 0.05MPa～0.1MPa 进行预试压并检查泄漏情况。

6 释放空气并注水至密封阀以下部位。

7 充入压缩空气至试验压力，稳压力 10min，如有压力降时，再次升压至试验压力稳压力 30min 再

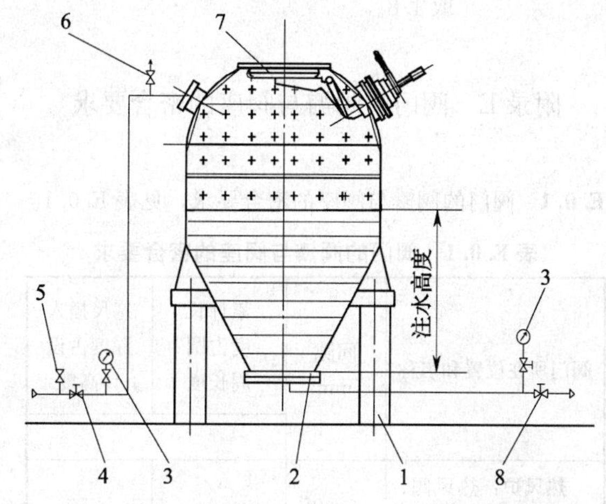

图 C.0.1 料罐压力试验装置及附件连接

1—支撑架；2—盲板；3—压力表；4—截止阀；5—排气阀；6—安全阀；7—上密封阀；8—排水阀

降至工作压力，用发泡剂检验应不泄漏。

C.0.3 压力试验标准应以发泡剂检验不泄漏为合格。

附录D 承压设备的压力试验

D.0.1 承压设备试验压力和稳、停压时间、检查方法及标准，应符合表D.0.1的规定。

表D.0.1 承压设备试验压力和稳、停压时间、检查方法及标准（min）

试验方法	试验压力	试验时间		检查方法	检查标准
		试验压力时稳压时间	工作压力时停压时间		
气压法	工作压力的1.15倍	10	根据需要	涂抹发泡剂	不泄漏
液压法	工作压力的1.25倍	10	30	观察	压力不降无渗漏

D.0.2 对于壁温等于或大于200℃的承压设备，其强度试验压力P_T^t应按下式确定：

$$P_T^t = P_T \times [\sigma]/[\sigma]^t \quad (D.0.2)$$

式中：P_T^t——壁温等于或大于200℃的压力试验压力（MPa）；

P_T——壁温小于200℃的压力试验压力（见表E.0.1）（MPa）；

$[\sigma]$——试验温度下材料的许用应力（MPa）；

$[\sigma]^t$——设计工作温度下材料的许用应力（MPa）。当$[\sigma]/[\sigma]^t$值大于1.8时取1.8。

附录E 阀门的阀瓣与阀座的密合要求

E.0.1 阀门的阀瓣与阀座的密合要求，见表E.0.1。

表E.0.1 阀门的阀瓣与阀座的密合要求

阀门所在位置和名称	间隙（mm）	累计长度占圆周长度	塞尺插入深度占设计高度
		%	
热风炉：热风阀、燃烧阀倒流休风阀、煤气阀、放散阀	<0.05	—	<50
高炉：炉顶放散阀	0.05	<10	—

续表E.0.1

阀门所在位置和名称	间隙（mm）	累计长度占圆周长度	塞尺插入深度占设计高度
		%	
热风炉：冷风阀、烟道阀、废气阀、旁通阀	<0.05	—	<50
高炉：炉顶均压阀	0.05	<20	—
热风炉：混风阀 重力除尘器：煤气遮断阀和清灰阀	<0.10	—	<50
	0.10	<20	—

本规范用词说明

1 为便于在执行本规范条文时区别对待，对要求严格程度不同的用词说明如下：

1） 表示很严格，非这样做不可的：

正面词采用“必须”，反面词采用“严禁”；

2） 表示严格，在正常情况下均应这样做的：

正面词采用“应”，反面词采用“不应”或“不得”；

3） 表示允许稍有选择，在条件许可时首先应这样做的：

正面词采用“宜”，反面词采用“不宜”；

4） 表示有选择，在一定条件下可以这样做的，采用“可”。

2 条文中指明应按其他有关标准执行的写法为：“应符合……的规定”或“应按……执行”。

引用标准名录

《气焊、焊条电弧焊、气体保护焊和高能束焊的推荐坡口》GB/T 985.1

《埋弧焊的推荐坡口》GB/T 985.2

《色漆、清漆和色漆与清漆用原材料取样》GB/T 3186

《金属熔化焊焊接接头射线照相》GB 3323

《袋式除尘器技术要求》GB/T 6719

《涂装前钢材表面锈蚀等级和除锈等级》GB 8923

《钢焊缝手工超声波探伤方法和探伤结果分级》GB 11345

《混凝土结构工程施工质量验收规范》GB 50204

《钢结构工程施工质量验收规范》GB 50205

《机械设备安装工程施工及验收通用规范》GB 50231

《现场设备、工业管道焊接工程施工规范》

GB 50236

《连续输送设备安装工程施工及验收规范》GB 50270

《压缩机、风机、泵安装工程施工及验收规范》GB 50275

《破碎、粉磨设备安装工程施工及验收规范》GB 50276

《炼铁机械设备工程安装验收规范》GB 50372

《烧结机械设备工程安装验收规范》GB 50402

《冶金除尘设备工程安装与质量验收规范》GB 50566

《电力建设施工及验收技术规范　汽轮机机组篇》DL 5011

《T形头地脚螺栓用单孔锚板》JB/ZQ 4172

《T形头地脚螺栓》JB/ZQ 4362

《钢制压力容器焊接工艺评定》JB 4708

《钢制压力容器焊接规程》JB/T 4709

《碳钢、低合金钢焊接构件焊后热处理方法》JB/T 6046

《无损检测　焊缝磁粉检测》JB/T 6061

《无损检测　焊缝渗透检测》JB/T 6062

《建筑钢结构焊接技术规程》JGJ 81

《高炉用铸铁冷却壁》YB/T 4073

中华人民共和国国家标准

炼铁机械设备安装规范

GB 50679—2011

条 文 说 明

制 定 说 明

《炼铁机械设备安装规范》GB 50679—2011，经住房和城乡建设部 2011 年 7 月 26 日以第 1082 号公告批准发布。

为了在使用本规范时能正确理解和执行条文规定，编制组编写了《炼铁机械设备安装规范》条文说明。本条文说明不具备与规范正文同等的法律效力，仅供使用者作为理解和把握规范规定的参考。

目　次

1 总 则

1.0.2 本条文明确了本规范适用于新建、改建和扩建 $1000m^3$ 及以上炼铁高炉、熔融还原炼铁炉的安装。熔融还原炉工艺设备与高炉相比，除炉体有差别外，其炉体工艺钢结构、出铁场设备、炉顶装料设备等工艺设备及其布置基本相同。熔融还原炉是按压力容器标准设计的，对焊接质量检测率要求比高炉稍高，但质量等级是相同的。目前国内熔融还原炉仅一座且已正常投产，第二座正在建设中，南方某厂也拟建设同类炼铁还原炉。熔融还原炉的安装，国外积累了经验，国内建造安装的第一座熔融还原炉是根据国外标准和经验，结合国内高炉安装科技成果和成功经验建造的，熔融还原炉的安装已积累了经验，并开发了数个科技成果，这些成果和经验在第二座熔融还原炉的安装工程中运用并获得很好的效果及效益。故将熔融还原炉列入适用范围。

1.0.3 炼铁机械设备安装涉及专业技术及安全、卫生和环保、节能等多方面，因此炼铁机械设备安装中除本专业设备外，还有液压、气动和润滑设备，起重设备，连续运输设备，除尘设备，通用设备等。此外，还涉及工艺钢结构、各类能源介质管道的制作、安装以及防腐、绝热等专业。因此，炼铁机械设备安装除应执行本规范外，尚应执行现行国家及行业有关标准的规定。

3 基本规定

3.0.1 炼铁机械设备工程是专业性很强的工程，这是由于高炉生产工艺的复杂性和工况条件特殊性所决定的。为了保证工程施工质量，确保高炉一代炉龄15年以上的目标，本条文规定了从事炼铁机械设备安装的施工企业必须具备的资质。本条强调市场准入制度，是根据2000年1月30日中华人民共和国国务院令第279号发布的《建设工程质量管理条例》第四章编写的。

3.0.3 高炉及熔融还原炉建设工程施工专业多、立体交叉施工情况难以避免，特别是设备重量重、体积大，安装位置高，露天作业，受气候、环境等因素的影响，安装风险较大。根据1997年11月1日中华人民共和国主席令第91号发布《中华人民共和国建筑法》(2011年4月22日，全国人大通过了建筑法的修改决定)、2003年11月24日中华人民共和国国务院令第393号发布的《建设工程安全生产管理条例》、2009年6月2日中华人民共和国住房和城乡建设部(2009) 87号发布关于《危险性较大的分部分项工程安全管理办法》的规定，强调和明确了起重吊装工程、脚手架工程、拆除工程等七项工程达到一定规模的危险性较大的分部、分项工程必须编制专项施工方案，并附具安全验算结果。同时规定专项施工方案应经施工单位技术负责人、总监理工程师签字后实施和由专职安全生产管理人员进行现场监督。为确保炼铁机械设备工程安装的安全施工，本条做出了相应规定。

3.0.4 本条是根据《中华人民共和国安全生产法》第二十三条的规定，生产经营单位的特种作业人员必须按照国家有关规定经专门的安全作业培训，取得特种作业操作资格证书方可上岗作业的规定而规定的。建设系统特种作业人员有起重机械操作（包括塔吊驾驶员，指挥，物料提升起重操作员，施工升降电梯操作员，起重吊装操作员，指挥等）、建筑登高架设作业（包括塔吊组拆人员，升降电梯组拆人员，井架组拆人员，脚手架搭设人员，特殊桁架搭设人员等）、电工作业（包括施工电气安装人员，施工现场专业电工等）、金属焊接（气割）作业（包括电焊工，气割焊工，特种焊工等）等八类二十多个工种，本条只列出了与炼铁机械设备安装专业的主要特殊工种，相关的有关工种也要符合本条的规定。

3.0.5 施工过程中，经常会遇到需要修改设计的情况，施工单位不得擅自修改设计，施工中发现施工图纸问题，应及时与建设单位和设计单位联系，必须有设计单位的设计变更通知书或技术核定签证。本条根据2011年4月22日全国人大通过的《中华人民共和国建筑法》的修正后，建筑法规定的“工程设计的修改由原设计单位负责，建筑施工单位不得擅自修改工程设计……”的规定编写的。

3.0.6 安装中使用未经计量检定的不合格的器具，会给工程质量带来严重后果，给企业造成经济损失。为此本条强调炼铁机械设备安装必须使用经计量检定、校准合格的计量器具。此外，计量器具的精度要与质量标准值的精度相匹配，其等级应执行质量标准的要求。

3.0.8 本条是根据2000年1月30日中华人民共和国国务院令第279号发布的《建设工程质量管理条例》第三十条编写的。鼓风机、余压透平机属高转速运转的动力设备，机体内如有残留物或存在某种缺陷都有可能造成安全隐患或造成设备不正常的运转，甚至造成设备或人身安全事故，给国家和企业、家庭带来严重损失。为此必须做好隐蔽工程质量检查和记录。本条所指的隐蔽工程还应包括二次灌浆、大直径管道的封闭等。隐蔽工程的管理程序也应执行2000年1月30日中华人民共和国国务院令第279号发布的《建设工程质量管理条例》第三十条的规定。

3.0.9 强调设备安全保护装置在试运转前，应按设计技术文件的规定完成安装，例如联轴器的安全保护罩、制动器、限位保护装置等。在试运转中需要调试的装置，例如制动器、限位保护装置等，应在试运转中完成调试，其功能符合设计要求。目的在于确保设备试运转和正常运转中的设备和人员的安全。

3.0.10 本条强调施工安装必须具备的条件，这些条件反映了施工前应做大量准备工作，以便顺利施工和连续施工。俗话说“三分施工，七分准备”，就是强调做施工准备工作的重要性。实践证明，施工准备不足就有可能带来施工中各种各样问题的发生，甚至导致施工质量或安全事故，给国家财产和人民生命造成严重损失。此条也是根据当前许多工程施工工期极短提出的。由于工期短，施工单位往往忽视施工准备或没有做充分的施工准备就进行施工，导致施工过程中施工技术、质量、安全等问题频繁发生，严重影响企业的信誉甚至造成经济损失，务必引起重视。

3.0.11 设备安装过程中或安装后成品保护工作十分重要。安装过程中应采取措施保护设备不被损伤，如安装过程中设备存放采取防潮、防雨措施，放置要平稳。装配时需要敲打轴或轴套时，应垫以铜垫。吊装时，设备转角处应垫橡胶等物。特别是设备安装后，设备试运转乃至交工尚需较长的时间。在这段时间内，必须防备其他专业施工砸坏设备和操作人员踩踏设备而造成设备损伤，此外还要防风、防雨雪侵蚀等。有的设备要进行包扎或用保护层覆盖等，以达到设备完整无损。这对顺利交工和设备正常投产十分重要，对避免财产损失有很重大意义。

4 设备基础、地脚螺栓和垫板

4.2 设备基础验收、复测和基准线、基准点的设置

4.2.1 设备安装前，应进行基础的交接和检验，目的是检查设备基础缺陷和地脚螺栓安装是否符合设计文件或标准要求，以便尽早进行处理，为保证设备正常安装扫除障碍。本条强调未经验收和交接的设备基础，不得进行设备安装。

4.2.3 本条第2款规定对T形头地脚螺栓宜实测检查基础板（锚板）标高，主要目的是根据锚板标高和螺栓实际长度，判断地脚螺栓顶部标高是否符合要求，以防螺母紧固后螺栓顶部下陷或螺栓伸出螺母过长。遇此情况应进行处理。

4.2.4 本条第3款所说高炉和熔融还原炉系统单体设备指泵、风机、罐体等设备。

4.3 地 脚 螺 栓

4.3.2 带槽锚板的活动地脚螺栓已淘汰，被T形头地脚螺栓代替。本条T形头地脚螺栓安装技术要求是根据现行国家标准《T形头地脚螺栓》JB/ZQ 4362与《T形头地脚螺栓用单孔锚板》JB/ZQ 4172编写的。

第3款规定，设备就位前，应进行T形头地脚螺栓的试穿，确认T形头地脚螺栓长方头与锚板长方形孔垂直，并在螺栓和基础适当位置做好T形头方向记号，紧固螺栓时必须按记号安装螺栓，以确保T形头地脚螺栓长方头与锚板长方形孔垂直，否则会造成T形头受力不均，甚至有被拔出的可能。

4.3.3 本条也适用于不同厚度双螺母防松的其他螺栓连接副。

4.4 垫 板

4.4.2 目前机械设备安装座浆法已普及，在现行国家标准《机械设备安装工程施工及验收通用规范》GB 50231已做出了详细的规定。研磨法已较少应用，只限于负荷小、重量轻的单体设备或附属设备如小型台架、梯子等。采用研磨法放置垫板的混凝土基础表面应凿平，混凝土表面与垫板的接触点应分布均匀。

5 设备、构件及材料进场

5.1 一 般 规 定

5.1.2 本条对合格证明文件的要求作了规定。有的厂家只出具合格证，且合格证无具体内容，没有相关的检测、检验资料，对于今后产品追溯带来困难，为此本条规定要有合格证明文件。同时对证明文件为复印件的具体内容及具体操作程序也作了规定。

5.1.3 为保证设备安装有序进行，各环节的计划是十分重要的。应根据设备及构件交货计划及施工进度编制设备、构件进场计划，并根据施工组织设计或施工方案设计安排和设置堆放场地并配备有关设施。体现计划性和协调性和连续性的统一。

5.2 设备及构件

5.2.1 本条规定是根据2011年4月22日全国人大通过的《中华人民共和国建筑法》修正，建筑法第五十九条“建筑施工企业必须按照工程设计要求、施工技术标准和合同约定，对建筑材料、建筑构配件和设备进行检验，不合格不得使用”提出的。

5.2.2 工艺钢结构件进场除根据设计文件核对件号、清点数量外，还应检测外形尺寸和表面质量。外形尺寸检测十分重要。外形尺寸不符合设计图要求，无法安装或安装困难，影响施工进度。外形尺寸不符合设计图要求的情况时有发生，应引起重视。

5.3 材 料

5.3.1 高强度螺栓应执行现行国家标准《钢结构用高强度大六角头螺栓》GB/T 1228、《钢结构用高强度大六角螺母》GB/T 1229、《钢结构用高强度垫圈》GB/T 1230、《钢结构用高强度大六角头螺栓、大六角螺母、垫圈技术条件》GB/T 1231、《钢结构用扭

剪型高强度螺栓连接副》GB/T 3632、《钢结构用扭剪型高强度螺栓连接副技术条件》GB/T 3633 的规定。

5.3.3 高炉工艺钢结构用焊条应执行现行国家标准《碳钢焊条》GB/T 5117、《低合金钢焊条》GB/T 5118 的规定。焊丝应执行现行国家标准《熔化焊用钢丝》GB/T 14957、《气体保护电弧焊用碳钢、低合金钢焊丝》GB/T 8110、《碳钢药芯焊丝》GB/T 10045 及《低合金钢药芯焊丝》GB/T 17493 的规定；埋弧焊用焊丝和焊剂应执行现行国家标准《埋弧焊用碳钢焊丝和焊剂》GB/T 5293、《埋弧焊用低合金钢焊丝和焊剂》GB/T 12470 的规定。

5.3.5 本条所指的钢材主要是指高炉炉壳所用的钢材。根据调研和有关资料，国内高炉壳体结构的钢材一般采用 Q345C 钢、Q390C 钢、Q390D 钢和高炉壳专用钢材 BB503、ALK490、WSM50C，热风炉炉壳采用 BB41－BF、ALK420、SWM41C。对有效容积 $1000m^3$～$2000m^3$ 级高炉的壳体结构，采用 Q345C 钢、Q390C 钢、Q390D 钢。炉底板采用 Q345B 钢。热风炉炉身和炉底壳体结构的钢材采用 Q345C 钢、Q390C 钢，拱顶部位采用上述炉壳专用的钢材。五通球壳体结构的钢材采用 Q345R 钢、Q345C 钢和 Q235C 钢。其中 Q345R 钢用于有效容积 $3000m^3$～$5000m^3$ 高炉的五通球。除尘器、煤气上升管、三通管和下降管壳体结构的钢材采用 Q345B 钢、Q235B 钢。Q235B 钢或 Q235C 钢、Q345B 钢或 Q345C 钢、Q390C 钢或 Q390D 钢和 Q345R 钢，其质量应分别符合现行国家标准《碳素结构钢》GB/T 700、《低合金高强度结构钢》GB/T 1591、《锅炉和压力容器用钢板》GB 713 的规定。

5.3.6 本条强调进场材料的复验，第 5 款所指的有复验要求的钢材，一般是指高炉、热风炉、煤气上升管和下降管、三通管或五通球的壳体以及熔融还原炉壳体钢板，应按设计文件的规定进行超声波检测。

5.3.7 根据调查，有的结构厂或设备制造厂、安装现场制作场的钢材露天放置情况很普遍，但钢材长时期受风吹雨淋和空气侵蚀，使钢材表面产生麻点和片状锈蚀。据有关专家专题实验研究证明，麻点深度超过 0.30mm 时，晶界组织有明显变化，因而出现强度值下降。因此，本条规定钢材的表面锈蚀、麻点或划痕，其深度不得大于该钢材厚度负允许偏差值的 1/2。

6 工艺钢结构

6.1 一 般 规 定

6.1.3 大型构件是指壳体、炉体框架中的梁、柱或组装件、通廊桁架组装件、上升、下降管组装件以及三通管、五通球组装件等。

6.1.6 本条为强制性条文。炼铁机械设备工程安装中的焊接质量关系到炉壳的使用寿命和安全。高炉焊接质量要求高，主要是考虑炼铁炉在冶炼过程中炉内有高温煤气、固体炉料、炉料熔体、炉渣、熔铁等同时存在，有时还受煤气爆炸、崩料、坐料的冲击，炉壳承受荷载工况十分复杂。炉壳一旦破坏，将会酿成重大事故，不仅给国家经济造成严重损失，也直接危及人们生命，造成严重后果。焊接是一个特殊工艺过程，也是关键过程，焊接质量是关系到生产安全和环境、卫生等，而焊工的技术水平对焊接质量起到决定性作用。为此本条文强调焊工的资质，明确规定从事本工程施焊的焊工，必须经考试合格，并取得资质合格证书并在有效期内施焊，其施焊范围不得超越资格合格证书的规定。

炼铁炉工艺钢结构中非承压设备的焊工考试应按国家现行标准《冶金工程建设焊工考试规程》YB/T 9259 或《现场设备、工业管道焊接施工规范》GB 50236、《建筑钢结构焊接技术规程》JGJ 81 的规定进行。根据有关部门压力容器安装技术管理的有关规定，高炉、热风炉炉壳是介于压力容器和建筑钢结构质量标准之间的结构，规定高炉、热风炉炉壳的设计、制造、安装应符合压力容器的有关规定。为此，焊工考试应按《锅炉、压力容器、压力管道焊工考试与管理规则》（国质检锅〔2002〕109 号）的规定进行，熔融还原炉亦如此。

6.2 焊 接

本节适用于高炉、熔融还原炉的焊接。熔融还原炉与高炉的区别在于是压力较高，如炼铁熔融还原炉 C3000 型设计压力达 0.55MPa，是按压力容器标准设计的，炉壳采用手工电弧焊或二氧化碳气体保护焊焊接，不采用电渣焊或气电自保护焊焊接。焊缝内部质量等级与高炉炉壳相同，但要求 100％检验，且焊缝外部质量按国家现行标准《无损检测 焊缝渗透检测》JB/T 6062 中Ⅰ级，同样也要对焊缝进行 100％检验。此外，立焊缝要进行消除应力处理，这是与高炉不同的。目前国内熔融还原炉仅一座，第二座正在投产建设中。相关内容是根据国外熔融还原炉焊接质量标准和国内 C300 型熔融还原炉焊接质量标准规定的。

6.2.1 本条第 2 款规定了焊工因焊接质量的原因应重新培训和考核的条件。以往习惯是按“局部返修三次或一次返修较多”来判定是否应暂停施焊，“一次返修较多”没有量的概念，只能凭主观来判定，根据调研综合分析，现改为“一次返修率高于 20％的焊工应暂停其施焊作业”。

6.2.8 焊接技术发展很快，高炉焊接工艺不断创新，而且有许多成功的经验，主要方法有强迫成型自动立焊丝极电渣焊、强迫成型自动立焊管状焊条电渣焊、自保护药芯焊丝强迫成型自动立焊、二氧化碳保护气体药焊丝强迫成型自动立焊、自保护焊丝自动横焊、药芯焊丝半自动立、横焊、二氧化碳充氩混合气体保护实心焊丝自动横、立焊、埋弧自动横焊、强迫成型自动气电立焊等。但各施工单位装备、施工条件以及传统习惯不一，为此本规范没有强调高炉工艺钢结构的焊接用某一种方法，施工单位可根据自身的情况选择，同时也为高炉焊技术创新留下广阔的发展空间。

6.2.9 本条强调焊接工艺评定的条件。焊接工艺评定在炼铁机械设备工程安装中是十分重要的，是在一定的焊接工艺条件下获取优良焊接接头的能力试验。焊接工艺评定是编制焊接工艺指导书，确定焊接工艺参数的主要依据。焊接工艺评定应在钢材焊接性能已被制造、安装企业充分了解和掌握的基础上进行的。对于新钢种，则应由钢材生产厂提供相关的焊接性能试验资料。

6.2.11 第16款和第17款的规定主要是为了减小焊接应力。可按图1进行焊接。

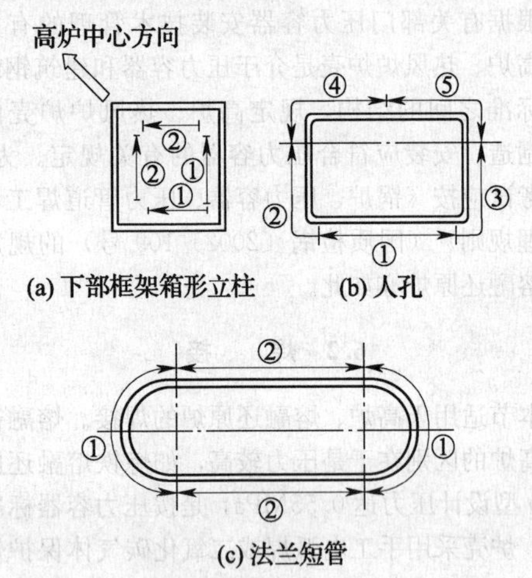

图1 高炉和熔融还原炉下部框架箱形立柱、人孔、法兰短管焊接顺序

6.2.12 本条提出消除应力处理，意在倡导创新，为创新采用热处理以外的、具有节能效果的消除应力处理方法留下广阔的发展空间。消除应力处理的方式是很多的，有加热炉退火、电加热器退火，还有用振动法、爆炸法等对焊件消除应力。常用前两种方法较多，但此法耗电量较大，有悖于节能和低碳的宗旨，且费用较高。根据调查，国内已有某厂在2500m^{3}级高炉风口段炉壳采用爆炸法和某厂在2000m^{3}高炉系统热风炉炉底采用振动法消除应力的先例，均获成功。

1 炉壳专用钢板有宝钢、首钢、武钢等厂生产的 BB41BF、WSM41C、16Mn（R）、ALK420、BB503 SM490C、WSM50C、ALK490 等钢种，上述钢材预热温度应依据工艺评定报告。常用牌号的钢材预热参照国家现行标准《钢制压力容器焊接规程》JB/T 4709规定执行。

6 强调外燃式及内燃式、顶燃式热风炉上部高温段焊后必须进行消除应力处理。这是因为热风炉高温段易产生应力腐蚀，而应力腐蚀产生的条件有二，一是有应力存在，二是有腐蚀介质存在。热风炉高温段外壳结构复杂，焊缝隙密集，极易产生应力集中。进入热风炉空气中的 N_2 和 O_2，在高温条件下生成 NO_X，温度越高浓度越大，并充满整个热风炉。加之煤气中的S被氧化为 SO_X、NO_X、SO_X，与炉壳上的冷凝水作用生成 HNO_3 和 H_2SO_4，在有 Fe^{3+} 的存在的条件下，成为钢材中的强腐蚀剂。此外，$CaNO_3$、NH_4NO_3 等盐类在熔融状态下也有腐蚀作用。腐蚀液从炉壳存在应力的地方，如焊缝、制作时伤痕处沿晶格各部侵入、扩展而致破裂，此外生产过程中热风炉高温区还受硫化氢等腐蚀气体浸润，会使近焊缝区产生细小的应力腐蚀裂纹，晶间腐蚀型的龟裂裂纹会随应力大小而扩展，影响热风炉的正常工作和使用寿命。为此，热风炉高温段焊后必须进行消除内应力处理。由于壳体尺寸较大，一般不在制造厂整体消除应力处理后出厂，因此消除应力处理宜在安装焊现场焊接完成后进行。

7 风口段焊接量在整个炉壳中最大，风口法兰或风口与壳体间焊缝重量占整个风口段重量的7%～8%，焊后残余应力很大，因此强调高炉风口段在工厂组装和焊接风口法兰或风口后应分别进行消除应力处理。最有效的消除应力处理方法，是在大型加热炉中对风口段单块整体退火。也可试验采取振动时效、爆破工艺等，但应进行残余应力测试，以检验其效果。高炉风口段一般分为2块～4块组装件，运到安装现场后进行安装，焊接的焊缝仅为2条～3条，可采用电渣焊、手工电弧焊等方法焊接。根据某厂4000m^{3}级高炉施工的经验，当已在工艺上严格控制和采取有效措施时，可不进行消除应力处理。

8 是依据国外标准及国内某厂熔融还原炉建设经验及实施成果规定的。

6.2.20 炉底水冷管是高炉炉底冷却的重要设备，它位于炉底的碳砖以下，水冷管对接焊缝质量是高炉正常生产的关键，如有泄漏，无法发现，只能让其漫延和发展，势必造成重大事故，给国家造成重大损失。为此，对水冷管对接焊缝质量作了规定。现行国家标准《炼铁机械设备工程安装验收规范》GB 50372已作为强制性条文。根据专家审查会意见本规范不重复强调。

6.2.21 煤气是一种有毒气体，煤气泄漏会给人们生命造成很大的威胁，为此对大直径卷焊煤气钢管对接焊缝质量作了严格的要求，对接焊缝内部质量应执行现行国家标准《金属熔化焊焊接接头射线照相》GB 3323中B类Ⅱ级的规定。外观质量应执行现行国家标准《现场设备、工业管道焊接工程施工规范》GB 50236中焊缝质量分级标准Ⅱ级的规定。《炼铁机械设备工程安装验收规范》GB 50372作为强制性条文，根据专家审查会意见本规范不重复强调。

6.3 高强度螺栓连接

6.3.7 在节点中连接板与一根杆件相连的所有螺栓孔为一组；对接接头在拼接板一侧的螺栓孔为一组；在相邻节点或接头间的螺栓孔为一组，但不包括前两条所列螺栓孔；受弯构件翼缘上的连接螺栓孔；每米长度范围内的螺栓孔为一组。

6.4 工艺钢结构零部件加工、组装

6.4.2 本条第2款是在调研和结合有关试验结果的基础上提出的。低合金结构钢如BB503钢，在不同切割环境温度和预热温度下进行切割试验，对钢板切割边缘进行金相分析和硬度试验。试验表明，切割的环境温度低于10℃时，随着温度降低，材料的淬硬程度随之提高。在−3℃时，表层呈高碳马氏体组织，硬度高达HV680，对成型、焊接都会产生很大影响，因此切割工作宜在10℃以上环境温度进行。当低于10℃时，应采取必要的改善环境温度的措施或对钢板进行预热。

本条第5款是根据国家现行标准《热切割 气割质量和尺寸偏差》JB/T 10045.3和《高炉炉壳技术条件》YB 4079并结合调研情况编写的。

6.4.3 本条第5款的规定是基于以下考虑：热加工成型时，必须严格控制钢板加热温度和时间，防止钢板因过热而导致晶粒粗大，使成型后的构件钢板机械性能降低，也不能在低于工艺规定的加热温度下成型，以免使成型困难，引起冷作硬化。为减少冷却时产生的变形，当使用压力机成型时，应使压力机保持压力，直至构件温度下降到300℃以下，再卸压并取出成型构件。

6.4.5 本条第2款是根据现行国家标准《紧固件公差 螺栓、螺钉、螺柱和螺母》GB/T 3103.1和《钢结构高强度螺栓连接技术规程》JGJ 82的规定编写的。A、B级是指精制螺栓。根据现行国家标准《钢结构用扭剪型高强度螺栓连接副》GB 3632规定，高强度螺栓的螺栓、螺母、垫圈的其他尺寸及形位公差应执行上述标准C级产品规定。但现行国家标准《钢结构设计规范》GB 50017中第8.3.2条规定摩擦型连接的高强度螺栓的孔径比螺栓公称直径d大1.5mm～2.0mm，承压连接的高强度螺栓的孔径比螺栓公称直径d大1.0mm～1.5mm。

6.4.6 本条强调打磨后必须经过生成浮锈周期后，方可安装螺栓，是为了保证达到规定的摩擦系数。浮锈即轻锈，依据目视观察表面呈黄色、淡红色或细粉末状的锈迹即可。

6.4.7 本条第6款的规定是基于以下考虑：高炉框架、桁架类结构的大型H型钢柱或钢梁，由于钢板长度和宽度有限，需要进行拼接，由于翼缘板与腹板相连有两条角焊缝隙，因此，翼缘板不应再设纵向拼接缝，只允许长度拼接，而腹板则长度和宽度均可拼接。根据现行国家标准《钢结构设计规范》GB 50017的规定，钢板的拼接采用对接焊缝时，纵横两方向的对接焊缝，可为十字形交叉或T形交叉。

6.4.8 本条第1款规定是基于以下考虑：高炉工艺钢结构一般是超长、超宽的构件，安装单位应与订货单位配合，根据安装程序、进度，结合运输条件向制造厂提出制作技术要求，以满足安装现场安装要求。

本条第2款的规定是考虑到冶金设备发展方向是大型化、高效化、自动化、紧凑化、连续化、长寿化、生产环境友好化，其中大型化、长寿化、生产环境友好化与制造安装有直接的关系。本款是根据现代高炉生产工艺的特点及工艺钢结构制造工厂化的形势发展和制造、安装工艺要求，明确规定高炉工艺钢结构在制造厂预组装的范围，其目的是保证安装质量和确保安装工期，以获取较好的企业经济效益和社会效益最佳化。

炉顶刚架主构架、炉顶设备支架、料车上料设备斜桥主桁架、斜桥上部卸料段、胶带上料设备通廊桁架及支架组装件，在工厂应进行预组装，这是对2000m³以上高炉而言的，主要是考虑它的重量和体积较大，加之是分段制造的，厂内应进行预拼装，以消除制造缺陷，对保证安装现场施工质量和进度是有意义的。除此以外的高炉考虑到上述构件重量、体积均较小，有的是制造和安装由同一施工企业承包，况且施工企业一般都有钢结构制造能力，技术装备和工艺均在不断提高，加上严格的管理和质量控制，是可以保证质量的，是否进行预组装，可依据承包合同文件而定。

壳体预组装是指在制造厂内，将每圈（带）壳体各块之间以及相邻圈（带）壳体之间，用预装卡具临时装配固定，以检查壳体各部尺寸，并应有记录和编号，并用样冲、油漆标记圆周0°、90°、180°、270°四芯点对接记号，应编制组装和编号图。高炉铁口框及煤气封罩段上和热风炉上各种孔的开设、插管的画线、定位、切割、焊接等工作，也宜在预组装状态下进行。

6.5 壳体制作

本节适用于高炉、熔融还原炼铁炉壳体、内燃式、外燃式、顶燃式热风炉壳体、重力除尘器等壳体类构件的制作。

6.5.7 对采用无自压头功能的弯板机时，弯曲成型的壳体钢板，下料时应预留压头150mm长度，即是将壳体钢板端部加长一段，弯曲成型后，将加长的钢

板切除，目的是壳体钢板在弯曲成型后能保证端部的弧度。一般是在压力机上进行预压头，这样就增加了一道工序。也有的在端部焊接同类厚度的钢板，弯曲成型后再切割去除多余的接长钢板。这样也增加工厂坡口切割的次数和焊接工作量，耗费电能、人力。根据计算，上述在端部焊接同类厚度的钢板后进行弯曲的方法与预留 150mm 长度的钢板的方法，成本增加7倍～8倍，而且浪费电能。为此，本规范对采用无自压头功能的弯板机弯板时规定弯曲成型壳体钢板，下料时应预留压头 150mm 长度，此规定符合节约、低碳施工的要求。

6.5.10 本条第3款是从节约、低碳施工及“人性化”的理念提出的。强调工厂预组装已做好的诸如夹具固定块、定位器、脚手架挂耳之类的零件，工厂使用后予以保留，给安装现场施工人员带来方便，体现制造人员对安装人员的体谅，同时可避免安装现场重复安装，造成材料等方面的浪费。根据安装现场的需要，工厂还专门制作一些有利于施工的附件，减少因安装现场条件差带来的麻烦，充分体现“人性化”的理念。

6.6 框架、通廊、桁架的制作

6.6.1 高炉及热风炉框架柱、梁等构件多有超长、超宽的情况，在详图设计时应根据制造加工、运输、安装等具体情况在详图设计时确定分段或分片状态，以满足制造、运输、安装的要求。

6.7 大直径卷焊钢管制作

6.7.12 热风环管一般是按送风支管的数量及对应炉中心的角度分成相应数节，节与节相互连接成的环管亦热风环管。制作时，逐节制作、再进行整体组装、焊接成环管。根据运输情况将数节划分成数个环段，运入安装现场后再进行拼装，环段与环段间可采用包带和对接焊缝连接，对接焊缝连接较为节约和方便，故本条第1款规定宜采用对接焊接。

6.8 壳体安装

6.8.1 炉壳安装采用正装法时，应与炉体框架安装应同步进行。倒装法安装炉壳一般是采用液压提升装置，为此炉体框架应先于炉壳的安装。

6.8.5 本条第2款主要是针对水冷管为碳钢管的情况，考虑水冷管安装后直至高炉通水的时段较长，为防止碳钢管生锈，必须充以惰性气体保护；炉壳钢板圈（带）上口高度差应以标高测量值计算后与设计值对照进行控制，目的是避免炉体高度累积误差。

6.8.8 对本条有关条款说明如下：

4 为方便耐材施工。高炉炉壳设置有两层安全平台，一层在炉腰，另一层在炉喉，炉壳安装时应适时安装，钢结构安装专业应给以积极配合。

5 炉腰下部炉壳安装采用塔架进行炉壳安装精度的检测，炉腰安装后，应安装耐材施工用的安全平台，测量塔架即应拆除，同时炉底中心应移植到安全平台上。炉腰及炉身段的安装精度检测应在炉腰段及以上的各段的上口设置测量桥进行，并以移植到安全平台上的炉底中心为基准。

7 现行国家标准《炼铁机械设备工程安装验收规范》GB 50372 和本规范对炉壳的圆度允许偏差是以最大直径与最小直径之差衡量的，实际上圆度的概念是在垂直于轴线的任一截面上，该圆必须位于半径差为公差值两同心圆之间。为此圆度测量应以半径测量值计算。这样也确保了高炉竖向中心线的重合度。

6.8.10 本条第1款强调炉顶法兰安装前，应完成煤气封罩炉壳段的所有开孔及相应的所有焊接工作。主要是上升管、导出管、溜槽更换孔、探尺短管等的开孔和焊接，否则会导致炉顶法兰变形。

6.8.11 本条第1款所述热风炉是指外燃式热风炉蓄热室。

6.8.14 外燃式热风炉的蓄热室与燃烧室、燃烧室与混合室球顶炉壳、顶燃式热风炉球顶炉壳与热风竖管安装时，应复核检查炉壳上的对接记号及0°、90°、180°、270°四中心点记号，还必须适时检查联络管进、出口法兰的方位或同心度、垂直度以及标高、相互间距离等，主要目的是消除制造误差，避免出现联络管与进、出口法兰难以连接的情况。

6.8.16 高炉粗煤气除尘器有采用重力除尘器和旋风除尘器的，本条适用于两种除尘器的安装。

6.9 框架安装

6.9.3 框架结构件安装后，应立即安装平台、栏杆、梯子，有利于施工人员通行和安全；管道、设备同步安装可减少吊装时的干涉，有利于加快施工进度。

6.10 通廊、桁架安装

6.10.5 安装在胶带上料机通廊支架上的清灰管道应在支架组装时一并组装。胶带输送机通廊应在起吊机械起吊能力许可范围内，组装所有附属件，如平台、栏杆以及设备，以减少高处作业，提高施工效率。支撑在厂房屋面梁上的支架应与厂房钢结构同步安装，以避免对厂房屋面瓦施工的影响，支架安装后应采取防倾倒措施。

6.10.6 本条强调胶带上料机通廊和料车上料机卸料段桁架采用单台移动式吊车吊装时，应依据重心位置和斜桥或通廊的设计角度，采取措施调整其倾斜角度与设计角度相适应后，方可吊装就位，否则就会造成对接困难甚至二次吊装。

6.10.11 通廊与通廊之间应按设计文件规定留有间隙，应逐段控制，否则最后一至二段通廊就难以落位。落位后，通廊下方可视具体情况焊接防滑挡板，全部通廊调整找正符合要求后，应按设计文件规定作永久性的固定。一般采用刚性固定。

6.11 大直径卷焊钢管道安装

6.11.2 本条第3款规定大直径管道试压前内部残留物必须清扫干净，是根据设备运行安全提出的。管道内残留物不清除干净会影响设备正常运行，造成设备事故，给国家经济财产甚至人们生命造成严重损失，已有过沉痛的教训，因此管道封闭前宜按本规范第3.0.7条的规定做好隐蔽工作。

6.11.6 对1、2款说明如下：强调炉壳制造工厂化，高炉煤气导出短管与煤气封罩段炉壳应在工厂进行开孔和焊接，安装现场整体吊装。

2 据调查，有的高炉煤气封罩段炉壳与导出短管制造厂没有进行组装或是在安装现场制造的，因此煤气封罩段炉壳与导出短管在安装现场分别安装。这种情况下，在煤气封罩段炉壳安装后，应先进行短管的定位，可根据0°、90°、180°、270°四点挂设钢丝线和线坠进行。短管就位后，应先焊接在煤气封罩上，最后再进行开孔，包括开设布料溜槽更换孔等，最后焊接炉顶法兰。其目的是防止炉顶法兰变形。

6.11.7 高炉炉顶煤气管结构形式不同，有的三通管式、五通球式，其功能是等同的。近年设计的高炉多采用五通球式。

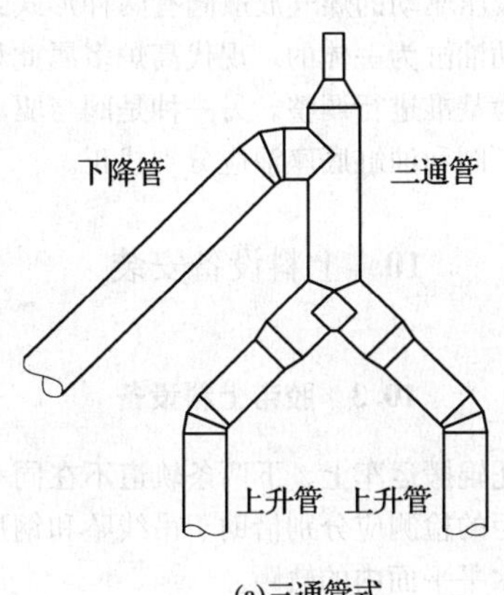

(a)三通管式

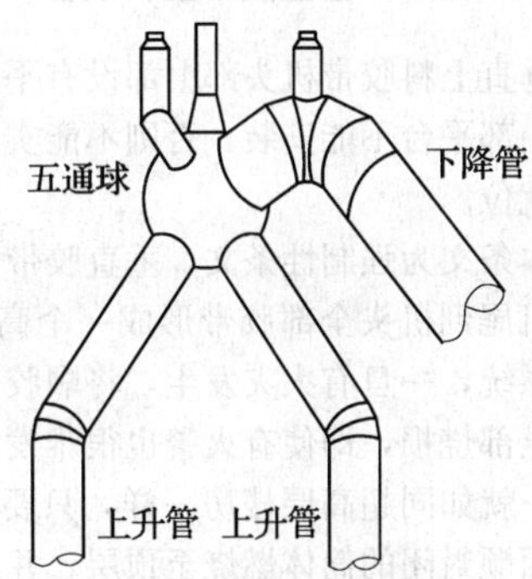

(b)五通球式

图2 三通管式和五通球式的炉顶煤气管道

6.12 涂　　装

6.12.1 本条强调除锈等级要符合设计文件的规定，同时指出除锈等级的标准应执行现行国家标准《涂装前钢材表面锈蚀等级和除锈等级》GB 8923的规定以及不同底漆或防锈漆所要求的最低除锈等级。

6.12.4 环境温度、湿度对涂装的影响很大。由于高炉寿命周期要求达到15年，为此对涂装提出更严格的要求。为此编制本条款。

7 炉体设备安装

7.1 炉体冷却设备

7.1.1 炉体冷却壁通球试验在制造工厂是必须进行的，此外还进行了解剖检验等一系列的试验。考虑到工厂试验后，一般会用塑料盖封闭管口且较可靠，故本规范对安装现场做通球试验没明确规定。但应检查进出水管封闭状态，封闭不良或脱落的，安装现场应进行通球试验。是否全部冷却壁都做通球试验应根据承包合同及具体情况确定。通球试验的材质及球径是依据国家现行标准《高炉用铸铁冷却壁》YB/T 4073的规定编写的。

7.1.3、7.1.4 分别对炉体冷却壁和冷却板安装前进行压力试验作了规定。主要考虑装卸运输中有可能有碰撞、冲击等情况发生，为防止泄漏，故强调要作压力试验。冷却壁压力试验操作是依据国家现行标准《高炉用铸铁冷却壁》YB/T 4073的规定编写的。

7.1.6 本条主要是考虑冷却壁或冷却板的冷却水进出口水管与炉壳水管孔之间无间隙或间隙过小，在高炉生产时受热膨胀所产生的力会将水管根部拉裂，因此安装时应进行检查。

7.2 风口装置

本节主要是针对高炉风口装置的安装做出的规定，同样也适用于熔融还原炉。熔融还原炉同样设有与高炉相似的氧气环管和风口装置，安装方法相同。但熔融还原炉送风支管较高炉简单，是以钢管和软管连接氧枪，氧枪与风口连接将氧气吹入炉内。

7.2.5 本条是根据现行国家标准《工业金属管道施工规范》GB 50235相关内容编写的，其中要求紧固后的螺栓与螺母齐平，是为了维修过程中便于拆卸。

7.2.6 现代高炉送风支管多采用伸缩节型送风支管，其结构简单，安装方便。热风环管下面带法兰的短管定位一般是在风口装置安装后，采用送风支管正装法定位。大型高炉由于尺寸大，重量重，为配合炉内耐材施工要经一次拆除两次安装，工作量较大。为此宜采用专用工具进行定位。短管的焊接变形对风口装置的严密性有影响，应采用对称焊接及变形监控等防焊接变形措施。

7.6 炉喉钢砖

7.6.1 炉喉钢砖有附冷却装置的，多在大型高炉应用。

7.6.2 本条主要考虑安全平台安全，避免荷重超过安全平台的允许值。为此强调必须随吊随安装。

8 无料钟炉顶设备安装

8.1 炉顶装料设备支架

8.1.3 本条第1款规定立柱和炉壳上的与支座连接的底板宜在安装现场焊接，主要是避免立柱底板与支座间产生楔形间隙，同时便于找正。

8.1.4 本条所述炉顶装料设备支架是指部分采用高强度螺栓和焊接连接的混合结构，此种形式便于以组装片的形式安装。

8.2 布料溜槽传动齿轮箱

8.2.1 近年引进卢森堡 PAUL WURTH 公司的 $2000m^3$ 以上的高炉炉顶装料设备较多，其布料溜槽传动齿轮箱附有连接法兰与炉顶法兰连接，外商对此法兰安装要求较高，其设计文件规定"炉顶法兰上平面任意两点的高度差不应大于1.0mm，且120°范围内高度差应不大于0.65mm，90°范围内高度差不应大于0.35mm"。根据调查，国内设计的高炉，布料溜槽传动齿轮箱直接与炉顶法兰连接的情况较多，如某厂 $1080m^3$ 两座高炉，按本条的精度要求安装炉顶法兰，均正常运转一代炉龄，说明本条规定是合理的。另外，比照钟式炉顶装料设备安装情况，其安装标准与本规范相同，如某厂 $4063m^3$ 高炉系钟式炉顶装料设备的安装就是如此，无论是构造、体形高度还是本身安装精度要求均比无料钟炉顶装料设备要求高得多，按本规范同样的精度安装，生产运行实践情况较好，且达到一代炉龄的设计要求。显而易见，上述炉顶法兰的精度对无料钟炉顶装料设备运行是合理的。为此现行国家标准《炼铁机械设备工程安装验收规范》GB 50372 及本规范做了"炉顶法兰上平面任意两点的高差，其允许偏差为炉顶法兰直径的1/1000，且不大于3.0mm"的规定，也适用于 $1000m^3$ 以上的高炉无料钟炉顶装料设备的安装。布料溜槽传动齿轮箱直接与炉顶法兰连接时，布料溜槽传动齿轮箱前，应检查炉顶法兰的安装精度。如超过上述值时，必须采用措施进行处理。如采用研磨等方法亦可。

8.3 波纹管

8.3.2 有的高炉装料设备设有眼镜阀，近年建造的高炉多数已取消。本条是针对没有眼镜阀的高炉装料设备而言的。设有眼镜阀时，波纹管宜与眼镜阀在地面组后吊装就位。

8.5 料罐

8.5.3 本条强调料罐应进行的压力试验并应执行设计文件的规定。设计无规定时，试验压力应为设计压力的1.15倍，宜用水和空气同时进行。注水的高度应低于上部密封阀。本条是根据近年各钢厂引进卢森堡PW公司炉顶装料设备的技术文件规定编写的。

8.6 受料斗

8.6.3 大型高炉串罐无料钟装料设备的固定受料斗下部设有下料阀及阀箱，并为下料阀及阀箱的检修设置有检修用移动轨道。并罐无料钟装料设备的受料斗有两种形式，一种是受料斗下部设有翻板式分配阀分别将炉料装入左右两个料罐。另一种是受料斗设有移动轨道，通过受料斗移动分别将炉料装入左右两个料。此种形式应用较少，多在 $1000m^3$ 级的高炉上采用。

8.10 炉顶煤气放散阀、均压阀

8.10.1 炉顶煤气放散阀有卷扬机驱动和液压驱动两种形式，卷扬机驱动的在煤气清洗系统尚有，现代高炉多采用液压驱动。

8.10.2 液压驱动的煤气放散阀有两种形式：一种是阀体与驱动油缸为一体的，现代高炉多属此种。找正应以阀座为基准进行调整。另一种是阀与驱动油缸不为一体的，阀和油缸底座油应分别找正。

10 上料设备安装

10.3 胶带上料设备

10.3.7 托辊搬运车上、下两条轨道不在同一垂直平面内，轨距的检测应分别借助于吊线坠和钢尺检测垂直平面和水平平面内的轨距。

10.5 垂直胶带上料设备

10.5.1 垂直上料胶带机头部上部设有平台时，上料机安装前上部平台不能安装，否则不能实现头部框架整体吊装就位。

10.5.8 本条文为强制性条文，垂直胶带上料设备安装完后从机尾到机头全部胶带形成一个高达100m的封闭筒形系统，一旦有火灾发生，将顺胶带筒罩蔓延直至机头全部烧损，即使有火警也很难发现。一旦发现有火警，就如同超高层楼房一样，只要30s的时间就能从地面顺封闭的筒体燃烧至顶层，并将胶带等烧坏，目前尚无有效施救办法，这是全球性的难题。国内外均发生过类似火灾事故，必须高度重视和严格采

取有效的胶带防火措施。

11 风口平台及出铁场设备安装

11.1 液 压 泥 炮

11.1.1 高炉出铁场内的桥式吊车大车走行极限位置距离泥炮一般有6m～8m的距离，故泥炮就位尚需搭设平台，用滚杠、拖排和挂设链式起重机或滑车组用卷扬机牵引等拖运；垂直吊装则在炉体框架或热风环管上挂设滑车组或链式起重机垂直吊装，也可用炉前悬臂吊吊装。

高炉泥炮安装前一般应将泥炮安装位置上部的风口平台拆除，如对安装方案进行优化，也可不拆除泥炮安装位置上部的风口平台。

11.1.2、11.1.3 现代新建高炉均为液压泥炮，主要有三种安装形式：

1 有基础台板的泥炮，回转装置安装在基础板上，基础板上通过地脚螺栓与基础连接。如日本的MHG泥炮。

2 风口平台为钢结构构造，没有设置泥炮混凝土基础，却设置有内部浇灌混凝土的钢管及法兰，泥炮回转装置随设备供应有带法兰的短管，法兰通过螺栓与泥炮本体连接，此短管即是泥炮的底座，它直接焊接在上述的钢管法兰上。

法兰的短管就位后，用水平仪和平尺检查和调整法兰上平面的纵、横向水平度，其允许偏差为0.20/1000，用水准仪或钢尺检查标高，允许偏差为±3.0mm。找正符合要求后即进行焊接并应执行设计文件的规定，无规定时应执行现行国家标准《现场设备、工业管道焊接施工规范》GB 50236中焊缝质量分级标准外观质量Ⅲ级的规定，并应采取防变形措施。

3 设有专门的底座的泥炮，如德国的DDS泥炮、奥钢联的TMT泥炮、我国的BG泥炮等。

各种形式的泥炮安装工艺基本相同。

11.3 冲钻式开铁口机

11.3.1、11.3.2 适用于悬臂式开铁口机的安装。悬臂式底座固定在炉底框架立柱上，悬臂式开孔机是通过焊接固定在高炉炉体框架上的，焊接应牢固可靠，焊肉应饱满，其外观质量应执行现行国家标准《现场设备、工业管道焊接工程施工规范》GB 50236中Ⅳ级的规定。

11.3.3 顶座式开铁口机的底座固定在风口平台上，构造与悬臂式基本相同。

11.5 堵 碴 口 机

11.5.1、11.5.2 这两条是根据现行国家标准《高炉炼铁工艺设计规范》GB 50427的规定编写的。该规范规定“高炉应减少碴口数目，渣量小于350kg/t时应取消碴口”，故2000m^{3}级以上的高炉不设碴口，只有1000m^{3}级的高炉才设0～2个碴口。为此对碴口机的安装做出了规定。

11.9 主沟揭盖机

11.9.1、11.9.2 主沟揭盖机有悬挂式和固定式两种形式。悬挂式是通过车轮悬挂在风口平台钢结构梁上。固定式的是通过地脚螺栓直接固定在基础上。

11.10 主沟揭盖机试运转

11.10.4、11.10.5 固定式的主沟揭盖机分为能旋转和不能旋转的两种形式，构造基本相似。不能旋转的主沟揭盖机只有揭盖和放盖两个动作，活动范围较小。

12 热风炉设备安装

12.2 套筒式燃烧器及助燃风机

12.2.1 本条主要是指水平式的金属的套筒燃烧器。内燃式热风炉设有套筒式燃烧器有金属的和陶瓷的两种，设置方式有水平式和垂直式，目前新建热风炉普遍采用陶瓷燃烧器，是用耐火材料制造，垂直安装于燃烧室内，其轴向与燃烧室一致。

外燃式热风炉的助燃风机是单独设置的，安装应执行设计文件和现行国家标准《压缩机、风机、泵安装工程施工及验收规范》GB 50275的规定。

12.4 热风炉阀门

热风炉阀门包括净煤气切断阀、燃烧阀、烟道阀、废气阀、冷风阀、冷风旁通阀、热风阀、倒流休风阀、混风切断阀等切断阀和净煤气调节阀、混风调节阀、放风阀等。

12.4.1 根据调研情况，阀门安装基本上有两种情况，一是安装管道的同时顺序安装阀门，即管道安装至阀门设计位置时，管道与阀门连接法兰先安装，然后安装阀门，接着顺序安装管道。二是由于设备供货不及时，管道先安装，在管道安装到阀门设计位置时，将与阀门连接的两个法兰全都安装上，其中一个法兰点焊，两法兰之间预留阀门安装的位置，但两法兰之间的距离要控制精确。阀门到货后再安装阀门，此时阀门的安装精度由已安装的两个法兰确定了，此种情况阀门连接的法兰的安装应执行本规范第6.11.8条的规定。

13 高炉鼓风设备安装

13.1 轴流式鼓风机

高炉轴流式鼓风设备及余压气轮发电机组

(TRT) 汽轮机的安装各制造厂家均有各自的安装工艺及标准，工厂均进行了预组装和调整、试运转，拆卸后均有标记并提供安装数据，近年已发展到整机供货的趋势，使得安装工艺更简单。本节条文是根据多年以部件供货的设备进行编写的，系通用性条文，不一定适合每个厂家设备的安装要求，应以设计文件为依据。设计无规定时，按本节的规定采用。

13.1.3 本条第6款转子扬度的要求是基于鼓风机转子长度较长、较重，在静止状态下会产生一定数值的静挠度和动挠度，对鼓风机正常运转产生一定的影响而提出的。安装过程宜考虑。但各制造厂标准不一，应以制造厂出厂技术文件为依据。调整转子轴扬度以克服转子挠度对运转产生的影响，为此应使转子轴与驱动电机轴之间的联轴节两端面平行，为此目的，将两根轴一根或两根设置一定的扬度，见图3，国内鼓风机 b、c 两种扬度的方式均有。鼓风机在制造厂进行了调整和试运转并附有随机技术文件，安装必须以此文件为依据进行。

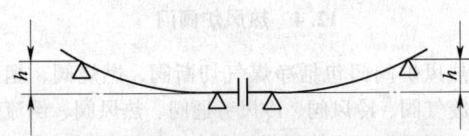

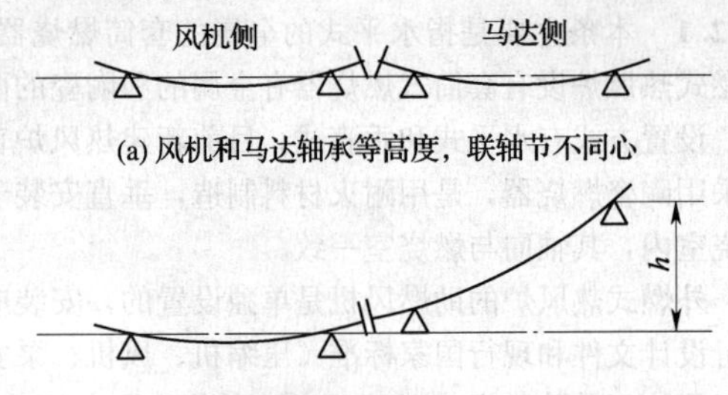

图3 鼓风机安装形式

13.1.9 转子与机壳各部间隙是在静止状态下进行测量的，在运转过程中转子的动挠度以及轴承中油膜形成的斜楔，会使转子产生一个向右上方的偏移量，给风机正常运转带来一定的影响，为消除偏心所造成的影响，应在间隙调整时向相反的方向偏移，从而使风机运转时间隙均匀，其大小应根据设计时计算所给出的值。如在风机静态调整时左侧间隙比右侧间隙小某一数值，下侧间隙比上侧间隙小某一数值。正常运行时得到补偿使之间隙均匀。偏移量的大小，应依据设计文件的规定。

14 煤气净化设备安装

14.1 一 般 规 定

14.1.2 高炉煤气干式净化设备因其除尘效率高、节能、生产运行费用低等优点，得到越来越广泛的应用。现行国家标准《高炉炼铁工艺设计规范》GB 50427 第12.0.5条明确规定“高炉煤气净化设计应采用高炉煤气干式除尘装置”。高炉煤气干式除尘装置一般采用布袋除尘器，其系统除布袋除尘器本体外，还包括阀门、卸灰、输送灰装置及大直径卷焊管道等，其安装应符合现行国家标准《冶金除尘设备工程安装与质量验收规范》GB 50566、《烧结机械设备工程安装验收规范》GB 50402 及其他有关标准的规定。

15 高炉喷煤设备安装

15.4 煤粉收集器

15.4.1 本条适用于高炉喷煤设备框架为钢结构的煤粉收集器的安装。

17 铁处理设备安装

17.1 铸 铁 机

17.1.1 铸铁机有两种形式的支承结构，一种是钢结构支承的，另一种是混凝土结构支承的。本条适用于钢结构支承的铸铁机。

17.1.3、17.1.4 铸铁机有滚轮固定式和滚轮移动式两种，国内目前两种形式共存，第17.1.3条、第17.1.4条分别做了规定。

17.2 板式回转卸料机

17.2.4 板式回转卸料机的运输带一般为滚轮移动式，故有上、下相对轨道。安装时，机架内运输带上、下轨道中心线应重合。

19 泄漏性试验

19.1 一 般 规 定

19.1.2 泄漏性试验是生产工艺性很强的工作，应由生产厂编制试验方案和组织具体实施。施工单位应配合生产单位做好试验的安全、卫生、防护等工作，配备足够的作业人员按生产单位的要求在各部位实施检查和记录。

19.2 泄漏性试验

19.2.4 高炉系统泄漏性试验在烘炉前或后进行，其后果没有本质的不同。在烘炉前进行，工作较烦琐，工作量增加。根据现行国家标准《炼铁机械设备工程安装验收规范》GB 50372 的规定，高炉系统泄漏性试验应在烘炉后进行。

19.2.7 熔融还原炉工作压力较高炉高，某厂为设计压力为0.55MPa，工作压力为0.42MPa，是按压力容器标准设计的。要分别进行冷态强度试验和泄漏性试验以及热态泄漏性试验，试验压力相应高于高炉。

19.2.8 熔融还原炉炼铁工艺不需要大风量的空压站却需要有氧气站，而氮气可以就地从氧气站提供，故本条规定用氮气进行强度试验和泄漏性试验。

中华人民共和国国家标准

机械工业厂房建筑设计规范

Code for design of machinery building architecture

GB 50681—2011

主编部门：中 国 机 械 工 业 联 合 会
批准部门：中华人民共和国住房和城乡建设部
施行日期：2 0 1 2 年 5 月 1 日

中华人民共和国住房和城乡建设部
公　　告

第 1027 号

关于发布国家标准
《机械工业厂房建筑设计规范》的公告

现批准《机械工业厂房建筑设计规范》为国家标准，编号为GB 50681—2011，自 2012 年 5 月 1 日起实施。其中，第 7.1.6、8.1.10、8.4.8、9.3.4、9.3.5、12.0.3、13.3.4、13.4.10、14.1.1、14.1.2 条为强制性条文，必须严格执行。

本规范由我部标准定额研究所组织中国计划出版社出版发行。

中华人民共和国住房和城乡建设部

二〇一一年五月十二日

前　　言

本规范是根据原建设部《关于印发〈2006 年工程建设标准规范制订、修订计划（第二批）〉的通知》（建标〔2006〕136 号）的要求，由机械工业第一设计研究院会同有关单位共同编制完成的。

本规范在编制过程中，编制组进行了广泛的调查研究，开展了专题讨论，总结了近年来我国机械工业厂房及其附属建筑的建筑设计的实践经验，与国内外相关的规范进行了协调，并借鉴有关国际标准和国外先进技术、材料，在此基础上以多种方式广泛征求了全国有关单位的意见，经反复讨论、修改，最后经审查定稿。

本规范共分 15 章和 1 个附录，主要内容有：总则，术语，基本规定，屋面，墙体，地面和楼面，门窗，楼梯、钢梯、电梯与起重机梁走道板，装饰工程，地下工程防水，防腐蚀设计，电离辐射室，电磁屏蔽室，噪声控制，空气调节区等。

本规范中以黑体字标志的条文为强制性条文，必须严格执行。

本规范由住房和城乡建设部负责管理和对强制性条文的解释，由中国机械工业联合会负责日常管理，由机械工业第一设计研究院负责具体技术内容的解释。在执行过程中，请各单位结合工程实践，认真总结经验，积累资料，如发现需要修改或补充之处，请将意见和有关资料寄机械工业第一设计研究院（地址：安徽省蚌埠市吴湾路 690 号；邮政编码：233017），以供今后修订时参考。

本规范组织单位、主编单位、参编单位、主要起草人和主要审查人：

组 织 单 位：中国机械工业勘察设计协会

主 编 单 位：机械工业第一设计研究院

参 编 单 位：中国联合工程公司
机械工业第五设计研究院
中机国际工程设计研究院
机械工业部汽车工业天津规划设计研究院
机械工业第九设计研究院
北京东方雨虹防水技术股份有限公司

主要起草人：魏慎悟　白云艾　施少连　李　莉　许成德　李红树　罗　劲　郭纪鸿　王　斗　张兴林　鲍常波　徐　辉　李保谦　李　超　王　新

主要审查人：杜振远　刘正荣　张会义　许迎新　汪洋海　杨　涛　谭遏舟　陈文辉　严俊生　刘乃姝

目　次

Contents

1 总 则

1.0.1 为使机械工业厂房及其附属建筑的建筑设计，做到安全适用、技术先进、环保节能、经济合理、施工简便、维修方便，制定本规范。

1.0.2 本规范适用于下列范围：

1 新建、扩建、改建的机械工业厂房及其附属建筑的建筑设计；

2 机械工业工厂中电离辐射室的建筑设计；

3 机械工业工厂中电磁屏蔽室，屏蔽频率为0.15MHz～30MHz利用建筑物增设屏蔽层的建筑设计。

1.0.3 机械工业厂房及其附属建筑的建筑设计，除应符合本规范外，尚应符合国家现行有关标准的规定。

2 术 语

2.0.1 联合厂房 united workshop

由多个工艺车间组成的厂房。

2.0.2 附属建筑 attachment building

为机械工业厂房生产服务而毗连布置，或在厂区内独立设置的办公、科研与技术、生活与卫生设施和库房等配套建筑物。

2.0.3 电磁屏蔽室 electromagnetic shielding room

防止静电或电磁的相互感应设施。

2.0.4 起重机梁走道板 crane beam slidewalk

沿厂房起重机梁面一侧统长布置供工作人员行走的板。

2.0.5 起重机工作制等级 crane work grade

起重机按载荷状态和利用等级确定的级别。

3 基本规定

3.0.1 机械工业厂房及其附属建筑，应根据生产、使用功能性质、工艺要求、节地节能、环保卫生、当地气象、水文、地质、材料供应、施工和发展扩建等条件进行设计。

3.0.2 多跨厂房当高差值小于1.2m时，不宜设置高度差；非采暖多跨厂房当高跨侧仅有一个低跨，且高差值小于1.8m时，亦不宜设置高度差。

3.0.3 建、构筑物地面标高，应按下列规定确定：

1 建筑物的室内地面标高应高出室外地面标高，其值不应小于0.15m；

2 设有桥式、龙门起重机等露天库或堆场的地面标高，应高出周围场地0.15m，并应设0.3%～0.5%的排水坡度；

3 湿陷性黄土地区建筑物的室内外地面的标高差，应根据地基的湿陷类型、等级确定，其值宜采用0.2m～0.3m；

4 易燃、可燃液体仓库的室内地面标高，应低于仓库门口的标高0.15m；

5 电石库的室内地面标高应高出室外地面，其值不应小于0.25m；

6 建筑物内的铁路轨顶标高，应与建筑物地面标高相同。

3.0.4 厂房内设有梁式起重机或桥式起重机时，起重机桥架外缘与上柱内缘的净距不应小于100mm；其轨顶至屋架下弦或屋面梁底面之间的净空尺寸，应符合下列规定：

1 应满足起重机的最小轮廓尺寸及起重机的限界尺寸和安全间隙的要求；

2 应满足起重机检修的空间要求；

3 应满足当厂房基础埋置在软弱土、湿陷性黄土、膨胀土地基上及因厂房的地面堆载使相邻柱出现沉降差时的要求；

4 应满足当屋架或屋面梁底面悬挂带坡度的横向管道或屋架下弦直接安装照明灯具时的要求。

3.0.5 联合厂房，应符合下列规定：

1 厂房的建筑形式应因地制宜；

2 厂房四周不宜建毗连的附属建筑；

3 应沿厂房纵横方向，并结合厂房内部运输通道，设置通风大门或通风过道；屋顶应设置天窗、排风帽或采用通风屋顶；

4 散发热量、烟尘和腐蚀性介质的工段，应布置在靠厂房的外墙；对于影响严重的局部工段，应采用排烟排气罩机械送、排风；

5 应采取减少不同生产性质的车间相互影响的措施。

3.0.6 有爆炸危险的甲、乙类生产部位、仓库，宜设在单层厂房靠外墙处或多层厂房的顶层靠外墙处，其泄压面积与泄压设施，应符合现行国家标准《建筑设计防火规范》GB 50016的有关规定。屋顶上的泄压设施应采取防冰雪积聚措施。

3.0.7 厂房及其附属建筑的外墙面宜采取防龟裂、防渗漏措施。

3.0.8 沿海地区或有腐蚀性气体及高湿的厂房门、窗和门、窗五金配件，应采取防腐蚀及防潮措施。

3.0.9 厂房及其附属建筑的屋面防水等级和防水层合理使用年限，应符合下列规定：

1 大型、重要的单、多、高层厂房及联合厂房的屋面防水等级应为Ⅱ级，防水层合理使用年限应为15年；

2 单层、一般的厂房及其附属建筑屋面防水等级应为Ⅲ级，防水层合理使用年限应为10年；

3 非永久性的建筑其屋面防水等级应为Ⅳ级，防水层合理使用年限应为5年。

3.0.10 采用卷材、涂膜防水层时，其厚度应按屋面防水等级、设防道数和所选的防水材料确定。

3.0.11 采用单层屋面防水系统时，除应符合所选防水材料单层屋面系统的施工要求外，尚应符合本规范第3.0.9条规定的防水层合理使用年限的要求。

3.0.12 屋面单坡跨度大于9m时，宜做结构找坡，坡度不应小于3%；屋面单坡跨度小于或等于9m时，可用轻质材料或保温层找坡，坡度宜为2%。

4 屋 面

4.1 屋面构造

4.1.1 屋面构造，应按屋面的结构特点、高低跨、温差变形、干缩变形，屋面坡度、振动等因素确定，并应符合下列规定：

1 应采用柔性密封、防排结合、材料防水与构造防水相结合的措施；

2 宜采用卷材、防水涂膜、密封材料、刚性防水材料等互补并用的二道设防；

3 地震设防区或有强风、台风地区的屋面应采取固定加强措施；

4 基层处理剂、胶粘剂、密封胶条、嵌缝油膏、着色剂应与所选的防水材料具有相容性；

5 除单层屋面防水系统外，柔性防水层上应设保护层。保护层为水泥砂浆、细石混凝土或块材时，应设分格缝。分格缝应嵌填密封材料。保护层与防水层之间应设隔离层。

4.1.2 当采用多种防水材料复合使用时，应符合下列规定：

1 选择不同胎体和性能的卷材复合使用时，高性能的卷材应放在面层；

2 应将耐老化、耐穿刺的防水材料铺设在最上层；

3 相邻材料之间应具相容性和互补性；

4 卷材与涂膜复合使用时，涂膜宜铺设在下层；

5 合成高分子防水卷材、涂膜的上部，不宜采用热熔型卷材或涂料；

6 卷材、涂膜与刚性防水材料复合使用，其间应设置隔离层，且刚性防水层应设在上面；

7 卷材、涂料的搭接缝口应采用材性相容的密封材料封严。

4.1.3 当屋面结构层为装配式钢筋混凝土板时，板缝内应浇灌强度等级不低于C20的细石混凝土将板缝灌填密实；灌缝用的细石混凝土应掺微膨胀剂，微膨胀剂上应填放背衬材料，背衬材料上部应嵌填密封材料，接缝部位外露的密封材料上应设置保护层。

当缝宽度大于40mm或上窄下宽时，应在板缝中设置构造钢筋，板端缝应进行柔性密封处理。无保温层的屋面，板侧缝上应预留凹槽，并应进行密封处理。

4.1.4 屋面防水基层与突出屋面的女儿墙、立墙、天窗壁、变形缝、烟囱等交接处，以及雨水口、天沟、檐沟、屋脊、阴阳角等与屋面基层的转角处，应将其找平层做成不同半径的圆弧，其交接处、转角处应设置防水附加层。

4.1.5 屋面上的设施周围和屋面出入口至设施之间的人行道，应铺设刚性保护层。刚性保护层与女儿墙、山墙以及突出屋面结构的交接处，应留宽度为30mm的缝隙，并应用密封材料嵌填密实。

4.1.6 高低跨屋面设计，应符合下列规定：

1 高低跨变形缝处的防水处理，应采取有适应变形能力的材料和构造措施；

2 当高跨屋面为无组织排水时，应在低跨屋面受水冲刷的部位加铺一层卷材附加层，其上应铺宽300mm～500mm、厚25mm～30mm的预制C20钢筋混凝土板加强保护；当高跨屋面为有组织排水时，雨水管下应设25mm～30mm厚的预制钢筋混凝土水簸箕或防护板。

4.1.7 砌体女儿墙应采用钢筋混凝土压顶，其压顶顶面应向内侧排水。

4.1.8 坡度超过25%屋面或坡面檐口贴面砖时，宜用聚合物水泥砂浆粘贴，并宜用聚合物水泥浆或聚合物水泥砂浆勾缝。

4.1.9 屋面接缝密封防水设计，应符合下列规定：

1 屋面接缝密封防水应与卷材防水屋面、涂膜防水屋面、刚性防水屋面等配套使用；

2 屋面密封防水的接缝宽度宜为5mm～30mm，接缝深度宜为接缝宽度的0.5倍～0.7倍；

3 密封防水处理连接部位的基层，应涂刷与密封材料材性相容的基层处理剂；

4 接缝处的密封材料底部应设置背衬材料，背衬材料宽度应大于接缝宽度20%。

4.2 卷材防水屋面

4.2.1 卷材屋面的坡度超过25%时，应采取固定或防止卷材下滑的措施。

4.2.2 防水层的找平层厚度，应根据基层种类和找平用的材料确定。找平层应设分格缝，缝宽宜为5mm～20mm，纵横缝的间距不宜大于6m，应与板端缝对齐，缝内应填密封材料。

4.2.3 易积灰的卷材屋面应采用刚性保护层。

4.2.4 女儿墙面上的卷材应采用满粘铺贴法，其混凝土墙上的卷材收头应采用金属压条钉压固定在距屋面面层不小于250mm的凹槽内，并应用密封材料封严；卷材收头及凹槽上部的墙体应做防水处理。

4.2.5 在无保温层的装配式屋面上，应沿屋面板的端缝先单边点粘一层卷材，每边的宽度不应小于100mm，也可采取其他能增大防水层适应变形的措施，然后再铺贴屋面卷材。

4.2.6 屋面保温层和找平层干燥有困难时，宜采用排汽屋面。

4.2.7 屋面上设施基座与结构层相连时，屋面防水层应包裹设施基座的上部，并应在地脚螺栓周围做密封处理；在屋面防水层上放置设施时，设施下部的屋面防水层应做卷材增强层，并应在卷材增强层上浇筑厚度不小于50mm、强度等级为C20的细石混凝土。

4.3 涂膜防水屋面

4.3.1 涂膜防水屋面的坡度超过25%时，不宜采用干燥成膜时间过长的涂料。

4.3.2 涂膜防水屋面的找平层，应符合本规范第4.2.2条的规定。找平层或基层的干燥程度，应根据所选用的涂料特性确定。找平层或基层应表面平整、干净，无孔隙、起砂和裂缝。

4.3.3 涂膜防水层应沿找平层分格缝增设带胎体增强材料的空铺附加层，其空铺宽度宜为100mm。找平层板端处的分格缝处空铺的附加层，其宽度宜为200mm～300mm。天沟、檐沟与屋面交接处的空铺附加层，其空铺宽度不应小于200mm。

4.3.4 屋面女儿墙的泛水涂膜防水层，宜直接涂刷至女儿墙的压顶下。

4.3.5 无组织排水檐口的屋面涂膜防水层收头应伸入凹槽内，凹槽应用防水涂料多遍涂刷封严或用密封材料封严。檐口下端应做滴水处理。

4.3.6 涂膜防水配套使用的胎体增强材料，应与涂膜性质相匹配。

4.4 刚性防水屋面

4.4.1 有冲击或振动大的厂房及附属建筑的屋面，不宜采用刚性防水屋面。

4.4.2 天沟、檐沟应采用掺防水剂的水泥砂浆找坡；找坡厚度大于20mm时，宜采用C10细石混凝土找坡。

4.4.3 刚性防水屋面的设计，应符合下列规定：

1 屋面的基层，宜为整体现浇钢筋混凝土板；当为装配式钢筋混凝土板时，应符合本规范第4.1.3条的规定；

2 细石混凝土防水层与基层间应设置隔离层，保温屋面的保温层可兼作隔离层；

3 细石混凝土防水层应设置分格缝，缝的纵横间距不宜大于6m，缝的宽度宜为5mm～30mm，缝内应涂刷与密封材料相配套的基层处理剂后设置与密封材料不粘结的背衬材料，并应用密封材料嵌填密实，嵌填的深度应为分格缝宽度的0.5倍～0.7倍；分格缝上部应设置保护层；基层为装配式钢筋混凝土板时，分格缝应设在屋面板的支承端、屋面转折处，并应与板端缝对齐；

4 配筋细石混凝土防水层，应采用直径为4mm～6mm、间距为100mm～200mm双向钢筋网片，钢筋网片在分格缝处应断开，其保护层厚度不应小于10mm，混凝土强度等级不应低于C20，厚度不应小于40mm，且宜采用补偿收缩混凝土；

5 配筋细石混凝土防水层与山墙、女儿墙、突出屋面结构及管道、变形缝两侧墙体的交接处，应留宽度为30mm的缝隙，并应做柔性密封处理；泛水处应设置防水附加层；

6 细石混凝土防水层，应采用水泥强度等级不低于32.5的普通硅酸盐水泥或硅酸盐水泥；

7 刚性防水层的细石混凝土中宜按不同要求掺入膨胀剂、密实剂、减水剂、防水剂等外加剂，以及钢纤维等掺合料；

8 刚性防水层内严禁埋设管线、预埋件和凿眼打洞。

4.5 保温隔热屋面

4.5.1 屋面保温隔热层的设计，应符合下列规定：

1 屋面保温隔热层应采用憎水性或吸水率低的材料，不宜采用松散材料；

2 封闭式保温层的含水率，应相当于该材料在当地自然风干状态下的平衡含水率；

3 屋面保温隔热层的基层为装配式钢筋混凝土板时，板缝处理应符合本规范第4.1.3条的规定；

4 厂房及其附属建筑冬季室内热工计算参数，宜符合本规范附录A的规定；

5 屋面保温隔热层的厚度，应按建筑热工设计要求计算确定；

6 夏热冬冷地区，保温层可兼作隔热层，其厚度可按隔热要求计算确定；

7 在纬度40°以北地区且室内空气湿度大于75%，或其他地区室内空气湿度常年大于80%时，若采用吸湿性保温材料做屋面保温隔热层应设置隔汽层，其材料应采用气密性、水密性好的防水卷材或防水涂料；隔汽层应与屋面的防水层相连接，并应使其形成全封闭的整体。

4.5.2 保温层的构造，应符合下列规定：

1 保温层设置在防水层上部时，保温层上应做保护层；保温层设置在防水层下部时，保温层上应做找平层；

2 屋面坡度大于25%时，保温层应采取防滑措施；

3 保温屋面的天沟、檐沟凡与室内空间有关联的均应设保温层；天沟、檐沟与屋面交接处其屋面保温层，应延伸到不小于墙厚的1/2处。

4.5.3 架空隔热屋面的设计，应符合下列规定：

1 架空隔热屋面的坡度不宜大于5%，架空隔热层的高度宜为180mm～300mm，架空板与女儿墙间的距离不宜小于250mm；

2 屋面宽度在夏热冬暖地区大于10m、夏热冬冷地区大于15m时，宜采取通风屋脊等措施；

3 进风口宜设置在正压区，出风口宜设置在负压区。

4.5.4 通风较好的建筑物宜采用架空隔热屋面，但寒冷地区不宜采用架空隔热屋面。

4.5.5 种植屋面的设计，应符合下列规定：

1 屋面结构层应为现浇整体钢筋混凝土板；

2 防水层应选择刚柔复合防水，柔性防水层应选用耐腐蚀、耐霉烂、耐穿刺、耐水性性能好的材料，刚性防水层应设置在上部；

3 种植屋面四周应设置围护墙，墙身高度应高于种植介质100mm，距围护墙底部高100mm处应留设泄水孔、排水管，并应采取避免种植介质流失的措施；

4 种植屋面所用材料及植物应符合环境保护要求，分区布置应设挡墙或挡板，种植介质及厚度应根据种植植物的种类要求确定；

5 种植屋面应设置人行通道。

4.5.6 倒置式屋面的设计，应符合下列规定：

1 倒置式屋面的防水等级不应低于Ⅱ级；

2 防水层材料应采用适应变形能力强、接缝密封保证率高的材料；

3 保温层应采用干铺或粘贴板状憎水性或不吸水、不腐烂的保温材料；

4 保温材料表面应做刚性保护层；

5 倒置式屋面保温层采用现场喷硬质聚氨酯泡沫塑料时，其表面宜涂刷一道涂膜作保护层，其间应具相容性；

6 倒置式屋面的檐沟、雨水口等部位，应采用现浇钢筋混凝土或砖堵头，并应做好排水处理。

4.6 金属压型板屋面

4.6.1 金属压型板屋面，应符合下列规定：

1 金属压型板屋面应根据屋面防水等级及防水层合理使用年限选择性能相适应的金属压型板材及建筑构造；

2 金属压型板屋面坡度小于5%时，应采取防漏水措施；

3 金属板材屋面檐口挑出的长度，不应小于200mm；

4 金属压型板屋面开洞时，应做好泛水构造选型；

5 台风地区或高于50m的建筑，应采取防风措施；

6 对风荷载较大地区的敞开式建筑，其屋面板上下两面同时受有较大风压时，应采取加强连接的构造措施。

4.6.2 金属压型板屋面的铺设、固定和搭接，应符合下列规定：

1 屋面天沟用金属板材制作时，伸入屋面金属板材下的深度不应小于100mm；当有檐沟时，屋面金属板材应伸入檐沟内，其伸入长度不应小于50mm。屋面的檐口应用异型金属板材的堵头封檐板；山墙应用异型金属板材的包角板和固定支架封严；

2 屋面脊部应用金属屋脊盖板，并应在屋面板端头设置泛水挡水板和泛水堵头板；

3 金属压型板屋面的泛水高度不应小于250mm。搭接口处应采取密封措施；

4 金属压型板屋面为单坡时，其屋脊应用包角板覆盖；

5 金属压型板连接方式为紧固件连接及咬边连接，不应使用锁螺钉连接，其固定和搭接处应密封处理，不应有渗漏现象；

6 金属压型板屋面天沟或檐沟每隔3m应设加强肋。

4.7 屋 面 排 水

4.7.1 屋面排水应符合下列规定：

1 屋面排水方式应根据当地自然条件、雨量大小、檐口高度、生产性质及屋面排水坡度、排水面积等条件确定；

2 当采用有组织排水时，宜采用外排水；

3 除金属压型板屋面外，屋面的排水天沟、檐沟纵向坡度不应小于1%；沟底水落差不得超过200mm。天沟、檐沟排水不得流经变形缝和防火墙；当沟内纵坡坡向变形缝、防火墙时，应在两侧设置雨水口；

4 易积灰的屋面宜采用无组织排水；当采用有组织排水时，应采取防堵措施。

4.7.2 下列情况之一时，屋面宜采用有组织排水：

1 年降雨量小于或等于900mm地区，且檐口距地面大于8m；

2 天窗跨度大于12m；

3 相邻屋面高差大于或等于4m时的高处檐口；

4 年降雨量大于900mm地区，且檐口距地面大于5m或相邻屋面高差大于或等于3.5m时的高处檐口；

5 湿陷性黄土地区的屋面；

6 采暖地区有露天起重机跨的一侧；

7 开敞式或半开敞式天窗的天窗屋面。

4.7.3 雨水口和雨水管的布置及其截面，应按汇水面积计算确定。每一屋面或天沟的雨水口不宜少于2个。雨水管公称直径不宜小于100mm。雨水口中心距端部女儿墙内边不宜小于500mm。雨水管距墙面不应小于20mm，排水口距散水坡的高度不应大于200mm，并应设45°弯头。

4.7.4 冬季室外采暖计算温度低于－20℃严寒地区的屋面雨水，宜采用内排水。其雨水管应接入雨水排水管网，接口应封接严密，不得与污水管道连接。屋面天沟端头，应设溢水口。

4.7.5 平屋面时，靠近天沟、檐沟200mm～500mm范围内的屋面坡度宜为5%，分水线处最小深度应大于或等于40mm。在雨水口周围直径500mm范围内的坡度不宜小于5%，雨水口应用防水涂料涂封，其厚度不应小于2mm。雨水口与基层接触处，应留宽20mm、深20mm凹槽，且应嵌填柔性密封材料。

4.7.6 多跨厂房的中间天沟，应结合建筑物伸缩缝布置，并应采用两端山墙外排水；出山墙部分的天沟墙壁，应设溢水口。

4.7.7 金属板屋面内檐沟及内天沟的坡度宜为0.5%。出墙部分的天沟墙壁，应设溢水口。寒冷地区的内天沟、檐沟，应采取防积雪冰冻措施。

4.7.8 湿陷性黄土地区的屋面雨水管，应直接接入专设的雨水明沟或雨水管道。

4.7.9 屋面采用无组织排水时，屋面伸出墙面的长度，不宜小于600mm。在建筑物的出入口处，应设雨篷。

4.7.10 低层建筑屋面当屋面伸出墙面且采用无组织排水时，其散水宽度应大于屋面伸出宽度300mm。

4.7.11 屋面采用内排水时，雨水管应采用明管，且应减少弯曲，不得砌在承重墙内或预埋在混凝土柱内。屋面雨水口应装疏水箅子，其雨水管下端或接横向管处应设有密封口的检修孔。

5 墙 体

5.0.1 砌筑墙体材料的选用，应符合下列规定：

1 非承重内隔墙的墙体材料宜采用强度等级大于或等于MU5.0的砖或砌块，且应采用强度等级大于或等于M5.0的混合砂浆砌筑；

2 防潮层以下的墙基应采用实心砖或砌块砌筑，不得采用空心砖、硅酸盐砖及加气混凝土砌块砌筑。当采用混凝土小型空心砌块时，应采用强度等级不低于Cb20的灌孔混凝土灌实其孔洞。砖、砌块的强度等级应大于或等于MU10.0，石材砌块应大于或等于MU20.0。用于严寒地区及潮湿土壤中时，其强度等级应提高1级。防潮层以下的砌体均应采用强度等级大于或等于M7.5水泥砂浆砌筑；

3 框架结构楼层的填充墙宜采用轻质砖或砌块，且应与框架梁、柱有拉结措施，并应采用与其匹配的砌筑砂浆砌筑；

4 轻质砖和砌块墙体材料，应满足防火、防潮等要求；

5 潮湿房间、经常处于干湿交替房间的墙体，不应采用吸湿性较大的砖或砌块；

6 墙体表面经常处于80℃以上的高温房间及受化学浸蚀环境的墙体，不得采用加气混凝土砌块。

5.0.2 砌筑墙体的构造，应符合下列规定：

1 厚度小于或等于120mm的砌筑墙体，长度超过3.6m时，应设构造柱；高度超过2.1m时，应设通长钢筋混凝土圈梁，并应与钢筋混凝土柱连接。墙厚小于或等于120mm的砌筑墙体上的门窗立樘，应采取加固措施；

2 砌筑墙体预留直槎时，应加设拉结筋，拉结筋每120mm厚砖不得少于1根，直径不得小于6mm，其间距沿墙高不应大于0.5m，埋入长度从墙留槎处起，每边不应小于500mm，末端应有90°弯钩；

3 抗震设防地区填充墙，应沿框架柱全高每隔0.5m设2ϕ6拉筋。设防烈度为6、7度时，拉筋伸入墙内的长度不应小于墙长的1/5，且不应小于700mm；设防烈度为8、9度时，拉筋伸入墙内的长度宜沿墙全长贯通。填充墙长度大于5m时，其墙顶应与楼板或梁拉结。厂房山墙处屋面板，应与女儿墙下的卧梁拉结；

4 抗震设防地区的纵、横墙体交接处，应同时咬槎砌筑。设防烈度为7度，且长度大于7.2m的大房间及设防烈度为8、9度时，外墙转角及内外墙交接处，应沿墙高每0.5m配置2ϕ6拉结钢筋，每边伸入墙内不应小于1m，末端应有90°弯钩；

5 砌筑墙上的孔洞宜预留，不应随意打凿。孔洞周边应做好密封处理；在靠近门、窗洞口处设置配电箱或消火栓箱时，其洞口间的端墙净宽不得小于360mm。

5.0.3 砌筑墙体的墙身防潮层的设计，应符合下列规定：

1 设于地面以下0.06m处，宜采用厚20mm的1：2.5水泥砂浆，并应内加为水泥重量3%～5%的防水剂；

2 当室内墙体两侧的地坪有高差时，应在各地坪面以下0.06m处做防潮层，并在高差范围靠土一侧的墙面亦应做防潮层。贴外墙设有花池时，应在此段外墙面靠土一侧做防潮层。

5.0.4 当设有钢筋混凝土基础梁或墙基为混凝土砌块或石块砌筑时，其顶面位于室内混凝土地面垫层范围内时，其墙身可不做防潮层。

5.0.5 有防冻胀要求的基础梁下，应做防冻胀处理。

5.0.6 吸湿性较大的砖、砌块隔墙的底部，应做高出地面100mm、宽同墙厚的混凝土条带，其强度等级不低于C15。

5.0.7 砖、砌块墙体应按现行国家标准《建筑抗震设计规范》GB 50011和《混凝土结构设计规范》GB 50010的有关规定设置防震缝、沉降缝或伸缩缝，并应根据缝的性质及环境要求进行盖封处理。

5.0.8 砖、砌块砌筑的女儿墙厚度不宜小于200mm。现浇钢筋混凝土屋面时，女儿墙底部宜高出层面300mm，并应与层面同时浇筑。女儿墙高度应根据使用及抗震设防要求确定；当抗震设防地区的女儿墙高度超过0.5m时，应采取抗震构造措施。非抗震设防地区的女儿墙高度可为0.9m，并应按结构要求设置构造柱及现浇钢筋混凝土压顶板，且宜每隔30m留板缝，缝宽宜为20mm，板缝内应用防水密封材料嵌填。

5.0.9 单层厂房外墙低侧窗窗台高度宜为0.8m～1.2m，但热加工车间的低侧窗窗台高度可适当降低。多层厂房楼层窗台高度小于0.8m时，应设护栏。

5.0.10 门、窗及预留洞口应采用钢筋混凝土过梁，非抗震设防地区的洞口宽度小于1m时，可采用钢筋砖过梁。

5.0.11 轻型板材墙体的设计，应符合下列规定：

1 外墙窗洞四周应做防水处理；

2 屋面宜采用外天沟排水；

3 框架结构填充隔墙，宜采用轻质预制墙板，其墙板应与所在板、梁、柱有可靠的连接，交接处应采取防开裂措施；

4 有热工要求的厂房外墙板应经热工计算确定，外墙节点做法应采取防止热桥产生的构造措施；

5 夏热冬冷及夏热冬暖地区无热工要求的厂房外墙采用金属压型板时，宜采用夹芯墙板，其热惰性值不宜小于0.8。

5.0.12 厂房外墙采用金属压型墙板时，其勒脚部位宜采用吸水性小的砖、砌块砌筑，并应设置钢筋混凝土构造柱、伸缩缝和现浇钢筋混凝土压顶板。

5.0.13 金属压型板墙体上开洞时，洞四周应采取加固措施，并应做防水构造处理。

5.0.14 金属复合板墙体应采取扣合安装，板与板侧面连接应采取封边组合，板与板上下搭接部位应有气密压条密封。

6 地面和楼面

6.1 面 层

6.1.1 厂房地面面层应选用平整、耐磨、不起尘、防滑、防腐、易清洗的材料，并应符合下列规定：

1 加工车间的地面面层，宜选用混凝土、细石混凝土、水泥砂浆、耐磨混凝土或耐磨涂料面层；

2 有强烈磨损及拖运尖锐金属物件的地面面层，宜选用金属骨料耐磨混凝土、钢纤维混凝土、块石、强度等级不低于C25的细石混凝土、铸铁板或钢格栅加固混凝土面层；

3 有坚硬重物经常冲击及有灼热物件接触地面和高温作业地段地面面层，宜选用素土、矿渣、块石、混凝土或铸铁板面层；

4 有清洁要求，平整光滑、不起尘地面面层，宜选用水磨石等面层；

5 有爆炸危险的房间或区域地面面层，应选用不发火面层；

6 有防静电要求的地面面层，应选用导电材料制成的地面，并应做静电接地；

7 有防潮湿要求的库房地面面层，宜选用防潮混凝土、防潮水泥砂浆或沥青砂浆面层；

8 储存笨重物料的地段地面面层，宜选用素土、矿渣、碎石或块石面层。

6.1.2 地面面层采用金属骨料耐磨混凝土及钢格栅加固混凝土时，其强度等级不宜低于C30混凝土。

6.1.3 地面和楼面面层分格缝的设置，应符合下列规定：

1 细石混凝土面层的分格缝，应与垫层的缩缝对齐；

2 水磨石、水泥砂浆、聚合物砂浆等面层的分格缝，除应与垫层的缩缝对齐外，其间距应符合设计要求；

3 主梁两侧和柱周边处，宜设分格缝。

6.1.4 防油渗楼面设计，应符合下列规定：

1 受机油直接作用的楼面，应采用防油渗混凝土面层，其厚度宜为70mm。现浇钢筋混凝土楼板上应设防油渗隔离层；

2 少量机油作用的楼面，宜在水泥类整体面层上涂刷耐磨性能好的防油渗涂料面层；

3 防油渗面层，亦可选用具有防油渗性能的聚合物砂浆或聚氨酯类涂料；

4 防油渗混凝土面层，当不允许面层开裂时，宜在面层顶面下20mm处配直径为4mm～6mm、间距为150mm～200mm钢筋网片，也可采用钢纤维混凝土；

5 露出地面的电线管、接线盒、地脚螺栓、预埋套管及墙柱连接处等，应采取防油渗措施；

6 防油渗面层分格缝的设置，宜按车间的柱网分仓，每分仓面积不宜大于100m^2，缝内应填防油渗胶泥，分仓缝处钢筋网应断开。分仓缝应与下层的混凝土缩缝对齐。

6.1.5 防油渗混凝土的技术指标，应符合表6.1.5的规定。

表6.1.5 防油渗混凝土的技术指标

项 目	单位	技术指标
抗压强度	—	≥C30
抗折强度	MPa	≥4
与钢筋粘结力	MPa	≥2
抗油渗	MPa	≥1.5
28d的收缩值	mm/m	≤0.35

6.1.6 防油渗胶泥的技术指标，应符合表6.1.6的规定。

表6.1.6 防油渗胶泥的技术指标

项　目	单位	技术指标
粘结力	MPa	＞0.05MPa
浸油后粘结力		≥0.05MPa
耐热度大于或等于80℃	mm	≤4
挥发率	%	≤2
延伸率		≥100
低温柔性大于或等于−10℃	—	合格

6.2 垫　层

6.2.1 地面垫层应根据面层类型和使用要求进行选择，并应符合下列规定：

1 有水及侵蚀介质作用的地面，应采用刚性垫层；

2 现浇整体面层和以粘结剂或砂浆结合的块材面层，宜采用混凝土垫层；

3 砂或炉渣结合的块材面层，宜采用碎石、矿渣、灰土垫层。

6.2.2 混凝土垫层的厚度，应根据地面荷载类型、混凝土强度等级和压实填土地基变形模量计算确定。当填土压实系数大于或等于0.94时，混凝土垫层的厚度可根据地面荷载类型和混凝土强度等级，按表6.2.2的规定确定。

表6.2.2 混凝土垫层的厚度

地面荷载类型		混凝土强度等级	混凝土垫层的厚度（mm）
大面积密集堆料（kN/m²）	20～30	C15 C20 C25	150～140 140～120 130～120
	50	C15 C20 C25	180～150 160～140 140～120
普通金属切削机床（无机床基础）	卧式车床、摇臂钻床、外圆磨床、内圆磨床、滚齿机、立式铣床、卧式铣床、牛头刨床、插床	C15 C20 C25	180～150 170～140 160～140
无轨运输车辆	4t载重汽车、3t叉式装卸汽车	C15 C20 C25	160～140 140～130 140～120
	8t载重汽车、5t叉式装卸汽车	C15 C20 C25	180～160 170～150 160～140

续表6.2.2

地面荷载类型		混凝土强度等级	混凝土垫层的厚度（mm）
起重机的起重量（t）	1～3	C15 C20 C25	150～120 130～110 120～100
	5	C15 C20 C25	160～140 150～130 140～120
	10～15	C15 C20 C25	180～160 170～150 160～140

注：1 当垫层上有现浇细石混凝土面层时，表列厚度应减去面层的厚度；

2 当垫层下有150mm～300mm厚的灰土加强地基时，表列厚度可减去10mm～20mm。

6.2.3 混凝土垫层的最小厚度应为80mm，混凝土材料强度等级不应低于C15。当垫层兼作面层时，混凝土垫层的最小厚度不宜小于100mm，强度等级不应低于C20。

6.2.4 地面垫层的铺设，应符合现行国家标准《建筑地面设计规范》GB 50037的有关规定。

6.2.5 地面上有大面积堆积荷载和承受剧烈振动作用的厂房、仓库及重要建筑物地面垫层，应采取防止地基所产生的不均匀变形及其对建筑物不利影响的措施。

6.2.6 直接受大气影响的露天堆场、散水及坡道等地面，当采用混凝土垫层时，宜在垫层下铺设水稳性较好的砂、炉渣、碎石、灰土等材料。

6.2.7 地面的混凝土垫层，应设置纵、横向缩缝；纵向缩缝应采用平头缝或企口缝，横向缩缝宜采用假缝。缩缝应符合现行国家标准《建筑地面设计规范》GB 50037的有关规定。

6.2.8 室外的混凝土垫层宜设伸缝，其间距宜为30m，缝宽宜为20mm～30mm，缝内应填耐候弹性密封材料，沿缝两侧的板边应局部加强。

6.2.9 防冻胀层的地面采用混凝土垫层时，纵、横向缩缝应采用平头缝，其间距不宜大于3m。

6.2.10 寒冷、严寒地区室内采暖地面，在外墙内侧1m范围内宜采取保温措施，其热阻值不应小于外墙热阻值。当室内无采暖地面采用混凝土垫层时，应在垫层下做防冻胀层处理。

6.3 台阶、坡道、散水及明沟

6.3.1 室外台阶的踏步高度宜为150mm，宽度宜为350mm，高宽比不宜大于1：2.5。台阶平台应低于室内地面标高20mm，并应做不小于1%坡向室外的坡度。室内台阶的踏步高度不宜大于150mm，宽度不宜小于300mm；当踏步数不足二级时，宜按坡道设置。

6.3.2　室外坡道宽度应大于门洞 500mm～1000mm，坡度不宜大于 10%。当坡度大于 8%时，坡道应设防滑设施；室内坡道坡度不宜大于 12%，坡道宜设防滑设施。

6.3.3　建筑物四周应铺设散水、排水明沟或散水带明沟。

6.3.4　散水宽度宜为 600mm～1500mm。当采用无组织排水时，散水的宽度可按檐口线放出 200mm～300mm。

6.3.5　散水坡度宜为 3%～5%。当采用混凝土散水时，宜按每 10m 设置伸缩缝，房屋转角处应做 45°缝。散水与外墙交接处应设缝，缝宽宜为 20mm，缝内应填嵌缝膏。

6.3.6　湿陷性黄土地区建筑物四周应设散水，其坡度不得小于 5%；散水外缘宜高于平整后的场地。

6.3.7　湿陷性黄土地区散水应采用现浇混凝土，其垫层应设置厚 150mm 的 3∶7 灰土或厚 300mm 的夯实素土，垫层的外缘应超出散水和建筑物外墙基底外缘 500mm。

散水坡度不应小于 5%，宜每隔 6m～10m 设置伸缩缝。散水与外墙交接处和散水的伸缩缝缝宽宜为 20mm，缝内应填嵌缝膏。

沿散水外缘不宜设置雨水明沟。

6.4　楼面和地面构造

6.4.1　地面和楼面有保温、隔热、隔声、隔汽等特殊要求时，其构造及厚度应通过计算确定。

6.4.2　有水和非腐蚀性液体经常浸湿的地面和楼面，宜采用现浇水泥类面层。底层地面和现浇钢筋混凝土楼板，宜设置防水层；装配式钢筋混凝土楼板，应设防水层；地面、楼面与墙、柱面交接处应增加一层宽 300mm、高 150mm 的防水层。地面和楼面混凝土在墙体处应翻高 150mm。

6.4.3　经常冲洗或排除各种非腐蚀液体的地面和楼面的坡度，宜为 0.5%～1.5%。

6.4.4　地面和楼面与墙、柱等交接处，应做踢脚板，其高度宜为 150mm。

6.4.5　经常有水、油脂、油等易滑物质的地面、踏步和坡道，应采取防滑措施。

6.4.6　底层地面和楼层地面沉降缝、伸缩缝、防震缝的设置，应与结构相应的缝位置一致，并应贯通各构造层，同时应做盖缝处理。

6.4.7　有强烈冲击、磨损等作用的沟坑边缘、台阶和踏步边缘，应采取加强措施。

6.4.8　在柔性垫层上做块材面层时，块材面层应用松散材料填缝。

6.4.9　湿陷性黄土地区，经常受水浸湿或积水的地面，应按防水地面设计。地面下应做厚 300mm～500mm 的 3∶7 灰土垫层。管道穿过地面时，应做防水处理。排水沟宜采用钢筋混凝土，并应与地面混凝土同时浇筑。

7　门　　窗

7.1　门

7.1.1　厂房大门净宽度应大于最大运输件宽度 600mm，净高度应大于最大运输件高度 300mm；车辆出入频繁的大门及钢结构厂房车行大门内、外，应设置防撞措施。特大设备可设专门安装洞口。

7.1.2　厂房大门应开启方便、坚固耐用。推拉大门应有防脱轨的措施。

7.1.3　在寒冷及严寒地区的采暖厂房大门，宜设门斗或采用风幕系统，外门应采用保温门。

7.1.4　风沙较大地区的厂房大门，应采取防风沙措施。

7.1.5　厂房大门及附属建筑外门不应采用胶合板门。较潮湿房间宜采用铝合金、塑钢或镶板门。有通风要求的房间门下部，宜设通风百叶。

7.1.6　有易爆、易燃等危险品房间的门及锅炉房门，应采用平开门，平开门必须向疏散方向开启。

7.1.7　外门宜设置雨篷。雨篷下装灯时，篷底与门顶之间的距离应满足门的开启要求。

7.1.8　双面弹簧门应在可视高度装透明玻璃。

7.1.9　开启的门扇不得跨越变形缝，变形缝处不得利用门框盖缝。

7.1.10　位于外墙上门的性能构造应与外窗相匹配。

7.2　侧　　窗

7.2.1　厂房侧窗，宜采用铝合金窗、塑钢窗或新型钢窗。

7.2.2　需要开启的厂房高侧窗，应有方便开启的设施。

7.2.3　厂房及附属建筑的侧窗玻璃，应根据相对湿度及冬季室内外采暖计算温度差，按表 7.2.3 的规定确定。

表 7.2.3　侧窗玻璃

相对湿度（%）	冬季室内外采暖计算温度差（℃）	侧窗玻璃
50～60	<26	单层玻璃
	⩾26	中空玻璃
>60	<21	单层玻璃
	⩾21	中空玻璃
相对湿度⩽50	不限	单层玻璃

注：当散热量大于 23W/m² 时，侧窗玻璃采用单层玻璃。

7.2.4　当侧窗开启扇下沿高度小于 1.5m 时，宜采用平开窗、推拉窗；当侧窗开启扇下沿高度大于 1.5m 时，宜采用悬窗。铸、锻等热车间在热源处可采用立转窗。

7.2.5 厕所、浴室等需隐蔽房间的窗玻璃以及要求防晒房间的向阳窗玻璃，宜采用磨砂玻璃。

7.2.6 平开窗的开启扇，宽度不宜大于0.6m，高度不宜大于1.5m。推拉窗的开启扇，宽度不宜大于0.9m，高度不宜大于1.5m。

7.3 天　窗

7.3.1 冷加工厂房，宜设天窗或采光带、采光罩。热加工厂房，宜采用成品通风天窗或带挡风板的天窗。

7.3.2 天窗宜朝南、北向开设，天窗玻璃宜采用建筑用安全玻璃。严寒地区锯齿型天窗，宜朝南向开设。

7.3.3 采用天窗、采光带或采光罩时，应有防水、安全防护、防辐射热和防眩光等措施。

7.3.4 采光带或采光罩，应有防冷凝水产生或引泄冷凝水的措施。

7.3.5 开敞式天窗及上悬式天窗，应采取防飘雨、雪措施。

7.4 挡风板

7.4.1 矩形天窗挡风板，宜采用钢骨架挂2mm厚波形玻璃钢板，其端部应封闭。当挡风板长度超过50m时，应加设横向隔板分区，其间距不应大于挡风板上缘至地坪高度的3倍，且不应大于50m，并应在封闭端设置检修小门。

7.4.2 天窗挡风板与天窗间距离与天窗洞口高度之比，宜为1.25～2.00。挡风板高度不宜超过天窗檐口。挡风板下缘与厂房屋面之间的缝隙，宜为100mm～300mm。

7.4.3 有避风要求的天窗，其相邻两个天窗间的净距小于天窗高度5倍时，可不设挡风板，但应将其端部封闭。

7.4.4 当设有避风天窗的车间一侧与高于本车间的建筑相邻或相接（图7.4.4），且避风天窗与建筑的相关尺寸比符合表7.4.4的规定时，靠近高跨一侧，可不设置挡风板。

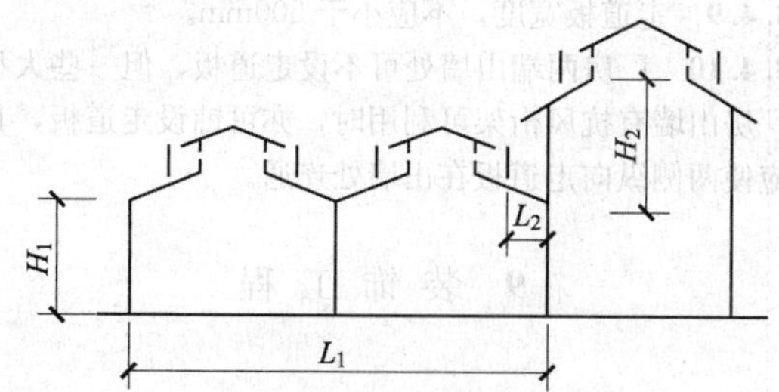

图7.4.4　避风天窗与建筑的相关尺寸

L_1—低跨总跨距；

L_2—低跨挡风板与高跨外墙面之间的距离；

H_1—低跨高度；

H_2—低跨檐口与高跨天窗架底边之间的距离。

表7.4.4　避风天窗与相邻建筑的相关尺寸比

L_2/H_2	0.4	0.6	0.8	1.0	1.2	1.4	1.6
$(L_1-L_2)/H_1$	≤1.3	1.4	1.45	1.5	1.65	1.8	2.1

L_2/H_2	1.8	2.0	2.1	2.2	2.3	>2.3
$(L_1-L_2)/H_1$	2.5	2.9	3.7	4.6	5.6	不受限制

8 楼梯、钢梯、电梯与起重机梁走道板

8.1 楼　梯

8.1.1 疏散楼梯总净宽度应按上层楼层人数最多层的疏散人数计算确定，且疏散楼梯梯段最小净宽度不宜小于1.1m；楼梯踏步宽度宜为260mm～300mm，楼梯踏步高度宜为150mm～175mm。

8.1.2 楼梯梯段临空一侧应设栏杆扶手，梯段宽度大于或等于1.8m时，应两侧设扶手。当靠梯段边上空有凸出墙面的框架梁，其梁下梯段净高小于2.2m，应设栏杆扶手。

8.1.3 室外疏散楼梯，应符合下列规定：

1　栏杆扶手的高度不应小于1.1m，栏杆离楼面0.10m高度内不宜留空；楼梯梯段的净宽度不应小于0.9m；

2　楼梯的倾斜角度不应大于45°；

3　楼梯梯段和平台均应采用不燃材料制作，平台的耐火极限不应低于1.00h，梯段的耐火极限不应低于0.25h；

4　通向室外楼梯的门，宜采用乙级防火门，并应向室外开启；

5　除疏散门外，楼梯周围2m内的墙面上不应设置门、窗洞口，疏散门不应正对楼梯段；

6　踏步应有防滑措施。

8.1.4 室内楼梯栏杆扶手高度自踏步前缘算起，不宜小于0.9m，靠梯井一侧水平长度大于0.5m时，其高度不应小于1.05m。

8.1.5 每个梯段的踏步不应超过18级，亦不应少于3级。

8.1.6 改变行进方向的楼梯中间平台的净宽度不应小于梯段净宽度，并不得小于1.2m。直跑梯的休息平台长度不应小于1.1m。

8.1.7 楼梯平台上部及下部过道处的净高不应小于2m，梯段净高及梯段最低和最高一级踏步前缘上与上部突出物的内边缘线的水平距离300mm处部位，净高不应小于2.2m。

8.1.8 当室内楼梯踏步面层为光滑材料时，应采取防滑措施。

8.1.9 楼梯梯段中间窗及平台处窗，其窗台高度小于0.8m时，应设防护栏杆，且高度应与楼梯栏杆一致。

8.1.10 高层厂（库）房和甲、乙、丙类多层厂房，应设置封闭楼梯间或室外疏散楼梯。建筑高度超过32m且任一层人数超过10人的高层厂房，应设置防烟楼梯间或室外楼梯。

8.2 钢　梯

8.2.1 丁、戊类厂房的第二安全出口疏散楼梯及附属建筑的室外疏散楼梯，可采用钢梯。

8.2.2 多跨或有天窗的厂房及檐口高度大于或等于6m的厂房，应设上屋面检修钢梯，每部检修钢梯的服务半径不应大于100m。檐口高度超过8.4m时，垂直检修钢梯应设梯间平台；超过14.4m时，宜采用斜钢梯并设中间平台。当室内设有通达屋顶的检修人孔时，室外可不设检修钢梯。

8.2.3 高低跨屋面高差大于2m时，应设垂直检修钢梯，钢梯下端距低屋面的高度宜为0.6m。天窗端壁应设垂直检修钢梯，当天窗长度小于60m时可设一处。

8.2.4 不经常上人的平台高度小于4.5m时，可采用垂直钢梯；高度大于或等于4.5m且经常上人的平台，应采用斜钢梯；钢梯高度大于5m时，宜设中间平台。

8.2.5 经常上人屋面的钢梯，宜采用斜钢梯，梯段的净宽度不应小于0.7m。

8.2.6 钢梯平台下过道的净空高度不应小于2m。

8.2.7 上起重机的钢梯及平台不宜设于厂房尽端柱间。平台及踏步板宜采用网纹钢板，不应采用钢筋条作踏步板。

8.2.8 有驾驶室的起重机，应设置上驾驶室的钢梯。上起重机的钢梯平台面距起重机梁底及管道等其他构件底净空，不应小于1.8m。钢梯应设于平行于起重机行走方向的柱间。

8.2.9 外廊、上人屋面及作业平台的金属栏杆高度宜为1.05m～1.20m，杆件连接应牢固，其下部100mm～150mm处不应留空，端部应采取加强措施。栏杆顶部应承受1.0kN/m的水平荷载。

8.2.10 多层建筑当无楼梯到达屋面时，应设上屋面的人孔或室外检修钢梯。

8.3 电　梯

8.3.1 货梯应布置在靠近货流出入口处，客梯应靠近人流出入口处。货流、人流宜减少交叉。

8.3.2 电梯候梯厅的深度不宜小于电梯中最大轿厢深度的1.5倍，并不得小于大轿厢深度的1.5倍，同时不得小于2.4m。

8.3.3 通至电梯机房的通道、门和楼梯梯段的净宽度，不应小于1.2m。楼梯坡度不应大于45°。

8.3.4 电梯宜成组布置，电梯井道不宜被楼梯环绕。客梯附近宜有疏散楼梯。

8.3.5 除耐火等级为一、二级的多层戊类仓库外，其他仓库中供垂直运输物品的提升设施宜设置在仓库外；当需设置在仓库内时，应设置在井壁的耐火极限不低于2.00h的井筒内。室内外提升设施通向仓库入口的门，应采用乙级防火门或防火卷帘。

8.4 起重机梁走道板

8.4.1 露天跨的桥式起重机两侧，均应在起重机梁面外侧设置走道板，不靠墙一侧应设置栏杆。

8.4.2 设有一台工作制等级为A6以上的桥式起重机，以及工作制等级为A5以下有操纵室的起重机轨顶标高大于或等于8m时，宜在起重机操纵室一侧的起重机梁面设置走道板，另一侧设置12m长的走道板宜用作检修平台。

8.4.3 同一跨内设有多台工作制等级为A6以上的桥式起重机时，起重机两侧梁面均应设置走道板。

8.4.4 工作制等级为A5以下的起重机，轨顶标高小于8m时，可不设走道板，但每台起重机两侧宜各设12m长的走道板用作检修平台，并应设在上起重机钢梯位置的梁面上。

8.4.5 当起重机梁面靠墙一侧净空宽度小于500mm时，可不设走道板。

8.4.6 不设走道板的起重机梁面上方，均应设钢管扶手或钢索扶手，扶手高度距轨顶宜为0.9m。

8.4.7 地面操纵的起重机，可不设走道板，但应设置检修平台，并应在厂房端头设置可上起重机梁面的垂直检修钢梯。

8.4.8 走道板及检修平台应采用钢筋混凝土板或网纹钢板，不应采用漏空钢板、钢筋条板。抗震设防地区，采用钢筋混凝土小板时，应采取与走道梁固定的措施。

8.4.9 走道板宽度，不应小于500mm。

8.4.10 厂房两端山墙处可不设走道板，但一些大型厂房山墙有抗风桁架可利用时，亦可铺设走道板，且应使两侧纵向走道板在山墙处连通。

9 装 饰 工 程

9.1 外 墙 装 饰

9.1.1 外墙抹灰厚度及凹凸抹灰线条超过35mm时，应采取加强措施。

9.1.2 窗檐及凸出外墙的线脚、雨篷、阳台、挑檐、窗台、压顶等，下口应做流水坡或滴水线槽，顶面应做排水坡。

9.1.3 不同材料交界处宜附加一层直径为1mm的金属网搭接，金属网宽度宜为200mm～300mm。

9.1.4 加气混凝土、轻质砌块和轻质墙板等基体外墙贴面砖或陶瓷锦砖时，其基体应牢固；基层粉刷砂浆找平层的强度等级不应低于M7.5，与墙体基面的抗拉粘结强度应大于0.4MPa。

9.1.5 在外保温的聚苯颗粒保温浆料和硬质聚氨酯保温层上，应辊涂双向亲和力保温层界面剂。

9.1.6 轻质材料外保温层上做涂料饰面时，保温层表面应做3mm～5mm厚聚合物抗裂砂浆加耐碱玻璃纤维网格布保护层。

9.1.7 外保温的外墙饰面宜采用涂料饰面，涂料饰面宜采用弹性涂料。

9.1.8 轻质材料外保温层表面的饰面采用面砖时，应符合下列规定：

1 聚合物抗裂砂浆中应增加一层焊接镀锌钢丝网；

2 焊接镀锌钢丝网应与基层墙面牢固连接；

3 面砖宜采用专用粘结剂粘贴。

9.1.9 饰面砖宜采用有缝拼贴，缝宽应大于5mm，缝深不宜大于3mm；缝宜采用具有抗渗性能的专用嵌缝密封材料或聚合物水泥浆勾缝。

9.1.10 外墙饰面层宜设置伸缩缝。伸缩缝纵横间距不宜大于3m，缝宽宜为8mm～10mm。伸缩缝应嵌填高弹性柔性防水密封材料。

9.1.11 变形缝处内外饰面应断开，且不得影响缝的宽度，饰面应做盖缝处理。

9.1.12 冬季施工时，表面做涂料面层的找平层砂浆，不应掺入含氯盐的防冻剂，宜掺防水剂、抗裂剂或减水剂等材料。

9.2 内墙装饰

9.2.1 装饰材料和辅料宜采用防腐、防虫、环保、不燃或难燃材料。

9.2.2 不同材料交界处应在找平层中附加一层耐碱涂塑玻璃纤维网格布搭接，宽度宜为200mm～300mm。

9.2.3 厂房和站房内墙宜粉刷，亦可采用原浆勾缝喷白。

9.2.4 厂房生活间、计量室及实验室等内墙应粉刷，并应根据需要做喷涂、油漆或贴面砖等面层，面层应具有良好的附着力、抗菌、防霉、光滑、耐玷污和耐久性。

9.2.5 有防爆要求的厂房及站房内墙应粉刷。室内阴阳角应做成圆角。

9.2.6 潮湿房间内墙面应用水泥砂浆粉刷或贴瓷砖。公共浴室、卫浴间、厨房等高湿度房间及小便槽处、淋浴间等直接被淋水的墙，应做墙身防水隔离层后再做面饰。

9.2.7 经常结露的内墙，应采取保温隔汽措施。

9.2.8 室内墙面、柱面和门洞口为非水泥砂浆粉刷的阳角，在距楼、地面2m高的范围内应做1：2水泥砂浆、角钢或木制护角，每侧宽度不应小于50mm。

9.2.9 有侵蚀性作业的房间内墙及顶棚应粉刷，并应做防腐处理。

9.3 顶棚及吊顶

9.3.1 单层厂房钢筋混凝土屋面梁、架及屋面板底应嵌缝喷白。多层厂房的屋面、楼面板底为平板时宜抹灰，为肋形板时宜喷白处理。

9.3.2 潮湿房间顶棚粉刷，应采用防水砂浆。顶棚的坡度应坡向墙面。潮湿房间吊顶应采用防腐防水材料。

9.3.3 空间有限不能进入检修的吊顶，宜采用便于拆卸的装配式吊顶，也可在经常需要检修部位设检修口。

9.3.4 上人吊顶、重型吊顶、吊挂周期摆振设施的顶棚，应与钢筋混凝土顶板内预留的钢筋或预埋件连接，并应满足吊顶、顶棚的所有荷载作用要求。

9.3.5 可燃气体管道不得封闭在吊顶内。

10 地下工程防水

10.0.1 机械工业厂房建筑地下工程应进行防水设计，防水设计应符合现行国家标准《地下工程防水技术规范》GB 50108的有关规定。

10.0.2 地下泵房、坑、池等附属建筑的防水等级应为三级。

10.0.3 地下工程的外侧排水沟及地下管沟防水等级应为四级。

10.0.4 地下工程防水，当采用卷材与卷材、卷材与涂料复合设防时，防水材料的材质及密封材料应具有相容性，与基层应具有良好的粘结性，并应在外围形成封闭的防水层。

10.0.5 地下工程防水除应符合本规范第10.0.1条～第10.0.4条的规定外，尚应符合下列规定：

1 地基应夯实，在软弱地基上可用碎石层夯实；

2 有地下工程的建筑物，应做宽度不小于800mm的混凝土散水，散水坡度宜为5%，散水坡与外墙交接处应设缝，缝宽宜为20mm，缝内应填嵌建筑嵌缝油膏；

3 地下工程外侧卷材、涂料防水层外，应采取保护措施；

4 防水层外侧800mm范围内的回填土，宜采用粘土、亚粘土或二八灰土回填；回填土不得含有石块、碎砖、灰渣及有机杂物，也不得有冻土；回填土的回填、分层夯实应均匀对称进行；人工夯实每层厚度不宜大于 250mm，机械夯实每层厚度不宜大于 300mm，并应防止损伤保护层和防水层；

5 地下工程的变形缝、施工缝、诱导缝、后浇带、穿墙管（盒）、预埋件、预留通道接头、桩头、孔口、坑、池等细部构造，应加强防水措施。

11 防腐蚀设计

11.1 建筑布置

11.1.1 厂房平面及体型宜简单整齐，并宜采用单层厂房；当采用多层厂房时，层数不宜超过 3 层。厂房宜采用单跨，跨度不宜大于 24m；当采取有效措施满足通风和采光要求时，亦可采用多跨。

11.1.2 产生或使用腐蚀性溶液和气体侵蚀的厂房，不得靠近大量散发粉尘的地段，亦不宜靠近精密仪表和有洁净要求的地段，应布置在厂区全年最小频率风向的上风侧。厂房内局部有腐蚀性介质作用的部位，宜位于厂房端头或转角处，并宜采取与无腐蚀性部分隔开的隔离措施。厂房内不应设置吊顶、阁楼、地下室或半地下室。

11.1.3 厂房的生活间，宜布置在厂区全年最小频率风向的下风侧。

11.1.4 生产或储存腐蚀性介质的设备，宜按介质的性质分类集中布置、设防，并不宜布置在地下室。在厂房内，应避免敷设暖气过门地沟和电缆地沟。输送强腐蚀介质的地下管道，应设置在管沟内。管沟与厂房或重要设备基础的水平净距离，不宜小于 1m。

凡穿过防腐蚀层的管道、套管、预留孔、预埋件，应预先埋置或留设。

11.1.5 控制室和配电室不得直接布置在有腐蚀性液态介质作用的楼层下，其出入口不应直接通向有腐蚀性介质作用的场所。

11.1.6 室内管道与墙柱净距离宜大于 300mm。室内管道及动力配线宜架空设置，墙柱内埋件应在施工时预埋。

11.2 承重及围护结构

11.2.1 厂房及构筑物为钢筋混凝土结构时，框架宜采用现浇结构；屋架、屋面梁和起重机梁，宜采用预应力钢筋混凝土结构。

11.2.2 厂房及构筑物为钢结构时，钢柱柱脚应置于混凝土基础上，基础顶面应高出地面不小于 300mm。腐蚀性等级为强、中时，桁架、柱、主梁等重要受力构件不应采用格构式和冷弯薄壁型钢。

11.2.3 屋盖结构表面、起重机梁和外露的金属构件表面，应刷防腐蚀涂料。

11.2.4 砖砌体宜采用强度等级不低于 MU15 的烧结普通砖、烧结多孔砖；砌块砌体宜采用强度等级不低于 MU10 的混凝土小型空心砌块。砌筑砂浆宜采用水泥砂浆，其强度等级不应低于 M10。当腐蚀性等级为强、中时，不得采用独立砖柱、多孔砖、混凝土空心砌块及配筋砌体构件。

11.2.5 厂房的墙、板、柱，不应作为输送或储存腐蚀介质的风道、沟槽壁板。

11.2.6 当有侵蚀型介质渗入地基时，基础应设垫层，且基础与垫层表面应采取防护措施。

11.2.7 设备、沟、槽靠近的墙面，经常受腐蚀溶液侵蚀时，应做高度大于 1.2m 的耐腐蚀墙裙。

11.2.8 当楼板上的管道、设备留孔可能受泄漏液态介质或冲洗水作用时，孔洞的边梁与孔洞边缘的距离不宜小于 200mm。

11.2.9 产生或使用腐蚀性溶液和气体，对钢的腐蚀性等级为强腐蚀时，厂房的门宜采用平开门。

11.2.10 有氯、氯化氢、氟化氢、硫酸酸雾等气体或碳酸钠粉尘的厂房，不应采用铝合金门窗。门窗五金配件应做防腐蚀处理。

11.2.11 散发大量腐蚀性气体的厂房，宜设避风天窗。

11.2.12 天窗、侧窗宜采用人工开启或选用具有防腐蚀型的开窗机。

11.2.13 屋面形式应简单，宜采用有组织外排水。生产过程中散发腐蚀性粉尘的建筑物，不宜设置女儿墙。

11.2.14 当采用有组织排水时，天沟、檐沟、雨水管和水斗及固定件，应采取防腐蚀措施。

11.3 地面和楼面

11.3.1 地面和楼面面层材料，应根据腐蚀性介质的类别及作用情况、防护层使用年限和使用过程中对面层材料耐腐蚀性能、温度和物理机械作用，以及施工与维修等综合因素确定，其与墙、柱交接处应设置高 250mm 与面层材料相同的踢脚板。

11.3.2 受液态介质作用的地面和楼面，应设朝向排水沟或地漏的排泄坡面。地面排泄坡面的坡度不宜小于 2%，楼面排泄坡面的坡度不宜小于 1%。排水沟内壁与墙边、柱边的距离不应小于 300mm。

11.3.3 地漏应采用耐腐蚀材料制作，其上口直径不宜小于 150mm，与地面的连接应严密。地漏中心与墙、柱、梁等结构边缘的距离，不应小于 400mm，地漏间距不宜大于 9m。

11.3.4 块材面层的结合层材料，应具有良好的粘结力和密实性。灰缝材料与结合层材料宜一致。

11.3.5 符合下列情况的地面和楼面，应设置隔离层：

1 受腐蚀性介质作用且经常冲洗的地面和楼面；

2 受大量易溶盐类介质作用且腐蚀性等级为强、

中的地面；

3 受氯离子介质作用的楼层地面和苛性碱作用的底层地面；

4 采用水玻璃混凝土地面和采用水玻璃胶泥或砂浆砌筑的块材地面。

11.3.6 地面垫层材料应采用混凝土。室内地面垫层的混凝土强度等级不应低于C20，厚度不应小于120mm。室外地面垫层的混凝土强度等级不应低于C25，厚度不应小于150mm。树脂砂浆、树脂细石混凝土、涂料等整体地面垫层的混凝土强度等级，不应低于C30，厚度不应小于200mm。

11.3.7 支撑在地面和楼面上的钢构件、金属支架和钢柱，应固定在高度不小于300mm耐腐蚀底座上；钢梯、钢栏杆的底座高度不应小于100mm；其连接、安装和更换应方便。

11.3.8 地面和楼面的管道、吊装孔、楼梯孔周边应做150mm高的翻边挡水；各种管道穿越地面和楼面，应预先埋设高出地面150mm的套管。

11.3.9 有液态介质作用的地面，其不同材料的地面面层交界处、平台的孔洞边缘和平台边缘、地坑四周、排风沟出口与地面交接处及变形缝两侧，应设置挡水。

11.3.10 防腐蚀厂房地面不宜设变形缝。当必须设置变形缝时，应将其布置在地面最高处，且其构造应严密，伸缩片应采用橡胶、塑料或耐腐蚀金属等材料制作。排水沟不得穿越变形缝。

11.3.11 地沟和地坑应采用混凝土或钢筋混凝土制作，混凝土强度等级不应低于地面垫层混凝土强度等级。地沟和地坑底面应坡向集水坑或地漏，地沟底面坡度宜为0.5%～1%，地坑底面坡度不宜小于2%。

11.3.12 排水沟和集水坑应设置隔离层。隔离层应与地面的隔离层连成整体。当地面无隔离层时，排水沟的隔离层应伸入地面面层下，其宽度不应小于300mm。

11.3.13 排水沟宜采用明沟。沟宽大于300mm时，应设置耐腐蚀箅子板或沟盖板。

11.4 防腐蚀涂料

11.4.1 防腐蚀涂料，应根据各部位对耐酸、耐碱、耐盐、耐水、耐候、与基层的附着力，以及室内外特点等要求选择。

11.4.2 防腐蚀涂料的底涂料、中间涂料和面涂料等，应选用相互间结合良好的涂层配套。

11.4.3 对涂层的耐磨、耐久和抗渗性能有较高要求时，宜选用树脂玻璃鳞片涂料。

11.4.4 防腐蚀涂料用于室外时，应采用耐候性、耐久性好的涂料。

11.4.5 防腐蚀面涂料及底涂料的选择和防腐蚀涂层配套，应符合现行国家标准《工业建筑防腐蚀设计规范》GB 50046的有关规定。

12 电离辐射室

12.0.1 电离辐射室建筑设计，应符合现行国家标准《电离辐射防护与辐射源安全基本标准》GB 18871的有关规定，并应符合国家现行有关工业X射线探伤放射卫生防护和γ射线工业CT放射卫生防护的规定。

12.0.2 电离辐射室建筑设计，应取得下列资料：

1 X射线探伤机的最大电压及最大束流强度；

2 γ射线探伤机的种类及放射源的放射强度；

3 高能X射线加速器的最大能量距靶1m处的射线强度及角分布数据；

4 探伤机的型号、照射方向及活动范围；

5 被检测部件的最大外形尺寸；

6 直接操作探伤机工作人员每周工作时数。

12.0.3 电离辐射防护设计时，各类人员的年剂量当量限值应符合表12.0.3的规定。

表12.0.3 各类人员的年剂量当量限值（mSv）

限制类别	受照部位	年剂量当量的限值	
		放射工作人员	公众中的个人
随机效应	全身均匀照射	50	5（长期持续照射时<1）
	全身不均匀照射	50	
非随机效应	眼晶体	150	15
	其他单个器官或组织	500	50

注：年剂量当量的限值，不包括天然本底照射和医疗照射。

12.0.4 电离辐射室建筑布置，应符合下列规定：

1 宜布置在厂区内人流稀少、较僻静的区域，并宜远离干扰源；

2 应远离居民点、宿舍区等人员密集的滞留区；

3 X射线及高活度的放射性核素工作室应单独设置，并应在其室外四周设防护监测区；

4 电离辐射照射室X射机管电压大于或等于300kV时，应布置在车间主厂房外部，并应设过渡前室与车间毗连；

5 电离辐射照射室X射机管电压小于300kV时，可布置在多层厂房底层（或地下室）的端部；控制室等辅助房间应布置在照射室的非主照射方向外侧；

6 电离辐射室设在车间一角时，照射室应根据防护要求设置钢筋混凝土顶棚；

7 电离辐射室应与控制室及其他辅助室分开设置。照射室与外界应设置迷宫式人行通道和防护门；

8 电离辐射照射室的出入口，应设置在次照射屏蔽墙体方向；防护门的屏蔽层，应与所在屏蔽墙体的防护厚度等效。

12.0.5 电离辐射室屏蔽材料应符合下列规定：

1 电离辐射屏蔽材料，应选择材质均匀、收缩小、取材和施工方便、经济耐用的材料；辐射能量大于或等于250kV的照射室应采用钢筋混凝土墙；

2 防护门和防护挡板，宜采用铅板；

3 防护顶棚及防护墙，宜采用普通硅酸盐水泥的钢筋混凝土，其强度等级不应低于C20。

12.0.6 围护结构构造，应符合下列规定：

1 电离辐射照射室的建筑物，应为完整无缝的封闭整体结构；

2 电离辐射照射室的屏蔽体应密实，整体钢筋混凝土墙应一次连续浇捣密实；钢筋混凝土密度，不应小于2400kg/m³，不得留施工缝；大体积混凝土应经计算并加设温度钢筋；

3 防护墙应做到室内地面0.5m以下；管道不得穿过防护墙，当无法避免时，应在次照射墙方向设计成斜管弧形弯曲形式，或通过U形地沟进入照射室；

4 电离辐射照射室的屋面板或顶棚应采用现浇钢筋混凝土板，与钢筋混凝土防护墙连接处不得有任何缝隙；

5 电离辐射照射室的防护墙，应与车间墙体脱开；

6 除高能X射线防护门外，防护门与屏蔽体门框之间的搭接宽度，不应小于门和门框缝隙的15倍，并不应小于150mm；门扇下部应深入地槽，其深度同门与门框搭接宽度；

7 防护铅板门应有足够的刚度，不得有缝隙；门的铅板厚度应根据X光管电压、工作制度和射线方向经计算确定；门体上铅板的固定不得采用焊接方式，防护门应采用电动连锁装置；

8 电离辐射照射室的地面应平整、不起尘、易冲洗，并应做排水措施；地面垫层下宜设防水层，墙面应平整、易清洁、不积灰，与地面交接处应做成圆角。

12.0.7 围护结构的厚度，应符合下列规定：

1 电离辐射照射室，一次射线能直接照射到的墙体，应按主照射屏蔽体防护要求确定；其他墙体可按散、漏辐射防护要求确定；

2 电离辐射照射室的屋面辐射防护屏蔽层厚度，应能抵御射线的空间大气回照散射影响；

3 电离辐射防护屏蔽体的计算防护厚度安全系数，应大于2；

4 电离辐射照射室的防护门厚度，应按直接照射计算。迷宫门应按散漏辐射计算；

5 高能X射线照射室墙体，主照射方向防护墙应按直接照射计算，其余防护墙应根据受照情况分别计算。

12.0.8 围护墙防护厚度，应符合下列规定：

1 围护墙屏蔽层厚度，应根据剂量工作时间、设备的最大电压、距离、射线谱的成分及散射线等因素，由主导工艺通过计算确定；

2 应根据辐射源的类别和性质，选定辐射穿透能力最强、辐射强度最大的辐射源为主要屏蔽对象；

3 应根据作业情况、周围环境及人员流动状况等，确定围护墙各个方位的剂量当量率；

4 电离辐射照射室内有多源同时操作时，除应对主辐射源的辐射进行防护外，对其他辐射源应核算辐射场分布状况，离辐射源的计算距离应按不利情况取用，并应防止其对围护墙的叠加影响作用；

5 γ射线工作室及电压大于或等于400kV的X射线工作室，应设内防护墙。

12.0.9 电离辐射照射室排风系统的吸风口高度距地面不应大于1m；出风口宜设在屋顶，并应防止射线泄漏。

13 电磁屏蔽室

13.1 基本要求

13.1.1 电磁屏蔽室，应符合下列规定：

1 应能防止室内电气设备所产生的电磁波干扰室外正常无线电信号及其他电子仪器、设备的正常工作；

2 应防止外界无线电波对电磁屏蔽室内电子仪器、设备及测量仪表的干扰；

3 设置电磁屏蔽室后的无线电干扰场强泄漏值，应符合现行国家标准《电磁辐射防护规定》GB 8702的有关规定。

13.1.2 电磁屏蔽室应远离干扰源，与其电磁防护间距应符合现行国家标准《电磁辐射防护规定》GB 8702的有关规定。

13.1.3 电磁屏蔽室内不得设置变形缝和穿越无关的管道。

13.1.4 多层建筑时，电磁屏蔽室宜设在底层；当设在楼层时，应采取防止接地引线的天线效应措施。

13.1.5 板式结构的电磁屏蔽室内，宜采取减少混响时间的措施。

13.1.6 电磁屏蔽室不宜设窗。当必须设窗时，在窗洞部位应有良好的屏蔽措施。

13.2 屏蔽效能

13.2.1 屏蔽室的屏蔽效能应按下式计算：

$$SE = 20\lg\frac{E_1}{E_2} \qquad (13.2.1)$$

式中：SE——屏蔽效能（dB）；

E_1——无屏蔽室时的电场强度（Hz）；

E_2——屏蔽室内的电场强度（Hz）。

13.2.2 电磁屏蔽室设计应取得下列资料：

1 屏蔽室内外的允许干扰场强值及其变化情况；

2 在所需屏蔽的频率范围内，各频段的干扰场强值；

3 电磁屏蔽室所需要屏蔽的频率范围；

4 空气调节、通风、防腐蚀等要求。

13.2.3 室外的电磁干扰场强值宜根据实测资料确定。

13.2.4 屏蔽室的空间应符合下列规定：

1 被屏蔽的设备离屏蔽室内壁净距宜为2m～3m；

2 屏蔽室内应减少尖端突出物；

3 屏蔽室的空间应防止谐振频率。

13.3 屏蔽材料与结构形式

13.3.1 屏蔽效能大于50dB时，应采用板材或双层金属网。

13.3.2 屏蔽材料应符合下列规定：

1 屏蔽材料应有足够的屏蔽衰减系数、磁导率和电导率大，并应具备良好的耐腐蚀性及机械强度，应易于加工及焊接（铅锡焊）；宜采用有镀层的金属材料；

2 板式屏蔽室的屏蔽材料应选用镀锌钢板，其厚度不宜小于0.75mm；

3 网式屏蔽室的屏蔽材料需埋入粉刷层时，应选用钢板网、铅丝网及铜丝网，其梗丝直径或钢板厚度不宜小于1.5mm；

4 当外露设置时，可选用穿孔铝板或穿孔钢板；

5 门窗接缝材料应选用铜材。

13.3.3 屏蔽室的屏蔽层结构形式，应根据屏蔽效能值和频率范围通过计算或按表13.3.3的规定确定。

表13.3.3 屏蔽层结构形式

频率范围（MHz）	屏蔽效能（dB）	屏蔽层结构形式
0.10～1.5	20～30	单层钢丝网。网孔尺寸10mm×10mm，网丝直径1.5mm，焊点间距小于500mm
0.15～3	＜40	单层钢板网。网孔尺寸5mm×5mm，梗丝厚度1.2mm，焊点间距小于500mm
	42～48	单层钢板网。网孔尺寸9mm×25mm或11mm×38mm，梗丝厚度1.5mm；再加一层钢筋网，钢筋网规格$\phi 6$，间距200mm双向；点焊，两层屏蔽之间的距离为200mm
	45～60	双层钢板网。网孔尺寸9mm×25mm或11mm×38mm，梗丝厚度1.5mm，双层屏蔽之间的距离为200mm～250mm，焊点间距小于500mm
	＞70	双层铜网。规格22目，两层屏蔽之间的距离大于25mm，焊点间距小于300mm
0.15～300	60～80	单层0.75mm厚镀锌钢板，接缝，搭接宽度50mm，焊点间距小于300mm
	80～120	单层0.75mm厚镀锌钢板，接缝用咬口，接口满焊

13.3.4 屏蔽室的墙面、顶板、地面或楼面，应采取屏蔽效能相同的屏蔽措施，并应形成封闭空间。

13.4 屏蔽层的构造

13.4.1 采用实体板材做屏蔽层时，小型屏蔽室宜采用咬接拼缝，大型屏蔽室宜采用搭接拼缝或覆盖拼缝，并应符合下列规定：

1 咬接拼缝应在接缝咬接后用锡连续满焊；

2 搭接拼缝、覆盖拼缝，其搭接或覆盖宽度不应小于50mm。焊接应采用锡焊或二氧化碳保护焊，并应满焊。焊条应采用含锡量不小于50%的铅锡合金焊条。当采用间断焊缝时，焊缝长度宜为20mm～30mm，焊点间距不应大于300mm；

3 固定屏蔽层的钉孔应进行焊封。

13.4.2 屏蔽效能低于60dB的屏蔽室，宜选用网式结构屏蔽室，其搭接拼缝宽度宜为50mm～100mm。当选用钢板网做屏蔽层时，搭接拼缝处宜用二氧化碳保护焊或气焊点焊。当选用铜丝网做屏蔽层时，搭接拼缝处宜用锡焊点焊。

13.4.3 焊接时应采用无酸性中性焊药。当采用酸性焊药时，应将残留焊药擦净，并应刷防锈漆。

13.4.4 屏蔽层的焊缝不应有虚焊、假焊及烧穿屏蔽层的现象。

13.4.5 屏蔽层应防锈、防腐。

13.4.6 屏蔽层和建筑物围护结构的接触面，当要求屏蔽效能大于42dB时，应用绝缘材料隔离。

13.4.7 地面及地沟混凝土垫层施工时，应预埋绑扎屏蔽铁丝网用铁钉，其铁钉外露长度不宜小于75mm。

13.4.8 地面及地沟混凝土下部及四周，应做防潮处理。

13.4.9 屏蔽室室内的设备基础，应在基础面及四周围设置焊成整体的屏蔽铁丝网，并应做防潮层及保护层。

13.4.10 屏蔽层为双层结构时，内外屏蔽层之间应采取绝缘措施。

13.4.11 地面的屏蔽层应直接铺设在混凝土垫层内，其垫层下应设防潮层。

13.4.12 有轨运输车辆的轨道进入屏蔽室时，其轨道应在进门口处断开10mm～20mm，断口中间应填塞绝缘材料。

13.4.13 进入屏蔽室内金属管道的屏蔽，应符合下列规定：

1 穿墙金属管道在穿墙处应加套管，套管长宜为其直径的4倍～5倍，套管靠室内一端应与金属管道周圈焊牢，套管与墙身屏蔽铁丝网周圈应用锡焊焊牢；

2 金属管道在穿越屏蔽层处，应在金属管道四周设置铜网屏蔽或波导滤波器，其尺寸及长度应计算确定；

3 金属管道在引入屏蔽室前，应插入一段非金属柔性绝缘管，插入段长度应为管径的1.5倍～2倍；

4 波导管四周应与屏蔽层满焊。

13.4.14 屏蔽室内的散热器，应加设屏蔽罩。

13.4.15 屏蔽效能低于40dB时，金属管道可不进行屏蔽处理。

13.4.16 门窗的设计，应符合下列规定：

1 屏蔽室不宜设窗，当必须设置时，应采用内开窗或推拉窗，且应在其外侧加设单层或双层金属网屏蔽，屏蔽层结构形式应符合本规范表13.3.3的规定；也可采用带孔的薄金属焊接而成的蜂窝式屏蔽窗；当采用金属板式屏蔽窗时，其窗扇与窗框之间的缝隙应采取加设弹性铜片、镀银弹性铜片、编织金属线衬垫或导电橡胶等保证可靠电气连接的措施；

2 屏蔽室的门应采用薄钢板门或木门扇外包镀锌铁皮的门；门与门框四周应设置与主体屏蔽层相接的0.4mm厚紫铜皮；在门四周边缘的紫铜皮上，应加设梳形硅磷青铜弹簧片；

3 屏蔽室的木门及门框，应选用一级松木或变形小的硬木制作成夹板木门，其木材含水率应小于15%；门的室内一面应包一层0.5mm厚镀锌薄钢板；

4 屏蔽室的门、窗槛应紧靠门、窗扇外边且紧密合缝；门、窗框与门、窗扇接触点的范围内不得刷油漆，表面应保持光滑平整，并应有压紧装置；

5 门、窗框的屏蔽层应与墙面的屏蔽层焊接；

6 门、窗所选用的屏蔽材料及门、窗缝隙的屏蔽效能，不应低于屏蔽层的屏蔽效能。

13.4.17 引入屏蔽室的导线应在入口处通过一个总的滤波器，并不得再引出。

13.4.18 屏蔽室内的照明灯具应选用热辐射光源，且宜加屏蔽隔离罩。

13.4.19 屏蔽层的接地应符合下列规定：

1 屏蔽层应在一点接地，当有几个屏蔽壳体相近时，可将其相互连接在一个导体上后由一根总线接地，其接地电阻不应大于4Ω；也可根据电子仪器、设备等对接地电阻的要求进行确定；

2 接地装置应设在装滤波器处。

13.4.20 屏蔽室可不设强制通风设备，当室内需加设风扇时，应采用无滑动触点和电流断续的交流式风扇。板材做屏蔽层且采用机械通风时，波导滤波器与屏蔽室室外风管连接处，应插入一段非金属柔性绝缘管，插入段长度应为管径的1.5倍～2倍。

14 噪声控制

14.1 噪声控制

14.1.1 机械工业厂厂区内各类地点的噪声限制值，不得超过表14.1.1的规定。

表14.1.1 机械工业厂厂区内各类地点的噪声限制值［dB（A）］

地点类别		噪声限制值
生产厂房及作业场所（工人每天连续接触噪声8h）		85
高噪声厂房设置的值班室、观察室、休息室（室内背景噪声级）	无电话通讯要求时	75
	有电话通讯要求时	70
精密装配线、精密加工的工作地点、计算机房（正常工作状态）		70
厂房所属办公室、实验室、设计室（室内背景噪声级）		65
主控制室、集中控制室、通讯室、电话总机室、消防值班室（室内背景噪声级）		60
厂部所属办公室、会议室、设计室、中心实验室（包括试验、化验、计量室）（室内背景噪声级）		60
医务室、教室、哺乳室、托儿所、工人值班宿舍（室内背景噪声级）		55

注：1 对于工人每天接触噪声不足8h的场合，应根据实际接触噪声的时间，按接触时间减半噪声限制值增加3dB（A）的原则，确定其噪声限制值；

2 本表所列室内背景噪声级，系在室内无声源发声条件下，从室外经由墙、门、窗（门窗启闭状况为常规状况）传入室内的室内平均噪声级。

14.1.2 机械工业厂内声源辐射至厂界毗邻区域的噪声限制值，不得超过表14.1.2的规定。

表 14.1.2 声源辐射至厂界毗邻区域的噪声限制值［dB（A）］

厂界毗邻区域	昼间	夜间
康复疗养区等特别需要安静的区域	50	40
居民住宅、医疗卫生、文化教育、科研设计、行政办公为主要功能，需要保持安静的区域	55	45
商业金融、集市贸易为主要功能，或者居住、商业、工业混杂，需要维护住宅安静的区域	60	50
工业生产、仓储物流为主要功能，需要防止工业噪声对周围环境产生严重影响的区域	65	55
交通干线两侧一定距离之内，需要防止交通噪声对周围环境产生严重影响的区域。该类为高速公路、一级公路、二级公路、城市快速路、城市主干路、城市次干路、城市轨道交通（地面段）、内河航道两侧区域	70	55
交通干线两侧一定距离之内，需要防止交通噪声对周围环境产生严重影响的区域。该类为铁路干线两侧区域	70	60

注：当厂外受该厂辐射噪声危害的区域同厂界间存在缓冲地域时，本表所列限制值应作为缓冲地域外缘的噪声限制值处理。凡拟做缓冲地域处理时，该地域未来不应有变化。

14.1.3 高噪声设备宜相对集中，并应布置在厂房的端头。高噪声厂房及站房，宜采取减小开启窗面积、设置隔声窗或隔声走廊等减噪措施。

14.1.4 有噪声和振动的设备及管道，应对声源采取消声、隔声、吸声、隔振或阻尼的措施，且应远离要求安静的区域。

14.1.5 有强烈振动的设备，不宜布置在楼板或平台上。对附着于墙体和楼板的传声部件，应采取防止固体声传播的措施。

14.2 隔 声

14.2.1 隔声措施，宜按下列规定选用：

1 对声源的隔声，可采用隔声罩；

2 对接受者的隔声，可采用隔声间；

3 对噪声传播途中的隔声，可采用隔声墙或隔声屏障，亦可同时采用隔声罩和隔声间。

14.2.2 对车间内独立的强噪声源，应采用隔声罩。隔声罩的结构型式，应根据操作、维修、通风冷却及降噪量的要求，可按表14.2.2的规定选取。

表 14.2.2 隔声罩的结构型式

降噪量［dB（A）］	结构型式
30～40	固定密封型
15～30	活动密封型
10～20	局部开敞型
15～25	带有通风散热消声器的隔声罩

14.2.3 高噪声源不易做隔声处理，且允许操作管理人员不经常停留在设备附近时，应设置观察、控制、休息用的隔声间。

14.2.4 组合隔声的构件、墙、楼板、门窗等的隔声量设计，宜符合下式要求：

$$S_1\tau_1=S_2\tau_2\cdots\cdots=S_i\tau_i \tag{14.2.4}$$

式中：S_1、S_2……S_i——各分构件的面积（m^2）；

τ_1、τ_2……τ_i——各分构件的透射系数。

14.2.5 隔声设计时，对构件的拼装节点、电缆孔、管道通过部位，以及一切施工上容易忽略的隐蔽声通道、孔洞及门窗缝隙等易于形成漏声的部位，应做密封或消声处理。

14.2.6 有大量自动化与各种测量仪表的中心控制室，或高噪声设备试车车间的试验控制室，宜采用以砖、混凝土等建筑材料为主的隔声室。为工人临时休息或观察而设置的活动隔声间，其体积不宜超过14m^3。隔声室的组合隔声量，可按下列公式计算：

$$R=10\lg\frac{1}{\tau_{CP}} \tag{14.2.6-1}$$

$$\tau_{CP}=\sum S_i\tau_i/\sum S_i \tag{14.2.6-2}$$

式中：R——隔声室的组合隔声量（dB）；

τ_{CP}——隔声室的平均透射系数。

14.3 吸 声

14.3.1 内表面吸声系数较小而混响声较强的车间、站房，宜采用吸声降噪。

14.3.2 吸声降噪量的计算，应符合下列规定：

1 吸声处理后的室内平均吸声系数小于或等于0.5时，应按下列公式计算：

1）采用室内平均吸声系数计算时，应按下式计算：

$$\Delta L_p=10\lg(\overline{a}_2/\overline{a}_1) \tag{14.3.2-1}$$

式中：ΔL_p——吸声降噪量［dB（A）］；

$\overline{a}_1$、$\overline{a}_2$——吸声处理前、后的室内平均吸声系数。

2）采用室内总吸声量计算时，应按下式计算：

$$\Delta L_p=10\lg(A_2/A_1) \tag{14.3.2-2}$$

式中：A_1、A_2——吸声处理前、后的室内总吸声量（m^2）。

3）采用室内混响时间计算时，应按下式计算：

$$\Delta L_p=10\lg(T_1/T_2) \tag{14.3.2-3}$$

式中：T_1、T_2——吸声处理前、后的室内混响时间（s）。

2 吸声处理后的室内平均吸声系数大于0.5时，应按下式计算：

$$\Delta L_p=10\lg\left(\frac{\overline{a}_2}{\overline{a}_1}\cdot\frac{1-\overline{a}_1}{1-\overline{a}_2}\right) \tag{14.3.2-4}$$

14.3.3 吸声处理方式应符合下列规定：

1 长、宽、高相差不大，所需吸声降噪量较高的单独风机房、隔声控制室等，宜对天棚和墙面同时做吸声处理；

2 面积大、体形扁平状的车间，所需吸声降噪量较高，可仅做天棚的吸声处理；

3 声源集中在车间的局部区域而噪声影响整个车间时的吸声设计，应在声源所在区域的天棚及墙面做局部吸声处理，并宜设置隔声屏障；

4 天棚的吸声处理，宜采用空间吸声体的方式。吸声体面积宜取天棚面积的40%，或室内总表面积的15%。空间吸声体的悬挂高度宜低且靠近声源。

14.3.4 吸声构件设计与选择，应符合下列规定：

1 中高频噪声的吸声降噪设计，可采用20mm～50mm厚的常规成型吸声板；当吸声要求较高时，可采用50mm～80mm厚、容重为$24kg/m^3$～$32kg/m^3$离心玻璃棉板等多孔吸声材料，并应加适当的护面层；

2 宽频带噪声的吸声降噪设计，可在多孔材料后留50mm～100mm厚的空气层，也可采用80mm～150mm厚的吸声层；

3 低频噪声的吸声降噪设计，可采用穿孔板共振吸声结构，其板厚可取2mm～5mm，孔径可取3mm～6mm，穿孔率宜小于5%；

4 室内湿度较高，或有清洁要求的吸声降噪设计，可采用薄膜覆面的多孔吸声材料或单、双层微穿孔板吸声结构；微穿孔板的板厚及孔径均不应大于1mm,穿孔率可取0.5%～3%，总腔深可取50mm～200mm。

14.3.5 吸声设计应符合防火、防潮、防腐、防尘、通风、采光、照明及装修的有关要求。

14.4 消　声

14.4.1 产生辐射的空气动力性噪声的通风机、鼓风机、空气压缩机、燃气轮机、内燃机以及各类排气放空装置等设备的进、排气口，应装设消声器；消声器的消声量应根据消声要求确定，其设计消声量不宜超过50dB。

14.4.2 柴油机试验台排烟口、高炉放风口、鼓风机进风口等处消声，宜采用消声坑消声。

14.4.3 消声坑的设计，宜符合下列规定：

1 消声坑宜建于地下，宜用钢板或钢筋混凝土板封闭；

2 坑内结构型式应便于维修，吸声材料应满足防水、防潮、防火、耐高温、防腐蚀、耐油污等要求。

14.4.4 鼓风机、电动机设在隔声间内时，可采用消声道消声。消声道应与进风口相通。

14.4.5 消声道设计，宜符合下列规定：

1 消声道应置于隔声间与进风口之间，但不得与风机进风口直接相连；

2 消声道可采用砖石、混凝土或钢板修建，且应内衬吸声材料；

3 吸声材料应采用阻燃或不燃、防水、防腐蚀材料。

15 空气调节区

15.1 建筑布置

15.1.1 空气调节区宜集中布置，建筑体型宜简单规整，并应符合下列规定：

1 室内温湿度基数和使用要求相近的空气调节区宜相邻布置；

2 室温允许波动为±1.0℃的空气调节区，不宜布置在顶层；

3 室温允许波动为±0.5℃的空气调节区，宜布置在底层，且宜布置在室温允许波动较大的空气调节区；当布置在单层建筑物内时，宜采用反射屋面或通风屋顶；

4 室温允许波动为－0.1℃～0.2℃的空气调节区，宜布置在底层，不应有外墙和屋顶，其周围宜设置室温允许波动为±1.0℃的空气调节区或套间。

15.1.2 空气调节区不应与高温、潮湿和高噪声的房间相邻。

15.1.3 变形缝不应穿越空气调节区。

15.1.4 空气调节区采用技术夹层时，应根据管道、技术设备的布置及检修要求确定夹层高度，其净高不宜小于1.2m。

15.2 围护结构热工设计

15.2.1 空气调节区围护结构热工设计，除应根据建筑物的用途和空气调节的类别，且通过技术经济比较确定外，尚应符合下列规定：

1 围护结构应具有良好的保温、隔热、密闭性能；

2 应减少热桥，对可能产生冷凝水的部位应做局部保温处理；保温层的外表面应做保护层；

3 防潮层、隔汽层应保持连续封闭性；

4 宜选用容重轻、导热系数小、吸水性小、不燃的保温材料。

15.2.2 空气调节区围护结构的传热系数，应符合下列规定：

1 舒适性空气调节区围护结构的传热系数，不应大于表15.2.2-1规定的限值。

2 室温允许波动为±1.0℃工艺性空气调节区围护结构的传热系数，不应大于表15.2.2-2规定的限值。

表 15.2.2-1 舒适性空气调节区围护结构传热系数的限值

[W/ (m²·℃)]

围护结构部位	建筑热工设计分区				
	严寒地区		寒冷地区	夏热冬冷地区	夏热冬暖地区
	A区	B区			
屋面（顶棚）	0.35	0.45	0.55	0.70	0.90
外墙	0.45	0.50	0.60	1.00	1.50
内墙和楼板	0.60	0.80	1.50	2.00	3.00
侧窗	3.00	3.20	3.50	4.70	6.50
天窗	2.50	2.60	2.70	3.00	3.50

注：1 A区城市：海伦、博克图、伊春、呼玛、海拉尔、满洲里、齐齐哈尔、富锦、哈尔滨、牡丹江、克拉玛依、佳木斯、安达；B区城市：长春、乌鲁木齐、延吉、通辽、通化、四平、呼和浩特、抚顺、大柴旦、沈阳、大同、本溪、阜新、哈密、鞍山、张家口、酒泉、伊宁、吐鲁番、西宁、银川、丹东；

2 表中内墙和楼板的数值，适用于相邻房间温差大于7℃时。

表 15.2.2-2 ±1.0℃工艺性空气调节区围护结构传热系数的限值

[W/ (m²·℃)]

围护结构部位	建筑热工设计分区				
	严寒地区		寒冷地区	夏热冬冷地区	夏热冬暖地区
	A区	B区			
屋面（顶棚）	0.28	0.36	0.44	0.56	0.72
外墙	0.36	0.40	0.48	0.80	1.20
内墙和楼板	0.48	0.64	1.20	1.60	2.40
侧窗	2.40	2.56	2.80	3.76	5.20
天窗	2.00	2.08	2.16	2.40	2.80

注：表中内墙和楼板的数值，适用于相邻房间温差大于3℃时。

3 室温允许波动为±0.5℃工艺性空气调节区围护结构的传热系数，不应大于表15.2.2-3规定的限值。

表 15.2.2-3 ±0.5℃工艺性空气调节区围护结构传热系数的限值

[W/ (m²·℃)]

围护结构部位	建筑热工设计分区				
	严寒地区		寒冷地区	夏热冬冷地区	夏热冬暖地区
	A区	B区			
屋面（顶棚）	0.25	0.32	0.39	0.49	0.63
外墙	0.32	0.35	0.42	0.70	1.05
内墙和楼板	0.42	0.56	1.05	1.40	2.10
侧窗	2.10	2.24	2.45	3.29	4.55
天窗	1.75	1.82	1.89	2.10	2.45

注：表中内墙和楼板的数值，适用于相邻房间温差大于3℃时。

4 室温允许波动为−0.1℃～0.2℃工艺性空气调节区围护结构的传热系数，不应大于表15.2.2-4规定的限值。

表 15.2.2-4 −0.1℃～0.2℃工艺性空气调节区围护结构传热系数的限值

[W/ (m²·℃)]

围护结构部位	建筑热工设计分区				
	严寒地区		寒冷地区	夏热冬冷地区	夏热冬暖地区
	A区	B区			
屋面（顶棚）	0.21	0.27	0.33	0.42	0.54
外墙	—	—	—	—	—
内墙和楼板	0.36	0.48	0.90	1.20	1.80
侧窗	—	—	—	—	—
天窗	—	—	—	—	—

注：表中内墙和楼板的数值，适用于相邻房间温差大于3℃时。

15.2.3 工艺性空气调节区当室温允许波动为±0.5℃时，其围护结构的热惰性指标值不应小于4。

15.2.4 空气调节区围护结构应设置防潮层。在多雨潮湿地区的防潮层，应设置在保温层外侧。

15.2.5 空气调节区围护结构隔汽层的设置，应通过计算确定。

15.3 屋面、吊顶与技术夹层

15.3.1 设在楼内的空气调节区，当其上面房间不是空气调节区时，应做保温或隔热吊顶。

15.3.2 空气调节区的吊顶或技术夹层，应根据工艺、管道、技术设备、检修要求、保温隔热及洁净要求设计。保温层应设于吊顶上。

15.4 墙 体

15.4.1 空气调节区与非空气调节区之间的墙体，应设保温隔热层；当邻区温差大于或等于7℃时，亦应设保温隔热层。

15.4.2 空气调节区墙体的保温隔热层，应做到室内地面以下墙基防潮层处。

15.5 地面和楼面

15.5.1 空气调节区与非空气调节区之间的楼板，应设保温隔热层。当邻区温差大于或等于7℃时，其楼板亦应设保温隔热层。

15.5.2 空气调节区地面应做保温隔热层。但因工艺需要，不能全部设置保温隔热层时，应沿外墙内侧1m～2m范围内地面做保温隔热层。保温隔热层的热阻不应小于外墙热阻。

15.6 门 与 窗

15.6.1 空气调节区的门和门斗设置，应符合下列规定：

1 舒适性空气调节区开启频繁的外门，宜设门斗或设透明塑料软帘，亦可设置空气幕；其门宜采用旋转门或弹簧门；

2 室温允许波动为±1.0℃时，不宜设置外门；当需设置外门时，应设门斗；内门两侧温差大于或等于7℃时，宜设门斗；

3 室温允许波动为±0.5℃时，不应设置外门；当需设置外门时，应设门斗；内门两侧温差大于或等于3℃时，宜设门斗；

4 室温允许波动为－0.1℃～0.2℃时，内门不宜通向室温基数不同或室温允许波动范围大于±1.0℃的邻室；

5 外门及邻区温差大于或等于7℃的内门，应采用保温密闭门；

6 门斗沿保温墙的一道应采用保温密闭门，另一道应采用密闭门；

7 内门应向室温波动范围小的房间开启；

8 保温墙上的门应采用保温密闭门；

9 外门门缝应严密。

15.6.2 空气调节区的窗设置，应符合下列规定：

1 舒适性空气调节区应减少外窗设置数量，且宜朝北向；

2 室温允许波动为±1.0℃时，应减少外窗设置数量，且宜朝北向，不应设置东、西向外窗；

3 室温允许波动为±0.5℃时，不宜设置外窗；当设置外窗时，应朝北向；

4 室温允许波动为－0.1℃～0.2℃时，不应设置外窗；

5 空气调节区外窗除北向外，宜采取遮阳措施；

6 空气调节区外窗宜采用双层密闭窗；

7 空气调节区的开窗面积，宜为窗与地面积比的1/10，但舒适性空气调节区或采用分层空气调节设计的高大厂房的高侧窗或天窗，可适当放宽；

8 空气调节区的传递窗，应采取密闭构造措施。

附录A 机械工业厂房及其附属建筑冬季室内热工计算参数

表A 机械工业厂房及其附属建筑冬季室内热工计算参数

建筑名称	室内计算温度 t_n（℃）	室内计算湿度 φ_n（%）	露点温度 t_L（℃）	散热强度（W/m^3）	室温与外围结构内表面允许温差 Δt_y（℃） 外墙	天棚
金工装配车间（使用乳化液的机床数小于60%）、修理车间、木工车间、氧气站、乙炔站、工具车间、模型车间、小型铸工车间、喷漆的油漆工部、焊接车间、铸工车间的造型、泥芯清理工部、冷水泵房、采暖仓库	18	≤49	7.14	<23.26	10	8
机械加工车间（使用乳化液的机床数大于60%）、铸造车间的砂处理工部、蓄电池室、浸渣车间、高压壳车间、天然干燥的油漆车间	16	50～60	8.24	<23.26	7.5	7
热模锻车间、锻工车间、热冲压车间、小锅炉房、轧钢车间、煤气站、压缩空气站	16	≤45	4.10	<58.15	12	12
小型水压机车间，平炉铸钢车间的熔化、浇铸、落砂、退火炉等工部，连续工作的大型锅炉房（100t以上）等	25	≤30	—	58.15	—	—
酸洗车间、电镀车间、蓄电池的化成车间等	18	65～70	12.45	—	t_n-t_L	t_n-t_L-1
办公楼、实验楼、电器和精密机械装配楼、生活室、俱乐部、图书馆、食堂餐厅等	18	50～60	10.13	—	7.5	7
浴室	25	75	20.25	—	7	t_n-t_L

注：1 当$\Delta t_y=t_n-t_L-1$时，表示要求外围结构内表面温度高于露点温度1℃；当$\Delta t_y=t_n-t_L$时，表示除酷冷情况外不结露；

2 对余热大于外围结构耗热量50%的车间，且维护结构内表面经常承受强烈热辐射或干燥热空气时，Δt_y不作规定，可不设计保温层。

本规范用词说明

1 为便于在执行本规范条文时区别对待，对要求严格程度不同的用词说明如下：

1）表示很严格，非这样做不可的：
正面词采用“必须”，反面词采用“严禁”；

2）表示严格，在正常情况下均应这样做的：
正面词采用“应”，反面词采用“不应”

或“不得”；

3）表示允许稍有选择，在条件许可时首先应这样做的：

正面词采用“宜”，反面词采用“不宜”；

4）表示有选择，在一定条件下可以这样做的，采用“可”。

2 条文中指明应按其他有关标准执行的写法为：“应符合……的规定”或“应按……执行”。

引用标准名录

《混凝土结构设计规范》GB 50010

《建筑抗震设计规范》GB 50011

《建筑设计防火规范》GB 50016

《建筑地面设计规范》GB 50037

《工业建筑防腐蚀设计规范》GB 50046

《地下工程防水技术规范》GB 50108

《电离辐射防护与辐射源安全基本标准》GB 18871

《电磁辐射防护规定》GB 8702

中华人民共和国国家标准

机械工业厂房建筑设计规范

GB 50681—2011

条 文 说 明

制 定 说 明

本规范是根据原建设部《关于印发〈2006年工程建设标准制定、修订计划（第二批）〉的通知》（建标［2006］136号）的要求，由中国机械工业联合会为主编部门，机械工业第一设计研究院为主编单位，会同中国联合工程公司、机械工业第五设计研究院、中机国际工程设计研究院、机械工业部汽车工业天津规划设计研究院、机械工业第九设计研究院、北京东方雨虹防水技术股份有限公司共同制定而成。

2009年6月形成了“征求意见稿”。2009年7月在住房和城乡建设部标准信息网上向全国勘察、设计、教学单位和管理部门征求意见，同时向全国20家设计单位进行了函审，累计共收集到近百条次意见。同年12月，对所收集的意见进行分析、整理、修改了条文，完成了送审稿。

具体制定的主要技术内容：

1.“屋面”章中为了确保屋面工程质量，专门编制了“屋面构造”一节。

2.“地面和楼面”章，通过实际工程的调查研究，根据地面荷载类型，将填土压实系数大于或等于0.94时混凝土强度等级及混凝土垫层的厚度特别作了规定；专门编制了“楼面和地面构造”一节。

3.“装饰工程”章在“顶棚及吊顶”节中从安全考虑制定了“上人吊顶、重型吊顶、吊挂周期摆振设施的顶棚，应与钢筋混凝土顶板内预留的钢筋或预埋件连接，并应满足吊顶、顶棚的所有荷载作用要求”及“可燃气体管道不得封闭在吊顶内”两条强制性条文。

4.“地下工程防水”章规定了地下工程除应符合现行国家标准《地下工程防水技术规范》GB 50108的规定外，对“地下泵房、坑、池等附属建筑的防水等级”及“地下工程的外侧排水沟及地下管沟防水等级”作了规定。

5.“楼梯、钢梯、电梯与起重机梁走道板”章的“电梯”节中根据目前机械工业厂房普遍的多层仓库建筑设计特点，制定了“除耐火等级为一、二级的多层戊类仓库外，其他仓库中供垂直运输物品的提升设施宜设置在仓库外，当需设置在仓库内时，应设置在井壁的耐火极限不低于2.0h的井筒内。室内外提升设施通向仓库入口的门，应采用乙级防火门或防火卷帘”。

6.“防腐蚀设计”章中从确保生产和人员安全考虑制定了“控制室和配电室不得直接布置在有腐蚀性液态介质作用的楼层下，其出入口不应直接通向有腐蚀性介质作用的场所”、“厂房及构筑物为钢结构时，钢柱柱脚应置于混凝土基础上，基础顶面应高出地面不小于300mm。腐蚀性等级为强、中时，桁架、柱、主梁等重要受力构件不应采用格构式和冷弯薄壁型钢”和“屋盖结构表面、起重机梁和外露金属构件表面，应刷防腐蚀涂料”三条规定。

为便于广大设计、施工、科研、学校等有关人员在使用本规范时能正确理解和执行条文规定，《机械工业厂房建筑设计规范》编制组按章、节、条的顺序编制了本规范的条文说明。对条文规定的目的、依据以及执行中需要注意的有关事项进行说明，还着重对强制性条文的强制性理由作了解释。

目 次

1 总 则

1.0.1 机械工业是装备工业的总称，是为国民经济各部门简单再生产和扩大再生产提供技术装备的产业，是国民经济发展的基础工业，是实现我国四个现代化的物质保证，是国民经济、人民生活、能源开发及节约能源的技术装备部，是国家工业化水平的重要标志。

建国60多年，特别是改革开放30年来，我国机械工业通过技术引进、技术改造和自主创新，技术装备的设计和制造能力有了很大的提高和发展。而机械工业厂房，包括各类机械制造业，电讯、邮电器材制造业，仪表制造业，造船、机车车辆制造业，汽车、拖拉机制造业，飞机工业等工厂，其范围很广，生产性质、工艺要求均不相同，是由多种系统构成的综合体，它既是实现生产工艺过程的场所，又是人们劳动和工作的地方。随着生产工艺的发展，工程技术的进步，目前新材料和新施工工艺的不断出现及国家颁布的新规范、标准的施行，原有的相关标准已不适应当前机械工业发展的需要，现系统制定机械工业厂房及其附属建筑的建筑设计规范是加强机械工业厂房及其附属建筑的建筑设计和管理工作，使之科学化、规范化的一项重要内容，这就是制定本规范的目的。

1.0.2 本规范是设计部门进行机械工业厂房及其附属建筑的建筑设计及编制和组织专家评估可行性研究报告、初步设计、施工图设计的重要依据，并为上级主管部门审批、监督检查机械工业厂房及其附属建筑的建筑设计工程项目建设提供了各项标准尺度，对新建、扩建、改建的机械工业厂房及其附属建筑的建筑设计标准有所遵循。

1.0.3 本规范是一项综合性的技术标准，涉及内容较多，其中有些内容国家颁布了相应的标准与规范，因此，在进行机械工业厂房及其附属建筑的建筑设计中，除应执行本规范的规定外，还应符合国家现行有关标准、规范的规定。

3 基 本 规 定

3.0.1 机械工业的机械工业厂房及其附属建筑的建筑设计是根据生产、使用功能性质由生产工艺过程确定的，它具有功能性、技术性强的特点。由于各工厂性质、规模、生产工艺的组织和特点不同，各类机械工厂的组成内容和数量差异很大，随着改革开放的进一步深化，当前通过技术引进、技术改造和自主创新，技术装备的工艺设计和制造能力将会发生很大的变化和发展，也使专业化工厂、联合厂房、多层厂房得到迅猛发展。我国地域很大，各地气象、水文、地质、材料供应、施工条件和经济基础等也存在较大差异，以上差异必将对不同类型的机械工业厂房及其附属建筑的建筑设计产生很大影响。同时，工业厂房及其附属建筑做好节能、节地、节水、节材也是落实科学发展观、调整经济结构、转变经济增长方式和环境保护、生态建设的重要内容，其实质就是在建筑的全寿命周期内，体现和实现工业建筑的可持续发展。

3.0.2 为了多跨厂房的统一化和最大限度地满足现代化施工方法的要求，在一幢厂房内或一个建筑综合体中，应尽量地限制不同参数的数量及其组合的数量。

3.0.3 建、构筑物地面标高根据不同使用情况，分别作出防积水、考虑沉降因素，防止易燃、可燃液体外流，防湿和防外部浸水及为了不影响车间内部交通运输的相应规定。

3.0.4 从安全和使用要求厂房内上柱内缘及屋架或屋面梁下缘与起重机桥架外缘的净空尺寸必须满足起重机产品样本中规定的起重机桥架外缘最小尺寸，即起重机的最小轮廓尺寸及起重机的限界尺寸和安全间隙要求。同时，起重机桥架外缘与屋架或屋面梁底面悬挂带坡度的横向管道或屋架下弦直接安装照明灯具时之间的净空尺寸亦应满足起重机产品样本中规定的起重机桥架外缘最小尺寸要求。在软弱土、湿陷性黄土、膨胀土地区时还应考虑厂房基础的沉降及地面有较大面积堆载时使相邻柱间可能出现较大的沉降差时的要求，因此，该净空尺寸尚应适当放大。厂房内设有梁式起重机时，柱顶至轨顶间距离还应考虑检修人员通行最小的安全高度。

3.0.5 联合厂房的布置，主要取决于生产性质和能采取的建筑措施及消除不同生产特点的相互影响程度，其建筑形式必须因地制宜；如在山地建厂时，应结合生产工艺及地形条件，选用阶梯式或沿等高线布置的条状式联合厂房，以减少土石方工程；在夏热冬暖地区建厂时，不宜选用大面积的方块形联合形式厂房，而宜采用条状式联合厂房，以利通风降温；有垂直生产线的企业则可采用单层与多层混合布置的联合形式或垂直向联合形式厂房。

为了加强联合厂房的自然通风，在厂房的四周不宜建毗连附属建筑，厂房内部的辅助房间应很好地规划，充分利用柱边、起重机死角或采取地下和架空的布置方案；同时，还需采取一定的措施，如设置通风的大门或通风过道及设置天窗、排风帽或通风屋顶等，来保证气流的组织。对于有散发热量、烟尘和腐蚀性介质的工段应尽可能布置在靠厂房的外墙或厂房的下风向；影响严重的局部工段，可采用排烟排气罩机械送、排风等处理措施。

有相互影响的不同生产性质的车间，设计时应根据生产上的联系和生产性质进行组合，一般情况下，应将散发烟尘、高温或排出有害介质的车间布置在外墙处，在另一侧用隔墙与其他车间隔开；这些车间如需布置在中间跨时，如用地条件许可，也可通过拉开空跨或设内天井的办法，使之直接靠近外墙，便于向外排除有害介质。

3.0.6 由于某些甲、乙类工业厂房或有的工业厂房因局部工艺生产要求在厂房内布置甲、乙类生产部位及使用或生产可燃气体、易燃、可燃液体、可燃粉尘等物质，稍有不慎容易发生爆炸事故，对建筑物产生巨大破坏力，而一般建筑物的抗爆能力是很低的，370mm厚砖墙的抗爆能力为0.007MPa。为了防止和减少爆炸事故对建筑物的破坏作用，所以要进行建筑防爆设计，一般采用防和泄两种方法；应从排除造成爆炸事故的根源方面考虑，例如：自然通风、避免太阳暴晒或隔热、防振、防酸、碱、盐侵蚀性介质腐蚀破坏及雨水作用等引起的爆炸事故。另外，一般等量的同一爆炸介质在密闭的小空间里和在开敞的空地上爆炸，其爆炸威力和破坏强度是不同的，在密闭的小空间里，爆炸破坏力将大很多，因此，易爆厂房或易爆工部需要考虑必要的泄压设施；对于北方和西北寒冷地区，由于冰冻期长，积雪时间长，易增加屋面上泄压面积的单位面积荷载而使其产生较大静力惯性，导致泄压受到影响，因而设计时要考虑采取措施防止积雪，在设计中应采取措施尽量减少泄压面积的单位质量和连接强度。

3.0.7 目前，国内在工业建筑外墙防水设计上还没有制定出一套系统的建筑物外墙防水工程设计方法，但全国各地的工业开发区，随着工业厂房及其附属建筑向大型化、大跨度、复杂化、联合厂房、高层化的发展，建筑物外墙所采用的材料也越来越多，而外墙防水工程技术却未能同步发展，以致造成近年来建筑物外墙龟裂、渗漏现象日益严重。根据资料，发现沿海城市条形砖及涂料外墙在迎风面的墙体龟裂和渗漏率均达到了较高的比例，同时随着楼层高度的增加，外墙龟裂、渗漏情况成正比增加。随着空心砖、轻质砖等多孔材料外墙砌体及外墙饰面多为涂料、面砖、石材的采用，如果外墙再不采取防龟裂、防渗漏措施，外墙龟裂、渗漏依然会是一个困扰人们的问题。而机械工业厂房及其附属建筑的外墙龟裂、渗漏除影响美观和正常使用外，还有可能造成重大事故的隐患，因此，在本规范中对机械工业厂房及其附属建筑物的外墙防水设计作了规定。外墙面防水设防应根据工程性质、使用功能、外墙高度、当地基本风压、采用的墙体材料以及墙面装饰材料等不同条件和因素及各地区实践中的成功经验选择不同的外墙面防水设防，如外墙找平层宜掺防水剂、抗裂剂或减水剂材料的水泥砂浆或聚合物水泥砂浆及防水涂料等措施，均能达到减少外墙龟裂、渗漏情况的目的。

3.0.8 我国沿海疆域地区较广，因受海风含盐湿气的侵蚀会对厂房门、窗及其门、窗五金配件的腐蚀速度加快，使门、窗的使用耐久性大为降低，所以，对于厂房的门、窗及其门、窗五金配件应采取防腐蚀及防潮措施。对于厂房本身生产过程中产生有腐蚀性气体及高湿的厂房，为了安全更应对厂房的门、窗及门、窗五金配件采取防腐蚀及防潮措施和加强门、窗缝隙的构造防腐、防水密封措施。

3.0.9、3.0.10 为了屋面防水设计合理、经济，必须将屋面防水划分等级，根据现行国家标准《屋面工程技术规范》GB 50345，按照建筑物类别、防水层合理使用年限、设防要求、防水层选用材料，将建筑屋面防水等级分为Ⅰ、Ⅱ、Ⅲ、Ⅳ级，防水层合理使用年限分别规定为25年、15年、10年、5年。其中屋面防水等级Ⅱ、Ⅲ、Ⅳ级基本符合我国各种类型的机械工业厂房及其附属建筑目前普遍设防的屋面防水等级、防水层合理使用年限、设防要求及防水层选用材料，故特作此条文规定，作为设计人员进行机械工业厂房及其附属建筑的屋面工程设计时的依据。

3.0.11 单层屋面防水系统是指选用一道单层内为增强型的热塑性聚烯烃（TPO）、聚氯乙烯（PYC）、三元乙丙（EPDM）等高分子防水卷材外露使用，用机械固定、满粘、空铺压顶方式进行施工的屋面系统，将防水层、保温层、隔汽层锚固于结构基层上，形成严密隔汽、保温、防水的屋面围护系统。

机械固定单层卷材屋面系统结构变形适应性良好，机械固定下的卷材防水层能够承受各种结构变形（钢结构、混凝土结构），保温、隔汽性能优异，能够确保在各种室内外温差及湿度条件下不结露，是高标准建筑的可靠屋面系统。该系统在欧美技术成熟，应用广泛，有近40年历史，其使用寿命国际权威BBA（英国认证董事会）对其单层屋面系统使用年限的认可可超过35年。该系统在1998年引进我国，在国内已应用于数百个项目、上千万平方米的工程，例如：长春第一汽车制造厂工业厂房25000m^2、哈飞空客1号复合材料制造中心45000m^2、中航通用飞机有限责任公司205号总装厂房56000m^2、博世公司在国内的多数厂房（合计约25万m^2）等工程就是采用该系统。中国建筑防水协会等三个社团组织已于2007年对该卷材单层屋面施工工法（行业工法）评审备案。中国建筑防水协会还于2007年成立了单层屋面技术委员会，研究和开发单层屋面系统的施工工法和技术规范，构建中国式单层屋面系统技术。机械工业厂房及其附属建筑的屋面工程通常面积很大，单层屋面系统应符合本规范第3.0.9条厂房及其附属建筑规定的防水层合理使用年限要求及所选防水材料单层屋面系统的施工要求。

3.0.12 根据工程实践证明，屋面坡度1%时施工难以保证，从而导致屋面严重积水现象，因此必须加大屋面坡度。为了既加大屋面排水坡度，体现防排结合的原则，但又考虑减轻屋面荷载，综合考虑作出此条规定。

4 屋　面

4.1 屋面构造

4.1.1 建筑屋面工程防水按其采取的措施和手段不同分为材料防水和构造防水两大类。材料防水是依靠防水材料经过施工形成整体防水层阻断水的通路，以达到防水的目的或增强抗渗漏水的能力；而构造防水是采取正确与合适的构造形式阻断水的通路和防止水侵入室内的统称，如：对外墙体与门窗的接缝，各种部位、构件之间设置的施工缝、温度缝、变形缝，以及节点细部构造的防水处理均属构造防水。根据历次全国屋面防水工程调查，屋面工程85%以上的渗漏发生在构造节点部位，因此，构造防水极其重要，本条规定了屋面构造防水的一般要求。

采用柔性密封、防排结合、材料防水与构造防水相结合措施及多道设防是我国多年从事屋面防水工程研究和实践的总结，也是屋面防水工程设计的原则。

4.1.2 本条是对不同的防水材料复合使用时，根据各自的性能特征及性能上的差异在复合使用时能发挥更佳的防水效果而应遵守的规定。

4.1.3 屋面结构刚度大小，对屋面结构变形起主要作用，为了减少防水层受屋面结构变形的影响，必须提高屋面结构刚度，所以，屋面结构层最好是整体现浇钢筋混凝土。当采用预制装配式钢筋混凝土板时，由于混凝土板的强度等级均高于C20，故要求板缝用不低于C20的细石混凝土灌填密实；为了确保密实，灌缝用的细石混凝土应掺微膨胀剂。为了控制板缝内密封材料的嵌填深度，防止密封材料和接缝底部粘接，避免因灌缝的细石混凝土因温差收缩开裂造成渗漏，所以，灌缝后的面层上应先填放背衬材料，背衬材料上部再嵌填密封材料；为了保护接缝部位密封材料因外露会遭遇大气的腐蚀和人为的破坏，影响密封防水使用年限，所以接缝部位外露的密封材料上应设置保护层。

当板缝宽度大于40mm或上窄下宽时，灌缝的混凝土干缩或受震动后容易掉落，故应在板缝中放置构造钢筋。板端缝是变形最大的部位，板在长期荷载下的挠曲变形，会导致板与板间的缝隙增大，故此处应进行柔性密封处理。无保温层的屋面，由于大气温差变化对装配式混凝土板变形的影响更大，所以，在板侧缝上应预留凹槽，并进行密封处理。

4.1.4 屋面防水基层与突出屋面结构的交接处以及基层的转角处，是防水应力集中的部位，转角处圆弧半径的大小会影响卷材的粘贴，不同的防水材料种类和找平层类别所要求的找平层圆弧半径的大小是不同的。由于交接处以及转角处构件断面变化和屋面的变形常在这些部位发生裂缝，为确保其防水安全，上述这些部位应根据所选防水材料的种类其找平层应做成不同半径的圆弧，其部位应设置防水附加层。

4.1.5 使用和维护屋面上的设施，经常会有工作人员在屋面设施周围活动、行走，为了不破坏屋面防水，所以，应在设施周围和屋面出入口至设施之间的人行道铺设刚性保护层。由于刚性保护层的温差变形及干湿变形易造成开裂、渗漏以及推裂女儿墙、山墙，故在刚性保护层与女儿墙、山墙及突出屋面结构的交接处应留设缝隙，并用柔性密封材料加以嵌填密实，以防渗漏。

4.1.6 高低跨变形缝是使高低跨结构自由沉降和胀缩的缝隙，因此，变化大，是容易发生渗漏的部位，所以变形缝处的防水处理，应采用有适应变形能力的材料和构造措施，并使它预留较大的变形余地。

当高跨屋面为无组织排水时，其低跨屋面变形缝处在排水坡上方（檐口排水）时，不一定对变形缝进行密封，只要能挡雨就可以；如变形缝一方的天沟作内排水时，则要将缝两侧的卷材粘牢并进行严密封闭，避免大雨时屋面及天沟积水，发生倒灌现象；为了保护低跨屋面防水层不至于受高跨屋面雨水冲刷破坏，应在低跨屋面受水冲刷的部位加铺一层卷材附加层，并采取加强保护措施。当高跨屋面为有组织排水时，水落管下应设保护低跨屋面不受雨水冲刷破坏的措施。

4.1.7 砌体女儿墙压顶水泥砂浆抹面容易开裂、剥落、酥松，而且由于砌体女儿墙体过长易因温差、屋面变形产生女儿墙体裂缝，使雨水从墙体渗入室内，因此，砌体女儿墙压顶应采用钢筋混凝土压顶，为了使压顶顶面雨水污尘不污染外墙面，所以，女儿墙压顶应向内侧排水。

4.1.8 对于坡度超过25%屋面或坡面檐口贴面砖，为避免一般防水层施工困难，难以保证防水效果和面砖易脱落，所以，宜用聚合物水泥砂浆粘贴来增强饰面层与基层间的粘结力，它的粘结力最高可达4MPa，可以将防水层与胶结层合二为一，同时起到防水层与胶结层的作用，又可避免粘结层的水泥砂浆在雨水作用下，其中的游离氢氧化钙析出而造成屋面白色污染。用聚合物水泥浆或聚合物水泥砂浆勾缝，可减少外饰面层的粘结脆性，适应建筑物因温差应力的变形。

4.1.9 屋盖系统的各种接缝是屋面渗漏的主要部位，接缝密封处理质量的好坏，直接影响屋面防水工程的连续性和整体性，因此对于防水等级为Ⅰ～Ⅳ级的建筑屋面接缝部位，均应进行密封防水处理。密封防水处理不宜作为一道防水单独使用，它主要用于屋面构件与构件、构件与配件的拼接缝，以及各种防水材料接缝和收头的密封防水处理。本条规定了屋面接缝密封防水设计的基本要求。

1 为了共同组成一个完整的防水体系，提高屋面整体防水的可靠性，屋面接缝密封防水应与卷材防水屋面、涂膜防水屋面、刚性防水屋面等配套使用。

2 屋面密封防水的接缝宽度太窄，密封材料不易嵌填；太宽造成材料浪费，如设计计算接缝宽度尺寸超过30mm时，还应重新选择位移能力较大的密封材料，或采用定型密封材料解决屋面密封防水问题。目前普遍采用分格缝现场砂轮机切割，使用位移能力较强的合成高分子密封材料，因此，本条规定屋面接缝宽度宜为5mm～30mm。接缝深度是根据国外的经验值和国内屋面密封防水工程实践经验总结，其经验值接缝深度宜为接缝宽度的0.5倍～0.7倍。

3 为了使被粘结表面受到渗透及湿润，改善密封材料和被粘结体的粘结性，并可以封闭混凝土及水泥砂浆表面，防止从其内部渗出碱性物质及水分，因此，密封防水处理部位的基层应涂刷基层处理剂。当接缝两边基材不相同时，应采用不同基层处理剂涂刷。选择基层处理剂要考虑与密封材料的相容性及与被粘结体有良好的粘结性。

4 为了控制嵌填密封材料的深度以及预防密封材料与缝的底部粘结造成应力集中，破坏密封防水，因此，接缝处的密封材料底部应先设置与密封材料不粘或粘结力弱的背衬材料。

4.2 卷材防水屋面

4.2.1 卷材屋面坡度超过25%时，易发生卷材下滑现象，故应采取固定或防止卷材下滑措施。

4.2.2 屋面结构基层往往比较粗糙，高低不平，为了保证防水层的施工质量，卷材防水层的基层应根据基层种类选择水泥砂浆、细石混凝土，混凝土随浇随抹厚度15mm～35mm厚的找平层。为了消除和减小找平层收缩和温差的影响，水泥砂浆或细石混凝土找平层应留宽为5mm～20mm分格缝，纵横缝的间距不宜大于6m，缝内应填密封材料，使裂缝集中于分格缝中，减少找平层大面积开裂的可能性。

4.2.3 易积灰屋面需要经常清理打扫，在清扫时很容易使卷材屋面防水层受到破坏，故规定此种屋面应做刚性保护层，刚性保护层与卷材防水层之间应设置隔离层。

4.2.4 为了防止女儿墙体立面卷材下滑，所以铺贴此墙面上的卷材应采用满粘法。其混凝土墙体上的卷材为了防止收头张嘴密闭不严产生渗漏，故卷材收头应采用金属压条钉压固定在距屋面面层不小于250mm的凹槽内，并用密封材料封严，该处及凹槽上部的墙体应做防水处理。

4.2.5 本条规定的目的是为提高卷材防水层在屋面板端缝部位适应温差变形的能力。

4.2.6 由于屋面保温层和找平层在气候潮湿、雨量充沛地区材料选择或施工不当往往含水量过高，不但会降低其保温功能，而且因保温层和找平层内的水分在天气炎热时会产生汽化，使卷材或涂膜防水层产生鼓泡及腐蚀，影响防水层的质量，导致局部渗漏。为避免上述质量事故的发生，在屋面保温层干燥有困难时，宜采用排汽屋面。

4.2.7 由于机械工业厂房及其附属建筑的屋面上大都有些设备及管道等设施的底座搁置在屋面上，甚至有的与屋面结构相连，为了避免基座处发生渗漏，所以，设施的底座若与结构相连时，屋面防水层应包裹基座部分，对于底座顶面上的地脚螺栓周围应做密封处理。如在屋面防水层上放置设施的底座，由于搁置在防水层上的设备有一定的质量或振动，对防水层易造成破损，所以，这种情况下设施底座下部的屋面防水层应做卷材增强层，并在增强层上浇筑厚度不小于50mm、强度等级为C20的细石混凝土垫块或衬垫，以免损坏防水层。

4.3 涂膜防水屋面

4.3.1 涂膜防水材料也称防水涂料，是一种流态或半流态物质，涂刷在基层表面，经溶剂或水分挥发，或各组分间的化学反应，形成有一定弹性的薄膜，使表面与水隔绝，起到防水、防潮作用；屋面坡度超过25%时，防水涂料涂刷或刮涂成膜时，易发生流淌，使防水层厚薄不均匀，易产生冷脆开裂变形，难以保证防水工程的质量，所以，屋面坡度超过25%时，不宜采用干燥固化成膜时间过长的涂料。

4.3.2 涂膜防水屋面的找平层选择和要求除应遵守本规范第4.2.2条的规定外，还应注意所选用不同类型的防水涂料的特性对基层含水率是有不同的要求，如沥青基防水涂料大都可在潮湿基层施工，而高聚物改性沥青防水涂料，按其类型不同对基层含水率的要求也不一样，当采用溶剂型和热溶型改性沥青防水涂料时，基层应干燥、清洁，否则会影响涂膜与基层的粘结力，而合成高分子防水涂料不同品种的涂料对基层含水率也有不同的要求。基层的含水率是影响涂膜与基层粘结力和使涂膜产生起泡的主要因素，所以，对大部分防水涂料来讲基层要求必须干燥，否则很难保证防水层的质量。因涂膜防水层较薄，为了保证涂膜与基层的粘结力和保证涂膜厚度均匀一致满足设计要求，基层还应做到平整、干净，无孔隙、起砂和裂缝。

4.3.3 在找平层分格缝内嵌填密封材料后，为了扩大防水层的剥离区，使之更能适应找平层分格缝处变形的要求，避免防水层被拉裂，因此，防水层应沿分格缝增设带有胎体增强材料的空铺附加层。据全国历次屋面渗水调查，天沟、檐沟与屋面交接处由于构件断面变化和屋面变形，引起防水层开裂而造成渗漏隐患，故规定屋面的这些部位应增设空铺附加层。

4.3.4 为避免屋面女儿墙的泛水涂膜收头处易开裂而造成渗漏，因此，屋面女儿墙的泛水涂膜防水层宜直接涂刷至女儿墙的压顶下，该部位及女儿墙压顶应做防水处理。

4.3.5 无组织排水檐口的涂膜防水层收头，应将防水层伸入凹槽内，该部位用防水涂料多遍涂刷或用密封材料封严是避免因屋面防水层收头处翘起而造成屋面渗漏。为防檐口底板雨水渗流，檐口下端应做滴水处理。

4.3.6 涂膜防水配套使用的胎体增强材料可用玻璃纤维稀型网格布（0.11mm 厚）、玻璃纤维密型网格布（0.14mm 厚），以及玻璃纤维毡、化纤毡（即合成纤维毡）或聚酯毡，它的选用应与涂料性质相匹配。如果酸碱值（pH 值）小于 7 的酸性涂料，胎体增强材料应使用低碱玻纤产品；若酸碱值（pH 值）大于 7 的碱性涂料，胎体增强材料应使用无碱玻纤产品，如聚酯无纺布、化纤无纺布，因为中低碱的玻纤产品在强碱涂料作用下容易腐蚀，从而失去原有的抗拉强度，造成胎体增强材料的失效。目前不少施工单位、设计人员不注意这个问题，或者乱用胎体增强材料，造成屋面质量产生渗漏后患，因此，施工单位、设计人员必须引起重视。

4.4 刚性防水屋面

4.4.1 由于刚性防水层材料的表观密度大，抗拉强度低，极限拉应力小，且混凝土因温差变形、干湿变形及结构变位易产生裂缝等本身所存在的缺陷，所以，对于有冲击或振动大的厂房及附属建筑屋面不宜采用刚性防水屋面。

4.4.2 天沟、檐沟找坡，为加强防水需要应采用掺防水剂的水泥砂浆找坡。当厚度大于 20mm 时，为防止开裂、起壳，宜采用 C10 细石混凝土找坡。

4.4.3 本条规定了刚性防水屋面的设计要求。

1 由于刚性防水材料的表观密度大，抗拉强度低，为防止基层因温差变形、变位使刚性防水层产生裂缝，所以，刚性防水层需要刚性好的基层，基层宜为整体现浇钢筋混凝土板。若为装配式钢筋混凝土板时，因装配式结构的板端缝和板缝处是易变形开裂部位，为了提高刚性防水层的防水可靠性，所以，基层若为装配式钢筋混凝土板时，应符合本规范第 4.1.3 条的规定。

2 如果刚性防水层与基层之间不设置隔离层，防水层与基层粘结牢固，当结构层混凝土受温差、干缩、荷载作用等因素产生变形、开裂时，粘牢在结构层上的刚性防水层也会产生变形而开裂。另外当高温骤雨时，刚性防水层会产生突然收缩，而结构层滞后防水层收缩，对防水层起到约束作用，使粘牢的刚性防水层产生拉应力而导致开裂。采取脱离式，设置隔离层，使刚性防水层与基层脱离，用不粘结的材料隔开，自由伸缩，互不影响，就会减少或避免防水层的开裂。屋面的保温层因可起到刚性防水层与基层脱离的作用，所以，保温屋面的保温层可兼作隔离层。

3 构件受温度影响会产生热胀冷缩，混凝土本身的干燥收缩及荷载作用下挠曲引起的角变形都能导致混凝土构件的板端裂缝。根据全国各地实践经验和资料介绍，在这些有规律的裂缝处设置分格缝，缝内应先涂刷与密封材料相配套的基层处理剂，再设置与密封材料不粘结的背衬材料后用柔性密封材料嵌填密实，以柔适变，刚柔结合，达到减少裂缝和增强防水的目的，所以，规定了刚性防水层应设置分格缝。考虑我国工业柱网基本以 6m 为模数因素，所以，规定分格缝纵横间距不宜大于 6m；当基层为装配式钢筋混凝土板时，因板端缝和板缝处是易变形开裂部位，为减少或避免对刚性防水层的破坏影响，分格缝应设在屋面板的支承端、屋面转折处，并与板缝对齐。

4 采用直径 4mm～6mm、间距为 100mm～200mm 双向钢筋网片，可以提高混凝土的抗裂度和限制裂缝宽度，并可满足刚性屋面的构造和计算要求。为了刚性防水层各分格缝中的刚性防水层自由伸缩，所以，规定钢筋网片在分格缝处应断开。因刚性防水层较薄，上部砂浆收缩后容易在此处出现微裂，造成渗水通道侵蚀钢筋网片和因防水层较薄一些石子粒径可能超过防水层厚度的一半后，由于刚性防水层的表面比下部更易受温差变形及干湿变形影响，为减少因混凝土碳化而对钢筋的影响，所以，钢筋网片的保护层厚度不应小于 10mm。混凝土刚性防水层厚度不应小于 40mm，主要考虑厚度小于 40mm 时混凝土失水很快，水泥水化不充分，易开裂而降低了混凝土的抗渗性能。混凝土宜为补偿收缩混凝土，也是为了提高混凝土的抗渗性能。

5 由于板支承端变形集中，板端面易产生负弯矩，混凝土刚性防水层与山墙、女儿墙、突出屋面结构及管道、变形缝两侧墙体的交接处由于构件断面变化和屋面的变形，常在这些部位首先发生开裂，为了避免开裂，所以，在这些部位交接处应设置宽度为 30mm 的缝隙，并应做柔性密封处理。泛水处应铺设卷材或涂膜防水附加层，以防交接处开裂造成渗漏，体现刚柔结合的做法。

6 由于普通硅酸盐水泥或硅酸盐水泥早期强度高，干缩性小，性能较稳定，耐风化，比其他品种水泥碳化速度慢，所以，宜在刚性防水屋面上使用。

7 外加剂包括膨胀剂、密实剂、防水剂和减水剂等，主要是提高混凝土的密实性和抗裂性，使块体内在使用中不会产生裂缝从而达到防水的目的，如补偿收缩混凝土防水层就是在混凝土中加入膨胀剂，使混凝土产生微膨胀，在有配筋的情况下能够补偿混凝土的收缩，提高混凝土抗裂性和抗渗性。一般补偿混凝土的自由膨胀率控制在 0.5%～0.1%，设计和施工中应正确选用膨胀剂。钢纤维混凝土防水层为了提高混凝土抗拉、抗折、韧性和抗裂性能，应控制水灰比或水泥用量，在混凝土中还要加入粉煤灰、磨细矿渣粉等掺合料。不配筋细石混凝土，必须掺入膨胀剂、密实剂、防水剂和减水剂等外加剂才能保证防水层的质量要求。因此，混凝土中掺入外加剂是根据需要按不同要求选定的。

8 刚性防水层通常只有40mm厚，如在其内埋设管线、预埋件和凿眼打洞，将会严重削弱防水层的断面和破坏防水层内钢筋网片，使沿管线位置或预埋件的混凝土和洞口边处易出现裂缝，导致屋面渗漏，所以，特作此规定。

4.5 保温隔热屋面

4.5.1 屋面保温隔热的类型和构造设计，应根据建筑物的使用要求、屋面的结构形式、环境气候条件、防水处理方法、施工条件及建筑物节能要求等因素，经技术经济比较确定，并符合条文规定。

1 屋面保温隔热层可分为：松散、板状、整体三种类型，基本上包括目前所采用的类型。松散材料保温隔热层，由于松散保温材料颗粒大小不一，在施工时虽然采取“分层铺设，适当压实”的技术措施，因该材料孔隙率大，容易吸水受潮，其压实程度和厚度及该材料的干湿度与导热系数均难以保证，目前在工程上很少采用。为了保证屋面保温隔热节能的效果，规定屋面保温隔热层应采用憎水性或吸水率低的材料，不宜采用松散材料。

板状保温材料，一般为工厂生产，具有吸水率低、表面密度和导热系数小、干铺施工等特点，目前大多工程屋面保温隔热层均采用该材料。

整体现浇保温隔热层一般为水泥珍珠岩、水泥蛭石在现场人工拌和浇筑而成整体或高硬质聚氨酯泡沫塑料现场喷涂发泡而成整体，由于蛭石和膨胀珍珠岩吸水率高，吸水速度快，如果水灰比较大，会造成水分排出时间长和强度降低，并易产生裂缝。如果水灰比较小，又会造成找平层表面粗糙、压实困难、强度降低，同时拌和中又会造成颗粒破损严重，影响导热系数，目前国内机械工业厂房及其附属建筑此类屋面保温隔热已很少采用。

2 保温材料大多数属于多孔结构，材料受潮后孔隙中存在水汽和水，孔隙中的空气、水汽、水的导热系数相差很大，如干燥时，孔隙中静态空气的导热系数$\lambda=0.02$，而水的导热系数$\lambda=0.5$，比静态空气的导热系数大25倍，若材料孔隙中的水分受冻成冰，冰的导热系数$\lambda=2.0$，又相当于水的导热系数的4倍。因此，保温材料的干湿程度与导热系数关系很大，限制封闭式保温层的含水率是保证屋面保温隔热节能工程质量的重要环节。考虑到每个地区的环境湿度不同，定出统一的含水率限值是不可能的，因此，本条提出了平衡含水率的问题。在实际应用中的材料试件含水率，根据当地年平均相对湿度所对应的相对含水率，可通过计算确定。

3 为了保证屋面保温隔热层的整体效果及节能考虑，当屋面保温隔热层的基层为装配式钢筋混凝土板时，板缝处理应遵守本规范第4.1.3条的规定。

4 厂房及其附属建筑的屋面保温隔热的类型和构造，宜根据本规范附录A机械工业厂房及其附属建筑冬季室内热工计算参数经计算确定。

5 随着国家对节省能源政策的不断提升，民用建筑节能将由过去的30%提高到50%，可是工业建筑至今国家还未有统一的节能标准，因此，机械工业厂房及其附属建筑的屋面保温隔热层厚度除依据本规范附录A机械工业厂房及其附属建筑冬季室内热工计算参数计算外，还应根据各地政府制定的节能政策及所选用的保温材料经建筑热工设计要求计算确定。建筑热工设计应与地区气候相适应。

6 夏热冬冷的地区，夏季时间长，气温较高，解决炎热季节室内温度过高是主要目的，从使用和经济考虑保温层兼作隔热层，其厚度按隔热要求计算确定是最佳合理选择。

7 设置隔汽层的目的，是为了防止室内蒸汽通过屋面板渗透到保温层内，影响保温效果，防止卷材、涂膜防水层起鼓。而我国纬度40°以北冬季寒冷地区取暖，室内空气湿度大于75%时就会发生结露，潮气会通过屋面板渗到保温层中；而常年室内空气湿度大于80%的建筑，如公共浴室、厨房的主食蒸煮间等，也同样会出现此现象。为了防水又隔绝蒸汽的渗透，故规定隔汽层应采用气密性、水密性好的防水卷材。

为了提高抵抗基层的变形能力，隔汽层的卷材铺粘宜采用空铺法，并应与屋面的防水层相连接，形成全封闭的整体。

4.5.2 目前国内新型的保温材料使用越来越多，这对保证屋面保温隔热层质量和屋面防水层合理使用年限创造了条件。本条规定了屋面保温层的构造设计要求。

1 保温层设置在防水层上部称为倒置式屋面，为了使保温层不被大风吹起和预防人为在上践踏而不破坏，及防止有机物保温层长期暴露在外，受到紫外线照射及臭氧、酸碱离子侵蚀而不会过早老化，同时保证保温层不会因雨水浸蚀而影响保温材料的干湿程度与导热系数，降低热工效能，因此，保温层设置在防水层上部时其上应做保护层。保温层设置在防水层下部时，为了确保其上的防水层施工质量，所以，其保温层上应做找平层。

2 屋面坡度大于25%时，为了保证屋面保温层的施工质量和保障施工人员的人身安全，保温层应采取防滑措施。

3 根据建筑节能的要求，为了避免天沟、檐沟与屋面的交接处产生冷桥，降低热工效能，所以，在设有保温层的屋面，天沟、檐沟凡与室内空间有关联的均应设保温层，天沟、檐沟与屋面交接处其屋面保温层应延伸到不小于墙厚的1/2处。

4.5.3 架空隔热屋面是指在夏热冬暖地区防止夏季室外热量通过屋面传入室内的一种措施，在机械工业厂房及其附属建筑设计中比较常用。本条规定了架空隔热屋面的设计要求。

1 架空隔热屋面是利用架空层内空气的流动将热气带走，使部分热量散发出去以降低室内温度；还可以防止太阳直射在卷材或涂膜防水层上，使防水层表面温度有较大幅度地降低，从而可延长防水层的使用年限。根据实践经验，如果架空隔热屋面的坡度大于5%，架空层内空气的流动不畅，影响了架空层的作用；屋面架空隔热层的高度，通过调查和资料分析，屋面坡度过大，架空层高度太高对于架空层内空气流动效果提高不多，且稳定性差，并使屋面荷载加大，目前常用高度为180mm～300mm。为了保证屋面收缩变形和防止堵塞时便于清理及架空层内空气流动效果，架空板与女儿墙的距离宜为250mm，但间距也不应过大，否则将降低屋面架空隔热效果。

2 屋面横向跨度过大、较宽时，会使架空层内空气通风道阻力增加，空气流动效果差，夏季室外热量易积聚在风道中，反使室内温度增高。根据实践经验，屋面横向跨度夏热冬暖地区大于10m、夏热冬冷地区大于15m时，宜采取通风屋脊等措施。

3 为了使进风口和出风口之间的温差、压力有一定的高差，保证架空层内空气最佳的流动效果，应根据当地炎热季节的最大频率风向，宜将进风口设置在正压区，出风口设置在负压区。

4.5.4 屋面架空层内空气的流动只有在通风较好的建筑物上才能产生流动将热气带走，使部分热量散发出去，以降低室内温度；由于寒冷地区区内季节变化不太明显，夏季较短，呈现着温度低、湿度小、日照不强烈、平均风速大、冬季降雪会堵塞架空层及在寒冷地区屋面需要保温，架空层不起作用等特征，所以，寒冷地区不宜采用架空隔热屋面。

4.5.5 在机械工业厂房及其附属建筑的建筑设计中，屋面设计既考虑保温隔热同时又结合美化环境，改善环境小气候而采用种植屋面是今后发展的方向，逐渐为人们所重视和采用。种植屋面应根据地域、气候、建筑环境、建筑功能、经济等条件，选择相适应的屋面构造形式。本条规定了种植屋面的设计要求。

1 种植屋面是常年直接盛水的屋面，屋面一旦开裂就会造成渗漏而且维修困难，为了提高屋面基层刚度和防水可靠性，故屋面结构层应为现浇整体钢筋混凝土板。

2 种植屋面防水层应选择刚柔复合防水，刚性防水层耐穿刺、耐生根、耐腐蚀、不怕水的浸泡，保持在水中其防水性能更能得到保证，而柔性防水材料在这方面正是它的弱点，所以，柔性防水层应放在刚性防水层的下面；因柔性防水层埋在潮湿的刚性防水层下面，所以，应采用耐腐蚀、耐霉烂、耐穿刺、耐水性性能好的材料。

3 种植屋面需填放种植介质，目前常用的有锯末、蛭石、珍珠岩等材料。为了使种植介质不流失，需要在四周设置围护挡墙，围护挡墙四周墙身高度应比种植介质高100mm，并在围护挡墙底高100mm处每隔一定距离设泄水孔、排水管，当下雨时从泄水孔、排水管排出多余的水分，以避免植物烂根，并应采取避免种植介质流失的措施。

4 种植屋面所用材料及植物种类较多，应根据植物及环境布局的需要除应符合环境保护要求外，可整体布置也可分区布置，分区布置应设挡墙或挡板，其形式应根据需要确定。种植介质及厚度应根据不同地区满足不同种植植物种类生长所要求的不同介质及厚度等条件确定。

5 为了方便管理，种植屋面应设置人行通道。

4.5.6 本条规定了倒置式屋面的设计要求。

1 倒置式屋面的防水层是埋置在保温层的下面，防水层受到了充分的保护，防水层的日温差、年温差小，不会受到日光和紫外线的照射，延长了防水层的老化年限；因防水层维修困难，所以，防水层的使用年限必须15年以上，加上目前普遍采用保温层上面做刚性防水层兼作刚性保护层，屋面防水为两道及以上设防，符合屋面的防水等级为Ⅱ级及以上的建筑屋面防水等级。

2 由于防水层长期处于与结构紧密相连的环境中，为了避免因使用和温差等因素使结构变形造成防水层开裂破坏，所以，防水材料应采用适应变形能力强、接缝密封保证率高的材料。

3 倒置式屋面的保温层在防水层上面，经常受降水而易潮湿，所以，保温层应采用干铺或粘贴板状憎水性或不吸水、不腐烂的保温材料。

4 保温层很轻，若不加保护和埋压，容易被大风吹起或人在上面践踏而破坏，同时由于有机物保温层长期暴露在外受到紫外线照射及臭氧、酸碱离子侵蚀会过早老化，因此，保温层材料表面应做刚性保护层。

5 倒置式屋面采用现场喷硬质聚氨酯泡沫塑料时，为了堵塞表面孔隙水，其表面宜涂刷一道涂膜作保护层；为了增大相互间的粘结力，泡沫塑料与涂膜间应具相容性。

6 因倒置式屋面的保温层在防水层上面，为了确保檐沟、雨水口等部位便于施工和节点密封，保证该部位不开裂渗水，所以，这些部位应采用现浇钢筋混凝土或砖堵头，并做好排水处理。

4.6 金属压型板屋面

4.6.1 金属压型板材的种类很多，有锌板、镀铝锌板、铝合金板、铝镁合金板、钛合金板、铜板、不锈钢板等，厚度一般为0.4mm～1.5mm；板的制作形状也多种多样，有单板和复合板（夹芯板），板的表层一般进行涂装。由于材质及涂层的质量不同，其板寿命也不同，有的板寿命可达50年以上。金属压型板屋面所用的金属压型板目前国内可生产近20多种不同板型的压型板，保温层有在工厂复合制成，也有在现场制作，目前在大型公建、工业厂房、仓库应用广泛的是金属压型板材与保温层在工厂复合压制的金属复合夹芯板材。本条规定了金属压型板屋面的选用要求。

1 由于金属压型板屋面可适用于防水等级为Ⅰ～Ⅲ级屋面，该屋面相对目前国内常用的其他屋面造价较高，施工技术要求也高，所以在选用时应按建筑物类别、重要程度、使用功能、使用的经济条件，根据屋面防水等级及防水层合理使用年限选择性能相适应的金属压型板材屋面。无论采用何种材料的金属压型板屋面，都应该满足金属压型屋面板在建筑中应用的两大要求：第一，适应建筑环境介质及满足屋面防水等级及防水层合理使用年限要求的耐久性；第二，具有能弯曲、剪切等可加工性能。

2 金属压型板材屋面的坡度范围可以很大，坡度选择取决于下列因素：气象条件、纵向搭接和横向连接的防水能力、屋架形式、防水构造、艺术造型、汇水长度等；汇水长度又取决于泄水范围、连接处防水能力、温度伸缩缝构造等。在通常情况下，既有利于排水又可节约材料的坡度为大于或等于5%，为了减轻因积雪而加大屋面荷载易在连接处产生因板面弯曲变形造成接缝处渗漏和在腐蚀环境中提高对金属压型板屋面的腐蚀性能，所以小于5%时应采取防漏水措施。

3 为了防止爬水和减少雨水对外墙面及屋面与墙顶端接缝处的影响，金属压型板材屋面檐口挑出的长度不应小于200mm。

4 金属压型板屋面应尽量少开洞，因屋面开洞洞周边缝隙较难处理，泛水节点和施工不当极易产生缝隙渗水隐患；如必须开洞时，应做好洞边处泛水节点设计，不应有渗漏现象。

5 金属压型板屋面比较轻，均为搭接而成，板接缝隙较多，台风对其破坏影响很大；用于高于50m的建筑上，风力影响也很大。为了保证强台风时屋面的安全性和暴雨时屋面不产生渗漏能正常使用，要求在强台风地区或高于50m的建筑上，应采取防风措施。

6 对风荷载较大地区的敞开式建筑，为确保安全应采取加强连接的构造措施。

4.6.2 不同种类金属压型板屋面的铺设、固定和搭接均有区别，本条只规定了金属压型板屋面的铺设、固定和搭接的一般要求。

1 屋面天沟用金属板材制作时，为了便于固定密封，伸入屋面金属板材下的深度不应小于100mm；为了防止爬水和坚固不变形，天沟沟帮两侧的边缘应用角钢与屋面连接，屋面金属板材应伸入檐沟内，其长度不应小于50mm。因金属板材的类型不同，为了保证屋面整体的质量，屋面的檐口应用与板型相配套的异型金属板材的堵头封檐板，山墙应用异型金属板材的包角板和固定支架封严。

2 为了防止屋面在风力作用时产生爬水现象，屋面脊部应用金属屋脊盖板，并在屋面板端头设置泛水挡水板和泛水堵头板。

3 泛水是金属板材屋面最易渗漏的部位，所以，要求屋面的泛水板与突出屋面的构筑物及管道和墙体搭接高度不应小于250mm，搭接口处应采取密封措施。

4 单坡金属压型板屋面屋脊处的节点只有进行全包封闭才能做到可靠的防水，所以，其屋脊应用包角板覆盖。

5 金属压型板屋面一般屋面较大，由于屋面强度要求金属压型板多为带肋，因此，作为屋面的金属压型板材相互之间的连接和密封处理及与构筑物、管道、山墙、洞口等处的泛水节点密封处理设计非常重要。为了保证金属压型板材屋面整体的使用功能，符合屋面防水等级和防水层合理使用年限的标准，其屋面压型板材的固定和搭接处密封处理必须符合设计要求，不应有渗漏现象。

6 为了加强屋面天沟或檐沟的刚度、使用时不变形而采取的措施。

4.7 屋面排水

4.7.1 目前屋面的防水设计中，开始注重整体设防概念，并建立起防排结合、刚柔共济、节点密封、复合防水、多道设防的新理念和新设计原则，由过去孤立的防水层设计转向根据基层特点，防、排结合一体化设计，其中屋面排水系统非常重要，必须克服过去对屋面排水重视不够，使屋面长期积水，产生防水节点渗漏的严重状况。本条规定了屋面排水的设计要求。

1 为了使雨水不经过屋面浸入到室内，除了对屋顶结构形式、屋面基层类别、防水构造形式和防水材料、功能、施工技术等进行充分研究、合理设计外，还要根据当地自然条件、年降雨量大小、檐口高度、生产性质及屋面排水坡度、排水面积等条件确定屋面的汇水面积大小、流动方向、排水沟的位置、大小及雨水管数量和管径等排水方式；

2 当采用有组织排水时，从安全使用和维修方便考虑，宜采用外排水；

3 根据历次全国屋面防水工程调查和全国征求意见都认为排水天沟纵向坡度小于1%，施工难以保证，又易使天沟、檐沟积水普遍，致使防水材料因浸泡而发生霉烂，加速损坏，故规定坡度不应小于1%，沟底水落差不得超过200mm；

天沟、檐沟经过变形缝，则构造节点复杂又难以施工，保证防水很困难，所以规定不得经过，也不得通过防火墙，否则防火墙会失去作用；

4 易积灰屋面灰尘易堵塞排水沟和雨水口，为了使屋面灰尘易被风吹雨刷，宜采用无组织排水；当采用有组织排水时，为了排水通畅，排水沟和雨水口不被堵塞，应采取防堵措施。

4.7.2 为避免因檐口距地面过高或因年降雨量过大，使雨水飘入室内影响使用和湿陷性黄土地区因雨水对墙基基础的渗漏造成基础易产生不均匀下沉，使墙身开裂、渗水；避免采暖地区车间一侧有露天吊车时，屋面雨水因冬天结冻影响吊车使用以及为避免开敞式或半开敞式天窗易使室内飘雨，故规定上述条件下的屋面应采用有组织排水。

4.7.3 雨水口和雨水管的数量、管径布置及截面均受到汇水面积的制约，应按现行国家标准《建筑给水排水设计规范》GB 50015的有关规定，通过雨水口的排水量及每根雨水管的屋面汇水面积计算确定。实践证明，目前雨水管的内径普遍偏小，造成排水不通畅且易堵塞，为使排水及时和防止雨水管堵塞及经久耐用，宜加大雨水管的内径，其公称直径不应小于100mm。每一屋面或天沟不宜少于2个雨水口，主要是考虑屋面常年因积灰、落叶和大雪等原因有可能使一个雨水口堵塞后仍能安全排水。为了施工方便，规定雨水口中心距端部女儿墙内边不宜小于500mm。雨水管距离墙面不应小于20mm，雨水管的底端部排水口距散水坡的高度不应大于200mm，并应设45°弯头，是为了保证雨水不溅到外墙勒脚造成渗漏影响墙基。

4.7.4 冬季室外采暖计算温度低于−20℃严寒地区，为了避免雨水口和雨水管冻裂和冰冻堵塞，导致排水不畅，甚至影响墙体损坏，规定宜采用内排水。

为了保证雨水排泄通畅，雨水管应接入雨水排水管网，为防雨水渗漏，雨水管接口须封接严密。从城市环保及雨水再利用等要求雨水与污水应采取分流制，所以，雨水管不得与污水管道连接。考虑严寒地区屋面积雪过厚，冰冻堵塞雨水口和雨水管较严重，冰冻融化时雨水一时排泄不畅，所以，屋面天沟端头还应设溢水口以减小屋面的积水。

4.7.5 平屋面时，为了避免常发生雨水在屋面和雨水口处积水排水不畅，故靠近天沟、檐沟200mm～500mm范围内屋面坡度宜为5%，分水线处最小深度应大于或等于40mm。在雨水口周围直径500mm范围内坡度不宜小于5%，体现了防排结合的原则。雨水口与基层交接处，因混凝土收缩常出现裂缝，故在雨水口周围的混凝土上应预留凹槽，并嵌填柔性密封材料，避免雨水口处的渗漏发生。

4.7.6 为了使多跨厂房中间天沟的雨水尽快排出，不产生积水，最好不设或减少中间天沟雨水口的设置，所以，规定了多跨厂房中间天沟应结合建筑物伸缩缝布置，并应采用两端山墙外排水；出山墙部分的天沟墙壁，应设溢水口。

4.7.7 根据目前国内机械工业厂房普遍采用的金属压型板屋面工程实例，屋面外檐沟在条件不允许时可不找坡，内檐沟及内天沟的坡度宜为0.5%，但出山墙部分的天沟墙壁应设溢水口。在北方寒冷地区的内天沟、檐沟考虑因积雪冰冻堵塞常使雨水排泄不畅，所以，应采取防积雪冰冻措施。

4.7.8 水对湿陷性黄土地区建筑物地基破坏影响很大，为了保障机械工业厂房及其附属建筑物的结构和使用安全，对该地区落水管应直接接入专设的雨水明沟或雨水管道，作了严格明确的规定。

4.7.9 当建筑物屋面采用无组织排水时，为了防止屋面雨水排泄溅污墙面，影响墙体结构和外装饰，甚至使室内墙面受潮霉变影响使用，规定屋面采用无组织排水时，其屋面伸出墙面长度不宜小于600mm。为了防止建筑物的出入口处的雨水飘入室内和方便人员出入不至雨淋，规定了在建筑物的出入口处应设雨篷。

4.7.10 为减少底层建筑物外墙墙基不受雨水的常年浸蚀而影响结构的安全性，故作本条规定。

4.7.11 屋面采用内排水如处理不当较易产生排水不畅隐患，为使屋面排水系统保持畅通，在长期使用过程中又便于管理、维修、保养，严防屋面雨水口、雨水管下端或接横向管处堵塞，造成屋面长期积水和大雨时溢水，作本条规定。

5 墙体

5.0.1 砌筑墙体材料中的块材强度等级要求系砌筑墙体强度的基本要求，其砌筑砂浆除防潮层以下或有其他特殊要求外，应采用混合砂浆。混合砂浆和易性较好，便于人工砌筑。按现行国家标准《砌体结构设计规范》GB 50003有关条文的规定，当采用水泥砂浆砌筑时，砌体的抗压强度及弯曲、抗拉、抗剪强度应分别乘以0.90及0.80的调整系数。对蒸压灰砂砖、混凝土砌块和其他非烧结砖砌筑材料仍采用传统的粘土砖混合砂浆已不合适，宜采用适合各种材料自身特性与其配套的砌筑砂浆砌筑。

粘结性好的砂浆，不但能提高块材与砂浆之间的粘结强度，改善砌体的力学特性，而且还能减少墙体的裂缝。

框架结构填充墙体材料，为减轻重量宜采用轻质砖或砌块，为了安全且应与框架梁、柱有拉结措施，并采用与其匹配的砌筑砂浆砌筑。

由于加气混凝土等吸湿性较大的砖、砌块受潮后或在高温下，其强度等级会降低或损坏，影响墙体安全，所以墙体表面经常处于80℃以上的高温房间及受化学浸蚀环境的墙体不得采用加气混凝土砌块。

本规范所指"砖"，包括以粘土、页岩、煤矸石、粉煤灰为主要原料的烧结多孔砖、烧结普通砖及蒸压粉煤灰砖、蒸压灰砂砖及硅酸盐砖等。为节约良田，原建设部明文规定，墙体材料不得采用烧结粘土砖。

5.0.2 为了增加墙体的稳定性，提高抗震性能，砌筑墙体构造措施除应与结构专业密切配合设置外，墙体内必须采取相应的构造措施。

5.0.3 防潮层的设置主要为防止地面以下潮气由于毛细管作用，使潮气上升，影响墙体寿命，尤其墙体两侧不同标高的地坪及贴外墙设花池的墙面防潮层不应漏设。

5.0.4～5.0.10 各条均应与结构专业密切配合确定，其中第5.0.8条，砖、砌块砌筑的女儿墙现浇钢筋混凝土压顶板在长度方向每隔30m留板缝，是防止因温度变化引起板的伸缩，致使现浇钢筋混凝土压顶板与女儿墙间拉裂造成渗水。第5.0.9条热加工车间为争取进风面积，窗台标高可适当降低，夏热冬暖地区可降到0.6m。楼层的窗台高度小于0.8m时应设护栏，是安全要求。

5.0.11 轻型板材包括金属压型板及轻质多孔板等。由于其材质轻、外形尺寸较大，采用时应利用其特点以减少板材型号。填充墙及非承重的墙体为减轻荷重，使建筑空间灵活性更大，应采用行之有效的轻质墙体材料。设计时应遵守与该轻质墙体材料有关的设计规范规定。

夏热冬冷及夏热冬暖地区无热工要求的厂房外墙采用金属压型板时，尚有隔热、隔音要求，宜采用夹芯墙板，并满足热惰性值要求。

5.0.12 为解决金属压型板受撞击易变形损坏问题，金属压型墙板的低侧窗窗台以下（勒脚）部位，宜采用吸湿性小的砖、砌块砌筑，并按结构专业要求采取拉结措施。

5.0.13 由于金属压型板面板较薄，承载能力差，洞四周泛水难以处理，所以当必须在墙体上开洞时，洞四周应采取加固措施，并做好防水构造处理。

5.0.14 为确保墙体整体密封而采取的措施。

6 地面和楼面

6.1 面 层

6.1.1 机械工业厂房地面面层材料，应根据车间或工段的使用要求选用平整、耐磨、不起尘、防滑、易清洗的材料和技术经济综合比较来考虑。防静电地面面层应选用导电材料制成的地面（其构造由面层、找平层、结合层的材料内添加导电粉、导电网组成，接地电阻不大于10Ω），如防静电水磨石、防静电水泥砂浆、防静电塑料面层和防静电橡胶板面层。

6.1.2 为了保证地面整体强度，当地面采用金属骨料作为耐磨混凝土面层及采用钢格栅加固面层材料时，其混凝土强度等级不宜低于C30。

6.1.3 地面和楼面面层的分格缝设置，主要目的是防止面层材料因温度变化而产生不规则裂缝。

1 细石混凝土面层和混凝土垫层是同类材料，因而收缩是一致的，为使面层和垫层结合紧密共同作用不产生裂缝，因此，细石混凝土面层的分格缝应与混凝土垫层的缩缝对齐。

2 水磨石、水泥砂浆、聚合物砂浆等面层的分格缝除了应与垫层的缩缝对齐外，水磨石、水泥砂浆面层分格缝约为1m方格，聚合物砂浆面层分格缝约为6m～12m方格。

3 主梁两侧和柱周边处为板的支点，应力为负弯矩区，易开裂，所以该处宜设分格缝。

6.1.4～6.1.6 防油渗楼面设计及主要技术指标等是根据1984年通过原机械部设计总院组织的技术成果专家鉴定。其成果包括防油渗混凝土、聚合物防油渗砂浆和防油渗胶泥及其施工技术。防油渗混凝土外加剂和胶泥，系专门配制而成，应进行定点生产供应。

防油渗隔离层的设置是在总结近年来实践经验的基础上提出来的，应当说防油渗混凝土作为主要防渗层具有比普通密实混凝土高出1倍～2倍的抗渗性能，基本上能满足正常使用要求。但考虑到机油的品种、数量、机械振动作用的影响以及结构整体性和施工条件等因素，必要时增加隔离层是十分有效的措施。

本规范规定在一定条件下可采用具有良好耐磨防油性能的涂料面层，适用于油量少、机械磨损作用弱的场所。目前市场上涂料品种牌号较多，首先推荐树脂类涂料较好，使用时应注意检验。

露出地面的电线管、接线盒、地脚螺栓、预埋套管及墙柱连接处的地面易产生裂缝，因此，在这些地方应严格控制。浇筑混凝土时应分仓设缝，施工中除应保证按规定的操作程序及设计要求进行，还应采取防油渗措施，否则难于达到防油渗整体效果要求。

防油渗楼面的设计、施工有待普及提高，由于有较高的技术要求，应由专业施工队承担施工。

6.2 垫 层

6.2.1 地面垫层的选择应根据面层类型，结合车间或工段分类、使用要求进行选择。

6.2.2 混凝土垫层的厚度，应根据地面荷载类型、混凝土强度等级和压实填土地基变形模量计算确定。当填土压实系数大于等于0.94时，综合考虑确定混凝土垫层厚度可以查表6.2.2。这一条规定是按正常使用条件下，混凝土垫层厚度按主要地面荷载类型和混凝土强度等级确定的。对个别重荷载，应采取局部措施予以解决。本次制定关于混凝土垫层厚度表中的数据，是经过多年设计、施工、使用大面积堆料的仓库地面 $20kN/m^2$ ～ $30kN/m^2$ 使用荷载下混凝土强度等级 C10 ～ C15、厚度 70mm ～ 90mm、C20 厚度 60mm，标准偏低。当时是取调查资料中混凝土厚度的最小值，故本次制定混凝土垫层厚度，一般增加 30mm～60mm，$50kN/m^2$ 混凝土厚度增加 20mm，而普通金属切削机、无轨运输车辆及起重机的起重量中的混凝土垫层厚度一般增加 20mm，混凝土强度等级提高一档。

关于起重机起重量的大小与地面荷载大小无直接关系，但在客观上存在着某种联系，例如大吨位起重机厂房，其上部结构等级较高，地面设计也希望有相当的垫层厚度和略高的标准，尽管设备均有独立基础，或产品加工件与地面接触面积很大而不足以此为控制垫层厚度的依据；为此，查表选用时应根据厂房实际使用情况而确定。

6.2.3 地面垫层类型应根据面层种类不同进行选择，垫层的最小厚度不宜小于 80mm，混凝土垫层强度等级不应低于 C15。当垫层兼面层时，混凝土垫层的最小厚度不宜小于 100mm，混凝土强度等级不应低于 C20，是考虑随捣随抹平面层，经济上比较合理。

6.2.4 淤泥、淤泥质土、冲积土及杂填土等均属软弱地基，其变形特征是沉降量大、沉降差异大、沉降速度大和沉降延续时间长，如在其上直接铺设地面时，设计必须考虑可能造成的危害，必须采取机械压实等加固处理后，方可铺设地面。

6.2.5 地面上有大面积堆积重荷载和承受剧烈振动作用的厂房、仓库地面垫层设计时，必须考虑因地面的超载防止地基所产生的不均匀变形对厂房基础的影响，造成建筑物不均匀沉降，并采取地面配筋、地基加固或宜在垫层下铺设粒料类、灰土类柔性材料等措施。

6.2.6 调查表明，采用混凝土垫层而直接受大气影响的露天堆场、散水及坡道等地面，其填土地基极易引起沉降、开裂，为了保证工程质量，本规范规定在混凝土垫层下宜铺设水稳性较好的砂、炉渣、碎石、灰土等材料。

6.2.7～6.2.9 地面混凝土垫层分仓浇捣的做法，本规范明确定义为纵向、横向缩缝；构成形式，包括平头缝、企口缝和假缝三种。

缩缝是为防止混凝土垫层在水化过程中或气温降低时产生不规则裂缝而设置的；尤其在寒冷地区，混凝土地面施工后过冬季才能使用，如来不及安装采暖设备，就会导致厂房地面在未投产前就产生不规则的收缩裂缝。

纵向缩缝采用平头缝和企口缝，横向配以假缝，是对目前地面设计中广泛应用的等厚板设计方案而言，不仅改善了边角受力性能，且施工方便。实践证明，平头缝可大大提高地面板的承载力。

假缝是横向缩缝，其构造为上部有缝，下部不贯通，目的是引导收缩缝裂缝集中于该处，断面下部晚些时间也可能开裂，但呈全锯齿形且彼此紧贴，既可使承载力与纵向缩缝相当，又可避免边角起翘；施工完毕，缝内用水泥砂浆填嵌，以防垃圾进入。

伸缝是防止室外的混凝土垫层在气温升高时，由于混凝土伸长，缩缝边缘产生挤碎或拱起现象而设置的伸胀缝。由于室内地面温差较小，伸胀不如室外显著，本规范只规定在室外宜设置伸缝。伸缝的构造形式对受力极为不利，规定应做构造处理，局部加强。

6.2.10 考虑严寒地区室外散水已做防冻胀处理，有一定保温作用，因此当室内有采暖的底层地面，应在外墙内侧 1m 范围内的地面采取保温措施。当室内无采暖地面采用混凝土垫层时，其混凝土垫层下应加设防冻胀层。

6.3 台阶、坡道、散水及明沟

6.3.1、6.3.2 从使用安全及舒适考虑，对踏步高、宽及坡道坡度作了明确的规定。

6.3.3～6.3.7 为了保护外墙墙基不渗水，对外墙散水作了明确的规定。

6.4 楼面和地面构造

6.4.1 有特殊要求的地面和楼面，为了做到经济合理，避免盲目性，应通过计算确定其构造及厚度。

6.4.2 地面和楼面经常有水和非腐蚀性液体介质作用时，地面和楼面多数用现浇水泥类面层，如混凝土、水泥砂浆或水磨石等，均可满足使用要求。在排水通畅的条件下，底层地面不需专门设置防水层，基层混凝土的密实性、抗渗性可以满足使用要求，如设计采用具有一定抗渗强度的混凝土做基层而避免采用防水层，在技术上、经济上也许更趋于合理，对此可进一步探索。采用装配式钢筋混凝土楼板，因其整体性较差，板缝较多，在水和非腐蚀性液体流淌状况下，即使板面上做了结构整浇层，为防止构件及面层受温度影响产生热胀冷缩应力变形使面层开裂，所以应设防水层。楼面混凝土板在墙体处，翻高 150mm 是为了避免墙体渗水，提高防水可靠度。

6.4.3 经常冲洗或排除各种液体的地面和楼面坡度，按照材料表面光滑粗糙的面层考虑排水坡度，主要是在不影响生产操作条件下，尽量采用上限，当楼层为现浇钢筋混凝土板，因无填充层，全靠找平层找坡可采用下限。同时考虑排水沟的纵向坡度小于 0.5% 时，不但施工不易做到，且排水也可能不畅。因此，规定其地面和楼面坡度一般不小于 0.5%。

6.4.4 从保护墙、柱面及地面和楼面防渗需要，对踢脚板作了明确规定。

6.4.5 从使用安全考虑，经常有水、油脂、油等易滑物质的地面、踏步和坡道，应采取防滑措施。

6.4.6 地面沉降缝和楼层沉降缝、伸缩缝及防震缝的设置应与结构相应的位置一致，地面与墙体间可设沉降缝，主要考虑墙体沉降较大时，地面边缘不被破坏。从使用、安全、美观、防渗考虑，地面和楼面变形缝应做盖缝处理。

6.4.7 沟坑边缘、台阶和踏步边缘，这些部位有强烈作用下易受撞击、摩擦等机械作用而损坏，所以应采取加强措施。

6.4.8 在柔性垫层上做块材面层时，为了使块材面层受力均匀，填缝柔性密实，块材面层应用松散材料填缝。

6.4.9 从使用、安全、美观、防渗要求考虑，湿陷性黄土地区经常受水浸湿或积水的地面，应按防水地面设计，并对地面下垫层、管道穿过地面及排水沟做法作了具体规定。

7 门 窗

7.1 门

7.1.1 厂房大门主要是满足运输设备、产品及其物料的通行，因此大门的尺寸必须根据工艺设计提出的最大运输件尺寸及运输工具类型、规格并结合门的材料类型和施工条件确定。考虑到运输设备、产品及其他物件进出顺利、安全，厂房大门门洞口宽度和高度最少应留有一定的间隙；运输出入频繁时，还应放大。运输出入频繁的大门及钢结构厂房车行大门内外应采取防撞措施。

7.1.2 制作厂房大门的材料，应结合当地条件、生产使用要求进行选择。对热损耗没有特殊要求且美观要求较高的厂房，可选用卷帘门、滑升门，但宜选用电、手动两用形式，以防停电时使用。为了安全，厂房推拉大门应有防脱轨措施。

7.1.3 严寒及寒冷地区采暖厂房为了保持室内温度稳定，减少采暖设备投资及运行费用，节省能耗，外门应采用保温门。

7.1.4 我国北方和西北地区冬春两季，风沙较大，门窗应采用防风沙门窗。

7.1.6 有易爆、易燃等危险品的房间，为便于人员疏散，房间的门必须向疏散方向开启。本条为强制性条文，必须严格执行。

7.1.9 为防止使用过程中因变形缝变形使门框或门扇破坏变形，不能开启，影响使用和人员安全疏散要求，特作此条规定。

7.2 侧 窗

7.2.1 厂房侧窗一般面积较大，从美观和适用考虑，宜选用铝合金窗、塑钢窗或新型钢窗。

7.2.2 需开启的通风高侧窗在无开窗设施情况下，开启较困难，宜选用电动或手动开启装置。较小型车间的高侧窗也可采用绳索拉簧插销开启，以节省投资。

7.2.3 侧窗玻璃选用及开窗面积对围护结构的综合传热系数影响很大，为了限制和降低采暖建筑物的能耗，除了提高围护结构外墙和屋顶的保温性能外，还应重视侧窗的保温隔热性能，尽量加大热阻、减少面积、提高气密程度等。从节能角度考虑，采暖建筑采用中空玻璃窗是合理的。

7.2.4～7.2.6 从使用合理、方便、安全考虑作此规定。

7.3 天 窗

7.3.1 冷加工厂房的通风问题并不突出，在需要通风的炎热季节，侧窗一般能满足要求，但不能满足均匀采光的要求。为节省人工照明的能耗，目前设计普遍采用矩形天窗、采光带及采光罩。

热加工车间室内热源发出的热量，致使室内气温高于室外，为改善生产或工作环境条件，需要不断通风换气，宜采用出风口为负压区的成品自然通风器或带挡风板矩形天窗，以确保通风效果。

7.3.2 为利于自然通风和满足采光照度的均匀性及避免西晒、眩光，天窗宜朝南、北向开设。北方严寒地区，夏季不太热，冬季日照时间较短，为了使车间尽可能获得较多的阳光，锯齿形天窗宜朝南向开设。为保证人员安全，天窗玻璃宜采用建筑用安全玻璃。

7.3.4、7.3.5 从保障室内安全使用及卫生而作此规定。

7.4 挡 风 板

7.4.1 为了保证避风天窗的排风效果，防止形成气流倒灌及为了便于人员管理，特作此条规定。

7.4.2 天窗挡风板与天窗间距离 L 与天窗洞口高度 h 之比适合范围 0.6～2.5，目前，矩形天窗挡风板距离标志尺寸一般为 3m 和 4.5m，窗洞一般为 1.5m、1.8m、2.4m 和 3.0m。L/h 值在 1.25～2.00最为常用。挡风板高度超过天窗檐口时可能出现倒灌。

7.4.3 相邻天窗净距小于天窗高度 5 倍且端部封闭时，其间区域为负压区，能保证通风效果。

7.4.4 为了避免风吹在较高建筑的侧墙上，因风压作用使天窗处于正压区，引起倒灌现象，特作此条规定。

8 楼梯、钢梯、电梯与起重机梁走道板

8.1 楼 梯

8.1.1 疏散楼梯是多层建筑中人员安全疏散的主要通道，设计时应严格按照现行国家标准《建筑设计防

火规范》GB 50016 的有关条文执行。楼梯净宽度系指装修后完成墙面到扶手中心或扶手至扶手中心线之间的水平距离。

8.1.2 当多层建筑中楼梯间靠墙一侧有框架梁凸出墙面，其梁下梯段净高小于 2.2m 时，人员行走易碰头，为安全起见，在此墙面应设平梁侧面栏杆扶手。

8.1.3 室外疏散楼梯作为第二安全出口，供人员应急疏散及消防人员从室外直接进入建筑物内。其栏杆扶手的高度、楼梯的净宽及倾斜角度、梯段和平台的耐火极限以及通向室外楼梯的门等应符合本条相关条款的规定。

8.1.4～8.1.10 以上各条是保证人员安全使用、疏散而规定。其中第 8.1.10 条是强制性条文，必须严格执行。

8.2 钢 梯

8.2.1 由于丁、戊类厂房火灾危险性较小，室外疏散钢梯可为第二安全出口。

8.2.2 多跨及有天窗的工业厂房上屋面次数较多，故规定檐口高度大于或等于 6m 应设检修钢梯。为使用方便，规定每部检修钢梯的服务半径不应大于 100m。

为了检修人员安全及我国目前机械工业厂房大量工程实例，规定檐口高度大于 8.4m 时，垂直检修钢梯应设梯间平台；檐口高度大于 14.4m 时宜采用斜钢梯并设中间平台。

8.2.3～8.2.6 为检修人员安全及使用方便而规定。

8.2.7 上起重机的钢梯及平台不宜设于厂房尽端柱间，如需设置，则需考虑钢梯及平台与车档间的距离，使之能上起重机驾驶室。平台及踏步板采用钢筋条板时，使用者易产生眼花及物件掉落而导致危险，故不应采用。

8.2.8 为保证上起重机人员在平台上行走不碰头，平台面距起重机梁底及管道等其他构件底净空不应小于 1.8m。

8.2.9 外廊、上人屋面及作业平台的金属栏杆高度一般采用1.05m～1.20m，平台栏杆及疏散通道等场所的栏杆，为保证安全，连接应牢固。为防止物件下落造成危险，栏杆下部 100mm～150mm 处不应留空，端部应采取加强措施。

8.3 电 梯

8.3.2 电梯候梯厅的深度应考虑人员与货物进出的交叉空间，故作本条规定。

8.3.4 楼梯环绕电梯位置的方式不利于人流疏散。为便于使用和安全疏散，客梯附近宜有疏散楼梯。

8.3.5 本条规定了垂直运输物品提升设施的设计要求，以阻止火势向上蔓延，扩大灾情。除戊类仓库外，其他类别仓库内的火灾荷载相对较大，物品存放较集中，火灾延续时间也可能较长，为避免因门的破坏而导致火灾蔓延扩大，室内外提升设施通向仓库入口的门，应采用乙级防火门或防火卷帘。

8.4 起重机梁走道板

8.4.1～8.4.4 起重机梁面设置走道板是为解决起重机运行过程中遇有停电或发生故障时，为起重机操作人员从梁面行走的安全。同一跨内设有多台工作制等级为 A6 以上的桥式起重机时，起重机两侧梁面均应设置走道板；当使用单位备有移动式检修设备时，可不受此限制。检修平台是供起重机检修时便于检修人员存放零件、工具之用，若起重机本身带有检修附件时，亦可不设。

起重机工作制等级共分为 A1～A8 级，A8 为特级，A7、A6 为重级，A5、A4 为中级，A1、A2、A3 为轻级。

8.4.5～8.4.10 从对起重机检修方便和工作人员的人身安全考虑，对起重机走道板及宽度和检修平台等的设置和要求作出了明确规定。其中第 8.4.8 条为强制性条文，必须严格执行。

9 装 饰 工 程

9.1 外 墙 装 饰

9.1.1 抹灰层太厚容易脱落且施工不便，所以条文规定外墙抹灰厚度超过 35mm 时，应分层粉刷，并采取钉钢丝网等加强措施。

9.1.2 此条规定是为了有利排除雨水，防止雨水聚积和倒流渗入窗内或墙体及污染墙面、顶棚，影响使用。

9.1.3 为了防止不同材质交界处因材料温差应力变形，使抹灰层开裂而采取的加固措施。

9.1.4 加气混凝土、轻质砌块和轻质墙板等基体外墙贴面砖或陶瓷锦砖时，其基体不牢固或基面的抗拉粘结强度不高，是面砖或陶瓷锦砖容易脱落或产生裂缝的主要原因之一，为了防止此类事故的发生，参照有关规定，特做此条规定。本条中的基层是指墙体表面的结合层或找平层，基面是指墙体和基层的交界面。

9.1.5 聚苯颗粒保温浆料和硬质聚氨酯保温层上无双向亲和力保温层界面剂，难以保证其界面的粘接强度要求，容易导致表面抹灰层的开裂或脱落，故作本条规定。

9.1.6 轻质材料外保温层上做 3mm～5mm 厚聚合物抗裂砂浆加耐碱玻璃纤维网格布保护层，是防止涂料饰面开裂的有效措施。

9.1.7 外保温的外墙饰面材料涂料与面砖或陶瓷锦砖相比，涂料施工简单、方便快捷、经济，故首先推荐使用涂料饰面。为了防止涂料饰面因温差、厚薄不均等因素开裂，宜采用弹性涂料饰面。

9.1.8 为了保证轻质材料外保温层表面贴面砖的可靠性，其基层处理和面砖粘结剂应符合本条要求。

9.1.9、9.1.10 外墙饰面砖拼贴，应考虑基层或饰面砖因温度伸缩引起的开裂、变形、脱落甚至伤人等因素，宜采用有缝嵌缝拼贴，伸缩缝材料应具有良好的抗渗性能和弹性，以便防止雨水渗透所引起的降低外墙保温效果和使用寿命，避免发生饰面砖开裂和脱落。

9.1.11 变形缝处内外饰面断开，是为了避免影响变形缝的功效。外饰面盖缝是为了使变形缝处外墙立面统一、协调和美观。

9.1.12 由于含氯盐的防冻剂，其氯离子宜游离渗出抹灰砂浆表面，导致涂膜表面泛碱、变色、鼓泡、脱落，所以冬季施工时，表面做涂料面层的找平层砂浆不应掺入含氯盐的防冻剂，宜掺入防水剂、抗裂剂或减水剂等材料。

9.2 内墙装饰

9.2.1 装饰材料若采用易燃材料，一旦发生火灾，火势容易蔓延，扩大火灾损失，故装饰材料宜采用不燃及难燃材料。据有关统计资料，火灾中伤亡人员大多是由火灾燃烧产生的有毒气体窒息所致，所以装饰材料不应采用燃烧时产生有毒气体的材料。

9.2.2 不同材料交界处的抹灰层容易产生开裂，为了防止墙面抹灰层的开裂，不同材料交界处应附加一定宽度的耐碱涂塑玻璃纤维网格布。采用耐碱涂塑玻璃纤维网格布，是为了避免水泥砂浆中的碱性化学物质腐蚀玻璃纤维网格布，降低玻璃纤维网格布的寿命。

9.2.4 条文所述用房因常年有人工作，为了满足其使用功能及环境卫生要求，其内墙表面应做饰面。

9.2.5 有防爆要求的厂房及站房内墙粉刷，阴阳角做成圆角，是为了减少蜘蛛结网可能产生的沉积性污染，防止易燃易爆气体或粉尘聚积，降低爆炸的危险性。

9.2.6 为了防止潮湿房间、高湿度房间及直接受水冲淋部位墙面不积水、渗漏及防止空气中水蒸气渗入墙体，影响本房间和相邻房间的使用而采取的措施。

9.2.7 潮湿房间内墙面易经常结露，对墙体及饰面材料起溶蚀作用，使墙体上的预埋件或结构内配筋锈蚀，使锈水流淌污染墙面，即不美观又造成安全隐患。因此，采取保温隔汽措施和外墙内表面做防水砂浆或其他防水材料饰面，使墙体具有足够的热阻和抗渗性能，以减少或避免此类现象的产生。

9.2.8 由于非水泥砂浆粉刷的阳角容易碰破，影响美观和结构寿命，所以条文规定人体及货物易于接触的距楼、地面 2m 高的范围内应做护角。

9.3 顶棚及吊顶

9.3.1 由于单层机械厂房钢筋混凝土屋面梁、架及屋面板多为预制，表面较光滑且距地面高度较大，如做抹灰需搭满堂脚手架，施工不便，又不经济，且抹灰与否从使用需要和远距离对视觉的影响都不大，故单层厂房钢筋混凝土屋面梁、架及屋面板底可不抹灰，但应嵌缝喷白。

9.3.2 为了避免顶棚下表面凝结水或空气中水蒸气外渗影响其上部房间的使用，同时为了避免顶棚表面凝结水滴落到人体或设备上，作本条规定。

9.3.3 大面积吊顶厂房或站房的吊顶上方往往隐藏较多管线和设施，需要检修，从经济角度考虑，吊顶空间不宜过高，因此，当吊顶空间有限不能进入检修时，宜采用便于拆卸的装配式吊顶，或在经常需要检修部位设检修口。

9.3.4 为了保证使用安全，上人吊顶、重型吊顶、吊挂周期摆振设施的顶棚与上部结构应可靠连接。本条为强制性条文，必须严格执行。

9.3.5 从防火安全和方便检修、管理角度考虑制定此条。本条为强制性条文，必须严格执行。

10 地下工程防水

10.0.4 我国化学建材行业发展很快，卷材、涂料及胶粘剂种类繁多、性能各异，胶粘剂有溶剂型、水乳型、单组分、多组分等，各类不同的卷材、涂料都应有与之配套的胶粘剂及其他辅助材料。不同种类卷材、涂料的配套材料不宜相互混用，否则有可能发生腐蚀侵害或达不到粘结质量标准。为确保地下工程防水质量，在外围形成封闭的防水层，防水材料复合设防时，防水材料的材质及密封材料应具有相容性，与基层应具有良好的粘结性。

10.0.5 工程实践证明，地下工程细部构造的防水措施是防水质量的重要保证，除地基应夯实和地下工程的各种缝、后浇带、穿墙管（盒）、预埋件、预留通道接头、桩头、孔口、坑、池等细部构造应加强防水措施外，有地下工程的建筑，还应做宽度不小于800mm 的混凝土散水和地下工程外侧防水层应采取保护措施。另外，应保证地下工程外侧宽 800mm 范围内回填土的质量，因密实的回填是地下工程防水的一道重要防线，而松散的回填土不仅起不到防水作用，还使得回填区成为一个积水区，长期腐蚀侵害地下工程外侧的防水层，造成渗漏隐患。确保回填土密实与土质、夯实方法关系密切，因此对土质和夯实方法也相应提出了严格要求。

11 防腐蚀设计

11.1 建筑布置

11.1.1 厂房体型复杂对排除腐蚀性气体不利，在满足生产、检修要求和有利于减轻腐蚀的前提下，建筑宜采用开敞式或半开敞式。如采用多层厂房以不超过3层为宜。同时随着现代工业技术的发展，有效的技术措施可以满足通风要求时，亦允许采用多跨的厂房形式。

11.1.2 由于厂房内产生或使用腐蚀性溶液和气体及粉尘的生产装置对邻近建筑物及内部设备，尤其对精密仪表和有洁净要求的地段有较大影响，因此在厂房总图布置及厂房内各房间平面布置时要注意通风排气或控制粉尘排放，以减少有害气体或粉尘对人及产品的影响。

11.1.4 生产或储存腐蚀性介质的设备按介质分类集中布置，便于设防和管理。厂房内地沟易被腐蚀性液体浸蚀，构造处理较复杂，因此在该类厂房内应避免敷设。凡穿越防腐蚀层的管道、套管、预留孔、预埋件均应预先埋置或留设，主要便于防护处理，加强整体防腐蚀效能。

11.1.5、11.1.6 这两条是从确保使用安全而作出的规定。

11.2 承重及围护结构

11.2.1 承重构件的选择应根据厂房受腐蚀介质作用的程度采用不同的结构方案，现浇式具备速度快、质量好的优势，因此本规范对钢筋混凝土框架结构只推荐现浇式。预应力钢筋混凝土构件具有强度等级高、密实性和抗裂性较好的特点。混凝土在应力条件下的腐蚀性，根据试验表明，受拉部分要比受压部分严重；从耐久性角度来讲，预应力混凝土构件比钢筋混凝土构件优越。因此，承重构件宜选用预应力钢筋混凝土构件。

11.2.2 随着生产技术的发展与改进，钢结构厂房日益完善，已允许出现在有腐蚀性的厂房设计中，但对钢结构构件及杆件形式有相应要求。钢柱柱脚应置于混凝土基础上，不应采用钢柱插入地下再包裹混凝土的做法。因钢柱于地上、地下形成阴阳极，雨季环境温度高或积水时，电化学腐蚀严重。

另外，室内外地坪常因排水不畅积水，使钢柱脚锈蚀，所以本规范规定钢柱基础顶面应高出地面不应小于300mm。

薄壁型钢壁较薄，稍有腐蚀对承载力影响较大；格构式结构杆件截面较小，缀条、缀板较多，表面积大，不利于防腐，所以重要受力构件不应采用。

11.2.4 根据现行国家标准《砌体结构设计规范》GB 50003和防腐蚀要求，在腐蚀条件下，为提高砌体的耐久性，本规范推荐采用保证一定强度等级的烧结普通砖和烧结多孔砖及混凝土小型空心砌块和砌筑砂浆。因烧结多孔砖空洞率达25%以上，且孔的尺寸小、数量多，孔洞增加了与腐蚀性介质接触的表面积，在强、中腐蚀性条件下不允许使用。

混合砂浆含有石灰，对防腐蚀不利，不应采用。

11.2.9 推拉门、金属卷帘门、提升门或悬挂式折叠门，其金属零件腐蚀后容易造成门无法开启，故厂房的门宜选用平开门。

11.2.11 设置避风天窗有利于建筑内腐蚀介质的排除。

11.2.13 采用有组织外排水的目的是为了避免带有腐蚀性介质的雨水漫流而腐蚀建筑物的墙面。调查表明，生产过程中散发腐蚀性粉尘的建筑物屋面设置女儿墙后，容易在女儿墙处大量积聚粉尘，且不易排除，反而加重建筑的腐蚀性，故规定不宜设置女儿墙。

11.3 地面和楼面

11.3.1 防腐蚀地面、楼面设计需要综合考虑腐蚀作用、物理机械作用以及技术经济等各种因素。介质的品种、浓度、温度、作用量等腐蚀作用是设计的重要因素，是指在正常生产过程中，腐蚀性介质的滴溅作用。正常生产中腐蚀性介质滴溅有下列几种情况：①设备、管线、阀门、法兰及泵类的盘根等处，由于有时密闭不严和垫圈、填函腐蚀后所产生的滴溅；②带有腐蚀性介质的物体，在搬运中产生滴溅，如电镀车间的物体，常用起重机从一个槽子吊到另一个槽子里；③设备检修时，也常有腐蚀性液体对楼面、地面的腐蚀作用。

地面、楼面面层材料，应根据腐蚀性介质作用的条件、各种不同介质作用下在耐腐蚀性能和技术经济方面综合考虑后，分别采用不同的耐腐蚀材料；选用这些材料时，应满足温度、物理机械作用的要求。

滴溅到楼面、地面上的介质，其温度一般为常温。虽然有的介质温度较高，但滴溅量不大时，落到地面后很快就会降至常温。若经常有温度较高的腐蚀性介质作用时，则面层材料的选择应满足使用温度的要求。

物理机械作用是指正常生产过程中，设备安装、检修以及车辆运输等对楼面、地面所产生的摩擦、冲击、压力等作用。

防腐蚀楼、地面与墙、柱的交接处应做耐腐蚀踢脚板，以避免腐蚀性介质沿交接处渗入地下。

11.3.4 如果块材地面的灰缝与结合层采用不同材料，当地面受到重力冲击时，会造成灰缝处开裂。

11.3.5 设置隔离层可提高地面的抗渗能力，从整体上提高防腐蚀地面工程的可靠性。因此，当受到各种腐蚀性介质作用时，应设置隔离层。

11.3.6 有腐蚀性介质作用的地面，其垫层应比一般工业垫层提出较高的要求。混凝土垫层质量的好坏，直接影响到防腐蚀面层的使用效果。本条对各部位混凝土垫层的强度及厚度提出了相应要求。

11.3.7 支承在楼面、地面上的钢构件等，应设置耐腐蚀的支座，以防止楼面、地面的腐蚀性液体对钢构件下部的腐蚀。

11.3.8 为了防止腐蚀性液体的扩散或向下层的溢流，所有孔洞周边应设挡水。一般情况下，孔洞边缘的挡水高度为150mm便可满足使用要求。

11.3.9 两种不同材料楼面、地面的交接处应设置挡水，主要是由介质作用情况决定的。例如：部分地面、楼面有酸类介质作用选用了水玻璃类等耐酸材料，另一部分地面、楼面没有腐蚀性介质作用选用了普通水泥砂浆等非耐酸材料，就应用挡水分隔，否则酸性介质流到水泥砂浆面层上产生腐蚀破坏。不同材料及室内外交界处的挡水也不应太高。因此，挡水的高度应根据实际情况确定，本规范不作硬性规定。

11.3.11 地沟或地坑的坡度，应既能迅速排除侵蚀污水，又不致因地沟较长、两端高差过大，给工程带来困难和提高造价，因此对坡度作了规定。

11.3.12 排水沟和集水坑的面层材料一般与地面一致，因腐蚀性液体从地面排入，其性质与地面大多数是一致的。但是，排水沟和集水坑有液态介质长期作用且有泥砂等沉积需要清理，易发生机械磨损，其使用条件比地面更为恶劣，为了提高其抗渗性，应设置隔离层，且隔离层还应与地面隔离层连成整体。为了保护不设隔离层的地面不受侵蚀，规定当地面无隔离层时，排水沟的隔离层应伸入地面面层，其宽度不应小于300mm。

11.3.13 排水沟采用明沟是为了便于清理。加盖板是安全及生产操作的需求。

11.4 防腐蚀涂料

11.4.1 近几年来，许多科研、生产部门研制出不少防腐蚀涂料的新品种，经工程应用，都有较好的防腐蚀效果。比如互穿网络型聚合物、环氧防腐涂料系列、氯化橡胶防腐涂料系列、氯磺化聚乙烯防腐涂料系列、聚氨酯涂料系列、烯酸树脂涂料、醇酸树脂涂料等，应根据各部位对耐酸、耐碱、耐盐、耐水、耐候、与基层的附着力以及室内外特点等要求选择相应的防腐蚀涂料，既避免由于防腐蚀涂料选择不当造成经济损失，又能发挥材料的特点，确保使用安全。

11.4.2 防腐蚀涂料的底涂料、中间涂料、面涂料和涂层配套等品种及牌号很多，应选用同一厂家相同品种及牌号的产品配套使用，这样能使他们相互间结合良好，保证施工质量。

11.4.4 由于室外温差变化大，受紫外线、风、雨、冰雪及工业大气候的侵蚀，容易使得室外的防腐蚀涂料发生腐蚀、起皮、脱落等现象，影响使用寿命。所以规定耐腐蚀涂料用于室外时，应采用耐候性、耐久性好的涂料。

12 电离辐射室

12.0.1 国务院〔2005〕第449号令发布的《放射性同位素与射线装置安全和防护条例》，卫生部和原城乡建设环境保护部等制定的《电离辐射防护与辐射源安全基本标准》GB 18871、《工业X射线探伤放射卫生防护标准》GBZ 117、《γ射线工业CT放射卫生防护标准》GBZ 175，在条文中均规定电离辐射的建筑设计必须遵守辐射防护三原则，这三条原则是由国际辐射防护委员会（ICRP）1977年第26号出版物中建议限止剂量制度的三条基本原则，实质上充分反映了三个明确的概念：

1 辐射实践的正当化，即是反应实践的合理性问题。它要求辐射防护的总费用要最小，而取得的社会效益要最大。

2 最优化原则，就是要使一切必要的照射保持在可以合理达到的最低水平，而对一切不必要的照射应尽量避免。

3 个人计量当量的限值，要求严格地限制个人所受到的辐射照射的剂量当量，不应超过规定的限值。

这三条原则，经电离辐射有关的实践公认为是安全的。在我国的防护标准中，已经贯彻这三条基本原则，所以应当遵守。

12.0.2、12.0.3 辐射照射室设计应取得的原始资料作为建筑设计中设计依据。电离辐射个人年剂量当量的限值标准是为了工作人员和公众的辐射安全，年剂量当量的限值是指内、外照射剂量的总和。各类人员的年剂量当量限值（mSv）详见表12.0.3的规定。机械行业的放射性工作，受辐射照射的危险，主要来自外照射。其中第12.0.3条是强制性条文，必须严格执行。

12.0.4 电离辐射室建筑设计。

1、2 电离辐射照射室的设置在总体布局时，应遵守的辐射防护原则是尽量有利于辐射屏蔽设计和避开人流，降低对公众的辐照水平。

3 高能X射线及高活度的放射性核素工作室不应设在车间内。据调查了解，过去不少工厂曾采用大厂房内套小室的布局，既占用了车间有效生产场地，又由于防护处理不当，散漏射线的辐射影响相当严重，车间内邻近的生产作业区超剂量当量限值的现象甚为普遍，将照射室单独设置，布置在室外，可以增加安全系数或提高剂量限值的控制水平。周围设置防护检测区易形成封闭作业区，可减少对周围行人的不必要辐射，同时有利于减薄辐射屏蔽层防护厚度，降低工程造价，对高能X射线辐照室的经济效益尤为显著，也便于对周围环境辐射水平的监测，以限制随机效应的发生。

4 辐射照射室X射机管电压大于或等于300kV时布置在主厂房外部，既可避免大车间套小室布局的弊病，又避开了车间高密集人流。照射室与车间毗连布置，有利于受照工件的运输，避免露天作业，在寒冷地区更为有利。照射室在车间内或与车间毗连，其物体运输大门直接朝向车间，运输轨道的接头、门缝间隙等处散漏射线的剂量较高，屏蔽防护处理不易严密，极易对车间造成直接影响，而前室的设置有利于射线的衰减，必要时还可设置双重防护门。

5 辐射照射室X射机管电压小于300kV时，布置在多层厂房底层的端部，易解决安全防护问题。控制室、暗室等辅助用房应保证有良好的工作条件，同时对X射线胶片的存放、暗室的通风等均有利。所以，上述房间应布置在照射室的非主照射方向外侧。

6 过去的设计中有不少照射室曾采用无顶式，仅设置四周的防护结构，结果在较远的区域、起重机驾驶室等处出现高辐射剂量区。究其原因，是防护设计中只注意四周屏蔽效果，而忽视了空间大气回照散射，即使照射室加了屋面，如仍未考虑足够厚度的防护层，也会产生远区超剂量的高辐射情况。所以，照射室要求设置一定厚度的钢筋混凝土顶棚。

7 实践证明，照射室与其他工作室分开，并采用迷宫式通道，是行之有效的方法，能降低射线对操作人员的辐射随机效应，即使门缝有射线泄露，经过迷宫墙体的多次漫反射，其能量和强度大为减弱。

8 电离辐射照射室防护门屏蔽厚度与屏蔽墙体的防护厚度等效，均应按照一次射线考虑防护门的厚度。

12.0.5 本条是电离辐射室屏蔽材料选择要求。

1 辐射的防护材料很多，如土壤、岩石、砖、混凝土、重晶石、铁、铅等均可使用。根据辐射源的能量和应用场合选用，一般说原子序数越大，密度越高，对射线吸收能力越强。对于高能辐射照射室，混凝土材料更为适宜，若采用砖砌的屏蔽体，难以确保砖缝灰浆饱满无缝隙，密实性很难保证。

2 铅的密度较大，价格较贵，作为大面积的防护墙屏蔽体很不经济，故不宜采用，只用作防护门和防护挡板。

3 普通钢筋混凝土作为防护墙和顶棚，混凝土的抗压强度等级不应太低，水泥用量太少混凝土的密实性差，射线容易泄露。普通硅酸盐水泥比其他种类的水泥收缩性小些。

12.0.6 本条是围护结构构造要求。

1 为确保安全及屏蔽体的有效防护，电离辐射室应为完整无缝的封闭整体结构。

2 辐射照射室屏蔽体整体性强，施工中应采用合理的混凝土级配，严格施工操作，尽量不留施工缝。当屏蔽体体积较大时，要合理安排施工缝的位置，使混凝土成为一个整体。如施工缝可采取留口、错口或嵌铅板。

3 本款规定的目的是为了保证屏蔽体的有效防护，避免射线直接辐射，经过U形的弯曲，使散漏射线经过几次折射而衰减，达到防护效果。

4、5 这两款规定是从保证辐射照射室屏蔽体的整体性和有效的防护效果制定的。

6 门墙间缝隙及门体的有效覆盖宽度，能确保散漏射线在经过门缝时经多次折射而衰减，起到“迷宫”作用。门墙间缝隙与门体有效搭接宽度的关系，经验值至少为1∶15，但对高能辐射应经过理论估算后确定为宜。

7 防护铅板门设计为辐射屏蔽防护中的一项主要环节，其厚度应经计算确定；门体铅板的固定不得使用焊接方式，以避免铅板受热融化减薄；固定铅板的钉子应相互错开，防止泄漏射线。防护门应采用电动连锁装置，以确保安全。

8 放射性核素辐射室内要求清洁，需经常进行湿式清扫，为此作本款规定。

12.0.7 本条是围护结构厚度要求。

1 由辐射源准直器窗口出射的、经过滤均整的初级束，即为一次射线。散、漏射线的能量、强度与初级射线相差较大，特别是在高能X射线辐照时，区别尤为明显，从而屏蔽体的防护要求也显著不同。设计时，对屏蔽体的处理可按屏蔽层和次屏蔽层的要求分别对待，既节省防护层的材料和投资，又能满足防护要求。

2 防护设计时，屋面辐射防护屏蔽部分常被忽视，只注意四周屏蔽效果，忽视了空间大气回照散射的影响，为此作本款规定。

3 原放射防护规定要求，设计防护层厚度时安全系数应大于2。在实际运行中，由于X光机的多机操作，设备技术参数的突变，实际射线出束剂量高于额定值及施工引起的屏蔽效果降低因素，设计时应结合具体情况，适当提高安全系数，加以补偿。

4、5 辐射防护方法可以采用控制辐照时间，增大防护距离和屏蔽体防护几种方式。本条涉及的主要是对屏蔽体防护层厚度的计算。屏蔽层的防护计算，不仅是对主照射线的防护，而且还要考虑对泄露辐射和散漏辐射的防护；不仅是对主照射线墙体的防护，而且还要考虑对屋面的防护层、次照射墙体、人行迷宫通道、工件运输出入口的防护门体及门隙、地缝和管道地沟的防护。

12.0.8 围护墙防护厚度的计算，一般均要借助一些通过实验测量的在各种屏蔽材料中的减弱曲线，对不同射线、不同屏蔽材料和不同能量，有一套完整的曲线图表，本规范不可能一一附上，单纯附上一张图表，应用价值又不大，为此，在进行防护计算工作时，应依据正确可靠的减弱曲线，这些曲线可以查阅ICRP报告推荐的或辐射防护手册介绍的曲线。另外，可以借助屏蔽材料的半减弱层和1/10减弱层厚度进行计算，这类计算方法的结果是比较安全的。由主导工艺提出计算厚度。

12.0.9 电离辐射在运作过程中，能使空气产生电离，生成Q3、NO_X等对人体有害的气体，其比重较空气重，应考虑良好的通风。若设置机械通风，宜采用下吸风，风口的高度距室内地面不应大于1m；出风口宜设在屋顶，并应防止射线泄漏。

13 电磁屏蔽室

13.1 基本要求

13.1.1 屏蔽的作用是将电磁能量限制在规定的空间里，影响其传播辐射。交流电路向周围空间放射电磁能，形成交变电磁场，在射频电磁场的作用下，人的机能吸收一定的辐射能量，发生生物效应，生物效应随频率的增加而增加。辐射影响主要表现在神经衰弱症候群和植物神经系统功能紊乱，我国已制定了《电磁辐射防护规定》GB 8702安全卫生标准。

13.1.2 为保障电磁屏蔽室的安全、可靠使用，电磁屏蔽室应远离干扰源，如远离电梯间、通风机房、压缩机房等。

13.1.4 为了将屏蔽体内产生的感应电流迅速导入大地，保证屏蔽体电位与地一致，避免屏蔽产生二次辐射，多层建筑时，屏蔽室宜设在底层，因接地线短，可以降低接地电阻；当设在楼层时，应采取防止接地引线的天线效应措施。

13.1.5 在板式结构的屏蔽室内，钢板的吸声系数约为0.01，房间的平均吸声系数为0.015～0.025，混响时间较长。为了改善工作环境条件，宜在室内采取相应的吸音措施，以减少混响时间。

13.1.6 门窗缝隙是泄漏电磁波的薄弱环节，设计及施工的难度都较大，因此，在保证使用功能的要求下，尽量减少门窗面积。

13.2 屏蔽效能

13.2.1 屏蔽效能公式见现行国家标准《电磁屏蔽室屏蔽效能的测量方法》GB/T 12190—2006附录B（资料性附录）数学公式（B.3）。

13.2.2 取得这些资料的目的是使设计的电磁屏蔽室，在电和磁的条件下，既不干扰其他线路和设备，又不受其他线路和设备的干扰，使设计的电磁屏蔽室能正确符合安全可靠的使用范围要求。

13.2.3 室外的无线电干扰场强值杂乱无章，影响因素很多，不但有人为干扰源，而且还有许多自然干扰源，只有通过正确实测才能确定建设场地的无线电干扰场强值，因这对电磁屏蔽室的设计影响较大。

随着科学技术的进步，目前许多设备、仪器都自带有屏蔽罩，不需另行设计屏蔽室，因此，在设计时要了解使用及防护要求。

13.2.4 由于屏蔽体的电磁感应造成一部分能量被屏蔽体反射，致使电阻和电容量增加，电磁感应减少，从而使高频能量损耗过大，因此，要求屏蔽体与被屏蔽的设备之间保持一定距离。

当屏蔽室内有工业干扰源且其振荡频率与屏蔽间某一固有频率一致时，则将在整个屏蔽间内发生电磁场的谐振，会使整个屏蔽室的屏蔽效能大幅度下降，甚至不能使用，尤其是网式屏蔽室更应注意避开谐振频率。

13.3 屏蔽材料与结构形式

13.3.1、13.3.2 屏蔽材料的选择是屏蔽室设计中的关键问题，屏蔽材料可分为板材和网材两类，根据频率范围和屏蔽效能设计可选其中一类，屏蔽材料一般应通过计算选用。

13.3.3 屏蔽壳体是由屏蔽室的墙、顶和地面及屏蔽层结构组成，形成一个完整的封闭壳体，把防护间距不够的设备封闭起来，以减弱或防止电磁的互相干扰、泄漏。屏蔽壳体的屏蔽材料和屏蔽层结构可以根据频率范围和屏蔽效能值通过计算或按表13.3.3的规定确定。

13.3.4 本条是强制性条文，必须严格执行。

13.4 屏蔽层的构造

13.4.1、13.4.2 不论板材或网材的屏蔽层，咬接拼缝、搭接拼缝、覆盖拼缝及其焊接，对屏蔽效能影响很大，为了在各连接处有良好的电气连接，防止出现连接处电流通导性不良情况，达到预期的屏蔽效果，对拼缝及拼缝构造作了严格的规定。

采用网材做屏蔽材料，其屏蔽效能主要依靠网材表面反射衰减，焊点的增加对网材屏蔽的效能提高并不明显，但为了得到良好的电气连接，用点焊将网孔焊接以提高金属网材的导电性能。

13.4.3 因屏蔽层所选用的材料较薄，为避免焊接时对屏蔽层造成酸腐蚀，不应选用酸性较强的焊药进行焊接。

13.4.4 为使屏蔽层拼缝连接处有良好的电气连接，保障屏蔽层的屏蔽效能，对屏蔽层拼缝处要求必须焊的焊缝作出了严格要求。

13.4.5～13.4.8 屏蔽层所选用的材料都较薄，且大部分是钢材，采取这些措施的目的，是为了防止屏蔽材料锈蚀及损坏影响屏蔽效能，使其经久耐用和节约维修费用。

13.4.9～13.4.11 这三条是为了提高保障屏蔽效能应采取的技术措施。其中第13.4.10条是强制性条文，必须严格执行。

13.4.12 为了防止电磁波通过地面轨道泄漏，应将轨道在进入屏蔽室处断开。

13.4.13 进入屏蔽室内的各种管道是造成电磁波泄漏的薄弱环节，因此，应采取各种方式，对进入屏蔽室内的管道进行屏蔽，使全室形成一个封闭空间，以保证屏蔽室的屏蔽效能。

13.4.14 为了不产生干扰频谱采取的措施。

13.4.15 从实践使用经验及节约投资考虑，屏蔽效能低于40dB时，通风、给排水、暖气管等管道可不进行屏蔽处理。

13.4.16 门、窗是屏蔽室泄漏电磁波的薄弱环节，所以对门、窗应实施严格的密缝，在设计和施工中必须加以重视。

13.4.17 为抑制通过导线传播的干扰，所有进入屏蔽室的电源线应在入口处通过一个总的滤波器，并不得再引出。

13.4.18 为了不产生干扰频谱，规定屏蔽室内的照明灯具应选用热辐射光源，如白炽灯，不应用日光灯。

13.4.19 由于电磁屏蔽在使用过程中接收了大量的内外电波，能与外界形成很高的电位差，人员接触后，有生命危险，同时将使屏蔽效能大为降低。为了工作人员的安全及防止循环电流，避免屏蔽效能降低，屏蔽室应有接地，且应在一点接地。

屏蔽层的接地装置，通常均设在装滤波器处，也可以在入口处装置安全信号。室内仪器设备接地装置可接到屏蔽壁上，再由室外接地线连接。

13.4.20 用金属网做屏蔽层一般不考虑通风设施，用板材做屏蔽层时，往往在壳体上装设波导滤波器来解决通风问题，其形式同屏蔽窗相仿，但孔径可小，不采光，仅起通风作用。在一般情况下，屏蔽室不需要设有强制通风设备，如果室内需加设风扇时，为了不影响屏蔽室内电磁场在屏蔽金属内部产生涡流，引起屏蔽作用和防止产生干扰频谱降低屏蔽效果，必须采用无滑动触点和电流断续的交流式风扇。

为切断屏蔽层与管道系统的导电连接，板材做屏蔽层且采用机械通风时，波导滤波器与屏蔽室室外风管的连接处，应插入一段一般为管道直径1.5倍～2倍的非金属柔性绝缘管材的插入段，如帆布、人造革等非金属管道。

14 噪声控制

14.1 噪声控制

14.1.1、14.1.2 为防止机械工业厂厂区内各类地点的噪声危害，保障员工身体健康，保证安全生产与正常工作，保护环境，对机械工业厂厂区内各类地点的噪声限制值［dB（A）］及声源辐射至厂界毗邻区域的噪声限制值［dB（A）］作了严格规定。机械工业厂内声源辐射至厂界毗邻区域的噪声限制值［dB（A）］厂界毗邻区域是参照现行国家标准《声环境质量标准》GB 3096—2008声环境功能区分类制定。这两条是强制性条文，必须严格执行。

14.1.3 采取本条规定的减噪措施，可以减小高噪声厂房及站房内噪声传到室外的噪声级，从而减弱室内噪声对室外环境的不良影响。

14.1.4 从减少投资，保障主要用房生产、工作环境和安全，制定本条。

14.1.5 本条所称的“有强烈振动”，是指由于设备振动强烈，导致固体传声严重，造成较强噪声辐射的场合。当设计多层厂房时，这类设备宜置于底层。如工艺要求必须设置在楼板或平台上，对附着于墙体和楼板或平台上的传声源部件，则应采取防止固体声传播的措施。

14.2 隔声

14.2.1 只有首先确定隔声的结构型式，才能进而选择隔声构件与材料，宜按下列条件确定：

从声源着手，可使用较少的材料，将噪声控制在较小的范围内，因而技术经济效果较好。根据我国工程的实际经验，各类隔声罩大概能隔绝噪声10dB～40dB。

从受声者方面着手，使用的材料也较少，但噪声控制的有效范围要小得多。其优点是未对声源设备的运行、操作、监视、检修增加任何障碍物。

对受直达声危害较大的区域采用隔声墙或隔声屏障才有显著的效果。

14.2.2 隔声罩的降噪量数值，是由工程实践归纳总结出的。如昆明重型机器厂二氧化碳站的水泵，采用局部开敞式隔声罩，降噪量为10dB；北京耐火材料厂的球磨机，采用活动密封型隔声罩，降噪量达30dB。

14.2.3 隔声间（室）的处理方式，典型的是空气压缩机站设置的隔声室，通常可将机房92dB～98dB的噪声降到隔声间内的70dB左右。

14.2.4 公式（14.2.4）体现的是等传声度的原则。隔声设计若不符合此项原则，其结果是某一部分成为漏声的主要通道，或者某一部分使用了隔声性能过高的材料，从而导致不够经济。

14.2.5 在噪声控制工程实践中，几乎没有隔声构件在设计中是没有缝隙的，也几乎没有实际制造出的隔声构件是没有缝隙的。因此，防止孔洞缝隙漏声主要是加工工艺质量问题。但合理周密的设计，可以尽量减少其可能性。故本条作了相应的规定。

14.2.6 有大量自动化与各种测量仪表的中心控制室，或高噪声设备试车车间的试验控制室，采用以砖、混凝土等建筑材料为主的隔声室（间），比较经济。为工人临时休息或观察而设置的活动隔声间，便于必要时移动的可能性和目前我国定型产品的实际情况，规定其体积不宜超过14m^3，该数据是基于2.4m×2.4m×2.4m而得的。它比大多数实际的活动隔声间大，留了必要的余地。

该隔声室(间)的围护结构，必要时，墙体与屋盖可采用双层结构，门、窗等隔声构件宜采用带双道隔声的门斗与多层隔声窗，其围护结构的内表面应有良好的吸声设计，隔声室的组合隔声量可按(14.2.6)公式计算。

14.3 吸　　声

14.3.1 吸声处理通常需要较多的材料和投资，降噪量通常只有 4dB～10dB 左右；不像隔声、消声等措施能够较容易地获得 20dB 以上的降噪量。但对于某些厂房车间，混响严重是噪声超过标准的主要原因，或者工艺流程与操作条件的限制，不适于采用各类隔声措施。这时，吸声降噪乃是一种现实有效的噪声控制手段，离声源较近的地点通常以直达声为主。由于吸声处理只能降低混响声，不能降低直达声，因此，对离声源较近的地点降噪效果不明显。离声源较远的地点通常混响声会起较大的作用，故而吸声处理可望获得较好的降噪效果。“远”与“近”的分界线为“临界距离”，可按有关公式计算。

14.3.2 本条给出的吸声降噪量计算公式是在室内混响声为主的条件下得到的近似式。

14.3.4 吸声降噪效果主要取决于房间的声学条件。未做吸声处理前的房间平均吸声系数越大（或混响很小），表明原有室内声吸收越多，室内噪声能量可以进一步被吸收的部分就越小，降噪效果就越不会显著；其次，降噪效果与室内声源的多少、密度及其频谱特性有关。声源多，声源密度高，低频成分多，吸声降噪效果就差。

吸声降噪量为 3dB 时，相当于噪声能量减少一半，人耳已感觉到。吸声降噪量为 5dB 时，主观感觉有明显改善。吸声降噪量达 10dB 时，噪声能量就减少了 90%，降噪效果就非常满意。表 1 吸声降噪量预估是根据我国实践经验总结的。

表 1　吸声降噪量预估

车间厂房类型	一般车间厂房	混响很严重的车间厂房	几何形状特殊（声聚焦）混响极严重的车间厂房
降噪量范围［dB (A)］	3～5	6～10	11～12

14.3.5 本条提出了吸声设计除应按照声学要求外，还应满足为确保工艺与安全卫生及正常和长期使用的其他有关要求。

14.4 消　　声

14.4.1 装设进、排气口消声器，可以大大降低机房外环境受到噪声的污染。消声器性能的三个主要评价指标是：消声量、压力损失和气流再生噪声。三者必须兼顾，统一考虑。消声量的过高要求往往导致消声器构造复杂，从而提高压力损失和气流再生噪声，影响消声器的使用。经验表明，一般的通风系统管道消声器，可达 40dB～50dB 的消声量。消声器的消声量不宜超过 50dB 的规定是总结工程实践的经验，综合兼顾，统一考虑消声器性能的三个主要评价指标均优规定的。

14.4.2～14.4.5 消声坑、消声道通常由建筑专业设计，土建现场施工，非市场出售的产品，一般统称为土建结构消声器。其优点是可埋入地下，不占地面空间，适应性强；几个气流可共用一个消声坑；可采用砖石土木结构，取材容易，施工方便；如建于地上，则占用空间较大。消声坑、消声道通常分为：阻性消声坑、消声道，对中、高频宽带特性时噪声的消声效果较好；抗性消声坑、消声道，对低、中频噪声有良好的消声性能；阻抗复合消声坑、消声道适用较广，设计中可按实际情况，综合考虑选用。

15　空气调节区

15.1 建 筑 布 置

15.1.1 集中布置空气调节区有利于空调设备及管道布置，有利于室内温、湿度控制，降低空调负荷。简单规整的建筑体型能减少空气调节区的建筑外表面积，降低空调负荷，有利于节能。规定不同室温的布置要求是利于节能和降低空气调节系统投资及建筑造价，便于维护管理，确保空气调节区室温稳定。

15.1.2 高温、潮湿都将影响空气调节区围护结构的保温、隔热性能，不利于空气调节区室内温、湿度控制。高噪声对有较高精度要求的生产和工作影响甚大，所以空气调节区布置时，对相邻区的环境因素要加以重视。

15.1.3 变形缝是保温、隔热的薄弱部位，难以保证空气调节区室温稳定在允许波动范围内。

15.1.4 夹层高度主要是为满足安装和检修管道及技术设备需要。如果夹层净高低于 1.2m，检修人员操作活动很不方便。

15.2 围护结构热工设计

15.2.1 空气调节区围护结构热工设计的目的是控制室内温、湿度，使之具有稳定性，对围护结构提出原则性要求是达到这一目的的重要手段。

15.2.2 空气调节区围护结构的传热系数 K 值规定，是以能够保证空气调节区正常生产条件下的建造围护结构节能条件下较经济合理的取值。考虑工业厂房的体形系数普遍较小，参照现行国家标准《公共建筑节能设计标准》GB 50189 确定舒适性空气调节区围护结构传热系数限值，以此为基础确定工艺性空气调节区围护结构传热系数限值，室温允许波动为±1.0℃时，取舒适性空气调节区围护结构传热系数限值的0.8倍；室温允许波动为±0.5℃时，取舒适性空气调节区围护结构传热系数限值的0.7倍；室温允许波动为－0.1℃～0.2℃时，取舒适性空气调节区围护结构传热系数限值的0.6倍。

15.2.3 空气调节区围护结构的热惰性指标规定值，是以能够保证空气调节区正常生产条件下的建造围护结构较经济合理的取值。

15.2.4、15.2.5 设置防潮层、隔汽层的作用是保护保温、隔热材料不受水及水蒸气冷凝受潮侵蚀作用而降低保温层的保温、隔热性能，是确保围护结构符合设计要求的重要技术措施。

15.3 屋面、吊顶与技术夹层

15.3.1 为保证设在楼内的空气调节区室内温、湿度的稳定性和利于节能做此条规定。

15.4 墙　　体

15.4.1 当邻室温差较大时，不利于室内温、湿度控制，还会加大空气调节工程的综合造价及维护费用。

15.4.2 加强墙基防潮层以下的保温隔热，是保障空气调节区围护结构热工设计整体性能达标的重要措施。

15.5 地面和楼面

15.5.1 普通楼板传热系数较大，当上下楼层邻室温差较大时，不能保持空气调节区室内温度稳定，为保障空气调节区围护结构热工设计的整体性能达标，故楼板需要做保温隔热层。

15.5.2 地面传热系数也较大，尤其是靠近外墙部位温差较大，为保持空气调节区室内温度稳定，改善工作环境，保障空气调节区围护结构热工设计的整体性能达标，故地面需要做保温隔热层。如果受工艺设备安装限制，地面不能全部做保温隔热层时，应按本条规定做局部保温隔热层。

15.6 门　与　窗

15.6.1 门的开启对室温波动影响较大，设置门斗是缓冲邻室温差较大的冷热空气对空气调节区室温波动影响和利于节能的有效措施。门与门斗的设置原则是减少冷热风渗透，加强门的保温隔热性能并使围护结构具有保温隔热的连续性。

室温波动范围小的房间是空气调节的正压区，内门开向正压区容易关闭严密，反之则关闭不严密。

15.6.2 外窗是空气调节区围护结构保温隔热的薄弱环节，由于窗玻璃传热系数较大，窗缝隙引起的冷热风渗透对空气调节区室温波动有不利的影响。所以，在满足采光和自然通风要求的前提下，尽量减小外窗开窗面积并采用双层密闭窗，是保障空气调节区围护结构热工设计整体性能达标和有利于节能的有效措施。

空气调节区传递窗也是冷热风渗透和影响空气质量最薄弱的部位，尤其是有洁净要求的空气调节区，传递窗更需要采取密闭构造措施。

中华人民共和国国家标准

预制组合立管技术规范

Technical code for pre-fabricated united pipe risers

GB 50682—2011

主编部门：中华人民共和国住房和城乡建设部
批准部门：中华人民共和国住房和城乡建设部
施行日期：2 0 1 2 年 1 月 1 日

中华人民共和国住房和城乡建设部
公　告

第948号

关于发布国家标准《预制组合立管技术规范》的公告

现批准《预制组合立管技术规范》为国家标准，编号为GB 50682－2011，自2012年1月1日起实施。其中，第5.4.6、6.2.3条为强制性条文，必须严格执行。

本规范由我部标准定额研究所组织中国建筑工业出版社出版发行。

中华人民共和国住房和城乡建设部

2011年2月18日

前　言

根据住房和城乡建设部《关于印发〈2009年工程建设标准规范制订、修订计划〉的通知》（建标〔2009〕88号）的要求，编制组经广泛调查研究，认真总结实践经验，参考有关国际标准和国内外先进经验，并在广泛征求意见的基础上，编制了本规范。

本规范共分7章和3个附录。主要技术内容是：总则，术语和符号，基本规定，设计，制作，安装，试验与验收等。

本规范中以黑体字标志的条文为强制性条文，必须严格执行。

本规范由住房和城乡建设部负责管理和对强制性条文的解释，由中建三局第一建设工程有限责任公司负责具体技术内容的解释。本规范在执行过程中，如发现需要修改或补充之处，请将意见和建议寄往中建三局第一建设工程有限责任公司（地址：武汉市东西湖区东吴大道特1号，邮政编码：430040，邮箱：sjygs@cscec.com），以供今后修订时参考。

本规范主编单位、参编单位和主要起草人、主要审查人：

主 编 单 位：中建三局第一建设工程有限责任公司
同济大学

参 编 单 位：中建三局建设工程股份有限公司
华东建筑设计研究院有限公司
中国机械工业建设总公司

主要起草人员：黄　刚　戴　岭　王　亮　明　岗　张永红　尹　奎　刘献伟　宋明刚　褚庆翔　戴运华　刘新海　叶　渝　徐建中　钟宝华　张　杰　曹灵玲　肖开喜　刘　毅　叶大法　刘瑞敏　田洪润

主要审查人员：杨嗣信　杜昌熹　徐乃一　肖绪文　李德英　要明明　李传志　吴国庆　张广志　黄晓家　李　忠

目　次

Contents

1 总 则

1.0.1 为使预制组合立管的设计、施工及验收做到技术先进、经济适用、安全可靠，确保工程质量，制定本规范。

1.0.2 本规范适用于高层、超高层建筑中预制组合立管的设计、施工及验收。

1.0.3 预制组合立管的设计、施工与验收除应符合本规范外，尚应符合国家现行有关标准的规定。

2 术语和符号

2.1 术 语

2.1.1 预制组合立管 pre-fabricated united pipe risers

将一个管井内的拟组合安装的管道作为一个单元，以一个或几个楼层分为一个单元节，单元节内所有管道及管道支架预先制作并装配，运输至施工现场进行整体安装的一组管道。

2.1.2 套管撑板 supporting plate of sleeve

焊接于管道套管上的钢板，是套管与管道框架间的支撑件。

2.1.3 管道框架 supporting frame

由多根支架梁组成，通过可转动支架固定于主体结构上的一组管道组合支撑框架。

2.1.4 可转动支架 rotatable bracket

管道框架与主体结构连接的部件，通过螺栓与管道框架连接，可转动支架端头焊接连接板，与主体结构连接固定。

2.1.5 可转动支架连接板 process connection of rotatable bracket

可转动支架与主体结构的连接件。

2.1.6 管道框架封板 blocking plate of supporting frame

管道框架水平封堵钢板。

2.1.7 转立试验 hoist and standing test

预制组合立管在工厂进行的用于验证组合单元结构承载力、变形等的翻转、竖立试吊作业。

2.2 符 号

2.2.1 作用和作用效应设计值

F_t——补偿器位移产生的轴向弹性力；

F_{m1}——管道补偿对最下端固定支架的作用力；

F_{t1}——最下端管道补偿器的轴向弹性力；

F_{h1}——最下端管道补偿器的内压作用力；

F_{m2}——管道补偿器对最上端固定支架的作用力；

F_{h2}——最上端管道补偿器的内压作用力；

F_{t2}——最上端管道补偿器的轴向弹性力；

F_n——固定支架承受的荷载设计值；

F_1——最下端固定支架上承受的荷载设计值；

F_{p1}——作用于最下端固定支架上的管道内压作用力；

F_2——最上部固定支架上承受的荷载设计值；

F_{p2}——作用于最上端固定支架上的管道内压作用力；

F_{pn}——作用于固定支架上的管道内压作用力；

F_b——固定支架连接板承受的荷载设计值；

F_s——套管撑板承受的荷载设计值；

F_f——管道框架承受的荷载设计值；

F_c——管架所承受的封堵材料的重量；

F_r——可转动支架承受的荷载设计值；

F_u——可转动支架连接板承受的荷载设计值；

M_x——同一截面处绕 x 轴的弯矩。

2.2.2 计算指标

f_v^b——抗剪强度设计值；

f_c^b——螺栓的承压强度设计值；

f_f^w——角焊缝的强度设计值；

K——补偿器轴向刚度；

P_t——管道试压压强；

σ_f——垂直于焊缝长度方向的应力。

2.2.3 几何参数

A——压力不平衡式补偿器的有效截面积；

A_0——螺栓的净截面积；

d——螺栓杆直径；

I——毛截面惯性矩；

h_e——角焊缝的计算厚度；

ΔL——管道轴向伸缩量；

L——固定支架之间的管段长度；

l——框架梁的跨度；

l_r——可转动支架的跨度；

l_w——角焊缝计算长度；

S——计算剪应力处以上毛截面对中和轴的面积矩；

t——承压构件总厚度；

t_w——腹板厚度；

W_{nx}——对 x 轴的净截面模量。

2.2.4 计算系数及其他

n_v——受剪面数目；

Δt——闭合温差；

α——管道的线膨胀系数；

β_f——正面角焊缝的强度设计值增大系数；

γ_x——截面塑性发展系数。

3 基本规定

3.0.1 预制组合立管宜在工程设计阶段完成方案设计，施工阶段进行深化设计。

3.0.2 预制组合立管的深化设计应依据设计文件选

用管材和管道连接方式，管材及连接材料等的选择必须符合国家现行的有关产品标准的规定。

4 设 计

4.1 设计原则

4.1.1 预制组合立管设计应包括管道系统的工作压力、工作温度、流体特性、环境和各种荷载等。

4.1.2 预制组合立管设计应包括管道的热膨胀计算，通过计算选择合适的补偿器和固定支架形式，立管预留口标高应按热位移计算结果进行确定。

4.1.3 预制组合立管设计应包含构造设计与构件计算，并绘制立管系统图、单元节制作图、单元节装配图，编制制作及安装说明书。

4.1.4 预制组合立管的构造设计应符合下列规定：

1 应满足管井防火封堵设计和相关施工规范及设计文件的要求；

2 应满足后续施工作业及检修的要求，运输道路及现场水平、垂直运输条件和施工机械的性能；

3 其分节应与结构工程施工保持协调，满足各工序的流水作业。

4.2 一般规定

4.2.1 预制组合立管的管道支架强度及变形计算时应对同时作用在管道支架上的所有荷载加以组合，按施工状态和运行状态的各种工况分别进行荷载计算，取其中最不利的组合进行计算。

4.2.2 预制组合立管的管道热补偿设计，应符合下列规定：

1 管道的轴向补偿及补偿量；

2 固定支架和结构承受的作用力；

3 补偿器的合理选型。

4.2.3 预制组合立管的管道支架进行计算时应包括下列内容：

1 固定支架连接板的强度计算；

2 套管撑板的强度计算；

3 管道框架的强度和变形计算；

4 可转动支架的强度和变形计算，紧固螺栓的强度计算；

5 可转动支架连接板的强度计算；

6 焊缝计算。

4.2.4 预制组合立管设计应满足管道压缩量与建筑主体结构压缩量相互协调。

4.2.5 组合立管单元节应进行吊装强度和变形验算，并应通过转立试验验证。

4.3 管道补偿产生的荷载计算

4.3.1 介质温度变化引起的管道轴向伸缩量，可按下式计算：

$$\Delta L = \alpha L \Delta t \quad (4.3.1)$$

式中：ΔL——管道轴向伸缩量（mm）；

α——管道的线膨胀系数［mm/（m·℃）］；

L——固定支架之间的管段长度（m）；

Δt——闭合温差（℃）。

4.3.2 管道补偿产生的作用力应包括补偿器位移产生的轴向弹性力和内压作用力，其计算应符合下列规定：

1 补偿器位移产生的轴向弹性力可按下式计算：

$$F_t = K\Delta L \quad (4.3.2\text{-}1)$$

式中：F_t——补偿器位移产生的轴向弹性力（N）；

K——补偿器轴向刚度（N/mm）。

2 补偿器内压作用力可按下式计算：

$$F_h = P_t A \quad (4.3.2\text{-}2)$$

式中：F_h——补偿器内压作用力（N）；

P_t——管道试压压强（MPa）；

A——压力不平衡式补偿器的有效截面积（m^2）。

3 管道补偿对固定支架的作用力计算（图 4.3.2），应符合下列规定：

1）两端固定支架的受力，可按下式计算：

$$F_{m1} = F_{t1} + F_{h1} \quad (4.3.2\text{-}3)$$

$$F_{m2} = F_{t2} + F_{h2} \quad (4.3.2\text{-}4)$$

式中：F_{m1}——管道补偿对最下端固定支架的作用力（N）；

F_{t1}——最下端管道补偿器的轴向弹性力（N）；

F_{h1}——最下端管道补偿器的内压作用力（N）；

F_{m2}——管道补偿器对最上端固定支架的作用力（N）；

F_{t2}——最上端管道补偿器的轴向弹性力（N）；

F_{h2}——最上端管道补偿器的内压作用力（N）。

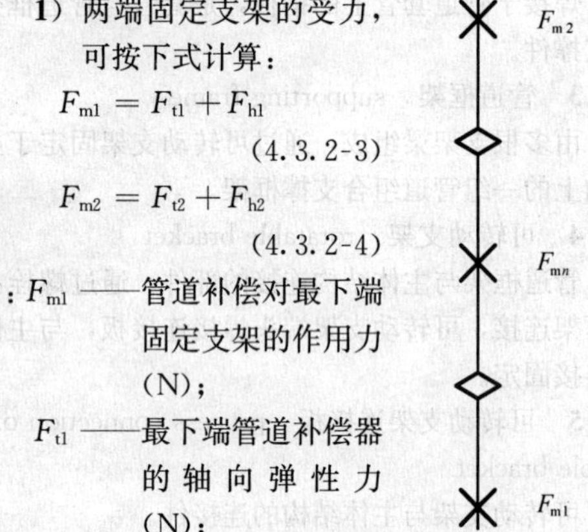

图 4.3.2 固定支架受力示意

2）中间固定支架的受力，可按下式计算：

$$F_{mn} = F_{t(n-1)} + F_{h(n-1)} + F_{t(n+1)} + F_{h(n+1)} \quad (4.3.2\text{-}5)$$

4.4 荷载组合计算

4.4.1 预制组合立管施工阶段各层管架所承受的荷载计算，应符合下列要求：

1　各单元节最上层支架承受本单元节立管的全部荷载；

2　其他层支架承受其与下部相邻支架间的配管重量。

4.4.2　预制组合立管与其上部相邻固定支架间运行状态的配管荷载（图 4.4.2），在计算荷载时，应根据固定支架及补偿器的设置情况进行计算，并应符合下列规定：

1　不需要设补偿器时，应符合下列规定：

1）设多个固定支架时，每个固定支架分担本段管道重力荷载，其承受的荷载设计值应按下式计算：

$$F_n = 1.2G_n + 1.4F_{pn} \quad (4.4.2\text{-}1)$$

式中：F_n——固定支架承受的荷载设计值（N）；

G_n——该固定支架至上方相邻固定支架间的配管重量(N)；

F_{pn}——作用于该固定支架上的管道内压作用力(N)。

2）只在下部设固定支架时，固定支架承受全部荷载，最下端固定支架上承受的荷载设计值应按下式计算：

$$F_1 = 1.2G + 1.4F_{p1} \quad (4.4.2\text{-}2)$$

式中：F_1——最下端固定支架上承受的荷载设计值(N)；

G——整段管道的配管重量（N）；

F_{p1}——作用于最下端固定支架上的管道内压作用力（N）。

2　设补偿器时，应符合下列规定：

1）最下部固定支架上承受的荷载，最下端固定支架上承受的荷载设计值应按下式计算：

$$F_1 = 1.2G_1 + 1.4(F_{p1} + F_{m1}) \quad (4.4.2\text{-}3)$$

式中：G_1——最下端固定支架上方补偿器以下的管道的配管重量（N）。

2）最上部固定支架上承受的荷载，应按下式计算：

$$F_2 = 1.2G_2 + 1.4(F_{p2} + F_{m2}) \quad (4.4.2\text{-}4)$$

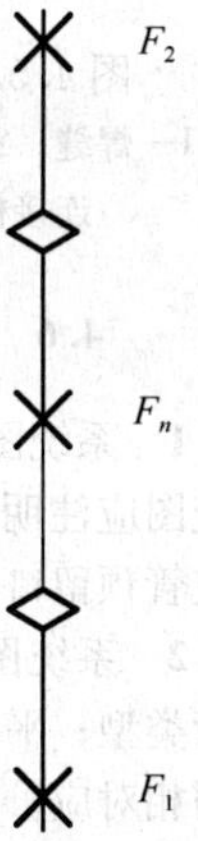

图 4.4.2　配管荷载示意

式中：F_2——最上部固定支架上承受的荷载设计值（N）；

G_2——最上端固定支架下方补偿器以上的配管重量（N）；

F_{p2}——作用于最上端固定支架上的管道内压作用力（N）。

3）多个补偿器时的中间固定支架承受的荷载，应按下式计算：

$$F_n = 1.2G_n + 1.4(F_{pn} + F_{mn}) \quad (4.4.2\text{-}5)$$

式中：G_n——该固定支架下方补偿器到上方补偿器之间的配管重量（N）。

4.4.3　固定支架连接板承受的荷载（图 4.4.3），应按下式计算：

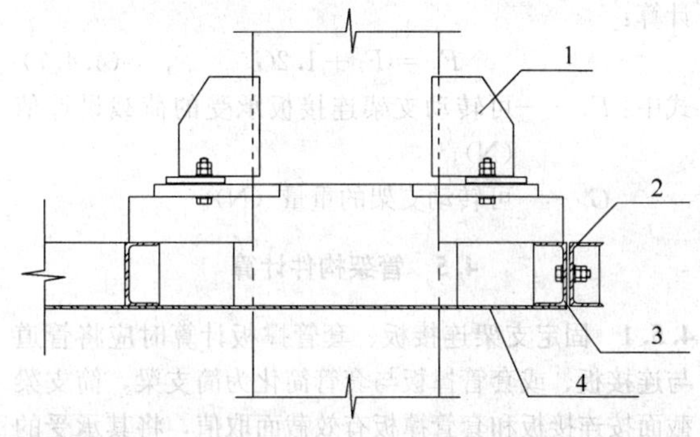

图 4.4.3　固定支架示意

1—连接板；2—可转动支架；3—管道框架；4—封堵板

$$F_b = (F_1, F_2 \cdots F_n)_{max} \quad (4.4.3)$$

式中：F_b——固定支架连接板承受的荷载设计值(N)。

4.4.4　套管撑板承受的荷载(图 4.4.4)，计算应符合下列规定：

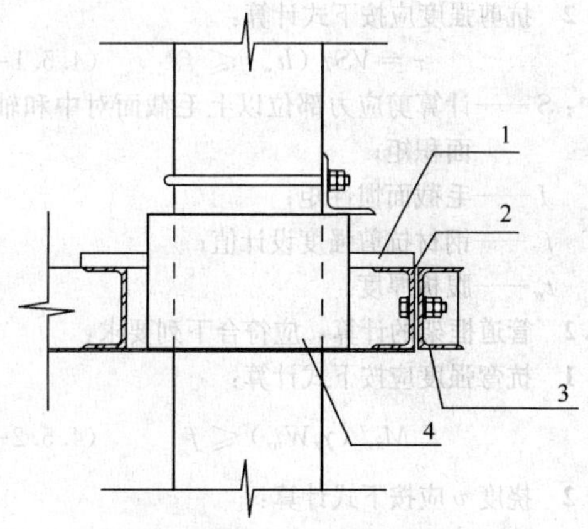

图 4.4.4　套管撑板示意

1—撑板；2—框架；3—可转动支架；4—套管

1　固定支架，应按下式进行计算：

$$F_s = F_b \quad (4.4.4\text{-}1)$$

式中：F_s——套管撑板承受的荷载设计值（N）。

2　导向或滑动支架，仅承受施工过程中的单元节内管道重量（G_s），应按下式进行计算：

$$F_s = 1.2G_s \quad (4.4.4\text{-}2)$$

4.4.5　管道框架承受荷载，应按下式计算：

$$F_f = \sum(F_{s1}, F_{s2} \cdots F_{sn}) + 1.2F_c \quad (4.4.5)$$

式中：F_f——管道框架承受的荷载设计值（N）；

F_c——管架所承受的封堵材料的重量（N）。

4.4.6 可转动支架承受的荷载，应按下式计算：

$$F_r = F_f + 1.2G_f \quad (4.4.6)$$

式中：F_r——可转动支架承受的荷载设计值（N）；

G_f——管道框架的重量（N）。

4.4.7 可转动支架连接板承受的荷载，应按下式计算：

$$F_u = F_r + 1.2G_r \quad (4.4.7)$$

式中：F_u——可转动支架连接板承受的荷载设计值（N）；

G_r——可转动支架的重量（N）。

4.5 管架构件计算

4.5.1 固定支架连接板、套管撑板计算时应将管道与连接板、或套管撑板与套管简化为简支梁，简支梁截面按连接板和套管撑板有效截面取值，将其承受的荷载简化为简支梁中点的集中荷载，计算应符合下列规定：

1 抗弯强度应按下式计算：

$$M_x/(\gamma_x W_{nx}) \leqslant f \quad (4.5.1\text{-}1)$$

式中：M_x——同一截面处绕 x 轴的弯矩；

W_{nx}——对 x 轴的净截面模量；

γ_x——截面塑性发展系数；

f——钢材抗弯强度设计值。

2 抗剪强度应按下式计算：

$$\tau = VS/(It_w) \leqslant f_v \quad (4.5.1\text{-}2)$$

式中：S——计算剪应力部位以上毛截面对中和轴的面积矩；

I——毛截面惯性矩；

f_v——钢材抗剪强度设计值；

t_w——腹板厚度。

4.5.2 管道框架的计算，应符合下列要求：

1 抗弯强度应按下式计算：

$$M_x/(\gamma_x W_{nx}) \leqslant f \quad (4.5.2\text{-}1)$$

2 挠度 v 应按下式计算：

$$v/l \leqslant 1/400 \quad (4.5.2\text{-}2)$$

式中：l——框架梁的跨度。

4.5.3 可转动支架的计算，应符合下列要求：

1 抗弯强度应按下式计算：

$$M_x/(\gamma_x W_{nx}) \leqslant f \quad (4.5.3\text{-}1)$$

2 挠度 v 应按下式计算：

$$v/l_r \leqslant 1/400 \quad (4.5.3\text{-}2)$$

式中：l_r——可转动支架的跨度。

3 螺栓的计算，应符合下列要求：

1）受剪承载力设计值，可按下式计算：

$$N_v^b = n_v A_0 f_v^b \quad (4.5.3\text{-}3)$$

2）承压承载力设计值，可按下式计算：

$$N_c^b = d\sum t f_c^b \quad (4.5.3\text{-}4)$$

式中：n_v——受剪面数目；

A_0——螺栓的净截面积；

d——螺栓杆直径；

f_v^b——螺栓的抗剪强度设计值；

f_c^b——螺栓的承压强度设计值；

t——承压构件总厚度。

4.5.4 可转动支架连接板（图4.5.4）的计算，应符合下列要求：

1 抗弯强度应按下式计算：

$$M_x/(\gamma_x W_{nx}) \leqslant f \quad (4.5.4\text{-}1)$$

2 连接板的焊缝应按下式计算：

$$\sigma_f = F_u/(nh_e l_w) \leqslant \beta_f f_f^w \quad (4.5.4\text{-}2)$$

式中：σ_f——垂直于焊缝长度方向的应力；

n——有效连接板数（连接板数大于等于3时，$n=3$；连接板数为2时，$n=2$）；

h_e——角焊缝的计算厚度（直角角焊缝 $h_e = 0.7h_f$，h_f 为焊脚尺寸）；

l_w——角焊缝计算长度；

β_f——正面角焊缝的强度设计值增大系数；

f_f^w——角焊缝的强度设计值。

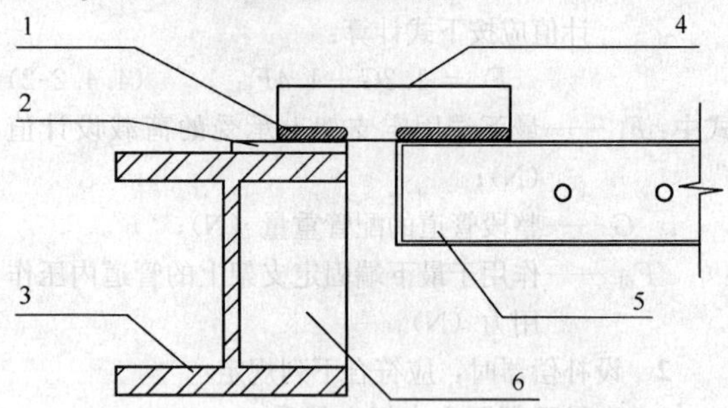

图4.5.4 可转动支架连接板安装示意

1—焊缝；2—垫板；3—结构钢梁；4—可转动支架连接板；5—可转动支架；6—加强肋板

4.6 立管系统图及组合平、剖面图

4.6.1 系统图应根据原设计各专业管线系统图绘制；系统图应注明各管道名称、材质、管径、结构标高、分支管预留口标高及管道组件、附件型号和规格。

4.6.2 系统图应反映立管所在各楼层的支架形式、套管类型；平、剖面图应与系统图及各专业的楼层平面图相对应。

4.6.3 平、剖面图根据系统图和布置方案，应按管组及楼层分别进行绘制。

4.6.4 平、剖面图应包括下列内容：

1 各管道的系统名称、规格及定位尺寸；

2 预留口的开口方向、开口尺寸、定位尺寸；

3 支架类型及定位尺寸。

4.7 制作及装配图

4.7.1 制作及装配图应根据系统图及平面图分节绘

制；宜分别绘制剖面图、相关层平面图和管架图，并应符合下列规定：

1 剖面图主要体现整节的形式，立管的尺寸、开口位置、制作和组对的尺寸等；

2 平面图主要体现各立管在本层的布置位置与形式；

3 管架图主要体现管架及其部件的加工要求。

4.7.2 制作及装配图应注明各管道及其附件的名称、材质、规格、尺寸，以及各管道与管架的定位尺寸。

4.7.3 各预留口的标高及开口方向应根据施工平面图在装配图上详细注明。

4.7.4 制作及装配图宜注明管道连接焊缝或法兰等的设置及管道下料要求。

4.7.5 管架图应详细注明所选用的型钢规格及尺寸。

4.7.6 管架图应包括各零部件、用于吊装及组对的临时部件等的加工制造详图。

4.7.7 制作前，应复核现场结构情况，必要时可适当调整加工制作详图。

4.7.8 制作说明书应包括下列内容：

1 编制依据；

2 制作流程；

3 预制组合立管分节表；

4 材料一览表；

5 节间、节内连接方式；

6 加工顺序；

7 管道预处理要求及方法；

8 加工要点；

9 标识要求；

10 检查要点；

11 成品保护；

12 场内转运储存要点。

5 制 作

5.1 一般规定

5.1.1 预制组合立管制作前，应符合下列规定：

1 管道预制加工工厂、车间或者有加工、组装条件的场地；

2 完备的施工图纸、制作装配图、制作说明书及有关技术文件；

3 管道清洗、脱脂、内防腐等预处理完成。

5.1.2 所有材料和产品的标识应清晰，质量、技术文件齐全，并按有关要求进行抽样检测。

5.1.3 预制组合立管装配完成后应组织有关部门验收。

5.2 管道加工

5.2.1 管道切割加工尺寸允许偏差应符合表5.2.1的规定。

表 5.2.1 管道切割加工尺寸允许偏差（mm）

项 目			允许偏差
长 度			±2
切口垂直度	管 径	$DN<100$	1
		$100\leqslant DN\leqslant 200$	1.5
		$DN>200$	3

5.2.2 管道下料，应将焊缝、法兰及其他连接件设置于便于检修的位置，不宜紧贴墙壁、楼板或管架，开孔位置不得在管道焊缝及其边缘。

5.2.3 切割后的管道，应做好标识。

5.2.4 管道焊接预制加工尺寸允许偏差应符合表5.2.4的规定。

表 5.2.4 管道焊接预制加工尺寸允许偏差（mm）

项 目		允许偏差
管道焊接组对内壁错边量		不超过壁厚的10%，且不大于2mm
管道对口平直度	对口处偏差 距接口中心200mm处测量	1
	管道全长	5
法兰面与管道中心垂直度	$DN<150$	0.5
	$DN\geqslant 150$	1.0
法兰螺栓孔对称水平度		±1.0

5.2.5 管道内应无杂物，管道预制完成后应进行涂装、封堵，其涂装应符合下列规定：

1 涂层应符合设计文件的规定；

2 焊缝处、坡口处不应涂漆，当放置时间较长时，应进行防锈处理；

3 焊接预制加工完成后，需做镀锌处理的，应逐根试压并填写试验记录。

5.3 管道支架制作

5.3.1 管道支架各组件在拼装前，应做好拼装标识。

5.3.2 管道支架制作尺寸允许偏差应符合表5.3.2的规定。

表 5.3.2 管道支架制作尺寸的允许偏差（mm）

项 目		允许偏差
管道框架	边 长	±2
	对角线之差	3
	平面度	2

续表 5.3.2

项目			允许偏差
套管	套管位置	套管中心线定位尺寸	3
	套管高度	相对于管道框架高度	±3
可转动支架	长度		±5
	螺栓孔间距		±1
	对孔螺栓孔间偏差		1
部件安装位置	固定部件、吊装配件的位置		3
封板	边长、对角线之差		3
	封板开孔与套管间隙		2

5.3.3 可转动支架应与管道框架配钻，且应进行螺栓的连接确认。

5.3.4 安装后需现浇混凝土覆盖的管道支架接触面不应涂漆。

5.4 装　配

5.4.1 预制组合立管单元节装配允许偏差应符合表 5.4.1 的规定。

表 5.4.1 单元节装配尺寸的允许偏差（mm）

项目	允许偏差
相邻管架间距	±5
管架与管道垂直度	5/1000
管道中心线定位尺寸	3
管道端头与管道框架间的距离	±5
管道间距	±5
管段全长平直度（铅垂度）	5

5.4.2 防滑块的安装位置应符合下列规定：

1 在每节配管最上层的管卡上下方各设置 2 个防滑块；

2 在每节配管中间层及最下层的管卡下方各设置 2 个防滑块；

3 防滑块与管卡距离应大于管道的热膨胀量。

5.4.3 预留口的朝向、定位应符合制作装配图的要求。

5.4.4 预制组合立管单元节装配完成后应按装配图做标识，且应包括下列内容：

1 单元节编号；

2 安装楼层和方向标识；

3 管井号和顺序编号；

4 系统编号、介质、流向、压力等级等相关标识。

5.4.5 吊点的设置应进行受力计算，并应保证受力平衡。

5.4.6 预制组合立管单元节装配完成后必须进行转立试验，并应符合下列规定：

1 应进行全数试验和检查。

2 试验单元节应由平置状态起吊至垂立悬吊状态，静置 5min，过程无异响；平置后检查单元节，焊缝应无裂纹，紧固件无松动或位移，部件无形变为合格。

5.5 工 厂 验 收

5.5.1 预制组合立管单元节出厂前应按照本规范、制作装配图及制作说明书要求进行出厂验收。

5.5.2 预制组合立管单元节验收合格后，应按照本规范附录 A 的规定填写验收记录。

5.5.3 验收合格后，应在单元节上做好标识，且应包括下列内容：

1 验收合格标识；

2 验收负责人编码；

3 验收日期。

5.6 半成品保护

5.6.1 预制组合立管单元节的保护应符合下列规定：

1 构件堆放场地应平整压实，周围必须设排水沟；

2 单元节宜架空存放，管口应做临时封堵；

3 管道及构件表面涂层损伤处应及时修补；

4 管道宜采用塑料薄膜缠绕进行保护。

5.6.2 预制组合立管单元节厂内转运和堆码应采取防止构件变形和单元节倾覆、碰撞的措施。

6 安　　装

6.1 施 工 准 备

6.1.1 总体工程施工计划应符合预制组合立管施工特点。

6.1.2 单元节装车前及运输到现场后均应按照本规范附录 B 的规定进行交接检查。

6.1.3 单元节运输过程中应采取防止构件变形和单元节倾覆等措施。

6.1.4 预制组合立管单元节在吊装前，应对管井结构实际尺寸、标高进行技术复核，并应对其施工质量进行交接验收；交接验收后，应按预制组合立管施工图画定安装基准线。

6.1.5 预制组合立管吊装组对前应符合下列规定：

1 施工图纸及技术文件应齐全，并经相关专业人员审核确认；

2 吊装作业的施工方案及相关应急预案应编制完成并经审核确认；

3 全面核查现场施工环境，应具备作业条件；

4 吊装前，应按照本规范附录 C 的规定，办理

《预制组合立管单元节吊装安全作业证》。

6.1.6 起重设备、吊具、辅具、绳索、滑轮等的选择应符合现行行业标准《施工现场机械设备检查技术规程》JGJ 160 的有关规定。

6.2 转运与吊装

6.2.1 预制组合立管单元节应严格按运输、吊装方案确定的顺序进行转运与吊装，在装卸、转立及吊装就位时，应采取避免旋转、摆动和磕碰等措施。

6.2.2 预制组合立管单元节应按标定的定位记号准确就位，就位后不应再进行横向移位。

6.2.3 单元节松钩前应就位稳定，且可转动支架与管道框架连接螺栓应全部紧固完成。

6.2.4 预制组合立管吊装过程中应保持通信畅通。

6.2.5 预制组合立管吊装及组对应符合安全施工相关标准的规定。

6.3 组　　对

6.3.1 立管吊装完成后，应对管道及管架进行垂直水平精确定位，当无设计要求时，其安装允许偏差应符合表 6.3.1 的规定。

表 6.3.1 预制组合立管安装允许偏差（mm）

项　　目	允许偏差
管道定位轴线	5
成排立管间距	±5
管架位移	5
立管铅垂度	3/1000 且最大 10

6.3.2 预制组合立管管口对接应符合下列要求：

1 立管管口对接时在接口中心 200mm 处测量平直度 a（图 6.3.2）。

2 立管管口对接平直度允许偏差应符合表 6.3.2 的规定：

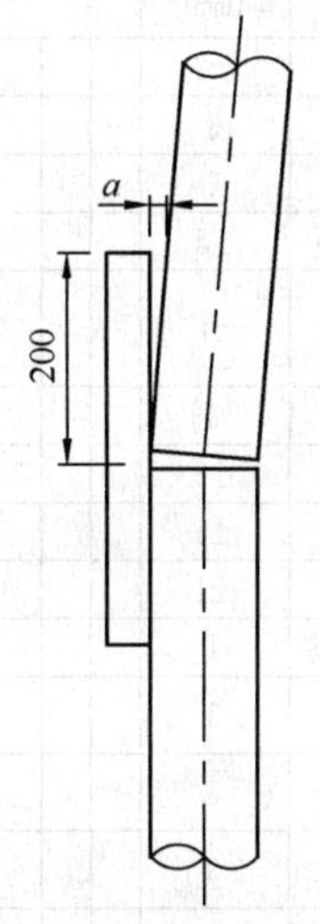

图 6.3.2 立管接口平直度测量

表 6.3.2 立管管口对接平直度允许偏差（mm）

公称直径	允许偏差	
	对口处	全 长
<100	≤1	≤10
≥100	≤2	≤10

6.3.3 管道对接和坡口修正应符合现行国家标准《工业金属管道工程施工规范》GB 50235 的有关规定。

6.3.4 预制组合立管支管开口方向和标高应与设计一致，预留口应及时封堵。

6.3.5 补偿装置安装应符合现行国家标准《工业金属管道工程施工规范》GB 50235 的有关规定。

6.3.6 预制组合立管就位后，应按设计要求安装减振装置和增设管道承重支架。

6.3.7 有热位移的管道，应在固定支架安装并固定牢固后，调整导向、滑动、活动支架的设置形式。

6.3.8 单元节组对完成后，应实测管口标高、尺寸。

7 试验与验收

7.1 一 般 规 定

7.1.1 预制组合立管安装完成后，应按设计要求逐个核对管架形式和位置。

7.1.2 预制组合立管安装完成后，应对其进行外观检查，并应符合下列规定：

1 各管道应垂直，无倾斜和变形现象，成排管道间距应合理；

2 管道支架、各螺栓紧固件受力应均匀，连接应牢靠，各构件无变形；

3 管道对接处进行焊接后，应对其焊缝进行外观检验，焊缝外观检验质量应符合现行国家标准《现场设备、工业管道焊接工程施工及验收规范》GB 50236 的有关规定；

4 预制组合立管的外表涂层应完好、美观。

7.2 焊缝检验及压力试验

7.2.1 设计要求必须进行无损检测的管道，应按照现行国家标准《工业金属管道工程施工规范》GB 50235 及行业标准《承压设备无损检测》JB/T 4730 的有关规定进行检测。

7.2.2 预制组合立管安装完毕，无损检验合格后，应按各系统的设计及规范要求进行压力试验。试验前，应编制试压方案。

7.2.3 压力试验合格后，应填写试压记录。

7.3 验　　收

7.3.1 竣工质量应符合设计要求和本规范的有关规

定，同时还应符合现行各管道系统相关规范的有关规定。

7.3.2 验收时还应包括下列内容：

1 导向支架或滑动支架的滑动面应洁净平整，不得有歪斜和卡涩现象。其安装位置应从支承面中心向位移反方向偏移，偏移量应为位移值的1/2或符合设计文件规定，绝热层不得妨碍其位移。

2 临时固定、保护组件应清除或处置完毕，不得影响管道的滑动、绝热和减振，采用机械切割的，切割面应做防腐处理。

附录A 预制组合立管单元节质量验收记录

表A 预制组合立管单元节质量验收记录表

编号：

单位（子单位）工程名称				
分部（子分部）工程名称			单元节编号	
管井编号			所在楼层	
施工单位			项目经理	
加工单位			加工负责人	
施工执行标准名称及编号				
项别		检查内容	施工单位检查评定记录	监理（建设）单位验收记录
质量保证资料	1	材料的合格证、质量证明书及复（校）验报告		
	2	阀门试验、阀门解体及安全阀调试记录		
	3	加工合格证或加工记录		
	4	设计变更及材料代用记录		
	5	焊工合格证、焊接工艺评定、焊接工作记录及焊条、焊剂烘干记录		
	6	管段、管件及阀门的清洗、脱脂记录		
	7	预拉伸（压缩）记录		
	8	管道系统试验记录		
	9	管道系统吹洗、脱脂、酸洗、钝化记录		
	10	管道试压和探伤检验记录资料齐全、填写正确，试验、检验结果符合设计要求		
	11	转立试验记录齐全，试验结果符合要求		

续表A

项别			检查内容	施工单位检查评定记录	监理（建设）单位验收记录
检查项目	1	管道法兰、焊缝、其他连接件	管道法兰、焊缝及其他连接件的安装位置应与制作装配图相符		
	2	管道安装	管道安装顺序、位置与装配图相符；固定牢固		
			柔性卡箍连接处和膨胀器均有固定保护装置		
	3	管架制作	管架制作与装配图相符，位置正确、平正、牢固，与管子接触紧密、安装牢固，涂层符合要求		
			可转动支架转动灵活，与管道框架贴合紧密，螺栓能自由穿入，临时固定方法正确，固定牢固		
	4	转立试验记录	转立试验记录齐全，试验结果符合要求		
	5	标识	单元节编号		
			楼层和方向标识		
			管井号和顺序编号		
	6	管道、预留口保护	管道、预留口保护措施全、可靠		
	7	螺栓等安装配件	安装配件附带齐全		
	8	其他检验项目			

项目			允许偏差（mm）						
允许偏差项目	1	管道框架 边长	±2						
	2	管道框架 对角线之差	3						
	3	管道框架 平面度	2						
	4	管道框架 相邻管架间距	±5						
	5	管道框架 管架与管道垂直度	±1°						
	6	套管 套管位置	3						
	7	套管 套管高度	±3						
	8	可转动支架 长度	±5						
	9	可转动支架 螺栓孔间距	±1						
	10	可转动支架 对孔螺栓孔偏差	1						
	11	部件安装位置	3						
	12	封板 边长	3						
	13	封板 对角线之差	3						
	14	封板 封板与套管间隙	2						

续表 A

项别			检查内容			施工单位检查评定记录	监理(建设)单位验收记录
允许偏差项目	15	管道安装	管道中心线定位尺寸		3		
	16		管道端头与管道框架间的距离		±5		
	17		管道间距		±5		
	18		平直度(铅垂度)	管段全长	5		
	19			管道对口处	1		
	20		法兰面与管子中心垂直度	$DN<150$	0.5		
	21			$DN\geqslant150$	1.0		
施工单位检查结果评定	项目专业质量检查员：　　　　年　月　日						
监理（建设）单位验收结论	监理工程师： (建设单位项目专业技术负责人)：　　　　年　月　日						

附录 B　预制组合立管单元节转运交接记录

表 B　预制组合立管单元节转运交接记录表

编号：

单位(子单位)工程名称				
单元节编号				
日期				
加工单位		加工负责人		
运输单位		运输负责人		
吊装单位		吊装负责人		
交接检查记录				
序号	项目	检查要求	运输交接检查结果	吊装交接检查结果
1	构件	无松动、形变		
2	表面涂层	涂层完整，无剥落、气泡、锈蚀等		
3	标识	清晰、完整		
4	构件保护附件	完好、无松动		
5	现场安装附件	数量正确、绑扎牢固		
6	质量证明文件	齐全、有效		
运输安排情况				
序号	项目	安排与措施		
1	构件吊装设备			
2	构件运输车辆			
3	构件装载顺序			
4	构件固定方法			
5	运输保护措施			
交接确认记录	交接意见： 加工移交人：　(签字)　　年　月　日 运输接受人：　(签字)　　年　月　日 吊装接受人：　(签字)　　年　月　日			

附录 C　预制组合立管单元节吊装安全作业证

表 C　预制组合立管单元节吊装安全作业证

编号：

单位(子单位)工程名称				
吊装工具名称		就位楼层		
作业时间		吊装指挥（负责人）		
吊装人员				
单元节编号				
起吊件重量（吨）				
序号	项目		检查情况	结论
1	就位点检查	管井洞口尺寸校核、垫板（过渡板）及定位线校核、已安装管道标高		
2	作业环境检查	操作台、安全围护搭设，安全网或封堵板搭设，障碍物清除，等待场所、行驶路线、吊装位置确认，风力、照明等作业环境		
3	吊装设施准备	吊装设备、辅具，绳索、滑轮等吊装工、用具，缓冲、保护设施		
4	吊件检查	构件稳定性检查，有无松动或形变，缓冲、保护附件检查		
5	施工方案核定			
6	操作人员安全及技术交底、教育			
7	指挥、通信检查			
安全措施： 项目单位安全部门负责人：(签字)　年　月　日 项目单位负责人：(签字)　年　月　日 施工单位安全部门负责人：(签字)　年　月　日 施工单位负责人：(签字)　年　月　日				
安监部门审批意见： 安监部门负责人：(签字)　年　月　日				

本规范用词说明

1　为便于在执行本规范条文时区别对待，对要求严格程度不同的用词说明如下：

1） 表示很严格，非这样做不可的：
正面词采用“必须”，反面词采用“严禁”；

2） 表示严格，在正常情况下均应这样做的：
正面词采用“应”，反面词采用“不应”或

“不得”；

3）表示允许稍有选择，在条件许可时，首先应这样做的：

正面词采用“宜”，反面词采用“不宜”；

4）表示有选择，在一定条件下可以这样做的，采用“可”。

2 条文中指明应按其他有关标准、规范的规定执行的写法为：“应符合……规定”或“应按……执行”。

引用标准名录

1 《工业金属管道工程施工规范》GB 50235

2 《现场设备、工业管道焊接工程施工及验收规范》GB 50236

3 《施工现场机械设备检查技术规程》JGJ 160

4 《承压设备无损检测》JB/T 4730

中华人民共和国国家标准

预制组合立管技术规范

GB 50682—2011

条 文 说 明

制 定 说 明

《预制组合立管技术规范》GB 50682—2011，经住房和城乡建设部 2011 年 2 月 18 日以第 948 号公告批准、发布。

预制组合立管是根据国际同类技术研制开发形成的管井内立管组成套设计与施工技术，该技术由中建三局第一建设工程有限责任公司首先成功应用于上海环球金融中心工程。

预制组合立管体系包括设计、计算、制作、装配、吊装、组对等主要技术，实现了设计施工一体化、加工制作工厂化、分散作业集中化，降低材料损耗，提高机械化作业率，加快了施工进度，符合国家建筑产业化政策，环保节能效果显著，在高层、超高层建筑施工中有着广泛的应用前景。本次编制组根据工程实践中的经验积累，总结各相关单位的意见以及专家的建议，并在参考现行国家标准和相关资料，国际标准和国际先进经验的基础上，编制了本规范。

为了广大设计、施工、科研、学校等单位有关人员在使用本规范时能正确理解和执行条文，《预制组合立管技术规范》编制组特按章、节、条的顺序编制了本规范的条文说明，对条文规定的目的、依据以及执行中需注意的有关事项进行了说明。

目　次

1 总　　则

1.0.3 预制组合立管设计与施工除应满足本规范要求外，同时应满足《通风与空调工程施工质量验收规范》GB 50243、《建筑给水排水及采暖工程施工质量验收规范》GB 50242、《自动喷水灭火系统工程施工及验收规范》GB 50261、《高层民用建筑设计防火规范》GB 50045、《建筑给水排水设计规范》GB 50015、《采暖通风与空气调节设计规范》GB 50019 及其他专业工程标准。

预制组合立管的防火封堵设计应满足《高层民用建筑设计防火规范》GB 50045 的规定。

金属管道、管道支吊架、管道附件的设计施工应满足《工业金属管道设计规范》GB 50316、《工业金属管道工程施工规范》GB 50235、《现场设备、工业管道焊接工程施工及验收规范》GB 50236、《钢结构设计规范》GB 50017、《钢结构工程施工质量验收规范》GB 50205 的规定。

2 术语和符号

2.1 术　　语

2.1.1 预制组合立管如图 1 所示。

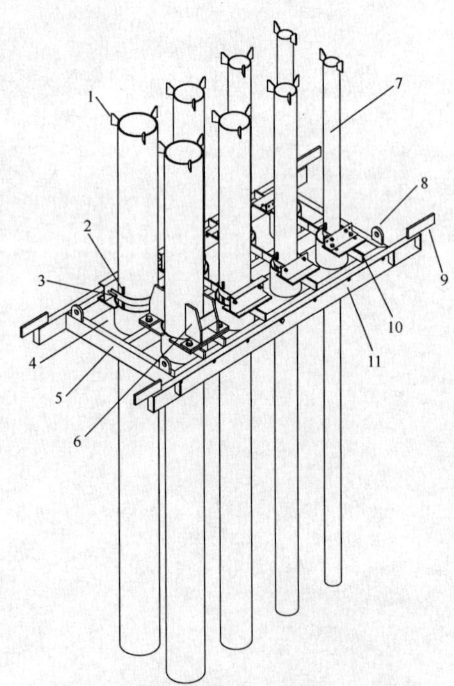

图 1　预制组合立管单元节示意

1—组对导板；2—防滑块；3—管卡；4—管架封板；5—管道框架；6—连接板（固定支架用）；7—管道；8—吊耳；9—可转动支架连接板；10—套管撑板；11—可转动支架（吊装时置于垂直状态并临时固定）

2.1.2 套管撑板用于固定套管并承担单根立管荷载，即管道的重量通过套管、套管撑板传递到管道框架。

2.1.4 可转动支架在运输及吊装过程中与管道框架呈垂直状态并临时固定，就位时旋转至水平状态，并紧固所有连接螺栓。

2.1.5 可转动支架连接板主要用于固定管道框架并承担立管荷载，连接板采用钢制构件焊接在可转动支架的端部。

2.1.6 管道框架封板在井道封堵时起模板支托作用。

2.1.7 为了验证吊装时预制组合立管单元节结构的整体安全性，需在工厂对每个单元节进行转立试验。

3 基本规定

3.0.1 工程设计阶段预制组合立管初步设计包括以下内容：

1　各专业系统管道的排列；

2　组合支架的形式；

3　补偿器的选择和设置等；

4　固定（承重）支架的设置；

5　支架与结构连接节点。

3.0.2 预制组合立管所选用的管材和连接材料应符合《直缝电焊钢管》GB/T 13793、《输送流体用无缝钢管》GB/T 8163、《排水用柔性接口铸铁管、管件及附件》GB/T 12772 等国家现行的有关产品标准的规定。

4 设　　计

4.1 设计原则

4.1.2 立管设有固定和限位支架，可以不考虑横向位移的影响。热变形管道的预留口设置需考虑水平分支管道的坡向、坡度、位移限制等影响因素。

4.1.4 预制组合立管的构造设计，要预留管井封堵施工时植筋和混凝土浇筑的空间；采用防火封堵材料封堵的，可在管道支架设计、制作时，一并完成封堵材料支撑构件的设计和制作。

预制组合立管设计，施工中需充分考虑施工荷载、结构误差以及施工进度的影响，在设计与施工中协调解决。

钢结构一般是分节施工，预制组合立管的分节应尽量和钢柱的分节保持一致，以便钢柱、钢梁、预制组合立管、楼板等工序能进行流水施工。

4.2 一般规定

4.2.1 预制组合立管配管及管道框架承受的荷载按施工状态和运行状态分别考虑，取最不利荷载。

安装施工状态荷载包括管道、管道支架及组件、隔热材料等自重荷载以及施工临时荷载。

运行状态（含试运行、管道系统压力试验）荷载包括管道系统静荷载和运行动荷载。静荷载包括管道及管道附件、管道支架及组件、隔热材料等自重荷载；动荷载包括管道热胀冷缩和其他位移产生的作用力和力矩，压力不平衡式的波纹补偿器或填函式补偿器等的内压作用力及弹性反力，管道系统内压作用力，系统运行冲击力、水锤等。

4.4 荷载组合计算

4.4.1 施工过程中，单元节对接前，该节最上层支架为吊装及就位后承重支架，各节对接后，在各楼层重新固定，荷载承受在每层的支架上，对已经施工好的预制组合立管没有影响，因此计算时仅考虑本节的荷载。

4.4.2 管架承受的荷载主要为其与上部相邻固定支架间的配管自重 G、管道补偿对固定支架的作用力 F_{pn} 及管道内压作用力 F_p，运行阶段固定支架承受全部荷载。

支架承受荷载分为静荷载和动荷载，静荷载的组合值系数取 1.2。静荷载包括管道及组成件、隔热材料、支架零部件、输送流体或试验流体等的重力以及由管道或管道支架支承的其他永久性荷载。

动荷载的组合值系数取 1.4。动力荷载包括管道系统内输送流体或试验用流体对管道的不平衡内压作用力及其他持续动力荷载和偶然荷载。

4.5 管架构件计算

4.5.1 在工程实践中可按套管撑板厚度的 60% 确定套管的壁厚，套管撑板与套管可以简化为按套管撑板截面考虑的简支梁。受力计算简图与弯矩图如下图：

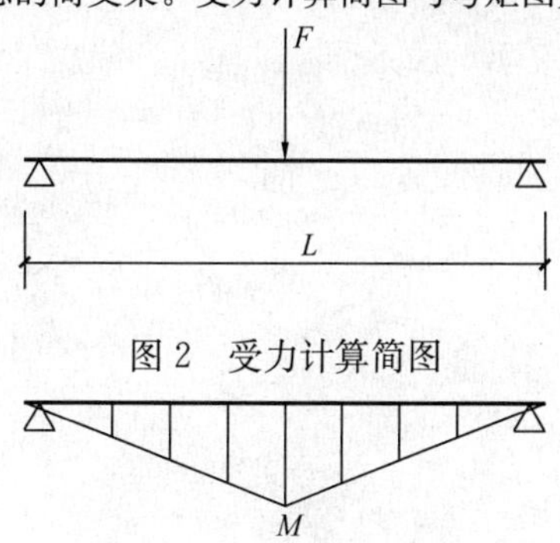

图 2　受力计算简图

图 3　弯矩图

4.5.2 参照《钢结构设计规范》GB 50017－2003，按主框架梁挠度允许值 1/400，国外的预制组合立管加工企业有采用挠度允许值 1/300。

4.5.3 对螺栓的受力计算，在工程上考虑剪切强度计算和承压计算。

4.5.4 可动支架与结构间的连接应根据结构选择合理的连接形式，本处考虑为正面角焊缝的计算。

4.6 立管系统图及组合平、剖面图

4.6.3 管井中不同楼层的立管数量、规格并不完全相同，因此作本条规定。

4.7 制作及装配图

4.7.7 现场施工条件复杂，结构及管道施工误差等因素会影响预制组合立管的安装，因此，在每节制造前必须对现场情况进行复核，再根据复核情况对图纸进行修正。

5 制　作

5.2 管 道 加 工

5.2.2 管道切割下料，还需要考虑后续施工的要求，如增设管道支架、附件、开孔等，包括对管道焊缝、法兰的设置要求。

5.2.5 清扫是为了防止管道内存留杂物，在吊装过程中发生坠落等危险。

5.4 装　配

5.4.4 预制组合立管单元节明确标识是为了防止吊装过程中发生单元节就位时方向、顺序、管井或楼层错误等。

5.4.6 预制组合立管单元节在吊装过程中，由于受力状态改变，可能发生空中解体、组件脱落等状况，因此要求进行转立试验验证。

5.6 半成品保护

5.6.1 在预制立管安装完成后，钢结构防火涂料及混凝土施工易对预制组合立管产生污染，故须做好成品保护。

5.6.2 预制组合立管单元节堆码时用垫木和钢丝绳固定，以防止构件变形；对不稳定预制组合立管（如柔性沟槽连接件连接的管道）采取临时加固措施。

6 安　装

6.1 施 工 准 备

6.1.1 预制组合立管吊装穿插于结构施工，其进度与总体工程施工进度相互制约。

6.1.2 检查主要针对单元节构件在储存、运输过程中发生的形变、螺栓、管卡等连接件松动，保证吊装时单元节结构稳定性。

6.1.3 预制组合立管单元节运输过程中应采用垫木和钢丝绳固定，做好保护工作，防止构件变形和刻断钢丝绳；对不稳定预制组合立管（如采用柔性沟槽连

接件连接的管道）应采用临时加固措施。

6.1.4 预制组合立管单元节在吊装前，复核安装管井实际尺寸、安装位置、标高，检验结构是否按设计图纸进行施工，有无偏差，是否会影响预制组合立管单元节吊装及组对施工。为方便预制组合立管单元节在吊装就位时能快速初步定位，吊装前应安排人员在相关工作面上做好管架的定位标识。

6.1.5 预制组合立管单元节吊装所采用的起重设备、吊具、辅具、绳索、滑轮应参照相应计算进行选型，并考虑必要的安全系数，确保吊装的可靠性和安全性。

6.2 转运与吊装

6.2.1 预制组合立管单元节储存和运输时为水平放置，吊装时变为垂直状态，为防止预制组合立管单元节在从水平状态转为竖立状态时发生碰撞变形，宜采用双机抬吊完成卸货和竖立过程，并保证单元节竖立方向正确。

单元节竖立后，在单元节下部绑扎缆风绳，调整、控制单元节方向，并引导单元节按预定路线穿越管井。单元节穿越管井时，在其所经过的楼层安排人员监护，防止管组、吊索与管井结构发生碰撞。

6.2.3 单元节安装为高空吊装作业，在单元节良好就位、与相关建筑结构连接的螺栓全部安装和紧固完成之前，必须保证吊装设备吊钩处于受力状态，以确保吊装作业过程安全。

6.3 组 对

6.3.1 因超高层建筑有自身摆动，管道附着在结构上，其全长偏差很难测定，只能参照结构坐标进行控制。

6.3.6 预制组合立管的支架一般设置于管井内每层楼板处，安装于管道上的阀门、膨胀器等管道附件及管道连接件处需按相关规范增设支架，支架设置间距不符合相应规范要求的，也要增设支架。

6.3.7 预制组合立管单元节在装配、运输、吊装、组对时，管道均固定在管架上，支架形式的调整应在其上部的固定支架安装固定后进行。

6.3.8 单元节组对完成后及时实测管口标高、尺寸，可为下一单元节的制作、安装提供调整参考数据。

中华人民共和国国家标准

现场设备、工业管道焊接工程施工质量验收规范

Code for acceptance of field equipment, industrial pipe welding construction quality

GB 50683—2011

主编部门：中国工程建设标准化协会化工分会
批准部门：中华人民共和国住房和城乡建设部
实行日期：2 0 1 2 年 5 月 1 日

中华人民共和国住房和城乡建设部
公　　告

第939号

关于发布国家标准《现场设备、工业管道焊接工程施工质量验收规范》的公告

现批准《现场设备、工业管道焊接工程施工质量验收规范》为国家标准，编号为GB 50683—2011，自2012年5月1日起实施。其中，第3.2.3（4）条（款）为强制性条文，必须严格执行。

本规范由我部标准定额研究所组织中国计划出版社出版发行。

中华人民共和国住房和城乡建设部

二〇一一年二月十八日

前　　言

本规范是根据原建设部《关于印发〈2007年工程建设标准规范制订、修订计划（第二批）〉的通知》（建标〔2007〕126号）的要求，由中国石油和化工勘察设计协会、中油吉林化建工程股份有限公司为主编单位，会同各行业有关单位在《现场设备、工业管道焊接工程施工及验收规范》GB 50236—98的基础上重新编制，名称定为《现场设备、工业管道焊接工程施工质量验收规范》。

本规范编制组经广泛的调查研究，认真总结实践经验，参考有关国际标准和国外先进标准，并在广泛征求意见的基础上，编制本规范，最后经审查定稿。

本规范共分8章和1个附录。主要技术内容包括：总则、术语、基本规定、材料、焊前准备、焊接、焊后热处理、焊缝质量检验等。

本规范中以黑体字标志的条文为强制性条文，必须严格执行。

本规范由住房和城乡建设部负责管理和对强制性条文的解释，由中国工程建设标准化协会化工分会负责日常管理，由全国化工施工标准化管理中心站负责具体技术内容的解释。本规范执行过程中如有意见或建议，请寄送全国化工施工标准化管理中心站（地址：河北省石家庄市桥东区槐安东路28号仁和商务1-1-1107室，邮政编码：050020），以便今后修订时参考。

本规范主编单位、参编单位、主要起草人和主要审查人：

主 编 单 位：中国石油和化工勘察设计协会
中油吉林化建工程股份有限公司

参 编 单 位：中国化学工程第三建设有限公司
中国石化集团第十建设公司
上海宝冶集团有限公司
北京电力建设公司
中国机械工业建设总公司
哈尔滨焊接研究所
中国核工业二三建设有限公司
十一冶建设集团有限责任公司
惠生工程（中国）有限公司
阿美科工程咨询（上海）有限公司
中冶集团建筑研究总院
北京燕华建筑安装工程有限责任公司
全国化工施工标准化管理中心站

主要起草人：夏节文　关一卓　赵喜平　卢立香
任永宁　王丽鹏　朴东光　邵　刚
张　勇　孙忠亮　杨　惠　段　斌
杨　雷　芦　天　颜祖清

主要审查人：吉章红　戈兆文　纪方奇　王明涛
李晓松　袁转东　李志远　郭　军
乔亚霞　石学军　张西民　周武强
蒋桂英　李晓琼

目　次

Contents

1 总　则

1.0.1 为统一现场设备、工业管道焊接工程施工质量的验收，加强工程质量管理，制定本规范。

1.0.2 本规范适用于碳素钢、合金钢、铝及铝合金、铜及铜合金、镍及镍合金、钛及钛合金、锆及锆合金金属材料焊接工程施工质量的验收。

1.0.3 本规范应与现行国家标准《现场设备、工业管道焊接工程施工规范》GB 50236配套使用。

1.0.4 焊接工程施工中采用的工程技术文件、承包合同文件对施工质量验收的要求不得低于本规范的规定。

1.0.5 焊接工程施工质量的验收，除应符合本规范外，尚应符合国家现行有关标准的规定。

2 术　语

2.0.1 100%检验　100% examination

在指定的一个检验批中，对某一具体项目进行全部检查。

2.0.2 抽样检验　random sampling examination

在指定的一个检验批中，对某一具体项目按一定比例随机抽取样本进行检查。

2.0.3 局部检验　local sampling examination

在指定的一个检验批中，对某一具体项目的每一件进行规定的部分检查。

3 基本规定

3.1 施工质量验收的划分

3.1.1 现场设备、工业管道焊接工程质量验收应划分为分项工程进行。

3.1.2 现场设备焊接工程的分项工程应按现场设备的台（套）划分，工业管道焊接工程的分项工程应按管道级别和材质划分。

3.2 施工质量验收

3.2.1 分项工程质量验收应符合下列规定：

1　主控项目应符合本规范的规定。

2　一般项目每项抽检实测值应在本规范规定的允许偏差范围内。

3.2.2 焊接工程质量验收文件和记录应包括下列内容：

1　焊接工程的施工技术文件、施工记录和报告，且应符合现行国家标准《现场设备、工业管道焊接工程施工规范》GB 50236的规定。

2　分项工程质量验收记录、内容和格式应符合本规范附录A的规定。

3.2.3 当焊接工程质量不符合本规范规定时，应按下列规定进行处理：

1　经返工或返修的分项工程，应重新进行验收。

2　经有资质的检测单位检测鉴定能够达到设计要求的分项工程，应予以验收。

3　经有资质的检测单位检测鉴定达不到设计要求，但经原设计单位核算认可，能够满足结构安全和使用功能的分项工程，可予以验收。

4　经过返修仍不能满足安全使用要求的工程，严禁验收。

3.2.4 未经验收合格的焊接工程不得投入使用。

3.3 施工质量验收的程序及组织

3.3.1 分项工程的质量验收应在施工单位自检合格的基础上进行，并由施工单位项目专业质量检查员填写分项工程质量验收记录。

3.3.2 分项工程的质量验收应由监理工程师（或建设单位项目专业技术负责人）组织施工单位项目专业技术负责人和质量检查人员进行。

3.3.3 当焊接工程由分包单位施工时，总包单位应对工程质量全面负责。分包单位对所承包的焊接工程应按本规范规定的程序进行检查验收。分包工程完成后，应将工程文件和记录提交总包单位。

4 材　料

主 控 项 目

4.0.1 母材使用前，应按设计文件的规定进行检查和验收，其材质、规格和外观质量应符合该母材的产品标准和设计文件的规定。材料标识应清晰完整，并应能追溯到产品质量证明文件。

检查数量：全部检查。

检查方法：检查质量证明文件，观察检查和尺量检查，必要时可进行光谱检查。

4.0.2 焊接材料使用前，应检查其外观质量、质量证明文件、外包装和包装标记。有疑义时应进行相应的试验或复验。其质量应符合设计文件和下列规定：

1　焊材包装应完好、无破损，包装标记应完整、清晰。

2　质量证明文件应符合国家现行有关产品标准和订货技术条件要求。

3　焊材表面不应受潮、污染，不应存在药皮破损或影响焊接质量的缺陷，焊丝表面应光滑、整洁。焊材的识别标志应清晰、牢固，与产品实物应相符。

检查数量：全部检查。

检查方法：检查质量证明文件，观察检查，检查焊材验收记录或复验报告。

4.0.3 焊接材料在使用前应按规定进行烘干，并应在使用过程中保持干燥，烘烤条件应符合焊材说明书和有关技术文件的规定。

焊丝使用前应按规定进行除油、除锈及清洗处理，清洗质量应符合有关技术文件的规定。

检查数量：全部检查。

检查方法：观察检查，检查烘干或清洗记录。

5 焊前准备

Ⅰ 主控项目

5.0.1 当设计文件对坡口表面要求进行无损检测时，应进行磁粉检测或渗透检测。坡口表面质量不应低于现行行业标准《承压设备无损检测》JB/T 4730规定的Ⅰ级。

检验数量：应符合设计文件的规定。

检验方法：检查磁粉检测报告或渗透检测报告。

5.0.2 对有焊前预热规定的焊缝，焊接前应检查焊件预热区域的预热温度，预热温度应符合设计文件和焊接工艺文件的规定。

检查数量：全部检查。

检查方法：测温仪器测量，检查焊接记录。

5.0.3 管道对接焊缝组对时，内壁错边量应符合表5.0.3的规定。

表5.0.3 管道组对内壁错边量（mm）

材料种类		内壁错边量
碳素钢、合金钢		≤壁厚的10%，且不应大于2
铝及铝合金	壁厚≤5	≤0.5
	壁厚>5	≤壁厚的10%，且不应大于2
铜及铜合金		≤壁厚的10%，且不应大于1
钛及钛合金		≤壁厚的10%，且不应大于1
镍及镍合金		≤0.5
锆及锆合金		≤壁厚的10%，且不应大于1

检查数量：全部检查。

检查方法：卡尺、焊缝检查尺检查，检查焊接组对记录。

5.0.4 设备、卷管对接焊缝组对时，对口错边量应符合下列规定：

1 碳素钢、合金钢设备和卷管对接焊缝的组对错边量应符合表5.0.4和下列规定：

1）只能从单面焊接的纵向和环向焊缝，其内壁错边量不应大于壁厚的25%，且不应超过2mm。

2）当采用气电立焊时，错边量不应大于壁厚的10%，且不应大于3mm。

3）复合钢板组对时，应以复层表面为基准，错边量不应大于钢板复层厚度的50%，且不应大于1mm。

表5.0.4 碳素钢、合金钢设备和卷管对接焊缝的组对错边量（mm）

母材厚度 T	错边量	
	纵向焊缝	环向焊缝
$T\leqslant12$	$\leqslant T/4$	$\leqslant T/4$
$12<T\leqslant20$	≤3	$\leqslant T/4$
$20<T\leqslant40$	≤3	≤5
$40<T\leqslant50$	≤3	$\leqslant T/8$
$T>50$	$\leqslant T/16$，且≤10	$\leqslant T/8$，且≤20

2 铝及铝合金、铜及铜合金、钛及钛合金、镍及镍合金设备的组对错边量应符合下列规定：

1）当母材厚度小于或等于12mm时，纵缝、环缝错边量均不应大于1/5母材厚度。

2）当母材厚度大于12mm时，纵缝错边量不应大于2.5mm；环缝错边量不应大于1/5母材厚度，且不应大于5mm。

检查数量：全部检查。

检查方法：卡尺、焊缝检查尺检查，检查焊接组对记录。

5.0.5 不等厚对接焊件组对时，薄件端面应位于厚件端面之内。当内壁错边量大于本规范第5.0.3条、第5.0.4条规定或外壁错边量大于3mm时，加工修整后的坡口尺寸应符合图5.0.5的规定。当用于管件，并受长度条件限制时，图（a）①、图（b）①和图（c）中的15°角可改用30°角。

检查数量：全部检查。

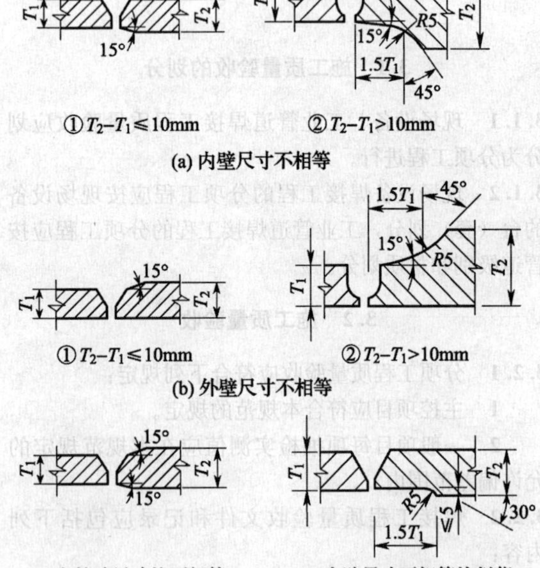

图5.0.5 不等厚对接焊件坡口加工

T_1—不等厚焊件接头的薄件母材厚度；

T_2—不等厚焊件接头的厚件母材厚度

检查方法：卡尺、焊缝检查尺检查。

Ⅱ 一般项目

5.0.6 焊件焊缝位置应符合设计文件和下列规定：

1 钢板卷管或设备的筒节与筒节、筒节与封头组对时，相邻两节间纵向焊缝间距应大于壁厚的3倍，且不应小于100mm；同一筒节上两相邻纵缝间的距离不应小于200mm。

2 管道同一直管段上两对接焊缝中心面间的距离应符合下列规定：

1）当公称尺寸大于或等于150mm时，不应小于150mm；

2）当公称尺寸小于150mm时，不应小于管子外径，且不小于100mm。

3 卷管的纵向焊缝应置于易检修的位置，且不宜在底部。

4 有加固环、板的卷管，加固环、板的对接焊缝应与卷管的纵向焊缝错开，其间距不应小于100mm。加固环、板距卷管的环焊缝不应小于50mm。

5 受热面管子的焊缝与管子起弯点、联箱外壁及支、吊架边缘的距离不应小于70mm；同一直管段上两对接焊缝中心间的距离不应小于150mm。

6 除采用定型弯头外，管道对接环焊缝中心与弯管起弯点的距离不应小于管子外径，且不应小于100mm。管道对接环焊缝距支、吊架边缘之间的距离不应小于50mm；需热处理的焊缝距支、吊架边缘之间的距离不应小于焊缝宽度的5倍，且不应小于100mm。

检查数量：全部检查。

检查方法：观察检查和采用钢尺等检查。

5.0.7 焊件的主要结构尺寸与形状、坡口形式和尺寸、坡口表面的质量应符合下列规定：

1 结构尺寸应符合设计文件的规定。

2 坡口形式和尺寸、组对间隙应符合焊接工艺文件的规定。

3 坡口表面应平整、光滑，不得有裂纹、夹层、加工损伤、夹渣、毛刺及火焰切割熔渣等缺陷。

检验数量：全部检查。

检验方法：观察检查和采用钢尺、焊缝检查尺等检查。

5.0.8 焊接前，坡口及坡口两侧内外表面的清理质量应符合表5.0.8的规定。

表5.0.8 坡口及坡口两侧内外表面的清理质量

管道材质	清理范围(mm)	清理质量
碳素钢及合金钢	≥20	无杂质、污物、毛刺和镀锌层等，且不得有裂纹、夹层、加工损伤、熔渣等缺陷
铝及铝合金	≥50	清除油污、毛刺、氧化膜及其他杂物等，使之露出金属光泽，且不得有裂纹、夹层、加工损伤等缺陷
铜及铜合金	≥20	
钛及钛合金	≥20	
镍及镍合金	≥20	
锆及锆合金	≥20	

检查数量：全部检查。

检查方法：观察检查。

5.0.9 搭接接头的搭接量和贴合质量、带垫板的对接接头的贴合质量应符合设计文件的规定。

检查数量：全部检查。

检查方法：观察检查和尺量检查。

6 焊 接

Ⅰ 主控项目

6.0.1 对有冲击韧性要求的焊缝，施焊时应测量焊接线能量，并应作记录。焊接线能量应符合设计文件和焊接工艺文件的规定。

检查数量：全部检查。

检查方法：采用计量仪表、秒表、钢尺测量和检查焊接记录。

6.0.2 对规定进行中间无损检测的焊缝，无损检测应在外观检查合格后进行，焊缝质量应符合本规范第8章的有关规定。

检查数量：符合设计文件的规定。

检查方法：检查无损检测报告。

6.0.3 对道间温度有明确规定的焊缝，道间温度应符合焊接工艺文件的规定。要求焊前预热的焊件，其道间温度应在规定的预热温度范围内。

检查数量：全部检查。

检查方法：采用测温仪器测量和检查焊接记录。

6.0.4 规定背面清根的焊缝，在清根后应进行外观检查，清根后的焊缝应露出金属光泽，坡口形状应规整，满足焊接工艺要求。当设计文件规定进行磁粉检测或渗透检测时，磁粉检测或渗透检测的焊缝质量不应低于现行行业标准《承压设备无损检测》JB/T 4730规定的Ⅰ级。

检查数量：全部检查。

检查方法：观察检查，检查磁粉检测或渗透检测报告。

6.0.5 当规定进行后热时，其后热温度、后热时间应符合现行国家标准《现场设备、工业管道焊接工程施工规范》GB 50236的有关规定和焊接工艺文件的规定。

检查数量：全部检查。

检查方法：采用测温仪器测量和检查焊接记录。

Ⅱ 一般项目

6.0.6 定位焊缝焊完后，应清除熔渣进行检查，定位焊缝的尺寸和质量应符合现行国家标准《现场设备、工业管道焊接工程施工规范》GB 50236 的有关规定和焊接工艺文件的规定。

检查数量：全部检查。

检查方法：观察检查和钢尺、焊缝检测尺检查。

6.0.7 对规定进行酸洗、钝化处理后的焊缝及其附近表面的质量应符合设计文件和下列规定：

1 酸洗后的焊缝及其附近表面不得有明显的腐蚀痕迹、颜色不均匀的斑纹和氧化色。

2 酸洗后的焊缝表面应用水冲洗干净，不得残留酸洗液。

3 钝化后的焊缝表面应用水冲洗，呈中性后擦干水迹。

检查数量：全部检查。

检查方法：观察检查和 pH 值检查，设计文件规定的其他检查方法及检查记录。

7 焊后热处理

Ⅰ 主控项目

7.0.1 现场设备和管道焊后热处理参数应符合设计文件、现行国家标准《现场设备、工业管道焊接工程施工规范》GB 50236、热处理工艺文件和下列规定：

1 对采用炉内整体热处理和炉内分段局部热处理的焊缝，应检查并记录进出炉温度、升温速度、降温速度、恒温温度和恒温时间、有效加热区内最大温差、任意两测温点间的温差等参数。

2 对采用炉外整体热处理和局部加热热处理的焊缝，应检查并记录升温速度、降温速度、恒温温度和恒温时间、任意两测温点间的温差等参数。

检查数量：全部检查。

检查方法：自动测温仪测量，检查热处理曲线和热处理报告。

7.0.2 现场设备和管道焊后热处理效果检查，应符合设计文件、现行国家标准《现场设备、工业管道焊接工程施工规范》GB 50236 的规定。当规定制作产品焊接检查试件时，应符合本规范第8.4.1条的规定。当规定进行硬度检验时，应符合下列规定：

1 除设计文件另有规定外，热处理焊缝和热影响区硬度值应符合表7.0.2的规定。表7.0.2中未列入的材料，焊缝和热影响区硬度值为：碳素钢不应大于母材硬度测定值的120%；合金钢不应大于母材硬度测定值的125%。

2 当焊缝重新进行热处理时，应再次进行硬度检验。

3 焊缝的硬度检查区域应包括焊缝和热影响区。对于异种金属的焊缝，两侧母材热影响区均应进行硬度检查。

检查数量：应符合设计文件的规定。

检查方法：检查热处理记录，检查硬度检验报告。

表 7.0.2 热处理焊缝和热影响区硬度值

母材类别	布氏硬度 HB
碳钼钢（C-Mo）、锰钼钢（Mn-Mo）、铬钼钢（Cr-Mo）：Cr≤0.5%	≤225
铬钼钢（Cr-Mo）：0.5%<Cr≤2%	≤225
铬钼钢（Cr-Mo）：2.25%≤Cr≤10%	≤241
马氏体不锈钢	≤241

Ⅱ 一般项目

7.0.3 热处理测温点的部位和数量应合理，热电偶的安装应保证测温准确可靠。

检查数量：全部检查。

检查方法：观察检查。

7.0.4 焊后热处理的加热区域宽度和保温层应符合设计文件和下列规定：

1 采用局部加热热处理时，加热范围应包括焊缝、热影响区及其相邻母材，焊缝每侧不应小于焊缝宽度的3倍，加热范围以外部分至少100mm范围应进行保温。

2 炉外整体热处理和局部加热热处理的保温材料和保温层厚度应符合热处理工艺文件的规定。

3 炉内分段加热时，加热各段重叠部分长度不应小于1500mm。

检查数量：全部检查。

检查方法：观察检查。

8 焊缝质量检验

8.1 焊缝外部质量检验

Ⅰ 主控项目

8.1.1 现场设备焊缝的检查等级，应按100%无损检测、局部无损检测、不要求进行无损检测的要求，划分为Ⅰ、Ⅱ、Ⅲ三个等级。现场设备焊缝的外观质量应符合本规范表8.1.1-1、表8.1.1-2的规定。

检查数量：全部检查。

检查方法：观察检查、采用焊缝检查尺测量和检查焊接记录。

表 8.1.1-1 现场设备焊缝外观质量

检查等级		Ⅰ	Ⅱ	Ⅲ
无损检测要求		100%	局部检验	不要求
缺陷名称	裂纹	不允许	不允许	不允许
	未焊透	不允许	不允许	不允许
	未熔合	不允许	不允许	不允许
	表面气孔	不允许	不允许	不允许
	外露夹渣	不允许	不允许	不允许
	未焊满	不允许	不允许	不允许
	咬边	不允许	深度：≤0.05T，且≤0.5mm；连续长度≤100mm，两侧咬边总长度≤10%焊缝全长	深度：≤0.10T，且≤1mm；长度不限
	根部收缩（根部凹隐）	不允许	深度≤0.2＋0.02T，且≤0.5mm；长度不限	深度≤0.2＋0.02T，且≤1.0mm；长度不限
	角焊缝厚度不足	不允许	不允许	≤0.3＋0.05T，且≤2.0mm；每100mm焊缝长度内缺陷总长度≤25mm
	角焊缝焊脚不对称	差值≤1＋0.1t	差值≤1＋0.15t	差值≤2＋0.2t

注：1 当咬边经磨削修整并平滑过渡时，可按焊缝一侧较薄母材最小允许厚度值评定。
2 角焊缝焊脚不对称在特定条件下要求平缓过渡时，不受本规定限制。
3 除注明角焊缝缺陷外，其余均为对接、角接焊缝通用。
4 表中 T 为母材厚度；t 为设计焊缝厚度。
5 表中公式的常量单位为 mm。

表 8.1.1-2 现场设备焊缝外观质量

（余高和根部凸出）（mm）

母材厚度 T		≤6	＞6～13	＞13～25	＞25
检查等级	Ⅰ	≤1.5	≤1.5	≤3.0	≤3.0
	Ⅱ	≤1.5	≤3.0	≤3.0	≤4.0
	Ⅲ	≤2.0	≤4.0	≤4.0	≤5.0

8.1.2 管道焊缝的检查等级，应按现行国家标准《工业金属管道工程施工质量验收规范》GB 50184 的规定划分为Ⅰ、Ⅱ、Ⅲ、Ⅳ、Ⅴ五个等级。管道焊缝的外观质量应符合本规范表 8.1.2-1、表8.1.2-2的规定。

表 8.1.2-1 管道焊缝外观质量

检查等级		Ⅰ	Ⅱ	Ⅲ	Ⅳ	Ⅴ
无损检测要求		100%检验	≥20%检验	≥10%检验	≥5%检验	不要求
缺陷名称	裂纹、未焊透、未熔合	不允许	不允许	不允许	不允许	不允许
	表面气孔	不允许	不允许	不允许	不允许	不允许
	外露夹渣	不允许	不允许	不允许	不允许	不允许
	未焊满	不允许	不允许	不允许	不允许	不允许
	咬边	不允许	深度：纵缝不允许，其他焊缝≤0.05T且≤0.5mm；连续长度≤100mm，两侧咬边总长度≤10%焊缝全长	深度：纵缝不允许，其他焊缝≤0.05T且≤0.5mm；连续长度≤100mm，两侧咬边总长度≤10%焊缝全长	深度：纵缝不允许，其他焊缝≤0.05T且≤0.5mm；连续长度≤100mm，两侧咬边总长度≤10%焊缝全长	深度：纵缝不允许，其他焊缝≤0.1T且≤1mm；长度不限
	根部收缩（根部凹陷）	不允许	深度≤0.2＋0.02T且≤0.5mm；长度不限	深度≤0.2＋0.02T且≤1.0mm；长度不限	深度≤0.2＋0.02T且≤1.0mm；长度不限	深度≤0.2＋0.04T且≤2.0mm；长度不限
	角焊缝厚度不足	不允许	不允许	≤0.3＋0.05T且≤1.0mm；每100mm焊缝长度内缺陷总长度≤25mm	≤0.3＋0.05T且≤1.0mm；每100mm焊缝长度内缺陷总长度≤25mm	≤0.3＋0.05T且≤2.0mm；每100mm焊缝长度内缺陷总长度≤25mm
	角焊缝焊脚不对称	差值≤1＋0.1t	差值≤1＋0.15t	差值≤1＋0.15t	差值≤1＋0.15t	差值≤2＋0.2t

表 8.1.2-2 管道焊缝外观质量

（余高和根部凸出）（mm）

母材厚度 T		≤6	＞6～13	＞13～25	＞25～50	＞50
检查等级	Ⅰ	≤1.5	≤1.5	≤3.0	≤3.0	≤4.0
	Ⅱ、Ⅲ、Ⅳ	≤1.5	≤3.0	≤4.0	≤5.0	—
	Ⅴ	≤2.0	≤4.0	≤5.0	≤5.0	—

注：对于铝及铝合金的根部凸出，当母材厚度小于或等于2mm时，根部凸出应小于或等于1.5mm；当母材厚度为2mm～6mm时，根部凸出应小于或等于2.5mm。

检查数量：全部检查。

检查方法：观察检查、采用焊缝检查尺测量和检查焊接记录。

8.1.3 钛及钛合金、锆及锆合金的焊缝表面应在焊后清理前进行色泽检查。钛及钛合金焊缝的色泽检查结果应符合表 8.1.3 的规定。锆及锆合金的焊缝表面应为银白色，当出现淡黄色时应予以清除。

表 8.1.3 钛及钛合金焊缝色泽质量

焊缝表面颜色	保护效果	质量
银白色（金属光泽）	优	合格
金黄色（金属色泽）	良	合格

续表 8.1.3

<table>
<tr><th>焊缝表面颜色</th><th>保护效果</th><th>质量</th></tr>
<tr><td rowspan="2">紫色（金属光泽）
蓝色（金属光泽）</td><td>低温氧化，焊缝表面有污染</td><td>合格</td></tr>
<tr><td>高温氧化，焊缝表面污染严重，性能下降</td><td>不合格</td></tr>
<tr><td>灰色（金属光泽）</td><td>保护不好，污染严重</td><td>不合格</td></tr>
<tr><td>暗灰色</td><td>保护不好，污染严重</td><td>不合格</td></tr>
<tr><td>灰白色</td><td>保护不好，污染严重</td><td>不合格</td></tr>
<tr><td>黄白色</td><td>保护不好，污染严重</td><td>不合格</td></tr>
</table>

注：区别低温氧化和高温氧化的方法宜采用酸洗法，经酸洗能除去紫色、蓝色者为低温氧化，除不掉者为高温氧化。

检查数量：全部检查。

检查方法：观察检查和检查焊接检查记录。

Ⅱ 一般项目

8.1.4 焊缝外观应成形良好，不应有电弧擦伤；焊道与焊道、焊道与母材之间应平滑过渡；焊渣和飞溅物应清除干净。

检查数量：全部检查。

检查方法：观察检查。

8.1.5 管道对接焊缝处的角变形（图 8.1.5）应符合下列规定：

1 当管子公称尺寸小于 100mm 时，允许偏差为 2mm；

2 当管子公称尺寸大于或等于 100mm 时，允许偏差为 3mm。

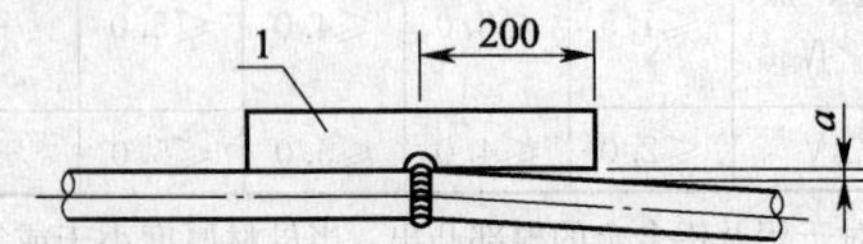

图 8.1.5 管道焊接接头的角变形

1—钢板尺；a—角变形（平直度）偏差

检查数量：全部检查。

检查方法：观察检查和采用直尺、检查尺在距焊口中心 200mm 处测量。

8.1.6 设备、卷管的对接焊缝，其环缝和纵缝的角变形（棱角）量不应大于壁厚的 10%加 2mm，且不应大于 5mm。

检查数量：全部检查。

检查方法：纵缝的角变形（焊接接头环向形成的棱角）用弦长等于 1/6 内径，且不小于 300mm 的内样板或外样板检查；环缝的角变形（焊接接头轴向形成的棱角）用长度不小于 300mm 的直尺检查。

8.2 焊缝表面无损检测

Ⅰ 主控项目

8.2.1 焊缝表面应按设计文件规定进行磁粉检测或渗透检测。有再热裂纹倾向的焊缝表面无损检测应在热处理后进行。对磁粉检测或渗透检测发现有不合格的焊缝，经返修后，返修部位应采用原规定的检验方法重新进行检验。焊缝质量不应低于现行行业标准《承压设备无损检测》JB/T 4730 规定的Ⅰ级。

检验数量：应符合设计文件的规定。

检验方法：检查磁粉或渗透检测报告，检查设备排版图或管道轴测图。

8.2.2 当焊缝磁粉检测（或渗透检测）的局部检验或抽样检验发现有不合格时，应在该焊工所焊的同一检验批中采用原规定的检验方法做扩大检验。焊缝质量应符合本规范第 8.2.1 条的规定。

检验数量：应符合国家现行有关标准和设计文件的规定。

检验方法：检查磁粉或渗透检测报告，检查设备排版图或管道轴测图。

8.3 焊缝射线检测和超声检测

Ⅰ 主控项目

8.3.1 焊缝内部质量应按设计文件规定进行射线检测或超声检测。对射线检测或超声检测发现有不合格的焊缝，经返修后，应采用原规定的检验方法重新进行检验。焊缝质量应符合下列规定：

1 100%射线检测的焊缝质量不应低于现行行业标准《承压设备无损检测》JB/T 4730 规定的Ⅱ级；抽样或局部射线检测的焊缝质量不应低于现行行业标准《承压设备无损检测》JB/T 4730 规定的Ⅲ级。

2 100%超声检测的焊缝质量不应低于现行行业标准《承压设备无损检测》JB/T 4730 规定的Ⅰ级；抽样或局部超声检测的焊缝质量不应低于现行行业标准《承压设备无损检测》JB/T 4730 规定的Ⅱ级。

检验数量：应符合设计文件和下列规定：

1）管道公称尺寸小于 500mm 时，可根据环缝数量按规定的检验数量进行抽样检验，并不得少于 1 个环缝。环缝检验应包括整个圆周长度。固定焊的环缝抽样检验比例不应少于全部抽样数量的 40%。

2）管道公称尺寸大于或等于 500mm 时，应对每条环缝按规定的检验数量进行局部检验，且不得少于 150mm 的焊缝长度。

3）设备上的纵缝和环缝、管道上的纵缝，应按规定的检验数量进行局部检验，且不得少于 150mm 的焊缝长度。

4）抽样或局部检验时，应对每一焊工所焊的焊缝按规定的比例进行抽查。当环缝与纵缝相交时，应在最大范围内包括与纵缝的交叉点处，纵缝的检查长度不应少于 38mm。

5）抽样或局部检验应按检验批进行。检验批和抽样或局部检验的位置应由焊接检查人员确定。

6）当在焊缝上开孔或开孔补强时，应对开孔直径 1.5 倍或开孔补强板直径范围内的焊缝进行 100％射线检测或超声检测。被补强板覆盖的焊缝应磨平。管孔边缘不应存在焊缝缺陷。

检验方法：观察检查，检查射线或超声检测报告，检查设备排版图或管道轴测图。

8.3.2 当焊缝射线（或超声检测）的局部检验或抽样检验发现不合格时，应在该焊工所焊的同一检验批中采用原规定的检验方法做扩大检验。焊缝质量应符合本规范第 8.3.1 条的规定。

检验数量：应符合设计文件的规定。

检验方法：检查射线或超声检测报告，检查设备排版图或管道轴测图。

8.4 其他检验

Ⅰ 主控项目

8.4.1 当按设计文件、国家现行有关标准规定制作产品焊接检查试件时，产品焊接检查试件的准备、焊接、试样制备、力学性能检验方法和合格标准应符合设计文件和现行行业标准《承压设备产品焊接试件的力学性能检验》NB/T 47016 的规定。

检查数量：符合设计文件的规定。

检查方法：检查试件焊接记录和力学性能等试验报告。

8.4.2 当规定进行焊缝金属的化学成分分析、焊缝铁素体含量测定、焊接接头金相检验时，检验结果应符合设计文件的规定。

检验数量：应符合设计文件的规定。

检验方法：按规定的检验方法进行，并检查检验报告。

8.4.3 焊缝的强度试验及严密度试验，应符合设计文件的规定。

检验数量：全部检查。

检验方法：检查强度及严密性试验报告。

附录 A 分项工程质量验收记录

分项工程的质量验收记录的内容和格式见表 A。

表 A 分项工程质量验收记录

分项工程名称					
施工单位		项目经理		项目技术负责人	
总承包单位		总承包单位负责人		总承包单位技术负责人	
序号	检验项目	施工单位检验结果		建设（监理）单位验收结论	
1				□合格	□不合格
2				□合格	□不合格
3				□合格	□不合格
4				□合格	□不合格
5				□合格	□不合格
6				□合格	□不合格
7				□合格	□不合格
8				□合格	□不合格
9				□合格	□不合格
10				□合格	□不合格
质量控制资料				□符合	□不符合
总承包单位专业技术负责人： 施工单位质量检查员： 施工单位专业技术负责人： 年 月 日		建设（监理）单位验收结论： 建设单位专业技术负责人： （监理工程师）： 年 月 日			

本规范用词说明

1 为便于在执行本规范条文时区别对待，对要求严格程度不同的用词说明如下：

1）表示很严格，非这样做不可的：
正面词采用“必须”，反面词采用“严禁”；

2）表示严格，在正常情况下均应这样做的：
正面词采用“应”，反面词采用“不应”或“不得”；

3）表示允许稍有选择，在条件许可时首先应这样做的：
正面词采用“宜”，反面词采用“不宜”；

4）表示有选择，在一定条件下可以这样做的，采用“可”。

2 条文中指明应按其他有关标准执行的写法为：“应符合……的规定”或“应按……执行”。

引用标准名录

《工业金属管道工程施工质量验收规范》GB 50184

《现场设备、工业管道焊接工程施工规范》GB 50236

《承压设备无损检测》JB/T 4730

《承压设备产品焊接试件的力学性能检验》NB/T 47016

中华人民共和国国家标准

现场设备、工业管道焊接工程施工质量验收规范

GB 50683—2011

条 文 说 明

编 制 说 明

《现场设备、工业管道焊接工程施工质量验收规范》GB 50683—2011，经住房和城乡建设部于2011年2月18日以第939号公告批准发布。

根据住房和城乡建设部标准定额司关于“验评分离、强化验收、完善手段、过程控制”的指导思想，将工业施工安装工程建设标准的“施工规范、施工质量验收规范”分为两部分来进行编制的指示精神，将国家标准《现场设备、工业管道焊接工程施工及验收规范》GB 50236—98中有关质量验收的条款分离出来，故本规范名称定为《现场设备、工业管道焊接工程施工质量验收规范》。

与本规范相应的施工规范是现行国家标准《现场设备、工业管道焊接工程施工规范》GB 50236。

本规范制定过程中，编制组进行了广泛的调查研究，总结了我国焊接工程施工技术和质量验收的实践经验，吸收了引进工程项目的相关方法、措施，并参考了国外先进技术法规、技术标准等进行编制。

为便于广大设计、施工、科研、学校等单位有关人员在使用本标准时能正确理解和执行条文规定，《现场设备、工业管道焊接工程施工质量验收规范》编制组按章、节、条顺序编制了本规范的条文说明，对条文规定的目的、依据以及执行中需注意的有关事项进行了说明（还着重对强制性条文的强制理由作了解释）。但是，本条文说明不具备与规范正文同等的法律效力，仅供使用者作为理解和把握标准规定的参考。

目　次

1 总 则

1.0.3 现场设备、工业管道焊接工程的施工是按施工规范执行的，本验收规范的制定是为了确定工程质量是否符合规定，两者的技术规定是一致的。现行国家标准《现场设备、工业管道焊接工程施工规范》GB 50236—2011 的条文说明同样也是对本规范相应条款的解释。

1.0.5 当工程有具体要求而本规范又无规定时，应执行国家相关标准的规定，或由建设、设计、施工、监理等有关方面协商解决。

2 术 语

2.0.1～2.0.3 这三条系新增加条文。条文定义所描述的内容更加准确和完善，同时也符合现阶段的实际情况。

3 基本规定

3.1 施工质量验收的划分

3.1.1 根据现行国家标准《工业安装工程施工质量验收统一标准》GB 50252 的规定，现场设备和管道工程均按专业划分为分部工程，由于焊接工程是现场设备和管道工程的组成部分，所以焊接工程划分为分项工程。

3.1.2 现行国家标准《工业安装工程施工质量验收统一标准》GB 50252 对设备工程的分项工程是按设备的台（套）划分的，所以现场设备焊接工程的分项工程也按现场设备的台（套）划分。现行国家标准《工业安装工程施工质量验收统一标准》GB 50252 和《工业金属管道工程施工质量验收规范》GB 50184 对工业管道工程的分项工程是按管道级别和管道材质来划分的，所以工业管道焊接工程也按管道级别和材质划分比较合理。

3.2 施工质量验收

3.2.1 区分主控项目和一般项目，主要是为了突出过程控制和质量检查验收的重点内容。

3.2.3 当分项工程质量不符合本规范时，本条文规定了四种处理情况。一般情况下，不合格的检验项目应通过对工序质量的过程控制，及时发现和返工处理达到合格要求；对于难以返工又难以确定质量的部位，由有资质的检测单位检测鉴定，其结论可以作为质量验收的依据；对于工程存在严重的缺陷，经返修后仍不能满足安全使用要求的，严禁验收，本款为强制性条文，必须严格执行。

3.3 施工质量验收的程序及组织

3.3.3 本条规定了总包单位和分包单位的质量责任和验收程序。

由于《建设工程承包合同》的双方主体是建设单位和总承包单位，总承包单位应按照承包合同的权利义务对建设单位负责。分包单位对总承包单位负责，亦应对建设单位负责。因此分包单位对承建的工程进行检验时，总包单位应参加，检验合格后，分包单位应将工程的有关资料移交总包单位，待建设单位组织单位工程质量验收时，分包单位负责人应参加验收。

工程总承包单位应将分包单位纳入自己的管理体系。作为体系的一部分，总承包商对施工记录上施工单位人员的签字负有责任，这些签字代表了总承包单位对工程质量的验收确认。

4 材 料

主 控 项 目

4.0.1 本条对母材的材质、规格、外观质量和材料标识在其投入使用前进行检查、验收的依据、数量和检查方法作了规定。

4.0.2 条文中“有疑义时”是指在材料包装标识损坏、无法确认材质、外观质量和质量证明文件存在疑问时的情况。如果是材料包装标识损坏、焊材外观质量问题，则应考核焊接材料可能影响焊接质量的缺陷为主，一般仅限于外观及工艺性能试验。对焊条进行焊接工艺性能试验时，首先应检查焊条焊芯不得有锈蚀现象，药皮不应有影响焊条质量的缺陷。然后进行焊条的焊接试验，试验过程电弧稳定、无异常现象、焊缝成型良好，无气孔、裂纹等缺陷。但如果是无法确认焊材型号、质量证明文件存在疑问时，应按焊接材料标准要求进行相应的检验。

4.0.3 焊接材料干燥与否和受污染程度对焊接质量影响很大，所以焊接材料的烘烤、清理程序是必不可少的。为了防止在施工中简化这一程序而影响焊接质量，把对焊接材料的烘干和清洗质量作为主控项目加以控制。

5 焊前准备

Ⅰ 主 控 项 目

5.0.2 按照现行国家标准《焊接预热温度、道间温度及预热维持温度的测量指南》GB/T 18591—2011 的规定：预热温度的测量点应设在工件表面，距坡口边缘4倍板厚，且不超过50mm的距离处。条件允许时，应在加热面的背面上测定温度。否则，应在加热面上移开热源一段时间，使母材厚度上的温度均匀后测定温度。使用固定的永久性加热器且无法在背面测量温度时，应从靠近焊缝坡口处暴露的母材表面上测取温度。温度均匀化的时间按 25mm 母材厚度 2min 的比例计。道间温度应在焊缝金属或相邻的母材金属处测定。道间温度的测量应在电弧经过之前的焊接区域内瞬时测得。对预热维持温度有规定时，应在焊接中断期间予以监测。测温仪器可以是热敏材料（如蜡笔或油漆等）、接触式测温仪、热电偶、非接触式光学或电子测温装置等。

5.0.3～5.0.5 焊件组对错边量的大小直接影响到根部焊道质量，尤其是单面焊焊缝，如局部错边量过大，易导致焊缝根部产生未熔合缺陷和造成应力集中。有些设备和管道还会因错边产生冲刷腐蚀。故将此三条列为主控项目。第 5.0.3 条、第 5.0.4 条对错边量的规定主要是从能否保证焊接质量来考虑，同时也考虑了材料制造本身允许的壁厚误差。设备对接焊缝错边量的规定参照 ASME 第Ⅷ卷《压力容器　第一册》和国家现行标准《钢制压力容器》GB 150、《铝制焊接容器》JB/T 4734、《钛制焊接容器》JB/T 4745、《铜制压力容器》JB/T 4755、《镍及镍合金制压力容器》JB/T 4756 等的规定。本规范第 5.0.5 条对不等厚对接焊件组对时错边量的处理要求，既从保证焊接质量出发，又考虑了使用条件、应力集中因素和焊件的外观质量。

Ⅱ　一 般 项 目

5.0.6 本条对焊缝位置的规定，主要是防止焊缝过于集中形成应力叠加，以免造成焊接接头破坏的隐患，并考虑因位置障碍影响焊工施焊和热处理工作的进行。

5.0.7 焊件组对前应检查各零部件的主要结构尺寸，包括主要结构尺寸的校核性检查，以保证由零部件组焊成构件的几何精度。

5.0.8 由于组装过程或组装、清理后待焊过程，坡口表面仍可能被氧化或被污染，所以在施焊前应做清理检查。

6　焊　　接

Ⅰ　主 控 项 目

6.0.1 本条主要强调对有冲击韧性要求时的焊接线能量检查要求，其他情况的线能量控制要求由设计文件和焊接工艺文件确定。焊接线能量的控制测量方法：

1 由电流表、电压表读数和测量单位时间熔敷焊道的长度计算线能量。缺点是太繁琐，焊工不便于直接观察，且电力网络波动影响数据准确。

2 由规定的线能量范围推算出每根焊条的燃烧时间和每根焊条的熔敷长度（极限范围），焊接时测量每根焊条的燃烧时间和每根焊条的熔敷长度，检查其是否在极限范围内。

6.0.3 道间温度的测量方法参见本规范第 5.0.2 条的条文说明。

6.0.4 焊缝背面清根后的沟槽形状直接影响到焊缝的内部质量，所以要求对清根质量进行控制，必要时还应进行磁粉或渗透检测。

6.0.5 后热的测量方法参见本规范第 5.0.2 条的条文说明。后热是针对有延迟裂纹倾向的材料焊接而言的，所以要求严格控制后热参数，保证后热效果，故将其列为主控项目。

7　焊后热处理

Ⅰ　主 控 项 目

7.0.1 在目前热处理效果检查方法不很理想的情况下，热处理时间—温度曲线记录就成为检查热处理工作必不可少的检查方法之一，通过对热处理曲线的跟踪检查，把热处理工艺参数控制在规定范围内。所以将其列为主控项目。

7.0.2 国内现行行业标准（中石化和电力行业）按照合金含量的范围和母材硬度值，给出焊缝和热影响区的硬度指标值经验公式；《现场设备、工业管道焊接工程施工及验收规范》GB 50236—98 将所有钢种分为碳素钢和合金钢两大类，分别根据母材硬度值确定焊缝和热影响区的硬度合格指标，但由于没有区分不同种类合金钢及其焊缝金属的性能差异，所带来的问题就是 Cr-Mo 系列中，高合金钢焊缝和热影响区的硬度值很难满足规定要求。而美国机械工程师协会《压力管道规范　工艺管道》ASME B31.3 按照钢种类别（P-No.）和 Cr、Mo 合金成分的范围确定硬度指标值，对不同材料的性能差异考虑的较充分。本条综合了上述情况，将合金钢（C-Mo、Mn-Mo、Cr-Mo 系列）和马氏体不锈钢的硬度合格标准参考 ASME B31.3，作出了表 7.0.2 的规定；而对于其他钢种，如碳素钢、其他低合金钢、奥氏体不锈钢等沿用 GB 50236—98 的规定。

Ⅱ　一 般 项 目

7.0.3 为准确测量并控制好局部热处理的温度，测温点和热电偶的布置非常重要，测温点的数量和分布应合理。热电偶的安装方法对测量结果也有直接影响。

8　焊缝质量检验

8.1　焊缝外部质量检验

Ⅰ　主 控 项 目

8.1.1 本标准参考美国机械工程师协会《压力管道

规范 工艺管道》ASME B31.3 的做法，将《现场设备、工业管道焊接工程施工及验收规范》GB 50236—98 中的焊缝质量分级改为焊缝的检查等级，根据设备和管道的使用工况条件（设计压力、设计温度、输送介质特性、剧烈循环等）、焊缝位置的重要性、无损检测比例要求等因素，提出焊缝质量要求。其中，将设备焊缝的检查等级按无损检测比例的不同分为三个等级，Ⅰ级的焊缝质量要求最高，Ⅲ级最低。本标准参照 ASME 第Ⅷ卷《压力容器 第一册》和现行国家标准《钢制压力容器》GB 150，并在 GB 50236—98 基础上对缺陷的允许值作了相应调整。

8.1.2 为保持本标准与现行国家标准《压力管道规范 工业管道》GB/T 20801—2006 和《工业金属管道工程施工质量验收规范》GB 50184 的协调一致，将管道检查等级按无损检测比例分为五级，其中Ⅰ级的焊缝质量要求最高，Ⅴ级最低。

8.1.3 钛及钛合金、锆及锆合金的焊缝表面颜色是衡量它们焊接时惰性气体的保护情况和焊缝质量的重要指标和检验方法。焊缝表面保护不良而产生的氧化污染将严重降低焊缝性能，所以提出了焊缝表面色泽检查要求。钛及钛合金、锆及锆合金的焊缝表面颜色最好是银白色。即使是允许的表面颜色，最终也应分别采取清理（酸洗）、清除等方法处理，直至银白色出现。

Ⅱ 一 般 项 目

8.1.6 本条是参照现行国家标准《钢制压力容器》GB 150 提出的。

8.2 焊缝表面无损检测

Ⅰ 主 控 项 目

8.2.1 由于焊接接头表面缺陷的危险性比深埋缺陷更大，因此对焊接接头表面无损检测要求Ⅰ级合格。

8.3 焊缝射线检测和超声检测

Ⅰ 主 控 项 目

8.3.1 对设备纵缝和环缝、管道纵缝和公称直径大于或等于 500mm 的管道环焊缝，应进行局部射线或超声检测，且不少于 150mm 的焊缝长度，以保证每条环缝都能够检测到。而对于公称直径小于 500mm 的管道环焊缝，则要求进行抽样射线或超声检测，且不少于 1 个环缝。此时凡进行抽样检测的环缝应包括其整个圆周长度。由于固定焊口的焊接属全位置焊接，焊接难度比转动焊口要大，因此本规范规定在抽样检查时，固定焊的焊接接头不得少于全部抽样数量的 40%。同时，为了较充分地反映每条管线的焊接质量，规定每条管线的最终抽样检验数量不得少于 1 个环缝。

本条规定抽样或局部检测时是以每一焊工所焊的焊缝为对象，这是对每个焊工进行焊接质量的控制，这种控制应该是过程控制，一旦发现不合格焊缝，应立即对该焊工焊接的焊缝按本规范第 8.3.2 条规定进行检查。

当环缝与纵缝相交时，由于纵环相交部位热影响区重叠、焊接残余应力较高，此时的 T 型接头是薄弱环节，因此本条参考 ASME B31.3 第Ⅷ卷《压力容器 第一册》的规定，提出检测部位应包括与纵缝的交叉点，检测长度不小于 38mm 的相交纵缝的要求。

本条规定的抽样或局部检验应在同一个检验批进行。这里的“检验批”是指具有相近的焊接条件和相近的焊接时间段。焊缝“检验批”的组成是有讲究的，合适的“检验批”能在节省检验成本和检查时间的前提下保证缺陷的检出率，提高产品安全质量。“检验批”的确定原则是：

1 “检验批”的数量不宜过大；

2 焊接时间段宜控制在 2 周以内；

3 相同管道级别、相同材质或相同检测比例的焊缝可划为同一“检验批”，以方便焊缝质量统计、缺陷分析和及时返修。否则会造成质量管理和控制的困难。

关于检验批和局部或抽样检测的具体焊缝位置由谁确定问题，应由施工单位的质量检查人员或总承包单位、监理、建设单位的质检人员确定，以体现公平、公正和随机的原则，并确保其检测的代表性、有效性。

中华人民共和国国家标准

化学工业污水处理与回用设计规范

Code for design of wastewater treatment and reuse in chemical industry

GB 50684—2011

主编部门：中国工程建设标准化协会化工分会

批准部门：中华人民共和国住房和城乡建设部

施行日期：2 0 1 2 年 5 月 1 日

中华人民共和国住房和城乡建设部
公　告

第980号
关于发布国家标准《化学工业污水处理与回用设计规范》的公告

现批准《化学工业污水处理与回用设计规范》为国家标准，编号为GB 50684—2011，自2012年5月1日起实施。其中，第5.1.4、5.3.9、5.3.10、6.1.6、10.1.5、11.4.9、12.3.7条为强制性条文，必须严格执行。

本规范由我部标准定额研究所组织中国计划出版社出版发行。

中华人民共和国住房和城乡建设部

二〇一一年四月二日

前　言

本规范是根据原建设部《关于印发〈2007年工程建设标准规范制订、修订计划（第二批）〉的通知》（建标〔2007〕126号）的要求，由中国石油和化工勘察设计协会和东华工程科技股份有限公司会同有关单位共同编制完成的。

在本规范编制过程中，编制组经过广泛调查研究，认真总结了20多年来化工、石化、石油天然气行业在污水处理与回用方面科研、设计和运行管理方面的实践经验，在广泛征求意见的基础上，最后经审查定稿。

本规范共分12章，主要技术内容包括：总则，术语，设计水质、水量，收集与预处理，物化处理，厌氧生物处理，活性污泥法，生物膜法，化工特种污染物处理，回用处理，污泥处理与处置，总体设计。

本规范中以黑体字标志的条文为强制性条文，必须严格执行。

本规范由住房和城乡建设部负责管理和对强制条文的解释，由中国工程建设标准化协会化工分会负责日常管理，由东华工程科技股份有限公司负责具体技术内容的解释。执行过程中如有意见和建议，请寄送东华工程科技股份有限公司（地址：安徽省合肥市望江东路70号，邮政编码：230024），以供今后修订时参考。

本规范主编单位、参编单位、主要起草人和主要审查人：

主编单位：中国石油和化工勘察设计协会
东华工程科技股份有限公司

参编单位：中国成达工程公司
中国石油天然气华东勘察设计研究院
西安长庆科技工程有限责任公司
江苏省化工设计院有限公司
北京博润宏创环境工程有限公司

主要起草人：韩　玲　蓝珍瑞　张　荣　王本洋　于丁一　金庆林　苏升坚　项元红　司旭东　陈香柏　马　强　李　强　何宏平　邹茂荣　李桂芬　郭志强

主要审查人：毕喜成　李玺明　张纪昶　王李虎　韩艳萍　罗燕民　刘俊新　王　淦　潘咸峰　耿康华

目　次

Contents

1 总 则

1.0.1 为防止化学工业污水排放引起的水体污染、改善和保护水环境、节约水资源，使化工污水处理与回用工程设计安全可靠、经济合理、管理方便，制定本规范。

1.0.2 本规范适用于新建、改建和扩建的化工污水处理与回用工程的设计。

1.0.3 化工污水处理与回用工程应与化工工程同时设计、同时建设、同时投运。

1.0.4 化工污水处理与回用工程设计应在不断总结生产实践经验和科学试验的基础上，结合工程情况，在稳妥可靠的前提下，积极、慎重地采用新工艺、新材料、新设备。

1.0.5 化工污水处理和回用处理工艺在无成熟经验时，应通过试验确定处理工艺及设计参数。

1.0.6 化工污水处理与回用工程设计应贯彻节能降耗、节水减排的原则，对污水中可回收利用的物质，在技术经济合理时应回收利用。

1.0.7 污水处理和回用工程宜根据工程规模、水质特性采用分级处理和分质处理。

1.0.8 污水采用分级处理时，预处理工艺应根据污染物特性、控制要求确定，预处理设施宜分区、分类集中设置。

1.0.9 污水回用应立足于本企业或化工区利用，宜作为工业循环冷却水补充水和杂用水。

1.0.10 储存、处理含有易挥发出有毒、可燃、臭味气体的污水的构筑物，应对有害气体进行收集并妥善处置。

1.0.11 化工污水处理与回用工程的设计，除应符合本规范外，尚应符合国家现行有关标准的规定。

2 术 语

2.0.1 初期污染雨水 polluted rainwater

可能受物料污染的污染区地面的初期雨水。

2.0.2 事故污水 accident wastewater

因设备、仪表故障，操作控制失误，设备、管道破损，开、停车或检修时偶发性废液倾倒等生产事故排出的使污水处理设施不能正常运行或可能产生破坏性结果的排水。

2.0.3 污水回用 wastewater reuse

化工生产活动过程产生的污水经收集、处理、再利用的过程。

2.0.4 预处理 pretreatment

保证进入某处理设施的水质达到预期要求所进行的初步处理过程。

2.0.5 分质处理 properties-classified treatment

对水质特性不同的污水，采用不同工艺处理的过程。

3 设计水量、水质

3.0.1 污水处理场设计规模宜按平均时处理污水量计，处理污水量应包括生产污水量、生活污水量、初期污染雨水量和未预见污水量。

3.0.2 污水处理工程设计的最高时污水量应按生产污水量、生活污水量、初期污染雨水量和未预见污水量之和确定，并应符合下列规定：

1 生产污水量应按各装置（单元）最大连续小时污水量与同时出现最大间断小时污水量之和确定。

2 生活污水量应按现行国家标准《室外排水设计规范》GB 50014 的有关规定确定。

3 初期污染雨水量宜按一次降雨初期污染雨水总量和调蓄设施的排空时间计算确定，宜采用下式计算：

$$q_s=\frac{F_s \cdot H_s}{t_s \cdot 1000} \tag{3.0.2}$$

式中：q_s——初期污染雨水量（m^3/h）；

F_s——污染区面积（m^2）；

H_s——降雨深度（mm），宜取 10mm～30mm；

t_s——初期污染雨水调蓄池排空时间（h），宜小于 120h。

4 未预见污水量宜按各装置（单元）平均时生产污水量的 5%～15%计。

3.0.3 污水处理场一次提升泵站设计流量应按最高时污水量确定。

3.0.4 污水处理构筑物的设计流量应按下列原则确定：

1 调节设施前处理构筑物的设计流量应按最高时污水量设计，当采用泵提升时，构筑物、配水管（渠）尚应按工作泵最大组合流量复核过水能力；

2 调节设施后处理构筑物的设计流量宜按平均时污水量设计。

3.0.5 污水处理场设计水质的确定，当设计资料齐全时，应按各装置平均时污水量和水质加权平均计算确定；当设计资料不全时，可按同类企业运行水质确定。

3.0.6 污水回用处理工程的设计规模宜根据污水水量和回用水需水量综合确定。

3.0.7 采用二级处理的出水作回用水源时，回用处理设计水质可按二级处理出水标准确定。

4 收集与预处理

4.0.1 排水管道系统的划分应根据污水性质、预处理和全厂处理与回用系统方案综合确定。

4.0.2 收集含可燃液体的污水管道系统应符合现行国家标准《石油化工企业设计防火规范》GB 50160的有关规定。

4.0.3 厂区生活污水宜单独收集。

4.0.4 对突发性重大事故时受到污染的消防水应妥善收集、处置。

4.0.5 第一类污染物浓度超过最高允许排放浓度的污水，应在装置区（车间）进行预处理。

4.0.6 含有较高浓度易挥发有毒化合物的污水应进行预处理。

4.0.7 与其他污水混合易产生沉淀、聚合或生成难降解物的污水及含较高悬浮物的污水，应进行预处理。

4.0.8 直接进入污水处理场不利于生物处理的下列污水，应进行预处理：

1 含有较高浓度难生物降解物质的污水；

2 含有较高浓度生物毒性物质的污水；

3 高温污水。

5 物化处理

5.1 格栅

5.1.1 污水处理场的污水进口应设格栅，并宜采用机械格栅。

5.1.2 处理含有挥发性可燃液体的污水采用的机械格栅动力装置，应采取防爆措施。

5.1.3 格栅应选用耐腐蚀材质。

5.1.4 格栅置于室内时，应设机械通风和有毒有害气体检测与报警装置。

5.2 调节与均质

5.2.1 污水处理场应设调节、均质设施。

5.2.2 调节、均质设施的容积宜根据进水水量、水质变化资料，或按同类企业资料确定。当无法取得资料时，调节设施容积可按12h～24h平均时流量计，均质设施容积可按8h～12h平均时流量计。

5.2.3 污水处理场宜设非正常情况下超过进水指标的事故污水储存池，储存池容积可按8h～12h平均时流量计。

5.2.4 调节与均质设施可以合并设置，但不应少于2个（格），且每个（格）可单独运行。

5.2.5 调节、均质设施应设搅拌设施。

5.2.6 储存含有挥发性有毒、有害物污水的设施应加盖，并应对废气进行妥善处理。

5.3 隔油

5.3.1 含油污水中的浮油和粗分散油可采用平流式隔油池、斜板隔油池或其他除油设备。

5.3.2 提升含油污水宜采用容积式泵或低转速离心泵。

5.3.3 平流式隔油池的设计宜符合下列规定：

1 污水的停留时间宜为1.5h～2h；

2 污水在池内的水平流速宜为2mm/s～5mm/s；

3 单格平流式隔油池的池宽不宜大于6m，长宽比不宜小于4；

4 池内有效水深不宜大于2m，超高不宜小于0.4m；

5 池内宜设链条式刮油刮泥机，刮板移动速度不宜大于1m/min；

6 收集表层污油应采用集油管，集油管的直径宜为200mm～300mm，当池宽大于4.5m时，集油管串联不应超过4条；

7 池底应设排泥管，排泥管直径不宜小于200mm，管端宜接压力水冲洗设施。

5.3.4 斜板隔油池的设计宜符合下列规定：

1 表面水力负荷宜为0.6m^3/(m^2·h)～0.8m^3/(m^2·h)；

2 斜板间净距宜为40mm，安装角度不宜小于45°；

3 池内应设置收油、清洗斜板和排除污泥的设施；

4 斜板应选用耐腐蚀、表面光洁并具有亲水疏油性能、阻燃型的板材；

5 板体与池壁、板体与板体间安装应紧密，不得产生短流现象。

5.3.5 隔油池应设非燃烧材料盖板。

5.3.6 隔油池不应少于2格（间），且每格（间）可单独运行。

5.3.7 寒冷地区或被分离的油品的凝固点高于环境温度时，集油管处应设加热设施。

5.3.8 隔油池进、出水管道上应设水封井，并应符合现行国家标准《石油化工企业设计防火规范》GB 50160的有关规定。

5.3.9 隔油池应设置消防设施。

5.3.10 隔油池（罐）的机电设备应采取防爆措施，并应设置防静电接地设施。

5.4 气浮

5.4.1 去除污水中分散油、乳化油和悬浮物宜采用气浮处理。

5.4.2 当采用部分污水回流加压溶气工艺时，回流比宜通过试验或同类污水处理经验确定，无数据时，可取25%～50%。

5.4.3 加压溶气气浮溶气罐的设计宜符合下列条件：

1 进入溶气罐的污水的温度不宜大于40℃。

2 溶气罐的工作压力宜为0.3MPa～0.5MPa。

3　溶气罐所需空气量宜按下式计算：

$$q_1=\frac{736\cdot K_T\cdot p\cdot q}{100\cdot \eta} \qquad (5.4.3\text{-}1)$$

式中：q_1——溶气罐所需空气量（m^3/h）；

K_T——溶解系数，可按表5.4.3选取；

p——溶气罐工作压力（MPa）；

q——溶气罐进水量（m^3/h）；

η——溶气效率与溶气罐型式有关，宜取0.6～0.9。

表5.4.3　不同温度下的溶解系数

温度（℃）	0	10	20	30	40
K_T	0.0377	0.0295	0.0243	0.0206	0.0179

4　供气量宜按下式计算：

$$Q_1=\varphi\cdot n\cdot q_1 \qquad (5.4.3\text{-}2)$$

式中：Q_1——供气量（m^3/h）；

n——溶气罐个数；

φ——富余系数，宜取1.2～1.5。

5　污水在溶气罐内停留时间宜为2min～3min。

6　溶气罐内应设气水混合设施和水位控制设施。

7　每间气浮池应配置一台溶气罐。

5.4.4　加压溶气气浮宜设溶气释放器，释放器的设计应符合下列规定：

1　释放器应耐腐蚀，释放孔不应易堵塞；

2　释放器应安装在溶气气浮池接触室水面下不小于1.5m处。

5.4.5　加压溶气气浮池设计应符合下列规定：

1　气浮池宜由接触室和分离室组成，池形宜为矩形或圆形；

2　接触室污水上升流速宜为10mm/s～20mm/s，停留时间不应小于1min；

3　分离室的水流向下平均流速宜为1mm/s～2mm/s，停留时间宜为15min～40min；

4　气浮池有效水深宜为1.5m～2.5m，超高不宜小于0.4m；

5　矩形气浮池单格宽度不宜大于4.5m；

6　气浮池分离室应设刮沫机和集沫槽。

5.4.6　散气气浮宜采用叶轮气浮。

5.4.7　气浮处理应设加药、混合反应设施，反应时间宜为5min～10min，反应池出口流速宜控制在0.1m/s～0.2m/s。

5.4.8　气浮池不应少于2格（池），每格（池）应能单独运行。

5.4.9　采用气浮法除油时，气浮池宜设非燃烧材料盖板。

5.5　中和与pH调节

5.5.1　不具备回收或综合利用的酸、碱污水，应采用中和法处理。采用中和剂中和时，宜选择工业废酸、碱。

5.5.2　酸、碱污水相互中和时宜采用中和池中和，并应符合下列规定：

1　采用连续式中和时，中和池容积宜按1h～2h污水量确定；采用间歇式中和时，中和池容积宜按中和后污水排放周期（班、日）污水量确定，间歇式中和池不宜少于2座（格）；

2　酸、碱污水相互中和后，pH值不能满足后续处理设施或排放要求时，应补充投加酸或碱药剂；

3　中和池应设搅拌设施。

5.5.3　药剂中和应符合下列规定：

1　药剂中和处理宜设混合反应池。混合反应池容积应根据污水的性质、投加药剂种类，并应按混合反应时间确定。混合反应时间可通过试验或按同类污水处理经验确定。

2　中和处理后产生沉渣时，应设沉淀设施。沉渣的沉淀性能差时，可投加絮凝剂。

3　酸性污水采用石灰中和时，宜将石灰配制成5%～10%浓度的乳液，并宜采用湿法投加。石灰仓库储量宜按10d～20d用量确定，堆高宜为1.5m。

4　混合反应池应设搅拌设施。

5.5.4　酸性污水采用过滤中和法时，宜选择升流式恒速或变速膨胀滤池，其设计应符合下列规定：

1　污水中重金属离子宜小于50mg/L；

2　采用石灰石滤料中和硫酸污水时，硫酸浓度不应大于2g/L。采用白云石滤料时，硫酸浓度不应大于3g/L；

3　过滤中和出水宜设置脱除二氧化碳的设施。

5.5.5　升流式恒速膨胀滤池的设计宜符合下列规定：

1　滤料宜采用石灰石、大理石、白云石，粒径宜为0.3mm～3mm，平均宜为1.5mm；

2　滤层厚度宜为1m～1.2m；

3　滤料上部缓冲层宜为0.5m；

4　底部进水区宜采用大阻力穿孔管布水，孔径宜为9mm～12mm，滤料下部卵石承托层厚宜为0.15m～0.2m；

5　滤速宜为30m/h～70m/h；

6　滤料膨胀率宜为30%～50%。

5.5.6　中和处理构筑物及设备应根据酸、碱污水的性质采取相应的防腐措施。

5.5.7　酸、碱中和剂的投加应采用pH自动调节控制。

5.6　混　　凝

5.6.1　混凝剂、助凝剂的品种及用量应根据污水的混凝试验或类似水质运行经验，结合当地药剂供应情况，经技术经济比较确定。

5.6.2　药剂与污水混合可采用水泵混合、管道静态混合器混合、机械搅拌混合等方式，混合时间宜为30s～120s。

5.6.3 絮凝宜采用机械搅拌絮凝池，当水量比较均衡时也可采用其他形式的絮凝池。

5.6.4 絮凝时间应通过试验或按类似水质运行经验确定。

5.6.5 机械搅拌絮凝池应按下列规定进行设计：

1 絮凝时间宜为10min～20min；

2 絮凝池宜分成3格～4格；

3 搅拌机转速宜按桨板边缘处的线速度计算，线速度宜自第一格0.5m/s依次减小到末格出水的0.2m/s；

4 絮凝池应设防止水流短流的设施；

5 絮凝池宜设2座。

5.7 沉 淀

5.7.1 沉淀池的池型应根据处理水量、水质特性、施工条件、维护管理等因素经技术经济比较确定。

5.7.2 沉淀池的设计参数宜按相似水质运行参数或通过试验确定，当无数据时，可采用表5.7.2的规定。

表5.7.2 沉淀池的设计参数

类别	沉淀池位置	沉淀时间(h)	表面水力负荷［m^3/(m^2·h)］	固体负荷［kg/(m^2·d)］	堰口负荷［L/(s·m)］
初次沉淀池	二级处理前	1.0～2.0	1.5～3.0	—	≤2.9
二次沉淀池	生物膜法后	1.5～4.0	0.7～1.5	≤150	≤1.7
	活性污泥法后	1.5～4.0	0.5～1.2	≤150	≤1.7
混凝沉淀池	二级处理后	1.5～4.0	0.7～1.5	—	≤1.7

5.7.3 酸性或碱性污水中和沉淀池、化学沉淀法去除污水中重金属、碱土金属离子及某些有毒害非金属污染物等的沉淀池，其设计参数宜按同类污水运行参数或经试验确定。

5.7.4 升流式异向流斜管（板）沉淀池设计表面水力负荷，不宜大于本规范表5.7.2中表面水力负荷的2倍；当需要用作二次沉淀池时，应以固体负荷核算，固体负荷宜小于192kg/（m^2·d）。

5.7.5 斜管（板）沉淀池应设冲洗设施。

5.8 过 滤

5.8.1 过滤设施形式应根据进水水量、水质、出水水质、运行管理要求，以及高程布置、场地条件等因素，经技术经济比较确定。

5.8.2 滤池分格数或过滤设备的台数应根据处理水量、操作运行和维护检修要求，通过技术经济比较确定，但不应少于2格（台）。

5.8.3 过滤设施的滤速应按正常滤速设计，并应按其中一格（台）停运、进行检修、反冲洗时的强制滤速校核。

5.8.4 过滤设施的滤速和滤料组成的选用应根据进水水质、出水水质要求、过滤设施的构造等因素，按同类污水过滤设施运行经验或通过试验确定。

5.8.5 过滤设施反冲洗排水应返回污水处理系统处理。

5.8.6 过滤设施操作运行宜采用自动控制系统。

5.9 化学氧化与消毒

5.9.1 化学氧化法处理污水的工艺，应根据污水的性质、处理要求，通过技术经济比较后选用。

5.9.2 化学氧化采用的氧化剂应通过试验或根据类似污水处理的运行经验确定。

5.9.3 污水消毒应按下列规定确定：

1 化工污水处理后排放时，应根据受纳水体的环境功能和《建设项目环境影响报告书》以及当地环保部门的要求确定是否消毒；

2 经生化处理的污水再生回用时应消毒，并应符合再生回用用途规定的水质卫生学指标。

5.9.4 污水的消毒可采用液氯、二氧化氯、臭氧，以及紫外线等方法。

5.9.5 污水再生回用作循环冷却水的补充水时，杀菌方法应与循环冷却水的杀菌方法统筹确定。

5.9.6 含有酚类化合物的污水不宜采用氯氧化或消毒。

5.9.7 采用氯系化合物、臭氧作氧化剂或消毒剂时，加药系统的防火、防爆、防毒设计，应符合现行国家标准《建筑设计防火规范》GB 50016和《室外给水设计规范》GB 50013的有关规定。

6 厌氧生物处理

6.1 一 般 规 定

6.1.1 厌氧生物处理宜通过试验或按相似水质运行经验确定处理工艺和预处理措施。

6.1.2 厌氧生物处理宜采用中温厌氧消化，厌氧反应器内温度宜为30℃～37℃。

6.1.3 有毒性、难生物降解的有机污水的厌氧生物处理，宜设置污泥储存池及向反应器内投加污泥的设施。

6.1.4 厌氧生物处理构筑物的数量不宜少于2个系列。

6.1.5 厌氧反应器内壁应进行防腐蚀处理，系统应密闭，沼气收集、处理系统应进行气密性试验。

6.1.6 厌氧反应器、沼气储存和输送系统采用的电

机、仪表、照明等电气设备，应采取防爆措施。厌氧处理系统的机泵设备间、阀门控制间，应设置通风设施和沼气泄漏报警装置。

6.2 水解酸化反应器

6.2.1 水解酸化反应器宜用于难降解有机物的预处理，反应器的有效容积宜根据水力停留时间计算。水力停留时间宜通过试验或按相似水质运行经验确定，无试验资料时，水力停留时间宜取 6h～12h。

6.2.2 上流式污泥床水解酸化反应器应按下列规定进行设计：

1 反应器有效高度宜为 4.0m～6.0m；

2 清水区高度宜为 0.5m～1.5m；

3 上升流速宜为 0.5m/h～1.5m/h；

4 反应器底部应设均匀配水装置。当采用穿孔管配水时应设反冲洗设施，出水孔直径宜为 15mm～25mm，出水口流速不宜小于 2m/s；

5 出水宜设均匀集水系统，出水堰负荷宜按二沉池负荷设计；

6 反应器污泥区中上部宜设剩余污泥排放点，底部宜设排渣设施，并宜采用多点排渣、排泥。

6.2.3 水解酸化反应器采用接触式污泥反应器时，系统应设沉淀池和污泥回流设施。沉淀池设计参数宜按二沉池参数设计。反应器应设搅拌装置。

6.3 上流式厌氧污泥床反应器

6.3.1 上流式厌氧污泥床反应器用于化工污水处理时，进水 COD 浓度不宜大于 30000mg/L。

6.3.2 上流式厌氧污泥床反应器宜采用中温厌氧消化，反应器内部和进水宜设加热设施，外部宜采取保温措施。

6.3.3 反应区的有机物容积负荷或水力停留时间，宜通过试验或根据同类水质运行资料确定，无试验数据时，中温消化的反应器，反应区容积负荷宜为 3kg［COD］/（m^3·d）～8kg［COD］/（m^3·d），水力停留时间不宜小于 24h。

6.3.4 反应区表面水力负荷宜为 0.5m^3/（m^2·h）～1.0m^3/（m^2·h），当反应器出水需要回流时，表面水力负荷应按进水流量和回流量之和计。

6.3.5 反应器底部应设置均匀配水系统，出水点服务面积宜按 2m^2/个～5m^2/个设置。

6.3.6 反应器上部应设三相分离器，三相分离器的设计宜符合下列规定：

1 沉淀区表面水力负荷不宜大于 1.0m^3/（m^2·h），水力停留时间宜为 1.5h～2.0h；

2 沉淀区开缝处进水流速不宜大于 3m/h；

3 沉降斜面与水平面的夹角宜为 45°～60°；

4 气液分离界面气体负荷不宜小于 1m^3/（m^2·h），集气室宜采取水力消泡措施；

5 三相分离器导流体或导流板与集气室斜面重叠部分宽度，宜大于 100mm～200mm。

6.4 厌氧生物滤池

6.4.1 厌氧生物滤池的滤料容积宜按容积负荷法计算。容积负荷应根据试验或相似污水的运行数据确定，无资料时，容积负荷宜取 2kg［COD］/（m^3·d）～10kg［COD］/（m^3·d）。

6.4.2 当进水 COD 浓度大于 8000mg/L 时，厌氧生物滤池的出水应回流。

6.4.3 厌氧生物滤池的填料装填高度不宜低于滤池高度的 2/3，且不宜低于 2m。

6.4.4 升流式厌氧生物滤池的布水可采用穿孔管，孔口流速宜为 1.5m/s～2.0m/s，管内流速宜为 0.4m/s～0.8m/s，孔口设在布水管的下方两侧，孔口直径不宜小于 15mm。

6.4.5 厌氧生物滤池的进水悬浮物浓度不宜大于 200mg/L。

7 活性污泥法

7.1 一 般 规 定

7.1.1 活性污泥法应根据处理规模、进水水质和处理要求，选择合适的处理工艺。

7.1.2 活性污泥法进水的石油类含量不应大于 30mg/L，硫化物不宜大于 20mg/L，其他有毒害和抑制性物质在活性污泥系统混合液中的允许浓度，宜通过试验或按有关技术资料确定。

7.1.3 生物反应池应根据污水性质，采取水力消泡或化学消泡措施。

7.1.4 生物反应池有效水深应结合地质条件、曝气设备类型、污水场高程设计确定，宜为 4m～6m。

7.1.5 廊道式生物反应池的池宽与有效水深之比宜为 1∶1～2∶1，长宽比不宜小于 5∶1。

7.1.6 生物反应池采用鼓风曝气、转刷、转碟时，反应池的超高宜为 0.5m；采用叶轮表面曝气时，设备平台宜高出设计水面 0.8m～1.2m。

7.1.7 进水、回流污泥进入生物反应池厌氧段（池）、缺氧段（池）时，宜采用淹没入流方式。

7.1.8 生物反应池中的厌氧段（池）、缺氧段（池）应采用机械搅拌，混合功率宜为 3W/m^3～8W/m^3。

7.2 传统活性污泥工艺

7.2.1 传统活性污泥法宜用于处理有机污染物为主的污水。

7.2.2 采用普通曝气工艺时，反应池主要设计参数应根据试验或相似污水的运行数据确定，当无数据时，可采用下列数据：

1 污泥负荷可取 0.20kg[BOD_5]/(kg[MLSS]·d)～0.30kg[BOD_5]/(kg[MLSS]·d)；

2 混合液悬浮固体平均浓度可取 2.0g [MLSS] /L～4.0 g [MLSS] /L；

3 污泥回流比可取 50%～100%；

4 污泥泥龄可取 5d～15d；

5 污泥产率可取 0.4kg [VSS] /kg [BOD_5] ～0.6kg [VSS] /kg [BOD_5]。

7.2.3 生物反应池容积可按下列公式进行计算：

1 按污泥负荷计算：

$$V=\frac{24Q\ (S_0-S_e)}{1000L_sX} \tag{7.2.3-1}$$

2 按污泥泥龄计算：

$$V=\frac{24QY\theta_c\ (S_0-S_e)}{1000X_v\ (1+K_d\theta_c)} \tag{7.2.3-2}$$

$$K_d=K_{d(20)}\ (\theta_T)^{T-20} \tag{7.2.3-3}$$

式中：V——生物反应池有效容积（m^3）；

S_0——进水 BOD_5 浓度（mg/L）；

S_e——出水 BOD_5 浓度（mg/L）；

Q——生物反应池设计流量（m^3/h）；

L_s——污泥负荷{kg[BOD_5]/(kg[MLSS]·d)}；

X——生物反应池内混合液悬浮固体平均浓度（g [MLSS] /L）；

X_v——生物反应池内混合液挥发性悬浮固体平均浓度(g [MLVSS] /L)；

θ_c——污泥泥龄（d）；

Y——污泥产率系数(kg[VSS]/kg[BOD_5])；

K_d——衰减系数，(d^{-1})；

$K_{d(20)}$——20℃时衰减系数(d^{-1})，可取 0.04～0.075；

T——设计温度（℃）；

θ_T——温度系数，可取 1.02～1.06。

7.3 生物脱氮除磷

7.3.1 采取生物脱氮除磷的污水应符合下列规定：

1 生物脱氮除磷时，系统中有毒害和抑制性物质的允许浓度宜通过试验或按有关资料确定；

2 生物脱氮除磷时，污水 BOD_5 与总氮之比宜大于 4，BOD_5 与总磷之比宜大于 17；

3 进水 BOD_5 不能满足脱氮除磷要求时，应外加碳源；

4 好氧段（池）剩余碱度宜大于 70mg/L（以 $CaCO_3$ 计）。

7.3.2 采用缺氧/好氧（A_NO）工艺脱氮时，反应池容积可采用下列方法计算：

1 采用污泥负荷法，好氧段（池）容积可按公式（7.2.3-1）计算，容积应满足按 BOD_5 负荷和总氮负荷计算的结果，缺氧段（池）容积可按好氧段（池）容积的 1/3～1/4 取值。

2 采用硝化反硝化动力学法计算：

1）好氧段（池）容积可按下列公式计算：

$$V_0=\frac{Q\ (S_0-S_e)\ \theta_{c0}Y}{1000X_v\ (1+K_d\theta_{c0})} \tag{7.3.2-1}$$

$$\theta_{c0}=F\frac{1}{\mu} \tag{7.3.2-2}$$

$$\mu=0.47\ \frac{N_a}{K_n+N_a}e^{0.098(T-15)} \tag{7.3.2-3}$$

式中：V_0——好氧段（池）容积（m^3）；

θ_{c0}——好氧段污泥泥龄（d）；

Y——污泥产率系数；

Q——生物反应池的设计流量（m^3/d）；

S_0——进水 BOD_5 浓度（mg/L）；

S_e——出水 BOD_5 浓度（mg/L）；

X_v——生物反应池内混合液挥发性悬浮固体平均浓度(g [MLVSS] /L)；

K_d——衰减系数（d^{-1}），宜根据试验或相似污水运行数据确定，无数据时，可取 0.05～0.1；

F——安全系数，取 1.5～3.0；

μ——硝化菌比生长速率（d^{-1}）；

N_a——硝化出水氨氮浓度（mg/L）；

K_n——硝化半速率常数（mg/L），可取 1.0mg/L；

T——设计温度（℃）；

0.47——15℃时硝化菌最大比生长速率（d^{-1}）。

2）缺氧段（池）容积可按下列公式进行计算：

$$V_n=\frac{0.001Q\ (N_0-N_e)\ -0.12\Delta X_v}{K_{de}X} \tag{7.3.2-4}$$

$$K_{de}=K_{de(20)}\ 1.08^{(T-20)} \tag{7.3.2-5}$$

式中：V_n——缺氧段（池）容积（m^3）；

N_0——生物反应系统进水总氮浓度（mg/L）；

N_e——生物反应系统出水总氮浓度（mg/L）；

K_{de}——脱氮速率{kg[N]/(kg[MLSS]·d)}；

$K_{de(20)}$——20℃的脱氮速率，无数据时可取 0.03{kg [N]/(kg[MLSS]·d)}～0.06{kg [N]/(kg[MLSS]·d)}；

X——生物反应池内混合液悬浮固体平均浓度（g [MLSS] /L）；

ΔX_v——排出生物反应系统的挥发性悬浮固体量（kg [VSS] /d）。

7.3.3 缺氧/好氧工艺主要设计参数宜根据试验或相似污水运行数据确定，无数据时可按下列数据取值：

1 BOD_5 污泥负荷宜取 0.05kg[BOD_5]/(kg[MLSS]·d)～0.15kg[BOD_5]/(kg[MLSS]·d)；

2 总氮污泥负荷不宜大于 0.05kg[TN]/(kg[MLSS]·d)；

3 混合液悬浮固体平均浓度宜取 2.5g[MLSS]/L～4.5 g[MLSS]/L；

4 污泥龄宜取 11d～23d；

5 污泥回流比宜取 50%～100%；

6 混合液回流比宜取 200%～400%；

7 污泥产率宜取 0.3kg［VSS］/kg［BOD_5］～0.6kg［VSS］/kg［BOD_5］。

7.3.4 采用厌氧/缺氧/好氧工艺脱氮除磷时，反应池好氧段（池）、缺氧段（池）的容积可按本规范第 7.3.2 条的规定计算。厌氧段（池）的容积可按水力停留时间计算，水力停留时间宜为 1h～2h。

7.3.5 厌氧/缺氧/好氧工艺主要设计参数宜根据试验或相似污水运行数据确定，无数据时宜按下列数据取值：

1 BOD_5 污泥负荷宜取 0.1kg[BOD_5]/(kg[MLSS]·d)～0.2kg[BOD_5]/(kg[MLSS]·d)；

2 混合液悬浮固体平均浓度宜取 2.5[MLSS]/L～4.5 g[MLSS]/L；

3 污泥龄宜取 10d～20d；

4 污泥回流比宜取 20%～100%；

5 混合液回流比宜大于或等于 200%；

6 污泥产率宜取 0.3kg［VSS］/kg［BOD_5］～0.6kg［VSS］/kg［BOD_5］。

7.3.6 厌氧/缺氧/好氧工艺脱氮除磷时，可根据进水水质和处理要求，经技术经济分析比较后，选择各种改进型的工艺。

7.3.7 生物除磷的剩余污泥宜采用机械浓缩。

7.4 纯氧曝气工艺

7.4.1 有氧源可利用的条件下，可采用纯氧曝气活性污泥法处理可生物降解污水。

7.4.2 纯氧曝气宜采用密闭式表面曝气工艺，主要设计参数应根据试验或相似污水的实际运行数据确定，当无数据时可按下列数据取值：

1 BOD_5 污泥负荷宜取 0.3kg[BOD_5]/(kg[MLSS]·d)～0.5kg[BOD_5]/(kg[MLSS]·d)；

2 混合液悬浮固体平均浓度宜取 4[MLSS]/L～8g[MLSS]/L；

3 回流污泥浓度不宜低于 12g/L；

4 污泥回流比宜取 30%～60%；

5 污泥产率宜取 0.3kg［VSS］/kg［BOD_5］～0.45kg［VSS］/kg［BOD_5］；

6 反应池混合液溶解氧浓度宜为 4mg/L～10mg/L；

7 尾气中溶解氧浓度宜为 40%～50%，尾气排放流量宜为进氧量的 10%～20%，氧气的利用率不宜小于 90%。

7.4.3 密闭式表面曝气反应池的设计应符合下列规定：

1 池体应加盖密闭，池内气相压力宜为 300Pa～500Pa；

2 反应池宜采用多段串联池型，分段数宜为 3 段～4 段，每段平面尺寸宜为正方形；

3 反应池水深与池宽之比应根据曝气机技术性能确定，水深宜为 3m～5m，气相部分高度宜为 1m～1.4m；

4 反应池每段应装设一台表面曝气机，第一、第二段宜采用变速或双速电动机驱动，表曝机宜具有调节叶轮浸没深度的功能；

5 各段池内应装设防旋流的垂直挡板，池中央表曝机下应设导流锥；

6 各段隔墙上部应设通气孔，墙角处应设浮渣、泡沫通道，下部应设水流通道，水流通道流速宜为 0.1m/s～0.3m/s；

7 反应池出水口应设置带水封的出水堰，并宜采用内堰；

8 尾气排气立管应伸出池顶，且超出池顶距离不宜小于 2m；

9 宜设消泡水设施；

10 反应池首末两段应设双向安全阀，首段安全阀的正压值宜为 1500Pa～2000Pa，负压值宜为 500Pa～1000Pa；末段安全阀的正压值宜为 1000Pa～1500Pa，负压值宜为 500Pa～1000Pa；

11 反应池应设清扫风机，风量宜按换气率 2 次/h～3 次/h 计算；

12 池体内表面应采取防腐措施；

13 切断阀后的氧气管道、尾气排气管道、阀门后的消泡水管、吹扫用的空气管道等各种管道及阀门，宜采用不锈钢材质；

14 曝气机竖轴、叶轮应采用耐腐蚀材质。

7.4.4 密闭式表面曝气池应按下列规定设置生产控制及安全监控设施：

1 反应池的第一段应设气相压力传感仪表；

2 反应池的第一段气相中应设可燃气体浓度监测报警装置，并应根据可燃气体浓度的设定值控制供氧管道切断阀和清扫风机；

3 反应池的末段应设气相氧浓度检测仪，并应根据氧浓度设定值控制尾气排气管的切断阀。

7.5 氧化沟工艺

7.5.1 氧化沟容积宜采用污泥负荷法计算。主要设计参数宜根据试验或类似污水的运行数据确定，当无数据时，延时曝气氧化沟主要设计参数可按下列数据取值：

1 污泥负荷宜取 0.05kg[BOD_5]/(kg[MLSS]·d)～0.10kg[BOD_5]/(kg[MLSS]·d)；

2 混合液悬浮固体平均浓度宜取 2.5[MLSS]/L～4.5 g[MLSS]/L；

3 污泥龄不宜小于 15d；

4 污泥回流比宜取 50%～150%；

5 污泥产率宜取 0.3kg［VSS］/kg［BOD_5］～

0.6kg［VSS］/kg［BOD_5］。

7.5.2　当氧化沟工艺用于脱氮除磷时，其设计计算宜符合本规范第7.3节的有关规定。

7.5.3　氧化沟沟内平均水平流速不应小于0.25m/s，当流速不能满足要求时，宜设潜水推进器。

7.5.4　氧化沟可采用曝气转碟、曝气转刷、表面曝气叶轮或鼓风曝气等充氧方式。

7.5.5　氧化沟有效水深应根据曝气设备性能确定。采用转刷曝气机时，有效水深不宜大于3.5m；采用转碟曝气机时，有效水深不宜大于4.0m；采用竖轴表面曝气机时，有效水深不宜大于5.0m；采用鼓风曝气时，有效水深宜为4m～6m。反应池的超高应符合本规范第7.1.6条的规定。

7.5.6　氧化沟内宜设导流设施，出水应设可调节出水堰板。

7.6　序批式活性污泥工艺

7.6.1　序批式活性污泥反应池数量不宜少于2组。

7.6.2　序批式活性污泥反应池的有效容积可按下式计算：

$$V=\frac{24QS_0}{1000XL_St_R} \tag{7.6.2}$$

式中：V——序批式活性污泥反应池有效容积（m^3）；

Q——每个周期进水量（m^3/h）；

S_0——进水BOD_5（或TN）浓度（mg/L）；

L_S——BOD_5(或TN)污泥负荷{kg/(kg[MLSS]·d)}；

t_R——每个周期的反应时间（h）；

X——生物反应池内混合液悬浮固体平均浓度（g［MLSS］/L）。

7.6.3　序批式活性污泥工艺的主要设计参数宜根据试验或类似污水运行数据确定，当无数据时，污泥负荷可根据去除碳源有机物、脱氮、除磷的不同要求确定，可按本规范第7.2.2条、第7.3.3条、第7.3.5条的规定选取。用于脱氮时，反应池容积应满足按有机负荷和总氮负荷计算的结果。

7.6.4　序批式活性污泥工艺各工序的时间宜符合下列规定：

1　进水时间可按下式计算：

$$t_F=\frac{t}{n} \tag{7.6.4-1}$$

式中：t_F——每池每周期所需的进水时间（h）；

t——一个运行周期需要的时间（h）；

n——反应池的个数。

2　反应时间可按下式计算：

$$t_R=\frac{24S_0m}{1000L_SX} \tag{7.6.4-2}$$

式中：t_R——反应时间（h）；

m——充水比，需脱氮时宜取0.15～0.3。

3　沉淀时间宜为1.0h。

4　排水时间宜为1.0h～1.5h。

5　一个周期需要的时间可按下式计算：

$$t=t_R+t_S+t_D+t_b \tag{7.6.4-3}$$

式中：t_S——沉淀时间（h）；

t_D——排水时间（h）；

t_b——闲置时间（h）。

7.6.5　反应池宜采用矩形池，水深宜为4.0m～6.0m；间歇进水时反应池长度与宽度之比宜为1∶1～2∶1，连续进水时宜为2.5∶1～4∶1。

7.6.6　连续进水时，反应池的进水应设导流装置。

7.6.7　反应池应在滗水结束水位处设置固定式事故排水装置。

7.6.8　反应池应采用防止浮渣流出设施的滗水器及清除浮渣的装置。

7.6.9　序批式活性污泥工艺的运行宜采用程序控制。

7.7　膜生物反应器

7.7.1　处理化工污水的膜生物反应器宜选择孔径分布均匀，非对称、耐污染和易清洗的改性聚乙烯、聚砜膜。对于含油污水，宜选择聚偏氟乙烯膜。

7.7.2　当膜池与生物反应池分开设置时，膜池的间数不宜少于2间。

7.7.3　膜的设计通量宜通过试验确定，计算总通量时应扣除水反洗、在线化学反洗和化学清洗时不产水部分模块的通量，并宜有10%～20%的余量。

7.7.4　一体式膜生物反应器宜选用膜孔径为0.1μm～0.4μm的外压式微滤膜组件，分置式膜生物反应器宜选用管式超滤膜组件。

7.7.5　一体式膜生物反应器设计宜符合下列规定：

1　膜的工作水通量宜大于10L/（m^2·h）；

2　污泥浓度宜为5g[MLSS]/L～12g[MLSS]/L；

3　污泥停留时间宜为15d～60d。

8　生物膜法

8.1　一般规定

8.1.1　生物膜法处理污水可采用接触氧化、曝气生物滤池等工艺。

8.1.2　生物膜法进水含油量不宜大于20mg/L。

8.1.3　生物膜法处理构筑物应根据当地气温和环境等条件，采取防冻、防臭等措施。

8.2　生物接触氧化

8.2.1　接触氧化池宜按填料容积负荷法计算。用于碳氧化和硝化时，应同时满足按BOD_5容积负荷和硝化容积负荷分别计算的结果。接触氧化池填料容积负荷应根据试验或相似污水的运行数据确定，当无资料时，可按下列数据选取：

1 用于碳氧化时，BOD_5 容积负荷宜为 1.0kg $[BOD_5]/(m^3 \cdot d)$～3.0kg$[BOD_5]/(m^3 \cdot d)$；

2 用于碳氧化和硝化时，BOD_5 容积负荷宜为 0.2 kg$[BOD_5]/(m^3 \cdot d)$～1.0kg$[BOD_5]/(m^3 \cdot d)$，硝化(氨氮)容积负荷宜为 0.1kg$[NH_3\text{-}N]/(m^3 \cdot d)$～0.4kg$[NH_3\text{-}N]/(m^3 \cdot d)$。

8.2.2 接触氧化池的污泥产率可取 0.2kg[VSS]/kg $[BOD_5]$～0.4kg[VSS]/kg $[BOD_5]$。

8.2.3 生物接触氧化池有效水深应结合填料层高度、填料种类、填料和曝气设施布置形式、维护检修要求、系统高程布置等因素确定，宜为 4m～6m。

8.2.4 生物接触氧化池的供气量及供氧设备的选型应满足供氧、搅拌及防止填料堵塞的要求。

8.2.5 生物接触氧化池进水应防止短流，出水宜采用堰式出水，池底部应设置排泥和放空设施。

8.2.6 生物接触氧化池的填料应选择对微生物无毒害、易挂膜、质轻、强度高、抗老化、比表面积大和空隙率高的填料。

8.3 曝气生物滤池

8.3.1 曝气生物滤池滤料的容积负荷及其他设计参数宜根据试验资料确定，无试验资料时，可采用下列数据：

1 用于碳氧化时，BOD_5 容积负荷宜为 2kg $[BOD_5]/(m^3 \cdot d)$～4kg$[BOD_5]/(m^3 \cdot d)$；

2 用于硝化时，进水 BOD_5 浓度不宜大于 30mg/L，硝化容积负荷（以 NH_3-N 计）宜为 0.3kg $[NH_3\text{-}N]/(m^3 \cdot d)$～0.8 kg$[NH_3\text{-}N]/(m^3 \cdot d)$；

3 反硝化容积负荷（以 NO_3-N 计）宜为 0.8kg $[NO_3\text{-}N]/(m^3 \cdot d)$～4.0kg$[NO_3\text{-}N]/(m^3 \cdot d)$；

4 污水通过滤料层高度的空塔停留时间不宜小于 45min；

5 污泥产率可取 0.18kg[VSS]/kg $[BOD_5]$～0.75 kg[VSS]/kg $[BOD_5]$。

8.3.2 进水悬浮固体不宜大于 60mg/L。

8.3.3 池体高度宜为 5m～7m，滤料层高度宜为 2.5m～4.5m；滤池应采用均匀的布水、布气系统。

8.3.4 曝气生物滤池的反冲洗供气和曝气充氧系统宜分别设置。曝气装置可采用单孔膜空气扩散器或穿孔管曝气器。曝气器可设在承托层或滤料层中。曝气充氧系统的气水比不宜小于 2。

8.3.5 曝气生物滤池的滤料应具有机械强度高、不易磨损、空隙率高、比表面积大、化学稳定性好、生物附着性强、质轻和不易堵塞的性质，宜选用球形轻质多孔陶粒或塑料球形颗粒，滤料承托层宜选择机械强度高和化学稳定性好的材料。

8.3.6 曝气生物滤池的反冲洗宜采用气水联合反冲洗。反冲洗空气强度宜为 10L/$(m^2 \cdot s)$～15L/$(m^2 \cdot s)$；反冲洗水强度宜为 5L/$(m^2 \cdot s)$～8L/$(m^2 \cdot s)$。冲洗时间宜为 8min～12min。

8.3.7 曝气生物滤池宜设置自动控制系统。反冲洗周期可定时和根据滤料层阻力控制。

8.3.8 曝气生物滤池并联运行组数不宜少于 2 组，当一组反冲洗时，其他滤池的过流量应满足进水水量的要求。

8.3.9 曝气生物滤池反冲洗排水不宜直接排放。

9 化工特种污染物处理

9.1 一 般 规 定

9.1.1 含有特种污染物污水的处理宜通过试验或按同类污水处理的运行经验确定处理方法。

9.1.2 化工生产过程中产生的高浓度特种污染物，宜在工艺装置内进行预处理、回收、回用。

9.1.3 化工装置非正常排出的高浓度物料应设储槽收集暂存，并应在装置正常运行后再返回工艺过程，不得作为污水排放。

9.1.4 采用化学沉淀法处理第一类污染物产生的沉淀物，应按危险废物进行回收或填埋。填埋时应符合现行国家标准《危险废物填埋污染物控制标准》GB 18598 的有关规定。

9.2 氨 氮 污 水

9.2.1 高浓度氨氮污水应经预处理后再进行生物处理。

9.2.2 含氨氮的污水宜与其他有机污水、生活污水混合后采用生物法处理。

9.2.3 生物处理系统进水中氨氮的浓度不宜大于 200mg/L。

9.2.4 含氨氮污水的生物处理宜采用具有脱氮功能的硝化、反硝化工艺处理。

9.3 有机磷污水

9.3.1 有机磷污水宜采用物化处理和生物处理相结合的处理方法，生物处理后出水中的磷不能满足排放标准时，宜增加化学除磷设施。

9.3.2 含有高浓度酚的有机磷污水，宜先回收污水中的酚。

9.3.3 高浓度有机磷污水的预处理宜采用低压酸性水解法。

9.4 含 氟 污 水

9.4.1 含氟化物污水宜采用化学沉淀法处理，宜采用下列处理方法：

1 高浓度含氟污水宜采用多级沉淀处理，宜先采用石灰沉淀法进行二级处理，再用铝盐（或镁盐）

进行后续处理；

2 低浓度含氟污水宜采用石灰—铝盐（或镁盐）沉淀法处理。

9.4.2 采用硫酸铝作混凝剂时，宜加入适量聚丙烯酰胺作助凝剂。

9.5 硫化物污水

9.5.1 高浓度硫化物污水宜回收其中的硫，不易回收硫的污水，宜采用化学絮凝沉淀法处理。

9.5.2 当采用石灰—硫酸亚铁沉淀法处理时，污水处理终点的 pH 值宜为 8～9，并宜适量添加聚丙烯酰胺作助凝剂。

9.5.3 当污水中硫化物的浓度小于 10mg/L 时，可采用臭氧、氯或芬顿试剂氧化法处理，并应达标排放。

9.5.4 硫化物污水不得采用直接加酸法调节 pH 值。

9.5.5 化学沉淀法产生的污泥可采用离心沉降机或板框压滤机进行脱水处理。

9.6 含汞污水

9.6.1 含汞浓度高的污水宜采用硫化物与铁盐、铝盐混凝剂进行共沉预处理。

9.6.2 低浓度含汞污水、经化学沉淀法处理后的含汞污水，以及含有机汞的污水，宜采用活性炭吸附法或离子交换法处理。

9.6.3 含汞污泥应按危险废物进行处置，活性炭和离子交换树脂再生液中的汞应由专业单位进行回收，不得产生二次污染。

9.7 含铬污水

9.7.1 污水中的三价铬可采用石灰或氢氧化钠进行中和沉淀处理，pH 值宜控制在 8～9。

9.7.2 含六价铬的污水宜采用还原剂将六价铬还原为三价铬，再用中和沉淀法处理，还原反应的 pH 值宜为 2～3。

9.7.3 当采用离子交换法处理含铬污水时，三价铬宜采用阳离子树脂，六价铬宜采用阴离子树脂。阴离子交换树脂处理六价铬时，pH 值宜控制在 4～5。

9.7.4 对于有回收价值的高浓度铬酸盐和铬酸污水可采用蒸发法进行回收处理。

9.7.5 含铬污泥应按危险废物进行处置。

9.8 含铜污水

9.8.1 含有铜离子的污水宜采用氢氧化钠沉淀法处理，沉淀物经浓缩脱水后应回收，不能回收时，应按危险废物进行处置。

9.8.2 污水中的铜离子以络合物状态存在时，可根据下列情况解络后再进行化学沉淀处理：

1 对于铜与碳酸根形成的络合物，可采取将 pH 值调至 6～7，再用空气吹脱产生的二氧化碳进行解络；

2 对于铜与氰化物形成的络合物，可采用次氯酸钠作为解络剂；

3 对铜与氨形成的络合物，可采用硫化物进行沉淀处理。

9.8.3 浓度较高的含铜污水可采用电解法处理，并应回收其中的铜。

9.9 含氰污水

9.9.1 高浓度含氰污水可采用加压水解法处理；低浓度含氰污水可采用化学氧化法或生物法处理。

9.9.2 当采用加压水解法时，水解反应器的温度宜控制在 60℃～80℃，污水停留时间宜为 6h～8h；当采用氯氧化法时，宜将污水的 pH 值调节到 8.5～9.0，氧化停留时间宜为 1h，加氯量宜过量 10%～30%。

9.9.3 当采用生物滤塔处理造气含氰污水时，应选择不易堵塞的填料和喷头，并应添加适当的营养元素。

10 回用处理

10.1 一般规定

10.1.1 污水的回用应根据回用对象对水质的要求确定，可采用混凝沉淀、气浮、过滤、活性炭吸附、膜处理、电吸附、化学氧化、杀菌等工艺技术的一种或几种组合进行处理。

10.1.2 再生水宜用于循环冷却水的补充水。

10.1.3 再生水管道设计流量应按最高时水量计。

10.1.4 再生水管道的材质应根据水质、水压、外部荷载、地质条件，以及安装施工方便、经济合理的原则选择。

10.1.5 再生水管道严禁与生活饮用水管道连接。再生水管道明装时应有规定的标志颜色，埋地时应有带状标志。

10.1.6 各处理构筑物的个（格）数不宜少于 2 个（格），并宜并联设计，供水可暂时中断或有其他保障措施保证供水时，可设 1 个（格）。再生水池（罐）的容积应按供水和用水变化情况确定，不宜小于日供水量的 10%。

10.1.7 当再生水需要进行除盐处理时，应经技术经济比较，根据回用源水的含盐量和再生水的水质要求，选择深度处理工艺。

10.2 吸附

10.2.1 当再生水需要进行脱色、除臭、除重金属和去除难以氧化的有机物时，可采用活性炭、大孔树脂、沸石、磺化煤等进行吸附处理。

10.2.2 活性炭吸附系统的设计与选择应符合下列规定：

1 宜进行静态选炭及炭柱动态试验，根据被处理水水质和后续工序要求，确定用炭量、接触时间、水力负荷与再生周期等参数；

2 选择的活性炭应具有吸附性能好、中孔发达、机械强度高、化学性能稳定、再生性能好的特点；

3 活性炭使用周期宜以目标去除物接近超标时作为再生的控制条件；

4 活性炭的再生宜采用高温加热再生法。

10.2.3 活性炭吸附器的设计宜通过试验或按类似条件下的运行经验确定，当无资料时，宜采用下列数据：

1 进水浊度不宜大于3NTU。

2 设计流速宜按下列情况选择：

1）当用于吸附水中有机物且位于多介质滤器和反渗透之间时，流速宜为8m/h～10m/h；

2）当用于吸附水中有机物且位于超滤和反渗透之间时，流速宜为10m/h～15m/h；

3）当用于吸附水中余氯时，流速不宜大于20m/h。

3 活性炭滤层高度及运行周期，宜符合下列规定：

1）用于吸附水中有机物时，装载高度不宜小于2m；

2）当进水COD小于或等于30mg/L时，设计运行周期不宜小于1000h；

3）用于吸附水中余氯时，装载高度不宜小于1.5m，设计运行周期不宜小于8000h。

4 活性炭吸附器的经常性冲洗周期宜为3d～6d，水冲洗强度宜为11L/（m^2·s）～13L/（m^2·s），冲洗时间宜为8min～12min，膨胀率宜为15%～20%。定期大流量冲洗周期宜为30d，冲洗强度宜为15L/（m^2·s）～18L/（m^2·s），冲洗时间宜为8min～12min，膨胀率宜为25%～35%。冲洗水宜采用活性炭吸附器产水。反冲洗水管上应设流量调节和计量装置。

10.2.4 大孔树脂宜用于酸性水中有机物、重金属、有毒等物质的吸附。

10.2.5 当大孔树脂用于吸附弱酸性物质时，宜采用氢氧化钠再生，吸附弱碱性物质时，宜采用盐酸再生，吸附挥发性物质时，宜采用热水或蒸汽再生。

10.3 离子交换

10.3.1 离子交换法可用于处理含重金属离子、大分子有机物的污水，也可用作反渗透的预处理工艺或后处理工艺。

10.3.2 采用离子交换法处理污水时，宜选择酸、碱消耗量低的工艺，树脂的工作交换容量宜低于理论值，同时应选择机械强度高、抗污染能力强的离子交换剂。

10.3.3 离子交换系统的反洗水宜回收利用。

10.3.4 离子交换器的进水宜符合表10.3.4的规定。

表10.3.4 离子交换器的进水要求

测试项目	单位	许用值
水温	℃	5～45
浊度	NTU	＜2
游离余氯（以Cl_2表示）	mg/L	＜0.1
总铁（Fe）	mg/L	＜0.3
COD_{Mn}	mg/L	＜2

注：强碱Ⅱ型树脂、丙烯酸树脂的进水水温不应大于35℃。COD_{Mn}值是对使用凝胶型强碱阴离子树脂的要求。

10.4 超（微）滤

10.4.1 超（微）滤装置的进水水质指标宜符合表10.4.1的规定。

表10.4.1 超（微）滤装置的进水水质指标

测试项目	单位	许用值	
水温	℃	10～40	
pH值	—	2～11	
浊度	NTU	内压式膜组件	＜30
		外压式膜组件	100

10.4.2 超（微）滤膜组件的设计通量宜通过中试确定，中试时间宜大于2000h。

10.4.3 当不具备做中试的条件时，超（微）滤膜组件的设计可按下列数据取值：

1 当进水浊度大于30NTU时，宜选用外压式超（微）滤膜组件，滤膜组件宜选用聚偏氟乙烯材质的产品，设计通量不宜大于50L/（m^2·h）。

2 当进水浊度小于30NTU时，宜选用内压式超（微）滤膜组件，滤膜组件宜选用改性聚砜或聚醚砜材质的产品，设计通量可根据进水浊度不同，按下列规定选取：

1）当进水浊度大于20NTU小于或等于30NTU时，设计通量宜小于50 L/(m^2·h)；

2）当进水浊度大于10NTU小于或等于20NTU时，设计通量宜小于60 L/(m^2·h)；

3）当进水浊度小于或等于10NTU时，设计通量宜小于70L/（m^2·h）。

10.4.4 超（微）滤装置不宜少于2套，每套间距不宜小于1.2m，其他通道宽度不应小于0.8m，并应布置在室内。

10.4.5 超（微）滤装置的操作压力宜小于0.5MPa，跨膜压差宜小于0.1MPa。

10.4.6 超（微）滤装置的进、出口应设浊度仪、差压表及取样接口，出口宜设SDI仪的接口。

10.4.7 超（微）滤装置的进水应设50μm～100μm的预过滤器。

10.4.8 超（微）滤装置的反洗应采用自动反冲洗系统。外压式超（微）滤装置应设空气擦洗设施，内压式超（微）滤装置应设加药反洗系统。反冲洗的自耗水率应低于总进水量的10%，反冲洗水宜回收利用。

10.4.9 超（微）滤膜的设计使用寿命不应低于3年，应设在线监测微滤膜完整性的自动测试装置。

10.5 反渗透

10.5.1 反渗透系统应根据再生水水源的特性、回用对象对水质的要求，合理选择配置，预处理工艺应满足反渗透进水要求。

10.5.2 反渗透系统应保证连续稳定的供水量，系统能力宜富裕20%～30%。

10.5.3 反渗透膜元件的型号和数量应根据进水水质、水温、产水量、回收率等通过优化计算确定。膜元件的设计通量不宜大于该水源适用通量的中间值。膜元件的数量应能保证在最低设计水温运行时，产水量可达到设计值。

10.5.4 化工污水回用处理宜选用操作压力低、抗污染的反渗透膜。在设计使用条件下，反渗透本体初始运行压力宜小于1.5MPa。

10.5.5 当采用二级反渗透系统时，第二级反渗透的浓水应循环到一级反渗透进水重复使用，不合格产水应回收。

10.5.6 每套反渗透装置宜配置独立的保安过滤器、高压泵。保安过滤器的精度宜为5μm，不宜采用带反洗功能的保安过滤器。保安过滤器、高压泵宜选用不锈钢材质。

10.5.7 反渗透装置应有流量、压力、温度等控制措施，反渗透的高压泵进口应设进水低压保护开关，出口宜设电动慢开阀门和出水高压保护开关。当几台反渗透装置的产水并联进入一条产水总管时，每台装置的产水管应设止回阀。

10.5.8 反渗透装置进水、产水和浓水均应计量，各段进出口均应设压力表，进水应设监测电导率、pH值、温度、余氯或氧化还原电位的仪表，产水应设电导监测仪表。

10.5.9 反渗透装置应设置加药和清洗设施，清洗设施应有加热保温措施，反渗透各段应分别设置清洗管（接口）。

10.5.10 反渗透装置宜布置在室内，当环境温度低于4℃时，应采取防冻措施，装置两侧应留有不小于膜元件长度1.2倍距离的空间。

10.5.11 反渗透浓水排放管的布置应能保证系统停用时最高一层膜组件不会被排空。

10.5.12 反渗透设备的进水宜符合表10.5.12的规定。

表10.5.12 反渗透设备的进水

项目	单位	醋酸纤维素膜	复合膜
水温	℃	5～40	5～45
pH值	—	4～6（运行）	4～11（运行）
		3～7（清洗）	2.5～11（清洗）
浊度	NTU	＜1.0	＜1.0
SDI_{15}	—	≤3	≤3
游离余氯（以Cl_2表示）	mg/L	0.3～1.0	＜0.1
总铁（Fe）	mg/L	＜0.05	＜0.05

11 污泥处理与处置

11.1 一般规定

11.1.1 污泥处理与处置应符合减量化、稳定化、无害化的原则，可以利用的污泥宜综合利用。

11.1.2 危险废物的污泥应与一般污泥分开处理和处置。

11.1.3 污泥处理过程中产生的臭气应妥善处理。

11.1.4 污泥处理过程中产生的污水应返回污水处理构筑物处理。

11.1.5 污泥处理量应包括污水物化、生物处理各单元排出的污泥，并应根据污水处理工艺或按类似水质类似处理工艺的运行数据确定。污泥处理设施的规模应与污水处理的排泥操作相适应。

11.2 污泥的输送

11.2.1 采用管道输送时，污泥的含水率不宜小于90%。

11.2.2 压力输泥管的最小管径不宜小于100mm，重力输泥管的最小管径不宜小于200mm，相应最小设计坡度不宜小于0.01。

11.2.3 压力输泥管的最小设计流速可按表11.2.3的规定取值。

表11.2.3 压力输泥管的最小设计流速

污泥含水率（%）	90	91	92	93	94	95	96	97	98	＞98
最小流速（m/s）	1.5	1.4	1.3	1.2	1.1	1.0	0.9	0.8	0.7	0.7

11.2.4 污泥管道的水力计算可按有关经验公式、试验资料或已有运行数据综合确定管径、水力坡降。

11.2.5 输泥管道应设压力水冲洗设施，水冲洗流速不宜小于0.7m/s。

11.2.6 长距离压力输泥管宜每隔 100m～200m，或在适当的位置设检查口，管道凸部应设排气阀，管道凹部应设放空管。

11.2.7 污泥采用管道输送时宜选用螺杆泵或旋转叶型泵输送。

11.2.8 脱水污泥可采用皮带输送机、螺旋输送机输送。

11.3 污泥浓缩

11.3.1 污泥浓缩方式宜根据污泥性质通过技术经济比较确定，并宜根据试验资料或类似性质污泥浓缩的运行经验确定设计参数。

11.3.2 生物除磷工艺的污泥宜采用浓缩脱水一体化设备。

11.3.3 重力式污泥浓缩池宜符合下列规定：

1 污泥浓缩池面积宜按固体负荷计算并按水力负荷校核。

2 剩余活性污泥的浓缩当无资料时，可取下列数据：

1）固体负荷 20kg/(m^2·d)～40kg/(m^2·d)；

2）水力负荷 4m^3/(m^2·d)～8m^3/(m^2·d)；

3）浓缩前污泥含水率 99.2%～99.6%；

4）浓缩后污泥含水率 97%～98%。

3 浓缩时间宜为 10h～24h，活性污泥的浓缩时间不宜小于 12h，密度较大的无机污泥浓缩时间可适当减少。

4 污泥浓缩池的有效水深宜为 3.5m～4.5m。

11.3.4 辐流式污泥浓缩池宜采用栅条浓缩机，栅条浓缩机的外缘线速度宜为 1m/min～2m/min，池底坡向泥斗的坡度不宜小于 0.05，密度大的无机污泥浓缩池配置的刮泥机宜具有自动提耙功能。

11.3.5 污泥浓缩池宜设置去除浮渣的装置，无机污泥浓缩池可不设去除浮渣的装置。

11.3.6 间歇式污泥浓缩池应设置排出不同深度上清液的设施。

11.4 污泥厌氧消化

11.4.1 有机污泥采用厌氧消化处理时，宜根据试验资料或类似污泥运行经验确定设计参数。

11.4.2 消化池进泥的含水率宜小于 97%，污泥经消化处理后，其挥发性固体去除率宜大于 40%。

11.4.3 厌氧消化可采用单级或两级中温消化，单级厌氧消化池或两级厌氧消化池的第一级污泥消化温度，宜为 33℃～35℃。

11.4.4 厌氧消化池的总有效容积的计算应符合下列规定：

1 根据消化时间计算时，可按下式计算：

$$V=Q\cdot t$$

式中：V——消化池总有效容积（m^3）；

Q——每日投入消化池的原污泥量（m^3/d)；

t——消化时间，宜为 20d～30d。

2 根据挥发性固体容积负荷计算时，可按下式计算：

$$V=\frac{W_S}{L_V}$$

式中：W_S——每日投入消化池的原污泥中挥发性干固体重量(kg［VSS］/d)；

L_V——消化池挥发性固体容积负荷{kg[VSS]/(m^3·d)}，宜采用 0.6kg[VSS]/(m^3·d)～1.5kg[VSS]/(m^3·d)。

11.4.5 厌氧消化池的污泥加热可采用池外热交换器或蒸汽直接加热。

11.4.6 厌氧消化池内壁应进行防腐处理。

11.4.7 厌氧消化池应设搅拌设施，搅拌方式可采用污泥气搅拌、机械搅拌或水泵循环搅拌。

11.4.8 厌氧消化池和污泥气储罐的设计应符合现行国家标准《室外排水设计规范》GB 50014 的有关规定。

11.4.9 污泥消化泵房、污泥气储罐、污泥气压缩机房、阀门控制间等采用的电机、仪表、照明等电气设备，应采取防爆措施，室内应设置通风设施和污泥气泄漏报警装置。

11.4.10 污泥气宜综合利用，并宜根据使用要求进行除湿和脱硫。

11.5 污泥脱水和干化

11.5.1 污泥脱水机械的类型应根据污泥的性质和脱水要求，经技术经济比较后选用。

11.5.2 污泥脱水机械的台数应根据处理的干泥量、脱水机的能力及运行时间确定。

11.5.3 板框压滤机和箱式压滤机的设计宜符合下列规定：

1 过滤压力宜为 0.4MPa～0.8MPa；

2 过滤周期宜为 2h～4h；

3 每台压滤机宜设污泥压入泵一台，并宜选用柱塞泵。

11.5.4 带式压滤机的设计宜符合下列规定：

1 进泥含水率宜为 99.2%～96%，泥饼含水率宜为 75%～80%，当进泥含水率大于 98%时，应设置浓缩段；

2 应按带式压滤机的要求配置空气压缩机；

3 应配置冲洗泵，冲洗泵的压力宜为 0.4MPa～0.6MPa，流量宜按 6m^3/(m[带宽]·h)～11m^3/(m[带宽]·h)计算，应至少有一台备用冲洗泵。

11.5.5 含油污泥宜选择离心脱水机，进泥泵宜采用单螺杆泵。离心脱水机前应设置污泥切割机，切割后的污泥粒径不宜大于 8mm。

11.5.6 剩余活性污泥、含油污泥和黏度较大的污泥的脱水，可采用叠螺式污泥脱水一体化设备，设计参数宜通过试验或按类似污泥脱水运行经验确定。

11.5.7 污泥在脱水前宜投加混凝剂调理，混凝剂种类应根据污泥的性质和出路选用，投加量宜根据试验资料或类似运行经验确定。

11.5.8 滤布冲洗水宜采用污水处理场处理后的出水。

11.5.9 污泥脱水间应设置通风设施，换气次数不应小于 6 次/h。

11.5.10 脱水后的污泥应根据污泥最终处置方式和运输条件确定采用污泥堆棚或污泥料仓储存。污泥堆棚容积宜按 3d～7d 污泥量计，并应根据污泥量设污泥输送与装卸设备。

11.5.11 当环境、气候和场地条件允许时，污泥的干化可采用自然干化场，并应符合下列规定：

1 干化场分块数不宜少于 3 块；

2 宜设人工滤水层；

3 人工滤水层下应设不透水层；

4 宜设排除上层污泥水的设施。

11.6 污泥处置

11.6.1 污泥处置应根据污泥性质及当地的环境保护要求确定。

11.6.2 污泥处置应根据污泥性质采用下列处置方法：

1 属于危险废物的污泥，采用焚烧方法处置时应符合现行国家标准《危险废物焚烧污染控制标准》GB 18484 的有关规定；采用填埋方法处置时应符合现行国家标准《危险废物填埋污染控制标准》GB 18598 的有关规定。

2 属于一般工业固体废物的污泥，其处置应符合现行国家标准《一般工业固体废物贮存、处置场污染控制标准》GB 18599 的有关规定；

3 属于一般有机污泥的，其处置宜按城市污水处理厂污泥的处置方法。

12 总体设计

12.1 场址

12.1.1 污水处理场场址宜按下列原则选择：

1 有良好地质条件，在厂区地势较低处；

2 有良好排水条件；

3 在夏季主导风向的下风侧；

4 远离办公区和生产人员频繁活动的场所；

5 有良好水、电、气和交通运输条件；

6 不受洪涝影响，防洪标准应与厂区相同；

7 场区面积有扩建的可能。

12.1.2 污水回用处理场宜与污水处理场合并建设。

12.2 总体布置

12.2.1 污水处理和污水回用处理场平面布置应符合下列规定：

1 应根据处理流程，结合地形、地质、风向、施工安装、维护管理要求布置，并应符合现行国家标准《石油化工企业设计防火规范》GB 50160 的有关规定；

2 建（构）筑物应按功能和生产危险程度分区，并应集中布置。

12.2.2 场内应设置通向各建（构）筑物的通道，并宜符合下列规定：

1 主要车道，单车道宽宜为 3.5m～4.0m，双车道宽宜为6.0m～7.0m；

2 人行道宽宜为 1.2m～2m；

3 人行天桥宽不宜小于 1.0m。

12.2.3 场内各种管道应全面规划，应避免迂回和相互干扰，并应根据处理工艺合理布置超越管线。

12.2.4 各构筑物高程布置应符合下列规定：

1 宜充分利用地形，宜符合排水通畅，并宜平衡土方的要求；

2 构筑物宜采用重力流布置，并宜避免多次提升污水；

3 各构筑物及连接管渠水头损失应根据计算确定，并应留有 10%～20%的余地。

12.3 建（构）筑物设置

12.3.1 污水处理与回用水处理建（构）筑物的设计应根据处理规模、运行安全、维护方便等因素确定，各处理单元构筑物不宜少于两座（池），并宜按并联运行设计。

12.3.2 污水处理与回用处理工程应根据工程规模、监控水平、管理体制等实际情况确定辅助建筑物的组成和面积。

12.3.3 污水处理构筑物应设排空设施。

12.3.4 污水处理构筑物应有防渗漏技术措施。

12.3.5 寒冷地区的构筑物应有保温防冻措施。

12.3.6 加药间应设通风设施，并应根据制备、储存、使用药剂的种类和性质，采取相应的防毒、防爆、防火措施。

12.3.7 污水处理构筑物应设置栏杆、防滑梯等安全设施。高架处理构筑物还应设置避雷设施。

12.4 监控与分析化验

12.4.1 监测、控制系统应保障污水处理与回用处理工程设施安全稳定运行。

12.4.2 污水和回用水处理总进、出水口宜设流量、压力、温度、pH、COD等检测仪表，并应根据当地环保部门要求，设置其他在线检测仪表。

12.4.3 管道输送进、出处理场的各种物料应设流量、压力检测仪表。

12.4.4 各处理单元宜根据工艺操作控制要求设相关监控仪表和报警装置。

12.4.5 药液及酸碱储罐应设液位监测仪表和高低液位报警装置。

12.4.6 污水处理与回用水处理建（构）筑物应按使用、储存和产生可燃、可爆或有害气体的危险性，设置相应的检测仪表和报警装置。

12.4.7 污水处理和回用工程的控制水平应根据工程规模、工艺复杂程度等因素合理确定，并应符合下列规定：

1 大、中型及工艺复杂的污水处理装置控制系统可采用可编程控制器系统或分散型控制系统；

2 小型污水处理及回用装置可采用盘装数显表。

12.4.8 控制室设置宜采用下列分类：

1 大、中型污水处理装置及回用处理场，宜设中央控制室；

2 小型污水处理装置及回用处理场控制室的机柜室和操作室宜毗邻设置。

12.4.9 自控仪表应符合下列规定：

1 可编程控制器系统的选型应符合现行行业标准《可编程控制器系统设计规定》HG/T 20700的有关规定，分散控制系统的选型应符合现行行业标准《分散型控制系统工程设计规定》HG/T 20573的有关规定；

2 宜根据被测介质的性质，合理选用在线检测仪表。

12.4.10 自控仪表防护宜符合下列规定：

1 应根据在线分析仪对工作环境要求合理设置自动分析器室；

2 安装在室外的在线分析仪表转换器、分体式流量（液位）计的转换器，宜设仪表保护箱。

12.4.11 污水处理及回用处理工程化验室常规分析项目与频次，宜按表12.4.11的规定确定。

表12.4.11 常规分析项目与频次

分析项目	分析频次			
	污水厂进水	污水厂出水	回用处理进水	回用处理出水
pH值	每班一次	每日一次	每班一次	每日一次
SS	每班一次	每日一次	每班一次	每日一次
COD	每班一次	每日一次	每班一次	每日一次
BOD_5	每周一次	每周一次	每周一次	每周一次
NH_3-N	每班一次	每日一次	每班一次	每日一次
粪大肠菌	—	—	—	每周一次

12.4.12 污水处理单元的分析项目，应按工艺要求确定，分析频次宜每班一次。

本规范用词说明

1 为便于在执行本规范条文时区别对待，对要求严格程度不同的用词说明如下：

1）表示很严格，非这样做不可的：
正面词采用“必须”，反面词采用“严禁”；

2）表示严格，在正常情况下均应这样做的：
正面词采用“应”，反面词采用“不应”或“不得”；

3）表示允许稍有选择，在条件许可时首先应这样做的：
正面词采用“宜”，反面词采用“不宜”；

4）表示有选择，在一定条件下可以这样做的，采用“可”。

2 条文中指明应按其他有关标准执行的写法为：“应符合……的规定”或“应按……执行”。

引用标准名录

《室外给水设计规范》GB 50013

《室外排水设计规范》GB 50014

《建筑设计防火规范》GB 50016

《石油化工企业设计防火规范》GB 50160

《危险废物焚烧污染控制标准》GB 18484

《危险废物填埋污染控制标准》GB 18598

《一般工业固体废物贮存、处置场污染控制标准》GB 18599

《分散型控制系统工程设计规范》HG/T 20573

《可编程控制器系统设计规定》HG/T 20700

中华人民共和国国家标准

化学工业污水处理与回用设计规范

GB 50684—2011

条 文 说 明

制 定 说 明

根据原建设部《关于印发〈2007 年工程建设标准规范制订、修订计划（第二批）〉的通知 》（建标〔2007〕126 号）的要求，由中国工程建设标准化协会化工分会为主编部门，以中国石油和化工勘察设计协会和东华工程科技股份有限公司为主编单位，会同中国成达工程公司、中国石油天然气华东勘察设计研究院、西安长庆科技工程有限责任公司、江苏省化工设计院有限公司，北京博润宏创环境工程有限公司共同完成了国家标准《化学工业污水处理与回用设计规范》的编制工作。

本规范的编制组于 2007 年 9 月成立，2008 年 7 月完成了《化学工业污水处理与回用设计规范》初稿的编制，2009 年 2 月完成了征求意见稿的编制，2010 年 5 月完成了送审稿的编制，2010 年 8 月召开了送审稿审查会议，2010 年 12 月完成了本规范的报批稿。

本规范在编制过程中进行了比较广泛的资料收集、调研。编制人员多次召开讨论会，对化工污水处理与回用处理设计中影响投资、运行费用等一些关键参数都进行了讨论。对征求意见稿收集到的意见以及送审稿审查会上专家提出的意见都逐条进行了修改、回应，并留有完整的记录。

为了在使用本规范时能正确理解和执行条文规定，编制组编写了《化学工业污水处理与回用设计规范》条文说明。本条文说明不具备与规范正文同等的法律效力，仅供使用者作为理解和把握规范规定的参考。

目　次

1 总　　则

1.0.1 编制本规范是为使化工污水处理与回用处理的工程设计符合国家的有关法律、法规，达到防治水体污染、改善和保护环境、节约水资源的目的。

1.0.2 本规范所指的化工污水包括基础化工、有机化工、肥料、农药、合成药物、涂料、颜料、精细化工等各类化工产品生产过程中排放的污水。

1.0.3 污水的处理与回用应是一个系统工程，应从工程设计的开始就考虑工艺装置排水的处理与回用，最大限度地发挥污水处理装置的环保与节水作用。化工污水的处理是环境保护工程的组成部分，建设项目环境保护设施的“三同时”制度同样适用于化工污水处理工程。当需要将污水回用时，回用处理工程也应执行“三同时”制度。

1.0.4 污水处理与回用工程设计是一门试验学科，也是交叉学科，其发展的历程还比较短，处在高速发展期，新工艺、新的设备与材料都在不断地涌现，有些工艺、设备与材料进行过了充分的试验，经过了实践的检验，证明是行之有效的，可以用于实际污水处理与回用处理，但有些工艺、设备与材料只经过试验室试验，未经工程检验，工程应用时应慎重。另外，随着科学技术的发展，新的工艺、材料还会不断涌现，为此，鼓励积极、慎重地采用经过鉴定的新工艺、新材料、新技术。

1.0.5 大多化工企业是多产品的联合企业，产品繁多，使用的物料多种多样，排出的污水水量、水质变化大，大多有一定毒性，对微生物有毒害或抑制作用，或存在难生物降解成分，处理难度较大，基于化工污水的复杂性，有些化工污水尚无成熟处理和回用经验，给工程设计带来困难，故强调在无成熟处理经验时应通过试验确定。

1.0.6 污水处理与回用工程本身也是需要消耗能源、资源的，处理中要用到电机、风机，过滤、分离等设备，设计中应注意选择耗电、耗水低的设备，使污水处理与回用处理工程既节能、节水，又节约社会资源的投入，同时对污水中可回收利用的物质，在技术经济合理的前提下应尽量回收利用。

1.0.7 由于化工污水成分复杂，水质水量变化大，一般大型企业或化工区污水处理工程多采用分级处理和分质处理。分级处理是装置区（车间）对污水中某种或几种污染成分进行预处理，处理后水质符合污水处理场进水水质要求，使处理后的污水能达到排放标准。分质处理是鉴于不同装置（车间）排放的污水性质、污染物浓度差别大，不适合合并处理时，进行的分别处理。

1.0.8 污水采取分级处理时，装置（车间）污水的预处理应根据水质特征采取针对性处理工艺，处理设施不宜过于分散，分区分类集中的目的是便于管理。

1.0.9 我国水资源短缺，供需矛盾突出，随着我国经济的发展，还将进一步加剧。化工生产是用水大户，把化工企业或化工区的污水处理后回用于本企业或化工区，技术经济上会更合理，特别是用作工业循环冷却水的补充水、工业杂用水以及生活杂用水，水质要求相对较低，处理成本相对较低。

1.0.10 污水处理过程中散发出的有毒害气体如硫化氢、氰化物、氨、醛以及烃类物质不但影响周边大气环境和操作人员的健康，还有一定的危险性。近年来，市政、石化系统先后出台了对污水处理场产生的臭气进行处理的规定。本条对储存、处理含有易挥发出有毒、可燃、臭味气体污水的构筑物，对有害气体进行收集并妥善处置作了原则性的规定。

1.0.11 化学工业污水处理与回用的工程设计应执行本规范的规定，但化工污水只是工业污水的一种，有许多其他行业的污水处理的技术与经验需要借鉴，也有许多其他行业的污水处理标准、规范应予以执行。例如，现行国家标准《室外排水设计规范》GB 50014对污水处理的计算方法、构筑物的设计都进行了规定，因此凡是该规范已经有规定的、共性的条文，应执行该规范，本规范条文中不再赘述。另外，污水处理与回用处理技术是一门交叉学科，在设计工作中还会涉及其他专业的技术问题，如建筑物的布置、防火、防爆、道路交通、环保、噪声等，应执行国家现行的有关强制性标准、规范。本条强调执行本规范与国家现行的其他有关标准、规范之间的关系。

3 设计水量、水质

3.0.1 本条提出污水处理场设计规模的表示方法和收集、处理污水的范围。设计规模影响工程投资，本条提出设计规模按平均时处理污水量计，表示污水处理场公称处理能力，是用来计算污水处理场技术经济指标的依据。平均时污水量按日处理污水量除以24h计。

3.0.2 本条给出最高时污水的计算方法：

1 为了正确地确定最高小时生产污水量，应对各装置的生产情况、排水规律进行分析，确定同时出现的最大间断小时污水量，按最大连续小时污水量和同时出现的最大间断小时污水量之和计。

3 初期污染雨水量的计算方法按照现行行业标准《石油化工污水处理设计规范》SH 3095 提出的计算方法。由于一次降雨收集的初期污染雨水总量较大，通常设调蓄池削减初期污染雨水流量，以减少对污水处理构筑物的冲击负荷。初期污染雨水调蓄池按储存一次降雨初期污染雨水量计，考虑到在5日内再降雨时，地面应视为基本干净，不再收集，故初期污染雨水量宜按调蓄池排空时间小于120h确定。

4 未预见污水量指设计时未考虑或不可能确定的实际污水量，包括事故污水，可按生产污水量的5%～15%计。本款的未预见水量不包括突发性重大事故，如爆炸、火灾造成的大量物料泄漏和灭火时产生的混有大量化工物料的污水。

3.0.3 污水处理场一次提升泵站除特殊情况外，均建在处理构筑物最前端，故应按最高时污水量设计。

3.0.4 本条对污水处理构筑物设计流量作了规定，由于调节设施对水量进行了调节，污水流量已趋均匀，故污水调节设施后处理构筑物宜按平均时污水量设计。

3.0.5 由于各装置（单元）排出的污水量、污染物成分、浓度有差异，确定设计水质时按各装置（单元）的平均时污水量和污染物浓度进行加权平均计算确定，可使设计更精确，当设计资料不全时，可参照同类企业运行数据。

3.0.6 污水回用处理工程设计规模不但决定于污水的水量，同时也决定于回用水用户的需水量，故需综合确定。

3.0.7 二级处理出水的水量、水质较稳定，水质较好，宜作为回用水源。当二级处理出水用作回用水源时，宜按二级处理出水水质标准和预期水质波动情况综合确定回用处理的设计水质。

4 收集与预处理

4.0.1 化工厂排水应清污分流，排水系统的划分应根据各种排水的水质、水量，结合要求处理的程度及方法综合确定。在设计工厂的排水系统和处理单元时，应把污水中有回收利用价值的物质的回收利用与污水的处理排放结合起来考虑，并应有利于对各种污水进行针对性处理，例如：含酸（碱）污水、含氨污水、含氰污水、含硫污水等。

4.0.2 收集含可燃液体的污水管道系统应按现行国家标准《石油化工企业设计防火规范》GB 50160 的有关规定，设相应的防火、防爆、通风设施，包括水封井、排气管及检查井井盖密封等。

4.0.3 化工生产污水成分复杂，大多含挥发性有毒害物质或可燃液体，当与生活污水管道合并时，若措施不当，生产污水逸出的有害气体可能窜入生活污水管道，导致卫生和安全隐患。另外，生产污水进入生物处理前，一般需根据水质进行有针对性的预处理，若合并则不利于预处理，故厂区生活污水管道不宜与生产污水管道合并，宜单独收集。

4.0.4 2005 年，某公司苯胺车间发生爆炸事故，由于没有在事故状态下设置阻止含有大量苯、硝基苯等物料的消防水排入附近江中的设施，造成水体严重污染。2006 年，我国某化工企业六氯车间发生爆炸事故，该公司利用已有的污染雨水回收系统和污水预处理池，收集了事故污水，经预处理后送入污水处理场，没有造成环境次生污染。两起事故都造成了人员伤亡和经济损失，但两起事件对环境影响不同，其结果表明，必备的防污设施和措施对防范突发性重大事故引发的环境污染事件至关重要。因此，本条规定，为防止突发性重大事故状态时污染物进入江、河、湖、海等水体，导致水体污染事故，应对泄漏的可燃液体、有毒害物料和受污染的消防水进行妥善收集和处置，按照现行国家标准《石油化工企业设计防火规范》GB 50160 的规定，增设有效的设施。

4.0.5 按照现行国家标准《污水综合排放标准》GB 8978 的规定，第一类污染物，不分行业和污水排放方式，也不分受纳水体的功能类别，一律在车间或车间处理设施排放口采样，因此，超过《污水综合排放标准》GB 8978 最高允许排放浓度的污水应在车间进行预处理。

4.0.6 目前国内化工污水处理场多采用曝气生物处理方法，曝气过程会使高浓度易挥发的有毒化合物逸出，对环境和操作人员造成危害，故作此规定。

4.0.7 条文中所提到的这类污水如不进行预处理会增加污水处理场的处理难度，故应进行预处理。

4.0.8 对于化工装置排出的较高浓度难生物降解的污水、含有较高浓度对微生物有毒害物质的污水以及不利于生物处理的高温污水进入污水处理场会对污水的生物处理造成困难，加大处理成本，因此，本条规定这些污水应经过预处理才可进入污水处理场。

5 物 化 处 理

5.1 格 栅

5.1.1 化工污水中或多或少含有悬浮杂物，为保证提升泵和处理设施正常运行，应设格栅。人工格栅的操作环境差，劳动强度大，故宜采用机械格栅。

5.1.2 本条是从保障操作人员和设备运行安全上考虑的。

5.1.3 由于格栅与污水接触，化工污水成分复杂，通常有一定的腐蚀性，故格栅的材质应选用耐腐蚀材质。

5.1.4 本条为强制性条文，必须严格执行。格栅一般置于室外，寒冷地区需置于室内时，为保障操作人员安全，应设机械通风和有毒有害气体检测与报警装置。

5.2 调节与均质

5.2.1 化工污水水量水质变化较大，为保证后续处理设施稳定运行，应对污水的水量水质进行调节与均质。水量、水质的调节与均质有利于稳定污水的水量和水质，减少对生物处理的冲击负荷，对有毒害的物质起到稀释作用，对短期排出的高温污水可起到降温的作用，pH 值变化较大的污水可起到一定的中和与调节作用，减少 pH 值调节所需的酸碱量。

5.2.2 均质调节设施容积的确定一般应取得污水水质、水量的变化规律资料，经计算确定。由于化工企业工艺复杂，装置多，要取得准确资料比较困难，故可按同类企业资料确定。根据各化工设计院的经验，调节设施容积多在 12h～24h 平均流量之间，均质设施容积多在 8h～12h 平均时流量之间，因此，当无法取得资料时，可根据化工企业规模、性质、装置复杂程度，按上述方法计算。

5.2.3 基于化工企业是多产品、多装置的联合企业，使用的物料多种多样，设备多，操作温度、压力范围广，生产中难免发生故障或操作失误，造成事故，在设备检修冲洗时也难免出现高浓度污水外排，因此本条提出宜设事故储存设施，主要应对某些化工装置一般性生产局部事故排出超标污水，造成污水处理场运转困难，如可能导致生物处理设施微生物中毒，或出水无法达标的情况，至于发生突发性重大事故，如爆炸、火灾造成物料大量泄漏，以及灭火时混合大量消防污水的情况，应由化工企业通盘考虑，设置重大事故应急处置设施，并应充分利用污水处理现场已有事故污水储存设施。

5.2.4 调节与均质设施可以分建也可合建，但为了便于维护和清淤，规定调节与均质池不宜少于 2 格，每格可以单独运行。

5.2.5 调节均质设施设搅拌设施的目的是均质和防止悬浮固体沉积在池底。

5.2.6 含有挥发性有毒、有害物质的污水会影响周围环境和操作人员健康，故储存含有挥发性、有毒、有害物污水的设施应加盖，并宜采取机械抽风换气，以防止有害物质及可燃气体在池内积聚，造成事故。排出的废气按环保要求妥善处理。

5.3 隔 油

5.3.1 含油污水中的油以浮油、粗分散油品形式存在时，由于油、水间密度的不同，油与水易按重力分离，油珠上浮速度遵循斯笃克斯原理，根据这一原理设计的平流隔油池和按“浅层沉淀”理论发展而来的斜板隔油池均属此类。目前，市面上有很多除油设备，如高效大容量油水分离器、旋流分离除油器等，但每种除油设备所适用的环境或条件不同，应根据污水特点、设备适用的条件来选择合适的除油设备。

5.3.2 根据国内运行经验及国外资料介绍，提升含油污水最好用容积式泵，尽量避免用离心泵，因为离心泵会使油珠形成水包油的乳化液或使油珠颗粒变小而分散，因此，规定了需提升时宜采用容积式泵或低转速离心泵。

5.3.3 平流式隔油池是针对浮油设计的，一般用于去除大于 100μm～150μm 的油粒。

1、2 据国内多年生产运行经验，并参照国外资料，当停留时间为 1.5h～2.0h 时，按照油珠浮升速度计算，粒径 100μm～150μm 的油珠能上升至水面，故规定污水在平流隔油池的停留时间宜为 1.5 h～2.0h，水平流速采用 2mm/s～5mm/s。国内有关运行资料见表 1。

表 1 平流隔油池去除浮油资料

数据来源	含油量/（mg/L）		停留时间（h）	水平流速/（mm/s）
	进口	出口		
北京某厂	100～1000	20～200	2	3
山东某厂	1781	226	1.4～2.4	2.3～3.9
江苏某厂	300～1200	100	1.4～2.4	2.3～3.9
本规范	—	—	1.5～2	2～5

3 为了满足收油设备规格标准化要求规定了池体宽度，为了保证水的流态良好规定了池体的长宽比。

4 隔油池的有效水深过大，会增加油珠浮升所需的时间，甚至影响除油效率。根据国内经验，规定池子有效水深不宜大于 2m。

5 隔油池一般均设刮油刮泥机，否则池底积泥严重，影响隔油池过水断面。为减少刮泥机移动时对水流的影响，参照国外资料及国内运行经验，规定刮泥机移动速度不大于 1m/min。

6 考虑集油管要求水平安装，串联不宜过长，串联过长会造成水力坡降过大不利于集油管水平安装。根据国内经验，当池宽在 4.5m 以上时，集油管串联不应超过 4 条。

7 排泥管直径不宜小于 200mm 的规定是为了保证泥水畅通，在排泥管末端设置压力水管，是为了便于及时清除排泥管中的积泥。

5.3.4 本条规定了斜板隔油池的设计参数和要求，是根据国内的研究成果及 20 个炼油厂斜板隔油池的运行经验制定的。由于提高了单位容积的分离面积和水力条件的改善，一般可用于去除大于 60μm 以上油珠。

1 表面水力负荷系指设计流量除以斜板隔油池全部工作面积（即斜板总水平投影面积），参考国内外资料推荐的数据，规定表面水力负荷为 $0.6m^3/(m^2\cdot h)\sim0.8m^3/(m^2\cdot h)$。

2 斜板板组的倾角与板净距应考虑水质、斜板材质、排泥、减少池深、操作方便、易于油珠浮升等因素，国内外常用的板组倾角均不小于 45°，试验资料表明，板净距 20mm 比 40mm 的除油效率提高 8.1%，但前者易堵，并增加基建与维修费用，故推荐板净距为 40mm。

3 某厂曾因无排泥设施，运行一年后，发现池内积泥厚达1.5m～2.0m，部分板组通路被堵塞，严重影响出水水质。及时收油、清洗斜板、排泥设施的畅通是保证斜板隔油池运行稳定的重要环节。

4 国内目前广泛采用的不饱和聚酯玻璃钢制作的波纹斜板组，具有不沾油、光洁度好、刚度大和耐腐蚀特点，但抗碱、酮类、芳烃类侵蚀性差，某厂使用四年后，发现波纹板面局部有针状腐蚀，此外，国外还有用酚醛玻璃钢、搪瓷板、聚氯乙烯等材料制作波纹板，故应根据水质选择耐腐蚀、光洁度好的、不沾油、阻燃型的材质，以达到分离效果好、便于排泥和清洗、使用寿命长等目的。

5.3.5 为避免隔油池内油气的外溢，造成对周围环境的污染以及引起火灾，隔油池不应敞口，其顶板应设固定或活动的非燃烧材料盖板，必要时将这部分污染气体收集，另行处理。

5.3.6 为保证隔油池正常运行和维修，隔油池的间数不宜少于2间。

5.3.7 在寒冷地区隔油池内增设加热设施，通过加热，可增加油层的流动性，便于收油。

5.3.9 本条是强制性条文，必须严格执行。隔油池为容易发生火灾的场所，应设消防设施。除设置必要的消防设备外，根据国内隔油池灭火经验一般增设蒸汽灭火设施，这是因为隔油池带有盖板不便于泡沫扑救，池内机械设备又阻碍了泡沫流动，不能覆盖全部池面，考虑到隔油池一般均设有蒸汽加温油面的设施，故简单易行的有效方法是在隔油池内液面以上200mm处周边池壁增设蒸汽筛孔管，采用蒸汽灭火。

5.3.10 隔油池内及附近易积聚可燃性气体，为防止电气设备和静电引发的爆炸、火灾事故，提出本条规定。本条是强制性条文，必须严格执行。

5.4 气　浮

5.4.1 气浮法适用于去除污水中相对密度接近1的杂质。污水中的细分散油、乳化油不能通过隔油去除，细小悬浮物不能通过沉淀方法去除时，气浮是有效的处理手段。

5.4.2 气浮法的常用工艺有部分污水回流加压溶气、全部污水加压溶气、部分污水加压溶气、叶轮气浮等，其中部分污水回流加压溶气气浮投药量少，节能，处理效果较好，宜优先采用。根据化工污水处理设计经验，部分污水回流加压溶气气浮的回流比可取25%～50%。

5.4.3 对加压溶气气浮溶气罐设计计算的规定。

压力溶气罐是溶气气浮的关键设备，影响溶气效果因素较多，除水温、溶气压力外，还与溶气罐形式和溶气时间有关。为了防止溶气罐的短流，增大紊流，促进水气充分接触，加快气体扩散，罐内常设隔板、筛板、填料。国内多采用阶梯环填料喷淋式溶气罐，根据有关资料，填料层高1.0m，水温10℃～30℃，溶气压力0.3MPa～0.5MPa时，溶气效率达80%甚至90%以上。

溶气罐所需溶解空气量按亨利公式进行计算。溶气罐的直径（D）一般按罐单位截面积水力负荷计算。对填料罐一般取100m^3/（m^2·h）～200m^3/（m^2·h），采用阶梯环时填料层高度可取1m～1.3m，储水区高度一般为1.0m，布水区高度一般为0.2m～0.3m。罐体总高度（Z）按罐顶、底封头高度、布水区高度、填料层高度及储水区高度之和确定。溶气罐高径比（Z/D）2.5～4。

5.4.4 加压溶气气浮大多设溶气释放器，但处理悬浮杂质较多的污水易堵塞，据调查也有不设溶气释放器的，采用减压阀和穿孔管，宜根据水质确定。

5.4.5 气浮池一般为矩形或圆形，即平流式或竖流式，气浮池的设计主要是确定容积和池表面积，使微气泡群与水中油粒和絮凝体能充分混合接触，黏附上浮，与污水分离。

气浮池的形式应从前后处理构筑物衔接、施工难易程度、工程造价等方面综合确定。矩形气浮池便于与污水的加药混合反应池合建，施工方便，采用较多。

气浮池由接触室和分离室组成，接触室与分离室用隔板（墙）分开，隔板（墙）顶与气浮池水面的高度（扣除浮渣层最大高度100mm～200mm）为堰上水深。水流过堰流速应不大于接触室上升流速。

5.4.6 散气气浮分扩散板曝气气浮法和叶轮曝气气浮法两种，通常多采用叶轮气浮。与加压溶气气浮相比，叶轮气浮不需要溶气罐、空压机、回流泵，设备简单，节能明显，近年得到广泛应用，但也有资料介绍，由于叶轮气浮产生的气泡较大，不易与细小颗粒和絮体相黏附，反而易将絮体打碎，因此较适合于稠油污水处理，在石化企业常用于一级气浮。基于上述原因，采用叶轮气浮时应根据水质和处理要求，并参照同类污水处理经验选择成套产品。

5.4.7 气浮处理应加药，主要是改善微细气泡与杂质黏附条件，提高气浮效果。投药的混合反应时间，根据经验宜5min～10min。为避免打碎絮体，进入气浮接触室的流速控制在0.1m/s～0.2m/s为宜。

5.4.8 气浮池是连续运行的设施，为保证设备事故或检修时能部分运行，气浮池不应少于2格（池）。

5.4.9 气浮池表面易散发可燃气体、有毒害气体，因此气浮池不宜敞口，宜设非燃烧材料盖板，并宜设置引风设施。

5.5 中和与pH调节

5.5.1 本条提出了中和处理基本原则。

含酸量低于4%、含碱量低于2%的污水不具备回收利用的价值，应采用中和法处理。中和处理应优先考虑以废治废的原则，有条件时利用酸碱污水相互中和，或利用本企业和附近工业企业废酸、碱渣

(液) 作中和剂，是最简便又经济的方法，应优先采用。

5.5.2 酸碱污水相互中和一般宜设中和池。

1 当水量、水质变化不大时，宜设连续式中和池；当水量、水质变化较大时，可设间歇式中和池，间歇式中和池一般不少于2座（格），是为了便于交替使用。

2 由于企业排出的酸、碱污水酸碱含量一般不可能达到酸、碱平衡，水量和水质亦有波动，经相互中和处理后，pH值不能满足后续处理设施要求或排放要求时，应补充投加酸、碱药剂，调整pH值。

3 中和池应设搅拌设施，可采用机械搅拌或空气搅拌。污水中含有挥发性有毒害物时，宜采用机械搅拌。

5.5.3 药剂中和处理是最常用的一种处理方法，适用于任何浓度的酸碱污水，也适用于含有毒害污染物和较高悬浮杂质的酸碱污水。本法对水量、水质波动适应性强，处理方法灵活，除适用于酸碱污水中和处理外，还适用于对污水pH进行调整。中和方式可采用连续式单级或多级中和，也可采用间歇式中和。

1 酸碱污水包括强酸、弱酸、强酸弱碱盐的酸性污水以及强碱、弱碱、强碱弱酸盐的碱性污水。通常化工酸碱污水包含各种酸碱成分，有的还含有油、NH_3、硫化物、酚类、氰、砷、磷及多种重金属离子。污水中其他污染成分很少，主要含强酸或强碱的污水，混合反应时间宜采用3min～5min。中和处理酸碱成分复杂和含有毒害污染物的污水时，应针对有毒害污染物性质选择中和剂，通过中和沉淀作用去除。由于中和反应干扰因素较多，反应迟缓，一般需要较长混合反应时间。中和工艺、设计参数也宜通过试验，或参照同类污水处理经验确定。

2 药剂中和酸性污水最常用和经济的方法是采用石灰。石灰与硫酸反应生成难溶的$CaSO_4$。若污水中存在重金属离子和氟、砷、磷等有毒害物时，可生成难溶性金属氢氧化物和盐，如$Cu(OH)_2$、$Zn(OH)_2$、$Pb(OH)_2$、CaF、$Ca(AsO_2)_2$、$Ca_3(AsO_3)_2$、$Ca_3(AsO_4)_2$、$Ca_3(PO_4)_2$，因此中和后产生沉渣的污水应设沉淀设施。为提高污水中杂质和沉渣的沉淀效果，可投加絮凝剂。

3 石灰中和酸性污水有干法和湿法。与干法相比，湿法设备较多，但中和反应速度较快、彻底，投加量少，操作环境也稍好，故宜湿法投加。

5.5.4 本条给出了过滤中和的设计原则和参数。由于普通过滤中和，滤料粒径大，滤速低，中和效果差，且污水中硫酸浓度较大时极易在表面结垢，阻碍中和反应进程，目前已很少采用，故提出宜采用升流式膨胀滤池。

1 过滤中和时，污水中有浓度过高的重金属或惰性物质，会在滤料表面生成覆盖物，使滤料失效，根据设计和运行经验，重金属离子含量宜小于50mg/L。

2 过滤中和的滤料一般为石灰石、白云石、大理石等。采用石灰石滤料中和硫酸时，反应生成的硫酸钙溶解度很小，硫酸浓度高时极易在滤料表面形成沉积，阻碍酸和滤料的接触反应，因此污水中的硫酸浓度不应过高，一般小于2g/L，当采用白云石为滤料时，由于生成的硫酸镁溶解度较大，硫酸浓度可以高一些，一般可达到3g/L，但反应速度较慢。

3 因过滤中和采用的滤料均属碳酸盐，中和反应产生CO_2，CO_2溶于水为碳酸，使出水pH在5左右，脱除CO_2，可使出水pH提高到6～6.5。脱除CO_2的方法可以采用曝气、多级跌水等方法。

5.5.5 根据经验，本条给出了膨胀滤池的设计参数。

5.5.6 由于酸碱具有很强的腐蚀性，尤其是强酸、强碱，对储存设备及处理构筑物的腐蚀性更强，因此，本条强调酸碱中和的设备与构筑物应采取相应的防腐措施。

5.5.7 化工企业酸碱污水水量、水质波动较大，采用药剂中和时，如按常规pH检测来投加中和剂，难以及时调整中和剂投加量，同时因pH检测数据滞后，也使投量不准确，不但中和剂用量加大，出水pH值也难以保证。因此中和剂的投加应采用pH自动调节控制。

5.6 混　凝

5.6.1 混凝效果与污水的杂质成分、水温、pH值、混凝剂、助凝剂的品种、用量和混凝的水力条件有关，故应通过原水混凝沉淀试验或相似水质的运行经验结合当地药剂供应情况经技术经济比较确定。常用的混凝剂、助凝剂及其适用条件见表2。

表2 常用混凝剂、助凝剂及其适用条件

药剂名称	化学式	适用条件
硫酸铝	$Al_2(SO_4)_2 \cdot 18H_2O$	破乳及去除水中有机物时，pH宜为4～7；去除悬浮物时，pH值宜为6～8，适用水温20℃～40℃
明矾	$KAl_2(SO_4)_2 \cdot 12H_2O$	
三氯化铁	$FeCl_3 \cdot 6H_2O$	pH值宜为7～8.5
硫酸亚铁	$FeSO_4 \cdot 7H_2O$	
碱式氯化铝	$[Al_2(OH)_nCl_{6-n}]_m$	受pH值、温度的影响小，适宜的pH值范围为5～9
聚合硫酸铁	$[Fe_2(OH)_n(SO_4)_{6-n}]_m$	
聚丙烯酰胺	$[-CH_2\text{-}CH(CONH_2)]_n\text{-}$	水解度30%～40%，配制浓度小于2%

5.6.2 本条给出了化工污水混凝时的常用混合方式。混合设施应满足混凝剂能均匀扩散到水中，混合时间不宜过长、且能使水体产生强烈搅动的要求。混合设施可利用污水处理系统已有的设备（水泵、管道），也可单独设置（混合槽、混合器），可根据水量、水质、工程投资等因素选择混合方式，目前使用较多的混合方式为管道静态混合器混合与机械搅拌混合。

5.6.3 絮凝池（反应池）是完成絮凝过程的设施，使微小的絮体成长达到沉淀分离的要求。由于水力絮凝池受水量水质条件制约，有时实施时有一定困难，如隔板式絮凝池，当处理水量较小时，为了控制反应槽内流速，槽宽过窄，难以满足施工和维护清理的要求。又如涡流式絮凝池，当处理水量大时，池深较大，施工和流程配合上会带来一定困难，且水力式絮凝池要求处理的水量比较均衡，对水量、水质的变化适应性较差。化工污水的水质水量的变化比较大，机械搅拌絮凝池对水质水量变化适应性强，反应效果好，水头损失小，所以推荐采用机械搅拌絮凝池。

5.6.4 絮凝时间对完成絮凝过程影响很大，水质影响絮凝时间，化工污水水质变化很大，往往同一种产品，因生产工艺不同，水质也会不同，所以，絮凝时间最好是通过试验确定。

5.6.5 本条给出的机械搅拌絮凝池的设计要求是根据絮凝的需要和运行管理的要求。

1 化工污水的性质与其他工业污水、城市污水有较大差异，结合化工污水的特点和设计经验提出絮凝时间为 10min～20min。

2 机械搅拌絮凝池各格中的水流属完全混合型，若采用单格搅拌形式，不但效率低，且同一速度梯度（G）值也不恰当，因此机械搅拌絮凝池均采用多格串联布置，G 值逐格递减，串联格数多，效果好，但格数增加，搅拌设备也增加，导致工程造价增加，综合考虑，机械搅拌絮凝池宜分成 3 格～4 格。

5.7 沉 淀

5.7.1 关于沉淀池池型选择的基本要求。沉淀池可分为平流式、竖流式、辐流式和斜管（板）沉淀池，处理水量是选用池型的重要依据之一，根据国内实践经验，当处理水量较大时，多采用平流式、辐流式沉淀池，采用机械排泥。竖流式沉淀池可是圆形或方形，做成方形时，相邻池壁可合用，布置也较紧凑，但由于池深较大，施工较困难，一般适用于小型污水处理场，地下水位高时不宜采用。斜管（板）沉淀池一般采用升流式异向流斜管（板）沉淀池，多用于老污水处理场改造或土地紧张的场合，国内的工程运行经验，斜管（板）上易积泥，泥渣流动性差，黏性大的污泥不宜采用斜管（板）沉淀池。

5.7.2 本条是根据沉淀池在污水处理流程中的位置提出的沉淀池设计参数，适用的池型包括平流式、竖流式和辐流式。根据化工污水处理的设计经验，沉淀池设计参数均低于城市污水的设计参数，表 5.7.2 列出的参数是按化工污水情况给出的。其中，混凝沉淀池主要针对污水的深度处理，进一步去除细小悬浮物和生物絮体。由于不同污水悬浮物性质、悬浮物浓度、颗粒的组成、密度以及凝聚性不同，故沉淀池设计应参照相似水质运行参数，或经试验确定。由于二次沉淀池有别于初次沉淀池，二次沉淀池除了进行泥水分离外，还起到污泥浓缩的作用，二次沉淀池的设计是否合理，直接影响到生物处理系统的稳定运行，生物污泥密度较小、沉速较低，易被水流带走，因此二沉池表面水力负荷应小于初沉池，且应用固体负荷校核计算。延时曝气系统中，由于固体停留时间长，即污泥泥龄长，污泥自身氧化程度高，污泥絮体比较松散、沉降性能差，易随水流失，因此二沉池表面水力负荷宜为 $0.5m^3/(m^2 \cdot h)$～$0.7m^3/(m^2 \cdot h)$。

5.7.3 酸性或碱性污水中和处理、化学沉淀法去除重金属、碱土金属（钙、镁）离子以及某些有毒害非金属污染物（如氟、砷等）的沉淀池设计影响因素较多，比如药剂种类、反应条件（杂质浓度、pH 值、温度）、化学反应生成物的沉降性能、沉淀时间等，因此沉淀池的设计参数宜按同类污水运行参数或经试验确定。

5.7.4 本条是关于升流式异向流斜管（板）沉淀池设计表面水力负荷的规定。按“浅层沉淀”理论，斜管（板）沉淀池的表面水力负荷比普通平流式、竖流式和辐流式大几倍，但表面水力负荷过大，沉淀效果不稳定，国内生产经验表明，升流式异向流斜管（板）沉淀池设计表面水力负荷可比普通沉淀池提高一倍左右。升流式异向流斜管（板）沉淀池宜用作初次沉淀池，慎用作二次沉淀池，因为生物污泥黏性大，易黏附在斜管（板）上，孳生生物膜，当选用其他形式二次沉淀池受条件限制，需用作二次沉淀池时，固体负荷宜小于 $192kg/(m^2 \cdot d)$。

5.7.5 根据国内生产运行经验，斜管内和斜板上易积泥，为保证斜管（板）正常运行，本条规定斜管（板）沉淀池应设冲洗设施。

5.8 过 滤

5.8.1 过滤可用于化学沉淀后提高重金属和有毒有害物的去除率；生物处理——混凝沉淀后，提高悬浮物、浊度、COD、BOD、TP 等的去除率；活性炭吸附、离子交换等深度处理前的预处理；含油污水中，过滤法也可用于处理分散油和乳化油。

过滤技术发展很快，应用领域迅速扩大，新型过滤介质、过滤设备不断涌现，给过滤设施的选择提供了多种选择。过滤设施的选择与污水的特点、悬浮物性质和组成以及过滤设施的构造有关，同时还与处理高程布置、场地条件有关，故提出本条的原则规定。

另外，过滤设施的选择宜注意以下问题：其一，设计水量较大时，宜选择滤池或滤速较高的过滤设备。其二，采用滤池时，宜选择粗滤料滤池，避免污物截留在滤池表面，导致表层滤料堵塞、水头损失急剧增加，造成频繁冲洗，使运行发生困难，增加处理成本。其三，污水过滤截留的化学沉淀物、有机和无机悬浮物、胶体物质、生物絮体大多黏性较大，易附着在滤层表面或滤料表面，且易腐败，因此滤池反冲洗要求高，选择滤池时，不宜选择反冲洗效果较差的滤池，如虹吸式滤池，宜选择气水反冲洗或有表面辅助冲洗的水反冲洗滤池。其四，选用过滤设备应符合该产品的使用条件和进水水质控制指标，且经生产运行检验的产品。

5.8.2 滤池的分格数或过滤设备的台数应按其中一格（台）反冲洗或维护检修时，仍在运行的各格滤池或过滤设备能满足强制滤速的要求确定，不致因滤速过高影响出水水质。采用2格（台）时，每格（台）处理能力宜按75%处理水量计，以满足强制滤速的要求。

5.8.3 过滤设施的正常滤速是指全部过滤设施均工作时的滤速。过滤设施需停运、检修和反冲洗，为避免这些情况下运行的过滤设施的滤速过高，影响出水水质，故应以强制滤速校核。强制滤速不宜大于正常滤速的30%。

5.8.4 采用过滤法处理污水，滤速和滤料组成直接关系到滤后水质，应根据进水水质、出水水质要求、过滤设施的构造等因素，参照同类污水过滤设施运行经验或通过试验确定。污水经二级处理—混凝沉淀后，采用过滤法提高悬浮物的去除率时，可选用双层滤料滤池、单层滤料滤池、均质滤料滤池，当无法取得具体参数时，可按照现行国家标准《污水再生利用工程设计规范》GB 50335中的有关规定。

5.8.5 由于反冲洗排水含有大量悬浮物和有机物，所以应返回污水处理系统处理。

5.8.6 过滤设施的反冲洗程序繁琐，当过滤设施分格（台）数较多时，操作管理困难，故宜采用自动控制系统。

5.9 化学氧化与消毒

5.9.1 化学氧化法是去除化工污水中污染物的有效方法之一，化学氧化法处理污水与生物处理相比处理成本高，受到一定限制，在化工污水处理中主要用于下列场合：其一，某些特种化工污水的预处理，如焦化、有机化工、合成染料、医药化工、精细化工、农药等行业排出的高浓度有毒有害物和难生物降解的有机物污水，如氰化物、腈类、酚类、芳烃类（苯、硝基苯）等，可以通过化学氧化，将这些污染物变成低毒或较易生物处理的中间产物，最终通过生物处理去除。其二，在污水深度处理和回用处理中，可用于二级处理后污水的除浊、除色、除臭，降低COD、BOD值，或与其他深度处理工艺组合，如臭氧—活性炭工艺。选择化学氧化法处理污水应根据污水中污染物性质、处理要求，通过技术经济比较确定。

5.9.2 化学氧化处理污水常用的氧化剂有液氯、二氧化氯、次氯酸盐、臭氧、过氧化氢等，由于污水中污染物成分的复杂性，对于不同氧化剂其氧化能力不同，不同种类的有机污染物可氧化性也不同，复杂有机物的降解是逐步完成的，降解历程和中间产物复杂，影响化学氧化的干扰因素较多，如水中存在还原性物质等，所以污水的化学氧化处理均应通过试验选择氧化剂和氧化工艺，或通过相似运行经验确定。

5.9.3 污水消毒的目的是杀灭排放的污水中的病原菌和其他微生物，化工污水不同于城市污水，应区别对待。

1 对一些化工区污水处理场，当污水中掺有生活污水时，可根据排水的粪大肠菌数、受纳水体的环境功能和《建设项目环境影响报告书》以及当地环保部门的要求确定是否需要消毒。

2 经生化处理的污水含有大量微生物，目前污水回用大部分是回用作循环冷却水的补充水，或进一步深度处理，用于其他用途，都需要消毒、杀菌。

5.9.4 液氯价格便宜，消毒可靠，目前使用仍较多，但氯可与水中某些有机物反应形成三卤甲烷（THMS）致癌物，会产生二次污染。近年来，二氧化氯取代液氯消毒越来越受到重视，二氧化氯与液氯相比杀菌能力更强，用量更少，不产生三卤甲烷等对人体有害物质，但二氧化氯需要现场制备，价格较高。紫外线消毒不会产生有害污染物，消毒迅速、效率高、设备简单、操作方便、便于实现自动化，但紫外线穿透能力低，宜用于浊度、色度低的水，且无持续杀菌能力，另外，紫外线灯管使用寿命较短，且随着灯管老化，消毒强度下降，能耗、灯管消耗都较大。总之污水的消毒方法应根据水质、出水要求、综合各种因素确定。

5.9.5 污水再生回用作为循环冷却水的补充水时应进行杀菌处理，按现行国家标准《工业循环冷却水处理设计规范》GB 50050的规定，宜控制细菌总数小于1000个/mL，而生物处理出水中的细菌总数的数量级通常在10^5以上，因此应进行杀菌处理。从国内的循环冷却水的运行经验看，氧化性杀菌剂多采用液氯或二氧化氯，因此污水再生回用作循环冷却水的补充水时，应与循环冷却水系统的杀菌方法统筹考虑，既减少消毒药剂的品种，又便于管理。

5.9.6 酚类化合物是化工污水中常见的污染物，含酚类化合物的污水本身就有臭味，当采用氯氧化时，会生成有毒、有强烈刺激臭味的中间产物氯酚，要消除氯酚，需要投加过量数倍的氯。另外，氯和酚的反应，氯和酚的浓度都要达到一定浓度才能迅速进行，如果酚浓度很低，即使加氯过量，反应也进行缓慢，酚的氯化中间产物也将长时间存在于水中，故含酚类化学物质的污水不宜采用氯氧化或消毒。

5.9.7 氯系化合物包括液氯、次氯酸盐、二氧化氯等，它们与臭氧一样都属于危险品，有毒、易爆，制备、储存、投加此类化学氧化剂或消毒剂时，设计应符合国家防火、防爆、防毒有关规范的规定。

6 厌氧生物处理

6.1 一 般 规 定

6.1.1 目前，化工污水处理采用的厌氧生物处理工艺有上流式厌氧污泥床（UASB）、厌氧生物滤池（AF）、膨胀颗粒污泥床反应器（EGSB）、内循环反应器（IC）等，由于化工污水水质复杂，污水中大多含有一种或多种对厌氧微生物有毒和抑制的成分，如氨、硫化物、氰化物、盐类、重金属、醇类、醛类、芳香烃类、卤代烃类化合物、洗涤剂，这些物质浓度较高时，会导致厌氧污泥活性下降，甚至导致反应器运行失败，因此，采用厌氧处理时应考察污水对厌氧微生物的抑制性，选择合适的厌氧处理工艺，例如完全混合式、对微生物驯化来避免生物毒性抑制、或采取预处理措施，控制有毒物质的浓度，具体选择何种工艺，应根据水质、处理要求，通过试验或参照相似水质的运行经验确定处理工艺和预处理措施。

6.1.2 由于化工企业余热和废热较多，考虑到厌氧系统运行稳定，对化工污水厌氧消化宜采用中温。由于高温厌氧研究和工程应用不多，因此不作推荐。

6.1.3 有毒性、难生物降解有机污水的厌氧处理主要取决于微生物种类及驯化时间，由于厌氧污泥产率低，培菌驯化时间长，系统储存一定量剩余污泥具有重要意义，系统一旦因控制不当，导致污泥流失，或由于水温、pH值、负荷变化以及有毒物冲击，引起污泥活性下降或微生物中毒，难以恢复活性时，可以补加污泥，使反应器迅速恢复正常运行。另外，污泥储存池（罐）还可以用作反应器检修时污泥临时储存设施。通常污泥储池（罐）的容积不宜小于单个厌氧反应器容积的1/2。

6.1.4 本条规定了厌氧生物处理构筑物的数量，是为了方便维护检修。

6.1.5 厌氧生物反应器内部的腐蚀现象严重，存在电化学腐蚀和生物腐蚀。电化学腐蚀的原因主要是污水中的硫化物在厌氧消化过程中产生的 H_2S 在液相形成硫酸导致的腐蚀，尤其是气液交界处的腐蚀最严重。生物腐蚀的原因是防渗、防水材料中的有机组分在长期与厌氧微生物接触的过程中，被分解而失去防渗防水作用。为保护反应器免于腐蚀，反应器内壁应做防腐处理。

反应器密闭是为了防止硫化氢等臭气外溢污染环境，防止沼气泄漏带来的安全问题，同时防止大气中的氧进入反应器内破坏厌氧环境。

6.1.6 沼气是有机物厌氧处理的转化产物，沼气的产量和成分取决于有机物的种类和化学组成。通常，沼气的化学组成中 CH_4 为 55%～75%，CO_2 为 25%～40%，另外含少量 H_2、NH_3、H_2S 等成分。沼气中的 CH_4 易燃易爆，属于甲类火灾危险物，故作此强制性规定，必须严格执行。

6.2 水解酸化反应器

6.2.1 厌氧水解酸化工艺在难生物降解有机污水处理方面显示了一定的优越性，水解酸化可以改变某些难生物降解有机物的化学结构，提高其可降解性，并具有一定的脱毒作用，因而主要用于难生物降解有机污水的预处理，便于后续的好氧处理。

目前实际工程有上流式污泥床水解酸化反应器和采用机械搅拌的接触式水解酸化反应器，无论何种类型，水解酸化反应器通常都是通过控制水力停留时间来实现污水的水解酸化过程，停留时间过短，水解酸化不完全，不能起到应有水解酸化作用，停留时间过长，部分有机物会在反应器内部发生甲烷化，故水力停留时间宜通过试验或参照相似水质运行资料确定。根据有关研究，水解酸化的速率和酸化终点产物主要取决于有机物性质，微生物种群和环境条件，如pH值、水力停留时间。不同的有机物水解速率不同，对于同类有机物，分子量越大，水解越困难，就分子结构来说，直链比支链易于水解，支链比环状易于水解，单环化合物比杂环或多环化合物易于水解。无资料时，宜根据污水中有机物性质选取停留时间6 h～12h。

6.2.2 本条是对上流式污泥床水解酸化反应器设计的规定：

1 反应器的有效高度（即水深）可按上升流速和水力停留时间计算，宜为4m～6m。

2 随着反应器的运行，污泥将增殖，使反应器污泥层升高，当污泥层超过一定高度时，污泥将随出水一起冲出反应器，故反应器应维持污泥层上部一定清水区，以保证泥水分离的效果。

3 反应器是依靠上升流速使污泥悬浮，达到污泥与污水充分混合的，上升流速较低时，混合效果较差，可采用回流或脉冲间歇进水。对上升流速作出规定，主要是从经济合理性、布水均匀性、污水与污泥充分混合、防止污泥流失的角度考虑的。

4 配水系统是保证污水与污泥均匀、充分接触，克服死区，保证反应器良好运行的重要因素之一，故作此规定。

5 反应器的出水堰宜采用三角堰，出水堰最大负荷不宜大于1.7L/（s·m）。

6 上流式污泥床水解酸化反应器中上部的污泥较下部污泥的沉降性能差，污泥活性较低，为保持水解酸化微生物的活性，维持池内微生物浓度在一合适水平，宜在反应器污泥区中上部设剩余污泥排出点，池底设排渣设施，排出沉积在池底的不可生物降解的有机物、无机物颗粒。单点排泥渣容易造成短流，无法排出污泥，故宜采用多点排泥、排渣。

6.2.3 接触式水解酸化反应器是泥水完全混合型反应器，污水与污泥的混合靠安装在池内的搅拌装置完成，泥水分离需设沉淀池，并将沉淀的污泥回流到反应器内，系统的设计类似好氧生物处理的活性污泥法。

接触式水解酸化反应器更适合于处理含悬浮物较高的污水，而上流式污泥床水解酸化反应器则较适用于悬浮物相对较低的污水。

6.3 上流式厌氧污泥床反应器

6.3.1 化工污水具有浓度高、波动大、毒性高的特点，试验和运行经验表明，进水有机物浓度过高会造成三相分离器沼气分离困难，产生大量泡沫，此外，浓度过高易造成毒性抑制，一般情况下，进水COD浓度不宜大于30000mg/L，当进水有机物浓度过高时可考虑回流稀释。

6.3.2 为保证上流式厌氧污泥床（UASB）反应器运行工况和稳定的处理效果，作出本规定。

6.3.3 研究表明，在有机物浓度较低时，UASB反应器反应区容积计算主要取决于水力停留时间，有机物浓度较高时，反应器容积计算则取决于反应区有机物容积负荷。

6.3.4 反应区表面水力负荷主要影响三相分离器的固液和固气分离效果，水力负荷太大时，悬浮物沉降不好，会造成污泥流失，严重时会破坏污泥床的结构稳定，为保证良好的分离效果，表面水力负荷不宜大于$0.5m^3/(m^2\cdot h)$～$1.0m^3/(m^2\cdot h)$。反应器出水回流主要考虑化工污水中某些污染物浓度太高时会对厌氧微生物产生毒性和抑制作用，回流对降低毒性影响有利，但设计时应考虑回流可能引起的反应器内部工况变化，例如表面水力负荷等。

6.3.5 反应区配水系统除保证单位面积进水基本相同外，还兼有搅拌功能，使进水与污泥充分接触混合、反应。反应器的进水方式可为连续式，为增大配水系统出水口流速，也可以脉冲间歇进水，对高浓度有机污水，由于水力负荷低，采用脉冲进水是一种较好的方法。配水系统的形式有多管多点式，树枝管式和穿孔管式，国内常采用穿孔管配水系统，孔口直径一般为15mm～25mm，孔口流速不宜小于2m/s，配水管中心距和出水孔距一般为1m～2m，出水点服务面积$2m^2$～$5m^2$，多孔管配水系统可兼作反应器放空管和池底排泥使用。各种配水系统均应考虑反冲洗或清堵措施。

6.3.6 三相分离器有多种布置形式，设计合理与否直接影响反应器处理效果和运行成败。三相分离器的设计可分为沉淀区设计、回流缝设计和气液分离设计三个部分，本条对三相分离器的设计提出了要求。

1 沉淀区设计方法与二沉池相似，决定于表面水力负荷，由于沉淀区有少量污泥气产生对固液分离有一定干扰，故表面水力负荷不宜大于$1.0m^3/(m^2\cdot h)$。为取得良好的固液分离效果，沉淀区总水深宜大于1.5m，水力停留时间宜为1.5h～2.0h。

2 沉淀区开缝处进水流速的要求是考虑污泥能顺利回流至反应区，不宜大于3m/h。

3 沉降斜面的倾角规定目的是使污泥能顺利滑回反应区。

4 进水悬浮物浓度过高或气液界面气体负荷率过低均有可能形成浮渣层，进水中含较高油脂类化合物或气体负荷率过高易形成泡沫层，均不利于污泥气逸出，严重时会引起气体从沉淀区逸出，干扰沉淀区固液分离或堵塞气体管，故气体分离界面气体负荷不宜小于$1m^3/(m^2\cdot h)$，一般取$1m^3/(m^2\cdot h)$～$3m^3/(m^2\cdot h)$。

5 导流体或导流板与集气室斜面重叠部分的宽度是防止气体进入沉淀区要求确定的。

6.4 厌氧生物滤池

6.4.1 本条规定了厌氧生物滤池滤料容积的确定原则。工程设计中，滤料容积按容积负荷计算，容积负荷主要决定于污水中有机物种类、浓度、滤料的性能，其他如pH值、水温、营养物及有害物质浓度等，一般情况下，有机物浓度较高、滤料的比表面积和空隙率较高时，可采用较高的容积负荷。

6.4.2 本条要求厌氧生物滤池进水COD浓度在大于8000mg/L时出水应回流。厌氧生物滤池内厌氧污泥以两种形式存在，其一是固定在填料表面，形成生物膜，其二是在填料间聚集成絮状体，由于升流式厌氧生物滤池在下部布水空间和滤料空隙存在大量悬浮生长的生物絮体，增大了生物量，故升流式厌氧生物滤池在相同的水质和水力停留时间下，COD去除率高于降流式厌氧生物滤池，目前运行的多为升流式厌氧生物滤池。

厌氧生物滤池应用上的问题主要是堵塞问题。升流式厌氧生物滤池由于维持了悬浮态厌氧污泥的高浓度，且生物固体浓度沿高度而变化，底部生物固体浓度可达顶部的几十倍，进水浓度大时，反应器沿高度有较大的有机物浓度梯度，从而使污泥增殖更加不平衡，此外，在一定的容积负荷下，进水浓度高，上升流速小，易引起底部堵塞，同时较低的上升流速不利于物质的扩散，可能形成局部 pH 值降低和有害物质的积累。降流式厌氧生物滤池中微生物主要以生物膜形式存在，生物固体浓度分布比较均匀，同时下向的水流有利于避免堵塞，因此堵塞问题好于升流式厌氧生物滤池。

出水回流能够降低对碱度的需求量，降低进水 COD 浓度，增大进水量，改善进水水流分布的均匀性。厌氧生物滤池出水回流时，回流比宜通过试验或参照同类污水运行经验确定。

6.4.3 厌氧生物滤池的填料宜采用轻质、耐腐蚀性、空隙率高、比表面积大、生物易附着的填料，常用的填料有玻璃钢蜂窝、聚苯乙烯蜂窝、聚乙烯斜交错波纹板等。填料装填高度对滤池处理能力影响较大，因此本条对生物滤池的填料装填高度作出了规定。

6.4.4 本条规定了升流式厌氧生物滤池布水系统的设计。布水系统主要是保证配水的均匀性，避免配水系统堵塞，设计中可采用穿孔管布水系统，并宜采用可拆卸管路，以便于清通维修。

6.4.5 悬浮物的存在易引起堵塞，故作此规定。如果进水中的悬浮物浓度较高，应采取预处理措施。

7 活性污泥法

7.1 一般规定

7.1.1 目前，活性污泥法在化工污水中已成为主要处理技术，常用的有传统活性污泥法、A/O 工艺、纯氧曝气工艺、氧化沟、序批式活性污泥工艺（SBR）等，应根据进水水质、除碳源污染物、脱氮除磷要求通过技术经济比较，确定处理工艺。为了达到预期处理目的，应对进水水量水质加以控制，以保证处理设施能顺利、高效运行。预处理包括水量、水质和 pH 调节、除油、除悬浮物以及对生物处理有毒害和抑制作用的物质采取的预处理措施。

7.1.2 活性污泥法进水中石油类、硫化物限制含量是根据生物处理设施能正常运行所能承受的限度以及众多污水处理场的实际运行经验作出的规定。其他有害和抑制性物质在活性污泥混合液中允许浓度宜通过试验确定，有关技术文献资料对生物处理系统中有害和抑制性物质允许浓度的报导较多，但由于试验水质和试验条件不同，允许浓度差别较大，当无试验数据时可按本条的数据执行。

7.1.3 工程实践表明，大多数化工污水处理场在启动阶段污泥培养驯化过程、进水水质变化、负荷变化以及水中含有表面活性剂时，生物处理构筑物中会产生大量的泡沫，泡沫甚至高达数十厘米，影响生物处理构筑物周边环境卫生，给污水处理运行操作带来不便，甚至对巡检人员的安全构成威胁，因此作出本条规定。

7.1.4 本条是对反应池有效水深的规定，当池深大于 6m 时，将增加土建的费用和施工难度以及鼓风设备选型上的困难，故规定了池深的要求。

7.1.5 本条是对廊道式生物反应池设计的规定。池宽与有效水深的规定是为了给反应池创造良好的水力条件，长宽比的规定是为了防止水流短路和结构要求考虑的，当池体较长时，可根据场地和布置要求采用两折或多折。

7.1.6 生物反应池的超高与选用的曝气设备类型有关。

7.1.7 本条规定淹没入流方式的目的是避免引起复氧。

7.1.8 为了保证生物反应池的厌氧段（池）缺氧段（池）中污水与污泥、回流液充分混合，保持悬浮状态，防止沉积。本条对机械搅拌的功率作了规定，搅拌设备的间距、位置应按保证污泥不沉积和所需的厌（缺）氧状态的要求为原则，应根据试验资料确定，搅拌设备有潜水搅拌器和搅拌机等。

7.2 传统活性污泥工艺

7.2.1 传统活性污泥法是活性污泥法的基本模式，曝气池为廊道式，根据运行方式和参数不同，可以分为普通曝气、阶段曝气、吸附再生曝气等工艺，化工污水处理一般采用普通曝气工艺，根据本法工艺特点和设计参数，主要用于处理有机污染物为主的污水，对氮磷去除率低。

7.2.2 本条是对普通曝气工艺处理化工污水处理时提出的主要设计参数。

污泥负荷的取值是指 BOD_5 去除负荷，主要是考虑有很多化工污水的可生化性较差，采用 BOD_5 值计算更能反映实际情况。

设计参数的确定除考虑污水可生化性外，还应考虑化工污水中有毒物质对微生物的毒性抑制及温度、污泥回流量等因素的影响。本条所列数据未考虑化工污水有毒物质对微生物的影响，当化工污水含有毒性抑制物质时，应予修正。

污水中有可生物降解的毒性抑制物质时，可加大污泥回流量或采用完全混合曝气法，有利于生物反应池的运行稳定，缓解有毒物质对微生物的抑制。

生物反应适宜的温度范围为 15℃～35℃，当温度超出上述范围时，宜采取必要的措施。

目前，大多数运行的二沉池底部回流的污泥浓度在4g［MLSS］/L～8g［MLSS］/L，回流污泥的浓度与污泥的沉降性能和二沉池设计有关，当回流污泥浓度偏离此值时，应根据实际情况对相关参数予以修正。

7.2.3 本条是按照现行国家标准《室外排水设计规

范》GB 50014 提出的计算方法。

7.3 生物脱氮除磷

7.3.1 本条是化工污水采用生物脱氮除磷对水质要求的规定。

1 污水中有毒害和抑制性物质对生物脱氮除磷有较大影响，硝化菌对毒性物质比较敏感，如重金属、氰化物、三价砷、氟化物、游离氨都会对硝化产生抑制作用。反硝化菌对毒性物质的敏感性比硝化菌低，一般与好氧异养菌相同。厌氧段硝酸盐的存在明显抑制聚磷菌对磷的释放，对成分复杂的污水采用生物脱氮除磷时，系统中有毒和抑制性物质的允许浓度宜通过试验或参照有关资料确定。

2 生物脱氮是反硝化菌在缺氧条件下利用可降解有机物作电子供体，硝态氮作电子受体，将硝态氮异化还原成氮气的过程，BOD_5/TN 大于 4 时，才能达到理想脱氮效果。除磷是聚磷菌在厌氧条件下放磷，并吸收和储存可快速降解有机底物，在好氧条件下过量吸磷，从而提高剩余污泥中磷含量来完成除磷的。一般采用 BOD_5 与 TP 的比值来判断生物除磷的潜力，BOD_5/TP 宜大于 17。生物脱氮除磷都需要有机碳源，A^2O 工艺中氨氮的硝化是在好氧段（池）完成的，由于回流污泥带入厌氧段（池）的硝态氮会消耗可快速降解的有机底物，碳源不足时，反硝化菌与聚磷菌争夺碳源，会竞争性抑制放磷，影响系统的除磷效果，BOD_5/TN 大于 4，BOD_5/TP 大于 17 时，污泥携带的硝态氮一般不会影响除磷效果。

3 生物脱氮除磷碳源不足时应补加碳源，一般采用甲醇作碳源，当企业附近有可资利用的碳源时宜加以利用。

4 聚磷菌、反硝化菌和硝化菌增长的最佳 pH 值在中性或弱碱性，碱度起缓冲作用，当 pH 值偏离最佳值时，反应速度下降。好氧段（池）氨氮硝化时，每氧化 1mg 氨氮要消耗 7.14mg 碱度（以 $CaCO_3$ 计），每去除 1mgBOD_5 可产生 0.3mg 碱度，缺氧段（池）反硝化时，还原 1mg 硝态氮成氮气，理论上可产生 3.57mg 碱度（以 $CaCO_3$ 计），因此硝化反硝化时碱度会发生变化，出水剩余碱度可按下式计算：

$$\text{剩余碱度}=\text{进水总碱度}+0.3\times BOD_5\ \text{去除量}+3\times\text{反硝化脱氮量}-7.14\times\text{硝化氮量} \quad (1)$$

当进水碱度不足时，将会产生 pH 抑制，抑制微生物的生长，试验和工程运行表明，在处理高浓度氨氮污水或反硝化菌受到抑制时，会造成碱度严重不足，池内混合液的 pH 值会下降到 6 以下甚至达到 5，造成系统瘫痪，因此本款对剩余碱度作了规定。

7.3.2 本条提出缺氧/好氧（A_NO）工艺的反应池容积计算方法。缺氧/好氧（A_NO）工艺又称前置反硝化工艺，A_NO 法工艺流程中有机物的去除，氨氮的硝化在好氧段（池）完成，缺氧段（池）以原污水中有机物为碳源，对硝态氮进行反硝化脱氮。

1 采用污泥负荷法计算反应池容积比较简单，属经验设计方法，由于污水水质不同，污泥负荷取值不同，当无参照数据时，可按本规范第 7.3.3 条数据选取。

2 采用硝化反硝化动力学方法，涉及动力学参数 Y、K_d、μ、K_{de}，这些参数与水质、水温等多种因素有关，宜通过试验确定或相似污水的运行经验确定。

7.3.3 本条所列主要设计参数均系经验数据，无资料时可选用。

7.3.4 厌氧/缺氧/好氧（A^2O）工艺具有同时去除有机物、脱氮除磷的功能，各段（池）的容积计算是根据各段（池）不同的功能，采用不同的计算方法。

7.3.5 厌氧/缺氧/好氧（A^2O）工艺所列的主要设计参数均系经验数据，无资料时可选用。

7.3.6 厌氧/缺氧/好氧（A^2O）工艺中存在脱氮和除磷的相互影响，往往脱氮效果好时，除磷效果差，反之亦然，系统的内在矛盾是由于聚磷菌、硝化菌和反硝化菌对碳源的需求、泥龄、有机负荷上存在的矛盾和竞争所致，针对上述问题，可根据技术经济比较分析，选择各种改进型工艺。

7.3.7 除磷工艺的剩余污泥在浓缩时会因厌氧而放磷，采用机械浓缩可缩短浓缩时间，减少磷酸盐析出量。

7.4 纯氧曝气工艺

7.4.1 纯氧曝气活性污泥法由于具有负荷高、反应池容积小、占地少、耐冲击负荷、运行稳定、污泥产率低、污泥浓缩脱水性能好、溶解氧动力消耗低、对周围环境影响小等优点，我国 20 世纪 80 年代从国外引进了密闭多段表面曝气形式的纯氧曝气池（UNOX）系统。

目前，我国扬子等石化企业有引进或国内设计的密闭式表面曝气纯氧活性污泥装置在运行，用于处理不同性质的石化污水，由于大型化工企业一般都生产氧气，因此有氧源可利用的条件下可采用本工艺。

7.4.2 纯氧曝气工艺有密闭式和敞开式两种，由于密闭式表面曝气的纯氧曝气工艺具有构造简单、运行控制可靠的特点，是国内外工程上常用的工艺，故本条推荐密闭式表面曝气工艺。

由于化工污水与石化污水性质相似，故本条提出的主要设计参数是参照国内外石化污水设计运行装置的数据，结合中国工程建设标准化协会标准《氧气曝气设计规程》CECS 114：2000 确定的。无试验或相似污水运行数据时，可供选用。表 3 是国内部分石化企业采用密闭式表面曝气工艺的纯氧曝气装置的主要设计数据。表 4 是日本部分密闭式表面曝气纯氧曝气装置的设计运行资料。

表3 国内部分纯氧曝气装置主要设计数据

参数		单位	南京某企业	山东某企业		天津某企业	上海某企业
				I系列①	II系列②		
处理水量		m^3/h	1600	800	400	450	1250
进水	COD	mg/L	600～650	650～700	1200③	800	420
	BOD_5	mg/L	350	500	1043～1132	560	210
	石油类	mg/L	10			30～50	7.74
	SS	mg/L	100～150	—	—	≤200	—
出水	COD	mg/L	平均100	<100	<100	<120	≤60
	BOD_5	mg/L	<40	<40	<40	<56	≤20
	石油类	mg/L	<5			≤10	
	SS	mg/L	<50	—	—	≤100	—
容积负荷		kg[BOD_5]/(m^3·d)	1.75	2.5	2.75	1.86	1.12
污泥负荷		kg[BOD_5]/(kg[MLSS]·d)	0.35	0.5	0.55	0.37	0.32
污泥浓度	MLSS	mg/L	5000	5000	5000	5000	5000～6000
	MLVSS	mg/L	—	—	—	3500	3500～4200
回流污泥浓度		mg/L	15000			15000	13000～20000
回流比		%	50			50	30～60
耗氧率		kg[O_2]/kg[BOD_5]	1.3	1.25	1.0		
污泥产率		kg[VSS]/kg[BOD_5]	0.45	—	—	0.5	—

注：①为石化污水设计数据。

②为处理环氧氯丙烷装置污水设计数据，含 $CaCl_2$ 为 2.03%。

③为 COD_{Mn}。

表4 日本部分纯氧曝气装置主要设计运行数据

参数		单位	昭和电工大分石化①	姬路东部污水处理场②	大分市原川污水处理场③
处理水量		m^3/d	1511～1924	15288～19316	平均日77114 最大日97880
进水	COD	mg/L	1503～1523	237～354④	—
	BOD_5	mg/L	1065～1182	611～742	150
	SS	mg/L	—	309～380	175
	pH	—	6.28～9.42	8.0～8.7	—
出水	COD	mg/L	93～124	47～74④	—
	BOD_5	mg/L	26～39	12～23	20
	SS	mg/L	46～80	24～52	35
	pH	—	6.37～6.43	6.5～6.8	—
容积负荷		kg[BOD_5]/(m^3·d)	1.6～1.8	1.37～1.66	—
污泥负荷		kg[BOD_5]/(kg[MLSS]·d)	0.26～0.27	—	—
		kg[BOD_5]/(kg[MLVSS]·d)	—	0.31～0.46	0.36
混合液污泥浓度		mg/L	5607～7004	3484～4566	4000
回流污泥浓度		mg/L	14388～16655	7293～11706	15000
回流比		%	—	—	0.35
污泥产率		kg[VSS]/kg[BOD_5]	0.24～0.52	≈0.4	—

注：①为石化污水运行数据。

②为皮革污水运行数据。

③为城市污水设计数据。

④为 COD_{Mn}。

7.4.3 本条提出了密闭式表面曝气反应池设计的基本规定：

1 加盖的纯氧曝气生物反应池内气压一般在300Pa～500Pa，基本接近大气压力，在这个压力范围内，一方面有效密封池内气体，使漏损最小，同时也能满足气流通过各段隔墙孔口的压力的损失和气体强制流向出口的需要。

2 本款规定了反应池的基本池型。反应池采用多段串联形式，每段为完全混合式，总体上为推流式，有利于提高系统总的反应速率和 BOD_5 的去除率。系统中进水、污泥回流和氧气进口设在前端的第一段，气液采用顺流接触，可使混合液的需氧量递降与氧气浓度的降低相协调，溶氧功率和氧的总利用率都可达到最佳状态，分段数为 3 段～4 段时，氧的利用率达到 90%左右，分段数的增加虽可以降低溶氧功率和提高氧的总利用率，但根据资料，再增加分段数得到的改善有限。

3 反应池水深、水深与池宽比与选用的曝气机的性能和曝气机尺寸有关，只有两者密切配合才能发挥最佳混合和充氧效果，故作此规定。反应池水深宜为 3m～5m，反应池气相部分高度应满足气体流通和曝气机充氧时水跃空间的要求，一般取 1m～1.4m。

4 曝气机是混合液混合和充氧的设备，为了适应负荷和需氧量的变化，达到节能效果，一般第一、第二段宜采用变速或双速电机驱动，表面曝气机叶轮浸没深度也影响充氧和混合液的搅拌，为了达到动力消耗最省，一般表面曝气机叶轮浸没深度也应有一定的调节范围。

5 池内设垂直挡板和导流锥是为了保持最佳水流循环状态。

6 各段隔墙通气孔用于氧气和清扫时空气的流通。曝气池运行过程中可能产生泡沫，曝气机运行中将泡沫甩向外缘，故浮渣、泡沫通道应设在各段隔墙墙角处，各段之间的水流通道应设在隔墙下部，为防止短流，各段之间应错开，采用对角布置。

7 反应池出水应设出水堰，使出水均匀。出水堰宜采用内堰，可以控制池内液位，不致因曝气池内气相压力变化影响堰上水头，避免因水位变化影响表面曝气机的充氧量和动力消耗。

8 为使反应池排气完全消散，减少对环境的影响，故作此规定。

9 反应池在曝气过程中会产生泡沫，影响表面曝气机充氧效率和池内气流流通，故在通气孔和易聚集泡沫处宜设消泡水管，通过位于池顶部的阀门、窥镜控制消泡水量，消泡水源宜采用处理站处理后的出水。

10 双向安全阀是曝气池必须配置的安全保护设施，安全阀有两个作用，一是防止池内超压或产生真空，导致反应池受损；二是当池内富氧空间积聚的可燃气体的浓度达到设定值，启动清扫风机时，清洗空气能从末端安全阀排出，过量清洗空气可从首段安全阀逸出。本款提出的双向安全阀正、负压值是一般取值范围，需要说明的是，首末两段安全阀的正压值应根据清洗空气从首段至末段空气压力损失计算确定。双向安全阀正负压值均应在运行前的调试阶段最后确定。

11 污水中挥发性可燃物在曝气过程中会逸出，混入曝气池富氧气相空间，在一定条件下，有可能发生爆炸，故应设清扫风机，一旦需要清扫时，启动风机，通入空气，将池内可燃气体清扫干净。

12 由于氧气具有腐蚀性，故液面下 1m 以上及气相空间均必须防腐，通常采用环氧树脂玻璃布或其他耐腐蚀材料贴面。

13、14 这两款对反应池的管道、阀门、设备提出了防腐要求。

7.4.4 本条对密闭式表面曝气反应池的生产控制及安全监控提出了基本要求：

1 本款提出了采用反应池第一段气相压力变化控制供氧量的方法，因为 BOD_5 负荷变化会引起需氧量的变化，BOD_5 负荷增加，溶氧速率增大，因而气相压力下降，反之亦反，故可用第一段气相压力变化调节供气量，以保障活性污泥对氧的需要。

2 本款是对纯氧曝气安全监控的规定。在曝气机的搅拌下，污水中的挥发性可燃物会逸出，有一定的爆炸危险，为防止爆炸，应设安全措施。在第一段应设可燃气体监测报警装置，当气相中可燃气体浓度（一般按甲烷计）达到燃烧下限的 25%时，可燃气体报警装置发出警报，自动关闭进氧阀门，同时启动清扫风机，并开启末段尾气阀，扫除池内可燃气体，如果可燃气体继续增加达到燃烧下限的 50%，第二次发出警报，并自动关闭曝气机，曝气机搅拌停止，污水中挥发性可燃物逸出减少到最低程度，随空气清扫时间的延续，气相中可燃气体浓度达到燃烧下限25%以下时，曝气池恢复正常运行。

3 本款是对反应池排气中氧的浓度和排气量的控制规定，通过调节尾气排放流量，可维持末段气相中所要求的氧浓度并达到要求的氧利用率。一般情况下，末段气相中氧浓度为 40%～50%，排气量为进气量的 10%～20%，纯氧曝气系统氧的利用率可大于 90%。

7.5 氧化沟工艺

7.5.1 本条规定了氧化沟容积的计算方法，也可采用污泥泥龄法，硝化、反硝化动力学计算法等计算氧化沟的容积。氧化沟通常按延时曝气法运行，本条提出延时曝气氧化沟的主要设计参数，无数据时可供选用。

7.5.2 本条是关于氧化沟工艺用于脱氮除磷时的

规定。

7.5.3 氧化沟内水流保持一定速度是为了保证活性污泥处于悬浮状态，并且和污水充分接触，国内外普遍采用沟内平均流速为0.25m/s～0.35m/s，本条规定不应低于0.25m/s。设置推进器的目的是保证氧化沟内特别是池下部的水流速度。

7.5.4 曝气转蝶、曝气转刷、表面曝气叶轮、鼓风曝气等是氧化沟常用的曝气充氧设备。

7.5.5 由于受机械曝气设备的曝气、混合、推流性能限制作此规定，池深过深时池体下部的充氧能力不足。采用鼓风曝气时，池深与普通曝气反应池的水深无异。

7.5.6 氧化沟内设置导流设施，可改善沟内水力条件，使沟内流速分布均匀。设置调节堰板，是为了控制沟内设计水位，调整机械曝气设备的充氧能力。

7.6 序批式活性污泥工艺

7.6.1 考虑到序批式活性污泥（SBR）反应池属序批式运行、反应池的维修情况，故规定SBR反应池的组数不宜少于2组。

7.6.2 本条推荐SBR反应池有效容积按污泥负荷法计算。有效容积的计算也可采用动力学计算法等。污泥负荷法计算式7.6.2是采用现行国家标准《室外排水设计规范》GB 50014提出的计算式，需要说明的是，污泥负荷是指去除负荷，式（7.6.2）忽略了出水浓度S_e，主要是考虑出水浓度远低于进水浓度，当出水浓度较高或去除率较低时，应结合具体情况加以修正。

7.6.3 本条对SBR工艺主要设计参数的确定进行了规定，给出了无参照数据时，不同设计工况的污泥负荷的经验数据供选取。SBR工艺用于脱氮除磷时充水比和运行模式的选择很重要，应综合各种因素。

7.6.4 本条是关于SBR工艺各工序时间的规定。

SBR每个周期各工序包括进水、反应、沉淀、排水和闲置五个工序，前四个工序是必需工序。

进水时间指开始向反应池进水至进水完成的一段时间。在此期间可根据具体情况进行曝气（好氧反应）、搅拌（厌氧、缺氧非好氧反应）、沉淀、排水或闲置。

非好氧反应时间内，发生反硝化反应、放磷反应等，运行时可根据处理需要，增减闲置时间，调整非好氧反应时间。

式（7.6.4-2）中曝气时间计算中忽略了出水浓度，主要是考虑出水浓度远低于进水浓度，忽略后计算结果偏保守，式中充水比的含义是每个周期进水体积与反应池容积之比，脱氮时充水比宜取0.15～0.3。

排水时间的大小与滗水器台数、后续处理构筑物的容积和排水管管径大小有关，宜综合考虑。

闲置时间可以省略，也可根据处理要求设置。闲置期间，按处理要求可以进水、好氧反应、非好氧反应以及排除剩余污泥等。闲置时间的长短由进水流量和各工序的时间安排等因素决定。

7.6.5 反应池池型采用矩形主要是考虑矩形反应池布置较紧凑，占地少。关于池深的规定主要是考虑反应池水深过大，排出水的深度相应增大，则固液分离所需时间就长，同时，受滗水器结构限制，滗水不能过多，如果反应池水深过小，由于受活性污泥界面以上最小水深（保护高度）限制，排出比小，不经济。连续进水时，如果长宽比过大，流速大，会带出污泥，长宽比过小，会因短流而造成出水水质下降。

7.6.6 由于污水进入池内会搅动活性污泥，此外，若进水发生短流会造成出水水质恶化，因此应设导流装置。

7.6.7 固定式事故排放设施主要是考虑滗水器故障时的应急排水。

7.6.8 为防止SBR反应池浮渣堆集影响环境和处理效果作此规定。

7.6.9 SBR工艺设置自动控制，主要是工艺运行的周期性确定的，SBR工艺的进水、反应、沉淀、排水、闲置是周期性的简单重复过程，操作繁琐，自动控制容易实现上述过程。

7.7 膜生物反应器

7.7.1 膜生物反应器（MBR）是一种新型的污水生物处理系统，是传统生物处理技术与膜分离技术相结合的产物。MBR在我国已进入实用阶段，处理对象从生活污水已扩展到化工污水、制药污水、食品污水。从目前的情况看，MBR的投资与运行费用均高于常规生物处理方法，但MBR的出水能够达到中水回用的要求，这使得MBR有着广阔的应用前景。MBR常用的有机膜材料主要有聚砜（PS）、聚醚砜（PES）、聚偏氟乙烯（PVDF）、聚乙烯（PE）、聚丙烯（PP）等。实践证明，孔径分布均匀，非对称、耐污染和易清洗的PE、PS膜经过改性而具有稳定的亲水性，而亲水性的膜组件抗污染能力远远超出疏水性的膜组件。由于PVDF等膜材料的pH耐受范围可以为1～13，抗氧化能力突出，可以经受苛刻的氧化清洗，同时耐绝大多数化学溶剂，在含油污水回用处理时，可选用聚偏氟乙烯（PVDF）材质。

7.7.2 膜池与生物反应池分开设置有利于防止膜组件污染。为了检修方便规定了最少的膜池间数不宜少于2间。

7.7.3 膜通量是膜生物反应器设计的关键，由于膜生物反应器是近几年才开始采用，运行经验不多，只能通过同类型污水回用试验确定。考虑反冲洗和膜断丝等多种影响因素，留有一定的余量是合适的。

7.7.4 目前应用于膜生物反应器技术的膜组件主要有中空纤维膜和管式膜两种，微滤膜和超滤膜均可应用于膜生物反应器，一般膜的孔径在 0.1μm～0.4μm。优选孔径分布窄，单皮层非对称膜，耐污染和易清洗。

淹没式膜生物反应器多采用中空纤维膜组件，由膜丝两端抽吸出水，中空纤维膜的特点是装填密度高、造价低、耐压性好，缺点是易堵塞、阻力损失大。在实际应用中大多使用的是外压式，这是因为内压式反应器流道较小，容易被污泥颗粒堵塞。

分置式膜生物反应器多采用管式膜组件，截留分子量（MWCOs）一般在 2 万～30 万。截留分子量越大，初始膜通量越大，但长期运行膜通量未必大。MWCOs 越大，膜表面越容易出现浓差极化现象，通量衰减幅度越大，化学清洗恢复率越低，清洗周期越短，出水 COD 值越高，所以，在满足膜生物反应器水处理量的前提下，不宜选择 MWCOs 太大的膜组件。

管式膜组件具有流体力学条件好、不易堵塞、容易清洗和对料液预处理要求低等特点，非常适合用于污水处理和回用处理，缺点是造价高。

7.7.5 本条给出了膜生物反应器的一些设计参数，在确定膜生物反应器的设计参数时，还应参照膜生产厂商提供的技术说明书，膜通量、水力停留时间、有机负荷等，并宜选择厂商提供参数的较小值。

8 生物膜法

8.1 一般规定

8.1.1 生物膜法的种类很多，具体选择何种工艺应根据水质、处理要求经技术经济比较确定。生物接触氧化法具有容积负荷高、占地少、耐冲击负荷、处理水质稳定、运行成本低、管理方便的特点，在化工行业应用较多。曝气生物滤池在我国城市污水处理，特别是城市污水深度处理应用较多，在工业污水的碳氧化处理中应用不多，由于化工污水有机物浓度较高，用于二级生物处理时，易造成滤料堵塞，应慎重选择。

曝气生物滤池可用于化工污水的深度处理，这是考虑到经二级生物处理后，出水的 BOD_5 浓度低，水质波动性较小，滤料不易堵塞，且处理效果好等原因。

8.1.2 根据石化系统运行经验，水中石油类物质不但影响填料挂膜，也影响生物膜的活性及处理效果，还导致维护困难，故规定生物膜法进水含油量不宜大于 20mg/L。

8.1.3 为保证生物膜法处理构筑物正常运行，冬季寒冷地区应采取防冻措施。对易散发有毒害臭气的污水，如 H_2S、酚类等物质，宜采取必要措施防臭，防止大气污染，改善操作环境。

8.2 生物接触氧化

8.2.1 本条对生物接触氧化池填料容积的计算及其取值进行了规定。

由于化工污水种类多，性质差异很大，生物膜法反应器容积负荷又与水质、设计工况、处理效果密切相关，应根据试验或相似污水运行数据确定，无资料时，可按本条提出的数据选取。

8.2.2 国内外的试验证明，生物接触氧化法的污泥产量低于活性污泥法，一般认为，污泥产量低是由于池内溶解氧较高，一般在2.5mg/L～3.5mg/L，微生物的内源呼吸进行得比较充分，合成物质被进一步氧化，氧化池内微生物食物链比较完全和稳定，生物膜中的厌氧层将部分生物膜分解、溶化，转换成甲烷、有机酸，这些都是减少污泥量的因素，无资料时可按本条的数据选取。

8.2.3 生物接触氧化池有效水深与填料层高度、填料种类、填料和曝气设施的布置形式、池子放空维护检修时填料能承受的生物膜重量和填料支撑方式、维护检修要求、系统高程布置等因素有关，一般为 4m～6m。

8.2.4 化工污水污染物浓度高，需氧量大，一般不推荐采用气水比来确定供气量。但在处理低浓度污水时，通过需氧量计算出的供气量往往不能满足混合、防止填料堵塞以及膜更新的曝气要求，应按照搅拌及防止填料堵塞的要求。

8.2.5 生物接触氧化池的进、出水应均匀，防止短路，出水多采用堰式出水，池底应设排泥和放空设施，以排除积泥和方便维修。

8.2.6 目前生物接触氧化池使用的填料有半软性填料、弹性立体填料、悬浮型填料等，无论哪种类型的填料，都应该在提供较大生物量的同时，还能够依靠填料自身的空间结构形式，为生物反应创造良好的传质条件，从而大幅度提高处理效率和有机底物的利用率，减少反应装置的体积，节省基建投资和运行费用。

8.3 曝气生物滤池

8.3.1 曝气生物滤池的设计主要是确定滤料体积和反应池各部分尺寸，目前比较常用的方法是滤料容积负荷的计算方法，主要设计参数应根据碳氧化、硝化、反硝化工况，通过试验确定，当无试验数据时，可选用本条提出的数据。

8.3.2 本条是对曝气生物滤池的进水悬浮固体浓度的规定，悬浮固体过高时，会增加反冲洗次数，频繁的反冲洗容易造成生物膜脱落，不利于曝气生物滤池正常运行。

8.3.3 曝气生物滤池的高度由配水区、承托层、滤料层、清水区的高度和超高等组成，池体总高度宜为5m～7m，滤料层高度宜为2.5m～4.5m，承托层高度为0.3m～0.4m，配水区高度1.2m～1.5m，清水区高度1.0m～1.3m，超高0.3m～0.5m。曝气生物滤池的布水、布气系统多采用滤头布水布气系统和穿孔管布水布气系统。

8.3.4 曝气生物滤池的布气系统包括曝气充氧系统和进行气、水联合反冲洗时的供气系统。曝气充氧量由计算得出，一般比活性污泥法低30%～40%。曝气充氧系统的气水比不宜小于2，主要是考虑污水和滤料中微生物的混合接触需要。

8.3.5 曝气生物滤池性能的优劣很大程度上取决于填料的特性，目前国内曝气生物滤池采用的滤料多为球形轻质多孔陶粒。

8.3.6 曝气生物滤池反冲洗通过滤板和固定其上的长柄滤头来实现，由单独气冲洗、气水联合反冲洗、单独水洗三个过程组成。反冲洗周期，根据水质参数和滤料层阻力加以控制，一般24h为一周期，反冲洗水量为进水水量的8%左右。反冲洗出水平均悬浮固体可达600mg/L以上。

8.3.7 本条主要是考虑滤池工艺运行的周期性、操作方便性作出的规定。

8.3.8 本条规定了生物滤池的组数，由于滤池反冲洗时，其他运行的滤池水力负荷会增加，因此作出本条规定。

8.3.9 曝气生物滤池反冲洗水含有大量的悬浮物、生物膜，不宜直接排放。当反冲洗水瞬时流量过大时可设置缓冲池。

9 化工特种污染物处理

9.1 一般规定

9.1.1 本章所指的特种污染物是化工污水中常见的氨氮、有机磷、氟化物、硫化物、汞、铬、铜以及含氰化物的污水。这些污染物质来源于特定的产品生产或工艺生产过程，污水也有其自身的特点，如有毒、有害、成分较为单一等，处理方法也各不相同。本条针对这类污水的处理进行了原则规定。

9.1.2 本条规定是为了最大限度地减轻环境污染、节约资源。

9.1.3 化工生产装置在开停车及非正常状态时，会有工艺物料排出，但生产正常后，这些物料是可以重回工艺中去的，所以，本条要求设置足量的储槽暂存含有物料的污水。

9.1.4 本条中第一类污染物是指现行国家标准《污水综合排放标准》GB 8978中规定的污染物，本条的规定是为了避免污染物转移及产生二次污染。

9.2 氨氮污水

9.2.1 本条高浓度的氨氮污水是指氨氮浓度大于200mg/L污水。高浓度氨氮污水往往来源于化肥工业的老工艺、老企业，如小氮肥等。高浓度氨氮污水的处理有空气气提法和蒸汽汽提法、化学沉淀法、折点氯氧化法，这些方法及应用都还存在一些问题，目前比较经济可行的处理方法是先采用相对经济可行的方法进行预处理，再经生物处理。

9.2.2 用生物法处理含氨氮的污水是成熟的技术。在化工生产装置中，合成氨、以煤为原料制甲醇装置排放的氨氮污水最为常见，但这些污水中BOD、COD浓度并不高，碳源不足，会影响生物处理，因此应尽量将氨氮污水与其他有机污水或生活污水混合处理。

9.2.3 一般情况下化工污水中氨氮浓度不会很高，除非有事故发生，例如，以天然气为原料制合成氨和甲醇的污水中NH_3-N含量一般在100mg/L以下，以煤为原料制合成氨和甲醇的污水中NH_3-N含量一般也在150mg/L以下。根据目前化肥企业和煤制甲醇企业含NH_3-N污水的设计和处理情况，天然气化肥污水处理的设计进水NH_3-N浓度在50mg/L～150mg/L，煤制甲醇企业含污水NH_3-N浓度在70mg/L～150mg/L。污水生物处理系统进水氨氮浓度定为200mg/L比较符合大多数化工污水情况，且在这个浓度范围内处理技术成熟、工艺流程简单、运行费用也比较经济合理。

9.2.4 具有生物脱氮功能的生物处理工艺很多，如A_NO、A^2O、UCT、VIP、DE及T型氧化沟、CASS工艺，但用得最多的还是缺氧/好氧（A_NO）法。当仅需去除氨氮时，也可采用生物硝化工艺。SBR法（包括CASS法）也是化工氨氮污水处理用得较多的一种生物处理工艺，因其流程短、占地省、操作管理方便、处理效果好，特别适于处理水量较小、采用自动控制运行的场合。

9.3 有机磷污水

9.3.1 化工污水中的有机磷通常包括磷酸酯、亚磷酸酯、焦磷酸酯、次磷酸酯和磷酰胺等化合物，有机磷污水的成分复杂、浓度高、毒性大，直接采用生物法处理困难，故宜采用物化和生物处理相结合的处理方法。经物化预处理后的有机磷污水采用生物处理时，活性污泥应驯化，以适应有机磷毒性环境。生物处理后的出水往往难以达到现行国家标准《污水综合排放标准》GB 8978的一级标准，可采用化学混凝沉淀法处理，混凝剂可用三氯化铝或三氯化铁。采用铝盐除磷时，磷的去除率与铝盐投加量的关系见表5。

表5 磷去除率与铝盐投加量的关系

磷去除率（%）	摩尔比（Al/P）	
	范围	典型值
75	1.25∶1～1.5∶1	1.4∶1
85	1.6∶1～1.9∶1	1.7∶1
95	2.1∶1～2.6∶1	2.3∶1

9.3.2 有机磷污水主要产生于农药生产过程，一般分为含有高浓度酚有机磷污水（酚的浓度一般高达几千甚至几万 mg/L）和低浓度酚有机磷污水，含高浓度酚的有机磷污水通常采用煤油进行萃取回收酚，经萃取后的污水中酚的含量通常可降到 100mg/L～150mg/L 以下，同时满足后续生物处理的要求。本条规定含有高浓度酚的污水宜在车间先回收酚，再外排至污水处理装置处理，这样做既有利于降低处理难度和处理成本，又回收了有利用价值的物质。

9.3.3 有机磷化合物一般在碱性或酸性条件下都不稳定，易发生水解反应，生成无毒或低毒的分解产物。水解速度取决于 pH 值的高低，水解产物取决于分子结构、水解条件（如温度、压力、反应时间），故水解可分为碱解和酸解。碱解是在碱性条件下，有机磷分子中酸酐键断裂，故对有机磷有较好的去除效果，缺点是降解产物往往仍是有机磷化合物，不易变成正磷酸。酸解能使有机磷分子中的碱性基团断裂，生成正磷酸，处理后污水可生化性明显提高，适合多种高浓度有机磷污水的预处理。经酸解处理后的有机磷污水用石灰中和沉淀处理，可去除大部分磷，但酸解时设备腐蚀较重，酸解设备应耐腐蚀。

9.4 含氟污水

9.4.1 含氟化物的污水大多来自磷肥生产（如普钙磷肥）和氟化工（包括氯烃、无水氟化氢、氟氯烃、四氟乙烯、聚四氟乙烯、多晶硅等），上述化工产品排出的污水含氟浓度很高，可达几千毫克每升至几万毫克每升。普钙生产中的含氟污水通常来自氟硅酸盐加工装置，主要含氟硅酸盐和盐酸。氟化工生产排出的污水以含氢氟酸、氟盐和盐酸为主。另外，硫酸生产也有含氟和砷的酸性污水排出。化学沉淀法处理含氟污水是最主要和经济的处理方法，常用沉淀剂有石灰石（$CaCO_3$）消石灰［Ca（$OH)_2$］和电石渣，［Ca（$OH)_2$］既可以中和污水中的酸，又可去除可溶性氟化物，但$CaCO_3$是一种难溶物质，只能用于处理氢氟酸，不能用于处理氟化钠及氟硅酸盐类。表6是含氟污水化学沉淀法处理效果的比较：

表6 含氟化物污水沉淀法处理效果比较

处理方法	氟化物浓度（mg/L）		应用状况	备注
	起始	最终		
石灰沉淀法	1000～3000	20	工业	—
石灰沉淀法	500～1000	20～40	工业	—
石灰沉淀法	200～700	6	工业	沉淀16h
石灰沉淀法	45	8	工业	—
石灰沉淀法	4～20	5.9	工业	平均最终值
二级石灰沉淀	1460	9	工业	—
石灰＋明矾沉淀	2020	2.4	中试	—
碳酸钙＋二级石灰沉淀	11100	6	工业	—
明矾沉淀	3.6	0.6～1.5	市政	—
	60	2	试验	

采用石灰沉淀时生成氟化钙沉淀，18℃时氟化钙在水中的溶解度为 16.3mg/L，折合成氟为 7.9mg/L，故石灰除氟能达到的理论极限约为 8mg/L，已接近现行国家标准《污水综合排放标准》GB 8978 的一级标准 10mg/L。石灰沉淀法处理含氟污水时，影响去除效果的因素很多，如沉淀时间、沉淀池形式、pH 值、温度、盐效应和同离子效应等。所以，不同污水虽然氟的含量接近，用同一种方法处理时，由于操作、运行条件不同，处理效果均有差异。实际操作中，由于难以彻底分离沉淀物，处理后污水中残留氟的浓度一般在 20mg/L 左右。如果加入过量的石灰，pH 值达到 12～14 时，虽然污水中的氟可以降到 10mg/L 以下，但由于生成的沉淀物沉降速度慢，且处理后出水还要加大量酸中和，操作比较困难，处理成本也较高。基于上述原因，本条根据污水中氟离子的浓度规定了不同的处理方法：

1 对于高浓度含氟污水，可先采用石灰沉淀法进行二级沉淀处理，铝盐（或镁盐）进行絮凝沉淀。

2 对于低浓度的含氟污水（氟离子浓度 50mg/L 以下）可采用石灰—铝盐（或镁盐）处理，处理时应先投加石灰。采用铝盐时，pH 值宜控制在 6～7.5，硫酸铝或聚合氯化铝在水中生成氢氧化铝絮体，可吸附水中的氟化钙结晶体及氟离子，通过沉淀去除。采用镁盐时，pH 值宜控制在 10～11，镁盐可采用硫酸镁、氯化镁等。

9.4.2 硫酸铝沉淀法生成的沉淀物体积较大，沉降速度慢，加入适量的聚丙烯酰胺（PAM）作助凝剂可大大提高沉降速度。

9.5 硫化物污水

9.5.1 含硫化物的污水通常来自染料生产装置、以电石为原料生产有机化工产品的工艺装置等。硫是宝贵的资源，所以能够回收的硫资源应尽量回收。例如在硫化黑染料生产中，从过滤分离出的母液中可回收的硫代硫酸钠。

对以电石为原料生产有机化工产品的生产装置排放的含硫化物污水，采用化学沉淀法处理，可将硫化物降至排放标准。

国内炼油行业产生的含硫化氢的酸性污水通常是采用汽提方法处理。

9.5.2 硫化物的化学沉淀常用的沉淀剂有硫酸亚铁或硫酸亚铁＋石灰，石灰主要用于调整 pH 值，污水处理的终点 pH 值控制在 8～9 之间，反应生成硫化亚铁水不溶沉淀物，但这种沉淀物的颗粒特别细，即使以石灰作助凝剂沉降速度也很慢，这时加入适量的聚丙烯酰胺作助凝剂，沉降和澄清速度很快。

9.5.3 臭氧氧化法可以将污水中硫化物处理达到排放标准，硫化物被氧化成硫酸盐或亚硫酸盐，不产生污泥，处理过程较为清洁，但是因为产生臭氧耗电量很大，运行的成本高，但对于含硫化物浓度低于 10mg/L 的污水，可以采用臭氧氧化法，该法流程简单。

氯氧化剂（氯气、二氧化氯）与臭氧氧化法一样，适宜于处理低浓度的硫化物。

采用芬顿试剂时，氧化和沉淀同时发生，可以减少硫酸亚铁用量和污泥量。例如新疆某 PVC 工程的电石污水，原设计采用硫酸亚铁沉淀工艺，后因污水中混入有机污水，影响达标，故增加过氧化氢，改用芬顿试剂法，结果出水的 COD 值较硫酸亚铁沉淀法更低，化学品消耗和污泥量少了许多，COD 和硫化物浓度均达到现行国家标准《污水综合排放标准》GB 8978 一级排放标准。

9.5.4 国内一些工厂采用催化氧化法处理含硫化物污水，以硫酸锰碱性溶液作为催化剂，空气作为氧化剂，先采用加酸方法调节酸碱度，结果周围硫化氢的恶臭味很大，空气受到污染，经催化氧化后，硫化物远没有达到排放标准。所以催化氧化法作为预处理手段是可以的，不能用作最后达标处理的方法，处理过程中不得采用直接加酸方法调节酸碱度，以免产生硫化氢污染环境，除非对产生的硫化氢气体有收集和处理措施。

9.5.5 絮凝沉淀法产生的污泥量较大，固体含量在1%左右，但污泥的脱水性能好，浓缩脱水比较容易，可采用卧式螺旋离心沉降机或板框压滤机进行污泥脱水处理，泥饼含水率较低，便于处置。

9.6 含汞污水

9.6.1 含汞污水主要来源于以氯碱和 PVC 生产为主的化工厂、农药厂、染料厂，污水中的 Hg^{+}、Hg^{2+} 可与硫化物，如 Na_2S、NaHS 等沉淀剂反应生成溶解度极小的硫化汞沉淀，汞去除率高，但实际操作中也存在以下问题：加入过量硫化物会生成溶解于水的汞硫络合物，反而降低了处理效果，过量的硫化物也是污染物。另外，加入硫化物是否过量目前尚没有在线监测仪表，故加入硫化物作为高浓度含汞污水预处理是可行的，但很难一步处理达到排放标准。

由于生成的硫化汞颗粒很小，沉淀困难，故一般宜投加铁盐（铝盐）混凝剂进行絮凝沉淀。本法处理时，水中残存的汞离子随着 pH 增高而降低，pH 值宜为 8～10，pH 值低时，可产生 H_2S，对人体和环境有害。硫化物沉淀法处理效果见表 7。

表 7 硫化物沉淀法处理含汞污水的效果

沉淀剂	汞浓度（mg/L）		pH 值	附加处理方法
	原始	终值		
Na_2S	0.3～6	0.01～0.13	—	加压过滤
Na_2S	1～50	0.01	—	絮凝＋活性炭
NaHS	131.5	0.02	3.0	过滤
MgS	5～10	0.01～0.05	10～11	—

9.6.2 活性炭能有效吸附污水中的汞，国内已有应用，如将含汞量为 1mg/L～2mg/L 以下的污水通过活性炭滤塔，排出的水中汞含量可降至 0.01mg/L～0.05mg/L，回收汞后的活性炭可再生并重复使用。

可用于含汞污水处理的离子交换树脂很多，归纳起来有以下几类：阳离子交换树脂、阴离子交换树脂、螯合树脂、离子交换纤维和腐植酸离子交换树脂等。由于汞在污水中的存在形式不一，有 Hg^{0}，Hg^{+}，Hg^{2+} 等，应根据污水中汞实际存在的形态和具体条件，选用合适的离子交换剂并采用不同的组合（并联、串联、多级等）工艺处理。

9.6.3 本条规定是为了防止含汞污泥或树脂再生液产生二次污染。

9.7 含铬污水

9.7.1 铬化合物是无机化工的重要产品，铬盐生产要排放大量的含铬污水。含铬污水通常呈酸性，铬主要以六价的 CrO_4^{2-} 和 $Cr_2O_7^{2-}$ 的形式存在，但很多污水中六价铬和三价铬同时存在，以三价铬为主。

三价铬的处理基于其氢氧化物难溶于水的性质，通过投加石灰或烧碱，使三价铬生成 $Cr(OH)_3$ 沉淀而被除去。与许多其他重金属的处理一样，沉淀法处理含铬污水，pH 控制是关键。由于含铬污水水质复杂，干扰因素很多，通过理论计算来确定反应的 pH 值与实际情况出入较大，故一般宜根据试验或同类污水处理运行经验确定。通常，pH 值宜控制在 8～9。

9.7.2 还原法是处理六价铬污水最常用的方法，先将污水中的六价铬氧化成三价铬，再用沉淀法生成难溶的Cr（OH）$_3$沉淀物将污水中的铬除去。因六价铬在酸性溶液中氧化性很强，容易被还原，故还原法处理通常先用酸将污水的pH值调节至2～3之间。还原剂有很多种，如二氧化硫、亚硫酸钠、硫酸亚铁等。还原剂的选择应因地制宜。

9.7.3 离子交换法宜用于低浓度含铬污水的处理，由于三价铬以Cr^{3+}的形式存在，宜采用阳离子交换树脂，而六价铬以CrO_4^{2-}和$Cr_2O_7^{2-}$的形式存在，并随pH不同呈现某种平衡，宜采用强碱性阴离子交换树脂。阴离子交换树脂处理六价铬时pH值宜控制在4～5之间，这是因为pH低时，$Cr_2O_7^{2-}$的比例提高，其强氧化性对树脂产生氧化破坏作用，pH高于6时，CrO_4^{2-}的比例较高，离子交换选择性低，影响处理效果。失效后的树脂可用强碱NaOH溶液再生，离子交换处理后的污水水质好，宜回收利用。

9.7.4 回收有利用价值的物质符合国家基本国策，蒸发回收法在电镀行业已有工业应用，经技术经济分析证明可行时，可采用蒸发法。

9.7.5 含铬污泥属危险废物，应执行国家现行有关标准的规定，不得产生二次污染。

9.8 含铜污水

9.8.1 铜的化合物在化工生产中常用作催化剂，产生的污水通常为酸性的铜离子污水。含铜离子污水的处理方法很多，比如化学沉淀法、离子交换法、电解法等。通常，沉淀法适用于处理含铜量为1.0mg/L～1000mg/L的污水；离子交换法适用于处理含铜量低于200mg/L的污水；而电解回收法则适用于处理含铜量高于10000mg/L的污水。化工污水由于组分复杂，适宜采用化学沉淀法，沉淀剂推荐采用氢氧化钠，氢氧化钠可与污水中的铜离子形成氢氧化铜沉淀，便于回收。也可采用石灰乳作沉淀剂，但石灰乳作沉淀剂生成的沉淀物量较大，不利于回收。如果不回收，沉淀产物应进行处置，不得产生二次污染。

9.8.2 当污水中存在铜的络合物时，铜离子就难以处理达到要求，必须先进行预处理，对铜离子的络合物解络后，才能用化学沉淀法处理。本条给出了几种铜的络合离子的处理方法。

9.8.3 电解法处理含铜污水的优点是工艺简单、不产生废渣、占地小、环境清洁，电解法的应用主要受投资、电耗和运行成本的限制。该法在化工污水处理中有应用，如1，4-丁二醇生产过程中催化剂的处理时要产生含铜酸性废液，含铜量在20mg/L～40mg/L，污水中含有有机物，pH值为1～4，采用电解法（国外专利设备）对该污水进行处理，处理后含铜量小于0.5mg/L，经中和后排至污水处理场生物处理。

9.9 含氰污水

9.9.1 化学工业含氰污水主要来自化肥、煤化工企业的造气过程以及丙烯腈的生产过程。丙烯腈生产过程排出的含氰污水属于高浓度含氰污水，同时含有高浓度的丙烯腈，通常采用焚烧法、加压水解一生化法处理。含氰污水的处理有很多方法，对于浓度在200mg/L以下的含氰污水，适于采用化学氧化法或生物处理法，尤其是造气污水，工厂多采用生物滤塔处理。国内常用的造气工艺排出含氰污水的资料见表8。

表8 不同煤制气工艺造气污水排放量和组成

制气工艺	排水量(t/t [NH_3])	水温(℃)	pH值	CN (mg/L)	NH_3-N (mg/L)	COD (mg/L)
UGI	30～70	50～60	7～8	10～30	40～470	20～360
Texaco	0.8	60	8～9	30	200	900
Lurgi	5	60	7～9	25	700	600

9.9.2 加压水解的控制参数是经验数据。氯氧化法常用的氧化剂有液氯、二氧化氯、漂白粉、次氯酸钠等。采用氯氧化法破氰时，pH值对氧化反应的影响很大，当pH值小于8.5时，会产生氯化氰气体，采用本条给出的参数，操作管理简单方便。过量加氯主要是考虑污水中其他还原性物质会消耗氧化剂，10%～30%的过量是经验数据。

9.9.3 生物滤塔是造气污水处理行之有效的方法，但生物滤塔运行中最大的问题是填料的堵塞，不易挂膜，水中的营养元素不能满足微生物生长的需要，故此对生物滤塔的设计进行了规定。

10 回用处理

10.1 一般规定

10.1.1 本条给出的回用处理工艺是目前常用的经济可行的工艺。其中，电吸附在石化行业中适用于对除盐要求不高的、以循环冷却水为回用目标的污水回用处理工艺，具有对石化类有机污染物有一定耐受能力、部分除盐、除盐率可以根据用水要求适当调节、运行成本低、无二次污染、维护简单等特点。电吸附工艺要求进水含盐量小于3000mg/L，石油类污染物不大于3mg/L。目前，电吸附技术已有在石油化工、市政、煤矿、煤化工、冶金污水回用中应用的成功案例。

10.1.2 化工生产是用水大户，把化工企业或化工区的污水处理后回用于本企业或化工区，技术经济上会更合理，特别是用作工业循环冷却水的补充水，由于循环冷却水补充水的水质要求相对较低，补充水量占工厂用水量的份额很大，直接影响工业节水，以目前的技术水平，处理后的污水用于循环冷却水的补充水在技术和经济上是可行的，是合理的，因此，污水回用应优先考虑用作循环冷却水的补充水。

10.1.3 再生水管道按最高日最高时用水量设计是为了确保在任何情况下均能满足用户用水要求。

10.1.4 再生水管道包括原水输水管道和再生水供水管道，本条对管材的选择提出了原则性要求，设计中应作技术经济比较，选择合适的管材。一般情况，当再生水管道管径大于 200mm 时，可以选用碳钢管、碳钢衬胶、碳钢衬塑管；当再生水管道的管径较小时，且位于室内或管沟中，除上述几种管材，也可以选用 ABS 塑料管、PE（聚乙烯）管、UPVC（改性聚氯乙烯）管、铝塑复合管，特殊的情况也可选择不锈钢管材，具体设计时应按照加工方便、经济实用的原则进行选择。

10.1.5 本条为强制性条文，必须严格执行。再生水不属于生活饮用水，为防止污染生活饮用水系统，严禁与生活饮用水管道连接。为防止管道误接，再生水管道明装时应涂上规定标志颜色和再生水字样，埋地时应设置规定的带状标志，闸门井井盖应铸上再生水字样。

10.1.6 为保障再生水系统的安全供水，考虑构筑物的清洗检修，各类构筑物（如反应池、过滤池、储存池等）不宜少于 2 个（格），并应并联连接，以便切换。但对于供水可暂时中断或有其他措施保证供水的，如可采用类似水源供水的可设 1 格（座）。关于再生水池容积不宜小于日处理量的 10%，是按照现行国家标准《污水再生利用工程设计规范》GB 50335 的规定。

10.1.7 当需要进行除盐处理时，在离子交换、反渗透或反渗透加离子交换以及电吸附工艺均可选择时，应对设备投资、运行管理费用、环境要求等进行经济比较后，确定合适的工艺。在 20 世纪 90 年代以前，由于反渗透膜元件的价格较高，一般认为总含盐量 TDS>500mg/L 时，采用反渗透装置较为经济。随着反渗透技术不断提高，膜材料的价格降低，在 TDS 低时，如 300mg/L、200mg/L 甚至更低时也可采用反渗透技术，具体应用时，要根据经济、社会效益比较确定。

10.2 吸 附

10.2.1 吸附处理适用于脱色、除臭、除重金属、去除难以生物降解的有机物或难以氧化的有机物的处理、污水的回用处理以及作为离子交换、膜分离的预处理。化学工业污水回用中应用最多的是活性炭，活性炭种类有很多，粉末状的活性炭吸附能力强，制备容易，价格较低，但再生困难，一般不能重复使用，颗粒状的活性炭价格较贵，但可再生后重复使用，并且使用时的劳动条件较好，操作管理方便。因此在水处理中较多采用颗粒状活性炭，而大孔树脂、沸石和磺化煤由于其特殊的吸附性，可根据需要选用。

10.2.2 本条规定了设计活性炭吸附器时应考虑的因素和条件：

1 因活性炭吸附有机物有一定选择性，其适用范围有一定限制。当选用粒状活性炭吸附工艺时，需针对被处理水的水质、回用水质要求、所吸附有机物的种类及含量等，通过活性炭柱试验确定工艺参数。

2 活性炭的吸附容量除外界条件外，主要与活性炭比表面积有关，比表面积大，微孔数量多，可吸附在细孔壁上的吸附质就多。吸附速度主要与粒度及细孔分布有关，水处理用的活性炭，要求中孔（过渡孔，半径 2nm～100nm）较为发达，有利于吸附质向微细孔中扩散。活性炭的粒度越小吸附速度越快，但水头损失要增大，一般在 8 目～30 目范围为宜。活性炭的机械耐磨强度直接影响活性炭的使用寿命。通过测定活性炭的孔隙分布及比表面积来选择活性炭较为费时、费力，一般可通过测定活性炭的碘值和亚甲蓝值来进行选炭，大量文献报道，能去除水中 COD、TOC 以及其他有机污染物的活性炭的碘值要大于 900mg/g，亚甲蓝值应大于 120mg/g。

3 当活性炭使用一定周期，出水指标超出设定值时，即可认为活性炭需要再生或更换；以去除有机物为目的时，可采用检测出水的 COD 值判断活性炭运行是否失效；也可用定期取样检测活性炭的碘值或亚甲蓝值来判断活性炭是否失效，如碘值指标小于 600mg/g 或亚甲蓝指标小于 85mg/g 时，活性炭应进行再生。

4 采用直接电加热再生法或高温加热法再生效果好。

10.2.3 因活性炭吸附有机物有一定选择性，其适用范围有一定限制。当选用粒状活性炭吸附工艺时，需针对被处理水的水质、回用水质要求、所吸附有机物的种类及含量等，通过活性炭柱试验确定工艺参数。本条给出了没有条件进行试验时设计活性炭吸附罐的参数：

1 要求进水浊度宜小于 3NTU 是因为活性炭吸附的主要目的不是截留悬浮固体，因此要求经过前级处理后，再进入活性炭吸附器。正常情况下，要求活性炭吸附器的进水浊度小于 3NTU，否则将会造成活性炭层堵塞，缩短吸附周期。

2、3 运行流速和活性炭装填高度的有关规定是参照相似运行经验和现行国家标准及行业标准中的数据提出的，在无试验资料时，可供参照。

4 活性炭吸附器定期反冲洗的目的是冲掉附着在炭粒上和炭粒间的黏着物，同时松动炭层，使活性炭均匀吸附。反冲洗水管上设置流量调节和计量装置是为了调节反冲洗强度。

10.2.4 大孔吸附树脂对工业污水、废液的处理有着广泛的应用，且对废液中有害物质的浓度含量适应性强，并可做到一次性达标，实现有害物质回收利用、化害为利、变废为宝的目的。如污水中含苯、硝基苯、氯苯、氟苯、苯酚、硝基酚、氨基苯酚、双酚A、对甲酚、萘酚、苯胺、邻苯二胺、对苯二胺、水杨酸、奈磺酸等有机物均具有良好的可吸附性。

例如采用磺化碱熔法生产苯酚，在二氧化硫的发生过程中产生高浓度（10000mg/L～20000mg/L）含酚污水，采用NKA树脂和H-103树脂处理这种污水，运行结果表明，树脂的工作吸附量为150mg/mL～250mg/mL，出水酚浓度小于0.5mg/L，酚吸附率达99.09%，COD去除率为70%。

再如煤气生产和炼焦过程中产生的污水，不但成分复杂，而且酚浓度高选用NKA树脂和H-107树脂吸附处理煤气站洗涤水，运行结果表明，酚去除率为95%～98%，COD去除率为70%～80%，树脂的工作吸附量为80mg/mL～90mg/mL，酚脱附率大于95%。

甲苯生产中产生浓度为6000mg/L～20000mg/L的甲基苯酚污水，采用CHA-111树脂处理，出水中甲酚浓度小于10mg/L。

在大孔树脂的吸附过程中，被处理液的pH影响尤为重要。根据化合物结构的特点调整原液的pH值，可以达到较好的吸附效果。对非极性吸附树脂来讲，酸性物质在酸性条件下，以分子形式存在，易被树脂吸附，而在碱性环境下，以离子形式存在，物质不易被吸附。

10.2.5 本条给出了大孔树脂根据吸附物质不同适宜采取的再生方法。影响大孔树脂解吸再生条件的因素有再生剂的种类、浓度、pH值、流速等。再生剂应根据不同物质在树脂上吸附力的强弱，选择不同的再生剂和不同的再生剂浓度进行洗脱；通过改变再生剂的pH值可使吸附物改变分子形态，易于解吸下来。再生流速一般控制在0.5mL/min～5mL/min。

10.3 离子交换

10.3.1 离子交换树脂由于其良好的选择性和可再生性广泛用于处理含重金属离子的污水。在工业污水处理中，常用于处理含铬、镍污水，电镀污水。在石化污水中主要用于含汞污水的处理。当原水硬度较高时，选择阳离子交换器作为反渗透的前处理，可提高产水水质同时延长反渗透膜的使用寿命。

10.3.2 离子交换再生时需要耗酸、碱，既影响运行费用，又会向环境排放污染物，因此应在保证出水质量前提下，尽量采用酸、碱耗量少的设备和工艺。离子交换树脂的工作交换容量是重要的设计参数，通常由设备制造厂商根据树脂种类、再生剂的耗量、再生液温度以及进出水水质等，经试验或计算绘制成曲线图，设计时可以根据各种技术数据查曲线求出离子交换树脂的工作交换容量，确定流速、再生条件等参数，也可以参考类似条件下的运行经验确定。但由于处理的是污水，不是单一组分，故此交换速度等参数应适当降低，并宜选择逆流再生工艺。顺流再生离子交换器的优点是再生操作简单，运行可靠，对进水悬浮物含量要求不高（浊度小于5NTU）。缺点是树脂再生度较低，导致设备出水水质差，树脂运行交换容量小，酸碱耗量高。为了克服顺流再生工艺的缺点，现在广泛采用逆流再生工艺。逆流再生工艺的优点是出水水质好，酸、碱耗量低，对水质适应性强，自用水率低，缺点是运行操作更复杂一些。

由于污水的成分复杂，有机物、油脂、悬浮物含量较高，这些都会导致树脂的污染，因此选择机械强度高，抗污染能力强的离子交换剂，例如大孔树脂等。

10.3.3 离子交换系统排出的反洗水含污量相对较少，可与全场污水统筹考虑回收利用。

10.3.4 本条给出的离子交换系统进水的主要水质指标是按照现行国家标准《工业用水软化除盐设计规范》GB 50109的规定。形成浊度的悬浮物会污堵树脂颗粒的表面，在交换器中产生污泥层，影响树脂的交换和反洗再生；游离氯会氧化树脂颗粒，破坏树脂结构，失去交换能力；铁会对阳树脂造成污染；有机物会污染树脂，降低交换容量，有机物对树脂的污染主要发生在强碱阴树脂上，这是由于疏水性的树脂骨架强烈地吸附疏水性的有机分子所致，所以当进水的COD_{Mn}≥2mg/L时，应选择抗有机物污染的阴树脂，而对于弱酸离子交换，COD_{Mn}值可适当放宽。

10.4 超（微）滤

10.4.1 超滤和微滤的这两种膜分离过程尽管在制膜方法、分离范围、应用领域有些区别，在实际应用中，设计、操作、运行、管理有很多相同之处，故将超滤和微滤合并作为一节，统称为“超（微）滤”。超滤技术目前已广泛应用于化工污水处理方面，已有含油污水、乳化液污水、氯碱污水、腈纶污水、综合化工污水处理成功的实例。微滤、超滤都可以用于石化行业的回用水处理领域，不仅可以单独应用，如果作为反渗透的预处理单元，可以保证反渗透的水质和延长使用寿命。超（微）滤用于化工污水的处理，当进水浊度大于100NTU时，应考虑增设澄清等设施，降低进水浊度。浸没式超（微）滤装置一般对进水浊度无要求，仅要求水中无大颗粒杂质。

10.4.2 由于化工污水回用的水质的复杂性，超（微）滤膜的设计通量需要通过中试确定，中试规模以不小于2t/h处理量为宜。由于大多超（微）滤膜为高分子聚合物制造而成，采用不同工艺方法形成所需孔径。在压力操作条件下，膜慢慢产生“压密”现象，逐渐稳定，达到最佳过滤效果。这个压密过程随膜材质不同所需时间也不同。同时为保证得到真实的设计通量，需要长时间运行，考验膜对于被过滤介质的分离性，尤其是超滤膜。但实际工业应用又不允许中试时间太长，时间太短又没有指导意义，所以规定中试时间不宜小于 2000h（约 3 个月）。

10.4.3 外压式超（微）滤膜使用高抗污染性能的膜材料，不易污染且容易清洗，尤其是聚偏氟乙烯（PVDF）等膜材料可以采用常用氧化性清洗药剂。PVDF 膜的优点：一是 pH 耐受范围宽，可以达到 1～13；二是抗氧化能力最突出，可以经受苛刻的氧化清洗条件；三是耐绝大多数化学溶剂；四是耐生物降解。PVDF 另一个突出的优点是耐有机溶剂的性能优于其他材料。外压式超（微）滤膜既可用于膜生物反应器，也可以作回用处理，对前处理要求不高，缺点是通量比内压式超（微）滤膜低。一般情况外压式膜组件的设计通量不宜超过 50L/（m^2·h）。

内压式超（微）滤膜组件大多选用聚醚砜（PES）或聚砜（PS）材质产品，其特点是：①pH 耐受范围宽，可以达到 1～13；②可以制成多孔径的膜，从 1nm 到 0.2μm；③耐多数化学溶剂性能较好，但不耐芳烃、酮、醚、酯等。缺点：①耐压性能不好，②易于污堵；③耐氧化性能一般，长期或者高浓度的氧化性清洗剂会对膜材料造成一定的破坏。根据膜材质特性，膜组件的设计通量可随进水浊度不同，适当增减。如无实际经验和厂商提供的数据，又来不及中试，可参照本条给出的膜通量设计。本条的设计通量为经验值，对于不同水质会略有偏差，选用时尽量不要超出规定值。

10.4.4 超（微）滤装置设计应考虑保证系统出力的连续性，因此系统的超（微）滤装置不能少于 2 套。为清洗维护方便，每套装置间距不宜小于 1.2m，其他通道宽度净距离不应小于 0.8m。由于超（微）滤装置膜组件的外壳以及管路系统均为工程塑料，需要防晒、防冻，所以应布置在室内。

10.4.5 跨膜压差是指超（微）滤膜前后的压力差，实际运行中可以通过设定的压力差来启动反冲系统，当压差达到 0.1MPa 时，需要进行化学清洗。

10.4.6 超（微）滤装置的进、出口装设浊度仪、差压表及取样接口，以便监测进出水质。超（微）滤装置如作为反渗透装置的前处理系统，出口宜设 SDI 仪的接口。

10.4.7 为减少滤膜污堵，延长滤膜使用寿命，一般在装置进水处设置预过滤器，大多为盘式滤器或自清洗滤器，精度为 50μm～100μm。

10.4.8 超（微）滤膜是采用表面过滤原理，每周期截污容量很小，需要频繁的反洗和化学清洗。反洗和化学清洗效果的好坏，是超（微）滤膜能否可靠、长期使用的关键因素。一般每 20min～60min 反洗一次，反洗流量为产水流量的 2 倍～5 倍，反洗历时 30s～60s。反洗流量越大，时间越长，反洗效果越好，但水的回收率要降低。因此，实际运行中应按具体情况选择合理的反洗参数。为防止细菌对超（微）滤膜的污染，需要定期杀菌，其杀菌频率与水质有关，需要通过试验或调试来确定。反洗和杀菌还不能清除膜表面所有污物，当污物积累到一定程度后，就需要用化学清洗的方法来清除。通常用跨膜压差来确定是否需要化学清洗，如当压差达到 0.1MPa 时，需要进行化学清洗。

10.4.9 完整性检测是指检测超（微）滤膜以及整个装置是否发生破损和泄漏的试验。在运行过程中，超（微）滤膜有时会破损，组件也因断丝等多种原因会泄漏。完整性检测包括压力衰减试验法和气泡观察法。超（微）滤系统的滤膜完整性自动检测装置，只是需要较少的测试设备就可以在线监测到超（微）滤膜的破损情况，预知故障的发生，监测结果准确，从而能够保证系统出水水质。

10.5 反 渗 透

10.5.1 反渗透技术广泛应用于纯净水的制造。近年来，随着工业的发展，水资源的日趋紧张，国家对节水要求的日渐严格，反渗透技术开始应用于污水的深度处理与回用中。在石油和化工行业，已经有炼油污水、油田污水、综合化工污水经反渗透处理回用于锅炉补给水和循环冷却水补充水的成功实例，也有运行不好的实例，因此在反渗透装置用于污水回用设计时，应根据原水情况、最终使用需要，从可靠性、实用性和经济性等方面全面考虑，审慎选择配置。

反渗透的进水要求比较严格，而污水的组分复杂，往往还含有能够污染反渗透膜的物质，因此对预处理的要求较高，要求进水满足反渗透装置相关要求，有针对性的、良好的预处理是反渗透装置正常运行的保证。

10.5.2 反渗透在使用过程中，由于膜污染、结垢等因素，需定期清洗或检修，产水量也会有所降低，设计时反渗透装置的处理能力应留有一定余量。

10.5.3 进水温度是反渗透系统的一个重要设计参数。以进水温度 25℃为基准，每升高或降低 1℃，反渗透的产水量相应升高或降低 2.5%左右，膜材质与种类不同，其温度校正系数也不同，具体可根据膜厂商提供的计算公式确定。低温时保证产水量的措施有：提高进水温度、设置变频泵、改变进水压力以及增加膜元件数量，具体应进行经济比较决定。反渗透膜的水通量不宜选得过高，否则随着运行时间增加，膜污堵速度较快，影响设备运行效果。

10.5.4 污水回用中所使用的反渗透膜，不仅要求能够抗污染，并且要选择同等条件下操作压力低的，这样既保证了反渗透膜的使用寿命，还可以降低运行成本。当反渗透进水含盐量大于 3000mg/L 时，应根据反渗透装置二段的进水含盐量核算结果，选择合适的膜元件。影响反渗透运行压力的因素较多，具体设计时，应统筹考虑，设备投资是一次性的，运行成本直接影响经济效益，所以设计时，初始运行压力不宜太高。另外，设计时应考虑反渗透装置防止背压的方法。背压是指产水侧的压力大于给水侧的压力，会造成膜元件的损害，在故障停机、阀门设置或者关闭不当时可能造成背压。卷式反渗透膜背压应小于0.03MPa。

10.5.5 由于一级反渗透的系统脱盐率为97%左右，二级反渗透的浓水含盐量约为一级反渗透进水含盐量的40%以下，所以应该将其并入一级进水回用。为了节水，反渗透装置在刚开机或长期停用后再开机，出水电导率不达标时产生的不合格产水应回收。不合格水的排放可以通过设置不合格产水的排放阀实现。

10.5.6 为保证反渗透系统稳定运行，对于多套设备，不宜设计为母管制，宜为单套制，主要是防止其中一套停机时，引起其他装置的压力和水流量的波动。反渗透系统设置保安过滤器的目的是为了防止颗粒进入反渗透膜元件划伤膜面，保安过滤器是精密过滤，是介于砂滤与超滤之间的一种过滤，滤芯可分为线绕式滤芯、熔喷PP滤芯、烧结滤管、活性炭滤芯等，过滤孔径一般在0.01μm～120μm范围，根据经验滤芯精度宜为5μm。当保安过滤器进出口压差超过0.1MPa时就应该更换滤芯，即使保安过滤器的进出口压差没有超出0.1MPa，通常滤芯使用也不应超过3个月，以免滋生细菌，造成对反渗透膜的污染。在线反洗无法完全恢复滤芯原有过滤功效，所以不宜采用带反洗功能的保安过滤器。为保证反渗透膜寿命，防止二次污染，高压泵过流部分材质宜选择不锈钢，保安过滤器材质同样宜选用不锈钢。

10.5.7 对于反渗透装置设计提出基本规定，设计者可根据工程需求和经验进一步完善。如果在工程中采用变频高压泵，因有变频启动条件，可以省去电动慢开阀门。

10.5.8 本条规定了反渗透装置检测仪表配备。

10.5.9 清洗温度高有助于提高清洗效果，采用化学清洗时，可根据膜材料的使用说明选择清洗温度，当温度不能满足清洗要求时，对清洗药液进行加温。

10.5.10 尽管国外有少数将反渗透装置安装在室外的实例，但考虑我国实际气候和环境条件，还是布置在室内为宜。装置两侧的距离要求是为了满足操作、维修的需要。

10.5.11 本条规定是为了保证膜组件湿润，反渗透膜元件一经进水，就必须保持湿润，即使停机期间，也要保证每只反渗透膜都处于湿润状态。

10.5.12 本条反渗透的进水水质要求，是保证反渗透系统运行的基本条件。关于表10.5.12中铁的指标，本条给出的总铁的指标是指溶解氧大于5mg/L时的限制值，由于铁的氧化速度取决于铁的含量、水中溶氧速度和水的pH值，在投加某些阻垢剂时可以允许有较高值。

另外，关于反渗透进水对COD_{Mn}值的要求，各个膜生产厂商有所不同，大多厂商允许值为COD_{Mn}＜3mg/L，美国海德能公司允许值为COD_{Mn}＜15mg/L，具体情况要结合待处理水质与设备供货商协商确定，表10.5.12未作规定。关于反渗透进水石油类的限制，几乎所有反渗透厂商都要求进水不含石油类。

11 污泥处理与处置

11.1 一 般 规 定

11.1.1 本条规定污泥处理和处置的基本原则，污泥的处理和处置是确保水处理装置正常运行、防止二次污染、使污水处理过程中产生的容易腐化发臭的污泥稳定化，使有毒、有害的污泥得到妥善处理和处置，使有利用价值的物质得到综合利用，总之，污泥处理和处置的目的是减量化、稳定化、无害化以及综合利用。减量化可以采用污泥浓缩、脱水、干化等技术；稳定化可采用厌氧消化、好氧消化、污泥堆肥等技术；无害化可以采用焚烧等技术。

11.1.2 化工污水处理的污泥中含有重金属、有毒有害物质，应按照国家现行标准对污泥中有害物质进行危险废固的判断，如果污泥判断为危险废固的应按照国家危险废固的现行标准进行处理和处置。

11.1.3 本条规定了污泥处理过程中产生臭气的处理原则，可以采用生物处理和活性炭吸附的方法处理臭气。

11.1.4 污泥水含有较多污染物，不得直接排放，可以根据污泥水的性质返回至污水厂构筑物进行物化处理或生物处理。

11.1.5 本条提出了污泥量和污泥处理设施处理能力计算的原则规定。污泥处理能力的确定与污泥处理运行时间和污水处理排泥方式有关，通常污水处理是连续运行的，而污泥处理则多为间断运行（如白天运行），故应考虑两者的协调，如设置污泥调节等设施。

11.2 污泥的输送

11.2.1 不同的污泥流动性差异较大，含水率较低时不宜用管道输送，故对管道输送的污泥含水率提出了要求。

11.2.2 本条规定了压力输泥管的最小设计管径、重力输泥管的最小设计管径和最小设计坡度。

11.2.3 本条规定了压力输泥管的最小设计流速。无机污泥或含重油的污泥管道，其最小设计流速宜适当加大。

11.2.4 污泥输送管道的水力计算与污水管道的水力计算有很大的差别，污泥管道的水力计算与污泥的特性：如含水率、密度、黏度等有关，目前污泥管道的水力计算方法尚不够成熟。其水力计算宜参照有关经验公式、试验资料或已有运行参数。

11.2.5 输泥管道设压力水冲洗设施是便于管道堵塞时冲通管道。

11.2.6 长距离压力输泥管设检查口主要是作为观察、检查、清堵之用。

11.2.7 本条是对污泥管道输送时选用泵形式的规定。螺杆泵等形式的泵可以防止泵堵塞。

11.2.8 脱水后污泥含水率较低可采用皮带输送机、螺旋输送机输送。

11.3 污泥浓缩

11.3.1 污泥浓缩方式与污泥特性有关，本条提出了污泥浓缩方式的原则规定。

11.3.2 生物除磷工艺的污泥含磷较高，活性污泥中积磷菌在厌氧环境中会释放出磷，污泥浓缩池停留时间比较长容易使磷从污泥中释放到水中。宜采用浓缩脱水一体化设备处理生物除磷工艺的污泥。

11.3.3 本条规定了重力式污泥浓缩池的设计参数：

1 污泥浓度较大，计算污泥浓缩池应同时满足固体负荷和水力负荷。

2 本款给出剩余活性污泥的浓缩设计数据是经验数据。

3 不同的无机污泥密度、黏度、粒度差别较大，宜采用试验数据确定浓缩时间。目前，工程上通常对类似硫酸钙等颗粒细小的无机污泥可不经浓缩，直接进入箱式脱水机。本款给出的数据是经验数据。

4 本款提出污泥浓缩池池深的一般要求。

11.3.4 浓缩池采用的栅条浓缩机对污泥有泥水分离的作用，刮泥机具有自动提耙上升功能可以防止污泥板结扭矩过大损坏刮泥机，一般提升高度500mm。

11.3.5 根据污泥特性有浮渣时应设置去除浮渣的装置，大多数无机污泥没有浮渣可不设置去除浮渣的装置。

11.3.6 间歇式污泥浓缩池污泥经静止重力分离后，形成上部清液区和下部浓缩污泥区，在清液区不同高度设置多个上清液排出管，有利于根据污泥界面高度排出上清液。

11.4 污泥厌氧消化

11.4.1 化工污水处理产生的有机污泥由于性质复杂，有些成分对微生物有毒害或抑制作用，故采用厌氧消化处理时应根据试验或类似污泥运行经验确定设计参数。由于剩余活性污泥的C/N只有5左右或更低，单独进行厌氧消化比较困难，故宜与其他有机污泥合并进行厌氧消化，但延时曝气系统的剩余污泥基本稳定，没有必要进行厌氧消化处理。

11.4.2 污泥的含水率过高会造成消化池容积过大，挥发性固体去除率过低不经济。

11.4.3 污泥的厌氧消化可以为高温厌氧消化或中温厌氧消化，高温厌氧消化有机物的分解率和产气率高于中温厌氧消化，但运行稳定性较差，对温度变化比较敏感，能耗高。目前，国内外常用的都是中温厌氧消化。中温厌氧消化有单级和二级厌氧消化工艺，设计时可通过技术经济比较确定，污泥采用二级消化时，二级消化池只作补充消化，不加热，不搅拌，依靠剩余热量继续消化。

11.4.4 本条给出厌氧消化池的总有效容积、消化时间、消化池挥发性固体容积负荷等主要数据及公式便于计算。

11.4.5 厌氧消化池污泥的加热是为了使消化池保持所需的消化温度，本条提出了污泥加热方法的原则规定。

11.4.6 厌氧消化污泥和污泥气对混凝土或钢结构存在较大的腐蚀性，故厌氧消化池内壁应进行防腐处理。

11.4.7 厌氧消化池搅拌可以使温度均匀、污泥混合均匀、避免消化池出现死角，提高污泥消化效率。

11.4.9 使用污泥气的泵房、压缩机房、阀门控制间等场所，存在污泥气泄漏的可能，这些场所均应符合防火防爆要求，室内应设置通风设施和泄漏报警装置。本条为强制性条文，必须严格执行。

11.5 污泥脱水和干化

11.5.1 不同的污泥脱水性能差异很大，故应根据试验资料或类似运行经验确定。

11.5.2 本条是对污泥脱水设备数量的规定。

11.5.3 本条是对板框压滤机和箱式压滤机设计要求的规定。

11.5.4 本条是对带式压滤机设计要求的规定。

11.5.5 本条是对含油污泥脱水设备选型及参数的规定。

11.5.6 叠螺式污泥浓缩脱水一体化设备采用连续运行，重力进泥，运行时不需要冲洗水，是一种节能的新型设备。工程设计上已有使用，故提出本条规定。

11.5.7 污泥采用混凝剂调理可以改善污泥的脱水性能。

11.5.8 目前滤布冲洗水采用污水处理的出水已成熟且可节水。

11.5.9 污泥脱水间臭味较大，为改善工作环境，故作此规定。

11.5.10 脱水后如不能及时运输，应考虑妥善储存，避免下雨等原因造成二次污染。

11.5.11 气候和场地条件允许时，采用污泥自然干化场比较经济，尤其适合小型无机污泥处理。

11.6 污泥处置

11.6.1 污泥处置与污泥性质有关，其处置方法应符合环境保护有关标准、规范规定和经批准的环境评价要求。

11.6.2 化工污水处理产生的污泥成分复杂，有些含有有毒的有机物、重金属，故应按污泥性质采用不同的处置方法。

12 总体设计

12.1 场 址

12.1.1 场址是否合理涉及整个工程的合理性，对工程投资、运行维护、管理都有很大影响，本条文对场址的选择提出了应遵循的条件。

12.1.2 污水回用处理场场址除符合本规范第12.1.1条的基本原则外，靠近回用水源及主要用户，可节省工程投资和运行费用，提高供水安全可靠性。污水处理场经二级处理后的出水水量充裕，水质相对较好，回用处理难度较小，宜作为回用水源。故回用水处理场尽可能与污水处理场合并建设，有利于附属建（构）筑物统一设置，有利生产管理，对节省用地，降低工程投资和处理成本有利，故提出本条。

12.2 总体布置

12.2.1 本条提出污水处理场平面布置的基本原则：

1 要根据工艺流程，结合场址、地形、地质、风向、消防、施工维护管理进行布置，可以布置成多种形式，应综合比较确定，为今后的发展提供良好的条件。

2 按不同处理功能和生产危险程度分区集中布置，可以保证运行安全，操作维护方便，有利于管道布置并减少占地面积。

12.2.2 本条提出处理场通道设置的要求。道路宽度的规定是为了满足处理场运输、巡回检查、维护管理的不同要求。

12.2.3 本条提出处理场各种管道设计的基本要求。超越管还应按某构筑物停止运行、进行维修时，不致影响其他构筑物正常运行设计。管道合理设计可保障处理场安全、可靠、稳定的运行，减少管道维护管理的困难。

12.2.4 本条提出处理构筑物高程布置的原则要求。由于各构筑物及连接管渠水头损失较难准确计算，根据设计经验，应留有余地，一般可取计算值的10%～20%。

12.3 建（构）筑物设置

12.3.1 本条规定主要是从运行可靠、管理机动灵活、适应性强、维护检修时少影响或不影响其他构筑物运行上确定的。

12.3.2 本条提出了辅助建筑物设计的原则。当污水处理与回用处理场属企业一部分，且在厂区范围内，由企业统一管理，辅助建筑物应由企业统一考虑设置。

12.3.3 处理构筑物应设排空管，平底池应设排水坑，个别深池埋设较深，不便设排空管，可采用临时潜水泵抽空。

12.3.4 构筑物应有防渗漏的技术措施，以免池体渗漏，污染周围环境和地下水。

12.3.5 寒冷地区处理构筑物，为了保障冬季能正常运行，处理构筑物管（渠）和其他设施，应有保温防冻措施。水池可采取池上加盖、池内加热、建于房屋内等措施，视当地气温、处理构筑物运行要求和当地同类构筑物设计经验确定。

12.3.6 加药间是污水处理、回用水处理场中劳动强度较大、操作环境较差的单元（岗位）。加药间使用的药剂包括酸、碱、混凝剂、氧化剂、化学沉淀剂、生物处理投加的磷盐、铵盐及消毒剂等。这些药剂有的有异臭、有毒、有腐蚀性，有的则属易燃、易爆物，在制备、投配、储存环节存在一定危险性，故加药间应有良好的通风。加药间的设计应符合国家相关规范的要求。

12.3.7 本条是强制性条款，必须严格执行。处理构筑物大多是水池，高于地面，运行管理中存在一定的安全隐患，故应设置适用的栏杆、防滑梯等安全设施。高架处理构筑物为防雷击，应设避雷设施。

12.4 监控与分析化验

12.4.1 本条提出监测控制的基本原则和目的。由于监测、控制内容很广泛，应有利于保障污水处理和回用水处理设施安全稳定运行，提高科学管理水平，避免操作的盲目性，有利于节能、节水，有利于改善劳动强度，应根据处理规模、处理水质、处理工艺、工程投资，结合环保部门的要求综合考虑。本节所提出的监测仪表均指在线仪表。

12.4.2 本条提出污水和回用水处理场进、出水检测的要求。

12.4.3 管道输送进、出处理场的物料包括蒸汽、氧气、仪表空气、酸、碱液及其他药剂、污泥气等。

12.4.4 处理单元是污水处理和回用水处理系统的组成环节，不同的水质不同处理工艺由不同的处理单元组成，各处理单元应根据工艺操作控制参数选择必要的检控仪表和报警装置。实际工程中可根据具体情况配置。

12.4.5 根据操作管理的需要，药液池和酸、碱储罐应设液位监测和高低液位报警装置，选用的仪表应根据药剂的性质具有耐腐蚀性能。

12.4.6 本条是有关保障生产和操作人员安全的规定，具体设置要求应按照有关章节的规定执行。

12.4.7 本条规定大中型、工艺复杂的污水处理工程控制系统采用 PLC、DCS 系统，是由于 PLC、DCS 系统具有可靠的过程控制功能、便利的操作方式、可靠的报警功能、快捷的制表打印功能、完善的自诊断功能，便于数据采集、数据储存及数据交换，有良好的性价比，深受操作者认可，在当前污水处理及回用工程的应用已越来越广泛。

12.4.8 本条对污水处理装置及回用工程控制室的设置按规模进行了分类：

1 大、中型污水处理及回用工程为了节省电缆，宜将操作站、打印机等人机接口设在中央控制室，而将控制系统的控制站、I/O 接口柜分开设置，可设在现场、电气专业低压配电室或辅助机柜室内。

2 由于小型污水处理及回用工程设备布置比较集中，控制室的机柜室和操作室宜毗邻设置。

12.4.9 本条提出在线自控仪表选型的要求。

在线仪表种类较多，应合理选择在线仪表，量程、仪表精度和响应速度应满足工程和管理的要求，应注意被测介质的性质、使用环境（如温度、腐蚀性气体）及待测介质中颗粒物和附着物对测量精度及使用寿命的影响。检测仪表应检修、校验、维护方便，运行可靠，并力求经济实用。

12.4.10 本条给出了自控仪表防护措施的选择。

1 根据所采用的在线分析仪对工作环境的要求设置自动分析器室。自动分析器室设空调，以满足仪器工作温度、湿度要求，自动分析器室应预留分析进水和排水的管道。由于绝大多数水质分析仪为非防爆产品，当自动分析器室位于爆炸危险区域时，自动分析器室应按相关设计规定，采取正压通风防爆措施。

2 由于 DO、pH、浊度、电导率、ORP、MLSS、酸碱浓度等在线分析仪表转换器、分体式流量（液位）计的转换器比较贵重，室外安装时，为了防止日晒雨淋，延长仪器的使用寿命，宜为上述转换器设置带玻璃观察窗的仪表保护箱。

12.4.11、12.4.12 污水处理及回用场化验室的分析项目主要是根据化验分析为一班制（白班）。每班一次的分析项目，操作工能做的由操作工兼做，不能做的由化验室完成。分析项目只考虑日常生产运行必需的项目，工程设计中可酌情增减。

中华人民共和国国家标准

电子工业纯水系统设计规范

Code for design of pure water system of electronic industry

GB 50685—2011

主编部门：中华人民共和国工业和信息化部

批准部门：中华人民共和国住房和城乡建设部

施行日期：2 0 1 2 年 5 月 1 日

中华人民共和国住房和城乡建设部
公　告

第1028号

关于发布国家标准
《电子工业纯水系统设计规范》的公告

现批准《电子工业纯水系统设计规范》为国家标准，编号为GB 50685—2011，自2012年5月1日起实施。其中，第6.1.8、6.1.9、6.1.10、6.3.3、6.3.4、6.4.7条为强制性条文，必须严格执行。

本规范由我部标准定额研究所组织中国计划出版社出版发行。

中华人民共和国住房和城乡建设部

二〇一一年五月十二日

前　言

本规范是根据原建设部《关于印发〈2005年工程建设标准规范制订、修订计划（第二批）〉的通知》（建标函〔2005〕124号）的要求，由信息产业电子第十一设计研究院科技工程股份有限公司会同中国电子工程设计研究院、上海电子工程设计研究院有限公司和北京北方佳云净水设备有限公司共同编制完成。

本规范在编制过程中，编制组认真贯彻国家基本建设方针和有关环保、节水要求，在认真、全面调查我国电子工业纯水系统的设计和使用现状的基础上，广泛征求国内各设计院、工程公司、生产厂商和使用单位的意见，参考相关国际标准，最后经审查定稿。

本规范共分8章和2个附录。主要内容包括：总则，术语，纯水制备工艺，纯水输送和分配，纯水回收和节水，纯水站房，药品贮存、计量和输送，控制及仪表等。

本规范中以黑体字标志的条文为强制性条文，必须严格执行。

本规范由住房和城乡建设部负责管理和对强制性条文的解释，由工业和信息化部负责日常管理，由信息产业电子第十一设计研究院科技工程股份有限公司负责具体技术内容的解释。在执行本规范过程中，请各单位结合技术进步和具体的工程实践，认真总结积累经验，如发现需要修改或补充之处，请将意见和建议寄送信息产业电子第十一设计研究院科技工程股份有限公司（地址：四川省成都市新华大道双林路251号；邮政编码：610021；传真：028-84333172），以便今后修订时参考。

本规范主编单位、参编单位、主要起草人和主要审查人：

主 编 单 位： 信息产业电子第十一设计研究院科技工程股份有限公司

参 编 单 位： 中国电子工程设计院
上海电子工程设计研究院有限公司
北京北方佳云净水设备有限公司

主要起草人： 肖劲戈　路振福　樊勖昌　王凌旭　薛长立　杜宝强　路　健　崔淑洁　龙明全　马礼飞　黄汉新　周小莉　裴志华　李希云

主要审查人： 周可可　林耀泽　毛煜林　罗昌贵　杨　琦　萧百宏　李春鞠　唐世权　王　春

目　次

Contents

1 总 则

1.0.1 为确保电子工业纯水系统出水满足电子产品生产工艺要求，确保电子工业纯水系统的设计做到技术先进、安全适用、经济合理、操作方便，制定本规范。

1.0.2 本规范适用于新建、扩建和改建的电子工业纯水系统的工程设计。

1.0.3 电子工业纯水系统设计应贯彻执行国家的技术经济政策，合理选择水源，节约能源，节约用水，节约用地，保护环境，安全卫生，提高经济效益。

1.0.4 电子工业纯水系统设计应根据主体工程建设规划、生产特点等综合确定，并应经技术经济比较，择优确定设计方案。当主体工程为分期建设时，纯水系统应按最终容量（规模）统一规划、合理布局、分期实施。

1.0.5 电子工业纯水系统的设计应为施工安装、维护管理、检修、检（监）测和安全运行创造必要的条件。

1.0.6 电子工业纯水系统的改建、扩建设计，应合理利用、改造原有设施。

1.0.7 纯水回收和节水设施宜与纯水制备系统统筹规划，并宜同时设计、同时施工、同时投运。

1.0.8 纯水系统排放的废水，应达到国家和地方排放标准后再排放。

1.0.9 电子工业纯水系统的工程设计，除应符合本规范外，尚应符合国家现行有关标准的规定。

2 术 语

2.0.1 电子工业纯水 pure water for electronic industry

电子工业生产所需的纯化水的通称，根据生产需要的水质去除生产所不希望保留的各种离子以及其他杂质的水。

2.0.2 电子工业纯水系统 pure water system for electronic industry

制取和配送用于电子工业生产纯水的系统，通常包括纯水制备、纯水的输送和分配、纯水的回收和处理的系统。

2.0.3 软化水 soft water

除掉部分或全部钙、镁离子等后的水。

2.0.4 淤塞指数（SDI） silt density index

保证反渗透正常运行的进水水质重要指标，它通过被测水样对 0.45μm 滤膜的淤塞程度间接表征造成反渗透膜面堵塞的水中微量悬浮物、胶体的含量，又称污染指数 FI。

2.0.5 电阻率 resistivity

度量水溶液阻止电流通过的能力，等于在一定温度下，一对截面积为 1cm^2 的电极在 1cm 距离间的电阻值，其单位为 Ω·cm 或 MΩ·cm。

2.0.6 电导率 conductivity

度量水溶液导电的能力，等于电阻率的倒数，其单位为 μs/cm 或 s/cm。

2.0.7 总有机碳（TOC） total organic carbon

水中溶解性和悬浮性有机物中碳的总量，反映水中有机物含量的指标。

2.0.8 微滤（MF） microfiltration

通常指在外压作用下，利用筛网状过滤介质膜的“筛分”作用进行分离的膜分离技术。

2.0.9 超滤（UF） ultrafiltration

通常指在外压作用下，利用非对称性膜去除水中亚微米悬浮物的膜分离技术。超滤能截留分子量范围为几百至几百万的溶质和微粒，多为大分子有机物和胶体。

2.0.10 反渗透（RO） reverse osmosis

在外加压力作用下，利用一种半透性薄膜使水分子和其他一些物质选择性透过，从而将绝大部分悬浮物和绝大部分溶解固形物（盐）截留去除的膜分离技术。

2.0.11 电脱盐（EDI） electrodeionization

一种利用装填阳、阴混合离子交换树脂或离子交换无纺布，在直流电场作用下连续去除水中离子而不需要专门再生的除盐装置的统称。

2.0.12 紫外线杀菌 UV sterilization

通过波长 254nm 的紫外线照射杀灭水中的活菌为紫外线杀菌装置。

2.0.13 紫外线除有机碳 UV-TOC Removal

通过波长 185nm 的紫外线照射分解纯水中的微量 TOC 为紫外线除 TOC 装置。

2.0.14 膜脱气装置（MDG） membrane degasifier

利用膜分离技术降低水中挥发性溶解物质的装置，在电子工业纯水系统中主要是脱除纯水中的溶解氧。

2.0.15 供水环路 distribution loop

为保证电子工业最终使用点的纯水水质和水压而采用的有附加循环水量的不间断供水方式，最终使用点用水取自从终端过滤器到纯水水箱之间的闭合供水环路。供水环路一般由纯水精处理系统和供、回水管路共同组成。

2.0.16 背压调节阀组 back pressure regulation unit

设于纯水回水管路末端，通过调节阀通径大小的变化来维持、调节纯水供回水管路压力的调节阀组。

3 纯水制备工艺

3.1 一 般 规 定

3.1.1 电子工业纯水系统应根据电子产品生产工艺

要求，合理确定纯水制备系统的规模和供水水质。

3.1.2 电子工业纯水系统制水流程和设备的选择应根据对纯水水质的要求、原水水质以及运行管理水平，并结合处理效果、原水的利用率、节能、环保等因素，经技术经济比较确定。

3.1.3 电子工业纯水系统应根据最终产品水水质要求选择简捷、有效的处理流程和可靠的处理设备。

3.1.4 纯水站的产水量应根据各类产品水量加系统自用水量确定。

3.1.5 电子工业纯水系统设计前应取得全部可利用水源的水质全分析资料，并应选择有代表性的水质分析资料作为设计依据。水质全分析报告格式应符合本规范附录A的要求。水质资料的获取应符合下列要求：

1 水源为地表水时宜取得全年逐月水质资料。

2 水源为地下水时宜取得全年每季的水质资料。

3 当无法得到逐月或逐季资料时，应掌握水质随季节的变化规律。

3.1.6 对可能受到海水倒灌或其他因素影响的水源，应掌握由此而引起的水质变化情况。对于来自生产过程中的回用水，应掌握其来源与组成。

3.1.7 电子工业纯水制备系统应由预处理、脱盐及深度处理和精处理组成，各阶段达到的目标应符合下列要求：

1 预处理阶段水质应满足脱盐装置进水水质的要求。

2 脱盐及深度处理阶段产水水质应接近最终产水水质要求。

3 精处理阶段应保证不间断地满足最终产水水质、水量和水压等要求。

3.1.8 系统设计中每个水处理装置的出水水质应满足后续处理装置的进水水质要求，水处理装置的进水水质应根据制水设备的要求确定。水质要求较高或有多项水质指标时尚应符合最终水质的要求。

3.2 预处理

3.2.1 预处理系统需要达到的水质指标应根据所选脱盐装置的进水水质要求确定，缺乏资料时可按表3.2.1选择。脱盐处理单元采用反渗透工艺时，预处理系统应根据水质特点采取有效防止结垢等化学污染，以及防止生物、有机物及铁锰金属离子等污染的措施。

表3.2.1 离子交换、电渗析、反渗透及电除盐装置进水水质要求

项目		离子交换	电渗析	反渗透	电除盐
SDI		—	<5	<5	—
浊度	对流再生	<2	<1.0	<1	—
	顺流再生	<5			
水温（℃）		5～40※1	5～40	5～35	5～40
pH		—	—	2～11	5～9
COD_{Mn}（mg/L）		<2※2	<3	<3	<0.5（TOC计）
游离氯（mg/L）（以Cl_2表示）		<0.1	<0.3	<0.1	0.05
含铁量（mg/L）（以Fe表示）		<0.3	<0.3	<0.05	<0.01
含锰量（mg/L）（以Mn表示）		—	<0.1	—	（两项合计）
总硬度（mg/L）（以$CaCO_3$表示）		—	—	—	<1
总含盐量（mg/L）		—	—	—	<10～25
二氧化硅（mg/L）		—	—	—	<0.5

注：1 强碱Ⅱ型树脂、丙烯酸树脂的进水水温不应大于35℃。

2 指对凝胶型强碱阴离子交换树脂的要求。

3.2.2 原水浊度较高时宜采用凝聚澄清过滤工艺，设计参数可按现行国家标准《室外给水设计规范》GB 50013的有关规定执行；原水采用含低密度、疏水性悬浮物较高的地面水水源时，宜加设气浮分离工艺；原水采用城市自来水时，宜采用微絮凝过滤、微滤或超滤等处理工艺。纯水系统预处理设计应符合下列要求：

1 过滤器的设计产水量应包括后续处理装置要求的供水量及过滤器的自耗水量。过滤器台数不宜少于2台。

2 过滤器的过滤周期应根据进出口水质、滤料截污能力等因素确定。每台设备每昼夜反洗次数宜为1次～2次。

3 絮凝剂的选用和加药量的确定应根据进水浊度、水温、pH值及碱度等因素的影响，以及相似水质的工程运行经验或试验资料，经技术经济比较后确定。

4 絮凝剂投加点宜设置于原水加压泵吸入段或在进入过滤器前设置静态混合器。

5 微絮凝聚过滤的过滤器的设计参数可根据表3.2.2-1的要求选用，过滤器采用气水反洗时设计参数可根据表3.2.2-2的要求选用。

6 采用微滤、超滤除浊时，应采取完善的自动反洗和化学清洗措施。微滤、超滤前宜设置预过滤器，其过滤精度可根据所选用的微滤和超滤产品的进水水质要求确定。

7 微滤、超滤和活性炭过滤并用时，活性炭过滤应置于微滤、超滤之后。

表 3.2.2-1 微絮凝聚过滤器的设计参数

序号	过滤器类别		滤料			滤速(m/h)	反洗	
			粒径(mm)	不均匀系数(K_{80})	床高(m)		强度(L/s·m²)	历时(min)
1	级配石英砂		d_{min}=0.35 d_{max}=0.5	<2.0	0.7～0.8	≤6.5	14～15	6～8
2	双层滤料	无烟煤	d_{min}=0.8 d_{max}=1.2	<1.5	0.4	7～9	15～16	7～8
		石英砂	d_{min}=0.4 d_{max}=0.8	<1.5	0.4			
3	均质石英砂		d_{min}=0.9 d_{max}=1.2	1.3～1.6	1.1～1.2	7.5～8.5	14～15	6～8

表 3.2.2-2 气水反洗过滤器设计参数

序号	过滤器类别	先气冲洗		气水同时冲洗			后水冲洗	
		强度(L/s·m²)	历时(min)	气强度(L/s·m²)	水强度(L/s·m²)	历时(min)	强度(L/s·m²)	历时(min)
1	级配石英砂	12～18	3～1	12～18	3～4	4～3	7～9	7～5
2	双层滤料	15～20	3～1	—	—	—	6.5～10	6～5
3	均质石英砂	13～17	2～1	13～17	3～4	4～3	4～8	8～5

3.2.3 原水中铁锰含量不能满足后续装置进水要求时，应采取除铁锰措施，设计参数可按现行国家标准《室外给水设计规范》GB 50013的有关规定执行。

3.2.4 活性炭过滤器应根据进水水质、处理要求和活性炭的种类进行设计。活性炭过滤器的设计参数可按表 3.2.4 的要求确定。活性炭过滤器用于去除游离余氯时，可取较高滤速；去除有机物时，可取较低滤速。

表 3.2.4 活性炭过滤器设计参数

项目	滤料粒径(mm)	滤层高度(mm)	滤速(m/h)	反洗强度(m/h)	反洗历时(min)
参数	0.8～1.2	900～2000	8～16	20～24	5～15

3.2.5 防止反渗透膜结垢的设计应符合下列要求：

1 采用投加阻垢剂防止反渗透设备结垢时，应根据原水水质和药剂的技术说明选择药剂品种和投加量。

2 采用钠离子交换软化或复床式离子交换降低原水的硬度和碱度时，离子交换器的设计参数可按本规范附录B的要求选用。

3 采用调节 pH 值降低碳酸盐硬度时，宜采用盐酸。

3.2.6 采用药剂氧化法降低有机物和抑制微生物时，其加氯量应根据原水中的有机物含量计算。对经过混凝沉淀及过滤处理后的原水或清净的地下水，加氯量可采用 0.5mg/L～1.0mg/L。

3.2.7 原水经氧化处理或原水余氯含量超过后续处理装置的进水要求时，应采用活性炭吸附或投加还原剂等方法进行脱氯处理。

3.2.8 当冬季原水水温较低时进入反渗透装置前是否提高水温，应根据制水量、产品水的水温要求、热源供应及加热成本等因素综合比较确定。当选择换热设备时，宜采用板式换热器。其设置位置应根据预处理各单元装置对水温的要求确定。

3.3 脱盐及深度处理

3.3.1 脱盐系统的选择应根据处理水量、进出水质的要求，经技术经济比较确定。当产品水对微粒、TOC 等水质指标有要求时，宜选反渗透处理工艺。

3.3.2 反渗透装置的设置应符合下列要求：

1 反渗透装置不宜少于 2 套，每套反渗透装置的保安过滤器、反渗透给水泵宜独立设置。

2 反渗透装置前应设置过滤精度不小于 5μm 的保安过滤器，并应设置清洗设施。

3 反渗透装置应有流量、压力、温度等控制措施。反渗透高压泵进口应设置低压保护开关，出口应设置止回阀和高压保护开关。反渗透装置宜采用高压泵变频启动或在高压水泵出口设置电动慢开阀门等稳压装置。当几台反渗透装置出水并联连接时，每台装置出水管上应设置止回阀。反渗透装置出口背压应符合所选用膜件的设计要求。

4 反渗透装置宜按连续运行设计，停运时应采取冲洗保护措施。

5 反渗透装置在线化学清洗应能逐段单独进行。在线清洗装置宜设加热装置。

6 保安过滤器、反渗透高压泵宜选用不锈钢材质。

7 采用两级反渗透时，进入第二级反渗透之前宜作 pH 调节。

3.3.3 离子交换装置的设置应符合下列要求：

1 当水质较稳定、出水量不大时，初级处理系统中阳、阴离子交换器应采用单元制串联系统，且阴离子交换器的树脂装填量应为计算值加 10%～15% 的裕量。

2 当进水水质变化较大、出水量大时，初级处理系统中阳、阴离子交换器宜采用母管并联制系统，每台离子交换器进出口应设置手动隔离阀。

3 离子交换除盐系统中顺流再生固定床、逆流再生固定床、浮动床、双层床和满室床的选用，应根据处理水量、进水水质条件和出水水质要求进行技术经济比较后确定。浮动床宜用于制水量大、连续运行的系统。

4 使用强酸、强碱离子交换树脂的初级复床除盐有关床型适用进出水水质，可按表3.3.3的要求确定。采用弱型树脂与强型树脂串联工艺或用双层床组成复床时，系统进水水质条件可放宽，具体适用的进水水质条件应通过技术经济比较确定。

5 弱酸、弱碱离子交换树脂的使用应根据进水水质条件合理选择。当碳酸盐硬度较高、碳酸盐硬度与总阳离子之比大于0.5时，宜采用弱酸阳离子交换树脂；当强酸阴离子含量大于2mmol/L、强酸阴离子与弱酸阴离子之比大于2或有机物含量高时，宜采用弱碱阴离子交换树脂。在强、弱型离子交换树脂层高合适时，可选用双层床或双室离子交换器。

6 离子交换树脂的工艺性能数据应根据设计工况条件，按树脂生产厂家提供的产品性能参数或类似设计工况条件下的实际运行资料确定。必要时也可通过模拟试验确定。

7 离子交换装置的设计参数可按本规范附录B的要求设计。

8 阳、阴离子交换器工作周期宜按每昼夜再生1次～2次设计。

9 采用强酸、强碱离子交换树脂的固定床交换器，交换器的再生方式应经技术经济比较确定。当进水总含盐量大于150mg/L、总阳离子含量大于100mg/L（$CaCO_3$）、强酸阴离子含量大于100mg/L（$CaCO_3$）时，宜采用逆流再生方式。

10 离子交换器的交换树脂层高，应通过计算确定，树脂层高度不宜低于1.0m。混合离子交换器的阳、阴树脂比例宜为1∶2。

11 无石英砂垫层的离子交换器出口应设置树脂捕捉器。

12 采用双室床、浮动床或满室床离子交换器时，应分别设置阳、阴离子交换树脂清洗罐。

表3.3.3 初级复床离子交换器进出水水质

设备名称	进水水质			出水水质
	含盐量（mg/L）	总阳离子［mg/L（$CaCO_3$）］	强酸阴离子［mg/L（$CaCO_3$）］	电导率（μS/cm）
顺流再生固定床	＜150	≤100	≤50	≤10
逆流再生固定床	＜500	≤350	≤200	＜5
浮动床	300～500	100～200	50～125	＜5

3.3.4 二氧化碳器或真空除气器的填料层高度，应根据填料品种和尺寸，进、出水二氧化碳含量，水温以及所选定淋洒密度下的实际解析系数等因素经计算确定。

3.3.5 电脱盐装置的设置应符合下列要求：

1 电脱盐装置的进水水质要求应根据设备要求确定，缺乏资料时，可按本规范表3.2.1的要求确定。

2 电脱盐装置不宜少于2套，其浓水宜回收至反渗透系统进水。

3.3.6 深度脱盐的混合床离子交换器，宜采用氮气混合离子交换树脂。

3.3.7 脱氧膜设备和纯水储罐气封氮气的纯度，不应低于99.999%。

3.3.8 紫外线灭菌器后应安装灭活细菌过滤器，过滤精度不宜低于0.45μm。TOC UV后应设置混床离子交换器或抛光混床离子交换器。

3.4 精 处 理

3.4.1 最终纯水水质要求较高时，精处理系统应与车间供水管道构成循环供水系统。

3.4.2 系统设备的设计流量应按产水量与循环附加流量之和计算。

3.4.3 精处理混合床应符合下列要求：

1 应采用非再生式离子交换树脂。

2 离子交换树脂应根据水质要求选择。

3 离子交换器滤速宜为40m/h～60m/h。

3.4.4 最终用水有不同水温要求时，应在精混床后分别换热供水，热纯水回水应进行降温处理。

3.4.5 精处理系统的最终出水管上应根据水质要求设置相应的在线水质监测仪表。未配置在线水质监测仪表时，应备有采样口。

3.5 特殊水质指标的技术措施

3.5.1 纯水水质对微粒、总有机碳、细菌、溶解氧、二氧化硅及硼等特殊指标有要求时，系统的各个处理单元的设置中除应满足后续设备的进水水质要求外，还应满足对特殊指标的处理要求。

3.5.2 纯水水质对TOC有要求时，应根据水质要求采用下列措施：

1 在初级处理系统中应设置反渗透装置。

2 要求TOC小于20μg/L～50μg/L时，应设置紫外线除有机物装置。

3 应采用低TOC析出的离子交换树脂、管道、阀门及设备材料。

3.5.3 纯水水质含有溶解氧指标时，系统中应设置脱氧装置，其后所设的水箱均应采取氮封措施。脱氧装置宜采用膜脱气，并应根据水质要求经技术经济比较确定采用一处脱气处理或多处脱气处理。

3.5.4 最终微粒粒径要求不小于 0.1μm 时，应在精处理阶段设置微孔过滤，要求小于 0.1μm 时，宜设置超滤。

3.5.5 产品水水质指标有二氧化硅含量要求时，系统设计应采取凝聚过滤、活性炭吸附、微滤、超滤、反渗透、电脱盐、离子交换等除硅措施。系统中的强碱阴离子交换器和混合床宜按出水硅含量控制交换终点，阴离子交换树脂再生碱液宜加热，加热温度可为35℃～50℃。

3.6 水箱、水泵

3.6.1 纯水制备系统的水箱材质选择应满足所贮存水的水质要求。水箱容积宜按下列要求确定：

1 原水箱、中继水箱容积宜满足连续运行的最大一台水泵 2h～3h 出力要求，同时应满足单台设备反洗或清洗一次的用水量要求。

2 除盐水箱、软化水箱总容积应满足使用点的用水量要求。水箱总容积宜大于 1h 的耗水量要求，同时应满足工艺系统需要的最大一次自用水量的要求。

3 除二氧化碳装置的水箱有效容积，单元串联系统宜为本单元设备出力的 5min 贮水量，且不宜小于 $2m^3$；并联系统宜为并联设备总出力的 15min～30min 贮水量，水量大时可设多台水箱及除碳器。

3.6.2 纯水制造系统过程中水的电阻率较高、防止二氧化碳溶入水中或有溶解氧要求时，水箱宜设置氮封保护。设置氮封保护的水箱溢流口应采取隔绝空气的措施。

3.6.3 氮封装置的供气量应大于或等于对应水泵组的最大输水量。氮封压力值可取 0.0005MPa～0.001MPa（表压）。

3.6.4 纯水供水泵宜采用变频水泵。纯水使用点压力要求较高或输配管路较长时，宜加设中继泵。

4 纯水输送和分配

4.1 一般规定

4.1.1 电子工业纯水的输配管路形式应根据供水水量、纯水水质、用水设备布置，以及使用点水压稳定性要求，结合技术经济比较选择同程式输配系统、异程式输配系统或单管循环等输配水方式，并宜符合下列要求：

1 对于小型纯水输配系统，当输水主管管径小于 DN50 且不超过 15 个用水点，对纯水水质要求不高或用水设备自身无回水要求时，宜采用单管循环输配系统。

2 对于大、中型纯水输配系统，水质要求较高但用水点对供水水压稳定性要求不严格，或用水点数不多且便于手动调节时，宜采用异程式输配系统。

3 对于大、中型纯水输配系统，水质要求高且用水点对供水水压稳定性要求严格，或用水点数多且不便于手动调节时，宜采用同程式输配系统。

4.1.2 管道、阀门、附件的选用应与纯水水质相匹配，并应满足纯水系统的使用条件，同时应与纯水系统的使用温度、消毒方式等相适应。

4.1.3 纯水输配管路根据不同纯水水质及使用条件要求可选择不锈钢管、聚氯乙烯、聚丙烯、洁净聚氯乙烯或聚偏二氟乙烯等管材。在纯水输配系统的某些部位，聚氯乙烯、聚丙烯、洁净聚氯乙烯或聚偏二氟乙烯等塑性管材不能满足强度和使用温度的要求时，可选择相应的不锈钢管材。

4.1.4 与纯水直接接触的设备内表面应光洁、平整，化学性质应稳定、耐腐蚀、易清洗、易消毒。

4.1.5 纯水输配系统的工作压力不得大于国家现行有关产品标准标称的允许工作压力。

4.1.6 热纯水的使用应根据水量和使用点的分布特点结合技术经济比较确定，可选择集中加热或使用点就地加热的方式供给。

4.2 管道设计

4.2.1 纯水供、回水管路应采用架空敷设，并应做到安全可靠、经济合理、整齐美观，同时应满足施工、操作、维修等方面的要求。

4.2.2 管道穿过建筑物楼板或墙面时，应加套管，套管与管道间的空隙应密封。管道上的焊缝不应在套管内，距离套管端部不应小于 150mm。套管应高出楼板 50mm。

4.2.3 管道不应穿过防火墙或防爆墙；必须穿过防火墙或防爆墙时，应采取确保防火墙或防爆墙的既有功能又不受影响的措施。

4.2.4 纯水管路系统的布置应使管道系统具有必要的柔性。管路系统的热胀冷缩宜利用管道的自然形状达到自然补偿。

4.2.5 纯水管路系统采用独立设置的供、回水管路时，应保证每个用水点有适当的压差。

4.2.6 纯水管路系统的设计应避免死水滞留。死水滞留不可避免时，滞留段长度不宜大于管道公称直径的 3 倍。

4.2.7 纯水管路系统循环供水应符合下列要求：

1 循环附加水量宜为使用水量的 20%～50%。

2 纯水供水管路流速不宜小于 1.5m/s，回水管路流速不宜小于 0.5m/s。

3 回水干管末端应设置背压阀组。

4.2.8 纯水对微粒有要求时，管路系统中经常启闭的阀门宜采用慢开阀。

4.2.9 纯水管路系统供、回水管上设置的流量计，宜采用超声波流量计和涡街流量计。

4.2.10 纯水管路系统中需要清洗、杀菌的部位，应设置清洗接口，清洗、杀菌时不宜通过的设备或装置应设旁通。

5 纯水回收和节水

5.1 一般规定

5.1.1 电子工业纯水系统的设计应对整个工程项目的用水特点进行深入分析，并应对全厂的用水进行详细的水量平衡，宜按分质用水的要求，使各工序的排水能有效利用到纯水制备系统或其他对水质要求相对较低的工序或系统。

5.1.2 改建、扩建工程设计，对原有高水耗水处理工艺和设备应予以改造后采用或更新。

5.1.3 在缺水城市和地区，应按当地有关规定采用严格的节水措施。

5.2 纯水回收

5.2.1 纯水回收设计应与电子产品生产工艺设计密切配合，并应根据工程实际情况、回收水质、水量，结合当前的技术、经济条件等合理确定回收率，并宜符合下列要求：

1 应用于集成电路生产的超纯水系统，其纯水回收率不宜低于75%。

2 应用于集成电路封装测试生产线的纯水系统，其背面减薄废水和划片废水应予回收利用。

3 应用于 TFT-LCD 生产线的超纯水系统，其纯水回收率不宜低于50%。

5.2.2 经管路系统收集的用后纯水应连续检测其电导率、pH 值和 TOC，当检测值符合回用要求时，应予以回用；不符合回用要求时，应将其排放至废水处理系统。

5.2.3 回收水处理系统流程的拟定和设备的选择，应根据工程的具体情况、回收水水质、水量以及处理后的用途等因素综合确定。当不能取得回收水水质资料时，可按已建同类工程经验或经科学实验后确定。

5.3 节水措施

5.3.1 水处理单元排水回收再用，其设计应符合下列要求：

1 水质应符合相应用途的水质要求。

2 应重复使用或根据用水水质要求不同顺序，使用于水处理系统或水处理单元。

3 应根据拟回收水量和需水量进行全厂范围内的水量平衡计算。

4 应设置相应的调储设施。

5 当回收水量不能满足需求水量要求时，可补充新鲜水。

5.3.2 在大中型纯水制备系统中，下列排水应回收至纯水制备系统：

1 多介质过滤器、活性炭过滤器反洗末段的清洗水和预过滤阶段的出水。

2 阴、阳离子交换器再生末段的清洗水。

3 混合床离子交换器再生末段的清洗水。

4 EDI 的循环浓水排水。

5 精处理系统末端超滤装置排放浓水。

5.3.3 下列排水应予以回收至纯水制备系统：

1 溶解氧分析仪排水。

2 颗粒计数仪排水。

3 总有机碳分析仪排水。

5.3.4 设备冷却水应循环使用。采用直流且为新鲜水时，应回收利用。

5.3.5 换热设备的蒸汽凝结水应予回收利用。

5.3.6 纯水站应对耗用的自用水量进行计量。

6 纯水站房

6.1 一般规定

6.1.1 纯水站房的总平面布置应符合厂区总体规划的要求，并应符合下列要求：

1 应靠近主要用水设备。

2 环境卫生条件应良好。

3 应有方便的交通、运输和水电条件。

4 分期建设时，应有扩建余地。

6.1.2 纯水站房宜与其他建筑物合建；合建建筑物为多层时，纯水站宜设于地上一层或二层。

6.1.3 纯水站房设计应满足主要水处理单元运行观察、流量计量、水质监（检）测，以及水质取样等必要要求。

6.1.4 需经常监视或操作的设备、仪表、阀门、取样装置等，应布置在便于监视操作的部位。

6.1.5 纯水站内管道应用不同标识标明管内介质种类及流向。

6.1.6 设备或管道结露影响环境，引起设备或物品受损害时，设备或管道应作防结露保冷层；防结露保冷层的设计和构造，应符合现行国家标准《设备及管道保冷技术通则》GB/T 11790 的有关规定。

6.1.7 操作气动阀门和混合离子交换树脂的气源应经除油、干燥处理，并宜设置稳压装置。

6.1.8 在使用腐蚀性和有毒化学药剂的场所，必须设置紧急淋浴洗眼器等安全防护设施，并应符合下列要求：

1 在一般性有毒、有腐蚀性的化学药剂装卸、贮存和使用区域内，紧急淋浴洗眼器应按 20m～30m 设置一个。

2 在剧毒、强腐蚀性以及酸、碱化学药剂装卸、

贮存和使用区域内，紧急淋浴洗眼器必须设置在事故易发处 3m～6m 内，并应避开化学药剂喷射方向布置。

3 紧急淋浴洗眼器应同层设置，不得越层使用。通向紧急淋浴洗眼器的通道应畅通无阻。

6.1.9 站内明沟应设置盖板。

6.1.10 在纯水站房化学药剂贮存和装卸区域，必须采取防止泄漏的化学药剂漫流或进入室外雨水管网、污水管网的措施。

6.2 设备布置

6.2.1 设备布置应适应生产工艺调整的灵活性，并应满足电子产品生产工艺技术改造和扩大生产规模的需求。

6.2.2 设备布置应综合协调运行操作、施工安装、维修、公用动力管线及各种技术设施的需求，并应符合下列要求：

1 应按水处理工艺流程顺序和设备功能分区有序布置。

2 应布置合理、紧凑。

3 应减少对主操作区的噪声干扰。

4 精处理或终端处理系统宜靠近主要用水设备。

6.2.3 纯水站应设置必要的辅助间，其组成和面积应根据水站规模、企业的生产管理要求等确定。

6.2.4 空气压缩机、鼓风机等高噪声设备，宜布置在单独房间内，并应采取减噪措施。

6.2.5 水处理设备布置在室外时，其运行操作部位及阀门、仪表、取样装置等宜集中布置，并应根据当地气候情况采取相应的防冻、防雨、防晒、防风等保护措施。

6.2.6 反渗透装置的两端，应有足够的装卸膜元件的操作空间。

6.2.7 在地面上不便操作、检修的水处理设备和阀门等，应设置操作扶梯、检修平台和起吊装置。

6.2.8 酸碱等药剂贮存、配制设备区应避开人流通道，宜靠近制水区及货运入口。

6.2.9 酸碱等药剂贮存、配制设备区，应设置防护围堤，堤内设备基础、地面、排水沟等应采取严格的防腐、防渗处理；不能满足排放标准的地面排水应纳入废水处理系统进行处理。

6.2.10 设备间应有足够的操作维修通道和必要的安全距离。主要操作通道的净距不宜小于 2.0m，辅助操作通道的净距不宜小于 0.8m，设备之间的净距不宜小于 0.6m。通道均应适合维修的需要。

6.2.11 控制室和化验室应布置在通风采光良好且噪声、震动较小的部位，并宜设置空气调节装置。纯水站房内的控制室、化验室，不宜与高压配电室、鼓风机房和化学药剂间毗邻设置。

6.2.12 化学药剂贮存、配制、装卸、转输等设备的布置，应符合有关安全规定。

6.2.13 改建、扩建工程的设备布置，应符合下列要求：

1 应改善原有不合理的布局和不良运行条件。

2 应合理利用、改造原有设施。

3 应减少对原有系统运行的影响。

4 应与原有设备布置相协调。

6.3 管道布置

6.3.1 管道布置应符合下列要求：

1 应合理安排、组织好各类管道的走向、安全距离。

2 应管线短、附件少，并应整齐美观。

3 应便于安装、操作和维修。

4 不应影响交通运输和设备起吊。

5 管道布置应避免液袋和气袋；无法避免时，应根据操作、检修的要求设置放空、放净。

6 在管架上敷设的管道，净距不应小于 50mm，法兰外缘与相邻管道的净距，不应小于 25mm。

7 管道外壁或管道隔热层外壁距临近管架、构架柱壁或建筑外壁等的净距，不应小于 100mm。

8 管道上安装有特殊管件、仪表测量元件或小型设备时，应根据实际需要加大管道间的净距。

6.3.2 必须跨越人行通道的管道，其净高不应低于 2.2m。

6.3.3 腐蚀性介质、有毒介质管道架空敷设时，应避免法兰、螺纹等易泄漏部位置于人行通道或设备上方。

6.3.4 酸碱液管道严禁敷设在配电盘、控制盘等电气设备上方。

6.3.5 管道不宜穿越伸缩缝、沉降缝或变形缝。必须穿越时，对于非纯水管道，可在设计压力和输送介质允许情况下设置补偿器等装置提高管路的补偿能力；对于有较高水质要求的纯水管路，应通过改变管路走向等方式增强管路的自然补偿能力。

6.3.6 设于室内的鼓风式二氧化碳脱气塔的排气管应用管道引至室外，排风口宜设置汽水分离装置。

6.4 土　建

6.4.1 纯水站房的跨度、柱距和层高等除有特殊要求外，宜按建筑统一模数设计。

6.4.2 纯水站房的高度应根据设备吊装所需空间、设备接口高度、管道、桥架安装标高以及检修维护需求确定。设备最上部部件与站房顶板梁底的净距不宜小于 0.8m。

6.4.3 纯水站房楼地面的荷载应根据工艺设备安装和检修的要求确定。

6.4.4 纯水站房的出、入口应便于操作人员通行，并应至少有一个门能满足纯水站房内设备的最大检修部件出入要求。

6.4.5 站房内的设备检修需要使用车辆等运输工具时，纯水站房门的高度和宽度应满足车辆等运输工具通行的需要。

6.4.6 两层和两层以上的纯水站房应按设备检修部件的大小设置吊装孔和通道。吊装孔的位置应设置在出入口附近和便于搬运的区域。

6.4.7 纯水站房内设备吊装平台、高位平台，以及水池、罐顶和坑洞边缘距相邻楼板或地面高度1.2m及以上时，其周围的开敞边缘应设置防护栏杆。设备吊装平台、高位平台，以及水池、罐顶和坑洞边缘使用工具或其他物品时，应在其周围的开敞边缘设置带踢脚板的防护栏杆，并应符合下列要求：

1 开敞边缘距相邻楼板或地面的高度小于2m时，防护栏杆的高度不应小于900mm。

2 开敞边缘距相邻楼板或地面的高度大于等于2m且不超过20m时，防护栏杆的高度不应小于1050mm。

3 开敞边缘距相邻楼板或地面的高度大于等于20m时，防护栏杆的高度不应小于1200mm。

6.5 电　气

6.5.1 纯水站房内的供电负荷级别和供电方式，应根据工艺要求、环境特征等因素确定，并应符合现行国家标准《供配电系统设计规范》GB 50052的有关规定。

6.5.2 电机、启动控制装置、灯具和导线型式的选择，应与纯水站房内不同区域的环境特征相适应。现场的配电柜宜采取必要的防水、防腐措施。

6.5.3 纯水制备系统宜设置专用的配电箱。

6.5.4 纯水站房及构筑物工作面上照度值的确定，应符合现行国家标准《建筑照明设计标准》GB 50034的有关规定。

6.5.5 在纯水站房的主要位置及通道，宜设置应急照明。

6.6 采暖通风

6.6.1 纯水站房内工作地点的夏季环境温度，应根据设备散热量的大小确定，并应符合现行国家有关工业企业设计卫生标准的规定。

6.6.2 设置集中采暖的纯水站房内，值班室、控制室和分析室等冬季室内计算温度不宜低于18℃，其他区域的冬季室内计算温度不宜低于10℃。

6.6.3 纯水站房内放散有害物质的设备应采用局部排风；当局部排风达不到卫生要求时，应辅以全面排风。

6.6.4 化学药剂间应设置机械通风，并应分别在室内外便于操作的地点设置应急启动按钮。

6.6.5 采用全面排风时，宜采用自然通风。自然通风不能满足卫生、环保或生产工艺要求时，应采用机械通风或自然与机械联合通风。

6.7 给水排水和消防

6.7.1 纯水站内的生活给水可采用一路供水。给水系统同时供给紧急淋浴洗眼器时，应采取可靠的保障措施。

6.7.2 纯水站房内高于40℃的排水不得直接排入室外排水管网。

6.7.3 防火设计应符合现行国家标准《建筑设计防火规范》GB 50016、《建筑灭火器配置设计规范》GB 50140的有关规定。

7 药品贮存、计量和输送

7.1 一 般 规 定

7.1.1 药品贮存量应根据药品的消耗量、供应情况、包装和运输条件等因素确定，宜按10d～30d消耗量计算确定。药品由本地供应时，可适当减少贮存天数。

7.1.2 药品贮存间的设计应符合下列要求：

1 药品贮存间宜靠近厂区主要道路。

2 房间应有良好的通风和排水条件，其墙面和地面应采取有效的防腐措施。

7.1.3 药品的存放应符合下列要求：

1 药品应分类保存在通风、干燥、远离热源处，且宜放在平台或垫板上，不同品种药品应设有明显标志，并应分类存放。

2 药品干贮存时，其堆积高度宜为1.5m～2.0m。

3 药品湿贮存时，贮槽应设置盖板或护沿。

7.1.4 药品贮存间应根据药品的性质、贮存及使用条件设置安全防护措施。

7.1.5 药品贮存、配置、投加、计量设备和输送管道以及建筑物，应采取相应的防水、防腐、通风、除尘、采暖和冲洗等措施。

7.1.6 不同离子交换器宜设置专用酸、碱再生计量设备。

7.2 酸、碱及盐

7.2.1 酸、碱及盐等药剂的装卸和贮存设备，应采取安全和事故紧急排放、检修及清洗的措施。装卸及贮存设备应设置防护及水冲洗设施。

7.2.2 盐酸贮槽宜采用液面密封设施，排气口应设置中和、吸收处理设施。浓硫酸贮槽排气口宜装设除湿器。高纯度碱贮槽排气口宜设置二氧化碳吸收器。

7.2.3 装卸输送浓酸、碱液体，可采用负压抽吸泵输送或重力自流，不宜采用压缩空气输送。化学药剂采用固体碱及盐时，应设置吊运和溶解设备。

8 控制及仪表

8.1 一般规定

8.1.1 电子工业纯水系统的设计应按系统规模、出水水质、制水工艺、设备选型等技术因素结合经济条件、运行管理水平等要求确定合适的自动化程度，设计与选配控制系统和现场测量仪器仪表。

8.1.2 电子工业纯水系统的自动控制设计，应同时保证手动控制装置操作的可能。

8.1.3 电子工业纯水系统应根据制水工艺、制水设备及其介质输送系统的特点及监控功能需求情况，确定测量与控制对象、内容和控制参数，选择相应的监控系统，配置控制装置和现场传感器、变送器、阀门和执行机构等外部设备。

8.1.4 现场仪表应按介质输送系统和制水设备的控制参数，选配压力、液位、流量、温度传感器及其显示与控制仪表。

8.2 纯水系统监控系统设计选型

8.2.1 纯水系统监控系统应按纯水制备过程测量与控制技术指标、控制对象及范围、联锁控制等技术条件和监控功能的需求，选择监控系统的类型。

8.2.2 小型监控系统宜采用集中式控制系统，选用具有配套控制装置的成套制水设备，并宜设置自动与手动工作模式，设计时可不再另行选配控制系统。

8.2.3 大、中型监控系统应采用集散型控制系统，有条件时宜选用现场总线型控制系统。

8.2.4 纯水系统现场仪表、在线测量仪器、传感器、变送器、阀门、执行机构以及制水设备专用控制器等设计选型，应与所采用的监控系统类型相配套。

8.3 现场控制系统及集中监控系统设计

8.3.1 纯水系统现场控制系统应根据预处理、脱盐处理、精处理工艺设备及其过程测量与控制单元，按集散型控制系统现场控制站的区划，分区设计现场控制装置。

8.3.2 纯水制备系统控制装置的设计，应符合下列要求：

1 纯水制备系统应按相应制水设备的工艺规程和流量、压力、温度、水质等控制参数与技术指标，分区（段）设计控制装置。

2 纯水制备系统现场控制装置应采用可编程控制技术对制水设备运行状态进行控制、检测与监视，运行参数设定与调控，以及故障与越限报警、数据传输通信。

8.3.3 液体化学品输送加药系统控制装置的设计应符合下列要求：

1 纯水制备过程用液体化学品的贮存与输送系统的传输泵的启动与控制装置设计，应具有液位检测与显示、液位控制与越限报警等功能，并应与现场化学品计量槽液位开关相连锁。

2 液体化学品现场计量槽加药系统宜采用计量泵自控装置，并宜与计量槽液位开关连锁控制。

8.3.4 具有配套专用控制器的制水设备和现场测量仪器仪表，其通信接口应符合中央控制站系统集成的要求。现场仪器仪表的配置应符合纯水制备过程测量参数的量程、精度和控制功能等要求。

8.3.5 纯水系统动力配电系统应按用电设备和监控系统的用电要求，根据负荷需要提供正常电源和备用电源。设计与选配的动力配电控制柜，宜提供监视、测量、显示、控制和故障报警、通信以及自动与手动控制等功能。动力电缆及控制电缆的布置应符合国家现行有关建筑电气及智能化设计的规定。动力桥架与控制桥架应分开设置，合并设置时，应在桥架内设置隔板。现场控制装置（柜）应符合国家现行有关电气安全的规定，并应具有相应的防水及防腐性能和安全标示。

8.3.6 集中监控系统主控柜及计算机管理系统，应满足工艺条件、运行监控和操作与管理等系统功能的要求。

8.4 仪表设置

8.4.1 离子交换除盐系统控制仪表的设置，应根据制水工艺、系统连接和控制方式确定，并应符合下列要求：

1 单元制串联除盐系统，阴离子交换器出口应安装电导率表，阳、阴离子交换器应分别安装累计流量计监控失效终点。

2 母管制并联除盐系统，阳、阴离子交换器出口应分别安装监控失效终点的仪表。阴离子交换器出口应安装电导率表，每台离子交换器出口应安装累计流量计监控失效终点。

3 混合离子交换器出口宜安装电导率表、累计流量表监控失效终点。需要采用硅表监控失效终点时，可采用多通道式硅表用于多台离子交换器。

4 钠离子交换器和弱酸离子交换器出水应设置累计流量表监控失效终点。

5 酸、碱、盐再生稀释水管道上应设置流量计，水箱、贮存槽、计量箱及废水池应设置液位计。

8.4.2 反渗透装置控制仪表的设置应符合下列要求：

1 反渗透装置的产水和浓水应设置流量表。大型系统的进水也应设置流量表。

2 反渗透装置的进水和产水应设置电导率表。

3 反渗透系统进水设有加酸装置时，进水总管应设置 pH 值表；第二级反渗透装置进水加碱时，也应设置 pH 值表。

4 反渗透系统进水应设置氧化还原电位表或余氯表。

5 反渗透系统高压泵的进、出口应分别设置低压开关和高压开关。反渗透装置的各段之间应设置压力表。

8.4.3 电脱盐装置进水、产水和浓水应设置电导率表和压力表。

附录 A 水质全分析报告

表 A 水质全分析报告

工程名称： 取样日期： 年 月 日
取样位置： 分析日期： 年 月 日
样品外观：
水源类别：
江河水□ 湖水□ 水库水□ 地下水□
取样水温： ℃ 水样编号：

	项目	mg/L	mmol/L	项目	mg/L	mmol/L
阳离子	Na^+			全固体		—
	K^+			溶解性固体		—
	Ca^{2+}			悬浮性固体		—
	Mg^{2+}			电导率(μs/cm)		—
	Fe^{2+}			总硬度(mg/L,$CaCO_3$)		
	Fe^{3+}			碳酸盐硬度(mg/L,$CaCO_3$)		
	Mn^{2+}			非碳酸盐硬度(mg/L,$CaCO_3$)		
	Cu^{2+}			总碱度(mg/L,$CaCO_3$)		
	Al^{3+}			酚酞碱度(P) (mg/L,$CaCO_3$)		
	NH_4^+			甲基橙碱度(M) (mg/L,$CaCO_3$)		
	B			pH		
	Ba^{2+}			游离二氧化碳		
	Sr^{2+}			全硅(SiO_2)		
	Σ			活性硅(SiO_2)		
阴离子	Cl^-			COD_{Mn}		
	SO_4^{2-}			浊度(NTU)		
	HCO_3^-			灼烧减量		
	CO_3^{2-}					
	NO_3^-					
	NO_2^-					
	OH^-					
	Σ					

注：1 当水源用于反渗透系统处理系统时，还应化验水中 Ba^{2+}、Sr^{2+} 离子含量。

2 当水源位于高氟、高锰地区时应化验水中 F^-、Mn^{2+} 离子的含量。

3 当水源为中水、再生水等时，应根据水源来水构成情况化验水中生化耗氧量(BOD_5)、化学耗氧量(COD_{Cr})、氨氮、总有机碳、总磷、细菌总数、游离氯等含量。

4 表中分析项目可根据工程情况酌情增减。

附录 B 离子交换器设计参数

B.0.1 顺流再生式离子交换器的设计宜符合表 B.0.1 的规定。

表 B.0.1 顺流再生式离子交换器设计参数

交换器类型		阳离子交换器 强酸	阳离子交换器 弱酸	阴离子交换器 强碱	阴离子交换器 弱碱	再生式混合床离子交换器		钠离子交换器
运行滤速(m/h)		20~30				40~60		20~30
反洗	流速(m/h)	15		6~10	5~8	10		15
	历时(min)	15	15	15	15~30	15		15
再生	再生剂品种	HCl	HCl	NaOH	NaOH	HCl	NaOH	NaCl
	耗量(g/mol)	70~80	40	100~120	40~50	80kg/m³	100kg/m³	100~120
	浓度(%)	2~4	2~2.5	2~3	2	5	4	5~8
	流速(m/h)	4~6	4~5	4~6	4~5	5	5	4~6
置换	流速(m/h)	8~10	4~6	4~6	4~6	4~6		5
	历时(min)	25~30	20~40	25~40	40~60			
正洗	水耗(m^3/m^3 树脂)	5~6	2~2.5	10~12	2.5~5	正洗前用压缩空气混合，空气压力：(0.1~0.15)MPa 空气强度：(2~3)$m^3/m^2\cdot min$ 混合时间：(0.5~1)min		3BV~6BV
	流速(m/h)	12	15~20	10~15	10~20			15~20
	历时(min)	30	10~20	60	25~30			30

注：1 运行滤速上限为短时最大值，对于强酸阳离子交换器和强碱阴离子交换器，当进水水质较好或采用自动控制时，运行滤速可按 30m/h 计算。

2 硫酸分步再生时的浓度，酸量的分配和再生流速，可根据原水中钙离子含量占总阳离子含量比例的不同，经计算或试验确定。当采用两步再生时，第一步浓度(m/m)0.8%~1%，再生剂用量不应超过总量的 40%，流速 7m/h~10m/h；第二步浓度 2%~3%，再生剂用量为总量的 60%，流速 5m/h~7m/h。采用三步再生时，第一步浓度 0.8%~1%，流速 8m/h~10m/h；第二步浓度 2%~4%，流速 5m/h~7m/h；第三步浓度小于 4%~6%。流速 4m/h~6m/h，第一步用酸量为总用酸量的 1/3。

B.0.2 逆流再生式离子交换器的设计宜符合表 B.0.2 的规定。

表 B.0.2 逆流再生式离子交换器设计参数

交换器类型			强酸阳离子交换器	强碱阴离子交换器	钠离子交换器
运行滤速(m/h)			20~30		20~30
小反洗	流速(m/h)		5~10		5~10
	历时(min)		15		3~5
顶压	气	压力(MPa)	0.03~0.05		
		流量($Nm^3/m^2\cdot min$)	0.2~0.3		
	水	压力(MPa)	0.05		
		流量	再生液流量的 0.4 倍~1 倍		

续表 B.0.2

交换器类型		强酸阳离子交换器	强碱阴离子交换器	钠离子交换器
再生	再生剂品种	HCl	NaOH	NaCl
	耗量(g/mol)	50～55	60～65	80～100
	浓度(%)	1.5～3	1～3	5～8
	流速(m/h)	4～6	4～6	4～6

注：1 大反洗的间隔时间与进水浊度、周期制水量等因素有关，宜为10d～20d进行一次。大反洗后可根据具体情况增加再生剂量50%～100%。

2 顶压空气量以上部空间体积计算，宜为0.2m³～0.3m³；压缩空气应有稳压装置。

3 应避免再生液将空气带入离子交换器。

4 再生、置换(逆洗)应用水质较好的水，如阳离子交换器用除盐水、氢型水或软化水，阴离子交换器用除盐水。

5 进再生液时间不宜过短，宜达到30min，如时间过短，可降低再生液流速或适当增加再生剂量。

B.0.3 浮动床离子交换器的设计宜符合表B.0.3的规定。

表 B.0.3 浮动床离子交换器设计参数

设备名称		强酸阳离子交换器		强碱阴离子交换器	钠离子交换器(装树脂)
运行滤速(m/h)		30～50		30～50	30～50
再生	药剂	H_2SO_4	HCl	NaOH	NaCl
	耗量(g/mol)	55～65	40～50	60	80～100
	浓度(%)		1.5～3	0.5～2	5～8
	流速(m/h)		5～7	4～6	2～5
置换	时间(min)	20		30	15～20
	流速(m/h)	同再生流速			
正洗	时间(min)	计算确定			
	流速(m/h)	15		15	15
	水耗(m^3/m^3®)	1～2		1～2	1～3
成床	流速(m/h)	15～20		15～20	15～20
	时间(min)	—		—	—
	顺洗时间(min)	3～5		3～5	3～5
出水质量		Na^+＜50μg/L		SiO_2＜50μg/L	—

续表 B.0.3

设备名称		强酸阳离子交换器	强碱阴离子交换器	钠离子交换器(装树脂)
反洗	周期	—	—	—
	流速(m/h)	10～15	10～15	—
	时间(min)	—	—	—

注：1 最低滤速，阳离子交换器大于10m/h，阴离子交换器大于7m/h；树脂输送管内流速为1m/s～2m/s。

2 硫酸分步再生技术条件可按本规范表B.0.1的要求确定。

3 反洗周期与进水浊度、周期制水量等因素有关。反洗在清洗罐中进行，每次反洗后可根据具体情况增加再生剂量50%～100%。

4 进再生液时间不宜过短，宜达到30min，如时间过短，可降低再生液流速或适当增加再生剂量。

B.0.4 双室床、双室浮动床离子交换器的设计宜符合表B.0.4的规定。

表 B.0.4 双室床、双室浮动床设计参数

设备名称		双室阳、阴离子交换器			双室浮动阳、阴离子交换器		
		阳离子交换器		阴离子交换器	阳离子交换器		阴离子交换器
运行滤速(m/h)		25～30		25～30	30～50		30～50
再生	药剂	H_2SO_4	HCl	NaOH	H_2SO_4	HCl	NaOH
	耗量(g/mol)	≤60	40～50	≤50	≤60	40～50	≤50
	浓度(%)	—	1.5～3	1～3	—	1.5～3	0.5～2
	流速(m/h)	—	≤5	≤5	—	5～7	4～6
置换(逆洗)	流速(m/h)	8～10	≤5	≤5	同再生流速		
	时间(min)	30	30	20	30		
正洗	时间(min)	—		—	计算确定		
	流速(m/h)	10～15		10～15	15		15
	水耗(m^3/m^3树脂)	1～3		1～3	1～3		1～3
成床	顺洗时间(min)	—		—	3～5		
	流速(m/h)	—		—	15～20		15～20
出水质量		Na^+＜50μg/L		SiO_2＜100μg/L	Na^+＜50μg/L		SiO_2＜100μg/L
反洗	周期	体外定期反洗		体外定期反洗	体外定期反洗		体外定期反洗
	流速(m/h)	10～15		10～15	10～15		10～15
	时间(min)	—		—	—		—

注：1 最低滤速，阳离子交换器大于10m/h，阴离子交换器大于7m/h；树脂输送管内流速为1m/s～2m/s。

2 硫酸分步再生技术条件可按本规范表B.0.1的要求确定。

3 反洗周期一般与进水浊度、周期制水量等因素有关。反洗在清洗罐中进行，每次反洗后可根据具体情况增加再生剂量50%～100%。

4 进再生液时间不宜过短，宜达到30min，如时间过短，可降低再生液流速或适当增加再生剂量。

本规范用词说明

1 为便于在执行本规范条文时区别对待，对要求严格程度不同的用词说明如下：

1） 表示很严格，非这样做不可的：
正面词采用“必须”，反面词采用“严禁”；

2） 表示严格，在正常情况下均应这样做的：
正面词采用“应”，反面词采用“不应”或“不得”；

3） 表示允许稍有选择，在条件许可时首先应这样做的：
正面词采用“宜”，反面词采用“不宜”；

4） 表示有选择，在一定条件下可以这样做的，采用“可”。

2 条文中指明应按其他有关标准执行的写法为：“应符合……的规定”或“应按……执行”。

引用标准名录

《室外给水设计规范》GB 50013
《建筑设计防火规范》GB 50016
《建筑照明设计标准》GB 50034
《供配电系统设计规范》GB 50052
《工业用水软化除盐设计规范》GB/T 50109
《建筑灭火器配置设计规范》GB 50140
《设备及管道保冷技术通则》GB/T 11790

中华人民共和国国家标准

电子工业纯水系统设计规范

GB 50685—2011

条 文 说 明

制 定 说 明

《电子工业纯水系统设计规范》GB 50685—2011，经住房和城乡建设部 2011 年 5 月 12 日以第 1028 号公告批准发布。

本规范按照实用性、先进性、合理性、科学性、防范措施层次化、协调性、规范化原则制定。

本规范制定过程分为准备阶段、征求意见阶段、送审阶段和报批阶段，编制组在各阶段开展的主要编制工作如下：

1 准备阶段。规范编写组于 2005 年 7 月在成都举行了第一次工作会议。编写组结合我国各类纯水系统的设计、建造和运行的实际情况，根据编写单位在我国大多数集成电路芯片生产线和 TFT-LCD、PDP 等新型显示器件生产线的工程设计情况，收集、整理有关单位提供的运行经验与数据和对 20 多个相关企业进行充分调研的基础上形成了规范的初稿。

2 征求意见阶段。规范编制组于 2007 年 12 月在成都召开了第二次编制工作会议，就规范初稿进行了逐条、逐句的讨论与斟酌，形成了征求意见稿的基础。

之后，根据修改意见在初稿的基础上编制了征求意见稿并于 2009 年 2 月正式上网征求意见。同时，寄出函件 30 份向有关设计单位、工程公司、生产运行企业和业界专家等广泛征求意见。此外，编写组在送审稿编制过程中还经过多次反复修改和不断完善后形成了送审稿。

3 送审阶段。2009 年 11 月，部电子工程标准定额站在上海组织召开了规范部级审查会。评审会专家一致认为该规范填补了我国在纯水系统设计方面的空白，对设计、施工安装、验收和生产运行将起到较好的指导作用；对规范电子工业纯水系统设计、建造领域的生产秩序和保障工程质量将发挥积极的推动作用。审查专家组一致通过了对规范的审查。

4 报批阶段。审查会后，编制组以审查会收集到的 30 多条专家意见为基础，并结合国际惯例和中国工程的实践经验，经过认真归纳并据此对规范的送审稿进行了修改，形成了《电子工业纯水系统设计规范》专家审查意见汇总处理表，并于 2010 年 10 月完成了规范报批稿的第一稿，通过电子文档的形式上报电子工程标准定额站。在其后的一段时间里，编制组参考部电子工程标准定额站和有关专家的意见对规范做了进一步的完善和补充，并于 2010 年 12 月 15 日形成了最终的《电子工业纯水系统设计规范》报批稿。

本规范制订过程中，编写组对已经建成的电子工业代表工程进行了调查研究，完成的 20 份调查报告总结了我国电子工程建设领域纯水系统工程设计、施工、运行的实践经验，同时借鉴了国外纯水系统技术发展趋势，广泛征求了国内有关设计单位、工程公司、生产运行企业和业界专家的意见，在此对提供支持和帮助的有关单位和个人表示诚挚的感谢！为便于广大设计、施工、科研、学校等单位有关人员在使用本规范时能正确理解和执行条文规定，《电子工业纯水系统设计规范》编制组按章、节、条、款顺序编制了本规范的条文说明，对条文规定的目的、依据以及执行中需要注意的有关事项进行了说明。但是，本条文说明不具备与标准正文同等的法律效力，仅供使用者作为理解和把握标准规定的参考。

目　次

1 总　　则

1.0.1 本条阐述了编制本规范的目的和进行工程建设应遵守的基本原则。

纯水的制备始于20世纪40年代，伴随着离子交换树脂的商业化生产而发展起来。传统的纯水以电导率为表征，主要关注于去除水中的电解质。随着集成电路工业、液晶显示器、太阳能产业和LED的迅猛发展，带动了纯水等支持系统的飞速发展。与传统的纯水相比，当代电子工业纯水不仅关注去除水中的溶解电解质，还关注于去除水中的有机物、溶解氧、细菌以及微小颗粒等杂质。特别是随着集成电路的集成度的不断提升，生产的工艺步骤越来越多，元件被重复清洗，对作为清洗介质的纯水的要求越来越高。如果纯水品质达不到要求，其本身对器件就是一种污染，更谈不上清洗。本规范的制定，旨在为电子工业纯水系统的设计工作提供较为系统的技术依据，推动电子工业纯水系统设计工作的发展。

1.0.2 电子工业纯水系统的设计必须遵守工程建设的基本原则。技术先进，是要求纯水系统设计科学，采用的制水工艺和设备先进、高效、成熟。安全适用，是要求纯水系统稳定可靠，满足生产需求。经济合理，则是要在保证安全可靠、技术先进的前提下，节省工程投资费用和日常运行维护成本。操作方便，是要满足日常操作运行、检修维护的便利和快捷的需求。

1.0.3 电子工业的集成电路工厂和TFT-LCD工厂等都是用水大户，同时这类工厂在生产过程中使用大量的化学品。其在为社会创造价值的同时，也必然耗费大量的水资源，并且带来废物排放的问题。随着人们对工业的发展所带来污染影响的越发重视，纯水系统的设计如何节水和如何减少污染物排放是当今电子工业纯水系统设计和建设所必须要面对的问题。如何减少化学品的使用和如何提高水的利用率是系统设计必须要解决的问题。未来的电子工业纯水系统肯定是化学品使用尽可能少，系统回收率尽可能高的系统。减少资源占用、环境友好的“绿色”的纯水系统是必然的发展趋势。

3 纯水制备工艺

3.1 一 般 规 定

3.1.1 纯水制备系统的规模和供水水质直接影响纯水系统的投资大小，应根据生产需要合理确定。

关于电子工业纯水水质指标，不同电子产品、不同生产工艺和不同厂家都会提出不同的要求，目前国际比较通用的标准是美国材料试验学会（ASTM）的标准ASTM D5127—07（见表1），该标准主要是针对不同线宽的集成电路生产，有较大参考价值。

表1 电子学和半导体工业用超纯水标准指南（ASTM D5127-07）

参数	Type E-1	Type E-1.1	Type E-1.2	Type E-2	Type E-3	Type E-4
线宽 μm	1.0~1.5	0.35~0.25	0.18~0.09	5.0~1.0	>5.0	—
电阻率 MΩ·cm (25℃)	18.1	18.2	18.2	16.5	12	0.5
总有机碳（μg/L）	5	2	1	50	300	1000
溶解氧（μg/L）	25	10	3	—	—	—
蒸发残渣（μg/L）	1	0.5	0.1	—	—	—
电镜测试颗粒						
(0.1~0.2) μm	1000	700	<250	—	—	—
(0.2~0.5) μm	500	400	<100	3000	—	—
(0.5~1) μm	100	50	<30	—	10000	—
10μm	<50	<30	<10	—	—	100000
在线检测仪器测试颗粒—L						
(0.05~0.1) μm		1000	200	—	—	—
(0.1~0.2) μm	1000	<350	<100	—	—	—
(0.2~0.5) μm	500	<100	<10	—	—	—
(0.5~1.0) μm	200	<50	<5	—	—	—
>0.5μm	<100	<20	<1	—	—	—
细菌						
个/100ml	5	3	1	10	50	100
个/1L			10			
全硅（μg/L）	5	3	1	10	50	1000
溶解性硅（μg/L）	3	1	0.5	—	—	—
离子和金属（μg/L）						
铵（NH_4）	0.1	0.1	0.05	—	—	—
溴（Br）	0.1	0.05	0.02	—	—	—
氯（Cl）	0.1	0.05	0.02	1	10	1000
氟（F）	0.1	0.05	0.03	—	—	—
硝酸根（NO_3）	0.1	0.05	0.02	1	5	500
亚硝酸根（NO_2）	0.1	0.05	0.02	—	—	—
磷酸根（PO_4）	0.1	0.05	0.02	1	5	500
硫酸根（SO_4）	0.1	0.05	0.02	1	5	500
铝（Al）	0.05	0.02	0.005	—	—	—
钡（Ba）	0.05	0.02	0.001	—	—	—
硼（B）	0.3	0.1	0.05	—	—	—
钙（Ca）	0.05	0.02	0.002	—	—	—
铬（Cr）	0.05	0.02	0.002	—	—	—
铜（Cu）	0.05	0.02	0.002	1	2	500
铁（Fe）	0.05	0.02	0.002	—	—	—
铅（Pb）	0.05	0.03	0.005	—	—	—
锂（Li）	0.05	0.02	0.003	—	—	—
镁（Mg）	0.05	0.02	0.002	1	2	500
锰（Mn）	0.05	0.02	0.002	—	—	—
镍（Ni）	0.05	0.03	0.005	—	—	—
钾（K）	0.05	0.02	0.005	—	—	—
钠（Na）	0.05	0.02	0.005	1	2	500
锶（Sr）	0.05	0.02	0.001	—	—	—
锌（Zn）	0.05	0.03	0.002	—	—	—

国内的标准只有《电子级水》GB/T 11446.1—1997，水质要求较低，并不直接针对电子产品，只适用于水质要求较低的电子产品。

3.1.2 确定纯水制备流程和选择处理设备是设计的关键，影响因素也是多方面的，不应该只强调某一方面，而应该各种因素综合考虑，选择最佳的方案。

3.1.3 条文中强调简捷和有效非常重要，因为每个处理单元对于水质处理来说除了正面作用外，会有或多或少的负面作用，例如离子交换树脂具有良好的除盐作用的同时会有溶解有机物和碎颗粒产生。

3.1.5 本条强调全部可利用水源，包括自来水以外的再生水、甚至废水处理站处理后的水，体现面对水资源匮乏，设计中不能只盯着自来水，而忽略其他水源。

掌握可靠的水源水质资料是做好纯水处理系统设计的先决条件，附录B列出了水质分析项目，当系统中采用反渗透时应检测水中的锶、钡等项目，当采用再生水时应根据水质特点增加一些针对性的理化检测项目。

3.1.6 海水倒灌是沿海地区（例如上海地区）在咸潮期的普遍现象，由于水质的变化对纯水处理特别是前级的预处理和初级处理冲击很大，因此应切实掌握因海水倒灌引起的水质变化，采取有效的对策。见表2。

表2 上海黄浦江水正常期与汛潮期的水质变化一例

项　目		正常期	咸潮期
总硬度	mmol/L	3.29	11.22
总碱度	mmol/L	2.46	3.14
总含盐量	mmol/L	6.01	36.0
硫酸根	mg/L	70.44	191.0
铁	mg/L	0.38	1.0
钙	mg/L	47.09	122.0
COD_{Cr}	mg/L	58.23	5
SiO_2	mg/L	7.5（总硅）	15（溶解硅）
pH		7.38	7.76

3.1.7 电子工业纯水制备系统的三个阶段的划分是多年经验的科学总结，电子工业在电子管的阶段对水质要求低，基本的手段为离子交换，基本没有预处理和抛光处理。随着纯水水质的提高，在脱盐系统后出现了精处理（抛光）阶段；随着反渗透在系统中的出现，其运行关键是保证进入反渗透的水质，形成了预处理系统。条文中明确了各个处理阶段的基本要求。见图1。

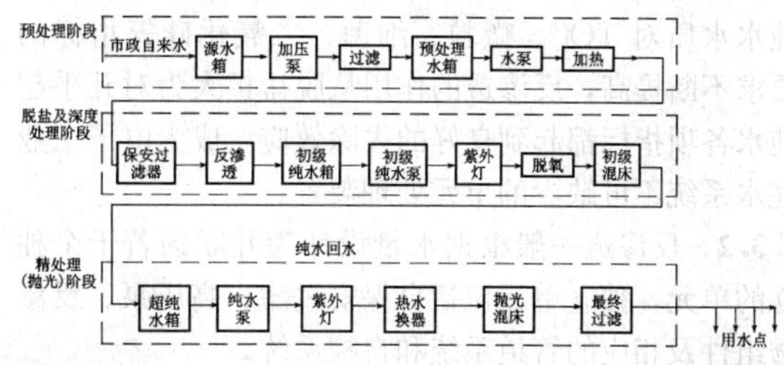

图1 纯水制备流程

3.1.8 纯水制备系统中保证每个处理单元进水的水质非常重要，是长期稳定运行的关键。特别是电子工业纯水系统中常用的反渗透和电除盐，其运转的成败大都在于是否能保证其进水水质要求。无数事例证明，反渗透的关键是进水的污染指数，电脱盐的关键是进水的硬度。当然表3.2.1中所列的进水水质指标都是重要的。电渗析在电子工业纯水系统中已很少使用，其进水指标仅供参考。

3.2 预　处　理

3.2.2 随着电子工业纯水水质的不断提高和反渗透的普遍使用，除浊成为电子工业纯水系统预处理的首要任务。对于原水采用低浊度的自来水的系统来说，主要是采用微絮凝过滤去除水中胶体达到反渗透进水所需的污染指数，本条推荐了微絮凝过滤器的设计参数。

日本设计的系统较多地采用澄清过滤和气浮分离等除浊工艺，取得了较好的长期稳定运行的效果，但其占地面积大的缺点比较突出，在设计中应根据原水浊度和水质特点慎重选择。

近年来超滤用于预处理除浊有很大的发展，经过超滤后出水的SDI基本稳定在小于1，目前超滤的造价也不断降低，其占地小、操作简单的优点逐渐呈现，故推荐使用。但其初期投资约为多介质过滤+活性炭的2倍～3倍。

3.2.5 采取投加阻垢剂、离子交换和调节pH值等方法是防止反渗透膜结垢的3种基本方法，设计时应根据原水水质、技术经济等因素选定。投加阻垢剂简单易行，目前阻垢剂的性能不断提高、价格降低，是中小系统普遍采用的方法，应根据反渗透浓水的计算暂时硬度来确定加药的品种和加药量，应注意铁、铝、磷酸盐金属氧化物的存在可能导致阻垢剂失效。

3.2.7 对于目前常用的反渗透复合膜来说，对进水余氯的要求很严格（趋于零），因此在预处理中需要采取脱氯处理。

3.2.8 反渗透膜的透水量随着水温的降低而减少，大约每降低1℃透水量降低2.7%，故为了减少反渗透膜件的数量，一般采取冬季将原水加热至20℃～25℃。

3.3 脱盐及深度处理

3.3.1 反渗透用于纯水系统最初只是为了降低离子交换装置的进水含盐量以减少再生剂的耗量，但随着纯水水质对TOC、微粒、细菌、二氧化硅等指标的要求不断提高，反渗透的作用从脱盐扩大为对几乎超纯水各项指标都起到良好的去除效应，成为电子工业纯水系统不可缺少的单元处理装置。

3.3.2 反渗透一般根据水量设计为并联的若干个独立的单元，独立单元包括自保安过滤、高压泵、反渗透组件及相应的管道系统和自控系统。

反渗透需要定期停机清洗或更换膜元件，因此为保证连续供水一般不宜少于2套，当供水量较小且可以间歇运行或反渗透后的水箱足以供应清洗、更换期间的水量时，可以设置一套。

反渗透膜运行初期透水量较大要求的运行压力较小，随着运行时间延长，膜被压实、膜面被污染透水量逐渐减小，运行压力升高，一般高压泵的扬程是按膜运行末期运行压力设计的，因此高压泵宜采用变频控制，以保持流量的恒定。

反渗透出水的背压应根据膜制造商提供的数据确定，一般不超过0.1MPa。

当反渗透停运时须将浓水区内滞留高含盐量的浓水冲出，防止沉积在膜面，故需设置停运冲洗保护措施。

3.3.3 离子交换脱盐技术历史悠久，尤其是常用的固定床更是比较成熟。电子工业纯水系统初期的以离子交换为主要工艺，随着膜分离技术的发展其在系统中的比重逐渐缩小。近来除了混合床使用频率仍很高以外，为了提高反渗透水的回收率，有的系统在预处理阶段采用离子交换，取得了较好的效果，使反渗透水的回收率提高到90%以上，出水水质也有明显的提高。因此在当前的电子工业纯水系统中仍然不能忽视离子交换的作用，规范中专门列出了离子交换的有关条文。

3.3.5 电脱盐装置长期运行的关键是控制进水的硬度，一般采用两级反渗透或软化＋一级反渗透来保证。

3.4 精 处 理

3.4.3 抛光混床处于精处理阶段最后部位（后面只有微滤或超滤），是达到纯水电阻率和微量电解质指标要求的最后一道关口，要求抛光混床既最终去除微量电解质又不能产生新的微污染物，它又是与循环纯水供水管路保证使用点水质要求的关键一环，因此作了几款规定。

精处理系统普遍称为“抛光”，是电子工业纯水的特色之一，它依据“流水不腐”的理念把精处理（抛光）和纯水供水管网组成不可分割的一体，最终保证工艺使用点的纯水要求。

3.5 特殊水质指标的技术措施

3.5.1、3.5.2 纯水水质指标有对微粒、总有机碳、细菌、溶解氧和二氧化硅等非电解质或弱电解质要求是电子工业纯水的独有的突出特点。它不同于只有脱盐要求的纯水系统，是一个严密的系统工程。某个处理单元对于去除某种物质有特殊的效果，但有可能产生新的污染物，降低了另外的水质指标（例如离子交换单元降低了电解质的含量，会增加溶解有机物和微粒、最终的膜过滤单元降低了水中的微粒，但有可能产生新的微量电解质降低水的电阻率等，水箱、水泵和管道阀门的反作用更是显而易见的）。因此要求设计中准确把握处理过程中各项水质参数的变化，避免或减少处理单元的反作用效应。

采用低TOC析出的离子交换树脂主要是在抛光混床内采用特殊加工的树脂（例如DOW的MR-3 UPW均粒抛光树脂、R&H的UP6040抛光树脂等）。

3.6 水箱、水泵

3.6.4 精处理阶段一般由纯水加压泵、板式换热器、抛光混床及最终过滤等组成，并最终保证用水点水压。当用水点水压要求较高时，必须提高纯水加压泵的水压，造成板式换热器、抛光混床等设备承压过高，同时也提高了对管道耐压等级的要求，故建议采取串联中继泵的方法解决。

4 纯水输送和分配

4.1 一 般 规 定

4.1.2、4.1.3 此两条是为了保证生产工艺所要求水质的技术措施。

随着生产技术的进步，工艺设备对纯水水质的要求不断提高，尤其是电子行业中集成电路生产和液晶显示器的制造，不但对水中电解质的含量要求极其严格，而且对细菌、微粒、有机物以及溶解氧等都有极其严格的要求。为了保证生产设备使用点水质的要求，除了要有严格的纯水制造过程外，纯水输送管道的管材选择和管网设计也是关键。

实践证明采用循环供水方式是行之有效的。主要是基于保证输水管道内的流速和尽量减少不循环段的死水区，以减少纯水在管道内的停留时间，减小管道材料微量溶出物（即使目前质量最好的管道也会有微量溶出物）对超纯水水质的影响，同时，基于流水不腐的道理，高的流速还可以防止细菌微生物的滋生。

在纯水管材的选择方面，主要应考虑三方面的因素：

材料的化学稳定性。纯水是一种极好的溶剂，为了保证在输送过程中纯水水质下降最小，必须选择化学稳定性极好的管材，也就是在所要求的纯水中的溶出物最小。溶出物的多少应由材料的溶出试验确定，其中包括金属离子，有机物的溶出等。

管道内壁的光洁度。若管道内壁有微小的凹凸，会造成微粒的沉积和微生物的繁殖，导致微粒和细菌两项指标的不合格。目前PVDF管道内壁粗糙度可达小于1μm，而不锈钢管约为几十μm。

管道及管件的接头处的平整度。对于防止产生流水的涡流区是非常重要的。

4.1.5 此条文是为了确保纯水输配系统长期稳定、安全运行的主要措施。纯水输配系统中采用的管道、管件、阀门、粘接剂等都有各自标定的压力等级，相应的连接方式、匹配的粘接剂，以及各自的试压条件。

4.1.6 此条文是对热纯水加热方式所提出的原则性规定。

随着电子工业的发展，尤其是以超大规模集成电路为代表的半导体产业的发展，生产工艺不仅对纯水的水质提出了更高的要求，同时，某些生产环节还对纯水的温度也提出了要求，而且对纯水温度的要求还不完全相同，这就要求设计人员根据热纯水的用水量和用水点的分布，并结合技术经济比较选择集中加热或使用点就地加热的方式。

4.2 管道设计

4.2.1 此条文是对纯水供、回水管道敷设方式所作的原则性规定。

目前，电子工业飞速发展，特别是超大规模集成电路为代表的半导体产业的发展，生产工艺对厂房均有洁净的要求。为了最大限度地减少管道对洁净室空气洁净度的影响，要求管道尽量在洁净区外敷设，因此，纯水管道无论是在技术夹层、技术夹道、技术竖井内，还是纯水站房内的管道，均要求采用架空敷设，同时要做到安全可靠、方便操作和维护。

4.2.2 穿管处的密封是保证电子厂房洁净室空气洁净度的重要环节。本条文主要是防止洁净室外未净化空气渗入室内；洁净室内的洁净空气向外渗漏也会造成能量的浪费，甚至影响室内的洁净度。实践证明采用套管方式是行之有效的。当实在无法做套管的部位也必须采取严格的密封措施。主要的密封方法有微孔海绵、有机硅橡胶、橡胶圈及环氧树脂冷胶等。

4.2.4 电子工业纯水的输配管道多采用塑料管道，而塑料管材的热胀系数较大，是钢管的十余倍甚至二十倍。塑料管因温度变化，引起的伸缩量特别大，尤其是热水管道。因此，必须重视纯水输配管道因温度变化引起的伸缩变形。纯水管路因为纯度的考虑，不宜使用金属波纹管等型式的补偿器来克服伸缩变形，所以在管路设计过程中应考虑尽量利用管路自身的柔性来满足补偿要求。

4.2.5 在进行纯水管路系统的设计过程中，必须综合考虑管路系统的类型、流量控制原则、管路平衡技术和压差控制方法。管路系统恒定压差的实现可以通过同程式以及放大管径的异程式回水循环系统等方式来完成。

4.2.6 在进行纯水管路系统的设计过程中，必须尽量避免死水滞留管路的设计。要求不循环支管的长度应该尽量短，其长度不得大于3倍管径。

4.2.7 此条文是对纯水管路系统循环供水的具体要求。在进行纯水管路系统的设计过程中，需要准确计算生产设备满负荷运行时的用水量，并结合生产运行的实际情况，以及电子产业的高速发展和更新换代的速度，同时借鉴欧洲、日本等国家的设计经验和我国的国情，来确定纯水循环附加水量，从而计算纯水系统的总供水量。条文要求供水管路和回水管路的最小流速的目的同样是为了减少纯水在管道内的停留时间，减少管道材料微量溶出物对纯水水质的影响，同时避免生物膜在管路系统的生长，保证纯水管路系统能长期稳定运行。

4.2.8 慢开阀在经常启闭的过程中摩擦小，微粒物产生少，是减少管道内微粒产生的主要管件。

4.2.9 电子工业纯水的特点是水的导电性差、黏度低、流速高、其雷诺数高（通常大于2×10^4）。因此流量计的选择必须考虑到这个特殊性。

流量计的选择应该根据仪表性能、流体特性、安装条件、环境条件和经济因素等条件综合考虑。从性能要求来说，作为过程控制连续监测的仪表一般要求要有良好的可靠性及重复性（精密度）。从流体特性来说，由于所输送的是纯水，要求检测元件尽量与水少接触，减少不纯物质的析出和细微颗粒的产生，同时与纯水直接接触的检测元件要避免滞水区域的形成，并且能够耐受管路系统高温灭菌和化学清洗的要求。超声波流量计与电磁流量计同为非接触式仪表，具有检测件中无阻碍物，压损小等特点，但是电磁流量计只能用于测量导电性流体的流量，对于电导率低于测量阈值的流体流量时会产生测量误差，甚至不能测量。超声波流量计是通过检测流体流动对超声束（或超声脉冲）的作用来测量流量的仪表。自20世纪80年代以来超声波流量计新品种大量涌现，已经成为新型流量计的主要品种之一。超声波流量计可以测非导电性流体，对纯水的水质无影响且造价基本与管径大小无关，因此它在纯水输配系统的应用比电磁流量计等其他流量计要广泛得多。

4.2.10 定期清洗是保证管道内水质的重要手段，主要是防止长期运行后，内壁产生沉积物及微生物积聚导致纯水水质下降。

5 纯水回收和节水

5.1 一般规定

5.1.1 电子工业尤其是作为当今明星产业的电子高

科技产业，如芯片制造、芯片封装、TFT-LCD和LED等产业，在工艺生产过程中均需大量使用超纯水作为清洗用水。中国水资源短缺，淡水资源总量约每年26200亿m^3，人均占有量为每年2392m^3，为世界人均占有量的1/4，名列第110位。由于各地区处于不同的水文带及受季风气候影响，水资源与土地、矿产资源分布和工业用水结构不相适应。水污染严重，水质型缺水更加剧了水资源的短缺。高速扩张的产能和日益匮乏的水资源的尖锐对立，使得电子高科技产业的用水形态发生着深刻的变化，如何合理的制水、用水，怎样综合利用水资源以应对当前电子高科技产业所面临的用水挑战，是科学研究和工程设计都无法回避的重要课题。

在用水量最大的电子工业如芯片制造和TFT-LCD产业，通常企业用水分为工艺系统用水、动力系统用水和生活用水3大类。其中，工艺用水和动力系统用水又占了绝大部分。以一个8英寸芯片制造工厂为例，工艺系统用水约占整个全厂用水量的70%，而动力系统用水量约占全厂用水量的23%，而生活用水量仅占全厂用水量的7%。由此可见，如何做到工艺系统用水和动力系统用水的节约高效使用是这类工厂节水的两大努力方向。

电子工厂要达到高效用水通常采取两种途径：循环使用和回收利用。循环使用通常在生产工艺设备的设计制造过程中加以考虑，而回收利用则是水系统工程师必须要考虑的问题。如何保证不同水质和水量的用后纯水的有效回收和利用，就离不开对全厂用水系统的水量平衡。水量平衡是指在一个确定的用水系统内，输入水量之和等于输出水量之和。电子工业企业的水量平衡是以电子工业企业为主要的考核对象，通过对各用水系统的用水水质和消耗水量的分析，根据水量的平衡关系分析用水的合理程度。

由此本条强调通过详细的水量平衡以实现合理高效用水，以达到全厂的高水回用率，而非简单的工艺用水系统的高回用率。

5.1.2 在调查过程中发现，很多改建、扩建的工程，其现有的水处理工艺和设备中仍有不少值得改进之处，如多介质过滤器、活性炭过滤器末段反洗水回用，在线仪表分析测试用水的回收等，因此特作此原则性规定。

5.1.3 随着国民经济的发展和城市生活水平的提高，我国很多地区特别在北方和某些沿海城市发生水资源短缺和污染问题。水资源的本身不足和水源的污染已成为我国国民经济发展的一个制约因素。因此很多地方实行水资源的统一规划与管理，把用水问题，特别是将节水工作纳入社会经济发展规划，建立与健全相应的规章制度，认真贯彻开源节流并重方针，加强节水的科学管理，这些地方的节水措施相比国家要求更严格，因此在这些地方和区域建设的项目应该要同时满足当地的更严格的节水措施。

5.2 纯水回收

5.2.1 随着社会的急速变迁和科学技术的不断进步，对节水工作的简单定性评估已经不能满足需要，如何确定一个科学而且合理的定量指标来反映出建设项目的用水情况和用水效率，是指导合理化用水和高效用水的重要一环。回收率是用于评价电子工业建设项目用水效率的重要指标。当一个建设项目的工艺流程、产量和员工人数确定后，其总用水量通常变化不大，要减少对新鲜水的使用就必须提高回用率。

必须注意的是，在本规范中所规定的是直接与工艺生产相关的工艺用水回收率，而非全厂用水回收率。事实上在工程项目中，全厂高的回收率才是工程设计优化的终极目标。因此电子工业纯水系统的设计不应仅仅局限于纯水系统的设计来考虑节水，设计人员必须要有全局观，站在整个工程建设项目的高度来统一规划全厂的用水系统，根据用后纯水的水质和水量，结合目前成熟可靠的工程技术和经济条件，尽可能地做到水的循环利用和重复使用，实现高效率的一水多用，达到真正的高效用水的效果。

不同类型的工厂其用水特性往往不一样，用水标准也不一样，节水潜力也各有差异。因此，规范根据对目前国内已经建成投产的相关建设项目的调查结果，结合目前国内外同类工程的实际运行结果，对几类用水量大的电子产业的工艺用水回收率进行了规定，用以指导和规范电子工业纯水系统节水的设计。

5.2.2 纯水作为清洗用水经过工艺生产设备使用后，如何有效做到“清污分流”，选择收集低污染度的清洗废水作为纯水制备的原水或其他次级用水的原水，是实现纯水系统和全厂高回用率的关键所在。用后纯水的重复利用，既要达到高的回用率，同时也必须保证工艺设备的用水安全，因此确定回收水水质对纯水系统设计影响巨大。回收水水质必须根据回收系统的处理工艺和处理能力来确定。在设计初期必须做好相关的技术评估工作，既要确定可供安全回收的回收水水质，也必须考虑到回收水水质变化对纯水系统的影响和冲击。本条款是根据对目前建成项目的调研结果，对相关产业的回收水水质给予规定。

5.3 节水措施

5.3.2～5.3.6 所列各项措施都是目前在纯水制备系统中所实施的简单有效的节水措施，具有投入小，见效快的特点。

6 纯水站房

6.1 一般规定

6.1.1 纯水站在厂区的总平面布置，涉及因素较多，一般应根据下列因素，经技术经济比较后确定：

1　靠近主要用水设备，可缩短供水距离，从而节省管材，节约投资，降低能耗，由于供水管路短，可减少纯水水质降低的风险。

2　纯水站对环境卫生有一定要求，故应布置在环境清洁，远离如煤场、灰场等污染源；应位于散发有害气体、烟、雾、粉尘等污染源全年最小频率风向的下风侧；远离振动冲击和强噪声源。

3　纯水站应适当考虑交通运输条件，以便于主要水处理设备的运送和化学药品的装卸与输送。

纯水站常是某些电子工厂用水大户，耗水耗电较大，故应考虑供水供电的合理性。

4　从调查中发现，国内部分纯水站进行扩建。这其中又有两种情况：一是原已考虑了扩建，且在扩建端留有足够的面积（场地），便很容易扩建；二是原未考虑留有扩建余地的，就只好另建纯水系统。基于上述情况，本款规定如果能够预期到将来的发展，就应留有扩建余地。

6.1.2　从调查得知，近年来所建纯水站大多与其他建筑物合建，这不仅有利于厂区总平面布置，而且可减少占地面积。

当合建建筑物为多层时，纯水站设于第一、二层，至少有如下两大优点：

1　站内水池、较重的塔槽类等设备以及空气压缩机、鼓风机等高噪声设备可设于第一层。

2　便于酸、碱、盐等药剂的装卸、贮存和输送。

6.1.3、6.1.4　调查中发现，有的水站未设检（监）测仪表，有的甚至也未设取样装置，给运行管理带来诸多不便。

纯水的重要性，对某些电子产品来说自不待言，一旦出了问题，不但工厂（企业）可能停产，而且很可能导致出现大部分在线产品都可能成为不合格品这样的重大事故。因此，纯水站应根据水处理工艺要求和管理实际情况，设置相应的检测仪表和取样装置。

搞好水质监测是保证纯水质量的极为重要的环节。水质检测包括取样分析和在线监测（在线监测可实现连续测量，并可进一步实现系统的自动化控制）。

通过分析和监测，操作者可以及时了解水质动态和运行状况：

1　根据监测结果，调节水处理单元的工况。

2　监测水处理设备的性能、效率及运行状况。

3　确保水处理设备安全、正常运行。

4　当水质出现不合格或有异常波动时，便于查找原因，采取措施并检查效果。

6.1.5　纯水站内管道繁多，为避免管道间混淆，应在管外壁模印、打印明显耐久的标志或挂牌，标明管内流体的种类、流向等，以利于运行操作、维修乃至改扩建。

6.1.7　操作气动阀门和混合离子交换树脂的压缩空气应经除油、干燥等净化处理，以防止压缩空气中的油、水等杂质污染树脂。树脂一旦被油污染，将使树脂交换容量迅速下降和水质变差，并可出现树脂抱团，影响流过床层的水流等诸多问题。

电子工业厂房的气源，多为由动力厂房的压缩空气供给系统统一供应，当其负荷波动较大时，宜在纯水站设置储气罐或其他稳压装置。

6.1.8　本条为强制性条文。在使用腐蚀性、有毒有害化学药剂的场所，存在操作人员被化学药剂灼伤，皮肤（包括黏膜和眼睛）被化学药剂刺激、渗透，或因皮肤组织吸收化学药剂导致内部器官受损的危险。紧急淋浴洗眼器是安全和劳动保护必备的设备，是接触有毒、腐蚀性物质的场合必备的应急保护设施。当现场作业者的眼睛或者身体接触有毒有害以及具有其他腐蚀性化学药剂的时候，可以利用这些设备对眼睛和身体进行紧急冲洗或者冲淋，主要是避免化学药剂对人体造成进一步伤害。但是这些设备只是对眼睛和身体进行初步的处理，不能代替医学治疗，情况严重的，必须尽快进行进一步的医学治疗。

紧急淋浴洗眼器的设置位置与所使用的化学药剂的腐蚀性、毒性以及温度有关，设置应满足事故发生时的使用要求，应保证操作人员能在短时间内快步到达紧急淋浴洗眼器的使用点。为保证受伤的操作人员能顺利找到紧急淋浴洗眼器，紧急淋浴洗眼器要求同层设置，通向紧急淋浴洗眼器的通道应该畅通无阻。而且在安装紧急淋浴洗眼器的周围，需要有醒目的标志，形象地告诉操作人员洗眼器的位置、用途和使用方法。

6.1.9　本条为强制性条文。本条规定出于对人身安全考虑。明沟设盖板以防操作运行人员或外来参观人员等万一不慎踏入沟内。考虑到纯水站内有化学药剂的使用，制水过程中排出的废水通常有酸碱废水，盖板不仅需要有足够的强度，从长久使用的要求来看，盖板还必须能防腐蚀，因此通常采用铸铁盖板或玻璃钢格栅。

6.1.10　本条为强制性条文。近年来发生了多起因为化学药剂泄漏而造成的环境污染事件，引起了社会的普遍关注。这些事故的发生，都暴露出生产单位对生产事故造成的环境污染事件的严重性认识不足，所采取的安全防范设施不到位。为了避免化学药剂泄漏所造成的环境次生污染，设置必要的防范设施和措施至关重要。因此本条强调在化学药剂的使用区域应采取必要措施预防、减轻可能发生的泄漏事故对环境造成的危害。

6.2　设备布置

6.2.1　设备布置应与电子产品发展的灵活性、产品更新换代快、技术改造以及扩大生产规模等相适应。

1　设备布置应具有适当灵活性，要考虑能适应水处理工艺和设备的调整。

2 水站主体结构宜采用大空间及大跨度柱网，水处理工艺部分的设备布置处，不宜采用内墙承重体系，以便于水处理工艺变更和设备调整。

3 根据需要，适当预留面积或扩建余地。

6.2.2 本条是水处理设备的布置原则。在设备布置时，则应充分考虑运行操作、施工安装、维护管理、公用动力管线以及各种技术设施的综合协调。

1 水处理站房内的设备布置，一般按水处理工艺流程的先后顺序，按设备的不同性质分门别类，分区集中有序布置，以使站房水处理功能分区明确，设备布置整齐合理、操作维护方便。

2 水处理构筑物及水处理设备布置合理、紧凑，在满足构筑物施工、设备安装、运行调试、管道敷设及维护管理等要求的前提下，尽量节省占地面积。

3 噪声大的设备（如空气压缩机、鼓风机等），尽量远离值班控制室、分析化验室等，以免影响检（监）测仪表的正常检（监）测和分析化验数据的准确性。

4 为保证使用点处纯水的水质符合要求，规定精处理或终端处理系统宜设在临近用水设备处，以缩短高纯水管道的敷设长度，尽可能减少污染和水质降低。

6.2.3 站内应设置相应的辅助间。如值班控制室、设备维修、分析化验室等。其组成和面积应在充分利用工厂（企业）、车间协作条件的前提下，根据水站规模、水质要求、机修体制和操作管理等需要确定。如当工厂（企业）有中心化验室时，水站可不再单独设置分析化验室或减小面积；当就近有生活设施可利用时，可不再单独设置，避免重复建设，以减小基建投资。

6.2.4 当纯水站需设置空气压缩机、鼓风机时，由于运转时发出较大噪声，特别是空气压缩机运转时振动较大。为避免由此而影响高性能仪表的正常使用以及水质分析化验数据的准确性等，故规定宜布置在单独隔间内，以便于采取相应的减振降噪措施。

6.2.5 根据调查，有的水处理设备布置在室外。在室外露天布置后，只要考虑防护措施和操作、检修方便，是可以安全可靠地运行的。但宜集中布置，以便于采取防护措施。

6.2.6 布置反渗透装置时，应注意使操作维护人员能无障碍地接近所有压力容器的进水和浓水端，从事元件装卸和故障排除。当装填元件时，压力容器进水端与其最近的设备、建筑物墙、柱以及支撑件间至少应有1支元件的长度；当取出膜件时，通常还需要更多的空间，以便于使用相应的工具将元件推向压力容器的浓水端。

6.2.7 为便于设备、管道和阀件的搬运、操作和维修，在水站设计中应统筹考虑。如吊装方式及起吊荷载等，应根据设备的大小、起吊件重量、起吊频繁程度等，由设计人员确定。

6.2.8 出于人身安全考虑，酸碱等药剂贮存、配置设备区应避开人流通道；靠近制水区及货运入口，可以缩短药剂搬运和输送距离，避免二次搬运。

6.2.9 本条是为防止危害扩大而制定。防液堤可将事故时酸碱等液体限制在防液堤内，便于及时处置，避免危害蔓延扩大和污染地下水。

防液堤的高度宜按堤内有效容量不小于其中最大一个贮罐容量，并考虑适当超高，以策安全。

6.2.13 改、扩建和新建纯水站设备布置原则是一致的。但改、扩建比新建约束条件多，难度大，特别是应考虑历史情况和现实条件，故强调合理利用、改造原有设施，并与原有设备布置相协调、相衔接，不影响原有系统的运行。力求通过改、扩建，改善原有不合理的布置和不良运行条件，提高工厂（企业）经济效益。

6.3 管道布置

6.3.1 纯水站内管道较多，管道布置时应进行全面、合理、紧凑的管道综合，使管道之间、管道和设备、管道与建筑物、构筑物之间，在平面及竖向布置上相互协调、紧凑合理、整齐美观，符合相关规定要求。

6.3.3 本条为强制性条文。腐蚀性介质和有毒介质的管道，当必须架空敷设在人行通道上方时，应采取如下防护措施：

1 腐蚀性介质和有毒介质的管道、管件、阀门，其材质、连接方法等必须分别具有密封、耐压、耐腐蚀等相应措施，同时容易造成泄漏的部位不得位于人行通道和设备上方。

2 在人员通过处和设备上方应设置防护罩。

6.3.4 本条为强制性条文。酸碱液管道敷设在电气设备上方，如果因为泄漏造成电气设备短路或其他损坏，不仅影响纯水系统的正常运行，还有可能造成人身伤亡等重大事故。

6.3.6 本条规定旨在改善室内工作环境和空气质量。

6.4 土 建

6.4.7 本条为强制性条文。防护围栏系指沿水池、罐顶、平台及坑洞等开敞边缘固定安装的防护装置，是防止操作维护人员在工作过程中高处坠落、跌伤的有效安全屏障。同时，针对高空安装、维护检修等作业需要使用工具或其他物件的场所，为防止高空坠物伤人，要求设置带踢脚板的防护栏杆。

7 药品贮存、计量和输送

7.1 一般规定

7.1.1 本条提出了纯水站水处理药品的贮存原则。

有些工厂对纯水站水处理药品露天随意堆放，造成有些药品的变质，有些药品受到污染或腐蚀并危害周围环境，导致投加已失效的药品，造成处理效率下降。基于以上情况，本条规定纯水站水处理药品宜放在全厂室内仓库贮存。考虑到药品的配制方便，在纯水站内设贮存间，贮存一定量的药品，以备正常使用。

设计时除考虑药品消耗量外，库容大小还同工厂所在地的运输条件有关。例如地处偏僻、交通不便的一些工厂，药品仓库又远离车站或码头，如果库容量过小，不但运输成本增加，而且还可能用药中断，影响纯水站生产。贮存量还应考虑药品市场供应情况。

根据国内一些工厂的情况，总贮存量一般均为10d～30d的用量。

7.1.2 本条规定了药品仓库及贮存间设计的一般原则。

1 药品贮存仓库和贮存间靠近厂区主要道路，主要是为了运输、搬卸、输送药品方便。

2 许多药品都具有腐蚀性，有些还是液体药品，易挥发，如果不小心泄漏或贮罐被打翻，挥发到空气中的药品会影响人体健康，泄漏的药品也会污染墙面或地面。故本条规定房间应有良好的通风和排水条件，墙面和地面应根据药品的性质采取相应的防腐措施。

7.1.3 本条规定了药品存放的一般原则。

1 从保证药品不失效，防止不同药品相互接触发生不良反应和误用，以及安全等方面考虑，条文对药品的存放作了具体规定。

2 依据药品的堆积高度和贮存量，便可以计算出药品贮存所需的设计面积。根据药品存取方便，目前国内药品的堆积高度一般为1.5m～2m。

7.1.4 纯水制备过程中所用药品的性质、状态、包装多种多样，有的有毒，有的吸潮，有的不吸潮，有的易水解，有的不易水解，有的易挥发，有的不易挥发，有的有腐蚀性，有的无腐蚀性，有的药品要求避光保存等等。因此，药品贮存间的设计应根据药品性质、状态与其贮存、使用条件，在建筑标准、防火等级、卫生和环境保护等方面，按各自有关标准、规范的规定，设置必要的安全生产防护措施。

8 控制及仪表

8.1 一 般 规 定

8.1.1 由于电子工业各行业生产工艺用纯水的水质、制备工艺和纯水用量等设计指标，以及纯水站规模、过程测量与控制需求情况等不尽相同，应结合各行业纯水站特点、规模和监控功能的具体要求，设计与合理选配各类制水设备、监控系统和现场测量仪器仪表。

8.1.3 根据各行业纯水站制备工艺及其制水设备与介质输送系统配置和控制功能，设计确定纯水制备过程测量与控制技术条件，选择监控系统及其外部设备的配置。本条文中所称的介质是指水系统中原水、纯水、中水、热（冷）媒水及工艺用液体化学品等。

8.1.4 现场仪表包括常用的液位、流量、压力、温度传感器及其显示与控制仪表，应视各行业纯水站监控参数、部位及具体要求，设计选配现场仪表。

8.2 纯水系统监控系统设计选型

8.2.1 随着现代科技的迅速发展和计算机技术广泛应用，纯水站过程测量与控制已普遍采用计算机监控技术，传统的仪表控制向智能化专用控制器方向发展；监控系统分为专用控制器、集中式、集散型（DCS）和现场总线型（FCS）等类型，各类计算机监控系统的应用软硬件已有定型的配套产品。根据电子工业纯水站监控系统现状与发展趋势调查情况，目前各行业纯水站在纯水质量、制备技术、纯水站规模及监控技术等方面存在较大差异，本条文针对各行业纯水站过程测量与控制技术条件及监控功能需求等具体情况，按纯水站测量与控制单元分布状况和监控系统容量（监控点数）区划，合理选择监控系统类型。

8.2.2 目前，产水量小、水质要求不高的纯水站，一般由纯水设备制造厂商提供具有配套控制装置或专用控制器的成套设备，并设置自动和手动工作模式，均属小型的集中式控制系统。本条文建议小型监控系统的纯水站选用配套控制装置的成套制程设备，则可不再另行设计控制系统。

8.2.3 本条文对大中型监控系统的纯水站提出优先采用集散型控制系统，因其具有应用广泛、技术成熟、适应性强和系统稳定可靠等特点，尤其对纯水站监控系统更具较强的适用性，也是当前规模较大的纯水站普遍采用的监控技术。

8.2.4 在监控系统选型后，现场仪表、在线测量仪器、传感器、变送器、阀门、执行机构，以及制水系统专用控制器等设计选配，必须与之相配套，便于系统集成，联网控制。

8.3 现场控制系统及集中监控系统设计

8.3.1 纯水站集散型控制系统的设计选型，采用“分布一集中”控制模式设计与选配现场控制系统（现场控制站）和集中监控系统（中央控制站）。现场控制系统具有多个各自独立的控制装置和现场实时运行控制、测量、调节、联锁及通信等功能，中央控制站具有集中监控、运行管理和相当操作级别的终端。

现场控制系统分区设计与纯水站各类制水设备的现场布置密切相关，在纯水站总体设计过程中控制专业与工艺专业等应及时沟通、综合协调，合理布置和区划现场控制系统。现场控制装置的监控点数要留有适当余量。

8.3.2 制水设备是纯水站测量与控制的基本对象和现场控制系统的主要组成部分，应根据工艺流程、制水设备分段（级）控制参数与技术指标，设计分区（段）控制装置。

1 纯水制备系统包括预处理、脱盐处理、精处理等系统，应按相应工艺规程、制水设备分段（级）控制技术条件，设计与选配现场控制装置。

2 目前，纯水制备系统现场控制装置已普遍采用PLC可编程控制器，满足现场控制功能的要求，具有技术成熟、操作便捷和系统运行稳定等特点。本条文阐明的纯水制备系统现场控制装置一系列控制功能，除涉及安全因素和有关设计规范的规定外，设计时可按具体要求选择。

8.3.3 液体化学品输送加药系统，包括预处理用絮聚剂，酸、碱再生剂等液体化学品的贮存、输送、现场计量槽及加药装置，其中酸、碱再生剂属危险化学品，化学品用量较大的纯水站宜采取集中供配方式、管道输送，便于管理与控制现场化学品存放量。

1 本款对纯水站使用的酸、碱及其他用量较大的液体化学品的贮存与输送系统规定了传输泵的启停与控制装置应具有控制、连锁和手动与自动控制等功能，系统应安全可靠。对用量较少的液体化学品可按具体要求而定。

2 液体化学品现场计量槽加药系统，一般采用计量泵自控装置，便于工艺控制，并附有连锁控制等功能。

8.3.4 本条文提出按集散型控制模式对配置专用控制器的制水设备和现场测量仪器仪表的选型及其通信接口，必须符合监控系统的设计选型及系统集成、联网控制等要求。

8.3.5 本条文根据纯水站用电设备和监控系统用电要求，实行分路配电，其中动力供电电源 AC220/380V，监控系统一般为 AC220V50Hz、并配置备用电源；条文规定了动力配电控制柜具有基本控制功能，应符合电气设计与系统集成等有关规定和要求。

8.3.6 集中监控系统根据集散型控制系统集中监控功能与要求，系统按需集成、设计与选配主控柜及计算机管理系统等硬件，中央控制站集中监控功能主要包括纯水站运行状态监视与控制，系统检测与显示，参数设定与调控，故障与越限报警，数据处理、贮存与输出，以及通信与运行管理等。

纯水站集散型控制系统功能通过计算机软件来实现，应按系统的功能、工艺条件和测量与控制及运行管理等要求，选配适用性强、操作方便、安全可靠的软件产品，包括中央控制站集中监控与管理软件、PLC现场控制软件等。

中华人民共和国国家标准

传染病医院建筑施工及验收规范

Code for construction and acceptance of infectious diseases hospitals

GB 50686—2011

主编部门：中 华 人 民 共 和 国 卫 生 部
批准部门：中华人民共和国住房和城乡建设部
施行日期：2 0 1 2 年 6 月 1 日

中华人民共和国住房和城乡建设部
公　　告

第1099号

关于发布国家标准《传染病医院建筑施工及验收规范》的公告

现批准《传染病医院建筑施工及验收规范》为国家标准，编号为GB 50686－2011，自2012年6月1日起实施。其中，第5.3.6（1、2、3）、6.3.9（1、2、3）、7.2.4、7.2.5、7.3.5、7.4.1、8.2.3、8.2.4、9.1.1、9.2.1、9.2.3、9.2.4、9.2.5条（款）为强制性条文，必须严格执行。

本规范由我部标准定额研究所组织中国建筑工业出版社出版发行。

中华人民共和国住房和城乡建设部

2011年7月26日

前　　言

根据原建设部《关于印发〈2004年工程建设国家标准制订、修订计划〉的通知》（建标［2004］67号）的要求，本规范由中国建筑科学研究院会同有关单位编制完成。

本规范在编制过程中，编制组经广泛调查研究，认真总结实践经验，参考有关国内外先进标准，并在广泛征求意见的基础上，最终经审查定稿。

本规范共分11章和2个附录，主要技术内容包括：总则、术语、基本规定、建筑、给水排水、采暖通风与空气调节、电气与智能化、医用气体、消防、工程检测、工程验收。

本规范中以黑体字标志的条文为强制性条文，必须严格执行。

本规范由住房和城乡建设部负责管理和对强制性条文的解释，由卫生部负责日常管理，由中国建筑科学研究院负责具体技术内容的解释。本规范在执行过程中如有意见或建议，请寄送中国建筑科学研究院（地址：北京市北三环东路30号，邮编：100013）。

本规范主编单位：中国建筑科学研究院

本规范参编单位：中国医学科学院
北京佑安医院
北京地坛医院
中国中元国际工程公司医疗建筑设计研究院
中国建筑技术集团有限公司
中国卫生经济学会医疗卫生建筑专业委员会
北京中景恒基建筑装饰工程有限公司
广州铭铉净化设备科技有限公司
广东申菱净化工程有限公司

本规范主要起草人员：王清勤　赵　力　秦　川　杨建国　郑　毅　路　宾　许钟麟　曾　宇　王　虹　冉　鹏　林向阳　曹国庆　田小虎　于　冬　张益昭　陈乐端　何春霞　桓朝晖　刘　强　朱文华　邹　健

本规范主要审查人员：许溶烈　吴德绳　李景芳　辛春华　赵　伟　李俊奇　陈　琪　任元会　林　平　方天培

目　次

Contents

1 总　　则

1.0.1 为使传染病医院建筑在施工及验收中贯彻国家有关的方针政策，规范施工，统一验收标准，以保证工程质量、施工安全、保护环境和节约资源，制定本规范。

1.0.2 本规范适用于新建、改建和扩建传染病医院建筑的施工和验收。

1.0.3 本规范应与现行国家标准《建筑工程施工质量验收统一标准》GB 50300 配套使用。

1.0.4 传染病医院建筑的施工及验收除应执行本规范外，尚应符合国家现行有关标准的规定。

2 术　　语

2.0.1 传染病医院　infectious diseases hospital

诊断与收治患有国家传染病法规定或新发传染病病人的专科医院。

2.0.2 污染区　contamination zone

传染病医院建筑中被病源微生物污染风险高的区域。

2.0.3 半污染区　semi-contamination zone

传染病医院建筑中具有被传染病病源微生物轻微污染风险的区域，是污染区和清洁区之间的过渡区。

2.0.4 清洁区　non-contamination zone

传染病医院建筑中正常情况下没有被病源微生物污染风险的区域。

2.0.5 负压隔离病房　negative air pressure isolated ward

采用空间分隔并配置空气调节系统控制气流流向，保证室内空气静压低于周边区域空气静压，并采取有效卫生安全措施防止传染的病房。

2.0.6 检漏　leak test

检测过滤器和机组部件是否泄漏的过程。

2.0.7 静态　at-rest

洁净房间已经建成，医疗设备已经安装齐全但未运行，空调净化系统运行正常，但无医务人员和病人时的状态。

2.0.8 综合性能评定　comprehensive performance judgment

工程质量竣工验收前，对传染病医院建筑的特殊技术要求进行综合评定。

3 基本规定

3.1 材料和设备要求

3.1.1 所用材料和设备应有质量证明文件及检验报告，并应在有效期之内。采用新技术、新工艺、新材料、新设备时，应经过试验和技术鉴定，并应制定可行的技术措施。严禁使用国家明令淘汰的材料和设备。

3.1.2 所用材料应符合国家现行有关建筑材料有害物质限量标准的规定。

3.1.3 所用材料和设备进场时应对品种、规格、外观和尺寸进行验收。材料和设备包装应完好，进口产品应按规定进行商品检验。

3.1.4 所用的材料和设备在运输、保存和施工过程中，应采取防止材料和设备损坏或污染环境的措施。

3.1.5 所用的材料应按设计要求及相关标准要求进行防火、防腐和防虫处理。

3.2 施工要求

3.2.1 传染病医院建筑的施工及验收应符合下列规定：

1 应由具有建设主管部门批准的专业资质的施工企业，按施工图设计文件施工。

2 施工人员均应经过与其所从事工作相适应的培训及考核，特殊工种应持有上岗证。

3 应由具有专业监理资质的监理单位实行全过程监理。

4 施工前施工单位应制定施工组织设计。

5 施工过程中需要修改设计时，应由设计单位出具设计变更，经建设单位和监理单位确认后方可实施。

6 分部分项工程或工程中的复杂工序施工完毕后，应进行验收，分部分项工程验收不合格的应返工达到合格，并应记录备案。

3.2.2 施工单位应按施工工艺标准或经审定的施工技术方案施工，并应对施工全过程实行质量控制。

3.2.3 传染病医院建筑工程施工中，不应擅自改动建筑主体、承重结构或主要使用功能；不应擅自拆改水、空调通风、电、燃气、通信等配套设施。

3.2.4 施工单位应遵守有关环境保护的法律法规，并应采取控制和减少施工现场的各种粉尘、废气、废水、废弃物、噪声、振动等对周围环境造成的污染和危害的措施。

3.2.5 施工单位应遵守有关施工安全、劳动保护、防火和防毒的法律法规，应建立相应的管理制度，并应配备必要的设备、器具和标识。

3.2.6 管道、设备等安装及调试宜在建筑装饰装修工程施工前完成；当同步进行时，应在饰面层施工前完成。建筑装饰装修工程不应影响管道、设备等的使用和维修。

3.2.7 工程施工的环境条件应满足施工工艺要求。施工环境温度不应低于 5℃。当施工环境温度低于 5℃时，应采取保证工程质量的有效措施。

3.2.8 施工过程中应做好半成品、成品的保护，防止污染和损坏。

3.2.9 智能建筑工程质量验收应按“先产品，后系统；先各系统，后系统集成”的顺序进行。

4 建 筑

4.1 一 般 规 定

4.1.1 装饰装修工程应在基体或基层的质量验收合格后进行。对既有建筑进行装饰装修前，应对基层进行处理，并应达到现行国家标准《建筑装饰装修工程质量验收规范》GB 50210 的有关要求。

4.1.2 传染病医院建筑应满足隔热、隔声、防振、防虫、防腐、防火和防静电等要求。

4.2 材 料 要 求

4.2.1 污染区和半污染区的墙面、楼（地）面和顶棚的材料应不起尘、不开裂、无反光、耐腐蚀，墙面应耐冲击，楼（地）面应防滑、耐磨。

4.2.2 手术室、ICU 等洁净用房和负压隔离病房的墙面、楼（地）面和顶棚材料以及各面交角材料，应表面光洁、易清洁、耐消毒液擦洗、耐腐蚀、防水无渗漏。

4.2.3 污染区和半污染区应选择不含刺激性挥发物、耐老化、抗腐蚀的中性材料密封胶，并宜选择有抑菌性能的密封胶。

4.2.4 经常使用各种化学试剂的检验台台面、通风柜台面、血库的配血室和洗涤室的操作台台面、病理科的染色台台面等，均应采用耐腐蚀、易冲洗、不燃或难燃的面层；相关的洗涤池和排水管应采用耐腐蚀材料。

4.2.5 污染区和半污染区的建筑五金宜选用耐腐蚀的材料。

4.3 施 工 要 求

4.3.1 传染病医院建筑的装饰装修工程施工应做到墙面平滑、地面平整、现场清洁。

4.3.2 手术室、ICU 等洁净用房和负压隔离病房的墙面、楼（地）面和顶棚，应采用便于清扫、冲洗、消毒的构造及工艺。设计有圆角要求的，圆弧半径应满足设计的要求，当设计无要求时，圆弧半径不应小于 30mm，圆角材料与其他材料的缝隙应采取密封措施。

4.3.3 设置地漏或排水沟的房间，排水坡度应符合设计要求，当设计无要求时，不应小于 0.5%，楼（地）面应作防水处理，防水层向墙面上返高度不应低于 250mm。

4.3.4 污染区和半污染区所有墙面、顶棚的缝隙和孔洞都应填实密封。有压差要求的房间宜在合适位置预留测压孔，其孔径应与所配的压力表孔径一致，测压孔未使用时应有密封措施。

4.3.5 负压隔离病房应符合下列规定：

1 风管和其他管线暗敷时，宜设置设备夹层或上人吊顶；当采用轻质不上人吊顶时，吊顶内宜设检修通道。

2 病房及其缓冲间的门不宜采用木制门。

3 门应密封严密。门框密封面上有密封条时，在门扇关闭后，密封条应处于压缩状态。

4 应采用密闭窗，玻璃应耐撞击、防破碎。窗玻璃应用密封胶固定、封严。当采用密封条密封时，玻璃与密封条的接触应平整，密封条不得卷边、脱槽、缺口、断裂。

5 围护结构表面的所有缝隙应密封。

6 房间的隔墙宜到顶，与楼板底的缝隙宜填实密封。

7 窗应与其安装部位的表面齐平，且不宜设窗台，当不能齐平时，窗台应采用斜坡、弧坡，边、角应为圆弧过渡。

8 顶棚上不应设置人孔、管道检修口。

4.4 分项工程验收

4.4.1 地漏的安装应平整、牢固，低于周边地面，周边无渗漏。地面找坡应符合本规范第 4.3.3 条的规定。

检验方法：试水观察。

检验数量：全部有地漏的房间。

4.4.2 冲洗地面的排水不应由半污染区流向清洁区，且不应由污染区流向半污染区。

检验方法：试水观察。

检验数量：全部各区之间的关键部位。

4.4.3 有压差要求房间的门宜朝空气压力较高的房间开启，并宜能自动关闭。

检验方法：目测观察。

检验数量：全部有压差要求房间的门。

4.4.4 污染区和半污染区的所有缝隙和孔洞都应填实密封。

检验方法：目测观察。

检验数量：污染区和半污染区的全部房间。

4.4.5 外墙上的风口与建筑外围护结构之间应密封。

检验方法：目测观察。

检验数量：全部外墙上的风口。

5 给 水 排 水

5.1 一 般 规 定

5.1.1 给水管道应采用与管材相适应的管件。生活给水系统所采用的管道材料应符合现行国家标准《生活饮用水卫生标准》GB 5749 的有关规定。

5.1.2 室内给水管道应进行水压试验。排水管道应进行通球试验。阀门安装前，应作强度试验和严密性试验。试验方法应符合设计要求，当设计无要求时，应按现行国家标准《建筑给水排水及采暖工程施工质量验收规范》GB 50242 的有关规定执行。

5.2 材料和设备要求

5.2.1 污染区和半污染区用水点应采用非接触性或非手动开关，并应防止污水外溅。

5.2.2 污染区和半污染区排水管道应采用耐腐蚀的管道。排放含有放射性污水的管道应采取防辐射措施。

5.2.3 污染区和半污染区的无水封地漏应加存水弯，存水弯的水封不应小于 50mm，且不应大于 75mm。

5.2.4 污染区和半污染区的洁具应采用易于清洁和消毒的设备。

5.2.5 负压隔离病房应符合下列规定：

1 应单独设置通气立管。

2 排水通气立管上宜加耐湿和耐腐蚀的高效过滤器。

3 地面排水应采用可开启的密闭地漏。

5.3 施 工 要 求

5.3.1 给水管道、管件、阀门安装前后应清除油垢和进行脱脂处理。

5.3.2 管线布置应符合设计要求；当设计无要求时，有压管道应避让重力流排水管，管径较小管道应避让管径较大管道。

5.3.3 给水排水管道穿过墙壁和楼板时应设套管，套管内的管段不应有接头，管子与套管之间应采用不燃和不产尘的密封材料封闭。

5.3.4 污染区和半污染区的地漏或排水漏斗使用前应封闭。

5.3.5 给水系统管道在交付使用前应冲洗后检测，水质应符合现行国家标准《生活饮用水卫生标准》GB 5749 的有关规定。

5.3.6 负压隔离病房应符合下列规定：

1 给水管道应设置倒流防止器。

2 排水立管不应在负压隔离病房内设置检查口或清扫口。

3 排水管道的通气管口应高出屋面不小于 2m，通气管口周边应通风良好，并应远离一切进气口。

4 排水通气管上的高效过滤器，其安装位置与方式应便于维修与更换。

5 非负压隔离病房区所用生活饮用给水管道应避开负压隔离病房区；不能避开时，应采取防护措施。

5.4 分项工程验收

5.4.1 污染区和半污染区给水的配水干管、支管应设置检修阀门，阀门宜设在清洁区内。

检验方法：检查产品资料、现场位置和目测检查。

检验数量：全部污染区和半污染区给水的配水干管、支管。

5.4.2 污染区和半污染区的给水排水管道应严格密封。

检验方法：目测观察。

检验数量：全部污染区和半污染区的给水排水管道。

5.4.3 负压隔离病房通气管上高效过滤器的性能和安装质量应符合设计要求。

检验方法：检查产品资料、目测观察。

检验数量：全部负压隔离病房通气管上的高效过滤器。

5.4.4 传染病医院处理后的污水排到市政排水系统前应设置检查取样口。

检验方法：检查现场位置、目测观察。

检验数量：全部污水排到市政排水系统前的检查取样口。

5.4.5 负压隔离病房给水管道上倒流防止器的安装应符合设计要求。

检验方法：检查现场位置、目测观察。

检验数量：全部负压隔离病房给水管道上的倒流防止器。

6 采暖通风与空气调节

6.1 一 般 规 定

6.1.1 采暖通风与空气调节系统所用空调机组、高效空气过滤器等设备，应符合国家现行相关标准的规定。

6.1.2 通风空调系统的风管应按现行国家标准《洁净室施工及验收规范》GB 50591 的有关规定进行严密性试验。

6.1.3 通风空调系统应对设备进行单机试运转，合格后方可进行系统调试。

6.1.4 通风空调系统的施工和验收应符合现行国家标准《通风与空调工程施工质量验收规范》GB 50243 的有关规定。

6.2 材料和设备要求

6.2.1 通风空调系统各类调节装置应严密，调节灵活，操作方便。

6.2.2 空气过滤器的类型和性能参数应符合设计要求。

6.2.3 空调设备的选用应符合下列规定：

1 不应采用淋水式空气处理机组。当采用表面冷却器时，通过盘管所在截面的气流速度不宜大于2.0m/s。

2 空调设备内的各级过滤器宜为一次抛弃或自动更新型。

3 各级空气过滤器前后宜设压差测量装置，测量管应通畅，安装严密。

4 加湿设备与其后的过滤段之间应有足够的汽化距离。

6.2.4 空调净化系统宜选用风压变化较大时风量变化较小的风机。

6.2.5 负压隔离病房应符合下列规定：

1 不应采用普通的风机盘管机组或房间空调器。

2 排风管道、气密阀与病房相通的送风管道应采用耐腐蚀、耐老化、不吸水、易消毒的材料制作。

3 排风高效过滤器的效率不宜低于B类。

6.3 施 工 要 求

6.3.1 空调净化系统风管加工前应进行清洁处理，施工过程中应保证风管不受污染。

6.3.2 风管适当位置上应设置风量测量孔。

6.3.3 净化空调系统送、排（回）风管道咬口缝均应在正压面密封。

6.3.4 室外新风口的设置应符合下列规定：

1 新风口应采取有效的防雨措施。

2 新风口处应安装防鼠、防昆虫、阻挡绒毛等的保护网，且应易于拆装。

3 新风口应高于室外地面2.5m以上，同时应远离污染源。

6.3.5 空调净化机组的基础对地面的高度不宜低于200mm。

6.3.6 空调机组安装时应调平，并作减振处理。各检查门应平整，密封条应严密。污染区和半污染区空调机组表冷段的冷凝水排水管上应设水封和阀门。

6.3.7 呼吸道传染病房内排（回）风口下边沿离地面不宜低于0.1m，上边沿不宜高于0.6m；排（回）风口风速不宜大于1.5m/s。

6.3.8 污染区和半污染区排风管道的正压段不宜穿越其他房间，排风机应设置在室外排风口附近。

6.3.9 负压隔离病房应符合下列规定：

1 排风机应与送风机连锁，排风机先于送风机开启，后于送风机关闭。

2 排风高效过滤器的安装应具备现场检漏的条件；否则，应采用经预先检漏的专用排风高效过滤装置。

3 排风口应高出屋面不小于2 m，排风口处应安装防护网和防雨罩。

4 送风末端过滤器的过滤效率不应低于高中效的过滤效率。

5 高效过滤器装置应在现场安装时打开包装。

6 排风高效过滤器应就近安装在排风口处。

7 排风高效过滤器应有安全的现场更换条件。

8 排风高效过滤器宜有原位消毒的措施。

6.4 分项工程验收

6.4.1 污染区和半污染区送排风管道上的密闭阀应符合设计要求。

检验方法：检查产品资料、现场位置和目测观察。

检验数量：全部污染区和半污染区送排风管道上的密闭阀。

6.4.2 污染区和半污染区空调机组应符合本规范第6.2.3条的要求。

检验方法：检查产品资料、目测观察。

检验数量：全部污染区和半污染区空调机组。

6.4.3 负压隔离病房排风机、送风机连锁，应符合本规范第6.3.9条的规定。

检验方法：检查产品资料、目测观察和现场试验。

检验数量：全部负压隔离病房排风机、送风机。

6.4.4 负压隔离病房排风高效过滤器，应符合本规范第6.2.5、6.3.9条的规定。

检验方法：检查产品资料、目测观察和现场试验。

检验数量：全部负压隔离病房排风高效过滤器。

7 电气与智能化

7.1 一 般 规 定

7.1.1 电气与智能化系统所需的各种材料、管线、盘柜、开关、灯具及控制系统产品等应经进场检验合格后方可使用。

7.1.2 电气工程的施工和验收应符合现行国家标准《建筑电气工程施工质量验收规范》GB 50303的有关规定。智能化系统的施工和验收应符合现行国家标准《智能建筑工程质量验收规范》GB 50339的有关规定。

7.2 材料和设备要求

7.2.1 紫外线灯和其他用途照明灯具应采用不同开关控制，且其开关宜便于识别和操作。

7.2.2 探视系统中病人一侧的终端设备应易于操作，表面材质应满足消毒处理条件。

7.2.3 智能化系统设备应预留接口，并应有合理的冗余。

7.2.4 当出现紧急情况时，所有设置互锁功能的门都必须能处于可开启状态。

7.2.5 负压手术室及负压隔离病房的空调设备监控

应具有监视手术室及负压隔离病房与相邻室压差的功能，当压差失调时应能声光报警。

7.2.6 负压隔离病房和洁净用房的照明灯具不应采用格栅灯具，并宜吸顶安装；当嵌入暗装时，其安装缝隙应采取可靠的密封措施。灯罩应采用不易破损、透光好的材料。

7.3 施工要求

7.3.1 电加热器的金属外壳应接地，并应保证电气连通性。

7.3.2 有抗静电要求的管道、金属壁板、防静电地板应接地，并应保证电气连通性。当可能出现腐蚀时应采取防电化腐蚀的措施。

7.3.3 污染区和半污染区电气管线应暗敷，设施内电气管线的管口，应采取可靠的密封措施。

7.3.4 采用双路供电的线路应各自独立敷设。

7.3.5 IT接地系统中包括中性导体在内的任何带电部分严禁直接接地。IT接地系统的电源对地应保持良好的绝缘状态。

7.3.6 屋顶通风空调设备和管道应采取可靠的接地措施。

7.3.7 负压隔离病房应符合下列规定：

1 对病房的医、患通道，污染区与半污染区、半污染区与清洁区的过渡房间应进行出入控制，并应具有识别出入人员的功能。识别及相关的开启装置应易于操作。

2 病房内控制显示盘、开关盒宜采用嵌入式安装，与墙体之间的缝隙应进行密封处理，并应与建筑装饰协调一致。

3 配电箱应设在污染区外。

7.4 分项工程验收

7.4.1 通风空调系统的电加热器应与送风机连锁，并应设无风断电、超温断电保护及报警装置。严寒地区、寒冷地区新风系统应设置防冻保护措施。

检验方法：检查硬件配置及软件功能，在设备投入正常运行后，人为设置故障，检查连锁功能。

检验数量：全部通风空调系统。

7.4.2 污染区和半污染区通风空调设备应能自动和手动控制，应急手动应有优先控制权，且应具备硬件连锁功能。

检验方法：人工检查控制柜是否设置手/自动转换开关，当转换为手动时应可通过按键直接控制通风空调设备的启停，手动控制时送排风机的启停顺序应有硬件连锁。

检验数量：全部污染区和半污染区通风空调设备。

7.4.3 通风空调系统启动和停机过程应采取防止负压区域的负压值超出围护结构和有关设备的安全范围的措施。

检验方法：人工设置开启或关闭系统，观察开、关机过程中房间负压传感器显示值或通过压力仪表观察，核对设计文件中允许的最大负压值及与压力相关设备说明书中的压力要求。

检验数量：全部负压区域的通风空调系统。

7.4.4 污染区和半污染区应设送、排风系统正常运转的标志，当送、排风机运转不正常时应能紧急报警。

检验方法：人工检查控制柜上风机运行指示灯，计算机上风机运行显示标志，人为制造风机故障，检查报警及投入功能的运行情况。

检验数量：全部污染区和半污染区送、排风系统。

7.4.5 电加热器外壳接地，应符合本规范第7.3.1条的规定。

检验方法：现场检查接地线的连接位置及牢固程度。

检验数量：全部电加热器。

8 医用气体

8.1 一般规定

8.1.1 本章适用于传染病医院医用气体的管道安装施工及验收。

8.1.2 传染病医院排放的医用废气应达到排放标准。

8.1.3 供气气体管道应进行强度试验和严密性试验。废气排放和负压吸引管道应进行气密性试验。

8.1.4 气体管道的施工应按现行国家标准《工业金属管道工程施工规范》GB 50235的有关规定执行。

8.2 材料和设备要求

8.2.1 负压吸引和废气排放输送管可采用镀锌钢管或非金属管，其他气体可选用纯铜管或不锈钢管。

8.2.2 吸引装置应有自封条件，瓶里液体吸满时应能自动切断气源。

8.2.3 麻醉废气排放系统、负压吸引系统应安装性能符合设计要求的过滤除菌器。

8.2.4 传染病医院中心供氧气源应设中断供氧的报警装置，空气压缩机、负压吸引泵的备用机组应能自动切换。

8.2.5 传染病医院建设的压缩空气站宜采用无油空气压缩机，并应设置除菌设备。

8.3 施工要求

8.3.1 医用气体导管、阀门和仪表安装前应清洗内部并应进行脱脂处理，用无油压缩空气或氮气吹除干净，并应封堵两端备用。

8.3.2 氧气管道不宜穿过不使用氧气的房间，当需要穿过时，则在该房间内的管道上不应采用法兰或螺纹连接。

8.3.3 吸引管道坡向总管和缓冲真空罐的坡度不应小于3‰，并应避免上升坡度，否则应在管道低处转折点设小型集污罐。

8.3.4 医用气体管道支吊架间距应符合表8.3.4的规定。

表8.3.4 医用气体管道支吊架间距

管道公称直径（mm）	4～8	8～12	12～20	20～25	≥25
支吊架间距（m）	1.0	1.5	2.0	2.5	3.0

8.3.5 供病人使用的医用气体管道应做接地，每对法兰或螺纹接头应设跨接导线。

8.3.6 当医用气体管道采用铜管、不锈钢管时，管道与支吊架接触处，应作电腐蚀绝缘处理。

8.3.7 进入污染区和半污染区气体管道，应设套管，套管内管材不应有焊缝与接头，管材与套管间应用不燃材料填充并密封，套管两端应有封盖。

8.3.8 负压隔离病房内供病人使用的医用气体支管上的止回装置应靠近病房位置。

8.4 分项工程验收

8.4.1 负压隔离病房气体止回装置安装应符合设计要求。

检验方法：检查产品资料、目测观察。

检验数量：全部负压隔离病房气体止回装置。

8.4.2 气体的管件和管道的气密性试验应符合设计要求。

检验方法：在管内充入压缩空气，在各接头处涂中性肥皂水。

检验数量：全部气体的管件和管道。

8.4.3 污染区和半污染区真空吸引、麻醉废气处理设备应符合本规范第8.2.3条的规定。

检验方法：检查产品资料、目测观察。

检验数量：全部污染区和半污染区真空吸引、麻醉废气处理设备。

9 消 防

9.1 一 般 规 定

9.1.1 传染病医院建筑消防用电设备应采用专用回路供电，并应设应急电源，火灾时应急电源应能自动切换。

9.1.2 消防供水管道和气体灭火剂输送管道应进行强度试验和严密性试验。

9.2 材料和设备要求

9.2.1 防排烟系统风管、风口、风阀及支吊架的材料、密封材料应为不燃材料。

9.2.2 传染病医院建筑内宜采用隐蔽型喷洒头。

9.2.3 传染病医院建筑消防水泵备用泵的工作能力不应小于其中最大一台消防工作泵的工作能力。

9.2.4 污染区和半污染区的排烟口应采用常闭排烟口。

9.2.5 应急照明灯具和疏散标志的备用电源连续供电时间不应小于30min。

9.3 施 工 要 求

9.3.1 穿污染区和半污染区墙和楼板的消防管道应做套管，套管与墙和楼板之间、套管与管道之间应使用不燃的密封材料进行密封。

9.3.2 防火门、防火窗与墙壁间的安装缝隙应使用不燃的密封材料进行密封。

9.3.3 应急照明灯具与疏散标志宜为嵌入式，周边安装缝隙应使用不燃的密封材料进行密封。

9.3.4 负压隔离病房内不应安装各类灭火用喷头。

9.3.5 非负压隔离病房区消防管道应避开负压隔离病房区，不能避开时，应采取防护措施。非负压隔离病房区消防管道的阀门不应设置在负压隔离病房区。

9.4 分项工程验收

9.4.1 围护结构的密封应符合本规范第9.3.1、9.3.2和9.3.3条的规定。

检验方法：目测观察。

检验数量：全部围护结构。

9.4.2 排烟口的安装应符合设计和本规范第9.2.4条的要求。

检验方法：检查产品资料、目测观察。

检验数量：全部排烟口。

9.4.3 消防管道的安装应符合设计和本规范第9.3.4和9.3.5条的要求。

检验方法：目测观察。

检验数量：全部消防管道。

10 工 程 检 测

10.1 一 般 规 定

10.1.1 环境指标检测应在工程质量符合要求的条件下，由具有资质的工程检测部门进行。

10.1.2 环境指标检测前，空调系统应连续运行不小于12h。环境指标检测应在静态下进行。

10.1.3 传染病医院建筑工程环境指标检测可按本规范附录B的表格进行记录。

10.2 环境指标检测

10.2.1 清洁区、半污染区和污染区的环境指标除按相关标准进行检测外，尚应按本规范表10.2.1进行排风量和气流流向检测，检测结果应符合设计要求。

表10.2.1 清洁区、半污染区和污染区环境指标检测项目

序号	项　　目	检测方法
1	排风量	应执行现行国家标准《洁净室施工及验收规范》GB 50591的相关规定
2	不同区域气流流向	应按本规范第10.2.3条执行

10.2.2 负压隔离病房环境指标检测项目应按本规范表10.2.2进行检测，检测结果应符合设计要求。

表10.2.2 负压隔离病房环境指标检测项目

序号	项　　目	检测方法
1	送风量（换气次数）	应执行现行国家标准《洁净室施工及验收规范》GB 50591的相关规定
2	新风量	
3	排风量	
4	静压差	
5	温度	
6	相对湿度	
7	噪声	
8	照度	
9	病房内气流流向	应按本规范第10.2.4条执行
10	排风高效空气过滤器全部检漏	应执行现行国家标准《生物安全实验室建筑技术规范》GB 50346的相关规定
11	送、排风机连锁可靠性验证	

注：1 本表检测项目中的风量、压差应先测量。检测风量、压差外的其他检测项目时，不应调整风量。

2 各项技术指标检测均应在通风空调系统调试合格后进行。

10.2.3 清洁区、半污染区和污染区环境指标检测项目中气流流向应按下列要求进行检测和评价。

检测方法：采用目测法，在关键位置发烟检测气流流向。

评价标准：通过目测观察，气流从清洁区流向半污染区，从半污染区流向污染区。

10.2.4 负压隔离病房环境指标检测项目中病房内气流方向应按下列要求进行检测和评价。

检测方法：采用目测法，在室内发烟检测气流流向。

评价标准：通过目测观察，气流从送风口流向病人经常活动的区域，再从病人经常活动区域流向排风口。

11 工 程 验 收

11.1 一 般 规 定

11.1.1 工程质量竣工验收合格是工程启用的必要条件，传染病医院工程质量竣工验收应严格执行本规范。

11.1.2 工程质量竣工验收前，负压隔离病房、手术室、ICU等有特殊要求的区域，建设单位应委托具有资质的工程检测部门进行环境指标的检测。环境指标检测前应由建设单位组织对环境指标检测的区域进行工程完工验收。

11.2 工 程 验 收

11.2.1 环境指标检测完成后，工程质量竣工验收前建设单位应组织专家组按本规范附录A规定的评价项目和判定方法进行综合性能评定。综合性能评定的结论分为合格、限期整改和不合格三类。对于综合性能符合规范要求的，判定为合格；对于存在问题，但经过整改后能符合规范要求的，判定为限期整改；对于不符合规范要求，判定为不合格。

11.2.2 对于综合性能评定判定为限期整改和不合格的项目，整改完毕后应组织专家组对整改部分重新进行综合性能评定。

11.2.3 对于综合性能评定判定为限期整改或不合格的工程，不应进行工程质量竣工验收。

11.2.4 传染病医院建筑工程质量竣工验收应由建设单位负责组织，由建设单位、施工单位（含分包单位）、设计单位、监理单位各方（项目）负责人参加，组成工程验收组负责执行和确认。

11.2.5 工程质量竣工验收合格应符合下列规定。

1 综合性能评定的结论应为合格。

2 环境指标检测报告的结论应为合格。

3 所含分部（子分部）工程的质量均应验收合格。

4 质量控制资料应完整。

5 所含分部工程有关安全和功能的检测资料应完整。

6 主要功能项目的抽查结果应符合相关专业质量验收规范的规定。

7 观感质量验收应符合要求。

附录A　传染病医院建筑工程综合性能评定

A.0.1　传染病医院建筑工程综合性能评定，应按表A.0.1规定的现场检查项目和评价方法进行。

表A.0.1　传染病医院建筑工程综合性能评定现场检查项目和评价方法

分项	序号	检查出的问题	评价		适用范围			
			严重缺陷	一般缺陷	清洁区	半污染区	污染区	负压隔离病房
建筑	1	装饰装修工程未在基体或基层的质量验收合格后施工或对既有建筑进行装饰装修前，未对基层进行处理并达到要求	√		√	√	√	√
	2	未满足隔热、隔声、防振、防虫、防腐、防火、防静电等要求	√		√	√	√	√
	3	墙面、楼（地）面和顶棚的材料不符合本规范第4.2.1条的要求		√		√	√	√
	4	洁净用房、负压隔离病房的墙面、楼（地）面和顶棚材料以及各面交角材料，不符合本规范第4.2.2条的要求		√	√	√	√	√
	5	未选择不含刺激性挥发物、耐老化、抗腐蚀的中性材料密封胶		√		√	√	√
	6	台面材料的选用，不符合本规范第4.2.4条的要求		√	√	√	√	√
	7	建筑五金未选用耐腐蚀的材料		√		√	√	√
	8	墙面、楼（地）面和顶棚设计有圆角要求的，圆弧半径不满足设计的要求；当设计无要求时，圆弧半径小于30mm或圆角材料与其他材料的缝隙未采取密封措施		√	√	√	√	√
	9	设置地漏或排水沟的房间，排水坡度小于0.5%或楼（地）面未作防水处理或防水层向墙面上返高度低于250mm	√		√	√	√	√
	10	墙面、顶棚的缝隙和孔洞未填实密封	√			√	√	√
	11	有压差要求的房间未在合适位置预留测压孔或其孔径与所配的压力表孔径不一致或测压孔未使用时没有密封措施		√	√	√	√	√
	12	负压隔离病房不符合本规范第4.3.5条的要求		√				√
	13	地漏的安装不平整、不牢固或高于周边地面或渗漏或地面找坡不符合设计要求	√		√	√	√	√
	14	冲洗地面的排水由半污染区流向清洁区或由污染区流向半污染区	√		√	√	√	√
	15	有压差要求房间的门朝空气压力较低的房间开启或不能自动关闭		√	√	√	√	√

续表A.0.1

分项	序号	检查出的问题	评价		适用范围			
			严重缺陷	一般缺陷	清洁区	半污染区	污染区	负压隔离病房
给水排水	16	给水管道未采用与管材相适应的管件或生活给水系统所采用的管道材料不符合现行国家标准《生活饮用水卫生标准》GB 5749的有关规定	√		√	√	√	√
	17	室内给水管道未进行水压试验或排水管道未进行通球试验或阀门安装前未作强度试验和严密性试验	√		√	√	√	√
	18	用水点未采用非接触性或非手动开关		√		√	√	√
	19	排水管道未采用耐腐蚀性能的管道		√		√	√	√
	20	排放含有放射性污水的管道未采取防辐射措施	√		√	√	√	√
	21	地漏的选用和安装不符合本规范第5.2.3条的要求	√		√	√	√	√
	22	未采用易于清洁和消毒的设备		√		√	√	√
	23	未单独设置通气立管	√					√
	24	上至楼顶通气管未加设耐湿和耐腐蚀的高效过滤器		√				√
	25	地面排水未采用可开启的密封地漏	√					√
	26	给水管道、管件、阀门安装前后未清除油垢或未进行脱脂处理	√		√	√	√	√
	27	管线布置不符合设计要求或有压管道未避让重力流排水管或管径较小管道未避让管径较大管道	√		√	√	√	√
	28	给水排水管道穿过墙壁和楼板处未设套管或套管内的管段有接头或管子与套管之间未用不燃和不产尘的密封材料封闭	√		√	√	√	√
	29	给水系统管道在交付使用前未冲洗或检测水质不符合生活饮用水卫生标准	√		√	√	√	√
	30	给水管道未设置倒流防止器	√					√
	31	排水立管不应在负压隔离病房内设置检查口或清扫口	√					√
	32	排水管道的通气管口高出屋面小于2m或通气管口周边通风不好或未远离一切进气口	√					√
	33	排水通气管上高效过滤器的安装位置与方式不便于维修与更换		√				√
	34	非负压隔离病房区所用生活饮用给水管道穿越负压隔离病房区，未采取防护措施	√					√
	35	给水的配水干管、支管未设置检修阀门或阀门未设在清洁区内		√		√	√	√
	36	给排水管道未严格密封		√		√	√	√

续表 A.0.1

分项	序号	检查出的问题	评价		适用范围			
			严重缺陷	一般缺陷	清洁区	半污染区	污染区	负压隔离病房
给水排水	37	传染病医院处理后的污水排到市政排水系统前未设置检查取样口	√		√	√	√	√
	38	通气管上高效过滤器的性能和安装质量不符合设计要求	√					√
采暖通风与空气调节	39	空调机组等设备不符合国家现行相关标准的规定	√		√	√	√	√
	40	通风空调系统的风管未按现行国家标准《洁净室施工及验收规范》GB 50591的有关规定进行严密性试验		√	√	√	√	√
	41	通风空调系统各类调节装置不严密或调节不灵活或操作不方便		√	√	√	√	√
	42	空气过滤器的类型和性能参数不符合设计要求	√		√	√	√	√
	43	空调设备的选用不符合本规范第6.2.3条的要求	√		√	√	√	√
	44	空调净化系统未选用风压变化较大时风量变化较小的风机		√	√	√	√	√
	45	采用普通的风机盘管机组或房间空调器		√				
	46	排风管道、气密阀与病房相通的送风管道未采用耐腐蚀、耐老化、不吸水、易消毒的材料制作	√					
	47	排风高效过滤器的效率低于B类	√					√
	48	空调净化系统风管加工前未进行清洁处理		√	√	√	√	√
	49	风管未设置风量测量孔		√	√	√	√	√
	50	净化空调系统送、排（回）风管管道咬口缝未在正压面进行密封		√	√	√	√	√
	51	室外新风口的设置不符合本规范第6.3.4条的要求		√	√	√	√	√
	52	空调净化机组的基础对地面的高度低于200mm		√	√	√	√	√
	53	空调机组安装时未调平或未作减振处理或各检查门不平整、密封条不严密		√	√	√	√	√
	54	空调机组表冷段的冷凝水排水管上未设水封和阀门		√	√	√	√	√
	55	呼吸道传染病房内排（回）风口安装位置不符合本规范第6.3.7条的要求		√				√
	56	排风管道的正压段穿越其他房间或排风机未设置在室外排风口附近		√	√	√	√	√
	57	送排风机的连锁顺序反向	√					√
	58	排风高效过滤器的安装不具备现场检漏的条件并未采用经预先检漏的专用排风高效过滤装置		√				√
	59	排风口高出屋面小于2m或排风口未安装防护网和防雨罩	√					√
	60	送风末端过滤器的过滤效率低于高中效的过滤效率	√					√
	61	排风高效过滤器未安装在排风口处	√					√
	62	排风高效过滤器没有安全的现场更换条件	√					√
	63	排风高效过滤器没有原位消毒的措施		√				
	64	送排风管道上密闭阀的安装位置、严密性等不符合设计要求	√			√	√	√
电气与智能化	65	紫外线灯与其他用途照明灯具未采用不同开关控制	√		√	√	√	√
	66	紫外线灯与其他用途照明灯具开关不易识别、操作		√	√	√	√	√
	67	病人一侧的终端设备不易于操作或表面材质不满足消毒处理条件		√	√	√	√	√
	68	智能化系统设备未预留接口或冗余不合理		√	√	√	√	√
	69	当出现紧急情况时，设置互锁功能的门不能处于可开启状态	√		√	√	√	√
	70	负压手术室或负压隔离病房的监控不具有监视手术室或负压隔离病房相邻室压差的功能或当压差失调时不能声光报警	√			√	√	√
	71	负压隔离病房或洁净用房的照明灯具选用、安装不符合本规范第7.2.6条的要求		√	√	√	√	√
	72	电加热器的金属外壳未接地或未保证电气连通性	√		√	√	√	√
	73	有抗静电要求的管道、金属壁板、防静电地板未接地或不能保证电气连通性或当可能出现腐蚀时未采取防电化腐蚀的措施	√		√	√	√	√
	74	电气管线未暗敷或设施内电气管线的管口未采取可靠的密封措施		√	√	√	√	√
	75	采用双路供电的线路未各自独立敷设	√		√	√	√	√
	76	IT接地系统中包括中性导体在内的任何带电部分直接接地或IT接地系统的电源对地未保持良好的绝缘状态	√		√	√	√	√
	77	屋顶通风空调设备或管道未作可靠的接地	√		√	√	√	√

续表 A.0.1

分项	序号	检查出的问题	评价		适用范围			
			严重缺陷	一般缺陷	清洁区	半污染区	污染区	负压隔离病房
电气与智能化	78	过渡房间未进行出入控制或不具有识别出入人员的功能或识别及相关的开启装置不易于操作		√				√
	79	病房内控制显示盘、开关盒未采用嵌入式安装或与墙体之间的缝隙未进行密闭处理		√				√
	80	配电箱设在污染区内		√				√
	81	通风空调系统的电加热器未与送风机连锁或未设无风断电、超温断电保护、报警装置	√		√	√	√	√
	82	严寒地区、寒冷地区新风系统未设置防冻保护措施	√		√	√	√	√
	83	空调通风设备不能自动和手动控制或应急手动没有优先控制权或不具备硬件连锁功能	√			√	√	√
	84	通风空调系统启动和停机过程未采取措施防止负压区域的负压值超出围护结构和有关设备的安全范围	√			√	√	√
	85	未设送、排风系统正常运转的标志或当送、排风系统运转不正常时不能紧急报警	√			√	√	√
医用气体	86	排放的医用废气不能达到排放标准	√		√	√	√	√
	87	气体的管件和管道未进行气密性试验	√		√	√	√	√
	88	吸引装置没有自封条件或瓶里液体吸满时不能自动切断气源	√		√	√	√	√
	89	麻醉废气排放系统、负压吸引系统未安装性能符合设计要求的过滤除菌器	√		√	√	√	√
	90	中心供氧气源未设中断供氧的报警装置	√		√	√	√	√
	91	空气压缩机、负压吸引泵的备用机组不能自动切换	√		√	√	√	√
	92	压缩空气站未采用无油空气压缩机或未设除菌设备		√	√	√	√	√
	93	医用气体导管、阀门和仪表安装前未进行脱脂处理		√	√	√	√	√
	94	氧气管道穿过不使用氧气的房间，且管道上有法兰或螺纹连接接口		√	√	√	√	√
	95	吸引管道坡向总管或缓冲真空罐的坡度不符合本规范第 8.3.3 条的规定		√	√	√	√	√
	96	医用气体管道的安装支吊架间距不符合本规范第 8.3.4 条的规定		√	√	√	√	√

续表 A.0.1

分项	序号	检查出的问题	评价		适用范围			
			严重缺陷	一般缺陷	清洁区	半污染区	污染区	负压隔离病房
医用气体	97	供病人使用的医用气体管道未作接地或每对法兰或螺纹接头未设跨接导线	√		√	√	√	√
	98	医用气体管道采用铜管、不锈钢管时，管道与支吊架接触处未作电腐蚀绝缘处理		√	√	√	√	√
	99	进入污染区和半污染区气体管道，未设套管或套管内管材有焊缝与接头或管材与套管间未用不燃材料填充并密封，套管两端没有封盖		√		√	√	√
	100	供病人使用的医用气体支管上的止回装置未靠近病房位置		√				√
消防	101	消防用电设备未采用专用回路供电或未设应急电源或应急电源火灾时不能自动切换	√		√	√	√	√
	102	消防供水管道和气体灭火剂输送管道未进行强度试验和严密性试验	√		√	√	√	√
	103	防排烟系统风管及支吊架的材料、密封材料为非不燃材料	√		√	√	√	√
	104	未采用隐蔽型喷洒头		√	√	√	√	√
	105	消防水泵备用泵的工作能力小于其中最大一台消防工作泵的工作能力	√		√	√	√	√
	106	未采用常闭排烟口		√		√	√	√
	107	应急照明灯具和疏散标志的备用电源连续供电时间小于 30min	√		√	√	√	√
	108	穿墙和楼板的消防管道未做套管或套管与墙和楼板之间、套管与管道之间未用不燃材料密封		√		√	√	√
	109	防火门、防火窗与墙壁间的安装缝隙未使用不燃的填充材料进行密封		√	√	√	√	√
	110	应急照明灯具与疏散标志为非嵌入式或其周边安装缝隙未使用不燃的密封材料进行密封		√	√	√	√	√
	111	病房内安装各类灭火用喷头	√					√
	112	非负压隔离病房区消防管道穿过负压隔离病房区，未采取防护措施或非负压隔离病房区消防管道的阀门设置在负压隔离病房区		√				√
环境指标检测	113	排风量不符合设计要求		√	√	√	√	√
	114	不同区域气流流向不符合设计要求	√		√	√	√	√
	115	换气次数不符合设计要求		√				√
	116	新风量不符合设计要求		√	√	√	√	√

续表 A.0.1

分项	序号	检查出的问题	评价		适用范围			
			严重缺陷	一般缺陷	清洁区	半污染区	污染区	负压隔离病房
环境指标检测	117	静压差不符合设计要求	√					√
	118	病房内气流流向不符合设计要求		√				√
	119	温度不符合设计要求		√	√	√	√	√
	120	相对湿度不符合设计要求		√	√	√	√	√
	121	噪声不符合设计要求		√	√	√	√	√
	122	照度不符合设计要求		√	√	√	√	√
	123	安装后的排风高效空气过滤器存在泄漏	√					√
	124	送、排风系统连锁可靠性验证不符合设计要求	√					√

注：凡对工程质量有影响的项目有缺陷，属一般缺陷，其中对安全和工程质量有重大影响的项目有缺陷，属严重缺陷。

A.0.2 传染病医院建筑综合性能应按表 A.0.2 进行评定。

表 A.0.2 传染病医院建筑综合性能评定标准

标准类别	严重缺陷数	一般缺陷数
合格	0	<20%
限期整改	1～3	<20%
	0	≥20%
不合格	>3	0
	一次整改后仍未通过者	

注：表中的百分数是缺陷数相对于应被检查项目总数的比例。

附录 B 传染病医院建筑工程环境指标检测记录

B.0.1 不同区域气流流向检测可按表 B.0.1 记录。

表 B.0.1 不同区域气流流向检测记录表

第　　页 共　　页

检测依据				检测日期	
检测仪器名称		规格型号		编号	
检测前检测仪器状况			检测后检测仪器状况		
检测前系统运行状况			检测后系统运行状况		
检测部位		检测结果		备注	

校核人：　　　　记录人：　　　　检验人：

B.0.2 风量（风速）检测可按表 B.0.2 记录。

表 B.0.2 风量（风速）检测记录表

第　　页 共　　页

检测依据				检测日期	
检测仪器名称		规格型号		编号	
检测前检测仪器状况			检测后检测仪器状况		
检测前系统运行状况			检测后系统运行状况		
检测部位	风口编号	风量值（m^3/h）或风速值（m/s）		备注	

校核人：　　　　记录人：　　　　检验人：

B.0.3 静压差检测可按表 B.0.3 记录。

表 B.0.3 静压差检测记录表

第　　页 共　　页

检测依据				检测日期	
检测仪器名称		规格型号		编号	
检测前检测仪器状况			检测后检测仪器状况		
检测前系统运行状况			检测后系统运行状况		
检测部位	静压差值（Pa）			备注	

校核人：　　　　记录人：　　　　检验人：

B. 0. 4 温度和相对湿度检测可按表 B. 0. 4 记录。

表 B. 0. 4 温度和相对湿度检测记录表

第　页 共　页

检测依据		检测日期			
检测仪器名称		规格型号		编号	
检测前检测仪器状况		检测后检测仪器状况			
检测前系统运行状况		检测后系统运行状况			
检测部位	温度值（℃）	相对湿度值（%）	备注		

校核人：　　记录人：　　检验人：

B. 0. 5 噪声检测可按表 B. 0. 5 记录。

表 B. 0. 5 噪声检测记录表

第　页 共　页

检测依据		检测日期			
检测仪器名称		规格型号		编号	
检测前检测仪器状况		检测后检测仪器状况			
检测前系统运行状况		检测后系统运行状况			
检测部位	测点	噪声值 dB（A）	备注		

校核人：　　记录人：　　检验人：

B. 0. 6 照度检测可按表 B. 0. 6 记录。

表 B. 0. 6 照度检测记录表

第　页 共　页

检测依据		检测日期			
检测仪器名称		规格型号		编号	
检测前检测仪器状况		检测后检测仪器状况			
检测前系统运行状况		检测后系统运行状况			
检测部位	测点	照度值（lx）	备注		

校核人：　　记录人：　　检验人：

B. 0. 7 病房内气流流向检测可按表 B. 0. 7 记录。

表 B. 0. 7 病房内气流流向检测记录表

第　页 共　页

检测依据		检测日期			
检测仪器名称		规格型号		编号	
检测前检测仪器状况		检测后检测仪器状况			
检测前系统运行状况		检测后系统运行状况			
检测部位	检测结果	备注			

校核人：　　记录人：　　检验人：

B.0.8 排风高效过滤器检漏检测可按表 B.0.8 记录。

表 B.0.8 排风高效过滤器检漏检测记录表

第　页共　页

检测依据				检测日期	
检测仪器名称		规格型号		编号	
检测前检测仪器状况			检测后检测仪器状况		
检测前系统运行状况			检测后系统运行状况		
检测部位	排风高效过滤器编号		检测结果	备注	

校核人：　　　　记录人：　　　　检验人：

B.0.9 送、排风机连锁可靠性验证检测可按表 B.0.9 记录。

表 B.0.9 送、排风机连锁可靠性验证检测记录表

第　页共　页

检测依据			检测日期	
检测前系统运行状况		检测后系统运行状况		
检测部位	检测结果			备注

校核人：　　　　记录人：　　　　检验人：

本规范用词说明

1 为便于在执行本规范条文时区别对待，对要求严格程度不同的用词说明如下：

1）表示很严格，非这样做不可的用词：
正面词采用“必须”，反面词采用“严禁”；

2）表示严格，在正常情况下均应这样做的用词：
正面词采用“应”，反面词采用“不应”或“不得”；

3）表示允许稍有选择，在条件许可时首先应这样做的用词：
正面词采用“宜”，反面词采用“不宜”；

4）表示有选择，在一定条件下可以这样做的用词，采用“可”。

2 条文中指明应按其他有关标准执行的写法为：“应符合……的规定”或“应按……执行”。

引用标准名录

1 《建筑装饰装修工程质量验收规范》GB 50210
2 《工业金属管道工程施工规范》GB 50235
3 《建筑给水排水及采暖工程施工质量验收规范》GB 50242
4 《通风与空调工程施工质量验收规范》GB 50243
5 《建筑工程施工质量验收统一标准》GB 50300
6 《建筑电气工程施工质量验收规范》GB 50303
7 《智能建筑工程质量验收规范》GB 50339
8 《生物安全实验室建筑技术规范》GB 50346
9 《洁净室施工及验收规范》GB 50591
10 《生活饮用水卫生标准》GB 5749

中华人民共和国国家标准

传染病医院建筑施工及验收规范

GB 50686—2011

条 文 说 明

制 定 说 明

《传染病医院建筑施工及验收规范》GB 50686-2011，经住房和城乡建设部2011年7月26日以第1099号公告批准、发布。

本规范制定过程中，编制组进行了广泛的调查研究，总结了我国传染病医院建筑工程施工及验收的实践经验，同时参考了国外先进技术法规、技术标准，进行了卓有成效的试验和研究，取得了工程检测和验收一系列重要技术参数。

为便于广大设计、施工、科研和学校等单位有关人员在使用本规范时能正确理解和执行条文规定，《传染病医院建筑施工及验收规范》编制组按章、节、条顺序编制了本规范的条文说明，对条文规定的目的、依据以及执行中需注意的有关事项进行了说明，还着重对强制性条文的强制性理由作了解释。但是本条文说明不具备与规范正文同等的法律效力，仅供使用者作为理解和把握规范规定的参考。

目　次

1 总 则

1.0.1 本条说明了制定传染病医院建筑施工及验收规范的目的和意义。传染病医院建筑是专门收治各类传染病患者的设施，不仅担负着救死扶伤的重任，而且是控制传染病源微生物的传播，切断传染途径的重要设施，因此传染病医院属于生物安全的建设范畴。SARS在我国的流行留下了沉痛教训，引起了社会各界的深刻反思，在疫情得到有效控制之后，我国政府加大了卫生领域的基础设施投资，启动了传染病应急救治体系建设，本规范即是传染病应急救治体系建设的一部分。

1.0.2 本条规定了本规范的适用范围是新建、改建和扩建的传染病医院建筑的施工和验收。对于综合医院的传染病科的施工和验收，可以参照本规范执行。

1.0.3 传染病医院是一种具有特殊功能的建筑，首先应符合现行国家标准《建筑工程施工质量验收统一标准》GB 50300 的有关规定，并应与其配合使用。

1.0.4 传染病医院建筑工程条件复杂，综合性强，涉及面广。由于国家有关部门对工程施工和验收制定了很多国家和行业标准，本规范不可能包括所有的规定。因此在进行传染病医院建筑施工和验收时，要将本规范和其他有关现行国家和行业标准配合使用，例如：

《建筑工程施工质量验收统一标准》GB 50300

《建筑装饰装修工程质量验收规范》GB 50210

《洁净室施工及验收规范》GB 50591

《生物安全实验室建筑技术规范》GB 50346

《实验室 生物安全通用要求》GB 19489

《洁净厂房设计规范》GB 50073

《公共建筑节能设计标准》GB 50189

《建筑节能工程施工质量验收规范》GB 50411

《医院洁净手术部建筑技术规范》GB 50333

《建筑给水排水设计规范》GB 50015

《建筑给水排水及采暖工程施工质量验收规范》GB 50242

《生活饮用水卫生标准》GB 5749

《污水综合排放标准》GB 8978

《医院消毒卫生标准》GB 15982

《医疗机构水污染物排放要求》GB 18466

《通风与空调工程施工质量验收规范》GB 50243

《采暖通风与空气调节设计规范》GB 50019

《高效空气过滤器性能实验方法 效率和阻力》GB/T 6165

《高效空气过滤器》GB/T 13554

《空气过滤器》GB/T 14295

《民用建筑工程室内环境污染控制规范》GB 50325

《建筑电气工程施工质量验收规范》GB 50303

《民用建筑电气设计规范》JGJ/T 16

《供配电系统设计规范》GB 50052

《低压配电设计规范》GB 50054

《建筑照明设计标准》GB 50034

《智能建筑工程质量验收规范》GB 50339

《压缩空气站设计规范》GB 50029

《医院中心吸引系统通用技术条件》YY/T 0186

《建筑内部装修设计防火规范》GB 50222

《高层民用建筑设计防火规范》GB 50045

《建筑设计防火规范》GB 50016

《火灾自动报警系统设计规范》GB 50116

《建筑灭火器配置设计规范》GB 50140

2 术 语

2.0.8 对于普通的民用建筑一般只需要进行工程质量竣工验收，并不需要进行综合性能评定，以前的传染病医院建筑的工程质量竣工验收大多也是这样执行的。在实际传染病医院建筑工程中，发现工程质量竣工验收合格，却在使用中出现了很多问题，无法达到使用功能的情况，如某些负压隔离病房没有经过环境指标的检测，不能满足传染病医院的特殊安全要求等。为了保证传染病医院建筑的综合性能达到设计和使用功能要求，本规范规定了传染病医院建筑工程质量竣工验收前要进行综合性能评定，以满足传染病医院的特殊生物安全要求。

3 基本规定

3.1 材料和设备要求

3.1.1 传染病医院建筑所用材料和设备对整个工程的质量和安全起着至关重要的作用，应严格审查材料和设备的合格证明材料。当设计采用新技术、新工艺、新材料、新设备时，施工单位应依据设计的规定施工。施工单位采用新技术、新工艺、新材料、新设备时，应经监理单位核准，并按相关规定执行。近年来，国家对技术指标落后或质量存在较大问题的材料和设备明令禁止，传染病医院建筑工程施工中应严格遵守这些规定，不得采购和使用国家明令淘汰的材料和设备。

3.1.2 本条是为了保证传染病医院的室内空气质量。目前主要的有关建筑材料放射性和有害物质的国家标准有：

1 《建筑材料放射性核素限量》GB 6566

2 《室内装饰装修材料 人造板及其制品中甲醛释放限量》GB 18580

3 《室内装饰装修材料 溶剂木器涂料中有害

物限量》GB 18581

4 《室内装饰装修材料　内墙涂料中有害物质限量》GB 18582

5 《室内装饰装修材料　胶粘剂中有害物质限量》GB 18583

6 《室内装饰装修材料　木家具中有害物质限量》GB 18584

7 《室内装饰装修材料　壁纸中有害物质限量》GB 18585

8 《室内装饰装修材料　聚氯乙烯卷材地板中有害物质限量》GB 18586

9 《室内装饰装修材料　地毯、地毯衬垫及地毯用胶粘剂中有害物质释放限量》GB 18587

10 《室内装饰装修材料　混凝土外加剂释放氨的限量》GB 18588

11 《民用建筑工程室内环境污染控制规范》GB 50325

3.1.3 所用材料和设备的进场验收应严格，以免产生不必要的经济损失或人体伤害。对于进口的材料和设备，应按照我国有关规定和标准进行检验，符合要求方可使用。所用材料和设备应有产品合格证书、中文说明书及相关性能的检测报告。

3.1.4 所用材料和设备的运输、施工、成品保护等各个环节都很重要，出现问题都会对工程质量和进度造成影响。

3.1.5 和普通的民用建筑相比，传染病医院建筑的使用功能特殊，又要经常进行清洗和消毒处理，对防火、防腐和防虫的要求更高，应按照设计要求或者相关标准进行处理，如所用材料的防火性能应符合现行国家标准《建筑内部装修设计防火规范》GB 50222的规定，所用材料的防腐性能应符合现行国家标准《建筑防腐蚀工程施工及验收规范》GB 50212 的规定。

3.2 施工要求

3.2.1 本条对施工企业资质、监理单位资质、人员执业资格、施工组织设计、施工配合等提出了要求。对于特种施工作业人员，如电工、电焊工、起重工等，应持有相关的有效证件上岗作业。

3.2.2 施工工艺标准、施工技术方案、全过程质量控制是保证工程质量的重要环节，因此，在施工前应制定科学合理的施工技术方案，施工过程中应严格执行施工工艺标准，并全过程控制施工质量，保证传染病医院建筑的工程质量。

3.2.3 传染病医院建筑工程施工中，擅自改动建筑主体、承重结构或主要使用功能，擅自拆改水、空调通风、电、燃气、通信等配套设施会造成极大的安全和质量隐患，应禁止。

3.2.4 原建设部于 2007 年 9 月发布了《绿色施工技术导则》（建质【2007】223 号），绿色施工总体框架由施工管理、环境保护、节材、节水、节能、节地六个方面组成。控制污染物的排放既是为了保护环境，也是为了保护施工人员。

3.2.6 管道、设备等的安装及调试在建筑装饰装修工程施工前完成是为了防止对建筑装饰装修工程的破坏。建筑装饰装修工程要预留管道阀门、设备等的检修口。

3.2.7 施工环境温度高于 5℃，主要是为了防冻，很多建筑材料在低温时都需要采取特殊措施，如向水泥中加防冻剂等。施工材料的施工环境温度有特殊要求时，按设计或产品技术要求执行。

3.2.8 半成品、成品的保护问题要引起重视，以免出现返工和造成不必要的经济损失，如应保护已施工完成的瓷砖地面、风管、高效过滤器等。

3.2.9 对于智能建筑工程，前面的验收步骤完成后，后面的验收步骤才具备条件，只有按照顺序验收才能顺利地进行并保证工程质量。

4 建　筑

4.1 一般规定

4.1.1 装饰工程施工前，隐蔽工程应已验收合格，从而保证施工质量。基体是指建筑物的主体结构和围护结构，基层是指直接承受装饰装修施工的面层。既有建筑对基层的处理是指墙面、地面和顶棚的清洁、找平等作业，应达到《建筑装饰装修工程质量验收规范》GB 50210 的要求。

4.1.2 传染病医院建筑的隔热、隔声、防振、防虫、防腐、防火、防静电等性能，在施工和验收时应满足设计要求及相关标准和规范的要求，如现行国家标准《民用建筑设计通则》GB 50352、《公共建筑节能设计标准》GB 50189、《民用建筑隔声设计规范》GB 50118、《建筑设计防火规范》GB 50016 等。

4.2 材料要求

4.2.1 污染区和半污染区内应尽量减少积尘面，减少孳生微生物的可能性。地面材料应防滑，以免人员滑倒受伤。由于污染区和半污染区需经常清洗消毒，表面材料还应耐酸碱、耐腐蚀。

4.2.2 手术室墙面和顶棚的材料可选用电解钢板、不锈钢板等；ICU 墙面和顶棚的材料可选用彩钢板、树脂板、铝塑板等；负压隔离病房墙面和顶棚可选用铝塑板、彩钢板、瓷砖等；楼（地）面可选用 PVC、橡胶地板、环氧树脂等。

4.2.3 污染区和半污染区表面密封胶生菌容易造成病源微生物的接触感染，应避免选用易长霉的玻璃胶和硅胶。

4.2.4 台面一般采用理化板或不锈钢材料，主要是因为在检测或实验过程中用到很多强酸、强碱试剂，要求台面耐酸碱。有些实验室还要求台面耐高温，耐高温台面宜采用石材。

4.2.5 污染区和半污染区的各材料表面都要经常清洗消毒，因此五金件也宜选用耐腐蚀的材料。

4.3 施工要求

4.3.1 本条为传染病医院建筑装饰装修工程施工的基本要求。

4.3.2 有洁净要求的房间和负压隔离病房应尽量减少积尘面（特别是水平凸凹面），以免在室内气流作用下引起积尘的二次飞扬，一般在墙面和地面的相交位置做小圆角，以减少卫生死角，防止积灰，便于清洁。实践中彩钢板墙体的圆角多采用弧铝，PVC 地面与土建墙的交角多采用 PVC 直接上墙面，交角处内衬橡胶条，两者成型的圆角多为 30mm。踢脚应与墙面平齐或略缩进不大于 3mm。

4.3.3 设置地漏或排水沟的房间，应有足够的排水坡度，以便于水的排出，并应作防水，避免因渗漏而影响建筑功能。

4.3.4 污染区和半污染区如果密封不严，容易造成病源微生物扩散，排风量增大，空调负荷增加。有压差要求的房间，很多工程中未设置测压孔，而是通过门下的缝隙进行压差的测量，如果门的缝隙较大时，压差不容易满足，门的缝隙较小时，容易压住测压管，使测量不准确，建议预留测压孔。

4.3.5 在负压隔离病房设置吊顶或设备夹层，主要用于布置设备管线，吊顶可以是有一定承重能力的上人吊顶，也可以是不上人的轻质吊顶；由于不能在负压隔离病房内设置检修口，因此在不上人轻质吊顶内需要设置检修通道。病房与缓冲间的门可为平开门或上导轨推拉门，病房缓冲间与污染走廊的门应为平开门。

第 3～6 款的密封要求主要是为了防止病源微生物的扩散，也能起到节能的作用。

负压隔离病房内是污染区，不能在顶棚上设检修口，应在清洁区内留检修人孔，以便于检修并防止病源微生物的扩散。

4.4 分项工程验收

4.4.1 传染病医院建筑有地漏的房间地面排水应通畅，无积水，以免积水中孳生病源微生物。

4.4.2 清洁区、半污染区和污染区之间应有适当的排水坡度，以保证地面排水不会由污染区流向半污染区、由半污染区流向清洁区，避免病源微生物的扩散。各区之间的关键部位是指各区之间相通门等其他地面相通的部位。

4.4.3 传染病医院建筑的很多房间都有压力要求，门向压力较高的房间开启，是为了使门能关闭紧密，以免影响房间的压力梯度。

4.4.4 在污染区和半污染区的装饰装修工程结束后，应检查顶棚、墙面、地面各缝隙是否填实密封，以防止病源微生物的扩散。

4.4.5 外墙上的新风口、排风口和外墙预留洞口尺寸常常不相匹配，应使用外墙材料将多余的洞口填实密封，以防止室外空气进入。

5 给水排水

5.1 一般规定

5.1.1 医院可根据其使用要求和自身经济情况选择具体给水管道材料，所选择的给水管道及管件材质力求合理、统一。生活给水管道系统不宜采用镀锌钢管，可选用给水塑料管、铜管、不锈钢管。管材、管件内表面应进行相关处理，使其达到能供给饮用水标准。

5.1.2 现行国家标准《建筑给水排水及采暖工程施工质量验收规范》GB 50242 中对给水管道的水压试验、排水管道的通球试验、阀门安装前的强度试验和严密性试验的方法都作了严格的规定，如：各种材质的给水管道系统试验压力均为工作压力的 1.5 倍，但不得小于 0.6MPa；排水主立管及水平干管管道作通球试验的球径不小于排水管道管径的 2/3，通球率达到 100%等。

5.2 材料和设备要求

5.2.1 污染区和半污染区是可能含有病源微生物的区域，采用非接触性或非手动开关以免交叉感染，非接触性是指感应式阀门等，非手动开关是指脚踏阀门等。防止污水外溅的措施除了考虑手盆等产品的防止污水外溅，也要考虑当用水点靠墙安装时，墙面的防水问题。

5.2.2 检验科、实验室等使用化学试剂的排水管道可用聚丙烯、聚氯乙烯材料。排放含有放射性污水的管道可采用机制铸铁（含铅）管道，立管应安装在壁厚不小于 150mm 的混凝土管道井内。

5.2.3 地漏采用无水封地漏加存水弯保证水封的效果。水封高度过小，存水容易蒸发干，起不到隔断作用；水封过高，容易造成排水不畅。

5.2.4 洗涤槽、手盆、小便斗、大便器等应选用冲洗效果好、污物不易黏附在表面的器具。洁具给水排水的接管宜暗装，以利于清洁和消毒。

5.2.5 对本条各款说明如下：

1 负压隔离病房是传染病医院潜在污染最严重的区域，其排水通气立管与其他区域的通气立管共用时，可能造成病源微生物扩散到其他区域，因此规定负压隔离病房单独设置通气立管，不应与其他区域共用通气立管。

2 负压隔离病房排水通气管内的气体可能含有病源微生物，为避免污染环境，在排水通气管口宜加装高效过滤器。由于通气立管内的空气比较潮湿，高效过滤器长期置于室外，所以高效过滤器应耐湿和耐腐蚀。

3 采用密闭地漏以减少污染。密闭地漏一般由不锈钢制成，但国内现有安装的密闭地漏大部分都不带过滤网，对于排水中含有毛发、纤维等污物的排水，为防止阻塞，可选用带过滤网的密闭地漏。

5.3 施 工 要 求

5.3.1 给水管道、管件、阀门表面在生产、运输、安装过程中可能会有油污，如不进行处理，直接影响给水水质。

5.3.2 施工过程中经常出现管道之间交叉的情况，有压让无压、小管径让大管径是基本原则，这有利于施工和节省材料。

5.3.3 管道穿过墙壁和楼板应设置金属套管。安装在楼板内的套管，考虑到污染区和半污染区的清洗消毒，其顶部应高出装饰地面不低于50mm，底部应与楼板底面相平。穿过楼板的套管与管道之间缝隙应用不燃密实材料和防水油膏填实，端面光滑。

5.3.4 地漏或排水漏斗安装后没有封闭容易在施工中堵塞，影响完工后的使用效果。

5.3.5 施工过程中管道内壁会有杂质，只有经过清洗后检测，才能保证水质达到标准。

5.3.6 对本条各款说明如下：

1 负压隔离病房的给水管道如果单独敷设造价太高，维护也不方便，但是如果负压隔离病房的给水倒流可能会造成严重的后果，所以负压隔离病房区域可以与其他区域共用给水管道，但负压隔离病房区域的给水管道上应设倒流防止器，以防给水倒流。

2 在排水立管上每隔一层应设置检查口，为了减少污染，检查口设在负压隔离病房的上层和下层，以方便检修。

3 通气管高于屋面不小于2m，是考虑到病源微生物万一泄漏时，有利于病源微生物的稀释。远离进风口以防污染进风。

4 排水通气管的高效过滤器需要定期进行检查和更换，其安装位置要考虑到安装和使用后的更换。

5 其他区域的生活饮用给水管道若必须穿过负压隔离病房区域时，应采用焊接方式，采用法兰或丝扣连接时，不应有接头。

5.4 分项工程验收

5.4.1 检修阀门设置在清洁区，以避免维修人员进入污染区和半污染区。产品资料包括阀门的说明书、检验报告、合格证等资料。

5.4.2 排水管道的密封对防止病源微生物扩散、维持房间压力梯度（或气流流向）有重要的作用。

5.4.3 高效过滤器在有条件的情况下可以进行现场检测，不漏再安装。由于通气管内空气的压力波动不大，通气管中受污染的空气流入室外的量很小，通气立管上安装高效过滤器并进行严格密封后就可以有效防止病源微生物扩散到大气中。如果现场检测高效过滤器的过滤效果，就需要对通气管打压，实施起来比较困难，也没有必要。产品资料包括高效过滤器的说明书、检验报告、合格证等资料。

5.4.4 传染病医院的污水排到市政管道前需要定期进行检查，设检查取样口以方便定期检查和取样。

6 采暖通风与空气调节

6.1 一 般 规 定

6.1.1 空调机组、高效空气过滤器等设备是采暖通风与空气调节系统的重要设备，其质量的好坏关系到系统的安全运行。组合式空调机组应按现行国家标准《组合式空调机组》GB/T 14294的有关规定执行。洁净手术室空调机组应按国家标准《洁净手术室用空气调节机组》GB/T 19569的有关规定执行。高效空气过滤器应按现行国家标准《高效空气过滤器》GB/T 13554的有关规定执行。

6.1.2 传染病医院通风空调系统的严密性试验对减少系统的漏风量有很关键的作用。

6.1.3 单机试运转的设备包括空调机组、水泵、风机等。

6.2 材料和设备要求

6.2.1 各类调节装置（如风阀、水阀），其产品性能和安装都应严密。调节机构应灵活，调节装置的安装应利于操作和维修。

6.2.2 空气过滤器的类型和性能参数决定着过滤器的过滤效果。

6.2.3 对本条各款说明如下：

1 淋水式空气处理机组容易造成病源微生物的繁殖，不应采用。由于盘管表面有水滴，风速大于2.0m/s，造成飞水的可能性加大，应在表面式冷却器后加挡水板。

2 空气过滤器采用一次抛弃或自动更新型是为了保证过滤效果，避免过滤器重复使用。在实际使用过程中，使用单位为节约成本对无纺布等过滤器清洗后进行多次重复使用，此做法有一定的泄漏风险。

3 过滤器前后加压差测量装置是为了检测过滤器的阻力，方便及时更换过滤器。

4 水完全气化需要足够的气化距离，不同加湿方式（如电加热、干蒸汽加湿）、加湿条件（如温度、风速）等所需的气化距离不同。

6.2.4 空调净化系统各级过滤器随着使用时间的增加，容尘量逐渐增加，系统阻力也随之增加。选用风压变化较大时，风量变化较小的风机，可使空调净化系统的风量稳定在一定范围内。如采用变频风机，使风机的电机功率与所需风压相适应，可以降低风机的运行费用。

6.2.5 对本条各款说明如下：

1 由于普通风机盘管或空调器内容易孳生病源微生物，形成负压隔离病房的污染源。

2 负压隔离病房需要定期进行消毒处理，负压隔离病房消毒时，需要关闭送、排风支管的密闭阀，负压隔离病房消毒后要进行通风，因此提出本条要求。

3 负压隔离病房发生病源污染物的泄漏是很危险的，因此要求排风高效过滤器的效率不宜低于B类。

6.3 施 工 要 求

6.3.1 空调净化系统风管加工前应清除表面油污和灰尘。风管加工完毕后，应擦拭干净，安装前风管两端用塑料薄膜等封住，安装后整个风管两端仍需用塑料薄膜等封住，以减少灰尘等的进入。

6.3.2 风管上适当位置设置风量测量孔来测量新风量、送风量、排风量等，以用于调试和检测。测孔的位置和数量应根据调试和检测的需要设定。

6.3.3 正压面密封是为了防止密封胶的脱落。

6.3.4 对本条各款说明如下：

1 新风口一般采用防雨百叶风口或采取其他措施，防止雨水进入管道。

2 新风口设防护网防止老鼠、昆虫等进入，对于北方春季的柳絮等也有很好的预过滤作用。

3 新风口高于地面是为了防止室外地面灰尘进入管道。

6.3.5 空调净化机组的风机风压比较高，为了满足冷凝水管的水封要求，机组的基础也相对较高。

6.3.6 污染区和半污染区空调机组冷凝水排出管上设阀门是为了防止过渡季或冬季没有冷凝水排出时空气进入系统。

6.3.7 室内排（回）风口高度低于工作面有利于污染物的排出。如果排（回）风口下边太低、容易将地面的灰尘卷起。

6.3.8 污染区和半污染区排风管道的排风可能含有病源微生物，排风机设于室外排风口附近，使排风管尽可能处于负压段，防止病源微生物的泄漏。

6.3.9 对本条各款说明如下：

1 送排风机的连锁要求是为了防止房间出现正压。

2 病源微生物是靠排风高效过滤器来过滤的，排风高效过滤器泄漏会造成病源微生物的扩散，排风高效过滤器应检漏，以保证安全。

3 排风口高出屋面不小于2.0m是为了使病源微生物与大气充分稀释，以利于周围环境安全。

4 送风口安装过滤效率不低于高中效的过滤器可有效保护室内环境，延长排风高效过滤器的使用寿命。

5 尽可能防止高效过滤器装置运输过程的破损或被污染。

6 排风高效过滤器就近安装在排风口处是为了防止污染风管。

7 排风高效过滤器需定期更换，排风高效过滤器更换时需要足够的操作空间等条件。

8 病房内原有病人离开、新病人进入前或排风高效过滤器更换前，排风高效过滤器应进行消毒。排风高效过滤器原位消毒是指在不拆卸排风高效过滤器的前提下，进行的排风高效过滤器消毒。排风高效过滤器原位消毒可以通过排风高效风口产品来实现，也可以在房间送排风管之间增加消毒设备来实现。

6.4 分项工程验收

6.4.1 房间消毒时，密闭阀是为了消毒房间与其他房间隔离而设置的，其安装位置、严密性对消毒效果有直接的影响。产品资料内容包括产品说明书、检验报告、合格证等。

6.4.2 不仅要检查产品说明书、检验报告、合格证等产品资料，还要进行产品的观感质量和安装质量检查。

6.4.3 应首先检查送风机和排风机的说明书、检验报告、合格证等产品资料。再检查风机和相关电气的安装是否符合要求，最后进行风机的开、关机试验。开、关机试验过程中，整个污染区和半污染区的房间不能出现反向气流。

6.4.4 产品资料包括排风高效过滤器的说明书、检验报告、合格证等资料。系统正常运行条件下，进行现场检漏或安装前预先检漏。

7 电气与智能化

7.1 一 般 规 定

7.1.1 施工开始前应对所有材料、产品进行检验，如果产品不合格就施工安装，造成的损失难以弥补。

7.2 材料和设备要求

7.2.1 紫外线灯直接照射到人体，会对人体造成伤害，所以紫外线灯和其他灯具分设开关，并且其开关便于识别和操作，以保证紫外线灯在需要使用时才开启。

7.2.2 传染病医院需要经常对病房进行消毒处理，因此病人一侧的终端设备材质要表面光滑、耐腐蚀。

7.2.3 自控系统设备如果需要与其他系统集成则应该具备接口功能，接口应为标准开放数据形式，以适应系统集成的要求。而要求设置合理的冗余是为了保证当系统需要扩充或某些控制点失灵时，有备用点可以利用，尤其是医院的某些区域中环境参数需要随时得到保证，因此要求控制系统的合理冗余。

7.2.4 紧急情况一般包括火灾等，因此一般都在房间内设置紧急报警按钮，一旦出现紧急情况，人员可以按下按钮所有互锁门瞬间打开，人员迅速撤离，并在指定区域或护士站产生声光报警信号。

7.2.5 负压手术室及负压隔离病房需要保证负压，以使病源微生物不泄露，因此压差参数非常重要，应在护士站或指定区域设置声光报警。

7.2.6 本条对灯具及其安装提出具体要求，负压隔离病房尤其要注意安装缝隙和线管口的密封，保证不泄漏。

7.3 施 工 要 求

7.3.1 按照现行国家标准《电气装置安装工程　接地装置施工及验收规范》GB 50169 中对电热设备的接地要求，需要对电加热的金属外壳做接地，并应保证具有良好的电气连通性，可以利用金属构件、普通钢筋混凝土构件的钢筋、穿线的钢管等作接地线，应保证全长为完好的电气通路，不允许利用管道保温层的金属外皮或金属网灯等作接地线。

7.3.2 本条是对静电防护的接地要求。由于洁净环境中空气的尘埃数量远远小于一般环境，在此环境中的各种金属管道、地面均应采取防静电措施，具体要求可参考《洁净厂房设计规范》GB 50073 中有关条款。例如空调系统送风口和风管、各种管道均应有接地措施，接地连接之间的距离不应大于 30m。当采用普通法兰或螺栓连接且中间存在有非导体隔离时，应采取跨接的接地措施。配管中若部分使用绝缘性材质时，应在其配管表面安装金属网并接地。电气系统使用的导电软管，应在软管上安装与其紧密结合的接触面不小于 $20cm^2$ 的金属导体，用接地线与其可靠接地。

7.3.3 要求暗敷是为了消毒要求，可靠密封措施是为了防止病源微生物的扩散。

7.3.4 双路供电设备均为重要负荷，因此要求两路供电单独敷设，避免一路供电出现问题或检修时影响另外一路。

7.3.5 此条出自行业标准《民用建筑电气设计规范》JGJ 16－2008 第 12.2.6 条。由于民用建筑目前采取的接地系统多为 TN-S，因此需要将 TN-S 形式转换为 IT 接地系统，设置隔离变压器的目的是为了将原来的接地系统（如 TN-S、TT）通过隔离变压器变换为中性点不接地或通过阻抗接地的 IT 接地系统，IT 接地系统允许在发生第一次接地故障时系统短时间持续运行，例如维持病人生命的呼吸机等设备可以在故障发生时仍然维持供电，保证生命安全。

7.3.6 屋顶的通风空调设备高出屋面，特别是高空排放的排风管，为避免雷击均应做接地。

7.3.7 对本条各款说明如下：

1　不同区域之间进行出入控制是为了防止不相关人员误进入污染区或半污染区。

2　是为了便于消毒和保持房间的压力梯度。

3　配电箱置于污染区外是为了方便维修。

7.4　分项工程验收

7.4.1 如果风机未启动或无风状态电加热器干烧会引起火灾，因此投入使用电加热器时一定要满足有风条件。寒冷地区应设防冻保护，其报警是作用于停机还是启动预热等，应根据情况而定。

7.4.2 如果通风空调设备自带控制系统，则应具备硬件的手动或自动转换功能，并应在控制系统中设置紧急停止按钮；如果配置计算机监控系统，除具备以上功能外，还应在计算机软件上设置手动控制优先功能，当计算机软件上为手动控制时，应可以手动打开或关闭系统。

7.4.3 维持负压区域压力梯度通风空调系统的送、排风机应连锁启停，认真调试，尤其需要调试启动和停止的过渡过程，在过渡过程中负压值不能太大，影响区域的围护结构和与环境压力有关的设备正常运行。

7.4.4 本条为软硬件要求。硬件要求，即在控制柜上应设置排风运行正常指示灯；软件要求，即在计算机上能显示风机运行状态，应能对不同类型故障分别报警，例如当风机配电线路过载时热继电器报警，但是否立即断电则要求工作人员评估后确定，如果风机停机造成压力失控要比因过载损坏电机的损失大时，就应该让风机短时间带故障运行，因为过载毕竟还未造成短路，短时间的过载并不立即引起火灾，在某些情况下可让线路超过允许温度运行，即牺牲一些使用寿命以保证对某些负荷的持续供电，这时保护可作用于报警信号。

8　医 用 气 体

8.1　一 般 规 定

8.1.1 医用气体包括氧气、氧化亚氮、负压吸引、压缩空气、氮气、氩气、二氧化碳等气体。

8.1.2 传染病医院的医用废气中可能含有病源微生物，应严格处理后才能排放。排放标准可参照《医院中心吸引系统通用技术条件》YY/T 0186。

8.1.3 气体管道和管件承压较大，排放的废气中可能含有病源微生物，进行气密性试验以保证使用安全。供气气体管道的强度试验和严密性试验可参照现行国家标准《氧气站设计规范》GB 50030 的有关执行。废气排放和负压吸引管道的气密性实验可参照现行行业标准《医院中心吸引系统通用技术条件》YY/T 0186 执行。

8.2 材料和设备要求

8.2.1 负压吸引和废气排放管道不会对病人产生危害，所以采用造价低的管道。氧气等管道与病人之间接触，因此管材质量要求高。

8.2.2 本条规定是为了防止吸引液体阻塞管道。

8.2.3 传染病医院的排放废气中病源微生物多，设置高性能过滤除菌器尽可能地将病源微生物过滤掉，以防止病源微生物的传播。

8.2.4 氧气多用于病人吸氧，氧气中断供应会对病人治疗产生很大的影响，应设置事故报警，并设置在有人值班的地方。空气压缩机和负压吸引泵的运行时间长，并且不能中断，因此备用机组应能自动切换。

8.2.5 压缩空气一般用于医用设备的动力，为了防止空气中夹杂油对医用设备的影响，压缩空气站多采用无油压缩机。除菌设备是为了防止空气中的有害细菌进入医疗用房。

8.3 施工要求

8.3.1 医用气体用于医疗设备或病人治疗，为了防止油污污染设备或感染病人，因此要求管道、阀门、仪表等部件都要进行脱脂，清除干净，保证管道内无油污、杂质，所在加工场地和存放场所应保持干净。安装时保证污物不进入管内。

8.3.2 氧气虽然不可燃，但它是助燃剂，所以对于氧气的使用要格外注意氧气的泄漏以满足防火要求。

8.3.3 吸引管道坡度要求是为了利于污染物的收集。不能满足坡度要求时，在管道低处转折点设小型集污罐进行污染物的收集。

8.3.4 医用气体管道的承压比较高，管道内气体的流速也比较高，对管道安装支吊架的间距进行规定，以保证管道使用的安全。

8.3.5 医用气体管道是直接与病人接触的，为防止静电造成对病人的伤害，需将管道产生的静电导出。

8.3.7 本条强调污染区和半污染区的密封，以防止病源微生物的扩散。

8.3.8 止回装置是为了防止发生医用气体倒流的意外情况。

8.4 分项工程验收

8.4.1 负压隔离病房是传染病医院污染源最集中的地方，止回阀的作用是防止气体倒流。

8.4.2 系统可以分段进行气密性试验。气密性试验应按照设计要求进行，当设计无要求时，可参考《医院中心吸引系统通用技术条件》YY/T 0186。管件包括阀门、三通、弯头、活接头和终端接头等。

8.4.3 有条件时，可以在排气系统正常运行的情况下，在排气口进行气溶胶采样并进行培养。

9 消 防

9.1 一 般 规 定

9.1.1 本条规定的供电回路是指从低压总配电室（包括分配电室）至消防设备最末级配电箱的配电线路。火灾时保证消防用电设备的持续供电对人员的疏散、火势的控制与扑救至关重要，因此消防用电设备的配电线路应单独设置。为避免火灾时火势沿配电线路蔓延及触电事故的发生，在切断非消防电源的同时，应保证消防用电设备配电线路仍能继续供电。此外考虑到传染病医院建筑消防供电安全的重要性，要求设置应急电源，一旦消防专用回路供电失效，自动切换至应急电源持续供电。

9.1.2 消防供水管道按照现行国家标准《自动喷水灭火系统施工及验收规范》GB 50261、《建筑给水排水及采暖工程施工质量验收规范》GB 50242 的有关规定进行试验，气体灭火剂输送管道按照现行国家标准《气体灭火系统施工及验收规范》GB 50263 的有关规定进行试验。

9.2 材料和设备要求

9.2.1 通过采用不燃材料的要求，使传染病医院建筑防排烟系统达到必要的耐火性能。

9.2.2 本条规定主要考虑到隐蔽型喷洒头日常溅水盘置于盖盘内，盖盘与吊顶平齐，使得吊顶表面较为平整，易于对吊顶表面进行清洁。

9.2.3 本条规定的目的是保证火灾时消防供水的可靠性。当一台水泵进行检修或发生故障时，备用水泵能及时投入使用，使得消防用水的供给得到保障。

9.2.4 排烟风管只有在着火时才使用，如采用常开的排烟口，房间直接与排烟风管相通，容易造成病源微生物的扩散。常闭排烟口应与排烟风机连锁，以便着火时能及时开启。

9.2.5 实践证明消防应急照明的提供和疏散指示标志的设置对于人员快速撤离火场的作用显著，是火灾时人员自救的重要技术措施之一。备用电源持续供电时间一般为 20min～30min，本条规定不小于 30min，是考虑到传染病医院内病人疏散实际特点并参考国外有关规定给出的。

9.3 施工要求

9.3.1 为防止病源微生物通过管道与套管之间以及套管与墙壁、楼板之间的缝隙扩散、蔓延，特别强调安装时缝隙的密封处理。

9.3.2 为防止病源微生物在安装缝隙内孳生，特别强调防火门、防火窗与墙壁间安装缝隙的密封处理。

9.3.3 采用嵌入式产品以及对安装缝隙进行密封处理是考虑安装壁面比较平整，易于清洁操作，并防止病源微生物在安装缝隙内孳生。

9.3.4 负压隔离病房内通常病人的病情较重，一旦喷淋系统的喷洒头或气体灭火系统的喷头误喷，会对病人造成严重伤害。考虑到病房24h有护士值班，病房内设有火灾探测器，火灾的风险较小，故作出本条规定。同时应加强消防管理，做好火灾预防工作，采用其他有效的灭火措施，如消火栓、移动灭火设备等，防患于未然。

9.3.5 消防管道的泄漏会造成围护结构的破坏，从而造成病源微生物的扩散，所以非负压隔离病房区消防管道应避开负压隔离病房区。当非负压隔离病房区消防管道穿越负压隔离病房区时，穿越的消防管道应尽可能不产生管道接头，产生的接头应强化密封，不应渗漏。非负压隔离病房区消防管道的阀门不设置在负压隔离病房区，是为了防止维护人员进入负压隔离病房区，降低病源微生物扩散的风险。

9.4 分项工程验收

9.4.2 产品资料包括说明书、检验报告、合格证等资料。

10 工程检测

10.1 一般规定

10.1.1 环境指标检测应在由相关建筑法规规定的建筑工程质量监督部门对工程质量进行的监督检测合格的条件下进行。环境指标检测指的是设施建成后，是否满足设计和相关规范要求的环境指标检测。工程质量符合要求包括消防、结构等建筑相关法规规定的要求，是传染病医院建筑和其他民用、工业建筑要求一致的质量要求。

环境指标检测的单位应取得相应的工程检测资格，并在资格允许的范围内进行检测。

10.1.2 空调系统连续运行12h以上，是为了保证检测前系统已经运行稳定。在静态下进行环境指标检测是为了保证统一的检测条件，使结果具有可比性。

10.2 环境指标检测

10.2.1 排风量是负压的重要保证。清洁区、半污染区和污染区之间应保持由清洁区到半污染区、由半污染区到污染区的气流流向，所以气流方向是衡量是否会造成污染传播的重要原因之一。

10.2.2 表中所列的项目为必检项目。各项技术指标的检测结果均应满足设计和相关标准的要求。检测过程中不应为满足某一项技术指标而随意调整其他项目的技术指标，如需进行调整，所调整部分的技术指标应重新检测，如：为达到静压差而减小送风量或增大排风量，所调整部分的送风量或排风量应重新测量。此表中的气流流向是指病房内的气流流向，检测病房内的气流流向是为了检查病房内的气流组织是否有利于污染物的排出。

10.2.3 清洁区、半污染区和污染区环境指标检测项目气流流向是检测不同区域之间的气流流向，以防止不同区域之间的气流反向。关键位置是指不同区域相连处。

11 工程验收

11.1 一般规定

11.1.1 工程质量竣工验收合格后建筑工程即可投入使用，工程质量竣工验收是保证工程质量的最后一次检验，工程质量竣工验收是非常重要的。

11.1.2 传染病医院建筑除按其他相关规范的要求进行工程质量检测外，其工程不同于普通的民用建筑，为保证传染病医院建筑的使用功能，还应对特殊要求的区域进行环境指标的检测。有洁净要求的房间应按照现行国家标准《洁净室施工及验收规范》GB 50591的相关规定进行环境指标的检测。手术室的环境指标检测应同时符合现行国家标准《医院洁净手术部建筑技术规范》GB 50333的相关规定。

环境指标检测前，对环境指标检测的区域进行工程完工验收，这主要是为了避免在进行环境指标检测时不具备检测条件。工程完工验收应由建设单位、施工单位、监理单位、设计单位共同参加。

11.2 工程验收

11.2.1 由于传染病医院建筑影响范围比较大，如果出现病源微生物的扩散，可能造成重大的公共卫生事件。传染病医院建筑相对于普通民用建筑，其综合性能有很多特殊要求，传染病医院建筑不仅要求工程质量合格，综合性能还应达到使用要求，因此不仅要对工程质量进行竣工验收，也要对综合性能是否达到使用要求进行评定。按照我国的建筑法规，工程质量竣工验收合格后工程就可以投入使用了，所以规定综合性能评定在工程质量竣工验收之前。综合性能评定应成立专家组，综合性能评定专家组应包括建筑、医学、管理等方面的专家。综合性能评定的依据包括专家组的现场抽查、工程质量检测报告、环境指标检测报告、施工过程的资料、观感质量检查、工程设计资料、招投标资料等。

将综合性能评定的结论分为三类，实际上反映了工程的质量。对于判定为不合格的项目，经过较大的整改后，最终工程还是要达到合格的。先对其判定为不合格，说明其存在的问题比较大，也是对工程各方的批评与警示。

11.2.2 为了保证整改部分满足功能要求，传染病医院建筑的特殊性要求整改完成后，应仍组织专家组来进行评定。

11.2.3 综合性能评定是保证传染病医院建筑使用功能的重要环节，也是传染病医院建筑工程质量竣工验收的前提，故综合性能评定应严格执行。

11.2.4 本条规定工程质量竣工验收应由建设单位负责人或项目负责人组织，由于设计、施工、监理单位都是责任主体，因此设计、施工单位负责人或项目负责人及施工单位的技术、质量负责人和监理单位的总监理工程师均应参加验收。

11.2.5 验收合格的条件有七个：因为传染病医院要控制病源微生物的传播，这就要求对负压隔离病房、污染区和半污染区进行环境指标的检测，以判定这些区域是否达到设计和使用要求。

除构成单位工程的各分部工程应为合格，资料文件应完整以外，涉及安全和使用功能的分部工程应进行检验资料的复查，不仅要全面检查其完整性，而且对分部工程验收时补充进行的见证抽样检验报告也要复核，消防部门规定的消防电气检测报告进行复核，这种强化验收的手段体现了对安全和主要使用功能的重视。

此外，对主要使用功能还须进行抽查。使用功能的检查是对建筑工程和设备安装工程最终质量的综合检验，也是用户最为关心的内容。因此，在分项、分部工程验收合格的基础上，工程质量竣工验收时再作全面检查。抽查项目是在检查资料文件的基础上由参加验收的各方人员商定。检查按有关专业工程施工质量验收标准进行。

最后，还须由参加验收的各方人员共同进行观感质量检查，最后共同确定验收结论。

中华人民共和国国家标准

食品工业洁净用房建筑技术规范

Architectural and technical code for cleanroom in food industry

GB 50687—2011

主编部门：中华人民共和国住房和城乡建设部
批准部门：中华人民共和国住房和城乡建设部
施行日期：2 0 1 2 年 5 月 1 日

中华人民共和国住房和城乡建设部
公　　告

第968号

关于发布国家标准《食品工业洁净用房建筑技术规范》的公告

现批准《食品工业洁净用房建筑技术规范》为国家标准，编号为GB 50687-2011，自2012年5月1日起实施。其中，第3.3.5、6.2.5、7.2.1、8.3.4（1、4）条（款）为强制性条文，必须严格执行。

本规范由我部标准定额研究所组织中国建筑工业出版社出版发行。

中华人民共和国住房和城乡建设部

2011年4月2日

前　　言

根据住房和城乡建设部《关于印发〈2008年工程建设标准规范制订、修订计划（第一批）〉的通知》（建标［2008］102号）的要求，由中国建筑科学研究院会同有关单位编制完成的。

本规范在编制过程中，编制组经过广泛调查研究，认真总结实践经验，参考有关国际标准和国外先进标准，并在广泛征求意见的基础上，最后经审查定稿。

本规范共分10章和2个附录，主要技术内容包括：总则，术语，工厂平面布置，洁净用房分级和环境参数，对工艺设计的要求，建筑，通风与净化空调，给水排水，电气，检测、验证与验收。

本规范中以黑体字标志的条文为强制性条文，必须严格执行。

本规范由住房和城乡建设部负责管理和对强制性条文的解释，中国建筑科学研究院负责具体技术内容的解释。本规范在执行过程中有意见和建议，请寄中国建筑科学研究院建筑环境与节能研究院（地址：北京市朝阳区北三环东路30号，邮编：100013）。

本规范主编单位：中国建筑科学研究院

本规范参编单位：同济大学
浙江大学建筑设计院
中国人民解放军总后勤部建筑设计研究院
杭州娃哈哈集团有限公司
苏净集团苏州安泰空气技术有限公司
上海北亚洁净工程有限公司
重庆思源安装工程有限公司
北京洲际资源环保科技有限公司
上海松华空调净化设备有限公司
北京方浩赛阳科技有限公司
广西工联工业工程咨询设计有限公司
广西凌云浪伏茶业有限公司

本规范主要起草人：许钟麟　张益昭　曹国庆　潘红红　沈晋明　胡吉士　刘凤琴　郭　丽　金　真　王啸波　梁志忠　张敦杰　洪玉忠　王晓辉　郑　云

本规范主要审查人员：吴元炜　范存养　邵　强　蔡同一　王　玮　张　日　薛英超　田鸣华　胡贤忠　刘　丹

目　次

Contents

1 总　　则

1.0.1 为提高污染控制水平，满足食品生产安全卫生需求，合理应用空气洁净技术，制定本规范。

1.0.2 本规范适用于食品加工和生产的新建、改建和扩建厂房中洁净用房的设计、施工、工程检测和工程验收。

1.0.3 食品工业洁净用房建筑除应符合本规范规定外，还应符合国家现行有关标准的规定。

2 术　　语

2.0.1 食品　food

供人食用或者饮用的成品和原料以及按照传统既是食品又是药品的物品，但不包括以治疗为目的的物品。

2.0.2 食品工业　food industry

以农业、渔业、畜牧业、林业或化学工业的产品或半成品为原料，制造、提取、加工成食品或半成品，具有连续而有组织的经济活动工业体系。

2.0.3 洁净用房　cleanroom

空气悬浮微粒浓度受控的房间，也称洁净室。它的建造和使用应减少室内诱入、产生及滞留的微粒。室内其他有关参数如温度、湿度、压力等按要求进行控制。

2.0.4 良好卫生生产环境(GHP)　good hygiene practice

针对食品危害的过程控制体系，通过对食品生产全过程进行危害分析、污染控制、关键点控制而营造的符合食品卫生条件的生产环境。

2.0.5 关键控制区域　critical control zone

食品加工过程中洁净用房内的一个区域，若该区域控制不当，极可能造成危害，如导致成品污染。

2.0.6 背景区域　background zone

同一洁净用房内关键控制区域周边的区域。

2.0.7 食品接触面　food contact surfaces

接触食品的那些表面以及经常在正常加工过程中会将污水滴溅在食品上或溅在接触食品的那些表面上的表面。包括用具及接触食品的设备表面。

2.0.8 人身净化用室　room for cleaning human body

人员在进入洁净区之前按一定程序进行净化的房间。

2.0.9 物料净化用室　room for cleaning material

物料在进入洁净区之前按一定程序进行净化的房间。

2.0.10 含尘浓度　particle concentration

单位体积空气中悬浮微粒的颗数。

2.0.11 含菌浓度　microorganisms concentration

单位体积空气中微生物的数量。

2.0.12 空气洁净度　air cleanliness

以单位体积空气中大于等于某粒径的微粒数量来区分的洁净程度。

2.0.13 气流流型　air pattern

室内空气的流动形态。

2.0.14 空气吹淋室　air shower

利用高速洁净气流吹落并清除进入洁净用房人员或物料表面附着微粒的小室。

2.0.15 缓冲室　buffer room

设置在洁净用房出入口、有高效过滤器送风、有一定换气次数的房间。

2.0.16 传递窗　pass box

在洁净用房隔墙上设置的传递物料和工器具的箱体，两侧装有不能同时开启的窗扇。

2.0.17 洁净工作服　clean working garment

为把工作人员身体外部附着的微粒限制在最小程度所使用的发尘量少的洁净服装。

2.0.18 酸性氧化电位水　acidic electrolyzed-oxidizing water

将低浓度的氯化钠（溶液浓度小于0.1%）加入经过软化处理的自来水中，在有离子隔膜式电解槽中电解后，在阳极一侧生成的具有高氧化还原电位、低浓度有效氯的酸性水溶液。

2.0.19 空态　as-built

设施已经建成，净化空调系统正常运行，但无生产设备、材料及人员的状态。

2.0.20 静态　at-rest

设施已经建成且齐备，净化空调系统正常运行，现场没有人员，但生产设备已安装完毕而未运行的状态；或生产设备停止运行并进行自净达到30min～40min后的状态；或正在按建设方（用户）和施工方商定的方式运行的状态；是洁净用房的三种占用状态（空态、静态、动态）之一。

2.0.21 动态　operational

空调净化与生产设施以规定的方式运行，有规定的人员在场的状态。

2.0.22 高效空气过滤器　high efficiency particulate air filter

用于进行空气过滤且按《高效空气过滤器性能试验方法　效率和阻力》GB/T 6165规定的钠焰法检测，过滤效率不低于99.9%的空气过滤器。

2.0.23 工艺用水　process water

食品生产工艺中使用的水，包括饮用水和纯净水。

2.0.24 浮游菌　suspended bacteria

悬浮在空气中的带菌微粒。

2.0.25 沉降菌　settlement bacteria

降落在表面上的带菌微粒。

2.0.26 消毒 disinfection

杀死食品生产环境和用品中有害微生物的过程。

2.0.27 综合性能评定 comprehensive performance assessment

对已竣工验收的洁净用房的工程技术指标进行综合检测和评定。

3 工厂平面布置

3.1 一般规定

3.1.1 建有洁净用房的食品工厂的选址、规划、设计、布局、新建和改扩建应符合食品卫生生产要求，不得发生污染、交叉污染和混料。

3.1.2 厂区的生产环境应整洁，路面及运输不应对食品的生产造成污染。

3.2 总平面布置

3.2.1 建有洁净用房的食品工厂厂区内的建筑物位置应满足食品生产工艺的需要，在生产区中应明确区分洁净生产区和一般生产区。

3.2.2 生产过程中发生空气污染严重的建筑应建在厂区内常年最少风向的上风侧。

3.2.3 相互有不利影响的生产工艺，不宜设在同一建筑物内；当设在同一建筑物内时，各自生产区域之间应有隔断措施。

3.2.4 一般生产区应包括仓储用房、非洁净生产用房、外包装用房等。

3.3 洁净生产区

3.3.1 有卫生生产环境要求的洁净生产区宜包括易腐性食品、即食半成品或成品的最后冷却或包装前的存放、前处理场所；不能最终灭菌的原料前处理、产品灌封、成型场所，产品最终灭菌后的暴露环境；内包装材料准备室和内包装室以及为食品生产、改进食品特性或保存性的加工处理场所和检验室等。

3.3.2 洁净生产区应按生产流程及相应洁净用房等级要求合理布局。生产线布置不应造成往返交叉和不连续。

3.3.3 生产区内有相互联系的不同等级洁净用房之间应按照品种和工艺的需要设置缓冲室、空气吹淋室等防止交叉污染的措施，当设置缓冲室时，其面积不应小于 $3m^2$。

3.3.4 原料前处理不宜与成品生产使用同一洁净区域，当生产工艺有特殊要求时，应根据工艺要求确定。

3.3.5 在不能最终灭菌食品的生产、检验、包装车间以及易腐败的即食性成品车间的入口处，必须设置独立隔间的手消毒室。

3.3.6 生产车间内应划出与生产规模相适应的面积和空间作为物料、中间产品、待验品、成品和洁具的暂存区，并应严防交叉、混淆和污染。

3.3.7 当生产确需将危险品放在车间内时，危险品应单独存放于专用场所。

3.3.8 检验室宜独立设置，对其排气和排水应有相应处理措施。对样本的检验过程有空气洁净要求时，应设洁净工作台。

3.3.9 宜设置与生产规模、品种、人员素质等相适应的清洗、消毒（包括雾化消毒）、灭菌的污染控制综合设施。

3.4 仓储区

3.4.1 仓储区位置应便于物流管理和卫生管理。

3.4.2 各种物料、产品应按品种分类分批储存。同一库内不得储存相互影响食品风味的物品。

3.4.3 储存物料、产品应符合先进先出的原则，应便于及时剔除不符合质量和卫生标准的物品。

3.4.4 仓储区内应有退货或召回的物料或产品单独隔离存放的区域。

4 洁净用房分级和环境参数

4.1 一般规定

4.1.1 食品工业洁净用房应根据食品生产对除菌除尘和卫生要求分级。

4.1.2 洁净用房应明确其中生产的关键控制点、关键区域和背景区域，并应分别定级。应尽量缩小高级别区域的面积。

4.2 等级

4.2.1 食品工业洁净用房等级应符合表 4.2.1 的规定：

表 4.2.1 食品工业洁净用房等级

等级	操作区	说明
Ⅰ级	高污染风险的洁净操作区	高污染风险是指进行风险评估时确认在不能最终灭菌条件下，食品容易长菌、配制灌装速度慢、灌装用容器为广口瓶、容器须暴露数秒后方可密闭等状况
Ⅱ级	Ⅰ级区所处的背景环境，或污染风险仅次于Ⅰ级的涉及非最终灭菌食品的洁净操作区	—

续表 4.2.1

等级	操作区	说明
Ⅲ级	生产过程中重要程度较次的洁净操作区	—
Ⅳ级	属于前置工序的一般清洁要求的区域	—

4.2.2 各级洁净用房洁净区微生物的最低要求应符合表4.2.2的规定。

表 4.2.2 洁净区微生物的最低要求

洁净用房等级	空气浮游菌 cfu/m³		空气沉降菌 (ϕ90mm)		表面微生物(动态)		
					接触皿(ϕ55mm) cfu/皿		5指手套 cfu/手套
	静态	动态	静态 cfu/30min	动态 cfu/4h	与食品接触表面	建筑内表面	
Ⅰ级	5	10	0.2	3.2	2	不得有霉菌斑	<2
Ⅱ级	50	100	1.5	24	10		5
Ⅲ级	150	300	4	64	不作规定		不作规定
Ⅳ级	500	不作规定	不作规定	不作规定	不作规定		不作规定

注：1 表中各数值均为平均值，单点最大值不宜超过平均值的2倍。

2 动态检测时可使用多个沉降皿连续进行监控，但单个沉降皿的暴露时间可以小于4h，按实际时间计算沉降菌。

3 与食品接触表面不得检出沙门氏菌和金黄色葡萄球菌。

4.2.3 各级洁净用房的悬浮微粒要求应符合表4.2.3的规定。

表 4.2.3 各级洁净用房的悬浮微粒要求

洁净用房等级	悬浮微粒最大允许数（粒/m³）			
	静态		动态	
	≥0.5μm	≥5μm	≥0.5μm	≥5μm
Ⅰ级	3520	29	35200	293
Ⅱ级	352000	2930	3520000	29300
Ⅲ级	3520000	29300	—	—
Ⅳ级	35200000	293000	—	—

4.2.4 洁净用房工程验收时应达到相应各等级的静态标准。

4.2.5 食品的生产应根据不同生产阶段、不同关键控制点或食品本身的属性在对应等级的洁净区域内进行。涉及婴幼儿和特殊高危人群的食品，可提高生产环境洁净用房等级。卫生生产环境宜符合本规范附录A的规定。

4.3 环境参数

4.3.1 食品工业洁净用房的温度和湿度应符合下列规定：

1 当生产工艺对温度和湿度有特殊要求时，食品工业洁净用房的温度和湿度应根据工艺要求确定。

2 当生产工艺对温度和湿度无特殊要求时，Ⅰ级、Ⅱ级洁净用房温度应为20℃～25℃，相对湿度应为30％～65％；Ⅲ级、Ⅳ级洁净用房温度应为18℃～26℃，相对湿度应为30％～70％。

4.3.2 食品工业洁净用房应根据生产要求提供照度，并应符合下列规定：

1 检验场所工作面混合照明的最低照度不应低于500lx，加工场所工作面一般照明的最低照度不应低于200lx。

2 辅助工作室、走廊、缓冲室、人员净化和物料净化用室一般照明的照度值不宜低于100lx。

3 对照度有特殊要求的生产部位可设置局部照明。

4.3.3 Ⅰ级洁净用房的噪声级(静态)不应大于65dB(A)，其他等级洁净用房噪声级(静态)不应大于60dB(A)。

5 对工艺设计的要求

5.1 工艺布局

5.1.1 工艺平面应与工艺要求的洁净用房等级相适应，并应防止食品、食品接触面和食品包装受到污染。原料、半成品、成品、生食和熟食应在各自独立的有完整分隔的生产区内加工制作。

5.1.2 工艺设备布置应符合生产流程要求，同类型设备宜集中布置。

5.1.3 工艺布置宜使原料、半成品的运输距离缩至最短，不宜往返交叉。

5.1.4 操作台之间、设备之间以及设备与建筑围护结构之间应有安全维修和清洁的距离。

5.1.5 生产和操作过程中产生粉尘和气体污染的工艺设备宜布置在洁净用房外，若布置在室内时，宜靠墙且靠近回、排风口或设局部排风装置的位置布置。

5.2 工艺设备与工艺管道

5.2.1 工艺设备的设计、选型、安装应便于清洗、消毒或灭菌。

5.2.2 工艺设备及其安装用的机械设备在进入洁净用房安装现场前应进行清洁。

5.2.3 生产过程中有腐蚀性介质排出的工艺设备宜集中布置。

5.2.4 工艺管道的设计和安装应避免死角、盲管，在满足工艺要求的前提下宜短捷。

5.2.5 穿过围护结构进入洁净用房的工艺管道应设套管，套管内管材不应有焊缝与接头，管材与套管间应用不燃材料填充并密封。

5.2.6 用于灌注食品的压缩空气或清洁食品接触面的压缩空气应经过过滤处理，并至少达到与环境相同的洁净度。

5.2.7 工艺管道主管系统宜设置必要的检测孔、取样孔和清扫孔。

5.2.8 不便移动的设备应设置在位清洗、消毒或灭菌设施。

5.2.9 清洗室的设置应符合下列规定：

1 （Ⅰ～Ⅲ）级洁净区的设备、容器、工器具及洁净工作服宜在本区域外设置专区清洗，Ⅳ级洁净区的清洗室可设置在本区域内，清洗室的洁净用房等级不应低于Ⅳ级。

2 存放洗涤干燥或灭菌后的设备、容器及工器具的洁净用房应与其使用环境具有相同的等级。

5.3 物流与物料净化

5.3.1 进出洁净用房的物流与人流应使用不同的通道和出入口，并应单向输送，不得交叉；宜有废弃物的专用通道和出口。

5.3.2 物料净化程序应包括外包清洁、拆包、传递或传输。

5.3.3 进入洁净区的各种物料、原辅料、设备、工具和包装材料等，均应在紧邻洁净区的拆包间内清理、吹净、拆包，拆包后的物料通过传递窗进入洁净区。

5.3.4 不能拆除外包装的应在拆包间对其表面进行清洁和消毒。

5.3.5 在不同等级的洁净用房之间进行物料传递时，宜采用传递窗。

5.3.6 当采用传送带连续传送物料、物件时，除具有连续消毒条件外，传送带不应穿越非洁净区，并应在洁净区与非洁净区之间设置缓冲设施，在两区之间分段传送。

5.3.7 当用电梯传送物料、物件时，电梯宜设在非洁净区，输送人员、物料的电梯应分开设置。当将电梯设在洁净区时，电梯前应设缓冲室。

5.3.8 当生产流水作业需要在洁净用房墙上开洞时，宜在洞口保持从洁净用房等级高的一侧经孔洞压向洁净用房低的一侧或按工艺要求的定向气流，洞口气流平均风速不应小于0.2m/s。停止生产时洞口宜有封闭的措施。

5.4 人员净化

5.4.1 人员通过用房宜包括雨具存放、换鞋、存外衣、卫生间、盥洗室、淋浴室、换洁净或无菌工作服、换无菌鞋和空气吹淋室等设施。

5.4.2 更衣室内脱衣区和穿洁净工作服区应有分隔，穿洁净工作服区宜按Ⅲ～Ⅳ级洁净用房设计，穿无菌内衣及其后区域宜按Ⅱ～Ⅲ级洁净用房设计。

5.4.3 可灭菌食品生产区人员净化程序宜按图5.4.3顺序安排。

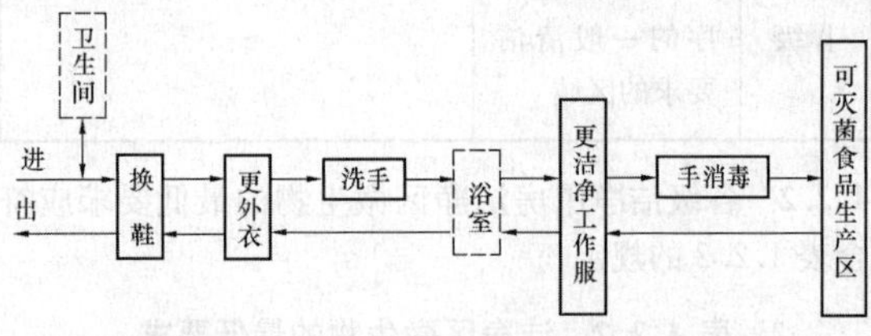

图5.4.3 可灭菌食品生产区人员净化程序

5.4.4 不可灭菌食品生产区人员净化程序应按图5.4.4顺序安排。

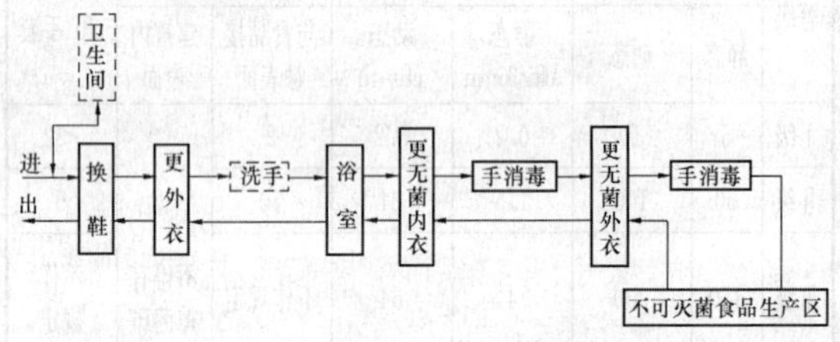

图5.4.4 不可灭菌食品生产区人员净化程序

5.4.5 手消毒器和手消毒擦拭巾宜在生产人员通道上设置。

6 建 筑

6.1 一 般 规 定

6.1.1 食品工业洁净用房的建筑设计除应满足生产工艺需求外，尚应满足不产尘、不积尘、耐腐蚀、防潮、防霉、易清洁的要求，并应符合防火、环保规定。

6.1.2 食品工业洁净用房应便于安装空调净化设备、风管和风口，室内净高应满足生产工艺要求。

6.2 建 筑 装 饰

6.2.1 生产车间内的地面和墙面应使用非吸收性、不透水、易清洗消毒、不藏污纳垢的浅色材料铺设，表面应平坦光滑。管道、灯具、风口应采用易擦洗、消毒的产品，不应出现不易清洁的部位。

6.2.2 生产车间地面应有1%～2%的排水坡度。

6.2.3 生产过程中有腐蚀性介质排出的设备所在的地面应局部设立防止介质漫延的设施。

6.2.4 墙面及柱面与地面的交接应用圆弧过渡，所有阴角宜为圆角。墙角拐弯处和推车通道的相应高度墙面应有防撞设施。

6.2.5 木质材料不得外露使用。所有门不应采用木质材料外露的门。

6.2.6 当洁净走廊设外窗时，应设双层密闭外窗。

6.2.7 食品生产车间围护结构内表面可涂饰抗菌防霉涂料，涂料表面的基层处理应符合下列规定：

1 新建建筑物的混凝土或抹灰层在涂饰涂料前应涂刷抗碱封闭底漆，若是旧墙面，还应事先清除疏松的旧装饰层。

2 金属板材基底应先涂饰金属底漆。

3 混凝土或抹灰基层的含水率不应大于10%。

4 基层腻子应平整、坚实，用水、用蒸汽的房间应使用耐水腻子。

6.2.8 相对湿度经常超过80%或有蒸汽作业的房间或关键区域的内表面当涂饰抗菌防霉涂料时，抗菌涂料的防霉等级应达到现行行业标准《抗菌涂料》HG/T 3950规定的零级，涂料中有害物质限量应符合现行国家标准《室内装饰装修材料　内墙涂料中有害物质限量》GB 18582的有关规定，并应根据使用情况定期重涂。

6.3 建筑防虫害、鼠害措施

6.3.1 在洁净生产车间外墙之外约3m宽的范围内禁止种草种花，应做硬质地面，并宜再加30cm以上深和宽的沟，沟内应抹水泥并添以卵石。

6.3.2 洁净区大门入口应有防虫设施，宜安装专用防飞虫吹淋装置。

6.3.3 车间下水道的出口处及地漏处应安装防虫、鼠的栅、网。

6.3.4 车间进出物料处应采用平台，平台与路面间的墙面应用光滑材料铺设。

7 通风与净化空调

7.1 系　　统

7.1.1 食品工业洁净用房宜采用局部空气净化方法（含设备自身所带的净化措施）以及符合卫生标准的消毒灭菌措施，应保护关键区域达到所需的控制参数。

7.1.2 空气净化系统送风应设置三级过滤，其位置应为新风口、风机正压段、送风口。

7.1.3 室外可吸入颗粒物浓度PM10未超过现行国家标准《环境空气质量标准》GB 3095中二级标准时，净化空调系统新风口宜设粗效和中效空气过滤器。室外可吸入颗粒物浓度PM10超过上述二级标准时，宜在新风口增设第三道低阻高中效空气过滤器。

7.1.4 风机正压段、空调机组出口前应设不低于中效的空气过滤器。

7.1.5 Ⅰ级、Ⅱ级洁净用房的送风口应安装高效空气过滤器，Ⅲ级、Ⅳ级洁净用房的送风口或纤维织物送风管前的送风段应安装不低于高中效的空气过滤器。

7.1.6 洁净用房回风口宜安装初阻力不大于30Pa、细菌一次通过的除菌效率不低于90%、颗粒物一次通过的计重过滤效率不低于95%的空气净化和消毒装置。

7.1.7 洁净用房内不宜布置高温、高湿和产生臭味、气体（包括蒸汽及有毒气体）或粉尘（如磨粉工段）的工序。否则应布置于封闭或半封闭设备内，并应设置局部排风；当不能封闭或半封闭时，净化空调系统不应使用循环风，并应设置排除有害物的排风装置。

7.1.8 空调机组内过滤器前后应安装压差计。

7.1.9 风口和风管应方便清洗，易堵和清洗频繁的管段可采用纤维织物风管。

7.1.10 物料收集用的排风管道宜采用304或316不锈钢。

7.2 气 流 组 织

7.2.1 室内气流应保持从清洁区域流向污染区域的定向流。

7.2.2 Ⅰ级区宜采用四周加围挡壁的局部垂直单向流，Ⅰ级的背景环境及其他级别洁净用房宜采用非单向流。

7.2.3 局部Ⅰ级洁净用房送风口面积应比下方控制区面积每边至少各大20cm以上。

7.2.4 局部Ⅰ级洁净用房送风口下方，在不妨碍操作的条件下，应设柔性或刚性围挡壁。围挡壁宜下垂至送风口下方0.5m或低于操作面。

7.2.5 当局部Ⅰ级洁净用房送风口（不含自循环的送风末端）下无围挡壁或围挡壁高度不大于0.5m时，若送风口面积不小于全室面积的1/14，则局部Ⅰ级洁净用房的Ⅱ级背景环境中可不另设送风口。

7.2.6 Ⅰ级洁净用房回风口应均匀分布在下部两侧；其他等级洁净用房回风口宜均匀分布在下部两侧，当只能一侧布置时，生产线应布置在送风口正下方。

7.3 净化送风参数

7.3.1 Ⅰ级洁净用房距地面0.8m高度的截面风速不应小于0.2m/s，当测点位于实体操作面上方时，测点高度可从实体操作面上调0.25m。

7.3.2 不同等级洁净用房静态时换气次数应按人员数量、面积大小、操作强度等条件计算确定或按表7.3.2选用。

表7.3.2 洁净用房静态时换气次数

Ⅱ级	不小于20次/h
Ⅲ级	不小于15次/h
Ⅳ级	不小于10次/h
无等级要求	不小于5次/h

7.3.3 新风量应按每人不小于 40m³/h 设计，并应满足排风和维持正压的需要。

7.3.4 有可关闭的门窗相邻相通的洁净用房之间以及洁净区与非洁净区之间应保持不小于 5Pa 的静压差，洁净区对室外应保持不小于 10Pa 的静压差。当生产工艺要求在洁净用房墙上开有不可关闭的洞口时，洞口气流流向及平均风速应符合本规范第 5.3.8 条规定。

7.3.5 有内部污染产生的房间宜保持相对负压，对外来污染有控制要求的房间宜保持相对正压。

8 给 水 排 水

8.1 一 般 规 定

8.1.1 食品工业洁净用房的工艺给排水系统，从设计、施工到生产运行应有可靠性验证。

8.1.2 洁净用房的给水排水干管应敷设在技术夹层或技术夹道内。

8.1.3 当管道外表面存在结露风险时，应采取防护措施。防结露层外表面应光滑易于清洁，并不得对洁净用房造成污染。

8.1.4 管道穿过洁净用房墙壁、楼板时应设套管，管道和套管之间应采取密封措施。

8.2 给 水

8.2.1 洁净用房内的给水应符合现行国家标准《生活饮用水卫生标准》GB 5749 的有关规定，宜有两路进口，且为连续正压系统供给。

8.2.2 洁净用房内的洗浴及卫生设备应符合下列规定：

1 洁净用房内及洁净区入口处应设置洗手、消毒、干手设备，每（10～15）人宜设一套设备，并应设有可调节冷热水的龙头，其数量应符合使用要求。

2 贮热水的设备水温不应低于 60℃；当设置循环系统时，循环水温度应在 50℃以上。

3 给水龙头应采用非手动开关。

4 洁净用房内的给水管与卫生器具及设备的连接应有空气隔断，严禁直接相连。

8.2.3 洁净用房内的给水系统应根据生产、生活和消防等各项用水对水质、水温、水压和水量的要求分别设置独立的系统，其管路应有颜色区别。

8.2.4 纯净水供水管道应采用循环供水方式，循环附加水量为使用水量的 30%～100%，不循环的支管长度不应大于 6 倍管径，并应在供水干管上设有清洗口。

8.2.5 洁净厂房周围宜设置洒水设施。

8.2.6 洁净用房内的墙面、设备、器具及洗手消毒宜采用对人体和食品无害的绿色环保消毒液。当进入洁净用房前设置鞋消毒池时，池内宜放置环保消毒液。当消毒液使用酸性氧化电位水或氧化电位水的副产品碱性水时，应符合下列规定：

1 应在冲洗干净后用酸性氧化电位水消毒。

2 酸性氧化电位水的 pH 应为 2.0～2.7，ORP 不应小于 1100mv，有效氯的含量应为 60 mg/L±10mg/L。

3 制备酸性氧化电位水的硬度应小于 50mg/L，应随制随用，并应在流动中冲洗或浸泡。pH 值、ORP 及有效氯的含量应在线监测，自动控制在有效范围内。

4 间歇使用酸性氧化电位水消毒时，使用前应放空滞留在管道中的酸性氧化电位水。密闭、透光储罐中的酸性氧化电位水不得超过 3d。

5 应有相应的制备、储存和输送酸性氧化电位水的在线监测和实时显示措施。

6 当将氧化电位水的副产品碱性水用于洁净用房内的设备、器具及工作人员手的一般清洗时，管道应定期用酸性氧化电位水清洗。

8.3 排 水

8.3.1 洁净用房的排水系统应根据工艺设备排出的废水性质、浓度和水量等特点确定。有害废水经废水处理应达到国家排放标准后排出。

8.3.2 洁净用房内的排水设备以及与重力回水管道相连接的设备应在其排出口以下部位设高度大于 50mm 的水封装置。

8.3.3 洁净用房内的卫生器具和装置的污水透气系统应独立装置。

8.3.4 洁净用房内的地漏等排水设施的设置应符合下列规定：

1 **Ⅰ级洁净用房内不应设地漏。**

2 Ⅱ级洁净用房内不宜设地漏，否则应采用专用地漏，且应有防污染措施。

3 Ⅰ级、Ⅱ级洁净用房内不宜设排水沟。

4 **Ⅰ级、Ⅱ级洁净用房内不应有排水立管穿过；Ⅲ级、Ⅳ级洁净用房内如有排水立管穿过时，不应设检查口。**

5 连接排水管处应有可清洁的排渣口。

6 当设排水明沟时，应设可阻留残留杂物的箅子，沟底应为圆弧。明沟终点应设沉渣坑，除渣后的废水应接排水管道。

8.4 消防给水和灭火设备

8.4.1 洁净用房的消防给水和固定灭火设备的设置应符合现行国家标准《建筑设计防火规范》GB 50016 的有关规定。

8.4.2 洁净用房的生产层及上下技术夹层（不含不通行的技术夹层），应设置室内消火栓。消火栓的用水量不应小于 10L/s，同时使用水枪数不应少于 2

支，水枪充实水柱长度不应小于10m，每只水枪的出水量应按不小于5L/s计算。

9 电 气

9.1 配 电

9.1.1 洁净用房的用电负荷等级和供电要求应根据现行国家标准《供配电系统设计规范》GB 50052的有关规定和生产工艺确定。

9.1.2 洁净用房的电源进线应设置切断装置，切断装置宜设在洁净区外便于操作管理的地点。

9.1.3 洁净用房内配电设备的选择与布置应符合下列规定：

1 洁净用房内应选择不易积尘、便于擦拭、外壳不易锈蚀的小型暗装配电设备，不宜设置大型落地安装的配电设备。

2 洁净用房配电设备应按湿度条件选择，应满足所在车间防水、水蒸气和酸碱腐蚀的要求。

9.1.4 洁净用房内的电气管线宜敷设在技术夹层或技术夹道内，穿线导管应采用不燃烧体。洁净用房内连接至设备的电气管线和接地线宜暗敷。

9.1.5 洁净用房内的电气管线管口以及安装于墙上的各种电器设备与墙体接缝处均应密封。

9.2 照 明

9.2.1 洁净用房内的照明光源宜采用高效荧光灯。若工艺有特殊要求或照度值达不到设计要求时，也可采用其他形式光源。

9.2.2 洁净用房内照明灯具的选择与布置应符合下列规定：

1 洁净用房内宜选用外部造型简单、不易积尘、便于清洁的洁净灯具。

2 洁净用房内的照明灯具宜吸顶明装，灯具与顶棚接缝处应密封；当采用嵌入式灯具时，其安装缝隙应采取密封措施。

3 潮湿和有水雾的车间应采用防潮灯具，防爆车间应采用防爆灯具。

4 紫外线消毒灯的控制开关应设置在洁净用房外。

9.2.3 洁净用房应根据实际工作的需要提供照度，最低照度应符合本规范第4.3.2条的规定。

9.2.4 洁净用房内应设置备用照明，并应满足所需场所或部位活动和操作的最低照明。

9.3 自动控制

9.3.1 洁净用房宜对供热、供冷、纯水、通风空调和气体供应等系统进行自动监控。

9.3.2 净化空调系统新风口、排风口应有自动关闭措施。

9.3.3 洁净用房的空调系统应有风机启停顺序和温湿度的自动控制系统。

9.3.4 在满足生产工艺要求的前提下，宜对风机、水泵等动力设备采取变频调速等节能控制措施。

9.3.5 食品工厂内的洁净生产区入口应有门禁自动控制措施。

10 检测、验证与验收

10.1 环境参数检测

10.1.1 环境参数的检测方法应按现行国家标准《洁净室施工及验收规范》GB 50591的有关规定执行。

10.1.2 动态监测点应经评估后确定，不应随意更换。

10.2 确认和验证

10.2.1 洁净用房在设计过程中，应对照本规范附录B，经过对设计文件、图纸的检查确认，验证其符合本规范的规定。

10.2.2 洁净用房在施工安装过程中，应对照本规范附录B，经过对外观检查、设备运转的检查确认，验证其符合本规范的规定。

10.2.3 洁净用房在净化空调系统和水系统安装完成后，应对照附录B，并通过调整测试或对其结果的检查确认，验证系统运行符合工艺要求和本规范的规定。

10.2.4 洁净用房在完成本规范第10.2.2条的安装确认和第10.2.3条的运行确认后，在工程验收之前，应通过对静态性能全面测定的确认，验证洁净用房及其净化空调系统的综合性能应符合表10.2.4规定。测定方法应按现行国家标准《洁净室施工及验收规范》GB 50591的有关规定执行。

表10.2.4 工程验收静态性能确认表

序号	项 目	单 位	标 准	
1	送风高效过滤器检漏，不泄漏	粒/min·采样容积	<3(大气尘)	
2	定向气流	—	由Ⅰ级流向Ⅳ级 由洁净区流向非洁净区 由非洁净区流向污染区 非单向流室内由送风口流向排风口、回风口	
3	Ⅰ级工作区截面风速	m/s	工作面高度 地面上0.8m 实心工作面上0.25m	≥0.2
4	换气次数	h^{-1}	Ⅱ级 Ⅲ级 Ⅳ级 无洁净度要求	≥20 ≥15 ≥10 ≥5

续表 10.2.4

序号	项目	单位	标准	
5	静压差	Pa	与相邻相通房间与室外	≥5（视要求为正或负） ≥10（视要求为正或负）
6	新风量	m^3/(h·人)	≥40	
7	开放的洞口风速	m/s	≥0.2	
8	洁净度	级	Ⅰ	洁净度5级（≥0.5μm和≥5μm微粒的最大点浓度和室平均统计值均达标，下同）
			Ⅱ	洁净度7级
			Ⅲ	洁净度8级
			Ⅳ	洁净度9级
9	空气浮游菌	cfu/m^3	Ⅰ级	≤5
			Ⅱ级	≤50
			Ⅲ级	≤150
			Ⅳ级	≤500
10	空气沉降菌（ϕ90皿）	cfu/30min	Ⅰ级	≤0.2
			Ⅱ级	≤1.5
			Ⅲ级	≤4
			Ⅳ级	不作规定
11	噪声	dB(A)	Ⅰ级	≤65
			低于Ⅰ级	≤60
12	照度	lx	加工场所工作面一般照明	≥200
			加工场所工作面混合照明	≥500
			非加工场所工作面一般照明	≥100
13	温度	℃	Ⅰ、Ⅱ级舒适性要求	20～25
			Ⅲ、Ⅳ舒适性要求	18～26
			工艺要求	按设计图
14	相对湿度	%	Ⅰ、Ⅱ级舒适性要求	30～65
			Ⅲ、Ⅳ舒适性要求	30～70
			工艺要求	按设计图
15	自净时间	min	≤30或≤40	
16	甲醛	mg/m^3	≤0.1	

10.3 工程验收

10.3.1 洁净用房的工程验收应由建设方组织，并应遵照现行国家标准《洁净室施工及验收规范》GB 50591的有关规定进行。

10.3.2 洁净用房的工程验收应在有质检资格的检验单位进行综合性能的全面测定之后进行。

附录A 食品生产良好卫生生产环境

A.0.1 非最终灭菌食品洁净用房等级宜符合表A.0.1的规定。

表A.0.1 非最终灭菌食品洁净用房等级

洁净用房等级	适用的生产阶段或关键控制点
Ⅱ级背景下的Ⅰ级	易腐或即食生食切割
	食品的冷却
	食品灌装（或灌封）、分装、轧盖
	灌装前液体或食品的加工、配制
	微生物指标检验
Ⅱ级	直接接触食品的包装材料的存放以及处于未完全密闭状态下的转运
Ⅲ级	直接接触食品的包装材料、器具的最终清洗、装配或包装、灭菌
Ⅳ级	食品原料的预处理

注：表中生产阶段或关键控制点应符合本规范表4.2.1的说明，具有高污染风险，才适用Ⅱ级背景下的Ⅰ级（含设备自身具备的）的条件，如冷却阶段中的月饼、酸奶的冷却，检验阶段中的一般理化检测则不适用此种条件。

A.0.2 最终灭菌食品洁净用房等级宜符合表A.0.2的规定。

表A.0.2 最终灭菌食品洁净用房等级

洁净用房等级	适用的生产阶段或关键控制点
Ⅲ级	食品的灌装（或灌封）、包装
	高污染风险食品的配制、加工
	直接接触食品的包装材料和器具最终清洗后的处理
Ⅳ级	轧盖或封口
	灌装前物料的准备
	液体的浓配或采用密闭系统的稀配
	直接接触食品的包装材料的最终清洗

注：此处的高污染风险是指进行风险评估时确认产品容易长菌、配制后需等待较长时间方可灭菌或不在密闭容器中配制等情况。

附录B 工程验收检查确认项目

表B 工程验收检查确认项目

序号	条 号	项 目
1	3.3.3	生产区内相互联系的不同等级洁净用房之间设的缓冲室面积是否不小于 $3m^2$
2	3.3.5	在不能最终灭菌食品的生产、检验、包装车间以及易腐败的即食性成品车间的入口处是否设置了独立隔间的手消毒室
3	4.1.1	食品工业洁净用房分级是否符合要求及本规范第4.1、第4.2节相关条款
4	5.1.4	操作台之间、设备之间以及设备与建筑围护结构之间是否有足够的距离
5	5.1.5	必须布置在洁净用房内的产生污染的工艺设备是否靠近回、排风口，是否有局部排风装置
6	5.2.4	工艺管道有无死角、盲管
7	5.2.5	穿过围护结构进入洁净用房的工艺和给排水管道是否设有套管，套管内间隙是否用不燃材料填充并密封
8	5.2.9	Ⅰ～Ⅲ级清洗室是否设在区外
9	5.3.1	进入洁净用房的人、物流是否分门而入
10	5.3.3	拆包间的位置是否符合要求
11	5.3.6	传送带是否直接穿越非洁净区
12	5.3.7	电梯是否设在非洁净区
13	5.3.7	人、物电梯是否分开
14	5.3.7	设在洁净区的电梯前是否有缓冲室
15	5.4.5	生产通道上是否设置手消毒设施
16	6.2.1	生产车间地面是否为非吸收性、不透水并平坦光滑
17	6.2.2	生产车间地面坡度是否有1%～2%坡度
18	6.2.3	有腐蚀性介质排出的设备所在的地面是否有防止介质漫延设施
19	6.2.4	围护结构与地面的交角是否有圆弧过渡
20	6.2.4	所有阳角是否为圆角
21	6.2.4	墙角与通道上是否有防撞设施
22	6.2.5	是否有外露木质构件
23	6.2.5	是否用了木质材料外露的门
24	6.2.6	走廊外窗是否为双层密闭窗
25	6.2.8	抗菌防霉涂料是否有合格证明
26	6.3.1	车间外墙之外3m内是否种了花草，是否为硬质地面
27	6.3.2	大门入口是否有防飞虫设施

续表B

序号	条 号	项 目
28	6.3.3	下水道出口处是否有防虫、鼠的栅网
29	6.3.4	进出物料处是否设平台
30	7.1.2	空气净化系统送风是否有三级过滤
31	7.1.3	新风过滤器是否适合当地环境空气质量标准
32	7.1.4	风机正压段是否有不低于中效的过滤器
33	7.1.6	洁净用房回风口是否有合乎要求的过滤器
34	7.1.7	洁净用房内的产生温、湿、污染的设备是否被封闭或半封闭，是否有排风
35	7.1.7	洁净用房内的产生温、湿、污染的设备敞开布置时，室内是否不用循环风并有经处理达标的排风
36	7.1.8	空调机组内过滤器前后是否有压差计
37	7.1.10	物料收集排风管是否为不锈钢的
38	7.2.1	室内气流是否为从清洁区至污染区的定向流
39	7.2.3	局部Ⅰ级送风口是否比下方控制区每边各大20cm
40	7.2.4	送风口围挡壁下垂是否够0.5m
41	7.2.5	局部Ⅰ级送风面积与室内面积比例是否符合规定
42	8.1.2	给、排水干管是否设在洁净用房的技术夹层或夹道内
43	8.2.2	洁净区入口是否每（10～15）人设一套洗手消毒干手设备，是否有冷热水龙头
44	8.2.2	储存热水温度是否不低于60℃，循环热水温度是否不低于50℃
45	8.2.2	给水龙头是否为非手动开关
46	8.2.2	给水管与卫生器具及设备连接是否有空气隔断
47	8.2.3	洁净用房不同用途给水管是否有颜色区别
48	8.2.4	纯化水干管上是否有清洗口
49	8.2.5	洁净用房周围是否有洒水设施
50	8.3.3	洁净用房卫生器具污水透气管是否独立设置
51	8.3.4	Ⅰ级洁净用房是否不设地漏
52	8.3.4	Ⅰ、Ⅱ级洁净用房是否有排水立管穿过
53	8.3.4	可用地漏的是否为专用地漏
54	8.3.4	可有排水立管穿过的是否不设检查口
55	8.3.4	连接排水管处是否有排渣口
56	8.3.4	设排水沟的是否设有阻留残物的设施
57	8.4.2	洁净用房生产层和非通行夹层是否设置消火栓

续表 B

序号	条　号	项　　目
58	9.1.2	电源是否在便于操作处设切断装置
59	9.1.4	穿线导管是否为不燃体
60	9.1.5	管线管口、各种电器与墙体接缝是否密封
61	9.2.1	光源是否采用高效荧光灯
62	9.2.2	灯具是否吸顶明装
63	9.2.2	是否采用了防潮防爆灯
64	9.2.2	紫外灯开关是否在用房之外
65	9.2.4	是否有备用照明
66	9.3.3	是否有风机启停顺序和温湿度自控系统
67	9.3.4	动力设备是否设变频节能措施
68	9.3.5	是否有门禁自控

本规范用词说明

1 为便于在执行本规范条文时区别对待，对于要求严格程度不同的用词说明如下：

1）表示很严格，非这样做不可的：

正面词采用“必须”，反面词采用“严禁”。

2）表示严格，在正常情况下均应这样做的：

正面词采用“应”，反面词采用“不应”或“不得”。

3）表示允许稍有选择，在条件许可时，首先应这样做的：

正面词采用“宜”，反面词采用“不宜”；

表示有选择，在一定条件下可以这样做的用词，采用“可”。

2 本规范中指明应按其他有关标准、规范执行的写法为“应符合……的规定”或“应按……执行”。

引用标准名录

1 《建筑设计防火规范》GB 50016

2 《供配电系统设计规范》GB 50052

3 《洁净室施工及验收规范》GB 50591

4 《环境空气质量标准》GB 3095

5 《生活饮用水卫生标准》GB 5749

6 《高效空气过滤器性能试验方法　效率和阻力》GB/T 6165

7 《室内装饰装修材料　内墙涂料中有害物质限量》GB 18582

8 《抗菌涂料》HG/T 3950

中华人民共和国国家标准

食品工业洁净用房建筑技术规范

GB 50687—2011

条 文 说 明

制 定 说 明

《食品工业洁净用房建筑技术规范》GB 50687-2011经住房和城乡建设部2011年4月2日以第968号公告批准、发布。

为便于广大设计、施工、科研、学校、生产企业等单位的有关人员在使用本规范时能正确理解和执行条文规定，编制组按章、节、条顺序编制了本规范的条文说明，对条文规定的目的、依据以及执行中需注意的有关事项进行了说明，还着重对强制性条文的强制性理由作出了解释。但是本条文说明不具备与规范正文同等的法律效力，仅供使用者作为理解和把握规范规定的参考。在使用中如发现本条文说明有不妥之处，请将意见函寄中国建筑科学研究院。

目　次

1 总 则

1.0.1 近年我国食品质量屡受质疑，影响经济发展及国家声誉。目前在主要发达国家不仅传统的、产业化的食品工业已采用了洁净室技术，订有洁净级别，而且快餐、正餐的餐饮业，也在走向产业化。产业化生产的质量保证核心是生产环境，必须营造空气洁净微环境，否则产业化、大规模则无可能。但是目前国外也没有完整的像本规范拟定的内容这样的标准，一般是参考美国航天局于1971年正式提出的“HACCP”标准（危害分析与关键控制点）和ISO 2200“国际食品安全论证”。我国虽有20个强制性国标食品GMP，但只有少数标准对车间洁净度级别提出具体要求，如《饮用天然矿泉水厂卫生规范》GB 16330规定，该厂清洗车间的空气洁净度要求10万级厂房，灌装车间应为1000级洁净厂房或局部100级背景万级的生产线。《瓶（桶）装饮用纯净水卫生标准》GB 17324规定，该厂灌装车间要求洁净度级别达1000级。《保健食品良好生产规范》GB 17405规定生产保健食品片剂、胶囊、丸剂及不能最终灭菌的口服液，生产厂房要求10万级。但是除了洁净级别外，对整个洁净环境缺少综合性的要求和措施。所以订立涉及整个生产环境并突出空气洁净措施为保障条件的建筑技术规范实为必要。

1.0.2 我国于2009年2月28日在十一届全国人大常委会第七次会议上通过了《中华人民共和国食品安全法》。该法第九十九条对“食品”的定义如下：食品，指各种供人食用或者饮用的成品和原料以及按照传统既是食品又是药品的物品，但是不包括以治疗为目的的物品。《食品工业基本术语》GB/T 15091对食品的定义：可供人类食用或饮用的物质，包括加工食品、半成品和未加工食品，不包括烟草或只作药品用的物质。根据食品安全检测制度把食品分为：粮食加工品，食用油、油脂及其制品，调味品，肉制品，乳制品，饮料，方便食品，饼干，罐头，冷冻饮品，速冻食品，薯类和膨化食品，糖果制品（含巧克力及制品），茶叶及相关制品，酒类，蔬菜制品，水果制品，炒货食品及坚果制品，蛋制品，可可及焙烤咖啡产品，食糖，水产制品，淀粉及淀粉制品，糕点，豆制品，蜂产品，特殊膳食食品，其他食品。本规范适用于上述各类食品加工和生产（包括产业化餐饮业的加工、生产）过程中需要洁净用房以降低食品生产过程不良率以及保证放行产品的安全性的工厂的设计、施工、工程检测和验收。

1.0.3 本规范对食品工业洁净用房的规划、设计、施工、检测、验收等内容进行了规定，不涉及对无洁净用房的一般食品工业厂房建设的通用要求。食品工业洁净用房建设涉及的专业较多，相关专业均制订有相应的标准及规定，因此除应符合本规范外，尚应符合国家现行的有关标准的规定。

3 工厂平面布置

3.1 一 般 规 定

3.1.1 洁净厂房与其他工业厂房的区别在于洁净用房内的生产工艺有空气洁净度要求，食品工业洁净用房与其他工业洁净用房相比，空气洁净度标准又有微生物的控制要求。然而，室外大气中含有大量尘粒和细菌，新建、改扩建时，将厂址选择在大气含尘、含菌浓度较低的地区，是建设食品工业洁净厂房的必要前提。

室内污染物主要通过气体流动、表面接触和交叉污染等途径进行传播，在控制气流污染方面，需采取控制气流流量、选择气流流型和处理送、排、回风关系等措施；在控制接触污染方面，需采取降低空气中污染物浓度、控制设备和管道内部结构、净化洁净室内装饰、设备设施用材、健全清洗消毒等措施；在控制交叉污染方面，需采取合理布局、优选设备、有效隔离、加强管理等措施。

3.1.2 厂区整洁的生产环境有利于降低厂区大气中的含尘、含菌量。应合理安排运输路线，不使运输过程污染环境，污染路面。

3.2 总平面布置

3.2.1、3.2.4 在进行食品工业生产厂房内总平面布置时，应充分考虑食品生产工艺特点和具体工程项目中洁净厂房内各功能区（包括洁净生产区、辅助生产区、非洁净生产区、共用动力系统和办公等功能区）的合理布置。合理进行人流、物流组织，合理布置公用动力管线，以方便运行维护管理、降低能量消耗、确保安全生产。我国GMP（1998）要求“生产、行政、生活和辅助区的总体布局应合理”，主要是指生产、行政、生活和辅助的功能各不相同，如在布置上不合理、不相对集中，势必互相带来干扰和妨碍，甚至产生污染，最终将影响食品生产。

在《食品企业通用卫生规范》GB 14881－94中提出“要合理布局，划分生产区和生活区”，在《熟肉制品企业生产卫生规范》GB 19303－2003中提出“生产作业区与生活区分开设置”。但是目前国内许多外资项目提倡采用联合厂房，即在一个单体内包括了许多功能区，而国内投资项目通常喜欢将各个功能拆分为不同的单体建筑。为了避免对生活区、辅助区等名词理解不一，又由于本规范重点在洁净用房，所以不提生产、生活分区问题，而从生产区设置开始提出要求。对于现代食品工厂来说，“为了便于对不同生产区域进行设计和卫生管理，通常将食品工厂按车间

(区域）的空气洁净度不同划分为非食品处理区、一般生产区、准洁净生产区和洁净生产区”，见表1～表3。

表1　一般食品生产车间管制生产区

场所	区域	管制区
加工调理场所 杀菌处理场所（采用开放式设备者） 内包装材料的准备室 缓冲室 非易腐败即食性成品的内包装室	准清洁生产区	管制生产区
易腐性、即食半成品（成品）的最后冷却或内包装前的存放场所 即食产品的内包装室和无菌包装区	清洁生产区	

表2　乳制品管制生产区

场所	区域	管制区
调配室 杀菌处理场所（采用开放式设备者） 发酵室 最终半成品储存室 内包装材料准备室 缓冲室	准洁净生产区	管制生产区
半成品储存室 充填及内包装室 微生物接种培养室	洁净生产区	

表3　饮料生产车间管制生产区

场所	区域	管制区
水处理室 萃取室 加工调理场（包括浓缩果汁还原处理） 杀菌处理场 内包装材料的准备室及内包装容器洗涤场 缓冲室 热（非热）杀菌产品的灌装室	准洁净生产区	管制生产区
非热杀菌产品的灌装室 待用内包装材料（容器）的暂存场所 乳酸菌发酵工序及菌种培养间 经灭菌后半成品（成品）的冷却或暂存场所	洁净生产区	

3.2.2　由于食品生产加工的各自特点，生产加工过程中产生的污染程度、对环境的洁净要求不尽相同，它们的相对位置应予以合理安排。生产过程中发生空气污染较为严重的建筑，应置于厂区常年最少风向的上风侧，这是确保洁净用房少受污染的必要措施。

3.2.3　交叉污染是指通过人员流通、工具传递、物料传输和空气流动等途径，使不同品种的产品成分互相干扰，造成彼此污染，或是因人工器具、物料、空气等不恰当的流向，使洁净度级别低的区域污染物传入洁净度级别高的区域，造成了交叉污染，故作此规定。

3.3　洁净生产区

3.3.1　本条对应在洁净生产区内进行的生产工艺进行了规定。

3.3.2　一般应将要求洁净度级别高的区域设于里端或内侧，即设于人流活动少的区域。

3.3.3　缓冲室的设置在洁净厂房内比较普遍，如图1所示，如果从邻室A进入洁净室B，人顺着开门方向走进室内的瞬时，在入口处引起的风速在0.14m/s～0.2m/s以内，逆着开门方向时为0.08m/s～0.15m/s以内。只有在人进入室内，门开启的瞬间，气流速度有最大值。这一瞬间约为2s。虽然室内有正压，此时也不能阻止人进入带进污染。

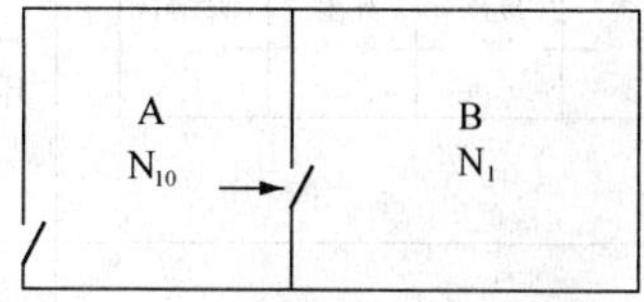

图1　从邻室进入洁净室

缓冲室就是为了防止进门时带进污染的设施。它位于两间洁净室之间。缓冲室可以有几个门，但同一时间内只能有一个门开启，此门关好，才允许开别的门。如果仅仅如此，则属于气闸室，而缓冲室还必须送洁净风，使其洁净度达到将进入的洁净室所具有的级别，见图2。

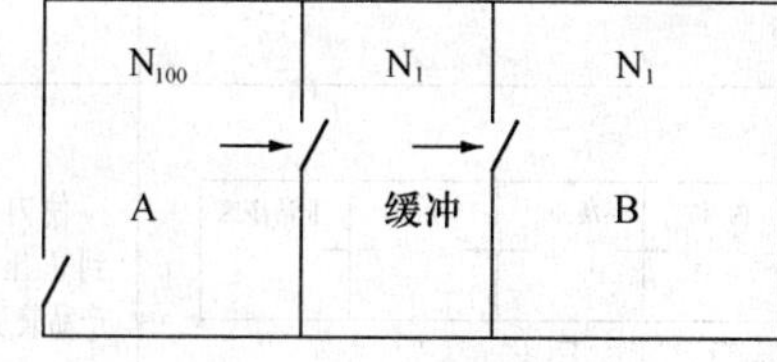

图2　缓冲室门的启闭

根据理论研究，这里的缓冲室是有特定定义的。一般意义上的气闸室不是这种缓冲室。这种缓冲室是指有一定面积或体积、送洁净风并达到一定空气洁净度级别的小室。因此，对缓冲室的设置可作出以下结论：

① 缓冲室体积必须大于6m^3，如以面积计，不应小于3m^2；

② 缓冲室的级别应同于后面将进入的洁净室（区）的洁净度级别，但不高于ISO 6级；

③ 相差一级的洁净室（如N_1和N_{10}）之间完全无必要设缓冲室，开门进入的污染使室内含尘浓度的升高不超过120%，且时间不超过2min；

④ 相差两级的洁净室（N_1和N_{100}）之间应根据具体情况考虑是否设缓冲室。虽然开门进入带进的

污染可使室内含尘浓度升高两倍以上，但恢复到120%以下只要3min左右，如认为这个自净时间是可以接受的，则不必设缓冲室，否则可以设缓冲室；

⑤ 如果邻室有异种污染源，即使是同级也应在其间设缓冲室。

关于缓冲室作用在表4中作了初步归纳。

表4 缓冲室的作用

序号	图例	作用
1	内室 缓冲 外室 非洁净区 +++ ++ + 0	绝对保护产品
2	内室 缓冲 外室 非洁净区 --- -- - 0	绝对保护环境
3	内室 外室(二次隔离) 缓冲 非洁净区 +++ ++ - 0	非常保护产品兼及环境
4	内室 外室(二次隔离) 缓冲 非洁净区 --- -- + 0	非常保护环境兼及产品
5	内室 缓冲 外室 非洁净区 + ++ + 0	使内室易达到正压，保护产品兼及环境
6	内室 缓冲 外室 非洁净区 - -- - 0	使内室易达到负压，保护环境兼及产品
7	内室 缓冲 外室 非洁净区 + - + 0	使内室易达到正压，保护环境兼及产品
8	内室 缓冲 外室 非洁净区 - ++ + 0	使内室易达到负压，保护产品兼及环境

3.3.4 为避免互相影响、干扰，减少污染，原则上原料前处理（如切割、磨碎、烹调、提取、浓缩和稀释等）不宜与成品生产使用同一洁净区域。当生产工艺有特殊要求时，应根据工艺要求确定。如生鲜食品和冷冻食品的加工原料切割需与成品内包装的生产在同一区域，以减少中间污染环节。

3.3.5 在有关食品的书籍、标准中，对于洗手（含消毒）间的设置都十分明确，特别对操作易腐食品的更是作了硬性"必须"的规定。空气质量再好，如果接触食品的手未消毒好，则也起不了应有的作用。相反，空气质量越好，手消毒的矛盾愈突出。所以此条作为强制性条文列出。

3.3.6 我国药品GMP（1998）规定"生产区和储存区应有与生产规模相适应的面积和空间用以安置设备、物料，便于操作……"本条借鉴药品GMP的规定对暂存区提出要求，这样做也是为了整齐有序，防止差错。

3.3.8 生产区应与检验区分开，这是诸多药品、食品生产的基本原则，而当设洁净用房时，检验室洁净度高，更应独立。

3.3.9 空气净化不是万能的，有了空气净化系统，还应考虑在洁净生产区内设置清洗、消毒、灭菌措施的可能；还应制订洁净用房内如何具体实施清洗、消毒和卫生保持的作业指导性文件，即卫生标准操作程序SSOP。

3.4 仓 储 区

3.4.4 我国药品GMP（1998）规定"不合格的物料要专区存放，有易于识别的明显标志"，这是防止混淆的措施。

4 洁净用房分级和环境参数

4.1 一 般 规 定

4.1.1、4.1.2 食品控制是从饲养（种植）、收获、加工、流通到消费整个过程，本规范的制订主要针对食品生产过程的控制。食品生产过程的控制应注重HACCP危害分析和关键控制点，突出对最终产品质量和食品卫生有重要影响的关键控制点，采取相应的预防措施和控制措施。食品开放式生产比封闭式生产需要更高级别卫生要求的生产车间。强调对最终产品质量和食品卫生有重要影响的关键控制点的控制，缩小控制范围。

4.2 等 级

4.2.1、4.2.2 关于食品工厂分级的建议见表5～表11。

表 5　食品工厂不同生产区域和空气洁净度等级

生产区域	空气洁净度级别	沉降菌数	沉降真菌数	生产工段
清洁生产区	1000～10000	＜30	＜10	易腐或即食性成品（半成品）的冷却及储存、调整、内包装等
准清洁生产区	100000	＜50		加工、加热处理等
一般生产区	300000	＜100		前处理、原料保管、仓库等

表 6　不同食品生产用洁净间的洁净度要求

洁净度产品类别	洁净度(≥0.5μm 微粒数)/(粒/ft³)				
	1	10	100	1000	10000
牛乳、乳制品					
食肉、食肉加工					
炼乳制品					
清酒、酒类					
糕饼、豆腐					
制果、面包					
蘑菇、菌类培养					

表 7　主要的食品工厂的推荐洁净度

食品领域	BCR 及所有流程	空气洁净度级别(ISO)	温度(℃)	湿度(%)
肉类加工	热处理以后至包装的中间制品冷藏库	6～8	15～18	60 以下
乳制品加工	热处理后至填充包装	6～8	15～22	60 以下
冷鲜包装切年糕	蒸米以后至切块包装消耗冷藏库	5～8	20～24	60 以下
无菌包装米饭(常温保存)	做熟至包装	6～7	24～26	60 以下
冷冻食品	加热处理至包装	7～8	15～20	60 以下
切断蔬菜	洗净后至切断包装	8	20 以下	60 以下

表 8　各种食品生产要求的洁净度

类　型	品　种	空气洁净度级别(ISO)
肉(含鱼肉)类加工品	肉卷、烤肉、火腿、香肠	6～8
奶制品	奶粉、奶油、奶酪、含奶饮料	6～7
饮料	果汁、矿泉水、啤酒	6～7
调味品	果酱、浓缩浆	7～8
糕点等	面包、糕点、速食品、巧克力	6～7
豆制品	各种豆腐	8
菌类	蘑菇培育	6
	植菌	5
海鲜	生食切断	5～6

表 9　各种食品生产要求的洁净度

阶　段	空气洁净度级别(ISO)
前置	8～9
加工	7～8
冷却	6～7
灌装、包装	6～7
检验	5

表 10　食品工业中各部门对洁净度的要求

部　门	食品加工内容	空气洁净度级别
鱼肉加工	烤竹鱼沫串冷却室	1000 级
鱼肉加工	包装室	10000 级
肉食加工	汉堡牛肉饼装入室	10000 级
肉食加工	汉堡牛肉饼冷却室	1000～10000 级
肉食加工	汉堡牛肉饼包装室	10000 级
肉食加工	火腿包装室	10000 级
肉食加工	火腿前室	10000 级
点心加工	蛋糕包装室	100000 级
点心加工	酥脆饼干包装室	1000 级
蘑菇	培菌室	10000 级
	植苗室	100 级
饮料工厂	鲜果汁灌装室	1000～10000 级

续表 10

部门	食品加工内容	空气洁净度级别
饮料工厂	牛奶灌装室	1000 级
果酱工厂	果酱灌装室	10000 级
粘糕加工厂	包装室	1000～10000 级
面条加工厂	冷却包装室	1000～10000 级
副食品加工厂	包装室	10000～100000 级

表 11 日本某食品公司洁净度标准

名称	洁净等级	细菌数（粒/ft³）	工序内容
无菌 1 级	100	0.1	分析室、检查室
无菌 2 级	1000	0.3	灌封间
无菌 3 级	10000	0.5	包装室、调配间
无菌 4 级	100000	2.5	包装室、灌封准备间
无菌 5 级	300000	6.0	材料仓库及其他

我国少数食品标准中提出洁净用房及其级别要求，但没有综合性的具体设计措施。这些标准和其关于洁净用房的要求如下：

(1)《保健食品良好生产规范》GB 17405－1998

该标准中有关厂房洁净度级别及换气次数的要求如表 12 所示。

表 12 洁净度级别及换气次数要求

洁净级别	尘埃数(粒/m³)		活微生物数	换气次数
	≥0.5μm	≥5μm	cfu/m³	h⁻¹
10000 级	≤350000	≤2000	≤100	≥20
100000 级	≤3500000	≤20000	≤500	≥15

“洁净厂房的设计和安装应符合《洁净厂房设计规范》GB 50073 的要求。”

“净化级别必须满足生产加工保健食品对空气净化的需要，生产片剂、胶囊、丸剂以及不能在最后容器中灭菌的口服液等产品应当采用十万级洁净厂房。”

“洁净级别不同的厂房之间，厂房与通道之间应有缓冲设施。应分别设置与洁净级别相适应的人员和物流通道。”

(2)《饮用天然矿泉水厂卫生规范》GB 16330－1996

“清洗车间应为 10 万级洁净厂房，灌装车间应为 1000 级洁净厂房，或全室 10000 级、生产线局部 100 级。”

(3)《瓶(桶)装饮用纯净水卫生标准》GB 17324－2003

“水处理车间应为封闭间，灌装车间应封闭并设空气洁净装置，空气洁净度应达到 1000 级，并使用自动化灌装。”

(4)《定型包装饮用水企业生产卫生规范》GB 19304－2003

“清洁区根据不同种类的饮料特点和工艺要求，分别指定不同的空气清洁度要求，如对于果汁和含乳饮料等需要热灌装的产品其清洁区应为 10 万级洁净厂房。”

“洁净厂房的设计与建造应符合《洁净厂房设计规范》GB 50073 的要求。”

“洁净厂房的入口应分别设有人员和物料的净化设施。”

从上面所列 4 个国标可见，规定的洁净度级别较乱，如把固体制剂和不能灭菌产品设在一个级别中；同样为饮用水有的要大环境 1000 级，有的为 10000 级，而要求应更高的含乳饮料仅 10 万级。同样很少提到措施，一般仅提按《洁净厂房设计规范》GB 50073 设计。

从以上资料可见，食品工业是需要洁净用房的，但就我国现有用到洁净用房的标准看，缺少综合性的具体措施，特别如宇航、奥运这些需要产业化的快餐和餐饮业的情况，更需要洁净用房。在奥运期间北京就有企业筹建这样的生产线。本规范就是适应这个要求而安排了相应内容的。就是当需要洁净用房时，可按本规范执行，并不是食品工业都要用洁净用房。

4.2.3 洁净度标准是有统一的国际标准 ISO 14644－1 的，我国关于洁净厂房的设计规范也采用了 ISO 标准，所以本规范也这样采用了。动态和静态时发尘量的比例也就是需要的洁净度的比例，国内外通常取 3 倍（轻微劳动）、5 倍（中等劳动）和 10 倍（强劳动）。如欧盟 GMP 和我国将修订的 GMP 都取 10 倍，本规范取 10 倍。

4.2.4 自净时间是按 ISO 7～8 级的换气次数考虑的，如太小则需更大的换气次数，耗能太大，而且早上上班提前（30～40）min（后者主要是对 ISO 9 级而言的）是可能的、可行的。

4.2.5 食品本身的产品属性［包括产品中的水分含量、酸碱性（pH 值）、营养性以及产品中防腐剂含量等］与生产环境要求密切相关。如食品含防腐剂、碱性特别高（pH＞10）、酸性特别低（pH＜3.5）、水分含量低的情况下，食品本身抗腐性很强，对生产环境卫生等级要求不高，反之，要求则很高。同样，如对婴儿、儿童、特殊高危人群提供的食品，则同样产品要提高生产环境卫生等级，本规范在附录 A 中给出了推荐的良好卫生生产环境，未列出的操作可参照已列出的操作在适当级别的洁净区内进行。应注意的是：不是所有的切割、冷却、检验都要Ⅰ级，而是指有高污染风险的，应由应用者根据实际情况而定。

4.3 环 境 参 数

4.3.1 微生物污染与温湿度条件密切相关，食品工业洁净用房的温度和湿度控制成为关键，应根据生产工艺要求进行合理设计建设。如饮料厂的灌装间、乳酸菌发酵间、菌种培养间，要求温度15℃～27℃，相对湿度≤50%；肉类加工厂的加工调理场、最终半成品之冷却及贮存场所、内包装室，要求温度≤15℃；膨化食品厂的内包装车间、调味料配合室要求相对湿度≤75%；冷冻食品厂的冻结前已加热处理之冷冻调理食品最终半成品之冷却及冻结室、内包装室（冷冻烤鳗及冻结前已加热处理之冷冻调理食品），要求温度≤25℃；冷藏调理食品厂的最终半成品之冷却及贮存室、内包装室，要求温度≤15℃等。

4.3.2 国际照明委员会（CIE）规定，无窗厂房的照度最低不能小于500lx。根据我国现有的电力水平，应以满足对照明的基本要求为依据，加工场所工作面最低照度为200lx时基本能满足工人生理、心理上的要求。至于辅助工作室、走廊、气闸室、人员净化和物料净化用室，考虑到与生产车间的明暗适应问题，规定其照度值不宜低于100lx。

4.3.3 洁净用房噪声标准的制订主要考虑噪声的烦恼效应、语音通信干扰和工作效率的影响。ISO 14644－4标准附录F.4.2条规定："应该根据人员的舒适和安全及环境（如其他设备）产生的背景声压级来选择需要的声压级。洁净室设施标准的A-加权声压级范围在55dB～65dB"。

5 对工艺设计的要求

5.1 工 艺 布 局

5.1.4 本条文规定操作台之间、设备之间以及设备与建筑围护结构之间应有足够的安全维修和清洁的距离，根据生产实践，设备之间的安全距离宜如表13及图3所示。

表13 设备之间的安全距离

项 目		尺寸（m）
往复运动机械与建筑墙的距离	≥	1.5
回转机械间距	≥	0.8～1.2
回转运动机械离墙距离	≥	0.8～1.0
泵的间距	≥	1.0
泵列与泵列间距	≥	1.5
离心机周围通道	≥	1.5
被吊物与设备最高点间距	≥	0.4
储槽间距	≥	0.4～0.6
计量桶间距	≥	0.4～0.6
控制室、开关室与炉子之间的距离		15
货车通道（上无吊轨时）	≥	1.52

续表13

项 目		尺寸（m）
运输吊轨距墙		2.13
冷藏间轨道间隔距离（肉类）		0.91
人行通道宽	≥	1.0
不常通行地段的净空	≥	1.9
操作台通行部分的最小净空高度	≥	2.0～2.5
工艺设备和道路间距离	≥	1.0
操作台楼梯的斜度（一般情况/特殊情况）	≤	45°/60°

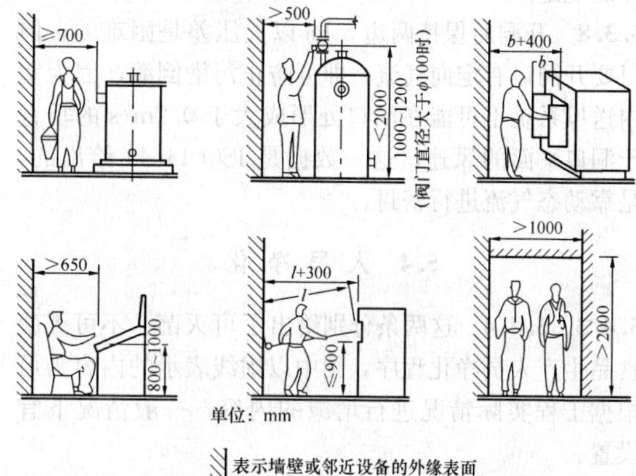

图3 操作设备所需的最小间距

5.1.5 因为回、排风口一般靠墙布置，所以要求排污的工艺设备尽量靠墙。

5.2 工艺设备与工艺管道

5.2.2 本条规定是为了保护洁净用房的室内环境，工艺设备及相关机械设备进入房间前应清洁，检查有无不宜进入洁净环境的材料。

5.2.3 本条规定是为了便于对排出物进行收集处理。

5.2.5 穿过洁净用房的工艺管道，其穿管处的密封是保证室内空气参数（尤其是静压差、含尘浓度、沉降菌浓度等参数）的重要一环。实践表明，采用套管方式是行之有效的。管材与套管间应采用微孔海绵、有机硅橡胶、橡胶圈及环氧树脂冷胶等进行密封。

5.2.8 这些设施包括相应装置，制备、配置清洗剂、消毒剂及纯蒸汽的装置及循环输送管路等。

5.3 物流与物料净化

5.3.3 进入洁净区的各种物料应在拆包间进行拆包、清理等处理，拆包间一般跨洁净区与非洁净区设置，在工程实践中，拆包间一般包括两个房间，一个是在非洁净区的拆外包间，一个是在洁净区的物料暂存间，两个房间组成广义上的拆包间，这就是常说的拆包间跨区设置。

5.3.5 在不同等级的洁净用房之间进行物料传递时，

宜采用传递窗，也可通过设置在不同等级洁净用房之间的缓冲室进行物料传递。

5.3.6 本条规定当采用传送带连续传送物料、物件时，传送带不应穿越非洁净区，应在洁净区与非洁净区之间设置缓冲设施，并在两区之间分段传送，可采取有效的、不损伤食品品质的其他清洁消毒措施，但应注意传输速度与消毒作用时间的合理匹配。如采取有必要辐射强度的紫外灯照射消毒或喷洒消毒。

5.3.7 电梯井有“烟囱效应”，会把脏空气提升上来，造成气流对流的交叉污染，因此应在电梯室外面设缓冲室，在我国药品 GMP 和兽药 GMP 中都有这样的规定。

5.3.8 开洞后保持两边 5 Pa 以上压差是困难的，但只要开洞口有定向气流，即可防止污染倒灌，因为室内送风系统不可能在洞口处形成大于 0.2m/s 的垂直于洞口平面的风速，这一数据是 ISO 14644 给出的，是靠动态气流进行密封。

5.4 人员净化

5.4.3、5.4.4 这两条分别给出了可灭菌、不可灭菌食品生产人员净化程序，图中以虚线表示的内容为可根据工程实际情况进行增减的内容，一般情况下宜设置。

5.4.5 在生产人员通道上多处设置手消毒器和手消毒擦拭巾，这是药厂在执行 GMP 过程中发现的很有效的措施，这里也予以采用。人员通道不仅是操作通道，也包括走廊，在走廊中因开门或其他动作，手仍有被污染的可能，有及时消毒的需要。

6 建 筑

6.1 一般规定

6.1.1 为了减少食品工业洁净用房建筑内表面积尘，防止在室内气流作用下引起积尘的二次飞扬，为了有利于室内清洁、便于除尘，本规范对建筑装饰装修提出了这些要求。

6.2 建筑装饰

6.2.1～6.2.4 这几条是参考了《洁净室施工及验收规范》GB 50591－2010 第 4 章的内容制定的。生产车间地面 1%～2%的排水坡度坡向地漏或排水沟，便于生产车间的清洗、排水。

6.2.5 生物洁净室不允许木质材料外露使用，主要是怕长霉菌，食品工业洁净用房的空气中富含营养性物质，在合适的湿度下，木质材料受霉菌污染的风险更大。在其他洁净室标准和药品 GMP 指南等材料中，都有此类内容的强制规定，因此本规范列为强制性条文，必须严格执行。

6.2.7、6.2.8 本节对围护结构内表面抗菌涂饰工程进行了规定，由于在食品工业用房内使用抗菌涂饰工程目前在国内外意见不太统一，担心抗菌产品会使食品中产生抗药性菌株，但对于湿度经常超过 75%或有蒸汽作业的房间或关键区域的抗菌防霉问题，目前仍没有更好的解决办法，内表面抗菌有很多方法，如消毒，但本规范仅对使用抗菌涂料的情况进行了规定。当相对湿度达到 80%时，不论温度高低，基本上都要发霉，见图 4，所以此时可涂防霉涂料。

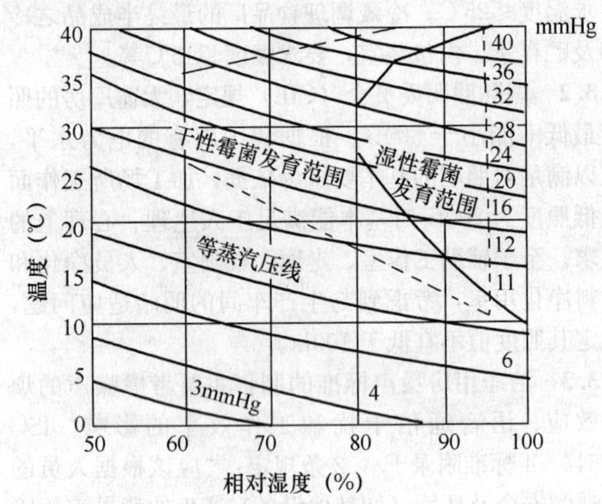

图 4 相对湿度与霉菌的关系

6.3 建筑防虫害、鼠害措施

6.3.1 本条主要是为了在洁净生产车间外的近邻区域不提供蚊、虫、鼠滋生、躲藏的环境。

7 通风与净化空调

7.1 系 统

7.1.1 HACCP（Hazard Analysis and Critical Control Point，即危害分析与关键控制点）计划，是目前世界上最有权威的食品安全质量保护体系——HACCP 体系的核心，是用来保护食品在整个生产过程中免受可能发生的生物、化学、物理因素的危害。HACCP 体系是一种建立在良好操作规范（GMP）和卫生标准操作规程（SSOP）基础之上的控制危害的预防性体系，它的主要控制目标是食品的安全性，因此它与其他的质量管理体系相比，可以将主要精力放在影响产品安全的关键加工点上，而不是将每一个步骤都放上很多精力，这样在预防方面显得更为有效。洁净用房采用局部净化方法实现对关键区域（对最终产品质量和食品卫生有重要影响的关键控制点）的保护，可缩小控制范围，有利于节能，降低能耗。

7.1.2 空气过滤是最有效、安全、经济和方便的除尘、除菌手段，采用合适的过滤器能保证送风气流达到要求的尘埃浓度和细菌浓度，以及合理的运行费用。根据我国国情，本条文再次强调至少三级过滤以及三级过滤器的常规设置位置。

7.1.3 我国大陆地区大气尘浓度，约比我国台湾省、日本高3倍，比欧洲高5倍，在欧洲这几年的有关标准中，都将新风过滤器由一道改为两道，通常是中效＋高中效，并参照室外大气尘状况来确定。我国有关医院的标准也像本条这样；参照大气尘的浓度等级确定新风过滤级数，特别是我国已有超低阻高中效过滤器，使得实现本条规定有了可能。由于净化空调系统污染主要来自新风，虽然新风多用了过滤器，但带来的效果是显著的。据文献报导，这样可保证风管十几年甚至更长时间不用清扫，而表冷器翅片上每增加0.1mm厚的灰尘，阻力增加19%，因此运行能耗和制冷制热能量都要相应增加。所以这一措施是节能的。

7.1.4 中效空气过滤器集中设置在空气处理机组（AHU，Air Handling Unit）正压段的出口前，这是自有洁净系统以来国际上通行的做法。这是因为负压段易漏风，会造成未经中效空气过滤器过滤的含尘浓度高的空气进入系统，降低系统中效过滤的效果，加大末端高效空气过滤器的过滤负担，缩短其使用年限。所以国际上习惯称此中效过滤器为预过滤器，是保护高效过滤器用的，所以不应用粗效过滤器。

7.1.5 洁净用房空气净化系统末端送风口采用高效空气过滤器过滤，这是我国各类洁净室相关国家标准、行业标准都规定了的。对于10万级、30万级洁净用房的空气净化处理，由于空气洁净度等级较低，在加强了新风净化措施的条件下，可采用高中效空气过滤器作为末端过滤。高中效空气过滤器不仅价格比高效空气过滤器便宜，而且由于高中效空气过滤器的运行终阻力较高效空气过滤器低200Pa左右，可以节省运行费用，若为低阻或超低阻的，则阻力更小。

7.1.6 研究结果表明集中空调系统的大量尘、菌污染来自回风，如果在回风口上加设低阻力、适当过滤效率的过滤器，则风管内积尘量将显著减少，清洗周期延长，节省显而易见。对于普通集中空调系统这一点更突出。

7.1.7 有高温、高湿、臭味和气体（包括蒸汽及有毒气体）或粉尘产生（如磨粉工段）的场所，为了防止通过空气循环造成食品的交叉污染，送入房间的空气应全部排出，同时为保护周围环境，应设置排风装置对排风进行过滤、吸附、热回收等处理，使得排风符合相关国家标准的要求。

7.1.8 空调机组内的过滤装置不是自动更换、清洁型的且更换不方便时，其上积尘时间常会相差很大，则往往延缓更换，此时应有压差报警装置予以提示。

7.1.9 本条强调风口与风管易清洗，饮料与奶粉厂的风口与风管污染很严重，难以清洗，易产生微生物污染，允许使用纤维风管。

7.1.10 物料收集的排风管材料应无毒、不吸附、耐腐蚀，宜采用低碳不锈钢，食品级、医用级的管道，宜采用304或316不锈钢。

7.2 气流组织

7.2.1 在进行食品工业洁净用房室内气流组织形式设计时，对送风口和排风口的位置要精心布置，使室内气流合理，形成定向流，减少气流停滞区域，确保室内可能被污染的空气以最快速度流向回（排）风口，这是生物洁净室建设的基本原则，食品工业洁净用房隶属生物洁净室，对防止微生物污染、保持室内定向气流的要求更为迫切，所以此条作为强制性条文列出。

7.2.2 对于空气洁净度等级要求不同的食品工业洁净用房，所采用的气流流型也应不同，本条规定了各种空气洁净度等级应采用的气流流型。本条规定有利于迅速有效地排除尘粒，空气洁净度100级的洁净室采用单向流。

7.2.3 因为气流核心区要向内收缩，其角度约为10°，所以为了把工作区罩住，送风区必须比工作区大。

7.2.4 加围挡壁是空气洁净技术中的一个基本方法，它等于降低了送风高度，提高了工作面上的流速，提高了抗污染的能力。

7.2.5 根据扩大主流区原理，当送风口集中布置时，由于降低了不均匀分布系数，因而提高了洁净度，大约集中面积占室面积1/16时，集中区可达到ISO 5级，周边区可达到ISO 7级，现取1/14，更安全一些。如图5所示，当$\frac{面积Ⅰ}{室面积(面积Ⅰ+面积Ⅱ)} \geqslant \frac{1}{14}$时，背景环境可不另设送风口。这一方法已被现行国家标准《医院洁净手术部建筑技术规范》GB 50333所采用，也被俄罗斯医院标准所采用。需要注意的是本条款不适用于自循环的送风末端（如FFU、层流罩等），当局部Ⅰ级采用自循环的送风末端时，背景环境宜另设送风口。

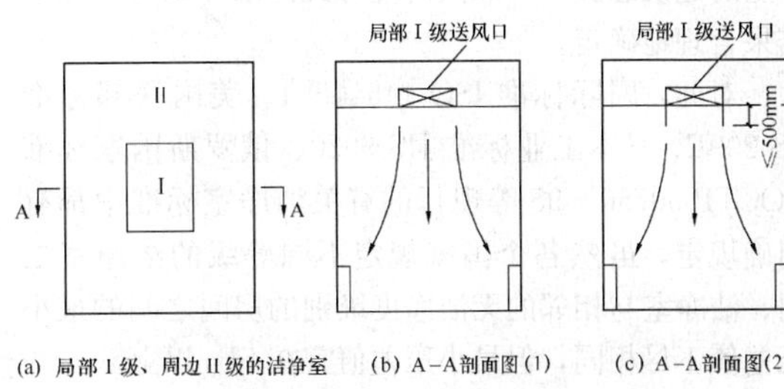

图5 局部Ⅰ级送风口面积与背景环境的关系

7.2.6 采用双侧下回风是为了尽可能保证送风气流的二维运动，对Ⅰ级区这一点更重要。据实验，四侧回风时，全室平均的乱流度要比两侧回风时大13%以上，所以对于所有洁净用房都应考虑采用两侧下回，不应采用四角或四侧回风。如果只有一面设回风口，则另一面工作时发生的污染将流经这一面的工作区，可能形成交叉污染，因此生产线应布置在送风口正下方。

7.3 净化送风参数

7.3.1 垂直单向流洁净室的工作区截面风速按下限风速原则应为0.3m/s，但对于本规范集中布置送风口的Ⅰ级洁净用房的局部垂直单向流即俗称局部100级来说，由于气流向100级区以外扩散，而这种扩散又受到送风面有无阻挡壁、四边离墙远近等因素影响，从大量实测看，0.3m/s是一个较严的数。本规范和《洁净室施工及验收规范》GB 50591一样，测点高度一般为0.8m，考虑到上述局部集中布置送风口的原因，特将运行中截面风速值放宽至不应小于0.2m/s。

7.3.2 根据不均匀分布理论，换气次数本来可以较小，但本条仍按国内标准先如此给出数据，但参考欧盟GMP的方法，指出必要时可进行计算，计算方法即用不均匀分布计算法。

7.3.3 洁净用房新鲜空气量应根据室内排风量和维持所需压差风量（压差风量宜采用缝隙法或换气次数法确定）两部分风量之和，与室内人员所需的最少新鲜空气量（人均新风量不小于40m^3/h）相比较，取两项中的最大值。

7.3.4 为了保证洁净用房（区）在正常工作或空气平衡暂时受到破坏时，气流都能从空气洁净度高的区域流向空气洁净度低的区域，使洁净用房（区）的空气洁净度不会受到污染空气的干扰，所以洁净用房（区）之间必须保持一定的压差。压差值的大小应选择适当。压差值选择过小，洁净用房的压差很容易被破坏，空气洁净度就会受到影响。压差值选择过大，会使净化空调系统的新风量增大，空调负荷增加，同时使中效、高效空气过滤器使用寿命缩短，故很不经济。因此，洁净用房压差值的大小应根据我国现有洁净室的建设经验，参照国内外有关标准和试验研究的结果合理地确定。

对此，国际标准ISO 14644－1、美国联邦标准FS 209E、日本工业标准JIS 9920、俄罗斯国家标准TOCTP 50766－95等现行的有关洁净室标准中都有明确规定，虽然各个国家规定不同等级的洁净室之间、洁净室与相邻的无洁净度级别的房间之间的最小压差值不尽相同，但最小压差值宜在5Pa以上。

关于洁净室与室外的最小压差，研究结果表明，当室外风速大于3m/s时，产生的风压力接近5Pa，若洁净室内压差值为5Pa时，室外的污染空气就有可能渗漏到室内。由《采暖通风和空气调节设计规范》GB 50019编制组提供的全国气象资料统计，全国203个城市中有74个城市的冬夏平均风速大于3m/s，占总数的36.4%。因此，洁净室与室外的最小压差值必须大于5Pa，才能抵御室外污染空气的渗透。本规范参照现行国家标准《洁净厂房设计规范》GB 50073，将洁净用房与室外的最小压差值定为10Pa。

7.3.5 有内部污染产生的房间保持相对负压，可使室内污染气体不至逸出扩散，以保护周围环境；对外来污染有控制要求的房间保持相对正压，可阻止室外污染渗漏至室内，以保护室内环境。

8 给 水 排 水

8.1 一 般 规 定

8.1.2 洁净用房内的给水排水干管敷设方式直接影响洁净用房的空气洁净度。为最大限度地减少洁净室内给水排水管道，本条对室内干管的敷设作了规定。

8.1.3 管道内的水与周围环境有温差，管道外壁可能结露，凝水的产生会带来围护结构破坏、影响室内装饰等诸多问题，因此要求对有可能结露的管道采取防结露的措施。对于防结露层的外表面，可以采用薄钢板或薄铝板作外壳，便于清扫而且不易产生灰尘。

8.1.4 穿过洁净用房的管道，其穿管处的密封是保证室内空气参数（尤其是静压差、含尘浓度、沉降菌浓度等参数）的重要一环。密封不好或不进行密封，会导致洁净用房失压，为了维持一定的静压差，必然要增大所需的压差风量，造成能量浪费，如不增大所需压差风量，则失压的后果有可能导致非洁净用房（区）的尘粒顺管道缝隙进入洁净用房，从而破坏洁净用房内的洁净环境。实践表明，采用套管方式是行之有效的。对无法设置套管的部位，应采用微孔海绵、有机硅橡胶、橡胶圈及环氧树脂冷胶等进行密封。

8.2 给 水

8.2.1 洁净用房内的给水为工艺用水和用以冲刷器具、设备、墙壁、地面的，水的质量会直接影响室内工作环境，影响到食品的质量。因此，供水要不间断，水量和水压要保证，并且水质要可靠。为提高洁净度，减少污染率，对水质要求应符合饮用水标准。

8.2.2 本条是关于洁净用房内洗浴、卫生设备的要求。

1 为提高洁净度，减少人为原因造成的污染率、感染率，洁净用房内应设置洗手、消毒、干手设备。车间洗手、消毒设备数量应根据工作人员数量合理匹配，避免出现拥挤、等待等现象。洁净用房内的生活用水主要用于工作人员刷手、清洗手术器具，所以需要冷热水兼有，应有可调节冷热水的龙头，数量应符合工艺要求。

2 据文献介绍，世界卫生组织推荐：“水应高于

60℃贮存，至少在50℃下循环。而对某些使用者而言，需要将水龙头出水温度降到40℃～45℃。为保证蓄水温度不利于肺炎双球菌的生长，这可以通过调温混合阀的使用来实现，该阀设定在靠近排放点的地方”，又据美国ASHRAE杂志2000年9月号（P46）介绍：“在医疗卫生设施中，包括护理部，热水应在等于或高于60℃贮存，在需要循环的场合，回水至少在51℃”。

3 为防止手碰龙头而沾染细菌，在洁净用房内应设非手动开关的龙头。目前广泛采用的肘式、脚踏式开关龙头，还有膝式、光电及红外线控制的开关。

4 给水管道不能直接连接到任何可能引起污染的卫生器具及设备上，除非在这种连接系统中，留有空气隔断装置或设有行之有效的预防回流装置。否则污染的水由于背压、倒流、超压控流等原因，从卫生器具和卫生设备倒流进给水系统污染饮用水，其结果是危险的。

8.2.3 洁净用房内的生产、生活和消防等各项用水对水质、水温、水压和水量会有不同的要求，分别设置将有利于各用水系统的管理，有利于节约运行成本。管路采用不同颜色进行标识，有利于识别，维护检修时不致弄错而造成污染。

8.2.4 食品生产、加工工艺对纯水水质要求较高，往往对水中电解质、细菌、微粒、有机物及溶解氧等都有严格要求，除了严格的纯水制造过程外，纯水输送管道的管材选择和管网设计是保证使用点水质的关键。实践证明采用循环供水方式是行之有效的，主要是基于保证输水管道内的流速和尽量减少不循环段的死水区，以减少纯水在管道内的停留时间，减小管道材料微量溶出物（即使目前质量最好的管道也会有微量物质溶出）对纯水水质的影响，同时也是基于流水不腐的道理。条文中有关要求及数据系根据国内外有关资料并结合近年设计、运行经验提出的。

8.2.5 设有洁净用房的食品工业厂房周围设置洒水设施，是为了便于保持厂房周围的环境卫生，方便绿化管理。

8.2.6 非绿色环保消毒液本身就是一种污染，所以在对洁净用房内的墙面、设备、器具及洗手消毒时宜采用绿色环保消毒液。酸性氧化电位水可用于人员手足部、器械、器具和物品等清洗后的消毒以及环境物表的消毒。其主要有效成分指标要求为：有效氯含量为60 mg/L±10mg/L、pH值范围2. 0～2.7、氧化还原电位(ORP)≥1100mV、残留氯离子＜1000mg/L。

酸性氧化电位水的使用方法为：（1）待消毒物品常规清洗或使用碱性还原电位水清洗后，使用酸性氧化电位水流动冲洗或浸泡消毒（3～5）min；（2）手、足部常规清洗或使用碱性还原电位水清洗后，使用酸性氧化电位水流动冲洗消毒。

酸性氧化电位水在实际使用中应注意以下问题：（1）应先彻底清除器械、器具和物品上的有机物，再进行消毒处理；（2）酸性氧化电位水对光敏感，有效氯浓度随时间延长而下降，宜现制备现用；（3）储存应选用避光、密闭、硬质聚氯乙烯材质制成的容器，室温下贮存不超过3d；（4）酸性氧化电位水制备设施应能在线监测并自动控制pH、ORP和有效氯这三项消毒关键指标保持在上述合格范围内，使用单位每天或每班使用前，应在使用现场酸性氧化电位水出水口处，使用精密试纸检测有效氯浓度，检测数值应符合指标要求；（5）不得将酸性氧化电位水和其他药剂混合使用。

酸性氧化电位水有效指标的检测方法为：（1）有效氯含量试纸检测方法——应使用精密有效氯检测试纸，其有效氯范围应与酸性氧化电位水的有效氯含量接近，具体使用方法见试纸使用说明书；（2）pH 、ORP值检测方法——应使用酸度计检测，具体使用方法见酸度计使用说明书；（3）氯离子检测方法——采用硝酸银容量法或离子色谱法，详细方法见《生活饮用水标准检验方法　无机非金属指标》GB/T 5750.5。

当采用酸性氧化电位水时，洗手、消毒宜选用碱、酸、停、碱水定时（10s、20s、3s、5s）的自动洗手装置。

8.3 排　　水

8.3.1 食品加工、生产过程排出的废水因食品品种、加工工艺的不同而异，应根据排出的废水的品种、性质、污染物浓度等设置废水处理站或废水处理装置进行处理，并达到国家排放标准或地方排放标准后排放。

8.3.2 洁净用房内的排水设备以及与重力回水管道相连接的设备，其排水管道无水封时，会产生室内外空气的相通对流，影响室内洁净度。密封的另一个意义是在室内通风系统正常工作时，使室内空气不外渗，在通风系统停止工作时，非洁净空气不倒灌。室内空气不经水封外渗，保证洁净室的洁净度、温湿度、正压值，减少能量的消耗。

一般情况下，洁净室与室外的静压差为10Pa，考虑水封装置内水的蒸发损失、自虹吸损失及管道内气压变化等因素，水封深度应为50mm～100mm水柱并不小于50mm，这与《建筑给水排水设计规范》GB 50015关于水封的设置要求是一致的。

8.3.3 洁净用房内的卫生器具和装置的污水透气系统对于维护洁净用房内的各项指标是极其重要的。透气系统的作用：（1）排除排水管道中的有害气体；（2）平衡管道内的压力，保护水封装置内的水封。通气管的设置位置和高度要确保不对周围环境产生影响，必要时应考虑处理措施。

8.3.4 本条是有关洁净用房内地漏设置的要求：

1 我国药品 GMP（1998）附录一“总则”规定，100级医药洁净室（区）不得设置地漏，这里对Ⅰ级洁净用房同样作此规定。目前我国食品生产、加工车间内的全室均为Ⅰ级洁净区并不多见，大多采用Ⅲ级（或Ⅱ级）洁净用房中局部Ⅰ级方式，因此更应严格执行100级区域内不设置地漏的规定。

2 对于不经常从地面排水的洁净用房，应不设置或少设置地漏，避免由于地漏的水封干涸造成污染。此处规定Ⅱ级洁净用房内不宜设地漏，当必须设置时，地漏应为高水封（高于50mm），应带封盖，防臭防污染。

3 排水沟不易清洁，故Ⅰ、Ⅱ级洁净用房内不宜设排水沟。

4 此款主要是为了防止排水管的泄漏，万一排水管有泄漏，后果十分严重，为了确保洁净用房的空气洁净度避免污染，将此款列为强制性规定。

8.4 消防给水和灭火设备

8.4.1 由于我国经济的飞速发展，新建、改扩建的工业建筑大量增加，火灾危险性逐年增大，消防技术也在不断发展，现行国家标准《建筑设计防火规范》GB 50016及相应的消防设计规范正不断修订完善，所以食品工业洁净用房的消防设计应首先符合这些最基本的消防规范。

8.4.2 洁净用房生产层设施设备较多，原辅料、成品、半成品较多，生产中经常使用多种有火灾危险的物料；上下技术夹层内，物料管道多，易燃易爆介质多，物料管道与风管、电缆桥架等错综复杂。为确保生产层和上下技术夹层的安全，按生产火灾危险性分类设置消火栓是完全必要的。根据《建筑设计防火规范》GB 50016关于室内消火栓用水量规定，当高度小于等于24m及体积小于等于10000m^{3}时，其消火栓消防用水量为5L/s。根据食品生产、加工工艺特点此值偏小，故本条文规定了室内消火栓给水的最低限制参数。

9 电　气

9.1 配　电

9.1.1 食品工业洁净用房中工艺设备的用电负荷等级应由它对供电可靠性的要求来确定，对这些用电设备的可靠供电是保证生产的前提。食品工业洁净用房一旦停电，室内空气会很快污染，影响食品质量。另外，洁净用房是个相对的密闭体，由于断电造成送风中断，室内的新鲜空气得不到补充，有害气体不能排出，对工作人员的健康也是不利的。

9.1.2 从洁净厂房发生过火灾事故中了解，电气原因引起的火灾事故占很大比例。为了防止食品工业洁净用房在节假日停止工作或无人值班时的电气火灾，以及当火灾发生时便于可靠地切断电源，所以电源进线（不包括消防用电）应设置切断装置。为了方便管理，切断装置宜设在非洁净区便于操作管理的地点。

9.1.3 本条是有关洁净用房内配电设备的选用的要求。

1 配电设备暗装主要是防止积尘、便于清扫，对于大型配电设备，如落地式动力配电箱，暗装比较困难，为了减少积尘，宜放在非洁净区，如技术夹层或技术夹道等。

2 由于食品工业洁净用房需要经常清洗，另外很多食品生产车间往往湿度较大，故洁净用房内的电气设备和器材应优先按湿度条件选择，并满足所在车间防水、防汽和酸碱腐蚀的要求。

9.1.4 由于食品工业洁净用房需要经常清洗，有些洁净用房的墙面、地面还有防腐要求，所以电气管线宜敷设在技术夹层、技术夹道内。考虑防火要求，穿线导管应采用不燃烧体。出于同样原因，连接至设备的电气管线和接地线宜暗敷。

9.1.5 当净化空调系统停止运行，该系统又未设值班送风时，为防止由于压差而使尘粒通过电气管线空隙渗入洁净用房内，所以洁净区与非洁净区之间或不同空气洁净度等级的洁净用房之间的电气管线口应作密封处理。

9.2 照　明

9.2.1 食品工业洁净用房内的照明照度一般要求较高，但灯具安装的数量受到送风风口数量和位置等条件的限制，这就要求在达到同一照度值情况下，安装灯具的个数最少。荧光灯的发光效率一般是白炽灯的（3～4）倍，而且发热量小，有利于空调节能。此外，洁净用房天然采光少，在选用光源时还需考虑它的光谱分布尽量接近于自然光，荧光灯基本能满足这一要求。因此，目前国内外洁净用房一般均采用荧光灯作为照明光源。当有些洁净用房层高较高，采用一般荧光灯照明很难达到设计照度值时，可采用其他光色好、光效率更高的光源。由于某些生产工艺对光源光色有特殊要求，或荧光灯对生产工艺和测试设备有干扰时，也可采用其他形式光源。

9.2.2 本条是有关洁净用房内照明灯具选择与布置的要求。

1、2 虽然照明灯具并不是食品工业洁净用房内的主要尘源，但如果安装不妥，将会通过灯具缝隙渗入尘粒或在灯具上积聚尘粒。实践表明，灯具嵌入顶棚暗装，在施工中往往与建筑配合误差较大，造成密封不严，不能达到预期效果。因此，洁净用房中的灯具安装应以吸顶明装为好。但是，若灯具安装受到层高限制及工艺特殊要求暗装时，一定要做好密封处理，以防止尘粒渗入洁净用房，灯具结构能便于清洁、维护。

3 根据国家有关标准规范规定：有防爆要求的食品工业洁净用房内的照明器具的选择和安装，应首先满足防爆要求；潮湿和有水雾的车间照明器具的选择和安装，应首先满足防潮要求。

4 由于紫外线对人体皮肤有伤害，需要设置紫外消毒灯的房间，为便于操作，紫外灯的控制开关应设在洁净用房外。

9.2.4 洁净用房内的食品生产一般为连续性生产，对照明的连续性、可靠性均有较严格的要求。设置备用照明的目的是为了正常照明因故熄灭时，确保工作人员能够继续从事必要的生产活动或采取应对措施所必须的照度。为减少灯具的重复设置，节省投资，备用照明一般可作为正常照明的一部分。备用照明应满足所需要的场所或部位进行各项活动和工作所需的最低照度值。一般场所备用照明的照度不应低于正常照明照度标准的20％。

9.3 自动控制

9.3.3 洁净用房一般均有正、负压控制要求，送风、回风和排风的启闭应连锁。正压洁净室（区）连锁程序为先启动送风机，再启动回风机和排风机，关闭时连锁程序应相反；负压洁净室与正压洁净室启动、关闭连锁程序相反。如本规范第4.3.1条规定，洁净用房一般均有温度和适度要求。因此洁净用房的空调系统应有风机启停顺序和温湿度的自动控制系统。

9.3.5 食品工业洁净用房内对操作人员的衣着、身体状况、卫生习惯等均有要求，不能随便进入，非车间操作人员应限制进入，因此应在洁净生产区入口处设置门禁措施，防止未经批准人员的进入，确保生产环境的良好卫生条件。

10 检测、验证与验收

10.1 环境参数检测

10.1.1 洁净室工程检验的程序和项目是共通的，所以《洁净室施工及验收规范》GB 50591适用于食品工业洁净用房。

10.1.2 动态监测点一般是关键控制点，需要着重控制该区域的环境卫生、洁净度，经评估确定后，不应随意更换，否则监测数据将失去应有的意义，不能有效监控需要控制的环境。

10.2 确认和验证

10.2.1 明确洁净用房在设计过程中，应对设计文件、图纸等进行设计确认，应对照附录B进行自检。

10.2.2 明确洁净用房在施工安装过程中，应对外观、设备等进行安装确认，应对照附录B进行自检。

10.2.3 明确洁净用房在净化空调系统和水系统安装完成后，应进行运行确认，应对照附录B进行自检。

10.2.4 明确洁净用房在完成本规范第10.2.1条的设计确认、本规范第10.2.2条的安装确认和本规范第10.2.3条的运行确认后，应进行性能确认。

10.3 工程验收

10.3.1 本条明确洁净用房的工程验收应由建设方组织，并遵照《洁净室施工及验收规范》GB 50591的规定进行。

10.3.2 本条明确洁净用房的工程验收必须在有质检资格的检验单位进行综合性能的全面测定之后进行。洁净用房的综合性能评定应严格按照现行国家标准《洁净室施工及验收规范》GB 50591的相关条款进行，并出具有效的“综合性能”评定结果，这里在综合性能上加了引号，意在强调，同时表明是在一个条件的“综合性能”。在实际工作中，有的检测单位在出具检测报告时仅给出单项或某几项性能检测结果（如“沉降菌浓度符合要求”）；或给出多项性能检测结果，但每项性能测试时的系统运行条件不同（如测试换气次数时风机高频率运行，测试噪声时风机低频率运行，测试静压差时中频率运行等），这是不能代表洁净用房“综合性能评定”结果合格的，故不能作为工程验收的充分依据。

中华人民共和国国家标准

城市道路交通设施设计规范

Code for design of urban road traffic facility

GB 50688—2011

主编部门：上海市城乡建设和交通委员会
批准部门：中华人民共和国住房和城乡建设部
施行日期：2 0 1 2 年 5 月 1 日

中华人民共和国住房和城乡建设部
公　　告

第1034号

关于发布国家标准《城市道路交通设施设计规范》的公告

现批准《城市道路交通设施设计规范》为国家标准，编号为GB 50688—2011，自2012年5月1日起实施。其中，第5.1.5、7.1.2、7.1.3、8.2.8、10.3.2(3)、11.1.1条（款）为强制性条文，必须严格执行。

本规范由我部标准定额研究所组织中国计划出版社出版发行。

中华人民共和国住房和城乡建设部

二〇一一年五月十二日

前　　言

本规范是根据住房和城乡建设部《关于印发〈2008年工程建设标准规范制订、修订计划（第一批）〉的通知》（建标〔2008〕102号）的要求，由上海市政工程设计研究总院（集团）有限公司会同有关单位编制完成的。

本规范在编制过程中，编制组经广泛调查研究，认真总结国内外科研成果和大量实践经验，并在广泛征求意见的基础上，最后经审查定稿。

本规范共分12章，主要技术内容包括：总则、术语和符号、交通调查、总体设计、交通标志、交通标线、防护设施、交通信号灯、交通监控系统、服务设施、道路照明及变配电、管理处所及设备。

本规范中以黑体字标志的条文为强制性条文，必须严格执行。

本规范由住房和城乡建设部负责管理和对强制性条文的解释，由上海市城乡建设和交通委员会负责日常管理，由上海市政工程设计研究总院（集团）有限公司负责具体技术内容的解释。本规范在实施过程中，如发现有需要修改和补充之处，请将意见和有关资料寄送上海市政工程设计研究总院（集团）有限公司（地址：上海市中山北二路901号；邮政编码：200092），以供今后修订时参考。

本规范主编单位、参编单位、主要起草人和主要审查人：

主编单位： 上海市政工程设计研究总院（集团）有限公司

参编单位： 北京市市政工程设计研究总院
上海市城市建设设计研究总院
北京中路安交通科技有限公司
哈尔滨市市政工程设计院
同济大学

主要起草人： 徐　健　温学钧　倪　伟　陈奇甦
陆继诚　陆惠丰　白书锋　段铁铮
戴孙放　袁　韬　崔新书　朱忠隆
惠　斌　赵　轩　杨旻皓　王　磊
保丽霞　李松令　马　亮　闫书明
梁亚宁　姚天宇　黄承明　郑晓光

主要审查人： 崔健球　唐琤琤　汤文杰　裴玉龙
朱惠君　蒋善宝　袁文平　秦丽玉
魏立新　虞　鸿

目　次

Contents

1 总则

1.0.1 为维护城市道路交通运行有序、安全、畅通及低公害，统一城市道路交通设施设计的技术标准，指导工程建设，达到城市道路交通设施功能全面、技术先进、安全实用、经济合理等目的，制定本规范。

1.0.2 本规范适用于城市新建、改建、扩建道路的交通设施设计。城市道路交通设施应包括交通标志、交通标线、防护设施、交通信号灯、交通监控系统、服务设施、道路照明及变配电和管理处所及设备等。

1.0.3 城市道路交通设施设计应依据道路性质、沿线环境以及交通流特性等进行，符合项目所在地区相关规划、道路总体设计和节能环保的要求。

1.0.4 城市道路交通设施设计中所采用的设计车辆外廓尺寸、汽车荷载等应符合现行国家标准《道路车辆外廓尺寸、轴荷及质量限值》GB 1589的有关规定。

1.0.5 城市道路交通设施应与道路主体工程同步设计，按总体设计、分期实施的原则进行设计。与主体工程相关的基础工程、管道等应在主体工程实施时一并预留或预埋。

1.0.6 城市道路交通设施设计除应符合本规范外，尚应符合国家现行有关标准的规定。

2 术语和符号

2.1 术语

2.1.1 路权 right of way

道路使用者根据交通法规的规定，一定空间和时间内在道路上进行交通活动的权利。

2.1.2 警告标志 warning sign

警告车辆、行人注意道路交通的标志。

2.1.3 禁令标志 prohibition sign

禁止或限制车辆、行人交通行为的标志。

2.1.4 指示标志 mandatory sign

指示车辆、行人应遵循的标志。

2.1.5 指路标志 guide sign

传递道路方向、地点、距离信息的标志。

2.1.6 可变信息标志 changeable message sign

可变信息标志是一种依交通、道路、气候等状况的变化，可以随之改变显示内容的标志。

2.1.7 主动发光标志 active luminous sign

在光线较暗时能够被清楚辨认的，带有图形、符号的，通过电能或其他能源使其自身内部发光的标志。

2.1.8 逆反射 retro-reflection

反射光线从靠近入射光线的反方向向光源返回的反射。

2.1.9 轮廓标 delineator

用以指示道路前进方向和边缘轮廓、具有逆反射性能或主动发光形式的交通安全设施。

2.1.10 路侧安全净区 roadside clear zone

在城市道路机动车道两侧、相对平坦、无非机动车道、无人行道、无任何障碍物、可供失控车辆重新返回正常行驶路线的带状区域。

2.1.11 防撞垫 crash cushion

独立的防护结构，在受到车辆碰撞时，通过自身的结构变形吸收碰撞能量，减轻对乘员的伤害程度。

2.1.12 可导向防撞垫 redirective crash cushion

具有侧面碰撞导向功能的防撞垫。

2.1.13 非导向防撞垫 non-redirective crash cushion

不具有侧面碰撞导向功能的防撞垫。

2.1.14 相位 phase

同时获得通行权的一个或多个交通流的信号显示状态。

2.1.15 信号周期 signal circle

信号灯相位按设定的顺序显示一周所需的时间。

2.1.16 协调控制 coordinated control

把多个交叉口的交通信号控制参数进行关联控制的一种方式。

2.1.17 人行护栏 pedestrian guardrail

防止行人跌落或为使行人与车辆隔离而设置的保障行人安全的设施。

2.1.18 分隔设施 separate facilities

道路范围内，机动车和非机动车之间、车辆和行人之间以及逆向交通之间，为规范通行空间设置的构造物。

2.1.19 防眩设施 anti-glare facilities

为夜间行车的驾驶人员免受对向来车前灯眩光干扰而设置的构造物。

2.1.20 限界结构 delimitation structure

车行道净空周边的主体结构物。

2.1.21 主体结构防撞设施 collision protection facilities for main structure

在容易被撞击的主体结构上增加的抗撞击构件。

2.1.22 附属保护防撞设施 collision protection facilities for subsidiary structure

在容易被撞击的主体结构前方，单独设置的保护主体结构的防撞设施。

2.1.23 隔离栅 guard fence

为防止行人、非机动车辆等进入快速路、匝道或其他禁入区域而设置的栅栏。

2.1.24 声屏障 acoustic barrier

一种专门设计的立于噪声源和受声点之间的声学障板。

2.1.25 交通监控 traffic surveillance and control

通过采集、处理和发布道路交通信息，为交通管理者提供一种用于道路交通运行和管理的技术措施。

2.2 符 号

E_{av}——平均照度

E_{min}——最小照度

E_{vmin}——最小垂直照度

SR——环境比

TI——眩光限制阈值增量

U_E——照度均匀度

U_L——亮度纵向均匀度

U_O——亮度总均匀度

2.3 代 号

LPD——功率密度

3 交 通 调 查

3.0.1 城市道路交通设施设计应进行交通调查。

3.0.2 交通调查内容应包括所在地区的路网现状、沿线土地利用现状、沿线环境、道路及交通状况、城市规划、路网规划等。调查范围除了设计道路自身外，还应包含对设计道路有影响的周边范围。

3.0.3 新建道路交通设施设计应在调查和资料收集的基础上分析以下情况：

1 项目所在区域社会经济、交通发展、地形、气候气象及项目沿线土地开发利用情况；

2 周边相关道路等级、线形、横断面布置、交通设施配置情况；

3 项目周边主要道路交通特性、交通组织与管理情况；

4 项目在规划道路网中的地位、功能及道路等级；

5 项目预测交通量、交通组织及交通特性。

3.0.4 对改建、扩建道路工程交通设施设计调查内容，除新建工程要求的资料外，还应根据需要补充以下内容：

1 既有道路交通设施情况；

2 既有道路交通状况。

3.0.5 道路交通设施改造工程设计应对既有道路几何条件、交通量、交通组成、交通流特性、交通事故等资料进行综合分析，并对预测交通资料进行分析和判断。

4 总 体 设 计

4.1 一 般 规 定

4.1.1 城市道路交通设施总体设计应符合安全、畅通、环保、可持续发展的总体目标要求。

4.1.2 城市道路交通设施总体设计应与道路主体工程设计相协调，根据道路功能及其在城市路网中的作用，综合考虑设计、施工、维修、营运、管理以及近期与远期等各种因素，准确体现道路工程主体设计的意图。

4.1.3 城市道路交通设施除应保持其各自特性和相对独立外，还应相互匹配、相互协调，使之成为统一、协调、完整的系统工程。

4.2 交通设施分级

4.2.1 城市道路交通设施设计应按等级进行统筹规划、总体设计。

4.2.2 城市道路交通设施等级应分为A、B、C、D四级，并应符合下列规定：

1 A级应设置系统完善的标志、标线、隔离和防护设施；中间带必须连续设置中央分隔防撞护栏和必需的防眩设施；桥梁、高路堤路段以及旁侧有辅路、人行道等撞击后将危及生命和结构物安全的路段必须设置路侧防撞护栏；立体交叉及其周边路网应连续设置指路、禁令等标志；主路及匝道车行道两侧，应连续设置轮廓标；出口分流三角端应有醒目的提示和防撞设施；实施控制的匝道，应设置匝道控制信号灯；交通监控系统应按Ⅱ级设置，中、长、特长隧道应按Ⅰ级设置；

2 B级应设置完善的标志、标线和必要的隔离和防护设施；路段上应设置中间分隔设施和机动车与非机动车分隔设施；桥梁与高路堤路段有坠落危险时必须设置路侧防撞护栏；立体交叉及其周边地区路网应设置指路、禁令等标志；平面交叉口必须进行交通渠化并设置交通信号灯；交通监控系统应按Ⅲ级设置，特大型桥梁应按Ⅱ级设置，中、长、特长隧道应按Ⅰ级设置；

3 C级应设置完善的标志、标线和必要的隔离和防护设施；平交路口进口段宜设置中间分隔设施；桥梁与高路堤段有坠落危险时应设置路侧防撞护栏；平面交叉口应进行交通渠化并设置交通信号灯；交通监控系统应按Ⅲ级设置，特大型桥梁应按Ⅱ级设置，中、长、特长隧道应按Ⅰ级设置；

4 D级应设置较完善的标志、标线；桥梁与高路堤段有坠落危险时应设置路侧防撞护栏；平面交叉口宜进行交通渠化并设置交通信号灯；交通监控系统应按Ⅳ级设置。

4.2.3 城市道路交通设施各等级适用范围应按表4.2.3执行。

表 4.2.3 各等级城市道路交通设施适用范围

交通设施等级	适用范围
A	快速路，中、长、特长隧道及特大型桥梁
B	主干路
C	次干路
D	支路

4.3 总体设计要求

4.3.1 总体设计应按照主体工程的技术标准、建设规模及项目交通特性，确定交通设施的技术标准、建设规模与主要技术指标，经协调并确认后执行。

4.3.2 总体设计应划定与主体工程设计之间的界面、接口等，并协调城市道路交通设施各专业的设计界面、接口等，防止设施之间发生冲突。

4.3.3 总体设计应组织各交通设施专业制定交通设施设计方案，并协调各设施间的衔接与配合。

4.3.4 总体设计应根据主体工程设计的道路服务水平和安全性评价结论，优化、完善道路交通设施设计方案。

4.3.5 总体设计应提出发生特殊交通安全或紧急事件情况下的疏散、撤离、抢险、救援等的功能要求。

4.4 设 计 界 面

4.4.1 交通标志、轮廓标、防护设施、交通信号和监控系统外场设备、照明及变配电等设施设置于道路构造物或桥梁、隧道结构上时，交通设施设计方应提供设置桩号、预留孔尺寸、结构重力、受力条件等；主体工程设计方进行构造物或桥梁、隧道结构设计时应进行预留、预埋设计。交通设施的设置及其安装由交通设施设计方设计。

4.4.2 有防撞要求的防护设施设于道路构造物或桥梁、隧道结构上时，交通设施设计方应提供防撞等级、防撞设施几何尺寸与结构设计，以及结构端部刚柔防撞过渡段设计等；主体工程设计方应进行道路构造物或桥梁、隧道结构设计。

4.4.3 埋设在道路路基横断面内的通信及信号系统管道，应由交通设施设计方与主体工程设计方商定，并确定管道设置位置，由交通设施设计方设计；主体工程设计方应在相关设计图中标示预留管道、人井、管箱的尺寸、位置等，并列入主体工程方设计文件。

4.4.4 出租车、公交停靠站站台、人行过街设施等服务设施需列入主体工程设计的内容，应由交通设施设计方提出位置、规模及尺寸等要求，经与主体工程设计方协调确认后，由主体工程设计方随主体工程一并设计；其他需主体工程预留位置或预埋基础、预留穿线管的服务设施由交通设施设计方设计，其中涉及预留、预埋部分的设计成果应在主体工程施工图设计时提供并同步施工。

4.4.5 港湾式公交停靠站出入口的加、减速车道及机动车停车场出入口，应由主体工程设计方随主体工程一并设计。

4.4.6 机动车公共停车场、管理处所的房屋建筑及场坪等对场地与高程有特殊要求时，应事先同主体工程设计方协商，并提供相应的交通设施功能设计和建筑设计图纸，由主体工程设计方进行场坪设计和衔接工程设计。

4.4.7 斜拉桥、悬索桥等特殊大桥设置的结构监测系统以及隧道监控、通风、消防报警系统，应集成纳入交通监控中心，由交通监控中心系统集成设计方实行系统集成。

5 交 通 标 志

5.1 一 般 规 定

5.1.1 交通标志设计应以道路交通管理的相关法律、法规和交通组织管理方案为依据，简明、准确地向道路使用者提供交通路权、行驶规则以及路径指示等信息，保障交通畅达和行车安全。

5.1.2 交通标志与交通标线等其他管理设施传递的信息应一致，互为补充。

5.1.3 交通标志不应传递与道路交通无关的信息。

5.1.4 隧道内的应急、消防、避险等指示标志，应采用主动发光标志或照明式标志。

5.1.5 交通标志不得侵入道路建筑限界。

5.2 分类及设置

5.2.1 交通标志按其作用应分为主标志和辅助标志两类，其中主标志包括警告标志、禁令标志、指示标志、指路标志、旅游区标志、作业区标志、告示标志；辅助标志附设在主标志下，对主标志进行辅助说明。

5.2.2 交通标志按版面内容显示方式应分为静态标志和可变信息标志。

5.2.3 交通标志的设置应符合下列规定：

1 应综合考虑城市规模和特点、路网设施布局、道路等级、几何条件、交通状况、道路使用者需求、环境及气候等因素；

2 标志的设置应优先考虑交通法规和安全要求；

3 标志信息发布应明确、连续、系统，防止出现信息不足或过载的现象；重要的信息应重复发布；

4 充分考虑道路使用者在动态条件下的视认性，即考虑在动态条件下发现、判读标志及采取行动所需的时间和前置距离；

5 标志应设置在道路行进方向右侧或车行道上方，也可根据具体情况设置在左侧，或左右两侧同时设置；

6 标志的设置不得被桥墩、柱、树木等物体遮挡。

5.3 版 面 设 计

5.3.1 标志版面形状应符合表 5.3.1 的规定。

表 5.3.1 标志版面形状

版面形状	适用范围
矩形（含正方形）	指路标志、旅游区标志、辅助标志、作业区标志、告示标志、警告标志（部分）、禁令标志（部分）、指示标志（部分）
正等边三角形	警告标志（部分）
圆形	禁令标志（部分）、指示标志（部分）
倒等边三角形	减速让行标志
叉形	多股铁路道口叉形标志
八角形	停车让行标志

5.3.2 警告标志、禁令标志、指示标志的版面尺寸应符合表5.3.2的规定；指路标志的版面尺寸应根据数字、文字高度及其间隔等要素计算确定。

表 5.3.2 标志版面尺寸

设计速度(km/h)		100	80	60、50、40	30、20
警告标志	三角形边长（cm）	130	110	90	70
	叉形标志宽度（cm）	—	—	120	90
禁令标志	圆形标志外径（cm）	120	100	80	60
	三角形标志边长（减速让行）（cm）	—	—	90	70
	八角形标志外径（停车让行）（cm）	—	—	80	60
	长方形标志边长（区域限制、解除）（cm×cm）	—	—	120×170	90×130
指示标志	圆形标志外径（cm）	120	100	80	60
	正方形标志边长（cm）	120	100	80	60
	长方形标志边长（cm×cm）	190×140	160×120	140×100	—
	单行线标志边长（cm×cm）	120×60	100×50	80×40	60×30
	会车先行标志边长（cm×cm）	—	—	80×80	60×60

5.3.3 标志版面颜色应符合表5.3.3的规定。

表 5.3.3 标志版面颜色

颜色	含义	适用范围
红色	禁止、停止、危险	禁令标志的边框、底色、斜杠，叉形符号、斜杠符号和警告性线形诱导标的底色等
黄色（荧光黄色）	警告	警告标志的底色
蓝色	指示、指路	指示标志的底色、一般道路指路标志的底色
绿色	快速路指路	城市快速路指路标志底色
棕色	旅游区指引	旅游区指引和旅游项目标志的底色
黑色	警告、禁令等	标志的文字、图形符号和部分标志的边框
白色	警告、禁令等	标志的底色、文字和图形符号以及部分标志的边框
橙色（荧光橙色）	警告、指示	道路作业区的警告、指路标志
荧光黄绿色	警告	注意行人、注意儿童的警告标志

5.3.4 指路标志的版面文字应符合下列规定：

1 应简洁、清晰地反映道路名称、地点、路线、方向和距离等内容；

2 应使用规范汉字或并用其他文字对照形式，若并用汉字和其他文字，汉字应排在其他文字上方；

3 标志版面文字尺寸应符合表5.3.4的规定。

表 5.3.4 标志版面文字尺寸

设计速度(km/h)	100	80	60、50、40	30、20
汉字高度 h(cm)	70、65、60	60、55、50	50、45、40、35	30、25
拼音与英文、拉丁文、少数民族文字高	$1/3h$～$1/2h$			
阿拉伯数字	字高 h；字宽 $1/2h$～$4/5h$			

5.3.5 可变信息标志版面应符合下列规定：

1 可变信息标志分为全可变信息标志和部分可变信息标志，版面可根据交通管理要求采用文字版、图形版、文字加图形等版面形式；

2 显示的警告、禁令、指示标志的图形，以及字符、形状等要求应与静态标志一致。文字的字体、字高、间距等应保证视认性，可按本规范表5.3.4执行；

3 可变信息标志的颜色应符合表5.3.5的规定。

表 5.3.5 可变信息标志的颜色

类别	显示内容	底色	边框	图形、符号、文字
文字标志	一般信息	黑色	—	绿色
	警告信息		—	黄色
	禁令信息		—	红色
图形标志	警告标志	黑色	黄色	黄色
	禁令标志		红色	黄色
	指示标志		蓝色	绿色
	指路标志		绿色	绿色
	作业区标志		随类型	黄色
	辅助标志		—	绿色
	潮汐车道标志		—	红色×、绿色↓
	可变导向车道	蓝色 *	—	绿色或黄色
	交通状况	蓝色或绿色 *	—	红、黄、绿等色
	其他信息	视需要		

注："*"为不可变部分的颜色。

5.4 材　料

5.4.1 标志板版面应采用逆反射材料制作。

5.4.2 城市快速路、城市主干路的标志应采用一级～三级反光膜，在曲线段或其他危险路段应采用二级以上反光膜。城市次干路及以下等级道路的标志应采用四级以上的反光膜。

5.4.3 标志底板及支撑结构宜选用轻型材料与结构制作，并应满足强度、刚度、耐久性和抗腐蚀要求。

5.4.4 可变信息标志板应根据标志的类型、显示内容、控制方式、环保节能、经济性等要求，选择显示方式及材料。

5.5 支撑方式与结构设计

5.5.1 根据标志传递的信息重要程度、版面尺寸、交通量、车道数、设计风速、路侧条件及悬挂位置等要求，标志板可采用柱式、悬臂式、门架式或附着式等支撑方式。

5.5.2 标志支撑结构设计应按标志支撑方式、板面尺寸分类归并，对其上部结构、立柱、横梁及其连接等进行设计，并分别验算其强度和变形。对其下部结构进行强度、抗倾覆和抗滑动等设计验算，并进行基底应力验算。

5.5.3 风荷载计算中设计风速应符合下列规定：

1 应采用标志所在地区距离平坦空旷地面 10m 高，50 年一遇 10min 的计算平均最大风速；

2 缺乏风速观测资料时，设计风速可按《全国基本风速值和基本风速分布图》，经实地调查核实后采用，但不得小于 22m/s。

5.5.4 标志板与支撑结构的连接应牢固可靠、安装方便、板面平整、维护简便。

6 交通标线

6.1 一般规定

6.1.1 标线应符合道路使用的功能要求，向道路使用者传递有关道路交通的规则、警告、指引等信息。

6.1.2 标线可与标志配合使用，也可单独使用。

6.1.3 标线应能清晰地识别与辨认，并符合白天、雨天、夜间视认性规定的要求。城市快速路、主干路应设置反光交通标线。

6.2 标线设置

6.2.1 一般路段的交通标线应符合下列规定：

1 城市道路双向行驶机动车时，对向行驶的车道间应划黄色对向车行道分界线，同向行驶的车道间应划白色车行道分界线；

2 城市快速路应在机动车道的外侧边缘（路缘带内侧）划车行道边缘线，其他等级道路在机动车道的外侧边缘（路缘带内侧）宜划车行道边缘线；

3 机非分离行驶的路段当无实物隔离时，机动车道与非机动车道的分界应划车行道边缘线（机非分界线）；

4 人行横道线的设置应根据道路等级、行人横穿需求、交通安全等因素确定；

5 标线宽度应根据道路等级、设计速度和路面宽度确定，并应符合表 6.2.1 的规定。

表 6.2.1 标线宽度

设计速度(km/h)		车行道边缘线（cm）	车行道分界线（cm）	路面中心线（cm）
100、80、60(快速路)		20	15	—
60、50(主、次干路)		15	15 或 10	15
40、30(主、次干路及支路)		15	15 或 10	15
20(次干路及支路)	双车道	—	—	15
	单车道	—	—	—

6.2.2 特殊路段的交通标线应符合下列规定：

1 视距受竖曲线或平曲线、桥梁、隧道等限制的路段，应设禁止跨越车行道分界线，线宽应为 15cm；

2 在车道数缩减或增加的路段应设置车行道宽度渐变段标线。在靠车道变化一侧的渐变段起点前，可配合设置窄路标志或车道变化标志；

3 在需要指示车辆行驶限制要求的车道内，可设置路面文字标记。文字标记尺寸和纵向间距应按表6.2.2选取，文字书写顺序应按行车方向由近至远。

表 6.2.2 文字标记尺寸和纵向间距

设计速度(km/h)	100	80、60、50	40、30、20
字高(cm)	450～650	300～400	150～200
字宽(cm)	150～200	100～150	50～70
纵向间距(cm)	300～400	200～300	100～150

6.2.3 平面及立体交叉交通标线应符合下列规定：

1 平面交叉口标线（包括车行道中心线、人行横道线、停止线、导向箭头、禁止跨越车行道分界线等）应根据交叉口形状、交通量、车行道宽度、转弯车辆的比率及交通组织等情况合理设置；

2 左弯待转区线应在设有左转弯专用信号及辟有左转专用车道时使用，左弯待转区不得妨碍对向直行车辆的正常行驶；

3 在平面交叉口过大、不规则以及交通组织复杂等情况下，车辆寻找出口车道困难时，应设置路口导向线，辅助车辆行驶和转向；

4 过宽、不规则或行驶条件比较复杂的交叉路口，立体交叉的匝道口或其他特殊地点，应设置导流线，导流线应根据交叉路口的地形和交通流量、流向情况进行设计；

5 立体交叉的分、合流段应设置出入口标线及导向箭头。出入口导向箭头的设置尺寸和重复设置次数应按表6.2.3选取。进口车道转向排序不规则的路口，宜增加导向箭头的重复设置次数。

表 6.2.3 出入口导向箭头的设置尺寸和重复设置次数

设计速度(km/h)	100	80、60、50	40、30、20
导向箭头长度(m)	9	6	3
重复设置次数	≥3	3	≥2

6.3 材　　料

6.3.1 材料应耐久、耐磨耗，耐腐蚀，与路面黏结力强，并具有良好的辨别性和防滑性。

6.3.2 城市快速路、主干路应采用反光标线。白色反光标线涂料的亮度因数应大于或等于0.35，初始逆反射系数应大于或等于150mcd·lx^{-1}·m^{-2}；黄色反光标线涂料的亮度因数应大于或等于0.27，初始逆反射系数应大于或等于100mcd·lx^{-1}·m^{-2}。

6.3.3 标线应采用环保材料，不应对周围环境及施工人员产生污染与危害。

6.4 轮　廓　标

6.4.1 轮廓标的设置应符合下列规定：

1 在城市快速路主路，以及立交出入口匝道等车行道两侧，应连续设置轮廓标；

2 在小半径弯道、连续转弯、视距不良等事故易发地段，应设置轮廓标；

3 设中央物理隔离的道路，按行车方向，配置白色反射体的轮廓标应安装在道路右侧，配置黄色反射体的轮廓标应安装在道路左侧；无中央物理隔离的道路，按行车方向左右两侧的轮廓标均为白色；

4 轮廓标不得侵入道路建筑限界。

6.4.2 轮廓标的设置应符合下列规定：

1 轮廓标在直线段的设置间隔应为50m；

2 曲线段轮廓标的设置间隔可按表6.4.2的规定选取。道路宽度发生变化的路段及其他危险路段，可适当加密轮廓标的间距。

表 6.4.2 曲线段轮廓标的设置间隔

曲线半径(m)	<30*	30～89*	90～179	180～274	275～374	375～999	1000～1999	>2000
设置间隔(m)	4	8	12	16	24	32	40	48

注："*"一般指互通立交匝道曲线半径。

7 防 护 设 施

7.1 一 般 规 定

7.1.1 防护设施应采用环保材料，便于安装，易于维修。

7.1.2 防护设施不得侵入道路建筑限界，且不应侵入停车视距范围内。

7.1.3 不能提供足够路侧安全净距的快速路路侧，必须设置防撞护栏；当路基整体式断面中间带宽度小于或等于12m时，快速路的中央分隔带必须连续设置防撞护栏。

7.1.4 防护设施宜简洁大方，与道路、桥梁和周围建筑的设计风格统一协调。

7.2 防 撞 护 栏

7.2.1 防撞护栏的防撞等级及主要技术指标应符合表7.2.1的规定。

表 7.2.1 防撞护栏的防撞等级及主要技术指标

防撞等级		碰撞条件				
路侧护栏	中央分隔带护栏	碰撞车型	车辆质量(t)	碰撞速度(km/h)	碰撞角度(°)	碰撞能量(kJ)
B	Bm	小客车	1.5	80	20	—
		大客车	10	40	20	70

续表 7.2.1

防撞等级		碰撞条件				
路侧护栏	中央分隔带护栏	碰撞车型	车辆质量（t）	碰撞速度（km/h）	碰撞角度（°）	碰撞能量（kJ）
A	Am	小客车	1.5	100	20	—
		大客车	10	60	20	160
SB	SBm	小客车	1.5	100	20	—
		大客车	10	80	20	280
SA	SAm	小客车	1.5	100	20	—
		大客车	14	80	20	400
SS	—	小客车	1.5	100	20	—
		大客车	18	80	20	520

7.2.2 在综合分析城市道路线形、设计速度、运行速度、交通量和车辆构成等因素的基础上，当需要采用的护栏碰撞能量低于70kJ时，护栏可确定特殊的碰撞条件并进行设计；当需要采用的护栏碰撞能量高于520kJ时，护栏应确定特殊的碰撞条件并进行设计。

7.2.3 城市道路可采用刚性或半刚性或柔性护栏，并根据实际情况需要采用不同的防撞等级和结构形式。

7.2.4 路侧护栏的设置应符合下列规定：

1 快速路路侧护栏的防撞等级应符合表7.2.4-1的规定；

表 7.2.4-1 快速路路侧护栏防撞等级的适用条件

使用条件	设计速度（km/h）	
	100、80	60
一般路段、匝道	A	B
高边坡、桥头引道、隧道洞口连接线、靠近构造物路段	SB	A
高陡坡、高挡墙、临河路段；车辆越出路外可能发生严重事故的路段	SA	SB
邻近其他快速路、人流密集区域的路段；车辆越出路外可能发生严重二次事故的路段	SS	SA

2 主干路的路侧宜设置防撞护栏。主干路路侧护栏的防撞等级应符合表7.2.4-2的规定；

表 7.2.4-2 主干路路侧护栏防撞等级的适用条件

使用条件	设计速度（km/h）	
	60、50	40
一般路段、匝道	B	—
高边坡、桥头引道、隧道洞口连接线、靠近构造物路段	A	B
高陡坡、高挡墙、临河路段；车辆越出路外可能发生严重事故的路段	SB	A
邻近其他快速路、人流密集区域的路段；车辆越出路外可能发生严重二次事故的路段	SA	SB

3 次干路、支路的路侧一般不设置路侧护栏，当车辆越出路外可能发生严重事故或严重二次事故的路段，宜设置防撞护栏。次干路和支路路侧防撞护栏的防撞等级参照主干路设置；

4 邻近干线铁路、水库、油库、电站等需要特殊防护的路段，应对防撞护栏进行特殊设计。

7.2.5 中央分隔带护栏的设置应符合下列规定：

1 快速路中央分隔带护栏的防撞等级应符合表7.2.5-1的规定；

表 7.2.5-1 快速路中央分隔带护栏防撞等级的适用条件

使用条件	设计速度（km/h）		
	100	80	60
一般路段	SBm	Am	Bm
小半径弯道、中央分隔带有桥墩及其他构造物等特殊防护路段	SAm	SBm	Am

2 设计速度大于或等于50km/h的主干路中央分隔带宜设置防撞护栏。主干路中央分隔带护栏的防撞等级应符合表7.2.5-2的规定。

表 7.2.5-2 主干路中央分隔带护栏防撞等级的适用条件

使用条件	设计速度（km/h）
	60、50
一般路段	Bm
小半径弯道、中央分隔带有桥墩及其他构造物等特殊防护路段	Am

7.2.6 活动护栏的设置应符合下列规定：

1 快速路的中央分隔带开口处，应设置活动护栏；

2 活动护栏的防撞等级宜与其所在路段中央分隔带护栏的防撞等级一致；

3 活动护栏应与中央分隔带护栏衔接，并在衔接处做安全性处理。

7.2.7 桥梁护栏的设置应符合下列规定：

1 供机动车行驶的桥梁外侧应设置防撞护栏，桥侧护栏宜设置在机动车道与非机动车道之间的两侧分车带上，双幅式桥梁中央分隔带护栏与桥侧护栏的防撞等级相同，单幅式桥梁中央分隔带护栏的设置参照路基段中央分隔带护栏设置原则设计；

2 城市道路桥涵护栏防撞等级的适用条件应符合表7.2.7的规定；

表 7.2.7　城市道路桥涵护栏防撞等级的适用条件

适用条件	道路类型		
	快速路		主干路
	设计速度（km/h）		
	100、80	60、50	40
桥梁高度小于 2.5m，且桥下水深小于 2m 或无水	A	B	B
桥梁高度 2.5m ～6m，且桥下水深小于 2m 或无水	SB	A	B
桥梁高度 6m ～20m，或桥下水深大于 2m，或跨越或邻近次干路、支路或人流密集区	SA	SB	A
桥梁高度大于 20m，或跨越或邻近主干路或快速路	SS	SA	SB

3　次干路、支路桥涵护栏防撞等级可按表 7.2.7 中设计速度为 40km/h 的主干路的标准选取；

4　邻近或跨越干线铁路、水库、油库、电站等需要特殊防护的路段，桥梁护栏应确定合理的碰撞条件并进行特殊设计；

5　快速路与主干路的小桥、涵洞、通道应设置与路基段形式相同的防撞护栏。

7.2.8　防撞护栏的起、迄点端部应做安全性处理。

7.2.9　不同结构形式或不同刚度防撞护栏的衔接处，应设置过渡段，使护栏的刚度逐渐过渡，并形成一个整体。

7.3　防　撞　垫

7.3.1　防撞垫防撞等级应分为三级，各级主要技术指标应符合表 7.3.1 的规定。

表 7.3.1　防撞垫防撞等级

防撞垫类型	防撞等级	碰撞条件				
		碰撞类型	碰撞车型	碰撞质量（t）	碰撞速度（km/h）	碰撞角度（°）
非导向防撞垫	B50	正碰	小客车	1.5	50	0
		斜碰				15
	B65	正碰	小客车	1.5	65	0
		斜碰				15
	B80	正碰	小客车	1.5	80	0
		斜碰				15
可导向防撞垫	A50	正碰	小客车	1.5	50	0
		斜碰				15
		侧碰				20
	A65	正碰	小客车	1.5	65	0
		斜碰				15
		侧碰				20

续表 7.3.1

防撞垫类型	防撞等级	碰撞条件				
		碰撞类型	碰撞车型	碰撞质量（t）	碰撞速度（km/h）	碰撞角度（°）
可导向防撞垫	A80	正碰	小客车	1.5	80	0
		斜碰				15
		侧碰				20

7.3.2　快速路主线分流端、匝道出口的护栏端部应设置防撞垫。主干路主线分流端、中央分隔带护栏端部、匝道出口的护栏端部宜设置防撞垫。

7.3.3　快速路与主干路的路侧构造物前端、收费岛前端宜设置防撞垫。

7.3.4　防撞垫的防撞等级应符合表 7.3.4 的规定。

表 7.3.4　防撞垫防撞等级的适用条件

道路类型	快速路		快速路、主干路
设计速度（km/h）	100	80	60
主线分流段、匝道出口、收费岛前端	A80	A65	A50
跨线桥桥墩前部、混凝土护栏上游端头、隧道口等路侧固定障碍物前端	A80、B80	A65、B65	A50、B50

7.4　限界结构防撞设施

7.4.1　在行驶中的车辆容易越出行驶限界，撞击到桥梁墩柱结构、主梁结构、隧道洞口的入口两侧和顶部结构、交通标志支撑结构等，这些限界结构处应设置限界结构防撞设施。

7.4.2　道路的正面限界结构防撞可在路前方设置防撞垫、防撞岛、防撞墩及加强墩柱结构抗撞等防撞设施；侧面限界结构防撞可在路侧设置并加强防撞护栏；顶面限界结构防撞可采取设置防撞结构和警告、限界标志措施等。

7.4.3　路侧设置组合式或混凝土墙式防撞护栏与限界结构位置重叠时，若限界结构自身能够满足防撞要求，可以采取与限界结构组合形成整体限界结构防撞，且迎撞面的截面形状与原防撞护栏一致。

7.4.4　路侧设置波形梁防撞护栏的，当其变形不能够达到保护两侧限界结构的要求时，应加密护栏立柱的柱间距或采用不低于公路 SB 级防撞护栏设施。

7.4.5　道路侧面没有设置防撞护栏的限界结构，正迎撞面宜设置防撞垫、防撞岛、防撞墩等结构防撞型式。

7.4.6　顶面限界防撞可采取主体结构防撞设施、附属保护防撞设施和设置警告标志、限界标志等措施。

7.4.7　限界结构防撞设施设计应按照安全、经济、耐用、便于维修的原则，并做到外观简洁，同时设置警示标记，且与道路、桥梁和周围城市景观、建筑的设计风格统一协调。

7.5 人行护栏

7.5.1 下列位置应设置人行护栏：

1 人行道与一侧地面存在高差，有行人跌落危险的，应设人行护栏；

2 桥梁的人行道外侧，应设置人行护栏；

3 车站、码头、人行天桥和地道的出入口、商业中心等人流汇聚区的车道边，应设置人行护栏；

4 交叉口人行道边及其他需要防止行人穿越机动车道的路边，宜设置人行护栏，但在人行横道处应断开；

5 在非全封闭路段天桥和地道的梯道口附近无公共交通停靠站时宜在道路两侧设人行护栏，护栏的长度宜大于200m。天桥和地道的梯道口附近有公共交通停靠站时，宜在路中设分隔栏杆，分隔栏杆的净高不宜低于1.10m。

7.5.2 人行护栏的设计应符合下列规定：

1 人行护栏的净高不宜低于1.10m，并不得低于0.90m。有跌落危险处的栏杆的垂直杆件间净距不应大于0.11m；当栏杆结合花盆设置时，必须有防止花盆坠落的措施；

2 人行护栏不宜采用有蹬踏面的结构；

3 人行护栏应以坚固、耐久的材料制作。有跌落危险或一侧有快速机动车通行的人行护栏的结构验算竖向活荷载不应小于1.2kN/m，水平向外活荷载不应小于1kN/m，两者不同时作用；桥梁、人行天桥上的人行护栏的结构验算活荷载应满足桥梁和人行天桥的有关规范规定；

4 人行护栏的样式应与桥梁、道路、周围建筑风格协调一致；

5 人行护栏的结构形式应便于安装，易于维修，材料应环保；

6 机动车道两侧的人行护栏上不应安装广告。

7.6 分隔设施

7.6.1 下列位置应设置分隔设施：

1 双向六车道及以上的道路，当无中央分隔带且不设防撞护栏时，应在中间带设分隔栏杆，栏杆净高不宜低于1.10m；在有行人穿行的断口处，应逐渐降低护栏高度，且不高于0.70m，降低后的长度不应小于停车视距；断口处应设置分隔柱；

2 双向四车道及以上的道路，机动车道和非机动车道为一幅路设计，应在机动车道和非机动车道之间设置分隔栏杆；

3 非机动车流量达到饱和或机动车有随意在路边停车现象时，机动车道和非机动车道为一幅路断面，宜在机动车道和非机动车道之间设置分隔栏杆；

4 机动车道和非机动车道为共板断面，路口功能区范围宜设非机动车和机动车分隔栏杆；在路口设置时，应避免设置分隔栏杆后妨碍转弯和掉头车辆的行驶；

5 非机动车道和人行道为共板断面，宜在非机动车道和人行道之间设置分隔栏杆；

6 非机动车道高于边侧地面有跌落危险时，应在非机动车道边侧设置分隔栏杆；

7 人行道和绿地之间可根据情况设置分隔栏杆；

8 人行道和停车场、设施带之间，需要进行功能分区的位置可设置分隔栏杆；

9 交叉路口人行道边缘、行人汇聚点的边缘可设置分隔柱。

7.6.2 分隔设施的设计应符合下列规定：

1 分隔设施的高度应根据需要确定；分隔柱的间距宜为1.3m～1.5m；

2 分隔设施的结构应坚固耐用、便于安装、易于维修，宜为组装式；

3 分隔设施的颜色宜醒目；没有照明设施的地方，分隔设施表面应能反光；

4 分隔栏杆在符合设置的路段应连续设置，不应留有断口。

7.7 隔离栅和防落物网

7.7.1 城市快速路主路及设计速度大于或等于60km/h的匝道两侧应设置隔离栅，但下列情况可不设置隔离栅：

1 路侧有水渠、池塘、河湖、山体等天然屏障时；

2 路基边坡或挡土墙直立坡度大于2∶1的路段且道路与相邻地面高度差大于1.8m的。

7.7.2 行人通行的桥梁跨越轨道交通线、铁路干线、设计速度大于或等于60km/h的道路时，人行道外侧应设置防落物网，设置范围应为被跨越道路或轨道交通线、铁路干线的宽度并向两侧各延长10m。

7.7.3 隔离栅和防落物网的设计应符合下列规定：

1 隔离栅的高度不应低于1.8m；

2 防落物网的高度不应低于2.0m；

3 隔离栅和防落物网的网眼不应大于50mm×100mm；

4 隔离栅应与桥梁结构、挡土墙构筑物或山体等连接形成闭合系统；出入口等位置不能形成围合的，应在隔离栅端头处设置禁止行人通行的禁令标志，且应在相对应的中央隔离带设置隔离栅，连续长度宜大于100m。

7.8 防眩设施

7.8.1 城市快速路中央分隔带应设防眩设施，但分隔带宽度大于 9m，或双向路面高差大于 2m 的可不设。

7.8.2 防眩设施的设计应符合下列规定：

1 防眩设施可按道路的气候条件、景观条件、遮光要求选用植物防眩、防眩板、防眩网等形式；

2 防眩板的设计应按部分遮光原理进行，直线路段遮光角不应小于 8°，平、竖曲线路段遮光角应为 8°～15°，宽度宜为 8cm～15cm，离地高度宜为 120cm～180cm。

7.8.3 防眩设施的结构设计应符合下列规定：

1 防眩板和防眩网的结构应方便安装和维护；

2 防眩设施的高度、结构形式、设置位置变化时应设置过渡段，过渡段的长度宜为 50m；

3 应避免在防眩设施之间留有断口。

7.9 声 屏 障

7.9.1 根据现行国家标准《声环境质量标准》GB 3096 进行声环境评价的结果不符合标准的路段，采取其他降噪措施仍达不到要求的，应设置声屏障。

7.9.2 声屏障的最佳位置应根据道路与防护对象之间的相对位置、周围的地形地貌进行设置。

7.9.3 声屏障的结构设计除应符合国家现行标准《声屏障声学设计和测量规范》HJ/T 90 的规定外，还应满足结构自重及风荷载的要求。

8 交通信号灯

8.1 一 般 规 定

8.1.1 交通信号灯应能被道路使用者清晰、准确地识别，应能保障车辆和行人安全通行。

8.1.2 交通信号灯的配置应与道路交通组织相匹配，应有利于行人和非机动车的安全通行，有利于大容量公共交通车辆的通行，有利于提高道路通行效率。

8.1.3 交通信号灯设备应安全可靠，能够长期连续运行。当交通信号灯设备出现故障时，任何情况下均不得出现相互冲突的交通信号。

8.2 信号灯设置

8.2.1 城市道路的平面交叉口设置交通信号灯的条件，应根据路口情况、交通流量以及交通事故率等因素确定。

8.2.2 交通信号灯的视认范围应根据车速和车道布置情况确定。交通信号灯的视认范围内不应存在盲区，不能满足时，应在适当位置增设同类信号灯。

8.2.3 城市道路的特大桥、长大隧道等路段，可根据交通组织要求或设施养护要求设置车道信号灯。可变车道、收费口和检查通道应设置车道信号灯。

8.2.4 全封闭道路中实施控制的匝道，应设置匝道控制信号灯。

8.2.5 行人信号灯应有倒计时显示或者闪烁提示。倒计时或闪烁提示时间应保证行人能安全通过路口。

8.2.6 道路交叉口的交通信号周期不宜大于 180s。

8.2.7 交通信号灯设置倒计时显示时，其颜色应与被计时的信号灯一致。

8.2.8 交通信号灯及其安装支架均不得侵入道路建筑限界。

8.3 交通信号控制系统

8.3.1 交通信号控制系统的建设，应根据城市道路交通流的分布由点控、线控逐步过渡到系统协调控制。

8.3.2 城市主干路交通信号灯宜实施绿波协调控制。

8.3.3 协调控制范围内的各路口交通信号配时参数，应根据交通流量和流向确定，并满足区域协调控制的要求。

8.3.4 交通信号控制系统应设置监控中心。交通信号控制系统应具有下列功能：

1 对各信号灯进行远程监视和控制；

2 对各信号灯配时参数进行远程配置；

3 对各信号灯设备进行故障监测和报警；

4 实施协调控制。

8.3.5 交通信号控制系统宜具备交通信息采集与传输功能。

9 交通监控系统

9.1 一 般 规 定

9.1.1 为提高城市道路交通管理和服务水平，宜设立交通监控系统。

9.1.2 交通监控系统应由监控中心、外场监控设施和信息传输网络等组成，应具备信息采集、分析处理、信息发布和交通控制管理，以及与其他信息系统的信息交换和资源共享等全部或部分功能。

9.1.3 交通监控系统的建设应根据道路等级和城市规模，并结合城市经济发展阶段以及交通量和交通管理需求等因素综合考虑，并应按表 9.1.3 的要求确定。

表 9.1.3 交通监控系统建设要求

城市规模	道路等级			
	城市中、长、特长隧道	城市特大桥梁和城市快速路	主干路和次干路	支路
特大城市	应建设	应建设	应建设	应预留建设条件
大城市	应建设	应建设	宜建设	宜预留建设条件

续表 9.1.3

城市规模	道路等级			
	城市中、长、特长隧道	城市特大桥梁和城市快速路	主干路和次干路	支路
中等城市	应建设	宜建设	宜预留建设条件	宜预留建设条件
小城市	应建设	—	宜预留建设条件	宜预留建设条件

9.1.4 交通监控系统应根据城市路网的现状、规划和交通管理需求进行统一规划，可根据城市交通状况和建设条件分步分期实施。

9.1.5 交通监控系统配置按道路或路网的性质和监控系统特性划分不同等级，等级分类应符合表 9.1.5 的规定。

表 9.1.5 交通监控系统等级分类

交通监控系统等级	Ⅰ级	Ⅱ级	Ⅲ级	Ⅳ级
适用范围	城市中、长、特长隧道	城市特大桥梁和城市快速路	主干路和次干路	支路

9.2 管理模式

9.2.1 一座城市宜设一处道路交通监控中心，对全市道路网络的交通运行实施集中监控和管理。

9.2.2 当城市道路网络规模较大且路网形态和交通状态具有明显的分区域分散布置特征时，可根据管理需求设置区域交通监控中心。区域交通监控中心宜作为交通监控中心下属的交通监控分中心。

9.2.3 城市特大桥梁和中、长、特长隧道宜设置独立的监控中心，对于地理位置分布较近又便于统一管理的，宜设置联合的监控中心。该监控中心宜作为交通监控中心下属的交通监控分中心。

9.3 交通监控中心

9.3.1 交通监控中心宜配置监控信息存储和处理计算机系统、闭路电视系统、信息发布和服务系统、应急指挥和处置系统以及信息通信网络系统。

9.3.2 交通监控软件系统宜具备对各类交通相关信息的综合分析处理功能，以及对多种交通状态和交通异常事件的自动检测判断功能，能针对常发性和偶发性交通拥挤或阻塞自动生成交通控制对策方案和应急处置预案，以及相应的信息发布诱导方案。

9.4 信息采集设施

9.4.1 信息采集设施主要应由交通参数检测器、摄像机、气象检测仪等构成。

9.4.2 Ⅰ级交通监控系统的设备配置应全路段连续设置交通参数检测器、摄像机等设施，实行全路段全覆盖监控。在城市中、长、特长隧道等特殊路段应设置完善的紧急报警设施。

9.4.3 Ⅱ级交通监控系统的设备配置应全路段设置交通参数检测器、摄像机等设施，实行全路段监控。在交通量大的互通立交、出入匝道宜全覆盖设置。

9.4.4 Ⅲ级交通监控系统的设备配置应在道路主要交叉口、互通式立交等重点区段，设置交通参数检测器、摄像机等监控设施。

9.4.5 Ⅳ级交通监控系统的设备配置可根据需求，在道路主要交叉口设置摄像机等监控设施。

9.4.6 在城市特大桥梁等特殊区段，以及恶劣的气象条件可能对交通安全构成威胁的路段宜根据各地的气候特征、管理需求和交通气象服务系统的总体建设要求，设置气象信息检测设备。

9.5 信息发布和控制设施

9.5.1 信息发布和控制设施主要应由可变信息标志、可变限速标志、交通信号控制设施等构成。

9.5.2 Ⅰ级交通监控系统的设备配置应在道路沿线及相关路段设置能够及时发布诱导信息，以疏解常发性交通拥挤所必需的可变信息标志、可变限速标志等信息发布设施。在道路沿线、入口匝道等特殊路段应布设满足交通控制管理需求的交通信号灯、车道信号灯、匝道开放/关闭可变信息标志等设施。有特别需要可增设交通违法事件检测记录设备。

9.5.3 Ⅱ级交通监控系统的设备配置应在道路沿线及相关路段设置能够及时发布诱导信息并疏解常发性交通拥挤所必需的可变信息标志、可变限速标志等信息发布设施。在常发性拥挤路段周边的入口匝道和需要实行交通控制的入口匝道应布设满足交通控制管理需求的匝道开放/关闭可变信息标志等交通控制设施，同时辅以设置匝道周围道路的可变信息标志。有特别需要时，可增设交通违法事件检测记录设备。

9.5.4 Ⅲ级交通监控系统的设备配置应在连接快速路入口处前方的道路沿线设置可变信息标志。在其他易发生交通拥堵路段可设置能够及时发布诱导信息的可变信息标志。

9.5.5 Ⅳ级交通监控系统的设备配置可根据总体交通信息发布和控制规划要求布设信息发布和控制设施。

9.6 信息传输网络

9.6.1 交通监控系统宜设置独立的信息传输网络。不具备条件时，可利用社会资源组建信息传输网络。

9.6.2 信息传输网络宜采用光纤通信方式。

9.7 系统互联和安全

9.7.1 系统互联应包括监控中心与监控分中心、监控中心与上级管理机构信息系统以及各中心与其他相关信息系统之间的互联。通过互联实现交通信息的交换和共享，并建立交通信息系统之间的运管协调和交通事件的协同处置等。

9.7.2 系统互联应制订符合信息及应用安全需求的安全策略，并建立统一的安全管理平台。

9.8 监控系统主要性能指标

9.8.1 交通信息采集主要技术性能指标宜包括交通数据检测精度、数据采集周期、视频图像质量等，并应符合下列规定：

1 交通数据检测精度应大于85%；

2 数据采集周期应为10s～60s可调；

3 视频图像质量不应低于五级损伤制评定的四级。

9.8.2 信息处理主要技术性能指标宜包括交通状态判别处理响应时间、交通状态判别准确度、交通事件检测误报率和漏检率等，并应符合下列规定：

1 交通状态判别处理响应时间不宜大于2s；

2 交通状态判别准确度应大于90%；

3 交通事件检测误报率应小于20%，漏检率应小于20%。

9.8.3 交通信息传输技术性能指标宜包括传输时延和传输误码率，并应符合下列规定：

1 外场设备与监控中心之间传输时延不应大于1s；

2 光纤传输误码率不应大于10^{-9}；无线传输误码率不应大于10^{-5}。

9.9 外场设备基础、管道、供电与防雷、接地

9.9.1 外场设备基础、管道的设计应符合下列规定：

1 横穿道路管道、结构物上的监控外场设备基础和管道应与土建工程同步实施；

2 外场设备光、电缆宜采用穿管敷设。

9.9.2 外场设备供电与防雷、接地应符合下列规定：

1 外场设备宜按三级负荷设计，对重要道路可采用高于三级负荷设计；

2 外场设备宜采用联合接地方式，对于特别强雷区设有独立避雷针的地方应将安全接地与防雷接地分别设置；

3 应根据监控系统所处地区年均雷暴天数及设备所处地形地貌特点，对监控系统设备及光、电缆等进行系统的防雷、接地设计。

9.10 服务信息设施

9.10.1 服务信息设施主要应包括应急求助呼叫中心、紧急报警电话、紧急报警标志等。

9.10.2 紧急报警标志宜采用固定标志型式，应满足相关标志的规范要求，应至少包含报警电话号码和地理位置信息。

9.11 可变信息标志

9.11.1 可变信息标志主要应显示道路交通状态、交通事件等交通信息。

9.11.2 可变信息标志型式可根据地方使用习惯和发展规划、技术要求等，采用文字板、图形板、文字加图形板等多种型式。

9.11.3 在不影响其使用功能的条件下，可充分利用周围建筑物、门架等设施联合设置可变信息标志。

9.11.4 可变信息标志字模型式不宜低于表9.11.4的要求。

表9.11.4 可变信息标志字模型式

类别	字模规格（cm）	字模点阵	字模数（个）
文字	高度32（设计车速小于60km/h）	16×16	单行不大于8
	高度48（设计车速不小于60km/h）	24×24	
光带单元	宽度13～15	宽度不小于6	随道路形态

10 服务设施

10.1 一般规定

10.1.1 人行导向设施、人行过街设施、非机动车停车设施、机动车停车设施和公交停靠站等服务设施，应根据规划条件、道路布置情况统一设置。服务设施设置应与景观、环境相协调。

10.1.2 服务设施应与其他交通设施协调布置，避免相互干扰，影响使用。

10.1.3 服务设施的布置应符合无障碍环境设计要求。

10.2 人行导向设施

10.2.1 人行导向设施设置应符合下列规定：

1 人行导向设施和路名牌等应设置在设施带内，并不应占用行人的有效行走空间；

2 人行导向设施和路名牌应统一规划、布置，方便使用。

10.2.2 人行导向设施的设置应符合下列规定：

1 步行街、商业区、比赛场馆、车站、交通枢纽等人流密集区域，以及在道路交叉口和公共交通换

乘地点附近，宜设置人行导向设施；路段导向设施的设置间距应为300m～500m；

2 导向设施应内容明确、易懂，具有良好的可视性、避免遮挡，保持标识面的清晰、整洁；

3 枢纽、广场、比赛场馆和大型建筑物周边道路的人行导向设施，应结合其内部人行系统进行设置；

4 导向设施的设置可结合周边环境艺术化设置，但要易于辨认，清晰、易懂；

5 人行导向设施布置应保证行人通行的连续性和安全性，构成完整的人行导向标识系统；人行导向设施可有路线指示设施和地图导向设施等；

6 路线导向设施应反映1000m范围内的人行过街设施、公共设施、大型办公和居住区的行进方向。地图导向设施应反映附近人行过街设施、公共设施、大型办公和居住区的位置。

10.2.3 路名牌的设置应符合下列规定：

1 城市道路交叉口位置应设置路名牌，两个交叉口间的距离大于300m的路段应在路段范围内设置路名牌；

2 路名牌应设置在道路交叉口或路段的明显位置，不得被遮挡；

3 路名牌应平行于道路方向，版面应含有道路名称、方向，并应有门牌号码。

10.3 人行过街设施

10.3.1 人行过街设施的设置应符合下列规定：

1 道路交叉口均应设置人行过街设施，道路路段应结合道路等级、路段长度及行人过街需求设置人行过街设施；

2 快速路和主干路上人行过街设施的间距宜为300m～500m，次干路上人行过街设施的间距宜为150m～300m；

3 交通枢纽、商业区、大型体育场馆等人流量密集地点，应设置相应的过街设施；

4 城市快速路过街设施应采用立体过街方式。其他城市道路以平面过街方式为主，立体方式为辅，且应优先考虑人行地面过街；

5 人行天桥和地道应与路侧人行系统相连接，形成连续的人行通道；其通行能力须满足该地点行人过街需求；

6 在商业区、交通枢纽等人车密集地点，宜结合建筑物内部人行通道设置连续的立体过街设施，形成地下或空中人行连廊。

10.3.2 平面过街设施的设置应符合下列规定：

1 人行横道应设置在车辆驾驶员容易看清的位置，宜与车行道垂直；

2 信号灯管制路口，应施划人行横道标线，设置相应人行信号灯。无信号管制及让行管制交叉口应施划人行横道标线并设置注意行人的警告标志，并应在人行横道上游机动车道上施划人行横道预告标识线；

3 道路交叉口采用对角过街时，必须设置人行全绿灯相位；

4 人行横道的宽度与过街行人数及信号显示时间相关，顺延主干路的人行横道宽度不宜小于5m；顺延其他等级道路的人行横道宽度不宜小于3m，以1m为单位增减；

5 当路段或路口进出口机动车道大于或等于6条或人行横道长度大于30m时应设安全岛，安全岛的宽度不宜小于2m，困难情况不应小于1.5m；

6 人行安全岛在有中央分隔带时宜采用栏杆诱导式，无分隔带时宜采用斜开式；

7 居民区道路设计宜采用交通宁静措施保障行人安全；可通过设置减速角、减速陇、弯曲路段和环岛等降低车速；

8 与公交站相邻的人行横道，应设置在公交站进车端，并设在公交车停靠范围之外。

10.3.3 道路路段人行横道信号灯根据下列条件设置：

1 双向机动车车道数达到或多于3条，或双向机动车高峰小时流量超过750pcu及12h流量超过8000pcu的路段上，当通过人行横道的行人高峰小时流量超过500人次时，应设置人行横道信号灯；

2 不具备上述条件但路段设计车速超过50km/h时，应设置按钮式行人信号灯；

3 学校、幼儿园、医院、养老院等特殊人群聚集地点及行人事故多发区域等有特殊要求且无人行过街设施的，应设置人行横道线，并设置人行信号灯。

10.4 非机动车停车设施

10.4.1 非机动车停车设施要与人行系统连接，并设置指示标识。

10.4.2 大型公共交通枢纽和重要公共交通车站，应根据非机动车驻车换乘需求，结合自身设计设置非机动车停车场。大型建筑应根据需求设置适当容量的非机动车停车场。

10.4.3 非机动车停车场的规模应根据所服务的公共建筑性质、平均高峰日吸引车次总量，平均停放时间、每日场地有效周转次数以及停车不均衡系数等确定。

10.4.4 非机动车停车需求较小的公交停靠站，可布设路侧停车设施，设置非机动车车架和围栏。若非机动车停车需求大于30辆自行车，应设置专门停车场。

10.4.5 非机动车存车架和围栏的设置应与道路、交通组织和市容管理要求相适应，与交通护栏结合设置，方便使用、经济美观。

10.4.6 非机动车存车架和围栏应设置在道路的设施

带内，且不应压缩人行道的有效人行通行宽度。存车架的设置应保证非机动车车身放置不超过路缘石外沿。围栏高度不应超过1.3m。

10.5 机动车停车设施

10.5.1 机动车停车场的设置应符合下列规定：

1 机动车公共停车场的位置和规模要符合城市规划的要求，结合交通组织、区域停车需求、用地条件和道路交通条件等组织；

2 商业区、大型体育场馆、大型建筑等停车需求较大的地点可根据其交通组织设置一定规模的停车场；

3 停车场入口与城市道路连接通道的长度，应满足高峰时段进场车辆排队长度的要求；

4 进出车辆多的停车场宜设置多个收费口，收费口服务能力应满足车辆进出需求；

5 应合理设置停车场内车流线和人行流线，避免交叉，人流量大的停车场人行出入口应分散布置；

6 停车场的内部交通组织应与场地周边交通条件相符合，出入口及停车场内应设置交通标志、标线以指明场内通道和停车车位；

7 停车场内部步行系统应与周边人行通道连接，人行流线宜用标线标识，与机动车流线交叉时，应设交通标志、标线；

8 停车场出入口应有良好的通视条件，并设置交通标志。

10.5.2 路侧停车位的设置应符合下列规定：

1 路侧停车位作为停车场的补充，应合理设置；

2 路侧停车位的设置应避免影响非机动车的正常通行，不应侵占非机动车通行空间；

3 道路交叉口、建筑物出入口及公交站台附近不得设置路侧停车设施；

4 路侧停车应规定车种类型、停放时间，通过标志给予告示；

5 路侧停车位的设置应避免对机动车道内车辆行驶的影响。

10.5.3 出租车停靠站的设置应符合下列规定：

1 交通繁忙、行人流量大、禁止随意停车的地段，应设置出租车停靠站，并根据需求合理确定停靠站规模和形式；

2 应结合人行系统设置，方便乘客；

3 出租车停靠站要配有标识系统；

4 停靠站布置根据道路交通条件可采取直接式或港湾式；

5 需求量大的停靠站，宜预留乘客排队空间，并根据需要设置排队设施。

10.6 公交停靠站

10.6.1 公交停靠站的设置应符合下列规定：

1 公交停靠站应结合城市规划、公交线路组织、沿线公交需求及道路条件等规划设置；

2 设置于道路立交的公交停靠站，停靠站间换乘宜为立体换乘。公交停靠站位于交通枢纽和地铁站附近，应统一设置，方便换乘；

3 道路交叉口附近公交停靠站设置，应方便换乘，并减少对其他交通的影响；

4 快速公交专用车站应满足快速公交运营要求。

10.6.2 公交停靠站台的设置应符合下列规定：

1 站台长度不宜小于2个停车位。当多条公交线路停靠时，车站通行能力应与各条线路最大发车频率的总和相适应。当停车位大于6辆车长或停靠线路多于6条，可分组分区段设置；

2 城市主干路应采用港湾式公交停靠站，车流量大的次干路宜采用港湾式公交停靠站；快速路上设置的公交停靠站应满足现行行业标准《城市快速路设计规程》CJJ 129的规定；

3 常规公交车停靠站站台铺装宽度根据候车人流量确定，一般不应小于2m，条件受限时，不得小于1.5m；快速公交专用站台，双侧停靠的站台宽度不应小于5m，单侧停靠的站台宽度不应小于3m；

4 设置在主路的公交站台应在辅路设置人行过街设施，并根据需要设置主路的人行过街设施；

5 机动车与非机动车混行路段，公交站台处宜在站台外侧设置非机动车道；

6 两条以上公交线路停靠的车站，站台宜设置排队用的人行护栏。

10.6.3 公交停靠站候车亭的设置应符合下列规定：

1 候车亭的设计应安全、实用、经济、美观，便于乘客遮阳、避雨雪，与周围景观相协调。亭内宜设置座椅、靠架，方便乘客使用；

2 候车亭进车端应有良好视线，候车亭尺寸应根据需求设计并与站台相协调；

3 站牌设置要便于公交司乘人员及乘客的观察和寻找，根据是否设置候车亭进行布置；

4 站台分组分区段设置时，站牌应设在相应区段内。

11 道路照明及变配电

11.1 道路照明

11.1.1 城市道路应设置人工照明设施。

11.1.2 城市道路照明标准可分为机动车道路、非机动车与人行道路照明两类。机动车道路照明应按快速路与主干路、次干路、支路分为三级。

11.1.3 机动车道路照明应以路面平均亮度（或路面平均照度）、路面亮度总均匀度和纵向均匀度（或路面照度均匀度)、眩光限制、环境比和诱导性为评价指标。

11.1.4 城市道路照明应根据道路功能及等级确定其设计标准。照明标准值应符合表11.1.4的规定，表中高档值和低档值应根据城市的性质和规模以及交通控制系统和道路分隔设施完善性来选择。

表11.1.4 机动车道路照明标准值

级别	道路类型	路面亮度			路面照度		眩光限制阈值增量 TI (%) 最大初始值	环境比 SR 最小值
		平均亮度 L_{av} (cd/m^2) 维持值	总均匀度 U_O 最小值	纵向均匀度 U_L 最小值	平均照度 E_{av} (lx) 维持值	照度均匀度 U_E 最小值		
Ⅰ	快速路、主干路	1.5/2.0	0.4	0.7	20/30	0.4	10	0.5
Ⅱ	次干路	0.75/1.0	0.4	0.5	10/15	0.35	10	0.5
Ⅲ	支路	0.5/0.75	0.4	—	8/10	0.3	15	—

注：1 表中所列的平均照度仅适用于沥青路面。若系水泥混凝土路面，其平均照度值可相应降低约30%；

2 表中对每一级道路的平均亮度和平均照度给出了两档标准值，“/”的左侧为低档值，右侧为高档值。对同一级道路选定照明标准值时，中小城市可选择低档值；交通控制系统和道路分隔设施完善的道路，宜选择低档值。

11.1.5 人行道路照明应以路面平均照度、路面最小照度和垂直照度为评价指标。

11.1.6 人行道路照明标准值应符合表11.1.6的规定。

表11.1.6 人行道路照明标准值

夜间行人流量	区域	路面平均照度 E_{av} (lx) 维持值	路面最小照度 E_{min} (lx) 维持值	最小垂直照度 E_{vmin} (lx) 维持值
流量大的道路	商业区	20	7.5	4
	居住区	10	3	2
流量中的道路	商业区	15	5	3
	居住区	7.5	1.5	1.5
流量小的道路	商业区	10	3	2
	居住区	5	1	1

注：最小垂直照度为道路中心线上距路面1.5m高度处，垂直于路轴平面的两个方向上的最小照度。

11.1.7 道路与道路的平面交汇区应提高其照度，交汇区照明标准值应符合表11.1.7的规定。

表11.1.7 交汇区照明标准值

交汇区类型	路面平均照度 E_{av} (lx) 维持值	照度均匀度 U_E 最小值	眩光限制
主干路与主干路	30/50	0.4	在驾驶员观看灯具的方位角上，灯具在80°和90°高度角方向上的光强分别不得超过30cd/1000lm和10cd/1000lm
主干路与次干路			
主干路与支路			
次干路与次干路	20/30		
次干路与支路			
支路与支路	15/20		

注：1 灯具的高度角是在现场安装使用姿态下度量；

2 表中对每一类道路交汇区的路面平均照度给出了两档标准值，“/”的左侧为低档照度值，右侧为高档照度值。

11.1.8 道路照明应选择光效高、寿命长的光源，在要求较高的区域可采用显色指数较高的光源。

11.1.9 道路照明应根据不同等级的道路对眩光限制的要求，选用截光型或半截光型灯具。

11.1.10 道路照明灯具可根据道路横断面形式、宽度、照明要求及环境等设计为单侧布置、双侧交错布置、双侧对称布置、中心对称布置等，大中型立交、交通枢纽可采用高杆照明形式。

11.1.11 城市道路中的隧道，应设置隧道照明。隧道照明可分为入口段、过渡段、中间段和出口段。

11.1.12 隧道照明应根据行车速度和交通量确定其设计标准，隧道照明中间段标准值应符合表11.1.12的规定。

表11.1.12 隧道照明中间段标准值

计算行车速度 (km/h)	双车道单向交通 $N>2400$ 辆/h 双车道双向交通 $N>1300$ 辆/h			双车道单向交通 $N\leqslant700$ 辆/h 双车道双向交通 $N\leqslant360$ 辆/h		
	平均亮度 L_{av} (cd/m^2)	总均匀度 U_O 最小值	纵向均匀度 U_L 最小值	平均亮度 L_{av} (cd/m^2)	总均匀度 U_O 最小值	纵向均匀度 U_L 最小值
100	9	0.4	0.6~0.7	4	0.3	0.5
80	4.5			2		
60	2.5			1.5		
40	1.5			1.5		

注：当交通量在其中间值时，亮度指标按表中高值的80%取值；均匀度指标按内插法取值。

11.1.13 隧道入口段、出口段应进行加强照明，入口段其亮度值应根据洞外亮度确定，并通过过渡段过渡至中间段亮度；出口段亮度值应根据中间段亮度确定。

11.2 照明控制

11.2.1 道路照明应采用自动控制。

11.2.2 道路照明控制宜采用时控为主、光控为辅的控制模式。

11.2.3 采用时间控制的道路照明宜按所在地理位置和季节变化分时段确定开关灯时间。

11.3 变配电系统

11.3.1 一般道路的照明应为三级负荷，重要道路、交通枢纽及人流集中的广场等区段照明应为二级负荷。

11.3.2 正常运行情况下，照明灯具端电压应维持在额定电压的90%～105%。

11.3.3 城市道路照明的配电系统宜预留道路监控等设施的用电量。

11.4 节能

11.4.1 道路照明设计应合理选定照明标准值，宜通过利用监控系统和完善道路分隔设施等方法，使道路适应照明标准低档值。

11.4.2 道路照明应使用高光效光源和高效率灯具。

11.4.3 道路照明设计应提高配电线路的功率因数，气体放电灯线路的功率因数不应小于0.85。

11.4.4 道路照明设计宜根据具体情况，选择合理和灵活的照明控制方式。

11.4.5 道路照明宜推广使用自清洁灯具。

11.4.6 道路照明应以照明功率密度（*LPD*）作为照明节能的评价指标，除特殊区域外，功率密度值不应大于表11.4.6的规定。

表11.4.6 道路照明功率密度值

道路级别	车道数（条）	照明功率密度值 *LPD*（W/m²）	对应的照度值（lx）
快速路 主干路	≥6	1.05	30
	<6	1.25	
	≥6	0.70	20
	<6	0.85	
次干路	≥4	0.70	15
	<4	0.85	
	≥4	0.45	10
	<4	0.55	
支路	≥2	0.55	10
	<2	0.60	
	≥2	0.45	8
	<2	0.50	

注：1 本表仅适用于高压钠灯，当采用金属卤化物灯时，应将表中对应的*LPD*值乘以系数1.3；
2 本表仅适用于设置连续照明的常规路段。

12 管理处所及设备

12.1 一般规定

12.1.1 为适应不同类型和等级的城市道路交通管理要求，应设置相应的交通管理处所和管理设备。

12.1.2 管理处所应遵循布局合理、用地节约、环保节能的设置原则。

12.1.3 管理设备的配备应遵循经济、实用、方便的原则。

12.2 管理处所

12.2.1 对于重要的城市快速路、桥梁、隧道等工程应根据规模、功能、重要性、地理位置需要设置道路管理处所。

12.2.2 道路管理处所的设置应符合下列规定：

1 道路管理处所建设位置应与城市规划相结合，邻近所管理的道路交通设施，并与周围环境协调一致；

2 道路管理处所的建设规模应根据道路设计交通量、交通组成、自然条件等因素，结合工程具体情况确定；

3 道路管理处所可根据需要设置执法人员的办公和生活设施；

4 道路管理处所应满足各种设备和必要物资存放的需求；

5 道路管理处所根据需要设置方便执法检查的设施；

6 道路管理处所应考虑污水、垃圾等废弃物的无害排放。

12.3 管理设备

12.3.1 管理设备配置应保证日常管理工作的正常运行。

12.3.2 管理设备配置宜考虑满足突发事件下的应急管理需求。

本规范用词说明

1 为便于在执行本规范条文时区别对待，对要求严格程度不同的用词说明如下：

1）表示很严格，非这样做不可的：
正面词采用“必须”，反面词采用“严禁”；

2）表示严格，在正常情况下均应这样做的：
正面词采用“应”，反面词采用“不应”或“不得”；

3）表示允许稍有选择，在条件许可时首先应这样做的：

正面词采用“宜”，反面词采用“不宜”；

4）表示有选择，在一定条件下可以这样做的，采用“可”。

2 条文中指明应按其他有关标准执行的写法为“应符合……的规定”或“应按……执行”。

引用标准名录

《道路工程术语标准》GBJ 124

《城市道路交通规划设计规范》GB 50220

《道路车辆外廓尺寸、轴荷及质量限值》GB 1589

《道路交通标志和标线》GB 5768

《公路交通标志反光膜》GB/T 18833

《声环境质量标准》GB 3096

《道路交通标志板及支撑件》GB/T 23827

《道路交通信号灯设置与安装规范》GB 14886

《城市道路设计规范》CJJ 37

《城市桥梁设计准则》CJJ 11—93

《城市人行天桥与人行地道技术规范》CJJ 69

《城市快速路设计规程》CJJ 129

《城市道路照明设计标准》CJJ 45

《城市道路和建筑物无障碍设计规范》JGJ 50

《公路隧道设计规范》JTG D70

《公路桥涵设计通用规范》JTG D60

《公路交通安全设施设计规范》JTG D81

《高速公路LED可变信息标志技术条件》JT/T 431

《声屏障声学设计和测量规范》HJ/T 90

《上海市城市干道人行过街设施规划设计导则》SZ-C-B03—2007

中华人民共和国国家标准

城市道路交通设施设计规范

GB 50688—2011

条 文 说 明

制 定 说 明

根据住房和城乡建设部《关于印发〈2008 年工程建设标准规范制订、修订计划（第一批）〉的通知》（建标〔2008〕102 号）要求，《城市道路交通设施设计规范》由上海市政工程设计研究总院（集团）有限公司负责主编，并会同北京市市政工程设计研究总院、上海市城市建设设计研究总院等单位共同编制而成。经住房和城乡建设部 2011 年 5 月 12 日以住房和城乡建设部第 1034 号公告批准发布。

为便于广大设计、施工、科研、学校等单位有关人员在使用本规范时能正确理解和执行条文规定，《城市道路交通设施设计规范》编制组按章、节、条顺序编制了本规范的条文说明，供使用者参考。

目　次

1 总 则

1.0.1 国家现行标准《城市道路设计规范》CJJ 37是1991年编制的，其中关于安全设施设计的内容极少，也已显落后，难以适应城市道路建设的要求，实际设计中常常参照与之相关的公路行业规范。虽然城市道路与公路有其相同的地方，但是更有着交通特性、交通组成、服务对象等方面的差别。公路行业规范缺少对城市交通特点的考虑。为适应城市道路建设发展的需要，提高城市道路交通运行质量和安全水平，总结近10年来城市道路交通设施设计和建设的经验，编制本规范。

1.0.2 为满足城市道路使用者、管理者以及利害关系人的需要，城市道路交通设施应具有包括交通引导、安全防护、交通监控及服务与管理等功能。

1.0.3 道路交通各项设施的设计应结合项目所在地区规划、环境和道路总体设计的要求，按照各设施的特点，遵照"以人为本、确保安全、保障畅通、节能环保"的原则进行设计。

1.0.5 交通监控、服务设施和管理设施等的设置与交通量发展及路网发展状况有关。当交通量较小时，交通监控设施的需求较少，可以缓建。考虑到交通监控设施中相关的基础工程、管道敷设等在道路主体工程完成建设并投入运营后再实施会影响交通，同时，对已建工程开挖会造成浪费。所以，当规划设置交通监控设施时，相关的基础工程一般应同主体工程实施时一并预留或预埋。

2 术语和符号

本章给出的术语和符号，是本规范有关章节中所引用的。

在编写本章术语时，参考了现行国家标准《道路工程术语标准》GBJ 124、《道路交通标志和标线》GB 5768等的相关术语。

本规范的术语是从本规范的角度赋予其含义的，但含义并不一定是术语的定义，同时还分别给出相应的推荐性英文。

3 交 通 调 查

3.0.1、3.0.2 道路路网现状、沿线土地利用性质、沿线环境、道路状况、交通量、交通组成、交通特性、自然环境和人文环境、城市规划、路网规划等是道路交通设施设计的基础资料和依据。本规范总则第1.0.3条规定："城市道路交通设施设计应依据道路性质、沿线环境以及交通流特性等进行"。交通调查是交通设施设计的基础工作。交通设施的设计不仅与设置处道路的路网现状、路网规划、沿线土地利用性质、沿线环境、道路状况、交通量、交通组成、交通特性、自然环境和人文环境等有关，相邻的周边道路的综合状况也影响着设计项目的交通设施设计。为此，规定调查范围除了设计道路外，还应包含对设计道路有影响的周边范围。

3.0.3 道路交通设施设计与道路所在区域的特点、土地使用等情况密切相关，同时更要研究设计道路的性质、特点及交通特性，进行综合分析，合理确定道路交通设施设计的技术标准及设施规模，并据以指导道路交通设施设计。

3.0.4 改、扩建道路交通设施设计的重要参考依据是既有道路的状况，新设计的交通设施除了要满足改、扩建道路的交通需求外，还要着力避免既有道路交通设施设置的不足。

4 总 体 设 计

4.1 一 般 规 定

4.1.2 由于城市道路交通设施设计涉及的专业类别多，各城市对应的城市道路管理部门也多，而在实际设计任务中，城市道路交通设施的设计工作往往被附属于城市道路主体工程设计任务中，一方面忽视城市道路交通设施总体设计工作，会造成主体工程设计的总体目标出现偏差，导致道路交通设施安全等级及服务水平不能满足实际要求；另一方面为避免道路交通设施各专业和类别之间的设计冲突和衔接矛盾，应在总体设计统筹布局的指导下系统地进行各类交通设施的设计，使各类设施设计相互协调、布设合理、功能充分发挥。

在道路工程主体设计的基础上，应根据服务水平、车道数以及路段、交叉、桥梁、隧道等所处的地理位置、路侧自然环境、平纵技术指标、道路横断面型式等，科学选定技术标准，正确运用技术指标，做出符合实际情况的交通设施设计方案。

4.1.3 各种道路交通设施在设计中存在总体协调的问题。交通标志、交通标线、防护设施、交通监控系统、服务设施、道路照明以及管理处所等各类设施本身是相对独立的，但是各设施之间又存在一定的关系。总体设计应处理好各类设施之间的关系。

4.2 交通设施分级

4.2.2 城市道路交通设施等级分为A、B、C、D四级，既保证了道路交通安全，也区别了不同等级道路的不同使用要求。

4.2.3 城市道路交通设施分为A、B、C、D四级，对应了城市道路的不同等级，体现了不同的交通功能和使用要求的特点，既能保证交通安全，又经济合理，操作上也容易掌握。中、长、特长隧道及特大型桥梁采用A级交通设施标准，是因为中、长、特长隧道及特大型桥梁的道路等级一般都较高，且客观上形成了道路上的咽喉，如果交通设施设置不到位，可能影响通行能力，发生交通事故时对于交通疏散和救援都不如一般道路方便。

4.3 总体设计要求

4.3.1～4.3.5 鉴于道路工程特别是高等级、复杂系统的道路工程在设计及建设中常有交通设施工程内容的缺漏、不协调甚至是相互碰撞的情况发生，因此提出交通设施总体设计的要求是必要的。

交通设施总体设计工作内容从性质上分为总体设计和总体协调两部分，在操作中两者不可偏废。总体协调工作既包括交通设施设计与主体工程设计的协调，又包括组织和审核各交通设施设计中相互之间的协调。具体操作中，小型简单的道路工程的交通设施总体设计内容也较简单，大型、高等级的道路工程的交通设施总体设计要求就较高。

4.4 设计界面

4.4.1～4.4.7 设计界面规定的目的是既要明确总体工程和各交通设施设计方的工作职责，提高工程设计效率，又要防止交通设施设计的错、漏、碰、缺，提高设计质量，避免造成经济损失和工程功能缺失或降低。

5 交通标志

5.1 一般规定

5.1.1 交通法规是道路使用者必须遵循的交通法律规定，一切违反交通法规的行为均应视为违法行为。交通标志应首先体现其与交通法规之间的关系和应用方法。

交通路权概念不仅应用在交通事故处理中，更重要的是应用在事先的交通控制措施中，设置简明、正确的交通标志指示交通路权，以达到消除或减少交通冲突，预防和减少交通事故，保障道路交通安全、畅通。

5.1.2 交通标志与交通标线等其他管理设施传递的信息应一致并互为补充是交通标志和标线设计的基本要求。当道路临时交通组织或维修等原因标志与标线不一致时，应以标志为主。

5.1.3 交通标志传递与道路交通无关的信息不仅无助于道路交通的管理和引导，还容易分散驾驶员的注意力，影响交通安全。

5.1.4 隧道内应急、消防、避险指示标志，主要包括紧急电话、消防设备、人行横洞、行车横洞、紧急停车带、疏散等指示标志，这些标志应采用主动光标志或照明式标志。

5.1.5 在道路的一定宽度和高度范围内不允许有任何设施及障碍物侵入的空间范围，称为道路建筑限界，又称道路净空。为保证车辆和行人安全通行，各类交通标志的设置不得侵入道路建筑限界内。本条作为强制性条文要求，必须严格执行。

5.2 分类及设置

5.2.1 交通标志按作用分类是较为常用的分类形式之一。辅助标志是对主标志补充说明，不能单独使用。其他分类形式详见现行国家标准《道路交通标志和标线》GB 5768 的有关规定。

5.2.3 交通标志的设置原则说明如下：

1 我国幅员广阔，各地区城市的经济、文化、人口、气候等方面存在差异和特点，如大型和特大型城市与中小城市、旅游和非旅游城市等，对交通标志设置要求会有所不同；在道路等级、交通状况、路网设施等方面，如全封闭的城市快速路与其他城市道路、主次干路与支路、人流聚集的商业中心与一般街坊、车流聚集的交通枢纽与一般道路等，对交通标志设置也有不同要求；对不同的道路使用者，交通标志设置也有不同要求。因此，应综合考虑各方面因素，深入研究其特点与要求。

2 在同一交通节点中，交通法规和安全信息的标志应采用较突出的设置方式，设置在相对醒目的位置，若与其他标志产生矛盾，应优先考虑交通法规与安全信息的发布，以警示法规与安全的重要性。

3 交通标志的设置应从路网、交通管理角度总体布局。标志设置除应满足当前区域、道路或工程范围内交通管理要求外，还应统筹考虑相关道路、路网上的交通管理要求。发布信息应具有连续性、系统性。对于城市快速路，指路标志应着重反映出口名称、方向和距离，并应连续、可追溯。对于一般城市道路，指路标志应着重反映道路名称、地点名称、路网结构和行驶方向，告知道路使用者当前位置和到达目的地合理、连续路径。对于高等级道路亦可采用对骨干道路逐级指引达到连续。对于重要的信息应给予连续、重复显示、多级预告，如指路标志中的重要地点、重要相交道路等，又如城市快速路的出口预告、入口诱导等。

4 对前置距离的确定，应根据管理行车速度、标志作用、交通量大小、环境条件等因素综合确定。并不应妨碍交通安全和损坏道路结构；不应紧靠在建筑物的门前、窗前及车辆出入口前；与建筑物保持1.0m以上的侧向距离。如不能满足时，可在道路另一侧设置或适当超出该种标志规定的前置距离设置。

5 交通标志应设置在不同道路使用者的前进方向，在动态条件下最易于发现、识认的地点和部位。

可根据具体情况设置在车行道右侧的人行道、路肩、交叉路口内的交通岛、分隔带（宽度大于或等于100cm）部位或车行道上方。遇特殊情况，如上述位置存在障碍物遮挡或因其他原因时，以不引起误解为原则，可在道路左侧设置，或道路两侧同时设置。

在标志的并设上，同一地点需要设置2种以上标志或者已设有交通标志的地点需增设标志时，可以安装在1根标志杆上，但不应超过4种。标志板在一根标志杆上并设时，应按禁令、指示、警告的顺序，先上后下，先左后右排列，同类标志的设置顺序，应按提示信息的危险程度先重后轻排列。

5.3 版面设计

5.3.2 指路标志版面尺寸应根据文字数量、大小、间距等要素进行确定，并结合施工工艺，选择最经济合理的版面大小。指路标志版面设计应避免信息过载或信息不足，标志的内容要简明准确，便于道路使用者识认。指路标志上的道路名称和地名采用经地名管理机关确认的标准地名，根据需要也可采用历史沿用、公众认知度高的名称。

5.3.3 交通标志各颜色的各项技术指标应符合现行国家标准《公路交通标志反光膜》GB/T 18833的具体规定。

5.3.4 版面文字中的指路标志版面文字可并用汉字和其他文字对照形式。其他文字主要指英文或其他少数民族文字，如果标志上采用英文字时，地名用汉语拼音，专用名词用英文。根据城市规模、性质及特点，对不同道路等级是否采用汉字和其他文字对照，可有不同要求。但对各城市旅游区，对外开放的重要商贸、旅游景点、国际性活动场所等处的指路标志宜采用中英文对照形式。

5.3.5 可变信息标志是一种因交通、道路、气候等状况的变化而改变显示内容的标志。一般可用作速度控制、车道控制、道路状况、气象状况及其他内容的显示。

1 可变信息标志版面显示方式有多种，如：LED（高亮度发光二极管）、磁翻板、字幕式、光纤式等。可根据标志的功能要求、显示内容、控制方式、环保节能、经济性等进行选择。

2 根据汉字视认性研究，标志汉字宜采用等宽线条、方形黑体字体，该字体最有利于驾驶者辨认。对于采用光带形式显示城市道路交通状态，光带应具有一定的宽度，根据实践，其宽度宜在13cm～15cm之间。

3 可变信息标志的颜色指标可参考国家现行标准《高速公路LED可变信息标志技术条件》JT/T 431的具体规定。

5.4 材　　料

5.4.1 用于标志板面的逆反射材料主要为反光膜，应采用符合现行国家标准《公路交通标志反光膜》GB/T 18833规定要求的反光膜或其他逆反射材料制作。

5.4.2 反光膜按其不同的逆反射性能，分为一级至五级反光膜。其具体分类见表1。

表1 反光膜分级表

等级（国标GB/T 18833）	类型	习惯称谓	寿命（a）
一级	微棱镜型	钻石级	10
二级	密封胶囊型	高强级	10
三级	透镜埋入型	超工程级	3～7
四级	透镜埋入型	工程级	
五级	透镜埋入型	经济级	

5.4.3 标志底板可采用铝合金板、铝合金型材、薄钢板、合成树脂类板材等材料制作，一般应采用滑动槽钢或型铝加固。标志支撑结构件如立柱、横梁等可选用H型钢、槽钢、管钢等材料制作，应进行防腐处理。标志板及支撑结构的制作，应满足现行国家标准《道路交通标志板及支撑件》GB/T 23827的要求。

5.5 支撑方式与结构设计

5.5.1 交通标志支撑方式的适用范围如下：

柱式可分为单柱式和双柱式。单柱式适用于警告、禁令、指示等标志；双柱式适用于长方形的指示或指路标志。

悬臂式适用于柱式安装有困难，道路较宽，交通量较大、外侧车道大型车辆阻挡内侧车道小型车辆视线，视距受限制时。

门式适用于同向三车道以上车道道路需要分别指示各车道去向时，道路较宽时，交通量较大、外侧车道行驶的大型车辆阻挡内侧车道小型车辆视线时，互通式立交间隔距离较近、标志设置密集时，受空间限制柱式、悬臂式安装有困难时，隧道、高架道路入口匝道处等。

附着式适用于支撑件设置有困难，采用附着式设置更加合理时，及其他需要采用附着式设置等场合。

各类交通标志支撑方式的选用及设置具体要求，应符合现行国家标准《道路交通标志和标线》GB 5768.2的规定要求。

5.5.2 交通标志结构设计应满足功能要求和安全性的要求，要保证交通标志足够的强度、刚度和稳定性。其结构形式应考虑美观要求。

各种标志钢结构的结构尺寸、连接方式、土建基础大小等，应根据设置地点的风速、标志版面大小及支撑方式由计算确定。交通标志所承受的荷载包括两部分：永久荷载和可变荷载。永久荷载即交通标志结构的自重；可变荷载主要为风载。

标志结构的土建基础一般应采用钢筋混凝土基

础，必要时可采用桩基础。标志结构的预埋件应事先预埋在基础中，并应进行防腐处理。

5.5.3 交通标志所受荷载除恒载（自重）外，主要承受风载。设计风速是交通标志结构设计的重要条件。

5.5.4 标志板与支撑结构的连接主要采用抱箍和不锈钢万能夹等形式。不锈钢万能夹是国际通用的紧箍件，它由不锈钢扎带、扎扣和夹座三部分组成。

6 交通标线

6.1 一般规定

6.1.1 交通标线为道路使用者提供了应该遵循的交通规则及其可行驶的范围，是对交通流设置“路权”或限制交通流“路权”的交通控制措施。标线应提供车行道、行车方向、路面边缘、人行道等行驶规则的各种信息，配合和补充其他设施（如交通标志、信号灯）指示或警告的功能。

6.1.3 标线的可视性受路面清洁程度以及天气的影响很大，尘土、雨、雪的覆盖会较大降低标线的可视性（特别是夜间），因此对标线的不粘污性以及在不利天气下的视认性提出要求。

6.2 标线设置

6.2.1 一般路段的交通标线：

5 标线宽度在车道宽度不受限制的条件下，建议取高值。

6.2.2 特殊路段的交通标线：

1 禁止跨越车行道分界线，用于禁止车辆变换车道和借道超车，在双向行驶路段中禁止车辆越线利用对向车道超车或左转弯，在同向行驶车道间禁止车辆越线超车与变道。用于禁止超车时，宜与禁止超车标志同时设置。

3 路面文字标记主要是利用路面文字，指示或限制车辆行驶的标记，如最高限速、车道指示（大型车、小型车、公共汽车）等。

6.2.3 平面及立体交叉交通标线：

1 平面交叉口应根据其型式、交叉道路的优先通行权、车道宽度、各种交通流量的分析设置渠化标线，应确保线形流畅、规则，符合车辆行驶轨迹要求，路段和路口标线的衔接应科学、合理。

2 左弯待转区标线划在交叉口左转专用车道前端，伸入交叉口内的左转车辆的等待区域。设置左弯待转区标线是在先直行后左转的专用相位下，利用直行时间段，左转车流可以进入交叉口等待左转，使左转车流提高通行效率。

3 交叉口车行道导向线有左转弯、直行、右转弯等导向线，起到引导车辆按照规定车道通过交叉口的目的。导向线设置判别条件如下：

1）左转弯车流易造成混乱的畸形交叉口处，应设置左转弯导向线；

2）有双左转车道的交叉口处，应设置左转弯导向线；

3）当直行或左转弯车辆轨迹不畅时，应设置直行或左转弯导向线。

4 为规范车辆在路段、交叉口和出入口处按规定的路线行驶，通常采用导流线来警告驾驶员不得压线或越线行驶，需要注意安全，提高警惕。导流线为白色线条。

平面交叉口或快速路出入口在进行渠化时，平滑设置出在平面交叉口进出口或快速路出入口的车道行驶范围后，形成的车道线以外的“多余”部分，即机动车行驶不进入的“安全导流岛”区域，该区域通常以斑马线或V形线的型式标划，其轮廓线是车流行驶的导流线。

6.3 材料

6.3.1 路面标线涂料可分为液态溶剂型、固态热熔型、液态双组分及液态水性4类。

液态常温溶剂型可在常温条件下作业施工；液态加热溶剂型涂料，加热温度较低，通过溶剂挥发和树脂在空气中氧化聚合而成膜，冷却后成标线，反光效果好。

固态热熔型涂料无溶剂，施工时需加高温使粉状涂料熔化，利用专用设备涂敷于路面，冷却后成标线，反光性能好，适用于繁忙的城市干道。

液态双组分涂料标线是一种跟热熔涂料标线等同的耐久性标线，标线不龟裂、反光性能优良。双组分标线涂料呈液态，由双组分或多组分分别包装组成，施工时两组分经混合后，通过化学交联反应固化成膜，不需加热，在常温下就能施工。

液态水性涂料常温下呈液体状，以水为溶剂，保护环境无污染。水性涂料耐磨性能优于常温溶剂型标线漆，夜间标线反光效果优于热熔涂料。施工时要根据涂料膜层的厚度和干燥速度科学控制玻璃微珠的喷涂时间和压力。水性涂料标线与沥青路面的附着力好，与水泥路面的附着力差，水泥路面不适用。

6.3.2 条文中给出的城市快速路、主干路反光标线逆反射系数指标为初始指标，白色反光标线涂料使用期内逆反射系数应保持不小于 $80\text{mcd}\cdot\text{lx}^{-1}\cdot\text{m}^{-2}$；黄色反光标线涂料使用期内逆反射系数应保持不小于 $50\text{mcd}\cdot\text{lx}^{-1}\cdot\text{m}^{-2}$。低于最低指标时应重新划制。标线应具有抗滑性能，标线抗滑摆值应不小于45BPN。

6.4 轮廓标

6.4.1 轮廓标是一种指示设施而不是警告设施。轮廓标的反射体在使用过程中必须保持均匀、恒定的亮度，不允许闪耀，也不允许当入射角在某一范围内变化时突然变亮或变暗。保持足够的反射亮度是轮廓标反射器必须具有的光学性能。

城市快速路上车辆运行速度较高，为提高行车的安全性和舒适性，指示前方线形非常重要，连续设置轮廓标就是诱导驾驶员视线，标明道路几何线形的有效办法。在快速路进出口匝道上（特别是小半径曲线上），应在道路两侧连续设置轮廓标。

6.4.2 轮廓标的设置间隔应根据道路线形而定，城市快速路直线段，其设置最大间隔不应超过 50m。

在轮廓标布置设计时，应特别注意从直线段过渡到曲线段的路段，或由曲线段过渡到直线段的路段，应处理好轮廓标视线诱导的连续性，使其能平顺圆滑地过渡。

7 防 护 设 施

7.1 一 般 规 定

7.1.2 道路建筑界限是为了保证道路上规定的车辆正常运行与安全，在一定宽度和高度范围内，不得有任何障碍物侵入的空间范围。防护设施同样是一种障碍物，因此不得侵入道路建筑限界。考虑到车辆正常运行与安全，防护设施不应侵入停车视距范围内。

7.1.3 如果路侧有足够安全净距，提供足够宽的无阻碍的路侧恢复区，驶出路外的车辆完全可以靠自己恢复正常行驶，不会酿成严重事故。据美国的调查，在提供路侧安全距离的路段，所有驶出路外的车辆中，有 80%的失控车辆能够恢复安全行驶。各国路侧安全距离的规定见表 2。当路侧没有足够安全净距时，失控车辆碰撞护栏所造成的损伤程度要小于越出路外的损伤程度，因此必须设置防撞护栏。

表 2 各国路侧安全距离标准

国别	路侧安全距离（m）	国别	路侧安全距离（m）
丹麦	3.00～9.00	英国	4.50
葡萄牙	2.00	捷克	4.50
匈牙利	2.50	瑞士	10.00
比利时	3.50	荷兰	10.00
波兰	3.50	法国（高速公路）	10.00

车辆与中央分隔带护栏接触、冲撞、爬上甚至冲断护栏的事故，占总事故的 22%～25%。而且一旦发生车辆穿越中分带护栏事故，后果非常严重，因此，在中央分隔带连续设置护栏是非常必要的。而比较宽的中央分隔带，车辆横越的几率相对较低。美国规定，中央分隔带宽度超过 30 英尺（9.144m），可不设中央分隔带护栏；中央分隔带宽度超过 50 英尺（15.24m）时，就没有必要设置中央分隔带护栏了。本规范借鉴以上研究成果，规定当路基整体式断面中间带宽度小于或等于 12m 时，快速路的中央分隔带必须连续设置防撞护栏。

7.1.4 由于城市道路防护设施的施工、改造、养护和维修时受时空的影响较大，因此，防撞护栏的修筑或安装应满足施工简单、维护方便、占地空间小等要求。同时，考虑到不同城市历史、人文、形象建设的需要，防护设施还应当美观大方，与城市道路交通环境相协调，满足城市建设和发展的需要。

7.2 防 撞 护 栏

7.2.1 防撞护栏是一种纵向结构设施，通过自身变形或迫使车辆爬高来吸收车辆的碰撞能量，以达到最大限度减少事故损失的目的。防撞护栏的设置应实现以下功能：①阻止事故车辆越出路外或进入对向车道；②使事故车辆回到正常行驶方向；③最大限度地减少乘员的伤亡；④诱导驾驶员的视线。

城市道路交通事故统计资料表明：车辆冲撞路侧（右侧）和中央分隔带（或左边路侧）的事故比例大致相当；车速越快，事故损失一般也越大。随着城市建设的快速发展，设计速度较大的城市道路、跨江跨河或高架桥梁等的大量修建，车辆坠落桥下或驶入对向车道造成严重事故的情况各地均有发生，防撞护栏的作用显得尤为重要。另外，随着城市道路交通量的快速增加，发生在护栏上游端头、不同类型护栏的过渡段、中央分隔带护栏开口处等护栏衔接处的交通事故也越来越多，这些位置已经成为安全防护设施体系中的防护漏洞或薄弱环节，需要合理处置，以使防撞护栏的安全防护形成一个完整的体系。

防撞护栏在我国的应用已经历了 20 余年的时间，通过长期的研究和实践应用，在防撞护栏的结构形式、碰撞理论、设置原则、工程施工、维修养护等方面积累了丰富的经验。防撞护栏作为重要的道路交通安全设施，应该进行正确、合理的设计，为城市道路交通安全起到积极的作用，实现防撞护栏的功能和目标。

护栏防撞等级设置的指导思想：

①针对我国城市道路交通安全的实际需要，适应城市道路交通条件的发展趋势，坚持“以人为本，安全至上”的指导思想，最大限度地降低事故严重程度，提高我国城市道路交通安全的整体防护水平。

②符合我国国情，考虑在使用年限内的技术经济实力，设置科学合理、经济有效的防撞护栏。

确定碰撞条件的原则：

①安全性：满足城市道路交通现状和发展的需要，确保85%以上与护栏发生碰撞的车辆不会越出、冲断或下穿护栏。

②经济性：车辆碰撞护栏是小概率交通事故事件，护栏碰撞条件的确定要考虑国家的经济承受能力。

③适用性：护栏碰撞试验条件的车型组合应与我国城市道路交通组成相匹配。

根据对我国不同区域城市道路交通安全现状的调研，通过对道路状况、车辆行驶状况、事故车辆以及发展趋势的分析，依据上述指导思想和原则，制定我国城市道路防撞护栏的防撞等级，共分5级。

7.2.2 从20世纪90年代，我国已经研究开发出不同形式、不同防撞等级的混凝土护栏、组合式护栏、波形梁护栏和缆索式护栏30余种，能够满足我国城市道路安全防护的需要。另外，我国幅员辽阔，不同地区道路交通条件不同，路侧和中央分隔带的设置状况不同，据此，本规范规定了视实际情况选择不同的护栏型式和防撞等级。

护栏的碰撞条件主要包括碰撞车型、车辆质量、碰撞速度、碰撞角度等参数。对于设计速度低于40km/h的次干路、支路及景观要求高的桥梁段，其护栏碰撞能量低于70kJ时，可根据情况，在充分考虑护栏安全性、经济性、适用性的基础上，确定出针对具体路段的碰撞条件参数，并以此为依据设计特殊碰撞条件护栏，也可直接采用本规范规定的相应等级的护栏。对于矿山、港口、旅游景区等特殊路段，其护栏的碰撞条件也具有特殊性。当需要采用的护栏碰撞能量高于520kJ时，本规范规定的5个护栏等级均不能适用，必须根据交通调查的结果，分析确定出护栏碰撞条件的各个参数，再进行护栏设计。

7.2.4 决定是否设置路侧护栏的关键因素是车辆越出路外的事故严重程度。在事故中，除车辆本身外，有可能造成人员伤亡和财产损失，这些很难定量化，因此，这里车辆驶出路外可能造成的严重程度借鉴公安部目前的分类方法，并据此规定护栏防撞等级的适用条件。公安部对道路交通事故的等级分为4类：轻微事故是指一次造成轻伤1人～2人，或者财产损失机动车事故不足1000元，非机动车事故不足200元的事故；一般事故是指一次造成重伤1人～2人，或者轻伤3人以上，或者财产损失不足3万元的事故；重大事故是指一次造成死亡1人～2人，或者重伤3人以上10人以下，或者财产损失3万元以上不足6万元的事故；特大事故是指一次造成死亡3人以上，或者重伤11人，或者死亡1人，同时重伤8人以上，或者死亡2人，同时重伤5人以上，或者财产损失6万元以上的事故。

防撞护栏等级的选择不仅应考虑车辆越出路外的危险程度，也应该考虑车辆碰撞护栏的碰撞能量大小。在车辆构成相类似的情况下，车速越高，碰撞能量一般也越大。由此，根据需设置护栏路段的设计速度和道路等级，以及越过护栏的危险程度，确定了护栏防撞等级的选取办法。

7.2.5 根据交通事故调查统计，车辆冲撞中央分隔带（或者道路左侧）的事故和冲撞路侧的事故概率大致相当，而且车辆一旦越过中央分隔带闯入对向车道，很容易发生和对向车辆相撞的重大交通事故，因此，中央分隔带设置防撞护栏是非常必要的。各国在规定中央分隔带护栏设置标准时，往往以中央分隔带的宽度、交通量为依据。交通量较低时，车辆碰撞中央分隔带护栏的概率就低，但是，交通量较低时，车辆的速度就会相对提高，亦增加了车辆穿越中央分隔带的概率，一旦发生事故，后果同样非常严重。而且对于交通量的规定，各国有较大的差别，所以各国均把中央分隔带的宽度作为是否设置中央分隔带护栏的重要依据。这里，参照美国的做法，中央分隔带宽度小于或等于10m时，快速路的中间分隔带必须连续设置中间分隔带护栏。而对于护栏防撞等级的选择，依据车辆穿过中央分隔带护栏可能发生的事故等级进行设置。

7.2.6 中央分隔带开口是供交通事故处理车辆、急救车辆在紧急情况下通行，或者一侧道路施工封闭时开启放行的设施。中央分隔带开口活动护栏在正常封闭情况下应具有护栏的防撞功能，在临时开放时应具有开启方便、灵活移动的使用功能。

活动护栏是中央分隔带护栏的组成部分之一，应该具有与所处路段中央分隔带护栏相同的防撞等级，只有活动护栏的防撞等级和中央分隔带护栏的防撞等级相匹配，才能保证中央分隔带护栏防撞能力的连续性。

根据实际调查，现有城市快速路中央分隔带开口处活动护栏很多，主要的活动护栏形式为插拔式活动护栏和伸缩式活动护栏。这些活动护栏不具备防撞性能，车辆碰撞活动护栏时，很容易冲向对向车道，并引发二次事故。目前，国内已研制出具备规定防撞能力的活动护栏，且已经过实车碰撞实验验证，能够满足工程实际的需要。

7.2.7 相对于路基段而言，车辆越出桥外的事故往往要严重很多，因此，为了降低事故造成的损失，对于桥梁路段防撞护栏的设置要求要高于一般路基段。

当车辆在邻近或跨越干线铁路、水库、油库、电站等特殊路段上发生碰撞护栏事故时，因车辆一旦越过护栏，有可能引发特别严重的二次事故，因此必须最大限度地保证上述路段的安全性，需要根据具体情况对防撞护栏进行特殊设计。

7.2.8 防撞护栏是一种道路交通安全设施，能降低事故的严重程度，但也是一种障碍物，如果设计不当，同样会对行车安全产生影响，特别是在护栏的起、迄点端头处，如果不做安全性处理，一旦发生车辆正面碰撞的事故，事故严重程度就会增加。因此，在护栏的起、迄点端头应做专门的安全设计和处理。

7.2.9 根据现有护栏设置现状，桥梁护栏与路基护栏的防撞等级和结构形式往往不同，如果它们之间的过渡处理不当，不但会对护栏的美观效果产生影响，发生车辆碰撞过渡段护栏，还有可能发生严重事故。因此，应对该衔接处护栏做专门的设计，使其刚度逐渐过渡并构成一个防护能力连续的整体。

7.3 防 撞 垫

7.3.1 防撞垫一般设置于交通分流区前端或易发生正面碰撞事故的构造物前端，在受到车辆碰撞时，通过自身的结构变形吸收碰撞能量，减轻对乘员的伤害程度。防撞垫应具有以下功能：①车辆正面碰撞或斜向碰撞时具有良好的吸能能力，减轻乘客伤害程度；②对于可导向防撞垫，车辆侧面碰撞时，能改变车辆的碰撞角度，并将车辆导向正确方向。

根据防撞垫的导向功能，可分为可导向防撞垫和非导向防撞垫。欧盟、美国、日本关于防撞垫防撞等级都是依据碰撞速度来划分的，见表3～表5。

表3 欧盟防撞垫等级和碰撞条件

速度等级（km/h）	质量（kg）	角度（°）
50	900	0
	1300	15
80	900	0
	1300	0，15，－15
100	900	0
	1300	0，15，－15
110	1500	0，15，－15

表4 美国防撞垫等级和碰撞条件

防撞垫等级	类型	车辆种类	质量（kg）	速度（km/h）	角度（°）
1	可导向防撞垫	700C	775±25	50	0,15
		820C	895±25		0,15
		2000P	2000±45		0,15,20
	非导向防撞垫	700C	775±25		0,15
		820C	895±25		0,15
		2000P	2000±45		0,15,20
2	可导向防撞垫	700C	775±25	70	0,15
		820C	895±25		0,15
		2000P	2000±45		0,15,20
	非导向防撞垫	700C	775±25		0,15
		820C	895±25		0,15
		2000P	2000±45		0,15,20

续表4

防撞垫等级	类型	车辆种类	质量（kg）	速度（km/h）	角度（°）
3	可导向防撞垫	700C	775±25	100	0,15
		820C	895±25		0,15
		2000P	2000±45		0,15,20
	非导向防撞垫	700C	775±25		0,15
		820C	895±25		0,15
		2000P	2000±45		0,15,20

表5 日本防撞垫等级和碰撞条件

防碰撞等级	车辆质量（t）	碰撞速度（km/h）	碰撞角度（°）	偏置量（cm）
1	1	80	0	50
2		100		

注：偏置量为防撞垫中心线与碰撞车辆中心线间的距离。

由于我国快速路的设计行车速度为60km/h～100km/h，主干路的设计行车速度为40km/h～60km/h。根据对我国不同区域城市道路交通安全现状的调研，通过对道路状况、车辆运行速度状况、发生事故碰撞情况的分析，制定出了我国城市道路防撞垫的防撞等级。

7.3.2、7.3.3 根据交通事故调查，在快速路的主线分流区、出口匝道分流区、快速路出口处等位置，属于危险三角区，容易发生车辆碰撞事故。快速路分流区和匝道出口小客车的运行速度往往超过道路的设计速度，这些路段是恶性事故多发的路段。同时，由于城市道路跨线桥较多，时常发生车辆碰撞跨线桥桥墩的事故，影响乘员和桥梁结构的安全。另外，互通式立体交叉匝道也是事故多发的路段，因此，这些路段需设置防撞垫，以降低事故对事故车辆和内部乘员的伤害程度。

7.3.4 决定采用防撞垫防撞等级的因素很多，但根据事故分析，影响乘员伤害程度和车辆损失的主要因素是车辆碰撞防撞垫时的碰撞速度。碰撞速度越大，对乘员和车辆损伤也越大。因此，根据不同等级道路路段车辆的运行速度对防撞垫的等级进行设置是比较合理的方法。

7.4 限界结构防撞设施

7.4.1 对于距道路行驶限界较近的桥梁墩柱、主梁、隧道洞口入口处两侧和顶部、交通标志支撑结构等限界结构，有被超越车行道行驶界限的车辆撞击的安全隐患，为保护行驶车辆、行人以及限界结构的安全，应设置限界结构防撞设施。

7.4.2 限界结构防撞设置分侧面、正面和顶面防撞，对于桥梁墩柱、隧道洞口入口处两侧应首先设置防撞护栏为主的侧面防撞措施，在没有设置侧面防撞设施的情况下宜采用正面防撞。在道路净空限高约束，容易被超高、误驶入车辆撞击处，可以结合具体情况设置顶面限界主体结构防撞设施，有效保护结构安全并提高局部防撞能力和耐久性。此外，应以设置警告、限界标志为主，如需设置附属结构防撞设施时，还应考虑避免二次事故。

7.4.3 在桥梁墩柱和道路边线之间没有能正常设置防撞护栏的最小距离时，在限界结构自身能够满足防撞要求的前提下，可以通过设置组合式或混凝土墙式防撞护栏，并且采取限界结构与道路防撞护栏形成整体限界结构防撞，避免由于主体结构局部撞击破坏而进行修复影响了正常的交通，参照国家现行标准《公路交通安全设施设计规范》JTG D81 中第 5.4.2 条规定，迎撞面的截面形状应与原防撞护栏保持一致。

7.4.4 在桥梁墩柱和道路边线之间有设置防撞护栏的最小距离时，道路上可设置波形梁防撞护栏。如波形梁防撞护栏撞击变形空间不能保障时，可采用加密护栏立柱间距和提高防撞护栏等级的措施以加强防撞。

7.4.5 在道路没有设置防撞护栏的条件处，正迎撞面设置防撞垫应参照第 7.3 节中防撞垫相关内容，以保证防撞垫、防撞岛、防撞墩等设施发挥有效的防撞击作用。

7.4.6 顶面限界主体防撞，是指在桥涵梁底、隧道入口顶面等容易被超高车辆撞击处设置的局部防撞措施，它可以避免由于局部撞击破坏而进行修复时影响正常的交通。形式如：在墩柱局部外包钢板、主梁限界底面设置角钢等，均可有效保护结构安全并提高局部防撞能力和墩柱耐久性，避免因进行修复而影响正常的交通。设置防撞门架可避免车辆直接撞击主梁，但应避免带来二次事故。

7.5 人 行 护 栏

7.5.1 道路上常用的俗称“栏杆”，根据是否对行人有防护作用分为两种。参照现行国家标准《道路工程术语标准》GBJ 124 第 4.4.6 条，“护栏”是指“沿危险路段的路基边缘设置的警戒车辆驶离路基和沿中央分隔带设置的防止车辆闯入对向车行道的防护设施，以及为使行人与车辆隔离而设置的保障行人安全的设施”，本规范规定对行人有防护作用的称为“人行护栏”，对受力和构造提出技术标准；而对于分隔交通，规范行走空间的简易构造物，称为“分隔栏杆”，对受力不作特殊要求，各地可执行产品技术要求。

人行护栏的设置目的是保护行人的安全，设置的位置一是行人跌落危险的地段，二是行人穿越快速通行的道路有危险、需要使行人与车辆隔离的地段。

5 天桥和地道相对于平面过街方式，增加了行走距离，因此会有行人图方便而强行穿越道路的情况，为避免行人和机动车碰撞的事故，要求在天桥和地道处的机动车道边侧设人行护栏。但当有公交车在此位置停靠时，就不能加装护栏，需要在路中设置分隔栏杆，栏杆高度要求不宜低于 1.10m，以防行人攀越。

7.5.2 人行护栏设计的一般规定：

1 人行护栏高度从可踏面算起，不低于 1.10m，是为了避免行人翻越，一般不应低于此值。

6 许多城市利用各种护栏安装广告，若广告距离司机太近，会分散司机注意力，所以作此规定。

7.6 分 隔 设 施

7.6.1 分隔栏杆和分隔柱的设置是为了界定行人、非机动车和机动车的行走空间，避免彼此干扰和交通事故。机动车道和非机动车道之间的分隔栏杆，在路口设置时，要考虑道路的渠化、转弯车辆的行驶轨迹，避免设置分隔栏杆后妨碍转弯车辆的行驶。

1 车速快、交叉口间距大的道路，行人穿越道路的绕行距离加大，安装中央分隔栏杆能很大程度上减少行人强行穿越道路造成的恶性事故。栏杆的高度要求不宜低于 1.10m，这个高度是行人难以翻越的高度。

护栏渐变的最低高度为 0.7m，考虑小汽车司机的目高按1.2m计算，断口处的行人按最不利条件，考虑儿童的身高 1m，减去头部的高度，即司机在停车视距范围外能看到护栏断口处走出的 1m 高儿童的头部。断口处设置分隔柱是为了防止车辆从断口处通行。

7.7 隔离栅和防落物网

7.7.1 隔离栅的设置目的，是防止行人进入机动车快速行驶的道路。快速路或立体交叉的高标准匝道，穿越的地区行人流量大，行人横穿道路的机会多，所以在所有行人可能进入快速机动车道的地方都应设置隔离栅，对于大于或等于 60km/h 的主干路，交叉口或公交车站距离较近，车辆的实际行驶速度并不快的，可不设隔离栅，但对于城市外围或新建区的主干路设计车速大于或等于 60km/h 的，宜设置隔离栅。

7.7.2 防落物网的设置目的，是为了防止桥梁上跨快速行驶的通道时，桥梁上的行人不经意间撒落硬物、桥上杂物被风吹到桥下、桥上车辆装载的物品撒落到桥下，造成快速行驶的车辆以较高的相对速度与硬物相撞，或散落的物品造成车辆非正常行驶，造成交通事故和对公民人身和财产的伤害。

7.8 防 眩 设 施

7.8.1 车辆在快速路上行驶，经常遇到对向出现极强的光照，使驾驶员视觉机能或视力降低，产生烦恼和不舒适的感觉，这就是眩光。眩光使驾驶员视觉的信息质量显著下降，易产生紧张和疲劳，使夜间行车环境不断恶化，是发生交通事故的潜在因素。防眩设施是指防止夜间行车受对向车辆前照灯眩目的构造物。防眩设施既要有效地遮挡对向车辆前照灯的眩光，也应满足横向通视好、能看到斜前方，并对驾驶员心理影响小的要求。城市道路可选用的有绿化和防眩板、防眩网等形式。

7.8.2 “七五”国家重点科技项目《高速公路交通安全设施的研究》专题的一部分即为“防眩设施结构形式的研究”。其中，对不同形式防眩设施类型（植树、防眩板、防眩网）从道路景观和对驾驶员的心理影响、防眩效果、经济性、防眩设施对风雪的阻挡、施工和养护等5个方面进行了比较选择，结果见表6。

表6 不同防眩设施的综合性比较

特点	植树		防眩板	防眩网
	密集型	间距型		
美观	好		好	较差
对驾驶员心理影响	小	大	小	较小
对风阻力	大	小	大	
积雪	严重	小	严重	
自然景观配合	好	好	不好	
防眩效果	较好	好	较差	
经济性	差	好	好	较差
施工难易	较难		易	难
养护工作量	大		小	小
横向通视	差	好	好	好
阻止行人穿越	较好	差	差	好
景观效果	好		好	差

1 防眩设施在不同的地区选用不同的形式，冰雪地区要考虑结冰因素，不推荐选用防眩网；沿海风大地区、沙漠和高架桥上宜选用中间有孔的防眩板；干旱地区、隔离带较窄道路，选用绿篱防眩时，要考虑绿篱的浇灌问题。

2 防眩板设计的内容有：①遮光角；②防眩高度；③板宽；④板的间距。其中遮光角和防眩高度较重要。城市道路中小型车较多，平纵曲线较多，这和公路有所不同，设计时应有区别。由于目前城市道路这方面的科研工作开展不多，在本规范中暂不规定严格遵守的数值，待专用规范制定时再确定。

7.9 声 屏 障

7.9.1 《中华人民共和国环境噪声污染防治法》第36条规定：“建设经过已有的噪声敏感建筑物集中区域的高速公路和城市高架、轻轨道路，有可能造成环境污染的，应当设置声屏障或者采取其他有效的控制环境噪声污染的措施”。

对噪声敏感的建筑物指城镇新建、扩建和改建的住宅、学校、医院及旅馆等4类建筑中的主要用房。

对噪声不敏感的建筑物系指本身无防噪要求的建筑物，如商业建筑，以及虽有防噪要求，但外围护结构有较好的防噪能力的建筑物，如有空调设备的旅馆。

声屏障按其结构外形可分为：直板式、圆弧式、悬臂式、半封闭式、全封闭式等；按降噪方式可分为：吸收型、反射型、吸收-反射复合型。由于声屏障的类型各异，在降噪效果、造价、景观方面各有特点。因此，在设计声屏障时应根据受声点对声环境的要求、当地的社会经济状况、自然地理环境来合理地选择外形和材料。

声屏障具有降噪、节约土地、美观漂亮等特点。从地产开发商和用户的角度出发，声屏障是一个最直接有效的隔声措施。经科学设计的隔声屏在国内外已广泛应用于公路交通噪声污染的防治，最多可达10dB（A）的降噪效果。

7.9.2 声屏障安装位置的选择原则是声屏障靠近声源、受声点，或者可利用的土坡、堤坝等障碍物等，力求以较少的工程量达到设计目标所需的声衰减。

根据道路与防护对象之间的相对位置、周围的地形地貌，应选择最佳的声屏障设置位置。由于声屏障通常设置在道路两旁，而这些区域的地下通常埋有大量管线，故应该做详细勘察，避免造成破坏。

对安静要求较高的民用建筑，隔声屏宜设置于本区域主要噪声源夏季主导风向的上风侧。

8 交通信号灯

8.1 一 般 规 定

8.1.1 道路使用者包括机动车、非机动车、行人等。对于行人信号灯，尤其要确保儿童、老人、残障人士能清晰、准确地识别和方便地使用。

8.1.2 交通信号灯的设置、交通信号控制策略应与交通组织规划相协调，保证交叉口渠化方案与信号控制方案协调一致。

8.1.3 交通信号灯设备一旦发生故障，往往导致交通混乱甚至事故发生，所以交通信号灯设备应能够在室外环境下长期可靠运行。交通信号灯设备还应具有防止被错误操作的安全防范措施。当交通信号灯设备出现故障时，应能够自动采取黄闪、灭灯等保护措施，任何情况下均不得出现相互冲突的交通信号。

8.2 信号灯设置

8.2.2 为保证交通信号能被清晰、准确地识别，城市主干路宜采用直径 400mm 的信号灯具，并且左右各设1组，有利于各车道车辆的视认，并可作为故障备份。当路口较宽导致信号灯视认距离过长时，应设置远近 2 套灯组。

8.2.4 交通流量较大的城市快速路，一般采用入口匝道控制方式来调节主线流量，常用的方法有汇入控制、关闭控制两种。实施汇入控制方式时，应在匝道汇入段入口处设置信号灯；实施关闭控制方式时，应在匝道进口设置车道信号灯，并配置可变信息标志。

出口匝道因地面交通拥堵需实施关闭控制时，应设置信号灯和可变信息标志。

8.2.6 交通信号周期根据各进口交通流量及饱和度等参数确定，其长度应有利于提高路口通行效率，同时要避免等待时间过长引起人们的焦躁情绪。

8.2.8 在道路的一定宽度和高度范围内不允许有任何设施及障碍物侵入的空间范围，称为道路建筑限界，又称道路净空。为保证车辆和行人安全通行，各类交通信号灯及其安装支架均不得侵入道路建筑限界内。本条作为强制性条文规定，必须严格执行。

8.3 交通信号控制系统

8.3.2 绿波协调控制可以提高道路通行效率。路网或路段上的绿波方案以所有交叉口都采用相同的周期长度为前提。设计绿波方案时应考虑时段车速、连续车道、人行横道、信号相位与相位数、相序等因素。

8.3.3 各路口交通信号配时参数包括周期、相位、绿信比、相位差等，这些参数应在基于区域协调控制的目标下，根据各进口道流量、流向、饱和度等计算而得。

9 交通监控系统

9.1 一 般 规 定

9.1.1 当前城市道路因经济发展、车辆快速增长，对城市道路交通造成较大压力，为提高城市道路管理水平和道路服务水平，快速处置交通事件，缓解城市交通拥堵，宜设立城市道路交通监控系统。

9.1.2 城市道路交通监控系统从设施分布角度可分为监控中心、外场设施两个部分，外场设施又包含监控设备和信息传输网络两个方面。城市道路交通监控系统以实时掌握路网交通流运行状态，缓解道路交通拥堵，增进道路交通安全，提高路网运行效率和服务质量为建设目标，宜具备信息采集、分析处理、信息发布和控制管理、信息共享和交换等功能。

1 交通信息采集功能。数据信息采集以满足实时交通管理和历史交通数据应用为目的，应采用直接采集方式为主，间接采集方式为辅，以实时获取道路交通信息和突发交通事件为目标。

视频信息采集应满足交通监控人员对突发交通事件的确认和观察、对道路交通状态的巡视和主动发现交通问题的需要，可通过设置闭路电视子系统以获取实时视频信息，采集范围应满足系统配置的要求。

道路的交通事件信息的获取，还可通过社会应急联动机制、其他社会途径以及其他信息系统来综合获取影响道路交通的信息。

2 交通信息处理功能。交通信息的处理应由交通监控中心（监控分中心）集中处理，通过对所采集的各种交通数据信息进行自动分析，可自动获取道路实时交通状态信息和检测交通事件，并能预测行程时间。

获取交通状态信息和检测交通事件而采用的信息处理算法应按道路不同路段在不同时间段的交通流特性，研究和设计与之相对应的道路交通状态判别和交通事件检测算法，达到相应的判断精度和满足判别的时间特性要求。

应能对采集的和处理生成的交通信息，按照时间和空间特性进行统计和分析，形成日常交通运行管理所需要的各种表格。

3 交通信息发布和控制功能。交通控制和诱导应体现与管理模式相适应的交通控制策略的要求，通过诱导控制设备的布设和交通监控中心（监控分中心）诱导控制软件的开发，实现整个路网的交通控制策略。

监控系统能自动生成各路段的交通状态信息，并按照外场信息发布设备的布设位置和组成形式形成发布方案，保证交通状态信息发布的一致性。根据不同路段的交通流变化特性，通过主线控制、入口控制、通道控制方式，最终实现路网的交通控制。

交通事件管理可采用预案模式，也可接受交通监控人员的人工指令干预。

4 信息共享交换和交通信息服务功能。应在完善的数据安全机制保证下与其他相关的部门实现信息的共享交换。

监控系统还应根据城市管理和公共安全突发事件应急指挥体系的整体架构和职能分工，设置相应的应急指挥和事件处置功能，并与道路交通执法管理、路政管理、养护、救援等部门建立紧密联系，对可能发生的特殊交通安全或紧急事件拟订能及时采集、迅速决策处理并发布控制指令、实施救助的应急处置预案和管理作业流程。

9.1.3 通常情况下，城市道路的等级规模是根据交通需求确定的，因此道路等级与交通量成正比。考虑到交通监控系统是新兴发展的学科，又与经济发展水平密切相关，且国内城市经济发展不平衡的因素，在工程建设时结合道路交通量、管理需求和经济能力等实际情况，参照表 9.1.3 执行。

9.1.4 城市道路交通监控的建设是随着经济的发展而发展的，建设周期较长，交通监控系统的建设应结合整个城市道路网的发展规划先进行统一的交通监控规划，以指导各个道路工程的监控系统在统一框架下逐步进行，确保建设一个合理而又符合发展规划的交通监控系统。

城市道路交通监控系统应根据城市交通状况和建设条件进行建设。当城市道路的交通达到二级服务水平下限时，车辆间干扰较大，交通拥挤感增强，舒适度下降，通过采取相应的交通监控措施，以改善道路交通状况。

道路交通监控系统的建设条件包括当地经济发展水平、路网建设和发展规划、交通监控系统和交通信息化建设发展规划、道路功能和交通特征、道路等级、交通量和服务水平等因素，系统建设应综合考虑后确定系统规模和配置，必要时可分步分期实施。

9.1.5 监控系统根据桥梁、隧道、道路功能将交通监控系统配置分为 4 个等级，表 9.1.5 监控等级分类适用范围栏中的中、长、特长隧道和特大桥梁以及道路类别确定，分别见国家现行标准《公路隧道设计规范》JTG D70、《公路桥涵设计通用规范》JTG D60 和《城市道路设计规范》CJJ 37 的规定。该配置主要是依据道路等级水平、服务水平和在路网中发挥作用的重要性，以及结合监控系统自身特性作出的规定。此外，监控系统配置还应充分考虑与道路服务水平相匹配，即服务水平越高，监控设施可适当减少，反之，可适当增加。

9.2 管 理 模 式

9.2.1 一般情况下，一座城市宜设一处道路交通监控中心，对全市道路网络的交通运行统一实施集中监控和管理。由于城市道路等级不同、路网范围较大、城市经济发展水平不一等因素，目前可将主干路以上的道路作为交通监控主要对象，提高主干路网的整体服务水平。

9.2.2 由于目前我国大多数道路的监控系统配置较低，多数功能不完善，监控中心还需要更多地依靠巡逻车、社会途径等发现道路出现的问题，依靠交警等机构处理交通事件。如果集中监控的范围过大，将使监控中心的协调难度加大，监控中心和监控系统的作用难以发挥。另外，外场设备距离监控中心过远，也使数据、图像的传输成本增加。

监控系统根据道路路网的管理机制、管理方式以及特殊路段的处理等情况可以分布设置，但是最基本、最重要的还是监控外场设备级和控制级监控中心，绝大多数交通事件的发现和处理都要靠这两级完成。因此对于设置区域监控中心，也应按区域监控中心预先分析、处理，监控中心负责“协调、决策”的方式进行管理。

对于一个城市路网的监控系统，其信息管理层次也不宜太多，过多过细都会影响道路管理的效率，参见图 1。

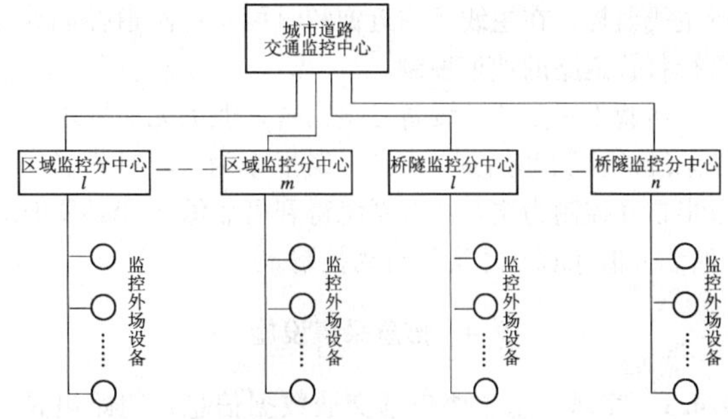

图 1 城市道路交通监控系统分级组成示意图

9.2.3 由于城市特大桥梁和中、长、特长隧道等建设工程规模庞大，监控机电设备相对集中，为便于运行管理宜设置独立运管的监控中心，对于地理位置分布较近又便于统一管理的，宜设置联合的监控中心。且该监控中心宜作为城市监控中心下属的监控分中心。

9.3 交通监控中心

9.3.1 交通监控中心是道路交通管理的指挥中心，为了完成监控中心的交通信息采集、信息处理和道路交通控制的功能，宜配置较为完善的计算机网络系统、视频信息显示控制管理系统和应急求助呼叫中心设备以及机房附属设施。

计算机系统宜采用三层模型结构：数据管理层、应用层和终端层；整个计算机系统是一个建立在计算机局域网基础上的分布式计算机系统。

计算机系统宜对视频信息系统、应急求助呼叫电话系统进行有效管理，形成各种信息的综合应用。

系统应按照保障应用的要求分级设置保障措施，分别按照单点故障、局部系统故障、最小应用保障三级制定系统冗余和保障措施，制定预案，使各种故障对实时交通管理功能的影响为最小。

视频信息显示控制管理系统应具有视频信息显示、存储和管理的功能。应能对外场摄像机进行切换、云台镜头控制和预制位管理等功能。应能对所有的视频信息资源、交换控制权限、用户优先等级进行统一管理。应能与其他社会管理部门的视频信息系统建立互联、交换、互控等功能。

应急求助呼叫电话系统宜通过公共电话网构建，在交通监控中心设置呼叫接入、呼叫录音、对外呼叫等相关求助呼叫中心设备。录音功能应具有与事件处置记录关联和调用回放等功能。

9.3.2 监控中心宜是一套较完善的信息系统，应结合道路建设规划等情况，充分考虑将来道路网络扩大后，便于新的道路监控系统接入。

监控系统为弥补单一交通事件检测算法的不足，宜配有多种交通事件检测算法，具有完善交通事件自动判断功能。

监控系统宜同时针对常发性和偶发性交通拥挤实行主线监控，在主线已临近饱和时可实行匝道控制或平行替代道路的通道控制。

尽管Ⅰ级配置的设备已很完善，但仍无法要求监控系统的检测率达到100%、误报率为0。因此仍应以半自动控制为主，只有系统得到可靠保障和必要时（如无人值守时）才实行自动控制。

9.4 信息采集设施

9.4.1 交通信息主要包括交通数据信息、闭路电视视频图像信息、气象信息以及服务信息等。通过综合采集到的信息，为信息处理、决策、控制提供可靠的依据。

9.4.2 Ⅰ级配置为监控系统设施最高配置规模。根据道路重要性，一旦发生交通事件，通常这些路段的道路服务水平明显下降，交通拥挤影响面大。因此监控系统应能及时、自动地检测交通拥挤等交通事件的发生，以便及时疏导交通。此时相应路段需采取连续设置信息采集设施的技术措施。对于中、长、特长隧道等道路，应加强设置紧急报警设施如紧急电话系统、紧急救援电话标志等，以利于对事故、火灾等突发事件的快速处置。

所谓连续设置，是指采集的交通信息能满足交通监控软件系统对交通事件检测的连续性要求，没有检测盲区。北京、上海、广州等城市实际使用经验表明：交通参数检测器最大间距不宜超过800m，否则将难以达到系统指标；低于400m时系统效率的提高也不明显，因此检测器的间距宜为400m～800m，交通量越大，布设间距适当减小。当选择特殊的检测器如视频检测器等，需结合产品的特殊要求进行设置。

所谓全覆盖监控，是指交通信息的采集没有检测盲区，能满足交通监控系统对交通信息的连续性要求。

作为监测和交通事件确认的手段，沿线应设摄像机，间距以视频图像能首尾相接的全覆盖布设为限，不宜过密，但也不应留死角。根据选用的摄像机性能和型式，对于中、长、特长隧道，由于受空间限制，摄像机布设间距不宜超过150m。

9.4.3 随着高等级城市快速路对于周边道路的汇聚作用日益明显，也使得其发生交通拥堵的几率增大，因此确定Ⅱ级监控系统宜全程设置交通参数检测器、摄像机等设施。根据使用经验，摄像机和交通参数检测器的布设间距均宜不大于1000m，对于上下匝道、大型立体交叉等应全覆盖设置交通参数检测器和摄像机，以重点监测交通运行状态和交通事件的确认。对于全路段设置交通监控设施的情况，可能会存在部分检测盲区，但应不影响对整个路段实施监控。

9.4.4 主要针对道路中的主要交叉口、互通式立交等重要路段进行交通参数检测器、摄像机等设施设置，以进行重点监测。但由于未连续设置交通参数检测器，无法实现交通事件自动检测，仍然主要依靠人工结合系统分析信息对交通事件进行分析判断。

9.4.5 由于道路等级较低，可以根据实际需求在主要道路交叉口设置摄像机等监控设施。

9.4.6 气象检测仪的设置，宜在城市统一规划和建设要求的基础上，除了易受气候环境影响交通运行的跨江（河、湖）特大桥梁等工程，以及恶劣的气象条件可能对交通安全构成威胁的路段外，对路网其余的道路统一部署落实。

9.5 信息发布和控制设施

信息发布和控制通常包含可变信息标志、可变限速标志、交通信号控制设施等构成完善的系统，有特殊要求的，还可包含车道信号控制、有线广播、短信提示等设施。交通信号控制设施参见本规范第8章。

交通拥挤路段发生各种交通事件的几率较大，需及时向用路者发布道路交通信息，必要时对车道的使用进行控制。

可变信息标志的信息发布宜在整体统筹规划的基础上，根据路段和发布范围等情况采用不同的型式，如路网发布、路段发布、匝道开关状态发布等，需设置于节点上游，距节点距离需满足车辆改变行驶路由，一般宜为500m～1200m。

可变限速标志是一种可根据道路交通变化，实时显示最高行车速度的标志。

针对出入口匝道和特大桥梁和中、长、特长隧道等特殊路段应布设满足交通控制管理需求的交通信号灯、车道信号灯、匝道开放/关闭信号灯以及可变限速标志等交通控制设施，有特别需要可增设交通违法事件检测记录设备。

车道信号灯是一种用红“×”和绿“↓”规定行车车道“禁行”和“通行”行车权的设备。

对于特别重要路段也可考虑采用车道控制方式，采用设置车道信号灯是目前较为可行的简捷实用的技术手段。车道信号灯布设间距视平曲线及视距大小一般宜为500m～1000m，并采取门架标志进行布置。

需要说明的是，城市主干路和次干路在城市道路网的作用可能差异较大。针对那些作为快速路系统主要集散通道或以主要交通通行功能为主的城市主干路和次干路，在进行监控系统配置时，应适当提高监控配置，以满足道路管理的实际需求。

交通广播电台和交通信息网站是较为实用的信息提供方式，因而有条件的地区应设置专用的交通广播电台和交通信息网站，各监控中心、监控分中心除应实时提供交通信息以供向用路者发布外，同时也是宣传交通法规、交通常识的重要平台。

9.6 信息传输网络

9.6.1 交通监控系统应设置独立的信息传输网络。在不具备全部独立设置条件时，可通过借助部分或全部社会资源如电信网络资源、无线通信网络资源等，设置信息传输网络。

9.6.2 不论是何种信息传输网络，均优先考虑采用光纤通信方式，以提高网络的实时性和可靠性。

9.7 系统互联和安全

9.7.1 监控中心与其他各监控中心之间的通信宜采用基于路由器或以太网路由交换机的互联方式，采用星形方式、环形方式或网状网方式互联。系统互联的高层协议基于 TCP/IP、UDP/IP 方式，支持单播、组播方式。

交通监控系统信息平台之间以及与其他相关信息系统之间的互联接口，按信息种类可分为数据信息和视频信息接口两类，宜采用全数字基于 TCP/IP 的通信方式互联。通常可以租用电信公司的通信信道建立交通监控系统信息平台之间以及与其他相关信息系统之间的互联，信道传输容量根据实际需求确定。在具备专用通信网的条件下，通信接口宜采用千兆以太网标准。

电话通信系统宜利用公共通信系统组网，也可以利用专用通信网建立 IP 热线电话。

9.7.2 安全管理平台应具有实时病毒检测、查杀病毒、定时扫描、远程安装升级、集中网络管理、报警等病毒防范功能和限制 Web 访问、监控/阻塞/报警、入侵探测、攻击探测、恶意代码检测等安全保护措施；应具备对异常安全事件进行追踪、分析、统计的功能；应具备模拟黑客入侵、系统脆弱性扫描、安全隐患检测、风险测评等安全评估功能。

9.8 监控系统主要性能指标

9.8.1 信息采集技术性能指标应满足如下要求：

1 通常交通数据检测主要包括流量、车型、速度、占有率等。流量检测参数为混合流量，单位为辆，检测精度应大于 90%；车型按照长度分为三类，分别为：大型（大于 9.5m）、中型（5.5m～9.5m）、小型（小于 5.5m），采集车型分类精度应大于 85%；速度检测参数为采集周期内采集点的平均速度，单位为 km/h，精度应大于 85%；时间占有率参数为采集周期内车辆通过采集点所占有时间的百分比，精度应大于 90%。

2 数据采集周期在 10s～60s 范围内可调，对于管理要求高且技术条件可支持的情况，可适当缩小数据采集周期的时间范围。

3 视频图像质量评定采用的五级损伤制为闭路电视监视系统检验评定标准的五级损伤制。

9.8.2 信息处理技术性能指标应满足如下要求：

1 交通状态判别应能提供路网、路段和单元段的交通状态：畅通、拥挤和阻塞。

2 交通状态判别处理响应时间不宜大于 2s。

3 采用客观行程车速测试，交通状态判别准确度应大于 90%。

4 主线路段的交通状态判别时延宜小于 60s；特殊路段的交通状态判别时延应小于 30s。

5 信息处理应能通过采集交通参数自动、实时地检测交通事件，提供事件地点信息，并在每个采集周期内完成整个网络的交通事件检测计算。

6 交通事件检测误报率应小于 20%，漏检率应小于 20%。

7 交通事件检测时延宜小于 60s。

9.8.3 信息传输技术性能指标应满足如下要求：

1 采用光纤方式传输信息时，传输误码率应不大于 10^{-9}。

2 采用无线方式传输信息时，传输误码率应不大于 10^{-5}。

3 外场设备与监控中心之间数据传输时延应不大于 1s。

4 外场摄像机与监控中心之间“视频图像传输＋反向控制信号传输”总时延应不大于 500ms。

5 监控中心将信息发布到交通信息板的传输时延应小于 3s。

9.9 外场设备基础、管道、供电与防雷、接地

9.9.1 由于一些设计的局限性，监控外场设备往往未预留管道，施工时需要二次开挖或挤占其他管道，造成交通影响或管道资源紧张和浪费。为此规定在土建工程施工时，同步实施横穿道路管道、结构物上的监控外场设备基础和管道等。

监控设备的供电电缆采用管道或铠装直埋方式，为便于维护和防止盗窃，优先采用管道方式。

9.9.2 城市道路交通监控设备的用电负荷相对较小，布设密度相对道路照明等设施也较低，从综合负荷等级要求来看，宜按三级负荷考虑，采用低压供电方式。供电电源也可结合道路机电设施一起统筹考虑。

一般来说，雷电对监控外场设备及光、电缆的危害十分严重，而不同地区的雷电频度和强度又相差很大，如果采用同样的防护措施不仅不能产生同样效果，还将造成投资浪费。另外，防雷接地是一个系统工程，采取单一措施往往效果不佳，因此，“应根据监控系统所在地区年均雷暴天数及设施所处地理地貌特点，对监控系统设备及光、电缆等进行系统的防雷、接地设计”。

9.10 服务信息设施

9.10.1 作为一种公开为社会服务的途径，可将咨询服务、报警救援号码等信息通过标志的形式设置于道路沿线，使管理者及时获得用路者报告的信息，为处理交通事件赢得时间。

9.10.2 紧急报警标志应包含地理位置信息，如编号等，以便于接警人员掌握报警地点。紧急报警标志优先设置于道路出入口、匝道等区域。

9.11 可变信息标志

9.11.1 可变信息标志主要用于显示道路交通状态（畅通、拥挤、阻塞）、交通事件（如前方交通事故）等交通信息，还包括道路施工、养护、维修等交通信息。

9.11.2 各地可变信息标志可分为文字板（全屏显示可编辑的文字、符号或简单图形，通常以显示文字信息为主）、图形板（整个板面为不可变的部分路网形态，其间嵌入可变的反映道路交通状态的发光光带）、文字加图形板（上述两种板的结合）等多种型式。选用时可根据地方发展规划、技术要求和使用习惯等确定标志型式。

9.11.3 可变信息标志的安装通常采用立柱式、悬臂式和门架式等多种型式。在不影响其使用功能的条件下，可充分利用周围建筑物、门架等设施进行联合设置。

9.11.4 根据现行国家标准《道路交通标志和标线》GB 5768 的“指路标志”规定，汉字高度（h）为35cm，汉字间隔为 $0.1h$。可变信息标志的 LED 发光标志字模高度可依据设计车速 60km/h 为界，低于或高于分别取 32cm 或 48cm。从实际使用效果看，只要 LED 颜色、发光亮度和对比度合适，这一字高已完全满足要求。根据汉字视认性研究，标志汉字采用等宽线条、方形黑体字体最有利于驾驶者辨认，对应于上述字模高度，16×16 或 24×24 的点阵可以很好地表达汉字字型，但文字不宜过多过密，以免达不到行车视认的目的。

对于图形板中光带显示城市道路交通状态，光带应具有一定的宽度，根据实践经验，其宽度宜为 13cm～15cm 之间。

10 服 务 设 施

10.1 一 般 规 定

10.1.3 服务设施布置应符合国家现行标准《城市道路和建筑物无障碍设计规范》JGJ 50 的要求。

10.2 人行导向设施

10.2.1 人行导向设施有路线指示设施和地图导向设施，路名牌作为车行导向设施，也可为行人提供导向服务。人行导向设施应设置于设施带内，不得随意安装。现有的道路没有明确设施带的，可把宽度大于 3m 的人行道路缘石外边线 1.5m 范围用于设置设施，新建道路应专门设置设施带，设施带可绿化、不铺装，专门用于安装公共设施。

10.2.2 人行导向设施的设置。

1 人行导向设施宜设置在以下地点：

步行目的地众多的步行区域内，如商业街、CBD、广场和比赛场馆等区域；

人流集散、换乘地点，如车站、枢纽等。交通枢纽、轨道交通车站和公共汽车站等换乘地点人流量大，行人在出口处需要明确的交通信息指引，应在换乘地点出口处设置完备的人行导向设施。此类导向设施应以地图为主，辅以路线导向设施。

行人面临多条路线选择的地点，如道路交叉口。道路交叉口，尤其是大型立交附近，应在道路进口处设置导向设施，明示过街设施及周边区域。当路段连续距离超过 300m～500m，也应设置导向牌，帮助行人明确路线。

路段导向设施设置间距宜为 300m～500m，行人 5min～10min 内可以找到导向设施。

3 枢纽、广场和比赛场馆等重要设施人流密集，需要连续和安全的人行引导。这些设施场馆一般本身都设有人行引导系统，因此周边市政道路引导系统要结合其内部引导系统统一考虑，合理衔接。

4 导向牌和地图的设置应易于理解，便于识别。内容应明确，避免含混不清误导行人；图示和文字结合，便于包括老人和儿童在内的各种人群使用。

5 人行导向设施要为行人提供连续、安全、便利、通畅的导向服务。城市区域道路、建筑众多，车流量大，行人接触众多信息，不熟悉者难以选择安全便捷的路线，需要导向设施的引导。导向设施要配合人行设施设置，引导行人便捷、安全地到达目的地。人行导向设施有人行路线指示设施和地图导向设施等，路线指示设施主要是步行者导向牌。

6 路线导向设置适用于行人行进方向指示。1000m 属于行人能接受的步行范围，路线导向设施应反映 1000m 范围内的步行信息。

地图导向设施应反映周边建筑、设施位置，便于步行者安排行进路线。地图导向设施涵盖区域范围应便于行人使用，避免范围小导致的信息量小，或范围过大而造成的使用不便。地图宜覆盖 1000m 范围内信息，并根据周边建筑、设施密度适当调整。

10.2.3 路名牌的设置。

1 路名牌属于交通标志中的指路标志。路名牌应设置在道路交叉口，便于行人辨别道路和方向；较长路段也应设置路名牌，便于行人确定自身位置。

3 路名牌应平行于所指道路方向，尤其在多路交叉地点，行人可辨认路名牌及其所指道路。路名牌应含所指道路名称，并写明方向，还应标明道路两侧建筑上的门牌号码范围，如37号～78号。

10.3 人行过街设施

10.3.1 人行过街设施的设置。

1 道路人行过街设施应统一规划，方便行人安全、便捷的穿越道路。人行过街设施应优先考虑在道路交叉口设置，再考虑路段上的人行过街设施。在道路交叉口，过街设施应结合道路交叉形式和交通组织统一设置，与机动车交通相协调。人行过街设施应与人行系统有机结合，配置导向设施，便于行人辨认寻找。

2 过街设施间距应合理确定，以平衡行人过街和道路交通运行。既要减少行人到达过街设施平均步行距离，也要避免对道路交通的过多影响。快速路和主干路机动车流量大，车速快，应增大设置间距，300m～500m为宜；次干路机动车流量相对较小，可减小设置间距，150m～300m为宜。设置间距和位置选择可根据道路沿线过街需求相应调整，在居住区、商业区等可适当加大设置密度。过街设施形式选择应注重平衡机动车通行和行人过街两方面的需求。

《上海市城市干道人行过街设施规划设计导则》SZ-C-B03—2007根据不同用地、道路等级决定过街设施最大间距，可供参考，如表7。

表7 中心城干道过街设施最大间距（m）

道路类型＼用地类型		居住、社会服务设施用地		商业、办公		对外交通		绿地		工业仓储
		A类	B类	A类	B类	A类	B类	A类	B类	
快速路		300	500	350	500	400	500	500	600	700
主干路	Ⅰ级	250	350	250	350	350	400	400	500	600
	Ⅱ级	200	300	200	350	300	350	350	400	600
次干路		150	200	150	250	250	300	300	400	500

注：A类：中心区、市级副中心、地区中心；B类：中心城其他区域。

此导则在人行过街设施重要节点间距方面有如下规定，可供参考：①过街设施距公交站及轨道站出入口不宜大于80m，最大不宜大于120m；②学校、幼儿园、医院、养老院等门前应设置人行过街设施，过街设施距中小学校、医院正门不宜大于80m，最大不宜大于150m；③过街设施距居住区、大型商业设施公共活动中心的出入口不宜大于100m，最大不宜大于200m；④综合客运交通换乘枢纽除了符合上述基本原则外，应进行专项的人行过街设施规划设计。

3 在交通枢纽、商业区、大型体育场馆等地点，人流密集，过街需求大的地点应设置相应过街设施，方便行人过街。过街设施应结合建筑场馆自身的人行组织，区域内人行系统连续设置，为行人提供安全、便捷、舒适的人行系统。

4 立体过街利于保障行人安全和道路交通通畅，但增加了行人步行时间和工程造价。过街设施应以平面过街为主，方便行人使用，根据道路交通情况和过街需求合理配置立体过街设施。城市快速路应设置立体过街设施。根据国家现行标准《城市道路交通规划设计规范》GB 50220和《城市人行天桥与人行地道技术规范》CJJ 69的规定，属于下列情况之一宜设置人行天桥或地道：

①进入交叉口总人流量达到18000p/h，或交叉口的一个进口横过马路的人流量超过5000p/h，且同时在交叉口一个进口或路段上双向当量小汽车交通量超过1200pcu/h；

②行人横过市区封闭式道路或快速干道或机动车道宽度大于25m时，可每隔300m～400m设一座立体过街设施；

③路段上步行人流量大于5000p/h，且双向当量小汽车流量大于1200pcu/h；

④通过环形交叉口的步行人流总量达到18000p/h，且同时进入环形交叉口的当量小汽车流量达到2000pcu/h；

⑤行人横过快速路时；

⑥铁路与城市道路相交路口，列车一次阻塞人流超过1000人次或道口关闭时间超过15min时；

⑦有特殊需要可设专用过街设施；

⑧复杂交叉路口，机动车行车方向复杂，对行人有明显危险处。

5 人行天桥和地道的布置必须与周边人行系统实现无缝连接，行人可以顺畅、连续、安全地横穿街道，避免因人行通道不连通造成安全隐患。

6 在人车密集的商业区、交通枢纽等过街需求大的地点。过街设施的设置可以结合建筑物统一设计，将人行天桥和地道与建筑物内人行空间合理衔接，形成空中或地下人行连廊，行人不必到建筑物外再寻找过街设施，减少行人步行距离，有利于改善行人步行环境。

10.3.2 平面过街设施的设置。

1 人行横道设置应清晰、无遮挡，驾驶员和行人易辨认。人行横道应尽量与车行道垂直，减少行人过街距离，增加安全性。

2 道路交叉口：

（1）交叉口和路段人行横道应根据路面宽度、交通情况、过街人流量和周边情况等选择配置人行信号灯。

（2）交叉口人行横道应结合交叉口机动车组织配置人行信号灯。设置有机动车信号灯的交叉口应施画人行横道线并配置相应的人行信号灯，信号周期应保证行人安全穿行道路；无信号管制交叉口，应施画人行横道线并设置相应的行人警告标志，并在人行横道上游机动车道上画人行横道预告标识线，保障行人通行安全。英国规定在无信号控制人行横道处设置黄色闪光信号灯，提醒驾驶员降低车速，注意过道路的行人。

3 大型道路交叉口行人过街步行距离长，对角方向过街的行人需等两次人行绿灯，信号灯可设置人行全绿灯箱位，禁止机动车交通，行人可直接进行对角过街。对角过街由于增加了人行全绿灯，对道路交通影响较大，不宜用在道路交通需求高的路口。此款作为强制性条文规定，必须严格执行。

4 人行横道宽度要满足过街行人流量，提供舒适的通行空间。人行横道宽度与行人流量、信号灯配时、道路等级等有关，应根据实际情况进行调整。

5 人行安全岛可有效增加行人穿行道路的安全性。设置安全岛的人行横道，行人过街只需注意一侧交通即可，提高行人过街的效率和安全性。安全岛设置条件各方规定不同，现行国家标准《城市道路交通规划设计规范》GB 50220 规定超过 4 条机动车道设置安全岛，国家现行标准《城市道路设计规范》CJJ 37 认为机动车车道数大于或等于 6 条或人行横道长度大于 30m 时宜设安全岛，《城市道路交叉口规划规范》（报批稿）规定人行过街横道长度大于 16m 时（不包括非机动车道）应设安全岛。综合考虑我国城市道路交通情况，规定当路段或路口进出口机动车道大于或等于 6 条或人行横道长度大于 30m 时应设安全岛。

对于行人安全岛最小宽度有多种理解。国家现行标准《城市道路设计规范》CJJ 37 规定最小宽度为 1m，《上海市城市干道人行过街设施规划设计导则》规定为不宜小于 2m，《城镇道路工程技术标准》征求意见稿规定最小宽度为 1.5m，美国佛蒙特州《行人自行车设施规划设计导则》认为 2.4m～3m 宽为宜，不得小于 1.8m。安全岛宽度除满足人流量需求外，还应满足无障碍通行需求，能容纳轮椅通过。综合考虑，行人安全岛宽度不宜小于 2m，困难情况不应小于 1.5m，其面积应与过街人流量相符。

6 安全岛形式要与道路设计相结合，避免影响机动车行驶安全性。有中央分隔带时采用栏杆诱导式，安全岛作为分隔带一部分，不会影响机动车行驶（图 2）；无中央分隔带时，机动车道线形需调整以容纳安全岛，安全岛宜采用斜开式设计减少对机动车行驶的影响（图 3）。

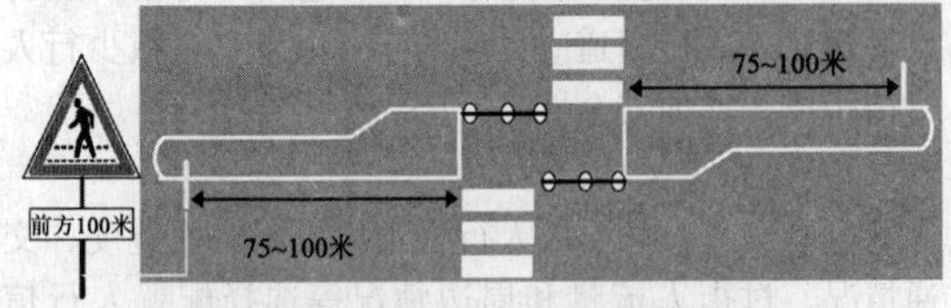

图 2　路段栏杆诱导式安全岛参考样式

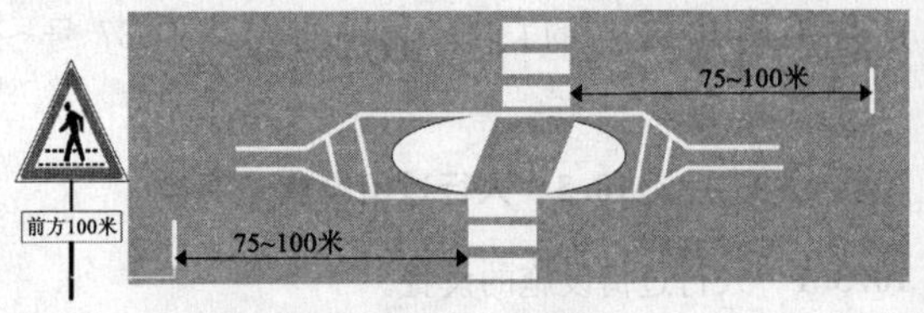

图 3　路段平面斜开式安全岛参考样式

7 交通宁静是国外居住区道路设计常见的安全措施。包括减少机动车道宽度、曲线设计、设置减速装置和增加人行过街设施等，可降低机动车行驶速度，增加行人过街安全，同时可美化居住区环境和降低交通噪声，创造舒适、安全的人行环境。

8 人行横道位于公交站前端时，公交车将遮挡过街行人和道路上机动车的视线，易发生车祸，因此人行横道应设置于车站后端，并且避开公交车停车区域。

10.3.3 道路路段人行横道信号灯的设置。

1 路段人行横道应根据路段宽度、交通情况、过街人流量和周边情况配置人行信号灯。

现行国家标准《道路交通信号灯设置与安装规范》GB 14886 规定：双向机动车车道数达到或多于 3 条，双向机动车高峰小时流量超过 750pcu 及 12h 流量超过 8000pcu 的路段上，当通过人行横道的行人高峰小时流量超过 500 人次时，应设置人行横道信号灯和相应的机动车信号灯。

2 高速车辆对过街行人威胁较大，应在高速路段采取措施保障行人过街。英国和荷兰相关规范导则规定，当道路上车速大于 50km/h 时，人行过街设施处必须安装信号灯。借鉴国外经验，当过街行人少于高峰小时 500p/h，但路段车速大于 50km/h 时，也应设置信号灯。为减少对道路交通的影响，宜设置按钮式信号灯并增加机动车配时。

3 学校、幼儿园、医院、养老院等特殊人群聚集地点，行人过街有别于普通人，应加强安全措施，设置人行信号灯；另外，在有特殊要求地点，如事故多发地点和常用警卫工作路线等，也需要设置人行信号灯。

10.4 非机动车停车设施

10.4.1 城市交通应设置非机动车停车设施，避免非机动车乱停乱放。非机动车停车设施包括非机动车停车场和路侧停车设施，应根据停车需求、用地条件等选择。停车设施要与人行系统连接，保障停车安全性。

10.4.2 非机动车停车场主要设置在停车需求较大的场合，如有停车换乘需求的公共交通枢纽、公交场站和地铁车站等，人流密集的广场、体育场馆和商业区等。有停车换乘功能的非机动车停车场要结合建筑设计，减少行人换乘距离，方便换乘。

10.4.3 停车场规模由需求决定。应根据建筑性质、车辆吸引总量、平均停放时间、每日场地有效周转次数以及停车不均衡系数等进行需求预测，确定规模，合理设置。

10.4.4 人行道以行人通行为主，若公交停靠站需少量非机动车停车位且无条件设置停车场，可设置路侧停车设施，布置存车架和围栏，作为非机动车停车场的辅助停车设施。若停车需求大于30辆自行车，则需设置专门非机动车停车场。

10.5 机动车停车设施

10.5.1 机动车停车场的设置：

1 机动车停车场的规划设置要考虑多方面因素，符合城市规划要求。停车场规模要满足一定量的停车需求，也要符合通过停车管理改善道路交通的政策需要。

2 在停车需求较大地点，若建筑设施本身不能提供必要的停车场地。可根据其交通组织需求，在用地允许的条件下，考虑提供一定规模的公共停车场地。

3 停车场高峰时段常会发生车辆排队至道路的现象，应合理设计入口通道，通道长度能容纳排队车辆数。

4 停车场入口当进入车辆多，收费口服务能力无法满足需求时，常会发生车辆排队至道路的现象，应合理增加收费口，提高服务能力，避免车辆排长队。

5 停车场内车流线和人行流线应尽量避免交叉，保障行人安全。人流量大的停车场人行出入口应分散布置，避免人流集中，造成拥挤和行人安全隐患。

6 停车场应合理组织车辆流线，方便停车，在出入口和内部设置标线、标志，引导车辆。

7 停车场内行人流线若与车行流线交叉，为保障行人安全，应合理布置、标识行人流线，保障行人安全。

8 停车场出入口应合理设计，设置交通标志，便于司机辨认，避免和道路交通发生冲突，影响安全。

10.5.2 路侧停车位的设置：

1 城市往往用地紧张，但停车需求大，路侧停车位可作为停车场的补充设置。

路侧停车位由于压缩道路宽度，对道路交通有影响，且提供的停车位较少，不应作为城市主要的停车设施。在新建城区应规划充足的停车场，老城区用地紧张，路侧停车位可作为停车场的补充，适当布设，并合理规划。

2 路侧停车位宜布设在有条件的机动车道外侧，不应侵占非机动车通行空间。

4 路侧停车位应结合停放车辆类型以及规定允许停车的时段进行设置，能满足不同类型车辆停车需求，并应用标志明示。

5 路侧停车位的设置应避免车辆驶入、停放和驶出过程中对机动车道内车辆行驶的影响。

10.5.3 出租车停靠站的设置：

1 出租车停靠站作为行人与机动车的转换设施，可规范乘车秩序，提高安全性。停靠站主要设置在出租车需求量大、交通繁忙及禁止随意停车路段，以规范停车秩序，提高乘车效率。

各地点出租车需求不一，应合理预测确定区域出租车需求，根据需求选择出租车站形式和合理规模。避免因设施不足造成停车混乱和使用不便，或因规模过大造成土地资源浪费。在交通枢纽、体育场馆、影剧院等人流密集区域，应结合其人行组织单独设置出租车乘降设施，路侧出租车停靠站作为其补充可考虑适当设置。

2 停靠站应结合人行系统和车行系统设置。行人可通过步行系统安全、便捷地乘车；出租车应可以顺畅进出停靠站，并减少对其他机动车和非机动车交通的影响。

3 出租车停靠站应设置引导标志和标识，引导行人和机动车，方便使用，同时提醒周边其他机动车，减少安全隐患。

5 在人流密集、出租车需求量大的地点，经常会出现排队现象，停靠站的设置应考虑周边乘客排队空间是否满足需求。可根据需要设置排队设施，如栏杆等，保证有序乘车。

10.6 公交停靠站

10.6.2 公交停靠站台的设置：

2 港湾式公交停靠站可有效减少公交车停靠对道路交通的影响。主干路对道路交通要求高，应采用港湾式公交停靠站；车流量大的次干路宜采用港湾式公交停靠站，减少公交车辆对道路交通的影响；其他次干路和交通量大的支路，有条件的，也可采用港湾式公交停靠站。一幅路设置公交站台，宜按本条第5款要求设置。公交车辆进出港湾式公交车站应避免影响主路交通，在快速路上设置港湾式公交站时公交车进出站和直行车道产生交织，现行行业标准《城市快速路设计规程》CJJ 129—2009中第3.0.10条规定主路设置的公交站应布置在与主路分离的停靠区，且出入口间距满足要求。

5 机动车与非机动车混行路段，若公交站台设置于人行道，公交车停车位将占用非机动车道，公交流线和非机动车流线交叉，存在安全隐患。宜将非机动车道设置在站台外侧，道路线形做相应调整，人行道依次外移。在公交站台两侧，宜安装机动车与非机动车护栏等隔离设施，引导非机动车在站台外侧的非机动车道通行，避免非机动车进入机动车道。

10.6.3 公交停靠站候车亭的设置：

1 候车亭应为乘客提供安全、舒适的候车环境。其设计在保障功能的前提下应与周边景观协调，美观大方。座椅等设施应方便实用，设计可多样化，美化环境。

2 候车亭来车方向应有良好视线，乘客能看到驶来的公交车，可提前准备乘车并减少安全隐患。国外候车亭部分采用多面封闭设计，能最大限度遮挡雨雪，同时至少在来车方向使用玻璃墙体，保障了乘客和司机的良好视线。但这种多面封闭的候车亭不适宜在乘客密集的站台使用。

候车亭长度要根据车站高峰时段人流设计，以能容纳站台所有乘客为宜。如站台较长或分组设置，候车亭可分段设置。如站台空间不足，候车亭的设置应考虑为乘客留出足够空间，保障乘客安全顺畅穿行于站台。

11 道路照明及变配电

11.1 道路照明

11.1.1 本条为强制性条文。基于城市道路的重要性以及车流、人流情况复杂，应设置人工照明设施，以保障交通安全、畅通，提高运输效率，加强管理、防止犯罪活动。并对美化城市环境产生良好效果。

11.1.2 按照道路在道路网中的地位、交通功能以及对沿线建筑物的服务功能等，城市道路分为四类，结合道路照明本身特点，将其分为两类三级。

11.1.3 本条是根据道路功能制定的评价指标。

11.1.4 为满足道路功能的需要，又不造成浪费，不同道路应有不同的要求。

11.1.5 本条是根据行人特点制定的评价指标。

11.1.7 基于交汇区车辆情况的复杂性，其照度应适当增加。

11.1.8 根据道路照明的评价指标，决定道路照明光源选择的主要是光效和寿命，目前高压钠灯由于其光效高、寿命长而被广泛采用，具有较好的经济性，虽然其显色指数为20～25，但在道路照明中已被普遍接受。在城市中心商业区等要求较高的区域，也可以采用金属卤化物灯、高效荧光灯等显色指数较高且光效也较高的光源。

11.1.9 不同截光型的灯具，适应不同的眩光限制要求，但需经过计算才能最终确定。

11.1.10 条款中列出的5种布置形式是道路照明的基本形式，具有较好的功能性和经济性，高杆照明适用于广场等大范围照明，大中型立交、交通枢纽等区域道路交叉复杂，采用高杆照明可以解决立杆困难、不同道路间路灯互相影响出现眩光等问题。

11.1.11 城市道路中的隧道，作为道路的一部分，且比道路状况更复杂，其标准不应该低于一般道路。

11.1.13 隧道入口段、出口段进行加强照明，是满足眼睛适应的需要。

11.2 照明控制

11.2.1 随着我国经济的发展和城市化，人工控制为主的操作模式已经不再适应目前的发展情况。

11.2.2 光控模式虽然理论上最切合实际需求，但由于其传感器容易受到干扰，可靠性较差。而各地区的日出和日落等天文条件是有规律的，因此通过时间控制可以较好地满足控制要求。而通过光控，可以解决乌云、暴雨等因气候引起的照明要求。

11.2.3 我国地域辽阔，大部分地区四季分明，各季的日落和日出时间变化很大，按季节变化分时段确定开关灯时间可减少不必要的浪费。

11.3 变配电系统

11.3.1 一般道路照明，失电后不会产生太大的影响，因此为三级负荷，重要道路、交通枢纽及人流集中的广场等如果失电后可能引起交通混乱、次序混乱的区段，照明为二级负荷。

11.3.3 随着道路管理要求的提高，道路设施越来越完善，道路监控等用电分散，且用电量小的设施，宜由道路照明的配电系统统一规划。

11.4 节 能

11.4.1 设计中尽可能使道路满足采用标准中低档值的条件，是最有效的节能方法。

11.4.2 使用高光效光源和高效率灯具可以从根本上节能。

11.4.3 气体放电灯的功率因数较低，通过改进镇流器和电容补偿等方法提高功率因数，可减少线路损耗。

11.4.4 通过调光、减光等手段以及控制合理的开、关灯时机，确保仅在需要时投入合适的照明。

11.4.5 自清洁灯具可提高维护系数，保证灯具的效率。

11.4.6 照明功率密度（LPD）是道路照明节能的量化指标之一。

12 管理处所及设备

12.1 一般规定

12.1.1 城市道路交通管理处所和设备的配置是为适应不同类型和等级道路设施的交通管理需求，尤其是在适应诸如城市快速路、大型桥梁，越江隧道等重要设施的管理需求的前提下提出来的。

12.1.2 管理处所一般设置在城市道路的邻近地块，对布局方面除应注重高效管理的要求外，也应考虑节约用地以及减少对环境的影响。

12.1.3 管理设备的配备既要满足日常运行管理的基本要求，也应适应中、远期道路规划和交通量变化的管理要求。

12.2 管理处所

12.2.1 目前我国大部分城市的道路管理都是采用市场化运作的方式，建设专门的道路管理处所越来越少。但是对于一些易发生恶性事故、无法替代、紧急状况下必须立即修复的桥隧工程，建设单位可以考虑建设专门的道路管理处所。

如果建设专门的道路管理处所，可考虑将监控等设施与道路管理处所合并建设，这样可以节约一定的资源。

12.2.2 执法检查设施主要包括执法检查人员在安全、不影响交通的前提下执法所需的工作场地，处理违章时所需的临时停车场以及执法时所需的其他辅助设施。

12.3 管理设备

12.3.1、12.3.2 道路管理设备和物资应满足道路正常运营和应急状况的需求，如通风、照明、消声、清障、抢险、救援、快速修复、消防、停车、除冰除雪等。

中华人民共和国国家标准

通信局(站)防雷与接地工程设计规范

Code for design of lightning protection and earthing engineering for telecommunication bureaus (stations)

GB 50689—2011

主编部门：中华人民共和国工业和信息化部

批准部门：中华人民共和国住房和城乡建设部

施行日期：２０１２年５月１日

中华人民共和国住房和城乡建设部
公　　告

第981号

关于发布国家标准
《通信局（站）防雷与接地工程设计规范》的公告

现批准《通信局（站）防雷与接地工程设计规范》为国家标准，编号为GB 50689—2011，自2012年5月1日起实施。其中，第1.0.6、3.1.1、3.1.2、3.6.8、3.9.1、3.10.3、3.11.2、3.13.6、3.14.1、4.8.1、5.3.1、5.3.4、6.4.3、6.6.4、7.4.6、9.2.9条为强制性条文，必须严格执行。

本规范由我部标准定额研究所组织中国计划出版社出版发行。

中华人民共和国住房和城乡建设部

二〇一一年四月二日

前　　言

本规范是根据住房和城乡建设部《关于印发〈2008年工程建设标准规范制订、修订计划（第二批）〉的通知》（建标〔2008〕105号）的要求，由中讯邮电咨询设计院有限公司编制完成。

本规范在编制过程中，规范编制组学习了有关现行国家法律、法规及标准，进行了调查研究，总结了多年来通信局（站）防雷与接地设计的经验，对规范条文反复讨论修改，在广泛征求意见的基础上，最后经审查定稿。

本规范共分9章和7个附录。主要内容包括：总则，术语，基本规定，综合通信大楼的防雷与接地，有线通信局（站）的防雷与接地，移动通信基站的防雷与接地，小型通信站的防雷与接地，微波、卫星地球站的防雷与接地，通信局（站）雷电过电压保护设计等。

本规范中以黑体字标志的条文为强制性条文，必须严格执行。

本规范由住房和城乡建设部负责管理和对强制性条文的解释，由中讯邮电咨询设计院有限公司负责具体技术内容的解释。本规范在执行过程中，希望各单位注意总结经验，如发现需要修改或补充之处，请将意见寄至中讯邮电咨询设计院有限公司（地址：北京市海淀区首体南路9号主语商务中心，邮政编码：100048），以供今后修订时参考。

本规范主编单位、主要起草人和主要审查人：

主 编 单 位： 中讯邮电咨询设计院有限公司

主要起草人： 刘吉克　朱清峰　陈　强　石宇海　王志岗　祁　征　牛年增

主要审查人： 杨世忠　林涌双　高　健　许伟杰　李　峙　张东良　郭亚平　戴传友　郭　武　孙延玲　邱传睿　娄杰良　肖　波　卢智军

目　次

Contents

1 总 则

1.0.1 为防止和降低通信局（站）因雷击造成的危害，确保人员安全和通信设备的安全和正常工作，制定本规范。

1.0.2 本规范适用于新建、改建和扩建的通信局（站）防雷与接地工程的设计。

1.0.3 通信局（站）防雷接地工程应建立在联合接地、均压等电位、分区保护的基础上，并应根据电磁兼容原理，按防雷区划分原则，对防雷器的安装位置进行合理规划。

1.0.4 通信局（站）防雷接地工程设计的雷击风险评估应以现场调查资料、局址地理环境、年雷暴日分布及通信局（站）类型为依据。

1.0.5 通信局（站）雷电过电压保护工程所选用的防雷器应符合工业与信息化部通信防雷产品的技术要求。

1.0.6 通信局（站）雷电过电压保护工程，必须选用经过国家认可的第三方检测部门测试合格的防雷器。

1.0.7 年雷暴日应根据通信局（站）所在地区的气象部门提供的数据确定，也可按本规范附录A和附录B的规定确定。

1.0.8 通信局（站）防雷与接地工程的设计，除应符合本规范外，尚应符合国家现行有关标准的规定。

2 术 语

2.0.1 防雷区 lightning protection zones (LPZ)

将一个易遭雷击的区域，按通信局（站）建筑物内外、通信机房及被保护设备所处环境的不同进行被保护区域划分，被保护区域称为防雷区。

2.0.2 雷暴日 thunderstorm day

一天中可听到一次以上的雷声称为一个雷暴日。

2.0.3 少雷区 low keraunic zones

少雷区为一年平均雷暴日数不超过25的地区。

2.0.4 中雷区 middle keraunic zones

中雷区为一年平均雷暴日数在26～40以内的地区。

2.0.5 多雷区 high keraunic zones

多雷区为一年平均雷暴日数在41～90以内的地区。

2.0.6 强雷区 strong keraunic zones

强雷区为一年平均雷暴日数超过90的地区。

2.0.7 雷电活动区 keraunic zones

根据年平均雷暴日的多少，分为少雷区、中雷区、多雷区和强雷区。

2.0.8 雷击风险评估 evaluation of lightning strike risk

根据雷击的各种因素，综合评估因雷击大地导致局（站）损害程度确定防护等级、类别的一种方法。

2.0.9 直击雷 direct lightning flash

直接击在建筑物或防雷装置上的闪电。

2.0.10 直击雷保护 direct stroke protection

防止雷闪直接击在建筑物、构筑物、电气网络或电气装置上的措施。

2.0.11 接闪器 air-terminal system

直接接受雷击的避雷针、避雷带（线）、避雷网。

2.0.12 滚球法 rolling sphere method

电气几何理论应用在建筑物防雷分析中的简化分析方法。

2.0.13 引下线 down-conductor system

连接接闪器与接地装置的金属导体。

2.0.14 雷电电磁脉冲 lightning electromagnetic pulse (LEMP)

与雷电放电相联系的电磁辐射。所产生的电场和磁场能够耦合到电气或电子系统中，产生破坏性的浪涌电流或浪涌电压。

2.0.15 外部防雷装置 external lightning protection system

由接闪器、引下线和接地装置组成，主要用以防直击雷的防护装置。

2.0.16 土壤电阻率 earth resistivity

表征土壤导电性能的参数，它的值等于单位立方体土壤相对两面间测得的电阻，单位为Ω·m。

2.0.17 工频接地电阻 power frequency ground resistance

工频电流流过接地装置时，接地体与远方大地之间的电阻。其数值等于接地装置相对远方大地的电压与通过接地体流入地中电流的比值。

2.0.18 联合接地 common earthing

将通信局（站）各类通信设备不同的接地方式，包括通信设备的工作接地、保护接地、屏蔽体接地、防静电接地、信息设备逻辑地等和建筑物金属构件及各部分防雷装置、防雷器的保护接地连接在一起，并与建筑物防雷接地共同合用建筑物的基础接地体及外设接地系统的接地方式。

2.0.19 接地体 earth electrode

为达到与地连接的目的，一根或一组与土壤（大地）密切接触并提供与土壤（大地）之间的电气连接的导体。

2.0.20 接地引入线 earthing connection

接地体与总接地汇集排之间相连的连接线称为接地引入线。

2.0.21 接地系统 earthing system

系统、装置和设备的接地所包含的所有电气连接和器件，包括埋在地中的接地体、接地线、与接地体相连的电缆屏蔽层及与接地体相连的设备外壳或裸露金属部分、建筑物钢筋、构架在内的复杂系统。

2.0.22 地网 earth grid

由埋在地中的互相连接的裸导体构成的一组接地体，为电气设备或金属结构提供共同的地。

2.0.23 接地装置 earth-termination system

接地线和接地体的总和。

2.0.24 等电位连接 equipotential bonding

将分开的装置、诸导电物体用等电位连接导体或防雷器连接起来以减小雷电流在它们之间产生的电位差。

2.0.25 等电位连接网络 bonding network

将一个系统的诸外露可导电部分做等电位连接的导体所组成的网络。

2.0.26 接地参考点 earthing reference point (ERP)

共用接地系统和系统的等电位连接网络之间的唯一连接点。

2.0.27 接地汇集线 mail earthing conductor

指作为接地导体的条状铜排或扁钢等，在通信局（站）内通常作为接地系统的主干线，按敷设方式可分类为水平接地汇集线、垂直接地汇集线、环形接地汇集线或条形接地汇集线。

2.0.28 接地端子 earthing terminal

接地线的连接端子或接地排。

2.0.29 接地排 earthing bar

与接地母线相连，并作为各类接地线连接端子的矩形铜排。

2.0.30 总接地排 main earthing terminal (MET)

用于将各类接地线连接到接地装置的接地排，是系统的第一级接地排。

2.0.31 楼层接地排 floor equipotential earthing terminal board (FEB)

建筑物内，楼层设置的接地排，供局部等电位接地排作等电位连接用。

2.0.32 局部接地排 local equipotential earthing terminal board (LEB)

通信系统设备机房内，做局部等电位连接的接地排。

2.0.33 电缆入口接地排 cable entrance earthing bar (CEEB)

可以通过接地排将电缆入口设施各个户外电缆与总接地排或环形接地体进行连接的接地排。

2.0.34 电缆入口设施 cable entrance facility (CEF)

将电缆内接地和金属外皮连接接地根据实际情况尽可能靠近户外电缆的入口处的设施。

2.0.35 公共直流回流系统 common DC return (DC-C)

直流回流导体与周围的连接网进行多点连接的一种直流电源系统。

2.0.36 隔离直流回流系统 isolated DC return (DC-I)

直流回流导体单点接到 BN 的一种直流电源系统。

2.0.37 公共连接网 common bonding network (CBN)

通信局（站）内实施连接和接地的主要手段，它是一组被特意互连或者偶然互连的金属部件，用以构成大楼的主要连接网。

2.0.38 垂直主干接地线 vertical reise (VR)

一组在电信设备和主接地端子间提供工程低电阻路径的垂直导体，垂直贯穿于通信局（站）建筑体各层楼的接地用主干线。

2.0.39 雷电过电压 lightning over-voltage

因雷电放电，在系统端口上出现的瞬态过电压。

2.0.40 防雷器 surge protective devices (SPD)

在通信局（站）用于各类通信系统对雷电过电压、操作过电压等进行保护的器件。

2.0.41 限压型防雷器 voltage limiting type SPD

限压型 SPD 一般由金属氧化物压敏电阻或半导体保护器件等元器件组成，通信局（站）必须使用限压型 SPD。

2.0.42 最大持续工作电压 maximum continuous operating voltage

允许持久地施加在 SPD 上的最大交流电压有效值或直流电压。其值等于额定电压。

2.0.43 残压 residual voltage

放电电流流过 SPD 时，在其端子间的电压峰值。

2.0.44 限制电压 residual voltage of SPD

施加规定波形和幅值的冲击电压时，在 SPD 接线端子间测得的最大电压峰值。

2.0.45 标称导通电压 nominal start-up voltage

在施加恒定 1mA 直流电流情况下金属氧化物压敏电阻的启动电压。

2.0.46 标称放电电流 nominal discharge current (I_n)

表明 SPD 通流能力的指标，对应于 8/20μs 模拟雷电波的冲击电流。

2.0.47 最大通流容量 maximum discharge current (I_{max})

SPD 不发生实质性破坏，每线（或单模块）能通过规定次数、规定波形模拟雷电波的最大电流峰值。最大通流容量为标称放电电流的 2.5 倍。

2.0.48 二端口防雷器 two-port SPD

具有独立的输入输出端口的防雷器。在这些端口之间插入有一个专门的串联阻抗。

2.0.49 一端口防雷器 one-port SPD

SPD 与被保护电路并联。一端口能分开输入和输出端，在输入和输出端子之间没有特殊的串联阻抗。

2.0.50 全球卫星定位系统 global positioning system (GPS)

一种结合卫星及通信发展的技术，利用导航卫星进行测时和测距。

3 基 本 规 定

3.1 一 般 规 定

3.1.1 通信局（站）的接地系统必须采用联合接地的方式。

3.1.2 大、中型通信局（站）必须采用TN-S或TN-C-S供电方式。

3.1.3 小型通信局（站）、移动通信基站及小型站点可采用TT供电方式。

3.1.4 安装在民用建筑物上的各类无线站点应确保建筑物内供电系统的安全。

3.1.5 雷电过电压保护设计应符合本规范第9章的有关规定，防雷器安装应符合本规范附录C的有关规定。

3.2 接地系统组成

3.2.1 通信局（站）的接地系统可按图3.2.1设计。

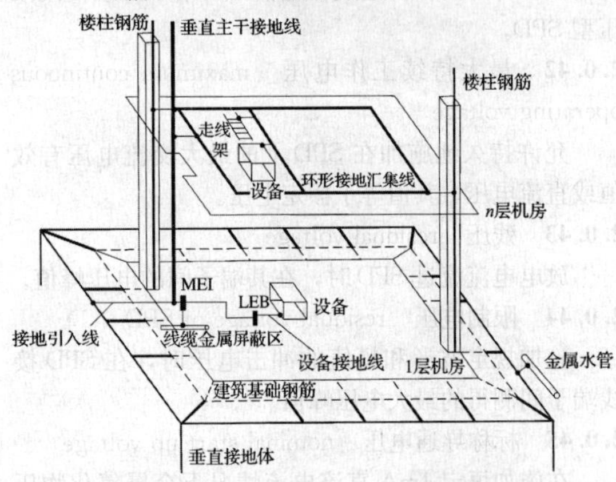

图3.2.1 通信局（站）接地系统

3.2.2 接地汇集线、接地线应以逐层辐射方式进行连接，宜以逐层树枝形方式或者网状连接方式相连，并应符合下列规定：

1 垂直接地汇集线应贯穿于通信局（站）建筑体各层，其一端应与接地引入线连通，另一端应与建筑体各层钢筋和各层水平分接地汇集线相连，并应形成辐射状结构。垂直接地汇集线宜连接在建（构）筑物底层的环形接地汇集线上，并应垂直引到各机房的水平分接地汇集线上。

2 水平接地汇集线应分层设置，各通信设备的接地线应就近从本层水平接地汇集线上引入。

3.2.3 通信局（站）的联合地网应利用建筑物基础混凝土内的钢筋和围绕建筑物四周敷设的环形接地体，以及与之相连的电缆屏蔽层和各类管线相互保持电气连接。

3.3 接 地 体

3.3.1 接地体上端距地面不宜小于0.7m。在寒冷地区接地体应埋设在冻土层以下。在土壤较薄的石山或碎石多岩地区应根据具体情况确定接地体埋深。

3.3.2 垂直接地体宜采用长度不小于2.5m的热镀锌钢材、铜材、铜包钢等接地体，也可根据埋设地网的土质及地理情况确定。垂直接地体间距不宜小于5m，具体数量可根据地网大小、地理环境情况确定。地网四角的连接处应埋设垂直接地体。

3.3.3 在大地土壤电阻率较高的地区，当地网接地电阻值难以满足要求时，可向外延伸辐射形接地体，也可采用液状长效降阻剂、接地棒以及外引接地等方式。

3.3.4 当城市环境不允许采用常规接地方式时，可采用接地棒接地的方式。

3.3.5 水平接地体应采用热镀锌扁钢或铜材。水平接地体应与垂直接地体焊接连通。

3.3.6 接地体采用热镀锌钢材时，其规格应符合下列规定：

1 钢管的壁厚不应小于3.5mm。

2 角钢不应小于50mm×50mm×5mm。

3 扁钢不应小于40mm×4mm。

4 圆钢直径不应小于10mm。

3.3.7 接地体采用铜包钢、镀铜钢棒和镀铜圆钢时，其直径不应小于10mm。镀铜钢棒和镀铜圆钢的镀层厚度不应小于0.254mm。

3.3.8 除在混凝土中的接地体之间的所有焊接点外，其他接地体之间所有焊接点均应进行防腐处理。

3.3.9 接地装置的焊接长度，采用扁钢时不应小于其宽度的2倍，采用圆钢时不应小于其直径的10倍。

3.4 接地引入线

3.4.1 接地引入线应做防腐蚀处理。

3.4.2 接地引入线宜采用40mm×4mm或50mm×5mm热镀锌扁钢或截面积不小于95mm^{2}的多股铜线，且长度不宜超过30m。

3.4.3 接地引入线不宜与暖气管同沟布放，埋设时应避开污水管道和水沟，且其出土部位应有防机械损伤的保护措施和绝缘防腐处理。

3.4.4 与接地汇集线连接的接地引入线应从地网两侧就近引入。

3.4.5 高层通信楼地网与垂直接地汇集线连接的接地引入线应采用截面积不小于240mm^{2}的多股铜线，并应从地网的两个不同方向引接。

3.4.6 接地引入线应避免从作为雷电引下线的柱子附近引入。

3.4.7 作为接地引入点的楼柱钢筋应选取全程焊接连通的钢筋。

3.5 接地汇集线

3.5.1 接地汇集线宜采用环形接地汇集线或接地排

方式。环形接地汇集线宜安装在大楼地下室、底层或相应机房内，移动通信或者其他小型机房可设置在走线架上，其距离墙面（柱面）宜为50mm，接地排可安装在不同楼层的机房内。接地汇集线与接地线采用不同金属材料互连时，应防止电化腐蚀。

3.5.2 接地汇集线可采用截面积不小于90mm²的铜排，高层建筑物的垂直接地汇集线应采用截面积不小于300mm²的铜排。

3.5.3 接地汇集线可根据通信机房布置和大楼建筑情况在相应楼层设置。

3.6 接 地 线

3.6.1 通信局（站）内各类接地线应根据最大故障电流值和材料机械强度确定，宜选用截面积为16mm²～95mm²的多股铜线。

3.6.2 配电室、电力室、发电机室内部主设备的接地线应采用截面积不小于16mm²的多股铜线。

3.6.3 跨楼层或同层布设距离较远的接地线应采用截面积不小于70mm²的多股铜线。

3.6.4 各层接地汇集线与楼层接地排或设备之间相连接的接地线，距离较短时，宜采用截面积不小于16mm²的多股铜线；距离较长时，宜采用不小于35mm²的多股铜线或增加一个楼层接地排，应先将其与设备间用不小于16mm²的多股铜线连接，再用不小于35mm²的多股铜线与各层楼层接地排进行连接。

3.6.5 数据服务器、环境监控系统、数据采集器、小型光传输设备等小型设备的接地线，可采用截面积不小于4mm²的多股铜线；接地线较长时应加大其截面积，也可增加一个局部接地排，并应用截面积不小于16mm²的多股铜线连接到接地排上。当安装在开放式机架内时，应采用截面积不小于2.5mm²的多股铜线接到机架的接地排上，机架接地排应通过16mm²的多股铜线连接到接地汇集线上。

3.6.6 光传输系统的接地线应符合下列规定：

1 在接入网、移动通信基站等小型局（站）内，光缆金属加强芯和金属护层应在分线盒内可靠接地，并应用截面积不小于16mm²的多股铜线引到局（站）内总接地排上。

2 通信大楼、交换局和数据局内的光缆金属加强芯和金属护层应在分线盒内或光纤配线架（ODF架）的接地排连接，并应采用截面积不小于16mm²的多股铜线就近引到该楼层接地排上；当离接地排较远时，可就近从传输机房楼柱主钢筋引出接地端子作为光缆的接地点。

3 光传输机架设备或子架的接地线，应采用截面积不小于10mm²的多股铜线。

3.6.7 接地线两端的连接点应确保电气接触良好。

3.6.8 **接地线中严禁加装开关或熔断器。**

3.6.9 由接地汇集线引出的接地线应设明显标志。

3.7 等电位连接方式

3.7.1 通信系统网状（M）、星形（S）和星-网状混合型等电位连接可按图3.7.1设计。

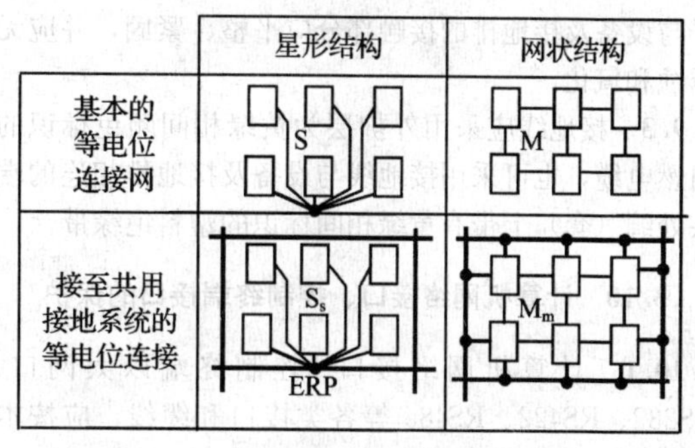

(a)基本结构

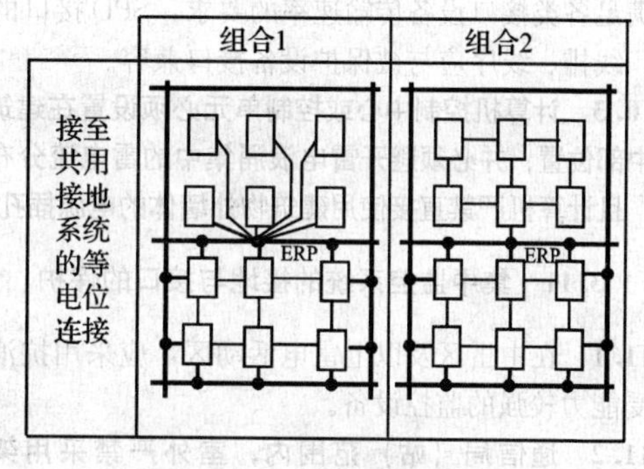

(b)组合方式

图3.7.1 通信系统等电位连接结构

——：建筑物的共用接地系统；——：等电位连接网；

□：设备；ERP：接地参考点；

•：等电位连接网与共用接地系统的连接

3.7.2 通信系统应根据通信设备的分布和机房面积、通信设备的抗扰度及设备内部的接地方式选择等电位连接方式。

3.8 各类缆线的入局方式

3.8.1 各类缆线宜埋地引入。

3.8.2 无金属外护层的电缆宜穿钢管引入，且钢管两端应做接地处理。

3.8.3 出入通信局（站）的传输光（电）缆，各类缆线宜集中在进线室入局，且应在进线室用专用接地卡直接将金属铠装外护层做接地处理，光缆应将缆内的金属构件在终端处接地，各类缆线的金属护层和金属构件应在两端做接地处理，各类信号线电缆的金属外护层应在进线室内就近接地或与地网连接。

3.8.4 各类缆线金属护层和金属构件的接地点应避免在作为雷电引下线的柱子附近设立或引入。

3.9 接地线布放要求

3.9.1 接地线与设备及接地排连接时，必须加装铜接线端子，并应压（焊）接牢固。

3.9.2 接线端子尺寸应与接地线径相吻合。接线端子与设备及接地排的接触部分应平整、紧固，并应无锈蚀和氧化。

3.9.3 接地线应采用外护层为黄绿相间颜色标识的阻燃电缆，也可采用接地线与设备及接地排相连的端头处缠（套）上带有黄绿相间标识的塑料绝缘带。

3.10 计算机网络接口、控制终端接口的保护

3.10.1 计算机网络接口、控制终端以太网口、RS232、RS422、RS485 等各类接口和缆线，应按本规范第 9 章的有关规定加装 SPD。

3.10.2 计算机接口、控制终端、网络数据线的 SPD 应满足各类接口设备传输速率的要求，SPD 接口的线位、线排、线序应与被保护设备接口兼容。

3.10.3 计算机控制中心或控制单元必须设置在建筑物的中部位置，并必须避开雷电浪涌集中的雷电流分布通道，且计算机严禁直接使用建筑物外墙体的电源插孔。

3.11 集中监控系统的接地与接口的保护

3.11.1 在中雷区及以上雷电活动区，应采用抗浪涌耐受能力较强的监控设备。

3.11.2 通信局（站）范围内，室外严禁采用架空线路。

3.11.3 雷击保护重点设备的接口应安装相应接口的 SPD。

3.11.4 监控线缆及线槽的布放应避免紧靠建筑物的立柱或横梁。无法避免时，应减小沿立柱或横梁的布线长度。

3.11.5 各类电缆的布放应远离铁塔等可能遭受直击雷的结构物，不得沿建筑物的墙角布线。

3.11.6 室内各种监控线缆的布放宜集中在建筑物的中部。

3.11.7 各种监控线缆宜采用屏蔽电缆或穿金属管线。

3.11.8 电缆屏蔽层、屏蔽套管或屏蔽槽等屏蔽体的两端应接地。

3.11.9 电缆屏蔽层应保持全程电气连通，且宜多点就近接地，并应做好屏蔽体接头和接缝处的连接，以及屏蔽体的接地。

3.12 局内布线

3.12.1 局内射频同轴布线电缆外导体和屏蔽电缆的屏蔽层两端应与所连接设备或机盘的金属机壳外表面保持良好的电气接触。

3.12.2 通信局（站）地处雷害易发区或临近有强电磁场干扰源时，机房内的架间布线宜采用金属槽道。

3.12.3 当通信局（站）各类信号数据线垂直长度大于 30m 时，应穿金属管或使用带屏蔽层的缆线，金属管两端、缆线的屏蔽层两端应就近与楼层的均压网或接地网焊接。

3.13 配电系统

3.13.1 高压输电线路与变压器的设置应符合下列规定：

1 从架空高压电力线终端杆引入通信局（站）的高压电力线宜采用铠装电缆，在进入通信局（站）配电变压器时高压侧的铠装电缆宜全程埋地引入。

2 当配电变压器设在通信局（站）建筑物内部时，高压铠装电缆应埋地引入，且两端铠装层应就近接地。

3 建在郊区和山区的微波站、移动通信基站的配电变压器，不宜与通信设备设在同一机房内。

3.13.2 在架空高压电力线终端杆与铠装电缆的接头处，三相电力线应分别就近对地加装额定电压为 12.7kV（系统额定电压 10kV）或 7.6kV（系统额定电压 6.6kV）的交流无间隙氧化锌避雷器。建在郊区或山区，地处中雷区以上的通信局（站），应采用标称放电电流不小于 20kA 的交流无间隙氧化锌强雷电避雷器。

3.13.3 配电变压器高压侧应在靠近变压器处装设相应系统额定电压等级的交流无间隙氧化锌避雷器，变压器低压侧应加装 SPD。

3.13.4 配电变压器高、低压侧的 SPD 接地端子、变压器外壳、中性线及电力电缆的铠装层应就近接地。

3.13.5 专用变压器安装在局（站）院内时，应将变压器的接地体与大楼的接地体连通。接地线应与局（站）内的接地总汇集线连通，专用变压器安装在大楼内时，其接地系统可与局（站）合用接地装置。

3.13.6 局（站）机房内配电设备的正常不带电部分均应接地，严禁做接零保护。

3.14 机房内辅助设备的接地

3.14.1 室内的走线架及各类金属构件必须接地，各段走线架之间必须采用电气连接。

3.14.2 机架、管道、支架、金属支撑构件、槽道等设备支持构件与建筑物钢筋或金属构件等应电气连接。

3.15 光缆的防雷接地

3.15.1 光缆路由选择时，应避开下列雷害事件高发地带：

1 10m 深处的土壤电阻率 ρ_{10} 发生突变的地方。

2 石山与水田、河流的交界处，矿藏边界处，进山森林的边界处，地质断层地带。

3 面对广阔水面的山岳向阳坡或迎风坡。

4　较高或孤立的山顶。

5　以往曾屡次发生雷害的地点。

6　孤立杆塔及拉线，高耸建筑物及其接地保护装置附近。

3.15.2　光缆线路在中雷区以上的地区，以及有雷击历史的地段应采取防雷保护措施。

3.15.3　无金属线对，有金属构件的直埋光缆线路的防雷保护可采取下列措施：

1　防雷线的设置应符合下列规定：

1）$\rho_{10}<100\Omega\cdot m$ 的地段，可不设防雷线；

2）ρ_{10} 为 $100\Omega\cdot m\sim500\Omega\cdot m$ 的地段，设一条防雷线；

3）$\rho_{10}>500\Omega\cdot m$ 的地段，设两条防雷线；

4）防雷线的连续布放长度不应小于 2km。

2　光缆在野外长途塑料管道中敷设时，防雷线的设置应符合下列规定：

1）$\rho_{10}<100\Omega\cdot m$ 的地段，可不设防雷线；

2）$\rho_{10}\geqslant100\Omega\cdot m$ 的地段，设一条防雷线；

3）防雷线的连续布放长度不应小于 2km。

3　光缆接头处两侧金属构件不应做电气连通。

4　局（站）内的光缆金属构件应接地。

5　雷害严重地段，光缆可采用非金属加强芯或无金属构件的结构形式。

6　在易遭受雷击的地区，光缆接头盒宜采用两端进线的方式。

3.15.4　光缆线路应绕避雷击危害严重地段的孤立大树、杆塔、高耸建筑、行道树、树林等易引雷目标。无法避开时，应采用对光缆线路进行保护的消弧线、避雷针等措施。

3.15.5　架空光缆线路除应按本规范第 3.15.3 条第 3 款～第 5 款的规定执行外，还应采取下列防雷保护措施：

1　光缆吊线应间隔接地。

2　雷害特别严重地段应设置架空地线。

3.15.6　局间架空光缆的防雷应符合下列规定：

1　架空光缆宜避开易遭受直击雷的特殊地段；光缆吊线应每隔 300m～500m 利用电杆避雷线或拉线接地，并应每隔 1km 左右加装绝缘子进行电气断开。

2　雷害特别严重地段的架空光缆上方应设架空地线。

3.15.7　局间或高山微波站、基站的直埋光缆与进站低压电力电缆，可利用沟槽同沟埋设，埋深宜根据地质情况和满足进局低压电力电缆的要求确定。

4　综合通信大楼的防雷与接地

4.1　一般规定

4.1.1　综合通信大楼应建立在联合接地的基础上，将建筑物基础和各类设备、装置的接地系统所包含的所有电气连接与建筑物金属构件、低压配电接地线、防静电接地等连接在一起，并应将环形接地体与建筑物水平基础内钢筋焊接连通。

4.1.2　当综合通信大楼由多个建筑物组成时，应使用水平接地体将各建筑物的地网相互连通，并应形成封闭的环形结构。距离较远或相互连接有困难时，可作为相互独立的局（站）分别处理。

4.1.3　综合通信大楼应采用外部防雷装置、内部等电位连接和雷电电磁脉冲防护等综合防雷系统。

4.1.4　综合通信大楼内部的接地系统应通过总接地排、楼层接地排、局部接地排、预留在柱内接地端子等构成一个完善的等电位连接系统，并应将各子接地系统用接地导体进行连接，构成不同的接地参考点。

4.1.5　综合通信大楼内部的接地系统亦可从底层接地汇集线引出一根或多根至高层的垂直主干接地线，各层分接地汇集线应由其就近引出，构成垂直主干接地线网。

4.1.6　变压器装在大楼内时，变压器的中性点与接地汇集线之间宜采用双线连接。

4.1.7　综合通信大楼联合接地系统可按图 4.1.7 设计。

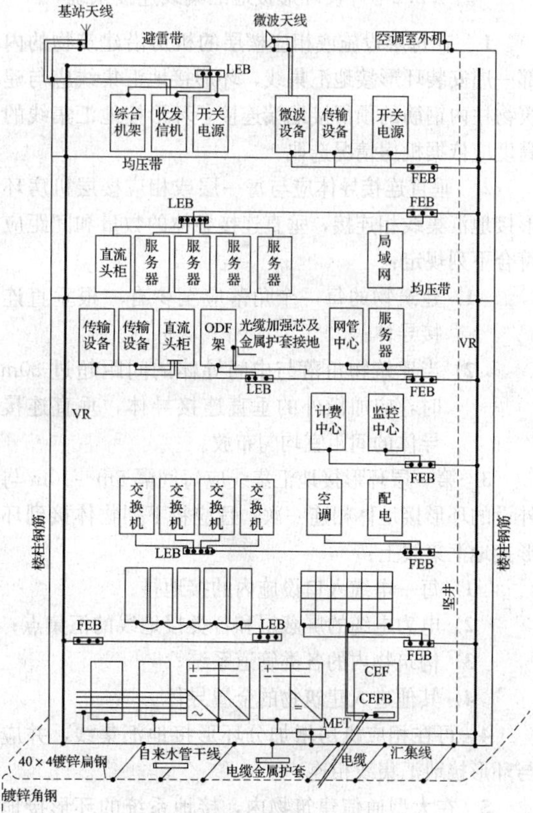

图 4.1.7　综合通信大楼联合接地系统连接方式

4.2　接地连接方式

4.2.1　综合通信大楼接地连接方式可分为外设环形

接地汇集线连接系统和垂直主干接地线连接系统。

4.2.2 外设环形接地汇集线连接系统可按图 4.2.2 设计。外设环形接地汇集线连接系统可用于高度较低且建筑面积较大或者外形为长方形的建筑物的综合通信大楼，可在高层综合通信大楼的某几层或某些机房使用，也可在电磁脉冲危险影响较大的局（站）采用。外设环形接地汇集线连接系统应符合下列规定：

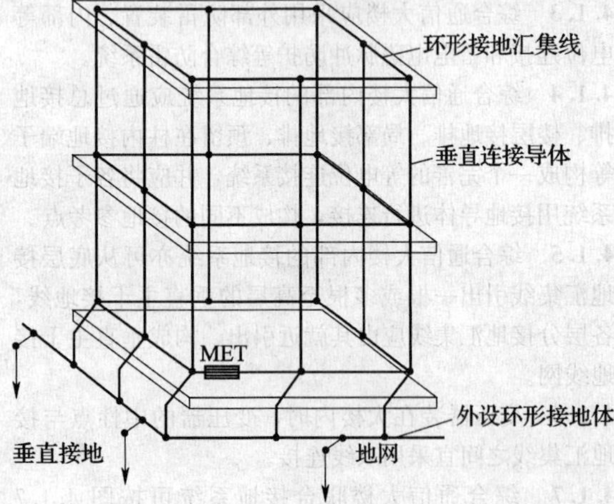

图 4.2.2 外设环形接地汇集线连接系统

1 在每层设施或相应楼层的机房沿建筑物的内部一周安装环形接地汇集线，环形接地汇集线应与建筑物柱内钢筋的预留接地端连接，环形接地汇集线的高度应依据机房情况选取。

2 垂直连接导体应与每一层或相应楼层机房环形接地汇集线相连接，垂直连接导体的数量和间距应符合下列规定：

1）建筑物的每一个角落应至少有一根垂直连接导体；

2）当建筑物角落与中间导体的间距超过 30m 时，应加额外的垂直连接导体，垂直连接导体的间距宜均匀布放。

3 第一层环形接地汇集线应每间隔 5m～10m 与外设的环形接地体相连一次，且应将下列物体接到环形接地汇集线上：

1）每一电缆入口设施内的接地排；

2）电力电缆的屏蔽层和各类接地线的汇集点；

3）构筑物内的各类管道系统；

4）其他进入建筑物的金属导体。

4 可在相应机房增加分环形接地汇集线，并应与环形接地汇集线相连。

5 在大型通信建筑物内，接地系统的环形接地汇集线的范围可缩小到有通信设备机房的建筑物区域，其垂直连接导体的范围和数量宜根据实际情况设置。

6 大型通信建筑物内应向上每隔一层设置一个均压网。

4.2.3 垂直主干接地线连接系统可按图 4.2.3 设计，并应符合下列规定：

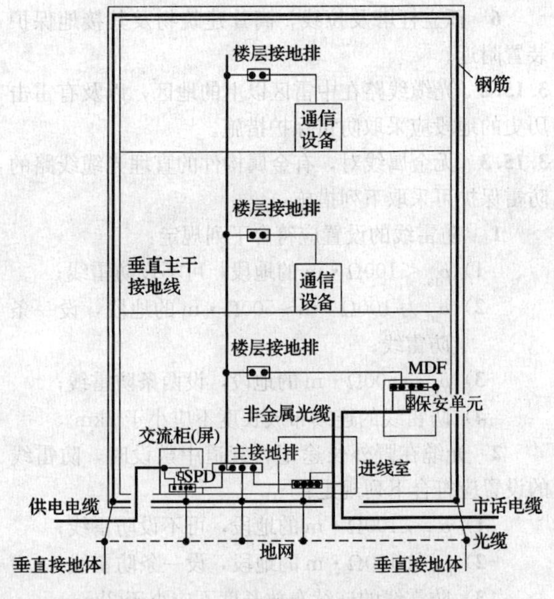

图 4.2.3 垂直主干接地线连接系统

1 总接地排宜设计在交流市电的引入点附近，且应与下列设备连接：

1）地网的接地引入线；

2）电缆入口设施的连接导体；

3）交流市电屏蔽层和各类接地线的连接导体；

4）构筑物内水管系统的连接导体；

5）其他金属管道和埋地构筑物的连接导体；

6）建筑物钢结构；

7）一个或多个垂直主干接地线。

2 一个或多个垂直主干接地线从总接地排到建筑物的每一楼层，建筑物的钢结构在电气连通的条件下可作为垂直主干接地线。

3 各垂直主干接地线应为以其为中心、长边为 30m 的矩形区域内的通信设备提供服务，处于此区域外的设备应由另外的垂直主干接地线提供服务。

4 垂直主干接地线间应每隔两层或三层进行互连。

5 每一层应建立一个或多个楼层接地排，各楼层接地排应就近连接到附近的垂直主干接地线，且各楼层接地排应设置在各子通信系统需要提供通信设备接地连接的中央。

6 各种设备连接网、直流电力装置及其他系统的需要接地的端子应连接到所在楼层的楼层接地排。

4.2.4 对雷电较敏感的通信设备应远离总接地排、电缆入口设施、交流市电和接地系统间的连接导线。

4.3 内部等电位接地连接方式

4.3.1 通信局（站）内应采用星形-网状混合型接地结构，应符合本规范附录 D 的规定。

4.3.2 环形接地汇集线方式的混合型接地连接可按图4.3.2设计。

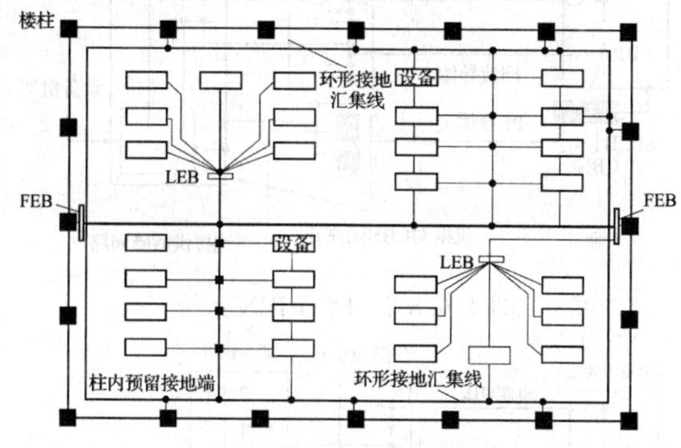

图4.3.2 环形接地汇集线方式的混合型接地连接

4.3.3 建筑物采取等电位连接措施后，各等电位连接网络均应与共用接地系统有直通大地的可靠连接，每个通信子系统的等电位连接系统不宜再设单独的引下线接至总接地排，而宜将各个等电位连接系统用接地线引至本楼层接地排。

4.4 地　　网

4.4.1 综合通信大楼的地网可按图4.4.1设计，环形接地体与均压网之间应每相隔5m～10m相互做一次连接。

4.4.2 采用环形接地汇集线的综合通信楼，其汇集线与地网之间的连接可按图4.4.2设计。

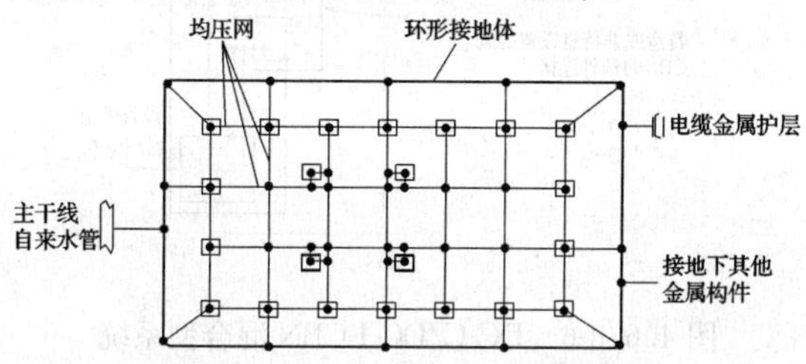

图4.4.1 综合通信大楼的地网组成方式

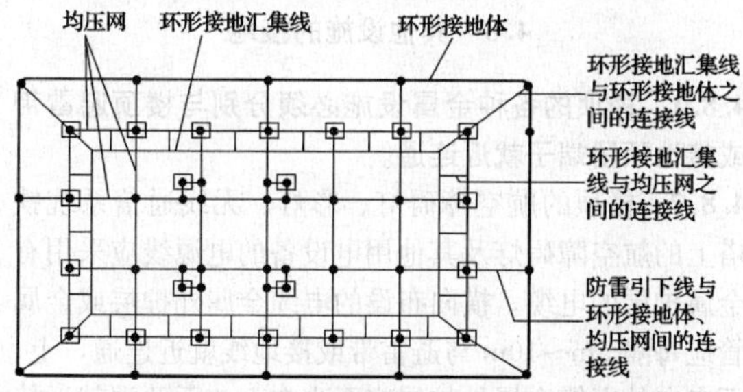

图4.4.2 环形接地汇集线与地网连接

4.4.3 环形接地汇集线与环形接地体除在建筑物四角连接外，每相隔一个柱子应相互连接一次。

4.5 进局缆线的接地

4.5.1 综合通信大楼应设立电缆入口设施，并应通过接地排将电缆入口设施各个户外电缆与主接地排或环形接地汇集线连接。可按图4.5.1设计，并应符合下列规定：

1 所有连接应靠近建筑物的外围。

2 入口设施特别是电源引入设施和电缆入口设施应根据实际情况紧靠在一起。

3 入口设施的连接导体应短、直。

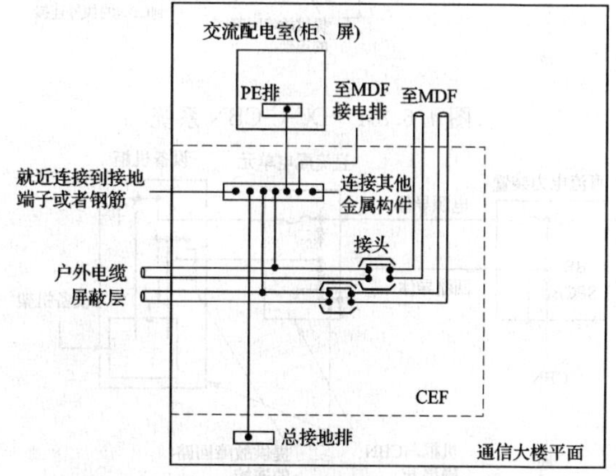

图4.5.1 使用接地排的电缆入口设施内电缆连接示例

4.6 通信设备的接地

4.6.1 在通信机房总体规划时，总配线架宜安装在一楼进线室附近，接地引入线应从地网两个方向就近分别引入。

4.6.2 非屏蔽信号电缆或电力电缆应避免在外墙上布放。必须布放时，则应将电缆全部穿入屏蔽金属管，并应将金属管两端与公共连接网连接。

4.6.3 通信设备宜放置在距外墙楼柱1m以外的区域，并应避免设备的机柜直接接触到外墙。

4.6.4 综合通信大楼的通信系统，当其不同子系统或设备间因接地方式引起干扰时，宜在机房单独设立一个或者数个局部接地排，不同通信子系统或设备间的接地线应与各自的局部接地排相连后再与楼层接地排连接。

4.6.5 传输设备因不同的接地方式引起干扰时，可采取将屏蔽传输线进行一端屏蔽层断开进行隔离处理等抗干扰措施的处理方式。

4.6.6 有单独保护接地要求的通信设备机架接地线应从总接地汇集线或机房内的分接地汇集线上引入。

4.6.7 数字配线架（DDF架）、ODF机架或列盘、数据服务器及机架应做接地处理。

4.6.8 综合通信大楼的通信设备的直流配电系统接地应符合下列规定：

1 DC-C-CBN系统可按图4.6.8-1设计。

2 DC-C-IBN系统可按图4.6.8-2和图4.6.8-3

设计。

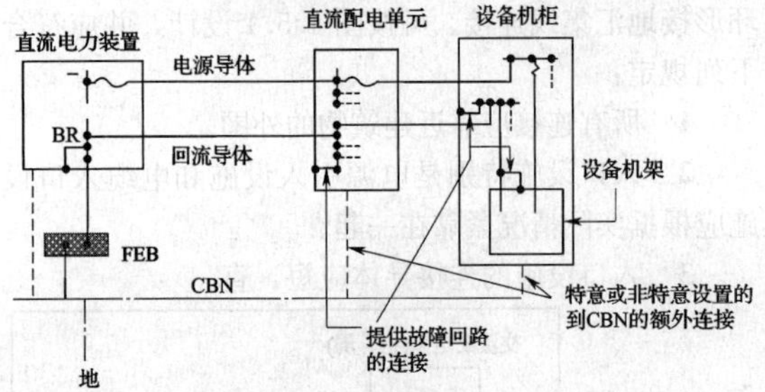

图 4.6.8-1 DC-C-CBN 系统

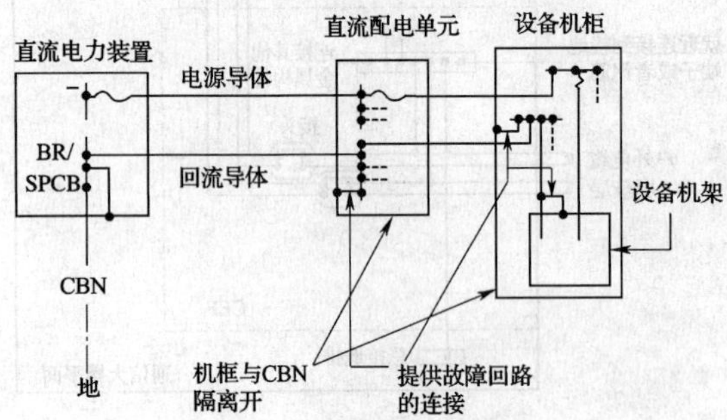

图 4.6.8-2 SPC 在 BR 母线排的 DC-C-IBN 系统

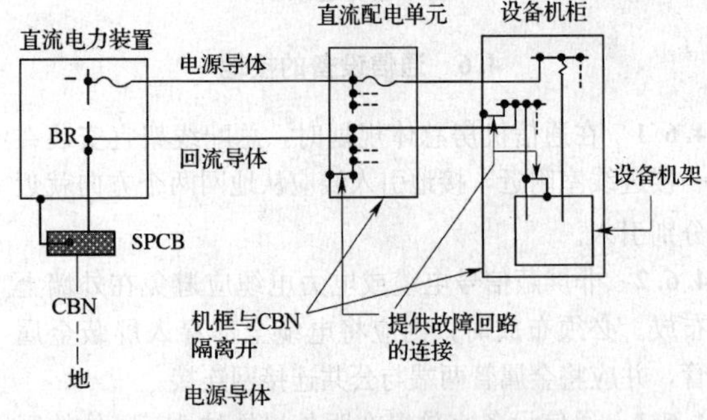

图 4.6.8-3 具有单独 SPCB 的 DC-C-IBN 系统

3 DC-I-CBN 系统可按图 4.6.8-4 设计。

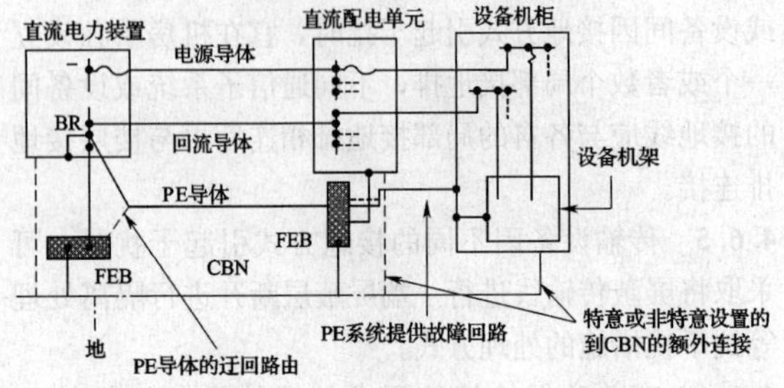

图 4.6.8-4 DC-I-CBN 系统

4 DC-I-IBN 系统可按图 4.6.8-5 设计。

5 DC-C/DC-I 混合型系统可按图 4.6.8-6 设计。

4.7 通信电源的接地

4.7.1 集中供电的综合通信大楼电力室的直流电源接地线应从接地汇集线上引入。

4.7.2 分散供电的高层综合通信大楼直流电源接地线应从分接地汇集线上引入。

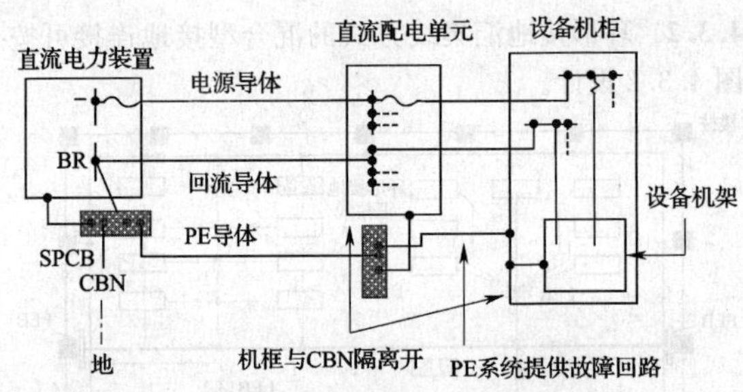

图 4.6.8-5 DC-I-IBN 系统

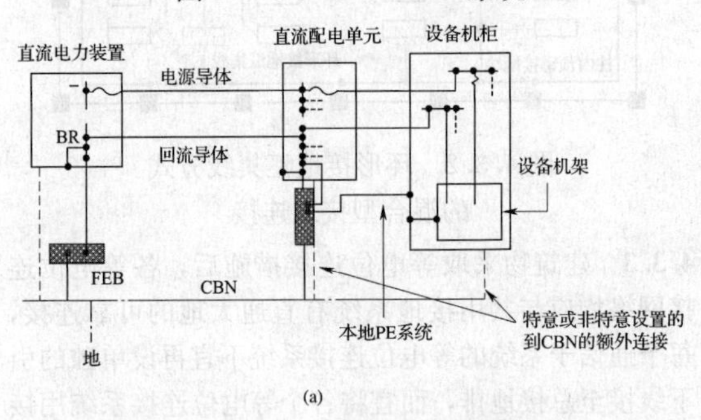

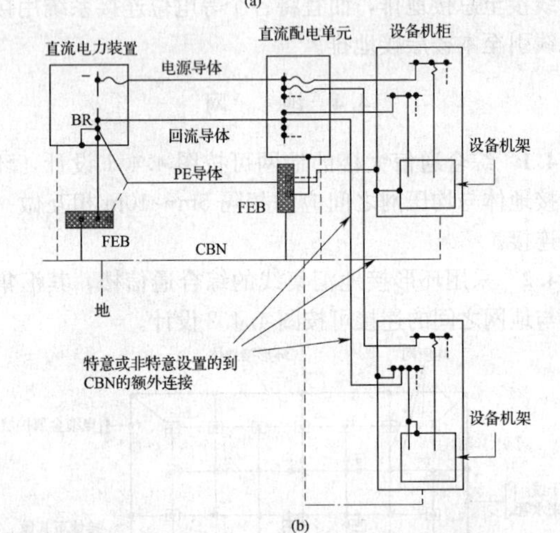

图 4.6.8-6 DC-C/DC-I-CBN 混合型系统

4.8 其他设施的接地

4.8.1 楼顶的各种金属设施必须分别与楼顶避雷带或接地预留端子就近连通。

4.8.2 楼顶的航空障碍灯、彩灯、无线通信系统铁塔上的航空障碍灯及其他用电设备的电源线应采用有金属护层的电缆。横向布设的电缆金属外护层或金属管应每隔 5m～10m 与避雷带或接地线就近连通，上、下走向的电缆金属外护层应至少在上、下两端就近接地一次。

4.8.3 大楼内各层金属管道均应就近接地。大楼所装电梯的滑道上、下两端均应就近接地，且离地面 30m 以上，宜向上每隔一层就近接地一次。

4.8.4 大楼内的金属竖井及金属槽道，节与节之间应电气连通。金属竖井上、下两端均应就近接地，且从离地面30m处开始，应向上每隔一层与接地端子就近连接一次。金属槽道亦应与机架或加固钢梁保持良好连接。

4.8.5 综合通信大楼的信号竖井宜设计在大楼的中部。

4.9 建筑防雷设计

4.9.1 建筑物防雷接地应作为大楼接地系统的组成部分。

4.9.2 建筑物防雷装置中的引下线宜利用大楼外围各房柱内的外侧主钢筋，外侧主钢筋不应小于2根。钢筋自身上、下连接点应采用搭接焊，且其上端应与房顶避雷装置、下端应与地网、中间应与各均压网焊接为电气上连通的近似于法拉第笼式的结构。

4.9.3 楼高超过30m时，楼顶宜设暗装避雷网，房顶女儿墙应设避雷带，塔楼顶应设避雷针，且避雷网、避雷带、避雷针应相互多点焊接连通。

4.9.4 楼高超过30m时，从30m处开始应向上每隔一层设置一次均压网。

4.9.5 暗装避雷网、各均压网（含基础底层）可利用该层梁或楼板内的两根主钢筋按网格尺寸不大于10m×10m相互焊接成周边为封闭式的环形带。网格交叉点及钢筋自身连接均应焊接牢靠。均压网可按图4.9.5设计，交叉点应采用对角线焊接方式。

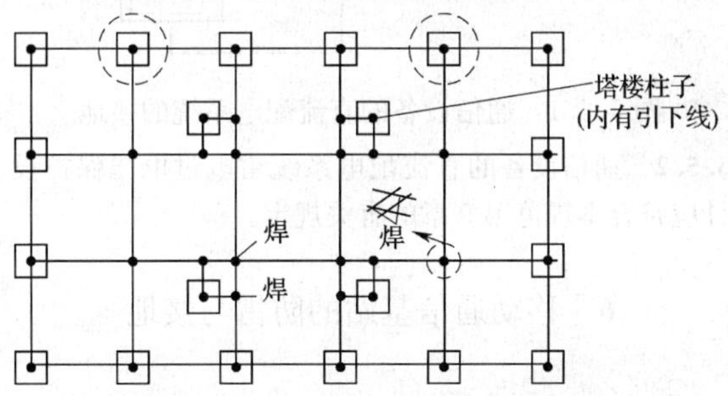

图4.9.5 均压网组成方式

5 有线通信局（站）的防雷与接地

5.1 交换局、数据局

5.1.1 总配线架保安单元应符合下列规定：

1 地处少雷区和中雷区的交换局总配线架，可采用由气体放电管或半导体保护器件与正温度系数热敏电阻组成的保安单元。

2 地处多雷区和强雷区的交换局总配线架，应采用由半导体保护器件与高分子正温度系数热敏电阻组成的保安单元。

3 地处少雷区和中雷区的交换局，若交换机用户板时有雷击事故发生，总配线架保安单元选取的雷区分类可增加一级；地处多雷区和强雷区的交换局总配线架，若交换机用户板雷击事故仅偶有发生，总配线架保安单元选取的雷区分类可减少一级。

5.1.2 等电位连接应符合下列规定：

1 机房可采用星-网混合型等电位连接的方式，程控交换机宜采用星形接地方式，其他通信设备宜采用网状接地方式。

2 对容量较大、机房长度超过30m的交换局、数据局，宜在机房内设置环形接地汇集线。

5.1.3 交换局、数据局的接地除应符合本规范第3章的有关规定外，尚应符合下列规定：

1 在机房总体规划时，总配线架宜安装在一楼进线室附近，且应从建筑物预留的接地端子或从接地汇集线上就近接地，接地引入线应从地网两个方向分别就近引入。

2 市话电缆空线对应在配线架上就近接地。

5.1.4 集中监控系统的接地与接口的保护应符合本规范第3.11节的规定。

5.1.5 交换局、数据局接地系统可按本规范图4.1.7设计。

5.1.6 交换局、数据局的地网可按图5.1.6设计。

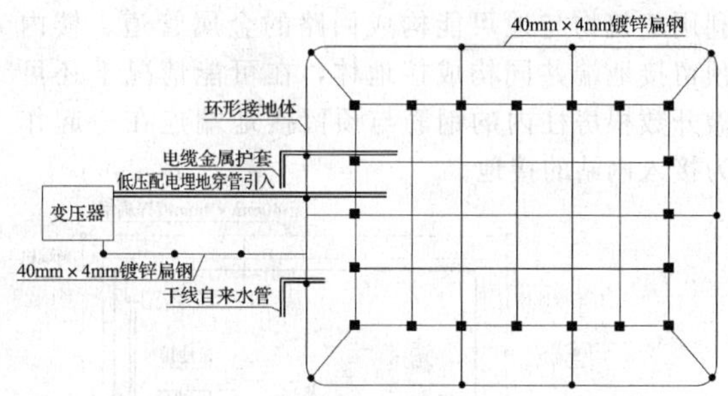

图5.1.6 交换局、数据局地网

5.2 接入网站、模块局

5.2.1 开关电源内的SPD安装位置应符合下列规定：

1 机房采用上走线方式时，宜选择SPD位置在机柜内上部的开关电源。

2 机房采用下走线方式时，宜选择SPD位置在机柜内下部的开关电源。

5.2.2 总配线架的接地应符合下列规定：

1 总配线架的接地线应采用截面积不小于35mm²的多股铜线直接引至总接地排或就近接至室外的环形接地体上。引入线应从地网两个方向就近分别引入。

2 当接入网站内部的总配线架与接入网机架相距较远时，总配线架应就近与环形接地网相连。

3 应避免总配线架的接地排直接作为总接地排。

5.2.3 总接地排应设置在进局供电线入口处的配电箱旁；第一级防雷箱应就近安装在配电箱附近，并应就近接地。

5.2.4 接入网站的地网应为由机房建筑物基础与外设的环形接地体组成的联合接地系统，环形接地体应与建筑物基础内钢筋焊接连通，接地网的面积应大于100m²，在土壤电阻率较高的地区宜在地网的四角辅以辐射型水平接地体。接入网站地网可按图5.2.4设计。

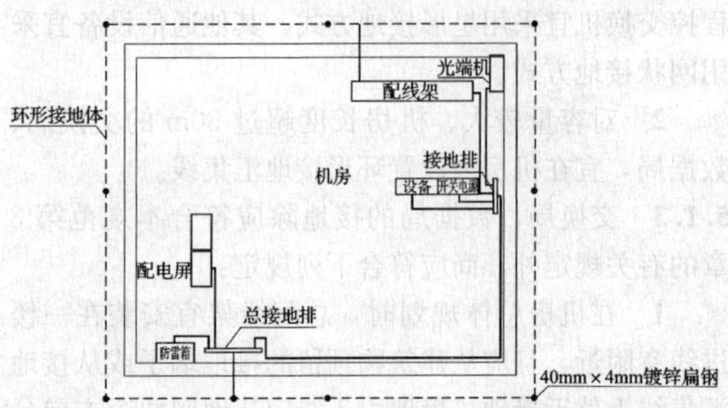

图5.2.4 典型接入网站地网

5.2.5 无线接入网站应符合下列规定：

1 无线接入网站地网宜按图5.2.5设计，接入网站与移动通信基站共站时，机房地网应符合本规范第6章的有关规定。

2 建在居民小区的接入网站，利用城市小区建筑物内地下室和一层房间作为机房时，应充分利用建筑物与地可能构成回路的金属管道、楼内预留接地端共同构成接地体，在可能情况下还可敲开数根房柱内的钢筋与预留接地端连在一起作为接入网站的接地。

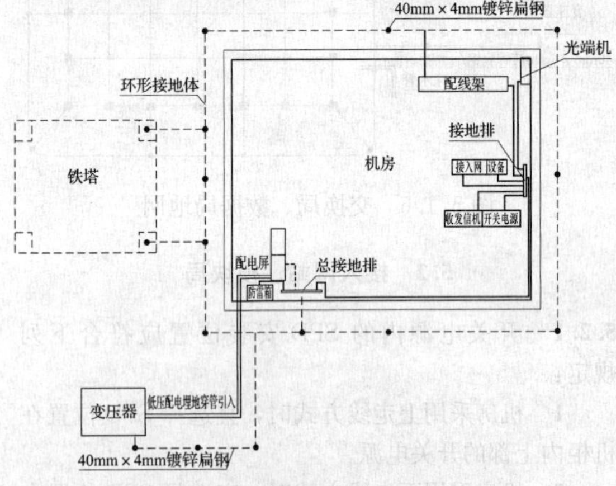

图5.2.5 典型无线接入网站地网

5.3 宽带接入点

5.3.1 宽带接入点用户单元的设备必须接地。

5.3.2 宽带接入点用户单元的接地宜直接利用建筑物基础内钢筋作为接地体。

5.3.3 宽带接入点网络线应有金属屏蔽层，网络线的金属屏蔽层两端应可靠接地，楼间网络线应避免架空飞线。

5.3.4 出入建筑物的网络线必须在网络交换机接口处加装网络数据SPD。

5.3.5 网络交换机、集线器、光端机的供电配电箱内应加装二端口SPD。

5.4 光缆中继站

5.4.1 光缆中继站第一级保护器应安装在配电箱附近，且应就近接地。光缆中继站接地系统可按图5.2.4设计。

5.4.2 站内ODF、DDF机架应就近接地。

5.4.3 光缆中继站宜采用星形辐射的接地方式。

5.5 通信设备的直流配电系统接地

5.5.1 接入网、模块局与基站共站时，通信设备的直流配电系统的接地可按图5.5.1设计。

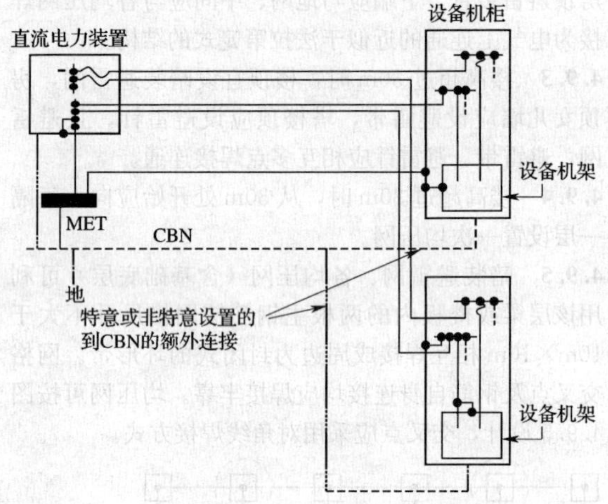

图5.5.1 通信设备的直流配电系统的接地

5.5.2 通信设备的直流配电系统雷电过电压保护设计应符合本规范第9章的有关规定。

6 移动通信基站的防雷与接地

6.1 一 般 原 则

6.1.1 移动通信基站的防雷应根据地网的雷电冲击半径、浪涌电流就近疏导分流、站内线缆的屏蔽接地、电源线和信号线的雷电过电压保护等因素，选择技术经济比合理的方案。

6.1.2 移动通信基站的地网设计应根据基站构筑物的形式、地理位置、周边环境、地质气候条件、土壤组成、土壤电阻率等因素进行设计，地网周边边界应根据基站所处地理环境与地形等因素确定其形状。

6.1.3 移动通信基站的防雷与接地应从整体的概念出发，将基站内几个孤立的子系统设备集成为一个整体的通信系统，全面衡量基站的防雷接地问题。

6.1.4 移动通信基站的雷击风险评估、雷电过电压保护、SPD最大通流容量应根据年雷暴日、海拔高度、环境因素、建筑物形式、供电方式及所在地的电压稳定度等因素确定，且应确保各级SPD的协调配合。

6.2 地　　网

6.2.1　移动基站地网应由机房地网、铁塔地网或者由机房地网、铁塔地网和变压器地网组成。基站地网应充分利用机房建筑基础（含地桩）、铁塔基础内的主钢筋和地下其他金属设施作为接地体的一部分。

6.2.2　机房地网应沿机房建筑物散水点外设环形接地装置，并应利用机房建筑物基础横竖梁内两根以上主钢筋共同组成机房地网。机房建筑物基础有地桩时，应将地桩内两根以上主钢筋与机房地网焊接连通。

6.2.3　铁塔位于机房旁边时，铁塔地网应采用40mm×4mm的热镀锌扁钢将铁塔地基四塔脚内部金属构件焊接连通组成铁塔地网，其网格尺寸不应大于3m×3m。铁塔地网与机房地网之间应每隔3m～5m焊接连通一次，且连接点不应少于两点。

6.2.4　电力变压器设置在机房内时，变压器地网可共用机房和铁塔组成的联合地网。电力变压器设置在机房外，且距机房地网边缘大于30m时，可设立独立的地网；电力变压器距机房地网边缘30m以内时，则变压器地网、机房地网和铁塔地网之间应焊接连通。

6.2.5　地网形式应符合下列规定：

1　铁塔建在机房顶时，铁塔四脚应与楼（房）顶避雷带就近不少于两处焊接连通，除铁塔避雷针外，还应利用建筑物框架结构建筑四角的柱内钢筋作为雷电引下线。接地系统除利用建筑物自身的基础还应外设环形地网作为其接地装置，同时还应在机房地网四角设置20m左右的水平接地体作为辐射式接地体。

2　铁塔四角包含机房时，接地系统应利用建筑物基础和铁塔四角外设的环形地网作为其接地装置，接地网面积应大于15m×15m。

3　铁塔建在机房旁边的地网时，应将机房、铁塔、变压器地网相互连通组成一个联合地网。在土壤电阻率较高的地区，应在铁塔地网远离机房一侧的铁塔两角加辐射型接地体。

4　自立式铁塔、抱杆或杆塔的地网应采用塔基基础内的金属作为接地体的一部分，应符合下列规定：

1）建在建筑物上的自立式铁塔接地系统，应和建筑物的接地预留端子或避雷带相连，且宜围绕建筑物做一个地网。

2）当使用抱杆或杆塔时，宜围绕杆塔3m远范围设置封闭环形（矩形）接地体，并与杆塔地基钢板四角可靠焊接连通。杆塔地网应与机房地网每隔3m～5m相互焊接连通一次。没有机房时，杆塔地网四角应设置20m左右的水平接地体作为辐射式接地体。

5　利用办公楼、大型建筑作为机房地网，应充分利用建筑物自身各类与地构成回路的金属管道，并应与大楼顶避雷带或与大楼顶预留的接地端多个点焊接连通。在条件允许时还应敲开数根柱钢筋与大楼顶部的避雷带、避雷网、预留接地端相互连接。

6.2.6　基站地网的接地电阻值不宜大于10Ω。接地电阻值可按本规范附录E的规定确定。土壤电阻率大于1000Ω·m的地区，可不对基站的工频接地电阻予以限制，应以地网面积的大小为依据。地网等效半径应大于10m，地网四角还应敷设10m～20m的热镀锌扁钢作辐射型接地体，且应增加各个端口的保护和提高SPD通流容量、加强等电位连接等措施予以补偿。土壤电阻率可按本规范附录F的规定确定。

6.2.7　移动通信基站地网可按图6.2.7设计。

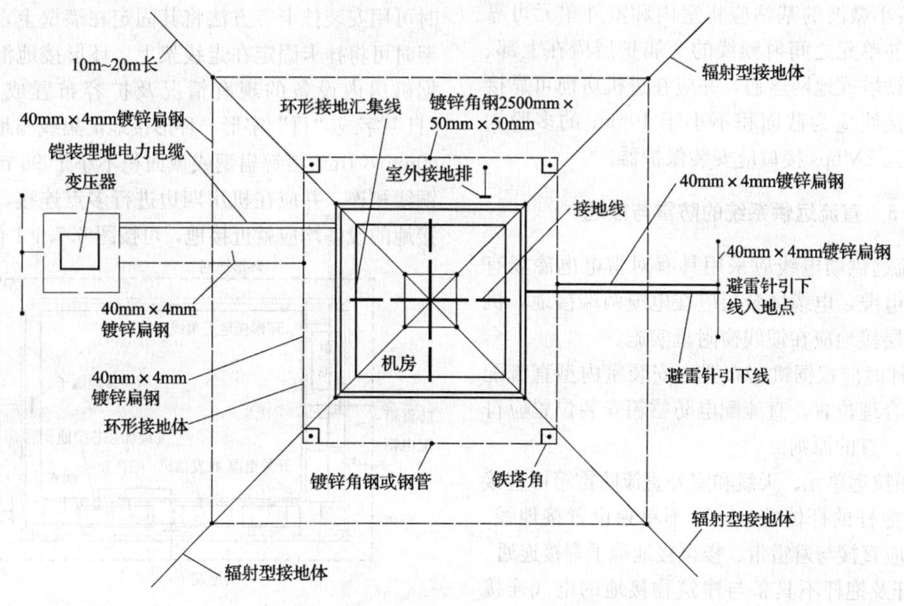

图6.2.7　典型地网

6.3 直击雷保护

6.3.1 移动通信基站天线、机房、馈线、走线架等设施均应在避雷针的保护范围内，保护范围宜按滚球法计算。

6.3.2 移动通信基站天线安装在建筑物顶时，天线应设在抱杆避雷针的保护范围内，移动通信基站可不另设避雷针。

6.3.3 铁塔避雷针应采用 40mm×4mm 的热镀锌扁钢作为引下线，若确认铁塔金属构件电气连接可靠，可不设置专门的引下线。

6.4 天（馈）线接地

6.4.1 铁塔上架设的馈线及同轴电缆金属外护层应分别在塔顶、离塔处及机房入口处外侧就近接地；当馈线及同轴电缆长度大于 60m 时，则宜在塔的中间部位增加一个接地点。室外走线架始、末两端均应接地，接地连接线应采用截面积不小于 $10mm^2$ 的多股铜线。

6.4.2 馈线及同轴电缆应在机房馈线窗处设一个接地排作为馈线的接地点，接地排应直接与地网相连。

6.4.3 接地排严禁连接到铁塔塔角。

6.4.4 安装在建筑物顶的天线、抱杆及室外走线架，其接地线宜就近与楼顶避雷带或预留接地端子连接。

6.4.5 建在城市内孤立的高大建筑物或建在郊区及山区地处中雷区以上的基站，当馈线较长时，应在机房入口处安装馈线 SPD，也可在设备中内置 SPD，馈线 SPD 的接地线应连接到馈线窗接地排。

6.4.6 基站设在办公大楼、大型宾馆、高层建筑和居民楼内时，其天（馈）线接地应充分利用楼顶避雷带、避雷网、预留的接地端子以及建筑物楼顶的各类可能与地构成回路的金属管道。

6.4.7 安装小微波的基站应将室内和室外单元可靠接地，内、外单元之间射频线的金属护层应在上部、下部就近与铁塔或地网连通，并应在进机房前可靠接地，接地连接线应为截面积不小于 $10mm^2$ 的多股铜线，室内单元 2Mbps 接口应安装保护器。

6.5 直流远供系统的防雷与接地

6.5.1 直流远供馈电线应采用具有对雷电电磁场有屏蔽功能的电缆，电缆屏蔽层应在电缆两端接地，机房侧的屏蔽层接地应在馈线窗附近实施。

6.5.2 设计时应根据机房布置，安装室内型直流配电防雷箱于合理位置，直流配电防雷箱安装位置应符合接地线短、直的原则。

6.5.3 射频拉远单元、天线和室外直流防雷箱可直接利用桅杆或抱杆的杆体接地，可不单独设置接地线。桅杆或抱杆应直接与避雷带、楼顶接地端子焊接连通。

6.5.4 桅杆及抱杆不具备与建筑物接地的电气连接时，天线、射频拉远单元、室外防雷箱应用 $\phi8$ 圆钢直接与避雷带、楼顶接地端子等焊接连通。

6.5.5 当直流馈电线水平长度大于 60m 时，应在直流馈电线中部增加一个接地点。

6.5.6 室外防雷箱与射频拉远单元固定在墙体或女儿墙上时，应引入接地线与防雷箱和射频拉远单元的外壳连接。

6.6 GPS 天（馈）线的防雷与接地

6.6.1 GPS 天（馈）线应在避雷针的有效保护范围之内。

6.6.2 铁塔位于机房旁边时，GPS 天线宜设计在机房顶部。

6.6.3 GPS 天线安装在铁塔顶部时，GPS 馈线应分别在塔顶、机房入口处就近接地；当在机房入口处已安装同轴防雷器时，可通过防雷器实现馈线接地；当馈线长度大于 60m 时，则宜在塔的中间部位增加一个接地点。

6.6.4 GPS 天线设在楼顶时，GPS 馈线严禁在楼顶布线时与避雷带缠绕。

6.6.5 GPS 室内馈线应加装同轴防雷器保护，同轴防雷器独立安装时，其接地线应接到馈窗接地汇流排。当馈线室外绝缘安装时，同轴防雷器的接地线也可接到室内接地汇集线或总接地汇流排。

6.6.6 当通信设备内 GPS 馈线输入、输出端已内置防雷器时，不应增加外置的同轴馈线防雷器。

6.7 机房内的等电位连接

6.7.1 基站等电位连接应符合下列规定：

1 采用网状连接时，应在机房内沿走线架或墙壁设置环形接地汇集线，材料应采用 30mm×3mm 铜排或 40mm×4mm 镀锌扁钢，环形接地汇集线靠近墙壁时可用安装挂卡等方法将其固定在墙壁上，靠近走线架时可将挂卡固定在走线架上。环形接地汇集线可根据机房内设备的现有情况及扩容布置成“口”字、“日”字或“目”字形。环形接地汇集线与地网应采用 40mm×4mm 镀锌扁钢或截面积不小于 95 mm^2 的多股铜线相连，并应在机房四边进行多点连接，所有需要接地的设备均应就近接地，可按图 6.7.1-1 设计。

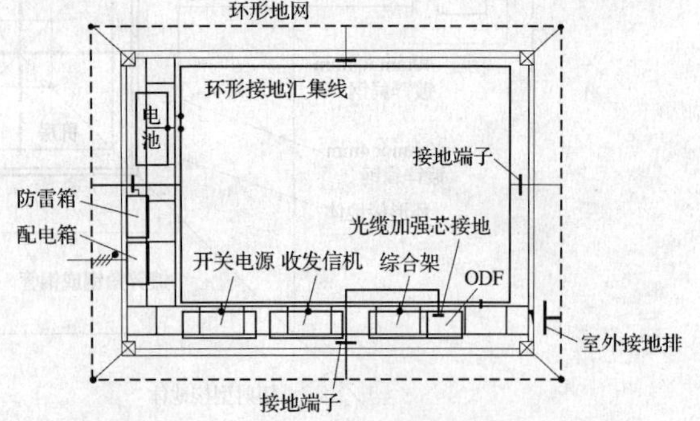

图 6.7.1-1 网状等电位连接方式

2 采用星形连接时，基站的总接地排应设在配电箱和第一级电源 SPD 附近，开关电源、收发信机以及其他设备的接地线均应由总接地排引接。如设备机架与总接地排相距较远可采用两级接地排，第一级电源 SPD、交流配电箱及光纤加强芯和金属护层的接地线应连接至总接地排；站内其他设备的接地线应接至第二级接地排。两个接地排之间应用截面积不小于 70mm² 的多股铜缆相连。可按图 6.7.1-2 设计。

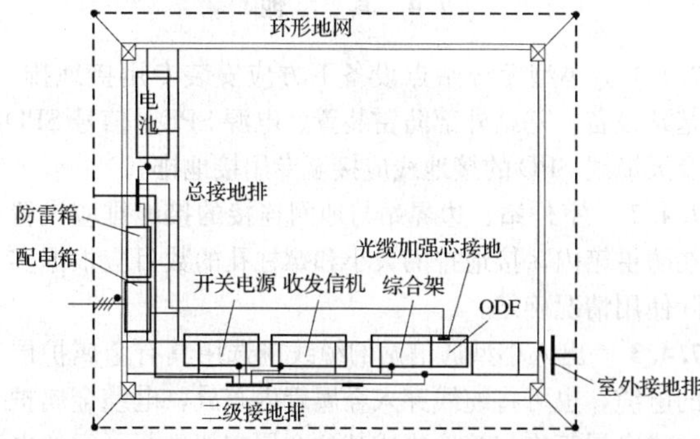

图 6.7.1-2 星形等电位连接方式

6.7.2 接地汇集线、总接地排（接地参考点）应设在配电箱和第一级电源保护器附近，并应以此为基点再用截面积大于 70mm² 的多股铜线与设备接地排相连，所有设备的接地均应以此电位为基准参考点进行等电位连接。

6.7.3 机房采用一个接地排时，应采用星形接地方式，并应预留相应的螺孔；第一级防雷器、配电箱、光缆金属加强芯和金属外护层、直流电源地、设备地、机壳、走线架等均应就近接地，且接地线应短、直。

6.7.4 机房采用两个接地排时，第一个接地排宜与第一级防雷器、配电箱、光缆金属加强芯和金属外护层连接，第二个接地排宜与设备地、直流电源地、机壳、走线架等连接。第一个接地排应直接与地网连通，所有接地线应短、直。

6.8 接地引入线和室内接地处理

6.8.1 接地引入线与地网的连接点应避开避雷针、避雷带或铁塔接地的引下线连接点。接地引入线埋设时，宜避开排污沟（管）、导流渠等，其出土部位应采取防机械损伤和防腐措施。

6.8.2 机房内设置的接地汇集线应与接地引入线可靠连接。接地汇集线宜在机房沿内墙或地槽、走线架敷设成环形，宜采用截面积不小于 90mm² 的铜材或 160mm² 的热镀锌扁钢。可在接地汇集线上设置若干接地排，接地排应为规格不小于 400mm×100mm×5mm 的铜板，并应预留相应的螺孔。

6.8.3 机房内接地排及所有的接地线应用不易脱落、不怕受潮的标签注明接地线名称及接地线两端所连接设备的名称；接地线宜采用黄绿双色电缆，并应绑扎牢固、整齐，且应避免折弯。

6.9 其他引入缆线的接地处理

6.9.1 基站的建筑物航空障碍灯、彩灯、监控设备及其他室外设备的电源线应采用具有金属护层的电力电缆或穿钢管布放，其电缆金属外护层或钢管应在两端和进入机房处分别就近接地。

6.9.2 引入机房的信号线路的空线对应在机房内做接地处理。出入基站的信号电缆屏蔽层应在机房入口处就近接地。

6.9.3 需上报监控信号的无人值守移动基站的外引线 E1 线、电话线及 RS422 等信号线应安装 SPD。

6.10 通信设备的直流配电系统接地

6.10.1 基站通信设备的直流配电系统的接地可按图 6.10.1 设计。

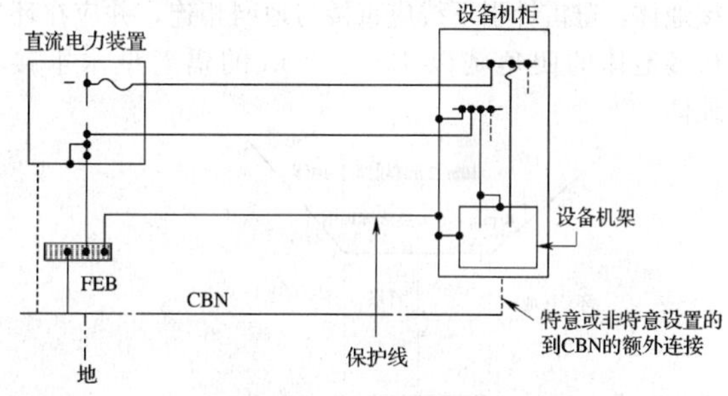

图 6.10.1 基站通信设备的直流配电系统的接地

6.10.2 通信设备的直流配电系统雷电过电压保护设计应符合本规范第 9 章的有关规定。

7 小型通信站的防雷与接地

7.1 一 般 原 则

7.1.1 小型通信站应包括室外站、边际站、无线市话站以及其他小型无线站点。

7.1.2 小型通信站防雷接地应在经济合理的基础上，根据直击雷防护、各端口雷电过电压保护、接地系统及防雷装置的特点，并根据运营和安装环境的特殊性，采用恰当的防雷接地措施。

7.1.3 建在城市中的小型通信站接地，宜利用建筑物原有的避雷带或建筑物接地作为直击雷防护的措施。

7.2 地 网

7.2.1 小型通信站的地网应符合下列规定：

1 安装在新建的公共建筑物、办公大楼上的小型通信站宜直接利用建筑物的防雷接地系统。

2 民用建筑物宜直接利用建筑基础钢筋混凝土内钢筋作为地网，应将避雷带与基础钢筋混凝土内钢筋相连。避雷针和设备的接地线应直接连到避雷带上，应专门设置引下线。

3 在建筑基础结构质量差的民用建筑物中，当建筑物没有合格的避雷带或建筑物为砖混结构时，应在楼下设置接地体（网），并应根据周围环境和地质条件，选择不同的接地方式或采用专用接地体。新设地网中的接地线应与建筑物基础钢筋混凝土内的钢筋相连，并应引至楼顶接地排。

7.2.2 室外站、边际站的地网应符合下列规定：

1 室外站、边际站使用通信杆塔时，宜围绕杆塔半径3m范围设置封闭环形接地体，并宜与杆塔地基钢板可靠焊接连通，在环形接地体的四角还应向外做10m～20m的辐射型水平接地体。通信杆塔地网可按图7.2.2设计。

2 室外站、边际站使用室外通信平台时，宜围绕室外通信平台4个柱子3m远的距离设置封闭环形接地体，避雷针引下线应直接与地网相连，并应在环形接地体的四角辅以10m～20m的辐射型水平接地体。

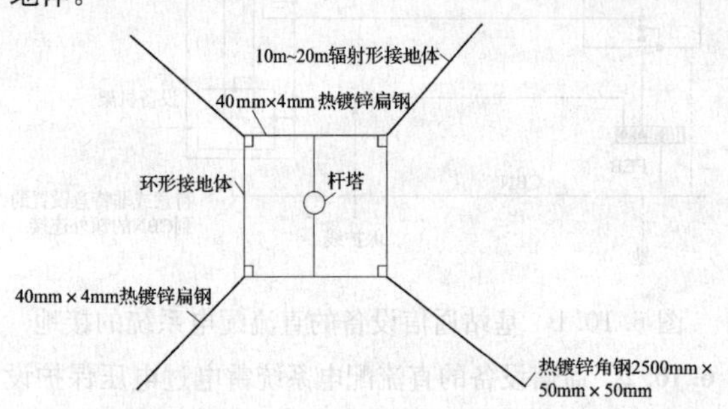

图7.2.2 通信杆塔地网

7.3 直击雷防护

7.3.1 室外站、边际站应在其杆塔或通信平台上方安装避雷针，避雷针的针尖应高出天线顶端1m，收发天线应在避雷针保护范围内。

7.3.2 避雷针至地网、接地排至地网应设置专门的接地引下线。接地引下线应采用40mm×4mm的热镀锌扁钢或截面积不小于35mm²的多股铜线。

7.3.3 小型通信站的直击雷防护应采用在天线支架上安装避雷针作为接闪器的方式。天线及设备应在避雷针或其他避雷装置的保护范围内。

7.3.4 避雷针宜采用圆钢或钢管，采用圆钢时其直径不应小于16mm；采用钢管时其直径不应小于25mm，管壁厚度不应小于2.5mm。

7.3.5 建筑物上小型无线通信站避雷针的接地应符合下列规定：

1 建筑物有完善的雷电流引下线或建筑物为钢结构时，避雷针应通过两条不小于40mm×4mm的热镀锌扁钢与楼顶预留的端子或避雷带可靠连接。

2 建筑物无合格的避雷带和接地引下线或其避雷带和接地引下线不能确定是否完善时，应新建接地引下线与地网相连，接地引下线应采用40mm×4mm的热镀锌扁钢或截面积不小于50mm²的多股铜线，在入地端距地面1m内还应套金属管做防机械碰撞处理。

7.3.6 无线市话站设备挂在墙壁，且与避雷带距离较近时，应将设备安装到避雷带下方的位置。

7.4 其 他

7.4.1 小型无线站点设备下方应安装专用接地排。基站设备、基站外部防雷装置、电源SPD、信号SPD及天馈线SPD的接地线应接至专用接地排。

7.4.2 室外站、边界站与地网连接的接地排应设置在防雷箱内，接地排的大小和螺柱孔的数目应根据实际使用情况确定。

7.4.3 出入小型通信站的缆线应选用具有金属护层的电缆，也可将缆线穿入金属管内布放，电缆金属护层或金属管应与接地排或基站金属支架进行可靠的电气连接。

7.4.4 小型通信站设备的机壳及机架等非通信用的金属构件应进行接地处理。

7.4.5 入站的电缆空余线对应进行接地处理。

7.4.6 缆线严禁系挂在避雷网或避雷带上。

8 微波、卫星地球站的防雷与接地

8.1 微波站的防雷与接地

8.1.1 直击雷防护应符合下列规定：

1 微波天线及机房应在避雷针保护范围内，且宜为铁塔避雷针设置专门的引下线，当铁塔金属构件电气连接可靠时，铁塔避雷针可不设置专门的引下线，避雷针与引下线应可靠焊接连通，引下线材料宜采用40mm×4mm的镀锌扁钢。引下线的入地点应设在与机房地网不相邻的铁塔地网另一侧。

2 微波机房屋顶应设避雷网，其网格尺寸不应大于3m×3m，且应与屋顶避雷带逐点焊接连通。

3 微波机房四角应设引下线，引下线可利用机房四角房柱内2根以上主钢筋，其上端应与避雷带、下端应与地网焊接连通。

4 机房屋顶上其他金属设施应分别就近与避雷带焊接连通。

5 微波站天线铁塔位于机房旁边时，铁塔地网与机房地网之间应每间隔3m～5m相互焊接连通一次，并不应少于2处，铁塔四脚应与其地网就近焊接连通。

6 微波站天线铁塔位于机房屋顶时，其四脚应在屋顶与引下线处分别就近电气连通。

8.1.2 出入微波站线缆的保护应采取下列措施：

1 铁塔上架设的微波天线波导馈线、同轴电缆金属外护层应分别在塔顶、离塔处及机房入口处外侧就近接地，当馈线及同轴电缆长度大于60m时，其屏蔽层宜在塔的中间部位增加一个接地连接点，室外走线架始、末两端均应做接地连接。塔顶航空障碍信号灯线缆应采用铠装电力电缆，且应在塔顶及机房入口处外侧就近接地，塔灯控制线的每根相线均应在机房入口处分别对地加SPD，零线应直接接地。

2 出入微波站建筑物的彩灯、监控设备及其他室外设备的电源线应采用铠装电力电缆或将电源线穿入金属管内布放，其电缆铠装层或钢管应在进入机房的外侧就近接地。

3 由屋顶进入机房的缆线和太阳能电池馈电线应采用铠装电缆，其铠装层在进入机房入口处应就近与屋顶女儿墙上的避雷带焊接连通，电缆芯线应在入口处就近对地加装防雷器。

8.1.3 微波站地网组成应符合下列规定：

1 微波站地网应由机房地网、铁塔地网和变压器地网组成，同时应利用机房建筑物的基础（含地桩）及铁塔基础内的主钢筋作为接地体的一部分。

2 微波铁塔位于机房旁边时，其地网面积应延伸到塔基四脚外1.5m的范围，其周边应为封闭式，并应将塔基地桩内钢筋与地网焊接连通；微波机房位于微波铁塔内或微波铁塔位于机房顶时，宜在机房地网四角设置辐射式外引接地体。

3 电力变压器设置在机房内时，变压器地网可合用机房及铁塔组成的地网；电力变压器设置在机房外，且距机房地网边缘30m以内时，变压器地网与机房地网或与铁塔地网之间应每间隔3m～5m相互焊接连通，应至少有2处连通。

4 可敷设附加的集中接地装置，宜敷设3根～5根垂直接地体。在土壤电阻率较高的地区，应敷设多根放射形水平接地体。

5 在土壤电阻率较高的地区，应在地网外围增设一圈环形接地体，并应在地网或铁塔四角设置向外辐射的水平接地体，其长度宜为20m～30m。

6 环形接地装置应由水平接地体和垂直接地体组成，水平接地体周边应为封闭式，水平接地体与地网宜在同一水平面上，环形接地体与地网之间应每间隔3m～5m相互焊接连通一次。

7 环形接地体的周边可根据地形、地理状况确定形状。当垂直接地体埋设深度困难时，可根据地理环境减少其埋设数量。

8 微波站地网宜按图8.1.3设计。

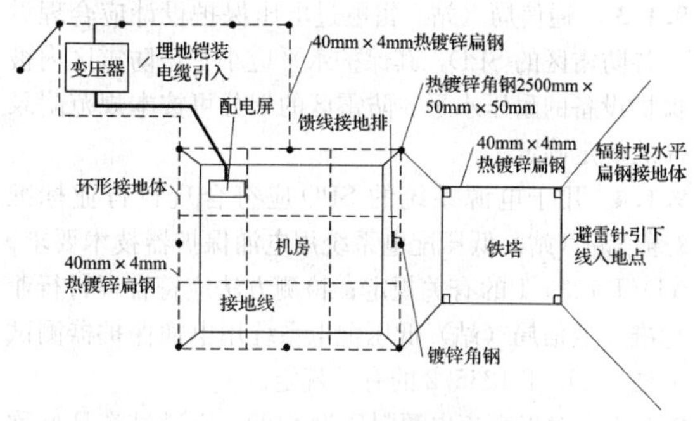

图8.1.3 微波站地网

8.1.4 电力室的接地汇集线可设在干燥的地槽内或墙面适宜位置。微波机房的接地汇集线可设在地槽内、墙面适宜位置或走线架上。

8.1.5 微波站的接地电阻宜控制在10Ω之内。微波站土壤电阻率大于1000Ω·m时，可不对微波站的接地电阻予以限制，但地网的等效半径应大于10m，并应根据地理情况在地网周边加数条10m～20m辐射型接地体。

8.2 卫星地球站的防雷与接地

8.2.1 进入卫星地球站的光、电缆金属外护层，应在靠近建筑物户外电缆的入口处进行接地。

8.2.2 网管及监控系统的接地应符合下列规定：

1 设计时应对监控系统的线路采取屏蔽、合理布线、等电位连接、接地及加装SPD等措施。

2 局（站）范围内，严禁室外架空走线。

3 线缆的布放应远离铁塔等可能遭受直击雷的构筑物，且应避免沿建筑物的墙角布线。

4 室内各种网管、监控线缆的布放宜集中在建筑物的中部。

8.2.3 传输系统、卫星天线伺服控制系统的控制线及电源线、网管及监控系统接口应做好雷电过电压保护。

8.2.4 接地电阻及地网的面积应符合下列规定：

1 卫星地球站地网应由围绕卫星地球站天线基座、微波铁塔地网、电力变压器地网及站内各机房建筑物的环形接地体组成，各个环形接地体应与建筑物水平基础内钢筋焊接，并应与卫星地球站天线基座、微波铁塔地网、电力变压器地网相连成环形接地网。

2 小型卫星地球站的地网可按本规范图7.2.2设计。

9 通信局（站）雷电过电压保护设计

9.1 一般规定

9.1.1 通信局（站）雷电过电压保护设计应根据通信局（站）内通信设备安装的具体情况，确定被保护对象和保护等级。

9.1.2 通信局（站）的雷电过电压保护设计应建立在联合接地、均压等电位基础上，并应根据雷电电磁场分布情况对局（站）内的接地线进行合理布放。

9.1.3 通信局（站）雷电过电压保护设计应合理设置各防雷区的SPD，其保护水平应小于该防雷区内被保护设备的耐压水平。防雷区的划分可按本规范附录G的规定确定。

9.1.4 用于电源系统的SPD应符合现行行业标准《通信局（站）低压配电系统用电涌保护器技术要求》YD/T 1235.1的有关规定；检测方法应符合现行行业标准《通信局（站）低压配电系统用电涌保护器测试方法》YD/T 1235.2的有关规定。

9.1.5 对于交流电源限压型SPD，应通过产品标称的每线最大通流量检测。对不同通流量等级的产品进行残压对比时，应以测试报告中20kA的8/20μs波形检测数据为准；SPD的通流量等级相同时，可对相同测试等级的数据进行全面对比。

9.1.6 限压型SPD的标称导通电压、标称放电电流、冲击通流容量、限制电压、残压等参数应根据通信局（站）供电电源不稳定因素等工程具体情况进行选择。

9.2 防雷器的使用要求

9.2.1 通信局（站）交流电源系统的雷电过电压保护应采用多级保护、逐级限压的方式。

9.2.2 在使用多级保护时，各级防雷器之间应保持不小于5m的退耦距离或增设退耦器件。

9.2.3 通信局（站）交流配电系统限压型防雷器，其标称导通电压宜取$U_n=2.2U$（U为最大运行工作电压）。

9.2.4 移动通信基站、接入网站等中小型站点所使用的交流配电系统防雷器的最大持续运行工作电压不宜小于385V。

9.2.5 在TT供电系统的局（站）内，应使用“3+1”模式的交流电源SPD，供电方式对安装SPD的要求应符合本规范附录C的规定。

9.2.6 在电源SPD的引接线上，应串接空开或保险丝。空开或保险丝的标称电流不宜大于前级供电线路空开或保险丝的1/1.6。当设备交流供电回路电流小于10A时，且已在回路中加空开，可不在防雷器前另加空开或保险丝。

9.2.7 在雷击频繁地区宜采用自恢复功能的智能重合闸防雷器。

9.2.8 通信局（站）雷电过电压保护应采用限压型SPD。

9.2.9 可插拔防雷模块严禁简单并联后作为80kA、120kA等量级的SPD使用。

9.3 通信局（站）电源系统雷电过电压保护原则

9.3.1 雷电过电压保护应符合下列规定：

1 通信局（站）各级保护点可根据实际情况选择在变压器低压侧、低压配电室（柜）、楼内（层）配电室（井）、交流配电屏（箱）、用电设备配电柜及精细用电设备端口等处。多级保护应根据当地的雷电环境因素、供电系统的分布范围、分布特点及站内等电位连接情况确定。

2 交流电源供电系统第一级SPD的最大通流容量应根据通信局（站）性质、地理环境和当地雷暴日大小确定。雷暴日可按本规范附录A的规定确定，全国年平均雷暴日数区划图可按本规范附录B的规定确定。

3 通信局（站）位于下列一种或多种情况时，应确定为易遭雷击环境因素：

1）通信局（站）高层建筑、山顶、水边、矿区和空旷高地；

2）通信局（站）内设有铁塔或塔楼；

3）各类设有铁塔的无线通信站点；

4）无专用变压器的通信局（站）；

5）虽然地处少雷区或中雷区，根据历年统计，时有雷击发生；

6）土壤电阻率大于1000Ω·m时。

4 当通信局（站）采用供电线路架空引入时，应将交流供电系统第一级SPD的最大通流容量向上提高一个等级。

5 在第一级SPD满足所需的最大通流容量前提下，宜选择更大量级的SPD。

9.3.2 SPD的选择应符合下列规定：

1 SPD可由气体放电管、金属氧化物压敏电阻、SAD、齐纳二极管、滤波器、保险丝等元件混合组成；选择SPD应在同一测试指标下，应满足SPD所选元器件的参数及元器件组合方式。

2 SPD的选择应满足通信局（站）遥信及监控的需要。

3 SPD的最大通流容量应为每线的通流容量。

9.3.3 电源用SPD应符合下列规定：

1 通信局（站）采用的电源用第一级模块式SPD，应具有下列功能：

1）SPD模块损坏告警；

2）遥信；

3）SPD劣化指示；

4）热熔和过流保护；

5）雷电记数。

2 通信局（站）采用的电源用第一级箱式SPD，应根据通信局（站）的具体情况选择，并应具有下列功能：

1）SPD劣化指示；

2）SPD损坏告警；

3）热容和过流保护；

4）保险跳闸告警；

5）遥信；

6）雷电记数。

9.3.4 综合通信大楼、交换局、数据局电源供电系统防雷器的设置和选择应符合表 9.3.4 的规定，表中雷电流值为最大通流容量（I_{max}）。

表 9.3.4 综合通信大楼、交换局、数据局电源供电系统防雷器的设置和选择（kA）

环境因素＼气象因素			当地雷暴日（d/a）		
			<25	25～40	≥40
第一级	平原	易遭雷击环境因素	60	100	
		正常环境因素	60		
	丘陵	易遭雷击环境因素	60	100	120
		正常环境因素	60		
第二级		—	40		
精细保护		—	10		
直流保护		—	15		

注：综合通信大楼交流供电系统的第一级 SPD（Ⅰ/B 级），可根据实际情况选择在变压器低压侧或低压配电室电源入口处安装；第二级 SPD（Ⅱ/C 级）可选择在后级配电室、楼层配电箱、机房交流配电柜或开关电源入口处安装；精细保护 SPD 可选择在控制、数据、网络机架的配电箱内安装或使用拖板式防雷插座；直流保护 SPD 可选择在直流配电柜、列头柜或用电设备端口处安装；直流集中供电或 UPS 集中供电的通信综合楼，在远端机房的（第一级）直流配电屏或 UPS 交流配电箱（柜）内应分别安装 SPD，集中供电的输出端也应安装 SPD；向系统外供电的端口，以及从外系统引入的电源端口应安装 SPD。

9.3.5 移动通信基站电源供电系统防雷器的设置和选择应符合表 9.3.5 的规定，表中雷电流值为最大通流容量（I_{max}）。

表 9.3.5 移动基站电源供电系统防雷器的设置和选择（kA）

环境因素＼气象因素			雷暴日（d/a）			安装位置
			<25	25～40	≥40	
第一级	L 型	易遭雷击环境因素	60	80		交流配电箱旁边或者交流配电箱内
		正常环境因素	60			
	M 型	易遭雷击环境因素	80	100		
		正常环境因素	80			
	H 型	易遭雷击环境因素	100	120		
		正常环境因素	100			
	T 型	易遭雷击环境因素	120*	150*		
		正常环境因素	120*			
第二级		—	40			开关电源
直流保护		—	15			直流输出端

注：1 * 表示采用二端口防雷器或加装自恢复功能的智能重合闸过流保护器。

2 移动通信基站系统防雷接地采取的措施，应根据下列主要因素确定：基站所处的地理环境在城市、郊区、山区，或易遭受雷击的地区；基站所处地区的年雷暴日；雷电保护区的划分；基站的分类（机房建筑物与铁塔的关系）；铁塔或桅杆；公共建筑物或民用建筑物；基站内所配置的设备与系统；供电方式；所在地的供电电压波动情况。

3 站内、外使用的电源配电箱应安装断路开关或加装自恢复功能的智能重合闸过流保护器，不得安装漏电开关。

4 移动通信基站防雷应根据其所处地区的地理环境影响因素（L 型、M 型、H 型、T 型）确定防护等级，并应根据雷电保护区的划分、地理环境、年雷暴日、遭受雷击频次、供电电压的稳定性、基站重要性等影响因素确定。移动通信基站根据其所处地区的地理环境影响因素，可按下列要求分类：

闹市区、公共建筑物、专用机房且雷暴日为少雷或中雷区时，为 L 型（较低风险型）；

城市中高层孤立建筑物的楼顶机房、城郊、居民房、水塘旁以及无专用配电变压器供电的基站，且雷暴日为中雷区及多雷区时，为 M 型（中等风险型）；

丘陵、公路旁、农民房、水田中、易遭受雷击的机房，且雷暴日为多雷区及强雷区（包括中雷区以上有架空电源线引入的机房）时，为 H 型（较高风险型）；

高山、海岛，且雷暴日为多雷区及强雷区时，为 T 型（特高风险型）。

5 设在居民区的基站应在其建筑物的配电箱内加装 SPD，其最大通流容量不应小于 60kA，并应在临近建筑物的配电箱加装相应等级的 SPD。

9.3.6 分布式移动通信基站防雷器的设置和选择应符合下列规定：

1 当远端射频单元（RRU）、室内基带处理单元（BBU）分开设置，RRU 采用直流远供时，应符合下列规定：

1）应在 RRU 直流输入处加装二端口 1+1、标称放电电流不小于 20kA 的直流室外防雷箱或 RRU 接口具备相同的防雷保护能力。

2）在直流馈电线进入机房后，在供电回路的适当位置安装二端口1+1、串联两级、标称放电电流不小于20kA直流室内防雷箱或BBU远供电源接口具备相同的防雷保护能力。

3）直流防雷箱的最大允许电流应根据RRU的工作电流确定，宜为10A～20A。室外型直流防雷箱与抱杆直接固定即可接地，室内应根据就近接地的原则选择安装位置。

2 当RRU、BBU分开设置，RRU采用交流远供时，应符合下列规定：

1）应在RRU交流输入处加装二端口1+1、标称放电电流不小于20kA的交流室外防雷箱或RRU接口具备相同的防雷保护能力。

2）在交流馈电线进入机房后，在供电回路的适当位置安装二端口1+1、串联两级、标称放电电流不小于20kA交流室内防雷箱或BBU远供电源接口具备相同的防雷保护能力。

3）交流防雷箱的最大允许电流应根据RRU的工作电流确定。室外型交流防雷箱与抱杆直接固定即可接地，室内应根据就近接地的原则选择安装位置。

3 当RRU、BBU同在机房内部，不存在直流馈电线拉远时的防雷与接地时，可不加装二端口及馈电防雷器，应按本规范要求做好设备的接地与等电位连接。

4 当RRU、BBU同在楼顶天面时，应在配电箱前和交流配电线路上采用二端口1+1、串联两级、最大通流能量为80kA或100kA的防雷箱。

5 当采用室外一体化UPS、一体化直流电源就近为RRU供电时，应在市电交流引入处配置二端口1+1、串联两级、最大通流能量为80kA或100kA的防雷箱。室外一体化UPS设备和室外型－48V直流供电设备应就近接地。

9.3.7 采用综合缆线的移动通信基站电调天线及设备防雷，应在机房内馈线窗处及天线伺服机构处加装电源和信号一体化二端口防雷器，电源SPD最大通流容量不应小于40kA，信号不应小于20kA。

9.3.8 微波站供电系统防雷器的设置和选择应符合表9.3.8的规定，表中雷电流值为最大通流容量（I_{max}）。

表9.3.8 微波站供电系统防雷器的设置和选择（kA）

气象因素 / 环境因素		当地雷暴日（d/a）		
		＜25	25～40	≥40
第一级	市区综合楼内	80	100	
	高山站	100*		≥120*
第二级	市区综合楼内	40		
	高山站	40～60		
精细保护	—	10		
直流保护	—	15		

注：*表示无人职守的微波站宜加装自恢复功能的智能重合闸过流保护器。

9.3.9 市话接入网点、模块局、光中继站供电系统防雷器的设置和选择应符合表9.3.9的规定，表中雷电流值为最大通流容量（I_{max}）。

表9.3.9 市话接入网点、模块局、光中继站供电系统防雷器的设置和选择（kA）

气象因素 / 环境因素			雷暴日（d/a）			安装位置
			＜25	25～40	≥40	
第一级	城区	易遭雷击环境因素	60	80		变压器次级或者交流配电柜前
		正常环境因素	60			
	郊区*	易遭雷击环境因素	80	100		
		正常环境因素	60			
	山区*	易遭雷击环境因素	80	100	120	
		正常环境因素	80			
第二级	—		40			开关电源
直流保护	—		15			开关电源及列头柜

注：*表示市话接入网点、模块局、光中继站宜加装自恢复功能的智能重合闸过流保护器。

9.3.10 市区内卫星地球站的电源供电系统防雷器的设置和选择技术要求应按综合通信楼选取，位于郊外的卫星地球站应按微波站选取。

9.3.11 宽带接入网点防雷器的设置和选择应符合下列规定：

1 宽带接入网点的交换机应采用电源和信号一体化的二端口、对称式、多级串联型防雷器，其电源SPD的最大通流容量不应小于40kA，信号SPD的最大通流容量不应小于20kA。

2 宽带接入网点的光端机应安装冲击通流容量大于40kA的二端口、1+1方式的SPD。

9.3.12 小型通信站电源供电系统防雷器的设置和选择应符合下列规定：

1 小型无线通信站应符合下列规定：

1）小型无线通信站电源系统采用二端口、对称式、多级串联型防雷器，城市站电源SPD的最大通流容量不应小于80kA，郊区站、山区电源SPD的最大通流容量不应小于100kA。

2）从居民配电箱（箱内有漏电开关）取电时，应使用隔离式防雷箱。隔离式防雷箱应安装在儿童触摸不到的地方，并应配锁。

3）当电源供电系统易出现雷击中断时，可安装具备自恢复功能的智能重合闸过流保护器。

4）隔离式防雷箱的技术指标要求应符合表9.3.12的规定。

表 9.3.12 隔离式防雷箱的技术指标要求

<table>
<tr><th rowspan="3">漏电开关防雷性能(10/700μs)</th><th colspan="3">模块式防雷器</th><th colspan="5">隔离变压器</th></tr>
<tr><th rowspan="2">标称放电电流(8/20μs)</th><th rowspan="2">最大持续运行电压</th><th rowspan="2">是否带热脱扣功能</th><th colspan="2">功率要求</th><th rowspan="2">功耗</th><th rowspan="2">初、次级绕组耐压能力(10/700μs)</th><th rowspan="2">工作环境温度</th></tr>
<tr><th>一般基站</th><th>主控站</th></tr>
<tr><td>≥2kV</td><td>≥10kA</td><td>≥385V (L-N、N-PE)</td><td>是</td><td>≥300W</td><td>≥400W</td><td>≤10W</td><td>≥25kV</td><td>−20℃～80℃</td></tr>
</table>

2 室外站、边际站、直放站的交流输入端应安装最大通流容量大于100kA的二端口、1＋1方式的SPD。

9.3.13 对建筑物上的彩灯、航空障碍灯以及其他楼外供电线路，应在机房输出配电箱（柜）内加装最大通流容量为50kA的SPD。

9.3.14 当低压配电系统采用多个配电室配电，且总配电屏与分配电屏之间的电缆长度大于50m时，应在分配电室电源入口处安装最大通流容量不小于60kA的限压型SPD。

9.3.15 交流配电屏（箱、柜）之间的电缆线长度超过30m或长度虽然未超过30m，但等电位连接情况不好或用电设备对雷电较为敏感时，应安装最大通流容量不小于25kA的限压型SPD。

9.3.16 −48V直流电源防雷器的标称工作电压应为65V～90V。

9.3.17 直流配电屏（箱、柜）之间的电缆线长度超过30m或长度虽然未超过30m，但等电位连接情况不好或用电设备对雷电较为敏感时，应安装最大通流容量不小于25kA的限压型SPD。

9.3.18 太阳能电池的馈电线路两端可分别对地加装SPD，SPD的标称工作电压应大于太阳能电池最大供电电压的1.2倍，SPD的最大通流容量不应小于25kA。

9.4 电源防雷器安装要求

9.4.1 在通信局（站）的建筑设计中，应在SPD的安装位置预留接地端子。

9.4.2 用于电源的SPD的连接线及接地线截面积应符合表9.4.2的规定。

表 9.4.2 用于电源的SPD的连接线及接地线截面积

名　　称	多股铜线截面积 S（mm^2）		
配电电源线	$S \leqslant 16$	$S \leqslant 70$	$S > 70$
引接线	S	16	16
接地线	S	16	35

9.4.3 使用模块式电源SPD时，引接线长度应小于1m，SPD接地线的长度应小于1m。

9.4.4 使用箱式SPD时，引接线和接地线长度均应小于1.5m。

9.4.5 各类SPD的接线端子应采用与接地线截面积相适应的铜材料制造。

9.4.6 SPD的引接线和接地线应通过接线端子或铜鼻子连接牢固。铜鼻子和缆芯连接时，应使用液压钳紧固或浸锡处理。

9.4.7 电源SPD的引接线和地线应布放整齐，并应在机架上进行绑扎固定，走线应短、直，不得盘绕。

9.5 计算机网络及各类信号线雷电过电压保护设计原则

9.5.1 进入通信局（站）的电缆芯线及各类信号线应在终端处线间或对地加装SPD，空线对应就近接地。

9.5.2 进入无线通信局（站）的缆线应加装SPD后，再与上、下话路的终端设备相连。

9.5.3 对多雷区通信局（站）内的计算机网络干线（两端设备在同一机房内除外）及引到建筑物外的线路，其线路两侧设备输入口处均应安装SPD。高速网络接口可采用由半导体器件组成的SPD。

9.5.4 对各类控制、数据采集接口和传输信号线，应使用相同物理接口的SPD，SPD的动作电压应与设备的工作电压相适应，应为工作电压的1.2倍～2.5倍，SPD的插入损耗不应大于0.5dB。

9.5.5 各类端口SPD的接地线应就近由被保护设备的接地汇流排（端）接地。

9.5.6 位于联合地网外或远离视频监控中心的摄像机，应分别在控制、电源、视频线两端安装SPD，云台和防雨罩应就近接地。

9.5.7 移动基站及小型无线基站的同轴馈线SPD，其插入损耗应小于或等于0.5dB，驻波比不应大于1.2。

9.5.8 计算机网络及各类信号线防雷器的设置和选择应符合表9.5.8的规定。

表9.5.8 计算机网络及各类信号线防雷器设置和选择

线型 \ 条件要求		SPD安装要求	SPD性质	标称放电电流(kA)	最大通流容量(kA)	环境性质	通信局(站)类别	雷暴日
网络数据线	楼内用户线>50m	一端安装	GDT+SAD或SAD	≥3kA或≥300A	≥8kA或≥800A	城市	A	>40
	设备间距50m以上及楼外用户线	两端安装						
	楼内用户线>30m	一端安装						
	设备间距30m以上及楼外用户线	两端安装				郊区或山区		>40
信号线	用户话路信号线	一端安装	GDT+PTC	≥3kA	≥8kA	—		<40
			SAD+PTC	≥300A	≥800A	—		>40
	PCM传输信号线>30m	两端安装	GDT+PTC	≥3kA	≥8kA	郊区或山区	ABC	—
	网管监控线>30m	两端安装						
同轴天(馈)线		在终端处安装SPD	GDT型滤波器型1/4λ型	≥5kA	≥10kA	郊区或山区		>25

注：1 GDT表示气体放电管，SAD表示半导体保护器件，PTC表示热敏电阻。

2 当雷暴日小于40，但通信局（站）数据信号设备有雷击事故发生时，也应安装防雷器。

3 一端（或两端）安装的端指主设备端。

附录A 全国主要城市年平均雷暴日数统计表

表A 全国主要城市年平均雷暴日数统计

地　名	雷暴日数(d/a)
1. 北京市	36.3
2. 天津市	29.3
3. 上海市	28.4
4. 重庆市	36.0
5. 河北省	
石家庄市	31.2

续表A

地　名	雷暴日数(d/a)
保定市	30.7
邢台市	30.2
唐山市	32.7
秦皇岛市	34.7
6. 山西省	
太原市	34.5
大同市	42.3
阳泉市	40.0
长治市	33.7
临汾市	31.1
7. 内蒙古自治区	
呼和浩特市	36.1
包头市	34.7
海拉布尔	30.1
赤峰市	32.4
8. 辽宁省	
沈阳市	26.9
大连市	19.2
鞍山市	26.9
本溪市	33.7
锦州市	28.8
9. 吉林省	
长春市	35.2
吉林市	40.5
四平市	33.7
通化市	36.7
图们市	23.8
10. 黑龙江省	
哈尔滨市	27.7
大庆市	31.9
伊春市	35.4
齐齐哈尔市	27.7
佳木斯市	32.2
11. 江苏省	
南京市	32.6
常州市	35.7
苏州市	28.1
南通市	35.6
徐州市	29.4
连云港市	29.6

续表 A

地　　名	雷暴日数 (d/a)
12. 浙江省	
杭州市	37.6
宁波市	40.0
温州市	51.0
丽水市	60.5
衢州市	57.6
13. 安徽省	
合肥市	30.1
蚌埠市	31.4
安庆市	44.3
芜湖市	34.6
阜阳市	31.9
14. 福建省	
福州市	53.0
厦门市	47.4
漳州市	60.5
三明市	67.5
龙岩市	74.1
15. 江西省	
南昌市	56.4
九江市	45.7
赣州市	67.2
上饶市	65.0
新余市	59.4
16. 山东省	
济南市	25.4
青岛市	20.8
烟台市	23.2
济宁市	29.1
潍坊市	28.4
17. 河南省	
郑州市	21.4
洛阳市	24.8
三门峡市	24.3
信阳市	28.8
安阳市	28.6
18. 湖北省	
武汉市	34.2
宜昌市	44.6

续表 A

地　　名	雷暴日数 (d/a)
十堰市	18.8
施恩市	49.7
黄石市	50.4
19. 湖南省	
长沙市	46.6
衡阳市	55.1
大庸市	48.3
邵阳市	57.0
郴州市	61.5
20. 广东省	
广州市	76.1
深圳市	73.9
湛江市	94.6
茂名市	94.4
汕头市	52.6
珠海市	64.2
韶关市	77.9
21. 广西壮族自治区	
南宁市	84.6
柳州市	67.3
桂林市	78.2
梧州市	93.5
北海市	83.1
22. 四川省	
成都市	34.0
自贡市	37.6
攀枝花市	66.3
西昌市	73.2
绵阳市	34.9
内江市	40.6
达州市	37.1
乐山市	42.9
康定市	52.1
23. 贵州省	
贵阳市	49.4
遵义市	53.3
凯里市	59.4
六盘水市	68.0
兴义市	77.4

续表 A

地　　名	雷暴日数 (d/a)
24. 云南省	
昆明市	63.4
东川市	52.4
个旧市	50.2
景洪市	120.8
大理市	49.8
丽江市	75.8
河口县	108
25. 西藏自治区	
拉萨市	68.9
日喀则市	78.8
那曲县	85.2
昌都县	57.1
26. 陕西省	
西安市	15.6
宝鸡市	19.7
汉中市	31.4
安康市	32.3
延安市	30.5
27. 甘肃省	
兰州市	23.6
酒泉市	12.9
天水市	16.3
金昌市	19.6
28. 青海省	
西宁市	31.7
格尔木市	2.3
德令哈市	19.3
29. 宁夏回族自治区	
银川市	18.3
石嘴山市	24.0
固原县	31.0
30. 新疆维吾尔自治区	
乌鲁木齐市	9.3
克拉玛依市	31.3
伊宁市	27.2
库尔勒市	21.6
31. 海南省	

续表 A

地　　名	雷暴日数 (d/a)
海口市	104.3
三亚市	69.9
琼中县	115.5
32. 香港特别行政区	
香港	34.0
33. 澳门特别行政区	
澳门	（暂缺）
34. 台湾省	
台北市	27.9

附录 B　全国年平均雷暴日数区划图

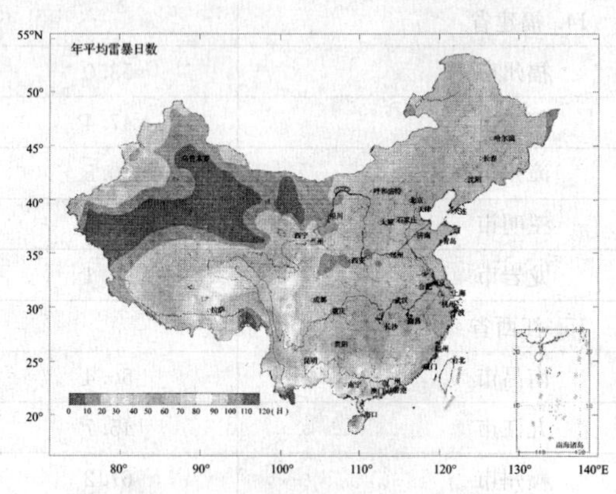

图 B　全国年平均雷暴日数区划

附录 C　防雷器保护模式要求

C.0.1　TN-S 供电系统中的防雷器保护模式应按图 C.0.1 设计，变压器侧三相线与地之间应使用限压型 SPD，分配电箱侧三相线，N 线与地之间应使用限压型 SPD。

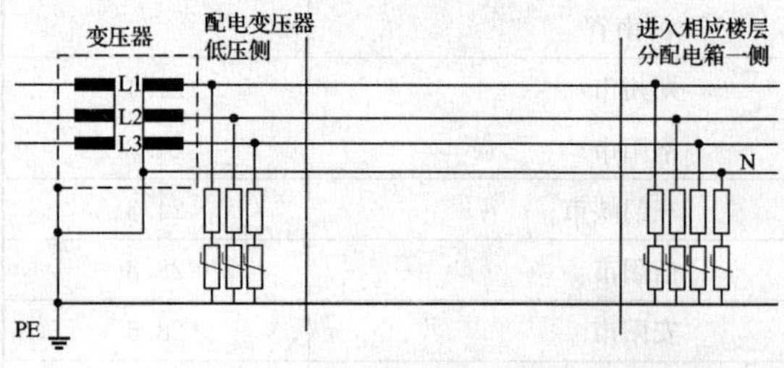

图 C.0.1　TN-S 供电系统 SPD 安装示意

C.0.2　TN-C-S 供电系统中的防雷器保护模式应按图 C.0.2 设计，变压器侧三相线与地之间应使用限压型 SPD，电源线进入通信局（站）后三相线、N线与地之间应使用限压型 SPD。

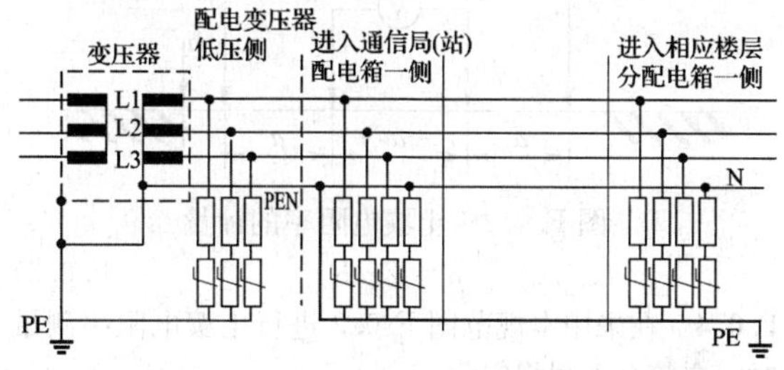

图 C.0.2 TN-C-S 供电系统 SPD 安装示意

C.0.3 TT 供电系统中的防雷器保护模式应按图 C.0.3 设计，变压器侧三相线与地之间应使用限压型 SPD，电源线进入通信局（站）后三相线与地之间应使用限压型 SPD，N 线与地之间应使用限压型 SPD。

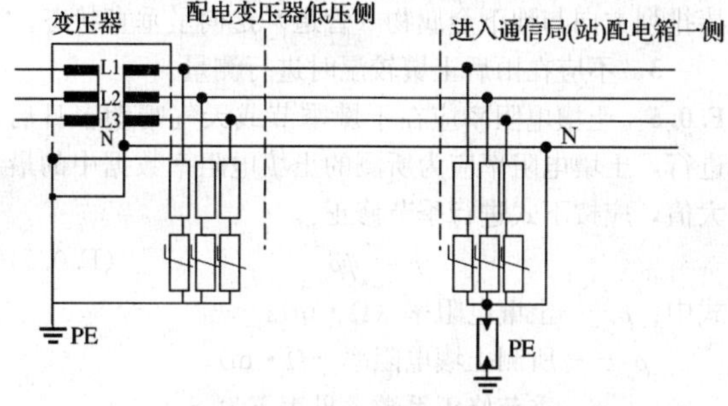

图 C.0.3 TT 供电系统 SPD 安装示意

附录 D 网状、星形和星形-网状混合型接地

D.0.1 网状接地结构（M 型结构）应符合下列规定：

1 当采用 M 型网状结构的等电位连接网时，该通信系统的所有金属组件包括可能连通的建筑物混凝土的钢筋、电缆支架、槽架等，不应与共用接地系统的各组件之间绝缘，M 型网状结构应通过接地线多点连到共用接地系统中，并应形成 M 型等电位连接网络。

2 通信系统的各子系统及通信设备之间敷设的多条线路和电缆可在 M 型结构中由不同点进入该通信系统内。当采用网状结构时，系统的各金属组件应通过多点就近与公共接地网相连形成 Mm 型。

3 网状结构可用于延伸较大的开环系统或设备间以及设备与外界的连接线较多的复杂系统。

D.0.2 星形接地结构（S 型结构）应符合下列规定：

1 典型的星形接地的衍生物树枝形分配接地结构，应从公共接地汇流排只引出一根垂直的主干地线到各机房的分接地汇流排，再由分接地汇流排分若干路引至各列设备和机架。

2 当采用星形结构时，系统的所有金属组件除连接点外，应与公共连接网保持绝缘，并应与公共连接网仅通过唯一的点连接。机房内所有线缆应按星形结构与等电位连接线平行敷设。

3 星型结构应用于易受干扰的通信系统中。

D.0.3 星形-网状混合型接地结构应符合下列规定：

1 通信局（站）机房的通信设备一部分应采用网状布置，网状分配接地在设备和所有金属组件相互之间可没有严格的绝缘要求，通信系统可从不同的方位就近接地。

2 另一部分对交流和杂音较为敏感的设备的接地应采用星形布置。

附录 E 接地电阻的测试

E.0.1 地网接地电阻的测试应按图 E.0.1-1 或图 E.0.1-2 测试。

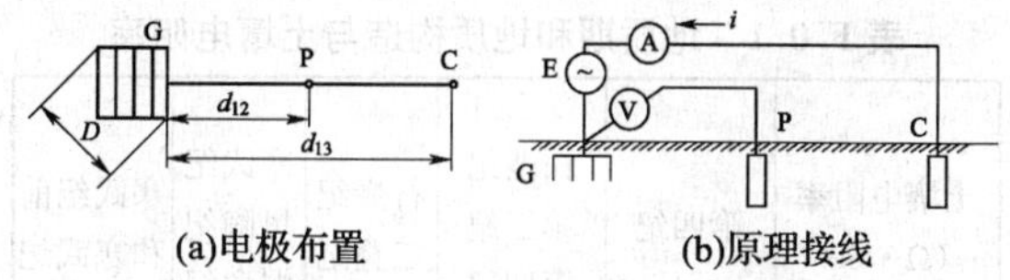

图 E.0.1-1 三极法

G—被测接地装置；P—测量用的电压极；C—测量用的电流极；E—测量用的工频电源；A—交流电流表；V—交流电压表；D—被测接地装置的最大对角线长度

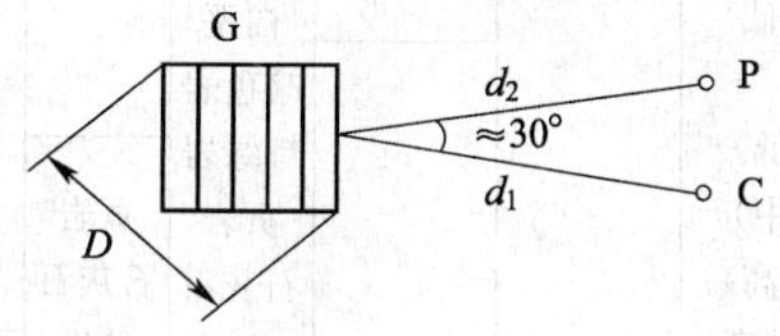

图 E.0.1-2 三角形法

G—被测接地装置；P—测量用的电压极；C—测量用的电流极；D—被测接地装置的最大对角线长度

E.0.2 三极法测试方法应按本规范图 E.0.1-1（a）接线，且应符合下列规定：

1 电流极与接地网边缘之间的距离 d_{13}，应取接地网最大对角线长度 D 的 4 倍～5 倍，电压极到接地网的距离 d_{12} 宜为电流极到接地网距离的 50%～60%。测量时，沿接地网和电流极的连线应移动三次，每次移动距离宜为 d_{13} 的 5%。

2 若 d_{13} 取 $4D$～$5D$ 有困难，在土壤电阻率较均匀的地区，可取 $2D$，d_{12} 可取 D；在土壤电阻率不均匀的地区或城区，d_{13} 可取 $3D$，d_{12} 可取 $1.7D$。

3 可采用几个方向的测量值互相比较，也可用三角法和直线法对比互校。

4 电流极和电压极均应可靠接地。

E.0.3 三角形法测试方法应按本规范图 E.0.1-2 接线，且应符合下列规定：

1 电流极与接地网边缘之间的距离 d_1 和电压极与接地网边缘之间的距离 d_2 应相等，且 d_1 和 d_2 的值应大于或等于接地网最大对角线长度 D 的 2 倍。夹角 θ 应为 29°，约等于 30°。

2 可采用几个方向的测量值互相比较，也可用三角法和直线法对比互校。

3 电流极和电压极均应可靠接地。

附录 F　土壤电阻率的测量

F.0.1 在进行土壤电阻率测量之前，宜先了解土壤的地质期和地质构造，并宜按表 F.0.1 对所在地土壤电阻率进行估算。

表 F.0.1　地质期和地质构造与土壤电阻率

土壤电阻率（Ω·m）	第四纪	白垩纪 第三纪 第四纪	石炭纪 三叠纪	寒武纪 奥陶纪 泥盆纪	寒武纪前 和寒武纪
1(海水)	—	—	—	—	—
10(特低) 30(甚低)	—	砂质黏土 黏土 白垩	—	—	—
100(低)			白垩 暗色岩 辉绿岩		
300(中) 1000(高) 3000(甚高)		—	页岩 石灰石 砂岩	页岩 石灰石 砂岩 大理石	
10000(特高)	表层为砂砾和石子的土壤		—	—	砂岩 石英岩 板石岩 花岗岩 片麻岩

F.0.2 土壤电阻率的计算应按下式确定：

$$\rho = 4\pi aR \Big/ \left(1 + \frac{2a}{\sqrt{a^2 + 4b^2}} - \frac{a}{\sqrt{a^2 + b^2}}\right) \tag{F.0.2}$$

式中：ρ——土壤电阻率（Ω·m）；

R——所测电阻（Ω）；

a——电极间距（m），应按图 F.0.2 测量；

b——电极深度（m），应按图 F.0.2 测量。

F.0.3 当测试电极入地深度 b 不超过 $0.1a$ 时，可假定 $b=0$，则本规范式（F.0.2）可简化为下式：

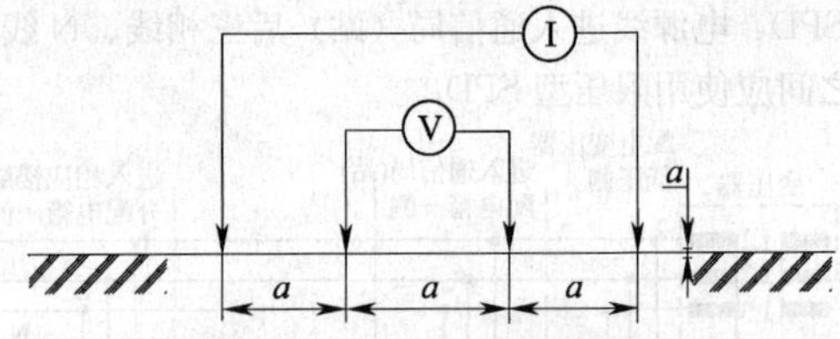

图 F.0.2　土壤电阻率的计量

$$\rho = 2\pi aR \tag{F.0.3}$$

F.0.4 在采用本规范图 F.0.2 进行土壤电阻率测量时，应符合下列规定：

1 测试电极应选用钢质接地棒，且不应使用螺纹杆。在多岩石的土壤地带，宜将接地棒按与铅垂方向成一定角度斜向打入，倾斜的接地棒应躲开石头的顶部。

2 在了解地下金属物位置的情况下，可将接地棒排列方向与地下金属物（管道）走向呈垂直状态。

3 不应在雨后土壤较湿时进行测量。

F.0.5 土壤电阻率应在干燥季节或天气晴朗多日后进行，土壤电阻率应为所测的土壤电阻率数据中的最大值，应按下式进行季节修正：

$$\rho = \psi \rho_0 \tag{F.0.5}$$

式中：ρ——土壤电阻率（Ω·m）；

ρ_0——所测土壤电阻率（Ω·m）；

ψ——季节修正系数，见表 F.0.5。

表 F.0.5　季节修正系数

土壤性质	深度（m）	ψ_1	ψ_2	ψ_3
黏土	0.5～0.8	3	2	1.5
黏土	0.8～3	2	1.50	1.4
陶土	0～2	2.4	1.36	1.2
砂砾盖以陶土	0～2	1.8	1.20	1.1
园地	0～3	—	1.32	1.2
黄沙	0～2	2.4	1.56	1.2
杂以黄沙的砂砾	0～2	1.5	1.30	1.2
泥炭	0～2	1.4	1.10	1.0
石灰石	0～2	2.5	1.51	1.2

注：1　ψ_1——在测量前数天下过较长时间的雨时选用；

2　ψ_2——在测量时土壤具有中等含水量时选用；

3　ψ_3——在测量时，可能为全年最高电阻，即土壤干燥或测量前降雨不大时选用。

附录 G　防 雷 区

G.0.1 防雷区应以其交界处的电磁环境有明显改变

作为划分不同防雷区的特征。

G.0.2 防雷区宜按下列要求分区：

1 本区内的各物体都可能遭受直接雷击并承载全部雷电流，本区的雷电电磁场没有衰减，应为 $LPZ0_A$ 区。

2 本区内的各物体不可能遭受直接雷击，但本区内的雷电电磁场的量级与 $LPZ0_A$ 区一样，应为 $LPZ0_B$ 区。

3 本区内的各物体不可能遭受直接雷击，流经各导体的电流比 $LPZ0_B$ 区小，本区内的雷电电磁场可能衰减，应为 LPZ1 区。

4 当需要进一步减小雷电流和电磁场时，应增设后续防雷区。

G.0.3 在两个防雷区的界面上，应将所有通过界面的金属物做等电位连接，并宜采取屏蔽措施。将需要保护的空间宜按图 G.0.3 划分成不同的防雷区。

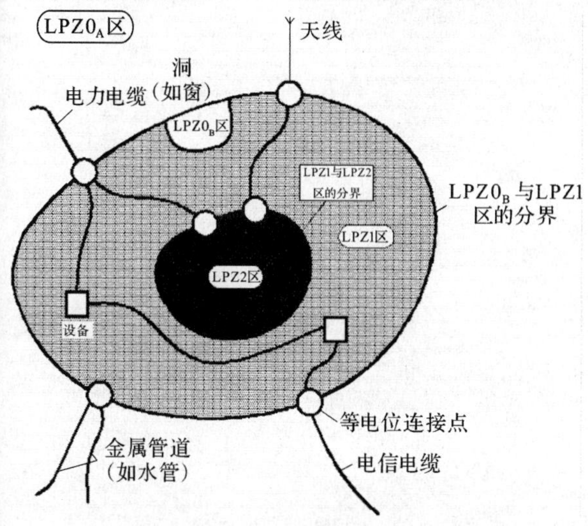

图 G.0.3 将一个需要保护的空间划分为不同防雷区的原则

G.0.4 移动通信基站防雷区应按图 G.0.4 划分，各防雷区应包括下列内容：

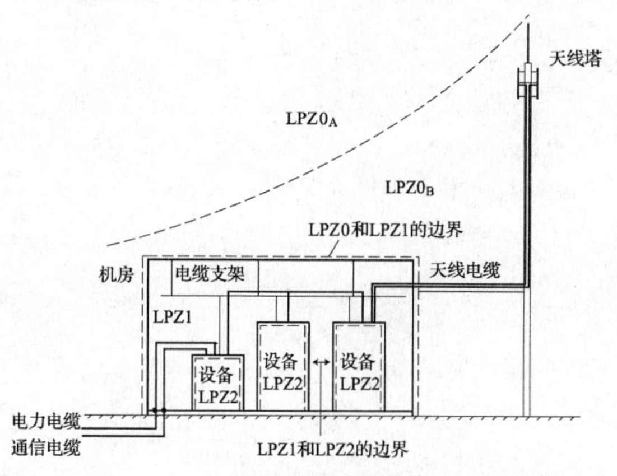

图 G.0.4 移动通信基站防雷区的划分

1 LPZ0（包括 $LPZ0_A$、$LPZ0_B$）区的设施应包括天线塔、天线、外部架缆线、各类室外馈电线缆、低压配电变压器、接地系统。

2 LPZ1 区的设施应包括移动通信基站站房、埋地缆线、内部缆线。

3 LPZ2 区的设备应包括机柜及其内部设备。

本规范用词说明

1 为便于在执行本规范条文时区别对待，对要求严格程度不同的用词说明如下：

1）表示很严格，非这样做不可的：

正面词采用"必须"，反面词采用"严禁"；

2）表示严格，在正常情况下均应这样做的：

正面词采用"应"，反面词采用"不应"或"不得"；

3）表示允许稍有选择，在条件许可时首先应这样做的：

正面词采用"宜"，反面词采用"不宜"；

4）表示有选择，在一定条件下可以这样做的，采用"可"。

2 条文中指明应按其他有关标准执行的写法为"应符合……的规定"或"应按……执行"。

引用标准名录

《通信局（站）低压配电系统用电涌保护器技术要求》YD/T 1235.1

《通信局（站）低压配电系统用电涌保护器测试方法》YD/T 1235.2

中华人民共和国国家标准

通信局(站)防雷与接地工程设计规范

GB 50689—2011

条 文 说 明

制 定 说 明

《通信局（站）防雷与接地工程设计规范》GB 50689－2011，经住房和城乡建设部 2011 年 4 月 2 日以第 981 号公告批准发布。

本规范制定过程中，编制组进行了广泛的调查研究，总结了我国通信工程建设中通信局（站）防雷接地工程的实践经验，借鉴了《移动通信基站雷电主要引入渠道及防雷接地研究与应用》等科研项目的成果，同时参考了国外相关技术标准，形成了本规范的技术要求。

为方便广大设计、施工等单位有关人员在使用本规范时能够正确理解和执行条文规定，《通信局（站）防雷与接地工程设计规范》编制组按照章、节、条顺序编制了本规范的条文说明，对条文规定的目的、依据及执行中需要注意的有关事项进行了说明，还着重对强制性条文的强制性理由作了解释。但是，本条文说明不具备与规范正文同等的法律效力，仅供使用者作为理解和把握规范规定的参考。

目　次

1 总 则

1.0.2 通信局（站）是所有通信站型的统一称呼，包括了综合通信大楼、交换局、数据中心、模块局、接入网站、局域网站点、移动通信基站、室外站、边界站、无线市话站、卫星地球站、微波站等。本规范是通信局（站）防雷接地设计的唯一国家标准，这主要从标准的适应性考虑的，避免不同的国家标准乱用。如现行国家标准《建筑物防雷设计规范》GB 50057、《建筑物电子信息系统防雷技术规范》GB 50343都是以建筑物本身和建筑物内部的信息系统为对象的。建筑物的防雷措施是不能套用在通信局（站）的，如果将这些非专业的国家标准用在通信局（站），可能造成通信局（站）巨大的不安全因素。对此国际上制定标准时也有专门声明，如《建筑物的雷电防护》IEC 61024在适应范围专门有规定，电信、铁路、电力不在其范围，明确规定这些行业应该由这些行业的主管单位编制本行业的标准，而建筑物国家标准就是按照IEC 61024基本等同编制的，同样其他国标也是按照IEC的相关标准编制的，因此这些标准内容是不能直接使用在通信行业的。

1.0.6 防雷器的选型对于通信局（站）的防雷安全至关重要，防雷器选型不当不仅不能保证通信局（站）的防雷安全，而且还可能引起机房火灾等事故。鉴于通信局（站）自身的特殊性，通信行业颁布了一系列适用于通信系统的防雷器的技术要求和测试方法，如现行行业标准《通信局（站）低压配电系统用电涌保护器技术要求》YD/T 1235.1、《通信局（站）低压配电系统用电涌保护器测试方法》YD/T 1235.2等。为了保障通信网使用防雷器的安全可靠性，原信息产业部发布了《通信网防御雷电管理办法》，要求通信网使用的防雷产品必须按照国家和行业标准进行检测，经过工信部认可的第三方检测部门检测合格的产品才允许进网使用。本条为强制性条文，必须严格执行。

2 术 语

2.0.1 根据国际电工委员会《雷电电磁脉冲的防护 第一部分：一般原则》IEC 1312—1将一个需要保护的空间划分为几个防雷区的原则，结合通信局（站）的具体情况，从电磁兼容的角度出发，通信局（站）一个欲保护的空间区域，由外到内可分为几个雷电保护区，以规定各部分空间区域不同的雷电电磁脉冲（LEMP）的严重程度。

通信局（站）雷电保护区的划分是参照《雷电电磁脉冲的防护 第一部分：一般原则》IEC 1312—1和《雷电电磁脉冲的防护 第三部分：电涌保护器的要求》IEC 1312—3中的内容，并根据通信局（站）的实际情况进行划分的，主要目的是要确定电涌保护器（SPD）多级保护的原则。

根据雷电保护区的划分要求，可将一个典型通信局（站）划分为几个雷电保护区，通信局（站）建筑物外部是直接雷击的区域，在这个区域内的通信设备最容易遭受雷害，危险性最高，是暴露区域，为0区；建筑物内部及被屏蔽的机房和通信设备的金属外壳，所处的位置为非暴露区，可将其分为1区、2区和3区等，越往内部，危险程度越低，雷电过电压主要是沿各类导线引入的雷电传导过电压和附近雷闪感应到各类导线及金属体上的过电压。保护区的界面是通过外部的防雷系统、建筑物的钢筋混凝土及金属外壳等所构成的屏蔽层而形成的，电气通道以及金属管道等则通过这些界面。穿过各级雷电保护区的金属构件必须在保护区的分界面做等电位连接（如出入局的缆线屏蔽层应在0-1分界面处的进线室接地，而在局内仅在设备端做接地处理）。

2.0.3 雷电活动区的划分是以1951年～1985年全国年平均雷暴日数分布图和全国年平均雷暴日数区划图为基础。雷电活动区划分结果直接关系到本规范的一个重要的立论基础，更重要的是雷电活动区划分结果又直接关系到工程设计的技术经济比。

已颁布的国家标准和行业标准共有8个，也是根据年平均雷暴日的多少，将雷电活动区分为少雷区、中雷区、多雷区和强雷区：

少雷区为一年平均雷暴日数不超过25的地区；

中雷区为一年平均雷暴日数在26～40以内的地区；

多雷区为一年平均雷暴日数在41～90以内的地区；

强雷区为一年平均雷暴日数超过90的地区。

另外，国家标准《建筑物防雷设计规范》GB 50057—94、《交流电器装置的过电压保护和绝缘配合》DL/T 620—1997、《交流电器装置的接地》DL/T 621—1997等8个标准，对于雷暴日在30以下的明确指出这些地区属于少雷区，在这些地区可以减免一些防雷措施，如《建筑物防雷设计规范》GB 50057—94第3.3.9条“防雷电波侵入的措施，应符合下列要求：平均年雷暴日小于30d/a地区的建筑物，可采用低压架空线引入建筑物内……”，原电力部标准则规定了：“少雷区或经验证明雷电活动轻微的地区，可不沿全线架设避雷线，年平均雷暴日大于30以上的地区，宜沿线架设避雷线。”

《建筑物电气设施 第4部分：安全防护 第44章：过电压保护 第443节：大气过电压或操作过电压保护》IEC 61364—4—443则规定对于外部影响条件为：AQ_1代表一个低水平的雷电活动区域（年雷暴日小于或等于25）。

而对雷暴日大于40的地区各行业标准则明确表明要采取防雷的一些措施。

综上所述，国家标准及行业标准都是将雷暴日大于40定义为多雷区（没有将雷暴日大于20就列为多雷区），一般都将雷电活动区分为少雷区、中雷区、多雷区和强雷区，这样划分后，再采用不同的雷电过电压保护方案，才可能有较好的技术经济比，才可能减少一些不必要的投资，因此本规范关于雷电活动区的划分是有充分依据的。

年平均雷暴日数无法表达雷电强度的大小，在衡量一个通信局（站）遭雷击次数的概率分布时，还必须将通信局（站）所处的地理环境、通信局（站）建筑物的形式、本地区的雷电活动情况等因素进行统筹考虑。

2.0.38 VR扩大了公共连接网及金属支撑制品的连通性，增加了公共连接网的密度。在建筑物内可以建设VR来补充外围环形接地汇集线连接系统；设备和外围环形接地汇集线连接系统间的距离很大时，也可以建设VR。VR系统具有树形拓扑，而外围环形接地汇集线连接系统具有网状拓扑，所以外围环形接地汇集线连接系统提供更多的屏蔽作用。某些情况下，需要额外的屏蔽层，使用完全的外围环形接地汇集线连接系统又不太实际，此时就可以混合使用VR和外围环形接地汇集线系统。

3 基本规定

3.1 一般规定

3.1.1 本条为强制性条文。联合接地是实现通信局（站）均压等电位的基本措施。联合接地的含义是将局（站）内各建筑物的基础接地体和其他专设接地体相互连通形成一个共用地网，建筑物防雷接地和室内接地系统均由一个共用地网引出。同时，楼内电子设备的保护接地、逻辑接地、屏蔽体接地、防静电接地等共用一组接地系统，局内各开关电源的工作地也要与该接地系统连通，以获得相同的电位参考点。

当高压供电线路或局内铁塔遭受雷击时，变压器地网或铁塔地网会有大量雷电流入地，从而引起变压器地网或铁塔地网出现巨大的地电位升，如不采取联合接地方式，就会对机房内设备产生反击。采用联合接地措施后，可以最大限度地减小系统内产生的雷电过电压，并为过电压保护提供良好的基础。

3.1.2 本条为强制性条文。大、中型通信局（站）一般是通信枢纽或者节点，重要性较高，为了保证电气安全，必须采用更为可靠的TN-S或TN-C-S接线方式。而且由于大、中型通信局（站）一般具有独立的高低压配电室或者变压器，有条件来实施TN-S或TN-C-S接线方式。TN系统有利于通信系统的雷电防护。

3.2 接地系统组成

3.2.1 综合通信大楼等电位连接与共用接地系统是内部防雷措施中两种不同而又密切相关的重要措施，其目的都是为了确保人身安全，减小电子信息系统因雷击造成的无法正常工作甚至火灾等事故。

3.6 接地线

3.6.8 设备接地线是保证设备电气安全和防雷安全的重要设施，在接地线中加装开关或者熔断器，在设备短路时可能会造成接地线断开而使过电流保护设施无法正常动作，由此可能引发人身触电事故或者火灾。本条为强制性条文，必须严格执行。

3.9 接地线布放要求

3.9.1 为了保证设备接地线连接的可靠性和低阻值特性，工程中要求必须采用铜接线端子，且压（焊）接牢固。本条为强制性条文，必须严格执行。

3.10 计算机网络接口、控制终端接口的保护

3.10.1 综合通信大楼内部的通信系统包含了程控交换机、传输设备、监控及网络设备、控制终端、电源、无线等子系统，各子系统之间的内部连接线路纵横交错、非常复杂，其网络接口对雷电较为敏感，是雷电侵入的薄弱环节，通信大楼雷电电磁场的分布直接影响到具有敏感元器件的计算机及控制终端的布局，因此需要对各类接口加装保护器。

3.10.3 理论和实践证明，当建筑物遭受雷击时其中部位置是雷电电磁场强度最小的区域，因此设置在此区域能够将雷电电磁场感应减小到最小。建筑物外墙体的建筑钢筋是建筑物遭受雷击时雷电浪涌集中的雷电流分布通道，极易遭受雷电电磁场感应。使用建筑物外墙体的电源插孔可能会使雷电感应过电压沿着电源线侵入到计算机等设备，因此应该避免直接使用。本条为强制性条文，必须严格执行。

3.11 集中监控系统的接地与接口的保护

3.11.2 室外架空走线的线缆比较容易受到雷电感应（包括感性耦合和容性耦合）而在线缆上产生雷电浪涌，雷电浪涌沿着线缆会侵入到机房内的设备连接端口，造成设备损坏。本条为强制性条文，必须严格执行。

3.13 配电系统

3.13.6 本条规定是为了避免由于接零保护在地线产生的干扰问题。本条为强制性条文，必须严格执行。

3.14 机房内辅助设备的接地

3.14.1 为了保证机房内部的等电位连接和电气安

全，室内的走线架及各类金属构件必须接地。电气连通的走线架还具备很好的电磁屏蔽效果，因此必须采用电气连接。本条为强制性条文，必须严格执行。

4 综合通信大楼的防雷与接地

4.1 一 般 规 定

4.1.1 通信局（站）用建筑物的钢筋混凝土基础可以获得可得到的最低接地电阻值。

1 现行国家标准《建筑物防雷设计规范》GB 50057 对于建筑物的接地一般都采用其钢筋混凝土基础作为地网，因为建筑物钢筋混凝土基础埋地较深，与大地的接触面积大，在相同的土质条件下，用其基础作接地体可比一般人工接地的电阻低得多，另外，基础钢筋埋设在混凝土中，作为接地体的钢筋不会受到外力的损伤和破坏，不需要维护，使用期限长，接地电阻稳定。对于通信局（站）这种接地方法是相当有效的。

2 现在通信局（站）利用通信局（站）内所有建筑物钢筋混凝土基础加上外设环行接地体作为地网，由于城市环境所限，根据接地电阻的测试方法的测试距离要求，一般无法对接地电阻进行测试。

3 原邮电部标准交换设备允许的接地电阻值是沿用前苏联的标准，随着通信技术的发展，模拟技术的交换系统在中国已经被数字交换系统所代替，原有基于模拟技术的交换系统局间金属实线连接已经被光缆所代替，因此局间接地电阻引起的电位差引起的问题已经不复存在。故对于现代通信局（站）仍旧沿用原模拟系统对接地电阻的要求是没有必要的。

4 早在 1972 年，原 CCITT（ITU 的前身）的接地手册实际已经对接地电阻值进行了统计分析，当时统计的 8 个国家的接地电阻值一般在 0.5Ω～10Ω。研究证明：交换设备接地电阻在0.5Ω～20Ω 时对交换设备都无影响和串音。

5 中讯邮电咨询设计院有限公司在对全国各个运营商通信局（站）改造时一般都是将原有局（站）内建筑物地网及机房进行连接，构成环形地网，接地电阻值没有检测过，也不考虑局方提供的接地电阻值（仅仅作为参考），防雷接地改造后的局（站）经过多年的统计基本上没有雷击发生设备被击坏的记录。

综上所述，由于通信局（站）联合接地利用建筑物钢筋混凝土基础已经可以获得可得到的最低接地电阻值以及能够满足交换设备对接地电阻的要求，且局间传输已经从实线改为光缆，所以在规范中没有再提及接地电阻值的要求问题，而用所有建筑物地网进行环形连接方式组成的最大面积来代替对接地电阻值大小的要求。

4.1.3 外部防雷装置主要是防直击雷的防护装置，内部防雷设施主要用于减小和防止雷电流在需防空间内所产生的电磁效应或者主要防止雷电流及雷电电磁场产生的电磁场效应。

4.1.4 ITU. K27 电信大楼内的网状 BN 示意见图 1。

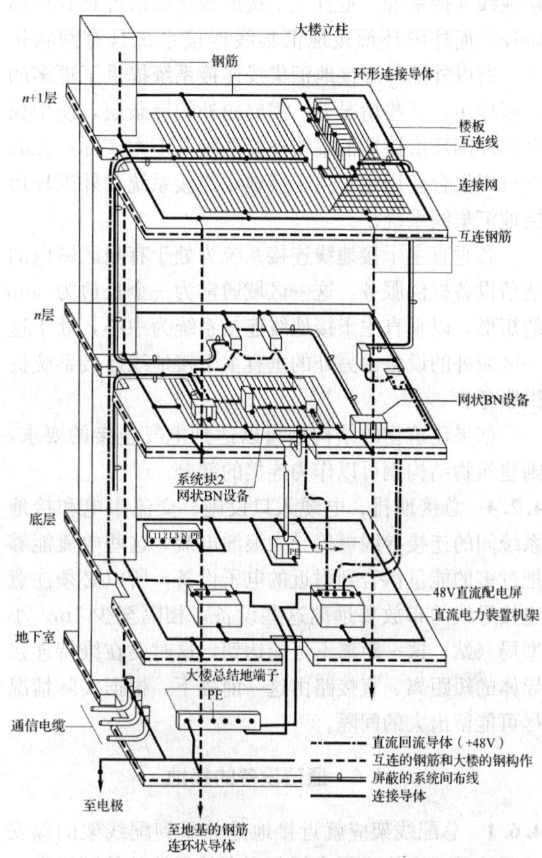

图 1 ITU. K27 电信大楼内的网状 BN

4.2 接地连接方式

4.2.2 外设环形接地汇集线连接系统近似于一个法拉第笼，第一层的外设环形接地汇集线作为“扩展的”主接地端子，此时实际上不需要单独的 MET。

如果需要，在相应机房可以增加补充的环形接地汇集线。分环形接地汇集线可以跨越构筑物，并连接环形接地汇集线的相对端。分环形接地汇集线这些导体有助于把通信设备、仪器连接到环形接地汇集线，并且在构筑物的顶层或屋顶及底层发挥了颇有价值的屏蔽作用。

在大型通信建筑物内，沿整个建筑物外围建设环形接地汇集线系统不切实际。环形连接导体的范围可以减小到包围以下设备的建筑物区域：电信设备或更可能发生雷击的设备（如无线设备），该系统的垂直范围也可以进行限制。

4.2.3 垂直主干接地线连接系统是一组在电信设备和总接地排间提供工程低电阻路径的垂直和水平导体。垂直主干接地线连接系统扩大了公共连接网及金属支撑制品的连通性，增加了公共连接网的密度。在建筑物内可以建设垂直主干接地线连接系统来补充外围环形接地汇集线连接系统；设备和外围环形接地汇集线连接系统间的距离很大时，也可以建设垂直主干接地线连接系统。垂直主干接地线连接系统具有树形拓扑，而外围环形接地汇集线连接系统具有网状拓扑，所以外围环形接地汇集线连接系统提供了更多的屏蔽作用。某些情况下，需要额外的屏蔽层，使用完全的外围环形接地汇集线连接系统又不太实际，此时就可以混合使用垂直主干接地线连接系统和外围环形接地汇集线系统。

各垂直主干接地线连接系统为处于有限区域内的通信设备提供服务。这一区域通常为一个长边为 30m 的矩形，以垂直主干接地线连接系统为中心，处于这一区域外的设备由另外的垂直主干接地线连接系统提供服务。

如果建筑物的结构钢可以达到电气连接的要求，则建筑物结构钢可以作为连接的部分。

4.2.4 总接地排、电缆入口设施、交流市电和接地系统间的连接导线可传导大浪涌电流，这些电流能够把过多的能量耦合到附近的电子设备，所以必须注意连接导线的布放要远离这些设备，相隔至少 1m。小型局（站）这一距离不可能达到，这时要在维持连接导体的短距离、直接路由这一前提下，根据实际情况尽可能留出大的间隔。

4.6 通信设备的接地

4.6.1 总配线架应就近接地是关系到配线架的保安单元能否对交换机用户板起到有效保护的关键问题。

4.6.2 应避免在外墙上布放非屏蔽信号电缆或电力电缆。如果布放，则应将电缆全部穿入屏蔽金属管，并将金属管两端与公共连接网连接，如从电缆入口设施到总配线架的屏蔽电缆。

4.8 其他设施的接地

4.8.1 为了防止楼顶金属设施在雷击时发生闪络威胁设备和人身安全，楼顶的各种金属设施必须分别与楼顶避雷带或接地预留端子就近连通。本条为强制性条文，必须严格执行。

5 有线通信局（站）的防雷与接地

5.1 交换局、数据局

5.1.3 接地的其他要求主要是为了避免在各类信号线、控制线、通信线上感应各种干扰信号和雷电脉冲。

5.1.4 集中监控系统的接地：在设计时将监控系统对线路进行屏蔽、合理布线、等电位连接、接地及加装 SPD 等措施，主要是为了抑制雷电浪涌与监控系统间的耦合路径，最大程度地减小感应过电压、反击过电压以及雷电侵入波对监控系统的危害。

5.2 接入网站、模块局

5.2.1 本条是开关电源内的 SPD 安装位置的一般规定。

1 当接入网与移动通信设备共站时，接地排和接地线一般都是在走线架上方固定，因此接入网的开关电源内部 SPD 的安装位置，宜选择 SPD 设计位置在开关电源上方的产品为最佳方案。

2 当接入网安装在有地沟的机房时，地沟中有接地排，此时宜选择 SPD 安装在开关电源下方的方式为优选方案。

5.2.2 本条规定了总配线架的接地要求。

1 总配线架应就近接地是关系到配线架的保安单元能否对交换机用户板起到有效保护的关键问题。在通信机房总体规划时，总配线架宜安装在一楼进线室附近，接地引入线应从地网两个方向就近分别引入（从地网在建筑物预留的接地端子接地或从接地汇集线上引入）。

2 当接入网站内部的设备如 MDF 架和接入网机架相距较远时，此时 MDF 架就近与环形接地网连接，使通过用户线进入站内 MDF 架上的保安单元的雷电流能迅速入地。

5.2.5 本条为无线接入网站的基本规定。

1 为了确保就近接地的原则，使雷电流通过接地体迅速入地，当接入网站与移动通信基站共站时，机房的接地系统应采用环形接地网的方式，环形接地网围绕铁塔和机房一圈，并分别与铁塔各基础多点相连，机房接地引入点应在远离铁塔的一侧（接地引入点需改造的情况，总汇流排接地引入点切记不能从塔脚引入）。对于土壤电阻率较高的地区，可再在地网四角采用辐射型接地体（在辐射型水平接地体周围采用液状长效降阻剂处理）。

2 利用农村民用建筑物作为机房，实施接地改造时应根据机房的具体情况确定方案，往往由于条件所限或者业主和环境的要求，根据房间的走向、环境条件做一组接地体，使用 40mm×4mm 热镀锌扁钢或截面积大于 $50mm^2$ 的多股铜线分别与机房总配电箱处和机架处的接地排连接。所有焊点用沥青做防腐处理。

5.3 宽带接入点

5.3.1 宽带接入点用户单元的设备是目前受雷害影响较为严重的一类设备，经常在雷雨天气出现大面积损坏的情况，一个重要的原因就是这些设备未接地。这些未接地的设备即使加装有防雷器也无法有效地起到保护作用。

由于这些设备一般放置在用户楼宇，故可以通过连接楼柱钢筋等措施实现就近接地。本条为强制性条文，必须严格执行。

5.3.4 出入建筑物的网络线极易受到雷电感应的影响，为了保证网络交换机的安全，必须在网络交换机接口处加装网络数据SPD。本条为强制性条文，必须严格执行。

6 移动通信基站的防雷与接地

6.2 地 网

6.2.5 对于利用商品房作机房的移动通信基站，应尽量找出建筑防雷地网或其他专用地网，并就近再设一组地网，三者相互在地下焊接连通。找不到原地网时，应因地制宜就近设一组地网，并与建筑物基础内钢筋焊接连通，铁塔应在两个方向与建筑物避雷带就近连接。

6.2.6 根据某地区数百个遭受雷击损坏设备的基站接地电阻的统计：5Ω以下的占74%，5Ω～10Ω的占19%，10Ω以上的占7%。在2004年某基站地网优化设计及综合防雷方案科研组对51个现场勘察的雷害基站中，山区型23个，郊区型25个，市区型3个。接地电阻在5Ω以下的31个，5Ω～10Ω的4个，10Ω以上的16个。可见接地电阻符合规范要求5Ω以下，但屡次遭雷害的基站却占60%左右，比例依然很高。这说明雷害同接地电阻值并不是必然对应的关系，从统计数据来看，并不是接地电阻越小，遭雷的概率越小，防雷效果也越好。实践证明，防雷效果和接地电阻并无直接关系，设备的损坏是由于设备间存在电位差造成的。

1 移动基站（包括微波站）的接地：

随着移动通信服务区网络不断向郊区、山区、交通主干线的延伸，基站所处地理环境越加恶劣，特别是石头较多的山上，接地问题更难解决。其实移动通信基站的接地问题一直困扰着移动通信基站的建设和设计单位，另外，对于建在山区的基站实际所处的地理位置与雷电的活动区域有着一定的联系，建在山区的基站，由于土质很差，多为碎石土壤、风化岩或花岗岩石，表面土壤仅十几至几十厘米厚，甚至只有光秃秃的岩石，土壤电阻率极高，要使基站的地网接触电阻做的很小是极为困难的。

基站根据设计的不同分为机房与铁塔分别设立、机房在铁塔四脚之内、铁塔四脚建在机房之上几类情况，因此，各类移动通信基站接地系统的合理设计是当前移动通信基站接地工程中的重要课题。根据《移动通信基站防雷与接地设计规范》YD 5068—98的要求，基站接地电阻应小于5Ω，由于基站所处地理环境千差万别，实现规范的要求可能有众多问题，许多工程技术人员都反映按照规范设计接地系统不好处理，也做不到条文所要求的接地电阻值，当然由于基站的地网类型很多，不可能用一种模式去解决所有的问题。

2 移动基站接地的目的：

目前建在郊区或山区的移动通信基站有各种各样的地网，接地电阻值从几欧姆至几十欧姆不等。这主要是由基站所处的地理环境和土质以及站址所在地区的土壤电阻率决定的，对于正在运行的基站设备，实践证明："接地电阻的大小对基站设备技术参数以及信号传输没有任何影响"。从理论上讲，防雷接地用的接地电阻越小越好。这是因为接地装置上流过的雷电流会使接地点的地电位升高，产生过高的接触电压和跨步电压，因此地网的设计主要从防雷保护的角度考虑，尽可能降低接地电阻的数值。

1）按照《信息技术设备的安全》IEC 60950采用通信开关电源供电的通信设备属于基本绝缘类设备。所以这类设备的外露可导电部分一定要可靠接地，其目的是为了防止设备故障时的危险电压对人身构成电击危险。

2）对于以分离器件为主的模拟通信设备，由于考虑干扰信号的地环流影响，所以设备需要独立的工作接地，但对于以大规模集成电路器件为主的数字通信设备，由于设备本身的抗干扰能力较强但内部器件的抗电涌能力极差，所以工作地必须直接和保护地合一。

3）对于直流系统（－48V系统为直流正接地，＋24V系统为直流负接地），其接地目的至少应包括以下两个方面：固定（均衡）电位，防止在供电系统故障后，危险电压对人身构成电击危险；固定（均衡）电位，防止在供电系统故障后，危险电压对设备本身造成的损坏。

4）为防止静电对设备本身的危害的接地。

5）为给窜人系统的雷电能量提供一个泄放渠道的接地。

分析以上基站接地的目的，可以清楚地看到，基站接地电阻的大小是以危险电压不能对人身和设备的安全构成危险为原则的。即在设备供电系统发生对地短路故障时，故障电流在接地电阻上的电压降不能对接触设备的人和设备本身构成安全隐患。

3 基站地网的组成形式：

移动通信基站地网设计的主要目的在于：在流往地中的雷电流路径上得到最低的接地电阻，在保护范围内把雷电流产生的电势保持在安全范围内。

一个由多接地体组成的地网可以近似地当作一块孤立的平板，它的电容主要是由它的面积尺寸来决定的，附加于这个平板上的有限长度（2m～3m）的垂直接地体，不足以改变决定电容大小的几何尺寸，因而是电容增加不大，亦即接地电阻减小不多。这里接地电阻R为：

$$R=\frac{1}{C}\cdot\frac{\varepsilon\oint SE\mathrm{d}s}{\frac{1}{\rho}\oint SE\mathrm{d}s}=\frac{\rho\varepsilon}{C} \tag{1}$$

式中：R——接地体的接地电阻（Ω）；

C——接地体的电容（F）；

ρ——土壤电阻率（Ω·m）；

ε——大地的介电系数（F/m），$\varepsilon=\varepsilon_r\cdot\frac{1}{4\pi\times9\times10^9}$，$\varepsilon_r$为大地的相对介电系数。

这个极为重要的物理概念表明：增大接地网的面积是减少接地电阻的主要因素。只有当附加的垂直接地体的长度与地网的等效半径可以比较时，平板趋近于一个半球时，电容才会有较大的增加，从而才可能降低接地电阻，但是即使在这种情况下，接地电阻减小仅36.3%。这个结果可由下式推出：

如果将地网等效为埋深为0，半径为r的圆盘时，$R_1=\rho/4r$；半径为r的半圆球时，$R_2=\rho/2\pi r$，$R_1/R_2=0.637$。

由此可见，接地网的接地电阻主要和接地网面积有关，附加于接地网上的2m～3m的垂直接地体对减少接地电阻的作用不大。对于地网的设计，那种认为加密垂直接地体可减小接地电阻的观念是不可取的，从宏观分析，应把地网看作一个二维的平板，采用不长的垂直接地体（垂直接地体的长度与地网等值半径相比，至少小一个数量级），不论打入多少根，即使密集成厚度为2m～3m的实体钢板地网，也不会使接地电阻有多大变化。

4　地网大小及网格数与接地电阻的关系：

1）地网大小与接地电阻的关系：

基站的地网作为复合接地体（以水平接地体为主，且边缘闭合）的接地电阻：

$$R=0.44\frac{\rho}{\sqrt{A}}+0.159\frac{\rho}{L}\ln\frac{8A}{HD\times10^4} \tag{2}$$

式中：A——接地网的总面积（m^2）；

L——接地体的总长度，水平和垂直接地体的总和（m）；

D——水平接地体的直径（m）；

H——水平接地体的埋深（m）；

ρ——土壤电阻率（Ω·m）。

从式（2）可以看出接地电阻主要取决于接地网的面积，而后一项说明接地网的埋深，接地体的直径以及网内的水平和垂直接地体的总长度对减少接地电阻的作用很小，通常仅占R总数的8%左右。根据《工业与民用电力装置的接地设计规范》GBJ 65—83，对于上述复合式接地网的工频接地电阻的计算，上式R约为：

$$R=\frac{\sqrt{\pi}}{4}\cdot\frac{\rho}{\sqrt{A}}+\frac{\rho}{L}=0.443\frac{\rho}{\sqrt{A}}+\frac{\rho}{L}\approx0.5\frac{\rho}{\sqrt{A}} \tag{3}$$

2）接地电阻与基站地网面积的大小：

从$R=0.5\rho/\sqrt{A}$可以看出，在相同土壤电阻率的条件下，要使地网接地电阻减少，就要增加地网的面积，表1列出了在不同土壤电阻率时保持R为5Ω时的地网面积。

表1　R为5Ω时土壤电阻率与地网大小的关系

$R=0.5\rho/\sqrt{A}=5\Omega$时						
ρ(Ω·m)	100	200	400	800	1000	1600
A（m^2）	100	400	1600	6400	10000	25600

由此可见，在高电阻率的山区，基站地网的接地电阻要控制在5Ω是难以实现的。

3）地网网孔个数和接地电阻的关系：

地网中相距较近的接地体不能充分利用，这种接地体间的相互屏蔽引起的屏蔽效应是由电流流入大地时电场重叠而产生的（接地体的电阻主要是靠位于接地体附近土壤区域土壤电阻率所决定的，由于上述电场是叠加的，所以每一个接地体附近的电流密度变得不均匀，使得接地体附近的土壤有效面积减少，或者使流散电阻增加）。当接地体按照同心圆的方式（即一环套一环）或者地网以直角小方格配置时，由于接地体的相互屏蔽作用，其利用率特别低，此时设置在网格结点上的垂直接地体的利用系数仅仅达到0.15～0.20。因为这时对接地电阻数值起主要作用的是接地体的外环部分，而不是网格内部接地体的数量，所以增加地网内网格数目以减少地网接地电阻值既不经济又非优化设计考虑。

据有关资料介绍：如果一般复合式地网的接地电阻R为100%，则实心钢板地网接地电阻约为90%R，而中空的环形地网（只有周边有接地体）的接地电阻约为110%R，房屋建筑物基础（一般有钢筋的地基较深，而建筑物中间有空隙）的接地电阻约为80%R。可见加密水平接地体，增设垂直接地体对基站地网的接地电阻无显著作用。

接地电阻与接地网孔的关系：美国《电磁兼容性设计手册》（AFSC-DH1-4）认为："从设计的经济效益方面考虑，地网应尽可能覆盖大的面积以降低其接地电阻，而且网孔数目不宜多于16个"。这与我国水利电力部门的试验结果是相符的；当接地网孔大于16个时，接地电阻减小很慢，如16个网孔的正方形接地网与2个网孔的正方形接地网相比，接地电阻减少23%；与4个网孔的正方形接地网相比，仅减小10%。网孔个数和接地电阻的关系用图2表示（图中R为平板的接地电阻）。

由此可见，加大地网网格的密度以降低接地电阻的方式并非优化设计所推荐的，如将多于16个网孔的接地体用来增大接地网的面积，对于减小接地电阻的效果要好得多。

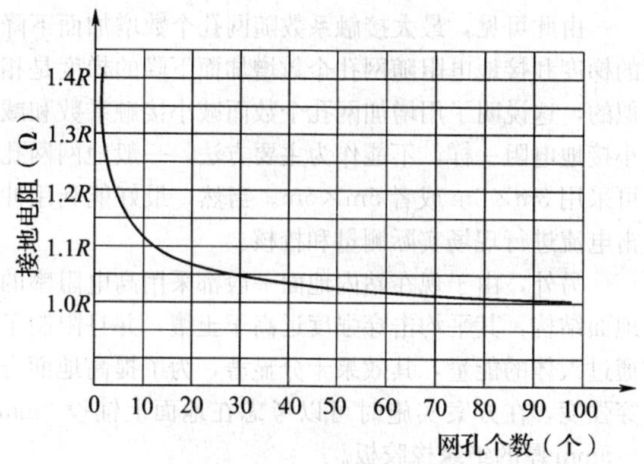

图2　网孔个数和接地电阻的关系

5　地网与冲击半径及移动通信基站地网最佳面积大小。

对于建在山上的移动通信基站，由于所处的位置往往比周围的山地显得突出，地理位置又与雷电的活动区域有着一定的联系，加之山上一般多为岩石或多石土壤，要使防雷接地电阻在有限的面积做的很小（如5Ω）是不可能的，为此建在山上的基站采用了均衡大地电位，实施联合接地及改进地线的敷设方法，可以在雷击时使站内各处电位同样上升，以致局内设备相互间的冲击电压均衡，增加了雷电泄流能力。

1）接地网与冲击半径。

一个避雷针的接地体接闪时所呈现的电阻，与直流、工频电流的接地电阻有显著不同，对于雷电在土壤所发生的物理过程和工频有着相当大的区别，它们的最主要区别是由雷电的形成过程以及土壤对高频电磁波的传输特性决定的。雷电流是个冲击波，而且具有非常大的电流值，由于雷电流幅度很大，在接地体附近形成的电场强度超过了土壤的冲击击穿强度而产生电弧式火花放电，结果相当于增加了接地体的尺寸，因此，在实际雷电流作用下接地网的接地电阻值小了。

雷电流通过接地体向大地散流时有下列特征：

第一，当雷电流通过接地装置流入土壤时，由于电流幅值很大，在接地体周围形成强大的电场，土壤呈现的电阻率也受到电场强度的影响，随着电场强度增加，也就是随着电流密度的增加，土壤电阻率随之减少。

第二，雷电流相当于高频电源，除接地体的电阻和电导外，接地体的电感和电容对冲击阻抗发生作用，其作用的大小决定于接地体的形状、冲击电流的波形和幅值，以及土壤中电的参数 ε_r 和 ρ，即地的介电系数和土壤电阻率。

第三，冲击电流在地中流动时，由于高频电流的集肤效应，不像直流和工频电流那样穿透很深的地层，而是在距离地面不太深的范围流动。

第四，雷电流通过接地装置流入土壤时，当接地体周围电场强度达到一定数值时，电压和电流不是直线关系，而呈现非线性。

所以，冲击电流或雷电流通过接地体向大地散流时，不再是用工频接地电阻，而是用冲击接地电阻来度量冲击接地的作用。接地装置对地冲击电压的幅值与冲击电流幅值之比则称为冲击接地电阻。由上述冲击接地电阻的定义可以看出，冲击接地电阻是一个人为的概念，并无具体的物理意义，因为冲击电压幅值和电流幅值往往不是在同一个时间出现的（由于接地体的电感作用，冲击电压幅值出现在冲击电流幅值之前），把两个在不同时间发生的量之比定义为冲击接地电阻并无物理意义，但在工程上利用这个定义，可在已知冲击电流的幅值和冲击电阻的条件下，计算出冲击电流通过接地体散流时的冲击电压幅值。

一个接地地网的面积不论有多大，在工频时，是可以把接地体的表面近似地看成等位面的，故接地网全部面积都能得到利用。但是，许多根接地体在地中构成的网状接地体在冲击电流的作用下，当土壤电阻率和介电系数一定时，接地网的冲击等效半径就是一个常数，而冲击等效半径要比接地网面积的等值半径小得多，即在冲击电流的情况下，仅仅利用接地网很小的一块面积，在工频时，接地电阻之所以和接地网面积的平方根成反比，是因为接地网上的电位比较均匀，全部接地体都起着散流作用，接地体得到充分利用的缘故，但在雷电流作用下，情况就不同了。由于接地体的电感作用，接地网的电位呈现不均匀性，离开雷电流引入点愈远的地方，接地体上的电位就愈低。甚至电位为零，其变化规律按指数曲线衰减，只有雷电流引入点附近一块接地网才起着散流作用，而且散流的程度与这一块面积上的电位分布成正比。

2）地网的最佳面积大小。

冲击等值半径与接地网面积的等值半径之比：

$$\frac{r_{ch}}{r}=\frac{\rho\sqrt{\varepsilon_r}}{60\sqrt{\pi A}}\left[1-\exp\left(\frac{-60\sqrt{\pi A}}{\rho\sqrt{\pi r}}\right)\right] \tag{4}$$

式中：r_{ch}——冲击等值半径（m）；

r——接地网面积的等值半径（m）；

A——接地网面积（m^2）；

ρ——土壤电阻率（Ω·m）；

ε_r——地的相对介电系数，这里 $\varepsilon_r=9$。

在不同的土壤电阻率和地网的面积条件下，两者之比可为基站地网优化设计提供一个考虑方案。表2列出了土壤电阻率 ρ=250Ω·m～2000Ω·m，地网面积 A=100m^2～6400m^2 时冲击等值半径与接地网面积的等值半径的变化规律。从冲击等值半径与接地网面积的等值半径变化规律得出一个结论，在移动通信基站地网优化设计时，根据移动通信基站所处的具体地理环境，其接地网的大小应控制在 20m×20m（400m^2）内，这时地网在雷击时冲击等值半径利用率在高电阻率土质的情况是较高的（在土壤电阻率为

1000Ω·m时为71.63%)，当接地网的大小在40m×40m（1600m²）时，此时地网在雷击时冲击等值半径利用率在电阻率为1000Ω·m的土质情况是53.44%，冲击等值半径利用率较低，在土壤电阻率低于500Ω·m时，地网可小于400m²。这样加之外引水平接地体，地网的利用率可更高。另外，考虑到垂直接地体能起到集中接地扩大散泄雷电流之用，可在冲击等值半径处打入一圈垂直接地体，其等效半径应以铁塔为中心。此时垂直接地体是为了加速散泄雷电流，而不是以减小地网接地电阻为目的。

表2 在不同土壤电阻率条件下，冲击半径与接地网等值半径的利用率百分比

r_{ch} / r（%） / ρ（Ω·m）	$A=100$	$A=400$	$A=1600$	$A=6400$
250	53.44%	33.19%	17.57%	8.82%
500	71.63%	53.44%	33.19%	17.57%
1000	84.19%	71.63%	53.44%	33.19%
2000	91.60%	84.19%	71.63%	53.44%

6 网格与均衡电压接触系数的关系。

实施基站联合接地均衡电位的目的，除了减小设备上的反击电压外，另一个目的是减小地网内的最大接触电位差（当电流流过接地装置时，大地表面形成分布电位，在地面上离设备水平距离为0.8m处与设备外壳或墙体离地面的垂直距离1.8m处两点间的电位差，称为接触电位差，人体接触该两点时所承受的电压，称为最大接触电压），接地网地面的最大接触电压可近似按下式计算：

$$E_{jm}=K_j E_m \tag{5}$$

式中：E_{jm}——最大接触电压（V）；

K_j ——接触系数；

E_m ——接地装置的电位（V）。

其最大接触系数 K_{jm} 与地网网孔的个数关系如图3所示。

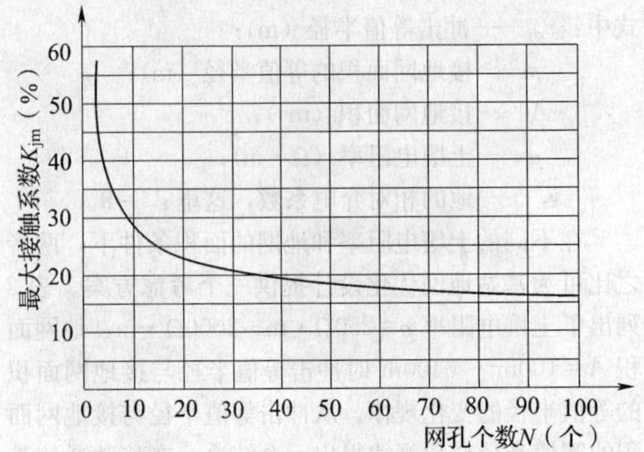

图3 最大接触系数 K_{jm} 和网孔个数 N 的关系曲线

（接地网面积 $A=40$m×40m，接地体直径 $d=0.02$m，埋深 $h=0.6$m）

由此可见，最大接触系数随网孔个数增加而下降的梯度和接地电阻随网孔个数增加而下降的梯度是相似的，这说明了用增加网孔个数而减小接触系数和减小接地电阻一样，不能作为主要方法。一般地网网孔可采用3m×3m或者5m×5m。当然，最好能利用冲击电流进行现场实际测量和校核。

另外，由于现在站内地面一般都采用高电阻率的地面结构，其平均击穿强度远高于土壤，并且限制了通过人体的能量，其效果十分显著，为了提高地面击穿强度，在方案实施时可以考虑在地面上铺设3mm～5mm厚的绝缘橡胶板。

7 基站地网是否合格的判定依据。

在移动通信基站采用联合接地，土壤电阻率较低的情况下，可以规定一个接地电阻的要求，以减小建设地网投资，但在大地电阻较高的地区，评价基站地网接地电阻是否合格应采取优化设计的方式，换一种方式来评价，即以地网面积的大小为判定依据，看看是否能满足雷击时基站接地的需要，另外，地网四角还应辅以20m～30m的热镀锌扁钢做辐射型接地，以提供更好的雷电流散流通道。

6.4 天（馈）线接地

6.4.3 室外接地排的主要作用就是将馈线外护层分流的雷电流尽快地泄放到地网，减小进入机房的雷电流。而铁塔遭受雷击时铁塔塔角是雷电流最集中的泄流渠道，为了施工方便将室外接地排连接到铁塔塔角不仅不会使馈线外护层的雷电流尽快泄放到地网，而且会增大进入机房的雷电流，造成机房内部设备发生损坏。本条为强制性条文，必须严格执行。

6.6 GPS天（馈）线的防雷与接地

6.6.4 在建筑物遭受雷击时，避雷带和避雷网上会有较大的雷电流通过，当GPS馈线系挂在避雷网或避雷带上时，会在馈线上感应较大的过电压侵入机房造成设备损坏。本条为强制性条文，必须严格执行。

6.7 机房内的等电位连接

6.7.2 接地参考点（ERP），是指一信息设备或系统的等电位连接网络与共用接地系统之间唯一的一点连接点。实际上，接地参考点并不是一个点，而必然有足够的大小，以适应等电位连接导体的连接。

接地参考点只存在于星形（S形）等电位连接网络中。这是因为，在网状（M形）等电位连接网络中，必定是有多点连接到共用接地网，是多点接地，故没有要选取接地参考点的问题。

选择接地参考点的目的是保障设备及系统的正常运行，这也是判断接地参考点选择恰当与否的标志。从防雷保护角度看，接地参考点越靠近设备越好，因为在这种情况下用于连接设备和接地参考点的等电位连接导体的长度可以做到最短，从而能保证在雷电流通过时等电位连接导体两端的电压降最低。

7 小型通信站的防雷与接地

7.1 一 般 原 则

7.1.2 室外站、边际站、无线市话站所处的地理环境非常恶劣，与典型正规站相比，各类自然环境条件更加严酷，常年遇到的雷害频次更多，为了保障在雷击基站时正常运行，因此需要在设计时特别强调防雷与接地的重要性。

7.1.3 无线市话站的接地一般利用城市中的建筑物原有的避雷带或者建筑物的接地作为其防护直击雷的措施，由于投资所限，从技术经济比考虑，不能照搬基站的防雷接地要求。

7.4 其 他

7.4.6 由于在建筑物遭受雷击时，避雷网和避雷带上会有较大的雷电流通过，当缆线系挂在避雷网或避雷带上时，可能会造成缆线击穿或者在缆线上感应较大的过电压而侵入机房造成设备损坏。本条为强制性条文，必须严格执行。

9 通信局（站）雷电过电压保护设计

9.1 一 般 规 定

9.1.1 本规范对通信局（站）雷电过电压保护设计是建立在联合接地基础上的。近年来虽然对通信局（站）建筑物的防雷接地进行了大量改进，但雷电产生的浪涌电流还是造成了通信设备的损坏，雷击使通信中断的事故时有发生，雷击造成通信设备损坏事故的85%是雷电过电压引起的，因此对通信局（站）雷电过电压的保护就更为重要。

通信局（站）雷电过电压保护并非是简单的、单一的雷电过电压保护器件应用，而是应用电磁兼容的原理，根据雷电保护区的划分，对一个通信局（站）进行综合、多级雷电过电压保护。

通信局（站）传统的雷电浪涌保护方法，在选择浪涌SPD时，仅考虑被保护的通信设备本身，没有根据电磁兼容原理，把局部或单一的防护措施归结到系统防雷，即整体防护的概念。由于缺乏通信局（站）系统整体的观念，导致在通信局（站）电源系统网络，甚至在雷电防护的薄弱环节的不同点安装过电压保护器时，各类防护器件之间不能相互协调，相互之间不能控制。由于防护器件在设计时，其防护性能仅仅考虑了被保护设备本身的需求，而通信局（站）系统的防护，各级防护器件是相辅相成的，互相影响的，此时用以局部防护的过电压器件不能有效发挥其防护性能，影响了通信局（站）的整体防护。

9.1.3 通信局（站）雷电保护区的划分是参照《雷电电磁脉冲的防护 第一部分：一般原则》IEC 1312－1、《雷电电磁脉冲的防护 第三部分：电涌保护器的要求》IEC 1312－3中的内容，并根据通信局（站）的实际情况进行划分的。主要目的是要确定避雷器多级保护的原则。防雷区的划分，并不代表IEC建议中关于雷电保护区的划分的所有内容都被本规范所接纳。

IEC有关雷电保护区的划分可能在通信局（站）内是无法区别的，如高压设备的耐压等级、线路的耐压等级、避雷器的耐压等级是不同的，同样一个雷电流对变电站电力开关柜可能没有任何影响，但对通信设备电源系统已经造成危害。

另外，在通信局（站）IEC有关设备的耐压等级同样是不能区分的，因为在通信局（站）的一个配电设备中，可能既有能够承受6kV的部分，也可能某些部分只能承受500V，甚至几伏的电压。在实际雷害中往往有很多大家认为比较“粗、笨”，位于通信电源前端的电源设备遭受损坏。在通信电源防雷设计时，如果设计者都是按照保护水平一级一级往下降的，从6kV、4kV、2.5kV直到主要要保护设备的1kV（参照《低压系统内设备的绝缘配合 第1部分：原理、要求和试验》IEC 60664－1），极有可能导致通信电源设备遭受雷击损坏事故的增加。

由于自动控制技术越来越普及，6kV、4kV保护水平的设备只能是指这个设备的主要部件，如铡刀、开关等。举个市油切换屏的例子，现在大部分的市油切换屏都是通过采样回路对市电采样后再对切换开关进行自动控制的。切换开关的耐雷击水平很高，这是毋庸置疑的，但采样回路却常常受雷击损坏。原因就是在防雷保护中把强电设备中弱电部分（采样回路）仍然等同于切换开关来保护。因此应将这种具备自动切换技术的市油切换屏也当作弱电设备看待，强化对切换屏的保护，尤其是强化切换屏中弱电部分的保护。这些类似的设备还包括自动调压器等。因此不能将IEC的绝缘配合的等级建议直接用到通信电源设备中。

9.1.4 由于通信局（站）自身的特殊性，通信行业颁布了一系列适用于通信系统电源用防雷器的技术要求和测试方法（《通信局（站）低压配电系统用电涌保护器技术要求》YD/T 1235.1、《通信局（站）低压配电系统用电涌保护器测试方法》YD/T 1235.2），由此来保证进入通信网的防雷器符合通信系统的要求，保证通信局（站）的安全运营。

9.2 防雷器的使用要求

9.2.9 本条为强制性条文，必须严格执行。

1 “C级防雷模块”一般用在开关电源内部，

并且模块可以插拔，模块为氧化锌压敏电阻型，而氧化锌压敏电阻是一种非线性电阻，其等效阻抗会随外加电压不同而显著变化，表现出非常强的非线性伏—安特性。当用压敏电阻进行并联组合时，均流技术是非常关键和复杂的，它不是对器件进行简单的参数筛选，而是要在全工作区间上逐一进行伏-安特性匹配。通常，压敏电阻的动作电压（直流参考电压）的容差范围是标称电压的正负10%，再加上伏-安特性的分散性，如果不在全工作区间上进行伏-安特性分选和匹配，仅进行简单的并联组合，在雷电流冲击下，动作电压低的链路首先动作，引起弱点击穿，造成该链路中压敏电阻率先非预期劣化或失效，显然此时并联后的通流量并不会有明显提高。压敏电阻的非线性越强，这种不均匀性就越大。另外，电感在高频大电流下的电压降很大，所以并联技术的另一个关键技术就是每一链路的等阻抗设计。

2 “C级防雷模块”的过流、过热保护技术是建立在40kA以下通流容量基础之上的，这同空气开关的分断能力概念是一样的，超过了阈值就无法谈可靠性了。另外，就是在通流容量40kA以下，从实际应用情况看，仍有较多的国内外公司的模块式SPD的过流、过热保护是不可靠的，造成了不少设备损坏和机房燃烧事故。而用“C级防雷模块”并联组合而成的B级防雷器，由于其内部用于组合的防雷模块存在特性各异、均流失调等情况，极易造成其过流、过热保护功能配合紊乱，最终发生失效短路事故。

综上所述，对非线性器件进行并联组合，一定要建立在严格的专业测量、试验、筛选、匹配和检验等技术基础之上。若不具备这类技术手段，而是采用简单的并联组合，非但不能明显提高通流容量，而且会带来燃烧等问题。因此第一级大通流容量的防雷箱采用“C级防雷模块”并联组装制作是不科学的。

9.3 通信局（站）电源系统雷电过电压保护原则

9.3.1 本条根据雷电活动区的划分、通信局（站）的分类、通信局（站）所处的地理环境、建筑物的形式、供电方式，在设计中对电源SPD提出了不同要求。

9.3.3 电源用SPD通流容量和标称放电电流的取定应根据电源SPD安装的必要性，其原则确定如下：

1 SPD安装在被保护电路中，对被保护电路无不利影响。

2 在正常情况下SPD是否会损坏。

3 SPD损坏的后果会造成什么影响，采取什么措施进行保护。

4 SPD能否起到保护作用。

5 各级SPD之间的相互协调。

另外，在各类SPD能满足各级所需的标称放电电流前提下，为了SPD的可靠性，一般可选择较大量级通流容量的SPD。单纯从价格的意义讲，冲击通流容量较小的SPD一般价格上远低于冲击通流容量大的SPD，但从技术经济比的角度去考虑问题，不能单纯考虑价格因素。通流容量是指SPD不发生实质性破坏而能通过规定次数、规定波形的最大电流峰值，冲击通流容量较小的SPD在通过同样的雷电流的条件下其寿命远小于冲击通流容量大的SPD，根据有关资料介绍：“金属氧化物压敏电阻元件在同样的模拟雷电流8/20钘SymbolmA@S、10kA测试条件下，通流容量为135kA的金属氧化物压敏电阻的寿命为1000次～2000次，通流容量为40kA的金属氧化物压敏电阻的寿命为50次，两者寿命相差几十倍”。由于配电室、电力室入口处的SPD要承受沿配电线路侵入的浪涌电流的主要能量，因此其SPD在满足入口界面处标称放电电流要求的前提下，可根据情况选择较大通流容量的SPD。

中华人民共和国国家标准

石油化工非金属管道工程施工质量验收规范

Code for construction quality acceptance of non-metallic piping engineering in petrochemical engineering

GB 50690—2011

主编部门：中 国 石 油 化 工 集 团 公 司
批准部门：中华人民共和国住房和城乡建设部
施行日期：2 0 1 2 年 6 月 1 日

中华人民共和国住房和城乡建设部
公　告

第1103号

关于发布国家标准《石油化工非金属管道工程施工质量验收规范》的公告

现批准《石油化工非金属管道工程施工质量验收规范》为国家标准，编号为GB 50690—2011，自2012年6月1日起实施。其中，第8.1.7、9.1.5条为强制性条文，必须严格执行。

本规范由我部标准定额研究所组织中国计划出版社出版发行。

中华人民共和国住房和城乡建设部

二〇一一年七月二十六日

前　言

本规范是根据原建设部《关于印发〈2007年工程建设标准制订、修订计划（第二批）〉的通知》（建标〔2007〕126号）的要求，由胜利油田胜利石油化工建设有限责任公司会同有关单位编制完成的。

本规范在编制过程中，编制组开展了专题研究，进行了比较广泛的调研，总结了近几年来石油化工工程建设非金属管道工程的施工经验，坚持了“验评分离、强化验收、完善手段、过程控制”的指导原则，并以多种形式征求了有关设计、施工、监理等方面的意见，对其中主要问题进行了多次讨论，最后经审查定稿。

本规范共分10章，主要技术内容包括：总则，术语，管道组成件验收、存放和搬运，管道加工，管道安装，管道连接，管道连接接头检查，管道系统试验，管道系统吹扫与清洗，交工技术文件。

本规范中以黑体字标志的条文为强制性条文，必须严格执行。

本规范由住房和城乡建设部负责管理和对强制性条文的解释，由中国石油化工集团公司负责日常管理工作，由胜利油田胜利石油化工建设有限责任公司负责具体技术内容的解释。本规范在执行过程中，请各单位结合工程实践，认真总结经验，注意积累资料，随时将意见或建议反馈给胜利油田胜利石油化工建设有限责任公司（地址：山东省东营市东营区西四路324号，邮政编码：257064，E-mail：tangriguang.slyt@sinopec.com），以供今后修订时参考。

本规范主编单位、参编单位、主要起草人及主要审查人：

主 编 单 位： 胜利油田胜利石油化工建设有限责任公司

参 编 单 位： 中国石化集团第十建设公司
中国石化集团南京工程有限公司

主要起草人： 姜俊荣　汤日光　刘　栋　段秀芳
蒋国贤　王广朝　程克忠

主要审查人： 束志军　葛春玉　陈永亮　张桂红
王志中　孟德苏　尚亚儒　薛久亮
蔡国雄　李　毅　杜宗岚　姜奎书

目　次

Contents

1 总 则

1.0.1 为了统一石油化工非金属管道工程施工质量验收要求，确保非金属管道工程的施工质量，制定本规范。

1.0.2 本规范适用于石油化工玻璃钢管、塑料管、玻璃钢塑料复合管和钢骨架聚乙烯复合管等非金属管道工程的施工质量验收。

1.0.3 石油化工非金属管道工程应按设计文件要求施工，当需要修改时，应经设计单位确认后方可实施。

1.0.4 石油化工非金属管道工程的施工质量验收，除应符合本规范外，尚应符合国家现行有关标准的规定。

2 术 语

2.0.1 对接—缠绕连接 butt-and-wrapped joint

接头端面靠紧，并在其上面缠绕多层浸透树脂的加强纤维织物形成接头的方式。

2.0.2 热熔连接 heat fusion joint

用专用加热工具加热连接部位，使其熔融后并加压熔合形成接头的方式。

2.0.3 电熔连接 electrofusion joint

管子或管件的连接部位插入内埋电阻丝的专用电熔管件内，通电加热，使连接部位熔融后形成接头的方式。

2.0.4 热风焊连接 hot gas welded joint

用热空气或热的惰性气体加热被连接的表面，然后将两表面压在一起并添加填充材料达到熔合形成接头的方式。

3 管道组成件验收、存放和搬运

3.1 一 般 规 定

3.1.1 管道组成件应具有质量证明文件，质量证明文件的性能数据应符合国家现行的有关产品标准和设计文件的规定。

3.1.2 当管道组成件有下列情况之一时，在问题和异议未解决前不得使用：

1 质量证明文件的性能数据不符合相应产品标准和订货技术条件；

2 对质量证明文件的性能数据有异议；

3 实物标识与质量证明文件标识不符；

4 要求复验的材料未经复验或复验不合格。

3.1.3 管道组成件在存放和搬运过程中应保持标识的清晰和完整。

3.2 验 收

3.2.1 实物标识应与产品质量证明文件相符。

3.2.2 管子、管件的质量证明书应包括下列内容：

1 制造厂名称及制造日期；

2 产品名称、标准、规格及材料；

3 产品标准中规定的相关检测试验数据；

4 合同规定的其他检测试验报告；

5 质量检验员的签字及检验日期；

6 制造厂质量检验部门的公章。

3.2.3 管子、管件的标识应包括下列内容：

1 产品名称；

2 规格型号；

3 产品标准号；

4 产品标准中规定的其他内容；

5 制造日期；

6 制造厂名称或商标。

3.2.4 管道组成件应按相应标准逐件进行表面质量检查，管子和管件内外壁应光滑、平整；不得有气泡、裂口、裂纹、凹陷、分层、杂质、颜色不匀、分解变色等影响质量的缺陷。

3.2.5 塑料管和钢骨架聚乙烯复合管表面伤痕深度不应超过管子壁厚的10%，且不大于0.5mm；玻璃钢管和玻璃钢塑料复合管不得有表面伤痕。

3.2.6 钢骨架聚乙烯复合管表面不得有钢丝裸露，端口封口环不得有裂纹或脱落。

3.2.7 玻璃钢制品的纤维应浸透树脂，纤维不得外露，不得有划痕、层间分层、脱层、树脂瘤、异物夹杂、色泽明显不均匀等影响质量的缺陷。

3.2.8 玻璃钢塑料复合管的玻璃钢层应与塑料管粘结成整体，不得有分裂、脱壳现象。

3.2.9 法兰密封面应平整光洁，不得挠曲，不得有径向划痕等缺陷。

3.2.10 管道组成件的几何尺寸应按每批（同厂家、同材料、同规格、同时到货）5%且不少于一件进行抽样检查，几何尺寸及允许偏差应符合国家现行相关产品标准的规定。

3.2.11 抽样检查时，若有不合格，应按原规定数加倍抽检；若仍有不合格，则该批管道组成件不得验收，并应做好标识和隔离。

3.2.12 阀门应逐个进行外观目测检查，阀体表面应无裂纹、气泡、划痕等影响质量的缺陷。

3.2.13 有特殊要求的阀门，尚应符合现行行业标准《阀门检验与管理规程》SH 3518的有关规定。

3.2.14 阀门的压力试验和密封试验应符合下列规定：

1 阀体试验压力应为公称压力的1.5倍，试验时间不得少于5min，以阀体和填料无渗漏为合格；密封试验以阀门公称压力进行，以阀瓣密封面不漏为合格；

2 对于设计压力大于1MPa或者输送有毒、可燃介质管道的阀门，应逐个进行阀体压力试验和密封试验。不合格者，不得使用；

3 对于设计压力等于或者小于1MPa的阀门，应从每批中抽查10%，且不得少于1个，进行阀体压力试验和密封试验，并应符合本规范第3.2.11条的规定；

4 试验合格的阀门，应及时排净内部积水，并吹干，两端封闭后，做出合格标识，并按现行行业标准《石油化工建设工程项目交工技术文件规定》SH/T 3503的有关要求填写阀门试验记录。

3.3 存 放

3.3.1 管道组成件经检查验收合格后，应做好标识，并按产品种类、材质及规格型号分类存放。

3.3.2 管道组成件应存放在通风良好、温度不宜超过40℃的库房或棚内，且应远离热源。堆放场所不得有可能损伤管道组成件的尖锐硬物，且不得曝晒和雨淋。

3.3.3 管道组成件不得与油类或化学品混合存放。

3.3.4 管子应水平堆放在平整的支撑物或地面上。

3.3.5 当管子采用三角形式堆放或两侧加支撑保护的矩形堆放时，堆放高度不宜超过1.5m，且堆放层数应符合下列规定：

1 直径等于或大于300mm时，不宜超过3层；

2 直径小于300mm时，不宜超过5层。

3.3.6 当管子采用分层货架存放时，每层货架高度不宜超过1m，堆放总高度不宜超过3m。

3.3.7 管件可成箱存放或在货架上存放，当在地面堆放时，堆放高度不宜超过1.5m。

3.3.8 管道组成件应在贮存有效期内使用。

3.4 搬 运

3.4.1 管道组成件在搬运时，应小心轻放，不得抛、摔、滚、拖，不得与尖锐物品碰触。

3.4.2 管道组成件在吊装或搬运时，应采用非金属绳索吊装、捆扎或固定。

3.4.3 管道组成件在搬运时，不得曝晒和雨淋。

4 管 道 加 工

4.0.1 管子切割时，不得采用火焰切割；切割前，应先进行标识移植。

4.0.2 管子坡口加工时，不得采用火焰加工。

4.0.3 管道切口及坡口应符合下列规定：

1 切口及坡口表面应平整，且无裂纹、分层、凸凹或缩口等缺陷；

2 切口端面应与管子轴线垂直，切口端面倾斜偏差Δ（图4.0.3）不应大于管子外径的1%，且不大于5mm。

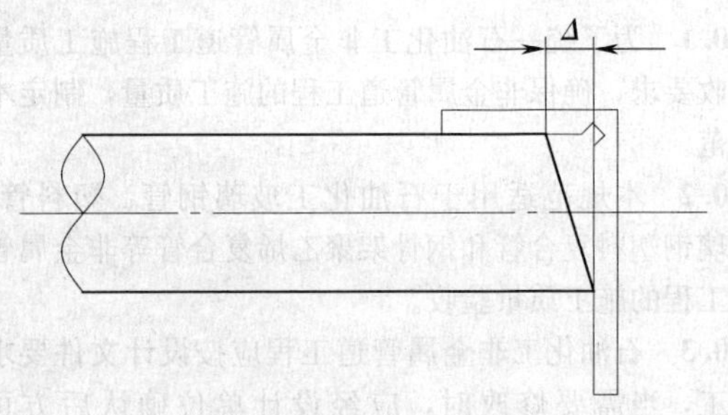

图4.0.3 管道切口端面倾斜偏差

4.0.4 切割后的玻璃钢管及玻璃钢塑料复合管应当天施工，否则，切口应涂树脂保护，树脂应涂刷均匀。

4.0.5 钢骨架聚乙烯复合管加工后的管段宜采用封口机封口，封口处焊缝应平整均匀，外露钢骨架应完全遮盖。

5 管 道 安 装

5.1 一 般 规 定

5.1.1 管道安装时，不得采用强力组对。

5.1.2 管子和管件端口圆度应符合相应国家现行产品标准的规定。

5.1.3 管道连接前，应检查管子和管件内部已清理干净，无杂物，并检查管子和管件表面，对有超标损伤的管子，应进行更换或切除损坏部位。

5.1.4 管道进行吊装作业时，管道捆扎和吊运应符合本规范第3.4.2条的规定。

5.1.5 管道安装用非金属平垫片的周边应整齐，垫片尺寸应与法兰密封面相符，其内、外径偏差应符合下列规定：

1 当管道直径小于125mm时，垫片内径允许偏差应为2.5mm，外径允许偏差应为-2.0mm；

2 当管道直径等于或大于125mm时，垫片内径允许偏差应为3.5mm，外径允许偏差应为-3.5mm。

5.1.6 采用对接的管道，管道安装应符合下列规定：

1 管子连接时，应在距接头中心200mm处测量平直度（图5.1.6），当管子直径小于100mm时，允

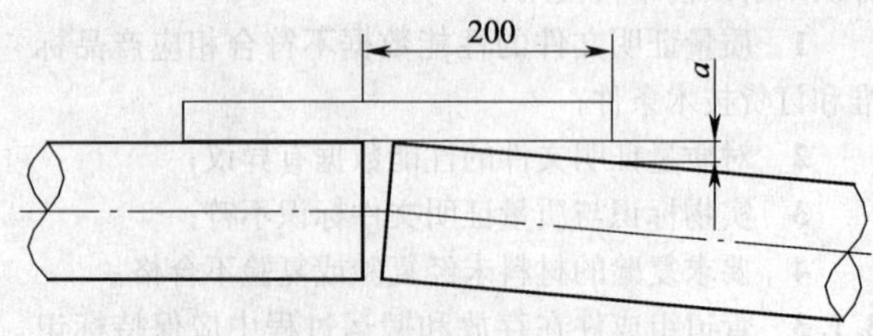

图5.1.6 采用对接的管道组对平直度

许偏差 a 应为 1mm；当管子直径等于或者大于 100mm 时，允许偏差 a 应为 2mm；

2 管子连接时，应做到内壁齐平，内壁错边量不宜超过壁厚的 10%；

3 直管段上两接头中心间的距离，当直径等于或者大于 150mm 时，不应小于 150mm；当直径小于 150mm 时，不应小于管子外径，且不小于 50mm。

5.1.7 管道安装的允许偏差应符合表 5.1.7 的规定。

表 5.1.7 管道安装允许偏差（mm）

项目			允许偏差	
			玻璃钢管、玻璃钢塑料复合管	塑料管、钢骨架聚乙烯复合管
坐标	地上		15	20
	管沟内		25	30
	埋地		60	80
标高	地上		15	20
	管沟内		20	25
	埋地		25	25
水平管直线度	地上	$D\leqslant100$	$2L$‰，最大 50	$3L$‰，最大 60
		$D>100$	$3L$‰，最大 80	$4L$‰，最大 100
立管垂直度	地上		$5L$‰，最大 30	$5L$‰，最大 40
成排管道间净距	地上		15	15
交叉管道外壁或绝热层间距	地上		20	20

注：L—管道有效长度；D—管道直径。

5.1.8 管道接头不得置于建（构）筑物等的墙壁或楼板中。

5.1.9 管道安装时，不得踩踏在管道上进行作业，不得撞击或敲打管道。

5.1.10 施工过程中，不得采用机械方法或加热方式弯曲、校正管道。

5.1.11 管道连接完成后，应进行接头标识，并做好记录。标识用材料应对管道组成件无损害。

5.1.12 管道施工过程的隐蔽工程未经监理/建设单位检查确认，不得进行隐蔽施工。

5.1.13 绝热施工质量应符合现行国家标准《工业设备及管道绝热工程施工规范》GB 50126 的有关规定。

5.2 地上与管沟内管道安装

5.2.1 管架标高测量复核无误后，方可进行管道安装。

5.2.2 管道组对处应垫置牢固，不得在安装过程中产生错位和变形。

5.2.3 管道上的阀门应设置在易于操作和便于检修的地方，并应有可靠支撑。

5.2.4 管道穿越墙体及楼板等时，应按设计文件的要求在墙或楼板上预埋金属套管。穿墙套管长度不得小于墙厚，穿楼板套管应高出楼面 50mm，穿过屋面的管道应有防水肩和防雨帽。套管内径不应小于穿越管段的外径加 50mm。套管内不应有接头。套管中心位置的安装允许偏差为 10mm。

5.2.5 与转动机器连接的管道，其水平度或垂直度允许偏差应为 1mm/m。

5.2.6 与转动机器连接的管道法兰连接质量应符合设计文件或产品技术文件的规定，当设计文件和产品技术文件未规定时，法兰连接的允许偏差不应超过表 5.2.6 的规定值。

表 5.2.6 与转动机器连接的管道法兰连接允许偏差

机器旋转速度（r/min）	平行度（mm）	同心度（mm）
≤3000	≤0.40	≤0.80
3000～6000	≤0.15	≤0.50
>6000	≤0.10	≤0.20

5.2.7 与转动机器连接的管道及其支、吊架安装完毕后，卸下设备接口处的法兰螺栓，在自由状态下所有螺栓应能在螺栓孔中顺利通过。

5.3 埋地管道安装

5.3.1 管道沟槽开挖应符合设计文件的要求，沟槽底部应由人工清理平整，且无石块、砖块或铁制品等尖锐硬物。

5.3.2 在硬质土地区或岩石、砾石地段，沟槽应挖至设计标高以下至少 150mm，然后铺上砂或其他回填材料作垫层，并平整夯实至设计标高，使管道与垫层形成紧密连续接触。

5.3.3 沟槽沟底宽度应根据现场实际情况和管道敷设方法确定，也可按下列规定确定：

1 单管沟底组装时，可按表 5.3.3 确定；

表 5.3.3 单管沟底组装时沟底宽度尺寸（mm）

外径 D_o	$D_o\leqslant500$	$500<D_o\leqslant1000$	$1000<D_o\leqslant1500$	$1500<D_o\leqslant3000$
沟底宽度	D_o+800	D_o+1000	D_o+1200	D_o+1600

2 单管沟边组装和多管同沟敷设时，可按下式计算：

$$a=\Sigma D_o+\Sigma s+c \quad (5.3.3)$$

式中：a——沟槽沟底宽度（mm）；

ΣD_o——管道外径之和（mm）；

Σs——管道间的设计净距之和（mm）；

c——工作宽度，在沟底组装时取800mm；在沟边组装时取500mm。

3 在管道接头或需要进行人工操作的部位，应开挖满足操作要求的操作坑。

5.3.4 管道安装应在沟槽验收合格后进行。沟槽底部标高允许偏差应为±25mm。

5.3.5 管道安装时，沟槽内不得有积水；管道安装工作间断时，敞口管端应临时封堵。

5.3.6 管道下沟时应防止划伤、扭曲和强力拉伸。

5.3.7 管道应均匀压在坚实稳定的垫层或沟槽底部。不得用永久性的垫块调平管道。

5.3.8 对于塑料管道和钢骨架聚乙烯复合管的敷设，当需要改变平面走向时，应根据设计文件的要求采用弹性弯曲或弯头；当管道平面和竖向同时发生转角时，不宜采用弹性弯曲。

5.3.9 管道穿越车行道路或遇到其他障碍物需要穿越时，应按设计文件的要求设置金属套管，并应符合下列规定：

1 设计文件无规定时，套管两端应各伸出路基路肩外不少于1m；路边有排水沟时，套管两端应各伸出排水沟外不少于1m；套管顶距路面不应小于0.5m；套管内径不应小于穿越管段上直径最大部位的外径加50mm；

2 套管中心位置的安装允许偏差为10mm；

3 套管内穿越管段不宜有接头；

4 对于有接头的穿越管道，应在穿管前对穿越部分进行压力试验，并办理隐蔽工程交接手续。对于塑料管道，套管内管段连接宜采用电熔连接；当采用热熔对接时，应对套管内的所有接头进行翻边切除检查。

5.3.10 管道敷设完成后，沟槽应及时按设计文件的要求进行回填并压实，但接头部位在试压前应外露。

5.3.11 回填前应清除沟槽中的砖块、石块、木块等杂物。回填时沟槽内应无积水。

5.3.12 回填材料的种类应符合设计文件的要求，且不得有砖块、石块、冻土块、有机物及其他杂物，不得用无法压实的淤泥、腐殖土等不稳定土回填；当设计文件无要求时，回填材料应为原土。

5.3.13 回填及压实时，不得使管道位移、损坏管道和接头。回填应在管道两侧逐层、对称进行，每层回填厚度不应大于300mm。当设计文件无规定时，回填与压实应符合下列规定：

1 每层应压实至原土85%及以上的相对压实度；同一沟槽内平行敷设的管道，两管之间回填压实应和管道与沟壁之间的回填压实同时对称进行；

2 管道两侧回填与压实的高度差不应大于300mm；

3 回填时自沟底至管顶以上300mm范围内的管区回填材料应均匀填入沟槽内，不得集中推入或倾倒；不得直接抛在管道上；管顶以上500mm范围内不得采用机械设备回填；

4 管顶覆土厚度小于750mm时，不得采用大、中型机械设备压实，且不得有其他机械设备通行；机械夯实每层虚土厚度不应大于300mm，人工夯实每层虚土厚度不应大于200mm。

5.4 管道支吊架安装

5.4.1 管道应按设计文件的要求设置支吊架，在管道与支吊架之间应设置厚度不小于3mm的非金属软垫。

5.4.2 管道支吊架安装时不得对管道造成损伤。

5.4.3 管道架空敷设时，不宜利用管道自身刚度作为支吊架结构。

5.4.4 在管道上安装阀门和金属法兰等管路附件时，应按设计文件要求设置支吊架并同时安装。

5.4.5 对接连接处距支吊架边缘的净距，宜大于管道的直径，且不小于100mm；承插连接处距支吊架边缘的净距，宜大于管道的直径，且不小于150mm。

5.4.6 管道安装时不宜使用临时支吊架。当使用临时支吊架时，应有明显标记，且不得与正式支吊架位置冲突。临时支吊架在管道安装完毕后应予拆除。

5.4.7 导向支架或滑动支架的滑动面应洁净平整，不得有歪斜和卡涩现象。

5.4.8 弹簧支吊架的安装高度应符合设计文件的要求。弹簧的定位销（块），应待系统安装、试压、绝热完毕后方可拆除。

5.4.9 管道安装完毕后，应按设计文件要求逐个核对支吊架的形式和安装位置。

5.5 阀 门 安 装

5.5.1 阀门安装前，应按设计文件核对其型号，并应按介质流向确定其安装方向。有特殊要求的阀门应按设计文件的要求安装。

5.5.2 当阀门与管道采用法兰或螺纹方式连接时，阀门应处于关闭状态。

5.5.3 当管道采用电熔连接或热熔连接时，接头附近的阀门应处于开启状态。

5.6 静电接地安装

5.6.1 管道系统安装时，应根据设计文件要求安装静电接地装置。

5.6.2 用作静电接地的材料或元件，导电接触面不应有锈蚀。

5.6.3 管道系统的静电接地安装完毕并测试合格后，应及时填写管道静电接地测试记录。

6 管道连接

6.1 一般规定

6.1.1 管道连接前应按本规范的要求和厂家提供的技术文件编制连接作业工艺文件。

6.1.2 管道连接前应按照连接作业工艺文件要求试制连接接头，并按本规范第7章的规定检验合格。

6.1.3 从事连接的作业工人上岗前，应经过培训合格。有要求时，还应取得相应资格证书。

6.1.4 连接作业人员应按连接作业工艺文件的要求施工，并应填写连接作业记录。

6.1.5 接头连接作业的环境应满足非金属管道材料对作业环境的要求。

6.1.6 不同连接形式应采用对应的专用连接机具。连接时，不得使用明火加热。

6.1.7 当管子和管件存放处与施工现场温差较大时，在连接前应将管子和管件在施工现场放置一定的时间，使其温度接近施工现场温度。

6.1.8 连接面及与连接面接触的所有物品应清洁、干燥，连接面不得有损伤、杂质及污垢等。

6.1.9 连接作业过程应连续，热熔连接和电熔连接接头连接完成后应进行充分的自然冷却；冷却过程中不得移动接头、拆卸夹紧工具或对接头施加其他外力。

6.1.10 接头应标识操作人员的代号，标识应用图示或记录的方式。

6.2 法兰连接

6.2.1 法兰密封面和密封垫片不得有影响密封性能的划痕和凹坑等缺陷。

6.2.2 法兰连接用紧固件应配备相应的平垫圈。

6.2.3 法兰应在自然状态下连接，不得强行组装，不得采用加偏垫或加多层垫等方法来消除接头端面的空隙、偏斜、错口或不同心等缺陷。

6.2.4 法兰连接时，应保证螺栓自由穿入。当设计文件无规定时，法兰螺栓孔应跨中安装。法兰间应保持平行，其偏差不得大于法兰外径的1.5‰，且不得大于2mm。

6.2.5 法兰连接螺栓安装方向应一致，螺栓应均匀对称紧固。紧固后的螺栓与螺母宜齐平或露出1倍～2倍螺距。

6.2.6 用塑料法兰连接的管道，法兰螺栓应间隔24h再次紧固。

6.3 电熔连接

6.3.1 电熔连接前，应清除连接面上的污物。

6.3.2 电熔连接机具与电熔管件应正确连通，电熔连接机具的各项参数应满足相应材料连接要求。

6.3.3 电熔连接机具正常的工作环境温度范围应为－10℃～40℃，超出此范围不得进行电熔连接作业。

6.3.4 电熔套与管子配合间隙不应大于管子外径的1%。

6.3.5 电熔承插连接应符合下列规定：

1 连接前应标出插入深度，连接面应刮削0.1mm～0.2mm表皮，刮削长度应大于插入深度；

2 对应的连接件同心度允许偏差应为2%。

6.3.6 电熔鞍形连接应符合下列规定：

1 应采用机械装置固定主管连接部位的管段；

2 电熔鞍形连接前，主管连接部位外表面应刮削0.1mm～0.2mm表皮，刮削区域应大于鞍体边缘；

3 钢骨架聚乙烯复合管连接前应打毛连接表面，不得刮削，且不得露出钢丝。

6.4 热熔连接

6.4.1 热熔连接前后，应清除连接工具加热面上的污物。

6.4.2 热熔连接机具的各项参数应满足相应材料的连接要求。

6.4.3 热熔连接机具正常的工作温度范围应为－10℃～40℃，超出此范围不得进行热熔连接作业。

6.4.4 热熔连接前，加热板应预热，预热温度应为相应材料的焊接温度。

6.4.5 热熔对接连接应符合下列规定：

1 连接前应铣削连接端面，使其与轴线垂直，并与对应的连接端面吻合，端面间隙应小于0.3mm；重新装夹时必须重新铣削；

2 对应的连接件同心度允许偏差应为2%；

3 连接端面应用对接连接工具同时加热。

6.4.6 热熔承插连接应符合下列规定：

1 承插连接管子的连接端应切割平整，与轴线垂直，并做好定位标记；必要时可刮除连接面表皮，刮削厚度不应超过0.2mm；

2 对应的连接件同心度允许偏差应为2%；

3 插口外表面和承口内表面应用热熔承插连接工具同时加热。

6.4.7 热熔鞍形连接应符合下列规定：

1 应采用机械装置固定主管连接部位的管段；

2 鞍形连接前，应刮削主管连接部位外表面，刮削区域应大于鞍体边缘；重新装夹时应重新刮削；

3 连接面应用鞍形连接加热工具同时加热。

6.5 缠绕连接

6.5.1 缠绕连接前应将承插口内外表面及对接接头部位清理干净，不得有尘土或其他杂物，并应去除表面老化树脂。

6.5.2 缠绕连接时，作业环境温度不宜低于5℃。

6.5.3 缠绕加强层前，应将接头加强部分外表面打磨成毛面，并清除粉末。

6.5.4 对接-缠绕连接宜采用V形坡口，当设计文件无规定时，坡口形式和尺寸可按表6.5.4选取。

表6.5.4 对接一缠绕连接的坡口形式和尺寸

坡口形式	坡口尺寸					管道种类
	b (mm)	B (mm)	P (mm)	α (°)	β (°)	
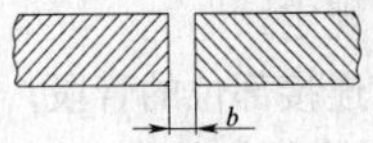	0~2	—	—	—	—	玻璃钢管道
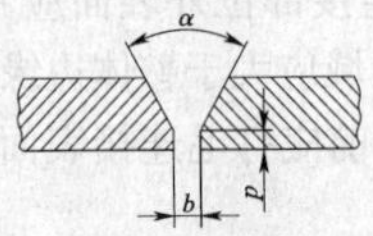	0~2	—	2~3	45~60	—	玻璃钢管道
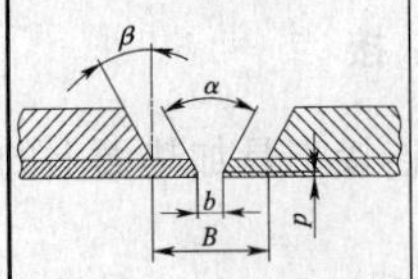	0~2	20~40	0~2	60~75	≥60	玻璃钢塑料复合管道

6.5.5 承插-缠绕连接时，承口与插管之间的间隙应用树脂胶泥密封，树脂胶泥应与玻璃钢管道材料匹配。

6.5.6 缠绕连接填充用玻璃钢树脂及玻璃丝应与玻璃钢管道材料匹配。

6.5.7 缠绕连接加强层用玻璃钢树脂和玻璃丝布应与玻璃钢管道材料匹配。

6.5.8 当玻璃钢塑料复合管道的塑料层连接采用热风焊时，应符合下列规定：

1 连接前应将接头部位清理干净，不得有尘土或其他杂物，并应清除接头表面氧化层和焊条表面氧化层；经风化或化学反应的表面可进行刮削，但不得影响材料性能；

2 热风焊连接用焊接材料应与母材成分一致；

3 作业环境温度不应低于－5℃，风速不应超过10m/s；

4 热风焊接应按照热风焊机说明书控制焊接温度，不得出现过烧或未熔合等缺陷。

6.6 密封圈承插连接

6.6.1 承口内侧和插口外侧应在连接前清理干净，不得有尘土或其他杂物。

6.6.2 密封胶圈安装时不得扭曲，异形胶圈不得装反。

6.6.3 管端插入深度确定后，应在插口端外表面画出一圈标记线，连接时将插口对准承口并保持管道轴线平直，一次插到标线均匀外露在承口端部，并沿管周检查橡胶圈位置，偏差应小于2mm。

6.6.4 如插装时阻力过大，不得强行插入，应将插管拔出，查明原因后重新插装。

6.6.5 当采用润滑剂降低插入阻力时，应采用与管子匹配的润滑剂。

6.6.6 有锁紧装置的，应在承插连接检查合格后，方可安装锁紧装置。

7 管道连接接头检查

7.1 一 般 规 定

7.1.1 管道连接完成后应对接头进行100%外观检查。

7.1.2 外观检查不合格的接头应进行返修处理，并按要求重新检查。

7.2 电熔接头的外观检查

7.2.1 管子和管件应完好无损，无变形及变色。

7.2.2 从电熔管件上观察孔中应能看到有少量熔融物溢出，但溢出熔融物不得呈流淌状，且不应变色。

7.2.3 承插接头的外观质量应符合下列规定：

1 检查插入深度标识，插入深度应满足要求；

2 对于塑料管道，接头处不得有熔融物溢出；对于承插连接钢骨架聚乙烯复合管道，采用钢骨架电熔管件连接时，接头处可允许局部有少量溢料，溢边量（轴向尺寸）不得超过表7.2.3的规定；

表7.2.3 钢骨架电熔管件连接允许溢边量（mm）

直径 D	$50\leqslant D\leqslant 300$	$300< D\leqslant 500$
溢边量	10	15

3 电熔管件内电阻丝不应挤出。

7.2.4 鞍形接头的外观质量应符合下列规定：

1 管壁不应塌陷；

2 熔融物不应从鞍形管件周边溢出。

7.3 热熔接头的外观检查

7.3.1 对接接头的外观质量应符合下列规定：

1 翻边应沿整个外圆周平滑对称，尺寸均匀、饱满、圆润，不得有切口或者缺口状缺陷，不得有明显的海绵状浮渣和气孔等；

2 翻边的中心高度 K 值应大于0（图7.3.1）；

3 接头处的错边量不得超过管子壁厚的10%。

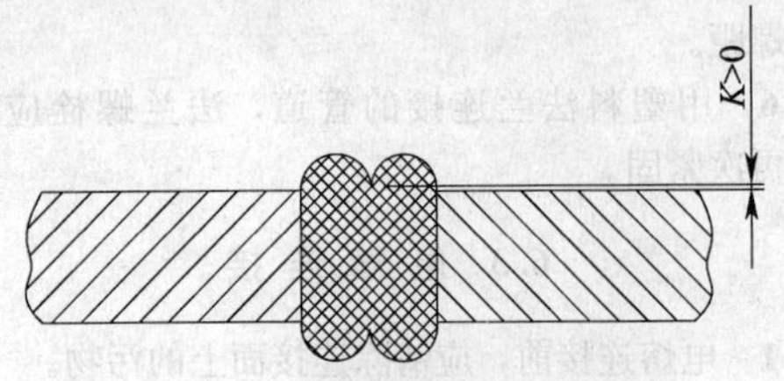

图7.3.1 热熔对接接头示意

4　用于输送有毒、可燃介质的管道，其热熔对接接头应进行10%的翻边切除检查，且不少于1个接头。翻边切除应使用专用工具，切除后的接头高度不得低于母材。翻边切除检查应符合下列规定：

1）翻边应是实心圆滑的，根部较宽；

2）翻边底面不得有污染、孔洞等，若发现杂质、小孔、偏移或者损坏时，则判定为不合格；

3）翻边切除检查不合格时，应加倍抽查，若仍不合格，应对该操作人员的全部连接接头进行翻边切除检查。

7.3.2　承插接头的外观质量应符合下列规定：

1　检查插入深度标识，插入深度应满足要求；

2　从承口件和插口件之间挤出的熔融材料，应在整个外圆周上形成均匀的凸缘；

3　接头处不应出现杂质、缩孔、裂纹等缺陷；

4　不应出现管壁塌陷等损伤。

7.3.3　鞍形接头的外观质量应符合下列规定：

1　管壁不应塌陷；

2　从鞍形管件和管子之间挤出的熔融材料，应形成均匀的凸缘。

7.4　缠绕接头的外观检查

7.4.1　缠绕接头加强层表面应平整、光滑，无气泡、裂纹、层间开裂、贫胶区和烧伤等缺陷。

7.4.2　玻璃钢管道的缠绕接头（图7.4.2）应符合下列规定：

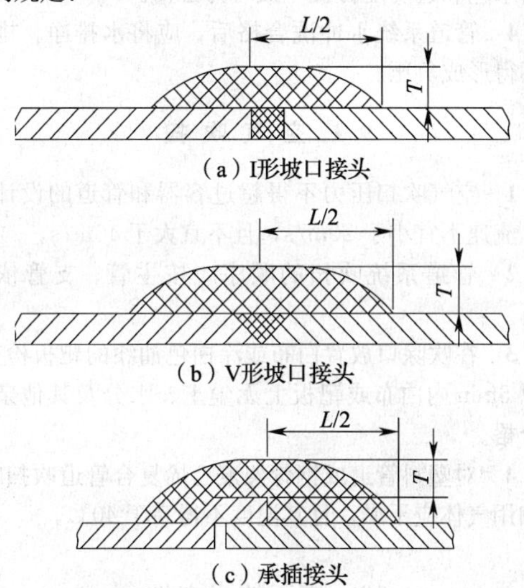

图7.4.2　玻璃钢管道缠绕接头

1　接头加强层长度L，应为0.8倍～1.5倍管道直径，且不小于100mm；

2　接头加强层厚度T不应小于管道壁厚的1.5倍。

7.4.3　玻璃钢塑料复合管道的对接-缠绕接头（图7.4.3）应符合下列规定：

1　内层塑料管连接接头错边量不得超过内层塑料管子壁厚的10%；

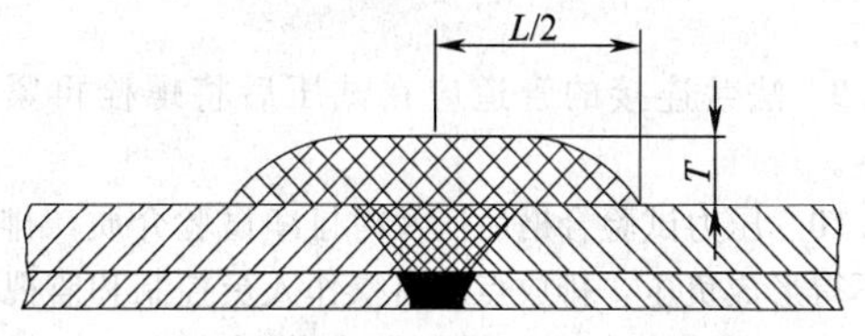

图7.4.3　玻璃钢塑料复合管道对接-缠绕接头

2　内层塑料管连接接头表面应用专用工具打磨平整，局部凸起高度不得大于1mm；

3　内层塑料管连接接头表面不得有未熔合、气孔、过烧等缺陷；

4　接头加强层长度L应为管道直径的0.8倍～1.5倍，且不小于110mm；

5　接头加强层厚度T不小于外层玻璃钢壁厚。

7.5　密封圈承插接头的外观检查

7.5.1　检查承插口内的密封胶圈应在密封槽内，且不得扭曲和外露。

7.5.2　检查插入深度标识，插入深度应满足要求。

7.5.3　沿承插口管周检查承插口间隙，允许偏差应为2mm。

8　管道系统试验

8.1　一般规定

8.1.1　管道安装完毕，经检查合格后，应按批准的方案进行管道系统试验。

8.1.2　试验前应检查管道支吊架的牢固程度，必要时应予以加固。

8.1.3　压力试验前，应将不参与试压的设备、仪表和管道附件等加以隔离或拆除。加置盲板的部位应有明显的标识和记录，待试验后复位。

8.1.4　压力试验前应划定工作区，设置标志，无关人员不得进入。

8.1.5　试验用的压力表应经过检定，并在有效期内，精度不应低于1.5级，表的量程应为被测压力（最大值）的1.5倍～2倍，表盘直径不应小于150mm。压力表不应少于两块，分别置于试压系统的高点和低点。

8.1.6　试验过程中不得对管道和接头进行敲打。

8.1.7　试压过程中如有泄漏，严禁带压返修。返修完成并经外观检查合格后，应重新进行试压。

8.1.8　对于缠绕连接，在下列情况下应更换管段，更换管段的长度至少应为管子直径的2倍加150mm：

1　试压时，两处裂纹、渗漏的轴向距离在150mm内；

2　修补处理后再次试压时，仍在原修补处发生泄漏。

8.1.9 法兰连接的管道应在试压后将螺栓再紧固一遍。

8.1.10 压力试验合格后应及时排净试验介质，排放时不得形成负压，排放点应有操作人员控制和监视。

8.1.11 试验完毕，应拆除所有临时盲板，核对记录，恢复系统，并填写管道系统试验记录。

8.2 压力试验

8.2.1 压力试验应以工业用水为试验介质。当设计文件或生产工艺有要求时，也可采用其他介质。

8.2.2 试验介质温度不应低于5℃。

8.2.3 当设计文件无规定时，试验压力应为设计压力的1.5倍。对设计温度高于试验温度的塑料管道系统，试验压力应考虑温度的影响。试验压力应以高点为准，且最低点压力不得超过管道组成件的承受压力。

8.2.4 压力试验时，压力应分级缓慢升压，当压力升至试验压力的50%和75%时，应分别稳压10min，并对试压系统进行检查，无泄漏和异常现象后方可继续缓慢升压，直至试验压力。达到试验压力后，宜稳压10min，然后降至设计压力，稳压30 min，检查无泄漏、目视无变形为合格。

8.2.5 压力试验合格后应缓慢降压。

8.2.6 一个管道试压系统长度不宜超过2km。

8.3 泄漏性试验

8.3.1 管道系统的泄漏性试验应按设计文件要求进行，试验压力应为设计压力。

8.3.2 泄漏性试验应在压力试验合格后进行，除硬聚氯乙烯管外，试验介质宜采用空气。

8.3.3 经建设单位同意，泄漏性试验可结合装置试车同时进行。

8.3.4 泄漏性试验时，试验压力应逐级缓慢上升，当达到试验压力时，停压10min后，用涂刷中性发泡剂的方法，巡回检查无泄漏为合格。

8.3.5 泄漏性试验的检查重点应是阀门填料函和法兰连接部位等易泄漏处。

8.3.6 管道系统泄漏性试验合格后，应缓慢泄压，并填写试验记录。

9 管道系统吹扫与清洗

9.1 一般规定

9.1.1 管道系统试验合格后，应按设计文件要求进行系统吹扫或清洗。吹扫和清洗应按批准的方案进行。

9.1.2 吹扫和清洗方法应根据管道的使用要求、工作介质及管道内表面的脏污程度确定。当设计文件无规定时，宜符合下列规定：

1 输送气体介质管道宜采用空气吹扫；

2 输送液体介质管道宜采用水冲洗；

3 直径等于或大于600mm的管道，可采用人工清理。

9.1.3 清洗废液应按环保要求排放至指定地点。

9.1.4 吹扫口应设置在开阔地段，并加固。

9.1.5 吹扫时应设安全警戒区域，吹扫出口处严禁站人。

9.1.6 管道吹扫或清洗时，系统最高压力不得超过设备和管道系统的设计压力。

9.1.7 管道系统吹扫或清洗前，应将不参与吹扫或清洗的设备、仪表和管道附件等加以隔离或拆除。

9.1.8 吹除物不得污染周围设备和管道，且不得进入已合格的管道。

9.1.9 管道系统经吹扫或清洗后，应经施工单位会同监理/建设单位共同检查，验收合格后填写管道系统吹扫/清洗检验记录。

9.2 水冲洗

9.2.1 冲洗应采用工业用水。

9.2.2 管道系统冲洗时，水的流速不得低于1.5m/s，宜按主管、支管依次冲洗。

9.2.3 管道系统水冲洗应连续进行，当排出口与入口的水色和透明度目视一致时为合格。

9.2.4 管道系统水冲洗合格后，应将水排净。排水时不得形成负压。

9.3 空气吹扫

9.3.1 空气吹扫压力不得超过容器和管道的设计压力，流速不宜小于20m/s，且不宜大于40m/s。

9.3.2 管道系统吹扫的顺序应按主管、支管依次进行。

9.3.3 在吹除口放置白布或涂白色油漆的靶板检查，应以5min内白布或靶板上无尘土、水分及其他杂物为合格。

9.3.4 对塑料管道或钢骨架聚乙烯复合管道吹扫时，吹扫用气体应干燥，且其温度不得高于40℃。

10 交工技术文件

10.0.1 管道工程施工应按现行行业标准《石油化工建设工程项目施工过程技术文件规定》SH/T 3543和《石油化工建设工程项目交工技术文件规定》SH/T 3503的有关规定进行记录；施工过程应及时进行检查确认，并审查相关资料。

10.0.2 管道工程交工时，参建单位应按合同要求提交技术文件。交工技术文件应满足现行行业标准《石油化工建设工程项目交工技术文件规定》SH/T 3503的有关规定。

本规范用词说明

1 为便于在执行本规范条文时区别对待，对要求严格程度不同的用词说明如下：

1) 表示很严格，非这样做不可的：
正面词采用"必须"，反面词采用"严禁"；

2) 表示严格，在正常情况下均应这样做的：
正面词采用"应"，反面词采用"不应"或"不得"；

3) 表示允许稍有选择，在条件许可时首先应这样做的：
正面词采用"宜"，反面词采用"不宜"；

4) 表示有选择，在一定条件下可以这样做的，采用"可"。

2 条文中指明应按其他有关标准执行的写法为："应符合……的规定"或"应按……执行"。

引用标准名录

《工业设备及管道绝热工程施工规范》GB 50126

《石油化工建设工程项目交工技术文件规定》SH/T 3503

《阀门检验与管理规程》SH 3518

《石油化工建设工程项目施工过程技术文件规定》SH/T 3543

中华人民共和国国家标准

石油化工非金属管道工程施工质量验收规范

GB 50690—2011

条 文 说 明

制 订 说 明

《石油化工非金属管道工程施工质量验收规范》GB 50690—2011，经住房和城乡建设部 2011 年 7 月 26 日以第 1103 号公告批准发布。

本规范在制订过程中，编制组进行了广泛的调查研究，总结了我国石油化工非金属管道工程施工的实践经验，同时参考了国外先进技术法规、技术标准。

为便于广大设计、施工、科研、学校等单位有关人员在使用本标准时能正确理解和执行条文规定，《石油化工非金属管道工程施工质量验收规范》编制组按章、节、条顺序编制了本标准的条文说明，对条文规定的目的、依据以及执行中需注意的有关事项进行了说明（还着重对强制性条文的强制性理由做了解释）。但是，本条文说明不具备与标准正文同等的法律效力，仅供使用者作为理解和把握标准规定的参考。

目　次

1 总 则

1.0.2 本条说明本规范的适用范围。石油化工非金属管道包括的种类繁多，本规范仅包括玻璃钢管、塑料管、玻璃钢塑料复合管和钢骨架聚乙烯复合管四大类常用的石油化工非金属管道。塑料管主要包括硬聚氯乙烯（PVC－U）管、丙烯腈-丁二烯-苯乙烯（ABS）管、增强聚丙烯（FRPP）管、聚乙烯（PE）管和聚丙烯（PP）管等。玻璃钢塑料复合管主要为玻璃钢/聚氯乙烯复合（FRP/PVC）管和聚丙烯/玻璃钢复合（PP/FRP）管。

1.0.3 本条说明设计文件是施工的依据，按设计文件施工，是工程施工的一项基本原则。施工单位应严格执行设计文件，不得擅自变更。当因设计错误、材料代用、施工条件异常或合理化建议需要变更设计文件时，应经过设计单位同意，并按有关规定程序办理相应确认手续。

2 术 语

2.0.2 热熔连接包括热熔对接连接、热熔承插连接和热熔鞍形连接。

2.0.3 电熔连接包括电熔承插连接和电熔鞍形连接。

3 管道组成件验收、存放和搬运

3.1 一般规定

3.1.1 为防止不合格材料及假冒伪劣产品使用到工程上，强调两点：一是生产制造厂应提供质量证明文件，二是用于工程上的管道组成件应具有质量证明文件，并符合相应产品标准和设计文件的规定。

3.2 验 收

3.2.2 本条对管子、管件的质量证明书内容进行了统一规定。主要产品标准包括：

《工业用硬聚氯乙烯（PVC－U）管道系统 第1部分：管材》GB/T 4219.1

《丙烯腈-丁二烯-苯乙烯（ABS）压力管道系统 第1部分：管材》GB/T 20207.1

《丙烯腈-丁二烯-苯乙烯（ABS）压力管道系统 第2部分：管件》GB/T 20207.2

《工业用钢骨架聚乙烯塑料复合管》HG/T 3690

《工业用钢骨架聚乙烯塑料复合管件》HG/T 3691

《增强聚丙烯（FRPP）管和管件》HG 20539

《聚丙烯/玻璃钢（PP/FRP）复合管及管件》HG/T 21579

《玻璃钢管和管件》HG/T 21633

《玻璃钢/聚氯乙烯（FRP/PVC）复合管和管件》HG/T 21636

《化工用硬聚氯乙烯管件》QB/T 3802

《Plastics pipeline systems for industrial applications－Polybutene（PB），polyethylene（PE）and polypropylene（PP）－Specifications for components and the system－Metric series》ISO 15494

3.2.3 本条对管子、管件的标识内容进行了统一规定。对于不同产品，其相应标准规定的出厂标识内容也不同，除本条已明确列出的项目，对于工业用钢骨架聚乙烯塑料复合管和管件，《工业用钢骨架聚乙烯塑料复合管》HG/T 3690和《工业用钢骨架聚乙烯塑料复合管件》HG/T 3691规定还应标识公称压力和连接方式；对于增强聚丙烯（FRPP）管和管件、聚丙烯/玻璃钢（PP/FRP）复合管及管件、玻璃钢管和管件，《增强聚丙烯（FRPP）管和管件》HG 20539、《聚丙烯/玻璃钢（PP/FRP）复合管及管件》HG/T 21579及《玻璃钢管及管件》HG/T 21633规定还应标识压力等级；对于聚乙烯（PE）和聚丙烯（PP）管子和管件，《Plastics pipeline systems for industrial applications－Polybutene（PB），polyethylene（PE）and polypropylene（PP）－Specifications for components and the system－Metric series》ISO 15494规定还应标识Nominal wall thickness（e_n）or pipe series（S）or standard dimension ratio（SDR）or nominal pressure（PN），对于法兰连接的管件，还应标识Nominal size（DN）。

此外，对于不同产品，其直径 D 含义不同，其中：玻璃钢管（FRP）及钢骨架聚乙烯复合管的直径以公称内径表示，硬聚氯乙烯管（PVC－U）、聚乙烯管（PE）、聚丙烯管（PP）、增强聚丙烯管（FRPP）、丙烯腈-丁二烯-苯乙烯管（ABS）等塑料管的直径以公称外径表示，玻璃钢/聚氯乙烯复合管（FRP/PVC）的直径以公称直径表示，聚丙烯/玻璃钢复合管（PP/FRP）的直径以公称通径表示。

3.2.13 对于有特殊要求的阀门，还应根据《阀门检验与管理规程》SH 3518的规定进行相关检查与试验，例如，对于合金钢阀门应采用光谱分析或其他方法对阀体材质进行复查；对于奥氏体不锈钢阀门，试验时水中氯化物含量不得超过100mg/L等。

3.3 存 放

3.3.8 对于有贮存期限要求的管道组成件，超出贮存期后不得使用，例如，《工业用钢骨架聚乙烯塑料复合管件》HG/T 3691、《聚丙烯/玻璃钢（PP/FRP）复合管及管件》HG/T 21579及《化工用硬聚氯乙烯管件》QB/T 3802等标准中均规定，产品自出厂之日起，贮存期限为2年。

5 管道安装

5.1 一般规定

5.1.3 在管道连接前对管子和管件的表面质量进行检查，是为了防止不合格材料或因存放和搬运造成损伤的材料用于工程上。

5.1.8 管道接头若置于建（构）筑物等的墙壁中，一旦发生损坏，不易维修。

5.2 地上与管沟内管道安装

5.2.4 本条是为了方便维修及减少对管道的破坏。

5.2.6、5.2.7 这两条目的是检查配管时有无附加应力作用于转动机器。若配管作业产生了超过规范允许范围的附加应力，转动机器在高速运转时就必然受到影响，轻者机器振动，重者导致机器或管道损坏。所以进出口连接法兰的螺栓孔对中、平行度和同心度都必须严格控制在规范要求的范围内。

5.3 埋地管道安装

5.3.10 回填与压实的目的，一是使管道和土壤等回填材料形成一个相互依赖的管土结构整体，以此来抵抗管道在外界载荷和内压作用下可能产生的过大而有害的挠曲变形，保证管道系统正常安全使用；二是防止管道在沟内积水情况下的漂浮和在无覆盖情况下热变形的发生并因而损坏接头；三是为试压提供条件，防止试压时管道产生位移；四是恢复原地形地貌，防止沟槽部分积水。规定试压前各接头部位应外露，是为了便于试压时对接头进行检查或处理。

5.5 阀门安装

5.5.1 安装阀门前，再次对阀门进行检查、确认是非常必要的。特别是阀门的安装方向和内部清洁程度，因为这将直接影响到试车和生产。

5.5.2 本条是为了防止安装时杂质进入阀体腔内。

5.5.3 本条是为了利于散热，防止连接时产生变形。

5.6 静电接地安装

5.6.1 管道静电接地是消除管道系统静电最基本、最有效的措施，静电接地装置应根据设计文件的要求安装。

6 管道连接

6.1 一般规定

6.1.1 为确保制作连续一致的高质量接头，连接前应编制书面的连接作业工艺文件，以便规范施工管理。由于不同厂家生产的管子和管件等的性能可能存在差异，因此在编制连接作业工艺文件前应咨询生产厂家。

6.1.2 本条是为了验证所制定的连接作业工艺文件是否能满足要求，通过试制连接接头并经检验合格后，方可根据连接作业工艺文件进行施工作业。

6.1.3 由于不同厂家生产的连接机具和设备性能与操作方法不尽相同，不同厂家生产的管子和管件等的性能也可能存在差异，因此，从事连接的操作工人上岗前应进行针对性的专门培训并考核合格，以确保管道安装质量。对于有人员资格要求的，操作人员还应取得有关部门颁发的相关资格证书方可进行上岗作业。

6.1.4 操作人员应严格执行工艺文件，不得擅自变更工艺要求。记录连接作业工艺参数，是施工质量可追溯性的要求，便于施工质量跟踪。

6.1.5 施工环境对非金属管道的连接质量有较大影响，为此应尽量避免在温度过高或过低、大风等恶劣环境下施工，并避免强烈阳光直射。例如，电熔连接和热熔连接时，连接机具的工作环境温度应为－10℃～40℃；缠绕连接时，环境温度一般不宜低于5℃；密封圈承插连接时不得使用冻硬的橡胶圈等。

6.1.6 采用专用连接机具是因为专用连接机具能有效保证连接质量。不得使用明火加热是由于明火会引起非金属材料燃烧或变形，同时也不能保证加热温度的均匀性，可能影响接头的连接质量。

6.1.7 由于电熔连接和热熔连接时，温度和时间等参数是根据施工现场环境调节的，若管子和管件从存放处运到施工现场，其温度高于或低于现场温度，可能会使设定的加热时间过长或过短，从而影响接头质量。同时，如果待连接的管子和管件从不同温度存放处运来，两者温度不同，产生的热胀冷缩不同也会影响接头质量。

6.1.9 热熔连接和电熔连接接头连接完成后不能进行强制冷却，否则会因冷却不均匀产生内应力。接头只有在冷却到环境温度时才能达到最大强度，在完全冷却前拆除固定夹具、移动接头都可能降低接头质量，而且这种连接强度的降低，外观检查很难发现。

6.2 法兰连接

6.2.3 强行组装会使管道产生较大的附加应力，可能影响管道寿命。

6.2.4 螺栓如能自由穿入螺栓孔，说明法兰与管道是同心的，若法兰与管道不同心，将会给安装和将来的维护管理带来麻烦。法兰间保持平行，可防止法兰结合面的泄漏。

6.2.5 本条是为了使螺栓均匀受力，保证螺栓连接满足强度需要。

6.2.6 本条是为了保证塑料法兰连接的密封性。

6.3 电熔连接

6.3.3 温度过高或过低会对加热和冷却时间造成较大影响，例如，当环境温度过低或大风条件下进行管道连接，熔体的温度下降较快，热损失较大，不易控制熔接面塑料熔化温度和融合时间，会出现局部过热或未完全融合等现象，而且在低于－10℃环境下进行电熔操作时，工人工作环境恶劣，接头质量难以保证。因此，施工中应采取有效措施，保证接头连接时的温度在适宜的范围内。

6.3.5 标记插入深度是为了保证管子插入端有足够的熔融区，避免插入不到位或插入过深。刮削表皮是为了去除表皮上的氧化层，表皮上的氧化层厚度一般为0.1mm～0.2mm。

6.3.6 采用机械装置（如专用托架支撑）固定主管连接部位的管段，是为了使其保持直线度和圆度，以便两连接面能完全结合。刮削表皮是为了去除表皮上的氧化层，清除连接面上的污物，并使连接面打毛，以便获得质量良好的接头。钢丝露出将会影响接头质量和管道寿命，在施工中不得使用露出钢丝的管子和管件。

6.4 热熔连接

6.4.1 塑料加热时易黏附于热熔工具上，若不清除，会导致加热面温度不均匀，影响加热效率，从而影响接头质量。

6.4.3 温度过高或过低会对加热和冷却时间造成较大影响，例如，当环境温度过低或大风条件下进行管道连接，熔体的温度下降较快，热损失较大，不易控制熔接面塑料熔化温度和融合时间，会出现局部过热或未完全融合等现象，而且在低于－10℃环境下进行热熔操作时，工人工作环境恶劣，接头质量难以保证。因此，施工中应采取有效措施，保证接头连接时的温度在适宜的范围内。

6.4.4 加热板受热不均匀将会影响接头质量。

6.4.5 铣削连接面，使其与管轴线垂直，是为了保证连接面能与加热板紧密接触。连接断面吻合及端面间隙要求是为了获得有效连接面积并使其紧密接触，保证接头质量。同心度要求是为了防止偏心，造成接头熔接不牢固，气密性不好。使用对接连接工具加热可获得最佳加热效果。

6.4.6 管子端面切割垂直是为了保证管子插入端有足够的熔融区。定位标记包括插入深度标记和轴向位置标记等。同心度要求是为了防止偏心，造成接头熔接不牢固，气密性不好。使用热熔承插连接工具加热可获得最佳加热效果。

6.4.7 采用机械装置（如专用托架支撑）固定主管连接部位的管段，是为了使其保持直线度和圆度，以便两连接面能完全结合。刮削外表面是为了去除表皮上的氧化层，清除连接面上的污物，并使连接面打毛，以便获得质量良好的接头。使用鞍形连接工具加热可获得最佳加热效果。

6.5 缠绕连接

6.5.1 本条主要参考国家现行标准《玻璃钢管和管件》HG/T 21633、《聚丙烯/玻璃钢（PP/FRP）复合管及管件》HG/T 21579、《玻璃钢/聚氯乙烯（FRP/PVC）复合管和管件》HG/T 21636及工程实践制定。

6.5.2 作业处环境温度过低，将延长黏结剂中树脂的固化时间并影响黏结效果。保温、加热促进固化措施包括盖毛毡、裹电热毯、远红外灯加热等，但不得使用明火，因为玻璃钢管中的树脂易燃。

6.5.8 玻璃钢塑料复合管道的塑料管连接一般多采用热风焊，本条规定了热风焊操作的具体要求。对于作业处风速的规定，经过多方调研并查阅相关资料，通常作法是在大风天气下操作时需采取相应的防风措施，但均没有具体风速规定，为保证热风焊接头的质量，将风速定为不超过10m/s。

7 管道连接接头检查

7.1 一般规定

7.1.2 接头的返修处理方式包括对接头进行修补或切除接头后重新连接，对于电熔和热熔接头，若检查不合格，应截去接头重新连接，不能进行修补；对于缠绕接头，若外观检查有缺陷，可进行打磨或拆开重新连接，但打磨后增强层厚度和长度应满足要求。

7.2 电熔接头的外观检查

7.2.2 电熔管件上的观察孔是为了观察连接情况而专门设计的，电熔管件一般在两端部均设有观察孔，不宜设单观察孔，观察孔与电熔管件加热段相通，能观察到连接面管道材料的熔融情况，有少量熔融物溢出，说明电熔连接过程正常，但如果熔融物呈流淌状溢出，说明电熔连接加热过度。

7.2.3 本条是针对承插接头的外观质量检查要求。

2 在电熔连接过程中有一定量的熔融料移动，但是，在塑料管道系统的电熔管件设计时，设计有一段非加热区，足以满足正常熔融料移动要求，因此，对于塑料管道系统，接缝处不应有熔融料溢出。但是，在钢骨架聚乙烯复合管道电熔连接时，由于钢骨架对熔融料移动起到径向抑制作用，熔体压力比塑料管建立得更快、更高，所以可能形成少量的溢边，在规定范围内的少量溢边不会影响接头质量。

3 由于电熔管件设计有一段非加热长度，即使在电熔连接过程中存在电阻丝细微位移和溢料，也不应露出电熔管件。若电阻丝存在较大位移，可能导致短路而无法完成电熔连接。过熔或电熔管件有质量问题都可能使电阻丝被挤出。

7.2.4 本条是针对鞍形接头的外观质量检查要求。

1 如果管壁塌陷，可能是由于施压过大，同时塌陷之处管件的鞍形面与管子的连接面也不能完全接触，从而影响接头连接质量。

2 因为鞍形管件边缘设计有一段非加热面，足以满足正常熔融料移动要求，若鞍形管件周边出现溢料，说明加热过度。

7.3 热熔接头的外观检查

7.3.1 本条是针对热熔对接接头的外观质量检查要求。

1 对接接头的翻边成形检查还包括翻边宽度的检查，但由于翻边的宽度与材料类型、生产工艺（挤出或注塑）及热熔工艺参数等有关，因而很难给出统一的确定值。实际施工中可在确定的条件下，按给定的参数制作几个接头，取其平均翻边宽度作为检验标准值，若正式接头的翻边宽度超出标准值的±20%以上，则应核实热熔工艺参数是否正确。

3 错边量过大会影响翻边均匀性、减小有效熔接面积，导致应力集中，从而影响接头质量。

4 由于接头做翻边切除可更直观地检查接头质量，因此，用于输送有毒、可燃介质的管道，其热熔对接接头应在外观检查合格之后进行翻边切除检验，在抽检中应重点抽查每天最初连接的几个接头。翻边切除时使用专用工具是为了防止对接头强度造成损伤。

7.4 缠绕接头的外观检查

7.4.2、7.4.3 接头加强层长度和厚度对接头的强度有直接影响，为此，需通过检查接头处表面质量和加强层尺寸，来保证接头的牢固及接头处的强度。

8 管道系统试验

8.1 一般规定

8.1.1 管道系统试验的目的是为了全面检查管道和接头连接安装质量。试验前的检查包括资料检查和实物质量检查。为保证管道系统试验的安全，试验前必须编制管道系统试验方案，并经批准。参与试验的人员应分工明确，责任到人，负责到底。

8.1.3 一般采用盲板进行隔离，即使管道系统自带阀门，也不可使用阀门进行隔离。

8.1.7 本条为强制性条文。试压过程中，如果带压返修将十分危险，容易导致缺陷处破裂造成事故，对操作人员的人身安全和设备、管道安全构成威胁。返修完成后应先进行外观检查，合格后方可重新进行试压，以保证返修处质量满足要求，并保证试压安全。

8.1.8 更换管段是由于再次修补后不能确保该管段有足够的抗压强度，在运行使用中可能出现裂管等问题。

8.1.9 本条是为了防止试压后因非金属垫片的弹性变形引起泄漏。

8.1.10 本条是为避免试验介质排放时造成人员伤害、管道和设备损坏及环境破坏。排放点应选择在安全合适的地点，不得随地排放。

8.2 压力试验

8.2.1 采用液体进行压力试验比较稳定安全，工业用水是最常用的试验介质。

8.2.2 本条是为了防止冻坏管道及附属设施。

8.2.3 对设计温度高于试验温度的塑料管道系统，试验压力可参考下式计算：

$$P_s = 1.5P[\sigma]_1/[\sigma]_2 \tag{1}$$

式中：P_s——试验压力（表压）（MPa）；

P——设计压力（表压）（MPa）；

$[\sigma]_1$——试验温度下，管材的许用应力（MPa）；

$[\sigma]_2$——设计温度下，管材的许用应力（MPa）；

$[\sigma]_1$ 和 $[\sigma]_2$ 一般按设计文件选取。

对高程较大的管道系统，为防止低点超压，压力试验前应校核低点压力，设计时也应充分考虑高程差对压力试验的影响。

8.2.4 本条规定了压力试验具体要求和合格标准。压力试验时分级缓慢升压，是为了防止因升压过快，管道不适应而造成接头损坏或裂管、爆管。

8.2.5 本条是为了防止降压过快对管道和设备造成破坏。

8.2.6 若试压系统长度过长，会使达到试验压力和稳压的时间过长，且一旦试验不合格将给查找漏点带来难度。

8.3 泄漏性试验

8.3.1 管道系统的泄漏性试验应由设计单位根据管道系统输送介质的性质来确定。

8.3.4 巡回检查即要求检查时不能只是一遍，一般每个被检查处的检查不少于两次，为此应保证检查管道系统有足够的时间，并应分段包干，专人负责，以免遗漏。

9 管道系统吹扫与清洗

9.1 一般规定

9.1.1 管道系统的吹扫与清洗是保证管道内部清洁最重要的手段，也是保证一次试车成功，生产出合格产品的重要措施。编制吹扫和清洗方案是为了便于组织实施并保证安全。

9.1.2 管道系统的吹扫与清洗方法有很多种，空气吹扫和水冲洗是工业管道中使用最为普遍的方法，简单易行，容易操作，目测吹扫与清洗质量容易判断。人工清理的管道，其直径应使普通人能够进入，因此定为公称直径不小于600mm。

9.1.3 清洗废液不得随地排放。

9.1.4 吹扫口不加固可能在吹扫过程中被损坏而脱落造成事故。

9.1.5 本条为强制性条文，本条规定是为了保证人员安全。吹扫出口是整个吹扫段最危险的地方，设安全区域并由专人负责安全是十分必要的。

9.1.6 本条是为了保证吹扫和清洗的安全，并保证管道不被损伤。

9.1.7 本条是为了保证设备、仪表和附件不被损坏。一般采用盲板进行隔离，即使管道系统自带阀门，也不可使用阀门进行隔离。

9.2 水 冲 洗

9.2.1 采用工业用水进行清洗是工业管道中使用最为普遍的方法，简单易行，容易操作，目测冲洗质量容易判断。

9.2.2 规定最低流速是为了保证冲洗质量。

9.2.4 排水时不得形成负压是为了防止损坏管道及与管道连通的设备。

9.3 空 气 吹 扫

9.3.1 本条是为了保证吹扫安全和效果。吹扫气体流速过小，不能吹净管道中的杂物；流速过大，则管道中的杂物会损伤管道内壁。

9.3.4 本条是为了避免塑料管道或钢骨架聚乙烯复合管道受到损坏。

中华人民共和国国家标准

油气田地面工程建设项目设计文件编制标准

Standard for compiling the design documents of oil and gas field surface construction projects

GB/T 50691—2011

主编部门：中 国 石 油 天 然 气 集 团 公 司
批准部门：中华人民共和国住房和城乡建设部
实施日期：2 0 1 2 年 3 月 1 日

中华人民共和国住房和城乡建设部
公　　告

第 979 号

关于发布国家标准《油气田地面工程建设项目设计文件编制标准》的公告

现批准《油气田地面工程建设项目设计文件编制标准》为国家标准，编号为 GB/T 50691—2011，自 2012 年 3 月 1 日起实施。

本标准由我部标准定额研究所组织中国计划出版社出版发行。

中华人民共和国住房和城乡建设部

二〇一一年四月二日

前　　言

根据住房和城乡建设部《关于印发〈2009 年工程建设标准规范制订、修订计划〉的通知》（建标〔2009〕88 号）的要求，由中国石油集团工程设计有限责任公司华北分公司会同有关单位编制完成的。

本标准在编制过程中，编制组总结了近年来油气田地面工程项目初步设计经验，广泛征求了有关设计单位的意见，并进行了多次讨论和修改，最后经审查定稿。

本标准共分 7 章，主要内容有：总则、基本规定、总说明、站场设计、管道和系统设计、专篇、概算。

本标准由住房和城乡建设部负责管理，石油工程建设专业标准化委员会负责日常管理，由中国石油集团工程设计有限责任公司华北分公司负责具体技术内容的解释。在执行过程中，如有意见或建议，请将有关资料寄给中国石油集团工程设计有限责任公司华北分公司（地址：河北省任丘市建设路中国石油集团工程设计有限责任公司华北分公司，邮政编码：062552）。

本标准主编单位、参编单位、主要起草人及主要审查人：

主 编 单 位： 中国石油集团工程设计有限责任公司华北分公司

参 编 单 位： 大庆油田工程有限公司
中国石油集团工程设计有限责任公司西南分公司

主要起草人： 郭慧军　张志贵　李晓力　宋春红　黄燕飞　杨　伟　郭佳春　李德胜　汪传金　钱长盈　樊梦芳　李秋玲　梁梅芳　张晓东　刘志荣　王　芸　李悦然　刘　炜　张义贵　赵树继　王矩仁　李昌柱　岳永会　王松云　陈　静　郭艳玲　宋希国

主要审查人： 裴　红　杨春明　王小林　张维智　葛春玉　杨学青　刘庆砚　赵振堂　吴　刚　苏　军　柏艳玲　陈彦君　王全林

目 次

Contents

1 总　　则

1.0.1 为适应油气田地面工程建设的需要，加强对油气田地面建设工程设计文件编制工作的管理，保证设计文件编制的质量以及内容的统一和完整性，制定本标准。

1.0.2 本标准适用于陆上油气田和滩海油气田及海上油气田陆上设施地面工程新建、改建和扩建项目初步设计文件的编制。

1.0.3 油气田地面建设工程初步设计文件的编制，除应符合本标准外，尚应符合国家现行有关标准的规定。

2 基 本 规 定

2.0.1 初步设计文件编制应按照批准的油气田地面工程建设规划设计（方案设计）、油气田地面工程项目可行性研究报告及其批复意见、批复的各种专项评价报告或合同规定的内容、范围及要求进行。

2.0.2 初步设计文件应由说明书，设计图、表，概算文件及附件组成。

2.0.3 初步设计文件应包括下列内容：

1 总说明包括说明书、图、表及附件。

2 站场设计包括说明书、图、表。

3 管道和配套系统设计包括说明书、图、表。

4 专篇包括环境保护专篇、安全设施设计专篇、职业卫生专篇、消防专篇、节能专篇。编制内容、格式和深度除按照本标准的要求外，还应符合国家、地方或主管部门的相关规定。

5 概算文件包括项目总概算、单项工程综合概算、单位工程概算等。

2.0.4 初步设计文件的主要技术方案及主要设备材料选型应在可行性研究的基础上进行优化和确定。初步设计文件的深度应满足下列要求：

1 指导施工图设计。

2 确定土地征用和建（构）筑物的拆迁范围。

3 满足主要设备、材料的订货。

4 指导施工准备工作。

5 指导生产准备工作。

6 指导编制建设计划、控制建设投资。

7 指导编制工程总承包（EPC）招投标文件。

2.0.5 初步设计文件的编制应根据工程项目的具体情况及设计单位的专业设置和分工，确定初步设计文件篇、章的编排顺序。

3 总　说　明

3.1 说 明 书

3.1.1 说明书应包括概述、开发方案要点、基础资料、总体技术方案、环境保护、安全设施设计、职业卫生、消防、节能、组织机构与劳动定员、概算、主要技术经济指标、对上一阶段成果的落实以及变化情况论述、存在的问题与建议。

3.1.2 概述应包括下列内容：

1 项目的设计依据，列出设计依据的发文（或签订）单位名称、文件号、文件名称和发文（或签订）日期，具体文件作为附件列出。

2 工程项目设计指导思想和遵循的原则。

3 设计中遵循的法律、法规、主要标准的名称、标准号、年号及版次以及参照的国际、国外标准外文原名、编号及版次。

4 简要说明工程项目建设的背景、目的、必要性和意义。

5 建设区域概况包括地理位置、行政归属、医疗、卫生、社会经济状况；地形、地貌、地物、地表植被、工程地质、水文地质、气象、抗震设防烈度；以及供电、给水、排水、通信及交通状况；地区建设发展规划情况等。

6 设计范围和项目构成，当有协作设计时，说明设计分工的内容及界面划分情况。

3.1.3 开发方案要点应简要说明下列内容：

1 开发方案要点包括油气田地理位置、开发动用的面积、储量、开发方式及生产井、注入井的数量、产油量、产气量和生产工作制度。列出 10a 或 10a 以上开发指标预测表。油田、气田开发指标预测可分别按表 3.1.3-1 和表 3.1.3-2 的形式列出；

表 3.1.3-1　油田开发指标预测表

年度	采油井	注水井	采油方式	平均单井产液(t/d)	平均单井产油(t/d)	年产液(10^4 t/a)	年产油(10^4 t/a)	年产气(10^8 m^3/a)	年注水(10^4 m^3/a)	原油含水(%)	平均气油比(m^3/t)	油层压力(MPa)	采油速度(%)	采出程度(%)

表 3.1.3-2　气田开发指标预测表

年度	采气井	平均单井产气(10^4 m^3/d)	平均单井产油(t/d)	平均单井产水(m^3/d)	采出程度(%)	地层压力(MPa)	开井井口温度(℃)		开井井口压力(MPa)			
							平均值	最小值	油压平均值	油压最小值	套压平均值	套压最小值

2 开采工艺说明自喷或人工举升等开采方式；注入系统等工程内容包括注入量、注入压力、井口压力、注入物质质量要求等。

3.1.4 基础资料应包括下列内容：

1 原油及凝析油物性可按表 3.1.4-1 的形式列出。

表 3.1.4-1　原油及凝析油物性表

序号	井号	层位油组	原油密度（kg/m³）		黏度50℃（mPa·s）	凝固点（℃）	含硫（%）	含盐（mg/L）	含蜡（%）	胶质+沥青质（%）	析蜡点（℃）	蜡熔点（℃）	闪点（℃）
			20℃	50℃									

2　天然气物性及化学组成可按表 3.1.4-2 的形式列出。

表 3.1.4-2　天然气物性及化学组成表

序号	井号	层位油组	密度（kg/m³）	C_1 mol%	C_2 mol%	C_3 mol%	iC_4 mol%	nC_4 mol%

序号	C_5^+ mol%	H_2S mol%	CO_2 mol%	N_2 mol%	其他 mol%	组分合计 mol%	有机硫 mg/m³	H_2O（液）g/m³	备注

3　地层水物性可按表 3.1.4-3 的形式列出。

表 3.1.4-3　地层水物性表

序号	井号	层位油组	pH 值	Cl^-（mg/L）	总矿化度（mg/L）	水型

3.1.5　总体技术方案应包括下列内容：

1　工程项目建设地点、建设规模、总体布局、布局原则、布站方式、站场设置和数量确定、集输及配套系统设置的确定，以及生活设施的选址。油气田总体建设规模和主要单项工程的设计生产能力说明，油田可按表 3.1.5-1 和表 3.1.5-2 的形式列出，气田可按表 3.1.5-3 和表 3.1.5-4 的形式列出。

表 3.1.5-1　油田总体建设规模表

序号	项目	单位	总规模	分期建设规模			备注
				一期	二期	…	
1	原油生产能力	10^4t/a					
2	原油处理能力	10^4t/a					
3	伴生气处理能力	10^8m³/a					
4	注入能力	10^4m³/a					

续表 3.1.5-1

序号	项目	单位	总规模	分期建设规模			备注
				一期	二期	…	
5	原油外输能力	10^4t/a					
6	伴生气外输能力	10^8m³/a					
⋮							

表 3.1.5-2　油田主要单项工程设计生产能力表

序号	工程内容	单位	总规模	数量	分期建设规模			备注
					一期	二期	…	
1	采油井口装置	套						
2	注入井口装置	套						
3	计量配水站	座						
4	接转站	10^4t/a 座						总接转油能力 站座数
5	联合站	10^4t/a 座						总处理油能力 站座数
6	注入站	10^4m³/a 座						总注入能力 站座数
7	变电所	kV 座						电压等级 站座数
8	集油管线	km						
9	集输油干线	10^4t/a km						输送能力 管线长度
10	集气管线	km						
11	集输气干线	10^4m³/d km						输送能力 管线长度
12	注入管线	km						
13	35kV 及以上电力线	kW km						输送能力 电力线长度
14	通信线（缆）	km						
15	道路	km						
⋮								

表 3.1.5-3　气田总体建设规模表

序号	项目	单位	总规模	分期建设规模			备注
				一期	二期	…	
1	天然气生产能力	10^8m³/a					
2	天然气处理能力	10^8m³/a					
3	天然气外输能力	10^8m³/a					

表 3.1.5-4　气田主要单项工程设计生产能力表

序号	工程内容	单位	总规模	数量	分期建设规模			备注
					一期	二期	…	
1	采气井口装置	套						
2	集气站	$10^4m^3/d$/座						总集气能力/站座数
3	脱水站（装置）	$10^4m^3/d$/座						总处理能力/站座数
4	天然气凝液处理装置	t/d/套						总处理能力/套数
5	天然气净化装置	$10^4m^3/d$/套						总处理能力/套数
6	变电所	kV/座						电压等级/站座数
7	集气管线	km						
8	集输气干线	$10^4m^3/d$/km						输送能力/管线长度
9	35kV 及以上电力线	kW/km						输送能力/电力线长度
10	通信线（缆）	km						
11	道路	km						
⋮								

2　油、气工艺：

1）集油集气工艺、油气处理、储运工艺方案及流程。

2）油气集输管网及集输干线简述。

3　注入系统和采出水处理工艺：

1）注入系统方案及流程。

2）采出水处理方案及流程。

3）注入系统管网及注入系统干线简述。

4　仪表及自动控制：

1）工程自控水平。

2）总体设计方案宜简要说明站场、调度中心等自动控制系统方案、网络构成、数据传输方式。

5　供配电：

1）用电负荷预测、负荷等级和对电源的要求。

2）周边电源概况。

3）供电方案。

4）变、配电方案。

5）电力线路简述。

6）防雷、防电涌、防静电及接地设计。

6　通信：

1）通信技术方案。

2）通信线路方案。

3）语音系统方案。

4）其他配套系统。

7　给、排水：

1）给水方案。

2）排水方案。

8　消防方案。

9　建筑与结构。

1）建筑主体设计方案：

2）结构主体设计方案。

10　供热、采暖通风与空气调节：

1）供热方案。

2）供热管线方案。

3）采暖通风与空气调节设计方案。

11　总图运输：

1）总体布置及站址选择方案。

2）站场总平面布置及竖向布置方案。

3）运输方案。

12　道路工程：

1）道路设计方案。

2）桥涵设计方案。

13　非标设备：

1）非标设备设计方案。

2）列出非标准设备的名称、规格、数量。

14　防腐与保温：

1）防腐设计方案。

2）保温设计方案。

15　生产维修与分析化验：

1）生产维修设置方案。

2）维修主要设施。

3）维修、管理及生活服务所需车辆。

4）分析化验设置方案。

3.1.6　环境保护应包括下列内容：

1　主要污染源和污染物。

2　针对不同污染源和污染物所采取的控制措施。

3.1.7　安全设施设计应包括下列内容：

1　主要危险有害因素分析。

2　针对不同危险有害因素所采取的安全技术措施。

3.1.8　职业卫生应包括下列内容：

1　职业危害因素分析。

2　针对职业危害因素所采取的防护措施。

3.1.9　消防应包括下列内容：

1　火灾危险性分析。

2　针对火灾危险性所采取的消防措施。

3.1.10　节能应包括下列内容：

1　能耗分析。

2　针对能耗所采取的节能降耗措施。

3.1.11　说明油气田地面建设工程中新工艺、新技术、新设备、新材料的采用情况及引进设备、材料、工艺包的内容、理由。

3.1.12 主要工程量汇总和引进设备可分别按表3.1.12-1和表3.1.12-2的形式列出。

表3.1.12-1 主要工程量汇总表

序号	工程内容	规模（规格）	单位	数量	备注

注：工程内容包括站场、装置、设施、线路等。

表3.1.12-2 引进设备一览表

序号	名称及规格	单位	数量	估算费用	备注

3.1.13 组织机构与劳动定员应包括下列内容：

1 根据生产建设规模和工艺特点确定组织机构和管理模式，编制组织机构图。

2 根据岗位性质和国家劳动制度，结合工程的实际情况确定生产岗位值班制度的各岗位、每班人员、班数、素质要求及专业。

3 机构定员和人员岗位编制可分别按表3.1.13-1和表3.1.13-2的形式列出。

表3.1.13-1 机构定员表

序号	部门	管理人员	技术人员	生产工人	合计	备注
合计	人数					
	比例（%）					

表3.1.13-2 人员岗位编制表

序号	岗位	每班人数	班数	素质要求	专业	备注
总人数：		人				

3.1.14 概算应包括下列内容：

1 现行国家、行业建设工程概（预）算编制办法。

2 概算执行的定额、取费标准及贷款利息。

3 工程费用及总投资。

3.1.15 主要技术经济指标应包括油气田建设规模、主要消耗指标、三废指标、占地面积、建筑面积、定员、概算总投资等，可按表3.1.15的形式列出。

表3.1.15 主要技术经济指标表

序号	名称			单位	数量	备注
1	建设规模	原油		$10^4 t/a$		
		天然气		$10^8 m^3/a$		
		注水(聚、蒸汽、气)		$10^4 m^3/a$		
2	主要消耗指标	电力		$10^4 kW \cdot h/a$		
		新鲜水		$10^4 m^3/a$		
		循环水		$10^4 m^3/a$		
		燃料	原油	$10^4 t/a$		
			天然气	$10^8 m^3/a$		
			渣油	$10^4 t/a$		
			煤	$10^4 t/a$		
		药剂		t/a		
		…				
		年总能耗		$10^4 MJ/a$		
		单位能耗		MJ/t(油)或 $MJ/10^8 m^3$ (气)		
3	三废排放量	废水		$10^4 t/a$		
		废气		$10^4 m^3/a$		
		废渣		$10^4 t/a$		
4	占地面积			$m^2(10^4 m^2)$		
5	建筑面积			m^2		
6	定员			人		
7	概算总投资			万元		
8	百万吨产能建设投资			万元		

3.1.16 对上一阶段成果的落实以及变化情况论述应包括下列内容：

1 当技术方案与总体规划或可行性研究有较大变化时，应作说明。

2 当工程建设总投资与总体规划或可行性研究有较大变化时，应说明理由。

3.1.17 存在的问题及建议应包括下列内容：

1 说明在工程建设条件、技术、经济等方面存在的问题。

2 提出解决问题的意见和建议。

3.2 设计图、表及附件

3.2.1 总说明图纸宜包括下列内容：

1 区域位置图。

2 总体布局图。

3 油、气、水工艺原理流程图。

4 主要站场总平面及竖向布置图。

5 油、气、水线路平面走向图。

6 控制系统框图。

7 供电系统图。

8 通信系统图。

9 道路系统图。

3.2.2 总说明表格应包括下列内容：

1 主要设备汇总表。

2 主要材料汇总表。

3.2.3 总说明附件宜包括下列内容：

1 设计委托（任务）书或设计合同书。

2 可行性研究报告（或方案设计）和总体规划的批复文件。

3 油气田开发方案的批复文件。

4 会议纪要及其他有关文件。

5 相关工程项目协议或意向文件。

6 环境影响评价报告批复文件。

7 安全预评价报告批复文件。

8 职业病危害预评价报告批复文件。

9 防洪评价报告批复文件。

10 地震安全预评价报告批复文件。

11 地质灾害危险性预评价报告批复文件。

12 压覆矿产资源评价报告批复文件。

13 水土保持方案预评价报告批复文件。

14 文物考古评价批复文件。

15 站场选址和线路路由批复文件。

4 站场设计

4.1 说明书

4.1.1 说明书应包括概述、基础资料、建设规模、油气集输与处理、注入系统、采出水处理、仪表自动控制系统、供配电、通信、给排水及消防、建筑与结构、供热、采暖通风与空气调节、总图运输、非标准设备、防腐与保温、维修、分析化验及综合用房。

4.1.2 概述应说明各站场主要内容及功能。

4.1.3 基础资料应包括油气开采的有关基本参数；油、气、水物性；气象、水文、工程地质、抗震设防烈度等自然条件。

4.1.4 建设规模应说明站场的设计能力，并对分期建设作必要的说明。

4.1.5 油气集输与处理应包括下列内容：

1 概述应说明设计内容、设计范围。

2 设计参数应说明站场及各工艺装置的工艺设计参数，包括处理量、含水率、温度、压力、油气组成等。

3 设计规模宜包括站场设计总规模及各工艺单元的设计规模、各生产装置的操作弹性范围，以及建设分期。

4 工艺流程宜说明下列内容：

1）主流程包括单井集油、单井集气、单井产量计量、油气处理及储运等主要正常生产流程，以及事故处理流程、计量标定流程、安全泄放流程。

2）辅助流程包括加药、排污系统。

3）满足正常生产、井下作业及测试要求的井场流程。

5 工艺计算应列出计算公式、参数选择及计算结果，采用软件计算时还应说明软件的名称和版次。

6 说明产品种类、数量、质量标准。

7 主要工程量可按表4.1.5的形式列出。

表4.1.5 主要工程量表

序号	设备（材料）名称	型号及规格	单位	数量	备注

4.1.6 注入系统应包括下列内容：

1 概述应说明设计内容、设计范围。

2 设计规模及建设分期。

3 注入工艺流程说明。

4 主要工程量可按本标准表4.1.5的形式列出。

5 注水设计参数应包括注水量、注水压力、注水水质等。

6 注聚应根据油藏资料列出设计参数，包括井号、注入量、注入压力、注入速度及浓度、注入水质等。

7 注蒸汽应根据稠油热采工艺列出设计参数，包括井号、注汽量、注汽压力、注汽干度等。

8 注气应根据油藏资料、气源情况，确定注气种类、列出设计参数，包括井号、注气量、注气压力、注入气质等。

4.1.7 采出水处理应包括下列内容：

1 概述应说明设计内容、设计范围。

2 设计参数包括采出水、洗井废水及生产污水水量、水质、温度以及处理后的水质指标等。

3 设计规模及建设分期。

4 采出水处理工艺主流程及辅助流程、污泥的处理工艺流程及处置方式。

5 水质检测分析化验项目。

6 主要工程量可按本标准表4.1.5的形式列出。

4.1.8 仪表自控系统应包括下列内容：

1 概述应说明设计内容、设计范围和设计水平。

2 控制系统方案宜说明：

1）总体设计方案宜说明站场、调度中心自动控制系统方案、网络构成数据传输方式及带宽。

2）过程控制系统应说明调度中心配置及功能、站场配置及功能。

3）安全控制系统应说明调度中心配置及功能、站场配置及功能。

3 主要检测与控制原理应说明：

1）过程控制系统宜说明主要控制、计量、过程连锁等回路的控制过程。

2）安全控制系统应说明主要安全保护控制回路、消防联动控制过程等测控原理。

4 仪表选型应说明主要设备的类型选择及理由。

5 其他应说明：

1）控制室设计要求应说明建筑面积、建筑装修、室内温湿度、通风和照明要求。

2）供电（供气）及接地系统。供电应说明交、直流电源质量、负荷；供气应说明气源质量、气源压力及耗气量；接地系统应说明接地方式及接地电阻。

3）防雷应说明电涌保护器设置要求，电涌保护器技术参数。

4）电缆的敷设及保温伴热应说明电缆敷设方式、埋设深度、穿管情况，保温伴热方式。

6 主要工程量可按本标准表 4.1.5 的形式列出。

4.1.9 供配电应包括下列内容：

1 概述应说明设计内容、设计范围。

2 用电负荷统计及负荷分级包括近、远期用电负荷计算、负荷等级及对供电的要求，年用电量，一级负荷中的特别重要负荷或保安负荷容量计算。

3 供电应包括下列内容：

1）周边电源概况，可依托的供电条件。

2）供电方案包括电源的位置、电压等级、供电能力、送电线路长度及导线规格、系统短路容量。当有自备电站时，应说明装机容量、台数及并网方式。

3）供电方式。

4 变电所、配电所应包括下列内容：

1）变、配电所建设规模、接入系统方案、电气主接线、运行方式。

2）平面布置及各级电压配电装置的布置。

3）短路电流计算及设备动、热稳定校验。

4）变压器容量和台数选择、无功功率补偿方案。

5）继电保护配置、调度关系及远动信息范围。

6）电能计量方式和收费点设置。

7）所用电及操作电源方案。

8）系统通信的设计原则及通道组织。

9）绝缘配合、过电压保护措施及接地设计方案。

5 配电应包括下列内容：

1）爆炸危险场所区域划分和爆炸危险场所对电气设备的要求。

2）配电方式。

3）备用电源的设置方案及启动或切换方式、不间断电源的设置。

4）主要电动机启动和连锁控制方式、调速方案，电动机启动计算。

5）场区、道路及主要建筑物照明设计原则。

6）电力线缆的选择及配电线路的敷设方式。

6 防雷、防电涌、防静电及接地设计。

7 主要工程量可按本标准表 4.1.5 的形式列出。

4.1.10 通信应包括下列内容：

1 概述应说明设计内容、设计范围。

2 通信系统的业务需求：

1）站场周围的通信现状及可依托的条件。

2）站场对通信的业务需求。

3）通信业务流向及带宽要求。

3 通信技术方案应根据不同的通信方式，分别进行相关通信系统设计：

1）采用光（电）缆通信时应说明系统规模容量、通路组织、再生中继段计算、网管及接口、同步方式。

2）采用微波通信时应说明系统规模容量、工作频段、站址设置与站型的选择、传输系统通路组织、网管及接口、传输计算。

3）采用卫星通信时应说明各站信道配置数量、多址分配方式、业务种类、网络结构、工程选用卫星转发器主要参数及卫星带宽、信道传输、信道接口要求。

4 数据通信应说明数据传输的方式、功能、传输速率及接口配置。

5 语音通信应符合下列规定：

1）调度语音通信系统应说明语音通信实现方式及调度交换机的功能、容量、组网方式。

2）行政语音通信系统应说明语音通信的实现方式及程控用户交换系统功能、局站设置、规模容量、网络结构、中继方式、编号方案、接口要求、信令方式。

6 备用通信应说明选用的通信方式、备用通信传输的业务，以及设备配置等。

7 应急通信方式及设备配置。

8 通信线缆的选择及敷设方式。

9 其他通信系统设计应说明站场工业电视监控系统、入侵报警系统、会议电话系统、视频会议系统、卫星/电缆电视系统、扩声系统及火灾自动报警控制系统、站场安全防范系统、站场配线网络等系统设置地点、组网方式、传输方式、功能、容量，以及设备配置等。

10 供电、防雷与接地设计应说明通信设备的供电方式、负荷以及防雷与接地设计。

11 通信机房设计应说明机房设备布置，对防火、防水、防尘、防腐蚀、降低噪声采取的措施以及对采光、照明及保湿等方面的要求。

12 主要工程量可按本标准表 4.1.5 的形式列出。

4.1.11 给排水应包括下列内容：

1 概述应说明设计内容、设计范围。

2 给水应包括下列内容：

1）主要用水对象的用水量、水质、水压、总用水量。

2）水源地和水源种类水质、水源能力、水源地工程情况，水质净化处理工艺及流程，利用城市市政管网水源时，应说明接管点位置、管径、管材、可供水量和压力。

3）水质检测分析、化验项目及应达到的指标。

4）系统划分及给水方式。

5）主要工程量可按本标准表 4.1.5 的形式列出。

3 排水应包括下列内容：

1）各排水点的污（废）水类别、排水规律、排水水量、水压和所含主要污染物质。

2）系统划分及排水方式。

3）雨水量计算和排水方式。

4）污（废）水的处置方式、排放地点及达到的水质标准。

5）污（废）水处理工艺应说明污（废）水处理量、工艺及流程。

6）污水水质检测分析化验项目及设备。

7）主要工程量可按本标准表 4.1.5 的形式列出。

4.1.12 消防应包括下列内容：

1 概述应说明设计内容、设计范围。

2 所在地的消防协作力量及装备情况。

3 站场概况应说明站场的规模、级别、储罐总容量、储罐结构类型、生产与储存设施的火灾危险性类别。

4 消防系统的设置应说明消防系统的选择及系统组成。

5 消防站的等级标准、配置的消防车辆、通信设备、消防器材的类型和数量。

6 消防水源状况，消防系统工艺流程，最大一次火灾消防对象，设计参数，消防冷却水、泡沫混合液用水量及总用水量，储水设备和储水量，消防系统压力、管网形式和敷设方式，消火栓间距，消防泵供电设置，是否需要设置事故缓冲池。

7 泡沫灭火采用的泡沫液种类，最大一次火灾时，泡沫液储备量。

8 其他消防灭火系统如气体灭火、干粉灭火等系统的设置。

9 建筑灭火器配置的种类、数量及地点。

10 消防冷却给水系统、灭火系统的控制与监测。

11 站内消防车辆的配置。

12 主要工程量可按本标准表 4.1.5 的形式列出。

4.1.13 建筑与结构应包括下列内容：

1 概述应说明设计内容、设计范围。

2 建筑应包括下列内容：

1）设计内容应包括各建筑物的名称、建筑面积、建筑层数、建筑高度、使用年限、火灾危险性分类、耐火等级、防爆要求；主要建筑物还应包括建筑平立面。

2）建筑装修应说明建筑装修标准、各单体建筑不同使用空间的装修做法。

3）对室内的采光、隔振、隔声、防爆和其他环境条件所采取的技术措施。

4）建筑节能措施。

5）主要建（构）筑物一览表可按表 4.1.13 的形式列出。

表 4.1.13 主要建（构）筑物一览表

序号	名称	平面尺寸长×宽（m×m）	建筑面积（m^2）（工程量）（m^3）	结构形式	建筑层数	防爆要求	火灾危险分类	耐火等级	备注

3 结构应包括下列内容：

1）基础数据应包括采用的设计荷载及特殊荷载、场地的工程地质报告及其主要内容。

2）设计内容应说明站场建（构）筑物的名称、数量及安全等级。

3）列出重要建（构）筑物的主要计算成果。

4）建（构）筑物抗震设计应说明抗震设防烈度、建筑抗震设防类别、建筑场地类别及采取的抗震技术措施。

5）基础设计及地基处理措施应包括地基、基础设计等级、地基处理方案及基础形式、基础埋深及持力层名称以及特殊地基的处理措施。

6）水工保护的要求及做法。

7）各建（构）筑物结构选型和主要结构材料的选用。

8）施工条件特殊要求的说明。

4.1.14 供热应包括下列内容：

1 概述应说明设计内容、供热范围。

2 供热站应包括下列内容：

1）计算热负荷，列出全站用热负荷表。

2）确定热媒参数、供热方案及工艺流程。

3）建设规模及在总图中的位置。

4）锅炉或加热炉及辅机的选型、规格、数量及主要设备的规格、数量。

5）燃料系统应包括燃料的种类、消耗量、来源、性质及参数；说明燃料供给工艺流程，计量、储存时间和输送方式，燃料供给设备的选择、数量及参数。

6）热力系统及辅助系统应包括给水系统及给水方式、蒸汽供热系统、凝结水回收及处理方式；热水循环系统及其调节、定压方式；排污系统排污及污水回收措施；导热油循环系统及其调节、定压方式；对燃煤锅炉应说明烟气除尘、脱硫措施及其产物的出路。

7）水处理应包括原水水质各项参数；水处理规模、方法、流程及处理后达到的水质指标；化学药剂的消耗量及其储运、储备方式。

8）锅炉房或加热炉运行的控制方式及自动化水平。

9）噪声的防治措施。

3 换热站应包括下列内容：

1）供热负荷、供热介质及其参数。

2）被加热介质及其参数。

3）简述热力系统工艺流程、水处理系统工艺流程。

4）换热设备及配套辅助设备选型、规格及数量。

4 场区管网应包括下列内容：

1）各种介质的负荷与参数。

2）管道走向及敷设方式、补偿方式。

3）管道及其附件的选择。

4）保温、防腐材料的选择及结构形式。

5 主要工程量可按本标准表 4.1.5 的形式列出。

4.1.15 采暖通风与空气调节应包括下列内容：

1 概述应说明设计内容、设计范围。

2 设计参数包括：

1）室外空气计算参数；

2）室内空气设计参数，可按表 4.1.15 的形式列出。

表 4.1.15 室内空气设计参数表

序号	房间名称	夏季		冬季		新风量标准［m³/(h·人)］	噪声标准［dB（A）］
		温度（℃）	相对湿度（%）	温度（℃）	相对湿度（%）		

3 采暖应包括下列内容：

1）采暖热负荷。

2）热媒参数。

3）系统形式与管道敷设方式、系统工作压力。

4）采暖设备、散热器类型、管道材料及保温材料的选择。

4 空气调节应包括下列内容：

1）空调冷、热负荷。

2）空调系统冷源及冷媒选择，冷水、冷却水参数。

3）热源供给方式及热媒参数。

4）空调风、水系统简述，必要的气流组织说明。

5）监测与控制简述。

6）防火技术措施。

7）管道材料及保温材料选择。

8）主要设备选择。

5 通风、除尘应包括下列内容：

1）需要通风、除尘的房间、部位及易燃、易爆有毒害气体的种类。

2）通风系统形式、换气次数及风量平衡。

3）通风系统划分和设备选择。

4）除尘系统划分和设备选择。

5）防火技术措施。

6 主要工程量可按本标准表 4.1.5 的形式列出。

4.1.16 总图运输应包括下列内容：

1 概述应说明设计内容、设计范围。

2 站址概况：

1）地理位置和周围的自然状况。

2）站场与临近城镇的相对关系、地方的发展规划。

3）站场对当地交通运输的依托情况。

4）根据用地说明站场的用地面积和土地类别，列表说明搬迁民房的人居信息。

3 总平面布置：

1）总平面布置内容及特点应说明油气集输、处理、储存及装卸设施，采出水处理及注入设施，辅助生产设施和综合用房以及道路、围墙、出入口等布置情况及特点。

2）总平面布置的占地面积、各功能分区布置情况，相互关系及防火间距以及与相邻企业、城镇之间的距离。

3）预留位置和扩建方向。

4）与已建或相邻设施的衔接关系。

5）防洪排涝设计标准的确定及采取的防洪排涝措施。

6）绿化布置及绿地率。

4 竖向布置：

1）竖向布置原则。

2）竖向布置方式选择及设计标高的确定。

3）场地填、挖设计方案。

4）站场内雨水排放方式的选择、沟（涵）的形式、埋深及排出方向。

5）建（构）筑物拆迁、土方平整、外购土及外运土数量和地点。

6）总图构筑物结构形式的选择及做法。

5 管线综合布置：

1）管线布置原则。

2）简述管线的种类和用途。

3）管线敷设方式、排列顺序、敷设位置及间距要求。

4）采用的特殊技术措施。

6 运输应说明运输量、运输方式、车辆配置、超限设备的运输、车辆停放等。

7 主要技术经济指标可按表4.1.16-1的形式列出。

8 主要工程量可按表4.1.16-2的形式列出。

表4.1.16-1 主要技术经济指标表

序号	名称	单位	数量	折合亩数	备注
1	总征地面积	m^2			
2	站内占地面积	m^2			
3	建筑面积	m^2			
4	站内道路及场地面积	m^2			
5	绿地面积	m^2			
6	管网及设备投影面积	m^2			
7	土地利用系数	%			

表4.1.16-2 主要工程量表

序号	名称	单位	数量	备注

4.1.17 非标准设备应包括下列内容：

1 概述应说明设计内容、设计范围。

2 工程特点及工程所在地的环境特点，设计条件的确定。

3 设备种类和结构特征、技术难点、材质选用。

4 设计、制造、验收的标准。

5 列出非标准设备的名称、规格、数量、主要结构尺寸和质量。

4.1.18 防腐与保温应包括下列内容：

1 概述应说明设计内容、设计范围。

2 工程范围内的腐蚀环境情况及介质的腐蚀性等基础资料。

3 设备与管道的防腐应说明各类设备与管道选用的内、外防腐层种类、结构、等级和厚度以及管道补口方式。

4 设备及管道的保温应说明绝热的材料、结构、厚度及工程量。

5 阴极保护包括下列内容：

1）确定阴极保护方式。

2）采用强制电流阴极保护方案时，应确定有效的保护范围、保护站数量、分布及电源方案。

3）采用牺牲阳极保护时，应说明牺牲阳极的种类和数量。

4）确定站内或罐区是否需要阴极保护，需要时，应说明采用的阴极保护方案、检测方式及检测点的位置。

5）阴极保护主要设备的规格、数量以及牺牲阳极的种类、数量和使用年限。

4.1.19 维修、分析化验及综合用房应包括下列内容：

1 维修应包括下列内容：

1）概述应说明维修内容、维修范围。

2）主要维修内容和工作量：工艺、电气及仪表系统设备的日常维护和修理，辅助系统设备的日常维护和修理。

3）维修厂房、设施、配套系统及可以依托的维修力量。

2 分析化验应包括下列内容：

1）概述应说明化验内容、化验范围。

2）需要分析化验的项目。

3）分析化验室的规模、布置、组成、建筑面积以及对环境、采暖通风、空气调节等条件的要求。

3 综合用房应包括下列内容：

1）概述应说明设计内容、设计范围。

2）根据组织机构和劳动定员确定综合用房的建设规模。

3）说明综合用房的建设地点、平面布局、建筑立面造型、建筑面积、结构形式、功能划分、建设标准、耐火等级及与周边环境的关系。

4.2 设计图、表

4.2.1 站场设计图纸宜包括下列内容：

1 总图部分宜包括下列内容：

1）站场总平面布置图。

2）站场铺装绿化图。

3）站场竖向布置图。

4）站内道路结构图。

5）土石方计算图。

6）综合管网图。

2 工艺部分宜包括下列内容：

1）油、气、水、注入系统工艺原理流程图。

2）油气工艺仪表控制流程图。

3）注入系统工艺仪表控制流程图。

4）采出水处理工艺仪表控制流程图。

5）主要设计单元设备平立面布置图。

6）主要厂房设备平面布置图。

3 仪表自控部分宜包括下列内容：

1）自动控制系统框图。

2）控制室平面布置图。

3）机柜室平面布置图。

4）主电缆平面走向图。

5）安全连锁系统"因一果"图。

6）可燃气体及火灾检测点平面布置图及消防控制逻辑图。

4 供配电部分宜包括下列内容：

1）电力系统地理接线图。

2）供电系统图。

3）变/配电所、变/配电室电气主接线图。

4）继电保护和自动装置配置图。

5）变电所总平面布置图。

6）变/配电所、变/配电室设备平面布置图。

7）场区电缆走向平面图。

8）爆炸危险场所区域划分图。

9）场区接地干线平面图。

5 通信部分宜包括下列内容：

1）通信系统图。

2）通路组织图。

3）交换机中继方式图。

4）机房平面布置图。

5）语音通信系统图。

6）工业电视监控系统图。

7）入侵报警系统图。

8）无线通信地理位置图、组网方式图（有无线通信时绘制）。

9）站场通信平面图。

6 给排水部分宜包括下列内容：

1）给排水系统工艺仪表控制流程图。

2）给排水设备平面布置图。

7 消防部分宜包括下列内容：

1）消防系统工艺仪表控制流程图。

2）消防设备平面布置图。

3）消防栓布置图。

8 建筑与结构宜包括下列内容：

1）主要建（构）筑物的平、立、剖面图。

2）主体结构主要构件的平面布置及断面图。

3）分析化验室平面布置图。

9 供热部分宜包括下列内容：

1）工艺自控流程图。

2）工艺原理流程图、热平衡图。

3）设备平面布置图。

10 主要非标准设备简化总图。

11 分析化验室平面布置图。

4.2.2 站场设计表格应包括下列内容：

1 设备表。

2 材料表。

3 监控数据表。

5 管道和系统设计

5.1 说 明 书

5.1.1 说明书应包括概述、管道设计、电力线路设计、通信线路设计、道路设计。

5.1.2 概述应包括建设地点、建设规模。

5.1.3 管道设计说明书应包括设计范围、基础资料、设计参数、管道工艺、管材选用、线路选择、敷设方式、管道穿（跨）越、焊接与检验、防腐与保温、管道阴极保护、管道吹扫与试压、附属工程、征地及主要工程量，并应符合下列规定：

1 设计范围应说明管道的起止点名称、输送介质、输送量、输送温度、长度，主要穿（跨）越数量及辅助设施。

2 基础资料应包括输送介质物性，管道沿线所在区域的自然条件，管道埋设地的腐蚀状况。

3 设计参数应包括单井配产、井口压力、井口温度、采油气方式、采油气机械有关参数。

4 管道工艺应结合井位和计量（集气）站布置，说明管道系统的布置情况，管网结构形式。说明集输系统的管道压力分类，压力级制的输送工艺。

5 管材选用应包括下列内容：

1）钢管种类选择及采用的标准。

2）管道规格的确定。

3）钢管钢级选择。

4）热煨和冷弯弯管的选择。

5）埋地管道强度和稳定性校核。

6 线路选择应包括下列内容：

1）管道线路选择原则。

2）线路方案的优化。

3）线路的起止点、地名、长度，线路沿途行政归属，与项目有关的区域规划以及项目建设与区域规划的关系等。

7 敷设方式应包括下列内容：

1）管道敷设方式：架空管道应说明管墩、管架形式及高度，埋地管道应说明埋设深度。

2）管沟的形式、挖深、坡度及回填要求。

3）管道施工作业带的宽度。

4）管道的热应力补偿技术措施及其要求。

8 管道穿（跨）越应包括下列内容：

1）穿（跨）越河流、水域概况，穿（跨）越点位置及方式、结构的选择。

2）穿（跨）越公路、铁路概况，穿（跨）越点位置及方式、结构的选择。

3）穿越埋地光缆、电缆、管线等地下隐蔽物的位置及方式、结构的选择。

9 管道焊接与检验应说明管道焊接方式、焊接材料、检验方法、执行规范和质量标准。

10 管道防腐涂层及保温应包括下列内容：

1）简要说明工程范围内的外腐蚀环境及输送介质的腐蚀情况。

2）管道内、外防腐涂层的选择原则和技术特性。

3）对可采用的内、外防腐涂层的性能进行比较，确定管道内、外防腐涂层最佳的防腐材料。

4）特殊工程地段及穿跨越工程的外防腐层要求。

5）管道内、外防腐层的防腐结构、等级、厚度。

6）热煨弯管所采用的防腐材料。

7）补口所采用的防腐材料。

8）管道防腐涂层的涂敷和检验标准。

9）需保温的管道，应说明保温材料的选取及保温结构，计算保温层厚度。

11 管道阴极保护应包括下列内容：

1）阴极保护设计范围。

2）确定阴极保护方式。

3）阴极保护的工艺计算应列出计算公式、参数选取和计算结果。

4）阴极保护站的保护范围或长度，保护站的布设和数量，阴极保护站的分布可按表5.1.3-1的形式列出。

5）阴极保护的测试方法，测试桩的数量及分布。

6）采用牺牲阳极保护时，应说明牺牲阳极的种类、数量和使用寿命。

7）穿越套管的保护方法。

表 5.1.3-1 阴极保护站分布表

编号	地理位置	里程（km）	备注

12 管道吹扫与试压应说明清管扫线要求和试压区段划分、试压介质、试验压力、试压技术要求。

13 管道附属工程应包括下列内容：

1）管道阀室设置的原则、数量及分布。

2）线路标志桩的种类和设置原则。

3）管道固定墩的设置原则、数量和结构形式。

4）管道沿线的水工保护措施。

14 列出永久性征地和临时占地的数量。

15 管道工程主要工程量可按表5.1.3-2的形式列出。

表 5.1.3-2 管道工程主要工程量表

序号	管道名称	规格	单位	数量	备注

5.1.4 电力线路设计说明书应包括设计范围、基础资料、线路路径选择、线路设计、主要工程量，并应符合下列规定：

1 设计范围应包括线路电压等级、起止位置及长度，回路数、输电能力、导线规格及截面，线路的敷设方式，线路经济输送容量、最大输送容量及其相应的电压降和功率损失情况。

2 基础资料应说明沿线所在地区的自然条件，包括地形、地貌、水文地质、工程地质、气象资料、抗震设防等。

3 线路路径选择应包括下列内容：

1）路径选择原则。

2）路径方案的优化。

3）线路的起止点、地名、长度，线路沿途行政归属，与项目有关的区域规划，以及项目建设与区域规划的关系等。

4 埋地电缆线路应说明下列内容：

1）电缆的种类和结构形式、埋设深度。

2）特殊地段穿越位置和穿越方式。

3）线路的防护措施。

5 架空电力线路应说明下列内容：

1）导线和地线选型原则及设计参数指标。

2）污秽等级划分、绝缘子型式和片数的选择、金具选用。

3）确定空气间隙及对地距离。

4）确定线路防雷接地设计方案。

5）导线换位原则、方式及结果。

6）线路与铁路、道路、河流、管道及各种架空线路交叉跨越位置，导线对各种交叉跨越物最小距离。

7）杆塔种类及结构型式、杆塔基础型式及防腐措施。

8）线路防风、防洪水、防冰、防腐蚀、抗震等措施。

9）说明对沿线的通信线路影响及保护措施。

6 列出永久性征地和临时占地的数量。

7 电力线路工程主要工程量可按表5.1.4的形式列出。

表 5.1.4　电力线路工程主要工程量表

序号	线路名称	规格	单位	数量	备注

5.1.5　通信线路设计说明书应包括设计范围、基础资料、线路路径选择、线路设计、主要工程量，并应符合下列规定：

1　设计范围应说明通信光（电）缆线路起止位置及长度、敷设方式等，通信线路设计分工界面。

2　基础资料应说明沿线所在地区的自然条件，包括地形、地貌、水文地质、工程地质、气象、油田通信现状、公网通信现状、可依托通信情况。

3　线路选择应包括下列内容：

1）线路选择原则。

2）线路方案的优化。

3）线路的起止点、地名、长度，线路沿途行政归属，与项目有关的区域规划以及项目建设与区域规划的关系等。

4　线路设计应包括下列内容：

1）光缆敷设方式，宜根据沿线地形地貌分段进行技术经济论证。

2）通信光缆线路穿越石方、池塘、铁路、公路、村镇、市区等不同地段，与管道同沟敷设时应与管道穿越方式相同，如单独开沟应说明穿越方式、光缆埋设深度等。

3）光缆穿（跨）越大、中型河流的位置和采取的技术措施。

4）选用光缆型号、光纤类型及容量。

5）标石的设置原则、编号方法及埋设要求。

6）光缆防护措施，防雷、防洪、防鼠害等保护措施。

5　采用无线通信时，应说明采取的通信方式及传输系统的构成。

6　列出永久性征地和临时占地的数量。

7　通信线路工程主要工程量可按表 5.1.5 的形式列出。

表 5.1.5　通信线路工程主要工程量表

序号	线路名称	规格	单位	数量	备注

5.1.6　道路设计说明书应包括设计范围及设计标准、基础资料、设计参数、路线方案、道路及桥涵设计、筑路材料、征地主要工程量，并应符合下列规定：

1　设计范围及设计标准应说明道路起止点、中间控制点、道路长度，路基路面宽度，道路系统的设计分工界面。

2　基础资料应说明道路沿线所在地区的自然条件，包括地理位置、地形、地貌、水文、地质、气象、抗震设防、道路沿线用地及拆迁情况。

3　设计参数应包括下列内容：

1）道路设计使用年限。

2）车辆设计行车速度。

3）设计使用年限内一个车道累计当量车次。

4）路面计算标准轴载。

5）路面设计弯沉值。

6）桥涵设计荷载。

4　路线方案应包括下列内容：

1）路线选线原则。

2）路线的起止点地名、长度，线路沿途行政归属，与项目有关的区域规划以及项目建设与区域规划的关系等。

5　道路及桥涵设计应包括下列内容：

1）一般路基的设计原则及依据。

2）不良地质路段及特殊路基设计原则及方案论证。

3）路基防护工程及路基、路面排水设计情况。

4）外购土及外运土设计方案。

5）路面设计原则、依据及结构类型。

6）桥涵设计原则。

7）沿线桥涵分布情况。

8）大、中型桥涵水文计算及孔径确定，桥型及结构方案选择。

9）小桥涵结构类型的选择、孔径计算依据。

6　筑路材料应包括下列内容：

1）沿线筑路材料及砂石料场分布情况。

2）砂石料场材料、储量、开采及运输条件与运距情况。

7　列出永久性征地和临时占地的数量。

8　道路工程主要工程量可按表 5.1.6 的形式列出。

表 5.1.6　道路工程主要工程量表

序号	工程内容	单位	数量

5.2　设计图、表

5.2.1　集输管道和配套系统图纸宜包括下列内容：

1　油气集输、供注水管道宜包括下列内容：

1）管道走向平面图。

2）河流、公路、铁路穿（跨）越平面图。

3）穿（跨）越结构总图。

2　电力线路工程宜包括下列内容：

1）线路走向平面图。

2）线路变电站进出线平面布置图。

3）导线特性曲线。

4）地线或OPGW光缆特性曲线。

5）绝缘子串及金具组装图（主要型式）。

6）杆塔型式一览图。

7）基础型式一览图。

8）特殊地段纵断面图。

3　通信线路工程宜包括下列内容：

1）线路走向图。

2）光缆线路敷设方式图。

3）各类穿（跨）越图。

4　道路工程宜包括下列内容：

1）道路平面走向图。

2）道路纵断面图。

3）道路横断面图。

4）大、中型桥梁结构图。

5）道路用地图。

5.2.2　集输管道及配套系统表格应包括下列内容：

1　设备表。

2　材料表。

6　专　篇

6.1　环境保护专篇

6.1.1　专篇应包括概述、设计依据、主要污染源和污染物、环境保护措施、对环境影响评价报告的响应、环境管理和监测、环境保护专项投资、存在的问题及建议。

6.1.2　概述应包括下列内容：

1　工程概况应包括下列内容：

1）说明工程项目的性质和规模、工程建设地点。

2）说明站场设置、公用工程设置情况。

3）说明主要原料、燃料的性质、来源及消耗量。

2　建设项目所在地区的环境现状应包括下列内容：

1）拟建工程所在区域地形、地貌、植被、水文、气象条件及土壤、大气、水、声等环境现状，重点描述环境敏感区。

2）社会经济情况。

6.1.3　设计依据应包括下列内容：

1　设计任务书、委托书或设计合同。

2　国家、行业和地方政府相关的法律、法规。

3　设计遵循的相关标准。

4　环境保护影响评价报告及其审批意见。

5　项目可行性研究报告、分工协议，与所在地签署的环保协议等。

6　环保部门及其他相关部门对可行性研究报告中环境保护内容的意见。

6.1.4　主要污染源和污染物应包括下列内容：

1　主要污染源包括点源、面源和无组织排放源。

2　各项污染物的名称、种类、数量、排放方式、噪声污染情况及对生态环境要素的影响。主要污染源、污染物分析及生态环境影响等内容宜列出相应的明细表格，各类表格可按表6.1.4-1～表6.1.4-5的形式列出。

表6.1.4-1　污水排放一览表

序号	污染源名称	污水排放量 (m^3/h)	主要污染物组成成分 (mg/L)	处理措施及方法	排放方式	最终去向	备注
1							
2							
⋮							

表6.1.4-2　废气排放情况一览表

序号	污染源名称	数量（台）	烟囱/排气筒高度 (m)	烟囱出口内径 (m)	烟气出口温度 (℃)	烟气量 (Nm^3/h)	污染物排放情况 (kg/h)	备注
1								
2								
⋮								

表6.1.4-3　主要声源强度一览表

序号	噪声源名称	噪声源强度 [dB (A)]	排放特性	备注
1				
2				
⋮				

表6.1.4-4　固体废物排放一览表

序号	污染源名称	排放量 (t/a)	主要污染物组成成分	排放方式	处理措施及最终去向	备注
1						
2						
⋮						

表 6.1.4-5 主要工程占地情况一览表

序号	工程内容	占地情况（m^2）		植被类型	备注
		永久占地	临时占地		
1					
2					
⋮					
合计					

3 对建设项目生产运行阶段的开车、停车、检修、一般性事故和漏泄等情况时的污染物非正常排放进行分析，找出非正常排放的来源、污染物种类与强度，发生的可能性及发生的频率等。

6.1.5 环境保护措施应包括下列内容：

1 根据主要污染源和污染物分别说明污染控制措施，包括其简要工艺和流程框图、控制措施的主要技术参数、达到的指标，以及遵循的污染物排放标准和噪声控制标准等。

2 应说明生态恢复措施及预期效果。

3 环境风险应急措施。

4 环境敏感区的工程保护措施。

5 绿化设计内容。

6 环保工程设施可按表 6.1.5 的形式列出。

表 6.1.5 环保工程设施一览表

序号	环保工程/设施名称	工程内容	单位	数量	投资	备注
1						
2						
⋮						

6.1.6 对环境影响评价报告的响应，应针对环境影响评价报告提出的相关要求，列出采取的相关措施。

6.1.7 环境管理和监测应包括下列内容：

1 环境管理机构的任务及工作范围。

2 项目环境管理机构及环境保护人员的设置情况。

3 应说明项目施工期及运行期污染源及污染治理设施的监测措施。

6.1.8 环境保护专项投资应按工程实施不同时段，分别列出其环保投资额，计算环保投资占工程总投资的比例，给出各项措施及投资估算一览表。

6.1.9 存在的问题及建议应说明在环保方面存在的问题，提出解决问题的意见和建议。

6.1.10 专篇图纸宜包括下列内容：

1 区域位置图。

2 场站总平面布置图。

3 工艺原理流程图。

4 污染源分布图。

5 污染物治理工艺流程图。

6.2 安全设施设计专篇

6.2.1 油气田地面工程建设项目安全设施设计专篇应按照国家有关部门规定的相关要求编写。

6.3 职业卫生专篇

6.3.1 职业卫生专篇应包括工程概述、设计依据、生产过程中职业病危害因素影响与分析、职业病危害防护措施及控制性能和预期效果、辅助用室及卫生设施、职业病防治工作的组织管理、职业病危害防护专用投资概算、主要结论和建议。

6.3.2 工程概述应包括下列内容：

1 建设项目概况：

1）工程性质、建设规模、总投资、地理位置、开发指标、开发方式、开采工艺。

2）设计任务和范围。

3）环境概述。

4）生产制度和劳动定员。

2 工程内容：

1）总平面布置。

2）主要工程内容及生产工艺。

3）辅助生产系统和公用工程。

4）生产设备及布局。

5）物料组分、用量或产量、主要性质及危害。

6.3.3 设计依据应包括依据的批准文件、遵循的主要法律法规、执行的主要标准、职业病危害预评价报告书及批复、与职业卫生防护设施设计相关的其他设计依据。

6.3.4 生产过程中职业病危害因素影响与分析应包括下列内容：

1 生产过程中可能产生的职业病危害因素及分布。

2 生产过程中可能产生的职业病危害因素对人体健康的影响应说明职业病危害因素名称、理化性质、对人体的危害、职业接触限值、所致法定职业病名称、预防措施。

3 生产过程中可能产生职业病危害因素的设备及布局应说明可能产生职业病危害因素的设备名称、数量、位置及产生的职业病危害因素名称。

4 接触各类职业病危害因素及人员情况应说明接触各类职业病危害因素人员的岗位、职业病危害因素、接触方式、接触时间、接触限值。

6.3.5 职业病危害防护措施及控制性能和预期效果应包括下列内容：

1 选址应说明工程与周边建（构）筑物的距离、方向及地方病、流行病分布等内容是否满足国家及行业职业卫生标准的要求。

2 总平面布置应说明站场分区、内部防护距离、出入口的布置符合相关标准规范情况。

3 职业病防护设施应说明工程在除尘、防毒、防噪、建筑卫生学、人员逃生和救生、防其他职业病危害因素等方面采用的生产工艺、设备及控制、检测、检验设施，说明职业病危害防护措施及控制性能的预期效果及符合相关标准规范情况。

4 个人职业病防护用品及应急物品的配置情况。

5 职业病危害预评价报告提出的建议措施采纳情况。

6.3.6 辅助用室及卫生设施应根据生产特点和卫生特征分级、职工人数及构成，说明工程中办公室、生产卫生室、生活室、妇女卫生室等辅助用室的设置情况。

6.3.7 职业病防治工作的组织管理应包括职业卫生管理机构、职业病危害警示标识、健康监护和宣传教育及培训、职业病危害事故应急救援预案。

6.3.8 职业病危害防护专用投资概算应说明工程概算总投资，列表说明用于职业病危害防护设施的专用投资及其占总投资的比例。

6.3.9 主要结论和建议应明确职业病危害预评价报告书的职业病危害防护措施是否得到了落实，说明设计是否满足国家职业卫生法律法规、标准规范的要求。说明为进一步降低职业危害风险而提出的建议措施。

6.3.10 专篇图纸应包括下列内容：

1 区域位置图。

2 总平面布置图。

3 主要工艺原理流程图。

4 主要设备布置图。

5 有毒气体检测报警装置布置图。

6.4 消防专篇

6.4.1 消防专篇应包括概述、设计依据及编制原则、工程火灾危险性分析、相关专业的防火措施、消防设施、存在的问题及建议。

6.4.2 概述应包括下列内容：

1 工程项目的任务及范围。

2 工程项目的性质及建设规模。

3 工程建设地点及相关气象资料。

4 生产、储存实施火灾危险性类别。

5 消防范围及可能发生的最大一次火灾对象。

6.4.3 设计依据及编制原则应包括下列内容：

1 可行性研究报告（或方案设计）及其审批意见中有关消防的要求。

2 安全预评价报告及批复文件。

3 初步设计委托书或合同。

4 设计遵循的标准应包括国家及地方政府的相关法规和技术标准，并应注意同类标准的相容性。

5 编制原则应从安全性、经济性、技术先进、可行性等方面对工程消防设计提出目标要求。

6.4.4 工程火灾危险性分析应包括下列内容：

1 主要火灾爆炸危险物品名称、特性、火灾分类。

2 火灾特点及爆炸危险区域的划分等。

3 主要生产场所及装置的火灾危险性分析。

4 仪表自动化应说明仪表与自动控制系统构成；描述仪表与自动控制系统防火措施，主要包括可燃气体检测与报警系统、火灾检测与报警系统、紧急停车系统工况；各系统防雷接地做法及设计参数；控制室设置要求等。

6.4.5 相关专业的防火措施应包括下列内容：

1 油气工艺应主要说明工艺介质物性、工艺站场设置及其规模、站场工艺安全措施、防止火灾发生的防火措施以及发生极端工况时的控制措施等。

2 总图布置应说明站场位置、周边企业的生产性质、火灾危险性类别、与本工程的防火间距；站场内平面布置、各区域的相对位置与最小频率风向的关系；消防道路设置状况；各功能区域之间、各功能区域内部防火间距、安全隔离设施、疏散场地设置状况等。

3 建筑与结构应说明各建筑物功能、性质；各建筑单体防火分区划分情况；各防火分区疏散、安全出口、疏散通道、疏散距离设置状况；各建筑物的结构形式，耐火、防爆等级；各建筑物的装修防火措施及抗震设防措施等。

4 仪表自动控制应说明仪表与自动控制系统构成；描述仪表与自动控制系统防火措施，主要包括可燃气体检测与报警系统、火灾检测与报警系统、紧急停车系统工况；各系统防雷接地做法及设计参数；控制室设置要求等。

5 供热、采暖、通风与空调应说明各自系统的组成及运行工况，运行、维护的安全措施等。

6 电气应说明站场电源类型、负荷等级、爆炸危险场所划分情况；还需要对工程的应急照明措施，配电、照明防火措施，防雷、防电击、防静电、信息设备的防电涌措施及接地等方面进行简要描述。

7 通信应说明通信系统构成、各系统工作概况及消防安全防护措施。

8 其他专业或技术环节涉及的消防安全防护措施描述。

6.4.6 消防设施应包括下列内容：

1 社会消防设施现状，对站场附近的消防设置进行必要描述，主要包括站场附近分布的社会消防力量规模，到达本站场距离、时间，沿途道路状况等，并对可依托的社会消防力量分析、描述。

2 消防方案的选择应根据工程区域内的生产区、辅助生产区、生活区的工艺设施、附属生产设施、配套生活设施设置状况、生产性质、相应建筑物的规模和特点以及社会消防设施依托状况，按照国家现行有关规范，综合考虑各区域的消防设计，分别确定消防方案。

3 消防系统描述应根据保护对象消防要求，说明涉及的各消防系统的计算参数，简述计算过程，确定消防规模以及主要消防设施参数；描述各消防系统组成、控制方式以及主要设备选择等。

4 移动式灭火器材应列表说明各区域、各建筑物移动式灭火器材的配置情况。

5 消防站或站内消防车辆的设置，应根据站场自身规模、性质、消防设施完备情况以及消防依托条件，确定消防站或站内消防车辆设置与否，设置时应考虑规模，配备人员、设备等情况。

6.4.7 消防投资应列表说明与消防有关的工程量、工程费用及所占总投资的比例。

6.4.8 针对存在的问题及建议应列出本阶段设计过程中可能对设计方案形成影响的各种因素，并说明影响程度、处理措施及解决办法。

6.4.9 专篇图纸应包括下列内容：

1 典型工艺流程图。

2 站场总平面图。

3 消防系统工艺流程图。

4 站场消防平面布置图。

5 主要建筑物典型平面布置图。

6 可燃气体及火灾检测点平面布置图及消防控制逻辑图。

7 爆炸危险场所区域划分图。

8 消防设备平面布置图。

6.5 节能专篇

6.5.1 节能专篇应包括概述、设计依据及编制原则、能耗分析、节能措施和节能降耗效益。

6.5.2 概述应包括下列内容：

1 工程项目的性质及规模、地点、站场设置情况、公用工程、自动化控制水平、建筑面积。

2 站场所在位置的主要自然环境概况。

3 列表说明站场耗能设备的设置情况。

4 线路工程沿线自然条件对节能设计的影响。

6.5.3 设计依据及编制原则应包括下列内容：

1 可行性研究报告（或方案设计）和总体规划的批复文件及其审批意见中有关节能设计的要求。

2 设计委托（任务）书或设计合同书。

3 国家、地方政府和主管部门对本工程的有关批复文件。

4 设计遵循的规范，应包括国家及地方政府的相关法规和技术规范。

5 编制原则应从安全性、经济性、技术先进、可行性等方面对节能设计提出目标要求。

6.5.4 能耗分析应针对油田生产站场及线路工程运行的特点，对整个系统进行能耗分析和统计，包括下列内容：

1 能源的来源及供能方式。

2 油气在集输过程中的能耗。

3 油气田站场的水、电、油、气、燃料的消耗。

4 线路工程的能耗。

6.5.5 节能措施应包括下列内容：

1 生产工艺节能措施。

2 工艺设备节能措施。

3 生产辅助设施节能措施。

4 建筑节能措施。

5 其他节能措施。

6.5.6 节能降耗效益分析应说明采取节能设计和节能措施后，为工程带来的经济效益、生态环境效益和社会效益。

7 概 算

7.1 编制说明

7.1.1 概算编制说明应包括工程概况、编制依据、工程概算总投资、投资分析、取费计算程序。

7.1.2 工程概况应说明本工程的建设地点、建设时期、性质（新建、扩建或改建）、工程类别、建设规模、主要工程内容，并简要叙述本工程的工艺及相应的辅助设施。

7.1.3 编制依据应包括下列内容：

1 有关文件的文件号、文件名称、发文单位及日期。

2 采用的价格、定额、指标、取费标准、价差调整方法及专项费用计算依据。

3 资金来源与筹措方式。

7.1.4 工程概算总投资应说明总投资、工程费、其他费、预备费、建设期贷款利息等费用的数额。

7.1.5 投资分析应将初步设计的工程概算投资与批准的可行性研究报告或总体规划的估算投资进行比较，有重大变化的，应分析其原因。

7.1.6 取费计算程序应说明根据概算取费文件，编制工程费取费内容及各项计算系数。

7.2 概 算 表

7.2.1 总概算表应包括工程费、其他费用、预备费、建设期贷款利息，以及其他应列入总概算的费用。

7.2.2 单项工程综合概算表应按站场工程、线路工程、辅助工程及附属工程等单项工程进行编制。

7.2.3 单位工程概算表应由设备购置费、建筑工程费和安装工程费组成，分专业进行编制。

7.2.4 其他费用概算表应按现行规定进行编制。

本标准用词说明

1 为便于在执行本标准条文时区别对待，对要求严格程度不同的用词说明如下：

1）表示很严格，非这样做不可的：
正面词采用“必须”，反面词采用“严禁”；

2）表示严格，在正常情况下均应这样做的：
正面词采用“应”，反面词采用“不应”或“不得”；

3）表示允许稍有选择，在条件许可时首先应这样做的：
正面词采用“宜”，反面词采用“不宜”；

4）表示有选择，在一定条件下可以这样做的，采用“可”。

2 条文中指明应按其他有关标准执行的写法为：“应符合……的规定”或“应按……执行”。

中华人民共和国国家标准

油气田地面工程建设项目设计文件编制标准

GB/T 50691—2011

条　文　说　明

制 定 说 明

《油气田地面工程建设项目设计文件编制标准》GB/T 50691—2011，经住房和城乡建设部 2011 年 4 月 2 日以第 979 号公告批准发布。

为便于广大设计、施工、科研、学校等单位有关人员在使用本标准时能正确理解和执行条文规定，《油气田地面工程建设项目设计文件编制标准》编制组按章、节、条顺序编制了本标准的条文说明，对条文规定的目的、依据以及执行中需注意的有关事项进行了说明。但是，本条文说明不具备与标准正文同等的法律效力，仅供使用者作为理解和把握标准规定的参考。

目　次

3 总 说 明

3.1 说 明 书

3.1.2 本条第1款未详细开列设计依据的各类文件，具体可参见本标准第3.2.3条。

3.1.3 本条第2款注入系统含注水、注聚合物、注蒸汽、注气等。

3.1.5 表3.1.5-1～表3.1.5-4中的单位，可按照各设计单位的习惯做法及设计规模的大小进行调整。

本条第6款4项其他配套系统指工业电视监控系统、会议电话系统、视频会议系统、卫星/电缆电视系统、扩声系统及火灾自动报警控制系统、站场安全防范系统、站场配线网络等。

3.1.15 表3.1.15中的单位，可按照各设计单位的习惯做法及设计规模的大小进行调整。

4 站 场 设 计

4.1 说 明 书

4.1.6 本条第8款中注气指注天然气、氮气、二氧化碳气等。

4.1.8 本条第2款第1项站场指油田的联合站、接转站、计量（注水）站、井口；气田的气处理装置、集气站、气配站、井口等。

4.1.11 本条第2款第2项中水源种类指地下水或地表水，水源能力指可供水量、单井产水量。

4.1.15 本条第4款第6项中防火技术措施指防火分区、防火材料、事故关闭等。

本条第5款第5项中防火技术措施指防爆措施、防火分区、防火材料、事故关闭等。

4.1.16 本条第3款第2项中站场占地面积应符合中华人民共和国住房和城乡建设部、中华人民共和国国土资源部颁布并于2009年4月1日施行的《石油天然气工程项目建设用地指标》。

本条第4款第2项中竖向布置方式指如平坡式、台阶式等。

本条第5款第4项中特殊技术措施是指防爆、防静电、电伴热、热水伴热、蒸汽伴热、掺液等。

4.1.18 本条中保温指绝热，也含保冷。

4.1.19 本条第3款第3项中综合用房是指办公和生活用房。

4.2 设计图、表

4.2.1 本条第2款第5项主要设计单元设备平立面图中立面布置图指在双层或双层以上的单元设备。

本条第8款第1项主要建（构）筑物的平、立、剖面图中包括综合用房的平、立、剖面图。

本条第10款主要非标设备简化总图中应包含设备外形轮廓、主要内构件、主要外形尺寸、主要材质及质量、制造验收。

5 管道和系统设计

5.1 说 明 书

5.1.3 本条管道设计指油、气管道，注水、注聚、注蒸汽、注气管道等。

5.1.6 本条第2款中道路沿线用地指按中华人民共和国交通部颁布的《公路路线设计规范》JTG 020—2006第6.7.2条中公路用地范围内容确定。

本条第3款第4项中路面计算标准轴载指采用双轮组单轴载100kN作为标准轴载（BZZ-100）。

6 专 篇

6.1 环境保护专篇

6.1.1 本专篇编写的内容，对于小型油气田地面工程建设项目可以适当简化。

6.1.2 本条第2款第1项中环境敏感区指文物保护区、自然环境保护区、水源地、野生动物保护区等。

6.3 职业卫生专篇

6.3.1 本专篇编写的内容，对于小型油气田地面工程建设项目可以适当简化。

6.3.4 本条中职业病危害因素主要包括尘、毒、噪声、振动、高温、低温、非电离辐射、生物因素等。

6.3.6 本条中生产卫生室指浴室、存衣室、盥洗室、洗衣房等，生活室指休息室、食堂、厕所等。

6.4 消 防 专 篇

6.4.1 本专篇编写的内容，对于小型油气田地面工程建设项目可以适当简化。

6.4.6 本条第3款中各消防系统指消火栓、自动喷淋、泡沫灭火、气体灭火、蒸汽灭火等系统。

6.5 节 能 专 篇

6.5.1 本专篇编写的内容，对于小型油气田地面工程建设项目可以适当简化。

中华人民共和国国家标准

天然气处理厂工程建设项目设计文件编制标准

Standard for compiling the design documents of natural gas treating plant projects

GB/T 50692—2011

主编部门：中国石油天然气集团公司

批准部门：中华人民共和国住房和城乡建设部

施行日期：2012年3月1日

中华人民共和国住房和城乡建设部
公　告

第 975 号

关于发布国家标准《天然气处理厂工程建设项目设计文件编制标准》的公告

现批准《天然气处理厂工程建设项目设计文件编制标准》为国家标准，编号为 GB/T 50692—2011，自 2012 年 3 月 1 日起实施。

本标准由我部标准定额研究所组织中国计划出版社出版发行。

中华人民共和国住房和城乡建设部

二〇一一年四月二日

前　言

本标准是根据住房和城乡建设部《关于印发〈2009 年工程建设标准规范制订、修订计划〉的通知》(建标〔2009〕88 号) 的要求，由中国石油集团工程设计有限责任公司西南分公司会同有关单位编制完成的。

本标准在编制过程中，编制组经调查研究，总结并吸收了多年天然气处理厂工程建设和生产管理经验，借鉴了国内已有的相关国家标准、行业标准，并在广泛征求意见的基础上，经反复讨论、修改，最后经审查定稿。

本标准共分 5 章，主要技术内容是：总则、基本规定、设计说明及图表、专篇、概算。

本标准由住房和城乡建设部负责管理，石油工程建设专业标准化委员会负责日常管理，中国石油集团工程设计有限责任公司西南分公司负责具体技术内容的解释。执行过程中如有意见或建议，请寄送中国石油集团工程设计有限责任公司西南分公司（地址：四川省成都市小关庙后街 25 号；邮政编码：610017）。

本标准主编单位、参编单位、主要起草人和主要审查人：

主 编 单 位：中国石油集团工程设计有限责任公司西南分公司

参 编 单 位：中油辽河工程有限公司
西安长庆科技工程有限责任公司

主要起草人：陈运强　郭成华　康洪波　张永红　雒定明　刘偌伍　董子健　李正才　张红领　李　峰　王　义　黄春蓉　唐　林　邱练兵　郑　欣　吴克信　杜通林　刘家洪　冼祥发　万　霜　张　津　陈　岚　蒲远洋　傅贺平

主要审查人：陈胜永　裴　红　杨春明　张维智　葛春玉　巴玺立　杜洪荣　张义贵　李　光　段全德　柏艳玲　马晓红　王小林

目　次

Contents

1 总 则

1.0.1 为适应天然气处理厂工程建设的需要，加强对天然气处理厂工程建设项目初步设计文件编制工作的管理，统一天然气处理厂工程建设项目初步设计文件的内容和深度，制定本标准。

1.0.2 本标准适用于陆上新建、改建和扩建天然气处理厂工程建设项目初步设计文件的编制。

1.0.3 天然气处理厂工程建设项目初步设计文件的编制，除应符合本标准外，尚应符合国家现行有关标准的规定。

2 基 本 规 定

2.0.1 天然气处理厂工程建设项目初步设计文件应依据设计任务（或委托）书、设计合同、批准的可行性研究报告、批复的各种专项评价报告及专家审查意见、地方政府主管部门对处理厂选址的初步意向及设计基础资料进行编制。

2.0.2 初步设计文件的主要技术方案及主要设备材料选型应在可行性研究的基础上进行优化和确认。初步设计文件深度应满足下列要求：

1 指导施工图设计。

2 编制工程总承包招标文件。

3 确定土地征用和建（构）筑物搬迁范围。

4 编制项目建设计划。

5 确定长周期采购设备和材料的订货技术要求。

6 进行工程项目施工准备工作。

7 进行生产准备和人员培训工作。

2.0.3 初步设计文件应包括下列内容：

1 设计说明及图表，包括设计说明书、设备表、材料表、设计图纸，其中设计说明书应由总说明书、各专业说明书或各单项说明书组成。

2 专篇，包括环境保护专篇、安全设施设计专篇、消防专篇、职业卫生专篇、节能专篇。

3 概算文件，包括编制说明、总概算表、单项工程综合概算、单位工程概算、其他费用计算表。

4 合同条款中要求的其他技术文件。

3 设计说明及图表

3.1 总 说 明

3.1.1 总说明书应包括概述、设计基础、厂址概况、总工艺流程、工艺装置、辅助生产设施及公用工程、总图运输、自动控制、非标准设备、建筑、结构、防腐保温、组织机构和定员、引进设备材料、主要技术经济指标、概算投资、问题与建议。

3.1.2 概述应包括下列内容：

1 工程项目的设计依据，列出各设计依据的发文（或签订）单位名称、文件号、文件名称和发文（或签订）日期，部分具体文件作为附件列出，主要设计依据应包括下列内容：

1）设计任务（或委托）书；

2）可行性研究报告及批复文件；

3）外部条件协议文件；

4）设计基础资料；

5）技术引进合同；

6）设计合同；

7）环境影响评价报告及批复文件；

8）安全预评价报告及备案表；

9）职业病危害预评价报告及批复文件；

10）地质灾害危险性评估报告及批复文件；

11）地震安全性评价报告及批复文件；

12）压覆矿产资源评估报告及批复文件；

13）文物考古评价报告及批复文件；

14）水土保持方案及批复文件；

15）其他有关文件及会议纪要。

2 设计中遵循的法律、法规，采用的标准名称、标准号、年号及版次，以及参照的国外标准。

3 应根据国家、行业有关方针政策、法律、法规的要求，结合本工程项目的具体情况，说明本设计中所遵循的一些主要设计原则。

4 工程项目建设的背景、目的、必要性、资源和市场。

5 设计范围及分工，当有协作关系时，应说明设计分工的内容及界面划分情况。

6 本工程设计的原料气的总处理能力。有多列（套）生产装置时，应说明单列（套）装置的处理能力、装置列（套）数及年运行时间。当工程分期建设时，应予以说明。

7 天然气处理的主要工艺及过程。

8 处理厂工艺装置、辅助生产设施、公用工程的组成情况。

9 采用新工艺、新技术、新设备、新材料的情况及经济效益。

10 初步设计文件构成。

3.1.3 设计基础应包括下列内容：

1 原料气的压力、温度、组成、流量及逐年变化预测表。

2 产品天然气的压力、温度及气质要求。

3 副产品的质量要求。

4 环境及自然条件。

5 公用工程条件。

3.1.4 厂址概况应包括下列内容：

1 地理位置、周边情况及依托条件。

2 自然条件。

3 用地及搬迁情况。

3.1.5 总工艺流程应简述全厂的总工艺流程及主要特点，在总工艺流程图上注明装置名称和规模。分期建设的项目应有分期流程的说明和图纸。

3.1.6 工艺装置应分别说明各工艺装置的处理能力、工艺方法、工艺特点及主要工程量。

3.1.7 辅助生产设施及公用工程宜说明下列内容：

1 硫黄成型及储存装置的处理能力、工艺方法、设备配置、储存设施的配置、储存时间。

2 火炬及放空系统的高低压火炬的设置情况、放空量及主要工程量。

3 油品储存设施的天然气凝液产品的进料量、性质、储存天数、装（卸）能力及主要工程量。

4 分析化验室的主要设备配置及分析项目。

5 维修设施的配置级别及主要工程量。

6 工业及生活用水总量、水源、给水处理、给水方式、主要工程量。

7 排水系统的排水量、排水处置、污水处理工艺及主要工程量。

8 循环冷却水系统的循环水系统规模、循环冷却水水质处理及主要工程量。

9 消防系统的消防方案、消防工艺、消防设施及主要工程量。

10 工业、生活用电负荷及其等级，电源供电能力，电压等级，变电所容量，线路导线规格型号，供电方式，电网通信及自动化水平，主要工程量。

11 供热介质、负荷、压力、温度、燃料种类及主要工程量。

12 通信功能、通信的组网方式及主要工程量。

13 燃料气用量，正常生产及开、停工燃料气来源，供气压力及能力以及主要工程量。

14 空气、氮气站的净化空气、非净化空气、氮气的生产规模和气质，生产工艺及主要工程量。

15 建筑物采暖通风和空气调节的设置情况及主要工程量。

3.1.8 总图运输应说明总图设计所包括的范围，厂区总平面布置的原则和功能分区，竖向布置，土石方工程量，处理厂年总运输量及运输方式。

3.1.9 自动控制应说明处理厂自动控制方案、仪表与自动控制系统功能、仪表与控制系统的设置以及主要工程量。

3.1.10 非标准设备应说明各类非标准设备的选材原则。

3.1.11 建筑应说明主要建筑物名称、功能、概况、面积及总建筑面积。

3.1.12 结构应说明抗震设防烈度、主要建（构）筑物的结构形式、主要地基处理方式。

3.1.13 防腐保温应说明内外防腐的方式、防腐绝热材料的选用。

3.1.14 组织机构和定员应说明下列内容：

1 组织机构的设置原则和组织机构。

2 生产岗位的倒班制度。

3 列表说明岗位名称、每班人数、班次及总人数。

3.1.15 引进设备材料应列表说明引进设备、材料的名称、规格、数量，并说明引进的理由。

3.1.16 主要技术经济指标应列表说明原料气处理量、产品气产量、副产品产量、三废排放量、公用消耗、主要化学药品和催化剂的消耗量、总能耗及单位能耗、建筑面积、占地面积、总定员及总的概算投资。

3.1.17 概算投资应列出概算投资总表。当初步设计概算与批准的可行性研究报告的投资有较大的变化时，应说明投资变化情况及主要原因。

3.1.18 问题与建议应说明设计中存在的未能解决或影响下一阶段设计的问题，并对存在的问题提出处理建议。

3.1.19 总说明应包括下列图纸：

1 区域位置图。

2 总平面布置图。

3 全厂总工艺流程图。

4 自动控制系统结构框图。

5 变配电系统接线图。

3.2 主体装置工艺

3.2.1 说明书应按装置分别编写，由概述、物料平衡、工艺流程说明、工艺设备选型、平面布置、公用工程及化学品消耗、分析化验、盲板、能耗及节能措施组成。具体要求如下：

1 概述应说明建设规模、设计基础数据、工艺方法及特点。

2 物料平衡应按工艺流程图（PFD）中的物流编号列表表示，每个编号的物流的数据应包括该物流的编号、温度、压力、汽化率、流量、组成、摩尔质量、密度。

3 工艺流程说明应说明物料通过工艺设备的顺序、去向、主要操作条件。所有工艺设备名称、位号应同管道及仪表流程图和设备表一致。

4 工艺设备选型应说明主要工艺设备选型的依据。

5 平面布置应说明设备平面布置的要点。

6 公用工程及化学品消耗应列表表示所有公用工程及化学品的消耗情况。

7 分析化验应列表说明样品名称、采样地点、分析项目、分析频次、控制指标。

8 盲板应列表说明盲板的编号、安装位置及状态。

9 能耗及节能措施应列表说明装置的能耗，并说明采取的节能措施。

3.2.2 主体装置工艺部分应包括下列表格：

1 管线表。

2 设备数据表。

3 设备表。

4 材料表。

3.2.3 主体装置工艺部分应包括下列图纸：

1 工艺流程图（PFD）。

2 管道及仪表流程图（P&ID）。

3 设备平面布置图。

4 设备竖面布置图。

3.3 辅助设施工艺

3.3.1 空气、氮气站工艺部分编制应符合下列规定：

1 说明书应包括下列内容：

1）全厂净化空气、非净化空气、氮气的需求量、质量要求及储存时间；

2）净化空气的制备方法，制氮的工艺方法；

3）空气压缩机的选型和数量，空气净化设备的选型和数量，制氮设备的选型和数量；

4）流程简述；

5）设备平面布置说明；

6）列表表示所有公用工程的消耗情况；

7）列表说明盲板的编号、安装位置及状态。

2 空气、氮气站工艺部分应包括下列表格：

1）管线表；

2）设备数据表；

3）设备表；

4）材料表。

3 空气、氮气站工艺部分应包括下列图纸：

1）公用物料流程图（UFD）；

2）管道及仪表流程图（P&ID）；

3）设备平面布置图。

3.3.2 火炬及放空系统工艺部分编制应符合下列规定：

1 说明书应包括下列内容：

1）可燃、有毒气体放空火炬的设置情况；

2）可燃、有毒放空气体的温度、组成、排放量及排放状况；

3）放空系统的节点压力；

4）流程简述；

5）设备平面布置说明；

6）列表表示所有公用工程的消耗情况；

7）列表说明盲板的编号、安装位置及状态。

2 火炬及放空系统工艺部分应包括下列表格：

1）管线表；

2）设备数据表；

3）设备表；

4）材料表。

3 火炬及放空系统工艺部分应包括下列图纸：

1）管道及仪表流程图（P&ID）；

2）设备平面布置图。

3.3.3 油品储存设施工艺部分编制应符合下列规定：

1 说明书应包括下列内容：

1）各种天然气凝液产品的年产量和性质；

2）储存能力，包括总库容、储罐类型、台数、公称容积、有效容积、装满系数和储存天数；

3）装（卸）能力，包括油品年装（卸）量、日装（卸）车辆数或日装（卸）车批次；

4）装（卸）要求；

5）油泵、压缩机和鹤管等设备的选型说明和数量；

6）流程简述；

7）设备平面布置说明；

8）列表表示所有公用工程的消耗情况；

9）列表说明盲板的编号、安装位置及状态。

2 油品储存设施工艺部分应包括下列表格：

1）管线表；

2）设备数据表；

3）设备表；

4）材料表。

3 油品储存设施工艺部分应包括下列图纸：

1）工艺流程图（PFD）；

2）管道及仪表流程图（P&ID）；

3）设备平面布置图。

3.3.4 硫黄成型及储存装置工艺部分编制应符合下列规定：

1 说明书应包括下列内容：

1）液硫进料量；

2）产品硫黄的质量；

3）硫黄成型采用的工艺方法，单台硫黄成型机的生产能力和设置台数，硫黄包装设施的选型和设置数量；

4）液体硫黄和固体硫黄的储存量和储存天数；

5）流程简述；

6）设备平面布置说明；

7）列表表示所有公用工程的消耗情况；

8）列表说明盲板的编号、安装位置及状态。

2 硫黄成型及储存装置工艺部分应包括下列表格：

1）管线表；

2）设备数据表；

3）设备表；

4）材料表。

3 硫黄成型及储存装置工艺部分应包括下列图纸：

1）管道及仪表流程图（P&ID）；

2）设备平面布置图；

3）设备竖面布置图。

3.3.5 燃料气系统工艺部分编制应符合下列规定：

1 说明书应包括下列内容：

1）设计规模、正常生产及开、停工燃料气来源及需求情况；

2）物料平衡，列表说明全厂燃料气供给及消耗量；

3）流程简述；

4）设备平面布置说明；

5）列表说明盲板的编号、安装位置及状态。

2 燃料气系统工艺部分应包括下列表格：

1）管线表；

2）设备数据表；

3）设备表；

4）材料表。

3 燃料气系统工艺部分应包括下列图纸：

1）工艺流程图（PFD）；

2）管道及仪表流程图（P&ID）；

3）设备平面布置图。

3.4 总图运输

3.4.1 说明书应包括概述、总平面布置、竖向布置、管线综合布置、土方工程、道路、运输、主要工程量、构筑物。

3.4.2 概述应包括下列内容：

1 设计内容。

2 厂址概况应包括下列内容：

1）地理位置，包括厂址所在地及与城镇的相对关系、当地现有交通状况、对外协作关系，处理厂周边居民、公共设施情况，气田井位分布、原料气、产品气输送的走向；

2）自然条件应包括区域地形地貌和厂址所在地的地形地貌；区域水文地质和厂址所在地的水文地质条件；地震、区域工程地质和厂址所在地的工程地质条件；当地气候特征，并附主要气象要素统计表。

3 处理厂的设计规模、分期建设情况及发展的可能性。

4 根据用地及搬迁图说明处理厂的用地面积和土地类别，列表说明搬迁民房的人居信息。

3.4.3 总平面布置应包括下列内容：

1 设计原则。

2 总平面布置要点，应根据总平面布置图从功能分区、符合工艺流程要求、满足运输要求、紧凑布置、利用自然条件、建筑方位朝向、满足卫生要求、满足安全要求、满足环保要求、预留发展用地、绿化布置方面进行说明，并应列表说明总平面布置的主要技术经济指标。

3.4.4 竖向布置应根据竖向布置图从竖向布置系统、确定设计标高、雨水排除方式、雨水排除措施、防洪设计方面进行说明。

3.4.5 管线综合布置应根据管线综合布置图说明管线的种类、管线的敷设方式和管线综合布置的原则。

3.4.6 土方工程应说明场地和边坡土方计算方法、土石方比例、土方工程量、土方平衡。

3.4.7 道路应说明下列内容：

1 厂内道路的布置。

2 厂内道路的路面宽度、路面结构类型。

3 出入口、货场及停车场。

4 厂外连接道路的路面宽度、路面结构类型。

3.4.8 运输应说明运输量、运输方式、车辆配置、车辆停放及超限设备运输。

3.4.9 主要工程量应列表说明。

3.4.10 构筑物应列表说明结构形式及做法。

3.4.11 总图运输设计宜包括下列图纸：

1 区域位置图。

2 总平面布置图。

3 竖向布置图。

4 管线综合布置图。

5 土方计算图。

6 绿化布置图。

7 用地及搬迁图。

3.5 自动控制

3.5.1 说明书应包括概述、自动控制系统设置方案、主要检测控制方案、仪表和系统选型原则、现场仪表安装原则、仪表用房、仪表供风、配电、接地。

3.5.2 概述应包括下列内容：

1 设计内容及成套设备自带仪表和系统的界面划分。

2 检测仪表和控制系统的总体设计原则。

3 自动控制水平，包括自动控制设计方案在先进性、安全性、适用性、可靠性及经济合理性需要达到的水平要求。

3.5.3 自动控制系统设置方案应包括下列内容：

1 控制系统总体的设置情况和要求。

2 控制系统的功能和配置情况。

3.5.4 主要检测控制方案应说明各装置中复杂控制回路、安全连锁控制、火灾和气体检测、在线分析仪以及主要物料计量的设置情况。

3.5.5 仪表和系统选型原则应说明控制系统、过程检测仪表、在线分析仪、执行机构、火灾及气体检测仪表、自控辅助设备的选择原则。

3.5.6 现场仪表安装原则应说明现场检测仪表（就地和远传）、控制阀的安装要求，以及电线、电缆及供风管的敷设原则。

3.5.7 仪表用房应说明仪表控制室、机柜间的功能、面积。

3.5.8 仪表供风、配电及接地应包括下列内容：

1 仪表用净化空气质量、压力、用量要求。

2 仪表交直流电源规格（包含 UPS 电源）、负荷。

3 全厂仪表及控制系统接地方式及接地电阻要求。

3.5.9 自动控制设计应有下列表格：

1 设备表。

2 材料表。

3 流量计计算数据表。

4 控制阀计算数据表。

3.5.10 自动控制设计应包括下列图纸：

1 管道及仪表流程图（P&ID）。

2 自动控制系统结构框图。

3 控制室平面布置图。

4 因果图。

5 火灾与气体检测系统（FGS）探测器设置框图。

3.6 给 排 水

3.6.1 说明书应包括概述、给水系统、排水系统、循环冷却水系统。

3.6.2 概述应包括下列内容：

1 设计原则。

2 设计内容。

3.6.3 给水系统应包括下列内容：

1 主要给水对象的用水量和水质、水压、水温要求。

2 给水水源种类、位置、水源状况。

3 取水规模、取水方式、取水工艺，并对主要设备进行说明。

4 给水系统的划分及供水方案。

5 给水处理工艺应包括下列内容：

1）给水处理系统位置的选择和确定；

2）给水处理规模；

3）给水处理工艺，并对处理前后的水质、主要设备及主要处理构筑物进行说明；

4）污泥处理工艺，并对主要设备及主要处理构筑物进行说明。

6 输配水系统，包括输水方案、输水管道路由、输水距离等，处理厂输、配水管网系统的管径和管材，管道的敷设及防腐、保温、连接等要求，高低位储水池（罐）的储水量及消防水储存量。

7 给水系统水量、水压、水温的监测及控制。

8 分析化验，列表说明样品名称、采样地点、分析项目、分析频次、控制指标。

9 主要工程量、主要设备材料。

3.6.4 排水系统应包括下列内容：

1 排水量与水质，包括排水对象的污水类别、排水量、污水水质和排水规律，并与给水量进行比较，列出给排水水量消耗平衡图（表）。

2 排水系统采用的排水体制。

3 各种污（废）水的处置方式、排放地点、排水量、回用情况。

4 污水处理工艺应包括下列内容：

1）污水处理规模；

2）排放污水水质标准。

3）污水处理工艺，并对处理前后的水质、主要设备及主要处理构筑物进行说明；

4）污泥处理工艺，并对主要设备及主要处理构筑物进行说明。

5 事故污水的收集及处置。

6 排水管道系统的管材和管径，管道的敷设及防腐、保温、连接要求。

7 排水系统水量、水压、水温的监测及控制。

8 分析化验，列表说明样品名称、采样地点、分析项目、分析频次、控制指标。

9 主要工程量、主要设备材料。

3.6.5 循环冷却水系统应包括下列内容：

1 设计基础资料应包括下列内容：

1）循环冷却水补充水的物理化学及微生物指标；

2）气象资料，包括当地的大气干球温度、湿球温度、最高月平均温度、相对湿度、大气压、风向、风力；

3）换热器资料。

2 循环水场位置的选择和确定。

3 各装置的循环冷却水用量、全厂循环冷却水总用量和循环冷却水补充水量、循环水排污量，以及水质、水温和水压等设计参数，说明循环冷却水系统规模和分类。

4 选择的循环冷却水系统，并对主要冷却设备和主要构筑物进行说明。

5 为防止循环冷却水系统内管道和设备的腐蚀、结垢和微生物繁殖等而采取的水处理措施，选择循环冷却水处理方法及工艺流程，并对主要设备和主要构筑物进行说明。

6 循环冷却水系统的管材和管径，管道的敷设及防腐、保温、连接要求。

7 循环冷却水系统水量、水压、水温的监测及控制。

8 分析化验，列表说明样品名称、采样地点、分析项目、分析频次、控制指标。

9 主要工程量、主要设备材料。

3.6.6 给排水设计应包括下列表格：

1 设备数据表。

2 设备表。

3 材料表。

3.6.7 给排水设计应包括下列图纸：

1 水源与处理厂的区域位置图。

2 排放点与处理厂的区域位置图。

3 厂区给排水及消防管道总平面布置图。

4 各系统的管道及仪表流程图（P&ID）。

5 各系统设备平面布置图。

3.7 消 防

3.7.1 说明书应包括概述、消防方案、消防系统的划分、消防工艺、消防设施、消防给水及其他消防灭火系统的监测与控制、主要工程量。

3.7.2 概述应包括下列内容：

1 设计原则。

2 设计内容。

3 处理厂规模、主要生产工艺、工艺装置组成、生产及储备物品的火灾危险性分类等情况。

4 处理厂所在地消防协作力量及装备情况。

3.7.3 消防方案应说明采用的消防方式。

3.7.4 消防系统的划分应说明消防系统的选择及系统的组成。

3.7.5 消防工艺应包括下列内容：

1 消防规模。

2 对主要设备进行说明。

3.7.6 消防设施应包括下列内容：

1 消防站。

2 消防给水系统。

3 其他消防灭火系统。

4 移动式灭火设备的配置地点、种类、数量。

3.7.7 消防给水及其他消防灭火系统的监测与控制应说明消防给水系统压力、流量等的监测与控制。

3.7.8 主要工程量应列表说明。

3.7.9 消防设计应包括下列表格：

1 设备数据表。

2 设备表。

3 材料表。

3.7.10 消防设计应包括下列图纸：

1 厂区给排水及消防管道总平面布置图。

2 消防系统管道及仪表流程图（P&ID）。

3 消防系统设备平面布置图。

3.8 供 热

3.8.1 说明书应包括概述、设计基础资料、锅炉房或导热油炉、供热管网、设备选型、主要工程量。

3.8.2 概述应包括下列内容：

1 设计原则。

2 设计内容。

3 供热和供汽的协作关系、计量方式，对今后发展或扩建的考虑。

4 改扩建工程应说明对原有建筑、结构或设备的利用情况。

3.8.3 设计基础资料应包括水质分析、气体燃料成分、地质情况、冻土深度、地下水位、风速、风向、海拔高度或大气压力。

3.8.4 锅炉房或导热油炉应包括下列内容：

1 热负荷的确定及锅炉或导热油炉型式的选择，应确定计算热负荷，列出各用热设施热负荷表；应确定供热介质及参数；应确定锅炉或导热油炉型式、规格、台数，并应说明备用情况及冬夏季运行台数。

2 热力系统及辅机选择，锅炉供热系统应说明水处理系统、给水系统、蒸汽及凝结水回收系统、热水循环系统、排污系统，及其控制、调节、定压补水方式、设备负荷率及备用情况；导热油炉供热系统应说明导热油循环系统、排污系统，及其控制、调节、系统定压方式、设备负荷率及备用情况。

3 燃料系统，应说明燃料压力、消耗量、燃料来源、调压站位置及安全措施。

4 锅炉房或导热油炉供热系统及附属间的组成、建筑面积、对扩建发展的考虑。

5 技术指标，应列出主要设备名称及技术规格、供热量、燃料消耗量、软化水消耗量、新鲜水消耗量、导热油消耗量、化学品消耗量及用电功率。

3.8.5 供热管网应包括下列内容：

1 热媒种类及参数。

2 管径选择及管网布置。

3 管网敷设方式及补偿器形式。

4 管材及附件的选择。

5 防腐、保温方式及保温材料的选择。

3.8.6 主要工程量应列表说明。

3.8.7 供热设计应包括下列表格：

1 设备数据表。

2 设备表。

3 材料表。

3.8.8 供热设计宜包括下列图纸：

1 热平衡图。

2 管道及仪表流程图（P&ID）。

3 锅炉房或导热油炉设备平、竖面布置图。

4 大型供热系统的主要管道平面布置图。

3.9 供 配 电

3.9.1 说明书应包括概述、供电系统、变配电系统、防雷、防电涌、防静电及接地以及电力线路。

3.9.2 概述应说明下列内容：

1 设计内容。

2 处理厂的规模、特点，工艺装置和辅助生产装置的用电负荷、负荷等级及对供电的要求，各类负荷容量、总用电容量和年耗电量。

3.9.3 供电系统应包括下列内容：

1 当地电网概况、电源位置、电压等级、供电能力及可靠性、电力线路类型、长度及导线规格、系统短路容量。当设有自备电站时，应说明其燃料供应、装机容量、台数、运行方式、并网方式。

2 供电方式。

3 用电负荷计算，应采用表格形式，包括不同电压等级用电负荷的设备运行及备用台数、单台运行容量、总运行容量、功率因数、需要系数、有功功率、无功功率、视在功率、年用电量、电容补偿容量、变压器容量、台数。应急负荷应单独列表。

3.9.4 变配电系统应包括下列内容：

1 变、配电所的数量、位置、容量、接线型式、运行方式、调压方式，变配电装置及其布置方式，绝缘水平和过电压保护，抗震措施。

2 无功功率补偿的方式及容量。

3 变压器、高低压设备、补偿装置等主要设备的选择。

4 操作电源的选择。

5 继电保护和自动装置设计原则，继电保护配置和自动装置及远动装置的确定。

6 短路电流计算及主要设备动热稳定校验。

7 电能计量方式及设置点的确定。

8 电力调度与区域变电所、电网系统电力调度之间的通信方式、联网方式、数据采集及传输。

9 应急电源装置的确定。

10 环境条件对防爆、防火、防腐蚀的要求及爆炸和火灾危险环境区域划分。

11 配电方式。

12 主要配电设备的选择。

13 控制、连锁的方式，大型电机启动及控制方式。

14 电气照明应包括下列内容：

1）照明种类、照明控制及线路敷设方式；

2）光源选择；

3）灯具选型。

15 配电线路的敷设方式。

16 节能措施。

17 电气安全措施。

3.9.5 防雷、防电涌、防静电及接地应说明主要建（构）筑物的防雷类别及防护措施、电涌保护措施、防静电措施、接地系统做法以及低压配电系统的接地形式。

3.9.6 电力线路应包括下列内容：

1 电力线路接电点地理位置、起止点以及电源侧变电所容量、电压、供电能力。

2 电力线路长度、导线、避雷线型号规格，杆（塔）种类及其结构形式。

3 电力线路经济输送容量、最大输送容量及其相应的电压损失和功率损失情况。

4 电力线路（包括电缆）路径和敷设方式。

5 电力线路与铁路、道路、河流、管道及各种线路交叉跨越位置及对平行接近段的叙述。

6 电力线路的防风、防雷、防洪水、防冰、防腐蚀、防地震、防鼠害的技术措施。

7 电力通信。

8 主要工程量。

3.9.7 供配电设计应包括下列表格：

1 设备表。

2 材料表。

3.9.8 供配电设计宜包括下列图纸：

1 变配电系统接线图。

2 变电所平面布置图。

3 继电保护和自动装置配置图。

4 全厂电气总平面图。

5 全厂爆炸危险区域划分图。

6 全厂接地总平面图。

7 电力线路平面走向图。

8 电力线路特殊地段纵断面图。

9 电力线路特殊杆型图。

3.10 通 信

3.10.1 说明书应包括概述、通信业务需求和预测、通信系统方案和主要工程量。

3.10.2 概述应包括下列内容：

1 设计原则。

2 设计内容。

3.10.3 通信业务需求和预测应包括下列内容：

1 列表说明通信系统提供的各类通信业务。

2 列表说明通信业务需求预测。

3.10.4 通信系统方案应包括下列内容：

1 附近区域可利用的通信网络的情况。

2 通信技术方案选择，应说明处理厂工程组织机构设置和生产管理模式、通信业务需求、通信系统设计内容及具体的建设方案，并应包括下列内容：

1）厂区通信网；

2）数据传输；

3）话音通信系统；

4）防爆扩音、对讲通信系统；

5）入侵报警通信系统；

6）综合布线系统；

7）火灾自动报警系统；

8）应急、检修通信；

9）其他通信系统，包括电力调度通信、水调度通信、消防通信和公网接入等；

10）通信线路，包括厂区内通信线路、对外通信线路、通信桥架、通信电缆沟、通信电缆敷设；

11）通信机房、供电、接地、防雷。

3.10.5 主要工程量应列表说明各通信系统主要工程量。

3.10.6 通信设计应包括下列表格：

1 设备表。

2 材料表。

3.10.7 通信设计应包括下列图纸：

1 厂区通信系统组织图。

2 话音通信系统图。

3 工业电视监视系统图。

4 防爆扩音、对讲通信系统图。

5 入侵报警通信系统图。

6 综合布线系统图。

7 火灾自动报警系统图。

8 通信设备布置总平面图。

9 机房设备平面布置图。

10 供电及接地系统图。

3.11 非标准设备

3.11.1 说明书应包括概述、基本设计参数、材质选用、结构设计、制造检测验收及运输要求、非标设备汇总表。

3.11.2 概述应主要说明设计内容，即按压力容器、常压容器等分类列出。

3.11.3 基本设计参数应包括下列内容：

1 基本风压值、月平均最低气温与极端气温。

2 场地土类别。

3 抗震设防烈度。

4 工作介质组分及物性。

5 腐蚀裕量和设计使用年限。

3.11.4 材质选用应包括下列内容：

1 压力容器选材。

2 常压容器选材。

3.11.5 结构设计应包括下列内容：

1 设备本体结构设计。

2 设备支撑结构设计。

3 其他结构设计要求。

3.11.6 制造检测验收及运输要求应包括下列内容：

1 材料复验、超声检测、冲击试验技术要求。

2 设备制造的焊接工艺评定、热处理、压力试验技术要求。

3 焊接接头的射线检测、超声检测、表面检测技术要求。

4 超长、超高、超宽设备运输及现场组装技术要求。

3.11.7 非标设备汇总表应包括设备名称，规格，设计压力、设计温度、工作介质、类别、主体材质、数量、单台设备质量。

3.11.8 非标准设备设计图纸应包括所有非标准设备的单线图。单线图中应包括设备名称，规格，主要设计参数、类别、主要受压元件和内构件材质、遵循主要规范、主要制造验收技术要求、设备数量、单台设备估重、设备和开口接管主要尺寸。

3.12 建　　筑

3.12.1 说明书应包括概述、建筑设计、建筑物一览表。

3.12.2 概述应说明下列内容：

1 设计原则。

2 设计依据。

3 建筑所处的自然环境、气候条件及人文状况。

4 设计内容。

3.12.3 建筑设计应包括下列内容：

1 建筑组成及主要技术指标，主要技术指标包括建筑面积、层数、火灾危险性分类、耐火等级、抗震设防烈度、结构形式、设计使用年限、防水等级。

2 主要建筑的使用功能、工艺要求、平面布局、建筑高度确定、立面造型及与周围环境的关系。

3 所采用的建筑构造、室内外装修标准及做法。

4 建筑防火、防爆、泄爆设计，防火分区、防火分隔、防火疏散及防爆分隔，采用的防火、防爆、泄爆措施及材料。

5 建筑节能设计，节能材料及构造作法，划分采暖和非采暖房间的分隔。

6 有特殊要求建筑或房间的处理措施。

7 建筑防腐、隔振、隔声、防风砂、防鼠、防虫等特殊要求。

8 新材料、新技术的应用说明。

3.12.4 建筑物一览表应包括单元名称、单体名称、建筑面积、结构形式、耐火等级、层数、火灾危险性分类。

3.12.5 建筑设计图纸应包括主要建筑单体的平面图、立面图、剖面图。

3.13 结　　构

3.13.1 说明书应包括概述、结构设计、建（构）筑物一览表。

3.13.2 概述应包括下列内容：

1 设计原则。

2 设计内容。

3 主要建（构）筑物的设计使用年限。

4 自然条件，包括基本风压、基本雪压、气温、抗震设防烈度。

5 工程地质情况。

3.13.3 结构设计应说明下列内容：

1 建（构）筑物的安全等级、地基基础设计等级、抗震设防类别。

2 火灾危险性分类和耐火等级。

3 设计采用的主要荷载（作用）取值。

4 建（构）筑物的结构选型及结构布置说明。

5 建（构）筑物的基础选型。对需要处理的地基，应说明地基处理方案。必要时应进行方案比选。

6 建（构）筑物的抗震设计。

7 建（构）筑物的环境类别、耐久性要求和防护措施。

8 主要结构材料。

9 其他需要说明的内容应为满足特殊使用要求所做的结构处理。采用的新技术、新结构、新材料。施工特殊要求和其他需要说明的内容。

3.13.4 建（构）筑物一览表应包括单元名称、单体名称、建筑面积、结构形式、基础形式、抗震设防烈度、抗震设防分类、火灾危险性分类和耐火等级。

3.13.5 结构设计宜包括下列图纸：

1 主要构筑物平面图和立面图。

2 主要建（构）筑物基础布置图和结构布置图。

3.14 采暖通风与空气调节

3.14.1 说明书应包括概述、设计计算参数、采暖、空调、通风、防火及防排烟、主要工程量。

3.14.2 概述应包括下列内容：

1 设计原则。

2 设计内容。

3.14.3 设计计算参数应包括室外空气计算参数和室内空气设计参数。

3.14.4 采暖设计应包括下列内容：

1 采暖热负荷。

2 热源状况、热媒参数及系统补水定压方式。

3 采暖系统形式及管道敷设方式。

4 采暖设备和散热器的选型、管道材料及保温材料的选择。

3.14.5 空调设计应包括下列内容：

1 空调冷、热负荷。

2 空调系统冷源及冷媒选择，冷水及冷却水的参数。

3 空调系统热源供给方式及参数。

4 空调风、水系统简述，必要的气流组织说明。

5 空调系统运行控制与监测方式。

6 管道材料及保温材料的选择。

3.14.6 通风设计应包括下列内容：

1 设置通风的房间或区域。

2 通风量或换气次数。

3 通风系统的形式、风量平衡及气流组织。

4 通风设备及管道材料的选择。

3.14.7 防火及防排烟设计应包括下列内容：

1 设置防排烟的区域及方式。

2 防排烟系统风量确定。

3 防排烟系统及设施配置。

4 防排烟系统的控制方式。

5 暖通空调系统的防火措施。

3.14.8 主要工程量应列表说明。

3.14.9 采暖通风与空气调节设计应包括下列表格：

1 设备表。

2 材料表。

3.14.10 采暖通风与空气调节宜包括下列图纸：

1 采暖平面图。

2 通风、空调、防排烟平面图。

3 空调冷（热）源机房平面图。

4 集中空调系统的系统流程图。

3.15 防腐保温

3.15.1 说明书宜包括概述、外防腐、绝热、非标设备内防腐、非标设备内壁阴极保护。

3.15.2 概述应包括下列内容：

1 设计原则。

2 设计内容。

3 腐蚀环境。

4 气象条件。

3.15.3 外防腐应包括下列内容：

1 不同介质温度下的露空设备、管道外防腐层类型、结构及各层厚度。

2 不同介质温度和不同金属材料的设备、管道的外绝热层下防腐层类型、结构及各层厚度。

3 埋地设备、管道外防腐应包括下列内容：

1）不同介质温度下的设备、管道外防腐层类型、结构及各层厚度；

2）补口、管件、三通及阀门防腐层类型；

3）立式储罐罐底板外壁及边缘板防腐层类型、结构及厚度。

3.15.4 绝热应说明绝热材料类型、结构、质量要求。

3.15.5 非标设备内防腐应说明不同介质类型、介质温度下的内壁涂料类型、结构及各层厚度。

3.15.6 非标设备内壁阴极保护应说明不同介质、温度的牺牲阳极类型、数量。

3.15.7 防腐保温设计宜有材料表。

3.16 维修

3.16.1 说明书应包括概述、配置方案和公用消耗。

3.16.2 概述应包括下列内容：

1 设计原则。

2 设计范围及维修内容。

3 依托情况，包括当地机加工能力，可依托维修中心或维修队的基本情况。

3.16.3 配置方案应包括下列内容：

1 组织机构，包括维修队伍的管理机构，维修队设置与管辖范围。

2 人员配置，包括维修中心或维修队人员配置方案。

3 设备配置，包括维修中心或维修队设备机具配置方案。

3.16.4 公用消耗应列出所有公用工程的消耗情况。

3.16.5 维修设计应包括下列表格和图纸：

1 设备表。

2 材料表。

3 维修间设备平面布置图。

3.17 分析化验

3.17.1 说明书应包括下列内容：

1 分析化验室的设置目的、任务。

2 分析的项目及频次。

3 分析化验室的建筑面积、组成，对采暖、通风、空调和其他配置的要求。

4 主要分析仪器设备选型原则。

5 列表表示所有公用工程的消耗情况。

3.17.2 分析化验设计应包括下列表格和图纸：

1 设备表。

2 材料表。

3 分析化验室平面布置图。

4 专 篇

4.1 环境保护专篇

4.1.1 说明书应包括概述、建设项目所在地区的环境现状、主要污染源、污染物、环境保护措施、环境影响分析、环境监测、投资、问题与建议。

4.1.2 概述应包括下列内容：

1 设计依据应包括下列内容：

1）国家、地方的相关法律法规；

2）国家、地方和行业、主管部门发布的有关环境保护的规定；

3）可行性研究报告中有关环境保护的要求；

4）环境影响评价报告书（表）及其批复文件；

5）设计任务（或委托）书或设计合同。

2 设计遵循的有关环境保护的主要标准、规范；

3 工程概况应包括下列内容：

1）工程建设地点；

2）工程项目的性质和规模；

3）处理厂组成；

4）工艺路线；

5）生产方法；

6）处理厂总平面布置。

4.1.3 建设项目所在地区的环境现状应包括下列内容：

1 周围地形、水文、气象以及环境敏感点（居民区、文物古迹、风景区、饮用水源等）。

2 大气、水体、土壤、噪声等环境质量现状以及植被、野生动物等生态环境现状。

3 社会经济情况。

4.1.4 主要污染源、污染物应包括下列内容：

1 说明各种污染源。

2 说明污水、废气、废渣、噪声等各类污染物的分类原则、数量、排放方式及对环境的影响。

3 废水排放一览表。

4 废气排放一览表。

5 固体、废液排放一览表。

6 噪声设备一览表。

4.1.5 环境保护措施应包括下列内容：

1 工程保护措施。

2 生态恢复措施。

3 污水、废气、废渣、噪声等各类污染治理措施及污染处理设施的工艺参数和工艺流程。

4 环境风险应急措施。

5 处理厂的绿化设计，包括绿化面积、覆盖率、绿化布置、绿化树种及植物的选择。

6 环境影响评价报告（表）提出的环保对策措施的采纳情况。

4.1.6 环境影响分析应将环境影响评价报告书（表）中的主要结论写入，包括综合结论及各主要专题结论。

4.1.7 环境监测应说明监测机构的设置情况、监测项目、监测周期及需分析化验室分析的项目。

4.1.8 投资应说明用于环保专项投资数量及占总投资的比例。

4.1.9 问题与建议应说明设计中存在的未能解决或影响下一阶段设计的问题，并对存在的问题提出处理建议。

4.1.10 环境保护专篇应包括下列图纸：

1 区域位置图。

2 总平面布置图。

3 主要工艺装置的工艺流程图。

4 “三废”处理装置工艺流程图。

4.2 安全设施设计专篇

4.2.1 天然气处理厂工程建设项目安全设施设计专篇应按照国家有关要求编写。

4.3 消防专篇

4.3.1 说明书应包括概述、生产工艺、工程的火灾危险性分析、消防设施、安全及消防管理、问题与建议。

4.3.2 概述应包括下列内容：

1 设计依据应包括下列内容：

1）国家及地方的相关法律、法规、条例；

2）国家、地方政府及有关主管部门对工程项目有关防火的指令或要求；

3）与公安消防部门协商确定的书面意见；

4）可行性研究报告中有关消防的要求；

5）设计任务（或委托）书或设计合同。

2 消防设计遵循的主要标准和规范；

3 编制原则，应说明在遵从国家相关政策、法规、技术标准、规范前提下，从安全性、经济性、技术先进、可行性等方面对工程消防设计提出目标要求。

4 工程概况应包括下列内容：

1）工程建设地点；

2）设计范围与界区条件；

3）工程项目的性质、生产规模；

4）消防对象及最大一次火灾；

5）工程所在地的消防体制、可依托的社会条件、消防协作力量及装备、与消防队的距离、消防车到达时间。

4.3.3 生产工艺应包括下列内容：

1 简要说明生产工艺方法。

2 重点说明生产工艺过程中的生产原料、辅助生产原料、中间产品、最终产品以及废弃物，生产工艺过程中散发出的易燃、可燃物及火花。

3 油品、突沸性油料、易燃、可燃物品的最大储存量。

4 火灾危险因素及安全、控制措施。

4.3.4 工程的火灾危险性分析应包括下列内容：

1 主要火灾爆炸危险物品火灾危险性与火灾类别。

2 主要生产场所及装置的火灾危险性分析。

3 火灾特点。

4.3.5 消防设施应包括下列内容：

1 工艺安全措施、防火措施以及发生极端工况时的控制措施。

2 总图布置应包括下列内容：

1）总图布置原则；

2）周边企业的生产性质、火灾危险类别、与本工程的防火间距；

3）总图布置中各区域的位置与最小频率风向的关系，消防道路、入口数量；

4）储油罐和易燃、易爆、可燃货物堆场以及装置的分组、分区、消防通道、紧急疏散通道、防火间距、消防设施，防火堤、隔离墙分离设施；

5）建（构）筑物的栋数、层数、最大建筑面积、耐火性能、防火间距、消防设施、疏散场地。

3 建筑与结构应包括下列内容：

1）建（构）筑物的结构形式、主要梁、板、柱、隔墙的耐火极限；

2）建筑物平面布置，防火、防烟分区，防火隔墙及洞口的做法；

3）建筑物、操作平台的疏散通道、安全出口、门的开启方向，疏散梯形式、数量、位置、宽度、疏散距离；

4）甲、乙类有爆炸危险的厂房防爆、泄爆措施、结构形式、泄压面积、材质、单位质量；

5）抗震设防烈度。

4 电气应包括下列内容：

1）供电负荷等级、电源数量；

2）消防、事故照明用电的可靠性，必要的备用电源种类及容量；

3）爆炸危险区域划分，按防爆、防火场所的类别、等级、范围选定的电器设备规格；

4）防雷和防静电措施；

5）其他安全措施。

5 自动控制应包括下列内容：

1）有爆炸危险的气体、粉尘的监测及报警系统；

2）火灾监测及报警系统；

3）其他安全措施。

6 供热与通风应包括防、排烟，通、送风方式，送风量、排烟量。

7 通信应包括处理厂电视监控系统、应急广播系统。

8 其他专业或技术环节涉及的消防安全防护措施描述。

9 消防给水与灭火设施应包括下列内容：

1）消防方式的选择；

2）消防系统的设置；

3）消防站的等级标准、配置的消防车辆、通信设备、消防器材形式和数量；

4）消防给水与灭火系统工艺流程，消防给水水源、消防用水量、消防储水量、消防水压力、消防管网、消火栓（消防水炮）间距、数量、保护半径；

5）其他消防灭火系统，说明采用的泡沫灭火系统、气体灭火系统、干粉灭火系统等灭火系统的设置情况，并列出计算结果；

6）移动式灭火设备的配置地点、种类、数量。

4.3.6 安全及消防管理应说明项目的安全、消防的组织管理情况。

4.3.7 问题与建议应说明设计中存在的未能解决或影响下一阶段设计的问题，并对存在的问题提出处理建议。

4.3.8 消防专篇应包括下列图纸：

1 区域位置图。

2 总平面布置图。

3 消防及应急通道布置图。

4 全厂爆炸危险区域划分图。

5 主要工艺装置的工艺流程图。

6 消防系统工艺流程图。

7 消防管网及灭火器布置图。

8 因果图。

9 火灾与气体检测系统（FGS）探测器设置框图。

10 重要建（构）筑物平、立、剖面图。

4.4 职业卫生专篇

4.4.1 说明书应包括设计依据、工程概况、职业病危害因素影响与分析、职业卫生防护措施、职业病防护机构设置及人员配备、专用投资、主要结论和建议。

4.4.2 设计依据应包括下列内容：

1 国家、行业、地区和主管部门发布的有关职业卫生的法律、法规。

2 设计采用的有关职业卫生的主要标准、规范。

3 可行性研究报告中有关职业卫生设施的要求。

4 职业病危害预评价报告及批复文件。

5 设计任务（或委托）书或设计合同。

4.4.3 工程概况应包括下列内容：

1 项目背景。

2 处理厂地理位置。

3 处理厂周边卫生防护力量。

4 处理厂规模。

5 处理厂组成。

6 工艺方法。

7 组织机构及人员编制。

4.4.4 职业病危害因素影响与分析应包括下列内容：

1 职业病有害因素来源应说明下列内容：

1）生产工艺过程中的有害因素；

2）劳动过程中的有害因素；

3）生产环境中的有害因素。

2 职业病危害因素的危害影响应说明下列内容：

1）职业病危害因素分布情况；

2）化学毒物、粉尘、物理因素对健康的危害；

3）劳动过程中的有害因素对人体健康的危害。

4.4.5 职业卫生防护措施应包括下列内容：

1 职业病防护设施及措施，说明防粉尘、防化学毒物、防噪声、防高温、防辐射、防窒息、警示标志和报警装置的设置、通风与空调设计、人机工效学设计等内容。

2 个人职业病防护用品，说明防护器具配备、医疗卫生设施的设置情况。

3 建筑室内卫生设计，说明预防员工作业疲劳、保护员工身心健康的建筑措施。

4 应急救援，说明应急救援原则、应急救援预案、应急救援设施、急救处理措施。

5 职业健康监护，说明职业健康监护机构的主要职能。

4.4.6 职业病防护机构设置及人员配备应说明职业病防护机构的组织机构、人员配备、职责和任务。

4.4.7 专用投资应说明用于职业病防护的专项投资的数量及占总投资的比例。

4.4.8 主要结论和建议应包括下列内容：

1 主要结论应归纳初步设计所采用的职业病危害防护设施和措施，明确职业病危害预评价报告中的职业病危害防护措施是否得到了落实；说明设计是否满足国家职业卫生法律法规、标准规范的要求。

2 建议应说明为进一步降低风险，根据同类建设项目的管理情况和发展趋势，还需要改进或增加的其他内容和建议。

4.4.9 职业卫生专篇应包括下列图纸：

1 区域位置图。

2 总平面布置图。

3 全厂总工艺流程图。

4 重要建（构）筑物平、立、剖面图。

4.5 节 能 专 篇

4.5.1 说明书应包括概述、能耗分析、节能措施和节能降耗效益分析。

4.5.2 概述应包括下列内容：

1 编制依据应包括下列内容：

1）可行性研究报告及其审批意见中有关节能设计的要求；

2）设计任务（或委托）书或设计合同。

2 编制原则，从安全性、经济性、技术先进、可行性等方面对节能设计提出目标要求。

3 设计遵循的规范和标准，包括国家及地方政府的相关法规和技术标准、规范。

4 工程概况应包括下列内容：

1）项目背景；

2）处理厂地理位置；

3）处理厂周边能源供应状况；

4）处理厂规模；

5）处理厂组成；

6）工艺方法。

4.5.3 能耗分析应包括下列内容：

1 处理厂的水、电、气的消耗。

2 单位综合能耗。

4.5.4 节能措施应说明设计采用的节能措施，包括下列内容：

1 生产工艺节能措施。

2 工艺设备节能措施。

3 生产辅助设施节能措施。

4 建筑节能措施。

5 其他节能措施。

4.5.5 节能降耗效益分析应说明采取节能设计和节能措施后，为工程带来的经济效益、生态环境效益和社会效益。

5 概 算

5.0.1 概算文件应包括编制说明、总概算表、单项工程综合概算、单位工程概算、其他费用计算表。

5.0.2 编制说明应包括工程概况、编制依据、定额及费用标准、主要设备、材料价格来源及构成、费用计算程序及相关税率、费率、资金筹措及分年度使用计划、项目概算总投资、其他需要说明的问题、概算与批复的可行性研究报告投资估算对比分析表。

5.0.3 编制依据应包括下列内容：

1 国家、行业有关方针、政策、法规和要求，专业部门的定额、指标和费用标准。

2 可行性研究报告及其批复文件。

3 设计任务（或委托）书或设计合同。

4 各种会议纪要及主管部门审查意见。

5 技术引进合同。

6 当地政府颁发的建筑工程、安装工程概算定额（或预算定额、综合预算定额）、单位估价表、工程费用定额、工程其他费用规定及政府有关部门规定的各种取费标准。

7 建设单位提供的有关工程造价的其他资料。

5.0.4 总概算表应由工程费用、其他费用、预备费及应列入项目概算总投资的专项费用组成。

5.0.5 单项工程综合概算应以单项工程所属的单位工程概算为基础，由各个专业的单位工程概算汇总编制而成，单项工程综合概算表应按主要生产装置、公用工程、辅助生产工程、服务性工程、厂外工程、生活福利工程分别采用“综合概算表”进行编制。

5.0.6 单位工程概算应由设备购置费、建筑工程费用、安装工程费用构成，应分别按建筑工程概算表、安装工程概算表编制。

5.0.7 其他费用计算表应按当地和主管部门规定的指标以及建设单位提供的资料编制。

本标准用词说明

1 为便于在执行本规范条文时区别对待，对要求严格程度不同的用词说明如下：

1）表示很严格，非这样做不可的：
正面词采用“必须”，反面词采用“严禁”；

2）表示严格，在正常情况下均应这样做的：
正面词采用“应”，反面词采用“不应”或“不得”；

3）表示允许稍有选择，在条件许可时，首先应这样做的：
正面词采用“宜”，反面词采用“不宜”；

4）表示有选择，在一定条件下可以这样做的，采用“可”。

2 条文中指明应按其他有关标准执行的写法为：“应符合……的规定”或“应按……执行”。

中华人民共和国国家标准

天然气处理厂工程建设项目设计文件编制标准

GB/T 50692—2011

条文说明

制 订 说 明

《天然气处理厂工程建设项目设计文件编制标准》GB/T 50692—2011，经住房和城乡建设部2011年4月2日以第975号公告批准发布。

本标准制定过程中，编制组进行了广泛的调查研究，总结了我国天然气处理厂工程建设的实践经验。

为便于广大设计、施工、科研、学校等单位有关人员在使用本标准时能正确理解和执行条文规定，《天然气处理厂工程建设项目设计文件编制标准》编制组按章、节、条顺序编制了本标准的条文说明，对条文规定的目的、依据以及执行中需注意的有关事项进行了说明。但是，本条文说明不具备与标准正文同等的法律效力，仅供使用者作为理解和把握标准规定的参考。

目　次

3 设计说明及图表

3.2 主体装置工艺

3.2.1 主体装置是指按生产流程至少完成一项产品或中间产品的生产单元与储存设备、建（构）筑物等组成的组合体，例如脱硫装置、脱水装置、烃露点控制装置、轻烃回收装置、凝析油稳定装置、硫黄回收装置、尾气处理装置、酸水汽提装置等。

本条第1款中设计基础数据一般包括装置进出物料的流量、温度、压力、组成以及本装置生产的产品的质量指标。

本条第2款中物料平衡表可采用单独的表格形式，也可表示在工艺流程图（PFD）中。

3.4 总图运输

3.4.2 本条第4款中处理厂用地及搬迁要根据用地及搬迁图列表说明工厂总用地面积中各个土地类别的占地面积，并且列表说明搬迁民房的人居信息，包括搬迁民房在用地及搬迁图上的编号、房主的姓名、联系电话、房屋结构、家庭成员人数、房屋面积以及所属行政区划。

3.4.3 本条第2款中总平面布置要点要根据总平面布置图从功能分区、符合工艺流程要求、满足运输要求、紧凑布置、利用自然条件、建筑方位朝向、满足卫生要求、满足安全要求、满足环保要求、预留发展用地、绿化布置等11个方面进行充分论述总平面布置的合理性。总平面布置的主要技术经济指标要列表说明工厂总占地面积、建（构）筑物总占地面积、绿化面积、建筑系数、绿化系数。

3.4.6 土石方比例影响到概算投资。土石方比例要根据岩土工程勘察报告和当地的概算定额进行计算，并列表说明。土方平衡应列表说明土方平衡的计算过程，并要说明余缺土情况及余缺土处理措施。

3.6 给排水

3.6.3 给水系统。

本条第1款中主要给水对象主要如工艺装置、辅助生产设施、公用设施、生活设施等。

本条第2款中水源依托市政管网时，应说明供水干管的位置、接管管径、能提供的供水水量和水压、水质、接管距离等参数；当自建水源为地下水时，应说明水源位置、水源水质及变化情况、储水量、单井产水量、地下水位、地质构造、含水层分布、主要水文地质参数、长期开采可能造成的后果、水源建设规模、取水方式、取水工艺等；当自建水源为地表水时，应说明水源位置、河流的水文（流量、水位、波浪、流速）、水源水质及变化情况、河流的冰冻及断流情况、河床情况、工程地质情况、水源建设规模、取水方式、取水工艺等。

本条第4款中采用集中供水或分散供水，分质供水或分压供水，合流制供水或分流制供水，环状管网供水或枝状管道供水等，根据生产的需要一般可合并消防及生产、生活给水管道系统，供水方案应说明供水规模、供水压力等。

本条第5款中根据用户的要求说明给水处理规模、储水能力、转输能力等，并根据水源水质和用户对水质的要求确定水处理工艺流程。

本条第8款中根据工程需要进行常规或必要水质检验项目如色度、浑浊度、细菌总数等的检测化验、分析。

3.6.4 排水系统。

本条第1款中排水对象主要如工艺装置、辅助生产设施、公用设施等排水点。给排水水量消耗平衡图（表）是指总用水量和总排水量之间的平衡，重在了解工厂的用水现状，合理利用水资源。

本条第2款中排水体制主要分为压力流排水或重力流排水，清污分流或合流排水等。

本条第3款中污水当排入城市污水管道时，应说明排入管道的位置、管径、坡度、排入点的标高、接管距离等设计参数；当处理后的污水排入附近天然水体时，应说明受纳水体的用途（功能）及水质现状和当地环保主管部门的意见等。

本条第4款中污水处理规模应根据工厂污水总量和排水规律、变化幅度等确定污水处理规模及连续运行情况。排放污水水质标准应根据污水的排放水质、环境影响评价报告书及批复和国家及地方环保部门的要求，说明工厂污水处理后应达到的水质标准和主要控制水质指标。污水处理工艺应根据工厂排水量和处理前后的水质标准，说明采用的污水处理工艺方法，确定水处理工艺流程。

本条第8款中根据工程需要进行必要的水质检验项目如COD、BOD_5、SS、氨氮等的检测化验、分析。

3.6.5 本条第8款中根据工程需要进行常规或必要的水质检验项目如pH值、硬度、碱度、悬浮物等的检测化验、分析。

3.7 消防

3.7.6 本条第1款中消防站主要说明消防站的等级标准、配置的消防车量、通信设备、消防器材形式和数量等；消防给水系统主要说明消防给水与灭火系统工艺流程，消防给水水源、消防用水量、消防储水量、消防压力、消防管网、消火栓（消防水炮）间距、数量、保护半径等；其他消防灭火系统主要说明采用的泡沫灭火系统、气体灭火系统、干粉灭火系统等灭火系统的设置，并列出计算结果。

3.9 供配电

3.9.4 本条第3款中主要设备选择应说明设备的主要性能、参数、技术特点。

本条第4款中操作电源应说明电源容量、电压、负荷及监控。

本条第5款中继电保护和自动及远动装置设计包括采用的方式、监控系统网络结构、系统功能、系统容量、系统主要技术指标。

3.9.6 电力线路设计若需提交供电部门审查，除满足本标准要求外，尚需满足供电部门的规定。

3.9.8 特殊地段纵断面图、特殊杆型图指35kV及以上架空电力线路中的特殊地段、特殊杆型。

3.10 通信

3.10.3 列表说明通信系统提供的各类通信业务时，宜按数据、话音、图像及其他业务的顺序分别列出。

3.10.6 设备表宜按各通信系统分别列出相关的通信设备。

3.15 防腐保温

3.15.1 本部分不包括钢结构的防火涂料。由于电绝缘方面存在困难，本标准未对处理厂区域阴极保护提出要求。

3.15.3 对露空部分设计应考虑已涂装金属结构和未涂装金属结构的区别。

3.15.5 有采用涂料内防腐的非标设备时才说明相关内容。

3.15.6 有非标设备内壁采用阴极保护时才说明相关内容。

4 专篇

4.2 安全设施设计专篇

4.2.1 天然气处理厂工程建设项目安全设施设计专篇按照国家安全生产监督管理总局文件《国家安全生产监督管理总局关于印发陆上石油天然气建设项目安全设施设计专篇编写指导书的通知》（安监总管〔2008〕7号）及后续的相关要求编写。

5 概算

5.0.7 其他费用一般包括：建设用地费和赔偿费、前期工作费、建设管理费、专项评价及验收费、研究试验费、勘察设计费、场地准备费和临时设施费、引进技术和进口设备材料其他费、工程保险费、联合试运转费、特殊设备安全监督检验鉴定费用、超限设备运输特殊措施费、施工队伍调遣费、专利及专有技术使用费、生产准备费等。

中华人民共和国国家标准

坡屋面工程技术规范

Technical code for slope roof engineering

GB 50693—2011

主编部门：中华人民共和国住房和城乡建设部
批准部门：中华人民共和国住房和城乡建设部
实施日期：2 0 1 2 年 5 月 1 日

中华人民共和国住房和城乡建设部
公　告

第 1029 号

关于发布国家标准《坡屋面工程技术规范》的公告

现批准《坡屋面工程技术规范》为国家标准，编号为GB 50693－2011，自 2012 年 5 月 1 日起实施。其中，第 3.2.10、3.2.17、3.3.12、10.2.1 条为强制性条文，必须严格执行。

本规范由我部标准定额研究所组织中国建筑工业出版社出版发行。

中华人民共和国住房和城乡建设部

2011 年 5 月 12 日

前　言

根据原建设部《关于印发〈2005 年工程建设标准规范制订、修订计划（第一批）〉的通知》（建标函［2005］84 号）的要求，规范编制组经广泛调查研究，认真总结实践经验，参考有关国际标准和国外先进标准，并在广泛征求意见的基础上，编制本规范。

本规范的主要技术内容是：总则、术语、基本规定、坡屋面工程材料、防水垫层、沥青瓦屋面、块瓦屋面、波形瓦屋面、金属板屋面、防水卷材屋面、装配式轻型坡屋面等。

本规范中以黑体字标志的条文为强制性条文，必须严格执行。

本规范由住房和城乡建设部负责管理和对强制性条文的解释，由中国建筑防水协会负责具体技术内容的解释。执行过程中如有意见或建议，请寄送中国建筑防水协会（地址：北京市海淀区三里河路 11 号，邮编：100831），以便今后修订时参考。

本规范主编单位：中国建筑防水协会

本规范参编单位：中国建筑材料科学研究总院苏州防水研究院
北京市建筑设计研究院
深圳大学建筑设计研究院
中国砖瓦工业协会
中国绝热节能材料协会
欧文斯科宁（中国）投资有限公司
格雷斯中国有限公司
曼宁家屋面系统（中国）有限公司
永得宁国际贸易（上海）有限公司
巴特勒（上海）有限公司
上海建筑防水材料（集团）公司
嘉泰陶瓷（广州）有限公司
北京圣洁防水材料有限公司
渗耐防水系统（上海）有限公司
北京铭山建筑工程有限公司

本规范主要起草人员：王　天　朱冬青　李承刚　朱志远　孙庆祥　颉朝华　王　兵　张道真　丁红梅　姜　涛　方　虎　张照然　张　浩　葛　兆　尚华胜　杜　昕

本规范主要审查人员：叶林标　方展和　李引擎　王祖光　刘达文　蔡昭昀　羡永彪　霍瑞琴

目　次

Contents

1 总 则

1.0.1 为提高我国坡屋面工程技术水平，确保工程质量，制定本规范。

1.0.2 本规范适用于新建、扩建和改建的工业建筑、民用建筑坡屋面工程的设计、施工和质量验收。

1.0.3 坡屋面工程的设计和施工应遵守国家有关环境保护、建筑节能和安全的规定，并应采取相应措施。

1.0.4 坡屋面工程应积极采用成熟的新材料、新技术、新工艺。

1.0.5 坡屋面工程的设计、施工和质量验收除应符合本规范外，尚应符合国家现行有关标准的规定。

2 术 语

2.0.1 坡屋面 slope roof

坡度大于等于3%的屋面。

2.0.2 屋面板 roof boarding

用于坡屋面承托保温隔热层和防水层的承重板。

2.0.3 防水垫层 underlayment

坡屋面中通常铺设在瓦材或金属板下面的防水材料。

2.0.4 持钉层 lock layer of nail

瓦屋面中能够握裹固定钉的构造层次，如细石混凝土层和屋面板等。

2.0.5 隔汽层 vapour barrier

阻滞水蒸气进入保温隔热材料的构造层次。

2.0.6 正脊 flat ridge

坡屋面屋顶的水平交线形成的屋脊。

2.0.7 斜脊 slope ridge

坡屋面斜面相交凸角的斜交线形成的屋脊。

2.0.8 斜天沟 slope cullis

坡屋面斜面相交凹角的斜交线形成的天沟。

2.0.9 搭接式天沟 lapped cullis

在斜天沟上铺设沥青瓦，两侧瓦片搭接形成的天沟。

2.0.10 编织式天沟 knitted cullis

在斜天沟上铺设沥青瓦，两侧瓦片编织形成的天沟。

2.0.11 敞开式天沟 open cullis

瓦材铺设至天沟边沿，天沟底部采用卷材或金属板构造形成的天沟。

2.0.12 挑檐 overhang

屋面向排水方向挑出外墙或外廊部位的檐口构造。

2.0.13 块瓦 tile

由黏土、混凝土和树脂等材料制成的块状硬质屋面瓦材。

2.0.14 沥青波形瓦 corrugated bitumen sheets

由植物纤维浸渍沥青成型的波形瓦材。

2.0.15 树脂波形瓦 corrugated resin sheets

以合成树脂和纤维增强材料为主要原料制成的波形瓦材。

2.0.16 光伏瓦 photovoltaic tile

太阳能光伏电池与瓦材的复合体。

2.0.17 光伏防水卷材 photovoltaic waterproof sheet

太阳能光伏薄膜电池与防水卷材的复合体。

2.0.18 机械固定件 fastener

用于机械固定保温隔热材料、防水卷材的固定钉、垫片和压条等配件。

2.0.19 金属板屋面 metal plate roof

采用压型金属板或金属面绝热夹芯板的建筑屋面。

2.0.20 装配式轻型坡屋面 assembly-type light sloping roof

以冷弯薄壁型钢屋架或木屋架为承重结构，轻质保温隔热材料、轻质瓦材等装配组成的坡屋面系统。

2.0.21 抗风揭 wind uplift resistance

阻抗由风力产生的对屋面向上荷载的措施。

2.0.22 冰坝 ice dam

在屋面檐口部位结冰形成的挡水冰体。

3 基 本 规 定

3.1 材 料

3.1.1 坡屋面应按构造层次、环境条件和功能要求选择屋面材料。材料应配置合理、安全可靠。

3.1.2 坡屋面工程采用的材料应符合下列规定：

1 材料的品种、规格、性能等应符合国家相关产品标准和设计规定，满足屋面设计使用年限的要求，并应提供产品合格证书和检测报告；

2 设计文件应标明材料的品种、型号、规格及其主要技术性能；

3 坡屋面工程宜采用节能环保型材料；

4 材料进场后，应按规定抽样复验，提出试验报告；

5 坡屋面使用的材料宜贮存在阴凉、干燥、通风处，避免日晒、雨淋和受潮，严禁接近火源；运输应符合相关标准规定。

3.1.3 严禁在坡屋面工程中使用不合格的材料。

3.1.4 坡屋面采用的材料应符合相关建筑防火规范的规定。

3.2 设 计

3.2.1 坡屋面工程设计应遵循“技术可靠、因地制宜、经济适用”的原则。

3.2.2 坡屋面工程设计应包括以下内容：

1 确定屋面防水等级；

2 确定屋面坡度；

3 选择屋面工程材料；

4 防水、排水系统设计；

5 保温、隔热设计和节能措施；

6 通风系统设计。

3.2.3 坡屋面工程设计应根据建筑物的性质、重要程度、地域环境、使用功能要求以及依据屋面防水层设计使用年限，分为一级防水和二级防水，并应符合表3.2.3的规定。

表3.2.3 坡屋面防水等级

项 目	坡屋面防水等级	
	一级	二级
防水层设计使用年限	≥20年	≥10年

注：1 大型公共建筑、医院、学校等重要建筑屋面的防水等级为一级，其他为二级；

2 工业建筑屋面的防水等级按使用要求确定。

3.2.4 根据建筑物高度、风力、环境等因素，确定坡屋面类型、坡度和防水垫层，并应符合表3.2.4的规定。

表3.2.4 屋面类型、坡度和防水垫层

坡度与垫层	屋面类型						
	沥青瓦屋面	块瓦屋面	波形瓦屋面	金属板屋面		防水卷材屋面	装配式轻型坡屋面
				压型金属板屋面	夹芯板屋面		
适用坡度（%）	≥20	≥30	≥20	≥5	≥5	≥3	≥20
防水垫层	应选	应选	应选	一级应选二级宜选	—	—	应选

3.2.5 坡屋面采用沥青瓦、块瓦、波形瓦和一级设防的压型金属板时，应设置防水垫层。

3.2.6 坡屋面防水构造等重要部位应有节点构造详图。

3.2.7 坡屋面的保温隔热层应通过建筑热工设计确定，并应符合相关规定。

3.2.8 保温隔热层铺设在装配式屋面板上时，宜设置隔汽层。

3.2.9 坡屋面应按现行国家标准《建筑结构荷载规范》GB 50009的有关规定进行风荷载计算。沥青瓦屋面、金属板屋面和防水卷材屋面应按设计要求提供抗风揭试验检测报告。

3.2.10 屋面坡度大于100%以及大风和抗震设防烈度为7度以上的地区，应采取加强瓦材固定等防止瓦材下滑的措施。

3.2.11 持钉层的厚度应符合下列规定：

1 持钉层为木板时，厚度不应小于20mm；

2 持钉层为胶合板或定向刨花板时，厚度不应小于11mm；

3 持钉层为结构用胶合板时，厚度不应小于9.5mm；

4 持钉层为细石混凝土时，厚度不应小于35mm。

3.2.12 细石混凝土找平层、持钉层或保护层中的钢筋网应与屋脊、檐口预埋的钢筋连接。

3.2.13 夏热冬冷地区、夏热冬暖地区和温和地区坡屋面的节能措施宜采用通风屋面、热反射屋面、带铝箔的封闭空气间层或屋面种植等，并应符合现行国家标准《民用建筑热工设计规范》GB 50176的相关规定。

3.2.14 屋面坡度大于100%时，宜采用内保温隔热措施。

3.2.15 坡屋面工程设计应符合相关建筑防火设计规范的规定。

3.2.16 冬季最冷月平均气温低于-4℃的地区或檐口结冰严重的地区，檐口部位应增设一层防冰坝返水的自粘或满粘防水垫层。增设的防水垫层应从檐口向上延伸，并超过外墙中心线不少于1000mm。

3.2.17 严寒和寒冷地区的坡屋面檐口部位应采取防冰雪融坠的安全措施。

3.2.18 钢筋混凝土檐沟的纵向坡度不宜小于1%。檐沟内应做防水。

3.2.19 坡屋面的排水设计应符合下列规定：

1 多雨地区的坡屋面应采用有组织排水；

2 少雨地区可采用无组织排水；

3 高低跨屋面的水落管出水口处应采取防冲刷措施。

3.2.20 坡屋面有组织排水方式和水落管的数量，应按现行国家标准《建筑给水排水设计规范》GB 50015的相关规定确定。

3.2.21 坡屋面的种植设计应符合现行行业标准《种植屋面工程技术规程》JGJ 155的有关规定。

3.2.22 屋面设有太阳能热水器、太阳能光伏电池板、避雷装置和电视天线等附属设施时，应符合下列规定：

1 应计算屋面结构承受附属设施的荷载；

2 应计算屋面附属设施的风荷载；

3 附属设施的安装应符合设计要求；

4 附属设施的支撑预埋件与屋面防水层的连接处应采取防水密封措施。

3.2.23 屋面采用光伏瓦和光伏防水卷材的防水构造可按照本规范的相关规定执行。

3.2.24 采光天窗的设计应符合下列规定：

1 采用排水板时，应有防雨措施；

2 采光天窗与屋面连接处应作两道防水设防；

3 应有结露水泻流措施；

4 天窗采用的玻璃应符合相关安全的要求；

5 采光天窗的抗风压性能、水密性、气密性等应符合相关标准的规定。

3.2.25 坡屋面上应设置施工和维修时使用的安全扣环等设施。

3.3 施　　工

3.3.1 坡屋面工程施工前应通过图纸会审，对施工图中的细部构造进行重点审查；施工单位应编制施工方案、技术措施和技术交底。

3.3.2 坡屋面工程应由具有相应资质的专业队伍施工，操作人员应持证上岗。

3.3.3 穿出屋面的管道、设施和预埋件等，应在防水层施工前安装。

3.3.4 防水垫层施工完成后，应及时铺设瓦材或屋面材料。

3.3.5 铺设瓦材时，瓦材应在屋面上均匀分散堆放，自下而上作业。瓦材宜顺工程所在地年最大频率风向铺设。

3.3.6 保温隔热材料施工应符合下列规定：

1 保温隔热材料应按设计要求铺设；

2 板状保温隔热材料铺设应紧贴基层，铺平垫稳，拼缝严密，固定牢固；

3 板状保温隔热材料可镶嵌在顺水条之间；

4 喷涂硬泡聚氨酯保温隔热层的厚度应符合设计要求，并应符合现行国家标准《硬泡聚氨酯保温防水工程技术规范》GB 50404的有关规定；

5 内保温隔热屋面用保温隔热材料施工应符合设计要求。

3.3.7 坡屋面的种植施工应符合现行行业标准《种植屋面工程技术规程》JGJ 155的有关规定。

3.3.8 设有采光天窗的屋面施工应符合下列规定：

1 采光天窗与结构框架连接处应采用耐候密封材料封严；

2 结构框架与屋面连接部位的泛水应按顺水方向自下而上铺设。

3.3.9 屋面转角处、屋面与穿出屋面设施的交接处，应设置防水垫层附加层，并加强防水密封措施。

3.3.10 装配式屋面板应采取下列接缝密封措施：

1 混凝土板的对接缝宜采用水泥砂浆或细石混凝土灌填密实；

2 轻型屋面板的对接缝宜采用自粘胶条盖缝。

3.3.11 施工的每道工序完成后，应检查验收并有完整的检查记录，合格后方可进行下道工序的施工。下道工序或相邻工程施工时，应对已完工的部分做好清理和保护。

3.3.12 坡屋面工程施工应符合下列规定：

1 屋面周边和预留孔洞部位必须设置安全护栏和安全网或其他防止坠落的防护措施；

2 屋面坡度大于30%时，应采取防滑措施；

3 施工人员应戴安全帽，系安全带和穿防滑鞋；

4 雨天、雪天和五级风及以上时不得施工；

5 施工现场应设置消防设施，并应加强火源管理。

3.4 工 程 验 收

3.4.1 坡屋面工程施工过程中应对子分部工程和分项工程规定的项目进行验收，并应做好记录。

3.4.2 坡屋面工程的竣工验收应按有关规定执行。

4 坡屋面工程材料

4.1 防 水 垫 层

4.1.1 防水垫层表面应具有防滑性能或采取防滑措施。

4.1.2 防水垫层应采用以下材料：

1 沥青类防水垫层（自粘聚合物沥青防水垫层、聚合物改性沥青防水垫层、波形沥青通风防水垫层等）；

2 高分子类防水垫层（铝箔复合隔热防水垫层、塑料防水垫层、透汽防水垫层和聚乙烯丙纶防水垫层等）；

3 防水卷材和防水涂料。

4.1.3 防水等级为一级设防的沥青瓦屋面、块瓦屋面和波形瓦屋面，主要防水垫层种类和最小厚度应符合表4.1.3的规定。

表4.1.3 一级设防瓦屋面的主要防水垫层种类和最小厚度

防水垫层种类	最小厚度(mm)
自粘聚合物沥青防水垫层	1.0
聚合物改性沥青防水垫层	2.0
波形沥青通风防水垫层	2.2
SBS、APP改性沥青防水卷材	3.0
自粘聚合物改性沥青防水卷材	1.5
高分子类防水卷材	1.2
高分子类防水涂料	1.5
沥青类防水涂料	2.0
复合防水垫层（聚乙烯丙纶防水垫层+聚合物水泥防水胶粘材料）	2.0 (0.7+1.3)

4.1.4 自粘聚合物沥青防水垫层应符合现行行业标准《坡屋面用防水材料 自粘聚合物沥青防水垫层》JC/T 1068的有关规定。

4.1.5 聚合物改性沥青防水垫层应符合现行行业标准《坡屋面用防水材料 聚合物改性沥青防水垫层》JC/T 1067的有关规定。

4.1.6 波形沥青通风防水垫层的主要性能应符合表4.1.6的规定。

表 4.1.6 波形沥青通风防水垫层主要性能

项目		性能要求
标称厚度(mm)		标称值±10%
弯曲强度(跨距620mm，弯曲位移1/200)(N/m²)		≥700
撕裂强度(N)		≥150
抗冲击性(跨距620mm，40kg沙袋，250mm落差)		不得穿透试件
抗渗性(100mm水柱，48h)		无渗漏
沥青含量(%)		≥40
吸水率(%)		≤20
耐候性	冻融后撕裂强度(N)	≥150
	冻融后抗渗性(100mm水柱，48h)	无渗漏

4.1.7 铝箔复合隔热防水垫层的主要性能应符合表4.1.7的规定。

表 4.1.7 铝箔复合隔热防水垫层主要性能

项目		性能要求
单位面积质量(g/m²)		≥90
断裂拉伸强度(MPa)		≥20
断裂伸长率(%)		≥10
不透水性(0.3MPa，30min)		无渗漏
低温弯折性		−20℃，无裂纹
加热伸缩量(mm)	延伸	≤2
	收缩	≤4
钉杆撕裂强度(N)		≥50
热空气老化(80℃，168h)	断裂拉伸强度保持率(%)	≥80
	断裂伸长率保持率(%)	≥70
反射率(%)		≥80

4.1.8 聚乙烯丙纶防水垫层的厚度和主要性能应符合表4.1.8-1的规定。用于粘结聚乙烯丙纶防水垫层的聚合物水泥防水胶粘材料的主要性能应符合表4.1.8-2的规定。

表 4.1.8-1 聚乙烯丙纶防水垫层厚度和主要性能指标

项目		性能要求
主体材料厚度(mm)		≥0.7
断裂拉伸强度(N/cm)		≥60
断裂伸长率(%)常温(纵/横)		≥300
不透水性(0.3MPa，30min)		无渗漏
低温弯折性		−20℃，无裂纹
加热伸缩量(mm)	延伸	≤2
	收缩	≤4
撕裂强度(N)		≥50
热空气老化(80℃，168h)	断裂拉伸强度保持率(%)	≥80
	断裂伸长率保持率(%)	≥70

表 4.1.8-2 聚合物水泥防水胶粘材料主要性能

项目		性能要求
剪切状态下的粘合性(N/mm，常温)	卷材与卷材	≥2.0或卷材断裂
	卷材与基层	≥1.8或卷材断裂

4.1.9 透汽防水垫层的主要性能应符合表4.1.9的规定。

表 4.1.9 透汽防水垫层主要性能

项目		性能要求
单位面积质量(g/m²)		≥50
拉力(N/50mm)	瓦屋面	≥260
	金属屋面	≥180
延伸率(%)		≥5
低温柔度		−25℃，无裂纹
抗渗性	瓦屋面(1500mm水柱，2h)	无渗漏
	金属屋面(1000mm水柱，2h)	无渗漏
钉杆撕裂强度(N)	瓦屋面	≥120
	金属屋面	≥35
水蒸气透过量(g/m²·24h)		≥200

4.1.10 用于防水垫层的防水卷材和防水涂料的主要性能应符合相关标准的规定；采用高分子类防水涂料时，涂膜厚度不应小于1.5mm；采用沥青类防水涂

料时，涂膜厚度不应小于2.0mm。

4.2 保温隔热材料

4.2.1 坡屋面保温隔热材料可采用硬质聚苯乙烯泡沫塑料保温板、硬质聚氨酯泡沫保温板、喷涂硬泡聚氨酯、岩棉、矿渣棉或玻璃棉等。不宜采用散状保温隔热材料。

4.2.2 保温隔热材料的品种和厚度应满足屋面系统传热系数的要求，并应符合相关建筑热工设计规范的规定。

4.2.3 保温隔热材料的表观密度不应大于250kg/m^3。装配式轻型坡屋面宜采用轻质保温隔热材料，表观密度不宜大于70kg/m^3。

4.2.4 模塑聚苯乙烯泡沫塑料应符合现行国家标准《绝热用模塑聚苯乙烯泡沫塑料》GB/T 10801.1的有关规定；挤塑聚苯乙烯泡沫塑料应符合现行国家标准《绝热用挤塑聚苯乙烯泡沫塑料（XPS）》GB/T 10801.2的有关规定。

4.2.5 硬质聚氨酯泡沫保温板应符合现行国家标准《建筑绝热用硬质聚氨酯泡沫塑料》GB/T 21558的有关规定。

4.2.6 喷涂硬泡聚氨酯保温隔热材料的主要性能应符合现行国家标准《硬泡聚氨酯保温防水工程技术规范》GB 50404的有关规定。

4.2.7 绝热玻璃棉应符合现行国家标准《建筑绝热用玻璃棉制品》GB/T 17795的有关规定。

4.2.8 岩棉、矿渣棉保温隔热材料的主要性能应符合现行国家标准《建筑用岩棉、矿渣棉绝热制品》GB/T 19686的规定。用于机械固定法施工时，应符合表4.2.8的有关规定。

表4.2.8 岩棉、矿渣棉保温隔热材料主要性能

厚度（mm）	压缩强度（压缩比10%，kPa）	点荷载强度（变形5mm，N）	导热系数[W/(m·K)]平均温度（25℃±1℃）	酸度系数
≥50	≥40	≥200	≤0.040	≥1.6
	≥60	≥500		
	≥80	≥700		

热阻R（m^2·K/W）平均温度（25℃±1℃）	尺寸稳定性	质量吸湿率（%）	憎水率（%）	短期吸水量（部分浸入）（kg/m^2）
≥1.25	长度、宽度和厚度的相对变化率均不大于1.0%	≤1	≥98	≤1.0

4.3 沥青瓦

4.3.1 沥青瓦的规格和主要性能应符合现行国家标准《玻纤胎沥青瓦》GB/T 20474的有关规定。

4.3.2 沥青瓦屋面使用的配件产品的规格和技术性能应符合相关标准的规定。

4.4 块瓦

4.4.1 烧结瓦和配件瓦的主要性能应符合现行国家标准《烧结瓦》GB/T 21149的有关规定。

4.4.2 混凝土瓦和配件瓦的主要性能应符合现行行业标准《混凝土瓦》JC/T 746的有关规定。

4.4.3 烧结瓦、混凝土瓦屋面结构中使用的配件的规格和技术性能应符合有关标准的规定。

4.5 波形瓦

4.5.1 沥青波形瓦的主要性能应符合表4.5.1的规定，规格、尺寸应符合有关标准的规定。

表4.5.1 沥青波形瓦主要性能

项目		性能要求
标称厚度（mm）		标称值±10%
弯曲强度（跨距620mm，弯曲位移1/200）（N/m^2）		≥1400
撕裂强度（N）		≥200
抗冲击性（跨距620mm，40kg砂袋，400mm落差）		不得穿透试件
抗渗性（100mm水柱，48h）		无渗漏
沥青含量（%）		≥40
吸水率（%）		≤20
耐候性	冻融后撕裂强度（N）	≥200
	冻融后抗渗性（100mm水柱，48h）	无渗漏

4.5.2 树脂波形瓦的表面应平整，厚度均匀，无裂纹、裂口、破孔、烧焦、气泡、明显麻点、异色点，主要性能应符合有关标准的规定。

4.5.3 波形瓦屋面使用的配件规格和技术性能应符合有关标准的规定。

4.6 金属板

4.6.1 压型金属板材的规格和主要性能应符合表4.6.1的规定。

表4.6.1 压型金属板材的基板规格和主要性能

板材名称	最小公称厚度（mm）	性能要求	
		屈服强度（MPa）	抗拉强度（MPa）
热镀锌钢板	≥0.6	≥250	≥330
镀铝锌钢板	≥0.6	≥350	≥420
铝合金板	≥0.9(AA3004基板)	≥170	≥220

4.6.2 有涂层的金属板，正面涂层不应低于两层，反面涂层应为一层或两层，涂层的主要性能应符合现行国家标准《彩色涂层钢板及钢带》GB/T 12754 的有关规定，涂层的耐久性应符合表 4.6.2 的规定。

表 4.6.2 金属板材涂层耐久性要求

涂层名称	紫外灯老化试验时间（h）		耐中性盐雾试验时间（h）
	UVA-340	UVA-313	
聚 酯	600	—	≥480
硅改性聚酯	720	—	≥600
高耐久性聚酯	—	600	≥720
聚偏氟乙烯	—	1000	≥960

4.6.3 压型金属板的主要性能应符合现行国家标准《建筑用压型钢板》GB/T 12755、《铝及铝合金压型板》GB/T 6891 的有关规定，不锈钢压型金属板的主要性能应符合相关标准的有关规定。

4.6.4 金属面绝热夹芯板的主要性能应符合现行国家标准《建筑用金属面绝热夹芯板》GB/T 23932 的有关规定。

4.6.5 金属板材应外形规则、边缘整齐、色泽均匀、表面光洁，不得有扭曲、翘边和锈蚀等缺陷。

4.6.6 与屋面金属板直接连接的附件、配件的材质不得对金属板及其涂层造成腐蚀。

4.7 防 水 卷 材

4.7.1 聚氯乙烯（PVC）防水卷材主要性能应符合现行国家标准《聚氯乙烯防水卷材》GB 12952 的有关规定。采用机械固定法铺设时，应选用具有织物内增强的产品，主要性能应符合表 4.7.1 的规定。

表 4.7.1 聚氯乙烯（PVC）防水卷材主要性能

试验项目		性能要求
最大拉力（N/cm）		≥250
最大拉力时延伸率（%）		≥15
热处理尺寸变化率（%）		≤0.5
低温弯折性		－25℃，无裂纹
不透水性（0.3MPa，2h）		不透水
接缝剥离强度（N/mm）		≥3.0
钉杆撕裂强度（横向）（N）		≥600
人工气候加速老化（2500h）	最大拉力保持率（%）	≥85
	伸长率保持率（%）	≥80
	低温弯折性（－20℃）	无裂纹

4.7.2 三元乙丙橡胶（EPDM）防水卷材主要性能应符合表 4.7.2 的规定。采用机械固定法铺设时，应选用具有织物内增强的产品。

表 4.7.2 三元乙丙橡胶（EPDM）防水卷材主要性能

试验项目		性能要求	
		无增强	内增强
最大拉力（N/10mm）		—	≥200
拉伸强度（MPa）		≥7.5	—
最大拉力时延伸率（%）		—	≥15
断裂延伸率（%）		≥450	—
不透水性（0.3MPa，30min）		无渗漏	
钉杆撕裂强度（横向）（N）		≥200	≥500
低温弯折性		－40℃，无裂纹	
臭氧老化（500pphm，50%，168h）		无裂纹	
热处理尺寸变化率（%）		≤1	
接缝剥离强度（N/mm）		≥2.0 或卷材破坏	
人工气候加速老化（2500h）	拉力（强度）保持率（%）	≥80	
	延伸率保持率（%）	≥70	
	低温弯折性（℃）	－35	

4.7.3 热塑性聚烯烃（TPO）防水卷材采用机械固定法铺设时，应选用具有织物内增强的产品，主要性能应符合表 4.7.3 的规定。

表 4.7.3 热塑性聚烯烃（TPO）防水卷材主要性能

试验项目		性能要求
最大拉力（N/cm）		≥250
最大拉力时延伸率（%）		≥15
热处理尺寸变化率（%）		≤0.5
低温弯折性		－40℃，无裂纹
不透水性（0.3MPa，2h）		不透水
臭氧老化（500pphm，168h）		无裂纹
接缝剥离强度（N/mm）		≥3.0
钉杆撕裂强度（横向）（N）		≥600
人工气候加速老化（2500h）	最大拉力保持率（%）	≥90
	伸长率保持率（%）	≥90
	低温弯折性（℃）	－40，无裂纹

4.7.4 弹性体（SBS）改性沥青防水卷材主要性能应符合现行国家标准《弹性体改性沥青防水卷材》GB 18242 的有关规定。采用机械固定法铺设时，应选用具有玻纤增强聚酯毡胎基的产品。外露卷材的表面应覆有页岩片、粗矿物颗粒等耐候性保护材料。

4.7.5 塑性体（APP）改性沥青防水卷材主要性能应符合现行国家标准《塑性体改性沥青防水卷材》GB 18243 的有关规定。采用机械固定法铺设时，应选用具有玻纤增强聚酯毡胎基的产品。外露卷材的表面应覆有页岩片、粗矿物颗粒等耐候性保护材料。

4.7.6 屋面防水层应采用耐候性防水卷材。选用的防水卷材人工气候老化试验辐照时间不应少于2500h。

4.7.7 三元乙丙橡胶防水卷材搭接胶带主要性能应符合表4.7.7的规定。

表4.7.7 搭接胶带主要性能

试验项目	性能要求
持粘性（min）	≥20
耐热性（80℃，2h）	无流淌、龟裂、变形
低温柔性	−40℃，无裂纹
剪切状态下粘合性（卷材）（N/mm）	≥2.0
剥离强度（卷材）（N/mm）	≥0.5
热处理剥离强度保持率（卷材，80℃，168h）（%）	≥80

4.8 装配式轻型坡屋面材料

4.8.1 装配式轻型坡屋面宜采用工业化生产的轻质构件。

4.8.2 冷弯薄壁型钢应采用热浸镀锌板（卷）直接进行冷弯成型。承重冷弯薄壁型钢采用的热浸镀锌板应符合相关标准规定，镀锌板的双面镀锌层重量不应小于180g/m²。

4.8.3 冷弯薄壁型钢采用的连接件应符合相关标准的规定。

4.8.4 用于装配式轻型坡屋面的承重木结构用材、木结构用胶及配件，应符合现行国家标准《木结构设计规范》GB 50005的有关规定。

4.8.5 新建屋面、平改坡屋面的屋面板宜采用定向刨花板（简称OSB板）、结构胶合板、普通木板及人造复合板等材料；采用波形瓦时，可不设屋面板。

4.8.6 木屋面板材的主要性能应符合现行国家标准《木结构工程施工质量验收规范》GB 50206的有关规定。木屋面板材的规格应符合表4.8.6的规定。

表4.8.6 木屋面板材规格（mm）

屋面板	厚 度
定向刨花板（OSB板）	≥11.0
结构胶合板	≥9.5
普通木板	≥20

4.8.7 新建屋面、平改坡屋面的屋面瓦，宜采用沥青瓦、沥青波形瓦、树脂波形瓦等轻质瓦材。屋面瓦的材质应符合本规范第4.3节、第4.4节和第4.5节的规定和设计的要求。

4.9 泛 水 材 料

4.9.1 坡屋面使用的泛水材料主要包括自粘泛水带、金属泛水板和防水涂料等。

4.9.2 自粘聚合物沥青泛水带应符合现行行业标准《自粘聚合物沥青泛水带》JC/T 1070的有关规定。

4.9.3 自粘丁基胶带泛水应符合现行行业标准《丁基橡胶防水密封胶粘带》JC/T 942的有关规定。

4.9.4 防水涂料应符合相关标准的规定。

4.9.5 外露环境中使用的泛水材料应具有耐候性能。

4.10 机械固定件

4.10.1 机械固定件主要包括固定钉、垫片、套管和压条。

4.10.2 机械固定件应符合下列规定：

1 固定件、配件的规格和技术性能应符合相关标准的规定，并应满足屋面防水层设计使用年限和安全的要求；

2 固定件应具有抗腐蚀涂层；

3 固定件应选用具有抗松脱功能螺纹的螺钉；

4 应按设计要求提供固定件拉拔力性能的检测报告；

5 使用机械固定岩棉等纤维状保温隔热材料时，宜采用带套管的固定件。

4.10.3 机械固定件在高湿、高温、腐蚀等环境下使用时，应符合下列规定：

1 室内保持湿度大于70%时，应采用不锈钢螺钉；

2 在高温、化学腐蚀等环境下使用，应采用不锈钢螺钉。

4.10.4 保温板垫片的边长或直径不应小于70mm。

4.10.5 机械固定件宜作抗松脱测试。

4.10.6 固定钉宜进行现场拉拔试验。

4.11 顺水条和挂瓦条

4.11.1 木质顺水条和挂瓦条应采用等级为Ⅰ级或Ⅱ级的木材，含水率不应大于18%，并应作防腐防蛀处理。

4.11.2 金属材质顺水条、挂瓦条应作防锈处理。

4.11.3 顺水条断面尺寸宜为40mm×20mm；挂瓦条断面尺寸宜为30mm×30mm。

4.12 其 他 材 料

4.12.1 隔汽层采用的材料应具有隔绝水蒸气、耐热老化、抗撕裂和抗拉伸等性能。

4.12.2 接缝密封防水应采用高弹性、低模量、耐老化的密封材料。

4.12.3 坡屋面工程材料的生产企业应提供配件，以及安装说明书或操作规程等文件。

5 防 水 垫 层

5.1 一 般 规 定

5.1.1 应根据坡屋面防水等级、屋面类型、屋面坡度和采用的瓦材或板材等选择防水垫层材料。

5.1.2 有空气间层隔热要求的屋面，应选择隔热防水垫层；瓦屋面采用纤维状材料作保温隔热层或湿度较大时，保温隔热层上宜增设透汽防水垫层。

5.1.3 防水垫层的性能应满足屋面防水层设计使用年限的要求。

5.1.4 防水垫层可空铺、满粘或机械固定。

5.1.5 屋面坡度大于 50%，防水垫层宜采用机械固定或满粘法施工；防水垫层的搭接宽度不得小于 100mm。

5.1.6 屋面防水等级为一级时，固定钉穿透非自粘防水垫层，钉孔部位应采取密封措施。

5.2 设计要点

5.2.1 防水垫层在瓦屋面构造层次中的位置应符合下列规定：

1 防水垫层铺设在瓦材和屋面板之间（图 5.2.1-1）；屋面应为内保温隔热构造。

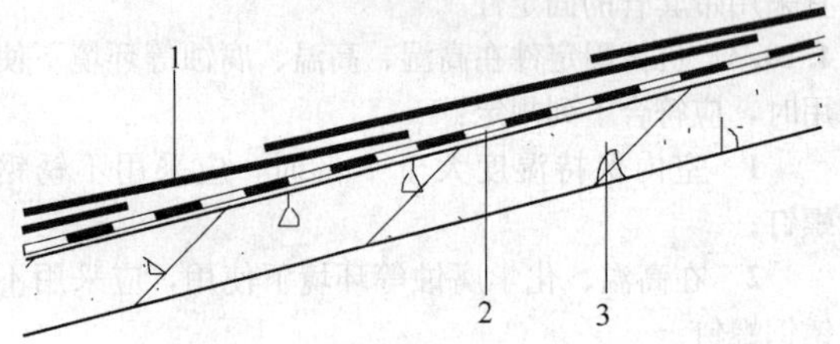

图 5.2.1-1 防水垫层位置（1）

1—瓦材；2—防水垫层；3—屋面板

2 防水垫层铺设在持钉层和保温隔热层之间（图 5.2.1-2），应在防水垫层上铺设配筋细石混凝土持钉层。

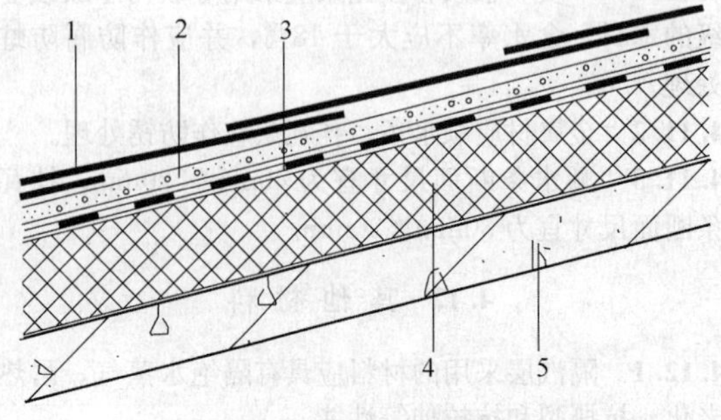

图 5.2.1-2 防水垫层位置（2）

1—瓦材；2—持钉层；3—防水垫层；4—保温隔热层；5—屋面板

3 防水垫层铺设在保温隔热层和屋面板之间（图 5.2.1-3）；瓦材应固定在配筋细石混凝土持钉层上。

4 防水垫层或隔热防水垫层铺设在挂瓦条和顺水条之间（图 5.2.1-4），防水垫层宜呈下垂凹形。

5 波形沥青通风防水垫层，应铺设在挂瓦条和保温隔热层之间（图 5.2.1-5）。

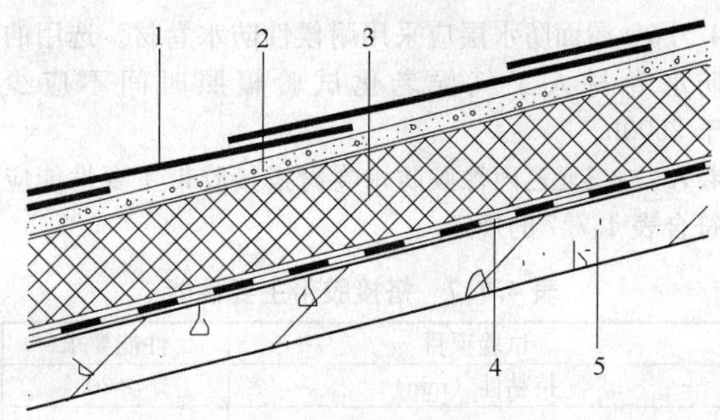

图 5.2.1-3 防水垫层位置（3）

1—瓦材；2—持钉层；3—保温隔热层；4—防水垫层；5—屋面板

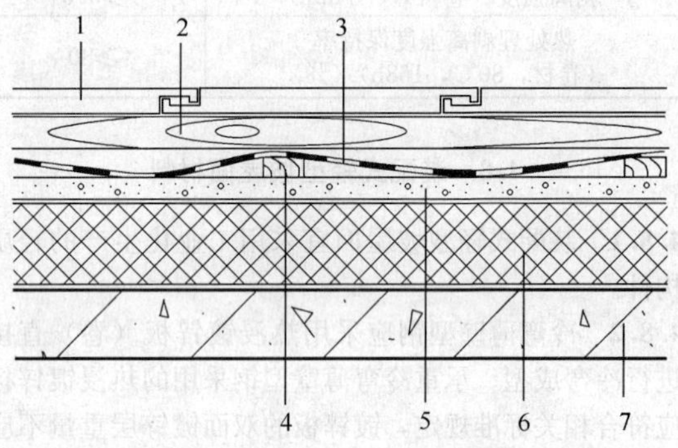

图 5.2.1-4 防水垫层位置（4）

1—瓦材；2—挂瓦条；3—防水垫层；4—顺水条；5—持钉层；6—保温隔热层；7—屋面板

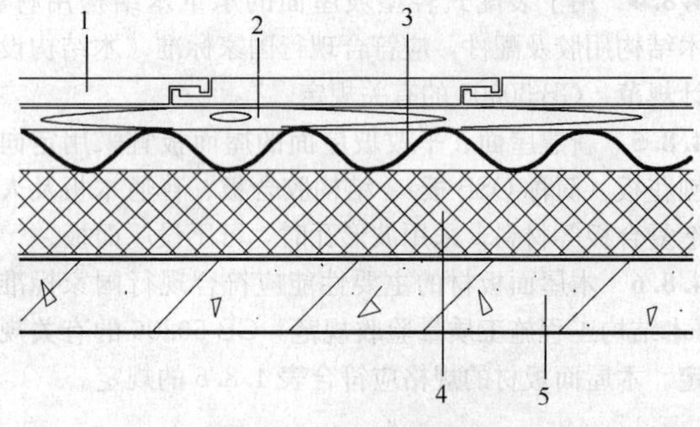

图 5.2.1-5 防水垫层位置（5）

1—瓦材；2—挂瓦条；3—波形沥青通风防水垫层；4—保温隔热层；5—屋面板

5.2.2 坡屋面细部节点部位的防水垫层应增设附加层，宽度不宜小于 500mm。

5.3 细部构造

5.3.1 屋脊部位构造（图 5.3.1）应符合下列规定：

1 屋脊部位应增设防水垫层附加层，宽度不应小于500mm；

2 防水垫层应顺流水方向铺设和搭接。

5.3.2 檐口部位构造（图 5.3.2）应符合下列规定：

1 檐口部位应增设防水垫层附加层。严寒地区或大风区域，应采用自粘聚合物沥青防水垫层加强，

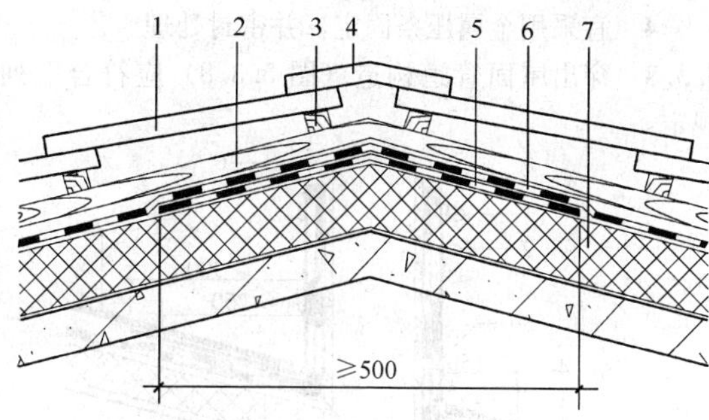

图 5.3.1 屋脊

1—瓦；2—顺水条；3—挂瓦条；4—脊瓦；
5—防水垫层附加层；6—防水垫层；7—保温隔热层

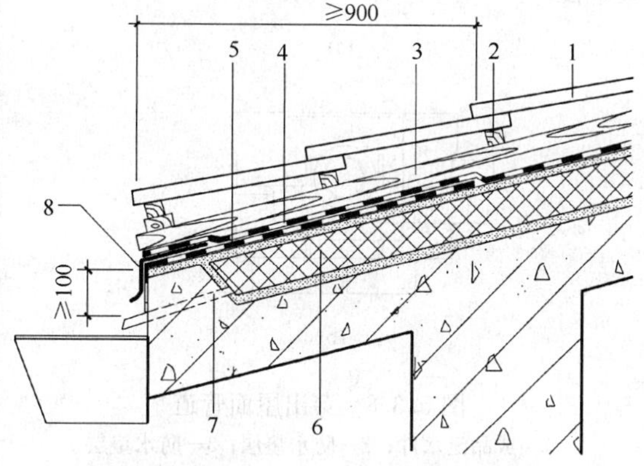

图 5.3.2 檐口

1—瓦；2—挂瓦条；3—顺水条；4—防水垫层；
5—防水垫层附加层；6—保温隔热层；
7—排水管；8—金属泛水板

下翻宽度不应小于 100mm，屋面铺设宽度不应小于 900mm；

2 金属泛水板应铺设在防水垫层的附加层上，并伸入檐口内；

3 在金属泛水板上应铺设防水垫层。

5.3.3 钢筋混凝土檐沟部位构造（图 5.3.3）应符合下列规定：

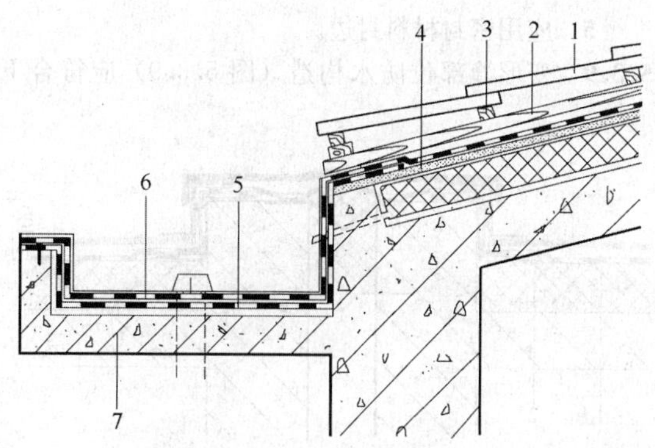

图 5.3.3 钢筋混凝土檐沟

1—瓦；2—顺水条；3—挂瓦条；4—保护层（持钉层）；
5—防水垫层附加层；6—防水垫层；7—钢筋混凝土檐沟

1 檐沟部位应增设防水垫层附加层；

2 檐口部位防水垫层的附加层应延展铺设到混凝土檐沟内。

5.3.4 天沟部位构造（图 5.3.4）应符合下列规定：

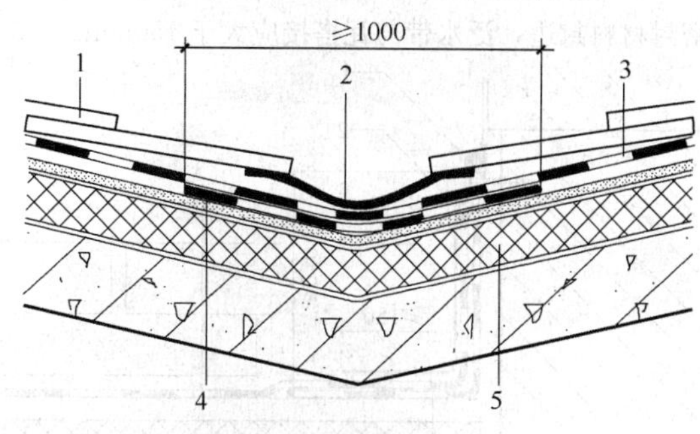

图 5.3.4 天沟

1—瓦；2—成品天沟；3—防水垫层；
4—防水垫层附加层；5—保温隔热层

1 天沟部位应沿天沟中心线增设防水垫层附加层，宽度不应小于 1000mm；

2 铺设防水垫层和瓦材应顺流水方向进行。

5.3.5 立墙部位构造（图 5.3.5）应符合下列规定：

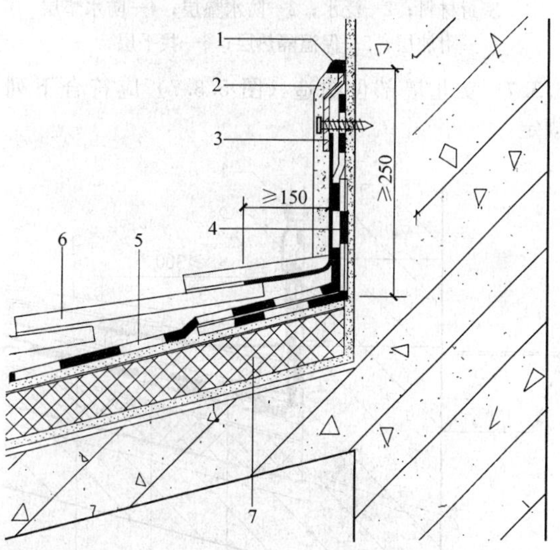

图 5.3.5 立墙

1—密封材料；2—保护层；3—金属压条；
4—防水垫层附加层；5—防水垫层；
6—瓦；7—保温隔热层

1 阴角部位应增设防水垫层附加层；

2 防水垫层应满粘铺设，沿立墙向上延伸不少于 250mm；

3 金属泛水板或耐候型泛水带覆盖在防水垫层上，泛水带与瓦之间应采用胶粘剂满粘；泛水带与瓦搭接应大于 150mm，并应粘结在下一排瓦的顶部；

4 非外露型泛水的立面防水垫层宜采用钢丝网聚合物水泥砂浆层保护，并用密封材料封边。

5.3.6 山墙部位构造（图 5.3.6）应符合下列规定：

1 阴角部位应增设防水垫层附加层；

2 防水垫层应满粘铺设，沿立墙向上延伸不少于 250mm；

3 金属泛水板或耐候型泛水带覆盖在瓦上，用密封材料封边，泛水带与瓦搭接应大于 150mm。

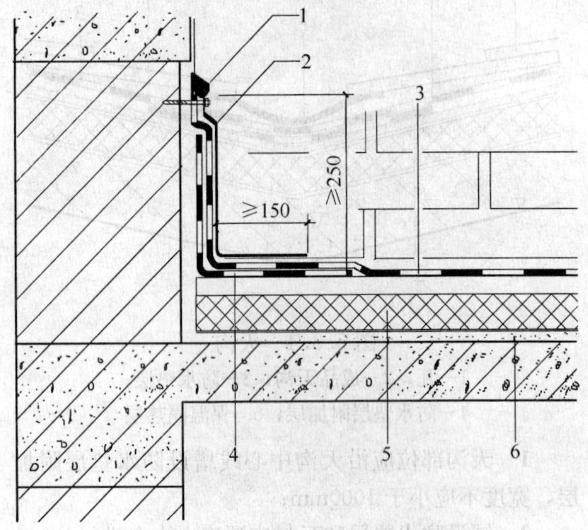

图 5.3.6 山墙

1—密封材料；2—泛水；3—防水垫层；4—防水垫层附加层；5—保温隔热层；6—找平层

5.3.7 女儿墙部位构造（图 5.3.7）应符合下列规定：

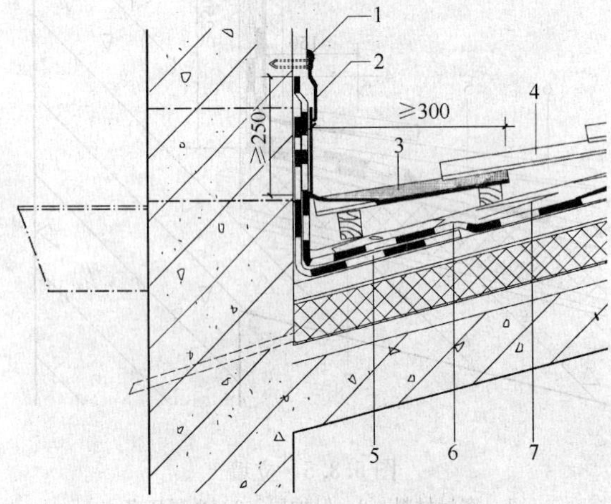

图 5.3.7 女儿墙

1—耐候密封胶；2—金属压条；3—耐候型自粘柔性泛水带；4—瓦；5—防水垫层附加层；6—防水垫层；7—顺水条

1 阴角部位应增设防水垫层附加层；

2 防水垫层应满粘铺设，沿立墙向上延伸不应少于 250mm；

3 金属泛水板或耐候型自粘柔性泛水带覆盖在防水垫层或瓦上，泛水带与防水垫层或瓦搭接应大于 300mm，并应压入上一排瓦的底部；

4 宜采用金属压条固定，并密封处理。

5.3.8 穿出屋面管道构造（图 5.3.8）应符合下列规定：

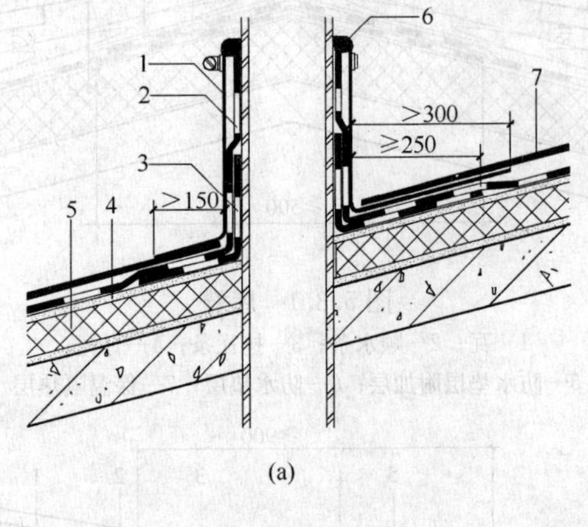

(a)

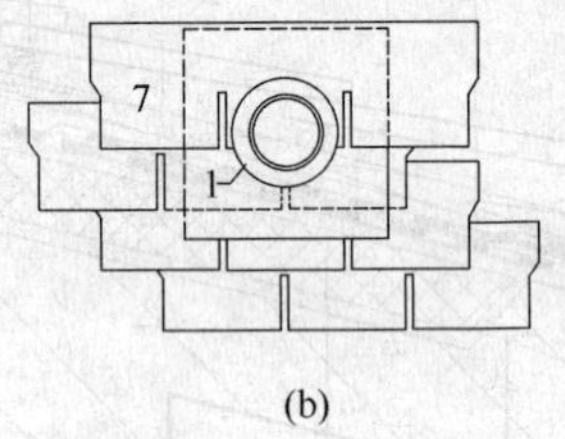

(b)

图 5.3.8 穿出屋面管道

1—成品泛水件；2—防水垫层；3—防水垫层附加层；4—保护层（持钉层）；5—保温隔热层；6—密封材料；7—瓦

1 阴角处应满粘铺设防水垫层附加层，附加层沿立墙和屋面铺设，宽度均不应少于 250mm；

2 防水垫层应满粘铺设，沿立墙向上延伸不应少于 250mm；

3 金属泛水板、耐候型自粘柔性泛水带覆盖在防水垫层上，上部迎水面泛水带与瓦搭接应大于 300mm，并应压入上一排瓦的底部；下部背水面泛水带与瓦搭接应大于 150mm；

4 金属泛水板、耐候型自粘柔性泛水带表面可覆盖瓦材或其他装饰材料；

5 应用密封材料封边。

5.3.9 变形缝部位防水构造（图 5.3.9）应符合下

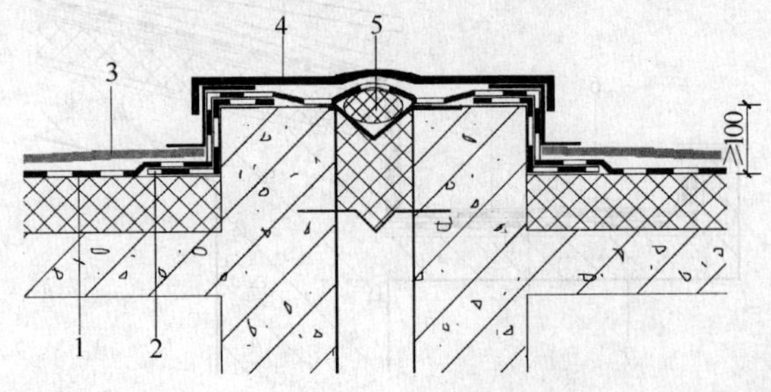

图 5.3.9 变形缝

1—防水垫层；2—防水垫层附加层；3—瓦；4—金属盖板；5—聚乙烯泡沫棒

列规定：

1　变形缝两侧墙高出防水垫层不应少于100mm；

2　防水垫层应包过变形缝，变形缝上宜覆盖金属盖板。

5.4　施工要点

5.4.1　铺设防水垫层的基层应平整、干净、干燥。

5.4.2　铺设防水垫层，应平行屋脊自下而上铺贴。平行屋脊方向的搭接应顺流水方向，垂直屋脊方向的搭接宜顺年最大频率风向；搭接缝应交错排列。

5.4.3　铺设防水垫层的最小搭接宽度应符合表5.4.3的规定。

表5.4.3　防水垫层最小搭接宽度

防水垫层	最小搭接宽度
自粘聚合物沥青防水垫层 自粘聚合物改性沥青防水卷材	75mm
聚合物改性沥青防水垫层（满粘） 高分子类防水垫层（满粘） SBS、APP改性沥青防水卷材（满粘）	100mm
聚合物改性沥青防水垫层（空铺） 高分子类防水垫层（空铺）	上下搭接：100mm 左右搭接：300mm
波形沥青通风防水垫层	上下搭接：100mm 左右搭接：至少一个波形且不小于100mm

5.4.4　铝箔复合隔热防水垫层宜设置在顺水条与挂瓦条之间，并在两条顺水条之间形成凹曲。

5.4.5　波形沥青通风防水垫层采用机械固定施工时，固定件应固定在压型钢板波峰或混凝土层上；固定钉与垫片应咬合紧密；固定件的分布应符合设计要求。

5.5　工程验收

主控项目

5.5.1　防水垫层及其配套材料的类型和质量应符合设计要求。

检验方法：观察检查和检查出厂合格证、质量检验报告和进场抽样复验报告。

5.5.2　防水垫层在屋脊、天沟、檐沟、檐口、山墙、立墙和穿出屋面设施等细部做法应符合设计要求。

检验方法：观察检查和尺量检查。

一般项目

5.5.3　防水垫层应铺设平整，铺设顺序正确，搭接宽度不允许负偏差。

检验方法：观察检查和尺量检查。

5.5.4　防水垫层采用满粘施工时，应与基层粘结牢固，搭接缝封口严密，无皱褶、翘边和鼓泡等缺陷。

检验方法：观察检查。

5.5.5　进行下道工序时，不得破坏已施工完成的防水垫层。

检验方法：观察检查。

6　沥青瓦屋面

6.1　一般规定

6.1.1　沥青瓦分为平面沥青瓦（平瓦）和叠合沥青瓦（叠瓦）。

6.1.2　平面沥青瓦适用于防水等级为二级的坡屋面；叠合沥青瓦适用于防水等级为一级和二级的坡屋面。

6.1.3　沥青瓦屋面坡度不应小于20%。

6.1.4　沥青瓦屋面的保温隔热层设置在屋面板之上时，应采用压缩强度不小于150kPa的硬质保温隔热板材。

6.1.5　沥青瓦屋面的屋面板宜为钢筋混凝土屋面板或木屋面板，板面应坚实、平整、干燥、牢固。

6.1.6　铺设沥青瓦应采用固定钉固定，在屋面周边及泛水部位应满粘。

6.1.7　沥青瓦的施工环境温度宜为5℃～35℃。环境温度低于5℃时，应采取加强粘结措施。

6.2　设计要点

6.2.1　沥青瓦屋面的构造设计应符合下列规定：

1　沥青瓦的固定方式以钉为主、粘结为辅；

2　细石混凝土持钉层可兼作找平层或防水垫层的保护层。

6.2.2　沥青瓦屋面应符合下列规定：

1　沥青瓦屋面为外保温隔热构造时，保温隔热层上应铺设防水垫层，且防水垫层上应做35mm厚配筋细石混凝土持钉层。构造层依次宜为沥青瓦、持钉层、防水垫层、保温隔热层、屋面板（图5.2.1-2）；

2　屋面为内保温隔热构造时，构造层依次宜为沥青瓦、防水垫层、屋面板（图5.2.1-1）；

3　防水垫层铺设在保温隔热层之下时，构造层应依次为沥青瓦、持钉层、保温隔热层、防水垫层、屋面板，构造做法应按本规范第5.2.1条中第3款的规定执行（图5.2.1-3）。

6.2.3　木屋面板上铺设沥青瓦，每张瓦片不应少于4个固定钉；细石混凝土基层上铺设沥青瓦，每张瓦片不应少于6个固定钉。

6.2.4　屋面坡度大于100%或处于大风区，沥青瓦固定应采取下列加强措施：

1　每张瓦片应增加固定钉数量；

2　上下沥青瓦之间应采用全自粘粘结或沥青基

胶粘材料（图 6.2.4）加强。

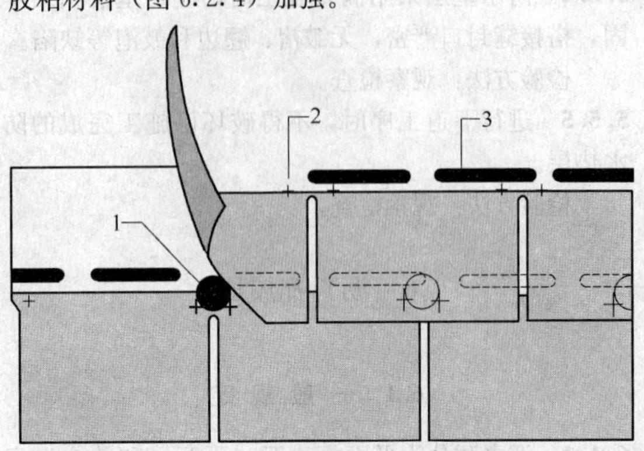

图 6.2.4　沥青基胶粘材料加强做法

1—沥青基胶粘材料；2—固定钉；3—沥青瓦自粘胶条

6.2.5　沥青瓦坡屋面可采用通风屋脊。

6.3　细 部 构 造

6.3.1　屋脊构造应符合下列规定：

1　防水垫层的做法应按本规范第 5.3.1 条的规定执行；

2　屋脊瓦可采用与主瓦相配套的专用脊瓦或采用平面沥青瓦裁制而成；

3　正脊脊瓦外露搭接边宜顺常年风向一侧；

4　每张屋脊瓦片的两侧应各采用一颗固定钉固定，固定钉距离侧边宜为 25mm；

5　外露的固定钉钉帽应采用沥青基胶粘材料涂盖。

6.3.2　搭接式天沟构造（图 6.3.2）应符合下列规定：

1　沿天沟中心线铺设一层宽度不应小于 1000mm 的防水垫层附加层，将外边缘固定在天沟两侧；且防水垫层铺过中心线不应小于 100mm，相互搭接满粘在附加层上；

2　应从一侧铺设沥青瓦并跨过天沟中心线不小于 300mm，应在天沟两侧距离中心线不小于 150mm 处将沥青瓦用固定钉固定；

3　一侧沥青瓦铺设完后，应在屋面弹出一条平行天沟的中心线和一条距中心线 50mm 的施工辅助线，将另一侧屋面的沥青瓦铺设至施工辅助线处；

4　修剪沥青瓦上部的边角，并用沥青基胶粘材料固定。

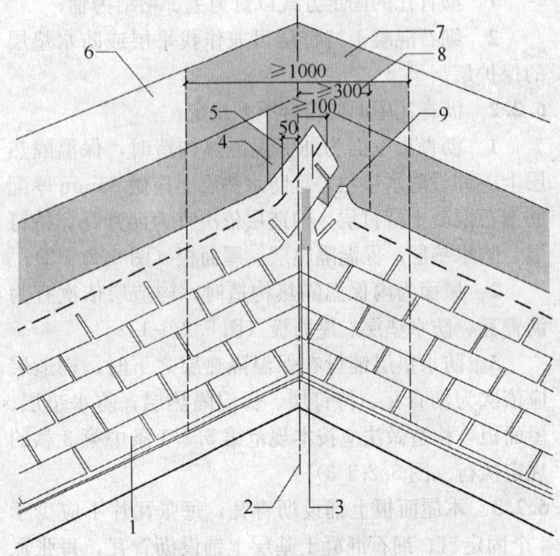

图 6.3.2　搭接式天沟

1—沥青瓦；2—天沟中心线；3—沥青胶粘结；4—防水垫层搭接；5—施工辅助线；6—屋面板；7—防水垫层附加层；8—沥青瓦伸过中心线；9—剪 45°切角

6.3.3　编织式天沟构造(图 6.3.3)应符合下列规定：

1　沿天沟中心线铺设一层宽度不小于 1000mm 的防水垫层附加层，将外边缘固定在天沟两侧；防水垫层铺过中心线不应小于 100mm，相互搭接满粘在附加层上；

2　在两个相互衔接的屋面上同时向天沟方向铺设沥青瓦至距天沟中心线 75mm 处，再铺设天沟上的沥青瓦，交叉搭接。搭接的沥青瓦应延伸至相邻屋面 300mm，并在距天沟中心线 150mm 处用固定钉固定。

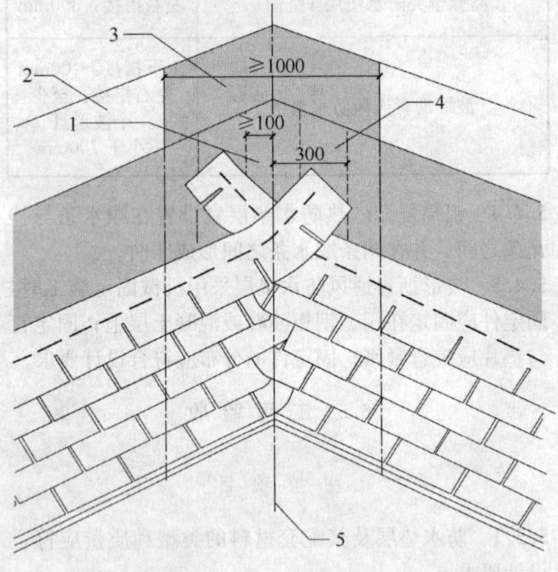

图 6.3.3　编织式天沟

1—防水垫层搭接；2—屋面板；3—防水垫层附加层；4—沥青瓦延伸过中心线；5—天沟中心线

6.3.4　敞开式天沟构造（图 6.3.4）应符合下列规定：

1　防水垫层铺过中心线不应小于 100mm，相互搭接满粘在屋面板上；

2　铺设敞开式天沟部位的泛水材料，应采用不小于 0.45mm 厚的镀锌金属板或性能相近的防锈金属材料，铺设在防水垫层上；

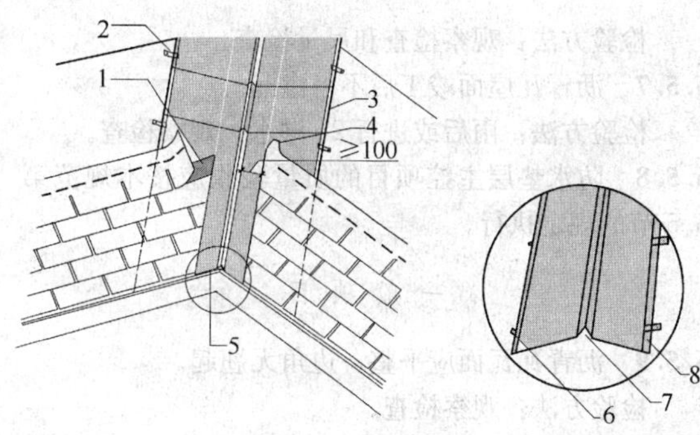

图 6.3.4　敞开式天沟

1—沥青胶粘结；2、6—金属天沟固定件；
3—金属泛水板搭接；4—剪 45°切角；
5—金属泛水板；7—V 形褶边引导水流；
8—可滑动卷边固定件

3　沥青瓦与金属泛水用沥青基胶粘材料粘结，搭接宽度不应小于 100mm。沿天沟泛水处的固定钉应密封覆盖。

6.3.5　檐口部位构造应符合下列规定：

1　防水垫层和泛水板的做法应按本规范第 5.3.2 条的规定执行；

2　应将起始瓦覆盖在塑料泛水板或金属泛水板的上方，并在底边满涂沥青基胶粘材料；

3　檐口部位沥青瓦和起始瓦之间，应满涂沥青基胶粘材料。

6.3.6　钢筋混凝土檐沟部位构造应符合下列规定：

1　防水垫层的做法应按本规范第 5.3.3 条的规定执行；

2　铺设沥青瓦初始层，初始层沥青瓦宜采用裁减掉外露部分的平面沥青瓦，自粘胶条部位靠近檐口铺设，初始层沥青瓦应伸出檐口不小于 10mm；

3　从檐口向上铺设沥青瓦，第一道沥青瓦与初始层沥青瓦边缘应对齐。

6.3.7　悬山部位构造（图 6.3.7）应符合下列规定：

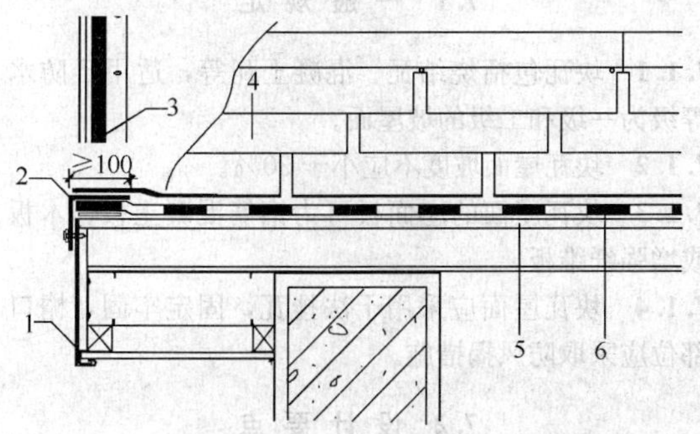

图 6.3.7　悬山

1—封檐板；2—金属泛水板；3—胶粘材料；
4—沥青瓦；5—屋面板；6—防水垫层

1　防水垫层应铺设至悬山边缘；

2　悬山部位宜采用泛水板，泛水板应固定在防水垫层上，并向屋面伸进不少于 100mm，端部应向下弯曲；

3　沥青瓦应覆盖在泛水板上方，悬山部位的沥青瓦应用沥青基胶粘材料满粘处理。

6.3.8　立墙部位构造应符合下列规定：

1　防水垫层的做法应按本规范第 5.3.5 条的规定执行；

2　沥青瓦应用沥青基胶粘材料满粘。

6.3.9　女儿墙部位构造应符合下列规定：

1　泛水板和防水垫层的做法应按本规范第 5.3.7 条的规定执行；

2　将瓦片翻至立面 150mm 高度，在平面和立面上用沥青基胶粘材料，满粘于下层沥青瓦和立面防水垫层上；

3　立面应铺设外露耐候性改性沥青防水卷材或自粘防水卷材；不具备外露耐候性能的防水卷材应采用钢丝网聚合物水泥砂浆保护层保护。

6.3.10　穿出屋面管道构造应符合下列规定：

1　泛水板和防水垫层的做法应按本规范第 5.3.8 条的规定执行；

2　穿出屋面管道泛水可采用防水卷材或成品泛水件；

3　管道穿过沥青瓦时，应在管道周边 100mm 范围内，用沥青基胶粘材料将沥青瓦满粘；

4　泛水卷材铺设完毕，应在其表面用沥青基胶粘材料满粘一层沥青瓦。

6.3.11　变形缝部位防水做法应按本规范第 5.3.9 条的规定执行。

6.4　施 工 要 点

6.4.1　防水垫层施工应符合本规范第 5.4 节的相关规定。

6.4.2　应在防水垫层铺设完成后进行沥青瓦的铺设。

6.4.3　铺设沥青瓦前应在屋面上弹出水平及垂直基准线，按线铺设。

6.4.4　沥青瓦外露尺寸应符合下列规定：

1　宽度规格为 333mm 的沥青瓦，每张瓦片的外露部分不应大于 143mm；

2　其他沥青瓦应符合制造商规定的外露尺寸要求。

6.4.5　铺设屋面檐沟、斜天沟应保持顺直。

6.4.6　屋脊部位的施工应符合下列规定：

1　应在斜屋脊的屋檐处开始铺设并向上直到正脊；

2　斜屋脊铺设完成后再铺设正脊，从常年主导风向的下风侧开始铺设；

3　应在屋脊处弯折沥青瓦，并将沥青瓦的两侧固定，用沥青基胶粘材料涂盖暴露的钉帽。

6.4.7　固定钉钉入沥青瓦，钉帽应与沥青瓦表面齐平。

6.4.8 固定钉穿入细石混凝土持钉层的深度不应小于20mm；固定钉可穿透木质持钉层。

6.4.9 板状保温隔热材料的施工应符合下列规定：

1 基层应平整、干燥、干净；

2 应紧贴基层铺设，铺平垫稳，固定牢固，拼缝严密；

3 保温板多层铺设时，上下层保温板应错缝铺设；

4 保温隔热层上覆或下衬的保护板及构件等，其品种、规格应符合设计要求和相关标准的规定；

5 保温隔热材料采用机械固定施工时，保温隔热板材的压缩强度和点荷载强度应符合设计要求；

6 机械固定施工时，固定件规格、布置方式和数量应符合设计要求。

6.4.10 喷涂硬泡聚氨酯保温隔热材料的施工应符合下列规定：

1 基层应平整、干燥、干净；

2 喷涂硬泡聚氨酯保温隔热层的厚度应符合设计要求，喷涂应平整；

3 应使用专用喷涂设备施工，施工环境温度宜为15℃～30℃，相对湿度小于85%，不宜在风力大于三级时施工；

4 穿出屋面的管道、设备、预埋件等，应在喷涂硬泡聚氨酯保温隔热层施工前安装完毕，并做密封处理。

6.5 工程验收

主控项目

6.5.1 沥青瓦、保温隔热材料及其配套材料的质量应符合设计要求。

检验方法：观察检查和检查出厂合格证、质量检验报告和进场抽样复验报告。

6.5.2 屋脊、天沟、檐沟、檐口、山墙、立墙和穿出屋面设施的细部构造，应符合设计要求。

检验方法：观察检查和尺量检查。

6.5.3 板状保温隔热材料的厚度应符合设计要求，负偏差不得大于4mm。

检验方法：用钢针插入和尺量检查。

6.5.4 喷涂硬泡聚氨酯保温隔热层的厚度应符合设计要求，负偏差不得大于3mm。

检验方法：用钢针插入和尺量检查。

6.5.5 沥青瓦所用固定钉数量、固定位置、牢固程度应符合产品安装要求，除屋脊部位，钉帽不得外露。屋脊外露钉帽应采用密封胶封严。

检验方法：观察检查和尺量检查。

6.5.6 沥青瓦的搭接尺寸应符合产品安装要求，外露面尺寸应符合本规范第6.4.4条的规定。

检验方法：观察检查和尺量检查。

6.5.7 沥青瓦屋面竣工后不得渗漏。

检验方法：雨后或进行2h淋水，观察检查。

6.5.8 防水垫层主控项目的质量验收应按本规范第5.5节的规定执行。

一般项目

6.5.9 沥青瓦瓦面应平整，边角无翘起。

检验方法：观察检查。

6.5.10 沥青瓦的铺设方法应正确；沥青瓦之间的对缝上下层不得重合。

检验方法：观察检查。

6.5.11 持钉层应平整、干燥，细石混凝土持钉层不得有疏松、开裂、空鼓等现象。持钉层表面平整度误差不应大于5mm。

检验方法：观察检查和用2m靠尺检查。

6.5.12 板状保温隔热材料铺设应紧贴基层，铺平垫稳，固定牢固，拼缝严密。

检验方法：观察检查。

6.5.13 板状保温隔热材料的平整度允许偏差为5mm。

检验方法：用2m靠尺和楔形塞尺检查。

6.5.14 板状保温隔热材料接缝高差的允许偏差为2mm。

检验方法：用直尺和楔形塞尺检查。

6.5.15 喷涂硬泡聚氨酯保温隔热层的平整度允许偏差为5mm。

检验方法：用1m靠尺和楔形塞尺检查。

6.5.16 防水垫层一般项目的质量验收应按本规范第5.5节的规定执行。

7 块瓦屋面

7.1 一般规定

7.1.1 块瓦包括烧结瓦、混凝土瓦等，适用于防水等级为一级和二级的坡屋面。

7.1.2 块瓦屋面坡度不应小于30%。

7.1.3 块瓦屋面的屋面板可为钢筋混凝土板、木板或增强纤维板。

7.1.4 块瓦屋面应采用干法挂瓦，固定牢固，檐口部位应采取防风揭措施。

7.2 设计要点

7.2.1 块瓦屋面应符合下列规定：

1 保温隔热层上铺设细石混凝土保护层做持钉层时，防水垫层应铺设在持钉层上，构造层依次为块瓦、挂瓦条、顺水条、防水垫层、持钉层、保温隔热层、屋面板（图7.2.1-1）。

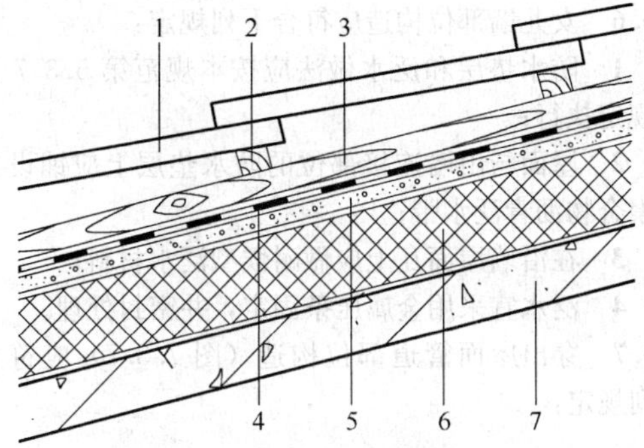

图 7.2.1-1　块瓦屋面构造（1）

1—瓦材；2—挂瓦条；3—顺水条；4—防水垫层；5—持钉层；6—保温隔热层；7—屋面板

2　保温隔热层镶嵌在顺水条之间时，应在保温隔热层上铺设防水垫层，构造层依次为块瓦、挂瓦条、防水垫层或隔热防水垫层、保温隔热层、顺水条、屋面板（图 7.2.1-2）。

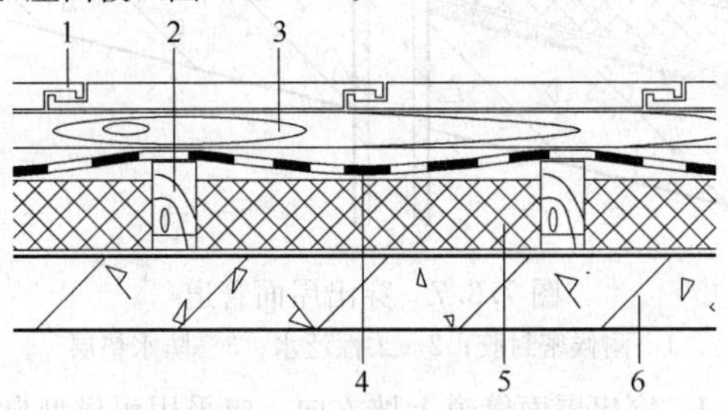

图 7.2.1-2　块瓦屋面构造（2）

1—块瓦；2—顺水条；3—挂瓦条；4—防水垫层或隔热防水垫层；5—保温隔热层；6—屋面板

3　屋面为内保温隔热构造时，防水垫层应铺设在屋面板上，构造层依次为块瓦、挂瓦条、顺水条、防水垫层、屋面板（图 7.2.1-3）。

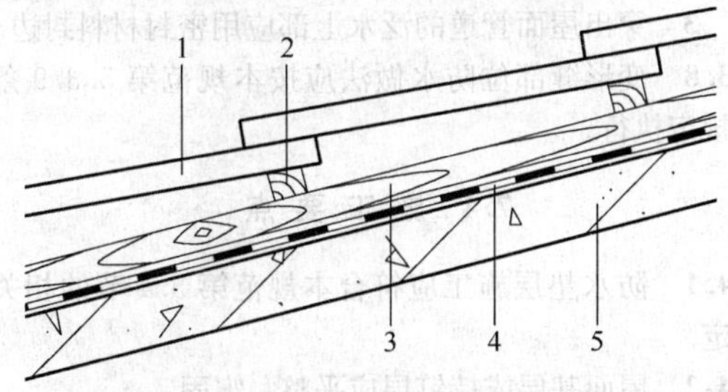

图 7.2.1-3　块瓦屋面构造（3）

1—块瓦；2—挂瓦条；3—顺水条；4—防水垫层；5—屋面板

4　采用具有挂瓦功能的保温隔热层时，在屋面板上做水泥砂浆找平层，防水垫层应铺设在找平层上，保温板应固定在防水垫层上，构造层依次为块瓦、有挂瓦功能的保温隔热层、防水垫层、找平层（兼作持钉层）、屋面板（图 7.2.1-4）。

5　采用波形沥青通风防水垫层时，通风防水垫层应铺设在挂瓦条和保温隔热层之间，构造层依次为块瓦、挂瓦条、波形沥青通风防水垫层、保温隔热层、屋面板（图 5.2.1-5）。

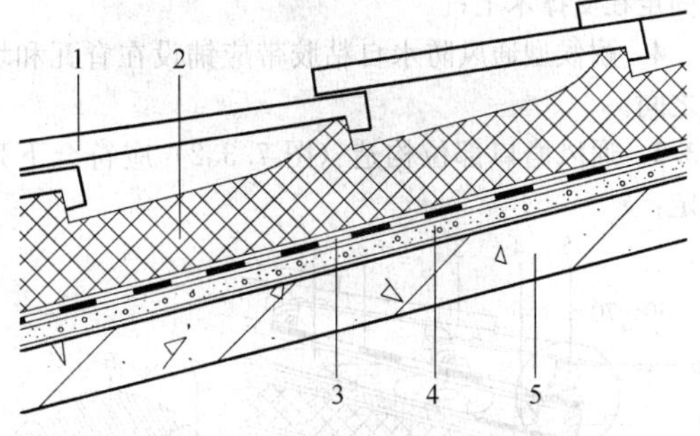

图 7.2.1-4　块瓦屋面构造（4）

1—块瓦；2—带挂瓦条的保温板；3—防水垫层；4—找平层；5—屋面板

7.2.2　通风屋面的檐口部位宜设置隔栅进气口，屋脊部位宜作通风构造设计。

7.2.3　屋面排水系统可采用混凝土檐沟、成品檐沟、成品天沟；斜天沟宜采用混凝土排水沟瓦或金属排水沟。

7.2.4　块瓦屋面挂瓦条、顺水条安装应符合下列规定：

1　木挂瓦条应钉在顺水条上，顺水条用固定钉钉入持钉层内；

2　钢挂瓦条与钢顺水条应焊接连接，钢顺水条用固定钉钉入持钉层内；

3　通风防水垫层可替代顺水条，挂瓦条应固定在通风防水垫层上，固定钉应钉在波峰上。

7.2.5　檐沟宽度应根据屋面集水区面积确定。

7.2.6　屋面坡度大于100%或处于大风区时，块瓦固定应采取下列加强措施：

1　檐口部位应有防风揭和防落瓦的安全措施；

2　每片瓦应采用螺钉和金属搭扣固定。

7.3　细 部 构 造

7.3.1　通风屋脊构造（图 7.3.1）应符合下列规定：

1　防水垫层做法应按本规范第 5.3.1 条的规定执行；

2　屋脊瓦应采用与主瓦相配套的配件脊瓦；

3　托木支架和支撑木应固定在屋面板上，脊瓦

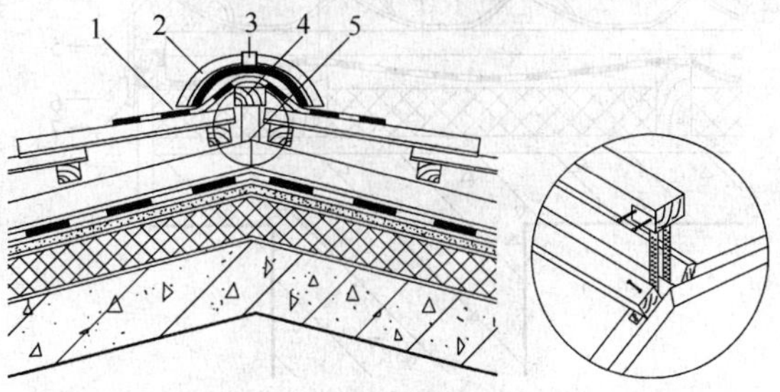

图 7.3.1　通风屋脊

1—通风防水自粘胶带；2—脊瓦；3—脊瓦搭扣；4—支撑木；5—托木支架

应固定在支撑木上；

4 耐候型通风防水自粘胶带应铺设在脊瓦和块瓦之间。

7.3.2 通风檐口部位构造（图7.3.2）应符合下列规定：

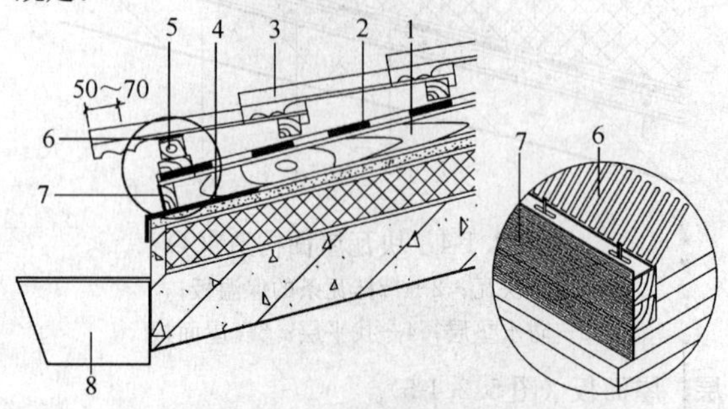

图7.3.2 通风檐口

1—顺水条；2—防水垫层；3—瓦；4—金属泛水板；5—托瓦木条；6—檐口挡箅；7—檐口通风条；8—檐沟

1 泛水板和防水垫层做法应按本规范第5.3.2条的规定执行；

2 块瓦挑入檐沟的长度宜为50mm～70mm；

3 在屋檐最下排的挂瓦条上应设置托瓦木条；

4 通风檐口处宜设置半封闭状的檐口挡箅。

7.3.3 钢筋混凝土檐沟部位构造做法应按本规范第5.3.3条的规定执行。

7.3.4 天沟部位构造应符合下列规定：

1 防水垫层的做法应按本规范第5.3.4条的规定执行；

2 混凝土屋面天沟采用防水卷材时，防水卷材应由沟底上翻，垂直高度不应小于150mm；

3 天沟宽度和深度应根据屋面集水区面积确定。

7.3.5 山墙部位构造（图7.3.5）应符合下列规定：

1 防水垫层做法应按本规范第5.3.6条的规定执行；

2 檐口封边瓦宜采用卧浆做法，并用水泥砂浆勾缝处理；

3 檐口封边瓦应用固定钉固定在木条或持钉层上。

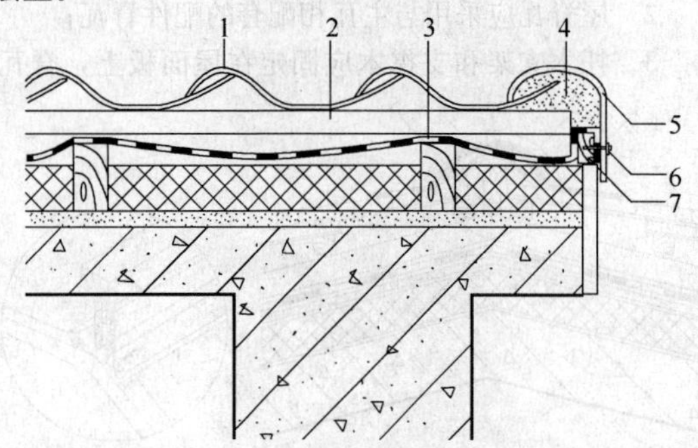

图7.3.5 山墙

1—瓦；2—挂瓦条；3—防水垫层；4—水泥砂浆封边；5—檐口封边瓦；6—镀锌钢钉；7—木条

7.3.6 女儿墙部位构造应符合下列规定：

1 防水垫层和泛水做法应按本规范第5.3.7条的规定执行；

2 屋面与山墙连接部位的防水垫层上应铺设自粘聚合物沥青泛水带；

3 在沿墙屋面瓦上应做耐候型泛水材料；

4 泛水宜采用金属压条固定，并密封处理。

7.3.7 穿出屋面管道部位构造（图7.3.7）应符合下列规定：

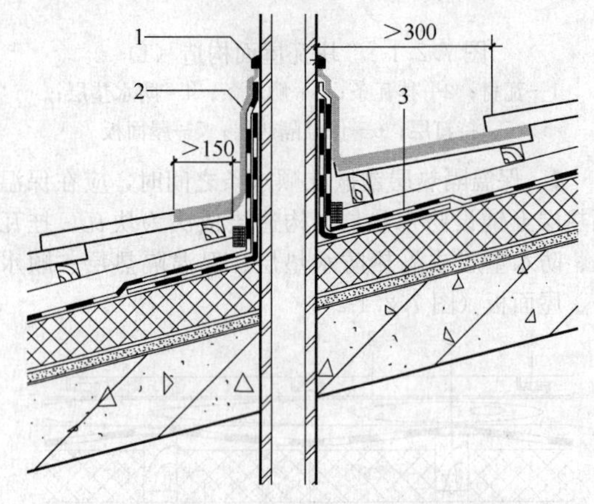

图7.3.7 穿出屋面管道

1—耐候密封胶；2—柔性泛水；3—防水垫层

1 穿出屋面管道上坡方向：应采用耐候型自粘泛水与屋面瓦搭接，宽度应大于300mm，并应压入上一排瓦片的底部；

2 穿出屋面管道下坡方向：应采用耐候型自粘泛水与屋面瓦搭接，宽度应大于150mm，并应粘结在下一排瓦片的上部，与左右面的搭接宽度应大于150mm；

3 穿出屋面管道的泛水上部应用密封材料封边。

7.3.8 变形缝部位防水做法应按本规范第5.3.9条的规定执行。

7.4 施工要点

7.4.1 防水垫层施工应符合本规范第5.4节的相关规定。

7.4.2 屋面基层或持钉层应平整、牢固。

7.4.3 顺水条与持钉层连接、挂瓦条与顺水条连接、块瓦与挂瓦条连接应固定牢固。

7.4.4 铺设块瓦应排列整齐，瓦榫落槽，瓦脚挂牢，檐口成线。

7.4.5 正脊、斜脊应顺直，无起伏现象。脊瓦搭盖间距应均匀，脊瓦与块瓦的搭接缝应作泛水处理。

7.4.6 通风屋面屋脊和檐口的施工应符合构造设计的要求。

7.4.7 板状保温隔热材料的施工应按本规范第6.4.9条的规定执行；喷涂硬泡聚氨酯保温隔热材料

的施工应按本规范第6.4.10条的规定执行。

7.5 工程验收

主控项目

7.5.1 块瓦、保温隔热材料及其配套材料的质量应符合设计要求。

检验方法：观察检查和检查出厂合格证、质量检验报告和进场抽样复验报告。

7.5.2 屋脊、天沟、檐沟、檐口、山墙、立墙和穿出屋面设施的细部构造，应符合设计要求。

检验方法：观察检查和尺量检查。

7.5.3 板状保温隔热材料的厚度应符合设计要求，负偏差不得大于4mm。

检验方法：用钢针插入和尺量检查。

7.5.4 喷涂硬泡聚氨酯保温隔热层的厚度应符合设计要求，负偏差不得大于3mm。

检验方法：用钢针插入和尺量检查。

7.5.5 主瓦及配件瓦的固定、搭接方式及搭接尺寸应符合产品安装要求。

检验方法：观察检查和尺量检查。

7.5.6 块瓦屋面竣工后不得渗漏。

检验方法：雨后或进行2h淋水，观察检查。

7.5.7 防水垫层主控项目的质量验收应按本规范第5.5节的规定执行。

一般项目

7.5.8 持钉层应平整、干燥，细石混凝土持钉层不得有疏松、开裂、空鼓等现象。表面平整度误差不应大于5mm。

检验方法：观察检查和用2m靠尺检测。

7.5.9 顺水条、挂瓦条应连接牢固。

检验方法：观察检查。

7.5.10 通风屋面的檐口和屋脊应通畅透气。

检验方法：观察检查。

7.5.11 屋面瓦材不得有破损现象。

检验方法：观察检查。

7.5.12 板状保温隔热材料铺设应紧贴基层，铺平垫稳，固定牢固，拼缝严密。

检验方法：观察检查。

7.5.13 板状保温隔热材料平整度的允许偏差为5mm。

检验方法：用2m靠尺和楔形塞尺检查。

7.5.14 板状保温隔热材料接缝高差的允许偏差为2mm。

检验方法：用直尺和楔形塞尺检查。

7.5.15 喷涂硬泡聚氨酯保温隔热层的平整度允许偏差为5mm。

检验方法：用1m靠尺和楔形塞尺检查。

7.5.16 防水垫层一般项目的质量验收应按本规范第5.5节的规定执行。

8 波形瓦屋面

8.1 一般规定

8.1.1 波形瓦包括沥青波形瓦、树脂波形瓦等，适用于防水等级为二级的坡屋面。

8.1.2 波形瓦屋面坡度不应小于20%。

8.1.3 波形瓦屋面承重层为混凝土屋面板和木屋面板时，宜设置外保温隔热层；不设屋面板的屋面，可设置内保温隔热层。

8.2 设计要点

8.2.1 波形瓦屋面应符合下列规定：

1 屋面板上铺设保温隔热层，保温隔热层上做细石混凝土持钉层时，防水垫层应铺设在持钉层上，波形瓦应固定在持钉层上，构造层依次为波形瓦、防水垫层、持钉层、保温隔热层、屋面板（图8.2.1-1）。

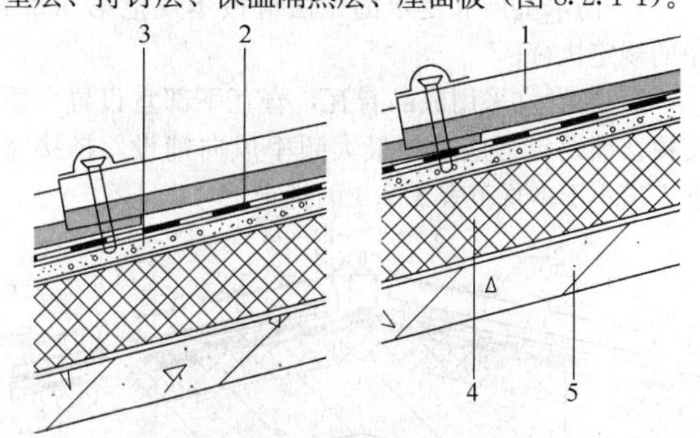

图8.2.1-1 波形瓦屋面构造（1）

1—波形瓦；2—防水垫层；3—持钉层；4—保温隔热层；5—屋面板

2 采用有屋面板的内保温隔热时，屋面板铺设在木檩条上，防水垫层应铺设在屋面板上，木檩条固定在钢屋架上，角钢固定件长应为100mm～150mm，波形瓦固定在屋面板上，构造层依次为波形瓦、防水垫层、屋面板、木檩条、屋架（图8.2.1-2）。

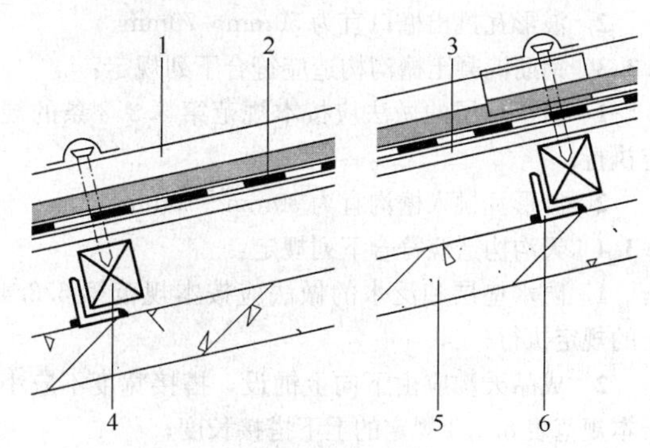

图8.2.1-2 波形瓦屋面构造（2）

1—波形瓦；2—防水垫层；3—屋面板；4—檩条；5—屋架；6—角钢固定件

8.2.2 波形瓦的固定间距应按瓦材规格、尺寸确定。

8.2.3 波形瓦可固定在檩条和屋面板上。

8.2.4 沥青波形瓦和树脂波形瓦的搭接宽（长）度和固定点数量应符合表 8.2.4 的规定。

表 8.2.4 波形瓦搭接宽（长）和固定点数量

屋面坡度（%）	20～30			>30		
类型	上下搭接长度（mm）	水平搭接宽度	固定点数（个/m²）	上下搭接长度（mm）	水平搭接宽度	固定点数（个/m²）
沥青波形瓦	150	至少一个波形且不小于100mm	9	100	至少一个波形且不小于100mm	9～12
树脂波形瓦			10			≥12

8.3 细部构造

8.3.1 屋脊构造（图 8.3.1）应符合下列规定：

1 防水垫层和泛水的做法应按本规范第 5.3.1 条的规定执行；

2 屋脊宜采用成品脊瓦，脊瓦下部宜设置木质支撑。铺设脊瓦应顺年最大频率风向铺设，搭接宽度不应小于本规范表 8.2.4 的规定。

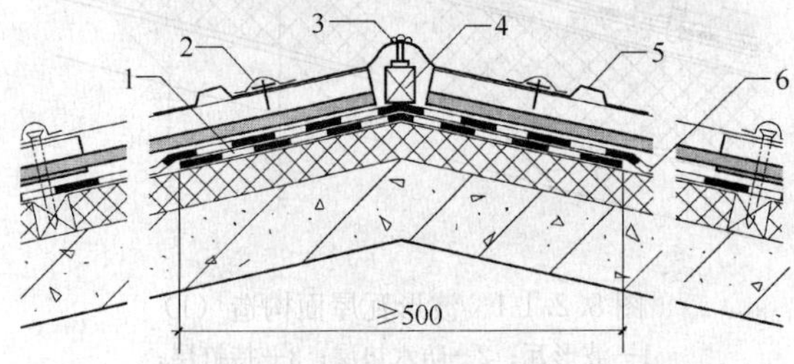

图 8.3.1 屋脊

1—防水垫层附加层；2—固定钉；3—密封胶；4—支撑木；5—成品脊瓦；6—防水垫层

8.3.2 檐口部位构造应符合下列规定：

1 防水垫层和泛水的做法应按本规范第 5.3.2 条的规定执行；

2 波形瓦挑出檐口宜为 50mm～70mm。

8.3.3 钢筋混凝土檐沟构造应符合下列规定：

1 防水垫层的做法应按本规范第 5.3.3 条的规定执行；

2 波形瓦挑入檐沟宜为 50mm～70mm。

8.3.4 天沟构造应符合下列规定：

1 防水垫层和泛水的做法应按本规范第 5.3.4 条的规定执行；

2 成品天沟应由下向上铺设，搭接宽度不应小于本规范表 8.2.4 规定的上下搭接长度；

3 主瓦伸入成品天沟的宽度不应小于 100mm。

8.3.5 山墙部位构造（图 8.3.5）应符合下列规定：

1 阴角部位应增设防水垫层附加层；

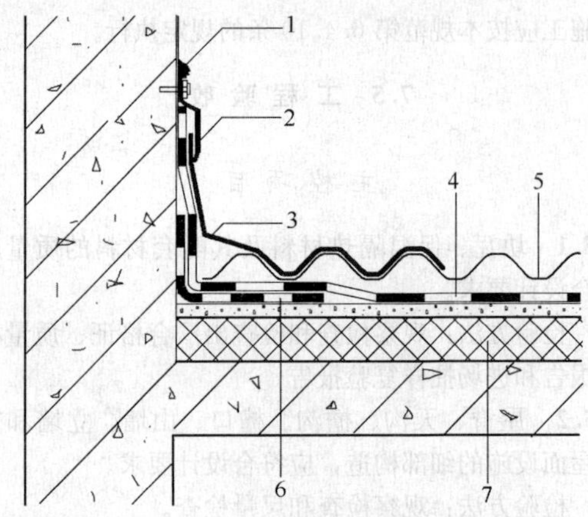

图 8.3.5 山墙

1—密封胶；2—金属压条；3—泛水；4—防水垫层；5—波形瓦；6—防水垫层附加层；7—保温隔热层

2 瓦材与墙体连接处应铺设耐候型自粘泛水胶带或金属泛水板，泛水上翻山墙高度不应小于 250mm，水平方向与波形瓦搭接不应少于两个波峰且不小于 150mm；

3 上翻山墙的耐候型自粘泛水胶带顶端应用金属压条固定，并作密封处理。

8.3.6 穿出屋面设施构造（图 8.3.6）应符合下列规定：

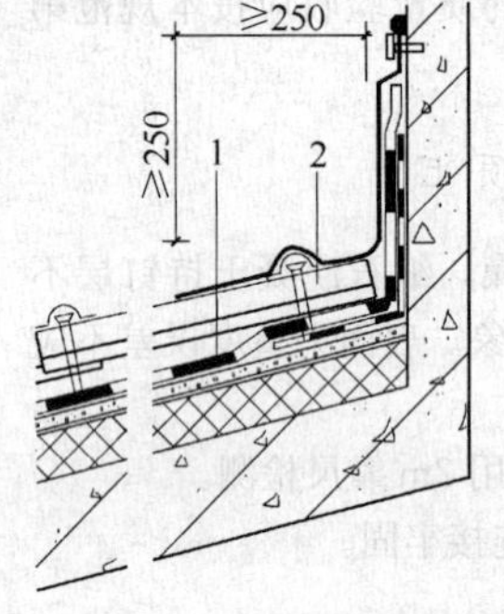

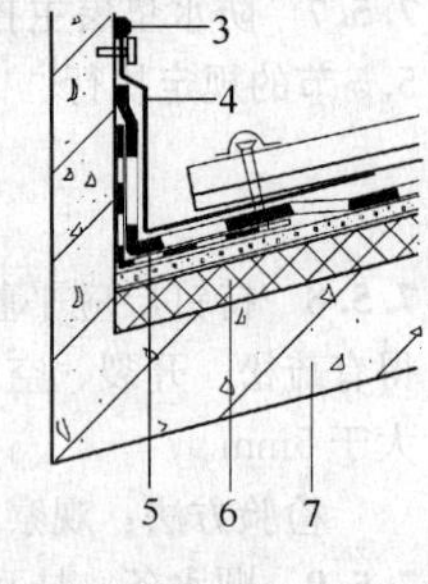

图 8.3.6 穿出屋面设施

1—防水垫层；2—波形瓦；3—密封材料；4—耐候型自粘泛水胶带；5—防水垫层附加层；6—保温隔热层；7—屋面板

1 瓦材与穿出屋面设施构造连接处应铺设 500mm 宽耐候型自粘泛水胶带，上翻高度不应小于 250mm，与波形瓦搭接宽度不应小于 250mm；

2 上翻泛水顶端应采用密封胶封严并用金属泛水板遮盖。

8.3.7 变形缝部位防水做法应按本规范第 5.3.9 条的规定执行。

8.4 施工要点

8.4.1 防水垫层施工应符合本规范第 5.4 节的相关规定。

8.4.2 带挂瓦条的基层应平整、牢固。

8.4.3 铺设波形瓦应在屋面上弹出水平及垂直基准线，按线铺设。

8.4.4 波形瓦的固定应符合下列规定：

1 瓦钉应沿弹线固定在波峰上；

2 檐口部位的瓦材应增加固定钉数量。

8.4.5 波形瓦与山墙、天沟、天窗、烟囱等节点连接部位，应采用密封材料、耐候型自粘泛水带等进行密封处理。

8.4.6 板状保温隔热材料的施工应按本规范第6.4.9条的规定执行；喷涂硬泡聚氨酯保温隔热材料的施工应按本规范第6.4.10条的规定执行。

8.5 工程验收

主控项目

8.5.1 波形瓦、保温隔热材料及其配套材料的质量应符合设计要求。

检验方法：观察检查和检查出厂合格证、质量检验报告和进场抽样复验报告。

8.5.2 屋脊、天沟、檐沟、檐口、山墙、立墙和穿出屋面设施的细部构造，应符合设计要求。

检验方法：观察检查和尺量检查。

8.5.3 板状保温隔热材料的厚度应符合设计要求，负偏差不得大于4mm。

检验方法：用钢针插入和尺量检查。

8.5.4 喷涂硬泡聚氨酯保温隔热层的厚度应符合设计要求，负偏差不得大于3mm。

检验方法：用钢针插入或尺量检查。

8.5.5 主瓦及配件瓦的固定、搭接方式及搭接尺寸应符合设计要求。

检验方法：观察和尺量检查。

8.5.6 波形瓦屋面竣工后不得渗漏。

检验方法：雨后或进行2h淋水，观察检查。

8.5.7 防水垫层主控项目的质量验收应按本规范第5.5节的规定执行。

一般项目

8.5.8 屋面的檐口线、泛水等应顺直，无起伏现象。

检验方法：观察检查。

8.5.9 持钉层应平整、干燥，细石混凝土持钉层不得有疏松、开裂、空鼓等现象，表面平整度误差不应大于5mm。

检验方法：观察检查和用2m靠尺检测。

8.5.10 固定钉位置应在波形瓦波峰上，固定钉上应有密封帽。

检验方法：观察检查。

8.5.11 板状保温隔热材料铺设应紧贴基层，铺平垫稳，固定牢固，拼缝严密。

检验方法：观察检查。

8.5.12 板状保温材料的平整度允许偏差为5mm。

检验方法：用2m靠尺和楔形塞尺检查。

8.5.13 板状保温隔热材料接缝高差的允许偏差为2mm。

检验方法：用直尺和楔形塞尺检查。

8.5.14 喷涂硬泡聚氨酯保温隔热层的平整度允许偏差为5mm。

检验方法：用1m靠尺和楔形塞尺检查。

8.5.15 防水垫层一般项目的质量验收应按本规范第5.5节的规定执行。

9 金属板屋面

9.1 一般规定

9.1.1 金属板屋面的板材主要包括压型金属板和金属面绝热夹芯板。

9.1.2 金属板屋面坡度不宜小于5%。

9.1.3 压型金属板屋面适用于防水等级为一级和二级的坡屋面。金属面绝热夹芯板屋面适用于防水等级为二级的坡屋面。

9.1.4 防水等级为一级的压型金属板屋面不应采用明钉固定方式，应采用大于180°咬边连接的固定方式；防水等级为二级的压型金属板屋面采用明钉或金属螺钉固定方式时，钉帽应有防水密封措施。

9.1.5 金属面绝热夹芯板的四周接缝均应采用耐候丁基橡胶防水密封胶带密封。

9.1.6 防水等级为一级的压型金属板屋面应采用防水垫层，防水等级为二级的压型金属板屋面宜采用防水垫层。

9.1.7 金属板与屋面承重构件的固定应根据风荷载确定。

9.1.8 金属板屋面吸声材料和隔声材料的施工应符合相关标准的规定。

9.1.9 金属板屋面防水垫层的设计和细部构造可按本规范第5.2节和第5.3节的规定执行。

9.1.10 金属板屋面防水垫层的施工可按本规范第5.4节的规定执行。

9.2 设计要点

9.2.1 金属板屋面应由具有相应资质的设计单位进行设计。

9.2.2 金属板屋面工程设计应根据建筑物性质和功能要求确定防水等级，选用金属板材。

9.2.3 金属板屋面的风荷载设计应按工程所在地区的最大风力、建筑物高度、屋面坡度、基层状况、建筑环境和建筑形式等因素，按照现行国家标准《建筑结构荷载规范》GB 50009的有关规定计算风荷载，并按设计要求提供抗风揭试验检测报告。

9.2.4 压型金属板屋面变形较大时，应进行变形计算，并宜设置屋面板滑动连接构造。

9.2.5 金属板屋面的排水坡度，应根据屋面结构形式和当地气候条件等因素确定。

9.2.6 屋面天沟、檐沟设计应符合下列规定：

1 天沟、檐沟应设置溢流孔；

2 金属天沟、内檐沟下面宜设置保温隔热层；

3 金属天沟、檐沟应有防腐措施；

4 天沟、檐沟与金属屋面板材的连接应采用密封的节点设计。

9.2.7 金属天沟、檐沟应设置伸缩缝，伸缩缝间隔不宜大于30m。

9.2.8 压型金属板屋面的支架宜为钢、铝合金或不锈钢材质，支架与金属屋面板连接处应密封。

9.2.9 有保温隔热要求的压型金属板屋面，保温隔热层应设在金属屋面板的下方。

9.2.10 当室内湿度较大或采用纤维状保温材料时，压型金属板屋面设计应符合下列规定：

1 保温隔热层下面应设置隔汽层；

2 防水等级为一级时，保温隔热层上面应设置透汽防水垫层；

3 防水等级为二级时，保温隔热层上面宜设置透汽防水垫层。

9.2.11 金属面绝热夹芯板屋面设计应符合下列规定：

1 夹芯板顺坡长向搭接，坡度小于10%时，搭接长度不应小于300mm；坡度大于等于10%时，搭接长度不应小于250mm；

2 包边钢板、泛水板搭接长度不应小于60mm，铆钉中距不应大于300mm；

3 夹芯板横向相连应为拼接式或搭接式，连接处应密封；

4 夹芯板纵横向的接缝、外露铆钉钉头，以及细部构造应采用密封材料封严。

9.3 细部构造

9.3.1 压型金属板屋面构造应符合下列规定：

1 金属屋面构造层次（图9.3.1-1）包括：金属屋面板、固定支架、透汽防水垫层、保温隔热层和承托网。

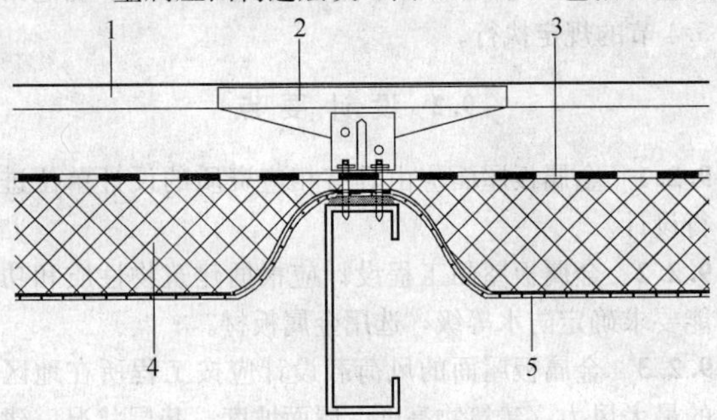

图9.3.1-1 金属屋面

1—金属屋面板；2—固定支架；3—透汽防水垫层；4—保温隔热层；5—承托网

2 屋脊构造（图9.3.1-2）应符合下列规定：

1）屋脊部位应采用屋脊盖板，并作防水处理；

2）屋脊盖板应依据屋面的热胀冷缩设计；

3）屋脊盖板应设置保温隔热层。

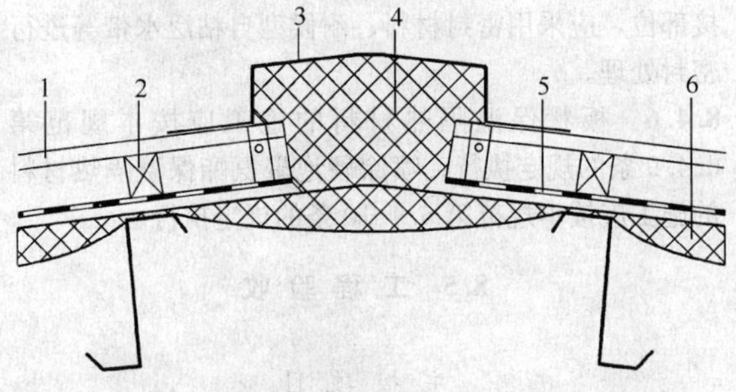

图9.3.1-2 屋脊

1—金属屋面板；2—屋面板连接；3—屋脊盖板；4—填充保温棉；5—防水垫层；6—保温隔热层

3 檐口部位构造（图9.3.1-3）应符合下列规定：

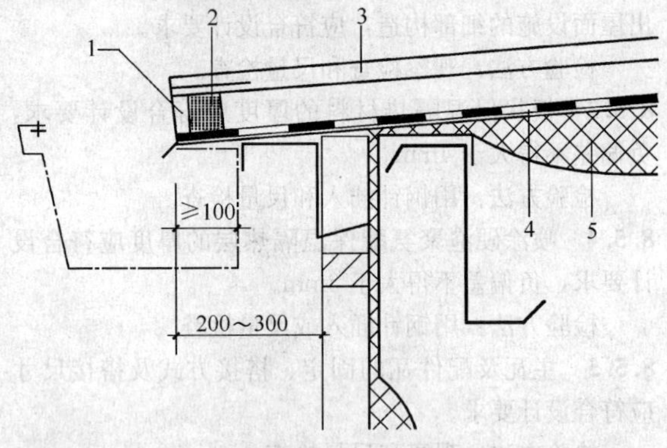

图9.3.1-3 檐口

1—封边板；2—防水堵头；3—金属屋面板；4—防水垫层；5—保温隔热层

1）屋面金属板的挑檐长度宜为200mm～300mm，或根据设计要求，按工程所在地风荷载计算确定；金属板与檐沟之间应设置防水密封堵头和金属封边板；

2）屋面金属板挑入檐沟内的长度不宜小于100mm；

3）墙面宜在相应位置设置檐口堵头；

4）屋面和墙面保温隔热层应连接。

4 山墙部位构造（图9.3.1-4）应符合下列规定：

1）山墙部位构造应按建筑物热胀冷缩因素设计；

2）屋面和墙面的保温隔热层应连接。

5 出屋面山墙部位构造（图9.3.1-5）中，金属板屋面与墙相交处泛水的高度不应小于250mm。

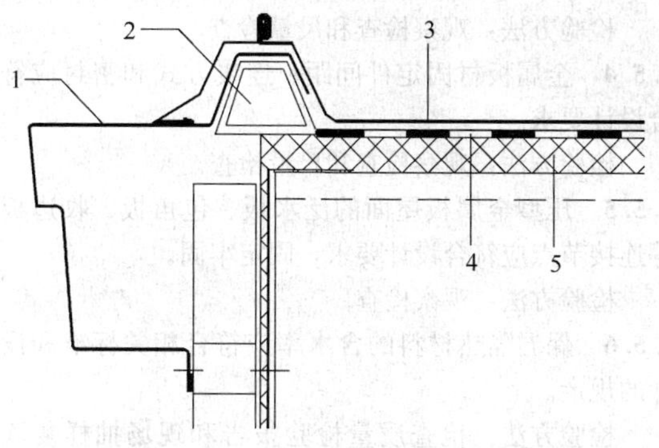

图 9.3.1-4 山墙

1—山墙饰边；2—温度应力隔离组件；
3—金属屋面板；4—防水垫层；5—保温隔热层

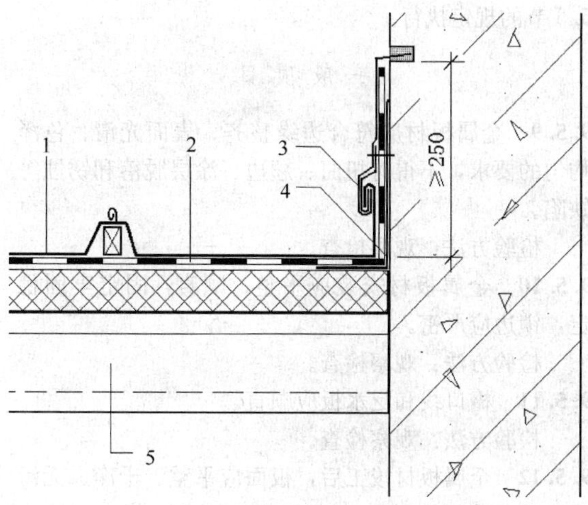

图 9.3.1-5 出屋面山墙

1—金属屋面板；2—防水垫层；3—泛水
及温度应力组件；4—支撑角钢；5—檩条

9.3.2 金属面绝热夹芯板屋面构造应符合下列规定：

1 金属夹芯板屋面屋脊构造（图 9.3.2-1）应包括：屋脊盖板、屋脊盖板支架、夹芯屋面板等。屋脊处应设置屋脊盖板支架，屋脊板与屋脊盖板支架连接，连接处和固定部位应采用密封胶封严。

2 拼接式屋面板防水扣槽构造（图 9.3.2-2）应包括：防水扣槽、夹芯板翻边、夹芯屋面板和螺钉。

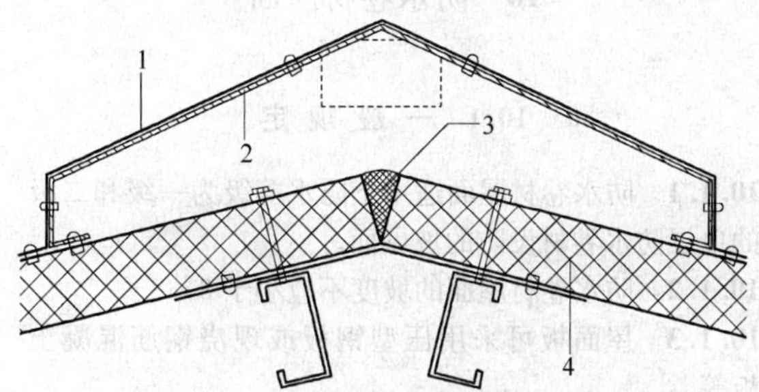

图 9.3.2-1 屋脊

1—屋脊盖板；2—屋脊盖板支架；
3—聚苯乙烯泡沫条；4—夹芯屋面板

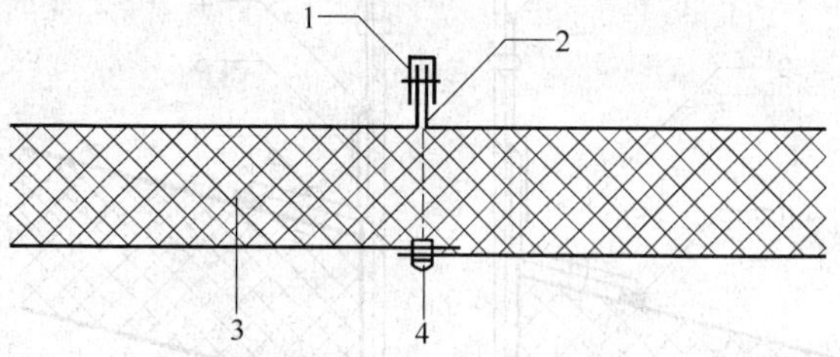

图 9.3.2-2 拼接式屋面板防水扣槽

1—防水扣槽；2—夹芯板翻边；
3—夹芯屋面板；4—螺钉

3 檐口宜挑出外墙 150mm～500mm，檐口部位应采用封檐板封堵，固定螺栓的螺帽应采用密封胶封严（图 9.3.2-3）。

4 山墙应采用槽形泛水板封盖，并固定牢固，固定钉处应采用密封胶封严（图 9.3.2-4）。

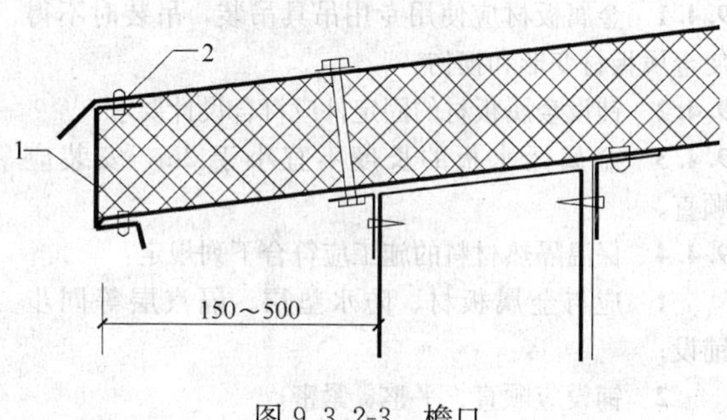

图 9.3.2-3 檐口

1—封檐板；2—密封胶

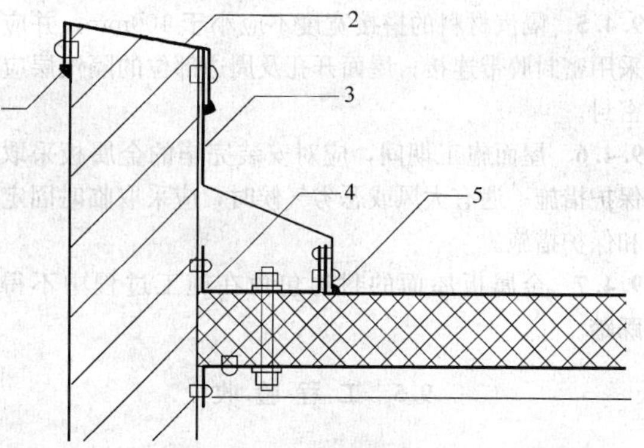

图 9.3.2-4 山墙

1、5—密封胶；2—槽型泛水板；
3—金属泛水板；4—金属 U 形件

5 采用法兰盘固定屋面排气管，并与屋面板连接，法兰盘上应设置金属泛水板，连接处用密封材料封严（图 9.3.2-5）。

9.3.3 金属屋面板与采光天窗四周连接时，应进行密封处理。

9.3.4 金属板天沟伸入屋面金属板下面的宽度不应小于 100mm。

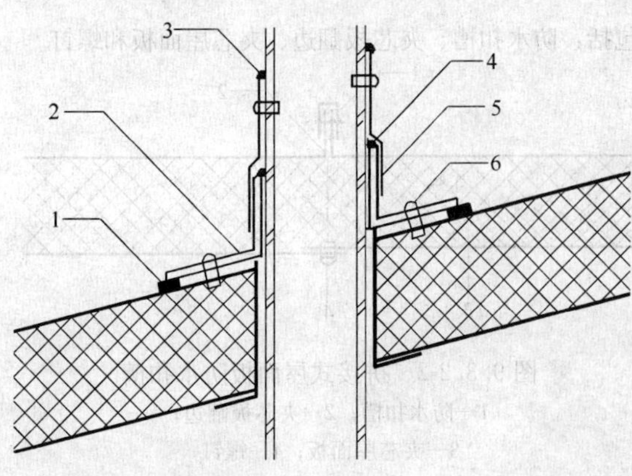

图 9.3.2-5　排气管

1、3—密封胶；2—法兰盘；4—密封胶条；5—金属泛水板；6—铆钉

9.4　施工要点

9.4.1　金属板材应使用专用吊具吊装，吊装时不得使金属板材变形和损伤。

9.4.2　铺设金属板材的固定件应符合设计要求。

9.4.3　金属泛水板的长度不宜小于 2m，安装应顺直。

9.4.4　保温隔热材料的施工应符合下列规定：

1　应与金属板材、防水垫层、隔汽层等同步铺设；

2　铺设应顺直、平整、紧密；

3　屋脊、檐口、山墙等部位的保温隔热层应与屋面保温隔热层连为一体。

9.4.5　隔汽材料的搭接宽度不应小于 100mm，并应采用密封胶带连接；屋面开孔及周边部位的隔汽层应密封。

9.4.6　屋面施工期间，应对安装完毕的金属板采取保护措施；遇有大风或恶劣气候时，应采取临时固定和保护措施。

9.4.7　金属板屋面的封边包角在施工过程中不得踩踏。

9.5　工程验收

主控项目

9.5.1　金属板材、保温隔热材料、吸声材料、隔声材料及其配套材料的质量应符合设计要求。

检验方法：观察检查和检查出厂合格证、质量检验报告和进场抽样复验报告。

9.5.2　压型金属板材表面的涂层厚度、硬度及延展性等应符合设计要求。

检验方法：漆膜测厚仪和 T 弯检查。

9.5.3　屋脊、天沟、檐沟、檐口、山墙、立墙和穿出屋面设施的细部构造，应符合设计要求。

检验方法：观察检查和尺量检查。

9.5.4　金属板材固定件间距、连接方式和密封应符合设计要求。

检验方法：观察检查和尺量检查。

9.5.5　压型金属板屋面的泛水板、包角板、收边板等连接节点应符合设计要求，固定牢固。

检验方法：观察检查。

9.5.6　保温隔热材料的含水率应符合相关标准和设计的规定。

检验方法：检查质量检验报告和现场抽样复验报告。

9.5.7　金属板屋面竣工后，不得渗漏。

检验方法：雨后或进行 2h 淋水检验，观察检查。

9.5.8　防水垫层主控项目的质量验收应按本规范第 5.5 节的规定执行。

一般项目

9.5.9　金属板材应符合边缘整齐、表面光滑、色泽均匀的要求，不得有扭曲、翘边、涂层脱落和锈蚀等缺陷。

检验方法：观察检查。

9.5.10　金属板材安装应平整、顺直，固定牢固稳定，锁边应严密。

检验方法：观察检查。

9.5.11　檐口线和泛水板应顺直。

检验方法：观察检查。

9.5.12　金属板材竣工后，板面应平整、干净、无污迹及施工残留物。

检验方法：观察检查。

9.5.13　板状保温隔热材料铺设应紧贴基层，铺平垫稳，固定牢固，拼缝严密。

检验方法：观察检查。

9.5.14　毡状保温隔热材料铺设应连续、平整。

检验方法：观察检查。

9.5.15　防水垫层一般项目的质量验收应按本规范第 5.5 节的规定执行。

10　防水卷材屋面

10.1　一般规定

10.1.1　防水卷材屋面适用于防水等级为一级和二级的单层防水卷材设防的坡屋面。

10.1.2　防水卷材屋面的坡度不应小于 3%。

10.1.3　屋面板可采用压型钢板或现浇钢筋混凝土板等。

10.1.4　防水卷材屋面采用的防水卷材主要包括：聚氯乙烯（PVC）防水卷材、三元乙丙橡胶（EPDM）防水卷材、热塑性聚烯烃（TPO）防水卷材、弹性体

(SBS) 改性沥青防水卷材、塑性体 (APP) 改性沥青防水卷材等。

10.1.5 保温隔热材料可采用硬质岩棉板、硬质矿渣棉板、硬质玻璃棉板、硬质泡沫聚氨酯保温板及硬质泡沫聚苯乙烯保温板等板材，并应符合防火设计规范的相关要求。

10.1.6 保温隔热层应设置在屋面板上。

10.1.7 单层防水卷材和保温隔热材料构成的屋面系统，可采用机械固定法、满粘法或空铺压顶法铺设。

10.1.8 屋面应严格控制明火施工，并采取相应的安全措施。

10.2 设 计 要 点

10.2.1 单层防水卷材的厚度和搭接宽度应符合表10.2.1-1和表10.2.1-2的规定：

表 10.2.1-1 单层防水卷材厚度 (mm)

防水卷材名称	一级防水厚度	二级防水厚度
高分子防水卷材	≥1.5	≥1.2
弹性体、塑性体改性沥青防水卷材	≥5	

表 10.2.1-2 单层防水卷材搭接宽度 (mm)

防水卷材名称	长边、短边搭接方式				
	满粘法	机械固定法			
		热风焊接		搭接胶带	
		无覆盖机械固定垫片	有覆盖机械固定垫片	无覆盖机械固定垫片	有覆盖机械固定垫片
高分子防水卷材	≥80	≥80且有效焊缝宽度≥25	≥120且有效焊缝宽度≥25	≥120且有效粘结宽度≥75	≥200且有效粘结宽度≥150
弹性体、塑性体改性沥青防水卷材	≥100	≥80且有效焊缝宽度≥40	≥120且有效焊缝宽度≥40	—	

10.2.2 选用的防水卷材性能除应符合相关的材料标准外，还应具有适用于工程所在区域的环境条件、耐紫外线和环保等特性。

10.2.3 机械固定屋面系统的风荷载设计应符合下列规定：

1 按工程所在地区的最大风力、建筑物高度、屋面坡度、基层状况、卷材性能、建筑环境、建筑形式等因素，按照现行国家标准《建筑结构荷载规范》GB 50009 的有关规定进行风荷载计算；

2 应对设计选定的防水卷材、保温隔热材料、隔汽材料和机械固定件等组成的屋面系统进行抗风揭试验，试验结果应满足风荷载设计要求；

3 应根据风荷载设计计算和试验数据，确定屋面檐角区、檐边区、中间区固定件的布置间距。

10.2.4 采用机械固定法时，屋面持钉层的厚度应符合下列规定：

1 压型钢板基板的厚度不宜小于 0.75mm，基板最小厚度不得小于 0.63mm，当基板厚度在 0.63mm～0.75mm 时应通过拉拔试验验证钢板强度；

2 钢筋混凝土板的厚度不应小于 40mm。

10.2.5 防水卷材的搭接宜采用热风焊接、热熔粘结、胶粘剂及胶粘带等方式。

10.2.6 屋面保温隔热材料设计应符合下列规定：

1 保温隔热材料的厚度应根据建筑设计计算确定；

2 应具有良好的物理性能、尺寸稳定性；

3 防火等级应符合国家的相关规定；

4 屋面设置内檐沟时，内檐沟处不得降低保温隔热效果。

10.2.7 采用机械固定施工方法时，保温隔热材料的主要性能应符合下列规定：

1 在 60kPa 的压缩强度下，压缩比不得大于 10%；

2 在 500N 的点荷载作用下，变形不得大于 5mm；

3 当采用单层岩棉、矿渣棉铺设时，压缩强度不得低于 60kPa；多层岩棉、矿渣棉铺设时，每层压缩强度不得低于 40kPa，与防水层直接接触的岩棉、矿渣棉，压缩强度不得低于 60kPa。

10.2.8 板状保温隔热材料采用机械固定时，固定件数量和位置应符合表 10.2.8 的规定。

表 10.2.8 保温隔热材料固定件数量和位置

保温隔热材料	每块板机械固定件最少数量		固定位置
挤塑聚苯板(XPS) 模塑聚苯板(EPS) 硬泡聚氨酯板	各边长均≤1.2m	4个	四个角及沿长向中线均匀布置，固定垫片距离板材边缘≤150mm
	任一边长>1.2m	6个	
岩棉、矿渣棉板、玻璃棉板	—	2个	沿长向中线均匀布置

注：其他类型的保温隔热板材机械固定件的布置设计由系统供应商提供。

10.2.9 屋面保温隔热层干燥有困难时，宜采用排汽屋面。

10.2.10 屋面系统构造层次中相邻的不同产品应具有相容性。不相容时，应设置隔离层，隔离层应与相邻的材料相容。

10.2.11 含有增塑剂的高分子防水卷材与泡沫保温材料之间应增设隔离层。

10.3 细 部 构 造

10.3.1 内檐沟构造宜增设附加防水层，防水层应铺设至内檐沟的外沿。

10.3.2 山墙顶部泛水卷材应铺设至外墙边沿（图10.3.2）。

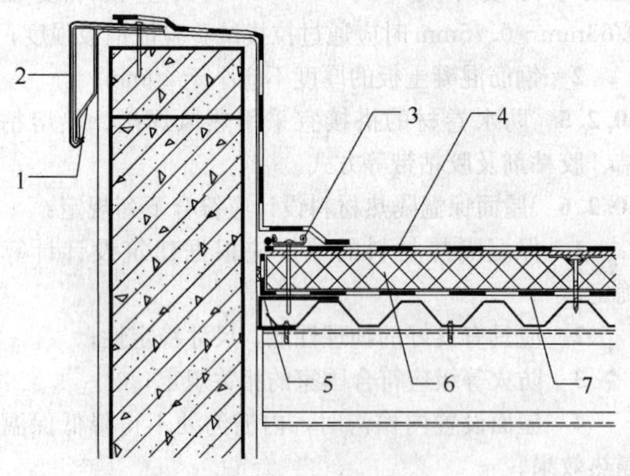

图 10.3.2 山墙顶

1—钢板连接件；2—复合钢板；3—固定件；4—防水卷材；5—收边加强钢板；6—保温隔热层；7—隔汽层

10.3.3 檐口部位构造（图10.3.3）应符合下列规定：

1 檐口部位应设置外包泛水；

2 外包泛水应包至隔汽层下不应小于50mm。

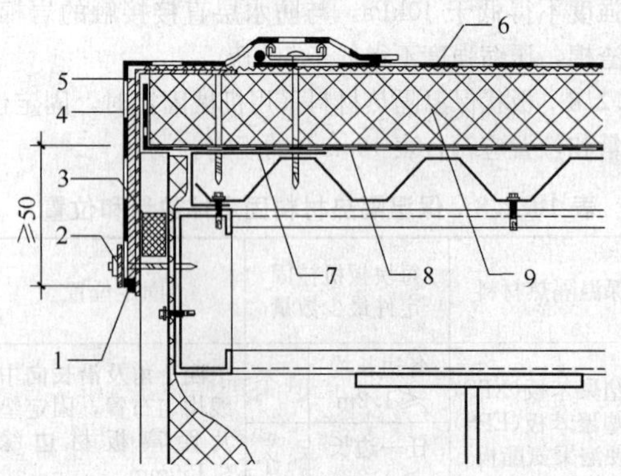

图 10.3.3 檐口

1—外墙填缝；2—收口压条及螺钉；3—泡沫堵头；4—外包泛水；5—钢板封边；6—防水卷材；7—收边加强钢板；8—隔汽层；9—保温隔热层

10.3.4 女儿墙部位构造（图10.3.4）应符合下列规定：

1 女儿墙部位泛水高度不应小于250mm，并采用金属压条收口与密封；

2 女儿墙顶部应采用盖板覆盖。

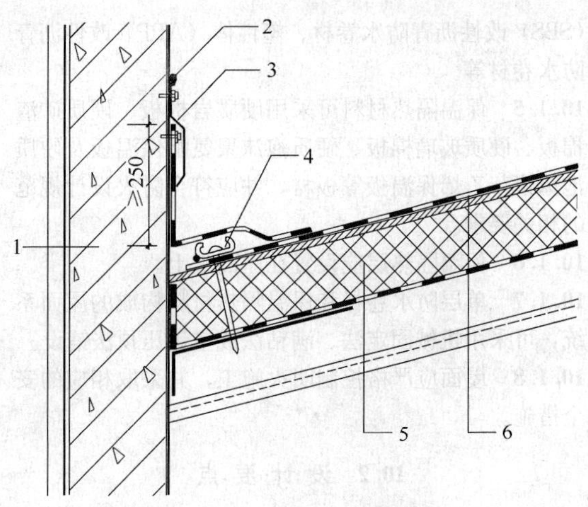

图 10.3.4 女儿墙

1—墙体；2—密封胶；3—收口压条及螺钉；4—金属压条；5—保温隔热层；6—防水卷材

10.3.5 穿出屋面设施构造（图10.3.5-1、图10.3.5-2）应符合下列规定：

1 当穿出屋面设施开口尺寸小于500mm时，泛水应直接与屋面防水卷材焊接或粘结，泛水高度应大于250mm；

2 当穿出屋面设施开口尺寸大于500mm时，穿出屋面设施开口四周的防水卷材应采用金属压条固定，每条金属压条的固定钉不应少于2个，泛水应直接与屋面防水卷材焊接或粘结，泛水高度应大于250mm。

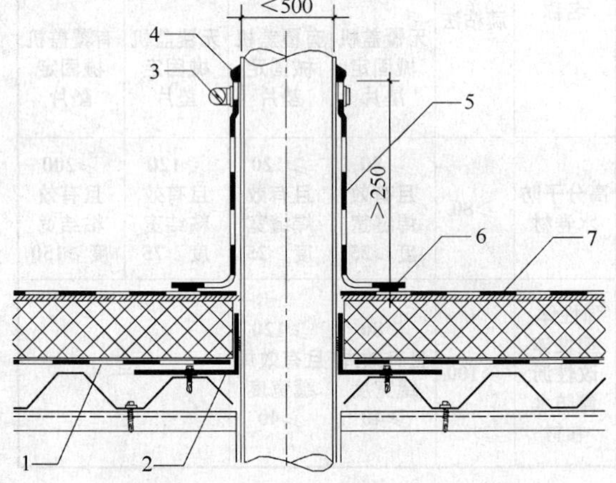

图 10.3.5-1 穿出屋面管道（1）

1—隔汽层；2—隔汽层连接胶带；3—不锈钢金属箍（密封）；4—密封胶；5—防水卷材；6—热熔焊接；7—保温隔热层

10.3.6 变形缝构造应符合下列规定：

1 变形缝（图10.3.6-1）内应填充泡沫塑料，缝口放置聚乙烯或聚氨酯泡沫棒材，并应设置盖缝防水卷材。

2 当变形缝（图10.3.6-2）两侧为墙体时，墙体应伸出保温隔热层不小于100mm，阴角处抹水泥

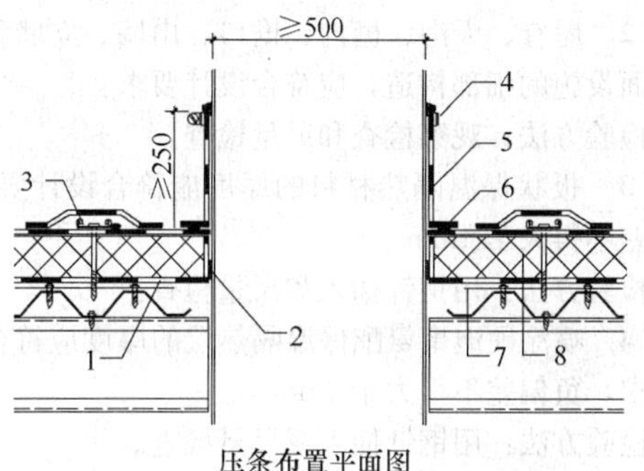

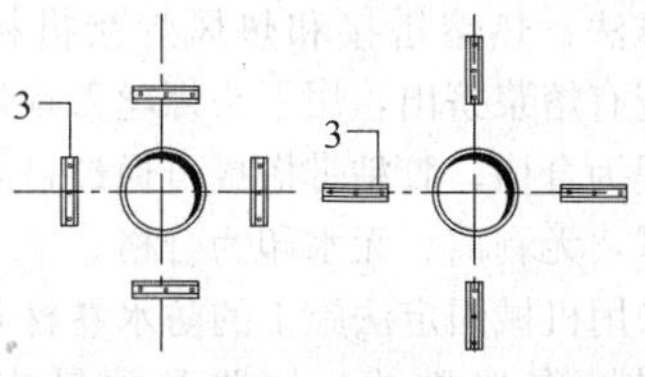

图 10.3.5-2 穿出屋面管道（2）

1—隔汽层；2—隔汽层连接胶带；3—金属压条；4—不锈钢金属箍或金属压条（密封）；5—防水卷材；6—热熔焊接；7—收边加强钢板；8—保温隔热层

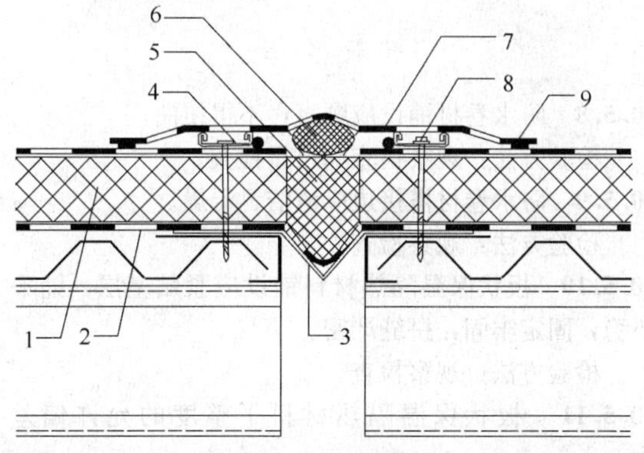

图 10.3.6-1 变形缝（1）

1—保温隔热层；2—隔汽层；3—V 形底板；4—金属压条；5—发泡聚氨酯；6—聚乙烯或聚氨酯棒材；7—盖缝防水卷材；8—固定件；9—热风焊接

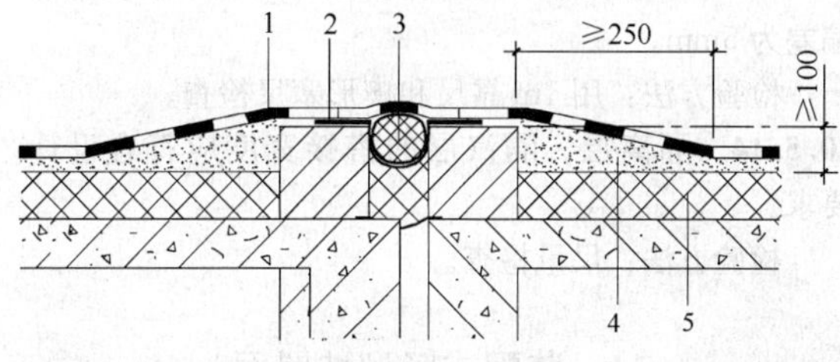

图 10.3.6-2 变形缝（2）

1—防水层；2—U 形金属板；3—聚乙烯或聚氨酯棒材；4—保护层；5—保温隔热层

砂浆作缓坡，坡长大于 250mm。

10.3.7 水落口卷材覆盖条应与水落口和卷材粘结牢固（图 10.3.7-1、图 10.3.7-2）。

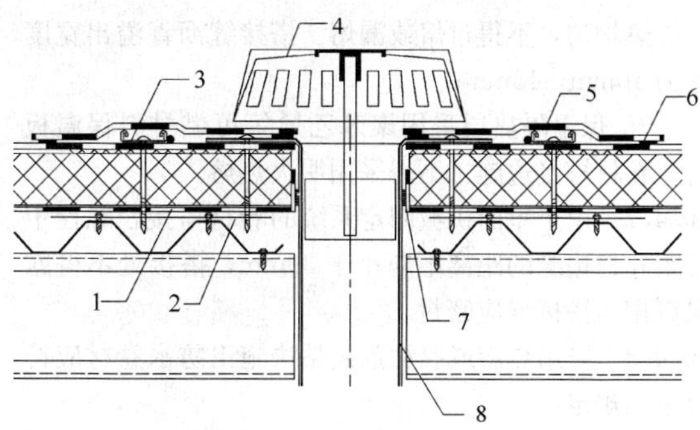

图 10.3.7-1 水落口（1）

1—隔汽层；2—收边加强钢板；3—金属压条；4—雨水口挡叶器；5—覆盖条；6—热风焊接；7—隔汽层连接胶带；8—预制水落口

横向水落口应伸出墙体，覆盖条与卷材和水落口连接处应粘结牢固。

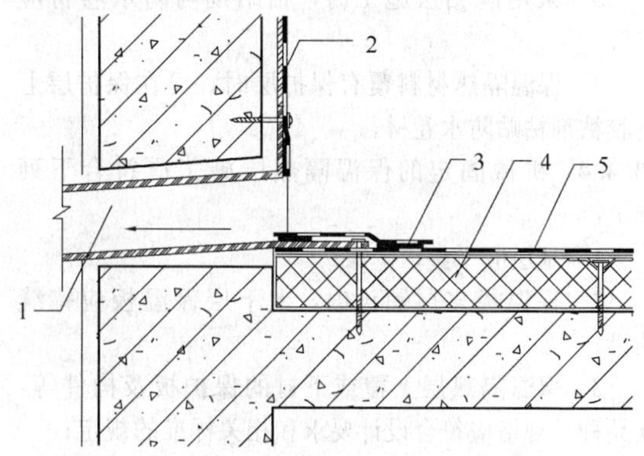

图 10.3.7-2 水落口（2）

1—水落口；2—胶粘剂；3—焊接接缝；4—保温隔热层；5—防水卷材

10.4 施工要点

10.4.1 采用机械固定法施工防水卷材应符合下列规定：

1 固定件数量和间距应符合设计要求；螺钉固定件必须固定在压型钢板的波峰上，并应垂直于屋面板，与防水卷材结合紧密；在屋面收边和开口部位，当固定钉不能固定在波峰上时，应增设收边加强钢板，固定钉固定在收边加强钢板上；

2 螺钉穿出钢屋面板的有效长度不得小于 20mm，当底板为混凝土屋面板时，嵌入混凝土屋面板的有效长度不得小于 30mm；

3 铺贴和固定卷材应平整、顺直、松弛，不得褶皱；

4 卷材铺贴和固定的方向宜垂直于屋面压型钢板波峰；坡度大于 25%时，宜垂直屋脊铺贴；

5 高分子防水卷材搭接边采用焊接法施工，接缝不得漏焊或过焊；

6 改性沥青防水卷材搭接边采用热熔法施工，

应加热均匀，不得过熔或漏熔。搭接缝沥青溢出宽度宜为10mm～15mm；

7 保温隔热层采用聚苯乙烯等可燃材料保温板时，卷材搭接边施工不得采用明火热熔。

10.4.2 用于屋面机械固定系统的卷材搭接，螺栓中心距卷材边缘的距离不应小于30mm，搭接处不得露出钉帽，搭接缝应密封。

10.4.3 采用热熔或胶粘剂满粘法施工防水卷材应符合下列规定：

1 基层应坚实、平整、干净、干燥。细石混凝土基层不得有疏松、开裂、空鼓等现象，并应涂刷基层处理剂，基层处理剂应与卷材材性相容；

2 不得直接在保温隔热层表面采用明火热熔法和热沥青粘贴沥青基防水卷材；不得直接在保温隔热层材料表面采用胶粘剂粘贴防水卷材；

3 采用满粘法施工时，粘结剂与防水卷材应相容；

4 保温隔热材料覆有保护层时，可在保护层上用胶粘剂粘贴防水卷材。

10.4.4 机械固定的保温隔热层施工应符合下列规定：

1 基层应平整、干燥；

2 保温板多层铺设时，上下层保温板应错缝铺设；

3 保温隔热层上覆或下衬的保护板及构件等，其品种、规格应符合设计要求和相关标准的规定；

4 机械固定施工时，保温板材的压缩强度和点荷载强度应符合设计要求和本规范第10.2.7条的规定；

5 固定件规格、布置方式和数量应符合设计要求和本规范表10.2.8的规定。

10.4.5 隔离层施工应符合下列规定：

1 保温隔热层与防水层材性不相容时，其间应设隔离层；

2 隔离层搭接宽度不应小于100mm。

10.4.6 隔汽层施工应符合下列规定：

1 隔汽层可空铺于压型钢板或装配式屋面板上，采用机械固定法施工时应与保温隔热层同时固定；

2 隔汽材料的搭接宽度不应小于100mm，并应采用密封胶带连接，屋面开孔及周边部位的隔汽层应采用密封措施。

10.5 工程验收

主控项目

10.5.1 防水卷材、保温隔热材料及其配套材料的质量应符合设计要求。

检验方法：观察检查和检查出厂合格证、质量检验报告和进场抽样复验报告。

10.5.2 屋脊、天沟、檐沟、檐口、山墙、立墙和穿出屋面设施的细部构造，应符合设计要求。

检验方法：观察检查和尺量检查。

10.5.3 板状保温隔热材料的厚度应符合设计要求，负偏差不得大于4mm。

检验方法：用钢针插入和尺量检查。

10.5.4 喷涂硬泡聚氨酯保温隔热层的厚度应符合设计要求，负偏差不得大于3mm。

检验方法：用钢针插入或尺量检查。

10.5.5 防水卷材搭接缝必须严密。

检验方法：热熔搭接和热风焊接搭接可通过目测。焊缝应有熔浆挤出，用平头螺丝刀顺焊缝边缘挑试，无漏焊为合格。胶粘带搭接可通过目测和淋水试验方法测试，无剥离、无水印为合格。

10.5.6 采用机械固定法施工的防水卷材和保温板固定件的规格、布置方式、位置和数量应符合设计要求。

检验方法：观察检查和尺量检查。

10.5.7 防水卷材屋面竣工后不得渗漏。

检验方法：雨后或进行2h淋水，观察检查。

一般项目

10.5.8 防水卷材铺设应顺直，不得扭曲。

检验方法：观察检查和尺量检查。

10.5.9 防水卷材搭接边应清洁、干燥。

检验方法：观察检查。

10.5.10 板状保温隔热材料铺设应紧贴基层，铺平垫稳，固定牢固，拼缝严密。

检验方法：观察检查。

10.5.11 板状保温隔热材料平整度的允许偏差为5mm。

检验方法：用2m靠尺和楔形塞尺检查。

10.5.12 板状保温隔热材料接缝高差的允许偏差为2mm。

检验方法：用直尺和楔形塞尺检查。

10.5.13 喷涂硬泡聚氨酯保温隔热层的平整度允许偏差为5mm。

检验方法：用1m靠尺和楔形塞尺检查。

10.5.14 隔离层、隔汽层的搭接宽度应符合设计要求。

检验方法：尺量检查。

11 装配式轻型坡屋面

11.1 一般规定

11.1.1 装配式轻型坡屋面适用于防水等级为一级和二级的新建屋面和平改坡屋面。

11.1.2 装配式轻型坡屋面的坡度不应小于20%。

11.1.3 平改坡屋面应根据既有建筑的进深、承载能力确定承重结构和选择屋面材料。

11.2 设计要点

11.2.1 装配式轻型坡屋面结构构件和连接件的荷载计算应符合现行国家标准《建筑结构荷载规范》GB 50009的有关规定；抗震设计应符合现行国家标准《建筑抗震设计规范》GB 50011的有关规定。

11.2.2 装配式轻型坡屋面采用的瓦材和金属板应满足屋面设计要求，并应符合本规范相关章节的规定。

11.2.3 平改坡屋面的结构设计应符合下列规定：

1 屋架上弦支撑在原屋面板上时，应做结构验算；

2 增加圈梁和卧梁时应与既有建筑墙体连接牢固；

3 屋面宜设檐沟；

4 烟道、排汽道穿出坡屋面不应小于600mm，交接处应作防水密封处理；

5 屋面宜设置上人孔。

11.2.4 装配式轻型坡屋面保温隔热层和通风层设计应符合下列规定：

1 保温隔热层宜做内保温设计；

2 通风口面积不宜小于屋顶投影面积的1/150，通风间层的高度不应小于50mm，屋面通风口处应设置格栅或防护网；

3 穿过顶棚板的设施应进行密封处理。

11.2.5 装配式轻型坡屋面宜在保温隔热层下设置隔汽层。

11.2.6 装配式轻型坡屋面防水垫层应符合本规范第5章的规定。

11.3 细部构造

11.3.1 檐沟部位构造（图11.3.1）应符合下列规定：

1 新建装配式轻型坡屋面宜采用成品轻型檐沟；

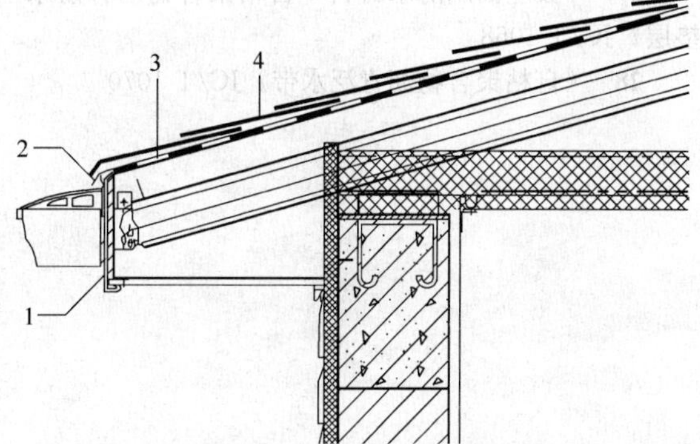

图11.3.1 新建房屋装配式轻型坡屋面檐口
1—封檐板；2—金属泛水板；
3—防水垫层；4—轻质瓦

2 檐口部位构造应按本规范第6.3.5条的规定执行。

11.3.2 平改坡屋面构造层次宜为瓦材、防水垫层和屋面板（图11.3.2）。防水垫层应铺设在屋面板上，瓦材应铺设在防水垫层上并固定在屋面板上。

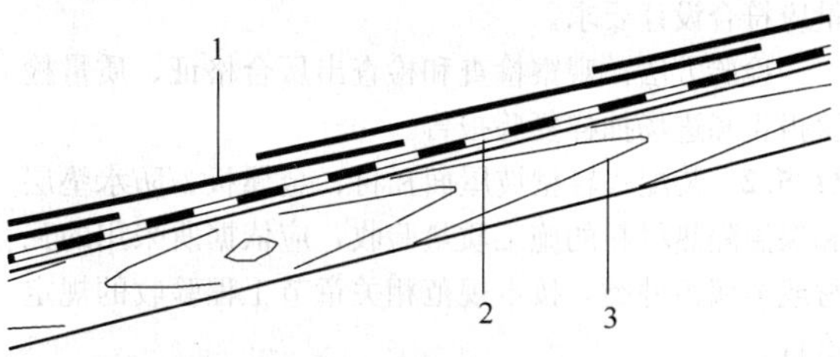

图11.3.2 平改坡屋面构造
1—瓦材；2—防水垫层；3—屋面板

11.3.3 既有屋面新增的钢筋混凝土或钢结构构件的两端，应搁置在原有承重结构位置上。平改坡屋面檐沟可利用既有建筑的檐沟，或新设置檐沟（图11.3.3）。

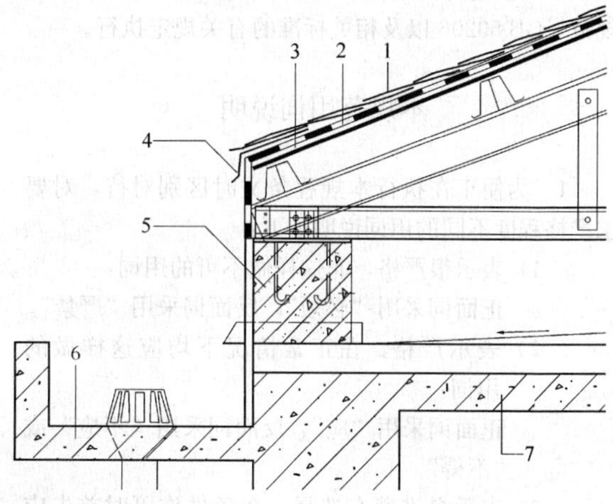

图11.3.3 平改坡屋面檐沟
1—轻质瓦；2—防水垫层；3—屋面板；4—金属泛水板；
5—现浇钢筋混凝土卧梁；6—原有檐沟；7—原有屋面

11.3.4 装配式轻型坡屋面的山墙宜采用轻质外挂板材封堵。

11.4 施工要点

11.4.1 屋面板铺装宜错缝对接，采用定向刨花板或结构胶合板时，板缝不应小于3mm，不宜大于6.5mm。

11.4.2 平改坡屋面安装屋架和构件不得破坏既有建筑防水层和保温隔热层。

11.4.3 瓦材和金属板材的施工应按本规范第6章、第8章和第9章的规定执行。

11.4.4 防水垫层的施工应按本规范第5.4节的规定执行。

11.4.5 保温隔热材料的施工可按本规范第6.4.9

条、第 6.4.10 条和其他有关规定执行。

11.5 工 程 验 收

11.5.1 装配式轻型坡屋面采用的瓦材、金属板、防水垫层、防水卷材、保温隔热材料及其配套材料的质量应符合设计要求。

检验方法：观察检查和检查出厂合格证、质量检验报告和进场抽样复验报告。

11.5.2 装配式轻型坡屋面瓦材、金属板、防水垫层和保温隔热材料的施工质量验收，应依据所采用的瓦材或金属板种类，按本规范相关章节工程验收的规定执行。

11.5.3 以薄壁型钢为承重结构的装配式轻型坡屋面的结构材料及构件进场验收、构件加工验收和现场安装验收，应符合现行国家标准《钢结构工程施工质量验收规范》GB 50205 的有关规定。

11.5.4 以木构件为承重结构的装配式轻型坡屋面的结构材料及构件进场验收、构件加工验收和现场安装验收，应按现行国家标准《木结构工程施工质量验收规范》GB 50206 以及相关标准的有关规定执行。

本规范用词说明

1 为便于在执行本规程条文时区别对待，对要求严格程度不同的用词说明如下：

1）表示很严格，非这样做不可的用词：
正面词采用“必须”，反面词采用“严禁”。

2）表示严格，在正常情况下均应这样做的用词：
正面词采用“应”，反面词采用“不应”或“不得”。

3）表示允许稍有选择，在条件许可时首先应这样做的用词：
正面词采用“宜”，反面词采用“不宜”；
表示有选择，在一定条件下可以这样做的用词采用“可”。

2 本规范中指定按其他有关标准、规范的规定执行时，写法为“应符合……的规定”或“应按……执行”。

引用标准名录

1 《木结构设计规范》GB 50005

2 《建筑结构荷载规范》GB 50009

3 《建筑抗震设计规范》GB 50011

4 《建筑给水排水设计规范》GB 50015

5 《民用建筑热工设计规范》GB 50176

6 《钢结构工程施工质量验收规范》GB 50205

7 《木结构工程施工质量验收规范》GB 50206

8 《硬泡聚氨酯保温防水工程技术规范》GB 50404

9 《铝及铝合金压型板》GB/T 6891

10 《绝热用模塑聚苯乙烯泡沫塑料》GB/T 10801.1

11 《绝热用挤塑聚苯乙烯泡沫塑料（XPS）》GB/T 10801.2

12 《彩色涂层钢板及钢带》GB/T 12754

13 《建筑用压型钢板》GB/T 12755

14 《聚氯乙烯防水卷材》GB 12952

15 《建筑绝热用玻璃棉制品》GB/T 17795

16 《弹性体改性沥青防水卷材》GB 18242

17 《塑性体改性沥青防水卷材》GB 18243

18 《建筑用岩棉、矿渣棉绝热制品》GB/T 19686

19 《玻纤胎沥青瓦》GB/T 20474

20 《烧结瓦》GB/T 21149

21 《建筑绝热用硬质聚氨酯泡沫塑料》GB/T 21558

22 《建筑用金属面绝热夹芯板》GB/T 23932

23 《种植屋面工程技术规程》JGJ 155

24 《混凝土瓦》JC/T 746

25 《丁基橡胶防水密封胶粘带》JC/T 942

26 《坡屋面用防水材料　聚合物改性沥青防水垫层》JC/T 1067

27 《坡屋面用防水材料　自粘聚合物沥青防水垫层》JC/T 1068

28 《自粘聚合物沥青泛水带》JC/T 1070

中华人民共和国国家标准

坡屋面工程技术规范

GB 50693—2011

条 文 说 明

制 定 说 明

《坡屋面工程技术规范》GB 50693-2011 经住房和城乡建设部 2011 年 5 月 12 日以第 1029 号公告批准、发布。

本规范制定过程中，编制组进行了坡屋面工程技术的相关研究，总结了我国坡屋面工程建设的实践经验，同时参考了国外先进技术法规、技术标准，通过试验取得了坡屋面材料的重要技术参数。

为便于广大设计、施工、科研、学校等单位有关人员在使用本标准时能正确理解和执行条文规定，《坡屋面工程技术规范》编制组按章、节、条顺序编制了本规范的条文说明，对条文规定的目的、依据以及执行中需要注意的有关事项进行了说明。但是，本条文说明不具备与规范正文同等的法律效力，仅供使用者作为理解和把握规范规定的参考。

目　次

1 总　　则

1.0.1 坡屋面使用的屋面材料、保温隔热材料、配件材料种类多种多样，设计复杂，构造变化大，施工难度大。我国有些省市编制了坡屋面构造做法或图集，但目前没有比较全面、统一的坡屋面工程技术规范。本规范是在总结国内坡屋面工程的设计、施工和验收经验的基础上，并参考国内外先进技术而制定的。

1.0.2 本规范的实施将对坡屋面工程的设计、施工提供技术指导，确保坡屋面工程质量。为便于专业性屋面工程质量验收，将质量验收条文附在每章的后面，不再另成文本。

本规范不适用于膜结构、玻璃采光、小青瓦和古建筑琉璃瓦等屋面构造形式。

2 术　　语

2.0.1 本规范所指的坡屋面，是与平屋面相对而言的，坡度低于3%的屋面一般称为平屋面，坡度不小于3%的屋面称为坡屋面。

弧形屋顶的拱顶坡度小于3%，但也属于坡屋面。

2.0.2 一般把平屋面的屋顶承重板称为屋面板，而将坡屋面的承重板称为望板，也有称为斜铺屋面板的，本规范统一称为屋面板。

2.0.3 本规范中的防水垫层是作为辅助防水材料和次防水层，专指用于坡屋面的防水材料，可视为次防水层的构造层次，置于保温层下时可视为隔汽层。防水垫层是传统做法，对于坡屋面防水隔热起到重要作用。同时，防水垫层还可以使瓦材铺设平整、稳定，并起隔离、隔潮、隔热、通风和施工早期保护等作用。

2.0.5 屋面板采用整体现浇钢筋混凝土板，可以阻止水蒸气透过，不必设置隔汽层。内保温隔热屋面，采用纤维状保温隔热材料，需要在保温隔热层下设置隔汽层。当采用装配式屋面板外保温隔热时也需要做隔汽层。

2.0.13 本规范中的块瓦不含小青瓦、琉璃瓦、竹木瓦和石板瓦。

2.0.14 沥青波形瓦除了作为屋面防水材料外，还可以用作防水垫层，作防水垫层时称为波形沥青板通风防水垫层。外露使用的沥青波形瓦应有较好的耐候性。

2.0.20 装配式轻型坡屋面是指屋面采用的屋架、檩条、屋面板、保温隔热层等所有材料都是轻质的，而不是单指保温隔热材料和防水材料是轻质的。

装配式轻型坡屋面适于工厂化生产，可节省人力、加快施工速度，在北美和欧洲是一种较普遍采用的屋顶建造方式。我国在20世纪90年代后，随着现代钢结构体系的迅速发展，装配式轻型坡屋面开始在一般住宅建筑和商业建筑屋面中得到应用。

装配式轻型坡屋面可以应用在传统的新建建筑结构主体上或既有建筑结构主体上，具有防水、保温隔热及发挥建筑造型等作用。相比钢筋混凝土屋面，装配式轻型坡屋面是一种节约能源、节约材料、缩短工期、改善建筑施工环境的新型屋面做法，符合国家节能节材的要求。

2.0.21 屋面风荷载影响因素包括气候、地形、环境、建筑物高度、坡度、粗糙度等，采取的措施主要有机械固定、满粘、压顶等。风揭会造成坡屋面系统破坏，危害建筑安全，影响使用功能，因此必须引起重视。为安全起见，应根据设计要求进行屋面系统的抗风揭试验，验证是否符合屋面风荷载设计要求。

2.0.22 依据发达国家相关建筑规范的规定，在冬季最冷月平均温度等于或低于－4℃或在檐口有可能结冰并形成冰坝返水的区域或部位，应采取防冰坝措施。防冰坝措施可以是在檐口部位增设一道自粘性改性沥青防水垫层，以防止形成冰坝时，汇集在冰坝处的返水倒流进瓦片搭接部位，造成屋面渗漏。

3 基 本 规 定

3.1 材　　料

3.1.1 我国的坡屋面建筑配套材料不齐备，在工程应用中往往东拼西凑，从而影响工程质量。本条强调的配置合理是指防水材料（瓦材、防水卷材）和防水垫层、保温隔热材料、泛水材料、密封材料、固定件及配件等应相互配套，符合设计、施工要求。

在施工中，施工可操作性容易被忽视。工程采用的材料性能很好，但施工操作困难，如在岩棉保温隔热材料上抹砂浆找平层，即便厚度达到30mm，施工瓦材时也会被踩踏龟裂。

3.1.4 随着建筑构造形式，新型材料越来越多，必须重视屋面系统的防火安全。

3.2 设　　计

3.2.3 本规范把坡屋面防水等级分为两级，不再沿用传统的四级分级方法。因为Ⅳ级建筑是临时性的，不必定级，Ⅰ级建筑较少，一般采取特殊防水设计满足使用年限的要求。

坡屋面的防水等级分为两级，较为重要的建筑屋面防水等级为一级，如大型公共建筑、博物馆、医院、学校等的建筑屋面。一般工业民用建筑屋面为二级，可根据业主要求增强防水功能及设计使用年限。

3.2.4 屋面材料品种是按照坡屋面的主要类型分列

的。坡度是根据屋面的构造特点和排水能力确定的。防水垫层的选择是考虑了屋面构造和屋面材料自身的防水能力。本条不适用于装饰性屋面材料。

3.2.5 因为瓦材是不封闭连续铺设的，属搭接构造，依靠物理排水满足防水功能，但会因风雨或毛细等情况引起屋面渗漏，因此必须有辅助防水层，以达到防水效果。

3.2.8 装配式屋面板包括混凝土预制屋面板、压型钢板、木屋面板等。

当屋面为装配式屋面板时，室内水汽会通过屋面板缝隙进入保温隔热层，从而影响保温隔热效果，故宜设置隔汽层，且隔汽层应是连续的、封闭的。

3.2.9 目前，现行国家标准《建筑结构荷载规范》GB 50009中有屋面风荷载设计和计算要求，但没有要求通过抗风揭试验验证设计结果，无法确定其安全性。所以应要求进行抗风揭试验，通过抗风揭试验，来验证设计选用的保温隔热、隔汽、防水材料和机械固定件组成的屋面系统的抗风荷载的能力。目前，沥青瓦屋面、金属板屋面和防水卷材屋面已有相应的抗风揭试验标准。

3.2.10 由于瓦材在此环境下容易脱落，产生安全隐患，必须采取加固措施。块瓦和波形瓦一般用金属件锁固，沥青瓦一般用满粘和增加固定钉的措施。

3.2.14 当屋面坡度大于100%时，保温隔热材料很难固定，易发生滑动而造成安全事故，故宜采用内保温隔热方式。

3.2.16 严寒地区的房屋檐口部位容易产生冰坝积水，冰坝是在屋面檐口形成的阻水冰体，它阻止融化的雪水顺利沿屋面坡度方向流走。滞留的屋面积水倒流，造成屋面渗漏，墙面、吊顶、保温层或其他部位潮湿。

防冰坝部位增设满粘防水垫层可避免冰坝积水返流。

3.2.17 严寒和寒冷地区冬季屋顶积雪较大，当气温升高时，屋顶的冰雪下部融化，大片的冰雪会沿屋顶坡度方向下坠，易造成安全事故。因此应采取相应的安全措施，如在临近檐口的屋面上增设挡雪栅栏或加宽檐沟等措施。

3.2.19、3.2.20 坡屋面有组织排水系统汇水面积可参照表1。

表1 坡屋面汇水面积

<table>
<tr><th colspan="2" rowspan="2">汇水面积
（m²）</th><th colspan="2">坡度（%）</th><th rowspan="2">备　注</th></tr>
<tr><th>3～30</th><th>≥30</th></tr>
<tr><td rowspan="2">年降水量</td><td>>500</td><td>200</td><td>100</td><td>采用虹吸排水，汇水面积增加100m²</td></tr>
<tr><td>≤500</td><td>300</td><td>200</td><td>不宜采用虹吸排水</td></tr>
</table>

3.2.23 光伏瓦和光伏防水卷材是国家倡导发展的新型屋面材料。光伏瓦主要指太阳能光伏电池与瓦材的复合体，光伏防水卷材主要指太阳能光伏薄膜电池与防水卷材的复合体，光伏瓦和光伏防水卷材与本规范中的块瓦和防水卷材的形状类似，其细部构造的设计施工可参考本规范第7章和第10章的相关规定。

3.3 施　工

3.3.1 施工前对图纸会审和重点审查是很有必要的，如发现设计有不合理部分可以修改设计或重新设计。通常需要对保温和防水进行细化设计。细化设计亦称二次设计。

3.3.4 由于防水垫层通常不宜长期暴露于阳光下，因此需要尽早铺设屋面面层材料。根据材料的不同，可承受的暴露的时间从一周到一个月不等，应参照防水垫层制造商的产品说明。

3.3.5 瓦材堆垛过高容易产生位移、滑落等安全隐患；对称作业可避免屋面荷载不均和引起轻质屋面结构产生破坏和变形。

3.3.6 内保温隔热材料应符合以下规定：

5 内保温隔热屋面，要求保温隔热材料吸湿率低，防火等级高，承托保温隔热材料的构造复杂，故本规范未提供细部构造说明和示意图。

3.3.12 坡屋面施工时，由于屋面具有一定坡度，易发生施工人员安全事故，所以本条作为强制性条文。

2 当坡度大于30%时，人和物易滑落，故应采取防滑措施。

4 坡屋面工程材料

4.1 防 水 垫 层

4.1.1 坡屋面由于坡度较大，特别是表面潮湿时，存在安全隐患。为了保证施工人员安全，防水垫层表面应有防滑性能，或采用防滑措施。

4.1.2 防水垫层应采用柔性材料，目前主要采用的是沥青类和高分子类防水垫层。本规范所列的防水垫层是目前常见的类型。

此外，现有的具有国家和行业标准的防水卷材和防水涂料，也可以作为防水垫层使用。

4.1.3 表4.1.3中所列的防水垫层具有较高的防水能力和耐用年限，主要用于防水等级为一级设防的瓦屋面，也可用于防水等级为二级设防的瓦屋面。表4.1.3中未列出的防水垫层可用于防水等级为二级设防的瓦屋面。

4.1.4～4.1.10 防水垫层已有国家或行业标准的按标准执行，对没有国家或行业标准的防水垫层，本规范提供了其主要物理性能指标，若以后颁布了相关防水垫层的国家和行业标准，应按相关标准的规定执行。

4.1.6 波形沥青通风防水垫层目前没有相关的国家标准或行业标准，表4.1.6中主要性能依据欧洲标准《波形沥青瓦——产品规格及检测方法》（Corrugated bitumen sheets——Product specification and test methods）EN 534—2006中S类产品的指标。标称厚度是指生产商明示的产品厚度值。用于一级设防的波形沥青通风防水垫层最小厚度应符合本规范表4.1.3的规定。

4.1.8 聚乙烯丙纶防水垫层用于一级设防瓦屋面时，应采用复合做法。复合防水垫层厚度不应小于2.0mm，其中聚乙烯丙纶防水垫层厚度不应小于0.7mm，聚合物水泥胶粘材料厚度不应小于1.3mm。聚乙烯丙纶防水垫层用于二级设防的瓦屋面时，聚乙烯丙纶防水垫层厚度不应小于0.7mm，可采用空铺或满粘做法。

4.2 保温隔热材料

4.2.1 坡屋面采用的保温隔热材料种类很多，标准中仅列出了常用的板状保温隔热材料。由于是坡屋面，散状保温隔热材料会滑动，不能保证厚度的均匀性，故不宜采用。

保温隔热板材也可以选用酚醛泡沫板、聚异氰脲酸酯泡沫板（PIR）等。这些板材是发达国家普遍使用的阻燃性较好的保温隔热材料，目前国内已开始使用此类材料，但没有相关的产品标准。

4.2.2 保温隔热材料的种类、型号、规格繁多，但厚度都必须达到传热系数要求，传热系数应符合《公共建筑节能设计标准》GB 50189等的规定。

4.2.3 大跨度屋面都是轻型结构，为了保证保温隔热效果和满足荷载要求，保温隔热材料的表观密度不宜太高。

岩棉、矿渣棉表观密度较大，本规范规定为不应大于250kg/m³。

对于装配式轻型坡屋面和平改坡屋面，采用内保温时，保温隔热材料不受压，可以采用较低的密度，以降低屋面的荷载。

4.2.4～4.2.8 保温隔热材料的规格和物理性能应按相应的国家标准或行业标准的规定，标准被修订时，应按最新标准执行。

4.4 块　瓦

4.4.3 各种瓦配件的规格是系统配套使用的，应避免混用。配件瓦系指脊瓦、山墙“L”形瓦、檐口瓦等瓦材。

4.5 波 形 瓦

4.5.1 沥青波形瓦目前没有相关的国家标准或行业标准，表4.5.1中主要性能依据欧洲标准《波形沥青瓦——产品规格及检测方法》（Corrugated bitumen sheets——Product specification and test methods）EN 534—2006中R类产品的指标。标称厚度是指生产商明示的产品厚度值。

4.6 金 属 板

4.6.1 压型金属板材的基板包括：热镀锌钢板、镀铝锌钢板、铝合金板、不锈钢板等。选用金属板的材质要考虑当地环境的腐蚀程度及使用者对建筑物的具体要求。本规范编制时，单层压型金属板材没有相应的产品标准，故对常用的板材材质提出了主要性能。

4.7 防 水 卷 材

4.7.1～4.7.6 本章涉及的防水卷材均为单层使用，因此对防水卷材的物理性能指标提出了更高的要求，特别是耐老化性和耐久性，所以将防水卷材人工气候老化试验的辐照时间定为2500h，辐照强度约为5250MJ/m²。采用机械固定的单层防水卷材应选用具有内增强的产品。

4.8 装配式轻型坡屋面材料

4.8.1 装配式轻型坡屋面的特点是工业化程度高，施工速度快，所选择材料应便于工厂化生产，并满足国家节能环保的政策法规。在选择材料的同时，应注意各种材料之间的相容性，防止附属材料对主体钢结构或木结构的腐蚀。

4.8.2 镀锌层重量（双面）不小于180g/m²的热浸镀锌板可满足一般使用年限屋顶的需要。但在近海海岸建筑、海岛建筑或其他腐蚀性环境中应用时，设计人员应确认构件的防腐性能是否满足要求。

4.8.3 装配式轻型坡屋面冷弯薄壁型钢通常采用的连接件（连接材料）的相关标准如下：

1 普通螺栓的相关标准有《六角头螺栓 C级》GB/T 5780、《紧固件机械性能、螺栓、螺钉和螺柱》GB/T 3098.1等；

2 高强度螺栓的相关标准有《钢结构用高强度大六角头螺栓》GB/T 1228、《钢结构用高强度大六角螺母》GB/T 1229、《钢结构用高强度垫圈》GB/T 1230、《钢结构用高强度大六角头螺栓、大六角螺母、垫圈技术条件》GB/T 1231、《钢结构用扭剪型高强度螺栓连接副》GB/T 3632等；

3 连接薄钢板、其他金属板或其他板材采用的自攻、自钻螺钉相关标准有《十字槽盘头自钻自攻螺钉》GB/T 15856.1、《十字槽沉头自钻自攻螺钉》GB/T 15856.2、《十字槽半沉头自钻自攻螺钉》GB/T 15856.3、《六角法兰面自攻螺钉》GB/T 15856.4、《开槽盘头自攻螺钉》GB/T 5282、《开槽沉头自攻螺钉》GB/T 5283、《开槽半沉头自攻螺钉》GB/T 5284、《六角头自攻螺钉》GB/T 5285等；

4 抽芯铆钉相关标准有以下几种：

《封闭型平圆头抽芯铆钉 11级》GB/T 12615.1；

《封闭型平圆头抽芯铆钉 30级》GB/T 12615.2；

《封闭型平圆头抽芯铆钉 06级》GB/T 12615.3；

《封闭型平圆头抽芯铆钉 51级》GB/T 12615.4；

《封闭型沉头抽芯铆钉 11级》GB/T 12616.1；

《开口型沉头抽芯铆钉 10、11级》GB/T 12617.1；

《开口型沉头抽芯铆钉 30级》GB/T 12617.2；

《开口型沉头抽芯铆钉 12级》GB/T 12617.3；

《开口型沉头抽芯铆钉 51级》GB/T 12617.4；

《开口型平圆头抽芯铆钉 10、11级》GB/T 12618.1；

《开口型平圆头抽芯铆钉 30级》GB/T 12618.2；

《开口型平圆头抽芯铆钉 12级》GB/T 12618.3；

《开口型平圆头抽芯铆钉 51级》GB/T 12618.4；

《开口型平圆头抽芯铆钉 20、21、22级》GB/T 12618.5；

《开口型平圆头抽芯铆钉 40、41级》GB/T 12618.6；

5 射钉相关标准有《射钉》GB/T 18981；

6 锚栓相关标准有《碳素结构钢》GB/T 700、《低合金高强度结构钢》GB/T 1591 规定的Q345等。

4.8.5 结构用定向刨花板规格和性能的相关标准有《定向刨花板》LY/T 1580，定向刨花板宜采用3级以上的板材；结构胶合板的相关标准有《胶合板 第3部分：普通胶合板通用技术条件》GB/T 9846.3。

4.8.6 装配式轻型坡屋面宜采用轻质瓦材，以降低屋面荷载，并增强屋面在地震、强风等灾害性事件下的安全性。

4.9 泛水材料

4.9.2～4.9.4 目前，与泛水材料相关的国家标准和行业标准只有《自粘聚合物沥青泛水带》JC/T 1070。此外，丁基橡胶防水密封胶粘带和一些防水卷材、防水涂料、密封胶等也可作为泛水材料。外露的泛水材料应具有耐候性能。

4.10 机械固定件

4.10.1 机械固定件主要包括固定钉、垫片、套管和压条等，材质有金属和树脂两大类。

4.10.2 机械固定件应符合以下规定：

2 在干燥或低湿度环境下可选用碳钢固定件，但应通过不少于15个周期（每个周期24h）的抗酸雨试验（360h后，表面腐蚀面积不超过15%）或不少于1000h的抗盐雾试验（1000h固定件表面不出现红锈）。

4 在机械固定单层防水卷材屋面系统中，固定件的拉拔力至关重要。因为，在风荷载的作用下，屋面的抗风揭的能力是由屋面防水卷材、保温隔热材料、隔汽材料机械固定件和压型钢板等组成的屋面系统共同承担的，其他屋面材料承担的抗风揭力要通过固定件传递给屋面结构。因此，屋面系统抗风荷载设计计算可以用固定件的拉拔力来表示，但应通过屋面系统抗风揭试验最终验证所选用的防水卷材、保温隔热材料和机械固定件是否满足风荷载设计要求。

5 当采用纤维状保温隔热材料时，采用有套管的固定钉可防止踩踏在固定钉上破坏防水卷材。

4.10.3 金属固定件的防腐性能、树脂固定件的耐候性对使用寿命和安全至关重要，应根据屋面等级采用适合的产品。

不锈钢固定件的成分不同，其使用寿命有很大差异，应谨慎选用。

4.10.5 固定件在长期使用中会产生松脱或螺钉反旋，松脱或螺钉反旋与固定件的螺纹设计和材质相关，因此有必要对固定件进行抗松脱测试。

国外对固定件的抗松脱性能的要求见表2。

表2 机械固定件抗松脱性能

测试内容	测试要求
抗松脱性	钉头旋转500圈，位移不超过$\frac{1}{4}$圈 钉头旋转900圈（测试结束），位移不超过$\frac{1}{2}$圈 钉头垂直运动900圈，垂直位移不应大于1mm，允许钉头稍微倾斜

4.12 其他材料

4.12.1 隔汽材料主要有塑料、沥青、复合铝箔等类型。

4.12.3 大部分瓦材有配件产品，为了保证屋面的完整功能，应当采用其配件。为了正确安装，需要相应的安装说明或操作规程。

5 防水垫层

5.1 一般规定

5.1.2 铝箔隔热防水垫层，具有热反射隔热作用，应使用在有空气间层的通风构造屋面中。

透汽防水垫层具有透汽的作用，在瓦屋面中，宜使用在潮湿环境和纤维状保温隔热材料之上，宜与其他防水垫层同时使用。在金属屋面中，可单独作为防水垫层使用。

5.1.4 防水垫层可采取空铺、满粘和机械固定方式。厚度在 2mm 以下的聚合物改性沥青防水垫层，不可采用明火热融施工。

5.1.5 当屋面坡度大于 50%时，防水垫层宜采用机械固定或满粘，防止重力产生滑动。

5.1.6 对于屋面防水等级为一级的瓦屋面，通常选用自粘防水垫层，由于自粘防水垫层对钉子有握裹力。若固定钉穿透非自粘防水垫层，钉孔部位应采取密封措施。

波形沥青板通风防水垫层，钉孔位于波峰时，可不进行密封处理。

5.2 设计要点

5.2.1 本条列出了防水垫层的常见做法，在设计防水垫层的位置和构造时，应考虑当地气候条件等因素，防水垫层应保证其防水功能。

3 铺设在保温隔热层下的防水垫层可兼作隔汽层。

5.2.2 细部节点部位是屋面防水的重点，需要做防水垫层附加层，通常采用自粘防水垫层以降低施工复杂性，同时保证固定件的密封。

5.3 细部构造

5.3.1～5.3.9 本节列出了屋脊、檐口、檐沟、天沟、立墙、山墙、女儿墙、穿出屋面管道、变形缝等典型细部构造的一般做法，如材料供应商有特殊施工要求，可按照其要求对细部构造的处理作适当调整。

5.3.2 为了避免强风、雨水和冰坝的影响，檐口部位需要使用满粘防水垫层加强，通常采用自粘沥青防水垫层，可同时保证固定件的密封质量。

5.3.7 沥青瓦屋面的泛水一般覆盖在防水垫层上；块瓦屋面的泛水一般覆盖在瓦上。

5.3.9 变形缝的传统作法是承重墙高出屋面 800mm 左右，由于瓦材不能沿墙向上铺设，所以在瓦与墙的交接部位做砂浆或金属泛水，由于瓦的热胀冷缩易使泛水开缝造成渗漏水。

为防止诸多渗漏水隐患，将变形缝墙高缩至 100mm，防水垫层铺过变形缝，使之达到全封闭。同时变形缝上封盖金属盖板，缝中填保温隔热材料，既满足了防水保温要求，又方便了施工。

5.4 施工要点

5.4.1 防水垫层的厚度一般较防水卷材薄，因此需要基层平整、干净、干燥。只有基层质量符合规定，才能保证整个防水垫层达到平整和防水的效果。

5.4.2 由于很多防水垫层是空铺搭接，所以要求防水垫层铺设必须考虑排水及风向的影响。

5.4.3 满粘防水垫层搭接部位密封较好，因此相比机械固定或空铺施工，可以适当降低搭接宽度要求。

对于机械固定或空铺防水垫层，当屋面坡度较小时，需要根据厂家指导，适当增加搭接宽度或采取密封措施。

5.4.4 在挂瓦条和顺水条之间铺设隔热防水垫层，形成的凹曲形状有利于排水，同时利用空气间层和热反射的效果，可起到降低建筑的能耗作用。

有需要时，有时隔热垫层和防水垫层可合而为一。

5.5 工程验收

主控项目

5.5.1 为了保证坡屋面防水的设计使用年限，必须采用与坡屋面防水等级相适应的防水垫层，防水垫层必须符合质量标准和设计要求。

5.5.2 节点部位是防水工程最易渗漏的地方，屋面上有各种节点，均应按照设计要求和本规范的规定进行施工与验收，以确保节点的质量。

一般项目

5.5.3 防水垫层的铺设顺序涉及排水效果，因此必须检查，同时搭接宽度也要满足要求。

5.5.5 防水垫层施工完成后，还有后续其他施工。因此在后续工序中，应注意防水垫层的保护，不得破坏防水垫层，如有损坏应及时修补。

6 沥青瓦屋面

6.1 一般规定

6.1.1 根据《玻纤胎沥青瓦》GB/T 20474 标准，沥青瓦按产品形式分为平面沥青瓦（平瓦）和叠合沥青瓦（叠瓦）两个种类。

6.1.2 沥青瓦主要适用于坡屋面，与一般防水卷材不同，瓦屋面防水原则是构造防水，以排为主，以防为辅。屋面坡度、表面耐候层和泛水节点处理，是影响屋面耐久性与防水性的三大主要原因。

沥青瓦的耐久性与瓦材的厚度有很大关系，单层沥青瓦较薄，常用于防水等级为二级的坡屋面，叠合沥青瓦可适用于防水等级为一级的坡屋面。

6.1.3 沥青瓦屋面的最小坡度是根据相关规范、实践经验确定的，作为沥青瓦搭接垫高较低，同时沥青瓦表面有彩砂，排水不畅，坡度低于 20%时，易积水返灌，故坡度不应小于 20%。

6.1.4 沥青瓦屋面的保温隔热材料用于屋面基层上部时，由于沥青瓦是脆性材料，为防止施工或维护修理时踩踏破坏，规定了最小的压缩强度限值。而钢结构或木结构建筑，其屋面板轻薄，在屋面板上铺设保温隔热材料比较困难，因而可利用屋顶内部结构空间填充玻璃棉等轻质保温隔热材料，作内保温屋面。

6.1.5 因为沥青瓦比较轻薄，是半柔性材料，如基层不平整，则会影响屋面外观的平整度和美观，还会引起沥青瓦的断裂。

木质屋面板在沥青瓦铺装前应确保干燥，以防止屋面板翘曲变形或发霉腐烂，影响屋面的耐久性能。

6.1.6 为满足抗风揭，屋面周边应采用满粘增强，并增加固定钉数量。其次，周边区域由于风的影响容易产生渗水，也需要满粘防漏，满粘可采用沥青胶粘材料或自粘沥青瓦。

6.1.7 环境温度低于 5℃时，沥青瓦上的自粘胶条不易自行粘结，需要采取手工涂抹胶粘剂或加热等措施，才能确保其低温下的粘结性能，满足抗风揭要求。

6.2 设 计 要 点

6.2.1 在混凝土屋面上铺设沥青瓦时，一般需要在瓦材下部做细石混凝土持钉层兼做找平层。

细石混凝土持钉层可兼做防水垫层的保护层，以防止防水垫层被钉穿而降低防水性能。在这种情况下，应采用在细石混凝土下铺设防水垫层的做法。

6.2.2 本条列出了常见的沥青瓦屋面构造做法。保温隔热材料置于木屋面板或其他屋面板上方时，可以随屋面板铺设。此外还有在吊顶上方铺设等多种方式。

6.2.3 沥青瓦采用粘和钉相结合的固定方式，每张瓦片不应少于规定的固定钉个数。由于混凝土屋面的持钉性能低于木屋面板，在混凝土屋面上固定沥青瓦需要更多的固定钉。

6.2.4 由于在强风作用下沥青瓦屋面的破坏主要发生于屋面檐口等周边部位或屋脊等突起部位，故需要在这些部位采用沥青胶粘结或增加固定钉数量等加固措施。沥青瓦抗风揭性能试验应参照国家标准《玻纤胎沥青瓦》GB/T 20474 中所规定的抗风揭试验方法进行。

6.2.5 沥青瓦用于木质结构或装配式屋面，屋面屋脊采用成品通风脊瓦，可起到降低屋顶温度和湿度的作用。

6.3 细 部 构 造

6.3.2～6.3.4 沥青瓦屋面天沟的铺设方法有三种：搭接式、编织式和敞开式。

天沟是屋面排水的集中部位，为确保其防水性能，规定天沟部位应增铺防水垫层附加层。金属泛水做法应设置适应金属变形的构造，防止金属泛水变形破坏。

6.3.5 檐口部位是屋面排水的部位，易受强风或融雪损坏，发生渗漏现象。为确保其防水性能，规定屋面周边的檐口部位沥青瓦应采用满粘加固措施。

檐口泛水和防水垫层的设置顺序要考虑排水线路，形成层层设防的构造。

6.3.8、6.3.9 立墙或女儿墙与屋面的交接处易发生渗漏现象，应重点采取泛水构造做法。女儿墙或立墙与屋面的交界处须采用防水卷材或金属泛水做附加层，防水卷材或金属泛水应满足材料性能要求并具有相应的耐候性。

6.3.10 穿出屋面管道的泛水有现场加工或采用成品套管两种方法。

6.4 施 工 要 点

6.4.2 檐沟、屋面周边、屋面与立墙及穿出屋面设施节点以及屋面避雷带等处的附加防水构造应在屋面瓦施工前完成，在屋面瓦施工后，这些部位的细部处理将难以完成。目前有许多屋面瓦施工方与防水垫层施工方不是同一单位，易造成屋面施工顺序的颠倒和防水节点施工不良，互相推诿责任。

6.4.3 沥青瓦施工应设置基准线施工，以防止随意安装，降低瓦材防水性能和影响外观。

6.4.4 沥青瓦是依靠瓦材的搭接构造防水，为防止增大外露面积引起搭接渗漏，规定外露部位的宽度非常重要。

对于宽度规格为 333mm 的沥青瓦，依据《玻纤胎沥青瓦》GB 20474，沥青瓦切口深度＝[沥青瓦宽度(333)－43]/2＝145mm。为了确保沥青瓦切口处搭接不产生渗漏，故要求外露部位不大于 143mm。

对于其他宽度规格的沥青瓦应按照沥青瓦制造商规定的外露尺寸要求。

6.4.6 在安装屋脊部位时，由于没有上片沥青瓦覆盖固定钉，故屋脊部位外露的固定钉钉帽应涂盖沥青基胶粘材料，防止暴露锈蚀。

6.4.7 应确保固定钉的贯入深度，以保证固定钉的持钉性能、整体性能和美观性，并不得损伤沥青瓦。

6.4.9 板状保温隔热材料的铺设应符合以下规定：

2 铺设保温隔热材料，对缝严密、固定牢固，防止后续施工导致保温隔热材料滑动。

6.5 工 程 验 收

主 控 项 目

6.5.5 钉帽突出沥青瓦，瓦片互相不贴合，将严重影响持钉效果和自粘胶条的粘结效果，影响沥青瓦的防水性能和抗风性能。钉帽亦不该嵌入沥青瓦，以防止破坏沥青瓦降低固定效果。固定钉应采用薄平型钉帽，不应采用不易贴合的沉头钉或厚钉帽。

除屋脊部位外，沥青瓦屋面的固定钉不得外露。

屋脊部位外露的固定钉应用密封膏封严。

6.5.6 沥青瓦是依靠瓦材的搭接构造防水，瓦材的搭接尺寸应满足设计和生产商的要求，不应过大。拉大外露面宽度，将产生搭接渗漏，严重影响沥青瓦的整体粘结性能和防水性能，造成屋面渗漏和瓦片脱落。

一 般 项 目

6.5.10 沥青瓦应错缝安装，以确保达到防水效果。

6.5.11 持钉层的质量是影响瓦材固定效果和整体外观的重要前道工序，应在验收时予以注意。

7 块瓦屋面

7.1 一 般 规 定

7.1.1 有防水设计（如搭接边设计）的瓦材方可应用在防水等级为一级的屋面。

本规范的块瓦不含各类不防水的装饰瓦及木瓦。

本规范不适用于石板瓦、琉璃瓦、小青瓦屋面等。

7.1.2 考虑到块瓦相互搭接的特性，搭接部位垫高较大，实际减缓了10%的坡度，为了保证瓦材的构造防水性能，所以坡度不应小于30%。

7.1.4 采用干挂铺瓦方式施工方便安全，可避免水泥砂浆卧瓦安装方式的缺陷：产生冷桥、污染瓦片、冬季砂浆收缩拉裂瓦片、粘结不牢引起脱落、不利于通风隔热节能。

檐口部位是受风压较集中的部位，故应在此部位采取加固措施。

7.2 设 计 要 点

7.2.1 本条列出了多种常用的适用于块瓦的坡屋面构造，可以根据设计要求选择。

7.2.2 在檐口和屋脊处安装通风隔热节能设施，可使木质顺水条和挂瓦条干燥并带走保温隔热层中的湿气，增强保温隔热性能。夏季可通过通风构造降低室内温度，节约能源。

7.2.3 为了消除融雪冰坠和檐口排水湿墙的现象，檐口宜设置檐沟，进行有组织排水。为了施工便捷宜采用成品檐沟。

7.2.5 檐沟的宽度可以根据不同地区雨量、屋面坡度和汇水面积确定。

7.2.6 加强措施是指每片瓦应使用带螺纹的钉固定在挂瓦条上，瓦片下部应使用不锈钢扣件固定在挂瓦条上。配件瓦应使用金属扣件固定在支撑木上。

7.3 细 部 构 造

7.3.1 通风屋脊是屋面防水的薄弱环节，构造多种多样，应视瓦材品种采用相应的构造作法，宜使用干铺法施工。

7.3.2 对块瓦的通风檐口挑入檐沟的长度作了规定，主要目的为防止末块瓦返水。檐口挡箅可以防止虫鸟进入。

7.3.5 山墙部位的檐口封边瓦宜采用卧浆做法。

2 水泥砂浆的勾缝表面宜涂刷与瓦片同色的涂料。

7.3.7 穿出屋面的管道，除了使用成品通气管瓦之外，使用耐候性自粘泛水代替传统水泥砂浆抹面，可以确保管根部位的防水效果。

7.4 施 工 要 点

7.4.2 为了保证块瓦屋面的平整度、利于排水和美观等，首先应控制挂瓦条的平整度。混凝土找平层的平整度一般在±5mm，顺水条和挂瓦条尺寸偏差一般在±2mm。

7.4.4 本条主要是为了保证防水效果和屋顶外观美观。

8 波形瓦屋面

8.1 一 般 规 定

8.1.1 根据波形瓦的材质和构造特点，波形瓦宜用于防水等级为二级的坡屋面工程。

8.1.2 波形瓦一般较大，但不可因搭接宽度而降低屋面坡度，所以屋面坡度定为不应小于20%。

8.1.3 波形瓦本身强度较高，单片瓦面积较大，可以不需要屋面板承托，常用于无望板屋面系统，此时屋面作内保温，保温隔热材料宜选用不燃材料，并设置承托保温隔热材料的构造。

8.2 设 计 要 点

8.2.1 本条列出常用波形瓦的坡屋面构造，可以根据设计要求选择。

8.2.4 波形瓦上下搭接宽度和屋面坡度有关，当屋面坡度越缓，在风的作用下雨水倒灌的可能性也越大，故而其搭接宽度越宽。表8.2.4中所示数据均为最小值。波形瓦用于沿海等强风地区应根据当地气候条件进行加固。

屋面坡度越大，瓦材滑动可能性增加，当坡度大于30%时应适当增加固定钉数量。

8.3 细 部 构 造

8.3.4 对于无屋面板承托的波形瓦屋面天沟，应根据情况设置必要的承托构件，以防止天沟下垂变形。

8.4 施 工 要 点

8.4.4 波形瓦固定件穿过波形瓦固定在混凝土板、

木屋面板或挂瓦条等上面，为保证防水，固定件的安装位置应设在波峰处，并均匀布置，必要时还要采取密封措施。

8.5 工程验收

主控项目

8.5.2 各工序间的交接检验应由专职人员检查，有完整的质量记录，经监理或建设单位再次进行检查验收后方可进行下一工序的施工作业。波形瓦屋面细部构造处理是屋面系统成败的关键，屋面细部构造处理应全部进行检查。

一般项目

8.5.9 细石混凝土持钉层施工完毕后应采取覆盖、淋水或洒水等手段充分养护，保证持钉层质量。

9 金属板屋面

9.1 一般规定

9.1.2 依据相关钢结构技术规范的规定，金属板屋面坡度不宜小于5%。但拱形、球冠形屋面顶部的局部坡度可以小于5%。

9.1.3 单层压型金属板材的材质、板型、涂层、连接形式和接缝等因素都可影响屋面使用寿命，根据单层压型金属板材特性的不同，适用于防水等级为一级、二级的坡屋面。

9.1.6 单层压型金属板屋面采用的防水垫层不分级，根据设计选择。

9.2 设计要点

9.2.3 在金属板屋面系统中，风荷载设计至关重要。而抗风揭试验是验证风荷载设计的重要手段。金属屋面的抗风揭试验按相关的规定执行。

9.2.4 压型金属板变形计算公式：

$$\Delta L=\alpha \cdot L \cdot \Delta T$$

式中：ΔL——变形长度；

α——线膨胀系数；

L——板材长度；

ΔT——温差。

铝合金板线膨胀系数约为：23.6×10^{-6}（℃）$^{-1}$；

钢板线膨胀系数约为：12×10^{-6}（℃）$^{-1}$；

聚碳酸酯板线膨胀系数约为：67×10^{-6}（℃）$^{-1}$；

玻璃纤维增强聚酯板线膨胀系数约为：26.8×10^{-6}（℃）$^{-1}$；

安全玻璃线膨胀系数约为：5×10^{-6}（℃）$^{-1}$；

伸缩变形计算温差ΔT可取安装时温度分别与夏天（65℃）和冬天（－15℃）温度差的较大值。

9.2.5 屋面形式繁多，为防止雨雪在金属板屋面上堆积而造成渗水现象及在金属板材搭接处的渗漏现象，不同的排水坡度应采用不同的金属板材连接形式。

9.2.6 天沟设置在建筑物内部时，必须考虑结构安全和保温隔热要求等因素。金属檐沟不作结构起坡，天沟如需要起坡，要视实际设计、制造和安装情况而定。

9.2.8 屋面开口是屋面防水的重要部位。对于一般支撑屋面设备的开口，建议使用屋面支架，但必须考虑支架的原材料与金属屋面板是否会发生电化学反应，以及支架和屋面板之间的密封效果。若是一般管道伸出金属屋面板，则可使用高耐候橡胶密封带进行密封。

9.2.9 纤维状保温材料包括岩棉、矿渣棉和玻璃棉等构成的保温隔热材料。因为纤维状保温材料吸湿性大应设置隔汽层。

9.3 细部构造

9.3.1 本条是金属板屋面在建筑物屋脊部分的构造内容。

2 不同的板型，屋脊盖板的形式是不一样的。在搭接型和扣合型屋面板中，经常使用与板型一致的屋脊板。屋脊板和屋面板的连接必须作好泛水处理；咬口型屋面板使用特制的屋脊盖板，利用板端挡水板作泛水处理。

9.4 施工要点

9.4.1 金属板材施工采用专用吊具吊装，可防止金属板材在吊装中的变形或将金属板面的涂层破坏。

9.4.6 保护措施包括清理安装产生的金属屑，避免金属屑的锈蚀对金属板材的破坏。

10 防水卷材屋面

10.1 一般规定

10.1.1 本章内容适用于单层防水卷材坡屋面。

所谓单层防水卷材，顾名思义是指一层防水卷材。这一层防水卷材的性能必须达到相应防水层设计使用年限的要求。

10.1.2 防水卷材的使用对屋面坡度没有要求，从0°到90°都可以使用防水卷材。由于本规范是针对坡屋面的，屋面坡度小于3%的视为平屋面，故本章规定使用的坡度为3%以上。

10.1.4 本章采用的聚氯乙烯（PVC）防水卷材、三元乙丙橡胶（EPDM）防水卷材、热塑性聚烯烃（TPO）防水卷材、弹性体（SBS）改性沥青防水卷材、塑性体（APP）改性沥青防水卷材等五种防水卷材，是经过工程实践检验质量可靠的防水材料。

10.1.5 保温隔热板材也可选用酚醛泡沫板、聚异氰脲酸酯泡沫板（PIR）等。上述板材是发达国家普遍使用的阻燃性较好的保温隔热材料，目前国内已开始使用此类材料，但还没有相关的产品标准。

10.2 设计要点

10.2.1 单层防水卷材的屋面对防水卷材的材料要求高于平屋面用防水卷材，特别是对其耐候性、机械强度和尺寸稳定性等指标有较高要求。并非所有防水卷材都能单层使用。单层防水卷材应满足使用年限的要求，还应达到表10.2.1-1要求的厚度，不得折减。尤其是改性沥青防水卷材，不管是一级还是二级都要达到5mm的厚度。

单层防水卷材搭接宽度既与搭接处防水质量有关，也与抗风揭有关。采用满粘法施工时，由于防水卷材全面积粘结在基层上，可起到抗风揭作用，此时高分子防水卷材长短边搭接宽度不应小于80mm、改性沥青防水卷材长短边搭接宽度不应小于100mm。

采用机械固定法施工热风焊接防水卷材时，大面积是空铺的，为起到抗风揭作用和确保防水质量，高分子防水卷材长短边搭接宽度不应小于80mm，有效焊缝不应小于25mm；改性沥青防水卷材长短边搭接宽度不应小于80mm，有效焊缝不应小于40mm。当搭接部位需要覆盖机械固定垫片时，搭接宽度应按表10.2.1-2的要求增加搭接宽度。

一般情况下，PVC、TPO等高分子防水卷材既采用热风焊接搭接，也可以采用双面自粘搭接胶带搭接；三元乙丙橡胶（EPDM）防水卷材不能采用热风焊接方式搭接，只能采用双面自粘搭接胶带搭接，搭接宽度应按表10.2.1-2中的规定执行。

10.2.3 在机械固定单层防水卷材屋面系统中，风荷载设计至关重要。而抗风揭试验是验证风荷载设计的重要手段。屋面的抗风揭的能力是由屋面防水卷材、保温隔热材料、隔汽材料机械固定件和压型钢板等组成的屋面系统共同承担的。因此，要考虑整个屋面系统的抗风揭能力，即不仅要考虑选用具有内增强的防水卷材，而且还要考虑选用符合设计强度要求的保温隔热材料、机械固定件和压型钢板等，根据屋面风荷载的分布，设计屋面檐角、边檐及屋面中间区机械固定钉的分布和数量、钉距等；然后，还要通过屋面系统抗风揭试验来验证选用的屋面系统材料是否满足风荷载设计要求。

目前，单层防水卷材屋面系统抗风揭性能试验应参照《聚氯乙烯防水卷材》GB 12952中所规定的抗风揭试验方法执行。抗风揭试验目前有静态法和动态法，国外静态法一般取安全系数为2，动态法一般取安全系数为1.5。抗风揭模拟试验得到的抗风揭结果不应小于风荷载设计值乘以安全系数的积。

10.2.6 屋面保温隔热材料设计应符合下列规定：

4 不是成品的天沟或内檐沟，往往会减薄保温隔热层厚度，削弱了保温隔热层的功能，造成排水沟底部和室内结露现象。

10.2.7 为抵抗风荷载，采用机械固定件将保温隔热层和防水层固定在屋面板上，因此对保温隔热材料的抗压强度、点荷载变形提出了要求。如不能满足抗压强度、点荷载要求，保温隔热层上应增设水泥加压板、石膏板或防火板等增强层。

10.2.8 固定保温隔热材料的固定件数量除了与保温隔热材料的材质有关，也和屋面坡度大小有关，当屋面坡度大于50%时，可适当增加固定件数量。

10.2.9 炎热地区或保温隔热材料湿度大时，宜设计排汽屋面，屋脊部位设排汽孔。对于有特殊要求的建筑可设计通风屋面。

10.2.10 必须重视材料的相容性问题，包括卷材与保温材料、卷材与粘接材料和保温材料与粘接材料等之间的相容性。

10.2.11 含有增塑剂的高分子防水卷材，如聚氯乙烯防水卷材、氯化聚乙烯防水卷材等，与挤塑聚苯乙烯泡沫塑料（XPS）、模塑聚苯乙烯泡沫塑料（EPS）、聚氨酯泡沫保温材料和聚异氰脲酸酯保温材料等泡沫保温材料之间应增设隔离层。隔离层材料一般可采用聚酯无纺布覆盖泡沫保温材料，推荐选用不小于80g/m^{2}的长丝纺粘法聚酯无纺布或不小于120g/m^{2}的短丝针刺法聚酯无纺布，也可选用经防水卷材生产商根据隔离效果确认的隔离层材料。

10.3 细部构造

10.3.6 变形缝处的防水层，伸缩变形较大。

10.4 施工要点

10.4.3 满粘防水卷材很难百分之百粘结在基层上。卷材与基层的满粘施工是为了抗风揭的要求，在工程中不宜理解为卷材百分之百粘结在基层上，但搭接缝应是百分之百粘结的。

2 通常胶粘剂会与合成高分子泡沫保温材料发生反应，因此不能直接粘贴。

3 有些胶粘剂与高分子防水卷材会发生反应，应选用与防水卷材相容的胶粘剂施工。

10.5 工程验收

主控项目

10.5.5 要求焊缝有熔浆挤出，是为了对防水卷材边缘部位的胎基封闭，避免其吸水导致分层剥离。对于焊接的搭接缝采用目测检测；对于胶粘带搭接，可通过淋水后检查，如有粘结不实或有孔隙，则其搭接部位经淋水后会有水印。

11 装配式轻型坡屋面

11.1 一 般 规 定

11.1.1 平改坡屋面因其原有屋面已有防水层，后加的屋面防水层可按二级防水设计。

11.1.2 装配式轻型坡屋面采用的屋面材料以沥青瓦和波形瓦为主，故其坡度不应小于20%。

11.1.3 鉴于原有建筑物的情况多种多样，为了保证平改坡屋面工程的安全，应对原有建筑物的承载能力和结构安全性作审核或验算。

11.2 设 计 要 点

11.2.1 装配式轻型坡屋面结构，必须注意安全。因此，应对结构构件和连接件进行荷载计算，并按抗震要求设计。

11.2.3 既有建筑原已设置的保温隔热材料如符合国家相关建筑节能要求时，平改坡屋面可不增加保温隔热层，如既有建筑保温隔热性能与现行国家建筑节能标准相差很大，可考虑在平改坡的同时增设保温隔热材料。为防止屋面构件的腐蚀，增强屋面的耐久性，平改坡屋面可采取通风设计方法。平改坡屋面宜预留上人孔，上人孔或通风口可结合老虎窗综合设计。

11.2.4 装配式轻型坡屋面保温隔热层设计应符合以下规定：

1 装配式轻型坡屋面的保温隔热形式以在屋面内部铺设玻璃棉等轻质保温隔热材料为主，保温隔热材料可在吊顶上方水平铺设，施工便捷，节省材料。为确保保温隔热材料和屋面板的干燥、防止水汽凝结和增加屋顶隔热性能，宜对屋面板（或屋面面层）和保温隔热材料之间的空腔采取通风措施。通风的方法包括设置通风口、通风器、通风屋脊或开设老虎窗等。通风间层高度不宜小于50mm，否则实际通风效果较差。

11.2.5 为减少冷凝水的可能性和降低室内能耗，要确保室内外的空气气密性，合理设置隔汽层，应注意屋顶各种穿出构件的处理，例如装修和灯饰处，应确保各种孔洞缝隙的密封，以减少不良空气流动和水蒸气扩散。

在装配式轻型坡屋面设计中要确保屋顶保温隔热层和外墙保温隔热层的连续性，防止屋顶和外墙连接处产生冷桥，导致墙面或屋顶水汽冷凝，影响正常使用。

屋顶的隔汽层，一般应放置于保温隔热材料内侧。屋面构造、隔汽层的采用和部位应由设计确定。考虑到在湿热地区夏季空调的广泛使用，部分屋顶采用对外封闭，内部不采用隔汽层的设计方法。屋顶的构造设计，宜因地制宜，考虑建筑的具体情况和当地气候的特点而确定。

在下列情况不宜设置隔汽层：

1 温凉区（ⅣA、ⅣB）或全年月平均温度超过7.0℃，或年降水量超过500mm的湿热地区；

2 已采取其他措施防止屋面出现冷凝水的屋面。

11.3 细 部 构 造

11.3.3 为确保整个屋面系统的结构安全性，所有桁架或屋面梁都应被牢固固定。平改坡屋面增加的卧梁（可根据结构需要采用部分架空梁）均应坐于原结构的承重墙上。而且卧梁应互相连接，从而形成一体以抵抗因风荷载引起的整体倾覆。必要时，还可将部分卧梁通过植筋的方式与原结构联为一体。

平改坡屋面新增的钢筋混凝土承重架空梁，梁的两端均应搁置在原有承重墙的位置上。圈（卧）梁、架空梁两端及屋架支承处须直接立在原屋面结构层上，其余梁底均用20mm厚聚苯乙烯泡沫塑料垫起，不与原屋面直接接触。卧梁的数量应适中，从而在保证整体抗倾覆的前提下使附加荷载均匀有效地传至原结构系统。

11.4 施 工 要 点

11.4.2 既有建筑防水层可作为屋面的第二道防水层，尽量保留。既有建筑防水层和保温层如有渗漏和破损应先修补。

中华人民共和国国家标准

酒厂设计防火规范

Code for design of fire protection and prevention of alcoholic beverages factory

GB 50694—2011

主编部门：中 华 人 民 共 和 国 公 安 部

批准部门：中华人民共和国住房和城乡建设部

施行日期：2 0 1 2 年 6 月 1 日

中华人民共和国住房和城乡建设部
公　　告

第 1098 号

关于发布国家标准
《酒厂设计防火规范》的公告

现批准《酒厂设计防火规范》为国家标准，编号为GB 50694—2011，自 2012 年 6 月 1 日起实施。其中，第 3.0.1、4.1.4、4.1.5、4.1.6、4.1.9、4.1.11、4.2.1、4.2.2、4.3.3、5.0.1、5.0.11、6.1.1、6.1.2、6.1.3、6.1.4、6.1.6、6.1.8、6.1.11、6.2.1、6.2.2、6.2.3、7.1.1、7.3.3、8.0.1、8.0.2、8.0.5、8.0.6、8.0.7、9.1.3、9.1.5、9.1.7、9.1.8 条为强制性条文，必须严格执行。

本规范由我部标准定额研究所组织中国计划出版社出版发行。

中华人民共和国住房和城乡建设部

二〇一一年七月二十六日

前　　言

本规范是根据住房和城乡建设部《关于印发〈2008 年工程建设标准规范制订、修订计划（第二批）〉的通知》（建标〔2008〕105 号）的要求，由四川省公安消防总队会同有关单位编制而成。

本规范在编制过程中，编制组进行了广泛的调查研究，总结了酒厂的防火设计实践经验和火灾教训，吸取了先进的科研成果，开展了必要的专题研究和试验论证，广泛征求了有关科研、设计、生产、消防监督等部门和单位的意见，对主要问题进行了反复修改，最后经审查定稿。

本规范共分 9 章，其主要内容有：总则，术语，火灾危险性分类、耐火等级和防火分区，总平面布局和平面布置，生产工艺防火防爆，储存，消防给水、灭火设施和排水，采暖、通风、空气调节和排烟，电气等。

本规范中以黑体字标志的条文为强制性条文，必须严格执行。

本规范由住房和城乡建设部负责管理和对强制性条文的解释，公安部负责日常管理，四川省公安消防总队负责具体技术内容的解释。本规范在执行过程中，如发现需要修改和补充之处，请将意见和资料寄往四川省公安消防总队（地址：成都市金牛区迎宾大道 518 号；邮政编码：610036），以便今后修订时参考。

本规范主编单位、参编单位、主要起草人和主要审查人：

主 编 单 位：四川省公安消防总队

参 编 单 位：公安部天津消防研究所
山西省公安消防总队
贵州省公安消防总队
四川省宜宾五粮液集团有限公司
泸州老窖股份有限公司
四川剑南春（集团）有限责任公司
中国贵州茅台酒厂有限责任公司
四川省商业建筑设计院有限公司
中国轻工业广州设计工程有限公司
贵州省建筑设计研究院
四川威特龙消防设备有限公司
首安工业消防有限公司

主要起草人：宋晓勇　倪照鹏　潘　京　杨　庆　祁晓霞　朱渝生　刘海燕　黄　勇　刘　沙　李彦军　郭　捷　郭小明　唐　奎　党　纪　李修建　王　宁　李孝权　董　辉　汪映标　刘　敏

主要审查人：刘宝珺　林祥棣　方汝清　刘家铎　杨　光　王祥文　亓延军　赵庆平

目　次

Contents

1 总 则

1.0.1 为了防范酒厂火灾，减少火灾危害，保护人身和财产安全，制定本规范。

1.0.2 本规范适用于白酒、葡萄酒、白兰地、黄酒、啤酒等酒厂和食用酒精厂的新建、改建和扩建工程的防火设计，不适用于酒厂自然洞酒库的防火设计。

1.0.3 酒厂的防火设计应遵循国家的有关方针政策，做到安全可靠、技术先进、经济合理。

1.0.4 酒厂的防火设计除应执行本规范的规定外，尚应符合国家现行有关标准的规定。

2 术 语

2.0.1 酒厂 alcoholic beverages factory

生产饮料酒的工厂。包括生产白酒、葡萄酒、白兰地酒、黄酒和啤酒等各类饮料酒的工厂，主要有原料库、原料粉碎车间、酿酒车间、酒库、勾兑车间、灌装包装车间、成品库等生产、储存设施。

2.0.2 酒精度 alcohol percentage

乙醇在饮料酒中的体积百分比。

2.0.3 酒库 alcoholic beverages warehouse

采用陶坛、橡木桶或金属储罐等容器存放饮料酒的室内场所。

2.0.4 人工洞白酒库 man-made cave Chinese spirits depot

在人工开挖洞内采用陶坛等陶制容器储存白酒的场所。

2.0.5 半敞开式酒库 semi-enclosed alcoholic beverages warehouse

设有屋顶，外围护封闭式墙体面积不超过该建筑外围护墙体外表面面积1/2的酒库。

2.0.6 储罐区 tank farm

由一个或多个储罐组成的露天储存场所。

2.0.7 常储量 steady reserves

酒厂保持相对稳定的储酒量，一般为酒库、储罐区和成品库的储存容量之和。

3 火灾危险性分类、耐火等级和防火分区

3.0.1 酒厂生产、储存的火灾危险性分类及建（构）筑物的最低耐火等级应符合表3.0.1的规定。本规范未作规定者，应符合现行国家标准《建筑设计防火规范》GB 50016的有关规定。

3.0.2 同一座厂房、仓库或厂房、仓库的任一防火分区内有不同火灾危险性生产、物品储存时，其生产、储存的火灾危险性分类应按现行国家标准《建筑设计防火规范》GB 50016的有关规定执行。

表3.0.1 生产、储存的火灾危险性分类及建（构）筑物的最低耐火等级

火灾危险性分类	最低耐火等级	白酒厂、食用酒精厂	葡萄酒厂、白兰地酒厂	黄酒厂	啤酒厂	其他建（构）筑物
甲	二级	液态法酿酒车间、酒精蒸馏塔、勾兑车间、灌装车间、酒泵房；酒精度大于或等于38度的白酒库、人工洞白酒库、食用酒精库，白酒储罐区、食用酒精储罐区	白兰地蒸馏车间、白兰地勾兑车间、白兰地酒泵房；白兰地陈酿库	采用糟烧白酒、高粱酒等代替酿造用水的发酵车间	—	燃气调压站、乙炔间
乙	二级	粮食筒仓的工作塔、制酒原料粉碎车间、制曲原料粉碎车间	白兰地灌装车间、葡萄酒灌装车间、葡萄酒酒泵房；葡萄酒陈酿库、葡萄酒储罐区	粮食筒仓的工作塔、制曲原料粉碎车间、压榨车间、煎酒车间、灌装车间；储罐区	粮食筒仓的工作塔、大麦清选车间、麦芽粉碎车间	氨压缩机房
丙	二级	固态制曲车间、包装车间；成品库、粮食仓库	白兰地包装车间；白兰地成品库	原料筛选车间、制曲车间；粮食仓库	粮食仓库	自备发电机房；包装材料库、塑料瓶库
丁	三级	蒸煮、糖化、发酵车间，固态法、半固态法酿酒车间，制酒母车间，液态制曲车间，酒糟利用车间	原料分选、破碎除梗、浸提压榨车间，发酵车间，SO_2储瓶间，葡萄酒包装车间；原料库房、葡萄酒成品库	制酒母车间，原料浸渍、蒸煮车间，发酵车间，包装车间，酒糟利用车间；陶坛等陶制容器酒库、成品库	大麦浸渍车间、发芽车间，发酵车间，麦芽干燥车间，原料糊化、糖化、过滤、煮沸、冷却车间，灌装、包装车间；成品库	排水、污水泵房，空气压缩机房；洗瓶车间，机修车间，仪表、电修车间；玻璃瓶库、陶瓷瓶库

注：1 采用增湿粉碎、湿法粉碎的原料粉碎车间，其火灾危险性可划分为丁类；采用密闭型粉碎设备的原料粉碎车间，其火灾危险性可划分为丙类。

2 黄酒厂采用黄酒糟生产白酒时，其生产、储存的火灾危险性分类及建（构）筑物的耐火等级应按白酒厂的要求确定。

3.0.3 除本规范另有规定者外，厂房、仓库的耐火等级、允许层数和每个防火分区的最大允许建筑面积应符合现行国家标准《建筑设计防火规范》GB 50016的有关规定。

3.0.4 白酒、白兰地生产联合厂房内的勾兑、灌装、

包装、成品暂存等生产用房应采取防火分隔措施与其他部位进行防火分隔，当工艺条件许可时，应采用防火墙进行分隔。当生产联合厂房内设置有自动灭火系统和火灾自动报警系统时，其每个防火分区的最大允许建筑面积可按现行国家标准《建筑设计防火规范》GB 50016 规定的面积增加至 2.5 倍。

4 总平面布局和平面布置

4.1 一般规定

4.1.1 酒厂选址应符合城乡规划要求，并宜设置在规划区的边缘或相对独立的安全地带。酒厂应根据其生产工艺、火灾危险性和功能要求，结合地形、气象等条件，合理确定不同功能区的布局，设置消防车道和消防水源。

4.1.2 白酒储罐区、食用酒精储罐区宜设置在厂区相对独立的安全地带，并宜设置在厂区全年最小频率风向的上风侧。人工洞白酒库的库址应具备良好的地质条件，不得选择在有地质灾害隐患的地区。

4.1.3 白酒库、人工洞白酒库、食用酒精库、白酒储罐区、食用酒精储罐区、白兰地陈酿库应与其他生产区及办公、科研、生活区分开布置。

4.1.4 除人工洞白酒库、葡萄酒陈酿库外，酒厂的其他甲、乙类生产、储存场所不应设置在地下或半地下。

4.1.5 厂房内严禁设置员工宿舍，并应符合下列规定：

1 甲、乙类厂房内不应设置办公室、休息室等用房。当必须与厂房贴邻建造时，其耐火等级不应低于二级，应采用耐火极限不低于 3.00h 的不燃烧体防爆墙隔开，并应设置独立的安全出口。

2 丙类厂房内设置的办公室、休息室，应采用耐火极限不低于 2.50h 的不燃烧体隔墙和不低于 1.00h 的楼板与厂房隔开，并应至少设置 1 个独立的安全出口。当隔墙上需要开设门窗时，应采用乙级防火门窗。

4.1.6 仓库内严禁设置员工宿舍，并应符合下列规定：

1 甲、乙类仓库内严禁设置办公室、休息室等用房，并不应贴邻建造。

2 丙、丁类仓库内设置的办公室、休息室以及贴邻建造的管理用房，应采用耐火极限不低于 2.50h 的不燃烧体隔墙和不低于 1.00h 的楼板与库房隔开，并应设置独立的安全出口。如隔墙上需要开设门窗时，应采用乙级防火门窗。

4.1.7 白酒、白兰地灌装车间应符合下列规定：

1 应采用耐火极限不低于 3.00h 的不燃烧体隔墙与勾兑车间、洗瓶车间、包装车间隔开。

2 每条生产线之间应留有宽度不小于 3m 的通道。

3 每条生产线设置的成品酒灌装罐，其容量不应大于 $3m^3$。

4 当每条生产线的成品酒灌装罐的单罐容量大于 $3m^3$ 但小于或等于 $20m^3$，且总容量小于或等于 $100m^3$ 时，其灌装罐可设置在建筑物的首层或二层靠外墙部位，并应采用耐火极限不低于3.00h的不燃烧体隔墙和不低于 1.50h 的楼板与灌装车间、勾兑车间、包装车间、洗瓶车间等隔开，且设置灌装罐的部位应设置独立的安全出口。

5 当每条生产线的成品酒灌装罐的单罐容量大于 $20m^3$ 或者总容量大于 $100m^3$ 时，其灌装罐应在建筑物外独立设置。

4.1.8 当白酒勾兑车间与其酒库、白兰地勾兑车间与其陈酿库设置在同一建筑物内时，勾兑车间应设置在建筑物的首层靠外墙部位，并应划分为独立的防火分区和设置独立的安全出口，防火墙上不得开设任何门窗洞口。

4.1.9 消防控制室、消防水泵房、自备发电机房和变、配电房等不应设置在白酒储罐区、食用酒精储罐区、白酒库、人工洞白酒库、食用酒精库、葡萄酒陈酿库、白兰地陈酿库内或贴邻建造。设置在其他建筑物内时，应采用耐火极限不低于 2.00h 的不燃烧体隔墙和不低于1.50h的楼板与其他部位隔开，隔墙上的门应采用甲级防火门。消防控制室应设置直通室外的安全出口，门上应有明显标识。消防水泵房的疏散门应直通室外或靠近安全出口。

4.1.10 供白酒库、食用酒精库、白兰地陈酿库、酒泵房专用的 10kV 及以下的变、配电房，当采用无门窗洞口的防火墙隔开并符合下列条件时，可一面贴邻建造。

1 仅有与变、配电房直接相关的管线穿过隔墙，且所有穿墙的孔洞均应采用防火封堵材料紧密填实。

2 室内地坪高于白酒库、食用酒精库、白兰地陈酿库、酒泵房室外地坪 0.6m。

3 门、窗设置在白酒库、食用酒精库、白兰地陈酿库、酒泵房的爆炸危险区域外。

4 屋面板的耐火极限不低于 1.50h。

4.1.11 供白酒库、人工洞白酒库、白兰地陈酿库专用的酒泵房和空气压缩机房贴邻仓库建造时，应设置独立的安全出口，与仓库间应采用无门窗洞口且耐火极限不低于 3.00h 的不燃烧体隔墙分隔。

4.1.12 氨压缩机房的自动控制室或操作人员值班室应与设备间隔开，观察窗应采用固定的密封窗。供其专用的 10kV 及以下的变、配电房与氨压缩机房贴邻时，应采用防火墙分隔，该墙不得穿过与变、配电房无关的管线，所有穿墙的孔洞均应采用防火封堵材料紧密填实。当需在防火墙上开窗时，应设置固定的甲级防火窗。氨压缩机房和变、配电房的门应向外开启。

4.1.13 厂房、仓库的安全疏散应符合现行国家标准《建筑设计防火规范》GB 50016 的有关规定。

4.1.14 白酒储罐区、食用酒精储罐区的防火堤内严禁植树。

4.1.15 厂区的其他绿化应符合下列规定：

1 不应妨碍灭火救援。

2 生产区不应种植含油脂较多的树木。

3 白酒储罐区、食用酒精储罐区与其周围的消防车道之间不宜种植绿篱或茂盛的灌木。

4.2 防火间距

4.2.1 白酒库、食用酒精库、白兰地陈酿库之间及其与其他建筑、明火或散发火花地点、道路等之间的防火间距不应小于表 4.2.1 的规定。

表 4.2.1 白酒库、食用酒精库、白兰地陈酿库之间及其与其他建筑物、明火或散发火花地点、道路等之间的防火间距（m）

名称		白酒库、食用酒精库、白兰地陈酿库
重要公共建筑		50
白酒库、食用酒精库、白兰地陈酿库及其他甲类仓库		20
高层仓库		13
民用建筑、明火或散发火花地点		30
其他建筑	一、二级耐火等级	15
	三级耐火等级	20
	四级耐火等级	25
室外变、配电站以及工业企业的变压器总油量大于 5t 的室外变电站		30
厂外道路路边		20
厂内道路	主要道路路边	10
	次要道路路边	5

注：设置在山地的白酒库、白兰地陈酿库，当相邻较高一面外墙为防火墙时，防火间距可按本表的规定减少 25%。

4.2.2 白酒储罐区、食用酒精储罐区与建筑物、变配电站之间的防火间距不应小于表 4.2.2 的规定。

表 4.2.2 白酒储罐区、食用酒精储罐区与建筑物、变配电站之间的防火间距（m）

项目		建筑物的耐火等级 一、二级	三级	四级	室外变配电站以及工业企业的变压器总油量大于 5t 的室外变电站
一个储罐区的总储量 V （m^3）	$50 \leqslant V < 200$	15	20	25	35
	$200 \leqslant V < 1000$	20	25	30	40
	$1000 \leqslant V < 5000$	25	30	40	50
	$5000 \leqslant V \leqslant 10000$	30	35	50	60

注：1 防火间距应从距建筑物最近的储罐外壁算起，但储罐防火堤外侧基脚线至建筑物的距离不应小于 10m。

2 固定顶储罐区与甲类厂房（仓库）、民用建筑的防火间距，应按本表的规定增加 25%，且不应小于 25m。

3 储罐区与明火或散发火花地点的防火间距，应按本表四级耐火等级建筑的规定增加 25%。

4 浮顶储罐区与建筑物的防火间距，可按本表的规定减少 25%。

5 数个储罐区布置在同一库区内时，储罐区之间的防火间距不应小于本表相应储量的储罐区与四级耐火等级建筑之间防火间距的较大值。

6 设置在山地的储罐区，当设置事故存液池和自动灭火系统时，防火间距可按本表的规定减少 25%。

4.2.3 白酒储罐区、食用酒精储罐区储罐与厂外道路路边之间的防火间距不应小于 20m，与厂内主要道路路边之间的防火间距不应小于 15m，与厂内次要道路路边之间的防火间距不应小于 10m。

4.2.4 供白酒储罐区、食用酒精储罐区专用的酒泵房或酒泵区应布置在防火堤外。白酒储罐、食用酒精储罐与其酒泵房或酒泵区之间的防火间距不应小于表 4.2.4 的规定。

表 4.2.4 白酒储罐、食用酒精储罐与其酒泵房或酒泵区之间的防火间距（m）

储罐形式	酒泵房或酒泵区
固定顶储罐	15
浮顶储罐	12

注：总储量小于或等于 $1000m^3$ 时，其防火间距可减少 25%。

4.2.5 事故存液池与相邻建筑、储罐区、明火或散发火花地点、道路等之间的防火间距按其有效容积对应白酒储罐区、食用酒精储罐区固定顶储罐的要求执行。

4.2.6 厂区围墙与厂区内建（构）筑之间的间距不宜小于 5m，围墙两侧的建（构）筑物之间应满足相应的防火间距要求。

4.2.7 除本规范另有规定者外，酒厂内不同厂房、仓库之间的防火间距应符合现行国家标准《建筑设计防火规范》GB 50016 的有关规定。

4.3 厂 内 道 路

4.3.1 常储量大于或等于 1000m³ 的白酒厂、年产量大于或等于 5000m³ 的葡萄酒厂、年产量大于或等于 10000m³ 的黄酒厂、年产量大于或等于 100000m³ 的啤酒厂，其通向厂外的消防车出入口不应少于 2 个，并宜位于不同方位。

4.3.2 厂区的道路宜采用双车道，单车道应满足消防车错车要求。

4.3.3 生产区、仓库区和白酒储罐区、食用酒精储罐区应设置环形消防车道。当受地形条件限制时，应设置有回车场的尽头式消防车道。白酒储罐区、食用酒精储罐区相邻防火堤的外堤脚线之间，应留有净宽不小于 7m 的消防通道。

4.3.4 消防车道净宽不应小于 4m，净空高度不应小于 5m，坡度不宜大于 8%，路面内缘转弯半径不宜小于 12m。消防车道距建筑物的外墙宜大于 5m。供消防车停留的作业场地，其坡度不宜大于 3%。消防车道与厂房、仓库、储罐区之间不应设置妨碍消防车作业的障碍物。

4.4 消 防 站

4.4.1 下列白酒厂应建消防站：

1 常储量大于或等于 10000m³ 的白酒厂。

2 城市消防站接到火警后 5min 内不能抵达火灾现场且常储量大于或等于 1000m³ 的白酒厂。

4.4.2 白酒厂消防站的设置要求及消防车、泡沫液的配备标准应符合表 4.4.2 的规定。

表 4.4.2 消防站的设置要求及消防车、泡沫液的配备标准

常储量 V（m³）	消防站设置要求	消防车配备标准	泡沫液配备标准
$V \geqslant 50000m^3$	应设置一级普通消防站或特勤消防站	不应少于 5 辆，其中泡沫消防车不应少于 2 辆	≥30m³
$10000m^3 \leqslant V < 50000m^3$	应设置二级普通消防站	不应少于 3 辆，其中泡沫消防车不应少于 1 辆	≥20m³
$5000m^3 \leqslant V < 10000m^3$	宜设置二级普通消防站	不应少于 2 辆，其中泡沫消防车不应少于 1 辆	≥10m³
$1000m^3 \leqslant V < 5000m^3$	—	不宜少于 2 辆，至少应配备泡沫消防车 1 辆	≥5m³

4.4.3 冷却白酒储罐、食用酒精储罐用水罐消防车的数量和技术性能，应按冷却白酒储罐、食用酒精储罐最大需水量配备；扑救白酒储罐、食用酒精储罐火灾用泡沫消防车的数量和技术性能，应按着火白酒储罐、食用酒精储罐最大需用泡沫液量配备。

4.4.4 消防站的分级应符合国家现行有关标准的规定，消防站的设计、其他装备和人员配备可按照有关标准和现行国家标准《消防通信指挥系统设计规范》GB 50313 的有关规定执行。

5 生产工艺防火防爆

5.0.1 酒厂具有爆炸危险性的甲、乙类生产、储存场所应进行防爆设计。

5.0.2 泄压面积的计算应符合现行国家标准《建筑设计防火规范》GB 50016 的有关规定。爆炸危险物质为乙醇时，其泄压比 C 值不应小于 0.110m²/m³；爆炸危险物质为氨以及 $K_{尘} < 10\text{MPa}\cdot\text{m}\cdot\text{s}^{-1}$ 的粮食粉尘时，其泄压比 C 值不应小于 0.030m²/m³。

5.0.3 厂房、仓库内不应使用敞开式粮食溜管（槽）等设备。具有粉尘爆炸危险性的机械设备，宜设置在单层建筑靠近外墙或多层建筑顶层靠近外墙部位。

5.0.4 输送具有粉尘爆炸危险性的原料时，其机械输送设备应符合下列规定：

1 带式输送机、螺旋输送机、斗式提升机等输送设备，应在适当的位置设置磁选装置及其他清理装置，应在输送设备运转进入筒仓前的适当位置设置防火、防爆阀门。

2 斗式提升机应设置在单独的工作塔内或筒仓外。提升机入口处应单独设置负压抽风除尘系统。提升机的外壳、机头、机座和连接溜管应具有良好的密封性能，机壳的垂直段上应设置泄爆口，机座处应设置清料口，机头处应设置检查口。提升机应设置速度监控、故障报警停机等装置。

3 螺旋输送机全部机体应由金属材料包封，并应具有良好的密封性能。卸料口应采取措施防止堵塞，并应设置堵塞停机装置。

4 带式输送机应设置拉线保护、输送带打滑检测和防跑偏装置，必须采用阻燃输送带且不得采用金属扣连接，设备的进料口和卸料口处应设置吸风口。

5 输送栈桥应采用不燃材料制作。

5.0.5 输送具有粉尘爆炸危险性的原料时，其气流输送设备应符合下列规定：

1 从多个不同的进料点向一个卸料点输送原料时，应采用真空输送系统，卸料器应具有良好的密封性能。

2 从一个进料点向多个不同的卸料点输送原料时，可采用压力输送系统，加料器应具有良好的密封性能。

3 多个气流输送系统并联时，每个系统应设置截止阀。各粮仓间的气流输送系统不应相互连通，如确需连通时，应设置截止阀。

5.0.6 原料清选、粉碎和制曲设备应具有良好的密封性能，内部构件应连接牢固。原料粉碎设备应设置便于操作的检修孔、清理孔。原料粉碎车间不宜设置非生产性电气设备。

5.0.7 原料蒸煮设备宜采用不燃烧材料制作，蒸煮宜采用蒸汽加热。采用木质甑桶时，不宜采用明火加热。

5.0.8 蒸馏应符合下列规定：

1 蒸馏设备宜采用不燃材料制作。

2 蒸馏宜采用蒸汽加热，采用明火加热时应有安全防护措施。采用地锅蒸酒的车间，地锅火门及储煤场地必须设于车间外。

3 蒸馏设备及其管道、附件等应具有良好的密封性能。

4 采用塔式蒸馏设备生产酒精，各塔的排醛系统中应设置酒精捕集器，并应有足够的容积。排醛管出口宜接至室外，且不宜安装阀门。

5 酿酒车间的中转储罐容量不得超过车间日产量的2倍且储存时间不宜超过24h。

5.0.9 白酒储罐、食用酒精储罐、白兰地陈酿储罐应符合下列规定：

1 进、出输酒管道必须固定并应采用柔性连接。输酒管入口距储罐底部的高度不宜大于0.15m；确有困难时，输酒管出口标高应大于入口标高，高差不应小于0.1m。

2 每根输酒管道至少应设置两个阀门，阀门应采用密封性良好的快开阀，快速接口处应设置防漏装置。

3 储罐应设置液位计和高液位报警装置，必要时可设自动联锁启闭进液装置或远距离遥控启闭装置。储罐不宜采用玻璃管（板）等易碎材料液位计。

4 应急储罐的容量不应小于库内单个最大储罐容量。

5 酒取样器、罐盖及现场工具等严禁使用碰撞易产生火花的材料制作。

5.0.10 白酒、白兰地的加浆、勾兑、灌装生产过程应符合下列规定：

1 加浆、勾兑作业时，严禁采用纯氧搅拌工艺，可采用压缩空气作搅拌介质，但加浆、勾兑作业场所应有良好的通风，必要时宜采用负压抽风系统。

2 真空灌装机灌装口排出的酒蒸气应采用负压抽风系统回收，并应直接排至室外。

3 封盖机应采用缓冲柔性封盖机构。

5.0.11 甲、乙类生产、储存场所应采用不发火花地面。采用绝缘材料作整体面层时，应采取防静电措施。粮食仓库、原料粉碎车间的内表面应平整、光滑，并易于清扫。

5.0.12 采用糟烧白酒、高粱酒等代替酿造用水发酵时，发酵罐的输酒管入口距罐内搭窝原料底部的高度不应大于0.15m。黄酒煎酒设备采用薄板式热交换器时，灌酒桶上方的酒蒸气应回流入薄板式热交换器预热段，酒汗出口应设置回收装置，其管道应具有良好的密封性能。

5.0.13 氨制冷系统应设置安全保护装置，且应符合下列规定：

1 氨压缩机应在机组控制台上设事故紧急停机按钮。

2 氨泵应设断液自动停泵装置，排液管上应设压力表和止逆阀，排液总管上应设旁通泄压阀。

3 低压循环储液器、氨液分离器和中间冷却器应设超高液位报警装置及正常液位自控装置；低压储液器应设超高液位报警装置。

4 压力容器（设备）应按产品标准要求设安全阀；安全阀应设置泄压管，泄压管出口应高于周围50m内最高建筑物的屋脊5m。

5 应设置紧急泄氨装置。

6 管道应采用无缝钢管，其质量应符合现行国家标准《流体输送用无缝钢管》GB 8163的要求，应根据管内的最低工作温度选用材质，设计压力应采用2.5MPa（表压）。

7 应采用氨专用阀门和配件，其公称压力不应小于2.5MPa（表压），并不得有铜质和镀锌的零配件。

5.0.14 储罐、容器和工艺设备需要保温隔热时，其绝热材料应选用不燃材料。低温保冷可采用阻燃型泡沫，但其保护层外壳应采用不燃材料。

5.0.15 输酒管道的设计应符合现行国家标准《工业金属管道设计规范》GB 50316的有关规定。输送白酒、食用酒精、葡萄酒、白兰地、黄酒的管道设置应符合下列规定：

1 输酒管道宜架空或沿地敷设。必须采用管沟敷设时，应采取防止酒液在管沟内积聚的措施，并应在进出厂房、仓库、酒泵房、储罐区防火堤处密封隔断。输酒管道严禁与热力管道敷设在同一管沟内，不应与电力电缆敷设在同一管沟内。

2 输酒管道不得穿过与其无关的建筑物。跨越道路的输酒管道上不应设置阀门及易发生泄漏的管道附件。输酒管道穿越道路时，应敷设在管涵或套管内。

3 输酒管道严禁穿过防火墙和不同防火分区的楼板。

4 输酒管道除需要采用螺纹、法兰连接外，均应采用焊接连接。

5.0.16 输酒管道应采用食品用不锈钢管，输酒软管宜采用不锈钢软管。各种物料管线应有明显区别标识，阀门应有明显启闭标识。处置紧急事故的阀门，应设于安全和方便操作的地方，并应有保证其可靠启闭的措施。

5.0.17 其他管道必须穿过防火墙和楼板时，应采用防火封堵材料紧密填实空隙。受高温或火焰作用易变形的管道，在其穿越墙体和楼板的两侧应采取阻火措施。严禁在防火墙和不同防火分区的楼板上留置孔洞。采样管道不应引入化验室。

6 储　　存

6.1 酒　　库

6.1.1 白酒库、食用酒精库的耐火等级、层数和面积应符合表6.1.1的规定。

表 6.1.1 白酒库、食用酒精库的耐火等级、层数和面积（m^2）

储存类别	耐火等级	允许层数（层）	每座仓库的最大允许占地面积和每个防火分区的最大允许建筑面积				
			单层		多层		地下、半地下
			每座仓库	防火分区	每座仓库	防火分区	防火分区
酒精度大于或等于60度的白酒库、食用酒精库	一、二级	1	750	250	—	—	—
酒精度大于或等于38度、小于60度的白酒库		3	2000	250	900	150	—

注：半敞开式的白酒库、食用酒精库的最大允许占地面积和每个防火分区的最大允许建筑面积可增加至本表规定的1.5倍。

6.1.2 全部采用陶坛等陶制容器存放白酒的白酒库，其耐火等级、层数和面积应符合表6.1.2的规定。

表 6.1.2 陶坛等陶制容器白酒库的耐火等级、层数和面积（m^2）

储存类别	耐火等级	允许层数（层）	每座仓库的最大允许占地面积和每个防火分区的最大允许建筑面积				
			单层		多层		地下、半地下
			每座仓库	防火分区	每座仓库	防火分区	防火分区
酒精度大于或等于60度	一、二级	3	4000	250	1800	150	—
酒精度大于或等于52度、小于60度		5	4000	350	1800	200	—

6.1.3 白兰地陈酿库、葡萄酒陈酿库的耐火等级、层数和面积应符合表6.1.3的规定。

表 6.1.3 白兰地陈酿库、葡萄酒陈酿库的耐火等级、层数和面积（m^2）

储存类别	耐火等级	允许层数（层）	每座仓库的最大允许占地面积和每个防火分区的最大允许建筑面积				
			单层		多层		地下、半地下
			每座仓库	防火分区	每座仓库	防火分区	防火分区
白兰地	一、二级	3	2000	250	900	150	—
葡萄酒		3	4000	250	1800	150	250

6.1.4 白酒库、食用酒精库、白兰地陈酿库、葡萄酒陈酿库及白酒、白兰地的成品库严禁设置在高层建筑内。

6.1.5 白酒库、食用酒精库、白兰地陈酿库、葡萄酒陈酿库内设置自动灭火系统时，每座仓库最大允许占地面积可分别按表6.1.1、表6.1.2、表6.1.3的规定增加至3.0倍，每个防火分区最大允许建筑面积可分别按表6.1.1、表6.1.2、表6.1.3的规定增加至2.0倍。

6.1.6 白酒库、食用酒精库内的储罐，单罐容量不应大于1000m^3，储罐之间的防火间距不应小于相邻较大立式储罐直径的50%；单罐容量小于或等于100m^3、一组罐容量小于或等于500m^3时，储罐可成组布置，储罐之间的防火间距不应小于0.5m，储罐组之间的防火间距不应小于2m。当白酒库、食用酒精库内的储罐总容量大于5000m^3时，应采用不开设门窗洞口的防火墙分隔。

6.1.7 当采用陶坛、酒海、酒篓、酒箱、储酒池等容器储存白酒时，白酒库内的储酒容器应分组存放，每组总储量不宜大于250m^3，组与组之间应设置不燃烧体隔堤。若防火分区之间采用防火门分隔时，门前应采取加设挡坎等挡液措施。地震烈度大于6度以上的地区，陶坛等陶制容器应采取防震防撞措施。

6.1.8 人工洞白酒库的设置应符合下列规定：

1 人工洞白酒库应由巷道和洞室构成。

2 一个人工洞白酒库总储量不应大于5000m^3，每个洞室的净面积不应大于500m^2。

3 巷道直通洞外的安全出口不应少于两个。每个洞室通向巷道的出口不应少于两个，相邻出口最近边缘之间的水平距离不应小于5m。洞室内最远点距出口的距离不超过30m时可只设一个出口。

4 巷道的净宽不应小于3m，净高不应小于2.2m。相邻洞室通向巷道的出口最近边缘之间的水平距离不应小于10m。

5 当两个洞室相通时，洞室之间应设置防火隔间。隔间的墙应为防火墙，隔间的净面积不应小于$6m^2$，其短边长度不应小于2m。

6 巷道与洞室之间、洞室与防火隔间之间应设置不燃烧体隔堤和甲级防火门。防火门应满足防锈、防腐的要求，且应具有火灾时能自动关闭和洞外控制关闭的功能。

7 巷道地面坡向洞口和边沟的坡度均不应小于0.5%。

6.1.9 人工洞白酒库陶坛等陶制容器的存放应符合下列规定：

1 陶坛等陶制容器应分区存放，每区总储量不宜大于$200m^3$，区与区之间应设置不燃烧体隔堤或利用地形设置事故存液池。

2 每个分区内的陶坛等陶制容器应分组存放，每组的总储量不宜大于$50m^3$，组与组之间的防火间距不应小于1.2m。

6.1.10 白酒库、食用酒精库、白兰地陈酿库的承重结构不应采用钢结构、预应力钢筋混凝土结构。

6.1.11 白酒库、人工洞白酒库、食用酒精库、白兰地陈酿库应设置防止液体流散的设施。

6.1.12 多层白酒库、食用酒精库、白兰地陈酿库外墙窗户上方应设置宽度不小于0.5m的不燃烧体防火挑檐。

6.1.13 事故排酒设施应符合下列规定：

1 多层白酒库、食用酒精库、白兰地陈酿库的每个防火分区宜设置事故排酒口及阀门，库外应设置垂直导液管（道），并应用混凝土管道连接排酒口和导液管（道）至室外事故存液池。

2 人工洞白酒库的每个分区应设置事故排酒口及阀门，洞内应设置导液管（暗沟）至室外事故存液池，导液管（暗沟）通过分区的隔断处应设置阀门或防火挡板。

3 多层白酒库、食用酒精库、白兰地陈酿库、人工洞白酒库地面向事故排酒口方向的坡度不应小于0.5%。

6.1.14 白酒库、人工洞白酒库不燃烧体隔堤的设置应符合下列规定：

1 隔堤的高度、厚度均不应小于0.2m。

2 隔堤应能承受所容纳液体的静压，且不应渗漏。

3 管道穿堤处应采用不燃材料密封。

6.2 储罐区

6.2.1 白酒储罐区、食用酒精储罐区内储罐之间的防火间距不应小于表6.2.1的规定。

表6.2.1 白酒储罐区、食用酒精储罐区储罐之间的防火间距

类别		储罐形式			
		固定顶罐		浮顶罐	卧式罐
		地上式	半地下式		
单罐容量 V（m^3）	$V \leqslant 1000$	$0.75D$	$0.5D$	$0.4D$	≥0.8m
	$V > 1000$	$0.6D$			

注：1 D为相邻较大立式储罐的直径（m）。

2 不同形式储罐之间的防火间距不应小于本表规定的较大值。

3 两排卧式储罐之间的防火间距不应小于3m。

4 单罐容量小于或等于$1000m^3$且采用固定式消防冷却水系统时，地上式固定顶罐之间的防火间距不应小于$0.6D$。

6.2.2 白酒储罐区、食用酒精储罐区单罐容量小于或等于$200m^3$、一组罐容量小于或等于$1000m^3$时，储罐可成组布置。但组内储罐的布置不应超过两排，立式储罐之间的防火间距不应小于2m，卧式储罐之间的防火间距不应小于0.8m。储罐组之间的防火间距应根据组内储罐的形式和总储量折算为相同类别的标准单罐，并应按本规范第6.2.1条的规定确定。

6.2.3 白酒储罐区、食用酒精储罐区的四周应设置不燃烧体防火堤等防止液体流散的设施。

6.2.4 白酒储罐区、食用酒精储罐区防火堤的设置应符合下列规定：

1 防火堤内白酒、食用酒精总储量不应大于$10000m^3$。防火堤内的有效容积不应小于其中最大储罐的容量；对于浮顶储罐，防火堤内的有效容积可为其中最大储罐容量的一半。

2 防火堤高度应比计算高度高出0.2m。立式储罐的防火堤内侧距堤内地面高度不应小于1.0m，且外侧距堤外地面高度不应大于2.2m；卧式储罐的防火堤内、外侧高度均不应小于0.5m。防火堤应在不同方位设置两个及以上进出防火堤的人行台阶或坡道。

3 立式储罐的罐壁至防火堤内堤脚线的距离，不应小于罐壁高度的一半。卧式储罐的罐壁至防火堤内堤脚线的距离，不应小于3m。依山建设的储罐，可利用山体兼作防火堤，储罐的罐壁至山体的距离不应小于1.5m。

4 雨水排水管（渠）应在防火堤出口处设置水封装置，水封高度不应小于0.25m，水封装置应采用金属管道排出堤外，并在管道出口处设置易于开关的隔断阀门。

5 防火堤应能承受所容纳液体的静压，且不应渗漏。

6 进出储罐区的各类管线、电缆宜从防火堤顶部跨越或从地面以下穿过。当必须穿过防火堤时，应设置套管并应采取有效的密封措施，也可采用固定短管且两端采用软管密封连接。

7 防火堤内的储罐布置、防火堤的选型与构造应符合现行国家标准《建筑设计防火规范》GB 50016和《储罐区防火堤设计规范》GB 50351的有关规定。

7 消防给水、灭火设施和排水

7.1 消防给水和灭火器

7.1.1 酒厂应设计消防给水系统。厂房、仓库、储罐区应设置室外消火栓系统。

7.1.2 酒厂消防用水应和生产、生活用水统一规划，水源应有可靠保证。消防用水由酒厂自备水源给水管网供给时，其给水工程和给水管网应符合现行国家标准《室外给水设计规范》GB 50013和《建筑设计防火规范》GB 50016等标准的有关规定。

7.1.3 除下列耐火等级不低于二级的建筑可不设置室内消火栓外，酒厂的其他厂房、仓库均应设置室内消火栓系统：

1 白酒厂的蒸煮、糖化、发酵车间，固态、半固态法酿酒车间，制酒母车间，液态制曲车间，酒糟利用车间。

2 葡萄酒厂的原料库房，原料分选、破碎除梗、浸提压榨车间，发酵车间，SO_2储瓶间。

3 黄酒厂的原料浸渍、蒸煮车间，制酒母车间，酒糟利用车间。

4 啤酒厂的大麦浸渍、发芽车间，麦芽干燥车间，原料糊化、糖化、过滤、煮沸、冷却车间，发酵车间。

5 粮食仓库、玻璃瓶库、陶瓷瓶库，洗瓶车间、机修车间，仪表、电修车间，空气压缩机房。

7.1.4 白酒库、人工洞白酒库、食用酒精库、白兰地陈酿库的室内消火栓箱内应配备喷雾水枪。人工洞白酒库的消防用水量不应小于20L/s，室内消火栓宜布置在巷道靠近洞室出口处。

7.1.5 消防给水必须采取可靠措施防止泡沫液等灭火剂回流污染生活、生产水源和消防水池。供给泡沫灭火设备的水质应符合有关泡沫液的产品标准及技术要求。

7.1.6 厂房、仓库、白酒储罐区、食用酒精储罐区、酒精蒸馏塔、办公及生活建筑应按现行国家标准《建筑灭火器配置设计规范》GB 50140的有关规定配置灭火器，其中白酒库、人工洞白酒库、食用酒精库、白酒储罐区、食用酒精储罐区、液态法酿酒车间、酒精蒸馏塔，白兰地蒸馏车间、陈酿库，白酒、白兰地勾兑、灌装车间的灭火器配置场所危险等级应为严重危险级。

7.1.7 除本规范另有规定者外，其他室内外消防给水设计应符合现行国家标准《建筑设计防火规范》GB 50016的有关规定。

7.2 灭火系统和消防冷却水系统

7.2.1 下列场所应设置自动喷水灭火系统：

1 高层原料筛选车间、原料制曲车间。

2 白酒、白兰地灌装、包装车间。

3 白酒、白兰地成品库。

4 建筑面积大于500m² 的地下白酒、白兰地成品库。

7.2.2 下列场所应设置水喷雾灭火系统或泡沫灭火系统：

1 白酒勾兑车间、白兰地勾兑车间。

2 液态法酿酒车间、酒精蒸馏塔。

3 人工洞白酒库。

4 占地面积大于750m² 的白酒库、食用酒精库、白兰地陈酿库。

5 地下、半地下葡萄酒陈酿库。

6 白酒储罐区、食用酒精储罐区。

7.2.3 白酒库、食用酒精库、白酒储罐区、食用酒精储罐区的泡沫灭火系统设置应符合下列规定：

1 单罐容量大于或等于500m³ 的储罐，移动式消防设施不能进行保护或地形复杂、消防车扑救困难的储罐区，应采用固定式泡沫灭火系统。

2 单罐容量小于500m³ 的储罐，可采用半固定式泡沫灭火系统。

7.2.4 白酒、食用酒精金属储罐应设置消防冷却水系统，并应符合下列规定：

1 白酒库、食用酒精库的储罐应采用固定式消防冷却水系统。当储罐设有水喷雾灭火系统时，水喷雾灭火系统可兼作消防冷却水系统，但该储罐的消防用水量应按水喷雾灭火系统灭火和防护冷却的最大者确定。

2 白酒储罐区、食用酒精储罐区的储罐多排布置或储罐高度大于15m或单罐容量大于1000m³ 时，应采用固定式消防冷却水系统。

3 白酒储罐区、食用酒精储罐区的储罐高度小于或等于15m且单罐容量小于或等于1000m³ 时，可采用移动式消防冷却水系统或固定式水枪与移动式水枪相结合的消防冷却系统。

7.2.5 自动喷水灭火系统的设计，应符合现行国家标准《自动喷水灭火系统设计规范》GB 50084的有关规定。

7.2.6 水喷雾灭火系统的设计除应符合现行国家标准《水喷雾灭火系统设计规范》GB 50219的有关规定外，尚应符合下列规定：

1 设计喷雾强度和持续喷雾时间不应小于表

7.2.6 的规定。

表 7.2.6 设计喷雾强度和持续喷雾时间

防护目的	设计喷雾强度 (L/min·m²)	持续喷雾时间 (h)
灭火	20	0.5
防护冷却	6	4

2 水雾喷头的工作压力，当用于灭火时，不应小于0.4MPa；当用于防护冷却时，不应小于0.2MPa。

3 系统的响应时间，当用于灭火时，不应大于45s；当用于防护冷却时，不应大于180s。

4 保护面积应按每个独立防火分区的建筑面积确定。

7.2.7 泡沫灭火系统必须选用抗溶性泡沫液，固定顶、浮顶白酒储罐、食用酒精储罐应选用液上喷射泡沫灭火系统，系统设计应符合现行国家标准《泡沫灭火系统设计规范》GB 50151 的有关规定。

7.2.8 白酒库、食用酒精库或白酒储罐区、食用酒精储罐区的固定式泡沫灭火系统采用手动操作不能保证5min内将泡沫送入着火罐时，泡沫混合液管道控制阀应能远程控制开启。

7.2.9 消防系统的启动、停止控制设备应具有明显的标识，并应有防误操作保护措施。供水装置停止运行应为手动控制方式。

7.3 排 水

7.3.1 酒厂应采取防止泄漏的酒液和消防废水排出厂外的措施，并不得排向库区。

7.3.2 事故存液池的设置应符合下列规定：

1 设有事故存液池的储罐区四周应设导液管(沟)，使溢漏酒液能顺利地流出罐区并自流入存液池内。

2 导液管（沟、道）距明火或散发火花地点不应小于30m。

3 事故存液池的有效容积不应小于其中最大储罐的容量。对于浮顶罐，事故存液池的有效容积可为其中最大储罐容量的一半。人工洞白酒库和多层白酒库、食用酒精库、白兰地陈酿库设置的事故存液池的有效容积不宜小于50 m³。

4 事故存液池应有符合防火要求的排水措施。

7.3.3 含酒液的污水排放应符合下列规定：

1 含酒液的污水应采用管道单独排放，不得与其他污水混排。

2 排放出口应设置水封装置，水封装置与围墙之间的排水通道必须采用暗渠或暗管。水封井的水封高度不应小于0.25m。水封井应设沉泥段，沉泥段自最低的管底算起，其深度不应小于0.25m。水封装置出口应设易于开关的隔断阀门。

8 采暖、通风、空气调节和排烟

8.0.1 甲、乙类生产、储存场所不应采用循环热风采暖，严禁采用明火采暖和电热散热器采暖。原料粉碎车间采暖散热器表面温度不应超过82℃。

8.0.2 甲、乙类生产、储存场所应有良好的自然通风或独立的负压机械通风设施。机械通风的空气不应循环使用。

8.0.3 白酒库、人工洞白酒库、食用酒精库、白兰地陈酿库、氨压缩机房及白酒、白兰地酒泵房应设置事故排风设施，其事故排风量宜根据计算确定，但换气次数不应小于12次/h。人工洞白酒库事故排风量应根据最大一个洞室的净空间进行计算确定。事故排风系统宜与机械通风系统合用，应分别在室内、外便于操作的地点设置开关。

8.0.4 甲、乙类生产、储存场所的通风管道及设备宜采用气动执行器与调节水阀、风阀配套使用。

8.0.5 甲、乙类生产、储存场所的通风管道及设备应符合下列规定：

1 排风管道严禁穿越防火墙和有爆炸危险场所的隔墙。

2 排风管道应采用金属管道，并应直接通往室外或洞外的安全处，不应暗设。

3 通风管道及设备均应采取防静电接地措施。

4 送风机及排风机应选用防爆型。

5 送风机及排风机不应布置在地下、半地下，且不应布置在同一通风机房内。

8.0.6 输送白酒、食用酒精、葡萄酒、白兰地、黄酒的管道，不应穿过通风机房和通风管道，且不应沿通风管道的外壁敷设。

8.0.7 下列情况之一的通风、空气调节系统的风管上应设置防火阀：

1 穿越防火分区处。

2 穿越通风、空气调节机房的房间隔墙和楼板处。

3 穿越防火分隔处的变形缝两侧。

8.0.8 机械排烟系统与机械通风、空气调节系统宜分开设置。当合用时必须采取可靠的防火措施，并应符合机械排烟系统的有关要求。

8.0.9 厂房、仓库采用自然排烟设施时，排烟口宜设置在外墙上方或屋面上，并应有方便开启的装置或火灾时自动开启的装置。

8.0.10 需要排烟的厂房、仓库不具备自然排烟条件时，应设置机械排烟设施。当排烟风管竖向穿越防火分区时，垂直排烟风管宜设置在管井内。

8.0.11 采暖、通风、空气调节系统的防火、防爆设计和建筑排烟设计的其他防火要求应符合现行国家标准《采暖通风与空气调节设计规范》GB 50019 和

《建筑设计防火规范》GB 50016 等标准的有关规定。

9 电 气

9.1 供配电及电器装置

9.1.1 酒厂的消防用电负荷等级不应低于现行国家标准《供配电系统设计规范》GB 50052 规定的二级负荷。

9.1.2 甲、乙类生产、储存场所设置的机械通风设施应按二级负荷供电，其事故排风机的过载保护不应直接停排风机。

9.1.3 消防用电设备应采用专用供电回路，其配电设备应有明显标识。当生产、生活用电被切断时，仍应保证消防用电。

9.1.4 消防控制室、消防水泵房、消防电梯等重要消防用电设备的供电应在最末一级配电装置或配电箱处实现自动切换，其配电线路宜采用铜芯耐火电缆。

9.1.5 甲、乙类生产、储存场所与架空电力线的最近水平距离不应小于电杆（塔）高度的1.5倍。

9.1.6 白酒储罐区、食用酒精储罐区、酒精蒸馏塔的供配电电缆宜直接埋地敷设。直埋深度不应小于0.7m，在岩石地段不应小于0.5m。

9.1.7 厂房和仓库的下列部位，应设置消防应急照明，且疏散应急照明的地面水平照度不应小于5.0 lx：

1 封闭楼梯间、防烟楼梯间及其前室、消防电梯间的前室或合用前室。

2 消防控制室、消防水泵房、自备发电机房、变、配电房以及发生火灾时仍需正常工作的其他房间。

3 人工洞白酒库内的巷道。

4 参观走道、疏散走道。

9.1.8 液态法酿酒车间、酒精蒸馏塔、白兰地蒸馏车间、酒精度大于或等于38度的白酒库、人工洞白酒库、食用酒精库、白兰地陈酿库，白酒、白兰地勾兑车间、灌装车间、酒泵房，采用糟烧白酒、高粱酒等代替酿造用水的黄酒发酵车间的电气设计应符合爆炸性气体环境2区的有关规定；机械化程度高、年周转量较大的散装粮房式仓，粮食筒仓及工作塔，原料粉碎车间的电气设计应符合可燃性非导电粉尘11区的有关规定。

9.1.9 甲、乙类生产、储存场所的其他电气设计应符合现行国家标准《爆炸和火灾危险环境电力装置设计规范》GB 50058 的有关规定。

9.2 防雷及防静电接地

9.2.1 酒厂应按现行国家标准《建筑物防雷设计规范》GB 50057 和《建筑物电子信息系统防雷技术规范》GB 50343 的有关规定进行防雷设计。

9.2.2 甲、乙类生产、储存场所和生产工艺的中心控制室应按第二类防雷建筑物进行防雷设计。

9.2.3 金属储罐必须设防雷接地，其接地点不应少于两处，接地点沿储罐周长的间距不宜大于30m。当储罐顶装有避雷针或利用罐体作接闪器时，防雷接地装置冲击接地电阻不宜大于10Ω。

9.2.4 金属储罐的防雷设计应符合下列规定：

1 装阻火器的地上固定顶储罐应装设避雷针（线），避雷针（线）的保护范围，应包括整个储罐。当储罐顶板厚度大于或等于4mm时，可利用罐体作接闪器。

2 浮顶储罐可不装设避雷针（线），但应将浮顶与罐体用两根截面不小于25mm^{2}的软铜复绞线做电气连接。

9.2.5 金属储罐上的信息装置，其金属外壳应与罐体做电气连接，配线电缆宜采用铠装屏蔽电缆，电缆外皮及所穿钢管应与罐体做电气连接。铠装电缆的埋地长度不应小于15m。

9.2.6 防静电接地应符合下列规定：

1 金属储罐、酒泵、过滤机、输酒管道、真空灌装机和本规范第8.0.5条规定的通风管道及设备等应作防静电接地。

2 白酒库、人工洞白酒库、食用酒精库、白酒储罐区、食用酒精储罐区、白兰地陈酿库的收酒区，应设置与酒罐车和酒桶跨接的防静电接地装置，其出入口处宜设置防静电接地装置。

3 每组专设的防静电接地装置的接地电阻不宜大于100Ω。

9.2.7 地上和管沟敷设的输酒管道的下列部位应设置防静电和防感应雷的接地装置：

1 始端、末端、分支处以及直线段每隔200m～300m处。

2 爆炸危险场所的边界。

3 管道泵、过滤器、缓冲器等。

9.2.8 金属储罐的防雷接地装置可兼作防静电接地装置。地上和管沟敷设的输酒管道的防静电接地装置可与防感应雷的接地装置合用，接地电阻不宜大于30Ω，接地点宜设在固定管墩（架）处。

9.2.9 酒库、储罐区的防雷接地、防静电接地、电气设备的工作接地、保护接地及信息系统的接地等，宜共用接地装置，其接地电阻应按接入设备中要求的最小值确定。

9.3 火灾自动报警系统

9.3.1 下列场所应设置火灾自动报警系统：

1 白酒、白兰地成品库。

2 有消防联动控制的厂房、仓库和其他场所。

9.3.2 甲、乙类生产、储存场所的火灾探测器宜采用感温、感光、图像型探测器或其组合，火灾自动报警系统设计应符合现行国家标准《爆炸和火灾危险环境电力装置设计规范》GB 50058 的有关规定。

9.3.3 生产区、仓库区和储罐区的值班室应设火灾报警电话。白酒储罐区、食用酒精储罐区应设置室外手动报警设施。

9.3.4 下列场所应设置乙醇蒸气浓度检测报警装置：

1 液态法酿酒车间、酒精蒸馏塔，白酒勾兑车间、灌装车间、酒泵房，酒精度大于或等于 38 度的白酒库、人工洞白酒库、食用酒精库。

2 白兰地蒸馏车间、勾兑车间、灌装车间、酒泵房、陈酿库。

3 葡萄酒灌装车间、酒泵房、陈酿库。

4 采用糟烧白酒、高粱酒等代替酿造用水的黄酒发酵车间，黄酒压榨车间、煎酒车间、灌装车间。

9.3.5 乙醇蒸气浓度检测报警装置的报警设定值不应大于乙醇蒸气爆炸下限浓度值的 25%。乙醇蒸气浓度检测器宜设置在检测场所的低洼处，距楼（地）面高度宜为 0.3m～0.6m。

9.3.6 氨压缩机房应设置氨气浓度检测报警装置。

9.3.7 当氨压缩机房内空气中的氨气浓度达到 100ppm～150ppm 时，氨气浓度检测报警装置应能自动发出声光报警信号，并自动联动开启事故排风机。氨气浓度检测器应设置在氨制冷机组、氨泵及液氨储罐上方的机房顶板上。

9.3.8 乙醇蒸气浓度检测报警装置应与机械通风设施或事故排风设施联动，且机械通风设施或事故排风设施应设手动开启装置。

9.3.9 设有火灾自动报警系统和自动灭火系统的酒厂应设消防控制室。消防控制室宜独立设置或与其他控制室、值班室组合设置。消防控制室的设置应符合现行国家标准《建筑设计防火规范》GB 50016 的有关规定。

本规范用词说明

1 为便于在执行本规范条文时区别对待，对要求严格程度不同的用词说明如下：

1） 表示很严格，非这样做不可的：
正面词采用“必须”，反面词采用“严禁”；

2） 表示严格，在正常情况下均应这样做的：
正面词采用“应”，反面词采用“不应”或“不得”；

3） 表示允许稍有选择，在条件许可时首先应这样做的：
正面词采用“宜”，反面词采用“不宜”；

4） 表示有选择，在一定条件下可以这样做的，采用“可”。

2 条文中指明应按其他有关标准执行的写法为：“应符合……的规定”或“应按……执行”。

引用标准名录

《室外给水设计规范》GB 50013
《建筑设计防火规范》GB 50016
《采暖通风与空气调节设计规范》GB 50019
《供配电系统设计规范》GB 50052
《建筑物防雷设计规范》GB 50057
《爆炸和火灾危险环境电力装置设计规范》GB 50058
《自动喷水灭火系统设计规范》GB 50084
《建筑灭火器配置设计规范》GB 50140
《泡沫灭火系统设计规范》GB 50151
《水喷雾灭火系统设计规范》GB 50219
《消防通信指挥系统设计规范》GB 50313
《工业金属管道设计规范》GB 50316
《建筑物电子信息系统防雷技术规范》GB 50343
《储罐区防火堤设计规范》GB 50351
《流体输送用无缝钢管》GB 8163

中华人民共和国国家标准

酒厂设计防火规范

GB 50694—2011

条 文 说 明

制 订 说 明

《酒厂设计防火规范》GB 50694—2011，经住房和城乡建设部2011年7月26日以第1098号公告批准发布。

为便于广大设计、施工、科研、学校等单位有关人员在使用本规范时能正确理解和执行条文规定，《酒厂设计防火规范》编制组按章、节、条顺序编制了本规范的条文说明，对条文规定的目的、依据以及执行中需注意的有关事项进行了说明。但是，本条文说明不具备与规范正文同等的法律效力，仅供使用者作为理解和把握规范规定的参考。在使用中如发现本条文说明有不妥之处，请将意见函寄四川省公安消防总队。

目　次

1 总　　则

1.0.1 本条规定了制定本规范的目的。

我国是酒类生产、消费大国，有着悠久的酿酒历史和源远流长的酒文化，酒类行业对经济社会、人民生活的影响广泛而深远。

近年来，酒厂生产规模迅速扩大，昔日小作坊式的手工生产为机械化、半机械化的大规模工业化生产所取代，但目前国内外尚无专门的酒厂防火技术规范，酒厂的防火防爆技术仍然停滞在小作坊式的手工生产阶段，加之管理不严或操作不当等原因，导致酒厂火灾尤其是白酒厂火灾时有发生，且后果十分严重，成为影响酒类行业可持续发展的突出问题。据不完全统计，仅1985年到1990年的6年间，在我国最重要的白酒产区川黔两省就发生白酒火灾27起，死伤48人。2005年8月4日四川某酒厂在向酒罐注酒作业过程中因静电放电引发白酒蒸气爆炸，死亡6人，重伤1人（送医后不治死亡）。泄漏的白酒和扑救火灾的泡沫液及消防用水在一定地域范围内造成了严重的环境污染。因此，保障酒厂的消防安全是酒类行业可持续发展的需要，防止酒厂火灾和减少火灾危害，保护人身和财产安全是制定本规范的目的。

1.0.2 本条规定了本规范的适用范围。

截至2009年，全国有白酒生产企业18000余家，其中规模以上企业1200余家，实现年产量706.93万吨，主营业务收入1858亿元，利税总额457亿元；有规模以上啤酒生产企业510余家，实现年产量4236.38万吨（居世界第一），主营业务收入1143亿元，利税总额232亿元；有葡萄酒（含白兰地）生产企业600余家，其中规模以上企业140余家，实现年产量96.96万吨，主营业务收入222亿元，利税总额48亿元；有黄酒生产企业700余家，其中规模以上企业100余家，实现年产量106.29万吨，主营业务收入75亿元，利税总额12亿元。这四类酒的工业总产值、利税总额分别占全国饮料酒厂的97.3%、98.0%。

本规范编制过程中，编制组先后对我国主要酒类品种白酒、啤酒、葡萄酒、黄酒的部分生产企业进行了调研，针对我国主要酒类品种确定了规范的适用范围。其他饮料酒（如果酒、中药泡酒等）产量较小，生产、储存与上述主要酒类相似，可参照本规范执行。本规范适用于食用酒精厂的防火设计，主要是考虑一些新型白酒以食用酒精为基础酒进行调配，在其酿造过程中会涉及食用酒精的生产、储存、勾兑等环节。

自然洞酒库是利用天然洞穴储存酒，受地形和环境影响较大，出口少、洞身长、面积容积大，且多数情况下不能进行改造，目前没有可供借鉴的防火防爆技术和成熟的经验，一旦发生火灾，很难扑救。这类自然洞酒库应针对具体情况进行专家论证，采取相应的防火防爆措施。

2 术　　语

2.0.1 根据现行国家标准《饮料酒分类》GB/T 17204，本规范定义的饮料酒是指酒精度在0.5%vol以上的酒精饮料，包括各种发酵酒、蒸馏酒及配制酒。白酒是指以粮谷为主要原料，用大曲、小曲或麸曲及酒母等为糖化发酵剂，经蒸煮、糖化、发酵、蒸馏而制成的蒸馏酒。葡萄酒是指以鲜葡萄或葡萄汁为原料，经全部或部分发酵酿制而成的、含有一定酒精度的发酵酒。黄酒是指以稻米、黍米等为主要原料，加曲、酵母等糖化发酵剂酿制而成的发酵酒。啤酒是指以麦芽、水为主要原料，加啤酒花（包括酒花制品），经酵母发酵酿制而成的、含有二氧化碳的、起泡的、低酒精度的发酵酒。本规范定义的白兰地为葡萄白兰地，简称白兰地，是指以鲜葡萄或葡萄汁为原料，经发酵、蒸馏、陈酿、调配而成的葡萄蒸馏酒。

2.0.2～2.0.7 针对酒厂防火防爆设计所涉及的部分专用名词给出定义。

3 火灾危险性分类、耐火等级和防火分区

3.0.1 本条按照白酒厂、葡萄酒厂、白兰地酒厂、黄酒厂、啤酒厂分类对酒厂生产、储存的火灾危险性及建（构）筑物的最低耐火等级作了规定。

国外对液体的火灾危险性一般以液体的闪点和沸点为基础进行分类。按照化学品的分类与标注的全球协调系统所列分类指标，白酒危险性分类属于“非常易燃的液体或蒸气”和“易燃液体或蒸气”之间；按美国交通部门（DOT）所列分类指标，白酒危险性应属Ⅱ～Ⅲ；按美国国家标准研究院（ANSI）分类指标，白酒危险性水平为“易燃的”；按美国消防协会（NFPA）的分类指标，白酒危险性属IB～IC，危险性评价为3，仅低于最高危险级4。上述分类标准见表1。

表1　液体危险性和分类[1]

化学品的分类与标注的全球协调系统			NFPA型30/704			DOT分类		ANSI型Z129.1分类	
危险性分类	指标（℃）	分类	分级	危险性评价	指标（℃）[2]	分级	指标（℃）	危险性水平	指标（℃）[3]
1	IBP≤35	极易燃的液体或蒸气	ⅠA	4	T_b＜38；T_f＜23	Ⅰ	IBP≤35	极易燃的	T_f≤−7或T_b≤35；T_f≤61
			ⅠB	3	T_b≥38；T_f＜23				
			ⅠC	3	23≤T_f＜38				

续表 1

化学品的分类与标注的全球协调系统			NFPA 型 30/704			DOT 分类		ANSI 型 Z129.1 分类	
危险性分类	指标（℃）	分类	分级	危险性评价	指标（℃）^{2}	分级	指标（℃）	危险性水平	指标（℃）^{3}
2	IBP>35；T_f<23	非常易燃的液体或蒸气	Ⅱ	2	38≤T_f<60	Ⅱ	IBP>35；T_f<23	易燃的	T_b>35；T_f≤61
3	IBP>35；23≤T_f≤60	易燃的液体或蒸气	ⅢA	2	60≤T_f<93	Ⅲ	IBP>35；23≤T_f≤61	燃烧的	61<T_f<93
			ⅢB	1	93≤T_f				
4	60<T_f≤93	可燃液体	0	0	5min 后 T_{ig}>816				

注：1 IBP：起始沸点；T_b：沸点；T_f：闭杯闪点；T_{ig}：着火温度。

2 对于单组分液体，蒸气压力等于 101.33kPa（1 个标准大气压）时的温度。对于没有固定沸点的混合物，根据 ASTME 86，蒸馏 20%时作为沸点。

3 假定沸点为 IBP。

我国现行国家标准《建筑设计防火规范》GB 50016 对液体生产和储存的火灾危险性则只根据其闪点进行分类，不考虑沸点的影响，将“闪点小于 28℃的液体”和“闪点大于或等于 60℃的液体”分别划归为甲类第 1 项、丙类第 1 项；在条文说明“储存物品的火灾危险性分类举例”中将“60 度及以上的白酒”和“大于 50 度小于 60 度的白酒”分别划归为甲类第 1 项和丙类第 1 项，但并未给出白酒的闪点值，而只是比照乙醇水溶液的闪点作了粗略的对比确定，使得甲、丙类之间缺失了乙类的合理连续过渡，并产生了极为严重的问题：60 度以下白酒所适用的防火防爆措施偏于不安全，导致爆炸和火灾时有发生。

按照我国根据闪点（闭杯法）划分液体火灾危险性的原则，为科学地确定白酒的火灾危险性，编制组测定了 17 种白酒的闪点（表 2）。经回归分析，建立了白酒闪点—度回归方程 $\hat{y}=36.6619-0.2430x$（式中：x—白酒度数；$\hat{y}$—闪点），并对此方程进行了相关性检验，表明在 99.9%的置信度下，x 与 y 线性相关显著，在工程中具有实用价值。由此可知，38 度及以上白酒的闪点小于 28℃。

表 2 17 种白酒度数与闪点的关系

白酒种类	五粮液曲酒			泸州老窖曲酒			剑南春曲酒			珍酒		茅台		鸭溪大曲	鸭溪窖酒	董窖	董酒
白酒度数（%vol）	52	45	39	52	45	38	52	46	39	51	59	53	58	53	55	58	59
实测闪点（℃）	25	26	27	25	26	27	24	26	28	24	22	24	22	23	24	24	22

据此确定 38 度及以上白酒的火灾危险性为甲类，将酒精度为 38 度及以上的白酒库、人工洞白酒库、白酒储罐区、勾兑车间、灌装车间、酒泵房等的火灾危险性确定为甲类。

液态法白酒采用酒精生产的方式，即液态配料、液态糖化发酵和蒸馏，因此将液态法酿酒车间、酒精蒸馏塔、食用酒精库、食用酒精储罐区等火灾危险性确定为甲类。

经测试，酒精度 12 度的张裕葡萄酒闪点为 47℃～48℃，酒精度 40 度的张裕白兰地闪点为 28℃；酒精度 16 度的绍兴黄酒闪点为 39℃。因此，葡萄酒、白兰地、黄酒的火灾危险性均属乙类。但白兰地蒸馏车间所用原料酒的酒精度一般为 8 度～12 度，经蒸馏得到的原白兰地酒精度为 70 度左右，白兰地勾兑车间和陈酿库内酒液的酒精度一般为 65 度～70 度，因此将其火灾危险性确定为甲类。

黄酒生产的副产品酒糟中尚有 10%左右的酒精及 20%～25%的可溶性无氮物，多利用其蒸馏白酒，工艺称为“糟烧”，生产的白酒称为糟烧白酒，其生产、储存火灾危险性与白酒厂相同。

3.0.4 据调查，白酒、白兰地勾兑、灌装、包装、成品暂存等生产联合厂房多为单层建筑，生产规模大，生产自动化程度较高，生产工段连续，按甲类生产厂房设置防火分区面积难以满足生产需求。由于此类厂房的火灾危险部位主要集中在每条生产线上，因此本条规定当设有自动灭火系统和火灾自动报警系统，并将危险工段和空间采取防火分隔措施与其他部位进行防火分隔时，此类厂房防火分区的最大允许建筑面积可增加至 2.5 倍。

4 总平面布局和平面布置

4.1 一 般 规 定

4.1.1 本条规定了酒厂的规划选址要求，有利于保障城市、镇和村庄建成区的安全。

酒厂内各建（构）筑物的火灾危险性类别不同，各厂的生产工艺和储存方式亦不完全相同，因此本条规定酒厂不同功能区的布局应根据其生产工艺、火灾危险性和功能要求，结合地形、气象条件，合理布置，做到既相对集中又相对隔离，防止或减少发生火灾时相互间的不利影响，并为火灾扑救创造有利条件。

4.1.2 白酒储罐区、食用酒精储罐区在露天集中设置有利于统一管理，但发生火灾时，容易形成连锁反应，尤其是储罐破裂或发生爆炸将导致酒液流淌，若毗邻低处有工艺装置、明火设施或人员集中场所，将会导致严重后果。因此，白酒储罐区、食用酒精储罐区应布置在相对独立的安全地带并宜布置在厂区全年最小频率风向的上风侧，以免火灾危及毗邻低处和下风侧的建（构）筑物及人员的安全。

人工洞白酒库主要用陶坛等陶制容器储酒。洞库窖藏利于白酒的催化老熟，极大地避免了酒体的挥发损失，是精华酒积淀留存、生产优质白酒的重要手段。人工洞白酒库多建于山地丘陵地带，库址应选择在地质构造简单、岩性均一、石质坚硬且不宜风化的地区，不得选择在有断层、密集的破碎带等地质灾害隐患地区。

4.1.4 本条规定的目的在于减少爆炸的危害。地下、半地下室采光差，其出入口既是疏散出口又是排烟口和泄压口，同时还是消防救援人员的入口，一旦发生火灾或爆炸事故，疏散和扑救都非常困难。

本规范第3.0.1条确定的酒厂的甲、乙类生产、储存场所，在生产、储存过程中难免跑、冒、滴、漏，瓶、坛破碎的情况也时有发生。当自然通风不良或机械通风系统故障时，可能形成爆炸性混合物引发爆炸，因此该类场所不应设置在地下或半地下。本条规定与现行国家标准《建筑设计防火规范》GB 50016规定甲、乙类生产场所和甲、乙类仓库不应设置在地下或半地下规定一致。人工洞白酒库、葡萄酒陈酿库确因生产工艺需要设置在地下、半地下时，本规范对其消防技术措施另有规定。

4.1.5、4.1.6 火灾案例证明，在厂房、仓库内设置员工宿舍，或在有爆炸危险的场所内设置办公室、休息室，一旦发生火灾，可能导致严重的人员伤亡。因此，厂房、仓库内严禁设置员工宿舍，在具有爆炸危险性的车间、仓库内严禁设置休息室、办公室。必须与厂房贴邻设置休息室、办公室时，应采用防爆墙分隔并设置独立的安全出口；贴邻丙、丁类仓库建造的管理用房和在丙、丁类仓库内设置的办公室、休息室应采取相应的防火分隔措施避免用火用电不慎等引发火灾。

4.1.7 由于工艺的需要，白酒、白兰地灌装车间与勾兑车间、洗瓶车间、包装车间通常设在同一建筑内，而白酒、白兰地灌装车间火灾危险性为甲类，有必要采用耐火极限不低于3.00h的不燃烧体隔墙与勾兑车间、洗瓶车间、包装车间分隔开。当每条生产线成品酒灌装罐容量不大于$3m^3$时，其容量相对较小，发生火灾时容易控制，可设置在灌装车间内；当容量增加，特别是达到$100m^3$时，已经相当一个小型储罐容量，这时火灾的危险性大大增加，因此有必要对总容量和单罐的容量加以限制且不能设置在灌装车间内，但可设置在建筑物的首层或二层靠外墙部位，并与灌装车间、勾兑车间、包装车间、洗瓶车间等隔开。

4.1.8 白酒库、白兰地陈酿库火灾危险性属甲类，但白酒、白兰地陈酿一般都装在密闭的容器里，相对于勾兑车间而言，安全性较高。而勾兑车间因为品尝、理化指标检测以及加浆、勾兑等工序，使火灾危险性相对增大。因此，当工艺需要白酒勾兑车间与其酒库、白兰地勾兑车间与其陈酿库设置在同一建筑物内时，勾兑车间应自成独立的防火分区并设置独立的安全出口。

4.1.9 消防控制室、消防水泵房，自备发电机房和变、配电房等是灭火救援的重要设备用房，必须保证自身的相对安全，才能持续提供灭火救援保障，因此不应设在白酒库、人工洞白酒库、食用酒精库、白酒储罐区、食用酒精储罐区、葡萄酒陈酿库、白兰地陈酿库等火灾危险性大的区域内或贴邻建造。

4.1.10 由于10kV及以下的变、配电房的电气设备是非防爆型的，操作时容易产生电弧或电火花，而白酒库、食用酒精库、白兰地陈酿库、酒泵房又属于爆炸和火灾危险性场所，因此贴邻建造时应符合一定的构造要求。

采用防火墙是为防止可燃气体爆炸混合物通过隔墙孔洞、沟道窜入变、配电房发生事故，也可以防止变、配电房发生火灾时蔓延到白酒库、食用酒精库、白兰地陈酿库、酒泵房。

白酒、白兰地和酒精的主要成分是乙醇，乙醇蒸气密度为1.59，易向低洼处流动和积聚，因此规定变、配电房的室内地坪应高出白酒库、食用酒精库、白兰地陈酿库、酒泵房的室外地坪0.6m。规定变、配电房的门窗应设在爆炸危险区域以外，是为了防止乙醇蒸气通过门窗进入变、配电房。

4.1.11 经调研，供白酒库、人工洞白酒库、白兰地陈酿库专用的酒泵房和空气压缩机房因工艺的需要，多贴邻仓库建造，其中多数并未严格与仓库进行分隔，且采用半敞开式建筑。酒厂火灾案例分析表明，约73%的火灾因电气引发，酒泵房和空气压缩机房用电频繁，其火灾危险性较仓库相对较大，因此本条规定应采用无门窗洞口的耐火极限不低于3.00h的不燃烧体隔墙与仓库隔开，并应设置独立的安全出口。

4.1.12 氨压缩机房的火灾危险性为乙类，酒厂的氨压缩机房作用与冷库类似，本条规定与现行国家标准《冷库设计规范》GB 50072相关要求一致。

4.1.13 厂房、仓库的安全疏散在现行国家标准《建筑设计防火规范》GB 50016中已有明确规定，且酒厂厂房、仓库操作人员相对较少，出入管理严格，因此酒厂设计涉及安全疏散的问题可按《建筑设计防火规范》GB 50016执行。

4.1.14、4.1.15 在不妨碍消防操作的前提下，合理的绿化既可美化环境，又可防止火灾蔓延。防火堤内严禁植树，但可种植生长高度不超过0.15m、含水分多的四季常青草皮。

4.2 防火间距

4.2.1、4.2.2 白酒库、食用酒精库、白兰地陈酿库之间及其与其他建筑、明火或散发火花地点、道路等之间的防火间距，白酒储罐区、食用酒精储罐区与建筑物、变配电站之间的防火间距，主要考虑白酒、食用酒精、白兰地陈酿储存的火灾危险性，结合酒厂火灾案例，参照现行国家标准《建筑设计防火规范》GB 50016中的相关条文确定。

4.2.3 白酒储罐区、食用酒精储罐区与厂内其他厂房、仓库没有生产上的直接联系和工作上的往来，与收酒房、灌装包装车间一般是通过酒泵、管道输送，大多数白酒厂的储罐区通常集中布置，自成一区，禁止机动车辆和无关人员进入。因此，白酒厂储罐区、食用酒精储罐区与厂内道路路边之间的防火间距可适当小一些，与厂内主要道路路边不小于15m，与次要道路路边不小于10m即可满足要求。厂外道路行驶的车辆车速不受厂内监控约束，车辆排气筒的飞火距离相对较大。据有关资料显示：大车排气筒飞火一般可达8m～10m，小车排气筒飞火可达3m～4m，因此白酒储罐区、食用酒精储罐区与厂外道路路边之间的防火间距应适当加大。考虑到酒厂通常设有不低于2.2m高的实体围墙和围墙两侧绿化等原因，规定防火间距不应小于20m可满足防火要求。

4.2.4 本条规定了白酒储罐、食用酒精储罐与其酒泵房（区）的防火间距。白酒储罐、食用酒精储罐发生火灾时，酒泵房（区）需实施白酒、食用酒精倒罐操作，因此要求酒泵房（区）在火灾时不受储罐火势威胁，确保酒泵房（区）内的泵和人员在火灾延续时间内坚持正常工作。

4.2.5 白酒库、人工洞白酒库、白兰地陈酿库等建（构）筑物为减少酒液泄漏或火灾时的危害，通常设有事故存液池。事故存液池的火灾风险相对易于控制。因此，本条规定事故存液池与相邻建筑、储罐区、明火或散发火花地点、道路等之间的防火间距按其有效容积对应白酒储罐区、食用酒精储罐区固定顶储罐的要求执行。

4.2.6 酒厂设计时一般将交通运输道路兼作消防车道，四通八达、形成环状。火灾发生时，消防车和消防人员均可抵达厂区任一角落施救。厂区与围墙之间的距离主要考虑消防队员能够在水枪的保护下操作和通过的可能性，因此提出不宜小于5m的规定，按此标准两个不同单位围墙两侧将有10m距离，基本能满足一般生产厂房和仓库的防火间距要求。对于火灾危险性大的建筑或场所，则应按修建先后关系退让，直至满足相应的防火间距要求或采用有效的保护措施。

4.3 厂内道路

4.3.1 常储量大于或等于1000m³的白酒厂规模较大、人员较多，所投入的原料、辅料也很多。以年产3000m³白酒规模计，所投入的原料、辅料约在20000t以上，而成品及附产物也在10000t以上，员工一般在400人左右。如此规模的白酒厂，如果仅有1个出入口，一旦发生火灾，外面的消防车、救护车、消防器材及救援、救护人员进不来，而内部疏散物资、疏散人员又出不去。年产量大于或等于5000m³的葡萄酒厂、年产量大于或等于10000m³的黄酒厂、年产量大于或等于100000m³的啤酒厂，其厂区规模也较大。因此，规定这些酒厂通向厂外的消防车出入口不应少于2个。

4.3.2 酒厂生产区发生火灾时，动用消防车数量较多，为了便于调度、避免交通堵塞，生产区的道路宜采用双车道。若采用单车道，应选用路基宽度大于6m的公路型单车道；若采用城市型单车道，应设错车道或改变道牙铺设方式满足消防车错车要求。在白酒储罐区、食用酒精储罐区周围宜采用公路型道路，既可减少路面宽度，又可起到第二道防火堤作用。

4.3.3、4.3.4 参照现行国家标准《石油化工企业设计防火规范》GB 50160、《石油库设计规范》GB 50074和《建筑设计防火规范》GB 50016作此规定。环形消防车道便于消防车从不同方向迅速接近火场，并有利于消防车的调度。但对于布置在山地的白酒储罐区、食用酒精储罐区，因受地形条件限制，全部设置环形消防车道需开挖大量土石方，很不经济。因此，在局部地段应设置能满足厂内最大消防车辆回车的尽头式消防车道。

规定白酒储罐区、食用酒精储罐区相邻防火堤的外堤脚线之间留有净宽不小于7m的消防通道，有利于消防车辆的通行和调度，及时转移占据有利的扑救地点。

消防车取水或操作扑救火灾时，地面往往积水流淌，车辆容易溜滑，因此提出供消防车停留的作业场地的坡度不宜大于3%，这一数据是针对山地平地较少、坡地较多，按消防车停留作业场地的坡度限制要求。若按停车场的有关坡度分析，在平缓的地方，以不大于1%的坡度为宜。

4.4 消防站

4.4.1 根据对全国部分白酒厂的调研，结合白酒厂的生产经营条件、经济实力和对消防力量的实际需要，规定常储量大于或等于10000m³的白酒厂应建消防站。当常储量大于或等于1000m³、小于10000m³的白酒厂位于城市消防站接到火警后5min内能够抵达火灾现场的区域时，可不建消防站。

本规范所称的城市消防站，是指建设在城市规划区内、由政府统一投资和管理的各类消防站，或由民间集资兴建、政府统一管理的多种形式的消防站。

4.4.2 参照住房和城乡建设部、国家发展和改革委员会批准的《城市消防站建设标准》（建标〔2011〕118号）和扑救白酒火灾的需要，本条规定了白酒厂消防站的设置要求及消防车、泡沫液的配备标准。由于白酒属水溶性液体，抗溶性泡沫对于扑救白酒火灾特别是流淌火灾效果显著，因此，规定白酒厂消防站应配备一定数量的泡沫消防车。

4.4.3 当白酒储罐、食用酒精罐的高度和容量小于本规范规定必须设置固定式消防冷却水系统或固定式泡沫灭火系统的标准时，可以采用水罐消防车和泡沫消防车进行冷却、灭火时，水罐消防车、泡沫消防车的数量和技术性能应满足最不利条件下的冷却、灭火需求。

4.4.4 消防站的分级应符合《城市消防站建设标准》（建标 152—2011）的有关规定。

5 生产工艺防火防爆

5.0.1 本条对酒厂具有粉尘、可燃气体爆炸危险性的场所应进行防爆设计作了原则规定。酒厂应进行防爆设计的场所主要包括本规范第 3.0.1 条确定的甲、乙类厂房、仓库。

5.0.2 本条规定了酒厂有爆炸危险性的厂房、仓库泄压面积的计算方法。根据酒厂的特点，规定了乙醇、氨以及 $K_{尘}<10\text{MPa}\cdot\text{m}\cdot\text{s}^{-1}$ 的粮食粉尘的泄压比 C 值。在设计中应尽量采用轻质屋盖、轻质墙体和易于泄压的门窗加大泄压比，并采取措施尽量减少泄压面积的单位质量和连接强度。

5.0.3 本条规定目的是防止粮食粉尘自由散失。为避免具有粉尘爆炸危险性的机械设备设置在多层建筑底层及其中间各层爆炸时因结构破坏而危及上层，降低爆炸事故的破坏程度，减少人员伤亡，因此，本条要求其宜设置在单层建筑靠近外墙或多层建筑顶层靠近外墙的部位。

5.0.4 酒厂原料的出入仓及粉碎、供料过程，均需进行物料输送，通常采用机械输送或气流输送。本条主要依据现行国家标准《粮食加工、储运系统粉尘防爆安全规程》GB 17440、《带式输送机工程设计规范》GB 50431 对具有粉尘爆炸危险性的原料输送机械设备的设置要求作出规定。

1 带式输送机、螺旋输送机、斗式提升机等输送设备，工艺设计中应在适当的位置设置磁选装置及其他清理装置，以除去粮食中所含金属、泥沙、石块、纤维质等杂质，避免杂质与机械输送设备撞击产生火花，引起粉尘爆炸，也避免原料中混入的草秆、麻绳、布屑等进入机械输送设备，造成缠绕或堵塞，摩擦发热引起火灾。为防止火灾通过转运设备蔓延至粮食筒仓，因此输送设备与筒仓连接处应设置防火、防爆阀门。

2 原料在输送过程中，产生大量浮游状态粉尘，极易形成爆炸性混合物。设置负压抽风除尘系统，主要在于减少室内粉尘悬浮。斗式提升机在运行时易释放大量的粮食粉尘，为防止粉尘泄漏，其外壳、机头、机座和连接溜管应具有良好的密封性能，且在机壳的垂直段上应设置泄爆口，在机头处应尽可能增大泄爆面积。机座处设适当的清料口，可用于检查机座、传动轮、畚斗和皮带。机头处设检查口，可对机头挡板、畚斗皮带和提升机卸料口进行全面检查。提升机设置速度监控等装置，便于发生故障时能立即自动切断电动机电源，及时停止进料并进行声光故障报警。

3 规定螺旋输送机全部机体应由金属材料包封并具有良好的密封性能，是为了避免粉尘泄漏。在卸料口发生堵塞时，应立即停车，停止进料。对于立筒仓的进料设备，其卸料口应足够大，以便筒仓内的含尘空气顺利排出仓外。

4 规定带式输送机设置拉线保护、输送带打滑检测和防跑偏装置，目的是提高带式输送机运行的安全性和可靠性；在设备的进料口和卸料口处设吸风口，以防止粉尘外逸。

5 规定输送栈桥应采用不燃材料制作、带式输送机必须采用阻燃输送带，目的是保证安全，避免或减少可能出现的事故。

5.0.5 本条规定了具有粉尘爆炸危险性的原料气流输送设备的设置要求。

气流输送的设备主要包括旋风分离器、旋转加料器、除尘设备和风机等，常采用的气流输送类型有真空输送和压力输送两种。真空输送是将空气和物料吸入输料管中，在负压下进行输送，然后将物料分离出来，从旋风分离器出来的空气，经除尘后由风机排出。这种输送方式的特点是能从多个不同的地点向一指定地点送料，不需要加料器，卸料器对密封性要求较高。由于物料在负压状态下工作，因此能消除输送系统粉尘飞扬的现象。压力输送是靠鼓风机输出的气体将物料送到规定的地方，整个系统处于正压状态。在原料进料处应采用密封性能较好的加料器，防止物料反吹。如将真空输送与压力输送结合起来使用，就组成了真空压力输送系统。

如需从多个不同的进料点向一个卸料点输送原料时，采用真空输送系统较为合适；如需从一个进料点向多个不同的卸料点输送原料时，可采用压力输送系统。

5.0.6 本条规定原料清选、粉碎和制曲设备应具有良好的密封性能是为了减少粉尘飞扬逸出。原料粉碎车间产生大量粉尘，易形成爆炸性混合物，应尽量减少不必要的电气设备。

5.0.7、**5.0.8** 规定了蒸煮、蒸馏设备的材质、加热方式等内容。

1 据调查，绝大多数酒厂蒸煮、蒸馏采用蒸汽加热，少数采用明火加热。对于采用可燃材料制作的甑桶、甑盖，若甑锅内水分不慎蒸干容易引起甑桶、甑盖甚至原料燃烧，因此本条规定蒸煮、蒸馏设备宜采用不燃材料制作，并宜采用蒸气加热。

2 规定蒸馏设备及其管道、附件等应具有良好的密封性能，目的是杜绝跑、冒、滴、漏现象。

3 塔式蒸馏设备各塔的排醛系统中应设置酒精捕集器，并应有足够的容积，以免当冷凝系统温度偏高时，导致大量的酒精从排醛管喷出，不仅造成酒精的过多损失，而且极易发生火灾爆炸事故。排醛管上不宜安装阀门，当大量酒精从排醛管喷射而出时，更不宜将此阀关死，以免整个系统压力偏高，导致渗漏及损坏。

4 为满足生产过程需要和便于安全管理，对中转储罐的储量作了控制规定，避免在车间内设置小酒库。

5.0.9 本条规定了白酒储罐、食用酒精储罐、白兰地陈酿储罐的安全要求。

1 固定储罐进、出输酒管道，并采用柔性连接，可以有效预防拉裂弯管或焊接点，防止原酒跑、冒、滴、漏造成事故。火灾案例及相关实验表明，白酒在管道输送和喷溅过程中有可能发生静电积累和放电事故，因此规定储罐的输酒管入口应贴近罐底，或出口标高大于入口标高构成液封，避免输酒管入口酒液喷溅产生静电放电引发爆炸事故。

2 输酒管道连接处阀门腐蚀会产生泄漏，为便于安全管理，规定每根输酒管道应设置两个阀门，并明确了阀门的形式和防漏装置的设置要求。

3 为随时掌握罐内液位，便于生产控制和防止储罐溢酒引发事故，要求储罐设置液位计和高液位报警装置，必要时自动联锁或远距离遥控启闭进酒装置。规定不宜采用玻璃管（板）等易碎材料液位计，主要是防止因玻璃等易碎材料破裂引起酒液泄漏。

4 据调查，酒库常常会发生储罐泄漏或渗漏事故，为便于安全管理，需要及时将有泄漏或渗漏的储罐的酒转移至另一个完好的储罐内，因此在酒库内需要设置应急储罐。

5 储罐周围一定空间范围内属气体爆炸危险场所。为避免罐盖、取样器等工具与储罐碰撞产生火花，要求采用不易产生火花的材料制作这些器具。

5.0.10 本条规定了白酒、白兰地的加浆、勾兑、灌装生产过程的安全要求。

1 可燃蒸气的爆炸极限与空气中的含氧量有关，含氧量多，爆炸浓度范围扩大，含氧量少，爆炸浓度范围缩小。部分酒厂已采用压缩空气作搅拌介质，实践证明是安全可行的。

2 酒液灌装时常有大量酒蒸气逸出。实践证明，采用负压抽风系统可有效降低室内酒蒸气浓度，减少燃爆危险。

3 实践证明，缓冲柔性封盖机构不易产生碰撞火花。

5.0.11 为防止具有粉尘、气体爆炸危险性场所的地面因摩擦或撞击发火，避免粉尘积聚，因此对地面、墙面的设计等提出了一般要求。不发火花地面其面层一般分为不发火屑料类、木质类、橡皮类、菱苦土类和塑料类等五大类，在爆炸危险场所一般应采用不发火屑料类面层。不发火花地面面层的施工应在所有设备管线敷设完毕及设备基础浇捣完毕或预留后进行，其技术要求应符合现行国家标准《建筑地面工程施工质量验收规范》GB 50209 的规定。

粮食筒仓工作塔和筒仓内壁、原料粉碎车间内壁表面平整光滑，是为了减少积尘并便于清扫。工程实践中，内壁表面与楼、地面、天棚交接处一般做成圆角处理。

5.0.12 本条规定黄酒生产采用糟烧白酒、高粱酒等代替酿造用水发酵时，发酵罐的输酒管入口距罐内搭窝原料底部的高度不应大于 0.15m，目的是为了避免白酒喷溅产生静电火花引发爆炸事故。

5.0.13 根据酒厂调研并结合实际情况，参照现行国家标准《冷库设计规范》GB 50072 对氨制冷系统的安全保护装置和自动控制作出规定。

5.0.14 酒厂的多次火灾案例表明，由于储罐、容器和工艺设备采用易燃可燃保温材料，在施工、检修中因操作不当极易引发火灾。因此，本条规定储罐、容器和工艺设备保温隔热材料应选用不燃材料，避免或减少可能出现的事故。目前储罐、容器、工艺设备保冷层材料可供选择的不燃材料很少，因此允许采用阻燃型泡沫，但其氧指数不应小于 30。

5.0.15 本条规定了输送白酒、食用酒精、葡萄酒、白兰地、黄酒的管道设置要求。

1 架空或沿地敷设的管道，施工、日常检查、维修等都比较方便，而管沟和埋地敷设的管道破损不易被及时发现，尤其是管沟敷设管道，沟内容易积存可燃酒液和蒸气，成为火灾和爆炸事故的隐患，新建的工艺装置采用管沟和埋地敷设管道已越来越少。因此，必须采用管沟敷设时应按规定采取安全措施。

2 易发生泄漏的管道附件是指金属波纹管或套筒补偿器、法兰和螺纹连接等。

3 在布置白酒、食用酒精、葡萄酒、白兰地、黄酒输送管道时，要充分考虑管道破损逸漏对防火墙功能以及防火墙两侧空间的不利影响。因此，禁止输送白酒、食用酒精、葡萄酒、白兰地、黄酒的管道穿过防火墙和不同防火分区的楼板。

4 需要采用法兰连接的地方主要是与设备管嘴法兰的连接、与法兰阀门的连接、停工检修需拆卸的管道等。管道采用焊接连接，强度、密封性能较好。但是，公称直径小于或等于 25mm 的管道和阀门连接，其焊接强度不佳且易将焊渣落入管内，因此多采用承插焊管件连接，也可采用锥管螺纹连接。

5.0.17 其他管道如因条件限制必须穿过防火墙和楼板时，应用水泥砂浆等不燃材料或防火材料将管道周围的空隙紧密填实。如采用塑料等遇高温、火焰易收缩变形或烧蚀材质的管道，应采取设置热膨胀型阻火圈、在管道的贯穿部位采用防火套箍和防火封堵等措施使该类管道在受火时能被封闭。为防止高温气流向上蔓延或燃烧的酒向下流淌，严禁在防火墙和楼板上留置孔洞。

化验室内有非防爆电气设备和一些明火设备，因此不应将可燃酒液的采样管引入化验室内，防止因泄漏而发生火灾事故。

6 储　存

6.1 酒　库

6.1.1、6.1.2 根据白酒库、食用酒精库的火灾危险性类别，确定其耐火等级不应低于二级，并分别对其允许层数、最大允许占地面积和每个防火分区的最大允许建筑面积作出了规定。

白酒库、食用酒精库内多采用金属储罐和陶坛为容器，储存物品的火灾危险性为甲类，如果完全按现行国家标准《建筑设计防火规范》GB 50016 规定的甲类仓库的层数、防火分区的最大建筑面积要求，在实际执行中有困难，也和酒厂现状有较大差异。因此本规范在调研基础上，广泛征求了设计单位、生产企业和消防部门的意见，研究了白酒库火灾案例，进行了水喷雾自动灭火试验，结合酒厂的实际情况作了适当调整。

白酒库火灾案例证明，白酒库的层数以 1 层、2 层建筑较妥，3 层建筑次之，层数越多，火灾危害相对就越大。据此，本规范对层数作了适当放宽。

对全部采用陶坛等陶制容器存放白酒的白酒库，经调研，储存的白酒大都在 70 度左右，最低也在 52 度以上，但一般储存周期较长，酒的进出作业相对较少。其建筑有单层和多层两种，建筑规模较大，占地面积可达 6000m^2 左右，酒库内设有水喷雾等自动灭火设施，防火分区面积约为 200m^2～700m^2（表 3）。调研中看到，某名酒厂地处山地，又处于滑坡地带，坡度大于 26°，用地极度紧张，加之酒储存期一般在 3 年以上，造成生产量与库容量的尖锐矛盾。考虑到企业用地紧张，发展受限等实际情况，经请示公安部消防局，原则同意该厂 52 度～60 度的白酒库房可以建到 5 层，但不能超过 5 层，且应设置水喷雾灭火系统等自动灭火设施。现该酒厂的陶坛酒库均按 5 层设计，40 栋酒库建筑总面积为 326288m^2，可储存原酒 54380 m^3，库内的白酒均为 53 度左右，耐火等级一级，防火分区小于 700 m^2。因此在条文中对 52 度～60 度的陶坛等陶制容器白酒库的层数放宽到 5 层。

规定的仓库面积为仓库的占地面积，非仓库的总建筑面积，而仓库内的防火分区是强调防火墙之间的建筑面积，即仓库内的防火分区必须采用防火墙分隔。

表 3 白酒厂已建陶坛酒库建筑规模（m^2）

酒厂名称	陶坛酒库层数（层）	总建筑面积	防火分区面积
五粮液酒厂	5	17000	720
剑南春酒厂	3	5856.7	233
绵阳丰谷酒厂	4	6507.5	303
	1	1793	562

6.1.3 本条根据白兰地陈酿库、葡萄酒陈酿库的火灾危险性类别，确定其耐火等级，并结合现状分别对允许层数、最大允许占地面积和每个防火分区的最大允许建筑面积作出了规定。

6.1.4 根据现行国家标准《建筑设计防火规范》GB 50016 的有关规定，结合本规范第 6.1.1 条、第 6.1.2 条有关层数、面积的调整，为降低可能的火灾危害，本条强调严禁在高层建筑内设置白酒库、食用酒精库、白兰地陈酿库、葡萄酒陈酿库和白酒、白兰地的成品库以及严禁设置高层白酒库、食用酒精库、白兰地陈酿库、葡萄酒陈酿库和白酒、白兰地的成品库。

本规范所称成品库，是指存放完成全部生产过程、可供销售的饮料酒仓库。

6.1.6 金属储罐布置在白酒库、食用酒精库内时，如按照储罐区的要求确定储罐之间的防火间距难以实现，也不符合酒厂实际情况。因此，综合考虑室内储罐的扑救难度，在限制储罐容量、采取成组布置以及按照本规范的要求设置水喷雾灭火系统或泡沫灭火系统和设置消防冷却水系统时，本条对白酒库、食用酒精库内的储罐之间的防火间距要求作了适当放宽。

6.1.7 本条规定了白酒库内分组存放、设置不燃烧体隔堤的要求。1987 年 5 月 8 日，贵州某酒厂酒库因酒泵电机不防爆引发火灾，452 个陶坛在高温和直流水枪的冲击下四分五裂，189t 白酒四处流淌，构成一个失控的立体火场。1989 年 8 月 18 日，贵州某酒厂因酒泵电机不防爆引发火灾，1241 个陶坛在高温下相继爆裂，350t 白酒汇成一条燃烧的酒溪，烧毁流域内的农作物，流入 100m 以外的玉溪河，在河面上构成约 40m^2 的火场。因此白酒库内因工艺需要采用陶坛、酒海、酒篓、酒箱、储酒池等作为白酒储存容器时，要分组存放，组与组之间设置不燃烧体隔堤，以控制流淌火灾。

为防止地震时陶坛等陶制容器相互碰撞破裂、导致酒液外溢事故，本条规定陶坛等陶制容器应采取防震防撞措施。如某酒厂将陶坛放在竹筐内，起到了一定的减震保护作用。地震时，单个酒坛摇晃剧烈，如将多个酒坛相互连接固定，可以大大提高稳定性。

6.1.8 本条规定了人工洞白酒库的设置要求。泸州老窖酒厂、郎酒厂等名酒厂都有规模不小的洞库，用陶坛等陶制容器储存优质原酒。陶坛等陶制容器洞库的防火设计，需要结合传统工艺和安全生产综合考虑。

1 将具备疏散救援功能的巷道与储存白酒的洞室分隔开，形成相对独立的区域，可以有效控制火灾蔓延，有利于人员逃生和扑救工作的开展。但巷道不应用于储存、加工、分装等生产作业。

2 洞室的面积在 $500m^2$ 以下，一个洞室内陶坛等陶制容器储存的总储量在 $400m^3$ 左右，控制洞室的面积可以有效控制酒储量，进而控制火灾风险。

3 规定了巷道和洞室安全疏散的设置要求。人工洞常常设置在山体内，距山体地表的垂直距离数十米以上，设置楼梯间较为困难，疏散条件较地下室更差。但洞室内平时极少有人员停留，考虑将巷道作为疏散主通道，使洞室内的人到达巷道基本就能安全地疏散到洞外，因此对巷道的净宽净高、相邻洞室通向巷道的出口之间的最小水平距离等作出规定。

4 本条对洞室相通时提出了比较严格的防火分隔规定，以利火灾控制和人员疏散。

5 由于酒窖内空气含酯、含酸成分重，微生物繁多，特别对洞库内设置的防火门提出防锈、防腐的要求。人工洞内防火门起着重要的防火分隔作用，因此强调其关闭功能。在无火警时，防火门应开启，以利洞内通风；若库内一旦发生火情，则需迅速关闭防火门。

6 规定了巷道地面的坡度要求，使消防废水能够及时排出洞外。

6.1.9 本条规定了人工洞白酒库陶坛等陶制容器的存放要求，明确规定了分区、分组的储量、分区间的隔堤和分组间的防火间距。

6.1.10 本条规定了白酒库、食用酒精库、白兰地陈酿库建筑结构要求。钢结构和预应力钢筋混凝土结构的耐火性能相对较差，而酒液燃烧温度高，对无保护的金属柱、梁和预应力钢筋混凝土结构威胁较大。因此本条规定白酒库、食用酒精库、白兰地陈酿库不应选用钢结构、预应力钢筋混凝土结构。

6.1.11 酒库火灾案例表明，酒库如未设置防止液体流散的设施，发生火灾时，陶坛等陶制容器在高温下炸裂后，流淌的酒很快就使整座酒库陷入火海，甚至还会流散到酒库外，造成火势扩大蔓延。因此在白酒库、人工洞白酒库、食用酒精库、白兰地陈酿库设计中楼层地面标高应低于楼梯平台及货运电梯前室标高，底层地面标高应低于室外地坪标高。通常做法是在酒库门口修筑高度为 15cm～30cm 斜坡或门槛，设置门槛时可在门槛两边填沙土构成斜坡。

6.1.12 由于酒库火灾荷载大，火灾温度高，火灾持续时间长，多层白酒库、食用酒精库、白兰地陈酿库外墙上的窗户上方设置防火挑檐，能阻隔火焰及高温气流侵入上层库内，防止火灾竖向蔓延构成立体火灾。

6.1.13 设置事故排酒口及阀门可及时排出泄漏酒液，降低火灾风险。

6.1.14 本条对白酒库、人工洞白酒库不燃烧隔堤的设置提出基本要求，规定隔堤的高度、厚度均不应小于 0.2m，既能将泄漏酒液限制在最小范围内，又方便操作人员通行。

6.2 储 罐 区

6.2.1、6.2.2 本规范对白酒储罐区、食用酒精储罐区内储罐之间防火间距的要求与现行国家标准《建筑设计防火规范》GB 50016 和《石油库设计规范》GB 50074 规定基本一致。与现行国家标准《石油化工企业设计防火规范》GB 50160 规定的地上可燃液体储罐之间的防火间距也相当。

本规范综合考虑节约用地、酒厂现状和消防扑救的需要，规定了储罐成组布置的要求。储罐组之间的防火间距可按储罐的形式和总储量相同的标准单罐确定。如一组地上式固定顶白酒储罐储量为 $950m^3$，其中 $100m^3$ 单罐 5 个，$150m^3$ 单罐 3 个，则组与组的防火间距按小于或等于 $1000m^3$ 的单罐 $0.75D$ 确定。

6.2.3 在白酒储罐区、食用酒精储罐区周围设置防火堤，是防止液体外溢流散，阻止火灾蔓延、减少损失的有效措施。位于山地的白酒储罐区、食用酒精储罐区，有地形条件可利用时，可设导液沟加存液池的措施来代替防火堤的作用。当白酒储罐区、食用酒精储罐区布置在地势较高的地带时，应采取加强防火堤或另外增设防护墙等可靠的防护措施。

6.2.4 本条对白酒储罐区、食用酒精储罐区防火堤的设置提出基本要求，主要依据是现行国家标准《建筑设计防火规范》GB 50016 和《储罐区防火堤设计规范》GB 50351 的有关规定。

7 消防给水、灭火设施和排水

7.1 消防给水和灭火器

7.1.1 酒厂消防给水系统完善与否，直接影响火灾扑救的效果。本条规定了酒厂消防给水设计的基本要求。以水作为灭火剂使用方便、器材简单、经济可靠。

7.1.2 消防给水系统的规划设计应与酒厂的规划设计统一考虑，尤其是消防用水、给水管网等应与酒厂生产生活用水统一规划设计，从而降低投资，提高消防安全保障水平。

7.1.3 本条依据现行国家标准《建筑设计防火规范》GB 50016 规定了酒厂一些可燃物较少、耐火等级不低于二级的丁类、戊类厂房、仓库可不设置室内消火栓。

7.1.5 从生活、生产给水管道直接接驳消防用水管道时，应在用水管道上设置倒流防止器。供给泡沫灭火设备的水质不应对泡沫液的性能产生不利影响。

7.1.6 现行国家标准《建筑灭火器配置设计规范》GB 50140 附录规定酒精度为 60 度以上的白酒库房为严重危险级，酒精度小于 60 度的白酒库房为中危险级。火灾案例和闪点实验数据表明，白酒库、人工洞白酒库、食用酒精库、白酒储罐区、食用酒精储罐区、液态法酿酒车间、酒精蒸馏塔，白兰地蒸馏车间、陈酿库，白酒、白兰地勾兑、灌装车间应按严重危险等级配置灭火器。

7.2 灭火系统和消防冷却水系统

7.2.1 本条依据现行国家标准《建筑设计防火规范》GB 50016 和酒厂的火灾危险性规定了酒厂应设置自动喷水灭火系统的场所。

7.2.2 扑救酒类火灾，必须在满足食品安全要求的前提下，寻求环保、高效、可靠的灭火剂和灭火系统。由于泡沫灭火剂不符合食品安全要求且灭火后会造成严重的环境污染，泡沫管枪射流会导致陶坛等陶制容器破损、形成流淌火。因此，不到万不得已不宜选用泡沫灭火剂灭火，更不应采用固定泡沫灭火系统保护每坛价值高达百万元的名酒库。

规范编制组通过研究和实验，确认水喷雾灭火系统适用于扑救白酒火灾。白酒库采用陶坛等陶制容器储存白酒时，本规范推荐采用水喷雾灭火系统。据调研，四川省获国家名酒称号的白酒厂和常储量较大的白酒厂的陶坛酒库都根据规范编制组的相关实验数据设置了水喷雾灭火系统。

目前白酒厂的金属储罐大都采用泡沫灭火系统，因此酒厂采用金属储罐储存白酒、食用酒精时，可采用泡沫灭火系统，储罐的保护面积根据储罐形式确定。

7.2.3 本条规定了白酒库、食用酒精库、白酒储罐区、食用酒精储罐区泡沫灭火系统的设置方式。

1 单罐容量大于或等于 $500m^3$ 的储罐，火灾扑救难度较大，采用固定式泡沫灭火系统，启动迅速、操作简单可靠。

2 单罐容量小于 $500m^3$ 的储罐，采用半固定式泡沫灭火系统，可节省消防投资。

7.2.4 本条规定了白酒、食用酒精金属储罐消防冷却水系统的设置要求。

1 白酒库、食用酒精库内金属储罐一般多排布置，储量较大，库墙可能阻挡移动式水枪的射流，充实水柱不易抵达需要保护的储罐，应采用固定式消防冷却水系统。

2 白酒储罐区、食用酒精储罐区单罐容量大于 $1000m^3$ 储罐若采用移动式消防冷却水系统，所需水枪和操作人员较多。对于罐壁高度大于 15m 的储罐，移动水枪要满足充实水柱要求，水枪后坐力很大，操作人员不易控制，因此应采用固定式消防冷却水系统。

7.2.6 现行国家标准《水喷雾灭火系统设计规范》GB 50219 规定水雾喷头的工作压力当用于灭火时不应小于 0.35MPa。但经规范编制组一系列模拟试验和在酒厂的工程实践运用表明，当工作压力为 0.4MPa 及以上时，灭火效果极佳。经技术经济比对，提高这一参数，几乎不增加系统工程造价，设备也能完全满足要求，因此将工作压力标准适当提高。此外，本条规定水喷雾灭火系统用于防护冷却时的响应时间不应大于 180s，目的是迅速启动系统避免造成较大损失或严重后果。

7.2.7 白酒、食用酒精属水溶性液体，主要成分是乙醇，对普通泡沫有较强的脱水作用。抗溶性泡沫中含有抗醇性物质，在水溶性液体表面能形成一层高分子胶膜，保护液表泡沫免受脱水破坏，从而达到灭火目的。

以液下喷射的方式将泡沫注入水溶性液体后，由于水溶性液体分子的极性和脱水作用，泡沫会遭到破坏，大部分泡沫无法浮升到液面。因此液下、半液下喷射泡沫灭火方式不适用于白酒、食用酒精储罐。

7.2.8 白酒库、食用酒精库、白酒储罐区、食用酒精储罐区发生火灾后扑救难度大，快速启动灭火系统使抗溶泡沫覆盖燃烧液面至关重要。但目前运用于该类场所的泡沫灭火系统，对其控制功能的设计要求一般低于其他灭火系统，为了提高泡沫灭火系统的灭火效能提出此规定。

7.3 排　　水

7.3.1 本条是吸取国内扑救火灾爆炸事故引发重大环境污染事故的教训而制定。泄漏的可燃酒液一旦流出厂区或排向库区，有可能引发次生事故；泄漏的酒液和消防废水未经处理直接排放，会造成环境污染。因此，本条规定应采取有效措施如设置事故存液池、消防废水储水池等设施，确保泄漏的酒液和消防废水不直接排至厂外和库区。

本条所要求采用的措施不含应设的防火堤和不燃烧体隔堤。

7.3.2 本条规定了事故存液池的设置要求。在储罐区、酒库外设事故存液池，可把流出的液体引至罐区、库区以外集存或燃烧，较滞留在防火堤、库内更利于处置。但应注意设置存液池需具备一定的地形条件，导液沟应能重力自流。事故存液池的排水设施应在排放出口处设置水封装置，水封高度不应小于 0.25m，水封装置应采用金属管道排出池外，不应排入雨水管和自然水体中，并应在管道出口处设置易于开关的隔断阀门。

7.3.3 本条规定了排水设计应考虑泄漏酒液、燃烧酒液和消防废水的排放。曾有观点认为燃烧的酒淌入密闭管道或地沟可能发生爆炸。事实上，当密闭管道（地沟）处于满排放状态时，由于缺氧，燃烧将被窒息，不可能发生爆炸。在排放出口设置水封设施，问题则完全得以解决。

8 采暖、通风、空气调节和排烟

8.0.1 酒厂的甲、乙类生产、储存场所，若遇明火可能发生火灾爆炸事故。因此规定这类场所严禁采用明火和电热散热器采暖，不应采用循环热风采暖。

为防止原料粉碎车间散发的可燃粉尘与采暖设备接触引发燃烧爆炸事故，应限制采暖散热器的表面温度。

8.0.2 本条规定酒厂甲、乙类生产、储存场所应有良好的通风换气，目的是使这些场所内的可燃液体蒸气或气体与空气的混合物浓度始终低于其爆炸下限的25%。设置负压机械通风设施是为了防止可燃蒸气或气体外溢至建筑的其他部分。许多火灾案例表明，含甲、乙类物质的空气再循环使用，不仅卫生上不许可，而且火灾危险性增大，因此酒厂的甲、乙类生产、储存场所不应采用循环空气。

8.0.3 白酒库、人工洞白酒库、食用酒精库、白兰地陈酿库、氨压缩机房及白酒、白兰地酒泵房在生产、储存过程中有可能发生管道或者容器泄漏事故，造成可燃液体蒸气大量放散，因此，在设计中应设置事故排风设施。

事故排风机应分别在室内、外便于操作的地点设置开关，以便一旦发生紧急事故时，使其立即投入运行。

8.0.5 本条规定了酒厂甲、乙类生产、储存场所的通风管道及设备的设置要求。

1 具有爆炸危险性的场所发生事故后，火灾容易通过通风管道蔓延扩大到其他部位。因此，排风管道严禁穿过防火墙和有爆炸危险的隔墙。

2 采用金属管道有利于导除静电。排气口应设在室外安全地点，且远离明火和人员通过或停留的地方。为便于检查维修，本条规定排风管应明装，不应暗设。

3 防止静电引起灾害的最有效办法是防止其积聚，采用导电性能良好（电阻率小于$10^6\Omega\cdot cm$）的材料接地。风管连接时，两法兰之间须用金属线搭接。

4 风机停机时易使空气从风管倒流到风机，当空气中含有可燃液体蒸气、气体、粉尘且风机不防爆时，这些物质被带到风机内可能因风机产生火花而引起燃烧爆炸。因此，为防止此类火灾爆炸事故，风机应采用防爆型风机。一般可采用有色金属制造的风机叶片和防爆的电动机。

5 地下、半地下场所的通风条件较差，易积聚有燃烧或爆炸危险的可燃液体蒸气、气体、粉尘等物质。因此，送、排风机不应布置在地下、半地下。排风机在通风机房内存在泄漏可燃液体蒸气、气体的可能，为防止空气中的可燃液体蒸气、气体被再次送入厂房、仓库内，要求送、排风机分别布置在不同的通风机房内。

8.0.6 输送白酒、食用酒精、葡萄酒、白兰地、黄酒的管道发生事故或火灾，易造成较严重后果。火灾案例表明，风管极易成为火灾蔓延的通道。为避免输酒管道和风管互相影响，防止火灾沿通风管道蔓延，作出此规定。

8.0.7 本条依据现行国家标准《建筑设计防火规范》GB 50016作出规定。通风和空气调节系统的风管是火灾蔓延途径之一，应采取措施防止火灾穿过防火墙和不燃烧体防火分隔物等位置蔓延。

8.0.8 机械排烟系统与机械通风、空气调节系统分开设置，能够更好地保障机械排烟系统及机械通风、空气调节系统的正常运行，防止误操作。但在某些工程中，受空间条件限制，机械通风、空气调节系统和排烟系统需合用一套风管时，必须采取可靠的防火措施，使系统既满足排烟时着火部位所在防烟分区排烟量的要求，也满足平时通风、空气调节的要求。电气控制系统必须安全可靠，保证切换功能准确无误，安全可靠。

8.0.9 本条规定了自然排烟设施的设置要求。

排烟口可采用侧窗和天窗，或者采用易熔材料制作的天窗采光带，也可混合采用。采用侧窗和天窗进行排烟设计时，由于排烟口平时常处于关闭状态，因此，本条规定排烟口应有方便开启的装置（距地面高度宜为1.2m～1.5m）或者火灾时自动开启的装置，便于及时排出烟气。

采用易熔材料制作的天窗采光带，材料熔点不应大于70℃，且在高温条件下自行熔化时不应产生熔滴。易熔材料制作的天窗采光带的面积不宜小于可开启排烟口面积的2.5倍。

8.0.10 本条规定了机械排烟系统的设置要求。机械排烟设施可采用排烟管道连接排烟风机进行排烟，也可在屋顶或者靠近屋顶的墙面设置多个消防轴流风机直接排烟。

9 电　　气

9.1 供配电及电器装置

9.1.1 对于常储量大于或等于1000m^{3}的白酒厂、年产量大于或等于5000m^{3}的葡萄酒厂、年产量大于或

等于 $10000m^3$ 的黄酒厂、年产量大于或等于 $100000m^3$ 的啤酒厂，当有条件时，消防用电负荷等级尽可能采用一级负荷。

9.1.2 本条是根据爆炸和火灾危险场所供电可靠性要求所做的规定。

事故状态下，若因过载停止事故排风机运行，会使事故进一步扩大，因此当排风机过载时，应仅发出报警信号提醒值班人员注意，过载保护不应直接停排风机。

9.1.3 本条规定的供电回路，是指从低压总配电室或分配电室至消防设备或消防设备室（如消防水泵房、消防控制室、消防电梯机房等）最末级配电箱的配电线路。

根据实战需要，消防人员到达火场进行灭火时，要切断电源，避免触电事故、防止火势沿配电线路蔓延扩大。如果混合敷设配电线路，不易分清哪些是消防用电设备的配电线路，消防人员不得不全部切断电源，致使消防用电设备不能正常运行。因此，应将消防用电设备的配电线路与其他动力、照明配电线路分开敷设。同时，为避免误操作、便于灭火战斗，应设置方便在紧急情况下操作的明显标识，如清晰、简捷易读的说明、指示等。

9.1.5 本条根据现行国家标准《建筑设计防火规范》GB 50016 及其他相关规范而制定，主要是考虑架空电力线倒杆断线时的危害性。

9.1.7 为保障生产操作人员和参观人员的安全疏散，本条规定了应设置消防应急照明的部位和疏散应急照明的地面水平照度要求。

9.1.8 规定了酒厂内属于爆炸性气体环境 2 区、可燃性非导电粉尘 11 区的场所，界定标准和现行国家标准《爆炸和火灾危险环境电力装置设计规范》GB 50058 的有关规定基本一致。

9.2 防雷及防静电接地

9.2.1、9.2.2 规定了酒厂的防雷设计原则。界定了应按第二类防雷建筑物进行防雷设计的场所。防护标准和现行国家标准《建筑物防雷设计规范》GB 50057 基本一致。

9.2.3 在金属储罐的防雷措施中，储罐的良好接地非常重要，它可以降低雷击点的电位、反击电位和跨步电压。规定接地点不少于 2 处，是为了提高其接地的可靠性。规定防雷接地装置冲击接地电阻值的要求，是根据现行国家标准《建筑物防雷设计规范》GB 50057 的规定。据调查，20 多年来这样的接地电阻在石油化工企业中运行情况良好。

9.2.4 本条根据现行国家标准《建筑物防雷设计规范》GB 50057 及其他相关规范而制定。

1 装有阻火器的固定顶金属储罐，当罐顶钢板厚度大于或等于 4mm 时，对雷电有自身保护能力，不需要装设避雷针（线）保护；当钢板厚度小于 4mm 时，其闪击通道接触处有可能由于熔化而烧穿，因此需要装设避雷针（线）保护整个储罐。

2 浮顶储罐由于浮顶上的密封严密，浮顶上面的酒蒸气较少，一般不易达到爆炸下限，即使雷击起火，也只发生在密封圈不严处，容易扑灭，因此不需要装设避雷针（线）保护。

9.2.5 本条规定是采用等电位连接的方法，防止信息系统被雷电过电压损坏，避免雷电波沿配线电缆传输到控制室。

9.2.6 输送白酒、食用酒精、葡萄酒、白兰地、黄酒等酒类时，液体与输酒管道、过滤器等的摩擦会产生大量静电荷，若不通过接地装置把电荷导走，就可能聚集形成高电位放电引起爆炸火灾事故。静电的电位虽高，但电流却较小，因此其接地电阻一般不大于 100Ω 即可。

9.2.7 本条规定可防止静电积聚，并保证防静电接地装置的接地电阻不超过安全值。

9.2.8 因防静电接地装置允许的接地电阻值较大，当金属储罐的防雷接地装置兼作防静电接地装置时，其接地电阻值完全可以满足防静电要求，因此不需要再设专用的防静电接地装置。当输酒管道的防静电接地装置与防感应雷接地装置合用时，其接地电阻值是根据防感应雷接地装置的要求确定，确定接地点主要是为了防止机械或外力对接地装置的损害。

9.2.9 共用接地系统是由接地装置和等电位连接网络组成。采用共用接地系统的目的是达到均压、等电位以减小各种设备间、不同系统之间的电位差。其接地电阻因采取了等电位连接措施，因此按接入设备中要求的最小值确定。为防止防雷装置与邻近的金属物体之间出现高电位反击，除了将金属物体做好等电位连接外，应将各种接地共用一组接地装置，各种接地的接地线可与环形接地体相连形成等电位连接，但防雷接地在环形接地体上的接地点与其他几种接地的接地点之间的距离不宜小于 10m。

9.3 火灾自动报警系统

9.3.1、9.3.2 条文规定的设置范围和火灾探测器选型，总结了酒厂安装火灾自动报警系统的实践经验，适当考虑了今后的发展和实际使用情况，根据保护对象的火灾特性和联动控制功能要求确定。对于其他厂房、仓库可根据实际情况确定是否设置火灾自动报警系统。试验表明，紫红外复合感光探测器、分布式光纤温度探测器、图像型火灾探测器或其组合对酒类火灾的探测及时有效，而且误报率较低。

9.3.3 本条规定目的在于当发现异常情况时，可以通过电话联络报警，也可作为巡检、维护工作的联络工具。设置室外手动报警设施可迅速报警，减少火灾损失。

9.3.4、9.3.5 在总结酒类行业以往成功做法的基础上，参照现行国家标准《石油化工企业可燃气体和有毒气体检测报警设计规范》GB 50493 和《火灾自动报警系统设计规范》GB 50116 的有关要求对乙醇蒸气浓度检测报警装置的设置作了规定。乙醇蒸气密度为1.59，易向低洼处流动和积聚，本条据此规定了乙醇蒸气浓度检测器的安装位置。

9.3.6、9.3.7 氨气是一种有刺激臭味的无色有毒气体，爆炸极限为15.7%～27.4%，在储存、使用等环节，应当采取必要的措施，防止发生泄漏爆炸事故。氨气比空气轻，泄漏后易停滞在机房的顶部空间，条文据此规定了氨气浓度检测器的安装位置。

9.3.9 考虑到许多新建、改建、扩建工程不能设专人管理的消防控制室，根据近年来企业的成功做法，消防控制室可与生产主控制室或中央控制室等合并建设。但要求消防控制室应满足现行国家标准《建筑设计防火规范》GB 50016 的有关规定。

中华人民共和国国家标准

涤纶、锦纶、丙纶设备工程安装与质量验收规范

Code for installation of polyester, polyamide, polypropylene fiber-making equipments and quality acceptance

GB 50695—2011

主编部门：中 国 纺 织 工 业 协 会

批准部门：中华人民共和国住房和城乡建设部

施行日期：2 0 1 2 年 6 月 1 日

中华人民共和国住房和城乡建设部
公　　告

第1077号

关于发布国家标准《涤纶、锦纶、丙纶设备工程安装与质量验收规范》的公告

现批准《涤纶、锦纶、丙纶设备工程安装与质量验收规范》为国家标准，编号为GB 50695—2011，自2012年6月1日起实施。其中，第2.2.3（4）、2.5.8、3.16.6、3.27.7、9.0.2（2、4、5）条（款）为强制性条文，必须严格执行。

本规范由我部标准定额研究所组织中国计划出版社出版发行。

中华人民共和国住房和城乡建设部

二〇一一年七月二十六日

前　　言

本规范是根据原建设部《关于印发〈2007年工程建设标准规范制订、修订计划（第二批）〉的通知》（建标〔2007〕126号）的要求，由北京中丽制机工程技术有限公司（原北京中丽制机化纤工程技术有限公司）会同有关单位编制完成的。

本规范在编制过程中，编制组根据我国化纤行业的发展现状，考虑到行业可持续发展的需要，结合涤纶、锦纶和丙纶设备的安装特点和运行经验，在广泛征求全国有关纺织、科研、设计、生产企业、大专院校专家学者意见的基础上，经反复讨论修改，最后经审查定稿。

本规范共分11章，主要技术内容包括：总则、基本规定、前纺设备工程安装、后加工设备工程安装、电气设施工程安装、仪表工程安装、计算机控制系统、工艺辅助设备工程安装、保温工程、安装工程系统调整与检测、安装工程验收。

本规范中以黑体字标志的条文为强制性条文，必须严格执行。

本规范由住房和城乡建设部负责管理和对强制性条文的解释，由中国纺织工业协会负责日常管理工作，由北京中丽制机工程技术有限公司负责具体技术内容的解释。执行过程中请各单位不断总结经验，积累资料，随时将意见和建议寄至北京中丽制机工程技术有限公司（地址：北京市通州区中关村科技园通州园光机电一体化产业基地兴光四街3号；邮政编码：101111；电子邮箱：bjzl@ctamp.com.cn），以便在今后修订时参考。

本规范主编单位、参编单位、主要起草人和主要审查人：

主编单位： 北京中丽制机工程技术有限公司（原北京中丽制机化纤工程技术有限公司）

参编单位： 郑州纺织机械股份有限公司
邵阳纺织机械有限责任公司
邯郸纺织机械有限公司
上海金纬机械制造有限公司
江苏宏源纺织机械有限公司

主要起草人： 刘福安　汪剑文　王爱芹　王泽亮　钱凤娥　王明杰　张　露　雷飞世　李素敏　吴寿军　任增要　樊淑萍　姜茂琪　那芝郁　张尧年　金云峰　满晓东　梁　伟　石宏侠　孔令熙　刘同清

主要审查人： 黄承平　高小毛　费丽雅　王静怡　于荣谦　王依民　任兰英　刘广喜　陈　钢　裘大洪　张海涛　徐相宏　史树峰　蔡建明　周全忠　余立荣　周卫平　黄　美

目 次

Contents

1 总　则

1.0.1 为了统一涤纶、锦纶、丙纶设备工程安装的技术要求，指导和规范涤纶、锦纶、丙纶设备工程安装质量验收，制定本规范。

1.0.2 本规范适用于新建、改建和扩建的涤纶、锦纶、丙纶设备工程安装与质量验收。

1.0.3 涤纶、锦纶、丙纶设备工程安装，应遵守国家基本建设的方针和政策，贯彻安全生产和清洁生产的原则，提高资源利用率和节能降耗。

1.0.4 安装质量应满足生产工艺和产品质量的要求。

1.0.5 涤纶、锦纶、丙纶设备工程安装与质量验收，除应符合本规范外，尚应符合国家现行有关标准的规定。

2 基 本 规 定

2.1 一 般 规 定

2.1.1 涤纶、锦纶、丙纶设备工程安装现场的质量管理应符合现行国家标准《建筑工程施工质量验收统一标准》GB 50300 的有关规定。

2.1.2 设备安装前后的清洗、吹扫应符合现行国家标准《机械设备安装工程及验收通用规范》GB 50231 的有关规定。

2.1.3 现场安装的设备管道检验标准应符合现行国家标准《工业金属管道工程施工规范》GB 50235 的有关规定。

2.1.4 除压力容器焊接工程外，现场组装焊接检验标准应符合现行国家标准《现场设备、工业管道焊接工程施工规范》GB 50236 的有关规定。

2.1.5 承压设备，包括安全装置及监测仪表的安装，应符合国家现在有关固定式压力容器安全技术监察规程及压力容器安装改造维修许可规则的规定。

2.1.6 压力管道的安装除应符合本规范第 2.1.5 条承压设备的有关规定外，尚应符合下列规定：

1 压力管道的现场制作安装应符合现行国家标准《压力管道规范　工业管道　第 4 部分：制作与安装》GB/T 20801.4 的有关规定。

2 压力管道的安全防护应符合现行国家标准《压力管道规范 工业管道　第 6 部分：安全防护》GB/T 20801.6 的有关规定。

3 压力管道的质量验收应符合现行国家标准《压力管道规范　工业管道　第 5 部分：检验与试验》GB/T 20801.5 的有关规定。

2.1.7 高温连续运转设备紧固螺栓的螺纹应涂抹耐高温防烧结油脂后安装。

2.1.8 高温连续运转设备安装后应按技术要求进行升温试验，温度达到要求且平衡 2h 后，各紧固部位应进行热紧固。

2.1.9 设备安装工程的质量检验应积极采用经国家有关部门核准推广且在有效期内的先进仪器和检测工具。

2.1.10 以合同、合同附件或技术文件约定了安装、质量验收和检测标准时，涤纶、锦纶、丙纶设备的安装与质量验收应首先符合合同、合同附件或技术文件的约定。合同、合同附件或技术文件约定的质量要求不得低于本规范的规定。

2.1.11 设备安装的现场环境应符合设备就位及安装的基本要求。

2.2 设 备 基 础

2.2.1 设备基础地平面应符合下列规定：

1 设备基础施工应符合现行国家标准《机械设备安装工程施工及验收通用规范》GB 50231 的有关规定。

2 混凝土设备基础质量除应符合现行国家标准《机械设备安装工程施工及验收通用规范》GB 50231 的有关规定外，尚应符合现行国家标准《混凝土结构工程施工质量验收规范》GB 50204 和《建筑工程施工质量验收统一标准》GB 50300 的有关规定。

3 设备基础允许偏差应符合表 2.2.1 规定。

表 2.2.1　设备基础允许偏差

序号	项　目		允许偏差（mm）	检 测 方 法
1	设备基础中心线与网柱中心线位置		±20	拉钢丝线、线锥法、钢卷尺检测
2	设备基础各平面标高		0 −20	水准仪检测
3	基础平面外形尺寸		±20	钢卷尺检测
4	凸台基础平面外形尺寸		0 −20	
5	凹台基础平面外形尺寸		+20 0	
6	基础平面水平度	局部	5/1000	水准仪检测
		全长	20	
7	基础立面垂直度	局部	5/1000	线锥法或经纬仪检测
		全长	20	
8	预埋地脚螺栓孔	孔深度	+20 0	钢板尺检测
		中心距	10	
		孔壁垂直度	10	线锥法检测
9	预埋地脚螺栓	标高	+20 0	水准仪检测
		根部中心距	2	钢板尺检测
		顶部中心距	3	

4　设备就位时，混凝土基础强度应达到设计强度值的75%以上。基础强度的检测评定应符合现行国家标准《混凝土强度检验评定标准》GB 50107的有关规定，并应满足技术文件对动负荷、静负荷要求。

2.2.2　设备基础弹线允许偏差应符合表2.2.2规定。

表2.2.2　设备基础面弹线允许偏差

序号	项　　目		允许偏差（mm）	检 测 方 法
1	墨线直线度	线长≤20m	0.5	用直径不大于0.5mm的钢丝线检测
		20m<线长≤50m	1	
		线长>50m	2	
2	墨线宽度		1	钢板尺或钢卷尺检测
3	定位线（十字线）垂直度		1	勾股弦法检测
4	主定位线与基准柱网中心线距离		±1	钢卷尺检测
5	相邻两台设备定位线间距		±1	
6	任意两不相邻机台定位线间距		±2	
7	机台辅助线与主定位线距离	平行距离≤1m	±0.5	用钢板尺或钢卷尺检测辅助线两端与定位线的距离
		平行距离>1m	±1	

2.2.3　钢结构平台的制作和质量验收除应符合设计要求和现行国家标准《钢结构工程施工质量验收规范》GB 50205的有关规定外，尚应符合下列规定：

1　钢结构平台与高温设备的接触面应采取绝热措施。

2　钢结构平台冷热伸缩方向与设备的冷热伸缩方向应一致。

3　钢结构平台承受设备吊装、设备临时集中存放或人员集中操作的位置，应进行加固处理。

4　钢结构平台必须进行防腐蚀和防火涂料处理，且应符合现行国家标准《工业建筑防腐蚀设计规范》GB 50046、《石油化工企业设计防火规范》GB 50160、《涂装前钢材表面锈蚀等级和除锈等级》GB 8923和《钢结构防火涂料》GB 14907的有关规定。

2.3　地脚螺栓、垫铁与灌浆

2.3.1　地脚螺栓施工和设备基础灌浆应符合现行国家标准《机械设备安装工程施工及验收通用规范》GB 50231的有关规定。

2.3.2　地脚螺栓安装允许偏差应符合表2.3.2的规定。

表2.3.2　地脚螺栓安装允许偏差

序号	项　　目	允许偏差（mm）	检测方法
1	地脚螺栓垂直度	10/1000	目视或吊线法
2	地脚螺栓距预留孔壁的距离	±10	钢尺检测
3	拧紧螺母后地脚螺栓的外露长度	（1.5个～3个）螺距	目视检测

2.3.3　斜垫铁可采用普通碳素钢；平垫铁可采用普通碳素钢或铸铁。

2.3.4　采用斜垫铁时宜与相应的平垫铁配合使用。

2.3.5　采用斜垫铁或平垫铁调平时应符合下列规定：

1　承受轻负荷的垫铁组，宜使用成对斜垫铁。

2　承受重负荷或承受连续振动设备时，宜使用平垫铁。

3　垫铁组应平稳、整齐、接触良好，且不宜超过5块，薄垫铁厚度应大于2mm。

4　设备调平后，平垫铁宜露出10mm～30mm；斜垫铁宜露出10mm～50mm，垫铁组伸入设备底面的长度应超过设备地脚螺栓的中心。

5　铸铁垫铁可不焊接，其他材质的垫铁宜用定位焊焊牢，钩头成对斜垫铁能用灌浆层固定牢固的可不焊接。

6　安装在金属结构上的设备调平后，应用定位焊将垫铁与金属结构焊牢。热胀冷缩的金属结构件焊接时应符合技术文件要求。

2.4　开箱验收与储存

2.4.1　设备安装前，用户和设备供应商应根据装箱清单、合同附件等文件共同开箱，形成检查验收记录并签字确认。检查验收应符合下列规定：

1　包装箱应完好无损。

2　箱号、箱数应与发货清单相符。

3　设备、安装用零部件、备品备件、专用工具的名称、型号、数量和规格应符合合同附件或装箱清单。

4　随机文件、图样应符合合同附件。

5　部件表面不应有损伤、锈蚀等现象。

2.4.2　设备开箱后应做好交接手续，并明确各自的保管责任。

2.4.3　备品备件、专用工具应由用户分类保管在合适的库房。

2.4.4 设备、安装用零部件等应分类保管在防雨、通风、安全的场所，不得有变形、损坏、锈蚀、错乱或丢失等现象。

2.4.5 技术资料、图样等资料应由用户及时归档并妥善保管。

2.4.6 设备开箱后应及时展开安装工作。

2.5 安全与卫生责任

2.5.1 安装前，用户应对安装人员进行安全与卫生教育，并应监督管理安装全过程。

2.5.2 用户应在安装现场设置符合规定的灭火器材和安全防护设施。

2.5.3 安装现场与生产现场在同一建筑物内且安装工程对生产有影响时，用户应采取安全隔离措施。

2.5.4 现场工器具、待安装设备和安装材料等，应由用户或责任方管理，并应保持整洁有序。

2.5.5 安装现场不得堆放与安装无关的物品。

2.5.6 用户宜在安装现场设安全生产操作规程宣传栏，并宜在明显位置设安全卫生提示牌。

2.5.7 电气焊工、电工、起重工等特种岗位的安装人员，必须持相应资质机构核发的有效特种作业证件上岗，必须严格执行安全生产操作规程，严禁违规操作。

2.5.8 安装中使用的易燃易爆和危险化学物品应做到专人使用、专人管理。使用场所周围必须采取防护措施，且夜间严禁存放在安装现场。

2.5.9 安装人员应负责现场的安全与卫生，完成每项任务后，应及时做好清洁卫生工作，保持工作区整洁。

2.5.10 安装人员应及时向主管负责人报告现场发生的事故，并应协助做好善后工作。

2.5.11 安装过程中，进入安装现场的人员应配戴安全帽、手套等符合岗位操作的劳保用品。

3 前纺设备工程安装

3.1 熔体管道

3.1.1 熔体直管、接头、弯管等不得有折皱，内壁光洁度应符合设计要求，焊接前应清除管道内部的杂质。

3.1.2 熔体管路与纺丝箱体等装置可采用焊接或法兰连接方式，连接处应密封良好。

3.1.3 熔体管与热媒加热管的同轴度允许偏差不应大于 ϕ2mm，可使用刀口尺、塞尺检测。

3.1.4 水平走向的熔体管路应保持大于10/1000的坡度，且纺丝箱体侧的熔体管路最低。

3.1.5 熔体管路焊接后的检验与试验应符合现行国家标准《压力管道规范　工业管道　第5部分：检验与试验》GB/T 20801.5的有关规定，且100%的熔体管路焊缝均应进行无损检测。

3.2 熔体增压泵、冷却器

3.2.1 熔体增压泵的安装与质量检验应符合下列规定：

1 安装前应清洗或清扫泵腔、连接管内部；安装后应保证泵腔和管内无杂质。

2 起吊时，应使用熔体增压泵的吊装孔或法兰孔，严禁利用热媒管和输入轴起吊。

3 与熔体增压泵吸入口和排出口连接的管道应单独支撑固定，管道不得对泵体施加拉、压或挠曲等不正常载荷。

4 熔体增压泵轴线与减速器轴线重合度最大允许偏差应小于5°。

5 在无料状态下，熔体增压泵不得通电旋转。

6 熔体增压泵的转动应灵活，且无异常噪声及振动。

7 减速器润滑油未加注到指定位置时，不得通电旋转。

8 连接件和紧固件应可靠连接。

3.2.2 冷却器的安装与质量检验应符合技术文件的有关规定。

3.3 振 动 筛

3.3.1 振动筛安装允许偏差应符合表3.3.1的规定。

表3.3.1 振动筛安装允许偏差

序号	项　　目	允许偏差（mm）	检测方法
1	支撑座高度	±1	水准仪检测
2	横向中心线位置	±1	线锥法检测
3	纵向中心线位置	±1	
4	支撑座之间的水平度	1/1000	水准仪检测

3.3.2 振动筛支撑弹簧应垂直，弹簧支座与弹簧接触面应水平，调整合适后宜用螺栓把弹簧支座固定在筛箱耳轴上且宜焊成一体。

3.3.3 振动筛进料口中心线与湿切片料仓下料口中心线应重合。

3.3.4 振动筛下料口中心线与中间料仓进料口中心线应重合。

3.3.5 振动筛空载试运转时间不宜低于2h。空载试运转合格后，应按工艺试车要求进行带料试运转。

3.3.6 带料试运转结束后，应对振动筛所有紧固部位进行复紧。

3.4 切片连续干燥器

3.4.1 安装前应检查干燥器机台部件连接处法兰平

正度，校正变形的法兰，清除内部的尘土及异物。

3.4.2 切片连续干燥器安装允许偏差应符合表3.4.2的规定。

表 3.4.2 切片连续干燥器安装允许偏差

序号	项 目	允许偏差（mm）	检测方法
1	上端面高度	±2	钢卷尺检测
2	中心线位置	±2	线锥法检测
3	上端面水平度	1/1000	水准仪检测
4	垂直	±1	线锥法检测

3.4.3 切片连续干燥器安装后应进行不小于2h的空载试运转。空载试运转合格后，宜按照工艺条件与切片干燥预结晶器共同进行负载试运转。

3.5 预 结 晶 器

3.5.1 安装前应检查预结晶器机台部件连接处法兰平正度，校正变形的法兰，清除床体内的尘土及异物。

3.5.2 预结晶器安装允许偏差应符合表3.5.2的规定。

表 3.5.2 预结晶器安装允许偏差

序号	项 目	允许偏差（mm）	检测方法
1	筒体中心线横向位置	±2	线锥法检测
2	筒体中心线纵向位置	±2	
3	筒体支撑座高度	±2	水准仪检测
4	筒体四个支撑座底面水平度	1/1000	
5	筒体轴心线垂直度	1/1000	

3.5.3 预结晶器下料口中心线与干燥器进料口中心线应重合。

3.5.4 预结晶器下料口中心与进风口中心及管道预留口中心应在一条直线上。

3.5.5 预结晶器安装后应进行不少于2h的空载试运转。空载试运转合格后，宜按照工艺要求与切片干燥器共同进行负载试运转。

3.6 中间料仓和旋风分离器

3.6.1 中间料仓进料口中心线与振动筛下料口中心线及脉冲输送器进料口中心线应重合。

3.6.2 旋风分离器应竖直安装，且出风口中心延长线与下端口的中心线应重合。

3.7 热风循环风机

3.7.1 叶轮旋转方向应与机壳标识的旋转方向一致。

3.7.2 风机主轴应水平。

3.7.3 机壳内应清洁，且未经检查不得通电旋转风机。

3.7.4 风机进出口中心线与风管进出管口的中心线应重合。

3.7.5 风机转子的转动应灵活，且不应有摩擦、碰撞等异常声响。

3.8 热风管道及分子筛压缩空气干燥装置

3.8.1 热风管道的安装应符合下列规定：

1 管道安装前内壁应清洗或清扫干净。

2 仪表测试点的根部元件或紧固件应与管道同时制作。

3 管道上仪表接头的开孔和焊接应在管道连接前进行。

4 管道焊缝或连接法兰应避开楼板、墙壁的位置。

5 法兰连接应保证内壁平滑过渡，且螺栓能自由穿入。

6 焊接连接应保证管道内壁连接处平滑、光洁。

7 管道连接处应密封。

3.8.2 分子筛压缩空气干燥装置的安装应符合下列规定：

1 装置宜竖直放置且可用膨胀螺栓固定在硬质地面上。

2 连接的管道应单独支撑固定，以避免对装置施加变形力。

3 装置与管道连接处应密封。

3.9 脉冲发生器

3.9.1 脉冲输送器可直接用螺栓固定在水平硬质地面上。

3.9.2 输送管道中心线与脉冲料斗出料口中心线应重合，内壁连接处应平滑，且不得有台阶。

3.9.3 脉冲输送器的进料口应在水平位置，且进料口中心线与中间料仓下料口中心线应重合。

3.9.4 管道连接处应密封。

3.10 罗茨鼓风机

3.10.1 罗茨鼓风机的安装及质量验收应符合现行国家标准《风机、压缩机、泵安装工程施工及验收规范》GB 50275的有关规定。

3.10.2 罗茨鼓风机安装后应检查叶轮与机壳的间隙及两叶轮之间的间隙，如需调整，应在调整后修正定位销孔，并应重新打入定位销。

3.11 切片转鼓干燥器

3.11.1 安装前应检测干燥器连接法兰平正度，校正变形的法兰，清除转鼓内的尘土及异物。

3.11.2 切片转鼓干燥器安装允许偏差应符合表

3.11.2 的规定。

表 3.11.2 切片转鼓干燥器安装允许偏差

序号	项目	允许偏差(mm)	检测方法
1	支撑面高度	±2	钢卷尺检测
2	支撑面水平度	1/1000	水准仪检测
3	横向中心线	±2	线锥法检测
4	纵向中心线	±2	

3.11.3 安装完成后，可采用抽真空或加压方式检测转鼓干燥器系统的密封性。真空度或加压压力应符合技术文件要求，且保压时间不宜小于 24h。

3.12 螺杆挤压机

3.12.1 螺杆挤压机的吊装（图 3.12.1）应符合下列规定：

1 插入挤压机机架吊装孔内的圆棒应结实，套在圆棒端头的绳索应牢靠。

2 起吊时宜在绳索与挤压机接触面之间放置木质、塑料或其他材质的软垫板。

3 套在吊钩上的绳索应在钩上多绕一圈［图 3.12.1（a）］。

4 起吊过程中应保持挤压机重量的均衡，不应有滑动现象［图 3.12.1（b）］。

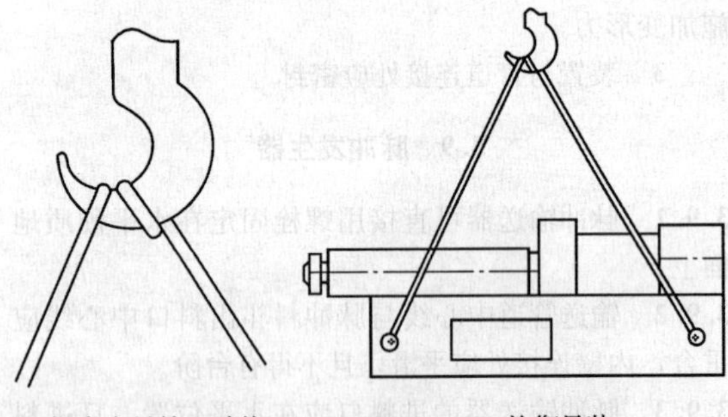

图 3.12.1 螺杆挤压机的吊装示意图

3.12.2 螺杆安装前宜清除螺杆、螺杆套筒和传动轴内孔的防蚀剂。清除后螺杆套筒内孔、螺杆轴上应涂适量硅油，并宜用法兰临时封闭螺杆套筒进料口。

3.12.3 螺杆挤压机安装允许偏差应符合表 3.12.3 的规定。

表 3.12.3 螺杆挤压机安装允许偏差

序号	项目	允许偏差(mm)	检测方法
1	螺杆挤压机横向、纵向中心线位置	±1	钢板尺检测
2	螺杆挤压机中心高度	±1	钢卷尺检测
3	螺杆挤压机机座纵向水平度	0.2/1000	水平仪检测
4	螺杆挤压机机座横向水平度	0.2/1000	
5	挤出头出口法兰面垂直度	0.2/1000	
6	进料口上端面水平度	0.5/1000	
7	皮带传动时，电机皮带轮与挤压机皮带轮平齐	±1	拉线、钢板尺检测

3.12.4 螺杆安装完毕后，宜调整进料端密封环压盖、压紧密封环，且不宜过紧。用手转动螺杆时应无异常声响及卡滞现象。

3.12.5 氮气进口不用时，宜用螺塞密封。

3.12.6 螺杆挤压机安装完成后，减速箱应按使用说明书要求添加润滑油。

3.12.7 确认各部件安装正确后，应对加热线圈通电检查，并应进行不少于 24h 的升温试验，升温过程应符合表 3.12.7 的规定。

表 3.12.7 螺杆挤压机升温控制表

序号	项目	要求				
1	设定温度（℃）	50	100	150	250	290
2	保持时间（min）	30	120	60	60	60

3.12.8 螺杆挤压机升温前，应先打开进料段的冷却水。

3.12.9 在无料状态下，螺杆挤压机不得通电旋转。

3.13 熔体过滤器

3.13.1 熔体过滤器与挤出头、熔体管路的连接处应密封良好。

3.13.2 系统升温后，热媒供热的熔体过滤器密封和循环应良好；电加热熔体过滤器的加热效果应符合工艺要求。

3.13.3 连续式熔体过滤器的切换应灵活、可靠，阀芯位置应准确到位。

3.13.4 熔体过滤器连接螺栓热紧固力矩值应符合表 3.13.4 的规定。

表 3.13.4 熔体过滤器连接螺栓热紧固力矩值

序号	项目	螺栓规格					
		M30	M24	M20	M16	M14	M10
		力矩值（N·m）					
1	过滤室端盖与本体连接	870	430	290	—	—	—

续表 3.13.4

序号	项目	螺栓规格					
		M30	M24	M20	M16	M14	M10
		力矩值（N·m）					
2	安装板与阀体连接	—	—	—	150	135	50
3	过滤室组件与安装板连接	—	430	290	—	—	—
4	前后连接套与阀杆连接	—	—	210	—	—	—
5	进出口法兰连接	—	—	210	—	—	—

3.13.5 新滤芯或清洗后的滤芯应经泡检试验合格后再安装。

3.14 纺丝箱体

3.14.1 纺丝箱体就位前，应根据纺丝中心线检查和确定螺杆挤出机、熔体管道、冷却装置、卷绕机架等设备的具体位置。

3.14.2 纺丝箱体就位安装应遵循下列原则：

1 侧吹风窗上下位置不能调整时，纺丝箱体应采取二次调整的方式就位安装。

2 侧吹风窗上下位置可以调整时，纺丝箱体可采取一次调整的方式就位安装。

3 环吹风冷却装置与纺丝箱体接触面密封不严，且环吹风冷却装置不能再调整时，应调整纺丝箱体高度位置或采取相应措施，增加环吹风冷却装置与纺丝箱体接触面的密封性。

3.14.3 纺丝箱体安装允许偏差应符合表3.14.3的规定。

表3.14.3 纺丝箱体安装允许偏差

序号	项目		允许偏差（mm）	检测方法
1	纺丝中心线		±1	钢卷尺检测
2	纺丝箱体标高		±1	
3	纺丝箱体水平度	长度<3m	1/1000	水平仪检测
		长度≥3m	3	

3.15 计量泵传动装置

3.15.1 计量泵传动装置应在纺丝箱体就位且固定后安装。

3.15.2 计量泵传动轴轴头插入计量泵泵轴后，两接触端面之间应保持2mm～3mm的间隙。

3.15.3 计量泵传动装置安装允许偏差应符合表3.15.3规定。

表3.15.3 计量泵传动装置安装允许偏差

序号	项目	要求
1	计量泵传动轴与计量泵泵轴同心度	ϕ0.5mm
2	减速机底板水平度	0.2/1000

3.15.4 纺丝箱体升温至工艺温度且平衡2h后，应对计量泵传动装置进行精确调整并复紧。

3.15.5 在无料状态下，计量泵不得通电旋转；确认计量泵旋转方向时，应自万向节脱开传动轴。

3.15.6 计量泵传动装置空运转试验宜符合表3.15.6规定。

表3.15.6 计量泵传动装置空运转试验规定

序号	项目	要求		
1	运转频率（Hz）	25	50	65
2	运转时间（h）	8	8	8
3	计量泵减速器温升	与环境温度差≤20℃		

3.16 热媒加热系统

3.16.1 热媒蒸发器的安装及质量验收应符合现行国家标准《有机热载体炉》GB/T 17410和《有机热载体炉安全技术监察规程》的有关规定及技术说明书的要求。

3.16.2 需焊接的管材应符合设计规定，标准接头及阀件应与设计规格一致。管道焊接施工及质量应符合现行国家标准《压力管道规范 工业管道 第4部分：制作与安装》GB/T 20801.4及《现场设备、工业管道焊接工程施工规范》GB 50236的有关规定。

3.16.3 焊接管道前应对管道进行除锈和清洁。

3.16.4 管道焊接坡口高度应符合焊接技术要求。当要求不明确时，应符合表3.16.4的规定。

表3.16.4 热媒管道焊接坡口高度规定

序号	项目	坡口高度或形状
1	壁厚为1.5mm～2mm的管材	Y型坡口，坡口高度：1mm
2	壁厚为2mm～3mm的管材	Y型坡口，坡口高度：1.5mm
3	壁厚为3mm～9mm的管材	V型坡口，坡口角度：60°±5°

3.16.5 热媒加热系统配置的各种仪表应在管道焊接后安装。

3.16.6 热媒加热系统处于循环加热状态时，严禁焊接管道。

3.16.7 热媒加热系统安装结束并经检测后，应通过耐压试验进行气密性检测。耐压试验气体应采用压缩空气，试验压力应为设计压力的1.15倍，且保压时间应大于24h，同时保压期间系统压力不应下降。

3.16.8 热媒加热系统耐压试验合格后应抽真空，且真空度应达到0.05MPa。

3.16.9 热媒加热系统引入热媒后，应按生产工艺要求进行升温试验。

3.17 单体抽吸装置

3.17.1 单体抽吸装置与纺丝箱体连接处应密封压紧。

3.17.2 各纺丝位的抽吸力应调节一致。

3.18 侧吹风窗

3.18.1 侧吹风窗上端面、下端面与其他装置连接处应可靠密封。

3.18.2 侧吹风窗安装允许偏差应符合表 3.18.2 的规定。

表 3.18.2 侧吹风窗安装允许偏差

序号	项　目	允许偏差（mm）	检测方法
1	底板纵向中心线位置	±1	钢板尺检测
2	底板横向中心线位置	±1	
3	底板标高	±0.5	水准仪检测
4	底板水平度	1/1000	水平仪检测
5	侧吹风窗垂直	±1	线锥法、钢板尺检测
6	相邻排列的侧吹风窗操作面平齐	±2	钢板尺、拉线法检测

3.19 环吹风冷却装置

3.19.1 环吹风箱与箱体、上垫板、进风道过滤抽屉等部件的连接处应可靠密封。

3.19.2 纺丝箱体升温至工艺温度且平衡 2h 后，应对环吹风冷却装置进行精确调整并应复紧。

3.19.3 环吹风冷却装置安装允许偏差应符合表 3.19.3 的要求。

表 3.19.3 环吹风冷却装置安装允许偏差

序号	项　目	允许偏差（mm）	检测方法
1	底板纵向中心线	±0.5	钢板尺检测
2	底板横向中心线	±0.5	
3	底板标高	±0.5	水准仪检测
4	底板水平度	0.5/1000	水平仪检测
5	侧板垂直度	1/1000	线锥法检测
6	风头箱与底板平行度	0.5/1000	水准仪检测

3.19.4 环吹风装置应使用专用工具安装，并应保证风筒中心线与纺丝中心线上下对齐。

3.19.5 环吹风冷却装置安装后应检测环吹风箱与纺丝箱底板的密封性，不得漏风。

3.20 甬　道

3.20.1 甬道与其他装置的连接处及每节甬道的连接处均应可靠密封。

3.20.2 甬道安装允许偏差应符合表 3.20.2 的规定。

表 3.20.2 甬道安装允许偏差

序号	项　目	允许偏差（mm）	检测方法
1	甬道中心线垂直度	2/1000	钢板尺检测
2	整条生产线甬道平齐	±2	拉线、钢板尺检测
3	相邻甬道出口高度	±1	钢板尺检测
4	整条生产线甬道出口标高	±2	卷尺、钢板尺检测

3.21 上 油 系 统

3.21.1 上油系统安装前应清除油管内的异物。

3.21.2 油嘴上油系统的油箱底面应高于最高的油嘴位置，且高度差不应小于 100mm；油剂管与油箱连接端应高于油剂管末端，且高度差不应小于 100mm；油剂管末端排气口高度应高于油箱液面；与油嘴或油盘连接的软管高度应低于上油点位置。

3.21.3 上油系统应密封良好，不得滴油、漏油。

3.21.4 油剂泵与电机组装后应转动灵活。

3.21.5 上油系统的安装允许偏差应符合表 3.21.5 的规定。

表 3.21.5 上油系统安装允许偏差

序号	项　目	允许偏差（mm）	检测方法
1	油嘴上油系统联轴器轴线同轴度	ϕ0.1	钢板尺、塞尺检测
2	油轮上油系统传动轴连接同轴度	ϕ0.2	
3	油轮轴向中心线与纺丝中心线	±1	钢板尺检测
4	油轮轴向中心线与油盘长方向中心线	±1	

3.21.6 在无油剂状态下，油剂泵不得通电旋转。

3.22 长丝卷绕机架

3.22.1 卷绕机架基础底板宜用螺钉调水平，垫板应垫实并焊接牢固，浇灌的水泥应填实。

3.22.2 卷绕机架应以纺丝中心线为基准确定安装位置，基础底板安装允许偏差应符合表 3.22.2 的规定。

表 3.22.2 卷绕机架基础底板安装允许偏差

序号	项　　目		允许偏差（mm）	检测方法
1	基础底板纺丝中心	纵向	±1	拉线、钢板尺检测
		横向	±1	
2	基础底板水平度	每纺位	0.5/1000	水平仪检测
		整条生产线	按设备技术文件要求	水准仪检测

3.22.3 相邻卷绕机架的脚踏平台高度应一致，整条线脚踏平台应整齐平行。

3.22.4 卷绕机架安装允许偏差应符合表 3.22.4 的规定。

表 3.22.4 卷绕机架安装允许偏差

序号	项　　目	允许偏差（mm）	检测方法
1	机架立柱与基础底板垂直度	0.5/1000	水平仪检测
2	机架横梁与基础底板平行度	0.5/1000	

3.22.5 导丝器、网络器等与丝束接触部件应挂线安装调整。

3.23 导 丝 盘

3.23.1 导丝盘表面不应磕碰、损伤。

3.23.2 驱动电机轴连接导丝盘应按左、右旋螺纹安装，螺纹旋向应与导丝盘工作旋向相反。

3.23.3 导丝盘安装允许偏差应符合表 3.23.3 的规定。

表 3.23.3 导丝盘安装允许偏差

序号	项　　目	允许偏差（mm）	检测方法
1	导丝盘径向圆跳动	0.03	百分表检测
2	上、下导丝盘平行	0.1	水平仪检测
3	上、下导丝盘与机座安装面垂直	0.1	

3.24 热辊牵伸系统

3.24.1 热辊表面不应磕碰、损伤，各紧固环节不应松动或有异常声响。

3.24.2 分丝辊的分丝角度应符合纺丝工艺要求。

3.24.3 热辊表面对轴线的径向圆跳动应小于 0.04mm。

3.24.4 挡风板位置应调整合适，不得接触热辊和分丝辊表面。

3.25 热辊冷却系统

3.25.1 供油管、回油管宜选用内壁光滑的普通水暖钢管。

3.25.2 换热器进水口宜加装流量计或水压表。

3.25.3 换热器出水口应加装节流阀。

3.25.4 供油、回油钢管应通过阀门与尼龙管连接。

3.25.5 尼龙软管弯曲时应保持一定的弯曲半径，不得有锐弯。

3.25.6 油泵旋转方向应与泵的标示方向一致，不得在无冷却油状态下长时间通电旋转油泵。

3.26 压缩空气管道

3.26.1 管道内部应洁净；正式通气前应用压缩空气吹扫管道。

3.26.2 压缩空气管道材质应符合技术要求，网络用压缩空气管宜采用不锈钢材质或耐压 PPR 材质。

3.26.3 主管道应保持大于 1%的斜度，且进气口应高于出气口。

3.26.4 连接吸枪的支管与主管连接时，接口位置应在主管的上方，主管末端应设置常闭排气阀，连接吸枪与支管的软管长度宜控制在 7m 以内。

3.26.5 与主管道连接的软管连接后应顺畅，弯曲时应有一定的弯曲半径，不得有锐弯。

3.26.6 供气压力高于设备允许压力时，应加装调压阀。

3.26.7 管道系统应密封良好。

3.27 卷 绕 头

3.27.1 卷绕头外观应完好无损。

3.27.2 卷绕头安装后应检查：

1 卷绕头的就位应准确。

2 电气保护功能应齐全、可靠。

3 气动元件应无漏气和堵塞现象，且动作应灵活、到位。

3.27.3 丝路上的导丝器应挂线安装调整。

3.27.4 卷绕头运转前卡盘轴应胀紧筒管。

3.27.5 卷绕头应单台通电确认各项动作，且各项动作应无误后再进行空运转。

3.27.6 卷绕头运转时应无异常声响。

3.27.7 采用油雾润滑的卷绕头，当油雾发生装置启动时间小于 30min 时，不得通电旋转卷绕头。

3.27.8 运转过程中卷绕头振动速度值大于 20mm/s 时，应重新做动平衡调试。

3.28 油雾润滑装置

3.28.1 油雾润滑装置安装位置距润滑点的最远距离不宜大于 10m。

3.28.2 储油箱浮子开关的上下限位应准确。

3.28.3 所有管道内壁应保持清洁，连接软管前应用压缩空气将主供雾管、主回雾管内的尘埃吹扫干净。

3.28.4 主回雾管末端应加装油雾回收装置。

3.28.5 主回雾管油雾排出端应低于主回雾管封闭端，且主回雾管与主供雾管的夹角应大于2°。

3.28.6 软管与主供雾管、主回雾管的连接宜采用快速插接方式，折弯处应顺畅，不得有积油弯。

3.28.7 油雾报警系统应安全可靠。

3.29 短纤卷绕机架和短纤牵引机

3.29.1 卷绕机架传动部件转动应灵活。

3.29.2 与卷绕机架配套的管路系统应密封，不得渗漏。

3.29.3 卷绕机架安装允许偏差应符合表3.29.3规定。

表3.29.3 卷绕机架安装允许偏差

序号	检验项目	允许偏差（mm）	检测方法
1	机架纵向、横向水平度	1/1000	水平仪检测
2	面板与丝束中心线距离	±0.5	
3	油轮中心线与丝束中心线距离	±0.5	线锥法、钢尺检测
4	油唇唇口中心线与丝束中心线距离	±0.5	

3.29.4 牵引机安装允许偏差应符合表3.29.4规定。

表3.29.4 牵引机安装允许偏差

序号	检验项目	允许偏差（mm）	检测方法
1	牵引辊水平度	0.1/1000	水平仪检测
2	牵引机中心线与丝束中心线	±1	线锥法、钢板尺检测

3.29.5 牵引辊表面对轴线径向圆跳动应小于0.05mm。

3.30 短纤喂入机

3.30.1 短纤喂入机安装允许偏差应符合表3.30.1的规定。

表3.30.1 短纤喂入机安装允许偏差

序号	检验项目	允许偏差（mm）	检测方法
1	纵向水平度	0.2/1000	水平仪检测
2	横向水平度	0.2/1000	
3	喂入轮中心线与丝束中心线	±1	吊线、钢板尺检测

3.30.2 喂入轮转向应正确，连续试运转时间应大于8h，运转过程中油池温升不应大于35℃，轴承温升不应大于45℃。

3.31 短纤盛丝往复机

3.31.1 圆桶式盛丝桶往复机底部导轨和回转工作台安装允许偏差应符合表3.31.1规定。

表3.31.1 底部导轨和回转台安装允许偏差

序号	检验项目	允许偏差（mm）	检测方法
1	底部导轨纵向、横向水平度	0.2/1000	水平仪检测
2	回转工作台水平度	0.5/1000	

3.31.2 帘板式盛丝桶往复机的安装应符合下列规定：

1 小车导轨安装允许偏差应符合表3.31.2的规定。

表3.31.2 小车导轨安装允许偏差

序号	检验项目	允许偏差（mm）	检测方法
1	两导轨上平面横向水平度	0.25/1000	平尺、水平仪检测
2	导轨上平面纵向水平度	0.15/1000	
3	小车两导轨平行度	1/1000	钢卷尺检测

2 管道、接头应密封，不得渗漏。

3.31.3 辊筒式盛丝桶往复机的安装应符合下列规定：

1 辊筒式盛丝桶往复机安装允许偏差应符合表3.31.3的规定。

表3.31.3 辊筒式盛丝桶往复机安装允许偏差

序号	检验项目	允许偏差（mm）	检测方法
1	辊筒纵、横向水平度	0.1/1000	平尺、水平仪检测
2	辊筒中心线相互平行度	0.1/1000	专用卡尺，塞尺检测
3	辊筒径向圆跳动	0.1	百分表检测

2 管道、接头应密封，不得渗漏。

4 后加工设备工程安装

4.1 弹力丝机

4.1.1 弹力丝机安装允许偏差应符合表4.1.1规定。

表 4.1.1 弹力丝机安装允许偏差

序号	类别	检验项目	允许偏差（mm）	检测方法
1	传动部分	传动端纵向、横向中心位置对地面基准线	±0.5	钢板尺、直尺、重锤检测
		传动端纵向、横向垂直度	0.1/1000	框式水平仪检测
2	机架部分	第一块墙板与传动端纵向距离	0.2	专用工具检测
		第一块墙板与传动端横向及高度距离	0.2	
		墙板垂直度	0.1/1000	框式水平仪、专用工具检测
		相邻墙板的水平度	0.1/1000	
		全机墙板直线度	0.2	专用工具、塞尺检测
		辅机架横梁水平度	0.3/1000	框式水平仪检测
		辅机架立柱垂直度	0.5/1000	
		上机架垂直度	0.5/1000	
		全机上机架直线度	0.5	钢丝拉线、塞尺检测
		全机辅机架立柱纵向直线度	0.5	钢丝拉线、钢板尺检测
3	罗拉部分	全机罗拉轴直线度	0.1	专用工具检测
		相邻罗拉轴同轴度	φ0.1	刀口尺、塞尺检测
4	卷绕部分	卷绕摩擦辊水平度	0.1/1000	专用工具、框式水平仪检测
		相邻摩擦辊轴同轴度	φ0.1	刀口尺、塞尺检测

4.1.2 弹力丝机安装结束后，应调整、检查下列关键部件：

1 按照工艺过程挂丝或拉线，丝路上各导丝部件、罗拉位置应正确。

2 龙带传动机型的龙带张紧力应符合技术要求；龙带运行应稳定，且应无上下窜动现象。

3 各假捻器传动轮对龙带的压紧力应一致。

4 各皮辊或皮圈对罗拉的压紧力应一致。

5 各止捻器的止捻效果应一致。

6 各假捻器的转速应一致，旋转方向应符合工艺要求。

7 变形热箱安装位置应正确。

8 热箱之间的温度差、热箱实际温度与设定温度差应符合技术文件要求。

9 冷却板安装位置应准确。

10 原丝架筒子中心应对准导丝器中心。

11 吸烟管道应头高尾低，油收集槽应设置在管道最低点。

4.1.3 弹力丝机的调整、检查结束后，应进行空车试运转且连续运转时间不应少于 24h。空车试运转应采取由低速阶梯式增速的方式，最高运转速度不应超过说明书规定的最高机械速度。

4.2 集束装置

4.2.1 集束装置的安装应符合下列规定：

1 导丝器应根据集束量配置，且应符合设计要求。

2 应配置张力架装置，且张力架应调节方便。

3 导丝辊、托丝棒、张力架等及与丝束接触的零部件应光滑不挂丝。

4 定位丝道的磁眼应便于调节。

5 各检测开关应灵敏可靠。

6 集束架平台高度应便于操作。

7 多条生产线并列布置时，集束架平台宜设置横向走廊。

4.2.2 集束装置的转动件应转动灵活。

4.3 主传动组件

4.3.1 主传动组件安装允许偏差应符合表 4.3.1 规定。

表 4.3.1 主传动组件安装允许偏差

序号	类别	检验项目	允许偏差（mm）	检测方法
1	基础底座	纵向偏移	0.5	钢板尺检测
		横向偏移	0.5	
		两搭子板纵、横向水平度	0.2/1000	平尺、水平仪检测
		全线高度差	1.5	
2	联轴器	联轴节同轴度	φ0.1	千分表、激光对中仪检测

4.3.2 主传动电机接线应正确，旋转方向应符合设计要求。

4.3.3 主传动组件在和主机连接前，每个传动单元应单独进行不少于 2h 的试运转，运转过程中的温升、噪声、振动应符合设计要求。

4.4 牵伸机

4.4.1 牵伸机机架安装允许偏差应符合表 4.4.1 规定。

表 4.4.1 牵伸机机架安装允许偏差

序号	项目	允许偏差（mm）	检测方法
1	机架立柱与基础底板垂直度	0.2/1000	平尺、水平仪检测
2	机架横梁与基础底板平行度	0.2/1000	

4.4.2 牵伸机传动箱、导丝辊、牵伸辊安装允许偏差应符合表4.4.2规定。

表4.4.2 传动箱、导丝辊、牵伸辊安装允许偏差

<table>
<tr><th>序号</th><th>类别</th><th colspan="2">检验项目</th><th>允许偏差（mm）</th><th>检测方法</th></tr>
<tr><td rowspan="4">1</td><td rowspan="4">传动箱体</td><td colspan="2">纵向偏移</td><td>±0.5</td><td rowspan="2">吊线、直尺检测</td></tr>
<tr><td colspan="2">横向偏移</td><td>±0.5</td></tr>
<tr><td rowspan="2">箱体水平度</td><td>纵向</td><td>0.5/1000</td><td rowspan="2">平尺、水平仪检测</td></tr>
<tr><td>横向</td><td>0.2/1000</td></tr>
<tr><td rowspan="2">2</td><td rowspan="2">导丝辊</td><td colspan="2">径向圆跳动</td><td>0.3</td><td>千分表检测</td></tr>
<tr><td colspan="2">水平度</td><td>0.2/1000</td><td>水平仪检测</td></tr>
<tr><td rowspan="2">3</td><td rowspan="2">牵伸辊</td><td colspan="2">径向圆跳动</td><td>0.3</td><td>千分表检测</td></tr>
<tr><td colspan="2">水平度</td><td>0.3/1000</td><td>水平仪检测</td></tr>
</table>

4.4.3 牵伸机的压辊上升应同步，速度应平稳。

4.4.4 牵伸机辊筒现场安装时，连接螺栓拧紧力矩值应符合设备供应商的技术要求。

4.4.5 牵伸机导丝辊、牵伸辊表面应清洁、无磕碰。

4.4.6 牵伸机缠丝检测板与牵伸辊的距离应为5mm，且检测开关应灵敏可靠。

4.4.7 牵伸机的润滑油压差报警、低流量报警、超温报警应灵敏可靠；润滑系统管道应密封，无渗漏。

4.4.8 牵伸机安装结束后应进行不少于24h的连续空车试运转。运转过程中的温升、噪声、振动应符合设计要求，且不得渗漏。

4.5 浸浴槽及水浴牵伸槽

4.5.1 浸浴槽及水浴牵伸槽组装后槽体内、外表面应平整，无划痕、污印。

4.5.2 浸浴槽及水浴牵伸槽槽体及辅槽四周对角线允许偏差应小于±2mm，可用钢卷尺检测。

4.5.3 浸浴槽及水浴牵伸槽上盖的开启、闭合应平稳，不得歪扭。

4.5.4 浸浴槽及水浴牵伸槽槽体、辅槽及循环系统不得渗漏。

4.5.5 槽体长方向中心线与丝束中心线允许偏差应为±1mm，可用钢板尺检测。

4.5.6 槽体上下盖间隙应调整合适，密封条应压紧无缝隙。

4.6 牵伸预热箱

4.6.1 牵伸预热箱箱体应光洁，无划痕。

4.6.2 牵伸预热箱箱体安装应符合下列规定：

1 箱体长度方向中心线与丝束中心线安装允许偏差应为1.5mm，可用钢板尺检测。

2 箱体倾角的调整应使丝束无干涉通过。

3 箱盖的开闭应平稳。

4 箱体上下盖密封条应压紧无缝隙。

4.6.3 与牵伸预热箱箱体连接的管道应密封，不得渗漏。

4.7 紧张热定型机

4.7.1 紧张热定型机安装允许偏差应符合表4.7.1规定。

表4.7.1 紧张热定型机安装允许偏差

<table>
<tr><th>序号</th><th>类别</th><th colspan="2">项　　目</th><th>允许偏差（mm）</th><th>检测方法</th></tr>
<tr><td rowspan="4">1</td><td rowspan="4">箱体</td><td colspan="2">纵向偏移</td><td>±0.5</td><td rowspan="2">用钢板尺检测箱体底板刻线对底座刻线的偏移量</td></tr>
<tr><td colspan="2">横向偏移</td><td>±0.5</td></tr>
<tr><td rowspan="2">箱体水平度</td><td>纵向</td><td>0.5/1000</td><td rowspan="2">用框式水平仪在箱体前后搭子侧面上检测</td></tr>
<tr><td>横向</td><td>0.2/1000</td></tr>
<tr><td rowspan="2">2</td><td rowspan="2">辊筒</td><td colspan="2">径向圆跳动</td><td>0.4</td><td>千分表检测</td></tr>
<tr><td colspan="2">辊子水平度</td><td>0.2/1000</td><td>水平仪检测</td></tr>
<tr><td rowspan="2">3</td><td rowspan="2">移门</td><td colspan="2">滑槽垂直度</td><td>1/1000</td><td>吊线、钢板尺检测</td></tr>
<tr><td colspan="2">移门高低一致性</td><td>10</td><td>用钢板尺在移门两端检测</td></tr>
</table>

4.7.2 紧张热定型机的辊筒需现场安装时，螺栓拧紧力矩值应符合设备供应商的技术要求。

4.7.3 紧张热定型机的热定型门安装应符合下列规定：

1 门的升降应平稳、同步；限位开关位置应调整合适。

2 门的自锁装置应可靠，在限位区间内任何位置停止时不应产生滑行现象。

3 安全销位置应准确，作用应可靠。

4 润滑管道应密封，无渗漏。

4.7.4 紧张热定型机除丝束进出口外，辊筒区域应封闭。

4.7.5 紧张热定型机安装结束后应进行不少于24h的连续空车试运转。运转过程中的温升、噪声、振动应符合设计要求，不得渗漏。

4.8 冷却喷淋装置

4.8.1 冷却喷淋装置喷嘴的安装应符合下列规定：

1 喷嘴的雾化效果应良好。

2 上下喷嘴应交错排列，喷淋的扇面宽度应覆盖整个丝束。

4.8.2 冷却喷淋装置喷淋箱进出口位置应使丝束顺利通过。

4.8.3 冷却喷淋装置的喷淋管道应用水检测密封性，且不得渗漏。

4.8.4 冷却喷淋装置的气路应用压缩空气检测密封性，且不得泄漏。

4.9 叠丝机和张力架

4.9.1 叠丝机导丝辊、叠丝辊的旋转应灵活。

4.9.2 叠丝机导丝架调节端导轨间隙应为0.2mm～0.3mm，可用塞尺检测。

4.9.3 叠丝机电动缸的动作应灵活，速度应平稳。

4.9.4 叠丝机安装允许偏差应符合表4.9.4规定。

表4.9.4 叠丝机安装允许偏差

序号	类别	项目	允许偏差(mm)	检测方法
1	箱体	纵向偏移	±0.5	从导丝辊中心吊线，用钢板尺在基础底板上测量吊线与丝束中心线位置的偏移量
2		横向偏移	±0.5	沿箱体中心吊线，用钢板尺检测对底面中心线的偏移量
3	导丝辊	水平度	0.3/1000	水平仪检测
4	水平度		0.3/1000	

4.9.5 张力架安装允许偏差应符合表4.9.5规定。

表4.9.5 张力架安装允许偏差

序号	类别	项目	允许偏差(mm)	检测方法
1	机架	纵向偏移	±0.5	用钢板尺检测机架刻线对定位线的偏移量
		横向偏移	±0.5	
2	导辊	水平度	0.2/1000	水平仪检测

4.10 蒸汽预热箱

4.10.1 蒸汽预热箱箱体内表面应平整光滑，无划痕和涂迹；箱盖的开闭应平稳、灵活。

4.10.2 蒸汽预热箱箱体长方向中心线与丝束中心线允许偏差应为±1mm，可用钢板尺检测。

4.10.3 蒸汽预热箱连接管道应密封，不得渗漏。

4.11 铺丝机、松弛热定型机和导丝架

4.11.1 铺丝机安装应符合下列规定：

1 输送带的松紧应适中，运转应平稳、不跑偏。

2 铺丝速度和限位开关应调整到使丝束铺满整个链板的位置。

3 铺丝机导轨安装允许偏差应符合表4.11.1规定。

表4.11.1 铺丝机导轨安装允许偏差

序号	项目	允许偏差(mm)	检测方法
1	与丝束中心线垂直度	0.5/1000	沿导轨对机架十字线吊线、钢板尺检测
2	水平度	0.1/1000	水平仪检测

4.11.2 松弛热定型机安装应符合下列规定：

1 隔热门表面应平整、密封性好。活动门开启应灵活。

2 链板、蝴蝶板应光洁、不挂丝。

3 蝴蝶板左右手应按设计要求安装，且不得装反。

4 蝴蝶板检测开关位置应准确、动作有效。

5 风机转向应正确、运转应平稳。

6 蒸汽调节阀应灵敏、可靠。

7 消防喷淋管线动作应可靠，不得渗漏。

8 松弛热定型机安装允许偏差应符合表4.11.2规定。

表4.11.2 松弛热定型机安装允许偏差

序号	类别	项目	允许偏差(mm)	检测方法
1	机架	顶面与机台中心线横向偏移	±1	沿机顶横撑吊线，钢板尺检测
		下横撑与机台中心线横向偏移	±1	沿机架下横撑吊线，钢板尺检测
		与机台中心线的平行度	2/1000	沿机架首尾端部顶横撑吊线，钢板尺检测
2	导轨	上导轨纵向水平度	0.5/1000	在接头处和左右导轨接头处用平尺、水平仪检测
		上导轨全长纵向水平度累积值	3	要求链板运行下坡，平尺、水平仪检测，根据检测值累积计算
		上导轨中心线对机台中心线横向偏移	±1	沿平车轴中部吊线，钢板尺检测
		导轨接头处高低	±0.2	平尺、塞尺检测
		左右上导轨横向水平度	0.5/1000	平尺、水平仪检测
3	链板蝴蝶板与密封板	密封板与蝴蝶板间隙	1	塞尺检测
		相邻链板间隙	2	
4	主、被动传动轴	横跨水平度	0.5/1000	水平仪检测
		与机台十字线平行度	1.5/1000	沿轴吊线，钢板尺检测
		大链轮跨距中心对机台中心线横向偏移	1.5	沿大链轮跨距中心吊线，钢板尺检测
		大链轮跨距	3	卷尺检测

4.11.3 导丝架安装允许偏差应符合表4.11.3规定。

表4.11.3 导丝架安装允许偏差

序号	类别	项目	允许偏差（mm）	检测方法
1	机架	纵向偏移	±0.5	沿机架刻线吊线，用钢板尺检测刻线与定位线的偏移量
		横向偏移	±0.5	
2	导辊	水平度	0.2/1000	水平仪检测
		与丝束中心线垂直度	0.5	沿辊面对机架十字线吊线，钢板尺检测

4.11.4 铺丝机、松弛热定型机安装结束后应进行不少于24h的连续空车试运转。运转过程中的温升、噪声、振动应符合设计要求，且不得渗漏。

4.12 上 油 机

4.12.1 油剂箱与铺丝机的连接应牢固可靠。

4.12.2 管道、阀门、仪表接口不得渗漏。

4.13 曳引张力机

4.13.1 曳引张力机的张力辊、导丝辊转动应灵活。

4.13.2 曳引张力机的张力辊升降应灵活、平稳。

4.13.3 曳引张力机安装结束后应进行不少于4h的连续空车试运转。运转过程中的温升、噪声、振动应符合设计要求，且不得渗漏。

4.13.4 曳引张力机的曳引辊线速度与切断机线速度应同步。

4.13.5 曳引张力机安装允许偏差应符合表4.13.5规定。

表4.13.5 曳引张力机安装允许偏差

序号		项目	允许偏差（mm）	检测方法
1	机台	相对标高	±1	水准仪检测
		纵向水平度	0.1/1000	水平仪检测
		横向水平度	0.1/1000	
2	辊	轴向中心与丝束中心线	±1	垂直轴向吊线，钢板尺检测
		轴线与丝束中心线垂直度	0.2/1000	垂直轴向吊线，角尺检测
		张力辊水平度	0.2/1000	水平仪检测
		导丝辊水平度	0.1/1000	

4.14 卷 曲 机

4.14.1 卷曲机转动应灵活。

4.14.2 卷曲填塞箱的间隙应在冷态下粗调，在80℃的热态下微调。

4.14.3 卷曲机液压、气压动作应准确可靠，且反复动作后各部位的间隙应无变化。

4.14.4 卷曲片冷却油循环与卷曲机的运转应同步。

4.14.5 卷曲机管道系统应符合下列规定：

1 压缩空气管道应通0.6MPa的压缩空气，不得泄漏。

2 冷却管道应通0.3MPa的水，不得渗漏。

4.14.6 卷曲机安装允许偏差应符合表4.14.6规定。

表4.14.6 卷曲机安装允许偏差

序号		项 目	允许偏差（mm）	检测方法
1	机台	相对标高	±1	水准仪检测
		横向水平度	0.1/1000	水平仪检测
		纵向水平度	0.15/1000	
2	卷曲辊	轴向中心线与丝束中心线位置	0.5	沿卷曲辊吊线，钢板尺检测
		上下卷曲辊水平度	0.1/1000	水平仪检测
		上下卷曲辊轴线对丝束中心线垂直度	1/1000	拉线勾股弦法检测

4.14.7 预热卷曲机应通70℃～80℃的温水，铜块工作面应光滑。

4.14.8 卷曲机安装结束后，应进行不少于2h的空车试运转。

4.15 切 断 机

4.15.1 切断机安装应符合下列规定：

1 压辊转动应灵活。

2 落料斗升降及转动应灵活。

3 升降门开启应灵活。

4 刀盘安装位置应准确。

5 丝束中心与刀盘中心应对齐。

6 电位器手柄控制应可靠。

7 刀盘升降应平稳。

8 刀盘拆装升降系统定位应准确。

4.15.2 切断机安装允许偏差应符合表4.15.2规定。

表4.15.2 切断机安装允许偏差

序号		项 目	允许偏差（mm）	检测方法
1	机台	相对标高	±1	水准仪检测
		纵横向水平度	0.1/1000	水平仪检测
2	压辊	刀盘法兰中间	两边均匀	塞尺检测
		工作时压辊与刀盘刀刃的间隙	3～10	

4.15.3 切断机安装结束后，应进行不少于4h的连

续空车试运转。运转过程中刀片、刀盘法兰、压辊表面应无碰伤或划痕。

4.16 打包机

4.16.1 打包机液压管道与液压站、油缸连接前，应用液压油冲洗管道。冲洗后应取样检查油中固体杂质的含量及颗粒大小，颗粒含量和颗粒等级应符合现行国家标准《液压传动 油液固体颗粒污染等级代号》GB/T 14039 的有关规定。

4.16.2 打包机安装应符合下列规定：

1 转箱及定位缓冲器应平稳，定位应准确。

2 推料板与推料箱前端面应平齐。推料板定位应准确，运行应平稳。

3 计量斗门、进料斗门的开闭应平稳。

4 气缸杆伸出长度应调节准确，进料斗关闭后应无缝隙。

5 主压缸换向应平稳。

6 液压站、油缸、管道系统应密封，不得渗漏。

4.16.3 主压缸在最大使用压力下保压时间应大于5min，且最大压力降应小于3.5MPa。

4.16.4 打包机安装允许偏差宜符合表4.16.4规定。

4.16.4 打包机安装允许偏差

序号		项目	允许偏差(mm)	检测方法
1	机架	底座中心线与安装基准线	±1	吊线、钢板尺检测
		底座顶面水平度	0.1/1000	水平仪检测
		主压立柱、预压立柱与底座安装刻线	±0.5	吊线、钢板尺检测
		顶横梁中心与底座中心	±0.5	
		顶横梁主压侧底面水平度	0.25/1000	水平仪检测
2	转台	中心立柱回转套筒垂直度	0.2/1000	
		转台回转两传动齿轮啮合侧隙	0.2～0.3	塞尺检测
3	推料装置	推料箱水平度	0.5/1000	水平仪检测
		推料板两侧面与推料箱内壁间隙	1	塞尺检测
4	计量秤	架台上平面水平度	0.5/1000	水平仪检测
5	油缸	两提箱油缸升降同步差	2	塞尺检测

4.16.5 安装结束后应按打包程序进行机械、电气、液压和气动的联动空运转，无故障运转次数不应少于10次。

4.16.6 空车试运转完成后，应手工投料连续打包，打包数量不应少于10包。

5 电气设施工程安装

5.1 电气设施及配线敷设

5.1.1 配电柜、控制柜、电线电缆导管等设备设施的安装与质量验收应符合现行国家标准《建筑电气工程施工质量验收规范》GB 50303 的有关规定。

5.1.2 电缆桥架安装除应符合现行国家标准《建筑电气工程施工质量验收规范》GB 50303 的有关规定外，尚应符合下列规定：

1 电缆桥架不应平行敷设于热力管道正上方；在其他位置与热力管道平行布置时，净距离应大于1m；与热力管道交叉布置时，净距离应大于0.5m；热力管道应采取绝热保护措施。

2 电缆桥架水平和垂直安装每米长度允许偏差应在±2mm内，全长允许偏差应在±10mm内，可拉线、钢板尺检测。

3 电缆桥架内同时布置动力线与信号线时，应用隔板分割成动力线敷设区和信号线敷设区。

5.1.3 配线规格应符合设计要求，不得用普通线缆替代屏蔽线使用。

5.1.4 可能遭受油、油雾、纺丝油剂、单体污染的配线场所，应采用耐油绝缘导线或采取防护措施。

5.1.5 电线、电缆敷设应排列整齐，且动力线与信号线应分槽或分区敷设，对有抗干扰要求的线路，应采取抗干扰措施。

5.1.6 电缆桥架内的电缆总截面积应小于电缆桥架净横截面面积的60%。

5.1.7 在电缆桥架或汇线槽弯曲处应垫绝缘衬垫保护电线电缆。

5.1.8 电线电缆在桥架或汇线槽出线口无专门护口时，应对导线采取相应的保护措施。

5.1.9 电缆桥架内的电线电缆接头宜设置在电缆分支处。电缆分支处不宜设在穿墙的位置。

5.1.10 在电线电缆管道、终端头和接头处应设置标志牌，标志牌的内容应符合下列规定：

1 标志牌应注明线路编号。

2 并联使用的电缆应注明顺序号。

3 字迹应清晰、不脱落。

4 腐蚀性场所应采取防腐措施。

5 标志牌规格宜统一，挂装应牢固。

5.2 电气设备引出端子的接线

5.2.1 电气设备引出端子的接线应符合下列规定：

1 接线应正确，固定应牢靠。

2 电线或电缆芯线端部均应正确标明回路编号，每个编号的字母阅读方向应一致，字迹应清晰、不脱落。

3 电气柜、机台内的电缆或导线应排列整齐、避免交叉，且连接端子不得施加机械应力。

4 电线电缆的绝缘护套层应与电线电缆一起引入电气柜或机台内，并应固定。

5.2.2 可动部位两端的导线应用线卡固定。线缆与运动机件的距离应大于25mm。

5.2.3 导线与接线端子连接时，其活动的弯曲半径不应小于线外径的10倍。

5.2.4 冷压接线端头时，端头、压模的规格应与线芯的截面相一致，端头与端子应匹配。

5.2.5 铝芯线压接时，应先去除芯线氧化膜，且应涂中性凡士林或导电膏后再压接。

5.3 接地与接地线

5.3.1 电气设备和设施必须有效接地。

5.3.2 接地线规格、接地电阻值应符合设计要求。当设计要求不明确时，低压电气设备地面外露的接地线最小截面面积应符合表5.3.2规定。

表5.3.2 低压电气设备地面外露的接地线最小截面面积

序号	名　称	铜 (mm^2)	铝 (mm^2)	钢 (mm^2)
1	明敷的裸导线	≥4.0	≥6.0	≥12.0
2	绝缘多股导线	≥1.5	—	—
3	电缆接地芯线或与相线在同一保护壳内的多芯导线的接地线	≥1.0	—	—

5.3.3 接地固定螺栓应配用防松垫圈。

5.3.4 接地、接零方式除应符合现行国家标准《建筑电气工程施工质量验收规范》GB 50303的有关规定和电气工程设计要求外，尚应符合下列规定：

1 接地或接零支线应直接与接地干线或接零干线连接，不得将各接地或接零支线相互串联后再与接地干线或接零干线连接。

2 不得使用金属软管、保温管金属外皮或金属网做接地线。

3 利用金属构件、金属管道串联接地线时，相互之间应连接可靠。

5.3.5 防静电接地应符合下列规定：

1 防静电接地装置可与其他电气设备的接地装置共同设置。

2 仅用于防静电的接地装置，每一处接地体的接地电阻值应小于100Ω。

3 设备、机组、管道等防静电接地线，应单独与接地体或接地干线相连，不得相互串联接地。

4 防静电接地线应连接在设备、机组等装置的接地螺栓上。

5.3.6 在接收信号的一侧，应将信号线屏蔽层与信号电路基准地连接，在发出信号的一侧，信号线屏蔽层应悬空，并应符合下列规定：

1 电子系统为浮地时，信号基准地与保护接地线应绝缘，不得连通。

2 电子系统为共地时，信号基准地与主保护接地端子应并联连接，严禁多点接地。

6 仪表工程安装

6.0.1 仪表配管内壁应洁净，安装仪表前应吹扫工艺管道。

6.0.2 压缩空气仪表配管、蒸汽仪表配管的安装与质量检验应符合技术文件或仪表使用说明书的要求。

6.0.3 仪表用电线、电缆、补偿导线、仪表隔热、伴热等安装应符合设计要求。

6.0.4 控制室内仪表的安装应符合现行行业标准《石油化工控制室和自动分析器室设计规范》SH 3006的有关规定。

6.0.5 现场仪表的安装除应符合现行行业标准《石油化工仪表安装设计规范》SH/T 3104的有关规定外，尚应符合下列规定：

1 现场仪表应安装在便于观察、维护和操作的场所。多块仪表集中安装时宜并排或并列布置整齐，并留有操作、维护空间。

2 仪表、变送器、传输电缆等的安装应安全、牢靠。

3 电接点或电传送器仪表宜采用立柱式支架固定。

4 节流元件与管道中心线安装允许偏差应小于管道内径的1%，法兰平面与管道轴线垂直允许偏差应为±1mm，且安装方向应正确。

5 料位计的接线孔应朝下，且应避免阳光直射或雨水侵入。

7 计算机控制系统

7.0.1 计算机控制系统的环境条件应满足技术文件要求。

7.0.2 分散型控制系统中央控制室内计算机及相关硬件设备的安装与质量检验，应符合现行行业标准《石油化工控制室和自动分析器室设计规范》SH 3006的有关规定。

7.0.3 计算机控制系统的接地应符合下列规定：

1 直流电源采用悬浮接地时，直流电源工作地与大地之间的电阻应大于1MΩ。

2 直流电源采用直接接地时，直流电源的工作地与大地之间的电阻应小于1Ω。

3 交流工作地的接地电阻应小于4Ω。

4 金属外壳接地应可靠。

7.0.4 计算机控制系统应采取必要的抗干扰措施。

7.0.5 计算机控制系统的电源线应采用三芯屏蔽电缆线，且屏蔽层应接地。

7.0.6 计算机控制系统的通信、输入/输出（I/O）接口等连接用电缆线，应采用多芯屏蔽电缆线，且屏蔽层应接地。

7.0.7 计算机控制系统屏蔽电缆规格、种类应一致，屏蔽层网密度应大于90%。

8 工艺辅助设备工程安装

8.1 油剂调配设备

8.1.1 油剂调配设备安装允许偏差应符合表8.1.1规定。

表8.1.1 油剂调配设备安装允许偏差

序号	项目	允许偏差（mm）	检测方法
1	设备支撑座底面高度	±5	钢板尺检测
2	设备横向中心线位置	±2	
3	设备纵向中心线	±2	线锥法、钢板尺检测
4	设备四个支撑座底面水平度	10/1000	水平仪检测
5	设备等非运动件之间的最小间隙	100	钢板尺检测

8.1.2 油剂调配设备安装结束后，应对整套设备和输送管道进行清洗。

8.1.3 设备和管道清洗结束后，应模拟调配过程进行大于1h的试运转。

8.2 组件处理设备

8.2.1 组件处理设备安装允许偏差应符合表8.2.1规定。

表8.2.1 组件处理设备安装允许偏差

序号	项目	允许偏差（mm）	检测方法
1	设备支撑座底面高度	±2	钢板尺检测
2	设备横向中心线位置	±2	
3	设备纵向中心线	±2	
4	支撑座底面水平度	10/1000	水平仪检测

8.2.2 组件处理设备安装结束后应进行不少于4h的空载试运转。空载试运转过程中，应按设备功能和组件处理的工艺要求检查、调整相关参数。

9 保温工程

9.0.1 设备和管道安装结束且检测合格尚未投料试运转前，应按照现行国家标准《设备及管道绝热设计导则》GB/T 8175的有关规定，对散热设备、管道等应进行保温隔热处理。

9.0.2 保温工程的基本要求除应符合现行国家标准《工业设备及管道绝热工程设计规范》GB 50264的有关规定外，尚应符合下列规定：

1 热媒循环系统的冷凝器、排气排液放空阀（管）、泄压阀、监测阀和工艺要求散热或裸露的设备及管道不应保温。

2 供应商提供的设备保温质量不符合要求时，用户必须进行二次保温。

3 管件、阀门、法兰等散热部位应与设备、管道同时保温，经常操作的阀门宜采用可拆卸式保温，操作柄可露出保温层。

4 保温材料的质量稳定性应满足在350℃温度下长期连续绝热性能的要求，持续使用寿命应达到5a以上。

5 除不需保温的设备、管道、支撑架、吊耳及纺丝箱底部外，保温保护层外表面温度与环境温度差应小于25℃。

9.0.3 保温工程的施工与验收除应符合现行国家标准《工业设备及管道绝热工程施工规范》GB 50126有关规定外，尚应符合下列规定：

1 保温施工前，应确认设备、管道、隐性工程等检测试验工作已结束，各项记录应完整齐全并归档管理。

2 保温施工前，应清除设备、管道表面的杂物，需现场进行防锈或防腐处理的设备、管道，应先进行防锈或防腐处理，并应修补破损的防锈、防腐层。

3 设备铭牌被保温层覆盖时，应在保温保护层与设备铭牌对应的位置镶嵌复制的同一铭牌，设备原铭牌不得拆除。

9.0.4 设备、管道保温工程质量应符合现行国家标准《工业设备及管道绝热工程施工质量验收规范》GB 50185的有关规定。

9.0.5 设备投入运转后，应对设备、管道的保温效果进行测试和评价，且保温效果应符合现行国家标准《设备及管道绝热效果的测试与评价》GB/T 8174和本规范的有关规定。

10 安装工程系统调整与检测

10.1 机械系统调整与检测

10.1.1 工艺调试前，应拉线复核生产线各单元设备之间的相关尺寸，导丝器等与丝束接触部件应调整到工艺要求的位置。

10.1.2 管道系统阀门的开启或闭合应符合技术文件要求。

10.1.3 加热或冷却装置的热胀冷缩形变及对周围装置的影响应在技术要求范围内。

10.1.4 润滑部位应加入规定牌号的润滑油，且润滑油注入量应在技术要求范围内。

10.1.5 设备表面需补漆或需其他处理的工作应完成并处于可使用状态。

10.1.6 吸枪、废丝箱等辅助生产装置应准备齐全且处于可使用状态。

10.1.7 设备铭牌应完整且无污损。

10.1.8 设备及环境卫生应清扫结束，设备处于洁净状态。

10.1.9 水、电、气、汽等公用工程质量应符合技术要求，并能满足设备运转的需求量。

10.1.10 设备全部运转时，厂界环境噪声的排放值应符合现行国家标准《工业企业厂界环境噪声排放标准》GB 12348 的有关规定。排放不达标时，应对高噪声源设备区域或声源集中的设备区域采取必要的吸声、降噪措施。

10.2 电气系统调整与检测

10.2.1 电路绝缘电阻值应符合下列规定：

1 1kV 以下电力线路的电源开关断开时，设备主回路相间电阻值及对地绝缘电阻值应大于 0.5MΩ。

2 直流主回路电子器件短接后的对地绝缘电阻值应大于 1MΩ。

3 控制线路对地绝缘电阻值应大于 0.5MΩ。

10.2.2 电气控制设备和线路调试后，操作器件、继电器、接触器和指示器等电气元件的操作性能和控制功能应符合技术文件的规定。

10.2.3 电气控制系统各节点的安全保护装置应可靠。

10.2.4 接线端子的接线应正确、可靠，不得有虚接现象。

10.2.5 设备接地应可靠并符合技术要求。

10.3 仪表系统调整与检测

10.3.1 仪表零点、量程、线性度等参数，应按仪表技术文件调校。比例调节器 PID 的调整范围、误差及闭环跟踪的基本误差与变差应符合技术文件，并应满足生产工艺需要。

10.3.2 系统回路应统一调校，每块仪表或元件均应进行检测；一次仪表、二次仪表对同一个模拟信号的显示应一致，且应正确无误。

10.3.3 连锁系统的连锁程序应符合技术要求，连锁动作及相应的灯光、音响信号应正确、可靠。

10.3.4 具有温度系数的压力仪表或其他检测仪表，应在工作温度下再次校正零点和量程。

10.3.5 负荷运行时的仪表显示值应在仪表量程允许范围内。

10.4 机 电 联 调

10.4.1 温度显示值与设定值偏差应在生产工艺允许范围内。

10.4.2 速度显示值与设定值偏差应在生产工艺允许范围内。

10.4.3 压力显示值与设定值偏差应在生产工艺允许范围内。

10.4.4 用电设备的电压和电流应符合设计要求。

10.4.5 在非正常状态下安全保护装置应有效可靠。

10.4.6 电机的各项参数指标应符合技术文件要求。

11 安装工程验收

11.0.1 机电联调及各项工程完成后应及时进行安装工程验收。

11.0.2 安装工程符合工程承包或设备购置合同约定的技术要求，应验收合格；工程承包或设备购置合同无具体约定时，安装工程符合技术文件的技术要求，应验收合格；设计或使用技术文件无具体要求时，安装工程符合本规范的要求，应验收合格。

11.0.3 安装工程验收合格，建设、工程承包、设备供应商、安装、监理等单位的代表应在安装工程验收单上签字。签字方应各执一份安装工程验收单。

11.0.4 安装工程验收不合格，应以备忘录形式提出具体整改意见，明确责任人和整改完成时间。整改完成时间不明确时，除更换不合格的设备外，现场整改应在 15d 内完成，完成后应及时进行再次验收。

11.0.5 安装工程三次验收，三次整改仍不合格，应视为安装工程不合格。

11.0.6 安装工程验收资料应由设备使用方负责收集、整理。

11.0.7 安装工程验收应提供下列资料或按约定提供资料：

1 安装工程验收报告。

2 设备安装竣工图或按实际完成情况注明修改部分的施工图。

3 设计文件及设计变更通知书。

4 安装日志。

5 隐蔽工程质量检验及验收记录。

6 主要设备的使用操作说明书。

7 主要设备的维修保养技术文件。

8 仪表合格证和使用说明书。

9 管道吹扫及压力试验记录。

10 特种设备和特殊材料的施工、检验记录。

11 物料移交清单。

12 设备试运转、机电联调、仪表调校记录。

13 重大问题及其处理纪要、备忘录。

14 安装工程竣工验收单。

本规范用词说明

1 为便于在执行本规范条文时区别对待，对要求严格程度不同的用词说明如下：

1) 表示很严格，非这样做不可的：

正面词采用“必须”，反面词采用“严禁”；

2) 表示严格，在正常情况下均应这样做的：

正面词采用“应”，反面词采用“不应”或“不得”；

3) 表示允许稍有选择，在条件许可时首先应这样做的：

正面词采用“宜”，反面词采用“不宜”；

4) 表示有选择，在一定条件下可以这样做的，采用“可”。

2 条文中指明应按其他有关标准执行的写法为：“应符合……的规定”或“应按……执行”。

引用标准名录

《工业建筑防腐蚀设计规范》GB 50046

《混凝土强度检验评定标准》GB 50107

《工业设备及管道绝热工程施工规范》GB 50126

《石油化工企业设计防火规范》GB 50160

《工业设备及管道绝热工程施工质量验收规范》GB 50185

《混凝土结构工程施工质量验收规范》GB 50204

《钢结构工程施工质量验收规范》GB 50205

《机械设备安装工程施工及验收通用规范》GB 50231

《工业金属管道工程施工规范》GB 50235

《现场设备、工业管道焊接工程施工规范》GB 50236

《工业设备及管道绝热工程设计规范》GB 50264

《风机、压缩机、泵安装工程施工及验收规范》GB 50275

《建筑工程施工质量验收统一标准》GB 50300

《建筑电气工程施工质量验收规范》GB 50303

《设备及管道绝热效果的测试与评价》GB/T 8174

《设备及管道绝热设计导则》GB/T 8175

《涂装前钢材表面锈蚀等级和除锈等级》GB 8923

《工业企业厂界环境噪声排放标准》GB 12348

《液压传动　油液固体颗粒污染等级代号》GB/T 14039

《钢结构防火涂料》GB 14907

《有机热载体炉》GB/T 17410

《压力管道规范　工业管道　第4部分：制作与安装》GB/T 20801.4

《压力管道规范　工业管道　第5部分：检验与试验》GB/T 20801.5

《压力管道规范　工业管道　第6部分：安全防护》GB/T 20801.6

《石油化工控制室和自动分析器室设计规范》SH 3006

《石油化工仪表安装设计规范》SH/T 3104

中华人民共和国国家标准

涤纶、锦纶、丙纶设备工程安装与质量验收规范

GB 50695—2011

条 文 说 明

制 定 说 明

《涤纶、锦纶、丙纶设备工程安装与质量验收规范》GB 50695—2011，经住房和城乡建设部 2011 年 7 月 26 日以第 1077 号公告批准发布。

本规范编制过程中，编制组进行了大量的调查研究，认真总结了多年来涤纶、锦纶、丙纶国产和进口设备工程安装和实际运行经验，广泛征求了纺织、科研、设计、生产企业、大专院校专家学者的意见，对一些重要数据进行了反复推敲和验证。

为便于广大设计、施工、设备制造和使用等单位有关人员在使用本规范时能正确理解和执行条文规定，《涤纶、锦纶、丙纶设备工程安装与质量验收规范》编制组按章、节、条顺序编制了本规范需解释的条文说明，对条文规定的目的、依据以及执行中需注意的有关事项进行了阐述，对强制性条文的强制性理由进行了解释。但是，本条文说明不具备与规范正文同等的法律效力，仅供使用者作为理解和把握规范规定的参考。

目　次

2 基本规定

2.1 一般规定

2.1.1 本条规定的目的旨在加强安装现场的质量管理。现行国家标准《建筑工程施工质量验收统一标准》GB 50300中第3.0.1条规定："施工现场质量管理应有相应的施工技术标准，健全的质量管理体系、施工质量检验制度和综合施工质量水平评定考核制度"。到目前为止，涤纶、锦纶和丙纶安装现场普遍存在不规范现象，需要加强现场质量管理工作。由于设备安装比较复杂，现场质量管理可参照现行国家标准《建筑工程施工质量验收统一标准》GB 50300中附录A的表格格式，由安装单位制订符合实际情况的检查记录表，以便检查记录。

2.1.2 本条规定的目的旨在提出设备安装前后的清洗和吹扫的规定。现行国家标准《机械设备安装工程及验收通用规范》GB 50231中第6.4节规定了液压、润滑管道安装后清洗的技术规定，附录E规定了装配件与管道清洗的技术要求，附录J规定了管道冲洗清洁度等级。设备、管道若不清洗、清洁或吹扫干净，可能会污染所输送的液体或气体，堵塞阀门甚至损坏仪器、仪表。

2.1.3 涤纶、锦纶和丙纶设备的管道较多，且许多管道是在高温高压条件下工作。本条所指的设备管道是在制造厂加工制造完毕，只需现场安装的管道，目的旨在强化已有管道的质量检验。现行国家标准《工业金属管道工程施工规范》GB 50235规定了详细的技术要求，需根据涤纶、锦纶和丙纶设备管道的特点，有针对性地进行检验。

2.1.4 本条规定了施工现场一般容器、管道现场组装焊接应执行的规范。现行国家标准《现场设备、工业管道焊接工程施工规范》GB 50236适用于"碳素钢、合金钢、铝及铝合金、铜及铜合金、工业纯钛、镍及镍合金的手工电弧焊、氩弧焊、二氧化碳气体保护焊、埋弧焊和氧乙炔焊的焊接工程施工及验收。"但不适用于"现场组焊的锅炉、压力容器的焊接工程"。焊接的通用性原则请参考《现场设备、工业管道焊接工程施工规范》GB 50236的第2章"通用规定"；碳素钢及合金钢的焊接应执行第6章"碳素钢及合金钢的焊接"规定；铝质材料的焊接应执行第7章"铝及铝合金的焊接"规定；铜质材料的焊接应执行第8章"铜及铜合金的焊接"规定；焊接工艺及焊接检验应执行第4章"焊接工艺评定"和第11章"焊接检验"的规定。

2.1.6 本条规定了现场制作的压力管道应执行的标准规范。压力管道是承压设备的一部分，之所以单独列为一条，是考虑到涤纶、锦纶和丙纶的压力管道大多需要在现场连接或焊接。这些连接或焊接工程若不认真执行相关标准、规范，泄漏的物质将污染环境，影响正常的生产操作，甚至造成所生产的产品质量不稳定。

1 现行国家标准《压力管道规范 工业管道 第4部分：制作与安装》GB/T 20801.4规定了工业金属压力管道制作和安装的基本要求，对焊接、装配和安装进行了详细的规定，安装施工时需结合实际情况执行相应的规定。

2 现行国家标准《压力管道规范 工业管道 第6部分：安全防护》GB/T 20801.6规定了适用于工艺装置、辅助装置以及界区内公用工程所属的压力管道范围内，压力管道的安全保护装置（安全泄放装置、阻火器）和安全防护的基本要求。

根据现行国家标准《压力管道规范 工业管道 第1部分：总则》GB/T 20801.1的规定，"压力管道"系指最高工作压力大于或等于0.1MPa的气体、液化气体、蒸汽介质或可燃、有毒、有腐蚀性、最高工作温度高于或等于标准沸点的液体介质，且公称直径大于25mm的管道。公称直径小于或等于25mm、最高工作压力低于0.1MPa或真空、不可燃、无毒、无腐蚀性的液体承压管道亦可参照采用GB/T 20801.1～GB/T 20801.6的有关规范，但不属于安全监察范围，且不列入管道分级。涤纶、锦纶、丙纶设备安装施工时可根据管道的性质进行区分，并执行现行国家标准《压力管道规范 工业管道 第6部分：安全防护》GB/T 20801.6相关的防护、安全措施。

3 现行国家标准《压力管道规范 工业管道 第5部分：检验与试验》GB/T 20801.5规定了工业金属压力管道的检验、检查和试验的基本要求，应认真执行。执行过程中如本规范中有相关的检验或试验规定时，因考虑了专业的特殊性，应优先执行本规范的规定。

2.1.7 本条规定的目的是避免在高温过程中螺栓与螺扣或螺母烧结在一起，不利于拆卸。耐高温防烧结油脂一般使用耐高温的二硫化钼。

2.1.10 本条规定的目的是强调合同的优先权。希望订立合同的双方应注意，合同规定的安装与质量验收条件或技术要求，个别指标可以调整，但若低于本规范的规定，虽然双方可以接受，但不利于技术进步和产品的升级换代，不具备市场竞争力。

2.2 设备基础

2.2.1 本条对设备基础地平面作出了规定。

1 本款规定的目的是强调设备基础的重要性。现行国家标准《机械设备安装工程施工及验收通用规范》GB 50231适用于各类机械设备安装工程施工及验收的通用性要求，该规范第2章规定了"施工条件"，第3章规定了"放线、就位和调平"的基本要求，第4章规定了"地脚螺栓、垫铁和灌浆"的技术要求，对机械设备安装的基础作了详细的规定。涤纶、锦纶、丙纶设备大多是大型设备，且处于长年运转状态，设备基础有缺陷将会造成生产困难，严重时将造成设备损坏，既影响生产又影响经济效益，所以设计上对设备基础都有严格的要求。

2 本款规定了混凝土设备基础质量应达到的国家标准，且规定了现行国家标准《机械设备安装工程施工及验收通用规范》GB 50231、《混凝土结构工程施工质量验收规范》GB 50204 和《建筑工程施工质量验收统一标准》GB 50300 配套使用。混凝土设备基础可视为建筑工程的一部分。GB 50204 适用于建筑工程混凝土结构施工质量的验收；GB 50300 适用于建筑工程施工质量的验收，并作为建筑工程各专业工程施工质量验收规范编制的统一准则。三个标准配套使用能更好地保证混凝土设备基础质量。

4 本款规定的目的是限制混凝土养护期内设备就位行为，规定了混凝土强度的评定标准，避免凭人为感觉评定混凝土的强度值。

2.2.3 本条规定的目的是强化钢结构平台制作的规范性，以避免钢结构平台的随意制作可能引发的财产损失。钢结构平台大多承载大型较重或高温下工作的设备，且安装或维修操作过程中人员在设备周围集中，因此钢结构平台的质量决定着财产和人身安全。鉴于涤纶、锦纶、丙纶设备的特性，本条规定了钢平台的制作和质量验收除应符合现行国家标准《钢结构工程施工质量验收规范》GB 50205 的有关规定外，尚应符合本条规定。

涤纶、锦纶、丙纶钢结构平台一般用于支撑设备的基础，也有的厂房主体是钢架结构。现行国家标准《钢结构工程施工质量验收规范》GB 50205 对钢结构的焊接工程、紧固件连接工程、钢零部件加工工程、钢构件组装工程、钢结构涂装工程及钢结构分部工程竣工验收等作了详尽的规定，不仅钢架结构厂房应执行，且与设备支撑平台的制作也是相通的，应根据钢结构平台的设计，执行 GB 50205 的有关规定。

4 本款为强制性条文，必须严格执行。钢平台若不进行防腐蚀，日久将锈蚀，且在工厂环境下锈蚀现象加快；无防火涂料处理时，一旦发生火情，钢结构遇热软化。这些都会造成严重的设备损坏或财产损失。

本款规定了防腐蚀和防火涂料处理的标准、规范，设计、施工、钢结构表面处理和涂料的选择，应按照本款的引用标准进行。

现行国家标准《工业建筑防腐蚀设计规范》GB 50046 第 4.2 节“钢结构”中对强腐蚀、中等腐蚀环境下不应使用格构式钢结构作出了规定，对钢结构杆件截面、截面的最小厚度及焊接等也作出了规定，在钢结构平台制作时应与设计对照执行。

现行国家标准《石油化工企业设计防火规范》GB 50160 第5.6节“钢结构耐火保护”对支撑设备的钢结构耐火保护进行了规定。涤纶、锦纶、丙纶虽然没有石油化工行业的防火要求高，但有相当数量的高温、高压设备，应执行该规范的有关规定。

现行国家标准《涂装前钢材表面锈蚀等级和除锈等级》GB 8923 规定了涂装前钢材表面锈蚀程度和除锈质量的目视评定等级，除锈处理达到相应的等级，可以使涤纶、锦纶、丙纶钢结构平台达到更好的防腐蚀效果。

现行国家标准《钢结构防火涂料》GB 14907 规定了钢结构防火涂料的定义及分类、技术要求、试验方法、检验规则、综合判定准则等内容，适用于建（构）筑物室内外使用的各类钢结构防火涂料。

2.3 地脚螺栓、垫铁与灌浆

2.3.1 现行国家标准《机械设备安装工程施工及验收通用规范》GB 50231 第 4.1 节“地脚螺栓”，详细规定了地脚螺栓施工的技术要求；第 4.3 节“灌浆”，规定了灌浆的技术要求。

2.3.2 本条规定了地脚螺栓安装的允许偏差，使施工人员通过本条即可明了该技术要求。

2.3.3～2.3.5 这三条规定是关于垫铁的，目的是进一步明确垫铁的技术要求，这三条可与现行国家标准《机械设备安装工程施工及验收通用规范》GB 50231 第 4.3 节配合执行。

垫铁结构可参考图 1 设计。

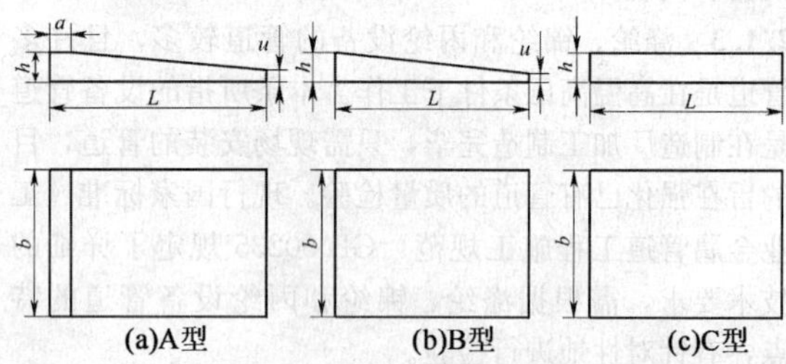

图 1 垫铁结构示意图

垫铁的规格可参考表 1。

表 1 推荐使用的垫铁规格

斜垫铁								平垫铁		
A型				B型				C型		
代号	L (mm)	b (mm)	c (mm)	代号	L (mm)	b (mm)	c (mm)	代号	L (mm)	b (mm)
斜1A	100	50	3～4	斜1B	90	50	3	平1	90	50
斜2A	140	70	4～8	斜2B	120	70	4	平2	120	70
斜3A	180	90	6～12	斜3B	160	90	6	平3	160	90
斜4A	220	110	8～16	斜4B	200	110	8	平4	200	110
斜5A	300	150	10～20	斜5B	280	150	10	平5	280	150
斜6A	400	200	12～24	斜6B	380	200	12	平6	380	200

注：1 厚度 h 可根据实际需要、材质和规格确定，一般宜取 10mm。

2 斜垫铁的斜度宜为 1/10～1/20。

2.5 安全与卫生责任

2.5.3 本条规定安装现场与正在生产的车间在同一建筑物内时，用户应采取的安全隔离措施。安装现场比较复杂，电、气焊、吊装等工程可能会影响生产现场，甚至对生产有潜在的安全危险。可采用砌简易墙或用篷布隔离等措施。一般安装现场和生产现场之间不留通道，现场条件实在不允许时，通道可留在不影响生产运转的车间两端。

2.5.7 特种岗位作业必须执行相关规定，不然会危害生命安全或造成财产损失。

2.5.8 本条为强制性条文，必须严格执行。其目的是加强易燃易爆和危险化学物品管理，防止发生安全事故。

3 前纺设备工程安装

3.1 熔 体 管 道

3.1.5 熔体管道是承压型管道，主要以焊接的方式连接。本条规定的目的是强化焊接后的检验与试验。引用现行国家标准《压力管道规范 工业管道 第5部分：检验与试验》GB/T 20801.5 的重点在于焊缝检验与管道试验。GB/T 20801.5 第6章“检查范围”规定的压力管道等级与涤纶、锦纶、丙纶的熔体管道的技术要求不一定相符，可参考执行；GB/T 20801.5 第9章“试验”章节中对“压力试验”、“泄漏试验”和“真空度试验”作出了较详细的规定。

3.2 熔体增压泵、冷却器

3.2.1 熔体增压泵是直纺熔体输送的重要装置，本条引用现行行业标准 SH 3514 标准的意图是促进熔体增压泵的安装水平达到石油化工泵类的安装水平。SH 3514 第18章“泵类设备安装工程”对泵类设备的安装与检验规定了具体内容，可结合具体情况，选择最接近于实际的内容执行。

3.12 螺杆挤压机

3.12.3 表 3.12.3 螺杆挤压机安装允许偏差是根据常用螺杆挤压机安装经验值给出的，其目的是规范螺杆挤压机安装的技术规范，直径较大的螺杆挤压机可根据实际情况调整。机座横向、纵向水平度及螺杆挤压机中心高度定义如下：

机座纵向水平度：与螺杆轴向平行的机座长度方向的水平度。

机座横向水平度：与螺杆轴向垂直的机座宽度方向的水平度。

螺杆挤压机中心高度：减速机侧的螺杆圆周中心与安装平台（地面）的垂直距离。

3.12.9 螺杆挤压机的螺杆只支撑在减速箱的一端，相当于悬臂梁。螺杆与螺套的间隙很小，悬臂一端由于自重，在没有支撑或润滑的状态下旋转，螺杆与螺套可能会发生剐蹭，造成螺杆或螺套损坏。本条规定的目的是限制螺杆在无料状态下的通电旋转，以避免设备的损坏。无料状态是指切片纺丝时，没有切片进入螺杆挤压机内的状态。切片进入螺杆挤压机后，切片被熔融，熔体可以起到润滑和支撑的作用。

3.16 热媒加热系统

3.16.1 本条规定的目的是强化热媒蒸发器的安装，引用了两个标准。现行国家标准《有机热载体炉》GB/T 17410 是关于有机热载体供热设备安全技术规定及检验，适用于固定式有机热载体气相炉和有机热载体液相炉，但本规范的热媒蒸发器与《有机热载体炉》GB/T 17410 的气相炉和液相炉有些不同。引用的目的是参考《有机热载体炉》GB/T 17410 第5章第5.3节“制造”的有关内容，具体的应符合技术说明书要求。

3.16.2 本条规定的目的是强调安装焊接用的管材及配件应符合的规定或规格，禁止不按设计规定滥用材料的现象，同时引用了焊接及质量应符合的现行国家标准。热媒管道现场焊接，需执行现行国家标准《压力管道规范 工业管道 第4部分：制作与安装》GB/T 20801.4 和《现场设备、工业管道焊接工程施工规范》GB 50236 关于现场焊接的有关规定。

3.16.6 本条为强制性条文，必须严格执行。本条规定的目的是防止热媒系统故障处理不当引发火灾或热媒泄漏，污染环境或危害人身安全。热媒加热一般分液态循环和汽态循环两种形式，但都在高温、一定压力下循环工作。许多安装现场实际发生的事例表明，系统虽经过耐压或抽真空试验，但热媒循环后泄漏现象仍有发生，修复泄漏点时应先降温降压，停止系统的热媒循环且检查处于安全状态后，再实施堵漏等工作。

涤纶、锦纶、丙纶的纺丝温度、加热方式不同，对热媒的要求也不同，热媒的选择是由设计决定的。例如，涤纶长丝一般用汽相加热，常用热媒为联苯-联苯醚混合物，是一种合成芳烃。通过加热炉加热器将该液态混合物蒸发成汽态，由汽态加热高聚物熔体，然后汽态转换成液态返回加热炉再加热蒸发，形成循环过程。循环时，管道内充满联苯-联苯醚混合物蒸汽，且有 0.1MPa 左右的压力。此时对泄漏点电焊处理，局部过热，蒸汽膨胀，不慎的话会造成漏洞扩大，甚至管道变形炸裂，使联苯-联苯醚大量喷出，污染环境，严重时伤及人身。

联苯-联苯醚混合物属低毒性易燃化学物质，遇明火、高热或与氧化剂接触，有引起燃烧的危险。易侵蚀神经系统和消化系统，急性中毒时，引起头晕、头痛、眩晕、嗜睡、恶心、呕吐等不良现象，高浓度接触时，对呼吸道和眼睛有明显的刺激作用，可导致过敏性或接触性皮炎。燃烧分解的产物主要有一氧化碳、二氧化碳及未知成分的黑色烟雾。

热媒一旦大量泄漏，应采取紧急措施。首先必须切断电源或火源，疏散无关人员。应急处理人员戴自给式呼吸器（没条件时至少应戴口罩），戴防化学品手套，戴化学安全防护镜等防护用品，不要直接接触泄漏物。发现火苗时可采用二氧化碳、干粉或砂土等灭火。泄漏物的收集物需经无害处理后再废弃。

皮肤接触泄漏物后，应脱去被污染的衣着，用肥皂水及清水彻底冲洗。眼睛接触或误吸、误食泄漏物时，应立即脱离现场，在空气新鲜的场所用流动清水冲洗、漱口，必要时迅速送医院就医。

3.27 卷 绕 头

3.27.7 本条为强制性条文，必须严格执行。本条规定的目的是避免关键装置卷绕头启动不当发生损坏。卷绕头一般有油脂润滑和油雾润滑两种形式。油雾润滑需配备油雾发生器，通过油雾发生器将油与空气混合后送到轴承部位润滑轴承。如油雾发生器启动时间过短，送到轴承的润滑油油量就少，润滑作用差。此时通电旋转卷绕头，相当于无润滑或润滑不良状态旋转，易使轴承损坏。轴承损坏后卷绕头将不能运转，同时轴承损坏也易引发安全事故。

5 电气设施工程安装

5.1 电气设施及配线敷设

5.1.1、5.1.2 这两条规定了涤纶、锦纶、丙纶设备配套的电气设备如配电柜、控制柜及其配套设施等的安装规范。引用现行国家标准《建筑电气工程施工质量验收规范》GB 50303 与之相关的主要内容有：第 3 章“基本规定”，第 6 章“成套配电柜、控制柜（屏、台）和动力、照明配电箱（盘）安装”，第 12 章“电缆桥架安装和桥架内电缆敷设”，第 13 章“电缆沟内和电缆竖井内电缆敷设”，第 14 章“电线导管、电缆导管和线槽敷设”，第 15 章“电线、电缆穿管和线槽敷线”，第 18 章“电缆头制作、接线和线路绝缘测试”。如安装工程需要，其他章节的内容也可执行电缆桥架的相关内容，如与本规范第 5.1.2 条的规定不一致时，应优先执行本规范的规定。

5.3 接地与接地线

5.3.4 涤纶、锦纶和丙纶电气设备很多，接地、接零的可靠性直接影响设备的正常运转。本条引用了现行国家标准《建筑电气工程施工质量验收规范》GB 50303 的相关规定，强化了接地、接零的规范性。这里“接地”意味“保护接地［protective ground（or：protective earth）］”；“接零”意味“保护接零（protective connect to neutral）”。GB 50303 第 3.1.7 条规定“接地（PE）或接零（PEN）支线必须单独与接地（PE）或接零（PEN）干线相连接，不得串联连接。”

6 仪表工程安装

6.0.2 本条规定了仪表配管的安装规范。执行现行国家标准《压力管道规范　工业管道　第 4 部分：制作与安装》GB/T 20801.4 有关规定实施配管安装时，应与仪表使用说明书的要求相一致。

6.0.4 本条规定的目的是强化控制室内仪表安装的规范。现行行业标准《石油化工控制室和自动分析器室设计规范》SH 3006 第 2 章“分散型控制系统中央控制室”，第 3 章“常规仪表控制室”对控制室内仪表的安装提出了相应规定。

6.0.5 本条规定的目的是强化现场仪表的安装质量。现行行业标准《石油化工仪表安装设计规范》SH/T 3104 适用于石油化工企业自动控制工程的仪表安装设计。温度测量仪表、压力测量仪表、流量测量仪表、物料测量仪表、调节阀等都是涤纶、锦纶、丙纶设备配置的常用仪表，执行《石油化工仪表安装设计规范》SH/T 3104 可以保证现场仪表安装的规范性。当 SH/T 3104 的规定与本规范第 6.0.5 条的规定不一致时，应优先符合本规范的相关规定。

7 计算机控制系统

7.0.2 本条规定的目的是引用现行行业标准《石油化工控制室和自动分析器室设计规范》SH 3006 分散型控制室设计规范和安装要求。

9 保 温 工 程

9.0.1 本条规定是引用现行国家标准《设备及管道绝热设计导则》GB/T 8175 绝热设计导则的有关规定，对散热设备、管道进行保温隔热处理，以符合节能降耗的要求。

9.0.2 本条规定目的是强化保温工程的规范性。当现行国家标准《工业设备及管道绝热工程设计规范》GB 50264 的有关规定与本规范第 9.0.2 条的规定不一致时，应执行本规范的规定。

2 本款为强制性条款，必须严格执行，规定的目的是节能降耗，降低用户长期运转的成本。

4 本款为强制性条款，必须严格执行，规定的目的是强调选择的保温材料应在 350℃高温下持续使用的重要性，以防止不合格或不适用的保温材料使用在保温隔热工程中。

5 本款为强制性条款，必须严格执行，规定的目的是强化保温效果。这里环境温度定义为：与测试点在同一水平面且距测试点 1m 处的温度，同时，环境温度的测试点与散热设备之间无任何隔离物，也无其他散热设备或冷却装置的影响。

9.0.3 本条规定的目的是引用现行国家标准《工业设备及管道绝热工程施工规范》GB 50126 有关规定，对保温工程的施工与验收进行规范。《工业设备及管道绝热工程施工规范》GB 50126 的有关规定与本规范第 9.0.3 条的规定不一致时，请执行本规范的规定。

9.0.4 本条规定的目的是强调保温工程质量应符合的标准规范。

9.0.5 本条规定的目的是强调保温效果测试与评价应符合的标准规范，通过标准化的定性、定量评价，检查保温工程节能减排的效果。

中华人民共和国国家标准

钢铁企业冶金设备基础设计规范

Code for design of metallurgical equipment foundation in iron and steel enterprises

GB 50696—2011

主编部门：中　国　冶　金　建　设　协　会
批准部门：中华人民共和国住房和城乡建设部
施行日期：2　0　1　2　年　5　月　1　日

中华人民共和国住房和城乡建设部
公　　告

第1031号

关于发布国家标准《钢铁企业冶金设备基础设计规范》的公告

现批准《钢铁企业冶金设备基础设计规范》为国家标准，编号为GB 50696—2011，自2012年5月1日起实施。其中，第3.3.15、6.4.3、6.4.4、7.4.3条为强制性条文，必须严格执行。

本规范由我部标准定额研究所组织中国计划出版社出版发行。

中华人民共和国住房和城乡建设部

二〇一一年五月十二日

前　　言

本规范是根据原建设部《关于印发〈2006年工程建设标准规范制订、修订计划（第二批）〉的通知》（建标〔2006〕136号）的要求，由中冶赛迪工程技术股份有限公司会同有关单位共同编制完成的。

本规范在编制过程中，规范编制组开展了多项专题研究和必要的试验验证，进行了调查分析，总结了多年来我国钢铁企业冶金设备基础设计、施工和生产使用的实践经验，吸取了近年来的科研成果，与相关的标准规范进行了协调。在此基础上以多种方式广泛征求了有关单位意见，对重点章节进行了反复修改，最后经审查定稿。

本规范共分10章和5个附录，主要技术内容有：总则、术语和符号、基本规定、高炉基础、热风炉基础、转炉基础、电炉基础、连铸机基础、加热炉及热处理炉基础、轧钢设备基础。

本规范中以黑体字标志的条文为强制性条文，必须严格执行。

本规范由住房和城乡建设部负责管理和对强制性条文的解释，中国冶金建设协会负责日常管理，中冶赛迪工程技术股份有限公司负责具体技术内容的解释。在执行过程中，请各单位结合工程实践，认真总结经验，并将意见和建议寄至中冶赛迪工程技术股份有限公司国家标准《钢铁企业冶金设备基础设计规范》管理组（地址：重庆市渝中区双钢路1号，邮政编码：400013，传真：023-63548888），以便今后修订时参考。

本规范主编单位、参编单位、主要起草人和主要审查人：

主编单位：中冶赛迪工程技术股份有限公司

参编单位：中冶南方工程技术有限公司
中冶京诚工程技术有限公司
中冶集团建筑研究总院
中冶东方工程技术有限公司
二重集团（德阳）重型装备有限责任公司
西安建筑科技大学
宝山钢铁股份有限公司
上海宝冶建设有限公司
中国第二十冶金建设公司
武汉钢铁集团股份有限公司
北京纽维逊建筑工程技术有限公司
慧鱼（太仓）建筑锚栓有限公司

主要起草人：董奇石　胡朝晖　薛尚铃　王万里
张玉明　蒙　瑜　肖启华　李书本
杨文琦　朱丹蒙　沈仲安　高　顺
梁义聪　邵鞠民　高艳平　韩晓雷
傅征耀　王怀忠　杨　军　袁彦红
屈海峰　向骏华　管立平　潘　晋

主要审查人：穆海生　郭启蛟　张长信　王创时
杨晓阳　柳建国　郝素英　王　平
朱德林

目 次

Contents

1 总 则

1.0.1 为在钢铁企业冶金设备基础设计中贯彻执行国家的技术经济政策，做到安全适用、技术先进、经济合理、确保质量、保护环境，制定本规范。

1.0.2 本规范适用于钢铁企业炼铁、炼钢和轧钢设备基础设计。

1.0.3 钢铁企业冶金设备基础的设计除应执行本规范的规定外，尚应符合国家现行的有关标准的规定。

2 术语和符号

2.1 术 语

2.1.1 冶金设备 metallurgy equipment

用于钢铁企业炼铁、炼钢及轧钢的工艺设备或机器。

2.1.2 设备基础 equipment basement，equipment foun dation

支承设备或机器，将其各种作用传递至地基上并满足设备或机器安装、生产操作和维修要求的结构物。

2.1.3 设备基组 equipment foundation set

设备基础、基础上的设备和机器、附属设备和基础上的填土等的总称。

2.1.4 地基变形允许值 allowable value of subsoil deformation

为保证设备基础正常使用和基础上的设备正常生产运行而确定的地基变形控制值。

2.1.5 大块式设备基础 massive equipment foundation

采用混凝土或钢筋混凝土大块实体构成的设备基础。

2.1.6 墙式设备基础 wall-type equipment foundation

采用钢筋混凝土墙体作为主要支承结构的设备基础。

2.1.7 框架式设备基础 frame-type equipment foundation

采用钢筋混凝土框架结构的设备基础。

2.1.8 筏板式设备基础 raft-type equipment foundation

采用钢筋混凝土筏式底板的设备基础。

2.1.9 坑式设备基础 pit-type equipment foundation

具有钢筋混凝土底板和外围挡土壁形似地坑的设备基础。

2.1.10 箱体设备基础 box-type equipment foundation

由钢筋混凝土筏式底板、板式或梁板式顶板、挡土侧墙及必要的纵、横内隔墙和支柱在设备基础内部或外围构成所需的地下空间、形似箱体的基础。

2.1.11 连续箱体设备基础 great box-type equipment foundation

为满足轧钢车间连续生产线设备对地下空间需求和地基变形的要求，将在线设备基础、地下室及管线通廊等地下结构连接在一起，具有整体筏式底板，挡土侧墙，顶板及必要的纵、横内隔墙和支柱，且不设永久变形缝的联合基础。

2.1.12 地脚螺栓 anchor bolt

埋设在设备基础中用于固定设备或机器的锚栓。

2.1.13 死螺栓 dead bolt

在使用期间不可更换的地脚螺栓。

2.1.14 活螺栓 renewable bolt

在使用期间可更换的地脚螺栓。

2.1.15 大体积混凝土 mass concrete

混凝土结构实体最小几何尺寸不小于 1m 的大体量混凝土，或预计会因混凝土中胶凝材料水化引起的温度变化和收缩而导致有害裂缝产生的混凝土。

2.1.16 后浇带 late poured band

现浇超长整体式钢筋混凝土结构中，仅在施工期间设置并保留一定时间后浇筑的临时性带状变形缝。

2.1.17 跳仓法 sequence construction method

结合施工分块，将超长整体式钢筋混凝土结构按一定长度间隔交替划分为跳仓块和封仓块，先施工跳仓块，相隔一定时间后施工封仓块形成整体结构的施工方法。

2.1.18 当量荷载 equivalent load

为便于分析而采用的与作用于原振动系统的动力作用效应相当的静荷载。

2.2 符 号

2.2.1 作用和作用效应

G——永久荷载；

Q——可变荷载；

N——轴向力设计值；

M——弯矩设计值；

p_k——相应于荷载效应标准组合时，基础底面处的平均压力值；

p_{kmax}、p_{kmin}——相应于荷载效应标准组合时，基础底面边缘的最大、最小压力值；

Q_k——相应于荷载效应标准组合时，桩基中单桩所受竖向力；

H_k——相应于荷载效应标准组合时，作用于单桩的水平力；

s——沉降量，两基础间的净距。

2.2.2 计算指标

E_s——土的压缩模量；

f_{ak}——地基承载力特征值；

f_a——修正后的地基承载力特征值；

R_a——单桩竖向承载力特征值；

R_{Ha}——单桩水平承载力特征值；

φ——基坑边坡角度。

2.2.3 几何参数

b——基础底面宽度（最小边长），或力矩作用方向的基础底面边长；

H——最大作用水头高度；

h——混凝土壁、板厚度，两基础基底标高差；

h_0——截面有效高度；

d——螺栓直径，钢筋直径。

3 基本规定

3.1 一般规定

3.1.1 冶金设备基础设计时，应依据下列设计资料：

1 车间或生产线的工艺设备布置图，包括设备名称、各设备间关系尺寸及主要设备中心线与车间控制轴线的关系尺寸。

2 设备基础轮廓图，包括平面图和剖面图。图中应注明详细尺寸和标高、坑、沟、洞、设备安装维修通道、安全通道及走梯的位置和尺寸、设备底座外轮廓图以及二次浇灌层的范围和厚度。

3 设备地脚螺栓布置图及设备地脚螺栓表，包括螺栓的形式、直径和长度、各部分尺寸和螺帽数量、埋设位置和标高以及所属设备名称。

4 预埋件布置图，包括预埋件的形状、尺寸，埋设位置和标高，荷载（垂直力、水平力和力矩）及作用点位置和作用方向。

5 设备自重及其重心位置和标高，设备各种工况时的动荷载（力、力矩）及作用点位置、标高和作用方向。

6 物料自重，物料在生产、运动过程中的冲击动荷载。

7 支承在设备基础上的操作平台或地坪的自重、操作和检修活荷载、积灰荷载和其他荷载。

8 基础表面受热温度，耐热、隔热，烘烤、溅渣、铁钢水跑漏防护措施，介质腐蚀及防护，振动及隔振，基础沉降及倾斜控制等要求。

9 与设备基础联合的地下室的布置、尺寸、标高及相关设计资料。

10 与设备基础联合的厂房基础的荷载及相关设计资料。

11 与设备基础有相互影响的邻近厂房基础、地下构筑物和地下管线的布置、标高，与设备基础的关系尺寸及相关设计资料。

12 岩土工程勘察资料。

3.1.2 冶金设备基础在规定的设计使用年限内，应满足下列功能要求：

1 在正常施工和正常使用时，能承受可能出现的各种作用。

2 在正常使用时，具有良好的工作性能。

3 在正常维护下，具有足够的耐久性能。

4 在本规范规定的偶然事件发生时和发生后，基础的主要承重结构和地基不应丧失承载能力。

3.1.3 冶金设备基础的安全等级宜与所属车间的厂房建筑结构的安全等级相同，且不应低于现行国家标准《建筑结构可靠度设计统一标准》GB 50068 规定中的二级。按承载能力极限状态进行设计时，结构重要性系数 γ_0 不应小于 1.0。

3.1.4 新建冶金设备基础设计使用年限应为 50 年。

3.1.5 冶金设备基础的抗震设计除应符合本规范的相关规定外，尚应符合现行国家标准《构筑物抗震设计规范》GB 50191 的有关规定。

3.2 地基方案

3.2.1 冶金设备基础的地基方案应依据下列因素确定：

1 基础类别和形式。

2 荷载和作用的性质和大小。

3 工程场地和地基的复杂程度、地层分布和岩土的工程特性、地下水的分布和特征。

4 邻近地面堆载的影响，与邻近建（构）筑物及其基础、地下结构物、地下管线的相互影响。

5 地基承载能力应满足设计要求。

6 地基变形应满足正常生产要求。

3.2.2 当工程地质条件较简单，地层分布较均匀且地基的承载能力及变形能满足设计要求时，冶金设备基础宜采用天然地基方案。冶金设备基础不得直接坐在未经处理的欠固结土、液化土（抗震设防地区）及扰动土层上。当地基受力层范围内存在软弱下卧层时，应按现行国家标准《建筑地基基础设计规范》GB 50007 的规定对其进行承载能力及变形验算。当不满足规范要求时，应进行地基处理或采用桩基。

3.2.3 同一机组的设备基础宜坐落在同类土层或性状相近的土层上；当采用桩基时，宜选择同类岩土层作为桩端持力层；对以减小差异沉降和基础内力为目标的按变刚度调平设计的桩基，应符合现行行业标准《建筑桩基技术规范》JGJ 94 的有关规定。

3.2.4 同一连续生产线设备基础宜采用相同的地基方案。采用天然地基的同一生产线设备基础范围内存在局部软弱下卧层、局部软弱土层或基岩出露时，可采取局部处理措施，但地基的变形应满足生产工艺、设备和结构的要求。

3.2.5 对基底位于地下水位以下的坑式或箱体式设备基础及地下室等构筑物，当其抗浮验算不能满足要求时，除可考虑增加基础及结构自重或增加基础上填土压重外，可采用抗拔桩或抗浮锚杆。

3.2.6 冶金设备基础建造在边坡坡顶时，坡体的稳定性应符合现行国家标准《建筑地基基础设计规范》GB 50007 的有关规定。当为复杂边坡时，应对坡体的稳定性进行专题评价，地基方案应经充分论证后方可实施。

3.3 基础形式和构造

3.3.1 冶金设备基础的选型应符合下列规定：

1 基础形式应满足生产工艺和设备要求，便于生产操作、设备安装、维护和检修。

2 基础形式应简单、规则，结构合理，受力明确，具有足够的刚度，并避免或尽可能减少刚度的突变。

3 确定基础形式时，应充分考虑工程地质、水文地质、环境和施工条件。

3.3.2 冶金设备基础的形式可根据不同车间、不同设备类型、工艺设备布置和生产操作对空间的需求以及基础受荷的特点，分别采用大块式、墙式、墩式、框架式、筏板式、坑式、箱体式，也可采用将上述形式中的两种或多种相组合的形式。

3.3.3 同一设备机组以及直接影响该设备正常运转的相关设备和台架，宜设在同一整体基础上，当不设在同一整体基础上时，各基础间的沉降差必须满足设备正常运转时所允许的限值。

3.3.4 同一连续生产线设备基础包括各设备机组基础及与设备基础毗连的地下室等地下结构，宜采用连续箱体式、筏板式等形式的联合整体基础。

3.3.5 技术改造工程中为缩短冶金设备基础的施工工期，当有成熟经验且条件许可时，可采用装配整体式或部分装配整体式基础。

3.3.6 基础的埋置深度应根据设备类型、地脚螺栓埋置深度、工艺设备对地下空间的需求、管线沟道的埋深、毗连地下室的地坪标高、相邻基础和地下构筑物的埋深、基础的形式和构造、地基和环境条件以及作用在地基上的荷载大小和性质综合确定。在满足地基稳定和变形要求的前提下，基础宜浅埋。高耸设备的基础埋置深度应满足地基承载力、变形和稳定性要求；当为岩质地基时，基础埋深应满足抗滑要求。在季节性冻土地区，基础埋深应考虑地基土冻胀和融陷的影响。

3.3.7 设备基础中各专业管线沟道的走向及布置应合理集中，减少交叉重叠，同一基础的基底标高应减少变化。

3.3.8 基础各部位构造尺寸应符合下列规定：

1 基础垫层厚度不宜小于100mm，宽出基础尺寸不宜小于100mm；对于软弱土层中的防水混凝土结构底板，其混凝土垫层的厚度不应小于150mm。

2 设备底座边缘至基础边缘距离不宜小于100mm。

3 地脚螺栓布置尺寸及埋置深度应符合本规范第3.5节的规定。

4 基础内部单独设置的检修人员通道净宽不宜小于800mm，净高不宜小于2000mm；通过机械设备部件的预留孔尺寸，应考虑检修人员的操作要求。

5 基础内部检修人员使用的梯子尺寸：当为斜梯时，宽度不应小于800mm，钢斜梯坡角宜采用45°，混凝土梯坡角宜采用30°；当为直梯时，洞口尺寸宜为800mm×800mm，直梯宽度不宜小于400mm；直梯高度大于3m时宜设置安全护笼。

6 管线沟道底板厚度不宜小于200mm，沟道壁厚为单面配筋时不宜小于150mm，双面配筋时不宜小于200mm。

7 地下室、筏板式基础、箱体式基础和坑式基础各部位尺寸应符合下列规定：

1）底板厚度不宜小于基础深度的1/10，且不宜小于柱距的1/8。

2）外墙厚度不宜小于墙高的1/10，可随深度变截面。

3）内墙厚度宜取墙高的1/20～1/16，且不应小于200mm。

4）梁板式顶板的厚度不宜小于200mm。

5）柱距宜取5m～8m。

6）柱截面边长不宜小于柱高的1/16，且不宜小于400mm。

3.3.9 设备基础与毗邻基础的布置应符合下列规定：

1 当较大设备基础近旁设有埋深较浅的较小设备基础时，宜在较大设备基础上悬挑小设备基础（图3.3.9-1）。当不宜悬挑时，可在小基础下的基坑中填充垫层混凝土（图3.3.9-2）。

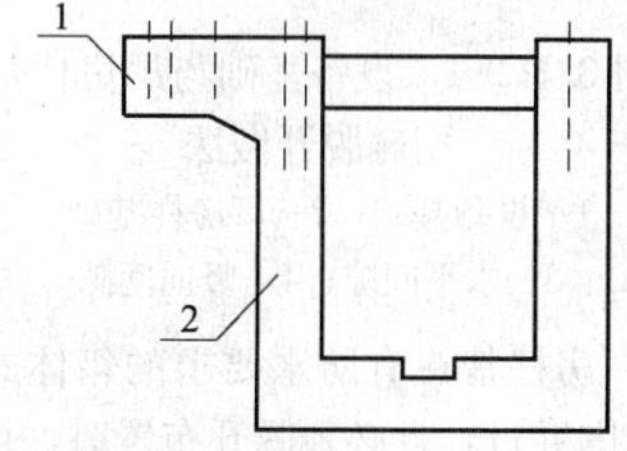

图 3.3.9-1 大基础悬挑出小基础

1—小设备基础；2—较大设备基础

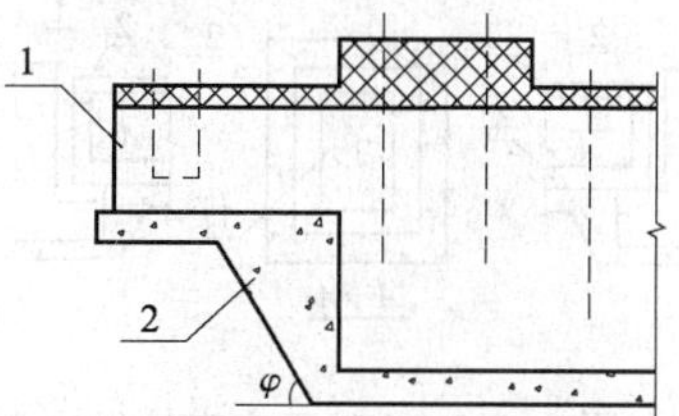

图 3.3.9-2 小基础下填充垫层混凝土

1—小设备基础；2—混凝土垫层；

φ—基坑边坡角度

2 当土质地基上的设备基础邻近厂房柱基且底面标高与柱基不一致时（图3.3.9-3），两基础间应根据地基的性状和荷载的大小留有足够的距离，基础间的净距 s 可取两基础底标高差 h 的1倍～2倍。当不

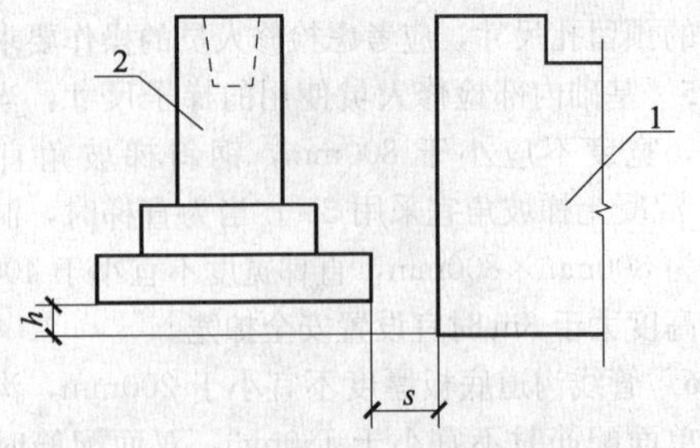

图 3.3.9-3　基础间距的控制尺寸

1—设备基础；2—厂房柱基础

能满足上述要求时，可加厚浅基础下的垫层至深基础的底面标高处；当两基础基底高差较大时，施工时应采取可靠的基坑支护措施，并应考虑浅基础荷载对深基础的影响。

3　当设备基础与厂房柱基相碰时，可采用联合筏板式基础。当必须脱开布置时，可将设备基础的相碰部分去除，局部悬挑，与厂房柱基的水平间隙不宜小于30mm，竖向间隙应满足两基础间的沉降差要求（图3.3.9-4）。

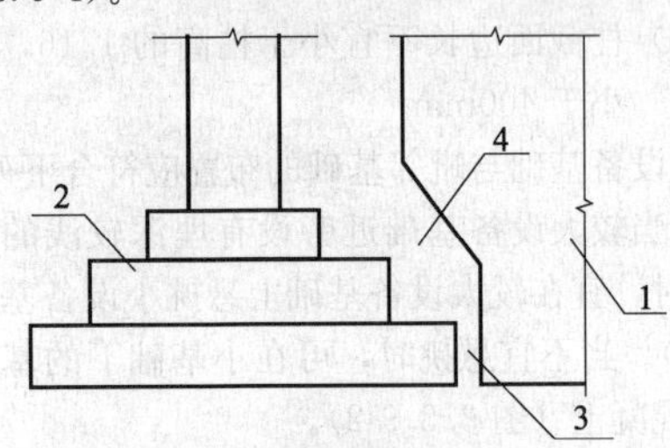

图 3.3.9-4　设备基础与厂房柱基相碰脱开做法

1—设备基础；2—厂房柱基础；3—水平间隙；4—竖向间隙

4　当厂房柱基在有防水要求的箱体式设备基础或地下室范围穿过，且必须脱开布置时，可沿柱基短柱周圈设置围合套柱，套柱与厂房柱基短柱的水平间隙不宜小于50mm（图3.3.9-5）。

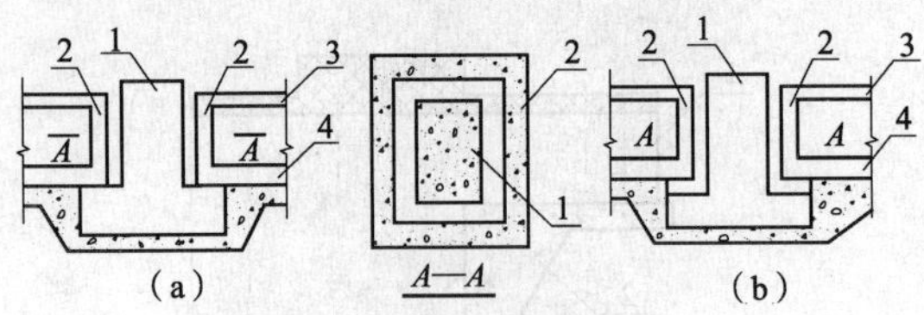

图 3.3.9-5　地下室套柱做法

1—厂房柱基础；2—套柱；3—地下室或箱体式设备基础顶板；4—地下室或箱体式设备基础底板

3.3.10　冶金设备基础、地下室和电缆隧道、管廊的布置及防火设计应符合现行国家标准《钢铁冶金企业设计防火规范》GB 50414的有关规定。

3.3.11　底面位于设计地下水位以下，具有防水要求的坑式、箱体式冶金设备基础和地下室、电缆隧道及管廊等地下构筑物，其防水构造、施工和渗漏水的治理应符合现行国家标准《地下工程防水技术规范》GB 50108的有关规定，但各类设备基础和地下构筑物适用的防水分区和防水方案应按下列规定确定：

1　应采用防水混凝土结构自防水为主，并应对施工缝、伸缩缝及穿管线节点采取可靠的防水构造。当防水要求较高时，可根据具体情况增设外涂防水涂料或外贴卷材防水。对于防水要求特别严格的特殊设备基础可采用金属防水层。

2　当采用防水混凝土结构自防水时，应设置内排水小沟和集水井等辅助设施。

3　位于山区场地的防水要求较高的地下构筑物，当地下水为上层滞水，且具有自流排水条件时，尚可考虑增设外渗排水或盲沟排水系统。

4　各类冶金设备基础及地下构筑物的防水分区和防水方案应按本规范附录C的规定确定。

5　防水混凝土的抗渗等级应按本规范第3.4.1条的规定确定。

3.3.12　伸缩缝的设置应符合下列规定：

1　伸缩缝的设置应与设备及其布置相配合，不得影响机组的正常运转和生产线的正常生产。

2　伸缩缝的最大间距可按表3.3.12采用。

表 3.3.12　伸缩缝最大间距

基础形式	伸缩缝最大间距（m）
大块式基础	50
框架式基础	55
筏板式基础、箱体式基础	40
地下单独电缆隧道、管廊和地沟	30

3　传动轴为直接传动或刚性连接的设备基础应采用整体基础，不得设置伸缩缝；筏板式基础、连续箱体式基础为满足工艺、设备布置和正常生产要求，可不设置伸缩缝。

4　不设置伸缩缝的超长及超宽基础，应设置后浇带分段施工；当有施工经验并采取可靠措施时，也可采用跳仓法分段施工（图3.3.12）。后浇带的间距可同伸缩缝间距。跳仓法施工的分块长度宜取20m～30m，不宜大于40m；底板的分块长度可适当加长，但不宜大于50m。

5　高架式生产线设备基础或平台框架设置双柱伸缩缝时，其双柱基础可采用整体基础，不设变

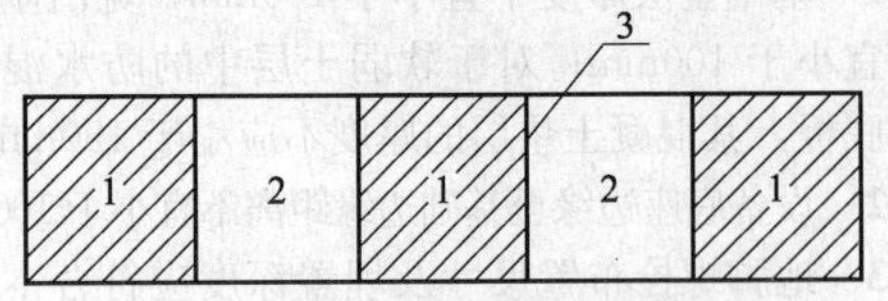

图 3.3.12　跳仓法的分块示意

1—先浇筑的跳仓段；2—后浇筑的封仓段；3—施工缝

形缝。

6 在设备基础、设备机组基础、连续箱体式基础或地下室的外壁引出地下隧道或管廊时，宜在隧道或管廊距基础外表面不小于300mm处设置伸缩缝或后浇带。设置伸缩缝时，应考虑基础与隧道或通廊之间产生差异沉降的不利影响，并采取相应的防止措施。

7 伸缩缝的缝宽宜取20mm～30mm。有防水要求的地下构筑物的伸缩缝应埋设止水带，当顶板上有渗水可能时，顶板的伸缩缝亦应埋设止水带并与外壁、底板的止水带形成封闭环带。当环境温度为常温时，可采用橡胶止水带；当环境温度高于50℃时，可采用金属止水带。埋设止水带的伸缩缝处，结构厚度不应小于300mm。

3.3.13 管线穿出基础或地下室时，应采取柔性接口、设置保护套管等有效措施，防止因不均匀沉降而损坏管线；当有防水要求时，接口构造尚应符合现行国家标准《地下工程防水技术规范》GB 50108的相关规定。

3.3.14 地坑、无盖板的吊装孔及平台等周边应设置防护栏杆。防护栏杆应符合现行国家标准《固定式钢梯及平台安全要求 第3部分：工业防护栏杆及钢平台》GB 4053.3的有关规定。

3.3.15 直接承受溅渣、热烘烤、设备和物料冲击或受酸、碱、油等侵蚀的设备基础应采取相应的防护措施；有可能直接接触跑漏铁钢水或熔渣的基础和地坪应设置防护层，并应采取防止积水的措施。

3.3.16 基底位于完整或较完整岩质地基上的大型设备基础，应考虑基岩对基础收缩的阻滞约束作用。必要时，宜在基础适当范围的基底与基岩间设置隔离层；并在阻碍变形的基底台阶及平面突变受阻侧设置防阻层（图3.3.16-1和图3.3.16-2）。

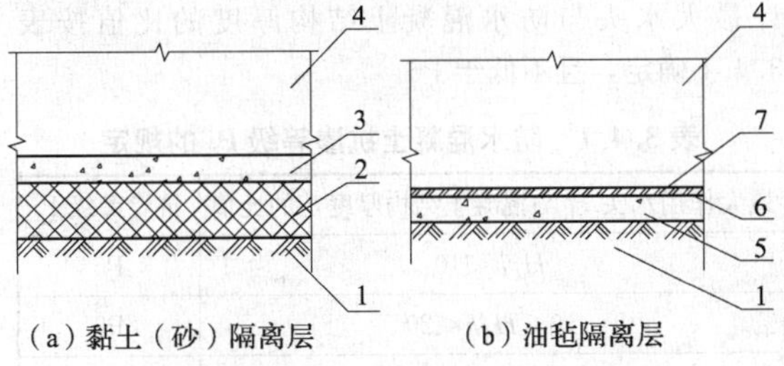

图3.3.16-1 岩石地基的基底防阻措施

1—岩石地基；2—夯实黏土或砂垫层；3—混凝土垫层；4—设备基础；5—混凝土找平层；6—沥青层；7—油毡隔离层

3.3.17 工艺、设备对基础沉降和倾斜有控制要求，且坐在非岩质地基上的设备基础应设置沉降观测点，并提出观测要求。沉降观测点的设置和观测应符合本规范附录E的规定。

3.3.18 冶金设备基础的配筋应符合各章中的相关规定，对相关章节中未作规定者，应符合下列规定：

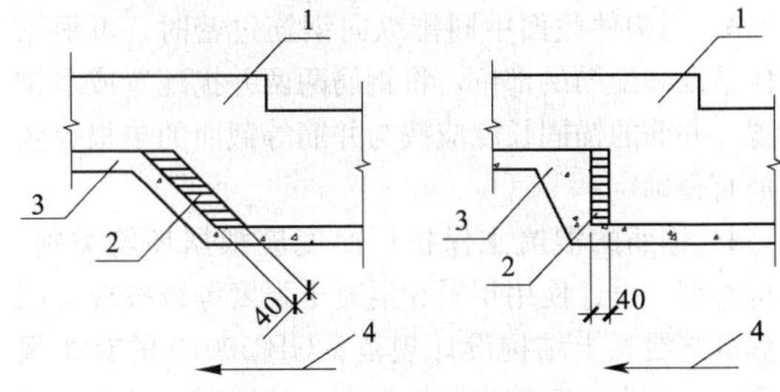

图3.3.16-2 台阶受阻侧面防阻措施

1—设备基础；2—浸沥青木丝板或聚乙烯泡沫板；3—混凝土垫层；4—收缩方向

1 冶金设备基础的结构构件按计算确定的纵向受力钢筋的配筋百分率不应小于现行国家标准《混凝土结构设计规范》GB 50010—2010第8.5.1条规定的最小配筋百分率。但下列情况的最小配筋率可适当降低：

1）卧置于地基上的板中的受拉钢筋最小配筋率可取0.15%。

2）对受弯的基础底板和大偏心受压墩墙，因布置或抗浮等要求，致使截面厚度远大于承载的需求时，如有充分依据，其受拉钢筋的最小配筋率可随实际承受的内力与截面极限承载力的比值而变化。

2 大块式设备基础及设备基础中墙的侧面水平钢筋和底板顶面、底面钢筋当按构造配置时，不应低于表3.3.18-1和表3.3.18-2的规定。对大体积混凝土，在相同配筋量的前提下，宜选择较小的钢筋直径，相应加密钢筋间距。

表3.3.18-1 大块式设备基础的构造配筋

配筋部位	顶面	底面	侧面
主要设备基础的钢筋直径（mm）	18～22	16～20	14～18
较小的辅助设备基础钢筋直径（mm）	14～18	12～16	12～14

注：1 钢筋间距为100mm～200mm，顶面钢筋间距不宜大于150mm。

2 当为岩质地基或土质地基上的基础长度大于表3.3.12规定的伸缩缝最大间距而不设伸缩缝时，应适当增大配筋量，钢筋间距应取较小值。

表3.3.18-2 设备基础墙和底板的构造配筋

结构厚度 h（mm）	≤500	500＜h≤1000	1000＜h≤1500
墙侧面水平钢筋直径（mm） 底板顶面、底面钢筋直径（mm）	12～14	14～16	16～18

注：1 钢筋间距为100mm～200mm，墙侧面水平钢筋间距不宜大于150mm。

2 同表3.3.18-1注2。

3　当构件截面中同排纵向钢筋过密时，可根据具体情况和配筋的部位，将钢筋两两并拢配置或多排设置。并筋的锚固长度应按与并筋等截面的单根等效钢筋直径确定。

4　钢筋的混凝土保护层厚度应根据环境类别、结构类型、设计使用年限和混凝土强度等级按现行国家标准《混凝土结构设计规范》GB 50010 的有关规定确定。其中，基础或底板底面、基础短柱及地下结构墙体的外侧面等凡与土直接接触部位的钢筋的混凝土保护层厚度不应小于 40mm；基础或底板底面宜设置混凝土垫层，保护层的厚度从垫层顶面算起。对坑式、箱体式设备基础或地下室底板顶面、外墙内侧等不与土接触部位可不受此限，但应符合板、墙等最小保护层厚度的相应规定。

5　当设备基础或地下室等底板顶面受力钢筋在排水小沟、设备底板抗剪槽以下通长配置而致保护层厚度大于 100mm 时，应在保护层中配置直径 4mm～8mm、间距 100mm～200mm 的钢筋网。

6　不设伸缩缝的超长坑式、箱体式设备基础墙体的侧面水平钢筋可配置在竖向钢筋的外侧。

7　下列构件和部位应按下列规定配置构造加强钢筋：

1）板、墙的洞口边长或直径大于 300mm，以及小于或等于 300mm 但钢筋无法绕置必须切断时，洞口边应配置构造补强钢筋，各边补强钢筋的截面面积不应小于相应方向被切断钢筋的 50%。当洞口边长或直径大于 1000mm 时，对于板的洞边宜布置梁；对于墙，宜沿洞口边布置暗梁及暗柱。

2）墙或坑壁的顶面应在厚度范围内沿墙或坑壁纵向通长配置水平构造钢筋，其直径不宜小于墙体或坑壁的水平配筋，间距不宜大于 150mm。

3）墙或坑壁与大截面的厂房柱基短柱或大块式设备基础整浇连接处，宜在水平钢筋的间距中增设水平小直径附加钢筋，以加密钢筋间距。水平附加钢筋的配筋率不宜小于墙或坑壁水平钢筋配筋率的 15%，伸入墙或坑壁内长度不宜小于 1500mm，锚入柱基短柱或大块式设备基础内的长度应满足锚固长度，且不宜小于 300mm。

4）设备基础受冲击荷载及设备底座下局部承压较大时，应在基础顶面或相应部位增设直径 12mm、间距 100mm 的钢筋网片。钢筋网片可设两层，层间距可取 100mm。

5）承受较大拉力的活螺栓及锚板螺栓，宜在锚板以上配置两层直径 12mm、间距 100mm 的钢筋网片，层间距可取 100mm。网片伸出锚板长度应满足锚固要求。

6）当地脚螺栓或螺栓预留孔至设备基础边缘的距离不满足本规范第 3.5.4 条的规定时，应在相应部位配置加强抗剪钢筋。

7）当二次浇灌层的厚度大于或等于 100mm 时，宜在二次浇灌层中配置直径不小于 6mm、间距不大于 100mm 的钢筋网。

8）设备基础顶面设置的设备底板抗剪槽宜配置加强钢筋。加强钢筋可按抗剪槽外端连线形成的类似矩形、多边形洞口配置。

8　设备基础的配筋凡本条未作规定者，应符合现行国家标准《混凝土结构设计规范》GB 50010 及《建筑地基基础设计规范》GB 50007 的有关规定。

3.4　材　　料

3.4.1　冶金设备基础采用的混凝土应符合下列规定：

1　基础垫层宜采用 C10；防水混凝土结构底板的垫层应采用 C15；当垫层为泵送混凝土时，可采用 C15。

2　配筋的设备基础，其混凝土强度等级不得低于 C20；对大体积混凝土的设备基础和地下构筑物，其混凝土强度等级宜采用 C25～C35，不宜高于 C40。

3　小型辅助设备基础当为素混凝土时，宜采用 C20。

4　二次浇灌层当其厚度大于或等于 50mm 时，宜采用比基础混凝土强度等级高一级，且不低于 C25 的细石混凝土；当厚度小于 50mm 时，宜采用1∶2水泥砂浆；必要时，可采用水泥基灌浆材料代替细石混凝土和水泥砂浆。水泥基灌浆材料的性能应符合现行国家标准《水泥基灌浆材料应用技术规范》GB/T 50448 的有关规定。对于承受较强冲击作用的二次浇灌层可采用掺入钢纤维的细石混凝土。

5　防水混凝土的设计抗渗等级应根据地下水设计最大水头与防水混凝土结构厚度的比值按表 3.4.1 确定，且不低于 P6。

表 3.4.1　防水混凝土抗渗等级 Pi 的规定

最大作用水头 H 与混凝土结构厚度 h 的比值	抗渗等级 Pi
$H/h<10$	P6
$10\leqslant H/h<20$	P8
$20\leqslant H/h<30$	P10
$30\leqslant H/h<40$	P12

注：抗渗等级 Pi 的定义系指龄期为 28d 的混凝土标准试件，按标准试验方法施加$i\times0.1$MPa水压后满足不渗水指标。

6　普通钢筋混凝土和素混凝土冶金设备基础结构表面受热温度不得高于 150℃。对于结构受热温度为 60℃～150℃的普通混凝土，宜采用在温度作用下膨胀系数较小、热稳定性较好的骨料，不得含有金属矿物、云母、硫酸盐和硫化物。在温度作用下混凝土和钢筋的强度取值应符合现行国家标准《烟囱设计规范》GB 50051 的有关规定。耐热混凝土的应用应符合国家现行的有关标准的要求。

7 冶金设备基础采用的混凝土应根据所处的环境类别和设计使用年限满足现行国家标准《混凝土结构设计规范》GB 50010 规定的耐久性的基本要求。

8 冶金设备基础和地下构筑物混凝土宜采用普通硅酸盐水泥配制；当为大体积混凝土时，宜选用中、低热硅酸盐水泥或低热矿渣硅酸盐水泥配制；防水混凝土使用的水泥应符合现行国家标准《地下工程防水技术规范》GB 50108 的有关规定；当考虑冻融作用时，不得采用火山灰质水泥和粉煤灰硅酸盐水泥；受侵蚀介质作用的混凝土应符合现行国家标准《工业建筑防腐蚀设计规范》GB 50046 的有关规定。

9 冶金设备基础和地下构筑物混凝土配置中掺用外加剂时，应符合现行国家标准《混凝土外加剂应用技术规范》GB 50119 的有关规定，并应根据适应性试验确定外加剂的品种和掺和量。不得采用氯盐作为防冻、早强的掺合剂。

3.4.2 冶金设备基础的钢筋应按下列规定选用：

1 当钢筋直径为 8mm～10mm 时，宜采用 HPB235 级钢筋。

2 当钢筋直径为 12mm～40mm 时，宜采用 HRB335 级、HRB400 级钢筋；当采用直径大于 40mm 的 HRB335 级、HRB400 级钢筋时，应有可靠的工程经验。

3.4.3 受力预埋件的钢材宜采用 Q235B 钢；当受力需要，也可采用 Q345B 钢。锚筋宜采用 HRB335 级或 HRB400 级钢筋，构造设置的预埋件的锚筋也可采用 HPB235 级钢筋。焊条型号的选配应符合国家现行相关标准的规定；两种不同级别钢材相焊接，宜按低级别钢材选配焊条。受力预埋件的锚筋严禁采用冷加工钢筋。

3.5 地 脚 螺 栓

3.5.1 地脚螺栓的布置、形式、直径、性能等级、各部件材质和尺寸以及螺帽个数和螺纹长度应符合设备要求。

3.5.2 冶金设备地脚螺栓根据其在使用期内能否更换可分为死螺栓和活螺栓两类：

1 死螺栓的常用形式（图 3.5.2-1）包括弯钩螺栓、直钩螺栓、U 形螺栓、直杆螺栓、锚板螺栓等。

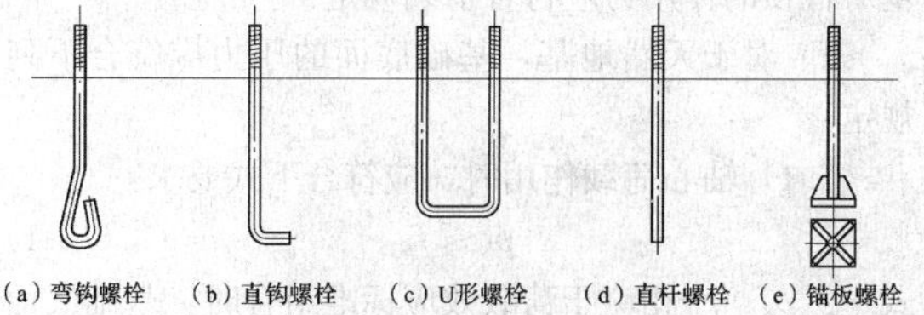

图 3.5.2-1 死螺栓的常用形式

2 活螺栓的常用形式（图 3.5.2-2）包括 T 形头螺栓、拧入螺栓、对拧螺栓等。

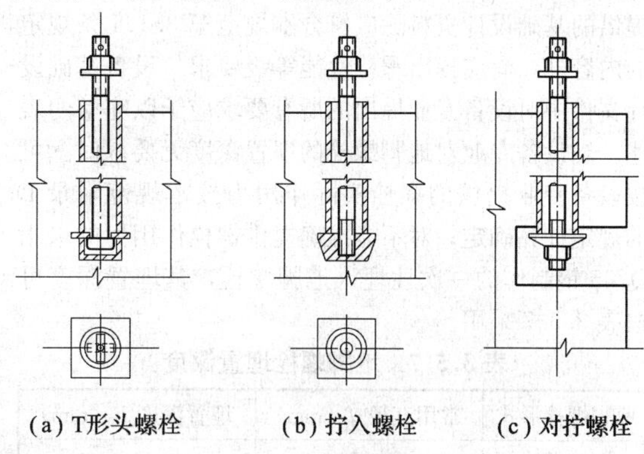

图 3.5.2-2 活螺栓的常用形式

3.5.3 死螺栓可根据不同需要按下列方法进行埋设：

1 一次埋入法：在基础混凝土浇灌前，采用螺栓固定架或定位板将地脚螺栓就位、固定，然后浇灌混凝土，一次埋入地脚螺栓。

2 预留孔法：基础混凝土浇灌时，在地脚螺栓所在位置，根据地脚螺栓的形式、尺寸和埋置深度预留相适应的孔洞，待设备安装时，将地脚螺栓在预留孔洞中就位，用细石混凝土或灌浆料灌入孔内固定。

3 钻孔锚固法：设备基础混凝土浇灌完毕并达到一定强度后，在螺栓所在位置钻孔，孔径和孔深应根据相关标准按螺栓直径和埋置深度确定，孔内注入规定的胶结材料，插入直杆螺栓，并按规定养护后，安装设备。

3.5.4 冶金设备基础地脚螺栓的埋设应符合下列构造尺寸要求，当不符合构造尺寸要求时，应采取相应的加固措施：

1 地脚螺栓中心线至基础边缘距离不得小于 $4d$（d 为螺栓直径），且不得小于 150mm；对于锚板螺栓，尚不应小于锚板宽度；对于活螺栓尚不应小于固定板宽度。

2 地脚螺栓的下端至基础底面距离不得小于 100mm。

3 后埋螺栓预留孔的设计边长或直径应根据螺栓锚入孔内的外形尺寸依据地脚螺栓相关设计标准确定，螺栓底端至孔底距离不得小于 100mm，螺栓孔底至基础底面距离不得小于 100mm。

3.5.5 直径小于或等于 56mm 采用一次埋入法施工的地脚螺栓宜在基础顶面设置方形或圆形调整孔。调整孔的边长或直径宜为 100mm～180mm，孔深宜为 200mm～500mm；调整孔边至基础边缘距离不得小于 100mm。

3.5.6 无特殊要求的活螺栓，应在螺栓套筒上端 200mm 范围内填塞浸油麻丝或采用地脚螺栓密封套管进行保护。

3.5.7 直径不大于 56mm、性能等级与 Q235 钢或 Q345 钢相当、产品等级为 C 级的一次埋入地脚螺栓，当由设备基础工程施工单位加工制作时，设备专业所提供的基础设计资料除应符合本规范第 3.1.1 条规定的内容外，尚应提出螺栓性能等级要求。设备基础设计文件中对设备专业提出的所有要求应予以完整的表述。当设备专业对地脚螺栓的埋置深度无要求时，可按设备专业提供的螺栓实际作用力按本规范附录 D 的规定计算确定；对不能准确提供螺栓作用力的采用 Q235 钢制作的一次性埋入地脚螺栓，其埋置深度可按表 3.5.7 采用。

表 3.5.7 地脚螺栓埋置深度

地脚螺栓形式	常用直径 d（mm）	埋置深度 L（mm）
弯钩螺栓	10～56	（20～25）d
直钩螺栓	16～56	（20～25）d
U 形螺栓	≤36	$20d$
锚板螺栓	≥30	（10～20）d

注：1 本表适用于基础混凝土强度等级不低于 C20、采用 Q235 钢制作或性能等级与 Q235 钢相当的一次性埋入地脚螺栓。
2 最小埋置深度不小于 300mm。
3 当设备动力作用较大或螺栓处于油侵蚀、高温烘烤等部位时，埋置深度应取较大值，反之可取较小值。

3.5.8 当因基础沉降需进行设备标高二次调整时，可将地脚螺栓顶面标高适当提高，并相应加长螺栓和螺纹长度。

3.5.9 后埋地脚螺栓的预留孔或一次埋入螺栓的调整孔，当采用埋置钢板圆筒成孔时，宜采用波纹型钢板筒，其最小内径应符合预留孔径要求。

3.6 地基基础计算

3.6.1 适用于本规范的冶金设备基础设计时，除设备有专门要求者外，可不做动力计算，而采用与设备、物料的动力作用效应相当的当量静力荷载对基础进行静力计算。

3.6.2 作用于设备基础上的荷载按随时间的变异性可分为下列三类：

1 永久荷载，主要包括以下荷载：

1）设备基础及支承于基础上的建（构）筑物自重。

2）设备及其附属件自重。

3）支承在设备基础上的管道自重。

4）生产期间其变化可以忽略不计的设备上的物料重及管道内的介质重。

5）设备基础上的填土和地坪自重。

6）土的侧压力。

7）水位不变的地下水压力。

2 可变荷载，主要包括以下荷载：

1）生产期间其变化不可忽略不计的设备上的物料重。

2）生产期间正常操作工况和特殊工况时设备运转产生的动荷载。

3）生产期间正常操作工况和特殊工况时物料运动的冲击、振动产生的动荷载。

4）屋面、楼面、平台和地坪活荷载，根据不同阶段分为生产操作活荷载和安装、检修活荷载，包括操作、检修人员，工具、可拆卸设备或部件及零星原料和成品的重量及其搁置时的冲击荷载。

5）室外设备或支承在设备基础上的建（构）筑物传来的风荷载、积灰荷载、积雪荷载和吊车荷载。

6）水位变化的地下水压力。地下水设计最高、最低水位的确定，应参照历史记录，考虑季节影响、工程活动和投产后的变化以及可预见的发展因素。

3 偶然荷载。

3.6.3 冶金设备基础设计应区分施工安装工况、正常操作（运行）工况、生产（运行）中的特殊工况、检修工况、大修工况、偶然状况等不同工况，分别进行下列规定类别的极限状态设计。对所考虑的极限状态，应采用相应荷载效应的最不利组合：

1 除偶然状况外，所有工况均应按承载能力极限状态设计。

2 正常操作和检修工况尚应按正常使用极限状态设计。

3 特殊工况应根据本规范各章规定进行或不进行正常使用极限状态设计。

4 施工、安装和大修工况应根据实施方案，必要时进行正常使用极限状态设计。

5 对偶然状况，可按承载能力极限状态作用效应的偶然组合进行设计或采取防护措施，使设备基础主要承重结构不致因偶然状况的出现而丧失承载能力。

3.6.4 按地基承载力确定冶金设备基础底面积或按单桩承载力确定桩数及其布置时，传至基础或承台底面上的荷载效应应采用正常使用极限状态下荷载效应的标准组合。相应的抗力应采用地基承载力特征值或单桩承载力特征值。设备基础底面对地基的压力或桩基对桩顶的作用力应符合下列规定：

1 对于天然地基，基础底面的压力应符合下列规定：

1）轴心荷载作用时，应符合下式要求：

$$p_k \leqslant f_a \tag{3.6.4-1}$$

式中：p_k——相应于荷载效应标准组合时，基础底面处的平均压力值；

f_a——修正后的地基承载力特征值。

2）偏心荷载作用时，除符合式（3.6.4-1）的要求外，尚应符合下列公式要求：

$$p_{kmax} \leqslant 1.2 f_a \quad (3.6.4\text{-}2)$$

$$p_{kmin} \geqslant 0 \quad (3.6.4\text{-}3)$$

式中：p_{kmax}、p_{kmin}——相应于荷载效应标准组合时，基础底面边缘的最大、最小压力值。

3）对于高炉基础、热风炉基础、转炉基础、电炉基础、连铸机基础及轧钢主要设备基础，其基底边缘最小压力值与最大压力值的比值尚应符合本规范相关章节的规定。

2 对于桩基，单桩桩顶的作用力应符合下列表达式：

1）轴心竖向力作用下，应符合下式要求：

$$Q_k \leqslant R_a \quad (3.6.4\text{-}4)$$

式中：Q_k——相应于荷载效应标准组合时，轴心竖向力作用下任一单桩的竖向力；

R_a——单桩竖向承载力特征值。

2）偏心竖向力作用下，除满足式（3.6.4-4）外，尚应满足下列要求：

$$Q_{ikmax} \leqslant 1.2 R_a \quad (3.6.4\text{-}5)$$

$$Q_{ikmin} \geqslant 0 \quad (3.6.4\text{-}6)$$

式中：Q_{ikmax}、Q_{ikmin}——相应于荷载效应标准组合偏心竖向力作用下第 i 根桩的最大、最小竖向力。

3）水平力作用下，应符合下式要求：

$$H_{ik} \leqslant R_{Ha} \quad (3.6.4\text{-}7)$$

式中：H_{ik}——相应于荷载效应标准组合时，作用于任一单桩的水平力；

R_{Ha}——单桩水平承载力特征值。

3.6.5 计算冶金设备基础的地基变形时，传至基础底面上的荷载效应应采用正常使用极限状态下荷载效应的准永久组合，准永久值系数见各章规定。不应计入安装、检修荷载及事故荷载；不应计入地震作用；对室外设备或设备基础上支承的建（构）筑物，不应计入风荷载；当风玫瑰图严重偏心时，对室外高耸设备应按现行国家标准《高耸结构设计规范》GB 50135的有关规定考虑风荷载。地基变形允许值应符合本规范各章的有关规定。

3.6.6 验算冶金设备基础的抗滑、抗倾覆和抗浮时，荷载效应应按承载能力极限状态下荷载效应的基本组合，但其分项系数均应取为1.0。其稳定性安全系数应符合下列规定：

1 沿基底滑动时，抗滑稳定系数不应小于1.3；沿地基内圆弧面滑动时，抗滑稳定系数不应小于1.2。

2 抗倾覆的稳定系数不应小于1.6。

3 抗浮的稳定系数不应小于1.05。

3.6.7 在确定冶金设备基础截面尺寸、计算基础结构内力、确定配筋和验算材料强度时，应按承载能力极限状态下荷载效应的基本组合。结构构件相应的抗力设计值应按现行国家标准《混凝土结构设计规范》GB 50010的有关规定确定。

3.6.8 冶金设备基础及地下室、电缆隧道、管廊等地下构筑物的受弯或偏心受压的钢筋混凝土构件应按正常使用极限状态下荷载效应的标准组合并考虑长期作用影响验算荷载作用引起的正截面裂缝宽度。其最大裂缝宽度限值应符合现行国家标准《混凝土结构设计规范》GB 50010的有关规定。

3.6.9 冶金设备基础设计在进行承载能力极限状态基本组合或正常使用极限状态标准组合计算时，基本组合荷载分项系数的采用，基本组合或标准组合可变荷载组合值系数的采用应符合下列规定：

1 永久荷载的分项系数：当其效应对结构不利时，对由可变荷载控制的组合，应取1.2；对由永久荷载控制的组合，应取1.35；当其效应对结构有利时，应取1.0。

2 可变荷载的分项系数：一般情况下应取1.4；对标准值大于4kN/m^2 的楼面、平台及地坪活荷载应取1.3；对特殊工况时设备、物料的动荷载应取1.2。

3 可变荷载组合值系数应分别按本规范各章规定采用，其中正常操作和特殊工况时设备和物料动荷载的组合值系数当各章无专门规定时，应取1.0。

3.6.10 大块式设备基础、设备机组整体基础、较小的坑式设备基础及地下室等，其基底反力可按直线分布考虑。

3.6.11 大块式或墙式设备基础由于开洞或空间的需要而形成的连梁、顶板、悬臂梁板、牛腿、挑耳、小柱等部位以及筏式底板或箱基顶板上的设备基础，应具有足够的刚度和承载能力，必须单独进行承载能力验算。

3.6.12 大型筏板式或坑式基础宜采用弹性地基上的筏板模型计算；大型连续箱体基础可按其布置和各部分结构特征采用截条法、截块法或分区段进行计算，对于复杂的大型连续箱体基础，当缺乏工程经验时，可进行全长整体分析。

4 高炉基础

4.1 一般规定

4.1.1 本章适用于有效容积为1000m^3 及以上的高炉基础设计。

4.1.2 高炉基础的地基设计应符合下列规定：

1 应满足承载力计算的有关规定。

2 应进行地基变形计算并满足规定的变形限值要求。

3　基础的埋置深度尚应符合稳定性要求。

4　当基础位于边坡上时，尚应符合本规范第3.2.6条关于边坡稳定性的规定。

4.1.3　高炉基础采用天然地基时，宜坐在同一岩土持力层上。宜选择中密～密实的碎石土和砂土、硬塑黏性土或岩石作为持力层。当采用桩基时，应采用同一桩型；当为端承桩时，宜选择同一岩土层作为桩端持力层。

4.1.4　高炉基础的地基变形计算值应符合下列规定：

1　高炉基础平均沉降量计算值不应大于200mm，基础倾斜计算值不应大于0.001。

2　当出铁场的部分厂房柱或平台柱直接支承在高炉基础上时，高炉基础的沉降及与相邻厂房柱基、平台柱基的沉降差尚应符合现行国家标准《建筑地基基础设计规范》GB 50007的有关规定。

4.2　基础布置

4.2.1　高炉基础的布置应遵照规则、对称的原则，其平面和竖向布置应满足工艺、设备和上部结构的布置及生产操作、设备安装、维修的要求。

4.2.2　高炉基础包括高炉本体圆台基座、高炉框架柱基及泥炮等设备基础，宜采用筏板式联合基础（图4.2.2）。在高炉基础范围内的出铁场平台柱可直接支承在基础筏板上。

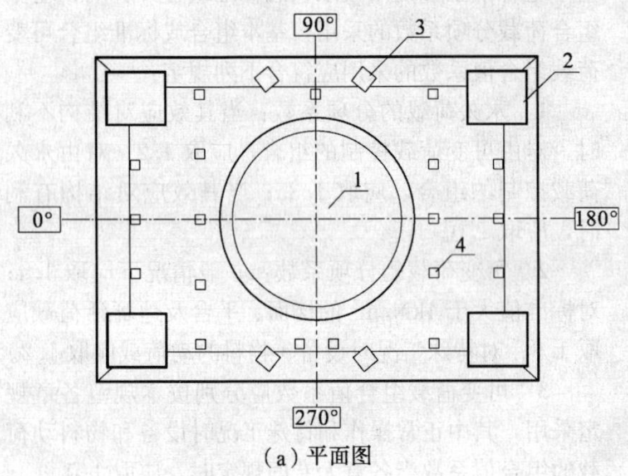

（a）平面图

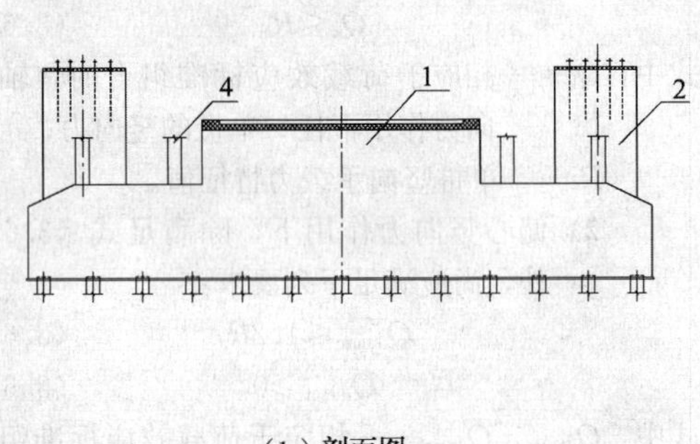

（b）剖面图

图4.2.2　高炉基础的通常形式

1—高炉圆台基座；2—高炉框架柱基础；3—泥炮基础；4—平台柱

4.2.3　当高炉框架柱基与高炉本体基础脱开布置时，应考虑二者地基变形的差异对高炉结构和设备、管线的不利影响，并满足工艺、设备和上部结构对变形限值的要求。

4.2.4　对不设高炉框架的自立式高炉，其基础宜采用筏板式基础。

4.3　地基基础计算

4.3.1　高炉基础设计时应根据基础所支承的设备和建（构）筑物的实际情况，考虑表4.3.1中所列的相应荷载。荷载的取值应按本规范附录A确定。

表4.3.1　高炉基础荷载及其分类表

作用部位	炉壳底	炉底	高炉框架柱底	出铁场平台（包括风口平台）柱底	泥炮基础	高炉基础本体、地坪及其他
永久荷载	1. 炉壳及其附属设备自重； 2. 炉腹至外封板内衬自重； 3. 支承在炉顶的设备自重； 4. 炉顶小框架及其支承的设备自重	1. 炉腹以下内衬（含炉底）自重； 2. 死铁层残铁重； 3. 炉底水冷装置层自重； 4. * 炉底对基础圆台顶面温度作用	1. 高炉框架（含炉体下部框架、炉体上部框架、炉顶框架）自重； 2. 炉顶煤气管道（含内衬）及附属平台、设备自重； 3. 热风围管（含内衬）及附属设备自重； 4. 上料主皮带通廊自重； 5. 支承在框架上的设备、管线及设施自重，包括炉顶上料串罐的上部料罐、液压站、润滑站、水冷站等； 6. 出铁场厂房传来的屋面、吊车梁自重	平台及支承在其上的结构、设施、设备、管线自重	1. 基础自重； 2. 设备自重； 3. 由泥炮基础传来的平台自重	1. 基础自重； 2. 地坪及填土自重； 3. 排水沟、铁路等设施自重

续表 4.3.1

作用部位	炉壳底	炉底	高炉框架柱底	出铁场平台（包括风口平台）柱底	泥炮基础	高炉基础本体、地坪及其他
可变荷载	1. 炉料作用在炉壳上的竖向荷载； 2. 炉顶小框架传来的称量罐料重； 3. 炉顶小框架平台活荷载； 4. 风荷载	1. 炉底传来的炉料荷载； 2. 液态渣铁荷载	1. 各层平台操作荷载； 2. 各层平台检修荷载； 3. 各层平台积灰荷载； 4. 上料主皮带上及支承在框架上的设备、管线、设施中的介质或物料荷载； 5. 出铁场屋面传来的活荷载、积灰荷载、风荷载、雪荷载； 6. 出铁场吊车梁传来的吊车荷载； 7. 炉顶框架检修吊车荷载； 8. 风荷载； 9. 雪荷载	1. 平台活荷载； 2. 渣、铁沟中渣、铁重	1. 设备动荷载； 2. 平台活荷载	1. 地坪活荷载； 2. 铁路火车荷载
偶然荷载	炉内气体爆炸压力，当工艺采取措施能避免发生爆炸事故时，可不考虑					
地震作用	按现行国家标准《构筑物抗震设计规范》GB 50191 的规定考虑					

注：表中带“*”号者为间接作用。

4.3.2 高炉基础设计时应按下列不同工况分别进行规定类别的极限状态设计，并对所考虑的极限状态采用相应荷载效应的最不利组合：

1 施工、安装工况，应根据实际施工、安装方案验算。

2 生产中的正常操作工况（正常炉况）。

3 生产中高炉休风、检修工况（正常炉况）。

4 生产中的特殊工况，即发生悬料或坐料或最大液态渣铁荷载时的特殊炉况。

5 大修工况，应按实际大修方案验算。

4.3.3 高炉基础设计时，所采用的荷载效应最不利组合与相应的抗力限值应符合下列规定。各种工况时的荷载组合及可变荷载的组合值系数、准永久值系数、基本组合的荷载分项系数的取值应符合表 4.3.3 的规定。

表 4.3.3 高炉基础荷载组合表

组合	工况		永久荷载	正常炉况可变荷载									特殊炉况可变荷载		
				炉料荷载		正常液态渣铁	平台及地坪活荷载			风荷载	泥炮动荷载	吊车荷载	炉料荷载		最大液态渣铁荷载
				正常	休风		操作	检修	积灰				悬料	坐料	
正常使用极限状态下的标准组合	正常炉况	正常操作	○	○	—	○	○	—	○	○	○	○	—	—	—
		休风、检修	○	—	○	○	—	○	○	○	—	○	—	—	—
	特殊炉况	悬料	○	—	—	○	○	—	○	—	—	—	○	—	—
		坐料	○	—	—	○	○	—	○	—	—	—	—	○	—
		最大液态渣铁荷载	○	○	—	—	○	—	○	—	○	○	—	—	○
正常使用极限状态下的准永久组合		正常操作	○	○	—	○	○	—	○	—	—	—	—	—	—

续表 4.3.3

组合		工况	永久荷载	正常炉况可变荷载									特殊炉况可变荷载		
				炉料荷载		正常液态渣铁	平台及地坪活荷载			风荷载	泥炮动荷载	吊车荷载	炉料荷载		最大液态渣铁荷载
				正常	休风		操作	检修	积灰				悬料	坐料	
承载能力极限状态下的基本组合	正常炉况	正常操作	○	○	—	○	○	—	○	○	○	○	—	—	—
		休风、检修	○	—	○	○	—	○	○	○	—	○	—	—	—
	特殊炉况	悬料	○	—	—	○	○	—	○	—	—	—	○	—	—
		坐料	○	—	—	○	○	—	○	—	—	—	—	○	—
		最大液态渣铁荷载	○	○	—	—	○	—	○	—	○	○	—	—	○
可变荷载的组合值系数			—	1.0	1.0	1.0	0.7	0.7	0.7	0.6	1.0	0.7	1.0	1.0	1.0
可变荷载的准永久值系数			—	1.0	—	1.0	0.5	—	0.5	0	—	—	—		
基本组合的荷载分项系数			1.2	1.4									1.2		

注：1 表中“○”为应考虑，“—”为不考虑。

2 由永久荷载控制的组合，永久荷载的分项系数应取 1.35。

3 高炉施工、安装或大修应根据实施方案按实际情况进行荷载组合。

1 按地基承载力确定高炉基础底面积或按单桩承载力确定桩数及其布置时，荷载效应应分别按正常炉况和特殊炉况时的各种工况，采用正常使用极限状态下的标准组合，并应满足本规范第 3.6.4 条的有关规定。当高炉基础采用天然地基或人工复合地基时，基础底面边缘的最小压力与最大压力的比值尚应符合下列规定：

1） 正常炉况时不应小于 0.25。

2） 特殊炉况时不应小于 0.10。

2 在确定高炉基础或桩承台高度、基础各部位结构内力、配筋和验算材料强度时，应按本规范第 3.6.7 条规定，采用各种工况时的承载能力极限状态下荷载效应的基本组合，并采用相应的分项系数。

3 高炉基础的抗滑稳定性计算应符合本规范第 3.6.6 条的规定。

4 高炉基础的地基变形计算应按本规范第 3.6.5 条的规定，采用正常操作工况时正常使用极限状态下荷载效应的准永久组合。不考虑平台检修荷载、泥炮动荷载、吊车荷载和雪荷载。除风玫瑰图严重偏心的地区外，可不考虑风荷载。地基变形应符合本规范第 4.1.4 条的规定。

4.3.4 高炉基础宜按弹性地基采用弹性理论分析或有限元分析确定其弹性应力分布，可根据应力图形的面积确定所需的配筋量和布置，并应按现行国家标准《混凝土结构设计规范》GB 50010 的规定验算混凝土的强度。必要时，尚可采用钢筋混凝土有限元方法进行分析。

4.3.5 当高炉基础筏板刚度较大，且具有工程经验时，高炉基础的计算可采用简化计算方法，假定基底反力为直线分布。

4.3.6 高炉框架基础短柱、泥炮基础短柱应单独按其荷载效应的最不利组合确定配筋和验算混凝土强度。当高炉基础的混凝土强度等级低于上述基础时，应对该处筏板进行局部承压承载力验算。高炉基础承受炉底水冷结构梁及出铁场、风口平台柱等集中荷载的部位应进行局部承压承载力验算。

4.3.7 当考虑高炉炉底对基础的温度作用效应时，应按正常操作工况和特殊工况时正常使用极限状态下荷载和温度作用效应的标准组合验算基础混凝土压应力、钢筋拉应力，并考虑长期作用影响验算基础裂缝宽度。混凝土的压应力、钢筋的拉应力应符合现行国家标准《烟囱设计规范》GB 50051 对考虑荷载和温度作用下的钢筋混凝土结构混凝土、钢筋的抗力的相关规定。基础的最大裂缝宽度限值应符合本规范第 3.6.8 条的规定。

4.4 构造要求

4.4.1 高炉基础圆台基座顶面与炉底冷却设备结构层的连接应符合工艺专业要求。冷却设备结构层及其二次灌浆材料、灌浆工艺和质量要求由工艺专业确定。设备结构层外环梁边缘至圆台基座边缘的距离不得小于 200mm。

4.4.2 高炉框架柱与柱基短柱宜采用锚栓连接。锚栓的形式、直径和尺寸、材质及布置，柱基短柱顶面二次浇灌层的厚度及抗剪槽的设置应符合框架柱柱脚设计要求。锚栓中心线至柱基短柱边缘的距离不得小于4倍锚栓直径，且不得小于300mm，当为锚板螺栓时尚不得小于锚板边长；框架柱脚底板边缘至柱基短柱边缘的距离不得小于300mm；二次浇灌层的厚度不宜小于50mm。高炉框架柱基短柱底部边缘至高炉基础筏板边缘的距离不宜小于500mm，对于桩基，尚不宜小于桩径。

4.4.3 泥炮基础的构造应符合本规范第3章设备基础的相关规定。

4.4.4 高炉基础筏板的配筋应符合下列规定：

1 基础筏板的底面和顶面钢筋应按计算确定，且应满足本规范第3.3.18条最小配筋率的要求。当筏板顶面计算不需要钢筋时，应按构造配置双向钢筋网，其每个方向的构造配筋百分率均不宜小于0.1%。对需配置较多钢筋的部位可采用多层配置，但不宜超过4层；层间距可取100mm；单层配置时的钢筋间距和多层配置时最外层钢筋间距不得大于200mm，其余各层钢筋间距不得小于最外层钢筋间距，宜取其整数倍数；必要时单层配置和多层配置的最外层钢筋可采用并筋配置。

2 基础筏板的底面和顶面的单层配筋或多层配筋的最外层钢筋应双向通长配置。

3 基础筏板的侧面应按构造双向配筋。钢筋间距不得大于200mm。

4 基础筏板的顶面钢筋与侧面竖向钢筋、侧面竖向钢筋与底面钢筋、侧面水平钢筋于转角处应搭接连接，钢筋的搭接长度应按相搭接钢筋中的较小直径确定。

4.4.5 基础圆台基座的配筋应符合下列规定：

1 基础圆台基座的顶面应按构造配置双向钢筋网；当圆台基座不需要进行受热温度应力验算时，其侧面应按构造配置双向钢筋网。构造钢筋间距不得大于200mm，侧面环向钢筋在距顶面1.5m的范围内宜适当加密。圆台基座构造钢筋每米宽度内截面面积不宜小于基础筏板的顶面构造钢筋。

2 侧面竖筋应锚入基础筏板中并满足锚固长度；顶面钢筋应与侧面竖筋搭接，并满足搭接长度。

3 当按炉底温度作用计算确定侧面环向配筋时，应按温度应力的分布配置。当顶面以下局部范围所需环向配筋较多时，可采用多层配置，层间距可取100mm。

4.4.6 高炉框架柱基短柱的顶面、泥炮基础的顶面应按构造配置1层双向钢筋网，钢筋直径可取18mm～22mm，钢筋间距可取100mm～150mm；框架柱基短柱和泥炮基础的纵向和横向受力钢筋应按计算确定，并应符合现行国家标准《混凝土结构设计规范》GB 50010的有关规定。

4.4.7 高炉基础的下列部位应配置局部加强钢筋：

1 圆台基座顶面在炉底冷却装置设备结构层外环梁下部，应按局部承压验算确定加强钢筋。当计算不需要配置局部加强钢筋时，宜按构造设置1层～2层直径不小于12mm、间距不大于100mm的环形钢筋网片，网片伸出外环梁边缘长度应满足锚固要求。

2 高炉框架柱基短柱的锚栓、泥炮基础的地脚螺栓采用锚板螺栓或套筒活螺栓时，应按本规范第3.3.18条的规定，在锚板或固定板以上设置构造钢筋网片。

3 高炉框架柱基短柱、泥炮基础的二次浇灌层的厚度大于100mm时，应在其中设置加强钢筋网片。钢筋网片的钢筋直径不宜小于12mm，钢筋间距不宜大于100mm。

4.4.8 高炉基础应在基础筏板的四角顶面或四角框架柱基短柱外侧距地面500mm处以及圆台基座顶面边缘与高炉中心线相交处设置沉降观测点。沉降观测点的构造和观测要求应符合本规范附录E的规定。

4.4.9 高炉基础应按现行国家标准《大体积混凝土施工规范》GB 50496的有关规定施工。

4.4.10 高炉基础不得设置垂直施工缝；基础筏板不允许在厚度范围内设置水平施工缝；圆台基座、框架柱基短柱、泥炮基础与基础筏板间不宜设置施工缝，当确有困难时，可在距筏板顶面300mm～500mm处设置水平施工缝，但应采取有效措施，确保基础的整体性。

4.4.11 高炉框架柱基短柱上的锚栓、泥炮基础的设备地脚螺栓施工安装时，宜采用螺栓固定架。

4.4.12 高炉基础的基坑宜采用砂夹石或稳定的级配高炉矿渣回填。回填时应分层压实，压实系数不应小于0.94。

5 热风炉基础

5.1 一般规定

5.1.1 本章适用于与有效容积1000m^{3}及以上高炉配套的内燃式和外燃式热风炉基础设计。

5.1.2 热风炉基础的地基设计要求同高炉基础，应符合本规范第4.1.2条的相应规定。

5.1.3 热风炉本体基础、热风炉框架基础以及与热风炉相连的热风、烟气、煤气和空气等管道支架基础当采用天然地基时，宜坐在同一岩土层上。宜选择中密～密实的碎石土和砂土、硬塑黏性土或岩石作为持力层。当采用桩基时，应采用同一桩型；当为端承桩时，宜选择同一岩土层作为桩端持力层。

5.1.4 热风炉基础的地基变形计算值应符合下列规定：

1 热风炉本体基础平均沉降量计算值不应大于200mm，基础倾斜计算值不应大于0.001。

2 邻近热风炉本体基础的热风炉框架及管道支

架的单独基础与热风炉本体基础的沉降差不宜大于两者距离的0.002倍。

5.2 基础布置

5.2.1 热风炉基础的布置和形式应满足工艺、设备及上部结构的布置及生产操作、设备安装、维修的要求。

5.2.2 热风炉本体基础除岩质地基外，应采用整体筏板式联合基础，属同一高炉的多座热风炉本体（当为外燃式时包括蓄热室和燃烧室）应坐在同一基础上。在热风炉本体基础范围内的框架柱、与热风炉连接的管道的支架应支承在热风炉本体基础上。

5.2.3 热风炉本体基础外围单独设置的框架柱基础及与热风炉连接的管道的支架基础与热风炉本体基础间宜设置连系梁。

5.2.4 岩质地基上的热风炉本体基础，必要时，每两座热风炉之间可设置一道变形缝，缝宽不得小于30mm；但在外燃式热风炉基础的蓄热室和燃烧室之间不得设置变形缝。

5.3 地基基础计算

5.3.1 热风炉基础设计时应考虑表5.3.1所列的荷载和作用，并应符合下列规定：

1 永久荷载的分项系数应取1.35。

2 热风炉蓄热室内的积灰荷载由工艺专业按格孔堵塞率确定，并按永久荷载考虑。

3 内燃式热风炉炉底、外燃式热风炉蓄热室炉底对基础的温度作用应取炉底垫层与基础接触界面处的温度。

4 平台活荷载中的操作荷载和检修荷载不应同时考虑。当同一平台的检修总荷载小于操作总荷载时，检修工况的平台活荷载可取操作荷载。平台活荷载分项系数取1.4，组合值系数取0.7，操作荷载的准永久值系数取0.5。

5 平台、管道、设备上的积灰荷载标准值采用1.0kN/m²，分项系数取1.4，组合值系数取0.7，准永久值系数取0.5。平台铺板采用格栅板时，可按无积灰考虑。当高炉、出铁场、矿焦槽等灰源具有完善、有效的除尘设施且除尘设备可靠性得到充分保证时，可不考虑积灰荷载。

6 风荷载、雪荷载应按现行国家标准《建筑结构荷载规范》GB 50009的有关规定执行。当设备、管道在生产中其表面温度不可能低于0℃、无积雪可能时，不应考虑雪荷载。

表5.3.1 热风炉本体基础的荷载和作用

作用部位	炉壳传来	内燃式炉底、外燃式蓄热室炉底传来	热风炉框架柱传来	管道支架传来	基础本体
永久荷载	1. 炉壳及附属设备和平台自重； 2. 与炉壳连接管道传来管道和设备自重； 3. 支承在炉壳上的炉顶内衬自重	1. 炉底结构层及设备自重； 2. 炉内耐火砌体自重； 3. 蓄热室内积灰荷载； 4.* 炉底对基础的温度作用	1. 框架结构和平台自重； 2. 支承在框架及平台上的管道及设备自重； 3. 外燃式热风炉支承在框架平台上的燃烧室、混风室自重	1. 管道（含内衬和保温层）自重； 2. 管道支架自重； 3. 管道或支架上的平台、设备自重	1. 基础自重； 2. 基础上回填土及地坪自重
可变荷载	1. 附属平台的操作、检修活荷载； 2. 积灰荷载； 3. 积雪荷载（有积雪可能时）； 4. 风荷载	—	1. 平台操作检修活荷载； 2. 吊车荷载； 3. 积灰荷载； 4. 积雪荷载（有积雪可能时）； 5. 风荷载	1. 平台操作、检修活荷载； 2. 积灰荷载； 3. 积雪荷载（有积雪可能时）； 4. 风荷载； 5. 管道推力	地坪活荷载
地震作用	按现行国家标准《构筑物抗震设计规范》GB 50191的规定考虑				

注：表中带“*”号者为间接作用。

5.3.2 热风炉基础设计时，应按下列不同工况进行规定类别的极限状态设计，并对所考虑的极限状态采用相应荷载效应的最不利组合：

1 施工、安装工况，应根据实际施工、安装方案验算。

2 正常操作（运行）工况。

3 检修工况：按检修任一座热风炉（其附属平台活荷载取检修荷载），其余热风炉正常操作（运行）考虑，此时，热风炉框架平台活荷载取检修荷载，并应考虑吊车荷载。

4 大修工况：应考虑任意座任意位置的热风炉被拆除、其余热风炉正常操作（运行）的所有状况，并取其最不利组合。此时热风炉框架平台活荷载取检修荷载，并应考虑吊车荷载。

5.3.3 热风炉基础设计时所采用的荷载效应最不利组合与相应抗力的限值应符合下列规定：

1 按地基承载力确定热风炉本体基础底面积或按单桩承载力确定桩数及其布置时，荷载效应应采用正常操作工况和大修工况时正常使用极限状态下的标准组合，并应满足本规范第3.6.4条的有关规定。对于天然地基或人工复合地基上的热风炉基础，其基底压力尚应符合下列规定：

1）正常操作（运行）工况时，基础边缘最小压力与最大压力的比值不应小于0.25。

2）大修工况时，基础底面不应出现零应力区。

2 在确定热风炉基础或承台截面高度，计算基础或承台各部位结构内力，确定配筋和验算材料强度时，应按本规范第3.6.7条的规定，采用本规范第5.3.2条规定的各种工况时承载能力极限状态下荷载效应的基本组合，采用相应的分项系数。

3 热风炉基础的抗滑稳定性计算应符合本规范第3.6.6条的规定。

4 计算热风炉基础的地基变形，应按本规范第3.6.5条规定采用正常操作（运行）工况时，正常使用极限状态下荷载效应的准永久组合。平台活荷载取操作荷载并应乘以相应的准永久值系数。不考虑检修荷载、地坪活荷载、吊车荷载、雪荷载。除风玫瑰图严重偏心者外，可不考虑风荷载。地基变形应符合本规范第5.1.4条的规定。

5.3.4 热风炉本体基础的结构分析和计算方法同高炉基础，应符合本规范第4.3.4条和第4.3.5条的相关规定。

5.3.5 热风炉炉底对基础温度作用效应的验算同高炉基础，应符合本规范第4.3.7条的相关规定。

5.4 构造要求

5.4.1 内燃式热风炉或外燃式热风炉蓄热室的炉底结构层及与基础顶面之间垫层的构造、尺寸、材质、施工及灌浆技术要求应由工艺专业确定。炉壳环形支座、热风炉框架和管道支架柱脚与基础的连接构造应分别符合炉壳、框架、支架的设计要求。地脚螺栓的布置和支墩的尺寸尚应符合本规范第3.5节地脚螺栓的相关规定。

5.4.2 热风炉本体基础筏板的配筋构造要求同高炉基础筏板，应符合本规范第4.4.4条的相关规定。

5.4.3 当热风炉本体基础顶面钢筋通长配置致炉底部位钢筋的混凝土保护层厚度大于100mm时，应在保护层中配置直径不宜小于12mm、间距不宜大于150mm的钢筋网片（图5.4.3）。

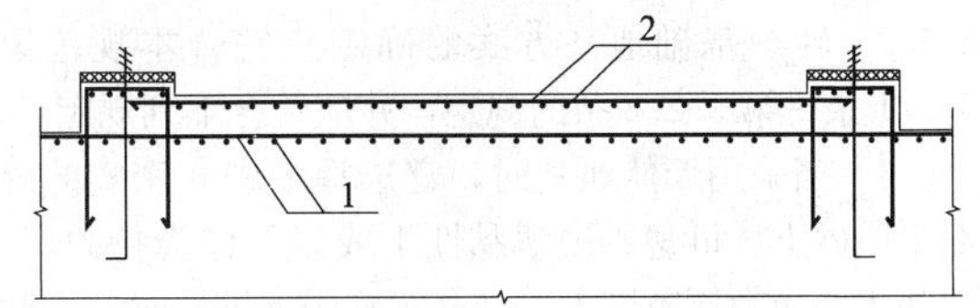

图5.4.3 热风炉基础顶面炉底部位的构造钢筋网片

1—基础顶面通长钢筋；2—构造钢筋网片

5.4.4 炉壳支座、框架和管道支架柱脚下的支墩应与基础整浇，并按计算配筋。当计算不需要配筋时，应配置适量构造钢筋。

5.4.5 热风炉本体基础应在四角及沿基础纵向边缘每两座热风炉之间的居中位置设置沉降观测点，与每座热风炉相对应的框架和管道支架单独基础亦应设置沉降观测点。沉降观测点的构造和观测要求应符合本规范附录E的规定。

5.4.6 热风炉本体基础施工应符合现行国家标准《大体积混凝土施工规范》GB 50496的有关规定。

5.4.7 内燃式热风炉及外燃式热风炉蓄热室的地脚螺栓在基础施工中安装就位时，宜采用螺栓固定架。基础完工后，地脚螺栓应配合炉壳安装、炉底和垫层的灌浆、烘炉等施工安装工序，按工艺专业要求适时紧固或放松。待烘炉完成、紧固地脚螺栓后，方可安装地脚螺栓防雨罩（图5.4.7）。

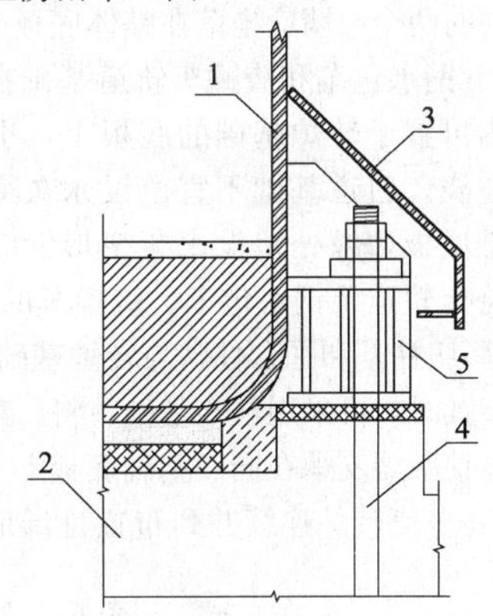

图5.4.7 内燃式热风炉及外燃式热风炉蓄热室地脚螺栓防雨罩

1—炉壳；2—基础；3—防雨罩；4—地脚螺栓；5—炉壳支座

5.4.8 热风炉基础基坑回填要求同高炉基础，应符合本规范第4.4.12条的规定。

6 转炉基础

6.1 一般规定

6.1.1 本章适用于公称容量120t及以上、倾动机构为全悬挂式转炉的高墩式基础设计。

6.1.2 转炉基础地基方案的确定应符合本规范第3.2.1条~第3.2.3条的规定，并应符合下列规定：

1 当采用天然地基时，宜选择中密~密实的碎石土或砂土、可塑~硬塑黏性土或岩石作为持力层。地基主要受力层范围内，当存在软弱下卧层时，应对其进行承载能力的验算并满足现行国家标准《建筑地基基础设计规范》GB 50007的有关要求。

2 当采用天然地基不满足要求时，应进行地基处理或采用桩基。

3 当采用人工处理复合地基时，应根据对地基承载力和变形控制的要求确定复合地基处理后的指标要求。

6.1.3 炉下钢水包车、渣罐车轨道基础宜采用与转炉基础相同的地基方案，宜采用相同的地基持力层或桩端持力层。

6.1.4 转炉基础的地基变形计算值应符合下列规定：

1 基础平均沉降量不应大于150mm。

2 除工艺、设备有特殊要求外，基础倾斜不宜大于0.0005。

3 当转炉基础与厂房柱基、平台柱基采用联合基础时，地基变形尚应符合现行国家标准《建筑地基基础设计规范》GB 50007的有关规定。

6.2 基 础 布 置

6.2.1 转炉基础宜采用钢筋混凝土高墩式结构，支承转炉耳轴的两个墩墙应坐落在整体底板上。

6.2.2 炉下钢水包车和渣罐车轨道基础在转炉基础底板范围内可置于转炉基础的底板上，也可与转炉基础底板整浇。轨道基础不宜留设永久变形缝，当在转炉基础底板边缘处留设永久变形缝时，两者的沉降差应符合轨道及钢水包车、渣罐车的运行要求。

6.2.3 当厂房柱基和平台柱基与转炉基础相距很近，难以脱开布置时，可采用联合基础，将厂房柱、平台柱与转炉耳轴墩墙支承在同一基础底板上。

6.2.4 当有多座转炉连续并列布置且场地受限难以各自形成单独基础时，可将多座转炉基础底板连成整体采用联合筏板式基础。

6.3 地基基础计算

6.3.1 转炉基础设计时应考虑下列各类荷载和作用：

1 永久荷载，主要包括以下荷载：

1）基础自重及耳轴墩墙的保护设施自重。

2）炉体及附属设备自重。

3）转炉托圈温度变形产生的水平推力。

4）支承在转炉基础上的厂房柱、平台柱传来的永久荷载。

5）基础底板上的填土、地坪及地坪上的设施自重。

2 可变荷载，主要包括以下荷载：

1）炉中钢水和渣重。

2）正常冶炼设备动荷载：应取电动机启动、制动时的动荷载，应分别考虑转炉绕耳轴正向及反向转动两种情况。

3）钢水激振力：吹氧工作时的钢水扰动力，应考虑可沿耳轴标高处水平360°范围内任意方向作用。

4）顶渣荷载：清除炉口结渣时产生的动荷载，不得与炉中钢水荷载同时组合。

5）事故荷载：冻炉和塌炉时产生的动荷载。

6）支承在转炉基础上的厂房柱、平台柱传来的可变荷载。

7）钢包车、渣罐车荷载。钢包车、渣罐车内钢水和渣重与炉中钢水和渣重不同时参与组合。

3 地震作用，按本规范第6.3.7条的规定考虑。

6.3.2 转炉基础设计时，应按表6.3.2所列各种工况分别进行荷载效应的最不利组合。各种工况应考虑的荷载以及基本组合的荷载分项系数、可变荷载的准永久值系数及组合值系数应符合表6.3.2的规定。

表6.3.2 转炉基础各种工况的荷载组合表

工况	永久荷载					可变荷载					
	基础及其保护自重	炉体及附属设备自重	托圈水平推力	填土、地坪及其上设施自重	厂房、平台柱传来的永久荷载	钢水及渣重	正常操作动荷载	钢水激振力	顶渣动荷载	冻炉、塌炉动荷载	厂房柱、平台柱传来的可变荷载
正常冶炼	○	○	○	○	○	○	○	—	—	—	○
顶渣	○	○	○	○	○	—	—	—	○	—	○
吹氧	○	○	○	○	○	○	—	○	—	—	○
事故	○	○	○	○	○	○	—	—	—	○	○
基本组合的荷载分项系数	1.2					1.4	1.4	1.4	1.4	1.2	见表注3

续表 6.3.2

工　况	永久荷载					可变荷载					
	基础及其保护自重	炉体及附属设备自重	托圈水平推力	填土、地坪及其上设施自重	厂房、平台柱传来的永久荷载	钢水及渣重	正常操作动荷载	钢水激振力	顶渣动荷载	冻炉、塌炉动荷载	厂房柱、平台柱传来的可变荷载
可变荷载的准永久值系数	—					1.0	1.0	—			见表注3
可变荷载的组合值系数	—					1.0					见表注3

注：1　表中"○"为考虑，"—"为不考虑。
2　由永久荷载控制的组合，永久荷载的分项系数取1.35。
3　厂房柱、平台柱传来可变荷载的组合值系数、准永久值系数及基本组合的分项系数按现行国家标准《建筑结构荷载规范》GB 50009取值。

6.3.3　转炉基础设计时，所采用的荷载效应最不利组合与相应的抗力限值应符合下列规定：

1　按地基承载力确定转炉基础底面积或按单桩承载力确定桩数及其布置时，基础或承台底面上的荷载效应应按正常使用极限状态下荷载效应的标准组合，采用表6.3.2所列各种工况时的最不利组合值进行设计，并应满足本规范第3.6.4条的有关规定。采用天然地基或人工复合地基时，尚应符合下列规定：

1）正常冶炼工况时，基础边缘最小压力与最大压力的比值不应小于0.25。

2）其他工况时，基础底面不应出现零应力区。

2　在确定转炉基础底板厚度、基础各部位截面尺寸，计算配筋和验算材料强度时，应按本规范第3.6.7条的规定，按承载能力极限状态下荷载效应的基本组合，采用相应的分项系数，按表6.3.2所列各种工况中的最不利组合值进行设计。

3　转炉基础的地基变形计算应按本规范第3.6.5条的规定，采用正常冶炼工况时正常使用极限状态下荷载效应的准永久组合。不考虑厂房柱传来的风、雪荷载。地基变形计算值应符合本规范第6.1.4条的规定。

6.3.4　转炉基础宜按弹性地基采用弹性理论分析或有限元分析确定其弹性应力分布，可根据应力图形的面积确定所需的配筋量和布置，并应按现行国家标准《混凝土结构设计规范》GB 50010的规定验算混凝土的强度。

6.3.5　当转炉基础底板刚度较大且具有实际工程经验时，可采用下列简化计算方法：

1　基底压力按直线分布。

2　转炉基础底板按倒置板计算。

3　转炉耳轴墩墙按偏心受压构件计算。

6.3.6　当多座连续并列布置的转炉采用联合筏板式基础时，基础筏板宜按弹性地基板计算。当同一筏板上的多座转炉分期建设时，应考虑预留空置部分的不利影响。

6.3.7　在抗震设防区的转炉基础应进行地震作用下的地基抗震承载力验算和基础截面抗震验算。抗震验算时，除应符合现行国家标准《构筑物抗震设计规范》GB 50191的相关规定外，尚应符合下列规定：

1　应考虑下列地震作用：

1）炉体及附属设备自重和炉中钢水及渣重由于地震产生的水平地震作用。

2）转炉耳轴墩墙的地面以上部分及其隔热保护设施的自重由于地震产生的水平地震作用。

3）支承在转炉基础上的厂房柱及平台柱传来的地震作用。

2　转炉基础可采用底部剪力法在两个主轴方向分别计算水平地震作用并进行抗震验算。

3　转炉基础抗震验算时，应分别按正常冶炼和吹氧两种工况进行荷载效应的地震组合，并采取最不利组合值。

4　采用天然地基的转炉基础，在地基抗震承载力验算时的荷载效应应采用地震作用效应和其他荷载效应的标准组合。

5　转炉基础截面抗震验算时，荷载效应应采用地震作用效应和其他荷载效应的基本组合。荷载分项系数和组合值系数取值应符合下列规定：

1）永久荷载以及炉中钢水和渣重荷载分项系数应采用1.2，但当荷载效应对结构构件承载能力有利时，应采用1.0。

2）水平地震作用的分项系数应采用1.3。

3）除炉中钢水和渣重外的可变荷载，分项系数应采用1.4，组合值系数应采用0.6。

6.4 构造要求

6.4.1 转炉基础的外形尺寸应满足工艺操作和设备布置要求，其截面与配筋应符合下列规定：

1 转炉基础底板的截面与配筋应按计算确定，并应满足本规范第3.3.18条规定的最小配筋率的要求。钢筋直径不宜小于20mm，间距不宜大于200mm；底板厚度不宜小于1000mm。

2 转炉耳轴墩墙的截面与配筋应按计算确定，并应满足本规范第3.3.18条规定的最小配筋率的要求。竖向钢筋直径不宜小于25mm，间距不宜大于200mm；横向构造钢筋直径宜取16mm～20mm，间距不大于200mm。当有实践经验时，墩墙的最小配筋率可适当降低。

6.4.2 应在每个转炉耳轴墩墙便于观测的位置设置永久沉降观测点。沉降观测点的构造和观测要求应符合本规范附录E的规定。

6.4.3 转炉基础及附属设施的下列部位应设置隔热保护措施：

1 转炉耳轴墩墙靠转炉侧及前、后侧表面。

2 转炉炉下钢水包车及渣罐车轨道基础和两轨道基础间的地坪。

6.4.4 在转炉炉体下方的钢水包车及渣罐车两轨道基础间应设置钢包事故坑，坑内应设置有效的排水设施，严禁坑内积水。

6.4.5 转炉基础和地坪的隔热保护措施可采用下列材料和构造（图6.4.5-1和图6.4.5-2）：

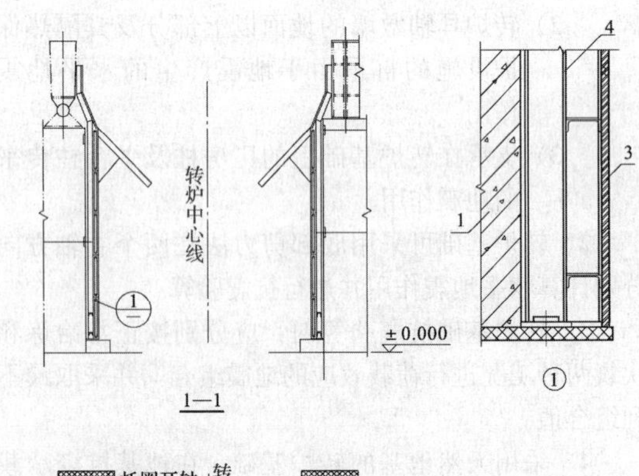

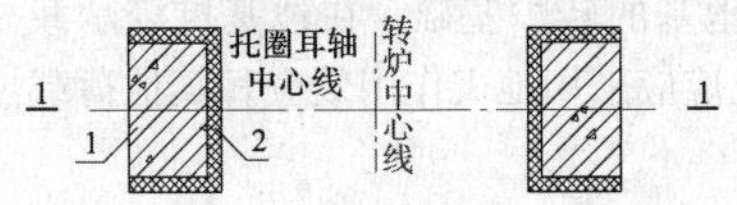

图6.4.5-1 转炉耳轴墩墙隔热保护示例图

1—墩墙；2—隔热保护层；3—铸铁板；4—钢结构骨架

1 转炉耳轴墩墙的隔热保护可采用铸铁挂板固定在钢结构骨架上，当采用螺栓固定铸铁挂板时，螺栓头不得高出板面。

2 转炉炉下钢水包车及渣罐车轨道基础顶面的隔热保护宜铺设耐火砖，轨道基础内侧面的隔热保护可采用铸铁板。

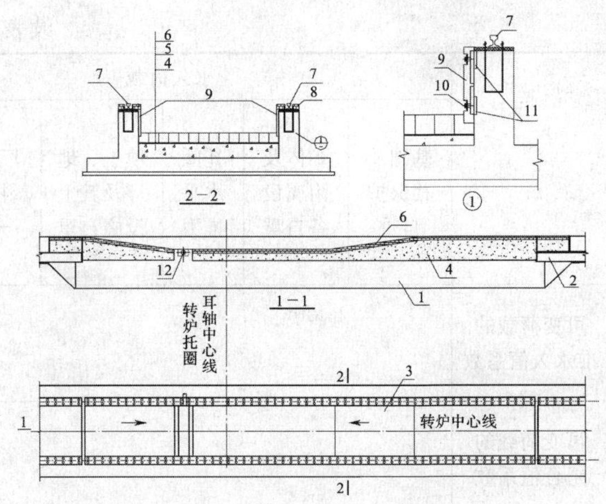

图6.4.5-2 钢水包车及渣罐车轨道基础保护示例图

1—转炉基础底板；2—转炉基础底板外轨道基础；3—钢包事故坑；4—耐热混凝土；5—水泥砂浆座浆（或砂垫层）；6—花岗岩（或耐火砖或铸铁板）；7—轨道；8—耐火砖；9—铸铁板；10—螺栓；11—预埋件；12—预留排水管

3 转炉炉下钢水包车及渣罐车两轨道基础间的地坪及钢包事故坑坑底可在耐热混凝土基层上铺设花岗岩或铸铁板或耐火砖隔热保护面层。当采用铸铁板或耐火砖时，在面层与基层间应铺设砂垫层，且要求板面平整，尽量减少缝隙；花岗岩面层和基层间可设座浆层或砂垫层。

7 电炉基础

7.1 一般规定

7.1.1 本章适用于公称容量70t及以上的高架式电炉的基础设计。

7.1.2 地基方案的确定应符合本规范第3.2.1条～第3.2.3条的规定，并优先考虑采用天然地基；当采用天然地基不满足要求时，应采用复合地基或桩基。

7.1.3 炉下钢水包车、渣罐车轨道基础宜采用与电炉基础相同的地基方案，并采用相同的地基持力层或桩端持力层。

7.1.4 电炉基础的地基变形计算值应符合下列规定：

1 基础平均沉降量不应大于150mm。

2 除工艺、设备有特殊要求外，基础倾斜不宜大于0.0005。

3 当电炉基础与厂房柱基、平台柱基采用联合基础时，地基变形尚应符合现行国家标准《建筑地基基础设计规范》GB 50007的有关规定。

7.2 基础布置

7.2.1 电炉基础宜采用钢筋混凝土高墩式结构。电炉倾动轨道、倾动缸、锁定装置及锁定装置液压缸、旋转台侧倾动装置等基墩宜坐落在同一刚性底板上。电炉基础与厂房柱基础和操作平台柱基础宜脱开布置。当场地受到限制，电炉基础与厂房柱基础和操作平台柱基础难以脱开布置时，可采用联合基础。

7.2.2 钢水包车、渣罐车轨道基础可置于电炉基础的底板上或与基础底板整浇。轨道基础在电炉基础底板边缘向外延伸处不宜设置永久变形缝。

7.2.3 当有多座电炉连续并排布置且场地受限时，可将多座电炉基础的底板连成整体，采用筏板式联合基础。

7.3 地基基础计算

7.3.1 电炉基础设计时应考虑下列各类荷载和作用：

1 永久荷载，主要包括以下荷载：

1）基础自重及保护设施自重。

2）电炉倾动轨道、倾动缸、锁定装置及锁定装置液压缸等附属设备自重。

3）基础底板上的填土、地坪及地坪上的设施自重。

4）支承在电炉基础上的厂房柱及平台柱传来的永久荷载。

2 可变荷载，主要包括以下荷载：

1）冶炼过程中炉体分别处于正常冶炼、出渣、出钢三种工位时的炉体和钢水、钢渣重。

2）炉体各种工位时附属设备相应的动荷载。

3）钢包车、渣罐车荷载。

4）支承在电炉基础上的厂房柱及平台柱传来的可变荷载。

3 地震作用，按本规范第7.3.7条的规定考虑。

7.3.2 电炉基础设计时，应按炉体正常冶炼、出渣、出钢三种工位分别进行荷载效应组合，并采用最不利组合值。每种工位应考虑炉体和炉中钢水及渣重、炉体及其附属设备相应的动荷载以及可能同时发生的不利可变荷载。

7.3.3 电炉基础设计时，所采用的荷载效应最不利组合与相应的抗力限值应符合下列规定：

1 按地基承载力确定电炉基础底面积或按单桩承载力确定桩数及其布置时，基础或承台底面上的荷载效应应按炉体各种工位时正常使用极限状态下荷载效应的标准组合，采用最不利组合值进行设计，并应满足本规范第3.6.4条的有关规定。采用天然地基或人工复合地基时，尚应符合下列规定：

1）正常操作冶炼工位时，基础底面边缘最小压力与最大压力的比值不应小于0.25。

2）其他工位时，基础底面不应出现零应力区。

2 在确定电炉基础底板厚度、基础各部位截面尺寸，计算配筋和验算材料强度时，应按本规范第3.6.7条的规定，按炉体各种工位时承载能力极限状态下荷载效应的基本组合，采用最不利组合值，并应符合现行国家标准《混凝土结构设计规范》GB 50010相应抗力的规定。永久荷载的分项系数应取1.2；对于由永久荷载控制的组合，永久荷载的分项系数应取1.35；可变荷载的分项系数应取1.4；设备动荷载的组合值系数应取1.0。

3 电炉基础地基变形计算应按炉体正常冶炼工位时，正常使用极限状态下荷载效应的准永久组合。不考虑厂房柱传来的风、雪荷载。炉体自重、炉中钢水及渣重以及设备动荷载的准永久值系数应取1.0。地基变形计算值应符合本规范第7.1.4条的规定。

7.3.4 电炉基础宜按弹性地基采用弹性理论分析或有限元分析确定其弹性应力分布，可根据应力图形的面积确定所需的配筋量和钢筋布置，并应按现行国家标准《混凝土结构设计规范》GB 50010的规定验算混凝土的强度。

7.3.5 当电炉基础底板刚度较大且具有实际工程经验时，可采用下列简化计算方法：

1 基底压力按直线分布。

2 电炉倾动轨道基础墩墙按偏心受压构件计算。

3 电炉基础底板按倒置板计算。

7.3.6 当多座连续并列布置的电炉采用筏板式联合基础时，基础筏板宜按弹性地基板计算。当同一筏板上的多座电炉分期建设时，应考虑预留空置部分的不利影响。

7.3.7 在抗震设防区的电炉基础应进行地震作用下的地基抗震承载力验算和基础截面抗震验算。抗震验算时，除应符合现行国家标准《构筑物抗震设计规范》GB 50191的有关规定外，尚应符合下列规定：

1 应考虑下列地震作用：

1）炉体及附属设备自重和炉中钢水及渣重由于地震产生的水平地震作用。

2）电炉倾动轨道基础墩墙的地面以上部分及其隔热保护设施的自重由于地震产生的水平地震作用。

3）支承在电炉基础上的厂房柱和平台柱传来的地震作用。

2 电炉基础可采用底部剪力法在两个主轴方向分别计算水平地震作用，并进行抗震验算。

3 电炉基础抗震验算时，应按正常冶炼工位进行荷载效应的地震组合。除永久荷载以及炉体自重、炉中钢水及渣重的荷载效应和地震作用效应组合不乘以组合值系数外，其余可变荷载效应和地震作用组合应乘以组合值系数0.8。

7.4 构造要求

7.4.1 电炉基础的外形尺寸应满足工艺操作和设备布置要求，其截面与配筋应符合下列规定：

1 底板厚度不宜小于1000mm；底板截面和配

筋应按计算确定，并应满足本规范第 3.3.18 条规定的最小配筋率要求。钢筋直径不宜小于 20mm，间距不宜大于 200mm。

2 电炉倾动轨道基础墩墙的截面与配筋应按计算确定，并应满足本规范第 3.3.18 条规定的最小配筋率要求。竖向钢筋直径不宜小于 20mm，间距不宜大于 200mm；横向构造钢筋直径宜取 16mm～20mm，间距不大于 200mm。

7.4.2 应在每个电炉倾动轨道基础墩墙便于观测的位置设置永久沉降观测点。沉降观测点的构造和观测要求应符合本规范附录 E 的规定。

7.4.3 电炉基础及附属设施的下列部位应设置隔热保护措施：

1 电炉倾动轨道基础墩墙靠电炉侧及前、后侧表面。

2 电炉炉下钢包车、渣罐车轨道基础及其通过地段的地坪。

3 热泼渣区基础及地坪。

4 挡渣墙表面。

7.4.4 电炉基础及附属设施的隔热保护措施可采用下列材料和构造：

1 电炉倾动轨道基础墩墙表面的隔热保护可采用栓挂铸铁板［图 7.4.4-1（a）］或贴砌耐火砖［图 7.4.4-1（b）］。

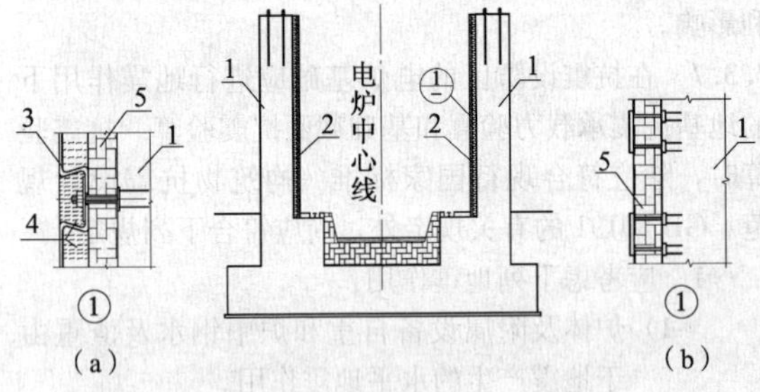

图 7.4.4-1　电炉倾动轨道基础隔热保护示例图

1—墩墙；2—隔热保护层；3—铸铁板；4—水玻璃耐热砂浆抹平；5—耐火砖

2 电炉炉下钢包车、渣罐车轨道基础及其通过地段的地坪可采用耐火砖铺砌的隔热保护层，在地坪的耐火砖上面应铺设不小于 100mm 厚的粗砂层（图 7.4.4-2）。

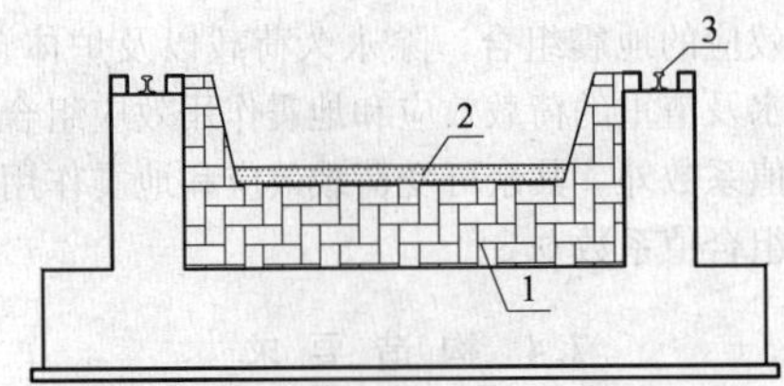

图7.4.4-2　钢包车、渣罐车轨道基础隔热保护示例图

1—耐火砖；2—粗砂；3—钢轨

3 热泼渣区基础及地坪的隔热保护可采用表面铺设铸铁板，其下铺设不小于 500mm 厚的夯实干渣层［图 7.4.4-3（a）］或卵石层［图 7.4.4-3（b）］。

4 挡渣墙的隔热保护可采用耐火砖砌筑底层，表面栓挂铸铁板的构造做法。铸铁板的锚栓宜采用埋头活螺栓［图 7.4.4-4（a）］；当墙体较厚时，也可采用埋头死螺栓［图 7.4.4-4（b）］。

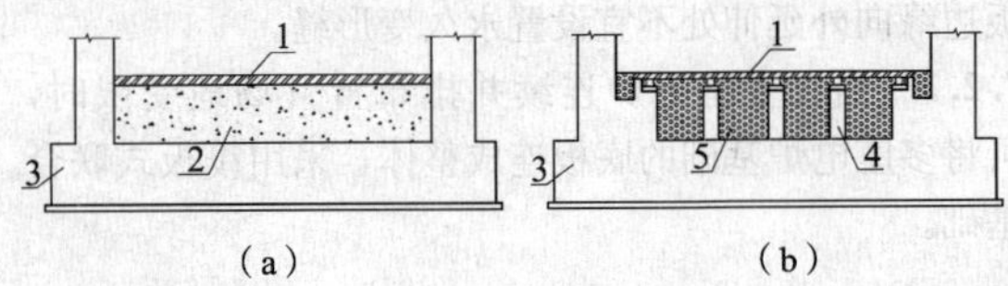

图 7.4.4-3　热泼渣区基础及地坪保护示例图

1—铸铁板；2—干渣夯实；3—基础；4—混凝土墩；5—卵石层（粒径 50mm～100mm，顶部为大块，底部粒径为 50mm）

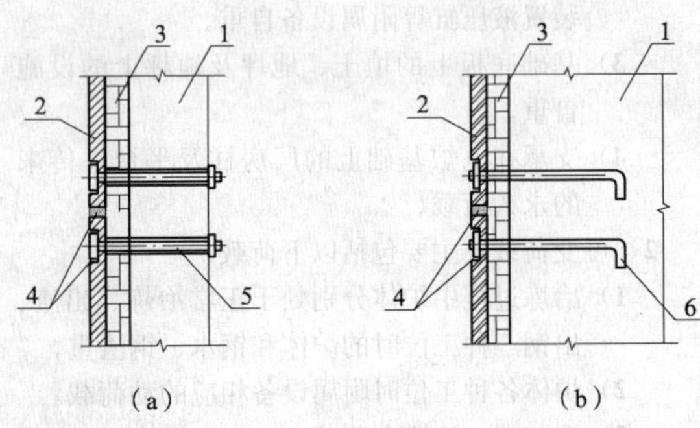

图 7.4.4-4　挡渣墙保护示例图

1—挡渣墙；2—铸铁板；3—耐火砖；4—耐热砂浆（安装后抹平）；5—活螺栓；6—死螺栓

8　连铸机基础

8.1　一般规定

8.1.1 本章适用于板坯连铸、方坯连铸、圆坯连铸等连铸线设备基础设计。

8.1.2 连铸机基础地基方案的确定应综合考虑本规范第 3.2.1 条规定的各项因素，必须满足地基承载力、变形和稳定性要求。

8.1.3 连铸机基础应视不同的地质条件和荷载情况，按下列规定选择持力层：

1 连铸机基础采用天然地基时，宜选择中密～密实的碎石土和砂土、硬塑黏性土或岩石作为持力层。

2 在能满足地基承载力和变形要求的情况下，可采用经地基处理后的土层作为基础持力层。

3 同一基础宜采用同一岩土层作为基础持力层。当采用桩基础时，宜采用同一桩型，并应选择同一岩土层作为桩端持力层。当同一基础下土层变化较大，无法采用同一持力层时，在满足承载力的前提下，可选用岩土参数相近的土层作为持力层，且应保证基础的沉降及差异沉降满足生产工艺和设备正常运转要求。

8.1.4 当连铸线较长，后区基础荷载较小，采用天然地基能满足承载力要求，且经计算基础地基变形满足设计要求时，可在主机区采用桩基，后区辊道采用天然地基。为保证主机区与后区基础沉降变形曲线的平缓和连续性，可在后区辊道基础与主机区基础相连接的适当范围设置沉降过渡段。

8.1.5 连铸机设备基础的地基变形除工艺、设备有特殊要求外，应符合下列规定：

1 基础的平均沉降量计算值不应大于150mm。

2 基础在垂直连铸线方向的倾斜计算值不宜大于0.0005。

3 基础沿连铸线方向的局部倾斜计算值不宜大于0.0005。

8.2 基 础 布 置

8.2.1 连铸机基础的布置和选型应遵照本规范第3.3.1条规定的原则。连铸基础的主机区即大包回转台、事故平台、扇形段二冷密闭室等基础的高耸部分在垂直铸流方向应尽可能对称布置。

8.2.2 连铸主机区的基础布置和形式应符合下列规定：

1 连铸机主机区基础宜采用筏板式联合整体基础，大包回转台、事故平台、扇形段二冷密闭室宜设在同一个整体筏板基础上。

2 大包回转台应采用钢筋混凝土墙体或墩墙支承，大包回转台的支承墙体和墩墙在满足工艺、设备要求的基础上，应尽可能保证墙体的完整性。

3 事故平台宜采用钢筋混凝土墙体支承。当荷载较小时，也可采用钢筋混凝土框架支承。

4 扇形段二冷密闭室侧墙当采用钢筋混凝土墙体时，可兼作抽出导轨、连铸平台的支承结构。当抽出导轨支架及连铸平台采用钢结构时，应按现行国家标准《钢结构设计规范》GB 50017的有关规定进行设计，且应保证支承体系有足够的刚度。

8.2.3 连铸机后区线上基础包括辊道及冲渣沟基础，切割机、去毛刺机、堆垛机、推钢机、在线修磨、横移台车等设备基础，宜连成整体，采用筏板式联合基础。

8.3 地基基础计算

8.3.1 连铸机基础设计时，应考虑表8.3.1所列的各类荷载和作用。

8.3.2 连铸机基础设计时，应区分下列各种工况，分别按设计规定的极限状态进行相应的荷载效应组合，并采用最不利组合值：

1 施工、安装和大修工况。

2 生产（运行）中的正常操作工况（正常工况）。

3 生产（运行）中的检修工况（正常工况）。

4 生产（运行）中的特殊工况。

5 地震作用。

6 连铸机基础在不同工况时的不同极限状态下荷载效应的不同组合应考虑的荷载以及可变荷载的组合值系数、准永久值系数、基本组合的荷载分项系数的取值应符合表8.3.2的规定。

表8.3.1 连铸线设备基础荷载

作用部位	大包回转台	事故平台	扇形段二冷室	切割机	后区线上设备基础
永久荷载	1. 回转台、传动设备、液压设备、中包烘烤装置等设备自重； 2. 基础结构自重、基础隔热保护层、悬挂轨道、砖墙等附属结构； 3. 连铸平台、操作平台、结晶器平台等平台传来永久荷载； 4. 管线及其支架等零星设施自重	1. 事故包及其他零星设备自重； 2. 基础及平台结构自重、基础隔热保护层、悬挂轨道、砖墙、梯子栏杆等附属结构自重； 3. 操作平台、管线、溢流槽及其支架、悬挂轨道等零星设施自重	1. 扇形段支撑框架、抽出导轨、驱动装置、结晶器、引锭杆、拉矫机及其他零星设备自重； 2. 二冷密闭室墙体、设备基础平台及底板、冲渣沟、砖墙等零星设施自重； 3. 连铸平台、二冷密闭室顶板、操作平台、结晶器平台等传来的永久荷载； 4. 管线及其支架、梯子栏杆自重	1. 切割机平台支柱、切头去尾收集装置、收集料斗、辊道设备及其他零星设备永久荷载； 2. 设备基础自重，冲渣沟、梯子、栏杆、管线、过桥等零星设施自重； 3. 地下部分结构土压力	1. 辊道设备、去毛刺机、毛刺运出辊道、去毛刺辊道、推钢机、堆垛机、渣斗及其他零星设备自重； 2. 基础自重：包括基础结构自重、冲渣沟等； 3. 零星设施：包括管线、盖板、梯子、栏杆、过桥等； 4. 土压力

续表 8.3.1

作用部位		大包回转台	事故平台	扇形段二冷室	切割机	后区线上设备基础
可变荷载	正常工况	1. 回转台回转、启动、制动荷载，取放钢包的冲击荷载； 2. 传动、液压等设备动荷载； 3. 中间包车、中包烘烤、溢流罐、溢流槽、渣罐、钢水罐动荷载； 4. 基础各层平台，连铸平台、操作平台、结晶器平台传来的活荷载； 5. 管线等零星设施操作或运行动荷载； 6. 安装检修活荷载	1. 事故平台、操作平台活荷载； 2. 事故流槽、悬挂吊车、管线及其他附属设施操作或运行活荷载； 3. 安装检修活荷载	1. 设备动荷载； 2. 设备操作和运转动荷载； 3. 冷却水、钢坯等物料动荷载； 4. 连铸平台、操作平台、结晶器平台、密闭室顶板传来的活荷载； 零星设施的运行或操作荷载； 5. 安装检修活荷载	1. 设备动荷载； 2. 设备操作和运转动荷载； 3. 冷却水、钢坯等物料动荷载； 4. 零星设施的运行或操作荷载； 5. 安装检修活荷载	1. 设备动荷载； 2. 设备的操作和运转动荷载； 3. 冷却水、钢坯等物料动荷载； 4. 零星设施的运行或操作荷载； 5. 安装检修活荷载； 6. 辊道、地下沟、坑等的地下水压力
	特殊工况	1. 因操作不当或设备故障或设备、铸件损坏引起的常见事故或异常状况时的荷载； 2. 设备峰值动荷载				
地震作用		按本规范第 8.3.8 条的规定执行				

表 8.3.2 连铸基础各种工况的荷载组合表

组合	工况		永久荷载	正常工况可变荷载					特殊工况可变荷载
				设备操作和运转荷载	平台及地坪活荷载		零星设施正常运转活荷载	吊车荷载	
					操作	检修			
正常使用极限状态下的标准组合	正常工况	正常操作	○	○	○	—	○	○	—
		检修	○	—	—	○	△	○	—
	特殊工况	事故或尖峰荷载	○	△	○	—	△	○	○
正常使用极限状态下的准永久组合		正常操作	○	○	○	—	△	—	—
承载能力极限状态下的基本组合	正常工况	正常操作	○	○	○	—	○	○	—
		检修	○	—	—	○	○	○	—
	特殊工况	事故或尖峰荷载	○	△	○	—	△	○	○
可变荷载的组合值系数			—	1.0	0.7	0.7	1.0	0.7	1.0
可变荷载的准永久值系数			—	1.0	0.5	—	0.5	—	—
基本组合的荷载分项系数			1.2	1.4	1.4（1.3）		1.4	1.4	1.2

注：1 表中“○”为应考虑，“—”为不考虑，“△”为与其他可变荷载具有同时发生的可能性时，应考虑，当不具有同时发生的可能性时，不考虑。

2 由永久荷载控制的组合，永久荷载的分项系数应取 1.35。

3 施工、安装或大修应根据实施方案按实际情况进行荷载组合。

4 平台及地坪活荷载当大于 $4kN/m^2$ 时，分项系数应取 1.3（括号中的值）。

8.3.3 特殊工况的荷载组合，应根据事故发生的各种可能情况，按最不利情况考虑，在采用尖峰荷载的特殊工况组合中，当尖峰荷载已包含设备静载、正常运转动荷载、事故荷载时，不得重复计算这些荷载的效应。

8.3.4 按地基承载力确定连铸机基础的底面积或按单桩承载力确定桩数及其布置时，应分别按正常工况和特殊工况，采用正常使用极限状态下的标准组合，并满足本规范第 3.6.4 条的有关规定。当连铸机主机区基础采用天然地基或人工复合地基时，基础底面边缘的最小压力值与最大压力值的比值，尚应符合下列规定：

1 正常工况时不应小于0.25。

2 特殊工况时不应小于0.10。

8.3.5 在确定连铸机基础或桩承台高度、基础各部位结构内力和配筋及验算材料强度时，应按本规范第3.6.7条的规定，采用各种工况时的承载能力极限状态下荷载效应的基本组合，并采用相应的分项系数。

8.3.6 连铸机基础的地基变形计算应符合下列规定：

1 计算连铸机基础的地基变形应按本规范第3.6.5条的规定，采用正常操作工况时正常使用极限状态下荷载效应的准永久组合。

2 地基变形计算时，应考虑相邻基础和荷载的影响。

3 主机区基础的地基变形计算宜考虑基础刚度的影响。

4 地基变形计算应计算基础的沉降、倾斜或局部倾斜。地基变形计算值应满足本规范第8.1.5条的规定。

5 下列情况可不进行基础变形计算：

1）当具有该地区同类工程成熟经验可供借鉴时。

2）当地基持力层为中风化或微风化基岩时。

8.3.7 对承受较大水平荷载的推钢机、缓冲器等基础应进行基础抗倾覆和抗滑移稳定性验算。对基底处于地下水位以下的坑式或箱体基础尚应进行基础抗浮验算，并应符合本规范第3.3.6条的规定。

8.3.8 在抗震设防区，对大包回转台和扇形段密闭室墙体等高耸构筑物，应按现行国家标准《构筑物抗震设计规范》GB 50191规定的乙类构筑物进行抗震计算，并采取相应的抗震措施。对于联合基础，计算时应考虑连铸平台等相关部分传来的地震荷载。

8.3.9 连铸主机区基础的计算方法和计算模型的选择应符合下列规定：

1 大包回转台及其支承墙体宜采用弹性理论分析或有限元及其他数值分析方法进行计算。事故平台、扇形段二冷密闭室墙体及主机区基础筏板式底板宜采用弹性理论分析或有限元分析确定其弹性应力分布。

2 当具有工程经验时，连铸机主机区基础底板、事故平台、扇形段二冷密闭室墙体等可采用下列简化计算方法：

1）事故平台当采用钢筋混凝土梁板结构时可按梁板进行计算。当采用墙体支承厚板时，可根据具体情况采用截条法按刚架计算，或按单向或双向板、无梁楼盖等方法进行简化计算。

2）扇形段二冷密闭室墙体的水平承载力可按悬臂结构计算，当墙体与连铸平台梁板间有可靠连接时，可按框架-剪力墙结构的剪力墙计算。

3）主机区基础底板宜按弹性地基上的筏板模型进行计算，当为桩基时，可假定基桩为弹性支点。

8.4 构 造 要 求

8.4.1 基础变形缝的设置应符合本规范第3.3.12条的规定，并应符合下列规定：

1 连铸线设备基础的永久变形缝的设置应满足设备机组正常运转和正常使用要求，并应综合考虑基础布置、结构形式、刚度变化、地基方案及地下水条件确定。

2 对与连铸平台相连的连铸机基础，当平台和连铸机基础总宽度大于55m时，应在平台适当位置设置伸缩缝，伸缩缝最大间距应满足本规范表3.3.12的要求。

3 与连铸线基础、地下室外壁等相接的电缆隧道、管廊、冲渣沟、地沟等，宜在距基础或地下室外壁表面不小于300mm处设置变形缝，并应考虑电缆隧道、管廊、冲渣沟、地沟等与主体基础或地下室间差异沉降的不利影响，采取相应的防止措施。

4 当连铸基础地下部分不设伸缩缝时应按本规范第3.3.12条的规定采取相应措施。

8.4.2 基础局部构造尺寸除应符合本规范第3.3.8条的规定外，尚应符合下列规定：

1 基础底板、墙，高架基础平台梁、板等的几何尺寸除应满足强度和刚度的要求外，尚应满足预埋件锚筋、地脚螺栓锚固长度的要求。若不能满足上述锚固长度要求时，可采用整体或局部加厚处理。

2 连铸机基础、地下液压站、电气室、水阀站等的楼梯和通道的设置和尺寸应符合现行国家标准《钢铁冶金企业设计防火规范》GB 50414的相关规定。

3 大包回转台的支承墙体厚度不宜小于800mm，事故平台的支承墙体厚度不宜小于300mm，双流板坯连铸机扇形段铸流外侧墙厚不宜小于600mm，中间墙厚不宜小于400mm。

4 主机区墙体在满足工艺、设备专业要求的前提下，应尽量保证墙体的完整性，工艺开洞宜采用开多个小洞口代替开大洞口，在墙体转角、交叉和边缘位置不宜设置洞口。

5 在墙体边缘、转角、刚度突变以及洞口边长或直径大于600mm的工艺开洞等处宜设置暗柱、暗梁等边缘构件。当墙厚小于500mm时，边缘构件的截面高度不宜小于500mm；当墙厚为500mm～1000mm时，边缘构件的截面高度不宜小于墙厚；当墙厚大于1000mm时，边缘构件的截面高度不宜小于1000mm。

6 连铸主机区基础底板厚度不宜小于 1000mm，后区基础底板厚度不宜小于 600mm。

7 连铸主机区基础底板下有管廊、电缆隧道等穿过时，应避开大包回转台支承墙体；对其他承重墙体，宜尽量避开，当必须穿越时，应尽可能垂直穿越。管廊、隧道的壁厚不宜小于 600mm。

8.4.3 连铸机基础结构构件的配筋应根据计算确定，除应符合本规范第 3.3.18 条的规定外，尚应符合下列规定：

1 主机区基础底板钢筋直径不宜小于 20mm，后区和线外基础底板钢筋直径不宜小于 16mm，底板钢筋间距不宜大于 200mm。

2 主机区墙体钢筋直径不宜小于 20mm，非抗震设防区墙体配筋应符合现行国家标准《混凝土结构设计规范》GB 50010 的有关规定，抗震设防区墙体及其边缘构件应符合《构筑物抗震设计规范》GB 50191 的规定。

3 大包回转台及其支承墩墙的截面配筋应满足本规范第 3.3.18 条规定的最小配筋率要求，且应符合下列构造规定：

1）墩墙的竖向钢筋直径不宜小于 20mm，间距不宜大于 200mm；横向构造钢筋直径宜取 16mm～20mm，间距不大于 200mm，墩墙应设水平拉结筋，直径宜取 8mm～14mm，间距不宜大于 600mm。

2）回转台钢筋直径不宜小于 22mm，间距不宜大于 150mm。

8.4.4 连铸机基础沉降观测点的设置和观测要求应符合本规范附录 E 的规定。

9 加热炉及热处理炉基础

9.1 一般规定

9.1.1 本章适用于钢铁企业下列加热炉及热处理炉基础的设计：

1 加热炉：推钢式加热炉、步进式加热炉、环形加热炉。

2 热处理炉：台车式炉、罩式炉、辊底式炉。

9.1.2 加热炉、热处理炉基础应按本规范第 3.2.2 条的规定优先采用天然地基方案。

9.1.3 同一加热炉、热处理炉基础或多座炉连排式布置的联合基础宜坐落在同一土层或性状相近的土层上；当采用桩基时宜选用同一层岩土层作为桩端持力层。

9.1.4 除工艺、设备有特殊要求外，加热炉及热处理炉基础的地基变形计算值应符合下列规定：

1 加热炉及热处理炉基础的平均沉降量计算值不应大于 100mm，基础倾斜计算值不宜大于 0.0005。

2 当加热炉或热处理炉基础与厂房柱基采用联合整体基础时，此联合基础的沉降及与相邻柱基的沉降差尚应满足现行国家标准《建筑地基基础设计规范》GB 50007 的相关要求。

9.2 基础布置

9.2.1 加热炉、热处理炉基础结构的平面和竖向布置及其净空尺寸应满足生产操作、设备安装和维护的要求。

9.2.2 加热炉及热处理炉宜采用筏板式基础或由筏板式底板和挡土侧壁组成的地坑式基础。各类加热炉和热处理炉的基础形式可分别按下列规定采用：

1 推钢式加热炉基础、步进式加热炉基础宜采用坑式整体基础。

2 环形加热炉基础结构形式可分为坑式及高架式。坑式大型环形加热炉基础宜采用环形筏板；当基础直径较小时，可采用圆形筏板。环形加热炉基础伸缩缝的留设应与设备相协调。对于高架式基础，当其上部的顶板、立柱留设伸缩缝时，下部的环形筏板或环形地梁可不设伸缩缝。

3 台车式炉基础宜采用筏板式、地基梁式或底板加侧壁式等形式。

4 罩式炉基础可采用坑式或筏板式。

5 辊底式炉基础可采用坑道式基础。

9.2.3 连续生产线上多座连排式加热炉基础宜采用联合整体基础，宜与毗连的加热炉地下液压站等地下结构以及厂房柱基连成整体。

9.3 地基基础计算

9.3.1 加热炉和热处理炉基础计算时，应按炉类别分别考虑下列荷载和作用：

1 加热炉基础应考虑以下荷载：

1）永久荷载，应包括炉体设备自重（包括炉膛自重、炉体工艺钢结构及附属设备自重等）、炉体框架传来的水平荷载及弯矩、基础结构自重、土压力，以及当与厂房柱基础或其他基础形成联合基础时，由厂房柱或其他结构传来的永久荷载等。

2）可变荷载，应包括炉料荷载，设备运行荷载，各层操作平台传来的操作、检修荷载，地坪堆载，地下水压力，以及当与厂房柱基础或其他基础形成联合基础时，由厂房柱或其他结构传来的风荷载、雪荷载、吊车荷载、活荷载等可变荷载。

2 台车式炉基础应考虑以下荷载：

1）永久荷载，应包括炉体（加热室）、行走机构等设备自重，基础自重，土压力等。

2）可变荷载，应包括移动台车及料重、设备运行荷载、安装检修荷载、操作荷载、地下水压力等。

3 罩式炉基础应考虑以下荷载：

1）永久荷载，应包括基础自重、土压力等。

2）可变荷载，应包括设备运行荷载（包括炉料、外罩、内罩等荷载）、安装检修荷载、操作荷载、地下水压力等。

4 辊底式炉基础应考虑以下荷载：

1）永久荷载，应包括炉体设备自重、基础自重、土压力等。

2）可变荷载，应包括炉料荷载、设备运行荷载、安装检修荷载、操作荷载、地下水压力等。

9.3.2 加热炉和热处理炉基础应按本规范第3.6.3条规定的各种工况分别进行规定类别的极限状态设计，对所考虑的极限状态进行相应的荷载效应组合，并采用最不利组合值。其中的大修工况应按工程采用的大修方案考虑。当连续并列布置多台加热炉、采用联合整体基础并分期建设时，应考虑预留加热炉空置时的不利工况。

9.3.3 加热炉和热处理炉基础应根据不同设计要求，分别按本规范第3.6.4条、第3.6.7条和第3.6.8条的规定进行荷载效应组合，并满足相应的抗力或规定的限值。对于步进式加热炉的炉料荷载，应按步进梁受荷和固定梁受荷两种工位分别组合。

9.3.4 加热炉基础和热处理炉基础应按本规范第3.6.5条的规定进行地基变形计算，地基变形的计算值应满足本规范第9.1.4条的规定。当具有该地区同类工程成熟经验可供借鉴时，可不进行地基变形计算。

9.3.5 当加热炉或热处理炉基础承受地下水浮力时，应按本规范第3.6.6条的规定进行抗浮稳定性验算。当基础抗浮稳定性不满足规定时，可采取下列措施：

1 增大基础截面尺寸。

2 增大基础底板尺寸，即设置外伸底板，利用外伸板上的土重增加抗浮力。

3 基底设置抗浮锚索（杆）、锚桩。

4 当有自流条件时，可考虑设置外渗排水措施，以降低地下水位。

9.3.6 加热炉或热处理炉基础中的构件，如炉墙基础、炉体钢结构立柱基础、炉底机械基础、炉间平台柱基础等均应按照现行国家标准《混凝土结构设计规范》GB 50010进行承载能力极限状态及必要的正常使用极限状态设计。

9.3.7 坑式环形加热炉基础的底板宜按搁置在弹性地基上的环形板或圆形板计算。高架式环行加热炉基础顶板和支柱可按环向和径向框架计算，基础底板可按弹性地基上的环形板或梁计算。采用简化计算时，地基压力可按直线分布考虑。

9.3.8 筏板式基础宜按搁置在弹性地基上的筏板计算。

9.3.9 坑式加热炉基础计算时应按下列规定执行：

1 基础底板计算时应考虑侧壁传来的垂直荷载及弯矩、底板上的设备和操作荷载、支承上部设备和结构的立柱集中荷载及地下水压力（当基础位于地下水位以下时），宜按自由搁置在弹性地基上的板进行结构分析，并进行底板抗弯、抗剪、冲切、局部受压等承载力验算。

2 侧壁计算时应考虑土压力、地下水压力（基础位于地下水位以下部分）和地面超载产生的侧压力及侧壁顶部荷载，宜按下部嵌固的混凝土悬臂板计算。

9.3.10 当多座加热炉或加热炉与地下液压站、电气室地下室等采用联合整体基础时，可按下列原则计算：

1 根据工艺布置情况，将基础竖壁视为顶端无支承、下端与底板固接的悬臂板；当竖壁顶端设置抗侧力水平梁或与箱体顶板相接时，可按顶端铰接、下端与底板固接的板计算。

2 基础底板可按自由搁置在弹性地基上的板计算。

3 加热炉的箱体式基础部分，其顶板应充分考虑开孔和荷载分布的变化，其内力计算应按实际结构体系和布置，采用荷载效应的最不利组合，确有经验时也可按连续单向板或双向板、无梁楼盖、连续梁等进行简化计算。

9.3.11 对于承受较大水平往复荷载作用的步进梁平移缸及类似设备基础，应具有足够的刚度和承载能力。确定其配筋和验算混凝土强度时，应考虑疲劳影响。

9.3.12 当加热炉和热处理炉基础考虑温度作用时，应按荷载效应和温度作用效应的标准组合验算基础混凝土的压应力、钢筋的拉应力，并应符合现行国家标准《烟囱设计规范》GB 50051对钢筋混凝土在荷载和温度作用下混凝土、钢筋抗力的相关规定。

9.4 构造要求

9.4.1 同一座加热炉、热处理炉基础或同一联合整体加热炉基础不宜设置伸缩缝或沉降缝。当前、后辊道基础与加热炉基础间设置伸缩缝或沉降缝时，其差异沉降不得影响加热件进、出炉正常运行。

9.4.2 当加热炉、热处理炉基础长度超过本规范表3.3.12的规定而未设伸缩缝时，应采取适当加强配筋、加密钢筋间距、设置后浇带等措施或采用跳仓法施工，施工期间尚应采取温度收缩裂缝控制措施，防止基础产生有害裂缝。

9.4.3 与加热炉、热处理炉基础相接的电缆隧道、管廊、电缆沟、管沟等宜在距炉基础不小于300mm处设置伸缩缝或后浇带。设置伸缩缝时，应考虑差异沉降的影响，并采取相应防止措施。

9.4.4 当加热炉、热处理炉基底位于地下水位以下时，应按本规范第3.3.11条规定的防水设计原则，采取本规范附录C规定的防水分区确定相应防水方案和措施，以保证正常生产和安全操作。无论采用防水或渗排水方案，均应在炉坑内设置内排水沟及集水井等辅助的内排水措施。

9.4.5 加热炉、热处理炉基础应尽可能避免在外侧墙穿出管线或预留孔槽，严禁后期开槽。当必须穿出管线时，应按本规范第3.3.13条的规定采取相应措施防止管线损坏或渗漏水。

9.4.6 加热炉、热处理炉基础的构造尺寸除应符合本规范第3.3.8条的规定外，尚应符合下列规定：

1 步进式加热炉基础底板厚度不宜小于800mm。

2 环形加热炉基础底板和外壁厚度不应小于300mm，支墩截面边长不应小于400mm。

3 罩式炉基础底板厚度不宜小于600mm。

4 辊底式炉基础底板的厚度不应小于600mm，侧壁的厚度不应小于300mm。

5 当基础底板上埋设地脚螺栓时，底板厚度尚应满足地脚螺栓埋置深度要求，地脚螺栓下端至底板底面距离不应小于100mm。

9.4.7 加热炉、热处理炉基础的配筋应符合本规范第3.3.18条的规定，并应符合下列规定：

1 基础底板的顶面和底面，侧壁的内、外面及箱体顶板的上、下面宜通长配置双向钢筋网。

2 基础底板和侧墙当考虑工作环境温度影响时，其配筋应按计算确定，且不得小于构造配筋。其构造钢筋直径宜比本规范表3.3.18-1和表3.3.18-2规定的直径提高一级及以上，钢筋间距不得大于150mm。

9.4.8 加热炉、热处理炉炉坑出入口侧壁顶端、操作平台、安装孔等处，应根据具体情况按本规范第3.3.14条的规定设置安全栏杆。

9.4.9 炉坑基础外墙顶部宜设置通长的构造暗梁，暗梁的宽度宜与墙相同，梁高宜取1.5倍梁宽且不应小于顶板的厚度，其纵向钢筋直径不应小于外墙水平钢筋，间距不宜大于150mm，箍筋直径不应小于8mm，间距不应大于200mm。当炉坑较小、外墙顶部不设置通长暗梁时，应在墙顶面按本规范第3.3.18条的规定配置纵向通长构造钢筋。

9.4.10 加热炉、热处理炉基础应在炉坑四角设置沉降观测点，当炉坑较长时，尚应在炉坑两侧增设沉降观测点。沉降观测点的设置和观测要求应符合本规范附录E的规定。

10 轧钢设备基础

10.1 一般规定

10.1.1 本章适用于钢铁企业的热轧、冷轧、轧管、型材等轧钢车间的轧制生产线和辅助生产线的设备基础设计。其中，加热炉和热处理炉基础设计应符合本规范第9章的规定。

10.1.2 轧钢设备基础地基方案的选择应符合本规范第3.2节的有关规定。

10.1.3 同一连续生产线上的轧钢设备基础与加热炉、热处理炉基础宜采用相同的地基方案。

10.1.4 轧钢设备基础的地基变形计算值应符合下列规定：

1 除工艺、设备专业有特殊要求外，轧钢设备基础的平均沉降量计算值不应大于100mm；基础倾斜计算值不宜大于0.0005；连续轧线的局部倾斜计算值不宜大于0.0005。

2 设备基础与厂房柱基采用联合整体基础时，联合基础的沉降及与相邻柱基的沉降差尚应满足现行国家标准《建筑地基基础设计规范》GB 50007的有关要求。

10.2 基础布置

10.2.1 轧钢设备基础的布置应根据生产工艺特点、设备类型、设备对基础的要求、荷载情况、工程地质及水文地质条件、与毗邻的建（构）筑物基础的关系等因素综合确定，除应符合本规范第3.3节相关条文的规定外，尚应符合下列规定：

1 轧机及其传动设备以及直接影响轧机正常运行的推床、升降台架等相关设备宜设在同一个整体基础上。

2 多机架连轧机组应设在同一个整体基础上。

3 轧机、穿孔机等有较大振动荷载的设备基础应有足够的质量和刚度。

4 设备基础应根据设备布置、管线布置等条件合理布置墙、柱、支墩、梁等结构构件，并应使结构具有足够的强度和刚度。

5 磨床等对外部振动较敏感的设备，其基础设计应采取隔震等措施减小外部振动的影响。

10.2.2 热轧设备基础形式应符合下列规定：

1 热连轧主轧线或中厚板主轧线所有设备机组及与设备基础毗连的地下室、电缆隧道、管廊等宜采用连续箱体基础，箱体基础纵、横方向均应有足够的刚度，并应在粗轧、精轧、卷取机组等部位设置大块实体或墩墙，直接将设备荷载传递到基础底板上。

2 横切机组和纵切机组设备基础宜采用坑式与筏板式相结合的形式。

3 平整机组宜采用坑式基础。

10.2.3 冷轧设备基础形式应符合下列规定：

1 入口步进梁、开卷机、拉矫机宜采用坑式基础。

2 酸洗机组活套、酸槽工艺段设备基础通常与地下室联合，宜采用筏板支承的框架式或框剪式基础，焊机基础采用大块式基础。

3 轧机设备基础结构形式宜采用大块式与箱体结合的联合基础，轧机荷载通过支墩墙体传递到基础底板上。

4 热镀锌及连续退火设备基础：立式活套宜采用坑式基础，炉段宜采用筏板式基础，锌锅区域宜采用箱体基础。

10.2.4 轧管设备基础形式应符合下列规定：

1 主轧线设备基础的结构形式应与工艺设备采用的高架式或地面布置形式相适应。

2 主轧线采用地面布置形式时，穿孔机、轧机、定径机等主要设备基础应采用大块式基础，中间辊道等可采用条形基础或沟道式基础。

3 主轧线采用高架布置形式时，轧线基础宜以高架平台的框架或框架-剪力墙结构形式为主，在穿孔机、轧机、定径机等主要设备部位宜采用大块式基础直接坐落在地基上或支撑在桩基上。

10.2.5 型材设备基础形式应符合下列规定：

1 型材主轧线设备基础应根据工艺设备的布置形式（高架布置或地面布置）采用相应的高架或地面布置的结构形式。

2 线材轧机基础以高架平台的框架或剪力墙结构形式为主，但在轧机、齿轮机等部位宜采用大块式基础。

3 棒材轧机基础以大块式或大块式与墙式（或箱体）相结合的形式为主，纵、横墙体的分布应使基础具有足够的整体刚度。也可根据工艺要求采用高架平台的框架或剪力墙结构形式。

4 平、立交替布置的连轧机组应采用整体筏板式基础，筏板上由立柱和柱顶悬臂段构成的立式轧机基础应具有足够的刚度和抗扭性能。

5 小型轧机基础可采用长条形块体基础，并在基础上开槽形成冲渣沟。

6 轨梁轧机基础应采用大块式基础。

10.2.6 冷床、台架基础宜采用钢筋混凝土柱墩式结构。柱墩的基础可采用钢筋混凝土筏板基础、条形基础或扩展基础。

10.2.7 推钢机基础应采用大块式基础，宜与辊道或其他基础连成整体。

10.2.8 剪断机、矫直机等基础宜采用大块式或墙式基础。热锯机宜采用板式基础。

10.2.9 辊道基础宜采用墙式基础或条形基础，对多排并列的辊道基础可采用框架式基础。

10.3 荷载及其组合

10.3.1 轧钢设备基础设计应考虑下列荷载和作用：

1 永久荷载，应包括设备自重、基础自重、基础上的土重、土压力、平台或厂房柱传来的永久荷载等。

2 可变荷载，应包括正常操作荷载，事故荷载，平台、地面均布活荷载等。

3 其他荷载和作用应包括温度作用、地震作用等。

10.3.2 设备正常操作荷载、事故荷载标准值应采用设备专业提供的当量荷载值。设备专业对轧制设备当量荷载的计算除有专门标准规定外，可按本规范附录B的规定确定。

10.3.3 设备基础的荷载效应应采用各种工况下的最不利组合，参加同一种组合的荷载必须具有同时发生的可能性。轧钢设备基础荷载效应应按表10.3.3-1进行组合。可变荷载的组合值系数、准永久值系数应按表10.3.3-2取值。

表 10.3.3-1 轧钢设备基础荷载组合表

组合类别	工况	永久荷载	可变荷载			
			正常操作荷载	事故荷载	平台、地面均布活荷载	其他活荷载
承载能力极限状态的基本组合	正常操作	○	○	—	○	△
	事故状态	○	△	○	○	△
	安装、检修	○	—	—	○	△
正常使用极限状态的标准组合	正常操作	○	○	—	○	△
	事故状态	○	△	○	○	△
正常使用极限状态的准永久组合	正常操作	○	○	—	○	△

注：1 表中“○”为应考虑，“—”为不考虑，“△”为与其他可变荷载具有同时发生的可能性时，应考虑，当不具有同时发生的可能性时，不考虑。

2 在设备占有的范围内，不应考虑平台、地面均布活荷载。

表 10.3.3-2 可变荷载组合值系数、准永久值系数表

荷载类别		组合值系数	准永久值系数
正常操作荷载		1.0	1.0
事故荷载	对同一机组设备基础，当在同一时间仅可能发生一种事故时	1.0	0
	对同一机组设备基础，当可能同时发生两种或多种事故时	1.0 (0.7)	0

续表 10.3.3-2

荷载类别		组合值系数	准永久值系数
平台、地面均布活荷载	备品备件荷载	0.9	0.8
	其他均布活荷载	0.7	0.5
其他活荷载（如厂房柱等传来的可变荷载等）		按现行国家标准《建筑结构荷载规范》GB 50009 的规定执行	

注：1 轧机基础的事故荷载组合及组合值系数见本规范第 10.3.5 条。

2 对同一机组设备基础，当可能同时发生两种或多种事故时，事故荷载的组合值系数，对第一种事故荷载取 1.0，对第二种及第三种事故荷载取 0.7，并依次调换组合值系数，取其最不利的组合。但本规范第 10.3.5 条有特别规定的组合值系数除外。

10.3.4 进行承载能力极限状态下荷载效应的基本组合时，轧钢设备基础荷载分项系数应按本规范第 3.6.7 条的规定取值，其中事故荷载属于特殊工况，其分项系数可取 1.2。设备的尖峰荷载已包含了设备静荷载、正常操作荷载、事故荷载，在采用尖峰荷载效应的组合中，不得另加这些荷载的分项效应，尖峰荷载的分项系数可取 1.2。

10.3.5 轧机基础的正常操作和事故两种工况的荷载效应，应按下列情况分别进行组合：

1 正常操作工况应进行正常轧制力矩与轧制水平惯性力组合，组合系数应均取 1.0。

2 事故工况应进行下列情况的组合，组合值系数应符合下列规定：

1）断轴力矩与轧制水平惯性力组合，此时断轴力矩组合值系数取 1.0，轧制水平惯性力的组合值系数取 0.7。

2）连轧机之间的水平张力与断轴力矩组合，此时断轴力矩组合值系数取 1.0，水平张力的组合值系数取 0.7。

3）对型材的初轧机，除考虑上述两种事故工况外，尚应考虑正常轧制力矩与轧件顶推床的水平力组合，组合值系数均取 1.0。

10.3.6 对高架式布置的轧管、型材设备基础的平台柱和柱基础，当柱的从属平台面积超过 $50m^2$ 时，平台的均布活荷载的标准值可乘以 0.9 的折减系数，但备品备件的区域不应折减。

10.4 地基基础计算

10.4.1 轧钢设备基础应进行地基承载力和基础强度（包括局部强度）验算。对于推钢机、缓冲器等承受较大水平荷载的基础尚应进行抗倾覆或抗滑移稳定性验算。基底处于地下水位以下的坑式基础或箱体基础尚应进行基础的抗浮验算。

10.4.2 轧钢设备基础地基承载力除应满足本规范第 3.6.4 条的规定外，轧机、穿孔机等主要设备基础相应于荷载效应标准组合时，基础底面边缘最小压力值与最大压力值的比值尚应符合下列规定：

1 对正常操作工况，不应小于 0.25。

2 对事故工况，不应小于 0.1。

10.4.3 轧钢设备基础应进行地基变形计算，当为下列情况时，可不进行变形计算：

1 基础的持力层为中风化或微风化岩质地基时。

2 具有当地相同地基条件的同类工程经验可供借鉴时。

10.4.4 轧钢设备基础地基变形计算应符合下列规定：

1 对大型箱体基础或大型筏板式基础进行地基变形计算时，宜考虑地基与基础的共同作用。当对大型箱体基础采取分区段计算地基变形时，应考虑邻近区段的荷载及基础刚度对地基变形的影响。

2 对埋置较深的大型设备基础，其地基的变形计算宜考虑基坑地基土回弹的影响。其回弹变形量可按现行国家标准《建筑地基基础设计规范》GB 50007 的有关规定计算，也可按该地区同类工程经验估计。

3 设备基础的沉降计算应考虑相邻基础荷载的影响。

10.4.5 坑式基础或箱体基础的底板、外侧壁，冲渣沟、铁皮沟的底板、侧壁等受弯或偏心受压构件应进行裂缝宽度验算。计算最大裂缝宽度应符合本规范第 3.6.8 条的规定。

10.4.6 大块式基础基底反力可按直线分布进行计算。

10.4.7 坑式设备基础可按下列规定进行计算：

1 坑式设备基础基底反力可按直线分布考虑。

2 大型坑式设备基础底板宜按弹性地基上的筏板模型进行计算。

3 坑式设备基础侧壁的土压力宜按静止土压力计算，当侧壁的变形较大时，可按主动土压力计算。

10.4.8 主电室地下室、电气室地下室、地下润滑站、地下液压站等地下室可按下列规定进行计算：

1 地下室面积较小时，基底反力可按直线分布考虑。底板可按倒楼盖法计算，侧壁和顶板可按其实际结构及连接情况简化为单向板、双向板或连续板计算。

2 大型地下室可在纵、横两个方向分别截条按弹性地基上的框架计算。顶板的梁板截面设计应按实际结构体系和布置采用荷载效应的最不利组合进行内力计算。有经验时也可根据结构的实际情况，按连续单向板或双向板、无梁楼盖、连续梁等进行简化计算。

3 侧壁土压力应按静止土压力考虑。

10.4.9 热轧的大型连续箱体基础可按下列规定进行计算：

1 基础可按工艺布置和结构特征采用截条法、截块法或分区段进行计算。

2 对坐落在天然地基上的不设伸缩缝的大型连续箱体基础，当土的压缩性较高、基础的变形较大或在复杂的地基情况下，且无工程经验时，宜对大型连续箱体基础进行全长整体分析。

3 对箱体基础进行整体计算、截条计算或分区段计算时宜按弹性地基考虑。

4 箱体基础截块计算时，宜按弹性地基考虑。当截块的刚度较大时，地基反力可按直线分布计算。

5 侧壁土压力应按静止土压力考虑。

10.4.10 冷轧设备基础中的框架式基础和轧管、型材设备基础中的高架平台式基础可按下列规定进行计算：

1 对轧机、穿孔机等以大块式为主的基础，宜采用截块法进行计算。

2 与轧机、穿孔机基础等连成一体的框架或高架平台宜按空间结构模型进行整体计算。当有经验时，可根据平台结构的实际情况，按框架结构计算，平台板、梁也可按连续单向板或双向板、无梁楼盖、连续梁等进行简化计算。

10.4.11 对结构复杂、受力复杂的设备基础或设备基础的结构和受力复杂的局部部位，宜采用有限元法进行结构分析。

10.4.12 截条法、截块法、分区段计算应符合下列规定：

1 截条的宽度宜取一个柱距的宽度。截块的范围可从墩、墙或大块基础边缘扩出底板厚度的2.5倍，且不超出相邻柱及底板的实际边界；当有经验时，可大于2.5倍底板厚度，但不宜大于4倍底板厚度。当按工艺布置和结构特征分区段（如粗轧机组区段、精轧机组区段）计算时，计算单元的范围宜向区段分界线外延伸1个～2个柱距宽度。

2 截条法、截块法和区段的计算单元边界条件可取为自由。

3 采用截条法计算时，结构内力及配筋的计算结果适用于该截条方向。与截条方向垂直的结构内力及配筋应根据结构实际的边界条件调整确定。有经验时，垂直于该截条方向的结构可根据实际情况，按连续单向板或双向板、无梁楼盖、连续梁等进行补充计算。

4 采用截块法计算时，边界处的内力及配筋应根据结构与周边实际的边界条件进行调整。

5 采用分区段计算，当计算单元向区段分界线外延伸1个～2个柱距时，区段分界线处的内力和配筋可按计算取值。

10.4.13 弹性地基的基床系数应按工程地质资料或现场试验并考虑基础尺寸、地基压缩层厚度等因素综合确定。当有地区经验时，也可根据地基压缩层岩土的性状，按当地同类工程的经验取值。

10.4.14 箱体基础、坑式基础的设计，应考虑地下水位变化时对基础的不利影响。

10.4.15 在抗震设防区，应按现行国家标准《构筑物抗震设计规范》GB 50191的规定对高架平台等轧钢设备基础进行抗震计算，并采取相应的抗震措施。

10.5 构造要求

10.5.1 轧钢设备基础结构、构件的布置和构造尺寸除应符合本规范第3.3.8条的规定外，尚应符合下列规定：

1 高架平台式基础各部分尺寸宜符合下列规定：

1）柱距宜取5m～8m。

2）柱截面边长宜取柱高的1/8～1/12，且不宜小于400mm。

3）梁板式结构的顶板厚度不宜小于150mm。

2 各种沟道的底板厚度除应满足计算要求外，尚应符合下列规定：

1）冲渣沟的底板厚度可取基础深度的1/10～1/14，且不宜小于300mm。

2）轧机下部的沟底板厚度不应小于500mm。

3）油管沟、电缆沟底板厚度不宜小于200mm；当有防水要求时，底板厚度不宜小于250mm。

3 梁、板、墙等构件的几何尺寸除应满足强度和刚度的要求外，尚应满足预埋件、地脚螺栓的锚固要求；当构件尺寸不满足预埋件和地脚螺栓的锚固要求时，应加大截面尺寸，当有工程经验时，也可做局部加厚处理。

4 轧制线冲渣沟流槽边上的人行通道宽度不应小于500mm。当通道上方无遮挡结构时，应设置坡度不小于45°的防护板。

5 有防水要求的地下构筑物宜设置内排水沟和集水井。内排水沟宜沿墙脚设置，沟宽度不应小于100mm，深度不宜小于100mm，集水井的尺寸和间距应符合给排水专业的要求。

6 电缆隧道在转角处应设置倒角，倒角应满足电缆转折的要求。

10.5.2 当设备基础局部采用悬臂形式时，其外挑部分应有足够的刚度。基础悬挑长度较长或荷载较大时，可采用柱、墙支承，也可采用牛腿支承（图10.5.2）。

10.5.3 轧钢设备基础和地下构筑物永久变形缝（伸缩缝及沉降缝）的设置应满足设备机组及生产线正常运转和正常使用要求，并应结合基础的布置、构造形式和刚度变化以及地基和地下水条件综合考虑。

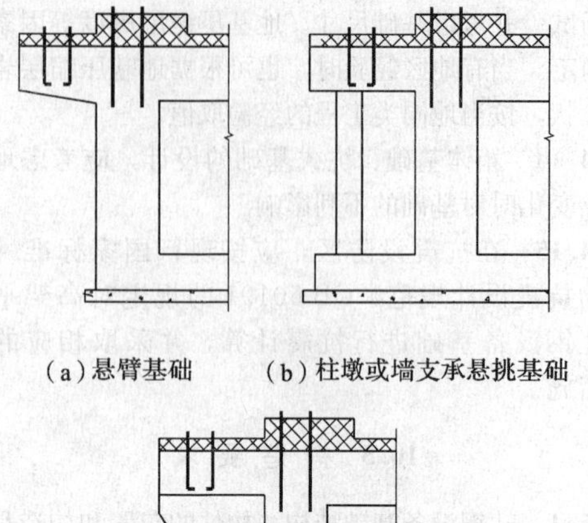

图 10.5.2 悬挑基础的几种构造

1 伸缩缝的设置和构造应满足本规范第 3.3.12 条的规定。

2 轧管、型材等高架平台式基础，伸缩缝的最大间距应符合本规范表 3.3.12 中框架式基础的规定。

3 单独的电缆隧道、管廊或地沟，单独的冲渣沟宜设置变形缝，并应采取措施满足防水要求和防止差异沉降的不利影响。

4 相邻设备基础及地下构筑物，当地基条件不同或荷载相差较大，且允许存在差异沉降或差异沉降能满足使用和结构要求时，可设沉降缝脱开布置。

10.5.4 当基础超长不设伸缩缝或伸缩缝的间距超过本规范表 3.3.12 的规定时，应在设计和施工中采取必要的裂缝控制措施：

1 减小地基约束，结构平面和剖面布置应尽量规则，基础及底板底面标高尽可能一致，当无法避免标高变化时，宜在底面标高变化处的收缩变形受阻侧采取防阻措施；当为岩质地基时，应按本规范第 3.3.16 条的规定设置隔离层。

2 应充分考虑温度变化和混凝土收缩对基础和构筑物的影响，应按大体积混凝土要求施工，并应依据同类工程的实践经验合理配置温度构造钢筋。

3 宜设置后浇带分段施工，当有经验时，也可采用跳仓法施工。后浇带的间距或跳仓法分块长度及构造要求应符合本规范第 3.3.12 条第 4 款的规定。

10.5.5 有防水要求的轧钢设备基础及地下构筑物应按本规范第 3.3.11 条规定的防水设计原则，按本规范附录 C 规定的防水分区采取相应的防水方案和措施。

10.5.6 对轧管、型材等高架平台式基础，应考虑高架平台上设备冷却水、除磷水的合理汇集和排放。伸缩缝的设置除应满足本规范第 10.5.3 条的规定外，宜避开冷却水、除磷水汇集区。

10.5.7 对承受反复水平撞击荷载作用的轧管挡板基础及类似设备基础，结构应具有足够的承载能力和刚度，必要时宜采取加强措施。

10.5.8 轧制线设备基础中，冲渣沟较深时，应沿纵向每隔 4m～6m 在沟壁间设置钢筋混凝土连系梁。连系梁顶面及穿过冲渣沟的电缆隧道等的顶面应进行防护。

10.5.9 设备基础范围内的厂房柱基除本规范第 3.3.9 条第 4 款规定的情况外，宜采用与设备基础整浇的联合整体基础。

10.5.10 基础防护应符合下列规定：

1 设备基础的各种坑洞沿口、安装孔边、混凝土斜梯踏步、设有活动盖板的地沟及易受碰撞的基础边缘，应埋设护边角钢或其他形式的护角、护边预埋件。

2 各种洞口的护边角钢在洞口四角宜焊接形成封闭框。

3 大、中型热轧车间冷床柱墩、收集料筐、缓冷坑、热剪切头坑、热卷运输步进梁坑壁、垛板台、成品钢卷鞍座等受高温烘烤的设备基础，应根据工艺专业提供的温度情况，全部或局部采取隔热、散热措施或采用耐热混凝土进行防护。直接接触高温轧件或受高温烘烤的预埋件应采取措施防止其过大变形和翘曲。

4 切头收集坑的侧壁内表面和底板上表面等易受碰撞部位应设置防护层。

5 受酸、碱、油等侵蚀的基础，如酸洗机组、废酸处理站、镀锌设备机组、平整机组等基础应按现行国家标准《工业建筑防腐蚀设计规范》GB 50046 的规定采取防护措施。

6 其他防护措施按照工艺、设备的要求设置。

10.5.11 轧钢设备基础的配筋除应满足本规范第 3.3.18 条的规定外，尚应符合下列规定：

1 对计算不需要配筋的大块式刚性基础，宜根据大块式基础的厚度按表 10.5.11 配置构造钢筋，也可根据设备的重要性按本规范表 3.3.18-1 配置构造钢筋。

表 10.5.11 大块式刚性基础构造配筋

基础厚度 h（mm）	顶面钢筋网直径（mm）	底面钢筋网直径（mm）	侧面钢筋网直径（mm）
$h>3000$	22～25	20～22	18～22
$2500<h\leqslant3000$	20～22	18～20	16～20
$2000<h\leqslant2500$	18～20	16～18	14～18
$1500<h\leqslant2000$	16～18	14～16	12～16
$1000\leqslant h\leqslant1500$	14～16	14	12～14

注：1 表中钢筋间距宜为 150mm～200mm。
2 本表适用于土质地基和设置隔离层的岩质地基上的基础。

2 坑式基础的底板、大型连续箱体基础和地下室的底板和顶板，沿上、下表面的纵横向均应配置通长钢筋。

3 大型箱体基础底板上设有较厚的二次浇灌的混凝土地坪时，地坪的顶面应配置直径不小于6mm、间距不大于200mm的防裂钢筋网。当地坪上设置有振动的设备时，在设备底座下每边扩出200mm～300mm范围内的混凝土地坪与基础底板间应设置竖向构造拉结钢筋，钢筋的直径不宜小于10mm，间距不宜大于400mm。

4 设备基础顶面局部凹凸部分的钢筋配置可按下列规定处理：

1）一般情况下，设备基础基墩突出主体结构高度 $\Delta h<100$mm 时基墩内可不配筋；100mm$\leqslant\Delta h\leqslant$300mm时基墩顶面和侧面应配置直径8mm～12mm、间距150mm的构造钢筋网（高差大时取大值，高差小时取小值）；当基墩所受水平力较大时应按计算确定。

2）基础面上局部凹坑处的配筋可根据坑的平面尺寸确定：当凹坑边长不大于300mm时，基础表面配筋可沿坑边绕开通过；当凹坑边长大于300mm时，基础表面配筋遇洞口弯折锚固，凹坑底部应配置直径、间距与基础顶面相同的钢筋网，凹坑边宜配置加强钢筋。

10.5.12 轧钢设备基础沉降观测点的设置和观测要求应符合本规范附录E的规定。

附录A 高炉基础的荷载

A.0.1 高炉内的炉料荷载的标准值应由工艺专业分别按正常炉况时的正常操作、休风、特殊炉况时的悬料、坐料等各种工况确定。同一工况应同时考虑由炉壳和炉底传给基础的炉料荷载。

A.0.2 正常炉况时高炉内的液态渣铁荷载应按正常操作时一次出铁量和下渣量的最大值计算，特殊炉况时的最大液态渣铁荷载算至风口。最大液态渣铁荷载与悬料或坐料时炉料荷载不同时考虑。

A.0.3 炉底死铁层残铁荷载在高炉基础计算时可作为永久荷载考虑。当炉底残铁荷载按炉底被侵蚀后，与炉缸直径相等的半球体计算时，应扣除被侵蚀的耐材重。

A.0.4 高炉基础计算时，高炉炉壳和高炉框架上的设备、管线、设施以及炉底冷却装置等的自重，可与其中的介质即水、油、物料等荷载合并作为永久荷载考虑。

A.0.5 由高炉框架、炉壳传给基础的检修、操作平台的操作荷载和检修荷载不应同时考虑。当同一平台的检修总荷载小于操作总荷载时，检修工况的平台活荷载可取操作荷载。

A.0.6 检修、操作平台及屋面的积灰荷载标准值应采用1.0kN/m²。平台铺板采用格栅板时，可按无积灰考虑。对于有完善除尘设施且除尘设备有足够可靠性的高炉，可不考虑积灰荷载。

A.0.7 风荷载、雪荷载应按现行国家标准《建筑结构荷载规范》GB 50009的有关规定取值。

A.0.8 当高炉的出铁口多于1个时，应分别单独施加泥炮动荷载。

A.0.9 炉底基础顶面的受热温度应取炉底冷却装置结构层与基础交接界面处的温度。高炉基础温度应力计算时的周围环境最低或最高温度应分别取冬季或夏季高炉生产时基础周围环境相应的最低温度或最高温度。当缺乏资料时，可取当地冬季最低大气温度或夏季最高大气温度加上高炉生产时基础周围局部环境温度的增高经验值。

A.0.10 施工、安装及大修时的荷载应根据实施方案按实际情况考虑。

A.0.11 炉内气体爆炸压力应按偶然荷载考虑。当工艺采取措施能避免发生高炉爆炸事故时，可不考虑炉内气体爆炸压力。

A.0.12 地震作用应按现行国家标准《构筑物抗震设计规范》GB 50191的有关规定考虑。

附录B 轧制设备对基础的荷载

B.0.1 轧制设备对基础的荷载（力或力矩）可分为表B.0.1中所列的三类：

表B.0.1 轧制设备基础荷载分类

荷载分类	符号	定　义
静荷载	无	始终均匀地作用在一个方向上的荷载，通常指设备本身的重量
动荷载	DHZ	在设备运转中反复出现的荷载，且荷载循环次数很高
尖峰荷载	FHZ	由于事故或操作不当等原因，无规律出现的一次或有限次的荷载，可能会造成轧件损坏或设备损坏，但基础应能承受

注：1 尖峰荷载包括了所有的力。静荷载和动荷载之和若小于尖峰荷载的20%，对于基础荷载计算可忽略不计。

2 动荷载和尖峰荷载受施加荷载的速度和受载零件的刚度等诸多因素影响，通常采用安全（冲击）系数来考虑其动力作用，并以此荷载为当量荷载。

B.0.2 轧制设备对基础的荷载应由设备专业提供，表B.0.2为设备对基础荷载的计算公式。

表 B.0.2 轧制设备基础荷载计算公式

主要设备名称			简图	受力示意图	计算公式 动荷载 DHZ	计算公式 尖峰荷载 FHZ
轧机	单机架轧机	电机直接传动	A_0, M_n, A_1, F_L, $F_{A,T}$, M_n	40DHZ// 110FHZ (1500) 50 50 160DHZ// 290FHZ	$M=0.3M_n$ $F_A=(A_0-A_1)\cdot\sigma_w$ M——动荷载力矩； F_A——沿轧制方向的动荷载力； M_n——轧机的额定轧制力矩； σ_w——轧件的高温应力，可按具体钢种在不同温度下的抗拉强度取值； (A_0-A_1)——轧制前、后轧件截面积的减小量	$F_T=3A_1\cdot\sigma_w$ 或 $F_L=9M_n/D$ F_T——单机架轧机的推力； F_L——单机架轧机的拉力； D——轧辊直径； M_n——轧机的额定轧制力矩； σ_w——轧件的高温应力，可按具体钢种在不同温度下的抗拉强度取值 注：以 F_T 和 F_L 中较小值作为尖峰荷载(FHZ)在荷载图上标注
		齿轮机座传动	M_n, A_0, A_1, F_L, $F_{A,T}$		$M=0.9M_n$ $F_A=(A_0-A_1)\sigma_w$ M——动荷载力矩； F_A——沿轧制方向的动荷载力； M_n——轧机的额定轧制力矩； σ_w——轧件的高温应力，可按具体钢种在不同温度下的抗拉强度取值； (A_0-A_1)——轧制前、后轧件截面积的减小量	
	连轧机	齿轮机座传动	M_n, A_1, F_R, F_A	40DHZ// 110FHZ (1500) 50 50 160DHZ// 290FHZ	$M=0.75M_n$ $F_A=0.1A_1\cdot\sigma_w$ M_n——轧机的额定轧制力矩； σ_w——轧件的高温应力，可按具体钢种在不同温度下的抗拉强度取值； A_1——轧制后轧件的截面积	$F_R=3A_1\cdot\sigma_w$ F_R——事故状态下的轧件拉断力； σ_w——轧件的高温应力，可按具体钢种在不同温度下的抗拉强度取值； A_1——轧制后轧件的截面积
轧机	单机	二辊轧机	$M_{h,d}$, M_1, M_2, c		$M_{hmax}=2MR\cdot c/D$ M_{hmax}——作用于轧件上的水平力引起的倾翻力矩； M_R——轧件运动不均时产生的惯性倾翻力矩； c——轧制中心线至轧座间的距离； D——轧辊直径	$M_d=M_1$ 或 M_2 M_d——当传动系统发生事故时，传动系统施加于机架上的倾翻力矩； M_1 或 M_2——轧制力矩

续表 B.0.2

主要设备名称	简图	受力示意图	计算公式：动荷载 *DHZ*	计算公式：尖峰荷载 *FHZ*
万向接轴传动	F_V 1500 1200	25 25 40FHZ (1500) 40FHZ (1200) 80	—	$F_V=\frac{2M_n}{D}$ F_V——机架和传动装置之间的轴向力，集中于上轧辊； M_n——轧机的额定轧制力矩； D——轧辊直径
传动装置 减速机	$M_{输出}$ M $M_{输入}$	80DHZ//130FHZ 70	$M=M_{输入}\pm M_{输出}$ M——堵转扭矩（齿轮机座施加于基础上的荷载）； $M_{输入}$——输入转矩； $M_{输出}$——输出转矩，当输入与输出同向时，取"＋"号；当输入与输出反向时，取"－"号 注：上述情况仅适用于平行传动轴，对圆锥齿轮和涡轮蜗杆传动不适用	$M=k\cdot(M_{输入}\pm M_{输出})$ k——冲击系数，取值范围为1.5～3； M——堵转扭矩（齿轮机座施加于基础上的荷载）； $M_{输入}$——输入转矩； $M_{输出}$——输出转矩，当输入与输出同向时，取"＋"号；当输入与输出反向时，取"－"号 注：上述情况仅适用于平行传动轴，对圆锥齿轮和涡轮蜗杆传动不适用
传动装置 齿轮机座 $i=\pm1$	$M_{输出}$ $M_{输入}$ $M_{停转扭矩}$	25DHZ (1200) 120 165DHZ//280FHZ	$M=M_{输入}$ M——停转扭矩（齿轮机座施加于基础上的荷载）； $M_{输入}$——输入转矩 注：上述情况仅适用于平行传动轴，对圆锥齿轮和涡轮蜗杆传动不适用	$M=2kM_{输入}$ M——停转扭矩（齿轮机座施加于基础上的荷载）； $M_{输入}$——输入转矩； k——冲击系数，取值范围为1.5～3 注：上述情况仅适用于平行传动轴，对圆锥齿轮和涡轮蜗杆传动不适用
电机		10DHZ//20FHZ	$M=(0.5\sim2)M_n$ M_n——电机的额定工作力矩	$M=3M_n$ M_n——电机的额定工作力矩
曲柄连杆传动	G_W a b F_S r <15°	65DHZ//235FHZ (400) 600	$F_s=k\cdot G_W\frac{a}{b}$ G_W——提升件重量； k——冲击系数，取值范围为2.0～3.0	$F_s=\frac{15i\cdot M_n}{r}$ r——曲柄半径； i——传动比； M_n——额定工作扭矩
运输链	G_W F 400	15DHZ//70FHZ (400)	$F=G_W\cdot\mu$ G_W——轧件重量； μ——运输链摩擦系数	$F_R=2F_B$ F_B——运输链断裂力

续表 B.0.2

主要设备名称	简图	受力示意图	计算公式	
			动荷载 DHZ	尖峰荷载 FHZ
液压缸或气缸	F_H A_K 550	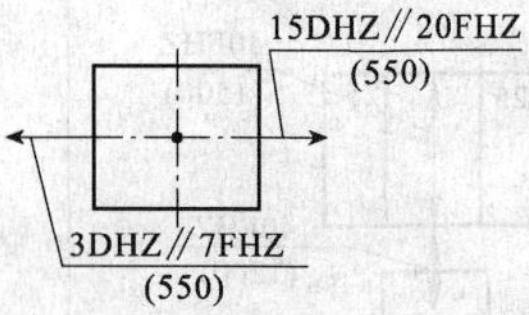 15DHZ//20FHZ (550) 3DHZ//7FHZ (550)	$F_H=k\cdot P_n\cdot A_K$ k——冲击系数，取值范围为1.5； A_K——缸体活塞面积； P_n——缸的额定工作压力	$F_{Hmax}=k\cdot P_{max}\cdot A_K$ k——冲击系数，取值为1.5； A_K——缸体活塞面积； P_{max}——缸的试验压力
辊道	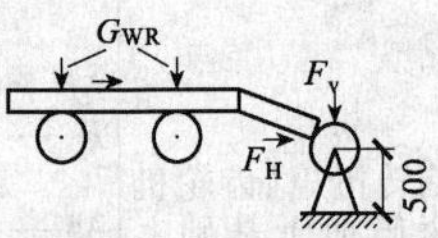 G_{WR} F_y F_H 500	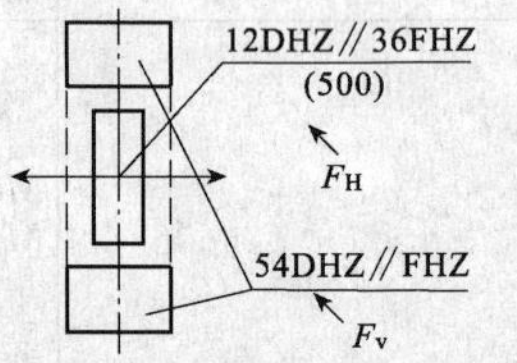 12DHZ//36FHZ (500) F_H 54DHZ//FHZ F_v	$F_H=G_{WR}\cdot\mu$ $F_{vmax}=\frac{1}{2}G_{WR}\times3$ μ——辊道的摩擦系数； G_{WR}——每根辊子所承受的重量 注：轧件偏离中心严重时，应加倍考虑其作用力	$F_{Hmax}=k\cdot G_{WR}\cdot\mu$ $F_{vmax}=\frac{1}{2}G_{WR}\times3$ k——冲击系数，取值为3； μ——辊道的摩擦系数； G_{WR}——每根辊子所承受的重量
挡板：弹簧挡板	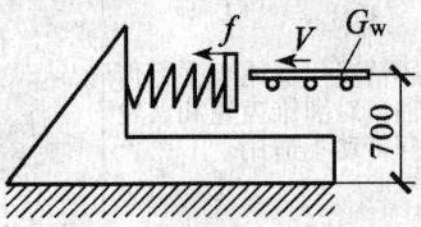 f V G_w 700	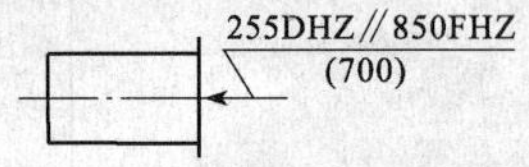 255DHZ//850FHZ (700)	$F=0.3f_{max}$ f_{max}——弹簧的最大工作力	$F_{max}=k\frac{G_w\cdot V_{max}^2}{g\cdot S_{max}}$ k——冲击系数，取值为1.3； G_w——轧件重量； V_{max}——轧件的最大速度； S_{max}——弹簧最大工作力时的压缩量； g——重力加速度
挡板：固定挡板	650 A	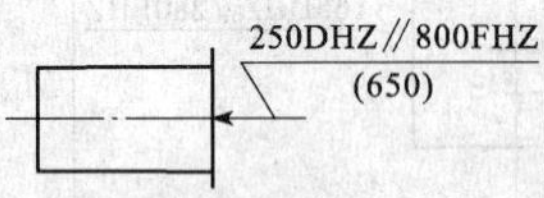 250DHZ//800FHZ (650)	板材： $F=0.02\sigma_b\cdot A$ 棒材： $F=0.1\sigma_b\cdot A$ σ_b——轧件的抗压强度； A——轧件的截面积	板材： $F_{max}=0.1\sigma_b\cdot A$ 棒材： $F_{max}=\sigma_b\cdot A$ σ_b——轧件的抗压强度； A——轧件的截面积

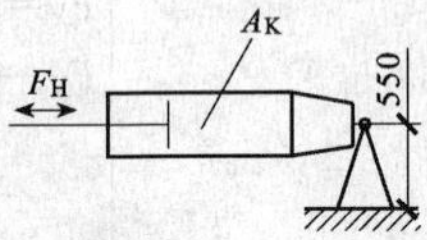

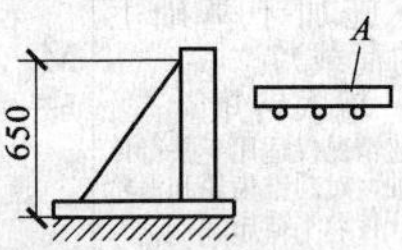

B.0.3 在基础荷载平面图样中，应表示出荷载的种类、大小、方向和位置（表B.0.3）。基础荷载图样表示应符合下列规定：

1 基础荷载平面图样中，力用直线表示，力矩用弧线箭头表示，水平轴向的力矩用带箭头的椭圆表示，竖直轴向的力矩用带箭头的圆形表示，静荷载和单向脉动荷载用单箭头表示；方向交替变化荷载用双箭头表示。

2 荷载的大小应用数值表示，不得用箭头的长度或其他方式表示。

3 通过力臂作用于基础上的力应在力的箭头下面括号里注出它们至基础毛面的垂直距离。

4 力的单位为kN，力矩的单位为kN·m，长度尺寸的单位为mm。在荷载平面图样中，荷载数值后可不加单位符号。

5 垂直作用于基础面的荷载仅需要给出荷载的大小。若有必要，可在荷载的大小之前用“+”或“-”表示荷载方向，“+”表示与重力方向相同，“-”则相反，“+/-”表示荷载方向是交变的。

6 在图样中，静荷载仅表示其数值；动荷载在其数值后加后缀“DHZ”；尖峰荷载在其数值后加后缀“FHZ”。动荷载与尖峰荷载之间用双斜线“//”隔开。对于在同一张图样中重复出现的荷载用后缀“CF”表示。

7 符号说明：

纯数值表示竖直荷载（如重量），作用于有粗边框的平面上。以后缀“DHZ”表示的力（←）或力矩（↶ ↷）为重复出现的动荷载。以后缀“FHZ”表示的力或力矩为操作不当或事故状态下的尖峰荷载。引出线下部括弧内的数值，表示荷载对于基础上设备底板底面的作用力臂。

8 对于特殊荷载可用侧视图或专门的受力图表示。

表 B.0.3 荷载平面图中的符号规则示意图

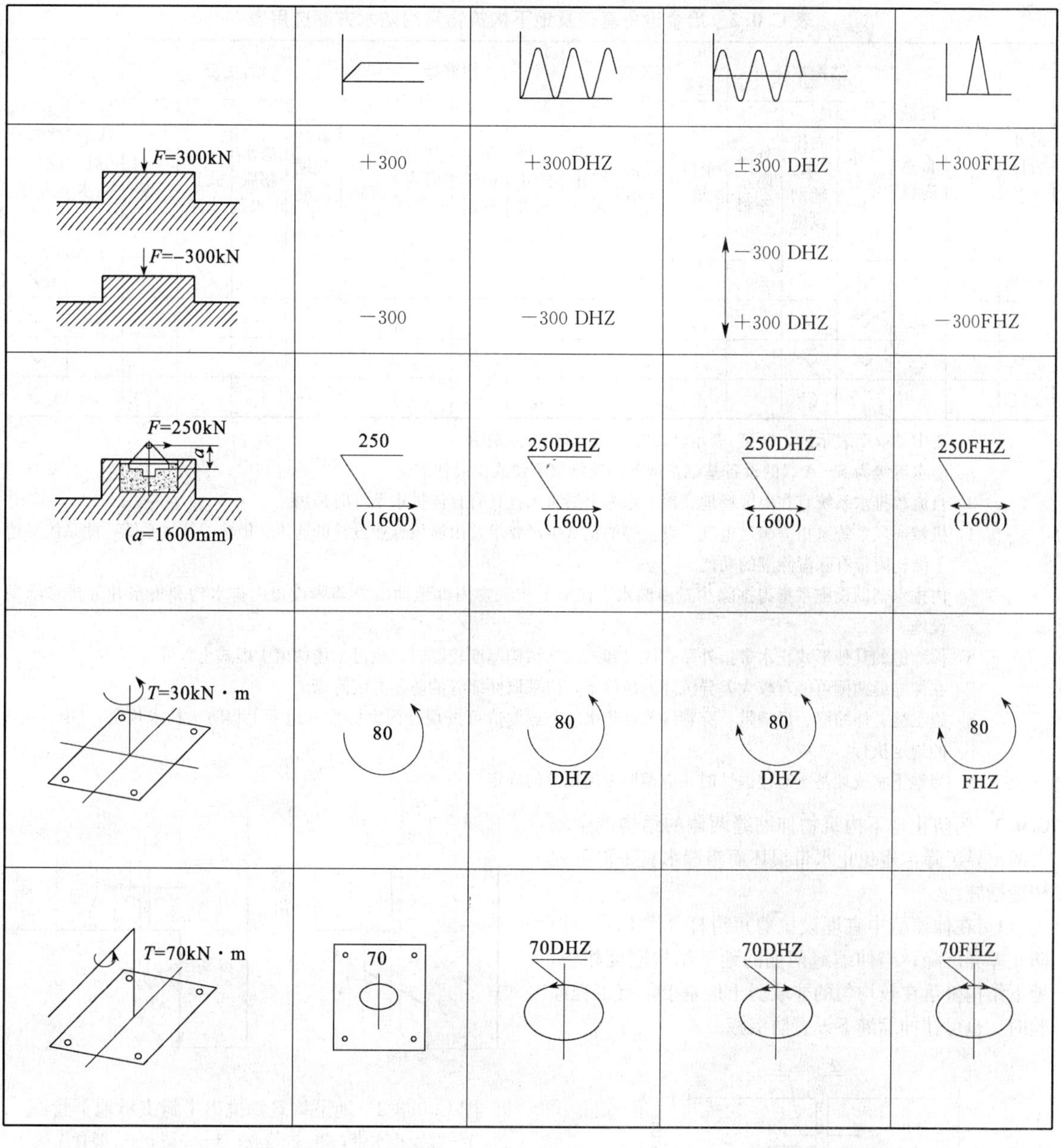

F=300kN F=-300kN	+300 -300	+300DHZ -300 DHZ	±300 DHZ -300 DHZ +300 DHZ	+300FHZ -300FHZ
F=250kN a (a=1600mm)	250 (1600)	250DHZ (1600)	250DHZ (1600)	250FHZ (1600)
T=30kN·m	80	80 DHZ	80 DHZ	80 FHZ
T=70kN·m	70	70DHZ	70DHZ	70FHZ

附录C 冶金设备基础及地下构筑物防水方案

C.0.1 有防水要求的冶金设备基础及地下构筑物根据其重要性和使用要求，可按表C.0.1划分防水分区：

表 C.0.1 冶金设备基础及地下构筑物防水分区

防水分区	设备基础和地下构筑物名称
S-A	主要生产线连续箱体基础，主电室地下室，坑式、箱体式主要设备基础，加热炉、热处理炉基础，地下烟道等
S-B	空调机房，润滑站，液压站，风机房，水泵房，主电缆隧道，坑式、箱体式次要设备基础
S-C	冲渣沟，水道管廊，一般电缆隧道
S-D	对渗漏水无严格要求的地下防水构筑物

注：1 对表中未列出者可参照表中类似的设备基础和地下构筑物确定防水分区。

2 不同防水分区的防水要求由高到低的排列为：S-A、S-B、S-C、S-D。

C.0.2 冶金设备基础及地下构筑物的防水方案可根据其不同的防水分区，结合工程具体情况，按表C.0.2选用：

表 C.0.2 冶金设备基础及地下构筑物常用防水方案选用表

防水分区	自流渗排水	机械或自然通风	结构本体			施工缝			伸缩缝				后浇带				穿管线节点防水	温度收缩裂缝控制和处理
			防水混凝土	内排水辅助设施	外涂防水涂料	企口缝	遇水膨胀止水条	中埋式止水带	中埋式止水带	防水嵌缝材料	其他形式止水带	防差异沉降措施	补偿收缩混凝土	遇水膨胀止水条	外贴式止水带	企口缝		
S—A	△	△	✓	✓	○	△	✓	✓	✓	✓	○	△	✓	✓	○	△	✓	✓
S—B		△	✓	✓		△	✓	○	✓	✓		△	✓	✓	○	△	✓	✓
S—C		△	✓	✓		△	○		✓	○			✓	✓			✓	✓
S—D			✓	○		△			✓			△	✓	○			✓	✓

注：1 表中"✓"表示应，"○"表示宜，"△"表示有条件采用。

2 防水等级为 S—A 级的设备基础及地下构筑物宜不设或少设伸缩缝。

3 自流渗排水系统宜在山区场地、地下水为上层滞水且具有自流排水条件时采用。

4 机械通风系统系指为满足电气、设备等的正常生产要求，由通风专业设计的通风、散热、换气系统，此系统对地下结构附带有除湿除潮的功能。

5 内排水辅助设施系指为排除少量渗漏水，在地下构筑物内部地面沿外墙脚设置内排水沟和集水井等排水辅助设施。

6 伸缩缝的其他形式止水带指外贴式或可卸式。当结构厚度较厚时，也可采用两道中埋式止水带。

7 在伸缩缝两侧可能有较大差异沉降的条件下，应采取伸缩缝的防差异沉降措施。

8 施工缝、伸缩缝、后浇带、穿管线节点防水的节点构造可按现行国家标准《地下工程防水技术规范》GB 50108 的规定执行。

9 当地下水或地基土有侵蚀性时，应遵照专门规范的规定。

C.0.3 为防止地下构筑物伸缩缝两侧的结构产生较大的差异沉降，避免止水带损坏而渗漏水宜采取下列构造措施：

1 在伸缩缝中宜埋设抗剪短滑杆（图 C.0.3-1）防止差异沉降；当伸缩缝两侧的地下结构刚度相当，地下结构坐落在较均匀的非软弱土地基上，有工程经验时，也可在伸缩缝下设置防沉板。

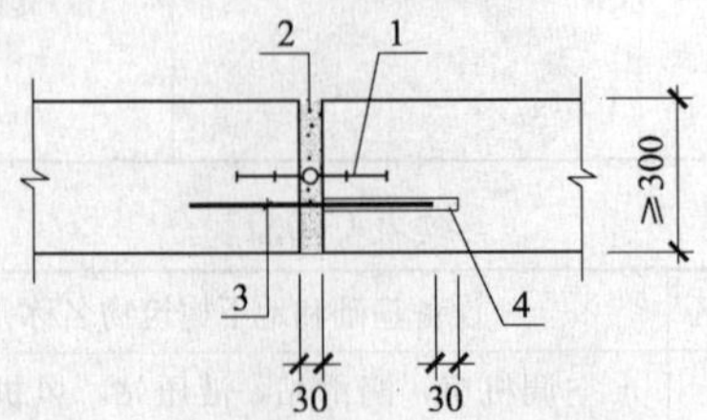

图 C.0.3-1 伸缩缝抗剪短滑杆构造

1—橡胶止水带；2—嵌缝胶；3—抗剪短滑杆；4—钢管套筒，内灌黄油

2 在设备基础或地下构筑物的外壁引出地下通廊时，应在通廊距基础或地下构筑物外表面不小于 300mm 处设置伸缩缝。为防止伸缩缝两侧的沉降差异，可在伸缩缝中设置抗剪短滑杆；当地下通廊沉降大于设备基础时，宜在伸缩缝下方由设备基础外壁挑出牛腿（图 C.0.3-2）；必要时，可设置适当长度的通廊过渡段（图 C.0.3-3）。

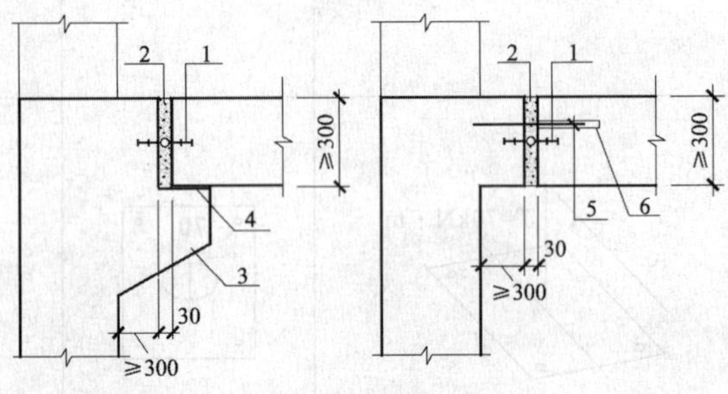

图 C.0.3-2 地下构筑物挑出牛腿支承地下管廊

1—橡胶止水带；2—嵌缝胶；3—牛腿；4—沥青涂层

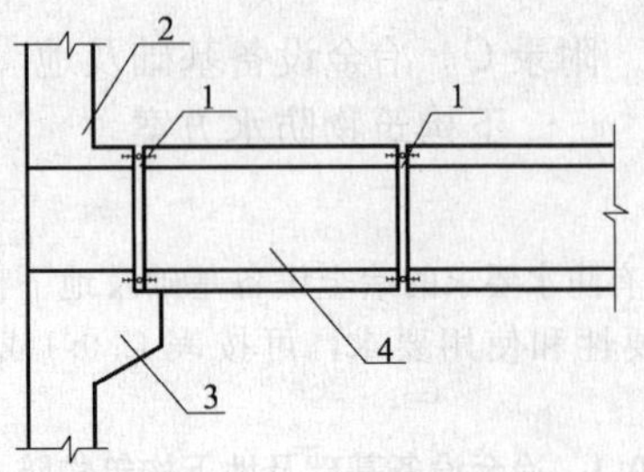

图 C.0.3-3 地下管廊的过渡段

1—伸缩缝；2—地下构筑物外墙；3—牛腿；4—过渡段

3 抗剪短滑杆应采用 HPB235 级光圆钢筋，宜布置在止水带的背水侧，并靠近截面中心处。当设置

在止水带的迎水侧时，钢筋应采取防锈措施。钢筋的直径和间距应根据伸缩缝两侧的结构特点和差异沉降的情况确定，抗剪短滑杆钢筋直径不宜小于18mm，间距不宜大于250mm，长度不宜小于$20d$（d为钢筋直径）。

附录D　冶金设备基础地脚螺栓锚固设计

D.0.1　本附录适用于符合下列各项条件的冶金设备基础的地脚螺栓的锚固设计：

1　直径为56mm及以下的一次埋入地脚螺栓。

2　地脚螺栓采用现行国家标准《碳素结构钢》GB/T 700规定的Q235钢或《低合金高强度结构钢》GB/T 1591规定的Q345钢制成。

3　螺栓、螺母、垫圈及标准紧固件的形式、规格和制作要求应符合现行国家或行业相关标准的规定。

4　设备基础混凝土强度不低于C20。

D.0.2　地脚螺栓的设计使用年限、安全等级应与设备基础一致。

D.0.3　地脚螺栓的锚固设计应按承载能力极限状态下荷载效应的基本组合或偶然组合，采用下列极限状态设计表达式：

$$\gamma_0 S \leqslant R \tag{D.0.3}$$

式中：γ_0——重要性系数；

S——承载能力极限状态荷载效应的设计值；

R——地脚螺栓抗拉承载力设计值，应取按螺栓本身受拉破坏、混凝土锥体破坏及螺栓与混凝土粘结破坏三种破坏模式计算得出的承载力设计值中的最小值。

D.0.4　地脚螺栓本身受拉承载力设计值应按下式计算：

$$N_t^a = \frac{\pi d_e^2}{4} f_t^a \tag{D.0.4}$$

式中：N_t^a——一个地脚螺栓的抗拉承载力设计值；

d_e——地脚螺栓在螺纹处的有效直径；

f_t^a——地脚螺栓的抗拉强度设计值。

D.0.5　混凝土锥体破坏时地脚螺栓的抗拉承载力设计值应按以下规定计算：

1　当地脚螺栓混凝土锥体范围内无钢筋配置时，地脚螺栓混凝土锥体破坏抗拉承载力设计值应按下式计算：

$$N_t^b = 0.7\pi h_e f_t (h_e + d_s/2)\frac{A_e}{A_s} \tag{D.0.5-1}$$

式中：N_t^b——混凝土锥体破坏地脚螺栓的抗拉承载力设计值；

d_s——地脚螺栓端部有效直径；

f_t——混凝土抗拉强度设计值；

h_e——地脚螺栓有效锚固长度（应满足本规范第3.5.7条的规定）；

A_e——混凝土锥体实际投影面积；

A_s——混凝土锥体理想完整投影面积。

2　当地脚螺栓周围配置有箍筋及弯起钢筋时，地脚螺栓混凝土锥体破坏抗拉承载力设计值应按下式计算：

$$N_t^b = 0.35\pi f_t (h_e + d_s/2)\frac{A_e}{A_s} + 0.8 f_y A_{svu} + 0.8 f_y A_{sbu}\sin\alpha \tag{D.0.5-2}$$

式中：A_{svu}——与呈45°破坏锥体斜截面相交的全部箍筋截面面积；

A_{sbu}——与呈45°破坏锥体斜截面相交的全部弯起钢筋截面面积；

α——弯起钢筋与板底面的夹角；

f_y——钢筋抗拉强度的设计值。

3　当地脚螺栓边距或埋入深度不满足要求时，可采用增设钢筋网、增加弯起钢筋予以加强。

D.0.6　当地脚螺栓为直杆螺栓时，应验算螺杆与混凝土之间的粘结破坏承载力。接触面平均粘结力取值宜根据试验结果确定，当具有工程经验时，也可采用经验值。

附录E　冶金设备基础沉降观测要点

E.0.1　沉降观测点的布置应能全面反映设备基础及与其相连的建（构）筑物地基变形特征，应根据结构类型、平面和竖向布置、荷载特征和分布、地质情况和地基基础方案等综合因素确定。

E.0.2　冶金设备基础的沉降观测点的布置宜符合下列规定：

1　主轧机、主电机、飞剪、卷取机、传动设备、连铸机大包回转台等主要设备基础均应在四角布点；当一个机组为整体基础时，一个机组基础的布点总数不宜少于6个点。

2　辊道、运输链、铁皮冲渣沟、连续退火炉、涂镀设备基础及类似基础和构筑物应沿纵轴线两侧对称布点，间隔不宜大于18m。

3　加热炉基础宜在四角并沿周边布点，间隔不宜大于18m。

4　高炉基础应在基础四角或四角框架柱基短柱处布点，并宜在基础周边与纵、横主轴线相交处对称布点。当基础的尺寸过大时宜适当增设观测点，其间距不宜大于18m。

5　热风炉及类似连排式构筑物设备基础应在基础四角及沿基础两长边上每两个相邻热风炉间的居中位置布点。

6　转炉基础应在耳轴座支承墩墙便于观测的位置布点，电炉基础应在倾动轨道基础顶面两端便于观测的位置设置沉降观测点。

7　地下室应于四角布点。当地下室面积较大时，除四角外，尚应沿周边和内部纵、横墙及柱轴线增设观测点，其间隔不宜大于 18m。

8　对于大型筏板式和连续箱体设备基础的布点，除应分别遵照各部分相应的布点要求外，尚应结合地基和基础的整体变形特征、厂房柱基观测点的布置、施工及安装以及方便观测等因素，从总体上进行合理调整。

9　沉降观测点宜设置在块体基础顶面或墙、柱、墩上。测点的布设位置应观测方便，便于标志的保护，且不妨碍建（构）筑物的使用和交通。

E.0.3　沉降观测标志的形式和埋设要求应符合下列规定：

1　过程观测标志可采用 ϕ30mm 燕尾形或直钩形铆钉埋设在基础顶面或基础底板顶面（图E.0.3-1）。

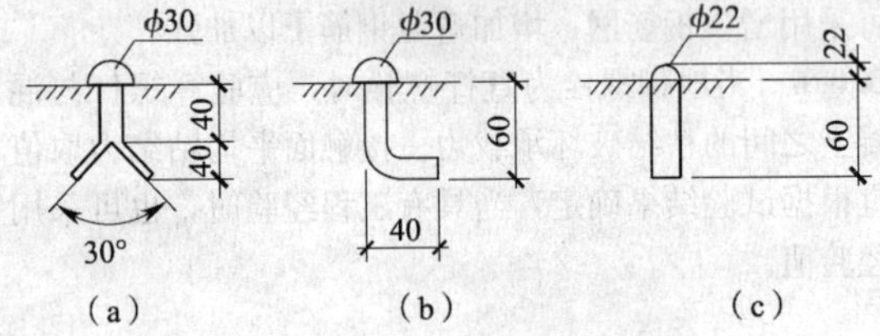

图 E.0.3-1　过程观测标志

2　在垫层浇灌完、基础浇灌前即进行首次观测的过程观测标志应将铆钉头焊在角钢三角架上（图 E.0.3-2）。

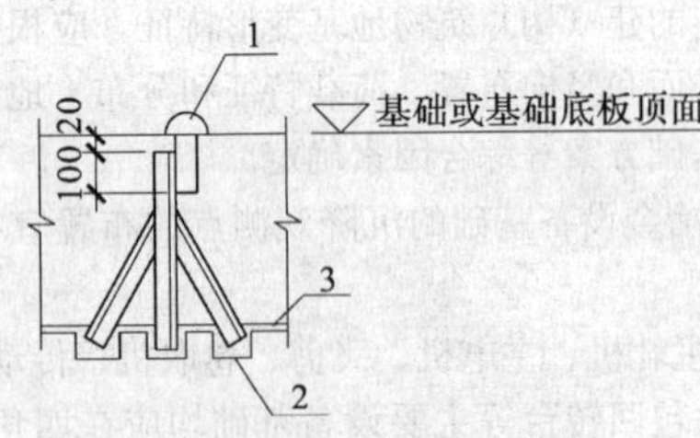

图 E.0.3-2　垫层上的过程观测标志

1—ϕ30 铆钉头；2—三角架支承小墩；3—垫层

3　永久观测标志应采用 ϕ30mm 燕尾形或直钩形铆钉埋设在基础顶面的观测标志保护坑中，保护坑应设置盖板［图 E.0.3-3（a）］；也可设置在墙体或柱身上距地面约 500mm 处［图 E.0.3-3（b）、（c）、（d）］。

4　过程观测标志采用 Q235 钢制作，永久观测标志宜采用不锈钢制作。

5　观测标志的外露部分应涂油漆防止锈蚀。铆钉头的油漆颜色宜采用红色或橙色。

6　应及时在观测标志的设置部位标示观测点的编号。

7　同一观测点位随施工向上转点时，转点前、

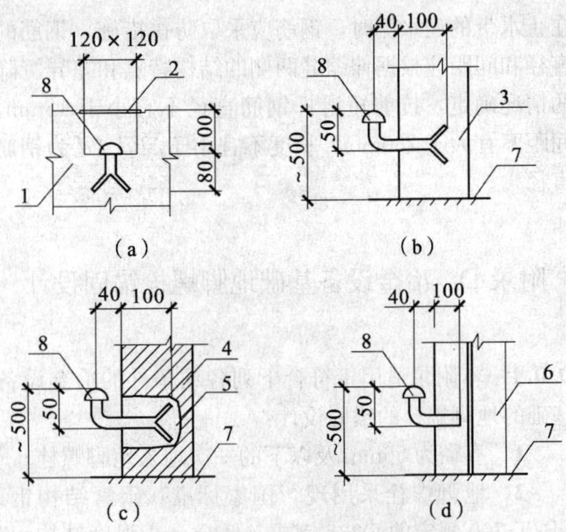

图 E.0.3-3　永久观测标志

1—基础；2—盖板；3—混凝土墙或柱；4—砖墙或砖柱；5—1：2 水泥砂浆；6—钢柱；7—地面；8—观测标志

后所设观测标志的平面位置允许有必要的挪位，但应在 1.5m 的范围内。

8　确定观测标志埋设部位时应考虑方便观测，不妨碍生产操作和交通的原则。

E.0.4　观测时间和次数应根据设备基础和地下构筑物的重要性，对沉降的敏感程度，工艺、设备对沉降的控制要求，地基条件，施工建设的不同阶段荷载变化情况等因素确定，并应满足下列规定：

1　主要设备基础（包括地下室）施工期间宜在垫层浇灌完、底板浇灌完、顶板浇灌完、设备安装前、设备安装完、投产前分别观测 1 次，施工期间每年观测次数不少于 2 次～4 次。投产后一年内每半年观测 1 次，投产一年后，每年观测 1 次直至沉降稳定。当观测点位较多时，可在同类结构、同类地基的观测点中选择 3 处在垫层完成后、底板浇灌前进行首次观测，其余可在底板浇完后进行首次观测。

2　设备基础的首次观测可在底板浇灌完进行，其后的观测时间和次数与主要设备基础相同。

3　采用岩石地基或支承在岩石上的端承桩的设备基础，可在基础浇灌完以及交工时各观测 1 次。投产后一年复测 1 次。

4　当发现沉降异常时，应根据情况增加观测次数。

5　应配合工程进展，及时做好观测点的转点工作，应避免漏测或观测数据不连续。

6　沉降观测的施测方案、测量方法和精度应按现行行业标准《建筑变形测量规程》JGJ/T 8 的有关规定执行。

7　应做好观测记录，并随记观测时的气象资料。

E.0.5　在施工期间，沉降观测由施工单位实施，施工结束时，应将沉降观测资料作为竣工资料的一部分

移交建设单位（业主）的对口管理部门继续实施观测，直至沉降稳定为止。沉降稳定的判别和观测期限应符合现行行业标准《建筑变形测量规程》JGJ/T 8的有关规定。

本规范用词说明

1 为便于在执行本规范条文时区别对待，对要求严格程度不同的用词说明如下：

1） 表示很严格，非这样做不可的：
正面词采用"必须"，反面词采用"严禁"；

2） 表示严格，在正常情况下均应这样做的：
正面词采用"应"，反面词采用"不应"或"不得"；

3） 表示允许稍有选择，在条件许可时首先应这样做的：
正面词采用"宜"，反面词采用"不宜"；

4） 表示有选择，在一定条件下可以这样做的，采用"可"。

2 条文中指明应按其他有关标准执行的写法为："应符合……的规定"或"应按……执行"。

引用标准名录

《建筑地基基础设计规范》GB 50007
《建筑结构荷载规范》GB 50009
《混凝土结构设计规范》GB 50010
《钢结构设计规范》GB 50017
《工业建筑防腐蚀设计规范》GB 50046
《烟囱设计规范》GB 50051
《建筑结构可靠度设计统一标准》GB 50068
《地下工程防水技术规范》GB 50108
《混凝土外加剂应用技术规范》GB 50119
《高耸结构设计规范》GB 50135
《构筑物抗震设计规范》GB 50191
《钢铁冶金企业设计防火规范》GB 50414
《水泥基灌浆材料应用技术规范》GB/T 50448
《大体积混凝土施工规范》GB 50496
《碳素结构钢》GB/T 700
《低合金高强度结构钢》GB/T 1591
《固定式钢梯及平台安全要求　第3部分：工业防护栏杆及钢平台》GB 4053.3
《建筑变形测量规程》JGJ/T 8
《建筑桩基技术规范》JGJ 94

中华人民共和国国家标准

钢铁企业冶金设备基础设计规范

GB 50696—2011

条 文 说 明

制 定 说 明

《钢铁企业冶金设备基础设计规范》GB 50696—2011，经住房和城乡建设部 2011 年 5 月 12 日以第 1031 号公告批准发布。

为便于广大设计、施工、科研、学校等单位有关人员在使用本规范时能正确理解和执行条文规定，《钢铁企业冶金设备基础设计规范》编制组按章、节、条顺序编制了本规范的条文说明，对条文规定的目的、依据以及执行中需注意的有关事项进行了说明。但是，本条文说明不具备与规范正文同等的法律效力，仅供使用者作为理解和把握规范规定的参考。

目　次

1 总 则

1.0.1 本条是制定本规范的指导思想，也是冶金设备基础设计必须遵守的总原则。

1.0.2 本条为适用于采用本规范设计的冶金设备基础，包括了钢铁企业炼铁、炼钢和轧钢生产中的主要工艺设备或生产线的设备基础。工艺设备的装备、技术水平应符合国家《钢铁产业发展政策》的规定。

2 术语和符号

2.1 术 语

2.1.1 冶金设备在本规范中是指用于钢铁企业炼铁、炼钢和轧钢生产的工艺设备或机器，包括设备机组和生产线成套设备。

2.1.2 本条用设备基础的功能特征与其他基础作出界定。第一，支承设备；第二，将设备的各种作用传递给地基；第三，满足设备安装、生产和维修要求。

2.1.10、2.1.11 为减小对软土地基的附加压力或减少混凝土用量，20 世纪 70 年代初，国内在少数轧钢设备基础工程中曾尝试采用箱形基础，但由于基础的布置、构造、施工及配筋等多种原因，效果并不理想。此后在引进的武钢一米七轧机热轧工程中，为满足工艺、设备、给排水、电气、通风等一、二主体专业对轧机机组基础内部及外围地下空间的需求，采用了由筏式底板，板式或梁板式顶板，外墙，必要的纵、横内墙和支柱并与轧机机组基础联合形成的形似箱体的地下构筑物，称其为箱体设备基础，该术语一直沿用至今。

实际上，武钢一米七热轧轧制线设备基础自 3 台加热炉开始，经大立辊、4 台粗轧机、飞剪、7 台精轧机至 3 台卷取机的设备基础、地下液压站、润滑站、电气地下室、管线通廊等联合形成了一个总长约 600m 的复杂的大型箱体基础，为满足变形和防水要求，全长不设永久变形缝。在湖北省建设武钢一米七轧机工程指挥部组织设计、施工、科研单位于 1979 年完成的专题研究成果《一米七热轧箱体基础》一书中，称其为大型箱体连续整体基础。本规范将具有上述主要特征的设备基础称为连续箱体设备基础。

2.1.12～2.1.14 在相关标准和资料中，对埋设在设备基础中用于固定设备或机器的锚栓称谓繁多，根据冶金设备制造单位、设备基础设计单位和施工单位的习惯，本规范仍采用原《冶金工业轧钢设备基础设计规程》YS 14—79 和《冶金工业工业炉基础设计规程》YS 15—79 中地脚螺栓这一术语，并按使用期间可否更换的特点分为活螺栓和死螺栓两大类。

2.1.15 大体积混凝土这一术语系直接采用现行国家标准《大体积混凝土施工规范》GB 50496 的规定。

2.2 符 号

符号是根据现行国家标准《建筑结构设计术语和符号标准》GB/T 50083 的规定编制的。涉及《混凝土结构设计规范》GB 50010、《建筑地基基础设计规范》GB 50007 及《建筑结构荷载规范》GB 50009 等现行国家规范的符号，按相应规范的符号直接采用。

3 基 本 规 定

3.1 一 般 规 定

3.1.1 冶金设备基础设计应根据工艺、设备、给排水、电气、通风等专业提供的基础设计资料和岩土工程勘察资料进行。各专业提出的基础设计资料是冶金设备基础设计的基本依据。当设计中需对基础设计资料调整时，必须通过协商，取得有关专业确认。岩土工程勘察资料是冶金设备基础设计的必要依据。对于复杂地基条件下的重要冶金设备基础，必要时尚应按设计要求进行专门勘察和专题论证。

本条为冶金设备基础在施工图设计阶段应取得的设计资料。当设备基础与车间厂房基础采用联合基础时，尚应取得相关厂房基础设计资料。在可行性、初步设计及方案设计阶段，应根据冶金设备基础设计内容取得其中相应的设计资料，必要时尚应了解当地的工程经验，并取得相关资料。

3.1.2 本条采用现行国家标准《建筑结构可靠度设计统一标准》GB 50068 的规定，其中“正常使用”是针对冶金设备基础而言。在本规范规定的设计使用年限内，冶金设备基础（包括地基）应能承受的可能出现的各种作用包括正常操作（运行）状况以及由于操作不当或设备故障引起的异常状况即生产事故状况的各种作用。冶金设备基础设计时，将生产事故分为四级，其中：0 级，指设备运行异常使保护装置启动等仅引起生产中断，无任何损坏的事件；1 级，物料状态异常或加工件损坏；2 级，设备损坏；3 级，基础遭破坏。基础（应包括地基）遭破坏的 3 级事故是不允许发生的。

3.1.3 冶金设备基础破坏后果的严重性与所属车间厂房应基本一致，目前，钢铁企业炼铁、炼钢、轧钢车间主厂房设计时，安全等级通常按二级考虑，因此本规范规定冶金设备基础的安全等级不应低于二级；按承载能力极限状态设计时的结构重要性系数不应小于 1.0。

3.1.4 本规范规定新建冶金设备基础的设计使用年限应为 50 年，基于以下三点：

1 冶金设备基础的设计使用年限应与所属车间厂房相匹配，而钢铁企业的厂房结构应按现行国家标准《建筑结构可靠度设计统一标准》GB 50068 规定的普通房屋和构筑物考虑，其设计使用年限为 50 年。

2 冶金设备基础不属于易更换构件，因此其设计使用年限不得短于设备的一代役龄，当设备按预期大修或拆换后，其设备基础应仍能继续正常使用。

3 根据钢铁企业冶金技术和规模不断发展的状况，冶金设备基础的设计使用年限没有必要按大于 50 年考虑。

3.2 地 基 方 案

3.2.1 冶金设备基础地基方案设计必须从设备、基础、地基、环境四个方面及其相互影响综合考虑。地基承载力和变形应满足设计要求。在地基方案设计中的核心问题是变形问题。

3.2.2 当符合本条规定的前提条件时，推荐采用天然地基。从确保稳定性和防止过大变形考虑，本条规定未经处理的欠固结土（包括新近冲填土）、液化土（地震设防区）及扰动土层不得作持力层。对于特殊岩土地区，应遵循相应地区的专门规范。

3.2.3 同一机组各设备基础间的差异沉降或整体基础的倾斜，通常有较严格的限值。已有工程经验表明，由于影响地基变形因素的复杂性，冶金设备基础地基变形的计算值与实测值之间相差往往较大，且不同个例间的差别也较大。本条规定同一机组设备基础采用相同的或性状相近的持力层，有利于差异沉降和倾斜的控制。

3.2.4 对于轧钢车间轧制线等连续生产线设备基础，为使轧件走行快速平稳，避免跑偏或抛钢，且使咬钢顺利，以保证产品质量和生产效率，因此对基础的沉降和倾斜限制严格，特别是不允许两组辊道间、辊道与轧机等设备机组间产生突变的台阶式沉降差。工程实践表明，同一连续生产线设备基础采用相同的地基方案，有利于全线变形曲线的平缓、连续。

采用天然地基的同一生产线设备基础范围内存在局部软弱下卧层时，可考虑采用有足够刚度的联合整体筏板式或箱体式基础的跨越方案，但地基的变形应满足生产工艺、设备和结构要求，否则应对局部软弱下卧层进行处理；当局部软弱土层已经出露时，应换填或进行加固处理。当采用人工处理地基时，可根据相应部位承载能力和变形控制要求，确定对应的处理后的指标要求。当局部基岩出露时，应在该范围内设置褥垫层。

3.2.5 坑式、箱体式设备基础或地下室等地下构筑物当采用桩基时，在其抗浮验算的抗力中可计入基桩的抗拔力；当为岩质地基时，抗浮验算的抗力不足部分，可设置相应数量的抗浮锚杆。但基桩和锚杆的允许抗拔力，应取基础上浮变形允许值所对应的抗拔力，且不得大于抗拔承载力特征值。

3.2.6 在边坡坡顶建造冶金设备基础时，应确保边坡的稳定性。确定基础的地基方案时，应结合边坡支挡方案的确定，考虑相互间的影响。当高炉基础等大荷载设备基础建造在不可避开的复杂地质状况的高边坡上时，应扩大勘察范围，进行专题研究，提出可行性研究报告，地基方案应经充分论证后方可实施。

3.3 基础形式和构造

3.3.2～3.3.4 自 20 世纪 70、80 年代以来，随着我国钢铁产业的发展和钢铁企业设备装备水平的提高，对冶金设备基础形式设计提出了提供较大设备布置空间和更为严格的变形控制要求，尤其是在轧钢车间的设计上。现代冶金设备基础除采用传统的大块式、墙式、墩式外，框架式高架平台、坑式、整体筏板式和箱体式以及连续箱体基础的应用已较普遍，并积累了许多设计、施工经验。

3.3.5 20 世纪 60 年代，武钢 2800 中板工程中的台架等 13 组基础采用了装配整体式，由于构件型号太多，施工较麻烦，其后应用较少。目前，在日益增多的改造工程中，缩短工期成为焦点问题之一。2005 年梅钢热轧改造工程设备基础采用了异地分块预制钢筋笼、现场就位拼接、整体浇灌混凝土的施工方案，缩短了车间停产时间。由于装配整体式或部分装配整体式设备基础应用实例尚不多，因此应在总结经验的基础上，根据工程的具体条件采用。

3.3.7 管线明敷是现代钢铁企业设备布置的特征之一，电缆隧道、水、风、油等管道通廊和沟道的布置是设备基础布置和形式设计时不可忽略的重要组成部分。为使设备基础形式简单、规则，避免或减少基底标高和基础刚度的突变，应配合一、二主体专业在设备基础和地下室布置时，使各种管线合理集中明敷，隧道、通廊和沟道布置有序，减少其交叉重叠。

3.3.8 本条为冶金设备基础各部位构造尺寸的通用规定，当各章因其特殊性另作规定者，应按各章规定执行。

1 软弱土层中防水混凝土结构底板下的混凝土垫层厚度不应小于 150mm，是依据现行国家标准《地下工程防水技术规范》GB 50108 的规定制定的。

5 基础内部检修人员使用的梯子从方便通行和安全出发，推荐采用斜梯；当净空受限，斜梯无法布置且通行很少处也可采用直梯。因不便于施工和使用，不宜采用 U 形爬梯。

7 本款给出的地下室、筏基、箱基、坑基等各部位构造尺寸是依据近年来实际工程的调研结果，在设计采用时，可根据具体情况予以调整。

3.3.9 设备基础与毗邻基础相碰或基底标高不一致是设计中的常遇问题，本条根据工程经验给出了通常处理方法。其中第 4 款是针对有防水要求的箱体基础或地下室范围内有厂房柱基穿过且不得整浇，必须脱开布置时，提出可采用套柱的建议。要求脱开布置的原因如下：

1 箱体基础或地下室内布置精密仪器，为避免或减小吊车运行的振动影响时。

2 厂房柱基荷载很大，其沉降远大于箱体基础或地下室的沉降时。

3 箱体基础或地下室与既有厂房柱基整浇连接很困难时。

4 厂房柱基采用桩基或岩质地基，沉降较小，箱基或地下室采用土质地基沉降较大时。

图 3.3.9-5（a）适用于上述情况之 2、3；图 3.3.9-5（b）对以上四种情况均适用，图 3.3.9-5（b）中套柱与厂房柱基的竖向间隙应满足差异沉降要求，且不得小于 100mm。

3.3.10 现行国家标准《钢铁冶金企业设计防火规范》GB 50414 覆盖了本规范涉及的所有冶金设备基础及地下室、电缆隧道、管廊等地下构筑物的布置、材料、构造等防火要求，应严格执行，相关内容在本规范中不再作重复规定。

3.3.11 冶金设备基础和地下构筑物防水设计在执行现行国家标准《地下工程防水技术规范》GB 50108 时应充分考虑钢铁企业的特点和长期积累的工程经验，各类冶金设备基础和地下构筑物，其适用的防水分区及防水方案应按本条规定确定。

钢铁企业的筏式、坑式、箱体设备基础和地下室、电缆隧道、管廊等地下构筑物所形成的地下空间的功能是布置设备和管线，为保证正常生产，往往设置了必要的机械通风设施以排除设备、管线在生产过程中发生的热量。因此即使有少量地下水渗入，只要能及时排除，就不会对地下空间的湿度产生很大影响。长期的工程实践形成的钢铁企业地下构筑物防水设计的原则是：以结构自防水为主，采用可靠的节点防水构造，设置内排水辅助设施，有条件时可采用外渗排水系统。

1 钢铁企业普遍采用了以防水混凝土结构自防水为主的方案。在地下水丰富的地区，可增设外涂防水涂料，而外贴防水卷材的做法较少应用。实际上，渗漏严重且难以堵漏的是穿管线节点和伸缩缝，应引起足够重视，可采用现行国家标准《地下工程防水技术规范》GB 50108 规定的混凝土结构细部构造防水做法。应用钢板防水层的典型实例是过去的地坑式电炉基础，而现在的新建电炉公称容量较大，准入条件为 70t，多为高架式，基础已无需采用钢板防水层。

2 既然允许有少量渗漏，因而应设置包括排水小沟和集水井的内排水系统，集水井排水系统由给排水专业设计。当由于生产或防火需要，地下构筑物中原本就需要设置内排水系统时，两者可合并考虑。排除渗漏水的排水水沟因水量很少，可不设坡度。

3 外渗排水在 20 世纪 50 年代武钢初期建设中应用较多。由于外渗排水层本身就是地下水汇积层，若附近无下水道及可供利用的生产用排水泵，而需专门设置排水系统及专用泵房时，一次性投资及长期成本均很高。20 世纪 90 年代初，位于山区的攀钢 1450 热轧工程，场地呈台阶式布置，地下水为上层滞水，其轧制线连续箱体基础在不同区段分别采用了底板下渗排水层或外围盲管排水，排水管坡向下面台阶，穿出挡土墙自流排水。效果好，投资也少，但施工要麻烦些。因此本款规定，当为上层滞水，水量较少，且有自流排水条件时，可考虑采用外渗排水系统，并委托给排水专业设计。

3.3.12 关于伸缩缝的规定说明如下：

1 设置伸缩缝时，应与设备及其布置相配合，不得影响设备、设备机组和生产线的正常生产，应控制以下三点：

1）同一设备或具有同一底座的一组设备，如一组辊道，不得跨坐在伸缩缝上。

2）设备与设备之间设置伸缩缝时，伸缩缝两边基础的沉降差应满足设备允许的限值。

3）当管道通过伸缩缝时，不应阻碍伸缩缝变形，并应采取措施避免伸缩缝变形对管道产生不利影响。

2 表 3.3.12 规定的伸缩缝最大间距是依据现行国家标准《混凝土结构设计规范》GB 50010，结合原《冶金工业轧钢设备基础设计规程》YS 14—79 确定的。其中，根据目前工程的实际情况，大块式设备基础按配筋基础考虑；筏基和箱体基础，结构复杂，根据大量施工分块的实际工程经验，确定为 40m；单独电缆隧道、管廊和地沟，在实际工程中，温度收缩裂缝较多，规定为 30m。

3 为保证传动轴为直接传动或刚性连接机组的正常运转，应采用整体基础，不得设置伸缩缝。筏基、连续箱体基础若设置伸缩缝，不但造成防水的薄弱环节，而且伸缩缝处基础的差异沉降将给正常生产带来不利影响。自 20 世纪 70 年代引进武钢一米七轧机工程以来，我国的相关设计、施工、科研单位对不设伸缩缝的连续箱体基础温度收缩裂缝控制研究取得了许多成果，在设计、施工上积累了很多经验。不设伸缩缝的连续箱体设备基础在我国钢铁企业工程建设中已得到普遍应用。

4 1949 年的苏联《动力机械基础设计技术规范》Ty—60—49 曾规定，在特殊情况下，钢筋混凝土压延基础过长、不能用伸缩缝分割时，允许在施工中设置临时缝，以避免因收缩而引起的龟裂现象。临时缝在概念上与后浇带相通。随着不设伸缩缝的连续箱体基础的普遍应用，在钢铁企业工程建设中，后浇带已成为一项成熟的设计、施工技术。进入 21 世纪以来，为克服后浇带浇灌间隔时间长、施工较麻烦的缺点，有经验的施工单位在钢铁企业一些大型工程中采用跳仓法施工工艺，同时采取大体积混凝土裂缝控制措施，获得了较好的效果和成功的经验。

5 地面以上高架式设备基础或平台框架设置双柱伸缩缝时，其双柱基础采用不设变形缝的整体基础可防止伸缩缝两边产生差异沉降。

6 在设备基础、地下室的外壁引出电缆隧道或管廊时，由于刚度突变，温度收缩应力集中，易产生裂缝，因此宜在交接处设置伸缩缝或后浇带。为构造需要，方便施工，设缝位置宜距设备基础或地下室外壁不小于300mm。设置伸缩缝时，应考虑缝两边结构差异沉降对结构和防水的不利影响，可根据实际情况选用本规范附录C给出的防止措施。

7 伸缩缝缝宽过大，对止水带和填缝材料不利，过小则施工困难，本款采用现行国家标准《地下工程防水技术规范》GB 50108 的推荐宽度。止水带的材质应适应伸缩缝所在位置的环境温度。为保证止水带的埋设质量，此处结构厚度不应小于300mm。

3.3.15 本条为强制性条文。直接承受溅渣、热烘烤、设备和物料冲击或受酸、碱、油等侵蚀的设备基础，其防护措施的设置是冶金设备基础重要的设计内容。应在工程经验的基础上，选用高效、环保、耐久性好且具有价格优势的材料，采用合理可靠、施工方便、便于修补或更换的构造。对于有直接接触跑漏铁钢水或熔渣的基础和地坪，其防护层的设置应便于事故处理，并应采取严格的防止积水措施，以避免发生打炮事故。当设置集排水坑时，应远离接触铁钢水和熔渣的地段，必须排水通畅，并采取杜绝倒灌的措施。

3.3.16 为削弱岩质地基对设备基础温度收缩变形的约束，应根据情况采取以下相应的防阻措施：

1 当基础长度大于20m、小于伸缩缝最大间距时，可在基础两端1/4基础长度范围内的基底与岩石间设置隔离层；当基础长度大于伸缩缝最大间距，且不设伸缩缝时，宜全长设置隔离层。

2 在一个温度区段中，宜将基础底面的最深部位设在中部，且向两端逐渐抬高，呈对称坡形或台阶形。当不符合上述情况时，在基础收缩变形受阻侧宜设置防阻层。当基础平面不规则时，基础凹凸部位的受阻侧也宜设置防阻层。

3 隔离层和防阻层的材料应因地制宜，且不得对地下水和环境产生污染。

3.1.17 沉降观测资料是冶金设备基础施工、设备安装、试车投产等工序交接的必要资料，是投产后非正常生产和事故分析的基本资料之一，也是本规范制定沉降和倾斜允许值的依据。沉降观测点的设置和观测要求是非岩质地基上有沉降和倾斜控制要求的冶金设备基础设计不可或缺的部分。由于沉降观测工作历时长，并由施工、安装、生产单位分阶段实施，因此资料的衔接、管理、收集难度大，沉降观测工作有待进一步加强。

3.3.18 本条为冶金设备基础配筋的一般规定，各类基础的特殊要求见各章规定。

1 最小配筋率分为以下三个层次：

1）冶金设备基础结构构件按计算确定的纵向受力钢筋的最小配筋百分率原则上按现行国家标准《混凝土结构设计规范》GB 50010—2010第8.5.1条的规定执行。

2）对卧置于地基上的基础底板或筏板中的受拉钢筋最小配筋率可适当降低，按现行国家标准《混凝土结构设计规范》GB 50010—2010 第 8.5.2 条取0.15%。

3）对卧置于地基上的板和大偏心受压的墩墙，因布置或抗浮等要求，致使其截面厚度很大，如转炉基础、电炉基础的墩墙，若仍采用现行国家标准《混凝土结构设计规范》GB 50010—2010 第 8.5.1 条规定的最小配筋率，则有可能会出现在相同的荷载条件下，截面尺寸越大，配筋越多的不合理情况，这与工程实际有较大的出入。为此规定，对此类内力较小、截面厚度很大的基础底板和墩墙，其受拉钢筋的最小配筋率可随实际承载的内力与截面极限承载力的比值而变化。这与国内外有关规范针对这一情况的规定是基本一致的。对内力较小、截面厚度很大的冶金设备基础底板和大偏心受压墩墙，其受拉钢筋的最小配筋率可根据工程经验采用我国现行行业标准《水工混凝土结构设计规范》DL/T 50517—2009 或现行国家标准《混凝土结构设计规范》GB 50010—2010 的相关规定确定。

2 20世纪70、80年代后，特别是进入21世纪以来，冶金设备基础所采用的混凝土强度等级已有较大提高，作为主要抵抗温度收缩应力、防止产生温度收缩裂缝的构造配筋应与混凝土强度等级相协调。本款规定的构造配筋量系根据目前实际工程的配筋水平，在《冶金工业轧钢设备基础设计规程》YS 14—79 规定的基础上作了适量调高。考虑到冶金设备基础在设备运行和生产过程中，很难避免一定的振动和冲击作用，因而取消了原《冶金工业轧钢设备基础设计规程》YS 14—79 中无筋（即不配筋）的规定。此外，当为大体积混凝土时，按工程经验，建议钢筋间距不宜大于150mm。

4 现行国家标准《混凝土结构设计规范》GB 50010 规定，基础中钢筋的保护层厚度不应小于40mm。根据冶金设备基础的实际情况，本款明确了此规定的适用范围为与土直接接触的部位。对于坑式、箱体设备基础或地下室底板顶面、外墙内侧等不与土接触部位的保护层厚度应符合板、墙等的相应规定，因为这些部位若采用较厚的保护层，对防止混凝土表面温度收缩裂缝不利。

5 当设备基础或地下室底板顶面设置排水小沟和较多的设备抗剪槽时，往往将底板顶面钢筋通长配置在排水小沟和抗剪槽以下，以致加大了钢筋的保护层厚度。为防止产生表面裂缝，根据工程经验，规定保护层厚度大于 100mm 时，应配置一层细而密的防裂钢筋网。

7 根据工程经验，本款对若干构件和部位的局部构造加强钢筋作出了规定。其中坑式或箱体基础的坑壁或墙在与大截面厂房柱基短柱或大块式设备基础整浇连接附近，因刚度突变，温度收缩应力集中，易产生竖向裂缝。加密水平钢筋间距对防止裂缝有利。实际工程中的做法是在坑壁或墙的连接端部 1500mm～2000mm 范围内的水平钢筋的每个间距中加配小直径附加水平钢筋进行构造加密。附加水平钢筋配筋量可取原水平钢筋的 15%，锚入柱基短柱或设备基础的长度应符合锚固长度，且不小于 300mm。

3.4 材 料

3.4.1 关于混凝土的规定说明如下：

1 防水混凝土结构底板的垫层应采用 C15，与现行国家标准《地下工程防水技术规范》GB 50108 一致；因很难配制出低于 C15 的泵送混凝土，因此建议当垫层为泵送混凝土时可采用 C15。

2 本款对大体积混凝土强度等级的建议与现行国家标准《大体积混凝土施工规范》GB 50496 一致。

4 二次浇灌层采用水泥基灌浆材料逐渐增多，应注意此材料必须符合相关规范和标准的规定。据宝钢经验，长期受冲击作用的辊道等基础的二次浇灌层易开裂破损，采用掺加钢纤维的细石混凝土后，得到很大改善。

5 因冶金设备基础和地下构筑物的埋置深度变化较大，钢铁企业所在场地的设计地下水位的差别也大，因此防水混凝土的设计抗渗等级应根据地下水设计最大水头与防水结构厚度的比值确定。

6 冶金设备基础和地下构筑物承重结构的混凝土的受热温度不应高于 150℃，这与现行国家标准《烟囱设计规范》GB 50051 一致；当结构受热温度为 60℃～150℃时，应对骨料的选用进行限制，应采用温度膨胀系数较小、热稳定性较好的骨料配制。

3.5 地 脚 螺 栓

3.5.2 地脚螺栓的形式繁多，各行业对其分类和称谓也不尽相同。本条对冶金设备地脚螺栓的常用形式和分类的规定是在原《冶金工业轧钢设备基础设计规程》YS 14—79 规定的基础上，结合工程实际，并经与现行行业标准《地脚螺栓相关要素》JB/ZQ 4171、《设备基础内地脚螺栓预留孔及埋设件的简化表示法》JB/ZQ 4173、《地脚螺栓》JB/ZQ 4363、《直角地脚螺栓》JB/ZQ 4364 等标准对照综合确定的。

在原《冶金工业轧钢设备基础设计规程》YS 14—79 中，死螺栓还有弯折螺栓、爪式螺栓这两种形式，因在实际的工程中并不常用，故本条未列出这两种形式的螺栓。

3.5.5 调整孔的边长及孔深可参考现行行业标准《直角地脚螺栓》JB/ZQ 4364 的有关规定，直径不大于 56mm 的地脚螺栓可根据地脚螺栓直径直接取用表 1 给出的尺寸。

表 1 地脚螺栓调整孔尺寸一览表

螺栓规格	M16	M20	M24	M30	M36	M42	M48	M56
孔边长或直径（mm）	—	100	100	130	130	160	160	180
孔深（mm）	—	200	200	300	300	400	400	500

3.5.6 埋置在冶金设备基础中的活螺栓是靠固定板锚固，通常在套筒内不浇灌混凝土。为防止渣块等落入套筒，可采用填砂或在套筒上端填塞浸油麻丝。由于填砂后清孔困难，因此推荐采用在套筒上端填塞浸油麻丝。地脚螺栓密封套管能防止二次灌浆时浆料进入套筒，密封套管的材料为海绵塑料或软橡胶，也可起到较好的保护作用。地脚螺栓密封套管的选取应符合现行行业标准《地脚螺栓密封套管》JB/ZQ 4764 的有关规定。

3.5.7 地脚螺栓通常由设备制造商供货，设备基础施工图应按设备专业提供的设备地脚螺栓布置图和螺栓表，包括螺栓的形式、直径和长度、各部分尺寸和螺帽数量、埋设位置和标高等给予完整的表述，以便设备基础施工埋置地脚螺栓时，符合设备要求。

在实际工程中，特别是大型轧钢设备基础工程，有大量的直径小于或等于 56mm 的一次性埋入地脚螺栓，为解决其供货时间赶不上设备基础施工工期要求的问题，往往由设备基础工程施工单位进行地脚螺栓的制作，为此，设备基础施工图尚应给出设备专业提出的地脚螺栓材质或性能等级要求。当设备专业未提出埋置深度时，可按设备专业提出的螺栓实际作用力计算确定。当不能准确提供作用力时，可按本规范表 3.5.7 确定埋置深度。

表 3.5.7 采用自原《冶金工业轧钢设备基础设计规程》YS 14—79，该规程规定的地脚螺栓埋置深度是依据 1966 年冶金部建筑研究院的试验研究成果和国内外工程实践经验确定的。对地脚螺栓埋置深度的试验共进行了三批，包括不同形式、不同埋置深度地脚螺栓抗拔静力破坏试验、爪式螺栓和活螺栓的 400 万次动力试验，以及爪式螺栓和直钩螺栓的光弹模拟试验。考虑到实际情况的复杂性，规程中规定的埋置深度比试验研究成果和工程实践经验略为偏大，但比此前通常采用的（30～40）d（d 为螺栓直径）已减小很多。经多年实践表明，该规定是安全可靠的。在采用表 3.5.7 确定地脚螺栓埋置深度时，地脚螺栓的形式、直径、材质或性能等级以及基础混凝土强度等

级应符合该表的相应规定。

3.5.8 当考虑基础沉降需进行设备标高二次调整时，一般可将地脚螺栓露出部分加长 10mm～30mm，并相应加长螺栓和螺纹长度。对沉降较大的设备基础，应根据基础的沉降计算或工程经验确定，并宜取得有关专业的同意。

3.5.9 后埋地脚螺栓预留孔的成孔曾采用薄钢板圆筒或锥形筒，在基础混凝土浇灌时其变形很大，对螺栓的埋设和锚固不利，处理也相当麻烦。波纹型钢板筒可克服上述缺点。

3.6 地基基础计算

3.6.1 适用于本规范的冶金设备基础，由于基础本身及其在设计使用期内所承受的设备、物料动态作用的复杂性，试图采用结构动力学方法对基础进行动力效应分析至今仍是相当困难的。根据国内外冶金设备基础工程设计的实际情况，本规范采用业界普遍接受并一直沿用的工程实用方法，即由设备或工艺专业将动态作用按工程经验适当增大其量值得到等效当量静态作用，亦即动荷载；冶金设备基础设计时，可不进行动力计算，只需以动荷载代替动态作用对基础进行静力计算。

3.6.2 为与现行国家标准《建筑结构荷载规范》GB 50009、《建筑地基基础设计规范》GB 50007 及《混凝土结构设计规范》GB 50010 相协调，作用于冶金设备基础上的荷载采用按随时间的变异性分类，分为永久荷载、可变荷载和偶然荷载三类。对于在生产或设备运行过程中因操作不当或设备故障导致的停机、物料状态异常或被加工件损坏以及设备损坏等事故产生的动荷载应划为可变荷载。为区别于正常操作工况的动荷载，在本规范第 3.6.3 条中规定为特殊工况时的特殊可变荷载。在特殊可变荷载发生时和发生后，设备基础应能正常使用，不得损坏。不得将特殊可变荷载按偶然荷载考虑。偶然荷载是指由于爆炸、撞击等突发事件产生的爆炸力、撞击力等荷载。

3.6.3 本条规定了冶金设备基础在设计使用期间的基本工况及其设计原则。对于不同的设备，则在相关各章中，根据其特点及施工、安装、生产、维修等实际情况分别作出相应工况的具体规定。本条中的生产（运行）的特殊工况，是指因操作不当或设备故障导致的停机、物料状态异常或被加工件损坏以及设备损坏等一般事故状况；此时设备或物料的事故动荷载为特殊可变荷载。本条中的偶然状况，是指对于本规范第 3.6.2 条第 3 款规定的偶然荷载，应按偶然状况考虑。

3.6.4 按地基承载力确定冶金设备基础底面积或按单桩承载力确定桩数及其布置时，本条关于荷载效应组合及抗力的规定采用了现行国家标准《建筑地基基础设计规范》GB 50007 规定的原则，即传至基础或承台底面上的荷载效应应采用正常使用极限状态下荷载效应的标准组合。相应的抗力应采用地基承载力特征值或单桩承载力特征值。

为减小基础因不均匀沉降引起的倾斜，冶金设备基础基底压力或任一单桩桩顶的竖向力除满足现行国家标准《建筑地基基础设计规范》GB 50007 的规定外，尚要求在偏心荷载作用下，基底边缘最小压力或任一单桩桩顶的最小竖向力不应小于 0。对于倾斜限制严格的基础，尚要求基底边缘最小压力与最大压力的比值应大于或等于相关各章规定的最小比值。

3.6.5 计算冶金设备基础的地基变形时，传至基础底面上的荷载效应应采用正常使用极限状态下的准永久组合，这与现行国家标准《建筑地基基础设计规范》GB 50007 的规定一致。可变荷载的准永久值系数则根据不同冶金设备基础的实际情况在相关各章中作出具体规定。不应计入地震作用和风荷载。高炉等高耸设备当其处在风玫瑰严重偏心的地区时，应按现行国家标准《高耸结构设计规范》GB 50135 的规定考虑风荷载。对于安装、检修活荷载和生产中的事故荷载即特殊工况时的特殊可变荷载，由于其频度较低，持续时间很短，计算时不应考虑；而应考虑正常操作工况的活荷载和设备、物料动荷载。

3.6.6 关于冶金设备基础的抗滑、抗倾覆和抗浮稳定性验算的规定与现行国家标准《建筑地基基础设计规范》GB 50007 规定的原则相一致。根据冶金设备基础长期工程实践经验，抗浮的稳定系数规定为不应小于 1.05，能保证其安全性，但设计最高地下水位的取值应符合本规范第 3.6.2 条的规定。

3.6.7 在确定基础截面尺寸、计算基础结构内力、确定配筋和验算材料强度时，所采用的极限状态和荷载效应的组合与现行国家标准《建筑地基基础设计规范》GB 50007 规定的原则相一致。

3.6.8 冶金设备基础及地下室、电缆隧道、管廊等地下构筑物的受弯或偏心受压构件在荷载作用下的裂缝控制验算和最大裂缝宽度限值原则上应符合现行国家标准《混凝土结构设计规范》GB 50010 中裂缝控制等级三级的规定。

对偏心受压构件，当轴向压力对截面重心的偏心距与截面有效高度的比值不大于 0.55 时，可不进行裂缝宽度的验算。

3.6.9 冶金设备基础在进行承载能力极限状态的基本组合时，荷载的分项系数取值除特殊工况时的动荷载即特殊可变荷载取 1.2 外，其余均与现行国家标准《建筑结构荷载规范》GB 50009 一致。作为冶金设备基础主要可变荷载，正常操作工况或特殊工况时的设备、物料动荷载，其荷载效应的组合值系数原则上应取 1.0。当同一组合中两种动荷载可能同时出现，但其中一种动荷载出现的概率较小时，可对出现概率较小的动荷载取小于 1.0 的组合值系数。具体规定见本规范有关章节。

4 高炉基础

4.1 一般规定

4.1.1 国家《钢铁产业发展政策》明确规定，新建高炉的准入条件为有效容积必须达到 1000m³ 及以上；沿海深水港地区建设钢铁项目，高炉有效容积必须大于 3000m³。据此，本章系针对有效容积为 1000m³ 及以上高炉基础设计制定，不适用于有效容积小于 1000m³ 的高炉基础设计。

4.1.4 原《工业与民用建筑地基基础设计规范》TJ 7—74 曾规定高炉基础的倾斜容许值为 0.0015。其后的上海市《地基基础设计规范》DBJ 08—11—89 和 DGJ 08—11—1999 均对高炉基础中心沉降量和倾斜容许值作出了规定，同时给出了两例高炉基础实测变形值，见表 2。表中 4063m³ 高炉的实测变形值远小于容许变形值，255m³ 高炉的实测值与容许变形值相近。

随着高炉炉容的增大，以及装备水平和冶炼强度的提升，对高炉基础沉降和倾斜的限值也应越加严格。表 3 为 2 座 3000m³ 级和 3 座 4000m³ 级高炉的基础沉降和倾斜实测值，其量值均很小。

表 2 上海市《地基基础设计规范》DBJ 08—11—89、DGJ 08—11—1999 容许变形值和实测变形值

建筑物和地基基础类型		容许变形值		实测变形值			
		基础中心沉降量（mm）	基础倾斜	高炉容积（m³）	沉降量（mm）	倾斜	备注
高炉	桩基	150～250	0.0015	255	290；310	0.0009～0.0014	直径 490mm 管桩，桩长 22m
				4063	90	0.00007～0.00013	直径 900mm 钢管桩，桩长 64m

表 3 高炉基础沉降倾斜实测值

高炉名称	有效容积（m³）	测量起/止日期	累计沉降平均值（mm）	累计最大沉降（mm）	累计最小沉降（mm）	最大沉降差（mm）	倾斜	备 注
A厂6号高炉	3200	2003.1.19/2004.7.17	6.64	9.80	—	5.40	—	挖孔桩，长 19.4m，桩端 Q3 硬塑粉质黏土
A厂7号高炉	3200	2005.2/2006.6	2.30	2.70	—	0.60	—	钻孔灌柱桩，长 16.0m～30.2m
C厂1号高炉	4063	1986.1.28/2005.10.15	138.60	143.30	133.50	9.80	0.00025	钢管桩，长 64m，桩端粉细砂层
C厂2号高炉	4063	1991.10.24/2005.10.15	147.30	151.40	143.20	8.20	0.00027	同上
C厂3号高炉	4350	1994.11.9/2005.10.15	108.10	111.50	103.80	7.70	0.00015	同上

由于大型高炉基础的荷载很大，对地基基础方案确定的控制因素往往是很高地基承载能力的要求。对于布置合理、选型恰当的高炉基础，当地基承载能力能满足设计要求时，地基的变形值一般很小。经综合权衡上述情况，并考虑到现有沉降观测资料数量较少，覆盖面也较窄，为与设计现状相协调衔接，本条在表2容许变形值的基础上向适当偏严调整，规定基础平均沉降允许值为200mm，基础倾斜允许值为0.001。

4.2 基础布置

4.2.1～4.2.4 高炉基础的平面和竖向布置应满足工艺、设备和上部结构的布置及生产操作、设备安装、维修的要求。高炉本体是一个沿着竖向中心线变直径的旋转体高耸容器，从炉顶至炉底在高温高压下完成炉料变成铁水的冶炼过程；作为支承设备、管道和操作、检修平台的高炉框架四根柱子也在互为90°的两个方向对高炉中心线呈对称布置。为减小高炉基础不均匀沉降引起的倾斜，减小高炉本体与高炉框架及设备、管道间的差异沉降，针对高炉及高炉框架的上述特点，本节对高炉基础的布置和选型作出了以下规定：

1 高炉基础的布置应遵循规则、对称的原则。

2 除岩质地基外，推荐采用筏板式联合基础。

4.3 地基基础计算

4.3.1 高炉内的炉料荷载在生产过程中不同炉况不同状态时，其值变化很大，不可忽略不计，因此在表4.3.1中划为可变荷载。1975年由重庆钢铁设计研究院等7个钢铁和冶金设计院编写、冶金工业出版社出版的《炼铁设计参考资料》根据当时的相关设计标准、规范和工程经验曾将炉料荷载按不同炉况分为三类：正常炉况为主要荷载，悬料时为附加荷载，崩料或坐料时为特殊荷载。该资料对荷载分类方法说明如下：主要荷载为经常或固定作用于建筑结构上的荷载；附加荷载为不经常或临时作用于建筑结构上的荷载；特殊荷载为因事故而产生的偶然作用于建筑结构上的荷载，如容器内气体爆炸产生的压力，由于生产操作制度被破坏或各种设备发生事故时引起的荷载，地震作用。

该资料将崩料、坐料与容器内气体爆炸压力及地震作用均划在特殊荷载一类中。这本资料在我国高炉设计界影响广泛，但上述内容与现行的相关设计规范和标准显然是不协调的。本规范根据现行国家标准《建筑结构可靠度设计统一标准》GB 50068规定的原则，结合冶金设备基础的特殊性对其荷载的分类在第3.6.2条中作出了明确规定，并在第3.6.3条关于各种工况的规定中，将因操作不当或设备故障导致的事故状况引起的荷载规定为特殊工况时的特殊可变荷载。据此，高炉在特殊炉况即悬料、坐料时的炉料荷载及最大液态渣铁荷载应属特殊可变荷载。但也有一种意见认为，坐料很少发生，按照设计的习惯可作为偶然作用考虑。为了解悬料、坐料发生频度的现状，规范组对三家钢铁企业的12座高炉进行了随机调查，结果见表4～表6。

表4 D厂特殊炉况出现次数统计表

时间		2007年1月～5月	2007年1月～4月
高炉编号		6	7
有效容积（m^3）		2600	2600
常压处理异常炉况	累计次数	41	55
	日最多次数	2	3
坐料	累计次数	23	40
	日最多次数	2	3

表5 G厂特殊炉况出现次数统计表

时间	2006年全年					
高炉编号	1	2	3	7	10	11
有效容积（m^3）	3200	3200	3200	2500	2500	2500
悬料累计次数	7	6	14	12	7	6
坐料累计次数	7	6	14	12	7	6
崩料累计次数	8	8	9	26	21	3

注：崩料指局部炉料崩塌。

表6 C厂特殊炉况出现次数统计表

时间	2004年10月～2005年9月			2006年全年			
高炉编号	1	2	3	1	2	3	4
有效容积（m^3）	4063	4063	4350	4063	4063	4350	4350
悬料累计次数	0	0	0	0	0	0	1
坐料累计次数	0	0	0	0	0	0	1
滑料累计次数	22	4	2	0	27	4	1
崩料累计次数	45	0	3	5	0	1	0

注：滑料指某一部位（如炉喉处）炉料下滑一小段。崩料指局部炉料崩塌。

调查资料表明，不同厂家不同高炉发生悬料、坐料的频度离散性较大，但总体来看已不能作为偶然突发事件对待。因此，将悬料、坐料荷载划为特殊可变荷载是合适的。考虑到悬料、坐料荷载的作用时间与正常炉况相比毕竟是短暂的，因此在按承载能力极限状态计算时，可适当降低其分项系数取值。本规范规定正常炉况炉料荷载分项系数取 1.4，特殊炉况炉料荷载分项系数取 1.2。

4.3.2 高炉基础设计时，应按不同的工况分别进行规定类别的极限状态设计，并对所考虑的极限状态采用相应荷载效应的最不利组合。在高炉生产时，正常炉况包括正常操作和休风、检修两种工况；特殊炉况包括悬料、坐料和最大液态渣铁三种工况。崩料、滑料时的炉料荷载比坐料时小，考虑坐料工况后可不再考虑崩料、滑料工况的计算。施工、安装和大修阶段应根据不同的实施方案，考虑相应的工况。

4.3.3 高炉基础的计算应符合本规范第 3.6.4 条～第 3.6.7 条的规定。其中，对于天然地基或人工复合地基时正常使用极限状态下标准组合的基底边缘最小压力与最大压力的比值，正常炉况不应小于 0.25；特殊炉况不应小于 0.1。

表 4.3.3 中，炉料荷载应同时考虑同一工况时分别由炉壳和炉底传给基础的荷载；不论正常炉况或特殊炉况，一种工况只能考虑该工况相应的一种炉料荷载；悬料或坐料工况时的液态渣铁荷载应考虑正常液态渣铁荷载；最大液态渣铁荷载工况时，应考虑正常操作炉料荷载。

4.3.7 现代大型高炉在炉底与基础圆台基座间设置了炉底冷却装置，其作用是将炉底的热量带走，以使炉底铁水凝固线（1150℃）不致下移，而同时也使圆台基座顶面受热温度大大降低。由于温度较低，因而工艺专业和生产企业均不太关注基础受热问题，在工艺提供的基础设计资料中，已不提出基础受热温度要求。为了验证基础实际受热温度，规范组于 2007 年 11 月随机调查了 C 厂 3 号和 4 号两座 4350m^3 高炉基础圆台基座的受热温度，分别为 45℃和 38℃，但测温点埋设在距基座顶面以下约 1m 处。作为普通钢筋混凝土结构，其受热温度应符合本规范第 3.4.1 条的要求。对基础进行荷载和温度作用下的应力和裂缝宽度验算时，基础圆台基座面的受热温度应取工艺专业提供的最高温度，基础其余表面温度应分别按最高和最低环境温度考虑，并采用最不利组合值。

在温度作用下混凝土的压应力、钢筋的拉应力的抗力可按现行国家标准《烟囱设计规范》GB 50051 的规定确定。

5 热风炉基础

5.1 一 般 规 定

5.1.1 热风炉是高炉炼铁与高炉配套的重要设备。本章适用于与符合国家《钢铁产业发展政策》准入条件的高炉配套的热风炉基础设计。本章内容包括我国目前普遍采用的内燃式和外燃式两种热风炉的基础设计。

5.1.4 热风炉基础的地基变形允许值，在工程设计时通常按高炉基础的规定采用，本规范采用与高炉基础相同的允许值。

5.2 基 础 布 置

5.2.2～5.2.4 一座高炉通常配置 3 座～4 座连排式布置的热风炉，助燃空气、混合煤气、热风、烟道等各条主管道通过各自的支管与每座热风炉相连，系统复杂，布置紧凑，且管道直径和刚度较大，不允许相邻热风炉之间产生明显的差异沉降，因此热风炉基础除应符合本章有关地基设计的规定外，对于非岩质地基上的热风炉本体基础，应采用整体筏板式联合基础，且其外围框架柱及管道支架的单独基础与本体基础间宜设置连系梁。对于岩质地基上的外燃式热风炉基础，由于同一座热风炉的燃烧室与蓄热室在顶部是连通的，因此在两者间不得设置基础变形缝。

5.3 地基基础计算

5.3.1 关于热风炉基础设计时的荷载和作用说明如下：

1 热风炉基础的荷载效应按承载能力极限状态下的基本组合计算时，永久荷载为控制荷载，因此其分项系数取 1.35。

2 热风炉炉底基础表面的受热温度与热风炉炉底部的工作温度、炉底结构层和垫层的构造和尺寸、材料的隔热性能以及环境温度有关。由于受热温度很低，在设计和生产中很少关注基础受热温度问题。在 1975 年由重庆钢铁设计院等 7 个单位编写，冶金工业出版社出版的《炼铁设计参考资料》中，曾提到："热风炉炉底基础面上的正常工作温度，一般小于 250℃"。除此之外，未查阅到有关热风炉基础炉底温度作用的相关资料和文献，也未收集到基础受热温度的实测资料及基础因受热受损的情况报告。实际上，在现代大型热风炉基础设计中，往往存在以下情况，即热风炉基础多采用普通钢筋混凝土结构，而工艺专业也不对基础提出受热温度要求。工艺专业在确定炉底结构层及垫层构造、材料和厚度时，应将与基础接触界面处的温度控制在基础受热的适应能力之内。

5.3.2 大修工况应考虑任意座任意位置的热风炉被拆除、其余热风炉留置的所有状况，即考虑任意位置的一座热风炉进行大修或者任意位置的两座及以上的热风炉同时进行大修的各种可能。例如，同一基础上有三座热风炉，大修时可能存在以下五种状况：端部一座被拆除时，其余两座留置；中间一座被拆除时，两端的两座留置；一端和中间的热风炉被拆除时，另一端的一座留置；两端的两座被拆除时，中间的一座留置；三座全拆除。当为四座热风炉时，按上述状况类推。

5.4 构造要求

5.4.7 热风炉炉底垫层在压力灌浆之前应紧固地脚螺栓。考虑到烘炉时炉壳可能上升，因此在烘炉前要求放松地脚螺栓。有一种意见认为炉壳下段变形很小，对地脚螺栓影响不大，因此本条规定应按工艺专业要求适时紧固或放松。为方便地脚螺栓紧固、放松操作，应待地脚螺栓最终紧固后方可安装防雨罩。

6 转炉基础

6.1 一般规定

6.1.1 根据国家《钢铁产业发展政策》的规定，新建转炉的公称容量不应小于120t，沿海深水港地区建设钢铁项目，新建转炉的公称容量应大于200t。所以本章是针对120t及以上转炉制定的，不适用于小于120t的转炉基础设计。

转炉的倾动机构分为半悬挂式和全悬挂式，全悬挂式又分为扭力杆形式和扭力座形式两种。半悬挂式倾动机对转炉基础有很大的水平力及力矩作用，转炉容量越大，基础的受力越大，因此半悬挂式倾动机目前已被淘汰。采用全悬挂倾动机后基础的受力得到了很大改善。据调查，20世纪90年代以后我国设计的炼钢转炉均采用全悬挂式倾动机。

6.1.2 规范组对一批已建和在建的120t及以上转炉基础的基底压力进行了统计（表7为其中的8座），基底压力基本在250kPa～350kPa之间。当地基承载力特征值小于250kPa时，如采用天然地基，为了满足转炉基础对地基承载力和变形的要求需要增大转炉基础底板的面积和厚度，不利于工艺布置，在投资上也不节省，所以当地基承载力特征值小于250kPa时，转炉基础应采用桩基或进行地基处理。

表7 转炉基础基底压力标准值统计表

3台120t转炉	2台150t转炉	2台210t转炉	1台210t转炉
282kPa	305kPa	341kPa	360kPa

注：以上均为联合基础。

6.1.4 本条地基变形允许值的规定，系依据炼钢转炉（含电炉）基础沉降和倾斜的实测资料（表8），并考虑了现行国家标准《炼钢机械设备工程安装验收规范》GB 50403对设备安装的允许偏差要求确定的。

表8 炼钢设备基础沉降统计资料

工程名称	观测时间段		累计沉降值（mm）			倾斜	备注
			最大	最小	平均		
A厂三炼钢1#转炉基础	1997.6.22	2001.6.22	3.25	0.8	2.19	—	人工挖孔桩
A厂三炼钢2#转炉基础	1997.6.22	2001.6.22	2.36	0.28	1.05	—	
C厂一炼钢转炉基础	1985.9.06	2006.6.15	121.6	114.5	117.7	0.00036	桩基
C厂二炼钢转炉基础	1998.12.24	2006.8.15	35.2	27.7	33.0	0.00038	
C厂电炉基础	1997.6.05	2006.8.15	49.9	46.7	48.2	0.00032	

6.2 基础布置

6.2.1 转炉基础结构形式取决于设备类型和转炉的容量。随着设备类型和转炉容量的改变，基础结构形式也随之变化，根据调查，转炉基础结构形式主要有：支墩式（或墙式）、挖空墙式、构架式、高墩式等。

由于高墩式基础能够容易满足大容量转炉对基础承载能力和整体刚度的要求；同时布置紧凑的全悬挂倾动机构的采用，减小了基础的截面尺寸，节省了材料，因此目前高墩式基础在容量大于或等于120t的转炉基础中被普遍采用。高墩式基础还有以下优点：

1 结构形式简单，施工方便。

2 基础有足够的强度和刚度，即使基础混凝土因受高温烘烤产生局部开裂及脱落时，也对整体刚度和强度的影响较小。

3 基础表面平整，设置隔热保护措施施工方便，构造可靠，不易脱落。

4 用钢量少，综合经济指标较低。

6.2.3 通常情况下，厂房柱基础与设备基础力求脱开布置以避免相互影响。但是由于转炉基础、平台柱基础、厂房柱基础承受荷载很大，基础尺寸较大且场地受限难以脱开，目前，大型转炉采用联合基础，将厂房柱、平台柱与转炉耳轴墩墙支承在同一基础底板上的情况是很普遍的，经调查均能够正常使用。

6.3 地基基础计算

6.3.1 为与现行国家标准《建筑结构荷载规范》GB 50009对荷载的分类相协调，本章将转炉基础所受的荷载按随时间的变异性分为永久荷载和可变荷载。其中将转炉中的钢水及渣重以及冶炼过程中产生的动荷载，如正常冶炼设备动荷载、钢水激振力、顶渣荷载、事故荷载划为可变荷载。随着转炉炉体温度的变化，转炉托圈温度变形会对转炉基础产生水平推力，转炉炉体温度恒定后，托圈温度变形产生的水平推力也将基本保持不变，所以本规范将托圈温度推力按永久荷载考虑。

由于工艺设备专业在提供转炉动荷载时已考虑冲击（安全）系数，故本规范对转炉动荷载不再乘以动力系数。

6.3.2 转炉冶炼时产生的动荷载随着操作工况的不同，差别很大，一般应按下列几种工况考虑：

1 正常冶炼工况：电动机启动、制动时的扭振力矩峰值较最大倾动净力矩值大很多。其扭振力矩峰值和同一炉中最大倾动净力矩值的比值称为设备动载系数。电动机启动、制动时所产生的动荷载虽是瞬时的，却是经常产生的，所以应把它视为正常冶炼时的动荷载。原《冶金工业工业炉基础设计规程》YS 15—79中给出的设备动载系数的实测结果为：某120t转炉为1.4～1.8；另一个120t转炉为1.17～1.46；某15t转炉为1.6～1.75，统计表明设备动载系数大部分在1.4～1.8之间。目前设备电机均采用软启动，设备动载系数大大降低，据调查一般不大于1.2。

2 顶渣工况：顶渣时产生的动荷载大小，主要取决于顶渣的方式与炉口的结构形式等。目前炉口的结构形式普遍采用水冷炉口，非水冷炉口很少采用。水冷炉口结渣较少，目前工艺普遍采用修炉机清理炉口结渣，以前采用的清渣方法如顶渣或吊渣，工艺已禁止使用。采用水冷炉口及修炉机清渣后，清渣产生的动荷载已大大减小，一般已不成为控制荷载。

顶渣，即在大操作平台上倾斜地安置重轨，顶紧炉口渣瘤，然后开动转炉将渣瘤顶除；吊渣，即用吊车及钢丝绳将渣瘤吊起。

3 吹氧工况；由于转炉吹氧时，氧枪不可能做到正对转炉中心，而使吹炼时钢水搅动的作用力不能平衡，对任意方向均可能产生这种不平衡的扰动力，称之为激振力。特别在转炉后期，由于炉衬遭受侵蚀的程度不同，炉型变化很大，这种不平衡的扰动力更大。此外，在处理事故时（如冻炉等）也同样会产生很大的扰动力。有的资料提出钢水的激振力约为钢水及渣总重的20%，也有资料提出钢水的激振力按炉体总重的15%计算，两者差距很大，激振力的大小还有待进一步研究。激振力假定通过转炉耳轴水平作用于基础的任意方向。由于吹氧时转炉已停止转动，故不应与其他动荷载叠加。

4 事故工况：转炉的事故情况主要指塌炉、冻炉等特殊情况。在处理这些事故时的最大倾动力矩值较正常情况时最大倾动净力矩值大很多。根据国内外资料，事故时最大倾动力矩值一般为正常情况时最大倾动净力矩值的2倍～3倍。

6.3.7 转炉坐落在基础顶部，转炉基础常见顶标高见表9，地震会对转炉基础产生很大的水平力，所以本章规定抗震设防区的转炉基础设计时应考虑地震作用。

炉体及附属设备自重和钢水及渣重、转炉耳轴墩墙的地面以上部分及其保护设施自重的地震作用可按单质点模型，采用底部剪力法简化计算。

厂房和平台计算地震作用时，建筑的重力荷载代表值应取结构和构配件自重标准值和各可变荷载组合值之和。各可变荷载的组合值系数可按现行国家标准《建筑抗震设计规范》GB 50011的规定采用。

表9 转炉基础顶面标高统计表

120t转炉	180t转炉	210t转炉
>6m	>7m	>8m

注：以车间地坪标高为±0.000计。

由于顶渣由人工操作，可以随时终止，故在顶渣工况时不同时考虑地震作用。

由于事故工况极少发生，在事故工况发生地震的概率就更低，所以在事故工况时也不考虑地震作用。

地震发生时，转炉处在正常冶炼工况和吹氧工况的概率较大，所以本章规定仅在这两种工况时考虑地震作用。由于工艺提供的正常冶炼工况和吹氧工况荷载均为峰值荷载，比正常荷载大很多（经调查，基本上为1.6倍及以上），再考虑到地震作用与此时的设备动荷载同时产生在同一方向叠加的概率因素，所以规定转炉基础地震作用效应组合时，这两种工况动荷载的组合值系数取0.6。

6.4 构造要求

6.4.1 由于采用全悬挂式倾动机构，转炉及倾动机构全部坐在墩墙上，所以工艺设备专业按布置要求墩墙截面尺寸都很大。计算表明，转炉基础墩墙大多为构造配筋，但即使按现行国家标准《混凝土结构设计规范》GB 50010规定的最小配筋率配置，也需要很多钢筋，在墩墙短边往往需要配置3排～4排钢筋。实际工程调查表明，许多转炉基础墩墙的配筋率只达到0.05%（表10），转炉基础使用正常，没有发现破损或异常现象。

表 10 转炉基础高墩配筋率调查统计表

基础部位	截面尺寸 b×h (mm)	短边配筋	长边配筋	墩墙短边配筋率 (%)	墩墙长边配筋率 (%)
A 厂 210t 转炉					
驱动端	5000×8000	28@150	28@150	0.051	0.082
游动端	2600×6000	28@150	28@150	0.068	0.158
箍筋	—	20@300	—	—	—
B 钢厂 120t 转炉					
驱动端	5100×9000	25@200	25@200	0.028	0.048
游动端	2000×5200	25@200	25@200	0.047	0.123
箍筋	—	20@200	—	—	—
C 钢厂 250t 转炉					
驱动端	5500×9500	32@150	32@150	0.056	0.097
游动端	2600×6000	32@150	32@150	0.089	0.206
箍筋	—	20@200	—	—	—
D 钢厂 120t 转炉					
驱动端	5300×9000	28@150	28@200	0.046	0.058
游动端	2000×5200	28@150	28@200	0.079	0.154
箍筋	—	20@200	—	—	—

6.4.3 本条为强制性条文。根据以往实测数据，转炉在冶炼过程中，靠渣道侧转炉基础隔热保护层外表面的温度约为 50℃～80℃，出钢、出渣时局部温度可高达 100℃～150℃，耳轴支墩间距较小时竟高达 195℃，随着转炉容量的加大，温度还要高一些。因此耳轴墩墙应采取可靠的隔热保护措施。

6.4.4 本条为强制性条文。在生产过程中，为防止事故漏钢，应在两轨道基础间设置钢包事故坑，坑的位置及尺寸应满足工艺专业要求。由于钢水温度非常高，为避免遇水发生爆炸，应设置有效的排水设施避免坑内积水。

6.4.5 在以往的设计中，转炉基础隔热保护措施主要有半砖厚骨架墙隔热保护层、自承重砖墙隔热保护层及铸铁板隔热保护层等形式。铸铁板具有热渣不易粘结，结渣后便于铲除，强度高，能经受清渣时的敲击，所占净空小等优点，使用效果良好，但铸铁板的工程造价相对较高。目前，由于转炉公称容量的加大，考虑到综合经济比较上的优势，铸铁板隔热保护层已被普遍采用。

实践表明，轨道基础间采用花岗岩地坪使用效果很好，但造价相对较高。

本条仅列出了目前较常用的隔热保护措施，设计时也可采用其他有成熟经验的保护措施。

7 电炉基础

7.1 一般规定

7.1.1 根据国家《钢铁产业发展政策》，新建电炉的公称容量应大于或等于 70t，所以本章是针对 70t 及以上电炉制定的，不适用于小于 70t 的电炉基础设计。

7.1.2 根据工程经验及对电炉基础的基底压力的统计，当地基承载力特征值小于 160kPa 时，电炉基础宜采用复合地基或桩基。

7.1.4 见本规范第 6.1.4 条的条文说明。

7.2 基础布置

7.2.1 电炉炉体坐在倾动轨道基础上，由倾动缸、锁定装置及锁定装置液压缸、旋转台侧倾动装置控制炉体倾动。为防止各设备基础间产生不均匀沉降，所以要求将各设备基础坐在同一整体底板上。电炉基础形式有高墩式和地坑式。高墩式基础便于工艺布置和生产操作，且结构形式简单、施工方便、基础防水要求低，目前被普遍采用。

7.3 地基基础计算

7.3.1 冶炼过程中电炉基础上的荷载分布见图 1，倾动平台（摇架）的荷载在冶炼位时为 $A-B$；出钢

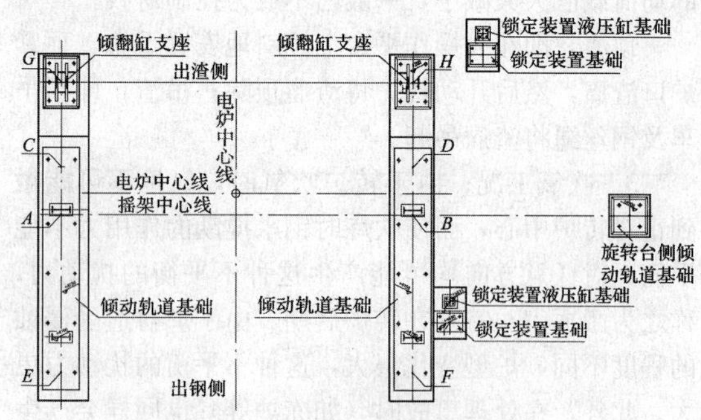

图 1 电炉基础支墩荷载布置图

或出渣时，随着炉子倾动，荷载点在 $C-D$ 和 $E-F$ 之间移动。

为与现行国家标准《建筑结构荷载规范》GB 50009 对荷载的分类相协调，本章将电炉基础所受的荷载按永久荷载和可变荷载进行分类。

由于工艺设备专业在提供电炉动荷载时已考虑冲击（安全）系数，故本规范对电炉动荷载不再乘以动力系数。

7.4 构造要求

7.4.1 根据工艺设备专业要求，电炉高墩截面尺寸往往很大。计算表明，墩墙大多为构造配筋，但即使按现行国家标准《混凝土结构设计规范》GB 50010 规范的最小配筋率配置，也需要很多钢筋，往往在墩墙短边要配 3 排～4 排钢筋。实际工程调查表明，墩墙配筋率按 0.05％配筋的电炉基础，使用正常，没有发现破损和异常现象。因此当有工程经验时，可适当降低墩墙的最小配筋率。

7.4.3 本条为强制性条文。电炉在冶炼、出渣、出钢生产过程中，温度较高，因此应对电炉基础墩墙、热泼渣区、挡渣墙表面及轨道基础采取可靠的隔热保护措施。

7.4.4 本条仅列出了目前较常用的隔热保护措施，设计时也可采用其他有成熟经验的保护措施。

8 连铸机基础

8.1 一般规定

8.1.1 本章规定主要针对弧形连铸机基础设计，立弯式、超低头、水平连铸机等连铸设备基础可参照本章规定进行设计。

8.1.3、8.1.4 连铸机主机，特别是大包回转台区域荷载很大，对基础的沉降和倾斜的要求严格，故主机基础应严格控制基础沉降和倾斜。未经处理的松散砂土、碎石土，流塑、软塑和可塑黏土及其他软弱土层均不应直接作为连铸主机基础持力层。连铸机后区生产线长、荷载小、对基础沉降和倾斜控制的要求不如主机区严格，因此，在满足生产工艺要求的情况下，也可采用与主机区不同的地基方案。此时，为保证主机区与后区间地基变形曲线的平缓和连续，可设置沉降过渡段以确保不同地基方案交界处不致出现突变的差异沉降。

8.1.5 主机区设备对差异沉降要求很高，但设备设计考虑了一定的设备底板标高调整空间，约在 10mm 范围内，可以通过加垫板等方法调整设备底板标高。但设备底板标高的调整不能过于频繁，以免影响生产，故应对基础的沉降和倾斜予以限制。本条基础的沉降和倾斜的允许值系依据实测资料（表 11）并考虑了现行国家标准《炼钢机械设备工程安装验收规范》GB 50403 对设备安装的允许偏差而规定的，目前连铸基础的实测沉降资料还比较缺乏，需要进一步积累。对后区设备基础，在设备底板标高可调或基础沉降不影响设备运行的情况下，变形允许值可适当放宽。

表 11 连铸机设备基础沉降统计资料

工程名称	观测时间段		累计沉降值（mm）			备注
			最大	最小	平均	
C厂1连铸 $1^{\#}$ 连铸机设备基础	1989.7.10	2006.7.10	99.8	59.4	81.6	桩基
C厂1连铸 $2^{\#}$ 连铸机设备基础	1989.7.10	2006.7.10	94.2	68.3	78.1	
C厂管坯连铸设备基础	1997.6.05	2006.8.10	52.3	42.8	45.9	
C厂二连铸横移台车东区基础	1998.12.24	2006.8.15	34.2	21.1	26.6	

8.2 基础布置

8.2.2 主机区做成联合整体筏板基础有利于二冷室、事故平台底板分担大包台荷载，可以有效地降低基底压力，增加大包回转台的抗倾覆能力。大包回转台荷载很大，对结构变形敏感，应采用刚度较大的支承结构，事故平台可视事故包荷载情况和平台跨度大小，结合工艺布置要求采用相适应的结构形式。二冷室支承结构同时承担抽出导轨、结晶器、铸坯夹持结构、拉矫装置等设备荷载及连铸平台荷载，同时支承辊等铸坯夹持设备对位移和变形限制严格，故应保证其足够的刚度，以满足生产工艺要求。

8.3 地基基础计算

8.3.1 可变荷载考虑了设备动荷载、可移动设备（钢水罐、中间包等）及物料（钢水、钢坯、冷却水等）产生的可变荷载、平台活荷载等。

回转台静止状态时钢包产生的竖向力及力矩以及回转台回转、启动、制动及钢包取放时产生的水平力、竖向力和力矩，均作为可变荷载考虑。

特殊工况荷载指在生产过程中发生的如设备故障、设备损坏、铸坯拉漏等特殊工况下产生的荷载。与偶然状况相比，特殊工况发生的频率高得多，但荷载值相对小得多。

8.3.2 连铸机基础设计时，地震作用按本规范第8.3.8条的规定执行。

8.3.4 主机区基础，特别是大包回转台质心高、荷载作用点高、荷载大，在偏心荷载反复作用下，基础易产生倾斜。因此要求在正常工况和特殊工况时基底边缘最小压力与最大压力的比值应满足本条规定。

8.3.8 对大包回转台和扇形段密闭室墙体等高耸构筑物，应按现行国家标准《构筑物抗震设计规范》GB 50191规定的乙类构筑物进行抗震计算。结构抗震计算应采用弹性理论分析和有限元及其他数值分析方法。当具有工程经验时，可采用底部剪力法根据现行国家标准《构筑物抗震设计规范》GB 50191有关章节的规定进行简化计算。计算重力荷载代表值时，作为可变荷载计算的物料荷载组合值系数应取1.0。基础的抗震措施可参照现行国家标准《构筑物抗震设计规范》GB 50191中的墙、柱等的构造措施采用。

8.3.9 对大包回转台，扇形段二冷室等受力情况极其复杂的结构，宜对各种工况荷载组合的受荷状况和受力过程进行弹性理论分析和数值模拟分析，以确定基础的实际受力状况和薄弱环节。目前在实际工程设计中，往往以工程经验为主，较多采用简化的计算分析方法。随着设备水平的提升和计算手段的改进，应对设计计算提出更高的要求。受现有设计条件、计算手段等因素的影响，对主机区基础进行完整精细的弹性理论分析和数值分析计算很难做到时，仍允许在有较多可靠的工程实践经验的基础上，对结构做简化计算。

8.4 构造要求

8.4.1 主机区基础地下部分一般不设变形缝，可设后浇带或采用跳仓法施工。当连铸平台与主机区基础连接时，地上部分结构按本规范第3.3.12条框架式基础的规定，伸缩缝最大间距可取为55m。次要结构与主体结构相连时，变形缝应设置于次要结构上。连铸主机区与后区采用不同的地基方案时，通过设置沉降过渡段可调节基础的局部倾斜且不出现突变的差异沉降。

9 加热炉及热处理炉基础

9.1 一般规定

9.1.1 目前我国钢铁企业中所采用的加热炉形式主要以步进式、环形加热炉为主，推钢式加热炉仅在部分企业中采用，而全蓄热式加热炉国内采用的极少，积累的经验也很少，故而本章适用范围中未予包括。其他形式加热炉可参照本章执行。轧钢产品热处理主要是退火、正火、高温回火，有时也有淬火，本章给出的热处理炉包含使用比较广泛的三种基本炉型：台车式炉、罩式炉和辊底式炉。

9.1.4 加热炉和热处理炉地基变形允许值的规定，最核心的是保证设备安装后所产生的沉降和倾斜以及变形缝的沉降差应满足工艺设备生产的要求。当工艺设备不提要求时，地基的变形允许值是根据基础变形的实测资料（表12），参考《轧机机械设备工程安装验收规范》GB 50386对设备安装允许偏差的规定，且与本规范第10章轧钢设备基础的沉降要求相协调而确定的。目前沉降实测资料的收集尚不够多，设备的荷载及地基的情况差异较大，设备基础的实测沉降变化也大，但从工程实际看，规定基础的计算沉降不大于100mm，计算倾斜不大于0.0005，在满足本规范第3.2节的有关要求的前提下，本条是容易满足的。

表12 加热炉基础沉降统计资料

工程名称	观测时间段		累计沉降值（mm）			备注
			最大	最小	平均	
A厂1700热轧加热炉设备基础	1976.9	1979.3	22.0	—	—	天然地基 投产前基础倾斜为0.00016 投产后基础倾斜为0.00012
C厂1热轧加热炉设备基础	1990.6.25	2006.3.15	84.5	66.7	71.0	桩基
C厂2热轧加热炉设备基础	1997.7.22	2006.8.10	23.3	13.6	16.4	
C厂钢管环形加热炉设备基础	1987.9.25	2006.7.15	107.3	101.7	104.6	

9.2 基础布置

9.2.2 各类加热炉和热处理炉的基础形式分述如下：

1 推钢式加热炉基础主要包括炉坑及炉体框架、推送机构、烟道等基础（图2），宜采用坑式整体基础。

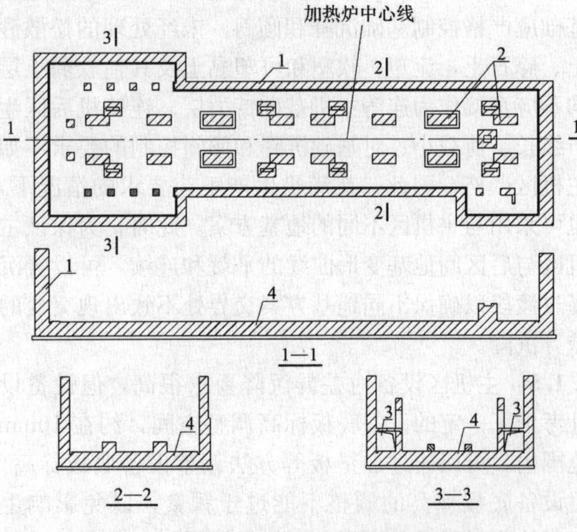

图2 推钢式加热炉基础布置示例图

1—炉墙；2—炉底机械基础；3—烟道；4—基础底板

2 步进式加热炉基础：主要包括炉坑及炉体框架、炉底机械、烟道、平移缸等基础（图3），宜采用坑式整体基础。

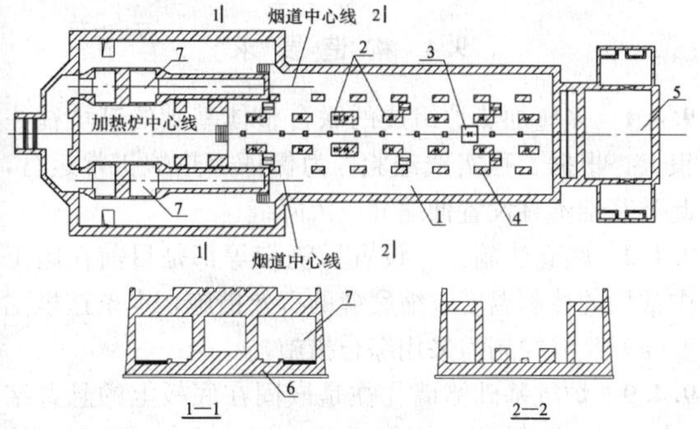

图3 步进式加热炉基础布置示例图

1—炉坑；2—炉底机械基础；3—平移缸基础；4—炉体框架基础；5—液压站；6—基础底板；7—烟道

3 环形加热炉基础：主要包括炉坑及炉体框架、炉底机械、驱动装置、烟道、装出料机等基础，常用形式有坑式（图4）和高架式（图5）。

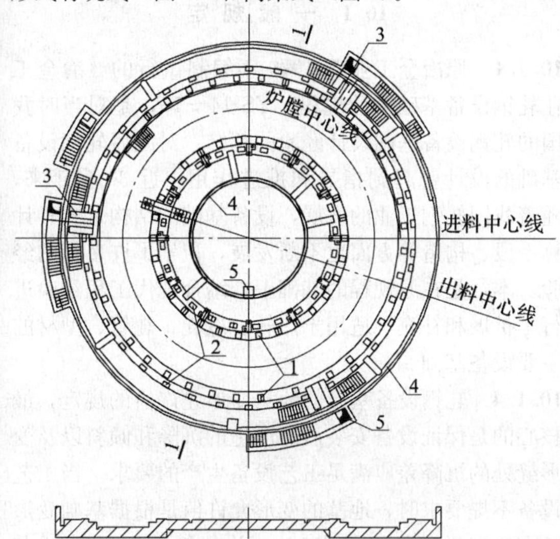

图4 环形加热炉基础布置示例图

1—炉底机械；2—炉体框架；3—驱动装置；4—排水沟；5—集水坑

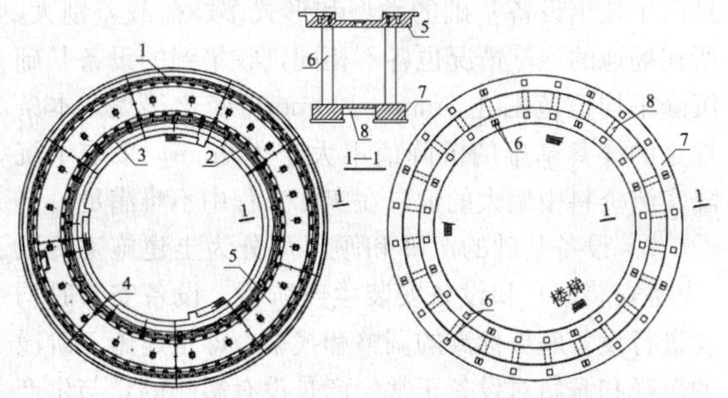

图5 高架环形加热炉基础布置示例图

1—外支撑辊；2—内支撑辊；3—炉墙支撑立柱；4—伸缩缝；5—顶板；6—立柱；7—环形底板；8—拉梁

4 台车式炉基础：基础主要包括炉体及行走机构、台车轨道等基础（图6），宜采用筏板式、地基梁式或底板加侧壁式等形式。

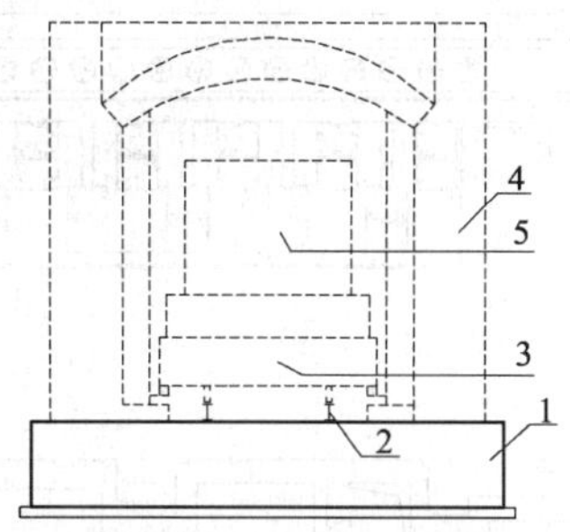

图6 台车式炉基础示例图

1—基础；2—轨道；3—台车；4—炉体；5—工件

5 罩式炉基础：主要包括退火炉台、阀站、调压站、最终冷却台基础等，基础结构形式可采用坑式或筏板式。带地下室的坑式罩式退火炉基础的炉台、阀站等设备置于设备钢结构平台上，以立柱形式架空，整体置于由钢筋混凝土筏板和挡土侧壁组成的坑式基础内（图7）。

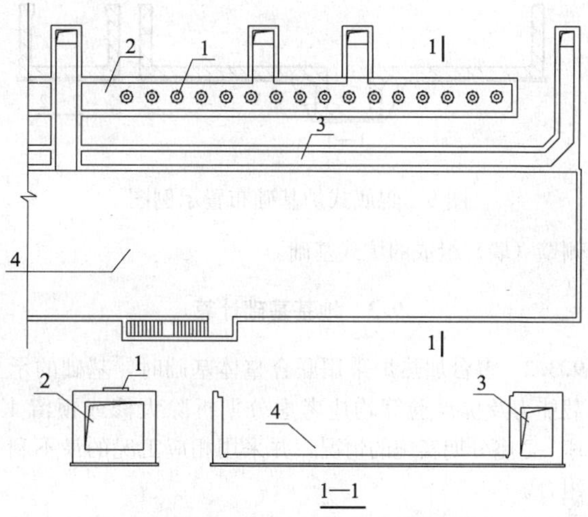

图7 地坑式罩式退火炉基础布置示意图

1—终冷台；2—风道；3—烟道；4—基坑

采用筏板式基础时，罩式退火炉设备直接放置于基础筏板顶面，沿厂房纵向平行布置退火炉台、终冷台、钢卷运输车、电缆沟。钢卷运输车基础可单独设置，当与炉基础毗邻时，也可与炉基础联合成整体（图8）。

6 辊底式炉基础：基础主要包括炉坑、烟道等基础。基础结构形式可采用坑道式，宜与相邻电缆隧道联合成整体（图9）。

9.2.3 轧钢工程中3座～4座加热炉采用联合整体基础的很多，此类联合基础常采用筏板式底板和挡土

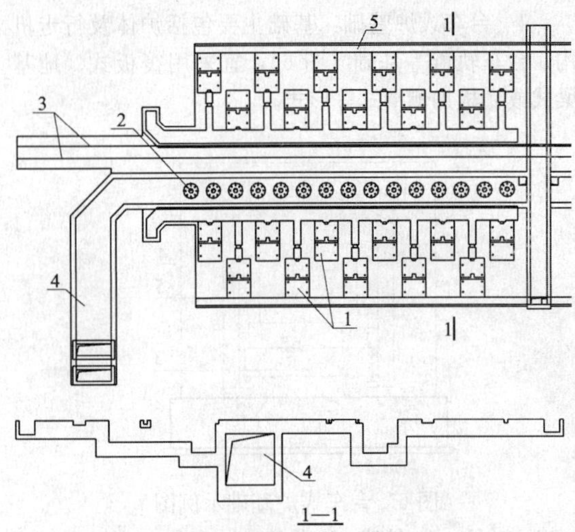

图 8　筏板式罩式退火炉设备基础布置示例图

1—炉台；2—终冷台；3—钢卷运输轨道；
4—风道；5—电缆沟

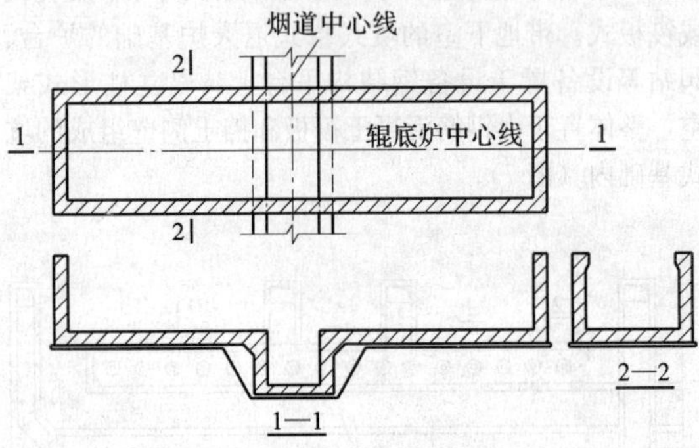

图 9　辊底式炉基础布置示例图

侧壁（墙）组成的坑式基础。

9.3　地基基础计算

9.3.2　多台加热炉采用联合整体基础时，基础的承载能力及抗浮验算均应考虑分期拆除大修或预留 1 座～2 座分期实施的情况，并采用相应工况的最不利组合。

9.3.4　为满足生产工艺的要求，加热炉、热处理炉基础一般均需进行地基变形计算，但在地质条件相同，且具有已建同类加热炉、热处理炉基础的实测资料和工程经验时，也可不进行地基变形计算。

9.3.5　联合整体基础在地下水位较高的地区，往往抗浮设计成为主要控制因素，根据以往经验，可采用设置外伸底板、基底设置抗浮锚索（杆）、锚桩等有效措施。

9.3.11　步进梁加热炉炉底机械中移动梁的传动机构常采用液压传动机构，而应用较普遍的液压传动机构的结构形式为斜块滑轮式，采用液压油缸驱动。其基础往往为一悬臂结构，在液压油缸（平移缸）较大往复水平荷载的长期作用下极易损坏，故在设计时应考虑疲劳影响。当基础尺寸受工艺、设备布置限制时，可考虑在混凝土基础中设置钢骨等加强措施。

9.4　构 造 要 求

9.4.1　多座加热炉组成的联合整体基础的基坑往往很大，根据工程实践经验，为保证加热炉正常运行，此类基础不宜设置伸缩缝或沉降缝。

9.4.2　跳仓法施工、设置后浇带等都是目前在施工中常用的控制温度收缩裂缝的有效措施，本条这里主要强调裂缝控制需采用综合措施。

9.4.9　炉坑基础侧墙往往是嵌固在底板上的悬臂结构，在侧墙顶部设置构造暗梁（锁口梁）是常用的构造措施，实践表明，这样有利于改善侧壁受力、减少裂缝。

10　轧钢设备基础

10.1　一 般 规 定

10.1.1　原冶金工业部 1979 年编制试行的《冶金工业轧钢设备基础设计规程》YS 14－79，是对当时我国的轧钢设备基础设计经验的总结，对此后轧钢设备基础的设计曾起到指导和推进作用。近 30 多年来，随着我国轧钢工业的发展，设备基础的结构形式、计算手段、构造等方面也不断发展，积累了许多新的经验。本章是在原规程的基础上，结合现代工程经验进行了扩展和补充，适用于热轧、冷轧、轧管、型材的主要设备基础。

10.1.4　轧钢设备基础的地基变形允许值的规定，最核心的是保证设备安装后所产生的沉降和倾斜以及变形缝处的沉降差应满足工艺设备生产的要求。当工艺设备不提要求时，地基的变形允许值是根据基础变形的实测资料（表 13 和表 14），并参考《轧机机械设备工程安装验收规范》GB 50386 对设备安装允许偏差的规定而提出的。应该指出的是：

1　目前设备基础地基变形的实测资料还比较少，且由于轧钢设备基础的类型和形式多、荷载差别大，所在场地的地基情况也各不相同，收集到的设备基础沉降平均值范围在 3mm～100mm，变化很大。本条规定的设备基础的沉降值不大于 100mm，采取了沉降实测资料中偏大的值，在实际工程中不难满足。

2　设备基础的沉降和倾斜可分为土建施工阶段（设备安装前）和设备安装生产阶段。设备安装时均要进行设备底板标高的调整和找平，即土建施工阶段的沉降和倾斜对设备正常生产是没有影响的，与生产直接相关的是安装设备后的沉降和倾斜。对于热轧设备基础，设备施工阶段的沉降量一般可以占到总沉降量的 40%～60%。

表 13　轧钢设备基础沉降统计资料

工程名称		观测时间段		累计沉降值（mm）			备注
				最大	最小	平均	
A厂 1700 热轧加热炉设备基础		1976.9	1979.3	22.0	—	—	天然地基
A厂 1700 热轧主轧线设备基础		1975.8	1979.3	17.0	8.0	13.0	
B厂 2250 热轧主轧线设备基础		2005.5.16	2006.5.15	53.0	22.0	38.0	
G厂 1780 热轧主轧线设备基础		1999.8.27	2001.2.5	8.4	0.5	2.8	
C厂 2050 热轧加热炉设备基础		1990.6.25	2006.3.15	84.5	66.7	71.0	桩基
C厂 1580 热轧加热炉设备基础		1997.7.22	2006.8.10	23.3	13.6	16.4	
C厂 2050 热轧主轧线设备基础		1990.6.25	2006.3.15	82.9	68.0	78.5	
C厂 1580 热轧主轧线设备基础		1997.7.22	2006.9.15	18.8	15.1	16.8	
C厂 2030 冷轧五机架设备基础		1998.9.7	2006.5.15	79.4	66.2	69.6	
C厂 1550 冷轧五机架设备基础		2001.2.10	2006.5.15	10.0	2.9	5.2	
C厂 1800 冷轧设备基础	酸洗设备基础	2003.7.24	2004.2.19	26.9	14.4	—	—
	轧机设备基础	2003.10.4	2004.2.16	17.1	14.5	—	—
	连退设备基础	2003.12.31	2004.11.25	34.0	24.0	—	—
	1# 热镀锌设备基础	2003.12.21	2004.3.29	31.3	10.1	—	—
	2# 热镀锌设备基础	2004.1.6	2004.10.12	21.0	2.0	—	—
	精整设备基础 3#、4# 线	2004.10.2	2005.4.27	11.0	2.0	—	—

表 14　轧钢设备基础（含加热炉基础）倾斜统计资料

工程名称		观测时间段		倾斜		备注
				投产前	投产后	
A厂 1700 热轧加热炉设备基础		1976.9	1977.10	1/6300(0.00016)	—	安装投产
		1977.10	1979.3	—	1/8300(0.00012)	
A厂 1700 热轧工程	主轧线柱基	1975.8	1976.9	1/4125(0.00024)	—	安装
	精轧机设备基础	1976.9	1979.3	—	1/16500(0.00006)	投产
G厂 1780 热轧主轧线精轧机基础		1999.8.27	2001.2.5	—	1/4248(0.00024)	—
B厂 2250 热轧工程	主轧线柱基	2005.5.16	2006.5.15	1/9571～1/7500 (0.00010～0.00013)	—	—
	精轧机设备基础	2005.10.15	2006.1.24	1/6790～1/4183 (0.00015～0.00024)	—	
C厂 2 冷轧厂柱基沉降资料	热卷区	1999.8.30	2004.8.28	1/4000(0.00025)		平均值
	酸洗机组和磨床区	1999.8.30	2004.8.28	1/10000(0.0001)		平均值
	五机架冷轧机组和轧后库	1999.8.30	2004.8.28	1/9615(0.00010)		平均值
	连退和电镀锌机组	1999.8.30	2004.8.28	1/8475(0.00012)		平均值
	剪切机组和成品库	1999.8.30	2004.8.28	1/6849(0.00015)		平均值

注：设备基础与厂房柱基相连形成联合基础时，部分设备基础的沉降和倾斜值系参考厂房柱基的沉降值和倾斜值给出。

3 由于设备基础的不均匀沉降、设备加工精度超差等原因，设备标高是允许进行二次调整的，但基础沉降和倾斜过大，设备标高调整频繁，对设备正常运行是不利的。

4 对轧机、穿孔机等重要的设备机组基础，地基变形及不均匀沉降应严格控制，必要时宜进行安装调试前的堆载预压。

10.2 基础布置

10.2.1 轧钢设备基础的布置和选型应注意以下几点：

1 为满足连续高速轧制生产的需要，多机架连轧机应设在同一整体基础上，整体基础应有足够的刚度，不允许在多机架连轧机间设置变形缝。轧机及传动设备（主电机、减速机、齿轮机）以及直接影响轧机运行的推床、升降台架等宜设在同一整体基础上。当有特殊情况需在主电机与减速机之间设置变形缝时，缝两侧基础的沉降及沉降差必须控制在设备允许的范围内。

2 轧机、穿孔机等设备运行时，其动荷载很大，为减少动力作用引起的设备基础的振动，设计中为增大设备基础的质量和刚度，一般按工程经验控制设备基础自重与设备重量的比值达到3～5及以上。

3 轧钢设备基础因设备布置及电气、给排水、通风、液压等专业的管线布置，在设备基础上开孔较多，在孔洞处基础结构构件的布置应保证设备基础的刚度和强度。

4 为了避免或减小对精密设备生产加工精度的影响，对磨床等较精密的设备应按照设备专业的要求采取隔振等措施，并与其他设备基础及厂房柱基脱开。对冷轧的激光焊机，当周边的设备振动或者因吊车运行而导致厂房柱基振动对其有较大的影响时，激光焊机基础也应采取隔离、脱开等构造措施，减小外部振动的影响。

10.2.2 热轧从工艺上可分为热轧带钢和热轧宽厚板两大类，其主轧线基础一般为带地下室的大型箱体基础。热轧带钢连续箱体基础长达几百米，宽达几十米，自20世纪70年代武钢1700mm大型热连轧工程采用不设缝的连续箱体基础后至今，连续箱体基础在热轧工程中已得到普遍采用。

10.2.4 轧管设备的地面布置形式系指主轧线的设备沿地面进行布置，基础的顶面标高为0.000附近。高架布置方式系指主轧线的设备布置在高架平台上，其中主要的设备如穿孔机、轧机、定径机等采用大块式或墙式基础直接坐落在地基上，与之相连的辅助设备基础布置在单层框架式平台上。

高架布置方式主要有两方面的优点：

1 可充分利用高架平台下的空间，灵活地布置各种辅助用房（如液压站、稀油站、泵站）、电缆桥架、公辅管线等，方便了工艺布置及维修。

2 施工周期短、施工简便，尤其是在地下水位高的地区，避免了大面积地下工程的基坑支护、地下结构防水、检修等问题。

高架布置方式在热轧管生产线中被普遍采用。

10.2.5 型材生产线基础的选型说明如下：

1 目前国内外线材轧机生产线采用高架式布置较多。

2 棒材轧机生产线一般多为地面布置形式，采用块体基础。中小型棒材也有采用高架布置形式的，主要是棒材、线材轧机的相关设备重量较轻，管线的布置、液压润滑站等均可利用平台下的空间，还可避免地下开挖的降水与支护作业。但应将轧机、剪子等动力荷载较大的设备采用块体基础直接坐落至地基上。对于冲渣沟，应根据其深度和结构计算要求来确定采用吊挂在框架梁下还是作为参与受力的剪力墙结构。

3 对于大型型材、轨梁等轧线基础，多为地面布置方式。但中、小型材生产线基础近些年来也有采用高架式布置的实例。

4 平、立交替布置的连轧机组由于立式轧机基础高度较大，又带有悬臂，应具有足够的刚度和抗扭性能，平、立轧机基础一般应采用具有整体筏板的联合基础。

10.3 荷载及其组合

10.3.1 轧钢设备基础的荷载是依据现行国家标准《建筑结构可靠度设计统一标准》GB 50068规定的原则，并考虑轧钢设备基础荷载的特点进行分类的。

可变荷载可分为正常操作荷载，事故荷载，平台、地面均布活荷载等以下几类：

1 正常操作荷载：是指轧钢设备正常运转和轧件运动产生的动荷载以及轧件运输和堆放时的冲击和振动产生的动荷载。

2 事故荷载：是指在操作不当或事故状态下产生的动荷载。如轧机断轴、轧件顶推床、冷床上钢材卡轨、热锯断锯片等事故时作用于基础上的荷载。

3 平台、地面均布活荷载：是指设备安装、检修及正常生产时，在基础、平台、地下室顶板、底板或地坪上由于堆放设备及部件、检修工具、原料或成品，布置管线以及人员活动等引起的荷载。其中，生产期间在指定区域堆放的备品备件等引起的荷载，称为备品备件荷载。

4 其他活荷载：当设备基础与厂房柱等基础形成联合基础时，由厂房柱等上部结构传来的活荷载、水位变化的地下水压力等。

据规范组调查，轧钢设备在调试期间，设备事故经常发生，即使在正常生产过程中，对设备基础有较大影响的事故，如轧机的断辊断轴等事故，其发生的频率也达到每（1～2）年1次，所以将事故荷载划分为可变荷载是合适的。

10.3.2 设备专业提供的设备动荷载已经将设备的动力作用转化为等效的静力荷载，进行基础设计时，其动力作用效应可按当量荷载考虑。本规范附录B为设备对基础作用的当量荷载的一般计算公式。附录B中的“荷载”是结构专业的用词，在设备专业中一般习惯称为“载荷”。“荷载”和“载荷”，两者同义。

10.3.3 目前设备厂家提供的荷载资料大多是针对单个设备的最不利设备荷载，而在进行结构设计时，这些一一针对单个设备的最不利荷载有些是不可能同时发生的，如热连轧F1～F7精轧机之间的断带水平力，当在F1～F2之间产生时，其余的断带水平力是不存在的（而提供的资料是每个轧机均有断带水平力），不能将每个轧机间的断带水平力都同时参与组合。还有一种情况是同一设备进行不同操作时的荷载，如轧机的换辊荷载与正常轧制荷载也是不可能同时组合的。在进行基础的荷载组合时，应特别注意参与组合的荷载应具有同时发生的可能性。

平台、地面均布活荷载包括安装、检修活荷载和正常操作活荷载，在荷载组合时，应注意这两类活荷载是对应于不同的工况。

10.3.4 考虑到事故荷载与正常操作荷载相比作用时间短，发生的频率相对较小，在进行设备基础承载力极限状态的基本组合时，事故荷载的分项系数可降低到1.2，这符合本规范第3.6.7条的规定。

10.3.5 轧机基础的荷载组合沿用原《冶金工业轧钢设备基础设计规程》YS 14—79的有关规定，并按正常操作工况和事故工况分别进行组合。连轧机之间的水平张力和断轴力矩属于两种事故荷载，在理论上有可能同时发生，原《冶金工业轧钢设备基础设计规程》YS 14—79规定两者的组合值系数均取1.0，随着轧钢工艺的发展，自动化控制水平的提高，这两种事故荷载同时发生均达到最大荷载值的概率非常之小，在调查中尚没有发现两事故同时发生的实例，故本规范将水平张力的组合值系数降到了0.7。随着轧钢工艺的进步，初轧机基本被淘汰，但在型材生产线上仍有少量运用，故保留了正常轧制力矩与轧件顶推床的水平力组合。

10.3.6 轧管、型材等高架平台除备品备件荷载外，其余的均布活荷载值一般是按安装、检修时堆放的材料或设备确定的，在计算柱和基础时，可进行荷载折减。

10.4 地基基础计算

10.4.2 本条沿用了原《冶金工业轧钢设备基础设计规程》YS 14—79的规定，对主要的设备基础，控制其基底边缘最小、最大压力比值的目的是防止设备基础过大的倾斜。

10.4.12 截条法、截块法及分区段计算是在轧钢设备基础设计中常用的简化计算方法。截条法是将计算的结构简化为弹性地基上的单元宽度的结构进行计算，实质上是把空间问题简化为平面应变问题，截条的计算单元划分应具有代表性。分区段计算时，可根据设备基础的工艺布置和结构特征划分区段（如热连轧的粗轧机组区段、精轧机组区段），区段计算单元的长度宜向区段分界线外延伸1个～2个柱距，以考虑边缘效应的影响。图10是以热连轧连续箱体基础中的精轧机组区段和层流冷却区段为例的区段和截条划分示意图。

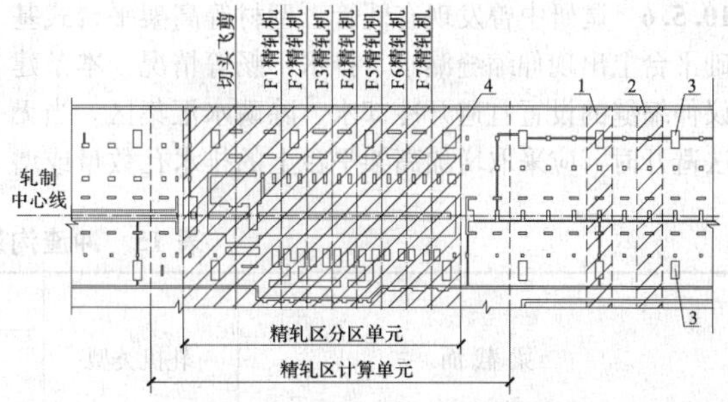

图10 截条、分区划分示意图

1—带厂房柱的截条计算单元；2—不带厂房柱的截条计算单元；3—厂房柱基；4—区段分界线

10.4.13 基床系数是地基土在外力作用下产生单位变位时所需的应力，也称弹性抗力系数或地基反力系数，可表达为：

$$K=\frac{P}{S} \tag{3}$$

式中：K——基床系数（MPa/m）；

P——地基土所受的应力（MPa）；

S——地基的变位（m）。

基床系数用于模拟地基土与基础的相互作用，计算基础内力及变位。基床系数与地基土的类别、土的状况、物理力学特性、基础的形状及作用面积受力状况、地基压缩层厚度等因素有关。确定基床系数时，应考虑基础的尺寸效应和地基压缩层厚度的影响，基础的尺寸越大，压缩层厚度越大，基床系数越小。

关于地基基床系数的计算方法和经验值，国内已有部分规范作出了相关的规定。如《干船坞水工结构设计规范》JTJ 252—87的附录二提供了“根据K_0、E_0值确定基床系数K的计算方法”，附录四给出了“地基基床系数K参考值表”；《地下铁道、轻轨交通岩土工程勘察规范》GB 50307—1999附录F给出了“基床系数K的经验值”，该规范第10.3.1条～第10.3.3条的条文说明中还给出了国内外部分基床系数的试验成果及经验值。以上有关基床系数的经验值及研究成果可供冶金设备基础设计时参考。

10.5 构造要求

10.5.5 本规范附录C“冶金设备基础及地下构筑物

防水方案”是根据冶金钢铁企业的特点和长期积累的工程经验，并结合现行国家标准《地下工程防水技术规范》GB 50108 制定的，防水的原则及有关解释详见本规范第 3.3.11 条的条文说明。

有防水要求的轧钢设备基础，为防止伸缩缝两侧出现较大的差异沉降损坏止水带而在伸缩缝下设置防沉板这一传统做法，在软土地区实践证明效果并不理想，没有成熟的经验时防沉板不宜采用。本规范附录 C 推荐的抗剪短滑杆、外挑牛腿、设置过渡段等构造做法，在工程实践中效果较好。

10.5.6 调研中曾发现有轧管、型材等高架平台式基础平台上出现伸缩缝漏水、排水不畅等情况。本条建议伸缩缝的设置宜避开冷却水、除磷水汇集区，当无法避开时，应采取增加高架平台上的排水孔数量或增大排水孔直径、加大平台上的排水断面、选择适应于水温及腐蚀性介质的止水带等措施，保证排水通畅，避免在伸缩缝处漏水。

10.5.7 在调研中发现，轧管的混凝土挡板基础由于承受反复水平撞击荷载等作用，工作一段时间后，挡板基础出现破损现象较多。故本条从构造上提出要求：挡板基础应有足够的承载能力和刚度，必要时可采取设置钢骨或采用钢结构挡板、挡板前设置缓冲装置等措施。

10.5.8 轧制线基础中的冲渣沟连系梁截面尺寸及配筋应由工艺资料和计算确定。原《冶金工业轧钢设备基础设计规程》YS 14—79 给出了冲渣沟连系梁截面尺寸及配筋的建议值（表 15），可供设计参考使用。冲渣沟连系梁顶面的防护通常采用铁屑混凝土或钢板保护。

表 15 冲渣沟连系梁截面和配筋

梁截面	轧机类型	截面尺寸及配筋			
		$b\times h$ (mm)	上部配筋	下部配筋	构造钢筋
铁屑混凝土、构造钢筋、后焊钢板、预埋件、上筋、下筋、b	大型轧机基础	700×1200	5Φ20	5Φ20	Φ12@200
	中型轧机基础	400×600	4Φ16	4Φ16	Φ10@200

10.5.11 轧钢设备基础中的大块式基础的构造配筋，其主要作用是约束混凝土，承受设备冲击、温度应力、混凝土干缩等荷载或作用，防止或减少混凝土表面有害裂缝的出现。基础上、下表面构造钢筋的配筋率经对实际工程的调查统计一般在 0.05%～0.08%。

基础顶面的构造配筋比底面要求严格，是考虑以下原因：大块式基础的顶面直接承受荷载冲击和受热烘烤以及油污等作用；混凝土的干缩影响、基础顶面一般较严重；混凝土水化热所产生的内部约束应力，基础顶面一般高于基础底面；基础底面因受到地温的作用，施工阶段一般不受寒流的直接冲击。但在实际工程中，大块式基础顶面和底面采用相同的配筋也是比较普遍的。

附录 A 高炉基础的荷载

A.0.4 高炉炉壳和高炉框架上的设备、管线、设施以及炉底冷却装置中的介质，即水、油、物料等，其荷载在高炉基础总荷载中所占比例极小，且其变化也可忽略不计，为简化计算，可与设备、管线、设施的自重合并作为永久荷载考虑。

A.0.6 现行国家标准《建筑结构荷载规范》GB 50009 规定，高炉容积大于 620m^3 时，距离高炉 50m 以内的屋面积灰荷载标准值采用 1.00kN/m^2，组合值系数、频遇值系数和准永久值系数均取 1.0。考虑到 1000m^3 及以上大型高炉的现状，其除尘设施和清灰状况均有较大改善，且积灰荷载是通过基础上支承的框架柱、平台柱和厂房柱传给基础的，因此，为安全起见，本条规定屋面及操作平台的积灰荷载标准值仍采用 1.00kN/m^2，但组合值系数则采用 0.7，准永久值系数采用 0.5。

现行国家标准《高炉炼铁工艺设计规范》GB 50427 对于高炉区所有产尘点的除尘措施作出了严格要求，并明确规定：高炉炼铁区域的所有建（构）筑物均不宜再考虑积灰荷载。因而本条相应规定：对于有完善除尘设施且除尘设备有足够可靠性的高炉，可不考虑积灰荷载。

附录 B 轧制设备对基础的荷载

B.0.1 根据轧制设备对基础的荷载（力或力矩）的性质，分为静荷载、动荷载、尖峰荷载三种，本条对三种荷载进行了定义。

B.0.2 轧制设备对基础荷载的计算公式说明如下：

1 单机架轧机和连轧机：基础荷载产生于万向接轴不等的轧制力矩或轧件上的纵向力（连轧时为推力，轧材在轧槽中卡头时形成的压力），万向接轴轴向移动力可以认为是事故状态。电机直接传动时，动荷载为额定轧制力矩的30%；人字齿轮机座传动时，由于轧辊可能扭曲变形，动荷载为额定轧制力矩的90%。轧制方向上轧材被咬入时的动荷载 F_A 可按自由出口机架（单机架），由轧件的高温应力 σ_w 和压下面积（A_0-A_1）近似计算。连轧机带张力轧制动荷载可达拉断力的10%（由高温应力 σ_w 和出口面积 A_1 计算）。

连轧机的尖峰荷载（FHZ）为轧材的拉断力 F_R，单机架轧机的尖峰荷载（FHZ）为推力 F_T，由热态强度 σ_w、出口面积 A_1 和冲击系数 k 计算。此外，单机架轧机的拉力 F_L 可以由额定轧制力矩、轧辊半径和冲击系数来计算。较小的数值（F_T 或 F_L）作为尖峰荷载（FHZ）标注在荷载图样上。

2 二辊轧机：在轧制过程中，由于轧制速度的变化使轧件产生的惯性力，前、后张力差，以及在穿孔机上顶杆的作用力都会在轧件上作用水平力，水平力引起的倾翻力矩则为动荷载。在一般情况下，水平力是随着各种轧制工艺条件的改变而变化的。其最大值由轧辊直径和惯性力矩计算。

3 万向接轴：万向接轴具有自由的力矩向量，在一定偏转角下工作，没有动荷载。发生重大事故时，必须考虑机架和传动装置之间万向接轴的轴向位移，而在其花键槽产生了摩擦移动力。就一般的摩擦情况和尺寸情况来说，这个移动力可由额定轧制力矩和轧辊半径进行近似计算而作为尖峰荷载。

4 减速机：传动装置一般是由于减速机箱体的反转力矩作用于基础上的，即所谓固定力矩。

在输入轴和输出轴转动方向不同时，动荷载固定力矩是输入力矩与输出力矩之和，反之是差。在减速比大的减速机上，固定力矩可以用输出力矩来代替。

人字齿轮机座速比为 $i=\pm1$，只要两个输出轴所承受的荷载相等，其力矩相抵消，则固定力矩就等于输入力矩。

当输出力矩集中在第二个人字齿轮轴上时（最危险的情况），固定力矩等于两倍的输入力矩即为尖峰力矩。采用万向接轴，还要加上轴向移动力带来的倾翻力矩，但方向上差90°。

5 电机：电机对基础的作用是纯力矩，动荷载一般为额定力矩的1/2至2倍。尖峰荷载等于倾翻力矩和堵转力矩之和，一般为额定力矩的3倍。

6 曲柄传动：在曲柄连杆传动中，由于曲柄作用可以产生任意大的作用力。一般情况下，多数用负载，如抬高某个部件的重量来限制它。其动荷载可以通过重量乘以冲击系数 $k=2\sim3$ 来计算。尖峰荷载要考虑曲柄连杆行程的限制，若没有保护装置（如安全销等）限制它，则可以假设曲柄达到水平位置前10°，相当于有效力臂长，为曲柄半径的1/5（20%），因此，就整个半径而言，其作用力是它的5倍，其余从10°至0°的曲柄行程，作用力从5倍开始将无限升高，连杆移动的距离仅仅还剩下1.5%，最大到2%的曲柄半径。这样小的行程一般只有几个毫米，既可以利用零件的弹性变形，也可以利用塑性变形，稍微增加点力来克服，而不至于损害基础。尖峰荷载因此可以由倾翻力矩、减速机传动比和曲柄半径的20%来计算。

7 运输链：用运输链运输轧件，一般是以轧件重量和摩擦系数计算出的最大加速度作用力作为基础的动荷载。如果传动轴和转向轮之间的链条张紧力结构上没有直接克服，而是让基础承受，那么作为基础的静荷载还要增加这种链的作用力。运输链的尖峰荷载是链节拉断力乘以动载系数，条件是其中有一条链子被卡死了。

8 液压缸：动荷载可以通过作用于活塞面上的额定工作压力计算。尖峰荷载用调节的最大压力乘以冲击系数 $k=1.5$ 求得。

9 弹簧挡板：动荷载一般来说是很小的，因为很高的撞击速度经过回弹造成时间损失，因此是可以克服的。弹簧力的增大与撞击速度成正比（但不是平方关系）。正常工作时，轧件以5%～30%的最高速度撞击。因此可以将挡板最大弹簧力的30%作为动荷载（DHZ）。

10 固定挡板：这里只能通过轧件的撞击变形来克服力，换句话说，是用轧件的抗压强度和断面来计算挡板的负荷。对动荷载，棒材按10%，板材按2%的计算挡板负荷考虑。对尖峰荷载，棒材按100%，板材按10%的计算挡板负荷。就棒材来说，不会出现几根同时以最大速度撞击的情况，而板材由于头部舌头形状或边部尖角使撞击减缓。

11 辊道：垂直方向上的动荷载也是尖峰荷载，采用轧件重量乘以冲击系数计算，冲击系数取3。水平方向上的动荷载采用轧件重量和摩擦系数计算的最大加速度力。这个力乘以冲击系数3为水平尖峰荷载。因为冲击系数3乘以摩擦系数0.33近似等于1，所以水平尖峰荷载就等于重量。轧件重量是每一个辊子所承受的重量。轧件偏离中心严重时应加倍考虑其作用力。辊道台架的重量按静荷载一起考虑。

B.0.3 本条对在基础荷载平面图中应表示出的荷载的种类、大小、方向和位置作出了基本规定。

附录D 冶金设备基础地脚螺栓锚固设计

D.0.4 依据现行国家标准《钢结构设计规范》GB

50017，对于锚栓，钢材 f_t^a 的取值为：Q235 取 140MPa，Q345 取 180MPa。

D.0.5 地脚螺栓受拉而引起混凝土破坏时，理想的破坏模式为沿地脚螺栓破坏端头底面外沿向上 45°方向扩展。

根据试验结果，地脚螺栓混凝土锥体破坏的抗拉承载力设计值可按现行国家标准《混凝土结构设计规范》GB 50010 中受冲切承载力的计算方法进行简化计算。考虑到实际工程设计中边距不够及试验时试件尺寸的问题，本条引入了面积修正系数。

对于地脚螺栓端部有效直径 d_s 的取值，当地脚螺栓为直钩式或弯钩式时，可取为地脚螺栓的直径；当地脚螺栓为锚板式时，可取为锚板的直径或边长。

D.0.6 当地脚螺栓为直杆式时，其承载力可能由螺栓与混凝土的粘结力控制，影响粘结力的因素很多，宜根据试验确定，接触面平均粘结力试验应符合实际混凝土强度等级、螺栓类型、螺栓表面粗糙程度、粘结材料的厚度和物理力学性能、施工工艺和质量等条件。原冶金部建筑研究总院在 C15～C25 混凝土中，对直径 19mm～50mm 采用 Q235 钢制作的地脚螺栓的试验结果表明，其平均极限破坏粘结力为 3.6MPa。

中华人民共和国国家标准

1000kV 变电站设计规范

Code for design of 1000kV substation

GB 50697—2011

主编部门：中 国 电 力 企 业 联 合 会
批准部门：中华人民共和国住房和城乡建设部
施行日期：2 0 1 2 年 3 月 1 日

中华人民共和国住房和城乡建设部
公　　告

第932号

关于发布国家标准《1000kV变电站设计规范》的公告

现批准《1000kV变电站设计规范》为国家标准，编号为GB 50697—2011，自2012年3月1日起实施。其中，第11.1.2条为强制性条文，必须严格执行。

本规范由我部标准定额研究所组织中国计划出版社出版发行。

中华人民共和国住房和城乡建设部

二〇一一年二月十八日

前　　言

本规范是根据住房和城乡建设部《关于印发〈2008年工程建设标准规范制定、修订计划（第二批）〉的通知》（建标〔2008〕105号）的要求，由中国电力工程顾问集团公司、国家电网公司会同有关单位共同编制完成。

本规范共分12章，主要内容包括：总则、电气主接线、主变压器、1000kV并联电抗器、1000kV设备和导体选择、1000kV配电装置、110kV无功补偿装置、防雷接地、过电压保护和绝缘配合、二次部分、1000kV构支架、噪声控制等。

本规范中以黑体字标志的条文为强制性条文，必须严格执行。

本规范由住房和城乡建设部负责管理和对强制性条文的解释，由中国电力企业联合会负责日常管理，由中国电力工程顾问集团公司负责具体技术内容的解释。本规范在执行过程中，请各单位结合工程实践，认真总结经验，注意积累资料，随时将意见和建议反馈给中国电力工程顾问集团公司（地址：北京市西城区安德路65号，邮政编码：100120），供今后修订时参考。

本规范主编单位、参编单位、主要起草人和主要审查人：

主 编 单 位： 中国电力工程顾问集团公司
国家电网公司

参 编 单 位： 中国电力工程顾问集团华北电力设计院工程有限公司
中国电力工程顾问集团中南电力设计院
中国电力工程顾问集团华东电力设计院
中国电力工程顾问集团东北电力设计院
中国电力工程顾问集团西北电力设计院
中国电力工程顾问集团西南电力设计院

主要起草人： 舒印彪　汪建平　李宝金　韩先才
王绍武　方　静　王　静　孙　岗
邱　宁　孟　轩　庞亚东　陈宏明
王晓京　王代荣　马侠宁　沈爱民
李　苇　巢　琼　林伟明　梁言桥
李志刚　吴克芬　穆华宁　梁学宇
杨怀远　郎旭海　薛　勤　张谢平
蔡德江　何　民　吴祎琼　何其武
梁　波　运志涛　陈海焱

主要审查人： 谢国恩　俞　正　彭开军　黄宝莹
黄雄辉　周仲仁　宿志一　谷定燮
常乃超　罗　毅　张　云　白玉生
杨国富　项力恒　徐小丽　徐　荥
杜和颂　褚　农　钱　锋

目　次

Contents

1 总　　则

1.0.1 为规范1000kV变电站设计，使变电站的设计符合国家的有关政策、法规，达到安全可靠、先进适用、经济合理、环境友好的要求，制定本规范。

1.0.2 本规范适用于电压为1000kV新建、扩建或改建变电站或开关站的设计。

1.0.3 1000kV变电站的设计应结合工程特点，采用具备应用条件的新技术、新设备、新材料、新工艺。

1.0.4 1000kV变电站的设计应采取切实有效的措施节约用地、保护环境、满足劳动安全要求。环境保护、水土保持及劳动安全卫生设施应与主体工程同步设计、同步施工、同步投产。

1.0.5 1000kV变电站的设计除应符合本规范外，尚应符合国家现行有关标准的规定。

2 电气主接线

2.0.1 1000kV变电站的电气主接线，应根据变电站在电力系统中的地位，以及变电站的规划容量、负荷性质、连接元件数、配电装置特点、设备制造和供货能力等因素，按满足供电可靠、运行灵活、检修方便、便于扩建、投资合理、节省占地的原则，通过技术经济比较后确定。

2.0.2 1000kV配电装置的最终接线方式，当线路、变压器等连接元件的总数为5回及以上时，宜采用一个半断路器接线，同名回路应配置在不同串内，电源回路与负荷回路宜配对成串；当接线条件受限制时，同名回路可接于同一侧母线。当初期线路、变压器等连接元件较少时，可根据具体的元件总数采用角形接线或其他使用断路器数量较少的简化接线型式，但在布置上应便于过渡到最终接线。

2.0.3 1000kV线路并联电抗器回路，宜采用不装设断路器和隔离开关的接线。

2.0.4 1000kV变电站中主变压器第三绕组额定电压宜采用110kV，最高运行电压可采用126kV。当主变压器容量较大或系统对第三绕组配备无功补偿提出特殊要求时，可研究确定后采用其他电压等级。110kV电气接线采用以主变压器为单元的单母线接线时，进线侧宜装设总断路器，中性点应采用不接地方式。

2.0.5 1000kV避雷器和电压互感器不应装设隔离开关；当1000kV配电装置采用一个半断路器接线时，线路、变压器元件均不应装设出口隔离开关，但当变电站初期可能出现2个完整串运行时，线路、变压器元件宜装设出口隔离开关。

2.0.6 对于一个半断路器接线，在满足继电保护和计量要求的条件下，当采用气体绝缘金属封闭开关设备、复合电器或罐式断路器时，宜在断路器两侧分别装设电流互感器。

2.0.7 在每回出线的三相上应装设电压互感器；在主变压器和每组母线上，应根据继电保护、计量和自动装置的要求，在一相或三相上装设电压互感器。

2.0.8 接地开关配置应满足检修安全要求，断路器的两侧、线路或变压器出口和1000kV配电装置的每段母线，应装设接地开关。

3 主 变 压 器

3.0.1 主变压器容量和组数的选择，应根据现行行业标准《电力系统设计技术规程》DL/T 5429的有关规定和审定的电力系统规划设计方案确定。变电站同一电压网络内任一组变压器事故停运时，其他元件不应超过事故过负荷的规定。凡装有两组及以上主变压器的变电站，其中一组事故停运后，其余主变压器的容量应保证该站全部负荷的70%。

3.0.2 主变压器宜选用单相自耦变压器，应根据系统和设备情况确定是否装设备用相。

3.0.3 主变压器公用绕组的容量，应根据系统潮流和自耦变压器第三绕组侧无功补偿容量的配置进行校核。

3.0.4 主变压器调压方式的选择，宜采用中性点无励磁调压方式。当采用有载调压时，应经过技术经济综合论证后确定。

4 1000kV并联电抗器

4.0.1 1000kV并联电抗器的容量和组数，应根据限制工频过电压、潜供电流、防止自励磁、同期并列及无功平衡等方面的要求，进行技术经济综合论证后确定。

4.0.2 1000kV并联电抗器宜采用单相油浸铁芯式，应根据系统和设备情况确定是否装设备用相。

4.0.3 线路1000kV并联电抗器中性点应经电抗接地，中性点接地电抗应根据电力系统的情况按加速潜供电弧熄灭或抑制谐振过电压的要求选择电抗值。

5 1000kV设备和导体选择

5.1 一 般 规 定

5.1.1 1000kV设备和导体选择，除应符合本节的要求外，尚应符合现行行业标准《导体和电器选择设计技术规定》DL/T 5222的有关规定。

5.1.2 选择导体和电器时所用的最大风速，应取离地面10m高、100年一遇的10min平均最大风速，并应按实际安装高度对风速进行换算。

5.1.3 1000kV设备的电晕及无线电干扰应符合下列

规定：

1 在最高相电压的 1.1 倍时，屋外晴天夜晚应无可见电晕，晴天无线电干扰电压不应大于 500μV。

2 对于在分、合闸状态下的隔离开关，在最高相电压的 1.1 倍时，屋外晴天无线电干扰电压不应大于 2000μV。

5.1.4 1000kV 设备的噪声水平应满足环保标准的要求。变压器、电抗器和其他设备的连续性噪声水平不宜大于 75dB（A）。SF_6 断路器的非连续性噪声水平，屋外不应大于 110dB（A）。

5.1.5 1000kV 变压器、电抗器、套管、电容式电压互感器和避雷器的局部放电量允许值，应按国家现行有关规定执行。

5.1.6 开关设备的额定电压为系统最高电压 1100kV 时，额定电流不应小于运行中出现的回路持续工作电流。变电站内电气设备的载流能力应计及太阳辐射的影响。

5.1.7 设备套管和支持绝缘子的机械荷载应根据各种不同的工况条件分别进行合理的组合，荷载组合方式可按表 5.1.7 采用。瓷套和支柱绝缘子的机械强度安全系数，按长期作用荷载校验时，不应小于 2.5；按短时作用荷载校验时，不应小于 1.67。

表 5.1.7 荷载组合方式

状态	风速	自重	引下线重	覆冰重量	短路电动力	地震力
正常时	有冰时的风速	✓	✓	✓	—	—
	最大风速	✓	✓	—	—	—
短路时	50%最大风速，且不小于 15m/s	✓	✓	—	✓	—
地震时	25%最大风速	✓	✓	—	—	相应震级地震力

注：✓为计算时应采用的荷载条件。

5.1.8 设备及其瓷套、支柱绝缘子应能承受下列地震力：

1 地面水平加速度 $2m/s^2$～$3m/s^2$，地面垂直加速度按水平加速度的 65%选取。

2 当仅对设备本体进行抗震设计时，应乘以设备支架的动力反应放大系数。

5.1.9 1000kV 电气设备电瓷外绝缘的泄漏比距应按现行国家标准《高压架空线路和发电厂、变电所环境污区分级及外绝缘选择标准》GB/T 16434 的有关规定执行。

5.2 断 路 器

5.2.1 断路器型式的选择应根据工程具体情况以及设备制造和供应条件，结合国家相关产业政策，经过技术经济比较后确定。可采用气体绝缘金属封闭开关设备、复合电器或罐式断路器。

5.2.2 断路器的参数要求应根据 1000kV 系统的特点，经系统研究后确定。

5.3 隔 离 开 关

5.3.1 敞开式隔离开关型式的选择应结合 1000kV 配电装置布置特点，宜选用水平断口三柱式隔离开关。

5.3.2 气体绝缘金属封闭开关设备或复合电器中的隔离开关，应经过电压计算后确定是否装设投切电阻。

5.3.3 接地开关投切感应电流及感应电压的要求，应经系统研究确定。

5.4 互感器和避雷器

5.4.1 独立式电压互感器宜采用电容式、非叠装式电压互感器。

5.4.2 1000kV 系统应选用无间隙金属氧化物避雷器，并应满足过电压保护及绝缘配合的要求。

5.4.3 变压器侧及线路侧应设置避雷器。母线、并联电抗器是否装设避雷器应根据雷电过电压计算结果或模拟试验确定。避雷器与被保护设备之间的距离应满足绝缘配合要求。

5.5 绝 缘 子

5.5.1 变电站绝缘子串绝缘水平应按不低于变电站出线线路绝缘子串的原则确定。

5.5.2 变电站悬式绝缘子宜选用盘形瓷绝缘子，绝缘子串的片数应按爬电比距法计算、污耐压法校验，综合比较后确定。

5.5.3 绝缘子串应装设均压和屏蔽装置，宜选择起始电晕电压高的绝缘子。双Ⅰ型和Ⅴ型绝缘子串的片数选择应计及邻近效应。

5.5.4 支柱绝缘子应符合国家现行标准有关 1000kV 交流系统用支柱绝缘子的规定。

5.6 导 体

5.6.1 导体选型应根据 1000kV 配电装置的特点，结合制造能力、地震等因素进行综合技术经济比较后确定。

5.6.2 架空导线宜选用 4 分裂软导线，分裂间距宜取 600mm，单根软导线的最小直径不宜小于 66mm。

5.6.3 在满足地震安全要求条件下，1000kV 设备间连线可采用单根大直径铝合金管，铝合金管外径不应小于 200mm。

5.6.4 分裂结构软导线载流量的计算，应根据分裂导线的排列方式、分裂根数、分裂间距等因素，计及邻近效应和热屏蔽的影响，对载流量加以修正。

5.6.5 分裂软导线间隔棒间距的确定，应满足构架和设备端子承受短路动态拉力的限值要求，宜按导线在非接触状态设计。

5.6.6 导体及金具的电晕临界电压应大于导体安装处的最高工作电压的1.1倍。

6 1000kV配电装置

6.0.1 1000kV配电装置应采用气体绝缘金属封闭开关设备、复合电器或屋外敞开式布置。

6.0.2 1000kV屋外配电装置的最小安全净距不应小于表6.0.2的规定。

表6.0.2 1000kV屋外配电装置的最小安全净距（m）

符号	适用范围		最小安全净距
A_1'	1. 分裂导线至接地部分之间 2. 管型导体至接地部分之间		6.80
A_1''	均压环至接地部分之间		7.50
A_2	带电导体相间	分裂导线至分裂导线	9.20
		均压环至均压环	10.10
		管型导体至管型导体	11.30
B_1	1. 带电导体至栅栏 2. 运输设备外轮廓线至带电导体 3. 不同时停电检修的垂直交叉导体之间		8.25
B_2	网状遮栏至带电部分之间		7.60
C	带电导体至地面	单根管型导体	17.50
		分裂架空导线	19.50
D	1. 不同时停电检修的两平行回路之间水平距离 2. 带电导体至围墙顶部 3. 带电导体至建筑物边缘		9.50

注：1 表中数据为海拔1000m时的安全净距；

2 交叉导体之间应同时满足 A_2 和 B_1 的要求；

3 平行的导体之间应同时满足 A_2 和 D 的要求；

4 当带电作业时，人体活动半径取0.75m。

6.0.3 海拔高度不高于1000m，屋外配电装置使用软导线或管型导体时，在不同过电压条件下，带电部分至接地部分、不同相带电部分之间的最小安全净距，应根据表6.0.3进行校验，并应采用表6.0.3中的最大数值。

表6.0.3 不同条件下的最小安全净距（m）

条件	A_1'	A_1''	A_2
雷电过电压	5.00		5.50
操作过电压	6.80	7.50	9.20（分裂导线至分裂导线） 10.10（均压环至均压环） 11.30（管型导体至管型导体）
工频过电压	4.20		6.80

6.0.4 1000kV屋外配电装置场地内的静电感应场强水平（距地面1.5m空间场强）不宜超过10kV/m，但少部分地区可允许达到15kV/m。

6.0.5 在设计中降低静电感应场强可采取下列措施：

1 减少同相母线交叉与同相转角布置。

2 减少或避免同相的相邻布置。

3 控制箱等操作设备宜布置在较低场强区。

4 必要时可适当加屏蔽线或设备屏蔽环。

5 提高设备及引线的安装高度。

6.0.6 1000kV屋外配电装置的母线及跨线宜满足导线上人要求，其荷载值应符合下列规定：

1 单相检修作业时，作用在导线上的人及工具重可按350kg设计，作用在梁上作业相处的人及工具重可按200kg设计。

2 三相停电检修时，作用在每相导线上的人及工具重可按200kg设计，作用在梁上的人及工具重可按200kg设计。

3 设备连线不应允许上人。

6.0.7 导线挂线应对施工方法提出要求，并应限制其过牵引值。

6.0.8 1000kV屋外敞开式配电装置宜设相间运输通道，并根据电气接线、设备布置和安全距离要求，确定相间距离、设备支架高度和道路转弯半径。

6.0.9 在晴天，干扰频率为0.5MHz时，1000kV配电装置的电晕无线电干扰水平在围墙外20m（非出线方向）地面处，不应超过（55～58）dB（μV/m）。

7 110kV无功补偿装置

7.1 一般规定

7.1.1 系统的无功补偿原则应按就地分区分电压基本平衡。

7.1.2 110kV并联电容器、并联电抗器及其他无功补偿装置的设计，应符合国家现行标准《并联电容器装置设计规范》GB 50227和《330～750kV变电站无功补偿装置设计技术规定》DL/T 5014的有关规定。

7.1.3 110kV并联电容器或电抗器补偿容量应根据电网结构和运行的需要计算确定。

7.1.4 110kV并联电容器或电抗器补偿容量的确定，

应满足主变压器第三绕组容量的限制。

7.1.5 110kV无功补偿装置的分组容量应根据系统要求及设备制造能力确定。

7.1.6 110kV并联电容器装置的串联电抗率，应根据电容器组合闸涌流、谐波放大对电网及电容器组的影响等方面的验算确定。

7.2 无功补偿装置及设备选择

7.2.1 110kV并联电容器组应能在母线最高电压126kV下长期运行。接线宜采用单星形接线、桥差不平衡电流保护方式。

7.2.2 110kV并联电抗器额定电压宜采用105kV，最高运行电压宜采用115kV或根据系统计算确定。接线宜采用单星形接线。

7.2.3 110kV并联电容器宜采用框架式结构，并联电容器装置的串联电抗器宜选用干式空心型式。

7.2.4 110kV并联电抗器型式应经过技术经济比较后确定。

7.2.5 110kV无功补偿装置应装设抑制操作过电压的避雷器，避雷器连接应采用相对地方式。并联电容器装置的避雷器接入位置应紧靠电容器组的电源侧，吸收能量应满足通流容量的要求。

7.2.6 110kV无功补偿装置回路的断路器宜安装在电源侧。

8 防雷接地

8.0.1 1000kV变电站直击雷防护除应符合现行行业标准《交流电气装置的过电压保护和绝缘配合》DL/T 620的有关规定外，尚应符合下列规定：

1 变电站的直击雷防护，宜采用电气几何模型法或滚球法进行核算。

2 装在构架上的避雷针应与接地网连接，并应在其附近装设集中接地装置。装有避雷针和避雷线的构架与1000kV带电部分间的空气中距离，不应小于7m。

8.0.2 1100kV气体绝缘金属封闭开关设备和复合电器设备可根据实际需要设置辅助接地网，气体绝缘金属封闭开关设备和复合电器设备的接地线应先引至辅助接地网后与变电站主接地网多点连接。

8.0.3 辅助接地网材质可采用铜或钢，其截面除应满足温升限值及热稳定的要求外，还需满足设备壳体感应电压限值等要求。

9 过电压保护和绝缘配合

9.0.1 1000kV变电站过电压保护和绝缘配合的设计，除应符合本规范的规定外，尚应符合现行国家标准《1000kV特高压交流输变电工程过电压和绝缘配合》GB/Z 24842的规定。

9.0.2 变电站设备在运行中可能受到的作用电压，可分为下列类型：

1 持续运行电压（其值不超过系统最高电压U_m，持续时间等于设备设计的运行寿命）；

2 暂时过电压（包括工频过电压、谐振过电压）；

3 操作（缓波前）过电压；

4 雷电（快波前）过电压；

5 特快速瞬态过电压。

9.0.3 工频过电压的基准电压1.0p.u.应为$U_m/\sqrt{3}$，谐振过电压和操作过电压的基准电压1.0p.u.应为$\sqrt{2}U_m/\sqrt{3}$。

9.0.4 变电站的过电压水平宜符合下列规定：

1 相对地工频过电压水平不宜超过下列数值：

1）线路断路器的变电站侧：1.3p.u.；

2）线路断路器的线路侧：1.4p.u.。

2 最大的相对地统计操作过电压不宜大于1.6p.u.，最大的相间统计操作过电压不宜大于2.9p.u.。

9.0.5 1000kV系统用氧化锌避雷器的保护水平应符合表9.0.5的规定。

9.0.6 1000kV设备的额定绝缘水平应符合表9.0.6的规定。

表9.0.5 1000kV系统用氧化锌避雷器的保护水平（kV）

电压类型	额定电压（有效值）	持续运行电压（有效值）	8/20μs、20kA下雷电冲击残压（峰值）	1/10μs、20kA下陡波冲击残压（峰值）	30/60μs、2kA下操作冲击残压（峰值）
线路侧 母线侧	828	638	≤1620	≤1782	≤1460

表9.0.6 1000kV设备的额定绝缘水平（kV）

系统电压		设备名称	额定雷电冲击耐受电压（峰值）	雷电截波（峰值）	额定操作冲击耐受电压（峰值）	工频耐受电压（有效值）
标称电压	最高电压					
1000	1100	变压器、并联电抗器	2250	2400	1800	1100（5min）
		气体绝缘金属封闭开关设备（断路器、隔离开关）	2400	—	1800	1100（1min）
		支柱绝缘子、接地开关	2550	—	1800	1100（1min）

续表 9.0.6

系统电压		设备名称	额定雷电冲击耐受电压（峰值）	雷电截波（峰值）	额定操作冲击耐受电压（峰值）	工频耐受电压（有效值）
标称电压	最高电压					
1000	1100	避雷器	2400	—	1800	1100（1min）
		电压互感器（CVT）	2400	—	1800	1200（5min）
		套管（变压器、电抗器）	2400	2760	1950	1200（5min）
		套管（气体绝缘金属封闭开关设备）	2400	—	1800	1100（1min）
		开关设备纵绝缘	2400+900	—	1675+900	1100+635（1min）
		变压器中性点	325	—	—	140（1min）
		电抗器中性点（经电抗接地）	中性点绝缘水平应结合工程计算确定			
110	126	变压器低压侧	650	—	—	275（1min）

注：1 表中数据适用于安装地点海拔高度不高于 1000m 的电气设备。

2 有机绝缘件均应进行 5min 工频耐受电压试验。

3 表中变压器中性点绝缘水平适用于中性点直接接地方式，当采用其他中性点接地方式，则应研究确定中性点绝缘水平。

10 二 次 部 分

10.1 计算机监控系统

10.1.1 计算机监控系统和二次接线的设计应符合现行行业标准《220kV～500kV 变电所计算机监控系统设计技术规程》DL/T 5149、《火力发电厂、变电所二次接线设计技术规程》DL/T 5136 和《电测量及电能计量装置设计技术规程》DL/T 5137 的有关规定。

10.1.2 1000kV 变电站应采用计算机监控的控制方式，监控系统主机和操作员工作站均宜单独配置，并应按双重化原则设置。

10.1.3 全站宜集中配置一套公用的同步对时系统，时钟源宜按双重化配置，对时精度应满足控制、保护、故障测距及相角测量装置等二次系统要求。

10.1.4 电力二次系统的安全防护设计应符合“安全分区、网络专用、横向隔离、纵向认证”的原则，并应采取相应的隔离和认证措施。

10.2 二次设备布置

10.2.1 主控制室和计算机室设计应按规划建设规模在第一期工程中一次建成。二次屏柜屏位布置应结合远景规划，满足分期扩建的要求。

10.2.2 二次设备宜采用下放布置方式，并应按相对集中的原则分散设置继电器小室。

10.3 电磁抗干扰措施

10.3.1 二次设备的抗扰度等级应符合国家现行标准《500kV 变电所保护和控制设备抗扰度要求》DL/Z 713 的规定。

10.3.2 继电器小室应采取屏蔽措施。当毗邻高压配电装置布置时，宜采用金属网屏蔽方式，且整体屏蔽效能不宜小于 30dB。

10.3.3 主控制室及计算机室的屏蔽措施应根据其在变电站中的具体位置确定。一般远离高压配电装置布置的主控室和计算机室可不采取专用屏蔽措施。

10.3.4 主控制室、计算机室、继电器小室、敷设二次电缆的沟道和配电装置就地端子箱等处，宜采用截面不小于 $100mm^2$ 的裸铜排（缆）敷设与主接地网紧密相连的等电位接地网。

10.4 继 电 保 护

10.4.1 继电保护和安全自动装置的设计应符合现行国家标准《继电保护和安全自动装置技术规程》GB 14285 等的有关规定，并应符合下列规定：

1 应按“强化主保护，简化后备保护和二次回路”的原则进行保护配置、选型。

2 双重化配置的继电保护装置，两套保护的跳闸回路应与断路器的两个跳闸线圈分别一一对应；非电量保护应同时作用于断路器的两个跳闸线圈。

3 双重化配置的继电保护装置应分别组装在各自的保护屏（柜）内，保护装置退出消缺或试验时，宜整屏（柜）退出。

10.4.2 主变压器保护应配置两套完整、独立的电气量保护和一套非电气量保护，两套电气量保护和一套非电气量保护应使用各自独立的电源回路（包括直流空气小开关及其直流电源监视回路），在保护柜上的安装位置应相对独立。继电保护双重化包括保护装置的双重化以及与保护配合回路（含通道）的双重化，双重化配置的保护装置及其回路之间应完全独立，不应有直接的电气联系。

10.4.3 当主变压器调压部分（包括调压变压器和补偿变压器）与变压器主体分别为独立箱体布置方式时，应为调压变压器和补偿变压器分别配置双重化差动保护，并应配置一套非电气量保护，后备保护可不配置。调压变压器和补偿变压器保护宜单独组屏。

10.5 直流及交流不停电电源系统

10.5.1 直流及交流不停电电源系统的设计应符合现行行业标准《电力工程直流系统设计技术规程》DL/T 5044、《火力发电厂、变电所二次接线设计技术规程》DL/T 5136 的有关规定。

10.5.2 直流系统宜根据继电器小室的位置、数量和相对集中的原则，按区域设置直流系统。

10.5.3 直流系统的电压宜采用 220V 或 110V。

10.5.4 每组蓄电池组的事故放电时间应按 2h 计算。

10.5.5 直流系统两段母线间不应设置自动切换装置，负荷侧也不应设置自动切换装置。直流系统两段母线间可设置手动切换的分段开关，单套配置的重要保护装置宜在负荷端设置双电源进线的手动切换开关。

10.5.6 交流不间断电源系统（UPS）或逆变电源系统宜根据继电器小室的位置、数量和相对集中的原则，按区域设置，并宜采用单母线接线。每套 UPS 或逆变电源系统接于不同母线段，两段馈电母线之间宜配设可设置手动切换的分段断路器。

10.5.7 UPS 或逆变电源系统的直流电源应由变电站内的直流供电系统取得，供电时间宜按 2h 确定。

10.6 辅 助 系 统

10.6.1 主变压器和 1000kV 并联电抗器宜配置油色谱状态监测，气体绝缘金属封闭开关设备、复合电器设备宜配置 SF_6 气体状态监测，各状态监测装置宜通过网络接口与计算机监控系统实现通信。

10.6.2 火灾探测报警系统的设计应符合现行国家标准《火灾自动报警系统设计规范》GB 50116 和《火力发电厂与变电站设计防火规范》GB 50229 的有关规定。

10.6.3 图像监视及安全警卫系统的设计应符合现行国家标准《工业电视系统工程设计规范》GB 50115 的有关规定。

10.7 对电流、电压互感器的要求

10.7.1 1000kV 电流互感器二次绕组宜配置中间抽头。

10.7.2 1000kV 线路电能计量宜采用电流互感器和电压互感器的专用二次绕组。

11 1000kV 构支架

11.1 一 般 规 定

11.1.1 构支架的设计、计算应符合现行国家标准《建筑结构荷载规范》GB 50009 和《钢结构设计规范》GB 50017 等的有关规定。

11.1.2 结构的设计使用年限应不低于 50 年，安全等级应为一级，结构的重要性系数应采用 1.1。

11.1.3 构支架应分别按承载能力极限状态和正常使用极限状态进行设计，结构应满足整体稳定和局部稳定的要求。构架应按大风、覆冰、安装、检修四种工况计算，支架应按运行工况计算。

11.1.4 构支架上的荷载可分为下列类型：

1 永久荷载：结构自重、导线及避雷线的自重和水平张力，固定的设备重。

2 可变荷载：风荷载、冰荷载、安装及检修时临时性荷载、地震作用、温度变化。

3 偶然荷载：短路电动力。

11.1.5 构支架计算时，导线荷载的分项系数应按表 11.1.5 的规定取值。

表 11.1.5 导线荷载的分项系数

项次	荷载名称	最大风工况	覆冰工况	检修安装工况
1	水平张力	1.3	1.3	1.2
2	垂直荷载	1.3	1.3	1.2
3	侧向风压	1.4	1.4	1.4

注：垂直荷重当其效应对结构有利时其荷载分项系数应取 1.0。

11.1.6 可变荷载的荷载组合值系数的选择应符合下列规定：

1 大风工况下，连续架构的温度作用组合值系数应取 0.85。

2 覆冰工况下，风荷载组合值系数应取 0.15（冰厚不大于 10mm）或 0.25（冰厚大于 10mm）。

3 其他工况下，风荷载组合值系数应取 0.15。

11.1.7 1000kV 构支架基本风压应采用 100 年一遇风压。构支架应计及风振的影响，构架风振系数宜分段计算。

11.1.8 构支架应采取镀锌或其他防护年限较长的防腐措施。

11.2 构 造 要 求

11.2.1 构架柱宜采用变截面格构式钢管结构，构架梁宜采用等截面桁架梁。经技术经济综合比较后，也可根据实际结构布置采用其他形式的梁、柱结构。

11.2.2 支架可采用钢管格构式结构或单钢管结构。

11.2.3 格构式构架柱主材圆钢管的外径与壁厚之比不宜大于 60，钢管人字柱结构的外径与壁厚之比不应大于 100（$235/F_y$），其中 F_y 为钢材的屈服强度。

11.2.4 格构式构架的主材与腹杆的连接宜采用节点板连接，节点与杆件连接的承载力不应小于被连接杆件的承载力的 1.05 倍。节点板顺弦杆轴向布置时，应至少设有一道均压板。

12 噪 声 控 制

12.0.1 导线应根据变电站地理环境条件合理选用，并应采取措施降低导体和金具电晕噪声。

12.0.2 低噪声设备或外部降噪措施应通过技术经济比较合理选用。

12.0.3 外部降噪措施可通过设置隔声、吸声、消声和隔振等设施降低噪声的传播。

本规范用词说明

1 为便于在执行本规范条文时区别对待，对要求严格程度不同的用词说明如下：

1) 表示很严格，非这样做不可的：
正面词采用“必须”，反面词采用“严禁”；

2) 表示严格，在正常情况下均应这样做的：
正面词采用“应”，反面词采用“不应”或“不得”；

3) 表示允许稍有选择，在条件许可时首先应这样做的：
正面词采用“宜”，反面词采用“不宜”；

4) 表示有选择，在一定条件下可以这样做的，采用“可”。

2 条文中指明应按其他有关标准执行的写法为：“应符合……的规定”或“应按……执行”。

引用标准名录

《建筑结构荷载规范》GB 50009

《钢结构设计规范》GB 50017

《工业电视系统工程设计规范》GB 50115

《火灾自动报警系统设计规范》GB 50116

《并联电容器装置设计规范》GB 50227

《火力发电厂与变电站设计防火规范》GB 50229

《继电保护和安全自动装置技术规程》GB 14285

《高压架空线路和发电厂、变电所环境污区分级及外绝缘选择标准》GB/T 16434

《1000kV特高压交流输变电工程过电压和绝缘配合》GB/Z 24842

《交流电气装置的过电压保护和绝缘配合》DL/T 620

《500kV变电所保护和控制设备抗扰度要求》DL/Z 713

《330～750kV变电站无功补偿装置设计技术规定》DL/T 5014

《电力工程直流系统设计技术规程》DL/T 5044

《火力发电厂、变电所二次接线设计技术规程》DL/T 5136

《电测量及电能计量装置设计技术规程》DL/T 5137

《220kV～500kV变电所计算机监控系统设计技术规程》DL/T 5149

《导体和电器选择设计技术规定》DL/T 5222

《电力系统设计技术规程》DL/T 5429

中华人民共和国国家标准

1000kV 变电站设计规范

GB 50697—2011

条 文 说 明

制 订 说 明

《1000kV变电站设计规范》GB 50697—2011，经住房和城乡建设部2011年2月18日以第932号公告批准发布。

本规范编制过程中，编制组总结了我国1000kV晋东南—南阳—荆门特高压交流试验示范工程的设计和运行经验，同时参考了国内外已有的同类工程技术资料和相关科研课题的研究成果，在此基础上进行分析和研究，提出本规范的技术原则。本规范提出的技术原则有待在今后特高压输变电工程的设计和运行实践中检验，并通过不断积累经验而加以完善。

为便于广大设计、施工、科研、学校等单位有关人员在使用本规范时能正确理解和执行条文规定，编制组按章、节、条顺序编制了本规范的条文说明，对条文规定的目的、依据以及执行中需注意的有关事项进行了说明，还着重对强制性条文的强制性理由作了解释。但是，本条文说明不具备与标准正文同等的法律效力，仅供使用者作为理解和把握标准规定的参考。

目　次

1 总 则

1.0.1 我国第一个特高压交流输变电工程——1000kV晋东南—南阳—荆门特高压交流试验示范工程于2009年1月6日完成试运行，1000kV变电站建设在我国以及世界上尚无国家标准，为提供工程建设的主要技术原则和建设标准，特制定本规范。编制本规范的目的是为了贯彻国家的基本建设方针，体现国家的技术经济政策，规范1000kV变电站工程建设，使1000kV变电站工程设计符合安全可靠、先进适用、经济合理、环境友好的原则。

1.0.2 本规范仅对1000kV变电站设计特有技术内容作出规定。

2 电气主接线

2.0.1 本条提出1000kV变电站电气主接线设计应考虑的主要因素，除满足系统要求外，还应结合具体工程条件综合考虑，核心要求是满足运行安全和节约投资。具体工程主接线形式应经过综合论证分析后确定。

2.0.2 一个半断路器接线当元件总数为5回及以上时，接线串数将不少于3串，接线可使多个出线元件和2组母线组成多环形接线，各元件均可保证高度的可靠性。

当采用一个半断路器接线时，同名回路应配置在不同串内，电源回路与负荷回路配对成串，当母线故障时可保证各回供电。回路交叉进串可提高供电可靠性，但如因此造成布置接线复杂和增加投资造价，综合可靠性无明显提高，则不宜采用。

当初期连接元件数量较少时可考虑采用角形接线等简化接线型式，并当元件增加时在布置上应能够容易地过渡到一个半断路器接线。

2.0.3 1000kV特高压适用大于功率、长距离送电，线路重载时的电压降低和轻载时的电压升高影响大，为限制工频过电压，当线路安装一组并联电抗器时，一般不允许退出运行，宜采用不装设断路器和隔离开关的接线，电抗器与线路同时停电作业。

2.0.4 主变压器第三绕组额定电压的选取主要取决于无功补偿容量要求、第三绕组短路水平及第三绕组侧设备的制造能力等因素。我国现有500kV变电站主变压器第三绕组额定电压选用35kV或66kV；750kV变电站主变压器第三绕组额定电压选用66kV。受设备短路电流和额定电流水平的限制，必须提高1000kV特高压主变压器第三绕组的额定电压等级。对于3000MVA主变压器，通过对110kV、132kV、145kV适应性的研究，其相应的额定电流最大可达到5249A、4374A和3982A，第三绕组短路电流均不超过40kA，且可通过控制低压无功补偿分组容量使投切一组补偿设备所引起的变压器中压侧的母线电压变化值不超过其额定电压的2.5%。但由于132kV和145kV电压等级不在我国标准电压等级系列范围内，因此采用110kV电压等级。当主变压器容量为4500MVA或更大容量，系统对第三绕组配备无功补偿提出特殊要求时，可研究确定采用其他电压等级。

为简化接线，110kV电气接线采用以主变压器为单元的单母线接线。因110kV电压等级常规设备通流能力为3150A，如因无功补偿容量大而超出单回设备通流能力时，可采用多回总断路器回路并设置多组单母线。110kV采用中性点不接地系统，变压器110kV绕组、母线、断路器等设备的绝缘水平和断路器断口恢复电压值需要提高。当发生单相接地故障，允许短时单相接地运行，但应采取措施尽快切除接地故障点。

2.0.5 1000kV避雷器因限制操作过电压而不允许单独退出运行，电压互感器因采用对应接线不能切换也不允许单独退出运行，所以这两个元件前不应装设隔离开关。1000kV采用一个半断路器接线时，当变电站初期可能出现2个完整串运行时，为提高线路检修时供电可靠性，线路、变压器元件宜装设出口隔离开关。

2.0.8 本条对接地开关的配置提出明确要求。气体绝缘金属封闭开关设备接地开关的配置按设备停电维护、检修时实现强制三相金属接地短路的安全考虑。敞开式母线接地开关的配置由感应电压计算确定，实际停电检修时还应采取必要的防感应电击安全措施。

3 主变压器

3.0.2 自耦变压器与同容量的普通变压器相比具有很多优点：消耗材料少，造价低；有功和无功损耗少，效率高；高中压线圈为自耦联系，阻抗小，对改善系统的稳定性有一定作用；可以扩大变压器极限制造容量，便于运输和安装。因此，1000kV主变压器宜选用自耦变压器。考虑到主变压器的运输和制造难度，1000kV主变压器推荐采用单相自耦变压器。

应根据变压器的参数、运输条件和系统情况等因素，确定是否设置站内或区域备用相。

3.0.3 自耦变压器的二次侧容量由两部分组成：一部分是通过自耦变压器的串联绕组直接传输过来；另一部分是通过公共绕组的电磁感应传输过来，该容量一般称为电磁容量或计算容量。当自耦变压器中压侧与低压侧的传输容量达到电磁容量时，高压侧便不能向中压侧送电。因此，应根据系统潮流和自耦变压器第三绕组侧的无功补偿容量配置，校核主变压器公用绕组的容量。

3.0.4 主变压器调压方式的选择，应符合现行国家标准《1000kV 交流系统电压和无功电力技术导则》GB/Z 24847 的有关要求。1000kV 主变压器的中压线端为 500kV，在中压侧线端调压无论是从绝缘可靠性还是开关的选择上，都存在很大困难。对变压器本身来说，500kV 调压线圈和调压引线也非常难处理，会影响变压器的绝缘可靠性。如采用外置调压器的方式，由于调压器线圈必然为 500kV 全绝缘结构，绝缘结构也较为复杂。因此，1000kV 主变压器推荐采用中性点调压方式。当主变压器采用有载调压时，应经过技术经济论证后确定。

4 1000kV 并联电抗器

4.0.1 1000kV 并联电抗器容量选择和线路长度相关，随着线路长度的不同，补偿的容量也不相同。在满足系统要求的前提下，需综合考虑 1000kV 并联电抗器容量系列、备品备件策略和设备研制难度等因素，进行技术经济比较后选择 1000kV 并联电抗器的容量和组数。1000kV 并联电抗器三相容量推荐系列为：1080Mvar、960Mvar、840Mvar、720Mvar、600Mvar。

4.0.2 从结构上看，电抗器主要有空心式和铁心式。空心式电抗器电感值小，且电感值不随通过电抗器电流的大小而改变；铁心式电抗器在其他参数相同的情况下，电感值比空心式大，但超过一定电流后，电感值由于铁心的饱和而逐渐减少。相同容量的铁心式电抗器体积比空心式的小。目前国外的超高压大容量电抗器普遍采用分段铁心式的结构，段间间隙用非线性绝缘材料构成，以达到在一定线性度下尽量减小电抗器体积的目的。由于 1000kV 并联电抗器的容量大，考虑散热和布置因素，推荐采用铁心式。由于 1000kV 配电装置的相间距离大，考虑设备布置和导线连接方便以及可靠性和经济性要求，宜采用单相油浸铁心式。

应根据 1000kV 并联电抗器的参数、运输条件和系统情况等因素，确定是否设置站内或区域备用相。

4.0.3 为了提高特高压线路的单相重合闸成功率，需将重合闸过程中的潜供电流和恢复电压限制在较小值。线路 1000kV 并联电抗器中性点通过电抗接地的方法，能有效限制线路的潜供电流和恢复电压。

5 1000kV 设备和导体选择

5.1 一 般 规 定

5.1.2 500kV 和 750kV 设备选择，取离地面 10m 高、50 年一遇的 10min 平均最大风速。考虑到 1000kV 变电站在系统中的重要作用，其设备的最大风速应采用离地面 10m 高、100 年一遇的 10min 平均最大风速。1000kV 电气设备平均高度约 12m～13m，设备支架高度约 6m～7m，则设备离地面总高度约 18m。应按实际安装高度对风速进行换算。

5.1.3 电气设备在 1.1 倍最高运行相电压下无线电干扰电压要求为 500μV，考虑隔离开关在分、合闸状态下难于满足此要求，因此提高到 2000μV，目前 500kV 和 750kV 设备制造水平均能达到此标准，1000kV 设备采用相同标准。

5.1.4 根据现行行业标准《导体和电器选择设计技术规定》DL/T 5222—2005，变压器、电抗器和其他设备的连续性噪声水平不应大于 85dB（A），屋外断路器非连续性噪声水平不应大于 110dB（A）。考虑电气设备的制造水平和实际情况，同时满足环保要求，1000kV 设备的连续性噪声水平不宜大于 75dB（A），屋外断路器非连续性噪声水平不应大于 110dB（A）。考虑到电抗器噪声随容量增加而增大，因此可根据容量予以调整。

5.1.5 由于 1000kV 电气设备的工作电压高，其内部带电部分电位梯度大，对变压器、互感器等油浸式电气设备，由于存在极不均匀的电场分布，会引起绝缘油的破坏，油中产生局部放电。考虑选用性能优良绝缘材料，变压器、电抗器的局部放电量可得到有效控制。结合设备制造水平，1000kV 变压器和电抗器的局部放电量允许值按现行国家标准《1000kV 单相油浸式自耦电力变压器技术规范》GB/Z 24843—2009 和《1000kV 交流系统用油浸式并联电抗器技术规范》GB/Z 24844—2009 执行，即在规定的试验电压下，变压器各绕组线端的视在放电量应满足：高压不大于 100pC，中压不大于 200pC，低压不大于 300pC；在规定的试验电压下，电抗器的绕组线端视在放电量不应大于 100pC，中性点线端视在放电量不应大于 300pC。

1000kV 交流系统用套管局部放电量允许值按现行国家标准《1000kV 交流系统用套管技术规范》GB/Z 24840—2009 执行，即在 667kV 电压下不大于 5pC，在 953kV 电压下不大于 10pC。

1000kV 电容式电压互感器和避雷器的局部放电量允许值按现行国家标准《1000kV 交流系统用电容式电压互感器技术规范》GB/Z 24841—2009 和《1000kV 交流系统用无间隙金属氧化物避雷器技术规范》GB/Z 24845—2009 执行，即在规定的试验电压下，电容式电压互感器不大于 5pC，避雷器不大于 10pC。

5.1.6 由于 1000kV 电气设备有很多裸露在外面的金属部件，它们在日照条件下会使其本身的温度升高，裸露在外面的金属部分越多，其温度升高的现象越严重。因此在确定 1000kV 电气设备额定电流时，不仅需要考虑其环境年最高温度（年最高温度的多年平均值），还要考虑 0.1W/cm^2（风速 0.5m/s）的日照影响。日照对屋外电气设备的影响，应由制造部门在产品设计中考虑。当缺乏数据时，可按电器额定电流的 80%选择设备。

5.1.8 由于地震烈度过高，将造成 1000kV 设备制造难度极大，因此 1000kV 电气设备按不超过 8 度设防，并通过合理选择站址的方式解决地震烈度过高的问题。参考 500kV 和 750kV 电气设备抗震要求，抗震设防烈度按 8 度考虑，应承受水平地震加速度在 2m/s^2～3m/s^2 之间，具体根据工程实际情况取值。当需进行竖向地震作用的时程分析时，地面运动最大竖向加速度可取最大水平加速度的 65%。当设备采用支架安装时，应按动态带支架进行设计和试验。

5.1.9 1000kV 电气设备电瓷外绝缘的泄漏比距目前应按现行国家标准《高压架空线路和发电厂、变电所环境污区分级及外绝缘选择标准》GB/T 16434—1996 中的规定执行。当条件具备时，可按照统一爬电比距考虑。

5.2 断路器

5.2.1 特高压交流试验示范工程经过充分论证，晋东南 1000kV 变电站 1000kV 设备采用气体绝缘金属封闭开关设备，南阳（开关站）、荆门 1000kV 变电站 1000kV 设备采用 HGIS。南阳 1000kV 开关站 1000kV 设备曾考虑采用 AIS，但综合考虑国内设备制造厂生产能力和设备安全运行、工程工期以及节约土地资源等因素，选用 HGIS。

5.2.2 由于 1000kV 系统短路电流的直流分量衰减慢，时间常数长，断路器快速开断直流分量大，电流过零点延迟。断路器开断短路电流时的暂态恢复电压（TRV）也与超高压断路器有较大的区别。在端部故障的条件下，TRV 的上升率较延伸的 IEC 标准略高；在失步的条件下，开断 TRV 时的情况更加严重。断路器是否装设合闸、分闸电阻，电阻值及接入时间应考虑限制操作过电压要求及设备制造水平，进行技术经济综合论证后确定。

特高压交流试验示范工程的研究表明：对于采用一个半断路器接线的 1000kV 配电装置，主变压器的投切主要由 500kV 侧断路器完成，因此主变压器 1000kV 母线侧断路器可不装设合闸电阻。

5.3 隔离开关

5.3.1 1000kV 配电装置采用分裂导线作为母线，因此，一般不宜采用垂直伸缩式隔离开关。双柱水平伸缩式采用单断口，开关动作时机械载荷较大；三柱水平旋转式和三柱水平伸缩式采用双断口，开关动作时机械载荷相对较小。因此，1000kV 隔离开关推荐采用水平断口三柱式。

5.3.2 SF_6 气体绝缘开关装置中隔离开关切合空载母线时，由于触头运动速度慢、隔离开关灭弧能力弱等原因，触头间可能会发生重击穿，产生波头很陡的行波，在 GIS 内发生多次折反射，形成特快速瞬态过电压（Very Fast Transient Overvoltage，VFTO）。1000kV 隔离开关装设投切电阻可抑制 VFTO 的影响，具体要求应经过电压计算后确定。

5.4 互感器和避雷器

5.4.1 为了便于调试和试验，独立式 1000kV 电压互感器采用电容式、非叠装式电压互感器，即电容分压器与电磁单元分离，具体内容可参见现行国家标准《1000kV 交流系统用电容式电压互感器技术规范》GB/Z 24841 的有关规定。

5.4.2 避雷器的选择可参照现行国家标准《1000kV 特高压交流输变电工程过电压和绝缘配合》GB/Z 24842 的有关要求。

5.4.3 为限制雷电过电压及操作过电压，变压器侧及线路侧应设置避雷器。母线、并联电抗器是否装设避雷器及安装位置，应考虑启动方式、线路进线段保护角等因素，根据雷电过电压计算结果或模拟试验确定。

5.5 绝缘子

5.5.1 变电站绝缘子串的绝缘水平应等于或略高于变电站出线线路绝缘子串，因此变电站绝缘子串的片数可按与线路绝缘子串的绝缘水平配合法确定。

5.5.2 变电站悬式绝缘子一般选用盘形瓷绝缘子，污秽严重地区可选用防污双伞型或防污三伞型盘形绝缘子，以减小绝缘子串长度。

目前确定变电站绝缘子串通常有两种方法。一种是爬电比距法，此法简单易行，在工程设计中被广泛采用且经过实践的验证。但是此方法没有和绝缘子的污秽耐受电压建立起直接的联系，而且不同绝缘子爬电距离的有效系数也还是由人工污闪电压的试验结果确定的。

另一种方法是污秽耐受电压法。该方法是根据试验得到绝缘子在不同污秽程度下的耐污闪电压，使选定的绝缘子串的耐污闪电压大于导线的最大工作电压，并留有一定的裕度。这种方法和实际绝缘子的污秽耐受能力直接联系在一起，但需要通过试验确定绝缘子的耐污特性，并且人工污秽试验结果和自然污秽下绝缘子的耐污闪电压还存在着等价性的问题。

工程设计中上述两种方法都需要进行计算，综合比较后确定。

1 按系统最高电压和爬电比距选择。计算方法应符合现行行业标准《导体和电器选择设计技术规定》DL/T 5222 的要求。

2 按污秽耐受电压法选择。按污秽耐受电压法，绝缘子串的片数按下式计算：

$$n \geqslant \frac{K_1 U_m}{U_w} \quad (1)$$

式中：U_m——系统最高运行相电压（kV）；

U_w——单片绝缘子污闪耐受电压（kV）；

K_1——按系统的重要性考虑的修正系数，取 1.1。

单片绝缘子的污闪耐受电压 U_w 按下式确定：

$$U_w = U_{i50\%}\ (1-3\sigma) \quad (2)$$

式中：$U_{i50\%}$——给定污秽度下，绝缘子片的 50%闪络电压（kV）；

σ——标准偏差，按 7%计。

通过长串人工污秽试验，可得到各污秽等级下单片绝缘子的污闪耐受电压值。

5.5.3 根据科研单位研究结论，双Ⅰ型绝缘子串的串间中心距不小于 600mm 时可不考虑邻近效应。

5.5.4 支柱绝缘子的选择应满足现行国家标准《1000kV 交流系统用支柱绝缘子技术规范》GB/Z 24839 的有关规定。

5.6 导 体

5.6.1 导体结构型式的选择，既要考虑导体载流量、热稳定、机械特性以及经济性等方面的影响和配电装置的特点，如电晕放电产生的可听噪声、无线电干扰及静电感应问题、对构架和设备的静态和动态作用力、对连接金具的结构型式影响以及安装的难易度和工程量大小等，又需根据国内厂家的制造能力、地震等条件，进行综合技术经济比较后确定。

5.6.2 1000kV 架空导线按修正后的载流量选择，按临界电晕起始电压、可听噪声、无线电干扰等校核。根据目前国内现有的大截面导线情况，经选择和计算，4×LGJQT-1400 和 4×JLHN58K-1600 均可满足晴天条件下的电晕和无线电干扰的要求，但 4×LGJQT-1400 导线在雨天不满足电晕要求，而 4×JLHN58K-1600 导线在雨天时也能满足电晕要求。跨距相同时，4×LGJQT-1400 导线对构架的拉力比 4×JLHN58K-1600 导线大，不利于采用轻型构架。因此，1000kV 导线推荐采用 4×JLHN58K-1600 扩径空心导线。

导线的分裂间距主要对导线表面最大电场强度产生影响。计算结果表明，导线表面最大电场强度随导线分裂间距的增大，先减小后增大，存在最佳分裂间距使导线表面电场强度最小。对于 4×JLHN58K-1600 导线，在海拔 1000m 及以下时，当分裂间距为 580mm 时，导线表面最大场强最小，因此分裂间距宜取 600mm。

当采用 4 分裂导线时，经计算校核，在海拔 1000m 及以下时，单根导线的最小直径为 66mm。

5.6.3 经计算，直径为 200mm 及以上的管母，在三相单根管母架空水平排列，管母中心距地面 17.5m 时，离地 1.5m 空间场强小于 10kV/m，且满足电晕临界电压和热稳定的要求。

5.6.4 在分裂导线中由于各次导线相互靠近，使次导线内电流密度分布不均匀而产生邻近效应。邻近效应使导线内总的允许电流下降，故应考虑导线排列方式、分裂根数、分裂间距等因素对导线实际载流量的影响。

5.6.5 短路电流通过分裂导线时相互产生电动力，影响导线的状态，从而改变了导线的拉力。由于特高压导线的静态拉力比较大，因此，间隔棒的设置对动态时导线拉力影响较大，故需根据构架和设备端子的受力情况确定间隔棒的间距。1000kV 导线选用扩径空心导线，为了避免短路时次导线因相碰而产生形变损伤，架空导线间隔棒之间的距离按导线在非接触状态设计。

5.6.6 主要目的是减少电晕损耗以及降低无线电干扰水平和可听噪声。

6 1000kV 配电装置

6.0.2、6.0.3 这两条是 1000kV 屋外配电装置的最小安全净距的规定。

确定最小安全净距是 1000kV 配电装置设计的基础，也是配电装置安全、经济运行的保证之一。要确定最小安全净距，首先要确定空气间隙。确定空气间隙的基本方法是根据作用在空气间隙上的各种过电压值（工频过电压、雷电过电压、操作过电压），然后查取相应的放电试验曲线，就可以得到空气间隙的数值，即查放电曲线法。

1 工频放电电压的确定。作用在空气间隙上的工频电压一般按照系统暂时工频过电压确定。

2 空气间隙上的正极性雷电冲击放电电压确定。变电站中的雷电过电压取决于从架空导线侵入到变电站的过电压的幅值和波形以及变电站本身的行波特性。其中，雷电冲击波的陡度、避雷器的保护水平以及避雷器与被保护设备的电气距离是决定变电站中的雷电过电压的主要参数。一般采用 EMTP 计算变电站中的雷电过电压水平；为简化起见，也可采用 IEC71-2 推荐的简化计算法。

3 空气间隙上的正极性操作冲击放电电压的确定。空气间隙上操作冲击过电压统计值的确定方法有两个，均是采用所谓的简化统计法。确定空气间隙上操作冲击过电压的方法简述如下：

1） DL/T 620 推荐的方法。现行行业标准《交流电气装置的过电压保护和绝缘配合》DL/T 620—1997 针对 500kV 及以下电力系统，按照简化统计法来确定空气间隙上操作冲击过电压，即以避雷器的保护水平为基础，对某类过电压在统计冲击耐受电压和统计过电压之间选取一个统计配合系数，使得所确定的绝缘故障率从系统的可靠性和费用两方面来看是可以接受的。

按照这一方法确定的空气间隙上的过电压见表1。

表1 采用DL/T 620推荐方法确定的空气间隙上的过电压

电压类型	相对地		相间
	算式	耐受概率	算式
工频	$K_2\frac{U_m}{\sqrt{3}}$	—	K_2U_m
操作	有风 $U_{p\cdot s}$/（1－2z）；z＝0.05	97.8％	$K_8U_{p\cdot s}$/（1－3z）
	无风 $U_{p\cdot s}$/（1－3z）；z＝0.05	99.92％	
雷电	有风 1.40U_{pl}	—	1.1（相—地间隙）

2）IEC推荐的方法。IEC认为，对外绝缘缓波前过电压的绝缘配合可以采用统计法。当过电压的频率分布以及相应绝缘的击穿概率分布给定时，相对地绝缘故障率 R_a 可按下式计算：

$$R_a=\int_0^\infty f(U)\times P(U)\,dU \quad (3)$$

式中：$f(U)$——过电压的概率密度；

$P(U)$——在数值为 U 的冲击波作用下的绝缘闪络概率。

简化统计法假定用各自曲线上的一个点代表过电压和绝缘强度的分布，并采用统计过电压标记过电压分布，超过该过电压的概率为2％。用统计耐受电压标记绝缘强度分布，在该电压下绝缘呈现90％的耐受概率。统计配合因数 K_{cs} 定义为统计耐受电压与统计过电压之比。

IEC认为设备可接受故障率 R_a 在0.001/年～0.004/年范围内。由雷电引起的架空线路可接受的故障率在0.1/（100km·a）～20/（100km·a）范围内。由操作过电压引起的可接受的故障率在0.01/次～0.001/次操作范围内。可接受的故障率值应该在这些数量级之内。

IEC进行缓波前过电压绝缘配合时采用的可接受故障率为 10^{-4}，对应的统计配合因数 K_{cs} 取值为1.15。

按照空气间隙上放电电压数值，根据50％放电曲线确定最小空气间隙。50％放电曲线由试验单位通过真型放电试验获得。放电试验采用的典型空气间隙包括：四分裂导线—构架梁间隙、四分裂导线—构架柱间隙、管型母线—构架柱间隙、均压环—构架柱间隙、均压环—均压环间隙、四分裂导线—四分裂导线间隙以及管型母线—管型母线间隙等。

海拔1000m时，1000kV配电装置的最小空气间隙值见表2。

表2 1000kV配电装置最小空气间隙值（m）

序号	放电电压类型	A_1		A_2
		A_1'	A_1''	
1	工频放电电压	4.20		6.80
2	正极性操作冲击电压波	6.80	7.50	9.20（四分裂导线—四分裂导线） 10.1（均压环—均压环） 11.3（管型导体—管型导体）
3	正极性雷电冲击电压波	5.00		5.50

注：A_1（A_1'、A_1''）为相对地最小空气间隙，A_2 为相间最小空气间隙。装有避雷针（线）的构架对导线的距离为7.0m。

6.0.4、6.0.5 关于静电感应场强水平，目前在国际上尚无统一标准与规定。日本的超高压变电站，一般控制场强在7kV/m以内（变电站外为3kV/m）。欧美国家对变电站场强水平没有明确规定，而实际采用一般在10kV/m以内，部分达到10kV/m～15kV/m。前苏联在设计变电站时，对场强水平不加限制，但按安全规则，对运行人员在高场强区工作时间作了规定（如在10kV/m场强下，24h中允许人员停留时间为180min）。

1980年，国际大电网会议报告中，提出关于电场对生物的影响，认为10kV/m是一个安全水平。最高允许场强在线路下可定为15kV/m，走廊边沿为3kV/m～5kV/m。

我国曾对330kV～500kV变电站静电感应场强水平作了大量的实测及模拟与计算工作。实测结果表明，大部分场强在10kV/m以内，10kV/m～15kV/m场强水平在2.5％以下，各电气设备周围的最大空间场强大致为3.4kV/m～13kV/m。

对场强水平的规定，一般是从两方面考虑，即稳态下的静电感应对人身健康等影响；静电感应暂态电击（主要是火花放电时电击）对人的影响。关于对人身健康的影响，国际大电网会上有初步结论，认为现存变电站的场强水平下，对人身健康无明显影响。关于暂态电击，场强愈高，暂态电击愈严重。虽暂态电击可采取一定措施，加以防止或减轻。例如采用降低或屏蔽场强措施，工作人员穿低绝缘电阻鞋等，但终究会给人们带来一些烦恼，如麻电刺痛等。

综上所述，根据国际大电网会议的意见和国内外330kV～750kV变电站设计运行经验，1000kV变电站静电感应场强的设计标准确定为：距地面高度1.5m的场强水平不宜超过10kV/m，少部分地区可允许达到15kV/m。

6.0.6 根据500kV屋外配电装置检修经验，参照750kV配电装置的相关规定提出本条要求，可根据实际施工及运行维护要求调整。

6.0.7 1000kV母线及跨线的拉力一般控制在60kN～80kN，采用双串240kN或300kN的绝缘子串，架构水平载荷约为500kV的2倍，因此应对导线挂线施工方法提出要求，限制过牵引值，使过牵引力不成为构架结构强度的控制条件。

6.0.8 1000kV屋外配电装置内通道的设置除满足运行、检修要求外，尚应符合消防要求。在可能的条件下，其道路应力求环形贯通，尽量减少尽头死道，以提供良好的行车条件，当无法贯通时则应具有回车条件。

1000kV设备外形尺寸大，重量重，加上支架后设备离地高度可达18m～20m。因此，设备的安装检修必须采用机械的方法。为了使施工、检修机械能够直接到达设备附近，配电装置的每个间隔应设相间纵向道路，以便于施工安装、运行及检修。

1000kV配电装置区内相间运输检修道路宽度，一般取3.5m，并联电抗器运输道路取4.5m～5m。

7 110kV无功补偿装置

7.1 一 般 规 定

7.1.1 本条是1000kV电力系统无功补偿的总原则。根据现行行业标准《电力系统安全稳定导则》DL 755的规定，电网的无功补偿应以分层分区和就地平衡为原则，并应随负荷（或电压）变化进行调整，避免经长距离线路或多级变压器传送无功功率，1000kV电力系统也可参照这一规定。

7.1.3 110kV并联电容器主要是补偿主变压器无功损耗以及输电线路输送容量较大时电网的无功缺额。

7.1.4 1000kV变电站的主变压器与500kV变电站类似，采用自耦型式，第三绕组线圈的容量约为主变压器容量的1/3，以往工程规定低压无功补偿装置容量宜为主变压器容量的30%以下，而实际都按33%以下规划。本条规定了无功补偿装置容量的限制条件。此外无功补偿装置还应根据无功负荷增长和电网结构变化分期装设。

7.1.5 110kV侧电容器或电抗器无功补偿总容量确定以后，通常将电容器或电抗器分成若干组进行安装，分组原则主要是根据电压波动、负荷变化、电网背景谐波含量以及设备技术条件等因素来确定。超高压和特高压变电站由于系统容量的增大，系统无功扰动承受能力较强，无功补偿装置最大分组容量的约束条件主要是断路器投切电容器组和电抗器组的能力。根据断路器生产厂家的供货能力，目前供货的产品中，额定电流为3150A、额定短路电流为40kA的126kV断路器，从技术上可满足最大分组容量为240Mvar电抗器和210Mvar电容器组的断流条件。

7.1.6 目前我国500kV变电站中，低压并联电容器装置的串联电抗器率，抑制5次及以上谐波，多选取5%；抑制3次谐波，多选取12%。为防止电容器组投入运行后，引起系统谐波放大，并保证电容器组自身运行安全，同时考虑节省投资与运行的灵活性，根据特高压交流试验示范工程的研究成果，110kV并联电容器装置的串联电抗率采用的是5%和12%两种，其中12%串联电抗率的电容器装置先投后切。但该配置方式并非标准模式，在变电站设计中，应根据工程实际情况由系统研究确定。

7.2 无功补偿装置及设备选择

7.2.1 并联电容器组不平衡保护种类较多，有单星形相间开口三角电压保护、单星形相电压差动电压保护、双星形中性点不平衡电流保护和单星形桥差不平衡电流保护，其中桥差电流保护灵敏度高，一次侧出口电流大，较易整定，而且受初始不平衡影响小，因此110kV并联电容器组宜采用桥差不平衡电流保护方式。为获得更高的保护灵敏度，特高压交流试验示范工程采用双桥差不平衡电流保护。变电站设计中，应根据工程实际情况研究确定。

7.2.2 特高压交流试验示范工程中，110kV并联电抗器的额定电压确定为105kV，最高运行电压为115kV。在今后的工程设计中可根据具体情况通过计算确定。

7.2.3 并联电容器装置的串联电抗器基本有两种型式：干式空心型和油浸铁心型。由于串联电抗器对其电感特性的线性要求较高，因此宜采用干式空心型式。

7.2.4 110kV并联电抗器包括干式空心和油浸铁心两种类型。干式空心型的应用方案是将2台66kV等级的电抗器串联使用，每台容量为40Mvar；油浸铁心三相型单台容量为240Mvar，单相型单台为80Mvar，目前国内尚无生产厂家制造。当出现两类设备可供选择时，需要在设备投资、占地、运行维护、防火等方面进行综合比较后确定。

7.2.5 随着系统无功需求的变化，需频繁投切容性和感性无功补偿装置。在投切过程中，可能因断路器的重击穿或截流而在容性或感性无功补偿装置上产生过电压，该过电压由避雷器进行限制。对于中性点不接地方式，单相接地故障时健全相电压升高到126kV（方均根值），避雷器持续运行可选126kV（方均根值），额定电压可为174kV（方均根值），雷电冲击残压为372kV（峰值）。

7.2.6 目前在500kV变电站中，无功补偿装置回路断路器有安装在电源侧，也有在中性点侧。根据目前的设备制造水平，110kV无功补偿装置回路的断路器宜安装在电源侧。

8 防雷接地

8.0.2 由于1100kV GIS和HGIS设备，三相母线分别装于不同的母线管道里，在正常运行时仍有较大的感应电流，例如晋东南1100kV GIS进出线套管处，其感应电流可达到额定电流的30%，感应电流会引起外壳及金属结构发热，使设备的额定容量降低，二次回路受到干扰。因此，1100kV GIS和HGIS外壳的接地非常重要，其接地线必须与主接地网连接，不允许元件的接地线串联之后接地。

由于1100kV HGIS相间距离较大，各相的感应电流需通过辅助接地网形成回路，所以，辅助接地网在正常运行时有较大工频电流流过。因此，1100kV HGIS辅助接地网不仅要满足设备接地要求，而且还有汇流作用，宜优先选用铜接地材料。

1100kV GIS相间距离相对较小，三相母线外壳间可配置短接板，辅助接地网材质可采用铜或扁钢。

8.0.3 当主接地网和辅助接地网采用不同材质时，应采取不同金属间电化学腐蚀的防护措施。

9 过电压保护和绝缘配合

9.0.1 1000kV系统的过电压保护和绝缘配合设计，除应满足本规定要求外，应满足现行国家标准《1000kV特高压交流输变电工程过电压和绝缘配合》GB/Z 24842的有关规定。

9.0.4 系统研究表明，1000kV输变电系统中采用的限制系统过电压的方法为：采用1000kV并联电抗器限制工频过电压；采用装有合闸电阻的断路器限制操作过电压；采用金属氧化物避雷器限制雷电过电压，并作为限制操作过电压的后备保护。

根据1000kV系统无功补偿研究的相关结论，1000kV输变电系统中1000kV并联电抗器的补偿度按85%～90%考虑。根据系统分析计算，特高压交流试验示范工程中，在晋东南—南阳和南阳—荆门线路两端各设1组1000kV并联电抗器，分别安装在3个变电站（开关站）。晋东南站1组1000kV并联电抗器容量为3×320Mvar，南阳站两组1000kV并联电抗器容量均为3×240Mvar，荆门站1组1000kV并联电抗器容量为3×200Mvar。1000kV并联电抗器中性点经电抗接地，中性点接地电抗值按100%补偿相间电容原则进行选择。

根据系统过电压分析计算，1000kV输变电系统中需采用装有合闸电阻的断路器和额定电压为828kV的金属氧化物避雷器限制合闸和单相重合闸操作过电压。同时分析计算表明，当合闸电阻阻值在400Ω～600Ω时，系统操作过电压均可限制在合理范围之内，合闸电阻投入时间8ms～11ms。在特高压交流试验示范工程中，1000kV断路器采用的合闸电阻阻值分别为600Ω（晋东南站）、580Ω（南阳站）、560Ω（荆门站），合闸电阻投入时间8ms～11ms。

金属氧化物避雷器是限制变电站过电压水平的有效手段之一。科研单位对1000kV变电站/开关站近区雷电侵入波过电压进行了分析计算，根据计算结果，1000kV配电装置避雷器采用如下配置：每回1000kV出线安装1组避雷器；GIS/HGIS管道与架空线路的连接处不单独装设避雷器；线路侧避雷器布置在电压互感器和1000kV并联电抗器之间；主变压器高、中、低压侧均装设避雷器，主变压器高压侧套管接线端子与高压侧出口处避雷器接线端子之间沿导体的距离不大于20m。

9.0.5 经计算，变电站母线侧避雷器额定电压为828kV，变电站线路侧避雷器额定电压为888kV。但是，幅值在1.3p.u.～1.4p.u.之间的工频过电压持续时间短，额定电压828kV的金属氧化物避雷器完全可以承受，而且有足够裕度。因此，全站可以采用单一额定电压为828kV的金属氧化物避雷器，从而降低了特高压变电站设备绝缘水平。

9.0.6 根据1000kV试验示范工程相关课题的研究成果，参照IEC标准中的相关规定，同时参考国内外超高压输变电工程运行经验和电气设备制造经验，确定了我国1000kV电气设备的额定绝缘水平。

1 工频暂态过电压下的绝缘水平。设备工频短时耐受电压的安全因数为1.15，为保证变压器内绝缘在正常运行工频电压作用下的工作可靠性，应进行长时间（5min）工频耐压试验。变电站电气设备承受一定幅值和时间的工频过电压和谐振过电压的要求。

2 操作过电压下的绝缘水平：

1）内/外绝缘。变电站的相对地统计操作过电压U_s以1.60p.u.计，参照IEC 60071—2《绝缘配合 第2部分：应用导则》推荐方法进行计算，线路侧和母线侧设备的操作耐受电压均可选1800kV。

2）纵绝缘。开关设备（断路器、隔离开关）纵绝缘（指断口间）的额定操作冲击耐受电压由两个分量组成，其一为相对地的操作冲击电压，可取1675kV；另一为反极性工频电压，其幅值为$\sqrt{2}U_m/\sqrt{3}$，可取900kV。

3 雷电过电压下的绝缘配合：

1）内/外绝缘。根据1000kV变电站最大侵入波过电压计算值，选择设备雷电冲击耐受电压绝缘水平。其中，内绝缘的绝缘裕度大于或等于1.15，外绝缘大于或等于1.05。

2）纵绝缘。开关设备的纵绝缘（指断口间）的额定雷电冲击耐压电压由两个分量组成，一为相对地的额定雷电冲击耐受电压；另一为反极性的工频分量，其幅值为（0.7～1.0）$\sqrt{2}U_m/\sqrt{3}$。出现工频分量幅值大于0.7$\sqrt{2}U_m/\sqrt{3}$的概率为25%，因此工频幅值采用$\sqrt{2}U_m/\sqrt{3}$，约为900kV。

3）变压器、并联电抗器及电流互感器截波额定雷电冲击耐压取相应设备全波额定雷电冲击耐压的1.1倍。

中性点绝缘水平与1000kV并联电抗器及其接地电抗器电抗值、中性点避雷器参数以及中性点过电压水平有关，应结合工程计算确定。

10 二 次 部 分

10.1 计算机监控系统

10.1.2 主机和操作员工作站是兼用方式或是单独配置，在500kV变电站中均有采用，一般视变电站建设规模和运行要求等因素确定。考虑到1000kV变电站在系统中的重要地位，其监控功能要求和系统可靠性、可用率指标均应高于常规500kV变电站，故规定主机和操作员工作站均按双重化原则单独配置。

10.1.3 同步时钟系统有分散设置和集中设置两种模式。分散方式一般按控制楼和各继电器小室分别设置，系统构成简单，但无备用时钟，若某一继电器小室的同步时钟故障，则造成该小室测控、保护装置等二次设备的同步对时信号丢失。集中设置方式在高压直流换流站应用已较为广泛，即全站集中配设两套同步主时钟，采用双重化冗余配置互为热备用方式，当任一主时钟故障退出时，另一主时钟实现自动无缝切换，以保证测控、保护及自动化装置的同步对时精度和对时接口要求。

两套主时钟设备安装在主控楼或任两个继电器小室，其他继电器小室配置同步时钟信号扩展装置，主时钟与扩展装置通过光纤连接。

10.1.4 根据电力二次系统安全防护的整体部署要求，特高压变电站实时控制区（安全区Ⅰ）的典型应用包括计算机监控系统、五防系统、安控装置、保护装置等，非控制生产区（安全区Ⅱ）的典型应用包括故障录波及故障测距系统、电量计费系统、保护子站等，管理系统（安全区Ⅲ）的典型应用包括站长工作站、仿真培训工作站等。因此，为满足各安全区之间横向隔离及纵向安全认证的要求，在安全区Ⅰ和安全区Ⅱ之间采用逻辑隔离措施，在安全区Ⅰ、Ⅱ与安全区Ⅲ之间采用反向安全隔离装置，安全区Ⅰ、Ⅱ与电力调度数据网之间采用纵向加密认证装置，安全区Ⅰ、安全区Ⅱ通过内部或公共电话网络实现与调度端的数据传输或远程维护时采用拨号安全认证装置。

10.2 二次设备布置

10.2.2 在各配电装置区域或一次设备集中安装处设置继电器小室，将二次设备分散布置在与一次设备毗邻的继电器小室的设计思想，在500kV、750kV变电站和高压直流换流站中均有广泛应用，大大节省了控制电缆的用量。1000kV变电站较常规500kV变电站相比，具有设备容量大、进出线回路多、配电装置占地面积大的特点，因此二次设备采用下放布置方式，按相对集中的原则分散设置继电器小室则具有更大的优越性，经济效益明显。

10.3 电磁抗干扰措施

10.3.1 根据国网电力科学研究院关于《1000kV变电站保护小室屏蔽措施研究》专题报告的研究结论和专家评审意见，1000kV变电站所具有的电磁骚扰源的种类与500kV变电站大体一致，现行行业标准《500kV变电所保护和控制设备抗扰度要求》DL/Z 713—2000所规定的10项试验项目，基本反映了1000kV变电站中的电磁骚扰现象，故二次设备抗干扰要求可继续沿用原有的10项试验项目。但1000kV变电站在开关操作中产生的电磁骚扰水平比500kV变电站要大，尤其是当采用敞开式配电装置时，在隔离开关操作空载母线时所产生的阻尼振荡磁场水平将有所提高。因此，对1000kV敞开式配电装置室外二次设备的阻尼振荡磁场抗扰度试验水平宜适当提高，阻尼振荡磁场抗扰度试验等级可按200A/m（峰值）考虑。

10.3.2 为下放在配电装置就地布置的继电器小室考虑一定程度屏蔽措施，以减弱空间电磁场对二次设备的电磁搔扰，这在500kV变电站工程设计中已证明是必需的。

国网电力科学研究院《1000kV变电站保护小室屏蔽措施研究》专题研究报告提出1000kV继电器小室的屏蔽效能宜按30dB考虑，并推荐1000kV变电站继电器小室的屏蔽结构可采用钢筋混凝土建筑内衬金属板网方式或双层亚型钢板建筑方式。对于钢筋混凝土建筑内衬金属板网方式，考虑到施工的方便性和屏蔽效能的要求，推荐采用丝梗厚度为1.2mm、孔眼宽度为7mm、丝梗宽度为1.2mm、节距为25mm的钢板网。

10.3.3 国网电力科学研究院在《1000kV变电站保护小室屏蔽措施研究》专题报告中分析，变电站的电磁骚扰虽然很严重，但其影响范围较小。隔离开关等操作产生的骚扰衰减速度很快，以距离的平方或立方的倒数成比例衰减。因此，当主控室、计算机室位置距离高压设备较远时，由高压开关操作产生的空间电、磁场数值很小，不足以引起主控室及计算机室设备的工作异常，故可不考虑屏蔽措施。

10.4 继 电 保 护

10.4.3 1000kV变压器由主体、调压变压器和补偿变压器组成，其中调压变压器和补偿变压器共箱布置。根据中国电力科学研究院主变压器保护装置动模试验的结果，调压变压器、补偿变压器高、低压绕组发生匝间短路故障时，主变压器差动保护灵敏度不够。因此，应为调压变压器和补偿变压器单独配置主保护。为简化保护配置，调压变压器和补偿变压器不再单独配置后备保护。当调压变压器或补偿变压器故障时，变压器主体应能在退出调压变压器和补偿变压器后正常运行，因此调压变压器和补偿变压器保护采用单独组屏。

10.5 直流及交流不停电电源系统

10.5.2 由于1000kV配电装置间隔跨距长达50m～60m等因素，直流系统若采用全站集中配置两组蓄电池组方案，直流主屏与分屏之间的馈电电缆最长可达600m～700m，远大于500kV变电站供电距离，较大的电缆压降必将加大电缆截面，势必造成供电网络的设计不合理。因此，应根据继电器小室的位置、数量和相对集中的原则，按区域设置直流系统。

10.5.4 主要考虑在一定时间内，特高压工程均为跨区域建设的输变电工程，当发生全站停电事故时恢复供电所涉及的部门和单位较多，直流系统对快速恢复供电极为重要。

10.5.5 主要考虑绝大多数二次设备是冗余配置，任一装置短时失掉电源不会对设备的正常运行产生影响，失掉电源很可能是装置故障，设置自动切换装置很可能将事故扩大。

10.5.6 应尽量避免二次设备使用交流电源，对个别必须使用交流电源的设备可以设置UPS或逆变电源系统。

10.6 辅 助 系 统

10.6.1 主变压器、1000kV并联电抗器和GIS、HGIS等主要设备的安全可靠运行关系到变电站甚至整个特高压输变电系统的可靠与否，因此应配置必要的状态监测技术和诊断手段。在分析研究高压直流换流站、220kV～500kV变电站状态监测技术成熟应用的基础上，为特高压关键设备主变压器和1000kV并联电抗器配置油色谱状态监测，对油中溶解气体和微水进行分析，为GIS、HGIS组合电器配置SF_6气体状态监测，监测SF_6气体压力、密度等。同时状态监测装置技术上应成熟可靠，功能完善，灵敏度高，安装维护方便，运行稳定，并宜通过网络接口与计算机监控系统实现通信，便于运行人员实时监测。

10.7 对电流、电压互感器的要求

10.7.1 1000kV线路用电流互感器变比为4000/1A～6000/1A，但工程建设初期或小负荷运行方式下，线路负荷电流通常较小，故为满足调度有关保护整定和测量及计量精度要求，考虑在电流互感器二次侧设置中间抽头。

10.7.2 电能计量关口表引接专用的电流、电压互感器二次绕组或与测控、保护装置共用电流、电压互感器二次绕组，均可满足计量精度要求，专用引接方式则更方便运行管理部门，满足现行行业标准《电能计量装置技术管理规程》DL/T 448有关贸易结算用电能计量点配置计量专用电流互感器和电压互感器二次绕组的要求。

11 1000kV构支架

11.1 一 般 规 定

11.1.2 鉴于1000kV变电站在系统中的重要作用，构支架的安全等级为一级。

11.1.3 根据构架计算研究结果，构架为柔性结构，地震作用不起控制作用，主要由大风、覆冰、安装、检修四种工况起控制作用，故工程设计时可不考虑此工况。与构架相比，设备支架不高，高度与设备相差不多，地震力对支架的影响较大，支架强度和稳定由地震作用控制。

11.2 构 造 要 求

11.2.3 现行国家标准规定Q345级钢的外径与壁厚之比最大为68，1000kV构架的安全等级较高，且格构式构架柱的节间长度较长，主材基本采用Q345级钢，腹杆与主材连接一般存在偏心，为满足局部稳定，防止局部压曲，将格构式柱的标准定得稍高些，而钢管人字柱沿用国家标准的规定。

11.2.4 节点应力计算非常复杂，一般用构造来保证，节点应比杆件强壮才能保证结构安全。

12 噪 声 控 制

12.0.1 1000kV导线运行电压高，环境气候特征变化大，容易产生电晕噪声，因此应该更严格控制导线、金具电晕的发生条件。

12.0.2 变电站内主变压器和高压电抗器是主要的持续噪声发生源，受制造工艺限制，如降低设备本体噪声水平将增加设备制造难度及造价，增加设备体积并对受运输条件限制的工程产生颠覆性影响时，可采取外部降噪措施。

12.0.3 外部降噪措施，指可在强噪声设备旁或在噪声敏感点附近围墙上设置隔声屏障；对变压器和1000kV并联电抗器，通过设置将本体包容散热器外置的隔声罩可大幅度降低设备噪声影响。

中华人民共和国国家标准

埋地钢质管道交流干扰防护技术标准

Standard for AC interference mitigation of buried steel pipelines

GB/T 50698—2011

主编部门：中 国 石 油 天 然 气 集 团 公 司
批准部门：中华人民共和国住房和城乡建设部
施行日期：2 0 1 2 年 5 月 1 日

中华人民共和国住房和城乡建设部
公　告

第1032号
关于发布国家标准《埋地钢质管道交流干扰防护技术标准》的公告

现批准《埋地钢质管道交流干扰防护技术标准》为国家标准，编号为GB/T 50698—2011，自2012年5月1日起实施。

本标准由我部标准定额研究所组织中国计划出版社出版发行。

中华人民共和国住房和城乡建设部

二〇一一年五月十二日

前　言

本标准是根据住房和城乡建设部《关于印发〈2009年工程建设标准规范制订、修订计划〉的通知》（建标〔2009〕88号）的要求，由中国石油集团工程设计有限责任公司西南分公司会同有关单位编制完成的。

本标准在编制过程中，编制组经广泛调查研究，认真总结实践经验，参考有关国际标准和国外先进标准，并在广泛征求意见的基础上，最后经审查定稿。

本标准共分8章和2个附录，主要技术内容包括：总则、术语、基本规定、调查与测试、交流干扰防护措施、防护系统的调整及效果评价、管道安装中的干扰防护、运行与管理等。

本标准由住房和城乡建设部负责管理，由石油工程建设专业标准化委员会负责日常管理，由中国石油集团工程设计有限责任公司西南分公司负责具体技术内容的解释。执行过程中如有意见和建议，请寄送中国石油集团工程设计有限责任公司西南分公司（地址：成都市小关庙后街25号；邮政编码：610017），以供今后修订时参考。

本标准主编单位、参编单位、主要起草人和主要审查人：

主 编 单 位： 中国石油集团工程设计有限责任公司西南分公司

参 编 单 位： 中国石油天然气管道工程有限公司
中国电力科学研究院

主要起草人： 张　平　向　波　龚树鸣　黄留群　陆家榆　李英义　齐　磊　程　明　蒋　俊　窦宏强　汤晓勇　傅贺平　冯　琦　黄春蓉　李　浩

主要审查人： 李绍忠　卢绮敏　葛艾天　欧　莉　陈敬和　曹靖斌　许　敬　薛志远　崔　典　周凤山　毛　丽　肖丁铭

目　次

Contents

1 总 则

1.0.1 为有效地控制高压交流输电系统和交流牵引系统对埋地钢质管道（以下简称管道）的交流干扰腐蚀危害，减轻交流干扰和雷电对腐蚀控制系统的影响，规范交流干扰防护工程的技术要求，制定本标准。

1.0.2 本标准适用于管道交流干扰的调查与测量、交流干扰腐蚀防护工程的设计、施工和维护。

1.0.3 在干扰区域，宜由被干扰方、干扰源方及其他有关各方的代表，组成防干扰协调机构，按统一测试、统一评价、分别实施和管理的原则，联合设防、协调、处理，减轻干扰。

1.0.4 埋地钢质管道交流干扰防护技术要求除应执行本标准外，尚应符合国家现行有关标准的规定。

2 术 语

2.0.1 交流干扰 AC interference

由交流输电系统和交流牵引系统在管道上耦合产生交流电压和电流的现象。

2.0.2 交流干扰源 source of AC interference

能对埋地钢质管道造成交流干扰的高压交流输电线路、设施和交流电气化铁路、设施，统称交流干扰源，简称干扰源。

2.0.3 管道交流干扰电压 pipeline AC interference voltage

由交流干扰产生的管道对地交流电压，也称为管地交流电位。

2.0.4 交流电流密度 AC current density

交流电流在防腐层破损点处单位面积的漏泄量。

2.0.5 故障屏蔽 fault shield

在输电线路杆塔、变电站等的接地体与管道之间设置浅埋接地体，当输电系统发生故障时，可为管道和防腐层局部位置提供防护的措施。

2.0.6 去耦隔直装置 DC decoupling device

允许交流电流双向流动、切断或极大地降低直流电流流动的装置。包括极化电池、接地电池和固态去耦合器等。

2.0.7 固态去耦合器 solid-state DC decoupler

由固态电子元器件组成的干型去耦隔直装置。它具有在低压直流时的高电阻和交流时的低电阻的特性。

2.0.8 集中接地 lumped ground

在受附近输电系统干扰的管道的某些重要位置设置的深埋或浅埋接地，为管道和防腐层提供持续干扰或瞬间干扰防护。

3 基 本 规 定

3.0.1 管道与高压交流输电线路、交流电气化铁路宜保持最大间距。

3.0.2 在路径受限区域，相关建设单位在系统设计中应充分考虑管道可能受到的交流干扰，并对管道上可能产生的交流腐蚀和对腐蚀控制系统的影响程度进行分析和评估。

3.0.3 对管道造成交流干扰的干扰源，应根据国家现行有关标准采取减轻交流干扰的措施。

3.0.4 当确认管道受交流干扰影响和危害时，必须采取与干扰程度相适应的防护措施。

3.0.5 当管道上的交流干扰电压不高于4V时，可不采取交流干扰防护措施；高于4V时，应采用交流电流密度进行评估，交流电流密度可按下式计算：

$$J_{AC}=\frac{8V}{\rho\pi d} \quad (3.0.5)$$

式中：J_{AC}——评估的交流电流密度（A/m^2）；

V——交流干扰电压有效值的平均值（V）；

ρ——土壤电阻率（Ω·m）；

d——破损点直径（m）。

注：1 ρ值应取交流干扰电压测试时，测试点处与管道埋深相同的土壤电阻率实测值；

2 d值按发生交流腐蚀最严重考虑，取0.0113。

3.0.6 管道受交流干扰的程度可按表3.0.6交流干扰程度的判断指标的规定判定。

表3.0.6 交流干扰程度的判断指标

交流干扰程度	弱	中	强
交流电流密度（A/m^2）	<30	30～100	>100

3.0.7 当交流干扰程度判定为“强”时，应采取交流干扰防护措施；判定为“中”时，宜采取交流干扰防护措施；判定为“弱”时，可不采取交流干扰防护措施。

3.0.8 在交流干扰区域的管道上宜安装腐蚀检查片，以测量交流电流密度和对交流腐蚀及防护效果进行评价。检查片的裸露面积宜为$100mm^2$，安装按本标准附录A进行。

3.0.9 从事交流干扰和雷电影响防护设施安装、调试、测试、维修的人员应受过电气安全培训，并掌握相关电气安全知识。

4 调查与测试

4.1 一 般 规 定

4.1.1 当管道与高压交流输电线路、交流电气化铁路的间隔距离大于1000m时，不需要进行干扰调查测试；当管道与110kV及以上高压交流输电线路靠近时，是否需要进行干扰调查测试可按管道与高压交流输电线路的极限接近段长度与间距相对关系图（图4.1.1）确定。

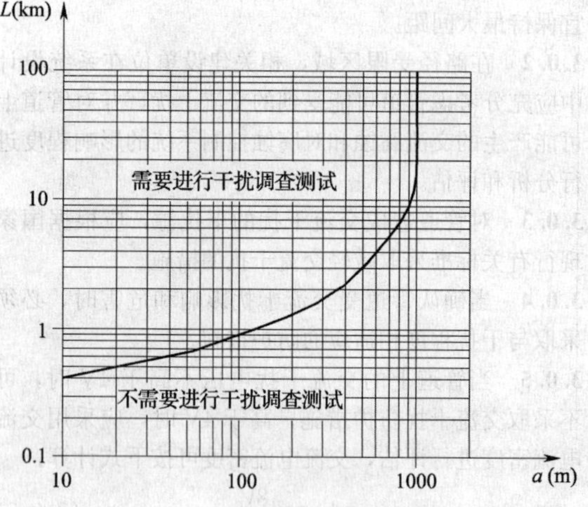

图4.1.1 极限接近段长度 L 与间距 a 相对关系图

4.1.2 当管道与高压交流输电线路的相对位置关系处于需要进行干扰调查测试区时，对已建管道应进行管道交流干扰电压、交流电流密度和土壤电阻率的测量；对在设计阶段的新建管道可采用专业分析软件，对干扰源在正常和故障条件下管道可能受到的交流干扰进行计算。

4.2 调查与测试的项目

4.2.1 交流干扰源的调查测试应包括下列内容：

1 高压输电系统应包括下列内容：

1）管道与高压输电线路的相对位置关系；

2）塔型、相间距、相序排列方式、导线类型和平均对地高度；

3）接地系统的类型（包括基础）及与管道的距离；

4）额定电压、负载电流及三相负荷不平衡度；

5）单相短路故障电流和持续时间；

6）区域内发电厂（变电站）的设置情况。

2 电气化铁路应包括下列内容：

1）铁轨与管道的相对位置关系；

2）牵引变电所位置，铁路沿线高压杆塔的位置与分布；

3）馈电网络及供电方式；

4）供电臂短时电流、有效电流及运行状况（运行时刻表）。

4.2.2 被干扰管道的调查测试应包括下列内容：

1 本地区过去的腐蚀实例。

2 管道外径、壁厚、材质、敷设情况及地面设施（跨越、阀门、测试桩）等设计资料。

3 管道与干扰源的相对位置关系。

4 管道防腐层电阻率、防腐层类型和厚度。

5 管道交流干扰电压及其分布。

6 安装检查片处交流电流密度。

7 管道沿线土壤电阻率。

8 管道已有阴极保护和防护设施的运行参数及运行状况。

9 相邻管道或其他埋地金属构筑物干扰腐蚀与防护技术资料。

4.3 测试工作的分类及应用

4.3.1 测试工作应分以下三种：

1 普查测试：用于初步调查干扰程度及管地交流电位分布情况，为详细测试提供依据。

2 详细测试：提供实施干扰防护措施所需的技术参数。

3 防护效果评定测试：用于调整交流干扰防护系统运行参数及评定防护效果。

4.3.2 对本标准第4.2.1条和第4.2.2条所规定的调查测试项目，可以根据具体干扰状态、测试工作种类确定对全部或部分项目进行测试。一般情况下，调查与测试项目宜按表4.3.2的规定进行。

表4.3.2 调查与测试项目

<table>
<tr><th rowspan="2" colspan="2">实施方面</th><th rowspan="2">调查、测试项目</th><th colspan="3">测试分类</th></tr>
<tr><th>普查测试</th><th>详细测试</th><th>防护效果评定测试</th></tr>
<tr><td rowspan="10">干扰源侧</td><td rowspan="6">高压输电系统</td><td>管道与高压输电线路的相对位置关系</td><td>○</td><td>○</td><td>—</td></tr>
<tr><td>塔型、相间距、相序排列方式、导线类型和平均对地高度</td><td>✓</td><td>○</td><td>—</td></tr>
<tr><td>接地系统的类型（包括基础）及与管道的距离</td><td>○</td><td>○</td><td>—</td></tr>
<tr><td>额定电压、负载电流及三相负荷不平衡度</td><td>△</td><td>○</td><td>—</td></tr>
<tr><td>单相短路故障电流和持续时间</td><td>✓</td><td>○</td><td>—</td></tr>
<tr><td>区域内发电厂（变电站）的设置情况</td><td>✓</td><td>○</td><td>—</td></tr>
<tr><td rowspan="4">电气化铁路</td><td>铁轨与管道的相对位置关系</td><td>○</td><td>○</td><td>—</td></tr>
<tr><td>牵引变电站位置，铁路沿线高压杆塔的位置与分布</td><td>○</td><td>○</td><td>—</td></tr>
<tr><td>馈电网络及供电方式</td><td>○</td><td>○</td><td>—</td></tr>
<tr><td>供电臂短时电流、有效电流及运行状况（运行时刻表）</td><td>✓</td><td>○</td><td>—</td></tr>
</table>

续表 4.3.2

实施方面	调查、测试项目	测试分类		
		普查测试	详细测试	防护效果评定测试
被干扰侧	本地区过去的腐蚀实例	△	△	—
	管道外径、壁厚、材质、敷设情况及地面设施（跨越、阀门、测试桩）等设计资料	✓	○	—
	管道与干扰源的相对位置关系	○	○	—
	管道防腐层电阻率、防腐层类型和厚度	△	○	—
	管道交流干扰电压及其分布	○	○	○
	安装检查片处交流电流密度	—	✓	△
	管道沿线土壤电阻率	○	○	○
	管道已有阴极保护防护设施的运行参数及运行状况	△	○	△
	相邻管道或其他埋地金属构筑物干扰腐蚀与防护技术资料	△	△	—

注：○—必须进行的项目；△—应进行的项目；✓—宜进行的项目。

4.4 测试工作的要求

4.4.1 普查测试应遵循下列原则：

1 测试点应选在与干扰源接近的管段，间隔宜为 1km，宜利用现有测试桩。

2 对与高压交流输电线路接近的管段，各点测试时间不短于 5min；对与交流电气化铁路接近的管段，测试宜选择在列车运行的高峰时间段上。

3 应记录每次测量的时间和位置。

4.4.2 详细测试应遵循下列原则：

1 测试点应根据普查测试结果布设在干扰较严重的管段上，干扰复杂时宜加密测试点。

2 测定时间段应分别选择在干扰源的高峰、低峰和一般负荷三个时间段上，测定时间段一般为 60min，对运行频繁的电气化铁路可取 30min；对强度大或剧烈波动的干扰，普查测试期间测得的交流干扰电压最大和交流电流密度最大的点，以及其他具有代表性的点，应当进行 24h 连续测试，或者直到确立和干扰源负载变化的对应关系。

3 每次测试的起止时间、测定时间段、读数时间间隔、测试点均应相同。

4 各测试点以相同的读数时间间隔记录数据。

4.4.3 防护效果评定测试应遵循下列原则：

1 防护效果评定应在所有详细测试点进行，测定时间段一般为 8h。

2 接地点、检查片安装点、干扰缓解较大的点和较小的点，测定时间段为 24h。

3 在安装检查片的测试点应进行交流电流密度的测量。

4 在安装减轻干扰的接地点应测量接地线中的交流电流。

5 其他原则与详细测试相同。

6 应绘制实施干扰防护措施前、后，原干扰段的管地交流电位分布曲线和测试点的电压-时间曲线。

4.4.4 上述各类测试中，读数时间间隔一般为 10s～30s，干扰电压变动剧烈时，宜为 1s。

4.4.5 测试时应断开临时性阴极保护和临时防护接地体。

4.4.6 土壤电阻率的测试应与管道交流电压测试同时、同位置进行。

4.4.7 交流干扰测量方法及数据处理应按本标准附录 A 执行。

5 交流干扰防护措施

5.1 一 般 规 定

5.1.1 防护措施设计应根据调查与测试的结果，对下列各项进行预测和评估：

1 干扰源在正常运行状态下对管道的交流腐蚀。

2 故障情况或雷电状态下对管道防腐层和金属本体、阴极保护设备和干扰防护设施的损伤。

3 操作和维护人员及公众的接触安全等影响。

5.1.2 对存在交流干扰的管道，在阴极保护系统设计中应给予更大的保护电流密度；在运行调试中应使管道保护电位（相对于 CSE，消除 IR 降后）比阴极保护准则电位（一般土壤环境中－850mV，在厌氧菌或硫酸盐还原菌及其他有害菌土壤环境中－950mV）负值更大。

5.1.3 在同一条或同一系统的管道中，根据实际情况可采用一种或多种防护措施；但所有干扰防护措施均不得对管道阴极保护的有效性造成不利影响。

5.1.4 管道与输电线路杆塔、通信铁塔等及其接地装置间应保证足够的安全距离。在路径受限地区难以满足安全距离时，应采取故障屏蔽、接地、隔离等防护措施；宜根据工程实际情况，在分析计算的基础上进行管道安全评估。

5.1.5 埋地管道与高压交流输电线路的距离宜符合下列规定：

1 在开阔地区，埋地管道与高压交流输电线路杆塔基脚间控制的最小距离不宜小于杆塔高度。

2 在路径受限地区，埋地管道与交流输电系统的各种接地装置之间的最小水平距离一般情况下不宜小于表5.1.5的规定。在采取故障屏蔽、接地、隔离等防护措施后，表5.1.5规定的距离可适当减小。

表5.1.5 埋地管道与交流接地体的最小距离（m）

电压等级（kV）	≤220	330	500
铁塔或电杆接地	5.0	6.0	7.5

5.1.6 管道与110kV及以上高压交流输电线路的交叉角度不宜小于55°。在不能满足要求时，宜根据工程实际情况进行管道安全评估，结合防护措施，交叉角度可适当减小。

5.1.7 阴极保护设备应配有雷电和电涌保护装置。

5.1.8 交流干扰防护设施的所有永久性电缆连接件应确保连接点具有良好的机械强度和导电性，并在回填前做好防腐密封。

5.1.9 所有交流干扰防护设施的安装中，应首先把接地电缆连接到接地极上，然后连接到受干扰的管道上。拆下的顺序相反，连接接地极的一端应最后拆卸。操作中应使用适当的绝缘工具或绝缘手套来减少电击危险。

5.2 故障和雷电干扰的防护措施

5.2.1 故障屏蔽应符合下列规定：

1 在管道邻近架空输电线路杆塔、变电站或通信铁塔、大型建筑的接地体的局部位置处，可沿管道平行敷设一根或多根浅埋接地线作屏蔽体，减轻在电力故障或雷电情况下，强电冲击对管道防腐层或金属本体的影响。

2 屏蔽线宜通过固态去耦合器与受影响的管道连接且连接点不少于两处。

5.2.2 集中接地应符合下列规定：

1 在进、出工艺站场、监控阀室的管道上或监视阀室安装有绝缘接头的放空管等位置处，宜设置集中接地，减轻在电力故障或雷电情况下，强电冲击对管道辅助设施、阴极保护设备和线路管道防腐层的影响。

2 集中接地可利用就近的管道系统共用接地网接地。在需单独设置接地的位置，应根据现场环境条件接地体采用浅埋或深埋方式。

3 接地体宜通过去耦隔直装置与受影响的管道连接。

5.2.3 接地垫应符合下列规定：

1 在操作人员与管道辅助设施（包括阀门、阴极保护检测装置等）接触区域内可能存在危险的接触电压和跨步电压时，可采用接地垫，避免接触电压和跨步电压对操作人员的危害。

2 接地垫面积应足够大，并尽量靠近地面安装。

3 接地垫与受影响的构筑物连接点应不少于两处，可通过去耦隔直装置连接，以减轻阴极保护屏蔽、电偶腐蚀，以及对阴极保护同步瞬间断电测量的不利影响。

4 接地垫上方宜铺一层干净的、排水良好的砾石层，砾石层的厚度不应小于8cm，砾石粒径不小于1.3cm。

5.2.4 固态去耦合器、极化电池、接地电池及其他装置应符合下列规定：

1 在受强脉冲和过高感应交流电压影响的管道和适当的接地装置之间，可装设固态去耦合器、极化电池、接地电池或其他装置，以有效隔离阴极保护电流，将管道瞬间干扰电压降到容许值以下。

2 当使用固态去耦合器、极化电池、接地电池以及其他装置时，应当正确选择其规格、位置、连接方式，并能安全承载最大冲击电流。

5.2.5 管道与防护装置和接地装置连接电缆的截面积应与泄放电流强度相匹配，宜采用35mm² 的多股铜芯电缆，电缆敷设宜短直。

5.3 持续干扰的防护措施

5.3.1 可采取在长距离干扰管段的适当部位设置绝缘接头的分段隔离措施，将与交流干扰源相邻的管段与其他管段电隔离，简化防护措施。

5.3.2 在进行持续干扰防护措施的设计时，应根据调查与测试结果的分析，结合对阴极保护效果的影响等因素，选定适用的接地方式。持续干扰防护常用的接地方式应符合表5.3.2的规定。

表5.3.2 持续干扰防护常用的接地方式

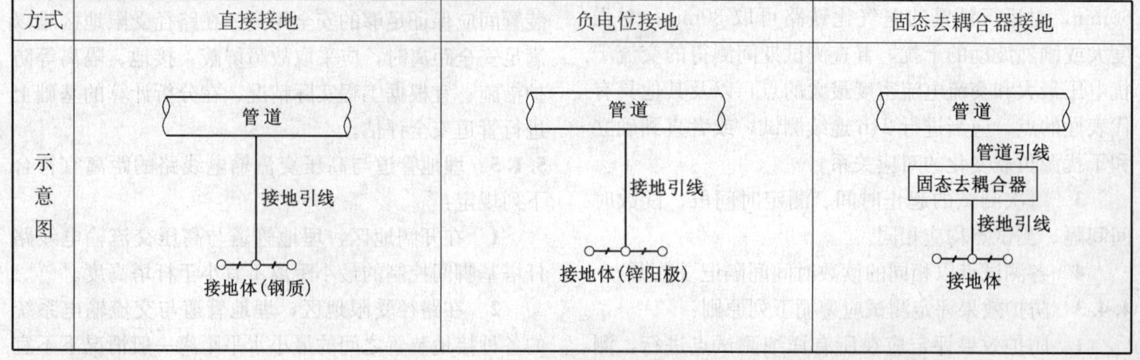

续表 5.3.2

方式	直接接地	负电位接地	固态去耦合器接地
特点及适用范围	适用于阴极保护站保护范围小的被干扰管道。具有简单经济、减轻干扰效果好的优点，缺点是应用范围小，漏失阴极保护电流	适用于受干扰区域管道与强制电流保护段电隔离，且土壤环境适宜于采用牺牲阳极阴极保护的干扰管道。具有减轻干扰效果好、向管道提供阴极保护的优点；缺点是管道进行瞬间断电测量与评价阴极保护有效性实施困难	适用范围广。能有效隔离阴极保护电流，启动电压低，可将感应交流电压降到允许的极限电压内，减轻干扰效果好；额定雷电冲击及故障电流通流容量大，装置抗雷电或故障电流强电冲击性能好。缺点是价格高

5.3.3 接地点的设置应根据详细测试或计算结果分析确定，通常情况下，可按下述条件综合确定：

1 相互位置条件：

1）被干扰管道首、末端；

2）管道接近或离开干扰源处；

3）管道与干扰源距离最小的点；

4）管道与干扰源距离发生突变的点；

5）管道穿越干扰源处。

2 技术条件：

1）交流电流密度较大的点；

2）管道交流干扰电压较高，且持续时间较长的点；

3）高压输电线导线换位处；

4）土壤电阻率低，便于接地体设置的场所。

5.3.4 干扰防护设施中所有的连接点应安全可靠；所有电缆、连接件和装置部件等应能承受预期的最大冲击或故障电流。

5.3.5 在存在直流杂散电流影响的管段进行持续交流干扰防护时，宜采用去耦隔直装置。去耦隔直装置的直流反向启动电压必须高于管道可能出现的对地负向直流电压。

6 防护系统的调整及效果评价

6.1 防护系统的调整

6.1.1 交流干扰防护工程安装完毕后，应立即投入试运行，并进行全面综合调整，使防护系统达到最佳效果。

6.1.2 防护系统的调整，可采用以下措施：

1 改变防护接地点位置，或增设防护接地点及其设施。

2 分段隔离措施。绝缘接头两端应跨接去耦隔直装置或避雷器等防电涌装置。

6.2 防护效果评价

6.2.1 防护效果的评价应符合以下原则：

1 防护效果的评价点应包括防护接地点、检查片安装点、干扰缓解较大的点、干扰缓解较小的点，其他评定点可根据实际情况选择。

2 在测取干扰防护措施实施前、后参数时，应统一测量点、测定时间段、读数时间间隔、测量方法和仪表设备。

6.2.2 防护效果应符合下列规定：

1 在土壤电阻率不大于 25Ω·m 的地方，管道交流干扰电压低于 4V；在土壤电阻率大于 25Ω·m 的地方，交流电流密度小于 $60A/m^2$。

2 在安装阴极保护电源设备、电位远传设备及测试桩位置处，管道上的持续干扰电压和瞬间干扰电压应低于相应设备所能承受的抗工频干扰电压和抗电强度指标，并满足安全接触电压的要求。

7 管道安装中的干扰防护

7.0.1 邻近交流输电系统的管道在施工期间应指定专人负责电气安全。安全负责人应熟悉输电线路对管道的电磁影响及其防护的规定。

7.0.2 管道施工开始前，宜与邻近干扰源方的主管部门商议，共同制定适当的施工程序，保证管道施工安全顺利进行。

7.0.3 在进行与交流干扰区域内管道接触的任何作业前，应进行管道交流干扰电压的测量。

7.0.4 在交流干扰区域内进行管道施工时，应符合下列规定：

1 长度为 300m 与大地绝缘的管段两端应装设临时接地极；长度超过 300m 与大地绝缘的管段，应由一端开始，每隔 300m 装设单独的临时接地极。接地极接地电阻应小于 30Ω。

2 临时接地极可以是接地棒、裸露的套管或其他适宜的金属接地体，但不得与邻近的输电线路接地极相连。

3 临时接地极与管道的连接线应采用截面面积不小于 $10mm^2$ 多股铜芯导线，各连接点应具有良好的机械强度和导电性。

4 所有临时接地极应保持到管道回填，如无特殊要求，回填时应予以拆除。

7.0.5 当车辆及其他施工设备在输电线路附近工作时，应遵守现行电气安全规程。金属工棚或拖车应接地。

8 运行与管理

8.1 检查与测量

8.1.1 交流干扰防护系统的常规功能性检测内容及周期，按表8.1.1的规定进行，以确认防护系统是否运行正常，防护效果是否符合指标要求。

表8.1.1 常规功能性检测内容及周期

设 施	检测内容	周期
牺牲阳极防护设施	阳极交流排流量、阳极输出电流、阳极开路电位；管地交流电位和直流电位	每月一次
测试桩	管地交流电位（每月一次）；通过检查片检测：管地断电电位、交流电流密度	至少每年一次
防护设备	防护设备的运行和状况；交流排流量、接地极接地电阻	根据运行条件，每1月～3月一次
防护系统全面维护	防护系统全面检查；各主要元件性能检测；失效元件的更换	每年一次

8.1.2 应对检查与测量所得的数据和所发现情况进行分析，进而指出可能存在的异常以及改进措施，说明对管道状况进行更详细评价的必要性。

8.1.3 当干扰环境发生较大改变时，应及时进行各项调查，对防护设施进行调整或改进防护措施。当防护设备主要元件进行维修或更换后，应进行接地点管地交流电位的24h连续测试。

8.2 开挖调查

8.2.1 在可能存在交流腐蚀的管段，宜定期对管道或腐蚀检查片进行开挖调查，以对交流腐蚀进行确认。对检查片的开挖调查宜在埋设12个月后进行，交流腐蚀的识别宜符合本标准附录B的规定。

8.2.2 管道开挖检测应符合国家现行标准《钢质管道及储罐腐蚀评价标准埋地钢质管道外腐蚀直接评价》SY/T 0087.1—1的有关规定。检查片的制备、腐蚀产物清除和腐蚀速率计算应按国家现行标准《埋地钢质检查片腐蚀速率测试方法》SY/T 0029的有关规定执行。

8.3 安全管理

8.3.1 处于输电线路、电气化铁路及其接地体附近的管道应加强管理，防止对管道维护人员的伤害。

8.3.2 交流干扰防护设施和阴极保护设施应设置警示标志。

8.3.3 掌握邻近高压输电系统、交流牵引系统的主要电气参数及防护措施的现状。

8.3.4 在管道检修期内或开挖管道、接触管道的各种作业时，应与电力或铁路部门加强联系，并指定有经验人员随时监护，避免发生电击危害。

8.3.5 在进行干扰测试和防护设施维护及其他防护作业时的安全守则应符合现行国家标准《埋地钢质管道阴极保护参数测量方法》GB/T 21246的有关规定。

8.3.6 雷雨期间，不得进行交流干扰电参数测试或类似性质的工作。

8.3.7 站在接地垫上的操作、维护人员和接地垫以外人员之间，不得传递金属器具。

附录A 交流腐蚀评估的测量方法

A.1 一般规定

A.1.1 对已建管道现场测量的主要参数应包括管道交流干扰电压、保护电位和土壤电阻率。当安装了检查片，所测参数尚应包括检查片交流电流密度。

A.1.2 测量仪表应符合下列规定：

1 测量仪表应具有防电磁干扰性能。

2 测量仪表及测量导线应符合现行国家标准《埋地钢质管道阴极保护参数测量方法》GB/T 21246的相关规定。

A.1.3 参比电极应符合下列规定：

1 参比电极可采用钢棒电极、硫酸铜电极。采用钢棒电极时，其钢棒直径不宜小于16mm，插入土壤深度宜为100mm。

2 参比电极放置处，地下不应有冰层、混凝土层、金属及其他影响测量的物体。

3 土壤干燥时，应浇水湿润。

A.1.4 测量工作的安全守则应符合现行国家标准《埋地钢质管道阴极保护参数测量方法》GB/T 21246的相关规定。

A.2 管道交流干扰电压测量

A.2.1 管道交流干扰电压测量应按本标准第4.4节的有关规定执行。对短期测量可使用交流电压表；对长期测量应使用存储式交流电压测试仪。

A.2.2 测量步骤应包括：

1　将交流电压表与管道及参比电极相连接，接线方式见管道交流干扰电压测量接线（图 A.2.2）。

2　将电压表调至适宜的量程上，记录测量值和测量时间。

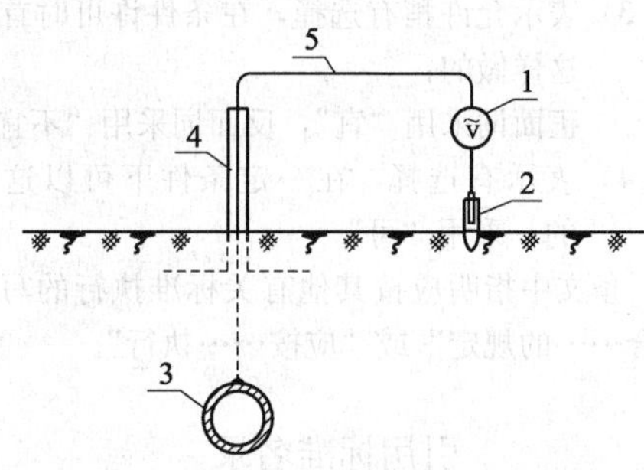

图 A.2.2　管道交流干扰电压测量接线图

1—交流电压表；2—参比电极；3—埋地管道；4—测试桩；5—测试导线

A.2.3　数据处理应符合下列规定：

1　测量点干扰电压的最大值、最小值，从已记录的各次测量值中直接选择。平均值应按下式进行计算：

$$U_{\mathrm{p}}=\frac{\sum_{i=1}^{n}U_i}{n} \quad (A.2.3)$$

式中：U_{p}——测量时间段内测量点交流干扰电压有效值的平均值（V）；

$\sum_{i=1}^{n}U_i$——测量时间段内测量点交流干扰电压有效值的总和（V）；

n——测量时间段内读数的总次数。

2　绘制出测量点的电压—时间曲线图。

3　绘制出干扰管段的平均干扰电压—距离曲线，即干扰电压分布曲线图。

A.3　交流电流密度测量

A.3.1　检查片安装应符合下列规定：

1　在进行详细测试时，可使用裸露面积为 100mm² 的便携式棒状探头。将便携式棒状探头插入靠近管道的土壤中，并通过测量电缆与管道电连通。

2　在进行监测及评估管道运行期间交流腐蚀影响的测量时，应使用腐蚀检查片组（如：3 片），其中应至少有一个检查片通过测量电缆与管道电连通。检查片与管道的净距约 0.5m，各检查片间的间距约 3m。检查片除裸露面积为 100mm² 的金属表面外，其余部位应做好防腐绝缘。检查片的制备应符合国家现行标准《埋地钢质检查片腐蚀速率测试方法》SY/T 0029 的有关规定。

A.3.2　测量步骤应包括：

1　将交流电流表串入回路与管道及检查片相连接，接线方式见交流电流密度测量接线图（图 A.3.2）。

2　将交流电流表调至适宜的量程上，记录测量值和测量时间。

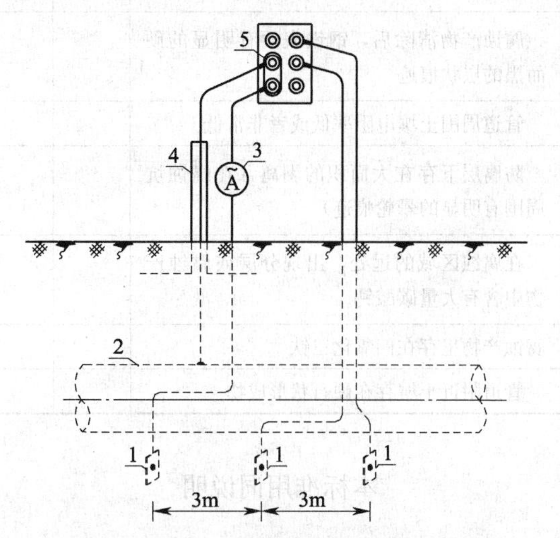

图 A.3.2　交流电流密度测量接线图

1—腐蚀检查片；2—埋地钢质管道；3—交流电流表；4—测试桩；5—铜质连接片

A.3.3　数据处理应将直接测量获得的交流电流值 I_{AC} 除以检查片裸露面积即为交流电流密度值 J_{AC}。

附录 B　交流腐蚀的识别

B.0.1　在对评估为存在交流腐蚀可能性高的管段或预埋的腐蚀检查片进行开挖检测中，现场开挖后宜采用 pH 试纸及时测量缺陷与土壤界面的 pH 值，并测量附近土壤电阻率。

B.0.2　根据现场检测的情况，交流腐蚀评估按表 B.0.2 规定的评估项目对腐蚀类型进行评价，当大多数评估项目结论为肯定时，可以判定为交流腐蚀。现场不能识别的，应做好记录，提交相应的专业技术人员处理。

表 B.0.2　交流腐蚀评估表

评估内容	是	否
管道上存在大于 4V 的持续交流干扰电压		
防腐层单个破损点面积为 1cm²～6cm² 的小缺陷		
管壁存在腐蚀		
测得的管道保护电位值在阴极保护准则允许的范围内		
pH 值非常高（典型情况大于 10）		
腐蚀形态呈凹陷的半球圆坑状		
腐蚀坑比防腐层破损面积更大		
腐蚀产物容易一片片地清除		

续表 B.0.2

评估内容	是	否
腐蚀产物清除后，钢铁表面有明显的硬而黑的层状痕迹		
管道周围土壤电阻率低或者非常低		
防腐层下存在大面积的剥离（在腐蚀坑周围有明显的晕轮痕迹）		
在腐蚀区域的远处，出现分层或腐蚀产物中含有大量碳酸钙		
腐蚀产物里存在四氧化三铁		
管道附近土壤存在硬石状形成物		

本标准用词说明

1 为便于在执行本标准条文时区别对待，对要求严格程度不同的用词说明如下：

1）表示很严格，非这样做不可的：

正面词采用“必须”，反面词采用“严禁”；

2）表示严格，在正常情况下均应这样做的：

正面词采用“应”，反面词采用“不应”或“不得”；

3）表示允许稍有选择，在条件许可时首先应这样做的：

正面词采用“宜”，反面词采用“不宜”；

4）表示有选择，在一定条件下可以这样做的，采用“可”。

2 条文中指明应按其他有关标准执行的写法为“应符合……的规定”或“应按……执行”。

引用标准名录

《埋地钢质管道阴极保护参数测量方法》GB/T 21246

《钢质管道及储罐腐蚀评价标准埋地钢质管道外腐蚀直接评价》SY/T 0087.1—1

《埋地钢质管道检查片腐蚀速率测试方法》SY/T 0029

中华人民共和国国家标准

埋地钢质管道交流干扰防护技术标准

GB/T 50698—2011

条 文 说 明

制 定 说 明

本标准是根据建设部《关于印发〈2009年工程建设标准规范制订、修订计划〉的通知》（建标〔2009〕88号）的要求，由主编单位会同参编单位共同编制而成。

制定过程中，经过调研，比较广泛地征求了有关单位意见，总结了多年来管道交流干扰防护的实践经验，以原行业标准《埋地钢质管道交流排流保护技术标准》SY/T 0032为基础，同时参考了欧洲标准《埋地阴极保护管道交流腐蚀可能性评估》CEN/TS 15280、美国《减轻交流电和雷电对金属构筑物和腐蚀控制系统影响的措施》NACE SP0177和《管道输送系统的阴极保护》ISO 15589—1：2003（第一部分：陆上管道），根据当前工程建设中在管道外防腐层、高压输电线路电压等级等方面的发展变化情况，结合现阶段国内在管道建设方面出现的新需求，为体现当今技术进步和经济发展与对标准的需求相适应的原则，使国内标准与国际标准接轨，对原行业标准在规范结构、条文内容进行了较大的调整和补充、完善。除按建设部的《工程建设标准编写规定》在章节编排、文字叙述上作了相应调整和修改外，主要依据国际标准、国外先进标准和研究报告，结合近年来国内工程在交流干扰防护上应用的成熟新技术和实践经验，对交流干扰程度的判断、交流腐蚀的识别、调查与测试、监测方面内容，以及减轻交流电和雷电对管道腐蚀控制系统影响的防护技术方面的内容，进行补充和完善。

为便于有关人员在使用本标准时能正确理解和执行条文规定，根据《工程建设标准编写规定》编写了条文说明。

本条文说明不具备与标准正文同等的法律效力，仅供使用者作为理解和把握标准规定的参考。

目　次

1 总　　则

1.0.1 本条明确了本标准制定的目的。目前工程建设中，管道主要采用的是以挤压聚乙烯三层结构防腐层（3LPE）、熔结环氧粉末等为主的高绝缘性能的防腐层，输电线路等级更高，出现了500kV甚至750kV或1000kV，交流电气化铁路里程快速增长，三者间受空间限制的情况也越来越多，受交流干扰源电磁耦合影响，管道更容易感应上持续的高电压，所引发的交流干扰问题更加剧了管道交流腐蚀及电危害的风险；而三者都是国民经济的重要动脉，在公用走廊中的安全运行异常重要。因此，应通过既保证安全又节约投资的技术手段，合理解决公用走廊中三者间在空间上的矛盾，有效减轻交流电和雷电对管道造成的交流腐蚀和对腐蚀控制系统的影响。编制本标准，就是为了通过规范交流干扰防护的技术要求，体现当今技术进步和经济发展与对标准的需求相适应的原则，从交流干扰防护的实际需要出发，做到技术先进，经济合理，安全适用，达到有效减轻交流干扰源对管道电磁耦合影响，延长管道使用寿命的目的。本标准提及的高压交流输电线路为架空输电线路，绝缘良好且有铠装的埋地高压输电电缆无论正常情况还是短路情况下对管道的电磁耦合干扰影响均较小，德国AFK No.3中也明确了不予考虑。

1.0.2 明确了本标准的适用范围，着重于交流电干扰腐蚀危害的控制，以及交流电和雷电对埋地钢质管道腐蚀控制系统（外防腐层、阴极保护设备和检测设施等）的影响及减轻措施。但持续或瞬间干扰下对操作和公众人员的安全电压指标，不属于金属防腐技术范畴。

1.0.3 公用走廊中的相互影响与防护涉及相关行业之间、不同产权归属单位间的有效协调，为了在国民经济的整体利益中找到一个既能将解决技术问题的费用降到最低限度，又能保证安全可靠性的解决办法，平衡各方面的利害关系，协调解决不同行业或产权隶属部门之间出现的技术、经济、义务和责任问题是有必要的。交流电干扰的特点是影响范围广、状态多变，并且对特定环境、对象干扰程度往往不同，所以在采取防干扰措施上，需与现场实际密切结合，干扰源方与被干扰方“综合治理”、“共同防护”才能起到事半功倍的效果。

1.0.4 指出本标准与其他有关规范、标准的关系。

2 术　　语

2.0.1～2.0.3 《油气田及管道腐蚀与防护工程基本术语》SY/T 0030标准中已有的术语在本标准中不列入。该术语按《埋地钢质管道交流排流保护技术标准》SY/T 0032给出。

2.0.5～2.0.8 按美国腐蚀工程师协会标准《减轻交流电和雷电对金属构筑物和腐蚀控制系统影响的措施》NACE SP0177中的定义给出。

3 基 本 规 定

3.0.1 减缓相互影响最有效的措施是从间距上保证，在系统设计中尽可能地远离干扰源是原则，本条依据加拿大国家标准《管线和输电线路两者间电协调的原则和应用》CAV/CSA—C22.3 No.6—M91（1999修订版）总则第3.1.3条给出。

3.0.2 提出相关建设单位在交流电干扰环境中应遵守的基本要求，在对线路路由走向、厂站和导线换位的设置、馈电方式等方案的系统设计中应对所有影响进行考虑，这是今后工程建设与运行管理中合理协调与顺利实施的前提。本条是参照NACE SP0177—2007第6.2.1条和国际大电网组织（CIGRE）报告《高压电力系统对金属管线的影响导则》制定的。

3.0.3、3.0.4 本条引自《埋地钢质管道交流排流保护技术标准》SY/T 0032第3.0.3条和1.0.7条。

3.0.5 采用4V电压指标先于其他指标进行评估是按欧洲技术委员会标准CEN/TS 15280：2006中在使用管道交流干扰电压的评估指标的相应规定。对一些低土壤电阻率区域，采用单一交流电流密度来评估存在局限性；同样对一些高土壤电阻率区域采用单一电压指标也存在局限性，本标准体现了以电压来先行判断，并综合电流密度指标评估的指导原则。金属管道发生AC腐蚀的前提条件是存在持续的高的感应交流电压，该指标是国外基于大量现场测量和案例分析、实验和基础研究以及工程应用的基础上的总结。

影响交流腐蚀现象的主要参数：感应的交流电压；裸露金属上的交流电流密度；管道直流电流的极化程度；防腐层破损点尺寸；周围的土壤电阻率；周围的土壤化学成分。本条中式（3.0.5）是依据壳牌DEP标准（阴极保护DEP 30.10.73）、国际大电网委员会（CIGRE）同欧洲管线腐蚀与保护委员会（CEOCOR）合作的研究验证报告《阴极保护管道上的交流腐蚀——对腐蚀风险评估和减缓措施的指导书》，以及美国腐蚀工程师协会的《阴极保护技术教程》CP-3等给出。破损点直径（裸露面积）的规定引自CEN/TS 15280：2006第6.1节的相关规定，同时也包括：ISO 15589—1：2003、NACE技术报告《交流腐蚀：腐蚀速率、机理、减缓要求》（NACE 327工作组）中都说明了裸露面积为100mm^{2}的缺陷具有代表性和最有可能发生交流腐蚀。

3.0.6 交流腐蚀发生的可能性与防腐层破损点的电流密度及相伴随的管道与外界的电流流动相关联，交流电流密度指标是经国内、外实验室确认，同时本标准也是按CEN/TS 15280：2006及BS EN12954：

2001、ISO 15589—1：2003 等国外标准中公认的准则制定的。早在 1975 年中科院福建物质结构研究所二部的实验研究报告就指出，当电流密度为3mA/cm²～5mA/cm² 时，其腐蚀分别为自然腐蚀的 2 倍～5 倍，交流腐蚀已不容忽视。如果相应于 100mm² 裸露面上的交流电流密度低于 30A/m²；并且管（地）电位满足保护准则电位，则腐蚀风险是可忽视的。当交流电流密度大于 100A/m² 时，即使达到预期的阴极保护准则电位，也存在高的交流腐蚀风险。

3.0.8 裸露金属上的交流电流密度的实测只能借助于检查片来进行，在目前国际上对交流腐蚀的认知水平下，推荐对交流干扰的管道应使用检查片，定期对管道或永久性腐蚀检查片进行开挖调查，以对交流腐蚀和防护效果进行确认。

3.0.9 本条引自 NACE SP0177—2007 的相关规定，对施工与维护中操作人员的基本要求作出了明确规定。

4 调查与测试

4.1 一 般 规 定

4.1.1 管道受干扰的程度与许多因素有关，为工程实际中方便初步判断，增强本标准的可操作性，依据 CEN/TS 15280：2006 第7.2.3 条及德国腐蚀问题工作协会标准《高压三相电流装置和交流路轨设备影响范围内的管线安装和操作措施》Afk No. 3—82 的相关规定给出了管道极限接近段长度与间距的相对关系图。

4.1.2 对已建管道推荐采用实测，对处于设计阶段的新建管道或干扰源未运行情况，系统设计中可按国际大电网委员会（CIGRE）报告《高压电力系统对金属管线的影响导则—1995》进行计算或采用一些专用软件进行建模计算分析。如：用于公用走廊电磁干扰和接地分析的 CDEGS 软件。美国雪佛龙公司标准《AC 干扰抑制系统》CPM—DU—6020 中明确规定了对新建管道在设计中必须采用专业软件（SES-CDEGS 和 Right-of-Way）进行 AC 干扰建模计算。对已建管道交流电流密度可根据第 4.4.6 条测得数据计算，也可直接测试。

4.2 调查与测试的项目

4.2.1、4.2.2 本节调查与测量的项目按 NACE SP0177—2007 第 6.2.4 条及《埋地钢质管道交流排流保护技术标准》SY/T 0032 给出，这些项目是影响干扰程度的主要因素，也满足行建模计算所需参数的要求。

4.3 测试工作的分类及应用

4.3.1、4.3.2 测试管道交流干扰电压是掌握管道交流干扰情况最基本、最直接的手段，又是对防护措施及效果评定的可靠依据，条文的规定按《埋地钢质管道交流排流保护技术标准》SY/T 0032 给出。分为三个阶段：首先是普查测试，粗略地了解管道被干扰的情况，并据此确定下一步的工作方向和内容；详细测试是尽可能地、周详地掌握被干扰的具体情况和程度，并以此决定所采取的防护措施；防护效果评定测试是完成了防护措施之后，反过来检查效果，看减轻交流干扰达到了怎样的程度。这三个阶段中所进行的测试，虽然测试内容都相同，但深度和目的、用途不同。三个测试阶段中，以详细测试和防护效果评定测试为重要，是必须进行的。对采用软件进行建模计算的新建管道，可直接按详细测试中的内容收集基础资料后建模计算。

4.4 测试工作的要求

4.4.1～4.4.7 对测试的具体要求规定是根据工程经验及参考 NACE SP0177—2007 第 6.2 节及《埋地钢质管道交流排流保护技术标准》SY/T 0032 的主要内容对测量的具体要求作出的。

（1）为了获得足够可靠的、具有代表性的数据，应增加测试点，延长测量时间，减小数据的读取时间间隔。另外需根据干扰源的变化情况，以某一个或几个能代表干扰源负荷长期变化规律的时间段取平均值，以反映被干扰管道的长期干扰状态。根据交流电气化铁路干扰的特殊性及国内已具备可 1s 间隔 24h 连续采集数据的仪器，将《埋地钢质管道交流排流保护技术标准》SY/T 0032 中的 10s 修改为 1s。交流电流密度测量的规定是参考 ISO 15589—1：2003 附录 B 第 3.3 节及欧洲管线腐蚀与保护委员会（CEOCOR）《阴极保护管道上的交流腐蚀——对腐蚀风险评估和减缓措施的指导书》的规定给出。在本标准中，对测试点的布置、测试时间段、读数时间间隔及 24h 的连续测试等，都作了相应的规定。其具体值均采用了国内外习惯的做法和数值。

（2）测试工作的技术要求，分别在第 4.4.1 条～第 4.4.6 条中作了具体的规定。只有正确地掌握被干扰管道全线的状况和变化规律，才能保证交流干扰防护工程设计合理，措施得当。

5 交流干扰防护措施

5.1 一 般 规 定

本节对减轻交流干扰所应考虑的内容和基本措施作了基本规定。

5.1.1 列出了持续及瞬间干扰情况下，需考虑的对管道腐蚀控制系统各方面的影响，明确了应制定缓解目标的基本要求。由于持续干扰下的交流腐蚀与防腐层类型、土壤电阻率、土壤特性等相关；瞬间干扰与管道特定位置、管道参数及电流大小等相关，往往随着干扰源与被干扰体的具体情况而变化，因此，缓解目标应根据工程具体情况制定明确的目标。本条参考NACE SP0177—2007第4.1节给出。

5.1.2 本条引自《埋地或水下金属结构阴极保护——一般原理及管线安装》BS EN12954：2001。没有实施阴极保护的管道更易遭受交流腐蚀危害，阴极保护对交流腐蚀有一定的抑制作用，但程度是有限的，并与破损点处的交流电流密度、直流电流密度有关，破损点处的交流电流密度、直流电流密度比值越小腐蚀风险越小，保护电流密度大意味着计算保护范围小，设计在保护范围及运行调试中应考虑阴极保护系统尽可能使管地断电电位向负方向偏移，但应注意不能比管道的极限保护电位更负。俄罗斯联邦国家标准《钢质干线管道防腐蚀基本要求》P 51164—98第5.1节中规定，对存在交流干扰（50Hz）腐蚀风险管道的最小保护电位为−0.95V。

5.1.3 本条引自《埋地钢质管道交流排流保护技术标准》SY/T 0032和ISO 15589—1：2003第5.6节，给出减轻设施设置的基本要求。

5.1.4、5.1.5 为与2010年6月25日颁布的《中华人民共和国石油天然气管道保护法》相一致，表5.1.5中对≤220kV的最小距离统一为5m。在管道靠近杆塔接地处，受阻性耦合和感性耦合影响，由于雷电电流或故障电流泄放引起的地电位升高或电弧影响，瞬间强电流冲击则可能造成对外防腐层甚至管道本体金属、管道附属设备、阴极保护设备、排流保护设施的毁坏。损毁的程度取决于多种因素，包括：管道与杆塔接地体之间的距离；对地故障电流或雷电流的大小；故障持续时间；土壤电阻率；管道防腐层电气强度。

在这些影响因素中，对具体工程而言影响参数都是不同的，会随地点而变，因此对每一特定位置安全距离应通过计算确定。在此局部位置处从距离上尽可能地保证足够的安全距离是避免或减轻这一有害影响的基本措施。为使标准可操作性强，便于指导设计与运行管理，表5.1.5中给出的是一般情况下避免击穿外防腐层的最小净距。需说明的是，管道防腐层电气强度与材料类型和厚度相关，一些薄涂层（工频耐压远低于三层PE），在很高土壤电阻环境下，表5.1.5的距离可能不适合，需计算分析。另外，防腐层性能优异的管道高电压可能会传输在数千米的距离内，表5.1.5的距离并不包括影响区域内瞬间干扰下对设备和操作人员接触电压的安全性。

5.1.6 交叉角度的规定与德国腐蚀问题工作协会标准Afk No.3—82第5.1节的规定一致。

5.1.7 为保护阴极保护设备免遭沿管道传送而来的电力故障或雷电强电冲击影响而毁坏，根据运行管理经验及参考NACE SP0177—2007第6.3.3.1款，作此规定。

5.2 故障和雷电干扰的防护措施

本节吸收了NACE SP0177—2007第4章和AS/NZS 4853：2000附录J的主要内容，结合国内重点工程中的运用经验，列出了国内外公认的减轻交流电和雷电对金属构筑物及腐蚀控制系统瞬间干扰影响的技术措施，同时这些方法对减轻干扰源在正常工作状态下对管道的阻性耦合、感性耦合和容性耦合影响在一定距离范围内也有作用。

5.2.1 本条采用了NACE SP0177—2007第4.2.1条中的方法。与《石油与石油设施雷电安全规范》GB 15599第4.7.5条中规定一致。

5.2.2 集中接地防护技术在工程中应用普遍：在线路监视阀室、监控阀室及进出工艺站场处设置低电压电涌保护装置与接地连接的集中接地排流防护，以减轻雷电与故障电流对绝缘接头（法兰）、阴极保护设备的强电冲击影响，同时也可有效减轻雷电对沿线管道防腐层的击穿影响。与AS/NZS 4853：2000、NACE SP0177—2007中的集中接地的措施一致。

5.2.3～5.2.5 采用了NACE SP0177—2007第4.3节、第4.10节和第5.3.5条中的相应方法。

5.3 持续干扰的防护措施

5.3.2 接地是减轻持续干扰直接而有效的一种措施。对管道交流干扰的防护，标准的主旨是鼓励和促进管道保护新技术的研究开发和推广应用，表5.3.2列出的是工程中常用的有效方式。直接接地、负电位接地是保留《埋地钢质管道交流排流保护技术标准》SY/T 0032的方式，固态去耦合器接地方法是NACE SP0177—2007中给出的方法，在国外减缓交流干扰工程中应用普遍；同时近年来在国内大型长输管道工程也成功应用的干扰防护新技术，为体现技术先进、安全适用的原则予以列入。钳位式排流器符合固态去耦合器定义范围，但应满足第5.2.4条和第5.3.4条要求。

5.3.3 接地点的位置、数量和接地电阻需根据测试或计算的排流前管道干扰电压分布与程度等为依据，通过计算并优化后确定，在满足将管地交流电压降到减缓目标内的前提下，合理确定，达到技术可靠、经济合理的目的。本条参照《埋地钢质管道交流排流保护技术标准》SY/T 0032的有关规定及工程经验制定。

5.3.5 本条采用NACE SP0177—2007第4.12.1条的相应规定。在直流杂散电流影响的区域，牺牲阳极接地或直接接地方式都可能吸收杂散电流，在杂散电流的流出处造成管道腐蚀，同样管道也可能吸收杂散电流后通过直接接地极流出，造成接地极的加剧腐蚀，因此宜采用隔直去耦装置，但在杂散电流流入端应注意其直流反向启动电压必须高于管道可能出现的对地负向直流电压。

6 防护系统的调整及效果评价

6.1 防护系统的调整

6.1.1、6.1.2 本节参照《埋地钢质管道交流排流保护技术标准》SY/T 0032 的有关规定及工程经验规定了调整的内容和方法，降低管道干扰电压的效果取决于接地点设置的位置、数量与接地电阻，由于感性耦合的特点和产生干扰的外部环境的复杂性，因此，应根据测试结果综合分析，进行合理调整。

6.2 防护效果评价

6.2.1 参照《埋地钢质管道交流排流保护技术标准》SY/T 0032 的有关规定和工程经验制定，设计中应根据干扰源分布和管道的具体情况分析确定分段隔离的可行性与防护效果。

6.2.2 本条第 1 款是针对持续干扰下减轻交流腐蚀风险所规定的，防护效果应以有效减轻腐蚀风险并合理投资为原则，低土壤电阻率环境，交流腐蚀风险高，减轻干扰到允许电压的接地电阻易满足，而高土壤电阻率环境，交流腐蚀风险相对较低，干扰电压要减轻达到低的程度工程成本高，$60A/m^2$ 根据案例数据分析和国外研究文献，综合腐蚀风险程度和经济性确定。第 2 款中对公众或维护操作人员所允许的安全接触电压，以及瞬间干扰电压尚应满足有关安全规范、条例的要求；对阴极保护电源设备、电位远传设备，国内产品目前基本要求是：抗电强度 1000V，抗工频干扰电压 30V。

7 管道安装中的干扰防护

7.0.1～7.0.5 对管道施工与安装干扰防护设施期间所应采取的安全防护措施和要求进行了规定。本章参照 NACE SP0177—2007 和《埋地钢质管道交流排流保护技术标准》SY/T 0032 的有关规定制定。在施工和安装期间，由于接触受到交流电或雷电流影响的金属构筑物，人员会有电击危险，必须识别这类危险并采取措施减轻这种危险。人员电击危险的严重性通常和构筑物与大地间或构筑物之间的电位差大小成正比，电击危险的严重程度还取决于暴露在这种危险环境的持续时间。在施工开工前，应当与该地区相应的公用供电部门进行协调，以便制定恰当的工作程序，使这样施工不会损坏或干扰其他公用供电设备的运行（某些情况下，公用供电部门可以切断输电设施或者锁住重合闸部件）。在与输电杆塔靠近处，应确认接地体与管道的相对位置，当距离不能满足最小净距时，应与电力主管部门商议将接地体向远离管道方向迁移，并采取防护措施。

8 运行与管理

8.1 检查与测量

8.1.1～8.1.3 参照《埋地钢质管道交流排流保护技术标准》SY/T 0032和《埋地钢质管道阴极保护技术规范》GB/T 21448的有关规定制定。本节的规定也仅是原则性的，各管理单位应依据本标准编制细则。当发现阴极保护系统管地电位或输出电流等参数出现异常时，应及时检查固态去耦合器等防护设施是否正常。

8.2 开 挖 调 查

8.2.1 破损点处交流腐蚀的程度受破损点尺寸物理参数；特定的土壤电阻率、碱金属与碱土金属阳离子（Ca^{2+}、Mg^{2+}）的浓度、阴极保护电流生成的氢氧化物数量及交流电流引起防腐层破损点附近化学变化的化学参数控制，是多因素影响决定的，直接的开挖调查是最可靠验证方法。

8.2.2 管道探坑的开挖、土壤的取样分析、腐蚀状况的检查、pH 值测试及收集腐蚀产物和记录彩照等应按《钢质管道及储罐腐蚀评价标准埋地钢质管道外腐蚀直接评价》SY/T 0087.1—1 的规定进行。

附录 A 交流腐蚀评估的测量方法

A.1、A.2 参照《埋地钢质管道交流排流保护技术标准》SY/T 0032制定。

A.3 交流电流密度测量参照欧洲管线腐蚀与保护委员会(CEOCOR)《阴极保护管道上的交流腐蚀——对腐蚀风险评估和减缓措施的指导书》制定。电流密度的理论计算值与实际测量值却可能因土壤特性（Ca^{2+} 和 Mg^{2+} 在管道表面附近沉积），扩散电阻变化而存在差异。

附录 B 交流腐蚀的识别

B.0.1 在测量 pH 值时，及时测量缺陷与土壤界面的 pH 水平是极其重要的。由于碱性的裸露表面会非常快地和空气中的二氧化碳中和，因此挂片挖出来后应立即测量 pH 值。实际中最好的方法是使用精度为 0.5 个单位的 pH 试纸。

B.0.2 交流腐蚀评估表参照了欧洲管线腐蚀与保护委员会（CEOCOR）《阴极保护管道上的交流腐蚀——对腐蚀风险评估和减缓措施的指导书》制定。

6 防护系统的调整及效果评价

6.1 防护系统的调整

6.1.1、6.1.2 本节参照《埋地钢质管道交流排流保护技术标准》SY/T 0032 的有关规定从工程实际出发，规定了调整的内容和方法。管道干扰电位数据取决于接地点设置的位置、数量与接地电阻，调整后的排流效果和各干扰的影响程度等应评估，应根据测试结果综合分析，进行合理调整。

6.2 防护效果评价

6.2.1 参照《埋地钢质管道交流排流保护技术标准》SY/T 0032 的有关规定和工程实际情况编制。设计中应根据干扰源分布和管道的具体情况分析确定分段调试的可行性与防护效果。

6.2.2 本条第1款是针对交流干扰下的交流腐蚀风险等规定的。防护效果应以有效减轻腐蚀风险并符合测试数为原则。在交流电流密度较高、交流腐蚀风险高，就是干扰到允许电流的接地电阻是否达到，地理环境，交流腐蚀风险相对较低，干扰电流密度达到以下的程度工程应采用。60A/m^2 根据研究数据分析和国外的交流腐蚀标准综合确定。第2款中对公众和维护操作人员所在位置的安全接触电压：以交流间于抗电压的应满足安全规范、条例的要求；对阴极保护电器设备、电位控制设备，国内产品目前普遍要求达到抗电强度1000V，通常干扰电压不超过30V。

7 管道安装中的干扰防护

7.0.1～7.0.5 对管道施工与安装干扰防护设施的可能实施的安全防护措施和要求进行了规定。本章参照 NACE SP0177—2007 和《埋地钢质管道交流排流保护技术标准》SY/T 0032 的有关规定制定。在施工和安装期间，由于接触交流电或高压电线下的金属构筑物，人员会有电击危险。感应电压引起的电击事故和电弧造成这种危险。人员走到危险的管中性通常和构筑物与大地间以及构筑物之间的电位差大小取决于危险的严重程度，取决于暴露在这种危险环境的持续时间。在施工开工前，应与设施区域内的电力用户电部门进行协调，以便制定恰当的工作程序，使这种施工不会损坏或干扰其他公用设施设备的运行（某些情况下，公用供电部门可以切断输电或做必要的操作调整部件）。在与输电杆塔靠近处，应确认管道与电力杆塔的相对位置，当距离不能满足要求时，应与电力主管部门协商将管道向远离电力杆塔一侧采取防护措施。

8 运行与管理

8.1 检查与测试

8.1.1～8.1.3 参照《埋地钢质管道交流排流保护技术标准》SY/T 0032 和《埋地钢质管道阴极保护技术规范》GB/T 21448 的有关规定制定。本节的规定也仅是对运行管理的一般要求，各管道单位应根据本标准制定相应的交流腐蚀防护系统运行管理制度，当发现阴极保护系统在运行中发现异常时，应及时检查测试并检查防护设施是否正常。

8.2 开挖调查

8.2.1 破损点处交流腐蚀的程度受多种因素影响，包括土壤电阻率、土壤化学组分（Ca^{2+}、Mg^{2+}）的浓度，钢铁锈层的成分和导电性等。交流电流引起的腐蚀产物化学变化以及多数控制是交流腐蚀判定的重要依据。

8.2.2 管道开挖检测时应分析土壤的成分和腐蚀特征，测量破损点的pH值，测试交流电流密度和电位等，作为防护系统运行效果评价的依据，并应符合现行行业标准 SY/T 6151 的规定。

附录A 交流腐蚀评估的测试方法

A.1、A.2 参照《埋地钢质管道交流排流保护技术标准》SY/T 0032 制定。

A.3 交流电流密度测量参照欧洲标准化委员会(CEOCOR)《阴极保护管道上的交流腐蚀——风险评估和减缓措施》的有关规定。电流密度的理论计算值仅是一种简单的估算，较为准确的数值应通过试片测量。

附录B 交流腐蚀的判别

B.0.1 当试片pH值较高时，交流腐蚀产物上覆盖的pH值水平是可以测定的。由于腐蚀产物堆积，表面会存在碱性和pH值。

B.0.3 交流腐蚀评估参照欧洲标准化委员会(CEOCOR)《阴极保护管道上的交流腐蚀——风险评估和减缓措施》的有关规定。

中华人民共和国国家标准

液压振动台基础技术规范

Technical code for hydraulic vibrator foundation

GB 50699—2011

主编部门：中 国 兵 器 工 业 集 团 公 司

批准部门：中华人民共和国住房和城乡建设部

施行日期：2 0 1 2 年 5 月 1 日

中华人民共和国住房和城乡建设部
公　　告

第1033号
关于发布国家标准
《液压振动台基础技术规范》的公告

现批准《液压振动台基础技术规范》为国家标准，编号为GB 50699—2011，自2012年5月1日起实施。其中，第8.0.1条为强制性条文，必须严格执行。

本规范由我部标准定额研究所组织中国计划出版社出版发行。

中华人民共和国住房和城乡建设部

二〇一一年五月十二日

前　　言

本规范是根据原建设部《关于印发〈2006年工程建设标准规范制订、修订计划（第二批）〉的通知》（建标〔2006〕136号）的要求，由五洲工程设计研究院会同有关单位编制完成。

本规范在编制过程中，编制组进行了广泛深入的调查研究，总结并参考了国内外先进技术经验，在全国范围内，多次征求了有关单位及业内专家意见，对一些重要问题进行了专题研究和反复讨论，最后经审查定稿。

本规范的特点在于液压振动台频率宽，激振力大，需用地基阻尼控制共振，根据实测、分析和比较，采用双峰法并发展为多峰法，提高了振动台基础的地基阻尼比，可使设计经济，但比弹性半空间等效集总体系莱斯默比拟法的地基阻尼比为低，不失安全；又在于当阻尼比较大，位移或加速度幅频响应曲线峰点不明显或消失时，采用速度幅频响应曲线相对宽度计算阻尼比。

本规范共分8章和2个附录，主要技术内容包括：总则、术语和符号、基本规定、地基动力特征参数测定、基础动力计算、基础构造、基础施工和检验等。

本规范中以黑体字标志的条文为强制性条文，必须严格执行。

本规范由住房和城乡建设部负责管理和对强制性条文的解释，中国兵器工业集团公司负责日常管理，五洲工程设计研究院负责具体技术内容的解释。执行过程中如有意见或建议，请寄送五洲工程设计研究院科技质量部（地址：北京市宣武区西便门内大街85号，邮政编码：100053），以便今后修订时参考。

本规范主编单位、参加单位、主要起草人和主要审查人：

主编单位： 五洲工程设计研究院（中国五洲工程设计有限公司）

参加单位： 北京东方振动和噪声技术研究所
中国地震局工程力学研究所
中国航空工业规划设计研究院

主要起草人： 吴邦达　马冬霞　吴丽波

主要审查人： 应怀樵　杨先健　黄浩华　俞渭雄　单志康　茅玉泉　吴成元　李友鹏　邹　宏

目　次

Contents

1 总 则

1.0.1 为了在液压振动台基础的建造中贯彻执行国家的技术经济政策，做到技术先进、安全适用、经济合理、确保质量，编制本规范。

1.0.2 本规范适用于车辆道路模拟、建（构）筑物地震模拟等试验中使用的液压振动台地基基础的勘察、设计、测试、施工和验收。

1.0.3 液压振动台基础的技术要求除应执行本规范外，尚应符合国家现行有关标准的规定。

2 术语和符号

2.1 术 语

2.1.1 基组 foundation set

液压振动台基础和基础上的机器、附属设备、填土的总称。

2.1.2 地基刚度 stiffness of subsoil

地基抵抗变形的能力，其值为施加于地基上的力（力矩）与它引起的线位移（角位移）之比。

2.1.3 水平回转耦合振动 vibration coupled with translating and rocking

基础沿一水平轴平移并绕另一水平轴同时产生回转振动的耦合振动。

2.2 符 号

2.2.1 作用和响应：

1 用于动力计算：

P_z——激振器的竖向扰力；

P_x——激振器的水平扰力；

p_k——标准静荷载下基础底面平均静压力；

M_φ——激振器的回转扰力矩的总称；

M_ψ——激振器的扭转扰力矩；

A_z——基组重心处的竖向振动线位移；

A_x——基组重心处的水平向振动线位移；

A_φ——基础的回转振动角位移的总称；

A_ψ——基础的扭转振动角位移的总称；

$A_{z\varphi}$——基础顶面控制点在水平扰力 P_x、扰力矩 M_φ 及竖向扰力 P_z 偏心作用下的竖向振动线位移；

$A_{x\varphi}$——基础顶面控制点在水平扰力 P_x、扰力矩 M_φ 及竖向扰力 P_z 偏心作用下的水平向振动线位移；

ω——激振器扰力的圆频率；

ω_{nz}——基组竖向固有圆频率；

ω_{nx}——基组水平向固有圆频率；

$\omega_{n\varphi}$——基组回转固有圆频率；

$\omega_{n\psi}$——基组扭转固有圆频率；

ω_{n1}——基组水平回转耦合振动第一振型固有圆频率的总称；

ω_{n2}——基组水平回转耦合振动第二振型固有圆频率的总称。

2 用于测试分析：

A_m——基础竖向振动位移幅频响应曲线峰点线位移的总称；

A_{m1}——基础水平回转耦合振动位移幅频响应曲线第一振型峰点水平线位移；

$A_{z\varphi_1}$、$A_{z\varphi_2}$——第一、二台传感器测出的基础水平回转耦合振动位移幅频响应曲线第一振型峰点竖向线位移；

$A_{m\psi}$——基础扭转振动位移幅频响应曲线峰点水平线位移的总称；

f_{nd}——基础竖向有阻尼固有频率；

f_m——基础竖向振动幅频响应曲线峰点频率的总称；

f_{m1}——基础水平回转耦合振动幅频响应曲线第一振型峰点频率的总称；

f_{nz}——基础竖向无阻尼固有频率；

f_{n1}——基础水平回转耦合振动第一振型无阻尼固有频率；

f_{nx}——基础水平向无阻尼固有频率；

$f_{n\varphi}$——基础回转无阻尼固有频率；

$f_{m\psi}$——基础扭转振动幅频响应曲线峰点频率的总称；

$f_{n\psi}$——基础扭转振动无阻尼固有频率。

2.2.2 计算指标：

C_z——天然地基抗压刚度系数；

C_φ——天然地基抗弯刚度系数；

C_x——天然地基抗剪刚度系数；

C_ψ——天然地基抗扭刚度系数；

K_z——天然地基抗压刚度；

K_φ——天然地基抗弯刚度；

K_x——天然地基抗剪刚度；

K_ψ——天然地基抗扭刚度；

k_{pz}——单桩抗压刚度；

$K_{p\varphi}$——桩基抗弯刚度；

m——基组的质量，为 m_f、m_m 及 m_s 之和；

m_f——基础的质量；

m_m——基础上机器设备的质量；

m_s——基础上回填土的质量（用于埋置的阶梯形基础）；

m_z——基础竖向振动的参振总质量，包括基组质量和地基参振质量；

$m_{x\varphi}$——基础水平回转耦合振动的参振总质量，包括基组质量和地基参振质量；

m_ψ——基础扭转振动的参振总质量，包括基组质量和地基参振质量；

$\overline{m}$——基组质量比；

ζ_z——天然地基的竖向阻尼比；

$\zeta_{x\varphi1}$——天然地基的水平回转向耦合振动第一振型阻尼比；

$\zeta_{x\varphi2}$——天然地基的水平回转向耦合振动第二振型阻尼比；

ζ_{ψ}——天然地基扭转向阻尼比。

2.2.3 几何参数：

A——基础底面积；

I——基础底面对通过其形心轴的惯性矩；

J——基组对通过其重心轴的转动惯量；

I_z——基础底面对通过其形心轴的极惯性矩；

J_z——基组通过其重心轴的极转动惯量；

h——基础高度；

h_1——基组质心至基础顶面的距离；

h_2——基组质心至基础底面的距离。

3 基本规定

3.1 一般规定

3.1.1 液压振动台基础设计时应取得下列资料：

1 激振器的个数、每个质量及运动部分质量；

2 激振器的扰力及扰力矩大小、方向及作用位置；

3 激振器激振频率范围；

4 激振器最大行程、速度及加速度；

5 附加设备质量及扰力与扰力矩大小、方向及作用位置；

6 设备底座详图，包括附加设备位置、预埋螺栓位置、管沟位置及其孔洞尺寸。

3.1.2 液压振动台基础设计时应取得所在建筑物的下列资料：

1 建筑物的施工图；

2 在建筑物内位置及邻近部分的建筑物基础详图及管沟布置图；

3 建筑物的地质勘察资料，振动台基础底面应布置钻孔，孔深应至硬土层或岩层或不小于20m，提供土层压缩波、剪切波波速、剪切模量及泊松比。

4 地基动力特性参数的测试资料。

3.1.3 振动台基础应与建筑物基础及上部结构分开，净距分别不应小于100mm及50mm。当两者基础紧邻，基础底面应同深。

3.1.4 振动台基础顶部四周应与混凝土地面分开，缝宽应为50mm，深应为500mm，可用聚苯乙烯泡沫板填塞，可不做隔振缝。基础四周的回填土应分层夯实，压实系数λ_c不应小于0.94。

3.1.5 有振动的管道应与建筑物脱开，必要时可用柔性连接。有振动的管沟应与建筑物基础用缝分开。

3.1.6 振动台所在的建筑物在构造上应按抗震设防烈度不低于7度设计，且不低于当地设防烈度要求，应将屋面荷载增加5%～10%计算屋面板、屋架及托架，但不应传给柱子及基础。

3.1.7 振动台基础在天然地基上时，承载力特征值f_{ak}小于150kPa的应进行地基处理或用桩基。

3.1.8 基组的重心与基础底面形心宜在同一竖线上。

3.2 地基和基础的计算规定

3.2.1 液压振动台基础底面地基平均静压力应符合下式的要求：

$$p_k \leqslant 0.8 f_a \tag{3.2.1}$$

式中：p_k——标准静载荷下基础底面平均静压力（kPa），标准荷载为基础自重及其上的回填土重及机器自重（kN）；

f_a——修正后的地基承载力特征值（kPa）。

3.2.2 液压振动台基础顶面的振动容许值应符合下列规定：

1 最大振动线位移不应大于0.10mm；

2 最大振动加速度不应大于0.1g。

注：g为重力加速度。

3.3 地基动力特征参数

Ⅰ 天然地基

3.3.1 液压振动台基础在天然地基上的基本动力参数可由现场试验确定，试验方法应按本规范第4章方法进行。当无条件进行试验并有经验时，可按本规范第3.3.2条～第3.3.8条规定确定，并对块体基础计算所得的竖向或水平向振动线位移，可不按现行国家标准《动力机器基础设计规范》GB 50040—96中第3.3.11条进行折减，但应按本规范第8章检验。

3.3.2 天然地基的抗压刚度系数C_z可按下列规定取用：

1 当基础底面积大于或等于$20m^2$及埋深不小于2.0m时，可按图3.3.2采用，并乘以系数η，η的取值应符合下列规定：

1） 当f_{ak}大于300kPa，η取1.0；

2） 当f_{ak}不大于300kPa，黏性土η取1.1，粉土η取1.0，砂土η取0.9。

2 当基础底面积小于$20m^2$，大于$10m^2$时，抗压刚度系数C_z可采用图3.3.2中的数值乘以底面积修正系数β_r。β_r可按下式进行计算：

$$\beta_r = \sqrt[3]{\frac{20}{A}} \tag{3.3.2}$$

式中：A——基础底面积（m^2）。

3.3.3 天然地基的抗弯、抗剪、抗扭刚度系数可按现行国家标准《动力机器基础设计规范》GB 50040—96第3.3.5条计算。

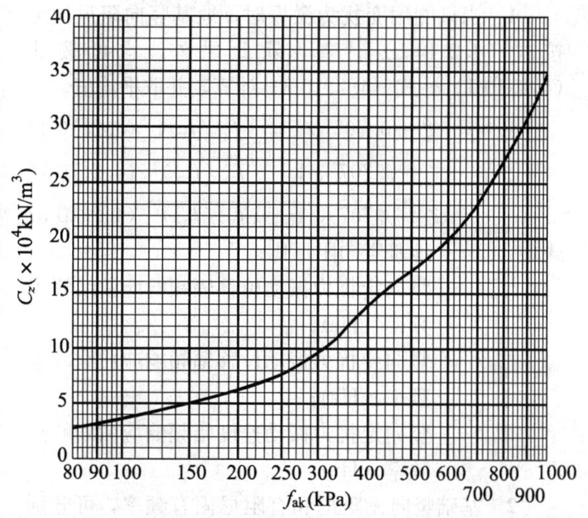

图 3.3.2　天然地基的抗压刚度系数 C_z 与地基承载力特征值 f_{ak} 关系统计曲线

3.3.4　天然地基的抗压、抗弯、抗剪、抗扭刚度可按现行国家标准《动力机器基础设计规范》GB 50040—96 第 3.3.6 条计算。

3.3.5　天然地基抗压刚度系数的埋深提高系数可按现行国家标准《动力机器基础设计规范》GB 50040—96 第 3.3.7 条计算。

3.3.6　天然地基抗压刚度系数值按本规范第 3.3.2 条及第 3.3.5 条提高后的总值不得大于现行国家标准《动力机器基础设计规范》GB 50040—96 表 3.3.2 内的数值的 2 倍。

3.3.7　天然地基阻尼比可按下述方法进行计算：

1　竖向阻尼比可按下列公式计算：

$$\zeta_z=\frac{0.18}{\sqrt{(1-\nu)\ \overline{m}}} \qquad (3.3.7\text{-}1)$$

$$\overline{m}=\frac{m}{\rho A^{1.5}} \qquad (3.3.7\text{-}2)$$

式中：ζ_z——天然地基的竖向阻尼比；

$\overline{m}$——基组质量比，不宜大于 0.8，否则可调整基础尺寸；

m——基组的质量（t）；

ρ——地基土的密度（t/m^3）；

ν——地基土的泊松比，按本规范第 3.1.2 条得出。

2　水平回转向、扭转向阻尼比可按现行国家标准《动力机器基础设计规范》GB 50040—96 第 3.3.9.2 款计算。

3.3.8　埋置基础的天然地基阻尼比，埋深提高系数可按现行国家标准《动力机器基础设计规范》GB 50040—96 第 3.3.10 条计算。提高后的阻尼比，ζ_z 不应大于 0.5，$\zeta_{x\varphi1}$、ζ_ψ 不应大于 0.3。

Ⅱ　桩　　基

3.3.9　桩基的基本动力参数可由现场试验确定，试验方法应按本规范第 4 章方法进行。当无条件进行试验并有经验时，可按本规范第 3.3.10 条、第 3.3.11 条规定确定，但应按本规范第 8 章检验。

3.3.10　桩基刚度可按现行国家标准《动力机器基础设计规范》GB 50040—96 第 3.3.13 条～第 3.3.18 条规定确定。计算桩基的固有频率和振动线位移时所需参数可按该规范第 3.3.19 条、第 3.3.20 条规定确定。

3.3.11　摩擦桩桩基竖向阻尼比 ζ_{pz} 可取无桩时承台在天然地基上的阻尼比增加 0.05，可按现行国家标准《动力机器基础设计规范》GB 50040—96 第 3.3.21.2 款确定水平回转向、扭转向阻尼比，并可按该规范第 3.3.22 条确定桩承台埋深对阻尼比的提高作用，提高后的 ζ_{pz} 不应大于 0.5，$\zeta_{px\varphi1}$、$\zeta_{p\psi}$ 不应大于 0.3。

4　地基动力特征参数测试

4.1　一 般 规 定

4.1.1　振动台基础设计前，宜在现场进行模块基础试验。

4.1.2　模块基础应建在拟建基础附近具有类似结构的原状土层上，其尺寸可为 2.0m×1.5m×1.0m，数量不宜少于 2 个，混凝土强度等级不应低于 C25。当工程需要，尺寸可适当加大，长宽比不应大于 1.5，高宽比不应大于 0.6。此时，模块基础的基组质量比 $\overline{m}$ 宜与设计基础接近。

4.1.3　当模块基础用桩基时，可按现行国家标准《地基动力特性测试规范》GB/T 50269—97 第 4.3.2 条进行，桩距、桩截面及混凝土强度等级应与拟建基础的桩相同，桩长应达到拟建基础桩尖地层。

4.1.4　模块基础基坑坑壁至模块基础的四周距离应大于 500mm，坑底土层应保持原状结构，坑底面应保持水平面。

4.1.5　模块基础的施工尺寸应准确，其顶面应抹平抹光，预埋激振器连接螺栓位置应准确，施工时可采用定位模具。螺栓位置、大小及长度应由测试单位按激振器要求提供。

4.2　测试内容及数据处理

4.2.1　模块基础用激振法测试应包括强迫振动和自由振动，并应沿竖向和纵横水平方向分别测试，且应分明置和埋置两种情况，埋置时四周回填土应分层夯实，压实系数 λ_c 不应小于 0.94。

4.2.2　用激振法测试时，除另有说明外，应按现行国家标准《地基动力特性测试规范》GB/T 50269—97 第 4 章的规定进行。测试幅频响应时，激振扰力频率宜在 3Hz～50Hz 范围内变化，对于硬土层或岩层应提高。频率间隔在共振区内应小于1Hz，在共振区外应为1Hz～2Hz，逐个测试。基础共振时的线位移不宜大于0.1mm。

4.2.3 模块基础强迫振动的数据处理，可按现行国家标准《地基动力特性测试规范》GB/T 50269—97第4.5.1条的规定进行。

4.2.4 模块基础自由振动的测试方法及数据处理，可按现行国家标准《地基动力特性测试规范》GB/T 50269—97第4.4节、第4.5节的规定进行，可用波形起始段无滞后的位移传感器。

4.2.5 模块基础地基振动测试应提供下列地基动力参数：

1 地基竖向及水平回转向第一振型以及扭转向的阻尼比；

2 地基抗压、抗剪、抗弯和抗扭刚度系数；

3 地基竖向和水平回转向以及扭转向的参振质量。

4.2.6 模块基础桩基振动测试应提供下列动力参数：

1 桩基竖向和水平回转向第一振型以及扭转向的阻尼比；

2 单桩的抗压刚度；

3 桩基抗剪和抗扭刚度系数；

4 桩基竖向和水平回转向以及扭转向的参振质量。

4.2.7 测试结果应包括下列内容：

1 测试的各种幅频响应曲线及幅频数据表；

2 地基动力参数测试值的分析计算表；

3 地基动力参数的设计值分析计算表；

4 上述第4.2.5条、第4.2.6条的地基动力参数。

4.2.8 数据处理结果，应得到下列幅频响应曲线：

1 基础竖向振动为基础竖向线位移的幅频响应曲线（A_z-f）；

2 基础水平回转耦合振动为基础顶面测试点沿x轴的水平线位移的幅频响应曲线（$A_{x\varphi}$-f），及基础顶面测试点由回转振动产生的竖向线位移的幅频响应曲线（$A_{z\varphi}$-f）；

3 基础扭转振动为基础顶面测试点在扭转扰力矩作用下的水平线位移的幅频响应曲线（$A_{x\psi}$-f）。

4.2.9 测试时宜分别用定扰力、变扰力激振。当用定扰力激振时，应同时得出位移、速度及加速度随频率变化的幅频响应曲线。当只能用定扰力激振时，可用其加速度幅频响应曲线峰点频率f_{ma}代替本规范第4.2.10条～第4.2.12条有关公式中的变扰力位移幅频响应曲线峰点频率f_{me}。当只能用变扰力激振时，可将变扰力（P）的位移幅频曲线（A-f）化作单位定扰力位移幅频响应曲线（A/P-f），并得出峰点频率。

4.2.10 地基竖向动力特征参数可按下列公式计算：

1 当只能用变扰力激振时，地基竖向阻尼比可按式（4.2.10-1）计算，除此之外，均可按式（4.2.10-1）～式（4.2.10-3）计算，并取平均值。

$$\zeta_z=0.707\sqrt{1-(f_{mc}/f_{me})} \quad (4.2.10\text{-}1)$$

$$\zeta_z=0.707\sqrt{1-(f_{mc}/f_{mv})^2} \quad (4.2.10\text{-}2)$$

$$\zeta_z=0.707\sqrt{1-(f_{mv}/f_{me})^2} \quad (4.2.10\text{-}3)$$

式中：ζ_z——地基竖向阻尼比；

f_{mc}——竖向定扰力振动位移辐频响应曲线峰点频率（Hz）；

f_{me}——竖向变扰力振动位移辐频响应曲线峰点频率（Hz）；

f_{mv}——竖向定扰力振动速度幅频响应曲线峰点频率（Hz）。

2 基础竖向无阻尼和有阻尼固有频率，可分别按下列公式计算：

$$f_{nz}=\sqrt{f_{mc}\cdot f_{me}} \quad (4.2.10\text{-}4)$$

$$f_{nd}=f_{nz}\sqrt{1-\zeta_z^2} \quad (4.2.10\text{-}5)$$

式中：f_{nz}——基础竖向无阻尼固有频率（Hz）；

f_{nd}——基础竖向有阻尼固有频率（Hz），可用冲击法测试做验证。

注：1 f_{nz}应接近f_{mv}，允许偏差为10%，相差较大时，应研究f_{mc}与f_{me}的取点是否合理，或测试精度是否可靠。

2 当有关曲线峰点不明显或消失（ζ_z=0.6～1.0）时，可用附录B计算ζ_z。

3 基础的参振总质量、地基抗压刚度和抗压刚度系数、单桩抗压刚度和桩基抗弯刚度，可分别依次按下列公式计算：

$$m_z=\frac{K_z}{(2\pi f_{nz})^2} \quad (4.2.10\text{-}6)$$

$$K_z=\frac{P_c}{A_{mc}}\cdot\frac{1}{2\zeta_z\sqrt{1-\zeta_z^2}} \quad (4.2.10\text{-}7)$$

$$C_z=\frac{K_z}{A} \quad (4.2.10\text{-}8)$$

$$k_{pz}=\frac{K_z}{n_p} \quad (4.2.10\text{-}9)$$

$$K_{p\varphi}=k_{pz}\sum_{i=1}^{n}r_i^2 \quad (4.2.10\text{-}10)$$

式中：m_z——基础竖向振动的参振总质量（t），包括基础，激振设备及地基参振质量，当大于基础质量m_f的2倍时，应取m_z等于$2m_f$；

K_z——地基抗压刚度（kN/m）；

P_c——定扰力值（kN）；

A_{mc}——定扰力竖向振动辐频响应曲线峰点线位移（m）。

C_z——地基抗压刚度系数（kN/m³）；

k_{pz}——单桩抗压刚度（kN/m）；

$K_{p\varphi}$——桩基抗弯刚度（kN·m）；

r_i——第 i 根桩中线至基础底面形心回转轴的距离（m）；

n_p——桩数。

4.2.11 地基在轴 x 向水平回转向动力特征参数应按下列公式计算：

1 当只能用变扰力激振时，地基水平回转耦合第一振型阻尼比可按式（4.2.11-1）计算，除此之外，均可按式（4.2.11-1）～式（4.2.10-3）计算，并取平均值。

$$\zeta_{x\varphi_1}=0.707\sqrt{1-(f_{m1c}/f_{m1e})} \quad (4.2.11\text{-}1)$$

$$\zeta_{x\varphi_1}=0.707\sqrt{1-(f_{m1c}/f_{m1v})^2} \quad (4.2.11\text{-}2)$$

$$\zeta_{x\varphi_1}=0.707\sqrt{1-(f_{m1v}/f_{m1e})^2} \quad (4.2.11\text{-}3)$$

式中：$\zeta_{x\varphi_1}$——基础水平回转向第一振型阻尼比；

f_{m1c}——水平定扰力振动水平回转位移 $A_{x\varphi}$-f 幅频响应曲线第一振型峰点频率（Hz）；

f_{m1e}——水平变扰力振动水平回转位移 $A_{x\varphi}$-f 幅频响应曲线第一振型峰点频率（Hz）；

f_{m1v}——水平定扰力振动水平回转速度 $V_{x\varphi}$-f 幅频响应曲线第一振型峰点频率（Hz）。

2 基础无阻尼固有频率可按下式计算：

$$f_{n1}=\sqrt{f_{m1c}f_{m1e}} \quad (4.2.11\text{-}4)$$

式中：f_{n1}——基础水平回转耦合振动第一振型无阻尼固有频率（Hz）；

注：f_{n1} 应接近 f_{m1v}，允许偏差为10%，相差较大时，应研究 f_{m1c} 与 f_{m1e} 的取点是否合理，或测试精度是否可靠。

3 基础水平回转振动的参振总质量，应按下列公式计算：

$$m_{x\varphi}=\frac{P_x(\rho_1+h_3)(\rho_1+h_1)}{A_{m1}(2\pi f_{n1})^2}\cdot\frac{1}{2\zeta_{x\varphi_1}\sqrt{1-\zeta_{x\varphi_1}^2}}\cdot\frac{1}{i^2+\rho_1^2} \quad (4.2.11\text{-}5)$$

$$\rho_1=A_x/\Phi_{m1} \quad (4.2.11\text{-}6)$$

$$\Phi_{m1}=\frac{|A_{z\varphi_1}|+|A_{z\varphi_2}|}{l_1} \quad (4.2.11\text{-}7)$$

$$A_x=A_{m1}-h_1\Phi_{m1} \quad (4.2.11\text{-}8)$$

$$i=\sqrt{\frac{1}{12}(l^2+h^2)} \quad (4.2.11\text{-}9)$$

式中：$m_{x\varphi}$——基础水平回转耦合振动的参振总质量（t），包括基础、激振设备和地基参振质量，当 $m_{x\varphi}$ 大于基础质量的1.4倍时，应取1.4倍；

P_x——作用于 x 方向的水平定扰力（kN）；

ρ_1——基础第一振型转动中心至基础质心距离（m）

i——基础回转半径（m）；

Φ_{m1}——基础第一振型峰点的回转角位移（rad）；

$A_{z\varphi_1}$——第一台传感器测出的基础水平回转耦合振动第一振型竖向峰点线位移（m）；

$A_{z\varphi_2}$——第二台传感器测出的基础水平回传耦合振动第一振型竖向峰点线位移（m）；

l_1——两台竖向传感器的间距（m）；

A_x——基础质心处的水平向线位移（m）；

A_{m1}——基础水平回转耦合振动第一振型水平向峰点线位移（m）；

h_1——基础质心至基础顶面的距离（m）；

l——平行于扰力方向的基础边长（m）；

h——基础高度（m）；

h_3——基础质心至激振器水平扰力距离（m）。

4 地基抗剪刚度和抗剪刚度系数、抗弯刚度和抗剪刚度系数，应按下列公式计算：

$$K_x=m_{x\varphi}(2\pi f_{nx})^2 \quad (4.2.11\text{-}10)$$

$$f_{nx}=f_{n1}/\sqrt{1-h_2/\rho_1} \quad (4.2.11\text{-}11)$$

$$C_x=\frac{K_x}{A} \quad (4.2.11\text{-}12)$$

$$K_\varphi=J(2\pi f_{n\varphi})^2-K_x h_2^2 \quad (4.2.11\text{-}13)$$

$$f_{n\varphi}=\sqrt{\rho_1\frac{h_2}{i^2}f_{nx}^2+f_{n1}^2} \quad (4.2.11\text{-}14)$$

$$C_\varphi=\frac{K_\varphi}{I} \quad (4.2.11\text{-}15)$$

式中：K_x——地基抗剪刚度（kN/m）；

f_{nx}——基础水平向无阻尼固有频率（Hz）；

C_x——抗剪刚度系数（kN/m³）；

K_φ——地基抗弯刚度（kN·m）；

$f_{n\varphi}$——基础回转无阻尼固有频率（Hz）；

h_2——基组质心至基础底面的距离（m）；

C_φ——抗弯刚度系数（kN/m³）；

J——基础对通过其重心轴的转动惯量（t·m²）；

I——基础底面对通过其形心轴的惯性矩（m⁴）。

4.2.12 地基扭转向动力特征参数应按下列公式计算：

1 当只能用变扰力激振时，地基扭转向阻尼比可按式（4.2.12-1）计算，除此之外，均可按式（4.2.12-1）～式（4.2.12-3）计算，并取平均值：

$$\zeta_\psi=0.707\sqrt{1-(f_{m\psi c}/f_{m\psi e})} \quad (4.2.12\text{-}1)$$

$$\zeta_\psi=0.707\sqrt{1-(f_{m\psi c}/f_{m\psi v})^2} \quad (4.2.12\text{-}2)$$

$$\zeta_\psi=0.707\sqrt{1-(f_{m\psi v}/f_{m\psi e})^2} \quad (4.2.12\text{-}3)$$

式中：ζ_ψ——地基扭转向阻尼比；

$f_{m\psi c}$——定扰力扭转振动水平位移 $A_{x\psi}$-f 幅频响

应曲线峰点频率；

$f_{m\psi e}$——变扰力扭转振动水平位移 $A_{x\psi}$-f 辐频响应曲线峰点频率；

$f_{m\psi v}$——定扰力扭转振动速度 $V_{x\psi}$-f 辐频响应曲线峰点频率。

2 基础扭转振动无阻尼固有频率可按下式计算：

$$f_{n\psi}=\sqrt{f_{m\psi c}\cdot f_{m\psi e}} \quad (4.2.12\text{-}4)$$

式中：$f_{n\psi}$——基础扭转振动无阻尼固有频率（Hz）。

注：$f_{n\psi}$应接近于 $f_{m\psi v}$，允许偏差为 10%，相差较大时应研究 $f_{m\psi v}$与 $f_{m\psi e}$的取点是否合理，或测试精度是否可靠。

3 基础扭转振动的参振总质量，应按下列公式计算：

$$m_{\psi}=\frac{12J_z}{l^2+b^2} \quad (4.2.12\text{-}5)$$

$$J_z=\frac{M_{\psi}l_{\psi}}{A_{m\psi c}\omega_{n\psi}^2}\cdot\frac{1}{2\zeta_{\psi}\sqrt{1-\zeta_{\psi}^2}} \quad (4.2.12\text{-}6)$$

$$\omega_{n\psi}=2\pi f_{n\psi} \quad (4.2.12\text{-}7)$$

式中：m_{ψ}——基础扭转振动的参振总质量（t），包括基础、激振设备和地基参振质量（t）；

J_z——基础通过其重心轴的极转动惯量（t·m²）；

M_{ψ}——激振设备的定扰力扭转力矩（kN·m）；

l_{ψ}——扭转轴至实测点的距离（m）；

$A_{m\psi c}$——定扰力扭转振动水平位移 $A_{x\psi}$-f 幅频响应曲线峰点线位移（m）；

$\omega_{n\psi}$——基础扭转振动无阻尼固有圆频率（rad/s）；

b——基础宽度（m）。

4 地基的抗扭刚度和抗扭刚度系数，可分别按式（4.2.12-8）和式（4.2.12-9）计算：

$$K_{\psi}=J_z\cdot\omega_{n\psi}^2 \quad (4.2.12\text{-}8)$$

$$C_{\psi}=K_{\psi}/I_z \quad (4.2.12\text{-}9)$$

式中：K_{ψ}——地基抗扭刚度（kN·m）；

C_{ψ}——地基抗扭刚度系数（kN/m³）；

I_z——基础底面对通过其形心轴的极惯性矩（m⁴）。

4.2.13 由明置模块基础或桩基础测试的地基阻尼比、地基刚度系数及地基参加振动的当量质量用于设计振动台基础时，应进行有关换算，可按现行国家标准《地基动力特性测试规范》GB/T 50269 第 4.6 节的规定进行。换算后的设计值，ζ_z 不应大于 0.5，$\zeta_{x\varphi 1}$、ζ_{ψ} 不应大于 0.3。且天然地基的抗压刚度系数 C_z，不应大于现行国家标准《动力机器设计规范》GB 50040 表 3.3.2 规定的 2 倍。

5 基础动力计算

5.0.1 基础动力计算，除应按现行国家标准《动力机器基础设计规范》GB 50040—96 第 4.3.3 条～第 4.3.6 条公式计算外，尚应符合本规范附录 A 的规定。

5.0.2 基础动力计算时，如有多个激振器，可根据实际使用情况，当激振力不同时达到最大值时可以折减，其折减系数由工艺单位提出。

6 基础构造

6.0.1 钢筋混凝土振动台块体基础宜扁平，宜为方形或矩形，平面尺寸长宽比不宜大于 1.5，高宽比不宜大于 0.6，必要时可在底部放阶加宽。放置激振器的凹坑坑壁厚度不宜小于 0.6m，凹坑底板厚不宜小于 2m。混凝土强度等级不低于 C25，应采用低水化热水泥。

6.0.2 基础主要钢筋应用钢号 HRB335，根据激振力大小、基础大小和施工时钢筋骨架的稳定性进行配筋，直径不应小于 ϕ12。顶面、底面、四周及坑内外壁可用 200mm×200mm 钢筋网，放置激振器的坑底应用双层钢筋网，并应上下错开。基础内部配 500mm×500mm×500mm 三向钢筋网。

6.0.3 基础底面应设置混凝土垫层厚 100mm，四周应宽出底面 100mm，混凝土强度等级宜采用 C15。

6.0.4 基础在管道洞孔或缺口处应将被截断钢筋同面积的各半分别补加于洞口左右两侧和上下两面。

7 基础施工

7.0.1 基础应预埋螺栓与基座板连接或直接与设备连接，应严格保证螺栓位置准确。基座板及螺栓应由工厂提供，基座板应留灌浆孔。

7.0.2 与设备或管道连接的专用预埋件或支座（支架）应由工厂提供，并应由土建施工预埋。

7.0.3 基础施工时应严格控制水灰比和坍落度，且应分层连续浇灌，每层厚度应按施工实际条件确定，不应留施工缝。混凝土应严格振捣密实，不得有空隙孔洞。

7.0.4 基础施工时应采取措施避免混凝土凝固时产生温度裂缝，浇灌时天气温度不宜过高或过低。施工时间宜在春、秋季节，在冬季应采取保暖措施，在夏季对砂石骨料应采取冷却措施，必要时可用冰屑代替水拌和混凝土。

7.0.5 基座板底应用二次浇灌层，并应用灌浆料填塞密实，浇前应用加压的水将原有混凝土面冲洗干净，并应充分浸润保证灌浆料与基座板的紧密结合。

7.0.6 施工中应用调平螺栓调平基座板，调平螺栓应先行润滑。然后拧紧地脚螺栓，检查基座板的装配公差。其后浇灌浆料，待凝固后松开调平螺栓。待砂浆及混凝土达到设计强度后，应对每个地脚螺栓施加预应力，大小应由设计规定。

7.0.7 在条件许可时，基础坑可在建筑物屋盖施工后在室内开挖，以免雨水浸泡地基，并应预留 30cm 厚土层作保护，并应在浇混凝土基础垫层时挖除。

7.0.8 基础施工应符合现行国家标准《混凝土结构工程施工质量验收规范》GB 50204 的有关规定。

8 检 验

8.0.1 液压振动台的混凝土基础施工完毕并达到设计强度后，必须对基础进行振动测试以作检验。

8.0.2 在设备安装调试后，应用设备激振器激振进行测试，并应满足本规范第 3.2.2 条规定；同时，检验地基动力参数测试值与设计值是否接近。

附录 A 基础动力计算基本公式

A.0.1 基础动力计算时，应确定基础上的扰力和扰力矩的方向和作用位置（图 A.0.1）。

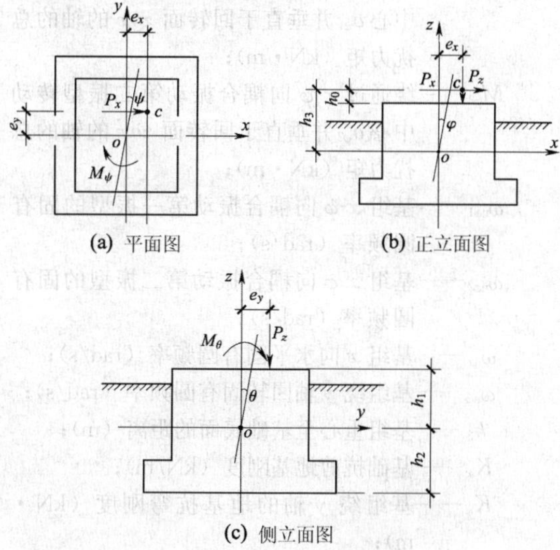

图 A.0.1 扰力、扰力矩示意图

注：o 点为基组重心，即坐标原点；c 点为扰力作用点。

A.0.2 基组在通过其重心的竖向扰力 P_z 作用下，其竖向振动线位移和固有圆频率的计算应符合下列规定：

1 线位移和固有频率可分别按式（A.0.2-1）、（A.0.2-2）计算。

$$A_z=\frac{P_z}{K_z}\frac{1}{\sqrt{(1-\frac{\omega^2}{\omega_{nz}^2})^2+4\zeta_z^2\frac{\omega^2}{\omega_{nz}^2}}} \quad (A.0.2\text{-}1)$$

$$\omega_{nz}=\sqrt{\frac{K_z}{m}} \quad (A.0.2\text{-}2)$$

$$m=m_f+m_m+m_s \quad (A.0.2\text{-}3)$$

式中：A_z——基组重心处的竖向线位移（m）；

P_z——激振器的竖向扰力（kN）；

ω_{nz}——基组的竖向固有圆频率（rad/s）；

m——基组竖向振动的总质量（t）；

m_f——基础的质量（t）；

m_m——基础上机器设备的质量（t）；

m_s——基础上回填土的质量（t）；

K_z——基础的地基抗压刚度（kN/m）；

ω——激振器扰力的圆频率（rad/s）；

ζ_z——地基的竖向阻尼比。

2 最大线位移 A_{zmax} 可按下列公式计算：

1）当 P_z 为定扰力，且 $\omega=\omega_{nz}\sqrt{1-2\zeta_z^2}$ 时：

$$A_{zmax}=\frac{P_z}{K_z}\cdot\frac{1}{2\zeta_z\sqrt{1-\zeta_z^2}} \quad (A.0.2\text{-}4)$$

2）当 P_z 为变扰力，且 $\omega=\frac{\omega_{nz}}{\sqrt{1-2\zeta_z^2}}$ 时：

$$A_{zmax}=\frac{P_z}{K_z}\cdot\frac{1}{2\zeta_z\sqrt{1-\zeta_z^2}}(1-2\zeta_z^2) \quad (A.0.2\text{-}5)$$

式中：A_{zmax}——基组垂心处的竖向最大线位移（m）。

A.0.3 基组在水平扰力 P_x 和竖向扰力 P_z 沿 x 向偏心矩作用下，产生 x 向水平、绕 y 轴回转（即 x-φ 向）的耦合振动（图 A.0.3），其基础顶面控制点的竖向和水平线位移的计算，并应符合下列规定：

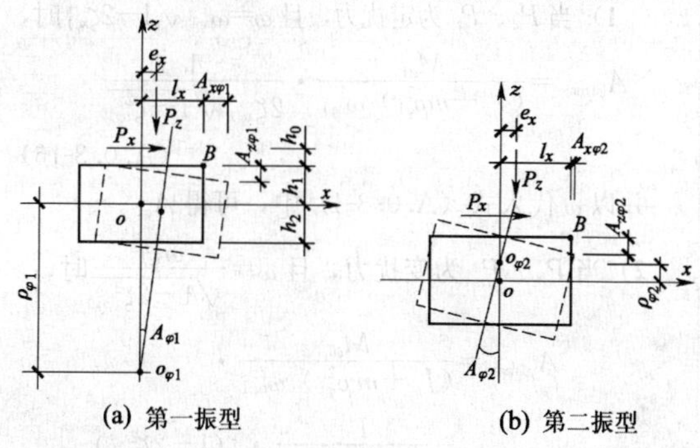

图 A.0.3 基组沿 x 向水平、绕 y 轴回转的耦合振动的振型

1 基础顶面控制的竖向和水平线位移应分别按下列公式计算：

$$A_{z\varphi}=(A_{\varphi1}+A_{\varphi2})\,l_x \quad (A.0.3\text{-}1)$$

$$A_{x\varphi}=A_{\varphi1}(\rho_{\varphi1}+h_1)+A_{\varphi2}(h_1-\rho_{\varphi2}) \quad (A.0.3\text{-}2)$$

$$A_{\varphi1}=\frac{M_{\varphi1}}{(J_y+m\rho_{\varphi1}^2)\,\omega_{n\varphi1}^2}\cdot\frac{1}{\sqrt{(1-\frac{\omega^2}{\omega_{n\varphi1}^2})^2+4\zeta_{x\varphi1}^2\frac{\omega^2}{\omega_{n\varphi1}^2}}} \quad (A.0.3\text{-}3)$$

$$A_{\varphi2}=\frac{M_{\varphi2}}{(J_y+m\rho_{\varphi2}^2)\,\omega_{n\varphi2}^2}\cdot\frac{1}{\sqrt{(1-\frac{\omega^2}{\omega_{n\varphi2}^2})^2+4\zeta_{x\varphi2}^2\frac{\omega^2}{\omega_{n\varphi2}^2}}} \quad (A.0.3\text{-}4)$$

$$\omega_{n\varphi1}^2=\frac{1}{2}\left[(\omega_{nx}^2+\omega_{n\varphi}^2)-\sqrt{(\omega_{nx}^2-\omega_{n\varphi}^2)^2+\frac{4mh_2^2}{J_y}\omega_{nx}^4}\right]$$ (A.0.3-5)

$$\omega_{n\varphi2}^2=\frac{1}{2}\left[(\omega_{nx}^2+\omega_{n\varphi}^2)+\sqrt{(\omega_{nx}^2-\omega_{n\varphi}^2)^2+\frac{4mh_2^2}{J_y}\omega_{nx}^4}\right]$$ (A.0.3-6)

$$\omega_{nx}^2=\frac{K_x}{m}$$ (A.0.3-7)

$$\omega_{n\varphi}^2=\frac{K_\varphi+K_xh_2^2}{J_y}$$ (A.0.3-8)

$$K_\varphi=C_\varphi I_y\alpha_{x\varphi}$$ (A.0.3-9)

$$M_{\varphi1}=P_x(h_1+h_0+\rho_{\varphi1})+P_ze_x$$ (A.0.3-10)

$$M_{\varphi2}=P_x(h_1+h_0-\rho_{\varphi2})+P_ze_x$$ (A.0.3-11)

$$\rho_{\varphi1}=\frac{\omega_{nx}^2h_2}{\omega_{nx}^2-\omega_{n\varphi1}^2}$$ (A.0.3-12)

$$\rho_{\varphi2}=\frac{\omega_{nx}^2h_2}{\omega_{n\varphi2}^2-\omega_{nx}^2}$$ (A.0.3-13)

2 最大竖向和水平线位移 $A_{z\varphi\max}$、$A_{x\varphi\max}$ 的计算应符合下列规定：

情况 1：可分别按下列公式计算。

$$A_{z\varphi\max}=(A_{\varphi1\max}+A_{\varphi2})l_x$$ (A.0.3-14)

$$A_{x\varphi\max}=A_{\varphi1\max}(\rho_{\varphi1}+h_1)+A_{\varphi2}(h_1-\rho_{\varphi2})$$ (A.0.3-15)

1）当 P_x、P_z 为定扰力，且 $\omega=\omega_{n\varphi1}\sqrt{1-2\zeta_{x\varphi1}^2}$ 时，

$$A_{\varphi1\max}=\frac{M_{\varphi1}}{(J_y+m\rho_{\varphi1}^2)\omega_{n\varphi1}^2}\cdot\frac{1}{2\zeta_{x\varphi1}\sqrt{1-\zeta_{x\varphi1}^2}}$$ (A.0.3-16)

并以 ω 代入式（A.0.3-4）中，可得 $A_{\varphi2}$。

2）当 P_x、P_z 为变扰力，且 $\omega=\frac{\omega_{n\varphi1}}{\sqrt{1-2\zeta_{x\varphi1}^2}}$ 时，

$$A_{\varphi1\max}=\frac{M_{\varphi1}}{(J_y+m\rho_{\varphi1}^2)\omega_{n\varphi1}^2}\cdot\frac{1}{2\zeta_{x\varphi1}\sqrt{1-\zeta_{x\varphi1}^2}}\cdot(1-2\zeta_{x\varphi1}^2)$$ (A.0.3-17)

此时，$M_{\varphi1}$ 用变扰力计算，并以 ω 代入式(A.0.3-4)中可得 $A_{\varphi2}$。

情况 2：可分别按下列公式计算：

$$A_{z\varphi\max}=(A_{\varphi1}+A_{\varphi2\max})l_x$$ (A.0.3-18)

$$A_{x\varphi\mathrm{man}}=A_{\varphi1}(\rho_{\varphi1}+h_1)+A_{\varphi2\max}(h_1-\rho_{\varphi2})$$ (A.0.3-19)

1）当 P_x、P_z 为定扰力，且 $\omega=\omega_{n\varphi2}\sqrt{1-2\zeta_{x\varphi2}^2}$ 时，

$$A_{\varphi2\max}=\frac{M_{\varphi2}}{(J_y+m\rho_{\varphi2}^2)\omega_{n\varphi2}^2}\cdot\frac{1}{2\zeta_{x\varphi2}\sqrt{1-\zeta_{x\varphi2}^2}}$$ (A.0.3-20)

并以 ω 代入式（A.0.3-3）中，可得 $A_{\varphi1}$。

2）当 P_x、P_z 为变扰力，且 $\omega=\frac{\omega_{n\varphi2}}{\sqrt{1-2\zeta_{x\varphi2}^2}}$ 时，

$$A_{\varphi2\max}=\frac{M_{\varphi2}}{(J_y+m\rho_{\varphi2}^2)\omega_{n\varphi2}^2}\cdot\frac{1}{2\zeta_{x\varphi2}\sqrt{1-\zeta_{x\varphi2}^2}}\cdot(1-2\zeta_{x\varphi2}^2)$$ (A.0.3-21)

此时，$M_{\varphi2}$ 用变扰力计算，并以 ω 代入式（A.0.3-3）中可得 $A_{\varphi1}$。

式中：$A_{z\varphi}$——基础顶面控制点，由于 x 向水平绕 y 轴回转耦合振动产生的竖向线位移（m）；

$A_{x\varphi}$——基础顶面控制点，由于 x 向水平绕 y 轴回转耦合振动产生的 x 向水平线位移（m）；

$A_{\varphi1}$——基组 x-φ 向耦合振动第一振型的回转角位移（rad）；

$A_{\varphi2}$——基组 x-φ 向耦合振动第二振型的回转角位移（rad）；

$\rho_{\varphi1}$——基组 x-φ 向耦合振动第一振型转动中心至基组重心的距离（m）；

$\rho_{\varphi2}$——基组 x-φ 向耦合振动第二振型转动中心至基组重心的距离（m）；

$M_{\varphi1}$——绕通过 x-φ 向耦合振动第一振型转动中心 $o_{\varphi1}$ 并垂直于回转面 zox 的轴的总扰力矩（kN·m）；

$M_{\varphi2}$——绕通过 x-φ 向耦合振动第二振型转动中心 $o_{\varphi2}$ 并垂直于回转面 zox 的轴的总扰力矩（kN·m）；

$\omega_{n\varphi1}$——基组 x-φ 向耦合振动第一振型的固有圆频率（rad/s）；

$\omega_{n\varphi2}$——基组 x-φ 向耦合振动第二振型的固有圆频率（rad/s）；

ω_{nx}——基组 x 向水平固有圆频率（rad/s）；

$\omega_{n\varphi}$——基组绕 y 轴回转固有圆频率（rad/s）；

h_2——基组重心至基础底面的距离（m）；

K_x——基础抗剪地基刚度（kN/m）；

K_φ——基组绕 y 轴的地基抗弯刚度（kN·m）；

J_y——基组对通过其重心的 y 轴的转动惯量（$t\cdot m^2$）；

I_y——基础底面对通过其形心 y 轴的惯性矩（m^4）；

C_φ——地基抗弯刚度系数；

$\alpha_{x\varphi}$——见现行国家标准《动力机器基础设计规范》GB 50040—96 中式（3.3.7-2）；

e_x——激振器竖向扰力沿 x 轴向的偏心距（m）；

h_1——基组重心至基础顶面的距离（m）；

h_0——水平扰力作用线至基础顶面的距离（m）；

$\zeta_{x\varphi1}$——基组 x-φ 向耦合振动第一振型阻尼比；

$\zeta_{x\varphi2}$——基组 x-φ 向耦合振动第二振型阻尼比；

$A_{\varphi 1\max}$——基组 x-φ 向耦合振动第一振型最大回转角位移（rad）；

$A_{\varphi 2\max}$——基组 x-φ 向耦合振动第二振型最大回转角位移（rad）；

$A_{z\varphi\max}$——基础顶面控制点，由 x 向水平绕 y 轴回转耦合振动产生的最大竖向线位移；

$A_{x\varphi\max}$——基础顶面控制点，由 x 向水平绕 y 轴回转耦合振动产生的最大 x 向水平线位移。

3 最大线位移的选取应符合下列规定：

1）定扰力作用时：按情况 1、2 分别计算，两者中取最大者。

2）变扰力作用时：按情况 1、2 分别计算，两者中取最大者。

A.0.4 基组在回转力矩 M_θ 和竖向扰力 P_z 沿 y 向偏心矩作用下，产生 y 向水平、绕 x 轴回转（即 y-θ 向）的耦合振动（图A.0.4），其竖向和水平向线位移的计算，应符合下列规定：

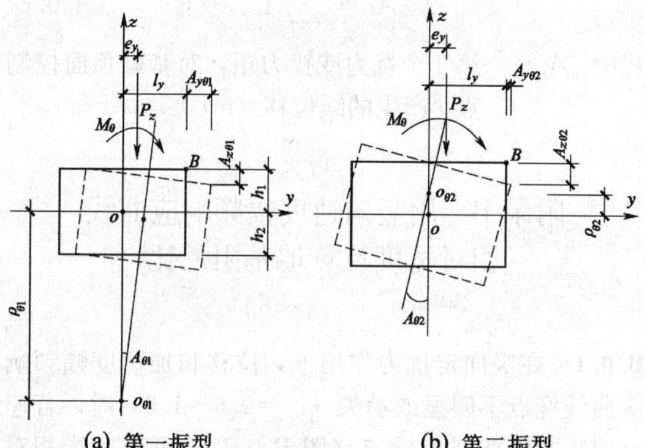

(a) 第一振型　　(b) 第二振型

图 A.0.4 基组沿 y 向水平、绕 x 轴回转的耦合振动的振型

1 竖向和水平线位移应分别按下列公式计算：

$$A_{z\theta}=(A_{\theta1}+A_{\theta2})\ l_y \quad \text{(A.0.4-1)}$$

$$A_{y\theta}=A_{\theta1}(\rho_{\theta1}+h_1)+A_{\theta2}(h_1-\rho_{\theta2}) \quad \text{(A.0.4-2)}$$

$$A_{\theta1}=\frac{M_{\theta1}}{(J_x+m\rho_{\theta1}^2)\ \omega_{n\theta1}^2}\cdot\frac{1}{\sqrt{(1-\frac{\omega^2}{\omega_{n\theta1}^2})^2+4\zeta_{y\theta}^2\frac{\omega^2}{\omega_{n\theta1}^2}}} \quad \text{(A.0.4-3)}$$

$$A_{\theta2}=\frac{M_{\theta1}}{(J_x+m\rho_{\theta2}^2)\ \omega_{n\theta2}^2}\cdot\frac{1}{\sqrt{(1-\frac{\omega^2}{\omega_{n\theta2}^2})^2+4\zeta_{y\theta2}^2\frac{\omega^2}{\omega_{n\theta2}^2}}} \quad \text{(A.0.4-4)}$$

$$\omega_{n\theta1}^2=\frac{1}{2}\left[(\omega_{ny}^2+\omega_{n\theta}^2)-\sqrt{(\omega_{ny}^2-\omega_{n\theta}^2)^2+\frac{4mh_2^2}{J_x}\omega_{ny}^4}\right] \quad \text{(A.0.4-5)}$$

$$\omega_{n\theta2}^2=\frac{1}{2}\left[(\omega_{ny}^2+\omega_{n\theta}^2)+\sqrt{(\omega_{ny}^2-\omega_{n\theta}^2)^2+\frac{4mh_2^2}{J_x}\omega_{ny}^4}\right] \quad \text{(A.0.4-6)}$$

$$\omega_{ny}^2=\omega_{nx}^2 \quad \text{(A.0.4-7)}$$

$$\omega_{n\theta}^2=\frac{K_\theta+K_xh_2^2}{J_x} \quad \text{(A.0.4-8)}$$

$$K_\theta=C_\varphi I_x\alpha_{x\varphi} \quad \text{(A.0.4-9)}$$

$$M_{\theta1}=M_\theta+P_ze_y \quad \text{(A.0.4-10)}$$

$$M_{\theta2}=M_\theta+P_ze_y \quad \text{(A.0.4-11)}$$

$$\rho_{\theta1}=\frac{\omega_{ny}^2h_2}{\omega_{ny}^2-\omega_{n\theta1}^2} \quad \text{(A.0.4-12)}$$

$$\rho_{\theta2}=\frac{\omega_{ny}^2h_2}{\omega_{n\theta2}^2-\omega_{ny}^2} \quad \text{(A.0.4-13)}$$

式中：$A_{z\theta}$——基础顶面控制点，由于 y 向水平绕 x 轴回转耦合振动产生的竖向线位移（m）；

$A_{y\theta}$——基础顶面控制点，由于 y 向水平绕 x 轴回转耦合振动产生的 y 向水平线位移（m）。

$A_{\theta1}$——基组 y-θ 向耦合振动第一振型的回转角位移（rad）；

$A_{\theta2}$——基组 y-θ 向耦合振动第二振型的回转角位移（rad）；

$\rho_{\theta1}$——基组 y-θ 向耦合振动第一振型转动中心至基组重心的距离（m）；

$\rho_{\theta2}$——基组 y-θ 向耦合振动第二振型转动中心至基组重心的距离（m）；

$\omega_{n\theta1}$——基组 y-θ 向耦合振动第一振型的固有圆频率（rad/s）；

$\omega_{n\theta2}$——基组 y-θ 向耦合振动第二振型的固有圆频率（rad/s）；

ω_{ny}——基组绕 y 轴回转固有圆频率（rad/s）；

$\omega_{n\theta}$——基组绕 x 轴回转固有圆频率（rad/s）；

J_x——基组对通过其重心的 x 轴的转动惯量（t·m^2）；

K_θ——基组绕 x 轴的地基抗弯刚度（kN·m）；

I_x——基础底面对通过其形心 x 轴的惯性矩（m^4）；

$M_{\theta1}$——绕通过 y-θ 向耦合振动第一振型转动中心 $o_{\theta1}$ 并垂直于回转面 zoy 的轴的总扰力（kN·m）；

$M_{\theta2}$——绕通过 y-θ 向耦合振动第二振型转动中心 $o_{\theta2}$ 并垂直于回转面 zoy 的轴的总扰力（kN·m）；

M_θ——绕 x 轴的激振器扰力矩（kN·m）；

e_y——激振器竖向扰力 P_z 沿 y 轴向的偏心距（m）；

$\alpha_{x\varphi}$——见式（A.0.3-9）的说明；

$\zeta_{\theta1}$——基组 y-θ 向耦合振动第一振型阻尼比；

$\zeta_{\theta2}$——基组 y-θ 向耦合振动第二振型阻尼比。

2 最大竖向和水平线位移 $A_{z\theta\max}$、$A_{y\theta\max}$ 的计算和

选取，可分别以 y 代 x，θ 代 φ，代入式（A.0.3-14）～式（A.0.3-21），并按有关说明进行。

A.0.5 基组在扭转扰力矩 M_ψ 和水平扰力 P_x 沿 y 轴向偏心作用下（图 A.0.5），产生绕 z 轴的扭转振动，其水平扭转振动线位移的计算，应符合下列规定：

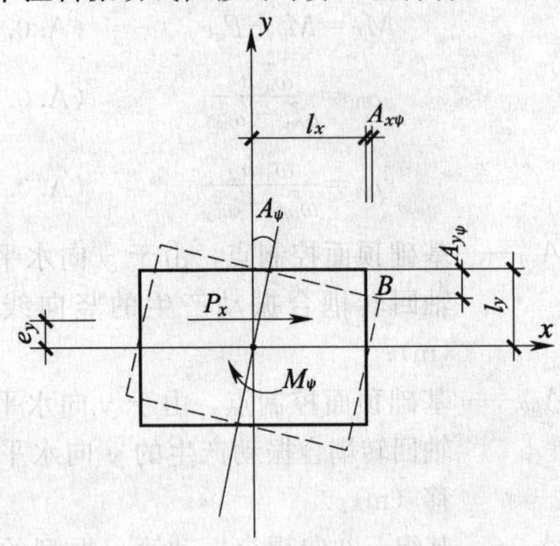

图 A.0.5 基组扭转振动示意图

注：B 点为基础顶面控制点。

1 水平扭转线位移可按下列公式计算：

$$A_{x\psi}=\frac{(M_\psi+P_xe_y)\ l_y}{K_\psi\sqrt{(1-\frac{\omega^2}{\omega_{n\psi}^2})^2+4\zeta_\psi^2\frac{\omega^2}{\omega_{n\psi}^2}}} \quad (A.0.5\text{-}1)$$

$$A_{y\psi}=\frac{(M_\psi+P_xe_y)\ l_x}{K_\psi\sqrt{(1-\frac{\omega^2}{\omega_{n\psi}^2})^2+4\zeta_\psi^2\frac{\omega^2}{\omega_{n\psi}^2}}} \quad (A.0.5\text{-}2)$$

$$\omega_{n\psi}=\sqrt{\frac{K_\psi}{J_z}} \quad (A.0.5\text{-}3)$$

2 最大线位移 $A_{x\psi\max}$、$A_{y\psi\max}$ 的计算，应符合下列规定：

1）当 P_x 和 M_ψ 为定扰力或由定扰力产生，且 $\omega=\omega_{n\psi}\sqrt{1-2\zeta_\psi^2}$ 时，可分别按下列公式计算：

$$A_{x\psi\max}=\frac{(M_\psi+P_xe_x)\ l_y}{K_\psi\cdot 2\zeta_\psi\sqrt{1-\zeta_\psi^2}} \quad (A.0.5\text{-}4)$$

$$A_{y\psi\max}=\frac{(M_\psi+P_xe_y)\ l_x}{K_\psi\cdot 2\zeta_\psi\sqrt{1-\zeta_\psi^2}} \quad (A.0.5\text{-}5)$$

2）当 P_x 和 M_ψ 为变扰力或由变扰力产生，且 $\omega=\frac{\omega_{n\psi}}{\sqrt{1-2\zeta_\psi^2}}$ 时，可分别按下列公式计算：

$$A_{x\psi\max}=\frac{(M_\psi+P_xe_y)\ l_y}{K_\psi\cdot 2\zeta_\psi\sqrt{1-\zeta_\psi^2}}\cdot(1-2\zeta_\psi^2) \quad (A.0.5\text{-}6)$$

$$A_{y\psi\max}=\frac{(M_\psi+P_xe_y)\ l_x}{K_\psi\cdot 2\zeta_\psi\sqrt{1-\zeta_\psi^2}}\cdot(1-2\zeta_\psi^2) \quad (A.0.5\text{-}7)$$

式中：$A_{x\psi}$——基础顶面控制点 B 由于扭转振动产生沿 x 轴向的水平线位移（m）；

$A_{y\psi}$——基础顶面控制点 B 由于扭转振动产生沿 y 轴向的水平线位移（m）；

M_ψ——激振器的扭转扰力矩（kN·m）；

P_x——激振器的水平扰力（kN）；

e_y——激振器的水平扰力沿 y 轴向的偏心距（m）；

l_y——基础顶面控制点至扭转轴在 y 轴向的水平距离（m）；

l_x——基础顶面控制点至扭转轴 x 轴向的水平距离（m）；

J_z——基组对通过其重心轴的极转动惯量（t·m²）；

K_ψ——基础的地基抗扭刚度（kN·m）；

$\omega_{n\psi}$——基组的扭转振动固有圆频率（rad/s）；

$A_{x\psi\max}$——基础顶面控制点 B 由扭转振动产生沿 x 轴的最大水平线位移；

$A_{y\psi\max}$——基础顶面控制点 B 由扭转振动产生沿 y 轴的最大水平线位移。

A.0.6 基础顶面控制点 i 沿 x、y、z 轴各向的总振动线位移 A_i 可按下式计算：

$$A_i=\sum_{j=1}^{n}A_j \quad (A.0.6)$$

式中：A_j——第 j 个扰力或扰力矩，对基础顶面控制点 i 产生的线位移（m）。

附录 B 用竖向速度幅频响应曲线相对宽度计算地基阻尼比

B.0.1 在竖向定扰力作用下，位移和加速度幅频响应曲线峰点不明显或消失（$\zeta_z=0.6\sim1.0$）时，若速度幅频响应曲线有峰点（图 B.0.1），可用曲线相对宽度按下列公式计算地基竖向阻尼比：

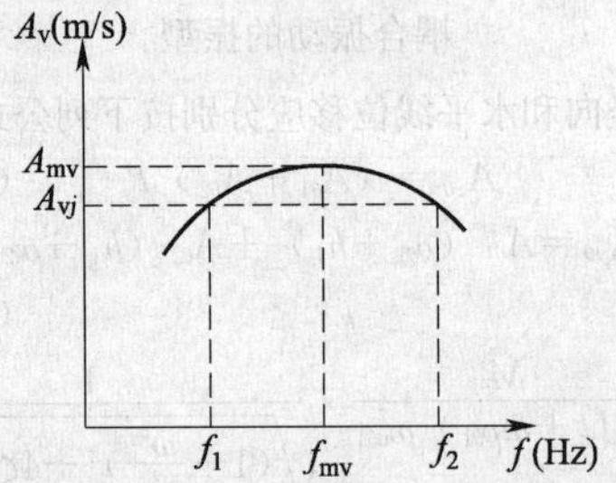

图 B.0.1 竖向速度幅频响应曲线

注：$f_{mv}=f_{nz}$。

$$\zeta_z=\frac{\sum_{j=1}^{n}\zeta_{zj}}{n} \quad (B.0.1\text{-}1)$$

$$\zeta_{zj}=\left\{\frac{1}{2\left(\frac{1}{\beta_j^2}-1\right)}\left[\sqrt{1+\frac{(\alpha_2^2-\alpha_1^2)^2}{4}}-1\right]\right\}^{\frac{1}{2}} \quad (B.0.1\text{-}2)$$

$$\alpha_i=\frac{f_i}{f_{mv}}\qquad i=1,\ 2 \quad (B.0.1\text{-}3)$$

$$\beta_j=\frac{A_{vj}}{A_{mv}} \qquad j=1,2,3 \tag{B.0.1-4}$$

式中：ζ_z——地基竖向阻尼比；

ζ_{zj}——对应于 β_j（振幅比）的地基竖向阻尼比，β_j 在速度幅频响应曲线峰点附近取点，点数为 3；

f_{mv}——速度幅频响应曲线峰点频率（Hz）；

A_{mv}——速度辐频响应曲线峰点振幅（m/s）；

A_{vj}——速度辐频响应曲线上 β_j 所对应的振幅（m/s）；

α_i——频率比；

f_i——速度幅频响应曲线上对应于 A_{vj} 的频率 Hz。

B.0.2 基础的参振总质量、地基抗压刚度和抗压刚度系数、单桩抗压刚度和桩基抗弯刚度，可分别按下列公式计算：

$$m_z=\frac{K_z}{(2\pi f_{mv})^2} \tag{B.0.2-1}$$

$$K_z=\frac{P_c}{A_{mv}}\cdot\frac{2\pi f_{mv}}{2\zeta_z} \tag{B.0.2-2}$$

$$C_z=\frac{K_z}{A} \tag{B.0.2-3}$$

$$k_{pz}=\frac{K_z}{n_p} \tag{B.0.2-4}$$

$$K_{p\varphi}=k_{pz}\sum_{i=1}^{n}r_i^2 \tag{B.0.2-5}$$

式中：m_z——基础竖向振动的参振总质量（t），包括基础，激振设备及地基参振质量，当大于基础质量 m_f 的 2 倍时，应取 m_z 等于 $2m_f$；

K_z——地基抗压刚度（kN/m）；

P_c——定扰力值（kN）；

C_z——地基抗压刚度系数（kN/m³）；

k_{pz}——单桩抗压刚度（kN/m）；

$K_{p\varphi}$——桩基抗弯刚度（kN·m）；

r_i——第 i 根桩中线至基础底面形心回转轴的距离（m）；

n_p——桩数。

B.0.3 由第 B.0.1 条计算的模块或桩基的竖向地基阻尼比，当按第 4.2.13 条进行有关换算时，换算后的设计值 ζ_z，可大于 0.5，但不应大于 0.8，$\zeta_{x\varphi1}$ 及 ζ_φ 可取为 $0.5\zeta_z$。

本规范用词说明

1 为便于在执行本规范条文时区别对待，对要求严格程度不同的用词说明如下：

1） 表示很严格，非这样做不可的：
正面词采用“必须”；反面词采用“严禁”。

2） 表示严格，在正常情况下均应这样做的：
正面词采用“应”，反面词采用“不应”或“不得”。

3） 表示允许稍有选择，在条件许可时首先应这样做的：
正面词采用“宜”，反面词采用“不宜”。

4） 表示有选择，在一定条件下可以这样做的，采用“可”。

2 条文中指明应按其他有关标准执行的写法为：“应符合……的规定”或“应按……执行”。

引用标准名录

《动力机器基础设计规范》GB 50040—96

《地基动力特性测试规范》GB/T 50269—97

《混凝土结构工程施工质量验收规范》GB 50204

中华人民共和国国家标准

液压振动台基础技术规范

GB 50699—2011

条 文 说 明

制 定 说 明

本规范在制定过程中，对液压振动台基础进行了振动测试、调查研究、征求意见、总结了经验和教训。

自从20世纪70年代末我国改革开放以来，从国外引进不少液压振动台，时至今日，仍在引进，国内亦力争自行制造。由于液压振动台频率范围宽，扰力大，能进行定扰力、变扰力及随机振动等试验，因而用途广泛。大多用于车辆道路模拟、建筑物及构筑物地震模拟等试验，特别在国防工业，在兵器、航天、航空、航海及核动力等领域用得更多。

振动台基础为大型强振基础，设计要求较高，既要满足产品试验要求，又要保证建筑结构安全以及不影响工作环境、不影响周围居民生活。而现行国家标准《动力机器基础设计规范》GB 50040不包括此类振动台基础，因此设计中缺乏依据，包括国外设计的在内，已出现不少问题：有的使地面裂缝、墙壁裂缝；有的使周围居民不安，只得限制使用；有的由于振动很大不得不加固改造，甚至拆除重建。这些问题大多属于设计不当、构造不周所致，因此需要制定规范以保质量。

由于液压振动台的频带宽，由低而高，基础无法避免共振，且激振力又大，需由地基阻尼控制，需充分发挥阻尼作用。为此多年前规范编制组建立测试研究课题，对国内不少振动台基础及模块基础进行测试，经分析与比较，认为可以提高，因此本规范对本类基础提高了地基阻尼比，可使设计经济。

本规范在测试过程中，不断使用新仪器和新技术，例如用起始波形无滞后的位移传感器测冲击，用全息实时分析新技术同时得出位移、速度及加速度振动响应曲线，为多峰法提供便利。模块基础的激振用新研制的激振力较大、频率较高、波形清晰、能携带的电磁激振器，避免了长期以来用激振频率不高的机械式偏心块激振器，在地基刚度高的地层上测不到峰点的缺点。

总的说来，本规范在理论分析及测试技术与方法上，引用了新的科技成果。

为了使用方便，并与国家规范协调，不致造成混乱，术语、符号、公式尽量参考或引用国家规范。

为了广大设计、施工、科研、学校等单位有关人员在使用本规范时能正确理解和执行条文规定，本规范编制组按章、节、条顺序编制了本标准的条文说明，对条文规定的目的、依据以及执行中需注意的有关事项进行了说明，还着重对强制性条文的强制性理由作了解释。但是本条文说明不具备与标准正文同等的法律效力，仅供使用者作为理解和把握规范规定的参考。

目　次

1 总 则

1.0.1 本条说明规范中心思想是既技术先进，又安全可靠。

1.0.2 本条说明本规范使用的有关范围。若用于类似的振动设备基础，应考虑有无不同的要求。

1.0.3 设计液压振动台基础时，除本规范已有规定外，尚应符合现行国家标准《动力机器基础设计规范》GB 50040—96、《地基动力特性测试规范》GB/T 50269—97、《建筑地基基础设计规范》GB 50007 及《混凝土结构设计规范》GB 50010 的规定，以及其他有关国家现行规范。

2 术语和符号

2.1 术 语

2.1.1～2.1.3 对本规范中需要定义或解释的主要术语作了规定。凡规范条文中已作规定或意义明确不需解释的未列出。

2.2 符 号

2.2.1～2.2.3 本规范中已将主要符号列出。为便于查阅按“作用和响应”、“计算指标”、“几何参数”分类列出。

3 基本规定

3.1 一般规定

3.1.1 本条规定了设计液压振动台基础时所需要的工艺设备资料。

3.1.2 本条规定了设计液压振动台基础时所需要的建筑场地资料。

3.1.3 液压振动台基础必须与建筑物基础及上部结构分开，以避免基础振动直接传递到建筑物。当两者基础远离，基础底面可不同深，视具体情况在设计中确定。

3.1.4 基础用浅缝与混凝土地面分开，可避免地面相接处裂缝。不做隔振缝，可增加地基阻尼比及刚度。

3.1.5 有振动的管道、管沟与建筑物及其基础脱开，以免传递振动或产生局部共振。

3.1.6 因第 3.2.2 条规定基础振动速度不应大于 0.1g，相当于 7 度地震时的加速度，故建筑物在构造上不应低于 7 度要求。根据实测，基础振动时屋面梁或屋架的加速度为 0.05g～0.1g，故屋面荷载应增加 5%～10%。

3.1.7 振动台基础地基必须有一定的强度，以免受振动沉降。

3.1.8 要求基组的重心与基础底面形心在同一竖线上，以免产生偏心。当不在同一竖线上时，可参照现行国家标准《动力机器基础设计规范》GB 50040—96 第 3.1.14 条处理。

3.2 地基和基础的计算规定

3.2.2 根据国内一些液压振动台基础的使用情况和测试情况，一般控制基础的振动线位移不大于 0.10mm，振动加速度不大于 0.1g是适宜的，可保证建筑结构安全。如果振动影响邻近精密设备，可根据设备要求，考虑基础振动限制值，必要时可对振动台基础进行主动隔振，或对精密设备基础进行被动隔振，一般可在工房位置布置上将两者远离。

3.3 地基动力特征参数

Ⅰ 天 然 地 基

3.3.2 图 3.3.2 是一条根据一些振动台基础和模块基础实测统计的曲线，基础有一定的埋深和底面积，并与地基承载力特征值对应。由于本规范的天然地基阻尼比及刚度系数均已提高，因此对计算所得竖向或水平向线位移不进行折减。

3.3.7 此处系引用地基半空间等效集总体系莱斯默比拟法公式，折减 50%而得公式（3.3.7-1）。这是与多峰法分析的阻尼比作比较并参考国内外资料得出的。

Ⅱ 桩 基

3.3.11 摩擦桩桩基竖向阻尼比是根据一些振动台桩基础和其他桩基础的测试得出的。

4 地基动力特征参数测试

4.1 一般规定

4.1.1 液压振动台基础比较大，设计前可在现场进行模块基础试验，以取得实际的地基动力特性参数，可使设计经济合理、安全可靠。

4.1.2 由于地基动力特征参数与基础大小及埋深关系很大，必要时可适当加大模块基础及埋深，在硬土层或岩层，亦宜加大，以使更符合实际。

4.1.5 模块基础上预埋螺栓位置，必须注明要求准确，以便激振器顺利安装。过去在测试中经常出现螺栓位置不准，安装困难，延误工作。

4.2 测试内容及数据处理

4.2.1～4.2.8 这几条说明测试内容及数据处理

内容。

4.2.9 测试时最好能分别用定扰力、变扰力激振。激振时，一个测点最好能同时用两、三种传感器，能直接得出位移、速度及加速度幅频响应曲线，也可用全息实时分析新技术得出，较为简便。有的激振器只能做定扰力激振，可用定扰力作用下的加速度幅频响应曲线峰点频率代替变扰力作用下的线位移幅频响应曲线峰点频率。由于有的激振器只能做变扰力激振，可将变扰力(P)幅频响应曲线化为单位定扰力幅频响应曲线，即在变扰力线位移幅频(A-f)曲线的 f 轴上取点 f_i，在曲线上可得对应点 A_i，相应的扰力为 $P_i=m_0e(2\pi f_i)^2$，m_0 为激振器旋转部分质量，e 为其偏心距。A_i/P_i 即为在单位定扰力作用下的线位移，逐点进行，可得单位定扰力幅频(A/P-f)响应曲线。

4.2.10～4.2.12 在现行国家标准《地基动力特性测试规范》GB/T 50269中，第4.5.3条、第4.5.6条、第4.5.10条计算地基阻尼比是用只能计算单一位移幅频响应曲线的点峰法，本规范将其改用多峰法，用位移、速度及加速度多根曲线共同分析。

经推导，点峰法公式可由位移幅频响应曲线相对宽度峰点左半宽（图1）导出，得出的阻尼比随频率增大而减小，在共振区偏低（图2）。由于长期以来它是作为国家动力机器基础设计规范的阻尼比取值依据，因而规范值偏低。由于该规范不包括液压振动台基础，因此不宜引用，以免使基础设计偏大而不经济。与使用正常的按半空间理论等效体系比拟法设计的大型液压振动台基础实例相比，按其设计基础要加大很多，要多用几百乃至一千多立方米的钢筋混凝土，有的多用1倍以上。有的还需加大房屋跨度，更不经济。

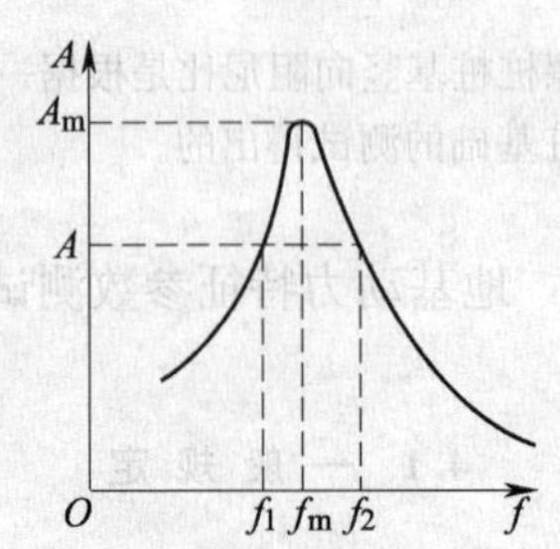

图1 位移响应曲线相对宽度

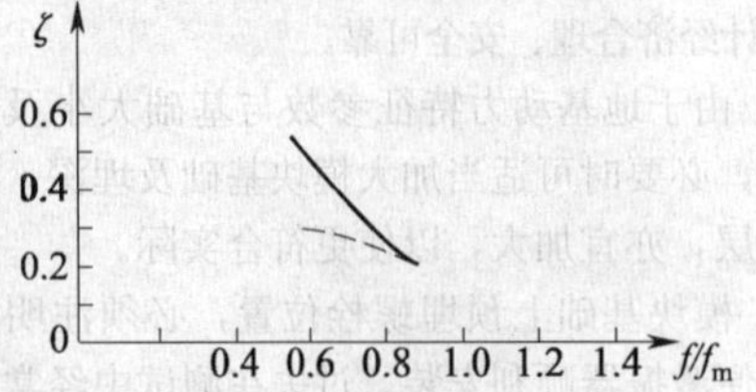

图2 用点峰法分析位移响应曲线的 ζ

注：实线为变扰力 P_e 作用，f_m 为 f_{me}；虚线为定扰力 P_c 作用，f_m 为 f_{mc}；f_m 为峰点频率。

对于多峰法，因有多条曲线共同分析，由于只用点与峰的频率比，不用振幅比，直接求出阻尼比。在公式推导中，只假定固有频率相等，其变化较小；未假定参振质量、地基刚度相等，因其随频率变化较大。根据实测与分析，用多峰法得出的阻尼比较大。多峰法系由双峰法发展而成，原始的双峰法，系用机械式偏心块激振器的变扰力曲线，并化作单位定扰力曲线，用两者峰点频率作计算，由于变扰力曲线有时峰点不明显，不便确定而不便计算，因此有的测试单位曾弃而不用，同样原因也不用点峰法。后来增测了定扰力的速度与加速度曲线，其峰点频率 f_{mv} 为 f_n，f_{ma} 可代替 f_{me}，这样便可计算，并形成多峰法，因此是否用速度与加速度曲线是两法的区别。

又经实测波速，用于半空间理论等效集总体系比拟法得出的阻尼比一般很大。因其假定地基为匀质弹性体，实际上远非匀质，且有分层，有的底下尚有硬层，使振波反射，减少了辐射阻尼，应予折减，与多峰法分析的阻尼比作比较，约需折减50%。以某实际大型液压振动台基础设计为例，用现行国家标准《动力机器基础设计规范》GB 50040—96、双峰法、半空间等效集总体系比拟法得出的阻尼比，包括埋深提高在内，分别为0.19、0.51、0.95，前者过小、后者过大。因此目前以用双峰法或多峰法分析为宜，其值比现行国家标准《动力机器基础设计规范》GB 50040—96中规定的大，较为经济，比等效集总体系的为小，不失安全。

当地基阻尼比较大，位移及加速度响应曲线峰点不明显，甚至消失（ζ=0.6～1.0），此时点峰法或多峰法不能用，但只要速度响应曲线尚有峰点，可用其曲线相对宽度全宽导出计算公式，见附录B。在此与位移曲线（图1）不同，在共振区的阻尼比不低，可以使用。从而较大的阻尼比亦能计算，由于为首次试用，现只用于竖向。

5 基础动力计算

5.0.1 基础的动力计算可按现行国家标准《动力机器基础设计规范》GB 50040—96中第4.3节有关条文进行，由于该节只是计算某一工作频率（定频）时的位移，而液压振动台的扰力频带宽，由低而高（变频），故需求出最大位移而作补充，为了便于说明和使用，已将补充公式插在其后，一并列入附录A。

6 基础构造

6.0.1 本条系根据基础整体稳定性，并参考了国内不少振动台基础尺寸而提出的。

6.0.2 基础配筋需根据激振力大小和基础大小进行配置。

7 基础施工

7.0.1 激振器的连接是一个很重要的问题，不少激振器需经常移动，固定于基座板的T形槽内，而基座板又固定于基础上，通过基座板可使激振力均匀分布于基础。如果激振器位置固定不变，且出力不大，亦可直接固定于基础上。基础上的预埋螺栓必须准确，施工中不能扰动，需用定位模具。固定基座板的螺栓需加预应力，可使连接处长期受压而牢固，不致松动。

7.0.3、7.0.4 由于基础为大块式，与普通大体积基础不同，应具有耐振性，力求避免混凝土凝固时产生的水化热而裂纹裂缝，需要从材料、施工操作、施工时间严格考虑。

7.0.7 可使基础在室内施工，夏天阴凉，有利降温，冬天便于取暖，有利冬季施工。由于基坑后开挖，基础底与邻近房屋柱基础底是否同深，有否影响，应事先考虑。

8 检　　验

8.0.1 液压振动台的混凝土基础施工完毕，对基础应进行振动测试，按本规范第8.0.2条检查是否满足有关规定，并积累资料，为今后设计参考。由于涉及振动是否影响建筑结构安全，故此条测试为强制性条文，应予遵守。

附录A 基础动力计算基本公式

A.0.2 式（A.0.2-5）为简化公式，将式（A.0.2-4）中的 P_z 等量于最大线位移时的变扰力值，即

$$P_z=m_o e_o\left(\frac{\omega_n}{\sqrt{1-2\zeta_z^2}}\right)^2 \tag{1}$$

将式（1）代入式（A.0.2-4）可得

$$\begin{aligned}A_{zcmax}&=\frac{m_o e_o}{m\omega_n^2}\left(\frac{\omega_n}{\sqrt{1-2\zeta_z^2}}\right)^2\cdot\frac{1}{2\zeta_z\sqrt{1-\zeta_z^2}}\\&=\frac{m_o e_o}{m}\cdot\frac{1}{2\zeta_z\sqrt{1-\zeta_z^2}}\cdot\frac{1}{1-2\zeta_z^2}\\&=A_{zemax}\cdot\frac{1}{1-2\zeta_z^2}\end{aligned}$$

$$\text{或}\quad A_{zemax}=A_{zcmax}\cdot(1-2\zeta_z^2) \tag{2}$$

式中：A_{zcmax}——定扰力作用时的最大线位移（m）；

A_{zemax}——变扰力作用时的最大线位移（m）；

m_o——激振器旋转（运动）部分质量（t）；

e_o——激振器旋转（运动）部分偏心距（固定行程）（m）。

式（2）即式（A.0.2-5）的简写式，为定、变扰力等量时的两者最大线位移之间的关系式，可用 ζ_z 表示，两者可互求，可用以简化计算。

A.0.3、A.0.5 式（A.0.3-17）、式（A.0.3-21）、式（A.0.5-6）、式（A.0.5-7）亦为简化公式，推导与式（A.0.2-5）类似而从略。

附录B 用竖向速度幅频响应曲线相对宽度计算地基阻尼比

B.0.1 式（B.0.1-2）不适用于只取曲线左半宽而令 α_2 为零时的计算，另有公式（从略），取曲线半宽有误差，宜用全宽。

当 $\zeta_z<0.6$，式（B.0.1-2）虽亦可计算，由于首次试用，暂不用。当 $\zeta_z>0.6$，可使最大线位移接近或等于当量静位移；有时在工作频率限度内，不需质量也可控制加速度。

中华人民共和国国家标准

小型水电站技术改造规范

Technical renovation code for small hydropower station

GB/T 50700—2011

主编部门：中 华 人 民 共 和 国 水 利 部
批准部门：中华人民共和国住房和城乡建设部
施行日期：2 0 1 2 年 5 月 1 日

中华人民共和国住房和城乡建设部
公　　告

第 1030 号

关于发布国家标准《小型水电站技术改造规范》的公告

现批准《小型水电站技术改造规范》为国家标准，编号为GB/T 50700—2011，自 2012 年 5 月 1 日起实施。

本规范由我部标准定额研究所组织中国计划出版社出版发行。

中华人民共和国住房和城乡建设部

二〇一一年五月十二日

前　　言

本规范是根据住房和城乡建设部《关于印发〈2008 年工程建设标准规范制订、修订计划（第二批）〉的通知》（建标〔2008〕105 号）的要求，由水利部农村水电及电气化发展局会同中水北方勘测设计研究有限责任公司、水利部农村电气化研究所等有关单位共同编制完成。

本规范在编制过程中，编制组进行了广泛深入的调查研究，认真总结了不同地区小型水电站技术改造的丰富经验，研究分析了我国小型水电站现状和存在问题，并在广泛征求意见的基础上，通过反复讨论、修改和完善，最后经审查定稿。

本规范共分 7 章。主要内容有：总则、术语、现状分析与评价、性能测试、改造内容与要求、技术性能指标、工程验收。

本规范由住房和城乡建设部负责管理，水利部负责日常工作的管理，水利部农村水电及电气化发展局负责具体技术内容的解释。本规范在执行过程中，请各单位注意总结经验，积累资料，随时将有关意见和建议反馈水利部农村水电及电气化发展局（地址：北京市西城区白广路 2 条 2 号，邮政编码：100053），以供今后修订时参考。

本规范主编单位、参编单位、主要起草人和主要审查人：

主 编 单 位： 水利部农村水电及电气化发展局

参 编 单 位： 中水北方勘测设计研究有限责任公司

水利部农村电气化研究所

杭州诚德发电设备有限公司

湖北省地方水电公司

主要起草人： 刘仲民　杜雷功　顾四行　吕建平　尹　刚　姚　光　樊新中　闵京声　杨天生　付自龙　陈　波　姚兆明　于永海　贾文利　由彩堂　刘　健　张雄金　吴　超　蒋新春　董克青

主要审查人： 高安泽　卜漱和　刘咏峰　吴　剑　孙亚芹　张蒲转　陆　力　吴相直　陈会峰　林旭新　魏　青　裘江海　窦以松　何国任　王正伟　邢学征

目 次

Contents

1 总 则

1.0.1 为加强对小型水电站技术改造工作的指导，科学利用水能资源，保障小型水电站的运行安全，提高生产技术水平和能效，充分发挥其经济效益，制定本规范。

1.0.2 本规范适用于总装机容量为500kW～50000kW的小型水电站的技术改造。

1.0.3 小型水电站技术改造应满足安全、节能、环保要求，从实际出发，充分利用水电站原有设施或设备，积极采用新技术、新工艺、新设备、新材料，严禁使用国家明令淘汰的产品。

1.0.4 小型水电站技术改造前，应编制相关设计文件，并应报相关主管部门审批或核准。

1.0.5 小型水电站的技术改造，除应符合本规范外，尚应符合国家现行有关标准的规定。

2 术 语

2.0.1 技术改造 technical renovation

采取技术措施，对小型水电站设施或设备进行改进、改建、更新、增容或减容，提高其安全可靠性、经济性、合理性和先进性的活动。

2.0.2 更新改造 renovation by renewal of equipment

为改善设施或设备性能、提高效率和安全可靠性，对小型水电站设施或设备进行更换的活动。

2.0.3 增容改造 renovation for increasing installed capacity

对机组设备全部或局部进行技术改造，增加机组容量，改善性能、提高效率和安全可靠性的活动。扩装机组也是增容改造的方式之一。

2.0.4 减容改造 renovation for decreasing installed capacity

对机组设备全部或局部进行技术改造，合理减少机组容量，改善性能、优化运行区，提高效率和安全可靠性的活动。

3 现状分析与评价

3.0.1 小型水电站技术改造应收集下列资料：

1 原工程设计、竣工和运行资料；

2 补充的水文、泥沙资料；

3 安全检测和性能测试资料；

4 其他有关资料。

3.0.2 小型水电站技术改造前，应依据安全检测的结果以及运行资料，对水工建筑物、水力机械、电气、金属结构等设施或设备进行安全分析，作出技术改造必要性的评价。

3.0.3 小型水电站技术改造前，应根据河流规划及最新水文资料，对资源利用条件进行分析与评价，并应包括下列内容：

1 必要时对径流、洪水进行复核；

2 可能增加或减少流量和可能提高或降低工作水头的条件；

3 可利用的弃水量；

4 减少水头损失和流量损失的条件。

3.0.4 小型水电站技术改造前，应依据历年预防性试验记录或当前性能测试结果，对设施或设备作出性能评价。

4 性能测试

4.0.1 单机容量10000kW及以上的水轮发电机组，技术改造前后应进行现场性能对比测试。测试工作应由具备水利水电计量认证资质的检测机构进行。

4.0.2 水轮机现场性能试验应根据具体情况进行，可按现行国家标准《小型水轮机现场验收试验规程》GB/T 22140或《水轮机、蓄能泵和水泵水轮机水力性能现场验收试验规程》GB/T 20043的有关规定执行。

4.0.3 小型水电站主要电气设备的性能测试，改造前，可采用预防性试验成果或当前试验记录；改造后，应按现行国家标准《电气装置安装工程 电气设备交接试验标准》GB 50150进行测试和验收。

4.0.4 钢闸门和启闭机的检测可按现行行业标准《水工钢闸门和启闭机安全检测技术规程》SL 101的有关规定执行。压力钢管检测可按现行行业标准《压力钢管安全检测技术规程》DL/T 709的有关规定执行。

5 改造内容与要求

5.1 一般规定

5.1.1 有下列情况之一的设施或设备，应进行技术改造：

1 存在安全隐患；

2 上、下游水情发生较大变化；

3 性能落后，技术状况差；

4 水能资源利用和设计不合理，施工、设备制造和安装质量差；

5 地质条件发生变化；

6 生态受到严重影响；

7 可以提高效益或其他需要改造的情况。

5.1.2 原有设施和设备的可利用部分，应经必要的复核计算，必要时应作相应的技术处理。

5.1.3 弃水较多的小型水电站，可增容改造。

5.2 水工建筑物

5.2.1 水工建筑物的技术改造应符合下列要求：

1 消除安全隐患；

2 增加调节能力；

3 减少淹没损失；

4 便于施工。

5.2.2 科学利用水能资源可采取下列技术改造措施：

1 区间引水；

2 加高大坝；

3 溢洪道增设控制闸门设备等设施；

4 增大前池容量。

5.2.3 引水系统的技术改造，可采取下列措施：

1 引水渠首完善排沙、排污设施；

2 引水建筑物防渗处理、降低糙率；

3 改善进水口、拦污栅的布置，改进拦污栅结构，加装清污设备或增设拦污、排冰设施；

4 尾水清障，改善尾水渠水流流态。

5.2.4 进行增容改造的水电站，应合理确定装机规模，并应对引水系统的引用流量、水头损失、结构强度等进行复核计算。

5.2.5 大坝安全监测改造，应按现行国家标准《小型水力发电站设计规范》GB 50071 的有关规定，完善水库大坝安全监测系统。

5.2.6 抗震设防区的小型水电站，应按现行国家标准《建筑工程抗震设防分类标准》GB 50223 的有关规定采取设防措施。

5.2.7 增加总库容的小型水电站，应根据工程等别及建筑物级别进行洪水复核。

5.2.8 严寒地区应对水工建筑物和金属结构设备增设抗冰冻设施。

5.2.9 闸门技术改造应符合下列要求：

1 存在腐蚀、变形、振动和漏水严重等缺陷的各类闸门和运转不灵活的启闭设备，应进行技术改造；

2 因锈蚀、变形等引起启闭力增加过大的闸门，应采用新型支承材料，也可改进闸门的支承形式；

3 引水系统改造或大坝加高的小型水电站，应对原有的闸门和启闭设备进行复核或加固。

5.2.10 机组进水口事故检修闸门和尾水检修闸门，宜设充水平压设施，严禁尾水闸门采用上游高压水进行充水平压。

5.2.11 泄洪闸门启闭设备应有可靠的备用动力。

5.2.12 压力管道技术改造应包括下列内容：

1 漏水严重并已老化的伸缩节止水圈应进行更换；

2 钢管锈蚀严重或损坏程度达到现行行业标准《水利水电工程金属结构报废标准》SL 226 的有关规定时，应进行更换；

3 不均匀沉降的镇、支墩应进行加固处理；

4 老化严重的钢筋混凝土管道应进行更换。

5.3 水轮机及其附属设备

5.3.1 水轮机技术改造应符合下列要求：

1 应选用能量指标先进、空化特性优良、运行稳定性好的水轮机转轮型号；

2 选定水轮机主要参数时，应使水轮机处于稳定、高效区运行，并应复核吸出高度；水轮机空蚀应符合现行国家标准《水轮机、蓄能泵和水泵水轮机空蚀评定》GB/T 15469.2 的有关规定，多泥沙河流上的小型水电站，水轮机宜在无空化条件下运行；

3 应使水轮机适应水头和流量的变化，并应改善运行工况，同时应提高运行稳定性和效率；

4 多泥沙河流的小型水电站，水轮机采用增容改造方案或原水轮机存在严重的泥沙磨损时，应对水轮机泥沙磨损进行评估分析，并应合理选择技术改造参数，同时应采取抗磨蚀措施。

5.3.2 水轮机技术改造宜通过将原转轮更换为性能优异的新转轮的方式进行，必要时可改进通流部件型线与结构。水轮机技术改造可采用下列方式：

1 水头、来水量与原设计条件变化不大，而水轮机设备陈旧、性能落后的小型水电站，应提高水轮机运行效率和增加功率；

2 水头、来水量比原设计条件增大的小型水电站，应提高额定水头、增加额定功率；

3 水头、来水量比原设计条件减少的小型水电站，应降低额定水头、减少额定功率；

4 多泥沙小型水电站，应根据过机含沙量的大小和泥沙特性，适当降低水轮机转速，降低过机流速，改进水力和结构设计，并应采用抗磨蚀材料和保护涂层，同时应延长大修周期和使用寿命；

5 机组存在严重安全隐患或损坏程度达到报废条件的小型水电站，应进行报废更新。

5.3.3 电站增容改造设计应对机组和输水系统的调节保证参数进行校核计算。

5.3.4 推力轴承技术改造应符合下列要求：

1 经常发生烧瓦事故的推力轴承，应改进结构形式，并应加强冷却效果。750r/min 以下的机组，宜采用弹性金属塑料推力瓦；

2 机组增容设计应对机组最大轴向推力和推力轴承的承载能力进行校核计算。

5.3.5 径向轴承瓦温过高的机组，可采用水冷瓦技术。

5.3.6 立轴水轮机导轴承宜采用抛物线免刮瓦。

5.3.7 调速系统技术改造应符合下列要求：

1 水头、流量、转轮直径有变化的小型水电站，应根据水轮机性能参数复核调速功等特性参数；

2 改造后的调速系统应满足开停机、快速并网、增减负荷、事故停机的要求；

3 调速系统改造宜采用数字式全自动调速器或自身具有蓄能装置的操作器。严禁使用没有安全措施的手动、电动调速器；

4 调速器的改造宜进行电气装置改造，技术改造的调速系统可为自动刹车装置提供可靠的压力油源；

5 有黑启动要求的机组，调速器应设置纯手动操作装置。

5.3.8 水轮机进水阀技术改造应符合下列要求：

1 漏水量超过标准规定值时，应改进进水阀的密封形式或更换为新型进水阀；

2 阀门应设机械限位保护装置；

3 阀门宜配置自动操作机构。

5.4 辅助设备

5.4.1 水力机械辅助设备应根据机组设备技术改造的要求作相应的校核或改造。

5.4.2 水系统技术改造应符合下列要求：

1 技术供水系统改造应满足小型水电站改造后的用水需要；

2 机组容量超过 800kW 的小型水电站，应增设备用水源；

3 按无人值班（少人值守）标准改造的小型水电站，应配置自动滤水器，以及自动控制阀、示流信号装置；

4 渗漏排水系统的排水泵宜采用自吸泵；

5 锈蚀严重的管路应更换。

5.4.3 供气系统技术改造应满足机组改造的用气需要。

5.4.4 油系统技术改造应符合下列要求：

1 透平油系统应简化管路敷设，宜采用软管供排油方式；

2 宜取消绝缘油系统。

5.4.5 检修后仍不能保证安全运行的起重设备，应更新。

5.4.6 机组增容改造设计，应按机组最重件的吊重对厂内起重设备及其支撑结构进行复核。超过起重机额定起重量时，应更新改造。

5.5 发电机及其他电气设备

5.5.1 发电机技术改造应与水轮机及其他输变电设备在容量上相匹配。

5.5.2 发电机技术改造应包括下列内容：

1 更换冷却系统；

2 更换定子绕组和转子磁极线圈，绝缘等级应不低于 B 级；

3 改造发电机轴承；

4 更新发电机。

5.5.3 发电机组应埋设温度传感装置。

5.5.4 停机后定子绕组绝缘电阻下降较多的发电机，应加装加热除湿装置。加热除湿后，绝缘电阻仍然达不到要求时，应更换绝缘。

5.5.5 小型水电站技术改造应采用具有自动调节功能的励磁装置。励磁系统宜采用静止励磁方式。

5.5.6 主变压器技术改造应符合下列要求：

1 主变压器额定容量应满足改造后的发电机额定容量；

2 高耗能主变压器应更换为节能、低耗变压器；

3 以配电变压器作主变压器的小型水电站，应将其改造或更新为升压型变压器。

5.5.7 其他电气设备技术改造应符合下列要求：

1 电气设备应选择安全、节能、环保型产品，严禁使用高耗能和可能对环境产生污染的设备；

2 高压断路器应选择无油型；

3 应选择满足“五防”要求的金属封闭式高压开关柜；

4 低压开关柜应选择取得国家强制性产品认证的设备；

5 电缆宜采用电缆架和穿管方式敷设。若采用电缆沟敷设方式，沟内积水不宜直接排入河道。

5.5.8 小型水电站应配置可靠、安全、环保的操作电源。

5.5.9 小型水电站应配备事故照明。

5.6 自动化

5.6.1 小型水电站自动化技术改造应符合现行行业标准《小型水力发电站自动化设计规定》SL 229 的有关规定。

5.6.2 按无人值班（少人值守）标准改造的小型水电站，应符合下列要求：

1 应设置可靠的数字式保护装置。保护装置动作时，应能作用停机并发出遥传信号；

2 应具有遥控操作和 ON—CALL 功能；

3 宜装设视频监视系统并具有自动记录功能；

4 应装设防盗报警装置。

5.6.3 小型水电站技术改造应设置自动制动装置，严禁使用木棍刹车。

5.6.4 自动化改造采用微机监控系统后，应取消水机值班，现地不宜过多设置重复操作功能。

5.6.5 小型水电站技术改造应设置闸门监控系统，并应实现远方控制与监测。

5.6.6 大坝安全监测系统应与小型水电站微机监控系统数据共享。

5.6.7 低压机组小型水电站控制设备技术改造，宜采用结构简单可靠的数字式监控、保护、励磁一体化屏。

5.6.8 电气二次屏柜的防护标准不得低于 IP40，并应采用通过国家强制性产品认证的产品。

5.6.9 小型水电站改造应配备可靠的通信设备。

5.7 暖通与消防

5.7.1 温度、湿度、噪声超标的小型水电站应进行技术改造。

5.7.2 小型水电站的消防，应符合现行行业标准《水利水电工程设计防火规范》SDJ 278 的有关规定，并应完备各项消防设施及火灾自动报警系统。

5.7.3 可能危及人身安全的场所应设有明显的安全标志和防护设施。

5.7.4 配电装置室长度大于 7m，且只有一个出口时，应增设安全疏散出口。

5.7.5 机组旋转部分应采取安全防护措施，并应设置明显的安全警示标志。

6 技术性能指标

6.0.1 小型水电站技术改造后机组功率和机组的综合效率，应符合下列要求：

1 机组输出功率应达到或超过技术改造设计值；

2 额定工况下机组的综合效率宜分别达到下列指标：

1）单机功率小于 500kW 为 75%；

2）单机功率 500kW～3000kW 为 75%～81%；

3）单机功率 3000kW～10000kW 为81%～88%；

4）单机功率 10000 kW 以上为 88%以上。

3 冲击式水轮发电机组的综合效率可适当降低。

6.0.2 机电设备配套应合理，技术改造部分的设备完好率应达到 100%。

6.0.3 技术改造后，水轮机的噪声和振动值，应符合现行国家标准《小型水轮机型式参数及性能技术规定》GB/T 21717 的有关规定。

6.0.4 水轮机进水阀更新后的漏水量，应符合现行国家标准《大中型水轮机进水阀门基本技术条件》GB/T 14478 的有关规定。

6.0.5 导水叶更新后的全关漏水量，应符合现行国家标准《小型水轮机型式参数及性能技术规定》GB/T 21717 的有关规定。

6.0.6 水轮发电机组及油、水、气等辅助设备系统的安装质量，应符合现行国家标准《水轮发电机组安装技术规范》GB/T 8564 的有关规定。

6.0.7 多泥沙河流小型水电站水轮机首次大修间隔不应少于2 年。

7 工 程 验 收

7.0.1 小型水电站技术改造完成后，应及时验收。

7.0.2 小型水电站技术改造验收，可按现行行业标准《小型水电站建设工程验收规程》SL 168 和《水利水电建设工程验收规程》SL 223 的有关规定执行。

7.0.3 对于局部技术改造的小型水电站，其试生产运行期限可适当缩短，并应简化验收程序。

本规范用词说明

1 为便于在执行本规范条文时区别对待，对要求严格程度不同的用词说明如下：

1）表示很严格，非这样做不可的：
正面词采用“必须”，反面词采用“严禁”；

2）表示严格，在正常情况下均应这样做的：
正面词采用“应”，反面词采用“不应”或“不得”；

3）表示允许稍有选择，在条件许可时首先应这样做的：
正面词采用“宜”，反面词采用“不宜”；

4）表示有选择，在一定条件下可以这样做的，采用“可”。

2 条文中指明应按其他有关标准执行的写法为：“应符合……的规定”或“应按……执行”。

引用标准名录

《小型水力发电站设计规范》GB 50071

《电气装置安装工程 电气设备交接试验标准》GB 50150

《建筑工程抗震设防分类标准》GB 50223

《水轮发电机组安装技术规范》GB/T 8564

《大中型水轮机进水阀门基本技术条件》GB/T 14478

《水轮机、蓄能泵和水泵水轮机空蚀评定》GB/T 15469.2

《水轮机、蓄能泵和水泵水轮机水力性能现场验收试验规程》GB/T 20043

《小型水轮机型式参数及性能技术规定》GB/T 21717

《小型水轮机现场验收试验规程》GB/T 22140

《水利水电工程钢闸门设计规范》SL 74

《水工钢闸门和启闭机安全检测技术规程》SL 101

《小型水电站建设工程验收规程》SL 168

《水利水电建设工程验收规程》SL 223

《水利水电工程金属结构报废标准》SL 226

《小型水力发电站自动化设计规定》SL 229

《水利水电工程设计防火规范》SDJ 278

《压力钢管安全检测技术规程》DL/T 709

中华人民共和国国家标准

小型水电站技术改造规范

GB/T 50700—2011

条 文 说 明

制 定 说 明

水利部于1997年发布了行业标准《小型水电站技术改造规程》SL 193—97。在该规程的指导下，各地在小型水电站技术改造工作中取得了很大的成绩。随着国民经济的迅速发展，特别是近十多年来我国水利水电事业的迅速发展，对小型水电站技术改造工作提出了更高的要求，现行的《小型水电站技术改造规程》SL 193—97已难以适应新形势，比如水轮机转轮性能、电站计算机监控等方面内容显得不足，难以满足实际需要；又如电站安全、环保、节能减排、提高能效以及对淘汰产品的限制等方面内容没有在该规程中得到体现。因此，有必要制定《小型水电站技术改造规范》。

国内的水轮机、发电机、调速器等许多标准已经被新标准所替代，并且有大量新技术、新工艺、新材料在小型水电站技术改造领域中得到了成功应用，并取得了很好的效果。因此，总结各地小型水电站技术改造的成功经验，将新技术、新材料、新工艺写进规范中，同时淘汰过时落后的技术，有利于我国小水电事业的更快发展。

坚持科学性、先进性和实用性相结合的原则，根据我国近年来成熟的研究成果和经验，吸取国外的先进经验和新理论、新技术，适合小型水电站技术改造的实际需要。本规范鼓励采用新技术、新产品、新材料，禁止将国家公布的淘汰机电产品目录中的产品用于小型水电站改造。

对小型水电站进行技术改造，应注意如下问题：

1. 由于各地小型水电站的情况差异较大，因此，技术改造时一定要根据各个水电站的具体条件，区别对待，不能照搬典型电站改造的经验。

2. 水轮机改造的同时，必须重视电站输水设施和机电设备的配套。

3. 在同一流域要注意上、下梯级的配合。

4. 电站装机台数一般不止一台，改造时，宜先改一台，改造成功后再改其他机组。

为便于广大设计、施工、科研、学校等单位有关人员在使用本规范时能正确理解和执行条文规定，本规范编制组按章、节、条顺序编制了本规范的条文说明，对条文规定的目的、依据以及执行中需注意的有关事项进行了说明。但是，本条文说明不具备与规范正文同等的法律效力，仅供使用者作为理解和把握标准规定的参考。

目　次

1 总　　则

1.0.1 本条是对制定《小型水电站技术改造规范》目的和必要性的说明。

我国小水电资源丰富，据全国农村水能资源调查，技术可开发量为1.28亿kW。新中国成立以来，特别是改革开放30多年来，我国小水电建设取得了巨大成绩。通过三批653个农村初级电气化县和409个水电农村电气化县的建设以及小水电代燃料工程建设，加快了农村经济的发展和农村面貌的改变。到2009年底，全国已建成小型水电站4.5万余座，总装机容量达5500多万kW，约占全国水电装机容量的30%。年发电量1600多亿kW·h，占全国水电总发电量的1/3。小型水电站已遍布1600多个县（市），全国1/2地域、1/3的县、1/4的人口主要靠小水电供电，解决了3亿多无电人口的用电问题。对我国农村尤其是老、少、边、穷地区国民经济的发展和人民生活水平的提高，促进各民族和谐共处发挥了巨大作用。

根据全国农村水电增效扩容改造专项规划，将对1995年以前建成的近1万座、近1000万kW的老旧小型水电站进行技术改造，任务十分艰巨。为加强和规范小型水电站技术改造工作，促进节能减排，提高科技水平和能效，保障安全生产，推进社会主义新农村建设，使技术改造工作管理规范化，特制定本规范。

1.0.2 本条是对本规范适用范围的规定。据调查，我国单机容量800kW以下的低压机组小型水电站占全国小型水电站总量的80%，而且这些小型水电站大都是20世纪80年代以前建成的，是小型水电站技术改造的主体。所以本条将适用范围定在总装机容量500kW～50000kW水电站的技术改造。500kW以下小型水电站的技术改造，可参照执行。

1.0.3 本条要求技术改造应从小型水电站的实际出发，充分利用现有设施或设备，积极采用新技术成果，提高改造小型水电站的技术水平和先进性，确保安全运行，满足节能、环保要求和不得使用国家明令淘汰产品。这既是我国的基本国策，也是以人为本的具体体现。

随着科学技术的飞速发展，特别是改革开放以来，国内外先进技术和科研成果大量涌现。因此，技术改造时应积极稳妥地采用新技术、新工艺、新材料和先进设备。例如新型号转轮、低耗能变压器、微机高油压调速器、新型导叶控制机构、无功补偿屏、DZK系列低压机组微机自动化设备、微机励磁装置、计算机监控系统、弹性金属塑料瓦、新型断路器、新型调节阀、智能数显表、ZDP系列自动盘车装置、微机安全保护装置、新型启闭机、增力式耙斗清污机、回转（或移动）式格栅清污机、加压式清污提栅门机以及金属与非金属抗磨蚀防护层等。

经过技术改造后的小型水电站应做到适当超前，在10年内仍有较好的经济效益和较高的安全运行可靠性。

3 现状分析与评价

3.0.2 小型水电站运行，安全第一。因此，小型水电站技术改造前对设施和设备进行安全检测是非常必要的。根据检测结果，从安全角度对小型水电站的设施和设备作出改造与否的评价。

3.0.3 本条从水能资源科学利用的角度出发，对小型水电站是否进行增容或减容改造提出评价。

4 性 能 测 试

4.0.1 本条规定单机容量10000kW及以上的水轮发电机组应做现场性能测试。技术改造前后主要机电设备的性能测试工作是小型水电站技术改造的重要环节，测试数据是考核小型水电站技术改造成效和经济指标的重要依据。

单机容量10000kW以下的机组，有条件时也应做设备的性能测试工作。

考虑到测试条件对测试准确性的影响，推荐用同一方法和同一套仪器、仪表在改造前后做相对比较测试。

4.0.3 电气设备性能测试的内容、方法与标准，参考有关预防性试验的规定执行。改造前可利用最近的预防性试验结果，改造后应按有关标准的规定进行试验和验收。

5 改造内容与要求

5.1 一 般 规 定

5.1.1 对设施或设备存在严重缺陷或多次维修仍不能消除安全隐患的，应全部或局部更新改造。

5.1.2 为节省技术改造投资，对原有设施和设备中还可继续利用的部件，需对强度、刚度和安全系数进行校核计算，必要时经加工处理后采用。例如，浙江省东阳市横锦水库一级电站，2×3600kW机组报废更新为2×4000kW，原机组的大轴，上、下机架经校核加工处理后，用在新机上。

5.1.3 有些小型水电站，弃水较多，应考虑充分利用弃水扩大装机容量，增加年发电量。对于具有较大调节库容的小型水电站，也可适当扩大装机，增加峰电，提高小型水电站的容量效益。例如，江西省吉安市螺滩水电站（日调节径流引水式水电工程），装机容量4×1600kW，由于设计装机容量偏小，每年汛期要大量弃水，1994年扩机2台（2×2500kW，新建厂房），同时大坝加高2.5m，引水渠相应加高，总引用流量由原$44m^3/s$增至$80m^3/s$。2003～2006年结合机组大修对4台1600kW机组实施增容，将水轮机转轮更换成新型高效大流量转轮，同时，发电机、励磁、调速器等也相应改造。改造后每台机每年可增发电量152万kW·h，可节约用水$1.44m^3/$（kW·h）。

5.2 水工建筑物

5.2.2 为科学利用水能资源，提高小型水电站的年利用小时数或调峰运行，可根据实际情况采取以下技术改造措施：

1 区间引水。在满足生态流量的前提下，可采用开渠、修建隧洞等办法，将同流域不同区间的水引入水库。例如，广东省河源市红星水电站，装机容量3200kW（3×800＋2×400），在水电站上游兴建了一座36万m^3的调节水库，年平均增加发电量775万kW·h。又如广东省乐昌县三溪水电站，原装机容量1×500kW，引用流量$15m^3/s$，增开了一条引水隧洞，引用流量$30m^3/s$，电站装机容量增至1210kW，每年发电量净增1倍。

2 原设计标准偏低，结合防洪或其他综合利用要求，加高加固大坝（大坝只加高或加高也加宽），在尽量不影响或少影响淹没的前提下，相应提高发电水头和调节库容。例如，浙江省诸暨市石壁水库电站，装机容量1460kW（2×630＋1×200），结合保坝工程（土坝加高7.5m，增设溢洪道），提高了机组运行水头，故将水轮机增容改造，630kW机增容到800kW，200kW机增容到360kW，相应发电机定子、转子提高绝缘等级。水电站总装机容量由1460kW提高到1960kW，增幅达34％。

3 在溢洪道上增设控制闸门或橡胶坝。在不影响汛期泄洪的前提下，结合水情预报，可在汛末下闸蓄水，增加发电量。例如，广东省怀集县水下电站，装机容量4×3000kW，在坝段修建了高8m宽6m的重力翻板闸门，增加了日调节库容，每年可增发电量300多万kW·h。

4 引水式小型水电站的引水隧洞或前池，有条件者可改造成有一定蓄水量的调节池，以便实现调峰运行，从而适应峰谷电价制的需要，提高小型水电站的经济效益。例如，云南省元江县小河底一级渠道引水式小型水电站，2008年技术改造时，将前池容积扩大2倍，提高了经济效益。

5.2.3 不少小型水电站输水系统设施不完善，尤其是拦污栅，洪水季节经常被杂草等污物堵塞，加大了水头损失，减少了发电功率，有的则使拦污栅栅条和主梁失稳破坏，可采取以下技术改造措施：

1 引水渠道增设冲沙闸（孔）或排污闸，减少沙、草淤堵机组进水口。

2 有的引水式小型水电站隧洞开挖后未加衬砌或抹光，渗水严重，水头损失大，应采取防渗降糙措施。

3 在进水闸前根据建筑物布置增设浮筒式拦污排，可在拦污排前进行清污。加装清污设备（如回转式拦污栅、增力式耙斗清污机、加压式清污提栅门机等）或在引水渠道出口处增加一道拦污栅，如海南省临高县加来水电站（装机容量2×800kW），在前池入口处增加了一道拦污栅，汛期用人工简易清污，效果较好，年增发电量40万kW·h，或适当调整拦污栅栅条间距，改进拦污栅结构和栅条形状，以减少杂草堵塞。按环保要求，不得将清出的污物倒入下游。

拦污栅前后应装设水位压差计，当水位差超过设定值时，即时发出警报信号，以便采取措施，避免压垮拦污栅。

4 有的小型水电站，施工期间尾水渠内遗留的废弃渣石杂物和淤泥太多，造成尾水位壅高，降低了发电水头，应设法清除，以提高水能利用率。例如，广西容县容城电站（装机容量3×1250kW），尾水堆渣达数千立方米，高出尾水面，经两次清渣后，尾水位下降0.7m，发电水头得以提高，发电量也有所增加。

小型水电站设计，应按现行国家标准《小型水力发电站设计规范》GB 50071执行。但有的小型水电站，进水口和尾水渠布置设计不合理，造成水流流态紊乱，影响机组功率，应予以改善。对输水系统（包括进水口与尾水渠）中不符合水流平顺流动规律的水工建筑物的局部结构，应尽可能使之流线型化。

5.2.4 采取增容改造方式的小型水电站，尤其是引水式小型水电站，进行改造设计时，除对水能参数和机组参数进行设计计算外，还应对引水系统（包括进水口、引水隧洞、压力管道等）的过流能力、水头损失、结构强度等进行论证与校核计算，尤其对一管多机的引水式压力输水系统的水力和调节保证参数进行核算，以达到增容改造的预期目标。例如，南方某小型水电站，原装1台2000kW轴流转桨式水轮发电机。为利用洪水期弃水量，在原压力引水管上接分岔管，扩装2台800kW轴流转桨式水轮发电机。改造后发电试验表明，单机运行时均可达到额定功率，3台机同时运行，导叶开度100％时，2000kW机只能发1150kW，2台800kW机只能发550kW和600kW，远远达不到增容1600kW的目标，显然是受压力引水管过流量和水头损失的限制，这是改造失误。

5.2.5 为维护大坝安全，确保下游人民群众生命财产安全，应完善水库大坝安全监测系统，并提高测量精度和自动化水平。

5.2.8 北方及高海拔地区（如青海、新疆、西藏等）的渠道引水式小型水电站，冬季运行经常遇到冰害，应增设防冰、排冰设施，如拦冰栅、拦冰排等。水工闸门可参照现行行业标准《水利水电工程钢闸门设计规范》SL 74 的有关规定，采取防冰措施。闸门防冰包括两类，一是使闸门与冰层隔开，以防闸门承受冰压力；二是在冰冻期需要操作的闸门，应使闸门和门槽不致冻结。根据各小型水电站的具体情况，可采取不同的措施。通常用压气吹气泡或潜水泵法，当防冰线不长、冰层厚度不大时，亦可用人工定期破冰或定期喷蒸汽、浇热水等方法使闸门与冰层隔开。对闸门和门槽之间结冰问题，如冬季不需启闭的闸门，可任其冻结；若启闭闸门次数不多，可采用定期加热；若启闭频繁，则可采用连续加热（如电热）、流动热介质（如热油）、喷射蒸汽、设置暖棚等方法。

5.2.9 对陈旧、运行不灵活、腐蚀严重、变形、振动、漏水量大影响安全的各类闸门和启闭设备，应加强防腐，及时更换零部件或整体更换。

5.2.10 小型水电站机组尾水闸门的平压，宜利用机组排水系统从下游充水。

5.2.11 本条是为了确保启闭机能可靠运行，主要是从安全角度考虑，我国近几年曾发生备用电源不可靠而造成重大事故的案例。可靠的备用动力可以是外加的，也可以是柴油发电机或汽车吊。

5.3 水轮机及其附属设备

5.3.1 水轮机技术改造的要求，就是在技术改造工程实施过程中，正确贯彻先进性、合理性、经济性和特殊性的四性原则。先进性就是要择优选用性能先进、技术成熟的高效转轮，选型设计时应向研制单位和制造厂尽可能多收集各种型号转轮（一般不少于3个）进行比较优选；合理性就是要紧密结合和妥善处理本电站的不可变更或不宜变更的制约条件；经济性就是要尽力增加年发电量，提高小型水电站的经济效益；特殊性就是针对运行于多泥沙等特殊水质条件下的水轮机，既要改善其运行工况，又应采取抗泥沙磨蚀的综合治理措施，延长安全运行时间和大修周期及使用寿命。只有综合考虑才能较好地达到先进性、合理性和经济性。

5.3.2 水轮机技术改造应根据各小型水电站的具体条件，因地制宜，采取下列不同的改造方式：

1 对于水头、来水量与原设计变化不大的小型水电站，应采用该水头段导叶相对高度 b_0 相同或相近的新型转轮，提高水轮机运行效率，增加年发电量。如青海省格尔木市大干沟水电站，装机容量 2×10000kW，空蚀严重。原水轮机型号为 HLA153-LJ-140，新型号为 HLA340-LJ-140。改造前，2 台机最大只能发 17800kW，改造后，2 台机同时运行实际可达 20300kW，比合同要求多 300kW，受到用户好评。

2 对于水头、来水量比原设计增大了的小型水电站，应根据水头、来水量增大的具体条件，提高额定水头，加大额定功率，选用合适的新型转轮，或设计改型新转轮，使水轮机在较高效率区运行，从而既加大了单机容量，又提高了运行效率，能较大幅度地增加年发电量。例如，广东省乐昌市张滩水电站，装机容量 6010kW（3×1670＋8×125），大坝先后加高 2.2m，采用水力自控翻板闸门提高运行水头，建成日调节库容 141 万 m^3，增加了调峰电量，年增加发电量 286 万 kW·h。

3 对于水头、来水量比原设计减小（也有只减小水头或只减少来水量的情况）了的小型水电站，可根据水电站的实际运行水头和来水量，降低额定水头或减少额定功率，选用合适的新型转轮或设计改型新转轮，将水轮机调整到较优工况区运行，从而提高水轮机的运行效率，增加年发电量。例如，山西省灵邱县北泉水电站，装机容量 2×1250kW，水轮机设计水头 42m，额定流量 3.62m^3/s，枯水期（10 月至次年 5 月）来水量少，平均流量仅 2.3m^3/s，一台机也只能带 400kW～600kW。根据实际流量决定减容改造，专为枯水期配置了一个不锈钢新转轮（原型号为 HL702-WJ-71，新型号为 HLA553-WJ-71，叶片为二次模压工艺），额定功率 700kW，电站装机容量由 2500kW 降为 1950kW，由于大幅度提高了水轮机的效率（比原型号水轮机增加 13.7%），充分利用了枯水期宝贵的水能资源，水电站年发电量比减容前平均多发 340 万 kW·h，效益十分明显。

4 对于多泥沙河流小型水电站，应根据水轮机过机含沙量，泥沙中值粒径 d_{50} 及泥沙矿物成分和颗粒形状等条件，选用单位转速 n_{11} 相接近、单位流量 Q_{11} 略减少，模型空化系数 σ_m 适当降低，效率较高的转轮；并合理加大导叶分布圆直径 D_0，调整导叶型线，降低和匀化导叶区流速；同时采取其他抗磨蚀措施，延长大修周期和设备运行寿命，最终达到更新改造或增容改造的目的。例如，新疆疏附县吾库萨克水电站，设计装机容量 3×800kW，实际装机 2×800kW。经多年运行与综合计算，该站装机容量以 3000kW 为宜，故决定新增一台 1000kW 机组，并对 2 台 800kW 机组分别增容至 1000kW。原水轮机型号为 ZD661-LH-120。$H=14.5$m，$Q=7.76m^3/s$，$n=428.6$r/min，新型号为 ZDJP502-LH-120。由于水中泥沙含量大，水轮机过流部件磨损严重，故改造后水轮机除采用不锈钢叶片外，结构上还采取了许多改进措施（如转轮室和顶盖、底环、护板均为可拆卸结构，主轴密封为无接触密封结构，水导轴承为分块抛物线免刮轴瓦等新技术、新工艺），增容抗磨效果明显，得到用户肯定。

5 对安全隐患严重的水轮机，应局部或全部报废更新，确保机组安全运行。例如，浙江省嵊州市南山水库一级电站，建于 1966 年，限于当时的条件以及经过 40 多年的运行，水轮机转轮经多次焊补后叶片偏差较大，效率低下，实测最高效率只有 82%，振动严重超标，导叶漏水大，空蚀、锈蚀、磨损严重，经检测已不能安全运行。水电站改造除保留蜗壳与尾水管外，对其余部件进行报废更新。

5.3.4 小型卧式水轮发电机组的推力轴承安装于水轮机，而小型立式水轮发电机组的推力轴承安装于发电机，目前急需改造的小型水轮发电机组卧式多于立式，故本规范将推力轴承归在水轮机及其附属设备一节中。

1 弹性金属塑料推力瓦，摩阻小，不用刮瓦，运行事故少，应予以推广。

2 当机组最大轴向推力超过推力轴承设计允许的承载能力时，需改进轴承结构或更换推力轴承。

5.3.7 调速系统技术改造应符合下列要求：

3 随着调速系统设备生产的标准化，数字式全自动调速器成本得到大幅降低。由于低成本数字式全自动调速器的研制成功与推广应用，小型水电站已完全可以普及使用数字式全自动调速器。由于手动、电动调速器即俗称的手电操作缺乏安全措施，国内曾发生多次手电操作危及人身安全事故，故从安全角度出发，严禁使用没有安全措施的手动、电动调速器。

4 在小型水电站，利用全自动调速系统的油源为自动刹车装置提供可靠的压力油源已呈现普遍趋势。配合高油压全自动调速器的推广使用，小型水电站基本可以取消气系统。

5.4 辅 助 设 备

5.4.1 如浙江省峡口水电站，机组容量从 4000kW 增加到 5000kW 后，经校核原厂内起重设备与油、气、水系统已不能满足要求，均进行了报废更新。

5.4.2 渗漏排水系统的水泵应淘汰技术落后，性能差的 B 型、BA 型单级单吸悬臂式离心泵及 JD 型长轴深井泵。

5.4.3 机组技术改造后，压缩空气系统的供气对象及用气量可能发生变化，例如有的机组原先没有设检修密封，改造后增加了检修密封；又如有的增容改造机组，输出功率增加较多，机组制动用气量也会增加。因此，应根据机组改造的情况，对压缩空气系统进行分析和必要的改造，使压缩空气系统满足机组改造后的用气需要。

5.4.4 在小型水电站取消绝缘油系统、简化透平油系统，可以使水电站油系统得到简化，减少运行成本和环境污染。

5.5 发电机及其他电气设备

5.5.1 发电机及其他电气设备的技术改造，特别是增容改造，容量上应与水轮机相匹配，任何环节都不能存在不匹配的现象。单机容量 800kW 以下的高压机组改造时宜改为低压机组。对于有穿越功率的升压变电站，主变压器和高压设备还要计及穿越功率的影响。

5.5.2 发电机的技术改造，应采用新型绝缘材料、优质高效硅钢片以及定子和转子的各种新结构、新工艺。其改造方式和范围可根据具体情况确定：

1 改进通风系统：如改进、更换冷却系统，调换转子风扇，加强强迫通风等。例如浙江省峡口水电站、南山水电站针对发电机温度高的问题，将管道通风改为密封空气冷却器方式，取得了很好的效果；

2 若定子、转子绕组绝缘老化，应更换绕组或同时采用更高一级的绝缘材料，如 B 级绝缘换成 F 级绝缘，以提高耐温性能。发电机改造应根据设备实际情况，选定合理的改造方式和范围是十分必要的，盲目的改造只会造成不必要的经济损失和改造周期的延长。据调查，不是所有的发电机增容改造都需要同时更换定子绕组和转子磁极线圈的，也不是所有的发电机绝缘都需要选择 F 级及以上的。例如，贵州省关岭县红岩电站 2# 机组，在水轮机增容改造的同时，对发电机进行了改造。原发电机型号为 SFW2500-6/1480kW，改造后为 SFW3000-6/1480kW，改造后发电机的出力由 2450kW 增至 3300kW，增加了 850kW，比合同要求还高出 300kW。主要改造措施：① 更换定子线圈，绝缘等级由 B 级提高到 F 级并扩大导线截面；② 转子线圈加匝返新，绝缘等级由 B 级提高到 F 级；③ 采用管道通风系统，增设排风机等技术措施。效果很好，运行一年即收回技改投资，给电站带来可观的经济效益。

提高绝缘等级常可使发电机增容，若增容幅度仍不满足要求时，可增加定、转子的铁芯长度，以提高电磁功率。对于立式发电机，若铁芯增长使定子超出主机室地面时，应以不影响转子吊出机坑为限。

注意有功功率增容时，无功功率也要跟上，否则，功率因数太高，不能满足电网的要求。提高发电机的功率因数是目前的一种趋势，可以减少投资，因此，功率因数适当提高是可以的。

4 重新设计发电机时，应充分利用原设备的基础及埋件。其他部件如大轴、上下机架等，凡经加工后仍可使用者均应利用，以节省改造费用。

5.5.6 如结合机组增容改造需更换主变压器，则应选用节能低耗变压器。高耗能变压器都应更换成节能低耗变压器。如原有变压器容量足够，结合技术改造，也可将旧变压器改造为节能低耗变压器。属淘汰序列的变压器一定要更换掉。在低压机组小型水电站，很多变压器是降压型的，应改为升压型的。

5.5.7 其他电气设备技术改造

3 五防是指：

1）防止误分、误合断路器；

2）防止带负荷分、合隔离开关；

3）防止带电挂设接地线；

4）防止带地线合闸；

5）防止操作人员误入带电间隔。

4 3C认证是中国强制性产品认证的简称。对强制性产品认证的法律依据、实施强制性产品认证的产品范围、强制性产品认证标志的使用、强制性产品认证的监督管理等作了统一的规定。

小型水电站选择开关设备一定要考虑小型水电站运行人员的技术水平，宜选择价廉、简单、易维护的设备。

老的低压开关柜大多没有达到3C认证要求，应该在改造时进行更换。

5 电缆对环境的污染和小型水电站排水对河道的污染一直没有引起足够重视，借鉴国外的设计，将电缆升高布置还可解决老鼠对电缆的破坏。

5.5.8 过去为了减少投资，小型水电站对操作电源的选择一般都是尽量简化，如要实现无人值班（少人值守），必须要有可靠的操作电源。但操作电源的选择一定要以减少污染为前提。

5.5.9 事故照明可以采用独立的专业事故照明灯具，这样就能解决没有直流系统小型水电站的事故照明问题。

5.6 自 动 化

5.6.2 按无人值班（少人值守）要求改造的小型水电站，应达到以下要求：

1 能在无人干预的情况下实现自动关机。前提是必须要有完善、可靠的自动化元件。

2 数字控制技术是当今的主流，应该大力推广。ON—CALL功能能将小型水电站事故信息直接采用短信或语音的方式发至巡检人员的手机上，告知事故对象和性质。

3 视频监视设备可使小型水电站的管理更为可靠，可靠的记录设备有助于事故的追忆和分析。

4 防盗报警是一种实用的安全手段，在无人值班小型水电站装设是十分必要的，特别在低压机组小型水电站。

5.6.3 我国低压机组小型水电站没有自动刹车装置是很普遍的现象，对设备和运行人员都不安全，一定要彻底改变。这也是实现无人值班的基本要求。

5.6.4 我国的监控、励磁、调速等设备是单独研发的，在国家技术管理体制改革的大环境下，目前还没有好的办法来进行统一协调，造成小型水电站自动控制设备在功能上重复设置的现象经常发生。多装置采集、多点操作使得设备和技术上的资源浪费，成为一家无法解决的问题，多装置的不合理操作可能会使事故的分析变得十分困难，因此，简化现地操作十分必要。由于继电保护的重要作用，宜独立设置。

5.6.5 据调查，我国小型水电站的闸门监控大都只是现地操作，没能实现真正的远方操作。室外恶劣天气下进行现地操作难度大、危险性大，在汛期远方操作比现地操作显得尤为必要。

5.6.6 我国小型水电站的大坝监测一直没能得到足够的重视，早期建成的小型水电站基本没有，新建小型水电站对监测设备的埋设管理也很不到位，大坝监测形同虚设，这也是溃坝事故频发的原因所在。

5.6.7 低压机组小型水电站占全国水电站总量的80%以上。数字式一体化控制、保护、励磁屏是低压机组控制设备的换代产品，国内、外都已大量使用，值得推广。例如，湖北省水利厅所属王英水库电站，装有4×250kW低压卧式机组和2×250kW低压立式机组，改造内容为低压控制屏、微机励磁系统、微机高油压调速器、视频监控、高压出线柜、微机监控系统。采用低压机组数字一体化控制屏和低压机组微机高油压调速器后，技术上达到了无人值班目标，性能指标均满足改造设计要求，投资还不到原计划的1/3。又如，安徽省潜山县大关一级水电站，原装机2×500kW，增容改造为2×800kW，改造要求发电机采用无刷励磁方式，大大简化了励磁设备，实现了一台机一面一体化控制屏，一台微机调速器的标准配置，减少了投资，降低了运行成本，实现了现场免维护的目标。

5.6.8 我国小型水电站使用的低压控制屏柜大都达不到IP40（即防直径为1mm甚至更大的固体颗粒尖端或1mm直径的固体颗粒完全不能穿透）的防护标准和3C认证标准要求，很多小型水电站夏天都将屏柜打开运行，不利于安全运行。设备生产厂家在屏柜设计时就应该按相关防护等级要求和3C认证标准进行设计。

5.6.9 强调通信设备的配备主要是针对低压机组小型水电站，这些水电站以前基本没有完善的通信设备。

5.7 暖通与消防

5.7.1 恶劣的运行条件是影响发电安全的重要因素，应尽可能加以改善。南方一些小型水电站，由于厂房通风设计不完善，造成厂房内温度过高、湿度偏大，对运行人员的健康和设备的安全都很不利，应采取措施加以改善。

厂房内运行人员工作场所的夏季空气温度不宜高于30℃，当室内温度30℃以上时，应采取降温措施；厂房内冬季温度，机组正常运行时，不宜低于10℃，机组停运或检修时不应低于5℃，当低于5℃时，应增设采暖设施。小型水电站采暖通风改造，可按现行国家标准《小型水力发电站设计规范》GB 50071执行。

不少小型水电站，噪声超标，有损运行人员身心健康，应积极采取吸音、隔音减噪措施。

5.7.2 小型水电站一般不配备消防车，如远离城镇或其他大型企业，无法利用社会上的消防设备时，自备消防给水设施是必不可少的。

消防给水设施可与发电引水或生活供水系统结合，也可设置专用的消防水泵或消防水池，按照可靠、经济的原则选定。消防设计可参见国家现行标准《小型水力发电站设计规范》GB 50071 和《水利水电工程设计防火规范》SDJ 278 的有关条款。

5.7.5 据调查，我国低压机组和部分高压机组没有设计旋转部件安全防护罩。很多小型水电站旋转部件的防护可以随意拆卸，根本起不到安全防护的作用，应予以重视。

6 技术性能指标

6.0.1 小型水电站装机容量适用范围很大，相应单机功率范围也很大。因此，本规范将反击式水轮发电机组综合效率按功率大小设 4 挡提出要求。在保证机组综合效率达到要求的前提下，相应水轮机效率和发电机效率分别见下表：

单机功率（kW）	水轮机效率（%）	发电机效率（%）
小于 500	85	88
500～3000	85～88	88～92
3000～10000	88～92	92～95.5
10000 以上	93	95

单机功率小，取低值；单机功率大，取高值。按插入法计算，这是对制造厂的最低要求。

低于以上要求的机型，在机组技术改造选型时，不宜使用。

6.0.7 多泥沙河流小型水电站水轮机在设计制造时应采取必要的抗泥沙磨蚀措施。据调查，不少多泥沙河流小型水电站水轮机首次大修间隔时间不到 1 年（经 1 个汛期运行），经过技术改造，采取抗泥沙磨蚀综合治理措施后大修间隔时间可延长到 2 年～3 年，因此本条提出不少于 2 年（经 2 个汛期运行）是可以做到的，也是对水轮机设计制造的基本要求。

中华人民共和国国家标准

烧结砖瓦工厂设计规范

Code for design of fired brick and tile plant

GB 50701—2011

主编部门：国家建筑材料工业标准定额总站
批准部门：中华人民共和国住房和城乡建设部
施行日期：2 0 1 2 年 6 月 1 日

中华人民共和国住房和城乡建设部
公　　告

第 1088 号
关于发布国家标准
《烧结砖瓦工厂设计规范》的公告

现批准《烧结砖瓦工厂设计规范》为国家标准，编号为GB 50701—2011，自2012年6月1日起实施。其中，第1.0.5、6.1.5、7.3.2（6）、10.5.2（1）、14.3.1、15.2.2条（款）为强制性条文，必须严格执行。

本规范由我部标准定额研究所组织中国计划出版社出版发行。

中华人民共和国住房和城乡建设部

二〇一一年七月二十六日

前　　言

本规范是根据住房和城乡建设部《关于印发〈2009年工程建设标准规范制订、修订计划〉的通知》（建标〔2009〕88号）的要求，由西安墙体材料研究设计院会同有关单位共同编制完成的。

本规范共分16章和9个附录。主要内容包括：总则，术语，产品方案、设计规模及设计依据，厂址选择与总体规划，总图运输，原料，燃料，生产工艺，电气及自动化，建筑结构，给水与排水，采暖、通风与除尘，其他生产设施，节能，环境保护，职业安全卫生等。

本规范中以黑体字标志的条文为强制性条文，必须严格执行。

本规范由住房和城乡建设部负责管理和对强制性条文的解释，国家建筑材料工业标准定额总站负责日常管理，西安墙体材料研究设计院负责具体技术内容的解释。本规范在执行过程中如发现需要修改和补充之处，请将意见和有关资料寄送西安墙体材料研究设计院（地址：陕西省西安市长安南路6号，邮政编码：710061），以便今后修订时参考。

本规范主编单位、参编单位、主要起草人和主要审查人：

主编单位： 西安墙体材料研究设计院
中国建筑材料工业规划研究院

参编单位： 山东矿机迈科建材机械有限公司
济南金牛砖瓦机械有限公司
陕西宝深建材机械集团有限公司
南京双阳建材机械制造有限公司

主要起草人： 肖　慧　路关生　李惠娴　焦雨华
赵世武　李寿德　施敬林　施梅茹
李青兰　杨　璞　刘　蓉　雷永敏
郑文衡　孟永利　王宝忠　王立群

主要审查人： 同继锋　陈福广　陶有生　屈宏乐
郭永亮　赵镇魁　王　辉　陈恩清
许彦明　宁衍林　赵裕文　王雪平
桑　勇　王益民

目　次

Contents

1 总　　则

1.0.1 为在烧结砖瓦工厂设计中，贯彻执行国家有关法规和方针政策，规范烧结砖瓦工厂设计原则和主要技术经济指标，促进清洁生产，实现节能减排，做到安全可靠、技术先进、经济合理、保护环境，制定本规范。

1.0.2 本规范适用于新建、改建和扩建的采用烧结工艺生产墙体、屋面、道路材料生产线的工程设计。

1.0.3 烧结砖瓦工厂设计应进行综合效益和市场需求的分析研究，选用可靠、先进、适用、经济的生产工艺和装备，并合理降低工程投资、提高劳动生产率、缩短建设周期。

1.0.4 烧结砖瓦工厂设计应符合工厂所在地区规划的要求。对于改建、扩建项目应进行多方案的综合比较，合理利用原有建筑物和可利用的生产及辅助设施、资源。

1.0.5 烧结砖瓦工厂严禁采用国家政策明令淘汰的生产工艺、技术和装备，严禁生产国家政策明令淘汰的产品。

1.0.6 烧结砖瓦工厂应生产国家政策鼓励的产品。

1.0.7 烧结砖瓦工厂设计应有效利用资源和综合利用废弃物。

1.0.8 烧结砖瓦工厂设计应按照现行国家标准《烧结砖瓦工厂节能设计规范》GB 50528 的有关规定，节约和合理利用能源，并配备能源计量器具，建立能源计量管理制度。

1.0.9 烧结砖瓦工厂的设计除应执行本规范外，尚应符合国家现行有关标准的规定。

2 术　　语

2.0.1 一次码烧工艺　once setting in drying-firing

将成型后的坯体直接码放在窑车上，依次进行干燥、预热、焙烧、冷却的一种生产工艺。

2.0.2 二次码烧工艺　twice setting in drying-firing

将成型后的坯体先码放在干燥装置中完成干燥工序后，再次码放到窑车上，依次进行预热、焙烧、冷却的一种生产工艺。

2.0.3 内燃烧砖技术　the firing technology with intenal fuel

通过坯体内原有或掺加的固态含能物质的燃烧而完成坯体焙烧工序的一种烧成技术。

2.0.4 原料配比　the ratio of raw material

为制备合格产品而确定的所用各种原料的用量比例，又称配方，常用百分比表示。

2.0.5 陈化　ageing

通过把泥料放置在一定温度、湿度条件下，使其发生均化、湿化等物理、化学变化，从而改善泥料的成型等工艺性能的一种处理工序。

2.0.6 挤出成型　extrusion

使用挤出机将原料泥团挤成一定截面的连续泥条并切割成所需尺寸坯体的一种成型方法。

2.0.7 压制成型　pressing

使用压制设备将泥料在模腔内加压成所需尺寸坯体的一种成型方法。

2.0.8 人工干燥　artificial drying

使用干燥设备对成型坯体进行可控式干燥的一种干燥方法。是相对于自然干燥而言的一种干燥方法。

3 产品方案、设计规模及设计依据

3.0.1 烧结砖瓦工厂设计的产品应包括烧结砖、烧结瓦、烧结空心砌块等。

3.0.2 烧结砖瓦工厂的产品方案和设计规模应根据原料性能、市场需求、建设情况等以及政府的相关政策确定。

3.0.3 烧结砖瓦工厂设计的产品质量应执行相应的现行国家标准的规定，没有相应标准的产品，宜与用户协商确定。

3.0.4 新建、改建烧结砖生产线单线设计规模不应小于 6000 万块/a。新建、改建烧结瓦生产线单线设计规模不应小于 400 万片/a。

3.0.5 烧结砖工厂的设计规模应符合表 3.0.5 的规定。

表 3.0.5　烧结砖工厂设计规模表

规 模 类 别	年产量（万块/a）
大型	≥12000
中型	6000～12000
小型	≤6000

3.0.6 烧结瓦工厂的设计规模应符合表 3.0.6 的规定。

表 3.0.6　烧结瓦工厂设计规模表

规 模 类 别	年产量（万片/a）
大型	≥1000
中型	400～1000
小型	≤400

3.0.7 设计基础资料应包括下列主要内容：

1 实行审批制的建设项目，在进行项目可行性研究时，应有批准的项目建议书或项目预可行性研究报告；在进行初步设计时，应有批准的项目可行性研究报告（含厂址选择报告）；在进行施工图设计时，应有批准的初步设计文件。

2 实行核准制的建设项目，在进行初步设计和施工图设计时，应有批准的项目申请报告（含厂址选择报告)。

3 资源储量及勘探报告。

4 原料、燃料工艺性能试验报告。

5 厂区工程地质勘探报告。

6 供水、供电意向书、协议书或可行性研究报告。

7 外购原料、燃料供应意向书或协议书。

8 主管部门同意征用建设用地的书面文件。

9 厂区地形图图纸比例：初步设计阶段 1∶2000 或 1∶1000，施工图设计阶段 1∶1000 或 1∶500。

10 建厂地区气象和水文资料。

11 地震设防烈度。

12 建厂地区的城建规划要求。

13 环境影响评价报告及环境保护部门对建厂的要求。

14 安全要求。

15 地方建筑材料价格及工程概、预算和技术经济资料。

4 厂址选择与总体规划

4.1 厂址选择

4.1.1 烧结砖瓦工厂厂址应靠近原料矿山或主要原料储藏、堆存或排放地，宜靠近交通线路、水源和电源。厂址选择应对建设规模、原料和燃料来源、产品流向、交通运输、供电、供水、企业协作条件、场地现有设施、环境保护、文物古迹保护、人文、社会、施工条件等因素进行综合技术经济比较后确定。

4.1.2 厂址选择应满足工业布局和土地利用总体规划的要求。

4.1.3 厂址选择应合理利用土地和切实保护耕地。

4.1.4 厂址应满足工程建设需要的工程地质和水文地质条件，并应避开有用矿藏。

4.1.5 厂址应位于城镇和居住区全年最小频率风向的上风侧，不应选在窝风地段。

4.1.6 烧结砖瓦工厂防洪标准应符合现行国家标准《防洪标准》GB 50201 的有关规定。场地标高不宜低于防洪标准的洪水位加 0.5m。若低于上述标高时，厂区应有可靠的防洪设施，并在初期工程中一次建成。当厂址位于山区时，应设计防洪、排洪的设施。烧结砖瓦工厂设计防洪标准应符合表 4.1.6 的规定。

表 4.1.6 烧结砖瓦工厂设计防洪标准

规模类别	防洪标准重现期（a）
大型	50～100
中型	20～50
小型	10～20

4.1.7 厂址选择应按现行国家标准《工业企业总平面设计规范》GB 50187 的有关规定执行。

4.2 总体规划

4.2.1 烧结砖瓦工厂的总体规划应按现行国家标准《工业企业总平面设计规范》GB 50187 的有关规定执行。

4.2.2 烧结砖瓦工厂的总体规划应满足所在地区的区域规划、城镇规划的要求。

4.2.3 烧结砖瓦工厂的总体规划应结合当地的技术经济、自然条件等进行。

4.2.4 烧结砖瓦工厂的总体规划应贯彻节约用地的原则，优先利用荒地、劣地及非耕地。

4.2.5 烧结砖瓦工厂总体规划应符合现行国家标准《工业企业厂界环境噪声排放标准》GB 12348 及国家现行有关工业企业设计卫生标准的规定。

4.2.6 厂外道路应满足城乡规划或当地交通运输规划的要求，并应合理利用现有的国家公路及城镇道路。外部运输方式的选择应符合下列规定：

1 厂外运输方式宜根据当地运输条件确定。

2 厂外道路与城镇及居住区公路的连接应平顺、短捷。

4.2.7 厂内动力设施宜靠近负荷中心或主要用户。

5 总图运输

5.1 一般规定

5.1.1 总图运输设计应根据生产规模、工艺流程、建设内容、交通运输、环保节能、安全卫生和厂区发展等要求，结合场地自然条件进行多方案技术经济比较，优选出布置协调、生产可靠、技术先进的总体设计。

5.1.2 总平面设计应严格遵守国家土地政策、有关法规和工业建设用地的规定。

5.1.3 建筑物(或构筑物)等设施应采用联合、集中布置，厂区功能分区及各项设施的布置应紧凑、合理。

5.1.4 改建、扩建的烧结砖瓦工厂总平面设计应充分利用现有的场地和设施，减少新征土地面积，减少建筑物拆迁面积。

5.1.5 总平面布置应充分利用地形、地势、工程地质、水文地质等条件，合理布置建筑物（或构筑物）等有关设施。

5.1.6 总平面布置应合理地组织人流和物流。

5.1.7 总平面设计应进行多方案的技术经济比较，并应列出以下主要技术经济指标：

1 厂区用地面积（m^2）。

2 建筑物（或构筑物）用地面积及露天设备用地面积（m^2）。

3 露天堆场及露天操作场用地面积（m^2）。

4 建筑系数（%）。

5 道路及广场用地面积（m²）。

6 绿化占地面积（m²）。

7 绿地率（%）。

5.2 总平面布置

5.2.1 烧结砖瓦工厂的总平面布置应合理划分功能分区，各项设施的布置应紧凑协调、外形规整，单个小建筑物宜合并或并入大型厂房内部，并不应突破建筑红线。公用设施、生产辅助设施、厂前区及生活设施应严格限制用地。

5.2.2 大型建筑物（或构筑物）、窑炉和生产装备等应布置在土质均匀、地基承载能力大的地段，对较大、较深的地下建筑物（或构筑物），宜布置在地下水位较低的填方区。

5.2.3 产生高温、气体、烟尘的生产设施应布置在厂区全年最小频率风向的上风侧，且地形开阔、通风良好的地段。

5.2.4 原料处理设施应靠近原料储存区域布置，并应位于厂区全年最小频率风向的上风侧，且地形开阔、通风良好的地段。

5.2.5 变电所的布置应符合下列规定：

1 变电所应便于高压线的进线和出线。

2 变电所应避免设在有强烈振动的设施附近。

3 变电所应避免布置在多尘、有腐蚀性气体和有水雾的场所，并应位于多尘、有腐蚀性气体场所全年最小频率风向的下风侧和有水雾场所冬季盛行风向的上风侧。

5.2.6 压缩空气站的布置应符合下列规定：

1 压缩空气站应位于空气洁净的地段，应避免靠近散发爆炸性、腐蚀性和有害气体及粉尘等的场所，并应位于上述场所全年最小频率风向的下风侧。

2 压缩空气站的朝向应结合地形、气象条件，使站内有良好的通风和采光。储气罐宜布置在站房的北侧。

5.2.7 煤气站的布置应符合下列规定：

1 煤气站宜位于厂区主要建筑物和构筑物的全年最小频率风向的上风侧。

2 煤气站应位于有明火或散发火花地点的全年最小频率风向的下风侧。

3 煤气站应布置在运输条件方便的地段，应避免其灰尘和有害气体对周围环境的影响。

4 储煤场和灰渣场宜布置在煤气站全年最小频率风向的上风侧。

5 煤气站的布置尚应符合现行国家标准《工业企业煤气安全规程》GB 6222的有关规定。

5.2.8 锅炉房的布置应符合下列规定：

1 锅炉房应靠近热负荷中心，并宜设在厂前区附近或主要用热建筑与厂前区之间地势较低的地方。

2 锅炉房应设在厂前区、生活区全年或冬季最小频率风向的上风侧，并应有利于自然通风和采光。

3 锅炉房附近应有能存放5d～10d用煤的煤堆场和3d～5d的灰渣堆场。堆场的位置应方便运输、有利防尘，符合防火要求。当锅炉房采用联合上煤、联合除渣时，还应有运煤、除渣设施用地。储煤场和灰渣场宜布置在锅炉房全年最小频率风向的上风侧。

4 锅炉房与邻近建筑物（或构筑物）之间的距离应符合现行国家标准《建筑设计防火规范》GB 50016及本规范附录A的规定。

5.2.9 机修仓库区宜布置在生产区与厂前区之间，并应符合下列规定：

1 机械修理和电气修理设施宜布置在环境洁净，朝向、采光及通风条件较好的地段，并应有较方便的交通运输条件。

2 建筑维修设施的布置宜位于厂区边缘或厂外独立的地段，并应有必要的露天操作场、堆场和方便的交通运输条件。

3 材料库宜靠近主要生产区和机修区布置，并应有室外堆场。

4 备品备件库宜靠近机修区布置。

5 中、小型烧结砖瓦工厂可设置综合维修车间。

5.2.10 汽车衡的布置应位于有较多称量车辆行驶方向道路的右侧，并不应影响道路的正常行车。

5.2.11 成品仓库与堆场应根据成品出入方向、储存面积、运输方式等因素，按不同类别集中布置。

5.2.12 行政办公及生活服务设施的布置应位于厂区全年最小频率风向的下风侧，并应布置在便于生产管理、环境洁净、靠近主要人流出入口、与城镇和居住区联系方便的地点。

5.2.13 行政办公及生活服务设施的用地面积不得超过项目总用地面积的7%。

5.2.14 厂区出入口的数量不宜少于2个，并应根据企业的生产规模、总体规划、厂区用地面积及总平面布置等因素综合确定出入口的位置。

5.2.15 围墙至建筑物、道路和排水明沟的最小间距应符合表5.2.15的规定。

表5.2.15 围墙至建筑物、道路和排水明沟的最小间距表

名　称	至围墙最小间距（m）
建筑物	5.00
道路	1.00
排水明沟边缘	1.50

注：1 表中间距除注明者外，围墙自中心线算起；建筑物自最外边轴线算起；道路为城市型时，自路面边缘算起；为公路型时，自路肩边缘算起；

2 围墙至建筑物的间距，当条件困难时可适当减少；当设有消防通道时，其间距不应小于6m；

3 传达室、警卫室与围墙的间距不限。

5.3 交 通 运 输

5.3.1 厂内道路的布置应符合下列规定：

1 厂内道路应满足生产、运输、安装、检修、消防及环境卫生的要求。

2 厂内道路应与厂区内主要建筑物轴线平行或垂直，且呈环形布置；个别边缘地段做尽头式布置时，应设回车场或回车道。

3 厂内道路路面标高应与竖向设计相协调，并应与雨水排除相适应。同时路面标高应低于附近车间室外散水坡脚标高，以满足室外场地排水的要求。

4 厂内道路应与厂外道路连接方便、短捷。

5 厂房周围宜设置环形消防车道，当有困难时，可沿厂房的两个长边设置消防车道。

6 建设工程施工道路应与永久性道路相结合。

5.3.2 厂内道路路面结构设计除根据交通量、路基因素外，还应结合道路性质、当地材料、施工及养护维修条件，优选出经济合理的路面结构组合类型。

5.3.3 厂内道路路面宽度应根据车辆通行和人行需要确定，并应符合现行国家标准《厂矿道路设计规范》GBJ 22 的有关规定。

5.3.4 厂内道路交叉口路面内缘转弯半径应根据其行驶车辆的类别确定，并应符合表 5.3.4 的规定。

表 5.3.4 厂内道路交叉口路面内边缘转弯半径表

道路类别	路面内边缘转弯半径（m）		
	主干道	次干道	支道
主干道	12～15	9～12	6～9
次干道	9～12	9～12	6～9
支道及车间引道	6～9	6～9	6～9

注：1 当场地受限制时，表中数值（6m 半径除外）可适当减少。

2 供消防车通行单车道路面内缘转弯半径不得小于 9m。

5.3.5 厂内道路设计应考虑基建、检修期间大件设备运输与吊装的要求。

5.3.6 生产装置和建筑物的主要出入口应根据需要设置与出入口或大门宽度相适应的引道或人行道，并就近与厂内道路连接。

5.3.7 地磅房进车端的道路应为平坡直线段，其长度不宜小于 2 辆车长，在困难条件下不应小于 1 辆车长；出车端的道路应有不小于 1 辆车长的平坡直线段。

5.3.8 消防车道的布置应符合下列规定：

1 消防车道应与厂区道路连通，且距离短捷。

2 消防车道的宽度不应小于 3.5m。

5.3.9 厂区内人行道的布置应符合下列规定：

1 人行道的宽度不宜小于 0.75m，沿主干道布置时可设为 1.5m。当人行道宽度超过 1.5m 时，宜按 0.5m 的倍数递增。

2 人行道边缘至建筑物外墙的净距，当屋面为无组织排水时可设为 1.5m，当屋面为有组织排水时，应根据具体情况确定。

5.3.10 厂区内道路的互相交叉宜采用平面交叉。平面交叉应设置在直线路段，并宜正交。当需要斜交时交叉角不宜小于 45°。

5.3.11 厂内主、次干道平面交叉处的纵坡宜按现行国家标准《厂矿道路设计规范》GBJ 22 的有关规定执行。

5.3.12 厂内道路边缘至建筑物（或构筑物）的最小距离应符合现行国家标准《工业企业总平面设计规范》GB 50187 的有关规定。

5.4 竖 向 设 计

5.4.1 竖向设计应与总平面布置同时进行，且与厂区外现有和规划的运输线路、排水系统、周围场地标高等相协调。竖向设计方案应根据生产、运输、防洪、排水、管线敷设及土方（或石方）工程等要求，结合地形和地质条件进行综合比较后确定。

5.4.2 竖向设计应符合下列规定：

1 竖向设计应满足生产、运输要求。

2 竖向设计应有利于土地节约利用。

3 竖向设计应使厂区不被洪水、潮水及内涝水淹没。

4 竖向设计应合理利用自然地形，减少土方（或石方）、建筑物（或构筑物）基础、护坡和挡土墙等工程量。

5 填方、挖方工程应防止产生滑坡、塌方，山区建厂时应保护山坡植被。

6 竖向设计应充分利用和保护现有排水系统。当需要改变现有排水系统时，应保证新的排水系统水流顺畅。

7 竖向设计应适应厂区景观的要求。

8 分期建设的工程，在场地标高、运输线路坡度、排水系统等方面，应使近期与远期工程相协调。

9 改建、扩建工程应与现有场地竖向相协调。

5.4.3 竖向设计应根据场地的地形和地质条件、厂区面积、建筑物大小、生产工艺、运输方式、建筑密度、管线敷设、施工方法等因素合理选择。

5.4.4 场地设计标高的确定，除应保证场地不被洪水、潮水和内涝水淹没外，尚应符合下列规定：

1 场地设计标高应与城镇、相邻企业和居住区的标高相适应。

2 场地设计标高应具备方便生产联系、满足运输及排水设施的技术条件。

3 场地设计标高应在满足本条第 1 款及第 2 款要求的前提下，减少土方（或石方）工程量。

5.4.5 场地的平整坡度应有利于排水，最大坡度应根据土质、植被、铺砌、运输等条件确定。

5.4.6 工业建筑的室内地坪标高应高出室外场地地面设计标高 0.15m～0.20m，民用建筑的室内地坪标高应高出室外场地地面设计标高 0.30m～0.60m。

5.4.7 厂区出入口的路面标高宜高出厂外路面标高。

5.4.8 工业企业场地自然坡度大于 5%时，厂区竖向宜采用阶梯式布置，阶梯的划分应符合下列规定：

1 阶梯划分应与地形及总平面布置相适应。

2 生产联系密切的建筑物（或构筑物）应布置在同一台阶或相邻台阶上。

3 台阶的长边宜平行等高线布置。

4 台阶的宽度应满足建筑物（或构筑物）、运输线路、管线和绿化等布置要求，以及操作、检修、消防和施工等需要。

5 台阶的高度应按生产要求及地形和地质条件，结合台阶间运输联系等因素综合确定，并宜取 1m～4m。

5.5 土方（或石方）工程

5.5.1 场地平整中的表土处理应符合下列规定：

1 填方地段基底较好的表土，应碾压密实后再进行填土。

2 建筑物（或构筑物）、道路和管线的填方地段，当表层为有机质含量大于 8%的耕土或表土、淤泥和腐殖土等时，应先挖除或处理后方能填土。

3 场地平整时，宜先将表层耕土挖出 0.15m～0.3m，并集中堆放。

5.5.2 场地平整时，填方地段应分层压实。黏性土的填方压实系数为：建筑地段不应小于 0.9，近期预留地段不应小于 0.85。

5.5.3 土方（或石方）量的平衡，除场地平整的土方（或石方）外，尚应包括建筑物（或构筑物）基础及室内回填土、地下构筑物、管线沟槽、排水沟、道路等工程的土方量，并应考虑表土（含腐殖土、淤泥等）的清除和回填量以及土方（或石方）松散量。

5.5.4 场地平整土方（或石方）的施工质量应符合国家现行标准《建筑地基基础工程施工质量验收规范》GB 50202、《建筑地基基础设计规范》GB 50007、《建筑地基处理技术规范》JGJ 79 的有关规定。

5.6 雨 水 排 除

5.6.1 厂区宜设置雨水收集、利用系统，综合利用雨水。

5.6.2 厂区应有完整、有效的雨水排除系统。排除雨水可选择暗管、明沟或地面自然排渗等方式。

5.6.3 计算厂区雨水排水流量应符合现行国家标准《室外排水设计规范》GB 50014 的有关规定。

5.6.4 排水明沟宜沿道路布置。

5.6.5 排水明沟的铺砌方式应根据所处地段的土质和流速等情况确定。其最小宽度不宜小于 0.4m，沟起点最小深度不应小于 0.2m。沟底纵坡宜为 0.5%～2%，最小可采用 0.3%，个别地形平坦的困难地段可采用 0.2%。

5.6.6 厂区的排水明沟宜采用矩形或梯形断面。明沟起点的深度不宜小于 0.2m，矩形明沟的沟底宽度不应小于 0.4m，梯形明沟的沟底宽度不应小于 0.3m。明沟的纵坡不应小于 0.3%；在地形平坦的困难地段不应小于 0.2%。

5.6.7 雨水口应位于集水方便、与雨水管道有良好连接条件的地段。雨水口的间距宜为 25m～50m。当道路纵坡大于 2%时，雨水口的间距可大于 50m。雨水口形式、数量和布置应根据具体情况和计算确定。当道路的坡段较短时，可在最低点处集中收水，其雨水口的数量应适当增加。

5.6.8 排出厂外的雨水应避免对其他工程设施或农田造成危害。

5.6.9 在山坡地带建厂时，应在厂区上方设置山坡截水沟。截水沟至厂区挖方坡顶的距离不宜小于 5m。当挖方边坡不高或截水沟铺砌加固时，此距离不应小于 2.5m。

5.6.10 截水沟不应穿过厂区。必须穿过时，穿过厂区地段的截水沟应从建筑密度较小地段穿过，并应加盖铺砌。

5.7 防 洪 工 程

5.7.1 当厂区临近江、河、湖水系，有被洪水淹没的可能时，或靠近山坡，有被山洪冲袭的可能时，应设置防洪工程。

5.7.2 防洪堤顶的设计标高应高出设计防洪标准水位 0.5m 以上，如有波浪侵袭和壅水影响，尚应增加波浪侵袭高度和壅水高度。

5.7.3 当防洪堤内的积水形成内涝时，可向湖、塘、沟谷等低地自流排除；如内涝水位较高而不能自流排除时，应采用机械排涝措施。

5.7.4 山区建厂时应在靠山坡一侧设置防洪沟，防止山洪冲袭厂区。防洪沟可利用顺山坡，由高向低将山洪引入自然水系或低洼沟谷排走；防洪沟跨越沟谷地段，可局部筑堤沟或设渡槽通过；防洪沟排出口应铺砌加固；防洪沟不得直接接至农田耕地，如能与农田水利结合，则应与当地主管部门协商并取得书面协议文件。

5.7.5 防洪沟宜分段向厂区两端沿短捷路线分散布置，利用地形减少挖方及铺砌加固工程量；防洪沟不宜穿过厂区，必须穿越时，应从建筑密度较小的地段穿过，并应铺砌加固，或做成暗沟、涵洞，但涵洞上方不得布置永久性建筑物。

5.7.6 当防洪沟设置在厂区挖方坡顶时，防洪沟与坡顶距离不宜小于5m；当挖方边坡不高或防洪沟铺砌加固时，此距离不应小于2.5m。

5.7.7 防洪沟紧靠厂区围墙以外布置时，沟墙及沟底应做浆砌或混凝土铺砌。铺砌段至坡顶的边坡应按土质情况采用不同的防护方式。防洪沟转角处应采用平曲线连接，曲线最小半径为水面宽度的5倍～10倍。

5.7.8 防洪沟的断面尺寸应按设计洪水流量及防洪纵坡等条件计算后，经过多方案比较确定。设计沟深应满足设计水深加0.2m的要求。当沟底宽度有变化时，中间应设置6m～10m的过渡段。

5.8 管线综合布置

5.8.1 管线综合布置应与烧结砖瓦工厂总平面布置、竖向设计和绿化布置相结合，统一规划。管线之间、管线与建筑物（或构筑物）、道路等之间在平面及竖向上应相互协调，紧凑合理。

5.8.2 管线的敷设方式应根据管线内介质的性质、工艺和材质要求、生产安全、交通运输、施工检修和厂区条件等因素，结合工程的具体情况，经技术经济比较后综合确定。

5.8.3 管线综合布置在满足生产、安全、检修的条件下宜采用共架、共沟布置。

5.8.4 管线综合布置宜将管线布置在规划的管线通道内，管线通道应与道路、界区控制线平行布置。

5.8.5 管线综合布置应减少管线与道路交叉。当管线与道路交叉时应力求正交，在困难条件下，其交叉角不宜小于45°。

5.8.6 山区建厂时应充分利用地形敷设管线，避免山洪、泥石流及其他不良地质对管线的危害。

5.8.7 分期建设的企业，管线布置应全面规划，近期集中，远、近结合。近期管线穿越远期用地时，不得影响远期土地的使用。

5.8.8 管线综合布置时，干管应布置在用户较多或支管较多的一侧；或将管线分类布置在管线通道内。管线综合布置宜按下列顺序，自界区控制线向道路方向布置：

1 电信电缆。

2 电力电缆。

3 热力管道。

4 各种工艺管道及压缩空气、煤气等管道和管架。

5 生产及生活给水管道。

6 工业废水（含生产废水及生产污水）管道。

7 生活污水管道。

8 消防水管道。

9 雨水排水管道。

10 照明及电信杆柱。

5.8.9 改建、扩建工程中的管线综合布置不应妨碍现有管线的正常使用。当管线净距不能满足本规范附录D～附录F的规定时，可采取有效措施后适当缩小净距。

5.8.10 地下管线的布置应按管线类别相同和埋深相近的原则，合理地集中布置相互平行的地下管线、管沟，不应平行重叠敷设。

5.8.11 地下管线和管沟不应布置在建筑物（或构筑物）的基础压力影响范围内，并应考虑管线、管沟在施工和检修开挖时，对建筑物（或构筑物）基础的影响。

5.8.12 地下管线和管沟不宜平行敷设在道路下面，当条件不允许时，可将检修少或检修时对路面损坏小的管线敷设在路面下，并应符合本规范附录D～附录F的规定。

5.8.13 管线共沟敷设应符合下列规定：

1 热力管道不应与电力、电信电缆和物料压力管道共沟。

2 排水管道应布置在沟底。

3 可燃液体、可燃气体管道不应共沟敷设，并应与消防水管共沟敷设。

5.8.14 地下管线与建筑物（或构筑物）之间的最小水平净距不应小于本规范附录D的规定，其中湿陷性黄土地区尚应符合现行国家标准《湿陷性黄土地区建筑规范》GB 50025的有关规定。

5.8.15 地下管线之间的最小水平净距不宜小于本规范附录E的规定。

5.8.16 地下管线之间的最小垂直净距不宜小于本规范附录F的规定。

5.8.17 地上管线的敷设可采用管架、低架、管墩及建筑物（或构筑物）支撑方式。

5.8.18 管架的布置应符合下列规定：

1 管架的净空高度及基础位置不应影响交通运输、消防及检修。

2 管架不宜妨碍建筑物的自然采光与通风。

3 敷设有可燃性、爆炸危险性介质管道的管架与下列设施的安全距离应符合相应规范的规定：

1）生产、储存和装卸甲、乙类火灾危险性物料的设施。

2）明火作业的设施。

5.8.19 有甲、乙类火灾危险性介质的管道除使用该管线的建筑物（或构筑物）外，均不得采用建筑物（或构筑物）支撑式敷设。

5.8.20 架空电力线路的敷设、架空通信线路的布置、管架与建筑物（或构筑物）的最小水平净距应符合现行国家标准《工业企业总平面设计规范》GB 50187的有关规定。

5.9 绿化设计

5.9.1 烧结砖瓦工厂绿化设计应根据环境保护及厂

容、景观的要求，结合当地自然条件、植物生态习性、抗污性能和苗木来源，合理确定各类植物的比例及配置方式。

5.9.2 绿化布置应符合下列规定：

1 绿化布置应在非建筑地段及零星空地进行。

2 绿化布置应利用管架、栈桥、架空线路等设施的下面及地下管线带上面的场地。

3 绿化布置应满足生产、检修、运输、安全、卫生及防火要求，不应与建筑物（或构筑物）及地下设施相互影响。

5.9.3 绿化布置宜以下列地段为重点：

1 进厂主干道及主要出入口。

2 生产管理区。

3 生产车间、装置及辅助建筑物。

4 散发有害气体、粉尘及产生高噪声的生产车间、装置及堆场。

5 受雨水冲刷的地段。

6 厂区生活服务设施周围。

7 厂区围墙内周边地带。

5.9.4 受风沙侵袭的企业应在厂区受风沙侵袭季节盛行风向的上风侧设置半通透结构的防风林带。对环境构成污染的灰渣场、原料和燃料堆场，应视全年盛行风向和对环境的污染情况设置紧密结构的防护林带。

5.9.5 高噪声源车间周围的绿化宜采用减噪力强的乔木和灌木，并形成复层混交林地。

5.9.6 粉尘大的车间周围的绿化应选择滞尘效果好的乔木与灌木，并形成绿化带。在区域盛行风向的上风侧应布置透风绿化带，在区域盛行风向的下风侧应布置不透风绿化带。

5.9.7 生产管理区和主要出入口的绿化布置应具有较好的观赏及美化效果。

5.9.8 道路两侧宜布置行道树。

5.9.9 道路弯道及交叉口附近的绿化布置应符合现行国家标准《厂矿道路设计规范》GBJ 22 中行车视距的规定。

5.9.10 在有条件的生产车间或建筑物墙面、挡土墙顶及护坡等地段宜布置垂直绿化。

5.9.11 树木与建筑物（或构筑物）及地下管线的最小间距应符合现行国家标准《工业企业总平面设计规范》GB 50187 的有关规定。

6 原 料

6.1 一 般 规 定

6.1.1 原料的选择应遵循就地取材、因地制宜的原则，根据当地资源情况合理优化配置。

6.1.2 厂址附近应有质量适宜、储量丰富的原料。

6.1.3 烧结砖瓦工厂的设计应根据原料质量、储量及原料工艺性能等因素确定产品方案和工艺方案。

6.1.4 烧结砖瓦的原料应由具有资质的实验室进行工艺性能试验，为工艺方案设计提供依据。

6.1.5 烧结砖瓦工厂严禁占用和利用农用地取土生产烧结砖瓦。

6.2 原料的质量要求

6.2.1 烧结砖瓦原料混合料的放射性核素限量指标应符合现行国家标准《建筑材料放射性核素限量》GB 6566 的有关规定。

6.2.2 烧结砖瓦原料应测定矿物组成、物理性能和化学成分，综合分析判断原料制砖瓦的可行性、原料对产品的适宜性以及适宜的工艺。

6.2.3 烧结砖瓦原料可以选用 2 种或 2 种以上可行原料进行配比，也可采取工艺措施对原料性能进行优化。

6.2.4 含有料礓石、石灰石的原料以及可溶性盐类含量高的原料，应经实验后确定其可行性。

6.3 废弃物的利用

6.3.1 烧结砖瓦工厂设计宜利用或掺配废弃物作为原料，应利用含能工业废渣作为原料兼燃料，综合利用资源和能源。

6.3.2 废弃物的利用应满足产品方案和产品质量要求。

6.3.3 煤矸石工艺性能与产品要求相适宜时，宜以煤矸石为主要原料生产烧结煤矸石砖。

6.3.4 以煤矸石为原料生产烧结砖时，其排放烟气中的硫含量应符合环保要求。

6.3.5 以粉煤灰为原料生产烧结砖时，应加入黏结剂。

6.3.6 在有条件的地区，应利用建筑基坑土、污泥等作为原料。

6.4 原料配比的确定及物料平衡

6.4.1 原料配比设计应由具有资质的实验室进行原料试验后确定，必要时可做半工业性实验。

6.4.2 原料消耗量计算宜符合下列规定：

1 原料消耗基准指标宜符合表 6.4.2-1 的规定。

表 6.4.2-1 原料消耗量基准指标

产品名称	普通砖	模压瓦	挤出瓦
产品规格（mm）	240×115×53	400×240×15	360×220×15
原料消耗（m^3/万块）	20～22	28～31	24～27

注：其他规格烧结砖产品按普通砖折算。

2 原料体积密度宜按表 6.4.2-2 计算。

表 6.4.2-2 原料体积密度

原料名称	黏土		页岩		煤矸石	干粉煤灰
自然含水率（%）	15		10		7	—
原料状态	实方	松方	实方	松方	块料	粉料
体积密度（t/m³）	1.6～1.8	1.0～1.2	1.8～2.4	1.2～1.4	1.4～1.6	0.5～0.7

3 产品体积密度宜按表 6.4.2-3 计算。

表 6.4.2-3 产品体积密度

产品名称	烧结普通砖 240×115×53（mm）				道路砖、装饰砖
	黏土砖	页岩砖	煤矸石砖	粉煤灰砖	
体积密度（t/m³）	1.6～1.8	1.7～1.9	1.7～2.0	1.5～1.7	1.8～3.0

注：其他规格产品应按普通砖折算。

6.4.3 物料平衡计算应符合下列规定：

1 烧结砖瓦生产线的物料平衡计算应以焙烧窑的成品产量为基准，各种原料的消耗量均以干基作为计算的基础。

2 各物料消耗量的计算中，宜将干基消耗量换算为湿基消耗量，再计算出每小时、每天和每年的干、湿料需要量。

6.4.4 生产线各生产工段物料平衡计算的损失率宜符合表 6.4.4 的规定。

表 6.4.4 生产线各生产工段物料平衡计算的损失率

产品名称	损失率（%）						
	烧成	干燥	施釉	成型	陈化	破碎	原料储运
烧结砖类	≤2	≤3	≤5	≤1	≤1	≤2	≤2
烧结瓦类	≤3	≤5	≤5	≤2	≤2		

7 燃 料

7.1 一 般 规 定

7.1.1 燃料应满足生产工艺要求，并应合理利用、高效节能。

7.1.2 有含能工业废渣的地区应优先采用含能工业废渣作为内燃料。

7.1.3 烧结砖瓦工厂应根据产品要求和能源条件分别选择固体燃料、液体燃料或气体燃料。

7.1.4 燃料供应应连续、稳定、可靠。

7.2 固 体 燃 料

7.2.1 固体燃料应优先采用内掺的方式加入到原料中。

7.2.2 当以含能工业废渣为内燃料时，如热值不足，可使用其他燃料补充。

7.3 液 体 燃 料

7.3.1 液体燃料的种类及发热量指标应符合本规范附录 J 的要求。

7.3.2 供卸油系统的工艺布置应符合下列规定：

1 铁路、公路运输时宜采用油泵卸油。

2 油泵房布置应符合下列条件：

1）油泵房宜为独立的地上式建筑。

2）油泵房应设有控制间、油泵间、生活间、工具间等。控制室与油泵间的隔墙上应设观察窗，油泵房毗邻燃油储罐区的墙上不应设活动窗。

3 车间设中间油罐及油泵时宜采用厂区油站向中间油罐单供单回系统，不设中间油罐时宜采用厂区油站直接向车间供油的单供单回系统。

4 中间油罐内的油温不应超过 90℃，油罐上应设有油温指示和油温报警、液面指示和溢流口等装置。

5 车间油泵、油罐间的布置应符合下列规定：

1）设备基础应高出地面。

2）室外应设污油池，油罐溢流管应接至污油池。

6 严禁将污油排入下水道。

7.4 气 体 燃 料

7.4.1 气体燃料的种类及发热量指标应符合本规范附录 J 的要求。

7.4.2 使用天然气应符合下列规定：

1 天然气应有一用一备 2 个供气源，或设有其他备用燃料。

2 天然气的硫化氢含量应小于 20mg/m³（标准状态下）。

3 配气站及调压配气室的工艺布置及设备选型应遵循天然气专业设计要求。

4 调压配气室建筑最低耐火等级不应低于现行国家标准《建筑设计防火规范》GB 50016 中的二级。用电要求应为防爆 1 区。

7.4.3 使用煤气应符合下列规定：

1 发生炉煤气的低发热量不应低于 5227kJ/m³。

2 煤气的硫化氢含量应小于 20mg/m³（标准状

态下）。

3 发生炉煤气站的设计及煤气管道设计应符合现行国家标准《发生炉煤气站设计规范》GB 50195的有关规定。

8 生 产 工 艺

8.1 一 般 规 定

8.1.1 烧结砖瓦生产工艺设计和工艺设备的选型应符合下列规定：

1 工艺方案和主要工艺设备应根据产品方案、设计规模、原料和燃料性能以及建厂条件等因素综合比较后确定。

2 应采用有利于提高资源综合利用水平的新技术、新工艺、新设备。

3 在满足成品与半成品的质量要求下，应减少工艺环节，缩短物料运输距离。

4 应选择生产可靠、环境污染小、能耗低、管理维修方便、节省投资的工艺方案和设备。

5 附属设备的选型应有一定的储备，同类附属设备宜统一型号。

8.1.2 工艺布置应符合下列规定：

1 工艺平面布置应满足工艺流程的要求，并应结合地形、地质和运输的要求。

2 工艺布置应与相关专业的要求相协调，并宜留有合理的发展空间。

3 车间工艺布置应根据工艺流程和设备选型综合确定，并应在平面和空间布置上满足施工、安装、操作、维修、监测和通行的要求。

8.1.3 主要工艺设备的设计年利用率应按设计规模、生产方法、生产工艺的复杂程度、主要生产设备的类型、设备来源、使用条件和配件供应条件等因素确定，并宜符合表8.1.3的规定。

表8.1.3 主要工艺设备设计年利用率

工艺设备名称	设计年利用率（%）
原料制备	70～90
陈化设备	80～90
成型、切码运设备	60～80
干燥及焙烧	≥90
制釉	20～50
包装	≥20

8.1.4 主要生产工段工作制度应根据各工段之间的相互关系、与外部条件相联系的情况确定，并宜符合表8.1.4的规定。

表8.1.4 主要生产工段工作制度

工段名称	日工作班（班/d）	班工作时（h/班）
原料制备	1～2	7.5
成型	2	7.5
干燥、焙烧	3	8
成品堆放	3	7.5
机电维修	3	7.5
煤气站（配气站、液化气站）	3	8
变电所	3	7.5
水泵房	3	7.5

注：严寒及寒冷地区年工作日按265d计，其他地区按330d计。

8.1.5 各种物料储存期应根据设计规模、物料性能、物料来源、运输方式、储存形式、管理水平、市场因素等情况确定，并宜符合表8.1.5的规定。

表8.1.5 各种物料储存期（d）

序号	物料名称	原料风化	露天堆存	原料棚储存
1	黏土	90～365	30～90	3～10
2	页岩	90～365	30～90	5～30
3	煤矸石	90～365	30～90	10～30
4	粉煤灰	—	—	5～20
5	煤	—	30～90	—
6	其他	—	30～90	5～30

注：1 原料储存期需要根据当地的具体情况确定；
2 黏土、页岩等原料要根据原料采运条件来确定，煤矸石和粉煤灰等应根据物料来源的远近、供应的均衡性和运输条件来决定；
3 一般储存时间为1个～3个月；
4 对于蓄水性强、堆存脱水困难的原料，为防止受雨天影响，应设原料棚储存一定数量的原料。

8.1.6 生产车间的检修设施应符合下列规定：

1 主要设备或需检修的部件较大时，应设置机械化水平较高的检修设备。在大型风机、大型破碎机、轮碾机、挤出机等设备上方应按照所需检修部件的重量和厂房空间条件设置桥式起重机、电动葫芦、单轨小车或其他形式的起吊设备。

2 起重设施的起重量应按检修起吊最重件或需同时起吊的组合件重量确定。

3 起重机的轨顶标高及其他起吊设施的设置高度应满足起吊物件最大起吊高度的要求。

4 厂房设计和设备布置应考虑检修用起重设施的运行和物件的起吊空间。

5 根据不同设备的安装检修需要，应设置检修平台或留有安装检修需要的空间、门洞和设备外运检修运输通道。多层厂房，各层同一位置应设吊装孔，并在顶层加装起吊设备。孔的周围应设活动栏杆。

6 露天设备可不设置专用起吊设施，检修时可根据设备情况采用临时起吊设施。

7 未设置起吊装置的小型设备上方应设有吊钩、起吊孔等方便检修的构件。

8.1.7 物料输送设计应符合下列规定：

1 物料输送设备的选型应根据输送物料的性质、输送能力、输送距离、输送高度、工艺布置等因素确定。

2 输送设备的输送能力应高于实际最大输送量，其富余量宜按不同输送设备及来料波动情况确定。

3 粉料输送设备的转运点宜设置除尘装置，下料溜管应降低落差。粒状物料的下料溜管应增加耐磨内衬，并采取降噪措施。

8.1.8 生产控制应按照工艺过程控制、质量控制及程序控制的要求进行检测、调节、监控。

8.1.9 特殊地区的工艺计算应符合下列规定：

1 在高海拔、超高海拔地区建厂时，空气压缩机、真空泵和风机的风量、压力应进行校正；干燥室、焙烧窑等设备及系统的计算数据应根据海拔高度作出修正。

2 在高海拔、超高海拔地区及湿热地区建厂时，电动机及设备轴承等设备订货时应满足特殊要求。

3 在寒冷地区、严寒地区建厂时，应对泥浆管路、气路、油路、水路采取防冻措施。

8.2 工艺方案确定

8.2.1 烧结砖生产工艺方案应按照下列规定确定：

1 采用塑性挤出成型方式时，生产工艺宜采用二次码烧方案。

2 采用硬塑挤出和半硬塑挤出成型方式时，生产工艺宜采用一次码烧工艺方案。

3 原料中粉煤灰掺配量大于30%时，生产工艺宜采用二次码烧工艺方案。

8.2.2 烧结瓦生产工艺方案应按照下列规定确定：

1 平瓦可采用压制成型或挤出成型工艺。

2 形状复杂的瓦宜采用先挤出后压制成型工艺。

8.2.3 工艺方案设计应流程简洁、流畅，避免物流、人流交叉。

8.2.4 生产线设计应按照经济适用、有利于企业发展的原则确定机械化程度，提高自动化水平。

8.3 原料处理及陈化

8.3.1 原料处理系统的设置应根据工厂资源情况、矿山开采、外部运输条件、厂区地理位置以及工艺布置等因素确定。

8.3.2 原料处理系统的生产能力应根据物料需求量、工作制度以及运输条件等因素确定。

8.3.3 原料处理应符合下列规定：

1 含水率高的物料宜先堆积储存后再进行处理。

2 软质原料宜采用轮碾机、对辊机等进行湿法处理。

3 硬质原料应按照产品要求采用多级破碎，并应符合下列规定：

1）破碎设备前的加料斗容量应根据破碎机规格、加料方式、加料时间等确定。加料斗应装设固定箅板。

2）破碎设备出料口宜设置受料皮带输送机，其宽度、带速应与出料口大小、出料量相适应。在破碎设备后宜设置筛分设备。

4 原料中加入的添加剂，必要时应进行预处理。

5 原料中含有碎石、草根等杂物时，应进行除石、净化处理。

6 原料进破碎设备前应经除铁装置进行处理。

8.3.4 各种物料破碎后按照制品的要求应达到以下粒度要求：

1 烧结普通制品粒度宜小于2mm，且具有合适的颗粒级配。

2 烧结薄壁制品、烧结瓦粒度宜小于1mm，并应具有合适的颗粒级配。

3 有特殊要求的产品应由实验室试验确定其粒度及颗粒级配要求。

8.3.5 烧结瓦的原料制备应根据成型方法确定采用干法或湿法工艺。

8.3.6 破碎设备选型应根据设计规模、产品方案、物料性能等因素，按照本规范第8.3.3条～第8.3.5条的规定确定。

8.3.7 生产烧结砖瓦采用2种以上的原料时，应按配比设计定量配料装置。

8.3.8 采用对辊机破碎时应均匀布料。

8.3.9 硬质原料破碎系统、搅拌系统的扬尘点必须设置密封和除尘装置。

8.3.10 粉料仓顶、仓底及输送设备转运点和陈化前的搅拌机入料口处均应设置除尘装置。

8.3.11 煤的破碎宜采用单级破碎。破碎形式应根据煤的种类、破碎粒度和产量等确定。

8.3.12 烧结砖瓦工厂设计应设置陈化库。

8.3.13 陈化库设计的主要工艺参数应满足下列规定：

1 陈化时间不应低于3d。

2 陈化库的温度不应低于15℃，相对湿度不应低于70%。

8.3.14 经陈化的物料宜采用搅拌碾练设备进行加水搅拌，选型应根据原料用量、工作制度等因素确定。

8.3.15 烧结釉面瓦生产线制釉工段的设计应符合下列规定：

1 釉用原料宜选用精选粉料。

2 釉用原料处理应选用瓷衬球磨机。

3 釉浆制备应设置过筛装置。应根据产品品种产量、陈腐周期、过筛等工序确定釉浆池（或釉浆罐）的数量。

4 釉浆细度宜达到万孔筛余0.02%～0.05%。

5 釉浆陈腐期宜大于2d。

8.4 成 型

8.4.1 工艺设计应保证成型工段供料均匀，原料在成型前应除铁。

8.4.2 根据原料性能和产品要求，烧结砖成型可选择塑性挤出成型、半硬塑性挤出成型和硬塑挤出成型3种方式。

8.4.3 成型方式的选择应满足产品质量和产品方案的要求。

8.4.4 应根据产品方案、生产规模及成型方法确定切条、切坯机的选型。

8.4.5 砖坯码放应采用机械码坯方式。

8.4.6 成型废坯应回收利用。

8.5 干 燥

8.5.1 烧结砖瓦坯体应采用人工干燥。

8.5.2 应根据设计规模、场地、投资等因素综合确定人工干燥装置，宜优先选用隧道干燥室。

8.5.3 隧道干燥室应根据产品要求选择单层码放或多层码放方式。

8.5.4 干燥制度、干燥室规格、结构和热工参数应根据原料性能、设计规模、产品方案等因素合理确定，并应符合下列规定：

1 干燥室数量和规格应根据原料干燥性能、设计规模、干燥运载装置的装载量等因素计算确定。

2 干燥室墙和顶应采取保温措施，使传热系数不大于0.40W/（m^2·K）。

3 干燥室送风道（管）应采取保温措施，使热风温度降不大于0.5℃/m。

4 干燥室应设置测温孔、测压孔、检查口。

5 干燥室布置在露天时，室顶应做防水处理。

8.5.5 干燥装置、排潮风机宜做防腐处理。

8.5.6 在严寒地区和寒冷地区，排潮设备应采取措施排除冷凝水。

8.6 焙 烧

8.6.1 烧结砖焙烧窑炉应采用节能型窑炉。窑炉焙烧系统的能效设计指标应符合现行国家标准《烧结砖瓦工厂节能设计规范》GB 50528的有关规定。

8.6.2 砖瓦焙烧宜优先采用内燃烧砖技术。内燃烧砖的内燃料应优先选用含能工业废渣，并应符合下列规定：

1 内燃料的掺配量应按下式计算确定：

$$G=\frac{B}{Q_{内}}\times\frac{100}{100-\omega} \tag{8.6.2}$$

式中：G——每块砖坯内燃料掺量（kg/块）；

B——烧成每块制品耗热量（kJ/块）；

$Q_{内}$——内燃料发热量（kJ/kg）；

ω——内燃料的相对含水率（%）。

2 内燃料粉碎后的最大粒径应小于2mm。

8.6.3 砖瓦焙烧窑炉宜选用内宽不小于4.6m且符合模数的平顶隧道窑。

8.6.4 焙烧窑炉的烧成制度、工作系统以及规格、结构等参数应根据原料性能、设计规模、产品方案和工艺技术等因素确定，并应符合下列规定：

1 应根据设计规模和基本参数确定窑炉规格和数量。

2 窑炉结构设计应符合现行行业标准《砖瓦焙烧窑炉》JC 982的有关规定。

3 焙烧窑炉应采取密封保温措施，系统表面热损失在热平衡支出项的比例应小于12%，窑顶表面温度与环境温度差不应大于20℃，窑墙表面温度与环境温度差不应大于15℃。

8.6.5 热风管路的保温设计应符合现行国家标准《工业设备及管道绝热工程设计规范》GB 50264的有关规定，并应保证热风温度降不大于0.5℃/m。

8.6.6 窑车衬砖应选用耐热、轻质、保温隔热和热稳定性好的材料。

8.6.7 风机宜采用变频控制。

8.6.8 隧道窑应设置回车线，回车线应设计码车位、存车位、卸车位及检修车位。

8.7 检验、包装、产品堆放

8.7.1 砖瓦产品的检验应合理布置操作场地，产品应分等级堆放。

8.7.2 需包装产品应有1班～2班未包装产品的存放场地。

8.7.3 砖瓦产品的包装宜采用捆扎或塑封包装。

8.7.4 砖瓦产品的储存与成品库（或成品堆场）设计参数取值宜符合下列规定：

1 成品库（或成品堆场）面积应按储存期不低于60d计算，寒冷地区应按不低于90d计算，严寒地区应按不低于120d计算。

2 码垛高度：人工码垛不宜超过2m，机械码垛不宜超过3m。

3 码垛密度：人工码垛宜为800标块/m^2，机械码垛宜为1800标块/m^2。

4 成品库通道系数宜为1.25。

5 成品堆场地面宜做硬化处理。

9 电气及自动化

9.1 一般规定

9.1.1 电气及自动化设计应满足生产工艺以及节能、

降耗、保护环境和保障人身安全的要求。

9.1.2 电气及自动化设计中应采用先进、实用及节能的成套设备和定型产品，不应采用淘汰产品。

9.1.3 电气及仪表装置应采取防尘、绝缘等措施。

9.2 供配电系统

9.2.1 供配电系统应根据负荷性质、用电容量、工程特点及地区供电条件确定合理的供配电方案。

9.2.2 电力负荷分级应符合下列规定：

1 一级负荷应包含煤气站、干燥室、窑炉的运转设备、送热风机、排烟风机和窑炉燃烧系统的相关设备等。

2 二级负荷应包含主要生产流程用电设备、重要场所的照明及通信设备等。

3 三级负荷包含不属于一级负荷和二级负荷的用电设备。

9.2.3 供电电源应根据工厂规模、供电距离、工厂发展规划和当地电网现状等条件，经过技术经济比较后确定，并应符合下列规定：

1 条件允许时，供电电源宜采用双电源双回路供电方案。

2 受条件限制、不能取得双电源供电时，可采用一路工作电源和一路备用电源的供电方案。

3 同时供电的两个回路，每个回路应按用电负荷的100%设计。

4 供电系统应简单可靠，同一电压供电系统的变配电级数不宜多于两级。

5 高、低压配电宜采用放射式为主。

9.2.4 供电电压宜采用10kV供电电压或根据当地供电电网的实际情况制定适宜的供电电压。

9.2.5 无功功率补偿应符合下列规定：

1 工厂功率因数应满足供电部门的要求。

2 无功功率补偿宜采用高压补偿与低压补偿相结合、集中补偿与就地补偿相结合的补偿方式。

3 低压无功功率补偿宜采用自动补偿。

4 补偿装置载流部分的长期允许电流不应小于电容器额定电流的1.5倍。

9.2.6 电源进线为35kV及35kV以下的变电所，进线侧应装设断路器。高压母线宜采用单母线或单母线分段接线方案。

9.2.7 接在母线上的电压互感器和避雷器宜合用一组隔离开关。

9.2.8 变压器选择应符合下列规定：

1 低压供电采用0.4kV时，变电所中单台变压器的容量，大型厂不宜大于2500kV·A，中、小型厂不宜大于1600kV·A。

2 在TN及TT系统接地形式的低压电网中，采用低压配电变压器时，宜选用“D、yn11”接线组别的三相变压器。

3 装有2台以上变压器时，当一台变压器断开时，其余变压器容量应保证一级负荷及部分二级负荷的用电。

4 在多尘或有腐蚀性气体严重影响变压器安全运行的场所，应选用防尘型或防腐型变压器。

5 变压器低压侧的总开关和母线分段开关宜采用低压断路器。

9.2.9 小型变电所宜采用弹簧储能操动机构合闸和去分流分闸的全交流操作；当操动机构为直流操作时，宜采用小容量镉镍电池装置或电容储能式硅整流装置作为合、分闸操作电源。

9.2.10 含可燃性油的变压器应设置变压器室，且做到一器一室。

9.2.11 变电所位置的选择应满足下列规定：

1 接近负荷中心。

2 进出线方便。

3 设备运输方便。

4 不应设在有剧烈振动或高温的场所，不应设在有爆炸危险环境的正上方或正下方，不应设在地势低洼和可能积水的场所。

9.2.12 通道及围栏与配电装置的安全净距及尺寸要求应符合现行国家标准《供配电系统设计规范》GB 50052的有关规定。

9.3 厂区配电线路

9.3.1 工厂电源输电线路及配电线路应根据现场条件，依据经济合理及减少土地资源占用的原则，采用架空线路、电缆线路或其他敷设方式。

9.3.2 厂区电缆可采用电缆沟、电缆隧道、电缆桥架或电缆通廊等敷设方式。当沿同一路径敷设的电力、控制缆线数量少于8根时可采用直埋敷设或穿保护管埋地敷设方式。

9.3.3 电缆敷设应选择最短路径，并应避开规划中拟发展的地方，同时应减少与铁路、道路、排水沟、给水管、排水管、热力管沟和其他管沟的交叉。

9.3.4 敷设电缆和计算电缆长度时，应留有一定的余量。

9.3.5 电缆敷设应符合现行国家标准《低压配电设计规范》GB 50054、《电力工程电缆设计规范》GB 50217及本规范附录D～附录F的规定。

9.4 车间配电

9.4.1 工厂用电设备的低压配电宜采用380V/220V的TN系统。

9.4.2 同一生产流程的电动机或其他用电设备宜由同一段母线供电。

9.4.3 工厂的单相负荷宜均匀分布在三相线路中。

9.4.4 电动机的启动方式应符合下列规定：

1 22kW以下的鼠笼型电机应采用全电压启动。

2 22kW以上的鼠笼型电机应采用软启动装置，或采用其他降压启动方式。

3 有调速要求时，电动机的启动方式应与调速方式相配合。

4 绕线型电动机宜采用转子回路接入液体变阻器或频敏变阻器启动，其启动转矩应符合生产机械的要求。

9.4.5 电动机的调速应符合下列规定：

1 电动机调速方案的选择应满足工艺设备对调速范围、调速精度和平滑性的要求，并应对调速方案的技术先进性、安全可靠性、节能效果、功率因数、谐波干扰、使用维护、投资等进行综合技术经济比较。

2 需调速的风机、水泵、搅拌机、挤出机及摆渡车等宜采用变频调速。

3 使用调速设备时，应符合现行国家标准《电能质量 公用电网谐波》GB/T 14549的有关规定。

9.4.6 电动机的保护应符合下列规定：

1 低压交流电动机应设置短路保护和接地故障保护，并应根据具体情况分别装设过负荷保护、断相保护和低电压保护，同时应符合现行国家标准《通用用电设备配电设计规范》GB 50055的有关规定。

2 低压交流电动机的短路保护装置宜采用低压断路器的瞬动过电流脱扣器，并应满足电动机启动及灵敏度要求。

3 低压交流电动机的接地故障保护应符合现行国家标准《低压配电设计规范》GB 50054的有关规定。

4 低压交流电动机的断相保护装置宜采用带断相保护的三相热继电器，也可采用温度保护或专用断相保护装置。

5 低压交流电动机的过负荷保护宜采用热继电器或低压断路器的延时脱扣器作保护装置。

9.4.7 电动机的控制应符合下列规定：

1 生产上有关联的控制点、操作岗位之间应设置联络信号。

2 电动机集中控制时，启动前应先发启动预报信号；控制点应设置电动机运行信号和故障报警信号。

3 集中控制的电动机应采用“集中-机旁”的控制方式，选择在机旁控制时，电动机可通过机旁控制按钮进行单机试车。电动机应设置机旁停车按钮和紧急停车按钮。

4 斗式提升机应在尾轮部位设置紧急停车按钮。带式输送机应在巡视通道一侧或两侧设置拉绳开关，拉绳开关宜每隔25m设置1个。移动机械有行程限制时，行程两端应设置限位保护。

5 检修设备的电源回路应设置漏电保护装置，并设置就地安装的保护开关。

9.4.8 电气测量仪表的配置应符合现行国家标准《电力装置的电测量仪表装置设计规范》GB 50063的有关规定，并符合下列规定：

1 容量为55kW及以上的电动机、调速电动机、容易过载的电动机及工艺要求监视负荷的电动机宜设置电流监视。

2 车间内的配电箱或控制箱应设置指示电源电压的电压表。

9.4.9 车间配电线路的敷设应符合下列规定：

1 车间配电设计宜采用铜铝材质导体。

2 配电线路的保护应符合现行国家标准《低压配电设计规范》GB 50054的有关规定。

3 生产车间的配电线路敷设宜采用电缆沟或电缆桥架敷设，采用桥架敷设时，应加盖板。

4 导线穿钢管敷设在高温区时，应采取隔热措施，选用阻燃电缆，不应敷设在烧嘴附近。

5 交流回路中采用单芯电缆时，应采用无钢带铠装或非磁性材料护套的电缆，不得采用导线磁材料保护管。

6 用于配线的钢管敷设在地坪内时，钢管直径不得小于15mm，穿基础时不得小于20mm，敷设在楼板内时钢管直径应与楼板厚度相适应，且不得小于15mm。用于配线的钢管最大直径不宜大于80mm。

7 穿管绝缘导线或电缆的总截面积不宜超过管内截面积的40%。

8 穿钢管的交流导线应三相回路共管敷设。

9 下列情况以外的不同回路的线路，不应穿同一根金属管：

1）一台电动机的所有回路。

2）同一设备多台电动机的所有回路。

3）同一生产系统无干扰要求的信号、测量和控制回路。

10 6芯以上的控制电缆应预留不小于15%的备用芯数。

11 导线穿过不均匀沉降的地区或伸缩缝时，应采取保护措施。

9.5 照 明

9.5.1 照明设计应符合下列规定：

1 工厂照明设计应符合现行国家标准《建筑照明设计标准》GB 50034的有关规定。

2 工作面上照度值应根据设备、管道、梁柱、灰尘等影响条件确定，且应满足规定值。

3 生产线的照明方式应分为一般照明、局部照明和混合照明。在一个工作场所内，不应只装设局部照明。装设局部照明的工作场所，其装设地点应符合表9.5.1的规定。

表 9.5.1 工作场所装设局部照明的地点

工作场所名称	装设局部照明的地点
提升机	底部检修门
成型工段	挤出机机口
施釉工段	甩釉机
检验工段	检验台
泵房	控制屏、仪表屏
控制室、配电室	盘后

4 照明供电线路应安全、可靠，在隧道窑及热风管道附近布线时应远离热源。

5 烧结砖瓦工厂宜采用混光照明。

9.5.2 照度标准应符合下列规定：

1 车间内和车间外照明的最低照度标准应符合本规范附录C的规定。本规范附录C未包括的，可根据相似场所的照度值确定。计算照度值时，应计入补偿系数。

2 工厂的中央控制室、高低压电气室、化验室、办公室及需要有较高照度环境的车间的照明设计，在满足照度要求的同时，还宜符合统一眩光值及一般显色指数的要求。

3 照明灯的供电电压宜为其额定电压的95%～105%。

9.5.3 照明光源应选择节能灯具。成品堆场、陈化库、联合车间等大面积照明场所宜采用冷光源投光灯、高压钠灯或金属卤化物灯等。各种储库和输送皮带廊宜采用荧光灯。

9.5.4 灯具的选型应符合下列规定：

1 灯具形式宜根据环境条件、被照面配光要求及灯具效率等选择。

2 原料库、破碎机房、地坑、水泵房、浴室等场所宜选用防水防尘灯具。层高超过7m时应采用深罩型工厂灯。

3 照明灯具安装高度小于2.2m时，应采取安全保护措施。

9.5.5 照明供电回路的分组及控制应符合下列规定：

1 使用小功率光源的室内照明线路，每一单相回路的电流不宜超过16A；照明灯具不宜超过25个；高强气体放电的照明，每一单相分支回路的电流不宜超过30A。

2 照明插座、楼梯间及门廊的照明灯，宜由单独回路供电。

3 三相线路的各相负荷宜分配均衡。最大相负荷不宜大于三相负荷平均值的115%，最小相负荷不宜小于三相负荷平均值的85%；同时供电给多个照明配电箱的线路，各相电流差不应超过10%。气体放电灯为主的照明线路的负荷计算应计入功率因数影响，且中线截面不应小于相线截面。

4 车间内的照明宜在照明配电箱上集中分区控制，生活区、控制室、门灯等宜分散控制，道路照明宜自动控制。

9.5.6 露天堆场、露天皮带廊、道路等处应设置室外照明，室外照明宜采用分散控制或自动控制，并应采用节能灯具。

9.5.7 厂区内主要采用TN-C的低压配电系统，其照明配电系统应局部采用TN-S系统，并应设置专用PE线。

9.5.8 照明配电箱的插座回路应装设漏电保护器，其PE线的截面应与相线截面相等。PE线一端应与插座的接地孔相接，另一端应与照明配电箱接地PE母线相接。插座回路的N线不得与其他回路的N线共用。

9.5.9 厂区道路照明线路设计应符合下列规定：

1 厂区道路照明线路宜采用电缆直埋方式敷设。

2 厂区道路照明各回路应设保护，每个照明器宜单独设置熔断器保护。

3 照明线路三相负荷应分配均衡，最大与最小相负荷电流不宜超过30%。

9.6 电气系统接地

9.6.1 工厂电气系统接地应包括工作接地、保护接地、防雷接地、电子设备接地和防静电接地等。

9.6.2 3kV～10kV电压级宜采用中性点不接地的小电流接地系统。

9.6.3 厂区低压配电系统接地宜采用TN系统。TN系统的形式应根据工程情况经技术经济比较后确定，并应符合下列规定：

1 由同一台发电机、同一台变压器或同一母线向1个建筑物供电的低压配电系统，应采用同一种系统接地形式。建筑物以外的电气设备应单独接地。

2 在TN-C或TN-S系统接地形式中，不得断开PEN线，不得装设断开PEN线的任何电器。

3 在TN-C-S系统接地形式中，应在由TN-C转为TN-S系统的用户进线配电箱处，将PEN线分为PE线和N线，分开后两者不得再合并。

4 在TN-S接地形式中，N线上不应装设只将N线断开的电气器件；当需要断开N线时，应装设相线和N线一起断开的保护电器。

9.6.4 变电所内不同用途、不同电压的电气设备除另有规定者外，应使用一个总的接地装置，接地电阻应符合其中最小值的要求。

9.6.5 全厂的共同接地装置应通过电缆隧道、电缆沟、电缆桥架中的接地干线、铠装电缆的金属外皮、低压电缆中的PE线连成电气通路，并形成全厂接地网。

9.6.6 共同接地装置宜利用自然接地体，但不得利用输送易燃易爆物资的管道。自然接地体能够满足要求时，除变电所外，可不设人工接地体，但应校验自然接地体的热稳定值。

9.6.7 接地导体的选择及其对接地电阻的要求等应符合现行国家标准《工业与民用电力装置的接地设计规范》GBJ 65 的有关规定。

9.7 生产过程自动化

9.7.1 烧结砖瓦工厂的生产自动化设计应符合下列规定：

1 在条件许可时应设置集散型计算机控制系统(DCS)，对生产过程进行监督、控制和管理。

2 热工测控点宜采用智能仪表，并以通信方式接入集散型计算机控制系统。

3 对生产过程中的关键区域可设置闭路工业电视装置。

4 原料车间宜设置可编程控制器为主的控制系统、原料自动配料装置和自动加水装置，其控制系统应具备手动、自动控制等功能。

5 干燥室、隧道窑运转系统宜设置可编程控制器为主的控制系统，并应通过标准开放网络与集散型计算机控制系统进行通信。

6 工厂可设置产品、生产管理信息系统。

9.7.2 控制室设计应符合下列规定：

1 控制室设计应根据工艺控制要求和自动化程度要求，设置中央控制室或车间控制室，控制室不宜过于分散。

2 控制室应位于被控区域的适中位置，应满足生产控制的要求，方便电缆管线进出，避开电磁干扰源、尘源和振源等。

3 控制室应有防尘、防火、隔声、隔热和通风等设施，并应铺设防静电活动地板，设置空气调节系统。

4 控制室应设置双回路供电电源；其电源应从母线引出，不应与照明、动力线路混用。

5 不间断电源（UPS）装置应有足够容量，供电的延续时间不宜小于 20min。

6 控制室消防设施的设置应符合现行国家标准《建筑物防火设计规范》GB 50016 的有关规定。

9.8 通信系统

9.8.1 烧结砖瓦工厂通信系统应包括厂区电话系统和厂区无线对讲系统。

9.8.2 厂区电话系统宜采用由市话局直配方式，并同时设置传真及计算机网络。在边远地区及市话配线受限时，厂区电话设计应符合下列规定：

1 宜在厂区内设置电话站，其电话用户的数量应以工厂规模和用户要求为依据，不宜超过 100 门。

2 厂区电话设计应选用程控交换机。

3 厂区内有通信需要的工作岗位应设直通电话。

9.8.3 通信系统应设置工作接地、保护接地和防雷接地，并应符合现行国家标准《工业企业通信设计规范》GBJ 42 和《工业企业通信接地设计规范》GBJ 79 的有关规定。

10 建筑结构

10.1 一般规定

10.1.1 在满足生产工艺要求的前提下，建筑结构设计宜采用多层或联合厂房，并应根据环境保护、地区气候特点，满足采光、通风、防寒、隔热、防水、防雨、隔声等要求，并应符合国家现行有关工业企业设计卫生标准的规定。

10.1.2 建筑结构设计应采用成熟的新结构、新材料、新技术。

10.1.3 建筑物（或构筑物）安全等级应根据其破坏后果的严重性，按表 10.1.3 的规定采用。

表 10.1.3 建筑物（或构筑物）安全等级

安全等级	破坏后果	建筑物（或构筑物）名称
二级	严重	三级以外的建筑物（或构筑物）
三级	不严重	露天堆场、原料棚、原料库、材料库、地泵房、自行车棚、厕所、门卫、开水房、围墙

10.1.4 建筑物（或构筑物）抗震设防的分类应按其使用功能的重要性、工厂的生产规模、停产后经济损失的大小和修复的难易等因素来划分，并应符合表 10.1.4 的规定。

表 10.1.4 建筑物（或构筑物）抗震设防分类表

抗震设防类别	建筑物（或构筑物）名称
重点设防类	大、中型烧结砖瓦工厂的变电站
特殊设防类	除重点设防、适度设防类以外的建筑物（或构筑物）
适度设防类	露天堆场、原料棚、原料库、材料库、地磅房、自行车棚、厕所、门卫、开水房、围墙

10.1.5 建筑物（或构筑物）的防火设计应符合现行国家标准《建筑设计防火规范》GB 50016 的有关规定。主要生产车间及建筑物（或构筑物）的火灾危险性类别、建筑最低耐火等级应符合本规范附录 A 的规定。

10.1.6 功能相近的辅助车间、生产管理及生活建筑宜合并建设。

10.2 生产车间与辅助车间

10.2.1 生产厂房的全部工作地带应利用直接天然采光，当天然采光不能满足要求时，可采用以人工照明为辅的混合采光。

10.2.2 厂房内工作平台上部的净高及楼梯至上部构件底面的高度不宜低于 2.0m。

10.2.3 厂房内通道宽度应按人行、配件的搬运及车辆运行等要求确定。单人行走，在固定设备（或有封闭罩的运行设备）旁的通道净宽不应小于 0.7m；在运转机械旁的通道净宽不应小于 1m。

10.2.4 辅助车间的设计应满足各主体专业的要求。房间净高不应低于 2.7m，并应有天然采光和自然通风。

10.3 辅助用室、生产管理及生活建筑

10.3.1 辅助用室、生产管理及生活建筑外围护结构（包括门、窗）的热工性能应符合现行行业标准《严寒和寒冷地区居住建筑节能设计标准》JGJ 26 的有关规定。

10.3.2 车间办公室设计应符合下列规定：

1 车间办公室可设在生产联合车间内，也可与其他辅助建筑联建。

2 车间办公室内噪声级不应超过 60dB（A）。

10.3.3 工具间（包括材料间）应有围护结构与车间相隔，面积不宜小于 6m²。

10.3.4 实验室设计除应符合本规范第 13.2 节的规定外，建筑设计尚应符合下列规定：

1 实验室的地面、墙面及顶棚应光洁，便于清扫。

2 室内允许噪声级为 60dB（A）。

10.4 构 筑 物

10.4.1 烟囱设计应符合现行国家标准《烟囱设计规范》GB 50051 的有关规定。

10.4.2 泥浆池、水池的设计应符合现行国家标准《给水排水工程构筑物结构设计规范》GB 50069 的有关规定。

10.4.3 构筑物抗震设计应符合现行国家标准《构筑物抗震设计规范》GB 50191 的有关规定。

10.5 建筑构造设计

10.5.1 屋面设计应符合下列规定：

1 厂前区及辅助建筑的屋面可采取有组织排水，生产厂房的屋面可采取自由排水。屋面的排水坡度应符合现行国家标准《民用建筑设计通则》GB 50352 的相关规定。

2 厂房高度超过 6m 时应设置可直接到达屋面的垂直爬梯，垂直爬梯的高度超过 6m 时应有护笼。从其他部位能到达时可不设。

3 当生产排放的烟气中含有腐蚀性气体时，建筑构造设计应按照现行国家标准《工业建筑防腐蚀设计规范》GB 50046 的有关规定执行。

10.5.2 墙体设计应符合下列规定：

1 框架填充墙严禁使用实心黏土砖。

2 钢结构墙面宜采用金属压型板等轻质板材。钢筋混凝土框架厂房的外墙也可采用金属压型板或其他大型板材。

3 寒冷及风沙大的地区，建筑围护结构应以封闭式为主。散热量较大的车间可采用开敞式或半开敞式厂房，并应有防雨措施。

4 原料破碎车间、煤气站、加压机房等噪声较大的车间应减少外墙上的门、窗面积，外围护结构应具有足够的隔声能力。原料破碎等粉尘较大的车间应有封闭的外围护结构。

10.5.3 有设备出入的车间门尺寸应按设备尺寸确定。大门应比通过的设备的高度、宽度至少各大出 0.6m。人行门宽度不应小于 0.9m。

10.5.4 生产车间在人工开窗有困难的高处宜采用中旋窗或固定的采光、通风口。

10.5.5 有隔声及防火要求的门窗应采用相应的配件。

10.5.6 楼梯及防护栏杆的设计应符合下列规定：

1 车间可采用金属梯作为楼层和工作平台之间的通道，主梯宽度不应小于 0.8m。

2 钢梯角度宜选用 45°或 51°，室外钢梯宜采用钢格板踏步。

3 车间各类平台的临空周边、垂直运输孔洞以及楼梯洞口的周边应设置防护栏杆。防护栏杆高度不应小于 1.1m，栏杆底部应设高度不小于 100mm 的防护板。

10.5.7 楼面、地面、散水的设计应符合下列规定：

1 建筑物（或构筑物）的外围应设散水，人行门下应设台阶，车行门下应设坡道。

2 车间宜采用混凝土地面、水泥砂浆楼面。

3 湿陷性黄土、膨胀土、冻胀土地区的地面、散水、台阶、坡道应按现行国家标准《湿陷性黄土地区建筑规范》GB 50025、《膨胀土地区建筑技术规范》GBJ 112 和现行行业标准《冻土地区建筑地基基础设计规范》JGJ 118 的有关规定进行设计。

4 有可能积水的房间地面、楼面标高，较与之相通的走廊或房间的地面、楼面宜降低 20mm。位于

楼层上可能积水的房间，其楼面应设整体防水层。

10.5.8 地沟、地坑及地下防水的设计应符合下列规定：

1 地下水设防标高应根据地下水的稳定水位、场地产生滞水的可能性及建厂后场地地下水位变化的情况等因素来确定。设计最高地下水位应为稳定的最高地下水位或最高滞水水位加高0.5m，但不得超过室内地坪标高。

2 地坑底面低于地下水设防标高时，应按防有压水处理，可用防水混凝土或采用防水混凝土加柔性防水层的做法，地坑底面高于地下水设防标高时，可按防无压水做防潮处理。地坑及地下廊分缝处应做防水处理。

3 地沟、地坑应设集水坑。

10.6 主要结构选型

10.6.1 建筑物（或构筑物）的基础应优先采用天然地基。遇有下列情况之一时应采用人工地基：

1 天然地基的承载力或变形无法满足建筑物（或构筑物）的使用要求。

2 地基具有承载力满足要求的下卧层，经技术经济比较，采用人工地基比天然地基更为经济合理。

3 地震区地基有不能满足抗液化要求的土层。

10.6.2 多层厂房宜采用现浇钢筋混凝土框架结构。单层厂房可采用钢结构、钢筋混凝土结构或砖混结构，宜以钢结构为主。

10.6.3 圆形和长条形等大跨度屋盖结构宜采用轻型钢结构。

10.6.4 窑炉、煤气发生炉等设备的基础可采用大块式或箱形结构。

10.6.5 建筑物（或构筑物）结构应符合现行国家标准《工业建筑可靠性鉴定标准》GB 50144的有关规定。

10.7 结构布置

10.7.1 在满足生产工艺要求和不增加面积的原则下，厂房的柱网应排列整齐，符合建筑模数；平台梁板的布置应规则，受力明确。

10.7.2 厂房内的大型设备基础、独立构筑物、整体地坑等宜与厂房柱子基础分开。

10.7.3 与厂房相毗邻的建筑物宜采用沉降缝或伸缩缝与厂房分开。

10.7.4 大型设备基础宜放在地面上。当放在平台或楼板上时应采取加强措施。

10.7.5 建筑在高压缩性软土地基上的厂房，建筑物室内地面或附近有大面积堆料时，应计算堆料对建筑物地基的影响，并应对差异沉降采取相应的措施。

10.7.6 输送天桥支在厂房上时，应在天桥支点处设置滚动支座。

10.8 设计荷载

10.8.1 建筑物（或构筑物）楼面的均布活荷载标准值及其组合值系数、频遇值系数、准永久值系数，应按生产的实际情况采用，也可按表10.8.1的规定采用。

表10.8.1 建筑物（或构筑物）楼面均布活荷载表

类别	标准值（kN/m^2）	组合值系数 Ψ_c	频遇值系数 Ψ_f	准永久值系数 Ψ_q
生产车间平台、楼梯	3.5	0.7	0.7	0.5
胶带输送机走廊、一般走道	2.0	0.7	0.7	0.5
地坑盖、平台等挑出部分	3.0	1.0	0.8	0.5
其他	按现行国家标准《建筑结构荷载规范》GB 50009采用			

10.8.2 建筑物（或构筑物）屋面水平投影面上的均布活荷载标准值及其组合值系数、频遇值系数、准永久值系数，应按表10.8.2的规定采用。

表10.8.2 建筑物（或构筑物）屋面水平投影面上的均布活荷载表

类别	标准值（kN/m^2）	组合值系数 Ψ_c	频遇值系数 Ψ_f	准永久值系数 Ψ_q
压型钢板等轻型屋面	0.5（0.3）	0.7	0.5	0
不上人平屋面	0.5	0.7	0.5	0
上人的平屋面	2.0	0.7	0.5	0.4

注：带括号的数值适用于轻钢结构屋面。

10.8.3 建筑物（或构筑物）的设备荷载标准值应根据工艺要求的数值（包括动力系数）采用。计算时将其分解为永久荷载和可变荷载，准永久值系数为0.8。

10.9 结构计算

10.9.1 水塔、烟囱以及高度与宽度之比大于4的框架、天桥支架等的设计，均应计入风振系数。

10.9.2 高度与宽度之比大于4的框架及天桥支架，在风荷载作用下，顶点的水平位移Δ与总高度H之比（Δ/H）不应大于1/500；在多遇地震作用下，Δ/H不应大于1/450。

10.9.3 计算地震作用时，可变荷载的组合值系数应按表10.9.3的规定采用。

表10.9.3 组合值系数表

可变荷载种类	组合值系数
雪荷载	0.5
屋面积灰荷载	0.5
屋面活荷载	0
楼面活荷载	0.5
设备荷载	0.8

10.9.4 窑炉基础、破碎机基础和大型风机基础可不做抗震验算。

10.9.5 设计带式输送机头部支架和导向轮的承重结构时，应计长胶带拉力对结构的作用。

10.9.6 构筑物抗震设计应符合现行国家标准《构筑物抗震设计规范》GB 50191及《工业构筑物抗震鉴定标准》GBJ 117的有关规定。

11 给水与排水

11.1 一般规定

11.1.1 给水与排水设计应满足生产、生活和消防用水的要求。

11.1.2 根据建厂地区气候条件和建筑物特性，给水与排水管道应采取防冻和防结露措施。

11.2 给水

11.2.1 生产生活用水量的确定应符合下列规定：

1 生产用水量应根据生产工艺的要求确定。

2 厂区生活用水量宜采用35L/（人·班），小时变化系数为3.0，用水时间为8h；厂区淋浴用水量宜采用60L/（人·班），淋浴延续时间为1h。

3 浇洒道路和场地用水量宜采用（1.5～2.0）L/（m^2·次），浇洒次数为（2～3）次/d；绿化用水量宜采用（2.0～4.0）L/（m^2·次），浇洒次数为1次/d。

4 冲洗汽车用水量和公共建筑生活用水量应符合现行国家标准《建筑给水排水设计规范》GB 50015的有关规定。

5 化验室用水量宜采用（3～5）m^3/d，用水时间为8h；机电修理车间用水量宜采用（10～20）m^3/d，用水时间为8h。

6 设计未预见用水量可按生产、生活总用水量的15%～30%计算。

11.2.2 机械设备冷却水的给水温度宜小于32℃，碳酸盐硬度宜控制在（80～250）mg/L（以$CaCO_3$计），悬浮物宜小于20mg/L，pH值为6.5～8.5，并满足水质稳定的要求。

11.2.3 锅炉、化验、空气调节和生活等用水水质应符合相应的国家标准。

11.2.4 生产用水水压应按生产要求确定。车间进口的水压宜为0.25MPa～0.35MPa。

11.2.5 给水水源的选择应满足水资源勘察资料和总体规划的要求，并符合下列规定：

1 水资源应丰富可靠，满足生产、生活和消防的用水量。

2 符合卫生要求的地下水，应优先作为生活饮用水的水源。生活饮用水水源的卫生防护应符合现行国家标准《生活饮用水卫生标准》GB 5749的有关规定。

3 优先选用水质不需净化处理或只需简易净化处理的水源。

4 有条件时，可与农业、水利、邻近城镇和工业企业协作，综合利用水资源。

5 水源工程及其配套设施应安全、经济，便于施工、管理和维护。

11.2.6 地下水的取水量应小于允许开采水量。采用管井时应设置备用井。备用井数量可按任何一口井或其设备事故时，仍能满足80%设计取水量确定，但不得少于1口井。

11.2.7 取用地表水时，枯水期的流量保证率应为90%～97%。

11.2.8 取水泵站和取水构筑物的最高水位宜按100a一遇的频率设计；枯水位的保证率宜按95%设计、97%校核。对于小型厂可按50a一遇的最高水位频率设计，枯水位的保证率可按90%设计、95%校核。

11.2.9 水源至工厂的输水工程应根据地形条件优先选用重力输水。输水管线宜设2条，当其中一条输水管线故障时，应能通过80%的设计水量。若水源至工厂只设1条输水管或多座水源井分别以单管向工厂输水时，厂内应设置安全储水池或其他安全供水的设施。

11.2.10 给水处理厂的生产能力应根据工厂总体规划的要求，以生产、生活最高日供水量加消防补充水量和自用水量确定。

11.2.11 生产给水宜采用敞开式循环水系统，循环回水可采用压力流或重力流。循环冷却水系统应保持水质、水量平衡，宜采用旁滤或其他水质处理措施，并应符合现行国家标准《工业循环冷却水处理设计规范》GB 50050的有关规定。

11.2.12 对部分水质要求较高的生产用水可由生活给水系统供水。

11.2.13 在一个水泵站内宜选用同类型的水泵；每一组生产给水泵应设有备用泵，但冷却塔给水泵可不设备用泵。

11.2.14 生活饮用水管道不应与非生活饮用水管道及非城镇生活饮用水管道直接连接。

11.2.15 消防给水系统应设置水量调节储存设施，有条件时应优先选择高位储水池。

11.2.16 用水计量应做到生产和生活、厂内和厂外的用水分别计量。

11.2.17 车间和独立建筑物的给水系统应与室外给水系统协调一致。

11.2.18 生产用水设备的进口水压应根据生产工艺和设备的要求确定。

11.2.19 生产车间内的给水管道宜采用枝状布置。设消防用水的车间等的给水管道应设2条引入管，在室内连成环状或贯通枝状双向供水。

11.2.20 建筑物的引入管和压力循环回水出户管应设置控制阀门。用水设备的管道最高部位宜设置排气阀，管道最低处宜设置放水阀。

11.3 排　　水

11.3.1 排水工程设计应结合当地规划，综合设计生活污水、工业废水、洪水和雨水的排除。生产污水、生活污水宜采用合流制，不可回收的生产废水和生活污水宜采用一个排污口排除，雨水宜单独排除。

11.3.2 生产排水量应根据生产用水以及循环水水质稳定的需要确定。生活污水量应按现行国家标准《室外排水设计规范》GB 50014规定的排水定额确定，也可按生活用水量的80%～90%计算确定。

11.3.3 各种污水排入排水管网之前，应符合下列规定：

1 建筑物排出的粪便污水宜分散或集中设置化粪池并做处理。

2 汽车洗车台的排水及食堂含油污水应设置沉淀和除油设施并做处理。

3 化验室、机电修理工段和其他车间排出的含酸碱污水应有中和处理设施并做处理。

4 锅炉房排出温度大于40℃的废水时应有降温设施并做处理。

11.3.4 烧结砖瓦工厂的污水排放、污水处理程度应符合当地政府的有关规定，并取得地区环保主管部门的同意。

11.3.5 车间和独立建筑物的排水系统应与室外排水系统协调一致。

11.4 消防及其用水

11.4.1 烧结砖瓦工厂应设计消防给水，并按建筑物类别和使用功能设置固定灭火装置和火灾自动报警装置。

11.4.2 厂区同一时间内的火灾次数应按1次计算。

11.4.3 消防用水量应按现行国家标准《建筑设计防火规范》GB 50016的有关规定执行。

11.4.4 消防给水系统可与生活给水系统或生产给水系统合并，但不宜与压力流回水的生产循环给水系统合并。当设有储油系统时，油库区应采用独立的消防给水系统。

11.4.5 室外消防给水管网应布置成环状。小型厂厂区的室外消防用水量不超过15L/s时可布置成枝状。

11.4.6 大型油浸电力变压器应按现行国家标准《建筑设计防火规范》GB 50016、《水喷雾灭火系统设计规范》GB 50219的有关规定设置水喷雾或其他固定灭火装置。

11.4.7 仪器、仪表设备室、办公楼内的重要档案以及设有二氧化碳及其他气体固定灭火装置的房间应设火灾检测与自动报警装置。

11.4.8 烧结砖瓦工厂的建筑物应设置灭火器，并应符合现行国家标准《建筑灭火器配置设计规范》GB 50140的有关规定。

12 采暖、通风与除尘

12.1 一 般 规 定

12.1.1 供热、通风与空气调节设计方案的选择应根据建厂地区气象条件、总图布置、工艺和控制要求、区域能源状况及环境保护要求，通过技术经济比较确定。

12.1.2 采暖、通风与空气调节室外气象计算参数应符合现行国家标准《采暖通风与空气调节设计规范》GB 50019的有关规定。

12.2 采　　暖

12.2.1 烧结砖瓦工厂的采暖设计应符合下列规定：

1 成型车间、陈化库和有防寒要求或经常有人停留、工作，并对室内温度有一定要求的生产及辅助生产建筑应设置集中采暖。

2 设置集中采暖的生产管理和生活建筑、生产及辅助生产建筑，当其位于严寒或寒冷地区，且在非工作时间或中断使用的时间，室内温度必须保持在0℃以上时，应按5℃设置值班采暖。当工艺系统及生产设备对环境温度另有要求时，可根据要求确定室内采暖计算温度。

3 原料破碎生产厂房可以不设计全面采暖，但应从围护结构上隔断，设局部采暖。

4 设置集中采暖的生产及辅助生产建筑，当散热器采暖难以保证采暖室内设计温度时，可用热风采暖补充。

5 储存易燃、易爆气体的建筑物内采暖时，热媒温度不应过高，热水采暖温度不应超过80℃，且不应使用蒸汽或电热散热器采暖。

6 不同供暖方式的采暖间歇附加值宜按表12.2.1的规定采用。

表12.2.1 不同供暖方式的采暖间歇附加值表

供暖方式	供暖热源类型	供暖时间(h/d)	间歇附加值(%)
连续供暖	热电站供热、区域连续供暖锅炉房	24	0
调节运行供暖	小区集中供暖锅炉房	16～24	10
间歇供暖	小型锅炉房(白天运行)	8～10	20

注：间歇附加值按采暖房间总耗热量计算。

12.2.2 采暖热媒的选择应符合下列规定：

1 一般寒冷地区的厂区采暖热媒宜采用70℃～95℃的低温热水。

2 严寒地区的厂区采暖热媒宜采用70℃～110℃的高温热水。

3 严寒地区的生产建筑采暖和除尘设备保温供热，其热媒可采用蒸汽。蒸汽温度不应高于120℃，其凝结水回收率不应低于60%。

4 利用余热或天然热源采暖时，采暖热媒及其参数可根据具体情况确定。

12.2.3 热源设计应符合下列规定：

1 所需热负荷的供应应根据所在区域的供热规划确定。当其热负荷可由区域热电站或区域锅炉房供热时，不应单独设置锅炉房。

2 锅炉房设计应根据工厂总体规划，做到远、近期结合，以近期为主，适当留有扩建余地。对改建、扩建工程，应合理利用原有建筑物、设备和管道。

3 锅炉台数的确定应符合下列规定：

1）锅炉房内相同参数的锅炉台数不宜少于2台。当选用1台能满足热负荷和检修要求时，可只设置1台。

2）锅炉房的锅炉总台数，每种炉型（指蒸汽锅炉与热水锅炉）不宜超过2台，当选用多台锅炉时，应通过技术经济方案比较后确定。

3）为严寒地区的生产建筑采暖及除尘设备保温供热，应设有备用锅炉。

4）生活供汽应设备用锅炉。

5）一般寒冷地区的采暖可不设置备用锅炉。但其中1台停止运行时，其余设备应满足60%～75%热负荷的需要。

6）对于采暖、生活用汽热负荷较小的厂区锅炉房宜选用2台蒸汽锅炉，并设置汽水换热装置。

4 锅炉房控制室应有较好的朝向，其观察窗对观察锅炉应有较好的视野。折合12蒸吨以上的锅炉房，宜设置化验室、维修间和生活间。

5 锅炉总容量折合小于12蒸吨的锅炉房，每台锅炉可单独设置机械上煤、机械除渣装置。

6 严寒地区锅炉总容量折合大于或等于12蒸吨，或一般寒冷地区要求机械化程度较高的锅炉房，从煤堆场到锅炉房内运煤宜采用间歇机械化设备装卸和间歇机械化设备运煤。锅炉除渣宜采用联合除渣机。

7 锅炉房的鼓风机、引风机应设在厂房内，当鼓风机、引风机设在室外时，应采取防雨、消声等措施。

8 锅炉房烟囱高度、个数及烟尘、二氧化硫排放浓度应符合现行国家标准《锅炉大气污染物排放标准》GB 13271的规定。

9 锅炉房应按其规模、供热对象分别设置计量仪表检测供蒸汽量、供热量、燃料消耗总量、原水消耗总量、凝结水回收量、热水系统补给水量及总耗电量等。

12.2.4 室外热力管网的设计应符合下列规定：

1 热水采暖管网应采用双管闭式循环系统。蒸汽采暖管网宜采用开式系统，其凝结水应回收。当凝结水量小，且回收系统复杂时，经技术经济比较，可就地排放。

2 热力管网敷设应符合下列规定：

1）热力管网的敷设形式应根据建设场地地形、地质、水文、气象条件，以及对美观的要求等因素综合确定。改建、扩建工程尚应依据原有管网及建筑物（或构筑物）情况确定。

2）采用直埋敷设的热力管网中连接采暖用户的支管宜采用不通行地沟。敷设于地下水位以下的直埋管应有可靠的防水措施。穿越不允许开挖的交通干道时应加设套管。

3）采用地沟敷设的热力管网中连接各采暖用户的支管宜采用不通行地沟；供热干管及不允许开挖的地区宜采用半通行地沟；当各种管道共沟敷设时宜采用通行地沟，热力管应在管沟的上部。

4）改建、扩建工程的热力管网宜采用架空敷设。新建厂的热力管网宜采用直埋或地沟敷设，当建设场地不允许时可采用架空敷设。严寒地区不宜采用架空敷设。

5）各采暖用户热力管入口处均应装设调节阀，并安装在入户阀门井内。对于沿墙敷设的架空热力管，室外安装阀门有困难时，入户阀门可装在室内。

6）地下敷设的热力管沟、阀门井外壁，以及直埋管道、架空管道保温结构表面，与建筑物（或构筑物）、道路、铁路及各种管道的最小水平净距、最小垂直净距应符合本规范附录D～附录F的规定。

7）热负荷较大的生产及辅助生产建筑物采暖入口处宜设置温度、压力检测管座。

12.3 通　风

12.3.1 自然通风设计应符合下列规定：

1 以自然通风为主的厂房，其方位宜根据主要进风面、建筑物形式，按夏季有利的风向布置。

2 自然通风宜利用底层门洞，侧窗做进风口，上部侧窗做排风口；烧成工段宜设排风天窗或排风罩。侧窗和天窗的窗扇应开启方便灵活。

3 采用自然通风的建筑物，车间内经常有人工作地点的夏季空气温度应符合国家现行有关工业企业设计卫生标准的规定，当超出规定值时应设置机械通风。

4 产生余热的烧成车间等生产厂房应优先采用自然通风，当达不到卫生条件和生产要求时，应采用机械通风方式。

12.3.2 机械通风设计应符合下列规定：

1 凡产生余热、余湿及有害气体的建筑应以消除有害物质计算通风量，当缺乏必要的资料时，可按房间换气次数确定。烧结砖瓦工厂建筑物通风换气次数宜按本规范附录G的规定执行。

2 炎热地区的卸车处宜设置局部过滤送风装置。

3 化验室通风柜的排风量应保持工作孔风速为0.5m/s～0.6m/s，排风机及管道应防腐。

4 有机械送风的配电室，送入室内的空气应经过过滤处理。配电室应设排风系统，其风量宜为送风系统风量的90%。炎热地区的各车间配电室应设置机械排风系统。

5 设有二氧化碳或其他气体等固定灭火装置的控制室及其他建筑物应按消防要求设置局部排风系统。

6 炎热地区机、电修工段的各工段厂房内应设置移动式通风机。

7 循环水泵站的加氯间及污水泵站的地坑均应设置机械排风系统。加氯间的排风口应设在房间的下部。污水泵站吸风口的设置应避免气流短路。

12.3.3 事故通风的设计应符合下列规定：

1 总降压变电站、配电站的高压开关柜室、电容器室、射油泵间、燃油附件间等辅助生产厂房应设置事故排风装置。事故排风应同经常使用的排热、排湿系统合用，并在事故时应保证足够的排风量。

2 事故排风机应分别在室内、外便于操作的地点设置开关。

3 事故排风机应设在有害气体或有爆炸危险物质散发量最大的地点，并应采取防止气流短路的措施。

4 排除有爆炸危险物质的局部排风系统，通风机应采用防爆型电机。

12.4 除　尘

12.4.1 局部排风系统排出的有害气体，当其有害物质的含量超过排放标准或环境要求时应采取有效净化措施。

12.4.2 放散粉尘的生产工艺过程应采用机械除尘。

12.4.3 烧结砖瓦工厂放散粉尘的设备，其密闭形式应根据工艺流程、设备特点、生产工艺、安全要求及便于操作、维修等因素确定。

12.4.4 吸风点的排风量应按防止粉尘或有害气体逸出的原则通过计算确定。有条件时可采用实测数据或经验数值。

12.4.5 确定密闭罩吸风口的位置、结构和风速时应使罩内负压均匀，防止粉尘外逸并不致把物料带走。吸风口的平均风速宜符合表12.4.5的规定。

表12.4.5 吸风口的平均风速值

物料加工工段	平均风速值（m/s）
细粉料的筛分	≤0.6
物料的粉碎	≤2
粗颗粒物料的破碎	≤3

12.4.6 除尘系统的排风量应按其全部吸风点同时工作计算。

12.4.7 烧结砖瓦工厂除尘风管内的最小风速不应低于本规范附录H的规定。

12.4.8 除尘系统的划分应符合下列规定：

1 同一生产流程、同时工作的扬尘点相距不远时宜合设一个系统。

2 同时工作但粉尘种类不同的扬尘点，当工艺允许不同粉尘混合回收或粉尘无回收价值时可合设一个系统。

3 当温度、湿度不同的含尘气体混合后导致风管内结露时应分设系统。

12.4.9 除尘器的选择应根据下列因素并通过技术经济方案比较后确定：

1 含尘气体的化学成分、腐蚀性、爆炸性、温度、湿度、露点、气体量和含尘浓度。

2 粉尘的化学成分、密度、粒径分布、腐蚀性、亲水性、磨琢度、比电阻、黏结性、纤维性和可燃性、爆炸性等。

3 净化后气体的容许排放浓度。

4 除尘器的压力损失和除尘效率。

5 粉尘的回收价值及回收利用形式。

6 除尘器的设备费、运行费、使用寿命、场地布置等。

7 维护管理的繁简程度。

12.4.10 烧结砖瓦工厂对除尘器收集的粉尘，根据生产条件、除尘器类型、粉尘的回收价值和便于维护管理等因素，应采取妥善的回收或处理措施，工艺允许时，应纳入工艺流程回收处理。处理干式除尘器收集的粉尘时应采取防止二次扬尘的措施。当收集的粉尘允许直接纳入工艺流程时，除尘器宜布置在生产设备（包括胶带运输机、料仓等）的上部。当收集的粉尘不允许直接纳入工艺流程时，应设储尘斗及相应的搬运设备。

12.4.11 干式除尘器的卸尘管应采取防止漏风的措施。

12.4.12 吸风点较多时，除尘系统的各支管段宜设置调节阀门。

12.4.13 除尘器宜布置在除尘系统的负压段。当布置在正压段时，应选用排尘通风机。

13 其他生产设施

13.1 一般规定

13.1.1 烧结砖瓦工厂应设置实验室、机修、压缩空气站、工艺计量等其他生产设施。

13.1.2 烧结砖瓦工厂其他生产设施的配备应满足正常生产需要。

13.2 实验室

13.2.1 实验室应配备能满足原料性能测试、发热量测定、产品基本性能测试等要求的仪器、器皿及装置。

13.2.2 烧结瓦工厂实验室应配备能满足坯料、釉料及产品的物理检验要求的装备。

13.2.3 实验室应配备能满足生产质量控制要求的仪器和装置。

13.2.4 实验室制样室、高温室、精密称量室、分析室、物理检测室等应单独分室设置。

13.3 机电设备维修

13.3.1 机械修理配置应符合下列规定：

1 机修工段的装备应根据工厂的生产规模和当地协作条件确定。大、中型厂不具备协作条件时，应具备中修能力；否则可按小修设置。

2 机修工段由机钳、铆焊等工序组成，机修工段应设置备品备件库和乙炔、氧气瓶库以及办公室和更衣室等辅助设施。

3 车间地面荷载应适合要求，其铆锻部分地面荷载宜为$2t/m^2$，机床部分的地面荷载宜为$1t/m^2$～$3t/m^2$，其他部分地面荷载宜为$2t/m^2$～$3t/m^2$。

13.3.2 电气设备修理配置应符合下列规定：

1 电气设备修理配置的规模应根据工厂规模、电气装备水平及外部协作条件等因素确定。

2 电气设备修理位置宜设在变电所附近。

3 电气修理的范围包括电动机、变压器、配电装置、配电线路、电气设备及电气仪表等。

13.4 地磅

13.4.1 地磅的选择应根据当地运输车辆的载重能力确定。

13.4.2 秤体宜采用无坑基安装。

13.5 压缩空气站

13.5.1 压缩空气站设计应满足工艺用气要求，并应符合现行国家标准《压缩空气站设计规范》GB 50029的有关规定。

13.5.2 当压缩空气用于阀门控制、脉冲喷吹等对气体质量要求较高的设备时，应进行净化处理，气体干燥后湿含量应满足使用设备的要求。

13.5.3 压缩空气用在粉状物料充气或输送时，气体应进行充分冷却和除油干燥。

13.5.4 压缩空气站应靠近用气负荷中心，可集中或分散设置，并应避免粉尘污染。

13.5.5 空气压缩机的选型和台数应根据空气用量和压力要求以及气路系统损耗和必要的储备量确定，并应设置备用机组。

13.6 工艺计量

13.6.1 烧结砖瓦生产过程中，从原料、燃料进厂到产品出厂的各个环节均应配备相应的计量装置，并应符合下列规定：

1 原料、燃料可根据物料运输方式的不同采用相应的计量装置。

2 配料宜采用定量给料或配料秤。

13.6.2 计量装置的精度应满足工艺要求。

14 节能

14.1 一般规定

14.1.1 烧结砖瓦工厂生产线的主要能耗设计指标宜满足现行国家标准《烧结砖瓦工厂节能设计规范》

GB 50528的有关规定。

14.1.2 用于墙体和屋面的烧结砖瓦产品应满足所在气候区建筑节能标准的要求。

14.1.3 编制初步设计文件时应同时编制节能篇（或节能章）。

14.1.4 施工图设计阶段应落实初步设计审批意见。经审查批准的节能设计方案，如有变动应征得原审批部门的同意。

14.2 技术、工艺、装备节能

14.2.1 烧结砖瓦工厂技术、工艺、装备的节能设计应符合现行国家标准《烧结砖瓦工厂节能设计规范》GB 50528的有关规定。

14.2.2 烧结砖瓦工厂的设计可采用工业、农业和城市废弃物等替代部分原料和燃料。

14.2.3 在有煤矸石、粉煤灰等含能工业废渣的地区，砖瓦焙烧应优先选用此类原料兼作燃料。

14.2.4 烧结砖宜采用内燃烧砖技术。

14.2.5 设备选型应采用国家推荐的节能型产品。

14.2.6 窑炉设计应采用优质耐火和保温隔热材料。

14.2.7 破碎系统应选择适宜的入料粒度与出料细度。

14.3 余热利用

14.3.1 烧结砖瓦工厂焙烧窑炉必须设置余热回收利用系统。

14.3.2 余热利用不应影响生产线的正常运行，不应提高单位产品的能耗。

14.4 节电

14.4.1 供配电系统设计应符合下列规定：

1 变电所或配电站的位置应靠近负荷中心，减少配电级数，缩短供电半径，应选择低损节能型变压器。

2 变压器的容量、台数及运行方式应根据负荷性质确定。

3 供配电系统设计宜采用高压补偿与低压补偿相结合，集中补偿与就地补偿相结合的无功补偿方式，企业计费侧最大负荷时的功率因数不应低于0.92。

4 变压器的运行负载率宜为80%～90%。

5 供配电系统设计应减少供电系统的高次谐波，保持变压器三相电流平衡。

14.4.2 电气设备的选型应符合下列规定：

1 应合理选择用电设备功率，使其接近满载运行。

2 挤出机、风机、水泵、搅拌机、空气压缩机等设备应采用变频调速控制。

3 对于破碎机等容量较大、无调速要求的设备易采用电机节电器、进相机或电容就地补偿方式进行无功功率补偿。

14.4.3 照明节能设计应符合下列规定：

1 在满足照明质量和视觉效果的要求下宜采用高光效、长寿命的高强气体放电灯，选用效率高、利用系数高、配光合理、保持率高的灯具。

2 厂区路灯照明宜设置自动控制器，条件允许时可使用太阳能路灯。

3 疏散指示灯、走廊灯、庭院灯等小照度灯具可使用交流发光二极管（LED）作为光源。

15 环境保护

15.1 气体排放污染防治

15.1.1 厂区内的总图布置应将原料破碎车间、煤气站、原料堆场等布置在全年最小频率风向的上风侧，并距离厂界附近居民区较远的一侧。

15.1.2 原料破碎、干燥、窑炉等排放的大气污染物应符合国家现行的有关排放标准，并应满足当地环保部门的有关要求。

15.1.3 燃料或含能原料中硫含量超标时，应对烟气中的二氧化硫进行处理。

15.1.4 各车间的含尘气体应通过高效除尘净化系统处理。

15.2 废水污染防治

15.2.1 生产废水和生活污水的管网应分开布置，废水排放应经环境影响评价论证并得到当地环保部门的批准，同时应符合现行国家标准《污水综合排放标准》GB 8978，并应满足当地环保部门的有关要求。

15.2.2 严禁利用渗井、渗坑等手段排放污水。

15.2.3 煤气发生站的含酚废水应设置处理装置，不得外排。

15.3 噪声污染防治

15.3.1 烧结砖瓦工厂厂界噪声应符合现行国家标准《工业企业厂界环境噪声排放标准》GB 12348的有关规定。

15.3.2 噪声控制设计应符合现行国家标准《工业企业噪声控制设计规范》GBJ 87的有关规定。

15.3.3 设备选型及布置应充分考虑降噪、减振，应选用低噪声生产设备和有利于控制噪声传播的布置形式。设计中应根据声源特性及发声规律采取隔声、吸声、消声、减振、密封等措施。

15.4 固体废物污染防治

15.4.1 烧结砖瓦工厂成型、干燥各工段产生的固体废物应回收利用。

15.4.2 废产品宜全部回收利用。

15.4.3 废耐火材料宜利用，不能利用的应放置到规划地点做统一处理。

15.5 环境保护设施

15.5.1 烧结砖瓦工厂环境保护工程设计中，应根据生产规模设置环境保护设施，并配备必要的仪器设备。

15.5.2 烧结砖瓦工厂环境保护设施应包括除尘、烟气与废气净化、各种烟囱及排气筒、废水和污水处理、原料露天堆场的废弃物处理、设备减振及消声治理、绿化等设施，以及环境监测设施及其监测仪器设备。

16 职业安全卫生

16.1 一般规定

16.1.1 职业安全卫生的技术和设施应与主体工程同时设计、同时施工、同时投产使用。

16.1.2 烧结砖瓦工厂的职业安全卫生设计应符合国家现行有关工业企业设计卫生标准的规定。

16.2 防火防爆

16.2.1 烧结砖瓦工厂生产车间的火灾危险性类别、厂房的最低耐火等级均应符合本规范附录A的规定。

16.2.2 烧结砖瓦工厂各生产车间的防火距离、可燃油品（或可燃气体）储罐区及其附属设施的布置和防火间距应符合现行国家标准《建筑设计防火规范》GB 50016的有关规定。

16.2.3 烧结砖瓦工厂电力装置的防火防燃设计应符合现行国家标准《爆炸和火灾危险环境电力装置设计规范》GB 50058的有关规定。

16.2.4 压力容器、压力管道设计应符合现行国家标准《钢制压力容器》GB 150的有关规定。

16.3 防机械伤害

16.3.1 烧结砖瓦工厂生产设备的设计和安装应符合现行国家标准《机械安全　防护装置　固定式和活动式防护装置设计与制造一般要求》GB/T 8196、《生产设备安全卫生设计总则》GB 5083及国家现行有关工业企业设计卫生标准的规定。

16.3.2 起重机械设置的安全装置应符合现行国家标准《起重机械安全规程　第1部分：总则》GB 6067.1的有关规定。

16.3.3 机器和工作台等设备的布置应便于工人安全操作，通道宽度不应小于1m。

16.4 防雷保护

16.4.1 烧结砖瓦工厂建筑物防雷措施应根据地理、地质、气象、环境、雷电活动规律以及被保护物的特点确定。

16.4.2 烧结砖瓦工厂生产厂房及辅助建筑物应根据生产性质、发生雷电事故的可能性、后果及防雷要求进行分类，并应符合下列规定：

1 煤气站、燃气储存库、储油罐，预计雷击次数大于0.3次/a的住宅、办公楼等应为第二类防雷建筑物。

2 凡属下列情况之一时，应为第三类防雷建筑物：

1）预计雷击次数大于或等于0.06次/a，且小于或等于0.3次/a的宿舍、办公楼等一般性民用建筑物。

2）预计雷击次数大于或等于0.06次/a的一般性工业建筑物。

3）生产车间厂房。

4）平均雷暴日大于15d/a的地区，且高度在15m及以上的烟囱、水塔等孤立的构筑物；平均雷暴日小于或等于15d/a的地区，且高度在20m以上的烟囱、水塔等孤立的构筑物。

16.4.3 各类建筑物防雷措施应符合现行国家标准《建筑物防雷设计规范》GB 50057的有关规定。

16.5 防尘

16.5.1 烧结砖瓦工厂各生产操作区，空气中的粉尘的最高容许浓度及建筑物通风换气次数应符合本规范附录G的规定。

16.5.2 烧结砖瓦工厂的防尘及有害气体的治理设计应符合本规范第12.3节、第12.4节的有关规定。

16.6 防暑降温及采暖防寒

16.6.1 烧结砖瓦工厂的防暑降温应符合国家现行有关工业企业设计卫生标准的规定。

16.6.2 烧结砖瓦工厂的采暖、防寒设计应符合本规范第12.1节、第12.2节的有关规定。

16.7 噪声控制

16.7.1 烧结砖瓦工厂厂区内的噪声控制应满足本规范附录B的规定。

16.7.2 高噪声生产场所宜设置控制、监督、值班用的隔声室，高噪声设备宜布置在隔声的设备间内，并与工人操作区分开。

16.7.3 强烈振动设备之间应采用柔性连接，有强烈振动的管道与建筑物（或构筑物）、支架的连接不应采用刚性连接。

16.7.4 块状物料输送时应采用阻尼和隔声措施。

16.7.5 产生空气动力噪声的设备，在进气口（或排气口）处应设置消声器。

附录A 烧结砖瓦工厂建筑物（或构筑物）生产的火灾危险性类别、最低耐火等级及防火间距

表A 烧结砖瓦工厂建筑物（或构筑物）生产的火灾危险性类别、最低耐火等级及防火间距表

序号					1	2	3	4	5	6	7	8	9	10	11	12	13	14	15	16	17
生产火灾危险性类别					戊	戊	戊	戊	丁	丁	丁	丙	戊	戊	甲	丁	戊				
最低耐火等级					二	二	二	二	二	二	三	二	二	三	一	二	三	二	三	二	三
序号	生产火灾危险性类别	最低耐火等级	间距（m） 建筑物（或构筑物）名称	建筑物（或构筑物）名称	主要生产厂房						辅助生产厂房							生产管理、生活建筑			
					原料库	原料破碎车间	陈化库	成型干燥施釉车间	烧成车间	包装成品库	压缩空气站	变电所	循环水、雨水、污水泵站	机修车间	煤气站、配气站、液化气站	锅炉房	汽车衡	工厂办公楼	车间办公室	单身倒班宿舍	厂区食堂
17		三	生产管理、生活建筑	厂区食堂	7	7	7	7	7	12	14	12	7	8	25	12	8	7	8	7	—
16		二	生产管理、生活建筑	单身倒班宿舍	6	6	6	6	10	10	12	10	10	12	25	10	12	6	6	—	
15		三	生产管理、生活建筑	车间办公室	6	6	6	6	10	10	12	10	10	12	25	10	10	6	—		
14		二	生产管理、生活建筑	工厂办公楼	6	6	6	6	10	10	12	10	10	12	25	10	10	—			
13	戊	三	辅助生产厂房	汽车衡	12	12	12	12	12	12	14	12	12	14	14	12	—				
12	丁	二	辅助生产厂房	锅炉房	10	10	10	10	10	10	12	10	10	12	12	—					
11	甲	一	辅助生产厂房	煤气站、配气站、液化气站	12	12	12	12	12	12	14	12	12	14	—						
10	戊	三	辅助生产厂房	机修车间	12	12	12	12	12	12	14	14	14	—							
9	戊	二	辅助生产厂房	循环水、雨水、污水泵站	12	12	12	12	12	12	14	12	—								
8	丙	二	辅助生产厂房	变电所	10	10	10	10	10	10	12	—									
7	丁	三	辅助生产厂房	压缩空气站	12	12	12	12	12	12	—										
6	丁	二	主要生产厂房	包装成品库	12	12	12	12	12	—											
5	丁	二	主要生产厂房	烧成车间	10	10	10	10	—												
4	戊	二	主要生产厂房	成型干燥施釉车间	10	10	10	—													
3	戊	二	主要生产厂房	陈化库	10	10	—														
2	戊	二	主要生产厂房	原料破碎车间	10	—															
1	戊	二	主要生产厂房	原料库	—																

注：1 防火间距应按相邻建筑物外墙的最近距离计算，如外墙有凸出的燃烧构件，则应从其凸出部分外缘算起；

2 甲类厂房之间及其与其他厂房之间的防火间距，应按本表增加2m，戊类厂房之间的防火间距，可按本表减小2m；

3 高层厂房之间及其与其他厂房之间的防火间距，应按本表增加3m；

4 两座厂房相邻较高一面的外墙为防火墙时，其防火间距不限，但甲类厂房之间不应小于4m；

5 两座一、二级最低耐火等级厂房，当相邻较低一面外墙为防火墙且较低一座厂房的屋盖耐火极限不低于1h时，其防火间距可适当减少，但甲、乙类厂房不应小于6m，丙、丁、戊类厂房不应小于4m；

6 两座一、二级最低耐火等级厂房，当相邻较高一面外墙的门窗等开口部位设有防火门窗或防火卷帘和水幕时，其防火间距可适当减少，但甲、乙类厂房不应小于6m，丙、丁、戊类厂房不应小于4m；

7 两座丙、丁、戊类厂房相邻两面的外墙均为非燃烧体，如无外露的燃烧体屋檐，当每面外墙上的门墙洞口面积之和各不超过该外墙面积的5%，且门窗洞口不正对开设时，其防火间距可按本表减少25%；

8 最低耐火等级低于四级的原有厂房，其防火间距可按四级确定。

附录B 烧结砖瓦工厂各类地点噪声标准

表B 烧结砖瓦工厂各类地点噪声标准表

序号	地点类别		噪声限制（dB）
1	原料破碎、成型、烧成、压缩空气站、锅炉房等生产车间及作业场所（每天连续接触噪声8h）		90
2	球磨车间、高噪声车间设置的值班室、观察室、休息室（室内背景噪声级）	无电话通信要求时	75
		有电话通信要求时	70
3	机、电、仪表维修，加工车间的工作地点，计算机房（正常工作状态）		70
4	车间所属办公室、实验室（室内背景噪声级）		70
5	通信室、电话总机室、消防值班室（室内背景噪声级）		60
6	厂部所属办公室、会议室、设计室、实验室（包括试验、化验、计量室）（室内背景噪声级）		60
7	工人值班宿舍（室内背景噪声级）		55

附录C 生产车间及辅助建筑最低照度标准

表C 生产车间及辅助建筑最低照度标准

工作场所	最低照度（lx）			补偿系数	*Ra*
	混合照明		一般照明		
	局部照明	一般照明			
原料堆场	—	—	15	1.5	20
破碎车间	100	50	—	1.5	40
陈化库	—	—	50	1.3	20
成型车间	100	50	—	1.3	60
干燥室	75	30	—	1.4	40
隧道窑	75	30	—	1.4	40
锅炉房	—	—	50	1.5	20
机修车间	75	30	—	1.3	60
煤气站（调压站）	—	—	50	1.3	40
压缩空气站	—	—	50	1.3	40
变电所	—	—	100	1.2	40
成品堆场	—	—	20	1.5	40
控制室	—	—	300	1.2	100
办公楼	100	30	—	1.3	80
宿舍楼	—	—	100	1.3	100
实验室	200	30	—	1.3	80

附录D　地下管线与建筑物（或构筑物）之间的最小水平净距

表D　地下管线与建筑物（或构筑物）之间的最小水平净距表

名称及规格 / 最小水平净距（m） / 名称	给水管（mm）				排水管（沟）（mm）						热力沟（管）	燃气管压力 P（MPa）					压缩空气管	电力电缆（kV）	电缆沟	通信电缆
					雨水管（沟）			生产及生活污水管（沟）				低压	中压		次高压					
	＜75	75～150	200～400	＞400	＜800	800～1500	＞1500	＜300	400～600	＞600			B	A	B	A				
建筑物、构筑物基础外缘	1.0	1.0	2.5	3.0	1.5	2.0	2.5	1.5	2.0	2.5	1.5	0.7②	1.0②	1.5②	5.0①、②	13.5②	1.5	0.6④	1.5	0.5④
道路	0.8	0.8	1.0	1.0	0.8	1.0	1.0	0.8	0.8	1.0	0.8	0.6	0.6	0.6	1.0	1.0	0.8	0.8③	0.8	0.8
管架基础外缘	0.8	0.8	1.0	1.0	0.8	0.8	1.2	0.8	1.0	1.2	0.8	0.8	0.8	1.0	1.0	1.0	0.8	0.5	0.8	0.5
照明、通信杆柱（中心）	0.5	0.5	0.5	0.5	0.5	0.5	0.5	0.5	0.5	0.5	0.8	1.0	1.0	1.0	1.0	1.0	0.8	0.5	0.8	0.5
围墙基础外缘	1.0	1.0	1.0	1.0	1.0	1.0	1.0	1.0	1.0	1.0	1.0	0.6	0.6	0.6	1.0	1.0	1.0	0.5	1.0	0.5
排水沟外缘	0.8	0.8	0.8	1.0	0.8	0.8	1.0	0.8	0.8	1.0	0.8	0.6	0.6	0.6	1.0	1.0	0.8	1.0③	1.0	0.8
高压电力杆柱或铁塔基础外缘	0.8	0.8	0.8	0.8	0.8	0.8	0.8	0.8	0.8	0.8	1.2	1.0 (2.0)	1.0 (2.0)	1.0 (2.0)	1.0 (5.0)	1.0 (5.0)	1.2	1.0	1.2	0.8

注：1　表列净距除注明者外，管线均自管壁、沟壁或防护设施的外缘或最外一根电缆算起；道路为城市型时，自路面边缘算起，为公路型时，自路肩边缘算起；

2　括号内数据为距大于35kV电杆（塔）的距离。与电杆（塔）基础之间的水平距离尚应满足现行国家标准《城镇燃气设计规范》GB 50028的规定；

3　距离由电杆（塔）中心起算；

4　表中所列数值特殊情况下可酌减且最多减少一半；

5　通信电缆管道距建筑物（或构筑物）基础外缘的净距应为1.2m，电力电缆排管（即电力电缆管道）净距要求与电缆沟（管）同；

①最小水平净距为距建筑物（或构筑物）外墙面（出地面处）的距离；

②如受地形限制不能满足要求，采取有效的安全防护措施后，净距可适当缩小，但低压管道不应影响建筑物（或构筑物）基础的稳定性，中压管道距建筑物（或构筑物）基础不应小于0.5m且距建筑物（或构筑物）外墙面不应小于1m，次高压燃气管道距建筑物外墙不应小于3.0m。其中，当次高压A管道采取有效安全防护措施或当管道壁厚不小于9.5mm时，距建筑物（或构筑物）外墙面不应小于6.5m，当管壁厚度不小于11.9mm时，距建筑物（或构筑物）外墙面不应小于3.0m；

③表列埋地管道与建筑物（或构筑物）基础外缘的间距均是指埋地管道与建筑物（或构筑物）的基础在同一标高或其以上，当埋地管道深度大于建筑物（或构筑物）的基础深度时，应按土壤性质计算确定，但不得小于表列数值；

④当为双柱式管架分别设基础时，在满足本表要求时，可在管架基础之间敷设管线。

附录E 地下管线之间的最小水平净距

表E 地下管线之间的最小水平净距表

最小水平净距（m） 管线名称及规格		管线名称及规格	给水管（mm）				排水管（沟）（mm）						热力沟（管）	燃气管					压缩空气管	电力电缆（kV）			电缆沟（管）	通信电缆	
							雨水管（沟）			生产与生活污水管（沟）				低压	中压		高压							直埋电缆	电缆管道
			<75	75～150	200～400	>400	<800	800～1500	>1500	<300	400～600	>600			B	A	B	A		<1	1～10	<35			
给水管（mm）		<75	—	—	—	—	0.7	0.8	1.0	0.7	0.8	1.0	0.8	0.5	0.5	0.5	1.0	1.5	0.8	0.6	0.8	1.0	0.8	0.5	0.5
		75～150	—	—	—	—	0.8	1.0	1.2	0.8	1.0	1.2	1.0	0.5	0.5	0.5	1.0	1.5	1.0	0.6	0.8	1.0	1.0	0.5	0.5
		200～400	—	—	—	—	1.0	1.2	1.5	1.0	1.2	1.5	1.2	0.5	0.5	0.5	1.0	1.5	1.2	0.8	1.0	1.0	1.2	1.0	1.0
		>400	—	—	—	—	1.0	1.2	1.5	1.2	1.5	2.0	1.5	0.5	0.5	0.5	1.0	1.5	1.5	0.8	1.0	1.0	1.5	1.2	1.2
排水管（沟）（mm）	雨水管（沟）	<800	0.7	0.8	1.0	1.0	—	—	—	—	—	—	1.0	1.0	1.2	1.2	1.5	2.0	0.8	0.6	0.8	1.0	1.0	0.8	0.8
		800～1500	0.8	1.0	1.2	1.2	—	—	—	—	—	—	1.2	1.0	1.2	1.2	1.5	2.0	1.0	0.8	1.0	1.0	1.2	1.0	1.0
		>1500	1.0	1.2	1.5	1.5	—	—	—	—	—	—	1.5	1.0	1.2	1.2	1.5	2.0	1.2	1.0	1.0	1.0	1.5	1.0	1.0
	生产与生活污水管（沟）	<300	0.7	0.8	1.0	1.2	—	—	—	—	—	—	1.0	1.0	1.2	1.2	1.5	2.0	0.8	0.6	0.8	1.0	1.0	0.8	0.8
		400～600	0.8	1.0	1.2	1.5	—	—	—	—	—	—	1.2	1.0	1.2	1.2	1.5	2.0	1.0	0.8	1.0	1.0	1.2	1.0	1.0
		>600	1.0	1.2	1.5	2.0	—	—	—	—	—	—	1.5	1.0	1.2	1.2	1.5	2.0	1.2	1.0	1.0	1.0	1.5	1.0	1.0
热力沟（管）			0.8	1.0	1.2	1.5	1.0	1.2	1.5	1.0	1.2	1.5	—	1.0 (1.0)	1.0 (1.5)	1.0 (1.5)	1.5 (2.0)	2.0 (4.0)	1.0	1.0	1.0	1.0	2.0	0.8	0.6

续表 E

管线名称及规格 / 最小水平净距（m） / 管线名称及规格			给水管（mm）				排水管（沟）（mm）						热力沟（管）	燃气管					压缩空气管	电力电缆（kV）			电缆沟（管）	通信电缆	
							雨水管（沟）			生产与生活污水管（沟）				低压	中压		高压							直埋电缆	电缆管道
			<75	75～150	200～400	>400	<800	800～1500	>1500	<300	400～600	>600			B	A	B	A		<1	1～10	<35			
燃气管	低压		0.5	0.5	0.5	0.5	1.0	1.0	1.0	1.0	1.0	1.0	1.0 (1.0)	—	—	—	—	—	1.0	0.8	1.0	1.0	1.0	0.5	1.0
	中压	B	0.5	0.5	0.5	0.5	1.2	1.2	1.2	1.2	1.2	1.2	1.0 (1.5)	—	—	—	—	—	1.0	0.8	1.0	1.0	1.0	0.5	1.0
		A	0.5	0.5	0.5	0.5	1.2	1.2	1.2	1.2	1.2	1.2	1.0 (1.5)	—	—	—	—	—	1.0	0.8	1.0	1.0	1.0	0.5	1.0
	高压	B	1.0	1.0	1.0	1.0	1.5	1.5	1.5	1.5	1.5	1.5	1.5 (2.0)	—	—	—	—	—	1.2	1.0	1.0	1.0	1.0	1.2	1.0
		A	1.5	1.5	1.5	1.5	2.0	2.0	2.0	2.0	2.0	2.0	2.0 (4.0)	—	—	—	—	—	1.5	1.5	1.5	1.5	1.5	1.5	1.5
压缩空气管			0.8	1.0	1.2	1.5	0.8	1.0	1.2	0.8	1.0	1.2	1.0	1.0	1.0	1.0	1.2	1.5	—	0.8	0.8	1.0	1.0	0.8	1.0
电力电缆（kV）	<1		0.6	0.6	0.8	0.8	0.6	0.8	1.0	0.6	0.8	1.0	1.0	1.0	1.0	1.0	1.0	1.5	0.8	—	—	—	0.5	0.5	0.5
	1～10		0.8	0.8	1.0	1.0	0.8	1.0	1.0	0.8	1.0	1.0	1.0	1.0	1.0	1.0	1.0	1.5	0.8	—	—	—	0.5	0.5	0.5
	<35		1.0	1.0	1.0	1.0	1.0	1.0	1.0	1.0	1.0	1.0	1.0	1.0	1.0	1.0	1.0	1.5	1.0	—	—	—	0.5	0.5	0.5
电缆沟（管）			0.8	1.0	1.2	1.5	1.0	1.2	1.5	1.0	1.2	1.5	2.0	1.0	1.0	1.0	1.0	1.5	1.0	0.5	0.5	0.5	—	0.5	0.5
通信电缆	直埋电缆		0.5	0.5	1.0	1.2	0.8	1.0	1.0	0.8	1.0	1.0	0.8	0.5	0.5	0.5	1.0	1.5	0.8	0.5	0.5	0.5	0.5	—	—
	电缆管道		0.5	0.5	1.0	1.2	0.8	1.0	1.0	0.8	1.0	1.0	0.6	1.0	1.0	1.0	1.0	1.5	1.0	0.5	0.5	0.5	0.5	—	—

注：1 表列净距均自管壁、沟壁或防护设施的外缘或最外一根电缆算起；
2 当热力沟（管）与电力电缆净距不能满足本表规定时，应采取隔热措施，特殊情况下可酌减且最多至一半；
3 局部地段电力电缆穿管保护或加隔板后与给水管、排水管（沟）、压缩空气管道的净距可减少到 0.5m，与穿管通信电缆的净距可减少到 0.1m；
4 表列数据系按给水管在污水管（沟）上方制定的。生活饮用水给水管与污水管（沟）之间的净距应按本表数据增加 50%；生产废水管与雨水管（沟）和给水管之间的净距可减少 20%，和通信电缆、电力电缆之间的净距可减少 20%，但不得小于 0.5m；
5 当给水管与排水管（沟）共同埋设的土壤为砂土类，且给水管的材质为非金属或非合成塑料时，给水管与排水管（沟）的净距不应小于 1.5m；
6 仅供采暖用的热力沟（管）与电力电缆、通信电缆及电缆沟之间的净距可减少 20%，但不得小于 0.5m；
7 110kV 的电力电缆与本表中各类管线的净距可按 35kV 数据增加 50%。电力电缆排管（即电力电缆管道）净距要求与电缆沟（管）同；
8 括号内数据为距管沟外壁的净距离；
9 管径系指公称直径。表中“—”表示净距未做规定，可根据具体情况确定。

附录F 地下管线之间的最小垂直净距

表F 地下管线之间的最小垂直净距表

管线名称 \ 最小垂直净距(m) \ 管线名称		给水管	排水管(沟)	热力沟(管)	地下燃气管线	电力电缆	电缆沟(管)	通信电缆	
								直埋电缆	电缆管道
给水管		0.15	0.40	0.15	0.15	0.50	0.15	0.50	0.15
排水管（沟）		0.40	0.15	0.15	0.15	0.50	0.25	0.50	0.15
热力沟（管）		0.15	0.15	—	0.15	0.50	0.25	0.50	0.25
地下燃气管线		0.15	0.15	0.15	—	0.50	0.25	0.50	0.15
电力电缆		0.15	0.50	0.50	0.50	0.50	0.25	0.50	0.50
电缆沟（管）		0.15	0.25	0.25	0.25	0.25	0.25	0.25	0.25
通信电缆	直埋电缆	0.50	0.50	0.50	0.50	0.50	0.25	0.25	0.25
	电缆管道	0.15	0.15	0.25	0.15	0.50	0.25	0.25	0.25

注：1 表中管道、电缆和电缆沟最小垂直净距，系指下面管道或管沟的外顶与上面管道的管底或管沟基础底之间的净距；

2 当电力电缆采用隔板分隔时，电力电缆之间及其到其他管线（沟）的距离可为0.25m。

附录G 烧结砖瓦工厂建筑物通风换气次数

表G 烧结砖瓦工厂建筑物通风换气次数表

建筑物名称		通风换气次数
实验室	化学分析室	12
	药品储存室	4
供配电系统	车间控制室	4
	高压开关柜室	12
	低压配电室	6～12
压缩空气站		12

附录H 除尘风管内的最小风速

表H 除尘风管内的最小风速表

粉尘名称	垂直风管(m/s)	水平风管(m/s)
黏土类软质原料	13	16
煤矸石、页岩类硬质原料	14	16
长石、石英类硬质原料	14	16
粉煤灰	12	18

附录J 各种能源折标准煤系数

表J 各种能源折标准煤系数表

能源名称		单位	平均低位发热量	折标准煤系数
燃料油		kJ/kg	41816	1.4286kgce/kg
煤油			43070	1.4714kgce/kg
煤焦油			33453	1.1429kgce/kg
柴油			42652	1.4571kgce/kg
石油液化气			50179	1.7143kgce/kg
水煤浆			≥17000	≥0.5714kgce/kg
油田天然气		kJ/m^3	38931	$1.3300kgce/m^3$
气田天然气			35544	$1.2143kgce/m^3$
煤矿瓦斯气			14636～16726	$(0.5000～0.5712)kgce/m^3$
焦炉煤气			16726～17981	$0.6143kgce/m^3$
其他煤气	发生炉煤气		5227	$0.1786kgce/m^3$
	水煤气		10454	$0.3571kgce/m^3$
电力（当量）		kJ/(kW·h)	3600	0.1229kgce/(kW·h)

注：水煤浆的燃烧热值来自于现行国家标准《水煤浆技术条件》GB/T 18855 发热量Ⅲ级标准。

本规范用词说明

1 为便于在执行本规范条文时区别对待，对要求严格程度不同的用词说明如下：

1）表示很严格，非这样做不可的：
正面词采用“必须”，反面词采用“严禁”；

2）表示严格，在正常情况下均应这样做的：
正面词采用“应”，反面词采用“不应”或“不得”；

3）表示允许稍有选择，在条件许可时首先应这样做的：
正面词采用“宜”，反面词采用“不宜”；

4）表示有选择，在一定条件下可以这样做的，采用“可”。

2 条文中指明应按其他有关标准执行的写法为：“应符合……的规定”或“应按……执行”。

引用标准名录

《建筑地基基础设计规范》GB 50007

《建筑结构荷载规范》GB 50009
《室外排水设计规范》GB 50014
《建筑给水排水设计规范》GB 50015
《建筑设计防火规范》GB 50016
《采暖通风与空气调节设计规范》GB 50019
《厂矿道路设计规范》GBJ 22
《湿陷性黄土地区建筑规范》GB 50025
《城镇燃气设计规范》GB 50028
《压缩空气站设计规范》GB 50029
《建筑照明设计标准》GB 50034
《工业企业通信设计规范》GBJ 42
《工业建筑防腐蚀设计规范》GB 50046
《工业循环冷却水处理设计规范》GB 50050
《烟囱设计规范》GB 50051
《供配电系统设计规范》GB 50052
《低压配电设计规范》GB 50054
《通用用电设备配电设计规范》GB 50055
《建筑物防雷设计规范》GB 50057
《爆炸和火灾危险环境电力装置设计规范》GB 50058
《电力装置的电测量仪表装置设计规范》GB 50063
《工业与民用电力装置的接地设计规范》GBJ 65
《给水排水工程构筑物结构设计规范》GB 50069
《工业企业通信接地设计规范》GBJ 79
《工业企业噪声控制设计规范》GBJ 87
《膨胀土地区建筑技术规范》GBJ 112
《工业构筑物抗震鉴定标准》GBJ 117
《建筑灭火器配置设计规范》GB 50140
《工业建筑可靠性鉴定标准》GB 50144
《工业企业总平面设计规范》GB 50187
《构筑物抗震设计规范》GB 50191
《发生炉煤气站设计规范》GB 50195
《防洪标准》GB 50201
《建筑地基基础工程施工质量验收规范》GB 50202
《电力工程电缆设计规范》GB 50217
《水喷雾灭火系统设计规范》GB 50219
《工业设备及管道绝热工程设计规范》GB 50264
《民用建筑设计通则》GB 50352
《烧结砖瓦工厂节能设计规范》GB 50528
《钢制压力容器》GB 150
《生产设备安全卫生设计总则》GB 5083
《生活饮用水卫生标准》GB 5749
《起重机械安全规程　第1部分：总则》GB 6067.1
《工业企业煤气安全规程》GB 6222
《建筑材料放射性核素限量》GB 6566
《机械安全　防护装置　固定式和活动式防护装置设计与制造一般要求》GB/T 8196
《污水综合排放标准》GB 8978
《工业企业厂界环境噪声排放标准》GB 12348
《锅炉大气污染物排放标准》GB 13271
《电能质量　公用电网谐波》GB/T 14549
《水煤浆技术条件》GB/T 18855
《严寒和寒冷地区居住建筑节能设计标准》JGJ 26
《建筑地基处理技术规范》JGJ 79
《冻土地区建筑地基基础设计规范》JGJ 118
《砖瓦焙烧窑炉》JC 982

中华人民共和国国家标准

烧结砖瓦工厂设计规范

GB 50701—2011

条 文 说 明

制 定 说 明

《烧结砖瓦工厂设计规范》GB 50701—2011，经住房和城乡建设部 2011 年 7 月 26 日以第 1088 号公告批准发布。

本规范在编制过程中，编制组对我国烧结砖瓦工厂的设计进行了大量的调查研究，总结了我国烧结砖瓦工厂工程建设的实践经验，同时参考了国外先进技术法规、技术标准，取得了烧结砖瓦工厂设计方面的重要技术参数。

为便于广大设计、施工、科研、学校等单位有关人员在使用本规范时能正确理解和执行条文规定，《烧结砖瓦工厂设计规范》编制组按章、节、条的顺序编制了本规范的条文说明，对条文规定的目的、依据以及执行中需注意的有关事项进行了说明，还着重对强制性条文的强制性理由作了解释。但是，本条文说明不具备与规范正文同等的法律效力，仅供使用者作为理解和把握本规范有关规定时的参考。

目　次

1 总 则

1.0.1 本条为制定本规范的目的，也是烧结砖瓦工厂设计时应遵循的原则，条文提出的“安全可靠、技术先进、经济合理、保护环境”，是国家的技术经济政策，建设节约型社会、发展循环经济是国家具有全局性和战略性的发展决策。

1.0.2 本条规定了本规范的适用范围。设计项目的建设范围涵盖新建、扩建和改建项目，产品范围包括烧结类各种墙砖、地砖、屋面瓦等。

1.0.3 本条为烧结砖瓦工厂设计的基本原则。在一定的投资条件下，烧结砖瓦工厂设计应为工厂的技术发展和产品更新创造有利条件。

1.0.4 本条规定改建、扩建项目应充分利用原有条件，避免重复建设，节约建设资金。

1.0.5 本条为强制性条文。为推动新型墙体材料的发展，促进行业技术装备的进步，新建、扩建和改建的烧结砖瓦工厂应选用可靠、成熟、先进的技术装备，严禁选用《产业结构调整指导目录》中列出的淘汰类的落后工艺装备，《产业结构调整指导目录》中列出的淘汰类产品不得作为设计产品。

1.0.6 确定产品方案时，应以新型节能环保墙体材料为主导产品。

1.0.7 利用废弃物生产烧结砖是我国烧结砖行业近年来快速发展起来的技术。利用废弃物生产烧结砖既能利用其热能，减少能源消耗，又能消耗利用废弃物，有利于环境保护。烧结砖瓦工厂设计鼓励采用利废制砖的技术，为环保节能、发展循环经济作出一定的贡献。

1.0.8 现行国家标准《烧结砖瓦工厂节能设计规范》GB 50528 对新建、扩建和改建的烧结砖瓦工厂的节能设计和能源计量，以及能耗设计指标作出了规定，烧结砖瓦工厂设计时应参考执行。

3 产品方案、设计规模及设计依据

3.0.1 本条规定了烧结砖瓦工厂设计的产品范围。烧结砖包含烧结普通砖、烧结多孔砖、烧结空心砖等。

3.0.2 本条规定了确定烧结砖瓦工厂产品方案和设计规模时应考虑的因素。宜以新型、节能、环保墙体材料为主导产品。

3.0.3 现行的烧结砖瓦产品的标准有：《烧结普通砖》GB 5101，《烧结多孔砖和多孔砌块》GB 13544，《烧结空心砖和空心砌块》GB 13545，《烧结瓦》GB/T 21149。

3.0.4 单线设计规模是指单条生产线的设计规模。烧结砖瓦工厂单线设计规模是根据主机（成型设备）或窑炉的设置确定的。

单线设计规模以 6000 万块/a 和 400 万片/a 为起点，体现了烧结砖瓦工厂的技术先进性和装备配套性。

单线设计规模会随着生产技术、装备的发展而变化。

3.0.5、3.0.6 这两条规定的生产规模为烧结砖瓦工厂的总体设计规模，以其来划分规模类别，确定与总体工程相关的参数。

3.0.7 本条规定了设计基础资料应包括的内容。设计是基本建设的首要环节，设计的质量直接决定工厂投产后的效益。依据的设计基础资料和数据应准确可靠，满足设计深度的要求。

4 厂址选择及总体规划

4.1 厂 址 选 择

4.1.1 烧结砖瓦工厂的原料消耗量大，厂址靠近原料可以缩短运输距离、减少运输设备，降低成本。同时还有利于原料的及时供应，减少恶劣天气对原料供应的影响，确保工厂正常生产。

厂址靠近交通线路可以减少建设投资，降低成品运输费用，并且方便了取水用电。

4.1.2 厂址选择涉及国家政策、法令、法规和标准规范，因此应严格执行国家有关强制性标准的规定，并应符合国家颁布的现行的防火、安全、交通运输、卫生、环境保护、防洪、抗震、节能、水土保持等有关规范的规定。

在特殊自然条件地区建设工业企业，如地震区、湿陷性黄土地区、膨胀土地区以及永冻土地区，尚应执行有关专门的规范。

4.1.3 工厂建设用地应符合《工业项目建设用地控制指标》及其相关规定的要求。应利用荒地劣地，提高土地利用率。厂址选择应根据远期发展规划的需要，在满足近期所必须的场地面积和不增加建设投资的前提下，适当留有发展余地。

4.1.4 根据现行国家标准《建筑地基基础设计规范》GB 50007 和《岩土工程勘察规范》GB 50021 的要求，提出工程地质和水文地质条件，是厂址选择必须考虑的重要因素之一。

厂址选择时，应调查分析每个拟选厂址的区域地质、工程地质、水文地质、岩土种类、场地的稳定性、地基条件和地基承载力等。按照上述两个规范确定的工程重要性等级（甲、乙、丙）和场地的复杂程度、地基的复杂程度（一级、二级、三级）等级来分析拟选厂址的工程地质和水文地质情况，作为厂址选择和方案比较的依据。

4.1.6 为了保证企业不受洪水和内涝的威胁，厂址选择应重视防洪排涝，慎重地确定防洪标准和防洪措施。

在沿海地区建厂还需审查潮位、风对水体的影响及波浪作用的综合因素引起洪水泛滥的可能性，并按防洪标准确定有关防洪设计。

4.1.7 按照现行国家标准《工业企业总平面设计规范》GB 50187 的规定，下列地段或地区不应作为厂址：

1 地震断层和设防烈度高于九度的地震区。

2 有泥石流、滑坡、流沙、溶洞等直接危害的地段。

3 采矿陷落（错动）区界限内。

4 爆破危险范围内。

5 坝或堤决溃后可能淹没的地区。

6 重要的供水水源卫生保护区。

7 国家规定的风景区及森林和自然保护区、历史文物古迹保护区。

8 对飞机起落、电台通信、电视转播、雷达导航和重要的天文、气象、地震观察以及军事设施等规定有影响的范围内。

9 Ⅳ级自重湿陷性黄土、厚度大的新近堆积黄土、高压缩性的饱和黄土和Ⅲ级膨胀土等工程地质恶劣地区。

10 具有开采价值的矿藏区。

4.2 总体规划

4.2.1 现行国家标准《工业企业总平面设计规范》GB 50187 对新建、改建、扩建工业企业的总体规划作出了全面规定，烧结砖瓦工厂设计应遵照执行。

4.2.2、4.2.3 在总体规划中，应满足生产、运输、防震、防洪、防火、安全、卫生、环境保护和职工生活的需要。应与所在地区的区域规划、城镇规划相统一，结合当地的技术经济、自然条件，满足上述需要，保证企业的正常生产。

4.2.4 分期建设的工业企业，近、远期应统一规划，近期建设项目宜集中布置，远期建设项目应根据生产发展趋势及当地建设条件预留发展用地。

4.2.5 现行国家标准《工业企业设计卫生标准》GBZ 1 和《工业企业厂界环境噪声排放标准》GB 12348 对总体规划中与卫生防护有关的内容作出了规定，烧结砖瓦工厂设计中应遵照执行。

4.2.6 烧结砖瓦工厂的厂外道路是城镇道路网和地区道路网的组成部分，因此，应符合城镇或所在地区道路网的规划，企业厂外道路应与国家公路及城镇道路有效连接，充分发挥城市现有道路的运输能力。

各种运输方式有其适用范围，对地形、地质、气象条件也有不同的要求和适应性。当厂区邻近自然水系，具有较好的港口和通航条件时，应优先以水运为主；采用陆路运输时，应根据运量、运距等因素，对公路运输做技术经济比较确定。

4.2.7 此条规定是为了减少电力、动力等通向用户的管线敷设长度以及减少能源消耗。

5 总图运输

5.1 一般规定

5.1.1 烧结砖瓦工厂总体设计是总图运输设计的基础和前提。本条明确了总图设计的依据、原则和要求。

5.1.2 节省投资和节约用地是总图运输设计的两项重大任务，应贯穿设计始终。

5.1.3 建筑物（或构筑物）等设施采用集中、联合方式可减少占地面积和运输环节，为采用连续运输创造条件。也可采用多层布置方式。

5.1.4 本条要求通过改建（或扩建），使新老厂区总平面布置更趋于紧凑合理。

5.1.5 合理布置建筑物（或构筑物）等设施，可以减少基建工程量，节约工程费用。

山区、丘陵地带，场地坡度大，建筑物（或构筑物）等设施平行等高线布置，既可减少土石方工程量，又可避免产生不均匀下沉。

5.1.6 合理地组织人流和物流，避免交叉干扰，使物料沿着短捷的路径，顺畅地输送到各生产部位，确保安全生产，降低运输成本。

5.2 总平面布置

5.2.2 大型建筑物（或构筑物）、焙烧窑炉、干燥室等布置在土质均匀、土壤允许承载力较大的地段，可以避免产生不均匀下沉，且节省地基工程费用。

较大、较深的地下建筑物（或构筑物），布置在地下水位较低的填方地段，可以减少土石方工程量和防水处理工程费用。

5.2.3、5.2.4 对产生和散发高温、有害性气体、烟尘、粉尘的生产设施的布置，一是要充分利用自然条件，使其生产过程中产生的高温或有害物质能尽快地扩散掉；二是尽量避免或减少对周围其他设施的影响和污染。

5.2.5 变电所是企业生产的心脏，应确保安全供电。

1 应考虑高压线的进、出线对方位、走向和通廊宽度的要求，且有利于扩建发展。

2 防止电气设备受到振动而损坏，造成停电事故。

3 应避免电气设备受到烟尘污染、有害气体的腐蚀或潮湿侵害而使绝缘电阻的功能下降，泄漏电流增大，造成短路事故。

5.2.9 机修、仓库区包括机械修理设施、备品备件及小型原材料仓库。中、小规模的烧结砖瓦工厂可根据实际需要设综合维修车间，按功能分区，储存原材料、备品备件和设置机械维修区域。

5.2.13 国土资源部在《工业项目建设用地控制指标》（国土资发〔2008〕24号）中明确规定，工业项目所需行政办公及生活服务设施用地面积不得超过工业项目总用地面积的7%。并严禁在工业项目用地范围内建造成套住宅、专家楼、宾馆、招待所和培训中心等非生产性配套设施。

5.2.14 主要人流出入口宜与主要物流出入口分开设置，并应位于厂区主干道通往居住区或城镇的一侧。

主要物流出入口应位于主要物流方位，靠近运输量大的仓库、堆场，并应与外部运输线路连接方便。

5.3 交通运输

5.3.1 本条规定是厂内道路布置应遵循的基本原则。厂区道路布置时以主干道把厂区划分为若干个分区，组成环状式道路网。当地形均较平坦，采用环形布置比较适宜。若在山区建厂，受地形条件限制道路呈环形布置有困难时，可根据厂区地形等条件因地制宜地决定布置形式。

5.3.2 厂内道路路面结构类型应按使用要求和路基、气象、材料等条件选定，类型不宜过多。

5.3.4 厂内道路交叉口路面内缘转弯半径设计可按表5.3.4选用，该表是根据现行国家标准《厂矿道路设计规范》GBJ 22的规定编列的。各值在场地条件受限制时可以适当减少。

5.3.9 本条规定了烧结砖瓦工厂厂区内人行道布置的原则。

1 一个人行走所占宽度为：空手行走时约需0.6m，单手携物约需0.7m～0.8m，双手携物约需1.0m，一般情况按0.75m计。

2 当屋面为无组织排水时，人行道紧靠建筑物散水坡布置，行人势必受雨水溅射，故人行道与建筑物间最小净距以1.5m为宜。当屋面为有组织排水时，利用建筑物散水坡作为人行道时，需考虑以建筑物窗户开启不致妨碍通行来确定其距离。

5.3.10 选用较大的交叉角度有利于运行安全。本条对道路交叉角未作严格规定，仅规定不宜小于45°。

5.4 竖向设计

5.4.1 本条是竖向设计总的原则要求，竖向设计方案应经过综合比较，衡量的标准是为生产、管理、厂容和施工创造良好的条件，且使基建工程量和投资最少。

5.4.2 本条是竖向设计应达到的总体要求。

1 本款要求应首先满足。

2 在地形复杂的场地建厂时，竖向设计中设置过缓的放坡或较多的台阶都会增加通道的宽度，不利于节约用地。

3 沿江、河、湖、海建设的企业，洪、潮、内涝水的危害是不可忽视的。

4 竖向设计的土方（或石方）、护坡、挡土墙等工程量对建设投资和工期影响很大。

5 山区建厂对土方（或石方）工程如处理不当，填土或挖土会破坏山坡植被，产生水土流失等问题。

6 天然排水系统的形成有其自然发展规律，如处理不当，会造成冲刷、淤塞、水流不畅等后果。

7 工厂是城市的一个组成部分，厂区围墙、地面标高应与周围环境相协调。

8 竖向设计应避免只管近期，不顾远期，防止给远期工程建设和经营带来困难。

9 改建、扩建工程应注意新建项目场地、排水、运输线路的标高与原有竖向设计标高合理衔接。

5.4.3 竖向设计形式可采用平坡式或阶梯式。

5.4.6 建筑物位于排水条件不良地段和有特殊防潮要求、有贵重设备或受淹后损失大的车间和仓库，应根据需要加大建筑物的室内外高差。有运输要求的建筑物室内地坪标高应与运输线路标高相协调。

5.4.7 如果厂区外标高高于厂内标高，在出入口处应做横跨道路的条状雨水口。

5.4.8 本条说明如下：

1 本款规定主要是为了便于生产管理，节省运输费用。

2 如果工厂受运输条件限制，应将要求道路坡度小的厂房布置在同一台阶。

3 本款规定可节省土方（或石方）及护坡支挡构筑物、建筑物基础等的投资。

4 本款是决定台阶宽度应考虑的因素。

5.5 土方（或石方）工程

5.5.1 本条是对土方（或石方）工程中表土处理的规定。

1 本款根据现行国家标准《土方与爆破工程施工及验收规范》GBJ 201的相关规定编写。

2 本款参考现行国家标准《建筑地基基础设计规范》GB 50007及《土方与爆破工程施工及验收规范》GBJ 201的相关规定编写。

3 本款规定主要是为贫瘠地区绿化创造条件和节省劳力。挖出的表层耕土可作为绿化及覆土造田之用。

5.5.2 本条所提建筑地段黏性土的填方压实系数，是广义地指房屋、道路、管线的建筑地段的压实系数。

5.5.3 本条所列的各项填、挖方量平衡计算中，如有遗漏，往往会造成缺土或余土。

5.6 雨水排除

5.6.1 厂区可以安装简单的雨水收集和利用设施，

雨水通过这些设施收集到一起，经过简单的过滤处理，可用来建设观赏水景、浇灌厂区绿地、冲刷路面或供行政办公区洗车和冲马桶。

5.6.2 决定厂区雨水排除方式的因素很多，场地排水方式可参考下列条件选择：

1 当降雨量小、土壤渗透性强、不产生径流或虽有少量径流，但场地人员稀少，允许少量短时积水地段时，可采用自然渗透方式。

2 场地平坦、建筑和管线密集地区、埋管施工及排水出口无困难时，应采用暗管。

3 建筑和管线密度小，采用重点式平土的场地、厂区边缘地带、设置暗管排雨水有困难的地段，应采用明沟排水。

5.6.4 明沟沿道路布置，一是有利于道路路基排水，二是使场地不被明沟分割开，保证场地的完整。

5.6.6 厂区内宜采用占地小、便于加盖板的矩形明沟。在建筑密度小、采用重点式竖向设计地段及厂区边缘地带，采用梯形明沟为宜。三角形明沟断面小、流量小，只有在特殊情况下，如在岩石地段和流量较小地段才采用。

本条规定了排水沟宽度的最小值，考虑了清理沟底污物的最小宽度。

明沟的纵坡最小值是保证水向低处流的最小坡度值，有条件时，宜大于此值。

沟顶高出计算水位 0.2m 是安全标高。

5.6.7 雨水口的间距与降雨量、汇水面积、场地坡度、土质情况等因素有关。本条规定的距离是根据现行国家标准《室外排水设计规范》GB 50014 的规定编写的。

5.6.9 截水沟至厂区挖方坡顶的距离是参考公路及铁路路基横断面做法确定的。此距离不应太近，否则截水沟内水渗入边坡，影响边坡稳定；但也不宜太远，否则中间面积加大，其积水量增加会危害厂区。

5.7 防 洪 工 程

5.7.1 本条所称防洪工程专指防洪堤、防洪沟。

5.7.2 本条按照现行国家标准《城市防洪工程设计规范》CJJ 50 的有关规定制定。

5.7.4 本条为防山洪的防洪沟设计原则及排出口的注意事项，强调“取得书面协议文件”的重要性。

5.7.6 本条按现行国家标准《工业企业总平面设计规范》GB 50187的规定制定。

5.8 管线综合布置

5.8.1 管线综合布置是烧结砖瓦工厂总平面设计工作的重要组成部分，是衡量工厂总图布置合理程度的标准之一。各种管线的性质、用途和技术要求各不相同，互相联系、互相影响，在总平面布置时应统筹安排，合理地进行综合布置。

5.8.2 管线敷设方式有地上和地下两大类。地上敷设方式有管架、低架、管墩及建筑物支撑式。地下敷设方式有直埋式、管沟式和共沟式。

5.8.3 管线用地在企业用地中占有一定的比例，综合敷设管线可以节约用地。

5.8.4 管线通道与道路和界区控制线平行是合理利用土地的有效方式之一，也是布置原则之一。

5.8.5、5.8.6 这两条均是为了保护管线，保证安全生产、减少投资、方便交通运输而制定的。

5.8.7 本条规定是为了防止近、远期工程的管线布置处理不当而形成不合理的布局，造成土地浪费、布置混乱、生产环境不佳，并给施工、检修、生产和经营带来诸多不便。

5.8.8 在满足安全生产、施工及检修要求的前提下，管线布置应满足节约用地，同时需考虑其不受建筑物与构筑物基础压力的影响及符合卫生要求。

5.8.9 改建、扩建工程往往有许多限制因素，约束多、难度大，在不能满足本规范中规定的管线间最小水平净距值时，结合具体情况可适当减小净距，但减小净距的范围宜在 10%～15%之间。

5.8.12 地下管线、管沟布置在道路下面，若发生事故大修时，需开挖路面，从而造成交通不畅，故制定本条规定。

5.8.13 本条按从严要求的原则制定。

1 热力管道指蒸汽管、热水管等。由于目前隔热材料、施工技术、检修手段的限制，致使环境温度比较高，会对电缆、压力管道内介质产生不利影响。

2 排水管道包括污染严重的生产污水、生活污水及污染较轻的生产废水与雨水管道。排水管道接口常会产生漏水，应将排水管道设置在沟底。

5.8.14～5.8.16 这三条是在调查和总结设计实践经验的基础上，参照给水、排水、城镇燃气、电力、锅炉房、通信等有关现行国家标准以及总图运输规范制定的。条文是在满足安全、管线施工、维护检修、减少相互间有害影响的条件下，达到安全生产、节约用地、减少能耗、降低成本的目的而制定的。

5.8.17 敷设方式应根据生产安全、介质性质、生产操作、维修管理、交通运输和厂容等因素综合考虑比较后确定。

5.8.18 本条强调可燃性、爆炸危险性介质管道与生产、储存、装卸甲、乙类火灾危险物料的设施应保持有安全距离。本条中所指的甲、乙类火灾危险性物料分类是按现行国家标准《石油化工企业设计防火规范》GB 50160 的有关规定划分的。

5.8.19 本条规定是为了防止管道内危险性介质一旦外泄或发生事故，对与其无关的建筑物（或构筑物）造成危害，同时也防止了上述建筑物（或构筑物）或内部设备一旦发生事故，对有危险性介质的管道造成损坏，从而带来二次灾害。

5.9 绿 化 设 计

5.9.1 用绿化消除和减少生产过程中所产生的有害气体、粉尘和噪声对环境的污染具有良好的效果，并且能改善生产和生活条件。

合理地确定乔木与灌木、落叶与常绿、针叶与阔叶、观赏与一般植物的比例，并相应采用条栽、丛植、对植、孤植等配置方式。

5.9.2 《工业项目建设用地控制指标》（国土资发〔2008〕24号）中明确规定，工业项目建设绿地率不得超过20%。

1 对房前屋后、路边、围墙边角的空地进行绿化。

2 利用管架、栈桥、架空线路等设施下面场地及地下管线带地面布置绿化。

3 应避免在环境洁净度要求较高的生产车间或建筑物附近种植带花絮、绒毛的树木。

5.9.3 本条所推荐的重点绿化地段是在总结企业绿化实践经验的基础上提出的，执行中应根据工程条件灵活掌握，不局限于本条所列地段。

5.9.4 林带的种类按结构形式可分为通透结构、半通透结构、紧密结构和复式结构（由前三种形式组成的混合林带）林带四种，不同结构的林带其用途亦不同。

用于厂区防风固沙的林带宜采用半通透结构，林带宽度为20m～50m，林带间距为50m～100m。通常以乔木为主体，乔木株行距一般采用2m×3m。

用于厂区卫生防护的林带宜采用紧密结构，乔、灌木混交林按1∶1隔株或隔行栽植，株距0.5m，行距1.0m。

5.9.5 烧结砖瓦工厂内产生高噪声的噪声源，如原料破碎、风机房等，噪声级达到100dB～110dB，可以利用植物自身浓密的树冠衰减噪声。

以下树枝厚度为200mm～250mm时，其隔声能力如表1所示。

表1 树的隔声能力

项　目	槭树	构树	椴树	云杉
最大隔声能力［dB（A）］	15.5	11.0	9.0	5.0
平均隔声能力［dB（A）］	7.1	6.0	4.5	2.3

5.9.6 透风绿化带可组织气流，使通过粉尘大的车间的风速加大，有利于促进粉尘向外扩散；不透风绿化带能有效地滞留、减少粉尘的影响范围。

5.9.7 生产管理区和主要出入口的绿化布置从植物的选择上偏重于常绿与观赏；从品种上着意于树、花、草的合理配比；从布置上采用条植、丛植、孤植、对植等多种灵活手法，组成多层次的丰富多彩的植物景观。

5.9.8 行道树对于改善厂区气候和夏季人行环境具有明显效果，也是企业绿化的重要组成部分。

5.9.9 在交叉路口栽种乔木和灌木，乔木株距4m～5m，灌木高度应低于司机视线。

5.9.10 垂直绿化就是利用长枝条类植物所特有的下垂效果来对垂直或斜面进行绿化。常见的垂直绿化有以下几种方式：

1 在建筑物的外墙、围墙、围栅前沿墙根栽种攀缘类植物（如爬山虎、五叶地锦等）。

2 在挡土墙顶栽种长枝条类植物（如迎春、蔷薇等）。

3 在人工边坡（或自然边坡）的坡面上种植攀缘类植物。

6 原 料

6.1 一 般 规 定

6.1.1 烧结砖瓦工厂原料品种繁多、分布广泛且地域性强，为方便生产、减少成本，要求建设场地附近应有足够的、适宜的基本原料，根据基本原料的工艺性能和当地资源情况，合理掺配其他原料，达到产品所要求的原料质量。

6.1.2 质量适宜、储量丰富的原料是指能满足设计生产期正常生产的原料。

6.1.3 本条产品方案是指项目根据原料性能特征，生产适宜产品及其生产能力的组合方案，包括产品品种、产量、规格、质量标准、工艺技术、性能、用途等。

6.1.4 具有资质的实验室是指经国家或省、市有关部门批准的专业试验检测机构。

6.1.5 本条为强制性条文，是根据《中华人民共和国土地管理法》中的有关规定制定的。

6.2 原料的质量要求

6.2.2 设计中应对基本原料进行矿物、物理、化学性能测试，分析其适宜生产的制品种类。

6.2.3 可采用的优化工艺措施有掺加添加剂、陈化、碾练等。

6.2.4 石灰石和料礓石含量高会造成制品石灰爆裂，还影响制品的烧结性能。原料中可溶性盐类含量高时会造成制品泛霜，影响制品质量。

6.3 废弃物的利用

利用废弃物作为资源生产烧结砖瓦是煤炭、电厂等企业发展循环经济的有效途径之一，能达到节能利废和环境保护的效果。

6.3.1 烧结砖瓦可利用多种废弃物，主要分为含能废弃物和不含能废弃物两类。含能废弃物主要指煤矸石、粉煤灰、炉渣、城市污泥等含有热能的工业废弃物。不含能废弃物包括江、河、湖、海淤泥、尾矿等。

6.3.3 利用煤矸石为主要原料生产煤矸石砖目前是成熟的工艺，在国内得到了广泛的应用。煤矸石作为煤炭的伴生物，质量波动大，应根据原料工艺性能试验和煤矸石的发热量确定适宜的配合比。

6.3.4 煤矸石作为烧结砖原料（兼燃料），用量远大于作为燃料加入的煤，因而需要严格控制其中的硫含量。

6.3.5 粉煤灰是一种瘠性原料，不能以单一原料生产烧结砖，必须加入黏结剂，否则不能达到成型、干燥、焙烧等性能的要求。

6.3.6 污泥等也可以作为烧结砖瓦的原料。利用这类废弃物主要是出于环保和资源综合利用的目的。

6.4 原料配比的确定及物料平衡

6.4.1 由于烧结砖瓦原料品种繁多、分布广泛，其工艺性能千差万别，应通过工艺性能试验确定其生产可行性，并经实验确定原料配比，为工艺设计提供基础依据。

本条中的半工业性试验是指在工厂条件下对原料进行关键参数测定的模拟试验。

6.4.2 本条列出的数据是烧结砖瓦工艺设计中物料消耗计算的基准指标和依据。

6.4.3 本条规定了物料平衡的计算要求，使计算的基准、各原料的干基消耗定额和湿基消耗量的计算具有规范性。

在烧结砖瓦工厂设计的物料平衡计算中，各种原料的消耗量主要由产量、工作制度、产品规格、原料配比以及原料性能、成品率和半成品率以及生产过程中各种损失等因素综合考虑。

6.4.4 本条的损失率指标为计算各工段物料消耗的指标，并为设备选型留有一定的余量提供依据。

7 燃 料

7.1 一 般 规 定

7.1.3 通常烧结砖瓦工厂多选用固体燃料，以热值作为重点考虑对象，但高品质的制品如装饰砖等对燃料的品质要求较高，根据燃料供应情况，可选用气体、液体燃料。

7.1.4 燃料连续、稳定、可靠供应是保证正常生产的基础。

7.2 固 体 燃 料

7.2.1 烧结砖瓦用固体燃料有煤和含能工业废渣两种，尤其是以含能工业废渣作为内燃料烧砖的技术已得到了广泛的应用，符合国家环保、节能的政策。

煤可以内掺的方式加入到原料中，也可以外投的方式加入，还可以两种方式结合使用。含能废渣应以内掺的方式加入到原料中。

7.3 液 体 燃 料

7.3.2 供卸油系统的工艺布置，其内容均为生产经验的总结。工艺布置设计应符合现行国家标准《建筑设计防火规范》GB 50016 的有关规定。供卸油系统的设计应根据实际用油品质进行。

6 本款为强制性条款。污油排入下水道，不但会污染环境，还会使下水道充满油气，一旦遇到火花或明火就会引起火灾或爆炸。

7.4 气 体 燃 料

7.4.1～7.4.3 这三条为烧结砖瓦工厂使用气体燃料应满足的要求，其他要求按现行国家有关规定执行。

8 生 产 工 艺

8.1 一 般 规 定

8.1.1 本条根据建材工业技术政策，为推动技术进步，提高产品质量，降低生产能耗，对烧结砖瓦生产工艺设计和设备选型的原则作了规定。

1 工艺方案确定是烧结砖瓦生产线工艺设计的基础，是根据所用原料和产品方案确定总体工艺方案和各环节的方案。

2 本款所称资源综合利用是指共生（或伴生）资源、低品位矿资源和尾矿资源、工业废弃物以及废气、余热等的利用和回收。

3 工艺设计应结合总图布置，力求简捷、顺畅，避免迂回曲折、交叉作业，尽量缩短运输距离，以减少厂内运输的能量消耗并节约用地。

5 附属设备对应于主机应有一定的储备能力，以保证主机生产的连续性，不能因附属设备选型不当而影响主机正常生产。附属设备的小时生产能力应适当大于主机所要求的小时生产能力，其储备量则根据附属设备的种类、型号规格、使用地点和生产条件而定。

各附属设备的型号规格应尽量统一，便于设备订货，减少备品、配件的种类。

8.1.2 本条规定了工艺设计的总体布置和车间内部布置时应遵循的原则。

1 本款提出了烧结砖瓦工厂设计的工艺平面设计的基本要求，各相关联系密切的生产系统宜相邻布置，以便缩短物料运输距离、管道长度和运输线路，方便生产管理，并节约用地，降低投资。

烧结砖瓦生产线中焙烧窑炉是关键的设备，由于焙烧窑占地面积大，整体性要求高，要根据地形、地质情况，布置在土质均匀、地基承载力大的地段。

2 烧结砖瓦工厂的设计是由各专业分工合作共同完成的，工艺专业进行工艺平面布置时，除合理布置工艺设备外，对电气、土建、给排水和暖通、动力等相关专业的设施都应共同协商、全面考虑，作出合理的设计。

工厂有扩建规划时，应恰当地处理好工厂当前建设与发展远景的关系，减少扩建对生产线的影响。在工厂总平面图和有关生产车间工艺布置图上，宜留出扩建位置；布置相关的输送设备时，宜预留出扩建位置；与扩建有关的建筑物（或构筑物）宜考虑必要的衔接措施。

3 工艺布置与工艺流程的选择和设备的选型密切相关，一方面，车间工艺布置直接取决于所选的工艺流程和设备；另一方面，工艺布置对工艺流程和设备的选型又有较大的影响。因此工艺布置应结合生产流程和设备选型全面考虑。此外，工艺布置决定了设备的安装位置、前后设备的相互连接关系，生产操作维修空间、各种输送设备的长度和高度、车间内人行通道的位置和宽度、各种料仓的形式和大小、厂房面积和层高，以及便于施工安装的预留设施等设计内容对工厂的投资和今后的生产影响较大，因此在工艺布置时，应认真考虑，合理布置，既要满足各方面的要求，又要降低投资。

8.1.3 本条规定了烧结砖瓦工厂主要工艺设备的年利用率，是每年度设计实际使用时间与计划使用时间的比值，是考虑设备检修时间（连续运转设备）和闲置时间（非连续运转设备）以及根据近年来的设计数据和生产情况综合确定的。设计中设备年利用率不应低于表 8.1.3 的规定。

8.1.5 本条规定了烧结砖瓦工厂各种原料的储存期，为了保证均衡连续生产，各种原料在厂内需要有一定的储存量。表 8.1.5 是结合原料进出工厂的运输情况、对产品质量的影响以及环保要求等多种因素，通过分析确定的。直接供给的原料不计储存。

8.1.6 本条对烧结砖瓦工厂生产系统的检修设施作出了规定。检修设施设计的原则是：加快检修的速度，缩短检修时间，提高设备利用率；节省人力，减轻劳动强度，保证检修安全。

8.1.7 本条对物料输送设计作了原则性规定。

1 输送设备是烧结砖瓦工厂常用的设备，各主要生产设备依靠输送设备连接起来，形成连续的生产工艺路线。从原料加工到成品输出，需要输送的物料种类繁多、性质各异，输送设备应根据所输送物料的物理特征及温度等条件选用。由于物料输送高度以及输送距离等因素也决定着输送设备的选型，所以还应结合工艺布置选用输送设备。

2 为了保证设备的正常运转，输送设备的输送能力应根据不同输送要求及来料波动情况，留有一定的余量。

8.1.9 本条规定了在一些特殊地区建厂时，工艺设计应注意的问题：

1 空压机、真空泵及风机等设备参数是以海拔高度为 0，空气压力为 101325Pa 和大气温度为 20℃时的自由空气为标准标定的，随着海拔的升高，大气压力和空气密度降低，空气重量减小，选型时应对压力和风量进行修正。

海拔高度对焙烧窑、干燥室等热工设备的生产参数同样有影响，在高原地区建厂，对热工设备的计算应根据海拔高度作出修正。

2 电动机在高海拔地区运转时产生的热量不易排除，影响电动机正常运转，选型时应对出力作出修正。

高海拔地区空气因密度降低而容易被电离，高压电机内易产生电晕现象，所以选用电动机时应采用具有防电晕措施的电动机。

湿热带地区电机应选用湿热型电机。

8.2 工艺方案确定

8.2.1 本条为烧结砖工厂设计工艺方案确定的原则，是近年烧结砖工厂设计和生产中总结出来的。

烧结砖瓦工厂一般都是依托于建设地附近有足够的可用资源或可消耗的工、农业废弃物而建设的。可用于烧结砖瓦的原料种类繁多、品质波动大，因此要求工艺方案要适应原料，根据原料的品质和储量来确定工艺方案。

原料是烧结砖瓦工厂设计的基本点，首先根据原料性能确定产品方案，根据原料供应情况确定设计规模，由此再考虑建设条件等因素确定工艺方案。

烧结砖生产工艺根据干燥工段和焙烧工段的衔接方式分为一次码烧工艺和二次码烧工艺。两种方案主要是依据产品要求或原料性能确定的，从原料处理到制品产出，各工段的工艺都不尽相同。

二次码烧适用范围广，烧结制品均可采用此方案，但相对于一次码烧，工艺流程复杂。

8.2.3 保证产品质量、达产达标是设计的基本要求，在保证这一要求的前提下，要求工艺流程简洁实用，符合本规范第 8.1 节的相关要求。

8.3 原料处理及陈化

8.3.1 一般烧结砖瓦工厂的原料破碎在破碎车间一次完成。原料距工厂较远时，粗碎系统宜设在矿山，可以减少大块原料运输的困难，破碎后用胶带输送，以节省人力和能源的消耗、降低原料成本。破碎系统的位置应根据原料和厂区的距离、原料开采运输条件，经技术经济比较后确定。

8.3.3 本条给出了烧结砖瓦原料的一般处理方式，

是根据各种原料的性能和实践经验总结出来的。

8.3.5 烧结瓦用原料根据不同的成型工艺，处理方法也不同。采用干法制粉半干压成型的工艺，原料需经过破碎、制浆，再经喷雾干燥将泥料制成达到成型要求的粉料；采用湿法制浆挤出成型的工艺，原料需经过多级破碎、筛分，使原料达到成型要求。

8.3.6 本条给出了破碎机的选型原则。各种物料破碎的粒度主要取决于后续工序对物料的粒度要求。

8.3.7 配料有两种方法，按体积配料和按重量配料。按体积配料设备简单，但误差大；按重量配料设备复杂，但准确度高。

8.3.8 对辊机给料不均匀会导致辊筒磨损不均匀，无法保证破碎粒度。

8.3.9 硬质原料包含煤矸石、页岩等，多采用干法破碎工艺，扬尘大。本条所列是烧结砖瓦工厂中扬尘大的环节，必须装设除尘装置。

8.3.10 粉料料仓及输送设备、粉料搅拌入料口均为厂内主要扬尘点，所以应加除尘装置。

8.3.12 烧结砖瓦工厂陈化库能够储存、均化物料，改善物料性能。基于工艺流畅的原则，对于原料成分复杂的生产线和产品性能要求较高或形状复杂的生产线应设置陈化库。

8.3.14 坯料成型时所需水分的80%是在陈化工段前加入的，原料出陈化库后，需要加水达到成型要求。应采用搅拌碾练设备使泥料充分均化，达到成型要求。

8.4 成 型

8.4.1 成型工段是生产的核心工序，供料连续均匀是保证生产正常的必要条件。原料在破碎、陈化等工序过程中经过诸多设备，每台设备都有可能散落螺钉、螺帽等小的金属物件，会对成型机搅刀和机口造成损伤。

8.4.2 三种成型方式的选择与原料性能、产品质量要求密切相关，互为因果。成型方法的选择也是确定工艺方案的核心依据。

8.4.5 机械码坯大大降低了人工劳动强度，体现了烧结砖瓦工厂的机械化和自动化程度。

8.5 干 燥

8.5.1 常用的干燥方法有自然干燥和人工干燥两种。自然干燥热源取自大气，受自然气候影响大，且占地面积大；人工干燥热源来自被加热的空气或烟气，受气候影响小，干燥周期短。

利用窑炉余热干燥砖坯是烧结砖瓦工厂节能降耗的主要途径，可以节约干燥坯体用能，与自然干燥相比，减少了占用土地。

8.5.2 隧道干燥室的形式有采用干燥车作运载设备的逆流式干燥室、吊篮作运载设备的链式干燥室、输送带或滚棒作运载设备的单层干燥室等，目前一般采用干燥车作运载设备的逆流式干燥室。隧道干燥室的生产方式是连续的，干燥室内沿隧道长度的温、湿度恒定，坯体与介质逆流运动，有利于进行湿热交换，热利用率高。

8.5.3 单层干燥是安全的干燥方式，适应性广，生产高质量的高档产品应采用单层干燥。

8.5.4 干燥制度包括干燥周期，干燥介质的温度、湿度和流速等。在原料和制品已定的前提下，决定干燥制度的基本因素是干燥介质的温度、湿度和流速。在坯体干燥过程中，干燥制度的选择直接影响到坯体的产量、质量及能量消耗，因此，应合理确定干燥制度。

2 干燥室一般为砖混结构，为减少热量损失，需在室顶结构层上铺设保温层。

3 金属热风管应用保温材料保温，减少热量损失，同时起到劳动保护的作用。

4 干燥室设置测温、测压孔，便于安装测控原件，以便对室内的温度压力进行监测。

8.5.5 干燥的作用是排除坯体中水分，干燥室内热空气和湿坯体进行湿热交换，潮湿空气对干燥车、排潮风机等金属设备具有腐蚀作用，应采取防腐措施。

8.5.6 严寒地区和寒冷地区冬季生产时，干燥排出的湿热废气易凝结为冷凝水，返流入干燥室内造成塌坯，设计时应采取措施预防和预控。

8.6 焙 烧

8.6.1 节能型窑炉有节能型轮窑和隧道窑。节能型轮窑是指结构合理、密封好，并设置了实用合理的余热系统的轮窑。

8.6.2 内燃烧砖的内燃料可以用可燃工、农业废弃物，如煤矸石、粉煤灰、炉渣、锯末、秸秆等，就地取材、来源方便、使用成本低。

8.6.3 内宽4.6m、6.9m和9.2m是目前普遍采用的窑炉规格，采用标准规格有利于装备的配套性。

8.6.4 不同原料烧成性能不一样，烧成制度也不同，使得窑炉的结构形式、系统配置也不一样。窑炉设计中要针对原料进行窑炉焙烧系统、结构参数的确定。

8.6.5～8.6.7 这三条是烧结砖瓦窑炉满足在生产中节能降耗的必要措施。

8.6.8 回车线的长度应能满足生产需要，并符合工艺流畅的原则。回车线布置有窑车运转的设备，运转设备自控系统也体现了烧结砖瓦工厂的自动化程度。

8.7 检验、包装、产品堆放

8.7.1～8.7.4 这四条为烧结砖瓦工厂产品堆放和包装的基本要求，设计时堆场面积、包装场地等应根据设计规模、投资额、成品堆放形式和堆放的机械化程度合理确定。

9 电气及自动化

9.1 一 般 规 定

9.1.1～9.1.3 电气及自动化设计应综合考虑、合理确定设计方案。在满足工艺要求的前提下，本着既符合国情又要体现技术先进、经济合理、管理维护方便、安全的原则。在确定设计方案时应近、远期结合，考虑工厂扩建的可能性，在可能的条件下适当留有扩建余地，做到运行可靠、操作灵活、布置紧凑、维护管理方便安全。

在确定设计方案及设备选型时，应考虑粉尘污染的因素，提高设备的防尘性能，确保设备的安全运行。

电气及自动化专业设备和技术发展快，生产厂家多，设备选型应选用技术先进、性能可靠、节约能源的成套设备和定型产品，注意行业技术发展动态，杜绝淘汰产品的使用。为保证电气设备安全可靠运行，设计中所选用的产品一定要符合现行国家或行业部门的产品标准。

9.2 供配电系统

9.2.1 供配电系统的设计本着保证人身安全、供电可靠、电能质量合格、技术先进和经济合理的原则，根据供电容量、工程特点、地区供电条件等合理确定设计方案。

9.2.2 烧结砖瓦工厂的电力负荷根据其重要性和中断供电对人身安全及经济上所造成的损失和影响程度分为3个等级。为了保证生产正常、人身及设备安全，应保证一级负荷供电的可靠性。

9.2.3 大、中型厂用电负荷大，一、二级负荷占全部负荷的60%～70%，生产连续性强，停电后造成的损失也很大，因此条件允许时宜首选两个独立电源供电，保证供电的可靠性；考虑投资的因素、受条件限制不能取得双电源供电时，也可采用单电源供电，用柴油机做保安电源。

供电系统设计应简单可靠，便于操作及维护。高低压配电方式均应以放射式为主，以保证供电的可靠性。对于同一电压供电系统的变配电级数，在满足使用的条件下，不宜多于两级。

9.2.4 供电电压等级应根据设计规模及当地电网的条件，经过技术比较后确定。烧结砖瓦工厂采用10kV电压供电可满足要求，对于当地电网只能提供6kV或35kV电压供电的工厂，也可选择6kV或35kV电压供电。

9.2.5 无功功率补偿应满足供电部门要求。根据实际情况采用高、低压集中补偿与现场就地补偿相结合的方法，可取得良好的补偿效果。

9.2.6～9.2.8 根据烧结砖瓦工厂多年的运行经验，对变电所接线及变压器设置作了一般规定。

9.2.9 本条对变电所的交流、直流操作电源作了规定。在设计中，交流、直流操作电源的确定既要保证供电的可靠性，又要节约投资，二者不可偏废。

9.2.10、9.2.11 对变电所的选址原则及布置形式作出了规定。

9.3 厂区配电线路

9.3.1～9.3.5 这五条规定了厂区配电线路的设计原则，从技术规范的角度强调技术经济指标。厂区配电宜采用电缆线路为主。

9.4 车 间 配 电

9.4.2 本条是为保证同一生产流程设备运行的可靠性作出的规定。

9.4.3 车间内单相负荷应尽可能均匀地分配在三相中，是为了防止变压器中性线电流超过规定值。

9.4.4 本条对电动机的启动作出了规定。

有调速要求的生产机械，电动机的启动方式应与调速方式一并考虑。绕线型电动机宜采用转子回路接入液体变阻器方式启动。

9.4.5 本条对电动机的调速作了规定：

1 电动机的调速方案很多，在确定调速方案时，应从调速范围、调速性能、节能效果、使用维护、投资多少等各方面进行技术经济比较后确定最佳方案。

3 对调速设备应采取相应的措施，抑制调速设备产生的有害谐波。

9.4.6 电动机的保护应符合国家现行有关标准、规范的要求。低压交流电动机应装设短路保护、接地故障保护、过负荷保护、断相保护和低电压保护等。

9.4.7 本条对电动机的控制作了规定。

1 对生产上有关联的控制点、操作岗位之间应设置联络信号，以保证生产的正常运行和设备运转安全。

2 设备集中控制时设置启动信号，主要是为了保证人身安全。生产中联系密切的岗位应设联络信号，一般采用声、光信号。通信量大的岗位间可设对讲电话，以保证及时协调生产中出现的问题。

3 在机旁设带钥匙的停车按钮，当设备检修时，将带钥匙按钮锁住，此时在控制室与机旁均不能开车，从而保证检修人员的安全。

4 斗式提升机在尾轮位置设紧急停车按钮，主要为了方便检修及保证人身安全。长胶带机每隔一定距离设拉绳开关，主要是为了出现紧急事故时及时停车，以保证人身安全。

5 检修电源回路应就地设保护开关及漏电保护装置，主要是为了保证检修时的人身安全，防止触电事故发生。

9.4.8 本条规定了电气测量仪表的配置原则。

9.4.9 车间配电线路的敷设方式要注意使用条件和环境条件及特点。导线截面较小，并且比较重要的控制、测量、信号回路以及不宜使用铝导体的场所，应采用铜芯导线或电缆，主要是为了节约有色金属和保证机械强度。

4 焙烧窑炉温度较高，需敷设配电线路时应按照本款要求执行，采用阻燃电缆并采取保护措施，防止发生事故。

5 交流回路中单芯电缆不应采用钢带铠装电缆或磁性材料保护管，防止因涡流效应引起的发热而影响使用寿命。

6 配线用保护管的直径，楼板内暗配时，不得小于15mm。主要考虑小直径保护管机械强度低，施工时宜变形，造成穿线困难而损坏绝缘。

7 穿管绝缘导线或电缆的总截面积包括保护层。

9.5 照 明

9.5.1 本条对建筑物的照明设计作了一般规定。

1 按现行国家标准《建筑照明设计标准》GB 50034的有关要求，烧结砖瓦工厂应实施绿色照明：要以人为本，做到技术先进、经济合理、使用安全、维护管理方便。

2 照明设计时应注意照明光线被梁、柱遮挡，影响照明效果，同时注意与各相关专业的配合，以满足所需照度值。对于粉尘大的车间，难于及时打扫，设计时应计入相应补偿系数。

4 焙烧窑炉温度较高，灯具及管线接近高温时容易损坏，因此灯具设置应远离这些场所。

9.5.2 由于电压波动对照度影响较大，故对电压值规定不宜高于灯具额定电压的105%，不宜低于灯具额定电压的95%。

本规范附录C是根据现行国家标准《建筑照明设计标准》GB 50034的有关要求，结合烧结砖瓦工厂的情况，对最低照度进行了规定。补偿系数是参考现行国家标准《建筑照明设计标准》GB 50034的维护系数进行换算的。

对于烧结砖瓦工厂中一定的特殊环境场合，在设计中除满足照度要求外，还应体现统一眩光值（UGR）及一般显色指数（*Ra*）的要求。这是根据现行国家标准《建筑照明设计标准》GB 50034 制定的。

9.5.3 烧结砖瓦工厂照明灯具数量多，应采用冷光源。由于各车间要求不同、占地面积不同、灯具密集度也不同，故宜采用混合照明。

9.5.4 本条对不同场合的灯具选型作了规定。

9.5.5 本条对三相线路中的最大负荷与最小负荷的电流差值的表述，按现行国家标准《建筑照明设计标准》GB 50034 的要求执行。

9.5.6 本条根据烧结砖瓦工厂室外照明的要求作了一般规定。

9.5.7 本条是为用电安全而规定的。同时明确提出了烧结砖瓦工厂照明配电系统应采用TN-S系统，使全厂形成TN-C-S低压配电系统。

9.6 电气系统接地

9.6.1 接地可分为工作接地（功能性接地）、保护接地、防雷接地、电子设备接地和防静电接地等。接地对电力系统和电气装置的安全及其可靠运行，对操作、维护、运行人员的人身安全都起着十分重要的作用。所以接地设计应严格遵循国家现行的有关规程、规范的要求。

9.6.2 本条对3kV～10kV电压等级的接地方式作出了一般规定。

9.6.3 厂区低压电力网接地宜采用TN系统，这是根据多年烧结砖瓦工厂实际运行经验作出的规定。TN系统，根据N线与PE线组合有三种形式，即TN-S系统，全系统的N线与PE线分开；TN-C-S系统，PE线与N线是合在一起的，称为PEN线，但在某些用户端，PEN线分成PE线和N线，一旦分开，不能再合并；TN-C系统的PE线和N线一直是合在一起的。

三种接地系统适用于不同的场合。对于一个工程采用何种接地形式，应根据工程特点、负荷性质、习惯做法、工程投资等情况和重要程度，以及当地地区条件，进行综合技术经济比较后确定。

9.6.6 自然接地体指水管、电缆外皮、金属结构等。

9.7 生产过程自动化

9.7.1 本条规定了烧结砖瓦工厂自动化设计的原则，对控制系统形式和自控重点工段宜采取的控制方式提出了要求。

条文中采用的集散型计算控制系统（Distributed control system，DCS），又称为“分布式控制系统”或“分散型控制系统”等，概括来讲，它是由集中管理部分、分散控制监测部分和通信部分构成。它具有通用性强、系统组态灵活、控制功能完善、数据处理方便、显示操作集中、人机界面友好、安装简便规范、调试方便、运行安全可靠等特点。对于提高砖瓦生产工厂自动化水平，提高产品质量、降低能源损耗、提高生产率、保证生产安全提供了可靠的技术保障。

9.7.2 本条规定了控制室设置的基本要求。控制室是生产过程的监测中心，在设计时就应将控制室纳入规划，对大、中型厂应设置中央控制室，小型厂应设置车间控制室。控制室应按照国家有关规定和规范的要求设置消防设施。

9.8 通 信 系 统

9.8.1 工厂内的通信系统是加强企业管理、组织和调度生产、及时处理问题并与外界联系的重要设施。本条规定了烧结砖瓦厂通信系统的组成。

9.8.2 本条规定了厂内电话系统的设计要求，根据工厂特点引用了现行国家标准《工业企业通信设计规范》GBJ 42 的规定。具体设置如电话站设计中交换机形式的选用，应根据当地市话局有关规定及各地区邮电部门的文件确定。电话用户数量的设计应留出足够的余量，以利于以后发展。

调度电话是工厂中组织生产和企业管理的重要通信手段，为确保调度功能的实现，配气站、煤气站与用气点，油泵房与用油点之间应设置调度电话。

9.8.3 通信系统的接地设施是为了保证设备及人身安全，同时也是为了保证通信质量的要求。由于通信设备信号弱，而且灵敏度高，容易受到干扰，所以有条件时应将工作接地、保护接地及防雷接地分开单独设置。如果受条件限制不能分开时，也可以合用接地装置，但此时接地线截面、接地电阻等一定要符合有关规定要求。

10 建筑结构

10.1 一般规定

10.1.1 建筑设计和结构设计首先应满足工艺需要，保证对生产设备的保护、对劳动者的安全保护以及对环境的保护等，还应切实考虑自然条件对建筑设计的影响。

10.1.2 结构形式的选用应本着“技术先进、经济合理”的总原则，结合具体工程的规模、投资、所在地区施工水平、进度要求等因素，综合考虑采用的结构形式。

10.1.3 本条是根据现行国家标准《建筑结构可靠度设计统一标准》GB 50068 的要求，对烧结砖瓦工厂各建筑物（或构筑物）的安全等级进行了具体划分。

10.1.4 本条是根据现行国家标准《建筑工程抗震设防分类标准》GB 50223，对烧结砖瓦工厂各建筑物（或构筑物）抗震设防分类的具体划分。

10.1.5 本条是根据现行国家标准结合烧结砖瓦工厂的建筑物（或构筑物）特点制定的。

10.3 辅助用室、生产管理及生活建筑

10.3.1 烧结砖瓦工厂的生产辅助用室包括车间办公室、值班室、工具间、控制室以及更衣室、厕所、盥洗室和浴室等生活用室。

生产管理及生活建筑包括厂前区的工厂办公楼或综合办公楼、食堂、锅炉房、实验室、浴室、单身宿舍、工厂标识物、围墙大门、传达室等。

10.5 建筑构造设计

10.5.1 生产排放烟气中含有腐蚀性气体如 SO_2 等，容易形成酸雾，对金属材料造成腐蚀，故作本条第 3 款规定。

10.5.2 推动墙体改革是我国保护耕地、节约能源、综合利用工业废料的一项重要技术政策。建筑设计在墙体材料革新中应发挥龙头和纽带作用，积极推广、应用新型墙体材料。

1 本款为强制性条款，非承重的框架填充墙应采用新型墙体材料砌筑。新型墙体材料因为具有一定的孔洞率，保温性能和隔热性能优于传统的实心砖，有利于减少建筑能耗。

对于某些边远地区或确实没有空心砖、多孔砖等替代产品或因当地以制砖开山造田等情况，可不受此限。

10.6 主要结构选型

10.6.1 基础方案是烧结砖瓦工厂结构设计的重要环节之一，在一般情况下，天然地基比人工地基经济，但对重型建筑物（或构筑物）和在某些特定条件下，天然地基不一定能满足设计要求和达到经济的目的时，应采用人工地基。

10.9 结构计算

10.9.1 根据实践经验，高宽比大于 4 的框架、天桥支架的柔度较大，风振系数的影响不能忽略，应该加以考虑。

11 给水与排水

11.1 一般规定

11.1.1 本条规定了给水排水设计的基本原则。水是国家的重要资源，《中华人民共和国水法》明确规定，应实行计划用水和厉行节约用水，合理利用、开发和保护水资源。国家环保和水污染防治法也明确规定，要保护自然水域，执行废水排放标准，防止废水对环境的污染。因此，必须根据建厂地区水资源主管部门对水资源的总体规划，与有关方面协商对水的综合利用与协作。

11.2 给 水

11.2.1 本条规定了烧结砖瓦工厂的用水标准，包括生产用水量，工作人员生活用水量，冲洗、化验和绿化用水量以及未预见用水量等，是根据有关的现行国家标准，结合多年设计生产的实际情况制定的。

化验室主要是化验用水及清洗用水，一般根据同类规模由工艺提供用水量。修理车间主要是清洗用水。这两处用水量不大，根据生产规模和装备情况确定用水量。

未预见用水量按生产、生活总用水量的 15%～30%计算，主要对各种不可预见的用水量及系统渗漏

等因素适当留有余量，按生产规模取值。此用水量不含再生水回用量。

11.2.2 机械设备冷却水的水质要求应符合现行国家标准《压缩空气站设计规范》GB 50029 及其他标准和规定（见表 2）。

11.2.4 生产用水水压差别较大。车间进口水压本条规定为常压，可以满足大部分用水设备的水压要求，使给水系统设计合理，但对于高楼层或远距离等个别用水部位，可能水压不足，可用管道泵或其他加压设备局部加压。对于水质要求高、水压为中高压的喷雾用水，一般自成系统，单独加压。

表 2 水质硬度的有关标准和规定表

标准、资料名称及编号	用水名称	水质标准			备注
		项目	指标	以 $CaCO_3$ 计（mg/L）	
《压缩空气站设计规范》GB 50029—2003	空气压缩机及后冷却器冷却水	碳酸盐硬度	（以 CaO 计）≤140mg/L 168mg/L 196mg/L 280mg/L	≤250 300 350 500	排水温度 45℃ 40℃ 35℃ 30℃
《工业锅炉水质》GB/T 1576—2008	锅壳锅炉给水热水锅炉给水	总硬度	<70mg/L	<175	锅内加药处理
《生活饮用水卫生标准》GB 5749—2006	生活饮用水	总硬度	450mg/L（以 $CaCO_3$ 计）	450	—
《给水排水手册》第 4 册	循环冷却水	碳酸盐硬度	<60mg/L	<150	不加阻垢剂
			138mg/L	300～450	加阻垢剂

11.2.5 本条规定了水源选择的基本原则。为满足烧结砖瓦工厂正常生产生活用水的需要，水源工程设计应保证取水安全可靠，水量充足，水质符合要求，投资运营经济，维护管理方便。

11.2.6～11.2.8 取水工程中，对取用地下水应遵守地下水开采的原则，并确保采补平衡；对取用的地表水，枯水流量与水位的保证率及最高水位的确定是参照现行国家标准《室外给水设计规范》GB 50013 制定的。其中枯水位保证率的上限，本规范采用 97%。大、中型厂和水源丰富地区宜取大值，小型厂和缺水地区可取小值。

11.2.9 为了保证烧结砖瓦工厂生产生活用水的安全可靠，对输水管线的安全输水设计本条作了明确的规定，当其中一条输水管线故障时仍能通过 80%的设计水量。

11.2.10 烧结砖瓦工厂自备水厂的规模由生产生活最大用水量加上消防补充水量和水厂自用水量等项确定，并根据烧结砖瓦工厂的总体规划要求，确定是否留有扩建的可能。

11.2.11 本条规定了生产给水系统的选择原则。在一般情况下，机械设备冷却水采用敞开式循环水系统，循环回水可结合工厂的具体布置，采用压力流或重力流。生产用水重复利用率是根据多年设计与实践经验确定的，其计算式如下：

生产用水重复利用率＝生产间接循环回水量/（生产间接循环给水量＋生产直接耗水量）×100%

为了保持循环冷却水的水质平衡，采用冷却塔降低水温时，应进行水质稳定计算，并应有保持水质稳定的措施，如加水质稳定剂、加杀灭菌藻的措施、加旁滤改善水质浓缩、采用冷却塔降低水温等。

11.2.12 对水质要求较高的锅炉用水的原水、化验水和仪器仪表用水等，本条规定“可”由生活给水系统供水。如有确保供水水质的措施，也可采用循环冷却水或再生水作为备用水源。经验表明，循环水不可避免地有少量渗漏油污，含油水和杂质混合，易堵塞喷水系统。再生水是污水、废水三级深度处理后的水，应有严格的管理和维护，才能确保连续地、稳定地供给符合要求的水，以维持正常生产。

11.2.13 本条参照现行国家标准《室外给水设计规范》GB 50013 的规定，并结合烧结砖瓦工厂的实际情况制定。

11.2.14 本条根据现行国家标准《工业企业设计卫生标准》GBZ 1及《生活饮用水卫生标准》GB 5749 制定。当生产给水以生活给水为备用水源而使两者管道连接时必须设隔断装置，防止污染生活饮用水。可在两个阀门中间装 1 个放水阀，并在生活管网（或城镇生活饮用水管网）一侧设单向阀，防止停水时水倒流入生活管网（或城镇管网）。

11.2.15 由于生活用水的不均匀性及消防要求，本条规定生活消防给水系统设置水量调节储存设施。在适用可靠的前提下，首先考虑利用厂区附近地形设置高位储水池，无高地可以利用或技术经济不合适时，可设置水塔；也可采用变频调速水泵或气压给水设备，但该产品应有当地公安消防部门的批准认证。

11.2.16 本条规定了设计用水计量的原则，根据《中华人民共和国计量法》、《企业能源计量器具配备和管理通则（试行）》、《评价企业合理用水技术通则》制定。对外购水总管、自备水井管、生产车间和辅助部门均应设置用水计量器具。各个车间和公用建筑生活用水的计量均应单独装表。循环水泵站计量仪表设置应符合现行国家标准《工业循环冷却水处理设计规范》GB 50050 的规定。

11.3 排 水

11.3.1 本条对排水工程设计、排水系统划分作了规定。

11.3.2 本条对生产排水量作了规定；对于生活污水量，应按现行国家标准规定的排水定额确定，为满足设计前期工作的需要，根据经验也可按生活用水量的80%～90%取值。

11.3.3 本条对部分车间和建筑物的污水排入排水管网之前，进行局部处理作了规定。处理设施通常设在室外，寒冷地区有的设在室内，可随建筑物项目划分为室内工程。

11.3.4 本条规定烧结砖瓦工厂的污水应根据国家和地方的排放标准确定处理方案，但污水排放标准应取得当地县以上环保主管部门的书面意见。

11.3.5 本条规定了室内外排水系统应协调一致。室内排水系统是按用水水质、水压的不同要求设置的。

11.4 消防及其用水

11.4.1 为了防止和减少火灾的危害，烧结砖瓦工厂应有消防给水及消防设计。消防设计应征得当地公安消防部门的同意。消防给水系统的完善与否直接影响到火灾的扑救效果。

11.4.2 根据现行国家标准《建筑设计防火规范》GB 50016 的规定，烧结砖瓦工厂占地面积等于或小于 $100\times10^4 m^2$，同一时间内的火灾次数应为1次。

11.4.3～11.4.5 这几条根据现行国家标准《建筑设计防火规范》GB 50016，结合烧结砖瓦工厂具体情况制定。通常烧结砖瓦工厂消防给水系统与生活给水系统合并，也可与生产给水系统合并，采用低压给水系统。对设有储油系统的消防给水，因有特殊要求，按规定油库区采用独立的消防给水系统。室外消防管网应布置成环状，只有在建设初期或消防水量不超过15L/s时，可布置成枝状。

11.4.6 容量在400MV·A及以上的可燃油油浸电力变压器内有大量的变压器油，规定宜采用水喷雾灭火。根据现行国家标准《建筑设计防火规范》GB 50016，如有条件，室内采取密封措施，技术经济合理时，也可采用二氧化碳或其他气体灭火。油量小的变压器不作规定，可用移动式灭火设备。

11.4.7 为保证烧结砖瓦工厂重要设备、仪表不受损坏，对设置火灾检测与自动报警装置的部位作了具体规定。

11.4.8 烧结砖瓦工厂的灭火设施很多，主要由室内、外消火栓供水灭火，同时按需要，可设有自动喷水、泡沫、二氧化碳、干粉和其他多种灭火设施。

12 采暖、通风与除尘

12.1 一般规定

12.1.1 采暖、通风与除尘设计方案直接涉及投资、能源、环境保护与管理使用。北方厂供热投资、能耗较大，南方厂空气调节设备投资及能耗较大，因此设计方案的选择一定要根据建厂地区综合条件，确定技术先进可行、经济合理的设计方案。

12.1.2 本条规定了现行国家标准《采暖通风与空气调节设计规范》GB 50019 为设计烧结砖瓦工厂采暖、通风与空气调节的室外气象计算参数、计算方法的依据。

12.2 采 暖

12.2.1 本条是对采暖设计作出的规定。

1 本款系参照现行国家标准《采暖通风与空气调节设计规范》GB 50019 制定的。条文中给出了集中采暖地区的气象条件及设置集中采暖的原则。累年日平均温度稳定低于或等于5℃，且日数大于或等于90d的地区，应设置集中采暖。

2 是否设置集中采暖取决于企业的财力、物力以及对卫生条件的要求。目前有些厂地处集中采暖地区，但由于资金短缺，不设集中采暖。然而有些非集中采暖地区的工厂，企业效益较好，或外资、合资企业，卫生条件要求较高，要求设置采暖设施，本款就是依据上述具体情况制定的。

3 制定本款的主要目的是为了防止在非工作时间或中断使用的时间内（如压缩空气站、有水冷却或消防要求的车间），水管和其他用水设备发生冻结现象。

由于生产厂房比较高大，从节省投资与能源角度出发，对工艺系统有温度要求的地点设置集中采暖，其他无温度要求的空间可用围护结构隔断。

4 在生产厂房不规则、设备多、粉尘较大、热风采暖受空间限制时，用散热器采暖可保证采暖效果。只有当散热器采暖不能保证采暖室内设计温度时，方可用热风辅助采暖。

5 采暖引起火灾的原因主要是暖气管道和散热器表面的温度过高，与易燃物质接触，积热不散引起自燃而发生火灾。

6 由于供暖方式不同，造成采暖房间卫生条件差异较大，有的过热，有的偏冷，因此参考有关资料，规定了不同供暖方式的采暖间歇附加值。

12.2.2 热水和蒸汽是集中采暖系统常用的两种热媒，实践证明，热水采暖比蒸汽采暖具有节能、效果好、设施寿命长等优点，因此本条规定厂区采用热水采暖。但对于严寒地区，为了满足高大厂房和除尘设备保温的需要，节省采暖投资，在保证卫生条件下，规定厂区可以采用蒸汽采暖。

12.2.3 本条是对供热热源作出的规定。

1 当烧结砖瓦工厂所在区域有集中供热规划时，从节省投资、减少管理环节与环境污染等综合考虑，应按区域供热总体规划，确定烧结砖瓦工厂的供热热源。

2 本款规定了新建厂及改、扩建厂锅炉房设计的基本原则。

3 根据现行国家标准《锅炉房设计规范》GB 50041，结合烧结砖瓦工厂特点，规定了工厂供热热源、锅炉台数确定的原则。新建锅炉房锅炉台数不宜过多，台数太多，说明单台锅炉容量过小，造成建筑面积大、投资增加、管理复杂，需通过技术经济比较后确定单台锅炉的容量。一般寒冷地区采暖供热不考虑备用锅炉，允许采暖期短时间室内采暖温度适当降低。严寒地区以保障安全生产为目的，采暖供热应设置备用锅炉。为节省投资，对一些既有生活用汽，又有少量采暖用热的区域，可采取设置2台蒸汽锅炉加换热器的设计方案，保证供汽与供暖。

4 从采光、日晒等因素考虑，锅炉房控制室宜设在南向与东向，控制室面对锅炉间一侧应设观察窗。对于较大的锅炉房（一般寒冷地区，大、中型厂锅炉吨位折合12蒸吨左右）人员较多、维修工作量较大，应设置必要的生产、生活辅助房间。对于严寒地区，大、中型厂的锅炉房设置生活辅助房间尤为必要。

5、6 为减轻工人劳动强度，锅炉房供煤与除渣原则上均采用机械上煤、机械除渣。对于规模较大的锅炉房，供煤、除渣量大，当地处严寒地区，采暖期长，工作条件差，劳动量大，设置集中上煤、联合除渣是较适宜的。有些合资、独资企业或要求机械化程度较高的企业，为了减少劳动定员，要求锅炉房机械化程度较高时，也可采用集中上煤、联合除渣系统。

7 锅炉房的噪声对环境影响较大，为减少噪声对环境的影响，鼓风机、引风机应设置在厂房内，以阻挡噪声传播。实际测定鼓风机、引风机设在厂房内可降低噪声10dB（A）～15dB（A）。鼓风机设在锅炉间是不适宜的，第一，工作环境噪声大；第二，鼓风机需从室外补风，造成锅炉间温度降低。

12.2.4 本条是对室外热力管网的规定。

1 厂区热水采暖管网采用双管闭式循环系统，主要是考虑闭式循环系统可防止系统内软化水流失，补给水量小，以达到安全、经济运行的目的。目前烧结砖瓦工厂热水采暖管网均采用双管闭式循环系统。当采暖采用蒸汽管网时，一般采用开式系统。它的优点是：系统比较简单、效果好、运行管理方便。其缺点是对高压蒸汽采暖将浪费一些热能。蒸汽采暖的凝结水应回收，回收方式可利用地形自流或设凝结水箱用水泵将其打回锅炉房。当采暖系统凝结水量太小，回收不经济时，也可就地排放。

2 本款规定了热力管网敷设的基本原则。从节省投资、减少占地及美观考虑以直埋敷设为宜。也可采用地沟敷设，根据多年设计及使用实践，地沟敷设的主干沟以半通行地沟为宜，接往各采暖用户支管可用不通行地沟。因建设场地紧张或解决严寒地区水管防冻问题，也常采用联合管沟方式。

对于改建、扩建工程，地下管线复杂或新建厂因场地紧张，可采用架空敷设。若新建厂的场地条件允许，从节能、安全运行等方面考虑采用直埋敷设或地沟敷设为好，尤其是在严寒地区更是如此。

无论直埋敷设或地沟敷设，其采暖入口的调节阀门宜装在室外阀门井内。室外设阀井有利于供热系统的调节和单个建筑检修放水。为保证工厂重点采暖用户的供热效果，在入口阀门井内应装设测量温度、压力的检测管座。

12.3 通 风

12.3.1 本条是对自然通风设计的规定。

在烧结砖瓦工厂总体布置时，对有余热产生的厂房布置原则应避免西晒，车间主要进风面应置于夏季最多风向一侧采取自然通风方式。

产生余热的车间、场所，一般是根据建厂所在地区环境状况，从建筑物布置及厂房围护结构上，考虑以自然通风方式消除余热，当工艺布置或工厂地处炎热地区，无法达到卫生条件时，才采用机械通风。

12.3.2 本条是对生产与辅助生产建筑机械通风设计的规定。

1 本款规定了机械通风的通风量计算原则，但实际上有些产生湿热的房间、场所难于准确地计算出有害物质量，当缺乏必要的资料时，可按房间换气次数确定。根据烧结砖瓦工厂设计与使用实践，参考现行国家标准《小型火力发电厂设计规范》GB 50049，规定了烧结砖瓦工厂各建筑物的通风换气次数。

2 产品卸车处，工人劳动强度较大，特别是炎热地区，工人操作条件差。

3 化验室通风柜排风量可根据标准通风柜标明的风量选取。该款规定的数据是参考《民用建筑采暖通风设计技术措施》提出的。通风柜排出的气体含有酸、碱蒸气或潮湿气体，应采用防腐风机及管道。

4 对变电站的配电室设机械过滤送风系统，室内保持正压，其目的是防止室外粉尘的侵入。当粉尘在带电体表面沉积较多，会影响电器零件正常工作，尤其是相对湿度较大的地区，潮湿粉尘的导电作用会造成系统短路，因而配电室是否设机械过滤送风，视环境状况及电器元件性能确定。

主要生产车间配电室由于导线及各种电器元件在运转过程中都会产生热量，尤其是炎热地区室内温度较高，不利于操作工厂巡视与检修。

7 本款规定因水泵站的加氯间散发出氯气等原因，为改善工作环境，保证卫生条件，需设置通风系统。凡是有腐蚀性气体产生的场所应设防腐风机，对于有害气体密度大于空气密度的，其排风口应设在房间的下部。

12.3.3 本条是对事故通风设计的规定。

供配电系统的高压开关，其绝缘介质为油、惰性气体等。当高压开关发生故障时，高温电弧使油燃烧，导致室内烟雾弥漫；或气瓶破裂，六氟化硫在电弧作用下，会产生多种有腐蚀性、刺激性和毒性的物质。

在供电系统中设置电容器，其目的是为了提高其功率因数。但设置电容器会散发出大量热量；且电容器在高压电作用下有可能被击穿，致使绝缘材料燃烧产生有害气体。

射油泵间产生柴油雾气，燃油附件间挥发汽油，电瓶修理间产生铅蒸气；为防止事故，保障人身安全对上述场所均应进行排风。

12.4 除　　尘

12.4.1 保护环境、防止污染是我国实行的重大技术政策之一。为此国家颁布了《中华人民共和国环境保护法》，有关部门还相继颁布了一系列有害物排放标准，如《环境空气质量标准》GB 3095 和《大气污染物综合排放标准》GB 16297。为了达到排放标准的要求，排除有害气体的局部排风系统有时必须设置净化设备。净化设备的种类繁多，本条指出应采取有效的净化措施。净化设备的选择原则及考虑的因素，只是与有害物的物理化学性质关系更为密切。设计时，应该根据不同情况，分别选择净化措施，有回收价值的应加以回收。

12.4.2 本条对除尘方式的选择作出了规定。

放散粉尘的生产过程，虽然允许加湿，但是对加湿量有一定限制，如破碎、筛分等，过量加湿会使产量下降，采用湿法除尘就受到一些限制，故作本条规定。

12.4.3 本条对密闭形式的选择作出了规定。

密闭是烧结砖瓦工厂综合防尘措施的关键环节之一。机械除尘和联合除尘的效果好坏，首先取决于扬尘地点的密闭程度。密闭得好，机械除尘的排风量就可大为减少；反之，即使增大机械除尘系统的排风量，也难以取得良好的效果。

至于密闭形式，对于集中、连续的扬尘点（如胶带机受料点），且瞬时增压不大的尘源，多在设备扬尘处采用局部密闭；对于全面扬尘或机械振动力大的设备，多采用留有观察孔和操作门并将设备（除电动机、减速箱外）大部分封闭在罩内的整体密闭，特点是密闭罩本身为独立整体，易于密闭；对于大面积扬尘且操作和检修频繁，采用整体密闭不便者，多采用留有观察孔和操作门并将扬尘设备全部密闭在罩内的大容积密闭。一般来说，大容积密闭罩比小容积密闭罩效果要好，特点是罩内容积大，可缓冲含尘气流，减小局部正压，这种密闭罩适用于多点扬尘、阵发性扬尘和含尘气流速度大的设备或地点，如多卸料点的胶带机转运点等。但是，具体情况不同，不能一律对待，应根据设备特点、生产要求以及便于操作、维修等，分别采用不同的密闭形式。

12.4.4 本条对吸风点排风量的确定作出了规定。

在烧结砖瓦工厂机械除尘系统的设计中，如何确定吸风点的排风量是一个重要问题。排风量过小会使含尘空气逸入室内达不到除尘的目的；排风量过大会使除尘系统复杂，且设备庞大、造价和运行费用高。所以在保证粉尘不外逸的情况下，排风量愈小愈好。为此，设计时应通过计算或采用实测与经验数据正确确定吸风点的排风量。

吸风点的排风量主要包括以下几部分：工艺过程本身产生的烟尘量，物料输送过程中所带入的诱导风量和保持罩内负压（包括有时消除罩内正压）所需的空气量等。

12.4.5 本条对吸风口的位置及风速作出了规定。

在密闭罩上装设位置和开口面积适宜的吸风罩同除尘风管连接，使罩口断面风速均匀。为了防止排风把物料带走，还应对吸风口的风速加以控制。在吸风点的排风量一定的情况下（见本规范第 12.4.4 条），吸风口风速主要取决于物料的密度和粒径大小以及吸风口与扬尘点之间的距离远近等。

12.4.6 为保证除尘系统的除尘效果和便于生产操作，对于烧结砖瓦厂一般除尘系统，设备能力应按其所连接的全部吸风点同时工作计算，而不考虑个别吸风口的间歇修正。

当一个除尘系统的非同时工作吸风点的排风量较大时，为节省除尘设施的投资和运行费用，则该系统的排风量可按同时工作的吸风点的排风量加上各非同时工作的吸风点的排风量的15%～20%的总和计算。后者 15%～20%的排风量为由于阀门关闭不严的漏风量。

12.4.7 为了防止粉尘因速度过小在风管中沉降、聚积甚至堵塞风管，因此本规范附录 H 中根据不同的物料给出了除尘系统风管中的最小风速。

12.4.8 本条为除尘系统的划分原则。

烧结砖瓦厂除尘系统的划分应考虑吸风点作用半径不宜过大，便于粉尘的回收利用以及防止由于不同性质的粉尘混合后会引起的不良影响因素或导致风机功率过大的浪费电能现象。

12.4.9 本条规定了选择除尘器应考虑的因素。

除尘器的种类繁多，构造各异，由于其除尘机理不同，各自具有不同的特点，因此其技术性能和适用范围也就有所不同。根据是否用水作除尘媒介，除尘器分为两大类：干式除尘器和湿式除尘器。干式除尘器可分为重力沉降室、惰性除尘器、旋风除尘器、袋式除尘器和干式电除尘器等，湿式除尘器可分为喷淋式除尘器、填料式除尘器、泡沫除尘器、自激式除尘器、文氏管除尘器和湿式电除尘器等。

选择除尘器时，除考虑所处理含尘气体的理化性质之外，还应考虑能否达到排放标准、使用寿命、场地布置条件、水电源条件、运行费、设备费以及维护管理等，进行全面分析。

12.4.10 本条是从保障除尘系统的正常运行，便于维护管理，减少二次扬尘，保护环境和提高经济效益等方面考虑，并结合国内各烧结砖瓦厂的实践经验制定的。据调查，对粉尘的处理回收方式主要有以下几种：

对于干式除尘器，有人工清灰、机械清灰和除尘器的排灰管直接接至工艺流程等三种。人工清灰多用于粉尘量少，不直接回收利用或无回收价值的粉尘；机械清灰包括机械输送、水力输送和气力输送等，其处理方式一般是将收集的粉尘纳入工艺流程回收处理。机械清灰的输送灰尘设施较复杂，但操作简单、可靠。排灰管直接接至工艺流程（如接到溜槽、漏斗、料仓），用于有回收价值且能直接回收的粉尘，是一种较经济有效的方式。

除尘器收集的粉尘回收与处理方式直接关系到系统的正常运行、除尘效果和综合利用等方面。因此，需根据具体情况采取妥善的回收处理措施。工艺允许时，纳入工艺流程回收处理，则对于保证除尘系统的正常运行和操作维护等方面都有好处，而且往往也是经济的。

12.4.11 防止卸尘管的防漏风的措施，是在干式除尘器的卸尘管上装设有效的卸尘装置，卸尘装置（包括集尘斗、卸尘阀等）是除尘设备的一个不可忽视的重要组成部分，它对除尘器的运行及除尘效率有相当大的影响。如果卸尘装置装设不好，就会使大量空气从排尘口吸入，破坏除尘器内部的气流运动，大大降低了除尘效率。例如，当旋风除尘器卸尘口漏风达15%时，就会使除尘器完全失去作用。其他种类的除尘器漏风对除尘效率的影响也是非常显著的。

12.4.12 对于吸风点较多的机械除尘系统，虽然在设计时进行了各并联环路的压力平衡计算，但是由于设计、施工和使用过程中的种种原因，出现压力不平衡的情况实际上是难以避免的。为适应这种情况，保障除尘系统的各吸风点都能达到预期效果，因此，条文规定在各支管段上宜设置调节阀门在吸入段风管上，一般不允许采用直插板阀，因为它容易引起堵塞。作为调节用的阀门，无论是蝶阀、调节瓣或斜插板阀，都必须装设在垂直管段上。如果把这类阀门装在倾斜或水平风管上，由于阀板前、后产生强烈涡流，粉尘容易沉积，妨碍阀门的开关，有时还会堵塞风管。

12.4.13 在设计机械除尘系统时，通常把除尘器布置在系统的负压段，其最大优点是保护通风机壳体和叶片免受或减缓粉尘的磨损，延长通风机的使用寿命。烧结砖瓦厂也有把除尘器置于系统正压段的，例如，采用袋式除尘器时，为了节省外部壳体的金属耗量，避免因考虑漏风问题而增加除尘器的负荷，延长布袋的使用期限及便于在工作状况下进行检修等，有时把除尘器安装在正压段就具有一定的优点。在这种情况下，应选择排尘通风机。由于同普通通风机相比，排尘通风机价格较贵，效率较低，能量消耗约增加25%以上。因此，设计时应根据具体情况进行技术经济比较后确定。

13 其他生产设施

13.2 实验室

13.2.1～13.2.3 这三条主要是考虑了烧结砖瓦工厂正常运转所需的必要设置。

13.3 机电设备维修

13.3.1 大、中型厂应具备完善的机修能力，本条规定了机修车间应有的装备水平；装备水平与外部协作条件有关，有良好的协作条件时可对不常使用且占用资金的设备不予设置。

13.3.2 电气修理车间的设置以能满足大型低压设备的大、中修为主，大型高压电机及大容量的电力变压器的大、中修应以外协解决为主，仪表的修理应以内部常用仪表为主，高端的自动化仪表亦应通过外协解决问题。

13.4 地磅

13.4.2 采用无坑基安装，可节约建设投资。

13.5 压缩空气站

13.5.1 烧结砖瓦工厂各用气点对压缩空气压力、质量要求不同，在设计压缩空气站时应根据实际需要，经济、合理地配置相应设备及管道。

13.5.2 压缩空气的质量应符合现行国家标准《工业自动化仪表气源压力范围和质量》GB 4830 的有关规定。

13.5.3 气体经过空气压缩机后，含有大量饱和蒸汽及油污，经过充分冷却、除油干燥处理后，使气体中大部分水、油污分离出来，可避免其进入稳压罐内，造成堵塞。

13.5.4 压缩空气站集中设置还是分散设置，应根据用气负荷中心位置，尽量减少气体压力损失，经过比较后确定。

13.5.5 本条规定了对空气压缩机的选型和台数配置应考虑的因素。在生产中使用压缩空气的生产环节要求气源不断，因此空气压缩机需有备用。

13.6 工艺计量

13.6.1 为了有利于生产控制、经营管理和经济核算，烧结砖瓦工厂设计中，必要的工艺环节应设置计量装置，其装备水平与工厂规模、自动化程度要协调考虑。

14 节　能

14.1 一 般 规 定

14.1.3 能源节约和综合利用能源，应与厂址选择、工艺方案统一考虑。在初步设计时，对节约和合理利用能源要有专门论述的内容。

14.2 技术、工艺、装备节能

14.2.1 《烧结砖瓦工厂节能设计规范》GB 50528对新建、扩建和改建的烧结砖瓦工厂的工艺、建筑结构、干燥焙烧等工艺环节及设备选型的节能设计作出了规定，设计时应遵照执行。

14.2.2、14.2.3 这两条规定是为了充分发挥烧结砖瓦工业特有的节能环保功能。利用废弃物生产烧结砖既能利用其热能，减少能源消耗，又能消耗废弃物，有利于节能环保，同时废弃物作为原料，减少了土地等自然资源的消耗。

14.2.4 内燃烧砖的最大特点是以可燃性工业废料部分取代或全部取代燃料和原料，节约日益紧缺的煤炭资源和黏土等资源，对于资源有效利用和环保具有很大的意义。

14.2.6 窑炉设计中耐火材料和保温材料的选择要根据窑炉结构、制品焙烧性能以及投资等因素综合考虑，优化设计，达到《烧结砖瓦工厂节能设计规范》GB 50528中对窑体传热系数和散热量的要求。

14.3 余 热 利 用

14.3.1 本条为强制性条文。焙烧窑炉余热利用是烧结砖瓦工厂节能设计的重点之一，利用焙烧窑炉的余热干燥湿坯体是一种行之有效的工艺，目前被广泛用于各种烧结砖生产线中。

焙烧窑炉余热利用有多种途径和方式，干燥砖坯是最基本的，窑炉余热应优先用于坯体干燥。

在严寒、寒冷地区，宜设置窑炉余热交换装置，供生产车间冬季采暖。

对于超内燃焙烧的窑炉，可采取多种方式有效地利用焙烧余热。

14.3.2 本条为窑炉余热系统设计的基本原则。

14.4 节　电

14.4.1 供配电系统的节能以提高系统功率因数为主，以提高设备利用率、降低空载损耗为辅，同时规划变电所位置和供电线路，降低线路损耗。工厂供电线路上的无功功率可采用集中补偿和分散就地补偿的方式，功率因数要求不小于0.92。当采用分散就地补偿方式时，对于不平衡负载应采取分相单独补偿。

14.4.2 合理选择电机容量，提高用电设备的效率是节能工作的关键。采用新型高效电机和使用变频器是电机节能的主要方式。对于无调速要求的大功率电机应采用电机节电器、进相机、电容就地无功补偿等设备进行无功补偿，降低设备能耗。

14.4.3 照明节电应采用高效节能的新型光源和产品，提高节能效果。

15 环 境 保 护

15.1 气体排放污染防治

15.1.1、15.1.2 利用大气扩散和稀释能力是目前降低废气、烟气排放浓度的方法之一。烧结砖瓦工厂易产生粉尘的车间或工段包括原料破碎车间、煤气站和原料堆场等，如果总平面布置不合理，将对周围居民的生活造成一定的影响。

窑炉烟气的排放执行现行国家标准《工业炉窑大气污染物排放标准》GB 9078。

对于各类污染物的排放，国家和地方都有相应的排放标准。但对于国家重点保护的地区，如文物古迹集中区、旅游区、生态保护区等，地方的排放标准会更严格，企业应按照国标或地标中更严格的排放标准执行。

15.1.3、15.1.4 含尘气体包括含尘空气和烟气。烟气净化最好采用湿式方式，要考虑水处理后循环使用，防止污染转移。采用干式除尘时要计算SO_2是否超标。

15.2 废水污染防治

15.2.1 本条是废水污染防治设计的原则。

15.2.2 本条为强制性条文，是为防治污染地下水所作的规定。《中华人民共和国水污染防治法》第三十五条规定：禁止利用渗井、渗坑、裂隙和溶洞排放、倾倒含有毒污染物的废水、含病原体的污水和其他废弃物。

15.3 噪声污染防治

噪声控制应首先控制噪声源，选用低噪声的设备；超过许可标准时，还应根据噪声性质，采取消声、建筑隔断、隔声、减振等防治措施。

15.3.3 本条强调噪声污染防治首先从设备选型和布置上加以控制，其次再根据噪声性质进行控制。

根据现行国家标准《工业企业噪声控制设计规范》GBJ 87的有关规定，对于生产过程及其设备产生的噪声，首先从声源上进行控制，以低噪声的工艺和设备代替高噪声的工艺和设备；如仍达不到要求，则应采用隔声、消声、减振以及综合控制等措施。选择设备时，控制设备噪声在 85dB（A）以下是经济有效的办法。

按噪声性质分类，噪声可分三类：一是空气动力性噪声，二是机械性噪声，三是电磁性噪声。机械性噪声是烧结砖瓦工厂的主要噪声源，对周围影响较大。

空气动力性噪声一般为 70dB（A）～100dB（A)，目前烧结砖瓦工厂对这类噪声都采取了隔声和消声的措施。如空气压缩机、风机噪声属于此类。

机械性噪声一般为 85dB（A）～105dB（A)，这类噪声一般采用减振、隔声和吸声措施，如破碎设备等。

电磁性噪声一般在 90dB（A）以下，它不是烧结砖瓦工厂的主要声源，对周围环境质量影响不大，所以没有明确规定对此类噪声的治理措施。

15.4 固体废物污染防治

15.4.1 《中华人民共和国固体废物污染环境防治法》第三条规定：国家对固体废物污染环境的防治，实行减少固体废物的产生量和危害性，充分合理利用固体废物和无害化处置固体废物的原则，促进清洁生产和循环经济发展。《建设项目环境保护设计规定》第四十四条规定：对有利用价值的废渣，应考虑回收或综合利用措施；对没有利用价值的废渣，可采用无害化堆置或焚烧等处理措施。防止固体废物综合利用过程中，只重经济效益不管防治污染的不良倾向。同时也要防止只重视减少污染或无害化，而不管经济开支，这样会使综合利用工作难以正常开展，甚至被停止。

15.5 环境保护设施

15.5.2 环境保护设施内容系根据烧结砖瓦工厂污染源和污染物种类确定。

16 职业安全卫生

16.1 一般规定

16.1.1 烧结砖瓦工厂设计应符合国家现行的有关职业安全卫生的法规、标准的有关规定，必须贯彻“安全第一、预防为主”的方针。

16.1.2 烧结砖瓦工厂设计应提高生产综合机械化和自动化程度，对生产过程中的各项职业危害因素，应遵循消除、预防、减弱、隔离、连锁、警告的原则，在各专业设计中采取相应的技术措施，改善劳动条件，实行安全生产、文明生产。

16.4 防雷保护

16.4.1、16.4.2 防雷设计要对当地地质气象状况作出精确统计，对需要防雷的建筑物进行分类，其分类标准应符合现行国家标准《建筑物防雷设计规范》GB 50057 中的相关条款。

防雷设计应认真调查了解当地气象及雷电活动情况，做到既要保证安全，又要经济合理。本规范对各建筑物按其生产性质、发生雷电事故的可能性及其后果，并按防雷要求分为三类。各类建筑物的防雷设计应符合国家现行有关规程及规范的要求。

16.4.3 处于多雷暴地区的厂房、宿舍、办公楼均属于二类防雷建筑。多雷暴地区且具有火灾爆炸危险的工厂设施应按一级防雷设置，因防雷装置的提高并不占用很大投资，所以在防雷建筑分类时，处于模糊界限中的建筑可按高一级防雷设置，确保安全。

16.7 噪声控制

16.7.4 在钢溜管、钢料仓壁采取阻尼和隔声措施，是为避免块状物料直接撞击产生噪声。

中华人民共和国国家标准

砌体结构加固设计规范

Code for design of strengthening masonry structures

GB 50702—2011

主编部门：四 川 省 住 房 和 城 乡 建 设 厅
批准部门：中华人民共和国住房和城乡建设部
施行日期：2 0 1 2 年 8 月 1 日

中华人民共和国住房和城乡建设部
公　　告

第1095号

关于发布国家标准《砌体结构加固设计规范》的公告

现批准《砌体结构加固设计规范》为国家标准，编号为GB 50702-2011，自2012年8月1日起实施。其中，第3.1.9、4.2.3、4.3.6、4.4.3、4.5.2、4.5.3、4.5.5、4.6.1、4.6.2、4.6.3、4.7.5、4.7.7、9.1.7、10.1.4条为强制性条文，必须严格执行。

本规范由我部标准定额研究所组织中国建筑工业出版社出版发行。

中华人民共和国住房和城乡建设部
2011年7月26日

前　　言

本规范是根据原建设部《1989年工程建设专业标准制订修订计划》的要求，由四川省建筑科学研究院会同有关单位编制完成的。

本规范在编制过程中，编制组开展了各种结构加固方法的专题研究；进行了广泛的调查分析和重点项目的验证性试验和工程试用；总结了近20年来我国砌体结构加固设计经验，并与国外先进的标准、规范进行了比较分析和借鉴。在此基础上以多种方式广泛征求了有关单位和社会公众的意见并进行了试设计和对加固效果的评估。据此，还对主要条文进行了反复修改，最后经审查定稿。

本规范共分13章和2个附录，主要技术内容包括：总则、术语和符号、基本规定、材料、钢筋混凝土面层加固法、钢筋网水泥砂浆面层加固法、外包型钢加固法、外加预应力撑杆加固法、粘贴纤维复合材加固法、钢丝绳网-聚合物改性水泥砂浆面层加固法、增设砌体扶壁柱加固法、砌体结构构造性加固法、砌体裂缝修补法。

本规范中以黑体字标志的条文为强制性条文，必须严格执行。

本规范由住房和城乡建设部负责管理和对强制性条文的解释；由四川省建筑科学研究院负责具体技术内容的解释。为充实提高规范的质量，请各使用单位在执行本规范过程中，结合工程实践，注意总结经验，积累数据、资料，随时将意见和建议寄交四川省建筑科学研究院（邮编：610081，地址：成都市一环路北三段55号）。

本规范主编单位：四川省建筑科学研究院
中国华西企业有限公司

本规范参编单位：湖南大学
同济大学
哈尔滨工业大学
福州大学
武汉大学
中国建筑西南设计院
上海市民用建筑设计院
重庆市建筑科学研究院
陕西省建筑科学研究院
亨斯迈化工精细材料有限公司
上海安固建筑材料有限公司
厦门中连结构胶有限公司
上海同华加固工程有限公司
南京市凯盛建筑设计研究院有限责任公司

本规范主要起草人：梁　坦　吴　体　梁　爽　王晓波　吴善能　施楚贤　刘新玉　唐岱新　许政谐　林文修　陈大川　雷　波　何英明　张成英　唐超伦　陈友明　张坦贤　刘延年　黄　刚　黎红兵

本规范审查人员：刘西拉　戴宝城　高小旺　弓俊青　李德荣　张书禹　黄兴棣　王庆霖　古天纯　陈　宙

目　次

Contents

1 总 则

1.0.1 为了使砌体结构的加固做到技术可靠、安全适用、经济合理、确保质量，制定本规范。

1.0.2 本规范适用于房屋和一般构筑物砌体结构的加固设计。

1.0.3 砌体结构加固前，应根据不同建筑类型分别按现行国家标准《工业建筑可靠性鉴定标准》GB 50144和《民用建筑可靠性鉴定标准》GB 50292等标准的有关规定进行可靠性鉴定。当与抗震加固结合进行时，尚应按现行国家标准《建筑抗震鉴定标准》GB 50023的有关规定进行抗震能力鉴定。

1.0.4 砌体结构的加固设计除应符合本规范的规定外，尚应符合国家现行有关标准的规定。

2 术语和符号

2.1 术 语

2.1.1 砌体结构加固 strengthening of masonry structures

对可靠性不足或业主要求提高可靠度的砌体结构、构件及其相关部分采取增强、局部更换或调整其内力等措施，使其具有现行设计规范及业主所要求的安全性、耐久性和适用性。

2.1.2 原构件 existing structure member

实施加固前的原有构件。

2.1.3 重要构件 important structure member

其自身失效将影响或危及承重结构体系安全工作的构件。

2.1.4 一般构件 general structure member

重要构件以外的构件。

2.1.5 水泥复合砂浆 composite cement mortar

以水泥和高性能矿物掺合料为主要组分，并掺有外加剂和短细纤维的砂浆。

2.1.6 聚合物改性水泥砂浆 polymer modified cement mortar

掺有改性环氧乳液或其他改性共聚物乳液的高强度水泥砂浆。承重结构用的聚合物改性水泥砂浆应能显著提高其锚固钢筋和粘结混凝土、砌体等基材的能力。

2.1.7 钢筋网 steel reinforcement mesh

用普通热轧带肋钢筋或冷轧带肋钢筋焊接而成的网片。

2.1.8 纤维复合材 fiber reinforced polymer

采用高强度的连续纤维按一定规则排列，经用胶粘剂浸渍、粘结固化后形成的具有纤维增强效应的复合材料，通称纤维复合材。

2.1.9 材料强度利用系数 strength utilization factor of material

考虑加固材料在二次受力条件下其强度得不到充分利用所引入的计算系数。

2.1.10 外加面层加固法 external layer strengthening

通过外加钢筋混凝土面层或钢筋网砂浆面层，以提高原构件承载力和刚度的一种加固法。

2.1.11 外包型钢加固法 sectional steel strengthening

对砌体柱包以型钢肢与缀板焊成的构架，并按各自刚度比例分配所承受外力的加固法，也称为干式外包钢加固法。

2.1.12 外加预应力撑杆加固法 external prestressed strut strengthening

通过收紧横向螺杆装置，对带切口、且有弯折外形的两对角钢撑杆施加预压力，以将砌体柱所承受的荷载卸给撑杆的加固法。

2.1.13 扶壁柱加固法 counterfort masonry column strengthening

沿砌体墙长度方向每隔一定距离将局部墙体加厚形成墙带垛加劲墙体的加固法。

2.1.14 砌体裂缝修补法 masonry crack repairing

为封闭砌体裂缝或恢复开裂砌体整体性所采取的修补或修复法。

2.2 符 号

2.2.1 材料性能

E_m——原构件砌体弹性模量；

E_a——新增型钢弹性模量；

E_f——新增纤维复合材弹性模量；

f_{m0}、f——分别为原砌体和新增砌体抗压强度设计值；

f_c——新增混凝土轴心抗压强度设计值；

f_y、f'_y——分别为新增钢筋抗拉、抗压强度设计值；

f_f——新增纤维复合材抗拉强度设计值。

2.2.2 作用效应及承载力

N——构件加固后的轴向压力设计值；

M——构件加固后弯矩设计值；

V——构件加固后剪力设计值；

σ_s——钢筋受拉应力。

2.2.3 几何参数

A_{m0}——原构件砌体截面面积；

A_c——新增混凝土截面面积；

A_s——新增钢筋截面面积；

A_a——新增型钢（角钢）全截面面积；

h——构件加固后的截面高度；

h_0——构件加固后的截面有效高度；

b——原构件矩形截面宽度；

I_{m0}——原构件截面惯性矩；

I_a——钢构架截面惯性矩；

H_0——构件的计算高度；

h_T——带壁柱墙截面的折算厚度。

2.2.4 计算系数

β——砌体构件高厚比；

α_c——新增混凝土强度利用系数；

α_s——新增钢筋强度利用系数；

α_f——纤维复合材参与工作系数；

α_m——新增砌体强度利用系数；

φ_{com}——轴心受压组合砌体构件稳定系数；

K_m——原砌体刚度降低系数；

η——协同工作系数；

ρ_f——环向围束体积比。

3 基本规定

3.1 一般规定

3.1.1 砌体结构经可靠性鉴定确认需要加固时，应根据鉴定结论和委托方提出的要求，由有资质的专业技术人员按本规范的规定和业主的要求进行加固设计。加固设计的范围，可按整幢建筑物或其中某独立区段确定，也可按指定的结构、构件或连接确定，但均应考虑该结构的整体牢固性，并应综合考虑节约能源与环境保护的要求。

3.1.2 在加固设计中，若发现原砌体结构无圈梁和构造柱，或涉及结构整体牢固性部位无拉结、锚固和必要的支撑，或这些构造措施设置的数量不足，或设置不当，均应在本次的加固设计中，予以补足或加以改造。

3.1.3 加固后砌体结构的安全等级，应根据结构破坏后果的严重性、结构的重要性和加固设计使用年限，由委托方与设计方按实际情况共同商定。

3.1.4 砌体结构的加固设计，应根据结构特点，选择科学、合理的方案，并应与实际施工方法紧密结合，采取有效措施，保证新增构件及部件与原结构连接可靠，新增截面与原截面粘结牢固，形成整体共同工作；并应避免对未加固部分，以及相关的结构、构件和地基基础造成不利的影响。

3.1.5 对高温、高湿、低温、冻融、化学腐蚀、振动、温度应力、地基不均匀沉降等影响因素引起的原结构损坏，应在加固设计中提出有效的防治对策，并按设计规定的顺序进行治理和加固。

3.1.6 砌体结构的加固设计，应综合考虑其技术经济效果，既应避免加固适修性很差的结构，也应避免不必要的拆除或更换。

注：适修性很差的结构，指其加固总费用达到新建结构总造价70%以上的结构，但不包括文物建筑和其他有历史价值或艺术价值的建筑。

3.1.7 对加固过程中可能出现倾斜、失稳、过大变形或坍塌的砌体结构，应在加固设计文件中提出有效的临时性安全措施，并明确要求施工单位必须严格执行。

3.1.8 砌体结构的加固设计使用年限，应按下列原则确定：

1 结构加固后的使用年限，应由业主和设计单位共同商定。

2 一般情况下，宜按30年考虑；到期后，若重新进行的可靠性鉴定认为该结构工作正常，仍可继续延长其使用年限。

3 对使用胶粘方法或掺有聚合物加固的结构、构件，尚应定期检查其工作状态。检查的时间间隔可由设计单位确定，但第一次检查时间不应迟于10年。

3.1.9 未经技术鉴定或设计许可，不得改变加固后砌体结构的用途和使用环境。

3.2 设计计算原则

3.2.1 砌体结构加固设计采用的结构分析方法，在一般情况下，应采用线弹性分析方法计算结构的作用效应，并应符合现行国家标准《砌体结构设计规范》GB 50003的有关规定。

3.2.2 加固砌体结构时，应按下列规定进行承载能力的设计、验算，并应满足正常使用功能的要求。

1 结构上的作用，应经调查或检测核实，并应按本规范附录A的规定和要求确定其标准值或代表值。

2 被加固结构、构件的作用效应，应按下列要求确定：

1）结构的计算图形，应符合其实际受力和构造状况；

2）作用效应组合和组合值系数以及作用的分项系数，应按现行国家标准《建筑结构荷载规范》GB 50009的有关规定确定，并应考虑由于实际荷载偏心、结构变形、温度作用等造成的附加内力。

3 结构、构件的尺寸，对原有部分应采用实测值；对新增部分，可采用加固设计文件给出的名义值。

4 原结构、构件的砌体强度等级和受力钢筋抗拉强度标准值应按下列规定取值：

1）当原设计文件有效，且不怀疑结构有严重的性能退化时，可采用原设计值；

2）当结构可靠性鉴定认为应重新进行现场检测时，应采用检测结果推定的标准值。

5 加固材料的性能和质量，应符合本规范第4章的规定；其性能的标准值应按本规范第3.2.3条确定；其性能的设计值应按本规范各相关章节的规定采用。

6 验算结构、构件承载力时，应考虑原结构在加固时的实际受力状况，包括加固部分应变滞后的特点，以及加固部分与原结构共同工作程度。

7 加固后改变传力路线或使结构质量增大时，应对相关结构、构件及建筑物地基基础进行必要的验算。

8 抗震设防区结构、构件的加固，除应满足承载力要求外，尚应复核其抗震能力；不应存在因局部加强或刚度突变而形成的新薄弱部位；同时，还应考虑结构刚度增大而导致地震作用效应增大的影响。

注：本规范的各种加固方法，一般情况下可用于结构的抗震加固，但具体采用时，尚应在设计、计算和构造上执行现行国家标准《建筑抗震设计规范》GB 50011 和现行行业标准《建筑抗震加固技术规程》JGJ 116 的有关规定和要求。

3.2.3 加固材料性能的标准值（f_k），应根据抽样检验结果按下式确定：

$$f_k = m_f - k \cdot s \qquad (3.2.3)$$

式中：m_f——按 n 个试件算得的材料强度平均值；

s——按 n 个试件算得的材料强度标准差；

k——与 α、c 和 n 有关的材料强度标准值计算系数，由表 3.2.3 查得；

α——正态概率分布的下分位数；根据材料强度标准值所要求的 95%保证率，应取 $\alpha=0.05$；

c——检测加固材料性能所取的置信水平（置信度），一般对钢材，可取 $c=0.90$；对混凝土和木材，可取 $c=0.75$；对砌体，可取 $c=0.60$；对其他材料，由本规范有关章节作出规定。

表 3.2.3 材料强度标准值计算系数 k 值

n	$\alpha=0.05$ 时的 k 值			
	$c=0.99$	$c=0.90$	$c=0.75$	$c=0.60$
4	—	3.957	2.680	2.102
5	—	3.400	2.463	2.005
6	5.409	3.092	2.336	1.947
7	4.730	2.894	2.250	1.908
10	3.739	2.568	2.103	1.841
15	3.102	2.329	1.991	1.790
20	2.807	2.208	1.933	1.764
25	2.632	2.132	1.895	1.748
30	2.516	2.080	1.869	1.736
50	2.296	1.965	1.811	1.712

3.2.4 为防止结构加固部分意外失效而导致的坍塌，在使用胶粘剂或掺有聚合物的加固方法时，其加固设计除应按本规范的规定进行外，尚应对原结构进行验算。验算时，应要求原结构、构件能承担 n 倍恒载标准值的作用。当可变荷载（不含地震作用）标准值与永久荷载标准值之比值不大于 1 时，n 取 1.2；当该比值等于或大于 2 时，n 取 1.5；其间按线性内插法确定。

3.3 加固方法及配合使用的技术

3.3.1 砌体结构的加固可分为直接加固与间接加固两类，设计时，可根据结构特点、实际条件和使用要求选择适宜的加固方法及配合使用的技术。

3.3.2 直接加固宜根据工程的实际情况选用外加面层加固法、外包型钢加固法、粘贴纤维复合材加固法和外加扶壁柱加固法等。

3.3.3 间接加固宜根据工程的实际情况选用外加预应力撑杆加固法和改变结构计算图形的加固方法。

3.3.4 与结构加固方法配合使用的技术应采用符合本规范要求的裂缝修补技术和拉结、锚固技术。

4 材 料

4.1 砌 筑 材 料

4.1.1 砌体结构加固用的块体（块材），应采用与原构件同品种块体；块体质量不应低于一等品，其强度等级应按原设计的块体等级确定，且不应低于 MU10。

4.1.2 砌体结构外加面层用的水泥砂浆，若设计为普通水泥砂浆，其强度等级不应低于 M10；若设计为水泥复合砂浆，其强度等级不应低于 M25。

4.1.3 砌体结构加固用的砌筑砂浆，可采用水泥砂浆或水泥石灰混合砂浆；但对防潮层、地下室以及其他潮湿部位，应采用水泥砂浆或水泥复合砂浆。在任何情况下，均不得采用收缩性大的砌筑砂浆。加固用的砌筑砂浆，其抗压强度等级应比原砌体使用的砂浆抗压强度等级提高一级，且不得低于 M10。

4.2 混凝土原材料

4.2.1 砌体结构加固用的水泥，应采用强度等级不低于 32.5 级的硅酸盐水泥和普通硅酸盐水泥；也可采用矿渣硅酸盐水泥或火山灰质硅酸盐水泥，但其强度等级不应低于 42.5 级；必要时，还可采用快硬硅酸盐水泥或复合硅酸盐水泥。

注：1 当被加固结构有耐腐蚀、耐高温要求时，应采用相应的特种水泥。

2 配制聚合物改性水泥砂浆和水泥复合砂浆用的水泥，其强度等级不应低于 42.5 级，且应符合其产品说明书的规定。

4.2.2 水泥的性能和质量应分别符合现行国家标准《通用硅酸盐水泥》GB 175 和《快硬硅酸盐水泥》GB 199 的有关规定。

4.2.3 砌体结构加固工程中，严禁使用过期水泥、受潮水泥、品种混杂的水泥以及无出厂合格证和未经进场检验合格的水泥。

4.2.4 配制结构加固用的混凝土，其骨料的品种和质量应符合下列规定：

1 粗骨料应选用坚硬、耐久性好的碎石或卵石。其最大粒径应符合下列规定：

1）对现场拌合混凝土，不宜大于 20mm；

2）对喷射混凝土，不宜大于 12mm；

3）对掺有短纤维的混凝土，不宜大于 10mm；

4）粗骨料的质量应符合现行行业标准《普通混凝土用砂、石质量及检验方法标准》JGJ 52 的有关规定；不得使用含有活性二氧化硅石料制成的粗骨料。

2 细骨料应选用中、粗砂，其细度模数不宜小于 2.5；细骨料的质量及含泥量应符合现行行业标准《普通混凝土用砂、石质量及检验方法标准》JGJ 52 的规定。

4.2.5 混凝土拌合用水应采用饮用水或水质符合现行行业标准《混凝土用水标准》JGJ 63 规定的天然洁净水。

4.2.6 砌体结构加固用的混凝土，可使用商品混凝土，但其所掺的粉煤灰应是Ⅰ级灰，且其烧失量不应大于 5%。

4.2.7 当结构加固材料选用聚合物混凝土、微膨胀混凝土、钢纤维混凝土、合成纤维混凝土或喷射混凝土时，应在施工前进行试配，经检验其性能符合设计要求后方可使用。

4.3 钢材及焊接材料

4.3.1 砌体结构加固用的钢筋，其品种、性能和质量应符合下列规定：

1 应采用 HRB335 级和 HRBF335 级的热轧或冷轧带肋钢筋；也可采用 HPB300 级的热轧光圆钢筋。

2 钢筋的质量应分别符合现行国家标准《钢筋混凝土用钢　第 1 部分：热轧光圆钢筋》GB 1499.1、《钢筋混凝土用钢　第 2 部分：热轧带肋钢筋》GB 1499.2 和《钢筋混凝土用余热处理钢筋》GB 13014 的有关规定。

3 钢筋的性能设计值应按现行国家标准《混凝土结构设计规范》GB 50010 的有关规定采用。

4 不得使用无出厂合格证、无标志或未经进场检验的钢筋以及再生钢筋。

注：若条件许可，抗震设防区砌体结构加固用的钢筋宜优先选用热轧带肋钢筋。

4.3.2 砌体结构加固用的钢筋网，其质量应符合现行国家标准《钢筋混凝土用钢　第 3 部分：钢筋焊接网》GB 1499.3 的有关规定；其性能设计值应按现行行业标准《钢筋焊接网混凝土结构技术规程》JGJ 114 的有关规定采用。

4.3.3 砌体结构加固用的钢板、型钢、扁钢和钢管，其品种、质量和性能应符合下列规定：

1 应采用 Q235（3 号钢）或 Q345（16Mn 钢）钢材；对重要结构的焊接构件，若采用 Q235 级钢，应选用 Q235-B 级钢。

2 钢材质量应分别符合现行国家标准《碳素结构钢》GB/T 700 和《低合金高强度结构钢》GB/T 1591 的有关规定。

3 钢材的性能设计值应按现行国家标准《钢结构设计规范》GB 50017 的有关规定采用。

4 不得使用无出厂合格证、无标志或未经进场检验的钢材。

4.3.4 当砌体结构锚固件和拉结件采用后锚固的植筋时，应使用热轧带肋钢筋，不得使用光圆钢筋。植筋用的钢筋，其质量应符合本规范第 4.3.1 条的规定。

4.3.5 当锚固件为钢螺杆时，应采用全螺纹的螺杆，不得采用锚入部位无螺纹的螺杆。螺杆的钢材等级应为 Q235 级；其质量应符合现行国家标准《碳素结构钢》GB/T 700 的有关规定。

4.3.6 砌体结构采用的锚栓应为砌体专用的碳素钢锚栓。碳素钢砌体锚栓的钢材抗拉性能指标应符合表 4.3.6 的规定。

表 4.3.6　碳素钢砌体锚栓的钢材抗拉性能指标

性能等级		4.8	5.8
锚栓钢材性能指标	抗拉强度标准值 f_{stk}（MPa）	400	500
	屈服强度标准值 f_{yk}或 $f_{s,0.2k}$（MPa）	320	400
	伸长率 δ_5（%）	14	10

注：性能等级 4.8 表示：f_{stk}=400MPa；f_{yk}/f_{stk}=0.8。

4.3.7 砌体结构加固用的焊接材料，其型号和质量应符合下列规定：

1 焊条型号应与被焊接钢材的强度相适应。

2 焊条的质量应符合现行国家标准《碳钢焊条》GB/T 5117 和《低合金钢焊条》GB/T 5118 的有关规定。

3 焊接工艺应符合现行行业标准《钢筋焊接及验收规程》JGJ 18 或《建筑钢结构焊接技术规程》JGJ 81 的有关规定。

4 焊缝连接的设计原则及计算指标应符合现行国家标准《钢结构设计规范》GB 50017 的有关规定。

4.4 钢 丝 绳

4.4.1 采用钢丝绳网-聚合物砂浆面层加固砌体结构、构件时，其钢丝绳的选用应符合下列规定：

1 重要结构或结构处于腐蚀性介质环境、高温环境和露天环境时，应选用不锈钢丝绳制作的网片。

2 处于正常温、湿度环境中的一般结构，可采用低碳钢镀锌钢丝绳制作的网片，但应采取有效的阻锈措施。

4.4.2 制绳用的钢丝应符合下列规定：

1 当采用不锈钢丝时，应采用碳含量不大于0.15%及硫、磷含量不大于0.025%的优质不锈钢制丝。

2 当采用镀锌钢丝时，应采用硫、磷含量均不大于0.03%的优质碳素结构钢制丝；其锌层重量及镀锌质量应符合现行国家标准《钢丝镀锌层》GB/T 15393对AB级的规定。

4.4.3 钢丝绳的强度标准值（f_{rtk}）应按其极限抗拉强度确定，并应具有不小于95%的保证率以及不低于90%的置信度。钢丝绳抗拉强度标准值应符合表4.4.3的规定。

表4.4.3 钢丝绳抗拉强度标准值（MPa）

种类	符号	不锈钢丝绳		镀锌钢丝绳	
		钢丝绳公称直径（mm）	钢丝绳抗拉强度标准值 f_{rtk}	钢丝绳公称直径（mm）	钢丝绳抗拉强度标准值 f_{rtk}
6×7+IWS	ϕ_r	2.4～4.5	1800、1700	2.5～4.5	1650、1560
1×19	ϕ_s	2.5	1560	2.5	1560

4.4.4 砌体结构加固用的钢丝绳内外均不得涂有油脂。

4.5 纤 维 复 合 材

4.5.1 纤维复合材用的纤维应为连续纤维，其品种和性能应符合下列规定：

1 承重结构加固用的碳纤维，应选用聚丙烯腈基（PAN基）12K或12K以下的小丝束纤维，严禁使用大丝束纤维；当有可靠工程经验时，允许使用15K碳纤维。

2 承重结构加固用的玻璃纤维，应选用高强度的S玻璃纤维或碱金属氧化物含量低于0.8%的E玻璃纤维，严禁使用高碱的A玻璃纤维或中碱的C玻璃纤维。

3 当被加固结构有防腐蚀要求时，允许用玄武岩纤维替代E玻璃纤维。

4.5.2 结构加固用的碳纤维、玻璃纤维和玄武岩纤维复合材的安全性能指标必须分别符合表4.5.2-1或表4.5.2-2的要求。纤维复合材的抗拉强度标准值应根据置信水平 c 为0.99、保证率为95%的要求确定。

表4.5.2-1 碳纤维复合材安全性能指标

项目		单向织物（布） 高强度Ⅱ级	单向织物（布） 高强度Ⅲ级	条形板 高强度Ⅱ级
抗拉强度（MPa）	平均值	≥3500	≥2700	≥2500
	标准值	≥3000	—	≥2000
受拉弹性模量（MPa）		≥2.0×10^5	≥1.8×10^5	≥1.4×10^5
伸长率（%）		≥1.5	≥1.3	≥1.4
弯曲强度（MPa）		≥600	≥500	—
层间剪切强度（MPa）		≥35	≥30	≥40
纤维复合材与砖或砌块的正拉粘结强度（MPa）		≥1.8，且为MU20烧结砖或混凝土砌块内聚破坏		

注：15k碳纤维织物的性能指标按高强度Ⅱ级的规定值采用。

4.5.3 对符合本规范第4.5.2条安全性能指标要求的纤维复合材，当它的纤维材料与其他改性环氧树脂胶粘剂配套使用时，必须按下列项目重新作适配性检验，且检验结果必须符合本规范表4.5.2-1或表4.5.2-2的规定。

表4.5.2-2 玻璃纤维、玄武岩纤维单向织物复合材安全性能指标

项目 / 类别	抗拉强度标准值（MPa）	受拉弹性模量（MPa）	伸长率（%）	弯曲强度（MPa）	纤维复合材与烧结砖或砌块的正拉粘结强度（MPa）	层间剪切强度（MPa）	单位面积质量（g/m²）
S玻璃纤维	≥2200	≥1.0×10^5	≥2.5	≥600	≥1.8，且为MU20烧结砖或混凝土砌块内聚破坏	≥40	≤450
E玻璃纤维	≥1500	≥7.2×10^4	≥2.0	≥500		≥35	≤600
玄武岩纤维	≥1700	≥9.0×10^4	≥2.0	≥500		≥35	≤300

注：表中除标有标准值外，其余均为平均值。

1 抗拉强度标准值。

2 纤维复合材与烧结砖或混凝土砌块正拉粘结强度。

3 层间剪切强度。

4.5.4 当进行材料性能检验和加固设计时，纤维织物截面面积应按纤维的净截面面积计算。净截面面积取纤维织物的计算厚度乘以宽度。纤维织物的计算厚度应按其单位面积质量除以纤维密度确定。

4.5.5 承重结构的现场粘贴加固，当采用涂刷法施工时，不得使用单位面积质量大于 300g/m² 的碳纤维织物；当采用真空灌注法施工时，不得使用单位面积质量大于 450g/m² 的碳纤维织物；在现场粘贴条件下，尚不得采用预浸法生产的碳纤维织物。

4.6 结构胶粘剂

4.6.1 砌体加固工程用的结构胶粘剂，应采用 B 级胶。使用前，必须进行安全性能检验。检验时，其粘结抗剪强度标准值应根据置信水平 *C* 为 0.90、保证率为 95%的要求确定。

4.6.2 浸渍、粘结纤维复合材的胶粘剂及粘贴钢板、型钢的胶粘剂必须采用专门配制的改性环氧树脂胶粘剂，其安全性能指标必须符合现行国家标准《混凝土结构加固设计规范》GB 50367 规定的对 B 级胶的要求。承重结构加固工程中不得使用不饱和聚酯树脂、醇酸树脂等胶粘剂。

4.6.3 种植后锚固件的胶粘剂，必须采用专门配制的改性环氧树脂胶粘剂，其安全性能指标必须符合现行国家标准《混凝土结构加固设计规范》GB 50367 的规定。在承重结构的后锚固工程中，不得使用水泥卷及其他水泥基锚固剂。种植锚固件的结构胶粘剂，其填料必须在工厂制胶时添加，严禁在施工现场掺入。

4.7 聚合物改性水泥砂浆

4.7.1 砌体结构用的聚合物改性水泥砂浆及复合水泥砂浆，其品种的选用应符合下列规定：

1 对重要构件，应采用改性环氧类聚合物配制。

2 对一般构件，可采用改性环氧类聚合物、改性丙烯酸酯共聚物乳液、丁苯胶乳或氯丁胶乳配制；复合水泥砂浆应采用高强矿物掺合料配制。

3 不得使用主成分不明的聚合物改性水泥砂浆或复合水泥砂浆。

4.7.2 砌体结构用的聚合物改性水泥砂浆等级分为Ⅰ$_m$级和Ⅱ$_m$级，应分别按下列规定采用：

1 柱的加固：均应采用Ⅰ$_m$级砂浆；

2 墙的加固：可采用Ⅰ$_m$级或Ⅱ$_m$级砂浆。

4.7.3 聚合物改性水泥砂浆的安全性能应符合表 4.7.3 的规定。

4.7.4 当采用水泥复合砂浆时，其安全性鉴定标准应按表 4.7.3Ⅱ$_m$级的规定执行。

表 4.7.3 聚合物改性水泥砂浆安全性能指标

检验项目 / 聚合物砂浆等级	劈裂抗拉强度（MPa）	与烧结砖或混凝土小砌块的正拉粘结强度（MPa）	抗折强度（MPa）	抗压强度（MPa）	钢套筒粘结抗剪强度标准值（MPa）
Ⅰ$_m$级	≥6.0	≥1.8，且为MU20砖或砌块内聚破坏	≥10	≥55	≥7.5
Ⅱ$_m$级	≥4.5		≥8	≥45	≥5.5
试验方法标准	GB 50550	本规范附录 B	GB 50550	JGJ 70	GB 50550

注：1 检验应在浇注的试件达到 28d 养护期时立即在试验室进行，若因故需推迟检验日期，除应征得有关各方同意外，尚不应超过 3d；

2 表中的性能指标除标有强度标准值外，均为平均值。

4.7.5 砌体结构加固用的聚合物砂浆，其粘结剪切性能必须经湿热老化检验合格。湿热老化检验应在 50℃温度和 95%相对湿度环境条件下，采用钢套筒粘结剪切试件，按现行国家标准《建筑结构加固工程施工质量验收规范》GB 50550 规定的方法进行；老化试验持续的时间不得少于 60d。老化结束后，在常温条件下进行的剪切破坏试验，其平均强度降低的百分率（%）均应符合下列规定：

1 Ⅰ$_m$级砂浆不得大于 15%。

2 Ⅱ$_m$级砂浆不得大于 20%。

4.7.6 寒冷地区加固砌体结构使用的聚合物砂浆，应具有耐冻融性能检验合格的证书。冻融环境温度应为－25℃～35℃，循环次数不应少于 50 次；每次循环应为 8h；试验结束后，钢套筒粘结剪切试件在常温条件下测得的平均强度降低百分率均不应大于 10%。

4.7.7 配制聚合物改性水泥砂浆用的聚合物原料，必须进行毒性检验。其完全固化物的检验结果应达到实际无毒的卫生等级。

4.8 砌体裂缝修补材料

4.8.1 砌体裂缝修补胶（注射剂）的安全性能指标应符合表 4.8.1 的规定。

表 4.8.1 砌体裂缝修补胶（注射剂）安全性能指标

检验项目		性能指标	试验方法标准
钢-钢拉伸抗剪强度标准值（MPa）		≥10	GB/T 7124
胶体性能	抗拉强度（MPa）	≥20	GB/T 2568
	受拉弹性模量（MPa）	≥1500	GB/T 2568
	抗压强度（MPa）	≥50	GB/T 2569
	抗弯强度（MPa）	≥30，且不得呈脆性（碎裂状）破坏	GB/T 2570
不挥发物含量（%）		≥99	GB/T 2793
可灌注性		在产品使用说明书规定的压力下能注入宽度为 0.3mm 的裂缝	现场试灌注固化后取芯样检查

4.8.2 砌体裂缝修补用水泥基注浆料的安全性能指标应符合表4.8.2的规定。

表4.8.2 砌体裂缝修补用水泥基注浆料浆体安全性能指标

检验项目	性能或质量指标	试验方法标准
3d抗压强度（MPa）	≥40	GB/T 2569
28d劈裂抗拉强度（MPa）	≥5	GB 50550
28d抗折强度（MPa）	≥10	GB 50550

4.8.3 砌体裂缝修补用改性环氧类注浆料浆液和固化物的安全性能指标应分别符合表4.8.3-1和表4.8.3-2的规定。

表4.8.3-1 改性环氧类注浆料浆液性能

项目	浆液性能		试验方法标准
	较低黏度型	一般黏度型	
浆液密度（g/cm³）	1.00	1.00	GB/T 13354
初始黏度（mPa·s）	≤800	≤1500	GB/T 2794
适用期（25℃下测定值）（min）	≥40	≥30	GB/T 7123.1

表4.8.3-2 改性环氧类注浆料固化物性能

项目	28d固化物性能		试验方法标准
	$Ⅰ_m$级	$Ⅱ_m$级	
抗压强度（MPa）	≥60	≥40	GB/T 2569
拉伸剪切强度（MPa）	≥7.0	≥5.0	GB/T 7124
抗拉强度（MPa）	≥15	≥10	GB/T 2568
与MU25烧结砖或混凝土小砌块正拉粘结强度（MPa）	≥1.8，且为基材内聚破坏		本规范附录B
抗渗压力（MPa）	≥1.2	≥1.0	GB/T 18445
渗透压力比（%）	≥400	≥300	

4.9 防裂用短纤维

4.9.1 砌体结构加固中用于混凝土或砂浆面层防裂的短纤维，可根据工程的要求，选用钢纤维或合成纤维。

4.9.2 当采用钢纤维时，其质量和性能应符合现行行业标准《钢纤维混凝土》JG/T 3064的有关规定。

4.9.3 当采用合成纤维时，其单丝的主要参数和性能应符合表4.9.3的规定。

表4.9.3 合成纤维主要参数和性能指标

	纤维品种	聚丙烯腈纤维（腈纶）	聚酰胺纤维（尼龙）	改性聚酯纤维（涤纶）	聚丙烯纤维（丙纶）
主要参数	直径（μm）	20～27	23～30	10～15	10～15
	适用长度（mm）	12～20	6～19	6～20	6～20
	纤维形状	单丝、束状或膜裂网状			
	密度（g/cm³）	1.18	1.16	1.0～1.3	0.9
单丝性能	抗拉强度（MPa）	≥600	≥600	≥600	≥280
	弹性模量（MPa）	≥1.7×10⁴	≥5×10³	≥1.4×10⁴	≥3.7×10³
	伸长率（%）	≥15	≥18	≥20	≥18
	吸水性（%）	<2	<4	<0.4	<0.1
	熔点（℃）	240	220	250	175
	再生链烯烃（再生塑料）含量	不允许	不允许	不允许	不允许
	毒性	无	无	无	无

5 钢筋混凝土面层加固法

5.1 一般规定

5.1.1 本章规定适用于以外加钢筋混凝土面层加固砌体墙、柱的设计。

5.1.2 采用钢筋混凝土面层加固砖砌体构件时，对柱宜采用围套加固的形式（图5.1.2a）；对墙和带壁柱墙，宜采用有拉结的双侧加固形式（图5.1.2b、c）。

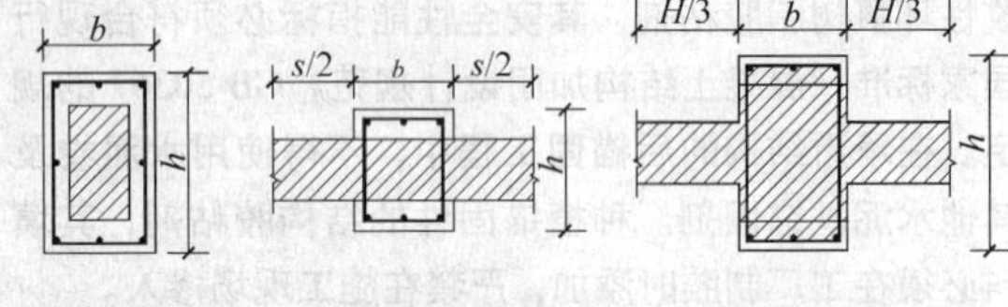

图5.1.2 钢筋混凝土外加面层的形式

5.1.3 加固后的砌体柱，其计算截面可按宽度为b的矩形截面采用。加固后的砌体墙，其计算截面的宽度取为$b+s$；b为新增混凝土的宽度；s为新增混凝土的间距；加固后的带壁柱砌体墙，其计算截面的宽度取窗间墙宽度；但当窗间墙宽度大于$b+\frac{2}{3}H$（H为墙高）时，仍取$b+\frac{2}{3}H$作为计算截面的宽度。

5.1.4 当原砌体与后浇混凝土面层之间的界面处理及其粘结质量符合本规范的要求时，可按整体截面计算。

注：加固构件的界面不允许有尘土、污垢、油渍等的污染，也不允许采取降低承载力的做法来考虑其污染的影响。

5.1.5 采用钢筋混凝土面层加固砌体构件时，其加固后承载力的计算，应遵守现行国家标准《砌体结构设计规范》GB 50003、《混凝土结构设计规范》GB 50010和本规范的有关规定。

5.2 砌体受压加固

5.2.1 采用钢筋混凝土面层加固轴心受压的砌体构件时，其正截面受压承载力应按下式验算：

$$N \leqslant \varphi_{com}(f_{m0}A_{m0} + \alpha_c f_c A_c + \alpha_s f'_y A'_s) \tag{5.2.1}$$

式中：N——构件加固后的轴心压力设计值；

φ_{com}——轴心受压构件的稳定系数，可根据加固后截面的高厚比及配筋率，按表5.2.1采用；

f_{m0}——原构件砌体抗压强度设计值；

A_{m0}——原构件截面面积；

α_c——混凝土强度利用系数，对砖砌体，取α_c=0.8；对混凝土小型空心砌块砌体，取α_c=0.7；

f_c——混凝土轴心抗压强度设计值；

A_c——新增混凝土面层的截面面积；

α_s——钢筋强度利用系数，对砖砌体，取α_s=0.85；对混凝土小型空心砌块砌体，取α_s=0.75；

f'_y——新增竖向钢筋抗压强度设计值；

A'_s——新增受压区竖向钢筋截面面积。

表5.2.1 轴心受压构件稳定系数 φ_{com}

高厚比 β	配筋率 ρ（%）				
	0.2	0.4	0.6	0.8	1.0
8	0.93	0.95	0.97	0.99	1.00
10	0.90	0.92	0.94	0.96	0.98
12	0.85	0.88	0.91	0.93	0.95
14	0.80	0.83	0.86	0.89	0.92
16	0.75	0.78	0.81	0.84	0.87
18	0.70	0.73	0.76	0.79	0.81
20	0.65	0.68	0.71	0.73	0.75

5.2.2 当采用钢筋混凝土面层加固偏心受压的砌体构件（图5.2.2）时，其正截面承载力应按下列公式计算：

$$N \leqslant f_{m0}A'_m + \alpha_c f_c A'_c + \alpha_s f_y A'_s - \sigma_s A_s \tag{5.2.2-1}$$

$$N \cdot e_N \leqslant f_{m0}S_{ms} + \alpha_c f_c S_{cs} + \alpha_s f'_y A'_s(h_0 - a') \tag{5.2.2-2}$$

此时，钢筋A_s的应力σ_s（单位为MPa，正值为拉应力，负值为压应力），应根据截面受压区相对高度ξ，按下列规定确定：

当$\xi > \xi_b$（即小偏心受压）时

$$\sigma_s = 650 - 800\xi \tag{5.2.2-3}$$

$$-f'_y \leqslant \sigma_s \leqslant f_y \tag{5.2.2-4}$$

当$\xi \leqslant \xi_b$（即大偏心受压）时

$$\sigma_s = f_y \tag{5.2.2-5}$$

$$\xi = x/h_0 \tag{5.2.2-6}$$

其中截面受压区高度x，可由下式解得：

$$f_{m0}S_{mN} + \alpha_c f_c S_{cN} + \alpha_s f'_y A'_s e'_N - \sigma_s A_s e_N = 0 \tag{5.2.2-7}$$

$$e_N = e + e_a + (h/2 - a) \tag{5.2.2-8}$$

$$e'_N = e + e_a - (h/2 - a') \tag{5.2.2-9}$$

$$e_a = \frac{\beta^2 h}{2200}(1 - 0.022\beta) \tag{5.2.2-10}$$

式中：A'_m——砌体受压区的截面面积；

α_c——偏心受压构件混凝土强度利用系数，对砖砌体，取α_c=0.9；对混凝土小型空心砌块砌体，取α_c=0.80；

A'_c——混凝土面层受压区的截面面积；

α_s——偏心受压构件钢筋强度利用系数，对砖砌体，取α_s=1.0；对混凝土小型空心砌块砌体，取α_s=0.95；

e_N——钢筋A_s的合力点至轴向力N作用点的距离；

S_{ms}——砌体受压区的截面面积对钢筋A_s重心的面积矩；

S_{cs}——混凝土面层受压区的截面面积对钢筋A_s重心的面积矩；

ξ_b——加固后截面受压区相对高度的界限值，对HPB300级钢筋配筋，取0.575；对HRB335和HRBF335级钢筋配筋，取0.550；

S_{mN}——砌体受压区的截面面积对轴向力N作用点的面积矩；

S_{cN}——混凝土外加面层受压区的截面面积对轴向力N作用点的面积矩；

e'_N——钢筋A'_s的重心至轴向力N作用点的距离；

e——轴向力对加固后截面的初始偏心距，按荷载设计值计算，当$e < 0.05h$时，取$e = 0.05h$；

e_a——加固后的构件在轴向力作用下的附加偏心距；

β——加固后的构件高厚比；

h——加固后的截面高度；

h_0——加固后的截面有效高度；

a和a'——分别为钢筋A_s和A'_s的合力点至截面较近边的距离；

A_s——距轴向力N较远一侧钢筋的截面面积；

A'_s——距轴向力N较近一侧钢筋的截面面积。

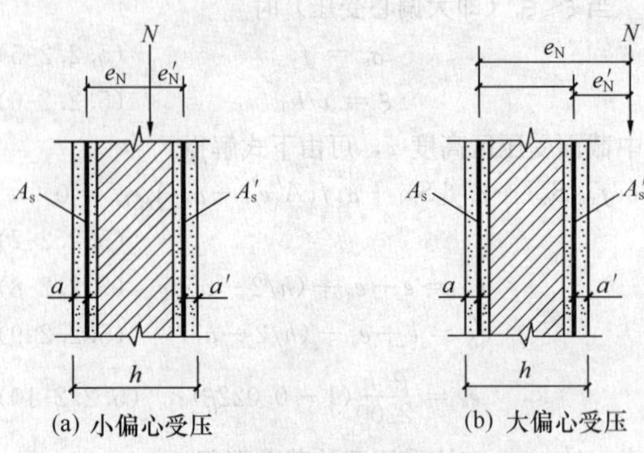

图 5.2.2 加固后的偏心受压构件

5.3 砌体抗剪加固

5.3.1 钢筋混凝土面层对砌体加固的受剪承载力应符合下列条件：

$$V \leqslant V_m + V_{cs} \tag{5.3.1}$$

式中：V——砌体墙面内剪力设计值；

V_m——原砌体受剪承载力，按现行国家标准《砌体结构设计规范》GB 50003 计算确定；

V_{cs}——采用钢筋混凝土面层加固后提高的受剪承载力。

5.3.2 钢筋混凝土面层加固后提高的受剪承载力 V_{cs} 应按下列规定计算：

$$V_{cs} = 0.44\alpha_c f_t bh + 0.8\alpha_s f_y A_s (h/s) \tag{5.3.2}$$

式中：f_t——混凝土轴心抗拉强度设计值；

α_c——砂浆强度利用系数，对于砖砌体，取 $\alpha_c = 0.8$；对混凝土小型空心砌块，取 $\alpha_c = 0.7$；

α_s——钢筋强度利用系数，取 $\alpha_s = 0.9$；

b——混凝土面层厚度（双面时，取其厚度之和）；

h——墙体水平方向长度；

f_y——水平向钢筋的设计强度值；

A_s——水平向单排钢筋截面面积；

s——水平向钢筋的间距。

5.4 砌体抗震加固

5.4.1 钢筋混凝土面层对砌体结构进行抗震加固，宜采用双面加固形式增强砌体结构的整体性。

5.4.2 钢筋混凝土面层加固砌体墙的抗震受剪承载力应按下列公式计算：

$$V \leqslant V_{ME} + \frac{V_{cs}}{\gamma_{RE}} \tag{5.4.2}$$

式中：V——考虑地震组合的墙体剪力设计值；

V_{ME}——原砌体截面抗震受剪承载力，按现行国家标准《砌体结构设计规范》GB 50003 计算确定；

V_{cs}——采用钢筋混凝土面层加固后提高的抗震受剪承载力，按本规范第 5.3.2 条计算；

γ_{RE}——承载力抗震调整系数，取 γ_{RE} 为 0.85。

5.5 构 造 规 定

5.5.1 钢筋混凝土面层的截面厚度不应小于 60mm；当用喷射混凝土施工时，不应小于 50mm。

5.5.2 加固用的混凝土，其强度等级应比原构件混凝土高一级，且不应低于 C20 级；当采用 HRB335 级（或 HRBF335 级）钢筋或受有振动作用时，混凝土强度等级尚不应低于 C25 级。在配制墙、柱加固用的混凝土时，不应采用膨胀剂；必要时，可掺入适量减缩剂。

5.5.3 加固用的竖向受力钢筋，宜采用 HRB335 级或 HRBF335 级钢筋。竖向受力钢筋直径不应小于 12mm，其净间距不应小于 30mm。纵向钢筋的上下端均应有可靠的锚固；上端应锚入有配筋的混凝土梁垫、梁、板或牛腿内；下端应锚入基础内。纵向钢筋的接头应为焊接。

5.5.4 当采用围套式的钢筋混凝土面层加固砌体柱时，应采用封闭式箍筋；箍筋直径不应小于 6mm。箍筋的间距不应大于 150mm。柱的两端各 500mm 范围内，箍筋应加密，其间距应取为 100mm。若加固后的构件截面高度 $h \geqslant 500$mm，尚应在截面两侧加设竖向构造钢筋（图 5.5.4），并相应设置拉结钢筋作为箍筋。

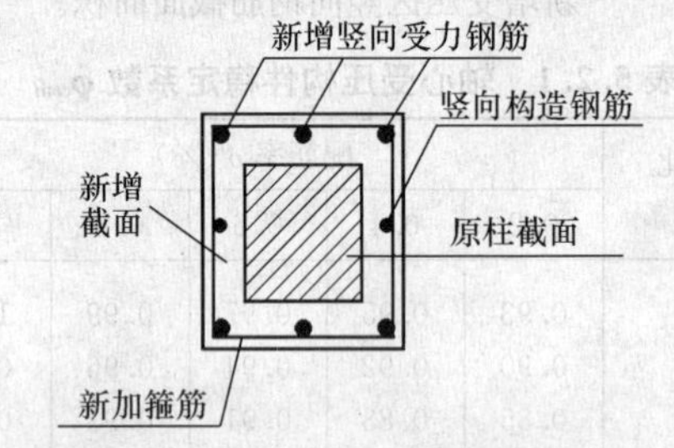

图 5.5.4 围套式面层的构造

5.5.5 当采用两对面增设钢筋混凝土面层加固带壁柱墙或窗间墙（图 5.5.5）时，应沿砌体高度每隔 250mm 交替设置不等肢 U 形箍和等肢 U 形箍。不等肢 U 形箍在穿过墙上预钻孔后，应弯折成封闭式箍筋，并在封口处焊牢。U 形筋直径为 6mm；预钻孔的直径可取 U 形筋直径的 2 倍；穿筋时应采用植筋专用的结构胶将孔洞填实。对带壁柱墙，尚应在其拐角部位增设竖向构造钢筋与 U 形箍筋焊牢。

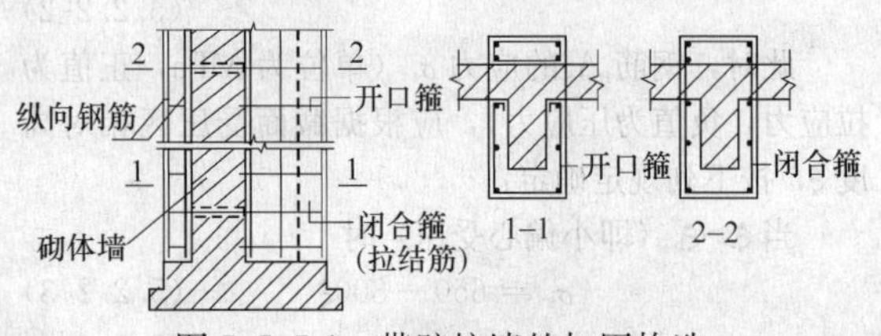

图 5.5.5-1 带壁柱墙的加固构造

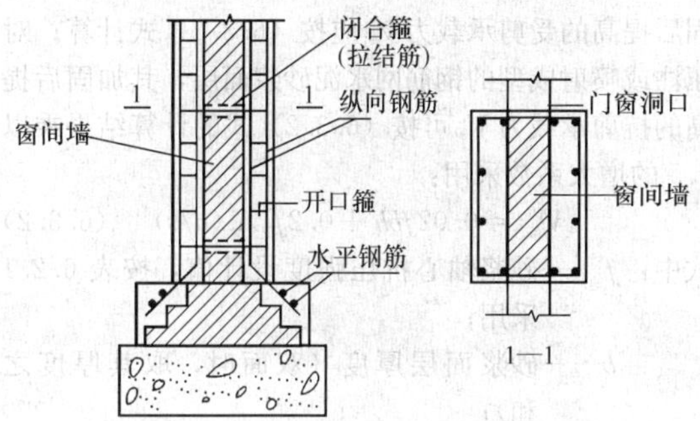

图 5.5.5-2 窗间墙的加固构造

5.5.6 当砌体构件截面任一边的竖向钢筋多于 3 根时，应通过预钻孔增设复合箍筋或拉结钢筋，并采用植筋专用结构胶将孔洞填实。

5.5.7 钢筋混凝土面层的构造，除应符合本节的规定外，尚应符合现行国家标准《混凝土结构设计规范》GB 50010 的有关规定（包括抗震设计要求）。

6 钢筋网水泥砂浆面层加固法

6.1 一 般 规 定

6.1.1 钢筋网水泥砂浆面层加固法应适用于各类砌体墙、柱的加固。

6.1.2 当采用钢筋网水泥砂浆面层加固法加固砌体构件时，其原砌体的砌筑砂浆强度等级应符合下列规定：

1 受压构件：原砌筑砂浆的强度等级不应低于 M2.5；

2 受剪构件：对砖砌体，其原砌筑砂浆强度等级不宜低于 M1；但若为低层建筑，允许不低于 M0.4。对砌块砌体，其原砌筑砂浆强度等级不应低于 M2.5。

6.1.3 块材严重风化（酥碱）的砌体，不应采用钢筋网水泥砂浆面层进行加固。

6.2 砌体受压加固

6.2.1 采用钢筋网水泥砂浆面层加固轴心受压砌体构件时，其加固后正截面承载力应按下式计算：

$$N \leqslant \varphi_{com}(f_{m0}A_{m0} + \alpha_c f_c A_c + \alpha_s f'_s A'_s) \tag{6.2.1}$$

式中：N——构件加固后的轴心压力设计值；

φ——轴心受压构件的稳定系数，可根据加固后截面的高厚比及配筋率，按本规范表 5.2.1 采用；

f_{m0}——原构件砌体抗压强度设计值；

A_{m0}——原构件截面面积；

α_c——砂浆强度利用系数，对砖砌体，取 α_c = 0.75；对混凝土小型空心砌块，取 α_c = 0.65；

f_c——砂浆轴心抗压强度设计值，应按表 6.2.1 采用；

A_c——新增砂浆面层的截面面积；

α_s——钢筋强度利用系数，对砖砌体，取 α_s = 0.8；对混凝土小型空心砌块，取 α_s = 0.7；

f'_s——新增纵向钢筋抗压强度设计值；

A'_s——新增纵向钢筋截面面积。

表 6.2.1 砂浆轴心抗压强度设计值（MPa）

砂浆品种及施工方法		砂浆强度等级					
		M10	M15	M30	M35	M40	M45
普通水泥砂浆	喷射法	3.8	5.6	—	—	—	—
	手工抹压法	3.4	5.0	—	—	—	—
聚合物砂浆或水泥复合砂浆	喷射法	—	—	14.3	16.7	19.1	21.1
	手工抹压法	—	—	10.0	11.6	13.3	14.7

6.2.2 当采用钢筋网水泥砂浆面层加固偏心受压砌体构件时，其加固后正截面承载力应按下列公式计算：

$$N \leqslant f_{m0}A'_m + \alpha_c f_c A'_c + \alpha_s f_y A'_s - \sigma_s A_s \tag{6.2.2-1}$$

$$N \cdot e_N \leqslant f_{m0}S_{ms} + \alpha_c f_c S_{cs} + \alpha_s f'_y A'_s(h_0 - a') \tag{6.2.2-2}$$

此时，钢筋 A_s 的应力 σ_s 应根据截面受压区相对高度 ξ，按下列公式计算：

当 $\xi > \xi_b$（即小偏心受压）时

$$\sigma_s = 650 - 800\xi \tag{6.2.2-3}$$

$$-f'_y \leqslant \sigma_s \leqslant f_y \tag{6.2.2-4}$$

当 $\xi \leqslant \xi_b$（即大偏心受压）时

$$\sigma_s = f_y \tag{6.2.2-5}$$

$$\xi = x/h_0 \tag{6.2.2-6}$$

其中混凝土受压区高度，应按下列公式计算：

$$f_{m0}S_{mN} + \alpha_c f_c S_{cN} + \alpha_s f'_y A'_s e'_N - \sigma_s A_s e_N = 0 \tag{6.2.2-7}$$

$$e_N = e + e_a + (h/2 - a) \tag{6.2.2-8}$$

$$e'_N = e + e_a - (h/2 - a') \tag{6.2.2-9}$$

$$e_a = \frac{\beta^2 h}{2200}(1 - 0.022\beta) \tag{6.2.2-10}$$

注：钢筋 A_s 的应力 σ_s 单位为 MPa，正值为拉应力，负值为压应力。

式中：A'_m——砌体受压区的截面面积；

α_c——偏心受压构件混凝土强度利用系数，对砖砌体，取 α_c = 0.85；对混凝土小型空心砌块砌体，取 α_c = 0.75；

A_c'——混凝土面层受压区的截面面积；

α_s——偏心受压构件钢筋强度利用系数，对砖砌体，取 $\alpha_s=0.90$；对混凝土小型空心砌块砌体，取$\alpha_s=0.80$；

e_N——钢筋 A_s的重心至轴向力 N 作用点的距离；

S_{ms}——砌体受压区的截面面积对钢筋 A_s重心的面积矩；

S_{cs}——混凝土面层受压区的截面面积对钢筋 A_s重心的面积矩；

ξ_b——加固后截面受压区相对高度的界限值，对 HPB300 级钢筋配筋，取 0.475；对 HRB335 和 HRBF335 级钢筋配筋，取 0.437；

S_{mN}——砌体受压区的截面面积对轴向力 N 作用点的面积矩；

S_{cN}——混凝土面层受压区的截面面积对轴向力 N 作用点的面积矩；

e_N'——钢筋 A_s' 的重心至轴向力 N 作用点的距离；

e——轴向力对加固后截面的初始偏心距；按荷载设计值计算；当 $e<0.05h$ 时，取 $e=0.05h$；

e_a——加固后的构件在轴向力作用下的附加偏心距；

β——加固后的构件高厚比；

h——加固后的截面高度；

h_0——加固后的截面有效高度；

a 和 a'——分别为钢筋 A_s 和 A_s' 的截面重心至截面较近边的距离；

A_s——距轴向力 N 较远一侧钢筋的截面面积；

A_s'——距轴向力 N 较近一侧钢筋的截面面积。

6.2.3 根据加固计算结果确定的钢筋网水泥浆面层厚度大于 50mm 时，宜改用钢筋混凝土面层，并重新进行设计。

6.3 砌体抗剪加固

6.3.1 钢筋网水泥砂浆面层对砌体加固的受剪承载力应符合下式条件：

$$V \leqslant V_M + V_{sj} \tag{6.3.1}$$

式中：V——砌体墙面内剪力设计值；

V_M——原砌体受剪承载力，按现行国家标准《砌体结构设计规范》GB 50003 计算确定；

V_{sj}——采用钢筋网水泥砂浆面层加固后提高的受剪承载力，按第 6.3.2 条确定。

6.3.2 采用手工抹压施工的钢筋网水泥砂浆面层加固后提高的受剪承载力 V_{sj}应按（6.3.2）式计算；对压注或喷射成型的钢筋网水泥砂浆面层，其加固后提高的抗剪承载力 V_{sj}可按（6.3.2）式的计算结果乘以 1.5 的增大系数采用：

$$V_{sj} = 0.02fbh + 0.2f_y A_s(h/s) \tag{6.3.2}$$

式中：f——砂浆轴心抗压强度设计值，按表 6.2.1 采用；

b——砂浆面层厚度（双面时，取其厚度之和）；

h——墙体水平方向长度；

f_y——水平向钢筋的设计强度值；

A_s——水平向单排钢筋截面面积；

s——水平向钢筋的间距。

6.4 砌体抗震加固

6.4.1 钢筋网水泥砂浆面层对砌体结构进行抗震加固，宜采用双面加固形式增强砌体结构的整体性。

6.4.2 钢筋网水泥砂浆面层加固砌体墙的抗震受剪承载力应符合下式的要求：

$$V \leqslant V_{ME} + \frac{V_{sj}}{\gamma_{RE}} \tag{6.4.2}$$

式中：V——考虑地震组合的墙体剪力设计值；

V_{ME}——原砌体抗震受剪承载力，按现行国家标准《砌体结构设计规范》GB 50003 的有关规定计算确定；

V_{sj}——采用钢筋网水泥砂浆面层加固后提高的抗震受剪承载力，按本规范第 6.3.2 条计算；

γ_{RE}——承载力抗震调整系数，取 γ_{RE}为 0.9。

6.5 构 造 规 定

6.5.1 当采用钢筋网水泥砂浆面层加固砌体承重构件时，其面层厚度，对室内正常湿度环境，应为 35mm～45mm；对于露天或潮湿环境，应为 45mm～50mm。

6.5.2 钢筋网水泥砂浆面层加固砌体承重构件的构造应符合下列规定：

1 加固受压构件用的水泥砂浆，其强度等级不应低于 M15；加固受剪构件用的水泥砂浆，其强度等级不应低于 M10。

2 受力钢筋的砂浆保护层厚度，不应小于表 6.5.2 中的规定。受力钢筋距砌体表面的距离不应小于 5mm。

表 6.5.2 钢筋网水泥砂浆保护层最小厚度（mm）

构件类别 \ 环境条件	室内正常环境	露天或室内潮湿环境
墙	15	25
柱	25	35

6.5.3 结构加固用的钢筋，宜采用HRB335级钢筋或HRBF335级钢筋，也可采用HPB300级钢筋。

6.5.4 当加固柱和墙的壁柱时，其构造应符合下列规定：

1 竖向受力钢筋直径不应小于10mm，其净间距不应小于30mm；受压钢筋一侧的配筋率不应小于0.2%；受拉钢筋的配筋率不应小于0.15%。

2 柱的箍筋应采用封闭式，其直径不宜小于6mm，间距不应大于150mm。柱的两端各500mm范围内，箍筋应加密，其间距应取为100mm。

3 在墙的壁柱中，应设两种箍筋；一种为不穿墙的U形筋，但应焊在墙柱角隅处的竖向构造筋上，其间距与柱的箍筋相同；另一种为穿墙箍筋，加工时宜先做成不等肢U形箍，待穿墙后再弯成封闭式箍，其直径宜为8mm～10mm，每隔600mm替换一支不穿墙的U形箍筋。

4 箍筋与竖向钢筋的连接应为焊接。

6.5.5 加固墙体时，宜采用点焊方格钢筋网，网中竖向受力钢筋直径不应小于8mm；水平分布钢筋的直径宜为6mm；网格尺寸不应大于300mm。当采用双面钢筋网水泥砂浆时，钢筋网应采用穿通墙体的S形或Z形钢筋拉结，拉结钢筋宜成梅花状布置，其竖向间距和水平间距均不应大于500mm（图6.5.5）。

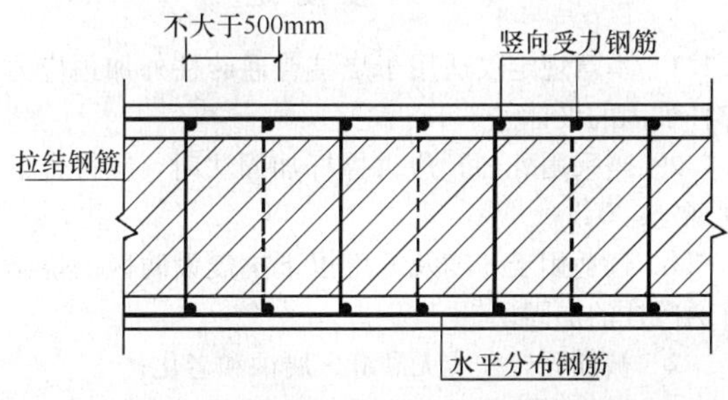

图6.5.5 钢筋网砂浆面层

6.5.6 钢筋网四周应与楼板、大梁、柱或墙体可靠连接。墙、柱加固增设的竖向受力钢筋，其上端应锚固在楼层构件、圈梁或配筋的混凝土垫块中；其伸入地下一端应锚固在基础内。锚固可采用植筋方式。

6.5.7 当原构件为多孔砖砌体或混凝土小砌块砌体时，应采用专门的机具和结构胶埋设穿墙的拉结筋。混凝土小砌块砌体不得采用单侧外加面层。

6.5.8 受力钢筋的搭接长度和锚固长度应按现行国家标准《混凝土结构设计规范》GB 50010的有关规定确定。

6.5.9 钢筋网的横向钢筋遇有门窗洞时，对单面加固情形，宜将钢筋弯入洞口侧面并沿周边锚固；对双面加固情形，宜将两侧的横向钢筋在洞口处闭合，且尚应在钢筋网折角处设置竖向构造钢筋；此外，在门窗转角处，尚应设置附加的斜向钢筋。

7 外包型钢加固法

7.1 一般规定

7.1.1 本章规定适用于以外包型钢加固砌体柱的设计。

7.1.2 当采用外包型钢加固矩形截面砌体柱时，宜设计成以角钢为组合构件四肢，以钢缀板围束砌体的钢构架加固方式（图7.1.2），并考虑二次受力的影响。

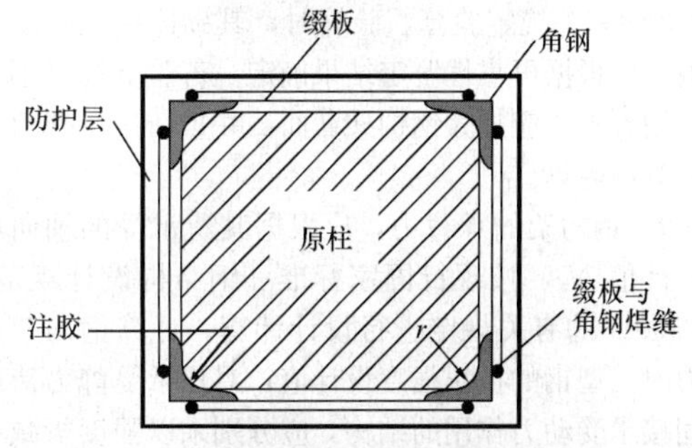

图7.1.2 外包型钢加固

7.2 计算方法

7.2.1 当采用外包角钢（或其他型钢）加固砌体承重柱时，其加固后承受的轴向压力设计值N和弯矩设计值M，应按刚度比分配给原柱和钢构架，并应符合下列规定：

1 原柱承受的轴向力设计值N_m和弯矩设计值M_m应按下列公式进行计算：

$$N_m = \frac{k_m E_{m0} A_{m0}}{k_m E_{m0} A_{m0} + E_a A_a} N \quad (7.2.1\text{-}1)$$

$$M_m = \frac{k_m E_{m0} I_{m0}}{k_m E_{m0} I_{m0} + \eta E_a I_a} M \quad (7.2.1\text{-}2)$$

2 钢构架承受的轴向力设计值N_a和弯矩设计值M_a应按下列公式进行计算：

$$N_a = N - N_m \quad (7.2.1\text{-}3)$$

$$M_a = M - M_m \quad (7.2.1\text{-}4)$$

式中：k_m——原砌体刚度降低系数，对完好原柱，取$k_m = 0.9$；对基本完好原柱，取$k_m = 0.8$；对已有腐蚀迹象的原柱，经剔除腐蚀层并修补后，取$k_m = 0.65$。若原柱有竖向裂缝，或有其他严重缺陷，则取$k_m = 0$，即不考虑原柱的作用；全部荷载由角钢（或其他型钢）组成的钢构架承担；

E_{m0}和E_a——分别为原砌体和新增型钢的弹性模量；

A_{m0}和A_a——分别为原砌体截面面积和新增型钢的全截面面积；

I_{m0}——原砌体截面的惯性矩；

I_a——钢构架的截面惯性矩；计算时，可忽略各分肢角钢自身截面的惯性矩，即：$I_a=0.5A_a\cdot a^2$（a 为计算方向两侧型钢截面形心间的距离）；

η——协同工作系数，可取 $\eta=0.9$。

7.2.2 当采用外包型钢加固轴心受压砌体构件时，其加固后原柱和外增钢构架的承载力应按下列规定验算：

1 原柱的承载力，应根据其所承受的轴向压力值 N_m，按现行国家标准《砌体结构设计规范》GB 50003 的有关规定验算。验算时，其砌体抗压强度设计值，应根据可靠性鉴定结果确定。若验算结果不符合使用要求，应加大钢构架截面，并重新进行外力分配和截面验算。

2 钢构架的承载力，应根据其所承受的轴向压力设计值 N_a，按现行国家标准《钢结构设计规范》GB 50017 的有关规定进行设计计算。计算钢构架承载力时，型钢的抗压强度设计值，对仅承受静力荷载或间接承受动力作用的结构，应分别乘以强度折减系数 0.95 和 0.90。对直接承受动力荷载或振动作用的结构，应乘以强度折减系数 0.85。

3 外包型钢砌体加固后的承载力为钢构架承载力和原柱承载力之和。不论角钢肢与砌体柱接触面处涂布或灌注任何粘结材料，均不考虑其粘结作用对计算承载力的提高。

7.2.3 当采用外包型钢加固偏心受压砌体构件时，可依据本规范第 7.2.1 条及第 7.2.2 条的规定，分别按现行国家标准《砌体结构设计规范》GB 50003 和《钢结构设计规范》GB 50017 进行原柱和钢构架的承载力验算。

7.3 构造规定

7.3.1 当采用外包型钢加固砌体承重柱时，钢构架应采用 Q235 钢（3 号钢）制作；钢构架中的受力角钢和钢缀板的最小截面尺寸应分别为∟ 60mm×60mm×6mm 和 60mm×6mm。

7.3.2 钢构架的四肢角钢，应采用封闭式缀板作为横向连接件，以焊接固定。缀板的间距不应大于 500mm。

7.3.3 为使角钢及其缀板紧贴砌体柱表面，应采用水泥砂浆填塞角钢及缀板，也可采用灌浆料进行压注。

7.3.4 钢构架两端应有可靠的连接和锚固（图 7.3.4）；其下端应锚固于基础内；上端应抵紧在该加固柱上部（上层）构件的底面，并与锚固于梁、板、柱帽或梁垫的短角钢相焊接。在钢构架（从地面标高向上量起）的 2h 和上端的 1.5h（h 为原柱截面高度）节点区内，缀板的间距不应大于 250mm。与此同时，

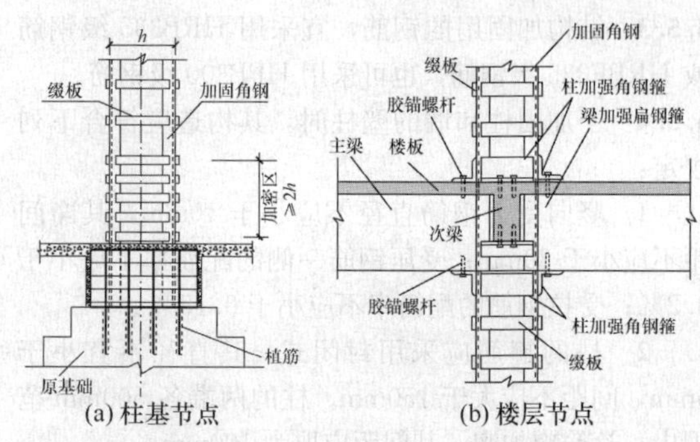

图 7.3.4 钢构架构造

还应在柱顶部位设置角钢箍予以加强。

7.3.5 在多层砌体结构中，若不止一层承重柱需增设钢构架加固，其角钢应通过开洞连续穿过各层现浇楼板；若为预制楼板，宜局部改为现浇，使角钢保持通长。

7.3.6 采用外包型钢加固砌体柱时，型钢表面宜包裹钢丝网并抹厚度不小于 25mm 的 1∶3 水泥砂浆作防护层。否则，应对型钢进行防锈处理。

8 外加预应力撑杆加固法

8.1 一般规定

8.1.1 本章规定仅适用于烧结普通砖柱外加预应力撑杆加固的设计。

8.1.2 当采用外加预应力撑杆加固法时，应符合下列规定：

1 仅适用于 6 度及 6 度以下抗震设防区的烧结普通砖柱的加固；

2 被加固砖柱应无裂缝、腐蚀和老化；

3 被加固柱的上部结构应为钢筋混凝土现浇梁板；且能与撑杆上端的传力角钢可靠锚固；

4 应有可靠的施加预应力的施工经验；

5 本方法仅适用于温度不大于 60℃ 的正常环境中。

8.1.3 当采用外加预应力撑杆加固砖柱时，宜选用两对角钢组成的双侧预应力撑杆的加固方式（图 8.1.3）；不得采用单侧预应力撑杆的加固方式。

8.1.4 当按本规范的要求施加预应力时，可不考虑原柱应力水平对加固效果的影响。

8.2 计算方法

8.2.1 当采用预应力撑杆加固轴心受压砖柱时，应按下列步骤进行设计计算：

1 内力计算应按下列步骤进行：

1) 确定砖柱加固后需承受的轴向压力设计值 N；

2) 根据原柱可靠性鉴定结果确定其轴心受压

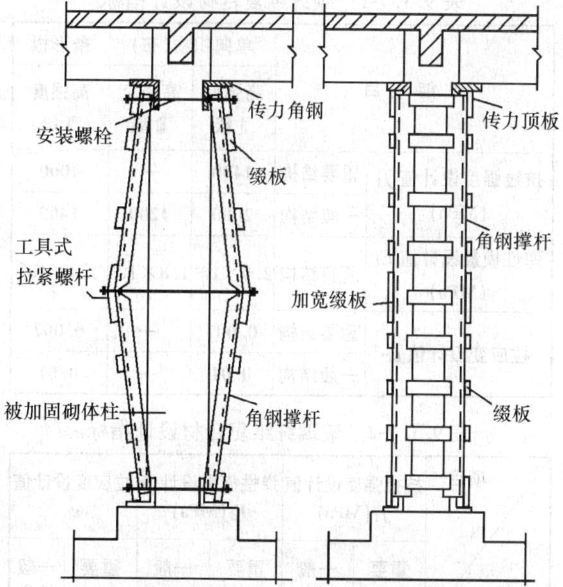

图 8.1.3 预应力撑杆加固方式

承载力 N_m；

3）计算需由撑杆承受的轴向压力设计值 N_1，并应按下式进行计算：

$$N_1 = N - N_m \quad (8.2.1\text{-}1)$$

2 预应力撑杆的总截面面积应按下式进行计算：

$$N_1 \leqslant \varphi_a f'_{py} A'_p \quad (8.2.1\text{-}2)$$

式中：φ_a——撑杆钢构架的稳定系数，按现行国家标准《钢结构设计规范》GB 50017 格构式截面确定；

f'_{py}——撑杆角钢的抗压强度设计值；

A'_p——撑杆的总截面面积。

3 预应力撑杆加固后的砌体柱轴心受压承载力 N 可符合下式的要求：

$$N \leqslant \varphi_0 (A_{m0} f_{m0} + A'_p f'_{py}) \quad (8.2.1\text{-}3)$$

式中：φ_0——原柱轴心受压的稳定系数，应按现行国家标准《砌体结构设计规范》GB 50003 的规定值采用；

A_{m0}——原柱的砌体截面面积；

f_{m0}——原砌体抗压强度设计值。

注：若验算结果不满足设计要求，可加大撑杆截面面积，再重新验算。

4 缀板可按现行国家标准《钢结构设计规范》GB 50017 的有关规定进行计算；其尺寸和间距尚应保证在施工期间受压肢（单根角钢）不致失稳。

5 施工时的预加压应力值 σ'_p 应按下列公式确定：

$$\sigma'_p \leqslant \varphi_1 f'_{py} \quad (8.2.1\text{-}4)$$

$$0.4 f'_{py} \leqslant \sigma'_p \leqslant 0.7 f'_{py} \quad (8.2.1\text{-}5)$$

式中：φ_1——用横向张拉法时，压杆肢的稳定系数，其计算长度取压杆肢全长的 1/2。

6 当采用工具式拉紧螺杆以横向张拉法安装撑杆（图 8.2.1）时，其横向张拉控制量 ΔH，可按下式确定：

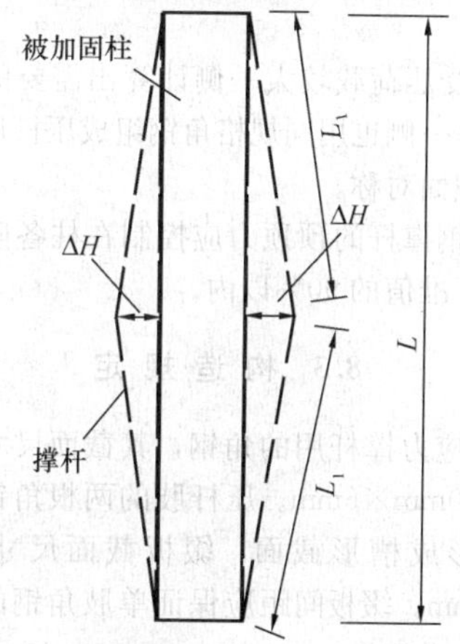

图 8.2.1 预应力撑杆肢横向张拉量

$$\Delta H = 0.5L\sqrt{2\sigma_p/\eta E_a} + \delta \quad (8.2.1\text{-}6)$$

式中：L——撑杆的竖向全长；

η——经验系数，取 $\eta = 0.9$；

E_a——撑杆钢材的弹性模量；

δ——撑杆端顶板与上部混凝土构件间的压缩量，一般取 δ 为 5mm～7mm。实际弯折撑杆肢时，取撑杆肢矢高为 ΔH+(3～5)mm，但施工中只收紧 ΔH，以使撑杆处于预压状态。

8.2.2 当采用预应力撑杆加固偏心受压组合砌体柱时，应按下列步骤进行设计计算：

1 偏心受压荷载计算：

1）确定该柱加固后需承受的最大偏心荷载——轴向压力 N 和弯矩 M 的设计值；

2）确定撑杆肢承载力，可先试用两根较小的角钢作撑杆肢，其有效承载力取为 $0.9 A'_{p1} f'_{py1}$（其中 A'_{p1} 为受压一侧角钢的总截面面积）；

3）根据静力平衡条件，原组合砌体柱一侧加固后需承受的偏心受压荷载为：

$$N_{01} = N - 0.9 f'_{py} A'_{p1} \quad (8.2.2\text{-}1)$$

$$M_{01} = M - 0.9 f'_{py} A'_{p1} a/2 \quad (8.2.2\text{-}2)$$

式中：a 为两侧角钢形心之间的距离。

2 偏心受压柱加固后承载力，应按现行国家标准《砌体结构设计规范》GB 50003 的规定验算原组合砌体柱在 N_{01} 和 M_{01} 作用下的承载力。当原砌体柱的承载力不满足上述验算要求时，可加大角钢截面面积，并重新进行验算。

3 缀板计算应符合现行国家标准《钢结构设计规范》GB 50017的要求，并应保证撑杆肢的角钢在施工中不致失稳。

4 施工时预加压应力值 σ'_{p}，宜取为 50N/mm²～80N/mm²。

5 横向张拉量 ΔH，应按本规范公式（8.2.1-6）计算确定。

6 按受压荷载较大一侧计算出需要的角钢截面后，柱的另一侧也用同规格角钢组成压杆肢，使撑杆的两侧的截面对称。

8.2.3 角钢撑杆的预顶力应控制在柱各阶段所受竖向恒荷载标准值的90%以内。

8.3 构 造 规 定

8.3.1 预应力撑杆用的角钢，其截面尺寸不应小于L60mm×60mm×6mm。压杆肢的两根角钢应用钢缀板连接，形成槽形截面，缀板截面尺寸不应小于80mm×6mm。缀板间距应保证单肢角钢的长细比不大于40。

8.3.2 撑杆肢上端的传力构造及预应力撑杆横向张拉的构造，可参照现行国家标准《混凝土结构加固设计规范》GB 50367进行设计，且传力角钢应与上部钢筋混凝土梁（或其他承重构件）可靠锚固。

9 粘贴纤维复合材加固法

9.1 一 般 规 定

9.1.1 本方法仅适用于烧结普通砖墙（以下简称砖墙）平面内受剪加固和抗震加固。

9.1.2 被加固的砖墙，其现场实测的砖强度等级不得低于MU7.5；砂浆强度等级不得低于M2.5；现已开裂、腐蚀、老化的砖墙不得采用本方法进行加固。

9.1.3 采用本方法加固的纤维材料及其配套的结构胶粘剂，其安全性能应符合本规范第4章的要求。

9.1.4 外贴纤维复合材加固砖墙时，应将纤维受力方式设计成仅承受拉应力作用。

9.1.5 粘贴在砖砌构件表面上的纤维复合材，其表面应进行防护处理。表面防护材料应对纤维及胶粘剂无害。

9.1.6 采用本方法加固的砖墙结构，其长期使用的环境温度不应高于60℃；处于特殊环境的砖砌结构采用本方法加固时，除应按国家现行有关标准的规定采取相应的防护措施外，尚应采用耐环境因素作用的胶粘剂，并按专门的工艺要求施工。

9.1.7 碳纤维和玻璃纤维复合材的设计指标必须分别按表9.1.7-1及表9.1.7-2的规定值采用。

表9.1.7-1 碳纤维复合材设计指标

性能项目		单向织物(布)		条形板
		高强度Ⅱ级	高强度Ⅲ级	高强度Ⅱ级
抗拉强度设计值 f_f (MPa)	重要结构	1400	—	1000
	一般结构	2000	1200	1400
弹性模量设计值 E_f (MPa)	所有结构	2.0×10^5	1.8×10^5	1.4×10^5
拉应变设计值 ε_f	重要结构	0.007	—	0.007
	一般结构	0.01	—	0.01

表9.1.7-2 玻璃纤维复合材设计指标

项目 / 类别	抗拉强度设计值 f_f (MPa)		弹性模量设计值 E_f (MPa)		拉应变设计值 ε_f	
	重要结构	一般结构	重要结构	一般结构	重要结构	一般结构
S玻璃纤维	500	700	7.0×10^4		0.007	0.01
E玻璃纤维	350	500	5.0×10^4		0.007	0.01

9.1.8 当被加固构件的表面有防火要求时，应按现行国家标准《建筑设计防火规范》GB 50016规定的耐火等级及耐火极限要求，对胶层和纤维复合材进行防护。

9.2 砌体抗剪加固

9.2.1 粘贴纤维复合材提高砌体墙平面内受剪承载力的加固方式，可根据工程实际情况选用：水平粘贴方式、交叉粘贴方式、平叉粘贴方式或双叉粘贴方式等（图9.2.1-1及图9.2.1-2）。每一种方式的端部均应加贴竖向或横向压条。

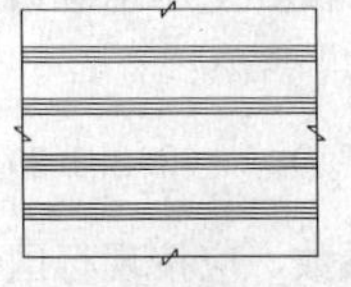
(a) 水平粘贴方式

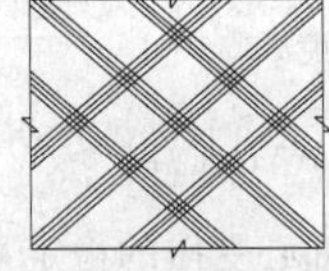
(b) 交叉粘贴方式

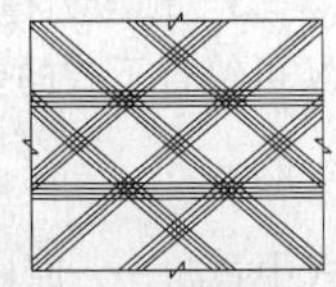
(c) 平叉粘贴方式

图9.2.1-1 纤维复合材（布）粘贴方式示例

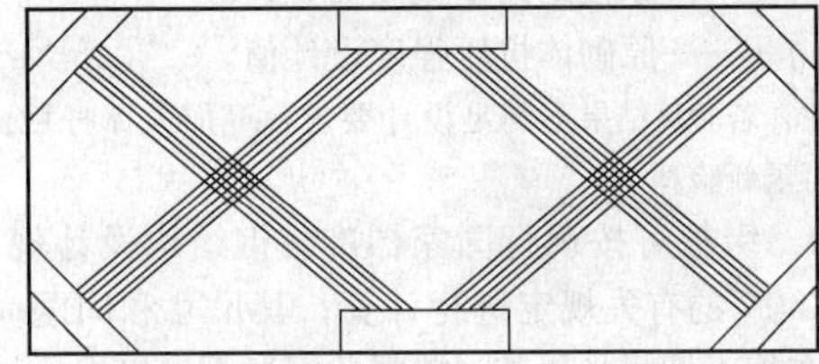

图9.2.1-2 纤维复合材（条形板）粘贴方式示例

9.2.2 粘贴纤维复合材对砌体墙平面内受剪加固的受剪承载力应符合下列条件：

$$V \leqslant V_m + V_F \quad (9.2.2\text{-}1)$$

$$V \leqslant 1.4\alpha_v V_m \quad (9.2.2\text{-}2)$$

式中：V——砌体墙平面内剪力设计值；

V_m——原砌体受剪承载力，按现行国家标准《砌体结构设计规范》GB 50003 的规定计算确定；

V_F——采用纤维复合材加固后提高的受剪承载力；

α_v——厚砌体压应力影响系数，对一般情况，取 α_v 为 1.0；对原砌体砂浆强度等级不低于 M5，且原构件轴压比不小于 0.5 的情况，取 α_v 为 0.9。

9.2.3 粘贴纤维复合材后提高的受剪承载力 V_F 应按下列规定计算：

$$V_F = \alpha_f f_f \sum_{i=1}^{n} A_{fi} \cos\alpha_i \quad (9.2.3)$$

式中：α_f——纤维复合材参与工作系数，对水平粘贴方式和交叉方式分别按表 9.2.3-1 及表 9.2.3-2 取值；

f_f——受剪加固采用的纤维复合材抗拉强度设计值，按本规范第 9.1.7 条规定的抗拉强度设计值乘以调整系数 0.28 确定；

A_{fi}——穿过计算斜截面的第 i 个纤维复合材条带的截面面积；

α_i——第 i 个纤维复合材条带纤维方向与水平方向的夹角；

n——穿过计算斜截面的纤维复合材条带数。当纤维复合材在条带端部构造不满足本规范第 9.4.3 条锚固要求时，不应考虑其对受剪承载力的贡献。

注：对平斜粘贴方式，应按水平粘贴方式和交叉方式分别用式（9.2.3）计算后叠加而得。

表 9.2.3-1　水平粘贴方式纤维复合材参与工作系数 α_f

墙体高宽比	0.4	0.6	0.8	1.0	1.2
参与工作系数 α_f	0.40	0.50	0.55	0.60	0.65

表 9.2.3-2　交叉粘贴方式纤维复合材参与工作系数 α_f

穿过计算斜截面纤维布条带数 n	1	2	3	4
参与工作系数 α_f	1	0.85	0.70	0.60

9.3　砌体抗震加固

9.3.1 粘贴纤维布对砖墙进行抗震加固时，应采用连续粘贴形式，以增强墙体的整体性能。

9.3.2 粘贴纤维布加固砌体墙的抗震受剪承载力应按下列公式计算：

$$V \leqslant V_{ME} + V_F \quad (9.3.2\text{-}1)$$

$$V \leqslant 1.4\alpha_v V_{ME} \quad (9.3.2\text{-}2)$$

式中：V——考虑地震组合的墙体剪力设计值；

V_{ME}——原砌体抗震受剪承载力，按现行国家标准《砌体结构设计规范》GB 50003 的有关规定计算确定；

V_F——采用纤维复合材加固后提高的抗震受剪承载力，按本规范第 9.2.3 条计算，但应除承载力抗震调整系数 γ_{RE}，一般取 γ_E 为 1.0；若原柱为组合砌体，取 γ_{RE} 为 0.85；

α_v——原砌体压应力影响系数，按本规范第 9.2.2 条的规定确定。

9.4　构 造 规 定

9.4.1 纤维布条带在全墙面上宜等间距均匀布置，条带宽度不宜小于 100mm，条带的最大净间距不宜大于三皮砖块的高度，也不宜大于 200mm。

9.4.2 沿纤维布条带方向应有可靠的锚固措施（图 9.4.2）。

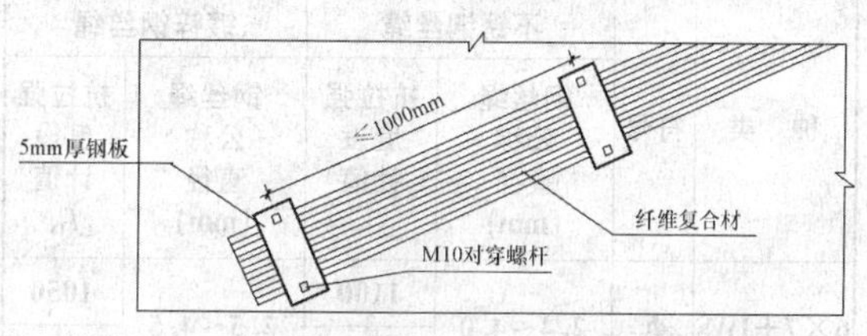

图 9.4.2　沿纤维布条带方向设置拉结构造

9.4.3 纤维布条带端部的锚固构造措施，可根据墙体端部情况，采用对穿螺栓垫板压牢（图 9.4.3）。当纤维布条带需绕过阳角时，阳角转角处曲率半径不应小于 20mm。当有可靠的工程经验或试验资料时，也可采用其他机械锚固方式。

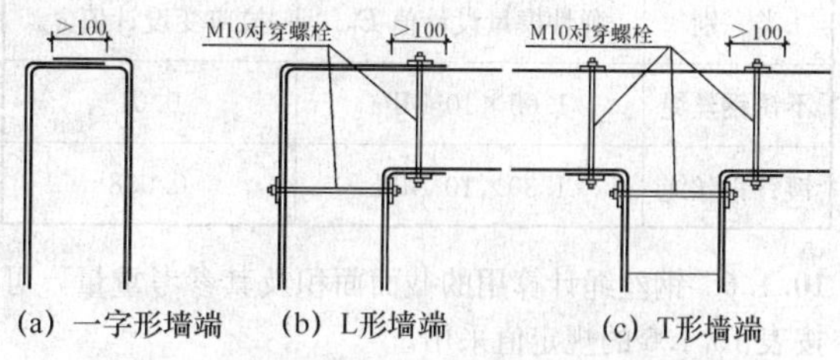

图 9.4.3　纤维布条带端部的锚固构造

9.4.4 当采用搭接的方式接长纤维布条带时，搭接长度不应小于 200mm，且应在搭接长度中部设置一道锚栓锚固。

9.4.5 当砖墙采用纤维复合材加固时，其墙、柱表面应先做水泥砂浆抹平层；层厚不应小于 15mm 且应平整；水泥砂浆强度等级应不低于 M10；粘贴纤维复合材应待抹平层硬化、干燥后方可进行。

10 钢丝绳网-聚合物改性水泥砂浆面层加固法

10.1 一般规定

10.1.1 本方法仅适用于以钢丝绳网-聚合物改性水泥砂浆面层对烧结普通砖墙进行的平面内受剪加固和抗震加固。

注：单股钢丝绳也称钢绞线。

10.1.2 采用本方法时，原砌体构件按现场检测结果推定的块体强度等级不应低于 MU7.5 级；砂浆强度等级不应低于 M1.0；块体表面与结构胶粘结的正拉粘结强度不应低于 1.5MPa。

严重腐蚀、粉化的砌体构件不得采用本方法加固。

10.1.3 采用本方法加固的砌体结构，其长期使用的环境温度不应高于 60℃；处于特殊环境的砌体结构采用本方法加固时，除应按国家现行有关标准的规定采取相应的防护措施外，尚应采用耐环境因素作用的聚合物改性水泥砂浆，并按专门的工艺要求施工。

10.1.4 钢丝绳的强度设计值应按表 10.1.4 采用。

表 10.1.4 钢丝绳抗拉强度设计值（MPa）

种 类	符号	不锈钢丝绳		镀锌钢丝绳	
		钢丝绳公称直径（mm）	抗拉强度设计值 f_{rw}	钢丝绳公称直径（mm）	抗拉强度设计值 f_{rw}
6×7+IWS	ϕ_r	2.4～4.0	1100	2.5～4.5	1050
			1050		1000
1×19	ϕ_s	2.5	1050	2.5	1100

10.1.5 不锈钢丝绳和镀锌钢丝绳的弹性模量设计值及拉应变设计值应按表 10.1.5 采用。

表 10.1.5 钢丝绳弹性模量及拉应变设计值

类 别	弹性模量设计值 E_{rw}	拉应变设计值 ε_{rw}
不锈钢丝绳	1.05×10^5MPa	0.01
镀锌钢丝绳	1.30×10^5MPa	0.008

10.1.6 钢丝绳计算用的截面面积及其参考重量，可按表 10.1.6 的规定值采用。

表 10.1.6 钢丝绳计算用截面面积及参考重量

种 类	钢丝绳公称直径（mm）	钢丝直径（mm）	计算用截面面积（mm^2）	参考重量（kg/100m）
6×7+IWS	2.4	(0.27)	2.81	2.40
	2.5	0.28	3.02	2.73
	3.0	0.32	3.94	3.36
	3.05	(0.34)	4.45	3.83
	3.2	0.35	4.71	4.21
	3.6	0.40	6.16	6.20
	4.0	(0.44)	7.45	6.70
	4.2	0.45	7.79	7.05
	4.5	0.50	9.62	8.70
1×19	2.5	0.50	3.73	3.10

注：括号内的钢丝直径为建筑结构加固非常用的直径。

10.1.7 当被加固构件的表面有防火要求时，应按现行国家标准《建筑设计防火规范》GB 50016 规定的耐火等级及耐火极限要求，对钢丝绳网-聚合物砂浆面层进行防护。

10.1.8 采用本方法加固时，应采取措施卸除或大部分卸除作用在结构上的活荷载。

10.2 砌体抗剪加固

10.2.1 钢丝绳网-聚合物砂浆面层对砌体墙面内受剪加固的受剪承载力应符合下列条件：

$$V \leqslant V_M + V_{rw} \qquad (10.2.1\text{-}1)$$

$$V \leqslant 1.4V_M \qquad (10.2.1\text{-}2)$$

式中：V——砌体墙面内剪力设计值；

V_M——原砌体受剪承载力，按现行国家标准《砌体结构设计规范》GB 50003 计算确定；

V_{rw}——采用钢丝绳网-聚合物砂浆面层加固后提高的受剪承载力。

10.2.2 钢丝绳网-聚合物砂浆面层加固后提高的受剪承载力 V_{rw} 应按下列规定计算：

$$V_{rw} = \alpha_{rw} f_{rw} \sum_{i=1}^{n} A_{rwi} \qquad (10.2.2)$$

式中：α_{rw}——钢丝绳网参与工作系数，按表 10.2.2 采用；

f_{rw}——受剪加固采用的钢丝绳网抗拉强度设计值，按本规范第 10.1.4 条规定的抗拉强度设计值乘以调整系数 0.28 确定；

A_{rwi}——穿过计算斜截面的第 i 个水平向钢丝绳的截面面积；

n——穿过计算斜截面的水平向钢丝绳根数。

10.2.2 水平向钢丝绳网参与工作系数 α_{rw}

墙体高宽比	0.4	0.6	0.8	1.0	1.2
参与工作系数 α_{rw}	0.40	0.50	0.55	0.60	0.60

10.3 砌体抗震加固

10.3.1 钢丝绳网-聚合物砂浆面层对砌体结构进行抗震加固，宜采用双面加固形式增强砌体结构的整体性。

10.3.2 钢丝绳网-聚合物砂浆面层加固砌体墙的抗震受剪承载力应按下列公式计算：

$$V \leqslant V_{ME} + \frac{V_{rw}}{\gamma_{RE}} \quad (10.3.2\text{-}1)$$

$$V \leqslant 1.4V_{ME} \quad (10.3.2\text{-}2)$$

式中：V——考虑地震组合的墙体剪力设计值；

V_{ME}——原砌体抗震受剪承载力，按国家标准《砌体结构设计规范》GB 50003－2001第10.2.1条和第10.2.3条计算确定；

V_{rw}——采用钢丝绳网-聚合物砂浆面层加固后提高的抗震受剪承载力，按本规范10.2.2条计算；

γ_{RE}——承载力抗震调整系数，取 γ_{RE} 为0.9。

10.4 构造规定

10.4.1 钢丝绳网的设计与制作应符合下列规定：

1 网片应采用小直径不松散的高强度钢丝绳制作；绳的直径宜在2.5mm～4.5mm范围内；当采用航空用高强度钢丝绳时，也可使用规格为2.4mm的高强度钢丝绳。

2 绳的结构形式（图10.4.1-1）应为6×7+IWS金属股芯右交互捻钢丝绳或1×19单股左捻钢丝绳（钢绞线）。

3 网的主绳与横向绳（即分布绳）的交点处，应采用钢材制作的绳扣束紧；主绳的端部应采用带套环的绳扣通过加固锚固；套环及其绳扣或压管的构造与尺寸应经设计计算确定。

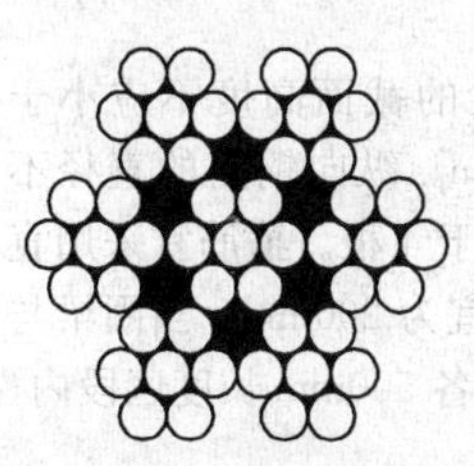

(a) 6×7+IWS钢丝绳

(b) 1×19钢绞线（单股钢丝绳）

图10.4.1-1 钢丝绳的结构形式

4 网中受拉主绳的间距应经计算确定，但不应小于20mm，也不应大于40mm。

5 采用钢丝绳网加固墙体时，网中横向绳的布置示例如图10.4.1-2所示。

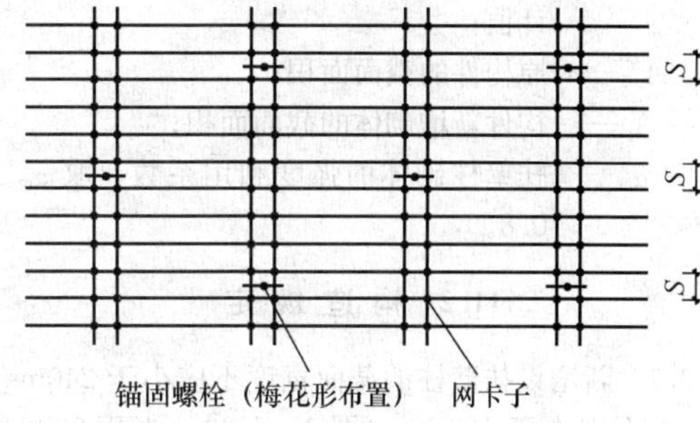

图10.4.1-2 水平钢丝绳网布置

10.4.2 水平钢丝绳（主绳）网在墙体端部的锚固，宜锚在预设于墙体交接处的角钢或钢板上（图10.4.2）。角钢和钢板应按绳距预先钻孔；钢丝绳穿过孔后，套上钢套管，通过压扁套管进行锚固，也可采用其他方法进行锚固。

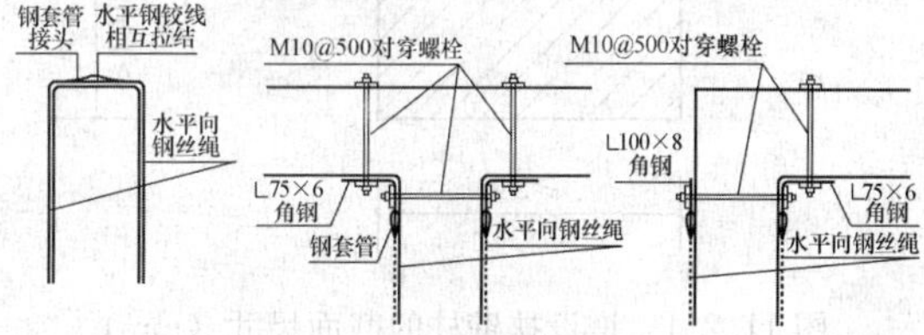

图10.4.2 水平钢丝绳的锚固构造

11 增设砌体扶壁柱加固法

11.1 计算方法

11.1.1 本章规定仅适用于抗震设防烈度为6度及以下地区的砌体墙加固设计。

11.1.2 增设砌体扶壁柱加固墙体时，其承载力和高厚比的验算应按现行国家标准《砌体结构设计规范》GB 50003的规定进行。当扶壁柱的构造及其与原墙的连接符合本规范规定时，可按整体截面计算。

11.1.3 当增设砌体扶壁柱用以提高墙体的稳定性时，其高厚比可按下式计算：

$$\beta = H_0/h_T \quad (11.1.3)$$

式中：H_0——墙体的计算高度；

h_T——带壁柱墙截面的折算厚度，按加固后的截面计算。

11.1.4 当增设砌体扶壁柱加固受压构件时，其承载力应满足下式的要求：

$$N \leqslant \varphi(f_{m0}A_{m0} + \alpha_m f_m A_m) \quad (11.1.4)$$

式中：N——构件加固后由荷载设计值产生的轴向力；

φ——高厚比 β 和轴向力的偏心距对受压构件承载力的影响系数，采用加固后的截面，按现行国家标准《砌体结构设计规范》GB 50003的规定确定；

f_{m0} 和 f_m——分别为原砌体和新增砌体的抗压强度设计值；

A_{m0}——原构件的截面面积；

A_m——构件新增砌体的截面面积；

α_m——扶壁柱砌体的强度利用系数，取 α_m = 0.8。

11.2 构 造 规 定

11.2.1 新增设扶壁柱的截面宽度不应小于 240mm，其厚度不应小于 120mm（图 11.2.1）。当用角钢-螺栓拉结时，应沿墙的全高和内外的周边，增设水泥砂浆或细石混凝土防护层（图 11.2.3）。

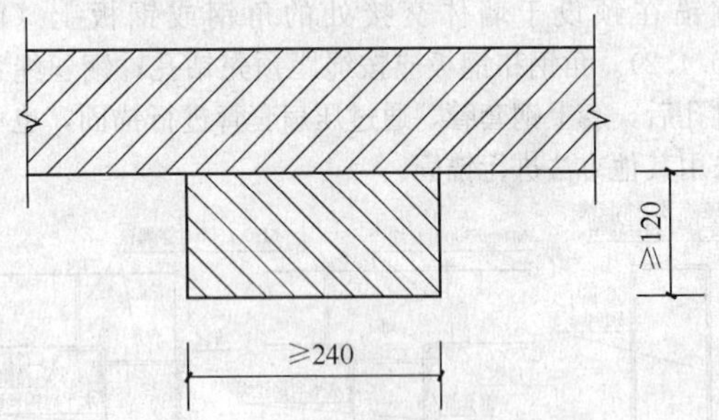

图 11.2.1 增设扶壁柱的截面尺寸（mm）

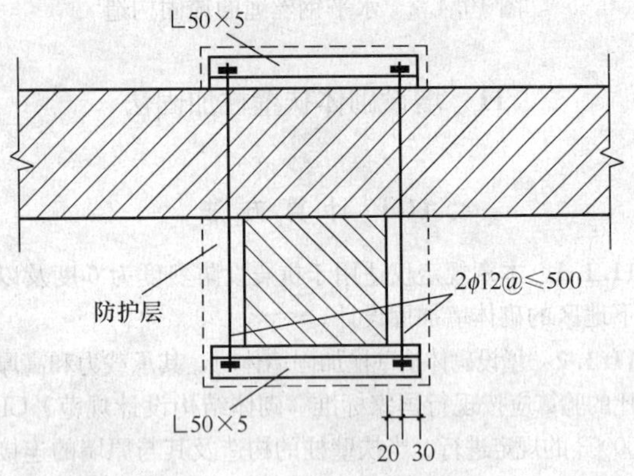

图 11.2.3 砌体墙与扶壁柱间的套箍拉结（mm）

当增设扶壁柱以提高受压构件的承载力时，应沿墙体两侧增设扶壁柱。

11.2.2 加固用的块材强度等级应比原结构的设计块材强度等级提高一级，不得低于 MU15；并应选用整砖（砌块）砌筑。加固用的砂浆强度等级，不应低于原结构设计的砂浆强度等级，且不应低于 M5。

11.2.3 增设扶壁柱处，沿墙高应设置以 2ϕ12mm 带螺纹、螺帽的钢筋与双角钢组成的套箍，将扶壁柱与原墙拉结；套箍的间距不应大于 500mm（图 11.2.3）。

11.2.4 在原墙体需增设扶壁柱的部位，应沿墙高，每隔 300mm 凿去一皮砖块，形成水平槽口（图 11.2.4）。砌筑扶壁柱时，槽口处的原墙体与新增扶壁柱之间，应上下错缝，内外搭砌。砖砌体接槎时，必须将接槎处的表面清理干净，浇水湿润，用干捻砂浆将灰缝填实。

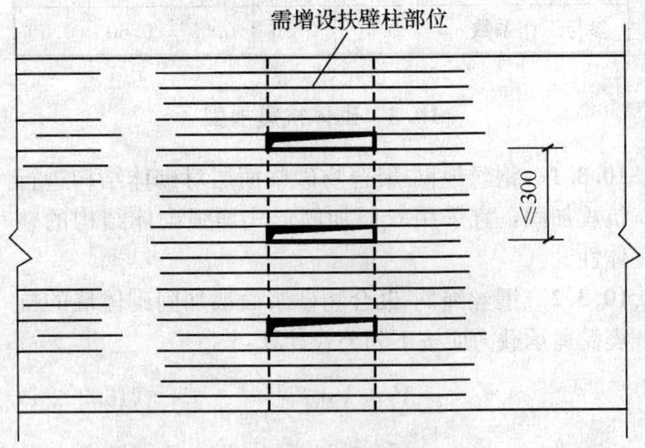

图 11.2.4 水平槽口（mm）

11.2.5 扶壁柱应设基础，其埋深应与原墙基础相同。

12 砌体结构构造性加固法

12.1 增设圈梁加固

12.1.1 当无圈梁或圈梁设置不符合现行设计规范要求，或纵横墙交接处咬槎有明显缺陷，或房屋的整体性较差时，应增设圈梁进行加固。

12.1.2 外加圈梁，宜采用现浇钢筋混凝土圈梁或钢筋网水泥复合砂浆砌体组合圈梁，在特殊情况下，亦可采用型钢圈梁。对内墙圈梁还可用钢拉杆代替。钢拉杆设置间距应适当加密，且应贯通房屋横墙（或纵墙）的全部宽度，并应设在有横墙（或纵墙）处，同时应锚固在纵墙（或横墙）上。

12.1.3 外加圈梁应靠近楼（屋）盖设置。钢拉杆应靠近楼（屋）盖和墙面。外加圈梁应在同一水平标高交圈闭合。变形缝处两侧的圈梁应分别闭合，如遇开口墙，应采取加固措施使圈梁闭合。

12.1.4 采用外加钢筋混凝土圈梁时，应符合下列规定：

1 外加钢筋混凝土圈梁的截面高度不应小于 180mm、宽度不应小于 120mm。纵向钢筋的直径不应小于 10mm；其数量不应少于 4 根。箍筋宜采用直径为 6mm 的钢筋，箍筋间距宜为 200mm；当圈梁与外加柱相连接时，在柱边两侧各 500mm 长度区段内，箍筋间距应加密至 100mm。

2 外加钢筋混凝土圈梁的混凝土强度等级不应低于 C20，圈梁在转角处应设 2 根直径为 12mm 的斜筋。

钢筋混凝土外加圈梁的顶面应做泛水，底面应做滴水沟。

3 外加钢筋混凝土圈梁的钢筋外保护层厚度不

应小于20mm，受力钢筋接头位置应相互错开，其搭接长度为40d（d为纵向钢筋直径）。任一搭接区段内，有搭接接头的钢筋截面面积不应大于总面积的25%；有焊接接头的纵向钢筋截面面积不应大于同一截面钢筋总面积的50%。

12.1.5 采用钢筋网水泥复合砂浆砌体组合圈梁时，应符合下列规定：

1 梁顶平楼（屋）面板底，梁高不应小于300mm。

2 穿墙拉结钢筋宜呈梅花状布置，穿墙筋位置应在丁砖上（对单面组合圈梁）或丁砖缝（对双面组合圈梁）。

3 面层材料和构造应符合下列规定：

1）面层砂浆强度等级：水泥砂浆不应低于M10，水泥复合砂浆不应低于M20；

2）钢筋网水泥复合砂浆面层厚度宜为30mm～45mm；

3）钢筋网的钢筋直径宜为6mm或8mm，网格尺寸宜为120mm×120mm；

4）单面组合圈梁的钢筋网，应采用直径为6mm的L形锚筋；双面组合圈梁的钢筋网，应采用直径为6mm的Z形或S形穿墙筋连接；L形锚筋间距宜为240mm×240mm；Z形或S形锚筋间距宜为360mm×360mm；

5）钢筋网的水平钢筋遇有门窗洞时，单面圈梁宜将水平钢筋弯入洞口侧面锚固，双面圈梁宜将两侧水平钢筋在洞口闭合；

6）对承重墙，不宜采用单面组合圈梁。

12.1.6 采用钢拉杆代替内墙圈梁时，应符合下列规定：

1 横墙承重房屋的内墙，可用两根钢拉杆代替圈梁；纵墙承重和纵横墙承重的房屋，钢拉杆宜在横墙两侧各设一根。钢拉杆直径应根据房屋进深尺寸和加固要求等条件确定，但不应小于14mm，其方形垫板尺寸宜为200mm×200mm×15mm。

2 无横墙的开间可不设钢拉杆，但外加圈梁应与进深方向梁或现浇钢筋混凝土楼盖可靠连接。

3 每道内纵墙均应用单根拉杆与外山墙拉结，钢拉杆直径可视墙厚、房屋进深和加固要求等条件确定，但不应小于16mm，钢拉杆长度不应小于两个开间。

12.1.7 外加钢筋混凝土圈梁与砖墙的连接，应符合下列规定：

1 宜选用结构胶锚筋，亦可选用化学锚栓或钢筋混凝土销键。

2 当采用化学植筋或化学锚栓时，砌体的块材强度等级不应低于MU7.5，原砌体砖的强度等级不应低于MU7.5，其他要求按压浆锚筋确定。

3 压浆锚筋仅适用于实心砖砌体与外加钢筋混凝土圈梁之间的连接，原砌体砖的强度等级不应低于MU7.5，原砂浆的强度等级不应低于M2.5。

4 压浆锚筋与钢拉杆的间距宜为300mm；锚筋之间的距离宜为500mm～1000mm。

12.1.8 钢拉杆与外加钢筋混凝土圈梁可采用下列方法之一进行连接：

1 钢拉杆埋入圈梁，埋入长度为30d（d为钢拉杆直径），端头应做弯钩。

2 钢拉杆通过钢管穿过圈梁，应用螺栓拧紧。

3 钢拉杆端头焊接垫板埋入圈梁，垫板与墙面之间的间隙不应小于80mm。

12.1.9 角钢圈梁的规格不应小于∟80mm×6mm或∟75mm×6mm，并应每隔1m～1.5m，与墙体用普通螺栓拉结，螺杆直径不应小于12mm。

12.2 增设构造柱加固

12.2.1 当无构造柱或构造柱设置不符合现行设计规范要求时，应增设现浇钢筋混凝土构造柱或钢筋网水泥复合砂浆组合砌体构造柱。

12.2.2 构造柱的材料、构造、设置部位应符合现行设计规范要求。

12.2.3 增设的构造柱应与墙体圈梁、拉杆连接成整体，若所在位置与圈梁连接不便，也应采取措施与现浇混凝土楼（屋）盖可靠连接。

12.2.4 采用钢筋网水泥复合砂浆砌体组合构造柱时，应符合下列要求：

1 组合构造柱截面宽度不应小于500mm。

2 穿墙拉结钢筋宜呈梅花状布置，其位置应在丁砖缝上。

3 面层材料和构造应符合下列规定：

1）面层砂浆强度等级：水泥砂浆不应低于M10，水泥复合砂浆不应低于M20；

2）钢筋网水泥复合砂浆面层厚度宜为30mm～45mm；

3）钢筋网的钢筋直径宜为6mm或8mm，网格尺寸宜为120mm×120mm；

4）构造柱的钢筋网应采用直径为6mm的Z形或S形锚筋，Z形或S形锚筋间距宜为360mm×360mm。

12.3 增设梁垫加固

12.3.1 当大梁下砌体被局部压碎或在大梁下墙体出现局部竖向或斜向裂缝时，应增设梁垫进行加固。

12.3.2 新增设的梁垫，其混凝土强度等级，现浇时不应低于C20；预制时不应低于C25。梁垫尺寸应按现行设计规范的要求，经计算确定，但梁垫厚度不应小于180mm；梁垫的配筋应按抗弯条件计算配置。当按构造配筋时，其用量不应少于梁垫体积的0.5%。

12.3.3 增设梁垫应采用"托梁换柱"的方法进行施工。

12.4 砌体局部拆砌

12.4.1 当墙体局部破裂但在查清其破裂原因后尚未影响承重及安全时，可将破裂墙体局部拆除，并按提高一级砂浆强度等级用整砖填砌。

12.4.2 分段拆砌墙体时，应先砌部分留槎，并埋设水平钢筋与后砌部分拉结。

12.4.3 局部拆砌墙体时，新旧墙交接处不得凿水平槎或直槎，应做成踏步槎接缝，缝间设置拉结钢筋以增强新旧的整体性。

13 砌体裂缝修补法

13.1 一般规定

13.1.1 本章的规定适用于修补影响砌体结构、构件正常使用性的裂缝，对承载能力不足引起的裂缝，尚应按本规范规定的方法进行加固。

13.1.2 砌体结构裂缝的修补应根据其种类、性质及出现的部位进行设计，选择适宜的修补材料、修补方法和修补时间。

13.1.3 常用的裂缝修补方法应有填缝法、压浆法、外加网片法和置换法等。根据工程的需要，这些方法尚可组合使用。

13.1.4 砌体裂缝修补后，其墙面抹灰的做法应符合现行国家标准《建筑装饰装修工程质量验收规范》GB 50210的有关规定。在抹灰层砂浆或细石混凝土中加入短纤维可进一步减少和限制裂缝的出现。

13.2 填缝法

13.2.1 填缝法适用于处理砌体中宽度大于0.5mm的裂缝。

13.2.2 修补裂缝前，首先应剔凿干净裂缝表面的抹灰层，然后沿裂缝开凿U形槽。对凿槽的深度和宽度，并应符合下列规定：

1 当为静止裂缝时，槽深不宜小于15mm，槽宽不宜小于20mm。

2 当为活动裂缝时，槽深宜适当加大，且应凿成光滑的平底，以利于铺设隔离层；槽宽宜按裂缝预计张开量t加以放大，通常可取为（15+5t）mm。另外，槽内两侧壁应凿毛。

3 当为钢筋锈蚀引起的裂缝时，应凿至钢筋锈蚀部分完全露出为止，钢筋底部混凝土凿除的深度，以能使除锈工作彻底进行。

13.2.3 对静止裂缝，可采用改性环氧砂浆、改性氨基甲酸乙酯胶泥或改性环氧胶泥等进行充填（图13.2.3a）。对活动裂缝，可采用丙烯酸树脂、氨基甲酸乙酯、氯化橡胶或可挠性环氧树脂等为填充材料，并可采用聚乙烯片、蜡纸或油毡片等为隔离层（图13.2.3b）。

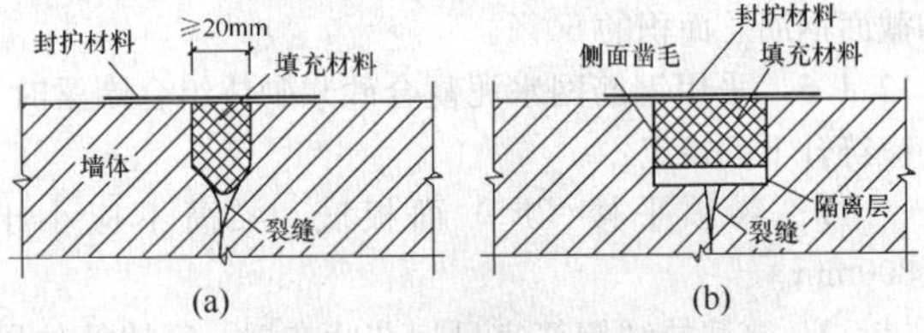

图13.2.3 填缝法裂缝补图

13.2.4 对锈蚀裂缝，应在已除锈的钢筋表面上，先涂刷防锈液或防锈涂料，待干燥后再充填封闭裂缝材料。对活动裂缝，其隔离层应干铺，不得与槽底有任何粘结。其弹性密封材料的充填，应先在槽内两侧表面上涂刷一层胶粘剂，以使充填材料能起到既密封又能适应变形的作用。

13.2.5 修补裂缝应符合下列规定：

1 充填封闭裂缝材料前，应先将槽内两侧凿毛的表面浮尘清除干净。

2 采用水泥基修补材料填补裂缝，应先将裂缝及周边砌体表面润湿。

3 采用有机材料不得湿润砌体表面，应先将槽内两侧面上涂刷一层树脂基液。

4 充填封闭材料应采用搓压的方法填入裂缝中，并应修复平整。

13.3 压浆法

13.3.1 压浆法即压力灌浆法，适用于处理裂缝宽度大于0.5mm且深度较深的裂缝。

13.3.2 压浆的材料可采用无收缩水泥基灌浆料、环氧基灌浆料等。

13.3.3 压浆工艺应按规定的流程（图13.3.3）进行。

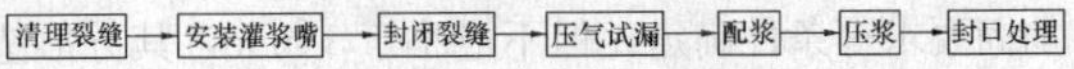

清理裂缝 → 安装灌浆嘴 → 封闭裂缝 → 压气试漏 → 配浆 → 压浆 → 封口处理

图13.3.3 压浆工艺流程

13.3.4 压浆法的操作应符合下列规定：

1 清理裂缝时，应在砌体裂缝两侧不少于100mm范围内，将抹灰层剔除。若有油污也应清除干净；然后用钢丝刷、毛刷等工具，清除裂缝表面的灰土、浮渣及松软层等污物；用压缩空气清除缝隙中的颗粒和灰尘。

2 灌浆嘴安装应符合下列规定：

1）当裂缝宽度在2mm以内时，灌浆嘴间距可取200mm～250mm；当裂缝宽度在2mm～5mm时，可取350mm；当裂缝宽度大于5mm时，可取450mm，且应设在裂缝端部和裂缝较大处。

2）应按标示位置钻深度 30mm～40mm 的孔眼，孔径宜略大于灌浆嘴的外径。钻好后应清除孔中的粉屑。

3）灌浆嘴应在孔眼用水冲洗干净后进行固定。固定前先涂刷一道水泥浆，然后用环氧胶泥或环氧树脂砂浆将灌浆嘴固定，裂缝较细或墙厚超过 240mm 时，应在墙的两侧均安放灌浆嘴。

3　封闭裂缝时，应在已清理干净的裂缝两侧，先用水浇湿砌体表面，再用纯水泥浆涂刷一道，然后用 M10 水泥砂浆封闭，封闭宽度约为 200mm。

4　试漏应在水泥砂浆达到一定强度后进行，并采用涂抹皂液等方法压气试漏。对封闭不严的漏气处应进行修补。

5　配浆应根据灌浆料产品说明书的规定及浆液的凝固时间，确定每次配浆数量。浆液稠度过大，或者出现初凝情况，应停止使用。

6　压浆应符合下列要求：

1）压浆前应先灌水。

2）空气压缩机的压力宜控制在 0.2MPa～0.3MPa。

3）将配好的浆液倒入储浆罐，打开喷枪阀门灌浆，直至邻近灌浆嘴（或排气嘴）溢浆为止。

4）压浆顺序应自下而上，边灌边用塞子堵住已灌浆的嘴，灌浆完毕且已初凝后，即可拆除灌浆嘴，并用砂浆抹平孔眼。

13.3.5　压浆时应严格控制压力，防止损坏边角部位和小截面的砌体，必要时，应作临时性支护。

13.4　外加网片法

13.4.1　外加网片法适用于增强砌体抗裂性能，限制裂缝开展，修复风化、剥蚀砌体。

13.4.2　外加网片所用的材料应包括钢筋网、钢丝网、复合纤维织物网等。当采用钢筋网时，其钢筋直径不宜大于 4mm。当采用无纺布替代纤维复合材料修补裂缝时，仅允许用于非承重构件的静止细裂缝的封闭性修补上。

13.4.3　网片覆盖面积除应按裂缝或风化、剥蚀部分的面积确定外，尚应考虑网片的锚固长度。网片短边尺寸不宜小于 500mm。网片的层数：对钢筋和钢丝网片，宜为单层；对复合纤维材料，宜为 1 层～2 层；设计时可根据实际情况确定。

13.5　置换法

13.5.1　置换法适用于砌体受力不大，砌体块材和砂浆强度不高的开裂部位，以及局部风化、剥蚀部位的加固（图 13.5.1）。

13.5.2　置换用的砌体块材可以是原砌体材料，也可以是其他材料，如配筋混凝土实心砌块等。

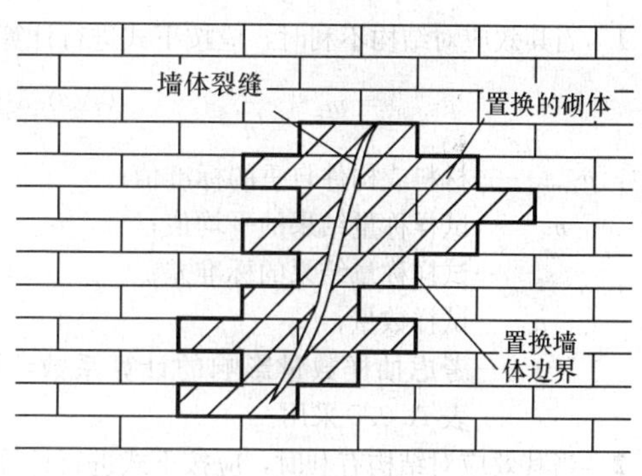

图 13.5.1　置换法处理裂缝图

13.5.3　置换砌体时应符合下列规定要求：

1　把需要置换部分及周边砌体表面抹灰层剔除，然后沿着灰缝将被置换砌体凿掉。在凿打过程中，应避免扰动不置换部分的砌体。

2　仔细把粘在砌体上的砂浆剔除干净，清除浮尘后充分润湿墙体。

3　修复过程中应保证填补砌体材料与原有砌体可靠嵌固。

4　砌体修补完成后，再做抹灰层。

附录 A　已有建筑物结构荷载标准值的确定

A.0.1　对已有结构上的荷载标准值取值，除应符合现行国家标准《建筑结构荷载规范》GB 50009 的规定外，尚应遵守本附录的规定。

A.0.2　结构和构件自重的标准值，应根据构件和连接的实测尺寸，按材料或构件单位自重的标准值计算确定。对难以实测的某些连接构造的尺寸，允许按结构详图估算。

A.0.3　常用材料和构件的单位自重标准值，应按现行国家标准《建筑结构荷载规范》GB 50009 的规定采用。当该规范的规定值有上、下限时，应按下列规定采用：

1　当荷载效应对结构不利时，取上限值。

2　当荷载效应对结构有利（如验算倾覆、抗滑移、抗浮起等）时，取下限值。

A.0.4　当遇到下列情况之一时，材料和构件的自重标准值应按现场抽样称量确定：

1　现行国家标准《建筑结构荷载规范》GB 50009 尚无规定；

2　自重变异较大的材料或构件，如现场制作的保温材料、混凝土薄壁构件等；

3　有理由怀疑材料或构件自重的原设计采用值与实际情况有显著出入。

A.0.5　现场抽样检测材料或构件自重的试样数量，不应少于 5 个。当按检测的结果确定材料或构件自重的标准值时，应按下列规定进行计算：

1　当其效应对结构不利时，应按下式进行计算：

$$g_{k,sup}=m_g+\frac{t}{\sqrt{n}}s_g \qquad (A.0.5-1)$$

式中：$g_{k,sup}$——材料或构件自重的标准值；

m_g——试样称量结果的平均值；

s_g——试样称量结果的标准差；

n——试样数量；

t——考虑抽样数量影响的计算系数，按表A.0.5采用。

2　当其效应对结构有利时，应按下式进行计算：

$$g_{k,sup}=m_g-\frac{t}{\sqrt{n}}s_g \qquad (A.0.5-2)$$

表 A.0.5　计算系数 t 值

n	t值	n	t值	n	t值	n	t值
5	2.13	8	1.89	15	1.76	30	1.70
6	2.02	9	1.86	20	1.73	40	1.68
7	1.94	10	1.80	25	1.71	≥60	1.67

A.0.6　对非结构的构、配件，或对支座沉降有影响的构件，若其自重效应对结构有利时，应取其自重标准值 $g_{k,sup}$ 等于0。

A.0.7　当房屋结构进行加固验算时，对不上人的屋面，应计入加固工程的施工荷载，其取值应符合下列规定：

1　当估算的荷载低于现行国家标准《建筑结构荷载规范》GB 50009规定的屋面均布活荷载或集中荷载时，应按该规范采用。

2　当估算的荷载高于现行国家标准《建筑结构荷载规范》GB 50009的规定值时，应按实际估算值采用。

当施工荷载过大时，宜采取措施予以降低。

A.0.8　对加固改造设计的验算，其基本雪压值、基本风压值和楼面活荷载的标准值，除应按现行国家标准《建筑结构荷载规范》GB 50009的规定采用外，尚应按下一目标使用年限，乘以本附录表A.0.8的修正系数 ψ_a 予以修正。下一目标使用年限，应由委托方和鉴定方共同商定。

表 A.0.8　基本雪压、基本风压及楼面活荷载的修正系数 ψ_a

下一目标使用年限	10a	20a	30a～50a
雪荷载或风荷载	0.85	0.95	1.0
楼面活荷载	0.85	0.90	1.0

注：1　对表中未列出的中间值，可按线性内插法确定，当下一目标使用年限小于10a，应按10a取 ψ_a 值；

2　符号a为年。

附录B　粘结材料粘合加固材与基材的正拉粘结强度试验室测定方法及评定标准

B.1　适 用 范 围

B.1.1　本方法适用于试验室条件下以结构胶粘剂或聚合物改性水泥砂浆为粘结材料粘合下列加固材料与基材，在均匀拉应力作用下发生内聚、粘附或混合破坏的正拉粘结强度测定：

1　纤维复合材与基材烧结普通砖；

2　钢板与基材烧结普通砖；

3　结构用聚合物改性水泥砂浆层与基材烧结普通砖。

B.2　试 验 设 备

B.2.1　拉力试验机的力值量程选择，应使试样的破坏荷载发生在该机标定的满负荷的20%～80%之间；力值的示值误差不得大于1%。

B.2.2　试验机夹持器的构造应能使试件垂直对中固定，不产生偏心和扭转的作用。

B.2.3　试件夹具应由带拉杆的钢夹套与带螺杆的钢标准块构成，且应以45号碳钢制作；其形状及主要尺寸如图B.2.3所示。

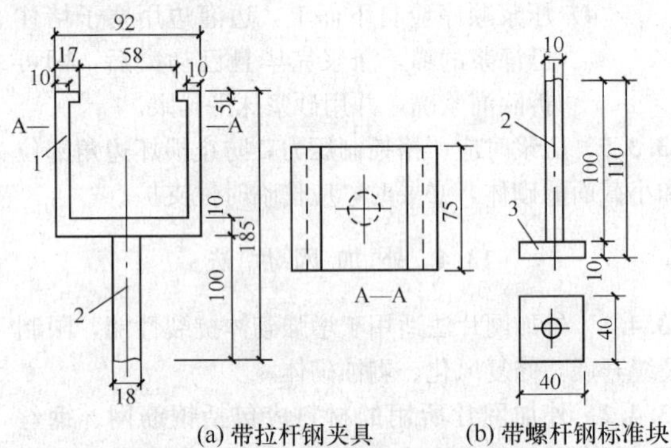

图B.2.3　试件夹具及钢标准块尺寸

1—钢夹具；2—螺杆；3—标准块

注：图中尺寸为mm

B.3　试　　件

B.3.1　试验室条件下测定正拉粘结强度应采用组合式试件，其构造应符合下列规定：

1　以胶粘剂为粘结材料的试件应由砖试块（图B.3.1-1）、胶粘剂、加固材料（如纤维复合材或钢板等）及钢标准块相互粘合而成（图B.3.1-2a）。

2　以结构用聚合物改性水泥砂浆为粘结材料的试件应由砖试块（图B.3.1-1）、结构界面胶（剂）涂布层、现浇的聚合物改性水泥砂浆层及钢标准块相互粘合而成（图B.3.1-2b）。

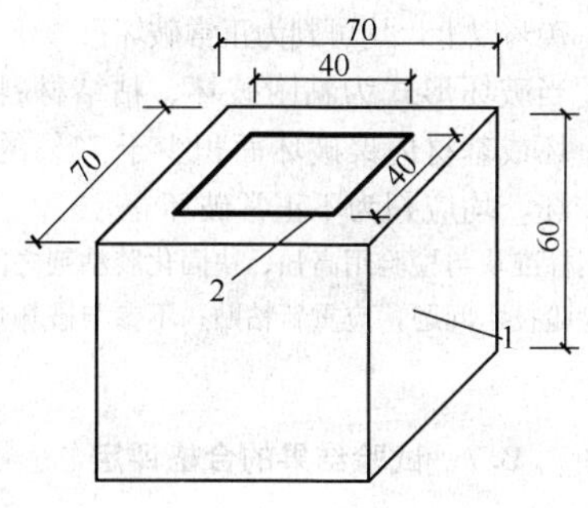

图 B.3.1-1 砖试块形式及尺寸

1—砖试块；2—预切缝

注：图中尺寸为 mm

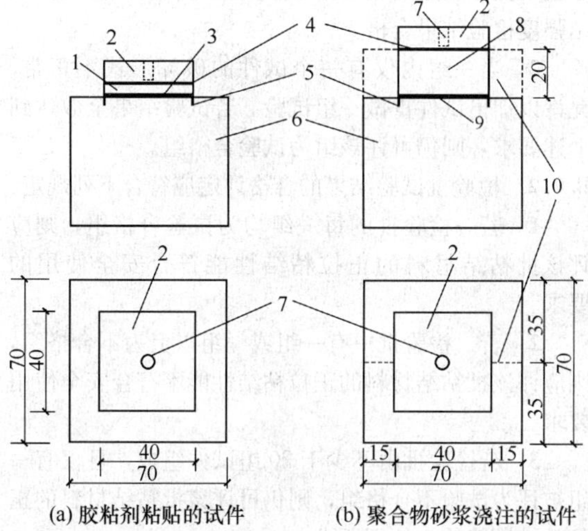

图 B.3.1-2 正拉粘结强度试验的试件

1—加固材料；2—钢标准块；3—受检胶的胶缝；4—粘贴标准块的快固胶；5—预切缝；6—混凝土试块；7—ϕ10 螺孔；8—现浇聚合物改性水泥砂浆层；9—结构界面胶（剂）；10—虚线部分表示浇注砂浆用可拆卸模具的安装位置

注：图中尺寸为 mm

B.3.2 试样组成部分的制备应符合下列规定：

1 受检粘接材料应按产品使用说明书规定的工艺要求进行配制和使用。

2 普通烧结砖试块的尺寸应为 70mm×70mm×60mm，其块体强度等级应为 MU20；试块使用前，应以专用的机械切出深度为 4mm～5mm 的预切缝，缝宽约 2mm，如图 B.3.1-1 所示。预切缝围成的方形平面，其净尺寸应为 40mm×40mm，并应位于试块的中心。混凝土试块的粘贴面（方形平面）应作打毛处理。打毛深度应达骨料断面，且手感粗糙，无尖锐突起。试块打毛后应清理洁净，不得有松动的骨料和粉尘。

3 受检加固材料的取样应符合下列规定：

1）纤维复合材应按规定的抽样规则取样；从纤维复合材中间部位裁剪出尺寸为 40mm×40mm 的试件；试件外观应无划痕和折痕；粘合面应洁净，无油脂、粉尘等影响胶粘的污染物。

2）钢板应从施工现场取样，并切割成 40mm×40mm 的试件，其板面及周边应加工平整，且应经除氧化膜、锈皮、油污和糙化处理；粘合前，尚应用工业丙酮擦洗干净。

3）聚合物砂浆应从一次性进场的批量中随机抽取其各组分，然后在试验室进行配制和浇注。

4 钢标准块（图 B.2.3b）宜用 45 号碳钢制作；其中心应车有安装 ϕ10 螺杆用的螺孔。标准块与加固材料粘合的表面应经喷砂或其他机械方法的糙化处理；糙化程度应以喷砂效果为准。标准块可重复使用，但重复使用前应完全清除粘合面上的粘结材料层和污迹，并重新进行表面处理。

B.3.3 试件的粘合、浇注与养护应符合下列规定：

1 应先在砖试块的中心位置，按规定的粘合工艺粘贴加固材料（如纤维复合材或薄钢板），若为多层粘贴，应在胶层指干时立即粘贴下一层。

2 当检验聚合物改性水泥砂浆时，应在试块上先安装模具，再浇注砂浆层；若产品使用说明书规定需涂刷结构界面胶（剂）时，还应在砖试块上先刷上界面胶（剂），再浇注砂浆层。

3 试件粘贴或浇注时，应采取措施防止胶液或砂浆流入预切缝。

4 粘贴或浇注完毕后，应按产品使用说明书规定的工艺要求进行加压、养护；分别经 7d 固化（胶粘剂）或 28d 硬化（聚合物砂浆）后，用快固化的高强胶粘剂将钢标准块粘贴在试件表面。每一道作业均应检查各层之间的对中情况。

注：对结构胶粘剂的加压、养护，若工期紧，且征得有关各方同意，允许采用以下快速固化、养护制度：

1 在 50℃条件下烘 24h；烘烤过程中仅允许有 2℃的正偏差；

2 自然冷却至 23℃后，再静置 16h，即可贴上标准块。

B.3.4 试件应安装在钢夹具（图 B.3.4）内并拧上传力螺杆。安装完成后各组成部分的对中标志线应在同一轴线上。

B.3.5 常规试验的试样数量每组不应少于 5 个；仲裁试验的试样数量应加倍。

B.4 试验环境

B.4.1 试验环境应保持在温度（23±2）℃、相对湿度（50±5）%～（65±10）%。

注：仲裁性试验的实验室相对湿度应控制在 45%～55%。

B.4.2 若试样系在异地制备后送检，应在试验标准

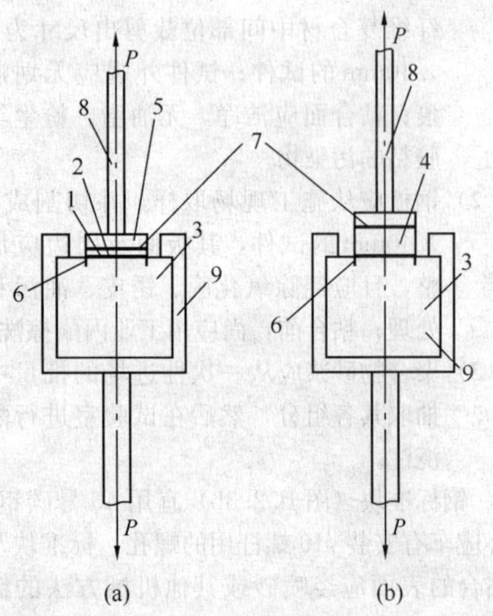

图 B.3.4 试件组装

1—受检胶粘剂；2—被粘合的纤维复合材或钢板；3—混凝土试块；4—聚合物砂浆层；5—钢标准块；6—混凝土试块预切缝；7—快固化高强胶粘剂的胶缝；8—传力螺杆；9—钢夹具

环境条件下放置 24h 后才进行试验，且应作异地制备的记载于检验报告上。

B.5 试 验 步 骤

B.5.1 将安装在夹具内的试件（图 B.3.4）置于试验机上下夹持器之间，并调整至对中状态后夹紧。

B.5.2 以 3mm/min 的均匀速率加荷直至破坏。记录试样破坏时的荷载值，并观测其破坏形式。

B.6 试 验 结 果

B.6.1 正拉粘结强度应按下式进行计算：

$$f_{ti} = P_i / A_{ai} \quad (B.6.1)$$

式中：f_{ti}——试样 i 的正拉粘结强度（MPa）；

P_i——试样 i 破坏时的荷载值（N）；

A_{ai}——金属标准块 i 的粘合面面积（mm²）。

B.6.2 试样破坏形式及其正常性判别：

1 试样破坏形式应按下列规定划分：

1）内聚破坏：应分为基材普通烧结砖内聚破坏和受检粘结材料的内聚破坏；后者可见于使用低性能、低质量的胶粘剂（或聚合物砂浆）的场合；

2）粘附破坏（层间破坏）：应分为胶层或砂浆层与基材之间的界面破坏及胶层与纤维复合材或钢板之间的界面破坏；

3）混合破坏：粘合面出现两种或两种以上的破坏形式。

2 破坏形式正常性判别，应符合下列规定：

1）当破坏形式为基材普通烧结砖内聚破坏，或虽出现两种或两种以上的混合破坏形式，但基材内聚破坏形式的破坏面积占粘合面面积70%以上，均可判为正常破坏；

2）当破坏形式为粘附破坏、粘结材料内聚破坏或基材内聚破坏面积少于 70%的混合破坏，均应判为不正常破坏。

注：钢标准块与检验用高强、快固化胶粘剂之间的界面破坏，属检验技术问题，应重新粘贴；不参与破坏形式正常性评定。

B.7 试验结果的合格评定

B.7.1 组试验结果的合格评定，应符合下列规定：

1 当一组内每一试件的破坏形式均属正常时，应舍去组内最大值和最小值，而以中间三个值的平均值作为该组试验结果的正拉粘结强度推定值；若该推定值不低于规定的相应指标，则可评该组试件正拉粘结强度检验结果合格。

2 当一组内仅有一个试件的破坏形式不正常，允许以加倍试件重做一组试验。若试验结果全数达到上述要求，则仍可评该组为试验合格组。

B.7.2 检验批试验结果的合格评定应符合下列规定：

1 若一检验批的每一组均为试验合格组，则应评该批粘结材料的正拉粘结性能符合安全使用的要求。

2 若一检验批中有一组或一组以上为不合格组，则应评该批粘结材料的正拉粘结性能不符合安全使用要求。

3 若检验批由不少于 20 组试件组成，且仅有一组被评为试验不合格组，则仍可评该批粘结材料的正拉粘结性能符合使用要求。

B.7.3 试验报告应包括下列内容：

1 受检胶粘剂或聚合物砂浆的品种、型号和批号。

2 抽样规则及抽样数量。

3 试件制备方法及养护条件。

4 试件的编号和尺寸。

5 试验环境的温度和相对湿度。

6 仪器设备的型号、量程和检定日期。

7 加荷方式及加荷速度。

8 试件的破坏荷载及破坏形式。

9 试验结果整理和计算。

10 取样、测试、校核人员及测试日期。

本规范用词说明

1 为便于在执行本规范条文时区别对待，对要求严格程度不同的用词说明如下：

1）表示很严格，非这样做不可的用词：

正面词采用“必须”；反面词采用“严禁”。

2）表示严格，在正常情况下均应这样做的用词：

正面词采用“应”；反面词采用“不应”或“不得”。

3）表示允许稍有选择，在条件许可时首先应这样做的用词：
正面词采用“宜”；反面词采用“不宜”。

4）表示有选择，在一定条件下可以这样做的，采用“可”。

2 条文中指定应按其他有关标准执行的写法为：“应符合……的规定”或“应按……执行”。

引用标准名录

1 《砌体结构设计规范》GB 50003

2 《建筑结构荷载规范》GB 50009

3 《混凝土结构设计规范》GB 50010

4 《建筑抗震设计规范》GB 50011

5 《建筑设计防火规范》GB 50016

6 《钢结构设计规范》GB 50017

7 《建筑抗震鉴定标准》GB 50023

8 《工业建筑可靠性鉴定标准》GB 50144

9 《建筑装饰装修工程质量验收规范》GB 50210

10 《民用建筑可靠性鉴定标准》GB 50292

11 《混凝土结构加固设计规范》GB 50367

12 《建筑结构加固工程施工质量验收规范》GB 50550

13 《通用硅酸盐水泥》GB 175

14 《快硬硅酸盐水泥》GB 199

15 《碳素结构钢》GB/T 700

16 《钢筋混凝土用钢　第1部分：热轧光圆钢筋》GB 1499.1

17 《钢筋混凝土用钢　第2部分：热轧带肋钢筋》GB 1499.2

18 《钢筋混凝土用钢　第3部分：钢筋焊接网》GB 1499.3

19 《低合金高强度结构钢》GB/T 1591

20 《碳钢焊条》GB/T 5117

21 《低合金钢焊条》GB/T 5118

22 《增强制品试验方法　第3部分：单位面积质量的测定》GB/T 9914.3

23 《钢筋混凝土用余热处理钢筋》GB 13014

24 《钢丝镀锌层》GB/T 15393

25 《钢筋焊接及验收规程》JGJ 18

26 《普通混凝土用砂、石质量及检验方法标准》JGJ 52

27 《混凝土用水标准》JGJ 63

28 《建筑砂浆基本性能试验方法》JGJ 70

29 《建筑钢结构焊接技术规程》JGJ 81

30 《钢筋焊接网混凝土结构技术规程》JGJ 114

31 《建筑抗震加固技术规程》JGJ 116

32 《钢纤维混凝土》JG/T 3064

中华人民共和国国家标准

砌体结构加固设计规范

GB 50702—2011

条 文 说 明

制 定 说 明

本规范是根据原建设部《1989 年工程建设专业标准制订修订计划》的要求，由四川省建筑科学研究院和中国华西企业有限公司共同编制而成。

为便于大家在使用本规范时能正确理解和执行条文的规定，编制组根据《工程建设标准编写规定》的要求，按照章、节、条的顺序，编制了《砌体结构加固设计规范》条文说明，对条文规定的目的、依据以及执行中需注意的有关事项进行了说明。但是，本条文说明不具备与规范正文同等的法律效力，仅供使用者作为理解和把握规范规定的参考。规范执行中如发现条文说明有欠妥之处，请将意见或建议寄交四川省建筑科学研究院。

目　次

1 总 则

1.0.1 本条规定了制定本规范的目的和要求，这里应说明的是，本规范作为砌体结构加固通用的国家标准，主要是针对为保障安全、质量、卫生、环保和维护公共利益所必需达到的最低指标和要求作出统一的规定。至于以更高质量要求和更能满足社会生产、生活需求的标准，则应由其他层次的标准规范，如专业性很强的行业标准、以新技术应用为主的推荐性标准和企业标准等在国家标准基础上进行充实和提高。然而，在前一段时间里，这一最基本的标准化关系，由于种种原因而没有得到遵循，出现了有些标准对安全、质量的要求反而低于国家标准的不正常情况。为此，在实施本规范过程中，若遇到上述情况，一定要从国家标准是保证加固结构安全的最低标准这一基点出发，按照《中华人民共和国标准化法》和建设部第25号部令的规定来实施本规范，做好砌体结构的加固设计工作，以避免在加固工程中留下安全隐患。

1.0.2 本条规定了本规范的适用范围。它与现行国家标准《砌体结构设计规范》GB 50003及《建筑抗震加固技术规程》JGJ 116（部分章节）相衔接，以便于配套使用。

1.0.3、**1.0.4** 这两条主要是对本规范在实施中与其他相关标准配套使用的关系作出规定。但应指出的是，由于结构加固是一个新领域，其标准规范体系中尚有不少缺口，一时还很难完成配套工作。在这种情况下，当遇到困难时，应及时向住房和城乡建设部建筑物鉴定与加固规范管理委员会反映，以取得该委员会的具体帮助。

2 术语和符号

2.1 术 语

2.1.1～2.1.14 本规范采用的术语及其涵义，是根据下列原则确定的：

1 凡现行工程建设国家标准已作规定的，一律加以引用，不再另行给出定义；

2 凡现行工程建设国家标准尚未规定的，由本规范参照国际标准和国外先进标准给出其定义；

3 当现行工程建设国家标准虽已有该术语，但定义不准确或概括的内容不全时，由本规范完善其定义。

2.2 符 号

2.2.1～2.2.4 本规范采用的符号及其意义，尽可能与现行国家标准《砌体结构设计规范》GB 50003及《混凝土结构设计规范》GB 50010相一致，以便于在加固设计、计算中引用其公式，只有在遇到公式中必须给出加固设计专用的符号时，才另行制定，即使这样，在制定过程中仍然遵循了下列原则：

1 对主体符号及其上、下标的选取，应符合现行国家标准《工程结构设计基本术语和通用符号》GBJ 132的符号用字及其构成规则；

2 当必须采用通用符号，但又必须与新建工程使用的该符号有所区别时，可在符号的释义中加上定语。

3 基本规定

3.1 一般规定

3.1.1 砌体结构是否需要加固，应经结构可靠性鉴定确认。我国已发布的现行国家标准《工业建筑可靠性鉴定标准》GB 50144和《民用建筑可靠性鉴定标准》GB 50292，是通过实测、验算并辅以专家评估才作出可靠性鉴定的结论，因而可以作为砌体结构加固设计的基本依据；但须指出的是砌体结构加固设计所面临的不确定因素远比新建工程多而复杂，况且还要考虑业主的种种要求；因而本条作出了："应由有资质的专业技术人员按本规范的规定和业主的要求进行加固设计"的规定。

同时，众多的工程实践经验还表明，承重结构的加固效果，除了与其所采用的方法有关外，还与该建筑物现状有着密切的关系。一般而言，结构经局部加固后，虽然能提高被加固构件的安全性，但这并不意味着该承重结构的整体承载便一定是安全的。因为就整个结构而言，其安全性还取决于原结构方案及其布置是否合理，构件之间的连接是否可靠，其原有的构造措施是否得当与有效等；而这些就是结构整体牢固性（robustness）的内涵；其所起到的综合作用就是使结构具有足够的延性和冗余度，不致发生与其原因不相称的严重破坏后果，如局部破坏引起的大范围连续倒塌等。因此，本规范要求专业技术人员在承担结构加固设计时，应对该承重结构的整体性进行检查与评估，以确定是否需作相应的加强。另外，还应关注节能与环保等要求是否得到应有的执行。

3.1.2 不同类型的结构，在整体牢固性上有着显著的差别；即使同样满足承载力安全度的要求，砌体结构的整体安全性仍然很难与钢筋混凝土结构和钢结构相比拟；以致在遭遇不测事件时，往往会发生连续倒塌。然而一旦采取了有效的构造措施，则情况将大为不同。不少砖混结构在各种灾害后，之所以能够幸存、可修，就是因为设计单位在结构整体牢固性的考虑上，采取了正确的构造措施。这对砌体结构的加固设计而言，更显得重要。因为对已有砌体结构普遍存在的、影响整体性的缺陷，倘若不在加固的同时加以整治，则再好的局部性加固，也抵御不了不测事件的破坏作用。为此，本规范作出规定：应对所发现的此类问题一一进行整治。

3.1.3 被加固的混凝土结构、构件，其加固前的服役时间各不相同，其加固后的结构功能又有所改变，因此不能直接沿用其新建时的安全等级作为加固后的安全等级，而应根据业主对该结构下一目标使用期的要求，以及该房屋加固后的用途和重要性重新进行定位，故有必要由业主与设计单位共同商定。

3.1.4 本条主要强调两点：一是应从设计与施工两方面共同采取措施，以保证新旧两部分能形成整体共同工作；二是应避免对未加固部分以及相关的结构、构件和地基基础造成不利的影响。这是两个常识性的基本要求，之所以需要强调，是因为在当前的结构加固设计领域中，经验不足的设计人员占较大比重，致使加固工程出现“顾此失彼”的失误案例时有发生，故有必要加以提示。

3.1.5 由高温、高湿、冻融、冷脆、腐蚀、振动、温度应力、收缩应力、地基不均匀沉降等原因造成的结构损坏，在加固时，应采取有效的治理对策，从源头上消除或限制其有害的作用。与此同时，尚应正确把握处理的时机，使之不致对加固后的结构重新造成损坏。就一般概念而言，通常应先治理后加固，但也有一些防治措施可能需在加固后采取。因此，在加固设计时，应合理地安排好治理与加固的工作顺序，以使这些有害因素不至于复萌。这样才能保证加固后结构的安全和正常使用。

3.1.8 结构加固工作反馈的信息表明，业主和设计单位普遍要求本规范给出结构加固后预期的正常使用年限。这个要求无可厚非，也很必要，但问题在于大多数加固技术在实际工程中已经使用的年数都不长，很难据以判断一种加固方法，其使用年限是否能与新建的工程一样长。为了解决这个问题，规范编制组对国内外有关情况进行了调查。其主要结果如下：

1 国外有关结构加固的指南普遍认为：基于现有房屋结构的修复经验，以30年作为正常使用与维护条件下结构加固的设计使用年限是相当适宜的。倘若能引进桥梁定期检查与维护制度，则不仅更能保证安全，而且在到达设计年限时，继续延长其使用期的可能性将明显增大。这一点对使用聚合物材料的加固方法尤为重要。

2 国外保险业对房屋结构在正常使用和维护条件下的最高保用年限也定为30年。因为其所作的评估认为：这个年数较能为有关各方共同接受。

3 我国档案材料的统计数据表明，一般公用建筑投入使用后，其前30年的检查、维护周期一般为6～12年；其30年后的检查、修缮时间的间隔显著缩短，甚至很快便进入大修期。

由上述可见，对正常使用、正常维护的房屋结构而言，30年是一个可以接受的标志性年限。为此国家标准《混凝土结构加固设计规范》编制组会同本规范编制组在调查基础上，又组织专家进行了论证其主要结论如下：

1 以30年为加固设计的使用年限，较为符合当前加固技术发展的水平和近20年来所积累的经验；况且到了30年也并不意味着该房屋结构寿命的终结，而只是需要进行一次系统的检查，以作出是否可以继续安全使用的结论。这对已使用30年的房屋而言，也确有此必要。

2 对使用胶粘剂或其他聚合物的加固方法，不论厂商如何标榜其产品的优良性能，使用者必须清醒地意识到这些人工合成的材料，不可避免地存在着老化问题，只是程度不同而已，况且在工程施工的现场，还很容易因错用劣质材料或所使用的工艺不当，而过早地发生破坏。为了防范这类隐患，即使在发达的国家也同样要求加强检查（如房屋）或监测（如桥梁），但检查时间的间隔可由设计单位作出规定，不过第一次检查时间宜定为投入使用后的6～8年，且至迟不应晚于10年。

此外，专家也指出，对房屋建筑的修复，还应首先听取业主的意见。若业主认为其房屋极具保存价值，而加固费用也不成问题，则可商定一个较长的设计使用年限；譬如，可参照历史建筑的修复，定一个较长的使用年限，这在技术上都是能够做到的，但毕竟很费财力，不应在业主无特殊要求的情况下，误导他们这么做。

基于以上所做的工作，制定了本条的三项处理原则。

3.1.9 砌体结构的加固设计，系以委托方提供的结构用途、使用条件和使用环境为依据进行的。倘若加固后任意改变其用途、使用条件或使用环境，将显著影响结构加固部分的安全性及耐久性。因此，改变前必须经技术鉴定或设计许可，否则后果的严重性将很难预料。本条为强制性条文，必须严格执行。

3.2 设计计算原则

3.2.1 考虑到线弹性分析方法是最成熟的结构分析方法，迄今为国外结构加固设计规范和指南所广泛采用。因此，本规范作出了“在一般情况下，应采用线弹性分析方法计算被加固结构作用效应”的规定。

3.2.2 本规定对砌体结构的加固验算作了详细而明确的规定。这里仅指出一点，即：其中部分计算参数已在该结构加固前的可靠性鉴定中通过实测或验算予以确定。因此，在进行结构加固设计时，宜尽可能加以引用，这样不仅可以节约时间和费用，而且在被加固结构日后万一出现问题时，也便于分清责任。

3.2.3 本条是根据现行国家标准《正态分布完全样本可靠度单侧置信下限》GB 4885制定的。采用这一方法确定的加固材料强度标准值，由于考虑了样本容量和置信水平的影响，不仅将比过去滥用“1.645”这个系数值，更能实现设计所要求的95%保证率，而且与当前国际标准、欧洲标准、ACI标准等检验材料强度标准值所采用的方法，在概念上也是一致的。

3.2.4 为防止使用胶粘剂或其他聚合物的结构加固部分意外失效（如火灾或人为破坏等）而导致的建筑物坍塌，国外有关的设计规程和指南，如ACI 440 2R-02和英国混凝土协会55号设计指南等均要求设计者对原结构、构件提供附加的安全保护。一般是要求原结构、构件必须具有一定的承载能力，以便在结构加固部分意外失效时能继续承受永久荷载和少量可变荷载的作用。为此，规范编制组提出了按可变荷载标准值与永久荷载标准值之比值的大小，验算原结构、构件承载力的要求。至于n值取1.2和1.5，系参照上述国外资料和国内设计经验确定的。

3.3 加固方法及配合使用的技术

3.3.1 根据结构加固方法的受力特点，本规范参照国内外有关文献将加固方法分为两类。就一般情况而言，直接加固法较为灵活，便于处理各类加固问题，间接加固法较为简便、可靠，且便于日后的拆卸、更换，因此还可用于有可逆性要求的历史、文物建筑的抢险加固。设计时，可根据实际条件和使用要求进行选择。

3.3.2、3.3.3 本规范共列入八种加固方法和一种结构加固所需配合使用的技术。基本上满足了当前砌体结构加固工程的需要。这里应指出的是，每种方法均有其适用范围和应用条件；在选用时，若无充分的科学试验和论证依据，切勿随意扩大其适用范围，或忽视其应用条件，以免因考虑不周而酿成安全质量事故。

4 材 料

4.1 砌 筑 材 料

4.1.1 砌体结构加固用的块体（块材），主要用于原材料受损块体的置换，其品种与原构件相同时，较易处理一些问题，故规定：一般应采用与原构件同品种的块体。至于外加的砌体扶壁柱，只要其外观能被业主接受，也可采用不同品种的块体砌筑。

4.1.2 砌体结构外加面层的砂浆是要参与承载的，因而应对其强度等级提出要求。当喷抹的是普通水泥砂浆时，其强度等级不应低于M10；这是根据本规范和《建筑抗震加固技术规程》JGJ 116编制组所做的工作确定的；当喷抹的是水泥复合砂浆时，其强度等级不应低于M25；这是根据湖南大学试验研究结果确定的。

4.1.3 地面以上部分的砌体结构，其砌筑砂浆，过去一直以“宜采用水泥石灰混合砂浆”予以推荐；其理由有二：一是可以节约水泥；二是在用砂量较大的条件下可以改善砂浆的和易性和保水性。但随着我国经济的发展，水泥已成为比石灰更容易获得的建筑材料，况且掺有外加剂的水泥砂浆，其性能也比混合砂浆为好。在这种情况下，根据有关专家的建议，将水泥石灰混合砂浆的用词，由“宜采用”改为“可采用”，以便于设计人员作出选择。

4.2 混凝土原材料

4.2.1 本条的规定是根据国内外混凝土结构加固工程使用水泥的经验制定的。其中需说明的是，对火山灰质和矿渣质硅酸盐水泥的使用，之所以强调应有工程实践经验，是因为其所配制的混凝土，容易出现泌水现象，且早期强度偏低，需要的养护时间较长，容易受到意外因素的干扰；但若有使用经验，则可通过采取相应的技术措施予以防备。

4.2.3 本条指出的五种水泥，若用于结构加固工程上，将严重影响被加固结构的安全，因而列为强制性条文，要求严格执行。

4.2.6 早期的加固规范规定：“加固用的混凝土中不应掺入粉煤灰”，因而经常受到质询，纷纷要求规范采取积极措施解决粉煤灰的应用问题。为此，GB 50367规范编制组对该规定的背景情况进行了调查；从中了解到主要是因为20世纪80年代工程用的粉煤灰，其烧失量过大，致使掺有粉煤灰的混凝土收缩率很大，从而影响了结构加固的质量。据此，该编制组开展了专题研究，其结论表明：只要使用Ⅰ级灰，且限制其烧失量不超过5%，便不致对加固后的结构产生明显的不良影响。据此，本规范也作出了相应的规定。

4.3 钢材及焊接材料

4.3.1～4.3.5 本规范对结构加固用钢材的选择，主要基于以下三点的考虑：

1 在二次受力条件下，具有较高的强度利用率，能较充分地发挥被加固构件新增部分的材料潜力；

2 具有良好的可焊性，在钢筋、钢板和型钢之间焊接的可靠性能得到保证；

3 高强钢材仅推荐用于预应力加固及锚栓连接。

4.3.6 砌体结构、构件是以砂浆砌筑块材而成，其整体性远不如混凝土，一般锚栓嵌入其中起不到应有的锚固作用。因此，必须采用按其材性和构造专门设计的锚栓。与此同时，其锚栓原材料的性能等级，也不是越高越好，而是有其适宜的选材范围。为此，从现行国家标准《紧固件机械性能——螺栓、螺钉和螺柱》GB/T 3098.1中选择了4.8和5.8两个性能等级的碳素钢作为砌体专门锚栓的用钢，并相应给出了其性能指标。本条为强制性条文，必须严格执行。

4.3.7 工程上有关焊接信息的反馈情况表明，在砌体结构加固工程中，一般对钢筋焊接较为熟悉，提出的问题很少；而对钢板、扁钢、角钢等的焊接，仍有很多设计人员对现行钢结构设计规范理解不深，以致在施工图中，对焊缝质量所提出的要求，往往与施工人员有争执。但应指出的是：国家标准《钢结构设计规范》GB 50017－2003 已基本上解决了这个问题，因此，在砌体结构加固设计中，当涉及角钢、钢板焊接问题时，应先熟悉该规范第 7.1.1 条的规定以及该条的条文说明，将有助于做好钢材焊缝的设计。

4.4 钢 丝 绳

4.4.1、**4.4.2** 考虑到我国目前小直径钢丝绳，采用不锈钢丝制作的产品价格昂贵，因此，根据国内试验、试用的结果，引入了镀锌的钢丝绳；在区分环境介质和采取阻锈措施的条件下，将两类钢丝绳分别用于重要构件和一般构件，从而可以收到降低造价和合理利用材料的效果。

4.4.3 本条是根据现行国家标准《建筑结构可靠度设计统一标准》GB 50068 的要求制定的。制定时，考虑到仅规定保证率，而无保证其实现的措施仍然无法执行。为此，以现行国家标准《正态分布完全样本可靠度单侧置信下限》GB 4885 为依据，引入了置信水平概念，使保证率与试样数量挂钩，以提高其实现的概率，并在此基础上，参照欧洲标准给出了置信水平的具体取值，弥补了统一标准的缺陷，以确保实际工程的设计质量。本条为强制性条文，必须严格执行。

4.4.4 涂有油脂的钢丝绳，它与聚合物砂浆之间的粘结力将严重下降，故作出本规定。

4.5 纤 维 复 合 材

4.5.1 对本条的规定需说明以下三点：

1 碳纤维按其主原料分为三类，即聚丙烯腈（PAN）基碳纤维、沥青（PITCH）基碳纤维和粘胶（RAYON）基碳纤维。从结构加固性能要求来考量，只有 PAN 基碳纤维最符合承重结构的安全性和耐久性要求；粘胶基碳纤维的性能和质量差，不能用于承重结构的加固；沥青基碳纤维只有中、高模量的长丝，可用于需要高刚性材料的加固场合，但在通常的建筑结构加固中很少遇到这类用途，况且在国内尚无实际使用经验，因此，本规范规定：应选用聚丙烯腈基（PAN 基）碳纤维。另外，应指出的是最近市场新推出的玄武岩纤维，由于其强度和弹性模量很低，不能用于承重结构加固。因此，在选材时，切勿听信不实的宣传。

2 当采用聚丙烯腈基碳纤维时，还必须采用 12K 或 12K 以下的小丝束纤维；严禁使用大丝束纤维；其所以作出这样严格的规定，主要是因为小丝束的抗拉强度十分稳定，离散性很小，其变异系数均在 5%以下，容易在生产和使用过程中，对其性能和质量进行有效的控制；而大丝束则不然，其变异系数高达 18%以上，且在试验和试用中所表现出的可靠性很差，故不能作为承重结构加固材料使用。

另外，应指出的是，近来日本等国开始使用 15K 碳纤维。据报道使用效果甚好。我国所做的材性试验也表明：其性能介于Ⅰ级和Ⅱ级之间。因此，作出“当有可靠工程经验时，允许使用 15K 碳纤维”的规定。

3 对玻璃纤维在结构加固工程中的应用，必须选用高强度的 S 玻璃纤维或含碱金属氧化物含量低于 0.8%的 E 玻璃纤维。至于 A 玻璃纤维和 C 玻璃纤维，由于其含碱量（K、Na）高，强度低，尤其是在湿态环境中强度下降更为严重，因而应严禁在结构加固中使用。

4.5.2 对本条文的制定，需说明以下三点：

1 纤维复合材虽然是工程结构加固的好材料，但在工程上使用时，除了应对纤维和胶粘剂的品种、型号、规格、性能和质量作出严格规定外，尚须对纤维与胶粘剂的“配伍”问题进行安全性与适配性的检验与合格评定。否则容易因材料“配伍”失误，而导致结构加固工程失败。

2 随着碳纤维生产技术的日益发展，高强度级碳纤维的基本性能和质量也越来越得到改善。为了更好地利用这类材料，国外有关规程和指南几乎都增加了“超高强”一级。正在修订的 GB 50367 规范根据目前国内市场供应的不同型号碳纤维的性能和质量的差异情况，也将结构加固使用的碳纤维分为“高强度Ⅰ级”、“高强度Ⅱ级”和“高强度Ⅲ级”三档，但对砌体结构加固，本规范仅推荐使用Ⅱ级和Ⅲ级纤维。另外，我国之所以不用“超高强”作为分级的冠名，主要是因为这个定语过于夸张，无助于技术的不断向前发展。

3 表 4.5.2-1 和表 4.5.2-2 的安全性能指标，是根据住房和城乡建设部建筑物鉴定与加固规范管理委员会几年来对进入我国建设工程市场各种品牌和型号碳纤维及玻璃纤维织物和板材的抽检结果，并参照国外有关规程和指南制定的。工程试用结果表明，按该表规定的指标接收产品较能保证结构安全所要求的质量。

本条为强制性条文，必须严格执行。

4.5.3 对符合本规范第 4.5.2 条安全性能指标要求的纤维复合材，当它与其他牌号结构胶配套使用时，之所以必须重做适配性检验，是因为一种纤维与一种牌号胶粘剂的配伍通过了安全性及适配性的检验，并不等于它与其他牌号胶粘剂的配伍，也具有同等的安全性及适配性。故必须重新做检验，但检验项目可以适当减少。本条为强制性条文，必须严格执行。

4.5.5 对本条需说明两点：

1 目前国内外生产的供工程结构粘贴纤维复合材使用的胶粘剂，是以常温固化和现场涂刷施工为前提，因此，其浸润性、渗透性和垂流度均仅适用于单位面积质量在300g/m²及其以下的碳纤维织物。若用于大于300g/m²，胶粘剂将很难浸透，致使碳纤维层内和层间因缺胶而使得所形成的复合材的整体性受到严重影响，达不到设计所要求的粘结强度。因此，在GB 50367规范2006年版本中，作出了"严禁使用单位面积质量大于300g/m²的碳纤维织物"的规定；但这几年来，为了解决这个工艺问题，国外厂家通过大量试验研究，推出了适合现场条件使用的真空灌注法，解决了300g/m²～450g/m²的碳纤维织物在工程现场的注胶问题。这一新工艺经我国验证和使用表明：确能较饱满地完成厚型织物的注胶工艺。因此，这次制定本条时，补充了这项新工艺，并具体规定了其适用范围。但应指出的是：以450g/m²作为现场使用真空灌注法的界限值，是根据国内外共识界定的，不可听信有些厂商的不实宣传，而任意扩大厚型布适用范围。

2 预浸法生产的碳纤维织物，由于存储期短，且要求低温冷藏，在现场加固施工条件下很难做到，常常因此而导致预浸料发生粘连、变质。若勉强加以利用，将严重影响结构加固的安全和质量，故作出严禁使用这种材料的规定。为此，还需要指出的是：预浸料只能在工厂条件下采用中、高温（125℃～180℃）固化工艺，以低黏度的专用胶粘剂制作纤维复合材。但一些不法厂商为了赚取高利润，有意隐瞒这些事实，大量地将这类材料推销给建设工程使用，而一些业主和施工单位也为了有利可图而加以接受。在这种情况下，一旦发生事故将很难分清设计、施工、监理、业主和材料供应商的责任。故提请设计、监理和检验单位必须严加提防。

本条为强制性条文，必须严格执行。

4.6 结构胶粘剂

4.6.1 砌体结构加固工程用的结构胶粘剂，虽经国内外专家论证认为：可以使用B级胶，但为了确保工程的安全，仍然必须要求胶粘剂的粘结抗剪强度标准值应具有足够高的强度保证率及其较高的可能实现的概率（即置信水平）。本规范采用的95%保证率，系根据现行国家标准《建筑结构可靠度设计统一标准》GB 50068确定的；其置信水平是参照国内外同类标准如ACI455.2、CIB-W18、GB 4885（与ISO国际标准等效），以及我国标准化工作应用概率统计方法的经验确定的，即取置信水平$C=0.90$，与美国和欧洲标准相一致。

这里必须指出的是：迄今在国内，仍有为数不少的科研、设计人员在强度标准值的概述和算法上，还存在着一个误区，即简单地认为：强度标准值所要求的95%保证率，就是将试验得到的强度平均值减去1.645倍标准差。其实这只有当试样数量n足够大时，例如当$n \geqslant 3000$时，才接近于1.645这个值。若n的数量有限，例如$n=5$与$n=50$，倘若其试验结果的平均值仍然还是都只减去1.645倍标准值，那么，它们的强度保证率是否也都达到了95%呢？答案显然是否定的。因为它忽略了试样数量这一重要的影响因素。概率统计计算表明：若置信水平为0.90，则当$n=5$与$n=50$时，应分别减去3.4倍和1.965倍标准差，才能同样具有95%的保证率。因此，显然不能只规定强度保证率，而不规定其所必需考虑的可能实现的概率（即置信水平）；也正因此，在本规范第3.2.3条中给出了强度标准值的正确算法，以供检验和设计人员使用。

4.6.2 经过数十年的实践，目前国际上已公认专门研制的改性环氧树脂胶为混凝土结构加固首选的胶粘剂。不论从抗剥离性能、耐环境作用、耐应力长期作用等各方面来考察，都是迄今其他建筑用胶所无法比拟的；但需要提请使用单位注意的是：这些良好的胶粘性能并非环氧树脂胶所固有的，而是通过改性消除了第一代环氧树脂胶脆性等一系列缺陷后才获得的。因此，在使用前必须通过安全性能检验，确认其改性效果后，才能保证被加固结构承载的安全可靠性。至于不饱和聚酯树脂以及所谓的醇酸树脂，由于其耐潮湿和耐老化性能差，因而不允许用作承重结构加固的胶粘剂。本条文为强制性条文，必须严格执行。

4.6.3 种植后锚固件（植筋、锚栓及拉结筋等）的胶粘剂，之所以必须使用专门配制的改性环氧树脂胶，其理由如同上条所述，这里需要补充说明的是：在砌体结构的锚固用胶中，仍然有不少使用了乙二胺（包括以乙二胺为主成分的T-31）作固化剂。这在现行国家标准《混凝土结构加固设计规范》GB 50367中是严禁使用的。因此，对本规范而言，该规定也同样有效。因为本条规定砌体结构锚固用胶必须符合该规范对B级胶的安全性能要求。另外，应指出的是：水泥卷及其他水泥基锚固剂，由于韧性差以及其中所含的膨胀剂对上部结构的负面影响，是不应该用于承重结构的，但受当前加固市场不规范的影响，不少厂商和设计单位仍以各种臆造的理由来推销这类产品，故必须在强制性条文中予以澄清。

4.7 聚合物改性水泥砂浆

4.7.1 目前市场上聚合物乳液的品种很多，但绝大多数都是不能用于配制承重结构加固用的聚合物改性水泥砂浆。为此，根据规范编制组通过验证性试验的筛选结果，经专家讨论后作出了本规定，以供加固设计单位在选材时使用。

4.7.2 根据本规范编制组所进行的调查研究表明，国外对结构加固用的聚合物改性水泥砂浆的研制是分档进行的。不同档次的聚合物改性水泥砂浆，其所用的聚合物品种、含量和性能有着显著的差别，必须在加固设计选材时予以区分。前一段时间，有些进口产品的代理商在国内推销时，只推销低档次的产品，而且选择在原构件混凝土强度很低的场合演示其使用效果。一旦得到设计单位和当地建设主管部门认可后，便不分场合到处推广使用。这是一种必须制止的危险做法。因为采用低档次聚合物配制的砂浆，与强度等级在C25以上的基材混凝土的粘结，其效果是很不好的，会给承重结构加固工程留下严重的安全隐患；故设计、监理单位和业主务必注意。

4.7.3 表4.7.3的检验项目及合格指标，是参照现行国家标准《混凝土结构加固设计规范》GB 50367对混凝土结构用聚合物改性水泥砂浆所作的规定，并参考福建厦门和湖南长沙两地产品在砌体结构中应用的检验数据制定的；与此同时，还根据各地反馈的意见进行了调整。因此，不论对进口产品或国内产品，均能进行较有效的控制，以保证其性能和质量能够满足砌体结构安全使用的要求。

4.7.4 对水泥复合砂浆，其安全性鉴定之所以应按II_m级聚合物改性水泥砂浆的规定执行，是因为目前市场上的产品，即使其抗压强度很高，但它的综合性能水平仍然处于II_m级聚合物改性水泥砂浆的档次上，在这种情况下，如果一种水泥复合砂浆的安全性鉴定结果还不合格，只能说明该产品的粘结抗剪能力不足，还需要通过更有效的改性予以提高，才能满足承重结构安全使用的要求。

4.7.5 聚合物改性水泥砂浆一般作为承重结构的加固面层使用。因此，其粘结性能就显得很重要，不仅要有足够的粘结抗剪强度，而且其使用后期的粘结能力必须得到保证。针对这一使用要求，必须采用对劣质聚合物检出能力很强的湿热老化检验法来检测其耐老化性能，才能作出正确判断。因为聚合物粘结剪切长期性能的优劣在很大程度上决定了这类砂浆面层的耐老化性能。本条为强制性条文，必须严格执行。

4.7.6 以聚合物为改性剂的水泥砂浆，其抗压试件的强度和抗冻性能都有显著的提高，但这方面提高并不意味着其粘结剪切的抗冻性也会相应提高。因为两者的破坏模式不同，况且聚合物改性水泥砂浆的应用上最关注的也是粘结剪切的抗冻性。在这种情况下，编制组决定采用剪切试件直接检验粘结抗剪工作的抗冻性，并参照结构胶的检验标准，给出了冻融循环次数和可接受的强度降低百分率。

4.7.7 关于配制改性水泥砂浆用的聚合物原料的毒性检验规定，在很多国家均纳入其有关法规。因为它与人体健康和环境卫生密切相关，必须保证其使用的安全。为此，本规范也参照国内外有关标准进行制定，并列为强制性条文，以保证严格执行。另外，应指出的是，就目前所使用的聚合物而言，在完全固化后要达到"实际无毒"的卫生等级，是完全可以做到的。之所以还需要对毒性检验进行强制，是为了防止新开发的其他品种聚合物忽视这个问题，也为了防范劣质有毒的产品混入市场。

4.8 砌体裂缝修补材料

4.8.1、4.8.3 砌体裂缝修补胶的应用效果，取决于其工艺性能和低黏度胶液的可灌注性以及其完全固化后所能达到的粘结强度。若裂缝的修补目的只是为了封闭，可仅做外观质量检验；但若裂缝的修补有补强、恢复构件整体性或防渗的要求，则应按现行检验标准取芯样做劈裂抗拉强度试验，并要求其破坏面不在粘合裂缝的界面上，但这在砌体构件中，不一定都能做到。在竖向灰缝质量很差的情况下，只能达到基本上恢复部分整体性的要求。

4.8.2 注浆修补裂缝，主要是为了恢复构件的整体性，并消除其渗漏的隐患。因此，应通过各种探测手段对混凝土灌浆前的内部情况进行检查和分析。本条的规定只是供现场复验注浆料的性能和质量使用。

4.9 防裂用短纤维

4.9.1 用于砌体结构外加面层防止收缩裂缝的纤维，可根据工程实际条件和防裂要求，选用钢纤维或合成纤维。当采用合成纤维时，其抗拉强度不宜低于280MPa。

4.9.3 砌体结构加固工程选用合成纤维时，宜通过试验确定各项参数和性能指标。若无试验资料可供使用时，可按表4.9.3进行确定。

5 钢筋混凝土面层加固法

5.1 一般规定

5.1.1 钢筋混凝土面层加固方法属于复合截面加固法的一种。其优点是施工工艺简单、适应性强，受力可靠、加固费用低廉，砌体加固后承载力有较大提高，并具有成熟的设计和施工经验，适用于柱、墙和带壁柱墙的加固；其缺点是现场施工的湿作业时间长，养护期长，对生产和生活有一定的影响，且加固后的建筑物净空有一定的减小。本条给出了柱、墙和带壁柱墙加固设计常用的钢筋混凝土面层加固方法。

5.1.2 本条规定的加固后砖砌体柱和砖砌体墙的计算截面宽度取值，如图5.1.2（a）、（b）易于理解，无需说明；对加固后的带壁柱砌体墙计算截面的宽度取值，是参照现行国家标准《砌体结构设计规范》GB 50003的相关规定制定的。

5.1.3 外加钢筋混凝土面层加固砌体结构应严格要求做好界面处理，并采取措施保证粘结质量，以使原构件与新增部分的结合面能可靠地传力、协同工作。只有界面处理和粘结质量合格，方可采用按整体截面进行计算的假定。

5.1.4 外加钢筋混凝土面层加固方法，由于受原砌体构件应力、应变水平的影响，虽然不能简单地按现行设计规范《砌体结构设计规范》GB 50003、《混凝土结构设计规范》GB 50010 进行计算，但该规范的基本假定具有普遍意义，仍应在加固计算中得到遵守。

5.2 砌体受压加固

5.2.1 在满足构造要求情况下，外加钢筋混凝土面层加固后的结构可看成砌体与钢筋混凝土面层的组合砌体构件。因此可以利用《砌体结构设计规范》GB 50003 中组合砌体构件轴心受压构件承载力计算公式推出加固后结构轴心受压计算公式。考虑到加固结构中的原有砌体加固前已经承受荷载，其应力水平一般都比较高，而加固新增的钢筋混凝土面层还不能立即工作，需待新加荷载后（第二次受力）才开始受力。此时，新增钢筋混凝土面层的应变滞后于原砌体的应变，原砌体的应变高于新增钢筋混凝土面层的应变；也就是说，当原砌体达到极限状态时，新增钢筋混凝土面层还没有达到其极限状态，其承载力不能得到充分发挥。因此，计算加固后构件的承载力，应考虑新增钢筋混凝土面层与原砌体承受应变起点不同，新增钢筋混凝土面层存在应变滞后现象的实际情况，即使完全卸载时，加固后构件的工作虽属一次受力，但由于受二次施工的影响，其截面工作仍然不如一次施工的构件，其承载力仍有所降低。因此，计算加固后构件的承载力时，引入后加材料的强度利用系数，对《砌体结构设计规范》GB 50003 组合砌体构件承载力的计算公式进行修正，从而得到加固后构件的承载力计算公式。根据实际工程和试验结果，新增混凝土的强度利用系数，对砖砌体，取 $\alpha_c=0.8$；对混凝土小型空心砌块砌体，取 $\alpha_c=0.7$。新增钢筋的强度利用系数，对砖砌体，取 $\alpha_s=0.85$；对混凝土小型空心砌块砌体，取$\alpha_s=0.75$。

表 5.2.1 的稳定系数 φ_{com} 来源于《砌体结构设计规范》GB 50003 中砌体和钢筋混凝土面层的组合砌体构件的稳定系数。

5.2.2 钢筋混凝土面层加固偏心受压砌体构件正截面承载力计算公式系由《砌体结构设计规范》GB 50003 组合砌体构件偏心受压承载力计算公式经修正得到的。根据试验结果和参照《混凝土结构加固设计规范》GB 50367 的模式，偏心受压构件新增混凝土的强度利用系数，对砖砌体，取 $\alpha_c=0.9$；对混凝土小型空心砌块砌体，取$\alpha_c=0.8$。偏心受压构件新增钢筋的强度利用系数，对砖砌体，取 $\alpha_s=1.0$；对混凝土小型空心砌块砌体，取$\alpha_s=0.95$。

5.3 砌体抗剪加固

5.3.1 外加钢筋混凝土面层对砌体墙面抗剪承载力的加固，可简化为原砌体的抗剪承载力加上钢筋混凝土面层的贡献。

5.3.2 公式（5.3.2）中的 $0.44\alpha_c f_t bh$ 相当于《混凝土结构设计规范》GB 50010－2010 公式（6.3.4-4）中的混凝土受剪承载力 $\frac{1.75}{\lambda+1}\alpha_c f_t bh_0$。为了简化计算和稳健取值，统一取剪跨比 $\lambda=3.0$，得到 $\frac{1.75}{\lambda+1}=0.44$。另外，对混凝土和钢筋引进了强度利用系数 α_c 和 α_s。

5.4 砌体抗震加固

5.4.2 原砌体的抗震承载力计算与现行国家标准《砌体结构设计规范》GB 50003 规定相同；而钢筋混凝土面层的贡献，根据现行《建筑抗震设计规范》GB 50011 在截面抗震验算中所建立的概念，可以简单地认为其抗震承载力与非抗震下的抗剪承载力相同，仅需将后者除以承载力抗震调整系数即可。这是一种偏于安全的处理方法。

5.5 构 造 规 定

5.5.1 本条规定主要是为保证加固施工时后浇混凝土的灌注质量，以及必需的混凝土保护层厚度而作出的。调查和施工经验均表明，如果后浇混凝土的截面厚度小于 60mm，则浇捣比较困难且不易密实；当采用喷射混凝土法施工时，其质量易控制，故厚度可适当减小。

5.5.2 结构加固用的混凝土，其强度等级不应低于 C20（或 C25），主要是为了保证新浇混凝土与原砖砌体构件界面以及它与新加受力钢筋或其他加固材料之间能有足够的粘结强度，使之能达到整体共同受力。上条已提及，因加固所需的后浇混凝土，其厚度一般较小，浇灌空间有限，施工条件较差。调查和试验均表明，在小空间模板内浇灌的混凝土均匀性较差，其现场取芯确定的混凝土抗压强度可能要比正常浇灌的混凝土低 10％左右，因此有必要适当提高其强度等级。

应指出的是，目前使用的膨胀剂均存在着回缩的问题，不能起到应有的作用。这将直接涉及加固结构的安全，故作此规定。

5.5.3～5.5.6 主要是根据结构加固工程的实践经验和有关的研究资料作出的规定，其目的是保证原构件与新增混凝土的可靠连接，使之能够协同工作，以保证力的可靠传递，从而收到良好的加固效果。

6 钢筋网水泥砂浆面层加固法

6.1 一 般 规 定

6.1.1、6.1.2 这两条明确规定了钢筋网水泥砂浆面层加固法的适用范围及加固墙体的基本要求。为了使钢筋网水泥砂浆面层加固法加固有效，除了应注意提高砌体受压承载力外，还应要求原砌体构件的砌筑砂浆强度等级不宜低于 M2.5；当加固墙体受剪承载力时，除应要求原砌体构件的砌筑砂浆强度等级不应低于 M1 外，还在第 6.5 节的构造规定中强调了以下几点：①钢筋网与墙面应有间隙及锚固；②钢筋网应与原构件周边牢固连接；③砂浆面层厚度不应大于 50mm。工程实践经验表明，只有采取了这些措施，才能保证加固工程的安全。

6.1.3 块材严重风化（酥碱）的砌体，因表层损失严重及刚度退化加剧，面层加固法很难形成协同工作，其加固效果甚微。故此，本条规定了不应采用钢筋网水泥砂浆面层进行加固。

6.2 砌体受压加固

6.2.1、6.2.2 这两条的设计概念和计算方法，与本规范第 5 章 5.2 节完全一致，只是根据砂浆面层的特性，调整了砂浆强度利用系数和钢筋强度利用系数。

6.2.3 试验表明，当砂浆面层大于 50mm 后，增加其厚度对加固效果提高不大，故作出了应改用钢筋混凝土面层的规定。

6.3 砌体抗剪加固

6.3.1 本规范采用了以下假定，即：钢筋网水泥砂浆面层加固后的砌体墙平面内抗剪承载力，可以近似地用原砌体的抗剪承载力加上钢筋网片砂浆面层的贡献来描述。据此，给出了具体计算公式。

6.3.2 钢筋网水泥砂浆面层的受剪承载力计算，是参照已有的钢筋网水泥砂浆面层对砖墙加固作用的科研成果来制定的。这些成果一般认为钢筋应力较小，约为其设计强度的 20%～30%。

6.4 砌体抗震加固

6.4.1 原砌体的抗震受剪承载力计算与国家标准《砌体结构设计规范》GB 50003 - 2001 规定相同。至于钢筋网水泥砂浆面层的贡献，可以简单地认为其抗震受剪承载力与非抗震下的受剪承载力相同（参见 5.4.2 条文说明）。这样的处理是偏于安全的。

6.5 构 造 规 定

6.5.1～6.5.9 这几条规定了钢筋网水泥砂浆面层加固法对砂浆强度等级、钢筋的强度等级及钢筋的构造要求。为保证加固发挥最大效果，规定了受压构件加固用的砂浆强度等级不应低于 M15 和受剪构件加固用的砂浆强度等级不应低于 M10。与此同时，还强调了以下几点：

1 钢筋的保护层厚度和距离墙面的间隙；

2 钢筋与墙面的锚固；

3 钢筋与周边构件的连接。

试验及实际工程检测表明，钢筋网竖筋紧靠墙面会导致钢筋与墙面无粘结，从而造成加固失效。试验表明，采用 5mm 的间隙，两者可有较强的粘结。钢筋网的保护层厚度应满足规定，以保护钢筋，提高面层加固的耐久性。

7 外包型钢加固法

7.1 一 般 规 定

7.1.1 外包型钢加固法常用角钢约束砌体砖柱，并在卡具卡紧的条件下，将缀板与角钢焊接连成整体。该法属于传统加固方法，其优点是施工简便、现场工作量和湿作业少，受力十分可靠，适用于不允许增大原构件截面尺寸，却又要求大幅度提高截面承载力的砌体柱的加固；其缺点为加固费用较高，并需采用类似钢结构的防护措施。试验研究表明，外包钢加固砖砌体短柱，不仅可以提高强度，而且可延迟裂缝的出现和发展，具有很好的塑性。但角钢与砌体间应贴紧，角钢上顶大梁，下抵基础，缀板间距不宜过大，以保证角钢有效地承担分配的荷载，且使砌体强度得以提高。本条给出了柱加固设计常用的外包型钢加固方式。

7.2 计 算 方 法

7.2.1 试验表明，外包型钢对原柱的横向变形有约束作用，使原柱处于三向受压状态，从而间接地提高了原柱的承载力。由于约束作用与钢构架的构造及施工质量有很大关系，受力机理复杂，研究不够充分，因此计算中不考虑约束作用对承载力的提高，仅将其作为安全储备。

外包型钢加固法可分为干式和湿式两种。干式外包型钢加固法是型钢直接外包于被加固构件四周，型钢与构件间无任何连接。这种加固法不考虑结合面传递剪力。湿式加固法又分成两种：一种是用改性环氧树脂胶压注的方法，将角钢粘贴在砌体构件上；另一种是角钢与被加固构件之间留有一定的间距，中间压注灌浆料，实际上是一种外包型钢和外包混凝土相结合的复合加固法。由于砌体强度等级偏低，整体性差，其界面即使采用结构胶粘结，也难以有效地传递剪力。从试验破坏情况来看，角钢多是在两缀板间弯扭屈曲破坏；这也说明角钢与砌体不能形成整体截面共同工作。因此无论是干式还是湿式，不论角钢与砌体柱接触面处涂布或灌注任何粘结材料，计算中均不能考虑其粘结作用。由于以上原因，计算加固后构件承载力时，外包型钢与原构件所承受的外力按各自的刚度比例进行分配，然后分别计算。

对已有腐蚀、裂缝或其他严重缺陷的原柱，原柱强度和刚度均受到削弱，因此引入刚度降低系数。同时，应先剔除腐蚀层并修补后再进行加固，并根据缺陷情况选取原砌体的刚度降低系数 k_m。考虑到外包型钢与原构件的协同工作条件较差，因此弯矩分配时引入协同工作系数 $\eta=0.9$。

本条采用的是截面刚度近似计算公式，与精确计算公式相比，仅略去型钢绕自身轴的惯性矩，其所引起的计算误差很小，完全可以不计。

7.2.2 角钢在轴向力和砖砌体侧向压力作用下，两缀板间角钢产生压弯应力，砌体侧向压应力一般不是太大，且主要由缀板承受，对角钢来说可以忽略不计。对角钢影响较大的有两个因素：一者，四肢角钢加工不可能绝对均匀，在试验中虽然精心制作仍有误差，试验中四肢角钢的应变值不一致充分说明了这点，一般可根据施工精度和承受荷载的特点取 0.85～0.95 钢材强度折减系数；二者，从试验破坏情况来看，角钢多是在两缀板间弯扭屈曲破坏，说明缀板间的单肢验算不可忽略。

7.3 构 造 规 定

7.3.1 钢材屈服强度越大，其强度利用系数就会越小。所以加固时不宜选用强度等级较高的钢材。

7.3.2、7.3.3 尽管从试验和实践中已得到充分证明，外包型钢加固砌体可以大幅度提高砌体的承载力。但其加固效果仍与构造是否恰当，施工是否符合要求有很大关系。为加强角钢肢之间的联系，沿柱轴线每隔一定距离设置与角钢焊接的封闭式缀板作为横向连接件，以提高钢构架的整体性与共同工作能力；为此，应采用工具式卡具勒紧、聚合物改性水泥砂浆粘贴或灌浆料压注等方法使角钢肢紧贴于砌体表面，以消除过大间隙引起的变形。

7.3.4 为保证力的可靠传递，消除间隙引起的变形不协调，使角钢有效分担砖柱的荷载，角钢的上下两端应与结构顶层构件和下部基础可靠地锚固。

7.3.5 为保证力的可靠传递，角钢必须通长、连续设置，中间不得断开。若角钢长度受限制，应通过焊接方法接长。

7.3.6 加固完成后，之所以还需在型钢表面喷抹高强度水泥砂浆保护层，主要为了防腐蚀和防火，但若型钢表面积较大，很可能难以保证抹灰质量。此时，可在构件表面先加设钢丝网或用胶粘方法分散洒布一层豆石，然后再抹灰，便不会发生脱落和开裂。

8 外加预应力撑杆加固法

8.1 一 般 规 定

8.1.1、8.1.2 预应力加固法在钢筋混凝土结构中的应用虽然很好，但对变形敏感的砌体结构却不尽然。因此，作出这两条规定予以必要的限制。另外，还需要注意以下两点：

一是在采用预顶力方法加固时，对原结构局压区应进行校核，防止局压破坏。

二是采用外加预顶力撑杆对砖柱进行加固，虽能较大幅度提高柱的承载能力，但不应用于温度在60℃以上的环境中。

8.2 计 算 方 法

8.2.1 采用预应力撑杆加固轴心受压砌体柱的设计步骤较为简单明确。撑杆中的预顶力主要是以保证撑杆与被加固柱能较好地共同工作为度。故施加的预应力值 σ_p 不宜过高，且应在施工过程中严加控制为妥。

8.2.2 基于砌体柱的抗拉能力弱，对偏心受压情况，仅允许组合砌体柱用预应力撑杆加固方法。

8.3 构 造 规 定

8.3.1、8.3.2 预顶力撑杆适宜用横向张拉法施工。其建立的预顶力值也比较可靠。这种方法在原苏联采用较多，也有许多工程实践经验表明该法简便可行。因此，可参考 H. M. ОНУФРИЕВ 所著的《工业房屋钢筋混凝土结构简易补强法》（中译本）一书。

9 粘贴纤维复合材加固法

9.1 一 般 规 定

9.1.1 根据粘贴纤维增强复合材的受力特性，本条规定了这种方法仅适用于砖墙平面内抗剪加固和抗震加固。当有可靠依据时，粘贴纤维复合材也可用于其他形式的砌体结构加固，如墙体平面外受弯加固等。

这里需要指出的是，在混凝土结构加固设计规范中之所以规定了粘贴纤维复合材的加固方法不适用于素混凝土构件的加固，是因为在结构设计计算中，混凝土是不考虑其抗拉作用的，故认为全部拉应力由外粘纤维复合材来承受不够可靠；而在墙体的抗剪加固中，即使原墙体的砌筑砂浆抗压强度仅为 0.4MPa，也并不是全部剪力是由外粘纤维复合材来承受的，因此认为粘贴纤维复合材对无筋砌体的加固来说还是可行的，但墙体不应有裂缝存在。

9.1.2 考虑到纤维复合材与砌体的粘结性能及其适用的条件，规定了现场实测的砖强度等级不得低于

MU7.5，砂浆强度等级不得低于 M2.5，并且要求原墙体表面不得有裂缝、腐蚀和风化。否则，建议采用其他合适的方法进行加固。

9.1.4 本条强调了纤维复合材不能设计为承受压力，而只能将纤维受力方式设计为承受拉应力作用。

9.1.5 本条规定粘贴在砌体表面的纤维复合材不得直接暴露于阳光或有害介质中。为此，其表面应进行防护处理，以防止长期受阳光照射或介质腐蚀，从而起到延缓材料老化、延长使用寿命的作用。

9.1.6 本条规定了采用这种方法加固的结构，其长期使用的环境温度不应高于 60℃。但应当指出的是，这是按常温条件下，使用普通型结构胶粘剂的性能确定的。当采用耐高温胶粘剂粘结时，可不受此规定限制。另外，对其他特殊环境（如高温高湿、介质侵蚀、放射等）采用粘贴纤维复合材加固时，除应遵守相应的国家现行有关标准的规定采取专门的粘贴工艺和相应的防护措施外，尚应采用耐环境因素作用的结构胶粘剂。

9.1.7 为了确保被加固结构的安全，本规范统一制定了纤维复合材的设计计算指标。这对设计人员而言，不仅较为方便，而且还不至于因各自取值的差异，而引发争议；也不至于因厂商炒作的影响，贸然采用过高的计算指标而导致结构加固出问题。本条为强制性条文，必须严格执行。

9.1.8 粘贴纤维复合材的胶粘剂一般是可燃的，故应按照现行国家标准《建筑设计防火规范》GB 50016 规定的耐火等级和耐火极限要求，对纤维复合材进行防护。

9.2 砌体抗剪加固

9.2.1 为了说明纤维复合材对砌体墙面内受剪加固的方法，推荐了几种粘贴纤维复合材的方式。

9.2.2、9.2.3 对采用纤维复合材加固后的砌体墙，其平面内受剪承载力的确定，可简化为原砌体的受剪承载力加上纤维复合材的贡献。另外规定了其受剪承载力的提高幅度不应超过 40%，目的是保证即使加固作用失效，在静力荷载下也不至于破坏或倒塌。碳纤维强度的取值是按照混凝土构件抗剪加固的碳纤维取值的一半确定。

9.3 砌体抗震加固

9.3.2 原砌体的抗震受剪承载力计算与现行国家标准《砌体结构设计规范》GB 50003 规定相同，而碳纤维的贡献可以简单地认为其抗震受剪承载力与非受震下的受剪承载力相同（参见 5.4.2 条文说明）。这样处理是偏于安全的。

9.4 构造规定

9.4.1 为了避免出现薄弱部位，规定了纤维带的间距。

9.4.2～9.4.5 本规范推荐了纤维复合材端部及中部的锚固方式，锚固的可靠性，是决定加固是否成功的关键；当有可靠经验时，也可以采取其他锚固方式。

10 钢丝绳网-聚合物改性水泥砂浆面层加固法

10.1 一般规定

10.1.1 根据钢丝绳网-聚合物砂浆的受力特性，从严格控制其应用范围的审查意见出发，本条规定了这种方法仅适用于砖墙平面内受剪加固和抗震加固。

10.1.2 考虑到聚合物改性水泥砂浆与砌体的粘结性能，规定现场实测的原构件砖强度等级不得低于 MU7.5，砂浆强度等级不得低于 M1.0，并且墙体表面不得有裂缝、腐蚀和风化。否则，建议采用其他合适的方法进行加固。

10.1.3 本条规定了采用这种方法加固的结构，其长期使用的环境温度不应高于 60℃。当采用耐高温聚合物改性水泥砂浆时，可不受此规定限制。另外，对其他特殊环境（如高温高湿、介质侵蚀、放射等），除应遵守相应的国家现行有关标准的规定采取专门的工艺和相应的防护措施外，尚应采用耐环境因素作用的聚合物改性水泥砂浆。

10.1.4 为了确保被加固结构的安全，本规范统一制定了不锈钢钢丝绳和镀锌钢丝绳的强度设计计算指标。这对设计人员而言，不仅较为方便，而且还不至于因各自取值的差异，而引发争议；也不至于因厂商炒作的影响，贸然采用过高的计算指标而导致结构加固出问题。本条为强制性条文，必须严格执行。

10.1.5 钢丝绳网-聚合物改性水泥砂浆在高温下材料强度退化明显，故应按照现行国家标准《建筑设计防火规范》GB 50016 规定的耐火等级和耐火极限要求，对钢丝绳网-聚合物砂浆面层进行防护。

10.1.6 采取措施卸除或大部分卸除作用在结构上的活荷载，目的是减少二次受力的影响，尽量使得钢丝绳网的强度能够较充分发挥。

10.2 砌体抗剪加固

10.2.1、10.2.2 对采用钢丝绳网-聚合物砂浆加固后的砌体墙，其平面内受剪承载力的确定，可简化为原砌体的受剪承载力加上钢丝绳网-聚合物砂浆的贡献。另外规定了其受剪承载力的提高幅度不应超过 40%，目的是保证即使加固作用失效，在静力荷载下也不至于破坏或倒塌。

10.3 砌体抗震加固

10.3.2 原砌体的抗震受剪承载力计算与现行国家标

准《砌体结构设计规范》GB 50003规定相同，而钢丝绳网-聚合物砂浆的贡献可以简单地认为其抗震受剪承载力与非抗震下的受剪承载力相同（参见5.4.2条文说明）。这样的处理是偏于安全的。

10.4 构 造 规 定

10.4.1、10.4.2 本规范规定了水平钢丝绳网的布置方式及其端部的锚固方式，但应理解为：是对设计的最低要求。考虑到锚固的可靠性是决定加固是否成功的关键，因此，当有可靠经验时，鼓励采取其他更好的锚固方式。

11 增设砌体扶壁柱加固法

11.1 计 算 方 法

11.1.1 考虑到后砌扶壁柱存在着应力应变滞后现象，在计算加固砖墙承载力时，后砌扶壁柱的抗压强度设计值 f 应乘以强度利用系数0.8予以降低。

11.2 构 造 规 定

11.2.1 对新增扶壁柱最小截面尺寸提出要求，以确保新增扶壁柱的稳定性和协同工作。当用角钢-螺栓拉结时，为避免钢构件锈蚀，应采取防护措施以增强其耐久性。

11.2.2 考虑结构的耐久性和安全性以及新老构件可靠连接，对加固用的块体和砂浆的强度等级提出了要求。

11.2.5 增设扶壁柱后，墙体承载力和稳定性有所提高，扶壁柱应新增基础或在原墙体基础上加固；使扶壁柱基础深度与原墙基础深度相同，以避免对原墙基础的不利影响。

12 砌体结构构造性加固法

12.1 增设圈梁加固

12.1.2～12.1.5 本规范引入钢筋网水泥复合砂浆砌体组合圈梁（图1）加固法。根据湖南大学等单位关

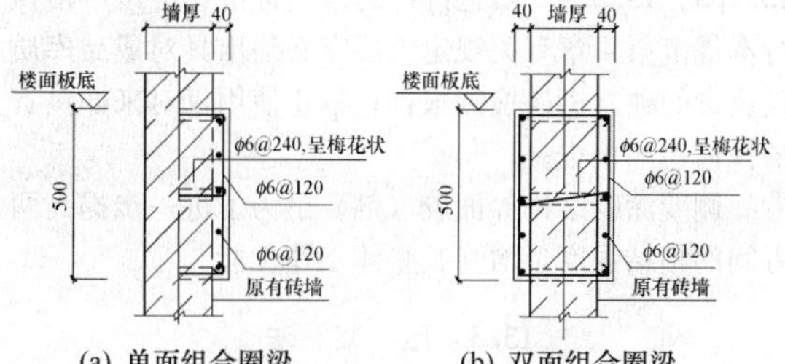

(a) 单面组合圈梁　　(b) 双面组合圈梁

图1　钢筋网水泥复合砂浆砌体组合圈梁示例

注：图中尺寸单位为mm

于钢筋水泥复合砂浆加固砌体的相关研究，钢筋网水泥复合砂浆砌体组合圈梁加固法可以很好的提高结构的承载力、刚度以及对墙体的约束能力，且施工简单，工程造价低。

1 试验研究表明，钢筋网水泥复合砂浆加固后的砌体，其强度可提高50%以上。

2 计算表明，本规范规定的组合圈梁，其刚度较一般钢筋混凝土圈梁的刚度有较大幅度提高。

3 由于钢筋网水泥复合砂浆加固后的圈梁的强度和刚度得到提高，且构造柱和圈梁彼此相连，形成“弱框架”，砌体受到约束，增强了墙体的整体受力性能。

12.1.6 根据现行国家标准《建筑抗震设计规范》GB 50011，引入钢拉杆加固的构造要求。

12.1.7 砂浆锚筋的直径不应小于16mm；压浆锚筋的直径不应小于12mm；锚筋的根部应有弯钩，弯钩长度应大于2.5d，锚筋埋深 $L_s \geqslant 10d$，且不应小于120mm。锚筋孔采用电钻成孔，孔径 $D=2.5d$，孔深 L 取 L_s 加10mm。

水泥基砂浆堵塞前，应用压力水冲洗孔道，使孔道砌体充分湿润，并保证砂浆夯填密实。树脂基砂浆堵塞前，其孔洞应干燥，且应按产品说明书的规定进行清孔。

当外加钢筋混凝土圈梁用普通锚栓与墙体连接时，锚栓的一端应作直角弯钩埋入圈梁，埋入长度为30d（d 为锚栓的直径），另一端用螺母拧紧。锚栓的直径与间距可按本规范第12.1.9条确定。

当外加钢筋混凝土圈梁采用钢筋混凝土销键与墙体连接时，销键高度与圈梁相同，宽度为120mm，入墙深度不应小于180mm，配筋不应少于4根直径为8mm的钢筋，间距宜为1m～2m，外墙圈梁的销键宜设置在洞口两侧。

12.1.8、12.1.9 圈梁与墙面之间的间隙可用干硬性水泥砂浆塞严。型钢圈梁的接头应为焊接。钢拉杆和型钢圈梁均应除锈。

12.2 增设构造柱加固

12.2.1 按本规范设置的组合构造柱，其刚度较一般钢筋混凝土构造柱刚度亦有较大幅度提高，其说明可参见12.1.2条文说明。

12.2.2 现行设计规范是指《砌体结构设计规范》GB 50003和《建筑抗震设计规范》GB 50011。

12.2.4 采用组合构造与楼板可靠连接时，凿孔穿通楼板不得伤及板内钢筋，砂浆填实。

组合构造柱应与相关构件可靠连接，其构造示例如图2所示。

12.3 增设梁垫加固

12.3.1、12.3.2 当梁下砌体局部受压承载力不足

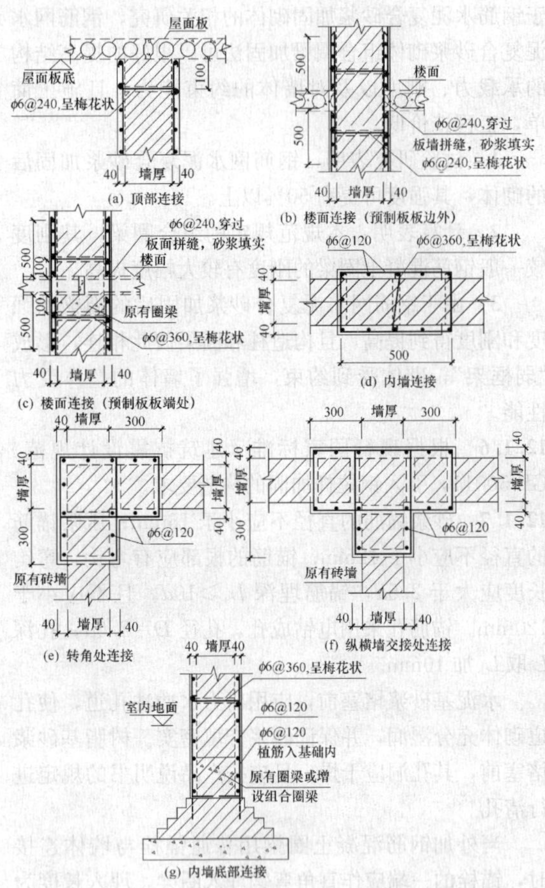

图 2 钢筋网水泥复合砂浆砌体组合构造柱连接示例

注：图中尺寸单位为 mm

时，在梁端设置钢筋混凝土垫块，可增大砌体局部受压面积，是提高梁端砌体局部受压承载力的有效方法。为确保垫块有效传递梁端压力和良好的受力性能，对垫块厚度和配筋提出了要求。

12.3.3 “托梁”支顶牢固后，按梁垫尺寸要求拆除梁下被压碎或有局部竖向或斜向裂缝的砌体，并提高一级砂浆强度等级用整砖补砌完整后，浇注或安置梁垫，待梁垫混凝土达到设计要求强度后，方能拆除托梁柱或支撑。

拆除梁下砌体时，应轻敲细打，逐块拆除，不得影响不拆除砌体的整体性强度，拆除完毕后，应清除碎渣和清洗浮灰，并待砌体充分湿润后，再坐浆安设梁垫。当安装预制钢筋混凝土梁垫时，应先铺设 10mm 厚不低于 M10 的水泥砂浆，并与大梁紧密接触。如梁垫安装后与大梁底未达到紧密接触时，可用钢板填塞密实。

托梁柱或支撑的支撑处应牢固。当支承在地面上时，应采取措施分布所承担的荷载，以防止支承点沉降；当支承在楼面上时，应逐层支顶和采取分步荷载措施，以防止造成楼面的破坏和局部损伤。

12.4 砌体局部拆砌

12.4.1 当墙砌体可局部拆除时，为加强墙体的整体性，要求被拆除的砌体将砂浆强度等级提高一级并用整砖填筑。拆砌墙体时，应根据墙体破裂情况分段进行，拆砌前应对支承在墙体上的楼（屋）盖进行可靠的支顶。

12.4.2 可采用每五皮砖设 3 根直径为 4mm 的拉结钢筋，钢筋长度 1.2m，每端压入 600mm。

12.4.3 当采用钢筋扒钉进行拉结时，扒钉可用直径为 6mm 的钢筋弯成，长度应超过接（槎）缝两侧各 240mm，两端弯成长 100mm 的直弯钩，并钉入砖缝，扒钉间距可取 300mm。

遇拆砌墙体位于转角处或纵横墙交接处时，应采取相应的可靠措施进行拉结锚固。

拆砌的最后一皮砖与上面的原砖墙相接处的水平灰缝，应用高强砂浆或细石混凝土堵塞密实，以确保墙体能均匀传递荷载。

局部拆砌墙体时，在新旧墙或先后接缝处，应将接槎剔干净，用水充分湿润，且砌筑时灰缝应饱满。

13 砌体裂缝修补法

13.1 一般规定

13.1.1 本条主要明确本章的适用范围为影响砌体结构、构件正常使用性的裂缝。对于承载力原因引起的，需要先针对性加固，消除原因，然后再修补。

13.1.2 明确各类裂缝处理原则。

13.1.3 列出目前较成熟的材料和修补方法。

13.1.4 对墙面抹灰工程的验收方法。掺加短纤维是提高砂浆或细石混凝土整体性，减少裂缝的有效方法之一。

13.2 填缝法

13.2.1 填缝法一般用于较浅的宽裂缝封闭处理。一般深度为 20mm～30mm 的表层裂缝常用填缝法。

13.2.2 对于活动裂缝，一般深度应加大至 20mm～30mm，或根据实际情况决定加大的具体深度。

13.2.3、13.2.4 填充材料的选用标准，应该严格执行本规范第 4 章有关规定。厂家必须出具对成品库质量负责的独立机构检测报告；禁止使用仅对来样负责的任何检测报告。

侧壁涂刷结构界面胶（剂）是为了进一步提高两者间的粘结强度，增强其整体工作性能。

13.3 压浆法

13.3.1 压浆法一般用于较深的裂缝封闭处理。一般深度大于 20mm～30mm 时，多采用压浆法。如果有恢复结构刚性要求时，应采用压浆法。

13.3.2 压浆材料的选用标准，应该严格执行本规范第4章有关规定。禁止使用通过掺加膨胀剂达到无收缩的水泥基灌浆料。厂家必须出具对成品库质量负责的独立机构检测报告；禁止使用仅对来样负责的任何检测报告。

13.3.3～13.3.5 浮浆及灰土等的清理尤为关键。另外，压浆的压力不宜过大，一般应控制在0.2MPa～0.3MPa。若此压力下无法灌浆，应检查注浆通道是否畅通，如果是由于胶液的黏度原因，不允许添加溶剂以降低黏度，而应该更换固体含量＞99%的低黏度胶液。

13.4 外加网片法

13.4.2 外加网片所涉及材料必须符合本规范相关规定。注意无纺布的使用范围，仅允许用于非承重构件，且静止的细裂缝的封闭性修补，一般裂缝宽度不大于0.3mm。

13.4.3 必须考虑网片的可靠锚固和新旧界面结合的问题。关于界面胶的要求，可参照现行国家标准《混凝土结构加固设计规范》GB 50367和《建筑结构加固工程施工质量验收规范》GB 50550的有关规定。

13.5 置换法

13.5.1 判断使用置换法的前提是受力不大的部位，在这种情况下，针对砌体块材和砂浆强度不高的开裂部位，或局部风化、剥蚀部位进行置换加固。

13.5.2、13.5.3 置换的材料原则上应与原砌体的材料品种一致为好。

中华人民共和国国家标准

电力系统安全自动装置设计规范

Code for design of automaticity equipment for power system security

GB/T 50703—2011

主编部门：中 国 电 力 企 业 联 合 会

批准部门：中华人民共和国住房和城乡建设部

施行日期：2 0 1 2 年 6 月 1 日

中华人民共和国住房和城乡建设部
公　　告

第 1102 号

关于发布国家标准《电力系统安全自动装置设计规范》的公告

现批准《电力系统安全自动装置设计规范》为国家标准，编号为GB/T 50703—2011，自 2012 年 6 月 1 日起实施。

本规范由我部标准定额研究所组织中国计划出版社出版发行。

中华人民共和国住房和城乡建设部

二〇一一年七月二十六日

前　　言

本规范是根据原建设部《关于印发〈2007 年工程建设标准规范制订、修订计划（第二批）〉的通知》（建标〔2007〕126 号）的要求。由中国电力工程顾问集团东北电力设计院会同有关单位编制完成的。

本规范共分 5 章，主要内容包括：总则、术语、电力系统安全稳定计算分析原则、安全自动装置的主要控制措施和安全自动装置的配置。

本规范由住房和城乡建设部负责管理，由中国电力企业联合会负责日常管理，由中国电力工程顾问集团东北电力设计院负责具体技术内容的解释。本规范在执行过程中，如发现需要修改和补充之处，请将意见和建议寄送中国电力工程顾问集团东北电力设计院（地址：长春市人民大街 4368 号，邮政编码：130021），以供今后修订时参考。

本规范主编单位、参编单位、主要起草人和主要审查人：

主编单位： 中国电力工程顾问集团东北电力设计院

参编单位： 中国电力工程顾问集团中南电力设计院

主要起草人： 吴晓蓉　王　颖　王建华　马进霞　谭永才　季月辉

主要审查人： 陈志蓉　高　洵　徐　磊　刘汉伟　马怡晴　佘小平　梅　勇　张志鹏　赵　萌　杨立田　郑开琦　蔡小玲　韩　笠　朱洪波　孙光辉

目　次

Contents

1 总 则

1.0.1 为在设计中贯彻国家技术经济政策，保证电力系统安全自动装置的设计达到安全可靠、技术先进和经济合理，制定本规范。

1.0.2 本规范适用于35kV及以上电压等级的电力系统安全自动装置设计，低电压等级（10kV及以下）的电力系统安全自动装置设计也可执行本规范。

1.0.3 电力系统安全自动装置设计除应符合本规范外，尚应符合国家现行有关标准的规定。

2 术 语

2.0.1 安全自动装置 security automatic devices of power system

防止电力系统失去稳定性和避免电力系统发生大面积停电事故的自动保护装置。如输电线路自动重合闸装置、安全稳定控制装置、自动解列装置、自动低频减负荷装置和自动低电压减负荷装置等。

2.0.2 安全稳定控制装置 security and stability control devices of power system

为保证电力系统在遇到《电力系统安全稳定导则》DL 755规定的第二级安全稳定标准的大扰动时的稳定性而在电厂或变电站（换流站）内装设的自动控制设备，实现切机、切负荷、快速减出力、直流功率紧急提升或回降等功能，是确保电力系统安全稳定的第二道防线的重要设施。主要由输入、输出、通信、测量、故障判别、控制策略等部分组成。

2.0.3 安全稳定控制系统 security and stability control system

由两个及以上厂站的安全稳定控制装置通过通信设备联络构成的系统，实现区域或更大范围的电力系统的稳定控制，宜分为控制主站、子站、执行站。

2.0.4 自动解列装置 automatic splitting devices of power system

针对电力系统失步振荡、频率崩溃或电压崩溃的情况，在预先安排的适当地点有计划地自动将电力系统解开，或将电厂与连带的适当负荷自动与主系统断开，以平息振荡或防止事故扩大的自动装置。依系统发生的事故性质，按不同的使用条件和安装地点，自动解列装置可分为失步解列装置、频率解列装置和低电压解列装置。

2.0.5 低频低压减负荷装置 low-freqency or under-voltage shedding load devices

自动低频减负荷装置是指在电力系统发生事故出现功率缺额引起频率急剧大幅度下降时，自动切除部分用电负荷使频率迅速恢复到允许范围内，以避免频率崩溃的自动装置；自动低压减负荷装置是指为防止事故后或负荷上涨超过预测值，因无功缺额引发电压崩溃事故，自动切除部分负荷，使运行电压恢复到允许范围内的自动装置。同时具备自动低频减负荷和自动低压减负荷功能的装置称为低频低压减负荷装置。

2.0.6 在线稳定控制系统 on-line stability control system

由设置在调度端或枢纽控制站的在线稳控决策主站及厂站端的稳控装置通过通信通道构成的系统。系统可实时采集电力系统运行方式信息、在线跟踪电网变化、进行动态安全分析、实现在线暂态安全一体化定量评估并制定相应的预防控制措施和紧急控制措施。

2.0.7 自动重合闸 auto-reclose

架空线路或母线因故断开后，被断开的断路器经预定短时延而自动合闸，使断开的电力元件重新带电；如果故障未消除，则由保护装置动作将断路器再次断开的自动操作循环。主要分为三相重合闸、单相重合闸。

2.0.8 事故扰动 disturbance

电力系统由于短路或系统元件非计划切除而造成的突然巨大的和实质性的状态变化称为事故扰动。

2.0.9 连接和断面 connection and section

连接是联系电力系统两个部分的电网元件（输电线、变压器等）的组合。中间发电厂和负荷枢纽点也可包括在“连接”概念中。断面是一个或数个连接元件，将其断开后电力系统分为两个独立部分。

3 电力系统安全稳定计算分析原则

3.1 稳定计算水平年

3.1.1 安全稳定计算分析所选取的设计水平年主要应为工程投产年；若工程分期投产，则还应包括过渡年。

3.1.2 用于计算的电网结构应与设计水平年相对应。

3.1.3 计算负荷应与设计水平年相对应。当负荷增长对系统稳定影响显著时，宜进行负荷对系统稳定影响的敏感性分析。

3.2 稳定计算运行方式

3.2.1 稳定计算中应针对具体校验对象（线路、母线、主变等），选择对安全稳定最不利的方式进行安全稳定校验。

3.2.2 稳定计算可选择下列运行方式：

1 正常运行方式：包括计划检修运行方式和按照负荷曲线以及季节变化出现的水电大发、火电大发、风电多发、最大或最小负荷、最小开机和抽水蓄能运行工况等可能出现的运行方式。

2 事故后运行方式：电力系统事故消除后，在恢复到正常运行方式前所出现的短期稳态运行方式。

3　特殊运行方式：大型发电机组、主干线路、大容量变压器、直流单极、串联补偿等设备检修、区域间交换功率变化等对系统安全稳定运行影响较为严重的方式。

3.3　稳定计算故障类型

3.3.1　稳定计算应考虑在对稳定最不利地点发生金属性短路故障。

3.3.2　故障属于电力系统遭受的大事故扰动，按严重程度和出现概率大扰动可分为表 3.3.2 所列的类型。

表 3.3.2　事故扰动类型

类型	事故扰动	备　注
Ⅰ类（单一轻微故障）	(1) 任何线路发生单相瞬时接地故障重合闸成功； (2) 同级电压的双回或多回线和环网，任一回线单相永久故障重合不成功及无故障三相断开不重合； (3) 同级电压的双回或多回线和环网，任一回线三相故障断开不重合； (4) 任一台发电机组跳闸或失磁； (5) 受端系统任一台变压器故障退出运行； (6) 任一大负荷突然变化； (7) 任一回交流联络线故障或无故障断开不重合； (8) 直流输电系统单极故障	正常运行方式下电力系统受到Ⅰ类扰动后，继电保护、断路器及重合闸正确动作，不应采取稳定控制措施，应保持电力系统稳定运行和电网的正常供电，其他元件不应超过规定的事故过负荷能力，不发生连锁跳闸。但对于发电厂的交流送出线路三相故障、发电厂的直流送出线路单极故障、两级电压的电磁环网中单回高一级电压线路故障或无故障断开，必要时可采用切机或快速降低发电机组出力的措施
Ⅱ类（单一严重故障）	(1) 单回线路单相永久接地故障重合不成功及无故障三相断开不重合； (2) 任一段母线故障； (3) 同杆并架双回线的异名两相同时发生单相接地故障重合不成功，双回线三相同时跳开； (4) 直流输电系统双极故障	正常运行方式下电力系统受到Ⅱ类扰动后，继电保护、断路器及重合闸正确动作，应能保持稳定运行，必要时可采取切机和切负荷等稳定控制措施
Ⅲ类（多重严重故障）	(1) 故障时开关拒动； (2) 故障时继电保护、自动装置误动或拒动； (3) 自动调节装置失灵； (4) 多重故障； (5) 失去大容量发电厂； (6) 其他偶然因素	当电力系统受到Ⅲ类事故扰动时，应采取措施，防止系统崩溃，避免造成长时间大面积停电和对最重要用户（包括厂用电）的灾害性停电，使负荷损失尽可能减少到最小，电力系统应尽快恢复正常运行
特殊故障类型	(1) 同一走廊的双回及以上线路中的任意两回线同时无故障或者故障断开，导致两回线路退出运行	应采取措施保证电力系统稳定运行和对重要负荷的正常供电，其他线路不发生连锁跳闸

续表 3.3.2

类型	事故扰动	备　注
特殊故障类型	(2) 线路（变压器）发生单相永久故障	在电力系统中出现高一级电压的初期，允许采取切机措施
	(3) 线路（变压器）发生三相短路故障	在电力系统中出现高一级电压的初期，允许采取切机和切负荷措施，保证电力系统的稳定运行
	(4) 任一线路、母线主保护停运时，发生单相永久接地故障	应采取措施保证电力系统的稳定运行

3.3.3　安全稳定分析计算的故障类型应选择表 3.3.2 所列的Ⅰ类和Ⅱ类故障，需要时可对表 3.3.2 所列的Ⅲ类故障进行分析。

3.4　稳定计算模型及参数

3.4.1　同步发电机及控制系统模型及参数应按下列规定进行选择：

1　同步发电机宜采用次暂态电势变化的详细模型；

2　对于能提供实测模型及参数的同步发电机，均应采用实测模型和实测参数；

3　对于不能提供实测模型及参数的同步发电机，可采用典型模型和典型参数；

4　原动机及调速系统的参数原则上应采用实测参数，不能提供时可采用制造厂家提供的参数；

5　在规划设计阶段或无完整参数时，较大容量同步发电机可参考已投运的相同厂家相同容量机组的模型及参数。

3.4.2　常用的风力机组模型有鼠笼异步风电机组、双反馈式异步风电机组和直接驱动式同步风电机组，应根据实际选择相应模型。

3.4.3　负荷模型和参数应根据地区电网实际负荷特性和所使用的程序确定，并应符合下列规定：

1　综合负荷的模型可用静态电压和频率的指数函数并选用恰当的指数代表。

2　比较集中的大容量电动机负荷的模型，可在相应的 110kV（66kV）高压母线用一等价感应电动机负荷与并联的静态负荷表示。

3　在规划设计阶段，负荷可用与所在地区相同特性的负荷模型或者恒定阻抗模型。

4　进行动态稳定分析时，应采用详细模型。

3.4.4　其他设备参数应按下列规定进行选择：

1　现有设备应采用实际参数；

2　新建设备宜采用设计参数；

3　在规划设计阶段或无完整参数时，可按同类型设备典型参数考虑。

3.5 稳定计算故障切除时间及自动装置动作时间

3.5.1 稳定计算中的故障切除时间应包括断路器全断开和继电保护动作（故障开始到发出跳闸脉冲）的时间。线路、主变、母线、直流系统故障的切除时间宜按表 3.5.1 的规定执行。

表 3.5.1 线路、主变、母线、直流系统故障切除时间

故障元件	电压等级及传输容量	故障切除时间
线路故障	500kV 或 750kV	近故障端 0.09s，远故障端 0.1s
	220kV 或 330kV	近故障端和远故障端均为 0.12s
	1000kV	可采用与 500kV 线路相同
主变故障	高压侧、中压侧、低压侧	宜采用相同电压等级线路近端故障切除时间
母线故障	220kV～1000kV	宜采用相同电压等级线路近端故障切除时间
直流系统故障	传输容量 750MW 及以上	0.06s 闭锁故障极，0.16s 切除滤波器

3.5.2 重合闸时间为从故障切除后到断路器主断口重新合上的时间，应根据电网实际重合闸整定时间确定。

3.5.3 断路器失灵保护动作切除时间为元件保护或者母线保护动作时间、失灵保护整定延时和断路器跳闸时间的总和。元件保护或者母线保护动作时间与断路器跳闸时间的总和可参考表 3.5.1 所列的故障切除时间，失灵保护整定延时可按下列规定选择：

1 一个半断路器接线形式的失灵保护整定延时可取 0.2s～0.3s；

2 双母线接线形式的失灵保护整定延时可取 0.3s～0.5s。

3.5.4 安全稳定控制系统的执行时间为自动装置动作时间、通道传输时间、相关断路器跳闸时间（或直流动作时间）的总和，应根据系统实际情况确定。常用安全稳定控制系统的执行时间可按下列规定选择：

1 切机、切负荷可为 0.2s～0.3s。

2 直流功率调制响应时间可取 0.1s，直流功率提升和回降速度可根据直流系统动态特性和系统稳定特性整定确定。

3.6 稳定计算分析内容

3.6.1 过负荷和低电压分析应符合下列规定：

1 对于电源送端系统，在送电线路、升压联络变压器无故障或发生故障跳开、直流闭锁等情况下，应研究送电线路或升压变压器的过负荷问题。

2 对于受端系统，在供电线路、降压联络变压器或当地电源损失等情况下，应研究供电线路或降压变压器的过负荷问题。

3 对于功率传输的中间连接和断面，在功率传输的重要线路无故障或发生故障跳开情况下，应研究同一输电断面其他线路的过负荷问题。

4 重要元件（线路、变压器）断开后应校核电压水平是否满足稳定运行要求。

3.6.2 在本规范第 3.2 节规定的运行方式和第 3.3 节规定的故障类型下，对系统稳定性进行校核。暂定稳定分析应考虑在最不利的地点发生金属性短路，计算时间可选择 5s 左右。

3.6.3 在电源与系统联系薄弱、电网经弱联系线路并列运行、有大功率周期性冲击负荷、采用快速励磁调节等自动调节措施或者系统事故有必要等情况下，应进行动态稳定分析。动态稳定分析的计算时间可选择 20s 及以上。

3.6.4 暂态和动态电压稳定性分析可用暂态稳定和动态稳定计算程序。

3.6.5 在电力系统故障后出现有功功率不平衡量较大情况下，应进行频率稳定分析。

3.7 稳 定 判 据

3.7.1 变压器和线路的热稳定判据应符合下列规定：

1 变压器负载水平应限制在变压器规定的过载能力及持续时间内。

2 线路功率应限制在线路热稳定允许输送能力之内，可根据线路导线截面、类型、导线容许温升以及环境温度等确定线路热稳定极限。

3.7.2 暂态稳定判据应包括下述三方面内容：

1 功角稳定：系统故障后，在同一交流系统中的任意两台机组相对角度摇摆曲线呈同步减幅振荡。

2 电压稳定：故障清除后，电网枢纽变电站的母线电压能够恢复到 0.8pu 以上，母线电压持续低于 0.75pu 的时间不超过 1.0s。

3 频率稳定：在采取切机、切负荷措施后，不发生系统频率崩溃，且能够恢复到正常范围及不影响大机组的正常运行值，正常运行的频率范围可取 49.5Hz～50.5Hz。

3.7.3 动态稳定判据是在受到小的或大的事故扰动后，在动态摇摆过程中发电机相对功角和输电线路功率呈衰减状态，电压和频率能恢复到允许的范围内。

4 安全自动装置的主要控制措施

4.1 切 除 发 电 机

4.1.1 在满足控制要求前提下，切机应按水电机组、风电机组、火电机组的顺序选择控制对象。

4.1.2 核电机组原则上不作为控制对象，但在切除其他机组无法满足系统稳定要求且保证核反应堆安全的前提下，可切除核电机组。

4.1.3 在确定切机量时，应考虑必要的裕度。

4.2 集中切负荷

4.2.1 为保证电力系统安全稳定运行，可通过安全稳定控制装置实现集中切负荷。

4.2.2 切负荷装置可切除变电站低压供电线路实现切负荷。在选择被切除的负荷时，应综合考虑被切负荷的重要程度和有效性。

4.2.3 切负荷站的设置应根据需切除负荷量及负荷分配情况来确定，切负荷数量应考虑一定裕度（20%左右）。

4.2.4 应有避免被切除负荷自动投入的措施。

4.3 无功补偿装置的控制

4.3.1 输电线路的可控串补装置的强补功能是提高系统暂态稳定的有效手段，根据电网需要可作为同步稳定控制措施。

4.3.2 切除并联电抗器或投入并联电容器，用以防止电压降低；投入并联电抗器或切除并联电容器，用以限制电压过高。

4.4 电力系统解列及备用电源投入

4.4.1 电力系统解列应在事先设定的解列点有计划地进行解列，解列后的各部分系统应有限制频率过高或频率过低的控制措施。

4.4.2 在系统频率异常降低的情况下，可自动启动水电站和蓄能电站的备用机组，以恢复系统频率。

4.5 直流控制

4.5.1 根据电网需要，通过控制直流输电系统的输电功率以及闭锁直流极运行，可防止系统稳定破坏和设备过负荷、限制系统过电压和频率波动。

4.5.2 直流控制具体方式可包括下列内容：

1 系统频率限制；

2 功率或频率调制；

3 直流功率紧急提升或回降；

4 直流极闭锁。

4.5.3 直流控制可由直流控制系统检测执行，也可接收其他装置发送的命令。

5 安全自动装置的配置

5.1 安全自动装置的配置原则

5.1.1 安全自动装置包括：安全稳定控制装置、自动解列装置、过频率切机装置、低电压控制装置、低频低压减负荷装置、备用电源自动投入装置、自动重合闸装置。安全自动装置的配置应以安全稳定计算结论为基础，应依据电网结构、运行特点、通信通道情况等条件合理配置，配置方案应能对系统存在的各种稳定问题实现有效的控制且与稳定计算分析结论一致，并应进行配置方案的技术经济评价。

5.1.2 安全自动装置的配置及构成应根据国家现行标准《电力系统安全稳定导则》DL 755 和《电力系统安全稳定技术导则》GB/T 26399 的有关规定，按照电力系统安全稳定运行的三级标准确定，执行时应采用下列原则：

1 以保证电力系统安全稳定控制的可靠性要求为前提，同时应保证电力系统安全稳定控制的有效性。

2 可采用就地控制和分层分区控制。

3 重要厂站安全自动装置应双重化配置。

4 装置配置应简单、可靠、实用，应尽量减少与继电保护装置间的联系。

5.1.3 安全稳定控制措施包括直流调制、切机、切负荷、解列等，可根据工程情况确定以上措施的顺序。各种稳定控制措施及各控制系统之间应协调配合，安全自动装置的动作应有选择性。

5.1.4 安全自动装置应符合下列规定：

1 安全自动装置应采用微机型，宜采用通过国家级鉴定的、有成熟经验、简单、可靠、有效、技术先进的分散式装置。

2 应充分利用原有安全自动装置。

3 选用装置的硬件应具有一定的通用性，软件应做到模块化，并具有可扩展性和良好的系统适应性。

5.2 安全自动装置配置

5.2.1 当所研究的电力系统区域内发生表 3.3.2 所列的Ⅱ类事故扰动（特殊情况下考虑表 3.3.2 所列的Ⅰ类事故扰动）时，在电力系统失稳的情况下，应配置安全稳定控制装置。通过采取相应的提高电力系统稳定性的控制措施，防止电力系统稳定破坏事故发生，此时允许损失部分负荷。常用安全稳定控制装置的功能如下：

1 功率外送系统，通常可采用减少电源输出的控制措施。

2 受端系统，通常可采用减少负荷需求的控制措施。

3 直流输电系统或装设串联补偿装置的系统，安全稳定控制装置可向直流控制系统或串补控制系统发送控制命令，实现直流功率调制、串联补偿强补。直流及串联补偿控制应与其他控制措施综合使用。

5.2.2 在所研究的区域内，根据一次网架结构，对可能异步运行的连接断面，应配置失步解列装置。失步时将系统解列，防止事故扩大。

5.2.3 当系统有功突然出现过剩、频率快速升高时，应配置过频率切机装置。配置方案可按不同频率分轮次切除一定容量的机组。

5.2.4 当局部系统因无功不足而导致电压降低至允许值时，应配置低电压控制装置采取控制措施，防止系统电压崩溃、系统事故范围扩大。常用的低电压控制措施应包括下列内容：

1 增加发电机无功出力；

2 容性无功补偿装置的快速投入；

3 感性无功补偿装置的快速切除；

4 快速切除部分负荷。

5.2.5 在失去部分电源而引起频率降低和电压快速降低可能导致系统崩溃的区域，应配置低频低压减负荷装置。按整定值，装置分轮次切除一定量的负荷。

5.2.6 符合下列规定的厂、站母线应配置备用电源自动投入装置：

1 具有备用电源的发电厂厂用电母线和变电站站用电母线；

2 由双电源供电且其中一个电源经常断开作为备用电源的变电站母线；

3 具有备用变压器且经常处于断开状态的变电站母线。

5.2.7 3kV 及以上的架空线路断路器应配置自动重合闸装置；3kV 及以上的电缆与架空混合线路断路器，如电气设备允许可配置自动重合闸装置。

5.2.8 在线稳定控制系统主站宜设置在省级及以上的电网调度中心或枢纽站，执行系统即子站设置在厂、站端。在线稳定控制系统配置应符合下列规定：

1 执行系统包括区域综合安全稳定控制系统、低频低压减负荷装置、自动解列装置、高频切机、连锁切机（负荷）、过载切机（负荷）、大电流切机（负荷）、水电厂低频自启动、备用电源自动投入装置等安全自动装置。

2 主站通过 EMS 系统、实时动态监测系统、安全稳定控制系统获取全网信息，实时进行系统动态分析、评估、决策，并通过通信通道向子站执行系统传送控制命令，实现安全稳定控制系统的一体化综合协调控制。

5.3 安全自动装置对通道及二次回路的要求

5.3.1 通信通道应符合下列规定：

1 不同控制站安全自动装置之间的信息传送应优先采用光纤通信通道。

2 采用载波通道时，宜采用编码方式，且发信及收信回路均不应具有时间展宽环节。

3 双重化配置两套装置的通信通道应相互独立，两路安全自动装置通道应尽可能采用不同路由的独立通道，任一套装置或通信通道发生故障不应影响另一套装置正常运行。

5.3.2 安全自动装置与电气专业配合应符合下列规定：

1 接入安全自动装置的电流互感器、电压互感器二次线圈应满足继电保护的精度和负荷要求。

2 断路器应留有足够的反应线路元件投退状态的接点，可供安全自动装置使用。

3 当安全自动装置双重化配置时，应提供两组独立的直流电源分别供两套安全自动装置使用。双重化配置的两套装置的输入输出回路应相互独立。

5.3.3 安全自动装置与直流系统配合应符合下列规定：

1 与直流系统接口的安全自动装置应能有效地监测直流输电功率的改变。如果直流系统因某种原因，不能按安全自动装置提升（或回降）功率的要求实施直流功率提升（或回降），安全自动装置必须采取其他措施，以保持系统稳定。

2 直流极控系统应能接收安全自动装置以无源接点或报文型式向直流极控系统提供提升或回降直流功率的控制信号。

3 直流极控系统应向安全自动装置提供表 5.3.3 所列的信息。

表 5.3.3 直流极控系统向安全自动装置提供的信息

信息内容	信息类型
直流极 1、极 2 系统输送功率值	无源接点或模拟量
直流极 1、极 2 投运和停运信号	无源接点
直流极 1、极 2 ESOF 信号	无源接点
直流极 1、极 2 闭锁信号	无源接点
直流极 1、极 2 系统当前最大可输送功率值	模拟量

5.3.4 安全自动装置与串联补偿控制系统配合应符合下列规定：

1 当采用可控串补强补作为提高系统暂态稳定的控制措施时，安全自动装置应向串补控制系统提供空接点形式的强补信号，串补控制系统应留有接收外部开关信号进行强补的开入接口。

2 当安全自动装置及（或）串补控制系统为双套配置时，每套安全自动装置应分别向两套串补控制系统分别提供强补信号。

3 串补控制系统应向安全自动装置提供串补设备的运行状态信号。

本规范用词说明

1 为便于在执行本规范条文时区别对待，对要求严格程度不同的用词说明如下：

1）表示很严格，非这样做不可的：

正面词采用“必须”，反面词采用“严禁”；

2）表示严格，在正常情况下均应这样做的：

正面词采用“应”，反面词采用“不应”或“不得”；

3）表示允许稍有选择，在条件许可时首先应这样做的：

正面词采用“宜”，反面词采用“不宜”；

4）表示有选择，在一定条件下可以这样做的，采用“可”。

2 条文中指明应按其他有关标准执行的写法为：“应符合……的规定”或“应按……执行”。

引用标准名录

《继电保护及安全自动装置技术规程》GB/T 14285

《电力系统安全稳定控制技术导则》GB/T 26399

《电力系统安全稳定导则》DL 755

中华人民共和国国家标准

电力系统安全自动装置设计规范

GB/T 50703—2011

条 文 说 明

制 定 说 明

《电力系统安全自动装置设计规范》GB/T 50703—2011，经住房和城乡建设部2011年7月26日以第1102号公告批准发布。

为便于广大设计、施工、科研、学校等单位有关人员在使用本规范时能正确理解和执行条文规定，《电力系统安全自动装置设计规范》编制组按章、节、条顺序编制了本规范的条文说明，对条文规定的目的、依据以及执行中需注意的有关事项进行了说明。但是，本条文说明不具备与规范正文同等的法律效力，仅供使用者作为理解和把握标准规定的参考。

目　次

1 总 则

1.0.1 制定本规范的目的，即在电力系统安全自动装置设计中，必须贯彻执行国家的技术经济政策和行业技术标准，做到安全可靠、技术先进、经济合理。

1.0.2 本规范的适用范围为35kV及以上电压等级，已经涵盖电力系统的发电、输电、变电、配电四个重要环节。对于低电压等级（10kV及以下），为电力系统的用电环节，设计中可参照执行本规范。

2 术 语

2.0.1 安全自动装置的作用为“防止电力系统失去稳定性和避免电力系统发生大面积停电事故”。安全自动装置为统称，包括输电线路自动重合闸装置、安全稳定控制装置、自动解列装置、低频低压减负荷装置等。

2.0.2 安全稳定控制装置主要用于在电力系统事故或者异常运行状态下，防止电力系统失去稳定性，避免电力系统发生大面积停电的系统事故或对重要用户的供电长时间中断。安全稳定控制装置是电力系统安全稳定的第二道防线的重要设施，当系统遭受《电力系统安全稳定导则》DL 755规定的第二级安全稳定标准的大事故扰动时，根据预先设置的控制策略实现切机、切负荷、直流功率紧急提升或回降等控制功能，以保证电力系统的稳定性。

2.0.3 安全稳定控制装置主要针对分散的厂站端作出定义，在安全稳定控制装置基础上定义了安全稳定控制系统，即由两个及以上厂站端的安全稳定控制装置通过通信设备联络而构成了安全稳定控制系统。与分散的控制装置相比较，控制系统的功能更为强大、控制区域范围更大。

2.0.4 当系统出现较为严重的事故时，为防止事故范围进一步扩大，保证对系统内的重要负荷继续供电，需要采取电力系统自动解列措施。在电力系统失步振荡、频率崩溃或电压崩溃的情况应实施自动解列措施，解列点应为预先选定的适当地点，必须是严格而有计划地实施。满足解列点的基本条件是，解列后各区各自同步运行和解列后的各区供需基本平衡。

2.0.5 当电力系统发生事故出现功率缺额引起频率急剧大幅度下降时，实施自动低频减负荷使频率迅速恢复到允许范围内；为防止事故后或负荷上涨超过预测值，因无功补偿不足引发电压崩溃事故，实施自动低压减负荷使运行电压恢复到允许范围内。目前设备厂家可将自动低频减负荷和自动低压减负荷功能集成在一起，称为低频低压减负荷装置。

2.0.6 在线稳定控制系统具有实时、在线、动态、一体化、定量评估等特点。在线稳定控制系统能解决非在线稳定控制系统反应系统运行方式和系统故障的局限性问题，通过调度运行人员调整运行方式或安全稳定控制系统实施紧急控制措施，提高调度运行人员精细化掌握电网运行的安全稳定程度，改善电网暂态安全运行水平，防止事故扩大，最大限度地减少事故损失，确保电网安全稳定运行。

2.0.7 如果架空线路或母线发生瞬时故障，实施自动重合闸后恢复供电有利于系统稳定。传统自动重合闸包括三相重合闸、单相重合闸和综合重合闸，但由于综合重合闸极少使用，因此本规范中仅提出三相重合闸、单相重合闸两种方式。

2.0.8 事故扰动是安全稳定分析的常用术语。事故扰动通常有短路故障、元件非计划断开、直流闭锁等。

2.0.9 连接和断面是安全稳定分析的常用术语。连接和断面通常针对电网结构中根据功率流向而作出的定义，两个相对独立系统之间的联络线构成断面。

3 电力系统安全稳定计算分析原则

3.1 稳定计算水平年

3.1.1 进行电力系统安全稳定计算分析时，首先应明确边界条件。计算水平年一般选择工程投产年，根据需要考虑工程分期投产的过渡年，或者对远景年进行适当展望。

3.1.2、3.1.3 计算的电网结构和计算负荷需与计算水平年相对应。如果计算电网结构中存在某些不确定因素且对系统稳定影响较为显著，如电磁环网解列或并列运行方式、大区域之间的联网方式等，则需要进行不确定因素对系统稳定的影响分析。

3.2 稳定计算运行方式

3.2.2 根据《电力系统安全稳定导则》DL 755的要求确定电力系统安全稳定计算分析的运行方式，并考虑新能源发展增加了“风电多发”的方式。

3.3 稳定计算故障类型

3.3.2 稳定计算故障类型的Ⅰ、Ⅱ、Ⅲ类分别与现行行业标准《电力系统安全稳定导则》DL 755中电力系统承受大事故扰动能力的三级安全稳定标准相对应。特殊故障类型的第2条和第3条与现行行业标准《电力系统安全稳定导则》DL 755的特殊情况相同，而第1条中强调了“同一走廊”电网结构中发生两回线路退出运行事故应采取措施保证电力系统稳定运行和对重要负荷的正常供电。

3.4 稳定计算模型及参数

3.4.1 计算分析应使用合理的模型及参数，以保证计算结果的精确度。计算中同步发电机及控制系统应尽可能地采用实测、详细模型和参数。在规划设计阶段或无完整参数时，较大容量同步发电机可参考已投运的相同厂家相同容量机组的模型参数。

3.5 稳定计算故障切除时间及自动装置动作时间

3.5.1 计算分析中对系统发生故障、故障切除、重合闸、执行控制措施的系列过程进行模拟，动作时间选择以实际为基础，并适当考虑裕度。故障切除时间由继电保护装置动作时间、断路器全断开时间，并考虑一定时间裕度组成。以下保护动作时间均根据微机保护设备厂家实测、动作时间统计而得。但是，对于现有线路保护、主变保护或母线保护，如果由于继电保护动作时间过长引起电力系统稳定问题，应采用快速动作的线路保护或母线保护动作时间计算，并更换原有继电保护设备。

1 线路故障切除时间。220kV及以上线路配置双重化的主保护（终端线路除外），任何情况下均能保证至少有一套主保护运行，因此考虑主保护动作切除故障。

1）500kV（750kV）断路器全断开时间为40ms～50ms，220kV（330kV）断路器全断开时间为60ms～70ms。

2）220kV及以上线路主保护、主变主保护和母差保护的动作时间按30ms考虑；线路保护信号从一侧经通道传输至另一侧的延时按10ms考虑。

3）仿真计算故障切除时间在上述两部分时间之和基础上考虑一定裕度（10ms～20ms）。

4）由于1000kV系统为建设初期，根据厂家提供的设备参数，保护动作时间、断路器动作时间与500kV系统相同，因此1000kV线路故障切除时间可采用与500kV线路相同。

2 主变保护动作时间与各侧的线路保护相同，因此主变故障各侧切除时间宜与相同电压等级线路近端故障切除时间相同。

3 母线保护动作时间与相同电压等级线路保护相同，因此母线故障切除时间宜与相同电压等级线路近端故障切除时间相同。

4 直流系统的故障切除时间：由于直流关断闭锁为电力电子元件动作，响应速度极快（毫秒甚至微秒级），因此计算模拟时间取0.06s；直流闭锁后切除滤波器需要跳开断路器，因此考虑100ms的延时。

3.5.2 重合闸时间。对于装设重合闸装置的线路及少数小容量变压器，当发生故障时保护动作跳开断路器且保护返回后启动重合闸计时，经过重合闸延时（预先整定）后由重合闸装置向断路器发出命令进行重合。重合闸延时由调度运行部门根据各地区电网实际进行整定，与系统条件、系统稳定的要求等因素相关，故障切除后的故障消弧及绝缘恢复时间制约的单相重合闸最短时间。

稳定计算模拟重合闸过程时，重合闸延时从故障切除开始，因此，计算中重合闸延时取值应考虑地区电网的重合闸整定延时、时间裕度。

对于一般存在稳定问题的线路，其重合闸时间可按重合于永久性故障时的系统稳定条件确定。即当线路传输最大功率时故障并切除后，送端机组对受端系统的相对角度经最大值，回摆到摇摆曲线的ds/dt为负的最大值附近时为重合闸最佳时间，进行重合。

3.5.3 断路器失灵保护动作切除故障时间。

元件（线路或变压器）保护或者母线保护动作后发出跳闸脉冲，同时启动断路器失灵保护。如果元件未能正常跳开，则经失灵保护整定延时后由失灵保护动作跳开其他元件以切除故障。失灵保护整定延时与主接线形式有关，通常一个半断路器接线形式为0.2s～0.3s，双母线接线形式为0.3s～0.5s。仿真计算时考虑一定裕度（10ms～20ms）。

3.5.4 安全稳定控制系统执行时间。安全稳定控制系统执行时间是从系统故障起，包括自动装置判别故障或者接收故障命令、控制决策出口、断路器执行操作（或者直流系统实施控制）的全过程；如果需要远方执行命令，还应考虑通信通道延时、接收装置的出口动作时间。常用控制措施执行时间计算如下：

1 切机和切负荷：包括安全稳定控制装置动作时间和断路器的跳闸时间，并考虑一定裕度。其中微机型安全稳定控制装置动作时间为50ms～180ms；220kV及以上断路器跳闸时间为50ms～70ms，220kV以下断路器跳闸时间相对较长，可考虑在220kV及以上断路器跳闸时间基础上增加50ms。

2 直流调制的响应时间较快，但是调节速度与直流系统动态特性和系统稳定特性相关，因此应根据实际特性来确定。

3 基于下述原因，本规范未明确其他控制措施的执行时间：

1）低频低压减负荷装置、失步解列装置的动作时间由装置的整定值确定。

2）当采用可控串补强补作为提高系统暂态稳定控制手段时，应在故障切除后立即向可控串补控制系统发出强补命令。可控串补控制系统自接收到外部强补命令至调整至最大补偿度一般可在几毫秒内完成。

3.6 稳定计算分析内容

本节内容包括：过负荷和低电压分析、暂态稳定分析、动态稳定分析和频率稳定分析，根据研究电网的特点来确定选择计算分析内容。

3.6.1 应分析研究静态（无故障断开）和大事故扰动引起的过负荷。电源送端系统、受端系统、功率传输中间断面的过负荷问题，因电网结构不同应有针对性研究。重要元件（线路、变压器等）断开后由于网架削弱，功率大规模转移等原因造成功率及电压损耗增大，应校核相关断面导线截面较小的线路是否过载、电压水平是否满足稳定运行要求。

3.6.2 系统受到扰动后的暂态过程较短，因此计算时间可选择5s左右。稳定分析强调应选择在最不利的地点发生金属性短路。

3.6.3 系统受到扰动后的动态过程较长，发电机和负荷的调节特性显现出来，因此计算时间可选择20s及以上。

3.6.4 本规范明确可利用暂态稳定和动态稳定计算程序来研究暂态和动态过程的电压稳定性。

3.6.5 当系统有功功率变动占系统负荷容量比例较小时，依靠负荷和发电机的调节特性可以保证频率波动在允许范围内。但是在系统有功功率不平衡额度较大情况下，事故扰动导致频率波动幅度大，本条明确应进行频率稳定分析，频率稳定分析应对负荷和发电机的调节特性模拟较为准确。

3.7 稳 定 判 据

3.7.1 过负荷水平以热稳定极限作为判据。

3.7.2 暂态稳定判据包括三个方面：功角、电压和频率。稳定计算中，若三者都稳定时，则系统是稳定的；若有一个不能稳定，则判定系统失稳。

3.7.3 本规范中动态稳定判据与现行行业标准《电力系统安全稳定导则》DL 755相同。

4 安全自动装置的主要控制措施

4.1 切 除 发 电 机

4.1.1 采用切除发电机（简称切机）的控制措施，可以防止电力系统稳定破坏、消除异步运行状态、限制频率升高和限制设备过负荷。对于水电机组、火电机组、核电机组，一般采用断开发电机变压器组的断路器方式来实现切机；对于风电机组，一般采用断开升压站升压变压器高压侧断路器或断开升压站与系统间的联络线路断路器实现切机。采取切机控制措施应从有效性、机组安全性、经济性选择切机对象和排序。

4.1.2 从核安全的角度出发，核电机组不宜作为控制对象，只有在切除其他机组无法满足稳定要求且保证核反应堆的前提下，可考虑切除核电机组。

4.2 集 中 切 负 荷

4.2.1 集中切负荷可以提高系统运行频率，可以减轻某些电源线路的过负荷，可以提高受端电压水平，用于防止稳定破坏、消除异步运行状态和限制设备过负荷。

4.2.2 综合考虑被切负荷的重要程度和有效性来选择切负荷对象。

4.2.3 设置切负荷站的数量，考虑一定裕度，本规范给出20%左右的裕度指标。

4.2.4 实施切除负荷的目的在于防止电力系统崩溃、缩小事故范围、牺牲局部保全整体、尽可能保证对重要负荷的供电。实施切负荷避免其自动投入的含义为：通常以跳开低压供电线路断路器方式来实现切负荷，因此实施切除负荷跳开线路时应同时采取闭锁线路重合闸、禁止备用电源自动投入等措施，避免被切负荷重新带电。

4.3 无功补偿装置的控制

4.3.1 在系统故障切除后，启动输电线路的可控串补装置的强补功能将可控串补装置补偿度提高到最大，并持续一段时间，对防止故障后系统失稳，尤其是首摆失稳效果明显。强补应在故障切除后立刻投入，持续时间应根据系统具体情况确定，一般应大于功角摇摆曲线首摆达到最大值的时间。

4.3.2 根据电压控制的需要投/切并联电抗器、并联电容器无功设备。

4.4 电力系统解列及备用电源投入

4.4.1 电力系统解列，即电力系统解列成各自可同步运行的、有功及无功平衡的工作部分，可以防止稳定破坏、消除异步运行状态、限制设备过负荷。

4.4.2 利用水电站和蓄能电站可快速投入的特点，作为备用电源投入措施。在系统出现有功功率缺额大导致系统频率异常降低情况下，自动启动备用电源的措施可实现系统频率快速回升。

4.5 直 流 控 制

4.5.1 直流调制是利用直流输电系统的换流器转换有功功率及消耗无功功率的可控性对交流系统或者交直流混合电力系统给定的电压、相角或者系统频率等参数进行调节、控制，而达到提高电力系统稳定性的一种控制过程。

5 安全自动装置的配置

5.1 安全自动装置的配置原则

5.1.1 本规范强调安全自动装置应基于稳定计算分析结论而配置方案，系统地解决问题，稳定控制措施之间以及稳定控制措施与其他控制系统之间应协调配合。

5.1.2 国家现行标准《电力系统安全稳定导则》DL 755和《电力系统安全稳定控制技术导则》GB/T 26399是保证电力系统安全稳定运行的强制性标准，

因此本条所述的装置配置是参照这两个标准的规定制定的。本条规定在无合适的稳定控制措施或者稳定控制措施控制量过大情况下，应调整系统运行方式，避免装置配置过于复杂，这样可保证安全稳定控制措施的可实施性。从以下几方面保证安全自动装置的有效性：

1 以快速恢复系统稳定为目的，在可选择的不同等级的安全自动装置控制措施中，应取其中最高等级者。

2 选择对电力系统安全稳定控制有效性高的控制对象，当控制对象有几台机组或几座电厂时，应寻求最有效果的机组或电厂加以控制。

3 安全控制装置动作时间应满足能使电力系统恢复稳定运行的要求。对于维持系统稳定的自动装置应尽快动作，对于限制事故扩大的自动装置应在保证选择性的前提下尽快动作。

4 强调重要厂站应双重化配置，110kV及以下低电压等级系统的安全稳定控制装置宜单重化配置。

5.1.3 本条对直流调制、切机、切负荷、解列等常用控制措施进行排序，并对如何使用这些控制措施详细说明。由于火电机组本身对快关措施的承受力不足、快关响应速度相对较慢等原因，机组快关措施目前在国内国外极少使用，因此本规范未考虑快关控制措施。采用直流调制、切机、切负荷、解列等安全稳定控制措施考虑以下原则：

1 切机应按就近原则考虑，优先考虑切除水电及风电机组；各切机点应保留一台机组（风电除外）；若切机点设置在梯级电站，还应考虑切机容量的配合。若为过负荷问题，则可考虑减电厂出力和直流功率控制的措施。

2 切负荷按就近原则考虑，快速集中切负荷系统通常由主站和子站组成，子站设置在区域内能提供一定可切负荷量的、灵敏度较高的变电站，选择切除对象时应考虑有效性和被切负荷的重要程度。

3 系统解列作为防止整个系统稳定破坏的备用，不同地点的解列装置其动作应有选择性，确保一次特定的扰动仅解列一个断面。

4 实施低频、低压减负荷措施应根据相关标准，按系统负荷的一定比例、分不同轮次切负荷。

5 直流系统的双侧频率调制功能可作为提高系统的稳定运行裕度的稳定控制措施。频率限制器可用于调节系统频率变化。

5.1.4 本条是对安全自动装置提出的要求。

1 安全自动装置的安全可靠性要求等同于相同电压等级的继电保护装置。

2 强调了充分利用原有安全自动装置的原则。同时，为满足系统发展需要，新增装置应具有良好的系统适应性。

5.2 安全自动装置配置

5.2.1 本条强调安全稳定控制装置主要解决当电力系统发生Ⅱ类扰动、特殊情况下考虑Ⅰ类扰动时存在的问题。分别阐述功率外送、受端系统通常采用的控制措施，切机、减机组出力等减少电源输出；切负荷可减少功率需求。对于直流输电系统或者装设串联补偿装置的系统，提出直流调制、控制补偿装置与其他控制措施综合使用。

5.2.2 配置失步解列装置时，还应考虑实现再同期和保证解列后各自系统安全稳定运行。

5.2.3 对功率过剩的电力系统应采取切除发电机等措施。

5.2.5 对功率不足的电力系统，应采取切除负荷等措施。

5.2.6 使用备用电源自动投入装置时应考虑：当正常供电通道发生故障供电受阻时，装置自动将备用电源投入相应的供电母线，以保证电力系统供电的连续性和稳定性。但在实施切负荷方案时，应有措施保证安全自动装置所切负荷不被自动投入备用电源（见本规范第4.2.4条）。

5.2.7 配置自动重合闸装置的目的是减少故障对系统的影响范围，提高电力系统的稳定性。

5.2.8 本条针对在线稳定控制系统的配置、功能进行了描述，在线稳定控制系统与分散布置的装置接口，实现安全稳定控制系统的一体化综合协调控制。

5.3 安全自动装置对通道及二次回路的要求

5.3.1 根据现行国家标准《继电保护及安全自动装置技术规程》GB/T 14825，安全自动装置对通信通道的要求原则上等同于相同电压等级的继电保护装置。强调安全自动装置信息传输优先采用光纤通道。

5.3.2 根据现行国家标准《继电保护及安全自动装置技术规程》GB/T 14825，安全自动装置对互感器、电源的要求，原则上等同于相同电压等级的继电保护装置。安全自动装置可与线路保护（或断路器保护）共用同一组电流互感器、电压互感器的二次线圈。

5.3.3 对于直流输电系统，为满足安全稳定控制装置实现直流控制的要求，本条列出安全稳定控制装置与直流控制系统交换信息内容。

5.3.4 对于装设串联补偿装置的系统，为满足安全稳定控制装置实现对串补控制的要求，本条列出安全稳定控制装置与串补控制系统交换信息内容。

中华人民共和国国家标准

硅太阳能电池工厂设计规范

Code for design of crystalian silicon solar cell plant

GB 50704—2011

主编部门：中华人民共和国工业和信息化部
批准部门：中华人民共和国住房和城乡建设部
施行日期：2 0 1 2 年 6 月 1 日

中华人民共和国住房和城乡建设部
公　　告

第 1087 号
关于发布国家标准
《硅太阳能电池工厂设计规范》的公告

现批准《硅太阳能电池工厂设计规范》为国家标准，编号为 GB 50704—2011，自 2012 年 6 月 1 日起实施。其中，第 1.0.3（1）、5.2.3、5.2.5、6.6.1、6.6.2、6.6.4、7.2.11、7.3.4、7.5.10 条（款）为强制性条文，必须严格执行。

本规范由我部标准定额研究所组织中国计划出版社出版发行。

中华人民共和国住房和城乡建设部

二〇一一年七月二十六日

前　　言

本规范是根据住房和城乡建设部《关于印发〈2008 年工程建设标准规范制定、修订计划（第二批）〉的通知》（建标〔2008〕105 号）的要求，由信息产业电子第十一设计研究院有限公司会同有关单位共同编制完成。

本规范在编制过程中，编制组主要依据现行相关标准，在进行了大量的调查研究基础上，总结近年来我国硅太阳能电池工厂的设计、建设和管理经验，参照国外类似工厂的通行做法，广泛征求了各方面的意见，对具体内容进行了反复讨论和修改，最后经审查定稿。

本规范共分 9 章和 3 个附录，主要内容包括：总则，术语，总体设计，建筑与结构，采暖通风、空气调节与净化，给水排水，气体动力与化学品输送，电气设计，节能与资源利用等。

本规范中以黑体字标志的条文为强制性条文，必须严格执行。

本规范由住房和城乡建设部负责管理和对强制性条文的解释，由工业和信息化部负责日常管理，由信息产业电子第十一设计研究院科技工程股份有限公司负责具体技术内容的解释。本规范在执行过程中，请各单位积极总结经验，并将意见和建议寄至信息产业电子第十一设计研究院科技工程股份有限公司（地址：四川省成都市双林路 251 号；邮政编码：610021；传真：028-84333172；E-mail：edrill@edri.cn），以供今后修订时参考。

本规范主编单位、参编单位、主要起草人和主要审查人：

主编单位： 信息产业电子第十一设计研究院科技工程股份有限公司
中国电子系统工程第二建设有限公司

参编单位： 中国电子工程设计院
无锡尚德电力控股有限公司

主要起草人： 朱纮文　车　俊　李晓虹　蒋文英　卜　军　薛长立　杜宝强　王开源　曾野纯　李　强　徐高峰　王　建　赵启宁　郑才平　周长明　胡　栋　黄　炜　周健波　郑雪驹　周锦涛　杨　蕾

主要审查人： 崔容强　李锦堂　季秉厚　周名扬　刘传聚　王宗存　纪　苏　刘　瑾　林安中

目次

Contents

1 总 则

1.0.1 为在硅太阳能电池工厂设计中贯彻执行国家的有关法律、法规和规定，达到保护环境、技术先进、经济合理和确保质量，以及节水、节电、节地、节材的目的，制定本规范。

1.0.2 本规范适用于新建、扩建和改建的硅太阳能电池工厂的设计。

1.0.3 硅太阳能电池工厂的设计，应符合下列规定：

1 必须合理利用资源、保护环境，并应防止在生产建设活动中产生的废气、废水、废渣、粉尘、有害气体、放射性物质以及噪声、振动、电磁波辐射等对环境的污染和危害。

2 应根据生产工艺的特点，积极采用新技术、新设备、新材料。

3 设计应为施工安装、维护管理、调试检修，以及将来安全生产创造必要条件。

4 应满足建筑消防的要求。

1.0.4 硅太阳能电池工厂的设计，除应符合本规范外，尚应符合国家现行有关标准的规定。

2 术 语

2.0.1 硅太阳能电池 silicon solar cell

以晶体硅为基体材料的太阳能电池，也称硅太阳电池或晶硅电池。

2.0.2 酸碱排风 acid/alkali exhaust

排风介质中含有酸蒸气和碱性物质的工艺局部排风。

2.0.3 有机排风 organic exhaust

排风介质中含有有机溶剂蒸气的工艺局部排风。

2.0.4 工艺尾气 process of tail gas

生产设备排出含有硅烷、氨气等需进行处理的工艺生产气体。

2.0.5 技术竖井 technical shaft

电缆井、管道井、排烟道、排气道、垃圾道等竖向井道的统称。

2.0.6 反渗透浓水 opposed permeate dense water

原水经过反渗透装置浓缩后，离子含量较高且不会结晶析出的排放液。

2.0.7 气体站房 gas station

放置空压机和真空泵的房间。

2.0.8 冷冻站房 chiller station

放置冷冻机及其配套设备的房间。

2.0.9 特种气体 special gas

硅烷、氨以及用量较小的四氟化碳气体的统称。

2.0.10 大宗气体 bulk gas

在太阳能电池产品生产中作为反应气体、保护气体、吹扫气体的用量较大的氮气、氧气的统称。

2.0.11 终阻力 final resistance

空气过滤器积灰，阻力增加，当阻力增大到某一规定值时，过滤器报废，过滤器报废时的阻力值。

2.0.12 变电所 substation

指110kV及以下交流电源经电力变压器变压后对用电设备供电的电气装置及其配套建筑物。

2.0.13 不间断电源 (UPS) uninterruptible power system

一种含有储能装置，在主用电源中断时，将所储能量通过逆变器回路转换输出，继续为负载提供恒压恒频电源的电源系统。

3 总 体 设 计

3.1 选 址

3.1.1 硅太阳能电池工厂位置选择，应结合地区中远期规划，并根据当地经济技术条件综合比较后确定。

3.1.2 工厂宜选择大气含尘和有害气体浓度较低的地区。

3.1.3 工厂宜选择环境容量大、有较完备的市政废水处理设施的地区。

3.1.4 工厂宜选择市政燃气、电力、供水供应充足、交通便利的地区。

3.2 总 平 面 布 置

3.2.1 硅太阳能电池工厂的厂区布置，应按工艺生产系统、动力辅助系统、气体系统、化学品系统、三废处理系统、仓储办公系统以及生活系统等功能区域合理布局。

3.2.2 厂区的出入口人流、物流宜分开设置。

3.2.3 厂区应按当地规划设计要求设置相应规模的停车场地。

3.2.4 工厂装卸货区应设置足够的货车进出场地，并不得占用消防通道。

3.2.5 甲乙类物品库和甲乙类气体站应独立设置。

3.2.6 厂区宜设置环形消防车道。

3.2.7 厂区道路面层应选用整体性能好、发尘少的材料。

3.2.8 厂区绿化除应满足规划要求外，还应有利于保持厂区内的良好环境。

3.3 人员净化和物料净化

3.3.1 人员净化用室，应包括换鞋、存外衣、更换洁净工作服等房间。雨具存放、厕所、管理室、休息室等生活用室，以及空气吹淋室、气闸室、工作服洗涤间和干燥间等其他用室，可根据需要设置。

3.3.2 人员净化用室和生活用室的设置，应符合下列规定：

1 人员净化用室的入口处，应设净鞋设施。

2 外衣存放柜应按洁净室（区）设计人数每人一柜。

3 厕所、淋浴室宜设在进入人员净化用室之前。

3.3.3 硅太阳能电池厂房空气吹淋室的设计，应符合下列规定：

1 在洁净室（区）的入口处宜设空气吹淋室。当不设空气吹淋室时，宜设气闸室。

2 空气吹淋室应与洁净工作服更衣室相邻。

3 单人空气吹淋室应按最大班人数每30人设一台，当最大班使用人数超过30人时，可将2个或多个单人吹淋室并联布置，或采用多人吹淋室。

4 空气吹淋室一侧应设旁通门。

3.3.4 人员净化用室和生活用室，应根据产品生产工艺和空气洁净度等级要求按图3.3.4进行布置。

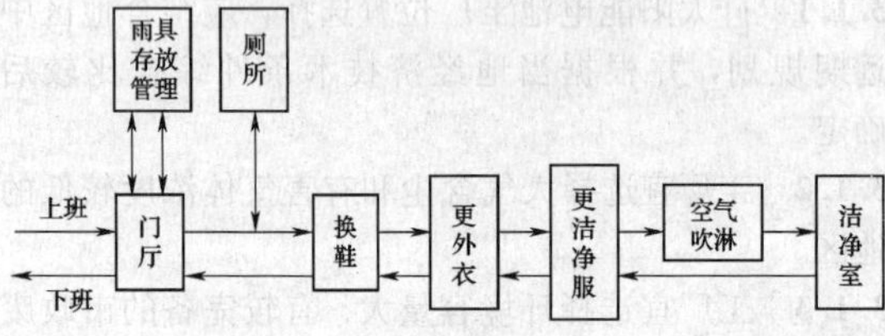

图3.3.4 人员净化程序

3.3.5 洁净室（区）物料出入口，应根据物料的性质、尺寸等特征进行设计。

3.3.6 洁净室宜设计用于搬运设备的可拆卸金属壁板和预留设备搬运时便于搭设的临时缓冲间，位置设置应保证洁净室不受污染和设备运输线路的方便。

3.4 工艺设计

3.4.1 硅太阳能电池厂房的工艺区划，宜分别设置人员出入口、物料出入口。

3.4.2 硅太阳能电池厂房的工艺区划，应按产品生产工艺流程进行布置，常规布置可按图3.4.2进行。

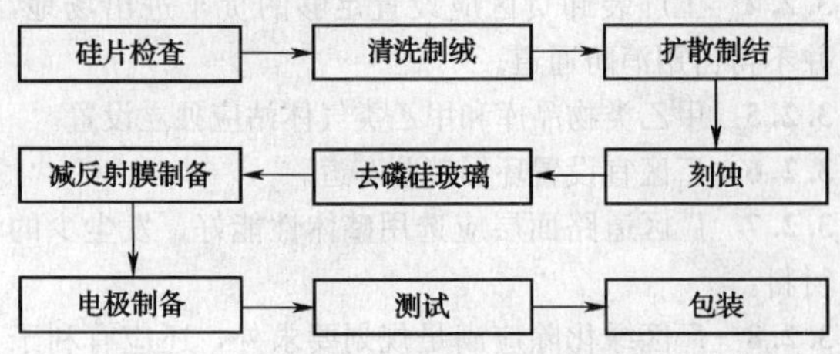

图3.4.2 硅太阳能电池工艺流程

3.4.3 生产环境及动力品质应符合硅太阳能电池生产工艺的要求。

3.4.4 工艺布置应符合生产工艺设备的安装、维修要求，并应设置运输通道、安装口、检修口及净化设施，同时应做到布置合理、紧凑和有利于生产操作。

3.4.5 工艺设备的选型，应符合下列规定：

1 应选择耗能低、排污少的设备。

2 宜选择兼容性强、可升级为自动化生产或自动化程度高的设备。

3 应选择能达到产品质量和工艺要求的设备。

3.4.6 硅太阳能电池生产线设计宜采用连续生产运转的模式。

4 建筑与结构

4.1 一般规定

4.1.1 硅太阳能电池厂房的建筑功能应符合生产工艺的要求。

4.1.2 厂房设计应满足人流和物流运输的要求；辅助设施规划应满足工艺总体布局。

4.1.3 厂房的建筑平面和空间布局应具有灵活性，主体结构宜采用大空间及大跨度柱网。

4.1.4 厂房围护结构的材料及造型，应符合节能保温、防火、防潮、产尘量少等要求。

4.1.5 厂房主体结构的耐久性应与室内装备和装修水平相协调，主体结构应具有防火、控制温度变形和减小不均匀沉降的性能。

4.1.6 厂房变形缝不宜穿越洁净区；当厂房变形缝必须穿越洁净区时，应采取相应措施。

4.1.7 厂房生产区宜设置技术夹层或技术夹道，并应在技术夹层或技术夹道内设置检修通道。穿越楼层的竖向管线需暗敷时，宜设置技术竖井。

4.1.8 有洁净要求的生产区域内管沟宜设计成暗沟，沟内宜做防腐处理。

4.1.9 物流通道处地面应平整，不应有凹凸物。

4.1.10 气体站房、空调机房等应采取消声、隔声和减振措施。

4.1.11 厂区内的化学品库房和罐区设计，应符合现行国家标准《建筑设计防火规范》GB 50016的有关规定。

4.1.12 厂房内化学品中间库的设置，应符合下列规定：

1 化学品中间库应设置在单独房间内，且储存甲、乙、丙类化学品的中间库，应采用防火墙和耐火极限不低于1.5h的不燃烧体楼板与厂房分隔开，并应靠外墙布置。

2 化学品中间库应按化学品的物理化学性质分类储存；当物料性质不允许同库储存时，应用实体墙隔开，并应各设出入口。

3 甲、乙类化学品中间库的储量不宜超过24h的需用量，丙类液体中间罐的容积不应大于$1m^3$。

4.1.13 厂房内的特种气体间应按甲乙类中间库设计，储存有硅烷的特种气体间其泄压比不应小于0.11。

4.1.14 厂房地面垫层宜配单层双向钢筋网，潮湿地区垫层应做防潮处理。

4.1.15 厂房楼面等效均布活荷载，应根据工业设备安装和检修的荷载要求确定，当缺乏资料时，可按表4.1.15的规定确定。

表4.1.15 厂房楼面等效均布活荷载

名称	活荷载标准值（kN/m^2）
硅片装盒	5
清洗制绒	8
扩散制结	6
刻蚀	8
去磷硅玻璃	8
减反射膜制备	10～15
电极制备	6
测试	5
包装	6

注：1 表中未列的其他荷载应按现行国家标准《建筑结构荷载规范》GB 50009的有关规定选用。

2 活荷载的组合值系数1.0，频遇值系数0.9，准永久值系数0.8。

3 表列活荷载不包括隔墙自重。

4 设计主梁、墙、柱、基础时，表列活荷载应进行折减，折减系数可采用0.6～0.8。

4.2 建筑防火

4.2.1 硅太阳能电池生产厂房的火灾危险性类别应为丙类，厂房的耐火等级不宜低于二级。

4.2.2 厂房内洁净区的顶棚和壁板及夹芯材料应为不燃烧体。顶棚和壁板的耐火极限不应低于0.5h，但疏散走道隔墙的耐火极限不应低于1.0h。

4.2.3 在一个防火分区内的洁净生产区与一般生产区之间，应设置不燃烧体的隔墙或顶棚，其耐火极限不应低于1.0h。穿隔墙或顶棚的管线周围空隙，应采用防火封堵材料紧密填堵。

4.2.4 洁净区内部隔墙可隔断至吊顶板底。

4.2.5 技术竖井井壁应为不燃烧体，其耐火极限不应低于1.0h。井壁上检查门的耐火极限不应低于0.5h；竖井内在各层楼板处，应采用相当于楼板耐火极限的不燃烧体作水平防火分隔；穿过水平防火分隔的管线周围空隙，应采用防火封堵材料紧密填堵。

4.2.6 安全出口应分散布置，不应采用吹淋等净化入口，安全出口应设置明显的疏散标志。

4.2.7 安全疏散距离应结合工艺设备布置确定，并应符合现行国家标准《建筑设计防火规范》GB 50016的有关规定。

4.3 室内装修

4.3.1 厂房的建筑围护结构和室内装修，应选用气密性良好、变形小的材料。

4.3.2 厂房楼地面应符合平整、不起尘、避免眩光的生产工艺要求。

4.3.3 厂房洁净室内墙壁和顶棚的装修应避免积尘和眩光，不宜采用砖砌墙抹灰墙面。

4.3.4 洁净区内的窗不宜设置窗台。

4.3.5 洁净室的密闭门宜朝空气洁净度较高的房间开启，并应加设闭门器，密闭门上宜设置观察窗。

4.3.6 设计选用的装修材料的燃烧性能，应符合现行国家标准《建筑内部装修设计防火规范》GB 50222的有关规定。

4.3.7 工艺要求净化间需做防静电地坪时，可按现行国家标准《电子工业洁净厂房设计规范》GB 50472的防静电环境三级要求进行设计。

5 采暖通风、空气调节与净化

5.1 一般规定

5.1.1 设计方案应根据工艺要求、建筑物的特点、现有能源状况等确定，并应做到有效、经济、合理、节能。

5.1.2 通风、空调与净化系统的设计应符合生产工艺对生产环境的要求，并应适应不同生产负荷的需求。

5.1.3 厂房采暖系统的设置应符合现行国家标准《采暖通风与空气调节设计规范》GB 50019的有关规定。

5.1.4 位于严寒地区和寒冷地区，且有可能产生冻结危险的管道和设备，应采取防冻措施。

5.1.5 洁净度优于8级的区域内不应设置散热器采暖。

5.1.6 设计主风管风速不宜大于9m/s，主支管风速宜为3m/s～6m/s，支管风速不宜大于4m/s。

5.2 通风

5.2.1 通风系统的设置应符合人员安全、卫生以及生产工艺等方面的要求。

5.2.2 生产厂房内连续产生有害气体的工艺设备，应设置局部排风装置。

5.2.3 符合下列情况之一时，应单独设置局部排风系统：

1 排风介质混合后能产生或加剧腐蚀性、毒性、燃烧爆炸危险性和发生交叉污染。

2 散发剧毒物质的房间和设备。

3 排风介质混合后易使蒸汽凝结并聚积粉尘。

5.2.4 洁净区的排风系统应采取防止室外气流倒灌的措施，且排风系统应设置在风机的进口侧。

5.2.5 含有易燃易爆物质的排风系统应与一般排风分开设置，并应采取防火防爆和安全排放措施。

5.2.6 排风介质中有害物浓度及排放量超过国家或地方标准时，应做无害化处理，处理后的排放浓度和排放量应符合现行国家和当地环保部门的有关规定。

5.2.7 酸碱排风、有机排风的出风口高度，应符合现行国家标准《大气污染物综合排放标准》GB 16297的有关规定，并应采取防雷接地措施。

5.2.8 有机排风宜选择吸附或燃烧等处理方法处理后排放。吸附材料应再生循环使用，废气处理装置应设置在风机的吸口侧。

5.2.9 工艺尾气应经有效的净化设施处理后达标排放，并应设置应急备用装置。

5.2.10 工艺尾气处理系统应设置粉尘清扫装置或收集装置等。

5.2.11 工艺尾气燃烧塔的进气管风速不宜小于17m/s。

5.2.12 多台工艺设备合用一个排风系统时，应采取保证风量平衡的措施。

5.2.13 局部排风系统总管上应设置流量测量孔，并宜设置自动监测装置；工艺设备排风出口宜设置流量测量孔。

5.2.14 硅烷间、氨气间、扩散间、三氯氧磷间等易产生和放散大量爆炸性气体或有害气体的房间，应设置事故通风系统。事故通风的换气次数不应小于12次/h。事故通风系统应设置自动、手动控制开关，手动开关应设置在室内外便于操作的地方。

5.2.15 事故通风的室内排风口应设置在有害物最大可能出现的区域。

5.2.16 换鞋室、更衣室、盥洗室、厕所等生产辅助房间，宜采取机械通风措施。

5.2.17 各动力站房应采取通风措施，宜优先采用自然通风。当自然通风不能满足卫生、环保或生产需求时，应设置机械通风或自然与机械联合通风的方式。

5.2.18 输送含有剧毒物质或工艺要求可靠性较高的排风机，应设置备用风机。

5.2.19 局部排风系统的排风机宜采取变频措施。

5.2.20 排风介质中含有水蒸气或凝结物的排风管顺气流方向应设置坡度，坡度不应小于3‰，在低点应设置排放口，且应设置水封。

5.2.21 符合下列情况之一时，排风管应采取保温措施：

1 排风介质温度大于或等于60℃的排风管。

2 外表面有可能产生凝结水的排风管。

5.2.22 排出有燃烧或爆炸危险物质的设备和风管，应采取防静电措施。

5.2.23 机械通风系统的室外进风口、排风口的设置应符合下列规定：

1 进风口应设置在室外空气较清洁的地方，位置应低于排风口，并应采取防雨措施。

2 进风口的底部距离室外地面不宜小于2m；设在绿化地带时，不宜小于1m。

3 进风和排风不应短路；进风口、排风口在同侧时，排风口宜高出进风口6m以上；不能满足要求时，进风口和排风口的水平距离不宜小于10m。

4 室外的事故排风口与进风口的相对位置，应保证水平净距离不小于20m；当水平净距离不能保证20m时，应保证排风口高出进风口6m以上。

5.3 空气调节与净化

5.3.1 厂房内的空气洁净度等级、温度、湿度，应符合生产工艺的要求。工艺无特殊要求时，湿度宜控制为40%～70%，温度宜控制为22℃～27℃。

5.3.2 通过围护结构传入空调区域的冷负荷应进行逐时计算。非24h运行的空调房间，其室内散热量形成的冷负荷应进行逐时计算。24h运行的空调房间，其室内散热量形成的冷负荷宜按稳定传热计算。

5.3.3 室外空气计算参数应符合现行国家标准《采暖通风与空气调节设计规范》GB 50019的有关规定。

5.3.4 厂房内空气调节系统符合下列情况之一时，宜分开设置：

1 对温、湿度控制要求差别大的房间。

2 净化空调系统与一般空调系统。

3 容易产生交叉污染的区域。

4 工艺设备发热量相差悬殊的不同房间。

5.3.5 空气调节系统新风口的设置应符合下列规定：

1 应远离排风口，并应符合本规范第5.2.23条的规定。

2 进风口处应设置密封性好的阀门，严寒地区应设置保温风阀。

5.3.6 空气调节区的送风量应取下列较大值：

1 为消除空气调节区余热、余湿而确定的送风量。

2 该区域所需的新鲜空气量。

3 满足空气调节区洁净度等级的送风量。

5.3.7 生产区空调房间的新鲜空气量，应取下列较大值：

1 补偿室内排风量和保持室内正压值所需的新鲜空气量之和。

2 生产洁净区的新鲜空气量不应小于40m³/（人·h），生产非洁净区的新鲜空气量不应小于30m³/（人·h）。

5.3.8 新鲜空气量可根据车间洁净度等级和室内发尘量进行计算得出，洁净室内换气次数可按表5.3.8的规定取值。

表 5.3.8 洁净室内换气次数

空气洁净度等级	换气次数（h^{-1}）	平均风速（m/s）
1～4	—	0.3～0.5
5	—	0.2～0.5
6	50～60	—
7	15～25	—
8～9	10～15	—

注：1 换气次数适用于层高小于 4.0m 的洁净室。

2 室内人员少、热源少时，宜采用下限值。

5.3.9 空气调节区的气流组织形式应根据房间的温湿度参数及精度、工艺设备的布置、洁净等级、风速、噪声、建筑装修等要求确定，并应符合下列规定：

1 工作区的气流分布应均匀。

2 工作区的气流流速应符合生产工艺和工作人员健康的要求。

3 当生产区为洁净区时，气流流型应符合洁净度的要求。

5.3.10 洁净区与周围环境应维持一定的压差，不同等级的洁净区之间的静压差不应小于 5Pa；洁净区与非洁净区之间的静压差，不应小于 5Pa；洁净区与室外的静压差不应小于 10Pa。

5.3.11 洁净区维持不同压差值所需的压差风量，宜采用缝隙法或换气次数法确定。

5.3.12 洁净区内空调送风、回风和排风系统应连锁，启动时应先启动送风机，再启动回风机和排风机；关闭时连锁程序应相反。

5.3.13 空气过滤器的选用、布置，应符合下列规定：

1 空气净化处理应根据空气洁净度等级选用过滤器。

2 空气过滤器的实际处理风量不应大于其额定处理风量。

3 中效和高中效空气过滤器宜集中设置在空调系统的正压段。

4 亚高效和高效过滤器宜设置在净化空调系统的末端。

5 同一净化空调系统中末端空气过滤器的阻力、效率、使用风量与额定风量之比值应相近。

5.3.14 对化学污染物有控制要求的生产车间，可采取化学过滤或其他去除措施。

5.3.15 加湿器与空调过滤段之间应有足够的吸收距离，在加湿工况下应保证过滤器前的空气相对湿度不大于 80%。

5.3.16 净化空调系统的送风机宜采取变频措施。送风机可按净化空调系统的总风量和总阻力值选择，空气过滤器的阻力应按终阻力计算。

5.3.17 净化空调系统的电加热器、电加湿器，应采取无风断电保护、超湿保护和接地措施。

5.4 防 排 烟

5.4.1 防排烟系统的设计应符合现行国家标准《建筑设计防火规范》GB 50016 的有关规定。

5.4.2 机械排烟系统与通风、空调系统宜分开设置。排烟补风系统宜与通风、空调系统合用。

5.4.3 机械排烟系统应符合下列规定：

1 密闭空间应设置补风系统，补风量不宜小于排烟量的 50%，且房间疏散门内外的压差不宜大于 30Pa。

2 发生火情时，应能手动和自动开启对应防烟分区的排烟口、排烟防火阀，并应同时切断非消防电源。排烟风机和补风机应在排烟口、排烟阀完全打开后开启。

5.5 风管与附件

5.5.1 通风、空调系统风管设置防火阀时，应符合现行国家标准《建筑设计防火规范》GB 50016 的有关规定。

5.5.2 风管、附件的选择应符合下列规定：

1 空调系统、非腐蚀性通风系统的风管应采用不燃材料。

2 排除腐蚀性气体的风管应采用耐腐蚀的不燃或难燃材料，宜采用焊接或熔接连接。

3 有机排风管宜采用不锈钢材料、氩弧焊接连接。

4 附件、保温材料、消声材料和黏结剂等，均应采用不燃材料或难燃材料。

5 含有腐蚀性气体排风系统的附件应符合防腐要求。

5.5.3 有机排风风管应设置清扫口。

5.5.4 从工艺设备到废气处理塔的硅烷气体排风管，应进行压力试验及真空度试验，试验方法应符合现行国家标准《工业金属管道设计规范》GB 50316 的有关规定。

5.5.5 空调系统的噪声不能满足室内噪声控制要求时，应在空调系统的送、回风总管上采取消声措施。通风系统噪声不能满足室内外噪声控制要求时，应采取相应的消声、隔声措施。

5.5.6 在空气过滤器的前后，应设置测压孔或指针式压差计。在空调新风、送回风总管段上，宜设置风量测定孔。

6 给 水 排 水

6.1 一 般 规 定

6.1.1 给排水系统的设计应符合生产、生活、消防以及环保的要求。

6.1.2 给排水系统设计应选择水的综合利用方案，并应做到技术先进、经济合理、节水节能，同时应减少排污。

6.1.3 给排水管道穿过洁净区墙壁或顶棚时，应设置套管，管道与套管之间应采取密封措施。

6.1.4 给排水管道在可能冻结的环境下应采取防冻措施，外表面可能产生结露时，应采取防结露措施。

6.1.5 洁净区内给排水管道绝热结构的最外层，应采用不发尘材料。

6.2 一般给排水

6.2.1 给水系统宜按生产、生活、消防等各项用水对水质、水压、水温的不同要求分别设置。

6.2.2 生产、生活给水系统宜利用市政给水管网的水压直接供水。

6.2.3 生产、生活给水系统采用间接供水时，宜采用变频调速设备，并应设置备用泵，备用泵供水能力不应小于最大一台运行水泵的供水能力。

6.2.4 生产废水的排水管路系统应根据废水的性质、水质、水量以及废水处理的工艺确定，宜采用重力流的方式自流至废水处理站。

6.2.5 生产废水干管宜设置在地沟或下夹层内，严寒地区的室外管沟内的排水管应采取保温防冻措施。

6.2.6 管沟中的生产废水排水管的支架应进行防腐处理。

6.2.7 管沟中宜有能处理事故应急排水的措施。

6.2.8 生产废水排水管的材质应根据废水的种类、性质、浓度、温度，按附录A的规定选用。

6.2.9 敷设在闷顶内的腐蚀性废水排水管在管件或接口处，应采取防漏措施。

6.2.10 洁净区内工艺设备的生产排水宜采用接管排水，设备附近宜设置事故地漏。排水干管宜设置透气系统。

6.2.11 洁净区内应采用不易积存污物、易于清洗的设备、管道、管架及其附件。

6.2.12 给水管路宜在下列位置设置计量装置：

1 生产车间或建筑物的进水总管。

2 各给水系统的进水总管或补水管。

3 蓄水池或水箱的补水管（不包括消防专用蓄水池或水箱）。

6.3 纯　水

6.3.1 纯水站的位置应符合工艺总体布局的要求。

6.3.2 纯水制取工艺应采用成熟、经济，且易于管理和运行可靠的方案。

6.3.3 纯水系统的设计应符合使用点水质的要求。

6.3.4 纯水管道的材质应符合生产工艺的水质要求，宜选择聚丙烯管、洁净聚氯乙烯管、聚偏二氟乙烯管等管材，管道附件与阀门应采用与管道相同的材质。

6.3.5 纯水管路应采用循环供水方式，且宜采用同程布置。循环回流水量应大于设计用水量的30%。

6.4 废水处理

6.4.1 废水处理设施的位置应符合工艺总体布局的要求。

6.4.2 废水处理设施应根据生产工艺排出的废水种类、浓度和水量等特点确定，处理后的出水水质应符合国家和地方现行有关排放的标准。

6.4.3 废水处理宜根据当地的环境和社会经济条件，采用成熟、经济，易于操作和运行可靠的方案。

6.4.4 高浓度含氟废液应进行预处理。

6.4.5 废水处理构筑物的周围宜设置土壤指标监测点。

6.4.6 在寒冷地区，废水处理系统应采取防冻措施。

6.5 工艺循环冷却水

6.5.1 工艺循环冷却水系统的水质要求，应根据生产工艺条件确定。

6.5.2 工艺循环冷却水系统宜与其他冷却水系统分开设置。

6.5.3 工艺循环冷却水系统宜采用闭式系统。对于水温、水压、运行等要求差别较大的设备，工艺循环冷却水系统宜分开设置。

6.5.4 工艺循环冷却水系统的循环水泵宜采用变频调速控制，应设置备用泵，备用泵供水能力不应小于最大一台运行水泵的供水能力。换热器宜设置一台备用换热器。

6.5.5 工艺循环冷却水系统的管路应符合下列规定：

1 应设置过滤器、泄水阀（泄水口）、排气阀（或排气口）和排污口。

2 配水支干管应采取平衡各用水点水量的措施。

3 工艺冷却水管道的材质，应根据生产工艺的水质要求确定，宜采用不锈钢管或工业给水硬聚氯乙烯管，管道附件与阀门宜采用与管道相同的材质。

4 保温不锈钢管与碳钢支吊架之间，宜采用带绝热块的保温专用管卡。

6.5.6 工艺循环冷却水系统应结合水质情况，合理设置水质稳定处理装置。

6.6 消防给水与灭火器配置

6.6.1 硅太阳能电池工厂应设置室内外消火栓给水系统，并应符合现行国家标准《建筑设计防火规范》GB 50016的有关规定。

6.6.2 硅太阳能电池工厂应设置灭火器，并应符合现行国家标准《建筑灭火器配置设计规范》GB 50140的有关规定。

6.6.3 厂房的洁净区内不宜采用干粉灭火器。

6.6.4 占地面积大于1500m² 或总建筑面积大于3000m²的硅太阳能电池厂房，应设置自动喷水灭火系统，并应符合现行国家标准《自动喷水灭火系统设计规范》GB 50084的有关规定。

6.6.5 设置自动喷水灭火系统的厂房内，净空高度大于800mm或总高度大于1800mm的闷顶和技术夹层内有可燃物时，应设置喷头。

6.6.6 厂房的洁净区和严禁系统误喷或管道漏水的场所，宜采用预作用式自动喷水灭火系统。

7 气体动力与化学品输送

7.1 气体站房

7.1.1 气体站房的位置应符合工艺布局的合理性及安全要求，可与冷冻站房合并布置。

7.1.2 硅太阳能电池厂房使用的压缩空气和真空，应符合工艺的要求。

7.1.3 空压机和真空泵的选用，应根据气体用量、品质等因素，经技术经济比较后确定，并宜设置备用。

7.1.4 空压机宜采用无油压缩机。

7.1.5 使用油润滑的真空泵应设置除油装置，除油后的尾气宜单独排至室外，且排出口距离新风入口的最小距离不应小于6m。

7.1.6 压缩空气管道宜采用镀锌钢管或不锈钢管，阀门宜采用球阀。真空管道宜采用镀锌钢管、不锈钢管或给水硬聚氯乙烯管，阀门宜采用蝶阀或球阀。气体系统的阀门及附件材质宜与管材一致。

7.1.7 气体站房和管道的设计，应符合现行国家标准《压缩空气站设计规范》GB 50029的有关规定。

7.2 特种气体系统

7.2.1 硅太阳能电池厂房使用的硅烷、氨气和四氟化碳等特种气体，宜采用外购液态气体钢瓶或气态气体钢瓶储存，并宜采用管道输送方式分配。

7.2.2 硅太阳能电池厂房内的特种气体储存和分配间的特种气体存放数量，不宜超过24h的需要量。

7.2.3 特种气体系统的分配应在阀门箱内分配，不得直接在管路上分支。

7.2.4 特种气体系统除特种气体柜、阀门箱、设备内应安装阀门外，系统的其他部位不得安装阀门。

7.2.5 特种气体分配系统应按附录B的规定设置。可燃或有毒的特种气体分配系统的设置，还应符合下列规定：

1 气瓶应放置在具有连续机械通风的特种气体柜中，气柜应配有气体检测报警器、自动切断输出气体措施。气体检测报警器应与机械通风机连锁。

2 在特种气体分配系统可能泄漏的场所和设有阀门、配件等区域，应设置机械排风装置和气体检测报警器；当检测到有毒或可燃气体时，应进行报警、切断气体供应和启动相应的机械排风。

3 事故排风机、检测报警、切断阀等均应设置备用电源。

4 当一个特种气体分配系统供多台生产设备使用时，应设置多管阀门箱。

7.2.6 特种气体分配系统应设置吹扫系统，吹扫系统应符合下列规定：

1 应配置应急切断装置。

2 应设置防逆流装置。

3 应设置手动隔离阀。

4 吹扫气源应采用专用钢瓶或钢瓶组供给高纯氮气，不相容特种气体的吹扫系统不得共用吹扫气瓶。

7.2.7 硅烷气体管道宜采用双套管，外套管可采用0Cr18Ni9不锈钢酸洗管，内管可采用00Cr17Ni12Mo2Ti不锈钢内壁电抛光管。阀门宜采用隔膜阀。

7.2.8 氨气管可采用00Cr17Ni12Mo2Ti不锈钢内壁电抛光管。

7.2.9 特种气体管道与阀门和设备的开口连接，除要求采用法兰或螺纹连接外，均应氩弧焊接连接。

7.2.10 可燃特种气体管道宜架空敷设。

7.2.11 可燃和有毒特种气体管道不得穿过不使用该气体的房间。

7.3 大宗气体供给

7.3.1 硅太阳能电池厂房大宗气体的供气方式，可采用下列方式：

1 区域集中管网供气。

2 在厂内设液态气体储罐、汽化器和气体输送管道。

3 在厂区内或邻近处设制汽装置，纯化后经管道输送至使用点。

4 在厂内设气瓶库和气体输送管道。

7.3.2 车间氧气管道宜在适当位置设置放散管。放散管应伸出墙外，并应接至高出附近操作面4m以上的空旷、无明火的地方，放散管应采取防雨、防雷、防杂物侵入的措施。

7.3.3 接入厂房的气体管道控制阀、气体过滤器、调压装置、压力表、流量计、在线分析仪等，宜集中设置。

7.3.4 氧气管道的安全技术措施，应符合下列规定：

1 管道及阀门附件应经严格的脱脂处理。

2 管道应采取防静电接地措施。

3 氧气管道连接采用的密封材料严禁使用含油脂的材料。

7.3.5 气瓶间应集中设置在洁净区外。当日用气量不超过1瓶时，气瓶可设置在洁净区内，但应采取不积尘和易于清洁的措施。

7.3.6 气体管道宜采用内壁光亮抛光的脱脂0Cr18Ni9不锈钢管。阀门宜采用球阀或波纹管阀。气体管边的阀门及附件的材质宜与管材一致。

7.3.7 气体管道连接，应符合下列规定：

1 管道连接应采用氩弧焊接。

2 管道与设备的连接形式应符合设备的连接要求，宜采用法兰或双卡套连接，其密封材料宜采用金属垫或聚四氟乙烯垫。当采用软管连接时，宜采用金属软管。

7.4 冷热源

7.4.1 硅太阳能电池厂房冷热源的选择，应根据生产规模、冷热负荷、所在地区的气象条件、能源结构和政策、价格及环保等因素，经综合论证确定。并应优先利用工厂周边已有的供冷、供热系统。

7.4.2 生产工艺、采暖、空调等系统所需的冷热源站房，宜集中设置，并宜设置在负荷中心附近。

7.4.3 冷水机组的选择应符合下列规定：

1 应符合满负荷运行和部分负荷运行的调节要求，不宜少于2台。

2 负荷小仅设1台冷水机组时，应选调节性能优良的机型。

7.4.4 选用电动压缩式冷水机时，其制冷剂应符合国家现行有关环保的要求。

7.4.5 锅炉房设计应符合现行国家标准《锅炉房设计规范》GB 50041的有关规定。

7.4.6 冷热水系统的设计应符合下列规定：

1 宜采用闭式循环系统。

2 水系统的定压和膨胀宜采用高位膨胀水箱的方式。

3 应根据当地水质情况采取过滤、除垢、杀菌、灭藻等水处理措施。

4 应根据计算采取水力平衡措施。

5 制冷、制热设备、管道及其附件、阀门等均应保冷或保温。保冷、保温的管道和支架之间，管道穿墙、穿楼板处应采取防止“冷桥”、“热桥”的措施。

6 保冷、保温材料的主要技术性能，应符合现行国家标准《设备及管道绝热设计导则》GB/T 8175的有关规定，并宜选用导热系数小、吸水率低、湿阻因子大、密度小的不燃或难燃的保冷、保温材料。

7 冷热水系统的水泵应设置备用泵。

7.5 化学品输送

7.5.1 硅太阳能电池厂房使用的酸、碱、有机溶剂，应符合生产工艺的要求，其储存、输送方式应根据生产规模、工艺要求确定。

7.5.2 规模化连续生产的硅太阳能电池工厂，宜设置化学品集中供应系统。

7.5.3 硅太阳能电池厂房内的化学品库房或罐区设计，应符合现行国家标准《建筑设计防火规范》GB 50016的有关规定。甲乙类液体化学品的轻便容器存放在室外时，应设置防晒棚或设置冷却设施。

7.5.4 硅太阳能电池厂房化学品库、中间库、分配间中存放的化学品有可能散发有害气体或爆炸危险气体时，应设置机械通风。

7.5.5 化学品库、中间库、分配间，宜设置集液地沟或集液坑。

7.5.6 化学品库、中间库、分配间以及使用点，应设置紧急淋浴洗眼器。

7.5.7 化学品输送与分配系统应设置检测取样口、事故排放口及泄漏探测报警系统，管道宜采用双层管。

7.5.8 化学品集中输送用泵应设置备用泵及事故应急桶，化学品输送管道在分配和使用处应设置手动切断阀。

7.5.9 化学品输送压力应符合生产使用的要求。化学品输送用塑料管道的设计应符合热胀冷缩的要求。

7.5.10 化学品输送设备及管材管件的选用，应根据化学品的物理化学性质确定，并应确保化学品在输送过程中不增加金属离子的含量。

7.5.11 化学品管路用阀门、管件等的材质应与使用管道材质一致。

7.5.12 化学品管道与管道支架接触的地方，应采取防止管路摩擦损坏的措施。

8 电气设计

8.1 供电系统

8.1.1 硅太阳能电池厂房的供电系统设计除应符合生产工艺要求外，还应符合现行国家标准《供配电系统设计规范》GB 50052的有关规定。

8.1.2 生产用主要工艺设备，宜由专用变压器或专用低压馈电线路供电。

8.1.3 对电源连续性有特殊要求的设备及仪表，应设置不间断电源；对电源可靠性有特殊要求的排风等设备，宜设置备用电源。

8.1.4 消防负荷的供配电设计，应符合现行国家标准《建筑设计防火规范》GB 50016的有关规定。

8.1.5 厂房低压配电电压等级应符合生产工艺用电要求，宜采用380V/220V。系统接地型式宜采用TN-S或TN-C-S系统。

8.1.6 变电所宜以自然通风为主，当自然通风不能满足环境温度要求时，应设置机械通风或空调系统。

8.1.7 变压器低压侧应设置低压无功补偿柜，无功补偿柜宜具备自动过零投切、分相补偿等功能，并应加装适量的电抗器。

8.1.8 对于谐波特别严重的设备，应在设备处设置相应的谐波处理装置或预留消除谐波装置的接口。

8.2 电力照明

8.2.1 硅太阳能电池厂房的配电系统设计应符合生产工艺的要求。

8.2.2 有净化要求的生产车间内，宜选择不易积尘、便于擦拭的配电设备。

8.2.3 技术夹层内的电气配管宜采用金属管。洁净区的电气管线宜暗敷，穿线导管应采用不燃材料。

8.2.4 洁净区的电气管线管口及安装于墙上的电器设备与墙体接缝处，应采取密封措施。

8.2.5 硅太阳能电池厂房主要生产用房间一般照明的照度值，不宜低于300lx，辅助用房一般照明的照度值，应符合现行国家标准《建筑照明设计标准》GB 50034的有关规定。

8.2.6 硅太阳能电池厂房作业区域内一般照明的照度均匀度，不应小于0.7。

8.2.7 备用照明的设置应符合下列规定：

1 洁净区内应设置备用照明。

2 备用照明宜作为正常照明的一部分，且不应低于该场所一般照明照度值的10%。

8.2.8 厂房内应设置供人员疏散用的应急照明。在安全出入口、疏散通道或疏散通道转角处，应按现行国家标准《建筑设计防火规范》GB 50016的有关规定设置疏散标志。

8.2.9 厂房技术夹层内宜设置检修照明。

8.2.10 洁净区内一般照明用灯具，宜采用吸顶明装、不易集尘、便于清洁的洁净节能灯具。采用嵌入式灯具时，安装缝隙应采取密封措施。

8.3 信息与自控

8.3.1 厂房内通信设施的设置，应符合下列规定：

1 应设置便于洁净区内外联系的语音通信装置。

2 可设置数据通信装置。

3 系统布线宜采用综合布线系统。

4 传递窗两侧宜设置对讲装置。

5 通信机房、配线间不宜设置在洁净区内。

8.3.2 厂房应设置火灾自动报警系统，其防护对象的等级不应低于二级。

8.3.3 厂房应设置火灾自动报警及消防联动控制，火灾自动报警及消防联动控制及显示功能，应符合现行国家标准《火灾自动报警系统设计规范》GB 50116的有关规定。

8.3.4 消防控制室不应设置在洁净区内。

8.3.5 下列区域应设置火灾探测器：

1 洁净生产区。

2 技术夹层。

3 变配电室。

4 空调机房。

5 气体站房、冷冻站房。

6 特种气体间。

8.3.6 硅太阳能电池厂房洁净区火灾报警信号应进行核实，确认火灾后，应在消防控制室对下列各项进行联动控制：

1 应关闭有关部位的电动防火阀，并应停止相应的净化空调系统的循环风机、排风机和新风机，同时应接收其反馈信号。

2 应启动排烟风机，并应接收其反馈信号。

3 应启动声光报警器。

4 应启动火灾应急广播，并应进行人工或自动火警广播。

5 在消防控制室或低压配电室，应切断有关部位的非消防电源。

8.3.7 下列场所应设置气体报警装置：

1 易燃、易爆、有毒气体的使用场所及气体管道入口室的管道阀门或接头等易泄漏处。

2 易燃、易爆、有毒气体的储存、分配场所。

3 易燃、易爆、有毒气体气瓶柜和分配阀门箱内。

8.3.8 气体报警系统在现场应设置泄漏声光报警，泄漏声光报警应有别于现场的火灾报警。

8.3.9 气体报警的联动控制，应符合下列规定：

1 应自动启动相应的事故排风装置，并应接受反馈信号。

2 应自动关闭相关部位的进气气体切断阀，并应接受反馈信号。

3 应启动泄漏现场的声光报警装置。

8.3.10 气体报警及控制系统的供电可靠要求，不应低于同期工程的火灾报警系统供电可靠要求。

8.3.11 硅太阳能电池厂房宜设置应急广播。洁净区内扬声器的选择应保证不影响洁净区的洁净等级。

8.3.12 下列系统宜设置自动监控系统：

1 净化空调系统。

2 特种气体系统。

3 化学品输送系统。

4 纯水和废水处理系统。

8.3.13 净化空调系统采用电加热器时，应采取无风、超温保护措施；采用电加湿器时，应采取无水保护措施。在寒冷地区，新风系统应采取防冻保护措施。

8.4 接地

8.4.1 厂区的防雷接地系统设计，应符合现行国家标准《建筑物防雷设计规范》GB 50057的有关规定。

8.4.2 下列设备、流动液体或气体管道，应采取防静电接地措施：

1 氧气管道。

2 氨气管道。

3 硅烷管道。

4 排除有燃烧或爆炸危险物质的设备和风管。

5 净化空调系统风管。

6 其他生产工艺要求的设备或管道。

8.4.3 电子信息系统电缆进出建筑物时，应设置适配的信号浪涌保护器。

8.4.4 有高频接地要求的工艺设备宜单独设置接地系统，并应与防雷接地系统的接地体保持至少20m的间距。

8.4.5 厂房的防雷接地、防静电接地、电子信息系统接地等，宜采用共用接地方式，接地电阻值不应大于1Ω，并应实施等电位联结措施。

9 节能与资源利用

9.1 建筑节能

9.1.1 建筑总平面的布置和设计，宜利用冬季日照，并宜避开冬季主导风向，同时宜利用夏季自然通风。建筑主朝向宜选择当地最佳朝向或接近最佳朝向。

9.1.2 硅太阳能电池厂房的建筑外墙材料宜采用国家推荐的保温、节能型材料，严禁使用淘汰产品。

9.1.3 厂房屋面应采取保温、隔热措施。有条件的地方，可利用屋面安装太阳能集热器或太阳电池组件。

9.1.4 厂房外窗及透明幕墙应有良好的气密性。

9.2 空调系统节能

9.2.1 空气调节系统应合理利用工艺产生的废热。

9.2.2 空气调节系统应根据生产特点和系统的实际装设情况进行监测和控制，监测和控制内容应包括参数检测、参数与设备状态显示、自动调节与控制、工况自动转换、能量计量、功能连锁控制，以及中央监控与管理等。

9.2.3 空调系统的风管绝热层，应采用不燃或难燃材料，且绝热层的热阻不应小于0.74m²·K/W。绝热层外应设置隔气层和保护层。

9.2.4 空气调节系统所用的热水管和冷水管的绝热厚度，应按现行国家标准《设备及管道绝热设计导则》GB/T 8175的经济厚度和防表面结露厚度的方法计算，硅太阳能电池厂房建筑物内的空气调节冷热水管亦可按附录C的要求选用。

9.3 冷热源系统节能

9.3.1 冷热源的选择应充分利用太阳能、地热能、空气热泵、地下含水层蓄能以及其他自然冷、热源等天然冷、热源。

9.3.2 在同时需要供冷和供热的工况下，冷水机组宜根据负荷要求选用热回收机组，并宜采用控制热水回水温度的方式控制热量。

9.3.3 冷水机组的冷水供、回水温差不应小于5℃，在技术可靠、经济合理的前提下，宜加大冷水供、回水温差。在满足工艺及空调用冷的前提下，可提高冷水机组出水温度。采用热回收机组时，宜采用全热回收方式。

9.3.4 水冷式冷水机组的冷却水应循环使用。冷却水的热量宜回收利用。

9.3.5 过渡季节或冬季需用少量的供冷负荷时，可利用冷却塔作为冷源设备。

9.4 设备节能

9.4.1 动力设备应选用高效率、低能耗的机型，不应采用淘汰产品。

9.4.2 水泵宜采用变频调速控制。

9.4.3 冷水机组宜采用变速离心冷水机组。

9.4.4 冷水机组的能效比不应低于现行国家标准《冷水机组能效限定值及能源效率等级》GB 19577的规定值，并应选用能效比高的设备。

9.4.5 燃油燃气锅炉应选用带比例调节燃烧器的全自动锅炉，且每台锅炉宜独立设置烟囱，烟囱的高度应符合现行国家标准《锅炉大气污染物排放标准》GB 13271的有关规定。

9.4.6 热源设备台数和容量应根据全年热负荷工况合理选择，并应保证设备在高、低热负荷工况下均能安全、高效运行。

9.4.7 开式冷却水系统的循环利用率应达到95%以上，开式机械通风冷却塔的飘水率应小于进塔总水量的0.01%。

9.5 电气节能

9.5.1 变电所宜设置能源管理系统。功率大于或等于50kW的用电装置，宜单独配置电流表、有功电能表等计量装置。

9.5.2 电气系统设计应采用符合国家现行有关标准的效率高、能耗低、性能先进的电气产品，不应采用淘汰产品。

9.5.3 照明灯具镇流器的选择，应符合现行国家标准《建筑照明设计标准》GB 50034的有关规定，且宜采用电子镇流器或节能型电感镇流器。

9.5.4 采用电感镇流器的气体放电灯，宜在线路或灯具内设置电容补偿，功率因数不应低于0.9。

9.5.5 厂区道路照明的路灯，宜采用光电和时间控制，并应采用节能灯具。

9.5.6 硅太阳能电池厂房变压器台数和容量的选择与配置，应根据生产工艺及其配套辅助设施、公用动力设施等的用电负荷特点和变化状况确定，并应符合下列规定：

1 应选择低损耗、低噪声的节能型变压器。

2 变压器的容量宜根据变压器节能、节电和裕量进行选择。

3 多台变压器之间宜设置低压联络。

9.6 资源利用

9.6.1 下列水宜回收或收集利用：

1 空调冷凝水。

2 蒸汽凝结水。

3 纯水系统的反渗透浓水。

4 屋面雨水。

5 废水处理后的排放水。

9.6.2 纯水系统加热的热源，宜利用回收热源。

9.6.3 工艺废水处理应遵循节水优先、分质处理、优先回用的原则。废水回用率不宜低于50%。

附录A 工业塑胶管耐化学腐蚀

表A 工业塑胶管耐化学腐蚀

腐蚀液	塑胶材质					
	硬质聚氯乙烯（PVC-U）	氯化聚氯乙烯（PVC-C）	丙烯腈-丁二烯-苯乙烯共聚物（ABS）	聚乙烯（PE）	聚丙烯（PP）	聚偏氟乙烯（PVDF）
HF（浓度<10%，温度≤20℃）	适用	适用	适用	适用	适用	适用
HF（浓度<10%，温度≤40℃）	适用	条件适用	适用	适用	条件适用	适用
HF（浓度40%，温度≤20℃）	适用	适用	条件适用	适用	适用	适用
HF（浓度40%，温度≤40℃）	条件适用	适用	—	适用	适用	适用
HCl（浓度5%，温度≤40℃）	适用	—	适用	适用	适用	适用
HCl（浓度10%，温度≤40℃）	适用	适用	适用	适用	适用	适用
HCl（浓度10%，温度≤60℃）	条件适用	适用	—	适用	条件适用	适用
HCl（浓度30%，温度≤20℃）	适用	适用	—	适用	适用	适用
HCl（浓度30%，温度≤40℃）	适用	适用	—	适用	条件适用	适用
H_2SO_4（浓度<10%，温度≤20℃）	适用	适用	适用	适用	适用	适用
H_2SO_4（浓度<10%，温度≤60℃）	适用	适用	—	适用	适用	适用

续表 A

腐蚀液	塑胶材质					
	硬质聚氯乙烯(PVC-U)	氯化聚氯乙烯(PVC-C)	丙烯腈-丁二烯-苯乙烯共聚物(ABS)	聚乙烯(PE)	聚丙烯(PP)	聚偏氟乙烯(PVDF)
H_2SO_4(浓度10%～30%，温度≤20℃)	适用	适用	适用	适用	适用	适用
H_2SO_4(浓度10%～30%，温度≤60℃)	适用	适用	—	适用	适用	适用
H_2SO_4(浓度50%，温度≤20℃)	适用	适用	适用	适用	适用	适用
H_2SO_4(浓度50%，温度≤60℃)	适用	适用	—	适用	条件适用	适用
HNO_3(浓度6.3%，温度≤40℃)	适用	适用	—	适用	适用	适用
HNO_3(浓度25%，温度≤20℃)	适用	适用	不适用	适用	适用	适用
HNO_3(浓度25%，温度≤40℃)	适用	适用	—	适用	条件适用	适用
NaOH(浓度10%，温度≤40℃)	适用	适用	适用	适用	适用	—
NaOH(浓度10%，温度≤60℃)	条件适用	适用	适用	适用	适用	—
NaOH(浓度40%，温度≤40℃)	适用	适用	适用	适用	适用	—
NaOH(浓度40%，温度≤60℃)	条件适用	适用	适用	适用	适用	—
KOH(浓度20%，温度≤40℃)	适用	适用	适用	—	适用	—
KOH(浓度20%，温度≤60℃)	适用	适用	—	—	适用	—
异丙醇(温度≤20℃)	适用	适用	适用	—	适用	适用
异丙醇(温度≤60℃)	适用	适用	—	—	适用	适用

附录B 特种气体性质

表B 特种气体性质

名称	气体相对密度(空气=1)	使用压力(MPa)	使用状态	毒性	腐蚀性	燃烧性
氨气(NH_3)	0.597	0.1～0.4	气态	毒	腐	燃
硅烷(S_iH_4)	1.114	0.1～0.4	气态	毒	否	燃
四氟化碳(CF_4)	3.06	0.3～0.6	气态	否	否	否

附录C　建筑物内空气调节冷、热水管的经济绝热厚度

表C　建筑物内空气调节冷、热水管的经济绝热厚度

管道类型	离心玻璃棉		柔性泡沫橡塑	
	公称管径（mm）	厚度（mm）	公称直径（mm）	厚度（mm）
单冷管道（管内介质温度7℃～常温）	≤DN32	25	按防结露要求计算	
	DN40～DN100	30		
	≥DN125	35		
热或冷热合用管道（管内介质温度5℃～60℃）	≤DN40	35	≤DN50	25
	DN50～DN100	40	DN70～DN150	28
	DN125～DN250	45	≥DN200	32
	≥DN300	50		
热或冷热合用管道（管内介质温度0℃～95℃）	≤DN50	50	不适宜使用	
	DN70～DN150	60		
	≥DN200	70		

注：1　保温材料的经济绝热厚度根据保温材料合理的投资回收期得出，使用环境、材料条件差异比较大时，应通过计算确定。

2　单冷管道和柔性泡沫橡塑保冷的管道均应进行防结露要求验算。

本规范用词说明

1　为便于在执行本规范条文时区别对待，对要求严格程度不同的用词说明如下：

1） 表示很严格，非这样做不可的：
正面词采用“必须”，反面词采用“严禁”；

2） 表示严格，在正常情况下均应这样做的：
正面词采用“应”，反面词采用“不应”或“不得”；

3） 表示允许稍有选择，在条件许可时首先应这样做的：
正面词采用“宜”，反面词采用“不宜”；

4） 表示有选择，在一定条件下可以这样做的，采用“可”。

2　条文中指明应按其他有关标准执行的写法为：“应符合……的规定”或“应按……执行”。

引用标准名录

《建筑结构荷载规范》GB 50009
《建筑设计防火规范》GB 50016
《采暖通风与空气调节设计规范》GB 50019
《压缩空气站设计规范》GB 50029
《建筑照明设计标准》GB 50034
《锅炉房设计规范》GB 50041
《供配电系统设计规范》GB 50052
《建筑物防雷设计规范》GB 50057
《洁净厂房设计规范》GB 50073
《自动喷水灭火系统设计规范》GB 50084
《火灾自动报警系统设计规范》GB 50116
《建筑灭火器配置设计规范》GB 50140
《建筑内部装修设计防火规范》GB 50222
《工业金属管道设计规范》GB 50316
《电子工业洁净厂房设计规范》GB 50472
《设备及管道绝热设计导则》GB/T 8175
《锅炉大气污染物排放标准》GB 13271
《大气污染物综合排放标准》GB 16297
《冷水机组能效限定值及能源效率等级》GB 19577

中华人民共和国国家标准

硅太阳能电池工厂设计规范

GB 50704—2011

条 文 说 明

制 定 说 明

《硅太阳能电池工厂设计规范》GB 50704，经住房和城乡建设部2011年7月26日以第1087号公告批准发布。

本规范按照实用性原则、先进性原则、合理性原则、科学性原则、防范措施层次化原则、协调性原则、规范化原则制定。

本规范制定过程分为准备阶段、征求意见阶段、送审阶段和报批阶段，编制组在各阶段开展的主要编制工作如下：

本规范编制组于2008年10月30日在无锡举行了第一次工作会议，会上就编写大纲进行了论证，并就任务分工、工作计划和企业调研等进行了安排。会后编写组结合我国硅太阳能电池工厂的设计、建造和运行的实际情况，根据主编、参编设计院在我国许多硅太阳能电池工厂的设计经验，依托中电二公司的施工安装经验，加上无锡尚德电力控股有限公司提供的运行经验与数据，在通过编制组内部的充分沟通和对相关企业的充分调研基础上，形成了规范的初稿。在初稿编制过程中，规范编制组专程调研了6个相关单位，形成6份调研记录，作为初稿的基础。

本规范编制组于2009年5月18日～5月19日在无锡召开了第二次编制组工作会议，会上就规范初稿进行了逐条逐句的讨论斟酌。编制组成员各抒己见，畅所欲言，形成了征求意见稿的基础。

第二次编制组工作会议之后，主编朱纮文同志根据修改意见，在初稿的基础上编制了征求意见稿。经过与编制组成员的沟通和信息产业部电子工程标准定额站的指导帮助，于2009年7月15日正式上网征求意见。同时，寄出函件24份，向有关设计单位、工程公司、生产运行企业和业界专家等广泛征求意见。截止10月30日，共收到修改意见122条。经过认真推敲，送审稿对征求到的122条意见采纳80条，不采纳37条，还有5条意见的本意在理解上还有疑惑，需要进一步在无锡会上讨论。此外在送审稿编制过程中还得到有关专家的实时指导与帮助，并对条文说明也作了部分修改。

2009年12月2日，在无锡市召开了《硅太阳能电池工厂设计规范》部级审查会并通过了审查。与会专家代表一致认为该规范较好地体现了当前我国硅太阳能电池工厂的设计需求、工程特点和国内外太阳能技术发展状况，技术内容科学合理、技术指标设定适当、可操作性强，并适当兼顾了产业发展的前瞻性。该规范的发布和实施将对提高我国硅太阳能电池工厂设计水平，规范设计市场方面起到重要作用；对推动新能源领域的技术进步也将起到积极作用，具有较好的经济效益和社会效益。

审查会后，编制组以审查会收集到的30多条专家意见为基础，并结合国际惯例和中国工程的实践经验，经过充分讨论和认真研究归纳形成了《硅太阳能电池工厂设计规范》送审稿专家审查意见处理汇总表，编制组参考信息产业部电子工程标准定额站和专家的意见，对规范做了进一步的完善和补充，并最终形成了《硅太阳能电池工厂设计规范》报批稿。

本规范制定过程中，编制组进行了深入调查研究，总结了我国电子行业的实践经验，同时参考了国外先进的技术法规，广泛征求了国内有关设计、生产、研究等单位的意见，制定出本规范。在此对提供支持和帮助的有关单位和个人表示诚挚的感谢！

为便于广大设计、施工、科研、学校等单位有关人员在使用本规范时能正确理解和执行条文规定，《硅太阳能电池工厂设计规范》编制组按章、节、条顺序编制了本规范的条文说明，对条文规定的目的、依据以及执行中需要注意的有关事项进行了说明。但是，本条文说明不具备与规范正文同等的法律效力，仅供使用者作为理解和把握规范规定的参考。

目　次

1 总 则

1.0.1 本条是制定本规范的目的，也是制定本规范的指导思想。

1.0.2 本条是本规范的适用范围。

1.0.3 硅太阳能电池工厂最近几年发展较快，其生产工艺和生产设备不尽相同，本条是对硅太阳能电池工厂设计的原则要求。

因节能环保是我们在工程建设领域中一直强调和重点关注的问题，关系到国民经济的可持续发展和广大群众的身体健康，所以本规范将工厂设计中的合理利用资源和保护环境列为强制性条文。

3 总 体 设 计

3.1 选 址

3.1.1 本条规定的目的是考虑该区域后期规划的其他工业厂房可能对硅太阳能电池工厂造成的影响。例如该区域后期建造水泥厂可能造成局部空气污染。

3.1.2～3.1.4 硅太阳能电池工厂中的电池生产工艺有空气洁净要求，因此，硅太阳能电池工厂厂址宜选在大气含尘浓度较低的地区，不宜选在气候干旱、多风沙地区或有严重空气污染的区域，以减少空气过滤成本。

硅太阳能电池生产的特点是24h不停运转，为保证其生产的可靠运行，充足的动力保障系统是必需的。市政动力系统的充足稳定供应、污水处理设施的完善配置，还可以保障太阳电池工厂建设的时效性，节省建设投资。同时，硅太阳能电池生产是一种劳动相对密集型生产，为满足倒班职工的需要，宜选择交通便利和生活配套设施完善的区域。

表1为调研统计的相关硅太阳能电池厂房的动力消耗、建筑面积及生产所需人员指标数据。

表1 动力消耗、建筑面积及生产所需人员指标

名称	单位	数据	备注
用电量	kW·h/MW	180000～260000	—
自来水消耗量	t/MW	2500～5000	—
蒸汽消耗量	m^3/MW	＜700	—
生产人员	人/（MW/年）	2～4	连续运转
建筑面积	m^2/（MW/年）	60～120	—

3.2 总 平 面 布 置

3.2.1 硅太阳能电池工厂厂区系统比较多，各系统的合理布局有利于工厂的有效运行和管理。

3.2.2 人流、物流分开设置，可有效避免人流物流的交叉干扰。

3.2.3 停车场地一般须考虑货车、小车以及员工接送用车等的停放。

3.2.4 要求货车进出场地不得占用消防通道，防止在火灾时影响消防车通行。

3.2.5 甲乙类物品库和甲乙类气体站危险性较大，应与其他建筑保持安全距离，避免人员伤亡和财产损失。

3.2.6 设置环形消防车道，便于发生火灾时消防车能及时到达火灾点施救，若设置环形消防车道有困难时，可沿厂房的两长边设置消防车道，并应符合现行国家标准《建筑设计防火规范》GB 50016 的相关要求。

3.2.7、3.2.8 这两条主要考虑要保证硅太阳能电池生产厂房的周边环境。

3.3 人员净化和物料净化

3.3.1 雨具存放、换鞋、管理、存外衣、更换洁净工作服是人员净化用室的基本组成，也是人员净化必需的。生活用室及其他用室应视车间所在地区的自然条件、车间规模及工艺特征等具体情况，根据实际需要设置。例如，车间规模较大、人员集中或工艺为暗室操作的洁净室应设必要的休息室。

3.3.2 人员净化用室和生活用室的设置，主要考虑以下因素：

1 净鞋的目的在于保护人员净化用室入口处不致受到严重污染。国内多数洁净厂房人员入口前设有擦鞋、水洗净鞋、粘鞋垫、换鞋、套鞋等净鞋措施。

为了保护人员净化用室的清洁，最彻底的办法是在更衣前将外出鞋脱去，换上清洁鞋或鞋套。现有洁净厂房工作人员都执行更衣前换鞋的制度，其中不少洁净厂房对换鞋方式作了周密考虑，换鞋设施的布置考虑了外出鞋与接触的地面有明确的区分，避免了清洁鞋被外出鞋污染，例如跨越鞋柜式换鞋，清洁平台上换鞋等都有很好的效果。

2 外出服在家庭生活及户外活动中积有大量微尘和不洁物，服装本身也会散发纤维屑，更衣室将外出服及随身携带的其他物品存放于专用的存衣柜内，避免外出服污染洁净工作服。

关于衣柜的数量，考虑到国内洁净厂房当前的管理方式和习惯，外出服一般由个人闭锁使用，按注册人数每人一柜计算是必要的；洁净工作服一般也可按每人一柜设计，但也有集中将洁净工厂工作服存放于洁净柜中的，置于洁净柜中更为理想。

3.3.3 硅太阳能电池厂房空气吹淋室的设计，主要考虑以下因素：

1 工业洁净区设置空气吹淋室的理由是：

1）在一定风速、一定吹淋时间的条件下，空气吹淋室对清除人员身上的灰尘有明显效果；

2）吹淋室具有气闸的作用，能防止外部空气进入洁净室，并使洁净室维持正压状态；

3）吹淋室除了有一定净化效果外，作为人员进入洁净区的一个分界，还具有警示性的心理作用，有利于规范洁净区人员在洁净区内的活动。

2 空气吹淋室应与洁净工作服更衣室相邻，便于减少过程污染。

3 关于吹淋室的使用人数，主要取决于每人吹淋所需时间和上班前人净的总时间。参考计算方法：假定洁净室自净时间为30min，换鞋、更衣占去10min，上班人员总吹淋时间为20min。设每人吹淋30s，另加准备时间10s，则一个单人吹淋室可供30人使用。

4 吹淋室设旁通门，可使出洁净室人员不必通过吹淋室，起到保护吹淋设备的作用，也可做消防疏散使用。

3.3.4 人员净化应有一个合理的程序，在净化过程中，避免已清洁部分被污染。

3.3.5 物料进出洁净区一般是通过货淋室和传递窗等，因此货淋室和传递窗等的设计必须考虑物料性质和大小尺寸。

3.3.6 本条规定的目的在于为业主的工艺改造提供方便。

3.4 工艺设计

3.4.2 对于硅太阳能电池工艺流程说明如下：

1 硅片检查。硅材料的性质和硅片的质量在很大程度上决定成品电池片的性能和质量。在电池片制作之前，需要对硅片的质量和性能进行检查。

2 清洗制绒。通过化学腐蚀，有效地消除由于切片造成的硅片表面损伤，同时制作绒面表面构造，达到硅片形成减反织构的目的，从而减少光反射。

3 扩散制结。在扩散炉中制作能够吸收光子而产生电子、空穴对的PN结。

一般N型扩散过程在硅片表面发生反应掺杂P^+源，从而使硅片表面形成一层薄层，此薄层即为N型层，原硅片则为P型层。

其反应式如下：

$$4POCl_3+3O_2（过量）\rightarrow 2P_2O_5+6Cl_2（气） \quad (1)$$

$$2P_2O_5+5Si\rightarrow 5SiO_2+4P \quad (2)$$

4 边缘或背面刻蚀。采用边缘刻蚀法时，用刻蚀机对扩散后的硅片边缘进行腐蚀，起到隔绝电池正反面PN结的作用。

用背面刻蚀法时，将扩散后的硅片经导轮传送，使腐蚀液只与硅片背面接触，腐蚀去背面的N层，再经纯水清洗过程。

5 去磷硅玻璃。硅片在经过高温扩散以后，在表面会形成一层磷硅玻璃（掺P_2O_5的SiO_2），这层物质会对电池效率带来不利影响，需要用酸溶液将其去掉。

其去除原理是让SiO_2和HF生成可溶于水的SiF_6^{2-}，从而使硅表面的磷硅玻璃溶解，化学反应式为：

$$SiO_2+6HF\rightarrow H_2(SiF_6)+2H_2O \quad (3)$$

6 减反射膜制备。采用等离子体增强化学气相沉积技术，在电池表面沉积一层氮化硅（SiN_x）减反射膜。其化学反应式为：

$$3SiH_4+4NH_3\rightarrow Si_3N_4+12H_2\uparrow \quad (4)$$

7 电极制备。该工序是通过丝网印刷机将银浆或铝浆等导电材料印刷在硅片上，作为太阳能电池电流的引出通道，并通过高温合金的过程，使印刷上的金属电极与硅片连接更牢固。

8 测试、包装。对电池的电性能参数进行测试，按不同规格的太阳能电池片进行包装。

3.4.3 根据国内调研资料，主要工序生产环境举例如表2；工艺动力品质举例如表3。

表2 主要工序生产环境条件

工艺名称	净化级别 ISO	温度（℃）		湿度（%）		特殊要求	
		夏季	冬季	夏季	冬季	防毒	防腐
硅片检查	8（@0.5μm）	25±2	22±2	40～70	40～70	—	—
清洗制绒	8（@0.5μm）	25±2	22±2	40～70	40～70	—	需要
扩散制结	7（@0.5μm）	25±2	22±2	40～70	40～70	需要	—
刻蚀	8（@0.5μm）	25±2	22±2	40～70	40～70	—	需要
去磷硅玻璃	8（@0.5μm）	25±2	22±2	40～70	40～70	—	需要
减反射膜制备	8（@0.5μm）	25±2	22±2	40～70	40～70	—	—
电极制备	8（@0.5μm）	23±2	23±2	40～70	40～70	—	—

表3 工艺动力品质

纯 水		工艺设备冷却水	
电阻率（MΩ·cm，25℃）	≥18	温度（℃）	18～20
TOC（ppb）	<80ppb	电导率（μScm）	5
细菌（cfu）	<10个/mL	pH值	7
溶解 SiO_2（ppb）		供水压力（MPa）	0.3～0.5
总 SiO_2（ppb）	<15ppb	回水压力（MPa）	—
粒子（个/L，0.1μm～0.5μm）	<100个/mL	—	—
溶解氧（ppb）	—	高纯氮气	
沉淀物（ppm）	—	压力（MPa）	0.4～0.6
温度（℃）	20±2	纯度（%）	99.999
压力（kg/cm^2）	2.5～3.5	O_2含量（ppm）	0.05
使用点过滤器（μm）	0.45	露点（℃）	≤－70
压缩空气		工艺真空	
露点（℃）	－40	压力（kPa）	－60～－80
压力（MPa）	0.5～0.7	—	—
含油（ppm）	<0.01	—	—
粒径（μm）	<0.01	—	—
高纯氧气		—	—
压力（MPa）	0.4～0.6	—	—
纯度（%）	99.995	—	—
CO含量（ppb）	—	—	—
H_2O含量（ppm）	≤5	—	—
THC（ppm）	1	—	—

3.4.4 本条主要考虑生产过程中工艺设备的更新、维护和检修。

4 建筑与结构

4.1 一般规定

4.1.2 对兼有一般生产和洁净生产的综合性厂房，在考虑其平面布局和构造处理时，应合理组织人流、物流运输及消防疏散线路，避免一般生产对洁净生产带来不利的影响。

4.1.3 太阳能电池生产工艺的变化较快，大跨度的厂房建筑比较适合工艺设备的局部调整变化。

4.1.5 主体结构要具备同建筑处理及其室内装备和装修水平相适应的等级水平。若室内装备与装修水平高，而主体结构为临时性，就会造成严重的浪费。本条规定着重于使生产厂房在耐久性、装修与装备水平、耐火能力等几个方面相互协调，使投资长期发挥作用。

4.1.6 温度变化或沉降会破坏建筑装修的完整性及围护结构的气密性，使洁净生产环境受到影响，故须采取伸缩和密封都比较好的伸缩缝构造措施，以保证变形缝处在允许变形范围内不产生裂缝。

4.1.7 太阳能电池厂房一般管线较多，宜设置技术夹层和技术竖井，并在技术夹层中设置管道检修通道。

4.1.8 明沟易积尘，且易造成一般生产区域对洁净生产区域的空气污染；另外明沟盖板的设置易影响地坪的平整度，不利于室内运输；考虑管道可能发生泄漏，地沟内宜做防腐处理。

4.1.9 本条是防止电池片在运输过程中被损坏。

4.1.10 因为气体站房、空调机房等易产生较大噪声与振动，所以应采取相应措施。

4.1.12 本条对厂房内存放甲、乙、丙类物品中间仓库作了专门规定。为了满足厂房的日常生产需要，往往需要从仓库或上道工序的厂房（或车间）取得一定数量的原材料、半成品、辅助材料存放在厂房内。存放上述物品的场所称为中间库。

对于易燃、易爆的甲、乙、丙类物品如不隔开单独存放，发生火灾后会相互影响，造成更大损失。本条规定中间库的储量宜控制在24h的需用量内。

此外，本条还规定了中间库的布置和分隔构造要求。

4.1.13 有硅烷的特气间其泄压比不应小于0.11，是参考甲烷的泄压比确定的，其他气体的泄压比遵照现行国家标准《建筑设计防火规范》GB 50016的要求执行。

4.1.14 厂房地面垫层内配筋可减少因地面的开裂而对生产造成的影响。

4.1.15 工业要求是指设备安装和检修的要求，经核定可按条文中表列的范围进行选用。荷载超过表列范围时，工艺设计应另行提出。

4.2 建筑防火

4.2.1 一方面硅太阳能电池生产的减反射膜制备、清洗制绒等工艺与集成电路的化学气相沉积和清洗等工艺类似，另一方面在硅太阳能电池生产所需要的原材料中，有一定数量的可燃固体，因此将这类厂房生产的火灾危险性定为丙类。

4.2.2 为了降低火灾的可能性，对墙体、顶棚和壁板的可燃性和耐火极限作了规定。

4.2.3、4.2.4 因洁净区吊顶内的管线较多，为减少管线穿隔墙，方便走管和检修，洁净区内部隔墙可隔至吊顶板底，但应在洁净区与非洁净区之间采用不燃烧体隔墙或顶棚。

4.2.5 为了阻止火势通过技术竖井蔓延，对技术竖井的相关部位材料的可燃性和耐火极限作了规定。

4.2.6 人员净化程序多，包括换鞋、更衣、盥洗、吹淋等，为避免路线交叉，往往形成从人员入口到生产地点的曲折迂回路线。因此，把这样曲折的人员净化入口当作安全疏散通道是不恰当的。

4.2.7 制定本条的目的主要在于确保安全疏散的实际疏散距离符合规定。

4.3 室内装修

4.3.1 材料在温、湿度变化时易产生变形而导致缝隙泄漏或产尘，不利于确保室内洁净环境。为此，本条规定应选用气密性良好、变形较小的材料。

4.3.2～4.3.4 制定的目的主要在于尽量减少洁净室内积尘面（特别是水平凹凸面），以免在室内气流作用下引起积尘的二次飞扬，污染室内洁净环境。

4.3.5 洁净室内门开启方向的规定是鉴于洁净区内各房间空气洁净度的要求，室内送风风量与风压有所不同，高洁净度的房间相对于低洁净度的房间（或走廊）存在一定的压差值，为使门扇能关闭紧密，故门扇宜朝空气洁净度高的房间开启，并加设闭门器。为避免开门时发生碰撞，宜在密闭门上设观察窗。

5 采暖通风、空气调节与净化

5.1 一般规定

5.1.2 从对国内现有硅太阳能电池厂房的调研看，很多生产厂房都有多条生产线，从生产的情况来看，不是所有生产线都同时在运行，为能最大限度地节约能源，在设计空调系统时应采取相应措施来满足不同时生产需要。

5.1.4 严寒和寒冷地区的工厂，其冷冻水管、空调表冷盘管、湿式废气处理塔等在冬季有可能冻结，可采取的防冻措施有：将设备等放置在采暖房间内，对设备及管道进行保温、加热或伴热等。

5.1.5 从对国内现有硅太阳能电池厂房的调研情况来看，绝大多数洁净车间都没有采用散热器采暖。从保证洁净度的角度来看，散热器容易积灰，且不易清洁，故规定“洁净度优于8级的区域内不应设置散热器采暖”。

5.1.6 通风管道风速的大小主要从室内噪声及经济性两方面来考虑。室内噪声太大会影响生产人员的健康，通过对国内现有硅太阳能电池厂房的调查，绝大多数生产车间的噪声值都低于65dB（A）（空态）。另外，根据国内外资料介绍，风管的经济流速为8m/s～13m/s。因此，本规范给出了风管流速的推荐值。

5.2 通风

5.2.1 厂房内应设置必要的通风措施来保障劳动和环境卫生，对生产过程中散发的有害物质，必须采取有效的预防、治理和控制措施，满足职工的身体健康要求。同时，生产设备的局部排风对生产过程特别重要，所以在设计过程中应引起重视，采取有效措施以保证生产需求。

5.2.3 本条主要是从保护人身安全的角度，并参照现行国家标准《采暖通风与空气调节设计规范》GB 50019对局部排风系统作出的规定，并作为强制性条文。

1 避免混合后再产生更大的危害性，对人体造成危害或加剧设备的腐蚀等。

2 含有剧毒物质的排风独立，主要是防止剧毒物质泄漏窜入其他房间，威胁员工生命安全。如三氯氧磷的源瓶柜等。

3 为防止风管中凝结聚积粉尘，从而增加风管阻力或堵塞风管，影响系统的运行，甚至产生爆炸。如硅烷燃烧尾气中含有二氧化硅粉尘，如接入其他风管中，可能造成其他风管阻力增加，粉尘积聚，从而影响系统运行或产生爆炸危险。

4 易燃、易爆排风管与一般排风分开，主要是为了防止火灾蔓延，或易燃、易爆的物质窜入其他房间，从而造成对工厂、设备和人身的更大危害。

5.2.4 洁净室的排风系统中设置防止室外气流倒灌的措施，主要是防止净化空调系统停止运行时，室外气流倒流入洁净室，引起污染或积尘。工程中常采取防倒流的措施包括：①装设中效过滤器；②装设止回阀；③装设密闭阀；④采用自动控制装置。

5.2.5 硅太阳能电池工厂的生产过程中都会用到SiH_4、NH_3等易燃、易爆的特种气体，普通的排风系统在排除含有这些物质时易发生火灾和产生爆炸，危及工厂的安全，因此这类排风设备、通风设备以及排风管路都应采取防火防爆措施，应选用防爆型设备，系统应有防静电接地等措施。本条作为强制性条文规定。

5.2.6 硅太阳能电池厂房在生产过程中一般会产生含有酸、碱蒸气的废气和含有机溶剂蒸气的废气，这些废气的有害气体浓度一般都超过现行国家标准《大气污染物综合排放标准》GB 16297 的规定，所以应该采取有效的净化处理措施。

5.2.7 风管顶端应安装避雷针并做防雷接地，防止风管遭到雷击。

5.2.8 从对国内现有硅太阳能电池厂房的调查情况来看，主要在烧结印刷工段会产生有机废气，这些废气的温度、浓度都较适合采用吸附法来处理，达到国家标准后高空排放。为了节约成本和避免二次污染，吸附剂在吸附达到饱和后应能再生。

5.2.9 硅太阳能电池厂房尾气中含有硅烷、氨气等多种有害气体，直接排放，对环境危害很大，必须进行无害处理。

5.2.10 因为工艺尾气中含有硅烷（SiH_4），系统运行时会产生 SiO_2 粉尘。为了避免系统堵塞，应设有清扫口。国内一些较大的生产厂，还设置了粉尘收集装置，该装置一般采用耐高温的滤材，且有防爆措施。

5.2.12 硅太阳能电池厂房的各生产设备对局部排风的出口负压值要求有可能不一样，从国内现有部分厂房的实际运行情况来看，当出口负压值要求差别比较大的工艺设备合用一个排风系统时，经常出现风量、风压调试不能满足工艺设备要求的情况，故当多台工艺设备合用一个排风系统时必须采取可靠的措施来保证风量平衡，满足工艺生产的要求。

5.2.13 为了便于运行管理，了解各局部排风的排风总量设置流量测量孔是十分必要的。且局部排风基本上都是高空排放，不便于采集排风总量信号，故从人员安全和提高效率的角度来讲，宜设置自动监测装置来获取排风总量。同样，为了了解各工艺设备的局部排风总量，宜在排风出口设置流量测量孔。

5.2.14 本条款是从保障安全生产和人员生命安全的角度来说，应设置事故通风，事故通风的最小换气次数按现行国家标准《采暖通风与空气调节设计规范》GB 50019 执行。如果工艺没有产生爆炸性气体或有害气体的物质，可不设置事故通风系统。

5.2.15 本条款主要考虑保证有毒气体、化学品气体等有害物的房间气体不会外溢扩散到其他区域，从而保证人员安全。

5.2.17 空压站房、冷冻站房、真空站房、变电站等站房内有大量散热，纯水站房等有可能产生大量余湿，在夏季，应尽量采用自然通风；在冬季，当室外空气直接进入室内不致形成雾气和在围护结构内表面产生结露时，也应考虑自然通风。当自然通风达不到要求时，才考虑增设机械通风或自然与机械的联合通风。

5.2.18 输送含有剧毒物质的排风机设置备用主要是从安全的角度考虑；在硅太阳能电池厂房中，工艺设备的局部排风比较重要，往往会因为某个排风系统出现故障而造成事故，从国内目前的情况来看，基本上工艺设备局部排风系统的排风机都设置了备用。

5.2.19 局部排风系统设置变频措施，主要是考虑便于运行管理，节约能源，更好地满足生产需求。

5.2.20 排风介质中含有水蒸气的通风管，因风管内表面有时会因其温度低于露点温度而产生凝结水。为了防止积水腐蚀风管和设备，因此作了本条规定。

5.2.21 排风管道的保温要求。参考现行国家标准《设备及管道保温技术通则》GB 4272 的规定，为了防止人身遭受烫伤的温度为 60℃，从节能角度来讲，在空调环境内表面温度大于室内环境温度的排风管都宜保温，但考虑在空调环境里的风管散热量占整个空调负荷比较小，且目前国内的绝大多数厂房内温度低于 60℃的排风管也没有保温。故本条规定了排风介质温度≥60℃的排风管需保温。

硅太阳能电池厂房内清洗设备等的局部排风的介质温度比较低，甚至和房间的环境温度相同，当排出这些介质的排风管经过其他湿度比较大的区域（比如闷顶）时有可能在风管的外表面结露，为了保证生产的正常进行，应对这类排风管采取保温。

5.2.22 当静电积聚到一定程度时会产生静电火花，会导致具有燃烧和爆炸危险的物质产生燃烧和爆炸，因此采取防静电措施是必要的。

5.2.23 机械进、排风口相对位置的规定主要是参考现行国家标准《采暖通风和空气调节设计规范》GB 50019 的规定制定的。

5.3 空气调节与净化

5.3.1 车间的生产环境是生产工艺的需要，是确保太阳能电池效率、成品率所必需的。现有国内绝大多数电池厂房的洁净度等级、温度、湿度见表 4：

表 4　电池厂房洁净度等级、温度、湿度

工艺名称	洁净度	温度(℃)		湿度(%)	
		夏季	冬季	夏季	冬季
清洗制绒	ISO8(@0.5μm)	25±2	22±2	40～70	40～70
扩散制结	ISO7(@0.5μm)	25±2	22±2	40～70	40～70
去磷硅玻璃	ISO8(@0.5μm)	25±2	22±2	40～70	40～70
减反射膜制备	ISO8(@0.5μm)	25±2	22±2	40～70	40～70
电极制备	ISO8(@0.5μm)	23±2	23±2	40～70	40～70

部分工厂提出产品质量对环境的洁净度比较敏感，洁净度高会提高产品质量。但有的工厂对空气洁净度没有要求，故在此对生产环境的洁净度不作硬性规定。

5.3.2　本条文主要从节能、节约投资方面考虑。

5.3.4　本条文主要从节能、环保、安全以及维护管理方便等方面考虑。

5.3.5　硅太阳能电池厂房一般都是密闭空间，且放散有害物质的局部排风也较多，为了保证室内的空气品质，新风口必须要远离排风口。空气调节系统停止运行时，进风口如果不能严密关闭，夏季热湿空气侵入，会造成金属表面和室内墙面结露；冬季冷空气侵入，会使室内温度降低，甚至冻结加热盘管，所以进风口应设置能严密关闭的阀门。

5.3.7　关于空调房间新鲜空气量的标准问题，在《工业企业设计卫生标准》GBZ 1 和《采暖通风与空气调节设计规范》GB 50019 中都有相关规定，“工业建筑应保证每人不小于 $30m^3/h$ 的新风量”。而在《洁净厂房设计规范》GB 50073 中规定“保证供给洁净室内每人每小时的新鲜空气量不小于 $40m^3$”，故在此把洁净区和非洁净区的空气新风量采取了不同的标准。

5.3.8　本条主要是参照现行国家标准《洁净厂房设计规范》GB 50073，并根据国内现有电池片生产厂房的实际情况制定的。

5.3.10　为了保证洁净区在正常工作或空气平衡暂时受到破坏时，气流都能从空气洁净度高的区域流向空气洁净度低的区域，使洁净室的洁净度不会受到污染空气的干扰，在洁净区与周围环境之间必须维持一定的压差。

5.3.11　洁净室压差风量通常采用缝隙法和换气次数法确定。在工程实际设计过程中，多数采用房间换气次数法估算。因为洁净室维护结构的气密性差异比较大，洁净区维持的压差值也不一样，所以在选取换气次数时，对气密性差的房间取上限值，气密性好的房间取下限值。按照换气次数法计算压差风量，可按照下列数据选用：压差 5Pa 时，$1h^{-1}$～$2h^{-1}$；压差 10Pa 时，$2h^{-1}$～$4h^{-1}$。

采用缝隙法来计算压差风量既考虑了房间的气密性情况又考虑了压差值，故这种方法比较科学合理。关于单位缝隙法的漏风量计算比较困难，国内外对此做了大量试验，取得了试验数据，在设计时可参考相关资料。

5.3.13　空气过滤器的分类、性能指标参照现行国家标准《空气过滤器》GB/T 14295 和《高效空气过滤器》GB 13554，一般分为粗效空气过滤器、中效过滤器、亚高效过滤器、高效过滤器、超高效过滤器。

过滤器的额定风量是过滤器在一定的滤速下，使其效率和阻力最合理时风量。如果选用的风量大于额定风量，过滤器阻力增大，有可能把滤纸吹破。

中效过滤器宜集中设置在系统的正压段，主要是因为考虑到负压段易漏气。

高效过滤器宜设置在空调系统的末端，主要是防止管道污染对室内洁净度产生影响。

将阻力、效率相近的高效过滤器安装在同一净化空调系统，使阻力容易平衡，便于风量分配及室内平面风速场的调整。

5.3.15　加湿器与过滤器之间应有足够的距离，以保证水汽被充分吸收，从而避免过滤器受潮。过滤器一旦受潮，阻力将明显增加，影响系统运行。在美国的相关标准中，把过滤器前的空气相对湿度规定为不大于 70%。

5.3.16　在净化空调系统中，过滤器的阻力会随着积尘量的增大而增大，从而系统阻力增加、风量减少，所以过滤器应按其终阻力计算。考虑到系统阻力的变化，宜设置变频器，便于调节风量和达到节能的目的。

5.4　防　排　烟

5.4.2　机械排烟系统与通风空调系统一般宜分开设置。如果因建筑条件限制，空间管道布置紧张，可将空调系统和排烟系统合用。这时，必须采取可靠的防火安全措施，使之既满足排烟时着火部位所在防烟分区排烟量的要求，也满足平时空调的送风要求。电气控制必须安全可靠，保证切换功能准确无误。

5.4.3　在《建筑设计防火规范》GB 50016 的规定中，对地上密闭场所应做补风，补风量不应小于排烟量的 50%，故在此也作同样的规定。因为一般疏散门的方向是朝着疏散方向开启，当房间排烟时，如果疏散门两端的压差过高，会造成开门的困难，参考《建筑设计防火规范》GB 50016 及我国“高层建筑楼梯间正压送风机械排烟技术的研究”对防烟楼梯间、前室及合用前室的正压值的说明，本规范规定了疏散门两侧的压差值不宜大于 30Pa。

5.5　风管与附件

5.5.2　硅太阳能电池厂房中有很多工艺设备的局部排风中含有酸、碱等腐蚀性气体或含有有机溶剂蒸气等废气。温度小于 80℃的酸碱排风，其风管常用的材料有 UPVC、FRP 等，当温度高于 80℃的酸碱排风（如扩散炉），腐蚀性强，排风管的材质一定要耐高温、耐腐蚀，在国内现有一些厂房中扩散炉的高温酸排风采用了内衬四氟乙烯的 SUS304 不锈钢板，收到了不错的效果。有机废气的排风管中经常会有积液产生，采用风管焊接可避免因法兰等连接处漏液而影响生产，在实际工程中，经常采用不锈钢板制作风管，焊接连接。

5.5.3 运行一段时间后，有机排风管内壁会附着很多有机物，为了系统运行安全，需定期清除风管内壁的有机物，故强调需设置清扫口。

5.5.4 硅烷气体排风管道一旦泄漏危害较大，所以应进行压力试验及真空度试验，试验方法可参照《工业金属管道设计规范》GB 50316相关规定。

5.5.6 在空气过滤器的前后，设测压孔或安装压差计，便于运行中随时了解各级空气过滤器的阻力变化情况，以便及时清洗或更换。

6 给 水 排 水

6.1 一 般 规 定

6.1.2 随着水资源的日益紧张，必须重视水的利用率。设计方案应根据各种用户对水质的实际要求，经技术经济比较后合理分配水资源，从而使水的重复使用率最大化。

6.1.3 穿管处的密封是保证洁净室空气洁净度的重要环节，本条文主要是防止洁净室外未净化的空气渗入室内，同时洁净室内的洁净空气向外渗漏也会造成能量的浪费，甚至影响室内空气的洁净度。主要的密封材料有微孔海绵、有机硅橡胶、橡胶圈及环氧树脂冷胶等。

6.1.4 硅太阳能电池厂房的洁净区均为有温度湿度要求的房间，而生产工艺要求的给排水管道又有不同的水温要求，管内水温较低时易使管道外壁结露，从而影响环境。

6.1.5 如果洁净区内管道的绝热结构仅有一层绝热层，则宜选用橡塑海绵等不发尘材料，否则宜在绝热层外包镀锌铁皮或铝皮，以避免污染洁净区内的空气。

6.2 一 般 给 排 水

6.2.2 如果市政给水压力可以满足用水点的要求，直接供水不仅可以节能，而且可以减小水质受污染的几率。

6.2.3 生产生活给水系统的供水量一般每时每刻均在发生变化，并且水泵选型时估算的管道特性曲线与实际情况往往有一定的偏差，所以变频调速方式不仅在水量变化时节能效果显著，而且能使水泵运行在其高效区内。一般采用变流恒压的控制方式。

6.2.4 废水分类收集不仅可以满足废水处理工艺的要求，而且能够保证排水管路的正常运行。有时浓的酸碱废液可以作为废水处理站的中和药剂使用，经技术经济比较后，可以单独收集。平时重力流的排水管维修工作量很少，一般敷设在不通行地沟内，沟底应设纵向坡度，坡度与坡向应与敷设的管道一致。

6.2.5 虽然废水的温度在排放点接近于室温，但是严寒地区室外管沟内的温度在冬季将接近室外气温，如果没有保温防冻措施，管道内的水可能冻结而造成管道的阻塞或破裂。

6.2.7 可以每隔一定的距离在管沟最低处设置集水坑，事故时采用便携式水泵排出积水。

6.2.8 生产废水管一般采用工业塑胶管，而各种塑胶管对于介质的种类、性质、浓度、温度均有一定的适用范围，所以应根据介质的各种参数详细咨询管材的生产厂家或参考本规范附录 A。

6.2.9 在一定温度下，管路在腐蚀性较强的介质（如氢氟酸等）的长时间侵蚀下，有可能在其薄弱处发生泄漏，影响生产和威胁人身安全。防漏措施一般可在管道接口的正下方设置耐腐蚀材质的托盘或管路采用双层管等，并且应加强日常维护管理，及早发现管道泄漏。

6.2.10 设置事故地漏可以迅速排除地面积水。排水管路上设置透气管可以减少工艺设备同时排水产生的相互干扰，保证干管的排水能力。

6.2.11 此条文是为了从各个方面维护洁净区的洁净度而制定的。一般洁净区内的卫生器具均采用白陶瓷或不锈钢制品，明露的工艺设备配件尽量选用高档的镀铬或工程塑料制品等表面光滑易于清洗的设备、附件。

6.2.12 完善可靠的计量设施有助于日常的运行管理，从而更好地节约用水。

6.3 纯 水

6.3.2 因为太阳能电池生产用纯水的水质要求基本上介于国家电子级纯水Ⅰ级、Ⅱ级之间，所以常规制取工艺如下：原水箱→原水泵→多介质过滤器→活性炭过滤器→软化器→软化水箱→RO 给水泵→热交换器→微过滤器（过滤精度 5μm）→一级 RO 高压泵→一级 RO 装置→一级 RO 产水箱→二级 RO 高压泵→二级 RO 装置→二级 RO 产水箱→EDI 给水泵→EDI→纯水箱→纯水输送泵→紫外杀菌器→非现场再生精制混床→微过滤器（过滤精度0.1μm）→使用点（回水至纯水箱）。这里推荐采用 RO 与 EDI 技术，因为它们具有技术成熟，产水品质稳定，运行费用低，操作管理方便，占地面积小及无有害废水排放等优点。

6.3.3 一般从纯水站出水口到工艺设备使用点均有一定的距离，纯水在此输送过程中水质必然会有所下降，所以纯水系统的设计必须考虑这个因素。

6.3.4 纯水管道材质的选择原则上应从其对纯水水质的影响上考虑，主要可以从管道的原材料、管内壁的光洁度、析出物分析、连接方式等多方面进行综合比较而定。

6.3.5 循环供水的方式主要是为了保证管道内水的流动性，尽量减少死水区，以减小管道材料的微量溶出物对水质的影响，同时也可以防止细菌微生物的滋生。循环宜采用同程布置是为了考虑水压、水量平衡。同程式管路可以从根本上减小各支管配水的不均匀性，从而保证管内的流速满足设计的要求。

6.4 废水处理

6.4.3 废水处理应根据当地的环境情况、当地的经济发展情况、原材料的供给情况以及公司的经济实力来确定处理方案。硅太阳能电池生产废水中的污染物主要有HF、NaOH、HCl、H_2SO_4、HNO_3、异丙醇等，其中氟离子是较困难的重点处理对象，比较成熟有效地去除氟离子的方法是采用Ca（OH）$_2$加$CaCl_2$沉淀法。工艺流程可以参考如下：①浓氟废液→pH调节池〔加Ca（OH）$_2$等〕→除氟反应池（加$CaCl_2$）→混凝反应池〔加Ca（OH）$_2$、混凝剂〕→絮凝反应池（加絮凝剂）→沉淀池→一般含氟废水调节池；②一般含氟废水→调节池→pH调节池〔加Ca（OH）$_2$〕→一级除氟反应池（加$CaCl_2$）→一级混凝反应池〔加Ca（OH）$_2$、混凝剂、絮凝剂〕→一级沉淀池→二级除氟反应池（加$CaCl_2$）→二级混凝反应池〔加Ca（OH）$_2$、混凝剂、絮凝剂〕→二级沉淀池→排放池。

6.4.4 因为含氟废液的浓度较高，直接处理药剂用量较大，而且不能达到排放要求，必须进行预处理。

6.4.6 某些处理工艺，如生物处理，微生物只有在一定的温度条件下才有活性，因此为了保证处理系统的正常运行，寒冷地区需加热装置。

6.5 工艺循环冷却水

6.5.2 因为某些工艺设备对冷却水的温度、压力等要求比较严格，一旦超出其设定的参数，就会自动报警停机，严重影响正常生产。所以工艺冷却水系统宜单独设置，可以减少受干扰的几率。

6.5.3 闭式系统不仅可以节省一次投资与日常运行的费用，同时可以保证系统的水质不受外界的污染。对于要求差别较大的工艺冷却水系统分开设置，主要是考虑减少相互间的干扰。

6.5.4 换热器是工艺冷却水系统的关键设备，且其内部的间隙比较小，需要定期清洗，设置备用换热器可以保证系统的不间断运行。

6.5.5 本条规定主要是为了保证系统稳定运行，便于维护检修与调试，避免水质污染。

6.5.6 本条规定主要是为了保证系统水质。工艺冷却水系统循环水量大于100m^3/h时，宜设置水质稳定处理装置。

6.6 消防给水与灭火器配置

6.6.1 水作为主要的灭火剂，具有使用方便、器材简单、价格便宜等特点，硅太阳能电池厂房属于丙类厂房，具有一定的火灾危险性，所以按《建筑设计防火规范》GB 50016的规定应设置消火栓系统。本条作为强制性条文执行。

6.6.2 灭火器作为扑救初起火灾的重要消防器材，在硅太阳能电池厂房的消防设计中是必不可少的，所以必须根据《建筑灭火器配置设计规范》GB 50140设计建筑灭火器。本条作为强制性条文执行。

6.6.3 本条主要是为了减少洁净区污染，洁净区一般可采用水型、泡沫和二氧化碳灭火器。

6.6.4 硅太阳能电池厂房属于丙类厂房，且部分电池生产工艺要求净化和温湿度控制，因此厂房都设有集中空气调节系统，具有较大的火灾蔓延传播危险，所以应根据其面积、火灾危险性和火灾荷载密度大小来设置自动喷水灭火系统，其设置原则是重点部位和重点场所。本条是强制性条文。

6.6.5 硅太阳能电池生产厂房的闷顶内一般都设有多种管线，而电线、管道的保温材料均可能引发火灾及成为火灾蔓延的途径，同时闷顶内的火灾均比较隐蔽不易被发现，而自动喷水灭火系统可以在火灾初期将火扑灭。

7 气体动力与化学品输送

7.1 气体站房

7.1.1 气体站房的布置位置满足工艺总体布局的合理性要求涉及的因素较多，主要因素详述如下：靠近用气负荷中心，可节省管道，减少压力损失；避免靠近特气间、化学品间等散发爆炸性、腐蚀性和有毒气体以及粉尘等有害物的场所，可减少机器的磨损、腐蚀，防止发生爆炸事故，确保空气压缩机吸入气体的质量，气体站房与冷冻站房合并布置，可节省站房面积。

7.1.3 硅太阳能电池厂房通常为连续生产，空压机及真空泵要求设置备用。

7.1.4 压缩空气在工艺生产过程中直接与产品接触，因此采用无油空压机，以保证产品质量。

7.1.5 为不影响生产车间的洁净度，油润滑的真空泵尾气排气应远离新风入口。

7.1.6 本条款主要考虑避免二次污染。

7.2 特种气体系统

7.2.2 本条款规定硅太阳能电池厂房生产车间中在储存间和分配间特种气体的存放数量不宜超过24h的需要量，但由于工厂规模不同，24h需用量的绝对值有大有小，难以规定具体的限量数据。有些规模小的，因用量较少，可适当调整存放天数的用量，但不应超过1瓶。如24h需用量较多，则应严格控制为24h用量。

7.2.3～7.2.5 这几条主要从安全角度考虑。

7.2.6 特种气体具有可燃、有毒、腐蚀或使人窒息等特性，特种气体分配系统配置应急切断装置是为了在系统发生泄漏等紧急情况下，及时切断气源，避免更大危害；系统设置防逆流装置是为了防止气体回流污染或可能发生的混合爆炸；设置手动隔离阀是为了保护检修工人的安全，一旦自动系统发生故障，可以人工有效地切断气源，防止危害扩大；不相容特种气体的吹扫系统分设，是为了防止因吹扫气体系统设置不当而导致的特种气体系统交叉污染，产生对生产以及人员安全的危害。

7.2.9 管道连接采用焊接，主要是能确保管道连接的严密性，防止气体泄漏避免事故。

7.2.10 因架空敷设的管道的施工、日常检查、检修都较方便，管沟和埋地敷设则相反，破损不易被发现，易成为火灾和爆炸事故的隐患。

7.2.11 可燃特种气体使用点一般均应靠近特种气体间或外墙布置，以保证特种气体管道在室内尽量短，为避免可燃特种气体泄漏造成人身和财产的损失，特规定可燃特种气体管道不得穿越无特种气体使用点的房间，本条作为强制性条文执行。

7.3 大宗气体供给

7.3.2 设置放散管是为了首次或长时间不用后再次使用时，用来吹扫积存氧气管道中的空气、杂质。放散管须引至墙外，高出附近操作面4m以上的空旷、无明火地方，主要是考虑安全。为了防止雨水进入放散管，管口要装设防雨帽或设一个向下的弯头。放散管还需做防雷接地。

7.3.3 本条款是为了便于操作、维修及管理。

7.3.4 氧气为助燃气体，在氧气中可燃物的引燃温度均大为降低，极易发生燃烧事故，氧气接触油脂后，若遇上火源极易燃烧，所以氧气管道、阀门及附件等均需进行严格的脱脂处理，氧气管道连接采用的密封材料不能使用含油脂的材料；氧气为氧化性气体，氧气管道内只要有任何的铁锈、机械杂质等可燃物，遇到火源极易引发火灾事故，因此氧气管道应设有导除静电的接地设施，消除管道内的静电积聚，故本条为强制性条文。

7.3.7 为保证气体质量，规定管道采用氩弧焊接连接，其密封材料宜采用金属垫或聚四氟乙烯垫。非金属管道易老化变性，易引起气体泄漏影响气体质量，故软管连接时也推荐采用金属软管。

7.4 冷 热 源

7.4.1 冷热源方案的选择与所在地区的气象条件、能源结构、政策、价格等多种因素密切相关，还受到环保、消防等多方面的制约，因此需综合比较，优化组合方能得出较为合理的方案。

7.4.2 要求冷热源站房集中设置，并设置在负荷中心附近，主要是避免环路长短不均，造成供冷、供热难平衡，增加投资和能耗。

7.4.3 机组台数的选择应按工程大小、负荷运行规律而定，一般不宜少于2台；大工程台数也不宜过多。为保证运行的安全可靠，小型工程选用1台机组时应选择多台压缩机分路联控的机组即多机头联控型机组。虽然目前冷水机组质量普遍较好，但电控及零部件故障还是难以避免的。

7.4.4 由国务院批准的《中国消耗臭氧层物质逐步淘汰国家方案》中规定，对臭氧层有破坏的CFC-11、CFC-12制冷剂最终禁用时间是2010年1月1日。当前广泛用于空气调节制冷设备的制冷剂为HCFC-22、HCFC-123、R134a，其中HCFC-22、HCFC-123按照国际公约的规定，我国的禁用年限是2040年。

7.4.6 冷热水系统的设计提倡采用一次投资较经济的闭式循环系统，包括开式高位膨胀水箱的系统。因为通常将太阳能电池工艺用冷与空调用冷合为一个系统，而工艺设备冷却水对水质要求较高，因此推荐采用闭式系统。

根据当地水质情况采取必要的水处理措施是为了防止管道阻力增加，防止系统长期运行后管道、阀门堵塞。

7.5 化学品输送

7.5.1 化学品的储存、输送方式可根据生产规模、生产工艺等采用不同的形式。化学品的储存通常有以下方式：①桶、瓶等容器置于室内；②桶、瓶等容器置于室外；③贮罐置于室外。化学品的输送通常有以下方式：①集中供液方式，管道输送至使用化学品的工艺设备；②桶、瓶等容器人工倒液。

7.5.2 化学品集中供应系统包括化学品库房或罐区、化学品输送及分配系统、排风系统、废气废液收集处理系统、自动控制系统和消防安保等系统。

7.5.5 本条主要考虑防止存放危险品容器泄漏，引起环境污染和人员伤害。

7.5.6～7.5.9 硅太阳能电池厂房生产使用的化学品具有强腐蚀性、强挥发性，为保证人员及设备的安全而设立这些条款。

7.5.10 化学品输送管道及配件若选用不当会发生管

道腐蚀和泄漏，从而造成人身伤害和设备受损，并且硅太阳能电池生产工艺对所用化学品中金属离子的含量要求很严，也十分敏感，一旦化学品在输送过程中因选材不当而被污染，特别是金属污染，就会导致太阳能电池产品的质量下降，因此为确保化学品输送的安全和化学品的品质，必须根据化学品的物理化学性质，选择输送过程中的设备及管材管件，特将此条设为强制性条文。

8 电 气 设 计

8.1 供 电 系 统

8.1.2 减少不同设备间的谐波干扰，保证重要工艺设备供电可靠。

8.1.3 电源连续性的要求多针对一些控制设备或仪表，停电会导致数据丢失；对应急排风机等设备应设置备用电源。

8.1.5 厂房内有较多的单相负荷，存在不平衡电流，而且环境中有荧光灯、晶体管、数据处理、变频器等其他非线性负荷存在，所以配电线路中存在高次谐波电流，致使中性线有较大的电流，因此推荐使用TN-S或TN-C-S系统。

8.1.6 本条款主要考虑变电所避免环境温度升高造成变压器降容，影响变压器使用寿命及造成其他不必要的损失。

8.1.7 由于实际使用过程中设备使用情况比较复杂，且存在三相负荷不平衡的情况，所以宜采用自动过零投切、分相补偿等措施；由于电容器回路是一个LC回路，对某些谐波容易产生谐振，造成谐波放大，使电流增加和电压升高，串联一定感抗值的电抗器可以避免谐振。

8.1.8 随着变频器及电子整流器等非线性用电设备接入，注入电网谐波量比较大，必须加以处理。

8.2 电 力 照 明

8.2.2 为了尽可能减少净化区内灰尘颗粒的积聚，因此要求选用不易积灰、便于擦拭的配电设备。对于大型的配电设备，暗装比较困难时，一般可以采用建筑材料包封或放置在非净化区等措施。

8.2.3 考虑防火要求，穿线导管应采用不燃材料。技术夹层内尚需考虑小动物对管线的破坏，所以采用金属管比较安全。

8.2.4 为了防止灰尘颗粒通过管线口及接缝处进入洁净区影响洁净度，要求上述部位应做密封处理。

8.2.5 根据生产要求，一般照明的照度值在300lx～500lx比较合适。照度过低容易使操作人员感到困倦，降低工作效率。

8.2.6 作业区域内应尽可能均匀照亮，考虑到操作人员的视觉舒适度，要求照度均匀度不小于0.7。

8.2.7 正常照明因故熄灭时，为了防止人员在停电状态下意外受伤，防止重要设备或零部件遭到损坏，以及防止可能引起的火灾等危险情况，所以要求设置备用照明，以完成必要的操作。

为了减少灯具数量，节约成本，规定备用照明作为正常照明的一部分。备用照明应满足工作场所或部位进行各项活动和工作所需的最低照度值，一般要求不低于10%。

8.2.8 为了便于事故情况下人员疏散和火灾情况下采取救灾灭火措施，规定厂房内应设置疏散用的应急照明。在安全出入口、疏散通道或疏散通道转角处设置疏散标志便于疏散人员看清逃生方向，迅速撤离事故现场。

8.2.9 技术夹层内的设备定期维护或检修时，方便工作人员进入并进行相关操作。

8.2.10 本条款同样是考虑保证洁净度的要求。

8.3 信 息 与 自 控

8.3.1 硅太阳能电池厂房的洁净区是一个相对密闭的场所，出入通道迂回，人员进出都需要更衣等程序。设置对外通信联络装置一方面能减少人员在洁净区内走动，保证洁净度；另一方面能满足生产过程信息化管理的需要，提高生产管理水平和生产效率。

8.3.2 硅太阳能电池厂房的工艺设备较为昂贵，一旦着火损失较大。并且硅太阳能电池厂房一般都有净化要求，洁净区是一个相对密闭的场所，出入通道迂回，人员疏散比较困难，火情不易被外部发现，因此设置火灾自动报警装置是必要的。

8.3.4 消防控制室要求有直通室外的安全出口，若设置在洁净区内难以满足该项要求。

8.3.5 这些区域设备较多、管线复杂、可燃物较多，需要重点火灾监测。

8.3.6 本条款规定厂房洁净区火灾探测器报警后应采用技术或人工措施进行核实，确认火灾后，联动控制设备并进行反馈，目的是减少系统误报造成损失。

8.3.7 主要考虑保证安全使用易燃、易爆、有毒气体，这些区域存在泄漏的可能，需要检测。

8.3.8 当气体泄漏时需警示现场人员进行相应的减灾操作和人员疏散。易燃、易爆、有毒气体泄漏后，应急处理程序是有别于灭火程序的，所以其声光报警信号应有别于火灾报警装置。

8.3.9 本条规定了气体泄漏后需进行必要的联动操作，以避免事故范围扩大，减少损失。

8.3.10 易燃、易爆、有毒气体一旦泄漏危害较大，所以气体报警及控制系统应具有较高的供电可靠性。

8.3.11 硅太阳能电池厂房的洁净区是一个相对密闭的场所，出入通道迂回，人员疏散比较困难，设置应急广播能更有效的指挥疏散，保证人员安全，但其扬声器的选择必须满足洁净要求。

8.4 接　地

8.4.2 为了降低静电积聚产生的危害，对可能产生静电危害的设备、流动液体或气体管道采取防静电措施，一般在需要消除静电的场所设置防静电接地端子箱（板）。

8.4.3 电子信息系统室外线路易因雷电等产生过电压，设置适配的信号浪涌保护器能保证设备安全。

8.4.4 本条主要考虑减少接地系统之间的相互干扰。

8.4.5 除生产工艺有特殊接地要求外，各种接地系统原则上应采用共用接地方式。实施等电位联结是为了防止电击、保护人身安全。

9　节能与资源利用

9.1 建 筑 节 能

9.1.1 建筑的规划设计是建筑节能设计的重要内容之一，要对建筑的总平面布置，建筑平、立、剖面形式，太阳辐射，自然通风等气候参数对建筑能耗的影响进行分析。也就是说在冬季最大限度地利用自然能来取暖，多获得热量和减少损失；夏季最大限度地减少得热并利用自然能来降温冷却，以达到节能的目的。

朝向选择的原则是冬季能获得足够的日照并避开主导风向，夏季能利用自然通风并防止太阳辐射。然而建筑的朝向、方位以及建筑总平面设计要考虑多方面的因素，要想使建筑物的朝向对夏季防热、冬季保温很理想是有困难的，因此，只能权衡各个因素之间的得失轻重，选择出这一地区建筑的最佳朝向和较好的朝向。通过多方面的因素分析、优化建筑的规划设计，采用本地区建筑最佳朝向或适宜的朝向，尽量避免东西向日晒。

9.1.2 建筑外墙材料采用保温、节能型材料，可以很大程度的提高建筑围护结构的热工性能，要注意利用国家推荐的保温、节能型材料，严禁使用淘汰产品。

9.1.3、9.1.4 提高建筑围护结构的热工性能，降低建筑在使用工程中的能耗。

9.2 空调系统节能

9.2.1 硅太阳能电池厂房中，会产生很多废热，比如工艺冷却水、工艺局部排风、空压机冷却水等，在工程中应合理利用，能带来可观的效益。

9.2.2 为了节省运行过程中的能耗，空调系统应配置必要的监测与控制。设计时要结合具体工程情况，通过技术经济比较确定具体的控制内容。

9.2.3 空调系统的风管表面积比较大，其管壁传热引起的冷热量的损失十分可观，往往会占到空调送风冷量的5%以上，因此风管保温对节能非常重要。绝热层外的隔气层是防止凝露的有效手段，保证保温效果。

9.2.4 本条是空调冷热水管道绝热计算的基本原则。附录C是从节能角度出发，按经济厚度的原则制定的，但由于全国各地的气候条件差异很大，对于保冷管道防结露厚度的计算结果也会相差较大，因此除了经济厚度外，还必须对冷管道进行防结露厚度的核算，对比后取大值。

9.3 冷热源系统节能

9.3.2 同时需要供冷和供热的工况下，利用热回收机组回收冷却水散失的热量用于空调热水，可减少冷却塔容量和运行时间，减少热源容量。在满足冷负荷的情况下，为保证机组运行稳定，采用控制热水回水温度的方式控制热量。

9.3.3 冷水机组的冷水供、回水设计温差通常为5℃，加大冷水供、回水温差对输送系统减少的能耗，大于由此导致的设备传热效率下降所增加的能耗，因此达到节能效果。提高冷水机组出水温度，可大幅提高冷水机组的能效比。

9.3.5 为节约水资源，冷却水应循环利用。过渡季节或冬季需用一定量的冷负荷时，可不开启冷冻机而利用冷却塔提供空气调节冷水。

9.4 设 备 节 能

9.4.2 因为水泵选型时估算的管道特性曲线与实际情况往往有一定的偏差，所以变频调速方式不仅在流量变化时节能效果显著，而且能使水泵运行在其高效区内。

9.4.3 在非额定工况下，变频离心冷水机组将导流叶片控制与变频控制有机结合，共同控制压缩机，既能扩大机组的运行范围，同时又节约运行费用。

9.4.5 选用带比例调节燃烧器的全自动燃油燃气锅炉能显著节约燃料，每台锅炉独立设置烟囱，能使每台锅炉均可调节在最佳效率运行状态，烟囱的高度不宜设置过高以免抽力过大，使锅炉能耗增加。

9.4.7 较低的排污水量与飘水率对于开式冷却塔在节水上的意义是比较大的。当开式冷却水系统的浓缩倍数不低于3.0时，95%以上的循环利用率是可以实现的。

9.5 电 气 节 能

9.5.1 对运行管理而言，配备能源管理系统和加装必要的表计量有利于随时监控电网情况，关停不必要的设备，减少不必要的能源浪费，且有利于发现异常情况。

9.5.4 气体放电灯配普通电感镇流器时功率因数只有0.4～0.5，所以应设置电容补偿来提高功率因数。有条件时宜在灯具内部装设补偿电容，提高功率因数的同时又降低了照明线路的电流，减少了线路的损耗和电压损失。

9.5.5 本条主要考虑节能。如有条件建议采用 LED 照明系统。

9.5.6 本条主要考虑以下因素：

1 变压器的空载损耗是比较大的能源浪费，所以应选用节能型的变压器。

2 变压器容量选择跟初装费投资和后期发展及初始投资等因素相关。

3 低压侧设置联络便于节假日、变压器检修、订单变化等情况时灵活控制所投入运行的变压器台数，减少空载损耗。

9.6 资源利用

9.6.1 厂房设计中卫生间便器的冲洗水、道路及绿化的浇洒水、开式冷却塔的补水等用水的水质要求并不高，所以本着节约用水的原则，可以采用条文中所列的空调冷凝水等水源直接或经简单净化处理后供给。

9.6.3 达到有关排放标准是废水处理的基本要求，在经济技术条件允许的条件下，废水处理工艺应与全厂的供配水方案统筹考虑，使水资源得到充分利用。工艺废水要求50％的回用率，参考了无锡地区建设项目节约用水方案技术设计审查的要求。

中华人民共和国国家标准

水利水电工程劳动安全与工业卫生设计规范

Code for design of occupational safety and health of water resources and hydropower projects

GB 50706—2011

主编部门：中华人民共和国水利部
批准部门：中华人民共和国住房和城乡建设部
施行日期：2012年6月1日

中华人民共和国住房和城乡建设部
公　告

第1091号

关于发布国家标准
《水利水电工程劳动安全与工业卫生设计规范》的公告

现批准《水利水电工程劳动安全与工业卫生设计规范》为国家标准，编号为GB 50706—2011，自2012年6月1日起实施。其中，第4.2.2、4.2.6、4.2.9、4.2.11、4.2.13、4.2.16、4.5.7、4.5.8、5.6.1、5.6.7、5.6.8、5.7.1、5.7.2、5.7.3、5.9.2条为强制性条文，必须严格执行。

本规范由我部标准定额研究所组织中国计划出版社出版发行。

中华人民共和国住房和城乡建设部

二〇一一年七月二十六日

前　言

本规范是根据住房和城乡建设部《关于印发〈2008年工程建设标准规范制订、修订计划（第二批）〉的通知》（建标〔2008〕105号）的要求，由水利部水利水电规划设计总院、长江水利委员会长江勘测规划设计研究院会同有关单位共同编制完成。

本规范共分6章和1个附录，主要内容包括：总则、基本规定、工程总体布置、劳动安全、工业卫生、安全卫生辅助设施等。

本规范中以黑体字标志的条文为强制性条文，必须严格执行。

本规范由住房和城乡建设部负责管理和对强制性条文的解释，水利部负责日常管理，水利部水利水电规划设计总院负责具体技术内容的解释。在执行本规范过程中，请各单位结合工程实践，认真总结经验，并将意见和建议反馈水利部水利水电规划设计总院（地址：北京市西城区六铺炕北小街2—1号；邮政编码：100120；电子邮箱：jsbz@giwp.org.cn），以供今后修订时参考。

本规范主编单位、参编单位、主要起草人和主要审查人：

主 编 单 位： 水利部水利水电规划设计总院
长江水利委员会长江勘测规划设计研究院

参 编 单 位： 北京市水利规划设计研究院

主要起草人： 覃利明　王治明　邵剑南　钱宜伟　高军华　郭澄平　涂　宁　刘茂祥　杨晓林　梁　波　颜家军　邵　年　于庆奎　马卫军　胡宏敏　赵　峰　曾祥胜　冉星彦　顾小明　雷俊荣　汪新宇

主要审查人： 张汝石　刘志明　刘咏峰　巩劲标　雷兴顺　刘凤权　于庆贵　冯真秋　范建章　殷　勇　毛文然　李学勤　马东亮　符夏碧　熊　杰

目 次

Contents

1 总 则

1.0.1 为贯彻“安全第一，预防为主”的方针，做到“劳动安全卫生设施必须与主体工程同时设计、同时施工、同时投入生产和使用”的要求，保障劳动者在劳动过程中的安全与健康，制定本规范。

1.0.2 本规范适用于新建、改建和扩建的水利水电工程的劳动安全与工业卫生的设计。

1.0.3 水利水电工程劳动安全与工业卫生设计，应结合工程情况，积极慎重采用先进的技术措施和设施，做到安全可靠、经济合理。

1.0.4 水利水电工程劳动安全与工业卫生的设计，除应符合本规范外，尚应符合国家现行有关标准的规定。

2 基 本 规 定

2.0.1 劳动安全与工业卫生设计应根据设计阶段的要求，阐明设计原则、设计方案，分析和预测可能存在的危险、有害因素的种类和危害程度，提出合理可行的安全对策及措施。

2.0.2 工程设计中所选用的设备和材料均应符合国家现行有关劳动安全与工业卫生标准的规定。

2.0.3 从国外引进的设备，应符合本规范提出安全卫生设施和技术装备的要求，对达不到要求的部分应由国内设计配套。

2.0.4 水利水电工程安全标志设置的场所及类型应符合本规范附录A的规定。安全标志的制作应符合现行国家标准《安全标志及其使用导则》GB 2894和《安全色》GB 2893的有关规定。

3 工程总体布置

3.1 水 工 建 筑 物

3.1.1 工程总体布置设计，应根据工程所在地的气象、洪水、雷电、地质、地震等自然条件和周边情况，预测劳动安全与工业卫生的主要危险因素，并对各建筑物、交通道路、安全卫生设施、环境绿化等进行统一规划。当工程存在特殊的危害劳动安全与工业卫生的自然因素，且工程布置无法避开时，应进行专题论证。

3.1.2 工程附近有污染源时，宜根据污染源种类和风向，避开对生活区、生产管理区所带来的不利影响。

3.1.3 建筑物间安全距离、各建筑物内的安全疏散通道及各建筑物进、出交通道路等布置，应符合防火间距、消防车道、疏散通道等的要求。

3.1.4 建筑物内的基础廊道、观测廊道、交通廊道等的出入口，不应少于2个。出入口位置应选择在安全地段或采取可靠的防护措施。

3.1.5 观测廊道、交通廊道等廊道内应有照明设施和良好的通风条件。

3.1.6 交通洞、交通廊道的出入口宜避开泄洪雾化区。当不能避开时，应采取防护措施，并应设置安全标志。

3.1.7 工程范围内人员经常通行、作业的临近高边坡的交通道路、场地等，应采取安全防护措施。

3.1.8 抗震设计烈度8度及以上的地下工程交通进出口部位，宜采取放缓洞口边坡坡度、岩面喷浆锚固或衬砌护面、洞口适当向外延伸等措施，进出口建筑物应采用钢筋混凝土结构。

3.1.9 有冰冻危害的地区，地面厂（泵）房、生产生活用房，不应设置在雪崩危险地段，并应避开高边坡以及地下水位高、冬季多雪且有深积雪或土的冻胀性强的地段。

3.1.10 船闸闸室内两侧闸墙应设置爬梯，单侧两爬梯之间的间隔距离不得超过50m。

3.1.11 在建筑物周围及道路两侧和其他适当地方，宜种植树木、花草绿化环境，绿化设计应符合安全、卫生要求。

3.2 机电和金属结构设施

3.2.1 高压架空进、出线不宜跨越通航建筑闸首、闸室和引航道锚泊地。当确有困难必须跨越时，应适当采取提高架空线路的设计安全系数的措施。

3.2.2 架空进、出线跨越门机运行区段时，应校验架空线对门机的电气安全净距。

3.2.3 开关站架空进、出线初期投运时，应满足枢纽其他部位施工的安全或采取限制相关大型施工设备工作范围的措施。

3.3 临 时 建 筑 物

3.3.1 施工设施场地布置应远离爆破作业影响区(飞石等)，并宜避开滑坡、泥石流、山洪、塌岸等存在危险源的位置。当无法避开时，应设置安全防护设施。

3.3.2 施工营地宜布置在料场作业区、砂石加工系统，以及主要爆破开挖作业区的常年最大频率风向的上风向。

3.3.3 砂石料加工系统、混凝土拌和楼系统、金属结构制作厂等噪声严重的施工设施，宜远离居民区、学校、施工生活区。当受条件限制不能满足时，应采取降噪措施。

3.3.4 导流工程围堰的进出基坑施工道路，应符合防汛避洪人员安全撤离的要求。

3.3.5 炸药库距居民区、人口密集区的安全距离，以及雷管库与炸药库间的安全距离，均应符合现行国家标准《爆破安全规程》GB 6722的有关规定。

3.3.6 油库库址的选择，应符合环境保护和防火安全的要求，其位置宜在生产生活区常年最小频率风向的上风向，并应远离有明火或散发火花的地点。

4 劳动安全

4.1 防机械伤害

4.1.1 工程的防机械伤害设计，应符合现行国家标准《机械安全　防护装置　固定式和活动式防护装置设计与制造一般要求》GB/T 8196、《生产设备安全卫生设计总则》GB 5083、《生产过程安全卫生要求总则》GB 12801 和《起重机械安全规程　第1部分：总则》GB 6067.1等的有关规定。

4.1.2 机械上外露的开式齿轮、联轴器、传动轴、链轮、链条、传动带、皮带轮等易伤人的活动零部件，宜装设防护罩或设置安全运行区。

4.1.3 轨道式机械设备应装有行车声光警示信号装置。设备最大外缘与建筑物墙柱之间经常有人通行时，净距应大于0.8m。

4.2 防电气伤害

4.2.1 配电装置电气安全净距应符合现行行业标准《水利水电工程高压配电装置设计规范》SL 311的有关规定。当配电装置电气设备外绝缘最低部位距地面小于2.5m（室内2.3m）时，应设置固定遮栏。

4.2.2 采用开敞式高压配电装置的独立开关站，其场地四周应设置高度不低于2.2m的围墙。

4.2.3 在初期发电过渡方案设计中，对人员易触及的初期投运配电装置的带电部位，应设置相应的防护围栏和安全标志。

4.2.4 干式变压器与配电柜布置在同一房间时，干式变压器应设置防护围栏或防护等级不低于IP2X的防护外罩。

4.2.5 不同用途和不同电压的电气设备使用一个总接地网时，接地电阻应符合其中最小值的要求。

4.2.6 地网分期建成的工程，应校核分期投产接地装置的接触电位差和跨步电位差，其数值应满足人身安全的要求。

4.2.7 电力设备外壳应接地或接零。在中性点直接接地的低压电力网中，电力设备的外壳宜采用接零保护。在潮湿场所或条件特别恶劣场所的供电网络中，电力设备的外壳应采用接零保护。

4.2.8 对接地网的高电位可能引向地网外，或将地网外低电位引向地网内的设施或装置，应采取隔离措施。

4.2.9 在中性点直接接地的低压电力网中，零线应在电源处接地。

4.2.10 用于接零保护的零线上不得装设熔断器和断路器，只有当断路器动作且同时切断相线时可装设断路器。

4.2.11 安全电压供电电路中的电源变压器，严禁采用自耦变压器。

4.2.12 独立避雷针不应设在人经常通行的位置旁。避雷针的接地装置与道路或出入口等的距离，不宜小于3m。小于3m时，应采取均压等防护措施。

4.2.13 独立避雷针、装有避雷针或避雷线的构架，以及装有避雷针的照明灯塔上的照明灯电源线，均应采用直接埋入地下的带金属外皮的电缆或穿入埋地金属管的绝缘导线，且埋入地中长度不应小于10m。装有避雷针（线）的构架物上，严禁架设通信线、广播线和低压线。

4.2.14 桥式起重机宜采用封闭型安全滑触线。

4.2.15 误操作可能导致人身触电或伤害事故的设备或回路，应设置电气闭锁装置或机械闭锁装置等防护措施。

4.2.16 易发生爆炸、火灾造成人身伤亡的场所应装设应急照明。

4.2.17 水轮机室、发电机风道和廊道的照明器，当安装高度低于2.4m，且照明器的电压超过现行国家标准《特低电压（ELV）限值》GB/T 3805规定值时，应设置防止触电设施。携带式作业灯应符合现行国家标准《特低电压（ELV）限值》GB/T 3805的有关规定。

4.2.18 未能有效防止运行人员接触的交流单芯电缆任意一点非直接接地处的金属护层，正常运行条件下的感应电压不得大于50V。六氟化硫全封闭组合电器、气体绝缘输电线路和封闭母线外壳以及构支架上可能产生的感应电压，正常运行条件下不应大于24V，故障条件下不应大于100V。

4.2.19 电气设备的外壳和钢构架在正常运行中的最高温升，应符合下列规定：

1 运行人员经常触及的部位不应大于30K；

2 运行人员不经常触及的部位不应大于40K；

3 运行人员不触及部位不应大于65K，并应有明显的安全标志。

4.3 防坠落伤害

4.3.1 重力坝、拱坝的坝顶下游侧和未设防浪墙的上游侧，应设置防护栏杆等安全设施。

4.3.2 工程的楼梯、坑池、孔洞和坠落高度超过2m的平台周围，均应设置防护栏杆或盖板。楼梯、平台均应采取防滑措施。

4.3.3 水工建筑物闸门（门库）的门槽、集水井、吊物孔、竖井等处，应在孔口设置盖板或防护栏杆。

4.3.4 上人屋面、室外楼梯、阳台、外廊等临空处，应设置女儿墙或固定式防护栏杆。临空高度小于24m时，防护栏杆高度不应低于1.05m；临空高度在24m及24m以上时，防护栏杆高度不应低于1.10m。

4.3.5 桥式起重机轨道梁的门洞应设门，并应设置安全标志。沿桥式起重机轨道设置的走道应设扶手。

4.3.6 枢纽建筑物的掺气孔、通气孔、通风孔、调压井，应在其孔口设置防护栏杆或网孔盖板，网孔盖板应能防止人脚坠入。

4.3.7 垂直升船机提升楼（塔）靠近船厢两侧的安全疏散通道，应设置仅能向疏散方向单向开启的门或防护栏杆。

4.3.8 活动式交通桥（通道），当其移开后形成的交通通道开口处，应设置相应的活动防护横杆或采取其他防护措施，并应设置安全标志。

4.3.9 工程使用的固定式钢直梯或钢斜梯，应根据电气安全和水力冲击等因素，满足劳动者工作安全的要求。钢直梯应设置护笼，并应根据高度需要和布置场所条件设置带有防护栏杆的梯间平台。钢斜梯应设置带有防护栏杆的梯间平台。

4.3.10 桥式起重机、门式起重机轨道两端端部应设置缓冲、止挡结构。

4.4 防气流伤害

4.4.1 泄水、排沙、引水建筑物和输供水压力管道上的掺气孔（阀）和通气孔（阀）的孔口，不应指向工作人员工作或经常通行的部位，并应高于水库校核洪水位。

4.4.2 空气压缩系统的压力释放装置的管口位置，不应造成对工作人员的伤害。

4.5 防洪防淹

4.5.1 工程的防洪设计应符合国家现行标准《防洪标准》GB 50201、《水利水电工程等级划分及洪水标准》SL 252、《水电枢纽工程等级划分及设计安全标准》DL 5180的有关规定。

4.5.2 厂房位置宜避开冲沟口，对可能发生的山洪、泥石流等应采取防护措施。

4.5.3 厂房交通洞的进口宜位于校核洪水位以上，进口段宜做成反坡。进口高程若低于校核洪水位，应采取可靠的防洪、防淹措施。

4.5.4 通向厂区建筑物外部的各种孔洞、管沟、通道、电缆廊道（沟）的出口，其位置应高于厂房下游洪水位。当出口高度低于下游洪水位时，工程应采取防淹措施。

4.5.5 地面厂房机组检修排水与厂内渗漏排水系统宜分开设置，若共用一套排水设施，应采取防止尾水倒灌水淹厂房的安全措施。地下厂房的机组检修排水系统和厂内渗漏排水系统应分开设置。

4.5.6 排水系统的出水口宜设置在正常尾水位以上。对有冰冻的工程，排水管出口宜设置在最低尾水位和最大冰冻层厚度以下，且应采取防止检修排水管尾水倒灌厂房的措施。

4.5.7 机械排水系统的排水管管口高程低于下游校核洪水位时，必须在排水管道上装设逆止阀。

4.5.8 防洪防淹设施应设置不少于2个的独立电源供电，且任意一电源均应能满足工作负荷的要求。

4.5.9 对引水压力管道为明管型式的电站，宜将厂房布置在免受事故水流直接冲击的方向。当不能避开时，应设置防冲、排水等保护设施。

4.6 防强风和防雷击

4.6.1 露天工作的起重机应装有显示瞬时风速的风级风速报警仪。当风力大于工作状态的计算风速设定值时，风速仪应发出报警信号。

4.6.2 对露天工作的轨道式起重机，应安装可靠的夹轨钳和锚定装置或铁鞋，其夹轨钳及锚定装置或铁鞋应能各自独立承受非工作状态下的最大风力。

4.6.3 防雷电设计应符合国家现行标准《建筑物防雷设计规范》GB 50057、《交流电气装置的过电压保护和绝缘配合》DL/T 620的有关规定。

4.7 交通安全

4.7.1 工程区内的永久性公路设计应符合现行行业标准《公路工程技术标准》JTG B01的有关规定，并应根据公路的任务、性质、运输量、沿线地形、地质等因素，确定公路等级及技术标准。

4.7.2 对视距不良、急弯、陡坡等路段应设置路面标线及必需的视线诱导标志。路侧有悬崖、深谷、深沟、江河湖泊等路段，应设置路侧护栏、防护墩。平面交叉应设置标志和必需的交通安全设施。

4.7.3 连续长陡下坡路段、危及行车安全路段，应设置避险车道。

4.8 防火灾防爆炸伤害

4.8.1 工程的防火、防爆设计应符合国家现行标准《水利水电工程设计防火规范》SDJ 278、《建筑设计防火规范》GB 50016、《爆炸和火灾危险环境电力装置设计规范》GB 50058的有关规定。

4.8.2 压力容器的设计与选型，应符合现行国家标准《钢制压力容器》GB 150的有关规定。

4.8.3 地面厂房的发电机层或水泵站的电机层，其安全出口不应少于2个，且应有1个直通户外地面。地下厂房的发电机层应设置2个通至层外地面的安全出口，并应至少有1个直通户外地面。

4.8.4 集中控制室、单元控制室、主控制室等人员集中的房间，围护结构和装饰材料应符合耐火极限要求；穿墙、穿楼板电缆及管道四周的孔洞，应采用不燃烧材料堵塞；楼梯、门等应符合疏散要求。

4.8.5 总油量超过100kg的油浸变压器应安装在单独的变压器间内，并应设置防火、灭火设施。

4.8.6 主、副厂房和厂区地面建筑物及室外电气设备周围、通航建筑物的闸室两侧应设置消防设施。工程若设有专用的通航拖轮，应具有消防救援功能。垂直升船机的提升楼（塔），在靠近船厢两侧沿垂直方向应分层设置安全疏散通道。

4.8.7 长度大于7m的配电装置室，应有2个出口；长度大于60m时，应增加1个出口。

4.8.8 室外独立的露天油罐及易燃易爆材料仓库，应设置直击雷保护设施。其直击雷保护应采用独立避雷针，严禁在建筑物或设备上装设避雷针，并应采取防止感应雷和防静电的措施。

4.8.9 爆炸危险场所电力装置的防护应符合下列要求：

1 在爆炸危险场所内，应少用携带式电气设备。当必须采用时，其电源线路应采用移动电缆或橡套软线。

2 事故排风电动机应为防爆式电动机，事故启动按钮等控制设备应设置在发生事故时便于操作的地方。

3 照明设施应符合国家现行有关照明防爆的规定。在爆炸危险场所内必须装设电源插座时，应选用防爆型插座。

4 电缆线路的进线装置、中间接线盒和分支盒，应按其所处地点的防爆等级采用隔爆或防爆型。

5 在有爆炸危险、特别潮湿及有可能受到机械损伤的场所，照明线路应采用穿钢管（电线管）敷设。

4.8.10 油浸式变压器及压力油、气罐应设置泄压装置。泄压面应避开运行巡检工作的部位。

4.8.11 蓄电池室及油化验、处理室等应设置机械通风装置，室内空气不应再循环。

4.8.12 厂房、泵房内主要通道、楼梯间、消防电梯及安全出口处，均应设置应急照明及疏散指示标志。

5 工业卫生

5.1 防噪声防振动

5.1.1 水利水电工程各类工作场所的噪声限制值，宜符合表5.1.1的规定。

5.1.2 发电机层、柴油发电机房、空压机室、高压风机室等场所，需设置运行值班室时，应设隔声值班室。

5.1.3 噪声水平超过85dB，而运行中只需短时巡视的局部场所，运行巡视人员可使用临时隔声防护用具。

表5.1.1 水利水电工程各类工作场所的噪声限制值（A声级）

<table>
<tr><th>序号</th><th colspan="3">场所类别</th><th>噪声限制值(dB)</th></tr>
<tr><td>1</td><td colspan="3">夜班人员休息室（室内背景噪声级）</td><td>55</td></tr>
<tr><td rowspan="3">2</td><td rowspan="3">集中控制室和主要办公场所（室内背景噪声级）</td><td rowspan="2">(1) 中央控制室、开关站集控室、通信值班室、计算机房；
(2) 生产管理楼内办公室、会议室、试验室</td><td>在机组段外</td><td>60</td></tr>
<tr><td>在机组段内</td><td>70</td></tr>
<tr><td colspan="2">(3) 船闸、升船机、泄水闸、冲沙闸集控室</td><td>60</td></tr>
<tr><td>3</td><td>一般控制室和附属房间（室内背景噪声级）</td><td colspan="2">(1) 机组控制室，空调控制室，深孔、底孔控制室；
(2) 配电柜室、继电保护屏室、直流柜室、通信设备室；
(3) 电气试验室、电气检修间；
(4) 修配厂所属办公室、试验室、会议室</td><td>70</td></tr>
<tr><td>4</td><td>作业场所和生产设备房间</td><td colspan="2">(1) 发电机（泵站机组）层、水轮机层、蜗壳层；
(2) 空压机室、风机室、水泵房、空调制冷设备室；
(3) 变压器室、电抗器室、励磁盘室；
(4) 油处理室；
(5) 启闭机室、充泄水阀门室、管道调压阀室、调压井室</td><td>85（每天连续接触噪声8h）</td></tr>
</table>

注：1 未列入的场所可按相似的场所取噪声限制值。
2 工作人员每天接触噪声不足8h的场所，可根据实际接触噪声的时间，按接触时间减半，噪声限制值增加3dB的原则，确定其噪声限制值，但最大值不超过115dB。
3 本表所列的室内背景噪声级，系在室内无声源发声的条件下，从室外经由墙、门、窗（门窗启闭状况为常规状况）传入室内的室内平均噪声级。

5.1.4 水轮发电机组的盖板、进人门宜采取减振、隔声措施。

5.1.5 柴油发电机组、空压机、高压风机应布置在单独房间内，必要时应设置减振、消声设施。

5.1.6 中央控制室不宜布置在机组段的尾水平台上。

5.2 防电磁辐射

5.2.1 水利水电工程各类工作场所的防电磁辐射设计，应符合现行国家标准《电磁辐射防护规定》GB 8702的有关规定。

5.2.2 330kV及以上电压的配电装置设备围栏外的

静电感应场强（离地1.5m空间场强），不宜超过10kV/m，少部分地区可允许达到15kV/m；配电装置围墙外侧处（非出线方向，围墙外为居民区时）的静电感应场强，不宜大于5kV/m。

5.2.3 330kV及以上的架空进、出线跨越门式起重机运行区段时，门式起重机上层通道的静电感应场强不应超过15kV/m。

5.2.4 在接触微波（频率为300MHz～300GHz的电磁波）辐射的工作场所，对作业人员的辐射防护要求，应符合现行国家标准《作业场所微波辐射卫生标准》GB 10436的有关规定。

5.3 采光与照明

5.3.1 采光设计应充分利用天然采光，照明设计及各类工作场所最低照度标准，应符合现行行业标准《水力发电厂照明设计规范》DL/T 5140的有关规定。

5.3.2 正常照明熄灭后，下列场所应设置应急照明：

1 需继续确保工作正常进行的场所；

2 需确保处在潜在危险中人员安全的场所；

3 需确保人员安全疏散的出口和通道；

4 应急照明应选用快速点燃的光源。

5.3.3 在亮度相差较大的进厂交通隧洞入口处，照度应保证必要的视觉连续性，宜采用过渡照明；照明器布置应根据地面、墙面及顶部对照明亮度的要求设置，且不得产生眩光。

5.4 通风及温度与湿度控制

5.4.1 水利水电工程各类工作场所的室内空气参数，应符合现行行业标准《水利水电工程采暖通风与空气调节设计规范》SL 490和《水力发电厂厂房采暖通风与空气调节设计技术规程》DL/T 5165的有关规定。

5.4.2 地下厂房、封闭式厂房和泵站水下部位采用空气调节的值班场所，当每个工作人员所占容积小于20m^3时，每人每小时补充的新风量应大于30m^3；当每个工作人员所占容积为20m^3～40m^3时，每人每小时补充的新风量应大于20m^3。当每个工作人员所占容积大于40m^3时，可允许由门窗渗入的空气换气。

5.4.3 地下厂房、封闭式厂房和泵站等潮湿部位的值班场所，应设置满足工作环境所需的通风和除湿设备。

5.4.4 移动式起重机的司机室应采用封闭式。严寒地区且在冬季有运行要求的司机室，应配置取暖设施；炎热地区且在夏季有运行要求的司机室，应配置降温设施。

5.5 防水和防潮

5.5.1 水力发电厂厂房及泵站厂房的水轮机层、蜗壳层、主阀室、水泵层等水下部位，宜采用以排湿为主的通风方式。地下厂房、坝内厂房以及封闭式厂房，可根据工程地质、水文地质条件和工程布置情况，采取防渗、防潮措施。

5.5.2 顶部或侧墙可能产生渗漏的工作场所和设备房间，应采取相应的排水、防湿措施。

5.5.3 水电站、泵站潮湿且布置有电气设备的部位，应采取防水防潮工程措施，必要时应配备除湿器。

5.6 防毒防泄漏

5.6.1 六氟化硫气体绝缘电气设备的配电装置室及检修室，必须装设机械排风装置，其室内空气中六氟化硫气体含量不应超过6.0g/m^3，室内空气不应再循环，且不得排至其他房间内。室内地面孔、洞应采取封堵措施。

5.6.2 六氟化硫电气设备配电装置室，低位区宜配置六氟化硫气体泄漏报警装置。

5.6.3 气体灭火气瓶间应采用机械通风方式，并应定时自动排风。

5.6.4 蓄电池室、油罐室、油处理室、六氟化硫全封闭式组合电器室，应保持负压通风。

5.6.5 水厂加氯（氨）间和氯（氨）库的布置，应设置在净水厂最小频率风向的上风侧，与工程其他建筑的通风口应保持一定距离，并应远离居住区。

5.6.6 水厂加氯（氨）间宜布置在独立的建筑物内。当与其他车间联合布置时，应设置隔墙，并应有通向室外的外开人行安全门。室内采暖应为无明火方式，并应远离氯（氨）气瓶和投加设备。

5.6.7 水厂的液氯瓶、联氨贮存罐应分别存放在无阳光直接照射的单独房间内。加氯（氨）间和氯（氨）库应设置泄漏检测仪及报警装置，并应在临近的单独房间内设置漏氯（氨）气自动吸收装置。

5.6.8 水厂加氯（氨）间和氯（氨）库，应设置根据氯（氨）气泄漏量自动开启的通风系统。照明和通风设备的开关应设置在室外。加氯（氨）间和氯（氨）库外部应备有防毒面具、抢救设施和工具箱。

5.6.9 事故排烟设施的设置及要求，应符合现行行业标准《水力发电厂厂房采暖通风和空气调节设计技术规程》DL/T 5165的有关规定。

5.7 防止放射性和有害物质危害

5.7.1 工程使用的砂、石、砖、水泥、商品混凝土、预制构件和新型墙体材料等无机非金属建筑主体材料，其放射性指标限值应符合表5.7.1的规定。

表5.7.1 无机非金属建筑主体材料放射性指标限值

测定项目	限值
内照射指数 I_{Ra}	≤1.0
外射指数 I_r	≤1.0

5.7.2 工程使用的石材、建筑卫生陶瓷、石膏板、吊顶材料、无机瓷质砖粘接剂等无机非金属装修材料，其放射性指标限值应符合表5.7.2的规定。

表5.7.2 无机非金属装修材料放射性指标限值

测定项目	限　值
内照射指数 I_{Ra}	≤1.0
外射指数 I_r	≤1.3

5.7.3 工程室内使用的胶合板、细木工板、刨花板、纤维板等人造木板及饰面人造木板，必须测定游离甲醛的含量或游离甲醛的释放量。

5.7.4 工程室内使用的人造木板游离甲醛含量或游离甲醛释放量，其限值应符合下列规定：

1 当采用干燥器法测定游离甲醛释放量时，游离甲醛含量限值 E 不得大于1.5mg/L；

2 当采用穿孔法测定游离甲醛含量时，干的材料游离甲醛含量限值不得大于9.0mg/100g。

5.7.5 工程室内用水性涂料挥发性有机化合物和游离甲醛含量限值，应符合表5.7.5的规定。

表5.7.5 室内用水性涂料中挥发性有机化合物和游离甲醛限值

测定项目	限　值
VOC_S (g/L)	≤200
游离甲醛（g/kg）	≤0.1

5.7.6 工程室内用溶剂型涂料，按规定的最大稀释比例混合后，测定的总挥发性有机化合物和苯的含量限值，应符合表5.7.6的规定。

表5.7.6 室内用溶剂型涂料中挥发性有机化合物和苯的含量

测定项目	VOC_S（g/L）	苯（g/kg）
醇酸漆	≤550	≤5
硝基清漆	≤750	≤5
聚氨酯漆	≤700	≤5
酚醛清漆	≤500	≤5
酚醛磁漆	≤380	≤5
酚醛防锈漆	≤270	≤5
其他溶剂型涂料	≤600	≤5

5.7.7 工程室内装修中使用的木地板及其他木质材料，严禁采用沥青、煤焦油类防腐、防潮处理剂。

5.7.8 工程室内装修时，不应采用聚乙烯醇缩甲醛胶粘剂。

5.7.9 工程中使用的能释放氨的阻燃剂、混凝土外加剂，氨的释放量不应大于0.1%；能释放甲醛的混凝土外加剂，其游离甲醛含量不应大于0.5g/kg。

5.7.10 在室内，不应采用石棉、脲醛树脂泡沫塑料作为保温、隔热和吸声材料。

5.7.11 室内装修采用的稀释剂和溶剂，严禁使用苯、工业苯、石油苯、重质苯及混合苯。

5.8 防尘防污

5.8.1 配电装置室地面应采用不易起尘埃的硬质材料。

5.8.2 机械通风系统进风口宜设置在室外空气比较洁净的地方，并应设置在排风口的上风侧。尘埃、风沙严重地区的通风系统进风口，宜设置过滤器。

5.8.3 风沙严重地区的外墙门窗应做密封处理。

5.8.4 变压器事故油坑及透平油、绝缘油罐挡油槛内的油水，应经油水分离后，水体再排入地面排水沟网。

5.8.5 地下厂房采用燃油发电机作备用电源时，应配置低污染、有废气净化装置的柴油机，汽油机械不宜进洞。

5.9 水利血防

5.9.1 血吸虫病疫区的水利水电工程，应符合现行行业标准《水利血防技术导则（试行）》SL/Z 318的有关规定。

5.9.2 血吸虫病疫区的水利水电工程，应设置血防警示标志。

5.9.3 血吸虫病疫区新建饮水工程应选择地下水或无钉螺的地表水作为水源。饮用水源应加强保护，宜采用管道输水。

5.9.4 血吸虫病疫区的水井应砌筑井台，并应加设井盖。井台的高程应高于当地最高内涝水位，井台四周应设置排水沟。

5.10 饮水安全

5.10.1 饮用水水源的选择宜远离工程垃圾堆放场、生活污水排放点，并宜布置在其上游侧。

5.10.2 生活饮用水中不得含有总大肠菌群、耐热大肠菌群、大肠埃希氏菌等病原微生物。水质的微生物指标、毒理指标、感官性状和一般化学指标、放射性指标等常规指标及限值，应符合现行国家标准《生活饮用水卫生标准》GB 5749的有关规定。

5.10.3 凡与生活饮用水接触的输配水设备和防护材料不得污染水质，管网末梢水水质应符合现行国家标准《生活饮用水卫生标准》GB 5749的有关规定。

5.10.4 生活饮用水应采用混凝、絮凝、消毒、氧化、pH调节、软化、灭藻、除氟、氟化等方法进行水质化学处理。化学处理剂带入饮用水中的有毒物质为现行国家标准《生活饮用水卫生标准》GB 5749规定的物质时，有毒物质的允许限值不得大于相应规定限值的10%。

5.11 环境卫生

5.11.1 工程建设环境卫生设计应符合国家现行有关工业企业设计卫生标准的规定。

5.11.2 生产管理区、生活区、废渣垃圾堆放场、生活污水排放点的选址，应在工程总体规划、总体布置中确定。生产管理区与生活区之间宜保持一定的安全、卫生防护距离，并应进行绿化。

5.11.3 生活区、生产管理区应设置污水排放管沟，并应避免污水直接排至地面。污水及废水的排放应按现行国家标准《室外排水设计规范》GB 50014 的有关规定执行。

6 安全卫生辅助设施

6.0.1 声级计、温度计、照度计、振动测量仪、电磁场测量仪等监测仪器设备和必要的安全卫生宣传设备，应根据工程规模和特点在相应的工作场所配置。

6.0.2 防护工具应根据工程运行的需要配置。

6.0.3 工程设计中应根据实际情况设置生产卫生用室和生活卫生用室等辅助用室，辅助用室应根据枢纽总体布置和运行管理的需要结合各建筑物的布置确定。生产卫生用室应包括医务室、安全教育室、环境监测室等，生活卫生用室应包括更衣室、厕所和浴室等。

6.0.4 在工程主体建筑物的工作场所附近，宜根据工作特点和实际需要设置休息室、盥洗室。

6.0.5 厕所的设置应根据枢纽总体布置、各建筑物的布置、运行管理、检修工作和运行人员数量合理设置。厕所污水应经处理后排放。

附录A 安全标志设置场所及类型

表A 安全标志设置场所及类型

标志名称	安全色	设置场所	标志内容
禁止标志	红色	（1）闸门门槽（门库）防护栏杆 （2）泄水（进水口）等建筑物的掺气孔、通气孔和调压井孔口设置的防护栏杆	禁止跨越
		（3）活动式交通桥当其移开后形成的交通通道开口处	交通桥提起时禁止通行
		（4）电缆廊道入口处，油系统房间进人处	禁止烟火
		（5）泄洪雾化区域内的交通通道（廊道）出入口	泄洪时禁止通行

续表A

标志名称	安全色	设置场所	标志内容
禁止标志	黄色	（1）电气设备的防护围栏	当心触电
		（2）温度超过 65K 的设备外壳或构架	当心高温伤人
		（3）集水井、吊物孔周围的防护栏杆 （4）进、出桥机轨道梁的门洞处 （5）超过 2.0m 的钢直梯上端	当心坠落
		（6）机修间、修配厂车间入口处	当心机械伤人
		（7）超过 55°的钢斜梯	当心滑跌
		（8）主要交通道口	当心车辆
		（9）疫区水塘、沟渠边	当心钉螺血吸虫
指令标志	蓝色	（1）水轮机水车室入口 （2）发电机风洞进人处 （3）高压空压机室	请戴护耳器
提示标志	绿色	（1）消防设施	消火栓、灭火器、消防水带
		（2）安全疏散通道	安全通道、太平门

本规范用词说明

1 为便于在执行本规范条文时区别对待，对要求严格程度不同的用词说明如下：

1）表示很严格，非这样做不可的：
正面词采用“必须”，反面词采用“严禁”；

2）表示严格，在正常情况下均应这样做的：
正面词采用“应”，反面词采用“不应”或“不得”；

3）表示允许稍有选择，在条件许可时首先应这样做的：
正面词采用“宜”，反面词采用“不宜”；

4）表示有选择，在一定条件下可以这样做的，采用“可”。

2 条文中指明应按其他有关标准执行的写法为：“应符合……的规定”或“应按……执行”。

引用标准名录

《室外排水设计规范》GB 50014
《建筑设计防火规范》GB 50016
《建筑物防雷设计规范》GB 50057

《爆炸和火灾危险环境电力装置设计规范》GB 50058

《防洪标准》GB 50201

《钢制压力容器》GB 150

《安全色》GB 2893

《安全标志及其使用导则》GB 2894

《特低电压（ELV）限值》GB/T 3805

《生产设备安全卫生设计总则》GB 5083

《生活饮用水卫生标准》GB 5749

《起重机械安全规程　第1部分：总则》GB 6067.1

《爆破安全规程》GB 6722

《机械安全　防护装置　固定式和活动式防护装置设计与制造一般要求》GB/T 8196

《电磁辐射防护规定》GB 8702

《作业场所微波辐射卫生标准》GB 10436

《生产过程安全卫生要求总则》GB 12801

《水利水电工程等级划分及洪水标准》SL 252

《水利水电工程高压配电装置设计规范》SL 311

《水利血防技术导则（试行）》SL/Z 318

《水利水电工程采暖通风与空气调节设计规范》SL 490

《交流电气装置的过电压保护和绝缘配合》DL/T 620

《水力发电厂照明设计规范》DL/T 5140

《水力发电厂厂房采暖通风与空气调节设计技术规程》DL/T 5165

《水电枢纽工程等级划分及设计安全标准》DL 5180

《水利水电工程设计防火规范》SDJ 278

《公路工程技术标准》JTG B01

中华人民共和国国家标准

水利水电工程劳动安全与工业卫生设计规范

GB 50706—2011

条 文 说 明

制 定 说 明

《水利水电工程劳动安全与卫生设计规范》GB 50706—2011，经住房和城乡建设部 2011 年 7 月 26 日以第 1091 号公告批准发布。

为便于广大设计、施工、科研、教学等单位有关人员在使用本规范时能正确理解和执行条文规定，规范编制组按章、节、条顺序编制了本规范的条文说明，对条文规定的目的、依据以及执行中需注意的有关事项进行了说明，并着重对强制性条文的强制性理由作了解释。但是，本条文说明不具备与规范正文同等的法律效力，仅供使用者作为理解和把握规范规定的参考。

目　次

1 总 则

1.0.1 本条着重阐述制定本规范的目的。

我国历来十分重视劳动安全，国务院颁发的《建筑安装工程安全技术规程》[（56）国议周字第40号文]中指出："……改善劳动条件，保护劳动者在生产中的安全和健康，是我们国家的一项重要政策……"。

1978年《中共中央关于认真做好劳动保护工作的通知》（中发〔1978〕67号）中规定："今后凡是新建、改建、扩建的工矿企业和革新挖潜的工程项目，都必须有保证安全生产和消除有毒有害物质的设施。这些设施要与主体工程同时设计、同时施工、同时投产（以下简称"三同时"），不得消减……"。

1979年国务院批转国家劳动总局、卫生部《关于加强厂矿企业防尘防毒工作的报告》（国发〔1979〕100号）的通知中规定："……新的建设项目，要认真做到劳动保护设施与主体工程同时设计、同时施工、同时投产，搞好设计审查和竣工验收工作……"。

1984年《国务院关于加强防尘防毒工作的决定》（国发〔1984〕97号）中规定："今后各地区、各部门的基本建设项目和全厂性的技术改造，其尘毒治理和安全设施必须与主体工程同时设计、审批，同时施工，同时验收、投产使用"。

2002年6月第九届全国人民代表大会常务委员会第二十八次会议审议通过了《中华人民共和国安全生产法》，进一步从法律角度明确了安全生产的相关要求。

按照《中华人民共和国安全生产法》第三条"安全生产管理，坚持安全第一、预防为主的方针"，第二十四条"生产经营单位新建、改建、扩建工程项目（以下统称建设项目）的安全设施，必须与主体工程同时设计、同时施工、同时投入生产和使用。安全设施投资应当纳入建设项目概算"的规定，在工程建设中贯彻党和政府的安全生产和劳动保护政策，其中"三同时"中以"同时设计"最为关键，必须认真贯彻执行。

本规范的编制，总结了水利水电工程建设中近年来发生的问题和工程技术的发展，引进了国外先进的安全与卫生理念，以期满足新时期水利水电工程劳动安全与工业卫生设计的需要，促进国民经济的可持续发展，以及和谐社会建设。

1.0.2 劳动安全与工业卫生设计直接涉及劳动者的切身安全与健康，为此改建和扩建工程（包括除险加固）与新建工程同等对待。

1.0.3 强调了劳动安全与工业卫生设计应结合工程具体情况综合考虑，合理确定设计方案规模，积极慎重地采用新技术、新设施。建设标准要符合国情，既不能标准过低影响安全运行，又不宜标准过高增加大量的工程投资，脱离当前的实际水平。

1.0.4 劳动安全与工业卫生设计规范是关系到劳动者切身安全和健康的一部标准，涉及工程建设的方方面面，本规范的相关条文多数来自于其他相关标准、规范，为避免以点盖面，本条文强调了在执行本标准的同时，"尚应符合国家现行有关标准的规定"。

2 基本规定

2.0.1 本条规定了水利水电工程设计阶段中劳动安全与工业卫生设计的工作深度。鉴于目前我国水利水电工程分为水利行业和水电行业归口管理的特点，且水利工程与水电工程项目设计阶段的划分不同，为适应两者的情况，本规范没有特别强调设计阶段。

水利项目设计阶段分为项目建议书阶段、可行性研究报告阶段、初步设计阶段、招标设计阶段和施工设计阶段，与之对应的水电项目设计阶段为预可行性研究报告阶段、可行性研究报告阶段、招标设计阶段和施工设计阶段。各阶段设计深度需符合各行业的有关规定。

2.0.3 由于各国对劳动安全与工业卫生的规定不尽相同，若一味按本规范的规定对引进设备进行要求，可能引进设备不能达到，或者增加过多的费用，对此应分析比较，必要时由国内设计进行配套。

2.0.4 在易发生危险和存在不安全因素的部位设置安全标志，是为了引起工作人员的注意，防患于未然。安全标志分为禁止标志、警示标志、指令标志和提示标志四类。为便于设计人员执行本条规定，在附录A中列出了安全标志设置的场所和类型。工程设计中，还可以根据具体情况增设，注意做到醒目、易懂。

3 工程总体布置

3.1 水 工 建 筑 物

3.1.1 厂址的安全，关系到劳动者在生产劳动过程中的安全，要选择安全的厂址，保证其不受自然灾害及人为影响，应全面考虑选厂地区的自然条件及四邻情况。

在工程总体布置中，除满足功能和工程安全的要求外，还应考虑生产人员的劳动安全和工业卫生要求。

3.1.2 以厂址整体角度看待工业卫生问题，厂址应避开对人身健康产生有害影响的地区，以保障劳动者的健康。

关于厂区同居住区之间的防护距离问题，现已越来越被重视，但目前国家尚无具体标准，本条文中也未作详细规定。

3.1.3 为了限制火灾事故的影响范围，及时有效地消灭火灾事故并安全疏散工作人员，指出了枢纽总体布置和交通道路规划时应考虑的主要因素。

3.1.4 从洞室工作人员安全的角度考虑，并根据国内已建水利水电工程的实际情况，提出了建筑物的各种廊道不应设置少于2个出入口，以便于运行维护人员通行安全和便利，同时一旦发生危险也便于工作人员安全迅速撤离。

3.1.5 本条文是从廊道工作环境和通风等方面考虑的。受建筑物的限制，大坝廊道内采光、通风条件较差，湿度较大，应采取相应的措施，为运行人员创造安全、卫生的工作环境。

3.1.6 泄洪时产生的雾化严重时会致人缺氧窒息，此时应对该区域内的交通通道（廊道）的出入口设置防止人员误入的安全措施。如设置栏杆或另设安全通道，并设置安全警示标志以引起人员注意。

3.1.7 为防止高边坡掉落石块、滑坡等引起的伤害事故，当紧邻高边坡地段下面有道路和工作厂区时，应根据枢纽地质条件和坡顶山体情况，必要时应采取砌石、喷锚、清除危石、孤石等各种防护措施，或坡顶设实体挡墙，其高度一般不低于0.5m。

3.1.8 震害表明，在强烈地震作用下，隧洞进出口易受灾害，易出现洞口塌陷、堵塞等震害现象，且受害最重。为保证疏散、救援通道畅通，对地下结构的进出口提出采取加固措施的要求。

3.1.9 冰冻冻土地区的地面厂房，特别是抽水泵站的泵房，这些建筑若布置在高边坡下或高地下水位地段，常常由于土坡的强烈冻胀、崩塌、滑坡，危及厂（泵）房，或发生管道上抬变形。这种事故曾在我国东北地区一些工程中发生过。积雪深的地段，特别是有雪崩危险的地段将对地面厂（泵）房产生过大的雪荷载。

3.1.10 船闸闸室应设置作为紧急情况下的逃生爬梯。目前国内船闸闸室内铁爬梯均采用嵌入式凹入墙内，其平面尺寸有0.3m×0.7m（面向墙面）和0.7m×0.7m（面向上、下游）。前者适合墙高小于15m，后者适合墙高大于15m。国内船闸一般闸墙高16m～40m，遇险者不可能一口气爬到顶，中途需要休息，因此选用后者相对较安全。此外，两爬梯之间的间隔距离也不应过大。目前我国葛洲坝1#、2#船闸两爬梯之间的间隔距离为100m，赣江万安船闸为70m，汉江王甫州船闸为49m，三峡船闸为48m。且近年来各方面都越来越重视对人身安全的保护，因而新建的王甫州船闸和三峡船闸两爬梯之间的间隔距离基本限制在不大于50m的范围。

3.2 机电和金属结构设施

3.2.1 通航建筑的闸首、闸室和引航道锚泊地为船舶通行区和待航编队区，为船舶密集区，相对航道而言停留时间较长，为避免断线引起的人员伤害事故，需提高线路设计的安全系数。

目前世界上仅有中国三峡连续五级船闸和塞尔维亚铁门船闸有高压电力架空线路跨越闸室的案例。三峡工程左岸电厂500kV高压架空出线，从船闸第三闸室上空跨越。为确保通航安全，架空线路设计采取了适当提高导地线安全系数等的安全措施。

3.2.2 门机为活动式启闭设备，其体型尺寸较高。当在门机运行区段内有架空进、出线跨越时，应对门机顶部处在最高点的避雷针与导线间的电气距离进行校验，避免出现门机顶端电气净距不足或门机上层通道场强水平超标的情况，本条提出应考虑这方面的问题，以引起设计人员的注意。

3.2.3 水电站初期投运时，其架空进、出线可能存在部分投运的情况，而此时其他部位还需继续施工，这些部位往往环境比较杂乱，为了防止初期投运线路对这些施工部位发生电气伤害事故，需根据工程具体情况，采取强制限制相关大型施工设备工作范围等措施，以满足其施工安全的要求。这种情况在我国许多大型工程建设中都曾经遇到过，均作出了限制相关大型施工设备工作范围等要求。

3.3 临时建筑物

3.3.1 泥石流、滑坡、流沙、溶洞、活断层等地段或地区是不良地质地段，其中泥石流、滑坡现象较多。

泥石流、滑坡是以往山区建厂中曾多次发生又较难解决的问题，不仅给企业造成重大的经济损失，而且还危及生产人员人身安全。如江西某选矿工业场地，由于大面积开挖而引起滑坡，使部分建筑物变形，整治一年，工程费高达500万元。又如某农机厂，厂址在受泥石流威胁地区，一次特大的暴雨引发了该地区的泥石流，泥石流溢出排洪沟，冲进煤气站及锅炉房，堵塞了管道，冲毁了厂外铁路专用线140m及一个高约25m、宽约3m的大型截流坝，造成工厂停产和重大直接经济损失。

3.3.2 现行国家标准《制定地方大气污染物排放标准的技术方法》GB/T 3840，对卫生防护距离的确定作了比较科学的规定。在工程建设总体规划中，应按国家现行标准设置卫生防护距离执行。卫生防护距离的大小，与工艺生产技术水平和对污染的治理水平以及当地气象条件等因素有关。

对产生粉尘的生产设施的布置，主要考虑两个因素，一是充分利用自然条件，使其生产过程中产生的粉尘物质能尽快地扩散掉，以改善自身的运行环境条件；二是尽量避免或减少对周围其他设施的影响和污染。布置不当，势必造成危害。为此，生产设施应布置在生活区和厂区全年最小频率风向的上风侧，且地势开阔、通风条件良好的地段。

3.3.4 为保证水利水电工程施工安全渡汛，围堰下基坑施工道路应能满足大型设备和人员快速撤离的要求。在国内某工程中，曾发生遭遇超设计标准洪水，且通道狭窄，大型设备避洪不及时，造成不必要的经济损失。

3.3.6 汽油等闪点低于28℃的油品，最容易挥发，在其周围极易形成爆炸混合气体，一遇明火就会引起爆炸或燃烧。不应使库内泄漏的油品及散发的油气蔓延到有外露火焰或赤热表面的固定地点或有飞火的烟囱或室外的砂轮、电焊、气焊（割）等固定地点，以防被明火或散发的火花引燃。

4 劳动安全

4.1 防机械伤害

4.1.2 机械上外露的活动零部件，如开式齿轮、联轴器、传动轴、链轮、链条、传动带、皮带轮等，有条件的均宜装设防护罩。但难以装设的，如升船机的卷筒和大型门机、桥机卷筒等，都未装设防护罩，实际设计中需区别对待。

4.1.3 轨道式机械设备操作室虽然可以看见地面人员，但在机组检修时，附近人员较多，为防止伤人意外事故的发生，应设置行车声光警示信号装置。

4.2 防电气伤害

4.2.1 配电装置布置中的电气安全净距是防止运行人员在操作维护中发生触电事故，保证运行人员安全的基本。现行行业标准《水利水电工程高压配电装置设计规范》SL 311中对电气安全净距均作了明确规定，为此明确要求按该规范执行。

为防止运行人员触及带电体，要求电气设备外绝缘最低部位距地面有一定距离，该距离是保证运行人员举手时，手与带电裸导体之间的净距不小于A1［带电部分与接地部分之间距离（mm）］值，即举手高度不超过电气设备外绝缘最低部位。一般运行人员举手后总高度不超过2.3m，室外条件较差，另增加0.2m的裕度。当距离不够时，应设置固定遮栏以阻止运行人员触及带电体。

工程中的固定遮栏有栅状遮栏、网状遮栏和板状遮栏等。栅状遮栏间距一般200mm，允许人员手臂误入，伸入长度不超过750mm；网状遮栏网孔不应大于40mm×40mm，允许人员手指误入，考虑施工误差30mm后，伸入长度不超过100mm；板状遮栏仅考虑误差30mm。因而，不同的遮栏对电气设备外绝缘最低部位的距离应不同，应相应满足上述伸入长度或误差尺寸要求。

4.2.2 对远离厂房的独立开关站，为避免附近居民误入有触电危险的场所，所以设置围墙主要是防止无关人员随意进出。人的举手高度一般为2.3m左右，2.2m高即能防止外人翻越围墙。本条是强制性条文，必须严格执行。

4.2.3 初期发电其环境条件往往比较差，一部分设备投入运行，而另一部分设备继续安装，运行人员、安装人员、管理人员混杂，因此，初期发电期间的安全防护应更加重视。以往工程设计中对初期发电的安全防护问题方面考虑不够，致使初期发电期间曾出现人员触电伤亡事故。如某电厂初期发电时，曾因安装人员误爬上已带电的母线，当其走下母线时，因手触墙壁造成接地而遭电击倒下，落于母线电压互感器室，造成短路被电死。因而，除了加强必要的运行管理外，在初期发电过渡方案设计中，对于那些投运设备应采取防护围栏分隔并设安全标志，使其位于安全区域之内，以免发生类似事故。

4.2.4 干式变压器本身不自燃，即使发生短路事故，亦无火灾的危险，因而，常将干式变压器和配电柜布置在同一房间内，以节省场地和电缆。若干式变压器和配电柜布置在同一房间内，为防止运行人员触及变压器带电部位，干式变压器应设防护围栏或外罩，其防护等级不应低于IP2X。IP2X级防护能防止手指或直径大于12mm的固体异物进入。

4.2.6 当系统发生接地短路故障时，接地装置的接触电势及跨步电势值应小于人体安全所允许的要求，以保证人身安全。对接地装置未全部施工完毕而投产发电的工程，应对已形成的接地装置可能出现的最大接触电势及跨步电势进行校核，并测量接触电位差、跨步电位差，以保证安全运行。校核采用的接地短路电流值应为初期发电时电网可能出现的最大值。本条是强制性条文，必须严格执行。

4.2.7 在中性点直接接地的低压电力网中，电力设备外壳采用接零保护，可以迅速有效地切除故障。为确保人身安全，应优先使用接零保护方式。在潮湿或条件特别恶劣的场所，一旦设备外壳上长时间带有较高电位，当运行人员一旦触及将会危及人身安全。因此，这些场所特别强调了应采用接零保护。

4.2.8 在接地短路故障时，为防止转移电位引起的危害，对可能将接地网的高电位引向厂外或将低电位引向厂内的设施，应采取隔离措施。例如：向厂外供电的低压线路采用架空线，其电源中性点不在厂内接地，改在厂外适当的地方接地；对外的通信设备加隔离变压器；通向厂外的管道采用绝缘段等。

4.2.9 低压配电网中的零线是不允许中断的，零线设在电源处时能有效地避免任意线路切除或负载侧配电装置检修，低压配电网中其他部分失地运行。本条是强制性条文，必须严格执行。

4.2.10 低压配电网中的零线是不允许中断的。否则，当中断零线的设备一相碰壳后，可能由于短路电流较小，使保护电器不会切断电源，外壳长期呈高电位，容易发生人身触电事故。

4.2.11 安全电压供电网络的电源变压器，它应保证无论在任何正常工作条件下，还是在故障条件下，都能在触及它的输出电压时，其值均不大于规定的安全电压值。为此，要求供电电源的输入电路与输出电路必须实行电路上的隔离。自耦变压器的输入和输出在电路上是连通的，当绕组内部短路时，二次电压可能达到一次电压值，这是不允许的。本条是强制性条文，必须严格执行。

4.2.12 独立避雷针设在人经常通行的道路或出入口等地方，当落雷时，对行走人员是很危险的。为防止事故发生，应避免出现这种情况。国外有关资料提出避雷针（线）的接地引下线和集中接地装置与车间门口及人行道的距离不小于2.5m就很安全，同时还要求避雷针应装设在行人不到或很少到的地方。国内有关过电压标准规定的这个距离为3m，一般还是能够做到的。当该距离不足3m时，应采取防护措施。工程中一般采取均压措施，或铺设砾石、沥青等高电阻材料的地面。

4.2.13 照明灯安装在装有避雷针（线）的构架上，或安装在独立避雷针上，或在照明灯塔上装设避雷针。当这些避雷针（线）落雷时，照明灯电源线上将感应很高电位。为防止人身和设备发生危险，照明灯电源线应采用金属外皮电缆或将导线穿入金属管中，并埋入地中长度在10m以上，使其衰减，才能与屋内低压配电装置或35kV及以下配电装置的接地网相连。并规定了严禁在避雷针（线）构架上装设通信线、广播线和低压线，以保证人身和设备安全。本条是强制性条文，必须严格执行。

4.2.14 密封型安全滑线安装方便，使用安全，运行可靠，增加造价不多，应优先采用。如若仍采用敞开式滑线，滑线应布置在驾驶室的对侧，可防止运行操作人员误触滑线。

4.2.16 在易发生爆炸、火灾的危险场所，为避免照明系统停电导致次生事故发生或事故时便于工作人员能顺利撤出危险场所或继续工作，该类场所必要处应装设应急照明。易发生爆炸、火灾的危险场所多指厂内透平油库及油处理室、油浸变压器室、蓄电池室等，其他的应急照明安装地点见现行行业标准《水力发电厂照明设计规范》DL/T 5140。本条是强制性条文，必须严格执行。

4.2.17 本条所列场所照明器，一般较容易发生触电事故。为防止人身触电事故的发生，应有安全防护措施。因而，一般采用安全电压供电，或采用电压为220V带安全防护的照明器。

1 检修照明一般采用随手携带的安全灯（行灯）。这种灯因随手携带容易发生触电事故。因而，这种灯的电压应限制在现行国家标准《特低电压（ELV）限值》GB/T 3805的规定值。

2 水轮机室、发电机风道和廊道等场所，因环境条件限制，照明器的安装高度受到限制；对于水轮机室，往往比较潮湿，当照明器的安装高度较低时容易发生触电事故。按人举手所达高度2.3m，另考虑照明器具尺寸加0.1m，总高度为2.4m。廊道中照明器的安装高度一般也难以达到2.4m，且廊道范围一般较广，且采用特低电压安全照明器难以实现。上述部位当采用220V电压的照明器时，应采用带有安全防护罩的照明器。

4.2.18 考虑到单芯电力电缆、GIS和母线的中间导体和外壳是一对同轴的两个电极，当电流通过中间导体时，在外壳会感应电压，GIS本体的支架、电缆的外皮与外壳连接后也有感应电压，感应电压过高将危及人身安全。根据工程实践，本条规定了单芯电力电缆、GIS和母线外壳感应电压要在安全规定的范围之内。

4.2.19 本条文中给出的温升限值是相对环境温度40℃而言的。本条提出的温升限值主要是参考现行国家标准《建筑物电气装置　第4-42部分：安全防护　热效应保护》GB 16895.2制定的。

GB 16895.2标准规定了伸臂范围可触及设备部分在正常运行中的最高温度限值，可作为所有设备的最高温度限制，如下：

需要接触的但非手握的部分，当为金属材料时，最高温度限制为70℃；当为非金属材料时，最高温度为80℃。

正常操作中不需要接触的部分，当为金属材料时，最高温度限制为80℃；当为非金属材料时，最高温度限值为90℃。

电气设备的外壳一般为金属的，故经常触及部位和不经常触及部位的温升分别取为30K和40K。

4.3 防坠落伤害

4.3.2 设置防护栏杆或盖板和采取防滑措施均是为了防止工作人员的意外坠落或滑倒伤害。高度在2m以上时应设防护栏杆是根据现行国家标准《高处作业分级》GB 3608—2008中规定2m以上属高处作业和《生产设备安全卫生设计总则》GB 5083—1999中规定2m以上的平台必须设防坠落的栏杆、安全圈及防护板的规定制定的。

防护栏杆应能阻止人员无意超出防护区域。因而，防护栏杆的高度应超出人体站立时的重心高度，一般应在1.05m～1.2m。同时，防护栏杆的立杆或横杆间距其中之一应能阻止人员无意滑落，这个尺寸不宜大于0.25m。防护栏杆还应有足够的强度，按照有关统计资料，单人的推、拉力一般在300N～400N，由于水利水电工程中人员并不集中，防护栏杆的承载能力一般可按500N/m设计。

4.3.3 水利水电工程中，这些部位容易发生坠落伤人事故，因而应设防护栏杆。当栏杆影响工作而在孔口上设盖板时，设置的盖板可为钢盖板或铁栅盖板，并应设有供活动式临时防护栏杆固定用的槽孔等。

4.3.4 为防止巡视人员在屋顶边沿坠落，应设女儿墙或防护栏杆。女儿墙或防护栏杆 1.05m 的基本高度数值是按照一般人的重心确定的。对于更高建筑物，从安全心理上考虑，女儿墙或防护栏杆的高度也应适当加高。

4.3.5 由于桥式起重机轨道梁一般比较窄，所以进出桥式起重机轨道梁的门洞处很危险，特别当桥式起重机偏离门洞时，为了阻止人员随意进出，而造成坠落事故，应设置门或防护栏杆，同时设置安全警示标志，以引起有关人员注意。

由于工作需要，工作人员沿着轨道行走的情况是存在的，但走道往往又很窄很长，因此，应采取防护措施。在轨道梁上方的墙壁上沿走道设置防护扶手在工程中是可行的，如果布置位置许可，在走道坠落侧设防护栏杆更好。

4.3.7 垂直升船机塔柱在靠近船厢侧的安全疏散通道处设置固定式防护栏杆，有碍船厢发生火灾事故时人员疏散，而正常情况下又确需防止人员坠落伤害事故。因而，标准明确了应设置仅能向疏散方向开启的门或防护栏杆。

4.3.8 水利工程中有的通航建筑物坝段设有活动式交通桥。当通航时移开活动交通桥后，会形成无遮拦的开口，行驶的车辆或人员若不能及时刹车或停止通行，可能导致危险的发生。特别是处在弯道段的开口处，应采取相应的防护措施。采用防护横杆容易实现连锁运行，即交通桥（通道）移开时，横杆连锁落下，起着遮拦作用，交通桥（通道）复原时，横杆也移开复原。同时配安全标志，以引起行驶车辆及人员注意。

4.3.9 工程中有些需要上人的较高部位，但又不能设置常规楼梯，为了工作方便和安全，在这些部位宜设固定式钢直梯或固定式钢斜梯。由于这些部位往往比较窄小或附近有电气设备或在正常运行时有水流冲击，因而，应充分考虑电气安全距离或考虑水力冲击振动对钢梯的损坏等问题，以保证劳动者的安全。

钢直梯攀登时危险性大，因而一般当攀登高度超过 3.5m 时，人的足部可能超过 2.0m 的坠落高度，应设护笼。当攀登高度更高时，为了攀登人员中间休息，应设梯间平台，这些应结合工程具体情况考虑。另外，为了安全和方便，在梯上端应设扶手。

钢斜梯和钢直梯均应有足够的强度，以保证劳动者的安全。

4.3.10 本条是防止桥式起重机、门式起重机运行中超出行走轨道造成安全事故而采取的措施。是根据《起重机械安全规程　第1部分：总则》GB 6067.1 的有关规定制定的。“大车（小车）轨道末端需安装挡架，缓冲器安装在挡架或起重机上，当起重机与轨道末端挡架相撞击时，缓冲器必须保证起重机能比较平稳的停车而不至于产生猛烈的冲击”。

4.4 防气流伤害

4.4.1 泄水、引水建筑物和输供水压力管道上的掺气孔（阀）和通气孔（阀），在泄水或进水时会产生负压，有可能把人或物吸进孔内，故应尽量避免设置在工作人员经常通行的部位。

4.4.2 水电站压缩空气系统按其最高工作压力划分为高压、中压和低压三个压力范围。10MPa 以上为高压，1.0MPa～10MPa 为中压，1.0MPa 以下为低压。压缩空气流经的压力容器和设备，一般使用压力释放装置保护其安全，当其压力超过整定值时，压力释放装置将自动启动以卸压，为避免卸压时高压射流对人体造成伤害特制定本条。

4.5 防洪防淹

4.5.2 位于冲沟口附近的厂房应详细研究山洪的影响，要注意洪水量和泥石淤积问题，应根据情况采取相应防御措施。

4.5.3 山区河流、洪水有暴涨暴落情况，若洪水历时短或有其他困难时，厂房进出洞口亦可布置在非常运用洪水位以下，而在洞口加设防洪门、防洪堤及人行安全通道等措施。

4.5.5 从安全出发，检修排水与厂房渗漏排水应分开设置。我国已建中型水电厂中有许多是共用一套排水设备形式，此条强调应采取安全措施。考虑到地下厂房引水管道或尾水管道较长，而且水淹厂房的危害性和处理难度较地面厂房大，故地下厂房的检修排水和厂内渗漏排水系统应分开设置。

4.5.6 为避免尾水沿排水管路倒灌进入厂房，宜将出水口设置在正常尾水位以上。对冰冻地区的工程，为避免管道被冰块阻塞或遭受冻胀破坏，出口宜设置在最低尾水位和最大冰冻层厚度以下，此时尚需采取防止尾水倒灌进入厂房的措施。

4.5.7 出水口高程低于下游洪水位的排水管道上装设逆止阀，可有效地防止下游洪水倒灌厂房。本条是强制性条文，必须严格执行。

4.5.8 防洪防淹设施的正常运用关系到千百万人的民生，本条从防洪安全角度出发，对防洪防淹设施的供电电源提出了要求。对特别重要且无法以手动方式开启闸门的泄洪设施，经论证可设第三个电源。本条是强制性条文，必须严格执行。

4.5.9 岸边式地面厂房位置选择与引水方式密切相关，应综合考虑。为了防止压力管道或闸阀破裂影响厂房安全，宜将厂房位置避开压力管道事故水流的直接冲击。当难以避开时，可考虑修筑能将事故水流导离厂房的围护建筑物，或其他加固建筑物。

4.6 防强风和防雷击

4.6.1 瞬时风速报警仪能够显示工作状态的风载，一旦超过设备运行计算风速设定值时，风速报警仪及时发出报警信号，以保障运行人员安全。

4.6.2 夹轨钳和锚定装置或铁鞋可防止设备在非工作状态下移动。对露天工作的轨道式起重机，安装可靠的防风夹轨钳和锚定装置或铁鞋，能够有效地防止非工作状态下遭遇强风吹动带来的伤害事故。

4.7 交 通 安 全

4.7.3 水利水电工程常有大宗设备材料运输，山区连续长陡下坡路段，失控的大型车辆冲出路基造成重大事故的案例经常发生。针对当前人、车、路的现状，解决这一问题较好的工程措施就是设置避险车道，并配套设置动态和静态引导标志、警告标志、护栏及其他防护设施，必要时在连续长陡下坡路段的起始端前设置试制动车道等安全措施。此外，避险车道一般应结合地形和废方处理等，设置在长下坡的下半部路段。

4.8 防火灾防爆炸伤害

4.8.4 集中控制室、单元控制室、主控制室等是运行人员比较集中的地方，又是工程的“心脏”，其安全是极为重要的。为保证人身安全，所以特别强调以上部位一定要严格遵守防火规范的要求。严密封堵电缆穿墙和楼板孔洞，是防止火灾蔓延的重要手段，对保障人身安全有重大意义。

4.8.5 对于带油电气设备，在一定程度上危险程度与其油量的多少密切相关。目前新建、改建的工程室内很少使用带油设备，即便仍使用油浸电压互感器和电流互感器，其油量均在60kg以下，绝大部分只有5kg～10kg。虽然火爆事故时有发生，且爆炸时的破坏力也不小，但爆炸时向上扩展的较多，事故损害基本上局限在间隔范围内。因此，设计需重点关注油量在100kg以上的油浸变压器的防火。

4.8.6 船舶火灾由船舶自备灭火设施施救。当闸室内的船舶失火时，闸室两侧设置消火栓可保护船闸及闸门安全，同时可对失火船只进行灭火支援。有的船闸配备了专用的过闸拖轮，拖轮兼顾消防灭火功能增加投资有限，但却大大提升了船闸消防施救能力，是一举多得的好事。

为了防止船舶经升船机过坝时船舶失火，便于船舶内人员能安全疏散，在升船机提升楼两侧应分层设置安全疏散通道；疏散通道层间距离考虑船厢至通道间架梯方便，不宜太高，结合通航工程情况，一般疏散通道层高不宜大于7m。

4.8.7 配电装置室长度大于7m、小于60m时，应有2个出口，长期以来一直按此执行，并无异议。考虑到从维护走廊、操作走廊或防爆走廊的任一点到出口的距离不大于30m，规定了当配电装置长度大于60m时，除其端头的出口外，应增加出口。

4.8.8 有火灾危险的建筑物或设备应在直击雷的保护范围内，以防止雷击造成可燃物着火或易燃物爆炸的严重后果。装设独立避雷针，以保护直击雷，避雷针位置与建筑物或设备要有足够的距离，以防止感应过电压引起同样后果，且静电也可使易燃易爆材料仓库出现险情，因而从防火、防爆出发，对防静电设计提出了要求。

静电接地电阻值一般不应大于30Ω。普通工程电气接地装置的接地电阻值一般均小于30Ω，故无需另设防静电接地装置，可以直接与工程的总接地装置连接。

4.8.9 携带式电气设备在经常移动中易发生断线及短路事故，产生火花引起爆炸、危及人身安全。所以，在爆炸危险场所应少用携带式电气设备。

爆炸危险场所安装的事故排风风机，是为了在事故发生时运行人员能立即启动该风机，将事故状态下有可能出现的有害气体迅速排出，以保证运行人员能安全撤出事故场所或处理事故。因此，电动机应为防爆式电动机，并应将该风机的启动或事故按钮设置在发生事故时便于操作的地方。

爆炸危险场所内使用的照明灯具、开关、照明线路、电缆线路、电源插座等，从选型到安装和敷设，均应满足防爆的有关要求，以免因产生电火花引起爆炸事故。

4.8.11 蓄电池室、油化验、处理室等房间在运行过程中有可能产生油气、氢气等可燃性气体，通风是为排除有害气体，确保安全运行。

5 工 业 卫 生

5.1 防噪声防振动

5.1.1 本条是根据现行国家标准《工业企业噪声控制设计规范》GBJ 87 的规定，结合水利水电工程特点编制。

表5.1.1中数值是依据已有水利水电工程噪声实测值或采取一些措施后可以达到的数值制定的。如主机段以外的中央控制室和主机段的中央控制室，应控制在60dB以内，但实际上主机段的中央控制室较难做到，本规范已根据实际情况作了适当放宽。

噪声级采用A声级是因为A声级计计权网络测量数值在1000Hz以下有较大的衰减，其测量数值和人主观感觉量的相关性较好，所以对工业噪声和环境噪声通常采用A声级评价。

由于设备的噪声量级在有关规范中均有相应的规

定，如国家现行标准《大中型水轮发电机基本技术条件》SL 321 和《水轮发电机基本技术条件》GB/T 7894 中规定："额定功率大于 25000kVA 的水轮发电机在发电机盖板上距凸出部分 1m 处的平均声压级，应不超过 85dB（A）"，变压器和电抗器的噪声量级在相应国标中也作出了具体规定，因而这些设备的噪声应符合相应标准的规定。

水利水电工程中，水轮发电机组、自备发电机组、空压机、风机、水泵、电动机、变压器、断路器等均为噪声和振动的重点防治设备，因而，一方面应使这些设备的噪声振动水平符合相关标准的要求；另一方面，由于有的设备难以达到要求，或有的标准值较高，如水轮发电机组上风盖板处标准规定的噪声值达 85dB（A），水车室的达 90dB（A），对此，必要时应提出相应允许限制值或采取相应防护措施，以满足工作场所的噪声要求。

5.1.2 发电机层、柴油发电机房、空压机房、高压风机房等噪声大的场所，一般不设现场运行值班室。若现场需设置运行值班室时，应设置隔声值班室，以减少对值班人员的危害程度。

5.1.3 某些局部场所，运行人员巡视时间少，可按巡视时间长短，噪声可允许大于 85dB，但有的场所，如运行发电机的风洞内，可能接近噪声级最高限制值 115dB（A），这种情况可采用配带防声耳塞、耳罩等防护用具的防护措施。

5.1.4 水轮发电机组是一个大的振动及噪声源。因此，与水轮发电机组有联系的设施采取减振隔声措施，能有效地降低周边的噪声水平。水车室的噪声相当严重，自身减低噪声难以做到，因此，宜采取隔声措施，如在适当处设门。当进入水车室的通道较长时，其本身若已具有隔声作用，也可无需再采取装门等措施。

5.1.5 柴油发电机组、空压机、高压风机布置在单独房间内，可以减少对周围其他场所的影响。当这些设备仍不能满足噪声和振动要求时，应设减振、消声设施。

5.1.6 机组运行时的振动较大，当中央控制室设在尾水平台上时，机组运行的振动有时还会引起门、窗一同振动，为减少由此对运行人员带来的烦躁影响，工程应采取相应的隔振、减振或阻尼措施。

5.2 防电磁辐射

5.2.2 超高压电场对人体的影响主要表现在对人体神经系统、血液循环系统、生殖系统、血微量元素及生化代谢等功能有一定影响。目前，我国尚未制定超高压电场卫生标准，国际上尚无统一标准与规定。1980 年意大利专家代表国际大电网会议工作小组作的报告中，提出关于电场对生物的影响，认为 10kV/m 是一个安全水平。前苏联提出，电场强度为 10、15、20kV/m 时，作业时间应分别限制在 3h、1.5h 和 10min 以内。

我国对 330kV～500kV 变电所静电感应场强水平作了大量的实测、模拟与计算工作。实测结果，大部分场强水平在 10kV/m 以内，10kV/m～15kV/m 场强水平在 2.5%以下，各电气设备周围的最大空间场强大致为 3.4kV/m～13kV/m。

配电装置内设备周围一般为运行人员巡查和操作地段，工作时间是有限的，因此，电场强度定为 10kV/m，少数部分地区允许达到 15kV/m，对人体的影响是可以接受的。

围墙外的静电感应水平，是从对生活在该区居民的影响考虑的。按 330kV～500kV 变电所静电感应实测试验，空间场强在 3kV/m～5kV/m 以下，一般对人的麻电感觉的机会已没有或很小了；另一方面离 330kV～500kV 带电体 20m～30m 以外的地区，静电感应场强通常已降低到 3kV/m～5kV/m 以下。

5.2.3 当 330kV 及以上的架空进、出线跨越门式起重机运行区段时，门式起重机上层通道处的静电感应场强水平可能较大，对此提出限制值，以引起设计重视。

5.3 采光与照明

5.3.2 设置应急照明的部位，一般均为需要连续照明以确保人员和设施安全，为此强调了光源应为快速点燃的光源。应急照明一般采用白炽灯、卤钨灯、荧光灯，这些照明灯可在正常照明断电后几秒达到标准流明值，疏散照明还可采用发光二极管照明（LED）。但高强度气体放电灯达不到上述要求。

5.3.3 在进厂交通隧洞的进口段，洞外与洞内光照的亮度和照度差别很大，突然变化，进出隧洞人员和汽车司机的眼睛很难适应，以至出现汽车撞到行人和汽车相撞。因此，在隧洞进口段设过渡段照明，以适应进出隧洞人员的视力变化。

5.4 通风及温度与湿度控制

5.4.1 温度和湿度控制是从防暑、防寒、防潮湿方面，保障工作人员的工作环境及身心健康为目的。水利水电工程各类工作场所的室内空气参数在现行行业标准《水利水电工程采暖通风与空气调节设计规范》SL 490 和《水力发电厂厂房采暖通风和空气调节设计技术规程》DL/T 5165 中都有明确的规定。

5.4.3 潮湿部位的值班场所往往潮湿闷热，为了改善值班工作环境，需设置通风和除湿设备。

5.4.4 为了改善司机室的工作环境，现行行业标准《水利电力建设用起重机》DL/T 946—2005 第 3.29.6 条规定"司机室应防雨并通风良好，当司机室内温度大于 35℃时，应采取防暑降温措施；当司机室内温度小于－5℃时，应设置取暖装置"。

5.5 防水和防潮

5.5.1 水利水电工程中处于水位线以下的水下部位（房间）一般比较潮湿，有的还有渗漏，采取防渗、排水、排湿等措施以改善这些部位的潮湿状况。本规范从防渗、防潮湿出发，对通风和土建设计提出原则要求。

5.5.2 地下厂房及地下洞室顶部和较多湿蒸汽的部位易产生水滴，不仅造成地面积水，还会引起设备故障，造成安全事故，应采取相应措施，防止水滴导致电气设备绝缘水平降低带来的危害。

5.5.3 电厂内一些房间和部位的潮湿问题是很多电厂普遍存在的现象。为解决潮湿问题，首先要与土建和其他专业配合，杜绝产生潮湿的湿源。对电厂内明敷管道和设备的外壁温度低于夏季室内空气露点温度的，用保温方法提高壁面温度，防止表面结露。

5.6 防毒防泄漏

5.6.1 纯六氟化硫气体是无毒、无味、不燃并有优良的冷却特性，其绝缘强度大大高于传统的绝缘气体，用于电气设备可免除火灾的危险，但在电弧作用下，六氟化硫会发生分解，形成低氟化合物，如SF_2、S_2F_2、SF_4、S_2F_{10}及HF，这些物质有毒，若由于密封不严或大修解体，室内六氟化硫气体含量也不允许超过标准允许值，因此，应采取相应排风措施。

室内空气中六氟化硫气体含量是按现行国家标准《车间空气中六氟化硫卫生标准》GB 8777—88 规定的最高允许浓度为$6g/m^3$制定的，监测检验方法采用气相色谱法。

室内必须装设机械通风，且室内空气不允许再循环，以保证室内空气的新鲜程度和限制六氟化硫气体含量。由于六氟化硫气体密度为6.164g/L（1bar，20℃时），比空气大得多，可能泄漏出的六氟化硫气体沉淀在地面上，而且可能是有毒气体，考虑到工作人员巡视和检修时，头低下的位置一般在0.3m以上，因而，通常设计的室内通风管道吸风口的顶部距室内地面在0.3m以下。同理，对于室内地面的孔、洞应封堵，以防止六氟化硫气体渗漏到其他房间。

本条是强制性条文，必须严格执行。

5.6.2 六氟化硫气体的密度较空气大得多，泄漏的六氟化硫气体一般沉积在室内的低位区，在低位区设置六氟化硫泄漏报警仪可以检测空气中六氟化硫气体浓度和探测GIS室的六氟化硫气体含量，保证GIS室运行环境的安全。

5.6.4 蓄电池、油罐室、油处理室、六氟化硫封闭式组合电器室及六氟化硫贮罐室室内应保持负压。因为这些房间放散有害气体，为防止其扩散形成对周围环境和邻近房间的污染，室内保持负压，一般采用机械排风量大于机械送风量的方法，或采用机械排风自然进风的通风方式。

5.6.5 本条是加氯（氨）间和氯（氨）库位置的一般规定。加氯间和氯库到其他建筑任何通风口的距离一般不小于25m，贮存氯瓶的氯库到其他建筑边界一般不少于20m。

5.6.6 在大型发电厂的水处理中，为了防止有机物或微生物的生长繁殖，满足生产生活水质要求，一般设有加氯系统，而目前大部分发电厂均使用液氯。液氯汽化即是氯气，氯气是一种黄绿色气体，对呼吸器官有强烈刺激性，有剧毒，氯气外逸时，会使人中毒、窒息，甚至死亡。

从防火、防爆安全考虑，加氯间采暖为无明火方式。

5.6.7 现行行业标准《工业企业设计卫生标准》GBZ 1 规定，室内空气中允许氯气浓度不得超过$1mg/m^3$，故加氯间（真空加氯间除外）和氯库应设有泄漏检测仪及报警装置。

当室内空气含氯量大于或等于$1mg/m^3$时，自动开启通风装置；当室内空气含氯量大于或等于$5mg/m^3$时，自动报警并关闭通风系统；当室内空气含氯量大于或等于$10mg/m^3$时，自动开启漏氯吸收装置。漏氯检测仪的测定范围为$1mg/m^3$～$15mg/m^3$。

氨是有毒的、可燃的，比空气轻，氨瓶间、仓库的安全措施和氯库相似，但还需有防爆措施。

本条是强制性条文，必须严格执行。

5.6.8 本条是关于加氯（氨）间和氯（氨）库设置通风系统和安全防范措施的规定，是强制性条文，必须严格执行。

5.6.9 火灾时装饰材料的燃烧常伴随着释放出大量的有毒气体，统计的火灾死亡人数中烟熏死亡人数最高可高达80%。火灾排烟设施是降低烟熏死亡人数的重要手段，因而在此强调了事故防排烟设计应按现行行业标准《水力发电厂厂房采暖通风与空气调节设计技术规程》DL/T 5165 的规定执行。

5.7 防止放射性和有害物质危害

5.7.1 建筑材料中所含的长寿命天然放射性核素会放射γ射线，直接对室内构成外照射危害。γ射线外照射危害的大小与建筑材料中所含放射性同位素的比活度直接相关，还与建筑物空间大小、几何形状、放射性同位素在建筑材料中的分布均匀性等相关。

本条系按照现行国家标准《民用建筑工程室内环境污染控制规范》GB 50325 的规定编制，材料放射性指标的测试方法应符合现行国家标准《建筑材料放射性核素限量》GB 6566 的规定。

本条是强制性条文，必须严格执行。

5.7.2 无机非金属建筑装修材料制品（包括石材等），连同无机粘接剂一起，主要用于贴面材料。由于材料使用总量（以质量计）较少，因而放宽了对该类材料的放射性指标的限制。

本条是强制性条文，必须严格执行。

5.7.3、5.7.4 这两条系根据《室内装饰装修材料 人造板及其制品中甲醛释放限量》GB 18580 编制。饰面人造木板是预先在工厂对人造木板表面进行涂饰或复合面层，不但可避免现场涂饰产生大量有害气体，而且可有效地封闭人造木板中的甲醛向外释放，是欧美国家鼓励采用的材料。穿孔法可以测试板材中所含游离甲醛总量，干燥器法可以测试板材释放到空气中游离甲醛浓度。穿孔法和干燥器法测定游离甲醛释放量是目前常用的测定方法，条文中的限值系参考日本标准制定的。

胶合板、细木工板采用穿孔法测定游离甲醛含量时，因在溶剂中浸泡不完全，而影响测试结果。采用干燥器法可以解决这个问题，且该方法操作简单易行，测试时间短，所得数据为游离甲醛释放量。

刨花板、中密度纤维板保留了采用穿孔法测定游离甲醛含量的传统方法。

第 5.7.3 条是强制性条文，必须严格执行。

5.7.5 水性涂料挥发性有害物质较少，尤其是建设部淘汰以聚乙烯醇缩甲醛为胶结材料的水性涂料后，污染室内环境的游离甲醛有了大幅度降低。本条文是对水性涂料挥发性有害物质的限值要求。

5.7.6 室内用溶剂型涂料含有大量挥发性有机化合物，现场施工时对室内环境污染很大，但数小时后即可挥发 90%以上，1 周后就很少挥发了。因此，在避开受众进行涂饰施工、增加与室外通风换气、加强施工防护措施的前提下，目前仍可使用符合现行标准的室内用溶剂型涂料。随着新材料、新技术的发展，将逐步采用低毒性、低挥发量的涂料。

5.7.7 沥青、煤焦油类防腐、防潮处理剂会持续释放污染严重的有毒气体，故严禁用于室内木地板及其他木质材料处理。

5.7.8 聚乙烯醇缩甲醛胶粘剂甲醛含量较高，若作为用于粘贴壁纸等的材料，释放出大量的甲醛迟迟不能散尽，市面上已有低污染的胶可以替代，因而应限制使用 107 胶等聚乙烯醇缩甲醛胶粘剂。

5.7.9 混凝土外加剂的防冻剂采用能挥发氨气的氨水、尿素、硝铵等之后，建筑物内释放量测定方法应符合现行国家标准《混凝土外加剂中释放氨的限量》GB 18588 的规定；游离甲醛的测定方法应符合现行国家标准《室内装饰装修材料 内墙涂料中有害物质限量》GB 18582 的规定。

5.7.10 石棉、脲醛树脂泡沫塑料价格低廉，且具有很好的保温、隔热、吸声功能。但脲醛树脂泡沫塑料作为室内保温、隔热、吸声材料时会持续释放出甲醛气体，故应采用其他类型的材料。

石棉是国际公认的一级致癌物，其最大危害来自于它的纤维，一旦被吸入人体，石棉纤维可多年积聚在人体内，附着并沉积在肺部，可能造成肺癌等疾病。

5.7.11 本条是按现行国家标准《涂装作业安全规程 安全管理通则》GB 7691—2003 第 2.1 节“禁止使用含苯（包括工业苯、石油苯、重质苯，不包括甲苯、二甲苯）的涂料、稀释剂和溶剂”的规定制定的，混合苯也含有大量苯，故也禁止使用。

5.8 防尘防污

5.8.1 本条是对地面材料选择的原则要求，一般采用高强度等级混凝土或水磨石地面即可以满足要求。

5.8.4 水利水电工程中凡是有油的部位，不允许直接排入地面水体。现行国家标准《污水综合排放标准》GB 8978—1996 对石油类规定的最高允许排放浓度为：一级标准 5mg/L；二级标准 10mg/L；三级标准 20mg/L。当经过油水分离，符合排放要求后可排入地面水体。

5.8.5 地下厂房通风条件较差，废气不易排出，要求配置低污染、有废气净化装置的柴油机械。

5.9 水利血防

5.9.1 2006 年 3 月 22 日，国务院第 129 次常务会议通过的《血吸虫病防治条例》（国务院令第 463 号）第十二条要求在血吸虫病防治地区实施兴建水利、能源等大型建设项目，以及开展血吸虫病防治工作，应当符合相关血吸虫病防治技术规范的要求。本条为在血吸虫病防治地区实施水利、水电工程建设进行水利血防设计的原则性规定。

5.9.2 《血吸虫病防治条例》规定，建设单位在血吸虫病疫区兴建水利水电工程时，应事先提请省级以上疾病预防控制机构对施工环境进行卫生调查，并要求设立醒目的血防警示标志，以预防、控制血吸虫病对健康人体的感染。本条是根据此《条例》制定的，且是强制性条文，必须严格执行。

5.9.3 血吸虫病疫区新建饮水工程不应直接从疫区疫水中取水，应选择工程区上游无钉螺水域的地表水（地表水如河流、湖泊、水库、塘堰等）取水；若工区上游水域等地表水体或岸线发现血吸虫，不能作为饮用水源，可取地下水作为水源。输水工程通过疫区时宜采用管道输水，避免输送时水质受到污染。

5.9.4 在水井砌筑井台，井台高度应高出当地内涝水位，并在井台周边修排水沟，是保持井台干燥，避免钉螺孳生。加设井盖，防止起风将虫卵及其他污染物刮入水井污染水体。

5.10 饮水安全

5.10.2 本条规定了生活饮用水中不得含有总大肠菌群、耐热大肠菌群、大肠埃希氏菌等病原微生物，水质的微生物指标、毒理指标、感官性状和一般化学指标、放射性指标等常规指标及限值。

5.10.3 本条文引自现行国家标准《生活饮用水输配水设备及防护材料的安全性评价标准》GB/T 17219—1998第3.1条。强调了管网末梢水水质要求应符合现行国家标准《生活饮用水卫生标准》GB 5749的规定。

5.10.4 本条规定是为避免因采用化学处理剂处理水质而再次污染生活饮用水。

5.11 环境卫生

5.11.1 本条规定具体可参考国家现行标准《工业企业设计卫生标准》GBZ 1的相关规定执行。

5.11.2 本条是根据现行国家标准《工业企业设计卫生标准》GBZ 1—2002第4.2.1.1款和第4.2.1.3款的规定编制。办公区、生活区的基本卫生要求在工程总体布置设计阶段应统一考虑。办公区和生产区同生活区之间设置一定的安全、卫生防护距离，并进行绿化，有利于改善环境卫生，提高人们的生活质量。

6 安全卫生辅助设施

6.0.3 辅助用室主要包括生产卫生用室（医务室、安全教育室、环境监测室）和生活用室（更衣室、厕所和浴室）。水利水电工程类型各异，规模不同，所处地理位置和环境也各有差别，因此应视具体情况按实际需要和使用方便的原则确定设置辅助用室。对于水电厂生产值班人员不多，在生产场所一般只设简易用室和用品，主要在城镇生活区由城镇统一解决。

水利水电工程中主体建筑物有的相距很远，有的工程中设有集中的生活管理区，所以，辅助用室应根据枢纽总体布置、各建筑物布置和运行管理统一考虑。辅助用室是工作人员生产、生活所必需的，辅助用室应具备良好的卫生环境。

6.0.4 休息室的作用：工作之余的休息场所；提供茶水；进餐之用。当作为进餐之用时，对防止餐食垃圾乱扔乱倒，改善工作场所的卫生环境是有利的。为维护不吸烟人员身体健康，应将吸烟和非吸烟区分开。

6.0.5 厕所的设置，在以往工程中偏少，这对于值班和维修工作人员的工作和生活都不方便，本条根据已建工程的经验对厕所作出了要求。厕所污水则必须经过污水处理符合有关标准后，才允许排至地面水体。

中华人民共和国国家标准

河道整治设计规范

Code for design of river regulation

GB 50707—2011

主编部门：中 华 人 民 共 和 国 水 利 部
批准部门：中华人民共和国住房和城乡建设部
施行日期：2 0 1 2 年 6 月 1 日

中华人民共和国住房和城乡建设部
公　　告

第1090号

关于发布国家标准《河道整治设计规范》的公告

现批准《河道整治设计规范》为国家标准，编号为GB 50707—2011，自2012年6月1日起实施。其中，第4.1.3条为强制性条文，必须严格执行。

本规范由我部标准定额研究所组织中国计划出版社出版发行。

中华人民共和国住房和城乡建设部

二〇一一年七月二十六日

前　　言

本规范是根据原建设部《关于印发〈2006年工程建设国家标准规范制订、修订计划（第一批）〉的通知》（建标〔2006〕77号）的要求，由水利部水利水电规划设计总院和中水淮河规划设计研究有限公司会同有关单位共同编制完成。

本规范共有8章和3个附录，主要内容包括：总则、术语、基本资料、总体规划、河道水力计算、河床演变分析、典型河段整治原则、整治工程设计等。

本规范中以黑体字标志的条文为强制性条文，必须严格执行。

本规范由住房和城乡建设部负责管理和对强制性条文的解释，由水利部水利水电规划设计总院负责具体技术内容的解释。本规范在执行过程中，请各单位注意总结经验，积累资料，随时将有关意见和建议反馈给水利部水利水电规划设计总院（地址：北京市西城区六铺炕北小街2-1号；电话：010－62056492；邮政编码：100120；电子邮件：jsbz@giwp.org.cn），以供今后修订时参考。

本规范主编单位、参编单位、主要起草人和主要审查人：

主 编 单 位： 水利部水利水电规划设计总院
中水淮河规划设计研究有限公司

参 编 单 位： 武汉大学水利水电学院
水利部长江水利委员会长江科学院
水利部黄河水利委员会黄河水利科学研究院

主要起草人： 何华松　余文畴　张友祥　邵善忠　洪　建　陈长柏　胡兆球　马东亮　毛世民　于强生　刘士和　张俊华　章　敏　姚仕明　高幼华　金林花　丁　宁

主要审查人： 梅锦山　刘咏峰　徐宪彪　付成伟　何孝俅　李小燕　王府义　闫俊平　朱　峰　任增平　雷兴顺　王玉太　胡一三　张红武　窦以松　王永忠　郭朝文　苏加林　陈宝中　戴力群　李长国

目　次

Contents

1 总 则

1.0.1 为开发、利用和保护好河流，统一河道整治的设计标准和技术要求，制定本规范。

1.0.2 本规范适用于大江大河及其主要支流的河道整治设计。

1.0.3 河道整治设计应符合下列要求：

1 应以流域综合规划及专业规划为依据。

2 应具备社会经济、水文气象、河床演变、地形地质、相关工程和其他方面的基本资料。

3 应兼顾干支流、上下游、左右岸利益，并应协调防洪、排涝、灌溉、供水、航运、水力发电、文化景观和生态环境保护等方面的关系。

4 对多沙或冲淤变化较大的河流，应深入分析河势变化和河床演变规律。

5 应进行方案论证，并应选取技术可行、经济合理的整治方案。

6 应贯彻因地制宜、就地取材的原则，并应积极慎重地采用新技术、新工艺、新材料。

1.0.4 河道整治设计除应符合本规范外，尚应符合国家现行有关标准的规定。

2 术 语

2.0.1 河道整治　river regulation

为适应经济社会发展需要，按照河道演变规律，稳定和改善河势，改善河道边界条件、水流流态和生态环境的治理活动。

2.0.2 治导线　regulation line

河道整治规划拟订的满足设计流量要求尺度和控制河势的平面轮廓线。

2.0.3 造床流量　dominant formative discharge

对形成天然河道河床特性及河槽基本尺度起支配作用、与多年流量过程的综合造床作用相当的特征流量。

2.0.4 河相关系　hydraulic geometric relation of river

在相对平衡状态下河流河槽的纵横断面形态与流域来水、来沙及周界条件等因素之间的某种定量关系。

2.0.5 平滩流量　bankfull discharge

为水位与滩唇高程基本相平时对应的流量，也称平槽流量。

2.0.6 顺直型河段　straight reach

河槽平面形态顺直的河段。

2.0.7 弯曲型河段　meandering reach

河槽由正反相间的弯曲段和介于其间的过渡段联接而成的平面呈蛇曲形的河段。

2.0.8 分汊型河段　braided reach

河槽分为若干汊道，各汊道交替消长的河段。

2.0.9 游荡型河段　wandering reach

河槽宽浅多变、沙洲众多、水流散乱、主流经常摆动的河段。

2.0.10 潮汐河口段　tidal estuary

河流受潮汐影响在潮流界以下的河段。

2.0.11 河槽　stream channel

河道中经常通过水流的部分。

2.0.12 浅滩　shoal

河槽中隔断上下游深槽、阻碍水流或航行、由沙砾石等组成的沉积体。

2.0.13 河势　river regime

河道水流的平面形态及其发展趋势，包括河道水流动力轴线或深泓线的位置、走向以及河弯、岸线和洲滩分布的状况等。

2.0.14 主流　main current

沿河道纵向流动的、流速相对较大的水流主体部分。

2.0.15 弯道环流　circulating flow in bend

水流在弯道段内做曲线运动所产生的离心力，使表流指向凹岸，底流指向凸岸，形成的横向环流。此横向环流与纵向水流相结合，形成顺主流方向呈螺旋形向前运动的水流。

2.0.16 河床演变　fluvial process

河道在自然情况或受人工干扰时，水流和河床相互作用所发生的冲淤变化过程。

2.0.17 防护工程　protection works

为保护堤防和滩岸，防止水流冲刷和波浪冲蚀及渗流破坏而修筑的平顺式且基本不改变水流流势的工程。

2.0.18 控导工程　river control works

为控导主流、稳定河势、保堤护滩而修筑的对水流流势产生一定影响的工程。

2.0.19 河流数学模拟　mathematic modelling of river

根据水流、泥沙的运动规律，通过建立基本的数学方程式及其数值计算，分析和预测河床冲淤变化的方法。

2.0.20 河流冲淤计算　computation of river bed deformation

采用河流数学模型、经验法或类比法等方法计算水流和泥沙运动要素以及河床冲淤变形的工作。

2.0.21 河工模型试验　river model test

将河道形态和水流泥沙运动特征按相似准则模拟河流水流泥沙运动和河床演变的试验研究工作。

3 基本资料

3.1 社会经济

3.1.1 河道整治设计应收集防洪区、排涝区、灌区和河道整治工程区的社会经济资料。

3.1.2 防洪区、排涝区和灌区的社会经济资料应包括下列内容：

1 面积、人口、耕地和城镇分布等社会概况。

2 农业、工业、交通、能源、通信等行业的规模、资产、产量、产值等国民经济概况。

3 自然及生态环境状况。

4 历史洪、涝、旱、潮灾害情况。

3.1.3 河道整治工程区的社会经济资料应包括下列内容：

1 土地、耕地、人口、房屋、固定资产等。

2 农业、林业、渔业，工业、交通、通信、电力、文化教育、能源等设施。

3 文物古迹、旅游设施等。

3.2 水文气象

3.2.1 河道整治设计应收集气温、风况、蒸发、降水、水位、流量、流速、波浪、冰情、地下水等资料。

3.2.2 河道整治设计应收集与工程有关地区的水系、水域等资料。

3.2.3 河道整治设计应收集与工程有关地区的设计暴雨、设计洪水、设计排涝水文成果，以及整治河段的设计洪水过程和相应的设计洪峰流量、水位成果等。

3.3 河床演变

3.3.1 河道整治设计应收集河床演变方面的历史文献和资料。

3.3.2 河道整治设计应收集水位、流量、径流量、输沙量、含沙量、泥沙颗粒级配和水温等资料。

3.3.3 河道整治设计应收集河势图、河道地形图、纵横断面图、航测图、卫星照片等河道平面变化和评价资料。

3.3.4 潮汐河口段还应收集潮位、潮流流速、流向和含沙量过程线，涨、落潮的平均流量，以及有关海岸的动力地貌等资料。

3.4 地形地质

3.4.1 河道整治工程各设计阶段的地形测量资料应符合表3.4.1的规定，涉河水工建筑物的地形测量资料应符合国家现行标准《水利水电工程测量规范（规划设计阶段）》SL 197的有关规定。

表3.4.1 河道整治工程各设计阶段的地形测量要求

<table>
<tr><th>图别</th><th>设计阶段</th><th>比例尺</th><th>图幅范围及断面间距</th><th>备注</th></tr>
<tr><td rowspan="3">地形图</td><td>项目建议书</td><td>1：2000～1：10000</td><td>自建筑物轮廓向外100m～300m</td><td rowspan="3">建筑物或河势变化较大处可适当加大测图比例</td></tr>
<tr><td>可行性研究</td><td>1：2000～1：10000</td><td>自建筑物轮廓向外100m～300m</td></tr>
<tr><td>初步设计</td><td>1：1000～1：2000</td><td>自建筑物轮廓向外100m～300m</td></tr>
<tr><td rowspan="3">横断面图</td><td>项目建议书</td><td rowspan="3">竖向
1：100
横向
1：500～1：1000</td><td>200m～500m间距</td><td rowspan="3">断面间距可根据地形变化情况适当加密或放宽</td></tr>
<tr><td>可行性研究</td><td>100m～200m间距</td></tr>
<tr><td>初步设计</td><td>50m～100m间距</td></tr>
<tr><td rowspan="3">纵断面图</td><td>项目建议书</td><td rowspan="3">竖向
1：100～1：200
横向
1：1000～1：10000</td><td rowspan="3"></td><td rowspan="3">视整治河段长短，可适当调整测图比例</td></tr>
<tr><td>可行性研究</td></tr>
<tr><td>初步设计</td></tr>
</table>

3.4.2 工程地质勘察资料应符合国家现行标准《水利水电工程地质勘察规范》GB 50487、《堤防工程地质勘察规程》SL 188和《中小型水利水电工程地质勘察规范》SL 55的有关规定。

3.4.3 河道整治设计应收集整治工程段地形地貌、地层岩性、地质构造、土质类别、主要土体物理力学性质、河岸抗冲性与岸坡稳定性评价等成果。

3.4.4 河道整治设计应收集天然建筑材料勘察或调查成果。

3.4.5 河道整治设计应充分利用已有工程的地质勘察资料，并应收集险工堤段的历史和现状险情资料，同时应调查历史上决口堤段的范围、地层和堵口材料等。

3.5 相关工程

3.5.1 河道整治设计应收集与整治河段有关的河道、堤防、水库、湖泊、水利枢纽和蓄滞洪区等的基本资料。

3.5.2 河道整治设计应收集整治河段的穿堤、跨堤、穿河、跨河、拦河和临河建（构）筑物等的基本资料。

3.5.3 河道整治设计应收集与整治河段有关的港口、码头、船闸、锚地和航标等有关航运设施和取水排水工程等的基本资料。

3.6 其他

3.6.1 河道整治设计应收集与整治河段有关的流域

综合规划、专业规划等资料。

3.6.2 河道整治设计应收集与整治河段有关的水环境、水生态及自然保护区的资料，并应重点调查珍稀濒危及有重要经济价值的动植物情况。

3.6.3 河道整治设计应收集与整治河段有关的文化、景观和名胜古迹方面的资料。

4 总体规划

4.1 河道整治任务与标准

4.1.1 河道整治设计应分析防洪、排涝、灌溉、供水、航运、水力发电、文化景观、生态环境、河势控制和岸线利用等各项开发、利用和保护措施对河道整治的要求，确定河道整治的主要任务。

4.1.2 河道整治设计应协调各项整治任务之间的关系，分析已有工程的功能、作用和存在问题，并应综合分析确定河道整治的范围。

4.1.3 整治河段的防洪、排涝、灌溉或航运等的设计标准，应符合下列要求：

1 整治河段的防洪标准应以防御洪水或潮水的重现期表示，或以作为防洪标准的实际年型洪水表示，并应符合经审批的防洪规划。

2 整治河段的排涝标准应以排除涝水的重现期表示，并应符合经审批的排涝规划。

3 整治河段的灌溉标准应以灌溉设计保证率表示，并应符合经审批的灌溉规划。

4 整治河段的航运标准应以航道的等级表示，并应符合经审批的航运规划。

5 整治河段的岸线利用应与岸线控制线、岸线利用功能分区的控制要求相一致，并应符合经审批的岸线利用规划。

6 当河道整治设计具有两种或两种以上设计标准时，应协调各标准间的关系。

4.1.4 有防洪任务的整治河段设计泄洪流量和设计洪水位，应采用下列方法分析确定：

1 整治河段的设计泄洪流量应按确定的防洪标准，并根据设计洪水通过水文水利计算确定。

2 主要控制站的设计洪水位可根据实测年最高洪水位系列进行频率分析后确定，或根据设计洪峰流量通过分析河道冲淤变化后的水位流量关系确定。洪水位不一致时，应取较大值作为设计洪水位。

3 以实际年型洪水作为防洪标准的河段，主要控制站的设计洪水位可根据实测或调查的最高洪水位和整体防洪要求，分析河道冲淤变化后合理确定。

4 潮汐河口的设计潮位应采用历年实测高、低潮位资料进行频率分析确定。缺乏潮位资料时，可按邻近地区的设计潮位，分析相关关系确定。

5 整治河段的设计洪水水面线，宜根据主要控制站的设计洪水位和该河段的设计泄洪流量，按设计的河道纵横断面计算确定。

4.1.5 有排涝任务的整治河段设计排涝流量和设计排涝水位，应采用下列方法确定：

1 设计排涝流量宜按确定的排涝标准根据设计暴雨间接推算。

2 坡水地区设计排涝流量可采用排涝模数经验公式计算。

3 泵站抽排地区设计排涝流量，农田可根据作物耐涝历时采用排涝期涝水量平均排除法估算；城镇可采用产汇流和河洼地容许调节水量，平均排除法估算。

4 承泄自排涝水的整治河段设计排涝水位宜低于地面0.2m～0.5m，必要时经技术经济论证局部河段也可略高于地面。

5 承泄抽排涝水的整治河段设计排涝水位可高于滩地地面，但应满足上下游河段的防洪和排涝要求。

4.1.6 有河势控制任务的整治河段，中水河槽的设计整治流量应为该河段的造床流量。造床流量应按本规范附录A的规定计算确定。

4.1.7 有灌溉任务的整治河段设计引水流量和设计引水水位根据灌区情况和设计要求，宜采用下列方法确定：

1 设计引水流量宜根据历年灌溉期最大灌溉流量进行频率分析，宜按相应于灌溉设计保证率的流量选取，也可取设计代表年的最大灌溉流量。

2 设计引水水位宜根据历年灌溉期旬或月平均水位进行频率分析，宜按相应于灌溉设计保证率的水位选取，也可取多年灌溉期枯水位的平均值。

4.1.8 有航运任务的整治河段设计最高通航水位和设计最低通航水位应按现行国家标准《内河通航标准》GB 50139的有关规定计算确定。

4.2 治导线制定

4.2.1 河道治导线宜分段制定。可选择制定洪水治导线、中水治导线或枯水治导线。

4.2.2 洪水治导线应根据设计泄洪流量制定。有堤防的河段，应以堤线作为洪水治导线。

4.2.3 中水治导线宜根据造床流量或排涝流量，经综合分析平滩水位制定。制定中水治导线应符合下列要求：

1 应根据整治的目的，因势利导，按河床演变和河势分析得出的结论制定。

2 应利用已有整治工程、河道天然节点和抗冲性较强的河岸。

3 上、下游应平顺连接，左右岸应兼顾。

4 上、下游相衔接的河段应具有控制作用。

5 应协调各有关部门对河道整治的要求。

6　按排涝要求开挖的河段，应根据设计开挖的河槽断面上口宽制定。

4.2.4　枯水治导线可根据供水、灌溉、通航和生态环境等功能性输水流量选择制定。制定枯水治导线应符合下列要求：

1　宜在中水治导线的基础上制定。

2　宜利用较稳定的边滩和江心洲、矶头等作为治导线的控制点。

3　有通航要求的河段，宜按集中水流形成具有控制作用的优良枯水航道的要求制定。

4　有灌溉、供水任务的河段，应满足灌溉、供水的基本要求。

5　宜满足生态环境流量的基本要求。

4.2.5　河道治导线宜平顺、光滑，在弯曲段可采用复合弧线连接。应论证治导线的合理性和可行性，重要河段应进行河工模型试验。

4.3　整治工程总体布置

4.3.1　河道整治设计应按整治的主要任务和范围，统筹协调好各项整治任务和相应专业规划的关系，进行整治工程总体布置。

4.3.2　有防洪任务的整治河段，河道纵横断面应按安全下泄设计泄洪流量设计。新修堤防时，应在设计确定的河槽断面基础上，根据防洪规划、地形地质条件、河床演变情况、现有工程状况、拟建工程位置、征地拆迁量、行政区划和文物保护要求等，经技术经济比较后，合理布置堤防的堤线。

4.3.3　整治河段堤线的布置应符合下列要求：

1　堤线与河势流向应相适应，应与洪水的主流线大致平行。

2　堤线应平顺，各堤段应平顺连接，不应采用折线或急弯。

3　应利用现有堤防和有利地形，修筑在土质较好、比较稳定的地方，并应留有适当宽度的滩地。

4　两岸堤距应根据防洪规划分河段确定，上下游、左右岸应统筹兼顾。

5　两岸堤距的大小应根据河道泄洪的要求、河道的地形地质条件、水文泥沙特性、河床演变特点、经济社会发展的要求、滩地的滞洪淤积作用、生态环境保护的要求和技术经济指标等，经综合分析后确定。

6　同一河段两岸堤距应大致相等，不宜突然放大和缩小。对束水严重、泄洪能力明显小于上、下游的窄河段，宜清除阻水障碍、合理展宽堤距，并应与上、下游堤防平缓衔接。

4.3.4　有排涝任务的整治河段，河槽纵横断面宜按下泄设计排涝流量设计。有航运任务的整治河段，航道尺度应根据确定的航道建设标准和等级，并按现行国家标准《内河通航标准》GB 50139 的有关规定和已批准的航运规划进行设计。有灌溉和供水任务的整治河段，应满足设计输水、引水流量和高程的要求。河槽整治设计还应满足河道生态环境流量和水位的基本要求。

4.3.5　整治河段河槽的设计整治河宽宜选用下列方法确定：

1　宜分析河槽的河相关系，并宜确定设计整治河宽。

2　宜根据历年河势资料和实测大断面成果，分析主槽的历年变化范围，统计造床流量相对应的河宽作为设计整治河宽。

3　宜根据整治河段的实际情况，选择可供类比的模范河段，点绘水面宽与流量的关系，宜根据造床流量推求相应河宽作为设计整治河宽。

4　按排涝要求开挖的河段，宜根据设计开挖的河槽断面上口宽确定设计整治河宽。

4.3.6　中水治导线应根据设计整治河宽，按本规范第 4.2 节的规定拟定，并应分析天然河道的形态、河弯个数、河弯要素、弯曲系数、已有工程利用情况等，论证治导线的合理性。

4.3.7　堤防工程、防护工程、控导工程、疏挖工程等河道整治工程，应根据规划的治导线、设计整治河宽、堤距和堤线统筹安排、合理布置。

4.3.8　坝、垛等整治工程头部连线确定的整治工程位置线，应符合下列要求：

1　应分析研究河势变化情况，确定最上的可能靠流部位，整治工程起点宜布设在该部位以上。

2　在整治工程位置线的上段宜采用较大的弯曲半径或采用与治导线相切的直线退离治导线，且不得布置成折线。

3　整治工程中下段宜与治导线重合。整治工程中段弯曲半径可稍小于上段，在较短的弯曲段内应调整水流方向；整治工程下段弯曲半径可比中段稍大。

5　河道水力计算

5.1　一 般 规 定

5.1.1　河道整治设计应对河道分段后进行河道水力计算。

5.1.2　河道分段应使计算河段内各水力要素无大的变化，河段两端断面宜选在无回流的渐变流断面。

5.1.3　计算断面间距宜在 1 倍～4 倍河槽宽范围内选取。计算断面间距在比降较大河段宜取小值，比降较小河段可取大值。水力要素、河道特性、河床组成变化急剧的河段断面间距宜缩小。

5.1.4　天然河道的糙率可采用下列方法分析确定：

1　有水文站实测糙率资料时，应求出糙率与水位、流量等的关系后分析选定。

2 有实测河道水面线和相应流量时，应采用水面线计算公式推求糙率。

3 无实测资料时，宜根据地形、地貌、河床组成、水流条件等特性与本河段相似的本河道其他河段或其他河道的实测糙率资料进行类比分析后选定。确无相似河段可类比时，可查阅相关糙率取值手册分析选定。

5.1.5 河道整治后的糙率应根据整治后的河道边界条件和水流特性，结合以往工程经验综合分析确定。

5.1.6 复式断面的主槽糙率和滩地糙率应分别确定。河道过水断面湿周上各部分糙率不同，应求出断面的综合糙率。河道形态、河床组成等沿河长方向的变化较大时，应分段确定糙率。

5.1.7 河道整治设计应根据整治河段内的建（构）筑物的功能、布置和结构型式，进行相关水力计算。拦河、临河、跨河的建（构）筑物，应进行过流能力和壅水计算。

5.1.8 对可能引起河道冲淤变化的建（构）筑物，应进行冲淤分析计算。必要时，应进行相应的数学模型计算或河工模型试验研究。

5.2 河道恒定流计算

5.2.1 整治河段的水面线应根据控制站的水位和相应的河道流量，计入区间入流、出流等因素计算确定。

5.2.2 河道内局部地方有突出的变化或阻水障碍物，产生较大的局部水流阻力时，应计算局部水头损失。

5.2.3 对于干支流、河湖等洪涝水相互顶托的河段，应研究洪涝水组合和遭遇规律，并应根据设计条件推算不同组合情况的水面线，经综合分析后合理确定设计洪涝水位。

5.2.4 分汊河段流量和水面线应按总流量等于各汊流量之和及各汊分流、汇流条件计算确定。

5.2.5 计算的水面线成果，宜与实测或调查的水面线进行比较验证。

5.3 河道非恒定流计算

5.3.1 整治河段具有下列情况之一时，应进行河道设计洪水过程和其他非恒定流过程计算：

1 水流要素随时间变化较大的河流。

2 河道调蓄作用较大的河段。

3 潮汐河口段。

5.3.2 对于相对单一的较长河段，可采用一维河道非恒定流数学模型计算。

5.3.3 对于水面宽阔的河段、洪泛区和潮汐河口段等，宜采用二维非恒定流数学模型计算。

5.3.4 计算的初始条件、边界条件应根据计算河段的实际情况或设计要求合理确定。

5.3.5 数学模型应采用新的实测河道地形资料和水文资料进行参数率定和模型验证。

5.3.6 缺乏河道地形和糙率资料，而有一定水文实测资料的河段，也可采用河道非恒定流的简化算法。

6 河床演变分析

6.1 一 般 规 定

6.1.1 河床演变分析可采用资料分析、数学模型计算和河工模型试验等方法。

6.1.2 对多沙或冲淤变化较大的河流，宜在河床演变资料分析的基础上结合数学模型计算和河工模型试验，并应分析整治河段近期的河势变化和河床演变特点及其影响因素，预估发展趋势。

6.1.3 对少沙或河床相对稳定的河流，可只进行河床演变资料分析工作，并宜适当简化工作内容。

6.2 河床演变资料分析

6.2.1 河床演变分析应分析整治河段水沙特性，主要统计分析工作宜包括下列内容：

1 径流特征值，年际和年内变化。

2 水位特征值，年际和年内变化，比降特征。

3 悬移质泥沙特征值，年际和年内变化，颗粒级配。

4 推移质输沙率和颗粒级配；床沙颗粒级配。

5 流量与含沙量、洪峰与沙峰的对应关系。

6.2.2 河床演变分析宜分析并概括河道的历史演变情况。

6.2.3 河床演变分析应分析整治河段的河势变化情况，主要分析工作宜包括下列内容：

1 对收集到的河势图、河道地形图和资料进行整理、审核。

2 将实测的河势图、河道地形图进行套绘，分析河道深泓线、滩岸的平面变化。

3 根据河道地质资料，分析河床的边界条件和河岸的稳定性。

4 根据河势、主流线或深泓线、地形的变化情况及河道地质等边界条件，结合已建、拟建河道整治工程情况，以及河工模型试验成果，预估整治河段今后的河势变化趋势。

6.2.4 河床演变分析应分析整治河段的冲淤变化情况，主要分析工作宜包括下列内容：

1 根据实测的固定横断面图进行套绘，分析河道横断面的冲淤变化。

2 根据实测的纵断面图进行套绘，分析河道深泓线、平均河底高程、滩面高程等纵断面的冲淤变化。

3 河道的冲淤量应采用断面法或输沙率法计算，并应符合本规范附录 A 的规定。受资料条件限制的河段，也可采用经验法、类比法进行河流冲淤计算。

6.2.5 整治河段的河相关系宜根据造床流量、来水来沙量、河道纵横断面、河段地形地质条件等资料分析确定。

6.2.6 对潮汐河口段，还应分析潮位、潮流、潮波、风暴潮、咸潮入侵等特性，并应分析河口的历史演变情况。

6.3 数学模型计算

6.3.1 对多沙或冲淤变化较大的河流进行河道整治设计，宜采用河流数学模型分析计算河床的冲淤变化。

6.3.2 对于相对单一的较长河段，可采用一维泥沙数学模型计算；对于水面宽阔的河段、洪泛区和潮汐河口段等，宜采用二维泥沙数学模型计算。

6.3.3 数学模型计算范围应包括河道整治工程可能影响的范围，模型进出口位置宜在稳定所需的河道范围之外。

6.3.4 对数学模型应采用实测河道地形资料和水文、泥沙资料进行参数率定和模型验证。

6.3.5 河流冲淤计算的水沙系列，可根据计算要求和资料条件选用长系列或代表系列或代表年。代表系列的多年平均年径流量、年输沙量、含沙量，以及代表年的年径流量、年输沙量、含沙量，均应接近多年平均值。

6.4 河工模型试验

6.4.1 下列情况的河道整治设计宜进行河工模型试验：

1 水流流态复杂或冲淤变化较大河段的河道整治。

2 对河势控制和岸线利用有较大影响的河道整治。

3 重要河段、河口段及对重要工程有影响的河道整治。

6.4.2 多沙或冲淤变化较大的河段，应采用动床河工模型试验，少沙或河床相对稳定的河段，可采用定床河工模型试验；研究局部河段水流结构和泥沙分布时，宜采用正态河工模型试验，研究较长或宽浅河段水沙运动时，可采用变态河工模型试验。

6.4.3 模型试验范围应包括河道整治工程可能影响的范围，模型进出口位置宜在稳定所需的河道范围之外。

6.4.4 河工模型在正式试验前应进行验证试验，对水面线、流速流态和河床冲淤地形应进行验证。

6.4.5 河工模型试验的精度应符合国家现行标准《河工模型试验规程》SL 99 和《内河航道与港口水流泥沙模拟技术规程》JTJ/T 232 的有关规定。

7 典型河段整治原则

7.1 一 般 规 定

7.1.1 根据河型、平面形态和河段特点，整治河段可分为顺直型、弯曲型、分汊型、游荡型和潮汐河口等典型河段。

7.1.2 对河道整治设计范围内的典型河段宜分析水流泥沙特性、河势变化和河床演变特点，采取适合该河段的整治措施。

7.2 顺 直 型 河 段

7.2.1 对顺直型河段进行整治，应稳定现有河势。

7.2.2 修筑堤防堤线应平顺，基本应与洪水流向一致，并应留出足够的滩地和泄洪断面，应安全通过设计泄洪流量。

7.2.3 需要扩大河道时，中水治导线应与现状河道走向基本一致，并应规则平顺。修建整治工程宜与堤线、岸线一致，不得采用严重影响水流流向的整治工程。

7.2.4 浅滩整治应在分析浅滩演变规律的基础上选槽和布置工程，修建航道整治工程应有利于形成较稳定的航槽，也可采用疏浚措施改善浅滩，并应兼顾河道行洪和河岸稳定要求。

7.3 弯 曲 型 河 段

7.3.1 对弯曲型河段进行整治，宜按现有河势与治导线的关系，采用防护工程维持现有有利岸线稳定河道，也可采用控导工程控制凹岸发展及改善弯道。

7.3.2 对于微弯型河段，应根据经济社会发展的要求以及优良弯曲河段的河湾形态，设计整治河宽、河湾形态参数，拟定整治河段的治导线，确定整治工程位置线。

7.3.3 经技术经济充分论证确需裁弯的河段，裁弯设计工作应符合下列要求：

1 进行多方案比较确定裁弯段新河的线路，必要时应通过河工模型试验论证确定。

2 裁弯段新河的进出口位置应进口迎流、出口顺畅，并应与上下游河势平顺衔接。

3 裁弯段新河的曲率半径，宜按本河道稳定优良的弯曲河段资料选定。

4 可根据需要在设计新河凹岸采取防护工程，稳定河道。

5 进行系统裁弯时，单个裁弯应与系统裁弯统筹安排。

7.4 分 汊 型 河 段

7.4.1 分汊型河段的整治可选择采取稳定汊道、改善汊道、堵塞汊道等措施。

7.4.2 当分汊型河段的发展演变过程处于较稳定的有利状态时，宜采用巩固汊道稳定的整治措施。稳定汊道可在分汊型河段上游节点处、汊道入口处，汊道内冲刷段，以及江心洲首部和尾部分别修建整治工程。

7.4.3 当分汊型河段的演变发展与经济社会发展不相适应，且不允许堵塞汊道时，可采用修建顺坝或丁坝、疏浚或爆破等改善汊道的整治措施。

7.4.4 经技术经济充分论证确需堵塞汊道的河段，应分析该分汊河段的演变规律，宜选择逐渐衰退的汊道加以堵塞。当堵塞汊道对河段的泄洪能力有较大影响时，应采取恢复河段泄洪能力的补偿措施。

7.5 游荡型河段

7.5.1 游荡型河段的整治应采取逐步缩小主流的游荡摆动范围、稳定河势流路的工程措施。

7.5.2 根据经济社会发展的需要、水流泥沙特性和河势流路，应选择对防洪、护滩和引水等综合效果优的中水流路作为整治流路，宜充分利用已有整治建筑物或固定边界制定治导线。

7.5.3 河道整治工程布局宜以坝护湾、以湾导流、保堤护滩。

7.5.4 河槽整治，应依照中水治导线，因势利导，合理修建控导工程，并应控导主流，稳定河槽，缩小游荡范围。

7.5.5 治理滩地串沟宜采取工程、生物等措施，并应利用含沙洪水漫滩或将高含沙水流引入滩区淤高滩地。

7.5.6 堤防临水侧堤脚附近的堤河，可采用自然或人工放淤的办法淤填。洪水常顺堤行洪的堤段，可修建防护工程。

7.6 潮汐河口段

7.6.1 潮汐河口段的整治应根据径流、潮汐、风暴、地形、地质和河口形态合理进行河道整治工程布局，应经技术经济论证后，选取修建堤防、控制河势、导流输沙、整治河槽、保滩护岸或修建挡潮闸等整治措施。

7.6.2 修建堤防应按安全下泄设计泄洪流量设计，并应兼顾周边生态环境和景观的要求。堤防的防护宜工程措施与生物措施相结合，可采取坡面护坡、滩面植草植树等措施。

7.6.3 控制河势可采用修筑防护工程、控导工程，导流输沙可采用导流堤等整治措施。

7.6.4 整治河槽宜在控制河势的基础上，依据中水治导线，合理设计河槽断面，并应选择相对稳定的落潮主槽为疏浚河槽。整治拦门沙和浅滩可采取疏浚或疏浚结合筑导堤等整治措施。

7.6.5 对可能发生冲刷破坏的岸滩，可采用防护工程、控导工程等工程措施与植物措施相结合进行保滩护岸。有条件的河段可采取放淤措施淤滩。

7.6.6 经技术经济充分论证潮汐河口确需建挡潮闸时，闸址宜靠近下游河口口门，并宜合理进行建筑物布置，宜利用上游来水、潮流和其他措施冲淤。

7.6.7 多沙河流潮汐河口段除应对现行流路进行整治外，还应留足河道的摆动范围和一定的沉沙区域，并应规划若干条备用流路。

7.6.8 大江大河的河口段整治，水沙运动复杂的河口段整治，以及在经济社会发展中占重要地位的河口段整治，均应进行河床演变分析、数学模型计算和河工模型试验，并应论证比选整治工程方案。

8 整治工程设计

8.1 堤防工程

8.1.1 堤防工程的型式应根据河段所在的地理位置、重要程度、堤基地质、筑堤材料、水流及风浪特性、施工条件、运用和管理要求、环境景观、工程造价等因素，经技术经济比较综合确定。

8.1.2 堤防工程设计应符合现行国家标准《堤防工程设计规范》GB 50286 的有关规定。

8.2 防护工程

8.2.1 滩岸受水流、波浪和潮汐作用可能发生冲刷破坏的河段，应采取防护工程措施。防护工程设计应统筹兼顾、合理布局，宜采取工程措施与生物措施相结合的防护方法。

8.2.2 防护工程可根据水流、波浪和潮汐的特性，以及地形地质、施工条件和运用要求等，选用坡式、墙式或其他防护型式。

8.2.3 防护工程的结构、材料，应符合下列要求：

1 应坚固耐久，抗冲刷、抗磨损性强。

2 适应河床变形能力强。

3 应便于施工、修复、加固。

4 应就地取材，经济合理。

8.2.4 防护工程的长度，应根据水流、波浪、潮汐的特性以及地形地质条件，在河床演变分析的基础上确定。

8.2.5 防护工程应进行稳定计算分析，也可按已建同类工程选定。防护工程稳定计算应符合本规范附录B的规定，其安全系数不应小于表 8.2.5 规定的数值。

河道滩地窄或无滩地河段防护工程设计与堤防设计综合分析确定，其安全系数应符合现行国家标准《堤防工程设计规范》GB 50286 的有关规定。

表 8.2.5 防护工程稳定安全系数

<table>
<tr><td rowspan="2">防护型式</td><td colspan="2">坡式防护工程</td><td colspan="2">墙式防护工程</td></tr>
<tr><td>整体稳定</td><td>边坡内部稳定</td><td>抗滑稳定</td><td>抗倾覆稳定</td></tr>
<tr><td>安全系数</td><td>1.25</td><td>1.20</td><td>1.25</td><td>1.50</td></tr>
</table>

8.2.6 坡式防护工程的上部护坡工程和下部护脚（或护根）工程，应以设计枯水位分界。设计枯水位可采用防护处枯水期水位的多年平均值，也可取历年平均最低水位加 0.3m。

8.2.7 护坡工程可根据水流条件、波浪强度和滩岸高度、岸坡坡度及土质、材料来源等情况，选择干砌石、浆砌石、混凝土预制块、现浇混凝土等结构型式，也可选用碎石、水泥土护坡。堤防护坡顶部高程应超过设计洪水位 0.5m，滩岸护坡顶部高程应与滩面相平或略高于滩面。护坡工程设计还应符合下列要求：

1 砌体、混凝土护坡应在消浪平台内边缘、戗台、坡度改变处设置基座。基座埋深不宜小于 0.5m。护坡应封顶，封顶宽度可为 0.5m～1.0m。

2 护坡与土体之间应设置垫层。浆砌石、混凝土等护坡应设置排水孔及变形缝，排水孔孔径可为 50mm～100mm，孔距可为 2m～3m，宜呈梅花形布置，变形缝的缝距宜为 10m～15m。

3 护坡下部位于枯水平台内侧时，应设置脚槽，脚槽顶部高程应高于设计枯水位 0.5m～1.0m。脚槽断面宜为矩形或梯形，可采用浆砌石、干砌块石或现浇混凝土结构。干砌石脚槽断面面积可为 0.6m^2～1.0m^2；浆砌块石或混凝土脚槽断面面积可为 0.4m^2～0.8m^2。

8.2.8 护脚工程可根据水流条件、河势条件、材料来源等，选用抛投体、沉枕或沉排。护脚顶部可设枯水平台，平台顶部高程应高于设计枯水位 0.5m～1.0m，宽度可为 1m～4m。护脚工程在深泓逼近的河岸段，宜护至深泓线，并应满足河床最大冲刷深度的要求，河床最大冲刷深度应按本规范附录 B 的规定计算；在岸坡较缓、深泓离岸较远的水流平顺段，可护至坡度为 1：3～1：4 的缓坡河床处。护脚工程设计还应符合下列要求：

1 抛投体护脚可选用块石、石笼、混凝土预制块等。块石块径应按本规范附录 B 的有关规定计算或依据已建类似工程的经验分析确定。护脚的厚度不应小于抛投体平均块径的 2 倍，水深流急处宜增大。护脚的坡度不宜陡于 1：1.5，迎流顶冲、重点河段宜缓于 1：2.0。

2 沉枕护脚可选用柳石枕、秸料枕、土工织物枕等。沉枕护脚可设计为单层、双层、多层，多层沉枕总断面也可设计为三角形或梯形。沉枕长度可为 10m～15m，直径可选为 0.5m～1.0m。护脚的顶部高程应在多年平均枯水位附近，其上部应加抛接坡石，厚度可为 0.8m～1.2m；沉枕外脚应加抛压脚块石或石笼等防护。

3 沉排护脚可选用柴排、土工织物软体排、模袋混凝土沉排、铰链式混凝土板沉排等。沉排材料应有足够的强度，沉排应与被保护体有足够强度的锚固联接，排体应稳定并应能抵抗水流冲刷。采用高强度土工织物的沉排护脚，其岸坡不宜陡于 1：2.0；采用其他沉排护脚，其岸坡不宜陡于 1：2.5。排脚外缘宜抛石防护，并应适应河床冲刷。

8.2.9 墙式防护工程可用于河道狭窄、堤防临河侧无滩、保护对象重要、受地形条件或已建建筑物限制的护岸段。墙式防护工程设计应符合下列要求：

1 墙式防护工程可采用直立式、陡坡式、斜坡式、折线式、台阶式、卸荷台阶式等型式。

2 墙体结构材料可采用钢筋混凝土、混凝土、浆砌石、钢板桩等，结构尺寸应根据具体情况及河岸整体稳定计算分析确定。

3 在水流冲刷严重的河段，应加强护基措施；在风浪冲击严重的防护段，应加强坡面消浪措施；回填土顶面并应采取防冲措施。

4 在墙后与岸坡之间可回填砂砾石或砂性土料。墙体应设置排水孔，排水孔应设置反滤层。

5 沿长度方向应设置变形缝并作防渗处理。钢筋混凝土结构分缝间距可为 20m，混凝土结构分缝间距可为 15m，浆砌石结构分缝间距可为 10m，在地基条件改变处应增设变形缝。

6 钢筋混凝土或少筋混凝土结构墙体，其断面结构尺寸应根据结构应力分析计算确定。

7 软弱地基的墙式护岸应进行地基处理，处理措施应通过技术经济论证确定。

8.2.10 桩式防护工程可用于维护陡岸的稳定、保护堤脚不受强烈水流的淘刷、促淤保堤。桩式防护工程设计应符合下列要求：

1 桩的材料可采用钢板桩、预制钢筋混凝土桩、大孔径钢筋混凝土管桩等，结构尺寸及桩距应根据水深、流速、泥沙、地质等情况通过计算分析确定。

2 桩可布置成 1 排～3 排，排距宜为 2m～4m。同一排桩的桩与桩之间可采用透水式、不透水式。透水式桩间应以横梁连系并挂尼龙网、铅丝网等构成屏蔽式桩坝。

3 桩间及桩与岸坡之间可抛块石、混凝土预制块等护底防冲。

8.3 控导工程

8.3.1 控导工程应根据河流水文泥沙特性、河床边界条件、河道整治工程总体布置要求，选用丁坝、顺坝、透水桩坝、锁坝或潜坝等坝型。可选用透水、不透水，淹没、非淹没或上挑、正挑、下挑等型式。控导工程的壅水高度和冲刷深度应按本规范附录 C 的有关规定计算。各种控导工程均宜通过河工模型试验验证。

8.3.2 丁坝的平面布置应根据整治规划、水流流势、河岸冲刷情况和已建同类工程的经验确定。丁坝坝头位置应按整治工程位置线布置。丁坝的设计应符合下列要求：

1 丁坝的长度应根据堤防、滩岸至整治工程位置线距离确定。当距离较远时，可在整治工程位置线后一定的距离修建与整治工程位置线基本平行的连坝。

2 丁坝的间距可为坝长的1倍～3倍，控导工程下段丁坝的间距可大于中上段。潮汐河口段丁坝间距可为坝长的5倍～8倍，还可根据护滩造滩要求按当地工程经验分析确定。

3 非淹没丁坝可采用下挑式，交角宜为30°～60°；淹没丁坝可采用上挑式；受潮流和倒灌影响的丁坝可采用正挑式。

4 丁坝宜由土坝体和裹护体组成，裹护体应包括上部护坡和下部护根，各部位采用的材料应根据需要和当地情况确定。

5 丁坝坝顶的宽度、坝的上下游坡度、结构尺寸，应根据水流地质条件、工程稳定、施工及运用要求分析确定，丁坝坝顶宽度可采用2m～15m。

6 丁坝与堤防或滩岸衔接处应注重防护。

8.3.3 顺坝用于导引水流、调整河岸走向时，宜布置在过渡段、分汊河段、急弯段及凹岸末端、河口及洲尾等水流不顺和水流分散的区域。顺坝设计应符合下列要求：

1 顺坝与水流方向应接近或略有微小交角，并应直接布置在治导线上。

2 顺坝坝顶高程应高于河道整治流量相应水位以上0.5m，也可自坝根至坝头，沿水流方向略有倾斜。

3 顺坝坝顶宽度应根据坝体结构、施工、抢险要求确定。土质顺坝的坝顶宽度可取3m～10m，抛石顺坝的坝顶宽度可取2m～5m。

4 顺坝迎水坡坡度应较平顺，边坡可取1∶1.5～1∶3.0，并应沿边坡抛石或抛枕加以保护；坝头处边坡应适当放缓，不宜陡于1∶3；顺坝背水坡边坡可取1∶1～1∶2。

5 坝基位于中细沙河床上的顺坝，应放置沉排。沉排伸出坝基的宽度，迎水坡不宜小于6m，背水坡不宜小于3m，也可根据河工模型试验结果分析确定。

8.3.4 透水桩坝宜采用预制钢筋混凝土桩或钢筋混凝土灌注桩。桩空隙可为0.2m～0.5m。桩的顶部高程可采用河道整治流量相应的设计水位。桩径、桩长和配筋设计应根据河道地质条件和设计最大冲刷深度等情况计算确定。

8.3.5 锁坝、潜坝的设计应符合下列要求：

1 锁坝的坝顶高程应根据实际需要确定。锁坝的顶宽可取3m～8m，上下游边坡应根据稳定计算确定。锁坝应在坝身上下游作护底工程，护底宽度上游可取坝高的1.5倍，下游可取坝高的3倍～8倍。

2 淹没式锁坝坝身应具有抗冲能力，坝段中部应占坝长1/2～2/3，其顶部高程应水平，两端坝段顶高程可按1/25～1/10的坡度与河岸相连接。

3 潜坝坝顶部高程应低于设计枯水位，坝顶宽度不宜小于3m，边坡坡比应根据稳定计算确定，坝身应具有抗冲能力。

4 重要河段的锁坝、潜坝和规模较大的锁坝、潜坝，应根据河工模型试验结果进行专项设计。

8.4 疏 挖 工 程

8.4.1 疏挖工程设计应遵循河道演变规律，做到因势利导，并应与堤防加固、河槽整治、通航、输水、吹填造地、环境保护等相结合。疏挖工程设计前应复核现状河道的过流能力。技术条件复杂的河道整治或重点工程应通过河工模型试验验证。

8.4.2 疏挖区应根据河道整治工程总体布局，结合河道治导线确定。疏挖后应使河槽与河岸保持稳定。

8.4.3 疏挖的纵、横断面设计应符合下列要求：

1 疏挖河段的河槽设计中心线宜与主流方向一致，交角不宜超过15°。河槽开挖中心线应为光滑、平顺的曲线，弯曲段可采用复合圆弧曲线。

2 疏挖河段的河底高程宜与现状河底高程相接近，也可满足最低通航水位时的通航要求。未经充分论证，不宜改变整治河段的河道比降。

3 疏挖的横断面宜设计成梯形，对多功能利用的河道也可设计成复式断面。疏挖断面应符合边坡稳定的要求。

4 在河道内挖槽或开挖人工新河的横断面边坡应通过稳定分析确定，开挖深度和底宽应按泄洪、排涝、航运、取水或输水要求通过水力和输沙计算确定。

5 疏挖段的进、出口处应与原河道渐变连接。

8.4.4 疏挖的弃土可在岸上或水下处理。在岸上处理时，弃土区的布置应结合造地等综合利用进行挖填平衡。在水下处理时，弃土区应选择在流速小、对河槽及航道不产生明显淤积、且不影响泄洪、排涝、通航的水下深潭或废弃的支汊等部位。

8.5 生 物 工 程

8.5.1 保护河道整治工程安全和生态与环境的生物工程，可采用防浪林、护堤林、草皮护坡等。

8.5.2 防浪林宜采用乔木、灌木、草本植物相结合的立体生物防浪工程。防浪林设计应符合下列要求：

1　防浪林的种植宽度、排数、株行距等应根据消浪防冲要求和不影响安全行洪的原则确定。必要时可采用相似条件下的防浪林观测实验成果，并应类比分析确定。

2　防浪林苗木宜选择耐淹性好、材质柔韧、树冠发育、生长速度快的杨柳科或其他适合当地生长的树种。

8.5.3　护堤林的种植宽度、植株密度和树种，应根据堤防背河侧护堤地的范围、土壤、气候条件、木材材质和种植效益，以及防治风沙、涵养水土的环境因素确定。

8.5.4　对常遭遇暴雨、洪水、风沙、冰凌、海潮、波浪等侵蚀破坏的土堤，除应种植防浪林和护堤林外，还应种植草皮进行护坡。护坡用的草皮宜选用适宜于当地土壤和气候条件、耐干旱、耐盐碱、耐潮湿、根系发育、生命力强的草种。水流冲刷或风浪作用强烈的堤段，迎水坡面可采用消浪防冲作用强的防护措施。

8.6　安 全 监 测

8.6.1　河道整治设计应根据工程重要性、水文、气象、地质和管理运用要求，设置必要的安全监测设施，对水位、河势、险情、运行等进行安全监测。监测设施的设置应符合有效、可靠、牢固、方便及经济合理的原则。

8.6.2　河道整治工程应根据河流具体情况选取下列监测项目进行监测：

1　水位观测。重要的防护、控导工程应设置水尺，并应进行水位观测。

2　水流要素及河势观测。应观测工程所在河段主流方向、水面宽度、主流顶冲位置和范围、回流等水流现象，并应观测已建工程及上下游滩岸的平面变化与横断面变化。

3　工程运行观测。应观测工程的沉降、位移、渗流、崩塌、根石走失、工程结构与材料损坏情况。

8.6.3　监测设计应符合下列要求：

1　选定的观测项目和布设的观测点应反映工程运行的主要工作状况。

2　观测的断面和部位应选择在有代表性的区段，并应做到一种设施多种用途。

3　在特殊河段或地形、地质条件复杂的河段，可根据需要增加观测项目和观测范围。

4　应选择技术成熟、使用方便的观测仪器、设备。

5　各观测点应具备较好的交通、照明等条件，观测部位应有相应的安全保护措施。

6　规模较大的河道整治工程，应布置固定断面监测设施。

附录A　河床演变分析

A.1　河段冲淤量计算

A.1.1　河段冲淤量的计算应采用输沙率法或断面法。

A.1.2　输沙率法应采用下列公式计算河段冲淤量：

$$\Delta W = W_S^{上} + W_S^{入} - W_S^{出} - W_S^{下} \quad \text{(A.1.2-1)}$$

$$\Delta V = \frac{\Delta W}{\rho'} \quad \text{(A.1.2-2)}$$

式中：ΔW——河段冲淤重量（t）；

ΔV——河段冲淤体积（m^3）；

$W_S^{上}$——河段上站来沙量（t）；

$W_S^{入}$——河段区间来沙量（t）；

$W_S^{出}$——河段区间引出沙量（t）；

$W_S^{下}$——河段下站输沙量（t）；

ρ'——河段泥沙冲淤量干密度（t/m^3）。

A.1.3　断面法应采用下列公式计算河段冲淤量：

$$\Delta A_i = A_i^{n+1} - A_i^n \quad \text{(A.1.3-1)}$$

$$\Delta V_i = \frac{1}{3}(\Delta A_i + \sqrt{\Delta A_i \times \Delta A_{i-1}} + \Delta A_{i-1}) \times \Delta L \quad \text{(A.1.3-2)}$$

$$\Delta V = \sum \Delta V_i \quad \text{(A.1.3-3)}$$

式中：A_i^n——上一测次断面面积（m^2）；

A_i^{n+1}——下一测次断面面积（m^2）；

ΔA_i——本断面的冲淤面积（m^2），负为冲，正为淤；

ΔA_{i-1}——上断面的冲淤面积（m^2）；

ΔV_i——本断面与上断面间的冲淤体积（m^3）；

ΔV——河段内的冲淤体积（m^3）；

ΔL——河道断面间距（m）。

A.1.4　对多沙河流或冲淤变化较大的河流应采用输沙率法和断面法同时计算，计算成果宜采用断面法成果。当两种方法成果相差较大时，应分析产生差别的原因后合理确定。

A.1.5　对复式河道断面，还应采用断面法分别求出河槽冲淤量、滩地冲淤量和全断面冲淤量，并应根据计算结果，绘制冲淤的典型横断面变化图和纵断面变化图。

A.2　造床流量计算

A.2.1　造床流量可采用马卡维也夫法、平滩流量法计算。

A.2.2　采用马卡维也夫法计算造床流量应符合下列要求：

1　应将计算河段历年所观测的流量分成若干相等的流量级，并应计算该级流量的平均值 Q。

2 应确定各流量级出现的频率 P。

3 应绘制河段流量—比降关系曲线，并应确定各级流量相应的比降 J。

4 应算出每一级流量相应的 $Q^m \cdot J \cdot P$ 乘积值，在双对数纸上作 G_s—Q 的关系曲线。其中 Q 为该级流量的平均值；G_s 为与 Q 相应的实测断面输沙率；m 为指数，由实测资料确定，应为 G_s—Q 关系曲线的斜率，对平原河流可取 $m=2$。

5 应绘制 Q—$Q^m \cdot J \cdot P$ 关系曲线图。

6 应从图中查出 $Q^m \cdot J \cdot P$ 的最大值，相应于此最大值的流量 Q 应为造床流量。

A.2.3 采用平滩流量法计算造床流量应符合下列要求：

1 当有断面水位流量关系曲线时，应按实测的河道横断面确定滩唇高程，该断面水位流量关系曲线上与滩唇高程相应的流量值，应为该断面的平滩流量，应综合分析各横断面的平滩流量值，即可确定该河段的造床流量。

2 当无断面水位流量关系曲线时，应根据计算河段的纵断面图，确定沿程控制断面与滩地齐平的水位（平滩水位）；应假定流量，推算河段沿程控制断面的水位；当推算的水位与沿程控制断面的平滩水位基本一致时，该流量应为造床流量。

A.2.4 按本规范第 A.2.2 条和第 A.2.3 条计算的造床流量，应结合计算河流的具体情况，经分析比较后合理确定。当流域内规划还将修建蓄水、引水、分洪、滞洪等工程时，应根据还原后的水文系列资料，按现状、规划的工程情况和调度运用方案，分析规划工程修建后对本河段造床流量的影响。

附录B 防护工程计算

B.1 稳定计算

B.1.1 坡式防护工程的稳定计算，应包括整体稳定和边坡内部稳定计算，并应符合下列要求：

1 整体稳定计算应包括护岸及岸坡基础土的滑动和沿护坡底面的滑动，护岸及岸坡基础土的滑动可用瑞典圆弧滑动法计算。沿护坡底面的滑动可简化成沿护坡底面通过堤基的折线整体滑动，滑动面应为 $FABC$（图 B.1.1-1）。计算时，应先假定不同滑动深度 t 值，变动 B，按极限平衡法求出滑动安全系数，从而找出最危险的滑动面。

土体 BCD 的稳定安全系数可按下列公式计算：

$$K=\frac{W_3\sin\alpha_3+W_3\cos\alpha_3\tan\varphi+ct/\sin\alpha_3+P_2\sin(\alpha_2+\alpha_3)\tan\varphi}{P_2\cos(\alpha_2+\alpha_3)} \quad (B.1.1\text{-}1)$$

$$P_2=W_2\sin\alpha_2-W_2\cos\alpha_2\tan\varphi-ct/\sin\alpha_2+P_1\cos(\alpha_1-\alpha_2) \quad (B.1.1\text{-}2)$$

$$P_1=W_1\sin\alpha_1-f_1W_1\cos\alpha_1 \quad (B.1.1\text{-}3)$$

式中：K——坡式防护工程整体稳定安全系数；

f_1——护坡与土坡的摩擦系数；

φ——基础土的内摩擦角（度）；

c——基础土的凝聚力（kN/m^3）；

t——滑动深度（m）；

W_1——护坡体重量（kN）；

W_2——基础滑动体 ABD 重量（kN）；

W_3——基础滑动体 BCD 重量（kN）。

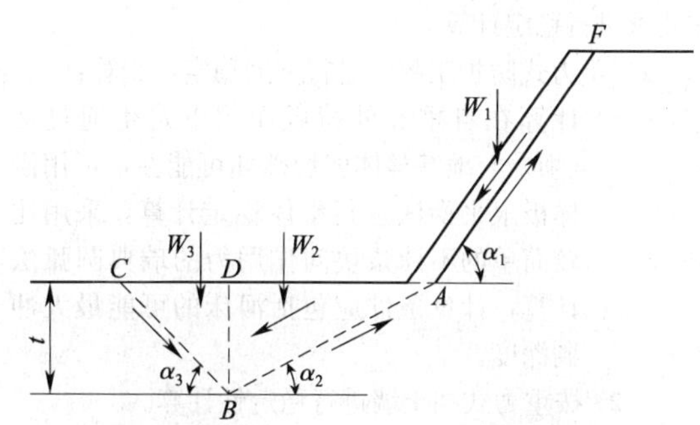

图 B.1.1-1 边坡整体滑动计算

2 当护坡自身结构不紧密或埋置较深不易发生整体滑动时，应进行经护坡内部的稳定计算。不稳定破坏宜发生在枯水期。水位较低时，宜沿抗剪强度较低的接触面向下滑动（图 B.1.1-2）。应假定滑动面经过坡前水位和坡岸滑裂面的交点，全滑动面为 abc 折线。折点 b 以上护坡体产生滑动力，应依靠下部护坡体的内部摩阻力平衡。护坡内部稳定计算应符合下列要求：

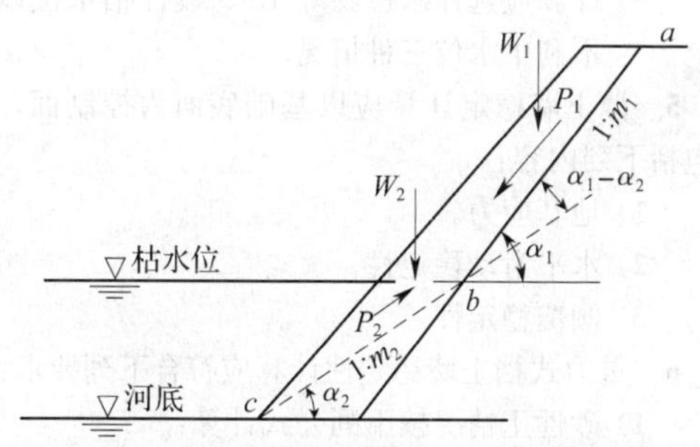

图 B.1.1-2 边坡内部滑动计算

1）维持极限平衡所需的护坡体内部摩擦系数 f_2 值，可按下列公式计算：

$$Af_2^2-Bf_2+C=0 \quad (B.1.1\text{-}4)$$

$$A=\frac{nm_1(m_2-m_1)}{\sqrt{1+m_1^2}} \quad (B.1.1\text{-}5)$$

$$B=\frac{m_2W_2}{W_1}\sqrt{1+m_1^2}+\frac{m_2-m_1}{\sqrt{1+m_1^2}}+\frac{n(m_1^2m_2+m_1)}{\sqrt{1+m_1^2}} \quad (B.1.1\text{-}6)$$

$$C=\frac{W_2}{W_1}\sqrt{1+m_1^2}+\frac{1+m_1m_2}{\sqrt{1+m_1^2}} \quad (B.1.1\text{-}7)$$

式中：m_1——折点 b 以上护坡内坡的坡率；

m_2——折点 b 以下滑动面的坡率；

f_1——护坡和基土之间的摩擦系数；

f_2——护坡材料的内摩擦系数；

n——系数，$n=f_1/f_2$。

2）石护坡稳定安全系数可按下式计算：

$$k=\frac{\tan\varphi}{f_2} \quad \text{(B.1.1-8)}$$

式中：φ——护坡体内摩擦角（度）。

B.1.2 重力式防护工程稳定计算应符合下列要求：

1 坝式、墙式防护工程采用重力式结构时，应按要求进行稳定计算。

2 重力式防护工程应进行下列稳定性验算：

1）计算在自重和外荷载作用下发生通过堤（坝）与地基整体剪切破坏可能性，可用刚体极限平衡法进行整体稳定计算，采用比较简单的不计条块间作用力的瑞典圆弧法计算，计算条件应包括河床的可能最大冲刷深度。

2）按重力式挡土墙进行稳定性计算。

3 对重力式挡土墙进行稳定计算应符合下列要求：

1）建筑材料的性能与计算指标应根据勘探、试验资料分析确定。

2）重力式护岸所受的土压力可按主动土压力计算。

4 重力式挡土墙应按下列情况进行稳定计算：

1）应选择有代表性的断面。

2）应选择荷载组合的最不利情况。

3）计算应选择水位骤降1m、设计枯水位以及不利中水位三种情况。

5 挡土墙稳定计算应以基础底面为控制面，并应包括下列内容：

1）地基应力。

2）水平滑动稳定性。

3）倾覆稳定性。

6 重力式挡土墙稳定性计算应符合下列要求：

1）砂性土情况按下列公式计算：

$$E=\frac{1}{2}\gamma H(H+2h_0k_q)k \quad \text{(B.1.2-1)}$$

$$h_0=\frac{q}{\gamma} \quad \text{(B.1.2-2)}$$

$$k_q=\frac{\cos\alpha\times\cos\beta}{\cos(\alpha-\beta)} \quad \text{(B.1.2-3)}$$

$$k=\frac{\cos^2(\varphi-\alpha)}{\left[1+\sqrt{\frac{\sin(\varphi+\delta)\sin(\varphi-\beta)}{\sin(90^\circ-\alpha-\delta)\cos(\alpha-\beta)}}\right]^2\sin(90^\circ-\alpha-\delta)\cos^2\alpha} \quad \text{(B.1.2-4)}$$

式中：γ——填土的重度（kN/m^3）；

φ——内摩擦角（度）；

α——墙背与竖直线所成的倾角（度）、墙背仰斜时，α 为负值；墙背俯斜时，α 为正值；

δ——外摩擦角，土与墙背间的摩擦角（度）；

β——填土表面与水平线所成的坡角（度）；

k——主动土压力系数；

q——均布荷载（kN/m^2）；

h_0——外荷等代土层高度（m）；

H——墙背填土高度（m）。

2）黏性土情况可通过加大土内摩擦角，采用等值内摩擦角 φ_D 将黏着力 C 包括进去，即采用下式计算：

$$\tan(45^\circ-\varphi_D/2)=\sqrt{\frac{rH^2\tan^2(45^\circ-\varphi/2)-4CH\tan^2(45^\circ-\varphi/2)+4C^2/r}{rH^2}} \quad \text{(B.1.2-5)}$$

3）重力式挡土墙背坡若呈折线型式，可分段计算主动土压力，计算段以上土体按均布荷载情况处理，并按公式B.1.2－2计算。

7 重力式防护工程需按地震设防时，地震土压力按下列公式计算：

$$E=\frac{1}{2}\times\frac{r}{\cos\varepsilon}H(H+2h_0k_q)k \quad \text{(B.1.2-6)}$$

$$k=\frac{\cos^2(\varphi-\alpha-\varepsilon)}{\cos^2(\alpha+\varepsilon)\cos(\alpha+\delta+\varepsilon)\left[1+\sqrt{\frac{\sin(\varphi+\delta)\sin(\varphi-\beta-\varepsilon)}{\cos(\alpha+\delta+\varepsilon)\cos(\alpha-\beta)}}\right]^2} \quad \text{(B.1.2-7)}$$

$$\varepsilon=\tan^{-1}\mu \quad \text{(B.1.2-8)}$$

式中：ε——地震角（度），可按表B.1.2取值；

μ——地震系数，可按表B.1.2取值。

表 B.1.2 地震角 ε 及地震系数 μ

地震烈度	7°	8°	9°
地震系数 μ	1/40	1/20	1/10
地震角 ε	1°25′	3°	6°

B.2 冲刷深度计算

B.2.1 水流平行于防护工程产生的冲刷深度可按下式计算：

$$\Delta h_B=h_p\times\left[\left(\frac{V_{cp}}{V_{允}}\right)^n-1\right] \quad \text{(B.2.1)}$$

式中：Δh_B——局部冲刷深度（m）；

h_p——冲刷处冲刷前的水深（m）；

V_{cp}——平均流速（m/s）；

$V_{允}$——河床面上允许不冲流速（m/s）；

n——与防护岸坡在平面上的形状有关，可取 $n=\frac{1}{4}$。

B.2.2 水流斜冲防护工程产生的冲刷深度可按下式计算：

$$\Delta h_p=\frac{23\left(\tan\frac{\alpha}{2}\right)V_j^2}{\sqrt{1+m^2}\times g}-30d \quad \text{(B.2.2)}$$

式中：α——水流流向与岸坡交角（度）［图 B.2.2 (a)］；

Δh_p——从河底算起的局部冲刷深度（m）［图 B.2.2 (b)］；

m——防护建筑物迎水面边坡系数；

d——坡脚处土壤计算粒径（m）。对非黏性土，取大于15%（按重量计）的筛孔直径；对黏性土，取表 B.2.2 的当量粒径值；

g——重力加速度（m/s^2）；

V_j——水流的局部冲刷流速（m/s）。

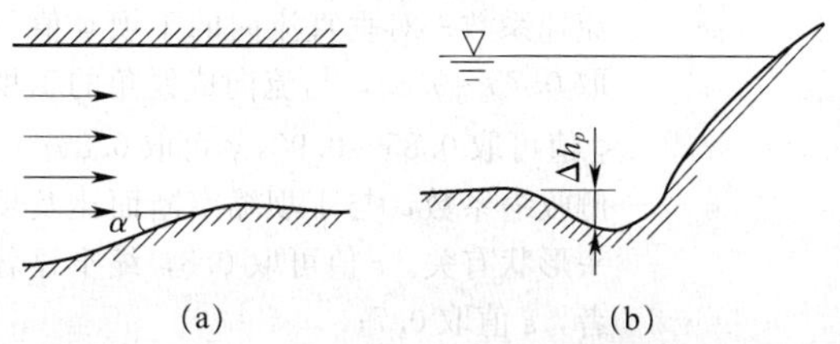

图 B.2.2　防护工程冲刷深度计算示意

表 B.2.2　黏性土的当量粒径值

土壤性质	空隙比	干容量 (kN/m³)	黏性土当量粒径（cm）		
			黏土及重粘壤土	轻黏壤土	黄土
不密实的	0.9～1.2	11.76	1	0.5	0.5
中等密实的	0.6～0.9	11.76～15.68	4	2	2
密实的	0.3～0.6	15.68～19.60	8	8	3
很密实的	0.2～0.3	19.60～21.07	10	10	6

B.2.3　水流的局部冲刷流速 V_j 的计算应符合下列要求：

1　滩地河床，V_j 可按下式计算：

$$V_j=\frac{Q_1}{B_1H_1}\times\frac{2\eta}{1+\eta}\tag{B.2.3-1}$$

式中：B_1——河滩宽度，从河槽边缘至坡脚距离（m）；

Q_1——通过河滩部分的设计流量（m^3/s）；

H_1——河滩水深（m）；

η——水流流速分配不均匀系数，根据 α 角按表 B.2.3 采用。

表 B.2.3　水流流速不均匀系数

α	≤15°	20°	30°	40°	50°	60°	70°	80°	90°
η	1.00	1.25	1.50	1.75	2.00	2.25	2.50	2.75	3.00

2　无滩地河床，V_j 可按下式计算：

$$V_j=\frac{Q}{W-W_P}\tag{B.2.3-2}$$

式中：Q——设计流量（m^3/s）；

W——原河道过水断面面积（m^2）；

W_p——河道缩窄部分的断面面积（m^2）。

B.3　护坡护脚计算

B.3.1　在波浪作用下，斜坡干砌块石护坡的护面厚度可按下列公式计算：

$$t=K_1\frac{\gamma}{\gamma_b-\gamma}\times\frac{H}{\sqrt{m}}\sqrt[3]{\frac{L}{H}}\tag{B.3.1-1}$$

$$m=\cot\alpha\tag{B.3.1-2}$$

式中：t——干砌块石护坡的护面厚度（m）；

K_1——系数，干砌石可取 0.266，砌方石、条石可取 0.225；

γ_b——块石的重度（kN/m^3）；

γ——水的重度（kN/m^3）；

d——岸坡前水深（m）；

L——波长（m）；

H——计算波高（m），当 $d/L\geqslant0.125$ 时，取 $H_{4\%}$；当 $d/L<0.125$ 时，取 $H_{13\%}$；

m——斜坡坡率，$1.5\leqslant m\leqslant5.0$；

α——斜坡坡角（°）。

B.3.2　当采用人工块体或经过分选的块石作为斜坡的护坡面层时，波浪作用下单个块体、块石的质量及护面层厚度，可按下列公式计算：

$$Q=0.1\times\frac{\gamma_b H^3}{K_D(\gamma_b/\gamma-1)^3m}\tag{B.3.2-1}$$

$$t=nC\left(\frac{Q}{0.1\gamma_b}\right)^{\frac{1}{3}}\tag{B.3.2-2}$$

$$m=\cot\alpha\tag{B.3.2-3}$$

式中：Q——主要护坡面层的护面块体、块石个体质量（t）。当护面由两层块石组成，则块石质量可为 $0.75Q$～$1.25Q$，但应有50%以上的块石质量大于 Q；

γ_b——人工块体或块石的重度（kN/m^3）；

γ——水的重度（kN/m^3）；

H——设计波高（m），当平均波高与水深比值 $\bar{H}/d<0.3$ 时，宜采用 $H_{5\%}$；当 $\bar{H}/d\geqslant0.3$ 时，宜采用 $H_{13\%}$；

K_D——稳定系数，可按表 B.3.2-1 选用；

t——块体或块石护面层厚度（m）；

n——护面块体或块石的层数；

m——斜坡坡率，$1.5\leqslant m\leqslant5.0$；

α——斜坡坡角（度）；

C——系数，可按表 B.3.2-2 确定。

表 B.3.2-1　稳定系数 K_D

护面类型	构造型式	K_D	说明
块石	抛填二层	4.0	—
块石	安放（立放）一层	5.5	—
方块	抛填二层	5.0	—

续表 B.3.2-1

护面类型	构造型式	K_D	说明
四脚锥体	安放二层	8.5	—
四脚空心方块	安放一层	14.0	—
扭工字块体	安放二层	18.0	$H \geqslant 7.5$ m
扭工字块体	安放二层	24.0	$H < 7.5$ m

表 B.3.2-2 系数 C

护面类型	构造型式	C	说明
块石	抛填二层	1.0	—
块石	安放(立放)一层	1.3~1.4	—
四脚锥体	安放二层	1.0	—
扭工字块体	安放二层	1.2	定点随机安放
扭工字块体	安放二层	1.1	规则安放

B.3.3 混凝土板作为岸坡护面时，满足混凝土板整体稳定所需的护面板厚度可按下列公式计算：

$$t = \eta H \sqrt{\frac{\gamma}{\gamma_b - \gamma} \times \frac{L}{Bm}} \quad \text{(B.3.3-1)}$$

$$m = \cot\alpha \quad \text{(B.3.3-2)}$$

式中：t——混凝土护面板厚度（m）；

η——系数，对开缝板可取 0.075；对上部为开缝板，下部为闭缝板可取 0.10；

H——计算波高（m），取 $H_{1\%}$；

γ_b——混凝土板的重度（kN/m³）；

γ——水的重度（kN/m³）；

L——波长（m）；

B——沿斜坡方向（垂直于水边线）的护面板长度（m）；

m——斜坡坡率；

α——斜坡坡角（度）。

B.3.4 在水流作用下，防护工程抛石护坡、护脚块石保持稳定的抗冲粒径（折算粒径），可按下列公式计算：

$$d = \frac{V^2}{C^2 2g \frac{\gamma_s - \gamma}{\gamma}} \quad \text{(B.3.4-1)}$$

$$d = \left(\frac{6S}{\pi}\right)^{1/3} = 1.24\sqrt[3]{S} \quad \text{(B.3.4-2)}$$

式中：d——折算直径（m），按球形折算；

S——石块体积（m³）；

V——水流流速（m/s）；

g——重力加速度（m/s²）；

C——石块运动的稳定系数；水平底坡 $C=0.9$，倾斜底坡 $C=1.2$；

γ_s——石块的重度（kN/m³）；

γ——水的重度（kN/m³）。

附录 C 控导工程计算

C.1 丁 坝

C.1.1 丁坝壅水高度可按下式计算：

$$\Delta Z = \frac{Q^2}{2g(\varphi\varepsilon\bar{B}h)^2} - \frac{V_0^2}{2g} \quad \text{(C.1.1)}$$

式中：ΔZ——丁坝壅水高度（m）［图 C.1.1］；

Q——通过丁坝孔口的流量（m³/s）；

φ——流速系数；对垂直流向的丁坝 φ 值可取 0.75～0.85，与流向成锐角的丁坝 φ 值可取 0.85～0.90，φ 可取 0.85；

ε——侧收缩系数，与丁坝缩窄断面比及坝头形状有关。ε 值可取 0.8，缩窄显著者，ε 值取 0.7；

$\bar{B}$——坝孔口平均宽度（m）［图 C.1.1］；

h——孔口处的平均水深（m），可近似用下游水深计算（图 C.1.1）；

V_0——行近流速（m/s），其流速水头为 $\frac{V_0^2}{2g}$。

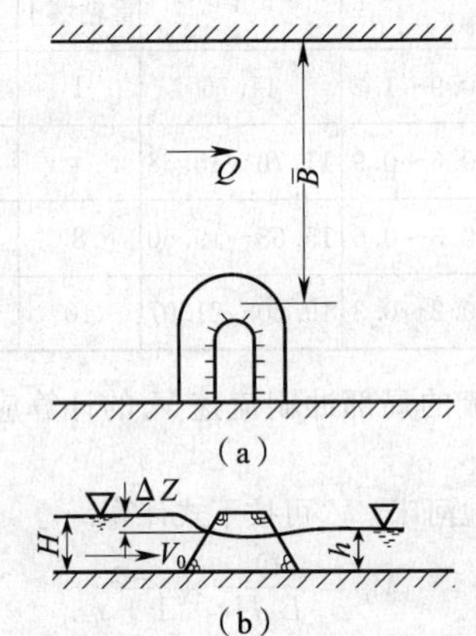

图 C.1.1 丁坝壅水高度计算示意

C.1.2 丁坝冲刷深度计算应符合下列要求：

1 丁坝冲刷深度计算公式应根据水流条件、边界条件并应用观测资料验证分析选择。

2 非淹没丁坝冲刷深度可按下列公式计算：

$$\Delta h = 27K_1K_2\left(\tan\frac{\alpha}{2}\right)\frac{V_0^2}{g} - 30d \quad \text{(C.1.2-1)}$$

$$K_1 = e^{-5.1\sqrt{\frac{V_0^2}{gL}}} \quad \text{(C.1.2-2)}$$

$$K_2 = e^{-0.2m} \quad \text{(C.1.2-3)}$$

式中：Δh——冲刷深度（m）；

V_0——丁坝坝前行近流速（m/s）；

K_1——与丁坝在水流法线上投影长度 L 有关的系数；

K_2——与丁坝边坡坡率 m 有关的系数；

α——水流轴线与丁坝轴线的交角；当丁坝上挑 $\alpha>90°$时，应取 $\tan\frac{\alpha}{2}=1$；

g——重力加速度（m/s^2）；

d——床沙粒径（m）。

3 非淹没丁坝所在河流河床质粒径较细时可按下式计算：

$$h_B=h_0+\frac{2.8V_0^2}{\sqrt{1+m^2}}\sin\alpha \qquad (C.1.2\text{-}4)$$

式中：h_B——从水面算起局部冲刷深度（m）；

V_0——丁坝坝前行近流速（m/s）；

h_0——丁坝坝前行近水流水深（m），包括行近流速水头；

m——丁坝边坡坡率；

α——水流轴线与丁坝轴线的交角。

C.2 潜坝、淹没泄流锁坝

C.2.1 潜坝、淹没泄流锁坝的壅水高度可按下式计算：

$$\Delta Z=H-(h_t-h_1) \qquad (C.2.1)$$

式中：ΔZ——潜坝、淹没泄流锁坝的壅水高度（m）；

h_t——下游水深（m）；

h_1——潜坝、淹没泄流锁坝的高度（m）；

H——潜坝、淹没泄流锁坝的坝顶水头（m），可由公式（C.2.2-1）计算。

C.2.2 潜坝、淹没泄流锁坝的坝顶水头，可由下式计算：

$$H=\left(\frac{Q}{mB\sqrt{2g}}\right)^{\frac{2}{3}}-\frac{V_0^2}{2g} \qquad (C.2.2\text{-}1)$$

式中：Q——过坝流量（m^3/s）；

B——溢流部分的坝宽（m）；

V_0——坝前行近流速（m/s）；

m——流量系数，与 $\Delta Z/H_0$ 有关，可由图C.2.2查出；

g——重力加速度（m/s^2）。

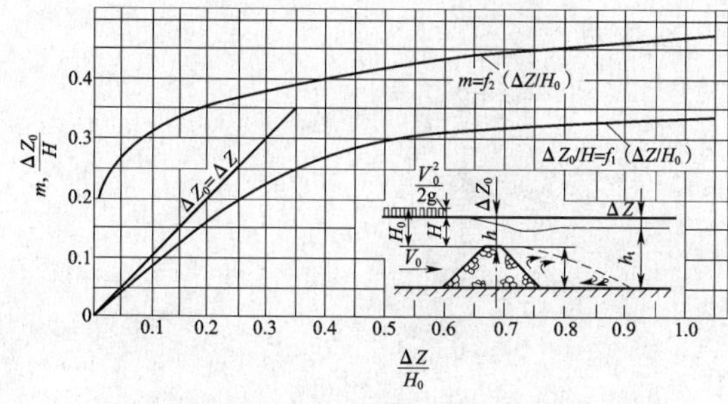

图C.2.2 潜坝 m、$\frac{\Delta Z_0}{H}$ 与 $\frac{\Delta Z}{H_0}$ 关系曲线

包含行近流速水头在内的潜坝、淹没泄流锁坝的坝顶水头可由下式计算：

$$H_0=H+\frac{V_0^2}{2g} \qquad (C.2.2\text{-}2)$$

式中：H_0——包含行近流速水头在内的潜坝、淹没泄流锁坝的坝顶水头（m）。

C.2.3 潜坝、淹没泄流锁坝冲刷深度可按下式计算：

$$h_B=\frac{0.332}{\sqrt{d}(h/d)^{\frac{1}{6}}}q \qquad (C.2.3)$$

式中：h_B——从坝下游水面算起的冲刷坑最大深度（m）；

q——过坝单宽流量（$m^3/s/m$）；

d——河床沙平均粒径（m）；

h——坝下游冲刷前水深（m）。

C.3 顺 坝

C.3.1 水流平行于顺坝产生的冲刷深度计算，应符合本规范第B.2.1条的规定。

C.3.2 水流斜冲顺坝产生的冲刷深度计算，应符合本规范第B.2.2条的规定。

本规范用词说明

1 为便于在执行本规范条文时区别对待，对要求严格程度不同的用词说明如下：

1） 表示很严格，非这样做不可的：
正面词采用“必须”，反面词采用“严禁”；

2） 表示严格，在正常情况下均应这样做的：
正面词采用“应”，反面词采用“不应”或“不得”；

3） 表示允许稍有选择，在条件许可时首先应这样做的：
正面词采用“宜”，反面词采用“不宜”；

4） 表示有选择，在一定条件下可以这样做的，采用“可”。

2 条文中指明应按其他有关标准执行的写法为：“应符合……的规定”或“应按……执行”。

引用标准名录

《内河通航标准》GB 50139

《堤防工程设计规范》GB 50286

《水利水电工程地质勘察规范》GB 50487

《中小型水利水电工程地质勘察规范》SL 55

《河工模型试验规程》SL 99

《堤防工程地质勘察规程》SL 188

《水利水电工程测量规范（规划设计阶段）》SL 197

《内河航道与港口水流泥沙模拟技术规程》JTJ/T 232

中华人民共和国国家标准

河道整治设计规范

GB 50707—2011

条 文 说 明

制 定 说 明

《河道整治设计规范》GB 50707—2011，经住房和城乡建设部2011年7月26日以第1090号公告批准发布。

为便于广大设计、施工、科研、教学等单位有关人员在使用本规范时能正确理解和执行条文规定，《河道整治设计规范》编制组按章、节、条顺序编制了本规范的条文说明。对条文规定的目的、依据以及执行中需注意的有关事项进行了说明，并着重对强制性条文的强制性理由作了解释。但是，本条文说明不具备与规范正文同等的法律效力，仅供使用者作为理解和把握规范规定的参考。

目 次

1 总　则

1.0.1 河流对人类活动的影响十分深远，河流两岸自古以来就是人类繁衍生息之所。河流有水利的一面，也有水害的一面。如何变水害为水利，是人类与大自然和谐相处的主要内容之一。兴修水利，治理大江大河成为历代安邦治国的重要课题。

我国地域广阔，水利资源丰富，河流众多，河型复杂，除天然河道外，还有很多人工河道。由于区域经济、技术水平存在差异，各地开发利用河流的程度有所不同。随着国民经济的发展和社会的进步，对河道整治工程的技术性、合理性要求越来越高。我国河道整治工程多、牵涉面广，但一直没有全面规范河道整治规划设计的技术标准。一方面，我国进行河道整治的历史久远，实践中既有丰富的成功经验，也有失败的教训；另一方面，河流的水力计算、冲淤计算方法和河道整治技术虽日趋成熟，但在实际工作中，各单位应用时却不尽相同。因此，为开发、利用和保护好河流，迫切需要在调查、分析的基础上对河道整治的实践经验和技术成果进行整理和总结，制定河道整治设计方面的技术标准，统一河道整治的设计标准和技术要求。这是编制《河道整治设计规范》的出发点。

1.0.2 河道整治工程在我国大中小河流上广泛采用。本规范的适用范围规定为大江大河及主要支流的河道整治设计。本条所指的流域面积超过 $4.0\times10^4\text{km}^2$ 大江大河是指长江、黄河、淮河、海河、珠江、松花江、辽河、钱塘江、闽江等河流。

1.0.3 本条对河道整治设计应遵循的一些共性要求作了归纳。

1 本款是依据《中华人民共和国水法》、《中华人民共和国防洪法》、《中华人民共和国河道管理条例》等法律、法规制定的。

2 河道整治设计的基础和前提是具备社会经济、水文气象、河床演变、地形地质、相关工程和其他方面的基本资料，水利工程按基本建设程序通常有项目建议书、可行性研究、初步设计、施工图设计等设计阶段。根据各设计阶段不同的精度要求，应有针对性地开展工作，具备相应精度要求的基本资料。不同设计阶段对基本资料的要求既有不同之处，又有相互联系和通用之处。后一阶段所需的资料，均应在前阶段已有资料的基础上进一步深化。对各设计阶段的基本资料还要通盘考虑，尽可能避免重复，在满足设计要求的前提下减少工作量。对收集、整理的基本资料应进行分析、验证，以保证资料的完整、可靠。

3 我国大多数河流对国民经济和社会发展所起的作用是多方面的，人们开发、利用河流的目标也不是单一的。一条河流的干支流、上下游、左右岸的关系是相互联系、相互影响的。因此，河道整治设计不仅应兼顾干支流、上下游、左右岸的利益，还要协调防洪、排涝、灌溉、供水、航运、水力发电、文化景观和生态环境保护等方面的关系。

4 我国幅员辽阔，流域地质地貌、水文气象、森林植被等条件相差悬殊，河流含沙量有大有小，河床冲淤变化有的剧烈，有的相对稳定。我国很多河流挟带沙量之多，在世界各大河流中是名列前位的。特别是黄河，为各大河流之冠。我国挟带大量悬移质沙的河流，多位于西北、华北一带；其他地区，如华南、西南一带的河流，挟带悬移质的沙量相对要少得多，但有些河流推移质泥沙多。河流是水流和河床交互作用的产物。水流作用于河床，使河床发生变化；河床反过来也作用于水流，影响水流结构。在水流和河床相互作用中，泥沙的运动起纽带作用。进行河道整治或在河流上修建其他工程，都改变了天然河流中水流泥沙的运动规律，使泥沙在不同的部位发生淤积或冲刷，可能给工程带来麻烦和危害。

把握河道特性和演变规律，是河道整治设计的重要任务，有时甚至是工程成败的关键所在。为此，本款规定对多沙或冲淤变化较大的河流进行河道整治设计时，应深入分析河床演变规律。

5 河道整治牵涉面广，是一项复杂的系统工程。故本款规定应通过方案论证，选取技术可行、经济合理的整治方案。

6 河道整治工程所在地区自然环境、社会经济等条件存在很大差异。在河道整治工程设计中应根据当地实际情况，贯彻因地制宜、就地取材的原则，在保证工程质量的前提下降低工程造价。在总结经验和分析研究的基础上，应积极地采用新技术、新工艺、新材料。

1.0.4 河道整治涉及水利、水电、城建、铁路、交通、航运、地质和环保等国民经济多个部门和专业。因此，本条作了除满足本规范规定外，还要符合国家现行有关标准的规定。

2 术　语

2.0.1～2.0.21 河道整治设计规范为首次编制，规范中出现的很多与河道整治有关的专有术语在现行标准中尚无统一规定。为避免理解上的矛盾和歧义，这次对这些术语加以定义。对这些术语的定义参考了大量现行的教科书、学术专著和工程技术文献。

3 基本资料

3.1 社会经济

3.1.1 本条规定了河道整治工程设计应具备的社会

经济资料，既包括与整治河段有关的防洪区、排涝区、灌区，也包括河道整治工程区。

3.1.2 本条规定了与整治河段有关的防洪区、排涝区和灌区的社会经济资料应包括的基本内容，既是确定整治工程标准的重要依据，也是进行整治工程环境影响评价和经济效益分析所需的基本资料。

3.1.3 本条规定了河道整治工程区的社会经济资料应包括的基本内容，是进行整治工程方案比选、设计、工程投资估算、占地拆迁补偿和移民安置规划的基本资料。

3.2 水文气象

3.2.1 本条给出的项目较多，设计中应根据工作需要，有针对性地收集、整理。如我国东南部多雨地区，需要施工期降雨天数和降雨强度资料；北方严寒地区，需要冰情和施工期气温资料等。

3.2.3 本条规定的资料内容是确定河道整治工程标准、规模和结构尺寸的重要依据。

3.3 河床演变

3.3.1～3.3.4 河床演变分析是研究河道整治工程布局和措施的重要手段之一，而资料分析、数学模型计算和物理模型试验是河床演变分析的主要方法，这些方法计算结果的准确与否取决于所采用资料的准确性，因此，特别是多沙河流的河道整治工程，要收集准确的长系列的水沙资料，本节主要规定了应收集与河床演变分析有关的基本资料。

3.4 地形地质

3.4.1 本条对不同设计阶段的地形和断面测量资料，根据国家现行标准《堤防工程设计规范》GB 50286、《水利水电工程测量规范》SL 197 和河道整治工程设计的实际需要进行了规定。涉河水工建筑物的地形测量资料应符合相应建筑物设计规范的规定。

表 3.4.1 对河道整治工程各设计阶段地形图的测图比例尺提出了具体要求，以满足制定堤（河）线、测算工程量、统计挖压拆迁以及施工场地布置的需要。

横断面图的间距，除根据不同设计阶段不同精度要求外，还需使断面具有代表性，地形、地质条件变化较大的河段，应局部插补一些横断面。

纵断面图的绘制一般可利用横断面图资料点绘，但当两横断面之间有沟汊等特殊地形时，应注意甄别选用。纵断面图比例尺的确定应按照《水利水电工程测量规范》SL 197 和各工程的实际，原则上一个纵断面图尽可能布置在一幅图纸上，同时又能满足有关文字注记的要求。

3.4.2 国家现行标准《水利水电工程地质勘察规范》GB 50487 和《堤防工程地质勘察规程》SL 188、《中小型水利水电工程地质勘察规范》SL 55 对工程地质勘察工作内容规定的比较全面、详细，各地在进行河道整治规划设计时，应根据工程的实际情况，按规范要求有针对性地选择项目进行勘探、试验，以满足不同河道整治工程的设计要求。

3.6 其　他

3.6.1 与整治河段有关的规划资料，是河道整治设计的基础和前提，应收集掌握。

3.6.2 本条主要对收集水环境、水生态及自然保护区方面的资料作出要求，既是河道整治设计时考虑生态环境方面要求的需要，也为工程环境影响评价所必需。

3.6.3 随着社会的发展，开发和保护好文化、景观和名胜古迹已成为河道整治设计的重要内容之一，而且在很大程度上，文化、景观和名胜古迹也是河道整治设计需要关注的焦点。因此，收集掌握这方面的资料是十分重要的。

4 总体规划

4.1 河道整治任务与标准

4.1.1 河道整治设计首先要根据流域规划或专业规划，分析防洪、排涝、灌溉、供水、航运、水力发电、文化景观、生态环境、河势控制和岸线利用等各项开发、利用和保护对河道整治的要求，确定河道整治的主要任务。

4.1.3 整治河段的设计标准关系到工程安全和公共利益，对合理利用水资源、节约投资、提高经济效益和社会效益有重大影响，故本条是必须严格执行的强制性条款。

4.1.4 整治河段的设计泄洪流量是河道整治设计的重要参数，应采用防洪规划确定的防洪标准和设计洪水，通过水文水利计算确定。设计河段主要控制站的设计洪水位的确定，情况复杂，故本条针对不同情况分别作了要求。

4.1.5 有排涝任务的整治河段设计排涝流量是河道整治设计的重要参数。

1 当降雨、流量资料比较全，计算精度要求较高的涝区可采用产流、汇流方法推算排涝流量。设计暴雨历时应采用形成涝区最大排涝流量的降雨历时，它与涝区暴雨特性、面积、蓄涝区大小有关，一般为 1d～3d。设计暴雨量可采用典型年法或频率法确定，当涝区面积较大时，应采用面设计暴雨量；当涝区面积较小时，可采用点设计暴雨量。设计雨型应选取出现机会多、雨峰稍偏后，雨量集中且接近设计暴雨量的雨型。设计净雨深的计算，旱作物地区一般采用降雨径流相关法、水稻地区采用扣损法计算。

2 对坡水地区的骨干排水河道，一般可采用由实测暴雨径流资料分析率定的排涝模数经验公式估算。

3 采用泵站抽排的地区，设计排涝流量农田宜按排涝天数期间平均排除净雨深至作物允许的耐淹水深（旱作物一般排干）以下为原则进行计算。城镇可采用产汇流和河洼地容许调节水量，平均排除法估算。

4.1.6 河段的来水量和与之相应的来沙量、河床的地质组成是决定河床形态的最主要因素。在天然河流中，水力和泥沙条件是随时变化，忽大忽小的。造床流量是指对形成天然河道河床特性及河槽基本尺度起支配作用的一个特征流量，其造床作用与多年流量过程的综合造床作用相当。造床流量对塑造河床形态所起的作用最大。目前如何计算确定造床流量方法很多，但使用比较普遍的为马卡维也夫法、平滩流量法。

4.1.7 《水工设计手册》（水利电力出版社 1983 年版）中规定，引水进水闸的闸前水位的确定有两种方法：一是对历年各灌溉季节的河道平均水位进行频率分析，选取相当于灌溉设计保证率的水位作为进水闸闸前水位；二是选用历年灌溉期平均枯水位作为闸前水位。灌溉期是指整个灌溉季节，历时较长。鉴于在长系列年中，各年灌溉期是相同的，因此本规范采纳《水工设计手册》（水利电力出版社 1983 年版）的规定，即对历年灌溉期的河道平均水位进行频率分析。所谓“平均水位”，一般是指月平均水位，但在水量平衡计算时可逐旬计算，其精度当然比逐月计算精度高，故本规范规定取历年灌溉期的月平均水位或旬平均水位进行频率分析。同时，本规范还规定可取多年灌溉期枯水位的平均值，显然是偏于安全的。

4.1.8 现行国家标准《内河通航标准》GB 50139 对设计最高通航水位有下列规定：

1 不受潮汐影响和潮汐影响不明显的河段，设计最高通航水位应采用表 1 规定的各级洪水重现期的水位。

对出现高于设计最高通航水位历时很短的山区性河流，Ⅲ级航道洪水重现期可采用 10 年；Ⅳ级和Ⅴ级航道可采用 5 年～3 年；Ⅵ级和Ⅶ级航道可采用 3 年～2 年。

表 1 设计最高通航水位的洪水重现期

航道等级	Ⅰ～Ⅲ	Ⅳ、Ⅴ	Ⅵ、Ⅶ
洪水重现期（年）	20	10	5

2 潮汐影响明显的河段，设计最高通航水位应采用年最高潮位频率为 5%的潮位，按极值Ⅰ型分布律计算确定。

《内河通航标准》GB 50139 对设计最低通航水位有下列规定：

1 不受潮汐影响和潮汐影响不明显的河段，设计最低通航水位可采用综合历时曲线法计算确定，其多年历时保证率应符合表 2 的规定；也可采用保证率频率法计算确定，其年保证率和重现期应符合表 3 的规定。

表 2 设计最低通航水位的多年历时保证率

航道等级	Ⅰ、Ⅱ	Ⅲ、Ⅳ	Ⅴ～Ⅶ
多年历时保证率（%）	≥98	98～95	95～90

表 3 设计最低通航水位的年保证率和重现期

航道等级	Ⅰ、Ⅱ	Ⅲ、Ⅳ	Ⅴ～Ⅶ
年保证率（%）	99～98	98～95	95～90
重现期（年）	10～5	5～4	4～2

2 潮汐影响明显的河段，设计最低通航水位应采用低潮累积频率为 90%的潮位。

4.2 治导线制定

4.2.2 洪水治导线应为规划拟订的河道通过设计泄洪流量时的水面轮廓线。在有堤防的河段，水面轮廓受堤防的制约，故只需以堤防的堤线作为洪水治导线。

4.2.3 在治导线的制定中，中水治导线非常重要，它一般是指河槽经过整治后，在造床流量下的平面轮廓线。控制了造床流量下的水流，一般即可基本控制整个河道的河床演变和河势变化。在一些按排涝要求开挖的河段，应根据设计开挖的河槽断面制定中水治导线。

4.2.5 本条规定河道治导线宜平顺、光滑，一般拟定治导线的步骤和方法为：

1 进行充分的调查研究，了解历史河势的变化规律，在河道平面图上概化出 2 条～3 条基本流路。

2 根据整治目的，河道两岸国民经济各部门的要求，洪水、中水、枯水的流路情况及河势演变特点等优选出一种流路，作为整治流路。

3 由整治河段开始逐个弯道拟定，直至整治河段末端。

4 第一个弯道作图前首先分析来流方向，然后再分析凹岸边界条件，根据来流方向，现有河岸形状及导流方向规划第一个弯道。凹岸已有工程的，根据来流及导流方向选取能充分利用的工程规划第一个弯道，选取合适弯道半径采用复合圆弧线适线，使凹岸治导线尽量多地相切于现有工程各坝头或滩岸线。按照设计河宽绘制与其平行的另一条线。

5 接着确定下一弯道的弯顶位置，绘制下一个弯道的治导线。用公切线把上一弯道的凹（凸）岸治导线连接起来。重复以上步骤绘制直至最后一个河弯。

6 分析各弯道形态、上下弯关系、控制流势的能力、弯道位置对当地利益的兼顾程度，论证治导线的合理性，对治导线进行检查、调整、完善。

7 应论证治导线的合理性和可行性，重要河段应进行河工模型试验。

4.3 整治工程总体布置

4.3.3 本条列举堤线布置中需要考虑的各种因素，这些因素在不同的地点对堤线选择有不同的影响，因而需要综合考虑。

河流的不同河段，设计泄洪流量往往有较大的差别，地质、地形、施工条件也不尽相同，因而堤防工程需要分河段进行设计。

在一定的设计洪水条件下，设计堤距与设计堤高是相互关联的。堤距愈小，堤身愈高，工程量愈大，而且水流流速增大，堤防易于发生险情，险工也愈长。所以，需要比较研究。一般的方法步骤是：

1 假定若干个堤距，根据堤线选择的原则，在河道两岸进行堤线布置。

2 根据地形或断面资料，用水力学方法，分别计算设计条件下各控制断面的水位、流速等要素。

3 对于多沙河流还需考虑河床冲淤及各设计水平年的淤积程度。

4 分别绘制不同堤距的沿程设计水面线。

5 根据规定的超高及计算的水面线，确定设计堤顶高程线。

6 根据地形资料和设计的堤防断面，计算工程量。

7 比较不同堤距的堤防工程技术经济指标，选定堤距及堤高。

由于多种原因，多数河道现状堤距偏窄，给防洪带来问题，而展宽堤距在实施上阻力很大，改建的投资也比较高。因此，在设计堤距时应留有余地。

4.3.6 河道整治工程位置的平面布置应根据河势变化情况和中水、洪水、枯水治导线合理布置。坝、垛等整治建筑物头部的连线，称整治工程位置线。在进行河道整治工程位置平面布置时，首先要分析研究河势变化情况，确定最上的可能靠流部位，整治工程起点要布设到该部位以上。在整治工程的上段尽量采用较大的弯曲半径或采用与治导线相切的直线退离治导线，且不得布置成折线，以利迎流入弯。一般情况下，整治工程中下段应与治导线重合。在工程中段采用较小的弯曲半径，在较短的弯曲段内调整水流方向，在整治工程下段，弯曲半径比中段稍大，以便顺利地送流出弯。

5 河道水力计算

5.1 一般规定

5.1.2 本条对河道水力计算中的河段分段进行规定。河道分段的原则是使计算河段上、下两端计算断面的几何、水力要素的平均值基本上能代表该河段各断面的情况，并要求河段内其他断面几何、水力要素也基本上具有均匀一致性。因此，在一个计算河段内要求各种水力要素不能有大的变化，应尽量使水面坡度基本一致，流量基本一致，糙率和断面形式也基本一致。如果河道比较顺直，断面形状基本一致，水流比较平稳，计算的河段可以划得长些；如果河道变化剧烈，则应多布置些断面，计算河段宜划得短些。

5.1.3 本条主要根据《水力计算手册》（中国水利水电出版社 2006 年版，武汉水利电力学院水力学教研室编）的内容，对水力计算断面的间距作出“宜在 1 倍～4 倍河宽范围内选取，水力要素、河道特性、河床组成变化急剧的河段，断面间距宜取得小些”的规定。山区河流水力因素、断面特性、河床及河岸组成等变化急剧，经验表明，计算的断面间距大型河流有小至 60m 的，中型河流有小至 30m 的。

5.1.4 河道糙率是反映河流阻力的一个综合性系数，也是衡量河流能量损失大小的一个特征量，是水流与河床相互作用的产物。所以影响河道糙率大小的因素既有河床方面，也有水流方面，两者相互作用，相互影响，有些因素难于截然划分。在影响糙率的诸多因素中，河床形态是主要影响因素。由于影响糙率的因素错综复杂，所以河道糙率的确定目前还只能依靠实测，而无法建立普遍通用的糙率公式。糙率是河道水力计算的一个重要参数。如选用的糙率比实际值小，则计算的水面曲线比实际的要低；反之，比实际值大，则计算的水面线会比实际的高。一般情况下回水曲线都很长，累积的偏差就可能很大，因此必须慎重选用糙率。

本条规定了确定天然河道糙率采用的三种方法：

1 有水文站实测糙率资料时，应求出糙率与水位、流量等的关系后分析选定。

2 有实测河道水面线和相应流量时，应采用水面线计算公式推求糙率。

3 无实测资料时，宜根据地形、地貌、河床组成、水流条件等特性与本河段相似的本河道其他河段或其他河道的实测糙率资料进行类比分析后选定。确无相似河段可类比时，可查阅相关糙率取值手册分析选定。

在设计中，有实测糙率资料时，应采用上述第 1 种方法，经分析后选定糙率；无实测糙率资料，而有实测河道水面线和相应流量时，应采用上述第

2种方法推求糙率；当既无实测糙率资料，又无实测河道水面线和相应流量时，才用上述第3种方法分析确定糙率。

5.1.5 河道整治后的河道糙率，可能接近天然河道，也可能有所改变，一般与整治后河道的床面粗糙情况、河床形态等诸多因素的改变有关，宜结合以往工程经验综合分析确定。

5.2 河道恒定流计算

5.2.1 整治河段水面线的计算，应根据某一控制站的水位和相应的河道流量进行推算。河段区间内有入流、出流情况的，应根据入流、出流点增减推算的河道流量。

5.2.3 对于干支流、河湖等洪涝水相互顶托的河段，应研究洪、涝水组合和遭遇规律，根据设计条件推算不同组合情况的水面线。计算中至少要考虑本河段来水为主、其他来水相应，或者其他来水为主、本河段来水相应两种情况，经综合分析后合理确定设计洪涝水位。

5.2.5 本条规定有条件时，计算的水面线成果宜与实测或调查的大洪水水面线进行比较验证，以保证计算成果符合整治河段的实际情况。

5.3 河道非恒定流计算

5.3.1 本条规定应进行河道设计洪水过程和其他非恒定流过程计算的三种情况。这三种情况，水流情况较复杂，水流要素随时间变化快。

6 河床演变分析

6.1 一般规定

6.1.2 国内外的河道整治实践表明，河道整治的难点往往不在于整治工程本身，而在于河流对整治工程作出的反应是否向人们预期的有利方向发展。河道整治要取得人们预期的有利效果，就必须认真研究河道特性，按照河床演变规律，因势利导，制订切合实际的整治方案，达到整治的目的。反之，如果弄不清河道特性，违背河床演变规律，盲目行事，则大多使河道整治走向失败。河道整治设计应以河床演变分析为基础。

6.1.3 河床演变分析工作应从实际出发，针对整治河段的具体情况确定分析重点和分析方法。对少沙或观测资料表明河床相对稳定的河流，河床演变分析工作可适当简化。

6.2 河床演变资料分析

6.2.1 径流特征值包括多年平均年径流量、最大和最小年径流量与发生年份、多年平均流量、历年最大和最小流量与发生时间；年际变化指历年洪峰的均值与变差系数C_v值；年内变化指多年平均年内各月的径流量、平均流量和占年内总量的百分数。

水位特征值包括多年平均水位、历年最高和最低水位与发生时间；年际变化指水位变幅；年内变化指多年月平均水位。

悬移质泥沙特征值包括多年平均年输沙量、最大和最小年输沙量与发生年份、多年平均含沙量、历年最大和最小含沙量与发生时间、多年平均月输沙量与占年内总量的百分数。

推移质输沙率指实测的和调查的资料以及分析的成果。

悬移质、推移质和床沙颗粒级配资料要尽量收集、统计和描述。

6.2.2 了解河道的历史演变情况是河床演变分析工作的内容之一。因此，本条规定应根据历史文献和资料，分析并概括河道的历史演变情况。

6.2.3 本条第一款要求对收集到的河势图、河道地形图和资料进行整理、审核。天然河道实测的基本资料一般为不同历史时期所积累，标准不同，精度各异。因此，应对资料进行整理、审核，做到去伪存真。发现资料有计算错误或影响较大的系统性误差的，应进行改正。

本条第三款要求根据河道地质资料，分析河床的边界条件和河岸的稳定性。河床地质条件是影响河床演变的重要因素。当河床由可冲刷的松散土质组成时，河床演变发展将较剧烈，河床较不稳定；当河床由较难冲刷的土质组成时，河床演变的过程将较缓慢，河床较稳定。如果河床的地质组成极为复杂，则河床演变的过程也将较为复杂。在分析河道地质情况时，宜根据地质钻探资料绘制地质剖面图，根据河床地质组成，分析河床边界条件和稳定性。

6.2.4 本条第三款对河段冲淤量的计算要求采用断面法或输沙率法，两种方法的具体要求详见附录A。

河段的冲淤量是利用水文站实测的输沙资料或河道的大断面资料计算出来的。根据输沙平衡原理，计算同一时段内河段上游、区间入流水文站与下游、区间出流水文站的输沙量之差，即为同一时段内河段的河道冲淤量，该法称为输沙率法。当河段入流水文站来沙量大于出流站输沙量时，说明该河段发生了淤积；反之，发生了冲刷。

利用河道大断面实测资料，通过比较两次大断面图，求得该断面的河槽冲淤量、滩地冲淤量和全断面冲淤量，再由两个大断面的冲淤量和断面间距算得两断面间同一时段的冲淤量，累加各断面间的冲淤量即可算得河段的总冲淤量该法称为断面法。同一断面在统一高程下，河道断面面积下一测次的断面面积若大于上一测次断面面积，说明断面发生了冲刷；反之，说明发生了淤积。

受资料条件限制的河段，也可采用经验法、类比法进行河流冲淤计算。

6.2.5 河相关系是指在相对平衡状态下河流河槽的纵横断面形态与流域来水、来沙及周界条件等因素之间的某种定量关系。因此应根据造床流量、来水来沙量、河道纵横断面、河段地形地质条件和河流上模范河段实测资料，综合分析整治河段的河相关系，河相关系主要是指河段的中水河槽纵横断面形态，在进行河道整治时，都应加以控制。目前描述河相关系的公式很多，既不成熟，也难统一。苏联国立水文研究所主要根据平原河流资料整理出如下形式的河相关系式：

$$\frac{\sqrt{B}}{h} = \xi \tag{1}$$

式中 B、h 分别为中水河槽的河宽和平均水深，单位为 m；ξ 通称断面河相系数，可根据同一河流上的模范河段的实际资料确定。所谓模范河段指无需整治即能满足要求的优良河段，即在河床形态方面，应是河岸岸线略呈弯曲，深槽较长而浅滩较短，水深沿程变化较小，过渡段的沙埂方向与水流接近垂直，枯水时没有分汊现象等；在水流方面，应该是和缓平顺，主流稳定，洪、中、枯水流向交角较小等。模范河段应从整治河段所在河流上选择。如果在本河流上难以选到合适的模范河段时，也可以从其他条件类似的河流上进行选择。

6.3 数学模型计算

6.3.1 本条规定对多沙或冲淤变化较大的河流进行河道整治设计，宜采用河流数学模型分析计算河床的冲淤变化，对少沙和河床相对稳定的河流未做此项要求。

6.3.2 目前国内外出现了很多大同小异的众多河流数学模型。河流数学模型的建立，是以河流动力学为基础的。由于泥沙问题的复杂性，不同的模型在工作中简化取舍有所不同，采用的经验封闭条件各异。目前一维数学模型用于研究相对单一的长河段的河床变形，理论及应用上都相对成熟，国内外应用也比较普遍。二维数学模型也已能近似反映实际情况，在国内外也开始应用。

6.3.4 数学模型中含有一些重要的参数如糙率 n、水流挟沙力 S_*、泥沙恢复饱和系数 α 等，在实际计算中这些参数值是否合理，常成为影响数学模型成果好坏的关键。这些参数的确定目前主要依靠经验，影响他们的因素复杂多变，要妥善处理。故本条规定数学模型的参数要用实测典型资料率定，且宜用不同于模型率定的实测资料对模型进行验证。

6.4 河工模型试验

6.4.1 数学模型多用于一、二维问题，河工模型多用于二、三维问题。但河工模型制作成本高，费用大，本条规定下列情况的河道整治设计应进行河工模型试验：

1 水流流态复杂或冲淤变化较大河段的河道整治。

2 对河势控制和岸线利用有较大影响的河道整治。

3 重要河段、河口段及对重要工程有影响的河道整治。

6.4.4 本条规定河工模型在正式试验前应进行验证试验。河工模型试验比较复杂，影响因素多，特别是变态动床模型，试验控制因素必须依靠验证试验来解决，使模型与原型在水面线、流速流态和河床冲淤地形符合一致，以检验模型设计、制模、操作的可靠性和正确性。

7 典型河段整治原则

7.3 弯 曲 型 河 段

7.3.3 裁弯工程改变了河势，对上下游、左右岸的影响太大，因此确定实施裁弯工程应经技术经济充分论证。裁弯工程是一种根本改变河道现状的河道整治工程，要保证工程取得成功，必须认真做好裁弯工程的规划设计工作。裁弯方案的不同引河线路，在工程效益和工程投资上，差异很大，必须进行多方案比较综合选定，必要时应通过河工模型试验论证确定。

当需要系统裁弯时，单个裁弯应与系统裁弯统筹安排。因为裁弯使水流流路发生根本性的变化，要使邻近裁弯的河段能够顺应河势，平顺衔接，必须统一考虑。实践表明，进行系统裁弯时，必须在一个裁弯已经成功之后，才能开始另一个裁弯，裁弯顺序以自上而下为宜。

7.4 分 汊 型 河 段

7.4.2 当分汊型河段的发展演变过程处于对经济社会发展总体有利的状态时，宜采用整治措施把这种有利状态稳定下来。为了达到这种目的，可在分汊型河段上游节点处、汊道入口处和弯曲汊道中局部冲刷段以及江心洲首部和尾部分别修建整治工程。汊道出口处的控制可视具体情况选择整治工程的类型。例如为了维护边滩，可采用植树护滩措施；为了防止崩岸，可采用防护工程等。

江心洲首部一般须修建上分水堤，其目的是为了保证汊道进口具有较好的水流条件和河床形式，以控制其在各级水位时能具有相对稳定的流量和沙量分配比例，从而固定江心洲和汊道。上分水堤的外形，为上游部分窄矮而向下游逐渐扩宽升高，是一种形状如鱼嘴的建筑物，故又名鱼嘴。其前端浸入水下，顶部沿流程逐渐增高，与江心洲首部平顺衔接。上分水堤的方向、平面尺寸及其各部分的高程，直接影响着各汊道的流量和沙量分配比例，以及进口处的水流条件，故在进行规划设计时，应慎重考虑。但目前还缺乏确切的理论计算方法，其位置和尺寸最好根据河工模型试验确定。

江心洲尾部一般需修建下分水堤，其目的是为了保证汊道出口具有较好的水流条件和河床形式，以控制相对稳定的流量和沙量分配比例，从而固定江心洲和汊道。这是因为在汊道口汇流处，两汊道水面往往存在一定的高差，引起横向水流及复杂的环流结构，不仅对航行不利，而且将促使泥沙淤积，引起江心洲尾部向下游延伸，从而影响汊道的流量沙量分配比例的变化，对于稳定江心洲和汊道是不利的。

下分水堤的外形与上分水堤恰好相反，其平面上的宽度沿流程逐渐收缩，上游部分与江心洲尾部平顺衔接，其高程则沿流程逐渐降低。下分水堤的位置和尺寸也应由河工模型试验确定为宜。

上、下分水堤的结构，可按导流坝设计。此外，还应根据具体情况，适当修建一些防护工程，以防止江心洲的首部和尾部受到水流的冲刷而与分水堤分离。

7.4.3 当分汊型河段的发展演变过程出现与经济社会发展不相适应的情况，而又不能或不允许通过堵塞汊道来加以根治时，应采取改善汊道的整治措施。

改善汊道的整治措施包括调整水流与调整河床两方面，前者如修建顺坝和丁坝，后者如疏浚与爆破等。采用这种整治措施时，首先应分析该分汊型河段的演变规律，根据具体情况采取工程措施。例如，为了改善上游河段的情况，可在上游节点修建控制工程，以控制来水来沙条件；为了改变两汊道流量和沙量的分配比例，可在汊道入口处修建顺坝和挑水丁坝；为了增加浅滩上的水深，可修建丁坝以束水攻沙，或进行疏浚与爆破工程；为了改善江心洲尾部的水流流态，可在洲尾修建导流顺坝等等。

7.4.4 在一些分汊型河段中（主要是中小河道），有时两汊道流量相差不大，而通航汊道需要增加较多流量才能满足通航要求时，可考虑采取堵塞汊道整治措施，将枯水流量全部集中于通航汊道。有时为了满足工农业要求，也往往将支汊堵塞，使江心洲或江心滩转化为边滩，作为工农业用地。

堵塞汊道时，应分析该分汊型河段的演变规律，尽可能选择逐渐衰退的汊道加以堵塞，这样可收到事半功倍的效果。一汊堵塞后，另一汊将逐渐展宽与加深。

堵塞汊道的措施，视具体情况不同，可采取修建挑水坝、锁坝或编篱建筑物等多种方式。在含沙量较大的河流上，可在被堵一汊的进口处，修建编篱建筑物，将含沙量较小的表层水流导向被保留的汊道，而含沙量较大的底层水流则导入被堵塞的汊道，从而导致该汊道的淤塞。

当被堵塞的汊道有明显的衰亡趋势，而另一汊道正处于发展阶段时，为了节省工程费用，宜于在被堵汊的进口上游修建挑水坝（顺坝或丁坝），将主流更加逼向发展的汊道，以加速其发展，而被堵汊的进口，因处在挑水坝下游，由于回流落淤而将逐渐淤死。

用丁坝和顺坝堵塞汊道，常常比锁坝的效果为好，因为丁坝和顺坝不但能封闭汊道进口，起到锁坝的作用，同时还能起束窄通航汊道水流的作用。

在中小河流上（特别是山区河流），当两汊道流量相差不大，必须堵死一汊才能满足另一汊的通航要求时，多采用锁坝堵汊。但在平原河流上，特别是大江大河，采用锁坝堵汊时，应慎重进行分析研究。这是因为锁坝堵汊会引起两汊道流量和沙量的重新分配，河道将发生剧烈变化，稍有不慎，就会带来不利的后果。在含沙量较大的河流，锁坝可以采用沉树、编篱等透水坝，以起缓流落淤作用，既节省工程费用，又提高淤塞汊道的效果。在含沙量较小的河流上，则宜采用实体坝堵汊。实体坝一般都修建得比较低，中、枯水期不过水，洪水期分泄部分洪水。

当堵塞汊道对河段防洪、排涝和其他方面有较大影响时，应充分论证，慎重采用。

7.5 游荡型河段

7.5.1 游荡型河段水流散乱，河势变化大、速度快，整治难度也是所有河型中最大的，因此，河道整治应循序渐进、逐步进行。采取工程措施逐步缩小主流的游荡摆动范围，最终达到稳定河势流路。依照来水来沙、河道边界条件，可将游荡性河道分成若干河段，重要河段优先整治，依照经济条件适当地确定整治的规模和速度。

7.5.2 收集历史河势资料、查勘现行河势、综合分析河势流路及演变规律是修建河道整治工程的基础。防洪、排涝、引水、航运、发电等对河道整治的要求是不同的，经济、社会、文化等区域特性的不同，对河势稳定的要求也不尽相同，选择的整治方案也有所差异，而河道的来水来沙特性又对整治方案的选择有制约作用。

7.5.5 游荡性河段主槽宽浅、滩地宽阔，滩面一般具有横比降且陡于河道纵比降，洪水时水流漫滩落淤，水流集中处冲成串沟，严重的造成滩、槽易位，对防洪不利。因此，维持必要的滩槽高差、淤堵串沟是防止主流游荡摆动的一项重要措施。

7.5.6 一些河流滩地较宽，存在横比降或因修堤取土等多种原因，一般在堤防临河形成明显的低洼地带，俗称“堤河”，它的存在易导致顺堤行洪，危及堤防安全，需采取措施进行处理。

7.6 潮汐河口段

7.6.2 潮汐河口段堤防的护坡为直接的防护工程，要求抗冲性强、整体性强、消浪效果好，经久耐用，便于施工和维护管理。

对于堤前滩地较宽的堤防，滩面上种植防浪林或芦苇等，可有效地消减波浪爬高；在平均潮位以上的潮间带，可根据气候、咸度等条件种植红树林、大米草或互花米草等，形成作物带消浪促淤。

对于堤前滩地较窄的堤防，可设置与堤岸线基本平行的顺坝；在波浪作用很强的情况下，需根据消浪要求在顺坝迎浪面设置不同尺寸的混凝土异形块体。

7.6.7 多沙河流的潮汐河口段具有淤积、延伸、摆动、改道的演变特性。因此，潮汐河口段的整治必须充分考虑这一特点，在尽量输沙入海的同时，在潮汐河口段应留足河道的摆动范围和预留一定的沉沙区域，并留有若干条备用流路，供河流入海长期使用。

8 整治工程设计

8.1 堤防工程

8.1.1 本条列举了堤型选择中应考虑的一些因素，多数情况就只有一、二个因素起主导作用。有些情况下，堤型可以根据实践经验确定。

8.1.2 河道整治重要措施之一就是修筑堤防。现行国家标准《堤防工程设计规范》GB 50286 对堤防工程的设计已有规定和要求，本条规定堤防工程设计应执行《堤防工程设计规范》GB 50286 的有关规定。

8.2 防护工程

8.2.1 河道滩岸受水流、波浪、潮汐等侵袭和冲刷，容易造成崩塌，有些河道岸滩窄，发生塌岸后直接威胁河道及堤防的安全。对这类河道岸坡需进行防护，以稳定岸线、确保堤防安全。有些经过城区的河道，从安全、生态和环境等方面综合考虑也需要进行防护。

防护工程设计应符合防洪规划及整治工程规划的要求，工程布局应因势利导、符合水流演变规律，统筹兼顾上下游、左右岸的关系。河岸防护要尽量采取工程措施与生物措施相结合的原则以达到经济合理的效果。本章第8.2节主要对河岸防护的工程措施提出具体的设计要求，生物措施将在本章第8.5节再作详细介绍。

8.2.2 防护工程的布局、型式、结构，需根据被防护河段的具体情况分析研究采用。防护工程按型式一般分为下列三类：

1 坡式防护工程：用抗冲材料直接敷设在岸坡一定范围形成连续的覆盖式防护，对河床边界条件改变较小，对近岸水流的影响也较小，是一种常见的、需要优先选用的型式。

2 墙式防护工程：顺河岸设置，具有断面小、占地少的优点，但要求地基满足一定的承载能力。

3 其他防护工程：如桩式防护工程，我国海堤过去采用较多，钱塘江堤采用木桩或石桩防护有悠久历史，美国密西西比河中游还保留不少木桩堆石坝，黄河下游近年来修筑了钢筋混凝土试验桩坝。

8.2.3 防护工程经常受水流、波浪、潮汐的作用容易损坏，需要经常维修加固，工程量大，又有时限性，因此本条提出了防护工程在结构、材料方面的技术要求。防护工程常用的结构型式有干砌石、浆砌石、混凝土预制块以及现浇混凝土等，随着新技术新材料和新工艺的发展，生态格网结构在防护工程中的应用也十分广泛。生态格网有网箱、网垫、网袋以及落石防护网等结构型式，可用于坡式、墙式、坝式等岸坡防护，具有改善生态环境、结构柔韧、耐久抗腐等特点，目前，在洞庭湖流域草尾河崩岸治理、湖北石首市长江堤防护岸和黄石市长江干堤复兴段护坡和四川宜宾向家坝工程中得到了应用，并取得了很好的防护效果。

8.2.4 防护范围关系到工程的规模、稳定及工程量、投资，因此应合理确定。在不具备河床演变分析资料的情况下，防护工程的长度也可以根据已建同类工程的经验确定。

8.2.5 墙式防护工程应进行稳定分析计算，坡式防护工程可按已建类似工程选定，其他防护工程如桩式按照有关规范进行专门设计。对于河道滩地窄或无滩地的河段，岸坡基本与堤防形成了整体，因此需要按照堤防的标准进行分析计算。

对于沿护坡底面通过地基整体滑动的护坡稳定计算，其地基部分也应是圆弧滑动破坏，但是，一般护坡的基础较浅，滑动面也不深，所以，为简便计算，基础部分沿地基滑动简化为折线状，用极限平衡法计算。

重力式防护工程稳定计算应包括整体滑动稳定计算和按挡土墙的抗滑、抗倾、地基应力计算；整体滑动稳定计算可采用瑞典圆弧法进行计算，计算应考虑工程可能发生的最大冲深对稳定的影响。

重力式防护工程按挡土墙进行稳定性计算，土压力计算本规范推荐采用库仑理论公式进行，对两个具体计算问题作了处理：

1 由于重力式防护工程靠土一侧有采用台阶、变坡等各种型式的情况，因此根据变化情况沿垂向采取分段计算土压力，对计算段以上土体及其他荷载按均布荷载处理。

2 当土体为黏性土时，通过加大土内摩擦角的办法将凝聚力的影响包含于公式中。

8.2.6 防护工程以设计枯水位为界，分上部护坡工程和下部护脚工程，下部护脚工程一般经常受到水流淘刷，是防护工程的根基，关系着防护工程的稳定。

设计枯水位一般采用防护处枯水期的多年平均值，或取历年平均最低水位加0.3m。如无实测资料，可按上下游测站的设计枯水位推求。

8.2.7 护坡工程常用的结构型式有干砌石、浆砌石、混凝土预制块以及现浇混凝土等。随着新技术新材料的发展，目前也有很多新的护坡材料，如格宾护垫、格宾挡墙或土工格栅等，在设计时应根据具体情况合理选用。

8.2.8 护脚工程是防护工程的根基，关系着防护工程的稳定，与上部护坡工程在型式、结构材料等方面一般不相同。在确保工程安全可靠的基础上，应尽可能地选用新技术、新材料。为防止水流淘刷向深层发展造成工程破坏，应考虑在防护体外缘加抛防冲和稳定加固的储备方量。

1 抛投体能在水流作用下随着床面冲深变化而自动调整，有较好的适应性。块石是最常用的护脚加固材料，据有关资料，湖北荆江大堤护岸工程，岸坡为1∶2，水深超过20m，利用粒径为0.20m～0.45m的块石，在垂线平均流速为2.5m/s～4.5m/s的水流作用下，岸坡是稳定的。

在岸坡缓于1∶3和流速不大的情况下，抛石也可采用较小的粒径，如江苏镇江市的江心洲头护岸，采用块石质量为5kg～50kg，约相当于粒径为0.15m～0.33m，稳定效果也较好。

2 柴枕和柴排是传统的护岸型式，造价低，可就地取材，各地都有许多经验。柴排的排型和沉排面积可根据技术要求、施工条件及历年使用经验确定。

3 土工织物枕、排是一种土工织物袋装沙土充填物护岸，为了使枕、排具有防渗、反滤、保土、防淤堵作用，要求土工织物孔径满足$d_{95} \leqslant 0.5D_{85}$。其中：$d_{95}$为土工织物孔径中小于该孔径保证率为95%的孔径值；D_{85}为充填物粒径大于该粒径的重量占85%的粒径值。

4 铰链式混凝土板土工织物排是一种新型沉排，由敷设于岸床的土工织物及上压的铰接式混凝土板组成。排端铺在多年平均最低枯水位处，岸坡一般缓于1∶2.5，最低枯水位以上接护坡石。混凝土块因有铰接串联，能适应河床变形。

目前国内外研究提出的计算防护工程冲刷深度的公式繁多，各有侧重，各公式计算的差值也较大，需结合工程的具体情况采用。附录B.2是根据长江、黄河及其他河流常采用的一些公式提出的。

砌石护坡面层设计一般按厚度控制。过去干砌块石厚度计算一般采用向金方法、培什金方法和港口规范法。向金方法在$L/H=15$前后计算值发生突变，不够合理。港口规范法在$m<2$时计算值一般偏大。培什金方法计算值一般居中，计算简便。

工程中干砌块石有砌方石（包括条石）和一般块石之分。培什金公式系数0.225，是指砌方石而言，根据向金资料，砌方石与砌块石系数相差18%，据此，将培什金砌石公式原系数提高18%，作为一般砌块石的系数0.266。

关于人工块体和经过分选块石的抛石护坡计算，采用了国内外广泛使用的哈得逊公式，稳定系数取值来自相关港口工程技术规范。

混凝土护面板的整体稳定计算采用了向金公式，与国家现行标准《碾压式土石坝设计规范》SL 274一致。本条规定公式仅适用于均质土堤护坡的情况，对土堤临水面有抛石体，在抛石体上铺放混凝土板的情况不宜采用。

在水流作用下，防护工程采用抛石护坡、护脚，其块石保持稳定的抗冲粒径（按块石折算成圆球形之直径）和重量计算公式很多，本条介绍的公式除考虑水流流速这一主要因素外，还考虑了块石重度、底坡情况、水流流向等，比较符合实际情况，根据各地具体情况亦可选用其他公式计算。

8.2.9 墙式防护工程为重力式挡土墙，要求有较好的地基条件，造价也较高，因而主要用于堤前无滩、水域较窄、防护对象重要又需防护的河段。

墙式防护工程断面在满足稳定要求的前提下，宜尽量小些，以减少占地，墙基嵌入岸坡脚一定深度对墙体和岸坡整体抗滑稳定和抗冲刷有利。如冲刷深度大，应采取护基措施。

软弱地基处理的工程措施较多，如地下连续墙、混凝土搅拌桩、灌注桩、沉井等，需要根据具体情况通过分析计算和技术经济比较选定。

8.2.10 桩式防护工程在抢险中使用较多。在正常防护工程中，只有当削坡、减载、压脚等措施都受到条件限制时，才考虑采用桩式防护工程。

护岸桩在以往传统工程中用得较多，如著名的钱塘江海塘等。目前逐渐为板桩或地下连续墙等所替代，已较少使用。

沿海地区桩坝促淤保滩试验工程较多，效果均较好。黄河下游花园口险工采用了大直径透水桩坝，试验也是成功的。

8.3 控导工程

8.3.1 河道的治导线是确定岸坡控导工程位置的依据。应根据河道演变规律和整治目的，选择合适的控导工程型式。控导工程按照坝型可分为丁坝、顺坝、透水桩坝、锁坝和潜坝等，按照结构型式可分为透水、不透水；淹没、非淹没；上挑、正挑、下挑等。各条河道的情况不同，需要结合河流水文泥沙特性、河道边界条件、河道整治工程总体布置要求以及结构材料、坝高及与水流、潮流流向关系等因素，选用不同的坝型和结构。

对用单丁坝束窄的河道，一般按天然河道水面线的计算方法推算至丁坝下游回流区末端为下游水位，加上 ΔZ，得到坝上游水位。若坝体透水量较大，丁坝孔口流量需扣除透水量。

潜坝壅水计算公式较多，附录是根据常用淹没宽顶堰溢流公式提出的。公式（C.2.1）中 ΔZ 值的确定一般通过试算方法。先设 $\frac{\Delta Z}{H}$ 值（$H_0 \approx H$），查附录C图C.2.2得 m 值，将 m 及其他已知数代入公式（C.2.2-1）得 H，再将 H 值代入公式（C.2.1），求出 ΔZ 值。然后比较此 ΔZ 值与假设的 ΔZ 值是否一致，如一致则说明假设正确，否则重新设 $\frac{\Delta Z}{H}$ 值，重复上述计算步骤，直至满足要求时为止。

冲刷深度的计算和分析可为岸坡防护稳定、防冲备石、防汛抢险提供依据。顺坝与平顺护岸基本类似，其冲刷类型也相同，因此，没有再列出冲刷计算公式。

8.3.2 丁坝的平面布置应按整治规划并结合具体情况确定，也可以按照类似工程的经验确定。黄河下游总结了“以坝垛护弯、以弯导流”的布局经验，组成控导工程的丁坝群，坝头均在整治工程位置线上，以发挥丁坝群的整体功能。美国密西西比河进行防洪结合航运进行整治，控导工程严格遵循治导线布置，效果很好。

1 丁坝长度决定于堤防、滩岸至治导线的距离，应兼顾上下游、左右岸的关系，按照有利于控导水流的原则确定坝长，如离岸较远，可在整治工程位置线后一定的距离修建与整治工程位置线基本平行的连坝作为丁坝生根的场所，在黄河下游称之为连坝。

2 丁坝间距的确定应遵循充分发挥每道丁坝的掩护作用，又使坝间不发生冲刷的原则，即使下一道丁坝的壅水刚好达到上一道丁坝。丁坝的间距可为坝长的1倍～3倍，一般水流流向变化大的，丁坝间距宜小。黄河下游丁坝间距一般采用坝长的1.0倍～1.2倍，长江下游潮汐河口区采用1.5倍～3.0倍，我国海堤前的造滩丁坝一般采用2倍～4倍，有的采用坝长的6倍～8倍。美国密西西比河为1.5倍～2.5倍，欧洲一些河流为2倍～3倍。

3 丁坝坝轴线与水流（潮流）方向夹角对河势的影响较大，选择合适的夹角可以减少冲刷和淤积，因此需要根据具体情况合理确定。

4 丁坝各部位采用的材料视需要和当地情况确定。土坝体宜采用壤土填筑，不得含植物根茎、建筑垃圾等影响工程、水质和破坏环境的杂物，土料填筑质量应以压实度或干容重为设计控制指标，压实度一般控制不小于0.92。经过论证，坝身也可采用石料、柳石料、铅丝笼、土工织物长管袋等材料修筑。

6 为防止丁坝与堤防或滩岸衔接处局部水流的破坏，应作好防护措施。

8.3.3 顺坝布置应根据滩面坡度和促淤范围而定。堤防与顺坝间可以不用格坝连接，但坝田两端需封闭，形成坝田淤积区；若有格坝连接，则格坝间距约为坝长的3倍～5倍，坝田淤积效果较好。

8.3.5 锁坝用于堵塞汊道或串沟，以促进汊道或串沟的衰亡而加强主流。锁坝枯水期不过流，一般洪水期漫溢泄流。人们将坝顶高程在枯水位以下的锁坝称为潜坝。潜坝常建在深潭处，增加河底糙率，缓流落淤，调整河床，平顺水流。本条对锁坝和潜坝提出了有关的技术要求和量化指标。

8.4 疏 挖 工 程

8.4.1、8.4.2 河道疏挖需按照河道治导线的要求，尽量提高工程的综合利用效能，同时要考虑减小对环境的影响。对于河势变化剧烈或重要城市等重要河段，应通过河工模型试验，分析疏挖工程对河势的影响。

8.4.3 疏挖断面除满足主要功能要求外，在河道的总体规划范围内，可兼顾其他功能的需要。疏挖的河槽断面一般宜与河段造床流量相适应。在河道扩挖和疏浚设计时，应根据水流条件、地形地质条件，参照现行国家标准《堤防工程设计规范》GB 50286 的附录F进行稳定计算后，确定相应的坡比。

8.4.4 可根据非汛期多年平均水位并综合土质和施工机械的性能来划分疏挖的水上方和水下方。疏挖土方无论是在岸上处理还是水下处理，都应符合有关的规程规范，还应做好生态保护。

8.5 生 物 工 程

8.5.1 生物工程主要有防浪林、护堤林、草皮护坡等。他们不仅可以减轻暴雨洪水、风沙、冰凌、潮汐、海浪等自然力的侵蚀破坏，还可以改善生态环境。因此，在设计中，生物工程应一次设计到位，并积极创造条件，力求达到条文所要求的技术经济效果。

8.5.2～8.5.4 对防浪林、护堤林、草皮护坡等生物工程的种植范围、技术规格和适宜栽种的树种、草种等分别作了技术规定。但我国幅员辽阔，各地气候、土壤等自然条件差异很大，同时各地的营造管理经验和种植习惯也不尽相同，因此，除具有普遍性、确定性的规定外，其余条目的内容可视具体条件参照执行。

防浪林在不影响行洪安全的前提下，其种植范围不受护堤地宽度的限制，可适当扩大。

我国种草护坡具有悠久的历史，各地应用十分广泛，是普遍成功的经验。但长期浸泡在水下或行洪流速超过3m/s的土堤坡面不适宜种植草皮护坡。

8.6 安全监测

8.6.1 监测设施设计的目的主要是监测工程安全状况，同时积累实测资料。河道整治工程应根据工程级别、水文、气象、地质及管理运用要求，设置必要的监测项目及监测设施，监测设施应选取技术上可行、经济上合理、运用灵活的设备。

8.6.2 河道整治工程监测项目的设置应根据不同的工程特点和要求进行。河道整治工程应进行以下观测工作：

1 水位观测：水位观测是做好工程控制运用、监测工程安全的重要手段。水位观测站的分布范围广，服务项目多，诸如监测了解堤防沿线的水情、凌情、潮情及海浪的涨落变化；调控各类供水、泄水工程的过流能力、流态变化及消能防冲效果；与有关的工程观测项目进行对比观测，综合分析观测资料的精确度和合理性等。这些都需要选择适宜地点进行水位观测。

2 水流形态及河势观测：观测工程所在河段流路、水面宽度、主流方向、主流顶冲位置和范围、回流等水流现象，观测已建工程及上下游滩岸的平面变化与横断面变化。作出河势预估，对可能出险的情况，做好物料准备。

3 工程运行观测：工程运行初期，要加强对工程进行沉降和位移观测，以了解工程的沉降速度和稳定性。坝坡位移观测，主要是选择一些有潜在滑移危险的代表性堤段进行垂直位移观测，必要时也可结合进行水平位移观测。

8.6.3 在全面收集资料的基础上，针对确定的监测项目，进行合理的监测设施设计。监测设计需考虑观测设备安装埋设的施工条件和必要的保护措施，尽量减少安装上的困难，保证精度达到要求。观测设计需考虑观测条件，如道路、交通工具、照明条件等，还需要有各种安全保护措施。

中华人民共和国国家标准

钢铁企业管道支架设计规范

Code for design of pipe supports in iron and steel enterprises

GB 50709—2011

主编部门：中 国 冶 金 建 设 协 会
批准部门：中华人民共和国住房和城乡建设部
施行日期：2 0 1 2 年 6 月 1 日

中华人民共和国住房和城乡建设部
公　　告

第1079号

关于发布国家标准《钢铁企业管道支架设计规范》的公告

现批准《钢铁企业管道支架设计规范》为国家标准，编号为GB 50709—2011，自2012年6月1日起实施。其中，第4.2.5、9.1.6（2）条（款）为强制性条文，必须严格执行。

本规范由我部标准定额研究所组织中国计划出版社出版发行。

中华人民共和国住房和城乡建设部

二〇一一年七月二十六日

前　　言

本规范是根据原建设部《关于印发〈2007年工程建设标准规范制订、修订计划（第二批）〉的通知》（建标〔2007〕126号）的要求，由中冶赛迪工程技术股份有限公司会同有关单位共同编制完成。

本规范在编制过程中，编制组经广泛调查研究，认真总结了钢铁企业管道支架工程设计经验和科研成果，参考有关国际标准和国外先进标准，并在广泛征求意见的基础上，最后经审查定稿。

本规范共分11章和5个附录。主要技术内容是：总则，术语和符号，基本规定，管道支架的分类及选型，荷载与作用，管道支架的设计及计算，连接，地基基础设计，抗震设计，管道支架的构造，管道支架的防腐蚀等。

本规范中以黑体字标志的条文为强制性条文，必须严格执行。

本规范由住房和城乡建设部负责管理和对强制性条文的解释，由中冶赛迪工程技术股份有限公司负责具体技术内容的解释。执行过程中如有意见或建议，请寄送中冶赛迪工程技术股份有限公司（地址：重庆市渝中区双钢路1号，邮政编码：400013），以供今后修订时参考。

本规范主编单位、参编单位、主要起草人和主要审查人：

主编单位： 中冶赛迪工程技术股份有限公司

参编单位： 中冶南方工程技术有限公司
重庆建工集团股份有限公司
中冶京诚工程技术有限公司
中冶长天国际工程有限责任公司
中冶焦耐工程技术有限公司
中冶华天工程技术有限公司
中冶建筑研究总院有限公司
中冶东方工程技术有限公司
鞍钢集团设计研究院
宝山钢铁股份有限公司
上海宝冶集团有限公司
重庆大学

主要起草人： 付征耀　黄必章　扈凤汉
何学荣　穆海生　孙衍法
李永录　朱丹蒙　张树生
王怀忠　曲圣伟　金祥武
席德顺　李英民　薛尚铃
胡朝晖　马　鹰　文铁军
韩　军　唐建设　王攀峰

主要审查人： 郭启蛟　吴志平　张长信
王创时　崔　佳　李志明
刘业刚　李树彬　陈小平

目　次

Contents

1 总 则

1.0.1 为在钢铁企业管道支架设计中，贯彻执行国家的技术经济政策，做到技术先进、经济合理、安全适用、确保质量，制定本规范。

1.0.2 本规范适用于钢铁企业架空管道的支架设计。

1.0.3 钢铁企业管道支架设计，除应符合本规范外，尚应符合国家现行有关标准的规定。

2 术 语 和 符 号

2.1 术 语

2.1.1 管道支架 pipe support

管道系统中支承各种管道的竖向结构、横向结构或竖向与横向组合结构的总称。

2.1.2 管托 pipe bracket

置于管道支架上将管道和支架连接起来共同工作的装置。

2.1.3 固定管道支架 fixed pipe support

在管道的纵向和横向均视为管道的不移动支点的支架。

2.1.4 活动管道支架 movable pipe support

在管道的纵向、横向或者纵向和横向视为管道的可移动支点的支架。

2.1.5 单向活动管道支架 one-way movable pipe support

在管道的纵向应视为管道的可移动支点，横向为管道的不移动支点的支架。

2.1.6 双向活动管道支架 biaxial movable pipe support

在管道的纵向、横向均应视为管道的可移动支点的支架。

2.1.7 组合式管道支架 combined pipe support

由多个关联构件组合而成的管道支架。

2.1.8 主动管 active pipe

管道系统中对管道支架的工作状态起控制作用的管道。

2.1.9 主动管层 active pipe layer

管道系统中布置有主动管的管道层。

2.2 符 号

2.2.1 作用和作用效应：

F_k——相应于荷载效应标准组合时，上部结构传至基础顶面的竖向力；

G_k——基础自重及基础上土重标准值；

M_{kx}、M_{ky}——相应于荷载效应标准组合时，作用于基础底面的沿 x 方向及 y 方向的力矩值；

N——柱脚截面的轴力设计值；

N_b——锚栓的总合拉力；

N_t——单根锚栓承受的拉力设计值；

N_t^b——单根锚栓的受拉承载力；

V_v——单根锚栓承受的剪力设计值；

V_v^b——单根锚栓的受剪承载力；

p_k——相应于荷载效应标准组合时，基础底面处的平均压力值；

p_{kmax}、p_{kmin}——相应于荷载效应标准组合时，基础底面边缘的最大、最小压力值；

t_1——管壁最高计算温度；

t_2——管壁最低计算温度；

N_i——管道重量；

N_z——主动管（最重管）重量；

q_i——第 i 根管的单位长度重量；

R——混凝土的压应力合力。

2.2.2 计算指标：

e_x、e_y——基础沿 x 方向及 y 方向的偏心距；

e_w、e_f——分别为锚栓中心至柱脚腹板（或加劲）和翼缘板表面的距离；

EI——支柱刚度，E 为弹性模量，I 为惯性矩；

f——底板钢材的抗拉强度设计值；

f_a——修正后的地基承载力特征值；

f_c——基础混凝土抗压强度设计值；

f_{cc}——素混凝土轴心抗压强度设计值；

k_q——牵制系数；

P_m——管道摩擦力；

P_f——管道支架位移反弹力；

t_p——锚栓区受拉底板厚度；

x_n——柱脚底板下压应力分布长度；

Δ_z——主动管变形值；

Δ_{zx}、Δ_{zy}——主动管沿纵向及横向变形值；

Δ_{zz}——主动管斜向变形值；

α_t——钢材线膨胀系数；

β_L——混凝土局部受压时的强度提高系数；

μ_i——第 i 根管的摩擦系数。

2.2.3 几何参数

A、B——基础底边尺寸；

b_1——支承肋间净距；

b_z——柱脚底板宽度；

c、d——锚栓中心至底板边缘的距离；

H_0——管道支架柱计算长度；

H_i——管道支架柱的层间高度；

L_k——所计算的管道支架到固定点处的管道长度；

L——柱脚底板长度；

L_0——受拉一侧锚栓合力至压力最大侧底板

边的距离；

b_v——垂直于剪力作用方向的抗剪键宽度；

h_v——抗剪键高度。

3 基本规定

3.0.1 管道支架在规定的设计使用年限内，应符合下列要求：

1 应能承受在施工和使用期间可能出现的各种作用；

2 在正常使用时，应具有良好的工作性能；

3 在正常维护下，应具有足够的耐久性能；

4 在本规范规定的偶然荷载发生时和发生后，应能保持必需的整体稳定性。

3.0.2 管道支架应根据承载能力极限状态及正常使用极限状态的要求，按下列要求进行计算：

1 所有结构构件均应进行承载力计算，有抗震设防要求的结构，尚应按规定进行结构构件抗震承载力验算；

2 管道支架的横梁应进行挠度验算，管道支架应进行风荷载作用下的位移计算，固定管道支架应进行管道水平推力作用下的柱顶位移计算；

3 钢筋混凝土结构管道支架宜符合现行国家标准《混凝土结构耐久性设计规范》GB/T 50476 的有关规定；

4 预制钢筋混凝土结构管道支架应进行吊装验算。

3.0.3 管道支架荷载效应组合应按现行国家标准《建筑结构荷载规范》GB 50009 的有关规定执行。

3.0.4 管道支架设计时，应根据结构破坏可能产生后果的严重性，采用不同的安全等级。管道支架安全等级的划分应符合表3.0.4 的要求。

表 3.0.4 管道支架安全等级的划分

安全等级	破坏后果	管道支架类型示例
一级	很严重	直接危及人的生命安全或造成重大经济损失
二级	严重	造成较大经济损失

3.0.5 管道支架设计使用年限为 50 年时，结构重要性系数应符合下列要求：

1 安全等级为一级的管道支架，不应小于 1.1；

2 安全等级为二级的管道支架，不应小于 1.0；

3 设计使用年限不要求达到 50 年的管道支架，其结构重要性系数应按现行国家标准《工程结构可靠性设计统一标准》GB 50153 的有关规定执行。

3.0.6 管道支架的设计应具备下列资料：

1 管道平剖面布置图、管道规格，支架位置图及工艺对支架的要求；

2 管道重量，管道内介质重量，管道内的事故水、试压水、沉积物、预留荷载、平台上的活荷载等，以及管道对支架的水平推力；

3 管道壁的最高、最低计算温度；

4 管道路由地形图、总图场平资料及岩土工程勘察资料。

4 管道支架的分类及选型

4.1 一般规定

4.1.1 管道支架可分为固定管道支架、单向活动管道支架、双向活动管道支架及组合式管道支架等类型。

4.1.2 管线系统中管道支架应力求结构形式统一、外形协调。

4.2 管道支架的类型

4.2.1 固定管道支架应按管道支架承受的荷载大小与管道布置情况选择合理的结构形式。管道应采用固定管托连接，管道支架应与基础固接。

4.2.2 单向活动管道支架可分为刚性、柔性和半铰接，并应符合下列要求：

1 单向活动刚性管道支架可用于管道重量较小、管道变形较大、高度较低的管线；其作用于管道支架上的摩擦力，应符合下式要求：

$$P_m < P_f \quad (4.2.2\text{-}1)$$

式中：P_m——管道摩擦力；

P_f——管道支架位移反弹力。

2 单向活动柔性管道支架可用于管道重量较大、管道变形较小、高度较高的管线；其作用于管道支架上的摩擦力，应符合下式要求：

$$P_m \geqslant P_f \quad (4.2.2\text{-}2)$$

3 单向活动半铰接管道支架可用于管道重量较大、主动管变形符合管道支架位移后倾斜度要求的管线；管道支架位移后的倾斜度应符合下式要求：

$$\frac{\Delta_z}{H} \leqslant 0.02 \quad (4.2.2\text{-}3)$$

式中：Δ_z——主动管变形值；

H——管道支架的高度。

4.2.3 双向活动管道支架，宜设置在管道的转角附近，可分为摇摆、双向滑动和摇动吊梁，并应符合下列要求：

1 双向活动摇摆管道支架上的主动管应采用固定管托或螺栓联结的铰接管托，其他管道应采用滑动管托；支柱与基础沿双向应采用铰接，可用于单管或管道数量不多的管线［图 4.2.3 (a)］，支柱和基础应为铰接；其支架的倾斜度应符合下列公式的要求：

$$\frac{\Delta_{zz}}{H} \leqslant 0.03 \quad (4.2.3\text{-}1)$$

$$\Delta_{zz}=\sqrt{\Delta_{zx}^2+\Delta_{zy}^2} \quad (4.2.3\text{-}2)$$

式中：Δ_{zz}——主动管斜向变形值；

Δ_{zx}、Δ_{zy}——主动管沿纵向及横向变形值。

2 双向活动滑动管道支架上的管道沿纵向及横向均可滑动；其支架应与基础固接，可用于管道数量较多，管道沿纵向及横向均有较大变形的单层或多层管线。

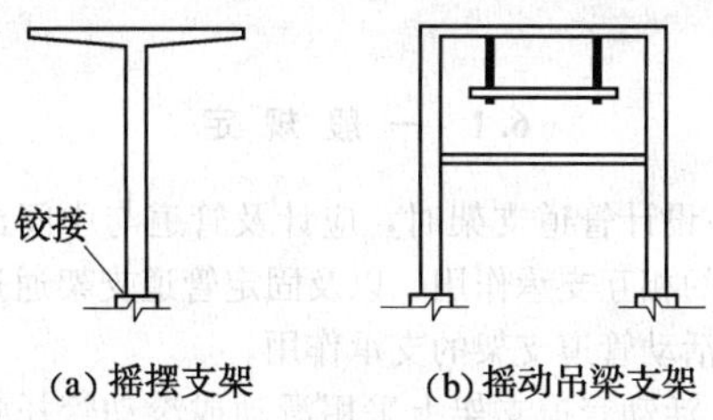

(a) 摇摆支架 (b) 摇动吊梁支架

图 4.2.3 双向活动支架

3 双向活动摇动吊梁管道支架［图 4.2.3(b)］，管道在吊梁上宜采用滑动管托，吊索的长度宜大于管道变形值的 10 倍。

4.2.4 管道跨距超过其允许变形值时，宜采用组合式管道支架。组合式管道支架根据结构组合形式可分为悬索式、桥架式、悬臂式、桁架式及吊索式等形式。

4.2.5 符合下列条件之一的固定管道支架，应采用四柱式现浇钢筋混凝土框架结构支架、有支撑的空间钢框架结构支架或墩式支架：

1 输送液体介质公称直径大于或等于 500mm 的管道；

2 输送气体介质公称直径大于或等于 600mm 的管道；

3 输送易燃、易爆、剧毒、高温、高压介质的管道。

5 荷载与作用

5.1 一般规定

5.1.1 作用在管道支架上的荷载与作用可按下列要求分类：

1 包括管道、内衬、管道附件以及外裹保温层等自重，管道内介质重，管道支架自重的永久荷载；

2 管内沉积物、试压水等，积灰、冰雪、平台上操作或检修荷载等，管道补偿器的弹性力或不平衡力，介质压力作用下产生的水平力，管道摩擦力或管道支架位移反弹力，温度作用，风荷载；

3 管道中的事故水或其他事故状态下产生作用的偶然荷载；

4 包括常遇地震和罕遇地震的地震作用。

5.1.2 积灰荷载、管道风荷载及荷载效应组合，应按现行国家标准《建筑结构荷载规范》GB 50009 的有关规定执行，地震作用应按本规范第 9 章的有关规定执行。

5.1.3 当管道支架上敷设的振动管道重量超过全部管道重量的 30%时，振动管道对支架的作用应按下列要求计算：

1 当振动管道设有限制振动的管卡或采取其他减振措施时，垂直荷载和水平荷载均应乘以 1.2 的动力系数；

2 当振动管道未采取减振措施时，垂直荷载和水平荷载均应乘以 1.5 的动力系数。

5.2 活动管道支架的管道摩擦力和位移反弹力

5.2.1 管道摩擦力应按下列规定计算：

1 不计牵制系数时，可按下式计算：

$$P'_m=\sum q_i\mu_i l \quad (5.2.1\text{-}1)$$

式中：q_i——第 i 根管的单位长度重量；

μ_i——第 i 根管的摩擦系数：钢对钢滑动时取 0.3，钢对钢滚动时取 0.1，有特殊可靠措施时可适当降低；

l——管道跨距，管架两侧的管道跨距不等时，取平均值。

2 计及牵制系数时，可按下式计算：

$$P_m=k_q P'_m \quad (5.2.1\text{-}2)$$

式中：k_q——牵制系数，可按本规范第 5.2.3 条的规定采用。

5.2.2 管道支架位移反弹力应按下列要求计算：

1 管道支架位移可按下列公式计算：

$$\Delta=k_q\Delta_z \quad (5.2.2\text{-}1)$$

$$\Delta_z=\alpha_t\ (t_1-t_2)\ L_k \quad (5.2.2\text{-}2)$$

式中：Δ_z——主动管变形值；

α_t——钢材线膨胀系数，按表 5.2.2 选用；

t_1——管壁最高计算温度；

t_2——管壁最低计算温度；

L_k——所计算的管道支架到固定点处的管道长度。

表 5.2.2 钢材弹性模量及线膨胀系数 t

管壁温度(℃)	弹性模量 E(N/mm²)	线膨胀系数 α_t(℃)
100	191×10^3	11.5×10^{-6}
150	189×10^3	11.9×10^{-6}
200	186×10^3	12.3×10^{-6}
250	183×10^3	12.6×10^{-6}
300	179×10^3	12.9×10^{-6}
350	173×10^3	13.2×10^{-6}
400	165×10^3	13.6×10^{-6}

注：温度为中间值时，采用线性插入法计算。

2 管道支架位移反弹力可按下式计算：

$$P_f = 3EI\Delta/H^3 \quad (5.2.2\text{-}3)$$

式中：EI——支柱刚度，其中 E 为弹性模量，I 为惯性矩。钢筋混凝土支柱取 $0.85EI$；

H——支柱的高度（主动管管托底至基础顶面距离）。

5.2.3 牵制系数应按下列要求取用：

1 管道根数不大于 2 时，牵制系数应取 1.0。

2 管道根数等于 3 或不小于 4，管道重量比小于 0.5 时，牵制系数应取 0.5；管道根数等于 3 或不小于 4，且管道重量比不小于 0.5 时，牵制系数应按表 5.2.3 选用。

表 5.2.3 牵制系数（k_q）

α	k_q
$0.50 \leqslant \alpha \leqslant 0.70$	0.67
$\alpha > 0.70$	1.00

3 管道根数不小于 4，且管道重量比小于 0.5 时，牵制系数应按图 5.2.3 选用，并应符合下列要求：

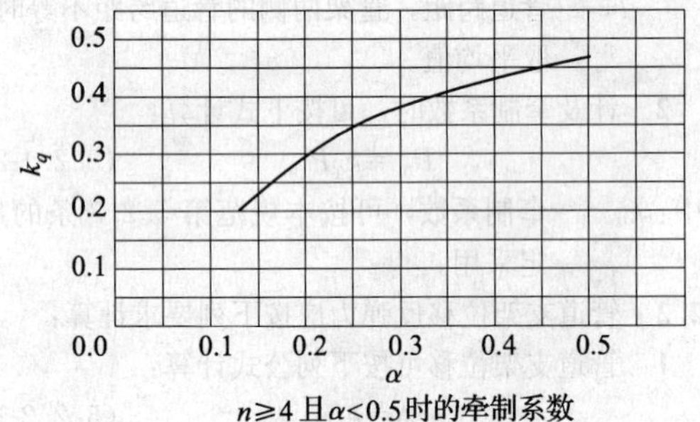

图 5.2.3 $n \geqslant 4$ 且 $\alpha < 0.50$ 时的牵制系数

1）α 值可按下式计算：

$$\alpha = N_z/\Sigma N_i \quad (5.2.3)$$

式中：N_i——管道重量；

N_z——主动管（最重管）重量，主动管在 n 范围内时，取主动管重量；主动管不在 n 范围内时，取最重管重量；

2）计算多层管道支架横梁的摩擦力 P_m 时，简支梁取该横梁上全部管道，悬臂梁取不利一侧的全部管道；

3）计算刚性管道支架的摩擦力 P_m 和柔性管道支架位移 Δ 时，取管道支架上全部管道；

4）计算柔性管道支架的摩擦力 P_m 时，取该横梁上全部管道；

5）计算 N_z 时，可将几根常温管道合并视为一根主动管。

5.3 管道支架上水平荷载作用点

5.3.1 采用上滑式管托时，作用在管道支架上的水平推力作用点应取管道外表皮的最低点；采用其他形式管托时，作用在管道支架上的水平推力作用点应取管托底面。

5.3.2 作用在管道支架上的风荷载作用点应取管道断面中心。

6 管道支架的设计及计算

6.1 一般规定

6.1.1 设计管道支架时，应计及管道与中间活动管道支架的相互支承作用，以及固定管道支架通过管道对中间活动管道支架的支承作用。

6.1.2 活动管道支架上采用滑动或滚动管托敷设多根管道时，管道支架设计应计及各管道不同时工作而产生的对管道支架的摩擦力和位移的影响。

6.1.3 敷设在活动管道支架上的管道，应根据各管道对支架的作用情况不同分为主动管和非主动管。主动管应布置在接近管道支架的中心处。

6.1.4 活动管道支架上主动管的选择应符合下列要求：

1 刚性活动管道支架，应选取管线中重量最大的管道作为主动管。

2 柔性管道支架应符合下列要求：

1）应选取管线中重量比不小于 0.7 的管道为主动管；

2）管线中无重量比不小于 0.7 的管道时，应选取管道变形值较小的管道作为主动管。主动管应取得工艺专业同意采用铰接管托，管道支架位移值等于该管道的变形值。

3 半铰接管道支架，应选取管线中变形值满足铰接倾斜度规定的重量较大的管道作为主动管，并应取得工艺专业同意。

6.1.5 在半铰接管道支架和摇摆管道支架的设计文件中，应包含施工过程中管道支架的临时稳定和安全措施要求。

6.1.6 刚性管道支架设计应符合下列要求：

1 管道支架顶位移应小于管道变形，管道支架顶位移和管道变形应为非整体工作；

2 纵向应为管道可移动支点，横向应为管道不移动支点；

3 管道支架承受的水平推力应为管道滑动摩擦力；

4 管道应采用滑动或滚动管托敷设于管道支架上，管道支架应与基础固接。

6.1.7 柔性管道支架设计应符合下列要求：

1 管道支架顶位移应与管道变形协调，管道支架顶位移和管道变形应为整体工作；

2 纵向应为管道可移动支点，横向应为管道不移动支点；

3 管道支架承受的水平推力应为管架位移反弹力；

4 主动管应采用滑动或铰接管托，其余管道应采用滑动或滚动管托敷设于管道支架上；管道支架应与基础固接。

6.1.8 半铰接管道支架设计应符合下列要求：

1 管道支架应以支柱的倾斜适应管道变形要求，不应出现相对位移，管架倾斜度不应大于2%；

2 纵向应为管道可移动支点，横向应为管道不移动支点；

3 管道支架承受的水平推力，可不计；

4 主动管应采用铰接管托，其余管道应采用滑动或滚动管托敷设于管道支架上；管道支架沿纵向应与基础半铰接，沿横向应与基础固接。

6.1.9 固定管道支架设计应符合下列要求：

1 管道支架应具有足够刚度，并应保证管道系统稳定；

2 纵向及横向应为管道的不移动支点；

3 管道应采用固定管托敷设于管道支架上。

6.1.10 活动管道支架宜采用柱脚固定的柔性或刚性活动管道支架；地震基本烈度为8度及以上地区的活动管道支架，应采用柱脚固定的刚性活动管道支架。

6.1.11 固定管道支架横梁的最大挠度不宜大于横梁跨度的1/500；其他类型管道支架横梁的最大挠度不应大于横梁跨度的1/250。

6.1.12 管道支架柱沿管道横向风荷载标准值作用下的柱顶位移，不应大于支架高度的1/400；固定管道支架沿管道纵向在管道水平推力作用下的柱顶位移，不应大于支架高度的1/400。

6.2 结构内力分析

6.2.1 管道支架结构可按弹性体系计算内力。

6.2.2 管道支架内力计算应符合下列要求：

1 宜按单片平面管道支架进行内力分析，四柱管道支架可按空间结构进行内力分析。

2 管道支架平面内，门型管道支架可按平面框架进行内力分析，T型管道支架应按悬臂梁、柱进行内力分析。

3 管道支架平面外内力计算应符合下列要求：

1）刚性管道支架中，支架柱可按上端自由、下端固接的受弯构件进行内力分析；门型管道支架横梁在水平推力作用下的平面外扭矩可按两端固接计算，水平推力作用下的平面外弯矩可按两端简支计算；T型管道支架横梁水平推力作用下的平面外扭矩、弯矩可按悬臂梁计算。

2）柔性管道支架中，支架柱可按主动管层和非主动管层共同作用下的管道支架位移进行内力分析；门型管道支架横梁非主动管层，水平推力作用下的平面外扭矩可按两端固接计算，水平推力作用下的平面外弯矩可按两端简支计算；主动管层，平面外扭矩、弯矩可按悬臂梁计算；T型管道支架梁水平推力作用下的平面外扭矩、弯矩可按悬臂梁计算。

3）半铰接管道支架中，支架柱主动管层可按中心受压计算内力、非主动管层可按简支梁计算内力；门型管道支架横梁非主动管层，水平推力作用下的平面外扭矩可按两端固接计算，水平推力作用下的平面外弯矩可按两端简支计算；门型管道支架横梁主动管层，平面外扭矩、弯矩可按悬臂梁计算；T型管道支架梁水平推力作用下的平面外扭矩、弯矩可按悬臂梁计算。

4）固定管道支架中，支架柱可按框架结构（四柱式）或悬臂（门型、单柱式）进行内力分析；门型管道支架横梁水平推力作用下的平面外扭矩可按两端固接计算，水平推力作用下的平面外弯矩可按两端简支计算；T型管道支架梁水平推力作用下的平面外扭矩、弯矩可按悬臂梁计算。

5）管道支架横梁在管道轴向水平荷载作用下计算简图及管道支架支柱在管道轴向水平荷载作用下计算简图，可按本规范附录A确定。

6.2.3 A型管道支架内力可按本规范附录B的规定计算，悬索管道支架内力可按本规范附录C的规定计算。管托的计算和构造应符合本规范附录E的规定。

6.3 钢筋混凝土结构管道支架设计

6.3.1 管道支架横梁应按受弯构件进行抗弯承载力、斜截面抗剪承载力计算，受扭时还应进行截面抗扭承载力计算，并应符合现行国家标准《混凝土结构设计规范》GB 50010的有关规定。

6.3.2 管道支架柱应按偏心受压（拉）构件进行受压（拉）承载力、斜截面抗剪承载力计算，受扭时还应进行截面扭曲承载力计算，并应符合现行国家标准《混凝土结构设计规范》GB 50010的有关规定。

6.3.3 管道支架柱计算长度，可按下式计算：

$$H_0=\mu H_i \tag{6.3.3}$$

式中：H_i——管道支架柱的层间高度；

μ——计算长度系数，应符合表6.3.3-1和表6.3.3-2的规定。

表 6.3.3-1 管道支架柱与横梁铰接时管道支架柱计算长度系数（μ）

管道支架形式	管道支架名称	层数	单跨		双跨	
			纵向	横向	纵向	横向
单片形式	固定管道支架	单层	2.00	1.50	2.00	1.50
		多层	2.00	1.50(顶)/1.25	2.00	1.50(顶)/1.25
	刚性管道支架	单层	1.50	1.50	1.50	1.50
		多层	1.50	1.50(顶)/1.25	1.50	1.50(顶)/1.25
	柔性管道支架	单层	1.25	1.50	—	—
		多层	1.25	1.50(顶)/1.25	—	—
	半铰接管道支架	单层	1.00	1.50	—	—
		多层	1.00	1.50(顶)/1.25	—	—
空间形式	纵梁式管道支架	单层	1.00	1.50	1.00	1.50
		多层	1.00	1.50(顶)/1.25	1.00	1.50(顶)/1.25
	四柱式管道支架	单层	1.50	1.50	—	—
		多层	1.50	1.50	—	—
	桁架式管道支架	单层	1.00	1.00	—	—
		多层	1.00	1.00	—	—
	A型管道支架	单层	1.00	1.00	—	—
		多层	—	—	—	—

表 6.3.3-2 管道支架柱与横梁刚接时管道支架柱计算长度系数（μ）

管道支架形式	管道支架名称	层数	单跨		双跨		单柱	
			纵向	横向	纵向	横向	纵向	横向
单片形式	固定管道支架	单层	2.00	1.50	2.00	1.25	2.00	2.00
		多层	2.00	1.50	2.00	1.25	2.00	2.00
	刚性管道支架	单层	1.50	1.50	1.50	1.25	1.50	2.00
		多层	1.50	1.00	1.50	1.00	1.50	2.00
	柔性管道支架	单层	1.25	1.50	—	—	1.25	2.00
		多层	1.25	1.00	—	—	1.25	2.00
	半铰接管道支架	单层	1.00	1.50	—	—	1.00	2.00
		多层	1.00	1.00	—	—	1.00	2.00
空间形式	纵梁式管道支架	单层	1.00	1.50	1.00	1.25	—	—
		多层	1.00	1.00	1.00	1.00	—	—
	四柱式管道支架	单层	1.50	1.50	—	—	—	—
		多层	1.25	1.25	—	—	—	—
	桁架式管道支架	单层	1.00	1.00	—	—	—	—
		多层	1.00	1.00	—	—	—	—
	A型管道支架	单层	1.00	1.00	—	—	—	—
		多层	1.25	1.25	—	—	—	—

6.3.4 管道支架柱的计算长度与截面最小宽度比应符合本规范第 10.1.4 条的规定。

6.4 钢结构管道支架设计

6.4.1 管道支架横梁应按受弯构件进行强度、整体稳定、局部稳定及变形计算，必要时尚应按压弯构件进行复核，并应符合现行国家标准《钢结构设计规范》GB 50017 的有关规定。

6.4.2 管道支架柱应按偏心受压构件进行强度、整体稳定、局部稳定计算，并应符合现行国家标准《钢结构设计规范》GB 50017 的有关规定。

6.4.3 管道支架的计算长度应符合下列要求：

1 管道支架柱横向计算长度，当采用单柱时，应按悬臂柱确定计算长度；当采用框架时，应按现行国家标准《钢结构设计规范》GB 50017 的有关规定执行；

2 管道支架柱纵向计算长度，应符合下列要求：

1）沿管道纵向为单柱时，柱的计算长度可按下式计算：

$$H_0=\mu H \tag{6.4.3-1}$$

式中：H——管道支架柱的高度，固定管道支架、刚性管道支架取支柱顶面至基础顶面距离，其他类型管道支架取主动管管托底至基础顶面距离；当主动管位于下层梁时，上层柱计算长度取主动管管托底至支柱顶面距离的 2 倍；

μ——计算长度系数，应符合表 6.4.3-1 的规定。

表 6.4.3-1 沿管道纵向为单柱时柱的计算长度系数

支架类型	固定支架	刚性支架	柔性支架	半铰接支架	摇摆支架
μ	2.00	1.50	1.25	1.00	1.00

2）沿管道纵向为框架时柱的计算长度应按现行国家标准《钢结构设计规范》GB 50017 的有关规定执行。

3 柱间支撑的计算长度，应符合下列要求：

1）单斜杆计算长度按下式计算：

$$l_0=l_s \tag{6.4.3-2}$$

式中：l_0——计算长度；

l_s——节点中心距离、交叉点不作为节点。

2）交叉连接斜杆平面内计算长度按下式计算：

$$l_0=0.5l_s \tag{6.4.3-3}$$

3）交叉连接斜杆平面外计算长度按下式计算：

$$l_0=\mu l_s \tag{6.4.3-4}$$

式中：μ——计算长度系数，拉杆取 1；压杆分别取 0.5（两杆均不中断）和 0.7（两杆中有一杆中断并以节点板搭接)。

6.4.4 管道支架构件的长细比不宜超过本规范表10.2.3的容许值。

7 连　　接

7.1 一般规定

7.1.1 管道支架连接节点的构造形式及其连接，应保证传力简捷明确、安全可靠、施工方便。

7.1.2 钢筋混凝土结构管道支架和钢结构管道支架连接材料的选用，应分别符合现行国家标准《混凝土结构设计规范》GB 50010和《钢结构设计规范》GB 50017的有关规定。

7.1.3 钢筋混凝土结构管道支架梁柱连接宜采用现浇整体形式；两层管道支架可采用预制装配形式；超过两层的管道支架宜采用钢结构管道支架。

7.1.4 有抗震设防要求时，节点的承载力应大于杆件的承载力。

7.2 钢筋混凝土结构管道支架梁柱连接

7.2.1 装配式钢筋混凝土结构活动管道支架梁柱铰接连接时，应进行梁端剪力、管道轴向水平推力引起梁端扭矩计算，并应根据剪力、扭矩进行连接（焊缝或螺栓）强度验算。

7.2.2 现浇框架梁与柱的纵向受力钢筋在框架节点区的锚固和搭接，应符合现行国家标准《混凝土结构设计规范》GB 50010的有关规定。

7.2.3 固定管道支架和活动管道支架，按三、四级抗震等级框架结构设计并采取相应的抗震构造措施后，可不进行框架节点抗震计算。

7.3 钢结构管道支架梁柱连接

7.3.1 梁与柱的连接宜采用柱贯通型连接方式。

7.3.2 梁与柱刚性连接可采用下列形式：

1 采用焊缝连接时，梁翼缘与柱应采用坡口全熔透焊缝连接，腹板与柱可采用角焊缝；

2 采用栓焊混合连接时，梁翼缘与柱应采用坡口全熔透焊缝连接，梁腹板与柱应采用高强螺栓（借助连接板）进行摩擦型连接，非抗震区连接可采用单片连接板和单列高强度螺栓，抗震设防时，宜采用双片连接板和不少于两列高强度螺栓连接；

3 采用全栓连接时，梁翼缘与柱应采用高强度螺栓连接；

4 采用带悬臂梁段的柱单元时，悬臂梁段与中间梁段的连接宜采用全栓连接或焊栓混合连接。

7.3.3 梁与柱的半刚性连接，可采用借助端板或借助在梁上、下翼缘设置角钢的全栓形式；板件或工字形、H形截面梁的翼缘与工字形、H形或箱形、槽形截面的未设水平加劲肋的柱焊接，且不满足现行国家标准《钢结构设计规范》GB 50017柱腹板不设水平加劲肋的条件时，也可视作半刚性连接。

7.3.4 梁与柱的刚性、半刚性连接应按现行国家标准《钢结构设计规范》GB 50017的有关规定进行下列验算：

1 连接焊缝和螺栓的强度验算；

2 柱腹板的抗压承载力验算；

3 柱翼缘的抗拉承载力验算；

4 柱腹板的抗拉承载力验算；

5 梁柱节点域承载力验算。

7.4 管道支架结构柱脚

7.4.1 钢结构管道支架的柱脚可采用插入式或露出式（锚栓式）。采用插入式柱脚时，柱插入深度应符合现行国家标准《钢结构设计规范》GB 50017的有关规定。

7.4.2 露出式（锚栓式）柱脚可按下列规定计算：

1 锚栓总拉力可按下列公式计算（图7.4.2-1）：

$$N_b=R-N \quad (7.4.2\text{-}1)$$

$$R=N\ (e+L_0-L/2)\ /\lambda L_0 \quad (7.4.2\text{-}2)$$

$$e=M/N \quad (7.4.2\text{-}3)$$

$$\lambda=0.68+0.0425\varepsilon \quad (7.4.2\text{-}4)$$

$$\varepsilon=6M/NL \quad (7.4.2\text{-}5)$$

式中：N_b——锚栓的总合拉力；

M、N——柱脚截面的弯矩、轴力设计值；

L——柱脚底板长度；

L_0——受拉一侧锚栓合力至压力最大侧底板边的距离；

R——混凝土的压应力合力。

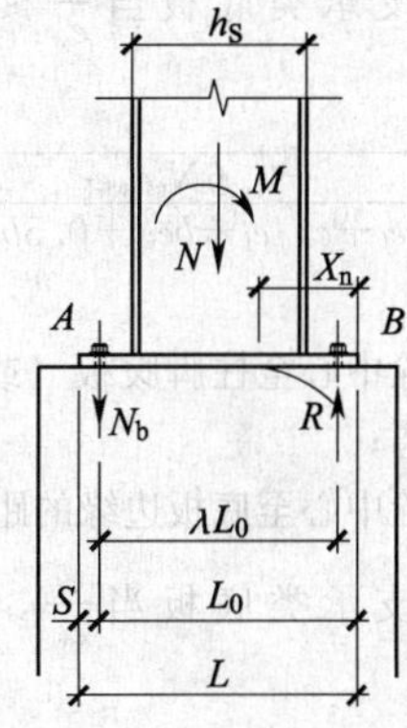

图7.4.2-1 锚栓柱脚受力

注：h_S为柱截面高度；A和B为螺栓；S为锚栓至柱脚底板边缘的距离。

2 公式（7.4.2-4）仅用于$\varepsilon>1.65$，且计算结果$\lambda>0.85$时，λ应取0.85；当$\varepsilon\leqslant1.65$时，可按构造要求配置锚栓。

3 柱脚底板下混凝土的抗压强度，可按下列公式验算：

1）ε≤1.65时，底板下最大压应力应满足下式要求：

$$P_{\max}=\frac{N}{Lb_z}+\frac{6M}{b_z L^2}\leqslant\beta_L f_{cc} \quad (7.4.2\text{-}6)$$

式中：b_z——柱脚底板宽度；

x_n——柱脚底板下压应力分布长度；

f_{cc}——素混凝土轴心抗压强度设计值，按现行国家标准《混凝土结构设计规范》GB 50010取值；

β_L——混凝土局部受压时的强度提高系数，按现行国家标准《混凝土结构设计规范》GB 50010取值。

2）ε>1.65时，底板下最大压应力应满足下式要求：

$$P_{\max}=\frac{2R}{x_n b_z}\leqslant\beta_L f_{cc} \quad (7.4.2\text{-}7)$$

$$x_n=4(1-\lambda)L_0 \quad (7.4.2\text{-}8)$$

4　柱脚底板厚度的计算应按受拉、受压区域分别计算，应取计算厚度的最大值。

5　锚栓区受拉底板厚度应根据支承条件（图7.4.2-2）按下列公式计算，但不应小于柱较厚板材厚度，且不宜小于30mm：

1）伸臂类底板［图7.4.2-2（a）］：

$$t_p\geqslant\sqrt{\frac{6N_t e_f}{0.5bf}} \quad (7.4.2\text{-}9)$$

式中：N_t——单根锚栓承受的拉力设计值；

f——底板钢材的抗拉强度设计值；

b——底板宽度；

e_f——锚栓中心至柱脚翼缘板表面的距离。

2）两边支承类底板当$\frac{e_f}{e_w}\leqslant\frac{e_f+c}{e_w+d}$时［图7.4.2-2（b）］：

$$t_p\geqslant\sqrt{\frac{6N_t e_w e_f}{[(e_f+c)e_f+be_w+0.5be_f^2/e_w]f}} \quad (7.4.2\text{-}10)$$

式中：e_w——锚栓中心至柱脚腹板（或加劲）表面的距离；

c、d——锚栓中心至底板边缘的距离。

3）两边支承类底板当$\frac{e_f}{e_w}>\frac{e_f+c}{e_w+d}$时［图7.4.2-2（b）］：

$$t_p\geqslant\sqrt{\frac{6N_t e_w e_f}{[(e_f+c)(2e_f+e_w^2/e_f)+0.5be_w]f}} \quad (7.4.2\text{-}11)$$

4）三边支承类底板［图7.4.2-2（c）］：

$$t_p\geqslant\sqrt{\frac{3b_1 e_f N_t}{(4ce_f+b_1^2+4e_f^2)f}} \quad (7.4.2\text{-}12)$$

式中：b_1——支承肋间净距。

6　受压区底板的厚度可按下式计算：

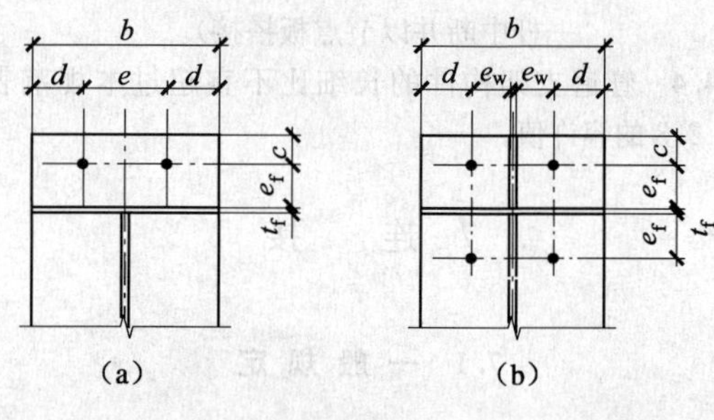

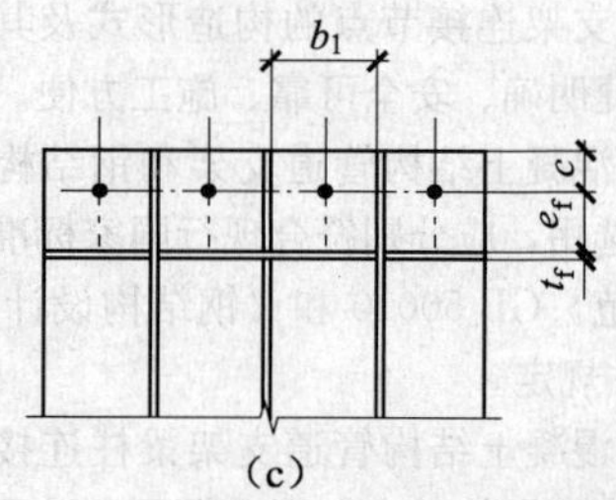

图7.4.2-2　承受锚栓拉力的柱脚底板

$$t_p\geqslant\sqrt{\frac{6M}{f}} \quad (7.4.2\text{-}13)$$

式中：M——根据底板的支承条件，分别按双向板、简支或悬臂板计算得出的底板弯矩，底板所受的混凝土反力可由公式（7.4.2-6）、公式（7.4.2-7）计算$P_{\max}$时求得，压力图形可分别取为梯形和三角形。

7　钢柱底部的剪力可由底板与混凝土之间的摩擦力传递至基础，摩擦系数应取0.4；对剪力大于底板下的摩擦力时，可采用下列方式承受全部剪力：

1）设置抗剪键，由抗剪键承受全部剪力。抗剪键的抗剪承载力可按下式计算：

$$N_v^p=0.7f_c b_v h_v \quad (7.4.2\text{-}14)$$

式中：f_c——基础混凝土抗压强度设计值；

b_v——垂直于剪力作用方向的抗剪键宽度；

h_v——抗剪键高度。

2）有可靠经验时可以用锚栓抵抗全部剪力，但底板上的锚栓孔直径不应大出锚栓直径5mm，且柱安装就位后螺母下的垫板应与柱脚底板焊接。当受拉侧锚栓同时受拉、受剪时，单根锚栓的承载力应按下式计算：

$$\sqrt{\left(\frac{N_t}{N_t^b}\right)^2+\left(\frac{V_v}{V_v^b}\right)^2}\leqslant 1 \quad (7.4.2\text{-}15)$$

式中：N_t——单根锚栓承受的拉力设计值；

V_v——单根锚栓承受的剪力设计值；

N_t^b——单根锚栓的受拉承载力；

V_t^b——单根锚栓的受剪承载力。

7.4.3　半铰接管道支架的柱脚锚栓直径，可按下式计算：

$$d_0=\sqrt{\frac{M-0.5N_t S}{0.785N_t^b S}} \quad (7.4.3)$$

式中：d_0——锚栓有效直径（mm），大于或等于 20mm；

M——作用于基础顶面的弯矩设计值；

N_t——操作状态时作用于基础顶面的竖向力设计值；

S——锚栓中心距离。

8 地基基础设计

8.1 一 般 规 定

8.1.1 多立柱管道支架基础可采用独立式基础或联合式基础。

8.1.2 下列情况应进行管道支架基础的沉降计算和差异沉降计算：

1 工艺专业对管道基础沉降及差异沉降有明确要求时，计算结果应满足其要求；

2 同一管线系统的管道支架基础不能采用同一地基形式时，计算结果应符合现行国家标准《建筑地基基础设计规范》GB 50007 的有关规定。

8.2 计 算

8.2.1 管道支架基础底面的压力，应符合下列规定：

1 当轴心荷载作用时，应符合下式要求：

$$p_k \leqslant f_a \tag{8.2.1-1}$$

式中：p_k——相应于荷载效应标准组合时，基础底面处的平均压力值；

f_a——修正后的地基承载力特征值。

2 当偏心荷载作用时，除应符合公式（8.2.1-1）的要求外，尚应符合下式要求：

$$p_{kmax} \leqslant 1.2 f_a \tag{8.2.1-2}$$

式中：p_{kmax}——相应于荷载效应标准组合时，基础底面边缘的最大压力值。

8.2.2 管道支架基础的偏心距应符合下列要求：

1 双向偏心受压时，应符合下列要求：

1） 固定管道支架基础：

$$e_x/A \leqslant 1/5 \tag{8.2.2-1}$$

$$e_y/B \leqslant 1/5 \tag{8.2.2-2}$$

$$e_x = M_{kx}/(F_k + G_k) \tag{8.2.2-3}$$

$$e_y = M_{ky}/(F_k + G_k) \tag{8.2.2-4}$$

式中：M_{kx}、M_{ky}——相应于荷载效应标准组合时，作用于基础底面的沿 x 方向及 y 方向的力矩值；

A、B——基础底边尺寸；

F_k——相应于荷载效应标准组合时，上部结构传至基础顶面的竖向力值；

G_k——基础自重及基础上土重标准值。

2） 其他管道支架基础：

$$e_x/A \leqslant 1/4 \tag{8.2.2-5}$$

$$e_y/B \leqslant 1/4 \tag{8.2.2-6}$$

2 单向偏心受压时，应符合下列要求：

$$e_x/A \leqslant 1/4 \tag{8.2.2-7}$$

$$e_y/B \leqslant 1/4 \tag{8.2.2-8}$$

8.2.3 基础底面压力，应符合下列要求：

1 轴心荷载作用时，应符合下列要求：

$$p_k = \frac{F_k + G_k}{A \times B} \tag{8.2.3-1}$$

式中：F_k——相应于荷载效应标准组合时，上部结构传至基础顶面的竖向力；

G_k——基础自重及基础上土重标准值；

A——基础的宽度；

B——基础的长度。

2 当单向偏心荷载作用，偏心距不超过核心范围时，应符合下列要求：

$$p_{kmax} = \frac{F_k + G_k}{A \times B} + \frac{M_k}{W} \tag{8.2.3-2}$$

$$p_{kmin} = \frac{F_k + G_k}{A \times B} - \frac{M_k}{W} \tag{8.2.3-3}$$

式中：M_k——相应于荷载效应标准组合时，作用于基础底面的力矩值；

W——基础底面的抵抗矩；

p_{kmax}——相应于荷载效应标准组合时，基础底面边缘的最大压力值；

p_{kmin}——相应于荷载效应标准组合时，基础底面边缘的最小压力值。

3 单向偏心荷载作用，偏心距超过核心范围时（图 8.2.3-1），p_{kmax} 应按下式计算：

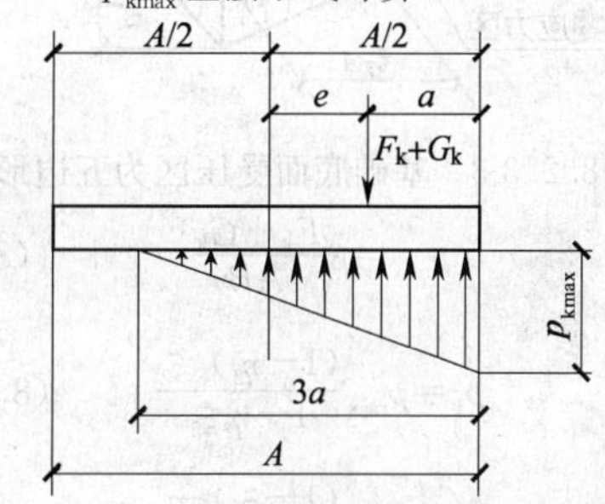

图 8.2.3-1 偏心荷载（$e>A/6$）作用下基底压力计算示意

$$p_{kmax} = \frac{2(F_k + G_k)}{3Ba} \tag{8.2.3-4}$$

式中：B——垂直于力矩作用方向的基础底面边长；

a——合力作用点至基础底面最大压力边缘的距离。

4 双向偏心受压基础，当基础底面全面积受压时（图 8.2.3-2），应按下列公式计算各点压力：

$$p_{max} = \beta \frac{F_k + G_k}{AB} \tag{8.2.3-5}$$

$$p_{min}=(2-\beta)\frac{F_k+G_k}{AB} \quad (8.2.3\text{-}6)$$

$$p_1=\beta'\frac{F_k+G_k}{AB} \quad (8.2.3\text{-}7)$$

$$p_2=(2-\beta')\frac{F_k+G_k}{AB} \quad (8.2.3\text{-}8)$$

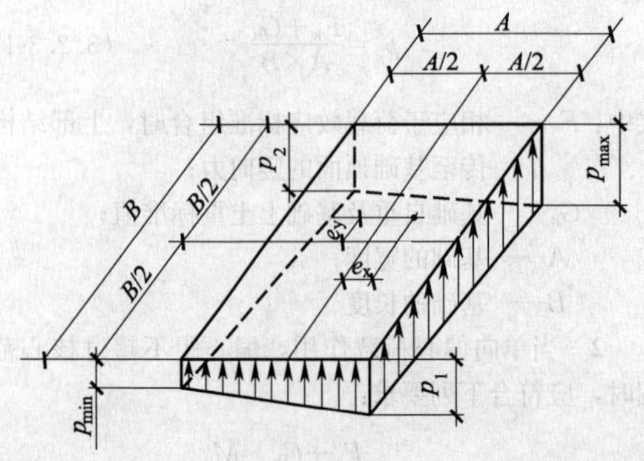

图 8.2.3-2 基础底面全面积受压

5 双向偏心受压基础，当偏心距超过核心范围（图 8.2.3-3），且基础底面受压区为五边形时，应按下列公式计算各点应力：

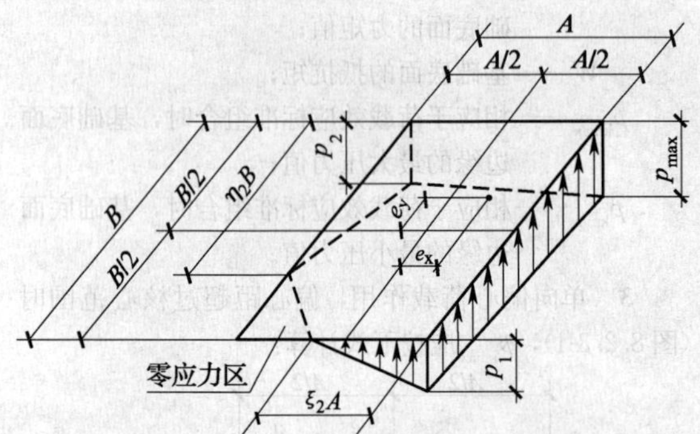

图 8.2.3-3 基础底面受压区为五边形

$$p_{max}=\beta\frac{F_k+G_k}{AB} \quad (8.2.3\text{-}9)$$

$$p_1=p_{max}\frac{(1-\eta_2)\xi_2}{1-\eta_2\xi_2} \quad (8.2.3\text{-}10)$$

$$p_2=p_{max}\frac{(1-\xi_2)\eta_2}{1-\xi_2\eta_2} \quad (8.2.3\text{-}11)$$

6 当偏心距超过核心范围，且基础底面受压区为四边形时［图 8.2.3-4（a）、图 8.2.3-4（b）］，应按下列公式计算各点应力：

$$p_{max}=\beta\frac{F_k+G_k}{AB} \quad (8.2.3\text{-}12)$$

$$p_1=p_{max}\frac{\xi_2}{\xi_1} \quad (8.2.3\text{-}13)$$

$$p_2=p_{max}\frac{\eta_2}{\eta_1} \quad (8.2.3\text{-}14)$$

$$e_x=M_{kx}/(F_k+G_k) \quad (8.2.3\text{-}15)$$

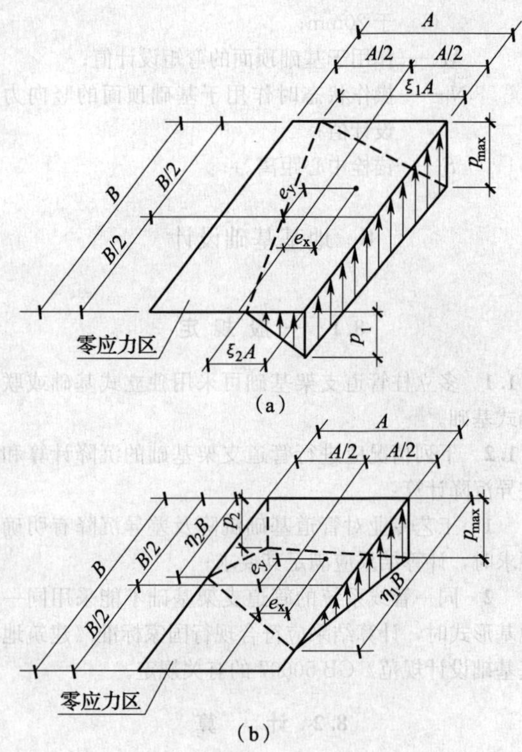

图 8.2.3-4 基础底面受压区为四边形

$$e_y=M_{ky}/(F_k+G_k) \quad (8.2.3\text{-}16)$$

式中：M_{kx}、M_{ky}——相应于荷载效应标准组合时，作用于基础底面的沿 x 方向及 y 方向的力矩值；

F_k——相应于荷载效应标准组合时，上部结构传至基础顶面的竖向力值；

G_k——基础自重及基础上土重标准值。

7 β、β'、ξ_1、ξ_2、η_1、η_2 依据 $\frac{e_x}{A}$ 和 $\frac{e_y}{B}$ 按本规范附录 D 取用。

8.2.4 基础底板内力计算应符合下列规定：

1 单向偏心基础底板内力及配筋计算，应按现行国家标准《建筑地基基础设计规范》GB 50007 的有关规定执行；

2 双向偏心基础（受压区为五边形）（图 8.2.4）底板的内力，可按下列公式计算：

$$M_{1-1}=\frac{S_a^2}{12}\left[(2B+b_1)\left(p_a+p_b-\frac{2G}{AB}\right)+(p_a-p_b)B\right] \quad (8.2.4\text{-}1)$$

$$p_a=\frac{p_{max}+p_1}{2} \quad (8.2.4\text{-}2)$$

$$p_b=\frac{1}{2}\left[p_{max}\left(1-\frac{S_a}{A}\right)+p_2\frac{S_a}{A}+p_1\left(1-\frac{S_a}{\xi_2 A}\right)\right] \quad (8.2.4\text{-}3)$$

$$M_{2-2}=\frac{S_b^2}{12}\left[(2A+a_1)\left(p'_a+p'_b-\frac{2G}{AB}\right)+(p'_a-p'_b)A\right]$$

(8.2.4-4)

$$p'_a=\frac{p_{max}+p_2}{2} \quad (8.2.4\text{-}5)$$

$$p'_b=\frac{1}{2}\left[p_{max}\left(1-\frac{S_b}{B}\right)+p_1\frac{S_b}{B}+p_2\left(1-\frac{S_b}{\eta_2 B}\right)\right]$$

(8.2.4-6)

式中：M_{1-1}、M_{2-2}——任意截面 1-1、2-2 处相应于荷载效应基本组合时的弯矩设计值；

p_{max}、p_{min}、p_1、p_2——相应于荷载效应基本组合时的基础底面角部地基反力设计值；

G——考虑荷载分项系数的基础自重及其上土自重；

S_a、S_b——任意截面 1-1、2-2 至基础边缘最大反力处的距离。

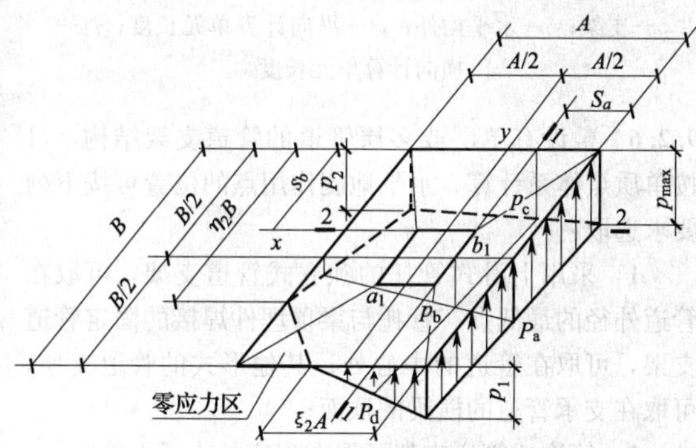

图 8.2.4　双向偏心基础（受压区为五边形）

8.2.5　基础底板配筋可按下式计算：

$$A_s=\frac{M}{0.9h_0 f_y} \quad (8.2.5)$$

式中：M——计算截面处的荷载效应基本组合时的弯矩设计值，当按本规范第 8.2.1 条～第 8.2.3 条计算时，应计算地下水浮力的不利影响。

8.2.6　管道支架基础承载力验算中采用的上部结构荷载为地震作用参与的组合时，地基承载力应为调整后的地基地震承载力，地基土地震承载力调整系数应按现行国家标准《建筑抗震设计规范》GB 50011 的有关规定执行。

8.2.7　计算偏心距 e_x、e_y 时，不应计及走道及平台活荷载；当重力有利时，应按空管道计算。

8.2.8　联合基础的设计与计算应符合下列要求：

1　联合基础的地基承载力计算时，应采用上部结构的整体荷载作为合力对基础进行地基承载力验算，基底压力应按本规范第 8.2.3 条计算；

2　四柱联合基础采用梁板式时，梁宜按简支梁计算，支座应为管道支架柱脚，荷载应为基底净反力。

8.2.9　分离式基础的设计与计算应符合下列要求：

1　分离式基础应采用各支柱的荷载进行地基承载力计算，基底压力应按本规范第 8.2.3 条计算；

2　受拉的支柱基础应计及拉力的作用。

8.2.10　管道支架基础采用桩基时，应按现行行业标准《建筑桩基技术规范》JGJ 94 的有关规定进行下列计算：

1　桩的竖向抗压、抗拔及水平承载力验算；

2　桩对基础的冲切验算、桩对基础的局部承压验算及基础的配筋计算。

8.3　基础的构造

8.3.1　管道支架基础的构造应符合下列要求：

1　插入式杯口基础的最小插入深度、杯口尺寸、最小杯壁厚度及最小杯底厚度，应符合现行国家标准《建筑地基基础设计规范》GB 50007 和《钢结构设计规范》GB 50017 的有关规定。

2　地脚螺栓连接基础构造应符合下列要求：

1）地脚螺栓中心线至基础边缘的距离不应小于 4d，且不应小于 150mm；

2）钢柱底板边缘至基础边缘的距离不应小于 100mm；

3）当螺栓直径小于或等于 36mm 时，宜采用直钩螺栓；当螺栓直径大于 36mm 时，宜采用锚板螺栓；

4）有可靠经验时，可用锚栓抵抗柱底剪力，当地脚锚栓不能完全承担柱底剪力时，应设置抗剪键承担柱底剪力；

5）螺栓的埋入深度应按受拉设计。

8.3.2　联合基础设计应符合下列要求：

1　多支架联合基础应设计为梁板式；

2　联合基础顶面应按计算配置钢筋；

3　联合基础板底配筋应满足最小配筋率的要求。

8.3.3　分离式基础设计应符合下列要求：

1　当支架支腿距离较大，不能采用联合基础时，可采用分离式基础，但应保证两基础或多基础坐落于同一地基持力层上；

2　当采用桩基础时，应保证各立柱基础桩的桩端坐落于同一持力层上，宜减少各立柱之间的不均匀沉降。

9　抗震设计

9.1　一般规定

9.1.1　本章适用于抗震设防烈度为 6 度～9 度地区

钢铁企业管道支架的设计。

9.1.2 抗震设防烈度应按国家规定的权限审批、颁发的文件（图件）确定。

9.1.3 抗震设防烈度应采用现行国家标准《中国地震动参数区划图》GB 18306 的地震基本烈度，也可采用与本规范设计基本地震加速度值对应的烈度值。做过地震安全性评价的工程场地或已编制抗震设防区划的地区，可按经主管部门批准的抗震设防烈度或设计地震动参数进行抗震设防。

9.1.4 管道支架抗震设防标准和类别，应符合现行国家标准《建筑工程抗震设防分类标准》GB 50223 的有关规定。

9.1.5 钢筋混凝土结构固定管道支架和输送易燃、易爆、剧毒介质的钢筋混凝土结构管道支架，应符合《构筑物抗震设计规范》GB 50191 三级抗震的要求，其他管道支架应符合四级抗震的要求。

9.1.6 抗震设防烈度为 6 度～9 度时，管道支架应符合下列要求：

1 活动管道支架宜采用刚性支架，不宜采用半铰接支架；

2 输送易燃、易爆、剧毒、高温、高压介质的管道，严禁作为管道支架跨越结构的受力构件；

3 单柱式双向活动管道支架柱与基础的连接，应采用锚栓连接。

9.1.7 管道支架抗震设计应符合现行国家标准《建筑抗震设计规范》GB 50011 和《构筑物抗震设计规范》GB 50191 的有关规定。

9.2 地震作用

9.2.1 地震影响系数，应根据地震烈度、场地类别、设计地震分组和结构自振周期以及阻尼比，按现行国家标准《构筑物抗震设计规范》GB 50191 的有关规定取用。

9.2.2 管道支架结构宜按多遇地震作用进行内力和变形分析。

9.2.3 管道支架应按本规范规定的抗震设防标准进行地震作用和作用效应计算，6 度时，可不进行截面抗震验算，但应符合有关的抗震措施要求。

9.2.4 活动管道支架，在管道滑动的方向可不进行抗震验算，但应满足抗震构造要求。

9.2.5 管道支架的计算单元（图 9.2.5-1、图 9.2.5-2），宜按下列要求选取：

1 独立式管道支架的纵向计算单元长度，可采用主要管道相邻两补偿器中至中的距离；横向计算单元长度，可采用管道支架相邻两跨中至中的距离；

2 管廊式管道支架的纵向计算单元长度，可采用结构相邻两伸缩缝之间的距离；横向计算单元长度，可采用管道支架相邻两跨中至中的距离。

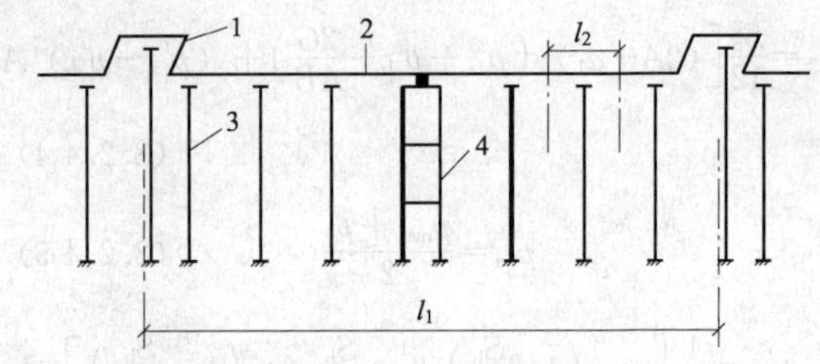

图 9.2.5-1 独立式支架的计算单元

1—补偿器；2—管道；3—活动支架；4—固定支架；l_1—纵向计算单元长度；l_2—横向计算单元长度

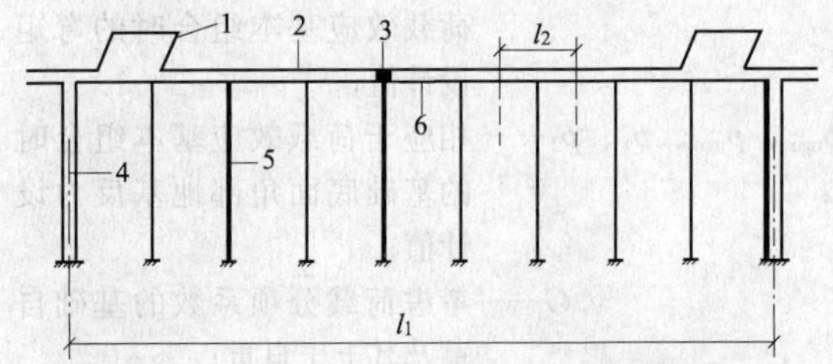

图 9.2.5-2 管廊式支架计算单元

1—补偿器；2—管道；3—管道固定点；4—伸缩缝；5—支架；6—水平构件；l_1—纵向计算单元长度；l_2—横向计算单元长度

9.2.6 敷设有单层或多层管道的管道支架结构，可按单质点体系计算。水平地震作用点的位置可按下列要求选取：

1 采用上滑式管托的独立式管道支架，可取在管道外径的最低点；管托与梁顶埋件焊接的固定管道支架，可取在管道的中心处；其他形式的管道支架，可取在支承管道的横梁的顶面；

2 管廊式管道支架可取在支座的支承面处。

9.2.7 管道支架的重力荷载代表值，应符合下列要求：

1 永久荷载，应按下列要求采用：

1）管道（包括内衬、保温层和管道附件）和操作平台，应采用自重标准值的 100%；

2）管道内介质，应采用自重标准值的 100%；

3）管道支架，可采用自重标准值的 25%；

4）管廊式管道支架上的水平构件、电缆架和电缆，应采用自重标准值的 100%。

2 可变荷载，应按下列要求采用：

1）冷管道，应采用冰、雪荷载标准值的 50%；热管道或冷、热管间隔敷设的多管共架管道，不应计算冰、雪荷载；

2）积灰荷载，应采用荷载标准值的 50%；

3）走道活荷载，应采用荷载标准值的 50%。

9.2.8 管道支架纵向或横向计算单元的基本自振周期，可按下列公式计算：

$$T=2\pi\sqrt{\frac{G_E}{gK}} \tag{9.2.8-1}$$

纵向：
$$K=\sum_{i=1}^{n}K_i \qquad (9.2.8\text{-}2)$$
横向：
$$K=K_{H} \qquad (9.2.8\text{-}3)$$
式中：T——管道支架纵向或横向计算单元的基本自振周期；

G_E——管道支架纵向或横向计算单元的重力荷载代表值；

K——管道支架纵向或横向计算单元的支架的抗侧移刚度；

K_i——管道支架纵向计算单元内第 i 个支架的纵向抗侧移刚度，半铰支架可按柱截面高度的1/2计算；

n——管道支架纵向计算单元内的支架个数；

K_H——管道支架横向计算单元支架的横向抗侧移刚度。

9.2.9 支承二层及二层以上管道的管道支架，其重力荷载代表值应按下式确定：
$$G'_{E}=G_{En}+\sum_{i=1}^{n-1}\left(\frac{H_i}{H_n}\right)^2G_{Ei} \qquad (9.2.9)$$
式中：G_E——多层管道的重力荷载代表值；

G_{En}——顶层重力荷载代表值；

G_{Ei}——第 i 层重力荷载代表值；

H_n——顶层高度；

H_i——第 i 层的高度；

n——管道层数。

9.2.10 刚性活动管道支架上管道的滑动系数，可按下式计算：
$$\zeta=\frac{\alpha_E G_E K_d}{G_D K_D \mu} \qquad (9.2.10)$$
式中：ζ——活动管道支架上管道的滑动系数；

α_E——管道在管道支架上滑动前，计算单元的水平地震影响系数；

K_d——管道在管道支架上滑动前，刚性活动管道支架的总抗侧移刚度；

G_D——作用于刚性活动管道支架上的总重力荷载代表值；

K_D——管道在管道支架上滑动前，计算单元管道支架的总抗侧移刚度；

μ——管道和管道支架间的滑动摩擦系数。

9.2.11 当滑动系数 ζ 不小于0.5，且管道和管道支架间的滑动摩擦系数 μ 为0.3时，单柱和双柱活动管道支架在管道轴向的抗侧移刚度，可按下式确定：
$$K_e=\frac{28.41G_d}{H} \qquad (9.2.11)$$
式中：K_e——管道在管道支架上滑动后，单柱或双柱活动管道支架在管道轴向的等效抗侧移刚度，K_e 不应大于管道滑动前管道支架的抗侧移刚度；

G_d——作用于刚性活动管道支架上的重力荷载代表值；

H——管道支架的高度。

9.2.12 管道支架纵向计算单元的总水平地震作用标准值，应按下式计算：
$$F_{EK}=\alpha G_E \qquad (9.2.12)$$
式中：F_{Ek}——管道支架纵向计算单元的总水平地震作用标准值；

G_E——纵向计算单元的重力荷载代表值；

α——水平地震影响系数。

9.2.13 纵向计算单元内各管道支架的纵向水平地震作用标准值，可按下列公式计算：
$$F_{Eki}=\lambda_i F_{Ek} \qquad (9.2.13\text{-}1)$$
$$\lambda_i=\frac{K_i}{K} \qquad (9.2.13\text{-}2)$$
式中：F_{Eki}——第 i 个管道支架的纵向水平地震作用标准值，可滑动的活动管道支架不计算；

λ_i——第 i 个管道支架的抗侧移刚度与计算单元管道支架的总抗侧移刚度之比。

9.2.14 管道支架横向计算单元的水平地震作用标准值，应按下式计算：
$$F'_{Ek}=\alpha G_E \qquad (9.2.14)$$
式中：F'_{Ek}——管道支架横向计算单元的水平地震作用标准值。

9.2.15 抗震设防烈度为8度和9度时，支承大直径管道跨度大于24m管廊式管道支架的桁架，应进行竖向地震作用计算。

9.2.16 竖向地震作用标准值可采用其重力荷载代表值与竖向地震作用系数的乘积；竖向地震作用，可不向下传递，但构件节点设计时，应计入；竖向地震作用系数，可按表9.2.16选用。

表 9.2.16 竖向地震作用系数

结构类别	烈度	场地分类		
		Ⅰ	Ⅱ	Ⅲ、Ⅳ
钢桁架	8	可不计算（0.10）	0.08（0.12）	0.10（0.15）
	9	0.15	0.15	0.20
钢筋混凝土桁架	8	0.10（0.15）	0.13（0.19）	0.13（0.19）
	9	0.20	0.25	0.25
大跨度结构	8	0.10（0.15）		
	9	0.20		

注：括号内数值系设计基本地震加速度为0.30g的地区。

9.3 结构截面抗震验算

9.3.1 结构构件的截面抗震验算，除本规范另有规定者外，地震作用标准值效应和其他荷载效应的基本组合，应按下式计算：

$$S=\gamma_G S_{GE}+\gamma_{Eh} S_{Ehk}+\gamma_{Ev} S_{Evk}+\gamma_w \psi_w S_{wk}+\gamma_t \psi_t S_{tk} \qquad (9.3.1)$$

式中：S——结构构件内力组合的设计值，包括组合的弯矩、轴向力和剪力的设计值；

γ_G——重力荷载分项系数，宜采用1.2；当重力荷载效应对构件承载能力有利时，不应大于1.0，当验算结构抗倾覆或抗滑时，不应小于0.9；

S_{GE}——重力荷载代表值效应，重力荷载代表值应按本规范第9.2.9条规定确定；

γ_{Eh}、γ_{Ev}——分别为水平、竖向地震作用分项系数，应按表9.3.1选用；

S_{Ehk}——水平地震作用标准值效应；

S_{Evk}——竖向地震作用标准值效应；

S_{wk}——风荷载作用标准值效应；

S_{tk}——温度作用标准值效应；

γ_w、γ_t——分别为风荷载、温度作用分项系数，均应采用1.4；

ψ_w——风荷载组合值系数，取0.0，高耸支架可采用0.2；

ψ_t——温度作用组合值系数，其组合值系数单管可采用0.7，多管可采用0.55。

表9.3.1 地震作用分项系数

地震作用		γ_{Eh}	γ_{Ev}
仅按水平地震作用计算		1.3	0.0
仅按竖向地震作用计算		0.0	1.3
同时按水平和竖向地震作用计算	水平地震作用为主时	1.3	0.5
	竖向地震作用为主时	0.5	1.3

9.3.2 结构构件的截面抗震验算，应采用下列设计表达式：

$$S\leqslant R/\gamma_{RE} \qquad (9.3.2)$$

式中：R——结构构件承载力设计值；

γ_{RE}——承载力抗震调整系数，除本规范另有规定外，应按现行国家标准《构筑物抗震设计规范》GB 50191的有关规定执行。

9.3.3 当仅按竖向地震作用计算时，结构构件承载力的抗震调整系数宜采用1.0。

10 管道支架的构造

10.1 钢筋混凝土结构管道支架

10.1.1 管道支架构件最小截面尺寸，应符合下列要求：

1 横梁的宽度不应小于200mm，高度不应小于250mm，悬臂端高度不应小于200mm；

2 支架柱最小边不应小于200mm，有抗震设防要求时，不应小于250mm。

10.1.2 管道与钢筋混凝土结构管道支架、钢结构管道支架或横梁间的净空，不宜小于150mm。

10.1.3 管道支架混凝土强度等级不应低于C25，基础混凝土强度等级不应低于C20。

10.1.4 当抗震设防烈度为7度～9度时，钢筋混凝土结构管道支架柱计算长度与截面最小宽度比，固定管道支架的比值不应大于25，活动管道支架的比值不应大于35。

10.1.5 敷设于管道支架顶层横梁上的外侧管道，应采取防止管道滑落的措施；采用下滑式或滚动式管托的管道支架，应采取防止管托滑落于梁侧的措施。

10.1.6 管道支架埋件的锚筋应按计算确定，下列管道支架埋件的锚筋不宜小于4ϕ12，锚固长度应按计算满足受拉钢筋的抗震锚固要求，且不应小于30d：

1 固定管道支架与管托相连的埋件，管道支架与跨越管道支架柱相连的埋件；

2 抗震设防烈度不小于8度时，柱间支撑与管道支架相连的埋件；

3 梁、柱铰接点处的埋件。

10.1.7 半铰管道支架柱沿管道纵向的构造配筋，每边不应少于2ϕ16；柱脚横梁全长和柱根部不小于500mm高度范围内的箍筋，直径不应小于8mm，间距不应大于100mm。

10.1.8 钢筋混凝土支架柱的箍筋，应符合下列规定：

1 单柱式管道支架，自柱顶至最下一层横梁底以下不小于500mm和柱底以上不小于500mm范围内，箍筋直径不应小于ϕ8，间距不应大于100mm；

2 柱间支撑与柱连接处上、下各不小于300mm范围内，应按间距不大于100mm加密箍筋。

10.1.9 管道支架悬臂横梁上如敷设管道，则悬臂长度不宜大于1500mm。

10.1.10 在管廊式管道支架直线段的适当部位，应设置柱间支撑及水平支撑；当抗震设防烈度为8度和9度时，在有柱间支撑的基础之间宜设置连系梁。

10.2 钢结构管道支架

10.2.1 钢结构管道支架材质宜采用Q 235B或Q 345B。

10.2.2 钢结构管道支架截面板件宽厚比的限值，除应符合现行国家标准《钢结构设计规范》GB 50017对钢结构弹性阶段设计的有关规定外，尚应符合表10.2.2的规定。

表 10.2.2　钢支架柱板件的宽厚比限值

板件名称	6度、7度	8度	9度
工字形截面翼缘外伸部分	13	11	10
圆管外径壁厚比	60	55	50

注：表中所列数据适用于 Q 235 钢，当为其他钢号时，工字形截面翼缘外伸部分应乘以 $\sqrt{235/f_y}$，圆管外径壁厚比应乘以 $235/f_y$，f_y 为钢材的屈服强度。

10.2.3　钢结构管道支架构件的长细比，宜符合表 10.2.3 的规定。

表 10.2.3　支架构件的长细比

类型		6度、7度	8度	9度
固定支架和刚性支架		150	150	120
柔性支架		200	200	200
支撑	按拉杆设计	300	250	200
	按压杆设计	200	150	150

注：表中所列数据适用于 Q235 钢，当为其他钢号时，应乘以 $\sqrt{235/f_y}$。

10.2.4　除单柱管道支架外，钢结构管道支架的梁与柱的连接应采用柱贯通型。

10.2.5　四柱式钢结构固定管道支架，对较大直径的管道，抗震设防烈度为 8 度、9 度时，在直接支承管道的横梁平面内，宜设置与四柱相连的水平支撑；当管道支架较高时，宜在管道支架沿高度方向的适当部位增设水平支撑。

10.2.6　抗震设防烈度为 8 度、9 度时，钢结构单柱固定管道支架的柱脚应采用刚性柱脚。

11　管道支架的防腐蚀

11.0.1　管道支架应根据所处环境的腐蚀性等级采取合理的结构形式和适宜的防腐措施。

11.0.2　腐蚀性等级的划分和防腐措施，应符合现行国家标准《工业建筑防腐蚀设计规范》GB 50046 的有关规定。

11.0.3　管道支架在中等腐蚀条件下不宜采用吊索式、悬索式及半铰接的结构形式，在强腐蚀条件下不应采用吊索式、悬索式及半铰接的结构形式。

11.0.4　建于海边（岸）或近海处于高盐度地区的钢结构管道支架，大气对钢结构管道支架的腐蚀等级应取不低于中等腐蚀等级；处于露天环境中的钢结构管道支架，大气对钢结构管道支架的腐蚀等级不应低于弱腐蚀等级。

11.0.5　管道支架应根据所处的环境类别、腐蚀的情况加强定期维护。

附录 A　管道支架在管道轴向水平荷载作用下计算简图

A.0.1　管道支架横梁在管道轴向水平荷载作用下计算简图见表 A.0.1。

A.0.2　管道支架支柱在管道轴向水平荷载作用下计算简图见表 A.0.2。

表 A.0.1　管道支架横梁在管道轴向水平荷载作用下计算简图

结构形式	管架示意图	横梁计算简图	适用范围
门型管架	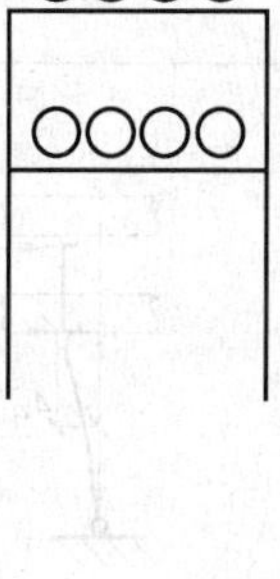	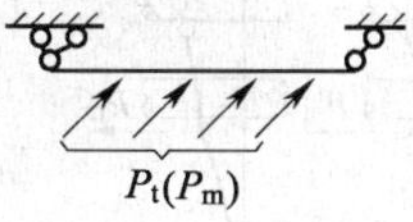 $P_t(P_m)$	固定管道支架的主动管层横梁
			固定管道支架的非主动管层横梁
		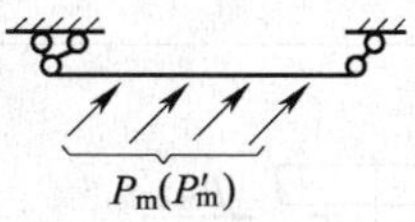 $P_m(P'_m)$	刚性管道支架横梁
			柔性或半铰接管道支架非主动管层横梁
		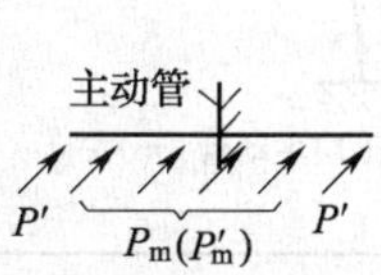 主动管 P'　$P_m(P'_m)$　P'	柔性或半铰接管道支架主动管层横梁

表 A.0.1

结构形式	管架示意图	横梁计算简图	适 用 范 围
T型管架		柱 $P_t\ (P_m)$	固定管道支架的主动管层横梁
			固定管道支架的非主动管层横梁
		柱 $P_m\ (P'_m)$	刚性管道支架横梁
			柔性或半铰接管道支架非主动管层横梁
		主动管 P' $P_m\ (P'_m)$	柔性或半铰接管道支架主动管层横梁

注：P_t 为作用于固定管道支架的主动管层横梁上的管道水平推力，P'_m 为作用于柔性或半铰接管道支架的主动管层或非主动管层横梁上的管道摩擦力，P_m 为作用于固定管道支架的非主动管层横梁或刚性管道支架横梁上的管道摩擦力，P' 为管道支架柱对横梁的反力。

表 A.0.2 管道支架支柱在管道轴向水平荷载作用下计算简图

支架形式	固定管道支架	刚性管道支架	柔性管道支架	半铰接管道支架
单层管道轴向水平推力	P_t	P_m	Δ	Δ
双层管道轴向水平推力	P_t P_t	$P_{m上}$ $P_{m下}$	Δ P'_m Δ P_m 上层主动管	Δ_z P'_m 上层主动管
			P'_m Δ 下层主动管	P'_m Δ_z 下屋主动管

注：Δ 为管道支架位移，Δ_z 为管道变形。

附录B　A型管道支架内力计算

B.1　无横梁A型管道支架内力计算

B.1.1　无横梁A型管道支架的内力（图B.1.1），可按下列公式计算：

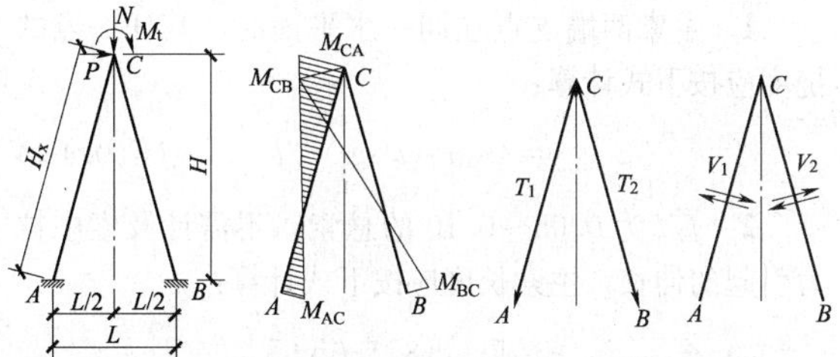

图B.1.1　无横梁A型管道支架计算

1　斜柱顶部杆端弯矩可按下式计算：

$$M_{CA}=M_{CB}=\frac{1}{2}M_t \quad (B.1.1\text{-}1)$$

式中：M_t——作用于管道支架顶部的弯矩设计值。

2　斜柱底部杆端弯矩可按下式计算：

$$M_{AC}=M_{BC}=\frac{1}{4}M_t \quad (B.1.1\text{-}2)$$

3　斜柱受拉侧杆轴力可按下式计算：

$$T_1=\frac{H_x}{l}\left(\frac{l}{2H}N-P-\frac{1}{H}M_t\right) \quad (B.1.1\text{-}3)$$

式中：P——作用于管道支架顶部的水平推力设计值；

N——作用于管道支架顶部的竖向轴力设计值。

4　斜柱受压侧杆轴力可按下式计算：

$$T_2=\frac{H_x}{l}\left(\frac{l}{2H}N+P+\frac{1}{H}M_t\right) \quad (B.1.1\text{-}4)$$

5　斜柱的侧杆剪力可按下式计算：

$$V_1=V_2=\frac{3}{4H_x}M_t \quad (B.1.1\text{-}5)$$

B.2　单根横梁A型管道支架内力计算

B.2.1　设有单根横梁的A型管道支架的内力（图B.2.1），可按下列公式计算：

$$M_{EC}=M_{ED}=\frac{1}{2}M_t \quad (B.2.1\text{-}1)$$

$$M_{CE}=M_{DE}=-\frac{7HI_2-2lI_1}{4(7HI_2+4lI_1)}M_t \quad (B.2.1\text{-}2)$$

$$M_{CD}=-M_{DC}=\frac{3HI_2}{7HI_2+4lI_1}M_t \quad (B.2.1\text{-}3)$$

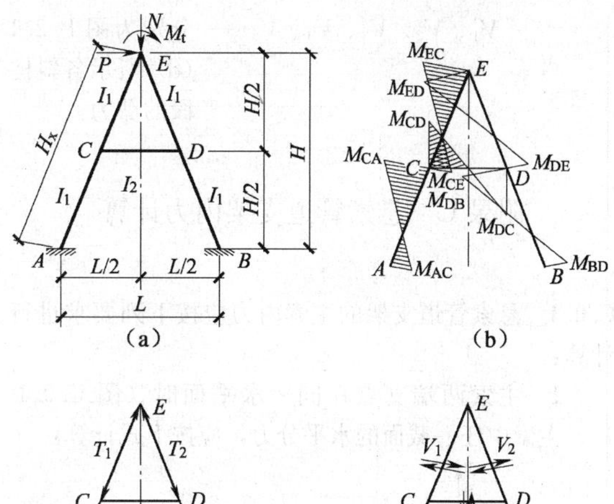

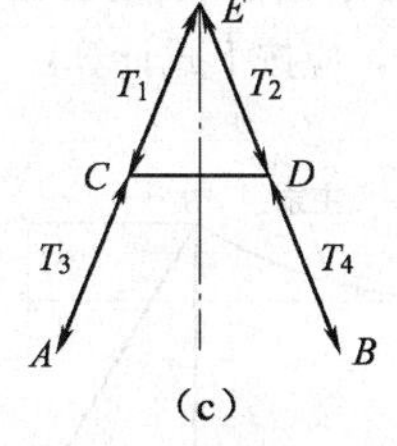

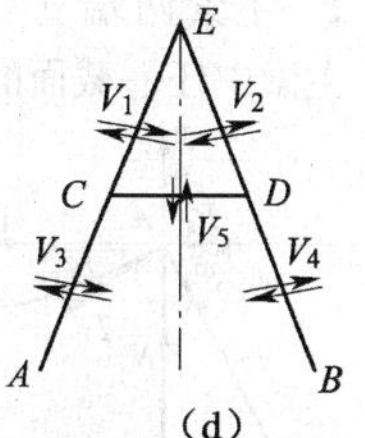

图B.2.1　单根横梁A型管道支架计算

$$M_{CA}=M_{DB}=\frac{5HI_2+2lI_1}{4(7HI_2+4lI_1)}M_t \quad (B.2.1\text{-}4)$$

$$M_{AC}=M_{BD}=-\frac{HI_2+lI_1}{7HI_2+4lI_1}M_t \quad (B.2.1\text{-}5)$$

$$T_1=\frac{H_x}{l}\left[\frac{l}{2H}N-P-\frac{3(7HI_2+2lI_1)}{H(7HI_2+4lI_1)}M_t\right] \quad (B.2.1\text{-}6)$$

$$T_2=\frac{H_x}{l}\left[\frac{l}{2H}N+P+\frac{3(7HI_2+2lI_1)}{H(7HI_2+4lI_1)}M_t\right] \quad (B.2.1\text{-}7)$$

$$T_3=\frac{H_x}{l}\left[\frac{l}{2H}N-P-\frac{3(3HI_2+2lI_1)}{H(7HI_2+4lI_1)}M_t\right] \quad (B.2.1\text{-}8)$$

$$T_4=\frac{H_x}{l}\left[\frac{l}{2H}N+P+\frac{3(3HI_2+2lI_1)}{H(7HI_2+4lI_1)}M_t\right] \quad (B.2.1\text{-}9)$$

$$V_1=V_2=\frac{3(7HI_2+2lI_1)}{2(7HI_2+4lI_1)}\frac{M_t}{H_x} \quad (B.2.1\text{-}10)$$

$$V_3=V_4=\frac{3(3HI_2+2lI_1)}{2(7HI_2+4lI_1)}\frac{M_t}{H_x} \quad (B.2.1\text{-}11)$$

$$V_5=\frac{12HI_2}{7HI_2+4lI_1}\frac{M_t}{H_x} \quad (B.2.1\text{-}12)$$

式中：M_{EC}、M_{ED}、M_{CE}、M_{DE}、M_{CD}、M_{DC}、M_{CA}、M_{DB}、M_{AC}、M_{BD}——分别为图B.2.1（b）所示位置的杆端弯矩；

T_1、T_2、T_3、T_4——分别为图B.2.1（c）所示的各斜柱段的轴向力；

V_1、V_2、V_3、V_4、V_5——分别为图 B.2.1 (d) 所示各斜柱段的剪力。

附录C 悬索管道支架内力计算

C.0.1 悬索管道支架的主索内力应按下列要求进行计算：

1 主索两端支点在同一水平面时（图 C.0.1-1），主索中任一截面的水平分力，应按下式计算：

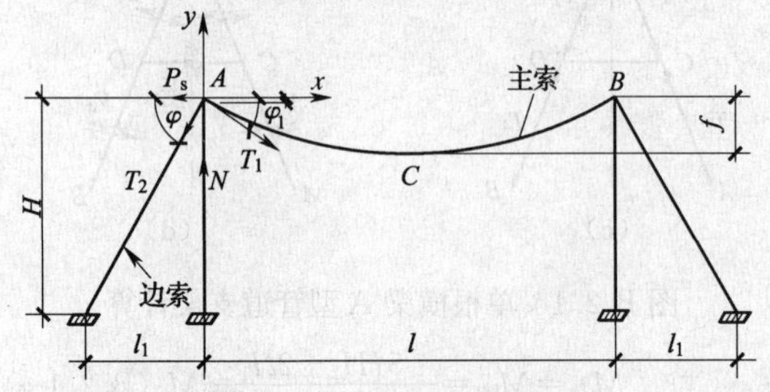

图 C.0.1 悬索管道支架计算

$$P_s=\frac{M_c^0}{f}=\frac{ql^2}{8f} \qquad (C.0.1\text{-}1)$$

式中：M_c^0——中点 C 处的简支梁弯矩；

f——中点 C 处的主索挠度，取 $f=(0.05\sim0.10)\ l$；

l——主索的计算跨距；

q——沿跨度方向的均布荷载设计值。

2 当有风荷载时，应按下式计算：

$$q=\sqrt{q_v^2+q_w^2} \qquad (C.0.1\text{-}2)$$

式中：q_v——垂直均布荷载设计值；

q_w——均布风荷载设计值，按现行国家标准《建筑结构荷载规范》GB 50009 的有关规定采用，索的体形系数可取 1.2。

3 主索两端支点在同一水平面时，主索中的最大拉力 T_1，应按下列公式计算：

$$T_1=\frac{P_s}{\cos\varphi_1} \qquad (C.0.1\text{-}3)$$

或

$$T_1=P_s\sqrt{1+16n_0^2} \qquad (C.0.1\text{-}4)$$

$$\varphi_1=\tan^{-1}\frac{4f}{l} \qquad (C.0.1\text{-}5)$$

式中：n_0——主索挠度 f 与跨距 l 之比，$n_0=(f/l)$；

φ_1——支点处主索与水平面的夹角。

C.0.2 悬索管道支架的边索内力可按下式计算：

$$T_2=\frac{P_s}{\cos\varphi} \qquad (C.0.2\text{-}1)$$

$$\varphi=\arctan H/l_1 \qquad (C.0.2\text{-}2)$$

式中：φ——边索与水平面的夹角。

C.0.3 管道支架支柱承受的垂直荷载及风荷载，应符合下列要求：

1 垂直荷载应按下式计算：

$$N=T_2\sin\varphi+T_1\sin\varphi_1 \qquad (C.0.3)$$

2 风荷载应全部由管架支柱承受。

C.0.4 悬索管道支架的主索挠度及索长，可按下列规定计算：

1 主索两端支点在同一水平面时，其任一点的挠度应按下式计算：

$$y=4n_0x\ (l-x)\ /l \qquad (C.0.4\text{-}1)$$

2 f/l 为 0.05～0.10 的悬索，不需计及索中拉力引起的伸长，主索长度应按下式计算：

$$L=l\left[1+\frac{8}{3}\left(\frac{f}{l}\right)^2\right] \qquad (C.0.4\text{-}2)$$

C.0.5 悬索构件主索和边索截面承载力，应分别按下列公式验算：

1 主索截面拉力应满足下式要求：

$$T_1\leqslant\frac{f_yA_s}{\gamma_{ca}} \qquad (C.0.5\text{-}1)$$

2 边索截面拉力应满足下式要求：

$$T_2\leqslant\frac{f_yA_s}{\gamma_{ca}} \qquad (C.0.5\text{-}2)$$

式中：γ_{ca}——索强度调整系数，取 1.7；

A_s——索截面面积；

T_1、T_2——分别为主索和边索最大拉力，按本规范公式（C.0.1-4）和公式（C.0.2-1、C.0.2-2）计算；

f_y——钢铰线或钢筋的抗拉设计强度。

C.0.6 边索基础可按下式做抗拔验算：

$$T_2\leqslant\frac{G_f}{1.7\sin\varphi} \qquad (C.0.6)$$

式中：G_f——基础自重和基础上的填土重的标准值；

T_2——边索内力，按本规范公式（C.0.2）计算；

φ——边索与水平面的夹角（图 C.0.6）。

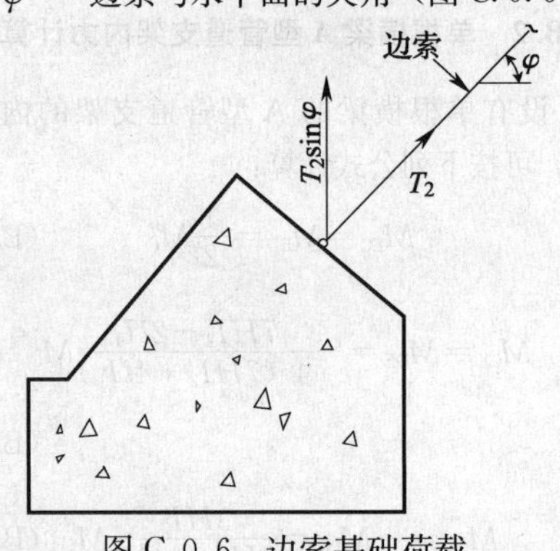

图 C.0.6 边索基础荷载

附录D 基础计算中β、β'、ξ_1、ξ_2、η_1、η_2取值

表D 基础计算中β、β'、ξ_1、ξ_2、η_1、η_2取值

e_x/A	e_y/B 系数	0.00	0.02	0.04	0.06	0.08	0.10	0.12	0.14		0.16	0.18	0.20	0.22	0.24	0.26	0.28	系数
0.00	β	1.00	1.13	1.25	1.37	1.49	1.61	1.73	1.85		1.97	2.09	2.23	2.39	2.57	2.79	3.04	β
												0.96	0.91	0.85	0.79	0.73	0.67	η_1
	β'	1.00	1.13	1.25	1.37	1.49	1.61	1.73	1.85	系数	1.97	0.96	0.91	0.85	0.79	0.73	0.67	η_2
0.02	β	1.11	1.23	1.35	1.47	1.59	1.71	1.83	1.95	β	2.07	2.20	2.37	2.52	2.75	2.93	3.20	β
					Ⅳ					η_2	0.94	0.89	0.94	0.89	0.84	0.74	0.69	η_1
	β'	1.11	0.99	1.11	1.23	1.35	1.47	1.59	1.71	ξ_2	0.64	0.14	0.84	0.79	0.74	0.64	0.59	η_2
0.04	β	1.23	1.35	1.47	1.59	1.71	1.83	1.95	2.07	β	2.20	2.34	2.49	2.67	2.88	2.72	3.40	β
									0.94	η_2	0.89	0.84	0.99	0.93	0.86	0.79	0.72	η_1
	β'	1.23	1.11	0.99	1.11	1.23	1.35	1.47	0.82	ξ_2	0.56	0.28	0.77	0.72	0.67	0.62	0.57	η_2
0.06	β	1.35	1.47	0.59	1.71	1.83	1.95	2.07	2.20	β	2.33	2.48	2.64	2.83	3.05	3.31	3.61	β
								0.93	0.79	η_2	0.81	0.76	0.71	0.96	0.89	0.82	0.75	η_1
	β'	1.35	1.23	1.11	0.99	1.11	1.23	0.88	0.70	ξ_2	0.52	0.32	0.12	0.66	0.61	0.57	0.52	η_2
0.08	β	1.49	1.61	1.73	1.85	1.96	2.09	2.21	2.35	β	2.48	2.64	2.82	3.02	3.25	3.52 Ⅱ	3.84	β
							0.94	0.87	0.81	η_2	0.75	0.70	0.65	0.61	0.93	0.85	0.79	η_1
	β'	1.49	1.37	1.23	1.13	1.01	0.93	0.80	0.66	ξ_2	0.50	0.35	0.19	0.02	0.56	0.51	0.47	η_2
0.10	β	1.61	1.73	1.85	1.97	2.09	2.21	2.35	2.49	β	2.63	2.80	2.99	3.21	3.45	3.73	4.07	β
						0.93	0.84	0.77	0.72	η_2	0.67	0.63	0.59	0.55	0.95	0.88	0.80	η_1
	β'	1.61	1.49	1.35	1.25	0.92	0.84	0.73	0.61	ξ_2	0.48	0.35	0.22	0.07	0.50	0.46	0.42	η_2
0.12	β	1.72	1.85	1.97	2.09	2.21	2.35	2.49	2.64	β Ⅲ	2.80	2.98	3.18	3.41	3.67	3.97	4.35	β
					0.95	0.87	0.77	0.68	0.63	η_2	0.59	0.55	0.51	0.48	0.98	0.90	0.82	η_1
	β'	1.72	1.61	1.49	0.90	0.80	0.73	0.68	0.57	ξ_2	0.46	0.34	0.23	0.11	0.45	0.41	0.38	η_2
0.14	β	1.85	1.97	2.09	2.22	2.35	2.49	2.64	2.80	β	2.97	3.16	3.38	3.63	3.91	4.23	4.63	β
				0.96	0.89	0.81	0.72	0.63	0.54	η_2	0.50	0.46	0.43	0.40	0.37	0.93	0.85	η_1
	β'	1.85	1.73	0.84	0.72	0.66	0.61	0.57	0.54	ξ_2	0.44	0.34	0.24	0.13	0.02	0.36	0.33	η_2
0.16	β	1.97	2.09	2.22	2.35	2.49	2.64	2.81	2.98	β	3.18	3.39	3.63	3.89	4.19	4.54	4.95	β
			0.96	0.90	0.83	0.76	0.68	0.60	0.51	η_2	0.42	0.40	0.38	0.35	0.33	0.95	0.87	η_1
	β'	1.97	0.66	0.58	0.54	0.51	0.49	0.47	0.44	ξ_2	0.42	0.33	0.24	0.14	0.04	0.30	0.28	η_2
0.18	β	2.09	2.21	2.36	2.50	2.65	2.81	2.99	3.18	β	3.39	3.62	3.87	4.15	4.48	4.86	5.29	β
	ξ_1	0.97	0.90	0.85	0.78	0.71	0.64	0.56	0.48	η_2	0.38	0.30	0.28	0.26	0.25	2.95	0.87	η_1
	ξ_2	0.97	0.14	0.30	0.34	0.36	0.36	0.35	0.34	ξ_2	0.31	0.30	0.21	0.12	0.04	0.23	0.21	η_2
0.20	β	2.23	2.37	2.51	2.66	2.83	3.00	3.19	3.40	β	3.61	3.85	4.13	4.43	4.79	5.19	5.66	β
	ξ_1	0.91	0.94	0.98	0.71	0.66	0.60	0.52	0.45	η_2	0.38	0.30	0.28	0.19	0.18	0.96	0.88	η_1
	ξ_2	0.91	0.83	0.77	0.12	0.20	0.23	0.24	0.24	ξ_2	0.24	0.23	0.22	0.12	0.03	0.17	0.16	η_2
0.22	β	2.39	2.52	2.67	2.83	3.03	3.22	3.42	3.65	β	3.89	4.15	4.45	4.76	5.13	5.57		β
	ξ_1	0.85	0.88	0.92	0.96	0.62	0.56	0.49	0.42	η_2	0.35	0.28	0.21	0.11	0.10	0.96		η_1
	ξ_2	0.83	0.78	0.72	0.66	0.03	0.08	0.12	0.13	ξ_2	0.14	0.14	0.14	0.11	0.03	0.11		η_2
0.24	β	2.55	2.71	2.88	3.05	3.26	3.47	3.69	3.93	β	4.19	4.48	4.80	5.13	5.54			
	ξ_1	0.77	0.82	0.86	0.89	0.94	0.97	1.00	0.39	η_2	0.33	0.26	0.19	0.10	0.03			
	ξ_2	0.77	0.72	0.67	0.61	0.58	0.52	0.46	0.02	ξ_2	0.02	0.03	0.03	0.03	0.03			
0.26	β	2.77	2.94	3.12	3.31	3.53	3.75	3.99	4.25		4.52	4.84	5.19	5.57				
	ξ_1	0.71	0.75	0.79	0.82	0.87	0.90	0.92	0.94		0.93	0.95	0.96	0.96				
	ξ_2	0.71	0.68	0.64	0.59	0.53	0.48	0.42	0.36		0.28	0.23	0.17	0.01				
0.28	β	3.01	3.23	3.42	3.63	3.85	4.09	4.36	4.64		4.93	5.27	5.65					
	ξ_1	0.65	0.69	0.72	0.75 Ⅰ	0.80	082	0.84	0.86		0.85	0.86	0.87					
	ξ_2	0.65	0.55	0.51	0.47	0.45	0.40	0.35	0.30		0.24							

注：Ⅰ、Ⅱ区为受压区为四边形时的系数β、ξ_1、ξ_2、(η_1、η_2)；Ⅲ区为受压区为五边形时的系数β、ξ_2、η_2；Ⅳ区为受压区为全面积时的系数β、β'。

附录E 管　　托

E.1 管托材料及几何尺寸

E.1.1 管径 D 大于 426mm 时，宜采用钢板制造的管托；管径 D 不大于 426mm 时，宜采用槽钢制造的简易管托，槽钢型号可按表 E.1.1 选用。

表 E.1.1 槽钢型号

管道外径（mm）	108	133	159	219	273	325	377	426
槽钢型号	[8	[10	[12.6	[16a	[20a	[25a	[28a	[32a

注：管托宽度，不宜小于 200mm。

E.1.2 管托几何尺寸和螺栓位置，可按下列要求确定（图 E.1.2）：

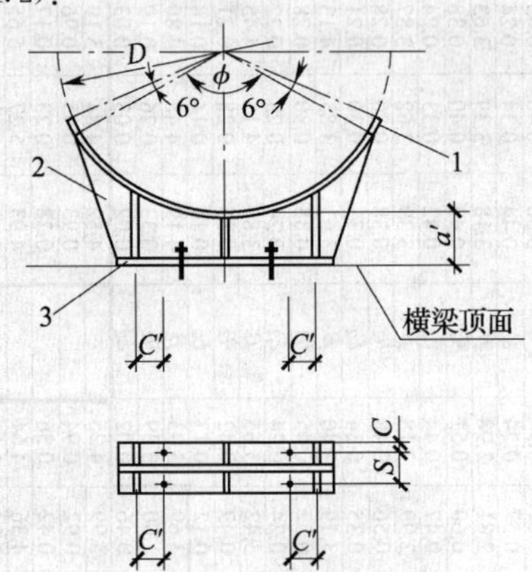

图 E.1.2 管托几何尺寸
1—弧形板；2—腹板；3—底板

1 管托扇形角度宜取 $\theta=90°$；上滑式管托，当管径 D 不小于 1000mm 时，宜取 $\theta=120°$；

2 管托弧形垫板的包角不应小于（$\theta+12°$）；厚度不应小于管壁厚度的 0.6 倍；宽度不应小于 200mm，且不宜小于 $5.66\sqrt{D}$（mm），D 为平均管径，单位为 mm；

3 不同管径的各类型管托（滚动管托除外），其高度 a' 宜相同；

4 螺栓中心至构件边缘的距离不得小于螺栓孔直径的 2 倍。螺栓与管托底板的关系尺寸，可按表 E.1.2 采用。

表 E.1.2 螺栓与管托底板的关系尺寸（mm）

尺寸符号	螺栓直径				
	16	20	24	30	36
S	100	100	100	120	120
C	40	40	50	60	70
C′	60	70	80	90	110

E.2 管托与管道或支架的连接

E.2.1 固定管托的管托应与管道焊接，管托与支柱可采用螺栓连接或焊缝连接（图 E.2.1）。

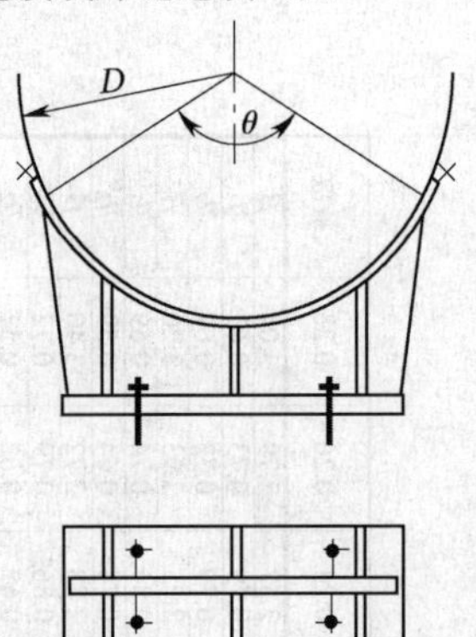

图 E.2.1 固定管托

E.2.2 铰接管托的管托应与管道焊接，管托与支柱应采用螺栓连接（图 E.2.2-1）或挡板固定（图 E.2.2-2）。

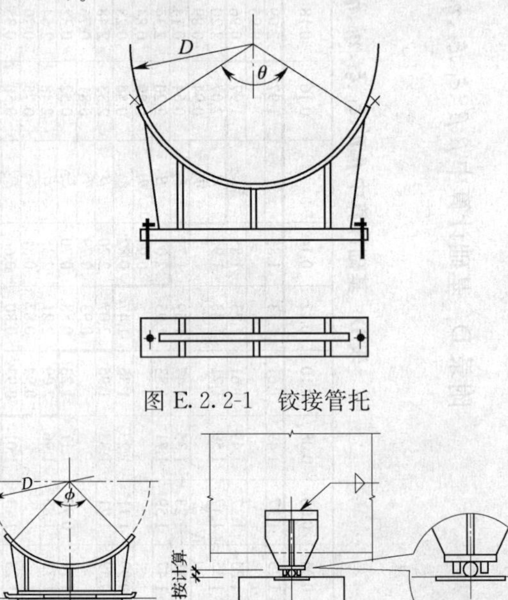

图 E.2.2-1 铰接管托

图 E.2.2-2 铰接管托

E.2.3 滑动管托可采用上滑式管托或下滑式管托进行管道、管托与支柱之间的连接。上滑式管托与支柱可采用螺栓连接或焊接（图 E.2.3-1），管道应在管托上滑动；下滑式管托应与管道焊接，管托应在支柱上滑动（图 E.2.3-2）。

E.2.4 滚动管托应与管道焊接，管托应以滚轴支承于支柱上（图 E.2.4）。

E.2.5 简易管托（图 E.2.5）与管道及支架的连接方式，应和相应的钢板制造管托相同。

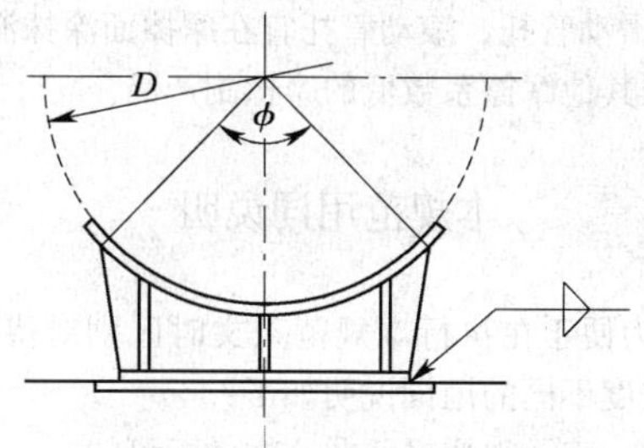

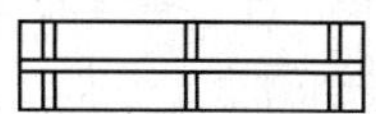

图 E. 2. 3-1 上滑式管托

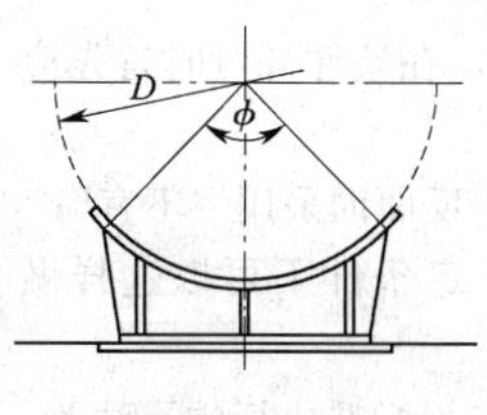

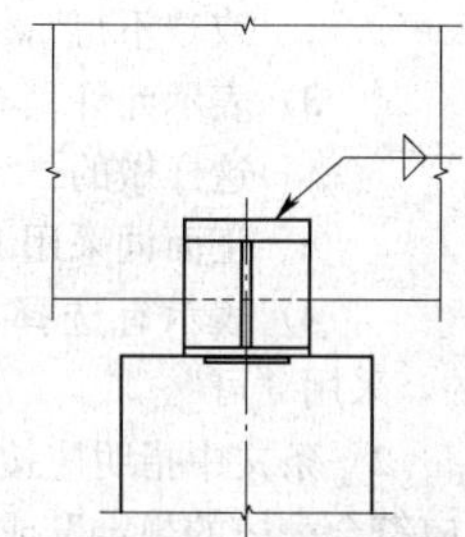

图 E. 2. 3-2 下滑式管托

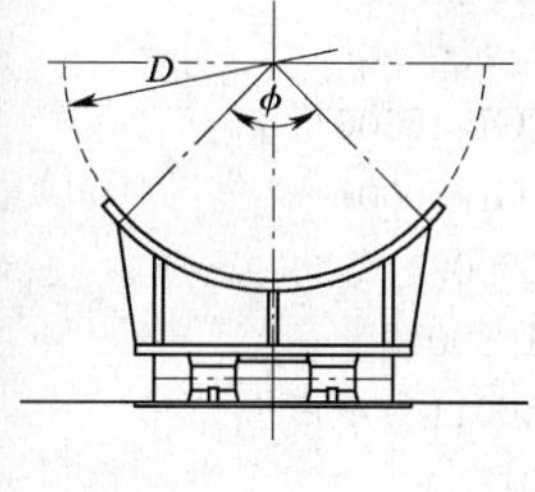

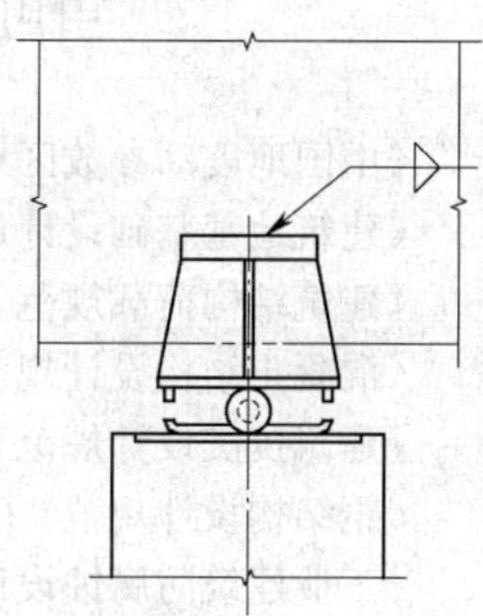

图 E. 2. 4 滚动管托

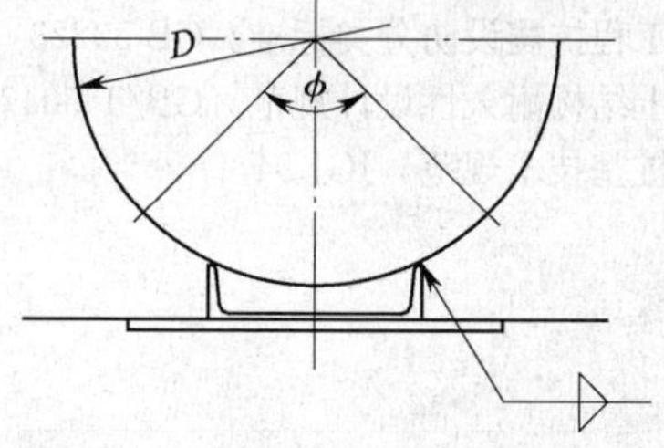

图E. 2. 5 简易管托示例（下滑式）

E. 3 管托的螺栓计算

E. 3. 1 直通管的管托，当与支柱采用螺栓连接时，应按下列要求进行连接计算（图 E. 3. 1)：

1 螺栓的拉力 N_t，应按下列公式验算抗拉承载力：

1）固定管托及铰接管托时：

$$N_t=\frac{2}{m}\left(\frac{1.2W_g a}{S_1}-\frac{N}{2}\right)\leqslant N_t^b \quad (E.3.1\text{-}1)$$

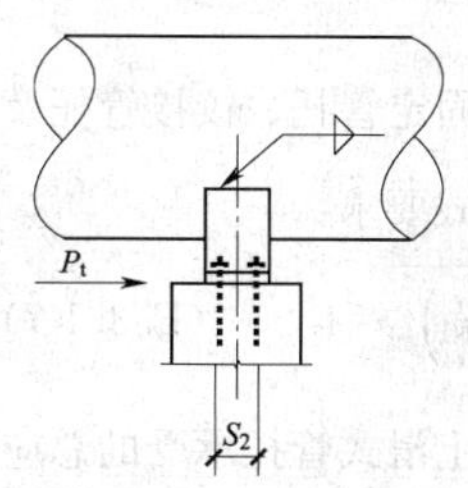

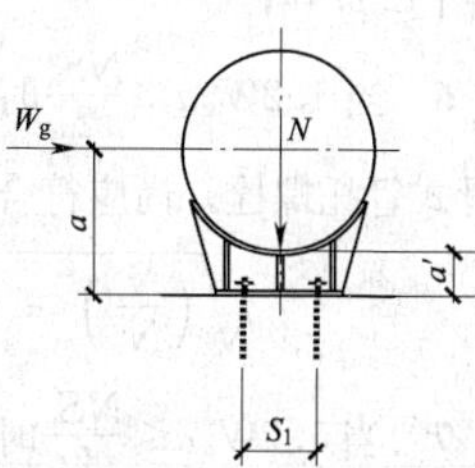

图 E. 3. 1 管托荷载及计算

式中：S_1、S_2——一组螺栓的中心距离。

2）上滑式管托时：

$$N_t=\frac{2}{m}\left(\frac{1.2W_g a}{S_1}+\frac{P_m{}'a'}{S_2}-\frac{N}{2}\right)\leqslant N_t^b \quad (E.3.1\text{-}2)$$

2 螺栓的剪力 N_V，应按下列公式验算抗剪承载力：

1）固定管托时：

$$N_v=\frac{1}{m}\sqrt{P_t^2+W_g^2}\leqslant 0.9N_v^b \quad (E.3.1\text{-}3)$$

2）铰接管托时：

用于柔性管架：

$$N_v=\frac{1}{m}\sqrt{P_f^2+W_g^2}\leqslant 0.9N_v^b \quad (E.3.1\text{-}4)$$

用于半铰接管架：

$$N_v=\frac{W_g}{m}\leqslant 0.9N_v^b \quad (E.3.1\text{-}5)$$

3）上滑式管托时：

$$N_v=\frac{1}{m}\sqrt{P_m{}'^2+W_g^2}\leqslant 0.9N_v^b \quad (E.3.1\text{-}6)$$

式中：m——螺栓总根数；

W_g——风荷载引起的管道中心位置的水平力设计值，按现行国家标准《建筑结构荷载规范》GB 50009 的有关规定计算；当管道在横向承受水平推力 P_{ty}时，应合并计入 P_{ty}；

P_f——管架位移反弹力；

$P_m{}'$——管道摩擦力；

P_t——管道水平推力；

N——操作状态时管道垂直荷载；

a、b——水平荷载至管托底面的高度，按本规范第 5. 3. 1 条确定；

N_v、N_t——某个普通螺栓所承受的剪力和拉力；

N_v^b、N_t^b——一个普通螺栓的受剪、受拉的承载力设计值。

3 多根管道时，固定管托和铰接管托的螺栓计算中，尚应计及非主动管摩擦力所引起的附加影响；

4 管道摩擦力 $P_m{}'$、管架位移反弹力 P_f 的荷载分项系数，可取为 1. 2；操作状态时，管道垂直荷载 N 荷载分项系数可取为1. 0；

5 对铰接管托、下滑式管托和滚动管托，应采取防止管道沿横向滑落的措施（图 E. 2. 2、图 E. 2. 3-

2、图 E.2.4)；

6　当 $1.2W_{g}a>\frac{NS_{a}}{2}$ 时，固定管托、铰接管托及上滑式管托螺栓，尚应符合下式要求：

$$\sqrt{\left(\frac{N_{v}}{N_{v}^{b}}\right)^{2}+\left(\frac{N_{t}}{N_{t}^{b}}\right)^{2}}\leqslant 1 \qquad (E.3.1\text{-}7)$$

7　当 $1.2W_{g}a\leqslant\frac{NS_{a}}{2}$ 时，上滑式管托承受的总应力，应符合公式（E.3.1-6）的要求；固定管托和铰接管托应只承受剪应力。

E.3.2　三通管、弯管的管托，当与支柱采用螺栓连接时(图 E.3.2)，应按下列要求进行连接计算：

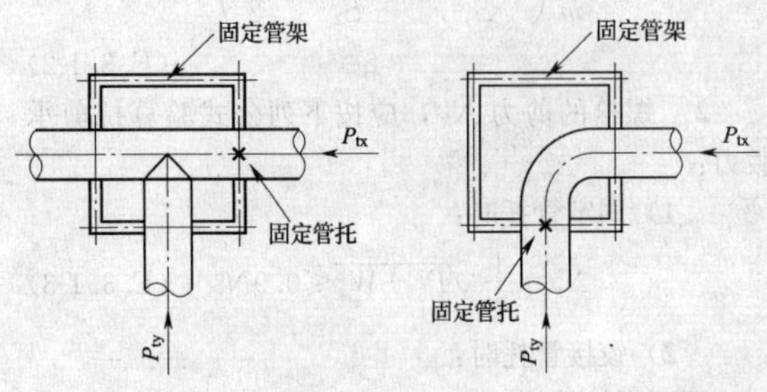

图 E.3.2　管托荷载示意

$$N_{v}=\frac{1}{m}\sqrt{P_{tx}^{2}+P_{ty}^{2}}\leqslant 0.9N_{v}^{b} \qquad (E.3.2)$$

式中：P_{tx}、P_{ty}——管道沿纵向及横向的水平推力。

E.4　管 托 构 造

E.4.1　管托各部件的钢板厚度，不得小于 6mm；且弧形垫板厚不应小于管壁厚度的 0.6 倍。

E.4.2　管托螺栓直径不得小于 16mm；螺栓根数，固定管托和上滑式管托应采用 4 根，铰接管托应采用 2 根；螺栓外露长度不应小于 60mm。

E.4.3　管托与管道或支柱的焊接时，管托与管道(除上滑式管托外）应沿管道方向焊接，焊缝长度应等于弧板宽度，最小焊脚尺寸不应小于 6mm；管托与支柱焊接时，焊缝长度应等于底板宽度，最小焊脚尺寸不应小于 6mm。

E.4.4　滑动管托、滚动管托宜在摩擦面涂抹润滑剂，也可采用其他摩擦系数低的摩擦副产品。

本规范用词说明

1　为便于在执行本规范条文时区别对待，对要求严格程度不同的用词说明如下：

1）表示很严格，非这样做不可的：
正面词采用“必须”，反面词采用“严禁”；

2）表示严格，在正常情况下均应这样做的：
正面词采用“应”，反面词采用“不应”或“不得”；

3）表示允许稍有选择，在条件许可时首先应这样做的：
正面词采用“宜”，反面词采用“不宜”；

4）表示有选择，在一定条件下可以这样做的，采用“可”。

2　条文中指明应按其他有关标准执行的写法为：“应符合……的规定”或“应按……执行”。

引用标准名录

《中国地震动参数区划图》GB 18306
《建筑地基基础设计规范》GB 50007
《建筑结构荷载规范》GB 50009
《混凝土结构设计规范》GB 50010
《建筑抗震设计规范》GB 50011
《钢结构设计规范》GB 50017
《工业建筑防腐蚀设计规范》GB 50046
《工程结构可靠度性设计统一标准》GB 50153
《构筑物抗震设计规范》GB 50191
《建筑工程抗震设防分类标准》GB 50223
《混凝土结构耐久性设计规范》GB/T 50476
《建筑桩基技术规范》JGJ 94

中华人民共和国国家标准

钢铁企业管道支架设计规范

GB 50709—2011

条　文　说　明

制 定 说 明

《钢铁企业管道支架设计规范》GB 50709—2011，经住房和城乡建设部2011年7月以第1079号公告批准发布。

本规范制定过程中，编制组进行了广泛深入的调查研究，总结了我国钢铁企业管线系统工程建设中的实践经验，同时参考了国外先进技术标准。

为便于广大设计、施工、科研、学校等单位有关人员在使用本标准时能正确理解和执行条文规定，《钢铁企业管道支架设计规范》编制组按章、节、条顺序编制了本标准的条文说明，对条文规定的目的、依据以及执行中需注意的有关事项进行了说明，还对强制性条文的强制理由做了解释。但是，本条文说明不具备与规范正文同等的法律效力，仅供使用者作为理解和把握规范规定的参考。

目　次

1 总 则

1.0.1 本条是制定本规范的指导思想，也是管道支架设计必须遵守的总原则。

1.0.2 本条指出本规范适用于钢铁企业架空管道的支架设计。在以往的设计实践中要求所支承的管道必须有足够的纵向刚度，其原因在于把管道和支架当成一个密不可分的系统来考虑，两者存在事实上的协同关系，如果管道的纵向刚度过小，将导致其管道与支架的共同作用难于实现而丧失其前提条件。本规范在编制原则上坚持了这一较为先进的设计思想。随着分析技术的发展，现在也有管线系统方面的专业分析软件，在系统内变形协调的情况下可不受上述条件的限制。

2 术语和符号

2.1 术 语

本节仅对本规范中涉及的比较重要的名词术语进行了解释。

2.2 符 号

本规范的符号是根据现行国家标准《建筑结构设计术语和符号标准》GB/T 50083 的规定编制的。涉及现行国家标准《混凝土结构设计规范》GB 50010、《建筑地基基础设计规范》GB 50007 及《建筑结构荷载规范》GB 50009 等现行国家规范的符号，按相应规范的符号直接采用。

3 基本规定

3.0.1 本条采用现行国家标准《工程结构可靠性设计统一标准》GB 50153 的规定，其中“正常使用”是针对管道支架而言。在本规范规定的设计使用年限内，管道支架（包括基础）应能承受可能出现的各种作用。本规范采用以概率理论为基础的极限状态设计方法，以可靠指标度量结构构件的可靠度，用含分项系数的设计表达式进行计算。

3.0.4、3.0.5 冶金工厂的能源介质管线类似于生命线工程，对车间的正常生产起到至关重要的作用，因而考虑其安全等级不能低于二级，尤其是针对某些危害性较大的输送管线（如氧气管道、氢气管道、天然气管道、煤气管道）直接涉及人的生命安全或导致重大经济损失，其支架的安全等级可以按照一级来考虑。如果是临时过渡性的或者是与高炉一代炉龄有关的管道支架，其安全等级可在本规定的基础上适当降低，但应符合现行国家标准《工程结构可靠性设计统一标准》GB 50153 的相关规定。

3.0.6 管道支架设计，应根据各管线专业提供的设计资料和岩土工程勘察资料进行。各管线专业提出的设计资料是管道支架设计的基本依据。当设计中需对设计资料调整时，必须通过协商，取得相关专业的确认。岩土工程勘察资料也是管道支架设计的必要依据。对于复杂地基条件下的管道支架，必要时尚应按设计要求进行专门勘察和专题论证。工艺专业提供的管道及拟设管道支架的平面布置图、纵断面图、横断面图；管道几何信息及对管道支架的要求（应包括管道的最大位移限值和最大差异沉降限值）；管托形式及其与管道支架连接的方式与要求，非刚性管道支架上可采用铰接管托连接的管道。管道重量应包括管道、内衬、保温层、管道附件等。

4 管道支架的分类及选型

4.1 一 般 规 定

4.1.1 管道支架类型分为固定管道支架、单向活动管道支架、双向活动管道支架及组合式管道支架等几大类。管线系统中管道支架类型一般由工艺专业确定或与结构专业协商确定，管道支架结构形式根据其作用、受力特性及场地条件确定。图1为管线系统示意图，图2为管道支架常用类型示意图。

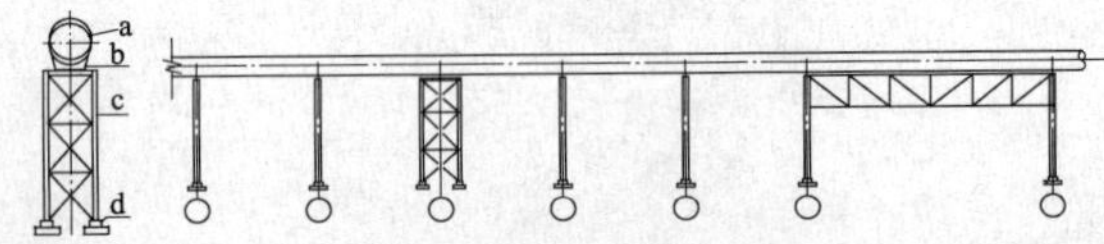

图1 管线系统示意

1—固定支架；2—单向活动；3—双向活动支架；4—组合支架；a—管道；b—管托；c—支架；d—基础。

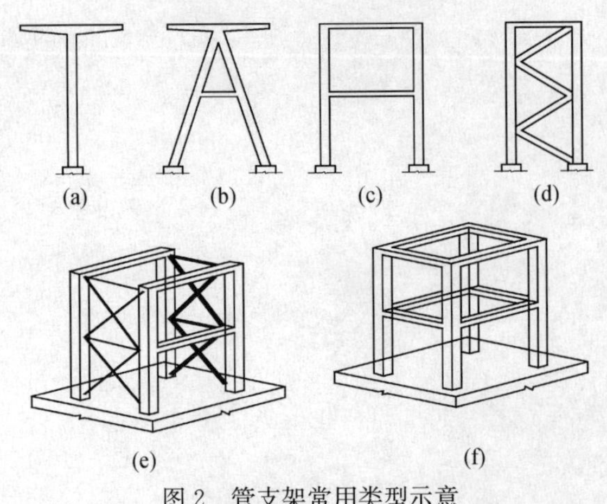

图2 管支架常用类型示意

4.2 管道支架的类型

4.2.2、4.2.3 单向活动刚性管道支架沿管道的纵向刚度较大，位移较小，其结构形式一般选用图 2 中（a）、（b）、（c）、（d）；纵向水平荷载大，支架高度又高时，实际工程中也可选用图 2 中（e）、（f）。公式（4.2.2-3）和公式（4.2.3-1）对管道支架位移后倾斜度的要求，其限值沿用《冶金工业管道支架设计规程》YS 13—77 中的规定。

4.2.4 管道因跨越河流、山谷、铁路、公路以及其他建（构）筑物而跨距超过其允许值时，或因管道直径较小需设置数量较多的管道支架造成显著不经济时，宜采用组合式管道支架；悬索式组合管道支架由主索、边索、横梁和支柱等构件组成，适用于两支柱间距离较大的管线；桥架式组合管道支架由桁架或纵梁、横梁和支柱等构件组成，适用于管道直径较小、管道数量较多的管线；悬臂式组合管道支架，当管道的跨距超过允许值不多时可采用，一般用于管道直径较小、管道数量较多的管线；桁架式组合管道支架，对于介质温度接近于大气温度的管道，当其跨距超过允许值时，可利用管道本身作为桁架的上弦杆组成桁架式组合管道支架，这种结构形式一般用于两支架之间的管道无补偿器、阀门、法兰盘等附件的单根管线；吊索式组合管道支架由吊索、固定拉索、水平拉杆、横梁和支柱等构件组成，吊索与水平拉杆的倾斜角 θ 宜取 30°，适用于管道直径较小、管道数量较多的管线。

4.2.5 输送介质管道直径较大和输送高危害性介质的管道，其安全性无论是对于工厂的正常生产，还是对于人身健康、环境保护等要求，都是非常重要的。因此本条为强制性条文，规定其固定管道支架必须采用四柱式现浇钢筋混凝土框架结构支架、有支撑的空间钢框架结构支架或者墩式支架等可靠形式，确保这类管线系统的可靠、安全运行。

5 荷载与作用

5.1 一般规定

5.1.1 管道附件包括管道上的阀门、加劲肋板、法兰、补偿器、支吊挂件及平台、依附管道等构件。管道重、管道内介质重、管内沉积物、试压水等荷载，由工艺专业提供。温度作用是指由管道内的介质和大气温度产生的作用力，一般由工艺专业考虑，在其所提管道对管架的水平作用力中体现，包括管道补偿器的弹性力或不平衡力、介质压力作用下产生的水平力等。地震作用根据工艺管道设计要求、管道布置形式、场地地震烈度强度等级等因素，对管架结构进行水平或竖向抗震作用计算，具体见本规范第 9 章（节）有关条文。偶然荷载中，偶尔会遇到可能发生水锤效应的管道及管架布置情况，据国内目前情况来看，这种影响一般由管道专业在设计时已采取措施解决或避免其发生；若确实不能回避时，由管道专业协同管架设计等专业参照有关规定和工程经验专门研究考虑。

5.1.3 对钢铁企业振动管道，一般管道工艺专业在管线布置时均采取了减振或防振措施，并且管道振动影响因素复杂，很难作确切的计算分析，这里参照机械工业出版社《简明管道支架计算及构造手册》的相关规定来考虑对支架的振动影响。下列各类管道属于振动管道：管道外径大于或等于 200mm 的蒸汽管道；设有“快速切断阀”的管道；往复泵输送的液体管道；活塞式压缩机输送的气体管道；生产过程中突然升温增压的管道（如紧急放空管）。

5.2 活动管道支架的管道摩擦力和位移反弹力

5.2.1 一般来说，混凝土支架的顶面支承管托位置处均设置有钢板预埋件，所以本条文没有将钢对混凝土的摩擦系数 $\mu_i=0.6$ 列出来。钢对钢滚动时，在有特殊可靠措施情况下，可取 $\mu_i=0.03$，如有润滑油包裹及密封无杂质条件下的轴承之间的滚动等。

5.2.3 管道支架上的管道采用滑动或滚动管托设置多根管道时，管道摩擦力及管道支架位移的计算宜考虑各管道不同时工作而发生的牵制影响。

6 管道支架的设计及计算

6.1 一般规定

6.1.1 管道支架是管道的支承结构，而敷设于管道支架上的管道，通过摩擦力或连接对管道支架具有一定的支承作用，所以管道不仅是管道支架上的荷载，同时也是管道支架的支承构件，管道与管道支架形成空间支承体系。目前国内外资料在管道支架设计中均考虑了管道和管道支架间的相互作用，主要体现在管道支架柱计算简图的设定和计算高度的取值上。当管道刚度比较大时，可以把管道和管道支架作为一个多跨排架考虑，此时可假定管道支架上端为铰支点，下端根据连接方式不同，视为固接或铰接，管道视为水平连杆。

6.1.2 多管共架时，各管道同时产生温度作用的可能性是极小的，当某一瞬间有温度作用的管道推动管道支架位移（变形）时，无温度作用的管道不但不推动管道支架位移（变形）。反而会阻止管道支架位移（变形）。这就是牵制作用。

6.1.3 主动管的定义见第 2.1.8 条。非主动管道为不属于主动管的管道。

6.1.4 对活动管道支架主动管的选择说明如下：

1　主动管对刚性管道支架的控制作用体现为控制管道支架的内力大小。因重量最大的管道在管道支架上滑动或滚动时对管道支架产生的摩擦力是最大的，因此刚性管道支架应选择重量最大的管道为主动管。

2　选择柔性管道支架的主动管，其目的是控制柔性管道支架的位移。分以下几种情况：

1）选取管线中重量比 $\alpha \geqslant 0.7$ 的管道为主动管。此时管道支架的工作状态为该管所控制，管道支架承受的外力应取该管变形值 Δ_z 进行计算。

2）管线中无重量比 $\alpha \geqslant 0.7$ 的管道时，则选取管道变形值 Δ_z 较小的管道作为主动管，并采用铰接管托，此时管道支架的工作状态由该管控制，管道支架承受的外力应取该管道的变形值 Δ_z 进行计算。由于管道变形较小，因此对管道支架的水平推力也小。

3）对管线中各管道重量比 α 小于 0.7，且各管道与管道支架又不采取铰接的情况，此时管道支架的工作状态将与各管道的工作情况不一致。因此，任何管道也不能作为该管道支架的主动管。由于各管道与管道支架间的工作情况不一致，说明管道与管道支架间出现了相对位移，因此该管道支架不属于柔性管道支架，而为刚性管道支架。因此当各管道重量比 α 小于 0.7，且各管道与管道支架又不采取铰接时，应按刚性管道支架确定主动管。

3　当采用半铰接管道支架时，因支架柱底弯矩很小，管道对支架的水平推力可以忽略不计。主动管的选取，应以管道本身的强度和稳定条件确定。如选重量大的管道为主动管时，则该管不但有一定能力承受其他管道的摩擦力，同时还将减小对固定管道支架的水平推力的影响。所以半铰接管道支架应选取重量大且满足铰接倾斜度规定值的管道为主动管。

6.1.5　半铰接管道支架的柱脚构造允许支架柱沿管道轴向方向出现半铰（不完全铰），虽然在该方向有一定程度的嵌固，安装时具有一定的稳定性，但若处理不当，管道安装完毕前极易发生不稳定事故。所以，必须设置临时稳定措施，通常可以在施工图中注明“在安装过程中应设置临时支撑，当上部管线全部安装完毕后方可拆除”。摇摆管道支架在管道安装前两个方向均可动，安装完毕前管道与支架间未组成空间体系，是不稳定的，因此需设置临时支撑，以确保施工时管道支架的稳定、施工的安全。

6.1.11、6.1.12　这两条是对《冶金工业管道支架设计规程》YS 13—77 第 38 条正常使用极限状态和耐久性要求的补充。现行国家标准《工业金属管道设计规范》GB 50316 第 10.5.7 条对管道支吊架的刚度要求为：“用于固定支架、限位和阻尼装置时，梁的最大挠度不应大于 0.002 倍梁的计算长度；用于其他支架时，梁的最大挠度不应大于 0.004 倍梁的计算长度”。

6.2　结构内力分析

6.2.2、6.2.3　管道支架结构受力复杂，通常为空间受力体系，条文中给出的内力分析原则、方法是经简化处理，并考虑了管道同管道支架间的相互作用、管道间的牵制影响，在工程中是适用的。当然鼓励设计时进行空间结构分析。

6.3　钢筋混凝土结构管道支架设计

6.3.3　管道支架柱的计算高度系根据结构形式、管道与管道支架的相互作用，并综合有关资料提出的。

7　连　　接

7.2　钢筋混凝土结构管道支架梁柱连接

7.2.3　现行国家标准《构筑物抗震设计规范》GB 50191 第 17.1.6 条规定“钢筋混凝土支架的抗震等级，固定支架和活动支架可分别按第三、第四抗震等级采用”。现行国家标准《建筑抗震设计规范》GB 50011 第 6.2.15 条规定“三、四级框架节点核芯区，可不进行抗震验算，但应符合抗震构造措施的要求”。

7.3　钢结构管道支架梁柱连接

7.3.3　为与最新修订的国家标准《钢结构设计规范》GB 50017 相协调，这里提出了半刚性连接节点。由于半刚性连接的构件内力分析和稳定计算较复杂，且半刚性连接节点降低刚架的抗侧移刚度，会一定程度地影响它在管架设计中的使用。但它具有可以有效地调整梁端弯矩，使之与跨中弯矩相近，减小梁截面；抗震性能好；一般多采用螺栓连接，安装方便等优点，可以考虑有选择的应用。如不设加劲肋的各类截面构件间的刚性连接；改扩建工程构件的内力调整等。本次编写中参考了欧洲规范 EC3-EN 1993-1-8：2005 中的有关条文。

7.4　管道支架结构柱脚

7.4.2　锚栓式基础中锚栓的计算，世界各国计算方法差别很大。我国目前采用的计算方法，是《钢结构设计规范》TJ 17—74 建议的方法。该方法在荷载偏心大时，锚栓的计算结果偏大，因此又要求当锚栓计算结果直径大于 60mm 时，改用“钢筋混凝土梁比拟法”计算，计算比较复杂。这里采用李德滋教授提出的方法，应用了半无限空间弹性体的计算方法。当确定锚栓拉力为零的偏心距 e 时，近似地假定混凝土压应力图形为二次抛物线，压应力图形重心距受压底板受压端为 $x_n/4$。当弯矩引起的边缘应力与轴向力引起的应力之比 $\varepsilon \leqslant 1.65$ 时，锚栓不受拉。$\varepsilon > 1.65$ 时，底板下混凝土压应力图形假定为三角形，压应力合力及压应力图形重心距受压底板受压端位置不变（仍为 $x_n/4$）。$\lambda \leqslant 0.85$ 是为保证柱脚底板与混凝土的接触面不小于 $0.6h_0$。该法取用的混凝土受压合力点位置与试验结果较接近。比较各方法计算结果，该方法比《钢结构设计规范》TJ 17—74 建议的方法节省，比“钢筋混凝土梁比拟法”计算方便，且在弯矩较大时两者计算结果相近。另外，该方法不论偏心大小只需单一方法计算。所以，这里推荐该方法。锚栓承受拉力与梁柱外伸端板高强度螺栓连接相似，但不同的是：锚栓没有预拉力，柱底板很快提离下部混凝土，钢柱底板基本不承受拉力；锚栓通常开有较大孔，并配有较厚的锚栓垫板，所以柱脚底板受拉可借鉴梁柱外伸端板高强度螺栓连接计算端板厚度的思路（但不能引用），采用塑性铰理论线理论推出相关公式。

8　地基基础设计

8.1　一 般 规 定

8.1.1　所谓独立式基础是指一个多立柱管道支架坐落在同一个基础上，联合式基础是指一个多立柱管道支架坐落在多个不同的基础上。考虑到固定支架的受力特点，一般采用联合式基础。

8.1.2　重要管道（如直径较大的煤气管道等），差异沉降可能造成管道破坏，应根据管道允许的差异沉降控制差异沉降，尤其是沿管道方向地基差别较大时。

8.2　计　　算

8.2.2　由于支架基础垂直荷载较小，由风荷载、管道温度荷载及介质推力产生的弯矩相对较大，基础偏心距往往超出基础核心范围（图 3），为了保证管道的正常运行，设计管道基础时，除计算地基承载力外，还应控制基础的偏心距。

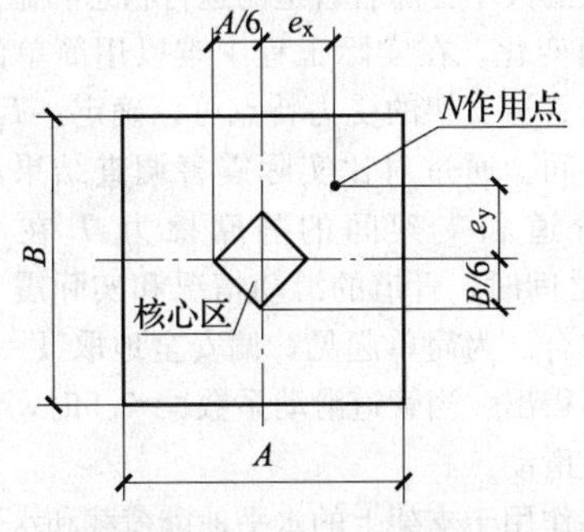

图 3　基础偏心距示意

8.2.3　支架基础一般为双向偏心受压构件，风荷载、管道的温度荷载及介质推力均为临时荷载，当基础的偏心距超出基础核心区范围时，基础与地基之间出现部分脱离，一般的材料力学公式不能适用，可从附表中查取相关参数并根据公式计算基底压力。

8.2.4　根据角点基底压力 p_{max}、p_1 计算中点压力 p_a，根据计算截面 1-1 两端对应的基底压力 p_c、p_d 计算 1-1 剖面中点处基底压力 p_b。p_a、p_b 确定后，依据现行国家标准《建筑地基基础设计规范》GB 50007 按单向偏心基础并进行基础底板内力计算。当组合值由永久荷载控制时，$G=1.35G_k$；G_k 为基础及其上土的标准自重。

$$p_c = p_{max}\left(1-\frac{S_a}{A}\right)+p_2\frac{S_a}{A} \tag{1}$$

$$p_d = p_1\left(1-\frac{S_a}{\xi_2 A}\right) \tag{2}$$

$$\begin{aligned} p_b &= \frac{p_c+p_d}{2} \\ &= \frac{1}{2}\left[p_{max}\left(1-\frac{S_a}{A}\right)+p_2\frac{S_a}{A}+p_1\left(1-\frac{S_a}{\xi_2 A}\right)\right] \end{aligned} \tag{3}$$

对于条文中图 8.2.3-4（a）所示的受压区为四边形的 1-1 剖面的弯矩可按下式计算：

$$\begin{aligned} M_{1-1}=\frac{S_a^2}{24}\Bigg[&(2B+b_1)\left(2p_1+2p_{max}-\frac{p_1 S_a}{\xi_2 A}-\frac{p_{max}S_a}{\xi_1 A}-\frac{4G}{AB}\right) \\ &+S_a B\left(\frac{p_1}{\xi_2 A}+\frac{p_{max}}{\xi_1 A}\right)\Bigg] \end{aligned} \tag{4}$$

对于条文中图 8.2.3-4(b)所示的受压区为四边形的 2-2 剖面的弯矩可按下式计算：

$$\begin{aligned} M_{2-2}=\frac{S_b^2}{24}\Bigg[&(2A+a_1)\left(2p_2+2p_{max}-\frac{p_2 S_b}{\eta_2 B}-\frac{p_{max}S_b}{\eta_1 B}-\frac{4G}{AB}\right) \\ &+S_b A\left(\frac{p_2}{\eta_2 B}+\frac{p_{max}}{\eta_1 B}\right)\Bigg] \end{aligned} \tag{5}$$

8.2.5　由于水浮力的作用会使基础的垂直力减小，基础的偏心距加大，因此计算基础偏心距时应考虑水浮力的作用。

8.2.7　走道及平台荷载及介质重量对偏心距的计算为有利荷载，在风载和温度荷载作用时可能不存在上述荷载，因此偏心距计算时不考虑此类荷载。

8.2.9　当支架单肢出现拉力时，按受拉计算基础短柱的配筋，按拉力验算基底压力。

8.3　基 础 的 构 造

8.3.1　对于插入式杯口基础，支架（钢支架及混凝土支架）插入杯口的深度应满足最小要求，每个支架立柱单独考虑。

9　抗 震 设 计

9.1　一 般 规 定

9.1.5　输送易燃、易爆、剧毒介质管道的支架，如在地震作用下发生破坏，将产生严重的次生灾害，故将其抗震等级比普通介质管道支架提高一级。

9.1.6　唐山—丰南地震时，半铰接支架的柱脚处有裂缝出现。可见，处于半固定状态的半铰接支架，在强烈的震动作用下，承受了一定地震作用。此外，还发现管道拐弯处的半铰接支架因地震作用导致歪斜等。

凡以管道本身作为支架结构受力构件的，一般跨度都比较大。由于振动对管道有较大的影响，尤其是周期性的频繁振动会对作为受力构件的管道出现疲劳破坏，导致管道内的介质泄漏甚至管道断裂，所以将本条第2款列为强制性条款，严禁将输送易燃、易爆、剧毒、高温、高压介质的管道作为管道支架跨越结构的受力构件，以免发生工厂被迫停产事故和严重危害人身安全的事故。

9.2 地震作用

9.2.4 对可不进行抗震验算的活动支架的范围作出规定主要是考虑到：在支架的静力计算中，支架的横向水平荷载主要是管道及支架所受的风荷载，并没有考虑管道和支架间的摩擦力，因此，在高烈度条件下横向水平地震作用可能大于作用于支架上的水平荷载，故在地震作用下应进行抗震计算。在管道纵向，当管道和支架发生相对滑移时，对刚性活动支架，作用于支架上的最大地震作用不会超过静力计算中支架所受的滑动摩擦力，可不进行抗震验算，只需满足相应的抗震构造措施要求。但对柔性活动支架，在静力计算中，由于它能适应管道变形的要求，主要承受支架柱的位移反弹力，其所受纵向水平荷载小于管道与支架间的滑动摩擦力，支架所受的纵向水平力为：

$$P_f = K\delta \tag{6}$$

式中：K——支架柱的总侧移刚度（N/m）；

δ——支架顶的位移（m）。

由此可见，在8度、9度地震作用下当支架的位移大于静力计算的位移δ时，柔性支架所受纵向水平地震作用大于静力计算时的水平荷载，故应予验算。

9.2.6 水平地震作用点的位置，过去设计中极不统一，有取管道中心的，有取管道与管托接触处的，亦有取梁顶面的。各种管托的构造型式见图4，因此水平地震作用点的位置，对上滑式管托，可近似取管道外径的最低点，其他管托取横梁顶面。对挡板式固定管托，地震作用位置为梁下$e/3$处，由于离梁顶距离一般很小，故偏安全统一取为支承梁顶面。

9.2.7 本条补充了积灰荷载和走道活荷载的重力荷载代表值的取值。当走道活荷载是按实际情况取值时，活荷载的重力荷载代表值应取标准值的100%，积灰荷载的大小可根据实际情况和有关规定取值。

9.2.10～9.2.12 对有滑动支架的计算单元，纵向地震作用的计算可分为两种状态：

支架和管道间没有发生滑移呈整体工作状态，此时各支架的刚度可按结构力学方法确定，作用于支架上的水平地震作用小于管道与支架间的滑动摩擦力。

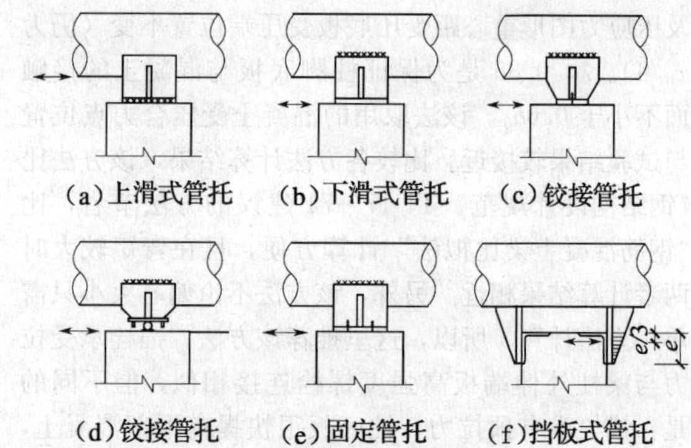

图4 各种管托的地震作用位置

支架和管道间产生了相对滑移，成非整体工作状态，此时支架本身的刚度没有发生变化，但支架刚度并没有充分发挥，即此时滑动支架参与工作的刚度小于支架自身的固有刚度。

设：作用于活动支架上的总重力荷载代表值为G_D，计算单元的总重力荷载代表值为G_E，管道滑动前计算单元的地震影响系数为α_E，活动支架的总刚度为K_d，计算单元的总刚度为K_D，管道和活动支架间的静摩擦力为T。则在整体工作状态时，活动支架所承受的水平地震作用为：

$$F_{Ed} = \alpha_E G_E \cdot \frac{K_d}{K_D} \tag{7}$$

支架所承受的总水平荷载为：

$$F = \alpha_E G_E \cdot \frac{K_d}{K_D} + T \tag{8}$$

管道滑动时，活动支架所受的总滑动摩擦力为：

$$P_m = G_D \cdot \mu \tag{9}$$

令管道的滑动系数$\zeta = \frac{F_{Ed}}{P_m}$，即$\zeta = \alpha_E \cdot \frac{G_E}{G_D} \cdot \frac{K_d}{K_D \cdot \mu}$，当$T + F_{Ed} \geqslant P_m$，即$\zeta \geqslant 1.0 - \frac{T}{P_m}$时，管道在支架上产生滑动。

T值的大小会随着管道的运行状态和温度的变化等情况而变化，在实际工程中难以用简单的方法确定，根据管道支架的受力特点可以确定：T在0.0～$0.3G_D$之间。通过对比实际震害调查结果，可以确定：当管道和支架间的静摩擦力T在$0.1G_D$～$0.15G_D$之间时，管道的滑动情况和实际震害调查结果基本吻合。为简单起见，偏安全地取$T = 0.15G_D$，则很容易得出：当管道滑动系数$\zeta \geqslant 0.5$时，管道在支架上产生滑动。

如将作用于支架上的水平地震荷载和水平静摩擦力总称为水平荷载，当作用于活动支架上的水平荷载等于管道和支架间的滑动摩擦力P_m时，支架所受水平荷载已达到极限状态，此时水平荷载和竖向荷载之间存在直接的联系，故可以设定：支架在水平荷载和竖向重力荷载代表值作用下，达到了临界状态，但由于支架并未达到其承载力极限状态，故其处于一种稳定的临界状态。此时，作用于支架上的重力荷载代表值即为其临界荷载，通过求解临界荷载，可间接求出支架此时参与震动的实际刚度（有效刚度）。条文中当管道在支架上滑动时活动支架实际参与震动的刚度就是据此原理推导出来的。

应该注意的是：条文中的双柱活动支架是指沿管道径向为双柱，而在轴向为单柱的π形支架。在计算纵向计算单元的水平地震作用标准值时，地震影响系数α应根据管道在支架上是否滑动确定。式9.2.10-1和式9.2.10-2是针对管道在刚性活动支架上滑移时得出的，对柔性活动支架，由于能适应管道的变形，与支架始终处于整体工作状态，可直接按刚度比例分配水平地震作用。

由于已经求出管道和支架产生相对滑动时，支架参与工作的实际刚度，故纵向计算单元内各支架所受的水平地震作用可直接按各支架的刚度比例进行分配。

10 管道支架的构造

10.1 钢筋混凝土结构管道支架

10.1.2 管道与钢筋混凝土结构管道支架，钢结构管道支架或横梁间的净空要求考虑了施工中可能发生的管线安装误差和安装时必要的操作空间要求（如图5），同时考虑在地震时管线的滑动位移。

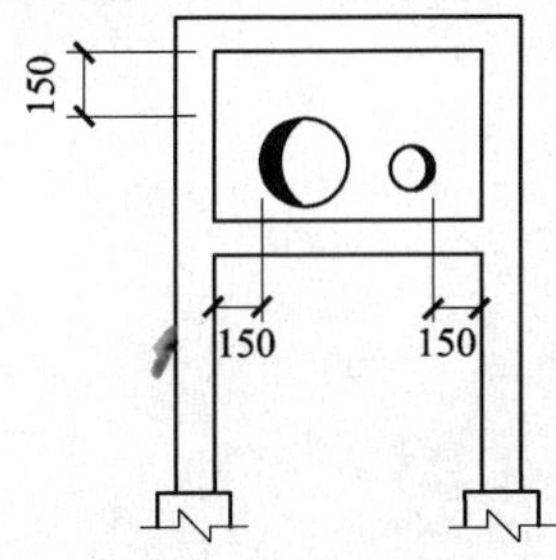

图5 管道与支架或横梁的净空

10.1.3 支架多处于室外露天环境，本条是考虑耐久性要求而确定的最低标准。根据环境类别，还应满足各相关规范的要求。

10.1.4 与《冶金工业管道支架设计规程》YS 13—77相比，支架柱的长细比λ值作了降低修正，目的是增加其刚度，在地震时抗失稳的能力更强。

10.1.5 唐山—丰南地震、辽宁海城地震等支架的震害调查表明：管道从支架上滑落下来而造成的破坏是地震区的主要震害之一。对敷设于顶层横梁上的管道为防止管道滑落，可设置防震短柱、防震挡板（如图6），或设置防震管卡。对下滑式管托，不管是地震区或非地震区，支架破坏的原因，大都是由于管托滑落于梁侧造成的。由于通常的设计管托长度在200mm～300mm，加上施工安装误差，实际能供管道的滑移量仅有80mm～100mm。管道在正常运行时，管道的伸缩量很大，接近甚至超过80mm～100mm，在地震作用下，很容易滑落于梁侧，从而导致支架破坏。

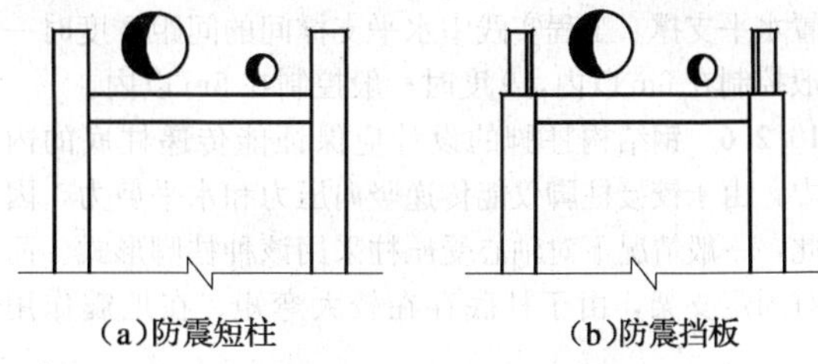

图6 防止管道滑落的构造措施

10.1.6 石化行业的调查发现，部分支架的梁、柱节点和连接角钢，当所受水平荷载较大时，经常出现锚筋拔出现象。在地震区为避免钢筋“锚固先于构件破坏”，制定了本条规定。

10.1.7 震害中沿管道纵向的半铰接支架柱脚出现裂缝，说明柱脚处沿管道纵向并不是完全铰，承担了一部分地震作用。为保证半铰接支架在地震时的安全，应加强半铰接支架柱沿管道纵向的配筋。

10.1.8 本条规定是加强节点的延性措施，防止地震时节点先破坏。

10.1.9 支架的悬臂横梁为弯、剪、扭复合受力，受力情况复杂，在高烈度下还要承受竖向地震作用的影响。当悬挑长度过大，梁的内力较大，管道径向或轴向传给支架柱的弯、剪荷载也大，而柱本身垂直荷载较小，特别是单柱式支架，给设计造成困难。悬挑长度过大时，必须加大梁、柱截面，既不经济又不美观。故作本条规定。

10.1.10 管廊式支架一般可不设中间固定支架，但仍应设置中间固定点，固定点一般设于支架横梁上，水平支撑宜设置在固定点处。在直管线段的末端，一般设置柱间支撑，用以增加纵向刚度和稳定性，特别是增强其在地震作用下抵抗振动的刚度，同时利用支撑承受支架的不平衡内力。柱间支撑应能将地震作用直接传至基础。高烈度地区，柱间支撑的基础间设置连系梁有利于提高基础的整体性。

10.2 钢结构管道支架

10.2.2 本条是考虑稳定要求，参照国家现行标准《钢结构设计规范》GB 50017及《钢管混凝土结构设计与施工规程》CECS 28：90而制定。

10.2.3 本条是考虑支架柱稳定要求，参照现行国家标准《钢结构设计规范》GB 50017而制定。对钢管柱可参照中国工程建设标准化协会标准《钢管混凝土结构设计与施工规程》CECS 28：90的规定。

10.2.4 钢结构管道支架的梁与柱的连接采用柱贯通型是为了使破坏发生在梁端，而不是柱端。

10.2.5 对四柱式固定支架，通常情况下，管道并不一定敷设于框架梁上，为保证支架在地震作用下的空间整体作用，增加支架的刚度，在抗震设防烈度为8度、9度时，在直接支承管道的平面内宜设置水平支撑。同时，在支架的中间高度处亦应根据具体情况设置水平支撑。工程实践中水平支撑间的间距8度时一般控制在6m以内，9度时一般控制在5m以内。

10.2.6 钢结构柱脚的设计应保证能传递柱底的内力，由于铰接柱脚仅能传递竖向压力和水平剪力，因此，一般情况下对轴心受压柱采用该种柱脚形式。而对固定支架，由于柱底存在较大弯矩，在地震作用下，为保证能将柱底内力传递至基础，使基础和柱子共同工作，应采用刚性柱脚。鉴于通常的钢支架中，一般不采用埋入式或外包式柱脚，本条没有推荐该两种柱脚形式，实际工程中，如支架受荷载很大或有需要时，可予采用。虽刚性柱脚比铰接柱脚繁琐，但由于固定支架受地震作用较大，而数量较少（约占支架总数的10%左右），对少量的固定支架柱脚作重点处理是有现实意义的，也是可行的。

中华人民共和国国家标准

电子工程节能设计规范

Code for design of energy conservation of electronic industry

GB 50710—2011

主编部门：中华人民共和国工业和信息化部
批准部门：中华人民共和国住房和城乡建设部
施行日期：2 0 1 2 年 6 月 1 日

中华人民共和国住房和城乡建设部
公　告

第 1086 号
关于发布国家标准
《电子工程节能设计规范》的公告

现批准《电子工程节能设计规范》为国家标准，编号为 GB 50710—2011，自 2012 年 6 月 1 日起实施。其中，第 3.1.6、5.1.2、6.5.7、7.2.3、7.2.5、7.3.3（1、3）、7.4.6 条（款）为强制性条文，必须严格执行。

本规范由我部标准定额研究所组织中国计划出版社出版发行。

中华人民共和国住房和城乡建设部

二〇一一年七月二十六日

前　言

本规范是根据原建设部《关于印发〈2006 年工程建设标准规范制订、修订计划（第二批）〉的通知》（建标〔2006〕136 号）的要求，由中国电子工程设计院会同有关单位共同编制完成。

本规范在编制过程中，编制组结合我国电子工程节能设计的现状和电子行业可持续发展、节能降耗的要求，并对一些电子工程建造和运行的能量消耗、节能技术措施进行调查研究，在收集整理有关专题报告的基础上，广泛征求了国内有关单位、专家和科技人员的意见，最后经审查定稿。

本规范共分 9 章和 3 个附录。主要内容有：总则，术语，基本规定，工艺节能设计，建筑及建筑热工节能设计，暖通、空调和净化空调节能设计，冷热源和气体供应节能设计，给水排水节能设计和电气节能设计。

本规范中以黑体字标志的条文为强制性条文，必须严格执行。

本规范由住房和城乡建设部负责管理和对强制性条文的解释，由工业和信息化部负责日常管理，由中国电子工程设计院负责具体技术内容的解释。本规范在执行过程中，希望各有关单位结合工程实践，认真总结经验，若发现需要修改和补充之处，请将意见和有关资料寄至中国电子工程设计院（地址：北京市海淀区万寿路 27 号，邮政编码：100840，传真：010－68217842，E－mail：xiaohongmei@ceedi.cn），以供今后修改时参考。

本规范主编单位、参编单位、主要起草人和主要审查人：

主 编 单 位：中国电子工程设计院

参 编 单 位：信息产业电子第十一设计研究院科技工程股份有限公司
世源科技工程有限公司
深圳奥意建筑工程设计有限公司
上海电子工程设计研究院有限公司

主要起草人：陈霖新　秦学礼　张人茂　王明云　晁　阳　高艳敏　肖红梅　徐一青　宋利平　李锦生　陆　崎　牛光宏　冯　晔　陆　坚

主要审查人：范存养　滕金岐　穆京祥　张国兴　戴　峻　华为群　贾　晶　沈福忠　刘建勋　赵海生　顾　蕾

目　次

Contents

1 总 则

1.0.1 为贯彻国家有关法律法规和方针政策，降低电子产品生产的综合能耗，提高电子工程能源利用效率，改善环境，建设节能型企业，促进电子工业的可持续发展，制定本规范。

1.0.2 本规范适用于新建、改建和扩建的电子工程节能设计。

1.0.3 电子工程节能设计在满足电子产品质量的制造技术所需生产环境参数条件下，应积极采用国内外节能降耗先进技术和设备，并应使电子工程综合能耗达到明显降低，得到良好的技术经济效益。综合能耗的计算方法应符合本规范附录A的规定。

1.0.4 电子工程节能设计，除应符合本规范外，尚应符合国家现行有关标准的规定。

2 术 语

2.0.1 综合能耗 comprehensive energy consumption

指电子工程中主要生产系统、辅助生产系统等在统计报告期内实际消耗的各种能源实物量，按规定的计算方法和单位折算后的总和。

2.0.2 洁净室（区） clean room (zone)

空气悬浮粒子浓度受控的房间（空间）。它的建造与使用应减少室内诱入、产生及滞留粒子。室内如温度、相对湿度、压力等按要求进行控制。

2.0.3 普通空调系统 air conditioning system

以维持人员舒适或正常生产、工作房间内温度、相对湿度为目标的空气调节。

2.0.4 净化空调系统 air cleaning conditioning system

用于洁净空间空气净化的空气调节系统。

2.0.5 体形系数 shape coefficient

建筑物与室外环境接触的外表面积与其所包围的体积的比值。

2.0.6 窗墙面积比 area ratio of window to wall

建筑物某朝向外墙的窗门洞口面积与该外墙面积(含窗门洞口面积)之比值。

2.0.7 工艺用水 process water

直接用于电子工程工艺生产过程的冷却水、清洗用水等的总称。

2.0.8 回用水 reclaimed water

各种排水经处理后达到规定的水质标准，用于产品生产、生活、环境等范围内的非饮用水。

3 基 本 规 定

3.1 电子产品生产节能设计要求

3.1.1 电子工程新建项目设计时，严禁采用能耗过高或工艺技术落后的电子产品生产技术。电子工程改建、扩建项目设计时，应结合已有工厂状况，采用有效的、可行的节能技术措施。

3.1.2 节能设计应贯彻执行国家可持续发展战略，落实循环经济和节能、节水等政策，坚持节能、节水和环境保护相结合的原则，开发和推广效益显著的节能技术，充分利用电子工程中的余热、低位热能等资源，提高能源利用率，降低单位产品能耗。

3.1.3 专业设计应以国家现行有关设计标准和规定为基础，按本规范的规定采取有效的、可行的节能技术措施。

主要耗能设备应选用高效节能型或低能耗产品，并应进行多方案技术经济比较，应选用节能效果好、技术可靠、经济合理的设计方案。

3.1.4 节能设计中，应积极选用经有关部门推荐或鉴定或经生产实践证明是有效的、可行的节能新工艺、新技术、新设备。

3.1.5 年综合能耗总量超过3000t标准煤的电子工程的设计，应严格进行节能专篇的编制。

3.1.6 年综合能耗总量超过10000t标准煤的电子工程的设计，应设有能耗计量系统、供能系统及设备的监控系统。

3.1.7 电子工程应根据其用水设备、水处理系统的用水、排水水量、水质等具体条件，设计建造相应的循环水系统，并应最大限度地回收利用废水资源。

3.1.8 电子工程中的余热、低位热能、尾气、固体废物、废液，宜回收利用。

3.2 电子工程室内环境节能设计参数

3.2.1 电子工程中洁净室（区）的室内环境参数，在生产工艺无特殊要求时，应采用现行国家标准《电子工业洁净厂房设计规范》GB 50472中的下限规定值。

3.2.2 电子工程中各生产车间、辅助用房等的采暖室内计算温度，宜符合表3.2.2-1的规定；普通空气调节系统室内计算参数，宜符合表3.2.2-2的规定。

表3.2.2-1 采暖室内计算温度

建筑类型及房间名称		室内温度（℃）
生产车间	轻作业	18～20
	中作业	16～18
辅助车间、站房		16
办公用房		18
值班、休息室		18
食堂		18
更衣室		24
浴室		24

续表 3.2.2-1

建筑类型及房间名称	室内温度（℃）
盥洗室、厕所	14
门厅、走道	16
车库	5
仓库	12

注：1 产品生产工艺有特殊要求时，生产车间、辅助车间、站房、仓库等的室内温度，应根据需要确定。

2 生产车间、辅助车间、站房内进行热负荷计算时，应计算设备负荷。

表 3.2.2-2 普通空气调节系统室内计算参数

建筑类型、房间与参数		冬季	夏季
温度（℃）	生产车间	18～22	22～28
	办公用房	18	26
	辅助用房	18～20	24～28
	计算机房	23±1	24±1
	走道、过厅	18～20	26
相对湿度（%）		30～60	40～65
新风量［m^3/（h·人）］		≤30	

注：1 生产车间内，产品生产工艺有特殊要求时，应根据需要确定。

2 生产车间内进行冷热负荷计算时，均应计算生产设备负荷。

3 计算机房的室内参数，应依据使用要求、设备发热量和开机状况确定，并应符合现行国家标准《电子信息系统机房设计规范》GB 50174 的有关规定。

4 工艺节能设计

4.0.1 工艺节能设计时，应认真分析、统计工艺设备能耗特点和各种能源及功能介质消耗的数量、质量，并应正确确定能量消耗指标。

4.0.2 电子工程中同类工艺设备及同一生产线上不同设备的能量消耗的同时使用系数、负荷系数，应根据工厂生产大纲、工作制度等要求合理确定。

4.0.3 工艺设备应按产品生产品种、生产规模和生产工艺等进行选择，并应选用物料消耗少、能量消耗低、能源利用效率高的设备；不得采用技术落后、能耗高的生产设备，并不得采用国家节能减排政策、法规限制的或淘汰的生产设备。

4.0.4 生产车间工艺布置应有利于降低能量消耗和物料消耗，并应符合下列要求：

1 平面布置应合理、紧凑，宜减少洁净室（区）或普通空调房间的面积；

2 应优化产品生产路线、物料路线、人员流动路线和设备维护路线；

3 应合理进行空间布置，并宜降低房间的高度；

4 能量消耗较大的车间、工序或设备，宜靠近动力供应源设置；

5 房间参数要求相近的空间，在满足产品生产工艺要求的前提下，宜靠近布置。

4.0.5 高于或低于生产环境温度的工艺设备，应设置可靠的隔热设施。

4.0.6 工艺节能设计应按电子产品生产工艺的需要，合理选用满足节能设计要求和产品生产环境要求的采暖、通风、洁净、空调的相关参数，以及生产设备的电力、气体动力、生产用水的相关参数。

5 建筑及建筑热工节能设计

5.1 一般规定

5.1.1 电子工程总平面布置应符合下列要求：

1 应合理利用土地，并应正确处理近期建设与远期规划的关系；应因地制宜、合理布置，提高土地利用率，节约用地。

2 应合理利用地形和规划条件，并应做到功能分区明确；功能分区内各项设施的布置应紧凑、合理，并应缩短运输距离。

3 总平面布置应结合当地气象条件，使建筑物具有良好的朝向、采光和自然通风条件。设有空气调节的房间，宜布置在阴面或多层的底层。

4 在满足生产流程、操作维护和使用功能的前提下，主要生产车间应集中布置或采用组合厂房的形式。

5 动力公用设施的布置宜位于其负荷中心，或靠近主要用户。

6 改建、扩建的电子工厂总平面设计，应合理利用、改造现有设施，并应减少改建、扩建工程施工对生产的影响。

5.1.2 严寒、寒冷地区的主要生产车间及辅助用房，以及电子工程洁净厂房的体形系数，不得超过 0.4。

5.1.3 主要生产车间及辅助用房不宜采用玻璃幕墙。

5.1.4 夏热冬暖地区、夏热冬冷地区的主要生产车间及辅助用房，外窗宜设置外部遮阳。

5.2 围护结构热工设计和节能措施

5.2.1 电子工程的建筑气候分区应符合现行国家标准《公共建筑节能设计标准》GB 50189 的有关规定。

5.2.2 采用普通空气调节或采暖的电子工程各类建筑的围护结构热工设计，应符合下列要求：

1 围护结构传热系数限值，应符合现行国家标准《公共建筑节能设计标准》GB 50189 的有关规定；

2 围护结构热工性能的权衡判断，可按现行国家标准《公共建筑节能设计标准》GB 50189 的有关规定进行核算。

5.2.3 洁净厂房围护结构传热系数限值应符合表5.2.3的规定。

表 5.2.3 洁净厂房围护结构传热系数限值

围护结构部位		体形系数≤0.3 传热系数 [W/(m²·K)]	0.3<体形系数≤0.4 传热系数 [W/(m²·K)]
屋面		≤0.30	≤0.25
外墙		≤0.40	≤0.35
洁净室(区)与一般房间的隔墙楼板		≤0.45	≤0.40
洁净室吊顶		≤0.35	≤0.35
单一朝向外窗	窗墙面积比≤0.2	≤2.50	≤2.80
	0.2<窗墙面积比≤0.3	≤2.20	≤2.50
	0.3<窗墙面积比≤0.4	≤2.00	≤1.70
	0.4<窗墙面积比≤0.5	≤1.70	≤1.50
内窗		≤2.00	

5.2.4 在满足功能要求条件下，厂房窗墙面积比应为0.2～0.5；洁净厂房宜采用下限值。

5.2.5 外墙、屋面热桥部位的内表面温度，不应低于室内空气露点温度。

5.2.6 严寒地区、寒冷地区建筑的外门，宜采用减少冷风渗透的措施，外门靠墙体部位的缝隙应采用高效保温材料填充密实；其他地区建筑外门也应采取保温隔热节能措施。

5.2.7 采用普通空气调节或采暖的电子工程各类建筑的外窗气密性等级，应符合现行国家标准《建筑外窗气密性能分级及检测方法》GB 7107 的有关规定，并不应低于4级。

5.2.8 电子工业洁净厂房不宜设外窗。当设置外窗时，应采用双层固定式玻璃窗或气密性不低于3级的外窗。

5.2.9 屋顶透明部分面积不应大于屋顶总面积的10%。

6 暖通、空调和净化空调节能设计

6.1 一般规定

6.1.1 施工图设计阶段，应进行逐项逐时的冷、热负荷计算，并应认真核算产品生产过程的冷、热负荷及其变化。

6.1.2 严寒地区、寒冷地区的电子工程生产车间等，不宜采用普通空气调节系统进行冬季采暖，冬季宜设置热水集中采暖系统。

6.1.3 施工图设计阶段，应进行产品生产过程中各种类型排风、局部排风的性质、有害物浓度、温湿度、流量等的核定、计算。

6.2 采 暖

6.2.1 当厂区只有采暖用热和空调加热用热或以采暖用热和空调加热用热为主时，应采用热水作为热媒。

6.2.2 电子工程的生产车间等需设集中采暖时，应符合下列要求：

1 非三班运行的单层或多层厂房，宜设置5℃的散热器采暖和热风采暖相结合的采暖方式，并应按工作区的室温控制送风机组加热器的供热量。

2 严寒地区和寒冷地区的生产车间，在非工作时间或中断使用的时段内，室内温度应保持在0℃以上。当利用房间的散热不能满足要求时，应按5℃设置值班采暖。

3 当产品生产工艺对室内温度无特殊要求，且每一操作人员占用建筑面积超过100m² 时，不应设置全面采暖，宜设置局部或岗位采暖。

6.2.3 设计集中采暖系统时，管路布置应符合下列要求：

1 应按产品生产过程的特点或各类房间的使用要求分路供热原则布置；

2 产品生产无要求时，宜按南、北向分环供热原则进行布置；

3 应按分路、分环分别设置室温调控装置。

6.2.4 集中采暖系统的划分和布置，应能实现分区热量计量。分区原则宜按不同的建筑、车间、生产工序、产品等因素确定。

6.2.5 集中采暖系统在保证做到分室（区）进行室温调节的前提下，可采用现行国家标准《公共建筑节能设计规范》GB 50189 规定的采暖系统形式中的任一制式。

6.2.6 散热器的设置和散热面积的确定，应符合现行国家标准《公共建筑节能设计规范》GB 50189 的有关规定。

6.2.7 电子工程中高大空间的建筑，应根据产品生产过程特点，宜采用辐射供暖方式或设岗位采暖方式。

6.2.8 集中采暖系统的供水管或回水管的分支管路上，应根据水力平衡要求设置水力平衡装置。

6.3 通 风

6.3.1 电子工程的通风宜采用自然通风方式。

6.3.2 电子工程排风系统和排风装置的设置，应符合下列要求：

1 应根据产品生产工艺及设备排放粉尘、有害气体和排热的需要设置；

2 排风罩吸风口的位置、面积应按生产设备有害物放散口确定，排风速度宜采用下限值；条件许可时，宜采用密闭式；

3 应按使用时间、排放物质的物化性质分系统设置或单独设置；

4 排风点需求压力相差 250Pa 以上，且所需压力绝对值的较大值出现在系统后管路的 1/3 时，应分系统设置。

6.3.3 排风系统、排风装置属下列情况之一者，应采取冷（热）回收措施：

1 排风量大于或等于 $500m^3/h$ 的直流型净化空调系统排风装置；

2 排风温度高于 45℃的排风系统或装置。

6.3.4 排风系统的管路不宜过长，并应控制排风机单位风量耗电功率。排风机单位风量耗电功率限值应符合表 6.3.4 的规定。

表 6.3.4 排风机单位风量耗电功率限值 $[W/(m^3 \cdot h^{-1})]$

系统型式	三层结构洁净室	其他房间
一般排风系统	0.51	0.28
酸排风系统(带一级处理设备)	0.92	0.66
碱排风系统(带一级处理设备)	0.92	0.66
有机排风系统(带一级处理设备)	0.91	0.65
除尘系统(带一级处理设备)	—	0.84

注：1 表中限值，一般排风系统排风点需求压力应按－200Pa～－150Pa 计算；酸、碱和有机排风系统排风点需求压力应按－400Pa～－300Pa 计算。

2 三层结构洁净室指洁净生产室（区）下部设有以多孔通风地板相连的下技术夹层和上部设有以空气过滤器等相通的上技术夹层的洁净室。

6.3.5 排风系统的风机宜采用变频调速措施。

6.4 普通空气调节

6.4.1 同一建筑物内的普通空气调节系统的划分，应符合下列要求：

1 使用时间、温度、相对湿度等要求不同的空调房间或区域，应分别设置；

2 需空调的房间或区域之间的距离大于 80m 时，宜分别设置；

3 需空调的房间或区域的送风量超过 $50000m^3/h$ 时，宜分别设置。

6.4.2 普通空气调节房间面积或空间较大、人员较多或产品生产工艺要求集中进行温、湿度控制时，宜采用集中式全空气空调系统，不宜采用风机盘管系统。

6.4.3 下列情况的全空气空调系统，宜采用变风量系统：

1 根据生产工艺要求，在同一空调系统中的各空调房间或区域冷、热负荷变化较大、低负荷运行时间较长，需分别控制各空调房间或区域的温湿度；

2 空调房间或区域全年需要送冷风。

6.4.4 设计变风量全空气空调系统时，宜采用变频自动调节风机转速的方式，并应规定每个变风量末端装置的最小送风量。

6.4.5 普通空调房间或区域内的新风量，应符合下列要求：

1 每人每小时不应小于 $30m^3$；

2 操作人员密度较大且变化较大的房间或区域，宜采用新风需求控制。新风需求控制量应确保二氧化碳浓度始终维持在卫生标准规定的限值内。

6.4.6 单栋建筑的面积较大时，应根据生产工艺设备散湿、散热（冷）情况和空调区域进深、分隔以及围护结构特点等，宜划分为不同的空调区（如内区、外区）。不同的空调区宜分别设置空调系统，并应采取防止冬季室内冷热风混合损失的措施。

6.4.7 当设有较大面积的空调内区的空调系统或建筑物中有相当部分的空调系统由于房间内设备发热量较大需要常年供冷时，应采取相应的热回收系统或水环热泵系统等节能技术措施。

6.4.8 普通空气调节系统符合下列条件之一时，宜设置排风热回收装置：

1 送风量大于或等于 $2000m^3/h$ 的直流式空调系统，且新风与排风的温度差大于或等于 8℃；

2 设计新风量大于或等于 $3000m^3/h$ 的普通空调系统，且新风与排风的温度差大于或等于 8℃；

3 设有独立的新风和排风系统。

6.4.9 普通空调系统选择空气过滤器时，应符合下列要求：

1 粗效过滤器的初阻力应小于等于 50Pa，终阻力应小于等于 100Pa；

2 中效过滤器的初阻力应小于等于 80Pa，终阻力应小于等于 160Pa；

3 全空气空调系统的过滤器，应能满足全新风运行的要求。

6.4.10 普通空调系统的各类风管应采用金属制造，不应采用土建风管。

6.4.11 空气调节系统的冷水、热水系统的设计，应符合下列要求：

1 应采用闭式循环水系统。

2 应按季节进行供冷、供热转换的空调系统，宜采用两管制水系统。

3 全年运行过程中，供冷和供热工况交替转换或需同时供冷、供热的空气调节系统，应采用四管制水系统。

4 冷水供、回水温度差不应小于 5℃。当技术、经济合理时，宜加大供、回水温度差。

5 宜采用两种以上的供水温度。

6.4.12 普通空调系统送风温差应根据焓湿图（h-d）的空气处理过程计算确定，并应符合下列要求：

1 舒适性空调系统，采用上送风气流组织形式时，宜加大夏季设计送风温差。送风口高度小于或等于5m时，送风温差不宜小于5℃；送风口高度大于5m时，送风温差不宜小于10℃。

2 工艺性空调系统，采用上送风气流组织形式时，应加大夏季送风温差，但送风温差应根据房间参数、空调系统新风比等因素确定。

6.4.13 生产车间高度大于或等于10m，且体积大于10000m^3时，可根据生产工艺要求采用分层空气调节系统。

6.4.14 空调送、回风系统的管路不宜过长，并应控制风机的单位风量耗电功率。风机的单位风量耗电功率限值应符合表6.4.14的规定。

表6.4.14 风机的单位风量耗电功率限值［W/（m^3·h^{-1}）］

系统形式		系统设粗、中效过滤	系统只设粗效过滤
冷、热盘管合用的定风量系统	系统设送、回风管	0.52	0.42
	系统只设送风管	0.42	0.33
冷、热盘管分设的定风量系统	系统设送、回风管	0.54	0.45
	系统只设送风管	0.45	0.35
冷、热盘管合用的变风量系统	系统设送、回风管	0.59	0.49
	系统只设送风管	0.49	0.38
冷、热盘管分设的变风量系统	系统设送、回风管	0.62	0.51
	系统只设送风管	0.51	0.41

6.4.15 风机的单位风量耗电功率(W_e)按下式计算：

$$W_e = P/(3600\eta_t) \quad (6.4.15)$$

式中：P——风机全风压（Pa）；

η_t——包含风机、电机和传动装置效率的总效率（%）。

6.4.16 电子工程生产车间等采用定风量全空气空气调节系统时，宜采取实现全新风运行或可调新风比的措施，并应设计相应的排风系统。

6.4.17 普通空调系统的风管绝热层，应采用不燃或难燃材料，其最小热阻应为0.74m^2·K/W。绝热层外应设置隔汽层和保护层。

6.4.18 空气调节系统所用的热水、冷水管的绝热厚度，应按现行国家标准《设备及管道保冷设计导则》GB/T 15586的经济厚度和防表面结露厚度的方法计算，电子工程生产车间等建筑物内的空气调节冷水、热水管亦可按本规范附录C的要求选用。

6.5 净化空气调节

6.5.1 同一建筑物内净化空调系统的划分，应符合下列规定：

1 运行班次或使用时间不同和温度、相对湿度要求不同的洁净室（区），应分别设置；

2 净化空调系统与普通空调系统，应分别设置。

6.5.2 洁净室（区）的送风方式可分为集中送风、隧道送风、风机过滤器机组送风等类型，其类型应根据洁净室（区）的使用功能特点确定，且宜采用风机过滤器机组送风方式。

6.5.3 洁净室（区）除下列情况之一外，均应充分利用回风：

1 在生产过程中向房间内散发的有害物质超过规定时；

2 对其他工序有危害或不能避免交叉污染时。

6.5.4 洁净厂房设有多套净化空调系统时，宜采用新风集中处理。

6.5.5 洁净室（区）的送风量、新风量应符合现行国家标准《电子工业洁净厂房设计规范》GB 50472的有关规定，在具体生产工艺允许时，应采用相关规定的下限值。

6.5.6 洁净室（区）与周围空间的静压差值，应按工程设计值进行控制。当工程设计无规定，且洁净室（区）的新风量由补偿室内排风量和保持洁净室（区）与周围空间静压差值所需新风量之和确定时，应按现行国家标准《电子工业洁净厂房设计规范》GB 50472规定的下限值进行控制。

6.5.7 净化空调系统采用集中空气处理和集中送风方式，且按洁净度要求确定的风量大于消除热湿负荷计算的风量时，应采用一、二次回风的送风系统。除生产工艺特殊要求外，在同一空气处理系统中，不应同时有加热和冷却的运行过程。

6.5.8 净化空调系统采用新风和循环风分别处理的方式时，用于空调的冷冻水宜按控温、调湿要求采用不同的供水温度。

6.5.9 净化空调系统宜采用变频调节送风量，并应合理选择变频调节控制方法及检测参数。

6.5.10 用于净化空调系统的空气处理机组，应选用气密性优良的产品，其漏风率应低于1%。

6.5.11 生产工艺对洁净室（区）温度、相对湿度全年有较大的允许波动范围时，宜在技术可行的基础上适当改变空调控制精度。当温度允许波动范围大于或等于2℃时，在降温工况下，宜将温度基数提高1℃～2℃；在加热工况下，宜将温度基数降低1℃～2℃；当相对湿度允许波动范围大于或等于10%时，在降温工况下，宜将相对湿度基数提高5%～10%；在加热工况下，宜将温度基数降低5%～10%。

6.5.12 净化空调系统选择空气过滤器时，应符合下列要求：

1 粗效过滤器的初阻力应小于等于50Pa，终阻力应小于等于100Pa；

2 中效过滤器的初阻力应小于等于80Pa，终阻力应小于等于160Pa；

3 高效过滤器的初阻力应小于等于250Pa，终阻力应小于等于400Pa。

6.5.13 当净化空调系统在过渡季、冬季需冷却负荷时，应充分利用室外空气对洁净室（区）送风进行预冷。

6.6 监测和控制

6.6.1 集中采暖与空气调节系统，应根据电子产品生产特点和系统的实际装设情况进行监测和控制，监测和控制内容应包括参数检测、参数与设备状态显示、自动调节与控制、工况自动转换、能量计量、功能连锁控制以及中央监控与管理等。

通风排气系统的控制应包括安全浓度报警、安全连锁控制以及中央应急监控与管理等。

6.6.2 集中采暖系统的监测和控制，应符合下列要求：

1 典型房间（区域）的温度应监测和控制；

2 系统质调或量调与气象条件变化应监测和控制；

3 采暖总供热量应逐日、逐时监测记录。

6.6.3 通风排气系统的监测和控制，应符合下列要求：

1 排气量大于2000m³/h的排气系统参数、电机功率应监测、记录；

2 各排气系统开启状态应逐日、逐时监测、记录。

6.6.4 普通空气调节系统的监测和控制，应符合下列要求：

1 空气温度、相对湿度应监测和控制；

2 采用定风量全空气空调系统时，宜采用变新风比焓值控制方式；

3 采用变风量全空气空调系统时，宜采用变速控制方式；

4 设备运行状态应逐日、逐时监测、记录，包括风机用电量、冷水和热水用量、参数的监测、记录；

5 过滤器压差、超压应监测、报警。

6.6.5 净化空调系统的监测和控制，应符合下列要求：

1 空气洁净度等级应检测；

2 洁净室（区）的静压差应监测、控制和风量调节；

3 洁净室（区）温度、相对湿度应监测、控制；

4 对风机、水泵等的变频调速应监测、控制；

5 设备运行状态应逐日、逐时监测、记录，包括风机用电、冷水和热水用量、参数的监测、记录。

7 冷热源和气体供应节能设计

7.1 一般规定

7.1.1 施工图设计阶段，应按供冷、供热、供气的需求和负荷变化进行逐项计算，并应作为选择冷热气源设备的依据。

7.1.2 电子工程冷热源供应，应按电子产品生产工艺和供冷、供热、供气的要求进行能源综合利用和热回收利用设计方案比较，并应选择节能优先、经济合理的高能效方案。

7.2 冷热源节能设计

7.2.1 电子工程中生产工艺、采暖系统、普通空调系统和净化空调系统等所需冷、热源，宜采用集中设置的供热站、供冷站。

7.2.2 冷热源的选择，应根据建设规模、生产工艺要求，结合当地的气象条件、能源供应状况、环保法规等，按下列要求经技术经济比较确定：

1 具有多种能源供应的地区，宜采用多种方式的供热、供冷系统；

2 应充分利用天然冷热源，宜采用热泵系统供热、供冷；

3 电子工程项目需同时供冷和供热时，宜采用热回收式冷水机组；

4 宜采用工厂的各种余热；

5 具有城市、区域集中供热、供冷时，宜利用其作为冷、热源；

6 当企业有余热蒸汽或窑炉排热时，可采用溴化锂吸收式冷水机组制冷；

7 具有可靠天然气供应的地区，且生产工艺和空调需供冷时，经技术经济比较可采用分布式冷热电三联供技术；

8 所在地区执行分时电价时，可采用蓄冷技术；

9 当生产工艺或空气调节有不同供冷温度需要时，供冷站可设计为两种不同的供水、回水温度。

7.2.3 电力驱动压缩机的蒸汽压缩冷水机组，在额定制冷工况下，冷水机组制冷性能系数不得低于表7.2.3的要求。

表7.2.3 冷水机组制冷性能系数

类型		额定制冷量（kW/台）	性能系数（W/W）
水冷	活塞式/涡旋式	＜528	4.4
		528～1163	4.7
	螺杆式	＜528	4.7
		528～1163	5.1
		＞1163	5.6
	离心式	528～1163	5.1
		＞1163	5.6
风冷或蒸发冷却	活塞式/涡旋式	≤50	2.8
		＞50	3.0
	螺杆式	≤50	3.0
		＞50	3.2

注：额定制冷工况为：蒸发温度 t_0＝＋5℃，冷凝温度 t_k＝＋30℃。

7.2.4 在核实生产工艺以及所需各种工艺介质制备、供应等特点后，宜制定低位热能的合理利用措施。

7.2.5 供热源采用锅炉时，所选锅炉的额定热效率不得低于表7.2.5的规定值。

表7.2.5 锅炉的额定热效率

锅炉类型	热效率（%）
燃煤（Ⅱ类烟煤）蒸汽、热水锅炉	78
燃油、燃气蒸汽、热水锅炉	89

7.2.6 燃煤或燃油、燃气锅炉的选择，应符合下列要求：

1 单台锅炉容量的选择，应充分核实全年热负荷状况，并应满足峰谷热负荷时均可高效运行的要求。

2 锅炉台数不应少于2台，在冬季、夏季热负荷差很大时，宜设1台小容量锅炉。

3 采用燃气锅炉时，宜利用烟气冷凝热，排烟温度可控制在60℃～80℃。

7.2.7 采用蒸汽热源时，应充分利用其凝结水，且宜采用密闭式凝结水回收方式；应选用性能可靠的疏水装置，疏水器前应设过滤器。

7.2.8 冷水机组的单台容量及台数，应根据冷负荷逐时、逐日和季节变化特点选择，应选用能满足峰谷负荷的高效制冷装置。宜选用2台以上，必要时可选用1台小容量机组供低负荷时使用。

选择冷水机组时，应确保运行可靠，且全寿命周期内能耗和运行费用较低，并应采用符合国家现行有关环保规定的制冷剂。

7.2.9 电子工程项目在过渡季、冬季有冷量需求时，供冷站宜采用“自然冷却”系统。

7.2.10 供热系统的热水管网设计，应符合下列规定：

1 应采用闭式循环水系统，并应根据管网规模、热水参数选择定压方式。

2 应绘制热水管网水压图，并应设置必要的调压装置。

3 在满足系统布置、水力平衡和热量计算的前提下，宜减少建筑物供暖热力入口的数量。

7.2.11 供冷系统的冷水管网设计，应符合下列规定：

1 冷水供水、回水设计温差不应小于5℃。在条件适宜时，宜加大冷水供水、回水温差。

2 应采用闭式循环水系统，宜采用高位膨胀水箱进行系统定压、膨胀。

3 系统简单或各环路负荷特性或阻力相差不大时，宜采用一次冷水泵系统；在确保系统可靠运行，且具有节能和经济效果时，宜采用一次泵变流量调节方式。

4 使用点较多、各环路负荷特性或阻力相差较大时，可采用二次泵系统，二次泵宜根据流量需求变化状况采用变速变流量调节方式。

7.2.12 供冷站冷却水系统的设计，应符合下列规定：

1 冷却水系统应采用节能型设备，并宜与制冷机组一对一设置。

2 应设置具有过滤、缓冲、阻垢、杀菌、灭藻等功能的水处理装置。

3 冷却塔应设置在空气流通的场所。

4 冷却水系统的补水总管应设置流量计量装置。

7.2.13 室外冷水管道宜采用直埋敷设方式，并应采取保温措施。

7.3 燃气、燃油供应

7.3.1 燃气、燃油供应设施应符合下列要求：

1 宜采用城市或地区供应的燃气压力调压供气，不宜设增压设备。

2 宜设置燃气或燃油储存设施，储量应根据负荷变化和供应状况确定。

3 燃气、燃油供应设施的设计，应符合现行国家标准《城镇燃气设计规范》GB 50028的有关规定。

7.3.2 设置燃气压缩机时，应符合下列要求：

1 燃气压缩机宜设在燃气储气设施前，并宜按燃气日耗气曲线或平均燃气耗量确定燃气增压机能力、台数。

2 燃气压缩机前宜设置燃气缓冲罐。

7.3.3 燃气、燃油计量设施的设置，应符合下列要求：

1 工厂燃气总进气管和各燃气使用车间或主要使用燃气设备，应设置燃气瞬时、累计流量计。

2 宜设置燃气组分分析仪或热值测量仪器。

3 各燃油使用车间或主要使用燃油设备，应设置计量装置。

7.3.4 燃油库应设置废油收集装置；整体供油系统应设置回油设施，回油设施宜设置在燃油使用车间邻近处或返回至储油罐。

7.4 气体供应

7.4.1 常用气体供应设施的设置，应符合下列规定：

1 宜集中设置一个或多个气体供应站；

2 应根据气体耗量、纯度要求和当地气体供应状况，经能量消耗和技术经济比较确定氢气、氧气、氮气等的供应方式；

3 压缩空气应由厂区内设置的空压站供给；

4 氩气、氦气宜采用液态罐或气态气体钢瓶供应。

7.4.2 在电子工程中设置制气装置时，应符合下列规定：

1 应结合用气参数和当地具体条件，进行各类制气装置的单位产气量能耗比较，应采用单位气体能耗低的装置；

2 应优化制气系统设备组合，并应合理配置气体制取、纯化、压缩和储存设备，应做到能耗低、经济性好；

3 各种制气装置的单位气体能耗，不宜超过表7.4.2的规定。

表 7.4.2 各种制气装置的单位气体能耗

气体类型		单位气体能耗 [kW·h/m^3（标）]
低温法	生产气态氧	<0.6
	生产液态氧	<1.2
	生产气态氮	<0.4
	生产液态氮	<1.0
常温法	生产氧气	<0.6
	生产氮气	<0.4
水电解法制取氢气		≤5.0
天然气转化制取氢气		≤4.5

注：1 本表的单位气体能耗以生产普通纯度的氧气、氮气、氢气计算。

2 天然气转化制取氢气是按 $1m^3$（标）天然气生产 $2.5m^3$（标）氢气和耗电量经折合计算。

7.4.3 电子工程采用液态气体供应时，液态气体的储存周期应根据运输距离和日用气量等因素确定，不宜超过5d～7d用量。

7.4.4 压缩空气干燥装置的选用，应符合下列规定：

1 应根据用气量、供气压力和使用时间以及维护方便等因素确定，应选用再生能耗低的干燥装置；

2 单台空气压缩机排气量超过 $10m^3$（标）/min时，宜选用冷干机或余热再生或加热再生式干燥装置；

3 单台空气压缩机排气量小于或等于 $10m^3$（标）/min时，宜选用冷干机或无热再生或微热再生式干燥装置。

7.4.5 各类气体压缩机的排气热量或循环冷却水，宜充分进行利用，并宜提高能源利用率。

7.4.6 各类气体供气站总气体出口总管和各车间气体进口管道，均应设置气体计量装置，并应配置使用状态参数修正附件。

7.5 能源综合利用

7.5.1 当电子工程产品生产过程需用低位热能时，应使用各种可利用的热源，包括热回收利用、热泵技术应用等。

7.5.2 电子工程的各种排气参数适宜时，应采取安全、可靠的余热利用装置回收显热、潜热。

7.5.3 电子工程的各种排水，宜充分利用显热或循环使用。

7.5.4 在天然气供应充足的场合，对供冷负荷较大的电子工程项目，宜采用分布式燃气冷热电联供综合能源站。

7.6 监测和控制

7.6.1 年综合能耗超过3000t标准煤的电子工程，宜设全厂能源监测和控制系统，应包括供冷、供热、供气以及各种热回收装置等的主要参数和运行状态显示、调节控制和报警、记录等。当不设全厂能源监测和控制系统时，应根据各冷热源、供气系统规模、复杂程度分别设置监测、控制装置。

7.6.2 供热站的监测和控制应符合下列要求：

1 对一次能源消耗和供热量的小时、累计值应进行监测、记录；

2 供热机组（包括锅炉机组）的监测和控制除本身配套外，还应对单台机组的主要性能参数在全厂或专业的监控系统显示；

3 对设备的运行状态应进行监测及故障报警；

4 对供热介质的主要参数应进行控制和监测。

7.6.3 供冷站的监测和控制应符合下列要求：

1 对一次能源、电力、余热回收量和供冷量的小时、累计值应进行监测、记录；

2 制冷机组的监测和控制除自身配套外，还应对单台机组的主要性能参数在全厂或专业的监控系统上显示；

3 应对冷水供水、回水温度及压差进行监测、控制；

4 应对设备运行状态进行监测和故障报警；

5 设有3台及以上制冷机组时，宜设制冷机程序控制装置；

6 设有两种以上冷水供、回水温度时，应分别设置供冷系统监控装置；

7 采用冷水二次泵系统时，二次泵宜采用自动变速控制方式，并应设二次泵的程序控制装置。

7.6.4 燃气和常用气体供气站的监测和控制应符合下列要求：

1 应对输入、输出的燃气、气体和电力的小时和累计值进行监测、记录；燃气和常用气体流量，均应以0℃、101.33kPa的状态计量或折算；

2 制气装置的监测和检测除本身配套外，还应对单台机组的能源消耗和主要性能参数在全厂或专业的监控系统上显示；

3 当设有多台压缩机，并设汇集总管时，应设压缩机组程序控制装置；

4 应对设备运行状态进行监测，并应设置安全、故障报警、连锁装置；

5 应对燃气、气体的主要供应压力等进行控制、监测。

7.6.5 压缩空气站的监测和控制应符合下列要求：

1 应对电力和供气量的小时、累计值进行监测、记录；供气量应以 0℃、101.33kPa 的状态计量或折算；

2 空气压缩机、干燥装置的监测和控制除本身配套外，还应对单台机组电力、供气压力、供气含水量（露点）在全厂或专业的监控系统上显示；

3 当设有多台空气压缩机时，应设机组程序控制装置；

4 应对设备运行状态、单机冷却水供应进行监测和故障报警。

8 给水排水节能设计

8.1 一 般 规 定

8.1.1 施工图设计阶段，应进行电子工程项目的全厂给水、排水的综合水量平衡计算。

8.1.2 工艺用热水或生活用热水的热源，宜选用产品生产过程中产生的余热、升温的冷却水、废热和地热、太阳能、热泵、热力管网、锅炉等多种热源。

8.2 给水平衡和综合利用

8.2.1 电子工程中的生产工艺用水、冷却用水、生活用水、公用系统用水等的排水，宜按其水质分类进行收集。经集中处理可以达到不同使用水质要求的排水，宜重复或多次应用。

8.2.2 电子工程中各类冷却用水应循环使用，各类工艺用水的回用率宜达到 70%。

8.2.3 制备纯水采用反渗透技术时，宜回用于卫生间、洗车或地面冲洗以及绿化用水，但应符合使用点对水质的要求。

8.2.4 当卫生器具配水点处的静水压大于 0.35MPa 时，应在其配水管上设置减压或调压设施。

8.2.5 卫生间应采用节水型卫生器具及配件。洗手盆宜采用感应式或自闭式水嘴；大便器、小便器宜采用感应式或自闭式冲洗阀。

8.2.6 当设置雨水利用工程时，应符合现行国家标准《建筑与小区雨水利用工程技术规范》GB 50400 的有关规定。

8.3 水系统节能措施

8.3.1 给水系统的设置应充分利用市政供水压力，并应符合下列要求：

1 当市政给水管网的水量、水压满足要求时，应利用市政给水管网直接供水；

2 给水系统的竖向分区，应根据用水设备的最低水压要求，合理确定直接利用市政供水的建筑层数；

3 当采用直接从市政给水管网吸水的叠压供水时，应符合现行国家标准《建筑给水排水设计规范》GB 50015 的有关规定。

8.3.2 当纯水制取采用反渗透装置时，其进水加热热源的选择应符合下列要求：

1 应利用本工程项目的低位热源、余热；

2 应充分利用热源的潜热和显热，宜多次利用；

3 宜利用大中型气体压缩机、制冷压缩机的排气热、冷凝热的热回收装置。

8.3.3 当电子产品生产工艺用水的直接排水具有可利用显热（冷）量时，应根据其有害物质的浓度、危害程度，经利用和处理达到中水水质后，用作加热或冷却用水。

8.3.4 当生产供水采用水泵直接供水时，生产供水泵宜采用变频调速恒压机组。

8.3.5 年日照时数大于 1400h、水平面上年太阳辐射量大于 4200MJ/（m^2·a）及年极端最低气温不低于−45℃的地区，宜采用太阳能作为热水系统的热源，并宜设置辅助热源及其加热系统。太阳能加热系统的设计应符合现行国家标准《建筑给水排水设计规范》GB 50015 等的有关规定。

8.4 监 测 和 控 制

8.4.1 电子工程的日用水量超过 1000t 时，各给水系统的流量、温度、压力等参数，宜设置集中监测和控制系统。

8.4.2 各种水系统中，需加热或冷却的负荷超过 300kW 时，应设温度调节装置。

8.4.3 给水排水系统计量仪器仪表的装设，应符合下列要求：

1 工厂给水进水总管，应设瞬时、累计水量计量仪器；

2 工艺生产给水总管或车间工艺生产给水干管，应设水表计量；

3 生产设备用水量较大的供水管，宜设水表计量。

8.4.4 贮水池应设置水位监视溢流报警装置，高位水箱宜设置水位监视和溢流报警装置，信息应传至监控中心。

9 电气节能设计

9.1 一 般 规 定

9.1.1 在满足生产工艺要求的前提下，应根据供电负荷性质、用电容量、种类、近期及远期需要，结合当地供电条件，合理确定电气节能设计方案。

9.1.2 电气系统及设备应采用效率高、能耗低、性能先进的产品，不应采用淘汰产品。

9.1.3 根据电子工程所需照明质量和使用条件，对电气照明、自然采光和电能消耗，应进行综合分析比较，确定高效的照明系统。

9.2 供配电节能设计

9.2.1 当供电电源有两个以上电压等级时，应根据用电容量、用电设备特性、供电距离、供电线路的回路数、当地公共电网现状及发展规划等因素，经技术经济比较确定，宜选用电能损耗少、运行费用低、初投资少、回收年限短的电压等级。

9.2.2 配变电所的数量和分布位置应按工艺生产负荷分布和公用动力设备负荷分布状况确定，并宜靠近负荷中心。

9.2.3 变压器的台数和容量应根据生产工艺、公用动力设施的用电负荷特点和变化状况合理选择和配置，并应符合下列要求：

1 应选择低损耗、低噪声的节能型变压器；

2 多台变压器之间宜设低压联络。

9.2.4 在提高自然功率因素的基础上，负荷侧应装设集中或就地无功补偿装置，企业计费侧最大负荷时的功率因素不得小于0.90。

9.2.5 无功补偿装置的设置应符合下列要求：

1 当采取提高自然功率因数措施后，仍达不到电网合理运行要求时，应采用并联电力电容器作为无功补偿装置。若采用同步电动机作为无功补偿装置时，应经技术经济比较确定。

2 采用电力电容器作为无功补偿装置时，宜就地平衡补偿。低压部分的无功功率宜采用低压电容器补偿；高压部分的无功功率宜采用高压电容器补偿。

3 容量较大、负荷平稳且经常使用的用电设备的无功功率，宜单独就地补偿。补偿基本无功功率的电容器组，宜设在配变电所内集中补偿。在环境正常的车间内，低压电容器宜分散补偿。

9.2.6 用电终端设备的配置宜符合下列要求：

1 功率大于或等于200kW的电动机，宜采用高压电动机；

2 功率大于或等于50kW的用电装置，宜配置电流表、有功电能表等计量装置。

9.2.7 供配电线路的设计应符合低线损的基本原则，并应符合下列要求：

1 电力线缆宜选用铜芯电线电缆和铜质母线；

2 低压供配电线路半径不宜超过150m；

3 低压供配电线路导线截面的选择，宜符合经济电流密度的要求。

9.3 照明节能措施

9.3.1 单位容量等照度简化计算应只用于方案设计或初步设计，不得用于施工图设计。

9.3.2 一般照明的照明功率密度值宜采用现行国家标准《建筑照明设计标准》GB 50034规定的照度值的下限值。

9.3.3 照明光源的选择应满足显色性、启动时间和防电磁干扰等要求，宜采用下列高效、长寿命的光源：

1 除生产工艺有特殊要求外，高度较低的工作场所，宜采用细管径直管形三基色荧光灯或小功率金属卤化物灯；

2 洁净室（区）宜采用细管径直管形三基色荧光灯；

3 一般照明场所不宜采用荧光高压汞灯，不应采用自整流荧光高压汞灯；

4 高度较高的工作场所（大于或等于5m），宜采用金属卤化物灯或高压钠灯；

5 一般照明场所不得采用普通照明白炽灯，应采用紧凑型荧光灯；

6 应急照明疏散指示灯宜采用发光二极管。

9.3.4 照明灯具镇流器的选择应符合现行国家标准《建筑照明设计标准》GB 50034的有关规定，宜采用电子镇流器或节能型电感整流器。高压钠灯与金属卤化物灯在电压偏差较大的场所，宜配用恒功率镇流器。

9.3.5 照明配电线路的设计应符合下列要求：

1 照明配电干线和分支线应采用铜芯绝缘电线或电缆；

2 照明配电箱宜设置在靠近照明负荷中心，并宜便于维护；

3 供给气体放电灯的配电线路宜在线路或灯具内设置电容补偿，功率因数不应低于0.9。

9.3.6 厂区道路照明的路灯宜采用光电和时间控制，并宜采用节能灯具。

9.4 监测和控制

9.4.1 电子工程的供配电系统宜设置监测和控制装置。

9.4.2 供配电系统监测和控制装置，应具有下列功能：

1 供配电设施的工作状态及参数显示、记录；

2 用电负荷大于5kW或重要用电设备的工作状态及其参数的显示、记录；

3 各类用电负荷计量的显示、累计、记录。

9.4.3 用电负荷宜按照明、生产线或车间、动力系统分别计量。当全厂用电负荷年用电量小于500万kW·h时，全厂用电负荷可按照明负荷、生产和动力负荷分别计量。当全厂生产和动力负荷年用电量大于500万kW·h时，生产和动力负荷应分别计量。

附录A 电子工程综合能耗计算方法

A.1 一般规定

A.1.1 综合能耗计算时，应以实际消耗的各种能源或耗能工质的低发热值为基础折算为标准煤量。低发热值为29.31MJ（7000kcal）的燃料为1千克标准煤。

A.1.2 各类电子产品生产用原材料、辅助材料不应计入综合能耗。

A.1.3 电子工程综合能耗宜采用年能量消耗计算。年综合能耗应为一年内所消耗的各种能源总量，包括产品生产系统、辅助生产系统、公用动力系统等能源消耗量和损失量；不包括基本建设、生活用能和向厂外输出的能量。

A.1.4 设计能耗应按正常生产工况计算，开工、停工、事故、消防等工况下的能量消耗不计入综合能耗；正常生产过程中的间断能量消耗或输出的能量应折算为平均值后再计入综合能耗。

A.1.5 电子产品生产所需各种能源及耗能工质折算标准煤参考系数，应按本规范附录B计算。

A.2 综合能耗计算

A.2.1 电子工程节能设计的综合能耗应按下式计算：

$$E_C=\sum(G_i\cdot C_i)-\sum(G_r\cdot C_r) \quad (A.2.1)$$

式中：E_C——工厂正常生产工况的综合能耗（kg/h 或 t/h）；

G_i——各种能源及耗能工质（i）的消耗量（kg/h、t/h、kW、m^3/h）；

C_i——各种能源及耗能工质（i）的折算标准煤系数［kg/kg、kg/（kW·h）、kg/m^3］；

G_r——各种能量回收的数量（kg/h、t/h、kW、m^3/h）；

C_r——各种能量回收工质的折算标准煤系数，同一工质的$C_i=C_r$。

A.2.2 电子工程的日综合能耗应根据工作班次、各耗能设备的实际耗能时间或平均能量消耗值和间歇生产的折算能量消耗等因素计算，也可按工厂实际运行的能量消耗实测值汇总。

A.2.3 年综合能耗应根据工厂的生产大纲、年工作天数和产品生产的不均衡性等因素计算，也可按工厂实际运行的能量消耗实测值汇总。

A.2.4 综合能耗计算后，应按表A.2.4汇总。

表A.2.4 综合能耗计算汇总

序号	项目	消耗量		能耗折算值			备注
		单位	数量	kg/h	t/d	t/a	
1	电力						
	生产设备	kW·h					
	公用动力	kW·h					
	照明	kW·h					
2	燃料						
	燃料油	t/h					
	燃气	m^3(标)/h					
	煤	t/h					
3	蒸汽						
	1.0MPa	t/h					
	0.3MPa	t/h					
	＜0.3MPa	t/h					
4	热水	MJ					
5	冷量(＋5℃)	MJ					
6	水						
	新鲜水	t/h					
	循环水	t/h					
	软化水	t/h					
	纯水	t/h					
7	气体						
	氢气	m^3(标)/h					
	氧气	m^3(标)/h					
	氮气	m^3(标)/h					
	氩气	m^3(标)/h					
	压缩空气	m^3(标)/h					
	真空	m^3/h					
8	回收热量	MJ					
9	回收水	t/h					

注：1 蒸汽、热水、冷量由本厂自建动力站，且所消耗的燃料、动力等能耗已计入本表的相关项目时，不应重复计算；当蒸汽、热水、冷量由城市集中供应或从邻厂协作供应时，应计算本表中的能耗。

2 用于采暖、空调等季节性冷量、热量的综合能耗计算时，应根据当地气象条件及冷、热负荷变化情况计算或折算为年平均值计入能耗。

3 气体由本厂自建制气站，且制气所消耗的电力等能耗已计入汇总表中的相关项目时，不应重复计算；所有外购气体或从邻厂管道供应气体均应在本表中计算能耗。

4 表中的项目可根据实际需要增减。

附录B 各种能源参考热值及折算标准煤系数

表B 各种能源参考热值及折算标准煤系数

能源名称		平均低位发热量[kJ(kcal)/kg]	折标准煤系数[kg标煤/kg]
原煤		20908(5000)	0.7143
洗精煤		26344(6300)	0.9000
其他洗煤	(1)洗中煤	8363(2000)	0.2857
	(2)煤泥	8363～12545(2000～3000)	0.2857～0.4286
焦炭		28435(6800)	0.9714
原油		41816(10000)	1.4286
燃料油		41816(10000)	1.4286
汽油		43070(10300)	1.4714
煤油		43070(10300)	1.4714
柴油		42652(10200)	1.4571
液化石油气		50179(12000)	1.7143
炼厂干气		45998(11000)	1.5714
天然气		38931kJ(9310)/m³	1.3300kg标煤/m³
焦炉煤气		16726～17981kJ(4000～4300kcal)/m³	(0.5714～0.6143)kg标煤/m³
其他煤气	(1)发生炉煤气	5227kJ(1250kcal)/m³	0.1786kg标煤/m³
	(2)重油催化裂解煤气	19235kJ(4600kcal)/m³	0.6571kg标煤/m³
	(3)重油热裂解煤气	35544kJ(8500kcal)/m³	1.2143kg标煤/m³
	(4)压力气化煤气	15054kJ(3600kcal)/m³	0.5143kg标煤/m³
	(5)水煤气	10454kJ(2500kcal)/m³	0.3571kg标煤/m³
煤焦油		33453(8000)	1.1429
粗苯		41816(10000)	1.4286
热力(当量)		按热焓计算	0.03412kg标煤/MJ(0.14286/1000kcal)
电力(当量)		3596kJ(860kcal)/(kW·h)	0.1229kg标煤/(kW·h)
电力(等价)		11826kJ(2828kcal)/(kW·h)	0.4040kg标煤/(kW·h)
蒸汽		1kg 10.0MPa	0.131429
		1kg 3.5MPa	0.125714
		1kg 1.0MPa	0.108571
		1kg 0.3MPa	0.094286
水		1t新鲜水	0.0857
		1t除氧水	0.971
		1t软化水	0.4857
		1t除盐水	3.2857
气体	压缩空气	1.0m³(标)	0.04
	氧气	1.0m³(标)	0.36
	氮气	1.0m³(标)	0.24
	氢气	1.0m³(标)	2.5
	氩气	1.0m³(标)	1.25
真空		1.0m³	0.02
冷量(+5℃)		1MJ	0.013

附录C 建筑物内空气调节冷、热水管的经济绝热厚度

表C 建筑物内空气调节冷、热水管的经济绝热厚度

管道类型 \ 绝热材料	离心玻璃棉		柔性泡沫橡塑	
	公称直径(mm)	厚度(mm)	公称直径(mm)	厚度(mm)
单冷管道(管内介质温度7℃～常温)	≤*DN*32	25	按防结露要求计算	
	*DN*40～*DN*100	30		
	≥*DN*125	35		
热或冷热合用管道(管内介质温度5℃～60℃)	≤*DN*40	35	≤*DN*50	25
	*DN*50～*DN*100	40	*DN*65～DN150	28
	*DN*125～*DN*250	45	≥*DN*200	32
	≥*DN*300	50		
热或冷热合用管道(管内介质温度0℃～90℃)	≤*DN*50	50	不适宜使用	
	*DN*65～*DN*150	60		
	≥*DN*200	70		

注：单冷管道和柔性泡沫橡塑保冷的管道均应进行防结露要求验算。

本规范用词说明

1 为便于在执行本规范条文时区别对待，对要求严格程度不同的用词说明如下：

1）表示很严格，非这样做不可的：
正面词采用"必须"，反面词采用"严禁"；

2）表示严格，在正常情况下均应这样做的：
正面词采用"应"，反面词采用"不应"或"不得"；

3）表示允许稍有选择，在条件许可时首先应这样做的：
正面词采用"宜"，反面词采用"不宜"；

4）表示有选择，在一定条件下可以这样做的，采用"可"。

2 条文中指明应按其他有关标准执行的写法为："应符合……的规定"或"应按……执行"。

引用标准名录

《建筑给水排水设计规范》GB 50015
《城镇燃气设计规范》GB 50028
《建筑照明设计标准》GB 50034
《电子信息系统机房设计规范》GB 50174
《公共建筑节能设计标准》GB 50189
《建筑与小区雨水利用工程技术规范》GB 50400
《电子工业洁净厂房设计规范》GB 50472
《建筑外窗气密性能分级及其检测方法》GB 7107
《设备及管道保冷设计导则》GB/T 15586

中华人民共和国国家标准

电子工程节能设计规范

GB 50710—2011

条 文 说 明

制 定 说 明

《电子工程节能设计规范》GB 50710—2011，经住房和城乡建设部2011年7月26日以第1086号公告批准发布。

本规范认真贯彻执行国家有关节能的方针政策，总结我国电子工程近年来的设计成果和实践经验，吸收、采用经过实践验证并符合我国国情的新工艺、新设备、新材料、新技术，做到技术先进、经济合理、安全适用。

本规范制定过程分为准备阶段、征求意见阶段、送审阶段和报批阶段，编制组在各阶段开展的主要编制工作如下：

准备阶段：组成编写组制定工作大纲，包括章节内容及分工、调研和专题报告内容、工作进展安排。2007年4月在深圳市召开第一次编写工作会议，通过了工作大纲，并进行了分工。

征求意见阶段：本规范编写组按原建设部有关工程建设标准规范编写工作的规定，结合我国电子工程节能设计的实际情况，认真地进行了征求意见稿的起草。由于本规范是初次制定节能方面的规范，调查分析研究的工作量较大，难度也较大，在征求意见稿（草案）完成后，于2008年11月召开第二次编写工作会议，逐条认真地进行讨论、修改、补充，确定了征求意见稿。在信息和工业化部电子工程标准定额站组织下，向全国各有关单位发出“关于征求《电子工程节能设计规范》意见的函”，并在“国家工程建设标准化信息网”公开征求意见，共有8个单位返回63条意见和建议，编制组对意见逐条进行研究，在认真总结、分析研究各编写单位节能设计工程实践的情况下，编写了送审稿，并编写了调研专题报告。编写组于2009年6月完成了规范的送审稿。

送审阶段：2009年8月在上海召开了本规范的审查会，参加审查会的有高等院校、科研院所、设计单位及电子企业等共16家。经过审查、评议，一致认为：送审稿的内容完整、全面、章节安排和条文规定合理、科学，较好地体现了电子工程节能设计的特点和国内外节能技术发展趋势，紧密结合电子产品生产和生产环境控制要求，认真总结了近年来电子工程节能减排的经验，较好地体现了电子工程节能设计中新技术、新设备、新系统的应用成果。结合国情较合理地制定了相应的规定，为规范电子工程节能设计、降低能源消耗、合理利用资源创造了条件。审查会一致通过对送审稿的审查，希望编制组按审查会提出的主要修改意见修改后完成报批稿。

报批阶段：根据审查会上各位专家、代表提出的审查修改意见，编制组结合新修订的《工程建设标准编写规定》（建标〔2008〕182号），认真进行报批稿的编写，于2010年4月完成了报批稿。

本规范制定过程中，编制组进行了深入调查研究，结合目前电子工程节能设计状况和电子产品生产特点，同时参考了国内外先进技术、标准规范，广泛征求了国内有关设计、施工、研究及电子企业等单位的意见，最后制定出本规范。

为便于有关人员在使用本规范时能正确理解和执行条文规定，《电子工程节能设计规范》编制组按章、节、条顺序编制了本规范的条文说明，对条文规定的目的、依据以及执行中需要注意的有关事项进行了说明。但是，本条文说明不具备与规范正文同等的法律效力，仅供使用者作为理解和把握规范规定的参考。

目　次

1 总　　则

1.0.1～1.0.4 本规范是电子工程节能设计的国家标准，适用于各种类型新建、扩建和改建的电子工程节能设计。这里所指的电子工程，一般包括电子产品制造工厂和电子信息系统工程等，由于各种类型电子工程的生产工艺流程、生产或使用环境所需控制参数不同，为确保正常生产使用、提高产品质量所需的能量消耗、质量要求都有差异；各种类型电子工程的能量消耗包括工艺生产设备的直接能耗和确保产品质量的生产环境所需的各种能耗。制定本规范的宗旨就是通过本规范的实施，促进电子工程建设在确保电子产品质量所需的生产工艺、生产环境参数条件下，认真贯彻国家有关法律法规和方针政策，积极采用国内外节能减排先进技术和设备，降低电子产品生产的综合能耗。为建设资源节约型社会和环境友好型社会创造条件，为改善环境、提高电子工程能源利用效率，建设节能型企业，促进电子工业的可持续发展做贡献。但由于目前各类电子工程尚未制定统一的、行业认可的单位产品生产或单位建筑面积的综合能耗指标，所以按本规范进行的电子工程节能设计后的效果如何进行评价、比较，难度很大。据调查了解，由于电子工程种类较多，即使是同一类产品，由于生产工艺及其配置的设备不同，单位产品生产的综合能耗存在差异，并且由于电子工程所处地区不同、气象条件不同等，也会使综合能耗发生差异，为此在第 1.0.3 条中规定："电子工程节能设计在满足电子产品质量的制造技术所需生产环境参数条件下，应积极采用国内外节能降耗先进技术和设备，并应使电子工程综合能耗达到明显降低，得到良好的技术经济效益。"

3 基 本 规 定

3.1 电子产品生产节能设计要求

3.1.1 电子工程的生产工艺技术决定了产品生产所需的能耗、资源量，所以生产工艺技术是否先进、节能，是节能设计的关键和基础。为此作了本条较严格的规定。

3.1.2 在国家宏观经济政策的引导下，近年涌现了许多新型的节能降耗的新技术、新设备，作为设计技术人员应积极推广这些新技术、新设备，并做好节能产品应用的初期投入与长期节能效果的对比分析，以利于工厂建设的决策者进行方案对比和选择。一些电子产品生产过程或生产环境可能产生或出现参数不同的余热、低位热能，同时也需要应用不同参数的余热、低位热能，因此，在电子工程设计中如何合理利用这些余热、低位热能是降低单位电子产品能耗的重要措施之一，为此作了本条的规定。

3.1.3～3.1.5 节约资源是我国的基本国策，节能是现今社会各行各业、各阶层人士都十分重视的事业，新的节能技术及节能产品不断涌现，各种类型节能设计规范、标准和能效、能量检测和评价等标准都在不断地制定、更新过程中。电子工程的能耗是各专业系统能耗的总和，各专业在进行节能措施的制定时，均要遵循国家颁布的各种类型的规范、标准和规定，以确保最有效的节能技术的推广及应用。

节能效果的实现，是与投资密切关联的，在进行各种用能设备及产品选择时，应进行多方案比较，将技术特点、节能效果、投资等进行对比，以便于根据不同项目特点，选择更适用于该项目的节能技术方案、节能设备及节能产品。在当前节能、环保、降耗政策的鼓励下，各种与节能相关的新工艺、新技术、新设备不断涌现，电子工程设计应采用成熟有效的技术及设备，包括具有权威部门鉴定证明或推荐使用，也包括已用于其他工程，并经实际运行证实行之有效的节能系统及设备。提高能源利用效率，严把能耗增长源头关，固定资产投资项目进行节能专篇的编制十分重要，节能专篇审查批准意见将作为审批项目可行性研究报告、核准或备案项目申报材料的组成部分。节能专篇是指对固定资产投资项目用能的科学性、合理性进行分析和评估，提出提高能源利用效率、降低能源消耗的对策和措施，为项目决策提供科学依据。编制节能篇并进行评估也需要耗费一定资源，因此本规范规定只对规模较大的电子工程进行控制，要求对年综合能耗 3000t 标准煤以上的电子工程建设项目应进行节能专篇的编制。

3.1.6 为使本规范规定的各项节能减排措施在电子工程中的能耗大户中落实，对这类企业的各种供能系统及设备的耗能状况、用量及其变化进行即时跟踪、计量、调度、控制，实现电子工程的各供能系统及设备的集中实时监督管理、调度、记录和建档，实现这类企业的供能系统的节能优化管理。据调查，一些大型电子工程设有能源管理中心，并具备如上的能量计量系统、各供能系统的监控系统等，确为节能减排提供了有力的"硬件"条件，为此作了本条强制性规定，必须严格执行。

3.1.7 我国水资源缺乏，且地区差异较大。据了解，电子企业的各类用水，大多可以循环使用或经处理后重复使用。由于各类电子工程产品生产工艺不同，用水特点各异，所以应根据用水设备、水处理系统的不同条件，设计建造相应的循环水系统、回用水，为此作出本条规定。

3.1.8 余热、低位热能、废物等的利用是节约能源的重要手段。例如，集成电路工厂使用大量的高纯、高浓度化学品，部分排风的化学品浓度达到了其他行业使用标准，可回收直接用于其他行业；集成电路的废硅片可用于太阳能电池的制造；部分电镀废水可回收贵金属等。

3.2 电子工程室内环境节能设计参数

3.2.1、3.2.2 电子工程中的许多电子产品生产过程都要求在具有一定等级的空气洁净环境中进行生产，所以洁净室（区）内环境的准确、合理确定就成为这类企业节约能量消耗的重要措施之一，因为夏季或冬季洁净室（区）的环境温度降低或提高1℃，就使冷负荷或热负荷增加，从而制冷、制热能耗增加。为此，本规范规定在电子产品生产工艺无特殊要求时应采取《规范》的下限值。

对电子工程中没有洁净度要求的生产车间和其他各类房间的室内采暖以及普通空调的计算温度，参照目前工程设计和实际运行情况，并按照近年国内相关建筑节能标准、规范的有关规定，作出表3.2.2-1、表3.2.2-2的规定。表中有的给出了较大的范围，如生产车间普通空调系统室内夏季温度为22℃～28℃，这是因为电子产品种类多，有的产品在夏季对室内温度有较严格的要求；若电子产品生产工艺对室内温度无特殊要求时，宜取上限值，以利节能。计算机房特别是数据中心的机房，由于设备发热量较大，冬季仍需供冷，所以室内空调冬季温度不能要求较低，应遵守现行国家标准的有关规定。

4 工艺节能设计

4.0.1 电子工程因生产工艺的不同，能源及功能介质多样，包括燃煤、燃油、燃气、液化石油气、电力、蒸汽、压缩空气、氢气、氧气、氮气、氩气、冷却水等，具体项目设计时，在满足工艺技术要求的前提下，应根据使用的数量、品质以及建厂位置的实际供应情况做优化比较，并正确确定所需能源、功能介质的品种、数量和参数要求，以利于节能降耗。

4.0.2 为防止电子工程各种能源及功能介质的供应系统规模偏大，造成“大马拉小车”、降低设备能源利用效率的不良状况，本条规定应合理确定同类设备及同一生产线上不同设备的能量消耗的同时使用系数、负荷系数，为企业投入运行后的节能降耗创造条件。

4.0.4 减少生产车间建筑面积或空间体积、缩短各种物料或功能介质的输送距离等，都是降低能量消耗的有力措施。对于减少洁净室（区）或空调房间面积，节能效益十分明显，如大规模集成电路生产车间的空气洁净度都严于5级，其净化空调系统的换气次数均在500次以上，每平方洁净室（区）的耗电量均在0.5 kW ～1.0kW，所以减少洁净室面积就是节约能源。本条规定的内容都是在生产车间布置时应认真执行的节能措施。

4.0.5 由于在电子工程的能量消耗中生产环境控制所需的能耗占有较大的比例，在生产环境控制用能耗中冷热源能耗又占有较大比例，为降低这类能耗，从“源头”采取措施是十分重要的，如近年来在集成电路晶圆生产用洁净厂房中严于ISO 4级空气洁净度的洁净室（区）采用微环境技术，经实践表明，不仅可减少建设投资，而且洁净室的单位面积能耗可减少40%左右。在电子工程中大部分生产车间都要求洁净或空调，在这些车间内的一些工艺设备表面温度高则散热量大，普通空调或净化空调系统的冷负荷就大，能耗增加。为此作了本条规定。

4.0.6 在工艺节能设计中，选用既满足节能设计要求，又适应产品生产工艺要求的生产环境——室内采暖温度、通风排气量、空气洁净度等级以及洁净室（区）的静压、温度、湿度等是十分重要的内容。如空气洁净度等级从7级提高至6级，换气次数将要增加1倍多，净化空调系统及冷热源供应的能耗将成倍的增加。为此作了本条规定。

5 建筑及建筑热工节能设计

5.1 一 般 规 定

5.1.1 电子工程总平面布置在满足使用要求的前提下，应考虑节地与节能要求。“珍惜和合理利用每寸土地”是我国的基本国策。节约用地，包括节约土地和合理利用土地两个方面。总平面布置时要在满足工艺要求的前提下合理用地，紧凑布置，尽可能减少土地使用面积，为企业今后改建、扩建留下发展余地。在总平面设计中除了尽量减少占地数量外，还要尽量避免破坏场地，如地下管线布置时尽量减少横穿场地，以免造成整个场地今后无法使用。

总平面布置应满足电子工程生产工艺流程要求，使物流流线短捷，运输总量最少；生产流程是否顺畅，直接关系到企业的经济效益。如果流程不顺，就会延长生产作业线，甚至物流交叉、干扰，导致增加能源和人力、物力的消耗，增加不安全因素，降低劳动生产率等。建筑物、构筑物等设施集中、联合多层布置，减少了其间距和占地面积，是节约用地的有效途径，且可减少运输环节，为采用连续运输创造条件。各项设施紧凑合理布置，不仅对节约用地大有好处，且可缩短工程管线长度，减少工程费用。

总平面布置还必须考虑企业的建设顺序和远期发展，以满足生产、建设和扩大再生产的需要。妥善地处理企业近、远期工程关系，合理地预留发展用地，是总平面布置的一项重要任务。处理不好，会限制企业发展，或破坏合理的总平面布置；或浪费土地，增加基建工程费用，影响经营效果。

总平面布置应根据地域气候特征，防止和抵御寒冷、暑热、疾风、暴雨、积雪和沙尘等灾害侵袭，并应利用自然气流组织好通风，防止不良小气候产生；建筑物的朝向、采光和自然通风条件的优劣，直接关系到职工的身心健康、劳动生产率的提高，影响企业经济效益。

5.1.2 体形系数是表征建筑热工特性的一个重要指标。与建筑物的层数、体量、形状等因素有关。建筑物的采暖耗热量中围护结构的传热耗量占有很大比例。建筑物体形系数越大，发生向外传热的围护结构面积越大。因此，在满足工艺条件下合理确定建筑形状时，必须考虑本地区气候条件、冬夏太阳辐射强度、风环境、围护结构构造形式等各种因素，要求建筑体形简洁，以降低建筑物体形系数。由于各类电子工程的洁净厂房在不同地区一年四季均要求控制在一定温度、湿度环境中使用，所以降低体形系数十分重要，故作了本条强制性规定，必须严格执行。

由于电子工程的工艺要求，为节省能耗，以集中布置为主，其体形系数一般较低。经各类电子工程统计，多数不超过0.4。

5.1.4 电子工程中的主要生产车间及辅助用房的使用实践表明，设有外窗的建筑物，太阳辐射通过窗进入室内的热量是造成夏季室内过热的主要原因。我国夏热冬暖地区、夏热冬冷地区电子工程的主要生产车间及辅助用房，一般设置了普通空调系统或净化空调系统，夏季在强烈的太阳辐射条件下，阳光直接照射到室内，将会严重地影响建筑物室内热环境，增加建筑物空调系统的能量消耗，为此作了本条的规定。

5.2 围护结构热工设计和节能措施

5.2.1 对于不同气候条件下的建筑物，应根据建筑物所处的建筑气候分区，确定建筑围护结构合理的热工性能参数，满足节能要求。

5.2.2、5.2.3 对于采用普通空气调节或采暖的电子工程的各类建筑，由于与公共建筑相似，所以这两条规定应按现行国家标准《公共建筑节能设计标准》GB 50189的相关规定执行。对于电子工业中广泛应用的各类洁净厂房作了第5.2.3条的规定；由于各个空气洁净度等级的洁净厂房内的温度、相对湿度都有较严格的要求，为了降低能量消耗，表5.2.3对围护结构传热系数限值作了较为严格的规定，这些数据是多年来电子工程洁净厂房工程实践可实现的经验值。

5.2.4 现行国家标准《公共建筑节能设计标准》GB 50189—2005规定：窗墙面积比小于0.7。这是考虑了即使建筑围护结构采用全玻璃幕墙，扣除各层楼板以及楼板下面梁的面积，窗墙比一般不会超过0.7。但是电子工程中许多建筑物均需采用普通空调或有洁净要求，根据多年来电子工程的建筑设计实际，很少采用全玻璃幕墙。经统计，电子工程的各类建筑的窗墙面积比一般不会超过0.5。因此，本条作了应为0.2～0.5的规定，并且考虑到电子工程中的洁净厂房对室内温度、相对湿度有较严格的要求，所以推荐采用下限值。

5.2.5 建筑物围护结构中与外墙、屋面相关的过梁、圈梁、钢筋混凝土剪力墙、梁、柱等部件的传热系数，一般都大于主体部位的传热系数，可形成热流通道，通常被称为热桥。为防止冬季在热桥内外表面的温度差，使内表面易出现低于室内空气露点温度，造成热桥部位内表面发生结露现象，从而引发围护结构内表面材料受潮，影响室内装饰的使用寿命，甚至不能满足室内生产、使用要求，故作了本条规定。

5.2.7 为了降低电子工程中采用普通空调或采暖的各类建筑的冷、热负荷，减少夏季热空气的渗透和冬季冷空气的渗透，要求建筑物的外窗具有良好的气密性能，以抵御夏季和冬季室外空气向室内渗透，因此对外窗的气密性能有较高的要求。

5.2.8 为了实现电子工程洁净厂房的节能，要求外窗具有良好的气密性能，以抵御室外空气过多地向室内渗透，减少洁净厂房内净化空调系统的冷负荷，降低运行能量消耗，因此对外窗的气密性能要有较严格的要求，为此作了本条规定。

5.2.9 夏季屋顶透明部分太阳能辐射强烈，进入建筑物室内的热量将会造成相关部分的温度升高，夏季将会增加建筑空调能耗，且屋顶透明面积越大，相应的建筑能耗越大，为此结合电子工程的特点，作了本条规定。

6 暖通、空调和净化空调节能设计

6.1 一 般 规 定

6.1.1 由于各种原因，目前工程设计时常常直接将方案设计或初步设计时估算冷、热负荷用的单位建筑面积冷、热指标作为施工图的设计依据；另外，计算总负荷时将各类房间的最大值相加，未考虑使用要求、房间朝向等因素造成峰值出现的不同时性，从而导致计算总负荷偏大，系统装机容量、管道直径、水泵配置、末端设备偏大的现象，导致建设费用和能源的浪费。

在电子工程中，工艺生产过程中常常伴有大量的冷、热负荷产生，这部分负荷通常远远大于建筑围护结构的传热负荷，在总冷、热负荷中所占比例较大。工程设计的施工图设计阶段，工艺设计已得到批准。所以应根据工艺设备的实际要求和调查了解的实际运行情况，正确确定设备安装功率、负荷系数、同时使用系数、蓄热系数等，否则其中的任何一个数据选择偏大，都将使计算结果与实际情况有较大出入，直接导致整个系统偏大以及建设费用和能源的浪费，为此作了本条规定。

6.1.2 据了解，目前电子工程中的生产车间并不都是三班运行，但在严寒地区和寒冷地区，为了确保生产停止时生产车间免于冻结危险，空气调节系统还需继续运行；在这种情况下若以空调方式来保证车间采暖要求，能量消耗较多，且运行费也高。另外，有些生产车间即使采用三班运行，但房间温湿度要求不是很严格，如机械加工车间、部分电子产品装配车间，以采暖系统完全可以保证冬季的温湿度要求，此时如以普通空气调节系统来保证房间的冬季参数要求，也是不合理的。为减少蒸汽采暖的凝结水回收系统的热损失，目前我国严寒地区、寒冷地区电子工程的车间均采用热水集中采暖系统。为此作了本条规定。

6.1.3 电子工程排风的种类很多，对于无毒性的一般排风，当冬、夏季一般排风的焓值与室外空气的焓值相差较大，可以采用全热回收方式进行新风、排风之间的热交换；对于有害气体通常需要经过处理达标后才能排放，处理设备的阻力一般比较大，故系统总阻力较高，所以一定要根据局部排风的性质、有害物浓度合理确定有害气体的处理方式、处理设备的级数以及处理设备填料的厚度。

6.2 采　　暖

6.2.1 热水和蒸汽是集中采暖系统最常用的两种热媒。多年的实践证明，热水采暖比蒸汽采暖有许多优点。从实际使用情况看，热水作为热媒不但采暖效果好，热舒适性好，而且锅炉设备、燃料消耗等比使用蒸汽减少30%左右。

电子工程的采暖用热媒可能有多种形式，应根据具体条件分析比较确定。有的电子产品生产工艺需要蒸汽作热源且消耗量较多时，若单独设置蒸汽换热的热水系统经过技术经济比较不合理时，可采用蒸汽采暖，但必须设置凝结水回收装置；另外，大部分的电子工厂洁净厂房，如集成电路生产、TFT-LCD液晶显示器生产用洁净厂房冬季需要供冷，如果采用带热回收的制冷机组可以实现对生产车间供冷冻水的同时对采暖和空调加热系统供应热水，所以作了本条规定。

6.2.2 本条说明如下：

1 对于非24h生产的单层或多层厂房，生产时段一般要求室内温度为18℃左右，而非生产时段应满足防冻要求。散热器采暖系统很少装设温度控制系统，如果房间温度全部由散热器采暖系统来保证，则明显不节能，所以宜采用设置5℃的散热器采暖和热风采暖相结合的采暖方式，生产时散热器采暖系统和热风采暖系统同时运行，散热器采暖系统负责将车间温度维持在5℃左右，而车间生产所需要的温度可由热风采暖系统来保证；非生产时热风采暖系统停止运行，由散热器采暖系统满足车间防冻要求。

2 电子工程生产车间一般都设有清洗工序、工艺冷却水系统和消防喷淋系统等，在严寒地区和寒冷地区当车间停止生产时有冻结危险，当综合考虑房间的围护结构传热、停产时间长短和房间散热、蓄热等因素不能满足要求时，应设置5℃值班采暖，确保生产车间内的设备、管道不会发生冻结危险。

3 有些电子工程的生产车间既没有清洗工序、工艺冷却水系统和消防喷淋系统等，生产过程对温度也没有要求，且操作人员较少，如机加工车间，若整个车间设采暖系统明显不合理，所以可在经常有人停留和操作的位置设置局部或岗位采暖。

6.2.3 本条说明如下：

1 电子工程生产过程中常常伴随有大量的热量产生，且不同的生产车间、工序或设备发热量有时相差很大，如果将发热量相差较大的车间、工序等的采暖管路设计成一个环路，室温就很难调节；有时不同生产车间和生产工序的使用时间也不相同，所以应分路设置管道。

2 当生产过程中产热、使用时间基本一致时，考虑到南北向房间耗热量客观存在一定的差异（10%～30%），以及北向房间由于接受不到太阳的直射作用而使人们的实感温度低（约相差2℃），虽然计算时已考虑了朝向附加，但实际运行情况要复杂得多，如白昼的不同、阴天晴天的不同，此时由于房间朝向因素造成的失调显得尤为突出，所以宜按南、北向分环供热原则进行布置。

3 根据以上两款的原则进行分路、分环管路布置，很明显各个环路所负担区域的采暖负荷变化较大，要得到较好的室温控制，避免超温浪费能源，低温降低舒适度，所以必须分路、分环设置室温控制装置。

6.2.4 节能应从主观和客观两个方面考虑，客观条件（设计和施工）创造得再好，但主观意识跟不上，还是达不到预期的效果，如果采暖系统能实现计量核算手段的量化管理，就能充分调动使用者的主观意识，节能才能得以实现，所以集中采暖系统划分和布置时，应能实现分区热量计量。分区原则宜根据不同的建筑、车间、生产工序、产品工艺等因素确定。

6.2.5 选择采暖系统制式的原则，是在保持散热器有较高散热效率的前提下，保证采暖系统中各个环路能独立进行温度调节，同时应考虑空间的合理使用、造价、美观以及维修的便利等。由于电子工程采暖系统的制式与公共建筑基本相同，所以本条规定采用现行国家标准《公共建筑节能设计规范》GB 50189—2005第5.2.3条有关采暖系统的5种制式的规定。

6.2.6 鉴于电子工程中散热器的设置要求和散热器面积的计算原则等与公共建筑基本相同，所以参照执行现行国家标准《公共建筑节能设计标准》GB 50189—2005第5.2.4条、第5.2.5条的规定。这里特别指出的是：由于许多电子产品生产工艺设备等发热量较大，设计计算时应认真进行计算，否则将会使房间内温度过高，并浪费能量。

6.2.7 电子工程中高大空间的建筑，如大型机加工厂房、大型装配车间等的采暖，如果采用常规对流采暖方式，室内沿高度方向会形成很大的温度梯度，车间高处的温度高，人员操作区温度又偏低，不但建筑热损耗增大，而且很难确保操作区要求的设计温度。当采用辐射供热时，室内高度方向的温度梯度很小，基本上可以克服上述的弊病。若电子产品生产过程对生产环境温度没有要求时，仍将整个高大车间设采暖装置，明显浪费热能，只需采取在经常有人停留或操作的位置或个别设备处设置局部或岗位采暖。

6.2.8 热水集中采暖系统供热效果的优劣与热水管网的流量分布关系密切，在进行集中采暖热水管网设计时，应根据具体管网布置、管网尺度情况，在适当的供水管或回水管的分支管路上设置水力平衡装置，如平衡阀等，以便对系统的水量过水力分布进行设置或调整，以确保系统的水力平衡。

6.3 通 风

6.3.1 自然通风对改善热车间人员活动区的卫生条件是不消耗能源、经济有效的方法。因此，对同时散发热量和有害物质的车间，在满足生产和卫生要求的前提下，夏季应尽量采用自然通风，冬季当室外空气直接进入室内不致形成雾气和在围护结构内表面不致产生结露时也应考虑采用自然通风。只有当自然通风达不到要求时，才考虑增设机械通风或自然通风和机械通风相结合的联合通风方式。

6.3.2 本条说明如下：

1 电子产品生产过程中的各类设备，由于生产工艺不同，使用的能源和工艺介质不同，可能会产生散热、粉尘、酸、碱、有机和有毒物质等，如果不采取措施，不但直接危害操作人员的身体健康，还将降低产品质量，甚至因交叉污染不能正常进行生产，也会污染工厂周围的自然环境，所以应根据生产过程中各类工艺设备散发有害物质的实际情况设置排风系统。

2 由于电子工程需要排风的工艺设备通常都安装在空调房间或洁净室（区）内，所以房间内工艺设备的排风必须要有等量的室外新风来补充，且需要将室外的新风处理到室内温湿度相对应的状态点，新风处理过程需要的能耗很大；另外，过大的排风量也会增加排风系统本身的能耗；所以在满足卫生、生产等要求的前提下应尽量减少排风量。大量的实践证明，在相同排风量的前提下，排风装置的密闭性越好，排风效果则越好，所以在不影响生产操作的前提下，排风装置尽量采用密闭的方式。

3 排风中不同的有害物质所采用的处理方式和处理装置是不同的，各种废气处理装置的空气侧阻力也是不一样的，如果将不需要处理的一般排风接入需处理的排风系统，明显地无谓增加能耗，而且也影响处理效果，所以为了提高废气处理效率，提高能源利用率，应按排放物质的物化性质分开设置排风系统。另外，如果将不同工作时间的需排风工艺设备设计在同一系统中，当系统中任一需排风的工艺设备工作，整个排风系统就得运行，但系统中很多需排风的工艺设备没有处于工作状态，不需要排风或仅需要少量排风，此时系统排风量明显大于实际所需要的排风量，造成能源浪费，所以应将不同使用时间的需排风工艺设备分开设置系统。

4 电子工程需排风的工艺设备通常都有排风口处的排风负压值要求，如果一个系统中各个需排风设备所要求的排风负压值相差悬殊，就应根据排风系统各排风点参数要求、管路布置等因素决定是否分系统设置。例如，如果一个排风点需要的排风负压的绝对值大于系统中其他几个排风点的负压绝对值，且又出现在系统后 1/3 处或末端，如将他们设置在一个系统，则由于这一个点的排风压力要求将导致整个排风系统的风压大大提高，这将意味着排风系统的能量消耗增加，显然是不合理的。

6.3.3 电子工程中空调房间和洁净室（区）的温湿度一般常年恒定，且冬夏季与室外空气的温湿度相差悬殊，故排风中可回收的“能量”十分可观，对于直流普通空调或净化空调系统，房间有多少排风排出就必须有相等量的新风送入，如果新风和排风之间进行热交换，使排风的冷（热）量加以回收利用可以取得很好的节能效益，本条作了直流型净化空调排风装置排风量的量化指标规定。即使这样，由于各地区气象条件、各类洁净室的要求参数不同，所以在具体工程项目中宜进行技术经济比较后确定。有些工艺设备的排风温度较高，在冬季与室外新风的温差悬殊，如这部分高温排风和一般空调或净化空调系统的新风进行热交换，也能取得很好的节能效益。为此作了本条的规定。

6.3.4 排风系统的管路不宜过长，但考虑到有些三层结构洁净室（如 IC 和 TFT-LCD 等生产用洁净室）由于空间和生产要求等因素的限制，通常设计成较大的排风系统；另外该类厂房的工艺生产设备排风点一般有压力要求，通常一般排风为－200Pa，酸排风为－300Pa，碱排风为－300Pa，VOC 排风为－350Pa。所以该类厂房的排风系统风机（对于采用沸石转轮处理 VOC 废气的指主排风风机）的单位风量耗电功率要适当放宽。通常钢制风机的总效率能达到 59%，玻璃钢风机的总效率能达到 54%。根据三层结构洁净室的一般排风系统、酸排风系统（带一级处理设备）、碱排风系统（带一级处理设备）、有机排风系统（带一级处理设备）的最高全压分别可按 1100Pa、

1800Pa、1800Pa、1950Pa 计，以及其他房间一般排风系统、酸排风系统（带一级处理设备）、碱排风系统（带一级处理设备）、有机排风系统（带一级处理设备）、除尘系统的最高全压分别可按 600Pa、1300Pa、1300Pa、1400Pa、1800Pa 计，风机单位风量耗电功率（W_S）限值按下式计算：

$$W_S = P/(3600 \cdot \eta_t) \quad (1)$$

式中：W_S——单位风量耗电功率［$W/(m^3 \cdot h^{-1})$］；

P——风机全风压（Pa）；

η_t——风机及电机等的总效率（%）。

例如：酸排风系统（带一级处理设备）的全风压为 1800Pa；风机为玻璃钢风机，总效率为 54%，代入上式计算出风机单位风量耗电功率（Ws）为 0.92 $W/(m^3 \cdot h^{-1})$。

6.3.5 有些电子工程（如 IC 和 TFT-LCD 工厂）的建厂方式是厂房和设施一次施工到位，但工艺生产设备是根据市场变化和需求分批投入，这样设计和施工是按整个厂房的最终排风量进行的，但实际运行，尤其是初始运行阶段的工艺生产设备所需要的排风量将远远小于系统的总排风量，如果系统没有变风量的调节手段将会造成能源的极大浪费。另外，有些废气处理系统采用吸附方式处理废气，吸附剂的阻力会随着吸附有害物质量的增加而上升，即系统的总阻力是变化的，此时排风机也应采用变频调速措施来适应系统阻力的变化，否则既不节能，又会造成系统的排风量不稳定。还有一些产品生产过程中，根据生产工艺要求并不是所有需要排风的设备都在生产时间全部投入运行，所以可能有的排风系统的总排风量是在变化的。基于上述原因，作了本条规定。

6.4 普通空气调节

6.4.1 不同温、湿度要求的空调房间（区）划分在一个空调风系统中，一方面很难保证系统中所有房间的温、湿度要求，另一方面如果系统都按照要求严格或送风温差大的房间送风，势必造成能源浪费。如果将使用时间要求不同的空调房间（区）划分在同一空调风系统中，不仅给运行和调节造成困难，同时也增大了能耗，为此应根据使用要求划分空调风系统。

需空调的房间或区域之间距离过大时，势必造成系统送、回风管的长度增加，空调系统所需要的送风动能也相应加大，能耗上升，所以需空调房间或区域之间距离应加以限制。

6.4.2 风机盘管系统虽然具有调节和运行灵活、能实现区域控制房间参数等优点，但对于空调面积较大、生产工艺要求集中进行温、湿度控制时这些优势就不明显了。全空气系统具有易于改变新、回风比例，必要时可实现全新风运行，从而获得较好的节能效益和环境效益，且易于集中治理噪声、过滤空气和控制空调区的温、湿度，设备集中，自控及水管路简单，房间无漏水隐患，便于维修和管理等优点。因此宜采用集中式全空气空调系统。

6.4.3 变风量系统具有按需要风量变化灵活控制送风机的送风量，即减少风机能量消耗的优点，所以近年来在工程中得到推广应用，但其应用的前提是全空气空调系统有风量变化，主要是有小风量的需求，且其变化幅度较大，节能效益、经济效益才能体现，如空调房间或区域全年需送冷风，由于季节气象条件变化，其幅度一般较大。目前变风量调节系统的风机变风量调节方式主要是采用变频调节风机转速，既方便又节能，所以推荐使用；由于在变风量系统中送风量是随着使用要求不断变化，为了确保末端到达空调区的新风量达到规定要求，本条要求设计时应规定每个变风量末端装置的最小送风量。

6.4.6 单栋面积较大的电子工程厂房，由于各空调房间内安排了不同的工艺生产工序，各个生产工序对产品的加工方式和加工过程不同，所以室内工艺设备的散湿、散热（冷）负荷存在很大差异；另外由于各空调房间在建筑中所处位置不同，其建筑围护结构的传热量也存在较大差异，因此宜分别设置空调系统。这样，不仅可以方便运行管理，获得最佳的空调效果，而且还可以避免冷热抵消，节省能源消耗，减少运行费用。

6.4.7 在一个较大的电子工程中，由于生产工艺或工序不同，通常可能会有些空调系统冬季需要以热水加热空气以维持房间的温、湿度参数要求，而有些空调系统由于房间内设备发热量较大或在建筑物中所处位置造成围护结构传热量很少等原因，冬季需要以冷冻水冷却空气消除室内设备、照明、人员等散发的热量。采用水环热泵空调系统或带热回收的制冷机组，因为该类系统具有在建筑物内部进行冷热量转移的特点，冬季建筑供热实际上是利用了建筑内部的发热量，从而减少了外部供给建筑的供热，是一种节能的系统形式。在实际工程设计中，应进行供冷、余热和供热需求的热平衡计算，以确定是否设置辅助热源及其大小。

6.4.8 空调房间或区域的排风与新风在各个季节一般均具有一定的温度差，即具有相当的“能量（冷量或热量）”可以利用。但它们均属于“低品位”，且分布广泛、能量密度小，收集、回收需增加投资，有时投资回收期还可能较长；随着节能减排的要求，尤其是我国建筑能耗普遍较高状况必须认真改进的要求，电子工程中的普通空气调节系统大多为全空气系统，设有送风、回风（排风）管道，实施热回收方案较为方便，投资增加较少，可以减少回收期，所以本条推荐采取这种节能方式。

6.4.10 据了解，在电子工程的一些普通空气调节系统设计中，由于布置条件的限制或建筑设计的需要，采用了土建式风道，如石膏板、混凝土、砖等材质砌筑构成。这种土建式风道因构造和施工等限制，易发生漏风、渗漏和绝热效果差的弊端，且大多施工过程属隐蔽工程，检查困难，在调试过程难于达到设计要求，运行中无法实现预期空调参数要求和浪费能量，为此作了本条规定。

6.4.11 电子工程中的空调用冷冻水、热水系统一般均采用闭式循环系统，此类系统与开式系统相比不仅系统简单、初投资少，且具有运行输送能耗较低、管理方便等优点。

目前的工程实例说明，在电子工程中仅用于夏季供冷和冬季供热的普通空气调节系统，为降低建设初投资，宜采用两管制供水系统；但对于电子产品生产过程或由于管理上的需要，生产车间或辅助生产车间（区）中有的空调房间（区域）要求全年或需要定期交替供冷、供热时，不能采用两管制水系统，应采用将冷冻水、热水供水系统分别设置的四管制供水系统。

根据目前制冷机的定型产品和空气调节系统的设施状况，一般均以冷冻水供、回水温度差为5℃左右，但为降低冷冻水的循环输送能耗应尽量加大其供、回水温度差，为此应对现有的制冷机组和空气调节系统进行技术改造，但会增加设备投资等，所以在具体工程中是否加大供、回水温度差，应进行技术经济比较后确定。

很多电子工程的空调系统采用新风和循环风分别处理，由于新风处理系统要满足房间相对湿度要求，通常所需要的冷冻水温度较低，称作低温冷冻水系统，一般冷冻水供水温度在7℃以下；而循环风一般采用干冷却处理过程，所以冷冻水供水温度相对较高，称作中温冷冻水系统，一般冷冻水供水温度在12℃以上。如果中温冷冻水系统的流量较大，此时再通过低温冷冻水换热或混水方式得到，则制冷机组的性能系数（COP）明显降低，能量消耗增加。据了解，目前一些电子工程的空气调节系统采用两种供水温度的冷冻水分别制取，达到节能的效果。所以本条规定应根据生产工艺需要及空调系统的特点，宜采用两种以上的供水温度。

6.4.12 空调系统的送风温差通常应根据焓湿图计算确定。对于湿度要求不高的舒适性空调系统，降低一些湿度要求，加大送风温差，可以达到很好的节能效果。送风温差加大1倍，送风量可减少1/2左右，送风系统的材料消耗和投资相应可减少40%左右，动力消耗则下降50%左右。送风温差在4℃～8℃之间时，每增加1℃，送风量约可减少10%～20%。而且上送风气流在到达人员活动区域时已与房间空气进行了比较充分的混合，温差减少，也可形成较舒适的环境，该气流组织形式有利于大温差送风。由此可见，对于舒适性空调采用上送风气流组织形式空调系统时，夏季的送风温差可以适当加大。

对于工艺性空调系统，情况则要复杂一些，如房间湿度要求不高，且排风量很少时，可采用加大送风温差的节能措施，但有些空调房间由于温、湿度精度的要求，送风温差不能太大，如房间温度允许波动范围为±0.5℃，送风温差只能为3℃～6℃；还有一种情况，有些空调房间的工艺生产设备需要大量的排风，且排风中含有大量的有毒、有害及腐蚀性物质，很难对排风实施热回收等措施，此时空调系统如采用加大送风温差的方法，实际上房间排风的焓值要比采用正常送风温差的排风焓值要低，这样在减少风系统动力消耗的同时，空调系统的耗冷量实际上是加大了，所以在这种情况下仍加大空调系统的送风温差就不一定节能了，是否加大送风温差应根据技术经济比较决定。

6.4.13 分层空气调节系统是指只对生产车间内下部空间送风，对上部空间不进行送风的空气调节方式。与全室进行空气调节方式相比，在夏季不仅上部空间不需要送风而减少风系统的动力消耗，且由于只对下部空间送风，上部未送风空间的温度相对较高，这样通过上部围护结构的传热量大大减少，从而使得房间的冷负荷降低。据了解，分层空调夏季可节省冷量30%左右，所以可以减少运行能耗和初投资。

6.4.16 电子工程的普通空气调节系统一般是按产品生产要求需全年运行，有的还需采用全天24h运行，在过渡季节或室外空气参数基本符合或接近生产车间内温度、相对湿度时，空气调节系统采用全新风或增大新风比的运行方式，可以大量节省空气处理消耗的能量，改善室内空气品质，应该大力推广使用。但要实现全新风或增大新风比运行，应在设计时妥善解决工况转换的控制和排风系统的顺畅，以确保生产车间内必须的正压和生产环境。

6.5 净化空气调节

6.5.1 为防止由于工程设计时对净化空调系统的划分不当，造成投入运行后不同使用时间或不同运行状况的洁净室（区）的送风管道或送风口的渗透或漏风，引起冷（热）负荷增加、风机能耗增加；且为减少能耗，应将不同温、湿度要求和有空气洁净度要求的系统分别设置。

6.5.2 洁净室送风方式一般有集中送风、隧道送风、风机过滤器机组（FFU）送风等类型，与集中送风系统相比，FFU送风系统的空气循环路径短，因此所消耗的能量少。在灵活性、调控性方面，FFU系统也是最好的，它可根据电子产品生产工艺需要实时地调控部分FFU或部分区域的FFU投入运行。另外，FFU送风系统还具有可靠性高、空间占用少等优点，实际工程设计中宜采用风机过滤器机组送风方式。

6.5.3 对于净化空调系统，由于洁净室（区）与周围空间要维持一定的压差，如果不充分利用回风，就需要有大量的室外新风来补充，这样一方面会加大系统中各级空气过滤器的负荷，缩短空气过滤器的使用寿命，也增加了风系统的阻力，导致电能消耗上升；另一方面室内回风与室外新风的温、湿度相差悬殊（尤其在冬季、夏季），其净化空调系统冬季、夏季用于加热和冷却室外空气的耗热量和耗冷量就大大增加。所以在工艺生产过程不产生有害物或向房间内散发的有害物质不超过规定以及不会因为回风产生交叉污染时，净化空调系统均应充分利用回风。

6.5.4 电子工程的洁净室一般对温、湿度参数均有要求，且通常情况下生产同一产品的各房间温、湿度要求基本一致，如果空气处理过程中新风未进行单独处理，空气处理系统即使采用一、二次回风方式，但由于室内工艺设备发热负荷以及建筑围护结构传热负荷的不稳定性，净化空调系统实际运行过程中不可避免地出现冷、热抵消现象。如果采用新风单独处理方式，以新风处理后的露点来保证房间相对湿度，以房间循环风处理后的干球温度来保证房间温度，一方面可以避免冷、热抵消，另一方面由于循环空气处理需要干冷却过程，所需冷冻水温度较高，通常高于12℃，如果与新风处理系统的冷冻水分开制取，制冷机组可以得到较高的性能系数（COP）。当电子工厂的厂房内设有多套净化空调系统，如果每套空气处理机组均设新风单独处理功能段，很明显，无论从降低能量消耗和投资还是运行管理都是不可取的，所以宜采用集中处理。

6.5.5 在现行国家标准《电子工厂洁净厂房设计规范》GB 50472中，为确保洁净室（区）的空气洁净度等级、生产环境参数以及作业人员的要求，对洁净室（区）的送风量、新风量已有明确的规定；从节约能源的要求出发，本条规定在具体电子产品生产工艺允许，即能确保电子产品生产环境的基本要求、不影响产品质量或成品率的前提下，应采用相关规定的下限值。

6.5.6 洁净室（区）正压值与送入洁净室（区）的新风量成正比关系，洁净室（区）与周围空间的静压差值越大，则净化空调系统所需要的室外新鲜空气就越多，而室外空气的温、湿度与洁净室内空气的温、湿度相差悬殊（尤其在冬夏季），会导致净化空调系统冬季、夏季用于加热和冷却新风所消耗的热量和冷量就越大。所以当净化空调系统的新风量是由补偿洁净室（区）内的排风量和保持洁净室（区）与周围空间静压差值所需新风量之和确定时，洁净室（区）与周围空间的静压差值应取现行国家标准《电子工厂洁净厂房设计规范》GB 50472规定的下限值。

6.5.7 电子工程的洁净室通常温、湿度同时有要求，净化空调系统一般有两种新风处理方式，即采用新风集中处理的方式，再配置FFU和干冷却盘管或循环空气处理机组（RCU）对循环风进行处理；当一个厂房内净化空调系统新风量（总送风量）较少，即循环空气处理机组数量不多时，可不采用新风集中处理的方式。当确保室内空气洁净度所需求的送风量大于消除室内热、湿负荷所要求的送风量时，为避免空气处理过程中同时出现加热和冷却的过程，净化空调系统应采用固定比例的一、二次回风系统或变动比例的一、二次回风系统，以合理利用回风，减少净化空调系统的能量消耗。工程实践表明，这是电子工程洁净厂房较有效的节能措施。本条为强制性条文，必须严格执行。

6.5.8 电子工程的洁净室通常对温、湿度同时有要求，当一个厂房内净化空调系统总送风量较大，即循环空气处理机组数量较多时，采用一、二次回风集中送风系统的方式，无论从初期投资、运行费用和洁净室的正压控制都不是最佳选择。目前微电子洁净厂房中的晶片生产或TFT-LCD液晶显示器生产的洁净厂房的净化空调系统大多属于这种类型，基本上都采用新风集中处理的方式，再配置风机过滤器机组（FFU）和干冷却盘管或循环空气处理机组（RCU）和高效过滤器送风口对循环风进行处理。在采用新风和循环风分别处理时，通常新风集中处理调湿所需冷冻水温较低、循环风干表冷控温所需冷冻水温较高，为此作了本条的规定。

6.5.9 在净化空调系统中，粗、中、高效过滤器的阻力是随系统投入运行时间变化的，净化空调系统设计时空气侧的总阻力是按中效、高效过滤器的终阻力确定的，净化空调系统在相当长的运行时间里，风系统的实际阻力将远远低于所配送风机的压头，此时如果送风机没有变频调节措施，只能靠关小系统总送风管的阀门达到系统的送风量；当系统运行一段时间后，由于空气过滤器容尘量的增加而阻力逐渐上升，系统总送风量也会随之逐渐下降，为了保证系统的送风量满足维持房间洁净度要求，只能定期开大总送风管上的阀门，这样不仅浪费能源，也给运行管理带来很大不便。所以净化空调系统宜采用变频调节送风量。通常由高效过滤器的压差变化或系统中某个点的风压值来控制变频装置。

6.5.10 净化空调系统用空气处理机组气密性直接影响系统的新风量，如果空气处理机组的气密性不好，机组的正压段将向系统外渗漏大量处理后的空气，为了保持系统的风量平衡以维持洁净室（区）与周围空间的静压差值，就要额外向系统内补充与渗漏量相同的室外新风，而处理室外新风冬季、夏季所需要的热量、冷量将增大能量消耗，所以应严格控制空气处理机组的漏风率，保持较低的新风量，减少能耗。

6.5.11 洁净室内的温、湿度参数直接影响净化空调系统的耗热、耗冷量，在降温工况时，如果洁净室内的温度提高，一方面通过建筑围护结构的传热量在冬季和夏季分别增加和减少，另一方面夏季新风处理的露点及焓值变大，从而使净化空调系统的耗冷量减少，而在冬季则加大了室外空气的降温能力；同样，在加热工况时，如果洁净室内的温度降低，则净化空调系统的加热量也会相应减少。例如，电子工程的有些生产工艺全年要求洁净室内的温度为20℃～26℃，相对湿度为40％～70％，这种情况下合理的温、湿度控制应采取如下方式：在降温工况时，房间温度应控制为24℃±2℃或25℃±1℃；在加热工况时，房间温度应控制为22℃±2℃或21℃±1℃；在除湿工况时，相对湿度应控制为60％±10％或65％±5％；在加湿工况时，相对湿度应控制为50％±10％或45％±5％。这种温、湿度控制结果从能耗角度看，明显比全年温度控制为23℃±3℃、相对湿度控制为55％±15％要少得多。

6.5.13 电子工程的洁净室一般很少有外围护结构，即室内负荷随季节变化较小，而室内工艺设备、照明、人员等热负荷较大，且全年基本稳定，一年四季都要对室内送冷风，相当于公共建筑中的“内区”。对于一定规模的电子工程，洁净室的总送风量较大，净化空调系统通常采用新风与循环风分开处理的方式，循环空气处理系统要保证洁净室内的温度，其干冷却盘管全年需要供给冷冻水以抵消室内的发热负荷。新风集中处理系统要保证洁净室内的相对湿度，其冷、热需求情况则根据室外气候变化，冬季和过渡季需要供给热水。因此在冬季和过渡季会出现循环空气处理系统需要供冷，而新风处理系统需要供热的情况，此时如设计合理的冷、热水系统，将需要加热的新风处理机组的加热器与需要冷却的处理循环空气的干冷却盘管串接在一个水系统中，使处理循环空气的干冷却盘管的冷冻水回水得到预冷却，减少中温冷冻水机组的制冷量，同时对新风处理机组的室外空气进行预热，可大大节省能量。

6.6 监测和控制

6.6.1 为了节省运行中的能耗，集中采暖与集中空气调节系统以及通风排气系统应配置必要的监测与控制。但实际情况错综复杂，工程设计时要求结合工程具体情况通过技术经济比较确定具体的控制内容和方法、仪器仪表等。

6.6.2 本条说明如下：

1 典型房间（区域）的温度监测和控制是保证工厂正常生产和采暖系统实现节能的基本条件；典型房间的温度监测和控制应满足随室外气候变化室内温度的保持和控制采暖热量的供应，以实现房间不出现过冷或过热的现象。

2 目前绝大多数采暖供热系统控制是质调或量调或两者结合，热源的供、回热媒温度及压差控制在一个合理的范围内是确保采暖供热系统正常运行的前提，供、回热媒温度过小或压差过大，都将会造成能源浪费，甚至系统不能正常工作，必须对它们加以控制与监测。对于热水系统，采用换热器供热时，供水温度应在监测和控制系统中进行控制；采用其他热源装置供热（如锅炉），则要求该装置自带供水温度控制系统；采用带热回收的制冷机组供热时，要求监测和控制系统控制供水温度以及控制其他热源装置启停，以保证热水系统的供水温度。

当监测和控制系统与热源装置自带控制系统可实施系统集成时，根据室外空气参数状态，在一定范围内对热源装置的供水温度进行再设定优化控制，其节能效果明显。

3 设置热量计量不仅有利于工厂的管理与成本核算，也能及时了解和分析用能情况，采取合理的节能措施，既可提高节能效果，又能增强节能意识和节能的积极性。

6.6.3 在电子工程，尤其是设有大面积洁净室（区）的高科技电子洁净厂房内，通风排气系统的运行状态直接决定了送风量的控制，并关系到节能效益，为此作了本条规定。

6.6.4 本条说明如下：

1 空气温度、湿度监测和控制是普通空气调节系统功能的基本要求。在新风系统中，通常控制送风温度和送风（或典型房间——取决于新风系统的加湿控制方式）的相对湿度。在带回风的系统中，通常控制回风（或室内）温度和相对湿度，如生产环境无湿度控制要求且又不具备湿度控制条件（如夏季使用两管制供水系统）时，相对湿度可不作控制。在温、湿度同时控制的过程中，应首先考虑满足生产要求，同时兼顾人体的舒适性，防止由于单纯追求某一项指标而发生冷、热相互抵消的情况。当技术可靠时，可根据工作制（或节假日）对室内温、湿度进行自动再设定控制。

2 采用双风机系统（设有回风机）时，为了实现节能需尽量多地利用新风（直至全新风）。因此，系统应采用变新风比焓值控制方式，其主要内容是：根据室内、外焓值的比较，通过调节新风、回风和排风阀的开度，最大限度地利用新风实现节能；采用单风机空调机组加上排风机系统，通过对新风阀、排风阀的控制以及排风机的转速控制也可以实现变新风比控制的要求。技术可靠时，可根据工作制对室内温度进行自动再设定控制。

3 采用变风量全空气空调系统时，应用风机变速调节方式是减少能量消耗的好方法，虽然会增加一定的设备投资，但与节能、减少运行费和环境效益相比，还是经济适用的。风机变速一般可采用定静压控制、变静压控制或总风量控制等方式。定静压控制具有简单和运行稳定的特点；变静压控制节能效果好，但需要可靠的技术方案和控制软件；总风量控制兼有前两种控制方法的部分特性。在具体工程中应采用何种控制方式，应结合具体控制要求和条件，经技术经济比较后确定。

6.6.5 本条说明如下：

1 在电子工程洁净厂房中必须检测空气洁净度。通常的做法是使用检测仪器定期进行人工检测。在空气洁净度等级控制要求极其严格的局部区域也可采用在线检测，检测仪器与监测和控制系统联网，可实现实时显示检测结果，但在线检测投资较大。

2 洁净室（区）正压值与送入洁净室（区）的新风量成正比关系，因此静压差控制应采用新风机变速控制方式，即通过检测洁净室（区）与周围空间的静压差值，控制变频调速新风机组的转速，达到风量调节的要求，实现能耗降低。

3 洁净室（区）温度、相对湿度控制方法取决于其送风方式，无论采取何种控制方法，最终都是通过将冷热源的供、回水温度及压差控制在一个合理的范围内，达到系统正常运行，洁净室（区）温度、相对湿度符合使用要求的目的，同时减少能源浪费、降低运行费用。

7 冷热源和气体供应节能设计

7.1 一般规定

7.1.1 由于各种原因，在一些工程设计中，常利用方案设计或初步设计估算的冷、热、气负荷直接作为施工图设计的依据，但目前许多工程项目由于时间紧或工艺设备未完全落实，先行进行了方案设计或初步设计，常常造成实际需要的冷、热、气负荷与方案设计或初步设计的冷、热、气负荷出现较大差异，且一般是大于实际负荷，致使现在许多电子工厂的供冷、供热、供气设施常有“大马拉小车”的状况发生，造成一些压缩机、制冷机、泵等设备运行效率低、能耗高，为此作了本条规定。

7.1.2 电子产品生产设备用气、用冷、用热和采暖通风空调用冷、用热在电子工程中是能耗大户，电子产品生产设备用气、用冷、用热常常是连续的、变化的，有的全年或昼夜均要使用，许多用热生产设备需要低位热能，如30℃～40℃热水等。在许多电子产品生产环节都要求具有洁净生产环境，尤其是微电子产品的生产，这类电子工厂的净化空调系统一般均需全年连续运行，为它提供冷热源的供冷机组、供热机组的能耗占整个通风空调采暖系统的大部分。目前，各类冷热源设备种类繁多，如集中供热、热回收、电制冷机组、热泵和蓄冷蓄热设备等，根据这些冷热源设备的特点和电子工厂冷、热、气供应的特点，有条件进行各种能源的综合利用。如为供应生产工艺和空调系统所需的低位热能，可利用回收电制冷机的冷凝热，供应30℃～40℃热水等。为此作了本条规定。

7.2 冷热源节能设计

7.2.1 集中设置供热站、供冷站有利于进行能源综合利用，统一调节，实施先进、灵活的控制策略，实现供热、供冷的节能、安全可靠经济运行。但应对系统的设置、设备选型以及沿程阻力、能耗损失进行认真计算，以确定合理方案。

7.2.2 本条说明如下：

1 根据电子工程生产工艺的不同要求，对能源供应的需求也有差异，如生产集成电路芯片的企业由于洁净厂房面积大、体量大和空气洁净度要求严格，除净化空调所需冷负荷、热负荷很大外，生产工艺还要求供冷、供热，且一年各个季节均有冷负荷昼夜连续使用的需要；而生产印制线路板的企业只有普通空调和小面积洁净室和少量生产工艺需供冷、供热，且主要为夏季供冷、冬季供热。若电子企业所在城市或地区具有电力、天然气或热电联产全年供热等多种能源供应时，应根据电子企业产品生产特点经技术经济比较，可采用单一或多种能源供应方式，如芯片生产企业采用电制冷和冷凝热回收，并以燃气锅炉作峰期补充热源；也可采用高能效电制冷机组和城市集中供热或自备锅炉供热；在有充裕的天然气供应时，也可采用燃气冷热电联供分布式能源系统，在欧洲一芯片工厂即采用此种冷、热源和发电系统，取得了很好的节能和经济效益。但印制线路板生产企业，若所在地区有热电联产集中供热或邻近企业有余热蒸汽时，可采用余热蒸汽吸收式制冷机供冷，利用余热供应热水或采暖等。

2 近年来，由于温室气体排放，全球气候变暖趋势日益严重，世界各国政府都在制定大力应用可再生能源的相关法规、标准。我国政府已在2007年发布实施了可再生能源法，并制定了或正在制定相关的利用、应用标准，结合电子企业的特点，本条规定应充分利用天然冷热源，在具体工程项目（新建、改建和扩建）设计时，根据所在地区的特点，可采用土壤源或地表水源热泵，既降低能源消耗，还可不设冷却塔及排烟用烟囱，改善生产环境，并可降低运行费用，目前已在一些企业开始应用。

3 当电子工程中的生产工艺过程、生产环境控制要求需同时供冷、供热时，根据具体条件分析，可采用热回收式冷水机组，如微电子产品生产的洁净区部分，根据工厂所在地区的气象条件，一般需全年供冷，同时，净化空调系统和一些生产工艺设备需使用30℃～40℃热水。据了解，目前一些集成电路工厂已采用热回收式冷水机组，利用机组的冷凝热提供30℃～40℃的热水，使冷水机组得到有效的利用，让用户的能耗大幅度下降，大大地提高经济效益，同时减少对空气的污染和降低冷却水消耗。通过热回收技术的应用，一方面减少了冷水机组运行过程中排放的大量余热，降低了对环境的热污染；另一方面，由于制取免费的热水，降低了对锅炉、电加热器等传统加热设备的过度依赖，同时，还可能对液态制冷剂起进一步过冷作用，提高了冷水机组的能效比，改善了机组的运行条件，整体上降低了用户的综合运营成本，具有重大的现实意义和较高的社会效益。

4 由于电子产品生产工艺的特点，其余热或废热与冶金企业、石化企业有显著差异，常常未受到人们的重视、关注；虽然多数电子企业没有高温余热或废热，但中温、低温余热或废热还是在许多生产工艺过程或公用动力工程中广泛存在着，如何结合生产工艺过程或生产环境对冷热源的需要，特别是对低位热源的需要（如需 30℃～40℃的生产工艺用水，纯水制造系统采用反渗透装置一年四季均需 25℃～30℃的温水要求等），充分利用工艺排气的热量或工艺废水的热量以及未燃尽的可燃气体或用作保护气体的可燃气体的回收利用等均是可能利用的余热或废热，由于电子企业中这些余热或废热较为分散，所以应在具体电子工程设计时结合具体条件、需要，经技术经济比较后，优先采用工厂中的各种余热或废热。

5 目前，我国一些城市、区域正在或已建了一些热电联产企业或集中供热（不发电）的企业，集中供冷的企业仅是个别的，由于各城市、区域的具体情况不同，上述的集中供热或供冷的设计方案、系统、设备差异很大，一次能源利用效率也各不相同，大多数都能做到节约一次能源消耗。如何利用城市或地区的集中供热、供冷作为冷热源，必须结合企业一年四季的使用特点、负荷及其变化情况，以及集中热源、冷源的特点、供应距离（尤其供冷时，供应距离应十分重视），经技术经济比较后确定。若为热电联产的集中供热，应首先利用为电子企业的供热源，并经认真技术经济比较后可作溴化锂吸收式制冷热源；若仅为季节性集中供热或不发电的集中供热企业，电子工厂只能利用为供热源。为此本款规定“宜”利用其作为冷、热源。

6 鉴于目前溴化锂吸收式冷水机组能效系数低于电制冷机的特点，不能简单地采用溴化锂吸收式制冷机，尤其不应采用蒸汽锅炉生产的蒸汽用于溴化锂吸收式制冷的方式，因为此种方式的一次能源消耗大于电制冷方式。但溴化锂吸收式制冷机利用余热（包括利用工业窑炉的高、中温烟气）时，节能效果十分明显，所以作了本款规定。

7 《中华人民共和国节约能源法》明确提出：“推广热电联产，集中供热，提高热电机组的利用率，发展热能梯级利用技术，热、电、冷联产技术和热、电、煤气三联供技术，提高热能综合利用率”。分布式冷热电联供系统以天然气为燃料，为建筑或建筑群供冷、供热和提供部分电力的需求。实现天然气一次能源的梯级利用，能源利用效率可达到 80％左右，大大减少 SO_2、CO_2、NO_x 和 TSP 的排放，减少占地面积和耗水量，还可应对突发事件确保安全供电，在国际上已经得到广泛应用。我国已有少量项目应用了分布式热电冷联供技术，取得了较好的社会效益和经济效益。英国的一个电子工厂采用燃气分布式冷热电联供系统，即对企业供冷、供热和供应部分电力，且作为该企业的应急备用电源，采用 N＋2 台发电机组（N 为应设置的燃气发电机组，2 为备用电源用机组），取得了节约能源、改善环境的明显经济效益。

具体工程项目设计时，是否采用燃气冷热电联供系统以及设备配置，应根据企业的冷热电负荷及变化情况和企业的条件，经技术经济比较后确定。

8 蓄冷技术可以平衡电网负荷，实现电力“移峰填谷”，对国家和电力部门具有重要的意义和经济效益。在执行峰谷电价且峰谷电价差较大的地区，具有下列条件之一，通过经济技术比较合理时，宜采用蓄冷空调系统：① 建筑物的冷负荷具有显著的不均衡性；②逐时冷负荷的峰谷差悬殊，使用常规制冷系统会导致装机容量过大，且制冷机经常处于部分负荷下运行；③冷负荷高峰与电网高峰时段重合，且在电网低谷时段冷负荷较小。

9 在一些电子企业中，产品生产工艺需用冷冻机供水温度有 5℃、10℃以上两种温度要求，且冷负荷较大时，由于供水温度较高的制冷机能效系数较大，单位制冷量的电耗量降低，为减少供冷系统的电能消耗，可采用不同供回水温度的制冷机，但需增加投资，所以应经技术经济比较后确定；近年来，在采用“三层布置”的微电子洁净厂房中，净化空调系统常常采用集中新风处理和风机过滤机组（FFU）加干表冷的循环送风系统，它的新风处理需冷冻水，供水温度为 5℃左右，干表冷需冷冻机供水温度为 12℃～14℃，且所需冷负荷较大，为此在这些微电子企业中常常设置两类供水温度的制冷机。由于供应 12℃～14℃冷冻水的制冷机的能效系数较高，整个制冷站大约可减少 5％～10％的电能消耗，具有较好的节能减排效益。

7.2.3 为确保电子工程洁净室（区）和受控环境的温度、相对湿度，全年各个季节或大部时间均需连续供冷，其制冷用能量消耗根据电子产品生产工艺的不同，大约占企业总能量消耗的 10％～30％，所以降低电子工程制冷能量消耗是节能减排的重要内容之一。据了解，目前我国的电子工程大多采用电力驱动蒸汽压缩式制冷机组，为此在电子工程节能设计中应对此类制冷机组的制冷性能子系数（COP）限值进行规定。本条为强制性条文，必须严格执行。

我国现行国家标准《冷水机组能效限定值及能源效率等级》GB 19577—2004 按额定制冷量规定了能效等级，其中水冷式制冷机的能源效率等级指标见表 1。该规范还规定了机组的节能评价值，应为表中的能效等级2级。考虑到目前不同厂家、不同机型的制冷机实际达到的水平，如离心式冷水机主要生产厂家的各种规格机组的COP值均在6.0左右或更高一些；活塞式制冷机由于近年发展缓慢，使用量逐年萎缩，所以要达到2级能效等级有一定的难度，鉴于以上原因作了本条规定。

表1 能源效率等级指标

类型	额定制冷量 CC（kW）	能效等级（W/W）				
		1	2	3	4	5
水冷式	CC≤528	5.00	4.70	4.40	4.10	3.80
	8<CC≤1163	5.50	5.10	4.70	4.30	4.00
	CC>1163	6.10	5.60	5.10	4.60	4.20

注：表中能效等级是以COP值进行划分的。

本条是强制性条文，必须严格执行。

7.2.4 电子工程的重要特点之一是产品生产工艺常常要求在生产过程（包括工艺介质供应系统的需求）中需使用低位热能，同时又在生产过程中排放一定数量的中、低位热能。如何合理、充分地利用在电子产品生产过程中排放的中、低位热能，用于生产过程中所需的低位热能是电子工程节能减排的重要课题之一。据了解，近年来国内外的一些电子工厂在利用产品生产过程排放的中、低位热能提供所需的低位热能方面进行了应用试验，取得了节能和降低运行费用的效果。如利用产品生产排放的中温废气，在排放洗涤塔中设置板式换热器，获取大于30℃的热水，利用生产过程排放的50℃左右的排水（废水）回收低位热能后再排放；在某电子工厂利用压缩空气站中排气量为（50～100）m^3（标）/min的几台压缩机100℃左右排气温度加热工厂所需40℃～50℃热水，节约大量一次能源消耗，其设备和系统投资只需一年左右即可回收，取得了明显的节能和经济效果。为此本条规定，电子工程的节能设计宜制定低位热能的综合利用措施，以达到降低电子产品单位综合能耗的目的。

7.2.5 电子工程的供热系统设计时，根据所在地区的条件，有时不可避免要采用蒸汽锅炉或热水锅炉作为供热源。在电子工程的节能设计中，提高供热源的热效率，是十分重要的内容和控制指标，所以本条对所选锅炉的热效率作了强制性规定，必须严格执行。

7.2.6 电子工程的供热负荷主要是生产过程用热和暖通空调用热，根据生产过程的需要和气候变化，热负荷会不断地变化，在一年或一季或一天中都会出现不同高峰和低谷热负荷，有的电子工程夏季低谷热负荷与冬季高峰负荷可能相差数倍，因此作了本条第1款规定。

锅炉尾部烟气排出温度一般比锅炉饱和蒸汽温度高50℃，所以一般锅炉出口烟气温度均超过200℃，主要是为避免烟气温度低于“酸露点”温度，防止锅炉受热面和烟气系统受到腐蚀，“酸露点”取决于锅炉燃料中硫或硫化物的多少。近年来随着环境保护的需要，大力推广清洁燃料，燃气锅炉日益广泛应用，尤其是天然气的使用，其主要成分是甲烷（CH_4），一般硫化物含量很低，且为高含氢燃料，在理论空气下烟气中水蒸气含量较高，若烟气温度较高时，烟气中水蒸气所含热量将白白排放，据有关资料报道，这部分热量占到天然气热值的10%左右。因此，国内燃气锅炉使用较多的北京市等已开始在燃气锅炉烟气排出口安装“节能器”，将烟气温度降至60℃，可将热效率提高5%以上。国内外正研究制造冷凝式供热燃气锅炉。为此本条第3款推荐在使用燃气锅炉时，宜利用烟气冷凝热。

7.2.7 由于电子产品生产工艺的需要，采用蒸汽为供热介质时，使用蒸汽的设备或设施所排出凝结水的充分利用是提高供热系统节能减排的主要措施之一。通常凝结水回收方式有开式和密闭式。由于开式凝结水回收系统的开式水箱压力降至大气压力，生成零星水蒸气，大量排入大气，既造成凝结水及其热能的损失，还对周围环境造成热污染；密闭式凝结水回收系统可以做成常压型或压力型，由疏水器、二次蒸汽发生器和回水器等组成，一般可减少30%以上的蒸汽凝洁水热量损失，降低凝结水损失。疏水器是避免随凝结水排出时携带蒸汽，将蒸汽与凝结水分隔的附件，为此应选用只能凝结水排出，蒸汽不能带出的“分隔”性能可靠的疏水器；为防止凝结水水中的机械杂质流入疏水器，使其“分隔”性能降低，引发蒸汽带出，造成热能浪费，应在疏水器前设置一定精度的过滤器，去除机械杂质。

7.2.8 本条说明如下：

1 电子工程制冷站常常是既供应空调所需冷负荷，也需供应产品生产过程的冷负荷，两种冷负荷在实际运行中均会随着产品生产过程的需要和气象条件的变化在每日各个时段的工作过程中或各个季节的各个工作日都会变化，由于电子产品生产工艺及其生产环境要求不同，其变化幅度是不相同的，如集成电路芯片制造、TFT-LCD制造，一般均需每天24h连续生产，且都有较为严格的空气洁净度要求，一般变化幅度较小；而有的电子产品生产每天为单班生产，且为只需降温的普通空调系统，一般每天各个时段和各个季节的不同工作日，冷负荷变化幅度都较大。在生产工艺用冷负荷中，由于产品生产过程的需要，一般在各用冷负荷的生产设备均有不同的使用时间要求或冷负荷变化或有的设备时断、时续地使用，常常会有小于“1.0”的同时使用系数或负荷系数；即使是空调用冷负荷，各个空调系统之间或一个空调系统内也会因产品生产过程的不同需求或不同参数需要或负荷变化，也会有小于“1.0”的同时使用系数。为了避免出现机组偏大、“大马拉小车”，使能效降低，故作了本条规定。

2 由于制冷站供冷负荷的变化，应选择能满足高峰时段和低谷时段供冷需要的设备。为减少供冷系统的能量消耗，一般宜选用一台小容量的冷水机组在低谷时段供冷；为使冷水机组在不同时段都可确保在单位能量消耗较低的接近满负荷的状态下运行，一般应选用2台以上的冷水机组。如某微电子工厂的制冷站供冷能力为10000RT，选用了10台制冷量为1000RT的离心式冷水机组，台数较多后有利于按生产过程的冷负荷变化调整投入运行的台数和尽可能地使各台制冷机都可在较高负荷下运行，降低单位制冷量的能耗。

电子工程中产品生产工艺和净化空调系统等对冷热源的可靠运行要求很高，冷水机组的故障将会导致产品质量降低或不能正常生产。因此，应从冷水机组的机械构造、控制功能等方面考察，减少故障停机的概率，提高出水温度控制精度，提高机组抗干扰持续的供冷能力。与普通建筑物的空调系统相比，电子工程中冷水机组运行时间长，每年的能量消耗和运行费用很高。因此，应考虑机组全寿命周期内的能耗和运行费用。冷水机组的制冷剂选择应从保护臭氧层和抑制全球气候变暖两方面综合考虑，应选择现行国家标准《制冷剂编号方法和安全性分类》GB/T 7778—2008规定的环境友好冷媒。

7.2.9 电子产品生产环境常常要求全年各个季节都需要控制温度、湿度，电子产品生产用洁净厂房均属此类。这类生产环境在过渡季、冬季都有供冷需求，一些电子工厂为节约能源，在气象条件合适时，采用自然冷却的供冷方式，即采用“自然冷却”冷水机组和利用供冷站的冷却塔将循环冷却水降温至空调所需冷冻水温度的两种方式。“自然冷却”冷水机组是巧妙地利用室外较低的环境温度，在不启动制冷压缩机情况下的一种制冷方式，压缩机能耗基本为“零”；利用冷却塔供冷的“自然冷却系统”一般只需在已有的供冷系统中增加一套板式换热器，图1为一个自然冷却系统流程示意。

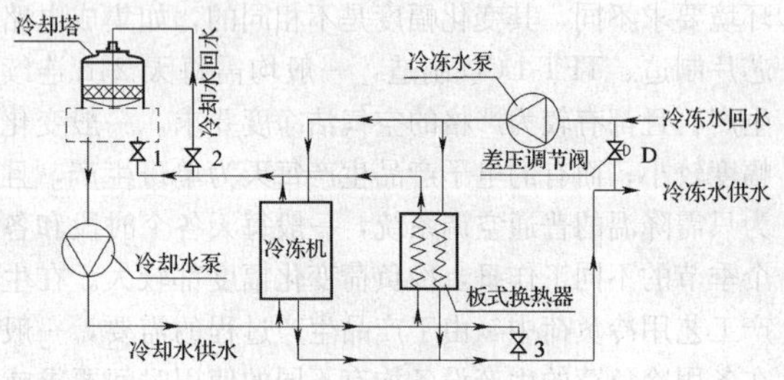

图1 自然冷却系统流程示意

7.2.10 本条说明如下：

1 闭式热水循环系统有利于减少能量消耗和避免管路腐蚀，所以推荐采用这种方式。闭式热水循环系统的定压方式主要有膨胀水箱、气体定压和安全阀定压等，实际应用中一般是根据热水管网的规模、热水参数（温度、压力）和用户建筑物状况等因素确定。如高温热水（>95℃），常用氮气（N_2）定压。

2 为确保热水循环管网安全可靠地运行和满足各幢建筑的使用要求，主要是保持管网水力平衡，要实现热水管网的水力平衡，一般应在设计阶段根据管网范围的地形、地貌和建筑物高度等绘制“管网水压图”，并按水力平衡要求设置必要的平衡阀等调压装置，为此作了本款规定。

7.2.11 本条说明如下：

1 在供冷量一定时，加大冷水供、回水温度差，可以减少冷水循环量，从而降低冷水循环泵的电能消耗，所以只要冷水用户——空调系统条件适宜时，应加大供、回水温差，一般不应小于5℃。

2 闭式冷水循环系统比开式系统具有系统简单、能量消耗小和避免管路腐蚀的优点，所以推荐采用闭式冷水循环系统。据了解，目前冷水循环系统一般均采用膨胀水箱的定压方式。

4 鉴于电子工程项目空气调节的冷负荷都将随气候变化、产品生产过程各项发热量的变化以及工厂生产调度需要有的空调系统暂时不使用等因素，总是在发生有序或无序地变化，为适应这种冷负荷的变化，目前在使用点较多、各环路负荷特性或阻力相差较大时，一般都采用二次泵系统。二次泵系统采用变流量运行方式，即可满足各用户或环路的安全可靠运行，并可随冷负荷变化调节所需流量，增减二次循环泵的运行数量或频率，以减少二次泵电能消耗。近年来，由于制冷机及其控制技术的改进和发展，流过制冷机组的冷水量可以随着用户冷负荷的变化进行调节，即可采用一次泵变流量调节方式。采用一次泵调节方式时，一般应为循环系统简单、循环环路负荷特性或阻力相差不大，并在制冷机订货时进行说明。

7.2.12 本条规定的冷却水系统各项技术措施均与减少能量消耗密切相关。

1 制冷机的冷却水设备包括冷却塔、循环泵、管路等，均应采用节能型设备，如水泵应选择高效率设备，并应注意在具体运行工况下水泵运行在高效区域。冷却水设备与制冷机组一般采用一对一设置，可以在低负荷运行时避免“大马拉小车”，降低能量消耗。

2 设置功能完备的水处理装置是确保冷却水水质的主要条件，若水质降低，将会引起制冷系统的传热效率降低、管路阻力增加，从而增加能量消耗。

7.2.13 室外冷水管道直埋敷设方式施工方便，只要严格按规定或由专业厂家（一般为制作厂家等）进行施工，可以减少沿程冷损，所以推荐采用。直埋敷设冷水管道一般由钢管、保温层、防水层、保护外壳等组成，有的还设有冷泄漏检测装置，避免有较大的冷损失。

7.3 燃气、燃油供应

7.3.1 据调查，电子产品生产用燃气一般均为低压燃气，且燃气使用量常常是随着产品生产过程的需要而变化，所以为满足生产工艺需要和减少因加压燃气增加能量消耗，通常应尽可能地利用城市市政燃气的供气压力，经调压后供应燃气；为适应生产过程燃气使用负荷的变化均衡供应燃气，一般在电子工厂内均设有适当容量的燃气、燃油储存设施。为此作了本条规定。

7.3.2 当具体的电子工程项目的位置按当地城市规划和城镇燃气管网的实际状况，接入的城镇燃气供气压力不能满足电子产品工艺要求时，或因某类电子产品生产工艺的要求，确需燃气压力较高时，为满足产品生产工艺要求在电子工厂内应设燃气压缩机对燃气进行加压。

由于电子产品生产过程的燃气负荷是变化的，为使燃气压缩机平稳、安全可靠和减少开、停车次数，降低燃气、电能消耗，燃气压缩机一般均设置在燃气储气设施前，并在压缩机前设有燃气缓冲罐。为此作了本条规定。

7.3.3 为加强燃气、燃油的使用管理，在满足产品生产所需燃气、燃油供应的前提下，合理控制、管理全厂各使用车间或主要用气（油）的流量，应设置瞬时流量计进行实时的使用量监测和设置累计流量计，进行统计、核算和比较燃气（油）的日或月或年或产品单产等能量消耗，这是降低燃气、燃油消耗，节约能源的可行措施，为此作了本条第1款和第3款强制性规定，必须严格执行。

为确保使用燃气的设备稳定、安全可靠运行，燃气的组分或热值的实时测量和显示是即时对燃烧过程的调节和安全管理的重要依据，为此作了本条第2款规定。

7.3.4 设置回收装置或回油设施的目的，一方面可以回收再利用，节省能源；另一方面可减少对周围环境的污染。为减少回油管线，回油设施一般是设置在使用车间临近处，但若具体项目中工厂内的储油设施与使用车间较近时，也可返回至储油罐。

7.4 气体供应

7.4.1 本条说明如下：

1 电子工程根据生产的产品种类不同，使用各种不同的大宗气体（氮气、氢气、氧气、氩气）、干燥压缩空气、特种气体。据调查，目前电子工厂所需的氮气、氧气一般采用外购液氮、液氧或自建氮氧站供气；氢气采用外购氢气供气或自建氢气站供气；压缩空气一般自建集中空压站供应。所以在电子工厂内一般应根据所需气体品种、耗气量状况，在工厂内集中设置不同类型的气体供应站，如一个压缩空气站加氮气供应站或一个压缩空气站加一个常用气体（氧、氮、氢）供应站等组合。

2 当氢气、氧气、氮气耗量较多或当地无气体供应时，可自建制气站供气，但应经能量消耗和技术经济比较确定供应方式，做到节能和降低运行费用。

3 压缩空气应由厂区内设置的空压站供气，设在厂区外供气管道较长，沿程阻力损失大，管道泄漏相应增加，不利于节能。

4 氩气、氦气一般使用量较少，且有外购液态气体条件时，一般采用外购液态气体经汽化供应方式，通常可采用气体钢瓶供应。

7.4.2 当电子工厂内自设制气装置时，一般用气量都较大，且目前各类常用气体（氧气、氮气、氢气）的各类制气装置一般需消耗较多电能或一次能源，所以选用能量消耗低的制气设备和优化配置供气、制气流程，实现制取的单位气体较低能耗至关重要，所以作了本条第1款、第2款规定。

据调查，目前国内常用气体的制气设备或制气系统基本上均可国产供应。制取氧气、氮气的低温法或常温法空气分离设备国内均可成套供应。低温法空分设备的氧气产能可达60000m³（标）/h，此类设备均可做到同时生产气态氧气、氮气和液态氧气、氮气产品，其单位能耗因厂家或规模或单体设备配置的不同略有差异，但大多数可以达到本条表7.4.2中较好的单位气体能耗水平。常温变压吸附空气分离设备近年来已有很大进步，一些技术装备、科技水平较高的制造厂家可生产常温变压吸附制氧设备，产氧量达10000 m³（标）/h、氧气纯度大于或等于92%，其单位气体能耗小于0.6kW·h/m³（标）。常温变压吸附制氮设备氮气产量可达每小时数千立方米，氮气纯度可达99%～99.99%，其单位气体能耗小于0.4kW·h/m³（标）。

我国的氢气制取装置近年来取得了很大进步，水电解制氢装置已可制造每小时氢气产量达600m³（标）/（台·h）的成套设备，氢气纯度99.6%，工作压力可达2.5MPa，技术装备、技术水平较高的制造厂家的水电解制氢装置的单位气体能耗为5.0 kW·h/ m³（标）；采用天然气转化制取氢气的装置，近年来已有几家公司可以生产各种规格的制氢装置，其产品氢气纯度可达99.99%左右，目前一般可做到1m³（标）的天然气制取（2.5～3.0）m³（标）氢气，若按2.5 m³（标）计，并包括所消耗的电力等能量，制取氢气的单位折合能耗约为4.0kW·h/m³（标）。为此作了本条第3款规定，以实现节约能量的目的。

7.4.3 由于液态气体沸点低，储存容器通常为双层真空绝热容器，内筒为不锈钢，此类容器随着制造质量、容器大小、气候条件变化等，都会有一定的液体变为气体从安全阀排放至大气，按容积大小有不同的日蒸发损失，一般日蒸发损失量为0.5%～1.0%。容器越大日损失率越低。储存量小蒸发损失量相比较大。为减少蒸发损失，应合理确定液态气体储存量，一般储存量应根据气源情况、运输方式和距离远近等因素确定，不宜超过5d～7d用量。

7.4.4 压缩空气干燥装置通常有冷冻干燥装置、吸附干燥装置等，在吸附干燥装置中因再生方式不同，可分为无热再生、微热和加热再生及余热再生等方式。冷冻干燥只能用在压力露点2℃以上的系统，也作为低露点处理系统的预处理，此类装置一般不需要消耗再生气，只需消耗少量电能，所以单位气体能耗较少。吸附干燥装置中的无热再生方式由于再生气耗量大，所以再生能耗最大；微热再生次之，加热再生能耗较小；余热再生方式基本上不消耗再生气和电能。所以本规定应根据系统大小不同分别选择，对10 m^3（标）/min小系统总体电耗小，可以选用冷干机或余热再生或微热再生式的干燥装置。单台压缩机排气量超过10 m^3（标）/min的系统，为降低能耗宜选用冷干机或无热再生或无热再生式的干燥装置。

7.4.5 气体压缩机电耗中大部分转换为压缩机的排气热量，通过合适的热回收系统能回收大量热能，可以作为空调加热、纯水加热及生活热水的热源，也可用于其他适合的低位热能用户。如某电子工厂将离心式空气压缩机的排气热量用于纯水系统反渗透装置前的原水加热，其增加设备的费用不到一年即可回收，年节约标煤数百吨。

7.4.6 为加强各种气体的使用管理和监测各用气车间的气体用量，以及为结算工厂的综合能耗应进行各类气体供气站出口总管和各车间气体进口管道的气体流量计量，为此作了本条强制性规定。规定中要求配置使用状态（工作温度、工作压力）参数修正附件，这是因为“工厂综合能耗”的计算是以标准工况（气体压力为101.3kPa和温度为0℃时）为基准进行折算的，且在各种气体供气系统实际运行中，气体温度、压力都将会在不断变化，不会是“恒定值”，为了比较也需要一个统一的基准。

7.5 能源综合利用

7.5.1 电子产品生产过程如集成电路芯片生产、TFT-LCD生产中常需用低位热能，这类工厂的生产工艺过程所用的工艺循环水有的要求供水温度为30℃～35℃，为了获得此供水温度，需以高于相应供水温度5℃左右的热水或蒸汽对循环水回水进行加热；在这类工厂中需要应用低位热能的还有空调系统冬季、过渡季用于空气加热，纯水系统反渗透装置的原料水加热等，如前所述，许多电子工程中具有低位热能资源和常常设有电制冷机组，为降低能源消耗作了本条规定。

7.5.3 在一些电子产品生产中各种排水的排放或回用量可达近千吨，甚至数千吨，如一个月产量40000片芯片的工厂各种生产废水日排放量约为8000t，应根据具体条件，如排放温度、废水中有害组分等，在进行可利用性、能回收的热量、增加设备能耗和费用等技术经济比较后确定是否利用或如何利用的技术方案。

7.5.4 目前，国内外都在大力推广应用分布式燃气冷热电联供综合能源系统，该系统具有一次能源（天然气）的梯级利用（先发电，生产高位能源，然后充分利用余热制冷或供热），一次能源利用率可达70%～80%，环境友好。由于一次能源利用率提高了30%～40%，即相应的温室气体排放量大幅度降低。这种综合能源站应用于具有相当规模的洁净厂房电子产品生产工厂中，如集成电路芯片工厂、TFT-LCD生产工厂等，由于洁净室的冷负荷较大，且全年均需供冷，其技术经济效益更加显著，据了解，国外已有实用案例，取得了很好的效果。

7.6 监测和控制

7.6.1 在电子工程中设置全厂能源监测和控制系统，是加强全厂供电、供热、供冷、供气等能源系统节能的有效措施，此系统设计得当、运行正常，一般可节能5%以上，且相关数据的积累和研究分析有助于全厂能源系统安全运行、完善管理，并为改进和制定节能技术措施提供依据。本条规定年综合能耗为3000t标煤，折合为电力使用功率约为（3000～3500）kW，是一个具有一定规模的中型电子工程。大多数电子工程设置有FMCS（Facility Management and Control System)，用于工厂设备管理和控制，工厂各种能源消耗计量和实时监测是FMCS主要功能之一。FMCS构架形式有多种，如可编程序控制器（PLC）、分散控制系统（DCS）、现场总线控制系统（FCS）等，结合具体工程情况，通过技术经济比较确定具体的FMCS架构形式和监控内容。

7.6.2 本条说明如下：

1 对燃气、燃油等一次能源消耗进行计量以及能耗数据分析，有助于合理确定使用设备的配置方案，协调设备运行台数和运行顺序。

2 对供热机组及单台设备主要性能参数监控，可以实时掌握设备运行状况、运行时间，通过对设备参数的统计、对比，做出设备维修和维护提示，有效地保证设备在高效率和良好安全状态下工作，从而达到节能的目的。

7.6.3 电子工程项目中常装设有台数较多的制冷机组，除了常规的监测、控制外，制冷机组的群控或制冷机组的程序控制是设备节能运行的一种有效方式。在许多工程中，采用了同类设备大、小搭配的设计方案，合理确定运行模式，根据负荷预测调整设备运行策略，以达到制冷机组在高效率状况下运行，节约能耗、减少运行费用。

目前一些电子工程中已经采用或正在实施制冷机组冷凝热的回收利用，本条第1款对此作了相应的控制、监测规定。

8 给水排水节能设计

8.1 一 般 规 定

8.1.1 水量平衡图的绘制应在了解工厂用水情况、市政供水现状后进行。水量平衡图对选用节水措施，健全用水计量仪表，减少排水量，合理利用水资源，合理设计厂区给排水管道都起着重要的作用。

8.1.2 选择热源时，应了解工程所在地附近的热源情况和本项目可利用的工业废热，区域气象条件、地热条件，太阳能辐照量及日照时间等基础资料，全面比较选择热源。

8.2 给水平衡和综合利用

8.2.1 分类分质收集的目的是为了便于废水处理。处理后的水质是否能够重复使用，应经过经济技术和水资源综合比较后确定。

8.2.2 采用间接冷却的工艺冷却水，受污染程度很轻，经冷却后可循环使用，仅有少量的蒸发、排污等损失；但各类工艺用水的回收利用十分复杂，在具体电子工程中工艺用水能否回收与生产工艺、使用特点、排水中有害物浓度以及回水的用途等密切相关。据了解，目前一些电子工程工艺用水的回用已做了许多工作，有的企业已接近本条推荐值。为促进回用水回用率的不断提高，作了本条规定。

8.2.3 由于RO浓水的盐量比原水高3倍～4倍，因此，含RO浓水的使用，必须根据浓水的水质和用途确定。当RO浓水用于循环冷却水补水时，其水质应符合表2的要求；当RO浓水用于冲厕、道路清扫、消防、城市绿化、车辆冲洗时，其水质应符合表3的要求；当RO浓水用于景观或绿化用水时，其水质应符合现行国家标准《城市污水再生利用 城市杂用水水质》GB/T 18920中城市绿化用水标准和《城市污水再生利用 景观环境用水水质》GB/T 18921中观赏性景观环境用水标准要求。

表2 循环冷却水对回水的水质要求

序号	项目	单位	水质控制指标	序号	项目	单位	水质控制指标
1	pH（25℃）	—	7.0～8.5	9	钙硬度（以 $CaCO_3$ 计）	mg/L	≤250
2	悬浮物	mg/L	≤10	10	甲基橙碱度（以 $CaCO_3$ 计）	mg/L	≤200
3	浊度	NTU	≤5	11	NH_3-N	mg/L	≤5
4	BOD_5	mg/L	≤5	12	总磷（以P计）	mg/L	≤1
5	COD_{CR}	mg/L	≤30	13	溶解性总固体	mg/L	≤1000
6	铁	mg/L	≤0.5	14	游离氯	mg/L	末端0.1～0.2
7	锰	mg/L	≤0.2	15	石油类	mg/L	≤5
8	Cl^-	mg/L	≤250	16	细菌总数	个/mL	<1000

表3 各类用途的回用水的水质要求

序号	项 目		冲厕	道路清扫、消防	城市绿化	车辆冲洗	建筑施工
1	pH		6.0～9.0				
2	色(度)	≤	30				
3	嗅		无不快感				
4	浊度(NTU)	≤	5	10	10	5	20
5	溶解性总固体(mg/L)	≤	1500	1500	1000	1000	—
6	五日生化需氧量(BOD_5)(mg/L)	≤	10	15	20	10	15
7	氨氮(mg/L)	≤	10	10	20	10	20
8	阴离子表面活性剂(mg/L)	≤	1.0	1.0	1.0	0.5	1.0
9	铁(mg/L)	≤	0.3	—	—	0.3	—
10	锰(mg/L)	≤	0.1	—	—	0.1	—
11	溶解氧(mg/L)	≥	1.0				
12	总余氯(mg/L)		接触30min后≥1.0，管网末端≥0.2				
13	总大肠菌群(个/L)	≤	3				

8.2.4 本条的规定是通过合理设置卫生器具用水点处的水压，以达到节水、节能的目的。实测资料表明：当*DN*15陶瓷阀芯水龙头完全打开，若静水压达0.37MPa时，其出水量为0.46L/s，是设计额定流量0.15L/s～0.20L/s的2.3倍～3倍。

8.2.5 卫生间使用的大便器，其一次冲洗水量不应大于6L；自闭式冲洗阀既有自闭延时作用，又有调节冲洗水量的功能，可以达到节水的目的；感应式冲洗装置冲洗及时，既可避免长流水现象，又保证卫生安全。

8.3 水系统节能措施

8.3.1 直接利用市政供水管网的余压供水，不但节能，而且还因为省去了水箱（池）、加压水泵等环节，大大减少了水受到二次污染的几率，因此，当条件合适时应优先考虑。

管网叠压供水比气压供水、变频调速供水更具有节能效益，与高位水箱供水相当，因此，在符合现行国家标准《建筑给水排水设计规范》GB 50015规定的前提下，应积极采用。

8.3.2 在电子工程中，为提高反渗透装置的产水量，反渗透装置前端进水温度一般为15℃～25℃，另外，在有洁净要求的电子厂房内，其洁净室环境温度一般在22℃～25℃之间，为了确保洁净室环境温度不受纯水供应的影响，纯水温度一般与洁净室环境温度相同。资料显示，我国不同地区最冷月平均地面水温度一般在4℃～20℃，地下水温度一般在6℃～20℃，因此反渗透装置进水端在冬季都需要加热（夏季可能需要冷却）。电子工程有许多低位热能及余热可以利用，如大中型气体压缩机、制冷机组的冷却水出水温度一般在37℃～40℃之间，这部分热量完全可以通过合理的系统设计用于反渗透装置的前端加热，部分或全部满足反渗透装置进水加热所需的热能。

8.3.3 为充分利用电子产品生产工艺用水的显热

（冷）量和重复用水，并防止可利用显热（冷）量的生产废水腐蚀被加热设备和污染被加热（冷却）水的水质，作了本条规定。

8.3.4 与不变频的水泵直接供水相比，水泵采用调速不仅可减少能量损失，提高水泵效率，而且有利于水泵启动和改善水泵的汽蚀现象。

8.3.5 本条参照现行国家标准《建筑给水排水设计规范》GB 50015的有关规定制定。太阳能是一种可再生清洁能源，对太阳能的利用得到了包括我国在内的世界绝大多数国家的高度重视，通过利用太阳能可以减少对煤、石油、天然气等不可再生能源的依赖。我国有良好的太阳能热水系统使用的自然条件和使用经验，但由于太阳能是间歇性能源，受地区、气候、季节和昼夜变化等因素影响，为此，太阳能热水系统应配置辅助能源加热设备，确保热水系统的稳定运行。太阳能加热系统的设计应符合现行国家标准《建筑给水排水设计规范》GB 50015 的有关规定。

8.4 监 测 和 控 制

8.4.1 为加强企业给水系统的管理，实施给水系统的集中监测、控制是重要手段之一，为此本条对回水量较大（超过1000t）的企业推荐设置集中监测和控制系统。

8.4.2 热（冷）量为 300kW 相当于温差为 5℃时水量 $50m^3/h$，所需的热（冷）负荷，对于此类具有一定规模的给水系统，在一些电子企业中可能有多个系统，为减少能量消耗，本条规定在水系统热（冷）媒的进水管上设置温度调节装置（包括温度传感器、温度控制阀等一套装置），既可保证供水温度，又能有效降低能耗。

8.4.3 电子工程项目要实现二级或三级计量，水表是计量水量、节约用水的重要措施。为电子工程实现水资源综合利用，提供基础数据，作了本条规定。

8.4.4 本条规定的目的是为了防止由于水位控制阀或电动阀失灵，导致水池（箱）溢水造成水资源浪费、设备财产损失，严重时将会造成停产等事故的发生。

9 电气节能设计

9.1 一 般 规 定

9.1.1～9.1.3 由于电子产品及其生产工艺种类繁多，本节规定是对电子工程电气设计在满足生产工艺要求的前提下，依具体项目的用电特点、当地供电条件，在符合国家现行标准情况下，选用效率高、能耗低、性能先进的电气系统和产品（包括电气照明系统及产品），以实现减少电能消耗，为电子工程降低综合能耗做出贡献。

9.2 供配电节能设计

9.2.1 本条强调在设计初期应在技术经济比较的前提下，充分结合当地电网的实际情况，合理选择供电电压等级。设计中还应力求降低电能消耗，节约能源，提高经济运行水平。

9.2.2 本条规定是配变电所的数量和分布位置的选择原则。应靠近用电负荷中心，以减少输配电距离，降低输配电损耗，达到节约电能的目的。

9.2.3～9.2.6 为降低输配电设备运行中电能的损耗，条文规定要合理配置供配电设备，以提高电能利用效率。根据电子工程的实践经验，条文规定了相应的量化指标。

9.2.7 为减少电力输配线路的线路损耗，本条对电缆品种、截面积选择和线路距离作了规定。

9.3 照明节能措施

9.3.1 单位容量计算表是在比较各类常用灯具效率与利用系数关系的基础上，按照一系列的设定条件编制的。当某一项或数项条件与设定值不符时，就会有较大的误差，不能满足施工图设计阶段精确计算照度的要求。单位容量计算具有简便快捷的优点，主要用于方案设计或初步设计阶段估算照明用电量。

9.3.3 目前电子工程几类常用光源的性能比较见表4。

表4 电子工程常用光源性能比较表

光源种类	功率（W）	色温（K）	发光效能（lm/W）	显色指数 R	平均寿命（h）
普通白炽灯	25～100	2800	7～10	95～99	1000
T8（ϕ26mm）标准荧光灯	36～58	4100	79	63	8000～13000
T8（ϕ26mm）三基色荧光灯	36～58	4000	90～93	80～85	15000
T5（ϕ16mm）三基色荧光灯	28～35	4000	92～94	85	20000
紧凑型荧光灯	8～26	4000～6500	50～69	78～82	6000～12000
电磁感应灯	55～165	4000	63～72	80	80000
金属卤化物灯	70～400	3600～4300	85～106	65～96	12000～20000
高压钠灯	70～400	1900～2000	80～141	23	24000～32000

注：本表以飞利浦公司的光源数据为例。

9.3.4 直管形荧光灯的几类镇流器性能比较见表5。根据各类镇流器的性能特点，作了本条规定。

表5 直管形荧光灯镇流器性能比较表（以36W、T8为例）

镇流器类型	镇流器功耗（W）	灯管光效比（%）	谐波含量比（%）	功率因数	频闪	噪声	调光	使用寿命（年）	价格
传统电感式	9	100	<10	0.5	有	有	不可	15～20	低
节能型电感式	4.5～5.5	100	<10	0.5	有	小	不可	15～20	中
电子式（H级）	3.5～4	110	<40	>0.9	无	无	可	4～5	中
电子式（L级）	3.5～4	110	<30	>0.95	无	无	可	8～10	高

9.3.5 为降低电力照明线路损耗和安全运行，本条对照明线路的材质、配电箱的设置等作了规定。

9.4 监测和控制

9.4.1 电子工程中，一般是根据项目规模、用电特点和工厂管理模式等因素设置电力监控系统，有的采用单独设置，也有的是作为独立的子系统集成在FMCS中。

9.4.2 为了实现对电子工程用电设备节约电能的监控，本条对供配电系统的监测、控制应具备的基本功能作出了规定。

9.4.3 电子工程的供配电系统采用分负荷计量，是企业实行分负荷、分时段计量、计电价的依据，并为工厂合理制定节约电能的运行模式提供基础依据。

中华人民共和国国家标准

冶炼烟气制酸设备安装工程施工规范

Code for construction of acid-making equipment installation engineering for metallurgical off-gas

GB 50711—2011

主编部门：中 国 有 色 金 属 工 业 协 会
批准部门：中华人民共和国住房和城乡建设部
施行日期：2 0 1 2 年 6 月 1 日

中华人民共和国住房和城乡建设部
公　　告

第 1083 号
关于发布国家标准《冶炼烟气制酸设备安装工程施工规范》的公告

现批准《冶炼烟气制酸设备安装工程施工规范》为国家标准，编号为GB 50711—2011，自 2012 年 6 月 1 日起实施。其中，第6.1.9、12.0.5、12.0.6、12.0.7、12.0.10 条为强制性条文，必须严格执行。

本规范由我部标准定额研究所组织中国计划出版社出版发行。

中华人民共和国住房和城乡建设部

二〇一一年七月二十六日

前　言

本规范是根据住房和城乡建设部《关于印发〈2008 年工程建设标准规范制订、修订计划（第二批）〉的通知》（建标〔2008〕105 号）的要求，由中国十五冶金建设有限公司会同有关单位共同编制完成的。

本规范在编制过程中，经大量调查研究，认真总结了我国近十年来冶炼烟气制酸设备安装工程施工的实践经验，广泛征求了有关单位和专家的意见，最后经审查定稿。

本规范共分 12 章，主要内容包括总则，术语，基本规定，设备、材料进场，设备基础，净化设备，干燥、吸收设备，转化设备，硫酸存贮设备，二氧化硫鼓风机、酸泵，设备试运转，环保与安全。

本规范中以黑体字标志的条文为强制性条文，必须严格执行。

本规范由住房和城乡建设部负责管理和对强制性条文的解释，由中国有色金属工业协会负责日常管理，由中国十五冶金建设有限公司负责具体技术内容的解释。本规范在执行过程中如有意见或建议，请寄送中国十五冶金建设有限公司（地址：湖北省黄石市沿湖路 375 号，邮政编码：435000），以供今后修订时参考。

本规范主编单位、参编单位、主要起草人和主要审查人：

主编单位： 中国十五冶金建设集团有限公司

参编单位： 中国恩菲工程技术有限公司
中国瑞林工程技术有限公司
二十三冶建设集团有限公司

主要起草人： 马文州　鲁祥顺　李　汇　田雨华　徐志强　张东华　陈　芳　王政才　张有为　黄兆富　郑国忠　李金春　马建军　张晨光　余佳泉　肖福兵　李勇军　郑建国　周志勇

主要审查人： 黄志远　袁爱武　袁慰农　王艳超　张劲松　毕可顺　李淑全　常全忠　左永伟

目　次

Contents

1 总 则

1.0.1 为了提高冶炼烟气制酸设备安装工程的施工水平，加强冶炼烟气制酸设备安装工程的施工过程控制，做到施工安全、节能环保、技术先进、经济合理，满足设计要求，保证工程质量，制定本规范。

1.0.2 本规范适用于新建、扩建和改建的冶炼烟气制酸设备安装工程的施工。

本规范不适用于冶炼烟气制酸设备的内衬、防腐蚀、渗铝工程的施工。

1.0.3 冶炼烟气制酸设备安装工程的施工，应按设计文件、随机技术文件和本规范的规定执行。

1.0.4 当需要修改设计、材料代用时，必须经原设计单位同意。

1.0.5 冶炼烟气制酸设备安装工程的施工除应符合本规范外，尚应符合国家现行有关标准的规定。

2 术 语

2.0.1 冶炼烟气　metallurgical off-gas

采用火法冶炼金属时，产生的一种高温烟气，其主要成分由二氧化硫气体、烟尘和杂质等组成。

2.0.2 制酸设备　acid-making equipment

将冶炼烟气通过净化、干吸、转化等工序制成浓硫酸的生产工艺线上的设备。

2.0.3 安装　installation

在工程现场对各类设备和结构完成的制作、装配和固定到正确位置，从而构成一个装置，并最终形成生产能力的过程。

2.0.4 装配　assembly

对解体运到现场的大型设备或装置，按图纸要求将零件、部件进行组合、连接或紧固的过程。

2.0.5 允许偏差　allowable deviation

极限尺寸减其基本尺寸所得的代数差。

2.0.6 位置偏差　position deviation

指被测实际要素的位置对基准位置的变动量。

3 基本规定

3.0.1 设备安装工程施工单位应具备相应的施工资质，施工现场应有相应的施工技术标准，并应有安全环境管理体系。

3.0.2 开工前应进行图纸自审、会审和设计交底。

3.0.3 设备安装前应有经审批的施工组织设计、施工方案等技术文件，并应按规定进行技术交底。

3.0.4 分片制作的钢制壳体在组焊前应有焊接工艺评定，并应编制焊接工艺指导书。

3.0.5 设备安装应使用经计量检定、校验合格的计量器具，精度等级应符合质量检查和验收的要求。

3.0.6 设备安装人员应经培训合格，并应具有相应的操作技能，焊工、电工、起重工及其他特殊工种应持证上岗。

3.0.7 工程资料应满足施工质量验收、存档、备案的要求。

3.0.8 设备安装施工应严格遵守施工机械安全操作规程。

3.0.9 设备安装施工应合理安排施工工序，并应做好成品、半成品的保护工作。

3.0.10 利用建筑结构作为起吊、搬运设备的承力点时，应经设计单位确认。

3.0.11 对危险源应进行辨识，并应制定管理目标指标和编制应急预案。

3.0.12 对环境因素应进行评价，并应制定控制指标和编制管理方案。

4 设备、材料进场

4.1 设 备 进 场

4.1.1 设备安装施工应根据进度要求和现场条件合理组织设备进场。

4.1.2 设备开箱检验应符合下列规定：

1 开箱检验应由建设单位组织，工程监理、供货商、施工等单位应参加。

2 应按装箱单清点设备数量，并应按设计技术文件核对设备的型号、规格。

3 应检查设备表面质量，应无缺损、无变形、无锈蚀。

4 设备应有质量合格证，进口设备应有商检合格证，整体供货设备应铭牌完好，散件供货设备各零部件应标识清晰。

5 应清点登记随箱文件、备品备件、专用工具。

6 应形成记录并办理设备交接手续。

4.1.3 需在现场临时存放的设备或半成品应设置专用场地，并应采取防雨、防火、防盗等保护措施。

4.2 材 料 进 场

4.2.1 设备安装工程施工应根据进度要求组织材料进场。

4.2.2 材料进场验收应符合下列规定：

1 应检查出厂质量证明文件，品种、规格、性能应符合设计技术文件及国家现行有关产品标准的规定。

2 应按有关规定抽查实物质量。

3 超过质量保证期的材料不得使用。

4 检验不合格的材料应及时清退现场，不得使用。

4.2.3 材料进场后应分类存放、标识清晰，并应妥善保管。

5 设备基础

5.0.1 设备安装前应对基础进行交接和复验，并应符合下列规定：

1 检查、交接资料应完整，并应经相关单位确认。

2 应检查基础混凝土试块试验记录，其强度应符合设计技术文件的规定。

3 应复核基础位置、标高和尺寸，地脚螺栓、预留孔、预埋铁件的位置和标高应符合设计技术文件和现行国家标准《机械设备安装工程施工及验收通用规范》GB 50231 的有关规定。

4 基础表面和地脚螺栓预留孔中的浮浆、油污、碎石、泥土、积水等应已清除干净。

5 预埋地脚螺栓螺纹应部分清洁，并应涂适当油脂。

5.0.2 有防腐和防渗要求的设备基础，表面防腐和防渗层应密实，不得有裂纹及分层等缺陷。

5.0.3 需要二次灌浆的基础表面应进行凿毛处理。

5.0.4 设计技术文件对设置设备垫铁无要求时，垫铁的选择和施工应符合现行国家标准《机械设备安装工程施工及验收通用规范》GB 50231 的有关规定。

6 净化设备

6.1 一般规定

6.1.1 本章适用于冶炼烟气制酸工程中烟气净化设备的安装。

6.1.2 验收设备基础验收合格后，应按设计技术文件的要求进行设备安装，并应紧固地脚螺栓。

6.1.3 设备的制作安装应符合设计技术文件和国家相关产品技术条件的要求。

6.1.4 玻璃钢设备筒体拼装和对接应符合下列规定：

1 不应有直径大于 5.0mm 的气泡。

2 任意 $1m^2$ 范围内，直径不大于 5.0mm 的气泡不应超过 3 个。

3 直径大于 5.0mm 的气泡处可划破后修补，且同一部位修补不应超过 2 次。

6.1.5 玻璃钢设备应平整光滑，色泽应均匀无泛白，纤维应充分浸透树脂，并应无夹杂物和纤维外露，不应有层间分层、脱层、树脂瘤等。

6.1.6 起吊或翻转塑料或玻璃钢设备时，应垫有木方或其他软垫，不得用钢丝绳直接捆扎。

6.1.7 提升塑料或玻璃钢设备时，宜缓慢移动。

6.1.8 玻璃钢设备安装就位后，在靠近玻璃钢设备区域进行焊接等动火工作时，应采取防护措施。

6.1.9 沉降器、安全水封安装完成后，应进行常温盛水试验，盛水试验时间应为 48h，并应以无渗漏、无冒汗、无明显变形现象为合格。

6.2 空　塔

6.2.1 空塔安装的纵、横向中心线允许偏差为 10.0mm；标高的允许偏差为±10.0mm；空塔筒体垂直度的允许偏差为筒体高度的 1.0/1000，且不应大于 10.0mm。

6.2.2 空塔附件安装应符合设计要求，各法兰接触面应对接严密，喷嘴安装方向应正确。

6.2.3 空塔安装完毕后应进行通水试验。通水时喷嘴应畅通、无堵塞，塔体应以无渗漏、无冒汗、无明显变形现象为合格。

6.3 动力波洗涤器

6.3.1 动力波洗涤器安装的纵、横向中心线允许偏差为 5.0mm；标高的允许偏差为±10.0mm；动力波洗涤器筒体垂直度的允许偏差为筒体高度的 1.0/1000，且不应大于 10.0mm。

6.3.2 动力波洗涤器安装时，逆喷管与弯管中心线应在同一铅垂线上，直线度允许偏差为 1.0mm；逆喷管中心线应与动力波洗涤器筒体中心线平行，平行度允许偏差为 2.0/1000。

6.3.3 动力波洗涤器上、下筒体联接及弯管、逆喷管、波纹管连接应密封严密、可靠，连接紧固件及配套垫片的材质应满足设备使用环境的要求。

6.3.4 附件安装应符合下列规定：

1 安装人孔盖时，应保证其封盖严密。

2 事故喷嘴应与逆喷管同轴，同轴度的允许偏差为 1.0mm。

6.3.5 动力波洗涤器安装完毕后应进行通水试验。通水时喷嘴应畅通、无堵塞，筒体应无渗漏、无明显变形现象。

6.4 文丘里洗涤器

6.4.1 文丘里洗涤器安装的纵、横向中心线允许偏差为 5.0mm；标高的允许偏差为±10.0mm；收缩管、喉管及扩大管应与槽体垂直，垂直度的允许偏差为三管总高度的 1.0/1000，且不应大于10.0mm；收缩管、喉管及扩大管三管同轴度的允许偏差为 2.0mm；喷嘴中心线与喉管中心线的同轴度允许偏差为 2.0mm。

6.4.2 贮液槽内壁焊缝应磨平，并应清理干净。当采用砖衬里时，贮液槽应符合衬砖板的要求。

6.4.3 安装人孔盖时，应保证其封盖严密。

6.4.4 文丘里洗涤器安装完毕后应进行通水试验，

应以喷嘴畅通、无堵塞为合格；其槽体部分应根据设备技术文件要求在安装内衬前进行盛水试验，试验时间应为48h，应以无渗漏、无冒汗、无明显变形现象为合格。

6.5 填料塔

6.5.1 填料塔安装的纵、横向中心线允许偏差为5.0mm；标高的允许偏差为±10.0mm；塔体垂直度的允许偏差为塔体高度的1.0/1000，且不应大于5.0mm。

6.5.2 筒体和分酸管的连接处采用螺栓连接，且连接螺栓不具有较强的耐酸性时，应对其进行防腐处理，并应用玻璃钢包裹。

6.5.3 分酸槽应平整，不能偏斜、晃动；安装完毕后，布酸管及V形溢流口应重新找水平，布酸管的水平度允许偏差为2.0mm，溢流口顶平面的水平度允许偏差为3.0mm。

6.5.4 丝网捕沫器应从塔中心开始盘绕敷设，敷设应密实、平整、清洁；塑料折板捕沫器安装时，应平整牢固、间隙均匀、清洁无杂物。

6.5.5 人孔盖安装应封盖严密。

6.5.6 格栅拼装时条板应保持间距均匀，并应平整；格栅板安装后应紧凑，间隙应均匀，不得有晃动现象。

6.5.7 填料充填应达到设计要求的位置。填料充填时应小心轻放。

6.6 电除雾器

6.6.1 钢架安装前应按施工图样清点构件数量，并应对柱子、梁等主要构件进行复核，且应符合下列规定：

1 柱子的长度允许偏差为－0.5mm～2.0mm。

2 梁的长度允许偏差为0～8.0mm。

3 柱子、梁的直线度允许偏差为长度的1.0/1000，且不应大于8.0mm。

6.6.2 钢架安装时，宜先在柱子上托架或柱子上标记1m标高线。

6.6.3 当钢柱脚与基础表面之间设计有灌浆层时，其厚度不宜小于45mm。

6.6.4 钢柱找正后，应按设计要求将柱脚固定在基础上。

6.6.5 设备安装应根据标记的标高基准线对设备上的基准点进行调平、找正；电除雾器安装的纵、横向中心线的允许偏差为5.0mm；标高的允许偏差为±20.0mm；电除雾器壳体垂直度的允许偏差为壳体高度的1.0/1000，且不应大于20.0mm。

6.6.6 电除雾器电场部分的施工应符合下列规定：

1 电晕电极与沉淀电极管同心度的允许偏差为3.0mm。

2 沉淀电极管垂直度的允许偏差为2.0mm。

3 沉淀电极系统的上花板与支撑结构的钢花板、蜂窝板安装的水平度允许偏差为1.0/1000。

4 电晕极大梁、框架应水平，与绝缘箱拉杆相接处，其水平度的允许偏差为2.0mm。

5 电晕电极拉杆的垂直度允许偏差为2.0mm。

6 除工作电场区外，其他带电部分与接地部分的安全距离应大于200mm。

6.6.7 喷淋、除雾、清洗等装置安装完毕后应检查其内部是否无杂物、清洁、干净。

6.6.8 电除雾器安装完毕后，应按设计技术文件及设备技术文件的要求进行通水试验、气密性试验和通电试验。通水试验时应观察喷嘴有无堵塞现象，气密性试验应在除雾器内充满空气或惰性气体，应采用发泡剂进行喷涂的方法观测连接处有无泄漏，通电试验时应采取相应的安全防护措施。

6.7 沉降器

6.7.1 沉降器应按现行行业标准《玻璃钢化工设备设计规定》HG/T 20696的有关规定进行拼装和对接。

6.7.2 沉降器安装的纵、横向中心线允许偏差为5.0mm，标高的允许偏差为±10.0mm。

6.7.3 附件安装应符合下列规定：

1 人孔盖及盲板应封盖严密。手孔门应操作灵活、可靠且封盖严密。

2 槽盖板与槽体联接应密封严密、可靠。连接紧固件及配套垫片的材质应满足设备使用环境的要求。

6.8 循环槽、高位槽及安全水封

6.8.1 循环槽、高位槽安装的纵、横向中心线允许偏差为5.0mm；标高的允许偏差为±5.0mm；高位槽壳体垂直度的允许偏差为壳体高度的3.0/1000，且不应大于10.0mm。

6.8.2 循环槽、高位槽安装完毕后，应进行盛水试验48h以上，应以无渗漏、无冒汗、无明显变形等现象为合格。

6.8.3 安全水封安装应符合下列规定：

1 安全水封支架应处在同一水平面上。

2 设备安装位置及方向应正确。

6.9 稀酸脱吸塔

6.9.1 稀酸脱吸塔安装的纵、横向中心线的允许偏差为5.0mm，标高的允许偏差为±10.0mm，塔体垂直度的允许偏差为筒体高度的1.0/1000。

6.9.2 封头与塔体联接应密封严实，连接紧固件及配套垫片的材质应满足设备使用环境的要求。

6.9.3 人孔盖应封盖严密。

7 干燥、吸收设备

7.1 一般规定

7.1.1 本章适用于冶炼烟气制酸工程中烟气干燥、吸收设备的安装。

7.1.2 设备的制作安装除应符合本章和设计技术文件、国家相关产品技术条件的规定外，还应符合现行行业标准《钢制焊接常压容器》JB/T 4735 的有关规定。

7.1.3 设备的防腐蚀施工应符合现行行业标准《工业设备、管道防腐蚀工程施工及验收规范》HGJ 229 的有关规定。衬里施工应符合现行行业标准《砖板衬里化工设备》HG/T 20676 的有关规定。

7.1.4 所有现场焊接施工及焊缝质量要求应符合现行国家标准《现场设备、工业管道焊接工程施工及验收规范》GB 50236 的有关规定。

7.2 干燥塔、吸收塔

7.2.1 干燥塔、吸收塔壳体及附件制作应符合下列规定：

1 单块壁板宽度不得小于 300mm，长度不得小于 1000mm。

2 加强用型钢对接接头与壁板纵向焊接接头之间的距离不得小于 200mm。

3 弧形板卷制时，应防止产生表面压伤、过弯、锥形、鼓形、束腰、歪斜、棱角等缺陷。

4 底圈壁板的纵向焊接接头与塔底封头、塔顶封头或塔顶圆锥台板壁板对接接头之间的距离不得小于 100mm。

5 冲压形成后的封头，其最小厚度不应小于名义厚度与钢板负偏差之差。

7.2.2 钢板的切割和焊接接头的坡口宜采用机械加工或自动、半自动火焰切割加工。

7.2.3 凸形底部中心线与支座中心线位置偏差应控制在 5.0mm 以内，凸形底部上表面水平度偏差应控制在 1.0/1000，且不应大于 5.0mm。符合要求后，凸形底部应与支座焊接固定。

7.2.4 筒体的拼装和吊装应符合下列规定：

1 筒体组装时，应采取防止焊接变形的措施，环焊缝应采用分中对称施焊。

2 筒体分段组装后，应在内、外壁设置安装用的基准点和基准线。

3 筒体吊装前应对筒体进行加固。

4 全塔组装后垂直度的允许偏差为塔高的 1.0/1000，且不应大于 30.0mm；在除沫（雾）器层圆度允许偏差为 1.0/1000，其他层的圆度允许偏差为 2.0/1000。

5 筒体组焊完成后，应按设计图纸及技术要求安装人孔、管道短管等塔体附件。

7.2.5 塔体安装完毕后，应安装外部支架、爬梯、平台、栏杆等外部附件。防腐验收合格后，应安装分酸槽、分酸管、丝网捕沫器等内部附件，并应符合下列规定：

1 分酸槽、分酸管安装前，应按图纸对管材、管道附件、分酸槽的材质、规格、型号和质量进行检查，并应按设计要求预装配。

2 分酸管中心线与分酸槽支承台平面距离应控制在 0～10.0mm。

7.2.6 塔体组装完成后，应对整个塔体焊缝进行煤油渗漏试验。煤油渗漏试验合格后，应按设计技术文件要求进行射线或超声波检验。

7.2.7 塔体安装完成后，应根据设计技术文件要求进行整体严密性试验。

7.2.8 塔体内壁处理应达到衬里要求后再进行衬里施工。衬里施工完成后，不得在塔体上进行气割和电焊作业。

7.2.9 填料充填前应在塔外清洗干净并晾干，装填时应轻拿轻放，填料高度偏差应控制在 0～30.0mm。

7.3 酸冷器

7.3.1 管壳式酸冷器、板式酸冷器安装找正应以进酸法兰口为基准。

7.3.2 管壳式酸冷器、板式酸冷器安装的纵、横向中心线允许偏差为 3.0mm，标高允许偏差为±5.0mm，水平度允许偏差为 1.0/1000，接管位置允许偏差为 10.0mm。

7.3.3 管壳式酸冷器、板式酸冷器的出入管中心线的允许偏差为 2.0mm，出入管口标高的允许偏差为±3.0mm，出入管口垂直度允许偏差为 1.0/1000。

7.3.4 设备安装完成后，应按设计技术文件的要求进行严密性试验，应以无渗漏现象为合格。

7.4 泵 槽

7.4.1 槽体制作拼装应按本规范第 7.2.1 条的规定执行，槽体组焊完毕，应按设计图纸及技术要求安装人孔、管道短管等塔体附件。

7.4.2 立式泵槽纵、横向中心线的允许偏差为 5.0mm，标高的允许偏差为±5.0mm，接口位置的允许偏差为 10.0mm，垂直度的允许偏差为泵槽高度的 1.0/1000，圆度的允许偏差为直径的 1.0/1000。

7.4.3 卧式泵槽纵、横向中心线的允许偏差为 5.0mm，标高的允许偏差为±5.0mm，方位的允许偏差为 10.0mm，水平度的允许偏差为 1.0/1000。

7.4.4 泵槽安装、检验完成后，应进行衬里施工。

8 转化设备

8.1 一般规定

8.1.1 本章适用于冶炼烟气制酸工程中烟气转化设备的安装。

8.1.2 设备的制作安装除应符合本章的规定外，还应符合设计技术文件和国家相关产品技术条件的要求。

8.1.3 施工过程中，不锈钢材料不得与其他钢材混放。不锈钢构配件安装不得用铁质工具敲击，不应与碳素钢构件直接接触。

8.1.4 换热器壳程和管程应进行严密性试验，热管余热锅炉安装完成后应进行水压试验。

8.1.5 转化器、换热器壳体及内部钢支撑系统的喷涂铝层质量，应符合设计技术文件或现行国家标准《金属和其他无机覆盖层 热喷涂锌、铝及其合金》GB/T 9793 的有关规定。

8.2 转化器

8.2.1 转化器底板组装应在基础找平、支座调整完毕后进行；应按排版图组装底板，并应符合下列规定：

1 底板任意相邻焊接接头之间的距离，不得小于200mm。

2 中幅板的宽度不得小于500mm，长度不得小于1000mm。

8.2.2 转化器底板安装的纵、横向中心线允许偏差为5.0mm。

8.2.3 转化器的支腿、滑板安装应符合设计要求，应以转化器轴线为中心呈辐射状安装滑动底座。

8.2.4 转化器筒体吊装前应进行加固，加固装置应在安装完毕后拆除。

8.2.5 转化器纵、横向中心线的允许偏差为5.0mm；筒体垂直度的允许偏差为筒体高度的1.0/1000，且不应大于20.0mm；标高的允许偏差为±5.0mm。

8.2.6 筒体组装完成后，人孔及接管应进行开孔，并应安装管道短管等附件；附件上开孔位置的允许偏差为±5.0mm；转化器接管法兰应与接管中心轴线垂直，垂直度的允许偏差为法兰外径的1.0%，且不应大于3.0mm。

8.2.7 顶板圆度的允许偏差为±8.0mm，表面局部凹凸量不得超过5.0mm。

8.2.8 底板、筒体及顶板的现场组装焊接的纵焊缝、环焊缝对口错边量应符合下列规定：

1 纵焊缝对口错边量应小于或等于板厚的10%，且不应大于3.0mm。

2 环焊缝对口错边量应符合下列规定：

1）当板厚小于或等于10.0mm时，应小于或等于板厚的20%。

2）当板厚大于10.0mm时，应为板厚的10%加1.0mm，且不应大于4.0mm。

8.2.9 筒体焊缝、中心筒焊缝、床层隔板焊缝及其之间的连接焊缝应进行煤油渗漏试验。煤油渗漏试验合格后，应按设计技术要求进行射线或超声波检测。

8.2.10 转化器的内部支撑系统安装应符合下列规定：

1 支撑上开孔的位置、形状尺寸应符合设计图纸要求。

2 立柱、支撑梁、固定梁之间的接触面应清理干净。

8.2.11 金属丝网、格栅应平整牢固，间隙应均匀。箅条与支承梁的搭接及箅条间隙应符合设计文件的要求。

8.2.12 转化器安装完成后，应根据设计技术文件要求进行整体严密性试验。

8.2.13 触媒充填应达到设计要求的位置；触媒充填时，应小心轻放，不得从高空抛撒。

8.3 换热器

8.3.1 换热器底板组装应在基础找平、支座调整完毕后进行；底板组装应按排版图进行，并应符合下列规定：

1 底板任意相邻焊接接头之间的距离不得小于200mm。

2 中幅板的宽度不得小于500mm，长度不得小于1000mm。

8.3.2 换热器底板安装的纵、横向中心线允许偏差为5.0mm。

8.3.3 换热器筒体吊装前应对筒体进行加固，加固装置在安装完毕后应拆除。

8.3.4 换热器纵、横向中心线的允许偏差为5.0mm；换热器筒体垂直度的允许偏差为筒体高度的1.0/1000，且不应大于30.0mm；标高的允许偏差为±5.0mm。

8.3.5 筒体组装完毕后，人孔及接管应进行开孔，并应安装管道短管等附件，开孔位置的允许偏差为5.0mm；安装换热器接管法兰时，应与接管中心轴线垂直，垂直度的允许偏差为法兰外径的1.0%，且不应大于3.0mm。

8.3.6 对接焊接的换热管安装应符合下列规定：

1 对接焊接的换热管长度不得小于300mm，且整根换热管对接焊缝不得超过2条。

2 管子对接焊缝应平滑，对口错边量不应超过管壁厚度的15%。

3 焊缝质量应符合设计技术文件要求；设计技

术文件无规定时，应符合现行国家标准《现场设备、工业管道焊接工程施工及验收规范》GB 50236 有关焊缝质量分级标准中Ⅱ级的规定。

4 焊缝严禁有裂纹、夹渣、焊瘤、弧坑、气孔和熔合性飞溅等缺陷。

5 对接焊接的换热管应全部做水压试验，试验压力应为0.4MPa。

8.3.7 换热器壳程和管程的严密性试验应按设备技术文件的要求执行；设计文件无规定时，试验压力应为设计压力的 1.15 倍，试验所用介质应为空气或惰性气体，试验完毕应填写记录。

8.4 热管余热锅炉

8.4.1 钢架安装前，应按施工图样清点构件数量，并应对柱子、梁等主要构件进行检查，且应符合下列规定：

1 柱子的长度允许偏差为－5.0mm～2.0mm。

2 梁的长度允许偏差为－8.0mm～0。

3 柱子、梁的直线度的允许偏差为长度的 1.0/1000，且不应大于 8.0mm。

8.4.2 安装钢架前，宜根据柱子上托架和柱头标高在柱子下部标记出 1m 标高线，作为基准标高。

8.4.3 当钢柱脚与基础表面之间设计有灌浆层时，其厚度不宜小于 50mm。

8.4.4 找正柱子后，应按设计要求将柱脚固定在基础上。

8.4.5 热管蒸发器、短节、省煤器组装焊接时，应制定正确的安装工艺，应先安装下层设备，然后安装上一层支撑梁，同时在现场应将上层设备与短节先焊接并经 100%渗透检测合格后，再吊装到梁上就位。

8.4.6 汽包、热管蒸发器、省煤器、集箱吊装前应通过检查确保其表面无机械损伤，汽包内部构件应齐全。

8.4.7 汽包、热管蒸发器、省煤器应在钢架安装找正、固定后，再起吊就位。

8.4.8 汽包、热管蒸发器、省煤器、集箱的支座安装前的检查应符合下列规定：

1 接触部位圆弧应吻合，局部间隙不宜大于2.0mm。

2 支座与梁接触应良好。

8.4.9 汽包、蒸发器等应根据纵向和横向安装基准线与标高基准线对设备中心线进行测量找正，其允许偏差应符合下列规定：

1 串联的热管蒸发器纵、横向中心线允许偏差为 5.0mm。

2 汽包的纵、横向中心线允许偏差为 5.0mm；标高的允许偏差为±5.0mm；纵向水平度的允许偏差为 1.0/1000，且全长不应大于 2.0mm。

8.4.10 热管蒸发器、省煤器、短节吊装时，可安装临时工艺吊钩，设备就位后应清除。

8.4.11 受压元件的焊接应符合现行国家标准《锅炉安装工程施工及验收规范》GB 50273 的有关规定。

8.4.12 锅炉受压元件的焊缝附近应采用低应力的钢印打上焊工的代号。

8.4.13 锅炉本体管道的焊接对口，内壁应平齐，其错口不应大于壁厚的 10%，且不应大于 1.0mm。

8.4.14 焊接管口的端面倾斜度应符合表 8.4.14 的规定。

表 8.4.14 焊接管口的端面倾斜度（mm）

管子公称直径 D(mm)	$D\leqslant 60$	$60<D\leqslant 108$	$108<D\leqslant 159$	$D>159$
端面倾斜度	≤0.4	≤0.6	≤1.6	≤2.0

8.4.15 管子由焊接引起的直线度偏差，在距焊缝中心 200mm 处不应大于 1.0mm。

8.4.16 管子上所有的附属焊接件均应在水压试验前焊接完毕。

8.4.17 汽、水压力系统及其附属装置安装完毕后应进行水压试验；主汽阀、给水截止阀和排污阀应与热管余热锅炉一起进行水压试验，安全阀应单独进行水压试验。

8.4.18 水压试验应使用洁净水。试验时，环境温度不得低于 5℃；低于 5℃时，应采取防冻措施，且水温应保持高于周围露点的温度。试验时，非操作人员不得进入试验区。

8.5 加 热 炉

8.5.1 加热炉的找平、找正应符合下列规定：

1 应按基础上的安装基准线对设备上的基准点进行找平、找正。

2 应依据基础标高基准线检查设备支架（支座）的底面标高。

3 应以基础平面坐标及中心线为基准，检查设备的中心线位置及管口方位。

4 应以设备表面上的法兰面为基准，检查设备的垂直度。

8.5.2 燃油（气）加热炉安装时，纵、横向中心线允许偏差为5.0mm；标高的允许偏差为±5.0mm；垂直度的允许偏差为1.0mm；纵向水平度允许偏差为 1.0/1000，且全长不应大于2.0mm。油（气）嘴俯角的允许偏差为 2.0°，各油（气）嘴之间的距离允许偏差为 5.0mm。

8.5.3 电加热炉炉体安装时，出入口的纵、横向中心线允许偏差为 5.0mm；标高允许偏差为±5.0mm；法兰面相对接管中心线的垂直度允许偏差为法兰外径的 1.0%，且不应大于 3.0mm。

8.5.4 加热炉安装完成后，应进行气密性试验，试验完毕后应填写记录。

9 硫酸存贮设备

9.1 一般规定

9.1.1 本章适用于冶炼烟气制酸工程中贮酸罐、装酸计量槽的制作与安装。

9.1.2 贮酸罐的制作与安装除应符合设计技术文件和本规范的规定外，还应符合现行行业标准《钢制焊接常压容器》JB/T 4735 的有关规定。

9.1.3 施工过程中不得损坏基础的防腐层、防渗层。

9.2 贮酸罐

9.2.1 贮酸罐底板组装应按排版图进行，并应符合下列规定：

1 底板任意相邻焊接接头之间的距离不得小于 200mm。

2 中幅板的宽度不得小于 1000mm，长度不得小于 2000mm。

9.2.2 底板组装完后应调整其纵、横向中心线，允许偏差为5.0mm。

9.2.3 贮酸罐底板焊缝应采用真空箱法进行严密性试验，试验负压值不得低于 53kPa。

9.2.4 贮酸罐对接焊缝应进行无损检测，并应按现行行业标准《承压设备无损检测》JB/T 4730 的有关规定进行检验。射线探伤焊缝质量评定等级应满足Ⅲ级焊缝要求，超声波探伤焊缝质量评定等级应满足Ⅱ级焊缝要求。

9.2.5 当贮酸罐采用刚性基础时，应先安装刚性支架用的型钢，并应符合下列规定：

1 基础上单根型钢水平度的允许偏差为 1.0/1000，且全长不应大于 3.0mm；型钢标高允许偏差为±4.0mm。

2 型钢与贮酸罐底板连接时，应符合设计技术文件要求。

9.2.6 筒体吊装前应进行加固，加固装置在安装完毕后应拆除。

9.2.7 筒体安装垂直度的允许偏差为筒体高度的 1.0 /1000，且不应大于 30.0mm；标高允许偏差为±10.0mm。

9.2.8 筒体组装完成后，人孔及接管应进行开孔，并应安装管道短管等附件，开孔位置的允许偏差为 5.0mm；安装贮酸罐接管法兰时，应与接管中心轴线垂直，垂直度的允许偏差为法兰外径的 1.0%，且不应大于 3.0 mm。

9.2.9 筒体组装时，应采取防止焊接变形的措施，环缝焊接可采用对称焊、分段退焊。

9.2.10 焊缝表面不得有裂纹、气孔、弧坑和夹渣等缺陷。

9.2.11 筒体的焊接应先焊纵焊缝，后焊环焊缝，并应在焊完相邻两筒板的纵焊缝后，再焊其间的环焊缝。焊工应均匀分布，并应沿同一方向施焊。

9.2.12 贮酸罐附件安装应符合下列规定：

1 贮酸罐顶部和侧部人孔盖应操作灵活、可靠，且封盖严密，并应无裂纹等缺陷。

2 液位计安装后应操作灵活、可靠，且指示针指示应正确无误。

3 进、出口法兰水平度的允许偏差应为 2.0/1000，垂直度的允许偏差为法兰外径的 2.0/1000。

4 贮酸罐顶部设置排气管时，应使排气口朝下。

9.2.13 贮酸罐充水试验应符合下列规定：

1 贮酸罐建造完毕后，应进行充水试验，并应检查下列内容：

1）罐底严密性。

2）罐壁强度及严密性。

3）固定顶的强度、稳定性及严密性。

4）基础的沉降观测。

2 充水试验应符合下列规定：

1）充水试验前，所有附件及其他罐体焊接的构件应全部施工完，并检查合格。

2）充水试验前，所有与严密性试验有关的焊缝均不得涂刷油漆。

3）充水试验宜采用清洁水。采用其他液体试验时，应经设计单位批准。

4）充水试验中应进行基础沉降观测。

5）充水和放水过程中应打开透光孔，且不得使基础渗水。

3 罐底的严密性应以罐底无渗漏为合格。

4 罐壁的强度及严密性试验应充水到设计最高液位并保持 48h 后，以罐壁无渗漏、无明显异常变形为合格。

5 贮罐排水时应缓慢进行，在设计要求的负压值情况下，应以罐顶无明显异常变形为合格。

6 基础的沉降观测应符合下列规定：

1）在罐壁下部圆周每隔 10m 左右设一个观测点，点数宜为 4 的整倍数，且不得少于 4 点。

2）充水试验时，应按设计技术文件的要求对基础进行沉降观测。

9.3 装酸计量槽

9.3.1 装酸计量槽安装的纵、横向中心线允许偏差为 5.0mm；标高允许偏差为±20.0mm；槽体垂直度允许偏差为槽体高度的 3.0/1000，且不应大于 50.0mm。

9.3.2 装酸计量槽附件安装应符合下列规定：

1 人孔盖应操作灵活、可靠、严密、无裂纹等缺陷。

2　液位计安装后应操作灵活、可靠，且指示针指示应正确无误。

3　进、出口法兰水平度的允许偏差应为 2.0/1000，垂直度的允许偏差为法兰外径的 2.0/1000。

9.3.3　装酸计量槽试验应符合下列规定：

1　设备安装完毕后，应进行盛水试验，槽体应无渗漏、无明显变形。

2　盛水试验时，应同时检测液位计指示，指示位置应与盛水标高相同。

10　二氧化硫鼓风机、酸泵

10.1　一 般 规 定

10.1.1　二氧化硫鼓风机、酸泵的施工除应符合本规范的规定外，还应符合现行国家标准《风机、压缩机、泵安装工程施工及验收规范》GB 50275 的有关规定。

10.1.2　设备外露加工面、组装配合面、滑动面、轴承箱箱体、轴承、主轴等零、部件及管道、油箱、容器等应清洗洁净，出厂已装配好的组合件可不拆洗。清洗、安装应符合现行国家标准《机械设备安装工程施工及验收通用规范》GB 50231 的有关规定，并应达到设备技术文件的要求。

10.2　二氧化硫鼓风机

10.2.1　设备基础测量放线应符合下列规定：

1　划出设备安装基准线，应在基础边缘适当位置埋设纵、横向中心标板，并应刻划中心线，同时应架设纵、横向中心线钢丝。

2　钢丝直径宜选用 0.35mm～0.50mm，钢丝架设高度应以方便观察且不影响设备安装为准，钢丝两端的架杆应在同一标高面上。

10.2.2　风机底座就位找正应在底座的机械加工面上进行测量。风机纵、横向中心线允许偏差为 5.0mm，标高允许偏差为±5.0mm，底座纵、横向水平度的允许偏差为 0.05/1000。

10.2.3　轴承箱安装应符合下列规定：

1　轴承箱就位找正的测量位置应为轴承箱两端伸出的主轴，纵向应以轴承两端伸出轴的中心为基准，横向应以轴承中心线为基准。

2　在主轴上测量纵向水平度其允许偏差为 0.05/1000，在底座上测量横向水平度其允许偏差为 0.05/1000。

3　轴承箱与底座应紧密结合，其空隙不应大于 0.04mm。

10.2.4　变速箱的安装应符合下列规定：

1　变速箱的纵向应以主轴的中心为基准，横向应以轴承中心线为基准。

2　变速箱的起吊点不得随意选取、更改。

3　在主轴上测量纵向水平度其允许偏差为 0.05/1000，在底座上测量横向水平度其允许偏差为 0.05/1000。

4　变速箱与底座应紧密结合，其空隙不应大于 0.04mm。

10.2.5　机壳就位应符合下列规定：

1　风机的进风管、排风管、阀件、调节装置等均应有单独支撑。各管路与风机连接时法兰应对中贴平，不得强制连接。机壳不应承受外加荷载。

2　机壳组装时，应以转子轴线为基准找正机壳的位置。

3　安装时机壳底座和机壳连接部位应对应，具体方法应为核对机壳底座与机壳上所刻钢印号。

4　上、下机壳的结合面应贴合，未拧紧螺栓之前其局部间隙值不应大于 0.10mm，机壳中分面局部间隙不应大于 0.04mm。结合面之间当无特殊要求时，应均匀涂上密封涂料。

10.2.6　风机壳体的结合面应按设备随机技术文件进行严密性试验。

10.2.7　电机就位应符合下列规定：

1　电机就位前联轴节的两轴毂应分别装在变速箱输入轴和电机轴上。

2　应按设备随机技术文件调整联轴节端面间隙，并应粗调联轴器的同轴度。

10.2.8　一次灌浆前，应检查各联轴器安装尺寸，并应对轴承箱、变速箱、电机及机壳进行粗调。

10.2.9　联轴器调整应符合现行国家标准《机械设备安装工程施工及验收通用规范》GB 50231 的有关规定，并应达到设备技术文件的要求，同时应符合下列规定：

1　设备一次灌浆达到要求后，应进行各联轴器的调整。

2　应通过底座上的调整垫片进行同轴度的调整。

3　电机轴与变速箱输入轴的同轴度应符合设备技术文件的要求。

10.2.10　风机转子（叶轮及转轴）的安装应符合下列规定：

1　叶轮安装前，应先将连接在机壳上的进风管、排风管、阀件、调节装置等拆下。

2　叶轮安装时，叶轮吊装应使用随机专用吊具进行。

3　吊装点处应采用软质材料保护风机转子，并应在吊装和搬运时做好保护工作。

4　转子的起吊点不得随意选取、更改。

10.2.11　供油及冷却系统安装应符合下列规定：

1　油管应按设备技术文件要求进行安装，安装完后应做好标记，并应进行拆除，酸洗合格后应再复位。

2　应按设备技术文件的规定给油站加入润滑油。

3　应将各润滑点与供油回路断开，并应将进、回油管路短接，应开启油泵进行油循环。

4　应检查过滤器的清洁情况，并应清洗过滤器，油循环的时间应直至过滤器清洁为止。

5　油循环完毕后，应恢复管路连接。

6　设备循环水冷却系统的安装应按现行国家标准《工业金属管道工程施工规范》GB 50235 的有关规定执行。

10.3　酸　泵

10.3.1　安装在贮酸设备上的立式酸泵，应以贮酸设备上泵的接口法兰面为找正面；其他酸泵应以泵体上的加工面为找正面。

10.3.2　酸泵安装标高的允许偏差为±5.0mm，卧式酸泵在精加工面上测量纵、横向水平度，其纵向水平度的允许偏差为0.10/1000，横向水平度的允许偏差为0.20/1000；立式酸泵接口水平度允许偏差为0.10/1000。

10.3.3　泵体各接口连接处应密封严实。

10.3.4　泵的联轴器的径向位移、端面间隙、轴线倾斜值应达到设备技术文件的要求，并应符合现行国家标准《机械设备安装工程施工及验收通用规范》GB 50231 的有关规定。

11　设备试运转

11.1　一般规定

11.1.1　本章适用于冶炼烟气制酸设备安装工程机械设备单体试运转。

11.1.2　试运转前应编写试运转方案，方案应经项目技术负责人和总监理工程师或建设单位项目专业技术负责人审批，并应向参加试运转人员交底。参加试运转人员应明确职责，并应坚守岗位。

11.1.3　检查试运转机械设备、附属装置均应施工完毕，安全保护装置功能应符合设计要求，检查质量验收记录应齐全。

11.1.4　润滑、液压、水、气、电、自控等均应准备就绪，并应满足试运转需要。试运转所需的工机具、检测仪器等均应准备就绪。

11.1.5　试运转区应设置安全警戒区和警示牌，并应清扫干净。

11.1.6　转动设备试运转前应清除影响运行的障碍物，宜先手动或机械转动设备，确认无卡阻后再电动运行，并应按先点动、后连续，先低速、后中速、再高速的原则进行。

11.1.7　转动设备试运转前应对电机进行空负荷试运转。

11.1.8　转动设备试运转时，滑动轴承温升不应超过35℃，且最高不应超过70℃，滚动轴承温升不应超过40℃，且最高温度不应超过80℃。

11.1.9　试运转时间或次数应符合下列规定：

1　连续运转的设备，其连续运转时间不应少于2h。

2　往复运转的部件在全行程或回转范围内往返动作不应少于5次。

3　设备技术文件对试运转时间或次数有要求时，应按相关设备技术文件的要求进行。

11.1.10　试运转中应包括下列检查和记录内容：

1　设备运转应平稳，应无不正常噪声。

2　设备的密封性应良好。

3　轴承运转过程中的温度应符合设备技术文件的规定。

4　各种电气、仪表运行情况。

11.1.11　试运转结束后应及时完成下列工作：

1　应切断电源或相应的动力源。

2　应排放干净各塔、罐、槽及转动设备内的积水、气及污物。

3　应检查设备的安装精度是否有变动。

11.2　二氧化硫鼓风机试运转

11.2.1　二氧化硫鼓风机试运转应按设备技术文件的规定进行。设备技术文件未规定时，应符合本规范和现行国家标准《风机、压缩机、泵安装工程施工及验收规范》GB 50275 的有关规定。

11.2.2　电动机单体试车合格，风机转动各部位应无异常现象和摩擦声响，转向应符合设备技术文件的规定后再进行试运转。

11.2.3　二氧化硫鼓风机试运转，应按设备技术文件中设备试运转的规定，检查进气管路与大气相通，不得形成负压，应将进气阀开至规定大小，出气口全开，启动风机进行试运转，并应根据电机电流值逐渐增加进气阀门角度，直至达到设备运转的额定电流值。

11.2.4　设备试运转应按规定时间检查风机各部件情况，发现异常情况时，应及时处理。

11.2.5　试运转中，轴承振动速度有效值不应大于6.3mm/s，有效值的计算方法应符合现行国家标准《风机、压缩机、泵安装工程施工及验收规范》GB 50275 的有关规定。

11.2.6　电机额定电流工况下，风机应连续试运转24h。

11.2.7　风机停机应待轴承回油温度低于40℃后，再停止润滑油泵运转。

12　环保与安全

12.0.1　施工现场应建立健全的安全生产保证体系和

环境保护体系，并应制定安全、环保的制度和措施。专职安全环保员应持证上岗，作业班组应设兼职安全环保员。

12.0.2 施工前应进行危险源和环境因素辨识评价，并应制定具体可行的控制措施和应急预案。施工过程中应贯彻落实各项安全、环保的制度和措施。

12.0.3 施工现场应有季节性施工应急预案及措施。

12.0.4 现场用电应符合现行国家标准《建设工程施工现场供用电安全规范》GB 50194 和现行行业标准《施工现场临时用电安全技术规范》JGJ 46 的有关规定。

12.0.5 施工现场应设置消防通道，配备消防器材。有毒、有害物质储存应符合产品说明书的规定，并应安排专人管理。

12.0.6 使用有毒、有害物质时，操作人员应穿戴防护用品，并应佩戴防护用具，应采取相应的通风及防护措施，应有警示牌。

12.0.7 设备触媒充填时应采取通风措施。

12.0.8 容器设备盛水试验后，水液应采取回收再利用的措施。

12.0.9 施工过程中应采取降低噪声、降尘防尘等措施。

12.0.10 孔洞、坑槽及平台周边应设置临时防护设施及安全标识。

12.0.11 射线探伤时，应划定隔离区，并应设置警戒线。

12.0.12 施工过程中产生的各种废物应分类存放，并应合理回收利用、合法消纳。

本规范用词说明

1 为便于在执行本规范条文时区别对待，对要求严格程度不同的用词说明如下：

1）表示很严格，非这样做不可的：

正面词采用“必须”，反面词采用“严禁”；

2）表示严格，在正常情况下均应这样做的：

正面词采用“应”，反面词采用“不应”或“不得”；

3）表示允许稍有选择，在条件许可时首先应这样做的：

正面词采用“宜”，反面词采用“不宜”；

4）表示有选择，在一定条件下可以这样做的，采用“可”。

2 条文中指明应按其他有关标准执行的写法为：“应符合……的规定”或“应按……执行”。

引用标准名录

《建设工程施工现场供用电安全规范》GB 50194

《机械设备安装工程施工及验收通用规范》GB 50231

《工业金属管道工程施工规范》GB 50235

《现场设备、工业管道焊接工程施工及验收规范》GB 50236

《锅炉安装工程施工及验收规范》GB 50273

《风机、压缩机、泵安装工程施工及验收规范》GB 50275

《金属和其他无机覆盖层　热喷涂锌、铝及其合金》GB/T 9793

《施工现场临时用电安全技术规范》JGJ 46

《承压设备无损检测》JB/T 4730

《钢制焊接常压容器》JB/T 4735

《工业设备、管道防腐蚀工程施工及验收规范》HGJ 229

《砖板衬里化工设备》HG/T 20676

《玻璃钢化工设备设计规定》HG/T 20696

中华人民共和国国家标准

冶炼烟气制酸设备安装工程施工规范

GB 50711—2011

条 文 说 明

制 定 说 明

《冶炼烟气制酸设备安装工程施工规范》GB 50711—2011，经住房和城乡建设部2011年7月26日以第1083号公告批准发布。

本规范制订过程中，编制组进行了多方面的调查研究，总结了我国冶炼烟气制酸设备安装方面的实践经验，同时参考了国家现行有关标准和法规。

为了便于广大设计、施工、科研、学校等单位有关人员在使用本规范时能正确理解和执行条文规定，《冶炼烟气制酸设备安装工程施工规范》编制组按章、节、条顺序编制了本规范的条文说明，对条文规定的目的、依据以及执行中需注意的有关事项进行了说明，还着重对强制性条文的强制性理由做了解释。但是，本条文说明不具备与规范正文同等的法律效力，仅供使用者作为理解和把握规范规定的参考。

目　次

1 总　　则

1.0.1 本条文阐明了制定本规范的目的。

1.0.2 本条文明确了本规范的适用范围。

1.0.3 本条所列的应执行的设计文件、随机技术文件和本规范的规定既是施工过程的依据，也是工程进行施工验收的依据。

1.0.4 本条明确了在施工过程中要对设计施工图的内容进行变更或材料代用时，必须经原设计单位同意，并由原设计单位签发设计变更的通知单。因为只有设计单位签发的变更通知单才能作为施工的依据和工程交工验收及工程结算的依据。

2 术　　语

2.0.1～2.0.6 这几条所列术语是本规范有关章节所采用的。目的是为了正确理解术语的含义，从而有利于冶炼烟气制酸设备安装工程施工的进行。

3 基 本 规 定

3.0.1 本条强调了市场准入制度。要求对从事冶炼烟气制酸的设备安装工程的施工单位进行资质等级的检查。同时还应建立相应的运行有效的质量管理体系、管理制度，有相应的施工技术标准。

3.0.2 设计交底和图纸会审的目的是通过交底熟悉设计要求。通过协商纠正图纸上存在的问题，图纸会审纪要是工程交、竣工资料之一。

3.0.3 施工前进行技术交底的目的是为了使每一个施工人员对其负责的施工内容做到心中有数，从而减少施工过程中的盲目性和随意性，并达到设计和规范要求的各项技术指标。技术交底的内容一般应包括施工部位、工艺流程、质量要求和目标、相关标准和规范、使用的施工机具、使用的施工材料、环境要求及操作要点、安全保证措施等。若为常规的施工作业，交底的形式和内容可根据实际情况做适当简化。

3.0.4 钢制壳体分片制作和现场组装施工焊前应进行焊接工艺评定，这是焊接规范的规定，也是焊接质量的重要保证。焊接工艺指导书是指导正确施焊的重要技术文件。

3.0.5 设备安装过程中，检测量、值的准确性是保证设备达到设计安装精度要求的关键。因此，本条强调施工过程中使用的计量器具应经检定合格且在检定周期内。这也是《中华人民共和国计量法》中明确规定的。

3.0.6 特种作业人员是指从事容易发生人身伤亡事故，对操作者本人、他人及周围设施的安全有重大危险因素的作业人员。本工程中的金属焊接切割作业、起重机械作业、锅炉作业、压力容器作业、放射性检测作业等均属于特种作业人员。严格执行本条规定，有利于设备及人身安全，有利于公共利益及环境保护。也有利于提高工作效率，加快施工进度及保证工程质量。否则非执证人员上岗，将酿成重大事故。

3.0.8 为了确保人身和设备的安全，提高工作效率，本条强调应严格遵守施工机械安全操作规程。

3.0.10 起吊、搬运设备时，若随意将建筑结构作为承力点，将影响建筑结构的使用寿命和整体的稳定性，甚至造成垮塌事故。因此制定本条规定。

4 设备、材料进场

4.1 设 备 进 场

4.1.2 本条主要强调了设备开箱后根据设计图纸和合同规定对照检查时应做好记录的内容。

4.2 材 料 进 场

4.2.2 本条包括金属材料和非金属材料，由于上述所有材料都有相应的国家标准，所以应严格执行。本条强调了材料必须在产品的有效期内使用，特别是防腐、保温、砌筑等非金属材料进场时应认真核对其出厂日期及有效期。

5 设 备 基 础

5.0.1 符合设计要求的设备基础是设备安全运行的保证。本条强调了基础检查的项目和内容，应逐一检查并形成记录。

5.0.2 设备基础表面的防腐、防渗层在安装设备过程中应妥善保护，目的是为了使防腐、防渗层密实，无贯穿裂纹及分层，这将有利于设备基础防腐、防渗层功能的发挥，从而保证设备的安全运行。

5.0.4 本条强调了设备垫铁选择的要求，因为选择合理的垫铁有利于基础有效、安全地承受荷载及荷载在基础上的合理分布，从而充分发挥设备基础的功能，保障设备的安全运行。

6 净 化 设 备

6.1 一 般 规 定

6.1.4 气泡的存在会极大地降低玻璃钢材料的强度，从而影响设备的使用性能，因此应按本条要求控制玻璃钢设备本体上气泡的数量及大小。

6.1.9 沉降器为净化工段里的重要设备，因里面存放的是硫酸溶液，如泄漏将发生重大安全事故。沉降器、安全水封涉及人身和设备安全，故在安装完成后进行盛水试验来检查设备本体的质量，方能保证工程质量及安全生产，因此本条为强制性条文，必须严格执行。

6.2 空　　塔

6.2.3 通水试验时，喷嘴不仅应畅通，还要求喷水量和喷水面积均匀。

6.3 动力波洗涤器

6.3.3 动力波洗涤器上下筒体连接及弯管、逆喷管、波纹管连接的形式有法兰和直接手糊玻璃钢对接两种，不管采用哪一种形式均应密封严实。本工程设备所处的环境为酸性环境，具有较强的腐蚀性，法兰连接所采用的连接紧固件及配套垫片均应有较强的耐酸性能，否则将影响设备使用时的性能，出现泄漏现象。

6.5 填　料　塔

6.5.2 因本工程所处的环境为酸性环境，若不按本条规定执行，这些连接螺栓在酸性环境下用不了多久就会被腐蚀而失效。

6.5.4 丝网捕沫器要求敷设密实就是为了使其在生产中更好地捕捉酸雾及其他杂质。

6.5.6 格栅条板、格栅板应间距均匀、平整，格栅板牢固是为了保证填料更好地充填。

6.6 电除雾器

6.6.6 电场部分安装精度的高度将直接影响设备的使用性能，应严格按本条规定执行。

6.6.8 由于电除雾器是利用电来清除酸雾及其他杂质，因此该设备的主要性能试验应做通电试验，测试其能否满足生产需要。而通水试验则是测试喷淋装置的性能，气密性试验则是检查整个系统的密封情况。

6.7 沉　降　器

6.7.3 本条第2款中槽盖板与槽体联接的形式为法兰，连接时应密封严密、可靠，所采用的连接螺栓及配套垫片应具有较强的耐酸性，否则这些零件将被腐蚀失效，影响设备使用性能。

6.8 循环槽、高位槽及安全水封

6.8.2 循环槽、高位槽等设备盛水试验合格后，应及时将试验用水排出。排水时为防止产生负压，应在排水前将部分孔盖打开。

7 干燥、吸收设备

7.1 一般规定

7.1.1 烟气干燥、吸收设备一般由干燥塔、吸收塔、酸冷器、泵槽等静置设备和风机、泵等转动设备组成。其中干燥塔、吸收塔由于外形尺寸超宽超高，成形后不方便运输，一般都在安装现场或工厂就近制作，分片运送到现场拼装、吊装。酸冷器和泵槽设备不大，一般是整体供货到现场再整体吊装。

7.2 干燥塔、吸收塔

7.2.1 干燥塔、吸收塔都是立式圆柱体，两端有球形封头和圆锥台两种形式，本章以圆锥台形式为例，如果是球形封头，一般都由厂家定制供货，现场进行组装。

7.2.6 煤油渗漏试验、射线或超声波检验等焊缝检测手段是为保证焊缝质量采取的必要措施，焊缝的射线、超声波检验的数量应符合设计技术文件和现行国家标准《现场设备、工业管道焊接工程施工及验收规范》GB 50236中的有关规定。

7.2.7 塔体的严密性试验在焊缝检测合格后进行，严密性试验方法和要求应符合设计技术文件的规定。

7.2.8 塔体内壁防腐衬里材料都是易燃物，本条规定塔体在衬里施工完毕后，不得在塔体内、外壁进行气割或电焊作业，防止造成衬里被破坏或损伤。

7.2.9 填料为瓷器制品，施工时一定要轻拿轻放，避免损坏。

7.3 酸　冷　器

7.3.1～7.3.3 酸冷器按结构形式通常分为管式酸冷器和板式酸冷器。

7.3.4 酸冷器严密性在相关管道安装完成后进行，严密性试验方法和要求应符合设计技术文件的规定。

7.4 泵　　槽

7.4.2、7.4.3 泵槽分为卧式泵槽和立式泵槽两种，整体制作完成后吊装。一般立式泵槽直接放置在基础上，卧式泵槽则通过两个鞍形支座固定在混凝土基础上。

8 转化设备

8.1 一般规定

8.1.4 为保证换热器与锅炉的安全运行，保护人身安全，换热器与锅炉在运行前必须按设计要求进行严密性试验和水压试验，以检查换热器壳程和管程及锅炉汽包各受压件的焊口、胀口及金属表面有无渗漏，以及在试验压力下是否会产生肉眼可见的塑性变形。

8.1.5 转化设备中的转化器及换热器设计采用碳钢时，要求壳体的内表面及内部金属构件直接与烟气接触部分均要进行喷铝，以保护金属壳体及构件不被烟气腐蚀而影响设备性能。喷铝施工应按照现行国家标

准《金属和其他无机覆盖层　热喷涂锌、铝及其合金》GB/T 9793的有关规定进行。

8.2 转 化 器

8.2.6 转化器的管口较多，设备就位时要求管口的中心及位置符合设计规定，否则将造成后续施工困难。转化器的接管法兰要保证与接管中心线垂直，否则会影响接管的安装。

8.2.11 为了保证填料及触媒的充填质量，使其发挥正常功能，故制定本条规定。

8.3 换 热 器

8.3.6 换热管是换热器的核心部件，其安装质量的优劣直接决定着设备的使用性能，且换热管的安装主要是现场焊接，施焊环境较差，为了保证其安装质量，本条强调了换热管焊接的相关技术要求。

8.3.7 对换热器的检验试验应将管程和壳程分开进行，以免设备运行过程中相互串气。

8.4 热管余热锅炉

8.4.17、8.4.18 热管余热锅炉是通过高温烟气加热汽水而生产蒸汽，其烟气在热管蒸发器的管束之间通过，汽水则在热管蒸发器的管束内部通过，因此汽水侧应做水压试验，烟气侧应做渗透试验。各项试验应满足要求。

8.5 加 热 炉

8.5.3 炉体出入口的安装标高正确与否直接影响烟管的连接。

8.5.4 加热炉的密封程度直接影响其加热效率，所以设备安装完毕后，应对其进行气密性试验。

9 硫酸存贮设备

9.2 贮 酸 罐

9.2.1 贮酸罐底板制作必须编制科学的排版图，一方面可以经济用料，另一方面通过限定地板板块的几何尺寸来控制焊缝间距。焊缝间距在结构焊接中非常重要，焊接产生的残余应力如果处理不当，将对结构造成破坏。

9.2.13 贮酸罐充水试验中应进行基础沉降观测，如基础发生设计不允许的沉降，应停止供水，待处理后方可继续进行试验。在罐底严密性试验中若发现渗漏，应将水放净，对罐底试漏，找出渗漏部位，并按本规范有关焊接规定进行焊接修补。在罐壁的强度和严密性试验中如发现渗漏时应放水，使液面比渗漏处低300mm左右，并按本规范有关焊接规定进行焊接修补。贮罐排水缓慢进行是为了防止罐内负压过大而造成贮罐发生异常变形而失稳，特别是在设计要求负压试验的情况下，更应严格操作。

10 二氧化硫鼓风机、酸泵

10.1 一 般 规 定

10.1.2 对设备外露加工面、组装配合面、滑动面、轴承箱箱体、轴承、主轴等零、部件及管道、油箱、容器等的清洗是为了不影响设备安装的精度。出厂已装配好的组合件在安装时可认为是一个整体，因在制造厂内装配时是按照一定技术参数来进行的，装配好的组合件出厂时是达到了质量要求的，可不拆洗。如果在安装过程中确实要拆卸，要通过设备制造方的同意。

10.2 二氧化硫鼓风机

10.2.1 二氧化硫鼓风机是整个硫酸烟气系统的关键设备，埋设中心标板、刻划中心线是为了安装方便和以后的维修方便。架设有粗细要求的钢丝线是为了保证安装精度。

10.2.3 电机、增速箱、风机机壳的安装都是以轴承箱为基准。因此，本条对轴承箱安装的允许偏差作了明确规定。

10.3 酸 泵

10.3.4 泵的联轴器的径向位移、端面间隙、轴线倾斜值的测量和计算方法在现行国家标准《机械设备安装工程施工及验收通用规范》GB 50231中有明确规定，这里参照执行即可。

11 设 备 试 运 转

11.1 一 般 规 定

11.1.2～11.1.5 这几条强调的内容是设备试运转前应具备的条件。因此，设备试运转前必须予以保证。

12 环 保 与 安 全

12.0.3 季节性施工应急预案及措施主要是指夏季炎热天气、冬季寒冷天气及雨雪天气的施工应急预案及措施，以上天气情况下施工，容易引发安全事故，故应编制应急预案，指导施工过程。

12.0.5 本条为强制性条文。为预防施工过程中可能发生的火灾事故，施工现场应设置按消防管理条例规定的消防通道，保证一旦发生火灾事故时能及时被扑灭以确保人身和设备的安全。考虑到易燃、易爆和有毒材料一旦发生爆炸或泄漏将造成危害，损失巨大，因此本条规定储存时应符合产品说明书的规定，并应安排专人保管。

12.0.6 本条为强制性条文。根据施工现场职业健康安全与环境管理的规定，在施工过程中使用有毒、有害物质时，必须做好操作人员的个人防护工作及周围人员的保护工作。因此，本条规定操作人员应穿戴防护用品，佩戴防护用具。根据操作环境，配置相应的通风设施。在操作区周围应设置围绳（栏），并挂设警示牌，以防非操作人员擅自进入。

12.0.7 本条为强制性条文。转化器内充填触媒，其内的空气质量差。为防止操作人员窒息或晕倒，本条规定充填触媒时应采取通风措施。

12.0.9 由于冶炼烟气制酸工程的容器设备的容积都较大，盛水试验所用的水量较大，且一般是洁净水，试验完毕后，若直接排放，浪费水资源，应采取措施回收再利用。

12.0.10 本条为强制性条文。为防高空坠落，造成人员伤害事故发生，本条规定施工现场相关孔洞、坑槽及平台周边应设置临时防护设施及安全标识，以确保现场人员的施工安全。

12.0.11 无损检测的射线有较强的辐射作用，在其有效辐射区域内，对人体健康有较大的危害，故制定本条规定。

中华人民共和国国家标准

冶炼烟气制酸设备安装工程质量验收规范

Code for acceptance of construction quality of
acid -making equipment installation engineering for
metallurgical off-gas

GB 50712—2011

主编部门：中 国 有 色 金 属 工 业 协 会
批准部门：中华人民共和国住房和城乡建设部
施行日期：2 0 1 2 年 6 月 1 日

中华人民共和国住房和城乡建设部
公　告

第1084号

关于发布国家标准《冶炼烟气制酸设备安装工程质量验收规范》的公告

现批准《冶炼烟气制酸设备安装工程质量验收规范》为国家标准，编号为GB 50712—2011，自2012年6月1日起实施。其中，第3.0.4、6.7.1、6.8.1、6.9.1、8.4.3条为强制性条文，必须严格执行。

本规范由我部标准定额研究所组织中国计划出版社出版发行。

中华人民共和国住房和城乡建设部

二〇一一年七月二十六日

前　言

本规范是根据住房和城乡建设部《关于印发〈2008年工程建设标准规范制订、修订计划（第二批）〉的通知》（建标〔2008〕105号）的要求，由中国十五冶金建设有限公司会同有关单位共同编制而成的。

本规范在编制过程中，通过深入调查研究，认真总结了近十年冶炼烟气制酸设备安装工程的实践经验，并广泛征求了有关设计、施工、生产等单位的意见，最后经审查定稿。

本规范共分10章，主要内容包括总则，术语，基本规定，设备、材料，设备基础，净化设备，干燥、吸收设备，转化设备，硫酸存贮设备，二氧化硫鼓风机、酸泵。

本规范中以黑体字标志的条文为强制性条文，必须严格执行。

本规范由住房和城乡建设部负责管理和对强制性条文的解释，由中国有色金属工业协会负责日常管理，由中国十五冶金建设有限公司负责具体技术内容的解释。本规范在执行过程中，请各单位结合工程实践，认真总结经验，积累资料，如有意见和建议，请反馈给中国十五冶金建设有限公司（地址：湖北省黄石市沿湖路375号，邮政编码：435000），以便今后修改和补充。

本规范主编单位、参编单位、主要起草人和主要审查人：

主编单位： 中国十五冶金建设集团有限公司

参编单位： 中国恩菲工程技术有限公司
有色金属工业建设工程质量监督总站
中国瑞林工程技术有限公司
二十三冶建设集团有限公司

主要起草人： 马文州　鲁祥顺　李　汇　田雨华　徐志强　张东华　陈　芳　王政才　张有为　周志勇　黄兆富　马建军　王延伶　余佳泉　肖福兵　李金春　郑建国　李勇军

主要审查人： 黄志远　袁爱武　袁慰农　王艳超　张劲松　毕可顺　李淑全　常全忠　左永伟

目　次

Contents

1 总 则

1.0.1 为了加强冶炼烟气制酸设备安装工程质量管理，统一冶炼烟气制酸设备安装工程质量的验收，保证工程施工质量，制定本规范。

1.0.2 本规范适用于新建、扩建和改建的冶炼烟气制酸设备安装工程的质量验收。

本规范不适用于制酸设备的内衬、防腐蚀、渗铝工程的质量验收。

1.0.3 冶炼烟气制酸设备安装工程中采用的工程技术文件、承包合同文件对安装质量的要求不得低于本规范的规定。

1.0.4 冶炼烟气制酸设备安装工程的质量验收除应符合本规范外，尚应符合国家现行有关标准的规定。

2 术 语

2.0.1 冶炼烟气 metallurgical off-gas

采用火法冶炼金属时，产生的一种高温烟气，其主要成分由二氧化硫气体、烟尘和杂质等组成。

2.0.2 制酸设备 acid-making equipment

将冶炼烟气通过净化、干吸、转化等工序制成浓硫酸的生产工艺线上的设备。

2.0.3 安装工程质量 quality of installment engineering

反映安装工程满足相关标准规定或合同的约定要求，包括其安全、使用功能及其在耐久性能、环境保护等方面所有明显和隐含能力的特性总和。

2.0.4 主控项目 dominant item

对安全、卫生、环境保护和公共利益以及设备安装质量起决定作用的检验项目。

2.0.5 一般项目 general item

除主控项目以外的检验项目。

2.0.6 质量验收 acceptance of quality

在施工单位自行质量检查的基础上，参与建设活动的有关单位共同对检验批、分项、分部、单位工程的质量进行抽样复验，根据相关标准以书面形式对工程质量达到合格与否做出确认。

3 基本规定

3.0.1 设备安装工程安装施工单位应具备相应的施工资质，施工现场应有质量管理体系、质量控制及检验管理制度，并应配备相应的质量验收标准和经审批的施工组织设计、施工方案等技术文件。

3.0.2 设备安装工程施工质量应符合设计文件的要求。

3.0.3 设备安装工程质量的检查和验收应使用经计量检定、校准合格的计量器具。

3.0.4 从事设备焊接的焊工应在其考核合格项目及其认可范围内作业，无损检测人员应取得相应的执业证书。

3.0.5 施工过程中的质量检验应按规定的程序进行。上道工序未经质量检验认可，不得进行下道工序的施工。专业之间进行交接检验时，应形成记录。

3.0.6 设备安装工程中的隐蔽工程，应在隐蔽前由施工单位通知有关单位进行验收。

3.0.7 设备安装工程的质量验收应划分为分项工程、分部（子分部）工程，分项工程、分部（子分部）工程名称宜符合表3.0.7的规定。

表3.0.7 分项、分部（子分部）工程名称

序号	分部(子分部)工程名称	分项工程名称
1	净化设备安装工程	空塔、动力波洗涤器、文丘里洗涤器、填料塔、板式换热器、间冷器、电除雾器、安全水封槽、稀酸脱吸塔、沉降器、高位槽、泵等
2	干吸设备安装工程	干燥塔、中间吸收塔（一吸收塔）、最终吸收塔（二吸收塔）、干吸塔分酸器、酸冷器、泵、泵槽、电动葫芦等
3	转化设备安装工程	升温风机、三氧化硫冷却风机、稀释风机、燃烧风机、燃油贮槽、燃料泵、转化器、换热器、热管余热锅炉、加热炉、手动单梁起重机、电动葫芦等
4	二氧化硫鼓风机工程	二氧化硫鼓风机、桥式起重机
5	硫酸存贮设备安装工程	贮酸罐、装酸计量槽

3.0.8 设备安装工程施工质量的验收应在施工单位自行检验的基础上进行。

3.0.9 设备安装工程质量验收程序应符合现行国家标准《工业安装工程施工质量验收统一标准》GB 50252的有关规定。

3.0.10 设备安装工程中分项工程、分部（子分部）工程、单位（子单位）工程质量验收应符合现行国家标准《工业安装工程施工质量验收统一标准》GB 50252的有关规定。

4 设备、材料

4.1 设 备

主 控 项 目

4.1.1 整体包装设备的包装箱应完好无损，裸装或半裸装的设备应无磕碰、破损、变形或腐蚀等缺陷。

检查数量：全数检查。

检验方法：观察检查。

4.1.2 设备主机、配件、备件和专用工具的型号、规格、质量、数量应符合设计要求或采购合同的规定。

检查数量：全数检查。

检验方法：根据设备出厂质量合格证明文件、设计图纸和合同规定对照检查。

4.2 材 料

主 控 项 目

4.2.1 材料的名称、材质、规格、性能、包装标志、产品标识等应符合国家现行有关产品标准和设计要求。进口材料的质量应符合设计和合同规定标准的要求。

检查数量：全数检查。

检验方法：检查质量合格证明文件、中文标志、商检及检验报告等。

4.2.2 非金属材料的使用不得超过产品有效期的规定。

检查数量：每一品种抽查5件。

检验方法：观察检查。

4.2.3 材料进场应有材料采购技术文件。

检查数量：全数检查。

检验方法：检查材料采购技术文件。

5 设 备 基 础

5.0.1 本章适用于冶炼烟气制酸设备安装工程设备基础、预留孔、地脚螺栓、垫板安装质量的验收。

5.0.2 设备安装前应进行基础的检查验收，未经验收合格的基础不得进行设备安装。

5.0.3 设计技术文件或规范有沉降观测要求的设备基础应进行沉降观测，并应形成记录。

Ⅰ 主 控 项 目

5.0.4 设备基础的强度应符合设计技术文件的规定。

检查数量：全数检查。

检验方法：检查基础交接资料。

5.0.5 设备就位前，应按要求设置测量控制网，埋设中心标板及标高基准点。

检查数量：全数检查。

检验方法：检查测量成果单，观察检查。

5.0.6 地脚螺栓规格和紧固应符合设计技术文件的要求。

检查数量：全数检查。

检验方法：检查质量合格证明文件、尺量、检查紧固记录，敲击螺母检查。

5.0.7 采用座浆法或压浆法设置垫铁时，应对混凝土进行养护，其强度应达到设计要求或现行国家标准《机械设备安装工程施工及验收通用规范》GB 50231的有关规定。

检查数量：逐批检查。

检验方法：检查混凝土试块强度试验报告。

Ⅱ 一 般 项 目

5.0.8 设备基础的轴线位置、标高、尺寸和地脚螺栓位置应符合设计技术文件或现行国家标准《机械设备安装工程施工及验收通用规范》GB 50231的有关规定。

检查数量：全数检查。

检验方法：检查复查记录。

5.0.9 设备基础表面和地脚螺栓预留孔中的油污、碎石、泥土、积水等均应清除干净，预埋地脚螺栓的螺纹和螺母应保护完好。

检查数量：全数检查。

检验方法：观察检查。

5.0.10 有防腐、防渗要求的设备基础，防腐、表面防腐和防渗层应密实，并不得有裂纹及分层等缺陷。

检查数量：全数检查。

检验方法：检查基础交接记录，观察检查。

5.0.11 地脚螺栓上的油污和氧化皮等应清除干净，应采取防止螺纹部分锈蚀和损坏的措施。

检查数量：全数检查。

检验方法：观察检查。

5.0.12 安装在预留孔的地脚螺栓应垂直，任一部分离孔的距离应大于15mm，底端不应碰孔底。

检查数量：全数检查。

检验方法：观察检查。

5.0.13 设计技术文件对设置设备垫铁无要求时，垫铁的选择和施工应符合现行国家标准《机械设备安装工程施工及验收通用规范》GB 50231的有关规定。

检查数量：抽查20%。

检验方法：观察检查，尺量、塞尺检查，轻击垫铁。

6 净 化 设 备

6.1 一 般 规 定

6.1.1 本章适用于冶炼烟气制酸工程中烟气净化设备的安装质量验收。

Ⅰ 主 控 项 目

6.1.2 所有玻璃钢设备切口面不得有纤维外露。

检查数量：全数检查。

检验方法：外观检查。

6.1.3 存放时间超过2年或存放时间不清的塑料设备应进行质量抽查试验，抽查数量不应少于1件，试验不合格者不得使用。

检查数量：全数检查。

检验方法：检查试验记录。

Ⅱ 一 般 项 目

6.1.4 玻璃钢设备不应有大于5.0mm以上的气泡，任意$1m^2$范围内，直径不大于5.0mm的气泡不应超过3个。

检查数量：全数检查。

检验方法：观察检查。

6.1.5 玻璃钢筒体拼装和对接应符合现行行业标准《玻璃钢化工设备设计规定》HG/T 20696的有关规定。

检查数量：全数检查。

检验方法：硬度计，观察检查。

6.1.6 塑料设备的焊缝两侧各100mm范围内应无烧结、凹凸不平或其他降低强度的缺陷。

检查数量：全数检查。

检验方法：观察检查。

6.1.7 人孔、手孔门(盖)应操作灵活，且封盖应严密。

检查数量：全数检查。

检验方法：观察检查。

6.1.8 设备与工艺管道接管管口的尺寸、标高、方位、角度等应符合设计要求。

检查数量：全数检查。

检验方法：观察检查，尺量。

6.2 空 塔

Ⅰ 主 控 项 目

6.2.1 喷嘴安装方向应正确。

检查数量：全数检查。

检验方法：观察检查。

6.2.2 通水试验时，喷嘴应畅通、无堵塞，塔体应以无渗漏、无明显变形为合格。

检查数量：全数检查。

检验方法：观察检查，检查试验记录。

Ⅱ 一 般 项 目

6.2.3 空塔安装的允许偏差应符合表6.2.3的规定。

检查数量：全数检查。

检验方法：见表6.2.3。

表6.2.3 空塔安装的允许偏差及检验方法

项 目	允许偏差（mm）	检验方法
纵、横向中心线	5.0	经纬仪
标高	±10.0	水准仪
筒体垂直度	1.0/1000，且不大于10.0	经纬仪

6.3 动力波洗涤器

Ⅰ 主 控 项 目

6.3.1 上、下筒体联接及弯管、逆喷管、波纹管连接应密封严密、可靠，联接紧固件及配套垫片的材质应满足设备使用环境的要求。

检查数量：全数检查。

检验方法：外观检查，检查产品说明书。

6.3.2 通水试验时，喷嘴应畅通、无堵塞，筒体应以无渗漏、无明显变形为合格。

检查数量：全数检查。

检验方法：观察检查，检查试验记录。

Ⅱ 一 般 项 目

6.3.3 动力波洗涤器安装的允许偏差应符合表6.3.3的规定。

检查数量：全数检查。

检验方法：见表6.3.3。

表6.3.3 动力波洗涤器安装的允许偏差及检验方法

项 目	允许偏差（mm）	检验方法
纵、横向中心线	10.0	经纬仪
标高	±10.0	水准仪
筒体垂直度	1.0/1000，且不大于10.0	经纬仪
逆喷管与弯管两管的中心线的直线度	1.0	塞尺
逆喷管相对筒体中心线的平行度	2.0/1000	经纬仪
事故喷嘴与逆喷管的同轴度	1.0	吊线尺量

6.4 文丘里洗涤器

Ⅰ 主 控 项 目

6.4.1 上、下壳体联接及收缩管、喉管及扩大管连接应密封严密、可靠，连接紧固件及配套垫片的材质应满足设备使用环境的要求。

检查数量：全数检查。

检验方法：外观检查，检查产品说明书。

6.4.2 喷嘴通水试验应畅通、无堵塞，槽体盛水试验应以无漏水、无明显变形为合格。

检查数量：全数检查。

检验方法：观察检查，检查试验记录。

Ⅱ 一 般 项 目

6.4.3 文丘里波洗涤器安装的允许偏差应符合表6.4.3的规定。

检查数量：全数检查。

检验方法：见表 6.4.3。

表 6.4.3 文丘里洗涤器安装的允许偏差及检验方法

项　　目	允许偏差（mm）	检验方法
纵、横向中心线	5.0	经纬仪
标高	±10.0	水准仪
收缩管、喉管及扩大管三管相对槽体的垂直度	1.0/1000，且不大于 10.0	经纬仪
收缩管、喉管、扩大管三管中心线的同轴度	2.0	吊线尺量
喷嘴中心线与喉管中心线的同轴度		

6.5 填 料 塔

一 般 项 目

6.5.1 丝网捕沫器应铺设密实、平整、清洁。

检查数量：全数检查。

检验方法：检查安装记录，观察检查。

6.5.2 捕沫器安装的允许偏差应符合表 6.5.2 的规定。

检查数量：全数检查。

检验方法：见表 6.5.2。

表 6.5.2 捕沫器安装的允许偏差及检验方法

项　　目	允许偏差（mm）	检验方法
捕沫器中心线与塔中心线	3.0	吊线尺量
捕沫器支承梁中心线与塔中心线		
捕沫器支承梁水平度	1.0/1000	水平仪

6.5.3 分酸槽安装应平整、牢固。

检查数量：全数检查。

检验方法：检查安装记录，观察检查。

6.5.4 分酸槽安装的允许偏差应符合表 6.5.4 的规定。

检查数量：全数检查。

检验方法：见表 6.5.4。

表 6.5.4 分酸槽安装的允许偏差及检验方法

项　　目	允许偏差（mm）	检验方法
分酸槽内布酸管的水平度	2.0	水平仪
V 形溢流口顶平面的水平度	3.0	

6.5.5 格栅条、格栅板应间距均匀、平整、牢固。

检查数量：全数检查。

检验方法：检查安装记录，观察检查。

6.5.6 填料塔安装的允许偏差应符合表 6.5.6 的规定。

检查数量：全数检查。

检验方法：见表 6.5.6。

表 6.5.6 填料塔安装的允许偏差及检验方法

项　　目	允许偏差（mm）	检验方法
纵、横向中心线	5.0	吊线尺量
标高	±10.0	水准仪
填料塔筒体垂直度	1.0/1000，且不大于 5.0	吊线尺量

6.6 电 除 雾 器

Ⅰ 主 控 项 目

6.6.1 电除雾器严密性、通水、通电试验，应符合设备技术文件的规定。

检查数量：全数检查。

检验方法：检查严密性、通水、通电试验记录。

Ⅱ 一 般 项 目

6.6.2 钢架安装允许偏差应符合表 6.6.2 的规定。

检查数量：全数检查。

检验方法：见表 6.6.2。

表 6.6.2 钢架安装的允许偏差及检验方法

项　　目	允许偏差（mm）	检测方法
任意钢柱的纵、横向中心线	5.0	吊线尺量
任意两柱子间的距离（宜取正偏差）	1.0/1000，且不大于 10.0	尺量
柱子上的 1m 标高线与标高基准点的高度差	±2.0	水准仪
任意两柱子标高之差	5.0	尺量
柱子的垂直度	1.0/1000，且不大于 10.0	吊线尺量
任意两柱子在垂直面内两对角线的长度之差	1.0/1000，且不大于 15.0	尺量
支撑梁的标高	−5.0～0	水准仪
支撑梁的水平度	1.0/1000，且不大于 3.0	拉线尺量

6.6.3 电除雾器安装允许偏差应符合表 6.6.3 的规定。

检查数量：全数检查。

检验方法：见表 6.6.3。

表 6.6.3 电除雾器安装的允许偏差及检验方法

项　　目		允许偏差（mm）	检验方法
纵、横向中心线		5.0	经纬仪
标高		±20.0	水准仪
壳体	垂直度	1.0/1000，且不大于 20.0	经纬仪
	表面局部平整度	±10.0	2m 样板尺检查

6.6.4 喷淋装置、除雾装置、清洗装置、极线装置应位置正确、通畅，并应符合设备技术文件的规定。

检查数量：全数检查。

检验方法：观察检查。

6.7 沉 降 器

Ⅰ 主 控 项 目

6.7.1 沉降器安装完成后，应进行常温盛水试验，试验时间应为48h，并应以无渗漏、无冒汗、无明显变形等现象为合格。

检查数量：全数检查。

检验方法：观察检查。

Ⅱ 一 般 项 目

6.7.2 槽盖板与槽体联接应密封严密、可靠，连接紧固件及配套垫片的材质应满足设备使用环境的要求。

检查数量：全数检查。

检验方法：观察检查，查验产品说明书。

6.7.3 沉降器安装的允许偏差应符合表6.7.3的规定。

检查数量：全数检查。

检验方法：见表6.7.3。

表6.7.3 沉降器安装的允许偏差及检验方法

项　目	允许偏差（mm）	检验方法
纵、横向中心线	5.0	经纬仪
标高	±10.0	水准仪

6.8 循环槽、高位槽及安全水封

Ⅰ 主 控 项 目

6.8.1 循环槽、高位槽及安全水封的盛水试验，试验时间应为48h，并应以无渗漏、无冒汗、无明显变形等现象为合格。

检查数量：全数检查。

检验方法：观察检查。

Ⅱ 一 般 项 目

6.8.2 安全水封安装位置及方向应正确。

检查数量：全数检查。

检验方法：观察检查。

6.8.3 安全水封进、出口法兰水平度和垂直度均不应大于法兰外径的1.0%，且不应大于3.0mm。

检查数量：全数检查。

检验方法：水平尺、吊线及尺量检查。

6.8.4 循环槽安装的允许偏差应符合表6.8.4的规定。

检查数量：全数检查。

检验方法：见表6.8.4。

表6.8.4 循环槽安装的允许偏差及检验方法

项　目	允许偏差（mm）	检验方法
纵、横向中心线	5.0	经纬仪
标高	±5.0	水准仪

6.8.5 高位槽安装的允许偏差应符合表6.8.5的规定。

检查数量：全数检查。

检验方法：见表6.8.5。

表6.8.5 高位槽安装的允许偏差及检验方法

项　目	允许偏差（mm）	检验方法
纵、横向中心线	5.0	经纬仪
标高	±5.0	水准仪
壳体垂直度	3.0/1000，且不大于10.0	吊线尺量

6.9 稀 酸 脱 吸 塔

Ⅰ 主 控 项 目

6.9.1 稀酸脱吸塔的盛水试验应进行常温盛水试验，试验时间应为48h，并应以无渗漏、无冒汗、无明显变形等现象为合格。

检查数量：全数检查。

检验方法：观察检查。

Ⅱ 一 般 项 目

6.9.2 封头与塔体联接应密封严紧、可靠，连接紧固件及配套垫片的材质应满足设备使用环境的要求。

检查数量：全数检查。

检验方法：观察检查，查验产品说明书。

6.9.3 稀酸脱吸塔安装的允许偏差应符合表6.9.3的规定。

检查数量：全数检查。

检验方法：见表6.9.3。

表6.9.3 稀酸脱吸塔安装的允许偏差及检验方法

项　目	允许偏差（mm）	检验方法
纵、横向中心线	5.0	经纬仪
标高	±10.0	水准仪
塔体垂直度	1.0 /1000	经纬仪

7 干燥、吸收设备

7.1 一般规定

7.1.1 本章适用于干燥、吸收设备安装工程的质量验收。

7.1.2 筒节分片卷圆成形后，不得有分层和夹渣。

7.2 干燥塔、吸收塔

Ⅰ 主控项目

7.2.1 焊缝应按设计技术文件的要求进行煤油渗透试验、射线（或超声波）检验。

检查数量：全数检查。

检验方法：检查试验记录。

7.2.2 整台设备应按设计技术文件的要求进行严密性试验，应以无渗漏为合格。

检查数量：全数检查。

检验方法：检查试验记录。

7.2.3 除沫器应连接牢固，安装时应符合厂家技术要求。

检查数量：全数检查。

检验方法：敲击检查、观察检查。

7.2.4 分酸管（槽）螺栓应连接牢固，分酸管节流孔板的尺寸、编号及安装位置应符合厂家技术要求。

检查数量：全数检查。

检验方法：检查安装记录、观察检查。

Ⅱ 一般项目

7.2.5 塔筒体安装的允许偏差应符合表7.2.5的规定。

检查数量：全数检查。

检验方法：见表7.2.5。

表7.2.5 塔筒体安装的允许偏差及检验方法

项目		允许偏差（mm）	检验方法
纵、横向中心线		5.0	经纬仪
标高		±5.0	水准仪
方位		10.0	吊线尺量
圆度	除沫（雾）层筒体	1.0/1000	尺量
	塔筒体	2.0/1000	
直线度		1.0/1000，且不大于20.0	拉线尺量
垂直度		1.0/1000，且不大于30.0	经纬仪
支座顶面至塔封头与壳体连接距离		±5.0	尺量
接口法兰面至塔筒体外壁	接管	±3.0	
	人孔	±6.0	
设备开口位置（竖向）	接管	±3.0	
	人孔	±10.0	
设备开口位置（横向）	接管	±5.0	
	人孔	±10.0	

7.2.6 分酸装置安装的允许偏差应符合表7.2.6的规定。

检查数量：全数检查。

检验方法：见表7.2.6。

表7.2.6 分酸装置安装的允许偏差及检验方法

项目	允许偏差（mm）	检验方法
分酸装置水平度	1.0/1000，且不大于3.0	尺量
分酸装置中心线与塔中心线	3.0	挂线尺量
分酸管与分酸器支承平台距离	10.0	尺量
填料支撑装置水平度	1.0/1000	水平仪
填料支撑装置标高	±3.0	尺量

7.2.7 捕沫器安装的允许偏差应符合本规范第6.5.2条的规定。

7.3 酸冷器

Ⅰ 主控项目

7.3.1 酸冷器安装完成后，应按设计技术文件的要求进行严密性试验，应以无渗漏为合格。

检查数量：全数检查。

检验方法：检查试验记录。

Ⅱ 一般项目

7.3.2 管壳式酸冷器安装的允许偏差应符合表7.3.2的规定。

检查数量：全数检查。

检验方法：见表7.3.2。

表7.3.2 管壳式酸冷器安装的允许偏差及检验方法

项目	允许偏差（mm）	检验方法
纵、横向中心线	3.0	经纬仪
标高	±5.0	水准仪
水平度	2.0/1000	水平仪，尺量

7.3.3 板式酸冷器安装的允许偏差应符合表7.3.3的规定。

检查数量：全数检查。

检验方法：见表7.3.3。

表7.3.3 板式酸冷器安装的允许偏差及检验方法

项目	允许偏差（mm）	检验方法
纵、横向中心线	2.0	经纬仪
标高	±3.0	水准仪

7.4 泵　槽

Ⅰ 主控项目

7.4.1 焊缝检验应符合本规范第 7.2.1 条的规定。

检查数量：全数检查。

检验方法：检查试验记录。

7.4.2 整台设备严密性试验应符合本规范第 7.2.2 条的规定。

检查数量：全数检查。

检验方法：检查试验记录。

Ⅱ 一般项目

7.4.3 槽体安装的允许偏差应符合表 7.4.3 的规定。

检查数量：全数检查。

检验方法：见表 7.4.3。

表 7.4.3 槽体安装的允许偏差及检验方法

项目		允许偏差（mm）	检验方法
纵、横向中心线		5.0	经纬仪
标高		±5.0	尺量
方位		10.0	
垂直度（立式泵槽）		1.0/1000	经纬仪
水平度（卧式泵槽）		3.0/1000	水平仪量
接口法兰面至槽体外壁	接管	±3.0	尺量
	人孔	±6.0	
设备开口位置（竖向）	接管	±3.0	
	人孔	±10.0	
设备开口位置（横向）	接管	±5.0	
	人孔	±10.0	

8 转化设备

8.1 一般规定

8.1.1 本章适应于转化器、换热器、热管余热锅炉、电加热炉、燃油加热炉等设备的质量验收。

8.1.2 热管余热锅炉的质量验收除应符合本章规定外，还应符合现行国家标准《锅炉安装工程施工及验收规范》GB 50273 和有关蒸汽锅炉安全技术监察的规定。

8.1.3 碳钢的转化器及换热器，壳体内表面和内部钢支撑系统喷铝质量应符合现行国家标准《金属和其他无机覆盖层热喷涂锌、铝及其合金》GB/T 9793 的有关规定。

8.1.4 转换器、换热器筒节分块卷圆成形后，不得有分层和夹渣。

8.2 转化器

Ⅰ 主控项目

8.2.1 隔板间对接焊缝、隔板与加强环间的连接焊缝及加强环与内、外筒壁间的连接焊缝应按设计技术文件的要求对焊缝进行检查。

检查数量：全数检查。

检验方法：观察检查，查看焊缝检查记录。

8.2.2 转化器壳体所有现场组对焊缝应进行煤油渗漏试验。

检查数量：全数检查。

检验方法：观察检查，检查试验记录。

8.2.3 转化器整体严密性试验应符合设计的要求。

检查数量：全数检查。

检验方法：检查试验记录。

Ⅱ 一般项目

8.2.4 金属丝网应平整牢固，格栅应间隙均匀。

检查数量：全数检查。

检验方法：观察检查。

8.2.5 转化器安装的允许偏差应符合表 8.2.5 的规定。

检查数量：全数检查。

检验方法：见表 8.2.5。

表 8.2.5 转化器安装的允许偏差及检验方法

项目		允许偏差（mm）	检验方法
纵、横向中心线		5.0	经纬仪
标高		±5.0	水准仪
垂直度		1.0/1000，且不大于 20.0	吊线尺量
圆度		2.0/1000	尺量
法兰面与接管中心线的垂直度		1.0%，且不大于 3.0	吊线尺量
设备开口位置（轴向）	接管	±3.0	尺量
	人孔	±10.0	
设备开口位置（周向）	接管	±5.0	
	人孔	±10.0	

8.2.6 立柱、支承梁、固定梁支撑系统安装的允许偏差应符合表 8.2.6 的规定。

检查数量：抽查总数的 10%。

检验方法：见表 8.2.6。

表 8.2.6 立柱、支承梁、固定梁支撑系统安装的允许偏差及检验方法

项目	允许偏差（mm）	检验方法
立柱的垂直度	1.0/1000	经纬仪
各支承梁顶面相对高差	3.0	尺量

8.2.7 转化器的支腿、滑板安装应符合设计要求，并应在安装时按滑动底座布置图以转化器轴线为中心，将滑动底座呈辐射状安装于混凝土基础上。

8.3 换 热 器

Ⅰ 主 控 项 目

8.3.1 换热器的壳程和管程的严密性试验应符合设备技术文件的要求。

检查数量：全数检查。

检验方法：检查严密性试验报告。

8.3.2 对接焊接的换热管安装应符合下列规定：

1 对接焊接的换热管长度不得小于300mm，且整根换热管对接焊缝不得超过2条。

2 管子对接焊缝应平滑，对口错边量不得超过管壁厚度的15%。

3 焊缝质量应符合设计技术文件的规定；设计技术文件无规定时，应符合现行国家标准《现场设备、工业管道焊接工程施工及验收规范》GB 50236有关焊缝质量分级标准中Ⅱ级的规定。

4 焊缝严禁有裂纹、夹渣、焊瘤、弧坑、气孔和熔合性飞溅等缺陷。

5 对接焊接管应全部做水压试验，试验压力应为0.4MPa。

检查数量：全数检查。

检验方法：观察检查，检查工序交接资料及试验报告。

Ⅱ 一 般 项 目

8.3.3 设备找正、找平后，换热器安装允许偏差应符合表8.3.3的规定。

检查数量：全数检查。

检验方法：见表8.3.3。

表8.3.3 换热器安装允许偏差及检验方法

项　目	允许偏差（mm）	检验方法
纵、横向中心线	5.0	经纬仪
标高	±5.0	水准仪
垂直度	1.0/1000，且不大于30.0	吊线尺量
法兰面与接管中心线的垂直度	1.0%，且不大于3.0	

8.4 热管余热锅炉

Ⅰ 主 控 项 目

8.4.1 焊接锅炉受压元件前应有焊接工艺评定，并应根据工艺评定报告制定焊接工艺，同时应编制焊接作业指导书。

检查数量：全数检查。

检验方法：检查焊接工艺评定、焊接作业指导书。

8.4.2 管道的组装对焊应符合设计技术文件的规定；设计技术文件无规定时，其质量应按国家现行有关蒸汽锅炉安全技术监察的规定执行。

检查数量：按设计技术文件或《蒸汽锅炉安全技术监察规程》的规定执行。

检验方法：观察或使用放大镜检查，检查超声波或射线探伤记录。

8.4.3 水压试验应符合设计技术文件的规定，设计技术文件无规定时，试验压力应按工作压力的1.25倍进行，应在试验压力下稳压20min，再降至工作压力进行检查，水压应缓慢升降，应无漏水或异常现象，压力应保持不变。

检查数量：全数检查。

检验方法：观察检查，检查水压试验报告。

8.4.4 热管余热锅炉与高温烟气直接接触的一侧应做漏风试验，且均应无泄漏。

检查数量：全数检查。

检验方法：观察检查，检查试验报告。

Ⅱ 一 般 项 目

8.4.5 钢架结构上的标记应完备清晰，主要构件应有中心及标高标记。

检查数量：全数检查。

检验方法：观察检查。

8.4.6 钢架安装的允许偏差应符合本规范第6.6.2条的规定。

8.4.7 汽包、热管蒸发器、集箱安装的允许偏差应符合表8.4.7的规定。

检查数量：全数检查。

检验方法：见表8.4.7。

表8.4.7 汽包、热管蒸发器、集箱安装的允许偏差及检验方法

项　目	允许偏差（mm）	检验方法
汽包标高	±5.0	水准仪
汽包纵向和横向中心线与安装基准线的水平方向距离	5.0	经纬仪、尺量
汽包全长的纵向水平度	2.0	水平尺
汽包全长的横向水平度	1.0	
汽包与上集箱的轴心线距离	±3.0	经纬仪
热管蒸发器串联时纵、横向中心线偏差	±2.0	
短接接口两对角线长度误差	1.0/1000	尺量

8.5 加 热 炉

Ⅰ 主 控 项 目

8.5.1 电加热器发热元件的耐热绝缘骨架和螺旋状的裸电阻丝应完好。

检查数量：全数检查。

检验方法：观察检查。

8.5.2 燃油（气）加热炉的喷嘴应通畅，并应无异物。

检查数量：全数检查。

检验方法：观察检查。

Ⅱ 一 般 项 目

8.5.3 电加热炉出入口安装的允许偏差应符合表 8.5.3 的规定。

检查数量：全数检查。

检验方法：见表 8.5.3。

表 8.5.3 电加热炉出入口安装的允许偏差及检验方法

项　　目	允许偏差（mm）	检验方法
纵、横向中心线	5.0	经纬仪
标高	±5.0	水准仪
法兰面与接管中心线的垂直度	1.0%，且不大于 3.0	吊线尺量

8.5.4 燃油（气）加热炉的喷嘴与油管连接应紧密、牢固、无泄漏。风管、油管应排列有序，并应整齐美观。

检查数量：全数检查。

检验方法：观察检查，敲击检查。

8.5.5 燃油（气）加热炉喷嘴安装的标高、中心距和俯角应符合设计技术文件的规定。喷嘴应保持在同一平面。燃油（气）加热炉安装允许偏差应符合表 8.5.5 的规定。

检查数量：全数检查。

检验方法：见表 8.5.5。

表 8.5.5 燃油（气）加热炉安装的允许偏差及检验方法

项　　目	允许偏差	检验方法
纵、横向中心线	5.0mm	经纬仪
标高	±5.0mm	水准仪
垂直度	±1.0mm	吊线
喷嘴中心标高	±5.0mm	水准仪
喷嘴俯角	2.0°	角度尺
喷嘴间距	5.0mm	尺量

8.5.6 加热炉安装完成后，应进行气密性试验，试验完毕应填写记录。

9 硫酸存贮设备

9.1 一 般 规 定

9.1.1 本章适用于硫酸存贮设备安装的质量验收。

9.1.2 贮酸罐的质量验收除应符合设计技术文件和本规范的规定外，尚应符合现行行业标准《钢制焊接常压容器》JB/T 4735 的有关规定。

9.2 贮 酸 罐

Ⅰ 主 控 项 目

9.2.1 贮酸罐底板焊缝应采用真空箱法进行严密性试验，试验负压值不得低于 53kPa，应以无渗漏为合格。

检查数量：全数检查。

检验方法：检查试验记录。

9.2.2 贮酸罐对接焊接接头焊缝应采用射线和超声波检查。

检查数量：全数检查。

检验方法：检查射线检验和超声波检验记录。

9.2.3 贮酸罐充水应到设计最高液位并保持 48h，罐壁应以无渗漏、无明显异常变形为合格。基础沉降应符合设计技术文件的规定。

检查数量：全数检查。

检验方法：观察检查。

Ⅱ 一 般 项 目

9.2.4 贮酸罐顶部和侧部人孔盖安装应操作灵活、可靠且封盖严密，应无裂纹等缺陷。

检查数量：全数检查。

检验方法：观察检查。

9.2.5 机械液位计应灵活可靠、指示准确。

检查数量：全数检查。

检验方法：观察检查。

9.2.6 贮酸罐安装的允许偏差应符合表 9.2.6 的规定。

检查数量：全数检查。

检验方法：见表 9.2.6。

表 9.2.6 贮酸罐安装的允许偏差及检验方法

项　　目	允许偏差（mm）	检验方法
中心线	5.0	尺量
标高	±10	水准仪
刚性基础型钢水平度	1.0/1000，且全长不大于 3.0	水平尺
刚性基础型钢标高	±4.0	水准仪

9.3 装酸计量槽

Ⅰ 主控项目

9.3.1 装酸计量槽盛水试验应无渗漏、无明显变形现象。

检查数量：全数检查。

检验方法：观察检查。

Ⅱ 一般项目

9.3.2 装酸计量槽安装的允许偏差应符合表 9.3.2 的规定。

检查数量：全数检查。

检验方法：见表 9.3.2。

表 9.3.2 装酸计量槽安装允许偏差及检验方法

项　目	允许偏差（mm）	检验方法
纵、横向中心线	5.0	吊线
标高	±20.0	水准仪
垂直度	3.0/1000，且不大于 50.0	吊线尺量

10 二氧化硫鼓风机、酸泵

10.1 一般规定

10.1.1 二氧化硫鼓风机、酸泵的施工除应符合本规范的规定外，尚应符合现行国家标准《风机、压缩机、泵安装工程施工及验收规范》GB 50275 的有关规定。

10.1.2 风机叶轮和机壳及其他主要部位的安装尺寸、风机进口和出口的方向（或角度）应与技术文件相符。

10.1.3 设备外露加工面、组装配合面、滑动面、各冷却系统、各润滑系统等应洁净。

10.2 二氧化硫鼓风机

Ⅰ 主控项目

10.2.1 风机壳体结合面严密性试验应符合随机技术文件的规定。

检查数量：全数检查。

检验方法：观察检查，检查严密性试验记录。

10.2.2 润滑及冷却系统应洁净、畅通。

检查数量：全数检查。

检验方法：观察检查，检查试验记录。

10.2.3 风机叶轮与机壳间隙、风机转子各部位的轴向和径向跳动应符合设备随机技术文件的规定。

检查数量：全数检查。

检验方法：测量检查，检查试验记录。

10.2.4 风机试运转的检验项目和允许值应符合随机技术文件的规定。

检查数量：全数检查。

检验方法：观察检查，检查试运转记录。

Ⅱ 一般项目

10.2.5 风机底座安装的允许偏差应符合表 10.2.5 的规定。

检查数量：全数检查。

检验方法：见表 10.2.5。

表 10.2.5 风机底座安装的允许偏差及检验方法

项　目		允许偏差（mm）	检验方法
纵、横向中心线		5.0	经纬仪
标高		±5.0	水准仪
水平度	纵向	0.05/1000	水平仪
	横向	0.05/1000	

10.2.6 风机机壳安装尺寸的允许偏差应符合表 10.2.6 的规定。

检查数量：全数检查。

检验方法：见表 10.2.6。

表 10.2.6 风机机壳安装尺寸允许偏差及检验方法

项　目	允许偏差（mm）	检验方法
机壳与底座间隙	0.05	塞尺
机壳中分面局部间隙	0.04	

10.2.7 风机密封元件及密封轴或轴套表面应洁净。

检查数量：全数检查。

检验方法：观察检查。

10.2.8 风机两个半联轴器之间的端面间隙、两轴心径向位移、两轴线倾斜应符合设备技术文件的规定。设备技术文件无规定时，应符合现行国家标准《机械设备安装工程施工及验收通用规范》GB 50231 的有关规定。

检查数量：全数检查。

检验方法：百分表，塞尺和观察检查。

10.2.9 变速箱安装的允许偏差应符合表 10.2.9 的规定。

检查数量：全数检查。

检验方法：见表 10.2.9。

表 10.2.9 变速箱安装的允许偏差及检验方法

项　目	允许偏差（mm）	检验方法
纵横向水平度	0.05/1000	水平仪
变速箱底面与底座间隙	0.04	塞尺
变速箱中分面局部间隙	0.06	

10.3 酸 泵

Ⅰ 主控项目

10.3.1 酸泵转子的轴向窜动量应符合随机技术文件的规定。

检查数量：全数检查。

检验方法：测量检查。

10.3.2 酸泵试运转的检验项目和允许值应符合随机技术文件的规定。随机技术文件无规定时，应按现行国家标准《风机、压缩机、泵安装工程施工及验收规范》GB 50275 的有关规定执行。

检查数量：全数检查。

检验方法：观察检查，检查试运转记录。

10.3.3 酸泵密封应符合设计技术文件的规定。

检查数量：全数检查。

检验方法：观察检查。

Ⅱ 一般项目

10.3.4 卧式酸泵安装的允许偏差应符合表 10.3.4 的规定。

检查数量：全数检查。

检验方法：见表 10.3.4。

表 10.3.4 卧式酸泵安装的允许偏差及检验方法

项 目	允许偏差（mm）	检验方法
标高	±5.0	水准仪
纵向水平度	0.10/1000	水平仪
横向水平度	0.20/1000	

10.3.5 立式酸泵安装的允许偏差应符合表 10.3.5 的规定。

检查数量：全数检查。

检验方法：见表 10.3.5。

表 10.3.5 立式酸泵安装的允许偏差及检验方法

项 目	允许偏差（mm）	检验方法
标高	±5.0	水准仪
接口水平度	0.10/1000	水平仪

10.3.6 酸泵驱动机轴与泵轴、驱动机轴与变速器轴通过联轴器连接时，两半联轴器的径向位移、端面间隙、轴线倾斜均应符合设备技术文件的规定；设备技术文件无规定时，应符合现行国家标准《机械设备安装工程施工及验收通用规范》GB 50231 的有关规定。

检查数量：全数检查。

检验方法：百分表，塞尺和观察检查。

10.3.7 驱动机轴与泵轴通过皮带连接时，两轴的平行度、两轮的偏移应符合设备技术文件的规定；设备技术文件无规定时，应符合现行国家标准《机械设备安装工程施工及验收通用规范》GB 50231 的有关规定。

检查数量：全数检查。

检验方法：拉线，尺量和观察检查。

本规范用词说明

1 为便于在执行本规范条文时区别对待，对要求严格程度不同的用词说明如下：

1）表示很严格，非这样做不可的：
正面词采用“必须”，反面词采用“严禁”；

2）表示严格，在正常情况下均应这样做的：
正面词采用“应”，反面词采用“不应”或“不得”；

3）表示允许稍有选择，在条件许可时首先应这样做的：
正面词采用“宜”，反面词采用“不宜”；

4）表示有选择，在一定条件下可以这样做的，采用“可”。

2 条文中指明应按其他有关标准执行的写法为：“应符合……的规定”或“应按……执行”。

引用标准名录

《机械设备安装工程施工及验收通用规范》GB 50231

《现场设备、工业管道焊接工程施工及验收规范》GB 50236

《工业安装工程施工质量验收统一标准》GB 50252

《锅炉安装工程施工及验收规范》GB 50273

《风机、压缩机、泵安装工程施工及验收规范》GB 50275

《金属和其他无机覆盖层热喷涂锌、铝及其合金》GB/T 9793

《钢制焊接常压容器》JB/T 4735

《玻璃钢化工设备设计规定》HG/T 20696

中华人民共和国国家标准

冶炼烟气制酸设备安装工程质量验收规范

GB 50712—2011

条 文 说 明

制 定 说 明

《冶炼烟气制酸设备安装工程质量验收规范》GB 50712—2011，经住房和城乡建设部2011年7月26日以第1084号公告批准发布。

本规范制订过程中，编制组进行了多方面的调查研究，总结了我国近十年冶炼烟气制酸设备安装质量验收方面的实践经验，同时参考了国家现行有关标准和法规。

为了便于广大设计、施工、科研、学校等单位有关人员在使用本规范时能正确理解和执行条文规定，《冶炼烟气制酸设备安装工程质量验收规范》编制组按章、节、条顺序编制了本规范的条文说明，对条文规定的目的、依据以及执行中需注意的有关事项进行了说明，还着重对强制性条文的强制性理由做了解释。但是，本条文说明不具备与规范正文同等的法律效力，仅供使用者作为理解和把握规范规定的参考。

目　次

1 总　　则

1.0.1 本条阐明了制定本规范的目的。

1.0.2 本条明确了本规范适用的对象和适用范围。

1.0.3 本条规定了本规范是冶炼烟气制酸设备安装工程质量验收的依据。同时，强调为保证工程的使用安全、节能和整体质量，有关工程施工承包合同中的主要技术指标不得低于本规范的规定。

1.0.4 本条反映了其他相关标准、规范的作用。冶炼烟气制酸设备安装工程质量验收涉及的工程技术及安全、环保方面很多，因此，验收时除应执行本规范外，尚应符合国家现行有关标准、规范的规定。

2 术　　语

2.0.1～2.0.6 这几条所列术语是本规范有关章节所采用的。目的是为了正确理解术语的含义，从而有利于质量验收工作的进行。

3 基本规定

3.0.1 本条强调市场准入制度，要求应对从事冶炼烟气制酸设备安装工程的施工单位进行资质等级的检查。同时还强调应做好施工技术准备工作和质量体系完善的工作，目的是为了搞好施工过程的控制及质量验收。

3.0.2 设计文件是施工的依据，设计质量是保证工程质量的重要因素。

3.0.3 计量器具合格是保证安装工程质量验收正确进行的重要因素之一。《中华人民共和国计量法》规定使用计量器具时必须符合《中华人民共和国计量法》的相关规定。

3.0.4 从事设备焊接的焊工、无损检测人员直接关系到设备的制造质量，根据强制性条文的定义，将本条列为强制性条文。严格执行本条文，有利于设备及人身安全，有利于公共利益及环境保护。也有利于提高工作效率，加快施工进度及保证工程质量。否则非执证人员上岗，将酿成重大事故。

3.0.5 按规定程序搞好质量检验及专业之间的交接检验，目的是为了保证设备安装的整体质量。

3.0.6 隐蔽工程一旦进行隐蔽施工后，施工将无法逆转。即工程既无法进行检测，也无法进行返修。因此，本条强调工程进行隐蔽前，应办理相关签证验收手续。

3.0.7 将设备安装工程划分为分项工程、分部工程有利于工程质量的验收，也有利于纠正施工中出现的质量问题，从而保证工程项目的整体质量。

3.0.8 本条规定质量验收的程序和组织，目的是为了规范工程质量验收的过程，明确参与质量验收的单位及相应的分工、职责及实施要求。

3.0.9、3.0.10 本条对分项工程、分部工程及单位工程质量验收合格作出了明确规定，有利于进行工程质量验收。

4 设备、材料

4.1 设　　备

主 控 项 目

4.1.1 在设备出厂时，一般应进行良好的包装，运到安装现场后，主要是检查包装的完好情况，初步了解设备的完整程度，再将包装箱打开予以检查。

检查的内容如设备外形应规则、平直，圆弧形表面应平整，无明显偏差，结构完整，焊缝饱满；金属构件表面应做除锈和防腐处理，外表面的色泽一致，且无明显划伤、锈斑、气泡和剥落现象；设备的各进、出口封闭良好。

建设单位和设计单位应派代表参加设备的开箱检查，进口设备的检查验收应会同设备供应商代表与国家商检部门进行。

4.1.2 本条主要强调设备开箱后根据设计图纸和合同规定对照检查时应做好记录的内容，包括：

1 箱号、箱数以及包装情况。

2 设备的名称、型号和规格。

3 装箱清单、设备的技术文件、资料及专用工具。

4 设备有无缺损件，表面有无损坏和锈蚀等。

5 其他需要记录的情况。

6 在设备开箱检查中，设备及其零部件和专用工具均应妥善保管，不得使其变形、损坏、锈蚀、错乱或丢失。

4.2 材　　料

主 控 项 目

4.2.1 本条包括了金属材料及非金属材料如块材、沥青类、水玻璃类、树脂类、涂料类等防腐蚀工程所用的材料，其中既包括成品，也包括半成品。由于上述所有材料都有相应的国家标准，所以必须严格执行。由于材料的批量较大，而材料合格证同一批次可能只有一份，不同施工单位使用的复印件必须加盖原材料发放单位的公章。

4.2.2 本条强调了材料必须在产品的有效期内使用，特别是对于防腐、保温等非金属材料，所以在这些材料进场时应认真核对其出厂日期及有效期。

5 设备基础

Ⅰ 主控项目

5.0.4 设备基础强度是否符合设计要求，关系到设备基础能否满足设备安装的需要，能否使设备在基础上安全、可靠地运行。因此，制定本条规定。

5.0.5 埋设中心标板和标高基准点是设备安装过程进行测量控制的需要，也是日后设备大修时测量控制的需要。

Ⅱ 一般项目

5.0.10 防腐层、防渗层出现裂纹或分层都将直接影响设备基础的防腐、防渗功能，同时影响设备在基础上的使用功能，所以制定本条规定。

5.0.13 合理设置设备垫铁将有利于设备基础有效、安全地承受荷载及荷载在基础上的合理分布，从而保证设备安全运行。

6 净化设备

6.1 一般规定

6.1.1 本条指出本章适用于冶炼烟气制酸工程中的烟气净化设备，包括空塔、动力波洗涤器、文丘里洗涤器、填料塔、间冷器、电除雾器、沉降器、循环槽、高位槽、安全水封及稀酸脱吸塔。其设备材质有玻璃钢、塑料或碳钢。

Ⅰ 主控项目

6.1.3 塑料材料易老化失效，对存放时间超过2年或时间不明的塑料设备进行质量抽查，将有效地保证用于工程的塑料设备的质量合格。

6.2 空 塔

Ⅰ 主控项目

6.2.1 喷嘴安装方向应正确，不能倒装或反装。要保证试车时喷水量和喷水面积均匀。

6.3 动力波洗涤器

Ⅰ 主控项目

6.3.1 动力波洗涤器上、下筒体联接及弯管、逆喷管、波纹管连接的形式有法兰和直接手糊玻璃钢对接两种，不管采用哪一种形式均应密封严实。本工程设备所处的环境为酸性环境，具有较强的腐蚀性，法兰连接所采用的连接紧固件及配套垫片均应有较强的耐酸性能，否则将影响设备使用时的性能，出现泄漏现象。

6.4 文丘里洗涤器

Ⅰ 主控项目

6.4.1 文丘里洗涤器上、下壳体联接及收缩管、喉管及扩大管连接的形式一般采用法兰连接，连接后应密封严密、可靠。本工程设备所处的环境为酸性环境，具有较强的腐蚀性，法兰连接所采用的连接紧固件及配套垫片均应有较强的耐酸性能，否则将影响设备使用时的性能，出现泄漏现象。

6.5 填 料 塔

一般项目

6.5.1 丝网捕沫器要求铺设密实就是为了使其在生产中更好地捕捉酸雾及其他杂质。

6.5.3 分酸槽安装应平整、牢固是为了防止分酸槽在生产时承担产品重量后而出现倾斜以致损坏设备。

6.5.5 格栅条、格栅板应间距均匀、平整、牢固是为了保证填料更好地充填。

6.6 电除雾器

Ⅰ 主控项目

6.6.1 由于电除雾器是利用高压静电来清除酸雾及其他杂质，因此该设备的主要性能试验是做通电试验，测试其能否满足生产需要。而通水试验则是测试喷淋装置的性能，严密性试验则是检查整个系统的密封情况。

Ⅱ 一般项目

6.6.4 因喷淋装置、除雾装置、清洗装置和极线装置为电除雾器的核心技术，安装时，应直接按设备技术文件规定执行。

6.7 沉 降 器

Ⅰ 主控项目

6.7.1 沉降器为净化工段的重要设备，因为里面存放的是硫酸溶液，如发生泄漏将发生重大安全事故，涉及人身和设备安全。在安装完成后进行盛水试验来检查设备本体的质量，方能保证工程质量及安全生产，故本条为强制性条文，必须严格执行。

Ⅱ 一般项目

6.7.2 槽盖板与槽体联接的形式为法兰，连接时应密封严密、可靠，所采用的连接螺栓及配套垫片应具有较强的耐酸性，否则这些零件将被腐蚀失效，影响设备使用性能。

6.8 循环槽、高位槽及安全水封

Ⅰ 主控项目

6.8.1 循环槽、高位槽及安全水封为净化工段重要设备，因里面存放的是硫酸溶液，如发生泄漏将发生重大安全事故，涉及人身和设备安全。在安装完成后进行盛水试验来检查设备本体的质量，方能保证工程质量及安全生产，故本条为强制性条文，必须严格执行。

6.9 稀酸脱吸塔

Ⅰ 主控项目

6.9.1 稀酸脱吸塔为净化工段重要设备，因里面存放的是硫酸溶液，如发生泄漏将发生重大安全事故，涉及人身和设备安全。在安装完成后进行盛水试验来检查设备本体的质量，方能保证工程质量及安全生产，故本条为强制性条文，必须严格执行。

7 干燥、吸收设备

7.1 一般规定

7.1.1 本章适用于干燥塔、吸收塔、泵槽、酸冷器等设备的安装质量验收。

7.1.2 有些材料在验收时不易发现的分层、夹渣等质量问题经过卷制、气割等加工工序就会暴露出来。如钢材切割面或剪切面应无裂纹、夹渣、分层，但这些缺陷在气割后都能较明显地暴露出来，一般观察(用放大镜）检查即可。

7.2 干燥塔、吸收塔

Ⅰ 主控项目

7.2.1 煤油渗透试验、射线或超声波检验等焊缝检测手段是为保证焊缝质量采取的必要措施，焊缝的射线、超声波检验的数量应符合设计技术文件的要求和现行国家标准《现场设备、工业管道焊接工程施工及验收规范》GB 50236 中的有关规定。

7.2.2 严密性试验应按照设备技术文件的要求执行。试验时应缓慢升压，达到试验压力后采用发泡剂掺水喷涂焊缝及法兰接头部位，以无气泡冒出为合格。试验完毕应填写记录。

7.2.3、7.2.4 除沫器、分酸管（槽）等材料是比较特殊的耐强酸合金不锈钢，要仔细阅读生产厂家技术要求，安装时应符合技术要求的规定。

Ⅱ 一般项目

7.2.5～7.2.7 塔筒体、分酸管（槽）、捕沫器安装应达到一定的要求，对相关允许偏差值作出一些限制性规定，这样可以确保塔体安装质量符合设计要求，满足生产需要。

7.3 酸冷器

Ⅰ 主控项目

7.3.1 为检验设备的严密性，安装完成后应进行严密性试验。试验用水为清洁自来水，试验完成后，要将管道及设备中的残留水吹扫干净。若设备不便单独进行试验，可以与相应管道同时进行。

7.4 泵槽

Ⅱ 一般项目

7.4.3 根据多个工程的工程实践，本条规定了泵槽的安装应达到一定的要求，对相关允许偏差值作出一些限制性规定。

8 转化设备

8.1 一般规定

8.1.3 转化设备中的转化器及换热器设计要求壳体的内表面及内部金属构件直接与烟气接触部分均要进行喷铝，以保护金属壳体及构件不被烟气腐蚀而影响设备性能。喷铝施工应按照现行国家标准《金属和其他无机覆盖层热喷涂锌、铝及其合金》GB/T 9793 的有关规定进行。

8.1.4 有些材料在验收时不易发现的分层等质量问题，经过卷制、气割等加工工序就会暴露出来，因此制定本条规定。

8.2 转化器

Ⅱ 一般项目

8.2.4 金属丝网应平整牢固，格栅应间隙均匀是为了保证填料及触媒的充填。

8.3 换热器

Ⅰ 主控项目

8.3.1 换热器的壳程和管程的温度和介质都不同，相互之间不能有泄漏。应分别进行严密性试验，并满足要求。

8.3.2 换热器的换热管在现场组对焊接，其焊接质

量应满足要求。

8.4 热管余热锅炉

Ⅰ 主控项目

8.4.1 锅炉受压元件的焊接应根据《蒸汽锅炉安全技术监察规程》的规定进行焊接工艺评定。

8.4.3 为了确保锅炉安全运行，保护人身安全，锅炉在运行前必须进行水压试验。汽包作为锅炉最重要的压力容器在安装完成后必须进行水压试验。水压试验的目的一是检查汽包受压件的严密性，即检查焊口、胀口及金属表面有无渗漏；二是检查受压部件在试验压力下是否产生肉眼可见的塑性变形。锅炉在安装完成后进行水压试验方能保证工程质量及安全生产，故本条为强制性条文，必须严格执行。

8.4.4 热管余热锅炉是通过高温烟气加热汽水而生产蒸汽，其烟气在热管蒸发器的管束之间通过，汽水则在热管蒸发器的管束内部通过，因此汽水侧应做水压试验，烟气侧应做漏风试验。各项试验均应满足要求。

8.5 加热炉

Ⅰ 主控项目

8.5.1 由于电加热炉的电阻丝在制造焊接连接过程中因高温淬火易出现折断的缺陷，耐热绝缘骨架在转运过程中，表面易破损，从而影响其耐热绝缘性能，因此在电加热炉安装前应检查这两项。

8.5.2 燃油（气）加热炉的运行关键取决于喷嘴的质量，安装时应对其进行清理，并满足设计要求。

Ⅱ 一般项目

8.5.3 电加热炉的烟气出入口的安装准确与否对下一步烟管的连接质量有影响，本条对其安装误差作出了规定。

8.5.4、8.5.5 燃油（气）加热炉的运行关键取决于喷嘴的质量，安装时应满足设计要求。

9 硫酸存贮设备

9.2 贮酸罐

Ⅰ 主控项目

9.2.1 当贮酸罐底板在基础上时，只能采用真空箱法来检验底板焊缝是否因焊接质量而出现了渗漏。

9.2.3 贮酸罐的充水试验时盛水应缓慢进行。充水过程中应对贮罐基础进行沉降观察，当无任何异常情况出现时，方可充水达到设计要求位置后静置到规定的时间。检查合格后，徐徐排水并全过程观察，当水位降至规定的位置时停止排水，观察是否有异常情况，当无异常情况发生时则盛水试验合格。试验完毕后应排除罐内余水，排水时应打开顶部人孔，防止排水时罐内负压过大而损坏罐体。

10 二氧化硫鼓风机、酸泵

10.1 一般规定

10.1.3 本条内容是设备安装的一般要求，设备外露加工面、组装配合面、滑动面、各冷却系统、各润滑系统等应洁净对设备正常运转是非常重要的。

10.2 二氧化硫鼓风机

Ⅰ 主控项目

10.2.1 风机壳体结合面的严密性试验是对设备安装前的检验，如果不符合要求，应当通知供货商予以维修或退换。

10.3 酸泵

Ⅰ 主控项目

10.3.2 本条内容是泵试运转的验收项目，符合本条的要求，说明泵运转正常。

Ⅱ 一般项目

10.3.6 联轴器连接时，两半联轴器的径向位移、端面间隙、轴线倾斜只有符合设备技术文件的规定和规范要求，方能使设备运行平稳，消除设备振动、异声和轴承发热等不良现象。

10.3.7 驱动机轴与泵轴以皮带连接时，两轴的平行度、两轮的偏移符合设备技术文件的规定及规范要求，是保证设备正常运行的重要保障。

中华人民共和国国家标准

板带精整工艺设计规范

Code for design of finishing process
of plate and strip steel

GB 50713—2011

主编部门：中 国 冶 金 建 设 协 会
批准部门：中华人民共和国住房和城乡建设部
施行日期：2 0 1 2 年 6 月 1 日

中华人民共和国住房和城乡建设部
公　告

第1081号

关于发布国家标准
《板带精整工艺设计规范》的公告

现批准《板带精整工艺设计规范》为国家标准，编号为GB 50713—2011，自2012年6月1日起实施。其中，第3.0.6、4.2.4（15）、4.3.3（10）条（款）为强制性条文，必须严格执行。

本规范由我部标准定额研究所组织中国计划出版社出版发行。

中华人民共和国住房和城乡建设部

二〇一一年七月二十六日

前　言

本规范是根据住房和城乡建设部《关于印发〈2008年工程建设标准规范制订、修订计划（第二批）〉的通知》（建标〔2008〕105号）的要求，由中冶赛迪工程技术股份有限公司会同有关单位共同编制完成。

本规范在编制过程中，编制组经广泛调查研究，认真总结实践经验，参考有关国际标准和国外先进标准，并在广泛征求意见的基础上，最后经审查定稿。

本规范共分6章，主要技术内容包括：总则、术语、基本规定、中厚板精整、热轧宽带钢精整、冷轧宽带钢精整。

本规范中以黑体字标志的条文为强制性条文，必须严格执行。

本规范由住房和城乡建设部负责管理和对强制性条文的解释，由中冶赛迪工程技术股份有限公司负责具体技术内容的解释。本规范在执行过程中，如有意见和建议，请寄送中冶赛迪工程技术股份有限公司（地址：重庆市渝中区双钢路1号；邮政编码：400013），以供今后修订时参考。

本规范主编单位、参编单位、主要起草人和主要审查人：

主编单位：中冶赛迪工程技术股份有限公司

参编单位：中冶京诚工程技术有限公司
中冶南方工程技术有限公司
中冶华天工程技术有限公司
山西太钢工程技术有限公司
武钢集团设计研究院有限公司
攀钢集团设计研究院有限公司
沙钢集团有限公司

主要起草人：肖　军　黄　波　余　海　王钧祥　赵文渤　范才彪　廖砚林　徐跃民　李岳建　王保元　王景辉　李向东　毛一标　白晓婧

主要审查人：郭启蛟　邵远敬　曹建宁　黄传清　唐顺保　王安苏　于　丹　王业科　杨春榻

目　次

Contents

1 总 则

1.0.1 为在板带精整工艺设计中，贯彻执行国家的技术经济政策和钢铁产业发展政策，做到技术先进、安全适用、经济合理、确保质量，制定本规范。

1.0.2 本规范适用于新建、改建和扩建中厚板、热轧宽带钢和冷轧宽带钢的精整工艺设计。

1.0.3 板带精整工艺设计，除应符合本规范外，尚应符合国家现行有关标准的规定。

2 术 语

2.0.1 中厚板 plate

中厚板分为厚度 4mm～20mm 的中板、厚度 20mm～60mm 的厚板、厚度大于 60mm 的特厚板。

2.0.2 自然冷却 air cooling

轧制后的热态钢板在空气中冷却。

2.0.3 缓冷工艺 slow cooling process

采用缓冷坑、缓冷罩或简单堆垛对热态钢板进行缓慢冷却的工艺过程。

2.0.4 超声波探伤 ultrasonic test

采用超声波对钢板进行内部缺陷检测的方法。

2.0.5 剪切和切割工艺 shearing & cutting process

根据中厚板的屈服强度和厚度，工艺上可采用机械剪切的方式对其进行切头、切尾、切边、剖分、定尺和试样的剪切和切割。

对于机械剪不能剪切或为弥补机械剪能力的不足，亦可采用火焰切割、等离子切割以及激光切割等多种辅助切割方式完成钢板的切头、切尾、切边、剖分、定尺和试样切割工作。

2.0.6 抛丸工艺 shot blasting process

以钢丸作为载体，通过抛丸机离心力加速钢丸，近距离打击钢板表面，以消除钢板表面氧化铁皮的工艺过程。

2.0.7 涂漆工艺 painting process

采用自动或手动涂漆装置将涂料均匀地喷涂到钢板表面的工艺过程。

2.0.8 酸洗工艺 pickling process

将热处理后的不锈钢中厚板组批后，连续不断地通过酸洗线，用于清除不锈钢板表面的氧化铁皮以及钝化处理的工艺过程。

2.0.9 热轧平整工艺 hot rolled temper rolling process

对热轧带钢施加超过屈服点的小变形延伸，以消除带钢吕德斯皱纹曲线的工艺过程。

2.0.10 热轧分卷工艺 hot rolled dividing process

将热轧钢卷切分成多个小卷的工艺过程。

2.0.11 热轧重卷工艺 hot rolled recoiling process

对热轧钢卷再次卷取，以检查带钢表面质量或改善卷形质量的工艺过程。

2.0.12 热轧横切工艺 hot rolled cut-to-length process

将热轧带钢剪切成定尺钢板的工艺过程。

2.0.13 热轧纵切工艺 hot rolled slitting process

对热轧带钢进行宽度方向分条剪切后重新卷取的工艺过程。

2.0.14 轧制力控制 rolling force control

使轧制力达到预设定值并保持恒定的工艺控制技术。

2.0.15 弯辊控制 roll bending control

合理控制弯辊模式和弯辊力的工艺控制技术。

2.0.16 延伸率控制 elongation control

使带钢长度方向的延伸达到预设定值并保持恒定的工艺控制技术。

2.0.17 切边工艺 side trimming process

对带钢边部进行剪切的工艺过程。

2.0.18 飞剪定尺工艺 flying shear cut-to-length process

检测钢板长度并启动飞剪同步完成定长剪切的工艺过程。

2.0.19 矫直工艺 levelling process

控制矫直辊系辊缝值，以保证带钢塑性变形比率达到设定值的工艺过程。

2.0.20 钢板堆垛控制 plate piling control

由垛板机根据钢板张数或垛重等生产计划进行堆垛的控制过程。

2.0.21 冷轧重卷工艺 cold rolled recoiling process

对冷轧钢卷进行切边、表面质量检查并按规定的钢卷质量进行重新卷取的工艺过程。

2.0.22 冷轧横切工艺 cold rolled cut-to-length process

将冷轧带钢剪切成定尺钢板的工艺过程。

2.0.23 冷轧纵切工艺 cold rolled slitting process

对冷轧带钢进行宽度方向分条剪切后重新卷取的工艺过程。

2.0.24 包装工艺 packing process

对冷轧钢卷进行捆扎及包装的工艺过程。

3 基 本 规 定

3.0.1 板带精整工艺设计应根据板带精整工程的实际情况，采用先进适用的技术、工艺及设备。

3.0.2 板带精整工艺操作设备的设置应遵循“先进、适用、可靠、安全”的原则，工艺操作设备能力应互相匹配，保证生产工艺顺畅、稳定，并应满足产品大纲的生产要求，产品质量应符合国家现行有关标准的规定。

3.0.3 板带精整工艺设计应符合现行国家标准《钢铁企业节水设计规范》GB 50506、《钢铁冶金企业设计防火规范》GB 50414、《大气污染物综合排放标准》GB 16297、《钢铁工业水污染物排放标准》GB 13456、《钢铁工业环境保护设计规范》GB 50406 和《钢铁工业资源综合利用设计规范》GB 50405 的有关规定。

3.0.4 板带精整机组的电气传动与自动化设备的装备水平，应与生产工艺要求以及机械设备的装备水平相适应；自动化控制系统和在线检测系统的设置，应遵循通用、开放、可靠性高、速度快等原则。

3.0.5 板带精整机组和板带轧钢车间的辅助设施宜统筹设计。

3.0.6 钢铁生产企业严禁采用国内外淘汰的二手板带精整生产设备。

3.0.7 板带精整机组设计产量宜达到经济生产规模，应合理确定机组的年工作时间和机组负荷率。机组主要技术经济指标应达到国内先进水平，工序能耗应符合现行国家标准《钢铁企业节能设计规范》GB 50632 的有关规定。

3.0.8 设计中宜采用低噪声设备，对高噪声设备应采取隔声、吸声、消声等措施，噪声应符合现行国家标准《工业企业噪声控制设计规范》GBJ 87 的有关规定。

4 中厚板精整

4.1 特厚板精整

4.1.1 特厚板的精整工序宜包括轧后冷却、表面检查、修磨、切头、切尾、切边、定尺和试样切割、内部缺陷检测、压平、标记、成品入库等工序。

4.1.2 对于特殊要求的品种和规格，还可进行热处理以及热处理之后的定尺、取样、矫平等处理，部分品种还可进行去磁处理。

4.1.3 原料宜采用中厚板车间轧制后的钢板。

4.1.4 生产工艺与设备应符合下列要求：

1 生产线上宜设置专门的冷床或台架，冷床的形式宜选用滚盘式或步进式。

2 应根据轧制钢板钢种、规格、化学成分和冶炼、浇铸工艺条件等因素，确定缓冷方式和缓冷时间。

3 冷却后的特厚板应首先进行表面检查，宜采用专用翻板机翻板，发现缺陷后应进行处理。

4 钢板的切割宜采用自动火焰或等离子切割方式。采用等离子切割时，应配置相应的粉尘收集设备或采用水下切割方式。

5 对有内部质量要求的钢板，应采用超声波探伤装置进行内部缺陷的检测。

6 钢板宜采用压平机进行矫平。在压平机的前后宜设运输台架或辊道，压平机的压头应能横向移动。

7 应对钢板表面进行标记。

8 在特厚板精整生产过程中，应根据工艺技术要求，对其外形尺寸、上下表面、边部、平直度和标记质量等项目进行检查。

4.1.5 精整线工作制度和年工作时间应根据设计产量、产品品种、规格和生产工艺等情况确定，可采用与轧线不同的工作制度和年工作时间。

4.1.6 工艺布置应符合下列要求：

1 应根据产品品种和规格的多样性，生产批量小、精整流程路线往返交叉、处理周期长等工艺特点，做到设备配置合理、布置紧凑、流程顺畅短捷、中间库合理设置。

2 特厚板精整生产宜集中在中厚板车间的特定区域进行。

3 应设置钢板的缓冷和堆垛场地。

4.2 碳钢中厚板精整

4.2.1 钢板的精整工序宜包括轧后冷却、剪切或切割、表面质量和外形尺寸的检查、缺陷的修磨、探伤、取样、标记、矫平、成品入库等工序。

4.2.2 原料宜采用中厚板车间轧制后的钢板。

4.2.3 剪切线设计产量宜符合表 4.2.3 的规定。

表 4.2.3 剪切线设计产量

成品钢板产品规格 厚度×宽度×长度（mm）	机组代表规格 （mm）	设计产量 T （10^4 t/a）
5～50×900～4800×3000～25000	5000	120≤T≤160
5～50×900～4100×3000～25000	4300	110≤T≤140
5～50×1200～3300×3000～18000	3500	80≤T≤120

注：生产品种较多、产品平均宽度较窄且平均厚度较薄时，设计产量可取下限。

4.2.4 生产工艺与设备应符合下列要求：

1 宜设置专门的冷床或台架，冷床的形式宜选用滚盘式或步进式。

2 应根据轧制钢板钢种、规格、化学成分和冶炼、浇铸工艺条件等因素，确定缓冷方式和缓冷时间。

3 冷床后宜设置检查修磨台架。

4 对有内部质量要求的中厚板，应采用自动超声波探伤装置进行内部缺陷的检测，进行全板面自动连续探伤。自动超声波探伤装置宜采用在线布置方式。

5 中厚板车间应设置机械剪切生产线，并应设置离线的钢板切割设备。钢板的离线切割宜采用自动火焰、等离子或激光等切割方式。采用等离子切割时，应配置相应的粉尘收集设备或采用水下切割方式。

6 钢板的剪切宜设置切头（切尾）分段剪、双边剪和定尺剪。5000mm 级生产线宜设置剖分剪，并应与双边剪接近布置。

7 切边宜采用滚切式双边剪或圆盘式切边剪。

8 剪切线上应设置钢板自动画线和对中装置，头尾废料、废边和试样（母板）的运输和收集设备，成品钢板的检测和自动标记等工艺设备。

9 宜在成品入库前设置检查修磨台架。

10 中厚板精整线上宜配置冷矫直机。冷矫直机应设置氧化铁皮清除和收集装置。

11 宜设置钢板连续热处理生产线。宜选用氮气保护的辐射管加热辊底式热处理炉、明火加热辊底式热处理炉或明火加热双步进梁式热处理炉，以及连续辊压式淬火机等工艺设备。小批量、特殊钢种、特殊规格的钢板热处理，宜采用非连续作业的热处理炉型。

12 采用氮气保护辐射管加热辊底炉时，宜设置抛丸处理装置。

13 热处理线上宜设置热处理矫直机。

14 中厚板精整可设置钢板涂漆线。

15 钢板涂漆生产线必须设置废气收集处理设施；采用有机涂料时，漆料存储间必须按相应防爆等级进行设计。

4.2.5 电气传动与自动化设备应符合下列要求：

1 调速电机应采用交流调速控制系统。

2 剪切线、热处理线应采用基础自动化控制和过程控制计算机系统。

3 精整线宜采用与轧线相同的生产控制计算机系统。

4.2.6 工作制度与年工作时间应符合下列要求：

1 剪切线应采用与轧线相同的工作制度和年工作时间。

2 热处理生产线可采用与轧线不同的工作制度和年工作时间。

3 抛丸生产线、涂漆生产线和切割机组可采用与轧线不同的工作制度和年工作时间。

4.2.7 工艺布置应符合下列要求：

1 应根据产品品种和规格的多样性，生产批量小、精整流程路线多及往返交叉频繁等工艺特点，做到设备配置合理、布置紧凑、流程顺畅短捷，中间库应合理设置，应节约用地和投资，并应为今后扩大产品品种和发挥轧机生产能力留有发展条件。

2 剪切线与主轧线的布置宜为直线式，但受总图和场地限制时，也可为折返式。冷床跨和剪切跨的跨度应根据冷床和剪切线设备的配置选定。

3 中间库面积应满足钢板的各种中间堆存需要。

4 可根据工艺流程和总图布置，安排多处可直接发货的成品库；成品库的布置、钢板出入库方式以及成品库行车的设置，应保证钢板出入库的物流节奏。

5 以铁路运输为主的车间，成品跨宜与主轧跨平行布置；以汽车运输为主的车间，成品跨宜与主轧跨垂直布置；成品库的存放时间宜按 7d 设计。受总图条件的限制，在成品库存放量不足时，可在车间外另行增设成品库。

6 剪切线废料收集区宜布置在车间主厂房外侧。

7 热处理线有淬火机组时，宜在主厂房外设置单独的淬火水处理站。

4.2.8 配置有淬火机的热处理线，每吨产品消耗指标不应高于表 4.2.8-1 的规定；剪切线每吨产品消耗指标不应高于表 4.2.8-2 的规定。

表 4.2.8-1 配置有淬火机的热处理线每吨产品消耗指标

处理线名称	金属(t)	燃料(GJ)	电力(kW·h)
热处理线(配置有淬火机)	1.02	1.60	30

表 4.2.8-2 剪切线每吨产品消耗指标

处理线名称	金 属(t)	电力 (kW·h)
剪切线	1.088	15

4.3 不锈钢中厚板精整

4.3.1 不锈钢中厚板的精整工序宜包括轧后冷却、剪切或切割、热处理、酸洗、修磨、取样、标记、矫直、成品入库等工序。

4.3.2 原料宜采用中厚板车间轧制后的钢板。

4.3.3 生产工艺与设备应符合下列要求：

1 宜设置专门的冷床或台架用于钢板的冷却，冷床的形式宜选用滚盘式或步进式。

2 冷床后宜设置检查修磨台架。

3 中厚板车间应设置机械剪切生产线，并应设置离线切割设备，离线切割宜采用离子切割或激光切割方式。

4 钢板的剪切宜设置切头（切尾）分段剪、双边剪和定尺剪。

5 宜在成品入库前设置检查修磨台架。

6 宜设置钢板连续热处理生产线。

7 连续热处理线宜设置热处理矫直机。

8 不锈钢的酸洗宜采用连续酸洗处理方式。

9 宜采用自动喷标装置在酸洗钢板表面或侧边喷涂出厂标记。

10 酸洗线必须配置废酸、废水及酸雾收集处理设施。

4.3.4 电气传动与自动化设备应符合下列要求：

1 连续热处理线和连续酸洗线调速电机应采用交流调速控制系统。

2 连续热处理线和连续酸洗线应采用基础自动

化控制和过程控制计算机系统。

4.3.5 工作制度与年工作时间应符合下列要求：

1 热处理生产线工作制度和年工作时间应综合设计产量、产品品种、规格和生产工艺等因素，可采用与主生产线不同的工作制度和年工作时间。

2 热处理作业线和连续酸洗线的年工作时间不宜低于 7000h。

4.3.6 工艺布置应符合下列要求：

1 应根据产品品种和规格的多样性，生产批量小、流程路线多及往返交叉频繁等工艺特点，做到设备配置合理、布置紧凑及流程顺畅。

2 中间库面积应满足钢板的下线堆存的要求。

3 碳钢和不锈钢共用剪切线时，废料和试样应分别收集。

4 酸洗线宜单独布置。

4.3.7 不锈钢中厚板精整线每吨产品消耗指标不应高于表4.3.7 的规定。

表 4.3.7 不锈钢中厚板精整线每吨产品消耗指标

处理线名称	金属(t)	燃料(GJ)	电力(kW·h)
不锈钢中厚板精整	1.02	2.20	50

5 热轧宽带钢精整

5.1 一般规定

5.1.1 原料与产品应符合下列要求：

1 热轧原料钢卷应符合现行国家标准《热轧钢板和钢带的尺寸、外形、重量及允许偏差》GB/T 709 的有关规定，塔形不宜大于 80mm。

2 除本规范第 5.2 节的规定外，原料钢卷温度不宜大于 80℃。

3 产品质量应符合国家现行有关标准的规定。

5.1.2 生产工艺与设备应符合下列要求：

1 入口小车上卷宜采用自动宽度及高度对中设备。

2 除本规范第 5.5 节的规定外，开卷机应采用上开卷工艺。

3 开卷机卷筒宜采用四斜楔液压胀缩式。

4 侧导装置宜采用快速开闭型式。

5 除本规范第 5.2 节和第 5.6 节的规定外，生产工艺与设备应符合下列要求：

1) 圆盘剪宜采用机座锁定装置；

2) 宜采用飞剪定尺剪切工艺，飞剪应具备取样、尾端输送、板头尾处理功能；

3) 宜配置钢板上下表面检查装置；

4) 应根据定尺钢板的最大长度在垛板台后面配置废次板接受台，板垛运输装置出口宜配置称量、打捆和吊运工具；

5) 矫直机宜采用四重式全液压压下，应具有弯辊调整、辊系入出口整体倾动等功能，应设有过载保护和整体快速换辊装置；

6) 飞剪宜采用剪刃间隙自动调整式；

7) 宜配置与钢板同步运行的喷印机和冲印机；

8) 宜采用锥形辊摆动式或真空吸盘式垛板机。

5.1.3 电气传动与自动化设备应符合下列要求：

1 调速电机应采用交流调速控制系统。

2 宜配置完善的自动检测仪表和控制系统。

3 应采用基础自动化控制和过程控制计算机系统。

5.1.4 年工作时间与机组负荷率应符合下列要求：

1 宜采用连续工作制度。

2 年工作时间不宜低于 6800h。

3 机组负荷率不宜低于 90%。

5.1.5 工艺布置应符合下列要求：

1 工艺布置应满足生产工艺要求，并应做到布局合理、流程顺畅、布置紧凑、操作方便，同时应设置人行通道、消防通道、必要的检修及维护场地，以及废料斗等设备的堆放场地。

2 单体设备的传动装置宜同侧布置，电气室宜靠近机组传动侧。

3 原料库平均存放时间宜按 5d 设计，成品库平均存放时间宜按 7d 设计。

5.2 平整分卷机组

5.2.1 平整分卷机组宜包含平整、分卷、重卷、取样、表面检查、成品称重、成品打捆、成品标记及成品入库堆存等工艺。

5.2.2 原料与产品应符合下列要求：

1 平整带钢厚度不宜大于 6.5mm，分卷带钢厚度不宜大于 12.7mm。

2 机组原料钢卷的温度，重卷时不宜大于 80℃，平整时不宜大于 60℃。

5.2.3 平整分卷机组设计产量宜符合表 5.2.3 的规定。

表 5.2.3 平整分卷机组设计产量

机组规格 W (mm)	机组代表规格 (mm)	设计产量 T (10^4t/a)
$1150 \leqslant W \leqslant 1600$	1580	$45 \leqslant T \leqslant 65$
$1600 < W \leqslant 1900$	1780	$60 \leqslant T \leqslant 80$
$W > 1900$	2250	$80 \leqslant T \leqslant 100$

注：生产品种较多、产品平均宽度较窄、平均厚度较薄，且平均卷重较小时，设计产量可取下限。

5.2.4 生产工艺与设备应符合下列要求：

1 入口上料段应配置切头处理设备。

2 平整机宜采用轧制力控制、延伸率控制及弯辊控制等工艺技术。

3　卷取机应采用钳口式卷取工艺。

4　作业线上宜配置带钢上、下表面检查台。

5　出口卸料段应设置称重、打捆、喷印等装置。

6　切头剪和切分剪宜采用液压上切式和剪刃间隙可自动调整型式。

7　平整机应采用四辊不可逆式，并应符合下列要求：

1）刚度系数不应低于 4500kN/mm；

2）应采用全液压压下或推上系统；

3）宜采用下支承辊传动方式；

4）应配置工作辊正（负）弯辊装置；

5）工作辊应采用快速换辊装置；

6）宜配置轧辊擦拭装置及其除尘系统。

8　应配置取样装置及接样平台，平台的高度应有利于样板的检查和搬运。

9　卷取机入口宜配置辊式张力装置。

10　出口卸卷小车及出口运卷设备宜按成品卷最小卷径不低于 800mm 设计。

11　入口上料段接卷鞍座和出口卸料段卸料鞍座设置数量，应与行车作业能力匹配。

5.2.5　机组液压润滑站宜采用地下集中布置。

5.2.6　平整分卷机组每吨产品消耗指标不应高于表 5.2.6 的规定。

表 5.2.6　平整分卷机组每吨产品消耗指标

处理线名称	金属（t）	电力（kW·h）
平整分卷机组	1.02	10

5.3　厚规格横切机组

5.3.1　厚规格横切机组宜包含切边、飞剪定尺、取样、表面检查、钢板堆垛、板垛称重、板垛打捆、板垛标记及板垛入库堆存等工艺。

5.3.2　原料与产品应符合下列要求：

1　横切带钢厚度宜为 6.0mm～25.4mm。

2　产品定尺长度宜为 2000mm～16000mm，单垛钢板质量不宜大于 10t。

5.3.3　厚规格横切机组设计产量宜符合表 5.3.3 的规定。

表 5.3.3　厚规格横切机组设计产量

机组规格 W（mm）	机组代表规格（mm）	设计产量 T（10^4 t/a）
$1150 \leqslant W \leqslant 1600$	1580	$20 \leqslant T \leqslant 40$
$1600 < W \leqslant 1900$	1780	$25 \leqslant T \leqslant 45$
$W > 1900$	2250	$30 \leqslant T \leqslant 50$

注：生产品种较多、产品平均宽度较窄且平均厚度较薄时，设计产量可取下限。

5.3.4　生产工艺与设备应符合下列要求：

1　圆盘剪前宜设置切头剪，切头剪宜采用剪刃间隙自动调整型式。

2　圆盘剪前宜设置活套装置。

3　剪切废边宜采取碎边剪处理，碎边剪宜选用六段式分割型，且间隙应具备自动调整功能。

5.3.5　厚规格横切机组每吨产品消耗指标不应高于表 5.3.5 的规定。

表 5.3.5　厚规格横切机组每吨产品消耗指标

处理线名称	金　属（t）	电力（kW·h）
厚规格横切机组	1.06	13

5.4　中规格横切机组

5.4.1　中规格横切机组宜包括切边、飞剪定尺、取样、表面检查、钢板堆垛、板垛称重、板垛打捆、板垛标记及板垛入库堆存等工艺。

5.4.2　原料与产品应符合下列要求：

1　横切带钢厚度宜为 2.5 mm～10.0mm。

2　产品定尺长度宜为 2000mm～12000mm，单垛钢板质量不宜大于 10t。

5.4.3　中规格横切机组设计产量宜符合表 5.4.3 的规定。

表 5.4.3　中规格横切机组设计产量

机组规格 W（mm）	机组代表规格（mm）	设计产量 T（10^4 t/a）
$1150 \leqslant W \leqslant 1600$	1580	$15 \leqslant T \leqslant 35$
$1600 < W \leqslant 1900$	1780	$20 \leqslant T \leqslant 40$
$W > 1900$	2250	$25 \leqslant T \leqslant 45$

注：生产品种较多、产品平均宽度较窄且平均厚度较薄时，设计产量可取下限。

5.4.4　生产工艺与设备应符合下列要求：

1　入口上料段应设置切头处理设备。

2　圆盘剪前后宜设置活套装置。

3　剪切废边宜采取碎边剪处理方式，碎边剪宜选用六段式分割型，应具备自动调整间隙的功能。

5.4.5　中规格横切机组每吨产品消耗指标不应高于表 5.4.5 的规定。

表 5.4.5　中规格横切机组每吨产品消耗指标

处理线名称	金　属（t）	电力（kW·h）
中规格横切机组	1.05	13

5.5　薄规格横切机组

5.5.1　薄规格横切机组宜包括切边、飞剪定尺、取样、表面检查、钢板堆垛、板垛称重、板垛打捆、板垛标记及板垛入库堆存等工艺。

5.5.2 原料与产品应符合下列要求：

1 横切带钢厚度宜为1.2mm～4.5mm。

2 产品定尺长度宜为2000mm～8000mm，单垛钢板质量不宜大于10t。

5.5.3 薄规格横切机组设计产量宜符合表5.5.3的规定。

表5.5.3 薄规格横切机组设计产量

机组规格 W (mm)	机组代表规格 (mm)	设计产量 T (10^4t/a)
$1150\leqslant W\leqslant1600$	1580	$10\leqslant T\leqslant30$
$1600<W\leqslant1900$	1780	$15\leqslant T\leqslant35$
$W>1900$	2250	$20\leqslant T\leqslant40$

注：生产品种较多、产品平均宽度较窄且平均厚度较薄时，设计产量可取下限。

5.5.4 生产工艺与设备应符合下列要求：

1 入口上料段应设置切头处理设备。

2 圆盘剪前后应设置活套装置。

3 剪切废边宜采取废边卷取机卷取。

5.5.5 薄规格横切机组每吨产品消耗指标不应高于表5.5.5的规定。

表5.5.5 薄规格横切机组每吨产品消耗指标

处理线名称	金　属（t）	电力（kW·h）
薄规格横切机组	1.04	13

5.6 纵切机组

5.6.1 纵切机组宜包括矫直、切边、纵切、卷取、成品称重、成品打捆、成品标记及成品入库堆存等工艺。

5.6.2 原料与产品应符合下列要求：

1 纵切带钢厚度宜为1.2mm～12.7mm。

2 纵切带钢条数应根据原料带钢宽度和生产计划的要求确定，分条宽度不宜小于120mm。

5.6.3 纵切机组设计产量宜符合表5.6.3的规定。

表5.6.3 纵切机组设计产量

机组规格 W (mm)	机组代表规格 (mm)	设计产量 T (10^4t/a)
$1150\leqslant W\leqslant1600$	1580	$10\leqslant T\leqslant20$
$1600<W\leqslant1900$	1780	$15\leqslant T\leqslant25$
$W>1900$	2250	$20\leqslant T\leqslant30$

注：生产品种较多、产品平均宽度较窄、平均厚度较薄，且平均卷重较小时，设计产量可取下限。

5.6.4 生产工艺与设备应符合下列要求：

1 入口上料段应设置切头处理设备。

2 纵切剪前后应设置活套装置。

3 卷取机应采用钳口式卷取工艺。

4 卷取机前宜设置张力调整装置。

5 剪切废边宜采取碎边剪处理方式，碎边剪宜选用六段式分割型，间隙应具备自动调整功能。

6 卷取机入口宜配置带辊式张力装置型穿带引导车。

7 卷取机前宜配置带钢分离盘。

8 出口卸卷小车鞍座应设置打捆穿带槽。

9 机组出口应设置单个窄钢卷径向打捆、多个窄钢卷组合打捆，以及称量和喷印装置。

5.6.5 纵切机组每吨产品消耗指标不应高于表5.6.5的规定。

表5.6.5 纵切机组每吨产品消耗指标

处理线名称	金　属（t）	电力（kW·h）
纵切机组	1.05	12

6 冷轧宽带钢精整

6.1 一般规定

6.1.1 产品质量应符合国家现行有关标准的规定。

6.1.2 电气传动与自动化设备应符合下列要求：

1 所用调速电机应采用交流调速控制系统。

2 宜配置完善的自动检测仪表和控制系统。

3 宜采用基础自动化控制，并可依据全厂生产管理网络要求设置过程计算机系统。

6.1.3 年工作时间与机组负荷率应符合下列要求：

1 宜采用连续工作制度。

2 年工作时间不宜低于6500h。

3 机组负荷率不宜低于90%。

6.1.4 工艺布置应符合下列要求：

1 工艺布置应满足生产工艺要求，并应做到布局合理、流程顺畅、布置紧凑、操作方便，同时应设置人行通道、消防通道、必要的检修及维护场地，以及废料斗等设备的堆放场地。

2 单体设备的传动装置宜同侧布置，电气室宜靠近机组传动侧。

3 机组液压站、润滑站宜采用地上布置。

4 除本规范第6.5节、第6.9节和第6.12节的规定外，原料库平均存放时间宜按3d设计，成品库平均存放时间宜按5d设计。

6.2 碳钢重卷机组

6.2.1 原料与产品应符合下列要求：

1 应以连续退火、镀锌、平整机组的成品为原料。

2 碳钢重卷机组带钢厚度宜为0.2mm～3.0mm。

6.2.2 碳钢重卷机组设计产量宜符合表6.2.2的规定。

表 6.2.2 碳钢重卷机组设计产量

机组规格 W (mm)	机组代表规格 (mm)	设计产量 T (10^4t/a)	
		不带拉矫	带拉矫
1200≤W≤1450	1420	10≤T≤25	10≤T≤20
1450<W≤1600	1550	12≤T≤30	12≤T≤25
1600<W≤1900	1750	15≤T≤35	15≤T≤30
W>1900	2030	15≤T≤40	15≤T≤35

注：产品平均宽度较窄、平均厚度较薄、平均卷重较小，且表面质量要求较高时，设计产量可取下限。

6.2.3 生产工艺与设备应符合下列要求：

1 开卷张力应小于上工序生产线的卷取张力。

2 家电板重卷机组宜设置拉伸矫直机或辊式矫直机。

3 汽车面板及家电板的重卷机组应设置检查台，汽车面板重卷机组的检查台应具备带钢打磨功能。

4 设置拉矫机或立式检查台的重卷机组宜配置焊接设备。

5 汽车面板的重卷机组宜采取封闭措施。

6 机组宜采用具有快速更换剪刃功能的圆盘剪，生产软钢的圆盘剪后宜设置去毛刺装置。

7 机组宜具备自动上卷和自动卸卷功能。

8 开卷机及卷取机宜分别设置带钢中心控制装置和带钢边缘控制装置。

9 卷取机应设置皮带助卷器，对于生产薄规格或高表面质量的产品时，宜配置橡胶套筒。处理带钢厚度大于1.5mm时，可同时具备卷筒钳口卷取方式。

6.2.4 重卷机组可与包装机组联合布置。

6.2.5 碳钢重卷机组每吨产品消耗指标不应高于表6.2.5的规定。

表 6.2.5 碳钢重卷机组每吨产品消耗指标

处理线名称	金　属 (t)	电力 P (kW·h)
重卷机组（不带拉矫机）	1.03	2≤P≤4
重卷机组（带拉矫机）	1.03	3≤P≤5

6.3 碳钢纵切机组

6.3.1 原料与产品应符合下列要求：

1 应以连续退火、镀锌、平整机组的成品为原料。

2 碳钢纵切机组带钢厚度宜为0.2mm～3.0mm。

3 纵切带钢条数宜根据产品规格确定，分条宽度不宜小于120mm。

6.3.2 碳钢纵切机组设计产量宜符合表6.3.2的规定。

表 6.3.2 碳钢纵切机组设计产量

机组规格 W (mm)	机组代表规格 (mm)	设计产量 T (10^4t/a)	
		不带拉矫	带拉矫
1200≤W≤1450	1420	10≤T≤20	10≤T≤15
1450<W≤1600	1550	12≤T≤25	12≤T≤20
1600<W≤1900	1750	15≤T≤30	15≤T≤25
W>1900	2030	20≤T≤35	20≤T≤30

注：产品平均宽度较窄、平均厚度较薄、平均卷重较小，且表面质量要求较高时，设计产量可取下限。

6.3.3 生产工艺与设备应符合下列要求：

1 开卷张力应小于上工序生产线的卷取张力。

2 家电板纵切机组宜设置拉矫机或矫直机。

3 纵切机组应设置检查台。

4 设置拉矫机或立式检查台的纵切机组宜配置焊接设备。

5 机组宜具备自动上卷和自动卸卷的功能。

6 开卷机宜设置带钢中心控制装置。

7 卷取机应采用卷筒钳口方式卷取。

8 圆盘剪宜采用动力剪。

9 圆盘剪后宜设置隔离环及活套坑。

6.3.4 纵切机组可与包装机组联合布置。

6.3.5 碳钢纵切机组每吨产品消耗指标不应高于表6.3.5的规定。

表 6.3.5 碳钢纵切机组每吨产品消耗指标

处理线名称	金　属 (t)	电力 P (kW·h)
纵切机组（不带拉矫机）	1.03	3≤P≤4
纵切机组（带拉矫机）	1.03	4≤P≤5

6.4 碳钢横切机组

6.4.1 原料与产品应符合下列要求：

1 应以连续退火、镀锌、平整、镀锡机组的成品为原料。

2 碳钢横切机组带钢厚度宜为0.12mm～3.00mm。

3 横切带钢定尺长度宜为1000mm～6000mm，单垛板高度不宜大于600mm。

6.4.2 碳钢横切机组设计产量宜符合表6.4.2的规定。

表 6.4.2 碳钢横切机组设计产量

机组规格 W (mm)	机组代表规格 (mm)	设计产量 T (10^4t/a)
1200≤W≤1450	1420	8≤T≤12
1450<W≤1600	1550	10≤T≤15
1600<W≤1900	1750	15≤T≤20
W>1900	2030	20≤T≤25

注：产品平均宽度较窄、平均厚度较薄且表面质量要求较高时，设计产量可取下限。

6.4.3 生产工艺与设备应符合下列要求：

1 开卷张力应小于上工序机组卷取张力。

2 矫直机可根据产品厚度范围和强度级别配备大小不同的两种或两种以上的辊系。

3 机组宜采用具有快速更换剪刃功能的圆盘剪，圆盘剪后宜设置去毛刺装置。

4 开卷机宜设置带钢中心控制装置。

5 机组宜具备自动上卷功能。

6 分选皮带速度应大于生产线速度。

7 出口剪应选择飞剪，并应具备定尺功能。

8 机组应设置次品和正品分选堆垛台。

9 堆垛台可选择气动堆垛台、电磁堆垛台、真空堆垛台。

10 处理镀锡带钢的横切机组宜设置在线针孔测量仪。

11 可根据处理钢板表面保护类型设置清洗或覆膜装置等。

6.4.4 横切机组可与包装机组联合布置。

6.4.5 碳钢横切机组每吨产品消耗指标不应高于表6.4.5的规定。

表 6.4.5 碳钢横切机组每吨产品消耗指标

处理线名称	金属 (t)	电力 P (kW·h)
横切机组（气动垛板台）	1.03	$3 \leqslant P \leqslant 5$
横切机组（磁力垛板台）	1.03	$4 \leqslant P \leqslant 6$

6.5 碳钢包装机组

6.5.1 碳钢包装机组应以连续退火、镀锌、重卷、纵切、横切、镀锡机组的成品为原料。

6.5.2 生产工艺与设备应符合下列要求：

1 机组宜采用半自动或全自动包装形式。

2 捆带锁扣宜采用免扣或点焊方式。

6.5.3 包装机组可与精整机组联合布置。

6.5.4 碳钢包装机组每吨产品消耗指标不应高于表6.5.4的规定。

表 6.5.4 碳钢包装机组每吨产品消耗指标

处理线名称	金属 (t)	电力 P (kW·h)
半自动包装机组	1.0	$1 \leqslant P \leqslant 2$
全自动包装机组	1.0	$2 \leqslant P \leqslant 3$

6.6 不锈钢重卷机组

6.6.1 原料与产品应符合下列要求：

1 应以热轧退火酸洗、冷轧退火酸洗、光亮退火、平整、修磨抛光机组的成品为原料。

2 不锈钢重卷机组带钢厚度宜为0.3mm～6.0mm。

6.6.2 不锈钢重卷机组设计产量宜符合表6.6.2的规定。

表 6.6.2 不锈钢重卷机组设计产量

机组规格 W (mm)	机组代表规格 (mm)	设计产量 T (10^4 t/a)
$800 \leqslant W \leqslant 1350$	1050	$10 \leqslant T \leqslant 20$
$1350 < W \leqslant 1600$	1450	$15 \leqslant T \leqslant 30$
$W > 1600$	1850	$20 \leqslant T \leqslant 40$

注：产品平均宽度较窄、平均厚度较薄、平均卷重较小，且表面质量要求较高时，设计产量可取下限。

6.6.3 生产工艺与设备应符合下列要求：

1 入口段宜设置拆纸机，出口段宜设置垫纸机。

2 薄规格带钢宜采用废边成球方式，厚度大于3.0mm的带钢宜采用废边碎边方式。

3 应设置检查台。

4 宜具备自动上卷和自动卸卷的功能。

5 开卷张力应小于上工序机组卷取张力。

6 厚度小于3.0mm的带钢宜采用皮带助卷器。

7 机组宜采取封闭措施。

6.6.4 重卷机组可与包装机组联合布置。

6.6.5 不锈钢重卷机组每吨产品消耗指标不应高于表6.6.5的规定。

表 6.6.5 不锈钢重卷机组每吨产品消耗指标

处理线名称	金属 (t)	电力 P (kW·h)
重卷机组	1.04	$4 \leqslant P \leqslant 8$

6.7 不锈钢纵切机组

6.7.1 原料与产品应符合下列要求：

1 应以热轧退火酸洗、冷轧退火酸洗、光亮退火、平整、修磨抛光机组的成品为原料。

2 不锈钢纵切机组带钢厚度宜为0.3mm～6.0mm。

3 纵切带钢条数宜根据产品规格确定，分条宽度不宜小于120mm。

6.7.2 不锈钢纵切机组设计产量宜符合表6.7.2的规定。

表 6.7.2 不锈钢纵切机组设计产量

机组规格 W (mm)	机组代表规格 (mm)	设计产量 T (10^4 t/a)
$800 \leqslant W \leqslant 1350$	1050	$10 \leqslant T \leqslant 15$
$1350 < W \leqslant 1600$	1450	$15 \leqslant T \leqslant 25$
$W > 1600$	1850	$20 \leqslant T \leqslant 35$

注：产品平均宽度较窄、平均厚度较薄、平均卷重较小，且表面质量要求较高时，设计产量可取下限。

6.7.3 生产工艺与设备应符合下列要求：

1　入口段宜设置拆纸机，出口段宜设置垫纸机。

2　薄规格带钢宜采用废边成球方式，厚度大于3.0mm的带钢宜采用碎边方式。

3　机组应设置检查台。

4　机组宜具备自动上卷和自动卸卷的功能。

5　开卷张力应小于上工序机组卷取张力。

6　宜设置封闭措施。

7　宜采用带传动的圆盘剪。

8　圆盘剪后宜设置活套坑。

6.7.4　纵切机组可与包装机组联合布置。

6.7.5　不锈钢纵切机组每吨产品消耗指标不应高于表6.7.5的规定。

表6.7.5　不锈钢纵切机组每吨产品消耗指标

处理线名称	金　属 (t)	电力 P (kW·h)
纵切机组	1.04	$5 \leqslant P \leqslant 10$

6.8　不锈钢横切机组

6.8.1　原料与产品应符合下列要求：

1　应以热轧退火酸洗、冷轧退火酸洗、光亮退火、平整、修磨抛光机组的成品为原料。

2　不锈钢横切机组带钢厚度宜为0.3mm～6.0mm。

3　横切带钢定尺长度宜为1000mm～10000mm，单垛板高度不宜大于600mm。

6.8.2　不锈钢横切机组设计产量宜符合表6.8.2的规定。

表6.8.2　不锈钢横切机组设计产量

机组规格 W (mm)	机组代表规格 (mm)	设计产量 T (10^4t/a)
$800 \leqslant W \leqslant 1350$	1050	$5 \leqslant T \leqslant 10$
$1350 < W \leqslant 1600$	1450	$10 \leqslant T \leqslant 20$
$W > 1600$	1850	$15 \leqslant T \leqslant 30$

注：产品平均宽度较窄、平均厚度较薄且表面质量要求较高时，设计产量可取下限。

6.8.3　生产工艺与设备应符合下列要求：

1　开卷张力应小于上工序机组卷取张力。

2　薄规格带钢宜采用废边成球形式，厚度大于3.0mm的带钢宜采用碎边方式。

3　出口剪应选择定尺飞剪。

4　应设置次品和正品分选堆垛台。

5　堆垛台可选择气动堆垛台、真空堆垛台。

6　宜具备自动上卷功能。

6.8.4　横切机组可与包装机组联合布置。

6.8.5　不锈钢横切机组每吨产品消耗指标不应高于表6.8.5的规定。

表6.8.5　不锈钢横切机组每吨产品消耗指标

处理线名称	金　属 (t)	电力 P (kW·h)
横切机组	1.05	$10 \leqslant P \leqslant 15$

6.9　不锈钢包装机组

6.9.1　不锈钢包装机组应以重卷、纵切、横切机组的成品为原料。

6.9.2　生产工艺与设备应符合下列要求：

1　宜采用半自动或全自动包装形式。

2　捆带锁扣宜采用免扣或点焊式。

6.9.3　包装机组可与精整机组联合布置。

6.9.4　不锈钢包装机组每吨产品消耗指标不应高于表6.9.4的规定。

表6.9.4　不锈钢包装机组每吨产品消耗指标

处理线名称	金　属 (t)	电力 P (kW·h)
半自动包装机组	1.0	$2 \leqslant P \leqslant 3$
全自动包装机组	1.0	$3 \leqslant P \leqslant 5$

6.10　电工钢重卷机组

6.10.1　原料与产品应符合下列要求：

1　应以连续退火、热平整机组的成品为原料。

2　电工钢重卷机组带钢厚度宜为0.18mm～0.65mm。

6.10.2　电工钢重卷机组设计产量宜符合表6.10.2的规定。

表6.10.2　电工钢重卷机组设计产量

机组规格 W (mm)	机组代表规格 (mm)	设计产量 T (10^4t/a)
$750 \leqslant W \leqslant 1100$	1000	$8 \leqslant T \leqslant 15$
$1100 < W \leqslant 1250$	1200	$10 \leqslant T \leqslant 20$

注：产品平均宽度较窄、平均厚度较薄、平均卷重较小，且表面质量要求较高时，设计产量可取下限。

6.10.3　生产工艺与设备应符合下列要求：

1　开卷张力应小于上工序机组卷取张力。

2　宜具备自动上卷和自动卸卷的功能。

3　开卷机及卷取机宜分别设置带钢对中控制和带钢边缘控制装置。

4　带钢切边应采用圆盘剪，圆盘剪后宜设置去毛刺装置。

5　剪切废边应采用废边成球或碎边剪进行处理。

6　卷取机应采用皮带助卷器卷取。

6.10.4　重卷机组可与包装机组联合布置。

6.10.5　电工钢重卷机组每吨产品消耗指标不应高于表6.10.5的规定。

表 6.10.5 电工钢重卷机组每吨产品消耗指标

处理线名称	金 属 (t)	电力 P (kW·h)
重卷机组	1.04	$3\leqslant P\leqslant 5$

6.11 电工钢纵切机组

6.11.1 原料与产品应符合下列要求：

1 应以连续退火、热平整机组的成品为原料。

2 电工钢纵切机组带钢厚度宜为 0.18mm～0.65mm。

3 纵切带钢条数宜根据产品规格确定，分条宽度不宜小于 120mm。

6.11.2 电工钢纵切机组设计产量宜符合表 6.11.2 的规定。

表 6.11.2 电工钢纵切机组设计产量

机组规格 W (mm)	机组代表规格 (mm)	设计产量 T (10^4 t/a)
$750\leqslant W\leqslant 1100$	1000	$5\leqslant T\leqslant 10$
$1100<W\leqslant 1250$	1200	$8\leqslant T\leqslant 15$

注：产品平均宽度较窄、平均厚度较薄、平均卷重较小，且表面质量要求较高时，设计产量可取下限。

6.11.3 生产工艺与设备应符合下列要求：

1 开卷张力应小于上工序机组卷取张力。

2 宜具备自动上卷和自动卸卷功能。

3 开卷机宜设置带钢对中控制装置。

4 带钢切边应采用带传动的圆盘剪，圆盘剪后宜设置去毛刺装置和活套坑。

5 剪切废边应采用废边成球或碎边剪进行处理。

6 卷取机应采用皮带助卷器卷取。

6.11.4 工艺布置应符合下列要求：

1 纵切机组可与包装机组联合布置。

2 原料库平均存放量宜按 5d 设计，成品库平均存放量宜按 7d 设计。

6.11.5 电工钢纵切机组每吨产品消耗指标不应高于表 6.11.5 的规定。

表 6.11.5 电工钢纵切机组每吨产品消耗指标

处理线名称	金 属 (t)	电力 P (kW·h)
纵切机组	1.05	$4\leqslant P\leqslant 6$

6.12 电工钢包装机组

6.12.1 电工钢包装机组应以重卷、纵切机组的成品为原料。

6.12.2 生产工艺与设备应符合下列要求：

1 宜采用半自动或全自动包装形式。

2 捆带锁扣宜采用免扣或点焊式。

6.12.3 包装机组可与精整机组联合布置。

6.12.4 电工钢包装机组每吨产品消耗指标不应高于表 6.12.4 的规定。

表 6.12.4 电工钢包装机组每吨产品消耗指标

处理线名称	金 属 (t)	电力 P (kW·h)
半自动包装机组	1.0	$2\leqslant P\leqslant 4$
全自动包装机组	1.0	$3\leqslant P\leqslant 5$

本规范用词说明

1 为便于在执行本规范条文时区别对待，对要求严格程度不同的用词说明如下：

1）表示很严格，非这样做不可的：
正面词采用“必须”，反面词采用“严禁”；

2）表示严格，在正常情况下均应这样做的：
正面词采用“应”，反面词采用“不应”或“不得”；

3）表示允许稍有选择，在条件许可时首先应这样做的：
正面词采用“宜”，反面词采用“不宜”；

4）表示有选择，在一定条件下可以这样做的，采用“可”。

2 条文中指明应按其他有关标准执行的写法为：“应符合……的规定”或“应按……执行”。

引用标准名录

《工业企业噪声控制设计规范》GBJ 87

《钢铁工业资源综合利用设计规范》GB 50405

《钢铁工业环境保护设计规范》GB 50406

《钢铁冶金企业设计防火规范》GB 50414

《钢铁企业节水设计规范》GB 50506

《钢铁企业节能设计规范》GB 50632

《热轧钢板和钢带的尺寸、外形、重量及允许偏差》GB/T 709

《钢铁工业水污染物排放标准》GB 13456

《大气污染物综合排放标准》GB 16297

中华人民共和国国家标准

板带精整工艺设计规范

GB 50713—2011

条 文 说 明

制 定 说 明

《板带精整工艺设计规范》GB 50713，经住房和城乡建设部 2011 年 7 月 26 日以第 1081 号公告批准发布。

本规范制定过程中，编制组进行了深入的调查研究，总结了我国板带精整工艺的实践经验，同时参考了国外先进技术法规、技术标准。

为便于广大设计、施工、科研、学校等单位有关人员在使用本规范时能正确理解和执行条文规定，《板带精整工艺设计规范》编制组按章、节、条顺序编制了本规范的条文说明，对条文规定的目的、依据以及执行中需注意的有关事项进行了说明，还着重对强制性条文的强制性理由做了解释。但是，本条文说明不具备与标准正文同等的法律效力，仅供使用者作为理解和把握标准规定的参考。

目　次

1 总　　则

1.0.1 本条既是制定本规范的目的，也是制定本规范的指导思想。

1.0.2 本规范中的板带包含了中厚板、热轧宽带钢及冷轧宽带钢等领域。新建的中厚板精整、热轧宽带钢精整和冷轧宽带钢精整均应按本规范的要求进行设计；旧有中厚板精整、热轧宽带钢精整和冷轧宽带钢精整的改、扩建则因实际条件限制，难以完全执行本规范的，应结合实际条件进行，凡条件允许的都应按本规范执行。

2 术　　语

2.0.9 带钢吕德斯皱纹曲线是指具有上、下屈服点材料的带钢在承受拉伸时变形总是首先开始于应力集中区，从而在狭窄的条带状塑性变形区产生皱纹。

平整工艺基本配置包括上卷、开卷、矫直、平整、切分、卷取、卸卷等，可根据装备水平需求在机组上配置激光测速、测厚仪等设备。

2.0.10、2.0.11 热轧分卷及热轧重卷工艺基本配置包括上卷、开卷、直头、切分、卷取、卸卷等，可根据装备水平需求在机组上配置矫直机等设备。

2.0.12 热轧横切工艺基本配置包括上卷、开卷、粗矫、切边、飞剪、精矫、堆垛等，可根据需要在机组上配置取样、探伤、表面检查等设备。

2.0.13 热轧纵切工艺基本配置包括上卷、开卷、矫直、纵切、卷取、卸卷等，可根据需要在机组上配置取样、表面检查等设备。

2.0.19 塑性变形比率是指被板带横截面上的塑性变形面积占总横截面面积的比值。

2.0.21 冷轧重卷工艺基本配置包括上卷、开卷、涂油、剪切、卷取、卸卷等，可根据需要在机组上配置焊接、矫直、清洗、切边、检查等设备。

2.0.22 冷轧横切工艺基本配置包括上卷、开卷、涂油、剪切、堆垛等，可根据需要在机组上配置矫直机、清洗设备、检查站等。

2.0.23 冷轧纵切工艺基本配置包括上卷、开卷、涂油、纵切、剪切、卷取、卸卷等，可根据需要在机组上配置焊接、矫直、清洗、检查等设备。

2.0.24 包装工艺包含半自动和全自动两种，半自动包装工艺是指钢卷的包纸、包铁皮、周向打捆、轴向打捆，以及标签打印等关键工序中的一个或多个工序采用自动完成，其他工序采用人工完成。全自动包装工艺是指所有工序全部由设备自动操作完成，辅以必要的人工辅助。

3 基 本 规 定

3.0.6 本条是为确保板带精整工业升级和实现可持续发展，防止低水平重复建设而作出的规定，凡属于《钢铁产业发展政策》淘汰的二手板带精整生产设备，在国内严禁转让、再建。

4 中 厚 板 精 整

4.1 特 厚 板 精 整

4.1.5 年工作时间＝年日历时间－年计划检修时间－操作更换件更换时间－各种故障时间。

4.2 碳钢中厚板精整

4.2.4 本条是对生产工艺与设备的要求，其中第15款为强制性条款。这是因为：钢板涂漆线设置有产生氧化铁皮粉尘的抛丸机，采用有机涂料时有漆雾和有机溶剂（甲苯、二甲苯）产生。在现行国家标准《钢铁工业环境保护设计规范》GB 50406中规定，对使大气污染和对人体产生危害的粉尘、漆雾等应采取密闭抽风净化装置。在现行国家标准《钢铁冶金企业设计防火规范》GB 50414中规定，对存放易燃、易爆物品的存储间必须按相应防爆等级设计。

4.2.6 年工作时间＝年日历时间－年计划检修时间－操作更换件更换时间－各种故障时间。

4.2.8 每吨产品消耗指标是依据现行国家标准《钢铁企业节能设计规范》GB 50632规定和国内有关中厚板生产厂的实际生产状况确定的。

4.3 不锈钢中厚板精整

4.3.3 本条是对生产工艺与设备的要求，其中第10款为强制性条款。这是因为：酸洗线将产生污染环境、损害人体健康的废酸、废水和酸雾。根据现行国家标准《钢铁工业环境保护设计规范》GB 50406第6.8.4条规定，酸洗线应设置有废酸液收集处理装置和酸雾密闭抽风净化装置。

4.3.7 每吨产品消耗指标是依据现行国家标准《钢铁企业节能设计规范》GB 50632规定和国内有关中厚板生产厂的实际生产状况确定的。

5 热轧宽带钢精整

5.1 一 般 规 定

5.1.1 本条是对原料与产品的说明。第3款所指产品质量包括尺寸、外形及允许偏差、力学性能、工艺性能等方面，要求应符合现行国家标准的规定。

5.1.2 本条是对生产工艺与设备的要求。第 2 款所指上开卷为开卷机上的钢卷带头从钢卷上部沿圆周切线方向引出。

5.1.4 本条是对年工作时间与机组负荷率的要求。第 3 款所指机组负荷率为实际年工作时间除以年工作时间。

5.2 平整分卷机组

5.2.4 本条是对生产工艺与设备的要求。第 3 款所指钳口式卷取为卷取机结构上设计有将钢卷带头夹紧并进行成品钢卷卷取的钳口。第 6 款所指液压上切式为下剪刃向上动作进行带钢剪切的设备形式。

5.2.6 每吨产品消耗指标是依据现行国家标准《钢铁企业节能设计规范》GB 50632 规定和国内有关热轧宽带钢企业的实际生产状况确定的。

5.3 厚规格横切机组

5.3.4 本条是对生产工艺与设备的要求。第 3 款所指六段式分割为在碎断剪每个转毂上设置有 6 把剪刃，转毂转动一周能把碎边带钢剪切成 6 段的分割方式。

6 冷轧宽带钢精整

6.1 一 般 规 定

6.1.1 产品质量包括尺寸、外形及允许偏差、力学性能、工艺性能等方面，要求应符合国家现行标准的规定。

6.1.3 本条是对年工作时间与机组负荷率的规定。

1 其中第 2 款，年工作时间＝年日历时间－年计划检修时间－操作更换件更换时间－各种故障时间。

2 其中第 3 款，机组负荷率＝实际年工作时间/年工作时间。

6.2 碳钢重卷机组

6.2.3 本条是对生产工艺与设备的要求。第 3 款所指带钢打磨为用一块专用油石或刷子在带钢表面进行抛磨处理，以检查带钢表面的深层缺陷。第 5 款所指封闭措施为采用建筑材料将机组顶部及特定部位封闭起来，避免灰尘落到带钢上，影响产品质量。

6.2.5 每吨产品消耗指标是依据现行国家标准《钢铁企业节能设计规范》GB 50632 的规定和国内有关冷轧宽带钢企业的实际生产状况确定的。

6.6 不锈钢重卷机组

6.6.3 本条是对生产工艺与设备的规定。第 2 款所指成球为用废边卷取机将纵切下来的带钢边部卷成钢团。

中华人民共和国国家标准

钢管涂层车间工艺设计规范

Code for design of steel pipe coating workshop process

GB 50714—2011

主编部门：中 国 冶 金 建 设 协 会
批准部门：中华人民共和国住房和城乡建设部
施行日期：2 0 1 2 年 6 月 1 日

中华人民共和国住房和城乡建设部
公　　告

第1080号

关于发布国家标准
《钢管涂层车间工艺设计规范》的公告

现批准《钢管涂层车间工艺设计规范》为国家标准，编号为GB 50714—2011，自2012年6月1日起实施。其中，第3.0.3、3.0.4条为强制性条文，必须严格执行。

本规范由我部标准定额研究所组织中国计划出版社出版发行。

中华人民共和国住房和城乡建设部

二〇一一年七月二十六日

前　　言

本规范是根据住房和城乡建设部《关于印发〈2008年工程建设标准规范制订、修改计划（第二批）〉的通知》（建标〔2008〕105号）的要求，由中冶赛迪工程技术股份有限公司会同有关单位共同编制完成。

本规范在编制过程中，编制组经广泛调查研究，认真总结实践经验，参考有关国际标准和国外先进标准，并在广泛征求意见的基础上，最后经审查定稿。

本规范共分12章。主要技术内容是：总则，术语，基本规定，原料的选择及储存，钢管涂层机组生产工艺，钢管涂层机组设备选择，工作制度、工作时间和机组负荷率，机组生产能力计算，车间平面布置，其他设施，车间主要技术经济指标，环境保护、劳动安全和工业卫生。

本规范中以黑体字标志的条文为强制性条文，必须严格执行。

本规范由住房和城乡建设部负责管理和对强制性条文的解释，由中冶赛迪工程技术股份有限公司负责具体技术内容的解释。执行过程中如有意见和建议，请寄送中冶赛迪工程技术股份有限公司（地址：重庆市渝中区双钢路1号；邮政编码：400013），以供今后修订时参考。

本规范主编单位、参编单位、主要起草人和主要审查人：

主 编 单 位： 中冶赛迪工程技术股份有限公司

参 编 单 位： 中冶东方工程技术有限公司
宝鸡石油钢管有限责任公司
宝山钢铁股份有限公司
中国化工集团天华化工机械及自动化研究设计院
中国石化集团江汉石油管理局沙市钢管厂
番禺珠江钢管有限公司
中国石油集团工程技术研究院

主要起草人： 曹　勇　穆　东　贾立虹　张嗣伋
徐广印　张战明　吴世杰　韦昆宏
刘金霞　王洪春　陈本伦　曾良平
乔军平　史惠辉　吴加友　王秋艳

主要审查人： 郭启蛟　郑卫京　张小军　李怀平
李根全　张志浩　陈　超　温宏伟
易建军

目　次

Contents

1 总　　则

1.0.1 为规范钢管涂层车间工艺设计，贯彻执行国家钢铁产业发展政策，提高钢管涂层工艺设计质量，促进我国钢管涂层车间工艺技术和装备水平的提高，推进钢管涂层生产技术升级和结构调整，制定本规范。

1.0.2 本规范适用于聚乙烯、聚丙烯、熔结环氧钢管外涂层机组，以及熔结环氧、双组分液体涂料钢管内涂层机组的新建、改建和扩建工艺设计。

1.0.3 新建、改建和扩建的钢管涂层车间工艺设计，应符合国家产业政策，并应做到优质、高效、低耗、环保。

1.0.4 钢管涂层车间工艺设计，除应符合本规范外，尚应符合国家现行有关标准的规定。

2 术　语

2.0.1 涂层　coating

在钢管基体表面涂敷的有机物质层。

2.0.2 外涂层　external coating

在钢管基体外表面涂敷的有机物质层。

2.0.3 内涂层　internal coating

在钢管基体内表面涂敷的有机物质层。

2.0.4 熔结环氧涂层　fusion bonded epoxy coating

在钢管基体表面涂敷的熔结环氧物质层。

2.0.5 双组分液体涂层　bicomponent liquid coating

在钢管基体表面涂敷双组分有机液体涂料，经固化后的物质层。

2.0.6 涂层材料　coating material

用于钢管基体表面涂敷的涂层原材料。

2.0.7 胶粘剂　adhesive

使钢管基体或底层涂料与聚乙烯或聚丙烯粘接成为一体的中间媒介材料。

2.0.8 机组　mill set

为生产产品大纲规定的产品所需要的，从原料准备到成品收集全过程的工艺设备的集合。

2.0.9 年规定工作时间　annual scheduled operation time

按年日历时间扣除大修、中修、小修及正常的交接班时间以后的时间。

2.0.10 年有效工作时间　annual available production time

在年规定工作时间基础上再扣除换工具、换规格及故障停机以后的时间。

2.0.11 年实际工作时间　annual necessary production time

完成产品大纲规定的年产量所需要的实际生产时间。

2.0.12 机组负荷率　duty ratio of mill set

机组的年实际工作时间占机组的年有效工作时间的百分比。

2.0.13 单位产品消耗指标　indication of consumption for unit production

生产单位面积涂层产品所消耗电、水、压缩空气等能源介质，以及原材料、辅助材料量的指标。

2.0.14 分管　detaching pipe process

在外涂层机组涂敷工序中，完成聚乙烯或聚丙烯外涂层涂敷后，在两根钢管头尾相连处，将外涂层进行分离的工艺过程。

2.0.15 人工检查　manual inspections

用肉眼或借助低倍放大镜、粗糙度测试仪、量规、测厚仪、盐分测试仪等工具检查钢管或涂层表面质量、涂层厚度等的方法。

2.0.16 在线　on line

相对于连续运行的钢管涂层生产线某一工序，无须借助起重运输设备或人力运输，工件（包括原料和涂层钢管半成品）就能从该生产线到达该工序或从该工序到达该生产线的运行方式。

2.0.17 离线　off line

相对于连续运行的钢管涂层生产线某一工序，需要借助起重运输设备或人力运输，工件（包括原料、涂层钢管半成品和样管）才能从该生产线到达该工序或从该工序到达该生产线的运行方式。

2.0.18 有机废气　exhaust organic gas

在钢管涂层作业中产生的含有机化合物的气体。

2.0.19 有机废气净化装置　exhaust organic gas purification equipment

除去钢管涂层作业中产生的有机废气的装置。

2.0.20 表面预处理　surface pretreatment

在钢管基体表面涂敷前，除去钢管基体表面附着物或生成的异物，以提高钢管基体表面与涂层的附着力的工艺过程。

2.0.21 喷涂　spraying coating

将雾化的涂层材料喷射向钢管基体表面的涂敷方法。

2.0.22 粉末静电喷涂　electrostatic powder application

使雾化的粉末涂层材料在高压电场的作用下荷电或极化，从而吸附于钢管基体表面的涂敷方法。

2.0.23 环形挤出包覆　annular extruding cladding

涂层材料在挤出机中熔化形成喷流熔体后，以环状薄膜的形式覆盖到钢管基体表面的涂敷方法。

2.0.24 侧向挤出缠绕　sidewise extruding wrapping

涂层材料在挤出机中熔化形成喷流熔体后，以带状薄膜的形式侧向缠绕到钢管基体表面的涂敷方法。

3 基本规定

3.0.1 钢管涂层机组的类型应根据产品方案规定的品种、规格和规模确定。

3.0.2 钢管涂层车间宜建设在原料钢管生产厂或涂层钢管产品使用现场附近。

3.0.3 钢管涂层车间不得设置在文化教育、医疗卫生等公共建筑和居民区内。

3.0.4 钢管涂层车间必须设置通风、除尘、净化处理等环境保护、安全卫生配套设施。

3.0.5 钢管输送设备与钢管接触部位宜设置防护衬垫。

3.0.6 钢管涂层车间应采用节能型生产工艺，设备选型应采用国家推荐的节水型或高效节能型产品。

4 原料的选择及储存

4.0.1 无缝钢管和焊接钢管质量应符合国家现行有关标准及订货条件的规定。

4.0.2 聚乙烯、聚丙烯、胶粘剂材料应符合下列要求：

1 涂层材料的性能应符合国家现行有关标准及订货条件的规定。

2 涂层材料的储存应采取防止受潮和异物污染等措施，并宜按涂料生产厂家推荐的条件设计仓储设施。

4.0.3 双组分液体涂料应符合下列要求：

1 涂层材料的性能应符合国家现行有关标准及订货条件的规定。

2 涂层材料的储存设施应按国家现行有关标准执行，并宜按涂料生产厂家推荐的条件设计，且应按规定的比例使用。

4.0.4 环氧粉末涂料应符合下列要求：

1 涂层材料的性能应符合国家现行有关标准及订货条件的规定。

2 涂层材料的储存设施应按国家现行有关标准执行，并宜按粉末涂料生产厂家推荐的条件设计。

3 采用先内后外的涂敷工艺时，内涂层材料宜选用耐高温型涂料。

5 钢管涂层机组生产工艺

5.1 钢管外涂层机组生产工艺

5.1.1 钢管外涂层机组应根据原料钢管和钢管涂层产品规格、品种要求，选择环形挤出包覆、侧向挤出缠绕或熔结环氧粉末喷涂生产工艺。

5.1.2 钢管外抛丸（或喷砂）和涂敷工序均宜采用连续加工工艺。

5.1.3 外涂层机组生产工艺应包括表面预处理、涂敷、后处理的工艺过程。

5.1.4 表面预处理应包括钢管上料、清洗、预热、外抛丸（或喷砂）、内吹扫、外表面微尘处理、人工检查和管端防涂隔离工序，也可根据需要增设其他工序。

5.1.5 环形挤出包覆工艺的涂敷应包括加热、底层环氧喷涂、胶粘剂包覆、聚乙烯或聚丙烯包覆、分管、水冷工序，也可根据需要增设其他工序。

5.1.6 侧向挤出缠绕工艺的涂敷应包括加热、底层环氧喷涂、胶粘剂缠绕、聚乙烯或聚丙烯缠绕、压辊碾压、分管、水冷工序，也可根据需要增设其他工序。

5.1.7 熔结环氧粉末喷涂工艺的涂敷应包括加热、环氧粉末喷涂、水冷工序，也可根据需要增设其他工序。

5.1.8 在水冷过程中，应采取防止冷却水沿管内壁流入涂敷区域的措施。

5.1.9 后处理应包括清除管内残留水、人工检查、漏点检测、剥离试验、取样、管端清理、标记和包装收集，也可根据需要增设其他工序。

5.1.10 聚乙烯或聚丙烯钢管外涂层生产时，在上料前宜设置对胶粘剂、聚乙烯或聚丙烯涂层材料烘干的工序。

5.1.11 在采用环形挤出包覆生产工艺涂敷时，应采用负压包覆工艺。

5.1.12 在熔结环氧粉末涂料喷涂时，应采用干燥、洁净的压缩空气。

5.2 钢管内涂层机组生产工艺

5.2.1 钢管内涂层机组应根据钢管涂层产品品种要求，选择熔结环氧、双组分液体内涂层生产工艺。

5.2.2 内涂层采用熔结环氧粉末涂料，且需进行外涂层涂敷时，宜采用先内涂敷后外涂敷的工艺；内涂层采用双组分液体涂料，且需进行外涂层涂敷时，可采用先外涂敷后内涂敷的工艺。

5.2.3 内涂层机组生产工艺应包括表面预处理、涂敷、后处理的工艺过程。

5.2.4 表面预处理应包括钢管上料、内表面清理、内吹扫、人工检查和管端防涂隔离工序，也可根据需要增设其他工序。

5.2.5 管径大于或等于 500mm 时，内表面清理宜采用内抛丸方式。

5.2.6 熔结环氧粉末涂敷应包括加热、环氧粉末喷涂、固化、冷却工序，也可根据需要增设其他工序。

5.2.7 双组分液体涂料涂敷应包括涂料配制、过滤、吹扫、喷涂工序，也可根据需要增设其他工序。管径大于或等于 200mm 时，宜采用高压无气喷涂工艺。

5.2.8 熔结环氧涂层后处理应包括人工检查、取样、标记和包装收集工序，也可根据需要增设漏点检测等其他工序。

5.2.9 双组分液体涂层后处理应包括人工检查、溶剂吹扫、固化、取样、离线检验、标记和包装收集工序，也可根据需要增设漏点检测等其他工序。

5.2.10 熔结环氧粉末、双组分液体涂料喷涂时，应采用干燥、洁净的压缩空气。

5.2.11 空气相对湿度大于85%时，表面预处理、涂敷应包括除湿工序。

5.2.12 双组分液体涂料涂敷时产生的有机废气应进行收集净化处理。

6 钢管涂层机组设备选择

6.1 钢管外涂层机组设备

6.1.1 钢管外涂层机组应具备全线基础自动化控制。

6.1.2 抛丸（或喷砂）前预处理清洗工序宜选用自动清洗设备。

6.1.3 抛丸（或喷砂）前预热工序应设置对钢管表面无污染的预热设备，并应配置测温装置。

6.1.4 抛丸（或喷砂）工序设备选择应符合下列要求：

1 抛丸（或喷砂）机应具备自动停止抛丸（或喷砂）并报警的功能。

2 抛丸（或喷砂）机应具备磨料分离筛选、循环利用的功能。

3 应配备粉尘回收、过滤除尘系统。

6.1.5 涂敷前应设置微尘清理装置，微尘清理装置应具有微尘收集处理功能。

6.1.6 涂敷前应采用无污染的热源对钢管外表面进行加热，加热系统应能够连续、均匀、充分地加热钢管，不应对已清洁过的表面造成污染和氧化。钢管外表面加热宜采用中频感应加热方式。

6.1.7 涂敷前钢管外表面温度应通过红外线传感器或接触式热电耦等仪器进行连续监控与记录。温度监控仪器应设置报警装置。

6.1.8 涂敷设备应设置熔结环氧粉末静电喷涂装置及粉末回收系统和气压连续监控、报警设备。每把喷枪的参数应能够单独调节。

6.1.9 挤出机的挤出量、挤出温度应具备可调功能，并应保证挤出物料充分塑化和均匀挤出。挤出机宜采用可移动式。

6.1.10 环形挤出设备应选用带有负压装置的包覆模具，包覆模具应具备调节环向熔体厚度的功能。

6.1.11 侧向挤出缠绕设备应采用模口宽度、模唇间隙可调节的平口模具，并应配备压辊装置。压辊装置应具备压力及位置调节的功能。

6.1.12 胶粘剂、聚乙烯或聚丙烯涂层材料上料前设置的干燥设备的干燥温度应可调。

6.1.13 环形挤出包覆工艺涂敷段宜设置压紧力可调节的夹送装置。

6.1.14 涂敷设备应设置满足冷却要求的水冷装置。

6.1.15 后处理应设置电压连续可调的具有报警功能的漏点检测设备和在线剥离试验装置。

6.1.16 管端清理工序应设置能除去钢管端部涂层的机械设备。

6.1.17 标记工序应设置钢管外涂层喷印装置。喷印装置宜选择自动喷印机。

6.1.18 钢管外涂层机组宜设置外涂层修补设备。

6.2 钢管内涂层机组设备

6.2.1 钢管内涂层机组应具备全线基础自动化控制。

6.2.2 内表面清理前应设置对钢管表面无污染的预热设备，并应配置测温装置。

6.2.3 内表面清理设备选择应符合下列要求：

1 管径大于或等于500mm时，宜设置内抛丸机，管径小于500mm时，可采用内喷砂或内喷丸机。

2 在钢管两端应设置管端密封集尘仓，并应具备与清理系统联锁和自动报警的功能。

3 应具备磨料分离筛选、循环利用的功能。

4 应配备粉尘回收、过滤除尘系统。

6.2.4 涂敷前应设置内表面微尘清除装置，设置加热装置时不应对钢管内表面造成污染。

6.2.5 采用熔结环氧粉末涂敷工艺时，涂敷前应设置具备钢管表面温度连续监控、记录和报警功能的装置。

6.2.6 喷涂工序应设置转速可调的钢管旋转装置。

6.2.7 熔结环氧粉末喷涂设备选择应符合下列要求：

1 应设置与钢管相对移动的喷枪，移动速度可无级调节。

2 在钢管两端应设置带有粉末回收系统的回收仓。

3 每把喷枪参数应能够单独调节。

6.2.8 双组分液体涂料喷涂设备选择应符合下列要求：

1 应设置与钢管相对移动的喷枪，移动速度可无级调节。

2 在钢管两端应设置带有引风系统的收集仓。

3 管径大于或等于200mm时，宜选用高压无气喷涂装置。

6.2.9 双组分液体涂料涂敷后应设置带有引风系统的溶剂吹扫装置，送风系统应带有滤尘装置。

6.2.10 后处理设置的加热固化装置不应对内涂层造成污染。

6.2.11 标记工序应设置钢管内涂层喷印装置。喷印装置宜选择自动喷印机。

6.2.12 钢管横向输送宜采用有升降机构的横向移送装置。

6.2.13 钢管内涂层机组宜设内涂层修补设备。

7 工作制度、工作时间和机组负荷率

7.0.1 钢管涂层机组的工作制度应按连续工作制设计。

7.0.2 机组的年规定工作时间、年有效工作时间和年实际工作时间，应符合表7.0.2的规定。

表7.0.2 机组的年规定工作时间、年有效工作时间和年实际工作时间

序号	机组	年规定工作时间（h）	年有效工作时间（h）	年实际工作时间（h）
1	外涂层机组	≥7500	≥6500	5200～6200
2	内涂层机组			

注：外涂层机组、内涂层机组连线布置组成内外涂层联合机组时，机组的年规定工作时间、年有效工作时间和年实际工作时间的设计也应符合表7.0.2的规定。

7.0.3 机组的负荷率不应低于80%。

8 机组生产能力计算

8.0.1 在初步设计阶段，应对机组及其主要工艺设备的生产能力进行计算。机组生产能力计算应包括机组的小时生产能力计算和机组的年实际工作时间计算。

8.0.2 机组和机组内各主要工艺设备的生产能力计算，应符合下列要求：

1 应根据机组的产品大纲，选择有代表性的品种规格编制成代表品种规格产品大纲进行计算。

2 机组的小时生产能力应为机组内在线的各工艺设备小时生产能力的最小值。

3 机组的小时生产能力，应符合下列要求：

1）钢管外涂层机组的小时生产能力，可按下式计算：

$$A_n=60V_nq_nK_n \tag{8.0.2-1}$$

式中：A_n——按品种规格计算的小时产量（m^2/h）；

V_n——按品种规格确定的钢管纵向涂敷速度（m/min）；

q_n——按品种规格计算的涂敷后每米管长的涂层面积（m^2/m）；

K_n——所计算品种规格的合格率，宜大于或等于98%；

n——表示不同的品种规格的数字序号。

2）钢管内涂层机组的小时生产能力，可按下式计算：

$$A_n=\frac{60\pi D_nL_nK_n}{1000T_n} \tag{8.0.2-2}$$

式中：T_n——按品种规格计算的涂敷每根钢管的周期时间（min）；

D_n——按品种规格计算的涂敷钢管的内径（mm）；

L_n——按品种规格计算的涂敷每根钢管的长度（m）。

4 机组的年实际工作时间应按下式计算：

$$T_y=\frac{P_1}{A_1}+\frac{P_2}{A_2}+\cdots+\frac{P_n}{A_n} \tag{8.0.2-3}$$

式中：T_y——机组的年实际工作时间（h）；

P_n——按品种规格分配的产品大纲中的年产量（m^2）。

5 外涂层机组、内涂层机组连线布置组成内外涂层联合机组时，机组的小时生产能力应为联合机组内在线的各工艺设备小时生产能力的最小值。

9 车间平面布置

9.0.1 钢管涂层车间设备布置应根据生产工艺流程、机组数量进行布置，可在一个车间内布置一套钢管涂层机组，也可根据生产规模，在同一车间布置两套或两套以上钢管涂层机组。

9.0.2 钢管涂层车间布置应顺畅、紧凑，并应留有工艺设备、其他设施及管路系统安全操作和维护的空间。

9.0.3 钢管涂层车间内应设置备品备件、工装件、工具、生产消耗材料的运输通道和供生产、操作人员通行的人行通道。车间内的运输通道和人行通道应安全、畅通。在车间生产和检修过程中需要跨越设备的地方，应设置人行安全桥。人行通道和人行安全桥的设计，应符合国家现行行业标准《轧钢安全规程》AQ 2003的有关规定。

9.0.4 钢管涂层车间设计应留有合适的工具存放、设备检修、废次品处理或堆放的场地。

9.0.5 钢管涂层车间原料钢管和成品钢管堆放场地，宜设置于车间主厂房外，堆放场地面积应保证正常生产需要，并应配置必要的起重运输设备。原料钢管堆放场地露天设置时，涂层机组前宜设置原料钢管自然均温场所。

9.0.6 钢管涂层车间操作室的设计，应符合现行国家标准《生产设备安全卫生设计总则》GB 5083的有关规定。

9.0.7 钢管涂层车间主厂房内可根据需要配置电动桥式起重机。起重机的起重量、起升高度和负荷率，应满足生产、检修和故障处理对涂层材料、取样、废料和设备检修件等的吊运要求。

车间主厂房内不设置起重机时，应选择叉车等起重运输设备对涂层材料、取样、废料和设备检修件等进行运输，并应在车间平面布置时设计相应的运输通道。

10 其 他 设 施

10.0.1 车间应根据钢管涂层产品技术标准及订货技术条件配备检验机械性能、工艺性能的相关设施。检验设施应包括在线检验设施和离线检验设施。离线检验设施应至少包括电热鼓风干燥箱、涂层弯曲仪、压痕硬度试验仪、差示扫描量热仪、体视显微镜、阴极剥离试验装置、熔指测定仪等。

10.0.2 车间设置的涂层材料、抛丸或喷砂（丸）磨料仓库应靠近主厂房独立设置，仓库的面积应满足涂层机组正常生产的需要。涂层材料、抛丸或喷砂（丸）磨料仓库及其配套起重运输设备，应符合现行国家标准《爆炸和火灾危险环境电力装置设计规范》GB 50058和《钢铁冶金企业设计防火规范》GB 50414等的有关规定。

10.0.3 车间应设置相应的水处理系统，水冷工序用水、工艺设备冷却用水应设计为循环水系统。

10.0.4 车间抛丸或喷砂（丸）、吹扫、管端清理、粉末喷涂等设备，应配备相应的通风除尘系统。

10.0.5 双组分液体涂料内涂层机组应配备局部通风设施和有机废气净化装置。

11 车间主要技术经济指标

11.0.1 钢管涂层车间设计文件中主要技术经济指标应包括涂层设计能力（m^2/a）、钢管规格范围（外径×壁厚）、机组型式、工艺设备总质量、电气设备安装总容量、主厂房面积、年有效工作小时、机组负荷率和单位产品消耗指标、车间职工总人数等内容。

11.0.2 主要技术经济指标中单位产品消耗指标应包括电耗量、水耗量、压缩空气消耗量、涂层材料消耗量、磨料消耗量等内容。

12 环境保护、劳动安全和工业卫生

12.0.1 车间的环境保护设计应符合现行国家标准《钢铁工业环境保护设计规范》GB 50406 和《钢铁工业资源综合利用设计规范》GB 50405 的有关规定。

12.0.2 车间的劳动安全和工业卫生设计应符合国家现行行业标准《轧钢安全规程》AQ 2003 和有关工业企业设计卫生标准的规定。车间内中频感应加热装置、各类机械设备以及钢管碰撞产生的噪声不能满足有关工业企业设计卫生标准的规定时，应采取设置隔音或消音装置等技术措施。在采取技术措施对噪声进行治理后，工作地点产生的噪声声级仍然超过规定限值时，可采用有效个人防护措施。

12.0.3 车间主厂房及辅助设施的防火设计应符合现行国家标准《钢铁冶金企业设计防火规范》GB 50414 的有关规定。

12.0.4 车间内空气质量应符合现行国家有关工作场所有害因素职业接触限值标准的规定。污染物排放应符合现行国家标准《大气污染物综合排放标准》GB 16297、《污水综合排放标准》GB 8978、《工业企业厂界环境噪声排放标准》GB 12348 和《一般工业固体废物贮存、处置场污染控制标准》GB 18599 的有关规定。

12.0.5 车间感应加热装置所产生的电磁辐射，应符合现行国家标准《电磁辐射防护规定》GB 8702 的有关规定。

12.0.6 液体涂料混合及喷涂区域和粉末静电喷涂区域的电气设备，应符合现行国家标准《爆炸和火灾危险环境电力装置设计规范》GB 50058 的有关规定。

本规范用词说明

1 为便于在执行本规范条文时区别对待，对要求严格程度不同的用词说明如下：

1）表示很严格，非这样做不可的：
正面词采用“必须”，反面词采用“严禁”；

2）表示严格，在正常情况下均应这样做的：
正面词采用“应”，反面词采用“不应”或“不得”；

3）表示允许稍有选择，在条件许可时首先应这样做的：
正面词采用“宜”，反面词采用“不宜”；

4）表示有选择，在一定条件下可以这样做的，采用“可”。

2 条文中指明应按其他有关标准执行的写法为：“应符合……的规定”或“应按……执行”。

引用标准名录

《爆炸和火灾危险环境电力装置设计规范》GB 50058

《钢铁工业资源综合利用设计规范》GB 50405

《钢铁工业环境保护设计规范》GB 50406

《钢铁冶金企业设计防火规范》GB 50414

《生产设备安全卫生设计总则》GB 5083

《电磁辐射防护规定》GB 8702

《污水综合排放标准》GB 8978

《工业企业厂界环境噪声排放标准》GB 12348

《大气污染物综合排放标准》GB 16297

《一般工业固体废物贮存、处置场污染控制标准》GB 18599

《轧钢安全规程》AQ 2003

中华人民共和国国家标准

钢管涂层车间工艺设计规范

GB 50714—2011

条 文 说 明

制 定 说 明

《钢管涂层车间工艺设计规范》GB 50714—2011，经住房和城乡建设部 2011 年 7 月 26 日以第 1080 号公告批准发布。

本规范制定过程中，编制组进行了深入的调查研究，总结了我国钢管涂层领域的实践经验，同时参考了国外钢管涂层产品的先进技术法规、技术标准。

为便于广大设计、施工、科研、学校等单位有关人员在使用本规范时能正确理解和执行条文规定，《钢管涂层车间工艺设计规范》编制组按章、节、条顺序编制了本规范的条文说明，对条文规定的目的、依据以及执行中需注意的有关事项进行了说明，还着重对强制性条文的强制性理由做了解释。但是，本条文说明不具备与标准正文同等的法律效力，仅供使用者作为理解和把握标准规定的参考。

目　次

1 总 则

1.0.1 本条说明制定本规范的目的。

1.0.2 本条规定了本规范所适用的钢管涂层机组及工程设计范围。其中，聚乙烯、聚丙烯钢管外涂层可在同一机组实现，其工艺过程和设备组成相同。

1.0.3 本条规定了新建、改建和扩建钢管涂层车间应执行的原则。

1.0.4 本条规定了本规范与国家现行有关标准的关系。

3 基 本 规 定

3.0.1 本条对工程建设立项阶段用户选择钢管涂层机组类型有指导作用。

3.0.2 钢管涂层车间建在原料钢管生产厂，可保证原料钢管质量；建设在原料钢管生产厂或涂层钢管产品使用现场附近，可降低钢管原料或涂层钢管成品的运输成本。

3.0.3 本条为强制性条文，必须严格执行。由于钢管涂层车间存在表面预处理工序产生粉尘、涂敷工序产生有害废气、钢管碰撞产生噪声以及双组分液体涂料、熔结环氧粉末涂料在混合或喷涂时存在火灾或爆炸危险性等因素，为确保文化教育、医疗卫生等公共建筑和居民区的安全，避免钢管涂层车间产生的有害物质或危险性对公共区域人群及设施造成危害或形成威胁，本条规定钢管涂层车间不得建设在文化教育、医疗卫生等公共建筑和居民区内。

3.0.4 本条为强制性条文，必须严格执行。为贯彻执行国家的安全卫生、环境保护的技术政策，规定在钢管涂层项目各阶段设计时，必须配套设计通风、除尘、净化处理等安全卫生、环境保护设施，确保钢管涂层车间产生的粉尘、有机废气等有害物质的排放浓度及排放总量控制在国家及地方规定的标准内。

3.0.5 钢管输送设备与钢管接触部位设防护衬垫，有利于原料钢管及半成品、成品涂层钢管表面质量的保护。

4 原料的选择及储存

4.0.1 本条规定了无缝钢管原料和焊接钢管原料条件。

符合焊接钢管产品标准规定的焊接钢管不一定都适合钢管涂层加工。

涂层钢管产品标准通常要求外焊缝余高低于2.5mm，为保证涂层钢管质量，降低涂层材料消耗，涂层钢管生产厂可在订货技术条件中，提出对原料钢管的要求比产品标准更高、更严的技术要求。

根据国内某些涂层钢管生产厂的经验，原料钢管外焊缝余高低于2.0mm较合适。

4.0.2 本条规定了聚乙烯、聚丙烯、胶粘剂材料的原料条件。

聚乙烯、聚丙烯、胶粘剂材料在防腐涂层钢管订货时，一般由买方提出执行的标准或订货技术条件，其中应明确规定聚乙烯、聚丙烯、胶粘剂材料性能的要求。

聚乙烯、聚丙烯、胶粘剂材料受潮会影响防腐层质量，涂敷厂存放过程中应防止受潮；聚乙烯、聚丙烯、胶粘剂材料混入异物，不但影响防腐层质量，还会对挤出机造成损坏，涂敷厂存放过程中应采取有效措施防止污染。

4.0.3、4.0.4 这两条规定了双组分液体涂料和粉末涂层材料的原料条件。

一般双组分液体涂料和粉末涂层钢管订货时，买方会提出执行的标准或订货技术条件，其中应明确规定双组分液体涂料和环氧粉末涂料的性能要求。

涂层材料的储存设施设计除应符合现行国家、行业有关防火、防爆、劳动安全等方面的规定外，双组分液体涂料的A、B组分还应分开存放在阴凉、干燥、通风处，避免阳光直射。夏季可在常温下存放，冬季宜采取保温措施，避免温度过低，以方便涂料的使用；环氧粉末涂料受热、受潮后易结块，影响粉末流化，易产生堵枪、堵管、堵泵，对涂层质量也会产生影响，因此在设计储存设施时，需考虑涂料生产厂家推荐的储存条件。

双组分液体涂料必须混合使用，混合比例应符合涂料生产厂家的规定，涂敷后钢管的涂层性能才能达到要求。

在采用先内后外涂敷工艺时，由于在生产外涂层时，内涂层有二次受热问题。普通型的内涂层在二次受热时可能导致涂层失效，所以推荐选择耐高温型涂料。

5 钢管涂层机组生产工艺

5.1 钢管外涂层机组生产工艺

5.1.1 本条规定了钢管外涂层机组生产工艺的选择原则，其中，中小口径钢管更适合采用环形挤出包覆生产工艺，中大口径钢管更适合采用侧向挤出缠绕生产工艺。

5.1.3 本条规定了钢管外涂层机组生产工艺应具有的基本组成部分。

5.1.4 本条规定了钢管表面预处理应具有的生产工序。其中，清洗工序将有利于保证彻底清除钢管表面油脂污染，降低抛丸（或喷砂）磨料的污染，提高涂层与钢材间的附着力。清洗可采用溶剂清洗、碱洗、高压水冲洗等方式。外表面微尘处理包括对钢管外抛丸（或喷砂）后毛刺等表面附着物的清理。

5.1.5～5.1.7 这几条规定了环形挤出包覆、侧向挤出缠绕及熔结环氧粉末喷涂工艺涂敷部分应具有的生产工序。通过对钢管外涂层机组涂敷部分应具有工序的规定，规定了机组应当达到的工艺技术水平。其中，分管工序可设置在水冷前后或水冷中间。

5.1.9 本条规定了后处理应具有的生产工序。在涂层车间工艺设计时，可根据实际情况选择相应的工艺顺序。

5.1.10 在聚乙烯或聚丙烯钢管外涂层生产时，涂层材料容易受潮，在涂层材料仓储时需要注意，特别是在湿度较大的环境条件下，为避免含水率过高影响涂层性能，在涂敷前宜对涂层材料烘干处理。

5.1.12 为保证熔结环氧粉末涂层质量，用于粉末喷涂的压缩空气需经过冷却、干燥、净化处理。

5.2 钢管内涂层机组生产工艺

5.2.1 本条规定了钢管内涂层机组生产工艺的选择原则。

5.2.2 熔结环氧、聚乙烯或聚丙烯涂层涂敷都需要加热钢管，内外涂敷又不能同时进行，采用熔结环氧内涂层时，先进行内涂层涂敷，内涂层有钢管保护，二次加热时内涂层不易受损，如先进行外涂层涂敷，再涂敷内涂层，则加热后的外涂层容易受损，所以推荐先进行熔结环氧内涂层涂敷，再进行外涂层涂敷，即采用先内后外的涂敷顺序。双组分液体内涂层生产一般是在常温下进行，所以可采用先外后内的涂敷顺序。

5.2.3 本条规定了钢管内涂层机组生产工艺应具有的基本组成部分。

5.2.5 采用抛丸方式对钢管内表面进行清理具有效率高、能耗低的优点。目前抛丸机适应直径大于或等于500mm的钢管进行内表面清理，对于管径小于500mm的钢管内表面清理可采用喷砂或喷丸方式。

5.2.7 高压无气喷涂具有效率高、一次喷涂厚度大、飞散小的特点，但不适于管径小于200mm的钢管涂敷，所以本规范推荐管径大于或等于200mm时采用高压无气喷涂工艺，对于管径小于200mm的钢管可采用旋杯喷涂或空气喷涂等方式。

5.2.9 人工检查包括湿膜检验等。

6 钢管涂层机组设备选择

6.1 钢管外涂层机组设备

6.1.1 本条规定了钢管外涂层机组的自动化控制水平。提高机组的自动化水平，有利于提高机组的劳动生产率、提高产品质量、降低消耗。

全线基础自动化控制系统包括机组内各设备的控制器、人机接口（HMI）、通信网络等系统硬件及应用软件和必要的过程数据采集系统等内容，还可根据涂层钢管生产厂家需要留有与过程自动化系统、制造执行系统的通信接口。

6.1.2 目前我国涂层钢管生产厂家遇到钢管表面油脂污染时，多为人工采用溶剂擦除钢管表面油脂的方法。为使清洗效果稳定、受控，降低工人劳动强度，本规范推荐选用自动清洗设备完成钢管表面清洗工序。此外，清洁、稳定的钢管表面质量还可以起到减轻抛丸（或喷砂）磨料污染，提高抛丸（或喷砂）清理质量，降低磨料消耗的作用。

6.1.5 经预处理后的钢管表面在涂敷前仍可能残留一些铁粉、灰尘等微尘颗粒，应采用清洁的毛刷清除。为防止清除后的微尘产生二次污染，改善车间工作环境，应对清除后的微尘收集处理。

6.1.6 在进行外涂层涂敷前，对钢管外表面加热到工艺所需温度，而不必对整个管体进行加热，可降低机组的能源消耗，同时在后续水冷工序中也可减少冷却水的消耗。本规范推荐采用中频感应加热方式对钢管外表面加热，对钢管外表面不产生污染，其能源消耗也较低。

6.1.8 粉末喷涂中必然会产生一定量的回收粉，可在一定范围内经筛选、磁选后回收利用，以节约生产成本。粉末喷涂中喷枪气体量变化对出粉量及喷涂效果影响较大，应保证供气压力的稳定性。

6.1.9 采用可移动方式的挤出机有利于提高涂层机组对不同涂料的工艺适应性，以达到最佳的涂敷质量。

6.1.10 环形挤出设备带有负压装置的包覆模具，有利于避免涂层产生孔隙。

6.1.11 模口宽度、模唇间隙以及压辊压力、位置可调，有利于涂敷工艺参数及涂层厚度的调整。

6.1.12 温度、湿度条件不同，涂料吸潮程度不同，在上料前设置烘干工序时，需要采用不同的干燥温度对涂料烘干。

6.1.14 一般要求水冷后涂层温度不大于60℃，以避免涂层受压产生破损，因此外涂层机组水冷装置长度以及冷却水量应足够。

6.1.17 本规范推荐采用自动喷印装置，可改善工人劳动条件，提高作业效率。

6.2 钢管内涂层机组设备

6.2.1 本条规定了钢管内涂层机组的自动化控制水平。提高机组的自动化水平，有利于提高机组的劳动生产率、提高产品质量、降低消耗。

6.2.2 目前内表面清理预热的加热方式有中频感应加热、燃气加热、燃油加热、电加热鼓风等，本条未规定具体的方式，仅规定加热时不得造成钢材表面污染，从而保证清理效果。

6.2.3

1 目前内抛丸机只能适应管径大于或等于500mm的钢管，而喷砂或喷丸机可适应各种管径。采用抛丸机对钢管进行清理具有效率高、耗能低的优点，所以本款规定管径大于或等于500mm的钢管宜采用内抛丸机对钢管内表面进行清理，管径小于500mm的钢管可采用喷砂或喷丸机。

6.2.8 由于高压无气喷涂具有效率高、一次喷涂厚度大、飞散小的优点，所以推荐管径大于或等于200mm时宜选用高压无气喷涂装置。

6.2.9 由于双组分液体环氧涂料含有机溶剂，涂敷后如不进行溶剂吹扫，则大量的溶剂蒸汽会聚集在车间内，既不利于消防又会对操作人员健康产生影响。

6.2.10 目前加热固化装置有电热热风循环、燃油热风循环、燃气热风循环等加热方式，本条未规定具体的方式，仅规定加热时不得对内涂层产生污染，影响内涂层产品质量。

6.2.11 本规范推荐采用自动喷印装置，可改善工人劳动条件，提高作业效率。

7 工作制度、工作时间和机组负荷率

7.0.1 本条规定了钢管涂层机组的工作制度。在设计时，钢管涂层机组都应按连续工作制设计。全年除必要的检修、换工具、故障等停车时间外，应考虑连续作业。

7.0.2 本条规定了机组的年规定工作时间、年有效工作时间和年实际工作时间指标。这些指标在一定程度上可以反映机组的复杂程度和装备水平。

7.0.3 本条规定了机组的最低负荷率，表明在设计中应选择与产品大纲规定的产量相匹配的机组。

8 机组生产能力计算

8.0.1 本条规定了在初步设计阶段需要进行详细计算的内容。对其他设计阶段的计算在本规范中不作规定。

8.0.2 本条规定了机组生产能力的计算方法和要求，以统一计算方法。

9 车间平面布置

9.0.1、9.0.2 这两条规定了车间工艺平面布置设计应该遵循的一般原则。

9.0.3 本条规定了车间工艺平面布置设计应该考虑的安全因素。

9.0.4 本条规定了车间工艺平面布置设计应该考虑工具堆放场地、设备检修场地、废次品处理或堆放场地的原则。

9.0.5 本条规定的目的是在满足生产要求的前提下，为了减少不必要的厂房或土地占用，节约投资和土地资源，原料钢管和成品钢管仓库可露天设置。原料钢管堆场存放的钢管应保证机组连续生产的需要。成品钢管堆场面积应保证成品钢管等待检验结果和组批发运。成垛露天堆放的原料钢管在阳光照射下，顶层与底层钢管温度差异较大，如果直接用于涂层加工，将影响钢管表面清理质量。

9.0.6 本条规定的目的是改善生产工人的操作环境。

9.0.7 车间起重机的设置，既是为了满足生产的需要，也可降低工人的劳动强度。当车间主厂房内不设置起重机时，应选择叉车等起重运输设备对涂层材料、取样、废料等进行搬运，以尽量降低工人的劳动强度。

10 其他设施

10.0.1 为确保钢管涂层产品质量，规定了钢管涂层车间应配备必要的理化检验设施，其中在线检验设施已在第6章钢管涂层机组设备选择中规定。

10.0.2 仓库尽量靠近主厂房独立设置，既便于车间管理，也可改善车间工作环境，仓库的面积应保证机组连续生产的需要。双组分液体涂料、环氧粉末涂料等原材料仓库及其配套起重运输设备应符合现行国家有关标准的规定，目的是强调其储存及运输设施应特别注重防火、防爆等设计。

10.0.5 双组分液体涂料涂敷时，来自喷涂工位和溶剂吹扫及固化装置等处的废气主要为芳香烃、醇醚类和酯类等有机溶剂。为加强钢管涂层车间的环境友好性，改善工人的生产操作环境，规定双组分液体钢管内涂层机组应设置局部通风设施和有机废气净化装置。有机废气可选择催化燃烧或蓄热式热力燃烧系统等方式燃烧净化处理。

11 车间主要技术经济指标

11.0.1 本条规定了钢管涂层车间设计文件中应包括的技术经济指标的主要内容。

11.0.2 本条规定了主要技术经济指标中单位产品消耗指标应包括的主要内容。

12 环境保护、劳动安全和工业卫生

本章规定的目的是要求项目建设必须符合国家对安全生产、防火、环保和劳动保护方面的规定，以保证工作人员的劳动安全和身心健康。

中华人民共和国国家标准

地铁工程施工安全评价标准

Standard for construction safety assessment of metro engineering

GB 50715—2011

主编部门：中华人民共和国住房和城乡建设部
批准部门：中华人民共和国住房和城乡建设部
施行日期：2 0 1 2 年 6 月 1 日

中华人民共和国住房和城乡建设部
公　　告

第1106号

关于发布国家标准《地铁工程施工安全评价标准》的公告

现批准《地铁工程施工安全评价标准》为国家标准，编号为GB 50715—2011，自2012年6月1日起实施。其中，第4.3.13（1）、4.3.16(2)、5.1.8(2)、5.2.15(4)、5.2.16(4)、5.3.4(4)、5.3.12(3)、5.3.16(2)条（款）为强制性条文，必须严格执行。

本标准由我部标准定额研究所组织中国计划出版社出版发行。

中华人民共和国住房和城乡建设部

二〇一一年七月二十六日

前　　言

本标准是根据住房和城乡建设部《关于印发〈2008年工程建设标准规范制订、修订计划（第一批）〉的通知》（建标［2008］102号）的要求，由华中科技大学会同有关单位共同编制而成的。

本标准在编制过程中，认真总结实践经验，参考有关国内标准和国外先进标准，广泛征求意见，多次开展专题研究和技术研讨会，进行了多次的研讨和修改，最后经审查定稿。

本标准共分8章和5个附录，主要内容有：总则，术语，基本规定，地铁工程施工安全组织管理评价，地铁工程施工安全技术管理评价，地铁工程施工环境安全管理评价，地铁工程施工安全监控预警管理评价，地铁工程施工安全管理总体评价等。

本标准中以黑体字标志的条文为强制性条文，必须严格执行。

本标准由住房和城乡建设部负责管理和对强制性条文的解释，由华中科技大学负责具体技术内容的解释。在本标准的执行过程中，请各单位结合工程实践，认真总结经验，积累资料。如发现需要修改或补充之处，请及时将意见和有关资料，寄送华中科技大学（地址：湖北省华中科技大学土木工程与力学学院西六楼413室；邮政编码：430074），以便今后修订时参考。

本标准主编单位、参编单位、主要起草人和主要审查人：

主编单位： 华中科技大学
武汉市市政建设集团有限公司

参编单位： 中铁第四勘察设计院集团有限公司
北京城建设计研究总院有限公司
上海建科工程咨询有限公司
北京市劳动保护科学研究所
中铁四局集团有限公司
中铁隧道集团有限公司
中铁十一局集团有限公司
中交第二航务工程局有限公司
中铁十九局集团有限公司
上海天佑工程咨询有限公司
武汉地铁集团有限公司
沈阳地铁集团有限公司
郑州市轨道交通有限公司
清华大学
同济大学
东南大学
哈尔滨工业大学

主要起草人： 丁烈云　谢先启　骆汉宾　邓利明
肖铭钊　朱　丹　熊朝辉　王金龙
吕培印　梁立刚　周红波　姚　浩
张　辉　陈虹桥　周振强　叶永茂
李勇军　张丕界　张旭东　刘　斌
翟世鸿　李志华　石旭东　姚春桥
林　涛　仝学让　司海燕　严文荣
方东平　佟瑞鹏　孙继德　李启明
邓小鹏　张守建　苏义坤　余群舟
覃亚伟　张　伟　吴贤国　付菲菲

主要审查人： 钱七虎　施仲衡　秦国栋　张　雁
张晋勋　杨树才　戎晓力　刘卡丁
蒋玉琨　吴焕君　周　建

目　次

Contents

1 总　　则

1.0.1 为贯彻“安全第一，预防为主，综合治理”的方针，加强地铁工程施工阶段的安全管理工作，实现地铁工程施工安全评价工作的规范化和制度化，避免和减少各类安全事故的发生，降低人员伤亡和经济损失，制定本标准。

1.0.2 本标准适用于政府主管部门和参与地铁施工的各方对地铁工程施工的安全组织管理、安全技术管理、环境安全管理、安全监控预警管理的检查和评价。

1.0.3 地铁工程施工安全评价的基本对象应为一个车站或一个区间，也可对整个地铁线路网或一条线路的施工安全进行评价，可采用逐一评价的方法，也可采取抽样的方式。

1.0.4 地铁工程施工安全评价应分为施工准备、施工实施以及施工完成3个阶段的安全管理评价，本标准应为其评价的依据。

1.0.5 在进行地铁工程施工安全评价时，除应符合本标准外，尚应符合国家现行有关标准的规定。

2 术　　语

2.0.1 地铁　subway

列车沿全封闭线路运行的大运量城市轨道交通，通常设在地下隧道内，也包括在城市中心以外地区从地下转到地面或高架桥上的部分。

2.0.2 安全评价　safety assessment

以实现工程、系统安全为目的，应用安全系统工程原理和方法，对工程、系统中存在的危险、有害因素进行识别与分析，判断工程、系统发生事故和急性职业危害的可能性及其严重程度，提出安全对策建议，从而为工程、系统制定防范措施和管理决策提供科学依据。

2.0.3 安全组织管理评价　safety organizational management assessment

针对地铁工程施工过程中各参建单位安全组织的规范性、安全职责的合理性，以及各自履行安全管理职责的状况进行评价，判断地铁工程施工过程中各参建单位的安全组织管理水平。

2.0.4 安全技术管理评价　safety technology management assessment

针对地铁工程施工阶段采用的各种施工工法，如明（盖）挖法施工、暗挖法施工、盾构法施工，以及高架车站及区间施工、安装工程施工的安全技术水平进行评价，判断地铁各部分施工的安全技术管理水平。

2.0.5 施工环境　construction environment

地铁工程施工影响范围内的地质水文、地表形状、周边建筑物或构筑物及地下管线等环境。

2.0.6 环境安全管理评价　environmental safety management assessment

针对地铁工程施工影响范围内的周边环境的安全管理状况进行评价，判断其环境安全维护措施的有效性以及环境状况的安全水平。

2.0.7 监控预警　monitoring and early warning

地铁工程施工中对围岩、地表、围护结构及周边环境的状况进行动态的经常性观察和量测工作，根据其风险程度发出不同级别的警示，并预先采取相应的应对措施。

2.0.8 安全监控预警管理评价　safety monitoring and early warning management assessment

针对地铁工程施工安全风险管理和监控预警的实施方案及执行情况进行评价，判断其安全监控的全面性和预警措施的及时有效性。

2.0.9 安全监控预警机构　safety monitoring and early warning agencies

由建设单位委托开展工程安全监控预警的组织。

3 基 本 规 定

3.1 评 价 体 系

3.1.1 地铁工程施工安全评价体系应由地铁工程施工安全组织管理评价、地铁工程施工安全技术管理评价、地铁工程施工环境安全管理评价和地铁工程施工安全监控预警管理评价4部分组成。

3.1.2 地铁工程施工安全组织管理评价应基于“以人为本”的指导思想，并应重点评价建设单位、勘察设计单位、施工单位、监理单位、监测单位履行各自施工安全管理职责的状况和水平。

3.1.3 地铁工程施工安全技术管理评价应针对地铁区间和车站采用的主要施工方法及安装工程中与安全相关的技术要求进行评价，并应评价地铁施工的安全技术管理水平。

3.1.4 地铁工程施工环境安全管理评价应针对施工影响范围内的地质水文、地表形状、周边建筑物或构筑物及地下管线等环境进行评价，并应评价其环境安全维护措施的有效性和环境状况的安全水平。

3.1.5 地铁工程施工安全监控预警管理评价应体现“安全第一、预防为主”的指导思想，并应评价其安全监控的全面性和预警措施的有效性。

3.1.6 地铁工程施工安全总体评价应在施工安全组织管理、施工安全技术管理、施工环境安全管理、施工安全监控预警管理评价基础上，进行安全评分汇总和安全管理水平定级，并应作出安全评价结论，同时应编制地铁工程施工安全评价报告。

3.2 评 价 程 序

3.2.1 评价组织应由总体评价组和按评价单元划分的各专业评价小组组成，总体评价组组长应对整个评价工作和评价结果总负责，各专业评价小组组长应对本评价单元的评价负责。评价成员可由从事地铁施工安全管理的人员、从事地铁专业技术的技术人员和其他具有安全评价资格的安全评价人员组成。

3.2.2 地铁工程施工安全评价的组织工作应由准备工作、实施评价和编制评价报告3部分组成。

3.2.3 准备工作应包括下列内容：

1 确定本次评价的对象和范围，编制施工安全评价计划。

2 准备有关地铁工程施工安全评价所需的相关法规和标准等资料。

3 施工安全评价计划宜事先通知被评价方，被评价方应准备好评价组织方需要的资料。

3.2.4 实施评价应包括下列内容：

1 对相关单位提供的地铁工程施工技术和管理资料进行审查。

2 按事先拟定的现场检查计划，查看地铁工程施工各参建单位的安全管理、施工技术的安全实施、施工环境的安全管理、监控预警的安全控制工作是否到位以及是否符合相关法规、规范的要求，并按本标准的有关规定进行评价和打分。

3 进行安全评价总分计算和安全水平划分。

4 在本条第1款～第3款工作的基础上，评价组织方提出安全评价结论，编制安全评价报告。

3.2.5 编制评价报告应符合下列规定：

1 评价报告内容应全面，条理应清楚，数据应完整，并应提出可行性建议，评价结论应客观公正；文字应简洁、准确，论点应明确，并应利于阅读和审查。

2 评价报告的主要内容应包括评价对象的基本情况、评价范围和评价重点、安全评价结果及安全管理水平、安全对策意见和建议。

3 地铁工程施工安全评价报告宜采用纸质载体，辅助宜采用电子载体。

3.3 评 分 方 法

3.3.1 本标准应对地铁工程施工安全的评价采用检查评价表的形式对各评价项目进行打分，应分为安全组织管理评价表、安全技术管理评价表、环境安全管理评价表和安全监控预警管理评价表。

3.3.2 各评价分项的打分应采用扣分法，应得分减去扣分应为该项实得分，实得分不得为负，扣减分数总和不得超过该评价分项应得分值。

3.3.3 各评价分项评分应符合下列规定：

1 评价内容符合要求时，不应扣分。

2 评价内容部分符合要求或评价内容不符合要求，但有补救措施时，应酌情扣分。

3 扣分标准应符合本标准附录A～附录D的规定。

3.3.4 各评价项目满分分值应为100分。各评价项目的实得分应为相应评价分项实得分之和。

3.3.5 在各评价项目中，应设立关键性项目和一般性项目。关键性项目不符合要求时，应扣除该关键性项目所属评价分项的全部分值。

3.3.6 在进行施工安全组织管理评价时，应对参建单位人员的资格以及培训考核情况进行随机抽样考核。

3.3.7 评分项目有缺项时，其有缺项评价项目的实得分应按下式进行换算：

$$\begin{array}{c}\text{有缺项评价项目}\\\text{的实得分}\end{array}=\frac{\text{可评项目的实得分之和}}{\text{可评项目的应得分之和}}\times 100 \tag{3.3.7}$$

4 地铁工程施工安全组织管理评价

4.1 建设单位安全管理评价

4.1.1 建设单位安全管理评价应包括安全管理机构与人员、安全管理责任制与目标管理、安全管理制度3个评价项目。

4.1.2 建设单位安全管理评价可按本标准表A.0.1确定的评价内容及其分值进行评价。

4.1.3 建设单位安全管理评价应包括下列内容：

1 查阅相关安全管理制度文件。

2 查阅安全管理人员编制及档案。

3 查阅安全生产控制指标档案及每年事故处理相关档案。

4 查阅安全投入等资金证明文件。

5 逐项打分。

（Ⅰ）安全管理机构与人员

4.1.4 安全管理机构与人员评价应包括安全管理机构、安全管理人员2个分项。

4.1.5 安全管理机构评价应符合下列规定：

1 安全管理应有专门机构设置。

2 安全管理机构应有明确、合理的管理职责。

3 安全管理机构应制定安全管理的规章制度、管理流程。

4.1.6 安全管理人员评价应符合下列规定：

1 安全管理人员应配备专职人员，并应与工程建设规模相适应。

2 安全管理人员应有明确、合理的安全管理职责。

（Ⅱ）安全管理责任制与目标管理

4.1.7 安全管理责任制与目标管理应包括安全管理责任制、安全目标管理2个分项。

4.1.8 安全管理责任制评价应符合下列规定：

1 主要负责人及安全管理人员应签订安全管理责任状。

2 应有主要负责人及安全管理人员的职责履行考核记录。

4.1.9 安全目标管理评价应符合下列规定：

1 应有明确的施工安全管理目标，并应写入企业管理规章制度中。

2 应有明确的施工安全管理目标的量化分解。

3 每年应至少进行一次安全目标评价，并应记录。

（Ⅲ）安全管理制度

4.1.10 安全管理制度评价应包括安全投入制度、安全培训制度、安全检查制度、安全技术保障制度和应急预案及演练5个分项。

4.1.11 安全投入制度评价应符合下列规定：

1 建设单位的企业年度预算中应包含配备劳动防护用品及进行安全生产培训的经费。

2 建设单位编制的工程项目概算或预算中应列有安全施工措施费、安全风险评估费、工程监测费、工程周边环境调查费及现状评估费等保障工程安全所需的费用。

3 建设单位应及时办理与工程施工安全相关的保险。

4.1.12 安全培训制度评价应符合下列规定：

1 建设单位应定期开展施工安全法规、政策文件、管理制度、安全技术技能的培训，管理者和工作人员均应参加，并应有培训记录。

2 建设单位应对每一批新员工进行安全法规、安全技能的培训和考核，并应有培训和考核记录。

4.1.13 安全检查制度评价应符合下列规定：

1 建设单位应定期对地铁工程施工现场安全状况进行全面检查，并应有检查结果和安全隐患的记录。

2 建设单位应责令施工单位、监理单位及时消除检查出的隐患，应达到安全施工要求，并应保留相关记录。

3 建设单位应定期对本单位施工安全管理进行自查，并应有检查记录和总结报告。

4 建设单位应建立完整的施工安全管理档案制度，应包括施工安全管理规章制度、施工安全保障方案、施工安全检查及复查记录、施工安全隐患排查记录、事故处理记录等。

4.1.14 安全技术保障制度评价应符合下列规定：

1 建设单位应向勘察设计单位和施工单位提供规划方案，以及施工现场周边建筑物或构筑物、地质水文、地下管线等相关资料，并应有移交资料的记录。

2 建设单位应组织专家对工程重大风险源进行风险评估，并应有评估报告。

3 建设单位应组织审查施工新技术、新材料、新工艺的应用，并应有相应记录。

4 建设单位应委托有专业资质的单位对施工影响范围内的重点建筑物和构筑物进行鉴定，并应制定应对方案。

5 建设单位应委托工程监测单位进行第三方监测。

4.1.15 应急预案及演练评价应符合下列规定：

1 建设单位应组织编制应急预案，应急预案的内容应完善具体，并应明确相关组织机构和职责、事故预防措施和应急程序，以及救援保障措施等内容。

2 建设单位每年应至少组织一次施工现场应急预案和事故救援的演练，并应有文字记录或视听资料。

4.2 勘察设计单位安全管理评价

4.2.1 勘察设计单位安全管理评价应包括勘察设计工作与施工配合1个评价项目。

4.2.2 勘察设计单位安全管理评价可按本标准表A.0.2的规定进行评价。

4.2.3 勘察设计单位安全管理评价应包括下列内容：

1 查阅勘察设计单位企业营业执照、资质证书。

2 查阅相关勘察报告文件。

3 查阅相关勘察设计图纸及设计文件。

4 查阅相关设计变更文件。

5 查阅事故处理文档。

6 现场检查，逐项打分。

4.2.4 勘察设计工作与施工配合评价应包括勘察设计单位与人员、勘察工作、设计工作和施工配合4个分项。

4.2.5 勘察设计单位与人员评价应符合下列规定：

1 勘察设计单位的企业资质等级应与所承揽的勘察设计业务类型和规模相符。

2 勘察设计单位的项目负责人应具有相应的注册资格证书。

4.2.6 勘察工作评价应符合下列规定：

1 勘察单位应进行勘察成果交底，交底时应向设计单位、施工单位和监理单位解释勘察文件，并应说明不良地质条件导致的安全风险，必要时应针对特殊地质条件提出专项勘察建议，并应有记录。

2 勘察单位应按勘察合同进行必要的补勘，并应有补勘记录。

4.2.7 设计工作评价应符合下列规定：

1 设计单位提交的设计文件应符合国家规定的设计深度要求，应包括工程及其周边环境的监测要求和监测控制标准等内容；应对高风险工程进行专项设计，并应经审批或论证。

2 设计单位应进行设计文件交底，交底时应根据审查合格的施工图设计文件内容向施工单位作出详细说明，并应有记录。

3 设计变更应符合相关程序，并应有设计变更记录。

4.2.8 施工配合评价应符合下列规定：

1 勘察设计单位应委派专业技术人员配合工程施工，并应及时解决与勘察、设计工作有关的问题，同时应有记录。

2 勘察设计单位应参与工程质量安全事故的分析，并应对事故提出相应的技术处理方案或建议。

3 勘察设计单位应参加主要阶段的施工验收、试车和竣工验收，并应有记录。

4.3 施工单位安全管理评价

4.3.1 施工单位安全管理评价应包括安全管理机构与人员管理、安全生产制度和施工现场安全管理3个评价项目。

4.3.2 施工单位安全管理评价可按本标准表A.0.3确定的评价内容及其分值进行评价。

4.3.3 施工单位安全管理评价应包括下列内容：

1 查阅企业安全管理机构的人员编制及安全管理机构档案。

2 查阅企业营业执照、资质证书、安全生产许可证。

3 查阅安全管理人员的上岗证及其考核记录、安全教育培训记录。

4 查阅对分包单位、供应单位的管理记录。

5 查阅企业主要负责人、专职安全管理人员及项目经理的档案记录。

6 查阅企业财务提供的被评价项目安全投入、工伤保险、劳保用品、安全培训等的资金使用证明。

7 查阅安全检查制度文件和检查记录。

8 查阅生产安全事故及隐患排除的相关记录。

9 现场检查，逐项打分。

（Ⅰ）安全管理机构与人员管理

4.3.4 安全管理机构与人员管理评价应包括企业资质和从业人员资格、安全管理机构、对分包单位资质和人员资格管理、对供应单位管理4个分项。

4.3.5 企业资质和从业人员资格评价应符合下列规定：

1 施工单位应有安全生产许可证。

2 施工单位企业资质等级应与其所承揽的项目类型和规模相符。

3 施工单位项目经理、总工程师应按合同要求配置，并应全职在岗。

4 施工单位主要负责人、项目经理、专职安全生产管理人员，应接受施工安全技能与知识的培训，并应经考核合格后再任职，特种作业人员应持证上岗，培训和考核均应有相关证明或记录。

4.3.6 安全管理机构评价应符合下列规定：

1 施工单位及其施工项目部应按规定设置安全管理机构，并应配备专职安全管理人员。

2 安全管理机构应建立安全管理制度。

4.3.7 对分包单位资质和人员资格管理评价应符合下列规定：

1 施工单位应有对分包单位资质管理及施工现场控制的要求和规定。

2 分包单位主要负责人、项目经理、专职安全生产管理人员，应接受施工安全技能与知识的培训，并应经考核合格后再任职，特种作业人员应持证上岗，培训和考核均应有相关证明或记录。

4.3.8 对供应单位管理评价应符合下列规定：

1 施工单位应有对材料、设备及防护用品等供应单位的资格要求和规定。

2 供应单位提供的材料、设备及防护用品等应具备相关的合格证明文件。

（Ⅱ）安全生产制度

4.3.9 安全生产制度评价应符合下列规定：

1 施工单位应建立明确的企业安全生产管理规章制度，应包括安全生产责任制度、安全责任追究制度、安全生产资金保障制度、安全教育培训制度、安全检查制度、生产安全事故和隐患处理制度等内容。

2 施工单位与项目经理、分包单位、各工段、班组应逐级签订安全生产责任书；应建立主要负责人、项目经理及安全管理人员的安全生产责任制档案，并应有责任履行情况的记录。

3 施工单位应落实安全生产管理资金，为施工现场从事危险作业的人员办理意外伤害保险，应将安全措施费用用于施工安全防护用具及设施的采购和更新、安全施工措施的落实、安全生产条件的改善等，不得挪作他用，并应有相关使用记录。

4 施工单位应制定对项目经理、安全生产管理人员、特种作业人员、新进单位从业人员，以及待岗、转岗、换岗职工等人员的安全教育培训计划；应按计划实施安全教育培训，并应有相应记录。

5 施工单位相关安全管理人员应每天巡视工地，进行安全检查和沟通，应及时处理安全检查中发现的问题和隐患，并进行复查。检查、处理和复查的情况应有记录。

6 施工单位应制定事故及隐患应急预案，应配备应急救援人员、物资和材料，并应定期进行演练，同时应做记录。

7 对发生的安全事故，应按有关规定及时处理，并应有相应记录。

（Ⅲ）施工现场安全管理

4.3.10 施工现场安全管理评价应包括现场封闭管理、临时设施布置、安全警示标志布置、施工现场作业人员管理、机电及特种设备管理和现场消防管理6个分项。

4.3.11 现场封闭管理评价应符合下列规定：

1 施工现场围挡设置应符合国家有关规定。

2 施工现场应有固定出入口，并应设置大门，应设置专职门卫与保安人员。

3 进入现场的人员及车辆应有来访登记记录。

4.3.12 临时设施布置评价应符合下列规定：

1 应合理布置施工场地、制定施工平面规划，应将施工现场的办公、生活区与作业区分开设置，并应保持合理安全距离。

2 现场搭设的生活设施、办公设施、两层以上、大跨度等临时设施，应进行计算，并经技术负责人审批再搭设，同时应有记录。

3 现场各种电线的布设应符合国家有关安全用电管理的要求。

4.3.13 安全警示标志布置评价应符合下列规定：

1 施工现场的危险部位及设施设备应设有明显的地面标识、警戒围栏或安全引导语等安全警示标志；进行高空作业、有限空间作业等高危作业时，应布置明显的标识，并应显示工作状态。

2 应根据危险部位、设施设备，以及高危作业类型的不同确定安全警示标志的类型、数量。

3 安全警示标志设置后应进行统计记录，并应填写施工现场安全警示标志登记表。

4.3.14 施工现场作业人员管理评价应符合下列规定：

1 施工现场作业人员应具备相应的从业资格，特种作业人员应持证上岗。

2 施工现场作业人员应佩戴安全防护用具。

3 施工现场作业人员应佩戴工作卡，并应利用工作服颜色、安全帽标签等区别作业人员的资格。

4.3.15 机电及特种设备管理评价应符合下列规定：

1 机电及特种设备应有生产或制造许可证、产品合格证和检验合格证，并应现场可见。

2 机电及特种设备的使用、维修、保养、拆卸、报废，均应按专门规定执行。一旦出现故障或发生异常情况，施工单位应对其进行全面检查，并应在消除事故隐患后再重新使用。

4.3.16 现场消防管理评价应符合下列规定：

1 应定期对消防器材及消防应急物资进行核查，并应有记录。

2 应对从事有火灾危险的作业人员在作业前进行技术交底。

3 施工过程中，应定期组织火灾疏散演练，并应有记录。

4.4 监理单位安全管理评价

4.4.1 监理单位安全管理评价应包括监理单位与人员、监理安全工作制度和施工过程安全监理3个评价项目。

4.4.2 监理单位安全管理评价可按本标准表A.0.4的规定进行评价。

4.4.3 监理单位安全管理评价应包括下列内容：

1 查阅监理单位企业营业执照、资质证书。

2 查阅监理机构的组织架构、岗位职责分工。

3 查阅各岗位监理人员的有关资格证书、岗位证书及安全生产教育培训记录。

4 查阅监理规划、监理实施细则等相关文件资料。

5 查阅监理日志、监理月报等施工过程中监理文件。

6 现场检查，逐项打分。

（Ⅰ）监理单位与人员

4.4.4 监理单位与人员评价应符合下列规定：

1 监理单位企业资质等级应与所承揽的监理业务类型和规模相符。

2 总监理工程师和总监理工程师代表及专业监理工程师应经安全培训，并应取得经注册的执业资格证书。

3 监理员应具备上岗证书，并应按规定通过安全生产教育培训和考核。

（Ⅱ）监理安全工作制度

4.4.5 监理安全工作制度评价应符合下列规定：

1 应建立监理安全管理责任制。

2 应建立安全生产检查、监督和核验制度。

3 应建立工地安全例会制度。

4 应建立安全管理资料归档制度。

（Ⅲ）施工过程安全监理

4.4.6 施工过程安全监理评价应包括施工准备阶段的安全监理、实施阶段的安全监理、总结阶段的安全监理3个分项。

4.4.7 施工准备阶段的安全监理评价应符合下列规定：

1 监理单位编制的项目监理规划应包括安全监理的范围、内容、工作程序和制度措施，以及人员配备计划和职责等安全监理专题内容。

2 监理单位应编制监理实施细则，内容应包括安全监理方法、措施和控制要点等。

3 监理单位应对施工单位编制的施工组织设计和专项施工方案进行审查，并应有记录。

4 监理单位应对施工单位项目负责人、专职安全管理人员、特种作业人员和一般作业人员的从业资格进行审查，并应有记录。

5 监理单位应对施工单位的应急救援预案、安全防护措施费用使用计划进行审查，并应有记录。

4.4.8 实施阶段的安全监理评价应符合下列规定：

1 应有监理日志。

2 监理单位应定期召开现场监理例会，并应有会议记录。

3 监理单位应监督施工单位按审查合格的施工组织设计和专项施工方案组织施工，并应记入监理日志。

4 监理单位应对施工单位的施工作业情况进行巡视，应参加建设单位组织的安全生产专项检查，并应有检查记录。

5 监理单位应对施工过程中的危险性较大的施工作业开展旁站监理，并应有监理记录。

6 监理单位应对施工现场安全标志和防护措施是否符合国家现行有关标准、安全费用使用情况等开展检查，并应有检查记录。

7 监理单位应对各类安全隐患及时发出书面整改通知、暂停施工令，或直接向建设单位或主管部门报告。书面整改通知、暂停施工令、报告均应有记录。

4.4.9 总结阶段的安全监理评价应符合下列规定：

1 监理单位应编制阶段性的安全监理工作总结。

2 监理单位应将安全监理工作中的有关文件资料按国家有关城市建设档案管理的规定立卷归档。

4.5 监测单位安全管理评价

4.5.1 监测单位安全管理评价应包括监测单位与人员、监测方案与工作制度和监测实施3个评价项目。

4.5.2 监测单位安全管理评价可按本标准表A.0.5的规定进行评价。

4.5.3 监测单位安全管理评价应包括下列内容：

1 查阅监测单位营业执照、资质证书。

2 查阅监测机构的组织架构、岗位职责分工。

3 查阅各岗位监测人员的有关资格证书、岗位证书及安全生产教育培训记录。

4 查阅监测方案等相关文件资料。

5 查阅监测报告。

6 现场检查，逐项打分。

（Ⅰ）监测单位与人员

4.5.4 监测单位与人员评价应符合下列规定：

1 监测单位企业资质等级应与所承揽的监测业务类型和规模相符。

2 监测负责人应具有相应执业资格和地铁工程监测工作经验。

3 监测人员应具备上岗证书，并应按规定通过安全生产教育培训和考核。

4 监测人员及仪器的数量应满足监测工作需要。

5 监测仪器应定期校核，并应有记录。

（Ⅱ）监测方案与工作制度

4.5.5 监测方案与工作制度评价应包括监测方案和监测安全工作制度2个分项。

4.5.6 监测单位应编制监测方案，监测方案应经监测单位主要负责人签字，并应经监理单位审批后再实施。

4.5.7 监测安全工作制度评价应符合下列规定：

1 应建立监测安全管理责任制。

2 应建立监测检查、监督和核验制度。

3 应建立安全管理资料归档制度。

4 应建立数据处理和信息反馈的程序及制度。

（Ⅲ）监测实施

4.5.8 监测实施评价内容应符合下列规定：

1 监测仪器设备及元器件应鉴定合格后再使用，且仪器设备及元器件的精度应满足监测要求。

2 基准点和各类监测点应严格按审批后的监测方案布置，并应经监理、安全预警机构等单位验收。当监测点损坏后应及时修复或重布，并应有记录。

3 监测单位应及时向建设、监理、设计、安全预警机构等单位提供监测报告，报告应包括日报、周报、阶段性分析报告等。

4 监测单位应按监测方案实施监测，发现异常时，应进行分析，并应及时向相关单位反馈，同时应有分析和反馈记录。

5 当设计及施工方案有重大变更时，监测单位应会同相关单位及时调整监测方案。

6 监测单位应将工程监测资料按国家有关城市建设档案管理的规定立卷归档。

5 地铁工程施工安全技术管理评价

5.1 施工准备工作评价

5.1.1 施工准备工作评价应包括施工组织保障措施、施工管理保障措施、施工技术保障措施和施工经济保障措施4个评价项目。

5.1.2 施工准备工作评价可按本标准表B.0.1确定的评价内容及其分值进行评价。

5.1.3 施工准备工作评价应包括下列内容：

1 查阅施工项目部管理制度文件、部门职能档案及人员职责分工记录。

2 查阅施工项目部安全管理人力、物力和专项资金的投入计划。

3 查阅各类人员资格或上岗证书，各种设备、设施的产品合格证、检验检测合格证明。

4 查阅各类人员的安全培训与安全交底记录。

5 查阅企业为作业人员办理保险的相关记录。

6 查阅施工项目部安全目标与安全控制措施的文件。

7 查阅施工组织设计和专项施工方案。

8 查阅风险源清单、应急预案，以及现场各类应急物资、消防器材准备情况。

9 现场检查，逐项打分。

（Ⅰ）施工组织保障措施

5.1.4 施工组织保障措施评价应符合下列规定：

1 施工单位应根据合同约定建立符合本地铁工程项目特点的施工项目部。

2 施工项目部应建立监督、检查、评比与奖罚制度，并应制定工作流程。

3 施工项目部应制定合理的安全控制目标和控制措施。

4 施工项目部应建立现场消防责任制，并应确定消防责任人。

5 施工项目部应制定全面、可行的应急预案，应包括应急组织、职责、响应机制、应急物资的储备，并应经审批或论证。

6 施工项目部应建立完善的事故报告处理制度。

（Ⅱ）施工管理保障措施

5.1.5 施工管理保障措施评价应包括人力资源管理和物力资源管理2个分项。

5.1.6 人力资源管理评价应符合下列规定：

1 施工项目部主要负责人、专职安全管理人员应经安全生产与管理知识考核合格，并应取得相应证书。

2 地铁工程施工机械设备操作人员及特种作业人员，应经培训上岗，并应持证上岗。

3 应作好对从事有职业危害的作业人员进行健康检查的计划。开工前应对井下、隧道内、高处作业人员进行健康检查，并应有相应记录，检查不合格的人员严禁上岗作业。

4 施工项目部应对现场作业人员、新岗位人员，以及应用新工艺、新设备、新材料和实施新结构的人员进行专门培训，并应有培训记录。

5 施工项目部应制定安全防护制度，应包括现场作业人员佩戴安全帽、高空作业时系安全带等规定。

5.1.7 物力资源管理评价应符合下列规定：

1 施工项目部应有结合地铁工程施工进度的物力资源投入计划。

2 应有投入地铁工程施工的各种机械设备的质量证明文件和有效的安全检验合格证，重要设备还应有生产或制造许可证。

3 应有各种机械、设施设备的检修与保养计划，应有专人负责，应按计划实施，并应有记录。

4 应在危险性较大的设施、设备及危险物资存放处设置安全警示标志。

5 应有现场安装、拆卸施工起重机械，应有整体提升脚手架的专项方案，并应由有资质的单位实施。

6 应配备施工现场消防物资与器材、应急抢险物资，隧道内、深基坑抢险应急物资准备，并应有专职或兼职人员负责。

（Ⅲ）施工技术保障措施

5.1.8 施工技术保障措施评价应符合下列规定：

1 施工项目部应结合施工项目的特点及调查资料，编制施工组织设计，并应经审批。

2 应针对项目特点，制定专项施工方案，方案应经审批；超过一定规模的危险性较大分部分项工程安全技术方案应组织专家论证，并应有论证报告。

3 应辨识工程项目的风险源，并应形成安全风险源清单，同时应制定相应的防范与处理措施。

4 开工前应做好安全技术交底，并应有详细记录。

（Ⅳ）施工经济保障措施

5.1.9 施工经济保障措施评价应符合下列规定：

1 施工项目部应有安全施工措施费使用计划和台账，且实际投入情况应符合有关规定要求。

2 施工项目部应为现场人员办理工伤保险，并应在开工前为现场从事危险作业人员办理意外伤害保险。

5.2 明挖法施工评价

5.2.1 明挖法施工评价应包括围护结构施工、地下水治理、基坑土方工程、交通过渡防护、工程结构施工和盖挖法特殊要求6个评价项目。

5.2.2 明挖法施工评价可按本标准表B.0.2确定的评价内容及其分值进行评价。

5.2.3 明挖法施工评价应包括下列内容：

1 查阅施工组织设计和专项施工方案。

2 查阅现场施工技术与安全技术交底记录、施工日志。

3 查阅施工监测记录、特殊部位或结构施工检查记录和隐蔽工程验收记录。

4 查阅施工使用的设施设备的定期检查和维护记录。

5 查阅原材料或构配件合格证、检测或检验资料，以及混凝土配合比等记录。

6 现场检查，逐项打分。

（Ⅰ）围护结构施工

5.2.4 围护结构施工评价应包括支护桩施工、地下连续墙施工、水泥土墙支护施工、锚杆及土钉墙支护施工、钢或混凝土支撑系统施工及其他围护结构系统施工6个分项。

5.2.5 支护桩施工安全评价应符合下列规定：

1 应有支护桩施工的专项方案，并应经审批或论证。

2 支护桩施工应按审批的专项方案进行，并应有完整的施工及验收记录，桩基质量应符合现行国家标准《地下铁道工程施工及验收规范》GB 50299的有关规定。

5.2.6 地下连续墙施工安全评价应符合下列规定：

1 应有地下连续墙施工的专项方案，并应经审批或论证。

2 地下连续墙施工应按审批的专项方案进行，并应有完整的施工及验收记录。

3 地下连续墙的质量应符合现行国家标准《地下铁道工程施工及验收规范》GB 50299的有关规定，并应全部合格。

4 对于复杂地质条件下的超大、超深、超长地下连续墙，应选择适当的成槽工艺，并应经专家论证。

5 地下连续墙施工成槽、吊装等机械设备，应定期检修和保养，并应有记录。

5.2.7 水泥土墙支护施工安全评价应符合下列规定：

1 应有水泥土墙施工的专项方案，并应经审批或论证。

2 水泥土墙支护施工应按审批的专项方案进行，并应有完整的施工及验收记录。

3 水泥土墙应采用钻芯法检测墙身完整性和强度，其检测频率应符合国家有关规定，并应全部合格。

4 水泥土墙施工的旋喷、搅拌机具等设备，应定期检修和保养，并应有记录。

5.2.8 锚杆及土钉墙支护施工安全评价应符合下列规定：

1 应有锚杆及土钉墙支护施工的专项方案，并应经审批或论证。

2 锚杆及土钉墙支护施工应按审批的专项方案进行，并应有完整的施工及验收记录。

3 锚杆及土钉墙应按规定进行检测验收，并应有完整的验收记录。

4 锚杆张拉时应按操作规程进行操作，并应有记录。

5.2.9 钢或混凝土支撑系统施工安全评价应符合下列规定：

1 应有钢或混凝土支撑系统施工的专项方案，并应经审批或论证。

2 钢或混凝土支撑系统施工应按审批的专项方案进行，并应有完整的施工及验收记录。

3 换撑作业时结构混凝土强度应满足设计要求，并应做到“先撑后换”，并应有完整的施工记录。

4 龙门吊等大型吊装设备应定期检修和保养，并应有记录。

5.2.10 其他围护结构系统施工安全评价应符合下列规定：

1 应有相应的施工专项方案，并应经审批或论证。

2 施工应按审批的专项方案进行，并应有完整的施工及验收记录，施工质量应符合现行国家标准《地下铁道工程施工及验收规范》GB 50299的有关规定。

（Ⅱ）地下水治理

5.2.11 地下水治理评价应包括集水明排、基坑降水、截水帷幕3个分项。

5.2.12 集水明排安全评价应符合下列规定：

1 应根据工程特点选择设备，并应设置排水沟、集水井，同时应制定施工方案，并应经审批。

2 作业人员应有相应的安全防护措施，抽水设备应设有开关箱，并应有漏电保护装备。

5.2.13 基坑降水安全评价应符合下列规定：

1 应有基坑降水的专项方案，并应经审批或论证。大型复杂的基坑降水应先进行降水试验，并应根据试验结果制定降水方案。

2 基坑降水施工应按审批的专项方案进行，并应有完整的施工及验收记录。

3 降水期间，应对各降水井和观测井的水位、水量进行同步监测，并应有水位监测记录。

4 应对降水影响范围内的建筑物或构筑物、地下管线，按相关规定开展监测，必要时，应采取回灌等措施进行保护。

5 抽水设备应设有开关箱，并应设双路电源，同时应装有漏电保护器，现场应配备备用发电机。

5.2.14 截水帷幕安全评价应符合下列规定：

1 应有截水帷幕施工的专项方案，并应经审批或论证。

2 截水帷幕施工应按审批的专项方案进行，并应有完整的施工及验收记录。

3 截水帷幕施工的旋喷、搅拌机具等设备，应定期检修和保养，并应有记录。

（Ⅲ）基坑土方工程

5.2.15 基坑土方工程评价应符合下列规定：

1 应有基坑开挖的专项方案，并应经审批或论证。

2 应严格遵循“开槽支撑，先撑后挖，分层开挖，严禁超挖”的原则，并应符合开挖的“时空效应”，同时应有完整的施工及验收记录。

3 应制定合理的基坑监测方案，并应按监测方案进行监测，同时应有监测报告。

4 爆破作业应委托有资质的单位进行，应编制爆破作业专项方案，方案应经专家论证并报有关部门批准后再实施。爆破器材应按有关规定进行管理使用，并应有记录。

5 基坑开挖时应有可靠的临边防护、上下通道和地面排水等有效防护措施，并应设有安全警示标志。

（Ⅳ）交通过渡防护

5.2.16 交通过渡防护评价应符合下列规定：

1 应有交通过渡防护的专项方案，并应经审批或论证。

2 应根据基坑形式和通行要求，选用合适的便桥结构形式，应有详细的设计方案，并应经交通主管部门审批。

3 交通过渡防护施工应按审批的专项方案进行，并应有完整的施工及验收记录。

4 基坑便桥应设置限载、限速和禁止超车、停车等标志，并应设置护栏。

5 应对便桥定期进行检修和维护，并应有记录。

（Ⅴ）工程结构施工

5.2.17 工程结构施工评价应符合下列规定：

1 钢筋工程施工应有隐蔽工程验收记录。

2 钢筋加工、吊装机械应进行检修和保养，并应有记录。

3 应有脚手架施工的专项方案，并应经审批或论证；应按专项方案进行施工，并应有完整的施工及验收记录。

4 应有模板工程施工的专项方案，并应经审批或论证；应按专项方案进行施工，并应有完整的施工及验收记录。

5 模板及其支架安装和拆除过程中，应采取安全防护措施；拆模作业时，应设警戒区，并严禁无关人员出入警戒区。

6 混凝土浇筑过程中应有专人对模板及脚手架体系进行检查，并应有记录。

7 应设有人员上下通道及安全防护措施。

（Ⅵ）盖挖法特殊要求

5.2.18 盖挖法特殊要求评价应符合下列规定：

1 横撑支护应先施工，并应达到设计的强度要求后再进行土方开挖，同时应有强度检测报告。

2 盖挖逆作和半逆作施工时，结构顶板应作为第一道横撑，并应在每层结构施工完成，结构受力满足要求后，再进行其他工序的施工。

3 应按监控方案对横撑进行监控量测，应有完整的监测记录。

4 负层开挖时，出土的机械设备应定期进行检修与保养，并应有记录。

5.3 暗挖法施工评价

5.3.1 暗挖法施工评价应包括竖井及横通道施工、地层超前支护及加固、隧道开挖、初期支护、二次衬砌、隧道内运输、临时设施与通风防尘7个评价项目。

5.3.2 暗挖法施工评价可按本标准表B.0.3的规定进行评价。

5.3.3 暗挖法施工评价应包括下列内容：

1 查阅施工组织设计和专项施工方案。

2 查阅超前地质预报、爆破施工、二次衬砌模板等专项施工方案。

3 查阅现场施工技术与安全技术交底记录、施工日志。

4 查阅施工监测记录、特殊部位或结构的施工检查记录和隐蔽工程验收记录。

5 查阅施工仪器、设备的定期检查、维护记录。

6 现场检查，逐项打分。

（Ⅰ）竖井及横通道施工

5.3.4 竖井及横通道施工评价应符合下列规定：

1 应有竖井开挖及支护的专项施工方案，并应经审批或论证。

2 竖井开挖及支护施工应按审批的专项方案进行，并应有完整的施工及验收记录。

3 竖井与横通道、横通道与正洞连接处，应制定加固方案，并应有相应施工记录。

4 井口应采取安全防护措施，上下井应建立登记管理制度，并应有详细记录。

5 提升设备应验收合格后再投入使用，并应有验收记录。

6 提升设备应进行定期检修和保养，并应有记录。

（Ⅱ）地层超前支护及加固

5.3.5 地层超前支护及加固评价应包括超前小导管与管棚、开挖面深孔注浆、隧道地层地面预加固和地质超前预报4个分项。

5.3.6 超前小导管与管棚评价应符合下列规定：

1 应有超前小导管注浆的专项方案，并应经审批。

2 超前小导管注浆施工应按专项方案进行，并应有完整的施工及验收记录。

3 应针对管棚施工中可能出现的涌水、涌泥事故制定应急预案。

5.3.7 开挖面深孔注浆评价应符合下列规定：

1 施工单位应根据地质环境的不同选择合理的注浆方法和注浆材料，应有专项方案，并应经审批。

2 应对注浆过程进行监控量测与分析，并应根据监测结果优化注浆方案，同时应有施工记录。

5.3.8 隧道地层地面预加固评价应符合下列规定：

1 在软弱围岩、富水地层、浅埋或超浅埋等环境条件中施工时，应根据地质情况、隧道断面形状等条件编制预加固施工的专项方案，并应经审批或论证。

2 应严格按专项方案进行预加固施工。在预加固施工过程中应进行监控量测，并应有施工记录。对地层加固效果应进行检测，并应符合设计要求，同时应有检测报告。

5.3.9 地质超前预报评价应符合下列规定：

1 施工单位应按设计要求和工程实际情况编制超前预报的专项方案，并应经审批或论证。

2 应有地质超前预报实施的有关记录。

(Ⅲ) 隧 道 开 挖

5.3.10 隧道开挖评价应包括开挖掘进和爆破作业2个分项。

5.3.11 开挖掘进评价应符合下列规定：

1 应按围岩等级、开挖断面、周围环境等确定开挖工法，并应编制隧道开挖施工的专项方案，同时应经审批或论证。

2 开挖循环进尺应符合现行国家标准《地下铁道工程施工及验收规范》GB 50299的有关规定和设计要求，并应有完整的隧道开挖施工及验收记录。

3 针对特殊地质条件的施工应有施工方案与应急预案。

5.3.12 爆破作业评价应符合下列规定：

1 应根据围岩条件、开挖方法选择爆破方案，并应经论证。

2 应按爆破管理规定，办理爆破批准与备案手续。爆破施工应有记录。

3 爆破作业单位应有相应的资质，作业人员应有资格证书。

(Ⅳ) 初 期 支 护

5.3.13 初期支护评价应符合下列规定：

1 钢格栅加工制作与安装、喷射混凝土施工均应符合现行国家标准《地下铁道工程施工及验收规范》GB 50299的有关规定和设计要求，并应有完整的施工及验收记录。

2 锁脚锚杆埋设后应进行抗拔试验，并应有试验记录。

(Ⅴ) 二 次 衬 砌

5.3.14 二次衬砌评价应符合下列规定：

1 二次衬砌施工应有专项方案，台车应进行专门设计，并应经审批或论证。

2 应对特殊断面、大断面及衔接复杂结构部位的模板进行专门设计和论证，并应有相关记录。

3 台车及模板安装、二次衬砌混凝土施工应按审批的专项方案进行，并应有完整的施工及验收记录。

4 防水材料施工时应有防火方案。

(Ⅵ) 隧 道 内 运 输

5.3.15 隧道内运输评价应符合下列规定：

1 应有专门的隧道运输方案，并应经审批。

2 应有各类进洞车辆的生产或制造许可证、产品合格证、检验合格证。

3 车辆运行应有专人指挥，并应有相应记录；车辆作业人员应持证上岗。

4 应对车辆进行定期检修与保养，并应有相应记录。

(Ⅶ) 临时设施与通风防尘

5.3.16 临时设施与通风防尘评价应符合下列规定：

1 应有施工用电、供水、通风的专项方案，并应经审批或论证。

2 现场临时用电设施应设置安全警示标志。

3 用电管理人员应持证上岗。

4 用电设施、供水设施和通风设施应有专人管理、定期检查和维护，并应有相应记录。

5 隧道内有害气体应监测，并应有监测记录。

5.4 盾构法施工评价

5.4.1 盾构法施工评价应包括盾构选型及配置、盾构工作竖井、盾构始发与到达、盾构掘进、联络通道施工5个评价项目。

5.4.2 盾构法施工评价可按本标准表B.0.4的规定进行评价。

5.4.3 盾构法施工评价应包括下列内容：

1 查阅施工组织设计和专项施工方案。

2 查阅现场施工技术与安全技术交底记录、施工日志。

3 查阅施工监测记录、特殊部位或结构施工检查记录和隐蔽工程验收记录。

4 查阅施工仪器、设备的定期检查、维护记录。

5 现场检查，逐项打分。

（Ⅰ）盾构选型及配置

5.4.4 盾构选型及配置评价应符合下列规定：

1 盾构及配套设施应由有资质的专业厂商制造，并应具有相关合格证书。

2 应对所选盾构及重要配套设施进行适应性评价，并应有记录。

（Ⅱ）盾构工作竖井

5.4.5 盾构工作竖井评价应符合下列规定：

1 盾构工作竖井周围应设置防淹墙和安全栏杆。

2 应对提升架和设备进行日常检修和保养，并应有相应记录。

（Ⅲ）盾构始发与到达

5.4.6 盾构始发与到达评价应包括盾构组装调试、盾构始发和盾构接收3个分项。

5.4.7 盾构组装调试评价应符合下列规定：

1 盾构机在进场前应完成工厂组装调试，并应有记录。

2 盾构机现场组装应有专项方案，并应经审批或论证。

3 盾构起重、组装作业应由具有相应资质的专业队伍负责，并应设专人指挥。

4 盾构基座安装应满足设计方案要求，盾构组装完成后应对各系统进行调试和验收，并应有验收记录。

5 施工过程中，应对盾构机定期检修和保养，并应有记录。

5.4.8 盾构始发评价应符合下列规定：

1 应有盾构始发的专项方案，并应经审批或论证。

2 应有盾构始发的施工验收记录。

3 盾构始发掘进时，应加强盾构姿态和推力的监测，并应根据监测结果调整掘进参数，应有相应记录。

5.4.9 盾构接收评价应符合下列规定：

1 应有盾构接收的专项方案，并应经审批或论证。

2 盾构机进入接收工作井后，应及时密封管片环与洞门之间的间隙，并应有记录。

3 应有完整的盾构接收的施工及验收记录。

（Ⅳ）盾 构 掘 进

5.4.10 盾构掘进评价应符合下列规定：

1 应有盾构掘进施工方案，并应经论证；施工过程中应按施工方案进行，并应有完整的施工及验收记录。

2 盾构掘进过程中应针对盾构姿态产生重大偏差、遇有障碍物、管片发生破损与渗漏、变形过大等突发状况编制应急预案。

3 应针对特殊地段和地层等制定专项施工方案及监测方案，并应有施工及监测记录。

4 盾构掘进中应实时监测掘进姿态，应及时预警和纠偏，并应有相应记录。

5 盾构刀具更换应制定专项方案，应有专门的开仓作业流程，并应有实施记录。

6 管片拼装应符合现行国家标准《盾构法隧道施工与验收规范》GB 50446的有关规定和设计的要求；针对管片出现破损或渗漏，应制定处理方案，并应有处理记录。

7 同步注浆应严格控制注浆参数，并应有注浆记录。

8 应有盾构调头、过站和解体的专项方案，并应经审批，同时应有完整的施工及验收记录。

9 应有隧道内运输的专项方案，并应经审批。

10 盾构及配套设施应定期检修和保养，并应有记录。

（Ⅴ）联络通道施工

5.4.11 联络通道施工评价应符合下列规定：

1 应编制联络通道施工的专项方案，并应经论证。

2 联络通道施工应按专项方案进行，并应有完整的施工及验收记录。

5.5 高架车站及区间施工评价

5.5.1 高架车站及区间施工评价应包括现浇钢筋混凝土结构、区间预制结构、桥面及屋面系3个评价项目。

5.5.2 高架车站及区间施工评价可按本标准表B.0.5的规定进行评价。

5.5.3 高架车站及区间施工评价应包括下列内容：

1 查阅施工组织设计和专项施工方案。

2 查阅管理文件和资料。

3 检查安全技术交底记录和施工记录。

4 查阅相关质量验收资料。

5 现场检查，逐项打分。

（Ⅰ）现浇钢筋混凝土结构

5.5.4 现浇钢筋混凝土结构评价应符合下列规定：

1 应有基础、墩柱和上部结构的施工方案，并应经审批或论证；施工过程中应严格按施工方案施工，并应有相应记录。

2 基础、墩柱和上部结构的钢筋工程施工应有隐蔽工程验收记录。

3 钢筋加工、吊装机械应进行检修和保养，并应有记录。

4 应有脚手架施工的专项方案，并应经审批或论证；应按专项方案进行施工，并应有完整的施工及验收记录。

5 墩柱及上部结构的高支模应有专项施工方案，并应经审批或论证；应按专项方案进行施工，并应有完整的施工及验收记录。

6 模板及其支架安装和拆除过程中，应采取安全防护措施；拆模作业时，应设警戒区，严禁下方有人出入。

7 预应力混凝土应有专项施工方案，并应有完整的施工记录。

8 混凝土浇筑过程中应有专人对模板及脚手架体系进行检查，并应有记录。

9 应设有人员上下通道及安全防护措施。

（Ⅱ）区间预制结构

5.5.5 区间预制结构评价应符合下列规定：

1 混凝土预制构件和钢构件应具备产品合格证，并应经验收合格后再使用，并应有验收记录。

2 混凝土构件和钢构件的拼装与吊装作业应有专项施工方案，并应经审批或论证；应按专项方案进行施工，并应有完整的施工及验收记录。

3 高处吊装作业应采取防坠落安全措施，作业人员应采取安全防护措施。

4 吊装过程中应有专人指挥，现场应设置安全警示标志。

5 吊装机械应定期检修和保养，并应有记录。

（Ⅲ）桥面及屋面系

5.5.6 桥面及屋面系评价应符合下列规定：

1 屋面系安装应有专项施工方案，并应经审批或论证；应按专项方案进行施工，并应有完整的施工及验收记录。

2 屋面系施工应开展专项监测工作，并应有监测记录。

3 桥面铺装及屋面系施工应做好临边安全防护工作。

5.6 安装工程评价

5.6.1 安装工程评价应包括整体道床轨道、自动扶梯、通信及信号、供电、通风空调与给排水5个评价项目。

5.6.2 安装工程评价可按本标准表B.0.6的规定进行评价。

5.6.3 安装工程评价应包括下列内容：

1 查阅各施工组织专项方案及施工方案中有关的专项安全措施。

2 检查起重吊装设备、机电测试仪器的质量保证书、合格证书等。

3 检查各种材料的合格证和机电设备产品合格证。

4 检查特种作业人员的上岗证书，并查阅其培训记录。

5 查阅施工安全技术交底记录。

6 查阅各类机电设备试验、调试的专项方案和结果。

7 查阅施工检查记录和各分部分项工程或单位工程的验收材料。

8 检查施工过程中人的不安全行为和物的不安全状态。

9 现场检查，逐项打分。

（Ⅰ）整体道床轨道

5.6.4 整体道床轨道施工安全评价应包括铺轨基地、轨行区运输、轨道铺设3个分项。

5.6.5 铺轨基地评价应符合下列规定：

1 应有铺轨基地专项方案，并应经审批或论证。

2 龙门吊应有安装、拆除、检测方案，应定期进行全面检查，并应有检查和整改记录。

3 轨排等运输及吊装作业应严格执行操作规程，并应有专人指挥，同时应在作业区域范围内挂标牌。

4 焊机周围工作区域不得有易燃物，焊接区域应配置灭火器。

5.6.6 轨行区运输评价应符合下列规定：

1 轨行区运输应有专门安全管理制度，运输轨排区间应有专项调度控制方案。

2 轨行区应有良好的照明，应按要求设置警示、警铃、警牌，车辆与作业通信应畅通。

3 运输车辆应有检查记录和交接班记录。

5.6.7 轨道铺设评价应符合下列规定：

1 轨道铺设应有专项施工方案，并应经审批或论证。

2 轨道铺设前应组织进行铺轨条件验收，并应有验收记录。

3 轨道铺设前应进行设计交底和质量安全技术交底，并应有相应记录。

4 轨道铺设应有完整的施工及验收记录。

（Ⅱ）自动扶梯

5.6.8 自动扶梯施工安全评价应符合下列规定：

1 应有设备安装的专项方案，设备装卸时应进行试吊。

2 大型设备吊装机具的安全性能应满足吊装要求。起吊前应仔细检查各吊装用具是否完好，并应做相应记录。

3 起吊应由专职起重工、信号工操作，起吊现场周围应做好防护措施和设置警示标识，严禁非工作人员进入。

4 设备部件安装应有专人指挥，并应有吊装记录。

5 应有运行试验调试方案，自动扶梯应由专业安装调试人员调试，并应有调试记录。

6 自动扶梯运行调试前应设置警戒标识，在对自动扶梯各部位及开关进行调整时，应断开主电源并上锁。

（Ⅲ）通 信 及 信 号

5.6.9 通信及信号施工安全评价应包括设备安装和系统调试2个分项。

5.6.10 设备安装评价应符合下列规定：

1 应有光、电缆线路敷设和通信及信号系统设备安装的专项方案，并应经审批或论证。

2 施工占用轨道计划和区间“要点”计划应经过报批。

3 通信及信号系统设备安装过程中，设备外壳接地应可靠连接到接地极上。

4 设备送电前应检查电源电压等级设备连接线是否正确，并应有记录。

5 登高作业应有安全防护措施。

5.6.11 系统调试评价应符合下列规定：

1 应有通信及信号系统调试的专项方案，并应经审批或论证。

2 调试工作应按专项方案的方法、步骤进行，并应有专人指挥。

3 调试过程应有安全措施以及详细的调试记录。

（Ⅳ）供 电

5.6.12 供电施工安全评价应包括设备安装、供电系统调试与受电作业2个分项。

5.6.13 设备安装评价应符合下列规定：

1 应有电缆线路敷设、变电设备安装、牵引网安装的专项方案，并应经审批或论证。

2 吊装作业操作人员应持证上岗，并应由专人指挥；起吊前应检查吊绳是否稳固。

3 应按专项方案施工，并应有完整的施工及验收记录。

4 轨道平板吊车作业范围内应设置安全防护栏。

5 限界检测车应对所有接触网设备进行检测，应解决侵限问题，并应有检测记录。

5.6.14 供电系统调试与受电作业评价应符合下列规定：

1 应有系统调试和受电的专项方案，并应经审批或论证。

2 应按专项方案施工，并应有完整的施工及验收记录。

3 受电前变配电设备交接试验应合格，电缆敷设完毕后应通过验收，并应有验收记录。

4 送电前抢修小组应备齐工具、材料等安全防护用品，送电区段及时间应经批准，各项作业安全措施应落实到位。

（Ⅴ）通风空调与给排水

5.6.15 通风空调与给排水施工安全评价应包括通风空调与给排水设备安装和系统调试2个分项。

5.6.16 通风空调与给排水设备安装评价应符合下列规定：

1 应有管道、风管及相关设备安装的专项方案，并应经审批或论证。

2 应按专项方案施工，并应有完整的施工及验收记录。

3 管道制作与安装时，管道焊接操作人员应持证上岗，动火作业应按规定开具动火证。

4 现场测试应编制分段试压和冲洗方案，并应对操作人员做好安全技术交底工作。

5 设备正式吊装前应进行试吊检查，并应有相应检查记录。

5.6.17 系统调试评价应符合下列规定：

1 应有单机试运转和系统调试的专项方案，并应经审批或论证。

2 应按专项方案进行单机试运转和系统调试，并应有相应记录。

3 试运转前，系统调试区域应设警戒线，风亭、风道、隧道内应预先清洗干净，并应有检查记录。

4 试运转过程中，任何人员不应进入机械行程范围内。

6 地铁工程施工环境安全管理评价

6.1 一 般 规 定

6.1.1 环境安全管理评价应包括工程地质、水文地质，周边建筑物或构筑物，地下管线3个评价项目。

6.1.2 环境安全管理评价可按本标准表C的规定进行评价。

6.1.3 环境安全管理评价应包括下列内容：

1 查阅岩土工程勘察报告及专家评审意见。

2 查阅补充勘察的实施方案及勘察成果。

3 查阅周边建筑物或构筑物、地下管线等周边环境的调查资料。

4 现场检查，逐项打分。

6.2 工程地质、水文地质评价

6.2.1 工程地质、水文地质评价应包括工程地质核查、水文地质核查2个分项。

6.2.2 工程地质核查评价应符合下列规定：

1 应根据工程勘察地质资料，掌握沿线各类地质情况，预测施工中可能遇到的工程地质或主要岩土工程问题，编制地质风险清单和应对方案，并应作为施工组织设计的一部分。

2 针对软土、泥炭土、湿陷性黄土、岩溶、断层等不良地质的分布，应有核查报告，并应分析对工程的危害程度和影响，同时应制定防治措施。

3 施工中发现地质情况与工程勘察地质资料、施工图差异较大，或遇到新的工程地质问题时，应及时补勘，并应有补勘记录。

4 特殊岩土地段的施工，必要时应对影响工程安全的区段和部位进行地质复核或超前勘探工作，并应有相应记录。

6.2.3 水文地质核查评价应符合下列规定：

1 应根据工程勘察地质资料，掌握沿线各类水文地质情况，预测施工中可能遇到的主要水文地质问题，编制水文地质风险清单和应对方案，并应作为施工组织设计的一部分。

2 在施工过程中，应对水文地质突发状况及时采取处理措施，并应有处理记录。

6.3 周边建筑物或构筑物评价

6.3.1 周边建筑物或构筑物评价应包括周边建筑物或构筑物调查、周边建筑物或构筑物影响2个分项。

6.3.2 周边建筑物或构筑物调查评价应符合下列规定：

1 应有工程影响范围内主要建筑物或构筑物的调查报告。

2 对于重要的建筑物或构筑物应委托有资质的鉴定机构进行鉴定，并应有鉴定报告。

6.3.3 周边建筑物或构筑物影响评价应符合下列规定：

1 对重要的建筑物或构筑物应有专项保护方案，并应经审批或论证。

2 施工过程中，应对周边建筑物或构筑物进行巡查和监测，并应有巡查和监测记录。

3 应有应对突发情况的应急预案。

6.4 地下管线评价

6.4.1 地下管线评价应包括地下管线调查、地下管线影响2个分项。

6.4.2 地下管线调查评价应符合下列规定：

1 应有工程影响范围内地下管线的调查报告。

2 地下管线应按危险程度列表，并应制定专项保护方案，方案应经审批或论证。

6.4.3 地下管线影响评价应符合下列规定：

1 地铁工程施工引起的地下管线改迁应制定专门的方案。

2 施工过程中，应对地下管线进行巡查和监测，并应有巡查和监测记录。

3 应有对突发情况的应急预案。

7 地铁工程施工安全监控预警管理评价

7.1 一般规定

7.1.1 安全监控预警管理评价应包括安全风险管理、安全监控管理、安全预警管理3个评价项目。

7.1.2 安全监控预警管理评价可按本标准表D的规定进行评价。

7.1.3 安全监控预警管理评价应包括下列内容：

1 查阅施工安全监控与预警管理制度文件。

2 查阅安全风险清单和安全风险管理台账。

3 查阅施工安全监测方案和审批文件。

4 查阅施工安全监控量测记录和现场巡视记录。

5 查阅施工安全预警记录和处理方案。

7.1.4 安全监控预警管理应配置安全预警系统，并应依托安全预警系统对地铁工程施工安全监测结果进行汇总、分析及预警。

7.2 安全风险管理评价

7.2.1 安全风险管理评价应包括施工准备阶段风险管理和施工实施阶段风险管理2个分项。

7.2.2 施工准备阶段风险管理评价应符合下列规定：

1 在地铁工程施工准备阶段，应对全线或单个工点的结构本体、周边环境和施工行为等方面的风险进行识别和评价，并应制定工程风险等级列表。

2 应针对工程风险等级列表中的风险，分别提出处理措施；对于发生概率大且危害严重的风险，应编制专门的风险应对方案，必要时应召开现场协调会或专家论证会。

7.2.3 施工实施阶段风险管理评价应符合下列规定：

1 在地铁工程施工过程中，应持续进行风险识别和评价工作，对发生概率和危害程度有变化的风险应重新定级，并应有风险处理措施和应对方案。

2 应建立风险管理台账，应对风险落实情况进行记录；对于发生概率大且危害严重的风险，应编制专门的风险应对记录与总结。

7.3 安全监控管理评价

7.3.1 安全监控管理评价应包括监控准备、监控实施和监控数据处理3个分项。

7.3.2 监控准备评价应符合下列规定：

1 应有对施工安全监测的测点布置、重点监测对象、监测频率和控制标准等内容的设计交底记录。

2 施工单位、监测单位和安全监控预警机构应分别编制专门的安全监控预警管理工作大纲。

3 监测单位应根据相关规范、设计文件和现场实际情况编制监测方案，并应经审批。

7.3.3 监控实施评价应符合下列规定：

1 对结构本体及周边环境的监测布点应符合监测方案的规定，并应有验点记录。

2 在穿越重要建筑物或构筑物以及既有运营线路时，应进行实时监测，并应有监测记录。

3 当设计发生变更时，监测单位应根据变更内容对监测方案进行调整，并应有相应记录。

4 应制定测点保护措施，当已有测点被破坏时，应及时补点，并应有相应记录。

7.3.4 监控数据处理评价应符合下列规定：

1 监测单位应将监控量测记录和工程日志上报给安全监控预警机构。

2 各参建单位应对所有监测数据进行分析处理，并应有相应记录。

3 对监测数据超限部位，应进行分析、开展现场巡视，应制定相应处理措施，并应有相应记录。

7.4 安全预警管理评价

7.4.1 安全预警管理评价应包括预警发布、预警响应和预警解除 3 个分项。

7.4.2 预警发布评价应符合下列规定：

1 安全监控预警机构应及时发布预警信息，并应有发布的时间记录。

2 安全监控预警宜分为数据级预警、现场级预警和工点综合预警，并宜分为绿色、黄色、橙色和红色安全风险等级，不同类型的安全预警信息的发布应有相应的分析报告。

7.4.3 预警响应评价应符合下列规定：

1 各参建单位应编制预警响应的专项方案，内容应包括响应人员、响应机制、物资准备等。

2 预警发布后，相关单位应及时启动预警响应，并应有警情处理记录。

3 应制定警情处理方案，对于安全风险等级较高的工点，应召开现场协调会或专家论证会，并应有警情处理和复查记录。

7.4.4 预警解除评价应符合下列规定：

1 安全监控预警机构应根据预警解除标准解除预警，解除预警的标准应在安全监控预警机构的安全监控预警管理工作大纲中予以明确。

2 各参建单位在预警解除后应对原有警情进行跟踪，并应有记录。

8 地铁工程施工安全管理总体评价

8.1 一 般 规 定

8.1.1 地铁工程施工安全管理水平等级的确定应包括对安全组织管理水平、安全技术管理水平、环境安全管理水平、安全监控预警管理水平 4 个单项安全管理水平等级的确定，以及对总体安全管理水平等级的确定。

8.1.2 在施工准备和施工完成阶段进行地铁工程施工安全评级时，地铁工程施工安全管理水平应划分为合格和不合格。

8.1.3 在施工实施阶段进行地铁工程施工安全评级时，地铁工程施工安全管理水平应划分为合格、基本合格和不合格。

8.2 安全评价总分计算

8.2.1 地铁工程施工安全评价的总分应按下式进行计算：

地铁工程施工安全评价总分＝∑（项目实得分×权重） (8.2.1)

8.2.2 地铁工程施工安全评价中各级评价项目权重，应由评价组专家根据具体评价对象的特点确定，可按本标准表 E 确定。

8.3 安全管理水平

8.3.1 在施工准备和施工完成阶段进行地铁工程施工安全评级时，地铁工程施工 4 个单项安全管理水平的等级应按表 8.3.1-1 的规定确定，总体安全管理水平的等级应按表 8.3.1-2 的规定确定。

表 8.3.1-1 施工准备和施工完成阶段地铁工程施工单项安全管理水平等级划分

评价等级	评价项		
	分项评价表中评价分项的实得分为 0 的项目数（个）	各分项评价表实得分	单项评价表实得分
合格	0	≥70	≥75
不合格	不满足合格条件的任意一项		

表 8.3.1-2 施工准备和施工完成阶段地铁工程施工总体安全管理水平等级划分

评价等级	评价项				
	安全组织管理单项评价等级	安全技术管理单项评价等级	环境安全管理单项评价等级	安全监控预警管理单项评价等级	总体评价得分
合格	合格	合格	合格	合格	≥80
不合格	不满足合格条件的任意一项				

8.3.2 在施工实施阶段进行地铁工程施工安全评级时，地铁工程施工 4 个单项安全管理水平的等级应按表 8.3.2-1 的规定确定，总体安全管理水平的等级应按表 8.3.2-2 的规定确定。

表 8.3.2-1　施工实施阶段地铁工程施工单项安全管理水平等级划分

评价等级	评价项		
	分项评价表中评价分项的实得分为 0 的项目数（个）	各分项评价表实得分	单项评价表实得分
合格	0	≥70	≥75
基本合格	0	≥65	≥70
不合格	不满足基本合格条件的任意一项		

表 8.3.2-2　施工实施阶段地铁工程施工总体安全管理水平等级划分

评价等级	评价项				
	安全组织管理单项评价等级	安全技术管理单项评价等级	环境安全管理单项评价等级	安全监控预警管理单项评价等级	总体评价得分
合格	合格	合格	合格	合格	≥80
基本合格	单项评价等级有基本合格				≥75
不合格	不满足基本合格条件的任意一项				

附录 A　地铁工程施工安全组织管理单项评价

A.0.1　建设单位安全管理评价应按表 A.0.1 的规定进　　行评价。

表 A.0.1　建设单位安全管理分项评价

评价项目	评价分项	评价类别	评价标准	应得分	扣分	实得分
（Ⅰ）安全管理机构与人员 分数：___	安全管理机构	一般性项目	1　安全管理机构未专门设置，或不独立存在，扣 20	60		
			2　安全管理机构无明确、合理的管理职责，扣 8～20			
			3　未制定安全管理规章制度和管理流程，扣 8～20			
	安全管理人员	一般性项目	4　建设单位未配备与工程规模相适应的专职安全管理人员，扣 10～25	40		
			5　安全管理人员没有明确、合理的安全管理职责，扣 7～15			
（Ⅱ）安全管理责任制与目标管理 分数：___	安全管理责任制	一般性项目	1　主要负责人及安全管理人员未签订安全管理责任状，扣 10～30	60		
			2 没有主要负责人及安全管理人员的职责履行考核记录，扣 10～30			
	安全目标管理	一般性项目	3　企业管理规章制度中无明确的施工安全管理目标，扣 5～15	40		
			4　未对施工安全管理目标进行明确的量化分解，扣 5～10			
			5　各年度未进行安全目标评价，或无记录，扣 5～15			

续表 A.0.1

评价项目	评价分项	评价类别	评价标准	应得分	扣分	实得分
(Ⅲ) 安全管理制度 分数：___	安全投入制度	一般性项目	1 企业年度预算中无配备劳动防护用品及安全生产培训的经费，扣2～6	20		
			2 工程项目概算或预算中无安全施工措施费、安全风险评估费、工程监测费、工程周边环境调查费及现状评估费等保障工程安全所需的费用，扣3～8			
			3 未及时办理与工程施工安全相关的保险，扣2～6			
	安全培训制度	一般性项目	4 未定期开展施工安全法规、政策文件、管理制度、安全技术技能的培训，或无培训记录，扣3～7	15		
			5 未对每一批新员工都进行安全法规、安全技能培训和考核，或无培训考核记录，扣3～8			
	安全检查制度	一般性项目	6 建设单位未定期对地铁工程施工现场安全状况进行全面检查，或无检查结果和安全隐患的记录，扣3～7	25		
			7 未责令施工单位、监理单位及时消除检查出的隐患，达到安全施工的要求，或无记录，扣3～8			
			8 建设单位未定期对本单位施工安全管理进行自查，或无相关检查记录和总结报告，扣2～5			
			9 无施工安全管理档案制度或不完整，扣2～5			
	安全技术保障制度	一般性项目	10 未向勘察设计单位、施工单位提供规划方案，以及施工现场周边建筑物或构筑物、地质水文、地下管线等相关资料，或无移交资料记录，扣2～5	25		
			11 未组织专家对工程重大风险源进行风险评估，或无评估报告，扣2～5			
			12 未组织审查施工采用的新技术、新材料、新工艺的应用，或无相应记录，扣2～5			
			13 未委托有专业资质的单位对施工影响范围内的重点建筑物和构筑物进行鉴定，或未制定应对方案，扣2～5			
			14 未委托工程监测单位进行第三方监测，扣2～5			

续表 A.0.1

评价项目	评价分项	评价类别	评价标准	应得分	扣分	实得分
(Ⅲ) 安全管理 制度 分数：___	应急预案 及演练	一般性 项目	15　未组织编制应急预案，或应急预案的内容不完善具体，扣2～7	15		
			16　每年未组织施工现场应急预案和事故救援的演练，或没有文字记录或视听资料，扣3～8			
			分项评价表得分	100		

A.0.2　勘察设计单位安全管理评价应按表A.0.2的规定进行评价。

表 A.0.2　勘察设计单位安全管理分项评价

评价项目	评价分项	评价类别	评价标准	应得分	扣分	实得分
勘察设计 工作与 施工配合 分数：___	勘察设计 单位与人员	一般性 项目	1　勘察设计单位的企业资质等级与所承揽的勘察设计业务类型和规模不相符，扣20	20		
			2　勘察设计单位的项目负责人没有相应的注册资格证书，扣3～10			
	勘察工作	一般性 项目	3　未进行勘察成果交底，说明不良地质条件导致的安全风险，或未针对特殊地质条件提出专项勘察建议，或无记录，扣3～10	20		
			4　未按照勘察合同进行必要的补勘，或无补勘记录，扣3～10			
	设计工作	一般性 项目	5　设计单位提交的设计文件不符合国家规定的设计深度要求，或没有对高风险工程进行专项设计，并未经审批或论证，扣5～15	30		
			6　未对设计文件进行交底，或无记录，扣2～10			
			7　设计变更不符合相关程序，或无设计变更记录，扣2～5			
	施工配合	一般性 项目	8　勘察设计单位未委派专业技术人员配合工程施工，或未及时解决与勘察设计有关的问题，或没有记录，扣5～10	30		
			9　勘察设计单位未参与工程质量安全事故的分析，或未对事故提出相应的技术处理方案或建议，扣5～10			
			10　未参加主要阶段的验收、试车和竣工验收，或无记录，扣5～10			
			分项评价表得分	100		

A.0.3 施工单位安全管理评价应按表A.0.3的规定进行评价。

表A.0.3 施工单位安全管理分项评价

评价项目	评价分项	评价类别	评价标准	应得分	扣分	实得分
(Ⅰ) 安全管理机构与人员管理 分数：____	企业资质和从业人员资格	一般性项目	1 无安全生产许可证，扣50	50		
			2 企业资质等级与其所承揽的项目类型和规模不相符，扣50			
			3 施工单位项目经理和总工程师未按合同要求配置，或没有全职在岗，扣5～20			
			4 施工单位的主要负责人、项目经理、专职安全生产管理人员未经培训，或未经考核合格便任职；特种作业人员未持证上岗；或无相关记录和证明，扣5～20			
	安全管理机构	一般性项目	5 施工单位及其施工项目部未按规定设置安全管理机构，或未配备专职安全生产管理人员，扣5～10	20		
			6 安全管理机构未建立安全管理制度，扣5～10			
	对分包单位资质和人员资格管理	一般性项目	7 施工单位没有对分包单位及施工现场控制的要求和规定，扣5～10	15		
			8 分包单位主要负责人、项目经理、专职安全生产管理人员未经培训，或未经考核合格便任职；特种作业人员未持证上岗；或无相关记录和证明，扣2～5			
	对供应单位管理	一般性项目	9 施工单位没有对材料、设备及防护用品等供应单位的资格要求和规定，扣3～8	15		
			10 供应单位所提供的材料、设备及防护用品等不具备相关的合格证明文件，扣2～7			
(Ⅱ) 安全生产制度 分数：____	安全生产制度	一般性项目	1 施工单位未建立明确的企业安全生产管理规章制度，扣8～20	100		
			2 施工单位没有与项目经理、分包单位、各工段、班组逐级签订安全生产责任书；或未建立主要负责人、项目经理及安全管理人员的安全生产责任制档案，并且没有责任履行情况的记录，扣5～15			
			3 施工单位未落实安全生产管理资金，没有为施工现场从事危险作业的人员办理意外伤害保险，或将安全措施费挪作它用，并且无相关使用记录，扣5～15			
			4 施工单位未制定对项目经理，安全生产管理人员，特种作业人员，新进单位从业人员，待岗、转岗、换岗职工等人员的安全教育培训计划；或没有按计划实施安全教育培训，并且无相应记录，扣5～10			

续表 A.0.3

评价项目	评价分项	评价类别	评价标准	应得分	扣分	实得分
（Ⅱ） 安全生产制度 分数：____	安全生产制度	一般性项目	5 施工单位相关安全管理人员未每天巡视工地进行安全检查和沟通，未及时处理安全检查中发现的问题和隐患，并进行复查。或检查、处理和复查的情况没有记录，扣5～10	100		
			6 施工单位未制定事故及隐患应急预案，配备应急救援人员、物资和材料，未定期进行演练并做记录，扣 5～10			
			7 对发生的安全事故，未按有关规定及时处理，或没有相应记录，扣7～20			
（Ⅲ） 施工现场安全管理 分数：____	现场封闭管理	一般性项目	1 施工现场围挡设置不符合相关规定，扣 2～5	15		
			2 施工现场没有固定出入口和大门，或没有设置专职门卫与保安人员，扣 2～5			
			3 进入现场的人员及车辆没有来访登记记录，扣 2～5			
	临时设施布置	一般性项目	4 未合理布置施工场地，制定施工平面规划，未将施工现场的办公区、生活区和作业区分开设置，并保持一定的安全距离，扣 3～10	20		
			5 现场搭设的生活设施、办公设施、两层以上、大跨度等临时设施没有进行计算或未经技术负责任人审批就搭设，或没有记录，扣 2～5			
			6 现场各种电线的布设不符合安全用电管理要求，扣 2～5			
	安全警示标志布置	关键性项目	7 施工现场的危险部位及设施设备没有明显的安全警示标志，或者进行高空作业、有限空间作业等高危作业时未布置明显的标识，以显示工作状态	15		
		一般性项目	8 没有根据危险部位、设施设备以及高危作业类型的不同确定安全警示标志的类型、数量，扣 2～5			
			9 安全警示标志设置后没有进行统计记录，或没有填写施工现场安全警示标志登记表，扣 2～5			

续表 A.0.3

评价项目	评价分项	评价类别	评价标准	应得分	扣分	实得分
(Ⅲ) 施工现场安全管理 分数：____	施工现场作业人员管理	一般性项目	10 施工现场作业人员没有具备相应的从业资格，或特种作业人员没有持证上岗，扣2～5	15		
			11 施工现场作业人员没有佩戴安全防护用具，扣2～5			
			12 施工现场作业人员未佩戴工作卡，或未利用工作服颜色、安全帽标签等区别作业人员的资格，扣2～5			
	机电及特种设备管理	一般性项目	13 机电及特种设备没有生产或制造许可证、产品合格证和检验合格证，或在现场不可见，扣3～8	15		
			14 机电及特种设备的使用、维修、保养、拆卸、报废没有按规定执行；出现故障或发生异常情况时，未对其进行全面检查，或在消除事故隐患之前便重新使用，扣3～7			
	现场消防管理	关键性项目	15 作业前未对从事有火灾危险的从业人员进行技术交底	20		
		一般性项目	16 未定期对消防器材及消防应急物资进行检查，或没有记录，扣3～7			
			17 施工过程中，未定期组织火灾疏散演练，或无记录，扣2～6			
分项评价表得分				100		

A.0.4 监理单位安全管理评价应按表 A.0.4 的规定　进行评价。

表 A.0.4 监理单位安全管理分项评价

评价项目	评价分项	评价类别	评价标准	应得分	扣分	实得分
(Ⅰ) 监理单位与人员 分数：____	监理单位与人员	一般性项目	1 企业资质等级与所承揽监理业务类型和规模不相符，扣100	100		
			2 总监理工程师和总监理工程师代表及专业监理工程师未经过安全培训，未取得执业资格证书及经过注册，扣20～50			
			3 监理员不具备上岗证书，或未按规定通过安全生产教育培训和考核，扣20～50			

续表 A. 0. 4

评价项目	评价分项	评价类别	评价标准	应得分	扣分	实得分
（Ⅱ）监理安全工作制度 分数：____	监理安全工作制度	一般性项目	1 未建立监理安全管理责任制，扣10～40	100		
			2 未建立安全生产检查、监督和核验制度，扣10～20			
			3 未建立工地安全例会制度，扣5～20			
			4 未建立安全管理资料归档制度，扣5～20			
（Ⅲ）施工过程安全监理 分数：____	施工准备阶段的安全监理	一般性项目	1 项目监理规划中无相应的安全监理专题内容，扣5～10	30		
			2 未编制监理实施细则，或内容不涵盖安全监理方法、措施和控制要点等，扣2～5			
			3 未审查施工单位编制的施工组织设计和专项施工方案，或无记录，扣2～5			
			4 未对施工单位项目负责人、专职安全管理人员、特种作业人员和一般作业人员的从业资格进行审查，或无记录，扣2～5			
			5 未审查施工单位的应急救援预案、安全防护措施费用使用计划，或无记录，扣2～5			
	实施阶段的安全监理	一般性项目	6 无监理日志，扣2～8	50		
			7 监理单位未定期召开监理例会，或无会议记录，扣2～8			
			8 未监督施工单位按审查合格的施工组织设计和专项施工方案组织施工，或未记入监理日志，扣3～10			
			9 未巡视施工单位的施工作业情况，未参加建设单位组织的安全生产专项检查，或无检查记录，扣3～6			
			10 对施工过程中危险性较大的施工作业未开展旁站监理，或无旁站监理记录，扣3～6			
			11 未检查施工现场安全标志和防护措施是否符合相关标准、未检查安全费用使用情况，或无检查记录，扣3～6			
			12 未对各类安全事故隐患发出书面整改通知、暂停施工令、报告给建设单位或主管部门，或无相关记录，扣3～6			
	总结阶段的安全监理	一般性项目	13 未编制阶段性的安全监理工作总结，扣5～10	20		
			14 未将安全监理工作中的有关文件资料按要求立卷归档，扣5～10			
		分项评价表得分		100		

A.0.5 监测单位安全管理评价应按表 A.0.5 的规定 进行评价。

表 A.0.5 监测单位安全管理分项评价

评价项目	评价分项	评价类别	评价标准	应得分	扣分	实得分
（Ⅰ） 监测单位与人员 分数：____	监测单位与人员	一般性项目	1 企业资质等级与所承揽监测业务类型和规模不相符，扣100	100		
			2 监测负责人不具有相应执业资格，无地铁工程监测工作经验，扣15～30			
			3 监测人员无上岗证书，或未按规定通过安全生产教育培训和考核，扣15～30			
			4 监测人员及仪器的数量不能满足监测工作需要，扣3～10			
			5 监测仪器未定期校核，或无记录，扣3～10			
（Ⅱ） 监测方案与工作制度 分数：____	监测方案	一般性项目	1 未编制监测方案，或方案未经监测单位主要负责人签字，或未经监理单位审批便实施，扣60	60		
	监测安全工作制度	一般性项目	2 未建立监测安全管理责任制，扣5～10	40		
			3 未建立监测检查、监督和核验制度，扣3～10			
			4 未建立安全管理资料归档制度，扣3～10			
			5 未建立数据处理和信息反馈的程序及制度，扣3～10			
（Ⅲ） 监测实施 分数：____	监测实施	一般性项目	1 监测仪器设备及元器件未鉴定合格便使用，或者部分仪器设备及元器件的精度不能满足监测要求，扣8～20	100		
			2 基准点和各类监测点没有按审批后的监测方案布置，并未经监理、安全预警机构等单位验收；当监测点损坏后也没有及时修复或重布，或无相关记录，扣5～20			
			3 监测单位未及时向建设、监理、安全预警机构等单位提供监测报告，扣8～20			
			4 监理单位未按照监测方案实施监测，发现异常时，未进行分析，并及时向有关单位反馈，或无分析和反馈记录，扣5～10			
			5 当设计及施工方案有重大变更时，监测单位没有会同相关单位及时调整监测方案，扣8～20			
			6 未将工程监测资料按照相关规定立卷归档，扣2～10			
分项评价表得分				100		

附录B 地铁工程施工安全技术管理单项评价

B.0.1 施工准备工作安全管理评价应按表B.0.1的规定进行评价。

表B.0.1 施工准备工作分项评价

评价项目	评价分项	评价类别	评价标准	应得分	扣分	实得分
（Ⅰ） 施工组织 保障措施 分数：____	施工组织 保障措施	一般性 项目	1 施工单位未根据合同约定建立符合本地铁施工项目特点的施工项目部，扣15～30	100		
			2 施工项目部未建立监督、检查、评比与奖罚制度，未制定工作流程，扣5～10			
			3 施工项目部未制定合理的安全控制目标及控制措施，扣8～20			
			4 施工项目部未建立现场消防责任制，未确定消防责任人，扣5～10			
			5 施工项目部未制定全面、可行的应急预案，或方案未经论证和审批，扣5～15			
			6 施工项目部未建立完善的事故报告处理制度，扣5～15			
（Ⅱ） 施工管理 保障措施 分数：____	人力资源 管理	一般性 项目	1 施工项目部主要负责人、专职安全管理人员未经安全生产与管理知识考核合格，未取得相应证书，扣3～10	50		
			2 地铁工程施工机械设备操作人员及特种作业人员未经培训，或未持证上岗，扣3～10			
			3 未做好对从事有职业危害的作业人员进行健康检查的计划，开工前未对井下、隧道内、高处作业人员进行健康检查，或无相应记录，扣3～10			
			4 施工项目部未对现场作业人员、新岗位人员以及应用新工艺、新设备、新材料和实施新结构的人员进行专门培训，或没有培训记录，扣3～10			
			5 施工项目部未制定相应的安全防护制度，扣3～10			
	物力资源 管理	一般性 项目	6 施工项目部未制定结合地铁施工进度的物力资源投入计划，扣3～10	50		
			7 不具备投入地铁施工的各种机械设备的质量证明文件和安全检验合格证，重要设备不具备生产或制造许可证，扣3～10			
			8 未制定各种机械、设施设备的检修与保养计划；未设专人负责，并按计划实施，或无记录，扣3～10			
			9 未在危险性较大的设施、设备及危险物资存放处设置安全警示标志，扣3～6			
			10 不具备现场安装、拆卸施工起重机械，整体提升脚手架的专项方案，或未由有资质的单位实施，扣3～10			
			11 未配备好施工现场消防物资与器材、应急抢险物资，特别是隧道内、深基坑抢险应急物资准备，并未设专职或兼职人员负责，扣2～4			

续表 B.0.1

评价项目	评价分项	评价类别	评价标准	应得分	扣分	实得分
(Ⅲ) 施工技术 保障措施 分数：____	施工技术 保障措施	关键性 项目	1 未针对项目特点，制定专项施工方案，或方案未经审批；超过一定规模的危险性较大的分部分项工程安全技术方案未组织专家论证，或无论证报告	100		
		一般性 项目	2 施工项目部未编制有针对性、操作性强的施工组织设计，或未经审批，扣10～25			
			3 未全面辨识出风险源，无安全风险源清单，或未制定相应的防范与处理措施，扣10～25			
			4 开工前未做好安全技术交底，或无详细记录，扣10～25			
(Ⅳ) 施工经济 保障措施 分数：____	施工经济 保障措施	一般性 项目	1 施工项目部无安全施工措施费用使用计划和台账，或实际投入情况不符合有关规定，扣15～50	100		
			2 施工项目部没有为现场人员办理工伤保险，或在开工前没有为现场从事危险作业人员办理意外伤害保险，扣15～50			
分项评价表得分				100		

B.0.2 明挖法施工安全管理评价应按表 B.0.2 的规定进行评价。

表 B.0.2 明挖法施工分项评价

评价项目	评价分项	评价类别	评价标准	应得分	扣分	实得分
(Ⅰ) 围护结构 施工 分数：____	支护桩 施工	一般性 项目	1 无支护桩施工的专项方案，或者未经审批或论证，扣3～10	20		
			2 支护桩施工未严格按照审批的专项方案进行，或没有完整的施工及验收记录，并且桩基质量不符合现行国家标准《地下铁道工程施工及验收规范》GB 50299 的规定，扣3～10			
	地下连续 墙施工	一般性 项目	3 无地下连续墙施工的专项方案，或者未经审批或论证，扣2～4	20		
			4 地下连续墙施工未严格按照审批的专项方案进行，或没有完整的施工及验收记录，扣2～4			
			5 地下连续墙的质量不符合现行国家标准《地下铁道工程施工及验收规范》GB 50299 的规定，或未能全部合格，扣2～4			
			6 对于复杂地质条件下的超大、超深、超长地下连续墙，成槽工艺选择不当，或者未经过专家论证，扣2～4			
			7 地下连续墙施工成槽、吊装等机械设备未定期检修和保养，或没有记录，扣2～4			
	水泥土墙 支护施工	一般性 项目	8 无水泥土墙施工的专项方案，或者未经审批或论证，扣2～4	15		
			9 水泥土墙支护施工未严格按照审批的专项方案进行，或没有完整的施工及验收记录，扣2～4			
			10 水泥土墙未采用钻芯法检测墙身完整性和强度，或其检测频率不符合相关规定，且不完全合格，扣2～4			
			11 未定期检查和保养旋喷、搅拌机具等设备，或无记录，扣2～3			

续表 B.0.2

评价项目	评价分项	评价类别	评价标准	应得分	扣分	实得分
（Ⅰ） 围护结构 施工 分数：____	锚杆及 土钉墙 支护施工	一般性 项目	12　无锚杆及土钉墙施工的专项方案，或者未经审批或论证，扣2～4	15		
			13　锚杆及土钉墙施工未严格按照审批的专项方案进行，或没有完整的施工及验收记录，扣2～4			
			14　锚杆及土钉墙未按规定检测验收，或没有完整的验收记录，扣2～4			
			15　锚杆张拉时未严格按照操作规程进行操作，或没有记录，扣1～3			
	钢或 混凝土 支撑系统 施工	一般性 项目	16　无钢或混凝土支撑系统施工的专项方案，或者未经审批或论证，扣1～3	15		
			17　钢或混凝土支撑系统施工未严格按照审批的专项方案进行，或没有完整的施工及验收记录，扣2～4			
			18　换撑作业时结构混凝土强度不满足设计要求，或没有严格做到“先撑后换”，没有完整的施工记录，扣2～4			
			19　龙门吊等大型吊装设备未定期检修和保养，或没有记录，扣2～4			
	其他围护 结构系统 施工	一般性 项目	20　不具备相应的施工专项方案，或者未经审批或论证，扣3～7	15		
			21　施工未严格按照审批的专项方案进行，或没有完整的施工及验收的记录，或施工质量不符合现行国家标准《地下铁道工程施工及验收规范》GB 50299 的规定，扣3～8			
（Ⅱ） 地下 水治理 分数：____	集水明排	一般性 项目	1　未根据工程特点选择设备，设置排水沟、集水井，制定施工方案，或方案未经审批，扣 5～15	30		
			2　作业人员不具备相应的安全防护措施，抽水设备未设开关箱，未装漏电保护装备，扣 5～15			
	基坑降水	一般性 项目	3　无基坑降水的专项方案，或者未经审批或论证；大型复杂基坑降水未进行降水试验，或未根据试验结果制定降水方案，扣 4～10	40		
			4　基坑降水未严格按照审批的专项方案施工，或不具备完整的施工及验收记录，扣 4～8			
			5　降水期间，未对各降水井和观测井的水位、水量进行同步监测，或没有水位监测记录，扣 3～8			
			6　对降水影响范围内的建筑物、构筑物、地下管线，未按相关规定开展监测；在必要时，未采取回灌等措施进行保护，扣 3～8			
			7　抽水设备未设开关箱，或未设双路电源，未装漏电保护器，或现场未配备备用发电机，扣 2～6			

续表 B.0.2

评价项目	评价分项	评价类别	评价标准	应得分	扣分	实得分
（Ⅱ）地下水治理 分数：____	截水帷幕	一般性项目	8 无截水帷幕施工的专项方案，或者未经审批或论证，扣8～15	30		
			9 截水帷幕施工未严格按照审批的专项施工方案进行，或不具备完整的施工及验收记录，扣5～10			
			10 截水帷幕施工的旋喷、搅拌机具等设备未定期检修和保养，或无记录，扣2～5			
（Ⅲ）基坑土方工程 分数：____	基坑土方工程	关键性项目	1 爆破作业时，未委托有资质单位进行；未编制爆破作业专项方案，并经审批和论证；或爆破器材没有按照有关规定使用，并做相应记录	100		
		一般性项目	2 无基坑开挖的专项方案，或者未经审批或论证，扣10～25			
			3 未严格遵循“开槽支撑，先撑后挖，分层开挖，严禁超挖”原则，不符合开挖的“时空效应”，或不具备完整的施工及验收记录，扣10～25			
			4 未制定合理的基坑监测方案，未严格按照监测方案进行监测，或没有监测报告，扣5～15			
			5 基坑开挖时未制定有效防护措施，未设安全警示标志，扣5～15			
（Ⅳ）交通过渡防护 分数：____	交通过渡防护	关键性项目	1 基坑便桥未设置限载、限速和禁止超车、停车等标志，或未设置护栏	100		
		一般性项目	2 无交通过渡防护的专项方案，或者未经审批或论证，扣15～40			
			3 未选用合适的便桥结构形式，或没有详细的施工方案，或方案未经交通主管部门审批，扣5～15			
			4 交通过渡防护施工未严格按照审批的专项方案进行，或不具备完整的施工及验收记录，扣5～15			
			5 未对便桥定期进行检修和维护，或无相应的记录，扣3～10			

续表 B.0.2

评价项目	评价分项	评价类别	评价标准	应得分	扣分	实得分
（Ⅴ） 工程结构施工 分数：____	工程结构施工	一般性项目	1 钢筋工程施工没有隐蔽工程验收记录，扣10～20	100		
			2 钢筋加工、吊装机械未进行检修和保养，或没有记录，扣5～15			
			3 无脚手架施工的专项方案，或方案未经审批或论证；未严格按照专项方案进行施工，或没有完整的施工及验收记录，扣5～15			
			4 无模板工程施工的专项方案，或方案未经审批或论证；未严格按照专项方案进行施工，或没有完整的施工及验收记录，扣5～15			
			5 模板及其支架安装和拆除过程中，未采取有效的安全防护措施；拆模作业时，没有设置警戒区，扣5～15			
			6 混凝土浇筑过程中没有专人对模板及脚手架体系进行检查，或没有记录，扣2～10			
			7 未设有人员上下通道及安全防护措施，扣2～10			
（Ⅵ） 盖挖法特殊要求 分数：____	盖挖法特殊要求	一般性项目	1 横撑支护未达到设计的强度要求便进行土方开挖，或没有强度检测报告，扣15～40	100		
			2 盖挖逆作和半逆作施工时，施工工序不符合要求，扣10～20			
			3 未按照监控方案对横撑进行监控量测，或没有完整的监测记录，扣18～20			
			4 负层开挖时，未对出土的机械设备定期进行检修与保养，或没有记录，扣8～20			
分项评价表得分				100		

B.0.3 暗挖法施工安全管理评价应按表 B.0.3 的规定进行评价。

表 B.0.3 暗挖法施工分项评价

评价项目	评价分项	评价类别	评价标准	应得分	扣分	实得分
（Ⅰ） 竖井及横通道施工 分数：____	竖井及横通道施工	关键性项目	1 井口未采取合理的安全防护措施，上下井未建立登记管理制度，或没有详细记录	100		
		一般性项目	2 无竖井开挖及支护的专项施工方案，或者未经审批或论证，扣10～25			
			3 竖井开挖及支护施工未严格按照审批的专项方案进行，或不具备完整的施工及验收记录，扣10～25			
			4 竖井与横通道、横通道与正洞连接处，未制定加固方案，或没有相应施工记录，扣5～15			
			5 提升设备未经验收合格就投入使用，或没有验收记录，扣5～15			
			6 提升设备未进行定期检修和保养，或没有记录，扣3～10			

续表 B.0.3

评价项目	评价分项	评价类别	评价标准	应得分	扣分	实得分
（Ⅱ）地层超前支护及加固 分数：___	超前小导管与管棚	一般性项目	1 无超前小导管注浆的专项方案，或方案未经审批，扣4～8	20		
			2 超前小导管注浆施工未严格按照审批的专项方案进行，或不具备完整的施工及验收记录，扣2～6			
			3 未针对管棚施工中可能出现的涌水、涌泥事故制定应急预案，扣2～6			
	开挖面深孔注浆	一般性项目	4 施工单位未选择合理的注浆方法及注浆材料；无专项方案，或方案未经审批，扣5～12	30		
			5 未对注浆过程进行监控量测与分析，并根据监测结果优化注浆方案，或无相应施工记录，扣8～18			
	隧道地层地面预加固	一般性项目	6 在复杂环境条件中施工时，未编制预加固施工的专项方案，或者未经审批或论证，扣8～15	30		
			7 未严格按专项方案进行预加固施工；在预加固施工过程中未进行监控量测，或不具备施工记录；未对加固效果进行检测或检测结果不符合设计要求，无检测报告，扣5～15			
	地质超前预报	一般性项目	8 施工单位未按设计要求及工程实际情况编制超前预报的专项方案，或者未经审批或论证，扣3～10	20		
			9 无地质超前预报实施的有关记录，扣3～10			
（Ⅲ）隧道开挖 分数：___	开挖掘进	一般性项目	1 未按照围岩等级、开挖断面、周围环境等确定开挖工法和编制隧道开挖施工的专项方案，或者方案未经审批或论证，扣10～25	70		
			2 开挖循环进尺不满足现行国家标准《地下铁道工程施工及验收规范》GB 50299的规定和设计要求，或不具备完整的隧道开挖施工及验收记录，扣10～25			
			3 不具备应对特殊地质条件的施工方案与应急预案，扣8～20			
	爆破作业		4 爆破作业单位无相应资质，作业人员无资格证书	30		
			5 未根据围岩条件、开挖方法选择合理的爆破方案，或方案未经论证，扣5～10			
			6 未严格按照爆破管理规定，办理爆破批准与备案手续，或爆破施工无相应记录，扣4～10			

续表 B.0.3

评价项目	评价分项	评价类别	评价标准	应得分	扣分	实得分
(Ⅳ) 初期支护 分数：____	初期支护	一般性项目	1　钢格栅加工制作与安装、喷射混凝土施工不符合现行国家标准《地下铁道工程施工及验收规范》GB 50299 的规定和设计要求，或没有完整的施工及验收记录，扣 20～60	100		
			2　锁脚锚杆埋设后未进行抗拔试验，或没有试验记录，扣 15～40			
(Ⅴ) 二次衬砌 分数：____	二次衬砌	一般性项目	1　无二次衬砌施工的专项方案，台车未进行专门设计，或者方案未经审批或论证，扣10～30	100		
			2 未对特殊断面、大断面及衔接复杂结构部位的模板进行专门设计和论证，或无相关记录，扣 10～30			
			3　台车及模板安装、二次衬砌混凝土施工未严格按审批方案进行，或不具备完整的施工及验收记录，扣 8～20			
			4　防水材料施工时没有制定防火方案，扣 8～20			
(Ⅵ) 隧道内运输 分数：____	隧道内运输	一般性项目	1　不具备专门的隧道运输方案，或方案未经审批，扣 15～40	100		
			2　各类进洞车辆不具备生产或制造许可证、产品合格证、检验合格证，扣 8～20			
			3　车辆运行没有专人指挥和详细的记录；车辆作业人员未持证上岗，扣 8～20			
			4　车辆未进行定期检修与保养，或无相应记录，扣 8～20			
(Ⅶ) 临时设施与通风防尘 分数：____	临时设施与通风防尘	关键性项目	1　现场临时用电设施未设置安全警示标志	100		
		一般性项目	2　不具备施工用电、供水、通风的专项方案，或者未经审批或论证，扣 15～35			
			3　用电管理人员未持证上岗，扣 5～15			
			4　用电设施、通风设施和供水设施未设专人进行管理、定期检查和维护，或没有相关记录，扣5～15			
			5　未对隧道内有害气体进行监测，或没有监测记录，扣 5～15			
分项评价表得分				100		

B.0.4 盾构法施工安全管理评价应按表 B.0.4 的规 定进行评价。

表 B.0.4 盾构法施工分项评价

评价项目	评价分项	评价类别	评价标准	应得分	扣分	实得分
（Ⅰ）盾构选型及配置 分数：____	盾构选型及配置	一般性项目	1 盾构及配套设施未由有资质的专业厂商制造，或不具有相关合格证书，扣 15～50	100		
			2 未对所选盾构及重要配套设施进行适应性评价，或没有记录，扣 15～50			
（Ⅱ）盾构工作竖井 分数：____	盾构工作竖井	一般性项目	1 工作竖井周围未设置防淹墙和安全栏杆，扣 15～50	100		
			2 未对提升架和设备进行日常检修和保养，或无相应检修和保养记录，扣 15～50			
（Ⅲ）盾构始发与到达 分数：____	盾构组装调试	一般性项目	1 盾构机未在进场前完成工厂组装调试，或没有记录，扣 5～15	35		
			2 盾构机现场组装没有专项方案，或未经审批或论证，扣 2～5			
			3 盾构起重、组装作业未由具备相应资质的专业队伍负责，或作业时无专人指挥，扣 2～5			
			4 盾构基座安装不满足设计方案要求，盾构组装完成后未对各系统进行调试和验收，或没有验收记录，扣 2～5			
			5 施工过程中，未对盾构机定期检修和保养，或没有记录，扣 2～5			
	盾构始发	一般性项目	6 无盾构始发的专项方案，或者未经审批或论证，扣 4～15	35		
			7 无盾构始发的施工验收记录，扣 3～10			
			8 盾构始发掘进时，未加强盾构姿态和推力的监测，未根据监测结果调整掘进参数，或无相应记录，扣 4～10			
	盾构接收	一般性项目	9 无盾构接收的专项方案，或者未经审批或论证，扣 5～15	30		
			10 盾构机进入接收工作井后，未及时密封管片环与洞门之间的间隙，或没有相应记录，扣 3～7			
			11 无完整的盾构接收的施工及验收记录，扣 3～8			
（Ⅳ）盾构掘进 分数：____	盾构掘进	一般性项目	1 无盾构掘进施工方案，或者未经论证；施工过程中未严格按照施工方案进行，或没有完整的施工及验收记录，扣 5～20	100		

续表 B.0.4

评价项目	评价分项	评价类别	评价标准	应得分	扣分	实得分
（Ⅳ） 盾构掘进 分数：____	盾构掘进	一般性项目	2 未编制盾构掘进突发状况的应急预案，扣3～10	100		
			3 未针对特殊地段和地层等制定专项施工方案及监测方案，或没有施工及监测记录，扣3～10			
			4 盾构掘进中未实时监测掘进姿态，及时预警和纠偏，或没有相应记录，扣3～10			
			5 盾构刀具更换未制定专项方案，以及专门的开仓作业流程，或没有实施记录，扣2～5			
			6 管片拼装不满足现行国家标准《盾构法隧道施工与验收规范》GB 50446的规定和设计要求；管片出现破损或渗漏时，未制定处理方案，或没有处理记录，扣2～5			
			7 同步注浆未严格控制注浆参数，或没有注浆记录，扣3～10			
			8 没有盾构调头、过站和解体的专项方案，或未经审批，或没有完整的施工及验收记录，扣5～10			
			9 没有隧道内运输的专项方案，或未经审批，扣3～10			
			10 盾构及配套设施未定期检修和保养，或没有记录，扣3～10			
（Ⅴ） 联络通道施工 分数：____	联络通道施工	一般性项目	1 无联络通道施工的专项方案，或者未经论证，扣20～60	100		
			2 联络通道施工未严格按照专项方案进行，或没有完整的施工或验收记录，扣15～40			
分项评价表得分				100		

B.0.5 高架车站及区间施工安全管理评价应按表 B.0.5的规定进行评价。

表B.0.5 高架车站及区间施工分项评价

评价项目	评价分项	评价类别	评价标准	应得分	扣分	实得分
（Ⅰ） 现浇钢筋混凝土结构 分数：____	现浇钢筋混凝土结构	一般性项目	1 无基础、墩柱和上部结构的施工方案，或方案未经审批或论证；施工过程中未严格按施工方案施工，或没有相应记录，扣10～20	100		
			2 基础、墩柱和上部结构的钢筋工程施工没有隐蔽工程验收记录，扣3～10			

续表 B.0.5

评价项目	评价分项	评价类别	评价标准	应得分	扣分	实得分
（Ⅰ）现浇钢筋混凝土结构 分数：___	现浇钢筋混凝土结构	一般性项目	3　钢筋加工、吊装机械未进行检修和保养，或没有记录，扣 3～10	100		
			4　没有脚手架施工的专项方案，或方案未经审批或论证；未严格按照专项方案进行施工，或没有完整的施工及验收记录，扣 5～15			
			5　墩柱及上部结构的高支模没有专项施工方案，或方案未经审批或论证；未严格按照专项方案进行施工，或没有完整的施工及验收记录，扣 5～15			
			6　模板及其支架安装和拆除过程中，未采取有效的安全防护措施；拆模作业时，没有设警戒区，扣 3～10			
			7　预应力混凝土没有专项施工方案，或没有完整的施工记录，扣 3～10			
			8　混凝土浇筑过程中没有专人对模板及脚手架体系进行检查，或没有记录，扣 2～5			
			9　未设人员上下通道及安全防护措施，扣 2～5			
（Ⅱ）区间预制结构 分数：___	区间预制结构	一般性项目	1　混凝土预制构件和钢构件不具备产品合格证，或未验收合格便投入使用，或没有验收记录，扣 8～20	100		
			2　混凝土构件和钢构件的拼装与吊装作业没有专项施工方案，或方案未经审批或论证；未严格按照专项方案进行施工，或没有完整的施工及验收记录，扣8～20			
			3　高处吊装作业没有防坠落安全措施，或者作业人员没有采取安全防护措施，扣 8～20			
			4　吊装过程中没有专人指挥，或现场未设置安全警示标志，扣 8～20			
			5　吊装机械未定期进行检修和保养，或没有记录，扣 8～20			
（Ⅲ）桥面及屋面系 分数：___	桥面及屋面系	一般性项目	1　屋面系安装没有专项施工方案，或方案未经审批或论证；未严格按照专项方案进行施工，或没有完整的施工及验收记录，扣 15～40	100		
			2　屋面系施工未开展专项监测工作，或没有监测记录，扣15～40			
			3　桥面铺装及屋面系施工未做好临边安全防护工作，扣 8～20			
分项评价表得分				100		

B.0.6 安装工程安全管理评价应按表B.0.6的规定进行评价。

表B.0.6 安装工程分项评价

评价项目	评价分项	评价类别	评价标准	应得分	扣分	实得分
(Ⅰ) 整体 道床轨道 分数：___	铺轨基地	一般性项目	1 无铺轨基地专项方案，或者方案未经审批或论证，扣5～10	40		
			2 龙门吊没有安装、拆除、检测方案；未定期进行全面检查，或没有相关记录，扣3～10			
			3 轨排等运输及吊装作业未严格执行操作规程，或无专人指挥；未在作业区域范围内挂标牌，扣3～10			
			4 焊机周围工作区域有易燃物，焊接区域未配置灭火器，扣3～10			
	轨行区运输	一般性项目	5 轨行区运输没有专门的安全管理制度，运输轨排区间没有专项调度控制方案，扣5～10	30		
			6 轨行区没有良好的照明；未按要求设置警示、警铃、警牌；车辆与作业通信不畅通，扣3～10			
			7 运输车辆没有检查记录和交接班记录，扣3～10			
	轨道铺设	一般性项目	8 轨道铺设没有专项施工方案，或者方案未经审批或论证，扣4～10	30		
			9 轨道铺设前未组织铺轨条件验收，或没有验收记录，扣3～7			
			10 轨道铺设前未进行设计交底和质量安全技术交底，或无相应记录，扣3～7			
			11 轨道铺设没有完整的施工及验收记录，扣2～6			
(Ⅱ) 自动扶梯 分数：___	自动扶梯施工	一般性项目	1 无设备安装的专项方案，或设备装卸时未进行试吊，扣8～20	100		
			2 大型设备吊装机具的安全性能不满足吊装要求。起吊前未仔细检查各吊装用具是否完好，或未做相应记录，扣8～20			
			3 起吊未由专职起重工、信号工操作，起吊现场周围没有做好防护措施和设置警示标识，扣8～20			
			4 设备部件安装无专人指挥，或没有吊装记录，扣10～20			
			5 无运行试验调试方案，自动扶梯未由专业安装调试人员调试，或没有调试记录，扣3～10			
			6 自动扶梯运行调试前未设置警戒标识，在对自动扶梯各部位及开关进行调整时，未断开主电源并上锁，扣3～10			

续表 B.0.6

评价项目	评价分项	评价类别	评价标准	应得分	扣分	实得分
(Ⅲ) 通信及 信号 分数：____	设备安装	一般性 项目	1 光、电缆线路敷设和通信及信号系统设备安装未制定专项方案，或者方案未经审批或论证，扣5～10	50		
			2 施工占用轨道计划和区间“要点”计划未经过报批，扣5～10			
			3 通信及信号系统设备安装过程中，设备外壳接地未可靠连接到接地极上，扣3～10			
			4 设备送电前未检查电源电压等级设备连接线是否正确，或没有记录，扣3～10			
			5 登高作业没有安全防护措施，扣3～10			
	系统调试	一般性 项目	6 无通信及信号系统调试的专项方案，或者方案未经审批或论证，扣10～20	50		
			7 调试工作无专人指挥，或未严格按专项方案进行，扣5～15			
			8 调试过程没有采取安全措施，或无详细的调试记录，扣5～15			
(Ⅳ) 供电 分数：____	设备安装	一般性 项目	1 电缆线路敷设、变电设备安装、牵引网安装未制定专项方案，或方案未经审批或论证，扣10～20	60		
			2 吊装作业操作人员未持证上岗，未由专人指挥；或者在起吊前未检查吊绳是否稳固，扣3～10			
			3 未按专项方案施工，或没有完整的施工及验收记录，扣3～10			
			4 轨道平板吊车作业范围内未设置安全防护栏，扣3～10			
			5 限界检测车未对所有接触网设备进行检测，或没有检测记录，扣3～10			
	供电系统 调试与 受电作业	一般性 项目	6 无系统调试和受电的专项方案，或者方案未经审批或论证，扣5～15	40		
			7 未按专项方案施工，或无完整的施工及验收记录，扣3～10			
			8 受电前变配电设备交接试验不合格，电缆敷设完毕未通过验收，或无验收记录，扣3～10			
			9 送电前抢修小组未备齐工具、材料等安全防护用品，送电区段及时间未经批准，或者各项作业安全措施没有落实到位，扣2～5			

续表 B.0.6

评价项目	评价分项	评价类别	评价标准	应得分	扣分	实得分
（V） 通风空调 与给排水 分数：___	通风空调 与给排水 设备安装	一般性 项目	1 无管道、风管及相关设备安装的专项方案，或者方案未经审批或论证，扣8～15	40		
			2 未按专项方案施工，或没有完整的施工及验收记录，扣2～6			
			3 管道制作与安装时，管道焊接操作人员未持证上岗，动火作业未按照规定开具动火证，扣3～7			
			4 现场测试没有编制分段试压和冲洗方案，或未对操作人员做好安全技术交底工作，扣2～6			
			5 设备正式吊装前没有进行试吊检查，或没有相应检查记录，扣2～6			
	系统调试	一般性 项目	6 没有单机试运转和系统调试的专项方案，或者方案未经审批或论证，扣10～20	60		
			7 未严格按专项方案进行单机试运转和系统调试，或无相应记录，扣5～15			
			8 试运转前，系统调试区域未设警戒线；风亭、风道、隧道内未预先清洗干净，或无相应检查记录，扣5～15			
			9 试运转过程中，有人员进入机械行程范围内，扣5～10			
分项评价表得分				100		

附录C 地铁工程施工环境安全管理单项评价

表C 地铁工程施工环境安全管理评价

评价项目	评价分项	评价类别	评价标准	应得分	扣分	实得分
工程地质、 水文地质 分数：___	工程地质 核查	一般性 项目	1 未编制地质风险清单和应对方案，扣10～20	50		
			2 未针对不良地质的分布编制核查报告；并未分析不良地质对工程的危害程度和影响，提出防治措施，扣5～10			
			3 发现地质情况与工程勘察地质资料、施工图差异较大时，未及时补勘，或无记录，扣5～10			
			4 在特殊岩土地段施工时，未对影响工程安全的区段和部位进行地质复核或超前勘探工作，或无相应记录，扣5～10			
	水文地质 核查	一般性 项目	5 未编制水文地质风险清单和应对方案，扣10～25	50		
			6 出现水文地质突发状况时，未能及时采取处理措施，或无处理记录，扣8～25			

续表 C

评价项目	评价分项	评价类别	评价标准	应得分	扣分	实得分
周边 建筑物 或构筑物 分数：——	周边 建筑物 或构筑物 调查	一般性 项目	1　无工程影响范围内主要建筑物或构筑物的调查报告，扣 8～20	40		
			2　对于重要的建筑物或构筑物没有委托有资质的鉴定检测机构进行鉴定，或无鉴定报告，扣8～20			
	周边 建筑物 或构筑物 影响	一般性 项目	3　对重要的建筑物或构筑物没有专项保护方案，或方案未经审批或论证，扣 8～20	60		
			4　施工过程中，未对周边建筑物或构筑物进行巡查和监测，或没有巡查和监测记录，扣 8～20			
			5　没有对突发情况的应急预案，扣 8～20			
地下管线 分数：——	地下管线 调查	一般性 项目	1　无工程影响范围内地下管线的调查报告，扣 5～20	40		
			2　未将地下管线按危险程度列表，未制定专项保护方案，或方案未经审批或论证，扣 5～20			
	地下管线 影响	一般性 项目	3　地铁工程施工引起的地下管线改迁未制定专门的方案，扣10～30	60		
			4　施工过程中，未对地下管线进行巡查和监测，或没有巡查和监测记录，扣 5～15			
			5　没有制定应对突发情况的应急预案，扣 5～15			
分项评价表得分				100		

附录 D　地铁工程施工安全监控预警管理单项评价

表 D　地铁工程施工安全监控预警管理评价

评价项目	评价分项	评价类别	评价标准	应得分	扣分	实得分
安全 风险管理 分数：——	施工准备 阶段风险 管理	一般性 项目	1　在施工准备阶段，未进行风险识别和评价，或未编制工程风险等级列表，扣 10～25	50		
			2　针对工程风险等级列表中的风险，未分别提出处理措施；对严重风险未编制专门的风险应对方案，扣 10～25			
	施工实施 阶段风险 管理	一般性 项目	3　在施工过程中，未持续进行风险识别和评价工作，或未更新风险列表和应对方案，扣 10～25	50		
			4　未建立风险管理台账，对风险落实情况进行记录；对发生概率大且危害严重的风险，未编制专门的风险应对记录与总结，扣10～25			

续表 D

评价项目	评价分项	评价类别	评价标准	应得分	扣分	实得分
安全监控管理 分数：____	监控准备	一般性项目	1　没有对施工安全监测的测点布置、重点监测对象、监测频率和控制标准等内容的设计交底记录，扣3～6	20		
			2　施工单位、监测单位和安全监控预警机构没有分别编制专门的安全监控预警管理工作大纲，扣3～7			
			3　监测单位未根据相关规范、设计文件和现场实际情况编制监测方案，或方案未经审批，扣 3～7			
	监控实施	一般性项目	4　对结构本体及周边环境的监测布点不符合监测方案的规定，或无验点记录，扣 3～15	50		
			5　在穿越重要建筑物或构筑物以及既有运营线路时未进行实时监测，或没有监测记录，扣 3～15			
			6　当设计发生变更时，监测单位未根据变更内容对监测方案进行调整，或没有相应记录，扣 3～10			
			7　未制定测点保护措施，当已有测点被破坏时，未及时补点，或无相应记录，扣 3～10			
	监控数据处理	一般性项目	8　监测单位未将监控量测记录和工程日志上报给安全监控预警机构，扣 3～10	30		
			9　各参建单位未对所有监测数据进行分析处理，或无相应记录，扣 3～10			
			10　对监测数据超限部位未进行分析、开展现场巡视，未制定相应处理措施，或没有相应记录，扣 3～10			
安全预警管理 分数：____	预警发布评价	一般性项目	1　安全监控预警机构未及时发布预警信息，或没有发布的时间记录，扣 3～10	20		
			2　未在安全监控预警管理工作大纲中对预警类型和安全风险等级予以明确，或不同类型的安全预警信息的发布没有相应的分析报告，扣 3～10			
	预警响应	一般性项目	3　各参建单位未编制预警响应的专项方案，扣 10～20	50		
			4　预警发布后，相关单位未及时启动预警响应，或没有警情处理记录，扣 5～15			
			5　未制定警情处理方案，对于安全风险等级较高的工点，未召开现场协调会或专家论证会，或没有警情处理和复查记录，扣 5～15			
	预警解除	一般性项目	6　安全监控预警机构未根据预警解除标准解除预警，或解除预警的标准未在安全监控预警机构的安全监控预警管理工作大纲中予以明确，扣 5～15	30		
			7　各参建单位在预警解除后未对原有警情进行跟踪，或没有记录，扣5～15			
分项评价表得分				100		

附录E　地铁工程施工安全评分汇总

表E　地铁工程施工安全评分汇总

地铁工程施工安全评价的总得分为：______

一级指标	二级指标	三级指标
施工安全组织管理评价（权重：0.15）分数：______	建设单位安全管理评价（权重：0.15）分数：______	安全管理机构与人员（权重：0.4）分数：______
		安全管理责任制与目标管理（权重：0.3）分数：______
		安全管理制度（权重：0.3）分数：______
	勘察设计单位安全管理评价（权重：0.1）分数：______	勘察设计工作与施工配合（权重：1）分数：______
	施工单位安全管理评价（权重：0.4）分数：______	安全管理机构与人员（权重：0.4）分数：______
		安全生产制度（权重：0.3）分数：______
		施工现场安全管理（权重：0.3）分数：______
	监理单位安全管理评价（权重：0.25）分数：______	监理单位与人员（权重：0.35）分数：______
		监理安全工作制度（权重：0.3）分数：______
		施工过程安全监理（权重：0.35）分数：______
	监测单位安全管理评价（权重：0.1）分数：______	监测单位与人员（权重：0.3）分数：______
		监测方案与工作制度（权重：0.25）分数：______
		监测实施（权重：0.45）分数：______
施工安全技术管理评价（权重：0.45）分数：______	施工准备工作（权重：0.15）分数：______	施工组织保障措施（权重：0.25）分数：______
		施工管理保障措施（权重：0.25）分数：______
		施工技术保障措施（权重：0.3）分数：______
		施工经济保障措施（权重：0.2）分数：______

续表 E

一级指标	二级指标	三级指标
施工安全技术管理评价（权重：0.45） 分数：______	明挖法施工（权重：0.1） 分数：______	围护结构施工（权重：0.2） 分数：______
		地下水治理（权重：0.2） 分数：______
		基坑土方工程（权重：0.3） 分数：______
		交通过渡防护（权重：0.1） 分数：______
		工程结构施工（权重：0.1） 分数：______
		盖挖法特殊要求（权重：0.1） 分数：______
	明挖法施工（权重：0.2） 分数：______	竖井及横通道施工（权重：0.1） 分数：______
		地层超前支护及加固（权重：0.1） 分数：______
		隧道开挖（权重：0.3） 分数：______
		初期支护（权重：0.2） 分数：______
		二次衬砌（权重：0.1） 分数：______
		隧道内运输（权重：0.1） 分数：______
		临时设施与通风防尘（权重：0.1） 分数：______
	盾构法施工（权重：0.2） 分数：______	盾构选型及配置（权重：0.2） 分数：______
		盾构工作竖井（权重：0.1） 分数：______
		盾构始发与到达（权重：0.3） 分数：______
		盾构掘进（权重：0.3） 分数：______
		联络通道施工（权重：0.1） 分数：______

续表 E

一级指标	二级指标	三级指标
施工安全 技术管理评价 （权重：0.45） 分数：______	高架车站及区间施工 （权重：0.15） 分数：______	现浇钢筋混凝土结构（权重：0.5） 分数：______
		区间预制结构（权重：0.3） 分数：______
		桥面及屋面系（权重：0.2） 分数：______
	安装工程（权重：0.2） 分数：______	整体道床轨道（权重：0.4） 分数：______
		自动扶梯（权重：0.1） 分数：______
		通信及信号（权重：0.3） 分数：______
		供电（权重：0.1） 分数：______
		通风空调与给排水（权重：0.1） 分数：______
施工环境安全 管理评价 （权重：0.25） 分数：______	施工环境安全 管理评价 （权重：1） 分数：______	工程地质、水文地质（权重：0.3） 分数：______
		周边建筑物或构筑物（权重：0.35） 分数：______
		地下管线（权重：0.35） 分数：______
施工安全 监控预警 管理评价 （权重：0.15） 分数：______	施工安全监控预警管理评价 （权重：1） 分数：______	安全风险管理（权重：0.3） 分数：______
		安全监控管理（权重：0.4） 分数：______
		安全预警管理（权重：0.3） 分数：______

本标准用词说明

1 为便于在执行本标准条文时区别对待，对要求严格程度不同的用词说明如下：

1） 表示很严格，非这样做不可的：
正面词采用“必须”，反面词采用“严禁”；

2） 表示严格，在正常情况下均应这样做的：
正面词采用“应”，反面词采用“不应”或“不得”；

3） 表示允许稍有选择，在条件许可时首先应这样做的：
正面词采用“宜”，反面词采用“不宜”；

4） 表示有选择，在一定条件下可以这样做的，采用“可”。

2 条文中指明应按其他有关标准执行的写法为：“应符合……的规定”或“应按……执行”。

引用标准名录

《地下铁道工程施工及验收规范》GB 50299

《盾构法隧道施工与验收规范》GB 50446

中华人民共和国国家标准

地铁工程施工安全评价标准

GB 50715—2011

条 文 说 明

制 订 说 明

《地铁工程施工安全评价标准》GB 50715—2011，经住房和城乡建设部2011年7月26日以第1106号公告批准发布。

为便于广大设计、施工、科研、学校等单位有关人员在使用本标准时能正确理解和执行条文规定，《地铁工程施工安全评价标准》编制组按章、节、条顺序编制了本标准的条文说明，对条文规定的目的、依据以及执行中需注意的有关事项进行了说明，还着重对强制性条文的强制性理由作了解释。但是，本条文说明不具备与标准正文同等的法律效力，仅供使用者作为理解和把握标准规定的参考。

目　次

1 总 则

1.0.1 地铁工程建设难度大，施工风险高，安全管理难度大，一旦发生安全事故，将会严重威胁人民的生命安全，造成国家巨大的经济损失，影响社会的稳定及和谐发展。因此，特制定本标准，以减少各类安全事故的发生，降低人员伤亡和工程经济损失。

1.0.2 本标准可用于建设单位、勘察设计单位、施工单位、监理单位及第三方监测、安全预警单位等第三方机构对所参与的地铁施工项目的安全组织管理水平进行自评，也可用于政府主管部门对地铁工程施工安全状况、参建各方的安全组织管理水平、安全技术管理水平、施工安全环境管理水平、安全监控预警管理水平的检查和评价。

1.0.3 对地铁工程的施工安全进行评价，一般应针对单个的车站或区间，但是也可以对整个地铁线路网或一条路线的施工安全进行评价。对于评价对象为整个地铁线路网或一条线路的施工安全状况时，可根据工程的需要对每个车站和区间进行逐一评价，也可采取抽样的方法进行评价。由于在地铁工程施工安全技术管理评价内容中涉及到不同施工方法的安全评价，因此，在进行抽样时，应注意兼顾采用不同类型施工方法的车站和区间，确保采用的各施工方法得到最大程度的安全评价。抽样数量可按表1的规定进行。

表1 抽样数量

N	1	2	3～6	7～12	13～20	21以上
n	1	2	3	4	5	6

注：N为总样本数量；n为抽样数。

1.0.4 地铁工程应在以下3个阶段均进行施工安全评价：施工前准备阶段对施工方案和准备工作进行安全评价；在施工实施过程中对各参与单位的管理工作、各施工工艺和设备安装、环境影响、监控预警管理等内容进行安全评价；以及在土建施工和设备安装完成后对其整体安全性状况进行评价。并且在这3个阶段进行安全评价时，都应以本标准作为评价的依据。

3 基 本 规 定

3.1 评 价 体 系

3.1.1～3.1.5 根据风险管理理论和事故致因理论，应用安全系统工程原理和方法，结合大量的工程实践经验对地铁工程施工安全的影响因素进行辨识和总结，确定地铁工程施工安全评价内容。根据4M1E理论，影响地铁工程施工安全的主要因素即为人、机、物、法、环5个方面，地铁工程施工安全评价体系则涵盖了这5个方面，制定了相应的评价标准：

地铁工程施工安全组织管理评价：针对地铁工程施工全过程的主要参建单位（人员），包括建设单位、勘察设计单位、施工单位、监理单位、监测单位的施工安全组织管理工作进行评价，重点评价这些参建单位各自施工安全管理职责的状况和水平。

地铁工程施工安全技术管理评价：针对施工过程的机和物，包括机械设备、材料的安全管理工作进行评价，同时针对施工过程中涉及的各种施工方法的安全管理工作进行评价。对于地铁工程施工过程，将施工涉及的机械设备、材料、方法3个因素合并为“施工技术”一个因素，即对施工安全技术管理进行评价。

地铁工程施工环境安全管理评价：由于地铁工程施工会给周边环境，如周边建（构）筑物、地下管线等带来扰动以及出现未探明的特殊情况，可能会形成新的危险源，给施工人员的现场作业带来了极大的安全隐患，必须对施工过程中周边环境采取合理的安全管理措施。因此，该标准针对地铁工程施工周边环境的安全管理进行评价。

地铁工程施工安全监控预警管理评价：安全监控预警管理，能够及时发现风险、控制风险、快速反应、排除工程隐患，从而提高安全风险的适时预警与警戒能力，以及灾害性事故发生的预测和防控能力，对地铁工程施工过程安全的控制有着非常重要的作用，在进行安全评价时，将其从技术、环境因素中独立出来，单独作为安全评价的一部分。

因此，地铁工程施工安全评价体系包括施工安全组织管理评价、施工安全技术管理评价、施工环境安全管理评价、安全监控预警管理评价4个部分。

3.1.6 地铁工程施工安全评价，首先是针对施工安全组织管理评价、施工安全技术管理评价、施工环境安全管理评价、安全监控预警管理评价4个部分分别进行评价，得到4个评价部分的安全评分。地铁工程施工安全总体评价，则是在4个单项评价得分的基础上，通过相应的权重加权进行汇总，得到地铁工程施工总体安全的得分，并根据安全等级划分，确定评价对象的单项安全管理水平等级和总体安全管理水平等级，由此作出安全评价结论，并编制地铁工程施工安全评价报告。

3.2 评 价 程 序

3.2.1 地铁工程施工涉及多学科、多专业、多工种，因此，评价小组必须由有丰富施工经验的地铁施工安全管理人员和专业技术人员以及具备安全评价资格的安全评价人员组成。并且在实施评价时，应由评价组组长统筹安排，根据评价单元以及各评价成员的专长划分若干不同的评价小组分别开展工作。

3.2.2 由于地铁工程施工自身的复杂性、评价内容的多样性，为确保评价工作的顺利、有效、客观的进行，有必要对评价组织工作的各个阶段（评价前准备阶段、评价实施阶段和评价后报告编制阶段）的工作内容进行说明。

3.2.3 地铁工程施工安全评价，应做好评价前的准备工作。准备工作主要包括以下内容：

1 根据需要，确定评价的对象和评价范围，结合评价对象的特点，编制施工安全评价计划，应包含评价目的、评价内容、评价方式、所需资料（包括图纸、文件、资料、档案、数据）的清单、拟开展现场检查的计划，及其他需要各单位配合的事项等内容，做好评价前期的说明及协调工作。

2 根据评价对象的需要以及编制的施工安全评价计划，收集地铁工程施工安全评价相关的法律法规、标准等资料，以确保评价所需材料和依据的齐全。

3 根据施工安全评价计划和评价组织方提供的评价材料，被评价方应根据需要，提前准备好评价组织方需要的评价资料，等待评价组织方进行地铁工程施工安全评价。

3.2.4 地铁工程施工安全评价的实施，直接决定着评价的结果。在评价实施阶段，评价组织方首先应审查相关单位提供的施工技术和管理资料，并根据事先拟定的现场检查计划，查看地铁工程施工各参建单位的安全管理、施工技术的安全实施、施工环境的安全管理以及监控预警的安全控制工作是否到位以及是否符合相关法规、规范的要求，并按本标准的相关规定进行评价和打分。在此基础上，确定安全评价总分计算和安全水平的等级，给出安全评价结论，并编制安全评价报告。

3.2.5 地铁工程施工安全评价报告的内容，不仅包括对评价对象地铁工程施工安全总体安全管理水平的评价，而且包括对不符合要求的安全管理工作提出的整改意见。

3.3 评分方法

3.3.2 进行地铁工程施工安全评价时，应采用直观、可操作性的扣分法，依据附录一评分表，逐项进行扣分。评价项目的实际得分为应得分减去扣分，扣减分数不得超过评价项目应得分值，以保证评价项目实得分不为负。

3.3.5 在本标准的各评价项目中分为关键性项目和一般性项目，关键性评价项目基于本标准强制性条文的规定而设置，由于强制性条文是必须执行的，那么关键性项目一旦不符合要求，就应扣除该关键性项目所属评价分项的全部分值，即起到“一票否决”的作用，加强了对强制性条文的实施力度。

3.3.6 在进行施工安全组织管理评价时，部分条款涉及到对人员资格、培训和考核情况的评价，在具体评价时，针对这些条款应采取随机抽样的方式进行抽查，抽查的数量可根据施工的各工种和类别抽查员工总数量的5%进行现场的检查和考核。

3.3.7 本条针对评分项目中出现缺项的情况而定的，如：当评价盾构法施工时，还未进行联络通道的施工，则对象不存在“联络通道施工”评价项目，进行地铁工程盾构法施工评价时，“联络通道施工”评分项目即为缺项。

若某评价项目在评价时存在缺项，那么该评价项目的实得分为可评项目的实得分除以可评项目的应得分，然后乘以100。例如，当评价盾构法施工时需评价盾构选型及配置、盾构工作竖井、盾构始发与到达等5个评价项目，权重分别为0.2、0.1、0.3、0.3、0.1，其中如果“联络通道施工”评分项目为缺项，其余4项得分为80、80、80、90，则盾构法施工评价的总分为其余4个评价项目的实际得分除以这4项的应得分，然后乘以100，即：

盾构法施工评价的实得分

$$=\frac{80\times0.2+80\times0.1+80\times0.3+90\times0.3}{100\times(0.2+0.1+0.3+0.3)}\times100$$

$$=83.3 \qquad (1)$$

4 地铁工程施工安全组织管理评价

4.1 建设单位安全管理评价

4.1.1～4.1.3 建设单位安全管理评价主要是评价建设单位的安全管理机构与人员、安全管理责任制与目标管理、安全管理制度等安全管理工作。依据《中华人民共和国安全生产法》第三、四条：安全生产管理，坚持安全第一、预防为主的方针。生产经营单位必须遵守本法和其他有关安全生产的法律、法规，加强安全生产管理，建立、完善安全生产责任制度，完善安全生产条件，确保安全生产。

本节依照《中华人民共和国安全生产法》、《国务院关于进一步加强安全生产工作的决定》（国发［2004］2号）、《建设工程安全生产管理条例》（国务院令第393号）、《生产经营单位安全培训规定》（国家安全生产监督管理总局令第3号）、《建设工程勘察合同》、《建设工程设计合同》、《建设工程施工合同》的相关规定进行检查。

（Ⅰ）安全管理机构与人员

4.1.5 依据《国务院关于进一步加强安全生产工作的决定》（国发［2004］2号）第十条：生产经营单位应根据《中华人民共和国安全生产法》等有关法律规定，设置安全生产管理机构及配备专职安全生产管理人员；以及《建筑施工企业安全生产管理机构设置及专职安全生产管理人员配备办法》（建质［2008］

91号）的规定，必须设置专门的安全管理机构，该机构是进行安全管理的实施主体，是促进安全管理水平的重要组织部门。

（Ⅱ）安全管理责任制与目标管理

4.1.7 本条规定是为了更加切实的落实安全生产责任制度，从制度上规范安全管理水平、确定安全管理目标，其依据包括：《国务院关于进一步加强安全生产工作的决定》（国发［2004］2号）第十、十一条规定，依法加强和改进生产经营单位安全管理，强化生产经营单位安全生产主体地位，进一步明确安全生产责任，全面落实安全保障的各项法律法规；第十六条，建立安全生产控制指标体系的规定；《中华人民共和国安全生产法》第四条，建立健全安全生产责任制度的规定。

4.1.8 建设单位的主要负责人、安全管理人员，应与其主管部门签订安全管理责任状，对地铁工程的安全施工承担相应的责任，并应按照责任状切实履行安全管理责任，并进行考核，留有考核记录。此外，建设单位的主要负责人对建设单位的安全管理工作负有以下职责：建立、健全本单位安全管理制度；组织制定本单位安全管理规章制度和管理流程；保证本单位安全投入、安全培训、安全检查制度、安全技术保障制度的有效实施。

4.1.9 安全管理目标是实现企业安全化的行动指南。安全目标管理可以根据各类事故及其资料，结合地铁工程施工的特点，根据国家相关规定确定。

1 建设单位应结合地铁工程施工项目的特点，围绕安全施工的要求，明确本项目的施工安全管理目标，并将该目标写入企业的管理规章制度中。

2 建设单位应根据国家相关规定，以地铁工程施工的各类事故以及相关资料为依据，结合本项目的具体特点，对施工安全管理目标应有明确的量化分解。

3 地铁工程施工阶段，建设单位应每年至少进行一次安全目标的检查和评价，确保本项目的安全目标在控制值之内，确保年度安全目标的实现。

（Ⅲ）安全管理制度

4.1.10 为了确保安全管理工作的切实落实，从制度上规范安全投入、安全培训、安全检查以及安全保障技术，依据《中华人民共和国安全生产法》第十八、三十九、四十三条，《国务院关于进一步加强安全生产工作的决定》（国发［2004］2号），以及《建设工程安全生产管理条例》（国务院令第393号）第八条的相关规定，落实和执行安全生产资金保障制度；依据《国务院关于进一步加强安全生产工作的决定》（国发［2004］2号）、《生产经营单位安全培训规定》（国家安全生产监督管理总局令第3号）的相关规定，落实安全教育培训制度；依据《中华人民共和国安全生产法》第三十八条的相关规定落实安全检查制度；依据《中华人民共和国建筑法》第四十条、《建设工程安全生产管理条例》（国务院令第393号）建设单位的质量责任和义务的规定以及《建设工程勘察合同》、《建设工程设计合同》中发包人的责任，落实安全技术保障制度；依据《国务院有关规定生产安全事故应急预案管理办法》，企业需编制应急预案，并演练。

本标准针对建设单位的安全管理制度的评价，制定了第4.1.11条～第4.1.15条款。

4.1.11 本条说明如下：

1 依据《中华人民共和国安全生产法》第三十九条规定：生产经营单位应当安排用于配备劳动防护用品、进行安全生产培训的经费。建设单位应按照规定安排相应的经费，并切实拨付到位，以满足对劳动防护用品、安全生产培训的需要。

2 依据《建设工程安全生产管理条例》（国务院令第393号）第八条规定：建设单位在编制工程概算时，应当确定建设工程安全作业环境、安全施工措施、安全风险评估等所需费用。在工程实施过程中，建设单位应根据合同约定及时足额支付给施工单位，切实落实和执行安全投入制度，不得克扣安全施工措施费。

3 依据《中华人民共和国安全生产法》第四十三条规定：生产经营单位必须依法参加工伤社会保险，为从业人员缴纳保险费。建设单位应办理第三方责任险、现场管理人员的意外伤害险等与施工安全密切相关的保险。为了确保施工安全，建设单位应督促施工单位办理建筑工程一切险和安装工程一切险，也可自行办理这些保险。

4.1.12 依据《中华人民共和国安全生产法》第二十一条规定：生产经营单位应对从业人员进行安全生产教育和培训，保证从业人员具备必要的安全生产知识，熟悉有关的安全生产规章制度和安全操作规程，掌握本岗位的安全操作技能。未经安全生产教育和培训合格的从业人员，不得上岗作业。以及《生产经营单位安全培训规定》（国家安全生产监督管理总局令第3号）的相关内容，对建设单位的安全培训制度从下面几个方面进行评价：

1 为确保管理者和工作人员熟悉有关的安全生产规章制度和安全操作规程，掌握本岗位的安全操作技能，建设单位应组织管理者和工作人员参加施工安全法规、政策文件、管理制度、安全技术技能的培训，每年不得少于两次。同时应做好安全培训的记录。

2 为保证新员工具备本岗位安全操作所需的知识和技能，建设单位应对每一批新员工进行安全法规、安全技能的培训和考核，考核合格后方能安排上岗作业。同时应对新员工的培训和考核结果做相应记录。

4.1.13 依据《中华人民共和国安全生产法》第三十八条规定：生产经营单位的安全生产管理人员应当根据本单位的生产经营特点，对安全生产状况进行经常性检查；对检查中发现的安全问题，应当立即处理；不能处理的，应当及时报告本单位有关负责人。检查及处理情况应当记录在案。

1 为确保地铁工程施工现场的安全，建设单位应组织对地铁工程施工现场状况的全面检查，每季度至少组织一次。对于检查结果和存在的安全隐患，应做好记录。

2 对地铁工程施工现场状况的全面检查过程中发现的安全隐患，应及时责令施工单位、监理单位进行整治。安全隐患整治后，建设单位应对整治情况进行复查，确认安全隐患的排除，已达到安全施工的要求。

3 建设单位自身的施工安全管理状况，同样影响地铁工程的施工安全。因此，建设单位应组织对本单位施工安全管理的自查，每季度至少组织一次，以确保本单位的施工安全管理状况的良好。

4 对于施工安全管理，建设单位应制定安全管理规章制度、施工安全保障方案、施工安全检查及复查记录、施工安全隐患整治记录、事故处理记录，建立完整的施工安全管理档案制度，以保证施工安全管理的顺利进行。

4.1.14 依据《建设工程质量管理条例》（国务院令第279号）第九条的规定：建设单位必须向有关的勘察、设计、施工、工程监理等单位提供与建设工程有关的原始资料；《中华人民共和国建筑法》第四十条的规定：建设单位应当向建筑施工企业提供与施工现场相关的地下管线资料，建筑施工企业应当采取措施加以保护；《建设工程安全生产管理条例》（国务院令第393号）第六条的规定：建设单位应当向施工单位提供施工现场及毗邻区域内供水、排水、供电、供气、供热、通信、广播电视等地下管线资料，气象和水文观测资料，相邻建筑物和构筑物、地下工程的有关资料，并保证资料的真实、准确、完整；以及《危险性较大的分部分项工程安全管理办法》（建质［2009］87号）中发包人的责任的规定，建设单位应做好以下安全技术保障工作：

1 为确保勘察设计、施工现场相关资料的真实、准确、完整性，建设单位应根据相关的规定，向勘察设计、施工单位提供施工现场及毗邻区域内供水、排水、供电、供气、供热、通信、广播电视等地下管线资料，气象和水文观测资料，相邻建筑物和构筑物、地下工程的有关资料，并做好移交记录。

2 为加强建设工程项目的安全技术管理，防止建筑施工安全事故，保障人身和财产安全，确保重大风险源、危险部位施工的安全性，建设单位应组织专家进行风险评估，形成评估报告，从而确保重大风险源、危险部位施工的安全性。

3 对于施工涉及的新技术、新材料、新工艺或新设备的使用，施工单位必须在了解安全技术特性，制定有效的安全防护措施的基础上进行，建设单位应对施工新技术、新材料、新工艺的采用进行审查，并做好审查记录。

4 地铁工程的施工对邻近建筑物的影响已成为地铁工程施工中的难点和重点。为确保地铁工程施工影响范围内的重点建筑物和构筑物的安全，建设单位应组织有专业资质的单位对施工影响范围内的重点建筑物和构筑物进行检测鉴定，并根据鉴定结果制定应对方案，最大限度上减少地铁工程施工的影响。

5 根据2010年1月住房和城乡建设部出台的《城市轨道交通工程安全质量管理暂行办法》（建质［2010］5号）中第十二条的规定：建设单位应当委托工程监测单位和质量检测单位进行第三方监测和质量检测。

4.1.15 依据《中华人民共和国突发事件应对法》、《中华人民共和国安全生产法》以及《国务院有关规定生产安全事故应急预案管理办法》，建设单位应规范生产安全事故应急预案的管理，完善应急预案体系。同时为增强人员的预防事故、自救互救和应急处理的能力，建设单位应组织施工现场的应急预案和事故救援的演练，增加事故应急救援、事故应急预案演练及防范措施的知识。

《中华人民共和国安全生产法》第三十三条规定：生产经营单位对重大危险源应当登记建档，进行定期检测、评估、监控，并制定应急预案，告知从业人员和相关人员在紧急情况下应当采取的应急措施。生产经营单位应当按照国家有关规定将本单位重大危险源及有关安全措施、应急措施报有关地方人民政府负责安全生产监督管理的部门和有关部门备案。根据相关规定，施工单位在现场应做好危险因素的识别与公示，并且制定相应应急措施。

4.2 勘察设计单位安全管理评价

4.2.1～4.2.4 勘察设计单位安全管理评价主要是评价勘察设计单位提供的勘察设计工作和施工配合情况。

为了确保勘察设计单位勘察设计工作、施工配合等安全管理工作落实到位，依据《建设工程勘查质量管理办法》第九、十条以及《建设工程勘察合同》勘察单位责任和义务的规定；依据《建设工程安全生产管理条例》第十三条、《建设工程质量管理条例》第二十三、二十四条以及《建设工程设计合同》设计单位责任和义务的规定；以及《建设工程勘察设计管理条例》（中华人民共和国国务院令第293号）第三十条关于勘察设计单位的责任的规定，本标准针对勘察设计单位与人员、勘察工作评价、设计工作评价以及施工配合的评价，制定了第4.2.5条～第4.2.8条款。

4.2.6 依据《建设工程勘察设计管理条例》（中华人民共和国国务院令第293号）第三十条规定：建设工程勘察、设计单位应当在建设工程施工前，向施工单位和监理单位说明建设工程勘察、设计意图，解释建设工程勘察、设计文件；建设工程勘察、设计单位应当及时解决施工中出现的勘察、设计问题。本标准对勘察单位的勘查工作进行如下评价：

1 勘察单位应进行勘察成果交底，在地铁工程施工前，根据勘察成果向设计单位、施工单位和监理单位说明地铁工程勘察意图，解释勘察文件的内容，便于设计单位、施工单位和监理单位了解工程所在地的勘查情况。同时，应将存在的不良地质以及可能导致的安全风险情况，详细地向这些单位进行说明，确保后期地铁工程的施工安全。

2 若在地铁工程施工过程中，发现与勘察报告不相符，需进行工程补勘时，勘察单位应严格按照勘察合同的要求，进行必要的补勘。

4.2.7 依据《建设工程质量管理条例》（国务院令第279号）第二十三条规定：设计单位应当就审查合格的施工图设计文件向施工单位作出详细说明；《建设工程勘察设计管理条例》（中华人民共和国国务院令第293号）第三十条规定：建设工程勘察、设计单位应当及时解决施工中出现的勘察、设计问题。本标准对设计单位的设计工作进行如下评价：

2 设计单位应进行设计文件交底，应当在建设工程施工前，根据审查合格的施工图设计文件内容向施工单位和监理单位说明地铁工程的设计意图，解释设计文件的内容。

3 出现设计变更时，设计单位应严格遵循设计变更程序，进行设计的变更处理。

4.2.8 依据《建设工程勘查质量管理办法》（建设部令第163号）第九条规定：工程勘察企业应当参与施工验槽，及时解决工程设计和施工中与勘察工作有关的问题；第十条规定：工程勘察企业应当参与建设工程质量事故的分析，并对因勘察原因造成的质量事故，提出相应的技术处理方案；依据《建设工程质量管理条例》（国务院令第279号）第二十四条规定：设计单位应当参与建设工程质量事故分析，并对因设计造成的质量事故，提出相应的技术处理方案。本标准对勘察、设计单位的施工配合进行如下评价：

1 为了确保施工单位按照设计施工，勘察设计单位应派驻现场代表，及时提供勘察设计服务。

2 地铁工程施工过程中出现工程质量事故，勘察设计单位应按照相应的规定，参与事故原因的分析。若质量安全事故是由于勘察设计原因引起的，勘察设计单位还应提供相应的技术处理方案。

3 对于地铁工程施工过程中的主要阶段施工验收、试车和竣工验收，勘察设计单位应按照相应的规定参加，并做好验收记录。

4.3 施工单位安全管理评价

（Ⅰ）安全管理机构与人员管理

4.3.4 为了规范安全管理机构和人员管理，促进施工安全管理水平，依据《建筑施工企业安全生产管理机构设置及专职安全生产管理人员配备办法》（建质［2008］91号），以及《国务院关于进一步加强安全生产工作的决定》（国发［2004］2号）第十条规定：生产经营单位要根据《安全生产法》等有关法律规定，设置安全生产管理机构及配备专职安全生产管理人员，以及依据现行行业标准《施工企业安全生产评价标准》JGJ/T 77附录中的相关规定，本标准针对施工单位的安全管理机构与人员评价，制定了第4.3.5条～第4.3.8条款。

4.3.5

3 项目经理和总工程师是施工项目最主要和最核心的管理人员，必须按照合同约定配备，并全职在岗，其更换要经过建设单位同意。

4.3.7 对分包单位的管理和现场控制应严格按照合同约定以及总、分包方“安全协议”的内容进行管理。

（Ⅱ）安全生产制度

4.3.9 为了更加切实的落实安全生产制度，从制度上规范安全管理水平，依据《国务院关于进一步加强安全生产工作的决定》（国发［2004］2号）第十、十一条规定，制定相应的安全生产责任制度。

1、2 依据《中华人民共和国安全生产法》、《国务院关于特大安全事故行政责任追究的规定》、《生产安全事故报告和调查处理条例》、国家监察部和安全生产监督管理总局的《安全生产领域违法违纪行为政纪处分暂行规定》以及《安全生产违法行为行政处罚办法》中的相关规定，具体落实安全生产责任追究制度，使相关责任人的处罚规定具有可操作性。

3 依据《中华人民共和国安全生产法》第十八、三十九、四十三条，《国务院关于进一步加强安全生产工作的决定》（国发［2004］2号）的相关规定，落实和执行安全生产资金保障制度。

4 依据《中华人民共和国安全生产法》第二十一、二十二条，《关于特种作业人员安全技术培训考核工作的意见》（国家安全生产监督管理局文件，安监管人字［2002］124号）的要求，以及《生产经营单位安全培训规定》（国家安全生产监督管理总局令第3号）第十三条的相关规定，落实安全教育培训制度。

5 依据《中华人民共和国安全生产法》第三十八条的相关规定，落实安全检查制度。施工单位相关安全管理人员应每天巡视工地进行安全检查和沟通，及时处理安全检查中发现的问题和隐患，并进行复查。检查、处理和复查的情况应有记录。

7 依据《生产安全事故报告和调查处理条例》，《中华人民共和国安全生产法》第三十三条，以及《重大事故隐患管理规定》第七条的相关规定，落实生产安全事故及隐患报告处理制度。

（Ⅲ）施工现场安全管理

4.3.10 由于地铁施工的复杂性和危险性，必须对施工现场严格监督管理，依据《建设工程安全生产管理条例》（国务院令第393号），本节主要从现场封闭管理、临时设施布置、安全警示标志布置、施工现场作业人员管理、机电及特种设备管理和现场消防管理6个方面体现现场管理和文明施工的要点。

4.3.13 依据《中华人民共和国安全生产法》第二十八条规定：生产经营单位应当在有较大危险因素的生产经营场所和有关设施、设备上，设置明显的安全警示标志。地铁工程施工现场作业复杂，危险性系数高，因此在危险部位和实施设备周边，以及高危作业必须设置明显的安全警示标识，以提高危害的防范性。

4.3.14 施工现场的复杂性和危险性，要求在现场的从业人员具备相应的从业资格及佩戴安全防护用具。

1 依据《建设工程安全生产管理条例》（国务院令第393号）第三十六、三十七条规定：施工单位的主要负责人、项目负责人、专职安全生产管理人员应当经建设行政主管部门或者其他有关部门考核合格后方可任职；依据《安全生产许可证条例》（国务院令第397号）规定：特种就业人员须经有关主管部门考核合格，取得特种作业操作合格证书。

2 施工单位应当向作业人员提供安全防护用具和安全防护服装，作业人员应当正确使用安全防护用具、机械设备等。

在检查过程中，应该检查相应的上岗证书和培训证明等。

4.3.15 依据《建设工程安全生产管理条例》（国务院令第393号）第三十五条规定：施工单位在使用施工起重机械和整体提升脚手架、模板等自升式架设设施前，应当组织有关单位进行验收，也可以委托具有相应资质的检验检测机构进行验收；使用承租的机械设备和施工机具及配件的，由施工总承包单位、分包单位、出租单位和安装单位共同进行验收，验收合格的方可使用；依据《特种设备安全监察条例》第十五条规定：特种设备出厂时，应当附有安全技术规范要求的设计文件、产品质量合格证明、安装及使用维修说明、监督检验证明等文件，以及第二十九条：特种设备出现故障或者发生异常情况，使用单位应当对其进行全面检查，消除事故隐患后，方可重新投入使用。

施工单位现场施工涉及起重机械、盾构等多种特种设备，对此应重视特种设备的安全使用，应建立特种设备安全技术档案。现场评价时应以检查施工单位的相关档案为主。

4.3.16 对从事具有火灾危险作业的人员进行技术交底是保证不出火灾事故的一项重要措施，消防器材及消防应急物资是控制火灾险情和减小损失的重要保证。施工单位必须对作业人员交底，同时确保消防器材完好可以使用，应急物资到位。

4.4 监理单位安全管理评价

（Ⅰ）监理单位与人员

4.4.4 本条说明如下：

1、2 为了保证监理单位有满足工程管理的专业知识和专业人员，提高监理单位监督监理施工安全的能力，我国对监理企业实行企业资质管理和专业人员从业资格管理。

监理单位与人员的评价标准主要包括企业资质和监理人员资格两个方面，其中监理人员包括总监理工程师、总监理工程师代表、专业监理工程师和监理员。依据《工程监理企业资质标准》（建市［2007］131号）、《建设工程监理规范》GB 50319、《关于落实建设工程安全生产监理责任的若干意见》（建市［2006］248号）的相关规定，对监理单位机构与人员进行评价。

3 依据《关于落实建设工程安全生产监理责任的若干意见》，要建立监理人员安全生产教育培训制度。监理单位的总监理工程师和安全监理人员需经安全生产教育培训后方可上岗，其教育培训情况记入个人继续教育档案。

（Ⅱ）监理安全工作制度

4.4.5 监理单位应根据建设项目的规模和特点建立有针对性的监理安全工作制度，指导建设项目安全生产监理工作。

依据《关于落实建设工程安全生产监理责任的若干意见》（建市［2006］248号）相关规定：监理单位应该完善监理单位安全生产管理制度。在健全审查核验制度、检查验收制度和督促整改制度基础上，完善工地例会制度及资料归档制度。定期召开工地例会，针对薄弱环节，提出整改意见，并督促落实；指定专人负责监理内业资料的整理、分类及立卷归档。

根据上述要求，监理单位可根据监理工程项目的特点和本企业的有关管理制度，单独建立安全生产审查核验制度、安全生产检查验收制度、安全生产督促整改制度、工地安全例会制度、安全管理资料归档制度，也可以将有关内容融入监理单位的其他相关制度中。

（Ⅲ）施工过程安全监理

4.4.6～4.4.9 施工过程安全监理是监理单位安全管理的实施阶段，决定监理单位安全管理的最终效果。根据建设项目特点，将施工过程安全监理评价分为施工准备阶段的安全监理、实施阶段的安全监理和总结阶段的安全监理3个分项。

依据《关于落实建设工程安全生产监理责任的若干意见》（建市［2006］248号）、《建设工程安全生产管理条例》（国务院令第393号）、《建筑工程安全生产监督管理工作导则》（建质［2005］184号）、《建设工程监理规范》GB 50319等一系列文件的要求，本标准针对监理单位施工过程安全监理的评价，制定了第4.4.7条～第4.4.9条款。

4.5 监测单位安全管理评价

4.5.1 本标准中监测单位是指从事地铁工程第三方监测业务的工程监测单位，包括业主方聘用的监测单位及施工单位聘用的监测单位。

（Ⅰ）监测单位与人员

4.5.4 工程监测单位应当具有相应工程监测资质，并按规定向工程所在地建设主管部门办理备案手续。监测单位对工程项目的安全质量承担监测责任。监测单位主要负责人应当对本单位监测工作全面负责。项目监测负责人对所承担工程项目的安全质量监测工作负责。

（Ⅱ）监测方案与工作制度

4.5.6 监测方案是监测单位开展工作的依据，全面完善的方案是对监测工作质量的保障，必须经由监测单位主要负责人签字确认，并经监理单位签字后方可实施。监测单位编制的第三方监测方案应包括以下内容：

（1）工程概况。

（2）建设场地岩土工程条件及基坑周边环境状况。

（3）监测目的和依据。

（4）监测内容及项目。

（5）基准点、监测点的布设与保护。

（6）监测方法及精度。

（7）监测期和监测频率。

（8）监测报警及异常情况下的监测措施。

（9）监测数据处理与信息反馈。

（10）监测人员的配备。

（11）监测仪器设备及检定要求。

（12）作业安全及其他管理制度。

（Ⅲ）监 测 实 施

4.5.8 本条说明如下：

1 监测仪器设备及元器件应符合下列规定：

（1）满足观测精度和量程要求，且应具有良好的稳定性和可靠性。

（2）应经过校准或标定，且校核记录和标定资料齐全，并应在规定的校准有效期内使用。

（3）监测过程中应定期进行监测仪器、设备的维护保养、检测以及监测元件的检查。

2 监测点的布设应满足以下规定：

（1）监测点的布置应能反映监测对象的实际状态及其变化趋势，监测点应布置在内力及变形关键特征点上，并应满足监控要求。

（2）监测点的布置应不妨碍监测对象的正常工作，并应减少对施工作业的不利影响。

（3）监测标志应稳固、明显、结构合理，监测点的位置应避开障碍物，便于观测。

（4）监测点的点数应根据工程施工实际情况，参照各种施工工况，对监测点设置的数量应按其重要程度予以适当增加，以满足监测工作需要。

3 监测报告是监测工作的重要成果之一，同时也是判断工程结构和基坑周围环境是否安全的重要依据，监测报告必须真实可靠。监测报告应包括以下内容：

（1）委托单位及监测项目位置图。

（2）监测方案中规定的方法、技术实施情况、监测点（孔）布置、埋设方法、监测和测试方法等，报告应附监测点布置（示意）图。

（3）监测工作实测精度。

（4）监测频率执行情况，警戒建设值的确认及报警情况。

（5）监测资料整理、分类提供监测数据、曲线、表格。

（6）结合工况参照数据变化和曲线，进行解释。

6 监测结束阶段，监测单位应向建设方提供以下资料，并按档案管理规定，组卷归档。

（1）监测方案。

（2）测点布设、验收记录。

（3）阶段性监测报告。

（4）监测总结报告。

5 地铁工程施工安全技术管理评价

5.1 施工准备工作评价

（Ⅰ）施工组织保障措施

5.1.4 本条主要评价施工单位结合地铁工程施工的具体要求，对《建设工程安全生产管理条例》（国务院令第393号）中组织机构要求的执行情况。

根据《中华人民共和国安全生产法》提出的安全

生产保障、安全生产的监督管理、事故的应急救援和调查处理要求，结合地铁工程施工过程中安全管理的具体工作内容，本节分别从安全生产责任制度、安全奖惩制度、目标控制、消防管理要求、安全检查制度、应急预案管理制度、生产安全事故报告处理制度等方面制定评价标准。地铁工程施工企业应建立以上的各项管理制度，并针对地铁项目的实际情况进一步充实。

（Ⅱ）施工管理保障措施

5.1.6 本条说明如下：

1 近几年我国地铁工程建设的大力发展，促成大批施工企业进入到地铁建设行业来，但地铁工程施工的技术性较强，没有足够管理经验的管理人员应对不了复杂的地质情况和多变的环境条件。为此，必须强调地铁施工安全管理人员的资质，他们是保证安全生产管理工作的主体，必须经过严格的安全生产与管理知识考核，并应取得相应证书方可任职。

2 对于特殊作业，要有严格的人员管理制度，并必须经培训合格后方可上岗，在岗位工作时必须佩戴工作许可证以随时接受检查。只有建立全面的人员安全管理制度并严格落实，才能有效预防安全事故的发生。

4 地铁工程施工中尤其强调人员的安全意识和工作要求，尤其是现场作业人员、新岗位人员，以及应用新工艺、新设备、新材料和实施新结构的人员，是容易产生安全风险的人群，必须要经过专业的安全培训，具备足够的专业技能和安全意识才能上岗。

5 为确保现场作业人员的安全，对于防护用品的使用，如防护衣、防护帽的穿戴，安全带的佩戴等，应制定明确的安全防护制度。

5.1.7 本条说明如下：

3 本款内容涉及企业层面如何对设备、特种设备的安装、验收、检测、使用、保养、维修、改造和报废等管理工作进行控制。大型设备指龙门架或井字架、各类塔式起重机、履带式起重机、汽车轮胎式起重机、施工升降机、土方工程机械、桩机工程机械等。

地铁工程施工过程基本都是在地下，地质环境复杂多变，施工质量要求严格，且直接关乎工人的生命财产安全。而在地铁工程施工过程中，需要使用多种不同类型的施工机械，机械本身性能的好坏，直接影响施工质量。机械性能有问题，出现故障，对于操作人员及周边环境有巨大影响，对地铁工程施工安全有着巨大的直接和间接的威胁。因此需要严格把关验收，并定期检修保养。

4 企业对施工现场危险源和防护设施的警示标识，应按照国家标准安全色、安全标志的相关规定设置。

（Ⅲ）施工技术保障措施

5.1.8 本条说明如下：

1 施工项目部应配有现行有效的安全技术标准规范和操作规程。在确定安全技术方案时，应结合施工项目的特点及调查资料，并禁止选用国家明令淘汰的设备和工艺，鼓励企业在具备条件的基础上，掌握、了解新设备、新工艺的性能，对使用、操作人员进行相关培训等，选用国家推荐的新设备、新材料。

2 由于地铁施工很多分部分项工程均属于危险性较大工程，根据建设部《危险性较大的分部分项工程安全管理办法》（建质［2009］87号），施工单位应当在危险性较大的分部分项工程施工前编制专项方案；对于超过一定规模的危险性较大的分部分项工程，施工单位应组织专家对专项方案进行论证。在对施工专项方案进行评价，检查其是否经过审批或论证时都应以《危险性较大的分部分项工程安全管理办法》（建质［2009］87号）的相关规定为依据。

3 施工企业应根据现行国家标准《职业健康安全管理体系规范》GB/T 28001要求，根据工程的类型、特征、规模及自身管理水平等情况，辨识出危险源，列明清单，并对危险源进行一一评价，将其中导致事故发生的可能性较大并且事故发生会造成严重后果的危险源定义为重大危险源。不同的施工企业应有不同的重大危险源，同一个企业随承包工程性质的改变，或管理水平的变化，也会引起重大危险源的数量和内容的改变，因此企业对重大危险源的识别应及时更新，同时制定相应应急预案。

4 企业应有对安全技术交底的相关规定，在开工前必须进行安全技术交底，施工人员应详细掌握本工程的特点、技术质量要求、施工方法与措施和安全等方面内容，以免施工过程中发生安全事故。

（Ⅳ）施工经济保障措施

5.1.9 施工经济保障措施主要评价施工单位对《高危行业企业安全生产费用财务管理暂行办法》（财企［2006］478号）中安全费用要求和《工伤保险条例》（国务院第375号令）中工伤保险要求的执行情况。

1 施工单位应有合理的安全施工措施费使用计划和台账，包括分包工程的资金使用计划，并实行严格的监管，且实际投入情况应符合合同约定和有关规定要求。

5.2 明挖法施工评价

（Ⅰ）围护结构施工

5.2.5 本条说明如下：

2 支护桩施工中，成孔平面位置和垂直度应符合设计要求；支护桩的施工过程中应做好安全防护措施；支护桩的桩长、桩顶标高、尺寸、强度、承载力等应符合规范要求。

5.2.6 地下连续墙施工中，导墙的位置、尺寸应符合设计要求；地下连续墙施工时泥浆的质量、槽底的淤泥厚度、槽壁的垂直度、混凝土浇筑的速度、墙体接头都应符合规范设计要求；地下连续墙的墙体质量应符合设计要求；钢筋笼的吊装过程中应加强施工现场的安全措施；对于超大、超深、超长等复杂地质条件的地下连续墙，应有地层加固措施。

5.2.8 土层锚杆施工中，应按设计要求事先进行成锚杆工艺及极限抗拔力试验、蠕变试验等；应确保施工工艺参数符合设计要求；成锚后严格按规定进行验收试验及使用期的监测。

（Ⅱ）地 下 水 治 理

5.2.13 基坑降水的设计和施工，需聘请具备相应专业资质的单位。大型复杂的基坑降水还应进行降水试验，并根据试验结果制定降水方案，并不断的调整降水方案。

（Ⅲ）基坑土方工程

5.2.15 本条说明如下：

3 基坑开挖过程中必须坚持信息化施工，应制定合理的基坑监测方案，基坑开挖监测的数据应及时可靠，能够有效指导施工，并在需要时作出实时调整。

4 爆破作业专业性强，危险程度高，必须由有资质的单位实施作业，应制定爆破专项方案并经专家论证后才可实施，确保作业安全。爆破作业的器材应进行专门管理，防止流入社会造成不良影响。

5 基坑施工的危险性较大，易发生边坡坍塌、涌水、涌泥等事故。为避免施工过程中涌水、涌泥，需在土方开挖之前进行降水。为避免降水过程中基坑及周边建筑物或构筑物沉降、倾斜，应采用必要的围护措施。

（Ⅳ）交通过渡防护

5.2.16 本条说明如下：

1 交通过渡防护的专项方案应根据设计的临时交通疏通方案制定。

4 基坑便桥两端应设置限载、限速和禁止超车、停车等标志，人行便桥还应设置禁止机动车或机械通行的标志，并设置护栏，防止对地铁施工造成安全影响。

5 使用期间对便桥维护和检查的主要内容包括主要受力杆件、基坑围护结构及边坡稳定情况，并应及时维修路面和排除积水。

此外在施工过程中，应加强对便桥区域基坑的监测，密切关注该区域的基坑变形情况。

（Ⅴ）工程结构施工

5.2.17 本条说明如下：

1、2 钢筋工程施工的安全评价主要从下列4个方面进行：

首先，查看是否有钢筋加工及安装隐蔽工程的检查验收记录。

其次，查看钢筋原材料的质量是否符合要求，主要通过查看出场合格证和试验报告单的形式，必要时需按规定取样进行相关性能检验。

再次，检验钢筋加工及安装质量是否符合现行国家标准《地下铁道工程施工及验收规范》GB 50299的有关规定。

最后，查看钢筋笼吊装机械的验收记录，判断其是否符合现行行业标准《建筑机械使用安全技术规程》JGJ 33的有关规定。

3 对于脚手架工程，首先查看是否有专项施工方案和施工验收记录，再查看脚手架配件的质量合格证明，最后查看脚手架施工的具体操作是否符合专项方案的要求。

4 对于模板施工，首先查看是否有模板施工的专项方案和施工验收记录，再查看模板工程质量是否符合现行国家标准《地下铁道工程施工及验收规范》GB 50299的规定。此外，可通过施工记录或现场观察，查看模板施工具体操作是否符合相关的安全规程。

（Ⅵ）盖挖法特殊要求

5.2.18 本条说明如下：

1 横撑和支护结构应先施工，在其达到设计的强度、刚度要求后方可进行土方开挖；围护结构和支承柱在底板未封闭前必须验算其承载力和稳定性，必要时应采取加强措施。

2 盖挖逆作和半逆作施工时，结构顶板作为第一道横撑，其施工精度应满足设计文件和相关标准的规定。每层结构施工完成，结构受力满足要求后，方可施工其他工序；逆作施工时梁、板结构不得直接采用地基作为模板，且在地基上铺设模板时，应控制其高程、中线、宽度等的偏差，使其符合规范要求。

3 应严格按照监控方案对横支撑进行监控量测，监控频率和精度满足设计要求；应密切关注盖挖段的各项监测数据，必要时应采取相应的加固措施。

4 对负层开挖时，应有专人指挥、监护机械作业，防止施工机械碰撞上层结构或支撑架，并对出土的机械设备定期进行检修与保养。

5.3 暗挖法施工评价

（Ⅰ）竖井及横通道施工

5.3.4 本条说明如下：

2　竖井的平面位置和平面尺寸应满足施工设备、土石方、材料运输，施工人员上下通道，供水通风管道布置要求，检查竖井施工验收记录。

4　地铁施工竖井井口应采取完善的安全防护措施，并控制周边荷载，以防雨水和杂物落井，对井下作业人员产生危害，并建立上下井登记制度，严禁无关人员下井，评价时应重点检查施工质量与安全防护措施，并查看施工与验收记录并进行现场勘验。

(Ⅱ) 地层超前支护及加固

5.3.6　本条说明如下：

1、2　规定了超前小导管施工安全评价标准，评价时应检查超前小导管施工方案是否经过批准，并查阅施工记录。

3　规定了管棚施工安全评价标准，评价时应检查超前小导管施工方案是否经过批准、是否有应急预案，并查阅施工记录。

5.3.7　本条在评价时应重点检查分析施工单位是否根据地质环境的不同选择合理的注浆方法，注浆施工是否严格按照方案确定的注浆量、注浆压力等参数进行并有施工记录；同时核查使用材料的合格证明文件。

5.3.8　加固应对周边建筑、地下管线及自然环境进行保护，施工中应有施工及监控量测记录。注浆浆液，特别是一些化学浆液，有一定的毒性，为防止污染地下水，施工期间应定期检查地下水的水质并有记录。

5.3.9　本条规定了地质超前预报评价的标准，超前地质预报应有专项方案，并经过审批或论证，应有预报结果与建议的书面文件，同时使用的仪器应有合格证明文件。

(Ⅲ) 隧 道 开 挖

5.3.11　本条说明如下：

1、2　专项方案中确定的开挖循环进尺应满足设计规范要求。中隔墙法应采用台阶法先分部施工拱部初期支护结构后再分部施工下台阶及仰拱。上下台阶的左右洞体施工时，前后错开距离不应小于15m；双侧壁导坑法施工，其导洞跨度不宜大于0.3倍隧道宽度，施工时，左右侧壁导洞错开不小于15m，并在导洞施工完成后方可按台阶法施工上下台阶及仰拱；环形留核心土法施工，应先开挖上台阶的环形拱部，核心土预留面积不小于开挖掌子面的50%，隧道台阶法施工，应在拱部初期支护结构基本稳定且喷射混凝土达到设计强度的70%以上时，方可进行下部台阶开挖。

开挖掘进应坚持信息化施工的原则，应及时进行监控量测并进行分析，根据监测数据并结合具体地质条件动态优化掘进参数，并有施工记录。

3　隧道掘进应有应急预案。隧道开挖前应制定防坍塌应急方案，备好抢险物资，并在距离开挖面20m内堆码整齐。

5.3.12　本条规定隧道掘进中爆破作业安全评价的内容与标准。

爆破作业应根据围岩条件、开挖方法选择合理的爆破方案，并经论证，地下铁道喷锚暗挖隧道由于处于城市施工，所以必须采取浅孔、弱爆、密布、循序渐进，充分发挥炸药的爆破作用并保持炮眼干净；办理爆破批准与备案手续并有记录。

爆破试验、炸药选择、炮眼布置及爆破材料的储存、运输、使用、发放、回收等均应符合现行国家标准《爆破安全规程》GB 6722的相关规定。

爆破后对开挖断面进行检查，确保隧道不欠挖，并有施工记录。

地铁工程施工环境复杂，爆破作业危险性较大，从事爆破作业的单位和人员必须按照公安机关审批的作业类别、从业方式、资质资格等级从事相应的爆破作业。

(Ⅳ) 初 期 支 护

5.3.13　锚杆钻孔孔位、孔深和孔径应符合设计要求并有相关岩体锚杆施工记录表。对锚杆应进行拉拔试验，并有相关的试验记录。喷射混凝土的喷射机应具有良好的密封性，输料连续均匀，输料能力应满足施工需要，同时有施工与验收记录。

(Ⅴ) 二 次 衬 砌

5.3.14　本条说明如下：

1　隧道标准断面衬砌台车应进行专门设计，验算其刚度、强度和稳定性，并经专题论证。台车安装时，模板拼装应合理，支撑应牢固，轨道标高应准确，台车上不得堆放物料工具，工作台应铺满底板，并设安全防护栏杆，隧道二次衬砌模板、钢筋和混凝土施工应符合现行国家标准《地下铁道工程施工及验收规范》GB 50299的相关规定。

2　二次衬砌模板应进行专门设计，尤其是针对特殊断面、大断面及结构衔接复杂部位的模板应进行专门设计和论证，并有相关文件。

3　在评价时应核查台车及模板安装、二次衬砌、防水施工混凝土的施工和验收记录以及防水材料应有检验合格证明。

(Ⅵ) 隧 道 内 运 输

5.3.15　本条说明如下：

1　隧道内采用无轨运输或有轨运输应有方案，确保车辆选型、运行线路、运输能力、进料出料方式合理。隧道内运输方式应根据开挖断面、运量和挖运机械设备等确定。

4 车辆进行定期检修与保养并有翔实的记录，评价时应核查检修与保养记录。

（Ⅶ）临时设施与通风防尘

5.3.16 本条规定临时设施与通风防尘评价的内容与标准。基本要求为：

1 施工现场应有施工用电、供水、通风的专项方案，并经论证。竖井及隧道内的电气装置宜采用双回路输电，并有可靠切换断装置。隧道施工范围内必须有足够照明，交通要道、工作面和设备集中处并应设置安全照明；36V低压变压器应设置于安全、干燥处，机壳应接地，输电线路长度不宜大于100m。

2 施工现场临时用电一直是安全管理的重点，相关用电设施应设醒目的安全警示标志，并增设屏障、遮栏、围栏或保护网等隔离措施，充分保护现场的用电安全和作业人员的安全。

5 隧道内存在瓦斯、沼气等有害气体时，应制定相应的专项处理方案。施工时应加强有害气体监测，做好隧道内通风工作，瓦斯地段的照明器材应采用防爆型，开关应设在送风道或洞口。施工中应加强有害气体监测，做好隧道内通风工作。及时调整通风质量。当主风机满足不了需要时，应设置局部通风系统。

5.4 盾构法施工评价

（Ⅰ）盾构选型及配置

5.4.4 本条说明如下：

1 为保证盾构及配套设备的质量，并确保安全而有效地组织现场施工，盾构及主要配套设备应由专业厂家设计及制造。盾构在工厂内制造完成后，必须进行整机调试，检查核实盾构设备的供油系统、液压系统、控制系统和电气系统的状况，调试机械运转状态和控制系统的性能，确保盾构出厂具备良好的性能，防止设备缺陷造成施工困难。

2 根据现行国家标准《盾构法隧道施工与验收规范》GB 50446 第4.4.1条的规定：盾构选型及配套设备应根据隧道功能、外径、长度、埋深等参数，工程地质和水文地质条件、沿线地形、建筑物或构筑物、地下管线等环境条件以及对地层变形的控制要求，结合开挖、衬砌、施工安全、经济和工期等因素，综合分析确定。

（Ⅱ）盾构工作竖井

5.4.5 采用盾构法施工时，一般需在盾构掘进的始端和终端设置工作井，按工作井的用途，分为盾构始发工作井和盾构接收工作井，而在竣工后多被用作地铁车站、排水、通风等永久性结构，工作竖井一般都设在隧道轴线上。盾构工作竖井地面上应设置雨棚，井口周围应设置防淹墙和安全栏杆，并应对提升架和设备进行日常检修和保养。

（Ⅲ）盾构始发与到达

5.4.7

4 盾构是集机、电、液、控为一体的复杂大型设备，包含了多个不同功能系统，若在掘进中发生问题，处理十分困难且易导致地层坍塌。因此，在现场组装后，必须首先对各个系统进行空载调试，使其满足设计功能要求。然后必须进行整机联动调试，使盾构整机处于正常工作状态，以确保盾构始发掘进的顺利进行。

5.4.8 盾构始发进入起始段施工，一般为50m～100m，起始段是掌握、摸索、了解、验证盾构适应性能及施工规律的过程。在此段施工中应根据控制地表变形和环保要求，沿隧道轴线和与隧道轴线垂直的横断面，布设地表变形量测点，施工时跟踪量测地表的沉降、隆起变形；并分析调整盾构掘进推力、控制速度、盾构正面土压力及壁后注浆量和压力等掘进参数，从而为盾构后续掘进阶段取得优化的施工参数和施工操作经验。

（Ⅳ）盾构掘进

5.4.10 本条说明如下：

5 盾构长距离掘进，或掘进过程中，地层条件发生变化，尤其通过砂卵石地层时，为保证盾构施工安全，需要更换刀具，应具备专项方案和专门的开仓作业流程。更换刀具作业顺序一般为先除去土仓内的泥水、渣土，清除刀头上粘附的砂土，设置脚手架，确认需要更换的刀头，运入工具、刀具、器材，进行拆卸、更换刀具。

6 管片拼装过程中按各块管片位置，应缩回相应位置千斤顶，形成管片拼装空间使管片到位，然后伸出千斤顶完成底块管片的拼装作业。盾构司机在反复伸缩千斤顶时，必须保持盾构不后退、不变坡、不变向。

7 同步注浆是在盾构掘进的同时通过安装在盾构壳体外侧的注浆管和管片的注浆孔进行壁后注浆的方法；同步注浆是在掘进后迅速进行壁后注浆的方法；二次补强注浆是对壁后注浆的补充，其目的是充填注浆后未填充部分，补充注浆材料收缩体积减小部分，处理渗漏水和处理由于隧道变形引起的管片、注浆材料、地层之间产生剥离状态进行填充注浆，使其形成整体，提高止水效果等。注浆方法、工艺和单、双液材料等应根据地层性质、地面荷载、允许变形速率和变形值等进行合理选定。惰性浆液一般不宜用于对环境地表和隧道变形有严格要求的工程。

8 盾构调头、过站可选择方案较多，可根据竖井尺寸、盾构直径、重量及移动距离等决定。由于盾构重量大、体积大，起吊、移动调头工作时间长，因此必须预先编制安全、可靠的调头和过站技术方案。当盾构在工作井内调头时，可采用临时转向台调头；小直径且重量轻的盾构，可用起重机直接起吊调头。当盾构在井下通过车站移动至另一个区间掘进施工时，其移动距离较大，可采用移车台，或在预设轨道上使用顶推、牵引等方法调头。

9 隧道内水平运输一般采用轨道运输，使用电机车牵引，运输能力应满足盾构施工计划进度的要求，可根据隧道净空选用单轨、双轨运输，并按施工需要配备足够数量的编组列车。通常应配备专用管片运输车、出渣斗车等。当使用平板车装运管片、轨料、钢管等大尺寸材料时，必须固定牢靠，不得超载、超限。

（Ⅴ）联络通道施工

5.4.11 联络通道是指连接左、右线隧道的横向通道，应编制联络通道施工的专项方案，并严格按照专项方案进行施工，有完整的施工及验收记录。

5.5 高架车站及区间施工评价

5.5.1 高架车站及区间主要包括基础、墩柱以及现浇或预制上部结构，因车站现浇钢筋混凝土梁板与区间现浇预应力混凝土上部结构安全风险点基本相同，故二者均可采用车站及区间现浇混凝土上部结构进行评价。对于车站上部结构，指钢筋或预应力混凝土梁板结构，对于区间上部结构，指预应力混凝土梁结构。

（Ⅰ）现浇钢筋混凝土结构

5.5.4 本条说明如下：

5、6 车站及区间现浇混凝土上部结构安全风险主要在于支架模板系统。对于脚手架工程，包括落地式、悬挑式、门型脚手架、挂脚手架、吊篮脚手架、附着式脚手架等，可根据现行行业标准《建筑施工安全检查标准》JGJ 59进行安全检查。所有的支架模板系统应经过专门结构计算，有专项施工方案。根据建设部《危险性较大的分部分项工程安全管理办法》（建质［2009］87号），超过一定规模的危险性较大的以下分部分项工程专项方案应当由施工单位组织召开专家论证会：搭设高度8m及以上；搭设跨度18m及以上，施工总荷载15kN/m²及以上；集中线荷载20kN/m及以上。

地基基础强度应经过基础强度检查，并有记录，才能确保安全。特别是支架预压对检验支架的安全并消除变形至关重要。

有下穿道路的少柱式支架易遭车辆碰撞，故安全防撞设施至关重要。可以现场检查是否有支架防撞设施和防落物安全网、棚。

对于移动模架、悬浇挂篮只有通过产品安全认证才能有安全保障，故提出了应由专业厂家生产并经政府安检部门验收合格的要求。而操作过程的安全保障只有通过检查是否有安全操作作业指导书和安全技术交底。对安全风险较大的模板拆除通过检查专项方案和拆除安全交底。

发生一起支架系统垮塌事故此项评分应为零。

（Ⅱ）区间预制结构

5.5.5 本条说明如下：

1 混凝土预制构件和钢构件的产品合格是施工安全的前提。

2 起重吊、拼装是专业性较强且危险性较大的工作。没有针对作业条件编制作业方案，或方案过于简单针对性不强，设备有故障没有检查和试吊、人员未经培训持证上岗，高空无防护措施等是一些事故发生的主要原因。根据建设部《危险性较大的分部分项工程安全管理办法》（建质［2009］87号），超过一定规模的危险性较大的分部分项工程专项方案应当由施工单位组织召开专家论证会，采用非常规起重设备、方法，且单件起吊重量在100kN及以上的起重吊装工程、起重量300kN及以上的起重设备安装工程。同时参照现行行业标准《大型设备吊装安全规程》SY 6279，对于吊装重量大于或等于800kN的吊装工程应编制专门的起重吊装方案。检查吊装方案和安全交底记录、设备进场报验记录以及人员持证上岗记录是检查的重点。发生一起重大及以上起重吊装安全事故本项分应扣完。

（Ⅲ）桥面及屋面系

5.5.6 本条说明如下：

1 屋面钢桁架、网架安装工程是专业性较强的分项工程，施工单位首先必须具有相应资质，其次是方案的报批和评审。

3 桥面铺装及屋面系施工主要需防止人员高空坠落和坠物伤人，故临边防护很重要。

5.6 安装工程评价

5.6.3 安装工程施工评价的方法及主要内容包括：

1 专项施工方案包括起重吊装作业专项施工方案、各种设备安装专项方案、各种设备调试专项方案，施工方案编写内容可参照现行国家标准《建筑施工组织设计规范》GB/T 50502。

2 起重吊装设备包括龙门吊、平板吊车等。

3 材料包括：轨枕、钢轨、扣件等；机电设备包括：变压器、空调机、电梯、照明设备等。

4 特种作业人员包括建筑电工、建筑架子工、建筑起重信号搜索工、建筑起重机械司机、建筑起重机械安装拆卸工、高处作业吊篮安装拆卸工、经国家批准的其他特种作业。特种作业人员的管理应符合现行国家标准《特种作业人员安全技术考核管理规则》GB 5306 的规定。

5 专项方案实施前，编制人员或项目技术负责人应当向现场管理人员和作业人员进行安全技术交底。

6 调试过程中的试验包括：冷滑试验、绝缘试验、耐压试验和整定调试试验等。

8 人的不安全行为包括现场施工人员、监理人员、设计代表、监测人员的不规范施工或违规施工等。

9 安装工程施工安全评价的方法和内容较多，对于本标准提出的方法和主要内容，应根据评价组织的评价侧重点和工程实际进展情况逐项使用并打分。

（Ⅰ）整体道床轨道

5.6.5 本条说明如下：

1 对铺轨基地的专项方案，主要应包括以下内容：(1) 铺轨基地内施工便道、施工用水、临时用电、场地排水、污水处理、消防设施、养护室、安全标志、临时通信等应满足施工需要；铺轨基地应全面规划，在满足生产生活的前提下布置合理，应分区明确，合理划分施工和生活办公区域。(2) 铺轨基地平面布置应在保证场内交通运输畅通和满足施工对原材料和半成品堆放要求的前提下，尽量减少场内运输，特别是减少二次倒运。(3) 铺轨基地及材料场平面布置应符合现场卫生及安全技术标准，并满足施工用电安全和防火要求。(4) 器材和材料整备、堆放和运输应符合现行国家标准《地下铁道施工及验收规范》GB 20299 第 13 章有关规定。(5) 应建立健全各项技术质量安全管理机构和制度，并落实各项质量安全管理责任，具有各项交底制度和检验检查审核制度；铺轨基地内机械设备应性能完好、安全到位，满足施工需求，特殊作业人员应持证上岗。

4 焊轨作业是铺轨基地内施工的重大危险源，应重点评价和监控，应取得相关监督部门证书。

5.6.6 应建立严格的轨行区管理制度以协调各专业之间有序正常的进行施工。进入轨行区必须严格执行相关制度，任何人员进入轨行区必须凭签发的工作票，并按要求进行必要的监护和安全防护。对轨道车、平板车等运输车辆，要求车辆装置齐全，性能良好，车辆制动装置灵敏、可靠，车辆不得带病作业；且车辆应备足备齐防溜装置。轨道车运行时，做到“三注意”：注意信号、线路及行人等；注意机车仪表显示情况和发动机音响；注意列车运行情况及调车员手势信号。轨道车司机出车前按照操作规程、技术规程的要求，检查轨道车和牵引的平板车，进行走行部位、制动装置检查，确保车体各转动部位正常，车体油、水、电充足，与平板车连挂良好，载物不超限，插销牢固齐全；在确认各部正常、牢固、安全可靠后方可动车。运行中加强瞭望，注意站台及线路有无人员，有无障碍，防止发生意外。轨道车驶入新铺设的临时线路前，根据新铺设的线路情况以不超过 10km/h 的速度进入施工现场。

5.6.7 本条说明如下：

2 本款重点对轨道铺设条件进行安全评价，主要查阅有关安全的轨道铺设条件验收记录、检查各项移交记录及现场安全查验。

3 本款重点评价施工过程中安全交底，检查施工过程安全记录及现场作业安全检查。

（Ⅱ）自 动 扶 梯

5.6.8 本条说明如下：

1 扶梯设备的安装涉及大型构件整体吊装就位、各关键部件安装过程中的必要安全防护以及安装完成后的整体运行试验等整个过程，因涉及危险因素较多，在安装施工前，应根据自动扶梯安装工艺及验收规范的要求，编制详细的安装方案，对其中所涉及的危险因素制定针对性的安全防范措施，尤其对大型构件吊装需要考虑安全可行的吊装方案。本条即对设备安装方案的安全评价提出明确要求。设备安装方案内容主要包括：根据现场情况和设备情况选择合理的吊装设备和吊装工艺、各类设备部件安装过程中的安全保证措施满足安全施工的要求。

设备装卸时为确保吊运过程的稳定可靠，采取试吊的措施可有效防范吊装过程的安全风险。吊装锚点的正确选择是吊装的关键环节之一，在吊装前，应检查各吊点是否能够满足所吊设备重量的要求，而且要进行试吊装，确保吊装安全可靠，避免损坏设备或伤人等安全事故。

2、3 根据现行国家标准《起重机械安全规程》GB 6067 的有关规定，对吊装机具的安全性能、吊装操作人员以及吊装现场防护等方面均提出了具体要求。如吊装用卷扬机、导链葫芦等，在使用前应先检查其工作性能，确保能正常工作，可靠制动。吊装用钢丝绳、吊索，应预先检查有无断股、断丝及死弯现象，确认无问题时方可使用。操作过程中必须严格遵照实施。详细内容可参照现行国家标准《起重机械安全规程》GB 6067。

5、6 自动扶梯的调试必须由经过培训的专业人员具体实施，并应具有岗位培训证书，严禁无证操作。自动扶梯安装完成以后要进行各部件的试运转和调试工作，涉及各电气、机械组成部件的联合试运转。在对自动扶梯各部位及开关进行调整时，应断开主电源并上锁。各部件在试运转调试时应注意按照既定专项方案和现行国家标准《自动扶梯和自动人行道的制造与安装安全规范》GB 16899 中的相关规定实施安全操作。

（Ⅲ）通 信 及 信 号

5.6.10 由于地铁工程通信和信号光、电缆线路敷设有很大部分在轨行区完成，所以线缆敷设施工的专项方案应有安全施工、安全防护措施，另外轨行区线缆支吊架不得侵界、安装应牢固可靠、验收合格以不影响行车安全。

5.6.11 本条说明如下：

1 通信及信号系统设计工作如组织和指挥不得当，调试的方法和步骤不合理，可能造成设备损伤，严重的造成机车损坏，人员伤害，故必须认真审核调试方案，调试过程中落实安全措施。

2 通信及信号系统室外设备安装位置均在轨旁，在施工期间轨道经常有车来往行驶，因此申报施工占用轨道计划和区间“要点”对保障施工安全很有必要。另外信号系统室外设备安装质量符合设计及规范要求对满足信号系统功能保障行车安全至关重要。

3 通信及信号系统调试工作如组织和指挥不得当，调试的方法和步骤不合理可能造成设备损伤，严重的造成机车损坏，人员伤害，故必须认真审核调试方案，调试过程中落实安全措施。

（Ⅳ）供 电

5.6.13 本条说明如下：

1 由于地铁区间有大量电力电缆敷设，而供电系统电缆粗大，重量重，区间电缆放线时放线架固定在轨道车上，如固定不牢，拉线时放线架可能滚翻，砸伤人员，故应固定牢靠。另外区间施工人员安全防护措施、轨道作业车安全行驶措施都应编入专项方案中。

4 变压器、开关柜设备体重大，吊运困难，因此要编制好吊装、水平运输安全方案，同时落实好吊装、运输过程中的安全措施以防设备受损，人员受伤。

5.6.14 本条说明如下：

1 系统调试和受电方案应审查是否有完善的组织、指挥系统，切实可行的安全措施及应急预案。

2～4 供电系统调试及受电工作没有按规范做好，轻则送电无法投入，重则造成设备损坏、报废，这可能造成设备本身损失，拖延安装计划，也可能损坏设备运输通道，使得受损设备难以运出，不得不破坏房屋建筑运出损坏设备返修，从而造成重大损失。另外受电安全措施不落实，安全宣传不到位，可能造成人员触电伤亡。因此，安全措施应落实到位。

（Ⅴ）通风空调与给排水

5.6.16 本条说明如下：

1 在风管和管道安装过程中，都会涉及机具加工、吊装、动火作业、高空作业等具有一定安全风险的工作，故根据国家规定的相关安全操作规程作出上述规定。如在吊运风管或材料时，应注意周围有无障碍物，特别注意不得碰到电线；吊装风管或部件时，应加溜绳稳住，防止冲撞吊装设备及被吊装物品；风管、部件或设备未经稳固，严禁脱钩。吊装管道时，两端应拴好拉绳，预制件翻身或转动时应调好重心位置；管道安装就位后应及时进行固定。施工人员在进行高空作业时应系好安全带等。

3 管道焊接操作人员应佩证上岗，动火作业应按照规定开具动火证，本项标准可参照现行行业标准《建筑施工安全检查标准》JGJ 59 的相关规定。

4 风管和管道系统安装完成后按现行质量验收规范的要求，都要进行现场压力测试工作，试压媒介可采用水或气体，对于较大的系统，根据复杂程度还要进行分段试压。在试压过程中，为避免由于压力异常造成管道爆裂导致人员伤亡及财产损失，要求必须注意升压过程要缓慢、稳定和规范，并做好现场关键区域安全警戒工作。同时，对压力试验水的排放要做好有组织排放，避免随意排放，对施工现场造成损害。

5 大型设备吊装存在较大的危险性，吊装前必须正确选定吊装工艺和吊装设备，并制定详细吊装方案，进行试吊检查，吊装过程中严格按照方案实施，做好安全警戒和防护措施。同时，还要充分注意做好对吊装设备的产品保护工作，如在设备精加工面或传动轴上捆扎或采用杠撬，就会对设备造成损坏。具体要求参考现行国家标准《起重机械安全规程》GB 6067 和《起重指挥信号》GB 5082的相关规定。

5.6.17 通风空调与给排水系统管路与设备安装完成以后必须进行相关设备的单机试运转与系统的联合试运转调试工作，如果单机运转与系统运转的方案不当或运转调试中操作不当，如发生液体泄漏、电机烧坏、管道接口爆裂等，严重的还会由于电气短路而发生火灾等，都可能会对设备本体安全和施工人员人身安全造成一定的危害，因此根据现行国家标准《建筑给水排水及采暖工程施工质量验收规范》GB 50242 和《通风与空调工程施工质量验收规范》GB 50243 的相关规定，特提出本条文。

6 地铁工程施工环境安全管理评价

6.1 一 般 规 定

6.1.1～6.1.3 施工环境安全管理评价主要是评价地铁工程施工过程对周边工程地质、水文地质，建筑物或构筑物和地下管线的影响情况。由于地铁工程施工会给周边环境带来扰动以及出现未探明的特殊情况，形成新的危险源，进而引发安全事故，需要对施工周边环境进行核查和监测，故制定该3条。

依照国家现行标准《地下铁道、轻轨交通岩土工程勘察规范》GB 50307、《岩土工程勘察规范》GB 50021、《建筑地基基础设计规范》GB 50007、《建筑基坑工程监测技术规范》GB 50497、《建筑基坑支护技术规程》JGJ 120、《建筑变形测量规范》JCJ 8，以及地方相关规程的规定进行检查。

6.2 工程地质、水文地质评价

6.2.1 地铁工程施工属于长距离的地下施工工程，不同地点的工程地质或主要岩土工程可能会有较大变化，直接影响到施工方案的实施。尤其是地下缺氧空气及地下有害气体、煤层、古河道、古井、废井、古墓、古建筑遗址、坑沟的出现，会对地铁工程施工带来危害，严重的会发生安全事故。因此，需要在施工时针对工程地质和水文地质进行核查，以有效预防地质问题带来的危险。

6.2.2 本条说明如下：

1 根据不同工程、施工方法、地质资料及工程防护措施和评价，在施工组织方案中，应将可能遇到的工程地质问题或岩土工程问题，以及对应的可能产生的风险和工程处理措施列表告示，以便在施工过程中进行防护和监控。

2 施工过程中可通过查阅有关资料，在可疑地段或场地，应进一步核查地下软土、泥炭土、湿陷性黄土、岩溶、断层等不良地质，分析对工程的影响程度和危害程度，结合工程要求提出防治措施和处理意见。对影响、危害特别严重的，应提出修改设计并补充、修改、完善施工方案。

3 当施工中发现地质情况与工程勘察地质资料、施工图差异较大，或遇到新的工程地质问题时，应及时补充勘察。根据发现地质问题的偏差情况，应采取相应的勘探手段和方法进行适当的勘察验证和补充。在补勘过程中，应按工程勘察程序及要求开展工作，并做好勘探、试验等各项记录。

4 由于特殊岩土性质的复杂性，其分布、规模、埋藏条件在空间上存在一定差异。应根据勘探、测试资料的分析，对施工中因特殊岩土可能影响工程施工安全的，除做好各种防护预案外，在施工过程中应进行地质复核，可在施工中现场复核并做好记录，必要时进行全程地质素描，也可在施工现场提前进行补充勘探测试或在洞内进行超前勘探，记录地质探测资料，并分析工程施工可能会产生的工程安全问题，以采取相应的防范措施。

6.2.3 本条说明如下：

1 根据地质、水文地质资料，结合地铁施工所经地段与不同地下水类型、含水层的规模及性质和涌水量的关系，预测分析地铁工程施工过程中可能遇到的主要水文地质问题。应将可能遇到的水文地质风险和与风险相应的处理或防御措施编制列表告示，以便施工过程中及时跟踪处理。有关地下水治理的工程措施如井点降水、管井降水、隔渗、堵排等方法，应按照相关规范、规程和标准进行评价。

2 在地下水发育地段或部位，根据工程需要，施工过程中应对水文地质动态的变化、渗漏、突水、支护系统、工作面的稳定性布置监测工作，按相关要求定时或随时或不定期进行观察，并记录观察情况，对其数据进行分析、判断和评价。如有特殊情况，应及时采取有效的工程处理措施，并记录特殊事件的情况、水文地质资料和工程措施，便于核查和后续工作的经验总结。

6.3 周边建筑物或构筑物评价

6.3.2 地铁线路周边存在大量的建筑物或构筑物，主要包括房屋建筑物、市政桥涵、市政道路、既有地铁线路、铁路、人防工程、水工建筑、河流湖泊、文物等。为预防由于地铁施工引起这些建筑物或构筑物原来存在环境的变化而产生的安全隐患，需对工程影响范围内的建筑物或构筑物进行全面调查，确定危险程度，形成调查报告并制定专项保护措施。对于重要的建筑物或构筑物应委托有资质的鉴定机构进行鉴定，并出具鉴定报告。调查报告应包含以下内容：

(1) 工程影响范围内主要房屋建筑物的调查报告，将主要房屋建筑物按危险程度列表，并制定专项保护措施。调查报告内容包括主要房屋建筑物名称、建成年代、权属单位、使用功能、结构形式、地下和地上层数、层高、基础形式及埋深、荷载、主要建筑材料、使用状况等。

(2) 工程影响范围内主要市政桥涵的调查报告，将主要市政桥涵按危险程度列表，并制定专项保护措施。调查报告内容包括主要市政桥涵名称、建成年代、权属单位、类型、规模、结构形式、基础形式、跨度、荷载、主要建筑材料、使用状况、加固改造情况等。

(3) 工程影响范围内主要市政道路的调查报告，将主要市政道路按危险程度列表，并制定专项保护措施。调查报告内容包括主要市政道路的名称、建成年代、权属单位、道路等级、路面材料、修建年代、养护周期、道路平整要求、车流量状况、路基填料、路面板结构等。

(4) 工程影响范围内既有地铁线路、铁路、人防工程、水工建筑、河流湖泊、文物等的调查报告，分析工程对其可能造成的不利影响，并制定专项保护措施。

6.3.3 根据周边建筑物或构筑物的调查报告和专项保护措施，在施工过程中进行现场观察，必要时进行测量，确定周边建筑物或构筑物的各种变形和异常，以保障安全和正常使用。

本节进行评价时，应通过现场实地考察，查看周边建筑物或构筑物的完好程度，检测其沉降值、倾斜范围是否在允许范围之内，以及周边建筑物或构筑物正常使用功能及结构是否因地铁工程施工受到严重的影响。此外，应检查施工设施是否妨碍周边环境，工程影响范围内地面开裂、沉陷、隆起是否符合设计要求，或者是否出现了地面较大沉降或隆起，能否得到有效控制。

6.4 地下管线评价

6.4.2 地铁工程施工过程中会遇到众多的地下管线，包括水、电、气、热、通信等多类管线的干线与支线等，这些管线是一定区域内单位和居民生产生活的重要保障。同时，这些地下管线由于功能、管线类型和管材、铺设方法、埋置深度、埋深年代、接头形式、修建的标准的不同，其抵抗外界影响的能力和造成损坏的原因也不同。地铁工程施工中若对地下管线造成损坏，不仅影响一定区域内单位和居民生产生活，也会对地铁工程施工带来重大安全隐患或事故。因此应对工程影响范围内地下管线进行详细的调查，形成调查报告并制定专项保护措施。调查报告内容包括地下管线图分布、各种管线的功能、管线类型和管材、铺设方法、埋置深度、埋深年代、接头形式、修建的标准以及其抵抗外界影响的能力等。

6.4.3 根据形成的地下管线调查报告和制定的专项保护措施，在施工过程中需要进行现场巡查和监测，确定施工影响范围内地下管线及管线拆迁、改移、悬吊和恢复等异常情况，预防管线的破坏，并做详细的记录。

7 地铁工程施工安全监控预警管理评价

7.2 安全风险管理评价

7.2.1 本节规定了工程安全风险管理的基本程序，其评价方法是重点查阅安全风险管理清单和安全风险管理台账。

7.2.2 安全监控预警机构、施工单位、监理单位、第三方监测单位在安全技术管理实施前应进行工程风险辨识、工程风险分析、工程风险分级，以及提出风险控制措施建议。工程风险辨识应列出安全风险管理清单，风险清单应包括风险名称、风险类型、风险等级和风险控制措施建议。

7.2.3 本条属于地铁工程施工过程中动态安全风险管理的要求。

安全监控预警机构、施工单位、监理单位、第三方监测单位在施工过程中应将新增风险列入风险清单，并对新增风险进行工程风险辨识、工程风险分析，工程风险分级，以及提出风险控制措施建议。

安全监控预警机构、施工单位、监理单位、第三方监测单位在施工过程中应根据施工进度对风险清单进行动态分析，调整风险等级。

7.3 安全监控管理评价

7.3.2 设计单位应在安全监控工作开始前完成与监理单位、施工单位、第三方监测单位的资料移交和技术交底工作，包括对测点布置图、重点监测对象、监测频率和控制标准进行分析说明；其中，采用浅埋暗挖法、盾构法、明挖法或盖挖法等工法进行设计和施工的地铁工程，必须将现场监控量测要求纳入工程设计文件和施工组织设计文件中。

施工单位和第三方监测单位应编制预警响应方案。预警响应方案必须包括响应人员、响应机制、物资准备等。

7.3.3 施工单位和第三方监测单位须根据本规定，在日常施工过程中，对工程安全状况进行实时监控。

7.3.4 本节评价内容旨在保证上报给安全监控预警机构的监测数据的真实性，避免信息错误而导致安全事故等不良后果。

7.4 安全预警管理评价

7.4.2 安全监控预警宜分为数据级预警、现场级预警和工点综合预警三类：

数据级预警：基于工程结构本体和周边环境的监测数据，根据监测控制标准开展监测预警信息的发布、响应与解除的预警工作。

现场级预警：基于现场巡视，针对地铁施工现场中存在的结构体、环境及机械、行为等安全风险，进行现场预警信息的发布、响应与解除的预警工作。

工点级预警：基于监测数据、现场巡视分析结果及专家经验，针对地铁线路中单个车站工程或者区间工程的综合安全风险水平，进行安全预警信息发布、响应与解除的预警工作。

安全风险等级按照险情的重要程度依次应分为绿色、黄色、橙色、红色 4 种安全风险等级，安全监控预警机构应根据工程状况明确在数据级预警、现场级预警和工点综合预警情况下 4 种安全风险等级的发布时限和预警发布标准，安全监控预警机构应按照相关规定及时发布预警信息，并有发布的时间记录。

7.4.3 本节对安全预警管理过程中各相关单位的预警响应工作进行评价。预警发布后，相关单位应立即根据预警响应方案启动预警响应，并制定处理方案。

7.4.4 对预警测点、部位或工点采取相应处理措施后，监测数据开始收敛，数据变化呈现稳定的趋势，安全状况得以好转的，应解除测点、部位或工点的预警，解除预警的标准和时限应在安全监控预警机构的安全监控预警管理工作大纲中予以明确。

8 地铁工程施工安全管理总体评价

8.1 一 般 规 定

8.1.1 不论在施工准备阶段、施工实施阶段还是施工完成阶段，地铁工程施工安全管理水平等级的确定都应包含单项安全管理水平和总体安全管理水平两个方面，即对安全组织管理水平、安全技术管理水平、环境安全管理水平、安全监控预警管理水平4个单项安全管理水平等级的确定，以及对总体安全管理水平等级的确定。

8.1.2、8.1.3 地铁工程施工安全评价应在施工准备、施工实施、施工完成三个阶段分别实施，在施工准备和施工完成两个阶段进行评价时，应着重于对结果的判定，因而将这两个阶段的安全管理水平划分为合格和不合格两个等级，一旦不合格便应勒令整改；而在施工实施阶段进行评价时，着重于知悉安全管理的现状和改进的重点，以及管理水平的判定，因此分为合格、基本合格和不合格3个等级。

8.2 安全评价总分计算

8.2.1 根据图1～图5评价指标体系以及附录一评分表，第4级指标无权重；隶属于同一个第3级指标的第4级指标满分之和为100分。第1、2、3级指标满分均为100分，设有权重，权重数值由评价组专家根据具体的评价对象的特点，可按图1～图5确定。地铁工程施工安全评价指标体系的权重，可根据具体评价对象的地质条件、工程量、周边环境、施工难度等因素，由相关专家根据具体的评价对象的特点给出。

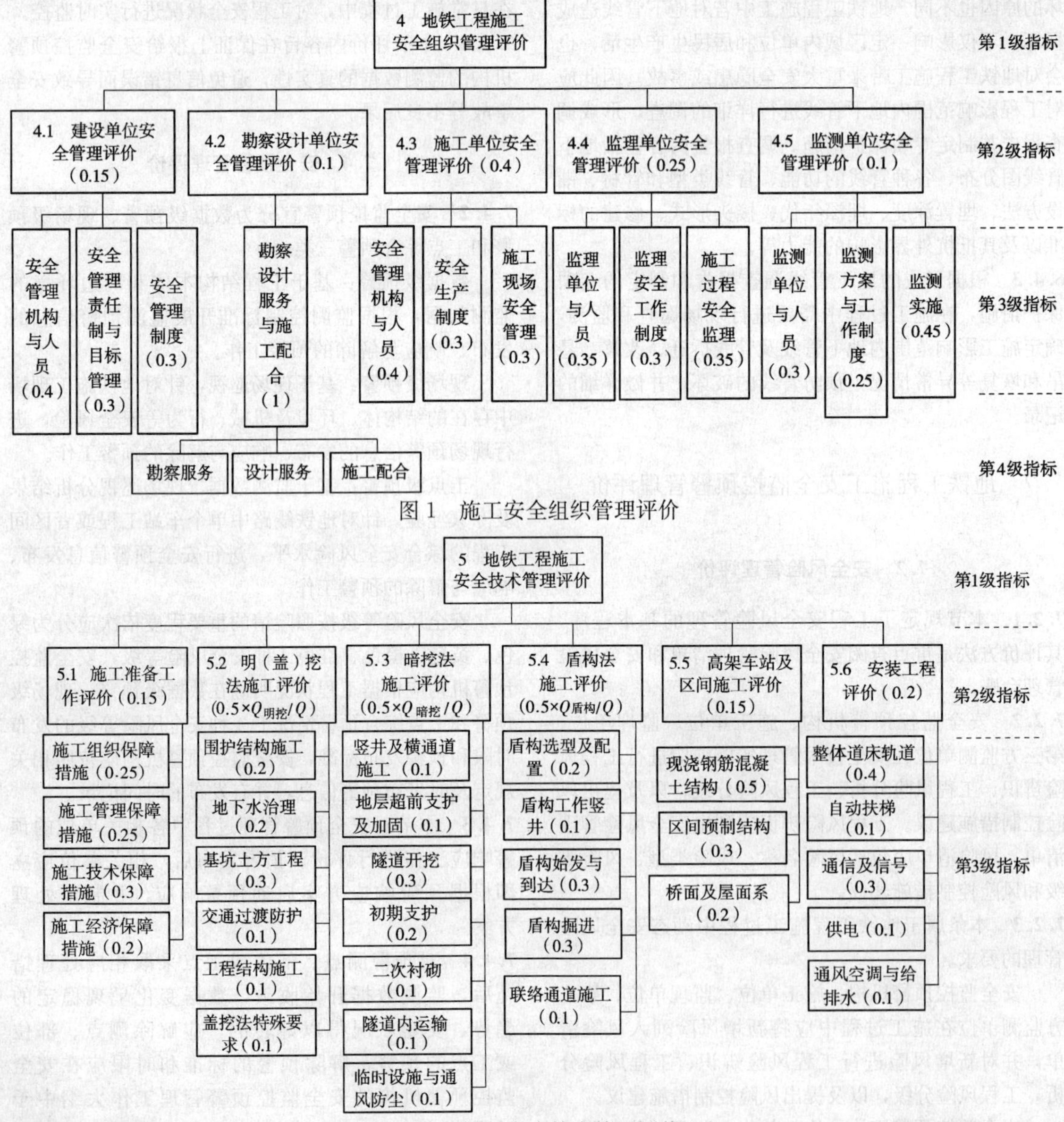

图1 施工安全组织管理评价

图2 施工安全技术管理评价

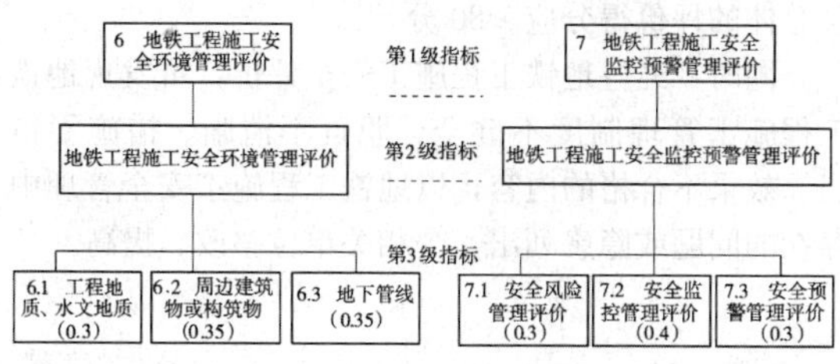

图 3 施工环境安全管理评价　　图 4 施工安全监控预警管理评价

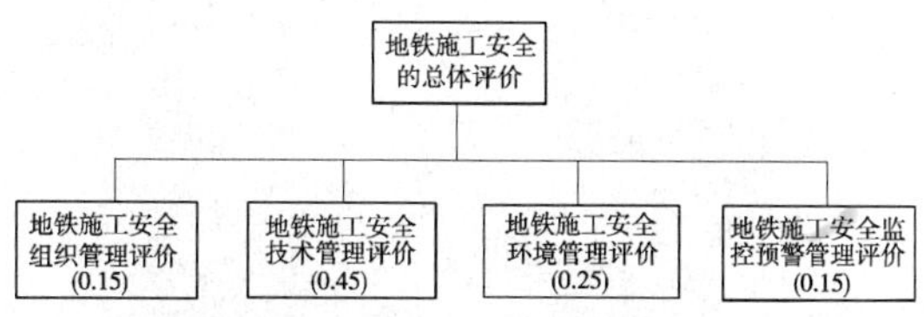

图 5 地铁工程施工安全的总体评价

权重设置中有一个特殊问题，就是施工工法的替代性问题，本标准结合不同工法施工标段合同承包额所占比例，来确定各施工工法所占权重：

施工工法的总权重假设为 0.5，其中明（盖）挖法施工的权重为 $0.5\times Q_{明挖}/Q$，暗挖法施工的权重为 $0.5\times Q_{暗挖}/Q$，盾构法施工的权重为 $0.5\times Q_{盾构}/Q$，$Q=Q_{明挖}+Q_{暗挖}+Q_{盾构}$，Q 表示施工合同额。

第 4 级指标分数的确定方法为：专家采用扣分法，依据附录一评分表中评价标准对第 4 级指标进行扣分，应得分减去扣分即为第 4 级指标实得分，实得分不得为负。

第 3 级指标分数的确定方法为：隶属于同一个第 3 级指标的第 4 级指标得分之和，为该第 3 级指标的得分。计算公式为 $S_{ijk}=\sum_{l=1}^{n}S_{ijkl}$，其中 i 为所隶属第 1 级指标序号，ij 为所隶属第 2 级指标序号，ijk 为第 3 级指标序号，$ijkl$ 为第 4 级指标序号，n 为隶属于 ijk 的第 4 级指标数量。

第 2 级指标分数的确定方法为：隶属于同一个第 2 级指标的第 3 级指标得分的加权总和，为该第 2 级指标的得分。计算公式为 $S_{ij}=\sum_{k=1}^{n}w_{ijk}S_{ijk}$，其中 i 为所隶属第 1 级指标序号，ij 为所隶属第 2 级指标序号，ijk 为第 3 级指标序号，n 为隶属于 ij 的第 3 级指标数量，w_{ijk} 代表第三级指标的权重，S_{ij} 代表第三级指标加权得分。

第 1 级指标分数的确定方法为：隶属于同一个第 1 级指标的第 2 级指标得分的加权总和，为该第 1 级指标的得分。计算公式为 $S_i=\sum_{j=1}^{n}w_{ij}S_{ij}$，其中 i 为所隶属第 1 级指标序号，ij 为第 2 级指标序号，n 为隶属于 i 的第 2 级指标数量，w_{ij} 代表第二级指标权重，S_i 代表第二级指标加权得分。

地铁工程施工安全总体评价分数的确定方法为：四个专题评价部分（一级指标）得分的加权总和。计算公式为 $S=\sum_{i=2}^{5}w_iS_i$，其中 w_i 代表第一级指标的权重，S 代表一级指标加权总得分。

8.2.2 对于评价体系的权重，由于地铁工程施工安全受到众多因素的影响，不同的影响因素风险大小不同，对于安全管理的要求也不相同，如周边环境恶劣的地铁工程施工，环境对地铁工程施工的影响非常大，那么对于环境安全管理的工作要求相对较高，在进行地铁工程施工安全评价时，环境安全管理评价所占的权重就相对较大。因此，地铁工程施工安全评价指标体系的权重，可根据具体评价对象的地质条件、工程量、周边环境、施工难度等因素，由相关专家根据具体的评价对象的特点给出。可以通过采用层次分析法（AHP)，由专家根据具体评价项目的特点，打分计算权重，确定各评价项目的权重。表 2 给出了一个建议的权重值。

表 2 建议权重

评价项目		权重
施工安全组织管理评价 0.15	建设单位安全管理评价	0.15
	勘察设计单位安全管理评价	0.1
	施工单位安全管理评价	0.4
	监理单位安全管理评价	0.25
	监测单位安全管理评价	0.1
施工安全技术管理评价 0.45	施工准备工作	0.15
	明挖法施工	0.5
	暗挖法施工	
	盾构法施工	
	高架车站及区间施工	0.15
	安装工程	0.2
施工安全环境管理评价 0.25	工程地质、水文地质	0.3
	周边建筑物或构筑物	0.35
	地下管线	0.35
施工安全监控预警管理评价 0.15	安全风险管理	0.3
	安全监控管理	0.4
	安全预警管理	0.3

8.3 安全管理水平

8.3.1、8.3.2 在进行单项安全管理水平等级划分时，其合格条件为：分项评价表中评价分项的实得分都必须不为 0，即所有关键性项目都满足了要求，并且每个评价分项中都不存在应得分被扣完的情况；分项评价表的实得分应≥70分；单项评价表实得分≥75分。

在进行总体安全管理水平等级划分时，其合格条件为：所评的各单项评价表都必须达到合格要求，并且总体的评价得分应≥80分。

同时，经过地铁工程施工安全评价，可发现地铁工程施工管理制度不健全、职责不清晰、措施不得当、效果不合格的内容，以地铁工程施工安全管理中存在的问题或隐患列出，令相关单位整改、提高。

中华人民共和国国家标准

重有色金属冶炼设备安装工程施工规范

Code for extractive metallurgy construction of equipment installation engineering of heavy non-ferrous metals

GB/T 50716—2011

主编部门：中 国 有 色 金 属 工 业 协 会
批准部门：中华人民共和国住房和城乡建设部
实施日期：2 0 1 2 年 6 月 1 日

中华人民共和国住房和城乡建设部
公　　告

第 1104 号

关于发布国家标准《重有色金属冶炼设备安装工程施工规范》的公告

现批准《重有色金属冶炼设备安装工程施工规范》为国家标准，编号为 GB/T 50716—2011，自 2012 年 6 月 1 日起实施。

本规范由我部标准定额研究所组织中国计划出版社出版发行。

中华人民共和国住房和城乡建设部

二〇一一年七月二十六日

前　　言

本规范是根据住房和城乡建设部《关于印发〈2008 年工程建设标准规范制订、修订计划（第二批）〉的通知》（建标〔2008〕105 号）的要求，由二十三冶建设集团有限公司会同有关单位编制完成的。

本规范在编制过程中，编制组进行了深入的调查研究，认真总结了近几年重有色金属冶炼设备安装工程的实践经验，开展了专题研究，参考了大量文献和工程资料，在广泛征求意见的基础上，通过反复讨论、修改和完善，最后经审核定稿。

本规范共 7 章。包括总则，术语，基本规定，火法冶炼设备，湿法冶炼设备，收尘设备，职业健康、安全与环保。

本规范由住房和城乡建设部负责管理，由中国有色金属工业标准规范管理处负责日常管理，由二十三冶建设集团有限公司负责具体技术内容的解释。

本规范在执行过程中，请各单位结合工程实践，认真总结经验，积累资料，如发现需要修改和补充之处，请将意见反馈二十三冶建设集团有限公司（地址：湖南省长沙市劳动东路 289 号，邮编：410014，电子邮箱：23jszx@163.com），以便今后修订时参考。

本规范主编单位、参编单位、主要起草人和主要审查人：

主 编 单 位： 二十三冶建设集团有限公司

参 编 单 位： 中国十五冶金建设有限公司
长沙有色冶金设计研究院
中国恩菲工程技术有限公司

主要起草人： 刘则平　宁和球　吴建国　杨兴川　李勇军　蔡平涛　肖福兵　谭玉春　张万红　余佳泉　谭丰林　董爱国　刘金庭　李　汇　田雨华　张有为　周志勇　张晨光　郑国忠　胡仕波　王毅伟　胡　彪

主要审查人： 徐惠华　姬奎生　程海帆　章颂泰　袁学敏　刘扶群　张劲松　邓永椿　郭万书

目　次

Contents

1 总 则

1.0.1 为了提高重有色金属冶炼设备安装工程的质量和保证重有色金属冶炼设备安全运行，促进设备安装技术的进步，制定本规范。

1.0.2 本规范适用于重有色金属冶炼中的火法冶炼设备、湿法冶炼设备、收尘设备安装工程的施工。

1.0.3 工程所用的材料、设备和构配件的材质、规格和型号必须符合设计要求，其质量应符合国家或行业有关标准的规定，并应具有出厂合格证、质量证明文件以及材质证明书。

1.0.4 重有色金属冶炼设备安装工程施工除应符合本规范规定外，尚应符合国家现行有关标准的规定。

2 术 语

2.0.1 火法冶炼 pyrometallurgy

在高温下从矿石、精矿或其他物料中提取和精炼金属的科学和技术。

2.0.2 湿法冶炼 hydrometallurgy

将矿石、精矿、焙砂或其他物料中某些金属组分溶解在水溶液中，从中提取金属的科学和技术。

2.0.3 干燥 drying

蒸发除去物料中水分的过程。

2.0.4 精炼 refining

脱除精金属中的杂质，产出精金属的冶炼过程。

2.0.5 火法精炼 fire refining

在熔融条件下，脱除粗金属中杂质的精炼方法。

2.0.6 电解精炼 electrorefining

经粗金属为阳极，金属盐水溶液为电解质，通过电化学作用，使精金属溶解，在阴极上析出更纯金属的方法。

2.0.7 始极片制备 starting sheet preparation

使熔融迅速冷凝在模板或辊筒上，制成电解精炼用的阴极薄片的过程。

2.0.8 收尘 dust collection

捕集浮于烟气中固体颗粒的过程。

3 基本规定

3.1 设备基础验收

3.1.1 设备基础应符合现行国家标准《混凝土结构工程施工质量验收规范》GB 50204 的有关规定。

3.1.2 设备基础表面和地脚螺栓预留孔中的油污、碎石、泥土、积水等均应清除干净；预埋地脚螺栓的螺纹和螺母应保护完好；放置垫铁部位的表面应凿平。

3.1.3 设备基础上应标出标高基准线、纵横向中心线及预留孔中心线。重要设备的基础应有沉降观测点。

3.1.4 设备基础外观不得有裂纹、蜂窝、空洞、露筋等缺陷。

3.1.5 设备基础的位置、几何尺寸应按基础施工图进行验收，设备基础位置和尺寸的允许偏差应符合表3.1.5的规定。

表 3.1.5 设备基础位置和尺寸的允许偏差

序号	项 目		允许偏差（mm）
1	坐标位置（纵、横向，取最大值）		20
2	不同平面的标高		0，−20
3	平面外形尺寸		±20
	凸台上平面外形尺寸		0，−20
	凹穴尺寸		+20，0
4	平面的水平度（包括地坪上需安装设备的部分）	每米	5
		全长	10
5	垂直度	每米	5
		全长	10
6	预埋地脚螺栓	标高（顶端）	+20，0
		中心距（在根部和顶部测量）	±2
7	预埋地脚螺栓孔	中心位置	10
		深度	+20，0
		孔壁垂直度	10
8	预埋活动地脚螺栓锚板	标高	+20，0
		中心线位置	5
		水平度（带槽的锚板）	5
		水平度（带螺纹孔的锚板）	2

3.2 主要设备、材料、成品和半成品进场验收

3.2.1 设备的型号、规格、质量、数量应符合设计文件要求。

3.2.2 设备搬运和吊装时，吊装点应在设备或包装箱的标识位置，且应有保护措施，避免因搬运和吊装而造成设备损伤。

3.2.3 设备安装前，应进行开箱检查，形成检验记

录，设备开箱后应注意保护，并及时进行安装。设备的备品、配件和暂时不安装的零部件，应采取适当的防护措施，妥善保管。

3.2.4 原材料、成品和半成品的型号、规格、质量、数量、性能应符合设计文件和现行国家产品标准的要求。进场时应进行验收，并形成验收记录。原材料、成品和半成品进入现场，应按型号、规格堆放整齐，并有相应的防护措施。

3.2.5 设备开箱检验时应有建设单位、监理单位人员参加，按照装箱清单对设备进行下列项目检查，并做好开箱检查记录：

1 检查包装箱号、箱数及包装状况。

2 核对设备的名称、型号、规格是否与设计相符。

3 清点随机文件、专用工具。

4 检查主机、附属设备及零、部件是否存在外观缺陷，并核实零、部件的品种、规格、数量等。

5 检查设备有无锈蚀、重皮和裂纹等缺陷。

3.3 焊　　接

3.3.1 本规范中有关设备的焊接应符合现行国家标准《现场设备、工业管道焊接工程施工规范》GB 50236 的有关规定。

3.3.2 本规范中有关支架、楼梯及平台的焊接应符合现行国家标准《钢结构工程施工质量验收规范》GB 50205 的有关规定。

3.3.3 焊工必须经考试并取得合格证书，持证焊工必须在其考试合格项目、认可范围及证书有效期内施焊。

3.3.4 焊接前需将焊接部位清洁干净，并检查焊缝坡口、间隙、错边等应符合要求。

3.3.5 焊缝内部质量必须符合设计文件要求。

3.4 特种设备

3.4.1 从事特种设备的制作、安装的施工单位在施工前应书面告知工程所在地的特种设备安全监督管理部门。

3.4.2 压力容器的制作应符合现行国家标准《钢制压力容器》GB 150的有关规定。

3.4.3 起重机械的安装应符合现行国家标准《起重机械安装工程施工及验收规范》GB 50278 的有关规定。

3.5 工序交接确认

3.5.1 各工序应按施工技术标准进行质量控制，每道工序完成后，应进行检查。

3.5.2 相关各专业工种之间，应进行交接检验，并形成过程检验资料，经监理工程师（建设单位技术负责人）检查确认。

4 火法冶炼设备

4.1 一般规定

4.1.1 本章适用于重有色金属火法冶炼设备安装工程。重有色金属火法冶炼设备安装应按本规范施工。

4.1.2 重型炉窑安装前必须设置纵、横向基础中心线永久性的中心标板。托轮装置基础周边设置四个沉降观测点及标高基准点。

4.1.3 火法冶炼炉水冷元件安装前应进行水压试验，水压试验应按设计技术文件规定进行。若设计无规定时，试验压力应为工作压力的 1.25 倍，在试验压力下稳压 10min，再将试验压力降至工作压力，停压 30min，以压力不降、无渗漏为合格。

4.1.4 火法冶炼炉氧枪与氧气或富氧接触的零部件必须全部脱脂。

4.2 蒸汽干燥机

4.2.1 托轮底座安装应符合下列规定：

1 各组底座纵、横向中心线的允许偏差为 0.5mm。

2 各组底座中心标高的允许偏差为±0.5mm。

3 各组底座横向中心线水平度的允许偏差为 0.1/1000。

4 各组底座跨距的允许偏差为±0.5mm。

5 跨距对角线相对差的允许偏差为 1mm。

6 底座纵向中心线斜度的允许偏差为 0.1/1000。

7 调整顶丝旋转应灵活，托轮轴承调整自如，定位挡块固定位置正确。

4.2.2 托轮装置安装应符合下列规定：

1 托轮装置顶标高的允许偏差为±0.5mm。

2 底座中心线间距的允许偏差为±0.5mm。

3 托轮顶面斜度的允许偏差为 0.1/1000。

4.2.3 筒体安装应符合下列规定：

1 滚圈与筒体垫板间的径向间隙，滚圈与挡头板的间隙应符合设计要求。

2 滚圈宽度中心与托轮宽度中心的相对位置应符合设计规定。

3 滚圈与托轮的接触长度不应小于滚圈的 60%。

4 齿圈与滚圈间距的允许偏差为±1mm。

5 滚圈径向跳动的允许偏差为 1mm。

6 齿圈径向和端面跳动的允许偏差均为 1mm。

4.2.4 齿圈拼装应符合下列规定：

1 齿圈对接处结合情况和齿节距偏差应符合技术文件规定，无规定时，拼合齿圈的对接处的间隙不应大于 0.1mm，齿节距允许偏差为±0.005 模数。

2 连接筒体的弹簧板的弧度、曲率，弧面与筒体的贴合应符合设计要求。

4.2.5 大齿圈弹簧板与设备本体连接应符合设计要求。

4.2.6 大齿圈与小齿轮啮合应符合下列规定：

1 大齿圈与小齿轮中心线相对位置符合设计规定，螺栓应紧固。

2 齿圈与小齿轮啮合接触面及啮合间隙应以大齿圈为基准进行调整，大小齿轮接触面积不应小于齿高的40%、齿宽的50%且大小齿顶和齿根间隙应符合设计规定。

4.2.7 齿轮罩安装应保证齿轮与齿轮罩密封良好。

4.2.8 蒸汽干燥机试运转应符合下列规定：

1 带液压挡轮系统的蒸汽干燥机，筒体按设计规定的行程和周期要求，沿窑体轴向中心上、下窜动，滚圈与托轮接触良好。

2 托轮轴承润滑正常，温升不得高于35℃，最高温度不应高于60℃。

3 各传动部分在运行中，应无异常振动、噪声和发热现象。

4 液压、润滑和冷却系统管道工作应正常，无渗漏现象。

5 蒸汽干燥机试运转的时间应符合下列规定：

1）电动机空转2h；

2）电机带动减速机运行4h；

3）主电动机带干燥机运行8h。

4.3 热 风 炉

4.3.1 炉体壳体安装应符合下列规定：

1 壳体不圆度的允许偏差为2/1000。

2 壳体钢板圈上口圆周各点相对高低差的允许偏差为4mm。

3 壳体高度的允许偏差为1/1000，且不大于6mm。

4.3.2 炉箅条立柱安装应符合下列规定：

1 纵、横向中心线允许偏差不得大于2mm。

2 标高的允许偏差为±2mm。

3 垂直度的允许偏差为2/1000。

4.3.3 炉箅条安装应符合下列规定：

1 相邻炉箅条中心距的允许偏差为±3mm。

2 相邻炉箅条上平面高低差的允许偏差为2mm。

3 全部炉箅条上平面高低差的允许偏差为4mm。

4 炉箅条直径的允许偏差为－30mm～＋10mm。

5 炉箅条与炉墙间空隙的允许偏差为－5mm～＋10mm。

4.3.4 燃烧器安装应符合下列规定：

1 燃烧器中心线的允许偏差为2mm。

2 标高的允许偏差为±2mm。

3 上口法兰面水平度的允许偏差为1/1000。

4.3.5 助燃风机应符合下列规定：

1 助燃风机中心线的允许偏差为2mm。

2 助燃风机标高的允许偏差为±2mm。

3 助燃风机纵、横水平度的允许偏差为0.2/1000。

4.4 挥 发 窑

4.4.1 托轮滑动轴承组组装应符合设计和设备技术文件要求。若无规定时，应符合下列规定：

1 轴瓦任意25mm×25mm面积内接触点数不少于2点，四周有楔形间隙，球瓦活动自如。

2 轴瓦的背面与球瓦的接合面的接触点在任意25mm×25mm面积内不少于3点，且在120°范围内分布均匀。

3 轴瓦与托轮轴的接触点在每平方厘米范围内不少于1点，接触角为60°～75°，两侧瓦口间隙之和不应小于轴颈直径的12%。

4 轴瓦端面与止推盘的接触点，每平方厘米范围内不少于1点。

5 球瓦冷却水套应符合设计和技术文件要求。

4.4.2 托轮装置底座安装应符合下列规定：

1 底座沿窑体轴线方向横向中心线的允许偏差为1.5mm。

2 底座沿窑体轴线方向纵向中心线的允许偏差为0.5mm。

3 底座中点标高的允许偏差为±0.5mm。

4 相邻底座标高的允许偏差为0.1/1000。

5 底座横向水平度的允许偏差为0.1/1000。

6 底座纵向斜度的允许偏差为0.1/1000。

7 相邻两底座中心距的允许偏差为±1.5mm。

8 首尾两底座中心距的允许偏差为±4.5mm。

4.4.3 托轮装置安装应符合下列规定：

1 托轮装置安装的位置、方向、间隙应符合设计要求。

2 托轮顶面斜度的允许偏差为0.5/1000。

3 同挡两托轮顶面中点连线应水平，水平度的允许偏差为1/1000。

4 相邻两挡托轮的顶面中点相对高差为0.5mm，首尾两挡高差为1.5mm。

5 各托轮轴中心线与窑体轴线的水平距离的允许偏差为0.5mm。

4.4.4 挡轮安装应符合下列规定：

1 挡轮心轴与铜套之间的间隙和接触轴向窜动量应符合设计及设备技术文件要求。

2 挡轮心轴端与止推铜垫的接触点，在任意25mm×25mm面积内不少于3点。

3 挡轮与滚圈的中心线重合度应符合设计要求。

4 滚圈与挡轮接触长度应大于挡轮厚度的50%。

4.4.5 筒体安装应符合下列规定：

1 滚圈与筒体垫板的径向间隙，滚圈与挡头板的间隙应符合设计要求。

2 滚圈宽度中心与托轮宽度中心的相对位置允许偏差为3mm。

3 滚圈与托轮的接触长度不应小于滚圈的60%。

4 对于筒体直径在2m～4m的，窑头、窑尾处筒体径向跳动值的允许偏差为5mm，齿轮及各挡圈处筒体径向跳动值的允许偏差为2mm，各中间接口距焊缝100mm以外任意点的允许偏差为8mm。

5 对于筒体直径在4m以上的，窑头、窑尾处筒体径向跳动值的允许偏差为8mm，齿轮及各挡圈处筒体径向跳动值的允许偏差为5mm，各中间接口距焊缝100mm以外任意点的允许偏差为12mm。

4.4.6 大齿圈与小齿轮中心线相对位置应符合设计要求。

4.4.7 传动装置安装应符合下列规定：

1 大齿轮径向跳动允许偏差为2mm，轴向跳动允许偏差为1.5mm。

2 弹簧板与筒体贴合间隙应小于0.5mm，且插入深度不大于30mm。

4.4.8 头、尾罩密封环与窑体中心线同心度的允许偏差为5mm，水平度的允许偏差为1.5/1000。

4.4.9 窑头罩、窑尾罩安装应符合下列规定：

1 轨距的允许偏差为±2mm。

2 轨道标高的允许偏差为±5mm。

3 轨道中心线的允许偏差为2mm。

4 两轨道同一截面处高低差的允许偏差为2mm。

5 固定环与活动环在圆周上间隙的允许偏差为2mm。

4.4.10 挥发窑试运转应符合下列规定：

1 带液压挡轮系统的挥发窑，窑体按设计规定的行程和周期要求，沿窑体轴向中心上、下窜动；不带液压挡轮系统的挥发窑，窑体按要求，沿窑体轴向中心1h内上、下窜动两次，滚圈与托轮接触良好。

2 窑头罩、窑尾罩密封装置应密封良好，无异常泄漏。

3 试运转的时间应符合下列规定：

1）主、辅电动机空转2h；

2）主、辅电动机分别带动主、辅减速机运转2h；

3）窑体试运转应符合设计要求。

4.5 鼓风烧结机

4.5.1 鼓风烧结机基础检查应符合下列规定：

1 机架纵、横向中心线的正交角允许偏差为10″。

2 机架纵向中心线的允许偏差为2mm。

3 烧结机基准点标高与附近水准基点的标高允许偏差为±3mm，安装用相邻基准点的标高允许偏差为±0.5mm。

4.5.2 头部星轮安装应符合下列规定：

1 头部星轮轴向等分线与烧结机纵向中心线应重合，重合度的允许偏差为1mm。

2 头部星轮轴向中心线与烧结机横向中心线应重合，重合度的允许偏差为1mm。

3 头部星轮轴承应水平，水平度的允许偏差为0.1/1000。

4 头部星轮轴承标高的允许偏差为±0.5mm。

5 两轴承座的中心距离及轴向窜动间隙应符合设计和设备技术文件要求，头部星轮找正后应在轴承座的径向两侧用挡块焊接固定。

4.5.3 传动装置安装应符合下列规定：

1 大齿轮与轴装配后，大齿轮轴线应与烧结机头部基准轴线重合，重合度的允许偏差为1mm。

2 扭矩杆底座标高的允许偏差为±0.5mm。

3 扭矩杆轴承中心位置的允许偏差为±0.5mm。

4 扭矩杆上表面水平度的允许偏差为0.1/1000。

5 万向联轴节水平度的允许偏差为1/1000。

6 小齿轮两侧的导向轮与大齿轮两侧的导轨间距为0.5mm～0.55mm。

4.5.4 移动架式尾轮安装应符合下列规定：

1 尾轮轴承左右轴承座对称中心线与烧结机纵向中心线应重合，重合度的允许偏差为1mm。轴承座标高的允许偏差为±0.5mm。

2 尾部链轮轴中心线水平度的允许偏差为0.1/1000。

3 尾部链轮两齿板对称中心线应与烧结机纵向中心线重合，重合度的允许偏差为1mm。

4 以头部星轮中心线为基准，尾部星轮中心线与头部星轮中心线二轴高差不大于5mm，且尾轮轴线应高于头轮轴线。

5 尾轮轴线与烧结机纵向中心线垂直，垂直度的允许偏差为0.1/1000。

6 尾部链轮二侧齿板对称点的错位沿齿面方向的允许偏差为1mm。

7 在尾部移动架移动范围内其尾轮轴应保持水平，水平度的允许偏差为0.1/1000。

4.5.5 鼓风烧结机机架安装应符合下列规定：

1 机架左、右架对称中心线与基础纵向中心线应重合，重合度的允许偏差为2mm，且平行度不应大于2mm。

2 机架立柱的垂直度的允许偏差为1/1000，且不大于 10mm。

3 机架各框架上表面应水平，水平度的允许偏差为 1/1000，且不大于 2mm。

4 机架上部与下部宽度之差的允许偏差为 5mm，对角线相对差的允许偏差为 5mm。

5 轴承座与轴承底座、轴承底座与烧结机架之间，螺栓紧固后层间应紧密贴合，用 0.05mm 塞尺检查，塞入面积不得大于接触面积的 1/3。

4.5.6 头部弯道安装应符合下列规定：

1 头部弯道安装应以头部星轮齿板为基准；头部弯道对称中心线应与头部星轮齿板对称中心线重合，重合度的允许偏差为1.5mm。

2 固定弯道与链轮片的间距（图 4.5.6）应符合下列规定：

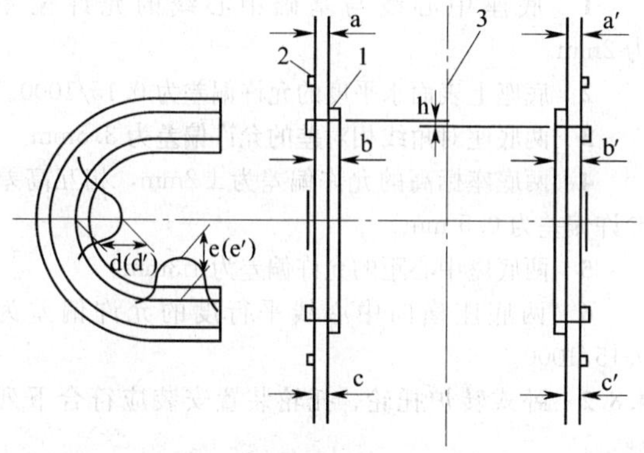

图 4.5.6 鼓风烧结机头部弯道

1—链轮；2—头部弯道；3—鼓风烧结机纵向中心线

1）a—a′的允许偏差为±2mm；

2）b—b′的允许偏差为±2mm；

3）c—c′的允许偏差为±2mm。

3 两侧链轮片的齿根与弧形导轨的间距（如图 4.5.6）应符合下列规定：

1）d—d′的允许偏差为±1.5mm；

2）e—e′的允许偏差为±1.5mm。

4 两侧弯道上部与下部对应点上的高低差 h（如图 4.5.6）的允许偏差为 1mm。

5 内外弯道间距的允许偏差为±3mm。

4.5.7 尾部弯道安装应符合下列规定：

1 尾部左、右弯道对称中心线应与烧结机纵向中心线重合，重合度的允许偏差为 2mm。

2 尾部弯道安装应符合本规范第 4.5.6 条的规定。

3 左、右弯道面对应点标高的允许偏差为 2mm。

4.5.8 轨道安装应符合下列规定：

1 烧结机头、尾部轨道与弯道的接头纵向间隙允许偏差为 2mm，高低差允许偏差为 0.5mm，横向错位允许偏差为 1mm。

2 同一截面左右轨道高度差的允许偏差为 1mm。

3 上轨道水平度的允许偏差为 1/1000，且全长不大于 4mm。

4 下轨道水平度的允许偏差为 1/1000，且全长不大于 10mm。

5 轨道对称中心线应与烧结机纵向中心线重合，重合度的允许偏差为 1.5mm。

6 轨道接头间隙允许偏差为 2mm，接头高低差允许偏差为 0.5mm。

4.5.9 台车安装在滑轨上，滑轨与滑板接触面间隙允许偏差应符合设计要求。

4.5.10 点火炉安装应符合下列规定：

1 点火炉纵向中心线应与烧结机纵向中心线重合，重合度的允许偏差为 2mm。

2 点火炉立柱垂直度的允许偏差为 1/1000。

3 烧嘴位置中心线的允许偏差为 3mm。

4 烧嘴标高的允许偏差为±5mm。

4.5.11 烟罩安装应符合下列规定：

1 头、中、尾密封纵向中心线应与烧结机纵向中心线重合，重合度的允许偏差为 1mm。

2 风箱密封板上平面标高及间隙应符合设计要求。

3 大烟罩中心线与烧结机纵向中心线应重合，重合度的允许偏差为 3mm。

4 大烟罩与台车密封处的密封板下沿应平行于烧结机纵向中心线，平行度的允许偏差为 3mm。

5 烟罩支撑架支撑面水平度的允许偏差为 0.5/1000，且不大于 5mm。

4.5.12 试运转应符合下列规定：

1 烧结机启动前先开动润滑油泵，确保每个润滑点都供有润滑油，润滑系统工作正常。

2 电机单独试运转 2h。

3 整体试运转不少于 8h。

4.6 闪 速 炉

4.6.1 闪速炉反应塔上升烟道钢架安装应符合下列规定：

1 立柱纵、横向中心线的允许偏差为 3mm。

2 立柱纵向垂直度的允许偏差为 0.3/1000，横向垂直度的允许偏差为 0.5/1000。

3 立柱顶标高的允许偏差为±5mm。

4.6.2 反应塔安装应符合下列规定：

1 下法兰水平度的允许偏差为 0.5/1000。

2 筒体直径的允许偏差为－5mm～＋15mm。

3 高度的允许偏差为－10mm～＋20mm。

4 悬挂点中心距的允许偏差为±7mm。

4.6.3 炉体钢架柱底板与预埋钢板的接触面应光滑、平整且相对滑动自由，预留膨胀间隙应符合设计要求。钢架膨胀弹簧组件的预紧力应符合设计要求。

4.6.4 沉淀池安装应符合下列规定：

1 基础板标高的允许偏差为±3mm。

2 中心线的允许偏差为 3mm。

3 底梁标高的允许偏差为±3mm。

4 底板长度的允许偏差为 5mm。

5 缝宽的允许偏差为 3mm。

6 平面度的允许偏差为 7mm。

4.6.5 沉淀池框架安装应符合下列规定：

1 长度的允许偏差为－10mm～＋50mm，宽度的允许偏差为－5mm～＋30mm。

2 高度的允许偏差为－3mm～＋20mm。

3 垂直截面对角线相对差的允许偏差为 15mm，水平截面对角线相对差的允许偏差为 8mm。

4.6.6 上升烟道安装应符合下列规定：

1 本体高度的允许偏差为 20mm，宽度的允许偏差为 7mm，出口底标高的允许偏差为±5mm。

2 本体上部长度的允许偏差为 15mm，下部长度的允许偏差为 25mm。

4.6.7 水套安装时，水套和水套间，水套与砌体、炉体间应贴合紧密，并应符合下列规定：

1 水套安装标高的允许偏差为±5mm。

2 同层水套安装水平度的允许偏差为 1mm。

3 相邻两水套间隙的允许偏差为±2mm。

4 水套与水套及水套与骨架的连接应紧密且牢固。

5 水套之间密封应符合设计要求，若设计无要求时，可采用石棉绳密封。紧固后每两块水套之间石棉绳填缝为 8mm～10mm。

4.7 电 炉

4.7.1 基础底板安装应符合下列规定：

1 基础底板水平度的允许偏差为 3mm。

2 基础底板标高的允许偏差为±3mm。

3 基础表面与基础底板之间填料符合设计要求。

4.7.2 电炉底梁安装应符合下列规定：

1 底梁纵、横向中心线的允许偏差为 5mm。

2 底梁标高的允许偏差为±3mm。

4.7.3 电炉底板安装应平整，与电炉底梁之间相对滑动自由，预留膨胀间隙应符合设计要求。

4.7.4 炉体安装应符合下列规定：

1 炉体内径的允许偏差为－5mm～＋15mm。

2 炉体高度的允许偏差为 10mm。

3 垂直截面对角线相对差的允许偏差为 10mm，水平截面对角线的相对差的允许偏差为 15mm。

4 炉体与底板之间的膨胀间隙为±5mm。

4.7.5 水套安装应符合本规范第 4.6.7 条的规定。

4.7.6 电炉电极各部位绝缘必须符合设计技术文件要求。

4.7.7 电极安装应符合下列规定：

1 电极底座纵横向中心线的允许偏差为 5mm。

2 电极底座标高的允许偏差为±5mm。

3 单个电极的上、下抱箍与炉顶电极口同心度的允许偏差为 2mm。

4 电极护筒垂直度的允许偏差为 1/1000，且全长不大于 5mm，周边部件与电极护筒的最小间隙应不影响电极升降。

4.7.8 电极试运行时在全行程上下升降电极六次，电极与护筒之间应无卡塞，电极应无明显摆动，上下限位动作灵敏，电极与电极口间隙均匀。

4.8 卧 式 转 炉

4.8.1 卧式转炉托轮装置底座安装应符合下列规定：

1 底座中心线与基础中心线的允许偏差为 2mm。

2 底座上表面水平度的允许偏差为 0.15/1000。

3 两底座对角线相对差的允许偏差为 3.5mm。

4 两底座标高的允许偏差为±2mm，相互高差允许偏差为 0.5 mm。

5 两底座中心距的允许偏差为±3mm。

6 两底座横向中心线平行度的允许偏差为 0.15/1000。

4.8.2 卧式转炉托轮、托轮装置安装应符合下列规定：

1 托轮装置中心线与卧式转炉纵向中心线水平距离的允许偏差为±0.5mm。

2 两托轮组横向中心距的允许偏差为±2mm。

3 单个托轮的水平度的允许偏差为 0.2/1000，托轮装置中心标高应一致，相互高差的允许偏差为 0.5mm。

4 托轮装置与托轮装置底座接触应紧密，接触面大于 80%。

4.8.3 卧式转炉炉体进场后应检查确认制造厂标记的炉体 0°位置正确，刻划好托圈、齿圈在炉体上的定位标记。

4.8.4 卧式转炉筒体、齿圈、滚圈及小齿轮安装应符合下列规定：

1 滚圈与托轮的接触长度不应小于滚圈的 60%。

2 两滚圈间距的允许偏差为±1mm。

3 滚圈径向跳动的允许偏差为 2mm。

4 齿圈径向跳动的允许偏差为 2mm，端面跳动的允许偏差为 2mm。

5 挡圈应紧贴齿圈及滚圈的端面，全部满焊焊牢。

6 齿圈与小齿轮啮合接触面积及啮合间隙应以大齿圈为基准进行调整。

7 齿圈与小齿轮接触面积不应小于齿高的

40%、齿宽的50%。

8 滚圈及滚圈安装进筒体后，检查齿圈、滚圈的内圈与筒体垫板外圈的间隙应符合设计要求。

9 筒体风口标高的允许偏差为±0.5mm。

4.8.5 卧式转炉上的烧嘴、喷嘴安装位置及角度应符合设计技术文件的要求。

4.8.6 卧式转炉驱动装置安装应以小齿轮为基准调整，减速箱输出轴与小齿轮的同轴度应符合设计要求。

4.8.7 卧式转炉试运转应符合下列规定：

1 减速机单独试运转2h，无异常后可进行转炉试运转。

2 减速机抱箍应灵敏、可靠。

3 转炉应连续试运转5圈～10圈。

4.9 阳极精炼炉

4.9.1 阳极精炼炉托轮装置底座安装应符合下列规定：

1 底座中心线与基础中心线的允许偏差为2mm。

2 底座上表面水平度的允许偏差为0.15/1000。

3 两底座对角线相对差的允许偏差为3.5mm。

4 两底座标高的允许偏差为±2mm，相互高差的允许偏差为0.5mm。

5 两底座中心距的允许偏差为±3mm。

6 两底座横向中心线平行度的允许偏差为0.15/1000。

4.9.2 阳极精炼炉托轮、托轮装置安装应符合下列规定：

1 托轮装置中心线与阳极精炼炉纵向中心线的水平距离的允许偏差为±0.5mm。

2 两托轮组横向中心距的允许偏差为±2mm。

3 单个托轮的水平度的允许偏差为0.2/1000，托轮装置中心标高应一致，相互高差的允许偏差为0.5mm。

4 托轮装置与托轮装置底座接触应紧密，接触面大于80%。

4.9.3 阳极精炼炉筒体、齿圈、滚圈及小齿轮安装应符合下列规定：

1 滚圈与托轮的接触长度不应小于滚圈的60%。

2 两滚圈间距的允许偏差为±1mm。

3 滚圈径向跳动的允许偏差为2mm。

4 齿圈径向跳动的允许偏差为2mm，端面跳动的允许偏差为2mm。

5 挡圈应紧贴齿圈及滚圈的端面，全部满焊焊牢。

6 齿圈与小齿轮啮合接触面积及啮合间隙应以大齿圈为基准进行调整。

7 齿圈与小齿轮接触面积不应小于齿高的40%、齿宽的50%。

8 滚圈及滚圈安装进筒体后，检查齿圈、滚圈的内圈与筒体垫板外圈的间隙应符合设计要求。

4.9.4 阳极炉上的烧嘴、喷嘴安装位置及角度应符合设计要求。

4.9.5 阳极炉驱动装置安装应以小齿轮为基准调整，减速箱输出轴与小齿轮的同轴度符合设计技术文件的要求或现行国家标准《机械设备安装工程施工及验收通用规范》GB 50231的相关规定。

4.9.6 进料口与烟道的端盖角度应符合设计要求。

4.9.7 阳极炉筒体与端盖为法兰连接的弹簧螺栓的紧固力必须符合设计要求。

4.9.8 阳极炉试运转应符合本规范第4.8.7条的规定。

4.10 氧气底吹炉

4.10.1 底吹炉托轮装置底座安装应符合下列规定：

1 底座中心线与基础中心线的允许偏差为2mm。

2 底座上表面水平度的允许偏差为0.15/1000。

3 两底座对角线相对差的允许偏差为3.5mm。

4 两底座标高的允许偏差为±2mm，相互高差的允许偏差为0.5 mm。

5 两底座中心距的允许偏差为±3mm。

6 两底座横向中心线平行度的允许偏差为0.15/1000。

4.10.2 底吹炉托轮、托轮装置安装应符合下列规定：

1 托轮装置中心线对底吹炉纵向中心线的水平距离的允许偏差为±0.5mm。

2 两托轮组横向中心距的允许偏差为±2mm。

3 单个托轮的水平度的允许偏差为0.2/1000，托轮装置中心标高应一致，相互高差的允许偏差为0.5mm。

4 托轮装置与托轮装置底座接触应紧密，接触面大于80%。

4.10.3 底吹炉筒体、齿圈、滚圈及小齿轮安装应符合下列规定：

1 滚圈与托轮的接触长度不应小于滚圈的60%。

2 两滚圈间距的允许偏差为±1mm。

3 滚圈径向跳动的允许偏差为2mm。

4 齿圈径向跳动的允许偏差为2mm，端面跳动的允许偏差为2mm。

5 挡圈应紧贴齿圈及滚圈的端面，全部满焊焊牢。

6 齿圈与小齿轮啮合接触面积及啮合间隙应以大齿圈为基准进行调整。

7　齿圈与小齿轮接触面积不应小于齿高的40%、齿宽的50%。

8　滚圈及滚圈安装进筒体后，检查齿圈、滚圈的内圈与筒体垫板外圈的间隙应符合设计要求。

4.10.4　水套安装应符合下列规定：

1　各部位水套安装位置应正确。

2　出烟口水套与水套间距应符合设计规定。

4.10.5　氧气底吹炉上的燃烧器、氧枪安装位置及角度应符合设计要求。

4.10.6　氧气底吹炉试运转应符合本规范第4.8.7条的规定。

4.11　鼓风炉

4.11.1　鼓风炉壳体组装应符合下列规定：

1　底板水平度的允许偏差为2/1000，且不大于20mm。

2　底板平面度的允许偏差为5mm。

3　底板中心线的允许偏差为10mm。

4　壳体拼装长度和宽度的允许偏差为10mm。

5　炉壳壁板垂直度的允许偏差为1/1000，且不大于10mm。

4.11.2　炉体骨架安装应符合下列规定：

1　骨架立柱垂直度允许偏差为1/1000，且不大于10mm。

2　骨架横梁水平度允许偏差为0.5/1000。

3　骨架两对角线相对差的允许偏差为10mm。

4　骨架整体标高的允许偏差为±10mm。

4.11.3　水套安装应符合本规范第4.6.7条的规定。

4.11.4　加料装置及出料装置安装应符合下列规定：

1　加料装置及出料装置纵、横向中心线的允许偏差为5mm。

2　加料管纵向中心线与炉壳夹角符合设计要求，伸进炉体长度的允许偏差为5mm。

3　加料装置及出料装置标高的允许偏差为±5mm。

4.11.5　渣口、咽喉口安装位置及角度宜符合设计要求。

4.11.6　送风管道的伸缩节安装不宜承受外力。伸缩量及进出口方向应符合设计要求。

4.12　电热前床

4.12.1　电热前床壳体组装应符合本规范第4.11.1条的规定。

4.12.2　电极极架安装应符合下列规定：

1　电极底座中心位置的允许偏差为5mm。

2　电极架标高的允许偏差为±5mm。

3　单个电极上、下抱箍与炉顶电极口中心的允许偏差为2mm。

4　电极护筒垂直度的允许偏差为5mm。

5　周边部件与电极护筒间距的允许偏差为±1mm，且不影响电极升降。

4.12.3　电极各部位绝缘必须符合设计要求。

4.13　烟化炉

4.13.1　炉体骨架安装应符合本规范第4.11.2条的规定。

4.13.2　水套安装应符合本规范第4.6.7条的规定。

4.13.3　加料装置及出料装置安装应符合本规范第4.11.4条的规定。

4.13.4　风口安装宜符合下列规定：

1　风口纵、横向中心线的允许偏差为3mm。

2　风口标高的允许偏差为±2mm。

4.14　固定式阳极炉

4.14.1　炉体骨架安装应符合下列规定：

1　底板水平度允许偏差为1/1000，且整个平面不大于5mm。

2　底板板间间隙允许偏差为±3mm。

3　立柱、围板垂直度的允许偏差为1/1000。

4　端、侧围板间间隙的允许偏差为±3mm。

5　围板两端及中段净宽允许偏差为+5mm。

6　炉围板对角线相对差的允许偏差为5mm。

7　放渣口中心位置及标高的允许偏差为5mm。

8　横梁、拱脚梁水平度的允许偏差为3mm。

4.14.2　炉门及渣溜槽的滑轮装置安装位置正确，牢靠。

4.14.3　料斗加料管安装应符合本规范第4.11.4条的规定。

4.15　艾萨炉、奥斯麦特炉

4.15.1　炉底架安装应符合下列规定：

1　炉底架纵、横中心线的允许偏差为3mm。

2　炉底架顶面标高的允许偏差为±1mm。

3　炉底架间距的允许偏差为±5mm。

4　炉底架纵向水平度的允许偏差为0.2/1000，炉底架横向水平度的允许偏差为0.5/1000。

5　炉底架安装应自下而上进行，炉底架上层安装时应以最高点为基准进行找正，上、下层之间应滑动自由，不影响膨胀，底底架上层采用高强螺栓连接。

4.15.2　炉底板安装应符合下列规定：

1　炉底板中心线的允许偏差为2mm。

2　炉底板间缝宽的允许偏差为3mm。

3　炉底板水平度的允许偏差为1mm。

4　炉底板与炉底架之间应接触密实、相对滑动自由，预留膨胀间隙应符合设计要求。

4.15.3　炉体安装应符合下列规定：

1　炉体内径的允许偏差为5mm。

2 炉体高度的允许偏差为20mm。

3 炉体下法兰水平度的允许偏差为0.2/1000。

4 炉体垂直度的允许偏差为1/1000，全长不大于5mm。

5 喷枪口垂直中心位置（相对于底板中心）的允许偏差为3mm。

6 炉体过渡段与炉体间的膨胀间隙应符合设计要求。

4.15.4 水套安装应符合本规范第4.6.7条的规定。

4.15.5 喷枪小车轨道安装应符合下列规定：

1 轨道中心线的允许偏差为2mm。

2 小车轨道垂直度的允许偏差为1/1000，且全长不大于4mm。

3 小车轨道标高的允许偏差为±2mm。

4 小车工作面轨道平行度的允许偏差为2mm。

5 轨道接头偏移量的允许偏差为1mm，接头间隙2mm，高低差的允许偏差为1mm。

4.15.6 喷枪小车宜组装调整好后整体安装。其试运转应符合下列规定：

1 车轮与轨道间隙符合设计要求，若设计无要求时间隙为3mm。

2 喷枪小车试运行时全行程上下行走小车数次，车轮与轨道应无卡塞，喷枪应无明显摆动，提升卷扬应负荷均匀，喷枪与喷枪口间隙应均匀。

4.16 卡尔多炉

4.16.1 托轮底座及电机底座安装应符合下列规定：

1 托轮底座纵、横向中心线的允许偏差为1mm。

2 电机底座纵、横向中心线的允许偏差为1mm。

3 驱动轮底座与从动轮底座安装标高的允许偏差为±5mm。

4 电机底座安装标高的允许偏差为±5mm。

5 驱动轮与从动轮及电机底座水平度的允许偏差为0.1/1000。

6 驱动轮底座与电机底座中心距的允许偏差为±1mm。

7 驱动轮与从动轮底座中心距的允许偏差为±1mm。

8 驱动轮与从动轮底座安装对角线的允许偏差为2mm。

4.16.2 倾倒轮组件与炉体支承架安装应符合下列规定：

1 将倾倒轮组件吊放在托轮底座上，拧紧固定螺栓。

2 炉体支承架由主、被动滚圈和上、下托架组装成一整体，宜拼装成整体吊放于倾倒轮组件上。

3 支承架两立面的平行度的允许偏差为0.1/1000。

4 支承架四个驱动轮中心线平行度的允许偏差为0.1/1000。

5 支承架倾转水平度的允许偏差为0.1/1000。

6 检查倾倒轮与炉体支承架主被动滚圈的接触面积应大于50%。

4.16.3 炉体安装应符合下列规定：

1 炉体安装前应按设计要求将两道摩擦圈和张紧装置安装在炉体上，成一整体。

2 摩擦圈和弹性元件张紧装置应均匀分布在炉体上，且弹性元件紧固力矩应符合设计要求。

4.16.4 水冷烟道安装应符合本规范第4.6.6条的规定。

4.16.5 氧油烧嘴和喷枪架的安装应符合下列规定：

1 氧油烧嘴安装位置及角度应符合设计要求。

2 喷枪架倾斜角度的允许偏差为1°。

3 喷枪架中心线与炉体横向中心线的允许偏差为2mm。

4.16.6 试运转应符合下列规定：

1 炉体支撑架试运行，启动或关闭抱箍，检查抱箍抱紧和松开动作是否灵活准确，是否能抱紧驱动轮，反复几次无误后，松开抱箍，启动倾转电机，让炉体从加料角度转动到出料角度，再反转倾转电机，让炉体从出料角度回转到加料角度；反复试转几次，炉体支承架运行平稳，无异声，限位动作准确、灵活可靠，即为合格。

2 炉体试运行，将炉体支承架转到炉口竖直向上的角度，合上抱闸，启动炉体支承架上的摩擦电机，让炉体在支承架上旋转一周，再反向旋转一周，反复几次，炉体运行平衡，无异声，限位动作准确、灵活可靠，即为合格。

3 喷枪试运行，将炉体支承架转到吹炼角度，使喷枪对准烧嘴，启动喷枪行走机构，喷枪齿轮齿条行走机构是否运行平衡，无卡齿现象，且喷枪自由伸缩，对准烧嘴，限位动作准确、灵活可靠，即为合格。

4.17 沸腾焙烧炉

4.17.1 炉体安装应符合下列规定：

1 壳体不圆度的允许偏差为2/1000。

2 壳体钢板圈上口圆周各点相对高低差的允许偏差为4mm。

3 壳体高度的允许偏差为1/1000，且不大于6mm。

4 壳体垂直度的允许偏差为1/1000，且不大于10mm。

5 溢流口中心位置及标高的允许偏差为5mm。

6 底流口中心位置及标高的允许偏差为2mm。

4.17.2 气体分布板应符合下列规定：

1 标高的允许偏差为±5mm。

2 平面度的允许偏差为10mm。

3 风帽垂直度的允许偏差为1/1000。

4.17.3 燃烧器安装应符合下列规定：

1 燃烧器标高的允许偏差为±2mm。

2 喷嘴标高的允许偏差为±1mm。

4.17.4 加料管安装应符合下列规定：

1 加料管纵向中心与炉壳夹角符合设计要求，伸进炉体长度的允许偏差为5mm。

2 加料管标高的允许偏差为±5mm。

4.18 多 膛 炉

4.18.1 炉体骨架安装应符合下列规定：

1 骨架底板平面度的允许偏差为1/1000，且不大于5mm。

2 立柱纵、横中心线的允许偏差为5mm。

3 立柱垂直度的允许偏差为1/1000，且不大于10mm。

4 任意两柱间距的允许偏差为1/1000，且不大于10mm。

5 立柱相对标高差的允许偏差为3mm。

6 横梁水平度的允许偏差为1/1000，且不大于3mm。

4.18.2 中心轴安装应符合下列规定：

1 中心轴纵、横中心线的允许偏差为2mm。

2 中心轴垂直度的允许偏差为1/1000，且不大于5mm。

3 中心轴标高的允许偏差为±5mm。

4 中心轴节与节之间连接螺栓紧固力要一致，螺栓外露丝一致，螺栓的穿入方向要一致。

4.18.3 渣溜槽安装时，渣溜槽与端围板装配到位、牢固。

4.18.4 料斗加料装置安装应符合本规范第4.11.4条的规定。

4.19 熔 铅 锅

4.19.1 壳体安装应符合下列规定：

1 壳体安装纵、横中心线的允许偏差为2mm。

2 壳体垂直度的允许偏差为1/1000，且不大于5mm。

3 壳体标高的允许偏差为±5mm。

4.19.2 锅体安装应符合下列规定：

1 锅体与壳体的中心线应重合，重合度的允许偏差为2mm。

2 锅体纵、横中心线的允许偏差为2mm。

3 锅体垂直度的允许偏差为1/1000，且不大于5mm。

4 锅体标高的允许偏差为±5mm。

4.20 捅 风 眼 机

4.20.1 捅风眼机轨道安装应符合下列规定：

1 轨道标高与炉体尺寸关系应符合设计规定。

2 轨道中心与炉体中心线的允许偏差为2mm。

3 同一截面内两条轨道的相对标高的允许偏差为1mm。

4 轨道接头偏移量的允许偏差为1mm，高低差的允许偏差为1mm，间隙为2mm。

5 两轨平行度允许偏差为3mm。

6 单条轨道水平度允许偏差为2mm。

7 轨道的垫板及轨道之间应紧密贴合，轨道压板位置应正确，螺母及防松件齐全，螺栓应均匀拧紧，垫板应排列整齐。

4.20.2 捅风眼机安装应符合下列规定：

1 捅风眼机车轮安装在轨道上，标高应一致，允许偏差为0.5mm。

2 捅风眼机钢纤应与炉体风眼在同一水平面，允许偏差为0.5mm。

4.20.3 捅风眼机试运转应符合下列规定：

1 捅风眼机运行平稳。

2 捅风眼机车轮与轨道接触面应一致，且接触面大于80%。

3 捅风眼机钢钎伸缩长度应符合设计要求。

4.21 泥 炮 开 口 机

4.21.1 本节适用于整体安装的泥炮开口机。

4.21.2 泥炮开口机轨道安装应符合本规范第4.20.1条的规定。

4.21.3 泥炮开口机车轮受力应平稳且均匀。

4.21.4 泥炮开口机试运转应符合下列规定：

1 泥炮开口机运行平稳。

2 泥炮开口机车轮与轨道接触面应一致，且接触面大于80%。

3 泥炮开口机泥炮杆和开口杆伸缩长度应符合设计要求。

4.22 浇 铸 机

4.22.1 直线浇铸机安装应符合下列规定：

1 浇铸机安装前浇铸机两端头的中心线与浇铸设备及码垛设备中心线关系应符合设计规定。

2 浇铸机机架安装应符合下列规定：

1）机架中心线与输送机纵向中心线的重合度允许偏差为2mm；

2）机架立柱垂直度的允许偏差为2/1000，且全长不大于5mm；

3）机架横梁水平度的允许偏差为1/1000，且全长不大于3mm。

3 浇铸机轨道安装应符合下列规定：

1）轨道中心对输送机中心线允许偏差为2mm；

2）同一截面内两条轨道的相对标高允许偏差为2mm；

3）轨道接头偏移量的允许偏差为1mm，高低差的允许偏差为1mm，间隙为2mm；

4）两轨平行度的允许偏差为3mm；

5）轨道的垫板及轨道之间应紧密贴合，轨道压板位置应正确，螺母及防松件齐全，螺栓应均匀拧紧，垫板应排列整齐。

4 链条的安装方向、头尾链轮中心距及拉紧装置调整均应符合设计要求。链条组装后应平直，两条链长应一致，安装后应松紧适当，滚轮转动灵活。

5 传动系统及链轮安装应符合设计规定。

6 铸模安装位置、方向应正确。铸模与链条连接应牢固。模块与模块的间隙应符合设计规定。

4.22.2 圆盘浇铸机安装应符合下列规定：

1 浇铸机安装前圆盘的中心线与进料设备及出料设备口的中心线关系应符合设计规定。

2 轨道安装应符合下列规定：

1）轨道每段水平度的允许偏差为0.5/1000，整盘相对高低差的允许偏差为3mm；

2）轨道椭圆度的允许偏差为5mm；

3）轨道接头偏移量的允许偏差为1mm，高低差的允许偏差为1mm，间隙为2mm；

4）轨道的垫板及轨道之间应紧密贴合，轨道压板位置应正确，螺母及防松件齐全，螺栓应均匀拧紧，垫板应排列整齐。

3 浇铸机支承台连接应牢固且连接板及连接螺栓应符合设计规定。

4 支承台组装应符合下列规定：

1）浇铸机支承台连接板及连接螺栓应符合设计规定；

2）浇铸机支承台连接应牢固；

3）浇铸机梁与梁的对接椭圆度的允许偏差为10mm。

4.22.3 试运行应符合下列规定：

1 运行时，托辊转动灵活，连锁动作准确，电流正常，各部轴承温度正常。

2 振动平稳，声音正常，运行速度平稳。

3 各连接件应紧固不得松动。

4 运转平稳，转动灵活，无异常声响和卡阻现象且支撑辊与轨道接触面大于80%。

5 冷却装置应工作正常。

6 空运转2h～4h。

4.23 码 垛 机

4.23.1 码垛机安装应符合下列规定：

1 码垛机纵、横向中心线的允许偏差为1mm。

2 定向装置的导承架工作台基面标高的允许偏差为±1mm。

3 定向装置的导承架垂直度的允许偏差为0.2/1000。

4 侧向导承架与定向导承架距离的允许偏差为±2mm。

5 升降电动机水平度的允许偏差为0.1/1000。

6 滑动架高低差的允许偏差为5mm。

7 液压缸垂直度的允许偏差为0.1/1000。

8 轨道平行度的允许偏差为1/1000。

4.23.2 码垛机无负荷试运转时，应符合有关设备技术文件的要求，无规定时应符合下列规定：

1 单体试运转应在电动机调试后进行，转速、转向应符合文件的要求，双电动机上的制动器动作应同步。

2 码垛机试运转，在全行程内正常升降5次～10次，各部位动作平稳，不得有异常噪声和晃动。行程和速度应符合设备技术文件的要求。

3 轴承温度正常，润滑系统密封良好，不漏油。

4 限位开关，制位器动作准确可靠、灵敏。

5 湿法冶炼设备

5.1 一 般 规 定

5.1.1 本章适用于重有色金属湿法冶炼设备的安装工程。重有色金属设备的安装应按本规范施工。

5.1.2 湿法冶炼设备的试运转除应符合本规范规定的试运转外，且应符合现行国家标准《机械设备安装工程施工及验收通用规范》GB 50231的有关规定。

5.2 槽 罐

5.2.1 整体出厂的常压槽罐安装应符合设计和设备技术文件要求，并应符合下列规定：

1 槽罐就位、找正、调平应符合设计和设备技术文件的要求，且应符合下列规定：

1）立式槽罐纵、横向中心线的允许偏差为10mm。卧式槽罐纵向中心线的允许偏差为5mm，横向中心线的允许偏差为10mm。

2）槽罐标高的允许偏差为±10mm。

3）立式槽罐垂直度的允许偏差为1/1000，且不大于15mm，卧式槽罐水平度的允许偏差纵向为1/1000，且不大于10mm，横向为2/1000，且不大于5mm。

2 槽罐安装完后应进行充水试验，无渗漏为合格。

5.2.2 大型立式常压钢制槽罐的制作、安装及检验应符合设计要求，并符合现行国家标准《立式圆筒形钢制焊接储罐施工及验收规范》GB 50128的有关规定。

5.3 搅 拌 槽

5.3.1 本节适用于常压机械搅拌槽安装。

5.3.2 整体出厂的机械搅拌槽安装，槽体安装应符合本规范第5.2.1条的规定，搅拌轴垂直度的允许偏差为1/1000，且不大于10mm。

5.3.3 大型散件出厂的机械搅拌槽体安装应符合设计和设备技术文件要求，并应符合下列规定：

1 整体出厂的槽体安装应符合本规范第5.2.1条的规定。

2 现场组焊立式钢制槽体的组装、焊接、检验应符合设计和设备技术文件要求，并应符合现行国家标准《立式圆筒形钢制焊接储罐施工及验收规范》GB 50128的有关规定。

5.3.4 桥架、导流筒安装就位、找正、调平后应符合设计和设备技术文件要求，并应符合下列规定：

1 桥架纵、横向中心线的允许偏差为3mm。

2 桥架标高的允许偏差为±2mm。

3 桥架水平度的允许偏差为1/1000，且不大于5mm。

4 导流筒与槽体同轴度的允许偏差为5mm。

5.3.5 搅拌装置安装就位、找正、调平后应符合设计和设备技术文件的要求，并应符合下列规定：

1 搅拌轴与槽体中心线同轴度的允许偏差为3mm。

2 传动装置水平度的允许偏差为0.2/1000。

3 搅拌轴垂直度的允许偏差为1/1000，且不大于10mm。

4 搅拌器与槽底平面间距离的允许偏差为±5mm。

5 悬臂轴末端径向摆动不得超过设备技术文件允许值。

5.3.6 机械搅拌槽试运转应符合设计和设备技术文件要求，并应符合下列规定：

1 以水代料进行试运行，把水充到正常工作液位高度，连续试运转1h。

2 设备运行应平稳，不得有异常噪声和振动现象。

3 槽体、人孔及与槽体连接的管路、阀门无泄漏现象。

5.4 高 压 釜

5.4.1 湿法冶炼中使用的高压釜为压力容器，其安装应符合现行国家标准《钢制压力容器》GB 150的有关规定。

5.4.2 高压釜现场组装、安装应符合设计和设备技术文件要求，并应符合下列规定：

1 高压釜釜体安装应符合下列规定：

1）釜体纵、横向中心线的允许偏差为5mm；

2）釜体标高的允许偏差为±5mm；

3）卧式高压釜釜体水平度的允许偏差为0.5/1000，且不大于10mm；

4）搅拌口法兰水平度的允许偏差为0.3/1000；

5）卧式高压釜釜体同一排各搅拌口法兰表面中心应在一条直线上，允许偏差为5mm。

2 搅拌装置安装应符合下列规定：

1）上下轴的连接应牢固，且应锁紧；

2）搅拌器与轴的连接应牢固，且应锁紧；

3）搅拌轴垂直度的允许偏差为1/1000，且不大于5mm；

4）轴封处轴的径向位移应不超过该轴封标准的允许值；

5）搅拌轴悬臂自由端径向摆动应符合设备技术文件要求。

3 传动装置组装完后，在电机处用手拨动使搅拌轴旋转，不得有卡阻现象。

5.4.3 高压釜安装完毕检查各连接部件及传动部位牢固可靠、严密，并应按设备技术文件要求进行强度试验和严密性试验。

5.4.4 高压釜试运转应符合设计和设备技术文件的要求，并应符合现行国家标准《钢制压力容器》GB 150的有关规定。

5.5 浓 密 机

5.5.1 本节适用于中心传动和周边传动式浓密机安装。

5.5.2 槽体应符合设计要求，并应符合下列规定：

1 池底锥面轮廓的允许偏差为2/1000，且不大于20mm；

2 池体半径的允许偏差为1/1000，且不大于20mm；

3 池底纵、横向中心线的允许偏差10mm；

4 池体标高及深度的允许偏差为±10mm；

5 溢流堰水平度的允许偏差为3mm；

6 池壁垂直度的允许偏差为5/1000，且不大于20mm。

5.5.3 中心传动浓密机安装应符合设计和设备技术文件要求，并应符合下列规定：

1 传动机构支架安装应符合下列规定：

1）纵横向中心线与池体中心线同心度的允许偏差为4mm；

2）与池体标高相对差的允许偏差为2mm；

3）纵横水平度的允许偏差为1/1000，且不大于5mm。

2 传动装置安装应符合下列规定：

1）传动装置与支架连接牢固；

2）传动装置中心线与池体中心线同轴度的允许偏差为2mm；

3）传动装置与池体标高相对差的允许偏差为2mm；

4）传动装置纵、横向水平度的允许偏差为0.5/1000。

3 耙架升降机构传动主轴的安装，应以传动装置为基准，升降机构的滑动轴承孔与大涡轮的轴孔同心度的允许偏差为0.15mm。主轴垂直度的允许偏差为1/1000，且不大于5mm。

4 耙架安装后，升降可调耙架在其行程最低位时，耙齿在圆周内与池底间隙应符合设计及设备技术文件要求。

5.5.4 周边传动浓密机安装应符合设计和设备技术文件要求，并应符合下列规定：

1 周边传动浓密圆周轨道安装应符合下列规定：

1）轨道圆度的允许偏差：当轨道直径小于45m时，偏差为8mm；当轨道直径大于或等于45m时，偏差为12mm；

2）轨道与中心盘标高相对差的允许偏差为5mm；

3）轨道面水平度的允许偏差为1/1000，且不大于5mm；

4）轨道接头偏移量的允许偏差为1mm；

5）两轨道接头处间隙为2mm～4mm。

2 周边传动浓密机齿条安装应符合下列规定：

1）齿顶面至轨道顶面距离的允许偏差为－2mm～0；

2）齿条与轨道中心线之间距离的允许偏差为±2mm；

3）齿条接头处周节的允许偏差为1mm；

4）齿条齿顶面水平度的允许偏差为1/1000，且不大于3mm。

3 周边传动浓密机中心盘座安装应符合下列规定：

1）中心盘座中心与池体中心同心度的允许偏差为2mm；

2）中心盘座标高的允许偏差为0～10mm；

3）中心盘座水平度的允许偏差为0.1/1000。

4 耙架、传动机构与中心盘组装后，耙架与池底间隙符合设计文件的要求，并应符合下列规定：

1）耙架组装水平度的允许偏差为1/1000；

2）耙架组装平面翘曲在长度方向的允许偏差为10mm，宽度方向的允许偏差为3mm；

3）耙架组装长度的允许偏差为10mm；

4）传动机构齿轮与齿条中心线的允许偏差，当浓密池直径小于或等于30m时，允许偏差为3mm；当浓密池直径大于30m时，允许偏差为5mm；

5）滚轮与轨道中心线的允许偏差，当浓密池直径小于或等于30m时，允许偏差为3mm；当浓密池直径大于30m时，允许偏差为5mm；

6）桁架横向水平度的允许偏差为1/1000，且不大于5mm；

7）滚轮水平度的允许偏差为0.3/1000；

8）滚轮轴线偏斜的允许偏差为1/1000。

5.5.5 浓密机试运行应符合设计、设备技术文件要求，并应符合下列规定：

1 无负荷试运行时间不少于4h。

2 各连接螺栓牢固无松动现象。

3 各运转部件运转平稳，声音正常。

4 辊轮与轨道在圆周各点均应接触，不悬空、打滑、啃道。

5 提升机构往复运行5次。

6 耙架运行不碰池壁、池底，试运转合格后应将耙架、耙杆所有连接螺栓、螺母焊接牢固。

5.6 过滤机

5.6.1 本节适用于箱式和卧式板框压滤机、转鼓外滤式真空过滤机、水平圆盘真空过滤机、管式真空过滤机、翻斗真空过滤机、带式真空过滤机、三足式离心机安装。

5.6.2 箱式和卧式板框压滤机安装及试运转应符合下列规定：

1 机架应水平放置在基础上，止推板端用地脚螺栓固定在基础上，压紧端与基础接触面应平整光滑，且接触均匀，连接不固定，保证压紧端在受力情况下可自由滑动。

2 压紧装置、滤板移动装置、振动装置组装位置正确，定位可靠，连接牢固。

3 滤板安装数量符合设备技术资料要求，排列整齐、顺序正确。

4 整体压滤机安装找正、调平后应符合设计和设备技术文件的要求，并应符合下列规定：

1）机架纵、横向中心线的允许偏差为5mm；

2）机架标高的允许偏差为±5mm；

3）机架水平度的允许偏差为0.5/1000，且不大于2mm。

5 分部组装压滤机安装找正、调平后应符合设计和设备技术文件的要求，并应符合下列规定：

1）压紧架、止推架纵横向中心线的允许偏差为3mm；

2）压紧架、止推架安装标高的允许偏差为±4mm；

3）机架主梁内对角线相对差的允许偏差为4mm；

4）板梁上对角线四点的高低差为4mm；

5）积水盘移动轨道纵横向中心线的允许偏差为4mm；

6）积水盘移动轨道标高的允许偏差为±4mm；

7）积水盘移动轨道同一横截面两轨道标高相对差的允许偏差为4mm；

8）积水盘两移动轨道轨距的允许偏差为±2mm；

9）滤布清洗机行走轨道纵、横向中心线的允许偏差为4mm；

10）滤布清洗机行走轨道安装标高的允许偏差为±4mm；

11）滤布清洗机行走轨道同一横截面两轨道标高相对差的允许偏差为4mm；

12）滤布清洗机两轨道轨距允许偏差为±2mm。

6 压滤机试运行应符合设计、设备技术文件要求，并应符合下列规定：

1）启动液压系统压紧板驱动油缸动作使压紧板前、后移动，调整行程极限开关位置应符合设计文件的要求；

2）压紧板前、后移动不应少于3次，且压紧板移动应平稳，滤板压紧和松开试验，动作应灵活可靠，压紧板移动速度、行程和压力均应符合设计文件规定；

3）在压紧板松开状态下运转滤板移送装置，连续完成移送全部滤板，滤板移送应平稳，移送位置应符合设计文件的要求；

4）滤布振动装置应在滤板全部松开在卸滤饼状态下进行试运转，振动器工作位置应符合设计文件的要求，振动器工作应平稳无异常；

5）滤布清洗机应在滤板全部松开在清洗状态下进行试运转，调整停止位置行程极限开关位置应符合设计文件的要求，清洗喷嘴的起伏及移动应相互协调；

6）滤布清洗积水盘移动小车在全行程内往返动作不应少于3次，运行应平稳，不卡轨。停止位置应符合设计文件的要求。

5.6.3 转鼓外滤式真空过滤机安装及试运转应符合下列规定：

1 转鼓外滤式真空过滤机安装应符合设计和设备文件要求，并应符合下列规定：

1）滤鼓纵、横向中心线的允许偏差为5mm；

2）滤鼓标高的允许偏差为±5mm；

3）滤鼓主轴水平度的允许偏差为0.2/1000；

4）滤鼓横向水平度的允许偏差为0.3/1000；

5）滤鼓两空心轴中心线的同轴度的允许偏差为0.5mm，空心轴与滤鼓的连接部位连接应牢固可靠；

6）滤鼓外圆径向跳动不大于5mm；

7）刮刀与滤鼓间隙应符合设备技术文件要求，当无规定时应为2mm～7mm；

8）钢丝缠绕装置的丝杆与滤鼓平行度的允许偏差为0.5/1000；

9）分配头阀盘安装时要保证旋转阀盘与固定阀盘接触的严密性，接触点应不少于（2～3）点/cm²，且分布均匀；

10）搅拌器传动装置与转鼓筒体纵、横向中心线之间距离的允许偏差为±2mm；

11）搅拌器传动轴与转鼓筒体中心线标高相对差不大于2mm；

12）搅拌器桨叶与槽体之间的间隙的允许偏差为±20%设计值；

13）搅拌器曲柄轴水平度的允许偏差为0.5/1000。

2 转鼓外滤式真空过滤机试运行应符合设计、设备技术文件的要求，并应符合下列规定：

1）无负荷试运转4h，从低速至高速分挡逐级试验，高速运行时间不少于2h；

2）瞬时吹风装置的相应动作程序应符合工艺要求；

3）过滤筒径向跳动值符合设备技术文件要求；

4）槽体及各种管路不得泄漏。

5.6.4 水平圆盘真空过滤机安装及试运转应符合下列规范：

1 水平圆盘过滤器安装应符合设计和设备文件要求，且找正、调平后应符合下列规定：

1）纵、横向中心线的允许偏差为5mm；

2）标高的允许偏差为±5mm；

3）座圈水平度的允许偏差为0.2/1000；

4）张紧轮轴线垂直度的允许偏差为1mm；

5）滤盘平面度的允许偏差为1mm，水平度的允许偏差为0.2/1000，且不大于0.5mm；

6）摩擦板的安装应清洗干净，并在结合面加硅胶密封，摩擦板上表面水平度的允许偏差为1/1000，且不大于2mm；

7）卸料挡板与滤盘之间间距不大于2mm；

8）卸料螺旋与过滤面之间间距的允许偏差不大于2mm。

2 水平圆盘过滤机试运行应符合设计和设备技术文件要求。

5.6.5 管式真空过滤机安装及试运转应符合下列规定：

1 管式真空过滤器安装应符合设计和设备文件要求，且找正、调平后应符合下列规定：

1）过滤器筒体纵、横向中心线的允许偏差为5mm；

2）过滤器筒体标高的允许偏差为±5mm；

3）过滤器筒体垂直度的允许偏差为1/1000，且不大于5mm；

4）过滤器壳体上的各管口方位应符合设计要求。

2 管式过滤器试运行应符合设计和设备技术文件要求。

5.6.6 翻斗真空过滤机安装及试运转应符合下列规定：

1 翻斗真空过滤机安装应符合设计和设备文件要求，找正、调平后应符合下列规定：

1）纵、横向中心线的允许偏差为5mm；

2）标高的允许偏差为±5mm；

3）内外转盘与分配头机构同心度的允许偏差为1mm；

4）转盘周边导轨的起翻线、渣口中心线的允许偏差为2mm；

5）转盘上平面水平度的允许偏差为1/1000，且不大于5mm；

6）单只滤斗水平度的允许偏差为1/1000，且不大于5mm；

7）相邻滤斗之间的搭边量应均匀，且不小于5mm；

8）托轮与轨道应接触良好，接触数量应不少于托轮总数2/3，且不允许相邻两托轮面同时不接触。

2 翻斗真空过滤机试运行应符合设计、设备技术文件要求，并应符合下列规定：

1）设备运行方向正确，不可逆转；

2）转速从零起调，由低到高逐级试运行，连续运转不少于4h；

3）托轮回转灵活，与轨道接触良好；

4）滤盘运转平稳、翻转灵活、变位正确，翻盘叉滚轮与导轨的接触良好。

5.6.7 带式真空过滤机安装及试运转应符合下列规定：

1 移动真空室带式真空过滤机安装应符合设计和设备文件要求，找正、调平后应符合下列规定：

1）机架纵向中心线的允许偏差为5mm；

2）驱动、拉紧辊筒横向中心线的允许偏差3mm；

3）机架支腿的垂直度的允许偏差为1/1000，且不大于2mm；

4）机架标高的允许偏差为0～10mm；

5）机架纵向水平度偏差为1/1000，且不大于10mm；

6）驱动、拉紧辊筒水平度的允许偏差为0.5/1000，且不大于1.5mm；

7）驱动、拉紧辊筒轴线对机架的纵向中心线的垂直度的允许偏差为1/1000，且不大于2mm；

8）各辊子间的平行度的允许偏差为2/1000，且不大于5mm；

9）移动真空室导轨纵向水平度的允许偏差为1/1000mm，且不大于5mm；

10）移动真空室两导轨间距的允许偏差为±2mm；

11）移动真空室两导轨标高相对差的允许偏差为1mm；

12）移动真空室相邻滤板连接处高低差的允许偏差为1.5mm；

13）刮刀与滤布之间间隙为0.3mm～0.5mm。

2 带式真空过滤机试运行应符合设计、设备技术文件要求，并应符合下列规定：

1）无负荷试运行应在滤带极限速度条件下运行1h，且不小于2个循环；

2）调校滤带、移动式真空室速度符合设备技术文件要求；

3）各种管路不得泄漏，并测定真空系统真空度；

4）滤带在运行过程中不得有打滑、跑偏现象，且无明显的卡阻及蠕动现象；

5）真空室的滚轮与导轨接触良好；

6）气动系统及电气元件动作灵敏、准确、可靠。

5.6.8 三足式离心机安装及试运转应符合下列规定：

1 安装应符合设计和设备文件要求，找正、调平后应符合下列规定：

1）纵横向中心线的允许偏差为10mm；

2）标高的允许偏差为±10mm；

3）离心机水平度的允许偏差为0.5/1000；

4）刮刀旋转至极限位置时与转鼓壁过滤介质间隙应为3mm～5mm，刮刀向下运行至最低位置时与转鼓底的间隙为5mm。

2 三足式离心机试运转应符合设计、设备技术文件要求和现行国家标准的规定，并应符合下列规定：

1）空负荷运转不得少于2h；

2）每小时循环次数，即启动次数3次～4次；

3）设备运转应平稳，无明显振动，振动幅度应符合设备技术文件要求；

4）制动装置灵敏，制动停止时间符合要求。

5.7 多效蒸发器

5.7.1 多效蒸发器安装应符合设计和设备文件要求，主体设备就位应符合下列规定：

1 蒸发器纵横向中心线的允许偏差为10mm。

2 蒸发器安装标高的允许偏差为±10mm。

3 蒸发器垂直度的允许偏差为1/1000，且不大于10mm。

5.7.2 多个蒸发器连接方式应符合图纸要求。

5.7.3 设备安装完成后，应按设计和设备技术文件要求进行水压试验，且符合设计要求。

5.8 冷 却 塔

5.8.1 本节适用于电解液空气冷却塔安装工程。

5.8.2 冷却塔筒体安装应符合设计和设备技术文件要求，并符合下列规定：

1 冷却塔筒体纵横向中心的允许偏差为20mm。

2 冷却塔筒体标高的允许偏差为±20mm。

3 冷却塔筒体安装水平度和垂直度的允许偏差为2/1000，且不大于10mm。

4 筒体各壁板连接应牢固可靠，且严密不泄漏。

5.8.3 冷却液喷嘴的方向和位置正确，布液器布液均匀，积液盘严密无渗漏。

5.8.4 冷却风机安装应符合设计和设备技术文件要求，并应符合下列规定：

1 风机轮辐与轮毂、轮辐与叶片应按制造厂预装配时的标记进行安装，连接螺栓应按设备技术文件规定力矩紧固。

2 风机纵、横向中心线的允许偏差为1mm。

3 风机标高的允许偏差为±5mm。

4 风机轴水平度的允许偏差为0.2/1000。

5 风机主轴与风筒同轴度的允许偏差为5mm。

6 轮毂径向跳动的允许偏差为0.15mm。

5.8.5 风机试运行应符合设计和设备技术文件要求，并应符合下列规定：

1 风机应连续运行4h，电动机的电流应符合设备技术文件的要求，不得超过额定电流值。

2 风叶转动平稳，无异常声响和振动。

5.9 换 热 器

5.9.1 本节适用于管壳式换热器、板式换热器的安装。

5.9.2 管壳式换热器安装除符合下列规定外，还应符合现行国家标准《管壳式换热器》GB 151的有关规定。

1 管壳式换热器安装应符合设计和设备文件要求，且找正、调平后应符合下列规定：

1）换热器中心线位置的允许偏差为5mm；

2）换热器安装标高的允许偏差为±5mm；

3）立式换热器垂直度的允许偏差为1/1000，且不大于10mm；

4）卧式换热器轴向水平度的允许偏差为1/1000，且不大于10mm，径向水平度的允许偏差为2/1000，且不大于10mm；

5）卧式换热设备的安装坡度，应符合设计（图样）或技术文件的要求。

2 滑动支座的安装应符合下列规定：

1）地脚螺栓与相应的长圆孔两端的间距，应符合设计图样或技术文件的要求；

2）换热设备的工艺配管完成后，应松动滑动支座螺母，使其与支座板面间留出1mm～3mm的间隙，然后再安装一个锁紧螺母，保证运行时能正常滑动。

5.9.3 板式换热器安装应符合下列规定：

1 换热器纵、横向中心线的允许偏差为5mm。

2 换热器标高的允许偏差为±5mm。

3 换热器垂直度的允许偏差为1/1000，且不大于10mm。

5.9.4 换热设备在连接管道及其他附件之前，应按设计和设备技术文件要求对其进行强度和严密性试验。

5.10 电 解 槽

5.10.1 本节适用于整体出厂电解槽的安装，按半自动和全自动装、出槽两种工艺用电解槽分别描述其安装规定。

5.10.2 半自动装、出槽车间用电解槽体安装应符合设计和设备文件要求，找正、调平后应符合下列规定：

1 单台电解槽槽面水平度的允许偏差为1/1000，且不大于5mm。

2 同列电解槽槽面标高的允许偏差为±5mm。

3 单台电解槽纵、横向中心线的允许偏差为5mm。

4 相邻电解槽纵向中心线距离的允许偏差为±5mm。

5 相邻两列电解槽横向中心线距离的允许偏差为±15mm。

5.10.3 全自动装、出槽车间用电解槽槽体安装应符合设计和设备文件要求，找正、调平后应符合下列规定：

1 单台电解槽槽面水平度的允许偏差为0.5/1000，且不大于2mm。

2 同列电解槽槽面标高的允许偏差为±2mm。

3 单台电解槽纵横向中心线的允许偏差为1mm。

4 同列相邻电解槽纵向中心线距离的允许偏差为±1mm。

5 相邻两列电解槽横向中心线距离的允许偏差为±5mm。

6 同列各电解槽横向中心线与多功能天车行走轨道平行度允许偏差为1/1000，且不大于3mm。

5.10.4 槽体校正完成后，应对槽体进行清洗，并进行48h贮水抗渗试验。

5.11 阳极准备机组

5.11.1 本节适用于铜、锌电解阳极准备机组的安装。其他重金属电解阳极准备机组的安装可参照执行。

5.11.2 铜电解阳极板制作加工机组用的链式输送机、整形装置、提升拨距装置、排板输送机安装应符合下列规定：

1 链式输送机安装应符合设计和设备文件要求，找正、调平后应符合下列规定：

1）输送机纵横向中心线的允许偏差为2mm；

2）输送机标高的允许偏差为±2mm；

3）输送机轨道水平度的允许偏差为1/1000，且不大于5mm；

4）输送机轨道间距的允许偏差为±2mm；

5）输送机轨道接头偏移量的允许偏差为1mm；

6）链条安装应平直，松紧适当。

2 整形装置安装应符合设计和设备文件要求，找正、调平后应符合下列规定：

1）整形装置相对机组纵向中心线的允许偏差为1mm；

2）整形装置横向中心线的允许偏差为2mm；

3）整形装置与输送机标高相对差的允许偏差为2mm；

4）整形装置压力机油缸纵、横向水平度的允许偏差为0.2/1000；

5）铣耳机轨道水平度及平行度的允许偏差为0.4/1000。

3 提升拨距装置安装应符合设计和设备文件要求，找正、调平后应符合下列规定：

1）机架相对机组纵向中心线的允许偏差为1mm；

2）机架横向中心线的允许偏差为2mm；

3）机架相对机组标高差的允许偏差为2mm；

4）两侧链轮轴应与机架纵向中心线垂直，允许偏差为1mm。

4 排板运输机安装应符合设计和设备文件要求，找正、调平后应符合下列规定：

1）排板运输机架相对机组纵、横向中心线的允许偏差为2mm；

2）轨道直线度的允许偏差为1/1000，且不大于5mm；

3）两轨道间距离的允许偏差为±2mm；

4）两轨道相对标高差的允许偏差为2mm；

5）轨道水平度的允许偏差为1/1500，且不大于5mm；

6）轨道接头偏移量的允许偏差为1mm；

7）滚轮轴横向中心线的允许偏差为3mm；

8）驱动和拉紧滚轮轴水平度的允许偏差为0.5/1000；

9）链条安装应平直，松紧适当。

5 试运行应符合设计和设备技术文件要求，并应符合下列规定：

1）各部机器安全保护装置齐全、灵敏可靠；

2）电磁换向阀灵敏、准确；

3）液压系统不得吸空、泄漏；

4）提板钩停止位置正确；

5）提板链条运行应不少于3周；

6）链轮与链条啮合良好，运行平稳，不得有卡阻现象；

7）机组应连续运行20min，运行应平稳，机构动作协调准确，符合设计要求。

5.11.3 锌电解阳极准备机组的阳极小车、拍平板机安装应符合下列规定：

1 阳极小车安装应符合设计和设备文件要求，找正、调平后应符合下列规定：

1）轨道标高的允许偏差为±5mm，且两轨道标高差为1mm；

2）两轨道纵向中心线的允许偏差为5mm；

3）轨道直线度和水平度的允许偏差为0.5/1000，且不大于5mm；

4）两轨道间距离的允许偏差为±3mm；

5）阳极小车纵向中心线的允许偏差为2mm；

6）阳极小车标高的允许偏差为±5mm；

7）阳极小车纵横向水平度的允许偏差为1/1000，且不大于5mm；

8）电缆小车轨道与阳极小车运行轨道应平行，在水平和垂直方向的允许偏差为5mm。

2 拍平板机安装应符合设计和设备文件要求，找正、调平后应符合下列规定：

1）机架相对阳极小车纵向中心线的允许偏差为2mm；

2）机架标高的允许偏差为±5mm；

3）机架垂直度偏差为1/1000，且不大于5mm；

4）机架横向中心线应与阳极小车纵向中心线垂直，允许偏差为1mm；

5）提升导轨垂直度的允许偏差为0.5/1000，且不大于2mm；

6）两提升导轨间距离的允许偏差为1mm；

7）提升汽缸垂直度的允许偏差为1/1000，且不大于2mm；

8）拍平组件上下导向轮应在同一垂直线上，允许偏差为2mm；

9）拍平组件两组导向轮应平行，允许偏差为1mm；

10）拍平组件中心线的允许偏差为1mm。

3 试运行应符合设计和设备技术文件要求，并应符合下列规定：

1）阳极小车运行平稳，无异常声响；

2）提升汽缸动作5次以上，动作灵活平稳，行程符合要求；

3）拍平汽缸动作自如，无变形松动等现象；

4）阳极小车停位准确，拍平机取板、平板、放板的动作正确，位置准确；

5）机组连续运行 20min 以上，动作平稳、准确，符合工艺要求。

5.12 始极片准备机组

5.12.1 本节适用于铜电解始极片制作加工用的输送辊道、移送台车、对辊压纹机、平板剪板机、提升排板机安装。其他重金属始极片准备机组可参照执行。

5.12.2 始极片输送辊道的安装应符合设计和设备文件要求，找正、调平后应符合下列规定：

1 输送辊道纵向中心线的允许偏差为 2mm。

2 输送辊道标高的允许偏差为±1mm。

3 输送辊道水平度的允许偏差为 0.2/1000。

4 辊子轴线与机组纵向中心线垂直度的允许偏差为 0.2/1000。

5 相邻辊子平行度的允许偏差为 0.3/1000，且积累误差不得超过 0.6/1000。

5.12.3 始极片移送台车的安装应符合设计和设备文件要求，找正、调平后应符合下列规定：

1 移送台车纵向中心线的允许偏差为 2mm。

2 移送台车标高的允许偏差为±2mm。

3 台车轨道纵向水平度的允许偏差为 0.5/1000，横向水平度的允许偏差为 0.3/1000。

4 轨道间距离的允许偏差为±3mm。

5.12.4 对辊压纹机安装应符合设计和设备文件要求，找正、调平后应符合下列规定：

1 辊轮纵向水平度的允许偏差为 0.5/1000。

2 辊轮平行度的允许偏差为 0.2/1000。

5.12.5 输送辊轮和推进器安装应符合设计和设备文件要求，找正、调平后应符合下列规定：

1 输送辊轮纵横向水平度的允许偏差为 0.5/1000。

2 推进器纵横向水平度的允许偏差为 1/1000。

5.12.6 平板剪板机安装应符合设计和设备文件要求，找正、调平后应符合下列规定：

1 机架纵、横向中心线的允许偏差为 2mm。

2 机架标高的允许偏差为±1mm。

3 平板工作台面纵、横向水平度的允许偏差为 0.2/1000。

4 平板机四根导向立柱的垂直度的允许偏差为 0.2/1000。

5 任意两根导向立柱间距的允许偏差为 0.3mm。

6 上、下剪刀应平行，刀片间间隙在全长范围内的允许偏差为 0.1mm。

5.12.7 提升排板机安装应符合本规范第 5.11.2 条第 3 款、第 4 款的规定。

5.12.8 始极片准备机组试运行应符合设计和设备技术文件要求，并应符合下列规定：

1 各部机器安全保护装置齐全、灵敏可靠。

2 电磁换向阀灵敏、准确。

3 液压、气动系统不得吸空、泄漏。

4 提板链条运行应不少于 3 周。

5 链轮及链条啮合良好，运行平稳，不得有卡阻现象。

6 机组应连续空载运行 20min，运行应平稳，机构动作协调准确，符合设计要求。

5.13 残极洗刷机组

5.13.1 洗涤运输机安装应符合设计和设备文件要求，找正、调平后应符合下列规定：

1 轨道标高的允许偏差为±5mm，且两轨道标高差为 1mm。

2 两轨道纵向中心线的允许偏差为 5mm。

3 轨道直线度和水平度的允许偏差为 0.5/1000，且不大于 5mm。

4 两轨道间距离的允许偏差为±3mm。

5 洗涤运输机纵向中心线的允许偏差为 2mm。

6 洗涤运输机标高的允许偏差为±5mm。

7 洗涤运输机纵横向水平度的允许偏差为 1/1000，且不大于 5mm。

5.13.2 倾转及移载装置安装应符合设计和设备文件要求，找正、调平后应符合下列规定：

1 输送辊轮纵、横向水平度的允许偏差为 0.5/1000。

2 油缸水平度、垂直度的允许偏差为 0.4/1000。

5.13.3 称重输出机安装应符合下列规定：

1 链式输送机安装应符合设计和设备文件要求，找正、调平后应符合下列规定：

1）机架中心线相对机组中心线的允许偏差为 3mm；

2）机架支柱垂直度的允许偏差为 1/1000，且不大于 3mm；

3）两轨道纵向水平度的允许偏差为 1/1000，且整体不大于 5mm；

4）两轨道标高差为 1mm；

5）两导轨间距的允许偏差为±1mm；

6）两侧链轮轴中心距的允许偏差为±1mm。

2 称量升降机安装应符合设计和设备文件要求，找正、调平后应符合下列规定：

1）称量升降机标高的允许偏差为±1mm；

2）机架中心线与输送机中心线同轴度的允许偏差为 3mm；

3）机架垂直度的允许偏差为 1/1000，且不大于 3mm；

4）机架水平度的允许偏差为1/1000，且不大于5mm。

5.13.4 试运行应符合设计和设备技术文件要求，并应符合下列规定：

1 机组安全保护装置齐全、灵敏可靠。

2 倾翻和升降缸动作5次以上，动作灵活平稳，行程符合要求。

3 液压系统、水系统无泄漏。

4 链轮与链条啮合良好，运行平稳，不得有卡阻现象。

5 机组连续运行20min以上，动作平稳、准确，符合工艺要求。

5.14 立式阴极刷板机

5.14.1 阴极输送机安装应符合设计和设备文件要求，找正、调平后应符合下列规定：

1 机架纵向中心线的允许偏差为3mm。

2 机架支柱垂直度的允许偏差为1/1000，且不大于3mm。

3 机架纵向水平度的允许偏差为1/1000，且不大于5mm。

4 机架横向水平度的允许偏差为1mm。

5 机架标高的允许偏差为5mm。

6 轨道直线度的允许偏差为1/1000，且不大于5mm。

7 两轨道间距离的允许偏差为±1mm。

8 两轨道标高差为1mm。

9 首尾链轮轴横向中心距的允许偏差为±0.5mm。

10 链轮纵向中心距的允许偏差为±1mm。

11 链条安装应平直，松紧适当。

5.14.2 刷板机安装应符合设计和设备文件要求，找正、调平后应符合下列规定：

1 刷板机机架相对阴极输送机纵向中心线的允许偏差为3mm。

2 刷板机机架标高的允许偏差为±5mm。

3 刷板机导轨垂直度偏差为0.5/1000，且不大于5mm。

4 机架水平度的允许偏差为0.8mm。

5 两刷滚轴平行度的允许偏差为1mm。

6 两刷滚间间隙为0.6mm～8mm。

5.14.3 立式阴极刷板机试运行应符合设计和设备技术文件要求，并应符合下列规定：

1 输送机运行平稳，无异常声响。

2 提升动作5次以上，动作平稳，行程符合要求。

3 刷滚转动正常，刷滚调距丝杆灵活。

4 阴极输送机停位准确，取板、刷板、放板的动作正确，位置准确。

5 机组连续运行20min以上，各部动作平稳、准确，符合工艺要求。

5.15 阴极自动剥离机组

5.15.1 本节适用于电解锌阴极自动剥离机组的阴极输送机、剥离机、制动接收机、转换链条、码垛机、堆垛传送机安装。其他重金属电解阴极自动剥离机组安装可参照执行。

5.15.2 阴极输送机安装应符合本规范第5.14.1条的规定。

5.15.3 剥离机安装应符合设计和设备技术文件要求，并符合下列规定：

1 机架相对阴极输送机纵向中心线的允许偏差为2mm。

2 机架标高的允许偏差为±5mm。

3 机架横向中心线应与阴极输送机纵向中心线垂直，允许偏差为1mm。

4 两导轨的垂直度的允许偏差为0.5/1000。

5.15.4 制动接收机安装应符合设计和设备文件要求，找正、调平后应符合下列规定：

1 制动机架相对剥离机纵横向中心线的允许偏差为1mm。

2 制动机架的顶面应与剥锌机机架底面标高一致，允许偏差为±1mm。

3 制动齿轮系轴水平度的允许偏差为0.2/1000。

4 每对齿轮轴应以剥离机导轨中心线组成平面对称，允许偏差为0.2mm。

5 每对齿轮轴平行度的允许偏差为0.2/1000。

5.15.5 转换链条安装应符合设计和设备文件要求，找正、调平后应符合下列规定：

1 机架纵横中心线的允许偏差为2mm。

2 机架标高的允许偏差为±2mm。

3 两导轨水平度和平行度的允许偏差为0.5/1000，且不大于1mm。

4 同一横截面上两导轨面标高差为1mm。

5.15.6 码垛机安装应符合设计和设备文件要求，找正、调平后应符合下列规定：

1 码垛机纵横中心线的允许偏差为2mm。

2 码垛机安装标高的允许偏差为±3mm。

5.15.7 堆垛传送机安装应符合设计和设备文件要求，找正、调平后应符合下列规定：

1 传送机及称重台、升降台纵横向中心的允许偏差为2mm。

2 堆垛传送机标高的允许偏差为±3mm。

3 传送机机架立柱的允许偏差为1/1000，且不大于2mm。

4 堆垛传送机水平度的允许偏差为1/1000，且不大于5mm。

5.15.8 阴极自动剥离机组试运行应符合设计和设备

技术文件要求，并应符合下列规定：

1 各运输机链条与链轮啮合良好，运行平稳，不得有卡阻现象。

2 分板机气缸行程应符合设备技术文件的要求，电磁换向阀的初始位置应满足动作程序的要求，脱钩、挂钩应运行自如，动作准确。

3 按照剥离机的动作程序，调整电磁换向阀的初始状态，保持两侧剥离刀同步，且行程和速度符合设备技术文件的要求，往复动作3次，动作平稳、准确。

4 液压泵在工作压力下试运行2h，液压系统的油温、油压符合要求，油箱的液位控制装置定位准确，无漏油及异常的噪声和振动，控制阀和调节装置灵活可靠。

6 收尘设备

6.1 一般规定

6.1.1 本章适用于重有色金属冶炼收尘设备安装工程。重有色金属冶炼收尘设备安装应按本规范施工。

6.1.2 设备安装前应先测量其基础与设备中心线，确定安装位置。

6.2 板式电除尘器

6.2.1 本节适用于板式电除尘器的安装和试运转。

6.2.2 预留热膨胀的部位安装应符合设计技术文件要求。

6.2.3 立柱及横梁安装应符合下列规定：

1 立柱纵、横向中心线的允许偏差为3mm。

2 立柱标高的允许偏差为±10mm。

3 立柱垂直度的允许偏差为1 /1000，且不大于10mm。

4 横梁水平度的允许偏差为2/1000，且不大于5mm。

5 顶层横梁或圈梁各点高低差的允许偏差为5mm。

6 顶层横梁中心距的允许偏差为1/1000。

7 底层和顶层的横梁或圈梁对角线相对差的允许偏差为1/1000。

6.2.4 灰斗安装应符合下列规定：

1 下料口纵、横向中心线的允许偏差为5mm。

2 下料灰斗安装标高的允许偏差为±10mm。

6.2.5 电除尘器侧板及进出口喇叭安装应符合下列规定：

1 侧板平面度允许偏差为10mm。

2 进、出口法兰纵、横向中心位置允许偏差为20mm。

3 进、出口法兰垂直度的允许偏差为2/1000。

6.2.6 气流分布板及导流板安装应符合设计技术文件要求。

6.2.7 电除尘器阴极系统安装应符合下列规定：

1 每组框架长度的允许偏差为5mm。

2 每组框架对角线相对差的允许偏差为5mm。

3 框架在垂直时旁弯值的允许偏差为1/1000，且不大于5mm。

4 框架水平度的允许偏差为1/1000，且不大于5mm。

5 框架托座中心距的允许偏差为1mm。

6 支承托架水平度的允许偏差为1/1000，且不大于5mm。

7 支承托架安装标高的允许偏差为±2mm。

8 支承托架纵、横向中心线的允许偏差为2mm。

9 阴极线应逐根进行调直，不得硬折，直线度的允许偏差为3mm。

10 阴极板整体平面度的允许偏差为3mm。

6.2.8 电除尘器阳极系统安装应符合下列规定：

1 支承梁安装标高的允许偏差为±2mm。

2 支承梁纵、横向中心线的允许偏差为2mm。

3 支承梁纵向水平度的允许偏差为1/1000，且不大于5mm。

4 阳极板托座中心距的允许偏差为±1mm。

5 阳极板垂直度的允许偏差为1/1000，且不大于5mm。

6 阳极板平面度的允许偏差为5mm。

7 阳极排定位应符合图纸要求，其位置的允许偏差为2mm。

6.2.9 同极板间距的允许偏差为±10mm，异极板间距的允许偏差为±5mm。

6.2.10 振打装置安装应符合下列规定：

1 传动轴承座安装标高的允许偏差为±1mm。

2 传动轴中心线的允许偏差为1mm。

3 锤头与锤座纵向中心线的允许偏差为2mm。

4 横向中心线锤头低于锤座的允许偏差为2mm。

5 平台与走台纵、横向中心线的允许偏差为5mm。

6 平台与走台板安装标高的允许偏差为±5mm。

6.2.11 电除尘器应按设计技术文件的要求进行气密性试验。各处密封良好，要求箱体漏风系数不超过5%。

6.2.12 电除尘器空负荷试运转应符合设计和设备技术文件要求。

6.3 表面冷却器

6.3.1 立柱及横梁安装应符合下列规定：

1 立柱标高的允许偏差为±10mm。

2 立柱垂直度的允许偏差为1 /1000，且不大于10mm。

3 横梁水平度的允许偏差为2/1000，且全长不大于5mm。

4 第一层横梁对角线相对差的允许偏差为1/1000，且不大于10mm。

6.3.2 灰斗安装应符合下列规定：

1 下料口纵、横向中心线的允许偏差为5mm。

2 下料灰斗安装标高的允许偏差为±10mm。

6.3.3 侧板、端板、隔板及面板安装应符合下列规定：

1 侧板、端板及隔板应垂直横梁，垂直度的允许偏差为10mm。

2 面板平面度的允许偏差为8mm。

3 面板开孔时，冷却管中心点的允许偏差为5mm。

6.3.4 冷却管安装应符合下列规定：

1 每组冷却管平行度的允许偏差为5mm。

2 每组冷却管垂直度的允许偏差为1/1000，且不大于10mm。

3 每组相邻冷却管间距的允许偏差为±5mm。

4 每排冷却管直线度的允许偏差为10mm。

5 冷却管插入面板深度宜符合设计要求，若设计无要求时按冷却管插入面板10mm计。

6.3.5 焊接完成后，为防止灰斗相互串气，侧板、端板、隔板及面板组成的焊缝，宜采用煤油渗透法进行严密性检验。

6.3.6 表面冷却器试运转应符合设计和设备技术文件要求。

6.4 布袋收尘器

6.4.1 本节适用于脉冲式布袋收尘器的安装和试运转。

6.4.2 立柱及横梁安装应符合下列规定：

1 立柱标高的允许偏差为±10mm。

2 立柱垂直度的允许偏差为1/1000，且不大于10mm。

3 横梁水平度的允许偏差为2/1000，且不大于5mm。

4 第一层横梁对角线相对差的允许偏差为1/1000，且不大于10mm。

6.4.3 灰斗安装应符合下列规定：

1 下料口纵、横向中心线的允许偏差为5mm。

2 下料灰斗安装标高的允许偏差为±10mm。

6.4.4 进、出口法兰纵、横向中心线的允许偏差为20mm，垂直度的允许偏差为2/1000。

6.4.5 花板水平度允许偏差为2/1000。

6.4.6 花盘布袋垂直度的允许偏差为1/1000。

6.4.7 布袋安装拉紧程度应符合设备技术文件要求。

6.4.8 布袋收尘器应按设计要求进行气密性试验。

6.4.9 布袋收尘器试运转应符合设计和设备技术文件要求。

6.5 旋风收尘器

6.5.1 旋风收尘器支架应在同一水平面，相对高差允许偏差为10mm。

6.5.2 旋风收尘器设备本体垂直度的允许偏差为2/1000，且不大于10mm。

6.5.3 进、出口法兰垂直度及水平度的允许偏差均为2/1000。

6.5.4 若有两个或多个旋风收尘器安装在一起时，进风口标高的允许偏差为±5mm。

6.5.5 旋风收尘器试运转应符合设计和设备技术文件要求。

7 职业健康、安全与环保

7.0.1 重有色金属冶炼安装工程施工应遵循国家和行业有关职业健康、安全与环保的法律、法规及相关规定。

7.0.2 开工前应进行危害因素的分析，制定安全技术和环保方案，并按程序进行报批后实施。施工过程应切实落实各项安全技术和环保措施。

7.0.3 施工人员进入施工现场前应进行安全教育，施工人员应严格执行安全操作规程，建立安全会议和安全检查制度。

7.0.4 施工机具使用前应经检查合格，确保能安全使用。

7.0.5 现场用电应执行现行国家标准《建设工程施工现场供用电安全规范》GB 50194及现行行业标准《施工现场临时用电安全技术规范》JGJ 46的有关规定。

7.0.6 有毒、有害的物质储存和使用应符合相关规定。

7.0.7 施工中的废油脂、废清洗液等应收集处理，不得任意排放，污染环境。

7.0.8 射线检验应划定隔离区，设警戒线，不得危及人身安全。

7.0.9 准备必要的防火措施，针对现场情况配置相应类别和适当数量的消防器材。

7.0.10 孔洞、坑槽及平台周边应设置防护设施及安全标志。

7.0.11 施工时应避免交叉作业。如需交叉作业时，必须做好相应的方案和采取可靠的措施，确保作业安全。

7.0.12 试运转、试压应严格按程序操作，操作人员应责任明确，严禁违章操作。

7.0.13 夏季应做好高温防暑降温；冬季应做好防寒、防冻措施。

7.0.14 传动机构上的危险部分应有可靠的防护装置，以保证人身安全。

7.0.15 特种作业人员上岗必须按现行国家标准《特种作业人员安全技术考核管理规则》GB 5306 的有关规定执行。

7.0.16 节约资源，非施工时段应切断电源、水源，倡导绿色施工。

本规范用词说明

1 为便于在执行本规范条文时区别对待，对要求严格程度不同的用词说明如下：

1）表示很严格，非这样做不可的：
正面词采用“必须”，反面词采用“严禁”；

2）表示严格，在正常情况下均应这样做的：
正面词采用“应”，反面词采用“不应”或“不得”；

3）表示允许稍有选择，在条件许可时首先应这样做的：
正面词采用“宜”，反面词采用“不宜”；

4）表示有选择，在一定条件下可以这样做的，采用“可”。

2 条文中指明应按其他有关标准执行的写法为：“应符合……的规定”或“应按……执行”。

引用标准名录

《立式圆筒形钢制焊接储罐施工及验收规范》GB 50128
《混凝土结构工程施工质量验收规范》GB 50204
《钢结构工程施工质量验收规范》GB 50205
《机械设备安装工程施工及验收通用规范》GB 50231
《现场设备、工业管道焊接工程施工规范》GB 50236
《起重机械安装工程施工及验收规范》GB 50278
《特种作业人员安全技术考核管理规则》GB 5306
《钢制压力容器》GB 150
《管壳式换热器》GB 151
《建设工程施工现场供用电安全规范》GB 50194
《施工现场临时用电安全技术规范》JGJ 46

中华人民共和国国家标准

重有色金属冶炼设备安装工程施工规范

GB/T 50716—2011

条 文 说 明

制 订 说 明

本规范是根据住房和城乡建设部《关于印发〈2008年工程建设标准规范制订、修订计划（第二批）〉的通知》（建标〔2008〕105号）的要求进行编制。本规范编制工程中，编制组进行了广泛的调查研究，总结了我国近几年来重有色金属行业安装工程和生产使用方面的经验，同时参考了部分国家现行标准、规范和规程。

为便于广大设计、施工、监理、科研、大专院校等单位有关人员在使用本标准时能正确理解和执行条文的规定，编制组按章、节、条顺序编制了本标准的条文说明，对条文规定的目的、依据以及执行中需注意的有关事项进行了说明，但是，本条文说明不具备与标准正文同等的法律效力，仅供使用者作为理解和把握标准规定的参考。

目　次

1 总 则

1.0.1 本条说明了制定本规范的目的。

1.0.2 本条明确了本规范适用的范围。

1.0.3 材料应有材质证明文件或合格证；设备应有出厂合格证及使用说明书。工程所用材料必须符合设计规定，其质量应符合以下国家或行业现行有关标准：

1 《固定式钢梯及平台安全要求》GB 4053

2 《碳素结构钢和低合金结构钢热轧厚钢板和钢带》GB/T 3274

3 《碳钢焊条》GB/T 5117

4 《低合金钢焊条》GB/T 5118

5 《埋弧焊用碳钢焊丝和焊剂》GB/T 5293

6 《六角头螺栓 C 级》GB/T 5780

7 《热轧 H 型钢和部分 T 型钢》GB/T 11263

8 《袋式除尘器用滤料及滤袋技术条件》GB 12625

9 《大直径碳钢管法兰》GB/T 13402

10 《板式平焊钢制管法兰》HG 20593

11 《钢制管法兰盖》HG 20601

1.0.4 重有色金属冶炼设备安装工程涉及多方面的工程技术，且重有色金属冶炼设备安装工程中除专业设备外，还有液压、气动和润滑设备，连续运输设备，起重设备等通用设备。因此，重有色金属冶炼设备安装工程除应符合本规范规定外，尚应符合国家现行有关标准的规定。

3 基 本 规 定

3.1 设备基础验收

3.1.1 设备基础由土建单位施工，其质量要求应符合现行国家标准《混凝土结构工程施工质量验收规范》GB 50204 的有关规定。

3.1.2 本条所列为影响施工质量的常见问题，应在基础验收时解决，以便进行设备安装。

3.1.3 设备安装前，应按施工图划定安装基准线。所有设备的平面位置和标高均以安装基准线为准进行测量。重要机器的基础应做沉降记录。

3.1.5 设备安装前，应按本规范表 3.1.5 的规定，检查基础的位置、标高、几何尺寸及预留孔和预埋螺栓的位置、尺寸是否符合要求。

3.2 主要设备、材料、成品和半成品进场验收

3.2.1 设备的产品质量合格证明文件应齐全，且与设计要求相符。

3.2.3 设备开箱检验后应注意保护，将设备的备品、配件等移交建设单位保管，并办理交接手续，暂时不安装的零部件，应采取适当的防护措施，妥善保管。

3.2.4 原材料、成品和半成品等产品质量合格证明文件应齐全。

3.3 焊 接

3.3.3 焊接质量关系到工程的安全使用，焊工是关键因素之一。从事本工程施焊的焊工，必须经考试合格，方能在其考试合格项目认可范围内施焊，焊工考试按现行行业标准《冶金工程建设焊工考试规程》YB/T 9259 或现行国家其他相关焊工考试规程的有关规定进行。

3.5 工序交接确认

3.5.1、3.5.2 施工过程中认真对每一道工序进行检查，并形成记录，进行工序交接确认，这样可以防止发生质量事故。

4 火法冶炼设备

4.1 一 般 规 定

4.1.1 本条明确了本章的适用对象。

4.1.2 本条规定的目的是为检查基础沉降，以便日常作为检查数据使用。

4.1.3 水冷元件包括炉门、水套等用于水局部冷却的设备或非标设备。

4.1.4 氧气是强氧化剂，也是助燃介质，油脂在纯氧环境下易发生氧化反应而引起放热，从而导致燃烧和爆炸，危及人员安全，造成财产损失。

4.2 蒸 汽 干 燥 机

4.2.1 蒸汽干燥机整个筒体都放在托轮底座上，托轮底座是整个设备的支承部件，底座的安装是整个设备的基准，是安装的关键。检查时所用的弹簧秤读数为 50N。

4.2.8 蒸汽干燥机试运转条文隐含试运转的条件：一是设备及附件安装质量应符合设计文件或有关规范的规定；二是应按照设计文件的规定对各润滑部位充填润滑油脂。

4.4 挥 发 窑

4.4.5 筒体的径向跳动值的检查应该选用高精度激光经纬仪，且检查时，应考虑环境因素的影响。

4.4.10 挥发窑试运转条文隐含试运转的条件：一是设备及附件安装质量应符合设计文件或有关规范的规定；二是应按照设计文件的规定对各润滑部位充填润滑油脂。

4.6 闪 速 炉

4.6.1 闪速炉钢架是主要承重部件，其安装质量应

予以保证。

4.6.2 反应塔是闪速炉冶炼的化学反应的关键区域，其安装质量应予以保证。

4.7 电 炉

4.7.1 本条强调基础表面与基础底板之间填料符合设计要求，目的是为了保证电炉在高温条件下正常运行。

4.7.6 本条强调电炉电极安装的各部位绝缘必须符合设计技术文件要求，目的是为了保证设备及操作人员安全。

4.8 卧式转炉

4.8.1～4.8.4 为了保证卧式转炉设备的安全运行，条文规定的安装尺寸应予以保证。

4.9 阳极精炼炉

4.9.1～4.9.3 为了保证阳极精炼炉设备的安全运行，条文规定的安装尺寸应予以保证。

4.10 氧气底吹炉

4.10.1～4.10.3 托轮装置底座为主要承重部件，其安装尺寸应予以保证。

4.11 鼓 风 炉

4.11.6 送风管道上的伸缩节处于自由状态是为了保证在生产运行中的冷热伸缩量，以免热胀冷缩而拉坏设备。

4.15 艾萨炉、奥斯麦特炉

4.15.5 喷枪小车轨道安装精度是否符合本条文的规定，将直接影响喷枪小车在轨道上的灵活运行。

4.16 卡尔多炉

4.16.5 氧油烧嘴和喷枪架吹炼时喷枪通过喷枪架上的齿轮齿条机构伸进氧油烧嘴对炉内喷射氧气和重油，所以控制喷枪架的安装角度和中心偏差是为了使喷枪对准炉体中心，以保证炉体内部受热均匀。

4.23 码 垛 机

4.23.2 码垛机试运转条文隐含试运转的条件：一是设备及附件安装质量应符合设计文件或有关规范的规定；二是应按照设计文件的规定对各润滑部位充填润滑油脂。

5 湿法冶炼设备

5.1 一般规定

5.1.1 本条明确了本章的适用对象。

5.3 搅 拌 槽

5.3.5 为防止设备运输和吊装过程中变形，应对搅拌轴采取加固措施。

5.3.6 设备搅拌轴悬臂较长，无负荷运转容易使轴弯曲，因此本条第1款提出用水做介质进行负荷试运行。

5.4 高 压 釜

5.4.3 高压釜体强度试验的目的是检验承压部件釜体的强度，试验方法有液压试验和气压试验两种，试验时有破裂的可能性。由于相同体积、相同压力的气体爆炸时所释放出的能量要比液体大得多，为减轻强度试验时破裂所造成的危害，试验介质宜选用水。

5.5 浓 密 机

5.5.3 随着设备装备水平的提高，中心传动浓密机的传动方式还有液压马达传动形式，本规范只对机械传动形式浓密机安装作出规定，如采用液压马达传动时，其传动装置安装应符合设备技术文件要求。

5.6 过 滤 机

5.6.1 过滤机种类很多，本规范只对重有色金属冶炼中常用的几种过滤机的安装及试运行作了规定。

5.6.7 带式真空过滤机有固定真空室和移动真空室两种主要结构形式，本规范按移动真空室带式真空过滤机编写，固定真空室带式真空过滤机安装可参照执行。

5.10 电 解 槽

5.10.1 整体浇捣树脂混凝土电解槽因其优良的防腐性能已成为目前有色金属湿法冶炼最通用的电解槽，本条以树脂混凝土电解槽的安装明确电解槽的施工要求。

应根据槽体尺寸做专用吊架，配置专用吊装索具。要求吊装时槽体与钢丝绳不宜直接接触，须用软橡皮隔开。

槽体起吊时，其起吊点应与出厂时设置的吊点标识相一致。

槽体存放时，应用硬质垫木按照底座支承点的位置来支承槽体，支承高度离地面150mm～200mm，支承位置应垫实、稳固，保证槽体水平。严禁槽体直接放置于地面。

5.11 阳极准备机组

5.11.1 本规范以铜、锌电解阳极准备机组编写，铅、镍等其他重金属电解阳极准备机组的安装可参照执行。

由于铜电解极板处理机组各设备在生产中彼此关

联形成完整的工艺线，为此不仅要求各设备中心线、标高互相关联，而且要求与厂房、各电解槽及桥式专用起重机纵横向中心线相关联。安装时，要从机组中确定一台设备先行安装，以此为基准顺次安装其余设备。安装中应保证基准设备定位准确。

5.15 阴极自动剥离机组

5.15.1 阴极自动剥离机是采用 PLC 控制技术，全自动操作的设备。目前以进口设备居多，按剥离工序的操作可分一步剥离法和两步剥离法，且不同国家生产的设备机组有区别，本规范依据日本生产的最典型的机械式单板两步剥离机组编写。

5.15.2 阴极传送线的方向是非常重要的，没有链条调整的框架和有链条调整的框架在安装时都要特别注意，应符合工艺要求。

5.15.5 转换链条框架刚度差，吊运时要在框架间放置支撑件加强，且吊运平稳，防止改变框架间的距离，待就位安装合格后，才能拆除支撑件。

6 收尘设备

6.1 一般规定

6.1.1 本条明确了本章的适用对象。

6.2 板式电除尘器

6.2.3 立柱及横梁的组装，应根据现场施工场地实际情况而定，尽可能做到方便、快捷、准确。若有某个或多个立柱与基础接触不到位，可以采用垫垫铁方式，但垫铁应与立柱焊接好且连接美观。

6.2.4、6.2.5 立柱及横梁全部组装且焊接完成后，才允许进行灰斗安装。注意灰斗吊装、定位。安装时注意侧板、端板、隔板及面板的施工位置和施工顺序。进出口法兰应与其配套法兰平行。法兰标高、中心线及垂直度应符合第 6.2.4 条、第 6.2.5 条规定。收尘室及各部位应焊接美观、牢固。人孔门应密封，不得有泄漏现象。

6.2.6 气流分布板及导流板安装完成后，应根据设备试车结果来定位。定位后气流板要满足气流的进出分配。

6.2.11、6.2.12 电除尘器应按设计技术文件要求进行气密性试验。各项试验结果应满足设计技术要求。

6.3 表面冷却器

6.3.1 立柱及横梁的组装，应根据现场施工场地实际情况而定，尽可能做到方便、快捷、准确。若有某个或多个立柱与基础接触不到位，可以采用垫垫铁方式，但垫铁应与立柱焊接好且连接美观。

6.3.2、6.3.3 待立柱及横梁全部组装且焊接完成后，才允许进行灰斗安装。注意灰斗吊装、定位。安装时注意侧板、端板、隔板及面板的施工位置和施工顺序。

6.3.4 冷却管吊装时注意吊装高度的控制，保持整体的连接美观。

6.3.5 为保证表面冷却器的使用效果，防止各侧板、端板、隔板及面板的漏气和相互串气，要求在焊接完成后，采用煤油渗透试验检测焊缝质量。

6.3.6 表面冷却器试运行时，所有配套设施也要满足运行条件。设备运行时各段冷却管及侧板、端板、面板应无变形现象。在设备进出口两端检测风量。

6.4 布袋收尘器

6.4.2 立柱及横梁的组装，应根据现场施工场地实际情况而定，尽可能做到方便、快捷、准确。若有某个或多个立柱与基础接触不到位，可以采用垫垫铁方式，但垫铁应与立柱焊接好且连接美观。

6.4.3～6.4.5 待立柱及横梁全部组装且焊接完成后，才允许进行灰斗安装。注意灰斗吊装、定位。安装时注意侧板、端板、隔板及面板的施工位置和施工顺序。进出口法兰应与其配套法兰平行。法兰标高、中心线及垂直度应符合第 6.4.3 条、第 6.4.4 条规定。收尘室及各部位应焊接美观、牢固。人孔门应密封，不得有泄漏现象。

6.4.9 布袋安装完成后应进行气密性试验。不得有泄漏。各项要求应符合本条规定。

6.5 旋风收尘器

6.5.1 旋风收尘器支撑架与支架或基础接触不到位，可以采用垫垫铁方式，但垫铁应与支撑架焊接好且连接美观。

6.5.4 两个或多个旋风收尘器并联的旋风收尘器组，应连接正确、美观。

7 职业健康、安全与环保

7.0.3 项目施工前，项目部应对施工人员进行安全教育，针对项目特点进行安全交底，并形成记录。各类施工人员应严格执行安全检测规程。项目部应定期召开安全会议，施工班组应每个工作日召开班前安全会议。安全检查应定期和不定期进行。

7.0.4 施工中使用不合格的机具，往往会导致安全事故，危及人身和设备安全，特别是吊装作业使用的设备、绳索和吊具，各种使用的冲击工具（大锤、小锤、扁铲等）及小型手提电动机具等，使用前应认真检查，不符合安全规定的不得使用。

中华人民共和国国家标准

重有色金属冶炼设备安装工程质量验收规范

Code for extractive metallurgy construction quality acceptance of mechanical equipment installation engineering of heavy non-ferrous metals

GB 50717—2011

主编部门：中 国 有 色 金 属 工 业 协 会
批准部门：中华人民共和国住房和城乡建设部
实施日期：2 0 1 2 年 6 月 1 日

中华人民共和国住房和城乡建设部
公　　告

第1105号
关于发布国家标准《重有色金属冶炼设备安装工程质量验收规范》的公告

现批准《重有色金属冶炼设备安装工程质量验收规范》为国家标准，编号为GB 50717—2011，自2012年6月1日起实施。其中，第4.1.3条为强制性条文，必须严格执行。

本规范由我部标准定额研究所组织中国计划出版社出版发行。

中华人民共和国住房和城乡建设部

二〇一一年七月二十六日

前　　言

本规范是根据住房和城乡建设部《关于印发〈2008年工程建设标准规范制订、修订计划（第二批）〉的通知》（建标〔2008〕105号）的要求，由二十三冶建设集团有限公司会同有关单位编制完成的。

本规范在编制过程中，编制组进行了深入的调查研究，认真总结了近几年重有色金属冶炼设备安装工程的实践经验，开展了专题研究，参考了大量文献和工程资料，在广泛征求意见的基础上，通过反复讨论、修改和完善，最后经审查定稿。

本规范共6章。包括总则，术语，基本规定，火法冶炼设备，湿法冶炼设备、收尘设备等的质量验收。

本规范中以黑体字标志的条文为强制性条文，必须严格执行。

本规范由住房和城乡建设部负责管理和对强制性条文的解释，由中国有色金属工业标准规范管理处负责日常管理，由二十三冶建设集团有限公司负责具体技术内容的解释。

本规范在执行过程中，请各单位结合工程实践，认真总结经验，积累资料，如发现需要修改和补充之处，请将意见反馈二十三冶建设集团有限公司（地址：湖南省长沙市劳动东路289号，邮编：410014，电子邮箱：23jszx@163.com），以便今后修订时参考。

本规范主编单位、参编单位、主要起草人和主要审查人：

主编单位： 二十三冶建设集团有限公司

参编单位： 中国十五冶金建设有限公司
长沙有色冶金设计研究院
中国恩菲工程技术有限公司
有色金属工业建设工程质量监督总站

主要起草人： 刘则平　宁和球　吴建国　杨兴川　李勇军　蔡平涛　肖福兵　谭玉春　张万红　余佳泉　谭丰林　董爱国　刘金庭　李　汇　田雨华　张有为　周志勇　张晨光　郑国忠　胡仕波　王毅伟　胡　彪　王延伶

主要审查人： 徐惠华　姬奎生　程海帆　章颂泰　袁学敏　刘扶群　张劲松　邓永椿　郭万书

目次

Contents

1 总　　则

1.0.1 为了提高重有色金属冶炼设备安装工程的质量和保证重有色金属冶炼设备安全运行，促进安装技术的进步，制定本规范。

1.0.2 本规范适用于重有色金属冶炼中的火法冶炼设备、湿法冶炼设备及收尘设备的安装工程质量验收。

1.0.3 重有色金属冶炼设备安装中采用的工程技术文件、承包合同对安装质量的要求不得低于本规范的规定。

1.0.4 重有色金属冶炼设备安装质量验收除应符合本规范规定外，尚应符合国家现行有关标准的规定。

2 术　　语

2.0.1 安装工程质量　quality of installation engineering

反映安装工程满足相关标准规定或合同的约定要求，包括其安全、使用功能及其在耐久性能、环境保护等方面所有明显和隐含能力的特性总和。

2.0.2 主控项目　dominant item

在安装工程中，对安全、卫生、环境保护和公共利益以及设备安装质量起决定作用的检验项目。

2.0.3 一般项目　general item

除主控项目以外的检验项目。

2.0.4 观感项目　quality of appearance

通过观察和必要的量测所反映的工程外在质量。

2.0.5 质量验收　acceptance of quality

安装工程在施工单位自行质量检查的基础上，参与建设活动的有关单位共同对分项、分部、单位工程的质量进行抽样复验，根据相关标准以书面形式对工程质量达到合格与否做出确认。

2.0.6 允许偏差　limit of error

安装过程中，允许实际偏差偏离设计或规范要求尺寸的程度。

2.0.7 水平度　levelness

设备或结构某一指定平面与水平面的平行程度。

2.0.8 垂直度　verticality

实际平面、直线或轴线相对于基准要素垂直的程度。

2.0.9 标高偏差　elevation deviation

表示设备或结构安装高度与设计标高的差值。

2.0.10 同轴度　error of shaftline

被测轴线相对于基准轴线同轴的程度。

3 基 本 规 定

3.1 质量验收的划分

3.1.1 重有色金属冶炼设备安装工程的质量验收应划分为分项工程、分部工程和单位工程。

3.1.2 分项、分部工程划分可按表 3.1.2 的规定执行。

表 3.1.2　分项、分部工程划分

序号	工程名称（工程分类）	分项工程名称
1	火法冶炼系统设备	鼓风炉、氧气底吹炉、烟化炉、挥发窑、沸腾焙烧炉、鼓风烧结机、电炉、热风炉、蒸汽干燥机、固定式阳极炉、闪速炉、电热前床、艾萨炉（奥斯麦特炉）、浇铸机、卧式转炉、卡尔多炉、阳极精炼炉、多膛炉、码垛机、熔铅锅、捅风眼机、泥炮开口机
2	湿法冶炼系统设备	槽罐、搅拌槽、高压釜、浓密机、过滤机、多效蒸发器、冷却塔、换热器、电解槽、阳极准备机组、始极片制备机组、残极洗刷机组、立式阴极刷板机、阴极自动剥离机组
3	收尘系统设备	表面冷却器、旋风收尘器、布袋收尘器、板式电除尘器
4	辅助系统设备	球磨机、抛料机、制粒机、给料机、粉煤输送泵、干燥机、电磁振动给矿机、振动（给料）筛、螺旋输送机、刮板输送机、胶带输送机、振动输送机、提升输送机、气流输送泵、泵类、包装机、压团机、碳素阳极块制备设备、空压机、起重设备

3.1.3 单位工程可按工艺系统和使用功能划分，表 3.1.2 中的一个分部工程也可作为一个单位工程。

3.2 质 量 验 收

3.2.1 分项工程质量应符合下列规定：

1 经抽样检验并应符合现行国家标准《有色金属工业安装工程质量验收统一标准》GB 50654 的有关规定。

2 具有完整的施工操作依据、质量检查记录、相关检测记录。

3.2.2 分部工程质量应符合下列规定：

1 分部工程所含分项工程的质量应全部合格。

2 分部工程所含分项工程的质量保证资料应完整。

3 分部工程有关安全及功能的检验和抽样检测结果应符合现行国家标准《有色金属工业安装工程质量验收统一标准》GB 50654的有关规定。

4 观感质量验收应符合现行国家标准《有色金属工业安装工程质量验收统一标准》GB 50654 的有

关规定。

3.2.3 单位工程质量应符合下列规定：

1 单位工程所含分部工程的质量应全部验收合格。

2 质量控制资料应完整。

3 单位工程所含分部工程有关安全及功能的检验资料应完整。

4 主要功能项目的抽查结果应符合现行国家标准《有色金属工业安装工程质量验收统一标准》GB 50654的有关规定。

5 观感质量验收应符合要求。

3.2.4 当分项工程质量不符合相应质量检验评定标准合格的规定时，必须及时进行返修或返工；返工处理的分项工程，应重新进行质量验收。

3.2.5 工程质量不符合规范要求，且经处理和返工仍不能满足安全使用功能的工程严禁验收。

3.3 质量验收的程序及组织

3.3.1 分项工程应由监理工程师（建设单位项目技术负责人）组织施工单位项目专业质量（技术）负责人等进行验收。

3.3.2 分部工程应由总监理工程师（建设单位项目技术负责人）组织施工单位项目负责人和技术、质量负责人等进行验收。

3.3.3 单位工程完工后，施工单位应自行组织有关人员验收，并向建设单位提交工程竣工验收报告。

3.3.4 建设单位收到工程验收报告后，应由建设单位（项目）负责人组织施工、设计、监理等单位（项目）负责人进行单位工程验收。

3.3.5 单位工程质量验收合格后，建设单位应在规定时间内将工程竣工验收报告和有关文件报建设行政管理部门备案。

3.4 设备基础验收

Ⅰ 主控项目

3.4.1 设备基础强度等级应符合设计文件要求。

检查数量：全数检查。

检验方法：检查基础交接资料。

3.4.2 设备就位前，应按施工图并依据测量控制网绘制中心标板及标高基准点布置图，按布置图设置中心标板及标高基准点，并测量投点。主体设备和连续生产线应埋设永久中心标板和标高基准点。

检查数量：全数检查。

检验方法：检查测量成果单，观察检查。

3.4.3 设备基础外观不得有裂纹、蜂窝、空洞及露筋等缺陷。

检查数量：全数检查。

检验方法：观察检查。

Ⅱ 一般项目

3.4.4 设备基础轴线位置、标高、尺寸和地脚螺栓位置应符合设计文件要求或现行国家标准《机械设备安装工程施工及验收通用规范》GB 50231的有关规定。

检查数量：全数检查。

检验方法：按照现行国家标准《机械设备安装工程施工及验收通用规范》GB 50231的有关规定执行。

3.4.5 设备基础表面及预留孔内应清洁，预埋地脚螺栓应防护完好。

检查数量：全数检查。

检验方法：观察检查。

3.5 主要设备、材料、成品和半成品进场验收

Ⅰ 主控项目

3.5.1 设备及构件型号、规格、质量、数量应符合设计文件的要求。

检查数量：全数检查。

检验方法：观察检查，检查设备及构件质量合格证明文件。

3.5.2 材料、成品和半成品等其型号、规格、质量、数量、性能应符合设计文件和现行国家产品标准的要求。进场时应进行验收，并形成验收记录。

检查数量：质量合格证明文件全数检查。实物抽查1%，且不少于5件。设计文件或有关国家标准规定有复验要求的，应按规定进行复验。

检验方法：检查质量合格证明文件、复验报告及验收记录，外观检查或实测。

3.5.3 焊接材料品种、规格、性能应符合设计文件和现行国家标准。

检查数量：全数检查。

检验方法：检查出厂质量合格证明文件、焊条烘焙记录。

3.5.4 高强度螺栓的品种、规格和性能应符合设计文件和现行国家产品标准规定。在施工前，高强度大六角头螺栓应复验其扭矩系数。扭剪型高强度螺栓应复验预拉力（轴力）。其结果应符合现行国家标准《钢结构工程施工质量验收规范》GB 50205的有关规定。

检查数量：待安装的螺栓批中随机抽取，每批8套连接副。

检验方法：检查出厂质量合格证明文件和复验报告。

3.5.5 对属于下列情况之一的钢材应进行抽样复验，其复验结果应符合现行国家产品标准和设计文件要求。

1 国外进口钢材。

2 钢材混批。

3　板厚等于或大于 40mm，且设计有 Z 向性能要求的厚板。

4　对质量有疑义的钢材。

5　设计有复验要求的钢材。

检查数量：全数检查。

检验方法：检查复验报告。

Ⅱ　一 般 项 目

3.5.6　钢板厚度、型钢的规格尺寸及允许偏差应符合现行国家标准的要求。

检查数量：每一品种、规格的钢板或型钢抽查 5 处。

检验方法：用钢尺和游标卡尺检查。

3.5.7　钢材表面外观质量除应符合现行国家有关标准的规定外，尚应符合下列规定：

1　当钢材的表面有锈蚀、麻点或划痕，其深度不得大于该钢材厚度负允许偏差值的 1/2。

检查数量：全数检查。

检验方法：观察和用钢尺、游标卡尺检查。

2　钢材表面的锈蚀等级应符合现行国家标准《涂装前钢材表面锈蚀等级和除锈等级》GB 8923 规定的 C 级及 C 级以上。

检查数量：全数检查。

检验方法：用铲刀检查和用现行国家标准《涂装前钢材表面锈蚀等级和除锈等级》GB 8923 规定的图片对照检查。

3　钢材端边或断口处不应有裂纹、夹层等缺陷。

检查数量：全数检查。

检验方法：观察或用放大镜检查。

3.6　焊　　接

3.6.1　焊工必须经考试并取得合格证书，持证焊工必须在其考试合格项目及认可范围内施焊。

检查数量：全数检查。

检验方法：检查焊工合格证。

3.6.2　焊接前需将焊接部位清洁干净，并检查焊缝坡口、间隙、错边等是否符合要求。

检查数量：抽查 10%，且不少于 3 件。

检验方法：检查焊接工序交接卡。

3.6.3　焊缝内部质量必须符合设计文件的要求。

检查数量：按焊缝质量等级要求检查。

检验方法：检查焊缝探伤报告等。

3.7　特 种 设 备

3.7.1　从事特种设备的制作、安装的施工单位在施工前应书面告知工程所在地特种设备安全监督管理部门。

检查数量：全数检查。

检验方法：检查特种设备告知书。

3.7.2　从事特种设备作业人员的资格应符合要求，并持有有效的资格证书。

检查数量：全数检查。

检验方法：检查有效资格证书。

3.8　工序交接确认

3.8.1　各工序应按施工技术标准进行质量控制，每道工序完成后，应进行交接检验，并形成记录。上道工序未经检验或检验不合格，不得进入下道工序施工。

检查数量：全数检查。

检验方法：检查交接记录。

4　火法冶炼设备

4.1　一 般 规 定

Ⅰ　主 控 项 目

4.1.1　本章适用于重有色金属火法冶炼设备安装工程。重有色金属火法冶炼设备安装质量应按本规范执行。

4.1.2　火法冶炼炉水冷元件安装前应进行水压试验。水压试验应按设计技术文件规定进行。若设计无规定时，试验压力应为工作压力的 1.25 倍，在试验压力下稳压 10min，再将试验压力降至工作压力，停压 30min，以压力不降、无渗漏为合格。

检查数量：全数检查。

检验方法：观察检查，检查试压记录。

4.1.3　火法冶炼炉氧枪与氧气或富氧接触的零部件必须全部脱脂。

检查数量：全数检查。

检验方法：采用清洁干燥的白滤纸擦拭或用紫外线灯照射。

4.2　蒸 汽 干 燥 机

Ⅰ　主 控 项 目

4.2.1　滚圈与托轮的接触长度不应小于滚圈的 60%。

检查数量：托轮全数检查，滚圈均分 16 点检查。

检验方法：塞尺或着色法。

4.2.2　齿圈与小齿轮接触面积不小于齿高的 40%、齿宽的 50%。

检查数量：沿齿圈圆周均分 16 点检查。

检验方法：着色法。

4.2.3　蒸汽干燥机试运转应符合设计要求。

检查数量：全数检查。

检验方法：检查试运转记录。

Ⅱ 一般项目

4.2.4 蒸汽干燥机托轮底座安装允许偏差应符合表4.2.4的规定。

表4.2.4 蒸汽干燥机托轮底座安装允许偏差和检验方法

序号	项目	允许偏差(mm)	检验方法
1	各组底座纵、横向中心线	0.5	经纬仪
2	各组底座中心标高	±0.5	水准仪、尺量
3	各组底座横向中心线平行度	0.1/1000	尺量
4	各组底座跨距	±0.5	尺量
5	跨距对角线相对差	1	尺量
6	底座纵向中心线斜度	0.1/1000	斜度规、框式水平仪

检查数量：全数检查。

检验方法：根据表4.2.4确定。

4.2.5 蒸汽干燥机托轮装置安装允许偏差应符合表4.2.5的规定。

表4.2.5 蒸汽干燥机托轮装置安装允许偏差和检验方法

序号	项目	允许偏差(mm)	检验方法
1	托轮装置顶标高	±0.5	水准仪、尺量
2	托轮间距	±0.5	尺量
3	托轮顶面斜度	0.1/1000	斜度规、框式水平仪

检查数量：全数检查。

检验方法：根据表4.2.5确定。

4.2.6 蒸汽干燥机筒体安装允许偏差应符合表4.2.6的规定。

表4.2.6 蒸汽干燥机筒体安装允许偏差和检验方法

序号	项目	允许偏差(mm)	检验方法
1	齿圈与滚圈间距	±1	尺量
2	齿圈端面跳动	1	百分表
3	齿圈径面跳动	1	百分表

检查数量：全数检查。

检验方法：根据表4.2.6确定。

4.3 热风炉

Ⅱ 一般项目

4.3.1 炉体壳体安装允许偏差应符合表4.3.1的规定。

表4.3.1 炉体壳体安装允许偏差和检验方法

序号	项目	允许偏差(mm)	检验方法
1	壳体不圆度	2/1000	尺量
2	壳体钢板圈上口圆周各点相对高低差	4	水准仪、尺量
3	壳体高度	1/1000，且不大于6	尺量

检查数量：抽查不少于5处。

检验方法：根据表4.3.1确定。

4.3.2 炉箅条立柱安装允许偏差应符合表4.3.2的规定。

表4.3.2 炉箅条立柱安装允许偏差和检验方法

序号	项目	允许偏差(mm)	检验方法
1	立柱纵、横向中心线	2	尺量
2	立柱标高	±2	水准仪、尺量
3	立柱垂直度	2/1000	吊线、尺量

检查数量：抽查20%。

检验方法：根据表4.3.2确定。

4.3.3 炉箅条安装允许偏差应符合表4.3.3的规定。

表4.3.3 炉箅条安装允许偏差和检验方法

序号	项目	允许偏差(mm)	检验方法
1	相邻炉箅条中心距	±3	尺量
2	相邻炉箅条上平面高低差	2	尺量
3	全部炉箅条上平面高低差	4	尺量
4	炉箅条直径	−30～+10	尺量
5	炉箅条与炉墙间空隙	−5～+10	尺量

检查数量：全数检查。

检验方法：根据表4.3.3确定。

4.3.4 燃烧器安装允许偏差应符合表4.3.4的规定。

表4.3.4 燃烧器安装允许偏差和检验方法

序号	项目	允许偏差(mm)	检验方法
1	燃烧器中心线	2	尺量
2	燃烧器标高	±2	尺量
3	上口法兰面水平度	1/1000	水平仪

检查数量：全数检查。

检验方法：根据表4.3.4确定。

4.3.5 助燃风机安装允许偏差应符合表4.3.5的规定。

表4.3.5 助燃风机安装允许偏差和检验方法

序号	项　目	允许偏差（mm）	检验方法
1	风机中心线	2	尺量
2	风机标高	±2	尺量
3	风机纵、横向水平度	0.2/1000	框式水平仪

检查数量：全数检查。

检验方法：根据表4.3.5确定。

4.4 挥 发 窑

Ⅰ 主 控 项 目

4.4.1 滚圈与托轮的接触长度不应小于滚圈的60%。

检查数量：托轮全数检查，滚圈均分16点检查。

检验方法：塞尺或着色法。

4.4.2 齿圈与小齿轮接触面积不小于齿高的40%、齿宽的50%。

检查数量：沿齿圈圆周均分16点检查。

检验方法：着色法。

4.4.3 挥发窑试运转应符合下列规定：

1 带液压挡轮系统的挥发窑，窑体按设计规定的行程和周期要求，沿窑体轴向中心上、下窜动；不带液压挡轮系统的挥发窑，窑体按要求，沿窑体轴向中心1h内上、下窜动两次，滚圈与托轮接触良好。

2 窑头罩、窑尾罩密封装置应密封良好，无异常泄漏。

3 试运转的时间应符合下列规定：

1） 主、辅电动机空转2h；

2） 主、辅电动机分别带动主、辅减速机运转2h；

3） 窑体试运转应符合设计要求。

检查数量：全数检查。

检验方法：试运转记录和观察检查。

Ⅱ 一 般 项 目

4.4.4 托轮滑动轴承组组装应符合设计和设备技术文件要求，若无规定时，按下列规定执行：

1 轴瓦每25mm×25mm面积内接触点数不少于2点，四周有楔行间隙，球瓦活动自如。

2 轴瓦的背面与球瓦的接合面的接触点在每25mm×25mm面积内不少于3点，且在120°角范围内分布均匀。

3 轴瓦与托轮轴的接触点在每1cm²面积内不少于1点，接触角60°～75°，两侧瓦口间隙之和不应小于轴颈直径的12%。

4 轴瓦端面与止推盘的接触点，每1cm²面积内不少于1点。

5 球瓦冷却水套应符合设计要求。

检查数量：全数检查。

检验方法：着色法。

4.4.5 托轮装置底座安装允许偏差应符合表4.4.5的规定。

表4.4.5 托轮装置底座安装允许偏差和检验方法

序号	项　目	允许偏差（mm）	检验方法
1	底座沿窑体轴线方向横向中心线	1.5	经纬仪、尺量
2	底座沿窑体轴线方向纵向中心线	0.5	经纬仪、尺量
3	底座中点标高	±0.5	水准仪、尺量
4	相邻底座标高	0.1/1000	水准仪、尺量
5	底座横向水平度	0.1/1000	框式水平仪
6	底座纵向斜度	0.1/1000	斜度规、框式水平仪
7	相邻两底中心距	±1.5	尺量
8	首尾两底座中心距	±4.5	尺量

检查数量：全数检查。

检验方法：根据表4.4.5确定。

4.4.6 托轮装置安装允许偏差应符合表4.4.6的规定。

表4.4.6 托轮装置安装允许偏差和检验方法

序号	项　目	允许偏差（mm）	检验方法
1	托轮顶面斜度	0.5/1000	斜度规、水平仪
2	同挡两托轮顶面中点连线水平度	1/1000	水准仪、框式水平仪
3	相邻两挡托轮的顶面中点相对高差	0.5	水准仪
4	首尾两挡高差	1.5	水准仪、尺量
5	各托轮轴中心线与窑体轴线的水平距离	0.5	尺量

检查数量：全数检查。

检验方法：根据表4.4.6确定。

4.4.7 挡轮安装允许偏差应符合表4.4.7的规定。

表 4.4.7　挡轮安装允许偏差和检验方法

序号	项　　目	允许偏差 (mm)	检验方法
1	挡轮心轴与铜套之间的间隙和接触轴向窜动量	符合设计要求	尺量
2	挡轮心轴端与止推铜垫接触点	每 25×25 面积内不少于 3 点	着色法
3	挡轮与滚圈的中心线重合度	符合设计要求	尺量
4	挡轮与滚圈接触长度	大于挡轮厚度 50%	尺量

检查数量：全数检查。

检验方法：根据表 4.4.7 确定。

4.4.8　筒体安装允许偏差应符合表 4.4.8 的规定。

表 4.4.8　筒体安装允许偏差和检验方法

序号	项　　目		允许偏差 (mm)	检验方法
1	滚圈与筒体垫板的径向间隙，滚圈与挡头板的间隙		符合设计要求	尺量
2	滚圈宽度中心与托轮宽度中心		3	尺量
3	筒体直径在 2m～4m	窑头、窑尾处	5	旋转窑体在下方设基准点，按 8 等分检查
4		齿轮及各挡圈处	2	
5		各中间接口距焊缝 100mm 以外任意点	8	
6	筒体直径大于 4m	窑头、窑尾处	8	
7		齿轮及各挡圈处	5	
8		各中间接口距焊缝 100mm 以外任意点	12	
9	各挡滚圈中心连线的重合度		1	吊线

检查数量：全数检查。

检验方法：根据表 4.4.8 确定。

4.4.9　传动装置安装允许偏差应符合表 4.4.9 的规定。

表 4.4.9　传动装置安装允许偏差和检验方法

序号	项　　目	允许偏差 (mm)	检验方法
1	大齿圈径向跳动	2	百分表
2	大齿圈轴向跳动	1.5	百分表
3	弹簧板与筒体贴合间隙	0.5	塞尺

检查数量：全数检查。

检验方法：根据表 4.4.9 确定。

4.4.10　窑头罩、窑尾罩安装允许偏差应符合表 4.4.10 的规定。

表 4.4.10　窑头罩、窑尾罩安装允许偏差和检验方法

序号	项　　目	允许偏差 (mm)	检验方法
1	轨道轨距	±2	尺量
2	轨道标高	±5	测量
3	轨道中心线	2	拉线
4	两轨道同一截面处高低差	2	测量
5	窑头、窑尾罩的水平度	1.5/1000	水平仪
6	窑头罩、窑尾罩密封环与窑体中心线同心度	5	尺量
7	固定环与活动环在圆周上间隙	2	尺量

检查数量：全数检查。

检验方法：根据表 4.4.10 确定。

4.5　鼓 风 烧 结 机

Ⅰ　主 控 项 目

4.5.1　鼓风烧结机基础检查允许偏差应符合表 4.5.1 的规定。

表 4.5.1　鼓风烧结机基础检查允许偏差和检验方法

序号	项　　目	允许偏差 (mm)	检验方法
1	机架纵、横向中心线的正交角	10″	经纬仪
2	机架纵向中心线	2	经纬仪
3	烧结机基准点标高与附近水准基点的标高差	±3	水准仪、尺量
4	安装用相邻基准点的标高	±0.5	水准仪、尺量

检查数量：全数检查。

检验方法：根据表 4.5.1 确定。

4.5.2　头部星轮两轴承座的中心距离及轴向窜动间隙应符合设计和设备技术文件要求。

检查数量：全数检查。

检验方法：尺量和百分表检测。

4.5.3　轴承座与轴承座、轴承底座与烧结机机架之

间，螺栓紧固后层间应紧密贴合。

检查数量：全数检查。

检验方法：采用0.05mm塞尺检查，塞入面积不得大于接触面积的1/3。

4.5.4 鼓风烧结机试运转应符合设计要求。

检查数量：全数检查。

检验方法：试运转记录。

Ⅱ 一 般 项 目

4.5.5 鼓风烧结机头部星轮安装允许偏差应符合表4.5.5的规定。

表4.5.5 鼓风烧结机头部星轮安装允许偏差和检验方法

序号	项 目	允许偏差（mm）	检验方法
1	头部星轮轴向等分线与烧结机纵向中心线重合度	1	经纬仪
2	头部星轮轴向中心线与烧结机横向中心线重合度	1	经纬仪
3	头部星轮轴承水平度	0.1/1000	框式水平仪
4	头部星轮轴承标高	±0.5	水准仪、尺量

检查数量：全数检查。

检验方法：根据表4.5.5确定。

4.5.6 鼓风烧结机传动装置安装允许偏差应符合表4.5.6的规定。

表4.5.6 鼓风烧结机传动装置安装允许偏差和检验方法

序号	项 目	允许偏差（mm）	检验方法
1	大齿轮与轴装配后轴线与烧结机头部基准同线重合度	1	经纬仪
2	扭矩杆底座标高	±0.5	水准仪、尺量
3	扭矩杆轴承中心位置	±0.5	尺量
4	扭矩杆上表面水平度	0.1/1000	框架水平仪
5	万向联轴节水平度	1/1000	框架水平仪
6	小齿轮两侧的导向轮与大齿轮两侧的导轨间距	0.5～0.55	尺量

检查数量：全数检查。

检验方法：根据表4.5.6确定。

4.5.7 鼓风烧结机移动架式尾轮安装允许偏差应符合表4.5.7的规定。

表4.5.7 鼓风烧结机移动架式尾轮安装允许偏差和检验方法

序号	项 目	允许偏差（mm）	检验方法
1	尾轮轴承左右轴承座对称中心线与烧结机纵向中心线重合度	1	经纬仪
2	轴承座标高	±0.5	水准仪、尺量
3	尾部链轮轴中心线水平度	0.1/1000	框式水平仪
4	尾部链轮两齿板对称中心线与烧结机纵向中心线重合度	1	经纬仪
5	尾轮轴线中心线与烧结机纵向中心线垂直度	0.1/1000	经纬仪
6	尾部链轮二侧齿板对称点的错位沿齿面方向	1	尺量
7	尾部移动架移动范围内尾轮轴水平度	0.1/1000	框架水平仪

检查数量：全数检查。

检验方法：根据表4.5.7确定。

4.5.8 鼓风烧结机机架安装允许偏差应符合表4.5.8的规定。

表4.5.8 鼓风烧结机机架安装允许偏差和检验方法

序号	项 目	允许偏差（mm）	检验方法
1	机架左、右架对称中心线与基础纵向中心线重合度	2	经纬仪
2	机架左、右架对称中心线与基础纵向中心线平行度	2	尺量
3	机架立柱的垂直度	1/1000，且不大于10	吊线、尺量
4	机架各框架上表面水平度	1/1000，且不大于2	水平仪
5	机架上部与下部宽度之差	5	尺量
6	机架上部与下部对角线相对差	5	尺量

检查数量：全数检查。

检验方法：根据表4.5.8确定。

4.5.9 鼓风烧结机头部弯道安装允许偏差应符合表

4.5.9 的规定。

表 4.5.9 鼓风烧结机头部弯道安装允许偏差和检验方法

序号	项目	允许偏差（mm）	检验方法
1	头部弯道安装以头部星轮齿板为基准，头部弯道对称中心线应与头部星轮齿板对称中心线重合度	1.5	经纬仪
2	固定弯道与链轮的间距（两侧上中下对应点 a、b、c；a′、b′、c′）	±2	尺量
3	两侧链轮片的齿根与弧形导轨的间距（对应点 d、d′、e、e′）	±1.5	尺量
4	两侧弯道上部与下部对应点上的高低差 h	1	尺量
5	内、外弯道的间距	±3	尺量

检查数量：全数检查。

检验方法：根据表 4.5.9 确定。

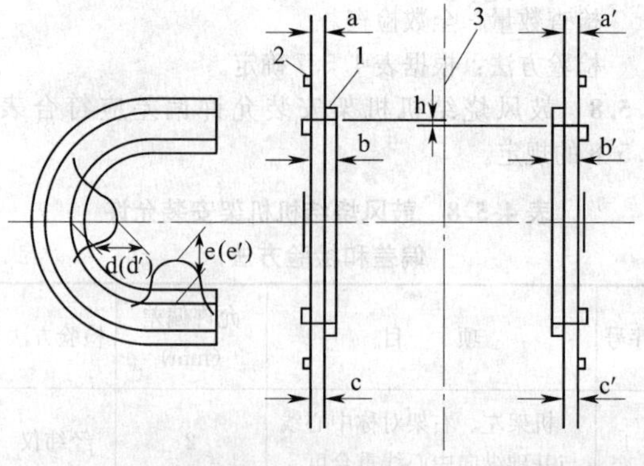

图 4.5.9 鼓风烧结机头部弯道

1—链轮；2—头部弯道；3—鼓风烧结机纵向中心线

4.5.10 鼓风烧结机尾部弯道安装允许偏差应符合本规范第 4.5.9 条的规定并符合表 4.5.10 的规定。

表 4.5.10 鼓风烧结机尾部弯道安装允许偏差和检验方法

序号	项目	允许偏差（mm）	检验方法
1	尾部左、右弯道对称中心线与烧结机纵向中心线重合度	2	经纬仪
2	左、右弯道面对应点标高	2	水准仪、尺量

检查数量：全数检查。

检验方法：根据表 4.5.9 和表 4.5.10 确定。

4.5.11 鼓风烧结机轨道安装允许偏差应符合表 4.5.11 的规定。

表 4.5.11 鼓风烧结机轨道安装允许偏差和检验方法

序号	项目		允许偏差（mm）	检验方法
1	烧结机头、尾部轨道与弯道的接头	纵向间隙	2	尺量
2		高低差	0.5	尺量
3		横向错位	1	尺量
4	同一截面左右轨道高度差		1	尺量
5	上轨道水平度		1/1000，且全长不大于 4	水平仪
6	下轨道水平度		1/1000，且全长不大于 10	水平仪
7	轨道对称中心线烧结机纵向中心线重合度		1.5	经纬仪
8	轨道接头间隙		2	尺量
9	轨道接头高低差		0.5	尺量

检查数量：全数检查。

检验方法：根据表 4.5.11 确定。

4.5.12 鼓风烧结机点火炉安装允许偏差应符合表 4.5.12 的规定。

表 4.5.12 鼓风烧结机点火炉安装允许偏差和检验方法

序号	项目	允许偏差（mm）	检验方法
1	点火炉纵向中心线与烧结机纵向中心线重合度	2	经纬仪
2	点火炉立柱垂直度	1/1000	吊线、尺量
3	烧嘴位置中心线	3	拉线、尺量
4	烧嘴标高	±5	尺量

检查数量：全数检查。

检验方法：根据表 4.5.12 确定。

4.5.13 鼓风烧结机烟罩安装允许偏差应符合表 4.5.13 的规定。

表 4.5.13 鼓风烧结机烟罩安装允许偏差和检验方法

序号	项　　目	允许偏差（mm）	检验方法
1	头、中、尾密封纵向中心线与烧结机中心线重合度	1	经纬仪
2	风箱密封板上平面标高及间隙	符合设计要求	水准仪、尺量
3	大烟罩中心线与烧结机纵向中心线重合度	3	吊线
4	大烟罩台车密封板下沿平行与烧结机纵向中心线平行度	3	尺量
5	烟罩支撑架支撑面水平度	0.5/1000，且不大于 5	框式水平仪

检查数量：全数检查。

检验方法：根据表 4.5.13 确定。

4.6 闪 速 炉

Ⅰ 主 控 项 目

4.6.1 炉体钢架柱底板与预埋钢板的接触面应光滑、平整且相对滑动自由，预留膨胀间隙应符合设计要求。钢架膨胀弹簧组件的预紧力应符合设计要求。

检查数量：全数检查。

检验方法：检查钢架安装记录，检查弹簧调整记录。

Ⅱ 一 般 项 目

4.6.2 反应塔上升烟道钢架安装允许偏差应符合表 4.6.2 的规定。

表 4.6.2 反应塔上升烟道钢架安装允许偏差和检验方法

序号	项　　目	允许偏差（mm）	检验方法
1	立柱纵、横向中心线	3	经纬仪
2	立柱纵向垂直度	0.3/1000	经纬仪
3	立柱横向垂直度	0.5/1000	经纬仪
4	立柱顶标高	±5	水准仪、尺量

检查数量：抽查 20%。

检验方法：根据表 4.6.2 确定。

4.6.3 闪速炉反应塔安装允许偏差应符合表 4.6.3 的规定。

表 4.6.3 闪速炉反应塔安装允许偏差和检验方法

序号	项　　目	允许偏差（mm）	检验方法
1	下法兰水平度	0.5/1000	水准仪
2	筒体直径	−5～+15	尺量
3	筒体高度	−10～+20	尺量
4	悬挂点中心距	±7	尺量

检查数量：全数检查。

检验方法：根据表 4.6.3 确定。

4.6.4 沉淀池安装允许偏差应符合表 4.6.4 的规定。

表 4.6.4 沉淀池安装允许偏差和检验方法

序号	项　　目	允许偏差（mm）	检验方法
1	基础板标高	±3	尺量
2	基础板中心线	3	尺量
3	底梁标高	±3	水准仪
4	底板长度	5	尺量
5	底板间缝宽	3	水准仪
6	底板平面度	7	水准仪

检查数量：全数检查。

检验方法：根据表 4.6.4 确定。

4.6.5 沉淀池框架安装允许偏差应符合表 4.6.5 的规定。

表 4.6.5 沉淀池框架安装允许偏差和检验方法

序号	项　　目	允许偏差（mm）	检验方法
1	框架总长度	−10～+50	尺量
2	框架总宽度	−5～+30	尺量
3	框架总高度	−3～+20	尺量
4	垂直截面对角线相对差	15	尺量
5	水平截面对角线相对差	8	尺量

检查数量：全数检查。

检验方法：根据表 4.6.5 确定。

4.6.6 上升烟道安装允许偏差应符合表 4.6.6 的规定。

表 4.6.6 上升烟道安装允许偏差和检验方法

序号	项　　目	允许偏差（mm）	检验方法
1	上升烟道本体高度	20	尺量
2	上升烟道本体宽度	7	尺量
3	出口底标高	±5	尺量
4	本体上部长度	15	尺量
5	本体下部长度	25	水准仪

检查数量：全数检查。

检验方法：根据表4.6.6确定。

4.6.7 水套安装允许偏差应符合表4.6.7的规定。

表4.6.7 水套安装允许偏差和检验方法

序号	项目	允许偏差(mm)	检验方法
1	水套安装标高	±5	水准仪、尺量
2	同层水套水平度	1	水平仪
3	相邻两水套间隙	±2	塞尺

检查数量：抽查20%，且不少于5处。

检验方法：根据表4.6.7确定。

4.7 电炉

Ⅰ 主控项目

4.7.1 电炉底梁与电炉底板接触面应光滑、平整且相对滑动自由，预留膨胀间隙应符合设计要求。

检查数量：全数检查。

检验方法：检查钢架安装记录，检查弹簧调整记录。

4.7.2 电炉电极的各部位绝缘应符合设计要求。

检查数量：全数检查。

检验方法：检查测试记录。

4.7.3 电极试运转应符合设计和设备技术文件要求。

检查数量：全数检查。

检验方法：检查试运转记录。

Ⅱ 一般项目

4.7.4 电炉基础底板安装允许偏差应符合表4.7.4的规定。

表4.7.4 电炉基础底板安装允许偏差和检验方法

序号	项目	允许偏差(mm)	检验方法
1	基础底板水平度	3	水平仪
2	基础底板标高	±3	水准仪、尺量

检查数量：全数检查。

检验方法：根据表4.7.4确定。

4.7.5 电炉底梁安装允许偏差应符合表4.7.5的规定。

表4.7.5 电炉底梁安装允许偏差和检验方法

序号	项目	允许偏差(mm)	检验方法
1	底梁纵、横向中心线	5	拉线、尺量
2	底梁标高	±3	水准仪、尺量

检查数量：全数检查。

检验方法：根据表4.7.5确定。

4.7.6 电炉炉体安装允许偏差应符合表4.7.6的规定。

表4.7.6 电炉炉体安装允许偏差和检验方法

序号	项目	允许偏差(mm)	检验方法
1	炉体内径	−5～+15	尺量
2	炉体高度	10	水准仪、尺量
3	垂直截面对角线相对差	10	尺量
4	水平截面对角线相对差	15	尺量
5	炉体与底板间的膨胀间隙	±5	尺量

检查数量：全数检查。

检验方法：根据表4.7.6确定。

4.7.7 水套安装应符合本规范第4.6.7条的规定。

检查数量：抽查20%，且不少于5处。

检验方法：根据本规范表4.6.7确定。

4.7.8 电极安装允许偏差应符合表4.7.8的规定。

表4.7.8 电极安装允许偏差和检验方法

序号	项目	允许偏差(mm)	检验方法
1	电极底座纵、横向中心线	5	尺量
2	电极底座标高	±5	尺量
3	单个电极的上、下抱箍与炉顶电极口的同心度	2	吊线、尺量
4	电极护筒垂直度	1/1000，且全长不大于5	吊线、尺量

检查数量：全数检查。

检验方法：根据表4.7.8确定。

4.8 卧式转炉

Ⅰ 主控项目

4.8.1 齿圈、滚圈安装进筒体后，齿圈、滚圈的内圈与筒体垫板外圈的间隙应符合设计要求。

检查数量：每个齿圈和滚圈均抽查不少于8个点。

检验方法：检查齿圈、滚圈安装记录。

4.8.2 滚圈与托轮的接触长度不应小于滚圈的60%。

检查数量：托轮全数检查，滚圈均分16点检查。

检验方法：塞尺或着色法。

4.8.3 齿圈与小齿轮接触面积不小于齿高的40%、

齿宽的50%。

检查数量：沿齿圈圆周均分16点检查。

检验方法：着色法。

4.8.4 卧式转炉驱动装置安装应以小齿轮为基准，调整减速箱输出轴与小齿轮的同轴度应符合设计要求。

检查数量：全数检查。

检验方法：检查减速箱安装记录。

4.8.5 卧式转炉试运转应符合设计要求。

检查数量：全数检查。

检验方法：检查试运转记录。

Ⅱ 一般项目

4.8.6 卧式转炉托轮装置底座安装允许偏差应符合表4.8.6的规定。

表4.8.6 卧式转炉托轮装置底座安装允许偏差和检验方法

序号	项目	允许偏差（mm）	检验方法
1	底座中心线与基础中心线	2	经纬仪
2	底座上表面水平度	0.15/1000	框式水平仪
3	两底座对角线相对差	3.5	尺量
4	两底座标高	±2	水准仪、尺量
5	两底座标高相互差	0.5	水准仪、尺量
6	两底座中心线间距	±3	尺量
7	两底座横向中心线平行度	0.15/1000	尺量

检查数量：全数检查。

检验方法：根据表4.8.6确定。

4.8.7 卧式转炉托轮、托轮装置安装允许偏差应符合表4.8.7的规定。

表4.8.7 卧式转炉托轮、托轮装置安装允许偏差和检验方法

序号	项目	允许偏差（mm）	检验方法
1	托轮装置中心线与卧式转炉纵向中心线的水平距离	±0.5	吊线、尺量
2	两托轮组横向中心距	±2	尺量
3	单个托轮水平度	0.2/1000	框式水平仪
4	托轮装置中心相互高差	0.5	水准仪
5	托轮装置与托轮装置底座接触	塞尺塞入面积不得大于接触面积的1/3	用0.05塞尺检查

检查数量：全数检查。

检验方法：根据表4.8.7确定。

4.8.8 卧式转炉筒体、齿圈及滚圈安装允许偏差应符合表4.8.8的规定。

表4.8.8 卧式转炉筒体、齿圈及滚圈安装允许偏差和检验方法

序号	项目	允许偏差（mm）	检验方法
1	两滚圈间距	±1	尺量
2	滚圈径向跳动	2	百分表
3	齿圈径向跳动	2	百分表
4	齿圈端面跳动	2	百分表
5	筒体风口标高	±0.5	水准仪、尺量

检查数量：全数检查。

检验方法：根据表4.8.8确定。

4.9 阳极精炼炉

Ⅰ 主控项目

4.9.1 齿圈、滚圈安装进筒体后，齿圈、滚圈的内圈与筒体垫板外圈的间隙应符合设计要求。

检查数量：每个齿圈和滚圈均抽查不少于8个点。

检验方法：检查齿圈、滚圈安装记录。

4.9.2 筒体与端盖为法兰连接时，弹簧螺栓的紧固力必须符合设计要求。

检查数量：全数检查。

检验方法：检查安装记录。

4.9.3 滚圈与托轮的接触长度不应小于滚圈的60%。

检查数量：托轮全数检查，滚圈均分16点检查。

检验方法：塞尺或着色法。

4.9.4 齿圈与小齿轮接触面积不小于齿高的40%、齿宽的50%。

检查数量：沿齿圈圆周均分16点检查。

检验方法：着色法。

4.9.5 阳极炉驱动装置安装应以小齿轮为基准，调整减速箱输出轴与小齿轮的同轴度应符合设计要求。

检查数量：全数检查。

检验方法：检查减速箱安装记录。

4.9.6 进料口与烟道端盖的角度应符合设计要求。

检查数量：全数检查。

检验方法：检查安装记录。

4.9.7 烧嘴、喷嘴安装角度应符合设计要求。

检查数量：全数检查。

检验方法：检查安装记录。

4.9.8 阳极炉试运转应符合设计要求。

检查数量：全数检查。

检验方法：检查试运转记录。

Ⅱ 一 般 项 目

4.9.9 阳极炉托轮装置底座安装允许偏差应符合表4.9.9的规定。

表4.9.9 阳极炉托轮装置底座安装允许偏差和检验方法

序号	项 目	允许偏差(mm)	检验方法
1	底座中心线与基础中心线	2	经纬仪
2	底座上表面水平度	0.15/1000	框式水平仪
3	两底座对角线相对差	3.5	尺量
4	两底座标高	±2	水准仪、尺量
5	两底座标高相互差	0.5	水准仪、尺量
6	两底座中心线间距	±3	尺量
7	两底座横向中心线平行度	0.15/1000	尺量

检查数量：全数检查。

检验方法：根据表4.9.9确定。

4.9.10 阳极炉托轮、托轮装置安装允许偏差应符合表4.9.10的规定。

表4.9.10 阳极炉托轮、托轮装置安装允许偏差和检验方法

序号	项 目	允许偏差(mm)	检验方法
1	托轮装置中心线与阳极炉纵向中心线的水平距离	±0.5	吊线、尺量
2	两托轮组横向中心距	±2	尺量
3	单个托轮水平度	0.2/1000	框式水平仪
4	托轮装置中心相互高差	0.5	水准仪
5	托轮装置与托轮装置底座接触	塞尺塞入面积不得大于接触面积的1/3	用0.05塞尺检查

检查数量：全数检查。

检验方法：根据表4.9.10确定。

4.9.11 阳极炉筒体、齿圈及滚圈安装允许偏差应符合表4.9.11的规定。

表4.9.11 阳极炉筒体、齿圈及滚圈安装允许偏差和检验方法

序号	项 目	允许偏差(mm)	检验方法
1	两滚圈间距	±1	尺量
2	滚圈径向跳动	2	百分表
3	齿圈径向跳动	2	百分表
4	齿圈端面跳动	2	百分表

检查数量：全数检查。

检验方法：根据表4.9.11确定。

4.10 氧气底吹炉

Ⅰ 主 控 项 目

4.10.1 齿圈、滚圈安装进筒体后，齿圈、滚圈的内圈与筒体垫板外圈的间隙应符合设计要求。

检查数量：每个齿圈和滚圈均抽查不少于8个点。

检验方法：检查齿圈、滚圈安装记录。

4.10.2 滚圈与托轮的接触长度不应小于滚圈的60%。

检查数量：托轮全数检查，滚圈均分16点检查。

检验方法：塞尺或着色法。

4.10.3 齿圈与小齿轮接触面积不小于齿高的40%、齿宽的50%。

检查数量：沿齿圈圆周均分16点检查。

检验方法：着色法。

4.10.4 底吹炉驱动装置安装应以小齿轮为基准，调整减速箱输出轴与小齿轮的同轴度应符合设计要求。

检查数量：全数检查。

检验方法：检查减速箱安装记录。

4.10.5 底吹炉的燃烧器、氧枪安装位置及角度应符合设计要求。

检查数量：全数检查。

检验方法：检查安装记录。

4.10.6 底吹炉试运转应符合设计要求。

检查数量：全数检查。

检验方法：检查试运转记录。

Ⅱ 一 般 项 目

4.10.7 底吹炉托轮装置底座安装允许偏差应符合表4.10.7的规定。

检查数量：全数检查。

检验方法：根据表4.10.7确定。

表 4.10.7 底吹炉托轮装置底座安装允许偏差和检验方法

序号	项目	允许偏差（mm）	检验方法
1	底座中心线与基础中心线	2	经纬仪
2	底座上表面水平度	0.15/1000	框式水平仪
3	两底座对角线相对差	3.5	尺量
4	两底座标高	±2	水准仪、尺量
5	两底座标高相互差	0.5	水准仪、尺量
6	两底座中心线间距	±3	尺量
7	两底座横向中心线平行度	0.15/1000	尺量

4.10.8 底吹炉托轮、托轮装置安装允许偏差应符合表 4.10.8 的规定。

表 4.10.8 底吹炉托轮、托轮装置安装允许偏差和检验方法

序号	项目	允许偏差（mm）	检验方法
1	托轮装置中心线与底吹炉纵向中心线的水平距离	±0.5	吊线、尺量
2	两托轮组横向中心距	±2	尺量
3	单个托轮水平度	0.2/1000	框式水平仪
4	托轮装置中心相互高差	0.5	水准仪
5	托轮装置与托轮装置底座接触	塞尺塞入面积不得大于接触面积的1/3	用 0.05 塞尺检查

检查数量：全数检查。

检验方法：根据表 4.10.8 确定。

4.10.9 底吹炉筒体、齿圈及滚圈安装允许偏差应符合表 4.10.9 的规定。

表 4.10.9 底吹炉筒体、齿圈及滚圈安装允许偏差和检验方法

序号	项目	允许偏差（mm）	检验方法
1	两滚圈间距	±1	尺量
2	滚圈径向跳动	2	百分表
3	齿圈径向跳动	2	百分表
4	齿圈端面跳动	2	百分表

检查数量：全数检查。

检验方法：根据表 4.10.9 确定。

4.10.10 水套安装位置及水套与水套的间隙应符合设计要求。

检查数量：全数检查。

检验方法：水套安装记录。

4.11 鼓 风 炉

Ⅱ 一 般 项 目

4.11.1 鼓风炉壳体组装允许偏差应符合表 4.11.1 的规定。

表 4.11.1 鼓风炉壳体组装允许偏差和检验方法

序号	项目	允许偏差（mm）	检验方法
1	底板水平度	2/1000，且不大于 20	水平仪
2	底板平面度	5	水平仪
3	底板中心线	10	吊线、尺量
4	壳体拼装长度和宽度	10	尺量
5	炉壳壁板垂直度	1/1000，且不大于 10	吊线、尺量

检查数量：抽查不少于 5 处。

检验方法：根据表 4.11.1 确定。

4.11.2 鼓风炉炉体骨架安装允许偏差应符合表 4.11.2 的规定。

表 4.11.2 鼓风炉炉体骨架安装允许偏差和检验方法

序号	项目	允许偏差（mm）	检验方法
1	立柱垂直度	1/1000，且不大于 10	吊线、尺量
2	横梁水平度	0.5/1000	水平仪
3	骨架两对角线相对差	10	尺量
4	骨架整体标高	±10	水准仪

检查数量：抽查 20%。

检验方法：根据表 4.11.2 确定。

4.11.3 水套安装应符合本规范第 4.6.7 条的规定。

检查数量：抽查 20%，且不少于 5 处。

检验方法：根据本规范表 4.6.7 确定。

4.11.4 加料装置及出料装置安装允许偏差应符合表 4.11.4 的规定。

表 4.11.4 加料装置及出料装置安装允许偏差和检验方法

序号	项目	允许偏差（mm）	检验方法
1	加料装置及出料装置纵、横向中心线	5	吊线、尺量
2	加料管纵向中心线与炉壳夹角	符合设计要求	经纬仪
3	加料口标高	±5	尺量
4	加料口伸进炉体长度	5	尺量

检查数量：全数检查。

检验方法：根据表 4.11.4 确定。

4.11.5 渣口、咽喉口安装位置及角度应符合设计要求。

检查数量：全数检查。

检验方法：渣口、咽喉口安装记录。

4.12 电热前床

Ⅰ 主控项目

4.12.1 电极各部位绝缘必须符合设计要求。

检查数量：全数检查。

检验方法：电极绝缘测试记录。

Ⅱ 一般项目

4.12.2 电热前床壳体组装应符合本规范第 4.11.1 条的规定。

检查数量：抽查不少于 5 处。

检验方法：根据本规范表 4.11.1 确定。

4.12.3 电极极架安装允许偏差应符合表 4.12.3 的规定。

表 4.12.3 电极极架安装允许偏差和检验方法

序号	项目	允许偏差（mm）	检验方法
1	电极底座中心位置	5	吊线、尺量
2	电极架标高	±5	尺量
3	单个电极上、下抱箍与炉顶电极口中心	2	尺量
4	电极护筒垂直度	5	吊线、尺量
5	周边部件与电极护筒间距	±1	尺量

检查数量：全数检查。

检验方法：根据表 4.12.3 确定。

4.13 烟化炉

4.13.1 烟化炉炉体骨架安装应符合本规范第 4.11.2 条的规定。

检查数量：抽查 20%。

检验方法：根据本规范表 4.11.2 确定。

4.13.2 水套安装应符合本规范第 4.6.7 条的规定。

检查数量：抽查 20%，且不少于 5 处。

检验方法：根据本规范表 4.6.7 确定。

4.13.3 加料装置及出料装置安装应符合本规范第 4.11.4 条的规定。

检查数量：全数检查。

检验方法：根据本规范表 4.11.4 确定。

4.13.4 风口安装允许偏差宜符合表 4.13.4 的规定。

表 4.13.4 风口安装允许偏差和检验方法

序号	项目	允许偏差（mm）	检验方法
1	纵、横向中心线	3	吊线、尺量
2	风口标高	±2	尺量

检查数量：抽查 20%，且不少于 5 处。

检验方法：根据表 4.13.4 确定。

4.14 固定式阳极炉

Ⅱ 一般项目

4.14.1 固定式阳极炉炉体骨架安装允许偏差应符合表 4.14.1 的规定。

表 4.14.1 固定式阳极炉炉体骨架安装允许偏差和检验方法

序号	项目	允许偏差（mm）	检验方法
1	底板水平度	1/1000，且不大于 5	水平仪
2	底板板间间隙	±3	尺量
3	立柱、围板垂直度	1/1000	吊线、尺量
4	端、侧围板间间隙	±3	尺量
5	围板两端及中段净宽	+5	尺量
6	炉围板对角线之差	5	尺量
7	放渣口中心位置及标高	5	尺量
8	横梁、拱脚梁水平度	3	水平仪

检查数量：抽查 20%。

检验方法：根据表 4.14.1 确定。

4.14.2 料斗加料管安装应符合本规范第 4.11.4 条的规定。

检查数量：全数检查。

检验方法：根据本规范表 4.11.4 确定。

4.15 艾萨炉、奥斯麦特炉

Ⅰ 主 控 项 目

4.15.1 喷枪小车试运转应符合设计和设备技术文件要求。

检查数量：全数检查。

检验方法：符合设计和设备技术文件要求。

Ⅱ 一 般 项 目

4.15.2 炉底架安装允许偏差应符合表4.15.2的规定。

表 4.15.2 炉底架安装允许偏差和检验方法

序号	项　目	允许偏差（mm）	检验方法
1	炉底架纵、横向中心线	3	经纬仪
2	底架顶面标高	±1	水准仪、尺量
3	底架间距	±5	尺量
4	炉底架纵向水平度	0.2/1000	水准仪
5	炉底架横向水平度	0.5/1000	水准仪

检查数量：全数检查。

检验方法：根据表4.15.2确定。

4.15.3 炉体安装允许偏差应符合表4.15.3的规定。

表 4.15.3 炉体安装允许偏差和检验方法

序号	项　目	允许偏差（mm）	检验方法
1	炉体内径	5	尺量
2	炉体高度	20	尺量
3	炉体下法兰水平度	0.2/1000	水准仪
4	炉体垂直度	1/1000，且全长不大于5	吊线、尺量
5	喷枪口垂直中心位置	3	吊线、尺量
6	炉体过渡段与炉体间的膨胀间隙	符合设计要求	尺量

检查数量：全数检查。

检验方法：根据表4.15.3确定。

4.15.4 水套安装应符合本规范第4.6.7条的规定。

检查数量：抽查20%，且不少于5处。

检验方法：根据本规范表4.6.7确定。

4.15.5 喷枪小车轨道安装允许偏差应符合表4.15.5的规定。

表 4.15.5 喷枪小车轨道安装允许偏差和检验方法

序号	项　目	允许偏差（mm）	检验方法
1	轨道中心线	2	经纬仪
2	轨道标高	±2	尺量
3	轨道垂直度	1/1000，且全长不大于4	吊线、尺量
4	轨道平行度	2	尺量
5	轨道接头间隙	−1	尺量
6	轨道接头偏移量	1	尺量
7	轨道接头高低差	1	水准仪、尺量

检查数量：全数检查。

检验方法：根据表4.15.5确定。

4.16 卡 尔 多 炉

Ⅰ 主 控 项 目

4.16.1 摩擦圈和弹性元件张紧装置应均匀分布在炉体上，且弹性元件紧固力矩应符合设计要求。

检查数量：全数检查。

检验方法：检查弹性元件安装记录。

4.16.2 倾倒轮与炉体支承架主被动滚圈的接触面积应大于50%。

检查数量：全数检查。

检验方法：着色法检查。

4.16.3 试运转应符合下列规定：

1 炉体支撑架试运行，启动或关闭抱箍，检查抱箍抱紧和松开动作是否灵活准确，是否能抱紧驱动轮，反复几次无误后，松开抱箍，启动倾转电机，让炉体从加料角度转动到出料角度，再反转倾转电机，让炉体从出料角度回转到加料角度。反复试转几次，炉体支承架运行平稳，无异声，限位动作准确灵活可靠，即为合格。

2 炉体试运行，将炉体支承架转到炉口竖直向上的角度，合上抱箍，启动炉体支承架上的摩擦电机，让炉体在支承架上旋转一周，再反向旋转一周，反复几次，炉体运行平衡，无异声，限位动作准确，灵活可靠，即为合格。

3 喷枪试运行，将炉体支承架转到吹炼角度，使喷枪对准烧嘴，启动喷枪行走机构，喷枪齿轮齿条行走机构应运行平衡，无卡齿现象，且喷枪自由伸缩，对准烧嘴，限位动作准确，灵活可靠，即为合格。

检查数量：全数检查。

检验方法：检查试运转记录。

Ⅱ 一 般 项 目

4.16.4 托轮底座安装允许偏差应符合表 4.16.4 的规定。

表 4.16.4 托轮底座安装允许偏差和检验方法

序号	项 目	允许偏差（mm）	检验方法
1	托轮底座纵、横向中心线	1	经纬仪
2	电机底座纵、横向中心线	1	经纬仪
3	驱动轮底座与从动轮底座安装标高	±5	水准仪、尺量
4	电机底座安装标高	±5	水准仪、尺量
5	驱动轮与从动轮及电机底座水平度	0.1/1000	框式水平仪
6	驱动轮底座与电机底座中心距	±1	尺量
7	驱动轮与从动轮底座中心距	±1	尺量
8	驱动轮与从动轮底座安装对角线	2	尺量

检查数量：全数检查。

检验方法：根据表 4.16.4 确定。

4.16.5 炉体支承架安装允许偏差应符合表 4.16.5 的规定。

表 4.16.5 炉体支承架安装允许偏差和检验方法

序号	项 目	允许偏差（mm）	检验方法
1	支承架两立面平行度	0.1/1000	尺量
2	支承架四个驱动轮中心线平行度	0.1/1000	尺量
3	支承架倾转水平度	0.1/1000	尺量

检查数量：抽查 20%。

检验方法：根据表 4.16.5 确定。

4.16.6 喷枪架安装允许偏差应符合表 4.16.6 的规定。

表 4.16.6 喷枪架安装允许偏差和检验方法

序号	项 目	允许偏差	检验方法
1	喷枪架安装角度	1°	经纬仪
2	喷枪架安装中心线与炉体横向中心线	2mm	吊线、尺量

检查数量：全数检查。

检验方法：根据表 4.16.6 确定。

4.16.7 水冷烟道安装应符合本规范第 4.6.6 条的规定。

检查数量：抽查 20%，且不少于 5 处。

检验方法：根据本规范表 4.6.6 确定。

4.17 沸 腾 焙 烧 炉

Ⅱ 一 般 项 目

4.17.1 炉体安装允许偏差应符合表 4.17.1 的规定。

表 4.17.1 炉体安装允许偏差和检验方法

序号	项 目	允许偏差（mm）	检验方法
1	壳体不圆度	2/1000	尺量
2	壳体钢板圈上口周各点相对高低差	4	尺量
3	壳体高度	1/1000，且不大于 6	水准仪、尺量
4	壳体垂直度	1/1000，且不大于 10	吊线、尺量
5	溢流口中心位置及标高	5	水准仪、尺量
6	底流口中心位置及标高	2	水准仪、尺量

检查数量：抽查不少于 5 处。

检验方法：根据表 4.17.1 确定。

4.17.2 气体分布板安装允许偏差应符合表 4.17.2 的规定。

表 4.17.2 气体分布板安装允许偏差和检验方法

序号	项 目	允许偏差（mm）	检验方法
1	气体分布板标高	±5	水准仪、尺量
2	气体分布板平面度	10	水准仪
3	风帽垂直度	1/1000	吊线、尺量

检查数量：全数检查。

检验方法：根据表 4.17.2 确定。

4.17.3 燃烧器安装允许偏差应符合表 4.17.3 的规定。

表 4.17.3 燃烧器安装允许偏差和检验方法

序号	项 目	允许偏差（mm）	检验方法
1	燃烧器标高	±2	水准仪、尺量
2	喷嘴标高	±1	水准仪、尺量

检查数量：全数检查。

检验方法：根据表4.17.3确定。

4.17.4 加料管安装允许偏差应符合表4.17.4的规定。

表4.17.4 加料管安装允许偏差和检验方法

序号	项　目	允许偏差（mm）	检验方法
1	加料管纵向中心与炉壳夹角	符合设计要求	经纬仪
2	加料管伸进炉体长度	5	尺量
3	加料管标高	±5	水准仪、尺量

检查数量：全数检查。

检验方法：根据表4.17.4确定。

4.18 多膛炉

Ⅱ 一般项目

4.18.1 炉体骨架安装允许偏差应符合表4.18.1的规定。

表4.18.1 炉体骨架安装允许偏差和检验方法

序号	项　目	允许偏差（mm）	检验方法
1	柱子纵、横中心线	5	拉线、尺量
2	骨架底板平面度	1/1000，且不大于5	水准仪
3	立柱垂直度	1/1000，且不大于10	吊线、尺量
4	任意两立柱间距	1/1000，且不大于10	尺量
5	各柱子相对标高差	3	水准仪、尺量
6	横梁水平度	1/1000，且不大于3	水平仪

检查数量：抽查20%。

检验方法：根据表4.18.1确定。

4.18.2 中心轴安装允许偏差应符合表4.18.2的规定。

表4.18.2 中心轴安装允许偏差和检验方法

序号	项　目	允许偏差（mm）	检验方法
1	中心轴纵、横中心线	2	经纬仪
2	中心轴垂直度	1/1000，且不大于5	吊线、尺量
3	中心轴标高	±5	水准仪、尺量

检查数量：全数检查。

检验方法：根据表4.18.2确定。

4.18.3 料斗加料装置安装应符合本规范第4.11.4条的规定。

检查数量：全数检查。

检验方法：根据本规范表4.11.4确定。

4.19 熔铅锅

Ⅱ 一般项目

4.19.1 熔铅锅壳体安装允许偏差应符合表4.19.1的规定。

表4.19.1 熔铅锅壳体安装允许偏差和检验方法

序号	项　目	允许偏差（mm）	检验方法
1	壳体纵、横中心线	2	经纬仪
2	壳体垂直度	1/1000，且不大于5	吊线、尺量
3	壳体标高	±5	水准仪、尺量

检查数量：全数检查。

检验方法：根据表4.19.1确定。

4.19.2 熔铅锅锅体安装允许偏差应符合表4.19.2的规定。

表4.19.2 熔铅锅锅体安装允许偏差和检验方法

序号	项　目	允许偏差（mm）	检验方法
1	锅体与壳体中心线重合度	2	经纬仪
2	锅体纵、横中心线	2	经纬仪
3	锅体垂直度	1/1000，且不大于5	吊线、尺量
4	锅体标高	±5	水准仪、尺量

检查数量：全数检查。

检验方法：根据表4.19.2确定。

4.20 捅风眼机

Ⅰ 主控项目

4.20.1 捅风眼机试运转应符合设计和设备技术文件要求。

检查数量：全数检查。

检验方法：检查试运转记录。

Ⅱ 一般项目

4.20.2 插风眼机及轨道安装允许偏差应符合表4.20.2的规定。

表4.20.2 插风眼机及轨道安装允许偏差和检验方法

序号	项目	允许偏差（mm）	检验方法
1	轨道中心与炉体中心线	2	经纬仪
2	轨道截面相对标高	1	水准仪、尺量
3	轨道接头高低差	1	尺量
4	轨道接头偏移量	1	尺量
5	轨道接头间隙	−1	尺量
6	两轨道平行度	3	尺量
7	单条轨道水平度	2	水平仪
8	插风眼机钢纤与炉体风眼在同一水平面	0.5	拉线、尺量

检查数量：全数检查。

检验方法：根据表4.20.2确定。

4.21 泥炮开口机

Ⅰ 主控项目

4.21.1 泥炮开口机试运转应符合设计和设备技术文件要求。

检查数量：全数检查。

检验方法：检查试运转记录。

Ⅱ 一般项目

4.21.2 泥炮开口机轨道安装应符合本规范第4.20.2条的规定。

检查数量：全数检查。

检验方法：根据本规范表4.20.2确定。

4.22 浇铸机

Ⅰ 主控项目

4.22.1 浇铸机试运转应符合设计和设备技术文件要求。

检查数量：全数检查。

检验方法：检查试运转记录。

Ⅱ 一般项目

4.22.2 直线浇铸机机架安装允许偏差应符合表4.22.2的规定。

表4.22.2 直线浇铸机机架安装允许偏差和检验方法

序号	项目	允许偏差（mm）	检验方法
1	机架纵向中心线与输送机纵向中心线重合度	2	经纬仪
2	机架立柱垂直度	2/1000，且不大于5	吊线、尺量
3	机架横梁水平度	1/1000，且不大于3	水平仪

检查数量：全数检查。

检验方法：根据表4.22.2确定。

4.22.3 直线浇铸机轨道安装应符合本规范第4.20.2条的规定。

检查数量：全数检查。

检验方法：根据本规范表4.20.2确定。

4.22.4 直线浇铸机链条的安装方向、头尾链轮中心距及拉紧装置调整均应符合设计要求。

检查数量：全数检查。

检验方法：观察检查。

4.22.5 圆盘浇铸机轨道安装允许偏差应符合表4.22.5的规定。

表4.22.5 圆盘浇铸机轨道安装允许偏差和检验方法

序号	项目	允许偏差（mm）	检验方法
1	轨道椭圆度	5	尺量
2	轨道接头偏移量	1	尺量
3	轨道接头高低差	1	尺量
4	轨道接头间隙	−1	尺量
5	轨道每段水平度	0.5/1000	水平仪
6	整盘相对高低差	3	水准仪、尺量

检查数量：全数检查。

检验方法：根据表4.22.5确定。

4.22.6 圆盘浇铸机支承台组装允许偏差应符合表4.22.6的规定。

表4.22.6 圆盘浇铸机支承台组装允许偏差和检验方法

序号	项目	允许偏差（mm）	检验方法
1	支承台椭圆度	10	尺量
2	支撑辊与轨道接触面	≥80%	观察检查

检查数量：全数检查。

检验方法：根据表 4.22.6 确定。

4.23 码 垛 机

Ⅰ 主 控 项 目

4.23.1 码垛机试运转应符合设计和设备技术文件要求。

检查数量：全数检查。

检验方法：检查试运转记录。

Ⅱ 一 般 项 目

4.23.2 码垛机安装允许偏差应符合表 4.23.2 的规定。

表 4.23.2 码垛机安装允许偏差和检验方法

序号	项 目	允许偏差（mm）	检验方法
1	码垛机纵、横向中心线	1	经纬仪
2	定向装置的导承架工作台基面标高	±1	水准仪、尺量
3	定向装置的导承架垂直度	0.2/1000	经纬仪
4	侧向导承架与定向导承架距离	±2	尺量
5	升降电动机水平度	0.1/1000	框式水平仪
6	滑动架高低差	5	水准仪、尺量
7	液压缸垂直度	0.1/1000	吊线、尺量
8	轨道平行度	1/1000	尺量

检查数量：抽查 20%。

检验方法：根据表 4.23.2 确定。

5 湿法冶炼设备

5.1 一 般 规 定

5.1.1 本章适用于重有色金属湿法冶炼设备安装工程。重有色金属湿法冶炼设备安装质量应按本规范进行验收。

5.1.2 湿法冶炼设备的试运转除应符合本规范规定的试运转外，且应符合现行国家标准《机械设备安装工程施工及验收通用规范》GB 50231 的有关规定。

5.2 槽 罐

Ⅰ 主 控 项 目

5.2.1 整体出厂的常压槽罐必须符合设计和设备技术文件要求。

检查数量：全数检查。

检验方法：观察检查、检查质量合格证明文件。

5.2.2 整体出厂的常压槽罐安装完后应进行充水试验，无渗漏为合格。

检查数量：全数检查。

检验方法：观察检查和检查试验记录。

Ⅱ 一 般 项 目

5.2.3 整体出厂的常压槽罐安装允许偏差应符合表 5.2.3 的规定。

表 5.2.3 整体出厂的常压槽罐安装允许偏差和检验方法

序号	项 目	允许偏差（mm）		检验方法
		卧式	立式	
1	横向中心线位置	10	10	吊线、尺量
2	纵向中心线位置	5	10	吊线、尺量
3	标高	±10	±10	水准仪、尺量
4	垂直度	—	1/1000，且不大于 15	吊线、尺量
5	纵向水平度	1/1000，且不大于 10	—	水平仪
6	横向水平度	2/1000，且不大于 5	—	水平仪

检查数量：全数检查。

检验方法：根据表 5.2.3 确定。

5.2.4 大型立式常压钢制槽罐现场制作、安装及检验应符合设计要求，并符合现行国家标准《立式圆筒形钢制焊接储罐施工及验收规范》GB 50128 的有关规定。

检查数量：全数检查。

检验方法：观察检查、检查质量合格证明文件、制安记录。

5.3 搅 拌 槽

Ⅰ 主 控 项 目

5.3.1 机械搅拌式搅拌槽强度和严密性试验应符合设计和设备技术文件要求。

检查数量：全数检查。

检验方法：观察检查和检查试验记录。

5.3.2 机械搅拌式搅拌槽试运转应符合设计和设备技术文件要求，并应符合下列规定：

1 以水代料进行试运行，把水充到正常工作液位高度，连续试运转 1h。

2　设备运行应平稳，不得有异常噪声和振动现象。

3　槽体、人孔及与槽体连接的管路、阀门无泄漏现象。

检查数量：全数检查。

检验方法：观察检查和检查试运行记录。

Ⅱ　一 般 项 目

5.3.3　整体出厂式搅拌槽安装允许偏差应符合表5.3.3的规定。

表 5.3.3　整体出厂机械搅拌槽安装允许偏差和检验方法

序号	项　目	允许偏差（mm）		检验方法
		卧式	立式	
1	横向中心线位置	10	10	吊线、尺量
2	纵向中心线位置	5	10	吊线、尺量
3	标高	±10	±10	水准仪、尺量
4	垂直度	—	1/1000，且不大于15	吊线、尺量
5	纵向水平度	1/1000，且不大于10	—	水平仪
6	横向水平度	2/1000，且不大于5	—	水平仪
7	搅拌轴垂直度	1/1000，且不大于10		吊线、尺量

检查数量：全数检查。

检验方法：根据表5.3.3确定。

5.3.4　大型散件出厂的机械搅拌槽体安装应符合本规范第5.2.3条的规定。

检查数量：全数检查。

检验方法：根据本规范表5.2.3确定。

5.3.5　桥架、导流筒安装允许偏差应符合表5.3.5的规定。

表 5.3.5　桥架、导流筒安装允许偏差和检验方法

序号	项　目	允许偏差（mm）	检验方法
1	桥架纵、横向中心线	3	吊线、尺量
2	桥架标高	±2	水准仪、尺量
3	桥架水平度	1/1000，且不大于5	水平仪
4	导流筒与槽体同轴度	5	尺量

检查数量：全数检查。

检验方法：根据表5.3.5确定。

5.3.6　搅拌装置安装允许偏差应符合表5.3.6的规定。

表 5.3.6　搅拌装置安装允许偏差和检验方法

序号	项　目	允许偏差（mm）	检验方法
1	搅拌轴与槽体中心线同轴度	3	尺量
2	搅拌轴垂直度	1/1000，且不大于10	吊线、尺量
3	传动装置水平度	0.2/1000	水平仪
4	搅拌器与槽底平面间距离	±5	尺量
5	悬臂轴末端径向摆动	符合设备技术文件要求	尺量

检查数量：全数检查。

检验方法：根据表5.3.6确定。

5.4　高　压　釜

Ⅰ　主 控 项 目

5.4.1　高压釜强度和严密性试验应符合设计和设备技术文件要求。

检查数量：全数检查。

检验方法：观察检查和检查试验记录。

Ⅱ　一 般 项 目

5.4.2　高压釜安装允许偏差应符合表5.4.2的规定。

表 5.4.2　高压釜安装允许偏差和检验方法

序号	项　目	允许偏差（mm）	检验方法
1	高压釜釜体纵、横向中心线	5	吊线、尺量
2	高压釜釜体标高	±5	水准仪、尺量
3	高压釜釜体卧式高压釜壳体水平度	0.5/1000，且不大于10	水平仪
4	高压釜釜体搅拌口法兰水平度	0.3/1000	水平仪
5	高压釜釜体同一排各搅拌口法兰表面中心应在同一直线上	5	拉线、尺量
6	搅拌装置搅拌轴垂直度	1/1000，且不大于5	吊线、尺量
7	搅拌装置轴封处轴的径向位移	应符合轴封制造标准要求	百分表
8	搅拌装置搅拌轴悬臂自由端径向摆动	应符合设备技术文件要求	尺量

检查数量：全数检查。

检验方法：根据表 5.4.2 确定。

5.5 浓 密 机

Ⅰ 主 控 项 目

5.5.1 浓密机及零、部件必须符合设计和设备技术文件要求。

检查数量：全数检查。

检验方法：检查出厂合格质量证明文件和观察检查。

5.5.2 浓密机试运转应符合设计和设备技术文件要求，并应符合下列规定：

1 无负荷试运行时间不少于 4h。

2 各联结螺栓牢固无松动现象。

3 各运转部件运转平稳，声音正常。

4 辊轮与轨道在圆周各点均应接触，不悬空、打滑、啃道。

5 提升机构往复运行 5 次。

6 耙架运行不碰池壁、池底，试运转合格后应将耙架、耙杆所有连接螺栓、螺母焊接牢固。

检查数量：全数检查。

检验方法：观察检查和检查试运行记录。

Ⅱ 一 般 项 目

5.5.3 槽体允许偏差应符合表 5.5.3 的规定。

表 5.5.3 槽体允许偏差和检验方法

序号	项 目	允许偏差（mm）	检验方法
1	池底锥面轮廓	2/1000，且不大于 20	拉线、尺量
2	池体半径	1/1000，且不大于 20	尺量
3	池底纵、横向中心线	10	吊线、尺量
4	池体标高	±10	水准仪
5	池体深度	±10	尺量
6	溢流堰水平度	3	水准仪
7	池壁垂直度	5/1000，且不大于 20	吊线、尺量

检查数量：全数检查。

检验方法：根据表 5.5.3 确定。

5.5.4 中心传动浓密机安装允许偏差应符合表 5.5.4 的规定。

表 5.5.4 中心传动浓密机安装允许偏差和检验方法

序号	项 目	允许偏差（mm）	检验方法
1	传动机构支架纵横向中心线与池体中心线同心度	4	拉线、尺量
2	传动机构支架与池体标高相对差	2	尺量
3	传动机构支架纵、横向水平度	1/1000，且不大于 5	尺量
4	传动装置中心线与池体中心线同轴度	2	水准仪
5	传动装置与池体标高相对差	2	尺量
6	传动装置纵、横向水平度	0.5/1000	水准仪
7	耙架升降机构滑动轴承孔与大涡轮的轴孔同心度	0.15	百分表
8	耙架升降机构主轴垂直度	1/1000，且不大于 5	吊线，尺量

检查数量：全数检查。

检验方法：根据表 5.5.4 确定。

5.5.5 周边传动浓密机轨道、传动齿条、中心盘座安装允许偏差应符合表 5.5.5 的规定。

表 5.5.5 周边传动浓密机轨道、传动齿条、中心盘座安装允许偏差和检验方法

序号	项 目	允许偏差（mm）	检验方法
1	圆周轨道直径小于 45m 时，轨道圆度	8	尺量
2	圆周轨道直径不小于 45m 时，轨道圆度	12	尺量
3	圆周轨道轨道与中心盘标高相对差	5	水准仪
4	圆周轨道轨道面水平度	1/1000，且不大于 5	水准仪
5	圆周轨道轨道接头偏移	1	尺量
6	两轨道接头处间隙	1	尺量
7	齿条齿顶面至轨道顶面距离	−2～0	水准仪
8	齿条与轨道中心线之间距离	±2	尺量
9	齿条接头处周节	1	水准仪

续表 5.5.5

序号	项　目	允许偏差（mm）	检验方法
10	齿条齿顶面水平度	1/1000，且不大于 3	水准仪
11	中心盘座与池体中心同心度	2	百分表
12	中心盘座标高	0～10	吊线，尺量
13	中心盘座水平度	0.10/1000	框式水平仪

检查数量：全数检查。

检验方法：根据表 5.5.5 确定。

5.6 过 滤 机

Ⅰ 主 控 项 目

5.6.1 设备及零、部件必须符合设计和设备技术文件要求。

检查数量：全数检查。

检验方法：检查出厂合格质量证明文件和观察检查。

5.6.2 箱式和卧式板框压滤机试运行应符合设计和设备技术文件要求，并应符合下列规定：

1 启动液压系统压紧板驱动油缸动作使压紧板前、后移动，调整行程极限开关位置应符合设计文件的规定。

2 压紧板前、后移动不应少于 3 次，且压紧板移动应平稳，滤板压紧和松开试验，动作应灵活可靠，压紧板移动速度、行程和压力均应符合设计文件规定。

3 在压紧板松开状态下运转滤板移送装置，连续完成移送全部滤板，滤板移送应平稳，移送位置应符合设计文件的规定。

4 滤布振动装置应在滤板全部松开卸滤饼状态下进行试运转，振动器工作位置应符合设计文件的规定，振动器工作应平稳无异常。

5 滤布清洗机应在全部滤板松开在清洗状态的试运转，调整停止位置行程极限开关位置应符合设计文件的规定，清洗喷嘴的起伏及移动应相互协调。

6 滤布清洗积水盘移动小车在全行程内往返动作不应少于 3 次，运行应平稳，不卡轨。停止位置应符合设计文件的规定。

检查数量：全数检查。

检验方法：观察检查、检查试运转记录。

5.6.3 转鼓外滤式真空过滤机试运行应符合设计和设备技术文件的要求，并应符合下列规定：

1 无负荷试运转 4h，从低速至高速分档逐级试验，高速运行时间不少于 2h。

2 瞬时吹风装置的相应动作程序应符合工艺要求。

3 过滤筒径向跳动值符合设备技术文件要求。

4 槽体及各种管路不得泄漏。

5.6.4 水平圆盘过滤机试运行应符合设计和设备技术文件要求。

检查数量：全数检查。

检验方法：观察检查、检查试运转记录。

5.6.5 管式真空过滤机试运行应符合设计和设备技术文件要求。

检查数量：全数检查。

检验方法：观察检查、检查试运转记录。

5.6.6 翻斗真空过滤机试运行应符合设计和设备技术文件要求，并应符合下列规定：

1 设备运行方向正确，不可逆转。

2 转速从零起调，由低到高逐级试运行，连续运转不少于 4h。

3 托轮回转灵活，与轨道接触良好。

4 滤盘运转平稳、翻转灵活、变位正确，翻盘叉滚轮与导轨的接触良好。

检查数量：全数检查。

检验方法：观察检查、检查试运转记录。

5.6.7 带式真空过滤机试运行应符合设计和设备技术文件要求，并应符合下列规定：

1 无负荷试运行应在滤带极限速度条件下运行 1h，且不小于 2 个循环。

2 调校滤带、移动式真空室速度符合设备技术文件要求。

3 各种管路不得泄漏，并测定真空系统真空度。

4 滤带在运行过程中不得有打滑、跑偏现象，且无明显的卡阻及蠕动现象。

5 真空室的滚轮与导轨接触良好。

6 气动系统及电气元件动作灵敏、准确、可靠。

检查数量：全数检查。

检验方法：观察检查、检查试运转记录。

5.6.8 三足式离心机试运转应符合设计和设备技术文件要求，并应符合下列规定：

1 空负荷运转不得少于 2h。

2 每小时循环次数，即启动次数 3 次～4 次。

3 设备运转应平稳，无明显振动，振动幅度应符合设备技术文件要求。

4 制动装置灵敏，制动停止时间符合要求。

检查数量：全数检查。

检验方法：观察检查、检查试运转记录。

Ⅱ 一 般 项 目

5.6.9 整体箱式和卧式板框压滤机安装允许偏差应符合表5.6.9的规定。

表 5.6.9 整体箱式和卧式板框压滤机安装允许偏差和检验方法

序号	项目	允许偏差（mm）	检验方法
1	机架纵横向中心线	5	吊线、尺量
2	机架标高	±5	水准仪
3	机架水平度	0.5/1000，且不大于 2	水平仪

检查数量：全数检查。

检验方法：根据表 5.6.9 确定。

5.6.10 现场组装箱式和卧式板框压滤机安装允许偏差应符合表 5.6.10 的规定。

表 5.6.10 现场组装箱式和卧式板框压滤机允许偏差和检验方法

序号	项目	允许偏差（mm）	检验方法
1	压紧架、止推架纵横向中心线	3	吊线、尺量
2	压紧架、止推架标高	±4	水准仪
3	机架主梁内对角线相对差	4	尺量
4	机架板梁上对角线四点的标高相对差	4	水准仪
5	积水盘移动轨道纵横向中心线	4	尺量
6	积水盘移动轨道标高	±4	水准仪
7	积水盘同一横截面两轨道标高相对差	4	水准仪
8	积水盘两移动轨道轨距	±2	尺量
9	滤布清洗机行走轨道纵横向中心线	4	尺量
10	滤布清洗机行走轨道标高	±4	水准仪
11	滤布清洗机同一横截面两轨道标高相对差	4	水准仪
12	滤布清洗机行走轨道轨距	±2	尺量

检查数量：全数检查。

检验方法：根据表 5.6.10 确定。

5.6.11 转鼓外滤式真空过滤机安装允许偏差应符合表 5.6.11 的规定。

表 5.6.11 转鼓外滤式真空过滤机安装允许偏差和检验方法

序号	项目	允许偏差（mm）	检验方法
1	滤鼓纵、横向中心线	5	拉线尺量
2	滤鼓标高	±5	水准仪、尺量
3	滤鼓主轴水平度	0.2/1000	水平仪
4	滤鼓横向水平度	0.3/1000	水平仪
5	滤鼓外圆径向跳动	5	尺量
6	刮刀与滤鼓间隙	符合设计要求	尺量
7	转鼓两空心轴中心线的同轴度	0.5	尺量
8	捆扎丝杆与滤鼓的平行度	0.5/1000	拉线、尺量
9	搅拌器传动装置与转鼓筒体纵、横向中心线之间距离	±2	拉线尺量
10	搅拌器传动轴与转鼓筒体中心线标高相对差	1	水准仪、尺量
11	搅拌器桨叶与槽体之间的间隙	±20%设计值	尺量
12	搅拌器曲柄轴水平度	0.5/1000	水平仪

检查数量：全数检查。

检验方法：根据表 5.6.11 确定。

5.6.12 水平圆盘真空过滤机安装允许偏差应符合表 5.6.12 的规定。

表 5.6.12 水平圆盘真空过滤机安装允许偏差和检验方法

序号	项目	允许偏差（mm）	检验方法
1	纵、横向中心线	5	吊线、尺量
2	标高	±5	水准仪、尺量
3	座圈水平度	0.2/1000	水平仪
4	张紧轮轴线垂直度	1	框式水平仪
5	滤盘平面度	1	水平仪
6	滤盘水平度	0.2/1000，且不大于 0.5	水平仪
7	摩擦板上表面水平度	1/1000，且不大于 2	水平仪
8	卸料挡板与滤盘之间距离	1	尺量
9	卸料螺旋与过滤面之间距离	≤2	尺量

检查数量：全数检查。

检验方法：根据表5.6.12确定。

5.6.13 管式真空过滤机安装允许偏差应符合表5.6.13的规定。

表5.6.13 管式真空过滤机安装允许偏差和检验方法

序号	项目	允许偏差（mm）	检验方法
1	筒体纵、横向中心线	5	尺量
2	筒体标高	±5	水准仪、尺量
3	筒体垂直度	1/1000，且不大于5	吊线、尺量
4	壳体上的各管口方位	符合设计要求	吊线、尺量

检查数量：全数检查。

检验方法：根据表5.6.13确定。

5.6.14 翻斗真空过滤机安装允许偏差应符合表5.6.14的规定。

表5.6.14 翻斗真空过滤机安装允许偏差和检验方法

序号	项目	允许偏差（mm）	检验方法
1	纵、横向中心线	5	吊线、尺量
2	标高	±5	水准仪
3	内外转盘与分配头机构同心度	1	吊线、尺量
4	转盘周边导轨的起翻线、渣口中心线	2	吊线、尺量
5	转盘上平面水平度	1/1000，且不大于5	水平仪
6	单只滤斗水平度	1/1000，且不大于5	水平仪
7	相邻滤斗之间的搭边量	2	尺量

检查数量：全数检查。

检验方法：根据表5.6.14确定。

5.6.15 带式真空过滤机安装允许偏差应符合表5.6.15的规定。

表5.6.15 带式真空过滤机安装允许偏差和检验方法

续表5.6.15

序号	项目	允许偏差（mm）	检验方法
1	机架纵向中心线	5	吊线、尺量
2	机架标高	0～10	水准仪
3	机架支腿的垂直度	1/1000，且不大于2	吊线、尺量
4	机架纵向水平度	1/1000，且不大于10	水准仪
5	驱动、拉紧辊筒水平度	0.5/1000，且不大于1.5	水平仪
6	辊筒轴线对机架的纵向中心线的垂直度	1/1000，且不大于2	拉线、尺量
7	辊筒横向中心线	3	尺量
8	各辊子间的平行度	2/1000，且不大于5	尺量
9	移动真空室导轨纵向水平度	1/1000，且不大于5	水准仪
10	移动真空室两导轨间距	±2	尺量
11	移动真空室两导轨标高相对差	1	平尺、水平仪
12	移动真空室相邻滤板连接处高低差	1.5	尺量
13	刮刀与滤布之间间隙	符合设计要求	塞尺

检查数量：全数检查。

检验方法：根据表5.6.15确定。

5.6.16 三足式离心机安装允许偏差应符合表5.6.16的规定。

表5.6.16 三足式离心机安装允许偏差和检验方法

序号	项目	允许偏差（mm）	检验方法
1	纵、横向中心线	10	吊线、尺量
2	标高	±10	水准仪
3	水平度	0.5/1000	水平仪
4	刮刀与转鼓壁过滤介质最小距离	1	尺量
5	离心机刮刀与转鼓底最小距离	1	尺量

检查数量：全数检查。

检验方法：根据表5.6.16确定。

5.7 多效蒸发器

Ⅰ 主控项目

5.7.1 设备及零、部件必须符合设计和设备技术文件要求。

检查数量：全数检查。

检验方法：检查出厂合格质量证明文件和观察检查。

5.7.2 设备安装完成后，应按设计和设备技术文件要求进行水压试验，且符合设计要求。

检查数量：全数检查。

检验方法：观察检查，检查试验记录。

Ⅱ 一 般 项 目

5.7.3 多效蒸发器安装允许偏差应符合表5.7.3的规定。

表5.7.3 多效蒸发器机安装允许偏差和检验方法

序号	项 目	允许偏差（mm）	检验方法
1	纵、横向中心线	10	吊线、尺量
2	标高	±10	水准仪、尺量
3	垂直度	1/1000，且不大于10	吊线、尺量

检查数量：全数检查。

检验方法：根据表5.7.3确定。

5.8 冷 却 塔

Ⅰ 主 控 项 目

5.8.1 设备及零、部件必须符合设计和设备技术文件要求。

检查数量：全数检查。

检验方法：检查出厂合格质量证明文件和观察检查。

5.8.2 设备安装完后，积液盘盛水试验应严密无渗漏。

检查数量：全数检查。

检验方法：观察检查，检查试验记录。

5.8.3 风机试运行应符合设计和设备技术文件要求，并应符合下列规定：

1 风机应连续运行4h，电动机的电流应符合设备技术文件的要求，不得超过额定电流值。

2 风叶转动平稳，无异常声响和振动。

检查数量：全数检查。

检验方法：观察检查，检查试运转记录。

Ⅱ 一 般 项 目

5.8.4 冷却塔筒体安装允许偏差应符合表5.8.4的规定。

表5.8.4 冷却塔筒体安装允许偏差和检验方法

序号	项 目	允许偏差（mm）	检验方法
1	纵、横向中心线	20	吊线、尺量
2	标高	±20	水准仪、尺量
3	垂直度	2/1000，且不大于10	吊线、尺量

检查数量：全数检查。

检验方法：根据表5.8.4确定。

5.8.5 冷却风机安装允许偏差应符合表5.8.5的规定。

表5.8.5 冷却风机安装允许偏差和检验方法

序号	项 目	允许偏差（mm）	检验方法
1	风机纵、横向中心线	1	吊线、尺量
2	风机标高	±5	水准仪、尺量
3	风机主轴水平度	0.2/1000	水平仪
4	风机主轴与风筒同轴度	5	尺量
5	轮毂径向跳动	0.15	百分表

检查数量：全数检查。

检验方法：根据表5.8.5确定。

5.9 换 热 器

Ⅰ 主 控 项 目

5.9.1 设备及零、部件必须符合设计和设备技术文件要求。

检查数量：全数检查。

检验方法：检查出厂合格质量证明文件和观察检查。

5.9.2 换热器安装完后，要按设计和设备技术文件要求进行强度和严密性试验。

检查数量：全数检查。

检验方法：观察检查，检查试验记录。

Ⅱ 一 般 项 目

5.9.3 管壳式换热器安装允许偏差应符合表5.9.3的规定。

表5.9.3 管壳式换热器安装允许偏差和检验方法

序号	项 目	允许偏差（mm）		检验方法
		卧式	立式	
1	中心线位置	5		吊线、尺量
2	标高	±5		水准仪、尺量

续表 5.9.3

序号	项　目	允许偏差（mm）		检验方法
		卧式	立式	
3	垂直度	—	1/1000，且不大于 10	吊线、尺量
4	轴向水平度	1/1000，且不大于 10	—	水平仪
5	径向水平度	2/1000，且不大于 10	—	水平仪

检查数量：全数检查。

检验方法：根据表 5.9.3 确定。

5.9.4 板片式换热器安装允许偏差应符合表 5.9.4 的规定。

表 5.9.4 板片式换热器允许偏差和检验方法

序号	项　目	允许偏差（mm）	检验方法
1	纵、横向中心线	5	吊线、尺量
2	标高	±5	水准仪、尺量
3	垂直度	1/1000，且不大于 10	吊线、尺量

检查数量：全数检查。

检验方法：根据表 5.9.4 确定。

5.10 电　解　槽

Ⅰ 主 控 项 目

5.10.1 槽体校正完成后，应对槽体进行清洗，且进行 48h 贮水抗渗试验。

检查数量：全数检查。

检验方法：观察检查，检查试验记录。

Ⅱ 一 般 项 目

5.10.2 半自动装、出槽车间用电解槽槽体安装允许偏差应符合表 5.10.2 的规定。

表 5.10.2 半自动装、出槽车间用电解槽槽体安装允许偏差和检验方法

序号	项　目	允许偏差（mm）	检验方法
1	单台电解槽槽面水平度	1/1000，且不大于 5	水平仪
2	整列电解槽槽面标高	±5	水平仪
3	单台电解槽纵、横向中心线	5	拉线、尺量
4	相邻电解槽纵向中心线距离	±5	尺量
5	相邻两列电解槽横向中心线距离	±15	用尺检查

检查数量：全数检查。

检验方法：根据表 5.10.2 确定。

5.10.3 全自动装、出槽车间用电解槽槽体安装允许偏差应符合表 5.10.3 的规定。

表 5.10.3 全自动装、出槽车间用电解槽槽体安装允许偏差和检验方法

序号	项　目	允许偏差（mm）	检验方法
1	单台电解槽槽面水平度	0.5/1000，且不大于 2	水平仪
2	同列电解槽槽面标高	±2	水平仪
3	单台电解槽纵、横向中心线	1	拉线、尺量
4	同列相邻电解槽纵向中心线距离	±1	拉线、尺量
5	相邻两列电解槽横向中心线距离	±5	尺量
6	同列各电解槽横向中心线与多功能天车行走轨道平行度	1/1000，且不大于 3	经纬仪，尺量

检查数量：全数检查。

检验方法：根据表 5.10.3 确定。

5.11 阳极准备机组

Ⅰ 主控项目

5.11.1 铜电解阳极板制作加工机组试运行应符合设计和设备技术文件要求，并应符合下列规定：

1 各部机器安全保护装置齐全、灵敏可靠。

2 电磁换向阀灵敏、准确。

3 液压系统不得吸空、泄漏。

4 提板钩停止位置正确。

5 提板链条运行应不少于 3 周。

6 链轮与链条啮合良好，运行平稳，不得有卡阻现象。

7 机组应连续运行 20min，运行应平稳，机构动作协调准确，符合设计要求。

检查数量：全数检查。

检验方法：观察检查，检查试运转记录。

5.11.2 锌电解阳极准备机组的阳极小车、拍平机试运行应符合设计和设备技术文件要求，并应符合下列规定：

1 阳极小车运行平稳，无异常声响。

2 提升汽缸动作5次以上，动作灵活平稳，行程符合要求。

3 拍平汽缸动作自如，无变形松动等现象。

4 阳极小车停位准确，拍平机取板、平板、放板的动作正确，位置准确。

5 机组连续运行20min以上，动作平稳、准确，符合工艺要求。

检查数量：全数检查。

检验方法：观察检查，检查试运转记录。

Ⅱ 一般项目

5.11.3 铜电解阳极板制作加工机组安装允许偏差应符合表5.11.3的规定。

表5.11.3 铜电解阳极板制作加工机组安装允许偏差和检验方法

序号	项目	允许偏差（mm）	检验方法
1	链式输送机纵、横向中心线	2	吊线、尺量
2	链式输送机标高	±2	水准仪
3	链式输送机轨道水平度	1/1000，且不大于5	吊线、尺量
4	链式输送机轨道间距	±2	水准仪
5	链式输送机轨道接头偏移	1	尺量
6	整形装置相对机组纵向中心线	1	吊线、尺量
7	整形装置横向中心线	2	吊线、尺量
8	整形装置与输送机标高相对差	2	尺量
9	整形装置压力机油缸纵、横向水平度	0.2/1000	水平仪
10	整形装置铣耳机轨道水平度及平行度	0.4/1000	水平仪
11	提升拨距装置相对机组纵向中心线	1	吊线、尺量
12	提升拨距装置机架横向中心线	2	吊线、尺量
13	提升拨距装置机架相对机组标高差	2	平尺、水平仪
14	提升拨距装置两侧链轮轴与机架纵向中心线垂直度	1	尺量
15	排板运输机机架相对机组纵、横向中心线	2	吊线、尺量
16	排板运输机轨道直线度	1/1000，且不大于5	拉线、尺量
17	排板运输机两轨道间距离	±2	尺量
18	排板运输机两轨道相对标高差	2	尺量
19	排板运输机轨道水平度	1/1000，且不大于5	水平仪
20	排板运输机轨道接头偏移	1	尺量
21	排板运输机滚轮轴横向中心线	3	吊线、尺量
22	排板运输机驱动和拉紧滚轮轴水平度	0.5/1000	水平仪

检查数量：全数检查。

检验方法：根据表5.11.3确定。

5.12 始极片准备机组

Ⅰ 主控项目

5.12.1 始极片准备机组试运行应符合设计和设备技术文件要求，并应符合下列规定：

1 各部机器安全保护装置是否齐全、灵敏可靠。

2 电磁换向阀是否灵敏、准确。

3 液压、气动系统不得吸空、泄漏。

4 提板链条运行应不少于3周。

5 链轮及链条啮合良好，运行平稳，不得有卡阻现象。

6 机组应连续空载运行20min，运行应平稳，机构动作协调准确，符合设计要求。

检查数量：全数检查。

检验方法：观察检查，检查试运转记录。

Ⅱ 一般项目

5.12.2 始极片准备机组安装允许偏差应符合表

5.12.2 的规定。

表 5.12.2 始极片准备机组安装允许偏差和检验方法

序号	项目	允许偏差（mm）	检验方法
1	输送辊道纵、横向中心线	2	吊线、尺量
2	输送辊道标高	±1	水准仪
3	输送辊道水平度	0.2/1000	吊线、尺量
4	输送辊子轴线与机组纵向中心线垂直度	0.2/1000	水准仪
5	输送辊道相邻辊子平行度	0.3/1000，且累积不大于 0.6/1000	尺量
6	移送台车纵向中心线	2	吊线、尺量
7	移送台车标高	±2	水准仪、尺量
8	移送台车轨道纵向水平度	0.5/1000	水准仪
9	移送台车轨道横向水平度	0.3/1000	尺量
10	轨道间距离	±3	水平仪
11	对辊压纹机辊轮纵向水平度	0.5/1000	水平仪
12	对辊压纹机辊轮平行度	0.2/1000	尺量
13	输送辊轮纵、横向水平度	0.5/1000	水平仪
14	推进器纵、横向水平度	1/1000	水平仪、尺量
15	平板剪板机机架纵、横向中心线	2	经纬仪
16	平板剪板机机架标高	±1	水准仪、尺量
17	平板剪板机平板工作台面纵、横向水平度	0.2/1000	框式水平仪
18	平板剪板机平板机四根导向立柱的垂直度	0.2/1000	吊线、尺量
19	平板剪板机任意两根导向立柱间距	0.3	尺量
20	平板剪板机上、下剪刀平行度	0.1	尺量
21	提升拨距机相对机组纵向中心线	1	吊线、尺量
22	提升拨距机机架横向中心线	2	吊线、尺量
23	提升拨距机机架相对机组标高差	2	平尺、水平仪
24	提升拨距机两侧链轮轴与机架纵向中心线垂直度	1	尺量
25	排板运输机机架相对机组纵、横向中心线	2	吊线、尺量
26	排板输送机轨道直线度	1/1000，且不大于 5	拉线、尺量
27	排板输送机两轨道间距离	±2	尺量
28	排板输送机两轨道相对标高差	2	尺量
29	排板输送机轨道水平度	1/1000，且不大于 5	水平仪
30	排板输送机轨道接头偏移	1	尺量
31	排板输送机滚轮轴横向中心线	3	吊线、尺量
32	排板输送机驱动和拉紧滚轮轴水平度	0.5/1000	水平仪

检查数量：全数检查。

检验方法：根据表 5.12.2 确定。

5.13 残极洗刷机组

Ⅰ 主控项目

5.13.1 残极洗刷机组试运行应符合设计和设备技术文件要求，并应符合下列规定：

1 机组安全保护装置齐全、灵敏可靠。

2 倾翻和升降缸动作 5 次以上，动作灵活平稳，行程符合要求。

3 液压系统、水系统无泄漏。

4 链轮与链条啮合良好，运行平稳，不得有卡阻现象。

5 机组连续运行 20min 以上，动作平稳、准确，符合工艺要求。

检查数量：全数检查。

检验方法：观察检查，检查试运转记录。

Ⅱ 一般项目

5.13.2 残极洗刷机组安装允许偏差应符合表

5.13.2 的规定。

表 5.13.2 残极洗刷机组安装允许偏差和检验方法

序号	项目	允许偏差（mm）	检验方法
1	洗涤运输机两轨道纵向中心线	5	吊线、尺量
2	洗涤运输机轨道标高	±5	水准仪
3	洗涤运输机两轨道标高差	1	拉线、尺量
4	洗涤运输机轨道直线度和水平度	0.5/1000，且不大于 5	吊线、尺量
5	洗涤运输机两轨道间距离	±3	尺量
6	洗涤运输机纵向中心线	2	吊线、尺量
7	洗涤运输机标高	±5	水准仪
8	洗涤运输机纵、横向水平度	1/1000，且不大于 5	水准仪
9	倾转及移载装置输送辊轮纵、横向水平度	0.5/1000	水准仪
10	倾转及移载装置油缸水平度、垂直度	0.4/1000	水平仪
11	链式输送机机架中心线相对机组中心线	3	吊线、尺量
12	链式输送机机架支柱垂直度	1/1000，且不大于 3	尺量
13	链式输送机机架水平度	1/1000，且不大于 5	水平仪
14	链式输送机两轨道标高差	1	水平仪、尺量
15	链式输送机两导轨间距	±1	尺量
16	链式输送机两侧链轮轴中心距	±1	尺量
17	称量升降机机架中心线与输送机中心线同轴度	3	拉线、尺量
18	称量升降机标高	±1	水准仪
19	称量升降机机架垂直度	1/1000，且不大于 3	吊线、尺量
20	称量升降机机架水平度	1/1000，且不大于 5	水准仪

检查数量：全数检查。

检验方法：根据表 5.13.2 确定。

5.14 立式阴极刷板机

Ⅰ 主控项目

5.14.1 立式阴极刷板机试运行应符合设计和设备技术文件要求，并应符合下列规定：

1 输送机运行平稳，无异常声响。

2 提升动作 5 次以上，动作平稳，行程符合要求。

3 刷滚转动正常，刷滚调距丝杆灵活。

4 阴极输送机停位准确，取板、刷板、放板的动作正确，位置准确。

5 机组连续运行 20min 以上，各部动作平稳、准确，符合工艺要求。

检查数量：全数检查。

检验方法：观察检查，检查试运转记录。

Ⅱ 一般项目

5.14.2 立式阴极刷板机安装允许偏差应符合表 5.14.2 的规定。

表 5.14.2 立式阴极刷板机安装允许偏差和检验方法

序号	项目	允许偏差（mm）	检验方法
1	阴极输送机机架纵向中心线	3	吊线、尺量
2	阴极输送机机架支柱垂直度	1/1000，且不大于 3	水准仪
3	阴极输送机机架纵向水平度	1/1000，且不大于 5	吊线、尺量
4	阴极输送机机架横向水平度	1	水平仪
5	阴极输送机机架标高	±5	水准仪
6	阴极输送机轨道直线度	1/1000，且不大于 5	拉线、尺量
7	阴极输送机两轨道间距离	±1	尺量
8	阴极输送机两轨道标高差	1	拉线、尺量
9	阴极输送机首尾链轮轴横向中心距	±0.5	尺量
10	阴极输送机链轮纵向中心距	±1	尺量
11	刷板机机架相对阴极输送机纵向中心线	3	吊线、尺量

续表 5.14.2

序号	项目	允许偏差(mm)	检验方法
12	刷板机机架标高	±5	水准仪
13	刷板机导轨垂直度	0.5/1000，且不大于5	吊线、尺量
14	刷板机机架水平度	0.8	水平仪
15	刷板机两刷滚轴平行度	1	水平仪、尺量
16	刷板机两刷滚间间隙	1	塞尺、尺量
17	刷板机两侧链轮轴中心距	±1	尺量

检查数量：全数检查。

检验方法：根据表5.14.2确定。

5.15 阴极自动剥离机组

Ⅰ 主控项目

5.15.1 阴极自动剥离机组试运行应符合设计和设备技术文件要求，并应符合下列规定：

1 各运输机链条与链轮啮合良好，运行平稳，不得有卡阻现象。

2 分板机气缸行程应符合设备技术文件的规定，电磁换向阀的初始位置应满足动作程序的要求，脱钩、挂钩应运行自如，动作准确。

3 按照剥离机的动作程序，调整电磁换向阀的初始状态，保持两侧剥离刀同步，且行程和速度符合设备技术文件的要求，往复动作3次，动作平稳、准确。

4 液压泵在工作压力下试运行2h，液压系统的油温、油压符合要求，油箱的液位控制装置定位准确，无漏油及异常的噪声和振动，控制阀和调节装置灵活可靠。

检查数量：全数检查。

检验方法：观察检查，检查试运转记录。

Ⅱ 一般项目

5.15.2 阴极自动剥离机组安装允许偏差应符合表5.15.2的规定。

表5.15.2 阴极自动剥离机组安装允许偏差和检验方法

序号	项目	允许偏差(mm)	检验方法
1	阴极输送机机架纵向中心线	3	吊线、尺量
2	阴极输送机机架支柱垂直度	1/1000，且不大于3	水准仪
3	阴极输送机机架纵向水平度	1/1000，且不大于5	吊线、尺量
4	阴极输送机机架横向水平度	1	水平仪
5	阴极输送机机架标高	±5	水准仪
6	阴极输送机轨道直线度	1/1000，且不大于5	拉线、尺量
7	阴极输送机两轨道间距离	±1	尺量
8	阴极输送机两轨道标高差	1	拉线、尺量
9	阴极输送机首尾链轮轴横向中心距	±0.5	尺量
10	阴极输送机链轮纵向中心距	±1	尺量
11	剥离机机架相对阴极输送机纵向中心线	2	吊线、尺量
12	剥离机机架标高	±5	水准仪
13	剥离机机架横向中心线与阴极输送机纵向中心线垂直度	1	拉线、尺量
14	剥离机两导轨的垂直度	0.5/1000	吊线、尺量
15	制动接收机机架相对剥离机纵横向中心线	1	吊线、尺量
16	制动接收机机架的顶面与剥锌机机架底面标高相差	±1	拉线、尺量
17	制动接收机制动齿轮系轴水平度	0.2/1000	水准仪、尺量
18	制动接收机每对齿轮轴应以剥离机导轨中心线组成平面对称	0.2	吊线、塞尺
19	制动接收机每对齿轮轴平行度	0.2/1000	塞尺

检查数量：全数检查。

检验方法：根据表5.15.2确定。

6 收尘设备

6.1 一般规定

6.1.1 本章适用于重有色金属冶炼收尘设备安装工程。重有色金属冶炼收尘设备安装质量应按本规范进行验收。

6.1.2 设备安装前应先测量其基础与设备中心线，确定安装位置。

6.2 板式电除尘器

Ⅰ 主控项目

6.2.1 预留热膨胀的部位安装应符合设计和设备技术文件要求。

检查数量：全数检查。

检验方法：观察检查、实测检查。

6.2.2 电除尘器应按设计和设备技术文件要求进行气密性试验。

检查数量：全数检查，要求箱体漏风系数不超过5%。

检验方法：检查气密性试验记录，观察检查。

6.2.3 电除尘器试运转应符合设计和设备技术文件要求。

检查数量：全数检查。

检验方法：按设计和设备技术文件要求执行。

Ⅱ 一般项目

6.2.4 气流分布板安装位置应符合设计和设备技术文件要求。

检查数量：全数检查。

检验方法：观察检查。

6.2.5 板式电除尘器立柱及横梁安装允许偏差应符合表6.2.5的规定。

表6.2.5 板式电除尘器立柱及横梁安装允许偏差和检验方法

序号	项目	允许偏差(mm)	检验方法
1	立柱纵、横向中心线	3	经纬仪
2	立柱标高	±10	水准仪、尺量
3	立柱垂直度	1/1000，且不大于10	经纬仪
4	横梁水平度	2/1000，且全长不大于5	水平仪
5	顶层横梁或圈梁各点高低差	5	水准仪、尺量
6	顶层横梁中心距	1/1000	尺量
7	底层和顶层的横梁或圈梁对角线	1/1000	尺量

检查数量：抽查20%。

检验方法：根据表6.2.5确定。

6.2.6 板式电除尘器灰斗安装允许偏差应符合表6.2.6的规定。

表6.2.6 板式电除尘器灰斗安装允许偏差和检验方法

序号	项目	允许偏差(mm)	检验方法
1	下料口纵、横向中心线	5	吊线、尺量
2	下料灰斗标高	±10	尺量

检查数量：抽查20%，不少于1个灰斗。

检验方法：根据表6.2.6确定。

6.2.7 板式电除尘器侧板及进出口喇叭安装允许偏差应符合表6.2.7的规定。

表6.2.7 板式电除尘器侧板及进出口喇叭安装允许偏差和检验方法

序号	项目	允许偏差(mm)	检验方法
1	侧板平面度	10	尺量
2	进、出口法兰纵横向中心	20	尺量
3	进、出口法兰垂直度	2/1000	吊线、尺量

检查数量：抽查20%，不少于5处。

检验方法：根据表6.2.7确定。

6.2.8 板式电除尘器阴、阳极系统安装允许偏差应符合表6.2.8的规定。

表6.2.8 板式电除尘器阴、阳极系统安装允许偏差和检验方法

序号	项目		允许偏差	检验方法
1	阴极系统	每组框架长度	5	尺量
2		每组框架对角线	5	尺量
3		框架在垂直时旁弯值	1/1000，且不大于5	吊线、尺量
4		框架水平度	1/1000，且不大于5	水平仪
5		框架托架中心距	1	尺量
6		支承托架水平度	1/1000，且不大于5	水平仪
7		支承托架标高	±2	尺量
8		支承托架纵、横向中心线	2	吊线、尺量
9		阴极线直线度	3	吊线、尺量
10		阴极板整体平面度	3	水准仪

续表 6.2.8

序号	项目		允许偏差	检验方法
11	阳极系统	支承梁标高	±2	尺量
12		支承梁纵、横向中心线	2	吊线、尺量
13		支承梁纵向水平度	1/1000，且不大于5	尺量
14		阳极板托座中心距	±1	尺量
15		阳极板垂直度	1/1000，且不大于5	吊线、尺量
16		阳极板平面度	5	水平仪
17		阳极排定位位置	2	尺量
18	同极板间距		±10	尺量
19	异极板间距		±5	尺量

检查数量：抽查20%。

检验方法：根据表6.2.8确定。

6.2.9 振打装置安装允许偏差应符合表6.2.9的规定。

表6.2.9 板式电除尘器振打装置安装允许偏差和检验方法

序号	项目	允许偏差（mm）	检验方法
1	传动轴承座标高	±1	水准仪、直尺
2	传动轴中心线	1	尺量
3	锤头与锤座纵向中心线	2	尺量
4	横向中心线锤头低于锤座	2	尺量
5	平台与走台纵、横向中心线	5	尺量
6	平台与走台板标高	±5	尺量

检查数量：全数检查。

检验方法：根据表6.2.9确定。

6.3 表面冷却器

Ⅰ 主控项目

6.3.1 表面冷却器试运转应符合设计和设备技术文件要求。

检查数量：全数检查。

检验方法：观察和检查试运转记录。

Ⅱ 一般项目

6.3.2 表面冷却器立柱及横梁安装允许偏差应符合表6.3.2的规定。

表6.3.2 表面冷却器立柱及横梁允许偏差和检验方法

序号	项目	允许偏差（mm）	检验方法
1	立柱标高	±10	水准仪
2	立柱垂直度	1/1000，且不大于10	吊线、尺量
3	横梁水平度	2/1000，且全长不大于5	水平仪
4	第一层横梁对角线	1/1000，且不大于10	尺量

检查数量：抽查20%。

检验方法：根据表6.3.2确定。

6.3.3 灰斗安装允许偏差应符合表6.3.3的规定。

表6.3.3 灰斗安装允许偏差和检验方法

序号	项目	允许偏差（mm）	检验方法
1	下料口纵、横向中心线	5	吊线、尺量
2	下料灰斗标高	±10	尺量

检查数量：抽查20%，不少于1个灰斗。

检验方法：根据表6.3.3确定。

6.3.4 侧板、端板、隔板及面板安装允许偏差应符合表6.3.4的规定。

表6.3.4 侧板、端板、隔板及面板安装允许偏差和检验方法

序号	项目	允许偏差（mm）	检验方法
1	侧板、端板及隔板安装应垂直于横梁	10	吊线、尺量
2	面板平面度	8	水平仪

检查数量：每组抽查20%，每种不少于1处。

检验方法：根据表6.3.4确定。

6.3.5 冷却管安装允许偏差应符合表6.3.5的规定。

表6.3.5 冷却管安装允许偏差和检验方法

序号	项目	允许偏差（mm）	检验方法
1	每组冷却管平行度	5	拉线、尺量
2	每组冷却管垂直度	1/1000，且不大于10	吊线、尺量
3	每组相邻冷却管间距	±5	尺量
4	每排冷却管直线度	10	尺量

检查数量：抽查20%，不少于5组。

检验方法：根据表 6.3.5 确定。

6.4 布袋收尘器

Ⅰ 主控项目

6.4.1 布袋安装拉紧程度应符合设计和设备技术文件要求。

检查数量：抽查 5%。

检验方法：按设计和设备技术文件要求，观察检查。

6.4.2 布袋收尘器应按设计和设备技术文件要求进行气密性试验。

检查数量：全数检查。

检验方法：检查气密性试验记录，观察检查。

6.4.3 布袋收尘器试运转应符合设计和符合设备技术文件要求。

检查数量：全数检查。

检验方法：检查试运转记录。

Ⅱ 一般项目

6.4.4 布袋收尘器安装允许偏差应符合表 6.4.4 的规定。

表 6.4.4 布袋收尘器安装允许偏差和检验方法

序号	项目	允许偏差（mm）	检验方法
1	立柱标高	±10	水准仪
2	立柱垂直度	1/1000，且不大于 10	吊线、尺量
3	横梁水平度	2/1000，且全长不大于 5	水平仪
4	第一层横梁对角线	1/1000，且不大于 10	尺量
5	进、出口法兰纵、横向中心线	20	挂线、尺量
6	进、出口法兰垂直度	2/1000	吊线、尺量
7	花板水平度	2/1000	水平仪
8	布袋垂直度	1/1000	吊线、尺量
9	下料口纵、横向中心线	5	尺量
10	下料灰斗标高	±10	尺量

检查数量：抽查 20%。

检验方法：根据表 6.4.4 确定。

6.5 旋风收尘器

Ⅰ 主控项目

6.5.1 旋风收尘器试运转应符合设计要求。

检查数量：全数检查。

检验方法：检查试运转记录。

Ⅱ 一般项目

6.5.2 旋风收尘器安装允许偏差应符合表 6.5.2 的规定。

表 6.5.2 旋风收尘器安装允许偏差和检验方法

序号	项目	允许偏差（mm）	检验方法
1	旋风收尘器支架应在同一水平面上相对高差	10	水平仪
2	旋风收尘器垂直度	2/1000，且不大于 10	吊线、尺量
3	进、出口法兰水平度及垂直度	2/1000	吊线、尺量、水平仪

检查数量：抽查 20%，不少于 1 台。

检验方法：根据表 6.5.2 确定。

本规范用词说明

1 为便于在执行本规范条文时区别对待，对要求严格程度不同的用词说明如下：

1) 表示很严格，非这样做不可的：
正面词采用“必须”，反面词采用“严禁”；

2) 表示严格，在正常情况下均应这样做的：
正面词采用“应”，反面词采用“不应”或“不得”；

3) 表示允许稍有选择，在条件许可时首先应这样做的：
正面词采用“宜”，反面词采用“不宜”；

4) 表示有选择，在一定条件下可以这样做的，采用“可”。

2 条文中指明应按其他有关标准执行的写法为：“应符合……的规定”或“应按……执行”。

引用标准名录

《立式圆筒形钢制焊接储罐施工及验收规范》GB 50128

《建设工程施工现场供用电安全规范》GB 50194

《钢结构工程施工质量验收规范》GB 50205

《机械设备安装工程施工及验收通用规范》GB 50231

《有色金属工业安装工程质量验收统一标准》GB 50654

《涂装前钢材表面锈蚀等级和除锈等级》GB 8923

《施工临时用电安全技术规范》JGJ 46

中华人民共和国国家标准

重有色金属冶炼设备安装工程质量验收规范

GB 50717—2011

条　文　说　明

制 订 说 明

本标准是根据住房和城乡建设部《关于印发〈2008年工程建设标准规范制订、修订计划（第二批）〉的通知》（建标〔2008〕105号）的要求进行编制的。

本标准编制工程中，编制组进行了广泛的调查研究，总结了我国近几年来重有色金属行业安装工程和生产使用方面的经验，同时参考了部分国家现行标准、规范和规程。

为便于广大设计、施工、科研、学校等单位有关人员在使用本标准时能正确理解和执行条文的规定，编制组按章、节、条顺序编制了本标准的条文说明，对条文规定的目的、依据以及执行中需注意的有关事项进行了说明，但是，本条文说明不具备与标准正文同等的法律效力，仅供使用者作为理解和把握标准规定的参考。

目　次

1 总 则

1.0.1 本条说明了制定本规范的目的。

1.0.2 本条明确了本规范适用的范围。

1.0.4 重有色金属冶炼设备安装工程涉及的工程技术方面很多，并且重有色金属冶炼设备安装工程中除专业设备外，还有液压、气动和润滑设备，连续运输设备，起重设备等通用设备。因此重有色金属冶炼设备安装工程质量验收除应符合本规范规定外，尚应符合国家现行有关标准的规定。

3 基本规定

3.1 质量验收的划分

3.1.1 本条强调工程质量验收是在施工单位自检合格的基础上按分项工程、分部工程及单位工程划分。

3.1.2 根据现行国家标准《有色金属工业安装工程质量验收统一标准》GB 50654 的规定，结合重有色金属冶炼设备安装工程建设的特点，分项、分部工程划分原则如下：

分项工程：一般按设备的种类、台（套）、部件或施工工序划分。例如，鼓风炉、表面冷却器等。

分部工程：一般按设备所属的工艺系统或专业类别划分。例如，火法冶炼设备、收尘设备等。

3.1.3 具备独立的工艺系统和使用功能的工程均可划分为单位工程，表 3.1.2 中的一个分部工程可为一个单位工程。例如，收尘设备安装工程为单位工程。

3.2 质 量 验 收

3.2.1 分项工程是重有色金属冶炼设备安装工程质量验收的最小单位，是安装验收的基础。分项工程的主控项目是对安全、卫生、环境和公众利益起决定性作用的检验项目，必须全部符合质量验收的规定。

3.2.2 分部工程验收是在分项工程合格的基础上进行的，只要构成分部工程的各分项工程验收合格，质量控制资料完整，设备单体无负荷试运转合格，观感质量合格，分部工程则合格。

3.2.3 单位工程中的各分部工程验收合格，质量控制资料完整，设备单体无负荷试运转合格，观感质量合格，则单位工程合格。

3.2.5 本条引用现行国家标准《有色金属工业安装工程质量验收统一标准》GB 50654 的第 5.0.6 条。

3.3 质量验收的程序及组织

3.3.1 分项工程是安装工程质量的基础，因此，所有分项工程均应由监理工程师或建设单位项目技术负责人组织验收，验收前，施工单位先填好"分项工程的质量验收记录"（有关监理记录和结论不填），并由项目专业质量检查员和项目专业技术负责人在分项工程质量检验记录中相关栏目签字，然后由监理工程师组织，严格按规定程序进行验收。

3.3.2 本条规定了分部工程质量验收的组织者及参与验收的相关单位和人员。

3.3.3 本条规定单位工程完工后，施工单位首先要依据质量标准、设计图纸等组织有关人员进行自检，并对检查结果进行评定。符合要求后，向建设单位提交验收报告，请建设单位组织验收。

3.3.4 本条规定单位工程质量验收应由建设单位负责人或项目负责人组织，由于设计、施工、监理单位都是责任主体，因此设计、施工单位负责人或项目负责人及施工单位技术、质量负责人和监理单位的总监理工程师均应参与验收。

3.4 设备基础验收

3.4.2 设备就位前，应按施工图并依据测量控制网绘制中心标板及标高基准点布置图，按布置图设置中心标板及标高基准点，并测量投点。所有设备安装均以确定的中心标板及标高基准点进行测量。主体设备和连续生产线应埋设永久中心标板和标高基准点，使安装施工和以后的维修均有可靠基准。

3.4.5 设备安装就位前，检查基础的表面及预留孔是否清洁和预埋螺栓是否完好。

3.5 主要设备、材料、成品和半成品进场验收

3.5.1 设备及构件的型号、规格、数量与设计要求相符，必须有质量合格证明文件，进口设备应具有商检证明文件。

3.5.2 材料、成品和半成品等进场应进行验收。产品质量合格证明文件应全数检查。证明文件为复印件时，应注明原件存放处，并有经办人签字、单位盖章。实物应按 1%比例进行抽查，且不少于 5 件。验收记录应包括原材料、成品和半成品的规格、进场数量、使用部位、外观质量等。设计文件或有关国家标准规定有复验要求的，应按规定进行复验。

3.8 工序交接确认

3.8.1 施工过程中认真对每一道工序进行检查，并形成记录，进行工序交接确认，这样可以防止发生质量事故。

4 火法冶炼设备

4.1 一 般 规 定

4.1.1 本章适用于重有色金属火法冶炼设备安装工程。重有色金属火法冶炼设备安装质量应按本规范执

行。如其他行业设备与本章设备相同，宜可按本规定进行验收。

4.1.2 水冷元件包括炉门、水套等用于水局部冷却的设备或非标设备。

4.1.3 氧气是强氧化剂，也是助燃介质，油脂在纯氧环境下易发生氧化反应而引起放热，从而导致燃烧和爆炸，影响人员安全，造成财产损失。检查脱脂的方法有（推荐采用直接法）：

1 直接法：

1）用清洁干燥的白滤纸擦拭，纸上应无油脂痕迹。

2）用紫外线灯照射，脱脂表面应无紫蓝荧光。

2 间接法：

1）用蒸汽吹扫脱脂时，盛少量蒸汽冷凝液于器皿内，并放入数颗粒度小于1mm的纯樟脑，以樟脑不停旋转为合格。

2）有机溶剂及浓硝酸脱脂时，取脱脂后的溶液或酸分析，其含油和有机物不应超过0.03%。

4.2 蒸汽干燥机

4.2.3 蒸汽干燥机试运转的条件：一是设备及附件安装质量应符合设计文件或有关规范的规定；二是应按照设计文件的规定对各润滑部位充填润滑油脂。

4.2.4～4.2.6 托轮底座安装，蒸汽干燥机整个筒体都放在托轮底座上，托轮底座是整个设备的支承部件，底座的安装是整个设备的基准，是安装的关键。检查时所用的弹簧秤读数为50N。

4.3 热风炉

4.3.2 热风炉炉体骨架是整个设备的支承结构，炉体骨架安装精度有可能影响支承其上面的设备安装精度。

4.4 挥发窑

4.4.3 该设备试运转条文隐含试运转的条件：一是设备及附件安装质量应符合设计文件或有关规范的规定；二是应按照设计文件的规定对各润滑部位充填润滑油脂。

4.7 电炉

4.7.1 电炉热态膨胀量大，应保证有足够的膨胀空间。

4.7.2 电极安装的每个工序应检查绝缘，且绝缘值符合设计或设备技术文件要求，并做好记录。确保安全投产。

4.7.7 电炉水冷元件应按设计技术文件要求进行水压试验，保证炉膛不进水和炉体可靠的冷却，是电炉安全生产的核心。

4.7.8 电极安装要注意电极上、下抱闸与电极口的同心度，偏差方向相同，允许偏差值应小于或等于2.0mm。电极各部件安装后应检查绝缘。

4.8 卧式转炉

4.8.1～4.8.4 托圈及齿轮是转炉的支撑、传动装置，其安装位置、接触面及齿轮啮合间隙应予以保证。

4.8.6～4.8.8 卧式转炉安装允许偏差尺寸是设备安装过程的依据，应严格执行。这些尺寸精度要求是为了保证炉体转动平稳，安全运行。

4.9 阳极精炼炉

4.9.1～4.9.5 滚圈及齿轮是阳极炉的支撑、传动装置，其安装位置、接触面及齿轮啮合间隙应予以保证。由于阳极炉是高温运行，在安装时应保证炉体升温后的膨胀无阻碍。

4.9.9～4.9.11 阳极精炼炉安装允许偏差尺寸是设备安装过程的依据，应严格执行。这些尺寸精度要求是为了保证阳极精炼炉炉体转动平稳，安全运行。

4.10 氧气底吹炉

4.10.1～4.10.4 滚圈及齿轮是氧气底吹转炉的支撑和传动装置，其安装位置、接触面及齿轮啮合间隙应予以保证。由于氧气底吹转炉是高温运行，在安装时应保证炉体升温后的膨胀无阻碍。

4.10.7～4.10.9 氧气底吹转炉安装允许偏差尺寸是设备安装过程的依据，应严格执行。这些尺寸精度要求是为了保证底吹炉炉体转动平稳，安全运行。

4.11 鼓风炉

4.11.2 鼓风炉炉体骨架是整个设备的支承结构，炉体骨架安装精度有可能影响支承其上面的设备安装精度。

4.11.3 水套安装前应按规定进行水压试验，防止不合格水套运行后漏水，引起炉内爆炸或停炉检修现象发生。

4.13 烟化炉

4.13.1 鼓风炉炉体骨架是整个设备的支承结构，炉体骨架安装精度有可能影响支承其上面的设备安装精度。

4.13.2 水套安装前应按规定进行水压试验，防止不合格水套运行后漏水，引起炉内爆炸或停炉检修现象发生。

4.15 艾萨炉、奥斯麦特炉

4.15.2～4.15.5 底架和底板的间隙应小于0.5mm，目的是为了确保炉体载荷能均匀的传到基础，当间隙超标后，可以加垫片调整。为保证奥斯麦特炉正常经济运行，喷枪中心线、喷枪口中心线、炉底板中心线应尽量重合，其允许偏差为±3mm。

4.16 卡尔多炉

4.16.1 炉体吊装前应在地面上按照设计图纸将两道摩擦圈和张紧装置安装在炉体上，成一整体。摩擦圈是通过沿圆周方向均匀分布的32个弹性元件张紧固定在炉体上，摩擦圈和弹性元件的安装质量直接影响设备的正常使用和安全生产。安装弹性元件时，使用专用液压张紧器来紧固压缩螺母，紧固力矩达到设计预张紧力矩时就停止坚固。张紧装置的坚固顺序应沿圆周方向成对称交错紧固。

4.16.4、4.16.5 托轮底座是整个设备的支承基础，底座的安装精度直接影响上面的设备安装精度，是整个卡尔多炉安装的关键过程。

4.16.6 喷枪架是喷枪的固定和行走机构，炉子吹炼时，喷枪通过喷枪架的齿轮齿条行走机构伸到炉内，对准炉体中心喷射氧油，所以喷枪架的安装精度直接影响喷枪是否能对准炉体中心，影响炉体是否受热均匀。

4.17 沸腾焙烧炉

4.17.1、4.17.2 焙烧炉炉体骨架是整个设备的支承结构，炉体骨架安装精度有可能影响支承其上面的设备安装精度。沸腾炉壳体安装精度有可能影响支承其上面的设备安装精度。

5 湿法冶炼设备

5.2 槽　　罐

5.2.3 本条为整体安装的小型槽罐施工验收要求，参照现行行业标准《石油天然气建设工程施工质量验收规范　设备安装工程 容器类设备》SY 4201.3中的静置整装设备安装允许偏差制定。

5.2.4 本条明确现场制作的大型槽罐质量要求，参照现行国家标准《立式圆筒形钢制焊接储罐施工及验收规范》GB 50128的有关规定制定。

5.5 浓 密 机

5.5.5 周边传动浓密机安装允许偏差参照现行国家标准《选矿机械设备工程安装验收规范》GB 50377的有关规定制定。

5.6 过 滤 机

5.6.9、5.6.10 整体箱式压滤机是根据施工规范编写本条质量验收要求。卧式板框压滤机是根据施工规范编写本条质量验收要求。随着设备装备水平的发展，卧式板框压滤机大型化趋势逐渐明显，因此，本条在《有色金属工业建设工程机械设备安装质量检验评定标准（试行）》的基础上增加了分部组装的压滤机的安装质量验收要求。

5.6.11 转鼓型过滤机安装的质量验收要求参照《有色金属冶炼设备》第二卷《湿法冶炼设备》相关内容和相关工程实例编制。

5.6.12 水平圆盘过滤机安装的质量验收要求参照《有色金属冶炼设备》第二卷《湿法冶炼设备》相关内容和相关工程实例编制。

5.6.14 翻斗真空过滤机安装的质量验收要求参照《有色金属冶炼设备》第二卷《湿法冶炼设备》相关内容和相关工程实例编制。

5.6.15 带式真空过滤机安装的质量验收要求参照《有色金属冶炼设备》第二卷《湿法冶炼设备》相关内容和相关工程实例编制。

5.8 冷 却 塔

5.8.4 冷却塔及风机多用于锌电解液的冷却，参照《有色金属工业建设工程机械设备安装质量检验评定标准（试行）》第二十三章有关要求并结合有关工程实例，编制冷却塔安装的质量验收要求。

5.9 换 热 器

5.9.3、5.9.4 管壳式和板式换热器属于常用设备，其安装的质量验收要求参照《有色金属冶炼设备》第二卷《湿法冶炼设备》第四章相关内容和相关工程实例编制。

5.10 电 解 槽

5.10.2、5.10.3 电解槽安装的质量验收要求参照《有色金属工业建设工程机械设备安装质量检验评定标准（试行）》第十九章有关要求并结合有关工程实例，根据施工规范编制。

5.12 始极片准备机组

5.12.2 始极片准备机组安装的质量验收要求参照《有色金属冶炼设备》第三卷《电解及物料输送设备》第一章相关内容和相关工程实例编制。

5.13 残极洗刷机组

5.13.2 根据施工规范和工程实例调研制定残极洗刷机组的安装质量验收要求。

5.14 立式阴极刷板机

5.14.2 立式阴极刷板机的安装质量验收要求，系根据施工规范和工程实例调研编制。

5.15 阴极自动剥离机组

5.15.2 阴极自动剥离机组安装的质量验收要求，系参照《有色金属工业建设工程机械设备安装质量检验评定标准（试行）》第二十一章有关要求并结合有关工程实例，根据施工规范编制。

6 收尘设备

6.2 板式电除尘器

6.2.1～6.2.3 板式电除尘器预留热膨胀的部位和尺寸随每台设备的规格不同而变化，因此根据设计和设备的技术文件要求而定。试运转应根据设计的总体流量来进行设备的试运转，试运转应符合设计和设备技术文件的要求。

6.3 表面冷却器

6.3.1 表面冷却器一般为现场拼装设备，试运转时应注意设备漏风率，应进行前后主管漏风检测，检测结果应符合设计要求。

中华人民共和国国家标准

建材工厂工程建设项目设计文件编制标准

Standard for design document editing of construction projects in building materials factories

GB/T 50718—2011

主编部门：国家建筑材料工业标准定额总站
批准部门：中华人民共和国住房和城乡建设部
施行日期：2 0 1 2 年 6 月 1 日

中华人民共和国住房和城乡建设部
公　告

第1075号

关于发布国家标准《建材工厂工程建设项目设计文件编制标准》的公告

现批准《建材工厂工程建设项目设计文件编制标准》为国家标准，编号为GB/T 50718—2011，自2012年6月1日起实施。

本标准由我部标准定额研究所组织中国计划出版社出版发行。

中华人民共和国住房和城乡建设部

二〇一一年七月二十六日

前　言

本标准是根据住房和城乡建设部《关于印发〈2008年度工程建设标准规范制订、修订计划（第二批）〉的通知》（建标［2008］105号）的要求，由国家建筑材料工业标准定额总站和中国中材国际工程股份有限公司会同有关单位共同编制完成的。

本标准共分3章和14个附录，主要内容包括：总则、初步设计、施工图设计等。

本标准由住房和城乡建设部负责管理，国家建筑材料工业标准定额总站负责日常管理，中国中材国际工程股份有限公司负责具体技术内容的解释。本标准在执行过程中，如发现需要修改或补充之处，请将意见和建议寄交中国中材国际工程股份有限公司（地址：北京市朝阳区望京北路16号中材国际大厦；邮政编码：100102），以供修订时参考。

本标准主编单位、参编单位、参加单位、主要起草人和主要审查人：

主编单位： 国家建筑材料工业标准定额总站
中国中材国际工程股份有限公司

参编单位： 天津水泥工业设计研究院有限公司
蚌埠玻璃工业设计研究院

参加单位： 中国新型建筑材料工业杭州设计研究院
秦皇岛玻璃工业研究设计院
武汉建筑材料工业设计研究院有限公司
北京凯盛建材工程有限公司
北京建都设计研究院有限公司
河南建筑材料研究设计院有限责任公司
苏州中材非金属矿工业设计研究院有限公司
成都建筑材料工业设计研究院有限公司
中国建材国际工程有限公司
咸阳陶瓷研究设计院
西安墙体材料研究设计院
中材科技股份有限公司

主要起草人： 狄东仁　季尚行　施敬林　郑宁峰　范毓林　吴　涛　隋小丽　厉福平　康顺德　闫振龙　王立群　沈　蕾　吉　斌　陶　琍　马永跃　吴梦杰　严红玲

主要审查人： 曾学敏　杨孝治　王海燕　薛滔菁　李德良　陆秉权　吴东业　张思成　路关生　王承慧

目 次

Contents

1 总 则

1.0.1 为统一规范建材工厂工程建设项目的设计文件内容，保证各阶段设计文件的质量和完整性，制定本标准。

1.0.2 本标准适用于新建、改建和扩建建材工厂工程建设项目的设计文件编制。

1.0.3 建材工厂工程建设项目可分为初步设计和施工图设计两阶段设计。技术简单、方案明确的小型规模建材工厂工程建设项目，可直接采用一阶段施工图设计。大、中型建材工厂工程建设项目应采用两阶段设计。

1.0.4 设计中应在设计文件的图纸目录或施工图设计说明中注明所应用图集的名称。

1.0.5 建材工厂工程建设项目设计文件的编制，除应符合本标准外，尚应符合国家现行有关标准的规定。

2 初 步 设 计

2.1 一 般 规 定

2.1.1 初步设计文件应满足编制施工图设计文件的需要，并可作为施工准备的依据。

2.1.2 初步设计文件应包括初步设计说明书、有关专业的初步设计图纸、设备和材料表、建筑物（或构筑物）特征一览表、工程概算书。初步设计说明书应包括设计总说明（概述）、各专业设计说明。对于节能、环保、安全、消防、卫生等内容有专门设计（篇）要求时，应单独编制。

2.1.3 初步设计文件应按下列顺序进行编排：

1 封面；

2 扉页；

3 各专业负责人名单；

4 初步设计文件目录；

5 初步设计说明书；

6 初步设计图纸；

7 初步设计设备、材料表；

8 工程概算书。

2.1.4 初步设计文件封面应注明项目名称、编制单位和编制日期，扉页应注明编制单位法定代表人、技术总负责人和项目总负责人，并应经上述人员签署或授权盖章；初步设计图纸可单独成册；工程概算书应单独成册。

2.2 初步设计说明书

2.2.1 初步设计说明书宜按以下目录编排内容：

1 总论；

2 原料；

3 燃料；

4 总图运输；

5 生产工艺；

6 电气及生产过程自动化；

7 给水排水；

8 建筑结构；

9 热能动力与采暖通风；

10 节约与合理利用能源；

11 消防；

12 环境保护；

13 职业安全卫生；

14 组织机构和劳动定员；

15 财务评价。

2.2.2 总论说明中应包括项目背景、工作过程、工程名称、建设规模、产品方案及设计范围、设计依据、项目目标，并应符合下列规定：

1 项目背景说明应简述该工程概况、地理位置、建设目的、工程特点、特殊要求等；

2 工作过程说明中应简述该工程项目的立项依据、初步设计工作过程；

3 工程名称说明中应列出工程项目的全称；

4 建设规模、产品方案及设计范围的说明中应列出生产线的生产能力、生产系统年运转天数、年产量；简述产品品种、比例及应符合的产品标准；设计范围可按工艺流程列出，也可注明从某系统起至某系统止，并应列出必备的辅助生产配套设施；

5 设计依据应包括以下内容：

1）可行性研究报告或项目申请报告的批复文件及规模、品种、建设期限、投资控制等；

2）工程项目合同及文号；

3）资金来源、偿还方式及有关协议、双方共同确认的纪要、函电等顾客文件。

6 项目目标说明中应包含总体目标、主要设计技术指标及其他目标。主要技术经济指标宜按本标准附录A编制，总体目标应包括设计指导思想，如为扩建项目尚应包括改进目标，其他目标应为环境保护目标和职业健康安全目标。

2.2.3 原料和燃料说明中应包括综述、原料和燃料的简介、配料设计与计量、结论及建议等内容。

2.2.4 总图运输说明内容应包括区域概况、工程地质、运输、总平面布置、总图运输技术经济指标表、竖向布置及雨水排除、道路工程、厂区防洪与排涝工程、绿化工程。工厂运输量汇总表应按本标准附录B的格式编制；总图运输技术经济指标表应按本标准附录C的格式编制。

2.2.5 生产工艺说明中应包括设计规模与生产方法、设计基础条件、物料平衡表、物料储存方式、储存量及储存期、主要生产车间设备、生产能力及工作制度表、生产工艺流程简述及采用的新工艺、新技术或新设备，并应符合下列规定：

1 物料平衡表应按本标准附录D的格式编制；

2 主要生产车间设备、生产能力及工作制度表宜按本标准附录E的格式编制。

2.2.6 电气及生产过程自动化说明中应包括供配电设计方案、车间电力室设置、供配电线路、防雷保护及接地系统、车间电力拖动、电气照明、生产过程自动化及通信系统等。

2.2.7 给水排水说明中应简述设计所遵循的有关标准、设计范围、设计所采用的基础资料，并应包括用水量、水源、给水处理、给水系统、排水系统、给排水系统主要构筑物及设备、全厂给排水计量与检测、计量设施等内容。

2.2.8 建筑结构说明中应包括项目自然条件、建筑设计和结构设计。

2.2.9 热能动力及采暖通风说明应包括气象条件、设计的各类供热负荷及供热要求、流体用量、系统运行等采暖、通风、空气调节要求。

2.2.10 节约与合理利用能源说明中应包括主要能耗指标及主要节能措施。

2.2.11 消防说明中应包括概述及总图运输、建筑、消防给水排水、电气、工艺、采暖通风的消防要求与措施。其中概述中应包括本工程地理位置、生产规模、生产火灾危险性类别、消防机构，并应列出消防设计应遵从的依据。

2.2.12 环境保护设计说明中应包括建设地区的环境现状，设计采用的环境保护标准，工厂污染源及粉尘、烟气、废渣、废水排放情况及控制污染的方案、环境管理机构、环境影响分析及环保投资概算。其中控制污染的方案说明中应简述工程建设的环保设施及主要污染源的处理工艺及预期效果。全厂除尘系统汇总表应按照本标准附录F的格式编制。

2.2.13 职业安全卫生设计说明应包括职业安全卫生相关标准，项目主要危险源及有害因素辨识、评价、分析，对各种危害因素采取的主要防范措施，安全设施投资概算。

2.2.14 组织机构和劳动定员说明中应包括组织机构、劳动定员、全员劳动生产率、生产工人劳动生产率、职工培训。其中劳动定员的说明中应说明人员构成情况、生产岗位定员明细表、工作班制、轮休和补欠人员。生产岗位定员明细表宜按本标准附录G的格式编制。

2.2.15 财务评价说明中应包括概述与基础数据、项目总投资及资金筹措、总成本费用分析、企业财务评价等内容。

2.3 初步设计图纸

2.3.1 初步设计图纸应有图纸目录。图纸目录宜按本标准附录H的格式编制。

2.3.2 工厂总平面布置图比例宜为1∶500～1∶1000，内容应包括地形、地物、标高、施工坐标与测量坐标的关系，指北针或风向频率图，建筑物（或构筑物）室内地坪标高、名称与编号，道路布置及排水方向、防洪、排涝布置等。

2.3.3 工艺图纸应包括工艺生产流程图、全厂生产车间布置平面图、主体车间工艺流程图及平面图、剖面图，并应满足下列要求：

1 工艺生产流程图应按生产流程顺序绘出从原料进厂至成品出厂全部生产过程、设备和物料、流体流向等；

2 全厂生产车间布置平面图的比例宜为1∶500或1∶400；

3 主体车间工艺流程图及平面图、剖面图应包括下列内容：

1）车间、车间内的主要设备相互连接关系；

2）各种料仓、储库、堆场的储存量，物料名称和主要尺寸，物料运输走廊、主要管道等。

2.3.4 电气图纸宜包括高低压配电系统图、变配电室平剖面布置图、电力负荷计算表、仪表流程图、计算机控制系统图。独立设置的总降压变电站应标出平面空间位置。

2.3.5 建筑图纸宜根据需要绘制主要建筑的平面图、立面图和剖面图。

2.3.6 给排水图纸宜包括给排水流程图、给水泵站、污水处理流程图及平面布置图。

2.3.7 热能动力、采暖通风图纸宜包括工艺流程图，主体车间平面图、剖面图。

2.3.8 各专业的总平面布置图应采用相同形式的指北针或风向频率图。

2.4 初步设计工程概算

2.4.1 建设项目初步设计概算宜按总概算、综合概算和单位工程概算的三级形式编制，初步设计概算文件应由以下内容组成：

1 封面、签署页及目录；

2 编制说明；

3 总概算表；

4 其他费用表；

5 综合概算表；

6 单位工程概算表；

7 附件：补充单位估价表。

2.4.2 编制说明应包括：工程概况、编制范围、编制方法、编制依据、主要技术经济指标（含投资构成和投资分析）、有关参数和率值选定的说明、特殊问题的说明、其他需要说明的问题。

2.4.3 概算总投资应由工程费用、其他费用、预备费及专项费用所组成，并应符合下列规定：

1 工程费用应按单项工程综合概算编制，工程费用宜按下列工程类别列项：

1）厂区工程，包括总图运输工程、主要生产工程、电气自动化工程、给排水及暖通动力工程、辅助生产工程、生活区工程等；

2）矿山工程，包括矿山基建采准剥离、井巷工程、矿山工业场地、火药库区等；

3）厂外工程，包括厂外道路、铁路、输电线路、输水线路等。

2 其他费用宜按下列内容划分：

1）建设用地费；

2）建设管理费；

3）勘察设计费；

4）可行性研究费；

5）环境影响评价费；

6）联合试运转费；

7）生产准备及开办费；

8）特殊设备安全监督检验费；

9）市政公用设施建设及绿化补偿费；

10）引进技术和引进设备材料其他费；

11）专利及专有技术使用费；

12）研究试验费等。

3 预备费应包括基本预备费和价差预备费；

4 专项费用应由建设期利息、固定资产投资方向调节税、铺底流动资金组成。

2.4.4 单项工程综合概算应由所属的各单位工程概算汇总而成。

2.4.5 单位工程概算应分别编制建筑工程概算表、设备及安装工程概算表，各概算表宜按专业分别编制。

2.5 初步设计机电设备表

2.5.1 初步设计机电设备表应包括生产设备表和电气设备及材料表。生产设备表宜按本标准附录 J 的格式编制；电气设备及材料表宜按本标准附录 K 的格式编制。

2.5.2 主机、部分通用设备、辅助生产设备及非标准设备宜列出设备的名称、型号、规格、性能、数量、重量。

3 施 工 图 设 计

3.1 一 般 规 定

3.1.1 施工图设计文件应包括设计图纸目录、各专业设计图纸、设计使用说明书及设备材料表。

3.1.2 各专业设计时应编制相应的计算书。

3.1.3 各专业应编制相应设计图纸目录。图纸目录应按本标准附录 L 的格式编制。

3.1.4 各专业的总平面布置图应采用相同形式的指北针或风向频率图，并宜与初步设计图纸中的形式相同。

3.1.5 工艺、电气自动化、给水排水、采暖通风与空气调节、动力专业应编制设备材料表，设备材料表应按本标准附录 M 的格式编制。

3.1.6 施工图设计文件的深度应满足编制施工图预算、设备订货和非标准件的制作、施工和安装、单位工程验收的要求。

3.1.7 设计文件应包括下列标识内容：

1 项目名称；

2 设计单位名称；

3 项目的设计编号；

4 设计阶段；

5 文件编制技术负责人的姓名及其签字或授权盖章；

6 交付日期。

3.2 工 艺

3.2.1 工艺专业设计文件应包括图纸目录、工艺布置图、设备材料表；具体工程项目也可包括全厂生产车间平面图、工艺流程图、工艺非标准件图。

3.2.2 工艺布置图设计应符合下列规定：

1 工艺布置图的视图图样应描述出工艺设备装置、工艺设施、厂房主要建筑结构的组成及布置；

2 工艺布置图应绘制工艺设备装置的轴线及外形轮廓线，工艺设施的轴线及主要轮廓线，厂房建筑结构的轴线及主要轮廓线；

3 在分生产线、分车间工艺布置图中应绘制相连接处工艺设备装置、工艺设施、厂房建筑结构的局部图形；

4 在工艺设备装置所用建筑物（或构筑物）内设置（或与之相连接）的其他专业用厂房建筑结构，工艺布置图宜绘制其主要轴线或轮廓，并标注出名称；

5 工艺布置图中应标注工艺设备装置的安装定位尺寸，工艺设施及厂房建筑结构的主要尺寸；工艺设备装置、工艺设施、厂房建筑结构之间的尺寸标注应相互利用；

6 工艺布置图中宜采用标高样式标注工艺设施、厂房建筑结构高度方向尺寸；

7 工艺布置图中宜标注工艺设备装置、工艺设施的主要工艺属性。

3.2.3 全厂生产车间平面图设计应符合下列规定：

1 应绘制全厂生产线、生产车间主要设备的布置和建筑物（或构筑物）轮廓，辅助生产车间的主体建筑物轮廓及名称，以及总图专业确定的厂内主要道路的布置；

2 设计要求留有扩建余地的项目，宜在全厂生产车间平面图中用双点划线绘制扩建主体轮廓或用地范围，并标注扩建说明文字；

3 全厂生产车间平面图的方向应与总图专业总平面图的方向一致；

4 全厂生产车间平面图应标注主机设备、主生产线或生产车间的主要定位尺寸以及地面标高；

5 在全厂生产车间平面图中宜标注主机设备规格、能力，生产过程主要物料储存库或堆场的规格、物料名称及储存量。

3.2.4 工艺流程图可采用设备图例、物料流图例、流体图例或其他图形方式，示意生产过程中物料、流体的流向及变化。

3.2.5 工艺非标准件设计应满足工艺设计的工艺性能，应符合下列规定：

1 工艺非标准件宜按机械设备装配图绘制；

2 工艺非标准件应绘制视图图样、图注、零部件材料明细表及技术要求等。

3.2.6 工艺专业计算书宜包括下列内容：

1 物料平衡计算；

2 热平衡计算；

3 主机设备选型计算。

3.3 总 图

3.3.1 总图运输专业设计文件应包括下列内容：

1 全厂总平面图；

2 竖向设计；

3 防洪工程设计；

4 雨水排除设计；

5 道路交通设计；

6 管线综合布置；

7 绿化设计；

8 土石方工程设计；

9 图纸目录。

3.3.2 全厂总平面图应包括下列内容：

1 保留的地形和地物；

2 测量坐标网和坐标值或场地建筑坐标网和坐标值；

3 场地周围原有或规划的道路、铁路、码头等的位置，以及相邻的建筑物（或构筑物）及其他设施的位置、名称等；

4 建筑物（或构筑物）、露天堆场的名称或编号、定位、室内±0.00平面或室外地面标高；

5 广场、停车场、道路、铁路专用线、围墙、挡土墙、护坡等的定位，广场、停车场、道路的路面标高，以及铁路专用线的轨顶标高；

6 规划发展用地范围；

7 指北针或风向频率图；

8 建筑物（或构筑物）使用编号时，需列出“建筑物（或构筑物）名称编号一览表”；

9 注明坐标及高程系统；

10 在全厂总平面图上可列出主要技术经济指标。

3.3.3 竖向设计应包括下列内容并满足相应的规定：

1 测量坐标网和坐标值或场地建筑坐标网和坐标值；

2 场地周围道路、铁路、地面的关键点的标高；

3 建筑物（或构筑物）的室内及室外设计地面标高、散水坡脚标高；

4 露天堆场的地面标高及围墙的墙脚标高；

5 挡土墙、护坡或边坡顶部和底部的设计标高，以及挡土墙和边坡定位；

6 设计范围内场地的主要标高及变坡点标高，并应以箭头表示排水方向；

7 道路的路面中心、边缘标高，并应标明双面坡或单面坡；

8 挡土墙、护坡、台阶等应有单独的设计详图或注明选用的标准图号。

3.3.4 防洪工程设计应满足下列要求：

1 平面图应保留原有地形、测量坐标网和坐标值（或场地建筑坐标网和坐标值）；

2 设计图纸中应标注里程桩号和起点、转点、终点编号以及坐标值；

3 设计图纸中应列出各转点的曲线要素表；

4 纵断面图应标出原始地面线、里程桩号、设计沟顶标高、设计沟底标高，设计纵坡坡长、坡度、直线和平曲线；

5 横断面图应标出沟顶标高、沟底标高、沟壁坡度、沟宽等；

6 设计图纸中应列出防洪沟、桥涵等构造大样图或选用的标准图号。

3.3.5 雨水排除设计应满足下列要求：

1 平面图应绘制各建筑物（或构筑物）的外形、标高，道路及其主要控制点的坐标、标高及坡向；

2 采用明沟排水时，应在平面图上标出起点、终点和变坡点的沟顶、沟底设计标高、各段明沟的沟宽、坡度、坡向和坡长，以及全部雨水明沟及构筑物的位置；

3 采用暗管排水时，应绘制全部雨水排除管网及构筑物的位置、主要尺寸及详图索引号，并应标注检查井编号及水流坡向；

4 图纸中宜绘制雨水排除管道高程表或纵断面图；

5 涵洞、明沟、盖板等构造物应绘制详图或列出选用的图号；

6 当雨水采用暗管排除时，宜编制设备材料表。

3.3.6 道路交通设计应包括下列内容：

1 道路平面图；

2 不同型式的道路标准横断面图、路面结构图、道路构造物详图等，设有超高、加宽、缓和曲线等的道路宜绘制超高、加宽、缓和曲线等的详图。

3.3.7 管线综合布置应满足下列要求：

1 平面图应绘制各建筑物（或构筑物）的外形、标高、道路及其坐标、标高。当建筑物（或构筑物）名称用编号表示时，应列出"建筑物（或构筑物）名称编号一览表"；

2 图纸中应绘制各管线及其相应设施的平面位置；

3 图纸中应标出厂外或保留管线接入点的位置。

3.3.8 绿化设计应包括下列内容：

1 平面布置图；

2 绿地、景观水面、人行步道及硬质铺地的定位。

3.3.9 土石方工程设计应满足下列要求：

1 图纸中应标出工程范围内的测量或施工坐标、建筑物（或构筑物）、挡土墙、边坡的位置；

2 图纸中应标出 20m×20m 方格网及其定位，各方格点的原地面标高、设计标高、填挖高度、填方区和挖方区的分界线，各方格的填挖土石方量、总土石方量；

3 土石方工程量统计表宜按本标准附录 N 的格式编制。

3.3.10 总图计算书宜包括下列内容：

1 总图竖向设计挡土墙计算；

2 护坡设计计算；

3 防洪工程设计计算；

4 雨水排除设计计算；

5 道路交通设计计算。

3.4 电气自动化

3.4.1 电气自动化专业设计应包括下列内容：

1 电力施工图；

2 自动化施工图；

3 箱盘订货图；

4 防雷施工图；

5 照明施工图；

6 火灾报警施工图；

7 通信、信息施工图；

8 设备材料表；

9 管线表；

10 图纸目录。

3.4.2 电力施工图设计应符合下列规定：

1 电力室设备布置平面图应表示设备尺寸、设备安装位置、设备安装基础形式、电缆沟内支架或电缆桥架安装布置图；

2 电缆接线图应表示接线端子号、电缆编号；

3 电缆清单应表示电缆编号、型号规格、起点和终点、电缆长度，以及保护管规格和长度；

4 动力布置平面图应表示用电设备的位置和设备编号、电缆桥架布置，电缆走向，电缆桥架安装形式和要求，不同平面之间的电缆桥架接口，电气设备安装详图和设计技术要求说明；

5 电力总平面图应表示电缆敷设走廊路径、电缆敷设技术要求、桥架或支架安装制作要求、直埋电缆的标志施工要求、电缆编号，电缆沟或电缆桥架安装剖面图；

6 施工安装标准图集和大样图号。

3.4.3 自动化施工图设计应符合下列规定：

1 控制流程图应标注测点的设置、测点位置、测点位号及测点功能；根据工程的具体要求，宜表示控制回路；

2 仪表清单应包括仪表位号、测点功能、仪表型号、仪表规格参数、测量参数范围及报警或控制参数范围；

3 仪表布置平面图应包括测点位置、测点位号、电缆和电缆桥架布置；

4 仪表安装详图应包括安装方式、测量仪表所需要的各种部件、材料和部件之间的连接要求。

3.4.4 箱盘订货图设计应符合下列规定：

1 箱盘系统图应表示配电回路数量、用途、每个回路所使用的二次接线图号，用电设备电气参数，一次元件型号与规格、母线规格；

2 箱盘排列图或盘面布置图应表示一个系统中的箱盘排列顺序或盘面操作元件的布置；

3 控制原理图应表示控制方式和二次元件型号与规格。

3.4.5 防雷施工图应包括防雷平面图、接地平面图并提供施工安装标准图集和安装大样图号。

3.4.6 照明施工图应包括照明配电箱配置图、照明灯具平面布置图、道路照明图，并应提供施工和安装大样图号、标准图集号。

3.4.7 火灾报警设计应绘制火灾自动报警系统图及平面布置图。

3.4.8 通信、信息设计应包括通信电话网络配置图、通信线路布置图、办公室内的网络布线图。

3.4.9 施工图设计中宜编制管线表，管线表应按本标准附录 P 的格式编制。

3.4.10 电气计算书宜包括下列内容：

1 用电设备负荷计算；

2 变压器选型计算；

3 系统短路电流计算。

3.5 建　筑

3.5.1 建筑专业设计文件应包括下列内容：

1 建筑设计总说明；

2 主要车间平面图、立面图、剖面图；

3 建筑构造大样图；

4 建筑使用说明；

5 图纸目录。

3.5.2 建筑设计总说明应包括下列内容：

1 施工图设计的依据性文件；

2 设计标高；

3 一般做法；

4 特殊地区所采用的特殊做法；

5 其他需要说明的问题。

3.5.3 主要车间平面图应包括下列内容：

1 承重墙、柱及其定位轴线和轴线编号，内外门窗位置、编号及定位尺寸，门的开启方向，房间名称或编号；

2 轴线总尺寸、轴线间尺寸、门窗洞口尺寸、分段尺寸；

3 墙身厚度，柱与壁柱宽、深尺寸，及其与轴线关系尺寸；

4 变形缝位置、尺寸及做法索引；

5 主要建筑设备和固定家具的位置及相关做法索引；

6 电梯、楼梯（或爬梯）位置和楼梯上下方向示意以及编号索引；

7 主要结构和建筑构造部件的位置、尺寸和做法索引；

8 楼地面预留孔洞和各种管井位置、尺寸和做法索引，以及墙体预留洞的位置、尺寸与标高或高度；

9 墙体及楼板预留孔洞需封堵时的封堵方式说明；

10 楼地面及墙体上大的孔洞尺寸；

11 室外地面标高、底层地面标高、各楼层标高及地下室各层标高；

12 剖切线位置及编号；

13 平面节点详图或详图索引号；

14 指北针；

15 屋面平面主要结构和建筑构造部件的位置、尺寸和做法索引；

16 起重设备的起重量、行车轨距等；

17 根据工程性质及复杂程度，必要时可选择绘制局部放大平面图；

18 建筑平面较长较大时，可分区绘制，但应在各分区平面图适当位置上绘出分区组合示意图，并表示本分区部位编号；

19 门窗表；

20 子项的单体设计说明；

21 室内装修部分除用文字说明以外亦可用室内装修做法表表达；

22 楼层标准层可共用同一平面，但应注明层次范围及各层的标高；

23 对紧邻的原有建筑，应绘出其局部的平面图，并索引新建筑与原有建筑结合处的详图号。

3.5.4 立面图应包括下列内容：

1 两端轴线编号。立面转折较复杂时可用展开立面表示，但应准确注明转角处的轴线编号；

2 立面外轮廓及主要结构和建筑构造部件的位置；

3 平面图、剖面图未能表示出来的屋顶、檐口、女儿墙、窗台以及其他装饰构件、线脚等的标高或高度；

4 在平面图上表达不清的窗编号；

5 各部分装饰用料名称或代号，构造节点详图索引；

6 内部院落或看不到的局部立面，可在相关剖面图上表示，若剖面图未能表示完全时，则应单独绘出；

7 对紧邻的原有建筑，应绘出其局部的立面图，并索引新建筑与原有建筑结合处的详图号。

3.5.5 剖面图应包括下列内容：

1 剖视位置应选在层高不同、层数不同、内外部空间比较复杂，具有代表性的部位；建筑空间局部不同处以及平面、立面均表达不清的部位，可绘制局部剖面；

2 墙、柱、轴线和轴线编号；

3 剖切到或可见的主要结构和建筑构造部件；

4 高度尺寸；

5 主要结构和建筑构造部件的标高；

6 节点构造详图索引号；

7 对紧邻的原有建筑，应绘出其局部的剖面图，并索引新建筑与原有建筑结合处的详图号。

3.5.6 建筑构造大样图应包括下列内容：

1 内外墙节点、楼梯、电梯、厨房、卫生间等局部平面放大和构造详图；

2 室内外装饰方面的构造、线脚、图案；

3 特殊或非标准门、窗、幕墙应有构造详图；

4 特殊屋面工程应有构造详图；

5 需要重点处理以保证密闭、防水、防尘、防寒、隔热、隔声部位的构造详图。

3.5.7 建筑节能计算书宜包括下列内容：

1 严寒地区及寒冷地区应计算体形系数，并据此确定传热系数限值；

2 各单一朝向窗墙面积比计算（包括天窗屋面比），设计外窗包括玻璃幕墙的可视部分的热工性能满足规范的限制要求；

3 设计外墙（包括玻璃幕墙的非可视部分）、屋面、与室外接触的架空楼板（或外挑楼板）、地面、地下室外墙、外门、采暖与非采暖房间的隔墙和楼板等的热工性能计算。

3.5.8 对在工厂的生产（使用）过程中有特殊使用

要求的建筑，宜编写建筑使用说明书，说明书应包含下列内容：

1 建筑的安全等级和设计使用年限、维修年限，主要建筑材料的品种、规格、性能及相应的产品标准；

2 使用注意事项；

3 维护注意事项、修改设计权限声明以及其他应说明的内容。

3.6 结 构

3.6.1 结构专业设计文件应包括下列内容：

1 设计说明；

2 基础平面图；

3 结构平面图（或立面图）；

4 基础详图；

5 钢筋混凝土构件详图；

6 混凝土结构节点构造详图；

7 钢结构设计施工图；

8 楼梯及特种结构和构筑物施工图；

9 建筑幕墙结构设计施工图；

10 图纸目录。

3.6.2 设计说明应满足下列要求：

1 对工程概况的描述宜包括工程地点、工程规模等内容。

2 设计依据应包括下列内容：

1）主体结构设计使用年限；

2）基本风压、基本雪压、抗震设防烈度等自然条件；

3）岩土工程详细勘察报告书；

4）业主或有关建设方提出的与结构相关的合理要求；

5）采用桩基础时，如有必要，可统一绘制基桩详图，统一提供基桩承载力特征值（或设计值）；

6）结构设计所执行的主要设计规范及标准。

3 图纸说明应包括下列内容：

1）图纸中标高、尺寸的单位；

2）图纸编号说明；

3）常用构件代码及构件编号说明；

4）各类钢筋代码说明；

5）混凝土结构采用平面整体表示法时，应注明所采用标准图名称及编号。

4 建筑分类等级应说明下列建筑分类等级及所依据的规范或批文：

1）建筑结构安全等级；

2）地基基础设计等级；

3）建筑抗震设防类别；

4）钢筋混凝土结构抗震等级；

5）地沟、地坑、地下室等地下结构的防水等级。

5 主要单体子项的主要荷载（作用）取值应包括下列内容：

1）楼面（或屋面）活荷载；

2）基本风压值；

3）基本雪压值；

4）地震作用（包括设计基本地震加速度、设计地震分组、场地类别、场地特征周期）。

6 主要结构材料应说明下列内容：

1）混凝土强度等级、防水混凝土的抗渗等级；

2）砌体的种类及其强度等级，砌体砂浆的种类及等级；

3）钢筋种类及其对应的产品标准；

4）钢结构所采用的材料。

7 基础及地下室、地沟、地坑等工程应说明下列内容：

1）岩土工程地质及水文地质概况，各主要土层的压缩模量及承载力特征值等；对特殊地基的处理措施及技术要求，抗液化措施及要求，地基土的冻结深度等；

2）主要基础形式和基础持力层；采用桩基时应明确说明桩型、桩径、桩长、桩端持力层及桩进入持力层的深度要求，设计所采用的单桩竖向承载力特征值等；

3）基坑、桩承台坑回填要求；

4）大体积混凝土基础的施工要求；

5）当有人防地下室时，应图示人防部分和非人防部分的分界范围。

8 钢筋混凝土工程应说明下列内容：

1）各类混凝土构件受力钢筋的最小保护层厚度；

2）钢筋的锚固长度、搭接长度、连接方式及要求；各类构件的钢筋锚固要求；

3）预应力构件采用后张法时的孔道做法及布置要求、灌浆要求等；预应力构件张拉端、锚固端构造要求及做法，锚具防护要求；

4）预应力构件的张拉控制应力、张拉顺序、张拉条件、必要的张拉测试要求等；

5）后浇带或后浇块的施工要求；

6）特殊构件施工缝的位置及处理要求；

7）预留孔洞的统一要求；

8）防雷接地要求。

9 钢结构工程应说明下列内容：

1）钢结构材料：钢材牌号、质量等级及所对应的产品标准；

2）各种钢材的焊接方法及其所适用的焊接材料的要求；

3）螺栓材料：应注明螺栓种类、性能等级；高强螺栓的接触面处理方法、摩擦面抗滑移系数；各类螺栓所对应的产品标准；

4）焊钉种类及对应的产品标准；

5）应注明或说明钢构件的成形方式，圆钢管的种类；

6）压型钢板的截面形式及产品标准；

7）焊缝质量等级及焊缝质量检查要求；

8）钢构件制作要求；

9）钢结构安装要求，必要时对跨度较大的钢构件提出起拱要求；

10）涂装要求：应注明除锈方法、除锈等级以及对应的标准；注明防腐底漆的种类、干漆膜最小厚度和产品要求。

10 砌体工程应说明下列内容：

1）砌体墙的材料种类、厚度；

2）砌体填充墙与框架梁、柱、剪力墙的连接要求；

3）砌体墙上门窗洞口过梁要求；

4）构造柱、圈梁、拉梁要求及附图。

11 检测（观测）要求应说明下列内容：

1）沉降观测要求；

2）必要时，可对大跨度结构、特殊结构、重要结构的检测或施工安装期间的监测提出要求。

12 结构使用特殊说明宜包括以下内容：

1）沉降监测、检测及观测要求；

2）荷载限制要求；

3）积灰检查及清灰要求。

13 施工中需特别注意的其他问题。

3.6.3 基础平面图设计应符合下列规定：

1 应绘出定位轴线、基础构件的位置及构件编号；基础底标高不同时，应绘出放坡示意图，并应标明施工后浇带的位置及宽度；

2 应标明砌体结构墙与墙垛、柱的位置及尺寸关系；混凝土结构需绘出结构墙、柱平面定位图；

3 应标明地沟、地坑、设备基础的平面位置、尺寸及底标高；

4 需进行沉降观测时，应注明观测点位置；

5 应有基础设计说明，说明中应包括基础持力层、地基承载力特征值、基底及基槽回填土的处理措施与要求等；

6 采用桩基时，应绘出桩位平面位置、定位尺寸及基桩编号；

7 当采用人工复合地基时，应绘出复合地基的处理范围并明确其处理深度，置换桩的平面布置及其材料和性能要求、构造详图；注明复合地基的承载力特征值及变形控制值等有关参数及检测要求；

8 对纯钢结构的建筑物（或构筑物），宜在基础平面图中绘出钢柱与基础间的定位关系。

3.6.4 结构平面图（或立面图）设计应符合下列规定：

1 一般建筑的结构施工图，应绘制各层结构平面图，并符合下列规定：

1）应绘出定位轴线及梁、柱、承重墙、抗震构造柱位置及必要的定位尺寸，并应注明其编号和楼（屋）面结构标高；

2）采用预制板时，应注明预制板的跨度方向、板号、数量及板底标高，应标出预留洞大小及位置；并应标出预制梁、洞口过梁的位置和型号、梁底标高；

3）现浇板应注明板厚、板面标高、配筋；有预留孔、埋件（管）、设备基础时应标示出位置与规格（或型号、编号）；

4）砌体结构有圈梁时应注明位置、编号（或截面尺寸、配筋）及标高；

5）楼梯间可用索引标注方式注明其编号及详图所在图号；

6）屋面结构平面图内容与楼面类同，当结构找坡时，应标注屋面板的坡度、坡向、坡板起终点处的板面标高；当屋面上有预留洞（孔）或其他设施时，应标示出位置与规格（或型号、编号）；有女儿墙时，应标示出女儿墙及女儿墙构造柱；

7）当选用标准图中的有关内容或本图中的节点、构件、复杂部位等应另外绘制详图时，并应在平面图中注明详图索引信息。

2 单层空旷房屋应绘制构件布置图及屋面结构布置图，并应符合下列规定：

1）构件布置图中应绘出定位轴线；绘出墙、柱、吊车梁、过梁、门樘、雨篷、柱间支撑、连系梁、圈梁、构造柱等构件的布置、编号、标高及详图索引信息等；必要时，可绘制剖面图、立面结构布置图等其他图纸或文字说明；

2）屋面结构布置图中应绘出定位轴线、屋面结构构件的位置及编号、支撑系统布置及编号、预留孔洞的位置及尺寸、详图索引信息及必要的文字说明等。

3 楼梯及特种结构和构筑物，应绘出各层楼梯结构平面布置及剖面图，其平面图应注明定位关系、尺寸及标高；

4 对于钢结构的平面布置图，应注明定位关系、标高、构件位置、构件编号及其截面型式、节点详图索引标识等；空间网架（或空间网壳）结构应绘制上、下弦杆和腹杆平面图以及关键剖面图；

5 采用幕墙的建筑物（或构筑物），应绘制幕墙构件立面布置图。

3.6.5 基础详图设计应符合下列规定：

1 砌体结构无筋扩展基础，应绘出剖面、基础圈梁、防潮层位置，并标注定位尺寸、基础尺寸及标高；

2 扩展基础，应绘出平、剖面及配筋、基础垫层，并标注定位尺寸、基础尺寸及标高；

3 桩基应绘出桩详图、承台详图及桩与承台的连接构造详图；

4 筏基、箱基详图可按照现浇楼面梁、板详图的方法绘制；

5 基础梁详图可按照现浇楼面梁详图的绘制方法绘制；

6 对形状简单、规则的无筋扩展基础、扩展基础、基础梁或承台板，可用列表法表示。

3.6.6 钢筋混凝土构件详图应包括现浇构件的详图和预制构件的详图。

3.6.7 混凝土结构节点构造详图设计应符合下列规定：

1 现浇钢筋混凝土结构应绘制节点构造详图（可引用标准设计、标准图集或通用图集中的详图）；

2 对预制装配式结构的节点以及梁、柱与墙体之间的锚拉等详图，应绘出平、剖面，注明相互定位关系、构件代号、连接材料、附加钢筋（或埋件）的规格、型号、性能及数量，并应注明连接方法以及对施工安装、后浇混凝土的有关要求。

3.6.8 钢结构设计施工图应包括下列内容：

1 钢结构设计总说明；

2 基础平面图及详图；

3 结构平面布置图；

4 构件与节点详图。

3.6.9 楼梯及特种结构和构筑物施工图设计应符合下列规定：

1 楼梯及特种结构和构筑物平面布置图的绘制内容和要求应符合本标准第 3.6.4 条第 3 款的有关规定；

2 楼梯中梯梁和梯板可用列表法绘制；特种结构和构筑物，诸如水池、水箱、烟囱、烟道、管架、地沟（或地坑）、挡土墙（或挡料墙）、筒仓、大型或特殊要求的设备基础、工作平台，宜单独绘制详图。

3.6.10 建筑幕墙结构设计施工图设计应符合下列规定：

1 应绘制幕墙结构构件立面布置图，图中标注墙面材料、竖向和水平龙骨（或钢索）材料的品种、规格、型号；

2 应绘制墙材与龙骨、各向龙骨间的连接及安装详图；

3 应绘制主龙骨与主体结构间的连接构造详图，并应标注连接件的材料品种、规格、型号。

3.6.11 结构计算书宜包括下列内容：

1 地基基础（包括桩基）计算；

2 结构整体计算；

3 结构构件计算。

3.7 给 水 排 水

3.7.1 给水排水专业设计文件应包括下列内容：

1 设计总说明；

2 水源、给水处理、循环水、污水处理设计图；

3 室内给水排水设计图；

4 室外给水排水设计图；

5 工厂消防给水设计；

6 设备材料表；

7 图纸目录。

3.7.2 设计总说明应包括下列内容：

1 标高及尺寸的标注说明；

2 管材的选型及连接形式说明；

3 管道、设备防腐蚀的做法；

4 设备、管道基础、管道支架（或吊架）、管道支墩、管道伸缩器等管道安装的做法；

5 管道、设备防冻、保温的做法；

6 系统工作压力，管道、设备试压和冲洗消毒等要求；

7 节水、节能、减排等技术措施；

8 凡不能用图示表达的施工要求，均应在设计总说明中或在子项说明中用文字表述；

9 图例。

3.7.3 水源设计图应包括水源取水总平面图及工艺流程断面图、水源取水头部、取水管井平面图、剖面图及详图、水源取水泵房平面图、剖面图及详图、输水管线图，并应符合下列规定：

1 水源取水总平面图中应绘出地表水或地下水取水工程区域内的地形等高线、取水头部、取水管井（渗渠）、吸水管线（自流管）、集水井、取水泵房、栈桥、相应的辅助建筑物（或构筑物）、道路的平面位置、尺寸、坐标，管道的管径、方位等。工艺流程断面图中应标明工艺流程中各建筑物（或构筑物）及其水位标高关系；

2 水源取水头部、取水管井平面图中应绘制取水头部所在位置及相关河流、岸边的地形平面布置，并应标明河流、岸边与总体建筑物的坐标、标高、方位；剖面图中应绘出取水管井所在位置及组成形式，并应标明各建筑物（或构筑物）坐标、标高、方位；详图应详细标注各部分尺寸、构造、管径；

3 水源取水泵房平面图、剖面图及详图中应绘出各种设备基础尺寸，相应的管道、阀门、管件、附件、仪表、配电、起吊设备的相关位置、尺寸、标高；

4 输水管线的带状地形图上应绘制出管线及附属设备、闸门等的平面位置、尺寸，图中应注明管径、标高及坐标、方位。

3.7.4 给水处理设计图应包括给水处理厂总平面图

及工艺流程断面图，各净化建筑物（或构筑物）平面图、剖面图及详图，水泵房平面图及剖面图，水塔（或水箱）、水池配管及详图，并符合下列规定：

1 给水处理厂总平面图及工艺流程断面图中应绘出各建筑物（或构筑物）平面位置、道路、标高、坐标、连接各建筑物（或构筑物）之间的各种管道、管径、闸门井、检查井、堆放药物、滤料等堆放场的平面位置、尺寸；

2 各净化建筑物（或构筑物）平面图、剖面图及详图中应表示出工艺设备布置、各细部尺寸、标高、构造、管径及管道穿池壁预埋管管径或加套管的尺寸、位置、结构形式和引用详图；

3 水泵房平面图应绘出水泵基础外框及编号、管道位置，标出管径、阀件、起吊设备、计量设备等位置、尺寸。水泵房剖面图应绘出水泵基础剖面尺寸、标高、水泵轴线、管道阀门安装标高、防水套管位置及标高；

4 水塔（或水箱）、水池配管及详图中应分别绘出水塔（或水箱）、水池的形状、工艺尺寸、进水、出水等平面图、剖面图或系统轴测图及详图，并应标注管径、标高、最高水位、最低水位及储水容积。

3.7.5 循环水系统应绘出建筑物（或构筑物）、循环水泵房及各种循环管道的平面、剖面及系统图，并应说明相应的设计参数。

3.7.6 污水处理系统应绘出污水处理总平面图、工艺流程图、各建筑物（或构筑物）平剖面图及详图。

3.7.7 室内给水排水设计图应包括平面图、系统图和局部放大图，并应符合下列规定：

1 室内给水排水平面图设计应符合下列规定：

1）应绘出与给水排水、消防给水管道布置有关各层的平面，内容应包括主要轴线编号、房间名称、用水点位置，并应注明各种管道系统编号（或图例），标出各楼层建筑平面标高；

2）应绘出给水排水、消防给水管道平面布置、立管位置及编号，预留孔洞尺寸及其他必要的定位尺寸；

3）底层（或首层）平面图应注明引入管、排出管、水泵接合器管道等与建筑物的定位尺寸、穿建筑外墙管道的管径、防水套管形式。

2 室内给水排水系统图中，对于给水排水系统和消防给水系统，宜按比例分别绘出各种系统轴测图。图中应标明管道走向、管径、仪表及阀门、伸缩节、固定支架、控制点标高和管道坡度、各系统进出水管编号、工艺用水设备（或各楼层卫生设备）连接点位置；并应注明建筑楼层标高、层数、室内外地面标高。复杂的连接点应绘制局部放大图。

3.7.8 室外给水排水设计图应包括室外给水排水总平面图和室外给水排水纵断面图，并应符合下列规定：

1 室外给水排水总平面图应符合下列规定：

1）应绘制各建筑物的外形、名称、位置、标高、指北针（或风向频率图）和比例；

2）应绘制全部给排水管网的位置（或坐标、或定位尺寸）；

3）给水管应注明管径、埋设深度或敷设的标高，绘制节点图，并应注明节点结构、闸门井、消火栓井、消防水泵接合器井等尺寸、编号及引用详图；

4）排水管应标注管径、标高、水流坡向和水流方向；

5）雨水排水沟应标注沟宽、沟顶标高、沟底标高。

2 室外给水排水纵断面图设计中，排水管道宜绘制高程表，可将排水管道的检查井编号、井距、管径、坡度、设计地面标高、管内底标高、管道埋深等写在表内。

3.7.9 工厂消防给水设计应包括消防水池及泵房设计、消防给水管网设计、车间消防给水设计，并应符合本章给水设计的相关要求。

3.7.10 给水排水计算书宜包括下列内容：

1 各类用水量和排水量计算；

2 有关的水力计算及热力计算；

3 设备选型和构筑物尺寸计算。

3.8 热能动力

3.8.1 热能动力专业设计文件应包括下列内容：

1 施工设计总说明；

2 锅炉房图；

3 汽机房图；

4 其他动力站房图；

5 室外管网图；

6 设备材料表；

7 图纸目录。

3.8.2 施工设计总说明应包括下列内容：

1 列出设计依据，当施工图设计与初步设计（或方案设计）有较大变化时应说明原因及调整内容；

2 各类供热负荷及供热要求；

3 各种流体及燃料的用量；

4 设计容量、运行介质参数（如压力、温度、低位热值、密度等）、系统运行的特殊要求及维护管理需要特别注意的事项；

5 应遵循的有关施工验收标准规范；

6 管材及附件的选用，管道连接方式，管道安装坡度及坡向的一般要求；

7 管道支吊架间距表；

8 设备和管道防腐、保温及涂色要求；

9　管道补偿器和建筑物的管道入口装置；

10　对施工安装质量及符合安全规程的要求，对设备、管道系统试压的要求；

11　对安装与土建施工的配合要求，对设备基础与到货设备尺寸的核对要求；

12　图中尺寸、标高的标注方法；

13　图例。

3.8.3　锅炉房图应包括下列内容：

1　热力系统图；

2　燃烧系统图（单台锅炉容量 35t/h 及以上，燃烧系统较复杂时绘制）；

3　设备平面图、立面图；

4　汽、水、风、烟、煤粉等管道平面布置图、剖面图；

5　燃料储运系统图样；

6　除灰渣系统图样；

7　化学水处理系统图样；

8　烟气净化处理系统图、设备及管道平面、立面、剖面布置图等；

9　其他图样。

3.8.4　汽机房图应包括下列内容：

1　热力系统图；

2　设备管道平面图、剖面图。

3.8.5　其他动力站房图应包括下列内容：

1　管道系统图（或透视图）；

2　设备管道平面图、剖面图。

3.8.6　室外管网设计图应包括下列内容：

1　平面图；

2　纵断面图；

3　横断面图；

4　节点详图。

3.8.7　热能动力计算书应包括下列内容：

1　锅炉房计算；

2　其他动力站房计算；

3　室外管网计算。

3.9　采暖通风与空气调节

3.9.1　采暖通风与空气调节专业设计文件应包括下列内容：

1　设计总说明；

2　采暖、通风、空调平面图；

3　通风、空调剖面图；

4　通风机房、空调机房、制冷机房平面图和剖面图；

5　锅炉房平面图、剖面图、流程图；

6　采暖、空调系统图；

7　室外管网设计图；

8　设备材料表；

9　图纸目录。

3.9.2　设计总说明应包括下列内容：

1　工程建设地点、规模、使用功能、层数、建筑高度等；

2　设计依据、设计范围；

3　暖通空调室内外设计参数；

4　热源、冷源设置情况，热媒、冷媒及冷却水参数，采暖热负荷、折合耗热量指标及系统总阻力，空调冷热负荷、折合冷热量指标，系统水处理方式、补水定压方式、定压值（气压罐定压时注明工作压力值）；

5　采暖锅炉型式、能力；

6　设置采暖的房间及采暖系统形式，系统平衡、调节手段等；

7　各空调区域的空调方式，空调风系统及必要的气流组织说明，空调水系统设备配置形式和水系统制式，系统平衡、调节手段；

8　通风系统形式、通风量或换气次数、通风系统风量平衡等；

9　管道、风道、保温等材料选型及做法；

10　设备表和图例没有列出或没有标明性能参数的仪表、管道附件等的选型；

11　系统工作压力和试压要求；

12　图中尺寸、标高的标注方法；

13　施工安装要求及注意事项；

14　采用的标准图集、施工及验收依据；

15　图例。

3.9.3　采暖、通风、空调平面图设计应符合下列规定：

1　应绘出建筑轮廓、主要轴线号、轴线尺寸、室内外地面标高、房间名称，底层平面图上应绘制出指北针；

2　对于二层以上的多层建筑，其建筑平面相同的采暖标准层平面可合用一张图纸，但应标注各层散热器数量；

3　需另做二次装修的房间或区域，可按常规进行设计，风道可绘制单线图，不标注详细定位尺寸，但应注明结合装修设计图施工。

3.9.4　通风、空调剖面图设计应符合下列规定：

1　风道或管道与设备连接交叉复杂的部位，应绘制剖面图或局部剖面详图；

2　应绘出风道、管道、风口、设备等与建筑梁、板、柱及地面的尺寸关系；

3　应标注风道、管道、风口等的尺寸和标高，气流方向及详图索引编号；

4　通风、空调系统的各种设备及零部件施工安装，应注明采用的标准图、通用图的图名、图号。

3.9.5　通风机房、空调机房、制冷机房平面图和剖面图设计应符合下列规定：

1　平面图应根据需要增大比例，绘出通风、空调、制冷设备的轮廓位置及编号，并注明设备外形尺寸和基础距离墙或轴线的尺寸；

2 平面图应绘出连接设备的风道、管道及走向，并应注明尺寸和定位尺寸、管径、标高，并绘制管道附件；

3 当平面图不能表达复杂管道、风道相对关系及竖向位置时，应绘制剖面图；

4 剖面图应绘制出对应于机房平面图的设备、设备基础、管道和附件，注明设备和附件编号以及详图索引编号，标注竖向尺寸和标高；当平面图设备、风道、管道等尺寸和定位尺寸标注不清时，应在剖面图中标注。

3.9.6 锅炉房平面图、剖面图、流程图应符合下列规定：

1 锅炉房平面图、剖面图应符合本标准第 3.9.3 条、第 3.9.4 条的有关要求；

2 锅炉房应绘制流程图。

3.9.7 采暖、空调系统图设计应符合下列规定：

1 采暖系统应绘制系统透视图，并应注明管径、坡度、标高、散热器型号和数量及立管编号；

2 冷热源系统、空调水系统应绘制系统流程图；

3 空调冷热水分支水路采用竖向输送时，应绘制立管图并编号，并应注明管径、标高及所接设备编号。

3.9.8 室外管网设计内容应符合本标准第 3.8.6 条的要求。

3.9.9 集中型采暖通风与空气调节计算书宜包括下列内容：

1 采暖设计计算；

2 通风设计计算；

3 空调设计计算。

附录 A 主要技术经济指标汇总表

表 A 主要技术经济指标汇总表

序号	指标名称	单位	指标	备 注
1	项目规模			
2	全厂机械设备重量	t		
3	全厂装机容量	kW		
4	计算负荷	kW		
5	年耗电量	kW·h/a		
6	日需水量	m^3/d		
7	循环水利用率	%		
8	总平面图指标			
	(1) 厂区占地面积	ha		
	(2) 投资强度	万元/ha		《工业项目建设用地控制指标》国土资发［2008］24号文
	(3) 建筑物（或构筑物）占地面积	m^2		

续表 A

序号	指标名称	单位	指标	备 注
8	(4) 道路广场占地面积	m^2		
	(5) 建筑系数			
	(6) 容积率			
	(7) 绿地率	%		
	(8) 行政办公及生活服务设施用地所占比重	%		
9	项目总资金	万元		
	其中：静态投资	万元		
	建设期贷款利息	万元		
	铺底流动资金	万元		
10	项目建设投资	万元		
	其中：建筑工程	万元		
	设备购置	万元		
	安装工程	万元		
	其他费用	万元		
11	劳动定员			
	总定员	人		
	其中：生产工人	人		
12	劳动生产率			
	全员	t/（人·a）		
	生产工人	t/（人·a）		
13	单位产品综合能耗指标	kgce/t		
14	单位产品成本费用			
15	企业财务评价指标			
	(1) 年销售收入（不含税）	万元		
	(2) 年销售税金及附加	万元		
	(3) 年总成本费用	万元		
	(4) 年利润总额	万元		
	(5) 年所得税	万元		
	(6) 全投资内部收益率	%		
	(7) 全投资回收期	a		
	(8) 投资利润率	%		
	(9) 投资利税率	%		
	(10) 自有资金净利润率	%		

附录B 工厂运输量汇总表

表B 工厂运输量汇总表

序号	名称	运距（km）	年运量（t/a）	日运量（t/d）	不均系数	运输方式

附录C 总图运输技术经济指标表

表C 总图运输技术经济指标表

序号	指标名称	单位	数量			备注
			原有	新建	合计	
1	厂区用地面积	m²				
2	建筑物（或构筑物）用地面积	m²				
3	堆场及室外操作场地面积	m²				
4	建筑系数	%				
5	厂内道路广场用地面积	m²				
6	绿化面积	m²				
7	绿化系数	%				
8	容积率	%				
9	投资强度	万元/ha				
10	行政办公及生活服务设施用地所占比重	%				

附录D 物 料 平 衡 表

表D 物料平衡表

物料名称	天然水分（%）	物料配比（%）	消耗定额（kg/t）		物料平衡量					
			干燥的	含天然水分的	干燥的			含天然水分的		
					t/h	t/d	t/a	t/h	t/d	t/a

附录E 主要生产车间设备、生产能力及工作制度

表E 主要生产车间设备、生产能力及工作制度

序号	车间名称	主机名称	主要性能	数量	日运转时数（h）	工作制度（d/w）×（h/d）	年运转率（%）

附录F 全厂除尘系统汇总表

表F 全厂除尘系统汇总表

序号	系统名称	风量		排气温度（℃）	扬尘点（个）	排出口高度（m）	烟囱上口直径（m）	除尘器							颗粒级配			备注
								名称及规格	台数	入口浓度		出口浓度		效率（%）				
		(m³/h)	(m³/h)*							(g/m³)	(mg/m³)*	(g/m³)	(mg/m³)*		<10（μm）	10～40（μm）	>40（μm）	

注：* 指在标准状态下。

附录G 生产岗位定员明细表

表G 生产岗位定员明细表

序号	工作地点或工种名称	每班人数（人）			轮休工（人）	合计（人）	备注
		1	2	3			

附录H 初步设计图纸目录

表H 初步设计图纸目录

设计单位名称及工程设计证书编号							
工程名称				共 页第 页		编制	
项目名称				日期		校对	
序号	设计图号	版号	图名	采用图集图号	复用图纸图号	图幅	折A1

附录J 生产设备表

表J 生产设备表

序号	设备名称	型号	规格	生产能力及特性	单位	数量	重量 (kg)	备　注

附录K 电气、自动化设备及材料表

表K 电气、自动化设备及材料表

编号	名 称	型号	规格	单位	数量	备 注

附录L 施工图设计图纸目录

表L 施工图设计图纸目录

设计单位名称 及工程设计证书编号				设计号			
工程名称				共 页第 页	编制		
项目名称				日期	校对		
序号	设计图号	版号	图 名	采用图集图号	复用图纸图号	图幅	折A1

附录M 设备材料表

表M 设备材料表

单位名称及设计证书编号			设计号				设计阶段		
工程名称				编制		校对		审核	
项目名称									
编号	名称	型号及规格	单位	数量	重量（kg）		功率（kW）		备注
					单重	总重	单机	总功率	

附录N 土石方工程量统计表

表N 土石方工程量统计表

区域号	区块号	挖方量（m^3）	填方量（m^3）	净方量（m^3）	区块面积（m^2）	单位面积净土方量（m^3）
合计						

附录P 管线表

表P 管线表

<table>
<tr><td colspan="3">单位名称及设计证书编号</td><td colspan="4"></td><td colspan="1">设计号</td><td colspan="2"></td></tr>
<tr><td colspan="2">工程名称</td><td colspan="4"></td><td rowspan="2">编制</td><td rowspan="2">校对</td><td rowspan="2"></td><td rowspan="2">审核</td></tr>
<tr><td colspan="2">项目名称</td><td colspan="4"></td></tr>
<tr><td rowspan="2">序号</td><td rowspan="2">管线编号</td><td colspan="2">方向</td><td colspan="2">导线或电缆</td><td colspan="2">钢管</td><td rowspan="2">软管</td><td rowspan="2">备注</td></tr>
<tr><td>从何处来</td><td>到何处去</td><td>型号及规格</td><td>长度（m）</td><td>直径（mm）</td><td>长度（m）</td></tr>
<tr><td></td><td></td><td></td><td></td><td></td><td></td><td></td><td></td><td></td><td></td></tr>
<tr><td></td><td></td><td></td><td></td><td></td><td></td><td></td><td></td><td></td><td></td></tr>
<tr><td></td><td></td><td></td><td></td><td></td><td></td><td></td><td></td><td></td><td></td></tr>
<tr><td></td><td></td><td></td><td></td><td></td><td></td><td></td><td></td><td></td><td></td></tr>
<tr><td></td><td></td><td></td><td></td><td></td><td></td><td></td><td></td><td></td><td></td></tr>
<tr><td></td><td></td><td></td><td></td><td></td><td></td><td></td><td></td><td></td><td></td></tr>
<tr><td></td><td></td><td></td><td></td><td></td><td></td><td></td><td></td><td></td><td></td></tr>
</table>

本标准用词说明

1 为便于在执行本标准条文时区别对待，对要求严格程度不同的用词说明如下：

1） 表示很严格，非这样做不可的：
正面词采用“必须”，反面词采用“严禁”；

2） 表示严格，在正常情况下均应这样做的：
正面词采用“应”，反面词采用“不应”或“不得”；

3） 表示允许稍有选择，在条件许可时首先应这样做的：
正面词采用“宜”，反面词采用“不宜”；

4） 表示有选择，在一定条件下可以这样做的，采用“可”。

2 条文中指明应按其他有关标准执行的写法为：“应符合……的规定”或“应按……执行”。

中华人民共和国国家标准

建材工厂工程建设项目设计文件编制标准

GB/T 50718—2011

条 文 说 明

制 定 说 明

《建材工厂工程建设项目设计文件编制标准》GB/T 50718—2011经住房和城乡建设部2011年7月26日以第1075号公告批准发布。

本标准制定过程中，编制组对我国现有的工程建设设计文件标准及我国建材工业工程建设设计文件内容与深度的相关规定，进行了细致的查询研究，并根据如下原则作为本标准的制定依据：

1. 有利于相关法律、法规和规范性文件的实施，有利于规范工程设计人员的设计活动，亦有利于作为政府主管部门执法的技术依据。

2. 反映建材生产工艺技术的发展水平，同时也体现国家在投资体制、环保、节能等社会公共利益方面的要求。

3. 本标准所提出的规定、准则、技术指标适应国家技术经济总体要求，执行国家有关的法规规定，特别是严格执行节能、环境保护、消防、劳动安全和职业卫生等方面法规和强制性标准，同时兼顾项目建设的经济性和可实施性。

4. 充分考虑本行业的特点和特殊性，以现行有效的相关法规、标准、规范、规程为基础，采用尽可能成熟的建材工业建设工程设计经验。

为便于广大设计、施工、科研、学校等单位有关人员在使用本标准时能正确理解和执行，编制组按章、节、条顺序编制了本标准的条文说明，对本标准在执行过程中需注意的有关事项进行了说明。但本条文说明不具备与标准正文同等的法律效力，仅供使用者作为理解和把握本标准有关规定的参考。

目　次

1 总 则

1.0.1 随着我国国民经济快速发展，工业化与城市化建设逐步加快，建材工程类的投资的大幅度增长，大量建材工程项目兴建以及国外公司的介入，带来了建材工程设计的优化与提高。同时，我国的投资体制和投资项目审批制度也发生了重大的变化，由计划经济条件下高度集中的投资和管理模式，转变为多渠道项目融资、以企业为投资主体，政府只是从宏观调控和维护社会公共利益角度对投资项目进行管理，并根据不同情况分别实行审批、核准和备案制度。因此，有必要对建材工厂工程建设项目设计文件编制内容和深度进行统一规定，以适应目前技术和管理及工程建设模式的要求。

设计文件不仅是进行工程项目资金概算、工艺路线和建设方案确定、材料和设备准备的主要依据，也是指导工程施工和验收的主要文件，同时还是有关政府管理部门审查、批准的主要内容。因此，规定和统一工程建设项目设计文件的编制内容和深度，对于保证工程设计质量和完整性是非常必要的。

住房和城乡建设部于 2008 年重新修订了《建筑工程设计文件编制深度规定》（2008 年版)，其中对民用建筑工程初步设计的编制深度制定了详细的规定。该规定也明确提出："工业项目设计文件的编制应根据工程性质执行有关行业标准的规定"。为了进一步贯彻《建设工程质量管理条例》（国务院令第 279 号)、《建设工程勘察设计管理条例》（国务院令第 293 号）和《建筑工程设计文件编制深度规定》(2008 年版)，应针对建材工程项目特点制定相应标准。

1.0.2 本标准适用于《建设工程勘察设计资质管理规定》（建设部令第 160 号)、《工程设计资质标准》(建市〔2007〕86 号）中规定的建材行业（建材工程）设计资质的允许承接业务范围。

1.0.3 基本设计可视同初步设计，详细设计可视同施工图设计。项目规模可依据住房和城乡建设部《工程设计资质标准》（建市〔2007〕86 号）建材行业建设项目规模划分表进行确定。直接进入一阶段施工图设计的建设项目，应有批准的可行性研究报告或项目申请报告作为开展施工图设计的依据。

本标准不作为各专业设计分工的依据。对于某些设计内容，如车间内冷却水系统、转运点采暖通风除尘等，不同的设计单位可能由不同的专业承担设计。对此设计分工本标准不作限制。但不论哪个专业承担这些内容的设计，其设计文件深度应符合本标准要求。

2 初步设计

2.1 一般规定

2.1.2 为了确保初步设计文件中各专业内容的完整性，避免有关内容的重复，本标准未要求初步设计文件单列某些专项内容（如消防、环保、节能等内容）的综合专篇，但初步设计说明中应有上述内容的专门章节。

专业计算书属于内部质量审核文件，应按本标准相关条款的要求编制。

2.2 初步设计说明书

2.2.1 本条所述设计说明书目录为一般建材工业工厂。其中原料、燃料部分的内容可以根据建材工厂性质合并或选择其一编写。

2.2.2 本条列出了总论所包含的内容，其中：

如为扩建工程，总论中项目背景说明尚应简述原生产线运营情况。

产品方案，以水泥工厂建设项目为例，应简述成品品种、袋装与散装的比例及出厂方式。

项目目标中的设计指标，以水泥厂为例，其主要设计指标至少应包括：烧成系统产量、熟料烧成热耗、熟料 28d 强度和熟料综合电耗。其中熟料 28d 强度尚应标明所采用的标准号。

以玻璃厂为例，其主要设计指标至少应包括：熔窑熔化能力、年产量、总成品率、单位产品消耗指标。

环境保护目标应包括：粉尘排放指标、噪声排放指标、废气排放指标、废水排放指标、工业及其他废渣的回收利用率。

2.2.4 本条规定了总图运输应说明的内容。运输的说明中应包括厂外运输、厂内运输和工厂运输量汇总表。

厂外运输分铁路运输、公路运输以及水运。铁路运输应说明接轨点位置、交接方式、线路的等级标准、技术条件、协作条件，以及桥、涵、附属设施等情况。公路运输应说明衔接点位置、道路等级、技术条件、路面结构、桥涵通过能力、协作条件，以及其他附属设施等情况。水运，应说明交接装卸地点、方式以及码头、运输设施等有关协作的条件。

竖向布置及雨水排除的说明中宜包括地质灾害防治及减灾措施、水土保持实施方案、竖向布置系统及场地整平方式、雨水排除方式、排出方向、土石方平衡后挖方与填方的处理。

2.2.5 本条规定了生产工艺应说明的内容。

设计规模与生产方法的说明中应根据新建、技改或扩建的规模，阐述生产方法，产品组成、品种、规格、各种物料及产品的运输方式。

设计基础条件的说明中应简述原料、燃料的物理性能及进厂运输方式。

主要生产车间设备、生产能力及工作制度的说明中，可列表说明主机设备型号、规格、生产能力、数量、年利用率以及车间的工作制度，并列出主要生产设备的物料、风量等基本设计数据。同时阐述生产车间计量设备（型号、规格、数量）的配置和计量管理监测站的设施情况以及可达到的计量等级等。

生产工艺流程简述可包括生产工艺流程特点及机械化、自动化、计测水平、有关方案技术经济比较以及根据自然条件采用的技术措施等内容。

采用新工艺、新技术或新设备的说明可简述设计中采用的新工艺、新设备、新技术的理由、效益、特点及系统的匹配等。

2.2.6 供配电设计方案的说明中可简述供电电源、保安电源、输电线路、全厂装机容量及全厂用电计算负荷、自然功率因数、补偿以后的功率因数、需要系数 k_x 值、年最大负荷利用小时数、全年用电量及电耗、全厂供配电系统、电压等级及变（配）电站（所）、电力室的数量、分布位置、主要设备选型、各变压器的容量及负荷率、继电保护及计量仪表的设置等。

车间电力室设置的说明中可简述各电力室的供电范围、电力室之间低压联络线的设置。

供配电线路的说明中可简述厂内外高低压配电线路、电缆及其敷设方式。

防雷保护及接地系统的说明中可简述全厂防雷及保护接地系统的设计原则。

车间电力拖动的说明中可简述生产车间供电方案、控制方式、控制水平及操作运行方式、电动机型式及电控设备的选择。

电气照明的说明中可简述照明电源的设置、灯具选型原则及导线敷设。电气照明包括事故照明。

生产过程自动化的说明中可简述自动化设计方案、水平及控制方式的确定原则及新技术、新设备的采用、计算机控制系统、检测设备及仪表选型、独立控制系统的仪表或计算机的设备选型。

新技术、新设备包括了引进的情况。计算机控制系统包括全厂计算机系统的控制方式、控制范围、系统的组成及其控制功能、计算机控制系统的配置、外部设备的选型，并最好列出进入计算机控制系统的控制参数及数据处理方式。检测设备及仪表选型包括温度、压力、流量、料位、成分分析、计数、速度、功率、电流、电压等一次检测仪表的选择原则。

通信系统的说明中可简述行政通信、生产调度的电话系统、上级电话局的总机制式、广播音响信号设备的选用及组成、工厂局域网及工厂管理信息系统。

2.2.7 本条规定了给水排水应说明的内容。对技改工程尚应说明原水源情况、给排水系统及设施现状。

在简述水源情况时，可以按河水、地下水、水库水或湖泊水、泉水或溶洞水等不同水源进行说明。

取河水时，要说明河流名称、所属水系、地理位置，地形、地质、河床情况及其水系的可靠性。本工程取水地段航运、沿岸工业企业取水、排水及污染状况。取水方式，取水构筑物的组成，设备选型、工作班制、输水距离、高差、管材选用等。

取地下水时，要说明勘探的结论（水文地质特征和抽水试验结果），目前开采状况及地下水污染情况。本工程取水构筑物的组成、设备选型、工作班制、输水距离、管材选用等。

取水库水或湖泊水时，要说明其位置、名称、库容、水位变化，目前利用情况及将来规划，取水点位置及地形情况等。本工程取水方式，取水构筑物的组成，设备选型、工作班制、输水距离及管材的选用等。

取泉水或溶洞水时，要说明位置、形成条件、季节变化情况，补给来源的可靠性和取用的条件。本工程取水方式，取水构筑物的组成，设备选型、工作班制、输水距离及管材的选用等。

此外当由城市供水或与其他单位协作时，还要说明接管位置、标高、供水量、水压、管径等。

当有两个以上水源时，应在说明中进行方案优化比选，阐明水源选择理由。

给水处理系统主要说明所需设备、建筑物（或构筑物）。根据业主需要，还可说明处理需用药剂的种类、投药方式、用药剂量，处理过程中的化验和监测手段，处理场的设置位置、高程等内容。

给水系统组成情况包括循环泵站、升压泵站、设备选型、冷却设施、储水方式、能力、管材选用等。

对于大型规模的建设项目，根据需要对排水设施及车间内部排水的以下方面进行说明：泵站的位置、设备选型，车间内部给排水系统、设备选型，管道敷设方式、管材选用等。

节约水资源是一项利国利民的基本国策。为了落实节约用水措施及其效果，为了使生产循环水合理分配，各车间进口均应设累积型计量水表及压力表；生产设备进出口均应设水流视镜及压力表。初步设计说明应对全厂给排水计量与检测、计量设施予以明确。

2.2.8 本条规定了建筑结构应说明的内容。

项目自然条件的说明中应概述与本专业有关的气象条件、工程地质及水文地质概况、地基承载力标准值、抗震设防烈度、基本风压或雪压。叙述自然条件时，其内容勿与总论重复。

建筑设计的说明中可包括下列内容：结合当地气

象条件、建筑风格、习惯做法及地方对设计的要求，说明所采用的建筑形式、设计要点和装修标准等。简述建筑防噪声、防水、防尘、通风、保温、隔热、防寒等原则。阐述各主要生产建筑物及构筑物的建筑构造，采用的新技术、新材料或当地材料。

结构设计的说明中应根据工程地质、水文地质以及施工条件简述基础及结构工程的设计原则，并简述主要生产车间的结构选型。结构设计选型应结合当地自然条件、材料供应情况及施工技术水平等。

2.2.9 气象条件的说明中可引述依据的有关文件和要求，简述供热、通风及空调的气象条件及设计标准。采暖的说明中可简述采暖范围、需采暖建筑物（或构筑物）的总热负荷、散热器的选型、热源与热网、换热站、管线布置及选材等。技术改造项目还应说明原有热源、供热管网系统等设施的现状情况。目前国家推进节能环保，已淘汰消除小锅炉、小煤炉。在北方寒冷地区多有大型集中供热工程，建设工厂处于其供热区域内，则仅建立换热站而无供热工程建设内容。

通风的说明中可简述有余热、有害气体散发的车间或建筑物名称及其通风的方式。空气调节的说明中可简述生产或辅助生产中有恒温、恒湿要求的车间或建筑物的名称及其采用的空调形式。

2.2.10 主要能耗指标为项目主要能耗指标及相应的国家标准对比表。对于能耗指标，如果地方标准严于国家标准，应执行更严格的地方标准。

主要节能措施可包括下列内容：

1 根据生产和辅助生产的实际需要，因地制宜地选用燃料和可能利用的其他能源情况。

2 采用新工艺、新设备、新材料合理利用热能的措施。

3 对生产余热的合理利用。

4 生产和辅助生产中节约电能的情况。

5 其他能源的节约措施。

生产和辅助生产中节约电能的情况包括各生产环节中采用的各种降低电耗的措施。

2.2.11 对初步设计说明书中要求单独编制消防专篇的项目，其内容和深度要求宜参照本条执行。

总图运输的防火设计说明中可包括下列内容：

1 在总图布局中，对功能分区配套工程、消防道路、出入口数量、竖向布置、风向，结合近、远期规划进行论述，并阐述依据。

2 简述工程周围相邻建筑物（或构筑物）的使用性质，火灾危险性分类、层数、面积、耐火等级、防火间距情况及需要拆除建筑物（或构筑物）的范围和期限。需要拆除的建筑物（或构筑物），主要指改、扩建工程中可能发生的情况。

3 简述各类储罐、堆场的分组、分区布置、消防通道、防火间距、消防设施等方面的设置和依据。

建筑的防火说明中可简述各单体建筑的结构类型，主要承重构件的耐火性能、耐火等级定级，建筑平面及竖向布置，防火、防烟分区及附设于建筑物内的配套设施，有爆炸危险的甲、乙类生产厂房的防爆措施，建筑物内疏散走道、安全出口和楼梯间形式、数量、位置、宽度、疏散距离以及通向屋顶和地下室楼梯的安全疏散设施。有爆炸、火灾危险的建筑物（或构筑物），如煤储库、煤堆场、煤粉制备、煤粉仓、油库、油罐、加油站、易燃气体库、变电站、配电站、控制室等。此类建筑物（或构筑物）的必要的防爆措施如结构选型，泄压设施的材质、重量和面积，在适当位置设泄压阀、泄压门窗，使泄压面积与厂房体积比及墙面、地面及洞口的做法均满足现行国家标准《建筑设计防火规范》GB 50016 的要求。

消防给水与排水的防火设计说明中可简述室内外消防给水设计流量、管网及加压措施和消火栓的设置、室内消防水箱的储水量。固定、半固定泡沫灭火装置、自动喷水灭火系统设计要点和依据。

电气的防火设计说明中可简述消防设施用电的可靠性、事故照明、疏散指示标志、自动报警和消防水泵等设备的控制、消防控制室的设备选型等，并应说明有否爆炸和火灾危险场所和其等级，电气设备的选型、规格和依据。

工艺的防火设计说明中可简述生产、工艺流程中物质反应的操作条件及危险性分析，原料、中间体、成品的火灾危险性特征、用量和储存量，有火灾爆炸危险介质的设备的安全控制措施及异常情况的紧急控制措施。

一些建材工厂在生产过程中会产生高温、高浓度粉尘或一氧化碳等，造成易燃易爆条件。以水泥工厂为例，熟料煅烧采用煤作燃料，在煤磨的出口端原煤已磨成细粉，由于磨体内的气体中含有足够的氧气量，因此，当磨体内温度控制不准时，煤磨出口段容易起火并引发爆炸；在煤粉长期集聚的煤粉仓底、袋收尘器的灰斗中亦容易起火。所以为了准确控制煤粉制备过程中的温度，及时发现火情，需在煤磨、煤粉仓、袋收尘器及各个灰斗等处装设测温元件。

当煤粉在容器中尚未充分燃烧时会产生一定量的一氧化碳，因此监测一氧化碳的含量也可报告火情，故在袋收尘器处需装设一氧化碳分析仪。

当上述手段没有及时发挥作用而引起爆炸时，为避免设备、厂房及人身受到危害，在煤磨系统安装防爆阀作为第二道防线。

采暖通风的防火设计说明中可简述通风及除尘系统的形式，排出物质的成分和含量，通风与空调管道的材质、保温材料的燃烧性能，管道敷设形式，管道内防烟、阻火闸门的选型和设置位置。

2.2.12 建材工厂以其吸纳其他工业所产生的废物的特性和优势，已经开始走上循环经济的绿色发展道路。由于重视环保技术的创新，大大降低了工厂生产过程中粉尘、烟气、废渣、废水的排放概率。对在设计中采用的环保新技术、新材料、新工艺等，应在本段阐述。

建设地区的环境现状的说明中应简述工厂建设前该地区环境容量的本底值。

设计中采用的环境保护标准应符合国家现行的对污染物排放标准的有关规定。污染物排放标准，主要指控制粉尘、烟气、废渣、废水排放的国家标准。随着国家对环境保护的重视程度不断加大，环境保护技术得到飞速发展，因此相关的排放标准也提高了。在此所列的标准注意应为最新发布的版本。

对改、扩建项目尚简述原厂的环境保护设施现状、治理措施及效果。同时简述对工厂噪声采取的控制措施以及工厂绿化设计。

环境管理机构可简述环保工段及环保监测站的设置。

2.2.13 近年来建材工业越来越多的企业通过了职业安全卫生国际标准认证，说明建材工厂企业越来越重视员工的职业安全与劳动保护。项目建设中职业安全卫生设施建设应与项目主体工程同时设计、同时施工、同时投入使用，这已经不仅为满足国家规定的要求，也不仅是项目审批的需要，更是企业自身发展的需要。由于生产技术突飞猛进的发展、计算机控制系统的广泛采用，大中型现代化建材工厂大多已实现无人值守的巡检制。生产一线劳动条件较以前大大改善，因此相关的国家标准的要求同样也提高了。在此所列的标准也要注意应为最新发布的版本。

项目主要危险源及有害因素辨识、评价与分析的说明可简述生产过程中存在的主要有害物质，各种影响工人健康的不卫生因素与危及人身安全的各种因素，可能受到职业危害的人数及受害程度。

安全卫生设计中对各种危害因素采取的主要防范措施的说明可包括总图布置与厂内外运输安全、防尘、防毒可简述车间内的尘源及有害气体性质、除尘的措施，排除有害气体、防机械伤害、防电伤及防雷、噪声控制，并可包括以下内容：

1 总图布置与厂内外运输安全措施的说明可简述厂区防洪、交通安全、防火安全距离及措施，以及对建筑物（或构筑物）布置避开不稳定地段等措施。

2 防尘、防毒措施的说明可简述车间内的尘源及有害气体性质、除尘的措施，排除有害气体的措施。

3 防机械伤害措施的说明可阐述易于发生机械伤害的生产场所、生产设备以及采取的防护措施。

4 防电伤及防雷措施的说明可简述对于多尘、潮湿场所或人员易触碰到的电机、电器采取的防护措施及对避免造成误操作的防护措施，并简述对变电站、配电站（所）、线路，高大建筑物（或构筑物）等采取的防雷措施。

5 噪声控制措施的说明可简述对生产车间、辅助生产车间或辅助建筑物内部设备、设施等噪声的防治措施。

6 防暑降温、防寒、防湿劳动保护措施的说明可简述对散发热量和余湿量较大的车间、地坑等采取的防护措施、在寒冷地区对车间及劳动场所等处采取的防寒措施。

2.2.14 组织机构的说明中可简述本工程投产后所采取的经营方式、管理体制，机构设置的编制依据，并简述生产车间和管理部门组织机构表、标明隶属关系。

2.2.15 概述与基础数据的说明中应包括企业性质、经营方式、工程所包括的范围，改、扩建项目尚应简述老企业的现状，并应简述经济评价的依据和原则。基础数据应包括：生产规模、品种和产品包装方式、项目总投资、引进设备和技术的外汇额度、折旧费、大修费计算与使用原则、工资额、原料、燃料价格及消耗量的确定、项目计算期及投产初期的达产系数、还款期企业留利原则、确定产品销售价格的依据。水泥工厂有余热发电的工程应说明发电量及电价计算。

项目总投资及资金筹措的说明中应简述资金来源及使用，并应包括资金来源、贷款利率、偿还条件、使用安排。有外汇的项目尚应说明外汇来源、外汇与人民币的比价。

总成本费用分析应包括：产品设计成本、成本计算及成本分析与可行性研究的成本进行对比，并应着重于成本构成的分析。

企业财务评价可包括以下内容：

1 计算达产年销售收入，税金（注明各种税率），营业外支出，年利润总额。

2 计算还款期内企业留利。

3 计算企业经济效益各项指标：全投资财务内部收益率，自有资金财务内部收益率，国内资金财务内部收益率，投资回收期，借款偿还期，投资利润率，投资利税率等。根据行业基准收益率计算财务净现值。

4 必要时宜作不确定分析：盈亏平衡分析，敏感性分析。

财务评价的结论可针对项目具体情况和特点，将初步设计评价主要指标与可行性研究进行对比分析，并可与同类型企业（或生产线）进行对比分析，作出企业财务评价结论，同时宜对项目经济效益提出结论性意见。

2.3 初步设计图纸

2.3.2 本条规定了指北针和风向频率图的图例，如图

1、图2所示：

图1　指北针示意图　　　图2　风向频率示意图

2.3.3　本条规定了工艺图纸应包括的内容。

2　本款所指的全厂生产车间布置平面图可仅绘制主要生产车间。老厂改造亦可用相对尺寸定位。

2.3.4　电气专业所需提供的图纸内容，可根据需要在本条基础上增减。

2.3.6　本条规定了给排水图纸应包括的内容。其中给排水流程图可表示给水排水量的平衡关系，并将各用水单位按新水、循环水、串联水、消耗水和排水量，分别按系统表示出流向、水量、用水点名称，同时应表示水源、给水处理、水冷却构筑物、泵站（设备型号、台数）与给排水系统的关系。给排水管网平面布置图比例宜为1∶100～1∶500。

2.4　初步设计工程概算

2.4.2　编制说明的内容及其要求：

1　工程概况，应阐述工程项目的建设规模、建设性质（新建、扩建、技改）、主机规格与配置、投资范围（即概算包括的工程范围）及投资总额等。

2　编制依据及编制方法，应阐述采用的定额、指标、工资标准、设备价格、材料价格、设备运杂费、各项施工取费，以及其他工程费用的依据。对引进项目的费用编制依据，应说明引进的国家或地区及公司，引进的范围和分交的范围，总报价的金额及货币类别和外汇折算率，有关税、费的计算或减免的依据。对于设备和材料价格，应分别说明通用设备的价格依据和浮动价格的依据，非标准设备的估价依据，材料价格应分别说明国家供应和地方市场议价的依据。

3　投资构成，应包括建筑工程费、设备费、安装费、其他费用及其他投资的比例。

4　投资分析，应简述按生产能力计算的建设项目总投资和单位产品的基建投资。

2.4.5　这里所说的专业是指土建、装饰、给水排水、暖通、电气等。

3　施工图设计

3.1　一般规定

3.1.1　各专业的设计图纸应包含说明、必要的设备、材料表及图纸总封面。具体项目实际交付的文件内容应按项目合同要求。

设计使用说明应包括使用与维修年限、使用与维护注意事项、修改设计权限声明及其他应说明的内容。

3.1.2　计算书属于内部质量审核文件，计算书内容应清楚、完整，计算步骤条理分明，引用数据可靠，计算结果与图纸一致。

采用计算机程序计算时，应在计算书中注明所采用的计算程序名称、代号、版本及编制单位。计算程序必须经过有效审定（或鉴定），电算结果应进行分析确认；总体输入信息、计算模型、几何简图、荷载简图及输出结果应整理成册。

采用标准设计图集或复用图时，宜根据图集的说明，结合工程进行必要的核算且作为计算书的内容。

3.1.3　本条规定了各专业图纸目录的内容。

图纸目录应先列新绘制图纸，后列选用的标准图或复用图。

3.1.5　本条对应编制设备材料表的相应专业设备材料表的编制进行了规定。

设备材料表的内容应符合下列规定：

设备材料表应包括设备装置的编号、名称、型号、规格、数量、重量、功率等内容。

设备材料表中应将设备装置的主要技术性能编写于型号及规格栏中。

设备材料表中宜编写设备装置的用途及使用环境条件，设备的基本运行条件及要求。设备装置的用途及使用环境条件：一般包括物料（流体）名称、物料（流体）的基本物理性质，环境气象资料（如大气压、环境温度、湿度），厂房设置情况等。设备装置的基本运行条件及要求：一般为用电（如电机功率、电压等）、用水（包括生产用水、设备冷却用循环水）、用气（如压缩空气等）的条件及要求。

3.2　工　艺

3.2.1　具体工程项目的工艺布置图可按工厂的复杂程度分为生产线工艺布置图、车间工艺布置图。

3.2.2　本条规定了工艺布置图的内容。

1　工艺布置图的视图图样包括工艺布置平面图、剖面图；需要时可绘制局部详图、单体图、图表或文字说明对平面图、剖面图进行补充及完善。

工艺设备装置包括工艺设备、工艺非标准件及各种工艺生产管线，也包括工艺过程的计量测量与生产控制设备。

工艺设施指随厂房建筑结构设计建造的储库、储仓、料斗、烟囱等工艺过程用建筑物（或构筑物）。

工艺布置平面图宜与总平面图的方向一致；在总平面图上倾斜或垂直布置的工艺设备装置和厂房、工艺设施可旋转水平后绘制，其旋转角度不宜大于90°。

5　工艺设施、厂房建筑结构的主要尺寸指：储存库、物料仓等的规格尺寸，建筑物（或构筑物）、厂房柱网的轴线定位尺寸。

6 工艺布置图中高度方向可标注为相对标高，也可为绝对标高。

7 本款对工艺设备装置、工艺设施的主要工艺属性的内容作了规定。

工艺设备装置、工艺设施的主要工艺属性指：设备、非标准件的编号；主机设备的名称、规格、转向；移动设备的极限尺寸；储库、堆场、料仓、卸车坑等的名称或物料名称、储库编号、物料的储存量等。

3.2.3 本条规定了全厂生产车间平面图的内容。

1 生产车间包括生产过程物料储存库、堆场等的建筑物（或构筑物）。辅助生产车间指材料库、总化验室、总控制室、电气室等。

4 主要定位尺寸，可用尺寸标注、样式标注，也可按总图中所确定坐标值标注。地面标高为设备或厂房所在场地总图专业确定的±0.000平面标高。

3.2.4 因建材工厂存在多样性，设备图例、物料流图例、流体图例由各设计单位自定义确定，不作统一规定及要求。在工艺流程图中，复杂的管路系统及辅助生产管路系统宜简略表达、示意。

在分生产线、车间工艺流程图中，应表达、示意相关连接部分的内容或加注其他方式说明。

3.2.5 工艺非标准件制造、安装的共有特性及要求的，可编制为通用图。工艺非标准件可不绘制每一零部件的加工图及板材件的展开图或下料图；需要时可绘制某一零部件的单件图或组合件的分部件图。

3.3 总　　图

3.3.2 本条规定了全厂总平面图的内容。

9 全厂总平面图为场地建筑坐标网时，应注明与测量坐标网的换算关系。

3.3.3 竖向设计平面图可用设计等高线法表示场地的设计标高。

地形复杂、设计台段较多时应用剖面图表示并注明尺寸和场地坡度。

对较简单的工程，竖向设计平面图可与雨水排除平面图合并绘制在同一张图上。

3.3.5 本条规定了雨水排除设计的内容。

4 本款对雨水排除管道的绘制作了规定及说明。

雨水排除管道宜绘制高程表，表中应标注雨水管道的检查井编号、井距、管径、坡度、设计地面标高、管内底标高、管道埋深。简单的工程，可将雨水排除管道高程表的内容（除管道埋深）直接标注在平面图上，不需列表。

对地形复杂的雨水排除管道，宜绘制管道纵断面图，图中应表示出检查井编号、井距、管径、坡度、设计地面标高、管道标高（标注管内底）、管道埋深、管材、接口型式、管道基础、管道平面示意。纵断面图比例宜为竖向1：100或1：200，横向1：500或1：1000。

3.3.6 本条规定了道路交通设计的内容。

1 道路平面图应保留各建筑物（或构筑物）的外形、标高、名称或编号及其主要控制点的坐标。

道路平面图中应标注道路坐标、中心标高、宽度，横坡坡向，纵坡坡度、坡长、坡向及路面类型、转弯半径等。

线路复杂地段可标出平曲线要素或列出平曲线要素表。

简单工程的道路平面图可与厂区总平面图合并绘制。

2 工程或场地复杂时宜绘制道路横断面图；线路复杂地段的道路宜绘制纵断面图，并应标出原始地面线、里程桩号、设计路面标高和设计纵坡坡长、坡度、竖曲线要素。

3.3.8 本条规定了绿化设计的内容。

1 在平面图中，应表示出乔木、灌木、草地等不同种类的分布并相应编号，根据树木的种类标出行道树的间距，行道树及独立树木与道路及其他建筑物（或构筑物）的距离（注意乔木与地下及地上管线的间距需满足设计规范要求）。绿化或景观环境另行委托设计时，应根据需要绘制绿化及建筑小品的示意性和控制性布置图。

3.3.9 本条规定了土石方工程设计的内容。

1 土石方工程的建筑物（或构筑物）、挡土墙、边坡等位置宜用浅细线表示。

2 不规则的方格网宜标出其边长。

设计台段或地形复杂时，宜用断面法计算土石方工程量。

土石方工程的平衡应同时考虑建筑物（或构筑物）基础、道路路槽、管线地沟、排水沟等的挖方量及土壤松散系数。

3.4 电 气 自 动 化

3.4.2 根据工程要求可以将电缆接线图和电缆清单内容合并。在平面图无法清楚表示电力施工图内容时，宜绘制剖面图。

3.4.3 本条规定了自动化施工图设计的内容。

1 在平面图无法清楚表示仪表测点位置时宜绘制剖面图。

3.4.4 本条规定了箱盘订货图的内容。

1 箱盘系统图包括：110kV、35kV、10kV、380V，高压、中压、低压系统图，应根据工程设计实际情况绘出相应的系统图。

2 箱盘排列图包括35kV、10kV、380V（即中压、低压系统）标准箱盘排列图，供制造时组屏和母线连接用。盘面应标注用电设备名称、用电设备编号、箱盘宽深高尺寸。箱盘面布置图应包括低压非标箱盘按功能要求合理布置盘面各区域的电气元件、电气元件的布置定位、箱盘结构形式要求，箱盘宽深高尺寸、箱盘颜色。

3 控制原理图：完善的控制保护功能、元件编号、二次端子排列等。

3.4.5 防雷平面图应表示防雷接闪器、防雷引下线位置，接闪器型式和安装要求，防雷接闪器、防雷引下线、防雷接地的做法、材料和技术要求，包括独立避雷针的设计。

接地图设计应包括接地网的布置、接地极的布置、测试点、断接卡的设置位置，接地网与设备之间的等电位联接，接地电阻要求及接地网做法、材料和技术要求。

接地平面图设计中的接地分为防雷接地、电气系统工作接地和用电设备保护接地几种，设计时应加以说明。防雷接地平面可与防雷网布置平面合一张图，但相互之间的关系要表示清楚。

3.4.6 照明配电箱配置图应包括进出线回路电气参数，电气元件型号与规格，电缆电线规格及保护管规格，并应标明每个照明供电回路所接的相序。

照明灯具平面布置图应注明灯具型号、光源功率、灯具安装形式、灯具安装高度和灯具的供电回路及控制开关，并应注明消防应急照明和应急疏散指示。

道路照明图应包括路灯控制、路灯布置位置、路灯的供电回路号、供电相序及路灯功率，并应提供路灯安装基础。

3.4.8 通信电话网络配置图应包括：通信线路的引入要求，程控交换机规格，电话终端数量及位置，分线盒规格及位置，线路规格及备用量。

通信线路布置图应包括：通信线路的走向，接线盒的布置及电话终端的位置。

办公室内的网络布线应包括：网络的接入、网络交换机设置，网络终端设置，网络通信线路规格及敷设方式。

3.5 建　　筑

3.5.2 简单的小型单项工程，建筑设计总说明中的内容可分别写在底层平面图和各层建筑平面图上。

1 依据性文件包括：批文、本专业设计所执行的主要规范和所采用的主要标准等。

2 设计标高的内容应包括：工程的相对标高与总图绝对标高的关系以及图纸中标高、尺寸的单位。

3 一般做法的内容应包括：墙身防潮层、墙体、屋面、粉刷、楼地面、门窗、梯子和栏杆、地沟和地坑。可用文字说明或部分文字说明，部分直接引注或加注索引号。

4 "特殊地区"是指：湿陷性黄土地区、酸性土壤地区、冻胀土地区等。对于这些地区的建筑物应采取一些必要的措施。如果文字无法说明构造形式的，可以图示的方式加以说明。

5 其他需要说明的问题包括：建筑名称、建设地点、建设单位、全厂建筑单体建筑面积、全厂建筑总面积、建筑层数、建筑高度、火灾危险性类别、耐火等级、结构安全等级等项目概况。

3.5.3 本条规定了主要车间平面图的内容。

5 主要建筑设备和固定家具应包括：卫生器具、雨水管、水池、台、橱、柜、隔断。如属另行委托设计加工者，应对其与主体结构的连接方式、预埋件、用料材质、颜色作出规定。

7 主要结构和建筑构造部件的主要内容应包括：中庭、天窗、地沟、地坑、主要设备或设备基础的位置尺寸、各种平台、设备检修平台、夹层、人孔、阳台、雨篷、台阶、坡道、散水及明沟。

8 各种管井应包括：通气管道、管线竖井、烟囱及垃圾道。

10 楼地面及墙体上大的孔洞主要包括设备孔洞、吊物孔及楼梯孔。

12 剖切线位置一般应注在底层平面或需要剖切的平面位置。

15 屋面平面主要结构应包括：女儿墙、檐口、天沟、坡度、坡向、雨水口、屋脊（分水线）、变形缝、楼梯间、水箱间、电梯间、天窗及挡风板、屋面上人孔、检修梯、室外消防楼梯及其他构筑物。表述内容单一的屋面可缩小比例绘制。

19 对于有特殊要求的民用建筑还应列出门窗性能（防火、隔声、防护、抗风压、保温、空气渗透、雨水渗透）、用料、颜色、玻璃、五金件的设计要求。

20 子项的单体设计说明主要包括总说明已叙述外需特别说明的附加内容。如建筑设计防火、防水等设计说明。对于有安全防范、隔声减噪、防污染、防辐射等方面要求的，应根据具体要求采取相应措施。对于涉及建筑节能设计的子项，应有建筑节能设计的专项内容。

21 "室内装修做法表"主要用于比较重要的民用建筑。一般厂房及简单的、小型的配套辅助建筑，可不列此表，装修做法仅在单体设计说明中列出即可。较复杂或较高级的民用建筑应另行委托室内装修设计。凡属二次装修的部分，可不列装修做法表和进行室内施工图设计，但对原建筑设计、结构和设备设计有较大改动时，应征得原设计单位和设计人员的同意。

3.5.4 本条规定了立面图的内容。

2 立面外轮廓的主要内容应包括：女儿墙顶、檐口、柱、变形缝、室外楼梯和垂直爬梯、主要设备基础、各种平台、钢雨棚、阳台、栏杆、台阶、坡道、花台、雨篷、烟囱、勒脚、门窗、洞口、门头、雨水管，其他装饰构件、线脚和粉刷分格线等；标注关键控制标高（如屋面或女儿墙等标高）；外墙的留洞应注留洞大小、定位尺寸与标高（或高度尺寸）。

3.5.5 本条规定了剖面图的内容。

3 建筑构造部件主要内容应包括：室外地面、底层地面（或底层楼面）、地坑、地沟、主要设备基础、设备检修平台、各层楼板、各种平台、吊顶、屋架、屋顶、出屋顶烟囱、钢雨棚、天窗、挡风板、檐口、女儿墙、爬梯、门、窗、楼梯、台阶、坡道、散水、阳台、雨篷、洞口及其他装修等可见的内容。

4 高度尺寸应包括：外部尺寸及内部尺寸。外部尺寸为门、窗、洞口高度、层间高度、室内外高差、女儿墙高度、总高度。内部尺寸为地坑（沟）深度、隔断、内窗、洞口、平台、吊顶。

5 建筑构造部件的标高的内容应包括：地面、楼面（含地下室）、平台、吊顶、屋面板、屋面檐口、女儿墙顶、高出屋面的建筑物（或构筑物）及其他屋面特殊构件的标高，室外地面标高及起重设备的轨顶标高。

3.5.6 本条规定了建筑构造大样图的内容。

3 特殊或非标准门、窗、幕墙如属另行委托设计加工者，应绘制立面分格图，对开启面积大小和开启方式、与主体结构的连接方式、预埋件、用料材质及颜色作出规定。

4 特殊屋面工程如属另行委托设计加工者，应绘制平面图，对构件的性能及制作要求，预埋件，以及防火、安全、隔音构造作出规定。

其他凡在平面图、立面图、剖面图或文字说明中无法交代或交代不清的建筑构配件和建筑构造，均可绘制建筑构造大样图。

3.5.8 本条规定了建筑使用说明书的内容。

2 使用注意事项包括：楼地面的承载能力大小，防腐、防潮方面的使用要求；使用时对于室内空气温度、湿度方面的要求；节能、环保方面的使用要求等。

3.6 结　　构

3.6.2 对于工程中的单体子项，当有设计说明中未加说明的特殊说明项时，则应在相应子项施工图中进行说明。子项特殊说明项宜在该子项首张施工图中编写。

8 在“钢筋连接方式及要求”方面，机械连接时应说明等级，焊接连接时应说明焊材。

9 由于防腐涂料和超薄型防火涂料种类较多且品质差距较大，应当注明产品要求或产品标准，并应注明干漆膜厚度，必要时可注明防腐年限。

12 当结构设计人员认为在工程建设项目的生产（或使用）过程中有需要提醒的特殊事项时，宜在设计文件中进行说明或在实物建筑物（或构筑物）中进行标示。对结构使用的特殊说明宜在设计说明或设计图纸中标示。

对于施工期间建筑物（或构筑物）的监测及观测要求，一般应在设计说明中进行明确。

对沉降要求严格或沉降发展短期难以终止的建筑物（或构筑物），要提出明确的沉降检测及观测要求，该要求一般包括需检测或观测的具体建筑物（或构筑物）名称、检测或观测位置、检测或观测内容、检测或观测间隔时间、终止检测或观测的条件等，一旦出现异常，应及时通知参与工程建设的相关各方。

在进行设备检修时，某些厂房或车间的楼面或屋面上有可能堆放设备、设备零部件或其他材料，设计应该进行考虑。对有可能出现超出设计规定的堆放范围（区域）、堆放荷载等堆放要求的应进行必要的说明或标示。

考虑到建材工厂粉尘沉降的特殊情况，应要求业主（或生产者）定期或不定期对建筑物（或构筑物）的楼面及屋面的积灰情况进行检查，并及时清灰。

13 “施工中特别注意的其他问题”是指：对安全有重大影响的、需提醒施工方予以特别关注的有关事项。如拆模或拆除支撑的条件、拆模或拆除支撑的顺序、基坑开挖对相邻既有建筑物的影响、地下室施工期间的抗浮措施（或要求）、大跨度结构的吊装要求等影响安全或工程质量的有关事项。必要时可说明施工应遵守的施工规范或规程。

3.6.3 本条规定了基础平面图的内容。

5 必要时，基础设计说明中还应说明基础材料的品种、规格、性能、抗渗等级、垫层材料、基础的钢筋保护层厚度等；对预制柱杯口基础，还应说明杯口填充材料。

3.6.4 本条规定了结构平面图（或立面图）的内容。

3 水池、水箱、烟囱、烟道、管架、地沟（或地坑）、挡土墙（或挡料墙）、筒仓、大型或特殊要求的设备基础、工作平台等特种结构和构筑物，应绘制其平面图时，并应注意定位关系、尺寸及标高的标注。

3.6.5 本条规定了基础详图的内容。

3 桩详图应包括桩顶标高、桩长、桩身截面尺寸、配筋、接头构造详图（仅预制桩）等，并应说明岩土工程地质概况、桩端持力层及桩端进入持力层的深度、成桩的施工技术要求及桩的检测要求，且应注明单桩竖向承载力特征值。如基桩施工前先做试桩，则应单独绘制试桩详图并提出试桩要求。

承台详图应包括平面、剖面、垫层及配筋，并应标注定位尺寸、承台尺寸及标高等。

4 当要求设后浇带时，应表示后浇带的平面位置并绘制其构造详图。对箱基和地下室基础，应绘出钢筋混凝土墙的平面、剖面及其配筋。

5 柱下条形基础梁可参照国家标准设计图集中

的绘制方法绘制。

3.6.6 本条规定了钢筋混凝土构件详图的内容。

1 现浇构件的详图包括下列内容：

1）构件尺寸、标高及配筋，梁和板的支座；现浇预应力混凝土构件还应绘出预应力筋定位图，并提出锚固及张拉要求；

2）必要的柱、墙立面图；

3）若配筋复杂难以表示清楚时，将钢筋分离绘制；

4）对构件中的预留孔（洞）、预埋件，应注明其位置、尺寸、标高、加强钢筋等；

5）曲梁、平面折线梁宜绘制放大平面图，必要时可绘制展开详图；

6）一般的现浇梁、柱、墙可采用“平面整体表示法”绘制；

7）“结构施工图设计总说明”中未加说明的特殊要求或说明，尤其是与所选用标准图或规范规定不同的要求（如特殊的钢筋锚固要求、特殊的构造要求等）；

8）对建筑非结构构件及建筑附属机电设备与结构主体的连接，应绘制连接或锚固详图。

2 预制构件的详图包括下列内容：

1）构件模板图。应表示模板尺寸、预留孔（或预留洞）及预埋件的位置及尺寸、预埋件编号、标高等；后张预应力构件还需表示预留孔道的定位尺寸、张拉端、锚固端等；

2）构件配筋图。应包括截面尺寸、钢筋形式、箍筋直径与间距、钢筋规格、位置、数量等；

3）对形状简单、规则的现浇或预制构件，在满足上述要求的前提下，可用列表法绘制。

3.6.8 钢结构设计施工图的内容及深度应能满足制作详图设计的要求。钢结构制作详图一般应由具有钢结构专项设计资质的加工制作单位完成，也可由具有该项资质的其他单位完成，其设计深度由制作单位确定。钢结构设计施工图一般不包括钢结构制作详图的内容。

惯用术语“钢结构施工详图”改为“钢结构制作详图”。因为设计单位承担的钢结构设计通常包含施工图设计阶段，建设方极易将“钢结构设计施工图”与“钢结构施工详图”混淆并引起误解，为避免此种误解的发生，将“钢结构施工详图”改为“钢结构制作详图”。

前面所述“钢结构制作详图……其设计深度由制作单位确定”，是因为钢结构制作详图只需满足加工制作的要求即可，且钢结构制作详图的绘制方法和深度与制作工艺有关，而各制作单位的制作工艺不尽相同，故对“钢结构制作详图的设计深度”不作具体规定。

若设计合同未明确要求提供钢结构制作详图，则钢结构设计内容仅为钢结构施工详图，不包括钢结构制作详图。

1 以钢结构为主的工程以及重要的单体钢结构工程，宜单独编制钢结构设计总说明，该总说明应包括本标准第 3.6.2 条设计说明中有关钢结构部分的内容。

2 基础平面图及详图除应分别按照本标准第 3.6.3 条及第 3.6.5 条进行设计外，还应特别注意钢柱的平面位置及其与下部混凝土基础（或构件）之间连接构造详图的绘制。

3 结构平面布置图的绘制内容及要求参见本标准第 3.6.4 条第 4 款。

4 构件与节点详图应符合下列规定：

1）简单的钢梁、柱可用统一详图加列表的方法表示，应注明构件钢材牌号、必要的尺寸、规格或型号，且应绘制所有类型的连接节点详图（可引用标准图）；

2）格构式构件一般包括桁架（张弦梁）、格构式拱、柱、支撑等。绘制时应绘出平面图、剖面图、立面图或立面展开图，注明定位尺寸、总尺寸、分尺寸，并应注明单构件型号及规格，绘制节点详图，绘制与其他构件间的连接详图；

3）节点详图应包括：连接板厚度及尺寸、焊缝要求，螺栓的型号及其布置，焊钉布置等。

3.6.11 采用计算机程序计算时，计算的结果应包括：振型、周期、扭转周期比、位移、扭转位移比、层刚度比、刚度中心与质量中心的偏差、楼层受剪承载力比、质量参与系数、水平荷载作用下基底剪力及地震剪力系数（剪重比）等；垂直荷载作用下的柱脚反力（桩基及地板计算依据）的图形输出；底层及控制层柱子轴压比图形输出；各层配筋图形输出；时程分析的主要结构；砖混结构的墙脚荷载和各层抗震计算图形输出；必要的文字及图形表示。

3.7 给 水 排 水

3.7.2 有特殊需要说明的可分列在有关图纸上。

3.7.3 在水源设计其他建筑物（或构筑物）平面图、剖面图及详图中，内容应包括集水井、计量设备、转换闸门井。

1 水源取水工艺流程断面图（或剖面图）一般工程可与总平面图合并绘在一张图上，较大且复杂的工程应单独绘制。

4 输水管线图是否需要另绘管道纵断面图，视工程地形复杂程度而定。

3.7.4 本条规定了给水处理的内容。

3 如需设真空泵或其他引水设备时，可绘出有关的管道系统和平面位置及排水设备。用系统轴测图能交代清楚的简单的泵房，可不绘制剖面图。

3.7.5 对于循环水构筑物，当绘制其系统轴测图时，可不绘制相应的剖面图。

3.7.7 当建筑物内有水池、水泵房、热交换站、卫生间等设施时，可绘出其平面图、剖面图（或轴测图），并注明引用的详图、标准图号。

1 若管道种类较多，可分别绘制给排水平面图和消防给水平面图。对于给排水设备及管道较多处，如泵房、水池、卫生间等。当在平面图不能交代清楚时，应绘出局部放大平面图。

2 管道坡度在设计说明中如已交代，图中可不标注；简单管段在平面图上应注明管径、坡度、走向、进出水管位置及标高，且可不绘制系统图。

如各层（或某几层）工艺用水点及卫生设备接管（分支管段）情况完全相同时，在系统轴测图上可只绘一个有代表性楼层的接管图，其他各层注明同该层即可。

当自动喷水灭火系统在平面图中已将管道管径、标高、喷头间距和位置标注时，可简化绘制从水流指示器至末端试水装置等阀件之间的管道和喷头。

3.7.8 本条规定了室外给水排水设计图的内容。

1 对较复杂工程，应将生活给水、生产给水、循环给水、循环回水、生活污水、生产废水及雨水排水沟（或雨水排水管）、消防给水总平面图分开绘制，以便于施工；对于简单工程，所述内容可绘在一张图上。

3）一般工程给水管线可不绘制节点图；

5）在说明中应说明雨水排水沟沟壁使用的材质。

2 排水管道不列高程表的可直接标注在平面图上。对地形复杂的排水管道以及管道交叉较多的给水管道，应绘制管道纵断面图。图中应表示出检查井编号、井距、管径、坡度、设计地面标高、管道标高、管道埋深、管材、接口形式、管道基础、管道平面示意，并应标出交叉管的管径、位置、标高。管道纵断面图比例宜为竖向 1：100（1：50，1：200），横向 1：500（或与总平面图的比例一致）。

3.7.10 给水排水计算书也可包括中水水量平衡计算。

3.8 热能动力

3.8.3 本条规定了锅炉房图应包括的内容。

1 热力系统图应绘出设备、各种管道组成的工艺流程。按本专业制图规定注明符号、管径、介质流向、设备名称或设备编号；按照压力管道设计要求，列出“压力管道特性表”。

2 燃烧系统图（单台锅炉容量 35t/h 及以上，燃烧系统较复杂时绘制）应绘出烟气、冷风、热风、原煤、煤粉、气粉混合物等系统的工艺流程设计图。按本专业制图规定注明符号、管径、介质流向、设备名称或设备编号，图上应列出“燃料特性表”。

3 设备平面图、立面图应注明设备定位尺寸及编号，规模较大的锅炉房还应绘出主要设备剖面图，小容量锅炉房平面图、立面布置图可与管道布置图合并绘制；有起重设备时，应标注其跨度和起重量。

4 汽、水、风、烟、煤粉等管道平面布置图、剖面图应注明管道阀门、补偿器、管道支吊架安装位置等，注明各种管道管径尺寸及安装标高，必要时还应注明管道坡度及坡向。管道布置图上支吊架应逐件编写序号；当支吊架数量较多时，应编制“支吊架一览表”。

5 燃料储运系统图样应包括输煤系统工艺流程图，燃煤储运系统布置平面图、立面图、剖面图，燃油系统图及燃油设备、管道平面图、立面图、剖面图。

6 除灰渣系统图样应包括除灰渣系统图，设备及管道平面图、立面图、剖面布置图等。

7 化学水处理系统图样应包括水处理系统图、设备及管道平面图、立面图、剖面布置图等。

9 其他图样指设备安装详图、非标准设备制造图或制作条件图（如油罐等）等，应根据工程情况进行绘制。当管道安装采用标准图或通用图时，可以不绘制管道安装详图，但应在图纸目录中列出标准图、通用图图册名称及索引的图名、图号。

3.8.4 本条规定了汽机房图应包括的内容。

1 热力系统图应参照锅炉房热力系统图深度进行绘制。如与锅炉房为联合厂房，则与锅炉房热力系统图合并绘制；按照压力管道设计要求，列出“压力管道特性表”。

2 设备管道平面图、剖面图应绘出设备及管道平面图、剖面布置图，图样内容和深度参照锅炉房及管道平面图、剖面图的有关要求。如与锅炉房为联合厂房，可与锅炉房布置图合并绘制。

3.8.5 本条规定了其他动力站房图应包括的内容。

1 应对压缩空气站、热交换站、气体站房、柴油发电机房、加油站和点火油泵房等的管道绘制系统图，深度参照锅炉房热力系统图。燃气调压站和瓶组站的管道绘制透视图，并注明标高。

2 设备管道平面图、剖面图应绘出设备及管道平面布置图。当管道系统较复杂时，应绘出管道布置剖面图，图样内容和深度参照锅炉房设备和管道平面图、剖面图的有关要求。

3.8.6 本条规定了室外管网设计图的内容。

1 平面图应包括下列内容：

1）建筑红线范围内的总平面图，应包括建筑物（或构筑物）、道路、坎坡、水系等，并应标注名称、定位尺寸或坐标；标注指北针；标注设计建筑物室内±0.000 绝对标高和室外地面主要区域的绝对标高；

2）管道布置图，应包括补偿器、固定支架、阀门、检查井、排水井等，并应标注管道、设备、设施的定位尺寸或坐标，标注管段编号（或节点编号）、管道规格、管线长度及管道介质代号，标注补偿器类型、补偿器的补偿量（方形补偿器时为尺寸）、固定支架编号等；

2 纵断面图的比例纵向宜为1：500或1：1000，竖向宜为1：50，且应包括下列内容：

1）地形较复杂的地区应绘制管道纵断面展开图。简单项目及地势平坦处，可不绘制管道纵断面图而在管道平面图主要控制点直接标注或列表说明各种数据；

2）当地沟敷设时，应标出管段编号（或节点编号）、设计地面标高、沟顶标高、沟底标高、管道标高、地沟断面尺寸、管段平面长度、坡度及坡向；当架空敷设时，应标出管段编号（或节点编号）、设计地面标高、柱顶标高、管道标高、管段平面长度、坡度及坡向；当直埋敷设时，应标出管段编号（或节点编号）、设计地面标高、管道标高、填砂沟底标高、管段平面长度、坡度及坡向；

3）管道纵断面图中还应表示出关断阀、放气阀、泄水阀、疏水装置和就地安装测量仪表。

3 当地沟敷设时，管道横断面图应表示出管道直径、保温层厚度、地沟断面尺寸、管中心间距、管子与沟壁、沟底距离、支座尺寸及覆土深度等；当架空敷设时，管道横断面图应表示出管道直径、保温层厚度、管中心间距、支座尺寸等；当直埋敷设时，管道横断面图应表示出管道直径、保温层厚度、填砂沟槽尺寸、管中心间距、填砂层厚度及埋深。采用标准图、通用图时可不绘管道横断面图，但应注明标准图、通用图名称及索引的图名、图号。

4 必要时应绘制检查井、分支节点、管道及附件的节点详图。

3.8.7 本条规定了热能动力计算书应包括的内容。

1 锅炉房计算（小型锅炉房可简化计算）应包括热负荷计算；主要设备选型计算；管道的管径及水力计算；管道固定支架的推力计算；汽、水、电、燃料的消耗量计算；炉渣量的计算；煤、渣、油等的场地计算。

2 其他动力站房计算应包括各种介质的负荷计算；设备选型计算；管道的管径及水力计算。

3 室外管网计算（管网简单时可简化计算）应包括绘制计算用图，并做管径及水力计算；根据水力计算绘制水压图；调压装置的选型计算；架空敷设及地沟敷设管道的不平衡支架的受力计算；直埋敷设时管道对固定支墩的推力计算；管道的热膨胀计算和补偿器的选择计算；做预处理的直埋供热管道的预拉伸、预热等计算。

3.9 采暖通风与空气调节

3.9.2 本条规定了施工图设计总说明的内容。

2 设计依据包括：批准文件和建设单位提出的符合有关法规、标准的本专业要求；本专业设计所执行的主要标准（包括标准的名称、编号、年号和版本号）；其他专业提供的设计资料等。

4 气压罐定压时工作压力值是指：补水泵启泵压力、补水泵停泵压力、电磁阀开启压力和安全阀开启压力。

13 大型设备安装时要求应与土建施工配合，设备基础应与到货设备核对尺寸；设备安装时，应避免设备或材料集中在楼板上，以防楼板超载；利用梁柱起吊设备时，必须符合梁柱强度的要求。

3.9.3 采暖平面图应绘制散热器位置，并注明片数或长度，采暖干管及立管位置、编号、管道的阀门、放气、泄水、固定支架、伸缩器、入口装置、减压装置、疏水器、管沟及检查孔位置，还应注明管道管径及标高。

通风、空调平面图应用双线绘制风道，并标注风道尺寸（圆形风道标注管径、矩形风道标注宽×高）、主要风道定位尺寸、标高及风口尺寸，各种设备及风口安装的位置尺寸和编号，消声器、调节阀、防火阀等各种部件位置，标注风口设计风量（当区域内各风口设计风量相同时也可按区域标注设计风量）。

空调管道平面图应用单线绘制出空调冷热水、冷媒、冷凝水等管道，并应绘出立管位置和编号，绘制管道的阀门、放气、泄水、固定支架、伸缩器等，还应注明管道管径、标高及主要定位尺寸。

3.9.5 本条对通风、空调、制冷机房平面图和剖面图的设计作了规定。

1 通风、空调、制冷设备系指：冷水机组、新风机组、空调器、冷热水泵、冷却水泵、通风机、消声器、水箱等。

2 管道附件系指：各种仪表、阀门、柔性短管、过滤器等。

3.9.7 本条对采暖、空调系统图的设计作了规定。

2 冷热源系统、空调水系统的系统流程图应绘制出设备、阀门、计量和现场观测仪表、配件，标注介质流向、管径及设备编号。流程图的管路分支及与设备的连接顺序应与平面图相符。

3 空调冷热水立管图应标注伸缩器、固定支架的位置。

3.9.9 本条规定了采暖通风与空气调节计算书的内容。

1 采暖设计计算应包括：采暖房间耗热量计算及建筑物采暖总耗热量计算；散热器等采暖设备的选择计算；采暖系统的管径及水力计算；采暖系统设备、附件选择计算，如系统热源设备、循环水泵、补水定压装置、伸缩器、疏水器。

2 通风计算应包括：通风风量计算；通风系统阻力计算；通风系统设备选型计算。

3 空调设计计算应包括：空调冷热负荷计算（冷负荷按逐项逐时计算）；空调系统末端设备及附件（包括空气处理机组、新风机组、风机盘管、变制冷剂流量室内机、变风量末端装置、空气热回收装置、消声器等）的选择计算；空调冷热水、冷却水系统的水力计算；风系统阻力计算；必要的气流组织设计与计算；空调系统的冷水机组（或热水机组）、冷水泵（或热水泵）、冷却水泵、定压补水设备、冷却塔、水箱、水池等设备的选择计算。

中华人民共和国国家标准

电磁屏蔽室工程技术规范

Technical code for electromagnetic shielded enclosure

GB/T 50719—2011

主编部门：中 国 兵 器 工 业 集 团 公 司
批准部门：中华人民共和国住房和城乡建设部
施行日期：2 0 1 2 年 6 月 1 日

中华人民共和国住房和城乡建设部
公　告

第1074号
关于发布国家标准
《电磁屏蔽室工程技术规范》的公告

现批准《电磁屏蔽室工程技术规范》为国家标准，编号为GB/T 50719—2011，自2012年6月1日起实施。

本规范由我部标准定额研究所组织中国计划出版社出版发行。

中华人民共和国住房和城乡建设部

二〇一一年七月二十六日

前　言

本规范是根据原建设部《关于印发〈2006年工程建设标准规范制订、修订计划（第二批）〉的通知》（建标〔2006〕136号）的要求，由北方设计研究院会同有关单位共同编制完成的。

本规范在编制过程中，规范编制组对国内外电磁屏蔽技术进行了大量的调研工作，对已实施的电磁屏蔽工程进行了调查分析；认真总结了多年来我国电磁屏蔽工程规划、设计、实施方面的实践经验；吸取了近年来电磁屏蔽方面的科研成果；与相关的标准规范进行了协调。在此基础上以多种方式广泛征求了有关单位及技术专家的意见，对重点章节进行了反复修改，最后经审查定稿。

本规范共分8章和4个附录，主要内容包括：总则、术语、电磁屏蔽室的分类、基本规定、电磁屏蔽室工程设计、特殊用途的电磁屏蔽室设计、电磁屏蔽室安装工程、电磁屏蔽室施工验收。

本规范由住房和城乡建设部负责管理，由北方设计研究院负责具体技术内容的解释。在执行过程中，如发现需要修改和补充之处，请将意见反馈北方设计研究院（地址：河北省石家庄市裕华东路55号；邮政编码：050011；E-mail：haicha011@sina.com），以便今后修订时参考。

本规范主编单位、参编单位、主要起草人和主要审查人：

主编单位： 北方设计研究院

参编单位： 中国电子工程设计院
中国航空规划建设发展有限公司
中国航天建筑设计研究院（集团）

主要起草人： 张火荣　高京拴　段震寰　朱玉俊
陈　刚　韩永锋　李自强　卢青峰
张　雷　白素月　刘　强　杨　韧
安泽民　马志庆　刘　锋　颜德才
王亚翠

主要审查人： 徐国英　张仁清　郑秉孝　张文才
郭维钧　丛　军　高俊芳

目 次

Contents

1 总 则

1.0.1 为使电磁屏蔽室的设计、施工和验收满足屏蔽效能的要求，确保电磁屏蔽室技术先进、经济合理、安全可靠，制定本规范。

1.0.2 本规范适用于新建、改建和扩建工程中电磁屏蔽室的设计、施工和验收。

1.0.3 电磁屏蔽室的设计、施工和验收除应符合本规范外，尚应符合国家现行有关标准的规定。

2 术 语

2.0.1 屏蔽室 shielded enclosure

采用电磁屏蔽技术设计建造，能对内外电磁环境隔离的封闭空间。

2.0.2 静电屏蔽室 electrostatic shielded enclosure

通过导电材料屏蔽体的良好接地抑制空间电容对静电场的耦合作用而建造的封闭空间。

2.0.3 电磁屏蔽室 electromagnetic shielded enclosure

用高导电材料作为屏蔽体的封闭空间。

2.0.4 磁屏蔽室 magnetic shielded enclosure

用高磁导率材料作屏蔽体建造的对低频磁场进行有效屏蔽的封闭空间。

2.0.5 屏蔽体 shield

为抑制电磁能量传输而对装置进行封闭或遮蔽的一种阻挡层。可以是导电的、导磁的等。

2.0.6 电磁屏蔽门 electromagnetic shielding door

用于人员、设备出入，具有电磁隔离作用的屏蔽室的门。

2.0.7 滤波器 filter

对电磁能量传输具有频率选择能力的传导部件。

2.0.8 电源滤波器 power filter

用于配电设施电源线路上的滤波器。

2.0.9 音频/视频线滤波器 audio/video line filter

用于音频/视频信号传输线上的滤波器。

2.0.10 通信线滤波器 communication line filter

用于通信信号传输线上的滤波器。

2.0.11 截止波导滤波器 cut-off waveguide filter

利用截止波导的高通原理，阻止特定频率以下的电磁能量传输的金属管。如光纤波导、截止波导管、截止波导窗等。

2.0.12 屏蔽效能 shielding effectiveness

在特定频率下的屏蔽体的屏蔽性能指标的定量描述，通常以分贝表示。

2.0.13 插入损耗 insertion loss

电源或信号传输线中插入的滤波器引起的传输功率衰减指标，通常以分贝表示。

2.0.14 电磁环境 electromagnetic environment

给定场所的所有电磁现象的总和。

2.0.15 电磁干扰 electromagnetic interference

任何能中断、阻碍、降低电子和电气类设备有效性能的电磁效应。

2.0.16 检漏 leak detection

对屏蔽体焊缝的电磁屏蔽性能进行检查的行为。

3 电磁屏蔽室的分类

3.0.1 电磁屏蔽室按其工作频段和屏蔽效能的高低，可分为简易电磁屏蔽室、一般电磁屏蔽室、高性能电磁屏蔽室和特殊要求的电磁屏蔽室等类型。

3.0.2 电磁屏蔽室分类及主要特征指标应符合表3.0.2的规定。

表 3.0.2 电磁屏蔽室分类及主要特征指标

电磁屏蔽室分类		电磁屏蔽			特殊要求电磁屏蔽
		简易电磁屏蔽	一般电磁屏蔽	高性能电磁屏蔽	
频率范围		150kHz～1GHz	10kHz～18GHz	50Hz～40GHz	
屏蔽指标	磁场	以工程情况而定	依频段不同要求不同	依频段不同要求不同	
	电场	≤60dB	>60dB	≥100dB	
屏蔽室结构形式		采用金属板、金属网、导电涂料等，单层结构	组装式或焊接式电磁屏蔽室		主频段、屏蔽指标、接地等根据设备要求等确定
主要用途		防止射频电磁场的影响	主要用于测试、保密、工程试验研究等		
接地		一般为多点接地	单点或多点接地	单点或多点接地	
特殊要求		—	—	有	有
备注		接地根据工艺、设备要求确定			—

4 基本规定

4.0.1 电磁屏蔽室与建筑工程的界面划分，宜以电磁屏蔽室的屏蔽体外表面为界，界内为电磁屏蔽室工程，其设计、施工和验收纳入电磁屏蔽室工程。

4.0.2 电磁屏蔽室工程建设的规模和屏蔽效能指标，应由用户根据需求制定。

4.0.3 简易电磁屏蔽室的屏蔽体（含支撑结构）宜依托原有建筑，不需特殊的屏蔽设计。

4.0.4 一般电磁屏蔽室、高性能电磁屏蔽室宜进行专业的屏蔽设计及施工。

5 电磁屏蔽室工程设计

5.1 一般规定

5.1.1 有下列情况之一的，应设置电磁屏蔽室：

1 室内的电气设备所产生的电磁干扰场强值超过国家现行有关标准所规定的允许值；

2 室外的电磁干扰超过室内电子设备的正常工作允许值；

3 不能满足电磁防护距离，可能影响其他电子设备的正常工作；

4 室外电磁环境对无线电参数测量的正确性造成不可允许的误差时；

5 有保密要求的通信、信息或需要电磁屏蔽的特殊场所；

6 用户有特殊要求的。

5.1.2 电磁屏蔽室设计应符合下列规定：

1 电磁屏蔽室的结构形式，应根据其规模、屏蔽效能和工艺要求，结合主体建筑的具体情况，选择简易、单层或双层结构的屏蔽室。

2 电磁屏蔽室的工作频率范围和屏蔽效能，应根据使用功能要求、电磁屏蔽室所处的电磁环境情况和场地对电磁环境的要求等因素综合确定。

3 军用或保密用电磁屏蔽室的工程设计，除执行本规范外，尚应符合国家现行有关标准的规定。

5.1.3 电磁屏蔽室的位置应按下列原则确定：

1 电磁屏蔽室的工作频率范围在10kHz及以下的，应远离高电压的电力架空线路及变电站（所），其相互最小距离宜满足表5.1.3的要求。

表5.1.3 电磁屏蔽室与电力架空线路及变电站的最小距离要求

电压（kV）	500	220	110	35	10
距离（m）	150	100	50	25	10

2 测试、实验用电磁屏蔽室应远离工业、科学和医疗射频设备，之间的直线距离不应小于50m。

3 按建筑的综合布局情况，规模较大的电磁屏蔽室宜设在建筑物的一层或地下层。

4 电磁屏蔽室应避开建筑的抗震缝、伸缩缝、沉降缝，不宜与潮湿房间相邻。

5.1.4 电磁屏蔽室的空间尺寸应符合下列规定：

1 应满足使用、操作、运输与安装、维护、安全等需求。

2 应避免尖端突出物，但工艺必需要求的除外。

3 应避免电磁屏蔽室腔体谐振频率对电磁屏蔽室的主要工作频段的影响。屏蔽室腔体谐振频率计算应符合本规范附录A的规定。

5.1.5 电磁屏蔽室的设计应满足抗震设防要求。

5.1.6 当电磁屏蔽室有声学指标要求时，应与声学设计相配合，所采取措施应满足声学指标要求。

5.1.7 进入屏蔽室的线缆管道应按不同类别相对集中，减少在屏蔽体上的开洞数量。

5.1.8 电磁屏蔽室的屏蔽体四周和顶部，其外围应留有适当空间，便于施工、维护、综合管线安装等。规模较大的屏蔽室，屏蔽体外围还应留有必要的技术夹层、平台等安全通道。

5.1.9 电磁屏蔽室的建筑火灾危险性类别和耐火等级，在主体建筑内的应与主体建筑的火灾危险性类别和耐火等级一致。如无特殊要求，屏蔽室的火灾危险性类别宜为丁类，耐火等级为二级。

5.1.10 电磁屏蔽室内的地沟应综合设置，在屏蔽体所处的位置，内外地沟不得直接贯通。

5.2 电磁屏蔽室的指标确定

5.2.1 防护型电磁屏蔽室，应按下列原则确定屏蔽指标：

1 外界电磁波干扰场强，宜以实测值为设计依据。无实测数据时，可采用理论计算值加10dB余量作为环境干扰场强电平数值，该数值与电磁屏蔽室内工作区允许的干扰电平（dB）之差值作为屏蔽效能指标的最低要求。

2 电磁屏蔽室的工作频率范围，应根据需要防护的频段确定，并应计入多次谐波等因素造成的频带拓宽。

5.2.2 按本规范要求设置的电磁屏蔽室，在符合其指标要求的基础上，根据工程实际情况作适当调整，但不应低于设备的最低要求。

5.2.3 用于安全保密、防止信号外泄的电磁屏蔽室，屏蔽效能应满足保密规定的要求。

5.3 屏蔽体的材料选择

5.3.1 电磁屏蔽体的材料选择，应以屏蔽效能、造价、耐腐蚀性、施工难易程度等因素综合确定，无特殊要求时宜选用低碳钢板。

5.3.2 电磁屏蔽室工作频率范围包括甚低频段，其屏蔽体宜选用低碳钢板。金属板厚度应根据电磁屏蔽室在最低工作频率的屏蔽指标计算确定，屏蔽体的屏蔽效能宜高于屏蔽室指标10dB～15dB。

5.3.3 当电磁屏蔽室的工作频率在1kHz及以下时，其屏蔽体宜选用纯铁板、坡莫合金、高导磁硅钢片或非晶合金等高导磁材料。其板厚应根据需屏蔽的磁通密度大小，以不饱和为原则。

5.3.4 核磁共振类特殊用途的屏蔽体，应选择铝、铜或不锈钢等非铁磁性材料。

5.3.5 简易型电磁屏蔽室的屏蔽体宜选用金属网。

具体材料可按本规范附录B的规定选择。

5.4 电磁屏蔽室结构设计

5.4.1 电磁屏蔽室的结构设计应包括屏蔽壳体、支撑框架、屏蔽地面、电磁屏蔽室内的各种管道（或管线、管路）接口和工艺设备等的安装位置、方式。

5.4.2 电磁屏蔽室依结构型式分为简易电磁屏蔽室、组装式电磁屏蔽室、焊接式电磁屏蔽室，可根据使用要求与屏蔽技术指标，选择适用的结构型式。

5.4.3 简易电磁屏蔽室应符合下列规定：

1 简易电磁屏蔽室宜以主体建筑为依托，可选用金属网、金属板、金属薄膜或喷涂型等屏蔽材料。

2 埋入墙体的网式简易电磁屏蔽室，其拼缝宜采用搭接方式，搭接宽度不宜小于50mm。地面的屏蔽体宜铺设在混凝土垫层内，其垫层下宜设防潮层。当选用钢板网时，拼缝搭接处宜采用二氧化碳保护焊接或气体保护焊接；选用金属丝网时，拼缝搭接处宜采用锡点焊。

3 以建筑物主体房间墙体支撑，并有单点接地要求的简易电磁屏蔽室，在墙体、地面、顶棚与屏蔽体之间应加绝缘骨架网格，金属板固定于骨架网格上，地面的骨架网格设计应考虑电磁屏蔽室内的荷载。

4 规模较小的简易板式电磁屏蔽室宜采用咬接拼缝，拼缝处采用锡连续满焊；大型简易板式电磁屏蔽室宜采用搭接或覆盖拼缝，拼缝宽度宜为50mm～100mm，采用锡点焊或二氧化碳保护焊点焊。

5 固定金属板的钉孔应进行密封处理。

5.4.4 组装式电磁屏蔽室应符合下列规定：

1 组装式电磁屏蔽室由模块化屏蔽单元（以下简称模块）拼接而成。其单体模块尺寸和钢板厚度，应满足屏蔽性能、加工工艺、结构力学要求，并应符合现行国家标准《钢结构设计规范》GB 50017、《冷弯薄壁型钢结构技术规范》GB 50018及其他有关标准的规定。

2 模块间的接合面，可根据工程要求加装耐久性强、导电良好的电磁密封垫。

3 模块的紧固螺栓位置和间距应保证屏蔽室整体屏蔽效能，同时应和模块紧密接触而不变形。

4 模块表面应按现行国家标准《工业建筑防腐蚀设计规范》GB 50046和《涂装前钢材表面锈蚀等级和除锈等级》GB/T 8923的有关规定，进行防锈和防腐处理，模块表面除锈后应涂敷导电性涂层或金属镀层。但模块结合面应采用金属镀层，以保证导电性。

5.4.5 焊接式电磁屏蔽室应符合下列规定：

1 焊接式电磁屏蔽室宜采用钢型材支撑和屏蔽板材整体焊接的屏蔽体。规模较大的电磁屏蔽室应采用格构式构件，并可利用允许设置的吊杆对大跨度电磁屏蔽室顶部进行吊挂。

2 支撑立柱和横梁的间距及网格尺寸应根据工艺载荷和自身截面尺寸、电磁屏蔽室钢板厚度等确定。

3 立柱、横梁及其他受力构件应满足力学性能和形变控制要求，符合现行国家标准《钢结构设计规范》GB 50017、《冷弯薄壁型钢结构技术规范》GB 50018及其他有关标准的规定。

4 利用建筑梁所设置的吊杆，应满足力学性能和长度可调节要求。单点接地的屏蔽室体，应在吊杆上加设绝缘环。

5 电磁屏蔽室结构设计应注意结构整体性，并可借助建筑梁、柱、墙设置支撑件，加强屏蔽结构的整体性。

6 电磁屏蔽室结构骨架和钢板变形的容许值应符合本规范第7.0.4条的规定。

5.5 电磁屏蔽门、窗设计

5.5.1 屏蔽门的结构形式，应根据门洞大小、运输情况、屏蔽效能指标和建设场地环境情况，在闸刀型、双闸刀型、阶梯双闸刀型、梯型、复合型和平压型中合理选择。

5.5.2 普通屏蔽门宜选用闸刀型，大开度屏蔽门宜选用平压型。门扇的运动方式视电磁屏蔽室的大小和场地空间尺寸确定，可选择平开、左右移动、上下移动、前后移动以及复合运动等方式。

5.5.3 简易电磁屏蔽室的门、窗设计，宜符合下列规定：

1 电磁屏蔽门宜为钢制，门框与门扇之间的缝隙应加装梳形铍铜弹簧片或其他弹性密封材料。

2 电磁屏蔽室如设窗，宜采用内开窗或推拉窗。如为网式屏蔽，宜在窗外加装屏蔽网；如为金属板式屏蔽，宜选用屏蔽窗。

3 电磁屏蔽室的门、窗应有压紧装置。

4 屏蔽门、窗的屏蔽效能应高于电磁屏蔽室的屏蔽指标6dB。

5.6 截止波导管设计

5.6.1 截止波导管的径向尺寸，必须按电磁屏蔽室的最高工作频率计算确定。截止波导管的截止频率不宜低于电磁屏蔽室的最高工作频率的1.2倍。

5.6.2 截止波导管的长度应根据电磁屏蔽室最高工作频率的屏蔽指标确定，波导管在电磁屏蔽室的最高工作频率时的屏蔽效能应高于屏蔽室的屏蔽指标10dB。

5.6.3 低频用途的电磁屏蔽室，其截止波导管的壁厚应根据电磁屏蔽室的最低工作频率的屏蔽指标确定，且不应小于屏蔽板的厚度，其材质应相同。

5.6.4 常用截止波导管的屏蔽效能计算应符合本规

范附录C的规定。

5.7 电磁屏蔽室供电、照明设计

5.7.1 电磁屏蔽室的供电系统应满足屏蔽室内设施用电与受试设备用量，并预留有备用容量和扩展升级的可能。

5.7.2 电磁屏蔽室的供电、照明设计应符合国家现行有关标准的规定。当电磁屏蔽室内有大功率的用电设备时，宜为单独回路供电。

5.7.3 在电磁屏蔽室内和室外的适当位置，设置电磁屏蔽室电源总开关。其室外总开关不得装设剩余电流保护装置。

5.7.4 电磁屏蔽室内的供电线路，宜在屏蔽体外侧装设电源滤波器。滤波器的电压、电流、频率等应依据线路的电压、计算电流和线路的频率而确定。其中，电源滤波器的额定电流不应小于计算电流的1.2倍。

5.7.5 需要三相四线制供电的电磁屏蔽室，应在相线、中性线上装设电源滤波器，其PE线不宜引入电磁屏蔽室内。因特殊需要引入PE线时，每座电磁屏蔽室只能引入一根PE线，其截面不应小于原线路中PE线中的最大截面值。

5.7.6 电源滤波器的插入损耗指标应与屏蔽室的屏蔽效能相匹配。

5.7.7 电磁屏蔽室内的照明应符合现行国家标准《建筑照明设计标准》GB 50034的有关规定。在光源选型上，选择光效高、对电网影响小的新型光源。用于测试性质的屏蔽室内照明灯具应选择电磁辐射干扰小的照明光源。

5.7.8 电磁屏蔽室内的配电、照明线路宜采用铜芯导线，穿钢管敷设。

5.8 电磁屏蔽室绝缘、防雷、接地设计

5.8.1 电磁屏蔽室的防雷、接地设计应符合现行国家标准《建筑物防雷设计规范》GB 50057和《建筑物电子信息系统防雷技术规范》GB 50343的有关规定。

5.8.2 符合下列情况之一的电磁屏蔽室应采用单点接地，其屏蔽体与建筑物地面、柱、梁、墙之间必须绝缘，且对地绝缘电阻不小于10kΩ：

1 以鉴定、校准为用途的电磁屏蔽室。

2 要求单点接地的电磁屏蔽室。

5.8.3 与大地无绝缘要求的电磁屏蔽室宜采用多点接地方式。

5.8.4 有直流工作接地要求的电磁屏蔽室宜单独设置接地装置。

5.8.5 电磁屏蔽室的接地点应靠近电源滤波器的安装位置。双层电磁屏蔽室采用单点接地方式时，内外层的接地点宜在同一位置。

5.8.6 电磁屏蔽室的接地电阻值应按下列原则确定：

1 设有单独接地装置的电磁屏蔽室，接地装置的接地电阻值不应大于4Ω。

2 电磁屏蔽室与建筑物采用联合接地时，接地装置的接地电阻不应大于1Ω。

3 医疗等特殊用途的电磁屏蔽室或对接地有特殊要求的电磁屏蔽室按有关标准或工艺要求确定。

5.8.7 引入单点接地的电磁屏蔽室的各种管道（水管、各类电气管路）宜在电源滤波器处就近引入。

5.8.8 接地引线应短、直，宜靠近屏蔽体的接地点。

5.9 电磁屏蔽室安全防范系统设计

5.9.1 电磁屏蔽室应根据其功能、试验和安全防护等要求，设置视频安防监控系统；电磁屏蔽室所在的主体建筑物入口处应设置出入口控制系统、入侵报警系统。

5.9.2 电磁屏蔽室安全防范系统的设计，应符合现行国家标准《入侵报警系统工程设计规范》GB 50394、《视频安防监控系统工程设计规范》GB 50395和《出入口控制系统工程设计规范》GB 50396的有关规定。

5.9.3 安全防范系统的传输线路引入或引出屏蔽室时，其穿越屏蔽体的方式应根据下列原则确定：

1 如屏蔽指标小于或等于30dB，其视频电缆、控制电缆宜采用屏蔽电缆，电缆屏蔽层可靠接地，并穿焊接钢管引入或引出电磁屏蔽室，且室外穿管长度不宜小于10m，管径宜小于截止波导管的管径。在穿过屏蔽体处，钢管周边应与屏蔽体可靠焊接。

2 屏蔽指标介于30dB～60dB之间时，其视频电缆、控制电缆通过屏蔽体处，应根据电磁屏蔽室的用途、工作频率范围等具体要求，选用专用滤波器或专用光端机转为光纤引入，其线缆应穿钢管保护。

3 当屏蔽指标大于60dB，其视频电缆、控制电缆宜采用光缆穿光纤波导管的传输方式。

4 有特殊要求的电磁屏蔽室，可按国家现行有关标准执行，但不得低于上述规定。

5.10 电磁屏蔽室火灾自动报警系统设计

5.10.1 电磁屏蔽室内火灾自动报警系统的设计，应与所在建筑物的保护对象分级协调一致，并应符合现行国家标准《火灾自动报警系统设计规范》GB 50116的有关规定。

5.10.2 火灾自动报警系统的传输线路引入或引出屏蔽室时，其穿越屏蔽体的方式应按下列原则确定：

1 当屏蔽指标大于30dB时，电磁屏蔽室应装设用于火警信号的带通滤波器，其技术规格依屏蔽指标等因素确定。

2 当屏蔽指标小于或等于30dB时，其火灾自动报警线路宜采用屏蔽电缆，且电缆屏蔽层应可靠接

地；电缆应穿焊接钢管引入或引出电磁屏蔽室；室外的穿管长度不应小于10m，管径宜小于截止波导管的管径；在穿过屏蔽体处，钢管周边应与屏蔽体可靠焊接。

5.11 电磁屏蔽室通信、信息系统设计

5.11.1 电磁屏蔽室内的通信、信息系统设计应根据其功能、使用要求等因素考虑。

5.11.2 电磁屏蔽室的通信、信息系统设计应符合现行国家标准《综合布线系统工程设计规范》GB 50311的有关规定。

5.11.3 通信、信息线路引入或引出电磁屏蔽室时，其穿越屏蔽体的方式应按下列原则确定：

1 通信、信息线路引入或引出屏蔽室时，应装设屏蔽室专用滤波器或专用光端机。

2 语音线路引入或引出屏蔽室时，宜装设电话滤波器。

3 屏蔽室只设单台计算机时，宜采用光纤到桌面。

5.11.4 因测试工作或管理需要而装设的摄像机、数据监控等，其视频电缆、控制电缆应符合本规范第5.9.3的规定。

5.12 电磁屏蔽室通风设计

5.12.1 电磁屏蔽室的通风设计应符合现行国家标准《采暖通风与空气调节设计规范》GB 50019的有关规定。

5.12.2 屏蔽室的通风口应采用截止波导窗。截止波导窗的大小和位置，应按屏蔽指标、通风量、风速、使用环境等要求确定。

5.12.3 无特殊要求又常有人员的屏蔽室，室内通风换气次数不应少于3次/h。

5.12.4 常用的电磁屏蔽室的通风截止波导窗，当无具体工程要求，通风系统设计可按下列原则计算：

1 设计风速宜按3m/s，最高风速不大于6m/s。当确需更高风速时，应在管路中增加消声装置。

2 通风截止波导窗的有效利用系数以实测数据为准。当无实测数据时，可按0.75设计。

3 通风用截止波导窗的风阻以实测数据为准。当无测试数据供参考时，可按风速为3m/s、风阻为50Pa设计。

5.12.5 截止波导窗与屏蔽体应采用焊接连接。若采用法兰连接时，应在法兰盘与屏蔽体基体之间安装导电的电磁密封衬垫。

5.12.6 室外通风管道与截止波导窗连接时，应在管道与波导窗之间接入绝缘软管。

5.13 电磁屏蔽室水（气）管道设计

5.13.1 进出电磁屏蔽室的水、气管路穿过屏蔽体处应采用截止波导管，其周边应与屏蔽体可靠焊接。

5.13.2 当电磁屏蔽室为单点接地时，应在截止波导与管路连接处设置绝缘连接。若管路中通过导电性良好的介质，尚应设置消流设施。

5.14 电磁屏蔽室屏蔽效能计算

5.14.1 电磁屏蔽室屏蔽效能计算，应根据屏蔽室的屏蔽技术方案进行。

5.14.2 若计算结果小于设计值，应修改屏蔽技术方案。

5.14.3 电磁屏蔽室屏蔽效能计算应按本规范附录D的规定计算。

5.15 电磁屏蔽室装修设计

5.15.1 电磁屏蔽室的内装修设计应根据电磁屏蔽室的工艺要求、工作性质、环境状况等确定，并应符合国家有关安全、消防、环保、节能等的规定。

5.15.2 用于通信、信息及电子计算机房的电磁屏蔽室，其装修可按现行国家标准《电子信息系统机房设计规范》GB 50174的规定执行。

6 特殊用途的电磁屏蔽室设计

6.0.1 有吸波要求的电磁波屏蔽室的结构设计，应计入吸波材料、安装材料的重量，并应满足吸波材料对屏蔽室内表面平整度的要求。

6.0.2 为便于施工安装，电磁屏蔽室的结构设计，应满足屏蔽体的安装顺序及工艺要求。

6.0.3 电力、高压试验等用途的电磁屏蔽室，应和主体厂房一同进行结构设计。对声学性能有要求的屏蔽体，应进行专业的声学设计，达到技术要求。

7 电磁屏蔽室安装工程

7.0.1 简易电磁屏蔽室的施工应根据工程设计图纸及建筑规范要求进行。

7.0.2 组装式电磁屏蔽室的施工应按厂家提供的操作手册进行。

7.0.3 焊接式电磁屏蔽室施工应符合下列规定：

1 电磁屏蔽室所有外露屏蔽体的材料表面，应进行防护处理。

2 电磁屏蔽室支撑构件的制作、安装，应在其几何尺寸满足设计要求后方可进行屏蔽板的焊接。

3 屏蔽板的焊接必须按焊接工艺进行，焊接过程中应对焊缝随时进行检查。

4 屏蔽体焊接完成后，应对所有焊缝及屏蔽室内后续装修用的焊接连接件进行检漏，检漏不合格的，应进行补焊和复检，直至合格后方可进入下道工序。

7.0.4 电磁屏蔽室的钢结构骨架和钢板变形的容许值可按照表7.0.4取值：

表7.0.4 电磁屏蔽室的钢结构骨架和钢板变形的容许值

项次	构件变形类别	容许值
1	顶面横梁主梁挠度	$L/400$
2	顶面横梁次梁挠度	$L/250$
3	立柱柱顶侧移	$H/700$
4	顶部网格钢板挠度	$L/150$
5	侧面网格钢板水平挠度	$L/700$

注：1 L为受弯构件的跨度；H为基础顶面至柱顶的高度；

2 计算变形时的荷载组合应按现行国家标准《建筑结构荷载规范》GB 50009的有关规定执行；

3 如无特殊要求，电磁屏蔽室顶面的使用活荷载可按不小于0.5kN/m²取值。

7.0.5 屏蔽门、电源滤波器、通风波导窗、波导管、光端机等电磁屏蔽室的部件和配套设备的安装，应按合理的施工顺序，以保证屏蔽室的整体屏蔽效能。

8 电磁屏蔽室施工验收

8.0.1 电磁屏蔽工程的验收宜分为两部分进行：

1 分项验收，其内容应包括：

1）对屏蔽室的指标进行测试，并取得相应的测试报告；

2）对屏蔽室的结构、供配电与照明、消防报警、通风、供水、供气、接地等进行分项验收；

3）对屏蔽室隐蔽工程应在封闭前进行局部验收。

2 分项验收完成后，应进行总验收。

8.0.3 电磁屏蔽室的性能测试，应在全部屏蔽施工安装工作完成之后进行。

8.0.4 电磁屏蔽室的性能测试应按现行国家标准《电磁屏蔽室屏蔽效能的测量方法》GB/T 12190的有关规定进行。

附录A 屏蔽室腔体谐振频率计算

A.0.1 六面体结构的屏蔽体谐振频率应按下式计算：

$$f_{mnk}=150\sqrt{\left(\frac{m}{a}\right)^2+\left(\frac{n}{b}\right)^2+\left(\frac{k}{c}\right)^2} \quad (A.0.1)$$

式中：f_{mnk}——为谐振频率（MHz）；

m、n、k——正整数，分别为0、1、2、3…，三个数中只能有一个数为零；

a、b、c——屏蔽室内壁的长、宽、高（m），且$a>b>c$。

A.0.2 屏蔽室最低的谐振频率应按下式计算：

$$f_{\mathrm{TE110}}=150\sqrt{\left(\frac{1}{a}\right)^2+\left(\frac{1}{b}\right)^2} \quad (A.0.2)$$

式中：f_{TE110}——最低谐振频率（MHz）。

附录B 简易电磁屏蔽室常用屏蔽材料选择

表B 简易电磁屏蔽室常用材料选择表

频率范围（MHz）	屏蔽效能（dB）	常用屏蔽体材料	常用结构型式
0.15～30	≤30	金属丝网、钢板网、镀锌薄板	单层
0.15～30	30～50	钢板网、镀锌薄板	单层
0.15～30	≥50	镀锌钢板或冲孔镀锌板等	单层
1～1000	≤30	导电涂料	单层

附录C 截止波导管计算

C.0.1 圆形截止波导管可按下列公式计算：

1 波导管的内直径可按下式计算：

$$D=17.58/f_c \quad (C.0.1\text{-}1)$$

式中：D——圆形波导管的内直径（cm）；

f_c——波导管的截止频率（GHz）。

2 波导管的长度可按下式计算：

$$L=SE/\alpha \quad (C.0.1\text{-}2)$$

式中：L——波导管的长度（m）；

SE——波导管的屏蔽效能（dB）；

α——波导管的衰减系数（dB/m）；

$$\alpha_{圆}=8.686\sqrt{\left(\frac{368.2}{D}\right)^2-\left(\frac{20\pi}{3}f\right)^2}$$

f——被抑制频率（GHz）。

C.0.2 矩形截止波导管可按下列公式计算：

1 波导管的宽边边长可按下式计算：

$$b=15.00/f_c \quad (C.0.2)$$

式中：b——矩形波导管的宽边边长（cm）。

2 波导管的长度可按式（C.0.1-2）计算，但其衰减系数$\alpha_{矩}=8.686\sqrt{\left(\frac{314.1}{a}\right)^2-\left(\frac{20\pi}{3}f\right)^2}$。

附录D 电磁屏蔽室屏蔽效能计算

D.0.1 电磁屏蔽室屏蔽效能可按下式计算：

$$SE=-10\lg\left[\left(\frac{1}{B_1}\right)^2+\left(\frac{1}{B_2}\right)^2+\left(\frac{1}{B_3}\right)^2+\cdots+\left(\frac{1}{B_n}\right)^2\right] \quad (D.0.1)$$

式中：$B_1=10^{SE_1/20}$，$B_2=10^{SE_2/20}$，$B_3=10^{SE_3/20}$，…，$B_n=10^{SE_n/20}$；

SE_1——屏蔽金属板或屏蔽金属网的屏蔽效能（dB）；

SE_2——电源滤波器的插入损耗（dB）；

SE_3——信号滤波器的插入损耗（dB）；

SE_4——通风截止波导的屏蔽效能（dB）；

SE_5——缝隙的屏蔽效能（dB）；

SE_6——门的屏蔽效能（dB）；

SE_n——其他进入屏蔽室管道的屏蔽效能（dB）。

D.0.2 单层金属板的屏蔽效能应按下式计算，并应符合下列规定：

$$SE_{单}=A_{单}+R_{单}+B_{单} \quad (D.0.2\text{-}1)$$

式中：$A_{单}$——单层金属板的吸收损耗（dB）；

$R_{单}$——单层金属板的界面反射损耗（dB）；

$B_{单}$——单层金属板的内部多次反射损耗（dB）。

注：当$A>10$dB时，B可以忽略，在实际工程中，一般可不考虑此项。

1 单层金属板的吸收损耗应按下式计算：

$$A=131.43t\sqrt{f\mu_r G_r}\ (\text{dB}) \quad (D.0.2\text{-}2)$$

式中：t——金属板的材料厚度（m）；

μ_r——金属材料的相对导磁率；

G_r——金属材料相对铜的导电率；

f——被抑制的频率（Hz）。

2 单层金属板的界面反射损耗应按下式计算：

1）磁场：

$$R_M=20\lg\left(\frac{1.17\times10^{-2}}{r\sqrt{fG_r/\mu_r}}+0.354+5.35r\sqrt{G_r/\mu_r}\right) \quad (D.0.2\text{-}3)$$

式中：r——场源到屏蔽体的距离（m）。

2）平面波：

$$R_p=168-20\lg\sqrt{f\mu_r/G_r} \quad (D.0.2\text{-}4)$$

3）电场：

$$R_E=322-10\lg(\mu_r f^3 r^2/G_r) \quad (D.0.2\text{-}5)$$

3 单层金属板的内部多次反射损耗应按下式计算：

$$B=20\lg\{1-X\,10^{-A/10}[\cos(0.23A)-j\sin(0.23A)]\} \quad (D.0.2\text{-}6)$$

式中：X——多次反射系数，工程设计时可按表D.0.2的公式计算；

j——$\sqrt{-1}$。

表 D.0.2 多次反射系数 X 的计算公式

场型	反射系数 X	参数 m
磁场	$4\frac{(1-m^2)^2-2m^2+j2\sqrt{2}m(1-m^2)}{[(1+\sqrt{2}m)^2+1]^2}$	$\frac{4.7\times10^{-2}\sqrt{\mu_r/fG_r}}{r}$
平面波	$4\frac{(1-m^2)^2-2m^2-j2\sqrt{2}m(1-m^2)}{[(1+\sqrt{2}m)^2+1]^2}\approx1$	$9.77\times10^{-10}\sqrt{f\mu_r/G_r}$
电场	$4\frac{(1-m^2)^2-2m^2-j2\sqrt{2}m(1-m^2)}{[(1-\sqrt{2}m)^2+1]^2}$	$0.205\times10^{-16}r\sqrt{f^3\mu_r/G_r}$

D.0.3 双层金属板的屏蔽效能应按下式计算，并应符合下列规定：

$$SE_{双}=A_{双}+R_{双}+B_{双} \quad (D.0.3\text{-}1)$$

1 双层金属板的吸收损耗应按下式计算：

$$A_{双}=A_{1双}+A_{2双} \quad (D.0.3\text{-}2)$$

式中：$A_{双}$——两层金属板的吸收损耗（dB）；

$A_{1双}$、$A_{2双}$——第一、二层金属板的吸收损耗（dB）；

$A_{1双}$、$A_{2双}$计算见公式（D.0.2-2）。

2 双层金属板的反射损耗应按下式计算：

$$R_{双}=R_{1双}+R_{2双} \quad (D.0.3\text{-}2)$$

式中：$R_{双}$——两层金属板的反射损耗（dB）；

$R_{1双}$、$R_{2双}$——第一、二层金属板的反射损耗（dB）；

$R_{1双}$、$R_{2双}$计算见公式（D.0.2-3～D.0.2-5）。

3 双层金属板的多次反射损耗应按下式计算：

$$B_{双}=B_{1双}+B_{2双}+B_{3双} \quad (D.0.3\text{-}3)$$

式中：$B_{1双}$、$B_{2双}$——第一、二层金属板内部多次反射损耗（dB）；

$B_{3双}$——两层金属板间空气层多次反射损耗（dB）。

注：一般金属板的吸收损耗比较大，在工程设计中可以忽略$B_{1双}$、$B_{2双}$。

$$B_{双}\approx B_{3双}=20\lg\left|1-(1-4Z_m/Z_w)(\cos4\pi t_{空}/\lambda_0-j\sin4\pi t_{空}/\lambda_0)\right| \quad (D.0.3\text{-}4)$$

式中：Z_m——金属板的特性阻抗（Ω），

$$Z_m=2.61(1+j)\times10^{-7}\sqrt{f\mu_r/G_r}$$

Z_w——空气层波阻抗（Ω），

磁场 $Z_w=j8\times10^{-6}fr$；

电场 $Z_w=-j1.8\times10^{10}/fr$；

平面波 $Z_w=377\Omega$。

$t_{空}$——两层金属板之间的空气厚度（m）；

λ_0——被抑制频率的波长（m）。

D.0.4 金属网的屏蔽效能应按下式计算，并应符合下列规定：

$$SE_{网}=A_a+R_a+B_a+K_1+K_2+K_3 \quad (D.0.4\text{-}1)$$

式中：A_a——金属网的吸收损耗（dB）；

R_a——金属网的反射损耗（dB）；

B_a——金属网的反射修正项（dB）；

K_1——单位面积上的孔数修正项（dB）；

K_2——低频时导体的穿透深度修正项（dB）；

K_3——相邻孔之间相互耦合修正项（dB）。

当 $A_a > 10dB$ 时，B_a 可以忽略不计。

1 金属网的吸收损耗应按下式计算：

矩形孔眼：$A_a = 27.3D/W$ (D.0.4-2)

圆形孔眼：$A_a = 32D/d$ (D.0.4-3)

式中：D——孔深（cm）；

W——矩形孔的宽边长（cm）；

d——圆形孔直径（cm）。

2 金属网的反射损耗应按下式计算：

$$R_a = 20\lg\left|\frac{(1+K)^2}{4K}\right| \quad (D.0.4\text{-}4)$$

式中：K——不同孔的计算系数；

矩形孔，磁场：$K = W/\pi r$；

圆形孔，磁场：$K = d/3.682r$；

矩形孔，平面波：$K = jfW \times 6.69 \times 10^{-5}$；

圆形孔，平面波：$K = jfd \times 5.79 \times 10^{-5}$；

r——场源到屏蔽体的距离（m）；

f——被抑制频率（Hz）。

3 金属网屏蔽效能的反射修正项应按下式计算：

$$B_a = 20\lg\left|1 - (K-1)^2/(K+1)^2 \times 10^{-A_a/10}\right| \quad (D.0.4\text{-}5)$$

4 金属网屏蔽效能的修正项 K_1、K_2、K_3 应按下式计算：

$$K_1 = 10\lg(1/ns) \quad (D.0.4\text{-}6)$$

$$K_2 = -20\lg\left[1 + 35/(d/\delta)^{2.3}\right] \quad (D.0.4\text{-}7)$$

$$K_3 = 20\lg 1/\tanh(A_a/8.686) \quad (D.0.4\text{-}8)$$

式中：s——每个孔洞的面积（cm^2）；

n——每平方厘米的孔洞数；

d——金属线直径（cm）；

δ——集肤深度，$\delta = 6.61/\sqrt{f}$（cm）。

D.0.5 缝隙的屏蔽效能应按下式计算：

$$SE_{缝} = 20\lg\left[(1/n) \times 0.25(\Sigma/F_\Delta)^{3/2}\right] \quad (D.0.5\text{-}1)$$

$$n = (A+B)\Sigma/(2bAB)$$

式中：A、B——每一块屏蔽板的长、宽尺寸（m）；

F_Δ——两个螺栓或焊点间缝隙面积 $F_\Delta = ab$（m^2）；

b——螺栓或焊点的间距（m）；

a——缝隙的宽度（m）；

Σ——屏蔽室的整个表面积（m^2）。

注：全焊接式屏蔽室，设计和施工要求不允许有缝隙，无需进行缝隙屏蔽效能计算。

D.0.6 电源和信号滤波器、通风截止波导、屏蔽门等为定型产品，选用时应按屏蔽室屏蔽效能要求确定，其屏蔽效能宜高于屏蔽室的屏蔽效能 10dB，而插入损耗应与屏蔽室屏蔽效能匹配。

本规范用词说明

1 为便于在执行本规范条文时区别对待，对要求严格程度不同的用词说明如下：

1）表示很严格，非这样做不可的：

正面词采用“必须”，反面词采用“严禁”；

2）表示严格，在正常情况下均应这样做的：

正面词采用“应”，反面词采用“不应”或“不得”；

3）表示允许稍有选择，在条件许可时首先应这样做的：

正面词采用“宜”，反面词采用“不宜”；

4）表示有选择，在一定条件下可以这样做的，采用“可”。

2 条文中指明应按其他有关标准执行的写法为：“应符合……的规定”或“应按……执行”。

引用标准名录

《建筑结构荷载规范》GB 50009

《钢结构设计规范》GB 50017

《冷弯薄壁型钢结构技术规范》GB 50018

《采暖通风与空气调节设计规范》GB 50019

《建筑照明设计标准》GB 50034

《工业建筑防腐蚀设计规范》GB 50046

《建筑物防雷设计规范》GB 50057

《火灾自动报警系统设计规范》GB 50116

《电子计算机机房设计规范》GB 50174

《综合布线系统工程设计规范》GB 50311

《建筑物电子信息系统防雷技术规范》GB 50343

《入侵报警系统工程设计规范》GB 50394

《视频安防监控系统工程设计规范》GB 50395

《出入口控制系统工程设计规范》GB 50396

《涂装前钢材表面锈蚀等级和除锈等级》GB/T 8923

《电磁屏蔽室屏蔽效能的测量方法》GB/T 12190

中华人民共和国国家标准

电磁屏蔽室工程技术规范

GB/T 50719—2011

条 文 说 明

制 定 说 明

《电磁屏蔽室工程技术规范》GB/T 50719—2011经住房和城乡建设部2011年7月26日以第1074号公告批准发布。

为便于广大设计、施工、科研、学校等单位有关人员在使用本规范时，能正确理解和执行条文规定，本规范编制组按章、节、条顺序编制了本规范的条文说明，对条文规定的目的、依据以及执行中需注意的有关事项进行了说明。但是，本条文说明不具备与标准正文同等的法律效力，仅供使用者作为理解和把握规范规定的参考。

目　次

3 电磁屏蔽室的分类

3.0.1、3.0.2 屏蔽室的分类方法有多种，通常有以下几种分类方法：

1 按其使用目的分为被动式屏蔽和主动式屏蔽两种。

1）被动式屏蔽：主要是防止外界电磁场的干扰进入屏蔽室，避免干扰室内电子设备的工作。主要用在医疗设施的生理检查测试、高频测试、弱电及家用电器测试、发射及接收实验室等。

2）主动式屏蔽：主要是防止室内设备产生的电磁场干扰周围环境，把干扰屏蔽起来，常用于ISM设备，高压、超导电实验室，计算机房，有大功率振荡的场所，微波辐射装置以及保密会议室等。

2 按屏蔽室工作原理分为静电屏蔽、磁屏蔽、电磁屏蔽三种。

1）静电屏蔽：防止静电耦合干扰。

2）磁屏蔽：防止磁场感应。

3）电磁屏蔽：防止高频电磁干扰。

3 按其实现的功能分为单一功能屏蔽室和复合功能屏蔽室。

4 按所用的屏蔽材料分为网式、板式、薄膜式等。

1）网式屏蔽：多采用铜网、钢网、钢板冲孔等。

2）板式屏蔽：一般采用钢板、镀锌钢板、坡莫合金、铜板或铝板等。

3）薄膜式屏蔽：在塑料制板（或其他板材）上喷、镀或粘贴一层金属薄膜。

5 按其建造方式分类为简易式、组装式和焊接式，单层或多层等。

6 按电磁场频段可划分为低频、甚低频、高频、微波等屏蔽室。

上述几种类型可以组合使用，本规范采取综合分类方式，见本规范表3.0.2。

4 基 本 规 定

4.0.1 屏蔽室与建筑工程，从规划、设计开始，直到工程施工、验收和结算的全过程中，在技术、内容和要求方面都是完全不相同的两类工程。而此两类工程在绝大多数场合下又相互依存。因此，为了保证工程技术质量、合理实施和组织管理，根据多年的工程实践，按屏蔽体的外表面作为两类工程的分界线。

4.0.2 屏蔽室的功能、技术要求和规模，随建设单位项目不同差异很大。因此，屏蔽效能指标主要由建设单位根据需求提出，有利于工程实现合理的性价比。

5 电磁屏蔽室工程设计

5.1 一 般 规 定

5.1.1 对本条文作如下说明：

1 国际无线电干扰特别委员会（简称CISPR）和我国对工业、科学和医疗（ISM）射频设备的电磁干扰不同频段的允许值都有具体规定。如果设备电磁辐射值超过国家标准规定的允许值，对设备的安装场所需要设置屏蔽室。

3 本款规定是指干扰源电磁辐射已符合国家标准的规定，但灵敏电子设备距干扰源较近可能影响灵敏电子设备的正常工作。灵敏电子设备间是否屏蔽可按下式确定：

$$E_1+R-20A\lg(d/30)\leqslant E_s \tag{1}$$

式中：E_s——灵敏电子设备正常工作的最小工作信号场强（dB）；

E_1——干扰源信号场强（实测或计算）（dB）；

R——防卫度（信噪比）（dB）；R大小一般取27dB～40dB，也可以按灵敏电子设备的技术要求取定；

A——衰减常数，一般取2；

d——灵敏电子设备距干扰源场强测得处的距离（m）。

如计算结果左边小于或等于右边的值，灵敏电子设备间可不设屏蔽；如左边大于右边的值，灵敏电子设备间需要屏蔽。

2、4 这两款是指灵敏电子设备距离干扰源较远，符合防护间距，但因为环境电平较高，灵敏电子设备的正常工作可能受到干扰，灵敏电子设备间是否设屏蔽可按下式确定：

$$E_2+R\leqslant E_s \tag{2}$$

式中：E_s——灵敏电子设备正常工作的最小工作信号场强（dB）；

R——防卫度（信噪比）（dB）；

E_2——灵敏电子设备间的环境电平值（dB）。

如计算结果左边小于或等于右边值，灵敏电子设备、仪器间可不设屏蔽室；如左边大于右边值，需设置屏蔽室。

5 根据国家有关规定，凡是有保密要求的通信信息机房、省、部级党政机关的重要会议室、驻外使领馆的会议室及通信信息机房均要求屏蔽。

5.1.2 对本条文作如下说明：

1 电磁屏蔽室的结构形式，一般宜选择单层结构的屏蔽室。但若整体的屏蔽指标高于100dB时，可考虑选择双层结构的屏蔽室。屏蔽室设计、制造和安装时宜结合母体建筑、利用母体建筑的承力结构，降低电磁屏蔽室的工程造价。

2 电磁屏蔽室的工作频率和屏蔽效能，其工作频率范围在涵盖需要屏蔽的频段的基础上，适当扩展；屏蔽效能以满足工程使用，加上适当的富余量为原则。频段太宽，指标高会提高工程的技术难度，从而造成浪费。

5.1.3 本条说明如下：

1 本款规定了电磁屏蔽室与架空电力线路及变电站（所）相互最小距离，本款主要参考前苏联高压输电线路电磁干扰允许值和我国一些城市规划中电力干线的距离要求确定。但用于变配电工程的电磁屏蔽室不受上述约束。

2 测试、实验用电磁屏蔽室距离工业、科学和医疗射频设备干扰源一般不宜小于 50m，主要因这些干扰源可能产生 150kHz～18GHz 干扰辐射电磁波。但屏蔽室内设备产生的电磁场影响周围环境时可不受上述限制。

3 电磁屏蔽室设在一层或地下层，一是施工安装较方便，二是在地下层可以减弱外界电磁干扰或向外的电磁辐射，从而降低电磁屏蔽室工程投资。

5.2 电磁屏蔽室的指标确定

5.2.1 按本条计算时，防护型电磁屏蔽室的屏蔽指标宜在目前国内屏蔽技术的实施能力范围内，如上述指标过高，宜适当降低工程要求，应以目前国内的实际水平为基础，增加其他的防护措施。

防护型电磁屏蔽室工作频段的确定，除其主要工作频段外，尚应考虑因多次谐波引起的频带扩展，但主频段、扩展频段的指标亦应经计算后确定。

5.3 屏蔽体的材料选择

5.3.1 常规电磁屏蔽室的电磁屏蔽体之所以选择低碳钢板，主要是该种材料已是国内屏蔽工程的主要使用材料，价格合理，施工简单。

5.3.2 金属板的屏蔽效能在甚低频段的磁场是最低的，要求在最低工作频率应满足屏蔽指标要求。屏蔽室的屏蔽指标是由多个因素决定的，屏蔽体只是其中一个重要因素，因此屏蔽体的屏蔽效能应高于屏蔽室屏蔽指标 10dB～15dB。

当计算的金属板厚大于 6mm 时，宜选用纯铁板或其他材料。

金属板厚度可按下式进行计算：

$$t=\frac{A}{131.43\sqrt{f\mu_r G_r}}=\frac{S_{板}-R_M-B}{131.43\sqrt{f\mu_r G_r}} \quad (1)$$

式中：t——金属板的厚度（m）；

$S_{板}$——屏蔽室的屏蔽指标加上 10dB～15dB；

R_M——金属板在屏蔽室最低工作频率时对电磁波的磁场的界面反射损耗，其计算公式见附录 D 中式（D.0.2－3）；

B——金属板在屏蔽室最低工作频率对电磁波的内部多次反射损耗（dB），其计算公式见附录 D 中式（D.0.2－6）；

f——屏蔽室的最低工作频率（Hz）；

μ_r——在屏蔽室最低工作频率时金属板的相对导磁率；

G_r——在屏蔽室最低工作频率时金属板相对铜的导电率。

5.3.4 用于核磁共振设备的电磁屏蔽室，设备要求用非铁磁性材料建造，故选用铝、铜或不锈钢材质。

5.4 电磁屏蔽室结构设计

5.4.1 电磁屏蔽室结构设计包括屏蔽壳体、支撑框架、屏蔽地面、电磁屏蔽室内的各种管道（或管线、管路）接口和工艺设备等，但根据实际工程需求可作适当简化，如简易电磁屏蔽室可无自身独立骨架。

5.4.3 简易电磁屏蔽室的规定。

1 简易电磁屏蔽室屏蔽效能指标低，要求工程造价低，故宜以主体建筑为支撑结构，但也可单独设置钢结构支撑。

3 以建筑物主体房间墙体支撑，并有单点接地要求的简易电磁屏蔽室，在墙体、地面、顶棚与屏蔽体之间应加绝缘骨架网格，保证实现屏蔽室单点接地的要求。

5 固定金属板的钉孔应进行密封处理，防止骚扰电磁波泄漏或进入电磁屏蔽室，影响屏蔽效能。

5.6 截止波导管设计

5.6.1、5.6.2 这两条规定是为了保证波导管能够有效阻止所需抑制频率（带）的电磁能量的传输，保证电磁屏蔽室的整体屏蔽性能指标。

5.7 电磁屏蔽室供电、照明设计

5.7.1 电磁屏蔽室的配电线路需要经过电源滤波器引入，一旦滤波器选定并安装后，电源容量也基本确定，而电磁屏蔽室内的设备可能存在更新、增加等情况，故需考虑预留余量。

5.7.2 电磁屏蔽室内的空调机、电加热器、大功率放大器等，因其设备功率大，在屏蔽室配电中占有相当的比例，且这类设备的噪声干扰会沿电源线传导到其他敏感设备，宜分开回路配电。

5.7.3 在电磁屏蔽室内和室外的适当位置设置屏蔽用电总开关，主要是从线路保护、维修的角度考虑。其室外总开关，为电磁屏蔽室供电的分路开关，不应装设带零序互感器的漏电流保护装置，是由于电源滤波器的工作原理所引起，滤波器内安装的对地电容引起的容性电流会导致该类漏电保护器动作。

5.7.4 电源滤波器的额定电流应不小于计算电流的 1.2 倍，主要原因是考虑设备增容要求。如果能够确认不存在电源容量增加的可能，可不取该系数；如可能增加容量较大，该系数亦相应增大。

5.7.5 电源保护线（PE线）不宜引入电磁屏蔽室内，主要是电磁屏蔽室由于屏蔽机理而本身必须进行可靠接地，如果保护线经滤波器引入电磁屏蔽室，一是可能会造成电源线上的漏电保护开关误动作；二是作为电磁屏蔽室本身而言，电源线的两个接地点可能会在屏蔽室壳体上产生环流，引入额外的干扰。如因工程的特殊性确需引入PE线时，每座电磁屏蔽室只能引入一根PE线，也是为了限制电源的接地点增加而引起壳体上的环流。

5.7.7 电磁屏蔽室内的光源选型，要充分考虑电磁屏蔽室的整体装饰效果、节能和光源本身电磁噪声的影响。一般而言，白炽光源干扰小但发光效率低，日光灯发光效率高但其工作时的电磁噪声较大。

5.7.8 本条规定主要是从防火、安全角度考虑，由于屏蔽室本身造价较高，故采用铜芯导线对工程造价影响较小。

5.8 电磁屏蔽室绝缘、防雷、接地设计

5.8.2 本条规定主要是考虑防潮和防止二次干扰电流的影响。

单点接地减小了屏蔽体上的环电流，使设施上任意两点间的电位最小。

5.8.3 与大地无绝缘要求的电磁屏蔽室，宜采用多点接地方式，以保证屏蔽室的屏蔽层为一个等电位接地平面的地电位。对于高频信号而言，将会减少屏蔽层上信号电流和干扰电流的耦合。

5.8.4 对于需专用工作接地或直流工作接地，且在屏蔽室内不允许与其他接地相连的规定，是为了避免接地网络之间互相干扰，特别是工频保护接地的交流噪声对专用接地或直流接地的干扰。

两接地系统应保持适当距离，通常电磁屏蔽室的接地与工频低压交流供电系统的接地不互相连接时，其接地体间的距离不宜小于10m；当屏蔽室的接地装置与建筑物避雷接地装置不互相连接时，其接地体间的距离不宜小于20m。

对有直流工作接地的屏蔽室或医疗、军用、涉密用途的电磁屏蔽室的接地电阻值及接地方式要求各异，应按产品说明书的要求确定。

5.9 电磁屏蔽室安全防范系统设计

5.9.3 本条规定了安全防范的视频电缆和控制电缆穿过屏蔽体的原则。

5.10 电磁屏蔽室火灾自动报警系统设计

5.10.2 本条规定了火灾自动报警及联动控制线路穿过屏蔽体的原则。

5.11 电磁屏蔽室通信、信息系统设计

5.11.3 此条规定了通信信息线缆等引入或引出屏蔽体时需安装专用滤波器或光端机，其作用在于抑制干扰信号沿线缆进入屏蔽室，防止产生干扰。

5.12 电磁屏蔽室通风设计

5.12.2 本条规定了电磁屏蔽室的通风口应采用截止波导窗，用于阻止室外电磁波进入电磁屏蔽室或室内电磁波向外辐射。

5.12.5 本条规定是为保证波导窗与屏蔽体之间无缝隙连接，防止干扰信号通过缝隙进入屏蔽室或屏蔽室内电磁辐射泄漏到屏蔽室外。

5.13 电磁屏蔽室水（气）管路设计

5.13.1 此条规定用于阻止室外电磁波进入电磁屏蔽室或室内电磁波向外辐射。

5.13.2 此条规定用于阻断室外金属管路感应的干扰电流流向屏蔽体而降低电磁屏蔽室的屏蔽效能。

中华人民共和国国家标准

建设工程施工现场消防安全技术规范

Technical code for fire safety of construction site

GB 50720—2011

主编部门：中华人民共和国住房和城乡建设部
　　　　　中 华 人 民 共 和 国 公 安 部
批准部门：中华人民共和国住房和城乡建设部
施行日期：2 0 1 1 年 8 月 1 日

中华人民共和国住房和城乡建设部
公　　告

第 1042 号
关于发布国家标准《建设工程施工现场消防安全技术规范》的公告

现批准《建设工程施工现场消防安全技术规范》为国家标准，编号为 GB 50720—2011，自 2011 年 8 月 1 日起实施。其中，第3.2.1、4.2.1（1）、4.2.2（1）、4.3.3、5.1.4、5.3.5、5.3.6、5.3.9、6.2.1、6.2.3、6.3.1（3、5、9）、6.3.3（1）条（款）为强制性条文，必须严格执行。

本规范由我部标准定额研究所组织中国计划出版社出版发行。

中华人民共和国住房和城乡建设部

二〇一一年六月六日

前　　言

本规范是根据住房和城乡建设部《关于印发〈2009 年工程建设标准规范制订、修订计划〉的通知》（建标〔2009〕88 号）的要求，由中国建筑第五工程局有限公司和中国建筑股份有限公司会同有关单位共同编制完成的。

本规范在编制过程中，编制组依据国家有关法律、法规和技术标准，认真总结我国建设工程施工现场消防工作经验和火灾事故教训，充分考虑建设工程施工现场消防工作的实际需要，广泛听取有关部门和专家意见，最后经审查定稿。

本规范共分 6 章，主要内容有：总则、术语、总平面布局、建筑防火、临时消防设施、防火管理。

本规范中以黑体字标志的条文为强制性条文，必须严格执行。

本规范由住房和城乡建设部负责管理和对强制性条文的解释，由中国建筑第五工程局有限公司负责具体技术内容的解释。本规范在执行过程中，希望各单位注意经验的总结和积累，如发现需要修改或补充之处，请将意见和建议寄至中国建筑第五工程局有限公司（地址：湖南省长沙市中意一路 158 号，邮政编码：410004，邮箱：xfbz@cscec5b.com.cn），以供今后修订时参考。

本规范主编单位、参编单位、主要起草人和主要审查人：

主 编 单 位： 中国建筑第五工程局有限公司
中国建筑股份有限公司

参 编 单 位： 公安部天津消防研究所
上海建工（集团）总公司
北京住总集团有限公司
中国建筑一局（集团）有限公司
中国建筑科学研究院建筑防火研究所
中铁建工集团有限公司
广东工程建设监理有限公司
重庆大学
陕西省公安消防总队
北京市公安消防总队
上海市公安消防总队
湖南省公安消防总队
甘肃省公安消防总队

主要起草人： 谭立新　肖绪文　倪照鹏　陈富仲
张　磊　杨建康　金光耀　刘激扬
卞建峰　申立新　马建民　朱　蕾
肖曙光　张　强　李宏文　孟庆彬
倪建国　谭　青　华建民　郭　伟

主要审查人： 许溶烈　郭树林　范庆国　王士川
陈火炎　曾　杰　丁余平　杨西伟
焦安亮　高俊岳

目　次

Contents

1 总　　则

1.0.1 为预防建设工程施工现场火灾，减少火灾危害，保护人身和财产安全，制定本规范。

1.0.2 本规范适用于新建、改建和扩建等各类建设工程施工现场的防火。

1.0.3 建设工程施工现场的防火必须遵循国家有关方针、政策，针对不同施工现场的火灾特点，立足自防自救，采取可靠防火措施，做到安全可靠、经济合理、方便适用。

1.0.4 建设工程施工现场的防火除应符合本规范外，尚应符合国家现行有关标准的规定。

2 术　　语

2.0.1 临时用房　temporary construction

在施工现场建造的，为建设工程施工服务的各种非永久性建筑物，包括办公用房、宿舍、厨房操作间、食堂、锅炉房、发电机房、变配电房、库房等。

2.0.2 临时设施　temporary facility

在施工现场建造的，为建设工程施工服务的各种非永久性设施，包括围墙、大门、临时道路、材料堆场及其加工场、固定动火作业场、作业棚、机具棚、贮水池及临时给排水、供电、供热管线等。

2.0.3 临时消防设施　temporary fire control facility

设置在建设工程施工现场，用于扑救施工现场火灾、引导施工人员安全疏散等的各类消防设施，包括灭火器、临时消防给水系统、消防应急照明、疏散指示标识、临时疏散通道等。

2.0.4 临时疏散通道　temporary evacuation route

施工现场发生火灾或意外事件时，供人员安全撤离危险区域并到达安全地点或安全地带所经的路径。

2.0.5 临时消防救援场地　temporary fire fighting and rescue site

施工现场中供人员和设备实施灭火救援作业的场地。

3 总平面布局

3.1 一般规定

3.1.1 临时用房、临时设施的布置应满足现场防火、灭火及人员安全疏散的要求。

3.1.2 下列临时用房和临时设施应纳入施工现场总平面布局：

1 施工现场的出入口、围墙、围挡。

2 场内临时道路。

3 给水管网或管路和配电线路敷设或架设的走向、高度。

4 施工现场办公用房、宿舍、发电机房、变配电房、可燃材料库房、易燃易爆危险品库房、可燃材料堆场及其加工场、固定动火作业场等。

5 临时消防车道、消防救援场地和消防水源。

3.1.3 施工现场出入口的设置应满足消防车通行的要求，并宜布置在不同方向，其数量不宜少于2个。当确有困难只能设置1个出入口时，应在施工现场内设置满足消防车通行的环形道路。

3.1.4 施工现场临时办公、生活、生产、物料存贮等功能区宜相对独立布置，防火间距应符合本规范第3.2.1条和第3.2.2条的规定。

3.1.5 固定动火作业场应布置在可燃材料堆场及其加工场、易燃易爆危险品库房等全年最小频率风向的上风侧，并宜布置在临时办公用房、宿舍、可燃材料库房、在建工程等全年最小频率风向的上风侧。

3.1.6 易燃易爆危险品库房应远离明火作业区、人员密集区和建筑物相对集中区。

3.1.7 可燃材料堆场及其加工场、易燃易爆危险品库房不应布置在架空电力线下。

3.2 防火间距

3.2.1 易燃易爆危险品库房与在建工程的防火间距不应小于15m，可燃材料堆场及其加工场、固定动火作业场与在建工程的防火间距不应小于10m，其他临时用房、临时设施与在建工程的防火间距不应小于6m。

3.2.2 施工现场主要临时用房、临时设施的防火间距不应小于表3.2.2的规定，当办公用房、宿舍成组布置时，其防火间距可适当减小，但应符合下列规定：

1 每组临时用房的栋数不应超过10栋，组与组之间的防火间距不应小于8m。

2 组内临时用房之间的防火间距不应小于3.5m，当建筑构件燃烧性能等级为A级时，其防火间距可减少到3m。

表3.2.2　施工现场主要临时用房、临时设施的防火间距（m）

间距 名称 \ 名称	办公用房、宿舍	发电机房、变配电房	可燃材料库房	厨房操作间、锅炉房	可燃材料堆场及其加工场	固定动火作业场	易燃易爆危险品库房
办公用房、宿舍	4	4	5	5	7	7	10
发电机房、变配电房	4	4	5	5	7	7	10
可燃材料库房	5	5	5	5	7	7	10
厨房操作间、锅炉房	5	5	5	5	7	7	10
可燃材料堆场及其加工场	7	7	7	7	7	10	10
固定动火作业场	7	7	7	7	10	10	12
易燃易爆危险品库房	10	10	10	10	10	12	12

注：1 临时用房、临时设施的防火间距应按临时用房外墙外边线或堆场、作业场、作业棚边线间的最小距离计算，当临时用房外墙有突出可燃构件时，应从其突出可燃构件的外缘算起；

2 两栋临时用房相邻较高一面的外墙为防火墙时，防火间距不限；

3 本表未规定的，可按同等火灾危险性的临时用房、临时设施的防火间距确定。

3.3 消防车道

3.3.1 施工现场内应设置临时消防车道，临时消防车道与在建工程、临时用房、可燃材料堆场及其加工场的距离不宜小于5m，且不宜大于40m；施工现场周边道路满足消防车通行及灭火救援要求时，施工现场内可不设置临时消防车道。

3.3.2 临时消防车道的设置应符合下列规定：

1 临时消防车道宜为环形，设置环形车道确有困难时，应在消防车道尽端设置尺寸不小于12m×12m的回车场。

2 临时消防车道的净宽度和净空高度均不应小于4m。

3 临时消防车道的右侧应设置消防车行进路线指示标识。

4 临时消防车道路基、路面及其下部设施应能承受消防车通行压力及工作荷载。

3.3.3 下列建筑应设置环形临时消防车道，设置环形临时消防车道确有困难时，除应按本规范第3.3.2条的规定设置回车场外，尚应按本规范第3.3.4条的规定设置临时消防救援场地：

1 建筑高度大于24m的在建工程。

2 建筑工程单体占地面积大于3000m^{2}的在建工程。

3 超过10栋，且成组布置的临时用房。

3.3.4 临时消防救援场地的设置应符合下列规定：

1 临时消防救援场地应在在建工程装饰装修阶段设置。

2 临时消防救援场地应设置在成组布置的临时用房场地的长边一侧及在建工程的长边一侧。

3 临时救援场地宽度应满足消防车正常操作要求，且不应小于6m，与在建工程外脚手架的净距不宜小于2m，且不宜超过6m。

4 建筑防火

4.1 一般规定

4.1.1 临时用房和在建工程应采取可靠的防火分隔和安全疏散等防火技术措施。

4.1.2 临时用房的防火设计应根据其使用性质及火灾危险性等情况进行确定。

4.1.3 在建工程防火设计应根据施工性质、建筑高度、建筑规模及结构特点等情况进行确定。

4.2 临时用房防火

4.2.1 宿舍、办公用房的防火设计应符合下列规定：

1 建筑构件的燃烧性能等级应为A级。当采用金属夹芯板材时，其芯材的燃烧性能等级应为A级。

2 建筑层数不应超过3层，每层建筑面积不应大于300m^2。

3 层数为3层或每层建筑面积大于200m^{2}时，应设置至少2部疏散楼梯，房间疏散门至疏散楼梯的最大距离不应大于25m。

4 单面布置用房时，疏散走道的净宽度不应小于1.0m；双面布置用房时，疏散走道的净宽度不应小于1.5m。

5 疏散楼梯的净宽度不应小于疏散走道的净宽度。

6 宿舍房间的建筑面积不应大于30m^2，其他房间的建筑面积不宜大于100m^2。

7 房间内任一点至最近疏散门的距离不应大于15m，房门的净宽度不应小于0.8m；房间建筑面积超过50m^{2}时，房门的净宽度不应小于1.2m。

8 隔墙应从楼地面基层隔断至顶板基层底面。

4.2.2 发电机房、变配电房、厨房操作间、锅炉房、可燃材料库房及易燃易爆危险品库房的防火设计应符合下列规定：

1 建筑构件的燃烧性能等级应为A级。

2 层数应为1层，建筑面积不应大于200m^2。

3 可燃材料库房单个房间的建筑面积不应超过30m^2，易燃易爆危险品库房单个房间的建筑面积不应超过20m^2。

4 房间内任一点至最近疏散门的距离不应大于10m，房门的净宽度不应小于0.8m。

4.2.3 其他防火设计应符合下列规定：

1 宿舍、办公用房不应与厨房操作间、锅炉房、变配电房等组合建造。

2 会议室、文化娱乐室等人员密集的房间应设置在临时用房的第一层，其疏散门应向疏散方向开启。

4.3 在建工程防火

4.3.1 在建工程作业场所的临时疏散通道应采用不燃、难燃材料建造，并应与在建工程结构施工同步设置，也可利用在建工程施工完毕的水平结构、楼梯。

4.3.2 在建工程作业场所临时疏散通道的设置应符合下列规定：

1 耐火极限不应低于0.5h。

2 设置在地面上的临时疏散通道，其净宽度不应小于1.5m；利用在建工程施工完毕的水平结构、楼梯作临时疏散通道时，其净宽度不宜小于1.0m；用于疏散的爬梯及设置在脚手架上的临时疏散通道，其净宽度不应小于0.6m。

3 临时疏散通道为坡道，且坡度大于25°时，应修建楼梯或台阶踏步或设置防滑条。

4 临时疏散通道不宜采用爬梯，确需采用时，应采取可靠固定措施。

5 临时疏散通道的侧面为临空面时，应沿临空面设置高度不小于1.2m的防护栏杆。

6 临时疏散通道设置在脚手架上时，脚手架应采用不燃材料搭设。

7 临时疏散通道应设置明显的疏散指示标识。

8 临时疏散通道应设置照明设施。

4.3.3 既有建筑进行扩建、改建施工时，必须明确划分施工区和非施工区。施工区不得营业、使用和居住；非施工区继续营业、使用和居住时，应符合下列规定：

1 施工区和非施工区之间应采用不开设门、窗、洞口的耐火极限不低于3.0h的不燃烧体隔墙进行防火分隔。

2 非施工区内的消防设施应完好和有效，疏散通道应保持畅通，并应落实日常值班及消防安全管理制度。

3 施工区的消防安全应配有专人值守，发生火情应能立即处置。

4 施工单位应向居住和使用者进行消防宣传教育，告知建筑消防设施、疏散通道的位置及使用方法，同时应组织疏散演练。

5 外脚手架搭设不应影响安全疏散、消防车正常通行及灭火救援操作，外脚手架搭设长度不应超过该建筑物外立面周长的1/2。

4.3.4 外脚手架、支模架的架体宜采用不燃或难燃材料搭设，下列工程的外脚手架、支模架的架体应采用不燃材料搭设：

1 高层建筑。

2 既有建筑改造工程。

4.3.5 下列安全防护网应采用阻燃型安全防护网：

1 高层建筑外脚手架的安全防护网。

2 既有建筑外墙改造时，其外脚手架的安全防护网。

3 临时疏散通道的安全防护网。

4.3.6 作业场所应设置明显的疏散指示标志，其指示方向应指向最近的临时疏散通道入口。

4.3.7 作业层的醒目位置应设置安全疏散示意图。

5 临时消防设施

5.1 一般规定

5.1.1 施工现场应设置灭火器、临时消防给水系统和应急照明等临时消防设施。

5.1.2 临时消防设施应与在建工程的施工同步设置。房屋建筑工程中，临时消防设施的设置与在建工程主体结构施工进度的差距不应超过3层。

5.1.3 在建工程可利用已具备使用条件的永久性消防设施作为临时消防设施。当永久性消防设施无法满足使用要求时，应增设临时消防设施，并应符合本规范第5.2～5.4节的有关规定。

5.1.4 施工现场的消火栓泵应采用专用消防配电线路。专用消防配电线路应自施工现场总配电箱的总断路器上端接入，且应保持不间断供电。

5.1.5 地下工程的施工作业场所宜配备防毒面具。

5.1.6 临时消防给水系统的贮水池、消火栓泵、室内消防竖管及水泵接合器等应设置醒目标识。

5.2 灭火器

5.2.1 在建工程及临时用房的下列场所应配置灭火器：

1 易燃易爆危险品存放及使用场所。

2 动火作业场所。

3 可燃材料存放、加工及使用场所。

4 厨房操作间、锅炉房、发电机房、变配电房、设备用房、办公用房、宿舍等临时用房。

5 其他具有火灾危险的场所。

5.2.2 施工现场灭火器配置应符合下列规定：

1 灭火器的类型应与配备场所可能发生的火灾类型相匹配。

2 灭火器的最低配置标准应符合表5.2.2-1的规定。

表5.2.2-1 灭火器的最低配置标准

项目	固体物质火灾		液体或可熔化固体物质火灾、气体火灾	
	单具灭火器最小灭火级别	单位灭火级别最大保护面积（m^2/A）	单具灭火器最小灭火级别	单位灭火级别最大保护面积（m^2/B）
易燃易爆危险品存放及使用场所	3A	50	89B	0.5
固定动火作业场	3A	50	89B	0.5
临时动火作业点	2A	50	55B	0.5
可燃材料存放、加工及使用场所	2A	75	55B	1.0
厨房操作间、锅炉房	2A	75	55B	1.0
自备发电机房	2A	75	55B	1.0
变配电房	2A	75	55B	1.0
办公用房、宿舍	1A	100	—	—

3 灭火器的配置数量应按现行国家标准《建筑灭火器配置设计规范》GB 50140的有关规定经计算确定，且每个场所的灭火器数量不应少于2具。

4 灭火器的最大保护距离应符合表5.2.2-2的规定。

表 5.2.2-2 灭火器的最大保护距离（m）

灭火器配置场所	固体物质火灾	液体或可熔化固体物质火灾、气体火灾
易燃易爆危险品存放及使用场所	15	9
固定动火作业场	15	9
临时动火作业点	10	6
可燃材料存放、加工及使用场所	20	12
厨房操作间、锅炉房	20	12
发电机房、变配电房	20	12
办公用房、宿舍等	25	—

5.3 临时消防给水系统

5.3.1 施工现场或其附近应设置稳定、可靠的水源，并应能满足施工现场临时消防用水的需要。

消防水源可采用市政给水管网或天然水源。当采用天然水源时，应采取确保冰冻季节、枯水期最低水位时顺利取水的措施，并应满足临时消防用水量的要求。

5.3.2 临时消防用水量应为临时室外消防用水量与临时室内消防用水量之和。

5.3.3 临时室外消防用水量应按临时用房和在建工程的临时室外消防用水量的较大者确定，施工现场火灾次数可按同时发生1次确定。

5.3.4 临时用房建筑面积之和大于$1000m^2$或在建工程单体体积大于$10000m^3$时，应设置临时室外消防给水系统。当施工现场处于市政消火栓150m保护范围内，且市政消火栓的数量满足室外消防用水量要求时，可不设置临时室外消防给水系统。

5.3.5 临时用房的临时室外消防用水量不应小于表5.3.5的规定。

表 5.3.5 临时用房的临时室外消防用水量

临时用房的建筑面积之和	火灾延续时间(h)	消火栓用水量(L/s)	每支水枪最小流量(L/s)
$1000m^2$＜面积≤$5000m^2$	1	10	5
面积＞$5000m^2$		15	5

5.3.6 在建工程的临时室外消防用水量不应小于表5.3.6的规定。

表 5.3.6 在建工程的临时室外消防用水量

在建工程（单体）体积	火灾延续时间(h)	消火栓用水量(L/s)	每支水枪最小流量(L/s)
$10000m^3$＜体积≤$30000m^3$	1	15	5
体积＞$30000m^3$	2	20	5

5.3.7 施工现场临时室外消防给水系统的设置应符合下列规定：

1 给水管网宜布置成环状。

2 临时室外消防给水干管的管径，应根据施工现场临时消防用水量和干管内水流计算速度计算确定，且不应小于*DN*100。

3 室外消火栓应沿在建工程、临时用房和可燃材料堆场及其加工场均匀布置，与在建工程、临时用房和可燃材料堆场及其加工场的外边线的距离不应小于5m。

4 消火栓的间距不应大于120m。

5 消火栓的最大保护半径不应大于150m。

5.3.8 建筑高度大于24m或单体体积超过$30000m^3$的在建工程，应设置临时室内消防给水系统。

5.3.9 在建工程的临时室内消防用水量不应小于表5.3.9的规定。

表 5.3.9 在建工程的临时室内消防用水量

建筑高度、在建工程体积（单体）	火灾延续时间(h)	消火栓用水量(L/s)	每支水枪最小流量(L/s)
24m＜建筑高度≤50m 或$30000m^3$＜体积≤$50000m^3$	1	10	5
建筑高度＞50m 或体积＞$50000m^3$	1	15	5

5.3.10 在建工程临时室内消防竖管的设置应符合下列规定：

1 消防竖管的设置位置应便于消防人员操作，其数量不应少于2根，当结构封顶时，应将消防竖管设置成环状。

2 消防竖管的管径应根据在建工程临时消防用水量、竖管内水流计算速度计算确定，且不应小于*DN*100。

5.3.11 设置室内消防给水系统的在建工程，应设置消防水泵接合器。消防水泵接合器应设置在室外便于消防车取水的部位，与室外消火栓或消防水池取水口的距离宜为15m～40m。

5.3.12 设置临时室内消防给水系统的在建工程，各结构层均应设置室内消火栓接口及消防软管接口，并应符合下列规定：

1 消火栓接口及软管接口应设置在位置明显且易于操作的部位。

2 消火栓接口的前端应设置截止阀。

3 消火栓接口或软管接口的间距，多层建筑不应大于50m，高层建筑不应大于30m。

5.3.13 在建工程结构施工完毕的每层楼梯处应设置消防水枪、水带及软管，且每个设置点不应少于2套。

5.3.14 高度超过100m的在建工程，应在适当楼层增设临时中转水池及加压水泵。中转水池的有效容积不应少于$10m^3$，上、下两个中转水池的高差不宜超过100m。

5.3.15 临时消防给水系统的给水压力应满足消防水枪充实水柱长度不小于10m的要求；给水压力不

能满足要求时，应设置消火栓泵，消火栓泵不应少于2台，且应互为备用；消火栓泵宜设置自动启动装置。

5.3.16 当外部消防水源不能满足施工现场的临时消防用水量要求时，应在施工现场设置临时贮水池。临时贮水池宜设置在便于消防车取水的部位，其有效容积不应小于施工现场火灾延续时间内一次灭火的全部消防用水量。

5.3.17 施工现场临时消防给水系统应与施工现场生产、生活给水系统合并设置，但应设置将生产、生活用水转为消防用水的应急阀门。应急阀门不应超过2个，且应设置在易于操作的场所，并应设置明显标识。

5.3.18 严寒和寒冷地区的现场临时消防给水系统应采取防冻措施。

5.4 应急照明

5.4.1 施工现场的下列场所应配备临时应急照明：

1 自备发电机房及变配电房。

2 水泵房。

3 无天然采光的作业场所及疏散通道。

4 高度超过100m的在建工程的室内疏散通道。

5 发生火灾时仍需坚持工作的其他场所。

5.4.2 作业场所应急照明的照度不应低于正常工作所需照度的90%，疏散通道的照度值不应小于0.5 lx。

5.4.3 临时消防应急照明灯具宜选用自备电源的应急照明灯具，自备电源的连续供电时间不应小于60min。

6 防火管理

6.1 一般规定

6.1.1 施工现场的消防安全管理应由施工单位负责。

实行施工总承包时，应由总承包单位负责。分包单位应向总承包单位负责，并应服从总承包单位的管理，同时应承担国家法律、法规规定的消防责任和义务。

6.1.2 监理单位应对施工现场的消防安全管理实施监理。

6.1.3 施工单位应根据建设项目规模、现场消防安全管理的重点，在施工现场建立消防安全管理组织机构及义务消防组织，并应确定消防安全负责人和消防安全管理人员，同时应落实相关人员的消防安全管理责任。

6.1.4 施工单位应针对施工现场可能导致火灾发生的施工作业及其他活动，制订消防安全管理制度。消防安全管理制度应包括下列主要内容：

1 消防安全教育与培训制度。

2 可燃及易燃易爆危险品管理制度。

3 用火、用电、用气管理制度。

4 消防安全检查制度。

5 应急预案演练制度。

6.1.5 施工单位应编制施工现场防火技术方案，并应根据现场情况变化及时对其修改、完善。防火技术方案应包括下列主要内容：

1 施工现场重大火灾危险源辨识。

2 施工现场防火技术措施。

3 临时消防设施、临时疏散设施配备。

4 临时消防设施和消防警示标识布置图。

6.1.6 施工单位应编制施工现场灭火及应急疏散预案。灭火及应急疏散预案应包括下列主要内容：

1 应急灭火处置机构及各级人员应急处置职责。

2 报警、接警处置的程序和通讯联络的方式。

3 扑救初起火灾的程序和措施。

4 应急疏散及救援的程序和措施。

6.1.7 施工人员进场时，施工现场的消防安全管理人员应向施工人员进行消防安全教育和培训。消防安全教育和培训应包括下列内容：

1 施工现场消防安全管理制度、防火技术方案、灭火及应急疏散预案的主要内容。

2 施工现场临时消防设施的性能及使用、维护方法。

3 扑灭初起火灾及自救逃生的知识和技能。

4 报警、接警的程序和方法。

6.1.8 施工作业前，施工现场的施工管理人员应向作业人员进行消防安全技术交底。消防安全技术交底应包括下列主要内容：

1 施工过程中可能发生火灾的部位或环节。

2 施工过程应采取的防火措施及应配备的临时消防设施。

3 初起火灾的扑救方法及注意事项。

4 逃生方法及路线。

6.1.9 施工过程中，施工现场的消防安全负责人应定期组织消防安全管理人员对施工现场的消防安全进行检查。消防安全检查应包括下列主要内容：

1 可燃物及易燃易爆危险品的管理是否落实。

2 动火作业的防火措施是否落实。

3 用火、用电、用气是否存在违章操作，电、气焊及保温防水施工是否执行操作规程。

4 临时消防设施是否完好有效。

5 临时消防车道及临时疏散设施是否畅通。

6.1.10 施工单位应依据灭火及应急疏散预案，定期开展灭火及应急疏散的演练。

6.1.11 施工单位应做好并保存施工现场消防安全管理的相关文件和记录，并应建立现场消防安全管理档案。

6.2 可燃物及易燃易爆危险品管理

6.2.1 用于在建工程的保温、防水、装饰及防腐等材料的燃烧性能等级应符合设计要求。

6.2.2 可燃材料及易燃易爆危险品应按计划限量进场。进场后，可燃材料宜存放于库房内，露天存放时，应分类成垛堆放，垛高不应超过2m，单垛体积不应超过$50m^3$，垛与垛之间的最小间距不应小于2m，且应采用不燃或难燃材料覆盖；易燃易爆危险品应分类专库储存，库房内应通风良好，并应设置严禁明火标志。

6.2.3 室内使用油漆及其有机溶剂、乙二胺、冷底子油等易挥发产生易燃气体的物资作业时，应保持良好通风，作业场所严禁明火，并应避免产生静电。

6.2.4 施工产生的可燃、易燃建筑垃圾或余料，应及时清理。

6.3 用火、用电、用气管理

6.3.1 施工现场用火应符合下列规定：

1 动火作业应办理动火许可证；动火许可证的签发人收到动火申请后，应前往现场查验并确认动火作业的防火措施落实后，再签发动火许可证。

2 动火操作人员应具有相应资格。

3 焊接、切割、烘烤或加热等动火作业前，应对作业现场的可燃物进行清理；作业现场及其附近无法移走的可燃物应采用不燃材料对其覆盖或隔离。

4 施工作业安排时，宜将动火作业安排在使用可燃建筑材料的施工作业前进行。确需在使用可燃建筑材料的施工作业之后进行动火作业时，应采取可靠的防火措施。

5 裸露的可燃材料上严禁直接进行动火作业。

6 焊接、切割、烘烤或加热等动火作业应配备灭火器材，并应设置动火监护人进行现场监护，每个动火作业点均应设置1个监护人。

7 五级（含五级）以上风力时，应停止焊接、切割等室外动火作业；确需动火作业时，应采取可靠的挡风措施。

8 动火作业后，应对现场进行检查，并应在确认无火灾危险后，动火操作人员再离开。

9 具有火灾、爆炸危险的场所严禁明火。

10 施工现场不应采用明火取暖。

11 厨房操作间炉灶使用完毕后，应将炉火熄灭，排油烟机及油烟管道应定期清理油垢。

6.3.2 施工现场用电应符合下列规定：

1 施工现场供用电设施的设计、施工、运行和维护应符合现行国家标准《建设工程施工现场供用电安全规范》GB 50194的有关规定。

2 电气线路应具有相应的绝缘强度和机械强度，严禁使用绝缘老化或失去绝缘性能的电气线路，严禁在电气线路上悬挂物品。破损、烧焦的插座、插头应及时更换。

3 电气设备与可燃、易燃易爆危险品和腐蚀性物品应保持一定的安全距离。

4 有爆炸和火灾危险的场所，应按危险场所等级选用相应的电气设备。

5 配电屏上每个电气回路应设置漏电保护器、过载保护器，距配电屏2m范围内不应堆放可燃物，5m范围内不应设置可能产生较多易燃、易爆气体、粉尘的作业区。

6 可燃材料库房不应使用高热灯具，易燃易爆危险品库房内应使用防爆灯具。

7 普通灯具与易燃物的距离不宜小于300mm，聚光灯、碘钨灯等高热灯具与易燃物的距离不宜小于500mm。

8 电气设备不应超负荷运行或带故障使用。

9 严禁私自改装现场供用电设施。

10 应定期对电气设备和线路的运行及维护情况进行检查。

6.3.3 施工现场用气应符合下列规定：

1 储装气体的罐瓶及其附件应合格、完好和有效；严禁使用减压器及其他附件缺损的氧气瓶，严禁使用乙炔专用减压器、回火防止器及其他附件缺损的乙炔瓶。

2 气瓶运输、存放、使用时，应符合下列规定：

1）气瓶应保持直立状态，并采取防倾倒措施，乙炔瓶严禁横躺卧放。

2）严禁碰撞、敲打、抛掷、滚动气瓶。

3）气瓶应远离火源，与火源的距离不应小于10m，并应采取避免高温和防止曝晒的措施。

4）燃气储装瓶罐应设置防静电装置。

3 气瓶应分类储存，库房内应通风良好；空瓶和实瓶同库存放时，应分开放置，空瓶和实瓶的间距不应小于1.5m。

4 气瓶使用时，应符合下列规定：

1）使用前，应检查气瓶及气瓶附件的完好性，检查连接气路的气密性，并采取避免气体泄漏的措施，严禁使用已老化的橡皮气管。

2）氧气瓶与乙炔瓶的工作间距不应小于5m，气瓶与明火作业点的距离不应小于10m。

3）冬季使用气瓶，气瓶的瓶阀、减压器等发生冻结时，严禁用火烘烤或用铁器敲击瓶阀，严禁猛拧减压器的调节螺丝。

4）氧气瓶内剩余气体的压力不应小于0.1MPa。

5）气瓶用后应及时归库。

6.4 其他防火管理

6.4.1 施工现场的重点防火部位或区域应设置防火

警示标识。

6.4.2 施工单位应做好施工现场临时消防设施的日常维护工作，对已失效、损坏或丢失的消防设施应及时更换、修复或补充。

6.4.3 临时消防车道、临时疏散通道、安全出口应保持畅通，不得遮挡、挪动疏散指示标识，不得挪用消防设施。

6.4.4 施工期间，不应拆除临时消防设施及临时疏散设施。

6.4.5 施工现场严禁吸烟。

本规范用词说明

1 为便于在执行本规范条文时区别对待，对要求严格程度不同的用词说明如下：

1） 表示很严格，非这样做不可的：
正面词采用“必须”，反面词采用“严禁”；

2） 表示严格，在正常情况下均应这样做的：
正面词采用“应”，反面词采用“不应”或“不得”；

3） 表示允许稍有选择，在条件许可时首先应这样做的：
正面词采用“宜”，反面词采用“不宜”；

4） 表示有选择，在一定条件下可以这样做的，采用“可”。

2 条文中指明应按其他有关标准执行的写法为：“应符合……的规定”或“应按……执行”。

引用标准名录

《建筑灭火器配置设计规范》GB 50140

《建设工程施工现场供用电安全规范》GB 50194

中华人民共和国国家标准

建设工程施工现场消防安全技术规范

GB 50720—2011

条 文 说 明

制 定 说 明

《建设工程施工现场消防安全技术规范》GB 50720—2011，经住房和城乡建设部2011年6月6日以第1042号公告批准发布。

为便于广大设计、施工、科研、学校等单位有关人员在使用本规范时能正确理解和执行条文规定，《建设工程施工现场消防安全技术规范》编制组按章、节、条顺序编制了本规范的条文说明，对条文规定的目的、依据以及执行中需要注意的有关事项进行了说明，还着重对强制性条文的强制性理由作了解释。但是，本条文说明不具备与本规范正文同等的法律效力，仅供使用者作为理解和把握标准规定的参考。

目　次

1 总 则

1.0.1 随着我国城镇建设规模的扩大和城镇化进程的加速，建设工程施工现场的火灾数量呈增多趋势，火灾危害呈增大的趋势。因此，为预防建设工程施工现场火灾，减少火灾危害，保护人身和财产安全，制定本规范。

1.0.2 本规范适用于新建、改建和扩建等各类建设工程的施工现场防火，包括土木工程、建筑工程、设备安装工程、装饰装修工程和既有建筑改造等施工现场，但不适用于线路管道工程、拆除工程、布展工程、临时工程等施工现场。

1.0.3 《中华人民共和国消防法》规定了消防工作的方针是“预防为主、防消结合”。“防”和“消”是不可分割的整体，两者相辅相成，互为补充。

建设工程施工现场一般具有以下特点，因而火灾风险多，危害大：

1 施工临时员工多，流动性强，素质参差不齐。

2 施工现场临建设施多，防火标准低。

3 施工现场易燃、可燃材料多。

4 动火作业多、露天作业多、立体交叉作业多、违章作业多。

5 现场管理及施工过程受外部环境影响大。

调查发现，施工现场火灾主要因用火、用电、用气不慎和初起火灾扑灭不及时所导致。

针对建设工程施工现场的特点及发生火灾的主要原因，施工现场的防火应针对“用火、用电、用气和扑灭初起火灾”等关键环节，遵循“以人为本、因地制宜、立足自救”的原则，制订并采取“安全可靠、经济适用、方便有效”的防火措施。

施工现场发生火灾时，应以“扑灭初期火灾和保护人身安全”为主要任务。当人身和财产安全均受到威胁时，应以保护人身安全为首要任务。

2 术 语

2.0.1、2.0.2 施工现场的临时用房及临时设施常被合并简称为临建设施。有时，也将“在施工现场建造的，为建设工程施工服务的各类办公、生活、生产用非永久性建筑物、构筑物、设施”统称为临时设施，即临时设施包含临时用房。但为了本规范相关内容表述方便、所表达的意思明确，特将“临时用房、临时设施”分别定义。

2.0.3 施工现场的临时消防设施仅指设置在建设工程施工现场，用于扑救施工现场初起火灾的设施和设备。常见的有手提式及推车式灭火器、临时消防给水系统、消防应急照明、疏散指示标识等。

2.0.4 由于施工现场环境复杂、不安全因素多、疏散条件差，凡是能用于或满足人员安全撤离危险区域，到达安全地点或安全地带的路径、设施均可视为临时疏散通道。

3 总 平 面 布 局

3.1 一 般 规 定

3.1.1 防火、灭火及人员安全疏散是施工现场防火工作的主要内容，施工现场临时用房、临时设施的布置满足现场防火、灭火及人员安全疏散的要求是施工现场防火工作的基本条件。

施工现场临时用房、临时设施的布置常受现场客观条件［如气象，地形地貌及水文地质，地上、地下管线及周边建（构）筑物，场地大小及其“三通一平”，现场周边道路及消防设施等具体情况］的制约，而不同施工现场的客观条件又千差万别。因此，现场的总平面布局应综合考虑在建工程及现场情况，因地制宜，按照“临时用房及临时设施占地面积少、场内材料及构件二次运输少、施工生产及生活相互干扰少、临时用房及设施建造费用少，并满足施工、防火、节能、环保、安全、保卫、文明施工等需求”的基本原则进行。

燃烧应具备三个基本条件：可燃物、助燃物、火源。

施工现场存有大量的易燃、可燃材料，如竹（木）模板及架料，B2、B3 级装饰、保温、防水材料，树脂类防腐材料，油漆及其稀释剂，焊接或气割用的氢气、乙炔等。这些物质的存在，使施工现场具备了燃烧产生的一个必备条件——可燃物。

施工现场动火作业多，如焊接、气割、金属切割、生活用火等，使施工现场具备了燃烧产生的另一个必备条件——火源。

控制可燃物、隔绝助燃物以及消除着火源是防火工作的基本措施。

明确施工现场平面布局的主要内容，确定施工现场出入口的设置及现场办公、生活、生产、物料存贮区域的布置原则，规范可燃物、易燃易爆危险品存放场所及动火作业场所的布置要求，针对施工现场的火源和可燃物、易燃物实施重点管控，是落实现场防火工作基本措施的具体表现。

3.1.2 在建工程及现场办公用房、宿舍、发电机房、变配电房、可燃材料库房、易燃易爆危险品库房、可燃材料堆场及其加工场、固定动火作业场是施工现场防火的重点，给水及供配电线路和消防车道、临时消防救援场地、消防水源是现场灭火的基本条件，现场出入口和场内临时道路是人员安全疏散的基本设施。因此，施工现场总平面布局应明确与现场防火、灭火及人员疏散密切相关的临时用房及临时设施的具体位置，以满足现场防火、灭火及人员疏散的要求。

3.1.3 本条规定明确了施工现场设置出入口的基本原则和要求，当施工现场划分为不同的区域时，不同区域的出入口设置也要符合本条规定。

3.1.4 “施工现场临时办公、生活、生产、物料存贮等功能区宜相对独立布置”是对施工现场总平面布局的原则性要求。

宿舍、厨房操作间、锅炉房、变配电房、可燃材料堆场及其加工场、可燃材料及易燃易爆危险品库房等临时用房、临时设施不应设置于在建工程内。

3.1.5 本条对固定动火作业场的布置进行了规定。固定动火作业场属于散发火花的场所，布置时需要考虑风向以及火花对于可燃及易燃易爆危险品集中区域的影响。

3.1.7 本条对可燃材料堆场及其加工场、易燃易爆危险品存放库房的布置位置进行了规定。既要考虑架空电力线对可燃材料堆场及其加工场、易燃易爆危险品库房的影响，也要考虑可燃材料堆场及其加工场、易燃易爆危险品库房失火对架空电力线的影响。

3.2 防火间距

3.2.1 本条规定明确了不同临时用房、临时设施与在建工程的最小防火间距。临时用房、临时设施与在建工程的防火间距采用6m，主要是考虑临时用房层数不高、面积不大，故采用了现行国家标准《建筑设计防火规范》GB 50016—2006中多层民用建筑之间的防火间距的数值。同时，由于可燃材料堆场及其加工场、固定动火作业场、易燃易爆危险品库房的火灾危险性较高，故提高了要求。本条为强制性条文。

3.2.2 本条规定明确了不同临时用房、临时设施之间的最小防火间距。

各省、市发布实施了建设工程施工现场消防安全管理的相关规定或地方标准，但对施工现场主要临时用房、临时设施间最小防火间距的规定存在较大差异。

2010年上半年，编制组对我国东北、华北、西北、华东、华中、华南、西南七个区域共112个施工现场主要临时用房、临时设施布置及其最小防火间距进行了调研，调研结果表明：

1 不同施工现场的主要临时用房、临时设施间的最小防火间距离散性较大。

2 受施工现场条件制约，施工现场主要临时用房、临时设施间的防火间距符合当地地方标准的仅为52.9%。

为此，编制组参照公安部《公安部关于建筑工地防火基本措施》，并综合考虑不同地区经济发展的不平衡及不同建设项目现场客观条件的差异，确定以不少于75%的调研对象能够达到或满足的防火间距作为本规范主要临时用房、临时设施间的最小防火间距。

相邻两栋临时用房成行布置时，其最小防火间距是指相邻两山墙外边线间的最小距离。相邻两栋临时用房成列布置时，其最小防火间距是指相邻两纵墙外边线间的最小距离。

按照本条规定，施工现场如需搭设多栋临时办公用房、宿舍时，办公用房之间、宿舍之间、办公用房与宿舍之间应保持不小于4m的防火间距。当办公用房或宿舍的栋数较多，可成组布置，此时，相邻两组临时用房彼此间应保持不小于8m的防火间距，组内临时用房相互间的防火间距可适当减小。

按照本条规定，如施工现场的发电机房和变配电房分开设置，发电机房与变配电房之间应保持不小于4m的防火间距。如发电机房与变配电房合建在同一临时用房内，两者之间应采用不燃材料进行防火分隔。如施工现场需设置两个或多个配电房（如同一建设项目，由多家施工总承包单位承包，各总承包单位均需设置一个配电房）时，相邻两个配电房之间应保持不小于4m的防火间距。

3.3 消防车道

3.3.1 本条规定了施工现场设置临时消防车道的基本要求。临时消防车道与在建工程、临时用房、可燃材料堆场及其加工场的距离不宜小于5m，且不宜大于40m，主要是考虑灭火救援的安全以及供水的可靠。

3.3.2 本条依据消防车顺利通行和正常工作的要求而制定。当无法设置环形临时消防车道的时候，应设置回车场。

3.3.3 本条基于建筑高度大于24m或单体工程占地面积大于3000m^{2}的在建工程及栋数超过10栋，且为成组布置的临时用房的火灾扑救需求而制定。

3.3.4 本条规定明确了临时消防救援场地的设置要求。

许多位于城区，特别是城区繁华地段的建设工程，体量大、施工场地十分狭小，尤其是在基础工程、地下工程及建筑裙楼的结构施工阶段，因受场地限制而无法设置临时消防车道，也难以设置临时消防救援场地。基于此类实际情况，施工现场的临时消防车道或临时消防救援场地最迟应在基础工程、地下结构工程的土方回填完毕后，在建工程装饰装修工程施工前形成。因为在建工程装饰装修阶段，现场存放的可燃建筑材料多、立体交叉作业多、动火作业多，火灾事故主要发生在此阶段，且危害较大。

4 建筑防火

4.1 一般规定

4.1.1 在临时用房内部，即相邻两房间之间设置防火分隔，有利于延迟火灾蔓延，为临时用房使用人员赢得宝贵的疏散时间。在施工现场的动火作业区（点）与可燃物、易燃易爆危险品存放及使用场所之间设置临时防火分隔，以减少火灾发生。

施工现场的临时用房、作业场所是施工现场人员密集的场所，应设置安全疏散通道。

4.1.2 本条规定确定了临时用房防火设计的基本原则和要求。

4.1.3 本条规定确定了在建工程防火设计的基本原则及要求。

4.2 临时用房防火

4.2.1 由于施工现场临时用房火灾频发，为保护人员生命安全，故要求施工现场宿舍和办公室的建筑构件燃烧性能等级应为A级。材料的燃烧性能等级应由具有相应资质的检测机构按照现行国家标准《建筑材料及制品燃烧性能分级》GB 8624检测确定。

近年来，施工工地临时用房采用金属夹芯板（俗称彩钢板）的情况比较普遍，此类材料在很多工地已发生火灾，造成了严重的人员伤亡。因此，要确保此类板材的芯材的燃烧性能等级达到A级。

依据相关文件规定，本规范提出的A级材料对应现行国家标准《建筑材料及制品燃烧性能分级》GB 8624中的A1、A2级。本条第1款为强制性条款。

4.2.2 发电机房、变配电房、厨房操作间、锅炉房、可燃材料和易燃易爆危险品库房是施工现场火灾危险性较大的临时用房，因而对其进行较为严格的规定。本条第1款为强制性条款。

可燃材料、易燃易爆物品存放库房应分别布置在不同的临时用房内，每栋临时用房的面积均不应超过200m²，且应采用不燃材料将其分隔成若干间库房。

采用不燃材料将存放可燃材料或易燃易爆危险品的临时用房分隔成相对独立的房间，有利于火灾风险的控制。施工现场某种易燃易爆危险品（如油漆），如需用量大，可分别存放于多间库房内。

4.2.3 施工现场的临时用房较多，且其布置受现场条件制约多，不同使用功能的临时用房可按以下规定组合建造。组合建造时，两种不同使用功能的临时用房之间应采用不燃材料进行防火分隔，其防火设计等级应以防火设计等级要求较高的临时用房为准。

1 现场办公用房、宿舍不应组合建造。如现场办公用房与宿舍的规模不大，两者的建筑面积之和不超过300m²，可组合建造。

2 发电机房、变配电房可组合建造。

3 厨房操作间、锅炉房可组合建造。

4 会议室与办公用房可组合建造。

5 文化娱乐室、培训室与办公用房或宿舍可组合建造。

6 餐厅与办公用房或宿舍可组合建造。

7 餐厅与厨房操作间可组合建造。

施工现场人员较为密集的房间包括会议室、文化娱乐室、培训室、餐厅等，其房间门应朝疏散方向开启，以便于人员紧急疏散。

4.3 在建工程防火

4.3.1 在建工程火灾常发生在作业场所，因此，在建工程疏散通道应与在建工程结构施工保持同步，并与作业场所相连通，以满足人员疏散需要。同时基于经济、安全的考虑，疏散通道应尽可能利用在建工程结构已完的水平结构、楼梯。

4.3.2 本条规定是为了满足人员迅速、有序、安全撤离火场及避免疏散过程中发生人员拥挤、踩踏、疏散通道垮塌等次生灾害的要求而制定的。

疏散通道应具备与疏散要求相匹配的通行能力、承载能力和耐火性能。疏散通道如搭设在脚手架上，脚手架作为疏散通道的支撑结构，其承载力和耐火性能应满足相关要求。进行脚手架刚度、强度、稳定性验算时，应考虑人员疏散荷载。脚手架的耐火性能不应低于疏散通道。

4.3.3 本条明确了建筑确需在居住、营业、使用期间进行改建、扩建及改造施工时，应采取的防火措施。条文的具体要求都是从火灾教训中总结得出的。

作出这些规定是考虑到施工现场引发火灾的危险因素较多，在居住、营业、使用期间进行改建、扩建及改造施工时则具有更大的火灾风险，一旦发生火灾，容易造成群死群伤。因此，必须采取多种防火技术和管理措施，严防火灾发生。施工中还应结合具体工程及施工情况，采取切实有效的防范措施。本条为强制性条文。

4.3.4 外脚手架既是在建工程的外防护架，也是施工人员的外操作架。支模架既是混凝土模板的支撑架体，也是施工人员操作平台的支撑架体，为保护施工人员免受火灾伤害，制定本条规定。

4.3.5 阻燃安全网是指续燃、阴燃时间均不大于4s的安全网，安全网质量应符合现行国家标准《安全网》GB 5725的要求，阻燃安全网的检测见现行国家标准《纺织品 燃烧性能试验 垂直法》GB/T 5455。

本条规定是基于以下原因而制定：

1 动火作业产生的火焰、火花、火星引燃可燃安全网，并导致火灾事故的情形时有发生。

2 外脚手架的安全防护立网将整个在建工程包裹或封闭其中，可燃安全网一旦燃烧，火势蔓延迅速，难以控制，并可能蔓延至室内，且高层建筑作业人员逃生路径长，逃生难度相对较大。

3 既有建筑外立面改造时，既有建筑一般难以停止使用，室内可燃物品多、人员多，并有一定比例逃生能力相对较弱的人群，外脚手架安全网的燃烧极可能蔓延至室内，危害特别大。

4 临时疏散通道是施工人员应急疏散的安全设施，临时疏散通道的安全防护网一旦燃烧，施工人员将会走投无路，安全设施成为不安全的设施。

4.3.6 本条规定是为了让作业人员在紧急、慌乱时刻迅速找到疏散通道，便于人员有序疏散而制定。

4.3.7 在建工程施工期间，一般通视条件较差，因此要求在作业层的醒目位置设置安全疏散示意图。

5 临时消防设施

5.1 一般规定

5.1.1 灭火器、临时消防给水系统和应急照明是施工现场常用且最为有效的临时消防设施。

5.1.2 施工现场临时消防设施的设置应与在建工程施工保持同步。

对于房屋建筑工程，新近施工的楼层，因混凝土强度等原因，模板及支模架不能及时拆除，临时消防设施的设置难以及时跟进，与主体结构工程施工进度应存在3层左右的差距。

5.1.3 基于经济和务实考虑，可合理利用已具备使用条件的在建工程永久性消防设施兼作施工现场的临时消防设施。

5.1.4 火灾发生时，为避免施工现场消火栓泵因电力中断而无法运行，导致消防用水难以保证，故作本条规定。本条为强制性条文。

5.2 灭火器

5.2.1 本条规定了施工现场应配置灭火器的区域或场所。

5.2.2 现行国家标准《建筑灭火器配置设计规范》GB 50140难以明确规范施工现场灭火器的配置，因此编制组根据施工现场不同场所发生火灾的几率及其危害的大小，并参照现行国家标准《建筑灭火器配置设计规范》GB 50140制定本条规定。

施工现场的某些场所既可能发生固体火灾，也可能发生液体或气体或电气火灾，在选配灭火器时，应选用能扑灭多类火灾的灭火器。

5.3 临时消防给水系统

5.3.1 消防水源是设置临时消防给水系统的基本条件，本条对消防水源作出了基本要求。

5.3.2 本条对施工现场的临时消防用水量进行了规定。临时消防用水量应为临时室外消防用水量和临时室内消防用水量的总和，消防水源应满足临时消防用水量的要求。

5.3.3 本条对施工现场临时室外消防用水量进行了规定。

5.3.4 本条规定明确了施工现场设置室外临时消防给水系统的条件。由于临时用房单体一般不大，室外消防给水系统可满足消防要求，一般不考虑设置室内消防给水系统。

5.3.5、5.3.6 这两条为强制性条文，分别确定了临时用房、在建工程临时室外消防用水量的计取标准。

临时用房及在建工程临时消防用水量的计取标准是在借鉴了建筑行业施工现场临时消防用水经验取值，并参考了现行国家标准《建筑设计防火规范》GB 50016相关规定的基础上确定的。

调查发现，临时用房火灾常发生在生活区。因此，施工现场未布置临时生活用房时，也可不考虑临时用房的消防用水量。

施工现场发生火灾，最根本的原因是初期火灾未及时扑灭。而初期火灾未及时扑灭主要是由于现场人员不作为或初期火灾发生地点的附近既无灭火器，又无水。事实上，初期火灾扑灭的需水量并不大，施工现场防火首先应保证有水，其次是保证水量。因此，在确定临时消防用水量的计取标准时，以借鉴建筑行业施工现场临时消防用水经验取值为主。

5.3.7 本条明确了室外消防给水系统设置的基本要求。

在建工程、临时用房、可燃材料堆场及其加工场是施工现场的重点防火区域，室外消火栓的布置应以现场重点防火区域位于其保护范围为基本原则。

5.3.8 本条明确了在建工程设置临时室内消防给水系统的条件。

5.3.9 本条确定了在建工程临时室内消防用水量计取标准。

5.3.10 本条明确了室内临时消防竖管设置的基本要求。

消防竖管是在建工程室内消防给水的干管，消防竖管在检修或接长时，应按先后顺序依次进行，确保有一根消防竖管正常工作。当建筑封顶时，应将两条消防竖管连接成环状。

当单层建筑面积较大时，水平管网也应设置成环状。

5.3.11 本条明确了消防水泵结合器设置的基本要求。

5.3.12 本条明确了室内消火栓快速接口及消防软管设置的基本要求。

结合施工现场特点，每个室内消火栓处只设接口，不设水带、水枪，是综合考虑初起火灾的扑救及管理性和经济性要求而给出的规定。

5.3.13 本条明确了消防水带、水枪及软管的配置要求。消防水带、水枪及软管设置在结构施工完毕的楼梯处，一方面可以满足初起火灾的扑救要求，另一方面可以减少消防水带和水枪的配置，便于维护和管理。

5.3.14 消防水源的给水压力一般不能满足在建高层建筑的灭火要求，需要二次或多次加压。为实现在建高层建筑的临时消防给水，可在其底层或首层设置贮水池并配备加压水泵。对于建筑高度超过100m的在建工程，还需在楼层上增设楼层中转水池和加压水泵，进行分段加压，分段给水。

楼层中转水池的有效容积不应少于$10m^3$，在该水池无补水的最不利情况下，其水量可满足两支（进水口径50mm，喷嘴口径19mm）水枪同时工作不少于15min。

“上、下两个中转水池的高差不宜超过100m”的规定是综合以下两方面的考虑而确定的：

1 上、下两个中转水池的高差越大，对水泵扬程、给水管的材质及接头质量等方面的要求越高。

2 上、下两个中转水池的高差过小，则需增多楼层中转水池及加压水泵的数量，经济上不合理，且设施越多，系统风险也越多。

5.3.15 临时室外消防给水系统的给水压力满足消防水枪充实水柱长度不小于10m，可满足施工现场临时用房及在建工程外围10m以下部位或区域的火灾扑救。

临时室内消防给水系统的给水压力满足消防水枪充实水柱长度不小于10m，可基本满足在建工程上部3层（室内消防给水系统的设置一般较在建工程主体结构施工滞后3层，尚未安装临时室内消防给水系统）所发生火灾的扑救。

对于建筑高度超过10m，不足24m，且体积不足$30000m^3$的在建工程，按本规范要求，可不设置临时室内消防给水系统。在此情况下，应通过加压水泵，增大临时室外给水系统的给水压力，以满足在建工程火灾扑救的要求。

5.3.16 本条明确了施工现场设置临时贮水池的前提和贮水池的最小容积。

5.3.17 本条明确了现场临时消防给水系统与现场生产、生活给水系统合并设置的具体做法及相关要求，在满足现场临时消防用水的基础上兼顾了施工成本控制的需求。

5.4 应急照明

5.4.1、5.4.2 这两条规定了施工现场配备临时应急照明的场所及应急照明设置的基本要求。

6 防火管理

6.1 一般规定

6.1.1、6.1.2 这两条依据《中华人民共和国建筑法》、《中华人民共和国消防法》、《建设工程安全生产管理条例》及公安部《机关、团体、企业、事业单位消防安全管理规定》（第61号令）制定，主要明确建设工程施工单位、监理单位的消防责任。

施工现场一般有多个参与施工的单位，总承包单位对施工现场防火实施统一管理，对施工现场总平面布局、现场防火、临时消防设施、防火管理等进行总体规划、统筹安排，避免各自为政、管理缺失、责任不明等情形发生，确保施工现场防火管理落到实处。

6.1.3 施工单位在施工现场建立消防安全管理组织机构及义务消防组织，确定消防安全负责人和消防安全管理人员，落实相关人员的消防安全管理责任，是施工单位做好施工现场消防安全工作的基础。

义务消防组织是施工单位在施工现场临时建立的业余性、群众性，以自防、自救为目的的消防组织，其人员应由现场施工管理人员和作业人员组成。

6.1.4、6.1.5 我国的消防工作方针是“预防为主、防消结合”。这两条规定是按照“预防为主”的要求而制定的。

消防安全管理制度重点从管理方面实现施工现场的“火灾预防”。本规范第6.1.4条明确了施工现场五项主要消防安全管理制度。此外，施工单位尚应根据现场实际情况和需要制订其他消防安全管理制度，如临时消防设施管理制度、消防安全工作考评及奖惩制度等。

防火技术方案重点从技术方面实现施工现场的“火灾预防”，即通过技术措施实现防火目的。施工现场防火技术方案是施工单位依据本规范的规定，结合施工现场和各分部分项工程施工的实际情况编制的，用以具体安排并指导施工人员消除或控制火灾危险源、扑灭初起火灾，避免或减少火灾发生和危害的技术文件。施工现场防火技术方案应作为施工组织设计的一部分，也可单独编制。

消防安全管理制度、防火技术方案应针对施工现场的重大火灾危险源、可能导致火灾发生的施工作业及其他活动进行编制，以便做到“有的放矢”。

施工现场防火技术措施是指施工人员在具有火灾危险的场所进行施工作业或实施具有火灾危险的工序时，在“人、机、料、环、法”等方面应采取的防火技术措施。

施工现场临时消防设施及疏散设施是施工现场“火灾预防”的弥补，是现场火灾扑救和人员安全疏散的主要依靠。因此，防火技术方案中“临时消防设施、临时疏散设施配备”应具体明确以下相关内容：

1 明确配置灭火器的场所、选配灭火器的类型和数量及最小灭火级别。

2 确定消防水源，临时消防给水管网的管径、敷设线路、给水工作压力及消防水池、水泵、消火栓等设施的位置、规格、数量等。

3 明确设置应急照明的场所，应急照明灯具的类型、数量、安装位置等。

4 在建工程永久性消防设施临时投入使用的安排及说明。

5 明确安全疏散的线路（位置）、疏散设施搭设的方法及要求等。

6.1.6 本条明确了施工现场灭火及应急疏散预案编制的主要内容。

6.1.7 消防安全教育与培训应侧重于普遍提高施工人员的消防安全意识和扑灭初起火灾、自我防护的能力。消防安全教育、培训的对象为全体施工人员。

6.1.8 消防安全技术交底的对象为在具有火灾危险场所作业的人员或实施具有火灾危险工序的人员。交底应针对具有火灾危险的具体作业场所或工序，向作业人员传授如何预防火灾、扑灭初起火灾、自救逃生等方面的知识、技能。

消防安全技术交底是安全技术交底的一部分，可与安全技术交底一并进行，也可单独进行。

6.1.9 本条明确了现场消防安全检查的责任人及主要内容。

在不同施工阶段或时段，现场消防安全检查应有所侧重，检查内容可依据当时当地的气候条件、社会环境和生产任务适当调整。如工程开工前，施工单位应对现场消防管理制度的制订，防火技术方案、现场灭火及应急疏散预案的编制，消防安全教育与培训，消防设施的设置与配备情况进行检查；施工过程中，施工单位按本条规定每月组织一次检查。此外，施工单位应在每年“五一”、“十一”、“春节”、冬季等节日或季节或风干物燥的特殊时段到来之际，根据实际情况组织相应的专项检查或季节性检查。

6.1.10 施工现场灭火及应急疏散预案演练，每半年应进行1次，每年不得少于1次。

6.1.11 施工现场消防安全管理档案包括以下文件和记录：

1 施工单位组建施工现场消防安全管理机构及聘任现场消防安全管理人员的文件。

2 施工现场消防安全管理制度及其审批记录。

3 施工现场防火技术方案及其审批记录。

4 施工现场灭火及应急疏散预案及其审批记录。

5 施工现场消防安全教育和培训记录。

6 施工现场消防安全技术交底记录。

7 施工现场消防设备、设施、器材验收记录。

8 施工现场消防设备、设施、器材台账及更换、增减记录。

9 施工现场灭火和应急疏散演练记录。

10 施工现场消防安全检查记录（含消防安全巡查记录、定期检查记录、专项检查记录、季节性检查记录、消防安全问题或隐患整改通知单、问题或隐患整改回复单、问题或隐患整改复查记录）。

11 施工现场火灾事故记录及火灾事故调查、处理报告。

12 施工现场消防工作考评和奖惩记录。

6.2 可燃物及易燃易爆危险品管理

6.2.1 在建工程所用保温、防水、装饰、防火、防腐材料的燃烧性能等级、耐火极限应符合设计要求，既是建设工程施工质量验收标准的要求，也是减少施工现场火灾风险的基本条件。本条为强制性条文。

6.2.2 控制并减少施工现场可燃材料、易燃易爆危险品的存量，规范可燃材料及易燃易爆危险品的存放管理，是预防火灾发生的主要措施。

6.2.3 油漆由油脂、树脂、颜料、催干剂、增塑剂和各种溶剂组成，除无机颜料外，绝大部分是可燃物。油漆的有机溶剂（又称稀料、稀释剂）由易燃液体如溶剂油、苯类、酮类、酯类、醇类等组成。油漆调配和喷刷过程中，会大量挥发出易燃气体，当易燃气体与空气混合达到5%的浓度时，会因动火作业火星、静电火花引起爆炸和火灾事故。乙二胺是一种挥发性很强的化学物质，常用作树脂类防腐蚀材料的固化剂，乙二胺挥发产生的易燃气体在空气中达到一定浓度时，遇明火有爆炸危险。冷底子油是由沥青和汽油或柴油配制而成的，挥发性强，闪点低，在配制、运输或施工时，遇明火即有起火或爆炸的危险。因此，室内使用油漆及其有机溶剂、乙二胺、冷底子油或其他可能产生可燃气体的物资，应保持室内良好通风，严禁动火作业、吸烟，并应避免其他可能产生静电的施工操作。本条为强制性条文。

6.3 用火、用电、用气管理

6.3.1 施工现场动火作业多，用（动）火管理缺失和动火作业不慎引燃可燃、易燃建筑材料是导致火灾事故发生的主要原因。为此，本条对施工现场动火审批、常见的动火作业、生活用火及用火各环节的防火管理作出相应规定。

动火作业是指在施工现场进行明火、爆破、焊接、气割或采用酒精炉、煤油炉、喷灯、砂轮、电钻等工具进行可能产生火焰、火花和赤热表面的临时性作业。

施工现场动火作业前，应由动火作业人提出动火作业申请。动火作业申请至少应包含动火作业的人员、内容、部位或场所、时间、作业环境及灭火救援措施等内容。

施工现场具有火灾、爆炸危险的场所是指存放和使用易燃易爆危险品的场所。

冬季风大物燥，施工现场采用明火取暖极易引起火灾，因此，予以禁止。

本条第3款、第5款、第9款为强制性条款。

6.3.2 本条针对施工现场发生供用电火灾的主要原因而制定。施工现场发生供用电火灾的主要原因有以下几类：

1 因电气线路短路、过载、接触电阻过大、漏电等原因，致使电气线路在极短时间内产生很大的热量或电火花、电弧，引燃导线绝缘层和周围的可燃物，造成火灾。

2 现场长时间使用高热灯具，且高热灯具距可燃、易燃物距离过小或室内散热条件太差，烤燃附近可燃、易燃物，造成火灾。

施工现场的供用电设施是指现场发电、变电、输电、配电、用电的设备、电器、线路及相应的保护装置。“施工现场供用电设施的设计、施工、运行、维护应符合现行国家标准《建设工程施工现场供用电安全规范》GB 50194 的有关规定”是防止和减少施工现场供用电火灾的根本手段。

电气线路的绝缘强度和机械强度不符合要求、使用绝缘老化或失去绝缘性能的电气线路、电气线路长期处于腐蚀或高温环境、电气设备超负荷运行或带故障使用、私自改装现场供用电设施等是导致线路短路、过载、接触电阻过大、漏电的主要根源，应予以禁止。

选用节能型灯具，减少电能转化成热能的损耗，既可节约用电，又可减少火灾发生。施工现场常用照明灯具主要有白炽灯、荧光灯、碘钨灯、镝灯（聚光灯）。100W 白炽灯，其灯泡表面温度可达 170℃～216℃，1000W 碘钨灯的石英玻璃管外表面温度可达 500℃～800℃。碘钨灯不仅能在短时间内烤燃接触灯管外壁的可燃物，而且其高温热辐射还能将距灯管一定距离的可燃物烤燃。因此，本条对可燃、易燃易爆危险品存放库房所使用的照明灯具及照明灯具与可燃、易燃易爆物品的距离作出相应规定。

现场供用电设施的改装应经具有相应资质的电气工程师批准，并由具有相应资质的电工实施。

对现场电气设备运行及维护情况的检查，每月应进行一次。

6.3.3 本条规定主要针对施工现场用气常见的违规行为而制定。本条第 1 款为强制性条款。

施工现场常用气体有瓶装氧气、乙炔、液化气等，贮装气体的气瓶及其附件不合格和违规贮装、运输、存储、使用气体是导致火灾、爆炸的主要原因。

乙炔瓶严禁横躺卧放是为了防止丙酮流出而引起燃烧爆炸。

氧气瓶内剩余压力不应小于 0.1MPa 是为了防止乙炔倒灌引起爆炸。

6.4 其他防火管理

6.4.1 施工现场的重点防火部位主要指施工现场的临时发电机房、变配电房、易燃易爆危险品存放库房和使用场所、可燃材料堆场及其加工场、宿舍等场所。

6.4.2 施工现场的临时消防设施受外部环境、交叉作业影响，易失效或损坏或丢失，故作本条规定。

6.4.3 施工现场尤其是在建工程作业场所，人员相对较多、安全疏散条件差，逃生难度大，保持安全疏散通道、安全出口的畅通及疏散指示的正确至关重要。

中华人民共和国国家标准

钢铁企业给水排水设计规范

Code for design of water supply & drainage of iron and steel enterprises

GB 50721—2011

主编部门：中 国 冶 金 建 设 协 会
批准部门：中华人民共和国住房和城乡建设部
施行日期：2 0 1 2 年 8 月 1 日

中华人民共和国住房和城乡建设部
公　告

第 1112 号

关于发布国家标准
《钢铁企业给水排水设计规范》的公告

现批准《钢铁企业给水排水设计规范》为国家标准，编号为GB 50721—2011，自 2012 年 8 月 1 日起实施。其中，第 5.3.6、8.4.3、8.8.4、8.8.6（2）、12.2.6 条（款）为强制性条文，必须严格执行。

本规范由我部标准定额研究所组织中国计划出版社出版发行。

中华人民共和国住房和城乡建设部

二〇一一年七月二十九日

前　言

本规范是根据原建设部《关于印发〈2007〉年工程建设标准规范制订、修订计划（第二批）的通知》（建标函〔2007〕126 号）的要求，由中冶赛迪工程技术股份有限公司会同有关单位共同编制完成的。

本规范在编制过程中，规范编制组经广泛调查研究，认真总结实践经验，参考国际组织和国外先进经验，并在广泛征求意见的基础上，最后经审查定稿。

本规范共分 12 章，主要内容包括：总则、术语、取水量及水质指标、给水排水系统设置、泵站、间接冷却循环水系统、直接冷却循环水系统、废水处理、安全供水系统、污泥浓缩及脱水、检测和控制、给水排水管道。

本规范中以黑体字标志的条文为强制性条文，必须严格执行。

本规范由住房和城乡建设部负责管理和对强制性条文的解释，中冶赛迪工程技术股份有限公司负责具体技术内容的解释。在执行本规范的过程中如有意见或建议，请寄送中冶赛迪工程技术股份有限公司（地址：重庆市渝中区双钢路 1 号；邮政编码：400013），以供今后修订时参考。

本规范主编单位、参编单位、主要起草人和主要审查人：

主 编 单 位：中冶赛迪工程技术股份有限公司

参 编 单 位：中冶京诚工程技术有限公司
中冶南方工程技术有限公司
中冶东方工程技术有限公司
中冶华天工程技术有限公司
中冶焦耐工程技术有限公司
上海宝钢工程技术有限公司
中冶长天国际工程有限责任公司
宝山钢铁股份有限公司
武汉钢铁股份有限公司

主要起草人：江开伟　刘全金　闫国荣　万焕堂　张福林　张晓卫　邱利祥　吴　为　宫　鲁　曾昭成　刘晓红　李庆伟　李慎虑　刘润海　李　良　胡利光　吴良玉　高云鹏　罗金华

主要审查人：郭启姣　赵钱柱　张鹤鸣　秦　潇　熊家晴　习明安　于水利　回克钢　张群力　刘　义

目次

Contents

1 总 则

1.0.1 为使钢铁企业给水排水工程设计符合国家方针、政策、法规，统一工程建设标准，提高工程设计质量，做到技术先进、安全可靠、经济合理、节能减排、管理方便，制定本规范。

1.0.2 本规范适用于钢铁企业（包括特殊钢厂）新建、改建、扩建工程的给水排水工程的设计。

1.0.3 钢铁企业给水排水工程的设计，应以政府有关部门批准的钢铁企业总体规划为主要依据，水源选择、净水厂位置、输配水管线、工厂排放口、重复利用率、吨钢取水量等，应符合总体规划的要求。

1.0.4 钢铁企业工业废水及生活污水排水管道接入设置公共污水处理系统的排水系统或水体时，排水水质必须达到国家及地方相关排放标准的规定。

1.0.5 钢铁企业给水排水工程的设计，除应符合本规范外，尚应符合国家现行有关标准的规定。

2 术 语

2.0.1 取水量 quantity of water intake

取自钢铁企业自建或合建的取水设施、地区或城镇供水工程、发电厂尾水，以及钢铁企业外购的水量。不包括取用的海水、苦咸水、雨水和企业的废水回用水量。

2.0.2 吨钢取水量 quantity of water intake per ton of steel

钢铁企业年取水量与年钢产量的比值（m^3/t）。

2.0.3 吨钢耗新水量 fresh water consumption per ton of steel

钢铁企业年工业新水耗量与年钢产量的比值（m^3/t）。

2.0.4 原水 raw water

由水源取得后未经过处理的水。

2.0.5 工业新水 industrial fresh water

由原水制成的成品水的总称，包括生产新水、软水、除盐水、纯水等。

2.0.6 生产新水 process fresh water

工业新水的一种，作为循环水系统的补充水或作为制软水、除盐水的原水。

2.0.7 软水 soft water

将水中硬度（主要指水中钙、镁离子）除去或降低到一定程度的水。

2.0.8 除盐水 demineralized water

将水中盐类（主要是溶于水的强电解质）除去或降低到一定程度的水。

2.0.9 纯水 pure water

将水中的强电解质和弱电解质去除或降低到一定程度的水。

2.0.10 串级水 water for serial reuse

被用户使用后，未经水质处理即供次级用户再利用的水。

2.0.11 回用水 reuse water

废水直接或经处理后回收利用的水。

2.0.12 气象条件 meteorological data

特指用于冷却塔设计计算的湿球温度、干球温度、大气压力、相对湿度等气象参数。

2.0.13 间接冷却水循环系统 non-contact cooling water recirculation system

循环冷却水与被冷却介质间接传热的循环冷却水系统。

2.0.14 系统容积 system capacity

循环冷却水系统内全部有效存水容积的总和。

2.0.15 酸再生 acid regeneration

将废酸进行再生回收的工艺流程。

2.0.16 中水 reclaimed water

生活污、废水经处理后，达到规定的水质标准，可在生活、市政、环境等范围内杂用的非饮用水。

2.0.17 单元工程 unit project

钢铁联合企业中负责某单一生产工艺的工程。

2.0.18 全厂性废水 plant-wide wastewater

通过合流制或分流制系统收集的各生产车间的排污水、生产废水和生活污水。

2.0.19 污水深度处理 sewage depth processing

生活污水或工业废水经一级、二级处理后，为了达到一定的回用水标准使污水作为水资源回用于生产或生活的进一步水处理过程。

3 取水量及水质指标

3.1 取 水 量 指 标

3.1.1 新建钢铁联合企业的吨钢取水量指标，不应高于 $6m^3/t$。

3.1.2 改建或扩建钢铁联合企业的吨钢取水量指标，不应高于 $7m^3/t$。

3.1.3 新建特殊钢厂的吨钢取水量指标，不应高于 $8m^3/t$；改建或扩建特殊钢厂的吨钢取水量指标，不应高于 $10m^3/t$。

3.2 水 质 指 标

3.2.1 当原水需要进行处理时，应集中处理；用水水质有特殊要求的单元工程，在进行技术经济比较后，也可单独处理。

3.2.2 工业新水水质和回用水水质指标应根据当地水源情况、各循环水系统对水质的要求及循环水浓缩倍数等确定，宜符合表 3.2.2的规定。

表 3.2.2 工业新水水质和回用水水质指标

指 标	单 位	生产新水	软水	除盐水	回用水
pH值	—	7~9	7~9	6.5~9	6~9
悬浮物	mg/L	≤10	≤5	≤1	≤20
全硬度	mg/L（以 $CaCO_3$ 计）	≤150	≤10	≤2	≤450
Ca 硬度	mg/L（以 $CaCO_3$ 计）	≤100	≤2	≤1	≤300
M-碱度	mg/L（以 $CaCO_3$ 计）	≤110	≤110	≤1	≤330
氯离子	mg/L（以 CL^- 计）	≤220	≤200	≤1	≤660
硫酸根离子	mg/L（以 SO_4^{2-} 计）	≤80	≤80	未检出	≤240
全铁	mg/L（以 Fe 计）	≤1	≤1	≤0.1	≤3
可溶性 SiO_2	mg/L（以 SiO_2 计）	≤6	≤6	≤0.1	≤18
含油	mg/L	≤2	≤1	未检出	≤5
电导率	μs/cm	≤500	≤500	≤10	≤3000
蒸发残渣（溶解）	mg/L	≤300	≤300	≤5	≤1000
氨氮	mg/L	≤10	≤10	≤1	≤10
CODcr	mg/L	—	—	—	≤100

注：1 各项供水指标的保证率应在 90%以上。

2 以地下水为主要水源时，其全硬度不可超过 200mg/L。

3 中央水厂生产的除盐水宜按一级除盐水水质确定，有更高水质要求的用户，且用户较单一、集中处理时，则应增加一条外部管线，可由中央水厂提供一级除盐水，用户自行深度处理。

4 给水排水系统设置

4.1 一般规定

4.1.1 给水排水系统的设置应遵循节能减排，循环利用，集中和分散、近期和远期相结合，因地制宜的原则。

4.1.2 给水系统应根据供水水质分类设置，新建钢铁企业应设置全厂性的回用水管网系统。

4.1.3 新建钢铁企业的排水系统，应采用完全分流制，并应设置全厂性的废水处理站。

4.1.4 改建、扩建钢铁企业的排水系统，应采用分流制，并应建立全厂性的废水处理站和回用水管网系统。

4.1.5 连续用水量不小于 $2m^3/h$ 的设备冷却水或设备冲洗水，应循环使用或回收利用。

4.1.6 钢铁企业经处理后的工业废水及生活污水接入公共污水的排水系统或水体时，应减少排出口数量，并应在排水出口前设置水质在线监测和计量设施。

4.2 给水系统

4.2.1 设置有回用水管网的工厂，场地洒水、道路洒水及施工冲洗用水等水质要求不高的用户，应使用回用水。绿化用水、冲厕水宜使用中水。

4.2.2 全厂给水干管引入单元工程时应计量。

4.2.3 全厂给水供水泵宜采取调速措施。

4.2.4 泥浆管道的冲洗水不宜使用工业新水。

4.3 排水系统

4.3.1 暴雨强度计算公式应采用当地气象部门提供的最新计算公式，重现期不宜低于 2 年，并应以 5 年进行校核。

4.3.2 由高密度聚乙烯双壁波纹管、高密度聚乙烯大口径中空壁缠绕管等轻质材料制成的排水管道，应根据地下水位进行浮力计算。

4.3.3 无坡度敷设的雨水排水管道，应采用管顶平接方式。

4.4 循环水系统

4.4.1 循环水系统应根据水质及水温情况和用户要求设置，单元工程中循环水系统的重复利用率不应低于 97%。

4.4.2 循环水系统的排污水宜串级使用。

4.4.3 循环水系统应采用强制排污，排污水应计量，系统排污宜与循环水电导率连锁。

4.4.4 循环水量超过 $1000m^3/h$ 的系统，水质稳定应采用化学处理方式。

4.4.5 循环水系统的提升泵站应设置水量调节设施。

4.4.6 循环冷却水系统的供水能力应按系统最大小时供水量设计。

4.4.7 循环水系统的管道上应设置水质动态监控的接口。

4.5 回用水系统

4.5.1 回用水供水系统，应将生产新水作为备用水源，生产新水应计量。

4.5.2 回用水供水泵宜采取调速措施。

4.6 雨水利用系统

4.6.1 雨水宜回收利用。

4.6.2 受污染的初期雨水宜单独收集处理。

5 泵 站

5.1 一般规定

5.1.1 泵站可根据当地气象条件和工程建设需要，采用室内布置或露天布置。

5.1.2 全厂供水泵站宜统一规划、集中设置，可一次建成，也可分期实施。

5.1.3 全厂生产新水供水泵站贮水池的有效容积，宜贮存 4h~8h 最高日平均小时用水量。

5.1.4 雨水排水泵站的设置，应根据汇水面积、雨水管道的流量，以及其管径和标高、排出口的位置和标高计算确定。泵站运行宜采用液位连锁。

5.1.5 水泵出水管道上的阀门和配件等的压力等级，应满足水泵闭阀启动时的压力要求。

5.2 泵站布置

5.2.1 泵站的布置应根据分期建设或扩建的需要预留泵组位置或泵站扩建用地。

5.2.2 泵站的管道和阀门布置应符合下列要求：

1 水泵的吸水管宜单独设置。

2 当自灌式水泵共用一根吸水总管时，在吸水支管上应安装检修阀。

3 水泵吸水管与水泵水平连接处的异径管，应采用偏心异径管。

4 水泵出水管上的蝶阀，其两侧直管段的长度应能满足蝶阀的正常开闭。水泵出水母管上的连通阀，应选用双向密封蝶阀。

5 泵站内的操作室应设置具有隔声设施的观察窗，操作室与泵房连接的门应设置隔声设施。

5.2.3 泵站内应设置排水沟，水泵基础四周宜设置排水沟。不能自流排水的泵站，应设置集水坑和自动排污泵。

5.2.4 加药间药剂泵、药剂槽（库）的地坪和地沟，应采取防腐措施。

5.2.5 室内泵站的水泵基础顶面标高应高出周围地坪不小于100mm，露天泵站的水泵基础顶面标高应高出周围地坪不小于200mm。

5.2.6 就地操作箱的设置位置应便于通行和操作。

5.2.7 每台水泵出水口应设置就地指示压力表；供水泵组总出水管道上应设置流量、压力检测装置，其检测信号应传至控制室，并宜设置就地显示。

5.2.8 带背压水泵的吸水总管应设置压力检测装置并就地显示，其检测信号应传至控制室。

5.2.9 室内泵站应设置起重设备及其检修平台，起重设备宜地面操作。

5.3 水泵选择及配置

5.3.1 水泵的配置应满足用户近期及远期供水、排水的要求。

5.3.2 水泵的工作压力应满足最不利点用户的压力要求。

5.3.3 循环水系统供水泵的选型和数量，应与用户的设备运行方式相匹配。

5.3.4 连续工作的泵组应设置备用泵。工作泵不超过4台时，其备用泵不应少于1台；工作泵超过4台时，其备用泵不应少于2台。多台水泵联合工作的雨水泵站，可不设置备用泵。

5.3.5 露天泵站的电气设备应选择户外型，并应采取防潮、防冻措施。

5.3.6 卧式水泵与驱动设备连接的联轴器、皮带传动的皮带及皮带轮等，必须设置安全防护罩。

5.3.7 水泵的充水方式，应根据水泵的特性、被输送液体的特性、运行环境等选择。真空引水启动的时间不应超过5min。自灌式水泵吸水管上应安装检修阀。

5.3.8 每台水泵的出水管上应安装止回阀或多功能水力控制阀，止回阀或控制阀后应设置检修阀。

5.3.9 卧式水泵及其配套电机应配置底座。

5.3.10 循环水系统供水和回水的泵组应匹配。

5.3.11 泵组不能通过自调节满足用户用水要求时，供水系统应采取流量调节措施。

5.3.12 水泵配套电机的电压等级宜符合下列要求：

1 电机功率不大于200kW时，宜配置低压。

2 电机功率不小于315kW时，宜配置高压。

3 电机功率大于200kW且小于315kW时，可配置低压或高压。

4 变频电机的电压等级，应根据电气专业的计算确定。

5.3.13 地下式、半地下式泵站集水坑的排水泵，应设置备用泵。

5.4 附属设施

5.4.1 贮水池、吸水井应设置液位检测和报警装置。

5.4.2 软水、除盐水的贮存设施内壁，应采取防腐措施。

5.4.3 循环水系统的补充水宜设置补水管和充水管，补水管应设置计量装置。不同水质的补充水应分别接入水池并计量。

5.4.4 不允许全站停水的泵站，吸水井宜设置有效隔断。

5.4.5 吸水井应设置溢流管、放空管，吸水井上宜设置盖板。

6 间接冷却循环水系统

6.1 一般规定

6.1.1 间接冷却循环水系统的水量、水压、水温、水质应满足用户要求，水温还应根据当地气象条件确定。

6.1.2 间接冷却循环水系统悬浮物含量不应大于20mg/L，粒径不应大于0.2mm。

6.1.3 间接冷却循环水系统水的重复利用率不应小于97%，浓缩倍数不应小于3.0。

6.1.4 间接冷却开式循环水系统的供水管道上宜设置管道过滤器；过滤器应设置超越管及检修阀门。

6.2 冷却

6.2.1 冷却设施应根据地区气象条件和使用环境采

取防冻、防冰挂、防尘、防风沙等措施。

6.2.2 冷却设施应设置超越管。

6.2.3 冷却塔风机应采取节能措施。冷却塔超过4台的机械通风冷却塔组，风机转速及运转台数应与水温自动连锁控制。

6.3 水质稳定设施

6.3.1 间接冷却开式循环水系统宜设置旁通过滤系统。

6.3.2 间接冷却开式循环水系统的旁滤水量，应根据厂区空气污染情况计算确定，无实测值时可按供水量的5%～10%设计。

6.3.3 间接冷却循环水系统宜设置水质稳定药剂投加装置，药剂宜自动投加。

6.3.4 间接冷却开式循环水系统加药点宜设置在吸水井处；间接冷却闭式循环水系统加药点宜设置在水泵吸水总管上。

6.3.5 加药管道应采取防堵塞、防冻、防结晶措施。

6.4 补充水设施

6.4.1 间接冷却开式循环水系统补充水量的计算，应符合现行国家标准《工业循环冷却水处理设计规范》GB 50050的有关规定。

6.4.2 间接冷却闭式循环水系统充水时间宜小于6h，开式循环水系统充水时间宜小于8h。

6.4.3 间接冷却全闭式系统补水应设置补水水箱（池），并应采取防腐及防污染措施，补水水箱（池）的容积不应小于$2.0m^3$。

7 直接冷却循环水系统

7.1 一般规定

7.1.1 水量、水压、水温、水质应满足用户要求，水温还应根据当地气象条件确定。

7.1.2 冷却塔的设计应符合现行国家标准《工业循环水冷却设计规范》GB/T 50102的有关规定。冷却塔应采用不易堵塞的填料。

7.1.3 一次提升泵的过流部件宜采用耐磨材料。

7.1.4 直接冷却循环水系统应采取水量平衡的调节措施。

7.1.5 清除氧化铁皮应采用带齿重型抓斗，抓斗工作范围内的坑壁、坑底应设置钢轨或钢板防护。

7.1.6 氧化铁皮的清理应设置沉渣脱水坑及运输道路。

7.2 设备及钢坯喷淋循环冷却水

7.2.1 铁皮沟的人行通道应设置出入口和栏杆，通道净宽度不得小于0.7m。敞开式铁皮沟的人行通道上部宜设置挡渣板。

7.2.2 有人行通道的铁皮沟应采用不大于36V的安全电压照明。

7.2.3 铁皮沟流槽的转弯半径不宜小于流槽宽度的3倍。

7.2.4 铁皮沟进入旋流沉淀池前宜设置格栅，栅条间隙宜为100mm～150mm。

7.2.5 一次铁皮坑设计应符合下列要求：

1 表面负荷宜为$10m^3/(m^2·h)$～$20m^3/(m^2·h)$。

2 沉淀时间宜为8min～12min。

3 最小池宽应满足抓斗工作需要。

4 缓冲层高度宜为0.5m。

5 沉渣高度宜按2d～3d的氧化铁皮量设计。

6 抓渣设备的选型应根据渣量计算确定。

7.2.6 旋流沉淀池设计应符合下列要求：

1 表面负荷，处理连铸废水可为$15m^3/(m^2·h)$～$25m^3/(m^2·h)$，处理热轧废水可为$20m^3/(m^2·h)$～$30m^3/(m^2·h)$。

2 沉淀时间，处理连铸废水可为10min～20min，处理热轧废水可为8min～15min。

3 作用水头宜为0.5m～0.6m。

4 进水管（渠）流速宜为3m/s～6m/s。

5 沉渣斗有效容积宜按2d～3d铁皮量计算，沉渣斗底部的水平夹角不得小于50°。

6 中心筒直径与抓斗最大张开宽度之差应大于1.0m。

7.2.7 旋流沉淀池内设水泵间时，水泵间地坪标高不应低于下列三项之和：

1 旋流池高水位的标高。

2 停电后系统回水量形成的水位高度。

3 水泵间地面距计算高水位的超高宜为1m。

7.2.8 平流沉淀池设计应符合下列要求：

1 表面负荷宜为$4m^3/(m^2·h)$～$6m^3/(m^2·h)$。

2 水力停留时间不应小于30min。

3 池底应有5‰坡度坡向积泥坑。

4 总格数应根据水量计算确定，且不宜少于2格。

5 池内应设置刮油刮渣机，出口处应设置除油及贮油设施。

6 采用泥浆泵清渣时，宜设置泥浆泵房。

7 沉淀池的长宽比不应小于4。

7.2.9 化学除油沉淀器设计应符合下列要求：

1 表面负荷宜为$4m^3/(m^2·h)$～$6m^3/(m^2·h)$。

2 斜管长度宜为1.0m～1.2m，水平倾角宜为60°，内径宜为60mm～80mm。斜管区上部水深宜为0.7m～0.8m，下部缓冲层高度宜为0.8m。

3 应设置冲洗设施。

7.2.10 压力过滤器设计应符合下列要求：

1 双滤料过滤器滤速宜为 30m/h～40m/h，单滤料过滤器滤速宜为 10m/h～20m/h。

2 设计最大压力损失宜为 5m。

3 过滤器设计反洗周期不宜大于 12h，反洗水强度宜为 $35m^3/(m^2 \cdot h) \sim 40m^3/(m^2 \cdot h)$，反洗空气强度宜为 $10m^3/(m^2 \cdot h) \sim 12m^3/(m^2 \cdot h)$。

4 过滤器数量应根据水量和滤速计算确定，且不宜少于2 台。

7.3 高炉煤气清洗水和转炉烟气净化污水

7.3.1 煤气净化和转炉烟气净化设施至沉淀池的排水槽内流速宜为 1.5m/s～3.0m/s。

7.3.2 转炉烟气净化系统粗颗粒分离器的设计停留时间宜为 2min～5min。

7.3.3 辐射式沉淀池的设计停留时间宜为 4h～6h，其表面负荷宜为 $0.8m^3/(m^2 \cdot h) \sim 1.5m^3/(m^2 \cdot h)$。

7.3.4 斜板沉淀池的表面负荷宜为 $2.0m^3/(m^2 \cdot h) \sim 4.0m^3/(m^2 \cdot h)$。

7.3.5 沉淀池数量应根据处理水量、表面负荷、停留时间、地形条件等计算确定，且不宜少于 2 座。

7.3.6 冷却塔宜采用无填料空心塔。

7.4 高炉水渣循环水

7.4.1 水泵的过流部件、阀门、管件应选用耐磨材质。

7.4.2 冷却塔宜采用无填料空心塔。

7.5 层流冷却循环水

7.5.1 供水可采用水泵供水、水泵与调节水箱联合供水方式，供水量应按最不利钢种的用水量确定。

7.5.2 供水泵的水量、台数和调节水箱的容积，应根据每种带钢的冷却水量和轧钢工艺轧制计划计算确定。

7.5.3 处理水量应符合下列要求：

1 旁流处理水量应根据工艺的供水水温、水质要求计算确定。

2 过滤处理水量应根据需去除的氧化铁皮量计算确定。

3 冷却处理水量应根据供水温度要求经热工计算确定。

7.5.4 层流铁皮坑宜按贮水池设计，其容积应能容纳系统所有水量。

7.5.5 补充水应采用经过滤处理的直接冷却水系统排水。

7.5.6 层流冷却铁皮沟可不设检修通道。

7.5.7 层流冷却铁皮坑应设置清渣设施。

7.5.8 层流铁皮坑泵站应设置设备检修用起重机。

7.5.9 经旁流处理的水，自流回铁皮坑后应与未处理的水充分混合。

8 废水处理

8.1 一般规定

8.1.1 废水治理应从生产源头控制开始。

8.1.2 废水处理工艺，应充分结合国家产业政策、环境容量、技术水平和处理成本等综合因素进行选择。

8.1.3 废水治理过程中所产生的废水、废气、废渣、噪声等二次污染物的防治与排放，应符合国家环境保护的有关规定。

8.1.4 废水处理的场址选择，应避开防爆区，并应位于常年主导风向的下风向，且宜远离居民区。

8.1.5 板带冷轧废水处理系统应符合下列要求：

1 应根据废水类别分系统收集和处理。

2 废水处理设施宜统一规划、集中布置、分步实施。

3 主要构筑物的布置应适应当地的气候条件，寒冷地区宜布置在室内。

4 废水处理设备、构筑物应根据水质情况采取相应的防腐蚀措施。

5 应根据废水水质选择管材。

6 酸、碱等药剂储罐产生的废气，应收集、洗涤后排放。

8.2 含油及乳化液废水处理

8.2.1 含油及乳化液废水可采用化学破乳、超滤或其他处理工艺，处理系统产生的浓油宜单独收集和处理。

8.2.2 经破乳或超滤处理的出水，宜进入含碱废水处理系统；无含碱废水处理系统时，应增加生化处理工艺。

8.2.3 含油及乳化液废水调节池不宜少于 2 格，单格容积应按接受一次集中排放量设计。调节池应设置加热设施。

8.2.4 超滤装置前宜增加浮油、浮渣去除设施。

8.3 平整液废水处理

8.3.1 平整液废水宜单独收集并进行预处理。

8.3.2 经预处理的平整液废水，宜进入含碱废水处理系统。

8.4 含铬废水处理

8.4.1 浓铬废水和稀铬废水，宜分开收集和贮存。

8.4.2 含铬废水宜采用两级还原，主要控制参数宜符合下列要求：

1　一、二级还原停留时间宜为30min～40min。

2　中和反应时间宜为5min～30min。

3　沉淀池表面负荷宜为0.5m^3/（m^2·h）～1m^3/（m^2·h）。

8.4.3　第二级还原出水六价铬不达标时，不得进入下一处理单元；不应将二级还原出水直接排入酸、碱废水系统。

8.4.4　含铬污泥应单独进行处理和堆放。

8.5　含酸废水处理

8.5.1　含酸废水调节池不宜少于2格，其总容积宜按6h～8h处理量计算。

8.5.2　含酸废水宜单独进行中和、曝气、沉淀处理，主要控制参数宜符合下列要求：

1　中和池停留时间宜为15min～20min。

2　曝气池停留时间宜为35min～40min。

3　沉淀池表面负荷宜为0.5 m^3/（m^2·h）～1m^3/（m^2·h），沉淀池数量不宜少于2座。

8.6　含碱废水处理

8.6.1　含碱废水调节池宜设2格，其总容积宜按6h～8h处理量计算。

8.6.2　含碱废水宜单独进行中和、絮凝、气浮处理，主要控制参数宜符合下列要求：

1　中和池停留时间宜为10min～15min。

2　絮凝池停留时间宜为10min～15min。

3　气浮池表面负荷宜为3.5m^3/（m^2·h）～4.5m^3/（m^2·h），气浮池数量不宜少于2座。

8.6.3　气浮处理后的废水宜增加生化处理工艺，主要控制参数宜符合下列要求：

1　进入生化处理设施的水温宜低于35℃。

2　生化池停留时间不宜少于12h。

3　沉淀池表面负荷宜为0.8m^3/（m^2·h）～1.2m^3/（m^2·h），沉淀池数量不宜少于2座。

8.6.4　活性污泥和含油污泥宜单独脱水处理。

8.7　全厂废水处理

8.7.1　新建钢铁企业生活污水应单独收集，改、扩建的钢铁企业宜单独收集，经生化处理后进入生产废水调节池。生活污水处理工艺的选择和设计，应符合现行国家标准《室外排水设计规范》GB 50014的有关规定。

8.7.2　脱盐水站的浓含盐废水，不宜进入全厂生产废水管网，应单独收集、处理和利用。

8.7.3　预处理设施设计应符合下列要求：

1　调节池应设置除油设施，宜设置2格，其总容积宜按2h～3h处理量计算。

2　絮凝反应时间不应少于10min。

3　一体化沉淀池表面负荷宜为9m^3/（m^2·h）～12m^3/（m^2·h），辐流沉淀池表面负荷宜为1.5m^3/（m^2·h）～2.5m^3/（m^2·h）。

4　滤池滤速宜为6m/h～8m/h。

5　经预处理后的废水应满足后续工序要求。

8.7.4　深度处理宜符合下列要求：

1　废水经预处理后的含盐量不能满足补充水水质要求时，宜采用深度处理工艺。

2　深度处理工艺宜根据进水水质、回用水水质要求、技术发展水平比较确定。

3　深度处理产生的浓盐水宜回收利用，不回收利用时应达标排放。

8.8　焦化废水处理

8.8.1　焦化废水宜选用“物化＋生化”的联合处理工艺。

8.8.2　高浓度焦化废水应经蒸氨后再送生化处理，蒸氨后的废水水质应满足废水生化处理的技术要求。

8.8.3　焦化废水处理规模应与焦化生产规模相匹配。焦化生产规模与蒸氨及生化处理规模的对应关系，应符合表8.8.3的规定。

表8.8.3　焦化生产规模与蒸氨及生化处理规模的对应关系

焦化规模（万t/a）	60～70	90～100	130～150	180～200	260～300	360～400	540～600	为年产全焦量
设计水量（m^3/h）	50～60	80～90	110～130	150～180	220～260	300～360	450～540	设计水量为公称废水处理规模，亦为生化处理设计水量
蒸氨废水量（m^3/h）	20～25	35～40	50～60	70～80	100～120	140～160	210～235	煤含水量低时取下限
预处理废水量（m^3/h）	30～35	45～50	65～75	90～100	130～150	180～200	270～300	已包含低浓度焦化废水、制甲醇废水、厂区生活污水及生产装置区初期雨水量
后处理废水量（m^3/h）	25～60	40～90	55～130	75～180	110～260	150～360	220～540	下限数值为扣除了回用水后的数值
污泥处理量（m^3/h）	0.5～4.0	1.0～6.0	1.5～9.0	2.0～12.0	2.5～15.0	3.5～25.0	5.5～40.0	与所用药剂性质及用量有关，当无絮凝污泥时取下限

8.8.4　焦化废水生化处理的核心设施，应配置不少于2个独立的平行系列。

8.8.5 厂区生活污水和间接冷却开式循环水系统的排污水，可作为生化处理系统的补充矿物质水。

8.8.6 焦化废水预处理应符合下列要求：

1 废水预处理段应根据废水中的含油量确定除油设施的形式。

2 废水预处理段应设置事故调节设施及均和调节设施。

3 废水预处理的设计流量，应为进入废水处理系统的所有焦化废水量之和。

4 重力除油设施的水力停留时间不应少于 3h，其结构形式应能满足除油、集油和排油的技术要求。

5 隔油设施的水力停留时间不应少于 1.5h，其结构设置应能满足分离和贮存重油的要求。

6 浮选除油设施的水力停留时间应为 0.5h～1.0h，其结构形式应能满足分离废水中乳化油、收集浮油和沉渣的技术要求。

7 事故调节设施的有效容积，应能贮存 16h～24h 的设计原废水量。

8 均和池的水力停留时间宜为 8h～16h。

8.8.7 废水生化处理应符合下列要求：

1 生物处理设施的设计水量，应由高浓度焦化废水、低浓度焦化废水和补充矿物质水组成。

2 焦化废水生物脱氮处理系统生化反应构筑物的有效容积，宜按水力停留时间确定。

3 焦化废水生物脱氮处理宜采用反硝化生物脱氮工艺，前置反硝化应采用下列工艺：

1) 兼（缺）氧/好氧，双活性污泥法前置反硝化生物脱氮工艺；

2) 兼（缺）氧/好氧，生物膜/活性污泥法前置反硝化生物脱氮工艺；

3) 厌氧/兼（缺）氧/好氧，双生物膜法/活性污泥法厌氧水解—前置反硝化生物脱氮工艺。

4 活性污泥法生化反应池的设计参数，可按表 8.8.7-1 的规定取值。

表 8.8.7-1 活性污泥法生化反应池的设计参数

好氧池类别	水力停留时间（h）		污泥龄（d）	污泥回流比（%）	硝化液回流比（%）	备注
	兼（缺）氧生化池	好氧生化池				
普通生物	—	18～24	≥60	50～150	—	降 COD
生物脱氮	24～28	36～46	≥100	100～300	～300	回流上清液
				50～100	300～600	回流混合液

5 延时曝气活性污泥法的好氧生化反应池，宜采用推流式。

6 好氧生化系统的需氧量可按分解 COD 和分解 NH_3-N 所需氧量确定。

7 鼓风曝气的好氧池，应设置水消泡系统。

8 活性污泥法兼（缺）氧反硝化设施的结构形式，应与所采用的机械搅拌设备相匹配。

9 生物膜法厌氧池、兼（缺）氧池的设计参数，应按表 8.8.7-2 的规定取值。

表 8.8.7-2 生物膜法厌氧池、兼（缺）氧池的设计参数

生化处理类型	负荷类别	HRT（h）	硝化液回流比（%）	备注
兼（缺）氧池	兼（缺）氧反硝化	24～28	～300	回流上清液
厌氧池	厌氧水解	2～4	—	—

10 生物膜法兼（缺）氧反硝化池，宜采用半软性组合填料作为固定生物载体，填料的有效高度不应小于反硝化池有效水深的 1/2。

11 采用下部进水、上部出水方式的生物膜法兼（缺）氧反硝化池，宜采用分区交替均匀布水的配水方式。

12 生化处理系统应补加磷和碱。

13 好氧池保护高度不应小于 800mm。

14 二次沉淀池的设计参数，应按表 8.8.7-3 的规定取值。

表 8.8.7-3 二次沉淀池的设计参数

二沉淀池类型	沉淀时间（h）	表面水力负荷 [m^3/（m^2·h）]	污泥含水率（%）	固体负荷 [kg/（m^2·d）]
生物膜法后	1.5～2.0	0.5～1.0	96.0～98.0	≤150
活性污泥法后	2.0～4.0	～1.0	99.5～99.6	≤150

15 二次沉淀池的数量应与好氧生化反应池的系列数相同。

16 圆形二次沉淀池各部分的结构形式，应满足泥水分离的基本要求。

17 鼓风空气系统设计应符合下列要求：

1) 好氧生化反应系统应设置工作鼓风机和备用鼓风机，工作鼓风机的台数宜与生化反应设施的系列数相同；

2) 鼓风机进、出风口管道上应设置阀门及消声器，鼓风机室及其内设值班室应采取必要的隔声和消声措施；

3) 鼓风机应根据产品本身和空气曝气器的要求，设置不同的空气除尘净化设施。

8.8.8 废水后处理应符合下列要求：

1 废水后处理工艺可选择絮凝沉淀、过滤及深度净化处理。

2 废水絮凝沉淀处理应有良好的加药混合及絮凝反应过程。

3 絮凝沉淀池的水力停留时间不应小于 2h。

4 过滤可采用重力式无阀过滤器或压力过滤器。

5 过滤反冲洗排水应经水量调节后返回絮凝沉淀池处理。

6　处理后作为工业水源或直接排放的焦化废水，应进行必要的深度净化处理。

8.8.9　焦化废水处理过程中产生的废油及污泥等二次污染物，应进行减量处理和安全处置。

8.8.10　污泥脱水应符合下列要求：

1　污泥重力浓缩脱水时间不应少于12h。

2　宜设置2格污泥化学反应池，并应交替使用。

3　污泥机械压滤脱水宜采用辊带式压榨脱水机、板框压滤机或离心式脱水机。

4　连续运行的污泥脱水机应设置备用设备，间断运行的污泥脱水机可不设置备用设备。

9　安全供水系统

9.1　一 般 规 定

9.1.1　不能断水的设备，应设置安全供水系统。

9.1.2　安全供水系统的供水量，不应计及维持正常生产的供水量。

9.1.3　安全供水系统的设计，应以同一时间发生一次事故为设计原则。

9.1.4　安全供水可采用下列方式的一种或几种组合：

1　设置高位安全水池（箱）或安全水塔供水。

2　设置专用柴油机驱动事故供水泵供水。

3　设置专用柴油机驱动事故供水泵与安全水塔联合供水。安全水塔的有效容积应按5min～10min的安全水量设计。

4　供水泵组设置事故应急电源与安全水塔联合供水。安全水塔的有效容积应按应急电源供给时间的安全水量设计。

5　供水泵组设置事故应急电源。

9.1.5　地形条件有利且技术经济合理时，宜采用高位水池。

9.1.6　各种给水设备的供电负荷等级，不应低于用水设备的供电负荷等级。

9.1.7　作为事故备用电源的自备发电设备，应设置自动和手动启动装置，其自动启动时间不应超过30s。

9.1.8　驱动事故供水泵的专用柴油机应设置自动和手动启动装置，其自动启动时间不应超过10s。

9.2　安全供水用户、安全供水量及供水时间

9.2.1　安全用水的水量、水压、供水延续时间等，应满足安全用水设备要求。

9.2.2　安全供水量应为系统内所有安全用水设备（用户）水量之和。

9.2.3　供水延续时间应满足同一系统中用户要求最长的设备安全供水时间。

9.2.4　高位安全水池（箱）或安全水塔应通过调试满足设计供水时间。

9.3　安全供水设施

9.3.1　安全水塔可采用重力式或压力式。压力式安全水塔应采用钢结构，并应设置适当口径的吸排气阀。

9.3.2　高位水池（箱）和重力式安全水塔的补水，应采用液位连锁控制电动阀或补水泵方式。

9.3.3　安全水池和重力式安全水塔应采取防止水质恶化的措施，被置换的水应回收。

9.3.4　安全供水泵组应采用全自灌式，其出口管道止回阀后应设置手动常开阀门。

9.3.5　驱动水泵的柴油机宜设置在室内。

9.3.6　采用事故保安电源的水泵机组，宜按正常生产供水泵组要求配置进出口阀门；泵组上的所有电气设备均应采用事故电源。

9.3.7　同一系统中安全供水用户与一般用户的送水管道，应在适当位置分开设置，并应设置联络管和事故供水阀。

9.3.8　事故供水阀或紧急切断阀，应采用快速自动控制阀门，并应与停电和故障信号连锁。

9.3.9　高位水池（箱）或安全水塔供水系统的事故排水应回收，软水或脱盐水系统的事故排水应在本单元工程内贮存、回收。

9.3.10　安全用水系统输水管道及管配件，应选用不易产生爆管事故的材质。

10　污泥浓缩及脱水

10.1　一 般 规 定

10.1.1　各车间产生的泥浆水应回收利用。泥浆水宜进行污泥脱水处理，有条件时可直接利用。

10.1.2　浓缩池的上清液、脱水机产生的滤液水和污泥处理间的场地冲洗水，不得外排。

10.1.3　泥浆管道的冲洗用水宜采用浓缩池的上清液。

10.2　污 泥 浓 缩

10.2.1　泥浆水宜连续均匀地送入浓缩池处理。

10.2.2　污泥浓缩机应具有自动提耙功能。

10.2.3　浓缩池的停留时间和沉淀效率宜通过沉降试验确定。当无沉降试验资料时，浓缩池的停留时间宜大于2h，浓缩池的表面负荷宜为$0.8m^3/(m^2\cdot h)$～$1.0m^3/(m^2\cdot h)$。

10.3　污 泥 脱 水

10.3.1　污泥脱水设备可选用真空过滤机、带式压滤机、厢式压滤机或离心式脱水机等。

10.3.2　脱水后的泥饼宜贮存在高架污泥斗内。污泥

斗下部应设置电动或气动下料阀，下料阀的设置高度和开口尺寸应便于泥饼装车，下料阀处宜设置检修平台。

10.3.3 污泥脱水间设计应符合下列要求：

1 吊车的设置高度应满足吊件与其跨越的设备之间净空高度不小于0.5m的要求。

2 污泥脱水间应设置供设备进、出的门或吊装孔；当需整体吊装脱水机时，可设置门或后砌墙。

10.3.4 每台厢式压滤机应配置独立的污泥泵和管道。

10.4 焦化污泥处理和处置

10.4.1 焦化废水处理产生的污泥，宜按下列方式进行处理和处置：

1 送入焦处理水熄焦系统的粉焦沉淀池，粉焦掺入炼焦煤中焚烧。

2 压成泥饼后掺入炼焦煤中焚烧。

10.4.2 浓缩污泥的排泥方式，应根据污泥处理和处置方式确定。

10.4.3 污泥浓缩宜采用圆形污泥浓缩池，其主要技术参数应符合下列要求：

1 污泥固体负荷宜为20kg/（m^2·d）～40kg/（m^2·d）。

2 污泥浓缩时间不应小于12h。

3 中心管内流速不应大于30mm/s。

4 浓缩区有效深度宜为3m～4m。

5 缓冲层高度不应小于0.3m。

6 保护高度宜为200mm～400mm。

10.4.4 连续运行的污泥脱水机应设置备用设备，间断运行的污泥脱水机可不设置备用设备。

11 检测和控制

11.1 一般规定

11.1.1 给水排水系统的检测与控制设计，应根据工程规模、工艺流程特点、构筑物组成、生产运行管理要求确定。

11.1.2 给水排水系统的运行参数和运行状态应进行检测和控制。

11.1.3 控制系统宜兼顾现有、新建、改建和扩建的要求。

11.1.4 给水排水系统的水质取样检测项目，应按现行国家标准《工业循环冷却水处理设计规范》GB 50050的有关规定执行。

11.1.5 给水排水设备应按现行国家标准《化学工业循环冷却水系统设计规范》GB 50648的有关规定进行检测。

11.2 在线检测

11.2.1 全厂给水处理厂应检测进水流量。清水池应检测水位；清水出水应检测流量、压力，可检测浊度；软水出水应检测硬度；除盐水应检测电导率。

11.2.2 全厂废水处理厂应检测进水流量。回用水池应检测水位，回用水出水应检测流量、压力。全厂性排水工程的检测和控制，应按现行国家标准《室外排水设计规范》GB 50014的有关规定执行。

11.2.3 间接冷却水系统应检测电导率、吸水井水位及供水总流量、压力、温度，其回水宜检测总流量和温度。

11.2.4 直接冷却水系统应检测吸水井水位及供水的流量、压力、温度，可检测回水温度。

11.2.5 污泥处理系统调节池、泥浆槽、滤液池应检测液位，可检测泥浆泵的流量和压力。

11.2.6 高压电机应检测电机轴承温度和定子绕组温度。

11.2.7 全厂给水总管引入单元工程时应检测流量，厂际间的给水计量应根据生产管理的需要设置。

11.2.8 单元工程生产废水在排入全厂生产废水管网前可检测流量，酸碱废水可检测pH值。

11.2.9 安全水塔应检测水位。

11.3 控 制

11.3.1 水处理系统应采用计算机控制。

11.3.2 自动控制设备应显示运行、停止、故障状态，宜采用就地控制和远程控制。

11.3.3 机电一体化设备应远程显示运行、停止、故障状态，宜远程启停。

11.3.4 工业电视监控系统可根据工艺要求和维护管理需要设置。

11.3.5 排水坑水泵应根据液位自动控制，报警信号应传至控制室。

11.3.6 高压电机定子绕组温度、轴承温度宜远程监控。

11.3.7 安全供水系统应根据停电或故障信号自动运行，并应具有就地操作和远程手动操作功能。

11.3.8 安全供水系统设备运转时，宜对系统参数进行监控。

12 给水排水管道

12.1 一般规定

12.1.1 厂区给水排水管道，应依据企业的总体规划和建设进度、市政给水排水管网的总体规划和建设情况等统一规划、分期实施。

12.1.2 给水水源至厂区的输水管道不宜少于2条；

当厂区有水量调节设施时，输水管道可为1条。

12.1.3 来自市政管网的厂区生产用水，应先进入生产调节贮水池，经水泵加压后进入厂区生产用水管网。

12.1.4 厂区生产新水、消防水的配水管网主干管道应布置成环状，管网分期建设时应按规划要求预留环状管道接口。回用水、软水、除盐水、生活水等管网可布置成枝状。管网输水能力设计应按现行国家标准《室外给水设计规范》GB 50013的有关规定执行。

12.1.5 管道材质的选用，应综合输送介质、安全性、使用寿命、使用环境、敷设位置、气候条件、地质条件、水文条件、地面荷载等因素确定。

12.2 管道布置

12.2.1 厂区给水排水管道宜沿道路两侧平行布置。

12.2.2 厂区给水排水管道宜埋地敷设。当占地受限制时，可采取地下管廊、地沟或架空等方式集中敷设。

12.2.3 厂区给水排水管道宜垂直穿越道路、铁路。

12.2.4 当厂房内设雨排水系统时，应符合下列要求：

1 雨排水管道宜沿柱网架空敷设。

2 雨排水管道应分区域就近引出厂房。

3 厂房内雨水管，应在管道交汇之前、水平直管段长度大于30m的管道上、立管距地面1m处设置检查口；埋地雨水管道的检查口应设置检查口井。

4 厂房内埋地雨水管道不应设置雨水检查井。

12.2.5 车间内管道布置应符合下列要求：

1 主干管道宜沿厂房柱网敷设。

2 穿越人行通道的管道，沿地面敷设时，应设置跨越管道的人行过桥；架空敷设时，其净空高度不应小于2m。

12.2.6 电气室内的架空管道不得布置在电气设备上方。

12.2.7 酸碱腐蚀性液体、有毒液体输送管道的布置，应符合下列要求：

1 宜敷设于地下管廊或管沟内。

2 当确需架空敷设时，应设置防护设施。

3 当与其他管道集中敷设时，应敷设于最下部。

12.3 管廊及管桥布置

12.3.1 地下管廊设计应符合下列要求：

1 管廊的断面尺寸应满足管道施工和检修要求，其人行通道净宽度宜大于最大管道管径300mm，且不应小于800mm。

2 管廊应设置安全出口，且不宜少于2个。

3 管廊应设置积水坑和排水沟。

4 管廊吊装孔的设置和间距，应满足管道安装和检修的需要。

5 管廊强制通风设施和照明设施的启闭开关，应设置在管廊入口楼梯处。

6 厂区地下管廊与建筑物内地下管廊相通时，宜采取防止积水进入建筑物内地下管廊的措施。

7 管廊内有酸、碱等腐蚀性液体输送管道时，管廊的地面、排水沟、积水坑应采取防腐措施，并应敷设地面冲洗水管道。

12.3.2 地上架空管廊及管桥设计应符合下列要求：

1 与地面净空高度应满足行人、车辆通行需要。

2 不宜沿道路布置在路面上方。

3 跨越道路上方时，跨越段的管道不应采用法兰连接，不应设置检修阀、膨胀节等。

4 当并排布置多条管道时，保温管道宜布置在外侧。

12.4 管材及附属构件

12.4.1 建筑物内生活、消防给水排水管道的选材，应符合现行国家标准《建筑给水排水设计规范》GB 50015的有关规定。

12.4.2 有压管道的最低点宜设置放空阀，最高位置宜设置放气阀、吸气阀。腐蚀性、有毒液体放空管、排气管的排水，应采取有组织排放。

12.4.3 给水管道阀门设置应符合下列要求：

1 干管接出的支管上应设置阀门。

2 在管道过滤器、自动调节阀等管道附件的前后及其超越管上，应设置检修阀门。

3 环状管网供水干管段检修阀门的设置，不应同时关闭多于3个供水支管或5个室外消火栓。

12.4.4 在不易拆装的阀门附近宜安装伸缩器。

12.5 管道绝热

12.5.1 采暖地区露天敷设的管道和建筑物内不设采暖的室内管道，应依据当地气候条件、所输送液体的工作温度及间歇运行时间等，采取必要的防冻、保温、防结露措施。

12.5.2 埋地管道应敷设于冻土深度以下。当埋地管道敷设于冻土深度以上时，埋地给水管道应采取保温措施；埋地排水管道是否采取保温措施，应根据计算或按类似工程的实践经验确定。

12.5.3 给水排水管道敷设于建筑物内管道井、地下室或穿过办公室、电气室、主要通道、大厅时，应采取管道防结露措施。

12.5.4 有低限温度限值的流体管道应采取伴热保温；非金属管道的伴热保温应采用自控电伴热保温。

12.5.5 环境温度低于零度且有可能长时间停止运行的给水排水管道，应采取管道放空、伴热等防冻措施。

12.5.6 输送介质温度高于80℃的金属管道，应采取保温措施。

12.5.7 管道绝热层结构设计、材料选择、厚度设计，应符合现行国家标准《工业设备及管道绝热工程设计规范》GB 50264的有关规定。

12.6 管道防腐

12.6.1 钢管、铸铁管应进行防腐处理。

12.6.2 管道内防腐处理宜在管道安装前完成，并应依据防腐材质、输送介质的腐蚀性等因素进行管道安装时接口的防腐处理。

12.6.3 管道内防腐材料不应对输送介质、用水对象造成污染、损害。

12.6.4 需采取保温措施的明装钢管外防腐，应涂刷防锈漆后再做保温层。

12.6.5 埋地钢管外表面防腐材料应依据管道土壤性质、当地水文条件等因素综合确定，宜采用石油沥青涂料、环氧煤沥青涂料，其防腐等级可分为正常防腐层、加强防腐层和特加强防腐层，防腐层做法应符合现行国家标准《给水排水管道工程施工及验收规范》GB 50268的有关规定。

12.7 管道基础

12.7.1 管道基础设计应根据管道材质、接口形式、地质条件等因素进行，并宜符合下列要求：

1 土壤耐力较高、地下水位较低的地段，管道基础宜采用天然地基。

2 含岩石或半含岩石地段，管道基础宜采用砂基础。

3 地基松软、流砂、回填土、不均匀沉降地段，管道基础宜采用砂基础或混凝土基础等加固；遇沼泽、流砂等地基松软严重地段宜采用桩基加固。

12.7.2 钢管、铸铁管、塑料管及钢塑复合管应敷设在地基较好且未经扰动的原土基础上；当敷设于地基较差或含岩石地区时，宜采用砂基础；当遇有回填土时，应分层夯实至密实度达到95%以上；向重要设备供水（包括回水）的管道和不断水的安全供水管道，应将回填土改换成砂，密实砂层顶面高度不应小于管径的2/3。

12.7.3 钢筋混凝土管应敷设于地基较好且未经扰动的原土基础上；当地基较差时，宜采用砂基础或带状混凝土基础；设于回填土地区时，应先进行回填土处理，再做管道基础。

12.7.4 敷设于道路下的平口钢筋混凝土排水管道，应设置带状混凝土基础；敷设于道路下的承插柔性接口钢筋混凝土排水管道，应设置砂石垫层基础。

12.7.5 膨胀土地区管道基础可采用砂垫层基础，管道接口应采用柔性接口。

12.7.6 埋地承插连接管道、设伸缩节管道的拐角、三通、变径管段，应设管道支墩。

12.7.7 管道的地基、基础、垫层、回填土压实密度等要求，应依据管材的性质、管道埋设条件确定，并应符合现行国家标准《给水排水管道工程结构设计规范》GB 50332的有关规定。

本规范用词说明

1 为便于在执行本规范条文时区别对待，对要求严格程度不同的用词说明如下：

1）表示很严格，非这样做不可的：
正面词采用“必须”，反面词采用“严禁”；

2）表示严格，在正常情况下均应这样做的：
正面词采用“应”，反面词采用“不应”或“不得”；

3）表示允许稍有选择，在条件许可时首先应这样做的：
正面词采用“宜”，反面词采用“不宜”；

4）表示有选择，在一定条件下可以这样做的，采用“可”。

2 条文中指明应按其他有关标准执行的写法为：“应符合……的规定”或“应按……执行”。

引用标准名录

《室外给水设计规范》GB 50013
《室外排水设计规范》GB 50014
《建筑给水排水设计规范》GB 50015
《工业循环冷却水处理设计规范》GB 50050
《工业循环水冷却设计规范》GB/T 50102
《工业设备及管道绝热工程设计规范》GB 50264
《给水排水管道工程施工及验收规范》GB 50268
《给水排水管道工程结构设计规范》GB 50332
《化学工业循环冷却水系统设计规范》GB 50648

中华人民共和国国家标准

钢铁企业给水排水设计规范

GB 50721—2011

条 文 说 明

制 定 说 明

《钢铁企业给水排水设计规范》GB 50721—2011，经住房和城乡建设部 2011 年 7 月 29 日以第 1112 号公告批准发布。

本规范的编制，以“节水降耗、合理使用水资源，减少排污、保护水资源”为指导思想，深入了解生产单位的实际情况，广泛收集了生产单位的意见和建议，认真研究了国内外近年来钢铁企业给水排水技术发展和经验，尤其是水处理工艺短流程的开发，吸取了国内外已有的科技成果和先进标准的内容。

为便于广大设计、施工、科研、学校等单位有关人员在使用本规范时能正确理解和执行条文规定，本规范编制组按章、节、条顺序编制了本规范的条文说明，对条文规定的目的、依据以及执行中需要注意的有关事项进行了说明，还着重对强制性条文的强制性理由做了解释。但是，本条文说明不具备与本规范正文同等的法律效力，仅供使用者作为理解和把握规范规定的参考。

目　次

1 总　　则

1.0.1 本条阐述本规范制定的目的。

钢铁行业是高用水行业，钢铁企业是主要的环境污染源，因此节约用水、合理用水、规范用水、减少排污、保护水资源是其重要任务。

统一规范钢铁企业工程给水排水设计，达到技术先进、安全可靠、经济合理、节能减排、管理方便，就是制定本规范的目的。

1.0.2 本条阐述本规范的适用范围。本规范适用于钢铁企业（包括特殊钢厂）新建、改建、扩建项目与给水排水有关的规划、可行性研究报告、初步设计、施工图设计等各设计阶段。

1.0.3 钢铁企业的给水排水工程属于钢铁企业总体规划中的公用设施，应服从于钢铁企业的总体规划，水源选择、净水厂位置、输配水管线、工厂排放口、重复利用率、吨钢取水量等应符合国家法规、政策的要求。

1.0.4 钢铁企业工业废水及生活污水应尽量减少排放，只要有外排，就必须进行处理，排水水质必须达到国家及地方排放标准，并宜计量排水。

2 术　　语

2.0.5、2.0.6 人们通常把工业新水和生产新水理解为同一个意思，实际使用时还是有区别的，例如一般把生产补充水称为生产新水（S4），而把水厂制成的水统称为工业新水。为此在术语中对这两个词进行了细分。

2.0.12 与钢铁企业有关的气象条件参数很多，本规范文中涉及的气象条件特指与给水排水有关的用于冷却塔计算的气象条件。

2.0.13 间接冷却循环水系统可分为间接冷却开式循环水系统和间接冷却闭式循环水系统，间接冷却闭式循环水系统又可分为间接冷却全闭式循环水系统和间接冷却半闭式循环水系统。

3 取水量及水质指标

3.1 取 水 量 指 标

3.1.1～3.1.3 吨钢取水量指标的统计范围包括生产新水、软水、除盐水、生活水、水厂自用水、外购水、管网漏损等，与钢铁企业通常用的吨钢耗新水量指标的统计方式不同，吨钢耗新水量仅包括用于生产系统的水量，包括生产新水、软水、除盐水等。两者的简单换算约为1.2∶1.0。

本规范中规定的吨钢取水量指标是指具有全流程的钢铁联合企业，即包括原料场、焦化、烧结、石灰、球团、炼铁、炼钢（含 RH 等）、连铸、热轧、冷轧及制氧、燃气设施、全厂空压站、全厂公辅设施等在内的全部工艺单元（工序）。缺少某些单元工程的钢铁企业，其缺少的指标应空缺，不得占用，总指标中应扣除缺少单元工程的指标。例如，某新建钢铁企业吨钢取水量指标按规范应取6.0m^3/t,但该厂无冷轧厂，则该企业设计吨钢取水量指标应减去冷轧厂的指标为 6.0－0.9＝5.1（m^3/t）。

钢铁联合企业取水量指标由各个单元工程组成。各单元工程所占指标的比例可见表 1。

表 1　钢铁企业各单元吨钢取水指标分配参照

序号	生产单元（工序）	吨钢取水指标分配（m^3/t）	
		新建钢铁联合企业	改、扩建钢铁联合企业
1	原料场	0.03	0.05
2	焦化厂	0.56	0.66
3	烧结、球团石灰	0.44	0.55
4	炼铁厂	0.80	0.88
5	炼钢（含 LF/RH）	0.77	0.87
6	连铸车间	0.60	0.75
7	热轧厂	1.05	1.20
8	冷轧厂	0.90	1.05
9	氧气厂	0.30	0.35
10	空压站	0.20	0.25
11	全厂公辅设施	0.25	0.30
12	生活用水	0.10	0.09
总　计		6.00	7.00

各厂相应单元工程采用的工艺不尽一致，用水量会有一些差别，因此，表中数值应是一个范围，可在±（5%～10%）范围内调整，表中的数值是以钢铁企业年钢产量统计的，准确的计算应折算成吨产品。本表引入了吨产品取水量概念，如冷轧吨产品取水量约为 1.3m^3/t～1.5m^3/t，以其产量约占企业年钢产量的 50%～60%，折算成年产量则冷轧吨钢取水量为 0.90m^3/t，各钢铁厂冷轧产量占企业年钢产量的比例各不相同，可按吨产品取水量进行折算。热轧厂也一样，热轧带钢用水量与热轧管、线材等用水量差别很大，其指标可根据实际用水量适当调整比例。

本规范所称的热轧厂、冷轧厂是一个统称，热轧厂含板、带、线材、管材、棒材、型材等热轧生产厂。冷轧厂同样。

选矿、采矿、钢铁联合企业内的发电厂、焦化的化产等不占吨钢取水量指标。

全厂取水量计算：根据企业年钢产量计算取水量，可按下式计算：

$$Q=\frac{n\times N}{300\times 24} \tag{1}$$

式中：Q ——全厂取水量（m^3/h）；

N ——年产钢量（t/a）；

n ——吨钢取水量指标［m^3/t（钢）］。

例：某新建钢铁企业年产 200 万吨钢，按规范吨钢取水量为6.0m^3/t，求该厂每小时计划取水量：

$$Q=\frac{n\times N}{300\times 24}=6.0\times 200\times 10^4/（300\times 24）$$

$$=1667（m^3/h）$$

分析调研资料，国内部分企业现在已达到或比规范的指标先进，但相当部分企业要达到指标还需做出较大努力。

吨钢取水量反映了钢铁企业消耗水资源的规模和利用水平。吨钢新水耗量则反映了钢铁企业水系统装备水平、用水水平和管水水平。

计算企业总取水规模时，还应包括不占指标的单元（如发电厂、焦化的化产等）的用水量。

3.2 水质指标

3.2.1 原水集中处理是指由钢铁企业全厂进行集中处理，一般不允许在单元内进行原水处理。极个别情况下，当集中处理极不经济时，可由单元工程处理。比如除盐水，中央水厂生产的除盐水一般按一级除盐水水质确定。若有更高水质要求的用户，如果用户较单一，集中处理则需增加一条外部管线，增加投资和占地，这种情况下可考虑由中央水厂提供一级除盐水，用户自行深度处理。

3.2.2 各地水源水质情况千差万别，难以提出一个统一的标准，本规范表 3.2.2 是在概括了大多数钢铁企业的生产新水水质的情况下，以长江水水质为参考综合制定的常用的水质表，一般情况下宜遵守。

4 给水排水系统设置

4.1 一般规定

4.1.2 回用水管网的设置是降低吨钢用水指标的有力保障，没有设置回用水管网的钢铁企业很难实现规定的吨钢取水指标。

4.1.3 新建钢铁企业无论是全厂性的工程项目还是单元工程项目，排水系统均应采用完全分流制，即雨水、生产废水、生活污水必须分别排放，这样才能将生产废水收集并处理回用，才能实现吨钢取水指标。有条件的还可将生活污水中的洗涤废水分离出来，设置生活废水排水系统，以便建立中水回用系统。

4.1.4 改、扩建钢铁企业由于场地和其他原因，排水系统采用完全分流制有一定困难，可以根据当地的实际情况采用生产废水－生活污水＋雨水，或者生产废水－雨水＋生活污水，或者雨水－生活污水＋生产废水的分流制排水系统。

4.1.5 本条所指用水制度为连续用水。

4.1.6 钢铁企业经处理后的工业废水及生活污水接入公共污水的排水系统或水体时，需取得当地环保部门及相关职能部门的同意，应尽量减少排水出口数量，并在排水出口前设置水质在线监测和计量设施。

4.2 给水系统

4.2.1 扩大回用水用户才能使回用水有出路，才能真正达到减排的目的。

4.2.2 计量是提高水的利用率非常关键的一环，首先要完善单元工程和全厂之间的计量，然后可以根据各钢铁厂的实际情况完善供水厂与燃气厂、炼铁厂、炼钢厂、轧钢厂、氧气厂、发电厂等厂际间的计量。

4.2.3 若全厂用水量变化较大，全厂供水泵宜采取调速措施；若全厂用水量比较稳定或有其他调节措施，则不必调速。

4.2.4 在系统停运后高浓度的泥浆可能会大量沉积，造成管道的堵塞，故泥浆管道的冲洗是很必要的。通常都用生产水进行冲洗，造成生产水的浪费，同时也使系统的水量不平衡，造成循环水系统外溢。泥浆处理系统常常设置有浓缩池，浓缩池上清液的水质完全可以满足冲洗泥浆管道的要求，从而可以节约大量的生产水。

4.3 排水系统

4.3.1 近年来世界气候变化很大，加之有记录的时间的积累，过去统计产生的暴雨强度计算公式可能已经不能适应新的气象情况，气象部门也在定期修订暴雨强度计算公式，故在进行工程设计前应采用当地气象部门提供的最新暴雨强度计算公式。钢铁企业可以根据自己的情况提高设计重现期。

4.3.2 HDPE 双壁波纹管、HDPE 大口径中空壁缠绕管对管道安装的地基处理要求低，即使遇到局部的不均匀沉降，也不会使管道断裂。由于管道的质量轻，在地下水位较高时若覆土厚度的重量小于浮力，就会造成管道上浮，严重时不仅会使得场地和道路上拱，还会使排水管道报废，因此在地下水位较高的情况下，应进行抗浮计算。

4.3.3 钢铁企业的占地通常都比较大，有些钢铁企业的雨水管即使采用最小坡度敷设，仍然无法顺利排入水体，此时可实施无坡度敷设，应采用管顶平接的方式。

4.4 循环水系统

4.4.1 例如热轧厂一般设置有间接冷却循环水系统、直接冷却循环水系统、层流冷却循环水系统，这就是根据用户对水质不同的要求而设置的。密闭循环系统在节水方面具有独特的优越性，应在实际工程中积极推广。

4.4.2 将水质好的循环水系统的排污水作为水质较差的循环水系统的补充水，可以减少整个系统的排污量和补充水量，提高重复利用率。

4.4.3 强制排污即有压排污，便于排入下级用户，作为下级用户的补充水，也便于计量。排污阀与循环水电导率连锁，可实现自动排污。

4.4.4 药剂形式的水质管理系统可以根据水质变化情况调整药剂的配方，不仅具有灵活性，而且更能保证水质稳定。

4.4.5 例如直接冷却水系统中的旋流沉淀池、平流池、冷水池，由于水泵运行的不同步性，常常造成三个水池之间的水量不平衡，出现某个水池溢流，而另外的水池缺水的情况，进而造成水的浪费。在旋流沉淀池、平流沉淀池这两个提升泵站设置调节水量的回流管等设施，可以有效地避免系统内的水溢流，从而保证系统的水量平衡。

4.4.6 循环冷却水系统的供水泵组指供给用户使用的供水泵，而不是指系统处理过程中需要中间提升的泵组，中间提升泵组可以根据处理水量配置。

4.5 回用水系统

4.5.1 钢铁企业内回用水的供水常常得不到保证，易造成回用水管网供水间断以及用户不愿意使用回用水，因此保证回用水的供水量是非常必要的。

5 泵 站

5.1 一般规定

5.1.1 以往通常把室内布置的泵站叫泵站，露天布置的泵站叫泵场或露天泵站，本规范统称为泵站。

5.1.2 全厂供水泵站是全厂的供水中心，是一个独立的供水设施，为便于统一管理，一般宜集中设置，通过厂区输配水管网向各用户供水。该泵站的设计规模应根据总体规划、生产规模以及主体工艺车间的建设进度统一考虑，可一次建成，也可分期实施。在分期实施时，总图布置要预留发展建设用地。

5.1.3 全厂生产新水供水泵站贮水池一般与泵站统一建设。根据水源水质情况，当需要设置净化设施时，还应与净化设施统一设计。贮水池的贮水容积即贮水量宜贮存4h～8h最高日平均小时用水量，主要是从水源地至厂区贮水池输水管线供水安全考虑，一旦发生事故，抢修管线需必要的时间。而钢厂一般不能停水停产，为确保正常生产，需贮存一定的水量。贮存水量的时间是基于以往设计经验提出的，具体贮存时间应根据水源地至厂区输水管线的距离长度、建设单位的意见以及与当地供水部门签署的供水协议等因素确定。

5.1.4 当受区域外部排水条件的限制需建雨水排水泵站时，雨水排水泵站应根据厂区雨水排水量、排水管（渠）的标高以及区域外受纳水体的标高等因素，通过设计计算确定。

5.1.5 水泵的启动与停泵，一般操作为启动时先开泵后开阀，停泵时先关阀再停泵。在此过程中，出水管路上的流量为零，对应的水泵扬程最高，所配套的出水管道上的阀门及管件的压力等级应满足该工况要求。

5.2 泵站布置

5.2.1 在设计泵站布置时，往往要根据整个项目的建设进度、预留发展情况考虑相应的布置方案。一般预留期很短的项目宜在泵站内预留泵组位置，远期发展实施的项目则考虑预留场地。

5.2.3 泵站内应设置排水沟。设置管沟的泵站，排水沟可与管沟结合考虑；不设置管沟的泵站，地面应布置排水沟槽，使设备漏水有组织地收集排出，保持泵站地面环境清洁。

5.2.4 加药间内药剂泵及药剂槽（库）所在的地坪及地沟应进行防腐处理。采用钢筋混凝土药剂池时，药剂池内壁及外露部位均应进行防腐处理。这是为了防止药剂在使用、贮存期间腐蚀地面及构筑物。

5.2.5 泵站水泵基础高出地坪的设计，是为了防止管道渗漏或下雨形成的地面积水浸泡水泵机组底座，同时水泵进出水管、阀门及管件距离地坪也需要一定的高度。

5.2.6 本条要求设计人员在做电气设计布置时，应对泵站总体布置有充分了解，为便于操作人员巡检操作，操作箱应布置在不妨碍巡检和操作的位置。

5.2.7 每台水泵出水管设就地指示压力表，供巡检操作人员在运行过程中直观掌握该工作泵的出口压力，通过调整出水管手动闸门，使压力调整至设计值。供水泵组总出水管道上的流量、压力、温度检测装置，主要是为集中控制收集记录运行数据。同时总管压力、流量宜设就地显示，以便于就地（尤其是调试和检修水泵时）观察运行数据。

5.2.8 闭式循环水系统吸水母管带有背压，测定回水背压、集中控制系统收集记录该部分资料，以对整个闭式循环水系统的运行数据全面掌控。

5.3 水泵选择及配置

5.3.1 水泵配置应按用户近期及远期用水要求设计，主要从设计的完整性考虑，包括系统管路应该一次安装的要一次安装，应该预留能力的要留够能力，为远期工程创造必要的条件。

5.3.3 循环水系统供水泵的配置台数、工作台数，单台泵的性能，一定要根据主体工艺设备的生产特点考虑单独运行、联合运行、分期投产等多种工况，满足用户各生产工况下的用水要求。

5.3.4 为保证生产的安全可靠，连续工作的泵组应设备用泵。根据设计经验，工作泵不超过4台时备用泵不少于1台，工作泵超过4台时备用泵不少于2台。工作泵台数越多，故障率相对越大；输送具有较严重磨损、堵塞或腐蚀性介质的泵，其备用台数应酌情增加。同时强调工作泵与备用泵应互为备用关系，其对应关系是随机的。

5.3.5 水泵露天布置时，水泵所配电机应选户外型，应有防水防潮功能，同时还应根据当地的气象特点，必要时进出水管及管件采取防冻措施。

5.3.6 本条为强制性条文，必须严格执行。水泵与电机、柴油发电机连接的联轴器、皮带传动的皮带及皮带轮，必须设置防护罩，这是关系到操作人员、巡检人员、参观人员的人身安全问题。防护罩可要求供货商随主设备统一供货。

5.3.10 本条是指同一循环水系统多台水泵向用户相应多台设备供水，其回水也为多台设备出水，为满足生产工况要求，回水泵台数也需与供水泵台数匹配。

5.3.12 根据配电设计特点，不大于200kW的电机宜配低压，不小于315kW的电机宜配高压。大于200kW且小于315kW的电机配电压等级需与电力设计共同确定。低压即380V电压；高压一般为10kV、6kV，个别还有3kV。设计中首先应了解当地的电压等级，必要时应与电力设计协调。

变频泵所配电机电压为低压时采用低压电，当低压电不能满足要求时需与电力设计共同确定该泵所配电机的电压等级。

5.4 附属设施

5.4.1 贮水池、吸水井设液位检测及高低液位报警，是为操作管理人员提供运行数据、掌握水位运行情况，便于及时发现处理问题。

5.4.2 软水、除盐水对普通钢筋混凝土或钢结构水池（箱）具有一定的腐蚀性，且水质易被污染。为防止软水、除盐水对池壁的腐蚀及水质污染，应对内壁进行防腐处理。

5.4.3 循环水系统吸水井补充水管设置流量计、流量调节阀是为严格控制补充水量、统计运行数据。充水管是在系统初期充水时及时充水使用，充水时间不宜大于8h；流量计应设在补水管上。当补充水需要不同水质按比例混合时，每种水质的补水管道上均应设置流量计。

5.4.4 如高炉供水泵站，吸水井分隔成每台供水泵一格，分别用闸板与配水槽连接。

5.4.5 吸水井上设置盖板是为保护水质，盖板分为固定盖板、活动盖板。

6 间接冷却循环水系统

6.1 一般规定

6.1.1～6.1.3 间接冷却循环水系统水质未受到污染，仅水温有所升高，经冷却处理，达到设备要求的进水温度后循环使用。

开式系统中的设备冷却回水有压力回水或无压回水两种方式，经冷却塔冷却后，按不同的水质和压力分别由各循环供水泵组供用户使用。

全闭式系统中的设备回水经板式换热器、空气冷却器或蒸发冷却塔冷却，通过循环供水泵组加压后，供用户使用。半闭式系统中的设备回水经板式换热器、空气冷却器或蒸发冷却塔冷却，自流入吸水井，再经过循环供水泵组加压后供用户循环使用。

水温的确定与当地湿球温度（τ）有关，湿球温度高的地方冷却条件不好。一般冷却塔的设计考虑逼近值（Δt）为4℃～5℃（即水在自然条件下，通过冷却塔最低能冷却到的温度为$\tau+\Delta t$），若用户要求的水温低于该值则需考虑提高供水温度，增大冷却水量。

减少耗水量，提高水的重复利用率，降低水中悬浮物的含量，是现代钢铁企业给水处理的首要任务，因此第6.1.2条的规定是对间接冷却水最主要的水质指标进行控制。

根据钢铁企业用水特点，规定开式系统设计的浓缩倍数，可以减少排污水量，节水效果明显，满足国家循环经济要求。

6.1.4 管道过滤器是一种性能稳定可靠、应用效果好、过滤范围较广、较易清洗的过滤设备，能够保证系统出水水质，延长设备的使用寿命。当用户对循环水中的悬浮物粒度有要求时，需设管道过滤器。间冷系统一般水质污染较少，当水质较好时，可不进行过滤。

6.2 冷却

6.2.1 本条是为保证冷却设施的正常运行所采取的具体措施。冷却设施一旦积尘就会造成集水池满溢、设备堵塞，在寒冷地区如不采取防冻措施，会影响整个系统正常运行。

6.2.2 超越管在检修冷却塔和清洗循环系统时很有必要。在冬季时可使循环水不上冷却塔，以防止淋水填料结冰。

6.2.3 冷却塔组的风机运行状态应与系统供水总管水温连锁，以控制冷却塔的开机数量。大型冷却塔（冷却水量不小于1000m^3/h）采用双速风机时，用供水总管水温控制双速风机的转速。当水温升高时，塔组风机开启数量增加，双速风机以高速运转；当水温降低时，塔组风机开启数量减少或双速风机以低速运转甚至停止运行。这样才能真正做到节能、节水。

6.3 水质稳定设施

6.3.1 开式系统中的悬浮物一部分来自于补充水，补充水多是经过预处理的水，其悬浮物含量大致一定；另一部分来自于空气中的尘埃。冷却水经过冷却塔与空气接触时，空气中灰尘会被带入水中，其带入循环水的浓度往往要比补充水所带入的高许多倍。因此，需将部分循环水从旁路抽出，送入旁滤装置过滤，去除部分悬浮物后再送回循环水系统。

6.3.2 目前，我国大中型钢铁企业的环境污染得到一定控制，多数企业有明显改善，但是少部分钢铁企业环境污染仍没有实质性改变，空气污染仍比较严重，从而引起水质恶化。为此，根据钢铁企业的实际情况，本条规定了旁滤水量，以保证循环水水质。

6.3.3 钢铁行业工艺设备的正常运转与水系统密不可分，随着科学技术进步，水系统各参数的控制、检测、材料数字化统计等采用自动控制是必然的发展趋势。通过水质检测的数据及时反映水系统运行工况，一旦水质不达标应及时加药，这既能节约能源又有利于提高循环水的水质，确保设备运行安全，可以更加方便快捷的生产出优质的产品水，降低消耗。

6.3.4 加药点的正确选取非常关键，投加地点或方式不同会影响药剂的混合效果，从而影响水质。闭式系统不应采用向补充水箱中投药的方式投加，以避免产生当系统中需要增加投药浓度时，而系统中不需要补水而无法增加投药量的现象，故闭式系统应在水泵吸水总管上加药。开式系统加药点如采用在水泵出水总管中投药，易出现吸水管道进气现象，容易产生气蚀，故应在吸水井处加药。

6.3.5 间接冷却水循环系统应投加节水环保型水质稳定药剂，有些药剂为粉剂，一般加药管管径较小，在投加过程中因操作管理不当极易发生管道堵塞、结晶等现象，因此本条规定了需要采取的预防措施。

6.4 补充水设施

6.4.1 本条规定了间接冷却开式循环水系统在运行过程中所需补充的水量的有关规定。

7 直接冷却循环水系统

7.1 一般规定

7.1.2 直冷开式循环冷却水中含有悬浮物和油脂类物质，为防止冷却塔填料被堵塞，应采用不易堵塞的填料，如格网填料。

7.1.3 一次提升泵输送的介质中含有大量悬浮物，采用普通材料的过流部件易被磨损且更换频繁，故宜采用耐磨材料。

7.1.4 直冷开式循环冷却水系统中构筑物较多，易出现构筑物之间的水量不平衡，造成循环水溢流损失。水量平衡措施常用的有各级泵站水泵台数对应设置、泵组设回流装置等。

7.2 设备及钢坯喷淋循环冷却水

7.2.1 本条是对有人员通行铁皮沟设计的要求。

7.2.3 铁皮沟中的水含有氧化铁皮且流速较快，为防止水的涌高和减少水对沟壁的冲刷，铁皮沟流槽的转弯半径不宜小于流槽宽度的3倍。为使铁皮沟能正常的输送氧化铁皮，流速不宜过小，以免产生沉淀；但也不宜过大，以免加快流槽的磨损。铁皮流槽内的设计流速可按表2确定。

表2 铁皮流槽内的设计流速（m/s）

轧机名称	铁皮流槽的部位		
	出炉辊道	轧机下	其他辊道
大型轧机	1.8～2.3	2.5～3.0	1.5～2.0
中厚板轧机	2.0～2.3	2.6～3.0	1.4～1.6
中型轧机	1.6～2.0	1.7～2.2	1.4～1.6
薄板轧机	1.3～1.5	1.5～2.0	1.3～1.5
小型轧机	1.6～1.9	1.7～2.0	1.3～1.6

7.2.4 铁皮沟进入旋流沉淀池前设置格栅是从安全生产的角度考虑的。若清理不及时，格栅处会堆积垃圾而造成排水壅塞甚至溢流至人行道，故应考虑清掏的手段。本条还对栅条间隙作了规定。

7.2.5 本条是对一次铁皮坑主要设计参数的规定。

1 一次铁皮坑单位面积负荷的规定，连铸工程一般取下限，热轧工程一般取上限。

2 一次铁皮坑沉淀时间的规定，连铸工程一般取上限，热轧工程一般取下限。

4 一次铁皮坑池缓冲层高度的规定。

5 沉渣部分高度一般按氧化铁皮量、运输能力等综合考虑，2d～3d是考虑当吊车出现故障时所需的检修时间。

6 一次铁皮坑清渣设备的要求。

7.2.6 本条是对旋流沉淀池主要设计参数的规定。

1 旋流沉淀池单位面积负荷的规定，连铸工程一般取下限，热轧工程一般取上限。

2 旋流沉淀池沉淀时间的规定，连铸工程一般取上限，热轧工程一般取下限。

3 旋流沉淀池作用水头的规定，即旋流沉淀池铁皮沟入口高度距旋流沉淀池正常水位之高差。

4 旋流沉淀池进水管（沟）流速的规定，流速过大会造成进水管（沟）磨损严重。

5　旋流沉淀池沉渣室容积宜大些，主要考虑清渣周期和防止水流将渣带出。沉渣室底部的水平夹角一般在50°～60°之间，小于50°铁皮不易顺池壁滑落。

6　旋流沉淀池中心筒直径大小的规定。

7.2.7　旋流沉淀池内设水泵间时，确定水泵间地坪高度时应考虑以下因素：

1　主要考虑停电时旋流池处于高水位运行的最不利情况。高水位指旋流池的设计高水位，一般取铁皮沟进入旋流沉淀池的标高加1m。

2　停电后的回水量主要是标高高于高水位铁皮沟中的水量和其他直流系统进入的水量之和。计算有困难时，可按5min循环水量考虑。这是因为当旋流沉淀池泵站停电，旋流沉淀池水泵停止运行，而集中泵站的浊环供水泵未停电时，此时旋流沉淀池高水位发出报警，值班人员接报警后迅速查明原因采取措施(与轧线联系，准备停止供水)。

3　水泵间地面距计算高水位的超高，取1m作为保护高度，这里指的高水位是前两项之和。

7.2.8　本条是平流沉淀池主要设计参数的规定。

1　平流沉淀池单位面积负荷的规定，连铸工程取下限，热轧工程取上限。

2　平流沉淀池最小水力停留时间的规定。

3　便于刮渣、清理池底淤泥。

4　平流沉淀池的总格数应根据水量计算确定，但考虑到设备维护时需停运，一般不宜少于2格。

7.2.9　本条是化学除油沉淀器主要设计参数的规定。

1　化学除油沉淀器设计表面负荷的规定，连铸工程一般取小值，热轧工程一般取大值。

2　化学除油沉淀器竖向布置的规定。

3　化学除油沉淀器斜管表面需要定期清理，应设冲洗设施。

7.2.10　对于压力过滤器主要设计参数的规定。

1～3　对压力过滤器滤速、压力、反洗等参数的规定。

4　考虑到压力过滤器的反洗和维护，一般不宜少于2台。但间接冷却旁滤系统由于水量少，间断运行对系统不会产生大的影响，可只设1台。

7.3　高炉煤气清洗水和转炉烟气净化污水

7.3.1　本条规定了自流排水槽的流速。由于水中含有煤气、烟尘，流速过慢会造成沉淀，流速过快又会对沟槽造成磨损，因此对排水槽流速作了规定。

7.3.2　粗颗粒分离器的设计停留时间宜取2min～5min。停留过久会使细颗粒沉淀，影响分离机正常工作。

7.3.3　本条对辐射式沉淀池的设计负荷进行了规定。设计时按两格同时使用取值，并考虑到一格检修时进行校核。

7.3.6　考虑到煤气清洗水中含有一定量的烟尘和具有一定的腐蚀性，且对水温的要求不高，因此规定采用无填料空心冷却塔即可满足工艺要求。

7.4　高炉水渣循环水

7.4.1　水渣水中含有一定量的水渣颗粒，且有较强的腐蚀性，因此对水泵过流部件、阀门、管件等的材质作了规定。

7.4.2　考虑到水渣水中含有一定量的水渣颗粒和具有较强的腐蚀性，且用户对出水水温的要求不高，因此规定采用无填料空心冷却塔即可满足工艺要求。

7.5　层流冷却循环水

7.5.1　水泵直接供水的方式可以考虑采用变频调速的供水方式。

7.5.2　带钢冷却水量指带钢轧制后冷却到卷取温度所需要的水量。

7.5.3　本条是处理水量的规定：

1　旁流处理水量是指层流冷却系统提升送过滤、冷却的水量。

2　过滤处理水量是指需要送过滤器的水量。

3　冷却处理水量是指需要送冷却塔冷却的水量。过滤处理水量和冷却处理水量需经计算确定。

经过计算，有可能需过滤处理的水量与需冷却处理的水量不一样。如果两个值差别不大，可都经过过滤再冷却；如果差别较大，从节约投资和运行费用考虑，可按实际需要配置过滤设施和冷却设施。但旁流处理水量应按最大需处理水量确定。

7.5.4　调节容积应考虑容纳以下设施内的水量之和，即调节水箱、管道、冷却塔收水盘、过滤器，调节水位以不淹没铁皮坑(贮水池)泵场地坪为标准。

7.5.5　本条规定主要是为了解决系统间的水量平衡问题，也可提高系统的重复利用率。

7.5.6　层流冷却水量大，铁皮沟断面较大、坡度较缓，不生产时工人可以直接在沟内通行，因此可不设置独立的检修通道。另外，层流冷却段的氧化铁皮细小，对铁皮沟的磨蚀很轻微，故层流铁皮沟可不考虑设耐磨层，可用混凝土或含5%～10%铁屑的混凝土砌筑。

7.5.7　轧线检修后在输出辊道段常会有一些杂物落到层流铁皮沟内，并随水流入铁皮坑内，因此应在层流铁皮坑内设置拦截和清渣设施，避免杂物被水泵吸入造成设备的损坏。

7.5.8　因层流铁皮坑泵站的水泵都比较大，设备数量相对较多，应该设置固定的检修吊车。

7.5.9　通常层流冷却系统采用部分过滤、冷却的方式，为了让处理后的水与未处理的水充分混合，因此在铁皮坑内应设置一些设施让两部分水充分混合。

8 废水处理

8.1 一般规定

8.1.1 从源头抓起，改进主体生产工艺，回收废水中的有用资源，对处理后的废水进行再利用，实现废水的资源化、减量化，是废水治理应优先采用的原则。实现处理后废水无害化和达标排放，是保护水资源和生态环境的有效途径。

8.1.2 废水处理工艺应优先考虑国家的产业政策和环境容量。处理工艺的选择应遵循环境良好，技术先进，对所有污染物综合有效，能长期稳定达标运行，不产生或尽量少产生废物，节约资源和能源，运行费用低及基建投资少的原则。工艺路线和处理设施的选择应根据处理废水的水质、水温及水量，处理后废水应达到的目标值、处置方式和去向，处理后所产废物的处理方式，废水中有用污染物回收利用的可能性及回收价值等综合因素确定。

8.1.4 为了保护防护区域内人员的身体健康，废水处理场址应尽可能坐落在常年主导风向的下风向，并宜远离生活区和公共场所。

8.2 含油及乳化液废水处理

8.2.1 目前应用较多的含油及乳化液废水处理工艺有化学破乳和超滤两种。化学破乳的优点是投资省，缺点是适应性差，需根据不同的乳化液配方选择破乳药剂。超滤的优点是适应性强、运行稳定，缺点是投资高。设计时应采用适用的工艺和技术。

8.2.2 化学破乳工艺、超滤工艺出水中的COD为1500mg/L～2000mg/L，油为10mg/L～20mg/L。为简化处理工艺、降低投资，推荐排入含碱废水处理系统。没有含碱废水处理系统时，应增加进一步去除COD的设施。目前比较常用的是采用生化处理工艺，以确保处理后出水达到排放要求。

8.2.3 含油及废乳化液废水的排放一般比较集中，一次性排放量不好控制，其调节池容积在一次集中排放量的基础上应考虑30%以上的余量。同时后序处理系统对废水的温度有要求。

8.3 平整液废水处理

8.3.1 平整液废水的特点为COD及油的含量高，需要单独收集和进行破乳、气浮后进入后处理工序。

8.3.2 平整液废水的有机物含量高，但其分子量低。以前设计将其并入乳化液废水中通过超滤装置处理，其COD的去除率只有15%～20%，目前设计已改为单独收集，经预处理后排入含碱废水处理系统。

8.4 含铬废水处理

8.4.1 浓铬废水排放比较集中，宜单独收集，处理时均匀地加到稀铬废水中。

8.4.2 为了保证出水六价铬达标，宜采用两级还原。本条提出的设计参数为经验值。

8.4.3 本条为强制性条文，必须严格执行。根据现行国家标准《污水综合排放标准》GB 8978的规定，六价铬和总铬属第一类污染物。该标准规定："不分行业和污水排放方式，也不分受纳水体的功能类别，一律在车间或处理设施排放口采样，其最高允许排放浓度必须达到本标准要求。"因此，含铬废水必须在系统内处理达标。

8.4.4 根据环保要求，含铬废水产生的污泥不允许与其他污泥混合堆放，应单独处置。

8.5 含酸废水处理

8.5.2 典型的冷轧含酸废水处理工艺为中和、曝气、沉淀。一般应根据处理后废水的去向确定处理工艺。同时还应根据设计时的技术发展情况采用更为成熟、适用的工艺和技术。本条规定的设计参数为经验值。

8.6 含碱废水处理

8.6.2、8.6.3 典型的冷轧含碱废水处理工艺为中和、絮凝、气浮、生化。一般应根据处理后废水的去向确定处理工艺。如果出水排入城市生活污水管网，一级气浮出水即可满足要求。要保证含碱废水处理后达到排放标准，必须采用生化处理工艺。近年来含碱废水处理工艺的发展很快，处理工艺在不断调整和完善，设计时应根据技术发展情况采用更为成熟、适用的工艺和技术。这两条规定的设计参数为经验值。

8.6.4 活性污泥和油污泥不易脱水，如果将活性污泥、油污泥、酸系统污泥合并处理，会给污泥处理系统的运行和管理带来问题。根据某些大型钢铁联合企业的运行经验，活性污泥和油污泥宜单独脱水处理。

8.7 全厂废水处理

8.7.1 本条规定的目的是为了控制废水中的COD含量。

8.7.2 本条规定的目的是为了降低后序深度处理的规模和运行成本。

8.7.3 预处理的目的主要有三点：除油、降低硬度、去除悬浮物。由于各厂的排水水质不同，对主要处理设施的设计参数应在调查的基础上确定，必要时应通过试验确定。

8.7.4 是否需要采用深度处理工艺，根据用户对水质的要求而定。如果处理后的水作为原料场喷洒用水、高炉及转炉渣系统补充水、冲洗地坪等用水，其预处理出水就能满足要求。如果作为循环水系统的补充水，需根据水质计算需要进行深度处理的水量。目前在钢铁企业全厂废水深度处理中采用超滤、反渗透的工艺较多，设计时可根据进水水质、回用水水质要求、技术发展水平、类似厂经验，通过技术经济比较确定。由于水质较差，超滤、反渗透应选用抗污染、耐氧化的膜。反渗透产生的浓盐水一般情况下 COD 含量超过排放标准，应尽可能利用，否则应处理达标排放。

8.8 焦化废水处理

8.8.1 焦化废水处理常用的“物化＋生化”联合处理工艺路线如图 1和图 2 所示：

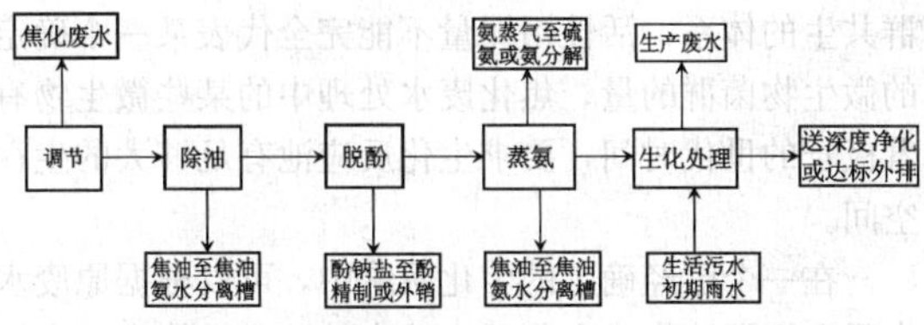

图 1　焦化废水“物化＋生化”处理工艺路线图之一

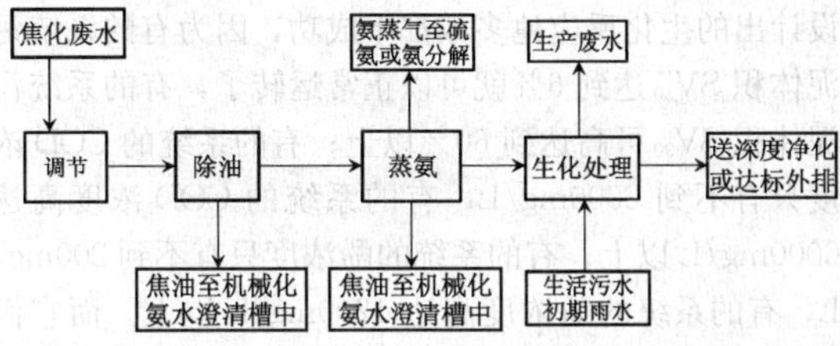

图 2　焦化废水“物化＋生化”处理工艺路线图之二

废水量较小、产品单一或不适宜用生化方式处理的高浓度焦化废水，可采用诸如废水焚烧、提盐或制酸等单一的物化处理方法。

8.8.2 化产工艺常用的物化处理工艺有废水调节、除油及蒸氨等。焦化废水生物脱氮处理要求蒸氨应加碱脱除固定氨。几种蒸氨处理后废水的参考指标见表 3。表中废水量未包括化产品精制过程中所产生的废水；蒸氨废水水质与进蒸氨前的原废水组成和水质有关；蒸氨废水的氨氮浓度与氨氮控制条件有关，当加碱脱固定氨时，应以控制蒸氨后废水的氨氮浓度在 80mg/L～200mg/L 之间为宜。

表 3　几种典型蒸氨废水水质和水量

序号	项目	COD (mg/L)	酚 (mg/L)	T-CN⁻ (mg/L)	SCN⁻ (mg/L)	NH_3-N (mg/L)	油 (mg/L)	废水量 (m^3/t 焦)	备注
1	脱酚脱固定氨	1750～2700	90～200	5～40	300～700	60～300	30～200	0.25～0.35	当采用直接蒸汽蒸氨时，蒸汽用量为120kg～170kg/(m^3 废水)
2	不脱酚脱固定氨	2500～5500	250～1250	5～40	300～700	60～300	30～200	0.25～0.35	
3	不脱酚脱挥发氨	2500～5500	250～1250	5～40	300～700	600～1000	30～200	0.25～0.35	

8.8.3 焦化废水处理的建设规模一般与焦年生产规模相适应，焦化废水处理装置的建设规模是以高浓度废水核定的，焦化废水的设计水量是确定生化处理系统有效容积的基础数据之一。

8.8.4 本条为强制性条文，必须严格执行。把废水生化处理系统的核心设施设计成单系列，不能满足受到冲击后的微生物进行调整和恢复的技术要求，不能保证生化处理系统的长期稳定运行。因此，焦化废水生化预处理的事故调节及均和调节设施，生化处理的生化反应设施及其混合液泥水分离设施，应设置成不少于 2 个独立的平行系列，并联运行，无需考虑备用。废水生化处理系统的核心设施包括事故调节池、均和调节池、兼（缺）氧池、好氧池和二沉池。

8.8.5 微生物生存需要多种矿物质类微量元素，而焦化废水是在炼焦过程中从煤里汽化出来的冷凝液，不含矿物质，因此在废水采用生化法进行处理时，必须补充矿物质类微量元素。通常对用量较大的元素，如磷采用投加磷酸盐的方式直接补给；对于用量较少的其他微量元素，因其种类较多且用量不明，故无法用补加化学药剂的方式进行补给，生产中一般是用补加含矿物质水的方式补给。焦化废水生物处理中，补水是为了给微生物补充微量元素，而不是为了对原废水进行稀释。含矿物质水应优先采用再次利用水，当采用开放式间接循环冷却水系统的排污水时，应对其中所投加的杀菌灭藻剂进行消解，且消解时间不应少于 50h。

8.8.6 本条是对焦化废水预处理的要求。

1 通常焦化废水在送蒸氨前都要进行除油，故蒸氨后废水中含油量一般比较少，无需进行除油就可直接进入生化处理系统。废水预处理中除油设施的设置常遵循以下原则：

1）当废水中含油量较多时，需设置重力除油和浮选除油设施；

2）当废水中含油量较少时，一般仅设置简单的隔油设施。

2 该款为强制性条文，必须严格执行。废水预处理不对原废水进行均和调节和事故调节，焦化废水生物处理系统将无法维持正常运行，更不能实现达标治理，其对环境的破坏是无法避免的。

3 废水预处理的设计水量包括通过蒸氨的高浓度焦化废水和未经蒸氨的低浓度焦化废水两部分。厂内生活污水和生产装置区收集的初期雨水不计入预处理水量，该部分污水量应经过水量调节后，定期或不定期均匀适量地送到焦化废水处理系统进行处理。

4 重力除油应有足够长的水力停留时间，重力除油设施的结构设计应满足分离重油、轻油和废油收集的需要，一般重力除油设施应满足下列技术条件：

1）矩形除油池水平流速不应大于 3mm/s，有效水深不应大于 2m，长宽比不应小于 3，出水堰前浮油挡板淹没深度应不小于 0.5m。

2）采用重力集油时，集油斗斜壁与地面夹角不应小于50°；采用机械集油时，矩形除油池刮油、刮渣机走行速度宜为0.3m/min～1.2m/min。

3）集油斗内重油应用蒸汽间接加热，排油加热温度约为70℃，重力排油所需水压头不应小于1.2m。

5 隔油池是简易的除油池，其作用是为了隔离化产系统操作事故时进入废水预处理系统的重油，隔油池的功能仅分离和收集重油，排油可采取人工清除方式。

6 浮选除油应有适宜的水力停留时间，水力停留时间不宜过长，浮选除油溶气系统和浮选除油系统的设计应满足下列要求：

1）部分溶气的溶气水量宜占浮选废水量的30%；

2）溶气水泵的出口压力不应小于0.3MPa；

3）溶气用压缩空气量宜为浮选废水量（体积）的5%～10%；

4）溶气用压缩空气压力不应小于0.3MPa；

5）溶气水在溶气罐内的停留时间宜为2min～4min；

6）溶气罐工作压力宜为0.3MPa～0.5MPa；

7）溶气废水应通过释放器进入浮选池，并应与未溶气部分的废水进行有效混合；

8）浮选池的有效水深不宜过大，一般以不大于1.5m为宜；

9）浮选池内应设置机械刮浮油和沉渣设施；

10）排油宜采用重力排油方式，排油管道应设蒸汽吹扫及蒸汽伴热。

7 事故调节设施的主要功能，是用于生化系统微生物调整期间贮存外部送来的原焦化废水量。在微生物受到轻微冲击后，一般在8h左右即可恢复正常，在微生物受到严重冲击的情况下，恢复时间至少需要24h，有的甚至需要几天，因此规定事故调节设施的有效容积应能贮存16h～24h的设计原废水量是一个最低要求。事故调节设施不接受化产蒸氨系统的事故水，该部分废水应由煤气鼓风冷凝工段的氨水贮槽进行调节。

8 为使进入生化系统的水质均匀，严防微生物受原废水水质突然恶化的冲击，根据焦化废水物化处理的特点，均和调节的水力停留时间至少应为8h，当水力停留时间达到12h～16h时，对严防夜间物化处理操作失误对生化系统造成致命冲击，具有把关作用。

8.8.7 本条是对焦化废水生物处理的要求。

1 生物处理设施的设计水量除包含废水预处理部分送来的废水量外，还应包括外部送入系统的其他水量，其中包括向系统中补加的含矿物质水（习惯上称工艺配水或稀释水）、外部送来的生活污水和生产装置区收集的初期雨水等。生物处理设施的设计水量不包括系统内部的各种回流量，如回流活性污泥量和回流硝化液量等。

生产实践证明，当以生产水作为补充矿物质水时，生产水量与焦化废水量的比值为0.6～1.2，其中生活污水和初期雨水均按含矿物质水对待，可代替含矿物质水量。

2 焦化废水生物处理的设计负荷一般以水力停留时间确定，这主要是由于焦化废水处理是一个多菌群共生的体系，活性污泥量不能完全代表某一个确定的微生物菌群的量。焦化废水处理中的某些微生物有着极长的世代时间，要求生化反应池有足够大的生存空间。

在一个已经确定的生化系统中，可以根据原废水水质和污泥浓度或生化反应池有效池容计算出一个污泥负荷或一个容积负荷，但是按污泥负荷或容积负荷设计出的生化反应池多数都不成功，因为有的系统污泥体积SV_{30}达到6%就可以正常运转了，有的系统污泥体积SV_{30}可高达到60%以上；有的系统的COD浓度只有不到2000mg/L，有的系统的COD浓度高达6000mg/L以上；有的系统的酚浓度只有不到200mg/L，有的系统的酚浓度高达1200mg/L以上。而它们所需的有效容积并没有相差多少，如果按负荷计算其有效容积相差好几倍，对于焦化废水生物脱氮系统而言，这是根本行不通的。

因此只有用与设计水质有完全相同的真实焦化废水进行的半工业试验，在稳定达标后所取得的污泥负荷，才可以作为确定生物反应设施有效容积的设计依据，否则均应按水力停留时间确定生物反应设施的有效容积。

3 常采用的生物脱氮处理主工艺为“前置反硝化兼（缺）氧/好氧（F/O亦称A/O）生物脱氮”处理工艺，比较成熟的焦化废水生物脱氮处理工艺如图3～图5所示。

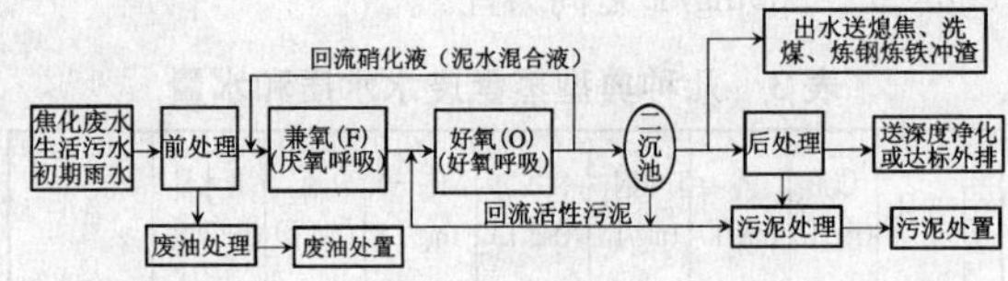

图3 “兼氧/好氧（F/O）”生物脱氮工艺流程（双活性污泥法）

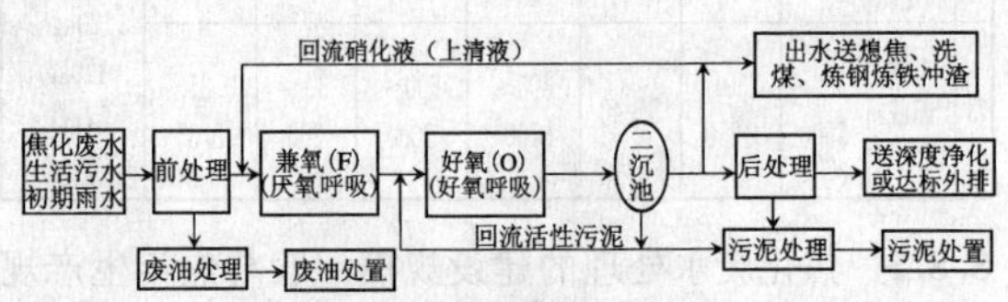

图4 “兼氧/好氧（F/O）”生物脱氮工艺流程（生物膜/活性污泥法）

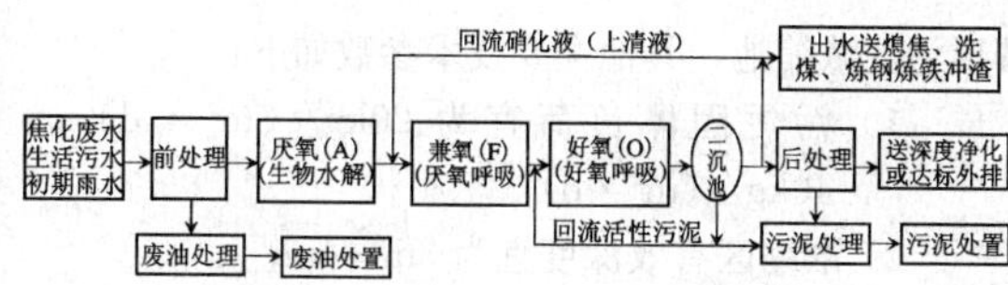

图5 “厌氧/兼氧/好氧（A/F/O)”生物脱氮工艺流程（双生物膜/活性污泥法）

在这里需要特别指出的是，焦化废水中含有大量 SCN^- 等含氮类无机化合物，经生物水解后其中的氮会转化成氨氮，即使蒸氨系统可以把显性氨氮全部脱除，但蒸氨不能脱除 SCN^- 中所含的隐形氨氮，因此焦化废水生化处理应该采用生物脱氮处理工艺。

此外，由于焦化废水生物预脱氮处理中存在着既相互依存，又相互制约的三条链，即食物链、生物链和生态链，因此市政污水处理中所采用的许多变形生化处理工艺，在焦化废水生物处理中不适用。

4 本款所给出的设计参数均为工程设计实际采用的参数。生产运行实践表明，凡实现稳定达标运行的焦化废水生物脱氮处理装置，均满足这些技术参数的要求。这里需要特别说明的是，所列参数均是与本规范表 8.8.7-1 中所给出的公称设计水量所对应的。在生产实际运行中，有些实际处理水量比公称设计水量小，但其实际水力停留时间要比本规定所给出的数值大，实际上水力停留时间与焦炭生产规模有一定的对应关系，不能仅看焦化原废水量。

5 推流式是有效利用生化反应池池容和防止系统水流短流的手段。鼓风曝气形式的好氧池，池形宜设置成廊道式，廊道宽度与有效水深度之比宜采用1∶1～2∶1，廊道可回折成等长的2段～5段并排布置，每段廊道的长宽比不应小于4∶1。

6 生产实践证明，当采用微孔曝气器，好氧池有效水深为6m左右时，每 $1m^3$ 废水约需要 $45m^3$～$60m^3$ 空气。

7 焦化废水曝气池在曝气过程中易产生泡沫，因此在曝气池上部应设水消泡系统。消泡水管宜布置在廊道式曝气池的两侧，喷头宜具有出水量小、扩散角大、不宜堵塞、耐腐蚀的性能，喷头的间距应根据其喷射角及安装高度确定，一般间距为 2.5m～3.0m，距水面高度为 1.0m～1.5m。在每条消泡支干管和每个消泡喷头的支管上都应安装阀门。

消泡水宜采用含矿物质水，起到消泡和补加含矿物质水的双重作用。

8 采用水平推进式潜水机械搅拌的活性污泥法兼（缺）氧反硝化池，其形状宜为矩形，长宽比宜为1∶1～2∶1，长深比宜为3∶2～4∶1，且有效水深不宜超过7m。

9 由于生物膜法缺氧反硝化回流的硝化液为二沉池的上清液，从反硝化效果、占地和经济等综合因素考虑，硝化液回流比一般采用300%。

10 生物膜法兼（缺）氧反硝化池的填料添装量不应少于其有效容积的50%。生物接触池宜采用质轻、比表面积大、易挂膜、耐高温、耐溶剂、抗老化、高强度、使用寿命长和方便安装的软填料。填料支架应采用强度高、耐腐蚀、使用寿命长及安装后不变形的结构形式、材质及防腐涂层，如采用碳钢支架，碳钢件宜采用镀锌加防腐涂层的双重防腐结构形式。

11 缺氧反硝化池布水形式的合理与否，直接关系到焦化废水生物脱氮的反硝化率，通常应采用旋转布水器或具有相同功能的布水设备，实现布水系统分区交替均负荷布水。

12 磷是生物所必需的无机元素之一，而焦化废水中几乎不含磷，因此焦化废水生物处理时需要向生化系统中补充磷元素。焦化废水生化处理的耗磷量与剩余活性污泥量、生化系统处理水量及生化处理后出水中含悬浮物浓度等因素有关，实际运行时应以控制生化系统出水中的磷含量在 0.5mg/L 左右为宜。

在硝化和反硝化过程中，需要把pH值控制在一定的范围内，一般硝化过程为 pH＝6.5～7.5，反硝化过程为 pH＝7.0～7.5。焦化废水生化处理系统常采用加碱方式调节系统的pH值。

13 为阻止好氧生化反应池内的泡沫外溢，其有效保护高度不应小于800mm；而兼（缺）氧生化反应池和厌氧生化反应池的保护高度达400mm左右即可。

14 由于生物脱氮的活性污泥中易产生反硝化气体，活性污泥的比重相对较小，二沉池设计宜采用较长的沉淀时间和较小的表面水力负荷。生产运行中，活性污泥法二沉池的沉淀时间一般在3h左右，表面水力负荷一般在 $0.6m^3/(m^2·h)$～$1.2m^3/(m^2·h)$。

15 由于开工育菌和微生物调整的需要，二沉池的系列数应和好氧生化反应池的系列数相一致，不得采用两个或多个好氧池共用一个二沉池的系统设置方式。

16 一般直径 $\phi<8m$ 的沉淀池按竖流式沉淀池设计；直径 $\phi>18m$ 的沉淀池按辐流式沉淀池设计；直径在 $\phi8m$～$\phi18m$ 之间的沉淀池，中心管按竖流式沉淀池设计，集水槽按辐流式沉淀池设计，其他部位按半竖流半辐流式沉淀池设计。

竖流式沉淀池的中心管下部应设置反射板，其安装高度应紧贴污泥缓冲层的上部，中心管下沿与反射板间的距离不应大于50mm。

17 本款规定了鼓风空气系统设计应符合的要求：

1）好氧生化反应系统的鼓风机应有固定安装的备用风机，当工作鼓风机的数量为3台及其以下时，可设1台备用风机；当工作鼓风机的数量为3台以上时，应设2台备用风机。

2）所采取的隔声和消声措施应满足国家有关防噪声标准要求。

3）空气除尘净化设施应具有防水、防霜、防冻、耐油和耐酸性空气腐蚀的功能，应满足现行协会标准《鼓风曝气系统设计规程》CECS 97的有关要求。

8.8.8 本条是对废水后处理设计的要求。

1 根据处理后废水应达到的水质标准，废水后处理可选择采用絮凝沉淀、过滤、深度净化等一种或多种处理方式。

2 絮凝剂和废水的混合应快速、完全和均匀，控制条件为：混合速度梯度G值不小于$300s^{-1}$，混合时间为30s～120s。

絮凝反应应有良好的速度梯度由大到小逐级递减，控制条件为：絮凝时间5min～20min，水流速度应分级或连续递减，由0.5m/s降到0.2m/s～0.3m/s。

5 因反冲洗强度大、历时短，故该部分废水在返回系统之前应对其进行水量调节。

6 焦化生产的主要生产用水为熄焦用水、洗煤用水、锅炉用水及循环冷却水系统补充水。焦化生产的主要排水有处理后的焦化废水、循环冷却水的排污水、废水深度净化和锅炉水除盐产生的浓缩液。焦化生产的主要水处理有焦化废水处理、循环水水质稳定处理、废水深度净化处理、锅炉除盐水处理及除盐浓缩液处理。焦化废水深度净化处理应遵循经济和可行的原则，在合理确定全厂的供排水量平衡、优化各种水处理方案的基础上，确定其处理水量和应达到的水质标准。

8.8.9 焦化废水处理过程中产生的废油及污泥属危险性废物，其常规处理和处置途径如下：

1 废水前处理过程中产生的废油，经重力脱水处理后送煤场喷洒在炼焦煤中；

2 废水生物处理过程中产生的剩余污泥和废水后处理过程中产生的化学污泥可按下列方式进行处置：

1）直接送到水熄焦系统粉焦沉淀池的入口端，污泥截留在粉焦沉淀池的粉焦中，粉焦送煤场掺入炼焦煤中；

2）经机械脱水压成泥饼后送煤场掺入炼焦煤中。

3 油水分离及污泥脱水过程中产生的废液，多返回到废水处理系统。

8.8.10 本条是对焦化污泥脱水的规定。

1 污泥重力浓缩脱水时间不宜太短，一般应大于12h，条件许可时可延长到16h，污泥浓缩宜采用圆形污泥浓缩池，其他主要技术参数如下：

1）污泥固体负荷宜为20kg/（m^2·d）～40kg/（m^2·d）；

2）浓缩区有效深度宜为3m～4m；

3）中心管内流速不应大于30mm/s；

4）缓冲层高度不应小于0.3m；

5）保护高度宜为200mm～400mm。

3 焦化废水产剩余活性污泥和絮凝化学污泥含水率高，脱水性能差，不宜采用真空过滤脱水机脱水。脱水后的泥饼应设置便利的贮存和装卸设施。

4 当污泥脱水机械检修不影响污泥处理正常运行时，可不设备用污泥机械脱水设备。

9 安全供水系统

9.1 一般规定

9.1.1 钢铁企业的生产多数是在高温条件下进行，需要大量的水进行冷却。一旦发生停电或其他故障停止供水，会引起被冷却设备损坏，严重时会引起重大事故，造成重大经济损失和人身伤害事故。因此，对主要生产工序的不同设备规定应设置安全供水系统。

下列设备和用户应设置安全供水系统：

1 炼铁工序的高炉、热风炉，直接还原炼铁装置、熔融还原炼铁装置。

2 炼钢工序的电炉、炉外精炼装置。

3 连铸工序的结晶器、等离子加热装置、电磁搅拌装置、间接冷却系统、二次冷却。小型连铸机二次喷淋是否设置安全供水，需根据工艺用户要求确定。

4 热轧工序的加热炉、辊底式热处理炉等各类工业炉设备。

5 冷轧工序的连续退火机组、热镀锌机组、电工钢退火涂层机组等。

6 除上述设备及用户外，有安全供水要求的其他设备。

9.1.2 安全供水系统主要是针对发生故障采取的特殊措施，以保护用水设备不被烧坏为前提，为事故的处理和安全处置留出必要的充足时间，不考虑维持正常生产的供水。发生事故时生产操作应根据事故原因及危害情况采取相应的减产、停产措施，直至供水系统恢复正常。否则，会导致安全供水系统设施过分复杂、无效投资大量增加。

9.1.3 安全供水是相对的概念，不存在绝对的安全。在有限的投资范围内，应有效保证人身安全和设备安全，最大限度地发挥投资效益。根据钢铁企业多年生产实践，同一系统同一时间发生两次及以上事故叠加的情况极少出现，概率很低。为避免追求绝对安全而无限制层层设防，造成投资大量增加，降低投资效益，作此规定。

9.1.4 根据国内现有钢铁企业的调查，安全供水系统一般可采用本条所列的五种方式之一。其中第4款的应急电源供给时间，是指从停电开始至事故应急电源供上电的时间，此段时间内由安全水塔供水。

9.1.5 一般来讲，除有自备电厂专用事故电源切换外，高位水池是比较安全可靠的供水方式。但应有可利用的地形条件，否则不经济。

9.1.6 本条规定是水系统设计的基本原则之一。

9.1.8 本条规定主要考虑提高柴油机驱动事故供水泵的可靠性。提高可靠性包括主体柴油机的可靠、辅助和自动控制系统的可靠、管理维护的可靠。

9.2 安全供水用户、安全供水量及供水时间

9.2.2 安全供水系统一般应立足单元工程内部解决，其安全供水量应按系统内同一时间可能发生事故的安全用水设备水量之和考虑。当然也可以多个单元工程合并设置安全供水系统，但一般不宜超过3个单元工程。全厂性质的安全供水系统应充分利用当地的有利地形设置高位水池，当无条件设置高位水池时，一般不宜选择全厂性质的安全供水系统。考虑到系统管网水量分配的不均衡，理论计算和实际情况有较大出入，为满足用户的最低需求，安全用水设备（用户）水量应考虑1.1～1.2的安全系数。

9.2.3 本条对系统供水延续时间作出规定。当采用柴油机泵供水时，应贮存事故供水运行时间所需的油量。

9.2.4 设计人员在设计说明中应注明安全水池的储水时间，提醒施工人员在调试安全供水系统时应对安全供水系统的供水时间进行一次事故模拟调试，以验证事故供水时间能否得到保证。

9.3 安全供水设施

9.3.1 为保证结构安全，压力式安全水塔应采用钢结构；设置适当口径的吸排气阀，在供水设备进行动力转换时，水塔内短时间是以重力出流方式，这段时间将随着水位的下降吸入大量的空气，以保证结构安全，否则易形成真空，对水塔造成破坏。某工程建设调试时，曾发生由于吸排气阀门设置不当，造成高位水箱变形的事故。

9.3.2 一般补水管道口径较大，采用浮球阀易损坏，造成水的浪费。

9.3.3 安全水池和重力式安全水塔一般均是死水，易变质。目前，有采取定期溢流换水，将溢流水回收入循环水池的方式防止水质恶化。

9.3.4 设计为自灌式启动主要是为了缩短系统的启动时间，提高可靠性。

9.3.5 驱动水泵的柴油机宜设置在室内，能延长使用寿命，提高可靠度。柴油机与水泵的连接一般设有离合装置，负荷是逐渐升高的过程，因此不必设出口电动阀，以简化系统。

9.3.8 本条规定主要是为了保证系统的响应时间，设计及订货时应特别注意阀门开启时间的要求。

9.3.9 高位水箱或安全水塔当水质为生产水时，事故水可以通过管路进入全厂废水回收系统；当水质为软水或除盐水时，安全水量超出了系统的容量，应设置相应有效容量的回收水池，在系统内回收。

9.3.10 所谓爆管事故是指管道发生断裂、爆裂，造成无法输送。管线及附件材质应选用有一定强度、延展性好的材质，如碳钢、不锈钢、球墨铸铁、铸钢等材质。应避免选用铸铁等脆性材料。

10 污泥浓缩及脱水

10.1 一般规定

10.1.1 各车间产生的泥浆水不允许直接外排入下水道，泥浆水经脱水减容成泥饼后便于运输。当原料场或其他地方有直接利用泥浆水的条件时，可直接将泥浆水或经浓缩池减容后的湿污泥运送往该处直接利用。

10.1.2 浓缩池的上清液、脱水机的滤液水和污泥处理间的场地冲洗水，其含油量和悬浮物等都超标，不可直接排放。浓缩池的上清液和脱水机产生的滤液水，一般返回到相应的浊环水处理系统的沉淀池处理。有困难时，脱水机的滤液水也可以排至浓缩池处理。

10.1.3 浓缩池上清液送出时的压力满足泥浆管道的冲洗用水压力时，宜优先采用上清液，有利于浊环水处理系统的平衡，压力不能满足时可用回用水。

10.2 污泥浓缩

10.2.1 泥浆水主要来源于压力过滤器反洗排水，该水量为间断排放，冲击负荷较大，直接进入浓缩池会影响浓缩效率，故宜设泥浆水调节池贮存，再用泵均匀送入浓缩池。

10.2.2 冶金污泥密度较大，易使刮泥耙过力矩，浓缩机设置自动提耙功能可避免这种情况发生。

10.3 污泥脱水

10.3.1 脱水机的形式根据污泥的脱水难易程度确定，对较难脱水的污泥宜采用厢式压滤机。

10.3.2 对于污泥量很少，每天只有1车甚至几天才有1车的情况，在取得业主同意后，也可采用将泥临时卸到地上，再用小型铲车装车的简单方法。

10.3.3 在脱水设备需要整体吊装时，可采用先将设备就位再砌墙的方式，但需要土建施工与安装施工统筹安排，以免造成人力、物力的浪费。

10.4 焦化污泥处理和处置

10.4.1 当系统中只有剩余活性污泥时，因所产剩余污泥量较少，一般借助焦处理水熄焦系统的粉焦沉淀池处理，可满足污泥处理和处置的需要。如果焦处理采用的是干熄焦工艺，或废水处理系统中还产生大量的化学污泥，污泥则需要通过机械脱水压成泥饼后再进行处置。

10.4.2 剩余活性污泥一般采用定期集中排放形式排泥。絮凝沉淀化学污泥一般采用连续均匀排泥方式排泥。当浓缩后污泥送水熄焦系统处理时，浓缩污泥宜采用定期集中排泥方式；当浓缩后污泥送机械压滤脱水处理时，其排泥方式应满足污泥脱水设备工作的需要。

10.4.3 污泥重力浓缩脱水时间不宜太短，一般要大于12h，条件许可时可延长到16h。

10.4.4 当污泥脱水机械检修不影响废水处理系统正常运行时，可不设备用污泥脱水压滤设备。

11 检 测 和 控 制

11.1 一 般 规 定

11.1.1 钢铁企业给水排水工程的检测与控制设计内容很广，本章内容主要是针对钢铁企业特点规定一些检测和控制的设计原则。有关仪表及控制系统的细则应根据国家或有关部门相关技术规定执行。

11.1.2 本条是钢铁企业给水排水工程检测与控制设计内容的基本要求。

11.1.3 计算机控制管理系统的设计应兼顾现有及发展的需要。

11.1.4 钢铁企业给水排水系统的水质应取样检测，取样检测的项目在现行国家标准《工业循环冷却水处理设计规范》GB 50050 中有详细规定，应按该规范执行。

11.2 在 线 检 测

11.2.1、11.2.2 这两条规定了进水和出水应检测的项目。

11.2.3 本条规定了间接冷却水系统应检测的项目。

11.2.4 本条规定了直接冷却水系统应检测的项目。

11.2.5 污泥处理系统，由于各工艺流程要求不同，因此可根据需要进行检测，没有规定必须检测的项目。

11.2.6 为保证高压电机安全性，本条规定了电机应检测的项目。

11.2.7 本条对全厂主配水管网至各单元支管流量检测作了规定。

11.2.8 对排水管网系统的检测可根据需要进行。

11.2.9 本条规定了安全水塔应检测的项目。

11.3 控 制

11.3.1 本条对钢铁厂主要生产工艺单元（原料、烧结、焦化、炼铁、炼钢、轧钢等）循环水系统的控制作出了基本规定。

11.3.2 本条对用电设备的控制作了原则性的规定。一般除吊车以外的用电设备均应遵守此规定。

11.3.3 本条对成套设备的监控作了基本规定，同时要注意设备本身控制宜与系统控制相结合。

11.3.4 本条对工业电视的设置作了一般规定。近年来工业电视逐渐引入水处理系统的管理中，在一些需要随时了解现场情况（如重要的泵站、地下泵站、水处理构筑物）、一些操作人员视线受阻（如抓渣吊车司机看不到抓斗抓渣的准确位置）等场合宜设置工业电视，但应与业主协商确定。

11.3.5 本条对排水坑水泵运行控制要求作了规定。

11.3.6 为了保护电机，作本条规定。

12 给水排水管道

12.1 一 般 规 定

12.1.1 一般大中型钢铁企业都进行总体规划，并依据建设内容和进度分期实施，相应厂区管网也应进行总体规划、分期实施。前期管网设计能力应考虑后期建设规模对管网给排水能力的要求，同时要结合市政给排水管网总体规划和建设情况，考虑厂区管网总体布局以及与市政给排水管网交接点，做到设计合理、安全、经济、可靠。

12.1.2 水源至厂区的距离一般较长，沿途经过的环境也比较复杂，因此影响供水安全的因数较多。为保证供水安全，输水管道不宜少于2条。由市政给水管网供水宜在不同管段引入不少于2条的输水管道。如果厂区内有水量调节措施，如蓄水池、中央水处理厂的清水池等，贮水时间能满足全厂最高日平均小时4h～8h时，输水管道可为1条。

12.1.3 由于钢铁企业用水量大，其变化幅度也大，如果直接从市政（自来水）供水管网供水，会造成市政供水管网压力有较大变化，影响用户用水要求。因此，本条规定企业应自建贮水池及加压泵站等用水调节设施。

12.1.4 为保证用户用水安全要求，厂区主要生产新水、消防水配水管网主干管道应敷设成环状管网；厂区分期建设时，除各期建设实现环状管网外，还应考虑厂区最终实现环状管网。

厂区回用水、软水、除盐水用户相对比较集中，其输水主干管道可依据供水重要性选择敷设成环状管网或枝状管网。

厂区给水管网输水能力应按规划最高日最大小时用水量和供水压力进行设计。分期建设时，给水管网输水能力还应满足分期建设区域内最高日最大小时用水量和供水压力要求。

环状管网供水水量、水压校核应考虑用户瞬时用水量、管网最大输水量、消防时用水量、管网事故时输水能力等因素。

12.2 管 道 布 置

12.2.1 道路两侧一般是人行道和绿化用地，此处布置管道便于敷设和维修。如在道路下敷设管道，其施工、维修会给厂区交通、环境带来不便。当管道必须敷设于道路下时，应考虑路面荷载对管道的影响。

12.2.2 由于管道装满水后质量大，钢铁厂厂区生产、生活给排水管道以埋地敷设为主。用管廊或管沟及架空等方式能解决用地受限的难题。

12.2.3 厂区给排水管道穿越道路、铁路时一般要进行加固处理，施工难度大、成本高，管道垂直穿越道路、铁路会使加固段最短，减少施工工期，降低施工成本。

12.2.4 厂房内雨水管道设计主要考虑管道的合理布置，以减轻柱网荷载、便于检修。厂房内埋地雨水管道可视为带压排水，不设雨水检查井，主要考虑防止雨水从检查井冒水。但为了管道清扫，埋地雨水管道的每个检查口应设检查口井，并定期清扫。

12.2.5 车间内管道设计主要考虑管道布置整齐、美观，便于施工、操作、维修，不影响生产设备安装、操作、维护，不影响人、车辆、吊车等通行。

12.2.6 本条为强制性条文，必须严格执行。水管道敷设在电气设备上方，一旦漏水引起电气设备短路会造成重大事故，危及人身及电气设备的安全。

12.3 管廊及管桥布置

12.3.1 厂区有压给排水管道埋地敷设可降低施工安装投资。集中敷设于地下或地下管廊可减少占地、便于管理维护，设计时应首先考虑。

12.4 管材及附属构件

12.4.1 确定管道材质的因素较多，一般需进行综合经济比较后确定。

12.4.2 输送有腐蚀性或有毒液体管道的放空管、排气管的排水属于特殊工业废水，不应排入厂区排水管网，应就地有组织地收集、集中处理达标后外排。

12.4.3 本条是对给水管道上阀门设置的规定。管道过滤器、自动调节阀、流量计（表）等设备检修、更换较频繁，为缩短管道排空时间，常在其前后增设检修用阀门。

12.4.4 本条是对管道上安装伸缩器的规定。伸缩器主要用于阀件、管件安装方便以及管道非温度变化引起的变形、位移的自然补偿。伸缩器安装具体位置应便于检修，不应埋地敷设。

12.5 管 道 绝 热

12.5.1 采暖地区露天敷设的管道及不设采暖的建筑物室内敷设管道，在冬季停用时或输送较低温度液体时输送液体容易冻结，应采取保温、加热、临时放空等防冻措施。

12.5.2 室外冻土深度以上的埋地给水管道，在冬季管道停用或水流量较少或水温较低时易冻结，造成管道输水能力减小、堵塞或被冻裂，因此，应考虑保温措施。

12.5.3 夏季空气温度高、湿度大，而管道内水的温度相对较低，管道表面易结水露，形成水滴，影响周围环境，因此需采取防结露保温措施。

12.5.4 伴热保温一般分为电伴热、蒸汽伴热。电伴热易实现自动控制，适于控制保温范围较严格的条件，如塑料管道、输送液体恒温的管道等。蒸汽伴热不易实现自动控制，一般适宜金属管道、输送液体对温度要求不太严格的管道等。

12.5.5 长时间停止运行的管道采取放空的措施是最经济、最安全的。

12.5.6 对输送介质温度高于80℃的管道采取保温措施，无论是保温节能还是防止操作，维护人员烫伤都是必要的，设计时必须考虑。

12.6 管 道 防 腐

12.6.1 本条规定钢管、铸铁管埋地敷设或架空敷设均应进行防腐处理。钢管包括普碳钢管、不锈钢管，铸铁管包括给水铸铁管、排水铸铁管。其防腐处理包括镀锌、涂衬防腐材料、电极防腐等。

12.6.2 本条是对管道内防腐的规定。管道内防腐施工难度较大，如在管道安装后进行内防腐处理，其质量很难检测和控制，因此一般宜在管道加工车间完成。

12.6.3 生活水供水管道内防腐材料应满足生活饮用水卫生要求。生产水给水管道内防腐材料不应对水质造成污染，不应因防腐材料脱落而堵塞用户设备，尤其是循环水管道不应采用内衬水泥防腐。

12.6.5 本条是对埋地钢管外表面防腐选材的规定。埋地钢管外表面防腐一般宜采用石油沥青涂料、环氧煤沥青涂料，其防腐等级分为正常防腐层、加强防腐层、特加强防腐层。

12.7 管 道 基 础

12.7.1～12.7.7 本节是对管道基础设计的规定。管道基础一般分为天然地基、砂基础、混凝土基础三大类。设计时应首选天然地基。当遇特殊地质条件（如沼泽、流砂等地基松软严重地段）时，应委托土建专业进行地基加固处理（如采用混凝土基础或桩基加固）。

埋地敷设承插连接管道、设伸缩节管道时，为防止管内水流通过弯头、三通、变径管段等处对管道产生拉力，使接头产生松动脱节现象，应依据管内水流压力、试验压力、地质条件，经受力计算确定是否在管道弯头、三通、变径管段等处设置管道支墩。

中华人民共和国国家标准

城市轨道交通建设项目管理规范

Code of project management for urban rail transit construction

GB 50722—2011

主编部门：中华人民共和国住房和城乡建设部
批准部门：中华人民共和国住房和城乡建设部
施行日期：2 0 1 2 年 6 月 1 日

中华人民共和国住房和城乡建设部
公　告

第1138号

关于发布国家标准《城市轨道交通建设项目管理规范》的公告

现批准《城市轨道交通建设项目管理规范》为国家标准，编号为GB 50722－2011，自2012年6月1日起实施。其中，第3.1.5、6.2.4、6.4.6（3）、8.1.3、8.2.3、10.1.4、18.2.4条（款）为强制性条文，必须严格执行。

本规范由我部标准定额研究所组织中国建筑工业出版社出版发行。

中华人民共和国住房和城乡建设部

2011年8月26日

前　言

本规范是根据住房和城乡建设部《关于印发〈2009年工程建设标准规范制订、修订计划〉的通知》（建标［2009］88号）的要求，由中国土木工程学会和北京城建设计研究总院有限责任公司会同有关单位编制而成的。

本规范在编制过程中，编制组经广泛调查和分析，在基于我国城市轨道交通建设40年经验以及结合"十一五"国家科技支撑计划重点项目"新型城市轨道交通技术"相关成果及政策建议的基础上，最后审查定稿。

本规范共分19章，包括总则、术语、基本规定、项目组织管理、合同管理、勘测设计管理、投资管理、质量管理、技术管理、采购管理、进度管理、施工监理管理、施工管理、工程安全管理、建设风险管理、接口管理、信息管理、系统联调和试运行管理、验收及移交管理。

本规范中以黑体字标志的条文为强制性条文，必须严格执行。

本规范由住房和城乡建设部负责管理和对强制性条文解释，由中国土木工程学会负责具体技术内容的解释。请各单位在执行本规范过程中，注意总结经验，积累资料，随时将有关意见和建议寄交中国土木工程学会（地址：北京市三里河路9号，住房和城乡建设部中国土木工程学会学术部，邮编：100835，传真：010-58933953，E-mail：ccesdaa@163.com）。

本规范主编单位：中国土木工程学会
北京城建设计研究总院有限责任公司

本规范参编单位：北京市轨道交通建设管理有限公司
北京基础设施投资有限公司
北京交通大学
南京地下铁道有限责任公司
广州市地下铁道总公司
上海申通地铁集团有限公司
重庆市轨道交通（集团）有限公司
深圳市地铁集团有限公司
沈阳地铁有限公司
天津市地下铁道集团有限公司
武汉地铁集团有限公司
成都地铁有限责任公司
西安市地下铁道有限责任公司
上海建科建设监理咨询有限公司
福州市城市地铁有限责任公司

本规范主要起草人员：张　雁　冯爱军　王文江
罗富荣　王　灏　梁青槐
余才高　丁建隆　白廷辉
陈小平　陈湘生　仝学让

韩圣章 刘玉华 侯久望
朱开伟 许巧祥 蔡来炳
任 静 李 丹 文 捷
梁立刚 聂英杰 李延川
贺 鹏 戴树森 佟丽华
孙 静 赵每文 李振辉
徐 凌 吴林林 王燕凯
刘延安 孔令洋 陈 峰
李小红 王子甲 张书丰
孙成伟 黄文昕 张 川
应建国 杨洪杰 张志勇
付铁军 刘树亚 高云胜
刘 闯 姚春艳 许燕峰
黄 俊 杨 槐 朱敢平
穆志光 田贵州 郑 峰
徐建平 陈 川 姚春桥
周少东 周华杰 于 波
赖邦蕙 朱俊平 茶静芬
高 巍 陈 中 张 延
谭成中 王鸣晓 白俊峰
王亚红

本规范主要审查人员：施仲衡 焦桐善 徐 波
焦 莹 姚洪伟 陈 斌
张晋勋 张海波 郭建国
陈 硕 李 峰

目　次

Contents

1 总 则

1.0.1 为规范我国城市轨道交通建设项目管理，提高建设项目管理水平，促进建设管理科学化、规范化和制度化，制定本规范。

1.0.2 本规范适用于城市轨道交通工程新建、改建、扩建等项目的建设管理。

1.0.3 城市轨道交通建设项目管理应采用先进的管理技术和管理手段，遵循安全、高效、有序、经济、保护环境和服务运营的原则。

1.0.4 城市轨道交通建设项目管理除应符合本规范外，尚应符合国家现行有关标准的规定。

2 术 语

2.0.1 城市轨道交通建设项目管理 project management of urban rail transit construction

城市轨道交通建设全过程实施的项目管理活动。建设全过程包括项目立项后的前期筹备、勘测、设计、招投标、工程施工、系统联调、试运行、竣工验收等。

2.0.2 业主 proprietor

城市轨道交通项目的出资人。业主负责项目的申报立项工作，并在建设项目全过程中履行出资义务、行使出资人权利。

2.0.3 建设管理单位 construction manager

城市轨道交通建设项目管理的具体承担单位，负责建设项目全过程的项目管理工作。

2.0.4 城市轨道交通建设管理模式 construction management mode for urban rail transit

城市轨道交通投资、建设和运营等管理职能的组织模式，确定了城市轨道交通工程参与各方的定位、权责与相互利益关系，一般可分为专业化和一体化两种模式。

2.0.5 设计总体管理 management of integrated design

设计总体单位受建设管理单位委托，对城市轨道交通项目的总体设计负责并对参与本项目各分项设计单位的设计成果实施技术上的管理与协调。

2.0.6 设计总体单位 integrated designer

建设管理单位通过招标选定的具备设计总体管理职责相应资质、业绩、能力、资源等条件的设计单位，在授权下履行设计总体管理职责。

2.0.7 分项设计单位 sub-designer

承担城市轨道交通项目分项设计任务的设计单位，分项设计内容包括土建工程（车站、区间、轨道、车辆基地等）、系统工程（供电、通信、信号等）、专项设计（标志标识、装修等）、综合性工程（线路、限界、行车组织等）等。

2.0.8 总体设计 general design

在可行性研究报告基础上，对城市轨道交通项目全线控制性方案进行全面研究设计，其具体目标是：落实外部条件、稳定线路站位；明确功能定位，确定运营规模；理顺纵向系统，明确横向接口；统一技术标准，分割工程单元；筹划合理工期，控制投资总额，并最终形成总体设计文件，作为指导城市轨道交通工程开展初步设计的依据。

2.0.9 新技术评估 new technology assessment

对未经权威机构评估认证的城市轨道交通领域的新技术新成果进行评估，包括条件审核、成果技术水平评价、应用价值评价、经济效益评价、社会效益评价、环境效益评价等，以促进该项成果转化和推广应用。

2.0.10 城市轨道交通工程接口 urban rail transit project interface

城市轨道交通工程各系统、各专业之间和各参建单位所承担的设计、施工、制造、安装、调试任务之间的相互关联和影响及其在时间和空间上的交互关系。轨道交通工程接口可分为外部接口与内部接口两类，外部接口是指城市轨道交通工程与外部城市条件的接口关系，内部接口是指城市轨道交通内部各系统间、子系统间、各参建单位间、各建设阶段间的接口关系。

2.0.11 城市轨道交通工程内部接口管理 internal interface management of urban rail transit project

城市轨道交通工程内部接口的协调与管理，包括项目内部不同阶段之间，不同参建单位之间，设计专业之间，设计与施工之间，土建与设备之间，施工、安装与调试之间等，明确接口界面、任务或任务组合的实施顺序，整合城市轨道交通工程多工点、多系统、多专业、多单位的项目管理服务。

2.0.12 城市轨道交通工程外部接口管理 external interface management of urban rail transit project

是指对城市轨道交通工程外部接口的协调与管理，处理协调城市轨道交通工程与城市规划和用地、文物保护、城市交通、城市道路、城市供电、城市给排水、城市环境与景观、城市人防、城市消防、地质与地震灾害、铁路、航空、航运、公路等之间的有效衔接和约束条件，在符合相关法规和城市公共利益基础上，明确项目实施的外部条件和具体要求。

2.0.13 系统联调 system joint commissioning

在城市轨道交通工程单专业系统调试基础上，两个及以上的多专业系统联合调试工作。

2.0.14 试运行 trial running

城市轨道交通工程系统联调结束，冷、热滑试验成功，具备开通基本条件，由建设管理单位组织对设备、设施进行安全测试和调试的不载客的列车运行活动。

2.0.15 工程质量验收 quality acceptance of project

依据相关法规对城市轨道交通工程质量组织的验收。验收内容包括城市轨道交通工程建设项目的建筑工程、桥梁工程、隧道工程、轨道工程、车辆工程、设备系统安装工程等。

2.0.16 工程专项验收 special items acceptance of project

依据相关法规对城市轨道交通工程进行的专项验收，包括城市轨道交通工程建设项目的消防、规划、人防、安全、节能、环保、档案等内容。

2.0.17 工程初步验收 preliminary acceptance of project

在城市轨道交通工程质量由承建单位自检验收合格后，监理单位按照项目竣工验收标准组织的竣工预验收。

2.0.18 项目竣工验收 completion acceptance of project

城市轨道交通项目试运营一年以上并且完成竣工结算、各项专项验收后，由政府主管部门组织进行的项目竣工验收。

2.0.19 建设—移交模式 build-transfer mode

由业主通过公开招标的方式确定工程建设期的项目法人和施工总承包方，由中标人负责项目资金筹措和工程建设，项目建成竣工验收合格后由业主回购，并由业主向中标人支付回购款的一种工程融资建设模式，简称 BT 模式。

3 基本规定

3.1 基本建设程序

3.1.1 城市轨道交通建设项目依据国家基本建设程序，可依序划分为线网规划、近期建设规划、项目可行性研究、工程勘测设计、工程施工、系统联调与试运行、试运营、竣工验收、项目后评价等阶段。其中线网规划、近期建设规划、可行性研究、工程勘测设计、试运营应取得相关政府授权部门的审批或许可。

3.1.2 城市轨道交通项目可行性研究阶段应编制客流预测专题报告，并应依据项目具体情况进行环境影响评价、地质灾害评估、地震安全性评价、土地预审、安全预评价、节能评估等。

3.1.3 城市轨道交通工程设计应依序做好总体设计、初步设计和施工图设计各阶段工作。对工程复杂的项目，可先做试验段工程。试验段工程应在总体设计指导下进行。

3.1.4 城市轨道交通项目竣工验收后，应由地方政府组织后评价。

3.1.5 城市轨道交通项目安全设施必须与城市轨道交通工程统一规划、统一设计、同步建设。

3.2 规　划

3.2.1 城市轨道交通规划和建设应遵从城市总体规划。拟建设城市轨道交通项目的城市（以下简称“拟建城市”）应编制城市轨道交通线网规划，作为城市总体规划的重要组成部分。城市轨道交通线网规划的规划期限应分为两期，近期年限应与城市总体规划年限保持一致，远期宜基于城市总体规划意图下城市的合理发展远景确定。

3.2.2 拟建城市应重视城市轨道交通线网规划的编制和管理工作，发挥规划对城市轨道交通建设项目和城市建设的指导作用，建立健全决策机制。

3.2.3 城市轨道交通线网规划必须与城市综合交通体系规划、城市公共交通专项规划相协调，与城市的经济发展、环境保护、文物保护和防灾减灾等相协调。

3.2.4 城市轨道交通线网规划应与城市地下空间综合开发利用规划相衔接。

3.2.5 城市轨道交通建设项目规划应依据城市轨道交通线网规划编制，规划内容应包括：城市轨道交通建设的远期目标和近期建设规划、线路走向、站点与车辆基地选址、沿线土地利用及用地规划控制、换乘站、枢纽站建设以及与其他交通方式的衔接方案、投资估算及资金筹措方案等。

3.2.6 城市轨道交通建设项目规划应结合城市分区规划编制城市轨道交通沿线土地控制性规划，确定城市轨道交通规划控制界限。

3.2.7 城市轨道交通站点用地规划应根据城市轨道交通线网规划、城市轨道交通建设规划以及预测客流量、换乘需要和用地条件，落实城市轨道交通车辆基地、变电站、控制中心等生产设施用地，做好与换乘枢纽、站前广场等公共交通和公共设施用地的衔接。

3.2.8 城市轨道交通近期建设规划一经审批不得随意变更。当城市轨道交通近期建设规划依据条件发生重大变化确需修改时，应按原程序修编并重新审批。

3.2.9 拟建城市应设立城市轨道交通建设项目规划控制区和特别保护区。在规划控制区内实施工程建设，应依法办理行政许可手续。在特别保护区内，除已经规划批准的或对现有建筑进行改、扩建并依法办理手续的建设工程外，严禁建设一切设施。

3.3 投　资

3.3.1 城市轨道交通的投融资应坚持以政府投入为主，其他投资渠道为辅，因地制宜建立多元化投融资模式，多渠道融资，规范和保障城市轨道交通建设项目资金来源。

3.3.2 地方政府应建立健全城市轨道交通投入、补贴和补偿机制，统筹安排，重点扶持。

3.3.3 城市轨道交通项目业主或受其委托的城市轨道交通线路运营单位在城市轨道交通规划用地范围内，经地方政府批准可享有一定的资源开发权。

3.3.4 城市轨道交通建设项目应制订合理的建设规模、标准和建设时序，防范投融资风险。

3.4 建设管理

3.4.1 拟建城市应根据城市轨道交通近期建设规划及其规模、建设强度、建设管理特点和可利用管理资源等，选择合适的建设管理模式。

3.4.2 城市轨道交通建设项目管理应依据城市轨道交通线网规划，统筹线网资源共享和项目分期实施计划，项目决策、技术标准、投资控制应以线网系统整体最优为目标。

3.4.3 多条城市轨道交通线路同时建设时，业主可结合城市轨道交通近期建设规划、项目投融资安排和地区可利用管理资源，委托一家或多家单位承担建设项目管理任务。当委托多家建设管理单位时，业主应依据城市轨道交通线网规划，明确各建设管理单位的建设分工和工作接口。

3.4.4 城市轨道交通建设项目管理单位应有健全的组织管理体系，对工程建设应实施规范化管理。机构设置可考虑共享和整合多线建设资源。

3.4.5 城市轨道交通建设项目管理应严格执行项目管理程序，管理过程应体现计划、实施、检查、处理（PDCA）的持续改进过程。

3.4.6 城市轨道交通项目业主可根据项目投融资模式、可支配管理资源、项目具体情况和项目管理策划，采用代建、全部或部分工程总承包方式、建设－运营－移交（BOT）、建设－移交（BT）、公私合营（PPP）、设备系统集成等管理方式，委托专业管理机构承担全部或部分建设项目管理工作，其中 BT 工程建设项目管理应符合本规范附录 A 的规定。

3.4.7 建设管理单位可根据单项工程的专业特点和可利用管理资源情况，采用设计施工总承包模式，对设计、采购、施工进行一体化管理，全面控制工程质量、安全、工期和造价。

3.4.8 城市轨道交通建设项目工程勘测、设计、施工、监理、第三方监测等，应选择具备相应资质等级的单位承担。建设管理单位应对勘测、设计、施工、监理、第三方监测等单位进行履约管理。

3.4.9 城市轨道交通建设项目宜与城市公共交通建设统筹进行，其规划配套的市政道路工程应与城市公交场站改造、交通枢纽等工程有机协调。

3.4.10 对运营中的城市轨道交通进行扩建、改建和设施改造时，应制订安全防护方案，经专家论证后报行政主管部门审批。

4 项目组织管理

4.1 一般规定

4.1.1 城市轨道交通建设项目管理应实行法人责任制，对建设项目全过程负责。

4.1.2 城市轨道交通建设项目管理单位应依据项目性质、复杂程度、建设需求和专业能力以及项目发包模式等确定项目管理组织机构。项目管理组织机构应满足城市轨道交通建设项目启动、勘测设计、施工安装、调试验收等全过程的组织管理需要，满足建设项目质量、安全、进度、投资等有效控制的总体要求。

4.1.3 建设管理单位应根据城市轨道交通建设项目的总体目标，选择勘测、设计、施工、设备供应、监理等单位，通过合同约束体系，有机整合各参建单位，形成协调一致的目标体系和组织体系。

4.1.4 建设管理单位可根据项目需求和自身实际情况，委托具备相应业绩资质的咨询机构提供技术和管理支持或承担部分项目管理职责。

4.1.5 城市轨道交通工程项目的各参建单位应依据项目管理要求，建立相应的项目管理组织机构。

4.2 管理职责分工

4.2.1 城市轨道交通建设项目各参建单位应依据项目总体目标，通过合同纽带形成协同合作机制。

4.2.2 各参建单位职责应符合下列规定：

1 建设管理单位作为城市轨道交通建设项目管理实施主体，应全面负责工程建设，履行建设项目法人全部职责；

2 监理单位应依据监理合同中建设管理单位授予的权力行使职责，在项目实施全过程公正、独立地开展监理工作；

3 勘测设计单位应根据建设管理单位的委托，负责项目勘测、项目规划、项目设计的一项或多项工作，为项目提供合同约定的服务；

4 施工单位应根据建设管理单位的委托，按合同规定的工作范围、技术规范、设计要求及进场后呈交并经监理单位批准的施工组织设计，负责组织现场施工，在合同工期内完成承担的任务；

5 设备、材料供应商必须遵守各项法律、法规、规章和标准，应按照采购合同的约定，按需提供数量、质量满足要求的产品及相关服务；

6 检测、监测单位必须遵守各项法律、法规、规章和标准，应按照合同的约定客观、公正、及时、准确地提供检测、监测服务。

4.2.3 受委托的专业管理机构承担建设管理单位部分管理职责时，应依据委托服务合同约定范围及内容提供项目管理服务。

4.2.4 各参建单位应根据所承担的业务成立项目管理组织机构。项目管理组织机构的组织形式和规模应根据委托合同规定的服务内容及期限、规模、技术复杂程度、工程环境等因素确定。项目管理组织机构人员配置应按专业配备，数量应满足工作需要。

4.3 组织机构

4.3.1 工程项目的各参建单位应遵循以下原则建立自身的项目管理组织机构：

1 职能明确，可为项目提供相互协同的全方位服务；

2 组织构架科学、合理，与所需履行的职能相适应；

3 人员应符合相应从业要求；

4 项目组织机构应得到派出组织授予的与其职能需要相适应的权力；

5 项目组织机构应有明确的管理目标，所有岗位应有明确的责任；

6 项目组织机构应保持相对稳定，并根据实际需要作相应调整。

4.3.2 在项目的实施过程中，建设、监理、勘测、设计、施工等单位均应建立项目经理（总监）负责制。项目经理（总监）应具有5a以上城市轨道交通或相近项目管理或专业服务经验和相应执业资格。建设管理单位的项目经理宜具有大型项目管理经验。

5 合同管理

5.1 一般规定

5.1.1 城市轨道交通建设项目应针对招投标和合同的签订、审查、授权、变更、备案、履行、纠纷处理、后评价等制订相应的管理制度或办法。各参建单位应设立专门机构和配备专业的合同管理人员负责合同管理工作。

5.1.2 城市轨道交通工程招投标工作应遵循公开、公平、公正、科学、择优的原则选择参建单位。

5.1.3 城市轨道交通建设管理单位应本着平等互信的原则与其他参建单位订立书面合同。合同中必须明确约定双方的权利、责任和义务，合同的履行、变更、索赔、转让和终止应严格按约定执行。

5.2 招标管理

5.2.1 城市轨道交通工程勘测、设计、施工、监理以及物资、设备等采购，应依法进行招标。任何单位和个人不得将依法必须招标的城市轨道交通项目以任何理由或形式规避招标。

5.2.2 建设管理单位可根据自身管理需要，委托具备相应资质的招标代理机构承担招标工作。不具备国家招标法律规定条件的建设管理单位，必须委托具有相应资质的招标代理机构承担招标工作。

5.2.3 建设管理单位宜设立招标领导小组，领导建设管理单位的招标工作，其职责主要包括：

1 审批招标代理合同；

2 审批招标范围及招标方式、标段划分；

3 审批招标公告；

4 审批资格预审文件、招标文件；

5 确定招标人参加评标的代表名单；

6 确定招标控制价或标底；

7 确定中标人。

5.2.4 建设管理单位应根据专业特点、工期目标、自身管理模式等因素制订招标方案，明确标段划分、接口界面、招标方式和时序。标段的划分应综合考虑方便建设管理、减少管理接口、有利于吸引潜在投标人、便于市场竞争等因素。

5.2.5 招标人应根据招标项目的特点和需要，按下列要求编制招标文件：

1 招标文件应包括招标内容的技术要求、工期、对投标人资格审查的标准、投标报价要求和评标标准等所有实质性要求和条件以及拟签订合同的文本；

2 招标文件应明确招标工程的建设风险管理要求、工程重要风险因素、各方应承担的工程风险管理责任等；

3 招标文件技术规定应依据施工图设计文件或批准的初步设计文件编制。

5.2.6 评标标准应包含对投标单位的安全质量管理体系及措施、环境保护及文明施工体系及措施、风险评估及处置措施、专项方案、主要机械设备配置、项目组织机构及主要人员配置等评价因素。

5.2.7 城市轨道交通工程投标单位应具备下列基本条件：

1 工商行政管理部门核发的营业执照，具有独立法人资格，有符合国家规定的注册资本；

2 具有从事城市轨道交通建设活动相应的资质证书，并在其资质等级许可的业务范围内承揽工程；

3 执业资格和相关业绩的人力资源配置数量应符合相关规定；

4 具有从事相关城市轨道交通建设活动应有的技术装备；

5 法律、行政法规规定的其他条件；

6 招标单位对投标单位的其他要求。

5.2.8 投标单位应按照招标文件的要求编制投标文件。投标文件应对招标文件提出的要求和条件作出实质性响应，提出针对招标工程建设风险管理的主要措施。

5.2.9 措施项目清单中的安全文明施工费、农民工工伤保险不得作为竞争性费用。

5.2.10 评标委员会应按照招标文件规定的评标标准对投标文件进行评审，推荐中标候选人。招标人应依照评标办法确定中标人。

5.3 合同管理

5.3.1 城市轨道交通建设管理单位应组织对招标文件中的合同文本内容进行评审。

5.3.2 建设管理单位宜依据国家或省、自治区、直辖市规定的标准（示范）合同文本，结合自身建设管理情况和参建方合同特点，制订合同文本格式。

5.3.3 合同谈判应遵循平等公正、诚实信用、互惠互利的原则。中标项目的合同谈判不得再行订立背离合同实质性内容的其他协议。

5.3.4 合同各方应根据城市轨道交通项目周边环境、项目本身复杂性、系统性、工期目标等制订合理的实施计划，并与安全管理、质量管理、风险管理、进度管理、现场管理和档案管理协调一致。

5.3.5 建设管理单位宜针对勘测、设计、监理、施工、设备采购安装、物资供应等参建单位，就工程安全、质量、进度、现场及风险管理等方面建立符合实际情况的动态履约管理制度。

5.3.6 合同各方应建立合同档案、台账、报表等管理制度，采用信息化管理手段，提高合同信息共享水平。

5.3.7 建设管理单位应严格按合同约定支付建设资金，与参建单位签订资金监管协议。参建单位对建设资金宜专户存储、专款专用。

5.3.8 建设管理单位应及时按合同约定支付施工单位安全防护、文明施工措施费和工伤保险费。施工单位不得挪为他用。

5.3.9 合同各方应公正、客观、及时对工程变更事项或者合同约定允许调整的内容进行记录并履行书面确认手续。涉及工程价款调整的，建设管理单位和其他参建单位应及时确认相应的工程变更价款。

5.3.10 城市轨道交通建设管理单位应制订结算管理办法，合同各方应在约定的期限内完成竣工结算资料的编制，按规定进行竣工结算。对结算价款有争议的，应按合同约定方式处理。

5.3.11 城市轨道交通项目业主应编制项目竣工决算。

5.4 变更管理

5.4.1 项目合同文件应明确变更管理的相关条款，规定变更的内容及范围、申请、审批及合同金额调整原则，明确计量规则和计量程序。

5.4.2 建设管理单位应制订工程变更管理办法，明确工程变更的分类、分级原则，审批流程及变更时限等管理要求。

5.4.3 当合同一方提出工程变更申请时，应明确工程变更的原因、变更方案、变更费用以及对其他参与方和后续工程的影响。

5.4.4 新增工程和初步设计文件重大变化引起的变更应报原初步设计审批单位批准。

6 勘测设计管理

6.1 一般规定

6.1.1 城市轨道交通项目勘测设计必须贯彻安全可靠、节能环保、防灾减灾的建设理念，使用先进、成熟、经济、适用、可靠的技术、工艺、设备和材料。

6.1.2 城市轨道交通建设项目必须遵守先勘测、后设计、再施工的建设程序。

6.1.3 勘测设计单位应建立健全质量保证体系，落实执业人员质量责任制，实行勘测设计文件逐级校审制度，对其成果质量负责。

6.1.4 建设管理单位应保证勘测设计工作具有合理的工作周期。

6.1.5 建设管理单位应委托具有资质的单位分阶段提供相应精度的地形、沿线构筑物及管线资料。对工期跨度长、现场发生较大变化的情况应及时补充资料。

6.1.6 城市轨道交通运营单位应参与规划、设计工作，从线路服务功能定位和运营需求出发提出设计要求和方案改进建议。

6.2 勘察管理

6.2.1 勘察单位应编制勘察大纲，建设管理单位应对勘察大纲及勘察成果组织审查。

6.2.2 建设管理单位可委托具备相应勘察资质和经验的独立第三方单位，对勘察过程实施监督管理，统一勘察报告的编制细则，协助建设管理单位对勘察工作进行监督、检查，对勘察资料进行验收，对实际完成的工作量进行审核。

6.2.3 城市轨道交通工程勘察应实行综合勘探，采用多种地质勘探方法，采取相互验证和综合分析方法，提高和保证工程勘察质量。

6.2.4 详勘成果必须由建设管理单位送审查机构审查。未经审查通过不得作为施工图设计文件依据。

6.2.5 受场地环境制约难以实施勘察的地段，建设管理单位应加强施工阶段的勘察组织工作。

6.2.6 建设管理单位应在初步设计前，委托相关单位对项目沿线进行周边环境调查，并对沿线的构筑物、管线、铁路、桥涵等开展详查工作。

6.2.7 对特殊、复杂的地质条件应进行专项勘察，施工配合过程中应加强设计变更的地质补充勘察工作。

6.3 测量管理

6.3.1 建设管理单位应对测量技术方案进行审查并提出要求。

6.3.2 测量工作应确保全线建筑物、构筑物、设备、管线安装按设计准确就位，在线路上不产生因施工控制测量、放样测量超差而引起修改线路设计、降低行车运营标准的事故。

6.3.3 测量工作应建立完整的质量保证体系，保证工程的空间位置正确以及与相邻工程贯通准确。

6.3.4 对于土建工程的贯通测量，应满足工程时序的需求，出现分段测量时应保证衔接处的贯通条件。

6.3.5 施工单位、监理单位、建设管理单位应实行多级核查制度，严格控制影响隧道贯通的检测误差。

6.3.6 对各线衔接和换乘处，应控制各线控制网的衔接误差。

6.3.7 施工单位、监理单位、建设管理单位应严格执行交接桩制度，签署交接桩文件纪要。

6.3.8 对于含有预留工程的项目必须进行相关复测，保证线路顺接。对于地形图中不准确的点或距离较近的风险点，应根据实际情况进行必要的复测。

6.3.9 测量工作必须遵循测量成果的复核制度。参与城市轨道交通工程建设的施工单位、监理单位、业主委托的专业测量队及其他有关单位，都必须遵守复核制的基本规定。

6.4 设计管理

6.4.1 城市轨道交通项目设计宜分为总体设计、初步设计、施工图设计和施工配合四个阶段。

6.4.2 设计管理应贯穿项目全过程，从质量、安全、进度、投资等方面对设计、施工、现场服务、竣工验收等方面实行控制。

6.4.3 建设管理单位可根据自身管理情况，自行或委托具备城市轨道交通相应设计管理经验和资质的专业设计咨询机构行使设计管理职权，对委托范围内设计方案的形成过程和成果文件进行咨询审查，对设计接口进行协调管理。

6.4.4 设计管理可采用设计总体管理模式，其中各有关单位的设计管理职责应包括下列内容：

1 建设管理单位应对工程设计过程实行全面管理，督促设计与咨询工作的开展，对设计全过程进行有效控制；

2 设计总体单位应负责统一全线工程技术标准和专业及系统名称，审查分项设计单位方案及成果文件，建立接口管理规章制度，明确相应的责任单位、责任人员与设计工作程序；

3 设计咨询单位负责对委托范围内设计方案的过程和成果文件进行咨询；

4 分项设计单位应服从建设管理单位和设计总体单位的管理和协调，对本单位提交的设计成果文件负责；

5 当采用BT模式将部分工点或系统施工图设计和工程施工捆绑招标时，中标人应委托具有相应资质的设计单位完成BT范围内施工图设计，工点或系统设计单位应服从建设管理单位、设计总体单位和设计咨询单位的管理。

6.4.5 设计总体单位应建立健全信息管理的有关规章制度，制订项目设计文档管理规定，规范设计和管理过程中产生的文件标识、审批和档案管理。技术指令与技术信息的传递与反馈应清晰、流畅、可追溯。

6.4.6 设计质量控制应符合下列要求：

1 设计单位应落实质量控制的组织措施、技术措施，明确各级质量责任，采取有针对性和具体可行的办法保证设计质量始终处于受控状态；

2 初步设计文件应报送政府主管部门审查，审批意见作为下阶段设计工作的依据。专项和重大设计方案应通过专家审查或报送政府主管部门审查；

3 建设管理单位必须委托具有施工图审查资质的单位对施工图设计文件进行审查；

4 各设计单位在初步设计阶段，应根据需要充分考虑重大风险因素对方案的影响，在施工图设计阶段应结合风险分析报告提出控制措施，通过由建设管理单位组织的评审后，在施工图设计过程予以实施；

5 在初步设计阶段或工程开工前，建设管理单位应委托具有相应资质的单位，编制项目的市政管线综合和交通导改方案，并通过相关评审。

6.4.7 设计进度控制应符合下列规定：

1 设计总体单位应根据项目工期目标、可行性研究报告批复意见和工程总策划、建设管理单位一级计划，编制项目设计综合计划，明确各方的进度目标和关键节点；

2 各分项设计单位应依据建设管理单位批准的项目设计综合计划，编制设计详细计划；

3 设计总体单位应通过设计例会、设计巡检等方式动态检查项目设计综合计划的执行情况。当变更项目设计综合计划确定的进度目标和关键节点时，应报建设管理单位批准。

6.4.8 采用设计总承包或勘测设计总承包模式时，总承包单位应承担设计总体单位的管理权责。

6.4.9 采用新结构、新材料、新工艺的建设工程设计方案，应通过专项审查。

6.4.10 因特殊原因无法满足现行规范要求的设计方案，必须进行性能化分析，经专项评审通过并报政府主管部门备案后方可实施。

6.4.11 设计变更应遵照项目变更管理制度严格控制。设计变更成果文件应满足项目批准的初步设计方案和功能目标要求，不得降低项目的整体功能、质量和服务水平。

6.4.12 建设管理单位应在项目建设各阶段组织相关设计单位、设备供应商、系统集成商、施工单位、运营筹备人员等定期进行设计联络，确认系统功能和技术参数、技术方案、接口方案、检测标准及各种计划安排，实现系统内外部协调。

6.4.13 设计单位应在项目施工过程中落实设计服务，及时解决与设计方案有关的问题，配合建设管理单位完成竣工验收和运营移交。

6.4.14 设计单位应对设计质量和设计服务进行回访，积极配合相关部门开展项目后评价工作，提供设计资料及依据。

7 投 资 管 理

7.1 一 般 规 定

7.1.1 城市轨道交通项目应按照决策科学、程序规范、资金可控和责任明确的要求，全过程实施投资管理。

7.1.2 各参建单位应通过合同建立、健全项目投资管理的责任体系，明确参建各方投资管理分工和权责关系，将项目投资管理的目标具体分解落实到项目的各阶段和各责任主体，实现过程监控。

7.1.3 投资管理的目标是应在实现项目运营功能及技术标准的前提下，合理反映项目真实投资需求，挖掘项目投资节约潜力，实现合理的功能价格比，提高经济效益。

7.1.4 项目投资管理应遵循以下原则：

1 全过程、分阶段管理原则：围绕项目生命周期成本发生规律，从项目投资决策、规划设计、工程施工、竣工验收等不同阶段全过程进行管理，重视项目早期投资的优化控制；

2 限额设计原则：根据上一阶段投资管理活动成果确定的投资目标，遵循安全第一、标准适度、经济合理的原则开展设计工作，通过多方案经济比选、设备选型分析等手段，控制项目设计投资目标范围；

3 项目核算与责任考核原则：建立以项目阶段为核心的目标成本责任制度，实行项目成本的独立核算和考核。建立项目投资控制目标，保证项目投资的合理性；

4 全生命周期成本合理原则：项目全寿命周期成本包含建设期投资和运营期费用，设计优化和方案技术经济比选不应以建设投资最低为优，应以全生命周期成本合理为原则开展。

7.2 投资管理措施

7.2.1 建设项目规划阶段应重视投资控制，合理控制投资强度，积极推进线网资源共享方案的研究和实施，保证规划方案的稳定，做好用地控制和工程预留，提高投资管理质量。

7.2.2 项目前期研究阶段应合理确定项目定位和总体功能，遵循“安全可靠、功能合理”的原则，严格控制项目规模和设备系统标准，优先选用国产车辆和机电设备。

7.2.3 项目各阶段投资成果应与规划设计工作深度相适应，符合城市轨道交通工程建设项目、工程造价构成和工程造价管理的要求，完整反映建设项目范围内工程建设项目全过程所需的全部费用，包括工程费用、工程建设其他费用、预备费用和专项费用。

7.2.4 项目投资应合理反映项目真实投资需求，明确项目投资的范围、与相关项目的投资界面，合理安排城市轨道交通线网资源共享工程的实施计划和投资摊销。

7.2.5 初步设计概算编制应符合城市轨道交通工程建设项目、工程造价构成和工程造价管理的要求，有利于合理确定和有效控制城市轨道交通工程造价。初步设计概算编制范围应与建设项目投资范围一致，完整反映设计范围内工程建设项目全过程所需的全部费用。经批准的初步设计概算，应是确定和控制项目投资、编制建设计划的主要依据。

7.2.6 项目招标应编制合理的评标规则，依据工程总体计划编制合理招标的招标计划，严格按照招标计划公开、公平、公正选择承包商。

7.2.7 项目施工阶段投资管理应以合同为基础，通过严格的合同控制及工程变更管理、合理的施工组织优化、有效的工程安全管理及风险管理等措施，对承包商进行管理。

7.2.8 项目施工阶段建设管理单位应建立完整的计量规则和计量支付程序，合理安排项目进度计划和投资计划，优化配置各类资源，严格变更管理，采用动态管理方式控制投资。

7.2.9 建设管理单位可根据自身管理能力、工程安全、对市场价格的把握程度，对关键材料和设备进行自行采购。甲供材料的范围、供应管理方式和管理权责分工应在招标文件和合同中明确规定。

7.2.10 工程竣工验收报告完成后，施工等单位应在规定的时间内向建设管理单位递交工程竣工结算报告及完整的结算资料。建设管理单位应依据合同约定和履约情况客观、公正、合理做好工程结算，严格控制工程合同外费用。

7.2.11 建设管理单位可委托工程造价咨询公司，部分或全过程参与项目投资管理活动。

8 质 量 管 理

8.1 一 般 规 定

8.1.1 城市轨道交通建设项目各参建单位应建立健全质量管理体系，落实并承担相应的工程质量责任。

8.1.2 城市轨道交通建设项目应推行科学的质量管理方法，采用先进的科学技术、健全的质量保证体系，建造优质工程。

8.1.3 城市轨道交通建设项目工程完工后，建设管理单位应组织验收。未经验收或验收不合格的工程不得交付使用。

8.1.4 城市轨道交通建设项目应实行质量保修制度。

8.2 质量管理措施

8.2.1 城市轨道交通建设项目各参建单位应完善质量管理体系，设立专职管理部门或专职人员，确保项目质量管理体系有效运行。

8.2.2 城市轨道交通建设项目各参建单位，应根据质量管理职责设置质量控制点，确定重点控制对象。对关键部位或薄弱环节，应提出针对性措施予以解决。

8.2.3 建设管理单位在取得施工许可证或者开工报告前，应到建设行政主管部门办理工程质量监督手续。

8.2.4 建设管理单位提供的工程地质和水文地质资料、工程周边环境资料应满足设计要求。勘察、设计、施工、监理、建筑材料与构配件生产和设备供应、监测、质量检测单位必须具备相应的资质，相关专业人员和管理人员的配置应满足城市轨道交通工程建设要求。

8.2.5 城市轨道交通工程各参建单位应及时收集、整理建设项目各环节的文件资料，建立、健全建设项目档案。在建设工程竣工验收后，建设管理单位应组织相关参建单位向建设行政主管部门、其他有关部门移交建设项目档案和竣工验收备案文件。

8.2.6 勘察单位应加强勘察过程的质量控制，健全勘察报告的审核会签制度，参与图纸会审和做好勘察报告的技术交底工作，对勘察质量负责。

8.2.7 设计单位应依据地质勘察报告和合同进行设计，参加设计交底和配合服务，对设计质量负责。

8.2.8 监理单位应对工程项目质量进行全面的监督、检查，坚持事前控制的原则，对工程项目施工全过程实施质量控制，对监理质量负责。当发生质量事故时，应报告建设管理单位，督促施工单位及时采取措施，控制影响范围和影响程度。

8.2.9 施工单位应建立完善质量安全保证体系，严格按照设计图纸施工，对施工质量负责。

8.2.10 建筑材料与构配件生产和设备供应单位应提供满足要求的合格产品。

8.2.11 监测、质量检测单位应对监测、检测报告的真实性和准确性负责。

9 技术管理

9.1 一般规定

9.1.1 城市轨道交通建设项目技术管理内容可包括技术审查、标准化管理、新技术评估与应用。

9.1.2 技术管理应以资源节约、建设及运营安全、运营服务水平提高为原则，加强高效、节能、环保等方面的技术创新和新技术应用，提高城市轨道交通总体技术水平。

9.1.3 城市轨道交通建设项目技术管理应贯穿项目前期研究、勘察、设计、施工等建设全过程。

9.1.4 建设管理单位应牵头成立以总工程师或技术主管领导为首的技术管理决策机构，负责本项目的重大技术决策。

9.1.5 建设管理单位可委托专业咨询机构提供技术决策咨询，代为行使部分技术管理职责。

9.2 技术审查管理

9.2.1 技术审查可分为方案审查和图纸审查。建设管理单位应建立各阶段的技术审查制度，规范审查流程、审查深度等管理要求，组织工程建设各阶段的技术标准、方案和成果审查，报建设主管部门审查备案。

9.2.2 技术管理决策机构应负责对项目重大技术问题解决方案及重大安全风险处置措施进行论证、作出决策。

9.3 标准化及标准设计管理

9.3.1 建设管理单位应制订标准化管理办法，有序推进标准化工作，逐步总结和建立标准化成果体系。项目设计应优先选用成熟的标准化设计成果。

9.3.2 建设管理单位可组织或委托制订项目的相关专项技术标准，报地方主管部门备案后执行。

9.4 新技术评估与应用

9.4.1 城市轨道交通建设应采用经过评估认定的新技术、新材料、新设备、新工艺。

9.4.2 新技术评估应对该项成果技术水平和应用价值作出评价，包括经济效益、社会效益、环境效益等。

9.4.3 在工程规划、勘察、设计、施工、车辆与设备选型以及运营实施过程中，宜结合项目情况优先采用政府有关部门已发布的城市轨道交通专项技术。

10 采购管理

10.1 一般规定

10.1.1 城市轨道交通项目采购管理应遵循公开、公平、公正和诚实信用原则。

10.1.2 采购单位应制订采购管理制度，明确采购管理部门、责任和分工等。

10.1.3 采购单位应采用公开招标、邀请招标以及政府管理部门允许的其他方式采购。

10.1.4 采购的产品必须符合职业健康安全和环境管理要求。

10.2 采购管理措施

10.2.1 建设管理单位应规范采购流程，并应包括下列内容：

1 明确采购项目的基本功能和性能要求、产品说明、采购分工及有关责任；

2 进行采购策划，编制采购计划；

3 确定采购方式；

4 对采购项目的供方进行评审；

5 确定供方；

6 签订采购合同；

7 验收、移交采购项目，包括采购资料；

8 采购资料归档。

10.2.2 建设管理单位应根据工期和相关接口专业的工期要求，制订采购计划目标节点。

10.2.3 城市轨道交通项目采购可结合建设规划和各线路设计工作进展，对设计标准一致、成熟可靠的设备采取集中采购。

11 进度管理

11.1 一般规定

11.1.1 城市轨道交通项目应建立适合自身特点的进度计划管理体系，推行计划分级制度。各级计划应相互衔接，下级计划支撑上级计划工作细化。

11.1.2 建设管理单位应根据工程实际情况制订进度管理制度，明确进度管理的责任部门、管理目标、工作流程等。在初步设计前应依据项目可行性研究报告批复意见，制订项目的详细工程筹划，明确总进度目标、总工期，制订总进度计划。

11.1.3 各参建单位应根据项目进度控制目标，编制实施性进度计划。当进度计划难以实现时，应及时调整、变更计划。

11.2 进度计划的编制

11.2.1 建设管理单位应根据工程筹划的具体要求制订总进度计划。项目总进度计划应明确整个项目的总进度目标、年度计划目标、重大控制性节点目标。

11.2.2 建设管理单位应组织建立项目的工作分解结构框架，明确各参建单位的工作接口。

11.2.3 各参建单位应根据项目总工期、合同工期要求，综合考虑前期准备工作和外部接口等控制因素，编制可实施性的总进度计划和年度计划以及便于操控的季度和月度生产计划，报建设管理单位批准后执行。

11.2.4 进度计划编制应遵循以下原则：

1 应确保项目的质量、安全、进度、成本费用等各项目标的实现；

2 应根据工程总体筹划、合同工期要求与各阶段不同侧重点，结合在建工程进展情况，遵循科学、合理、均衡的原则，制订分期、分段进度计划；

3 应依据资源环境及内外部约束条件，确保工期满足合同要求；

4 进度计划的编制宜以工作任务逻辑关系、估算时间、资源储备情况、关键时间节点或主要工期节点等为依据安排。

11.2.5 进度计划应根据本地实际情况遵循下列程序制订：

1 收集编制依据；

2 确定进度计划的目标、性质和任务；

3 进行工作分解及任务描述；

4 确定工作的起止时间及工期节点、关键线路；

5 处理各工作之间的逻辑关系；

6 编制横道图或网络图进度表；

7 编制进度说明书；

8 编制资源需要量及供应平衡表；

9 上报审核批准。

11.3 进度控制

11.3.1 建设管理单位应以批准的进度计划、进度报告、工程变更、进度调整计划实施工程进度动态控制。

11.3.2 各参建单位应按进度计划的要求定期进行执行情况自检，并编制进度检查报告。报告应包括以下内容：

1 进度执行情况的综合描述；

2 实际进度图；

3 进度偏差状况以及导致偏差的原因分析；

4 解决问题的措施；

5 计划纠偏建议。

11.3.3 特殊情况下，进度计划确需调整时，相关参建单位应编制项目进度调整计划和相关说明文件，上报原进度计划审批单位批准后方可执行。

12 施工监理管理

12.1 一般规定

12.1.1 城市轨道交通建设项目应委托具有相应资质的监理单位进行监理。监理合同应采用书面形式，建设管理单位应及时将合同内容书面通知施工单位及相关单位。

12.1.2 城市轨道交通工程施工监理应实行总监理工程师负责制。

12.1.3 监理单位在履行委托监理合同的义务期间，应公正、独立、自主地开展监理工作，在合同约定范围内为建设管理单位提供技术、经济、法律等方面的咨询意见，全面维护建设管理单位委托项目各方的合法权益。

12.1.4 监理单位应设立项目监理机构，对所监理工程的施工质量、进度、造价进行控制，对合同、信息进行管理，对安全生产管理进行监督，协调工程建设相关各方的关系。

12.1.5 项目监理机构的组织形式和规模，应根据监理合同规定的服务内容及期限、工程类别及规模、技术复杂程度、工程环境等因素确定。人员配置应按专业配备，人员素质、数量应满足合同要求。监理人员调整应征得建设管理单位同意并按合同相关规定办理变更手续后方可实施。

12.2 施工准备阶段管理

12.2.1 城市轨道交通建设项目应根据委托监理合同的约定，配备满足监理工作需要的常规检测设备和工具。

12.2.2 在签订委托监理合同及收到设计文件后监理单位应编制监理规划及监理实施细则。

12.2.3 建设管理单位应审查监理单位报送的监理规划及监理实施细则。

12.2.4 建设管理单位应督促监理单位制订工程监理报告制度，及时处理监理报告所反映的问题。

12.2.5 监理单位应参加勘测设计技术交底，对勘测设计技术问题提出书面意见和建议，对勘察设计技术交底会议纪要进行签认。

12.2.6 监理单位应熟悉设计原则、设计图纸及安全、质量要求。

12.2.7 监理单位应审查施工单位、分包单位资质和安全生产许可证，审批施工单位提出的施工组织设计、安全技术措施、施工技术方案、施工进度计划和建设风险管理措施等。审查结果应书面报送建设管理单位核准。

12.2.8 监理单位应全面掌握现场及周边环境情况，审查地下管线建（构）筑物保护方案，对不利因素进行初步判别并督促施工单位对可能影响施工的各类地下管线、高压输电设备及其他不利因素进行核查。

12.2.9 监理单位应及时审核施工单位编写的开工报告，检查施工现场施工条件、所需资源、安全等措施落实到位。

12.2.10 监理单位应参加工程测量的领桩、交桩工作，组织测量工程师对工程控制桩进行校核并记录，督促施工单位落实保护措施。

12.2.11 监理单位应监督和审批施工单位根据工程实际制订的工程检验批划分，组织施工、设计、设备集成（供货）等单位对验收标准中未包含的新设备系统或新设施进行工程验收划分，报建设管理单位核准。

12.2.12 监理单位应根据城市轨道交通工程特点制订工程例会、专项检查等管理制度。

12.2.13 监理单位应就施工质量、安全、进度、文明施工、档案资料、文件流转等监理控制程序和要求向施工单位等进行交底，并做好会议记录。

12.3 施工阶段管理

12.3.1 建设管理单位应指定专人通过现场巡视、检查、资料查阅等方式对监理单位的监理工作进行检查。

12.3.2 建设管理单位应对监理单位工程质量控制工作进行以下检查：

1 工程项目开工前，监理单位应及时审查施工单位报送的工程开工报审表及相关资料，具备开工条件时，由总监理工程师签发，并报建设管理单位核准；

2 监理单位应要求施工单位按照批准的（或经过修改后重新批准的）施工组织设计（方案）组织施工。当施工单位调整、补充或变动施工组织设计时，应经专业监理工程师审查、总监理工程师签认后方可实施；

3 监理单位应要求施工单位及时报送重点部位、关键工序的施工工艺和确保工程质量的措施，经审核同意后予以签认；

4 监理单位应对施工单位采用新材料、新工艺、新技术、新设备组织专题论证，经审定后予以签认；

5 监理单位应对施工过程中的施工测量放线成果进行复验和确认，对施工单位的自有或外委试验室进行考核，对施工单位拟进场工程材料、构配件和设备清单及其所列的规格和质量证明资料进行审核，对工程使用的材料、构件和设备质量的检查、见证取样或平行检测资料应及时、齐全；

6 监理单位应对现场使用的施工机械设备的性能和数量进行严格把关，严格执行报审制度，严禁不合格施工机械设备进入施工现场；

7 监理单位应安排监理人员对施工过程进行巡视和检查。对隐蔽工程的隐蔽过程、下道工序施工完成后难以检查的重点部位，应安排监理人员进行旁站。建设管理单位应对巡视、检查、旁站记录进行抽查；

8 监理单位应组织监理人员对分项、分部、单位工程质量及时进行验评；

9 监理单位应按合同要求对施工过程中出现的质量缺陷、重大质量隐患、可能造成质量事故或已经造成质量事故进行调查、处理，并对处理结果进行跟踪检查和验收。

12.3.3 监理单位应对城市轨道交通工程重大风险部

位、关键工序节点进行检查，检查验收通过后方可进行下道工序。

12.3.4 工程施工出现工程质量安全问题或事故，需要停工处理时，总监理工程师应按照监理合同和其他有关合同的约定，在征得建设管理单位同意后签发工程暂停令，并根据停工原因的影响范围和影响程度，确定工程项目停工范围。当工程具备复工条件时，总监理工程师应及时签署工程复工报审表，指令施工单位恢复施工。

12.3.5 建设管理单位应重点对监理单位在工程投资控制方面的工作进行以下检查：

1 监理单位应按施工合同约定的工程量计算规则和支付条款进行工程量计量和工程款支付；

2 监理单位应依据施工合同有关条款、施工图，对工程项目造价目标进行风险分析，制订防范性对策；

3 监理单位应从投资、项目的功能要求、质量和工期等方面审查工程变更方案，在工程变更实施前应与建设管理单位、施工单位协商确定工程变更的价款。

12.3.6 建设管理单位应重点对监理单位在工程进度控制方面的工作进行以下检查：

1 监理单位应根据施工合同规定的期限，对施工单位编制、报送的施工总进度计划、年、季、月度施工进度计划进行审批。监理单位审批的重点应是承包单位实施计划的能力以及施工时间安排的合理性；

2 监理单位应对进度计划实施情况进行检查、分析。当实际进度符合计划进度时，可要求施工单位编制下一期进度计划；当实际进度滞后于计划进度时，应书面通知施工单位采取纠偏措施并监督实施；当实际进度严重滞后于计划进度时，应及时与建设管理单位商定采取措施；

3 监理单位应依据施工合同有关条款、设计文件及经过批准的施工组织设计制订进度控制方案，对进度目标进行风险分析，制订防范性对策，报送建设管理单位。

12.3.7 在安全、文明施工管理方面，建设管理单位应要求监理单位必须按有关规定、条例以及建设管理单位对安全文明施工生产的要求，对整个施工过程的安全、文明施工进行检查督促，定期向建设管理单位书面报告所监理标段的安全、文明施工生产情况。对监理单位的重点检查工作如下：

1 监理单位应制订健全的安全监督机制、配备专业的安全管理人员，进行定期、不定期的安全检查，发现安全隐患应根据有关规定进行整改或停工处理；

2 监理单位应审核承包人上报的各项施工组织设计及文明施工和环境保护方案，杜绝安全隐患、减小工程对周边环境的影响。

12.3.8 在施工过程中，监理单位应召开定期工地例会及不定期的专题会议，及时解决施工过程中的各种问题。会议纪要应由监理单位负责起草，经与会各方代表会签后存档。

12.4 工程竣工阶段管理

12.4.1 监理单位应对施工单位报送的竣工资料进行审查，组织工程初步验收，参加工程质量验收和专项验收，督促施工单位对验收存在的问题进行整改销项，检查并形成整改销项报告。

12.4.2 建设管理单位在工程竣工阶段应督促监理单位在验收前做好监理竣工档案资料的整理。竣工验收时，建设管理单位应要求监理单位审查施工单位提交的交工文件、督促施工单位整理合同文件和工程档案资料，填写竣工资料监理审查意见单，按要求对监理工程档案资料进行整理。

12.4.3 在工程竣工验收阶段，监理单位应提交工程质量评估报告，参加工程竣工验收。对竣工验收中提出的整改问题，监理单位应督促施工单位进行整改。当工程质量符合要求时，总监理工程师应会同参加验收各方签署竣工验收报告。

12.4.4 工程竣工验收后，监理单位应要求施工单位按施工合同规定填报竣工结算报表，审核施工单位报送的竣工结算报表，签发竣工结算文件和最终的工程款支付证书。

12.5 工程缺陷责任期阶段管理措施

12.5.1 在工程缺陷责任期阶段，监理单位应依据监理合同确定的质量保修期工作范围，负责对建设管理单位提出的工程质量缺陷进行检查和记录，对施工单位修复的工程质量进行验收。

12.5.2 监理单位应协助建设管理单位对工程质量缺陷进行调查分析并确定责任归属，对非施工单位原因造成的工程质量缺陷，核实修复工程的费用，签发支付证明。缺陷责任期结束后监理单位应协助建设管理单位结算工程保修金。

12.5.3 监理单位在收到施工单位提交的工程质量缺陷责任终止申请后，经确认符合条件，应签发或会同建设管理单位共同签发《工程质量缺陷责任终止证书》。

13 施 工 管 理

13.1 一 般 规 定

13.1.1 施工单位应设立项目经理部，实行项目经理责任制，按照合同约定配备项目经理、技术负责人、专职安全质量管理人员和生产管理人员等。

13.1.2 项目经理必须取得相关规定要求的等级和专

业注册证书。

13.1.3 施工单位应编制项目管理规划，制订质量、环境职业健康安全制度和措施，组织全员培训落实责任，加强施工过程管理，保障城市轨道交通工程施工质量。

13.1.4 施工单位应建立、健全教育培训制度，加强对员工的教育培训，定期组织全员进行安全、质量教育。对关键岗位人员定期进行专门培训、考核，未经教育培训或者考核不合格的人员，不得上岗。

13.1.5 施工单位应建立健全持续改进的质量管理体系、职业健康安全管理体系及各项规章制度，提交监理工程师审查批准后实施。

13.1.6 施工单位必须针对工程特点确定质量控制点和重大风险因素，制订控制预案，进行重点控制。

13.1.7 当发现重大质量隐患时，建设管理单位应及时组织相关单位采取处置措施，控制损失和影响范围、影响程度。

13.2 文明施工管理

13.2.1 施工单位应贯彻落实绿色环保与文明施工要求，采取有效措施控制施工噪声、扬尘，保证排污达标，减少施工扰民和对城市交通与城市环境的影响。

13.2.2 施工单位应对现场文明施工工作进行总体策划，制订相应制度和措施。

13.2.3 施工单位未获批准不得进行夜间施工。施工中需要停水、停电、封路而影响交通时，应经过有关部门批准，事先公告，并设置沟、井、坎、洞覆盖物和明显标志。

14 工程安全管理

14.1 一般规定

14.1.1 参建单位应遵循“安全第一、预防为主、综合治理”的工程安全管理原则，建立健全工程安全管理制度，保障城市轨道交通工程建设安全。

14.1.2 安全生产管理工作应贯穿于城市轨道交通建设管理全过程。

14.2 工程安全报监

14.2.1 工程开工前，建设管理单位应组织参建单位向当地政府安全管理部门进行工程安全报监，施工单位、监理单位、勘察单位、设计单位、材料设备供应商应及时提供报监所必需的相关资料。

14.2.2 施工单位应认真落实现场施工范围内的各项安全措施，具备施工许可及开工所要求的安全生产条件。

14.2.3 参建单位应服从政府安全管理部门的监督和指导。

14.3 工程安全管理措施

14.3.1 建设管理单位、监理单位、施工单位应建立工程安全管理组织机构，制订安全生产考核制度，明确安全生产责任人，实行层级管理。

14.3.2 建设管理单位是城市轨道交通工程建设安全管理的组织者，应负责安全管理工作制度的建立、检查、监督、考核工作。

14.3.3 建设管理单位按照法律、法规的规定发包建设工程，不得将工程发包给未持有《安全生产许可证》或者不具备安全生产条件的单位或者个人。

14.3.4 建设管理单位应制订轨行区间安全生产调度管理办法，进入轨行区间的单位和个人必须遵守安全生产调度管理办法的规定，并服从现场调度的指挥。

14.3.5 建设管理单位应组织调查与建设工程有关的真实、准确、齐全的原始资料，组织或督促施工单位对施工活动可能影响的周边建筑物和构筑物进行安全鉴定。

14.3.6 建设管理单位应积极协助和鼓励施工单位实施安全施工，不得明示或者暗示参建单位违反工程建设安全强制性标准，不得扣减工程安全费用。

14.3.7 勘测单位提供的勘测文件应真实、准确，勘测作业及其成果应满足建设工程安全生产的需要。

14.3.8 设计单位应考虑施工安全操作和防护的需要，对防范生产安全事故提出指导意见。

14.3.9 监理单位应对建设工程安全生产承担监理责任。

14.3.10 监理单位应制订监理工作程序、安全生产监理实施细则、重大安全隐患报告制度，负责审核施工单位安全管理制度，监督施工单位安全管理制度的执行。

14.3.11 施工单位是安全生产管理的执行者，全面负责本单位的安全生产、文明施工工作，应制订全面细致的安全生产管理制度、安全生产教育培训制度。

14.3.12 施工单位应根据工程的特点组织制订安全专项施工措施。

14.3.13 施工单位应对安全设备进行经常性维护、保养，并定期检测，保证正常运转，并做好维护、保养、检测记录。

14.3.14 施工单位使用的涉及生命安全、危险性较大的特种设备，以及危险物品的容器、运输工具，必须由专业生产单位生产，经专业资质机构检验合格、取得安全使用证后方可投入使用。对非标准的设备设施应进行验收，合格后方可投入使用。

14.3.15 特种作业人员必须经过专门的安全作业培训，并取得特种作业操作资格证书后，方可上岗作业。

14.3.16 施工现场应设置足够有效的消防器材、明显的消防、逃生标志及消防制度牌。消防、逃生疏散通道应保持畅通。

14.3.17 施工单位应在施工组织设计中编制施工现场临时用电方案，并应符合国家现行标准《建设工程施工现场供用电安全规范》GB 50194 和《施工现场临时用电安全技术规范》JGJ 46 等用电安全规范的有关规定。施工现场的一切电气线路、用电设备的安装和维护必须由持证电工负责，严格执行施工组织设计的规定。

14.3.18 高处施工作业应符合现行行业标准《建筑施工高处作业安全技术规范》JGJ 80 的有关要求。对从事高处作业的人员，必须经过体格检查，经医务人员证明后，方可登高操作。应采取严格防护措施，确保高空作业安全。

14.3.19 危险品、化学品的储存、使用必须符合规定要求。

14.3.20 施工单位、监理单位应建立健全工程安全生产资料的管理制度。

14.4 工程安全事故报告与处理

14.4.1 建设管理单位和其他参建单位应制订完善的工程安全预警系统，发生安全事故后应按规定及时上报，不得谎报、漏报、瞒报。

14.4.2 参建单位应制订有针对性的事故抢险预案，事故发生时应果断处置，减少人员伤亡和经济损失。

14.4.3 工程事故调查处理应以依据事实、尊重科学、客观公正为原则，对事故经过、原因、损失、性质和责任，及时进行调查和认定，总结教训，提出防范措施，并追究事故责任者的责任。

14.5 安全培训教育管理

14.5.1 施工单位应组织对所有管理范围内的员工，进行岗前三级安全教育。安全教育后应组织对学员进行严格的考核，考核合格者方可上岗。

14.5.2 施工单位应组织所有的员工进行应急救援预案的培训。

14.5.3 监理单位应对施工单位的三级安全教育、安全技术交底、专项安全培训等安全教育活动进行旁站监理，并形成旁站记录。

14.6 工程安全评价专项验收

14.6.1 试运营前，建设管理单位应委托有资质的单位对城市轨道交通项目进行安全验收评价。

14.6.2 政府安全主管部门应组织工程安全评价专项验收。验收应满足以下条件：

1 项目工程内各单位（子单位）工程按照设计文件和合同约定完工，并通过工程质量验收；

2 项目工程的安全设施、设备、装置及常规防护设施与主体工程同时投入运行；

3 已完成试运行前建设项目工程的安全评价工作；

4 已建立完善的安全生产规章制度和事故应急救援预案。

15 建设风险管理

15.1 一 般 规 定

15.1.1 城市轨道交通建设项目应根据工程特点和要求实施工程建设风险管理，将项目中的各类建设风险或事故造成的不利影响、破坏和损失降低至合理、可接受的水平，减少人员伤亡和对周边环境造成的影响破坏。

15.1.2 工程建设风险管理工作应由建设管理单位负责组织，各参建单位应承担现行相关法律、法规规定以及合同约定的风险管理实施责任。

15.1.3 城市轨道交通建设项目风险管理应符合现行国家标准《城市轨道交通地下工程建设风险管理规范》GB 50652、《城市轨道交通技术规范》GB 50490 等的有关规定，并应贯彻执行国家有关法律、法规的规定。

15.1.4 城市轨道交通建设项目风险管理应实施风险动态管理，将风险动态管理与控制工作贯穿城市轨道交通建设项目管理的全过程。

15.2 建设风险管理方法

15.2.1 建设管理单位应组织对建设项目风险进行评估、分类并确定等级。

15.2.2 按照城市轨道交通工程建设工作内容与实施过程，建设风险管理宜分为：

1 规划阶段风险管理；

2 可行性研究风险管理；

3 勘测与设计风险管理；

4 招投标与合同风险管理；

5 施工风险管理。

15.2.3 风险管理工作应按工程建设风险管理程序开展，风险管理流程可按现行国家标准《城市轨道交通地下工程建设风险管理规范》GB 50652 的有关规定执行。

15.2.4 建设管理单位应牵头组织各参建单位建立项目工程风险管理体系，加强工程建设风险管理各方、各阶段的沟通与协调，实行风险登记与检查制度，并应编制风险记录和管理文件。

15.2.5 工程建设各参建单位应建立自身的安全风险管理体系，明确相关的组织机构和管理人员，确保各建设阶段安全风险管理工作的有效开展。

15.2.6 针对城市轨道交通工程不同的建设内容与实施过程，应采取经济、可行、主动的处置措施来规避、转移、降低或减少风险。

15.3 建设风险管理措施

15.3.1 建设管理单位应对项目风险管理进行统一规划，单独列出工程建设风险管理费用，必须做到风险处置措施费专款专用。风险管理费用可根据各参建单位风险管理职责分工，进一步分解到各参建单位。

15.3.2 建设管理单位应组织相关参建单位采用现场踏勘、技术勘测、资料收集等手段掌握工程及其周边的自然灾害、区域不良工程地质与水文地质条件情况，并采取有效措施规避或控制风险。

15.3.3 建设管理单位应组织相关参建单位对自然环境、邻近建（构）筑物和其他工程的影响风险进行分析，采取必要的环境保护措施，控制环境影响风险。

15.3.4 施工单位应在其他相关参建单位配合下采用与工程地质、水文地质及周边环境、结构形式等条件相适应，工艺成熟、安全可靠、经济合理、技术可行、风险可接受的施工方法。

15.3.5 建设管理单位应重点组织对重大关键性节点工程、采用新技术、新材料、新工艺、新型车辆、新设备系统工程及复杂难点单项工程进行建设风险分析，针对建设中的关键工序或难点进行专项建设风险论证与评估。机电系统的安装与调试应编制建设风险控制应急预案。

15.3.6 施工单位必须组织对重大建设风险实施专项风险论证，履行必要的审查和专家论证程序后方可进行施工。对Ⅱ级及以上建设风险应编制事故应急处置预案，建立工程施工预警监测系统，对Ⅲ级及以上建设风险应制订工程施工预警监测指标及标准，实行施工风险动态跟踪管理，制订风险处置措施。

15.3.7 工程设计、施工方案或机电设备系统的技术规格、验收标准有重大变更时，应根据变更情况对工程建设风险进行重新分析与评估。

15.3.8 对系统试运行联合调试应进行风险分析，对轨道、供电、接触网、信号、通信、车辆、屏蔽门及调度指挥等各系统应进行专项风险分析评估，编写风险记录文件。

15.3.9 在城市轨道交通工程建设风险管理中应发挥设计咨询单位、工程监理、第三方监测和工程保险单位的作用，对风险管理措施和可能出现的风险因素进行监督与监控，及时准确判断工程风险。

15.3.10 建设管理单位应监督督促工程各参建单位开展和加强建设风险管理培训，提高施工管理人员和一线施工人员的风险防范意识。

15.4 应 急 管 理

15.4.1 城市轨道交通项目应建立政府主管部门、建设管理单位、参建单位三级应急管理体系。

15.4.2 城市轨道交通工程施工前，施工、监理等相关参建单位应针对Ⅱ级及以上建设风险联合编制专项控制方案和应急预案，履行必要的审查和专家论证程序后方可开工建设。

15.4.3 政府主管部门应组织针对Ⅰ级风险的应急演练。

15.4.4 建设管理单位是工程建设事故抢险救援的组织主体，应建立抢险救援领导责任体系和抢险物资保障体系，施工单位是工程建设事故抢险救援的实施主体，应在建设管理单位、工程监理单位的领导下开展抢险救援工作。

15.4.5 城市轨道交通建设工地一旦突发质量事故、安全事故、管线事故或其他灾害性工程和环境事故或事件，事故相关单位必须按照相关规章制度及时逐级上报。

15.4.6 城市轨道交通建设施工发生险情应适时启动应急机制，成立现场抢险指挥部，按照抢险预案要求，采取切实可行的积极措施，避免事故进一步扩大。

15.4.7 抢险救灾工作结束后，各参加处置的单位必须按各自的职能分工做好善后工作，并应由相关部门组成相应的事故调查组开展事故原因调查。

16 接 口 管 理

16.1 一 般 规 定

16.1.1 接口管理工作应贯穿建设全过程，工程建设各阶段应根据各阶段工作目标和工程建设具体情况确定接口管理工作内容的重点。

16.1.2 地方政府宜成立城市轨道交通建设统一协调、统一指挥的专门机构，组织各有关部门对城市轨道交通建设的接口协调和相关配合支持工作。

16.1.3 建设管理单位应组织建立接口管理体系，健全接口管理规章制度，建立沟通与协调途径、方式和争议解决机制。

16.1.4 各参建单位的接口工作分工和管理要求应在合同文件中明确规定。

16.2 接口管理方式与要求

16.2.1 内部接口确认可采用授权、会议、文件、会签、检查、项目进展报告等方式。

16.2.2 项目实施中应落实项目合同和接口管理程序协调确认的内部接口管理要求。

16.2.3 外部接口确认可采用文件、会签、传真、会议和项目进展报告等方式。

16.2.4 外部接口工作计划应依据工程总进度计划、基本建设程序的相关逻辑关系制订和实施，明确外部接口工作的时间节点和管理要求。

16.2.5 外部接口事项与项目内部接口工作的衔接关系应明确，保证接口管理工作的统一性。

16.3 接口管理措施

16.3.1 建设管理单位应建立以自身为核心的项目接口管理体系，各参建单位在建设管理单位统一组织协调下实施工程接口管理。

16.3.2 建设管理单位可根据接口管理的对象、范围和特点，委托具有相应经验的参建单位具体负责指定的接口管理工作。

16.3.3 建设管理单位应组织编制项目接口管理文件，指导和规范项目接口管理工作。接口管理文件编制应依据下列条件：

1 项目技术文件和合同文件；

2 项目各相关组织的信息需求；

3 项目的实际情况；

4 项目的组织结构；

5 项目接口方案的约束条件以及适用的方式、途径。

16.3.4 接口管理文件应包括接口管理工作程序、工作表格，管理计划和冲突解决机制等内容，明确各阶段接口管理目标和重点工作，规范并约束工程接口各参建单位的工作职责、任务、流程。

16.3.5 各参建单位应根据批准的接口管理方案和工程总进度计划，编制工程接口管理实施计划，履行接口管理职责。

16.3.6 工程接口管理实施计划应与项目管理的其他各类计划相协调。

16.3.7 建设管理单位应采取下列措施加强接口管理：

1 组织制订系统的项目接口管理方案，明确各参建单位的接口管理权责分工和阶段目标；

2 合理设置标段和合同包，在招标文件和合同文件中明确接口管理的界面与职责；

3 发挥设计总体单位的作用，授权其全面负责设计和技术接口的具体管理工作；

4 组织编制工程接口管理文件，明确各系统间的接口任务；

5 建立接口检查的标准和管理要求，检查和确认项目接口管理情况，发现问题及时要求整改；

6 加强对系统结合部位、系统联调、试运行的接口管理。

16.3.8 设计总体单位应具体负责设计和技术接口控制，可采取以下管理措施：

1 依据合同规定明确设计总体和分项设计之间、各分项设计之间的责任分工和设计技术接口，明确各系统、专业间的设计工作界面；

2 组织编制设计接口工作要求和实施细则，下发各分项设计单位执行并检查指导；

3 制订各设计阶段的专业接口工作计划表，明确接口专业、接口资料、时间、反馈和确认要求；

4 组织设计文件会签；

5 健全和规范设计往来文件和档案管理，系统管理相关质量记录；

6 组织设计协调会议，及时协调确定相关接口管理事项。

16.3.9 分项设计单位对涉及其他工点或系统的重大技术接口修改，应及时通知设计总体单位，经设计总体单位及建设管理单位批准后方可实施。

16.3.10 监理单位应组织编制现场项目接口管理程序，负责施工过程接口管理的日常协调、管理，督促、监控工程接口的实施，并组织必要的试验、测试和调试。

16.3.11 施工单位应做好工程施工内部接口管理，依据工程接口管理实施计划落实和验证工程接口的实施。因现场施工条件等因素需变更工程接口管理要求的，应经原工程接口管理要求批准单位同意后方可实施。

17 信息管理

17.1 一般规定

17.1.1 参建单位应按照城市轨道交通建设项目所产生信息的特点和规律，建立信息管理体系，对信息进行有效管理。

17.1.2 建设管理单位是城市轨道交通建设项目信息管理的统筹单位，应提出建设项目信息技术标准，规范信息格式和流通渠道，组织各参建单位建立有利于工程建设目标控制的信息管理体系。

17.1.3 参建单位应依据城市轨道交通建设项目特点和建设任务分工制订项目信息管理规划，设立信息管理组织机构或专职信息管理人员，落实信息规划内容。

17.1.4 信息、文件资料和档案管理应符合国家和地方有关规定。

17.1.5 信息管理应综合考虑信息成本和信息收益，实现信息效益最大化。

17.2 信息管理规划

17.2.1 参建单位应根据城市轨道交通建设项目信息特点、信息管理状况、工程建设目标、单位组织机构、建设管理模式、内部和外部可用资源，制订项目信息管理目标。

17.2.2 信息管理应统筹安排，提前规划，分阶段实施。

17.2.3 项目应根据信息管理目标制订信息管理规划，信息管理规划包括信息管理规划大纲和信息管理实施方案。

17.2.4 信息管理规划内容应包括信息管理目标分

析、信息需求分析、信息编码体系、信息来源、内容、标准、时间要求、传递途径、反馈范围、信息流程、信息管理制度、参与单位和人员的职责、工作程序等。

17.3 信息管理工作实施

17.3.1 招标文件中应明确项目信息管理的相关要求，投标文件应对信息管理要求作出响应，并将招标和投标方达成一致的信息管理工作在合同中约定。

17.3.2 参建单位应根据合同约定按照信息管理规划开展信息管理工作。

17.3.3 建设管理单位在信息管理实施方案执行过程中，应定期检查其实施效果，及时发现存在的问题，分析原因，提出解决对策，组织落实。

17.4 项目信息安全管理

17.4.1 参建单位应制订城市轨道交通建设项目信息安全制度和信息保密制度。

17.4.2 参建单位在信息管理规划和建设过程中，应同步做好信息安全保护工作，采取可靠的方式储存信息。信息管理系统使用前应进行安全测试。

17.4.3 信息管理部门、信息管理人员应有明确的职责和信息处置权限。信息设备和软件应安全可靠。

18 系统联调和试运行管理

18.1 一 般 规 定

18.1.1 城市轨道交通设备安装完成后，应进行单系统调试。单系统调试完成后方可进入系统联调。

18.1.2 系统联调可包括与综合监控系统相关的系统联调、与火灾报警系统相关的系统联调和与列车有关的系统联调。

18.1.3 政府主管部门应在试运行结束后组织评估，确认具备基本运营条件，方可进行试运营。

18.2 系统联调管理

18.2.1 系统联调应由建设管理单位牵头组织，设计单位、监理单位、施工单位、供货单位（包括集成单位）等共同参加。

18.2.2 系统联调宜委托有轨道交通系统联调管理经验的单位承担与列车有关的系统联调工作，负责指挥调度、现场安全管理和计划管理。

18.2.3 与列车有关的系统联调区段接触网或三轨送电前，应提前书面通知相关部门及人员，并在相应送电区段的各车站出入口、车辆基地带电场区入口处张贴送电通知，做好防护隔离措施。

18.2.4 在与列车运行有关的系统联调开始前，必须完成行车相关区段轨道系统、供电系统初验、冷滑试验和热滑试验。试验合格后，方可进行与列车运行有关的系统联调。

18.2.5 列车运行有关的系统联调与区间施工交替进行时，在区间施工结束后宜对区间重新进行限界检查，行车前应对轨行区进行巡查。

18.3 试 运 行 管 理

18.3.1 试运行前，应建立相应管理体制、机构及各项规章制度。

18.3.2 试运行期间可由建设管理单位和运营单位共同组成试运行管理领导机构。

18.3.3 试运行期间，建设管理单位、施工单位和供货（含集成）单位应建立必要的保障、抢修体系。

18.3.4 试运行期间，试运行管理领导机构应负责保障列车运行调试的环境、试运行调试计划和施工计划的统筹安排，对多专业交叉工作进行组织、协调，对突发事件的处理进行调度、指挥，保证行车安全。

18.3.5 试运行列车按照计划运行图运行前，建设管理单位应将指挥权、管理权、使用权向运营单位进行移交。运营单位接收设备后，调度指挥、综控员、列车司机、专业维护和客运人员应按正式运营规定到岗，负责设备操控及值守。

18.3.6 运营单位应负责编制计划运行图。

18.3.7 试运行期间，当与列车相关的系统联调趋于稳定后，列车宜按照计划运行图运行。行车运行时间宜由短到长，间隔由疏到密，最终达到试运营要求。

18.3.8 试运行结束后，试运行单位应编制试运行总结报告，包括试运行工作组织、方案、试运行情况等内容。

19 验收及移交管理

19.1 一 般 规 定

19.1.1 验收及移交管理主要包括工程质量验收、工程专项验收、工程移交、竣工结算、项目竣工验收等内容。

19.1.2 工程专项验收必须在项目竣工验收前全部完成。

19.1.3 建设管理单位应在全部工程完工且通过工程质量验收及相关专项验收后，向运营管理单位或部门进行工程移交。

19.1.4 工程竣工后的竣工结算应符合规定。

19.1.5 城市轨道交通项目试运营一年以上并且完成竣工结算、各项专项验收后，建设管理单位应向政府部门申请工程项目竣工验收。

19.1.6 验收文件应建立备案制度。

19.2 工程质量验收的划分

19.2.1 城市轨道交通工程质量验收划分为单位（子

单位）工程、分部（子分部）工程、分项工程和检验批验收。

19.2.2 车站、区间、设备系统可分别作为一个单位工程。根据工程的复杂性、施工的阶段性以及合同标段划分等因素，单位工程可由几个子单位工程组成。

19.2.3 每个子单位工程由各专业的多个分部工程组成。分部工程的划分按专业性质、工程部位确定，分部工程可由多个子分部工程组成。

19.2.4 分部（子分部）工程可细分为多个分项工程，按主要工种、材料、施工工艺、设备类别等进行划分。

19.2.5 分项工程可由一个或若干检验批组成，检验批可根据施工及质量控制和专业验收按楼层、施工段、变形缝等进行划分。

19.3 工程质量验收的条件

19.3.1 每个分项工程、分部（子分部）工程、子单位工程、单位工程完工后，均应进行质量验收。

19.3.2 工程质量验收应满足下列条件：

1 工程施工质量应符合建筑工程施工质量验收统一标准和相关专业验收规范的规定；

2 工程施工质量应符合工程勘察、设计文件的要求；

3 工程质量的验收均应在施工单位自行检查评定合格的基础上进行；

4 隐蔽工程在隐蔽前应由监理单位通知有关单位进行验收，并形成验收文件；

5 涉及结构安全的试块、试件以及有关材料，应按规定进行见证取样检测；

6 检验批的质量应按主控项目和一般项目验收；

7 对涉及结构安全和使用功能的重要分部工程应进行抽样检测；

8 承担见证取样检测及有关结构安全检测的单位应具有相应资质。

19.3.3 分项工程质量验收合格应满足下列条件：

1 分项工程所含的检验批均应符合质量合格的要求；

2 分项工程所含的检验批的质量验收记录应完整；

3 分项工程的质量验收应在检验批验收合格的基础上进行，检验批的部位、区段应覆盖分项工程的全部范围，构成分项工程的各检验批的验收资料文件应完整并均已验收合格。

19.3.4 分部（子分部）工程质量验收合格应满足下列条件：

1 分部（子分部）工程所含分项工程的质量均应验收合格；

2 质量控制资料应完整；

3 地基与基础、主体结构和设备安装等分部工程有关安全及功能的检验和检测结果应符合规定要求；

4 观感质量验收应符合要求。

19.3.5 单位（子单位）工程质量验收合格应满足下列条件：

1 单位（子单位）工程所含分部（子分部）工程的质量均应验收合格；

2 质量控制资料应完整；

3 单位（子单位）工程所含分部工程有关安全和功能的检测资料应完整；

4 主要功能项目的抽查结果应符合相关专业质量验收规定；

5 观感质量验收应符合要求；

6 设备安装应通过单系统调试及系统联调。

19.4 工程质量验收的组织与程序管理

19.4.1 分项工程的验收应由监理单位组织进行，验收合格后方可进行下一工序施工。

19.4.2 分部工程的验收工作应由监理单位组织和主持，建设管理单位、设计单位、勘察单位、施工单位等参加。在车站装修、机电安装、系统机电安装的分部工程验收时，宜通知运营管理部门参加。

19.4.3 单位（子单位）工程验收应由建设管理单位组织和主持，政府工程质量监督部门、城市建设档案管理部门、建设管理单位（建设、运营管理部门）、施工单位、监理单位、设计单位、勘察单位（参加土建工程验收）等部门参加。单位（子单位）工程验收应由建设管理单位组织和主持，政府工程质量监督部门、城市建设档案管理部门、对工程实体出具质量检查报告，对工程质量是否符合相关规定予以确认。

19.4.4 分部工程、单位（子单位）工程验收必须对工程实体和文件资料进行检查。工程实体可按不同专业分组现场检查，主要对实体进行观感质量检查，必要时进行现场实测实量。文件资料（包括科技档案、声像档案）应由建设管理单位牵头，对各参建单位提交的工程档案进行检查。

19.4.5 分部工程、单位（子单位）工程验收应按照规定的程序进行。

19.4.6 政府有关工程质量监督部门应负责对单位（子单位）工程质量验收的组织形式、验收程序、执行验收标准等情况进行监督检查。

19.5 工程移交的程序与组织管理

19.5.1 工程项目的移交工作应由建设管理单位负责组织，运营单位及相关单位共同参与。

19.5.2 施工单位应在单位（子单位）工程竣工验收合格后，以单位（子单位）工程为整体办理工程实体移交手续。单位（子单位）工程未全部竣工验收、后续工程需要进场施工的，验收合格的分部工程可由建设管理单位组织，将上道工序的工程实体移交下道工序的工程承包单位，交接各方应确认该工程的完成情况和现状。

19.5.3 施工单位应在单位（子单位）工程质量验收通过后，向建设管理单位移交工程实体，并由建设管理单位组织向下道工序施工单位交接。

19.5.4 施工单位应在档案资料通过验收后，分别向建设管理单位及城市建设档案管理部门移交。

19.5.5 建设管理单位应以工程作为整体向运营单位进行移交，工程移交内容包括工程实体、设备、随机附件、竣工档案等，并同时进行指挥权、管理权、使用权的移交，运营管理部门全权接管工程，进行试运营的准备。

19.5.6 建设管理单位应妥善安排因项目外部条件不具备等因素造成的缓建等收尾工作，编制收尾工作计划，明确负责人和完成时限。

19.6 专项验收管理

19.6.1 建设管理单位应及时提出规划、消防、环境保护、卫生防疫、安全等专项验收申请。

19.6.2 政府各主管部门应及时组织专项验收。

19.7 项目竣工验收管理

19.7.1 城市轨道交通项目应按批准的设计文件规定的内容建设，符合验收标准的，及时组织验收，办理固定资产移交手续。固定资产相应的备品配件、工器具宜同步办理移交手续。

19.7.2 由政府相关主管部门成立城市轨道交通工程竣工验收委员会，主持项目竣工验收工作。建设管理单位应根据竣工验收委员会的要求，编制验收资料、组织验收会议等工作。运营单位应编制试运营工作报告。

19.7.3 项目竣工验收资料应包括建设综合报告、国内外设备材料采购和招投标工作报告、试运营工作报告、建设档案工作报告、竣工财务决算报告、政府有关业务主管部门专业验收文件汇编等内容。

19.7.4 工程完工移交运营后，建设管理单位应进行全面的工程总结和自评价，为后续城市轨道交通建设项目提供经验。

附录A BT工程建设项目管理

A.1 一 般 规 定

A.1.1 BT工程项目模式适用于以下城市轨道交通项目的新建及续建工程：

1 外部条件落实，工程规模及标准确定，设计方案稳定；

2 工程规模适当，投资额度在潜在投标人可承受的范围内；

3 工程建设难度适中，建设风险可接受。

A.1.2 业主应建立BT工程项目监督管理机制，对BT承包人的质量、进度、投资等主要履约情况进行动态监管。

A.2 招 投 标 管 理

A.2.1 BT工程项目宜以批复的初步设计文件作为招标文件编制的依据。

A.2.2 BT项目应根据有关法规规定进行公开招标，确定BT工程项目的承包人。承包人应按招标约定设立项目公司。

A.2.3 招标文件应明确BT承包人的管理权责，以及业主的监管要求和管理程序。

A.3 工程变更管理

A.3.1 BT工程项目的投资应以合同价为基准予以控制。

A.3.2 BT工程招标范围内变更应是在BT工程招标文件指定工程范围内对工程内容、标准、规模所作的更改和修正。

A.3.3 业主应对工程重大变更等涉及投资变化的项目及时进行决策。

A.3.4 业主应建立工程变更台账，台账应包括变更项目类别、原因、工程数量、费用增减额，并应按季度进行核对和汇总分析。

A.4 监督与验收管理

A.4.1 业主应对BT工程的投融资、建设、管理工作等进行检查、监督。

A.4.2 在竣工验收之前，项目公司应组织工程单项验收及初步验收。

A.4.3 项目公司应依据合同约定，组织或配合整体工程的竣工验收工作，并完成在建设行政主管部门的备案，具体验收程序应按有关规定执行。

A.4.4 项目公司应依据合同约定按计划开展移交工作。

A.5 BT工程项目回购管理

A.5.1 业主应按合同约定向中标人支付回购款，完成BT工程项目回购。

本规范用词说明

1 为便于在执行本规范条文时区别对待，对要求严格程度不同的用词说明如下：

1）表示很严格，非这样做不可的：

正面词采用“必须”，反面词采用“严禁”；

2）表示严格，在正常情况下均应这样做的：

正面词采用“应”，反面词采用“不应”或“不得”；

3）表示允许稍有选择，在条件许可时首先应这样做的：

正面词采用“宜”，反面词采用“不宜”；

4）表示有选择，在一定条件下可以这样做的，采用“可”。

2 条文中指明应按其他有关标准、规范执行的写法为“应符合……的规定”或“应按……执行”。

引用标准名录

1 《建设工程施工现场供用电安全规范》GB 50194

2 《城市轨道交通技术规范》GB 50490

3 《城市轨道交通地下工程建设风险管理规范》GB 50652

4 《施工现场临时用电安全技术规范》JGJ 46

5 《建筑施工高处作业安全技术规范》JGJ 80

中华人民共和国国家标准

城市轨道交通建设项目管理规范

GB 50722—2011

条 文 说 明

制定说明

《城市轨道交通建设项目管理规范》GB 50722-2011，经住房和城乡建设部2011年8月26日以第1138号公告批准、发布。

在规范制订过程中，编制组经过广泛调查和分析，在基于我国城市轨道交通建设40年经验以及结合“十一五”国家科技支撑计划重点项目“新型城市轨道交通技术”课题一“城市轨道交通技术发展和创新体系研究”相关成果及政策建议的基础上，认真分析借鉴了国外城市轨道交通建设风险管理相关的成功经验和理论技术，在此基础上又以多种方式广泛征求了全国城市轨道交通方面有关专家和单位的意见，经反复论证研究多次修订，最后经审查定稿。

为便于广大设计、施工、科研、学校等单位有关人员在使用本规范时能正确理解和执行条文规定，《城市轨道交通建设项目管理规范》编制组按章、节、条顺序编制了本规范的条文说明，对条文的目的、依据以及执行中需注意的有关事项进行了说明。但是，本条文说明不具备与规范正文同等的法律效力，仅供使用者作为理解和把握规范规定的参考。

目　次

1 总　　则

1.0.1 本条阐明本规范的编制目的。依据当前我国城市轨道交通建设发展形势和需求，本规范旨在全国范围内对城市轨道交通的项目立项、建设过程管理、法律责任等进行统一规范和明确，以提高城市轨道交通建设管理水平，促进我国城市轨道交通事业科学发展。

1.0.2 本条阐明本规范的适用范围。

1.0.3 本条阐明城市轨道交通建设项目管理应遵循的基本原则。

1.0.4 本规范在国家相关法律、法规框架下，对城市轨道交通建设项目管理相关行为予以规范。对于管理活动中涉及的相关技术问题和其他事宜，仍应遵循相应国家法规和强制性标准的规定。

3 基本规定

3.1 基本建设程序

3.1.1 为了便于对工程项目进行正确决策、保证工程质量和提高投资效益，实现预定建设目标，必须按基本建设程序进行工程建设。

本基本建设程序参照国家一般建设项目管理程序的相关规定，根据城市轨道交通项目前期工作和后期系统联调与试运行阶段的特点，明确确定了9项基本建设程序步骤要求。

从城市轨道交通建设项目步骤划分看，前期阶段有线网规划、近期建设规划和可行性研究3个步骤，充分反映了前期阶段对城市轨道交通建设的重要性。

3.1.2 城市轨道交通项目可行性研究阶段应依据国家相关法律法规，委托具备相应专业资质的单位完成相应专题报告，作为可行性研究审查的必要支撑性文件。除城市轨道交通项目需共性完成的环境影响评价、地质灾害评估、地震安全性评价、土地预审、安全预评价、节能评估、卫生评价外，根据项目工程地质与水文地质等具体情况，如需要还应完成水资源保护、防洪评价、矿产压覆等专题研究报告。

3.1.3 城市轨道交通项目应分阶段推进设计工作，保证设计成果的质量。对于工程地质条件复杂的项目，可先选择部分典型区间或车站作为试验段工程，对设计参数和方案效果进行试验和分析，总结经验后再全面推进建设项目。

城市轨道交通工程设计接口条件复杂，试验段工程的实施将限制项目的整体设计标准和规模，应先开展项目总体设计，稳定试验段工程的具体标准和功能接口，以保证建设项目的系统性和一致性。

3.1.4 明确项目后评价的管理要求，要求各城市政府或其委托主管机构，在城市轨道交通项目竣工验收后，组织对建设项目全过程及使用效果进行分析与评价，以指导后续项目的建设。

3.1.5 城市轨道交通工程作为重大公益性基础设施，是城市公共交通的大运量运输骨干网络，安全问题关系广大居民出行的生命安全，因安全设施建设的不同步、应急机制的缺失、项目安全保障能力出现瑕疵甚至漏洞，已在国内外城市轨道交通运营项目中付出了血的代价。安全是本规范的重要指导原则，必须在建设管理理念上，在规划、设计、施工各个环节上给予高度重视，统一规划、统一设计、同步建设安全设施，将安全问题落到实处。

3.2 规　　划

3.2.1 本条明确城市轨道交通线网规划编制的原则和规划研究期限。《中华人民共和国城乡规划法》规定“城市总体规划、镇总体规划的规划期限一般为二十年”。由于城市轨道交通建设项目周期长，城市轨道交通线路一般建设周期为（4～5）年，近期建设规划建设完成并投入运营，基本已接近城市总体规划的规划期限。

为充分发挥城市轨道交通网络在城市总体规划中的骨干作用，保证规划功能的衔接与支持，建议城市总体规划应对城市更长远的发展作出预测性安排，以对城市的远期发展形态做有效的规划和控制，本条款特别规定“远期应基于城市总体规划意图下城市的合理发展远景，保持规划的适度超前”，即要求城市轨道交通规划应进一步超前研究，研究规划的年限更长如50年。

3.2.2 本条明确城市轨道交通规划编制的重要性，要求坚持科学发展观，提高规划编制水平，建立健全决策机制，保持城市轨道交通建设规划的稳定性，避免人为或主观因素对线网规划调整的不当干预，确保城市轨道交通建设网络资源共享的合理筹划和各线城市轨道交通建设项目的接口条件，达到城市轨道交通建设项目的预期效果。

3.2.3 本条明确要求城市轨道交通线网规划应与城市其他专项规划相协调，落实城市轨道交通建设的外部环境和实施保障，切实保证城市轨道交通建设项目运营的安全性、环保性、经济性。

3.2.4 本条明确城市轨道交通线网规划与城市地下空间开发利用规划的衔接关系，城市轨道交通项目是城市地下空间利用的重要组成部分，应进行统筹规划，确定相衔接的城市地下空间规划建设和接口要求，以统筹合理开发和利用城市地下空间资源。

3.2.5 本条明确城市轨道交通建设规划的具体研究内容和编制要求。

3.2.6 本条提出对城市轨道交通沿线土地控制性规划的编制要求，以明确城市轨道交通的规划界限，一方面有利于土地综合开发利用，另一方面可以明确城市轨道交通规划用地的界限，保证建设运营安全。

3.2.8 城市轨道交通近期建设规划是城市轨道交通建设项目的重要依据，也是网络资源共享的基础，随意变更将会造成已实施预留工程的巨大浪费，降低城市轨道交通线网的服务效率，因此规范一经审批，不得随意变更。

3.2.9 为保障城市轨道交通建设及运营管理安全，要求设置建设规划控制区和特别保护区，以控制对城市轨道交通运营安全有影响的建设活动。

3.3 投 资

3.3.1 城市轨道交通工程是重大社会公益性城市基础设施建设工程，是城市公共交通的骨干，投资大，回收期长，目前国际上大多数项目难以实现盈利，需政府补贴支持，政府是城市轨道交通建设项目发展的主要投资人。为积极推进公交优先战略，积极引导和优化城市公共交通体系，城市轨道交通项目投融资必须坚持以政府投入为主，安排相应的城市轨道交通建设专项资金，保证城市轨道交通行业的正常运作需求。同时，城市轨道交通建设运营资金需求量巨大，宜实行投资渠道和投资主体多元化，鼓励社会资本和境外资本以合资、合作或委托经营等方式参与城市轨道交通投资、建设和经营，并采取招标的方式公开、公正地选择投资者，以规范和保障城市轨道交通建设项目资金。

3.3.2 政府应相应建立健全城市轨道交通项目的评估机制，合理评估城市轨道交通的贡献和补贴资金投入，建立有效的监管机制鼓励地铁建设运营单位提高运营绩效。

3.3.3 城市轨道交通项目自身盈利能力差，目前世界上大多数城市轨道交通建设项目运营需依赖政府财政补贴。为鼓励城市轨道交通项目业主积极开发相关产业收入，减少对政府补贴资金的依赖，鼓励给予建设运营企业一定的资源开发权。

3.3.4 城市轨道交通建设项目应坚持超前规划、适时建设、量力而行、有序发展的原则，在明确远景线网规划目标基础上，从实际出发，依据客流需求和经济能力，把握建设条件和建设时机，选择合理项目，合理安排资金投入，防范投融资风险。

3.4 建设管理

3.4.1 城市轨道交通建设管理方式根据投融资、建设、运营组织管理方式的差异主要可分为一体化和专业化两类管理模式。

专业化建设管理模式是指把城市轨道交通项目的投融资、建设、运营、沿线商业开发分别由专业化公司来承担，各公司之间可以是以资产为纽带的企业集团形式，也可以是完全相互独立的市场化契约关系。其中，"网运分开"的模式是比较典型的一种，即线路资产的所有权与经营权相分离。优点：一是将投融资、建设、运营分别成立专业化公司，结构清晰，有利于集中精力，组织力量完成大规模的建设、运营任务；二是政府将城市轨道交通产业的体制性亏损与经营性亏损区分开来，即将公共产品中通过良好运作能够实现价值回报的运营部分划出独立运作，以提高经营企业经营效率、减轻公共财政的支出；三是有利于城市轨道交通建设、运营主体多元化的市场良性竞争格局的形成。缺点：融资、建设、运营条块分割，建设与运营的衔接往往存在缺陷，增加了管理和协调成本。

一体化建设管理模式是指把城市轨道交通项目的投融资、建设、运营、沿线商业开发等各项职能委托一个统一运作的公司来承担，各种资源、管理职能集中，相关职能衔接都可以在公司内部协调落实。优点：一是城市轨道交通各种资源高度集中，所有的接口都可以在体制内协调，有利于各方面资源的共享，资源合理配置的成本低；二是投融资、建设、运营作为公司内部的工作，便于协调、分工。缺点：一是承担职能太多，随着城市轨道交通规模的不断扩大，机构庞大，企业管理成本增加，对企业管理水平有极高的要求，不利于大规模的城市轨道交通投资、建设、运营。二是集建设、运营、沿线商业化开发于一体，资源、权力过于集中，整个机构相对缺乏相互制约的机制，可能会影响城市轨道交通建设、运营的投资主体多元化运作以及市场化竞争格局的形成。

从城市轨道交通网络建设发展阶段看，在网络建设初期（一般1～5条线路）一体化模式有利于在建设初期统一思想、集中力量，完成大规模、高强度的投资、建设、运营任务，而且对科学规划线网、有效整合建设资源、顺利实现建设与运营的无缝接轨，都能起到事半功倍的作用。随着一个城市轨道交通产业市场化条件的成熟及线网发展达到了较大规模（一般需有8～10条线）后，运用专业化模式适时对"一体化"管理模式进行制度创新，即由两个及以上机构分工负责管理整个城市的轨道交通线网，按投资、建设、运营专业模式运作，通过良性竞争进一步促进服务的改善和行业健康发展。

城市轨道交通建设管理模式的选择可根据管理特点和地区可利用管理资源，选择适合自己的建设管理模式。

3.4.3 本条明确在同时建设多条城市轨道交通线路时，可根据地区实际情况，委托一家或多家单位承担建设管理任务。考虑线网的一致性，委托多家建设管理单位时，应明确建设分工和工作接口等事项，保证线网建设总体受控。

3.4.4 本条对建设管理单位的组织管理体系提出要

求，并考虑到网络化建设需要，要求机构设置应适应多线建设资源的共享和整合。

3.4.6 本条鼓励业主根据自身管理实际情况，采用代建、全部或部分工程总承包方式、BOT、BT、PPP、设备系统集成等新型项目管理方式，引入社会专业管理机构承担全部或部分项目管理责任，提高项目的建设管理绩效。

由于目前BT建设项目管理模式已在城市轨道交通建设中得到一定应用，为规范BT建设项目管理与操作，规避与减少建设与管理风险，本规范附录A对城市轨道交通BT建设项目管理作了相应规定。

3.4.10 为保障城市轨道交通运营安全，本条对项目扩建、改建和设施改造的安全防护提出要求。

4 项目组织管理

4.1 一般规定

4.1.1 城市轨道交通建设项目根据国家有关法律和法规组建项目法人，依法对建设项目全过程负责，享有相应权利和责任。

4.1.4 按合同约定，受委托方代表建设管理单位对工程项目的组织实施进行全过程或若干阶段的管理和服务。如在项目决策阶段，为建设管理单位进行项目策划，编制项目建议书和可行性研究报告；在工程实施阶段为建设管理单位提供招标代理、设计管理、采购管理、施工管理和试运行等服务。

4.2 管理职责分工

4.2.1 城市轨道交通建设项目的实施涉及建设管理单位、监理单位、勘测设计单位、施工单位和供应商等多个参建方，建设管理单位以书面形式与其他参建单位签订项目合同，合同中应明确履约期限，工作范围，双方的权利、义务和责任，项目管理酬金及支付方式，合同争议的解决办法等。

4.2.2 本条阐述了各参建单位的职责。城市轨道交通建设采用一体化管理时，业主和建设管理单位可为一家，负责项目全过程管理职责。

4.2.4 本条阐述了参建单位项目管理组织机构要求。参建单位应根据城市轨道交通建设相关规定程序确定组织形式，组建项目部，明确项目部的管理范围和任务，根据“项目管理目标责任书”进行目标分解和责任划分，确定项目部的职能和岗位设置以及组成人员、职责、分工、权限，组织编制项目部规章制度、目标责任制度和考核、奖惩制度。

4.3 组织机构

4.3.2 项目经理（总监）应有城市轨道交通或者公路、铁路、市政等项目管理或专业服务5年以上经验，并具备要求的注册工程师等执业资格。

5 合同管理

5.1 一般规定

5.1.1 合同各方应建立合同管理制度，配备数量满足需要的合同管理人员，负责合同实施过程中有关合同的一系列工作。对土建施工等合同工期比较长的专业，在项目机构建立时，应建立专门的合同管理部门，设置专职合同管理岗位，宜由具有注册造价工程师执业资格的人员担任；对于工期较短，工程量较小的专业，无专职人员的，必须明确负责合同管理兼职人员，保证合同管理工作正常开展。特别是建设管理单位，应制定招投标、计量支付、变更、索赔、物资设备采购等合同管理制度或办法。

5.2 招标管理

5.2.1 城市轨道交通项目属各地的重大建设项目，且使用的是国有资金或国有资金占控股或主导地位，根据《工程建设项目招标范围和规模标准规定》（原国家计委3号令）第二条（五）的规定，城市轨道交通建设项目应当招标。《招标投标法》第四条规定，任何单位和个人不得将依法必须进行招标的项目化整为零或者以其他任何方式规避招标。

5.2.2 满足《工程建设项目自行招标试行办法》（原国家计委5号令）第五条的规定，招标人可以自行办理招标事宜。

具体包括：

1 具有项目法人资格（或者法人资格）；

2 具有与招标项目规模和复杂程度相适应的工程技术、概预算、财务和工程管理等方面专业技术力量；

3 有从事同类工程建设项目招标的经验；

4 设有专门的招标机构或者拥有3名以上专职招标业务人员；

5 熟悉和掌握招标投标法及有关法规规章。

承担招标代理任务的招标代理机构应满足原建设部第79号令《工程建设项目招标代理机构资格认定办法》规定的要求。

5.2.3 城市轨道交通项目招标工作属重大项目安排事项，根据国务院印发的《关于进一步推进国有企业贯彻落实“三重一大”决策制度的意见》（2010年7月），应履行集体决策制度，建设管理单位宜设立招标领导小组或类似机构，领导协调招标工作。

5.2.4 本条对招标方案的制订作出了要求。建设管理单位对拟建设城市轨道交通线路应做好总体筹划工作，编制切合实际的招标方案。

城市轨道交通线路长，周边环境复杂，施工工法多，设备专业多，应根据自身管理体制、工程难易程度、潜在的投标人情况等情况综合考虑标段的划分，特别注意应尽量减少管理接口。

5.2.5 本条规定是对招标文件（含资审文件）编制的一般性要求，建设管理单位还应结合项目特点、自身管理情况编制招标文件，将拟建项目的管理目标与思想纳入招标文件中。城市轨道交通属于高风险项目，应在招标文件中提出风险管理要求，并应明示招标人不承诺将投标项目授予给最低报价的投标人。招标文件应通过建设主管部门审核备案。

5.2.6 本条对评标标准作了一般性规定；对于具体权重，招标人应根据项目特点给予不同的设定。

5.2.7 本条规定对从事城市轨道交通工程建设的资格条件作出一般性规定。对投标单位投标资格的认定标准，应结合地区规定、项目特点等情况具体制定。

5.2.8 投标单位应认真研究招标文件，尤其特别注意废标的相关条款和评标办法中评分点的内容。对于招标文件中诸如人员、组织机构、大型或专门设备的数量和进出场时间、总工期，尤其是对工程建设风险管理与控制等都应有实质性响应；对于招标文件中的其他要求要作出叙述或回应。

5.2.9《建筑工程安全防护、文明施工措施费用及使用管理规定》（建办［2005］89号）将安全文明施工费纳入国家强制性标准管理范围，其费用标准不予竞争。本条规定措施项目清单中的安全文明施工费应按国家或省级、行业建设主管部门规定的费用标准计价，招标人不得要求投标人对该项费用进行优惠，投标人也不得将该项费用参与市场竞争。措施清单中的安全施工费包括《建筑安装工程费用项目组成》（建标［2003］206号）中措施费的文明施工费、环境保护费、临时设施费、安全施工费。

根据《国务院关于解决农民工问题的若干意见》（国发［2006］5号）和《工伤保险条例》（国务院令［2003］375号）的文件精神，建筑企业从事建筑业的农民工应参加工伤保险，各地省级建设行政部门一般对此有专门规定，应按规定计取和交纳费用，此费用报价时不得参与市场竞争。

5.3 合同管理

5.3.1 建设管理单位应在招标文件编制完成后，组织相关部门进行详细评审，评审招标文件内容的合法性和条款的完备性；评审合同条款之间有无冲突、交叉、矛盾之处；评审合同条款是否原本地、无歧义地体现了对本项目管理的目标与思路，避免或减少合同实施过程中的风险。

投标单位对招标文件评审的重点是对合同条款不同意见、不同理解反馈给建设管理单位，以便准确理解招标文件，评审是否有能力按合同条件完成全部工程内容，根据自身综合实力提出最佳的投标方案。对于非招标项目合同（即双方直接协商签订的合同）的签订，合同双方在签订前也应进行评审，双方在达成一致的、真实的意思后方可签署合同。

5.3.2 建设管理单位可根据国家或地方所颁布的示范合同文本，制定适合建设项目管理所需的合同文本。合同条款的制定应当遵循公平原则确定合同双方的权利和义务，并采取合理方式提请对方注意免除或限制其责任的条款。

5.3.3 招标项目的谈判是开标后、合同签订前合同双方对有关合同条款、重要事项、关键节点等方面进行明确，双方不得签订背离招投标过程中要约、承诺的实质性内容的其他协议。

5.3.4 制定合同实施计划是保证合同得以实施的重要手段。合同各方应根据自身条件和项目实际情况对安全、质量、进度、风险、现场和档案等工程各方面制定工作目标和程序，以实现合同目标。建设管理单位应根据项目总目标要求制定总的工作目标和程序，其他参建单位根据建设管理单位的总目标和程序，各自编制实施性的工作目标和程序。

5.3.5 建设管理单位在建设项目管理处于核心地位。为了更好地实现合同目标，建设管理单位对其余参建单位宜制定一套动态的合同履约管理制度，规范各方的合同行为，履约管理措施的制定不得违反合同条款，履约管理的主要条款应在合同中约定。

5.3.6 合同各方应充分利用计算机技术和网络，在合同实施过程中，将安全、质量、进度、现场管理，项目周边环境，计量支付等各种信息有机地统一起来，进行编码和分类，为合同各方项目管理服务。鼓励建设管理单位开发、应用城市轨道交通工程的项目管理软件，提高项目管理水平。

5.3.7 建设资金按时足额拨付是保证项目顺利进行的重要条件，建设管理单位应按合同约定支付建设资金。参建单位不得以任何理由挤占、截留、挪用建设资金，应开设专门账户，专款专用，并接受监管。

5.3.8 本条对安全文明施工费支付和使用作出强制性规定。《建筑工程安全防护、文明施工措施费用及使用管理规定》（建办［2005］89号）第九条、第十条、第十一条等多个条款对安全文明施工措施费的支付和使用要求作了详细规定。

5.3.9 合同各方在合同实施过程中，发生工程变更事项或者合同约定允许调整的内容，涉及价款调整的，合同各方应根据合同规定及时确认。财政部、原建设部2004年10月的《建设工程价款结算暂行办法》（财建［2004］369号），其中第二章对合同价款的约定与调整作了具体规定。

5.3.10 城市轨道交通工程投资巨大，涉及合同单位多，合同各方应充分重视并及时开展竣工结算工作。根据合同要求，统一竣工结算资料编制办法，按期完成竣工结算。各方应按合同约定、通过充分沟通协商解决价款纠纷。

5.4 变更管理

5.4.1、5.4.2 工程变更的内容及范围、特别是变更价款的调整原则应在合同中作出明确约定。工程实施阶段，建设管理单位应根据合同、自身管理情况、项目实际情况制定工程变更细则，进一步明确变更分类、审批流程、附件资料要求、时间要求等，便于合同各方操作。

5.4.3 建设管理、设计、监理、施工等单位均可提出工程变更。

5.4.4 依据原国家计委《关于简化基本建设项目审批手续的通知》（计资［1984］1684号）的规定，由于初步文件的重大变更，造成初步设计概算超出可研估算金额的10%及以上的，应重新向原审批机关报批项目建议书或可行性研究报告。

6 勘测设计管理

6.1 一般规定

6.1.1 城市轨道交通项目属城市重大公共交通工程，设计使用年限100年，工程具有涉及领域多、范围广、建设周期长、投资强度高的特点。因此，要求勘测设计工作在保证安全可靠的前提下，采用先进的勘测设计管理模式，积极推行设备国产化，建立不断提高城市轨道交通建设水平的管理机制。

6.1.2 城市轨道交通建设期间各专业领域接口多，各项工作相互制约，而受工期限制，存在穿插作业的现象，但必须遵守先勘测、后设计、再施工的建设程序，决不允许设计单位在没有详勘资料的情况下出图，决不允许施工单位使用未经过国家强制性审查的非正式图纸施工。

6.1.3 城市轨道交通勘测设计工作应选择具有甲级资质的单位完成，勘测设计单位应通过ISO 9001质量认证，自身具有完整的质量保证体系，完善的逐级校审制度，对于产品质量具有可追溯性。

6.1.4 勘测设计工作的性质决定了通过增加人力或平行作业面缩短工作周期是有限的。勘测设计的工作周期与质量关系密切，为保证产品质量必须经过固定的程序流程，建设管理单位应做好整体计划协调工作，提前与勘测设计单位沟通工作计划，不应随意压缩勘测设计的工作周期。

6.1.5 地形和管线资料是城市轨道交通建设的基础资料，其精度直接影响到工程安全、周期和投资。地形及管线的比例尺一般为1∶500，包含地形特征、地面建（构）筑物、地下管线及附属设施、地下通道及人防设施等内容。管线资料一般以综合管线图形式提供，如条件复杂可提供专业管线图、局部放大图、断面图。鉴于城市轨道交通建设周期长，城市建设速度较快，地面构筑物和管线变化时应及时补充测绘。

6.1.6 运营单位为城市轨道交通线路的使用单位，对于拥有运营经验的城市，为推动城市轨道交通建设品质的不断提升，应要求运营单位参与各阶段设计方案的评审，从实际使用角度出发，提出合理的需求和建议。

6.2 勘察管理

6.2.1 勘察资料是城市轨道交通建设的基础资料。勘察大纲是整个勘察工作的指导性文件，应根据沿线的地质构造特征制定。在初步设计阶段，勘察成果一般以初步勘察报告的形式提供，在施工设计阶段，勘察成果一般以详细勘察报告的形式提供。作为勘察工作的指导性文件和最终成果，建设管理单位应对其进行审查，保证基础资料的准确性。

6.2.2 对于勘察工作的管理，建设管理单位可视自身的实际情况，采用自行管理或委托资质齐全、经验丰富的独立第三方单位进行管理。在同一城市轨道交通项目存在两家以上勘察单位时，应统一成果文件的编制标准。

6.2.3 随着勘察技术的不断完善，勘探方法和手段呈多元化发展，为保证勘察资料的准确性，应采用多种勘探方法相互验证、综合分析的手段，特别是地质复杂、地下水丰富的区域更应如此。

6.2.4 详勘是城市轨道交通工程勘察的重要阶段。详勘成果是施工图文件设计的重要依据，是保证城市轨道交通工程建设与运营的质量安全、控制环境影响、防治不良地质作用的关键资料。目前，我国城市轨道交通建设规模和建设速度空前，但也出现了不遵守基本建设程序、有的项目甚至不做详勘或详勘成果未经审查通过直接作为施工图设计依据等现象，给城市轨道交通工程建设和运营带来质量与安全隐患。城市轨道交通工程，尤其是地下工程属隐蔽工程，具有不可恢复性，一旦出现质量与安全事故，将造成巨大的经济损失及环境和社会影响，工程不易修复且恢复成本过高。因此必须确保详勘成果的质量与准确性，为施工图设计和周边环境保护提供充分依据，进而保证城市轨道交通工程的质量与安全。

根据原建设部令第134号《房屋建筑和市政基础设施工程施工图设计文件审查管理办法》第三条“国家实施施工图设计文件（含勘察文件，以下简称施工图）审查制度”和第九条“建设单位应当将施工图送审查机构审查”的规定，详勘成果应实施审查制度，未经审查通过，严禁作为施工图设计依据。同时，建设管理单位作为工程质量的管理责任主体，应当将详勘成果送审查机构审查。建设单位可以自主选择审查机构，但是审查机构不得与所审查项目的建设单位、勘察设计企业有隶属关系或者其他利害关系。

6.2.5 当线站位位于快速路、立交桥、无法拆迁的建（构）筑物等难以实施勘察的地段时，建设管理单位应首先要求勘察单位收集被穿越建筑物或周边建筑物施工时的勘察资料，在此基础上根据当地地质变化的特点，分析资料的可靠性，采用最不利条件进行设计。同时，在施工时加强现场的勘探工作。

6.2.7 当遇到采空区、岩溶、地裂缝、断裂带、地面沉降、有害气体等特殊、复杂的地质条件时，勘察单位应进行专项勘察并提供分析报告。

由于城市轨道交通建设周期长、投资高，特别是遇到项目暂缓建设时，部分地质水文变化周期短的地区，建设管理单位应进行补充勘察，以提高工程建设的安全性。

6.3 测量管理

6.3.1 工程测量是城市轨道交通建设的基础性工作。为提高测量成果质量水平，应加强测量管理和技术质量控制。建设管理单位应组织专家对测量技术方案进行审查。

城市轨道交通工程测量管理方式有建设管理单位集中统一管理、建设管理单位委托集中统一管理和建设管理单位委托分散管理三种。其中，委托分散管理把专业测量工作分解到每个工点，并作为单体工程的一部分工作内容，其质量、进度由驻地监理进行监管。从线路的整体施工质量控制来看宜采用集中统一管理模式。

6.3.2 工程测量是为设计、施工服务的，上述要求为测量工作总目标，在不同的工程建设阶段，所涉及目标不完全相同，因此在地形测量、控制测量、定线测量、管线测量和调查、施工测量、变形测量和竣工测量中应制定阶段性目标，确保在线路上不产生因施工控制测量、放样测量超差而引起修改线路设计、降低行车运营标准等事故。

6.3.3 贯通测量是城市轨道交通测量的关键，其误差必须满足《城市轨道交通工程测量规范》GB 50308－2008 的要求。完整的质量保证体系一般以质量目标为起点，依次经过质量计划、质量实施控制、质量检查监督、质量验收、质量评定、质量分析总结、质量信息反馈 8 个步骤完成一个循环过程的质量控制。在工程建设中，对于众多测量项目中的每个项目质量控制循环过程都需要逐步完成，因此对众多测量项目质量控制需要同时或分期进行成群和系统运转，形成完整的质量保证体系。

6.3.6 因各线在控制网测量时一般单独成网闭合，对于两条长大线路的交汇点易出现坐标偏差，即现场同一物体的坐标点在两网内不一致，因此应注意各线控制网的衔接，避免出现偏差。

6.3.8 城市轨道交通项目常存在预留工程，考虑施工误差、沉降等因素必须对预留结构进行复测，以利于线路顺接。对于距离线路较近的建（构）筑物，设计单位应根据需要提出复测需求，建设管理单位应委托测量单位落实。

6.3.9 为使测量工作成为建设工程的有力保障，必须针对工程特点建立起一整套施工测量保障制度，复核制使工程建设中的各级测量工作有章可循，使每一个测量环节有检核，增强测量工作的最大追溯性、可靠性和协调性。

6.4 设计管理

6.4.1 城市轨道交通项目设计分为总体设计、初步设计和施工图设计和施工配合四个阶段，以上阶段均在设计招标后按上述顺序陆续完成。其中总体设计要求汇总设计投标文件的优秀方案，用以稳定工程的线位走向、系统制式、总体设计标准和原则；初步设计在总体设计评审通过的基础上完成，此阶段要求在相关基础资料陆续齐备的前提下，细化局部线位方案、稳定工法、明确施工周期、完成工程概算。

6.4.3 行使设计管理责权的单位必须具有综合甲级或市政行业或轨道交通工程专业甲级资质。

6.4.4 设计管理应采用统一的专业划分及名称，具体专业划分及名称见表 1。

表 1 城市轨道交通设计具体专业划分及名称

分类	一级专业	二级专业
1	规划	总图
		规划
	交通	交通
	线路	线路
	客流分析	客流分析
	建设管理	建设管理
2	建筑	建筑
		车站管线综合
		导向标识
		装饰
3	结构	地面结构
		地下结构
	防水	防水
	工程筹划	工程筹划
	桥梁	上部结构
		下部结构

续表 1

分类	一级专业	二级专业
	供电	供电系统及变电所
		牵引网
		杂散电流
		电力监控
		电源整合
4	动照	动力照明（含消防控制）
		景观照明
	给排水	灭火系统
		给排水与消防
	暖通	暖通空调
		声屏障工艺
5	车辆	车辆
	车辆段及车站设备	工艺
		车辆
		屏蔽门
		自动扶梯
		站场
		售检票
		站场管线综合
6	轨道及限界	轨道
		限界
		轨旁设备
		路基
	行车组织	行车组织
		运营管理
		站场
		站场管线综合
7	经济	概预算
		投融资
		经济分析
	通信	通信
		旅客信息
	信号	信号
8	自动化与系统集成	系统综合
		火灾报警
		设备监控
		综合监控
		办公自动化
		门禁
		智能交通

6.4.6 设计质量控制应符合下列要求：

原建设部令第 134 号《房屋建筑和市政基础设施工程施工图设计文件审查管理办法》第九条规定："建设单位应当将施工图送审查机构审查"。住房和城乡建设部印发的《城市轨道交通工程安全质量管理暂行办法》（建质［2010］5 号）第二章第九条规定："建设单位应当依法将施工图设计文件（含勘察设计）报送经认定具有资格的施工图审查机构进行审查。施工图设计文件未经审查或审查不合格的，不得使用。"

7 投资管理

7.1 一般规定

7.1.1 全过程投资管理包括项目建议书和可行性研究阶段的投资估算管理、初步设计阶段的概算管理、施工图设计阶段的预算管理、招投标阶段合同管理、合同实施阶段的结算管理及竣工验收阶段的竣工结算管理。

7.1.4 项目投资管理应遵循以下原则：

2 限额设计在保证各专业达到使用功能的前提下，按照批准的可研及投资估算控制初步设计，按照批准的初步设计概算控制施工图设计，严格控制不合理变更。限额设计控制对象主要为影响工程设计的静态投资项目。

7.2 投资管理措施

7.2.2 项目规模的确定要结合城市轨道交通建设技术水平、技术装备、管理水平及社会经济环境综合考虑。

项目的建设标准应尽量给出定量指标，不能提出定量指标时应有定性的原则要求。

优先选用国产车辆和机电设备，以创造降低建设费用和运营费用的条件。

7.2.5 初步设计概算是考核设计经济合理性和全面反映建设项目投资规模和投资构成的主要文件。

7.2.6 招标控制价的编制应力求符合市场实际变化，合理反映工程价格。合理的低价应有可行的措施保证实现，但不保证最低的报价中标。

7.2.8 项目施工阶段投资控制的主要依据为投资计划、进度报告及工程变更、工程索赔、工程结算。

7.2.10 建设项目或单项工程完工后，由建设管理单位财务及有关部门，以竣工结算等资料为基础，编制反映建设项目实际造价和投资效果的竣工决算。

8 质量管理

8.1 一般规定

8.1.1、8.1.2 城市轨道交通项目属于城市重大建设工程，城市轨道交通工程建设的有关活动及对其实施的工程量监督管理，必须遵守《建设工程质量管理条例》的相关要求，建立健全质量管理体系，落实参建各方的质量管理责任。重点是完善质量控制手段，做好过程控制和质量评定，强化质量验收的组织和程序。在有条件的情况下，应积极采用新材料、新设备、新工艺和新技术，建造优质工程。

8.1.3 本条为强制性条文。城市轨道交通工程属关键性基础设施，其建设质量关系到建设与运营安全，与人民生命财产安全、环境影响和项目经济效益息息相关，因此城市轨道交通工程建设质量必须符合现行国家标准、行业标准的规定及设计图纸的要求，并在政府质量监督部门的监督下组织工程质量验收，未经验收或验收不合格的工程不得交付使用。

8.1.4 城市轨道交通工程建设应按《建设工程质量管理条例》等相关规定实行质量保修制度。

8.2 质量管理措施

8.2.3 《建设工程质量管理条例》第十三条规定"建设单位在领取施工许可证或者开工报告前，应当按照国家有关规定办理工程质量监督手续"，办理工程质量监督手续是法定程序，不办理工程质量监督手续的，政府建设行政主管部门不发施工许可证，工程不得开工。因此将本条确定为强制性条文，要求建设单位按照《建设工程质量管理条例》的要求在办理施工许可证或者开工报告前按照国家有关规定到建设行政主管部门办理工程质量安全监督手续，接受政府部门的工程质量监督管理。

8.2.4 《建设工程质量管理条例》对建设管理单位、勘察、设计、施工、监理单位的质量责任和义务均有明确规定，要求建设管理单位必须向勘察、设计、施工监理单位提供真实、准确、齐全的原始资料，以满足设计要求；按照《建设工程质量管理条例》等要求，建设管理单位在轨道交通工程资格审查、招标文件和工程建设管理中，对勘察、设计、施工、监理、建筑材料与构配件生产和设备供应、监测，以及质量检测单位的资质条件、管理体系、管理模式、相关专业人员与管理人员的资质条件、业绩和配置均有明确要求，要求与所发包的城市轨道交通工程相匹配。

9 技术管理

9.1 一般规定

9.1.1 城市轨道交通建设项目技术管理是为建设项目的全过程服务，内容涵盖建设项目过程中各个环节的技术审查，标准化管理以及对服务于项目的新技术进行评估并推广应用等。

9.1.2 城市轨道交通建设投资大、影响大、工程实施难度大、建设周期长，是关系民生的重大工程，技术管理应以采用高效、节能、环保的技术和产品为主要目标，同时保障建设及运营安全。

9.1.3 城市轨道交通建设项目技术管理必须严格执行国家相关的法律、法规，围绕项目的前期研究、勘察、设计、施工等全过程展开，紧密结合工程实际，立足于解决工程中的技术难题，通过研究新技术、新产品、新工艺，提高工程技术水平、加快实施进度，保障工程质量和安全。

9.1.4 城市轨道交通建设项目技术管理工作应由建设管理单位牵头进行，各设计、勘察、监理、施工单位应服从建设管理单位的管理。建设管理单位可以聘请外部专家组成专家委员会，对项目的重大技术方案进行决策，作为设计、施工的参考或依据。

9.1.5 建设管理单位可以委托专业咨询机构组织对项目各阶段的技术方案和图纸进行审查，对专项技术方案、设备及产品采用的工作进行审查，并由咨询机构出具咨询报告，作为决策依据。

9.2 技术审查管理

9.2.1 城市轨道交通建设包括前期研究、勘察、设计、施工等过程，建设管理单位应对每个过程的技术成果进行审查，规范审查流程，明确每个阶段的审查深度，组织专家（或委托咨询机构）对项目建议书、可行性研究报告（包括预可行性研究报告）、总体设计（方案设计）、初步设计、施工设计（委托施工图审查单位进行审查）、施工组织方案和重大技术方案进行审查，形成审查结论，作为下一步工作的依据。

9.2.2 技术管理决策机构是由建设管理单位负责牵头成立，成员包括外部专家，设计单位、勘察单位、监理单位和施工单位的技术负责人等。技术管理决策机构应对项目的重大技术问题进行充分了解后，群策群力，作出决策。

9.3 标准化及标准设计管理

9.3.1 城市轨道交通工程规模大，标准化工作涉及各个建设阶段、各个专业，制定标准化管理办法、建立标准化成果体系并广泛应用于工程，有利于提升城市轨道交通工程的建设水平，保证工程质量和安全。

9.4 新技术评估与应用

9.4.1 城市轨道交通项目是城市重大基础设施，在建设中采用经过评估认定的成熟而适用的新技术、新材料、新设备、新工艺有利于提高项目的技术水平，实现高效、节能、环保的要求，同时可以保证施工和运营安全，提升服务水平。评估工作须按地方有关部门管理规定执行。

建设管理单位可以委托相关专业咨询机构对新技术进行评估，符合城市轨道交通建设标准和国家相关规范的新技术方可使用，其中具有较高经济效益、社会效益、环境效益的新技术可以在项目中推广应用。

9.4.3 城市轨道交通项目的新技术应用应该建立在国家及行业既有研究成果的基础上进行，避免重复研究，浪费社会资源。

10 采购管理

10.1 一般规定

10.1.1 城市轨道交通建设涉及土建、机电、设备、服务等多个专业和领域的采购，因此采购管理是保证城市轨道交通建设质量和进度的重要环节。目前我国已经有多部国家和地方的法律法规对工程采购行为进行规范。城市轨道交通项目采购管理应以国家相关法律、法规为依据和前提，不得与之违背或抵触。

10.1.2 城市轨道交通项目应根据本地区、本行业和自身的实际情况制定行之有效的采购管理制度和管理办法，且专门设立相应机构负责采购工作的实施，明确采购管理的职责和分工。城市轨道交通项目采购管理必须按制度和管理办法执行，规范程序，提高效率，避免盲目性和随意性。

10.1.3 因城市轨道交通项目采购涉及范围广，专业性强，需要采购的服务和设备材料等千差万别，所以可以根据实际情况，在国家法律、法规允许的前提下，采取有限竞争性招标、询价采购或直接采购等多种采购方式，以达到经济、高效的目的。

10.1.4 城市轨道交通的建设和运营与人密切相关。在城市轨道交通工程的建设和运营中，采购的建筑材料、机电设备、构配件、车辆等的环保性能、安全性能、能耗指标、质量要求应符合国家、地方和行业的有关法律法规、标准规范的规定，必须符合职业健康安全和环境管理要求。

10.2 采购管理措施

10.2.1 建设管理单位应规范采购流程，并应包括下列内容：

4 建设管理单位应严格审查供货商的资质，供货商应具备与采购项目相应的国家规定的资质；

7 采购项目的质量应符合合同规定的质量、规格和性能要求。供方依据项目特征，提供必需的安全资质、生产许可证及其他相关要求的资格证书。

采购设备、材料应按设计及相关现行标准要求进行放行检查，检验产品使用的计量器具和产品抽样必须符合规范要求。

11 进度管理

11.1 一般规定

11.1.1、11.1.2 进度管理是城市轨道交通建设项目管理的主要内容之一，是保证建设质量、控制和节约工程投资的必要手段。建设管理单位应依据国家相关标准和项目工程可行性研究报告批复意见为依据，组织项目工程进度总体筹划并确定总工期。城市轨道交通建设项目的总工期确定后，为保证建设质量，一般不宜随意改变，尤其不宜缩短既定总工期。

11.2 进度计划的编制

11.2.1 建设管理单位进行城市轨道交通建设项目进度管理的依据是进度计划，进度计划的编制应满足工程筹划的具体要求。

11.2.3 建设项目总计划应综合考虑立项批复、资金准备、建设要求提出总进度目标要求，然后细化到年度计划，总进度计划应包括：

1 前期准备：应包括立项报告编制和审批、工可报告编制和扩初批复计划。

2 规划勘察设计计划：应包括勘察设计、规划设计、初步设计图纸等计划。

3 征地拆迁计划：应包括规划、土地、拆迁、五小证办理计划，主要是确定工程拆迁计划。

4 施工前期准备工作：施工手续办理、管线搬迁、交通组织实施计划。

5 招投标计划：应根据总体计划要求，编制不同种类招投标计划，涵盖前期、设计、工程建设、设备采购等。

6 土建工程计划：应根据征地拆迁计划和前期准备工作计划编制工程实施计划，涵盖车站端头井、盾构推进、主体结构、附属设施、主变电站、控制中心、停车场等并根据不同工序列出细部计划，便于控制关键节点和里程碑。

7 铺轨工程计划：根据土建工程计划应列出铺轨基地建设、轨道加工、轨道施工计划。

8 建筑装修计划：车站风水电、装修安装、附属设施计划。

9 设备采购及安装调试计划：综合系统 FAS（火灾报警系统）、BAS（环境监控系统）、供电、信号、车辆和综合联调计划。

10 试运行计划：应包括运营接管及人员配备计划、空车演练计划、运营条件验收计划。

11.2.5 进度计划的表达方式有文字说明、重要工期节点描述、工作量表、横道计划、网络计划等方法，内容应包括编制说明、进度计划表、资源需要量情况说明、对前一时间段工作完成情况的总结与分析，以及形象进度判定、存在问题、下一时间段工作计划及重点工作安排。

11.3 进度控制

11.3.1 建设管理单位应对工程进度进行动态跟踪检查，并采取组织、经济、技术等措施保证进度计划的实施，其中：

1 组织措施包括：

1）明确各参建单位的进度管理职责；

2）建立进度信息沟通网络；

3）协调合同工期与进度计划之间的关系；

4）与外部相关方的协调。

2 经济措施包括：

1）按合同约定进行验工计价，支付工程进度款；

2）按照合同的约定，根据进度计划的执行情况进行相应的奖励或处罚；

3 技术措施包括：

1）对设计变更及工程变更（洽商）进行进度和技术经济分析比较；

2）施工关键路径梳理协调，优化施工组织；

3）设计改进和技术挖潜。

12 施工监理管理

12.1 一般规定

12.1.1 根据《工程监理企业资质管理规定》，各类城市轨道交通及轻轨工程等级为一级，只有具有综合资质或市政公用工程专业甲级资质的监理企业，才能承担城市轨道交通项目的监理工作。对于城市轨道交通设备监理，根据国家质检总局对设备监理的要求和规定，监理单位应具有设备监理甲级和专项乙级资质。建设管理单位必须与监理单位签订合法的书面委托监理合同，合同中应包括监理工作的范围、服务期限、酬金，合同双方的职责、权利、义务、违约责任等条款。

12.1.4 2004年2月1日起实施的《建设工程安全生产管理条例》，第一次明确提出建设工程安全生产工程监理单位的安全责任，因此增加了监理单位应对施工单位的安全生产管理进行监督的职责。

监理单位作为独立于工程建设承包合同双方之外的第三方，其工作职责是受建设管理单位委托管理承包合同、监督承包合同的履行，其工作依据主要是法律、法规、规范、标准和承包合同，其工作方式是依靠自身的专业技术知识管理工程建设的实施，因而监理工作应遵循“依法、独立、公正、诚信、科学”的原则。

12.1.5 监理人员的数量和专业配备可随工程施工进展情况作相应的调整，从而满足不同阶段监理工作的需要。

施工阶段现场监理人员应按总监理工程师、专业监理工程师和监理员三个层次配备，并应符合以下要求：

1 各级监理人员具备相应执业资格；

2 监理人员数量应满足现场监理工作需要，其中监理员人数不得大于现场监理人员总数的30%；

3 专业监理工程师专业配置齐全，能适应现场监理工作需要。

12.2 施工准备阶段管理

12.2.2 监理单位应在正确领会工程建设项目意图、核查和熟悉项目原始资料的前提下，在总监理工程师的组织下编制监理规划和监理实施细则。

1 监理规划应包括以下主要内容：

1）工程项目概况；

2）监理工作范围；

3）监理工作内容；

4）监理工作目标；

5）监理工作依据；

6）项目监理机构的组织形式；

7）项目监理机构的人员配备计划；

8）项目监理机构的人员岗位职责；

9）监理工作程序；

10）监理工作方法及措施；

11）监理工作制度；

12）监理设施。

2 监理实施细则应符合监理规划的要求，并应结合工程项目的专业特点，做到详细具体、具有可操作性。

3 监理实施细则的编制应符合下列规定：

1）监理实施细则应在相应工程实施开始前编制完成，并必须经总监理工程师批准；

2）监理实施细则应由专业监理工程师编制。

4 监理实施细则应包括下列主要内容：

1）专业设计工作的特点；

2）监理工作的流程；

3）监理工作的控制要点及目标值；

4）监理工作的方法及措施。

5 在监理工作实施过程中，监理实施细则应根据实际情况进行补充、修改和完善。

12.2.3 建设管理单位对监理单位报送的监理规划和监理实施细则的审查应注意如下几点：

1 监理规划是否经监理单位技术负责人审核批准，是否具有针对性、可操作性；

2 监理实施细则是否符合监理规划的要求，并经过本项目总监理工程师的审批，是否结合工程项目的专业特点，做到详细具体、具有可操作性；

3　检查监理单位是否按相关规定根据项目工程特点制定了监理工作总体控制程序，并按工作内容分别制定具体的监理工作程序。

12.2.4　工程监理报告包括监理周报、监理月报、年度报告、工程预警报告、工程险情报告、工程事故处理报告等。

12.2.5　监理单位参加勘察设计交底会应了解的基本内容是：

1　设计主导思想、采用的设计规范、确定的抗震等级、防火等级、基础、结构、内外装修及机电设备设计（设备造型）以及工程重大风险因素等；

2　对主要建筑材料、构配件和设备的要求，所用的新技术、新工艺、新材料、新设备的要求以及施工中应特别注意的事项等。

12.2.7　对分包单位的资格应审核以下内容：

1　分包单位的营业执照、企业资质等级证书、特殊行业施工许可证、国外（境外）企业在国内承包工程许可证、安全生产许可证；

2　分包单位的业绩；

3　拟分包工程的内容和范围；

4　专职管理人员和特种作业人员的资格证、上岗证。

12.2.8　了解和熟悉施工现场及周边环境情况的目的是通过了解工程施工时对周边环境可能产生的不良影响或相邻工程施工时对本工程可能产生的不良影响，为督促施工单位完善安全技术措施和项目监理机构有效审查掌握第一手资料。

12.2.9　开工报告审查主要审查以下条件：

1　施工许可证已获主管部门批准；

2　征地拆迁工作能满足工程进度的需要；

3　施工组织设计已获总监理工程师批准；

4　承包单位现场管理人员已到位，机具、施工人员已进场，主要工程材料已落实；

5　进场道路及水、电、通信等已满足开工要求。

12.3　施工阶段管理

12.3.2　建设管理单位应对监理单位工程质量控制工作进行以下检查：

5　对未经监理人员验收或验收不合格的工程材料、构配件、设备，监理人员应拒绝签认，并应签发监理工程师通知单，书面通知承包单位限期将不合格的工程材料、构配件、设备撤出现场。对新材料、新产品，承包单位应报送经有关部门鉴定、确认的证明文件；对进口材料、构配件和设备，承包单位还应报送进口商检证明文件，并按照事先约定，由建设管理单位、承包单位、供货单位、监理单位及其他有关单位进行联合检查。

监理单位应重点审查以下大型起重机械和自升式架设设施的验收手续：

1）塔式起重机

2）施工升降机

3）吊篮

4）自升式模板架体

7　巡视检查的主要检查内容如下：

1）是否按照设计文件、施工规范和已批准的施工方案进行施工；

2）是否使用合格的材料、构配件和设备；

3）施工现场管理人员，尤其是质检人员是否到岗到位；

4）施工操作人员的技术水平，操作条件是否满足工艺操作要求，特殊操作人员是否持证上岗；

5）施工环境是否对工程质量产生不利影响；

6）已施工部位是否存在质量缺陷。

对施工过程中出现的较大质量问题或质量隐患，监理工程师宜采用照相、摄影等手段予以记录。

12.3.3　重大风险部位、关键工序节点应包括深基坑开挖、盾构进出洞、暗挖或盾构下穿房屋、暗挖或盾构上穿已建隧道、铁路、河流、高压线塔等、旁通道开挖、盾构转场、暗挖法开挖、装修龙骨、幕墙龙骨、系统受电、系统调试、联合调试等。

12.3.8　专题会议是为解决施工过程中的专门问题而召开的会议，由总监理工程师或其授权的监理工程师主持。工程项目各主要参建单位均可向监理单位书面提出召开专题会议的动议。动议内容包括：主要议题，与会单位、人员及召开时间。经总监理工程师与有关单位协商，取得一致意见后，由总监理工程师签发召开专题会议的书面通知。

12.4　工程竣工阶段管理

12.4.1　初步验收的内容包括：

1　施工单位提交的全部竣工资料；

2　各单位工程的质量情况；

3　需要进行功能试验的工程项目。

在竣工验收时，对某些剩余工程和缺陷工程，在不影响交付的前提下，经建设管理单位、设计单位、施工单位和监理单位协商，承包单位可在竣工验收后的限定时间内完成。

12.4.4　项目竣工结算的编制、审查、确定，按原建设部令第107号《建筑工程施工发包与承包计价管理办法》及有关规定执行。

12.5　工程缺陷责任期阶段管理措施

12.5.1　建设工程缺陷责任期按《建设工程质量管理条例》的规定确定。监理单位可不设立项目监理机构，宜在参加施工阶段监理工作中的监理人员中保留必要的人员承担工程质量保修期的监理工作。

12.5.2 对于非承包单位造成的工程质量缺陷，修复、复用的核实及签署支付证明，宜由原施工阶段的总监理工程师或其授权人签认。

12.5.3 《工程质量缺陷责任终止证书》签发的必要条件：

1 监理工程师确认承包人已按合同规定及监理工程师的指示完成全部剩余工程，并对全部剩余工程的质量检查认可；

2 缺陷责任期内监理工程师发现并指示承包人进行修复的工程已全部完成；

3 竣工图纸资料已全部完成。

13 施工管理

13.1 一般规定

13.1.1 项目经理部是由项目经理组建并经批准、由项目经理领导的工程项目管理组织机构，负责施工企业通过合同约定或其他方式规定的全过程管理工作，也是承包人履行工程合同的主体机构。项目经理部作为项目管理组织，应具有计划、组织、指挥、协调和控制等职能，随着项目的开始实施而组建，随着项目的完成而解体。

项目经理是企业法定代表人在承包的建设工程项目上的授权委托代理人。

项目经理责任制是建设工程项目的重要管理制度，其构成应包括项目经理部在企业中的管理定位，项目经理应具备的条件，项目经理部的管理运作机制，项目经理的责任、权限和利益及项目管理目标责任书等。

13.1.3 项目管理规划作为指导项目管理工作的纲领性文件，应对项目管理的目标、依据、内容、组织、资源、方法、程序和控制措施进行确定。项目管理规划应包括项目管理规划大纲和项目管理实施规划两类文件。项目管理规划大纲应由组织的管理层或组织委托的项目管理单位编制。项目管理实施规划应由项目经理组织编制。

项目管理规划大纲可依据可行性研究报告、设计文件、标准规范及有关规定、招标文件及有关合同文件、相关市场信息与环境信息等编制。

项目管理实施规划应对项目管理规划大纲进行细化，使其具有可操作性。项目管理实施规划可依据项目管理规划大纲、项目条件和环境分析资料、工程合同及相关文件及同类项目的相关资料等编制。

13.1.4 施工单位应组织三级教育，其内容应有分工。企业主要针对国家和地方有关质量和安全生产的方针、政策、法规、标准、规范、规程和组织的质量安全规章制度等进行教育；项目经理部主要针对现场的安全制度、现场环境、工程的施工特点及可能存在的不安全因素等进行教育；施工作业队主要针对本工种的安全操作规程、岗位工作特点、事故案例剖析、劳动纪律和岗位讲评等进行教育。教育培训应考核效果，以提高员工职业健康安全意识、增强自我保护能力。

13.1.6 预案编制应依据的法规及参考的标准有：

1 中华人民共和国国务院令第549号《特种设备安全监察条例》；

2 《职业健康安全管理体系 规范》GB/T 28001；

3 环境管理体系系列标准；

4 《施工企业安全生产评价标准》JGJ/T 77。

预案编制程序可包括：

1 成立预案编制小组；

2 制订编制计划；

3 现场调查，收集资料；

4 环境因素或危险源的辨识和风险评价；

5 控制目标、能力与资源的评估；

6 编制应急预案文件；

7 应急预案评估；

8 应急预案发布。

预案的编写内容包括：

1 应急预案的目标；

2 参考依据；

3 适用范围；

4 组织情况说明；

5 风险定义及其控制目标；

6 组织职能（职责）；

7 应急工作流程及其控制；

8 培训；

9 演练计划；

10 演练总结报告。

13.2 文明施工管理

13.2.2 由于各地对施工现场文明施工的要求不尽一致，项目经理部在进行文明施工管理时应按照当地的要求进行。文明施工管理应与当地的社区文化、民族特点及风土人情有机结合，树立项目管理良好的社会影响。

提倡施工单位将现场生产区与生活、办公区分离，配备相应的医疗设施，保持现场良好的作业环境、卫生条件和工作秩序，做好预防工作。

施工单位现场道路、材料堆放场地及出入口应硬化，工地内应设车辆冲洗设施、排水沟、沉砂池等设施。运输车辆应按规定加盖，不得影响市容卫生。

施工单位工地应设大门，建立门卫及出入管理制度。

施工单位应依据各地城市管理相关法规要求，在施工现场制作统一围挡和规范公示牌、图。公示牌图可包括工程概况牌、管理人员名单及监督电话牌、消防保卫牌、安全生产牌、文明施工牌、农民工权益保障公示牌和施工现场平面布置图等。

可采用磁卡严格现场人员的进出管理。要求现场人员以磁卡记录姓名、单位等数据，人员进退场时通过计算机刷卡能准确掌握现场的人员，对于安全管理有较大的作用。

14 工程安全管理

14.3 工程安全管理措施

14.3.4 进入轨行区必须遵守如下安全规则：

1 必须按照联合调度办公室的统一安排进行施工，不得无计划进入线路区间、车站轨行区。

2 从规定的出入口进出工地，不得单独进入线路区间、车站轨行区。

3 除了指定的施工范围，未经许可不得进入其他承包商施工地点或区域。

4 不得对工作地点构成干扰，不得未经批准而以任何方式更改或干扰设备装置的正常运行和测试。

5 除了行车有关人员，其他人员未经授权不得登乘工程机车、轨道车，严禁攀爬运行中的机车车辆。

6 禁止吸烟、酗酒。

7 严禁躺在道床上休息。

8 未经驻地监理工程师或项目工程师许可，不得使用任何易燃、易爆物品。

9 不得在钢轨上行走。

10 不得在相隔不足20m的车辆间或车辆与车挡间工作或穿行，除非已确定车辆不会移动及不会进行调车作业。

11 在线路或附近工作或行走时，应穿着反光衣。

12 在折返线附近施工要倍加小心和保护道岔设备，工作完毕后，必须清理线路上的工具和杂物，尤其要清除在道岔尖轨与基本轨之间的杂物，确保道岔的清洁。

13 未经允许不得移动停在线路上的车辆和不得撤除车辆的防溜措施。

14 严禁使用道床或钢轨做垫板，在上面进行剧烈的击打。

15 严禁未按规定时间在指定区域内搭设施工脚手架。

16 严禁向其他施工单位的施工区域丢扔污物、垃圾等。

17 严禁任何人未经领导小组、调度办公室许可拆卸道岔设备。

18 严禁任何人未经调度办公室的许可移动停在道岔区附近的机车车辆。

14.3.7 勘测单位在勘测作业时，应当严格执行操作规程，采取措施保证各类管线、设施和周边建筑物、构筑物的安全。

14.3.8 采用新结构、新材料、新工艺的建设工程和特殊结构的建设工程，设计单位应在设计中提出保障施工作业人员安全和预防生产安全事故的措施建议。

14.3.10 监理单位应审查施工单位施工组织设计中的安全技术措施或者专项施工方案是否符合工程建设强制性标准。实施监理过程中，发现存在安全事故隐患的，应要求施工单位整改；情况严重的，应要求施工单位暂时停止施工，并及时报告建设管理单位。施工单位拒不整改或者不停止施工的，工程监理单位应当及时向有关主管部门报告。

14.3.11 施工单位的项目负责人应由取得相应执业资格的人员担任，对建设工程项目的安全施工负责，落实安全生产责任制度、安全生产规章制度和操作规程，确保安全生产费用的有效使用，消除安全事故隐患，及时、如实报告生产安全事故。

14.3.12 对达到一定规模的危险性较大的分部分项工程（如基坑支护与降水工程、土方开挖、模板脚手架工程、起重吊装工程、拆除爆破工程等），由施工单位在施工前单独编制安全专项施工方案，并附有安全验算结果，由施工单位的专业技术人员及监理单位专业监理工程师进行审核后实施，由专职安全生产管理人员进行现场监督。对深度超过5m的基坑、暗挖工程、高大模板工程、30m及以上高空作业工程、深水作业工程、爆破工程等应由施工单位组织不少于5人的专家组（专家组成员中施工企业内部人员不得超过2/5，监理单位人员不得作为专家组成员）进行论证审查，并必须提出书面论证审查报告，作为安全专项施工方案的附件，施工承包企业应根据论证审查报告进行完善，施工单位技术负责人、总监理工程师签字后，方可实施。在实施过程中，施工承包企业应严格按照安全专项方案组织施工。

14.3.15 持证上岗的特殊工种包括：机械操作工、物料提升工、塔吊司机、塔吊指挥工、电焊工、电工、架子工、安装起重工、登高工等相关工种。

14.3.16 建立消防保卫管理体系是现场的重要工作，消防保卫管理制度应根据国家和当地的法律法规以及项目的实际情况制定。施工现场必须有适合现场情况的应急准备和响应程序，主要包括处理紧急情况的最适当方法、对实施应急响应人员的培训和应急组织及外部联系方法等。各种消防设施的配备和应急准备措施应符合国家和当地执法部门的规定。

14.5 安全培训教育管理

14.5.1 安全教育包括对管理人员、操作工人、民工（含各类型的分包单位、租赁设备单位、检验、检测、监测单位等进入施工现场的管理人员、操作工人）进行上岗前、换岗前的三级安全教育，并按要求做好记录。

14.6 工程安全评价专项验收

14.6.1 安全评价专项验收按《中华人民共和国安全生产法》、《关于加强建设项目安全设施“三同时”工作的通知》、《国务院关于进一步加强企业安全生产工作的通知》、《安全验收评价导则》AQ 8003、《城市轨道交通安全验收评价细则》AQ 8005 的要求进行。安全验收评价部门对工程实体、各运营系统及安全生产管理资料进行安全验收评价检查，并完成建设项目工程安全验收评价报告，经评审后送国家安全生产监督管理总局进行安全验收备案。

15 建设风险管理

15.1 一般规定

15.1.1 目前我国各大城市正在大力发展城市轨道交通工程。城市轨道交通一般位于城市密集区，工程结构复杂，施工难度大，潜在建设风险种类多，风险损失大。近期全国各地发生的多起城市轨道交通工程事故，说明实施与规范城市轨道交通工程建设风险管理的必要性和紧迫性。

在城市轨道交通工程建设风险管理中，应全面考虑各项建设风险。城市轨道交通工程建设风险影响因素较多，包括：自然环境、场地条件、结构设计与施工、机电设备安装、参建人员及周边建（构）筑物（包括周围道路、房屋、管线、桥梁和其他）等。实施城市轨道交通工程风险管理，应在安全可靠、经济合理、技术可行的前提下，通过规划、设计和施工等过程中采取风险控制措施，把城市轨道交通工程建设中潜在的各类风险降低到合理、可行的水平，以控制建设安全和工程质量，减少经济损失和人员伤亡，并控制工程建设投资，保障工程建设工期。

15.1.2、15.1.4 考虑城市轨道交通工程建设风险管理参与单位众多、工程建设复杂，为了更好地实施建设全过程及动态风险管理，建设风险管理应由建设管理单位负责组织，成立风险管理工作机构与管理组织，并在签订的合同文件或技术条件书中约定建设各方的风险管理职责和任务。

城市轨道交通工程建设投资大，施工工艺复杂，施工周期长，周边环境复杂，所需的施工设备繁多，涉及的专业工种与人员众多且相互交叉，工程建设中易发各类风险，风险管理作为减少或降低风险的有效手段，需在整个建设过程中实施。同时，工程建设风险是贯穿整个建设过程的客观问题，工程建设过程无法避免或消除全部的风险，而一旦发生风险，必将产生人员伤亡和经济损失等，直接危及人民生命财产和健康安全，甚至会造成严重的环境影响或破坏。随着城市轨道交通建设活动的不断深入开展，工程风险也随之不断发展变化与传递，有些风险在工程建设初期会因采取有效的控制措施得到了规避，但有些风险会随着建设活动重新出现或变化恶化，有些风险只有到施工、甚至运营阶段才会出现，甚至恶化。因此，为了有效地管理各类建设风险，必须在工程建设的全过程中实施风险管理，对各类建设风险尽早、及时地进行辨识、分析与控制，对各阶段建设风险实施跟踪记录和管理。每个阶段完成后必须形成风险评估报告或风险管理记录文件，记录风险管理对象、内容、方法及控制措施，并作为下阶段风险管理的实施和管理的基本依据。

另外，工程建设风险管理需考虑工程建设过程中不同时期的建设活动的具体内容和要求，因此，需针对具体的建设活动开展风险管理工作，并完成相应的风险辨识与分析，通过实施风险评估、风险记录和动态风险管理等技术手段完成风险管理活动，对已辨识的风险采取风险处置措施，减少或降低可能发生的风险及损失。因此，为了确保风险管理的有效性、连续性和经济性，需全过程实施风险管理。

15.2 建设风险管理方法

15.2.1 建设风险类型可包括人员伤亡风险、环境影响风险、经济损失风险、工期延误风险和社会影响风险等。建设风险等级可参照《城市轨道交通地下工程建设风险管理规范》GB 50652－2011 的相关规定分为 4 级。

15.2.2 城市轨道交通建设风险管理需贯穿于工程建设全过程，结合我国城市轨道交通的建设实际情况，根据工程建设内容与过程，一般可划分为五个阶段，包括：规划阶段、可行性研究（工可）阶段、勘察与设计阶段、招投标与合同签订阶段和施工阶段。建设风险管理具体实施中，考虑工程建设期内不同阶段内容，各阶段可能存在相互交叉或者同期建设等情况，风险管理也应适应工程建设需要，结合工程建设阶段和具体要求来开展。

15.2.4、15.2.5 风险管理实施中最重要的是提高各参建单位的工程风险管理意识，建立项目工程风险管理体系，通过通报、会议等多种形式组织建设各方共同参与，加强风险信息的相互沟通与交流，针对重大风险因素开展专项风险管理，并在实施过程中执行风险登记与检查制度，编制规范的风险记录和管理文件。

15.3 建设风险管理措施

15.3.1 为保障工程建设风险管理的实施，应在工程建设费用中计入风险管理费用，工程建设风险管理费用主要包括：风险查勘费、风险分析与评估费、工程周边环境调查及现状评估费和工程建设第三方监测费等。

由于目前没有制定明确的概预算标准文件，风险管理费用概预算可根据工程建设的复杂程度和风险管理要求设立，按照风险管理工作计划内容进行估算。城市轨道交通地下工程建设中预算的建设风险管理专项费用，必须做到专款专用。

15.3.6 重大建设风险指Ⅰ级和Ⅱ级风险。建设风险等级可参照《城市轨道交通地下工程建设风险管理规范》GB 50652－2011的相关规定。

15.4 应 急 管 理

15.4.3 应急演练是检验完善应急预案、锻炼应急队伍、加强应急联动的重要手段。应急演练要结合突发事故特点、衍生灾害类型及环境、损失程度等条件进行，重点解决应急响应过程中的组织指挥、协同配合和应急准备等问题。演练过程中要注重演练场景的仿真程度，做到指挥机构、救援队伍，通信指挥、交通疏导、医疗救护、治安管理等协同配合，确保演练安全。演练工作结束后，牵头部门要总结经验，查找不足，进行演练评估，适时修订完善预案相关内容，不断增强预案的实用性和可操作性。

16 接 口 管 理

16.1 一 般 规 定

16.1.1 接口管理是保证大型建设项目有序进行的前提条件之一，是确保工程质量、防范工程风险、控制工程投资、降低运营成本，使工程建设实现目标工期的重要手段。接口管理是建设项目管理的重要组成部分，是对工程各系统和各专业之间，各参建单位所承担的设计、施工、制造、安装、调试任务之间的相互关联和影响，及其在时间和空间上的交互关系的协调管理。

16.1.2 城市轨道交通建设涉及范围广，除工程建设本身外，还要涉及各个区域拆迁、安置、周边环境安全以及社会稳定等，需要各级政府部门、相关单位、个人的支持和配合。政府成立专门机构进行协调可以有效地协调各方面的关系和矛盾。

16.1.3 建立健全管理体系，管理规章制度，确定矛盾协调、解决方式和机制可有效解决接口问题，减少矛盾。

16.1.4 在合同文件中明确规定各参建单位的工作范围和管理要求，减少建设过程中的交叉、重叠、责任真空等问题。

16.2 接口管理方式与要求

16.2.1～16.2.5 内部接口和外部接口的确认方式要根据接口问题的分类、内容、形式和重要性确定。接口问题处理要根据计划、逻辑关系和工序要求等确定相应的管理要求。弄清外部接口事项与项目内部接口工作的衔接关系，避免造成时序错位，无法保证工作的有序进行。

16.3 接口管理措施

16.3.1、16.3.2 通过项目接口管理体系，明确各方的工作职责以及与接口管理的关系，形成统一组织协调下的顺畅的工作体系，其中应以建设管理单位或建设指挥部作为主要的牵头单位进行接口管理体系的运行。

16.3.3、16.3.4 编制好接口管理文件，要对项目进行仔细分析，掌握各接口的工作重点和解决方案，明确相应的责任体系和保障体系，并保证接口管理方案的有效性和顺利实施。

17 信 息 管 理

17.1 一 般 规 定

17.1.1 城市轨道交通工程建设是在一定的目标和约束条件下进行建设管理和控制，管控的基础是信息。有效的信息管理能够提高城市轨道交通建设项目的安全、质量、投资、进度控制水平和合同、协调管理工作水平，有利于城市轨道交通建设项目目标控制。因此，需要进行信息管理。信息具有真实性、系统性、时效性、不完全性和层次性等特点。信息管理的目的是通过有组织的信息流通、使决策者能够及时、准确地获得需要的信息。因此，应按照信息本身的规律和特点，进行信息管理。

17.1.2 城市轨道交通建设管理单位是建设项目的牵头单位，建设项目过程中涉及业主、建设管理、勘察设计、施工、监理、第三方监测、设备材料供应、检测等多个单位。为做好信息管理工作，建设管理单位应对整个项目的建设信息统筹管理，提出标准，规范格式和信息流通渠道，使信息在建设过程各阶段和各参建单位之间标准统一，传输顺畅。

17.1.5 信息成本指收集、获得及使用信息的成本，信息收益指使用信息带来的收益或减少的损失。信息管理应切实有利于建设项目目标的实现，达到效益最大化。

17.2 信息管理规划

17.2.1 信息管理的目标不仅应体现在信息本身的利用效率，而且应对项目安全、质量、投资、进度等控制指标的实现有促进作用，对项目管理效率的提升有促进作用，对项目管理模式的进步有促进作用。

17.2.2 项目信息管理包含项目综合管理、进度计划管理、投资费用管理、工程质量管理、安全风险管理、项目人力资源管理、采购管理、设计管理、财务管理、合同管理、文档管理等内容。内容庞杂，各项信息之间相互关联，信息管理体系工作量大，难以一步到位全部建成。因此需要统筹规划，分阶段实施。应根据企业发展阶段、管理水平、建设资金、企业内部和外部可利用的信息建设资源、企业业务发展需要等方面情况，制订信息管理目标分阶段实施计划，逐步形成全面、完善、高效的信息管理体系。在信息系统建设方面，应构建管理信息系统总体框架，确定动态和开放的信息系统结构，规划信息资源，开展信息标准化建设，组建高速、稳定、可靠的网络信息平台，制订开发计划等。这样既可以在城市轨道交通建设中规划出信息体系建设资金，又可以避免超前开发造成的资金和资源浪费。对于后期开发各业务的相关管理信息系统制订统一标准和遵循原则，使后期开发的系统满足统一规范，符合总体规划、不重复开发、与已开发系统兼容并资源共享、补充和完善原有系统功能的要求。

17.4 项目信息安全管理

17.4.1 应建立系统完善的信息安全管理制度和信息保密制度，严格信息管理程序。信息应分类、分级管理。需要保密的信息应按保密要求进行防泄密管理。一般性信息可以采用合适方法进行管理。

18 系统联调和试运行管理

18.1 一 般 规 定

18.1.1 本条是设备系统联调的前提条件。

18.1.2 各类系统联调涉及的设备系统如下：

1 与综合监控系统相关的系统联调包括的系统有：供电、火灾报警、自动售检票、环境与设备监控、广播、闭路电视监视、信号、通信集中告警、安全门、门禁。

2 与火灾报警系统相关的系统联调包括的系统有：通风、动力照明、消防水、自动售检票、自动扶梯、综合监控、门禁、乘客信息。

3 与列车有关的系统联调包括的系统有：供电、信号、安全门、无线通信、乘客信息。

18.1.3 城市轨道交通工程是由隧道、车站、通信、信号、供电、车辆等多专业领域、多子项共同构成的复杂系统工程。试运行是采用不载客的列车运行活动，验证城市轨道交通工程建设成果是否符合设计要求的重要环节。无论建设管理模式为一体化或专业化管理模式，试运行结束都应由政府主管部门组织评估，对其是否具备基本运营条件得出结论。不具备基本运营条件的，必须整改，不得进行试运营。

政府主管部门组织评估活动，可自行组织专家，也可委托有甲级咨询资质和城市轨道交通工程试运行建设管理经验的单位承担。

18.2 系统联调管理

18.2.3 本条是工程安全管理的必要措施。

18.2.4 本条是保证列车安全运行的强制性条文。在与列车运行有关的系统联调开始前，必须检查站台、轨道和道岔几何尺寸、轨行区安装的设备几何尺寸，是否满足设计的设备限界和车辆限界要求。检查列车带电自立运行牵引供电系统带负荷运行的情况；检查信号连锁功能是否实现。

18.2.5 本条是保证列车安全运行的必要措施。

18.3 试 运 行 管 理

18.3.4 本条明确了试运行期间安全管理的职责，试运行期间的组织和协调责任。列车运行调试的环境包括线路封闭、场地封闭、车辆看守等。

19 验收及移交管理

19.1 一 般 规 定

19.1.1 本条中各项验收及移交管理工作的实施阶段有所不同，其中工程质量验收管理自始至终贯穿于项目管理的全过程，而工程专项验收、工程移交、竣工结算、项目竣工验收是在项目结束阶段进行。

19.2 工程质量验收的划分

19.2.2 一般情况下一个车站作为一个单位工程，由于合同划分等因素，一个车站单位工程可划分为车站土建子单位工程、机电设备安装子单位工程。

区间土建、车辆段（停车场）及轨道、供电、通信、信号、乘客信息、综合监控、自动售检票、安防等系统工程可根据承包合同和相关验收规范进行单位工程划分。划分原则如下：

1 一个承包合同可划分为一个单位工程。

2 同一承包合同中，区间土建按不同工法划分为各子单位工程；机电系统按不同系统可划分为各子单位工程；车辆段（停车场）按房屋建筑类别划分子单位工程，站场路基及道路工程可划分为一个子单位工程，涉及的机电系统按专业划分子单位工程。

3 其他建筑工程可按照工民建相关验收规范划分单位工程。

19.2.3 车站土建子单位工程包含地基与基础、主体结构、防水工程、围护结构、附属工程等分部工程；机电设备安装子单位工程包含低压配电、通风与空调、环境与设备监控、火灾自动报警、门禁、给排水与消防、自动灭火、建筑与装修、自动扶梯、屏蔽门等分部工程，其中广告灯箱、导向系统可作为建筑与装修工程的子分部工程；车辆段（停车场）的房屋建筑包括地基与基础、主体、装饰、屋面、钢网架、给排水、水消防、气体消防、电气安装、通风与空调、电梯安装、智能建筑（含环境与设备监控、火灾自动报警、门禁、安防等）等分部工程。各地也可根据承包合同和相关验收规范进行分部工程划分。

19.2.4 车站的票亭、商铺等可作为建筑与装修工程的分项工程。

19.3 工程质量验收的条件

19.3.2 城市轨道交通工程的主要工序宜通过样板工序验收后全面展开。按设计和施工技术标准完成的第一次或第一块施工主要工序，可作为样板工程验收，如车站结构的第一块底板的基槽、防水板敷设、钢筋绑扎、混凝土浇筑等，车站设备房砌筑、风管（含保温）、水管、气管、桥架，屏蔽门的标准单元、自动扶梯等宜进行样板工程验收。

样板工程质量验收合格条件为：工程质量应符合设计、施工及验收规范；具备完整的施工质量检查记录和材料抽检记录。

19.3.3 分项工程分成一个或若干个检验批来验收。检验批合格质量应符合下列规定：

1 主控项目和一般项目的质量经抽样检验合格；

2 具有完整的施工操作依据、质量检查记录；

3 有允许偏差项目的抽查点，可以有个别偏差范围，但最多不超过20%的检查点可以超过允许偏差值，并不能超过允许值的150%。

19.4 工程质量验收的组织与程序管理

19.4.1 样板工程的验收应由监理单位组织，建设管理单位、勘察单位、设计单位及施工单位参加，可通知质量监督机构参加。样板工程经验收合格后，相同工序即由驻地监理按样板工程的要求进行检查和验收。

样板验收的一般程序为：施工单位、监理单位向与会人员介绍工程的概况及工程的质量控制情况，与会人员进行实体和资料的检查并作出验收意见，监理单位负责编写验收会议纪要，将要求整改的问题记录在案，并负责整改问题的跟踪检查。

分项工程质量应在班组自检的基础上，由施工单位技术负责人组织有关人员进行评定，专职质量检查员核定。监理单位对施工方核定的分项工程质量等级进行审查认可。

若需要进行中间验收监督管理的分项工程（桩基础分项），按分部工程验收的工作步骤操作。

19.4.5 分部工程验收的一般程序为：

1 施工单位做分部工程质量自评报告，简单介绍工程概况、工程实体及资料整理的完成情况、质量的控制、分部工程及各分项工程的自检自评情况、目前遗留的工程及存在的问题等。

2 监理单位做分部工程质量评估报告，介绍工程监理情况、质量控制及分部工程质量验收核定情况、目前遗留的问题等。

3 设计单位介绍设计和施工配合情况，指出施工单位的施工是否满足设计要求、仍存在的问题，并对该分部工程的质量是否通过验收提出意见。

4 与会人员可分为工程实体组和文件资料组分组检查（各检查组由主持人指定专人负责）。

工程实体组：按不同专业分组现场检查，主要对实体进行观感质量检查，必要时进行现场实测实量。

文件资料组（包括科技档案、声像档案）：由建设管理单位牵头，对施工单位提交的工程档案进行检查。

5 各检查组负责人汇报小组检查情况，指出必须整改的问题，并安排专人作记录。

6 土建工程的地基与基础分部工程验收时还需要勘察单位介绍工程施工中地质变化情况，阐明实际地质情况与原地质报告的描述是否一致，工程施工对持力层是否满足要求等，并对该分部工程的质量是否通过验收提出意见。

7 主持人综合各检查组意见，对工程质量和各管理环节等方面作出全面评价。

若参与验收的各方不能形成一致意见时，应协商提出解决方法，待意见一致后，重新组织验收。

8 监理单位负责编写验收会议纪要，将要求整改的问题记录在案，负责整改问题的跟踪检查。

单位（子单位）工程验收的一般程序为：

1 施工单位做单位（子单位）工程质量自评报告。

2 设计单位做设计工作质量报告。

3 监理单位做单位（子单位）工程质量评价报告。

4 土建单位（子单位）工程验收时，勘察单位作勘察工作质量报告。

5 建设管理部门作工程合同完成情况报告。

6 与会人员分工程实体和档案资料组对工程实体和竣工资料进行检查。

7 各检查组负责人汇报检查情况，指出存在的问题，确定整改期限。

8 主持人综合各检查组意见，对工程质量和各管理环节等方面作出全面评价，作出是否同意验收的结论。若参与验收的各方不能形成一致意见时，应协商提出解决方法，待意见一致后，重新组织验收。

9 建设管理单位负责验收工作的文字依据、有关记录等。

19.5 工程移交的程序与组织管理

19.5.5 对于一体化管理模式的单位，工程移交可以在工程质量验收完成后，即进行工程移交。对于非一体化管理模式的单位，工程移交的时间和内容可根据开通策划,与运营管理部门共同商定。

19.6 专项验收管理

19.6.2 政府各专业主管部门专业验收可分工如下：

1 规划主管部门组织规划验收；

2 建筑工程质量监督站发出工程施工质量验收监督意见书；

3 公安消防主管部门组织消防验收；

4 卫生主管部门组织卫生防疫验收和职业安全卫生验收；

5 国家安全生产监督管理总局发出同意安全设施竣工验收备案及批复；

6 统计局组织统计验收；

7 国家环境保护主管部门组织环境保护验收；

8 人民防空主管部门组织人防验收；

9 档案局组织竣工档案验收；

10 气象局出具《地铁工程防雷装置竣工验收合格证》；

11 财政局组织竣工财务决算审查；

12 审计局组织竣工财务决算审计等。

19.7 项目竣工验收管理

19.7.4 城市轨道交通线路开通后，建设管理单位应组织对开通线路进行项目后评价，对线路规划的目的、执行过程、效益、作用和影响进行系统客观的分析。通过对开通线路全过程的检查总结，确定投资预期的目标是否达到，项目是否合理有效，项目的主要效益指标是否实现，通过分析评价找出成败的原因，总结经验教训，并通过及时有效的信息反馈，为未来项目的决策和提高完善投资决策管理水平提出建议，同时也为被评项目实施运营中出现的问题提出改进建议，从而达到提高投资效益的目的。

项目后评价基本内容包括：项目目标评价、项目实施过程评价、项目效益评价、项目影响评价和项目持续性评价。

附录A BT工程建设项目管理

A.2 招投标管理

A.2.2 BT项目招标时，应采用项目法人和施工总承包方一体招标。

A.5 BT工程项目回购管理

A.5.1 根据《中华人民共和国合同法》及《企业国有产权转让管理暂行办法》等相关法律、法规、规章的规定，回购资产经评估后在产权交易所挂牌进行定向回购。

中华人民共和国国家标准

烧结机械设备安装规范

Code for installation of sintering mechanical equipment

GB 50723—2011

主编部门：中 国 冶 金 建 设 协 会
批准部门：中华人民共和国住房和城乡建设部
施行日期：2 0 1 2 年 6 月 1 日

中华人民共和国住房和城乡建设部
公　　告

第1089号
关于发布国家标准
《烧结机械设备安装规范》的公告

现批准《烧结机械设备安装规范》为国家标准，编号为GB 50723—2011，自2012年6月1日起实施。其中，第2.0.3、6.10.4（1）、6.15.6（1）、10.1.11、11.1.2、11.2.5、11.2.7条（款）为强制性条文，必须严格执行。

本规范由我部标准定额研究所组织中国计划出版社出版发行。

中华人民共和国住房和城乡建设部

二〇一一年七月二十六日

前　　言

本规范是根据原建设部《关于印发〈2006年工程建设标准规范制订、修订计划（第二批）〉的通知》（建标函〔2006〕136号）的要求，由中冶天工集团有限公司会同有关单位共同编制而成。

本规范在编制过程中，规范编制组学习了有关现行国家法律、法规及标准，进行了调查研究，总结了多年来烧结机械设备工程安装的经验，对规范条文反复讨论修改，并广泛征求了有关单位和专家的意见，最后经审查定稿。

本规范共分11章，主要内容包括：总则，基本规定，设备基础、地脚螺栓和垫板，设备和材料进场，配料及混合设备安装工程，烧结机设备安装工程，环式冷却机设备安装工程，带式冷却机设备安装工程，主抽风机设备安装工程，烧结机械设备试运转，安全和环保。

本规范中以黑体字标志的条文为强制性条文，必须严格执行。

本规范由住房和城乡建设部负责管理和对强制性条文的解释，由中国冶金建设协会负责具体管理，由中冶天工集团有限公司负责具体技术内容的解释。在执行过程中，请各单位结合工程实践，认真总结经验，随时将有关的意见和建议反馈给中冶天工集团有限公司（地址：上海市宝山区铁力路2469号，邮政编码：201999，E－mail：office@13shmcc.cn，传真：021－56600177），以供今后修订时参考。

本规范主编单位、参编单位、主要起草人和主要审查人：

主编单位： 中冶天工集团有限公司

参编单位： 中冶长天国际工程有限责任公司
中国一冶集团有限公司
中国二十冶集团有限公司
中国五冶集团有限公司
冶金工程质量监督总站宝钢监督站

主要起草人： 郑永恒　王振智　宋建伯　吴景刚　卢裕坤　杜建伟　张银锋　高丽华　孙兴利　王庆国

主要审查人： 李中元　刘相佩　夏乃木　李明珠　刘光明　陈和平　崔慧川　鲁福利　赵　聪　李　普　王景岩

目　次

Contents

1 总 则

1.0.1 为了规范烧结机械设备工程安装施工，确保建设工程质量、安全和环保，促进技术进步，提高经济效益、社会效益、环境效益，制定本规范。

1.0.2 本规范适用于带式烧结机及主要附属机械设备的安装。

1.0.3 烧结机械设备的安装应按本规范的规定进行施工，并应按现行国家标准《烧结机械设备工程安装验收规范》GB 50402 的有关规定进行质量验收。

1.0.4 烧结机械设备的安装，除应符合本规范外，尚应符合国家现行有关标准的规定。

2 基 本 规 定

2.0.1 烧结机械设备工程安装施工单位应具备相应的工程施工资质。

2.0.2 从事烧结机械设备安装的人员，应具有相应的操作技能，特种作业人员应按国家有关规定经过专门的安全作业培训，并应取得特种作业操作资格证书后再上岗作业。

2.0.3 烧结机械设备安装工程中从事施焊的焊工，必须经考试合格并取得合格证书，并应在其考试合格项目及其认可的范围内施焊。

2.0.4 施工前应进行图纸的自审和会审，并应有记录或纪要。施工图纸修改应有设计单位的设计变更通知书或技术核定签证。

2.0.5 施工现场应有相应的施工技术标准和经审批的施工组织设计、施工方案、作业设计等技术文件。

2.0.6 烧结机械设备安装前应进行施工图、合同技术文件、施工组织设计、施工方案和作业设计等技术交底。

2.0.7 烧结机械设备安装，应使用经计量检定、校准合格的计量器具，精度等级应符合质量标准的要求。

2.0.8 烧结机械设备安装应按规定的程序进行，每道工序完成后应进行自检、专检和监理检查，并应形成记录。上道工序未经检验认可，不得进行下道工序施工。

2.0.9 烧结机械设备工程中的隐蔽工程，应在检查验收合格后及时进行隐蔽，并应形成隐蔽记录。

2.0.10 设备安装前，设备基础、工业厂房、运输道路、相关临时设施及安全防护措施等，应达到设备安装的要求。

2.0.11 设备安装前，应做好人员、技术、材料、施工现场、施工机械进场的准备工作。

2.0.12 设备安装及吊装过程中，应采取设备保护措施，不得损伤设备。设备安装后，应做好成品保护。

3 设备基础、地脚螺栓和垫板

3.1 设备基础验收

3.1.1 设备安装前应进行基础交接和检验，未经验收合格和交接的设备基础，不得进行设备安装。

3.1.2 设备基础验收应符合下列要求：

1 在设备基础验收时，应依据土建基础施工图和设备安装图，对照基础施工交接资料进行复查验收；

2 基础表面的模板、地脚螺栓固定架、外露钢筋等，应全部拆除，基础表面和地脚螺栓孔内的浮浆、油污、碎石、泥土、积水等杂物，应清除干净；

3 地脚螺栓螺纹部分应涂油，并应进行保护；

4 基础外形尺寸、地脚螺栓中心线和标高、地脚螺栓预留孔及T形螺栓预埋件的中心线、标高及几何尺寸，应符合设计技术文件和现行国家标准《机械设备安装工程施工及验收通用规范》GB 50231 的有关规定；

5 基础混凝土强度等级应符合设计要求；

6 设备基础的质量应符合现行国家标准《混凝土结构工程施工质量验收规范》GB 50204 的有关规定；

7 检查基础验收的资料应完整，并应有质量检查部门和工程监理部门的签证。

3.1.3 需做沉降观测的设备基础，应交接沉降观测记录和沉降观测点，并应在设备安装过程中继续进行沉降观测。

3.2 设备基准线和基准点的设置

3.2.1 设备安装前，应设置设备安装的基准线和基准点，并应符合下列要求：

1 设备安装前，应根据设计技术文件，绘制基准线、基准点布置图；

2 应依据基础交接资料、现场测量控制点、基准线和基准点布置图，设置中心标板和基准点，主体设备和连续生产线上的设备应埋设永久中心标板和基准点；

3 测设应按基准线和基准点布置图进行测设；

4 测设完成后应提交测量成果报告书，并应由监理单位验收确认。

3.2.2 设备安装工程完工后，应将永久中心标板、永久基准点及其布置图移交建设单位。

3.3 地脚螺栓安装

3.3.1 预留孔内地脚螺栓安装应符合下列要求：

1 安装前，应将预留孔清理干净，并应清除地脚螺栓上的油污和浮锈；

2 地脚螺栓在预留孔中应垂直，距离孔壁的间距均应大于15mm，且不应碰孔底。设备初步找正调平后，地脚螺栓与设备螺栓孔周围宜有间隙；

3 预留孔混凝土浇灌应符合设计文件或现行国家标准《机械设备安装工程施工及验收通用规范》GB 50231的有关规定；

4 浇灌混凝土强度应达到设计强度的75%后，再紧固地脚螺栓，各螺栓的紧固力应均匀；

5 螺母与垫圈间、垫圈与设备间的接触均应紧密贴合，设备螺栓孔的上端面为斜面时，应选择与斜面角度相适应的斜垫圈。

3.3.2 锚板地脚螺栓安装应符合下列要求：

1 T形头地脚螺栓与锚板应按设计技术文件的规定配套使用；

2 设备就位前，应进行T形头地脚螺栓的试穿，并应做好T形头方向标记；

3 活动锚板安装时应处理锚板和基础的接触面，锚板与基础面接触应均匀、紧密；

4 活动锚板地脚螺栓无螺纹部分和锚板，应按设计文件规定进行涂装；

5 地脚螺栓安装应垂直，双头螺纹型地脚螺栓的螺母与锚板接触应均匀严密，T形头地脚螺栓应依据标记将矩形头正确嵌入矩形槽内；

6 二次灌浆前，预留孔内的密封填充物应符合设计技术文件的规定。

3.3.3 有紧固力要求的地脚螺栓的紧固应符合设计技术文件的规定，地脚螺栓紧固后，螺栓应露出螺母或齐平。

3.4 垫 板

3.4.1 设备就位前，应根据设备底座的形状、尺寸、地脚螺栓直径、基础的抗压强度和设备的重量等确定垫板的尺寸、组数和放置的位置。

3.4.2 承受重载荷的设备，应按设计要求放置垫板。垫板应放置在每个地脚螺栓的两侧；承受轻荷载的设备，可在每个地脚螺栓旁放置一组垫板，垫板应靠近地脚螺栓。

3.4.3 垫板安装应符合设计技术文件的规定；无规定时，可采用座浆法、研磨法，并应符合现行国家标准《机械设备安装工程施工及验收通用规范》GB 50231的有关规定。

4 设备和材料进场

4.1 一般规定

4.1.1 本章适用于烧结机械设备及材料的进场。

4.1.2 烧结机械设备和材料应进行进场验收，并应形成验收记录。

4.2 设 备

4.2.1 设备安装单位应根据工程承包合同、施工组织设计、设备交货计划、工程进度计划等编制设备进场计划。

4.2.2 设备检验应按设计技术文件、施工技术标准和合同的约定进行，检验应有书面记录和专人签字，未检验或检验不合格的设备，不得使用和安装。

4.2.3 设备进场后，设备的订货单位、设备供货商、监理单位（建设单位）、施工单位应参加开箱检验，并应填写“设备开箱检查记录”。开箱检验应符合下列要求：

1 应按装箱单核对箱号，检查包装情况应良好；

2 应根据设备的安装图、技术资料和设备供货商提供的装箱清单等设计技术文件，核对设备名称、规格、型号，清点设备零部件的数量，并应检查设备外观质量；

3 设备应无缺损件，表面应无损坏和锈蚀、变形等缺陷；

4 设备装箱随机技术文件资料、专用工具、备品备件应齐全；

5 设备和构件应有质量合格证明文件，进口设备应有商检合格证明文件。

4.2.4 设备开箱后，设备及其零部件和专用工具，均应妥善保管。设备应堆放在坚实、平坦处所或支架等垫物上，堆放应整齐有序，应采取防风、防雨、防雪等措施，不得使其变形、损坏、锈蚀。进场的设备及构件应及时进行安装。

4.2.5 设备搬运和吊装时，吊装点应设在设备或包装箱的标示位置，搬运和吊装应采取保护措施，不得造成设备损伤。

4.3 材 料

4.3.1 设备安装单位应根据工程承包合同、施工组织设计、设备交货计划、工程进度计划等编制材料采购计划。

4.3.2 材料应按设计技术文件、施工技术标准和合同的约定进行进场检验，检验应有书面记录和专人签字，未经检验或检验不合格的材料，不得使用。

4.3.3 材料进场时，应核对材料的牌号、规格、批号、质量合格证明文件和检验报告等，并应检查表面质量、包装情况。

4.3.4 抽查原材料、标准件等实物的外观质量，每类应抽查1%，且不得少于5件。

4.3.5 设计文件或合同附件规定有复验要求的材料，应按规定进行抽样复验，其复验结果应符合国家现行有关产品标准或设计技术文件、合同附件的要求。

4.3.6 检验合格的材料应按品种、规格、批号分类堆放，堆放应有明显标识。

4.3.7 钢材堆放应防止钢材的变形和锈蚀，并应放置在垫木或垫块上。

4.3.8 焊接材料的材质、性能应符合国家现行有关标准的规定。焊条、焊丝等焊接材料应与母材强度相匹配，并应按品种、规格和批号分别存放在干燥、通风的存储室内；焊条、焊剂在使用前，应按产品说明书及焊接工艺文件的要求进行烘焙和保温。

5 配料及混合设备安装工程

5.1 定量给料装置

5.1.1 定量给料装置的胶带式电子秤的调整与校验，应符合设计技术文件的规定。

5.1.2 定量给料装置安装时，宜先安装槽体，再安装圆盘给料机，并应待圆盘给料机找正后，调整料槽出料口的位置，同时应与槽体固定。

5.1.3 原料槽上部支承座与基础间的压力传感器，在料槽安装时宜用临时钢垫代替，并应待槽体安装定位后，与圆盘给料机接口前，再正式安装。

5.1.4 原料槽安装应符合下列要求：

1 应调整槽上口与出料口纵、横向中心线，并应挂线用钢尺检查，允许偏差为 5.0mm；

2 应调整出料口法兰标高，并应用水准仪、钢直尺检查，允许偏差为±5.0mm；

3 应调整出料口与圆盘顶面间距，并应用钢尺检查，允许偏差为±5.0mm；

4 应用钢尺检查法兰螺栓孔中心线在圆周方向错位，允许偏差为 5.0mm。

5.1.5 圆盘给料机安装应符合下列要求：

1 应调整圆盘顶面标高，并应用水准仪、钢直尺检查，允许偏差为±3.0mm；

2 应调整圆盘顶面水平度，并应用水平仪检查，允许偏差为 0.5/1000；

3 应调整纵、横向中心线，并应挂线用钢尺检查，允许偏差为2.0mm；

4 应调整圆盘内套筒底面与圆盘上表面的间距，并应用钢尺检查，允许偏差为±5.0mm；

5 传动装置应符合现行国家标准《机械设备安装工程施工及验收通用规范》GB 50231 的有关规定。

5.1.6 胶带式电子秤安装应符合下列要求：

1 应调整机架标高，并应用水准仪、钢直尺检查，允许偏差为±3.0mm；

2 应调整机架柱、梁纵、横向中心线，并应挂线用钢尺检查，允许偏差为 3.0mm；

3 应调整机架柱垂直度，并应用线坠、钢尺检查，允许偏差为 1.0/1000；

4 应调整电子秤与圆盘给料机中心线的间距，并应用钢尺检查，允许偏差为±3.0mm；

5 应调整电子秤标高，并应用水准仪、钢直尺检查，允许偏差为±2.0mm；

6 应调整秤量辊的标高，秤量辊上表面应略高于托辊（图5.1.6），并应用水准仪、钢直尺检查，允许偏差为+2.0mm；

7 应调整秤量辊与固定托辊平行度（$a-a'$、$b-b'$）（图 5.1.6），并应用内径千分尺检查，允许偏差为 1.0mm。

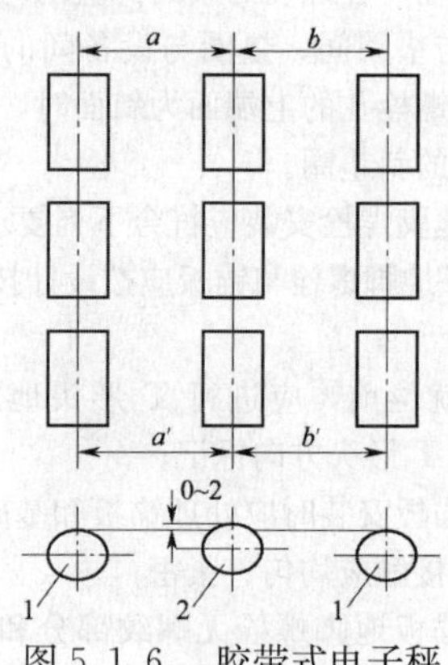

图 5.1.6 胶带式电子秤

1—托辊；2—秤量辊

5.2 混 合 机

5.2.1 混合机安装的基准线设置应符合下列要求：

1 混合机设备安装前应设置混合机安装的纵向中心线，宜在混合机的进料侧及出料侧设置中心标板，应确定混合机底座的纵向中心线，并宜设置托辊轴向中心线；

2 混合机设备安装前应设置横向中心线，横向中心线应与混合机纵向中心线相垂直，宜设置混合机底座横向中心线、托辊径向中心线和大齿轮径向中心线。

5.2.2 混合机安装前应设基准点，混合机基准点宜设在混合机基础周围。

5.2.3 混合机垫板的安装宜采用座浆法或研磨法。垫板安装在斜面上，应采用专用斜铁和水平仪进行找平。专用斜铁应放置在平垫板上，并应平行于纵向中心线，应用水平仪检查纵、横方向的水平度，允许偏差为 0.1/1000。

5.2.4 托辊底座的地脚螺栓在预留孔内安装时，地脚螺栓均应垂直于混合机的倾斜面。

5.2.5 整体式底座安装应符合下列要求：

1 应调整底座标高，并应用水准仪、钢直尺检查，允许偏差为±2.0mm；

2 应调整底座纵向倾斜度，并应用水平仪、专用斜铁检查，允许偏差为 0.2/1000；

3 应调整底座横向水平度，并应用水平仪、专用斜铁检查，允许偏差为 0.2/1000；

4 应调整底座纵向中心线，并应挂线用钢尺检查，允许偏差为2.0mm；

5 应调整底座横向中心线，并应挂线用钢尺检查，允许偏差为 2.0mm。

5.2.6 分散式底座安装（图 5.2.6）应符合下列要求：

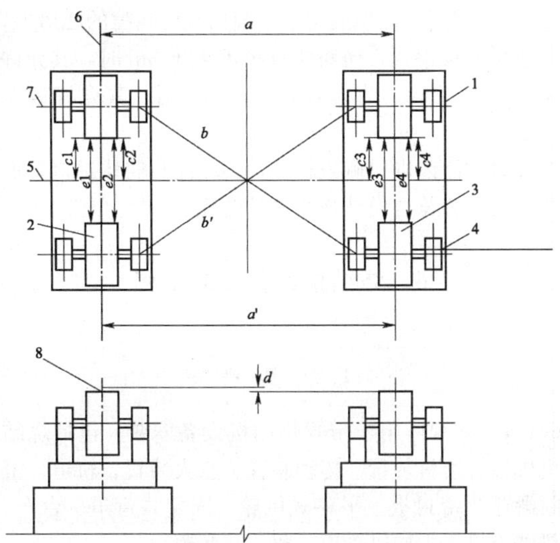

图 5.2.6 托辊与底座

1—底座；2—上托辊；3—下托辊；4—轴承座；5—底座纵向中心线；6—底座横向中心线；7—托辊轴向中心线；8—托辊上表面中心点

1 应调整底座标高，并应用水准仪、钢直尺检查，允许偏差为±1.0mm；

2 应调整底座纵向倾斜度，并应用水平仪、专用斜铁检查，允许偏差为 0.1/1000；

3 应调整底座横向水平度，并应用水平仪、专用斜铁检查，允许偏差为 0.1/1000；

4 应调整底座纵向中心线，并应挂线用钢尺检查，允许偏差为 0.5mm；

5 应调整底座横向中心线，并应挂线用钢尺检查，允许偏差为 0.5mm；

6 应调整底座横向中心线平行度 $|a-a'|$，并应挂线用钢尺检查，允许偏差为 0.5mm；

7 应用钢尺检查两托辊座对角线差 $|b-b'|$，允许偏差为1.0mm。

5.2.7 筒体直径不大于 3m 的托辊安装（图 5.2.6），应符合下列要求：

1 应调整对应两托辊上表面中心点高低差，并应用水准仪、钢直尺检查，允许偏差为 1.0mm；

2 应调整上、下两托辊表面中心点高低差，并应用水准仪、钢直尺检查，允许偏差为 0.5mm；

3 应调整托辊倾斜度，并应用专用斜铁和水平仪检查，允许偏差为 0.1/1000；

4 应调整对应两托辊径向中心线，并应挂线用钢尺检查，允许偏差为 2.0mm；

5 应调整同侧上、下两托辊与混合机纵向中心线的间距差 $|c1-c2|$、$|c3-c4|$，并应挂线用钢尺检查，允许偏差为1.0mm；

6 应调整对应两托辊间距差 $|e1-e2|$、$|e3-e4|$，并应挂线用钢尺检查，允许偏差为 1.0mm。

5.2.8 筒体直径大于 3m 的托辊安装（图 5.2.6），应符合下列要求：

1 应调整对应两托辊上表面中心点高低差，并应用水准仪、钢直尺检查，允许偏差为 0.5mm；

2 应调整上、下两托辊表面中心点高低差，并应用水准仪、钢直尺检查，允许偏差为 0.5mm；

3 应调整托辊倾斜度，并应用专用斜铁和水平仪检查，允许偏差为 0.05/1000；

4 应调整对应两托辊径向中心线，并应挂线用钢尺检查，允许偏差为 2.0mm；

5 应调整同侧上、下两托辊与混合机纵向中心线的间距差 $|c1-c2|$、$|c3-c4|$，并应挂线用钢尺检查，允许偏差为 0.5mm；

6 应调整对应两托辊间距差 $|e1-e2|$、$|e3-e4|$，并应挂线用钢尺检查，允许偏差为 0.2mm。

5.2.9 轮胎式托辊安装应符合下列要求：

1 应调整对应两托辊上表面中心点高低差，并应用水准仪、钢直尺检查，允许偏差为 1.0mm；

2 应调整托辊倾斜度，并应用专用斜铁和水平仪检查，允许偏差为 0.2/1000；

3 应调整同侧的两组托辊轴向中心线，并应挂线用钢尺检查，允许偏差为 1.0mm；

4 应调整对应两托辊间距差，并应挂线用钢尺检查，允许偏差为 1.0mm；

5 应调整对应两托辊径向中心线，并应挂线用钢尺检查，允许偏差为 3.0mm。

5.2.10 混合机挡辊安装时，宜先安装下挡辊，后安装上挡辊。下挡辊的工作面与筒体滚圈侧面应贴合，上挡辊与托圈端面应留有间隙，间隙应符合设计技术文件的规定。挡辊调整合格后应紧固挡辊轴承座的定位螺栓。

5.2.11 混合机筒体安装宜采用大型机械吊装法或搭设斜坡道、用卷扬机及滑轮组同步牵引向上滚动提升、液压千斤顶升降就位的方法。采用大型机械吊装时，应进行吊机的计算和选择；采用搭设斜坡道、用卷扬机及滑轮组同步牵引向上滚动提升、液压千斤顶升降就位吊装时，应做好起重计算与临时支架斜坡滑道的设计，支架上、下部应有安全可靠的支承点。

5.2.12 筒体安装应符合下列要求：

1 应调整滚圈与托辊中心线，并应用钢尺检查，允许偏差为 3.0mm；

2 应用百分表检查齿圈的径向跳动量，允许偏差为 1.5mm；

3 应用百分表检查齿圈的端面游动量，允许偏差为 1.5mm。

5.2.13 混合机筒体的齿圈需在现场装配时，宜按下列方法安装：

1 现场安装时宜先安装半个齿圈，转动筒体，再安装另半个齿圈；

2 在齿圈的径向与轴向、托圈的径向与轴向应各设一个百分表，并应以托圈百分表为准，同时应检查并调整齿圈的轴向端面游动量与径向跳动量，端面游动量和径向跳动量均不得大于1.5mm；

3 齿圈与筒体的螺栓紧固后应紧密贴合，用0.05mm的塞尺检查不得塞入；

4 两个半圆拼合的齿圈在连接螺栓紧固后应紧密贴合，用0.05mm的塞尺检查不得塞入。

5.2.14 小齿轮轴及其轴承座应以齿圈为基准安装，应用压铅法或塞尺检查齿啮合的侧间隙，侧间隙应符合设计技术文件的规定。

5.2.15 齿轮啮合的接触面积应用着色法检查，在齿圈轻微制动的情况下，应以小齿轮带动齿圈，检查齿轮啮合的接触斑点，接触斑点的百分率应符合设计技术文件的规定。

5.2.16 滚圈与托辊辊面应接触良好，用0.05mm塞尺检查接触宽度不得少于滚圈全宽的60%。

5.2.17 传动装置安装应符合下列要求：

1 应调整传动装置的标高，并应用水准仪、钢直尺检查，允许偏差为±1.0mm；

2 应调整传动装置横向水平度，并应用专用斜铁和水平仪检查，允许偏差为0.1/1000；

3 应调整传动装置纵向倾斜度，并应用专用斜铁和水平仪检查，允许偏差为0.1/1000；

4 应调整传动装置纵、横向中心线，并应挂线用钢尺检查，允许偏差为0.5mm。

5.2.18 传动装置的开式齿轮安装、联轴器的安装和找正，应符合设计技术文件或现行国家标准《机械设备安装工程施工及验收通用规范》GB 50231的有关规定。

5.2.19 料斗安装应符合下列要求：

1 应调整进料斗、卸料斗标高，并应用水准仪、钢直尺检查，允许偏差为±2.0mm；

2 应调整进料斗、卸料斗纵向中心线，并应挂线用钢尺检查，允许偏差为5.0mm；

3 应调整圆形挡料板与筒体端面的间距，并应用钢尺检查，允许偏差为5.0mm；

4 应调整卸料斗与筒体圆周间隙相对差，并应用钢尺检查，当筒体直径不大于3m时，其允许偏差为5.0mm；筒体直径大于3m时，其允许偏差为10.0mm；

5 应调整卸料斗与挡料圈圆周端面间隙的相对差，并应用钢尺检查，当筒体直径不大于3m时，其允许偏差为5.0mm；筒体直径大于3m时，其允许偏差为10.0mm。

5.2.20 罩子安装应符合下列要求：

1 应调整齿轮、滚圈罩子与筒体圆周间隙的相对差，并应用钢尺检查。当筒体直径不大于3m时，其允许偏差为5.0mm；筒体直径大于3m时，其允许偏差为10.0mm；

2 应调整挡尘圈与罩子圆周端面间隙的相对差，并应用钢尺检查。当筒体直径不大于3m时，其允许偏差为5.0mm；筒体直径大于3m时，其允许偏差为10.0mm。

5.2.21 筒体进料侧散料斗，其端面与筒体进口端面的间距，应符合设计技术文件的规定。

6 烧结机设备安装工程

6.1 一般规定

6.1.1 本章适用于带式烧结机设备安装，包括烧结机机架、给料装置、传动装置、点火装置、轨道、密封滑道及密封板、平移式尾轮、固定式弯道、台车、热破碎机、主抽风管道、灰斗及溜槽。

6.1.2 烧结机设备安装前应设置纵向中心线，宜在烧结机的头部及尾部设中心标板，确定烧结机设备安装的纵向中心线，烧结机生产线较长时，可增加几个临时辅助测量的中心标板。

6.1.3 烧结机设备安装前应设置横向中心线，横向中心线应与烧结机纵向中心线相垂直，横向中心线宜设置烧结机头轮轴向中心线、烧结机架中部固定机架横向中心线、烧结机尾轮轴向中心线、热破碎机棘齿辊轴向中心线。

6.1.4 烧结机安装前应设置基准点，基准点应设置在烧结机的头、中、尾部附近。

6.2 烧结机机架

6.2.1 机架柱子的垫板安装宜采用座浆法，垫板上表面标高的允许偏差宜为−0.5mm，水平度允许偏差为0.1/1000；柱子标高宜测量柱子底板的标高，应用水准仪配合钢直尺测量，允许偏差为±1.0mm。

6.2.2 柱子安装的纵、横向中心线应以烧结机的纵、横向中心线为基准，应调整柱子的纵、横向中心线，并应用钢尺检查，允许偏差为2.0mm；应调整柱子安装的垂直度，并应用钢尺和线坠检查，垂直度允许偏差为1.0/1000。

6.2.3 中部机架可先安装每个横断面上的单片机架，待各单片机架安装后，再连接各单片机架之间的纵向横梁。单片机架组装时，应调整上部与下部宽度之差和对角线长度之差，并应用钢尺检查，上部与下部宽度之差的允许偏差为5.0mm，对角线长度之差的允许偏差为5.0mm。

6.2.4 烧结机机架找平与找正后，应紧固地脚螺栓。

固定式柱子在烧结机架全部找正完毕后，应与底板焊接，游动式柱子应浮放在底板上，两侧宜用方形挡块焊接定位，机架膨胀应允许沿纵向位移，机架安装的预留热膨胀间隙，应符合设计技术文件的规定。

6.2.5 机架的焊接质量应符合设计技术文件的规定；无规定时，应符合现行国家标准《钢结构工程施工质量验收规范》GB 50205 中有关三级焊缝外观质量标准的规定。

6.2.6 机架的焊接材料与母材的匹配应符合设计技术文件的规定，焊接材料使用前，应按产品说明书及焊接工艺文件的规定进行烘焙和存放。

6.2.7 高强度螺栓安装应符合现行国家标准《钢结构工程施工质量验收规范》GB 50205 的有关规定。

6.3 梭式布料机

6.3.1 胶带运输机的安装和胶带胶接应符合现行国家标准《输送设备安装工程施工及验收规范》GB 50270 的有关规定。

6.3.2 梭式布料机的轨道安装应符合下列要求：

1 应调整轨道标高，并应用水准仪和钢直尺检查，允许偏差为±1.0mm，同一横截面内两轨面高度差，允许偏差为2.0mm；

2 应调整轨道的水平度，并应用水平仪、平尺或水准仪、钢直尺检查，允许偏差为 1.0/1000，且全长不应大于 10.0mm；

3 应调整轨道纵向中心线，并应挂线用钢尺检查，允许偏差为 2.0mm；

4 应调整轨道横向中心线，并应挂线用钢尺检查，允许偏差为 2.0mm；

5 应调整轨距，并应用钢尺检查，允许偏差为±2.0mm。

6.4 铺底料槽、混合料槽

6.4.1 焊接质量应符合设计技术文件的规定。无规定时，应符合现行国家标准《现场设备、工业管道焊接工程施工及验收规范》GB 50236 中有关Ⅳ级焊缝质量标准的规定。

6.4.2 铺底料槽、混合料槽上部支承座与基础间的压力传感器，在料槽安装时宜用临时钢垫代替，并应待槽体安装后，再正式安装压力传感器，不得直接在传感器上安装槽体。

6.4.3 铺底料槽安装应符合下列要求：

1 应调整槽体耳轴轴承座的标高，并应用水准仪、钢直尺检查，两轴承底座高低差允许偏差为 1.0mm；应调整耳轴轴承座纵、横向中心线，并应挂线用钢尺检查，允许偏差为 1.0mm；

2 应调整铺底料槽纵向中心线，并应挂线用钢尺检查，允许偏差为 3.0mm；

3 应调整铺底料槽横向中心线，并应挂线用钢尺检查，允许偏差为 3.0mm；

4 应调整下料口与台车箅条顶面的间距，并应用钢尺检查，允许偏差为±5.0mm；

5 应调整扇形门耳轴轴承座的标高，并应用水准仪、钢直尺检查，两轴承底座高低差允许偏差为 0.5mm；应调整耳轴轴承座的纵、横向中心线，并应挂线用钢尺检查，允许偏差为1.0mm；

6 应调整出料槽耳轴轴承座的标高，并应用水准仪、钢直尺检查，两轴承底座高低差允许偏差为 0.5mm；应调整耳轴轴承座的纵、横向中心线，并应挂线用钢尺检查，允许偏差为1.0mm。

6.4.4 混合料槽安装应符合下列要求：

1 应调整混合料槽纵向中心线，并应挂线用钢尺检查，允许偏差为 3.0mm；

2 应调整混合料槽横向中心线，并应挂线用钢尺检查，允许偏差为 3.0mm；

3 应调整出料口与圆筒给料机筒体表面的间距，并用钢尺检查，允许偏差为±3.0mm；

4 应调整出料口与圆筒给料机轴的中心线的径向偏移量，并应用钢尺检查，允许偏差应符合设计技术文件的规定。

6.5 圆筒给料机

6.5.1 圆筒给料机安装应符合下列要求：

1 应调整圆筒给料机标高，并应用水准仪和钢直尺检查，允许偏差为±0.5mm；

2 应调整圆筒给料机的水平度，并应用水平仪检查，允许偏差为 0.1/1000；

3 应调整圆筒给料机纵向中心线，并应挂线用钢尺检查，允许偏差为 2.0mm；

4 应调整圆筒给料机横向中心线，并应挂线用钢尺检查，允许偏差为 2.0mm。

6.5.2 圆筒给料机的传动装置安装，应符合现行国家标准《机械设备安装工程施工及验收通用规范》GB 50231 的有关规定。

6.6 反射板

6.6.1 反射板的倾斜度及调整范围应符合设计技术文件的规定。

6.6.2 可移动式反射板的水平移动量应符合设计技术文件的规定。

6.6.3 反射板安装应符合下列要求：

1 应以圆筒给料机的轴向等分线和轴向中心线为基准，调整反射板的纵、横向中心线，并应挂线用钢尺检查，允许偏差为2.0mm；

2 应调整下部出口与烧结机台车箅条间距，并应用钢尺检查，允许偏差为±3.0mm。

6.7 辊式布料机

6.7.1 辊式布料机辊面与烧结机水平面的夹角，应符合设计技术文件的规定。

6.7.2 辊式布料机安装应符合下列要求：

1 应调整辊式布料机的水平度，并应用水平仪检查，允许偏差为0.1/1000；

2 应调整辊式布料机纵向中心线，并应挂线用钢尺检查，允许偏差为2.0mm。

6.8 头 轮

6.8.1 头轮安装宜采用下列方法：

1 头轮安装前，宜将烧结机机架安装到上部台车轨道标高，轨道以上的头部机架应暂不安装，宜在头部弯道位置设置一对临时支架和轨道，并应与烧结机上部台车轨道相连接；

2 在轨道上安放两台台车并临时连接时，台车不应装箅条和侧板，应将烧结机头轮吊放到台车上，并应移动台车至临时轨道位置；

3 在厂房高跨部分的高层平台梁上设置头轮吊装用的临时吊梁和临时支柱，宜选用慢动卷扬机和滑轮组起吊头轮；

4 当头轮起吊后，应在确认安全可靠的情况下，再移走台车、拆除临时轨道、支架，将头轮吊装就位。

6.8.2 头轮的安装（图6.8.2）应符合下列要求：

1 应调整头轮两侧标高 d、d'，并应用水准仪、钢直尺检查，允许偏差为±0.5mm；

2 应调整头轮两侧轴承的水平度 e、e'，并应用精密水平仪检查，允许偏差为0.05/1000；

3 应以烧结机的纵向中心线为基准，调整头轮安装的轴向等分线，并应挂线用钢尺检查，允许偏差 $|a-a'|$ 为1.0mm；

4 应以设定的烧结机横向中心线为基准，调整头轮轴向中心线，并应挂线用钢尺检查，$|b-b'|$、$|c-c'|$ 的允许偏差为0.5mm。

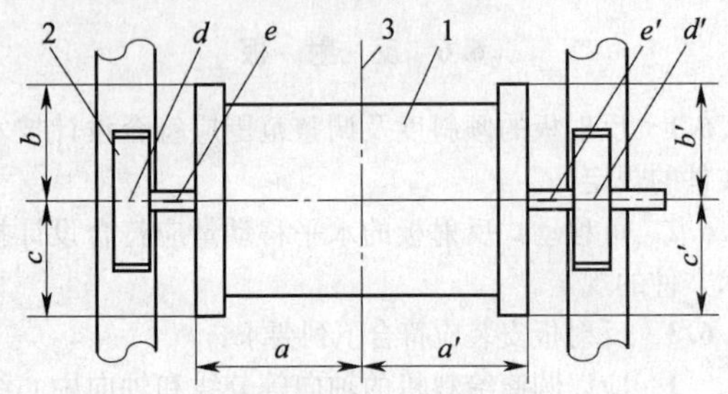

图6.8.2 烧结机头轮

1—头轮；2—轴承座；3—烧结机纵向中心线

6.8.3 轴承座与轴承底座、轴承底座与烧结机架之间，螺栓紧固后层间应紧密贴合，应用0.05mm塞尺检查，塞入面积不得大于接触面积的1/3。

6.8.4 两轴承座的中心距离及轴向窜动间隙，应符合设计技术文件的规定，头轮找正后应在轴承座的径向两侧用挡块焊接固定。

6.8.5 头轮链轮片在现场组装时，应复查链轮片的齿节距、厚度、每组链轮片之间的间隙，应符合设计技术文件的规定；头轮组装后应检查两链轮片外侧间距、齿形错位，应符合设计技术文件的规定。

6.9 传动装置

6.9.1 有滑动轴承、滚动轴承、减速器、开式齿轮、联轴器等的一般传动装置的安装，应符合设计技术文件或现行国家标准《机械设备安装工程施工及验收通用规范》GB 50231的有关规定。

6.9.2 柔性传动装置安装前应清洗大齿轮与轴颈，并应按安装大齿轮、扭矩杆轴承座及扭矩杆、左右小齿轮组合件、水平拉杆、垂直连杆、平衡杆的顺序安装。

6.9.3 柔性传动装置的大齿轮与烧结机头轮轴，采用键连接时，键的研磨装配应符合设计技术文件的规定。

6.9.4 柔性传动装置的大齿轮与烧结机头轮轴，采用涨紧环无键连接时，大齿轮及涨紧环安装应符合下列要求：

1 由多组涨紧环组合使用的柔性传动装置在安装涨紧环前，应将大齿轮及轴颈全部清洗干净，并应对轴颈、齿轮孔、涨紧环及安装用的螺栓做脱脂处理；

2 检查主轴、大齿轮孔的装配尺寸，应符合设计技术文件的规定；

3 大齿轮安装时，不得用大锤敲打轮毂或其他部位，应用百分表和内径千分尺检查轴及大齿轮孔的间距，并应确认内侧与外侧对应点上的间距不大于0.05mm后，再安装涨紧环；

4 涨紧环的高强度螺栓紧固过程中，应随时用百分表和内径千分尺检查轴及大齿轮孔的间距，不应大于0.05mm，观测大齿轮外圈的轴向与径向偏移量，不应大于0.5mm；

5 涨紧环的高强度螺栓紧固，应用力矩扳手分数次按设定值进行紧固，紧固力矩应符合设计技术文件的规定。

6.9.5 扭矩杆的轴承座安装（图6.9.5）应以大齿轮为基准，并应符合下列要求：

1 应以烧结机头轮主轴中心标高为基准，通过增减轴承座与底座之间垫片，调整扭矩杆轴承座的标高，并应用水准仪、钢直尺检查，允许偏差为±0.5mm；

2 应以大齿轮中心线为基准，调整轴承座的纵向、横向中心线，并应挂线用钢尺检查扭矩杆轴承座纵、横向间距(a、a')、(b、b')，允许偏差为±0.5mm。

6.9.6 扭矩杆的安装（图6.9.5），应符合下列

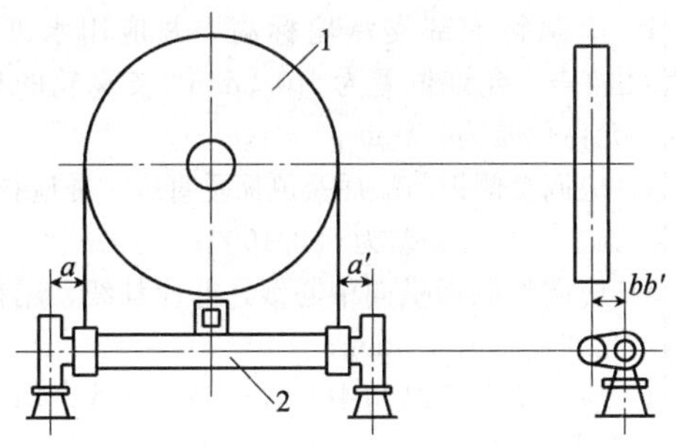

图 6.9.5 柔性传动装置
1—大齿轮；2—扭矩杆

要求：

1 扭矩杆安装前应清洗花键轴和球面轴承，并应更换润滑脂，同时应将转矩臂套在扭矩杆的花键上；

2 在转矩臂找正定位后，宜在下部做好临时支撑，并应待左右小齿轮组合件及垂直连杆安装就位后再精调；

3 应调整扭矩杆水平度，并应用精密水平仪检查，允许偏差为 0.05/1000。

6.9.7 左右小齿轮组合件应清洗干净，在垂直连杆、平衡杆安装前宜将左右小齿轮组合件吊装就位后临时固定，并应待垂直连杆、平衡杆安装后再调整。

6.9.8 在左右小齿轮组合件下部安装垂直连杆，与扭矩杆组成矩形框架后，应检查垂直连杆的垂直度，垂直度应符合设计技术文件的规定；应调整小齿轮的位置，左右小齿轮的轴中心应与大齿轮的中心在同一水平面上，并应检查小齿轮中心至扭矩杆轴承座的间距、转臂轴销中心与轴承座底面的间距，间距应符合设计技术文件的规定。

6.9.9 平衡杆安装，应在其弹簧处于自由长度时装入。当平衡杆安装定位后，应调整两侧平衡杆上的弹簧的压缩量，弹簧的压缩量应符合设计技术文件的规定。

6.9.10 柔性传动装置大小齿轮滚圈的间隙值、齿轮啮合状态的调整，应符合设计技术文件的规定。

6.9.11 调整左右小齿轮组合件的上下水平拉杆时，拉杆的端头螺母与球面轴承端面预留间隙，应符合设计技术文件的规定。

6.10 点 火 装 置

6.10.1 点火装置的安装应符合下列要求：

1 应调整柱子标高，并应用水准仪、钢直尺检查，允许偏差为±5.0mm；相邻柱高低差的允许偏差为 5.0mm；

2 应以烧结机纵向中心线为基准，调整点火炉和保温炉柱子纵向中心线，并应挂线、用钢尺检查，允许偏差为 2.0mm；

3 应以烧结机头轮轴向中心线为基准，调整点火炉和保温炉柱子横向中心线，并应挂线、用钢尺检查，允许偏差为 2.0mm；

4 应用经纬仪或用线坠、钢尺检查柱子垂直度，允许偏差为 1.0/1000；

5 应调整单片支架上部与下部长度差、对角线差，并应挂线、用钢尺检查，允许偏差为 5.0mm；

6 应调整水冷隔板、冷却水箱标高，并应用水准仪、钢直尺检查，允许偏差为±5.0mm；

7 应调整水冷隔板、冷却水箱中心线，并应挂线、用钢尺检查，允许偏差为 5.0mm；

8 应调整烧嘴中心线，并应挂线、用钢尺检查，允许偏差为 3.0mm；

9 应调整烧嘴标高，并应用水准仪、钢直尺检查，允许偏差为±5.0mm。

6.10.2 焊接材料与母材的匹配应符合设计技术文件的规定，焊接材料使用前，应按产品说明书及焊接工艺文件的规定进行烘焙和存放。

6.10.3 炉体的焊接质量应符合设计技术文件的规定；无规定时，应符合现行国家标准《现场设备、工业管道焊接工程施工及验收规范》GB 50236 中有关Ⅳ级的规定。

6.10.4 炉体水冷隔板、冷却水箱的水压试验应符合下列要求：

1 炉体水冷隔板、冷却水箱应在设备安装完毕后砌筑前进行水压试验；

2 炉体水冷隔板、冷却水箱的水压试验应符合设计技术文件的规定；无规定时，应按本条第 3 款～第 6 款的规定采用；

3 试验压力应为工作压力的 1.5 倍，并应在试验压力下稳压 10min，再将试验压力降至工作压力，应停压 30min，检查压力无下降、无渗漏为合格；

4 水压试验的压力表不应少于 2 块。试验用的压力表应已校验合格，精度等级不应低于 1.5 级，压力表的满度值应为试验压力的 1.5 倍～2 倍；

5 水压试验应使用洁净水，环境温度不应低于 5℃，当环境温度低于 5℃时，应采取防冻措施；

6 水压试验应缓慢升压，不应一次升到试验压力。

6.11 头部弯道及中部轨道

6.11.1 烧结机的头部弯道宜在头轮安装后就位，头部弯道的调整定位应在头轮及头轮链轮片全部找正后进行。

6.11.2 轨道接头处预留热膨胀间隙应符合设计技术文件的规定。

6.11.3 头部弯道的安装（图 6.11.3）应以头轮链轮片为基准，并应通过增减弯道背面的垫片，调整和检查弯道的位置，各部位的允许偏差应符合下列要求：

1 应调整弯道与链轮片的间距（两侧上、中、下对应点 a、b、c；a'、b'、c'），并应挂线、用钢尺检查，允许偏差为±2.0mm；

2 应调整两侧弧形导轨与链轮片齿根的间距（对应点 d、d'、e、e'测量），并应用钢尺检查，允许偏差为±1.0mm；

3 应调整两侧弯道上部、下部对应点的高低差 h，并应用钢尺检查，允许偏差为1.0mm；

4 内外轨道间距应符合设计技术文件的规定。

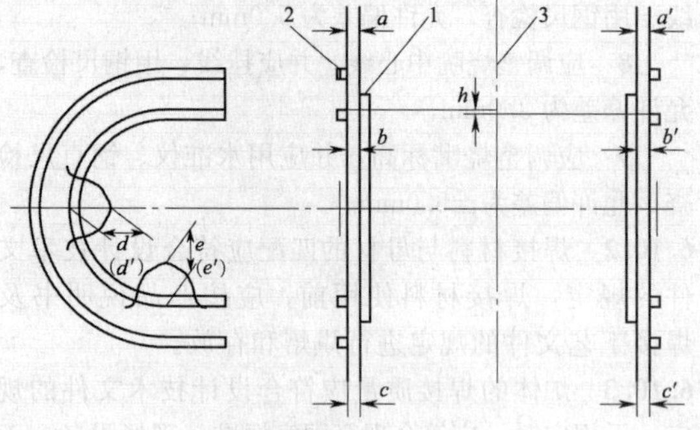

图 6.11.3 头部弯道

1—链轮；2—头部弯道；3—烧结机纵向中心线

6.11.4 中部轨道应在烧结机机架找正后安装，中部轨道的安装应符合下列要求：

1 应以烧结机的纵向中心线为基准，应用经纬仪或挂线、钢尺检查两轨道纵向中心线，允许偏差为1.0mm；

2 应用轨距样规或钢尺检查轨距，允许偏差为±2.0mm；

3 应调整机架轨道梁的标高，应用水准仪、钢直尺检查上下轨道标高，允许偏差为±1.0mm，不得在轨道与轨道梁之间加垫片调整；

4 应用钢尺检查轨道接头处高低差，允许偏差为0.5mm。

6.12 尾部装置

6.12.1 尾部装置应按尾部机架、尾部移动架、尾部弯道、尾轮的顺序安装。

6.12.2 尾部装置安装的横向中心线应以尾轮的中心线为基准，纵向中心线应以烧结机纵向中心线为基准。

6.12.3 尾部移动架及尾轮安装前，应先将妨碍吊装的尾部机架横梁临时拆除。

6.12.4 尾部装置找正前，应先用普通螺栓固定，找正后应换用高强度螺栓。高强度螺栓安装应符合现行国家标准《钢结构工程施工质量验收规范》GB 50205的有关规定。

6.12.5 平移式尾部移动架在烧结机的尾部机架内组装时，应严格控制组装几何尺寸的公差范围，并应符合下列要求：

1 应调整上部支承轮标高，并应用水准仪、钢直尺检查，允许偏差为±0.5mm，支承轮的相对高低差允许偏差为0.5mm；

2 应调整侧板前端面及侧面垂直度，并应挂线、用钢尺检查，允许偏差为1.0/1000；

3 应调整侧板横向中心线，并应挂线、用钢尺检查，允许偏差为2.0mm；

4 应调整侧板纵向中心线，并应挂线、用钢尺检查，允许偏差为2.0mm。

6.12.6 平移式尾部弯道安装（图6.12.6）应符合下列要求：

1 应调整弯道标高，并应用水准仪、钢直尺检查，允许偏差为±1.0mm；

2 应调整左、右弯道上部、下部对应点的高低差 c，并应用水准仪、钢直尺检查，允许偏差为2.0mm；

3 应调整左、右弯道与烧结机纵向中心线的间距 d、d'，并应挂线、用钢尺检查，允许偏差为±2.0mm；

4 应调整上部与下部弯道侧面对铅垂线的间距差 $b-b'$，并应挂线用钢尺检查，允许偏差为2.0mm。

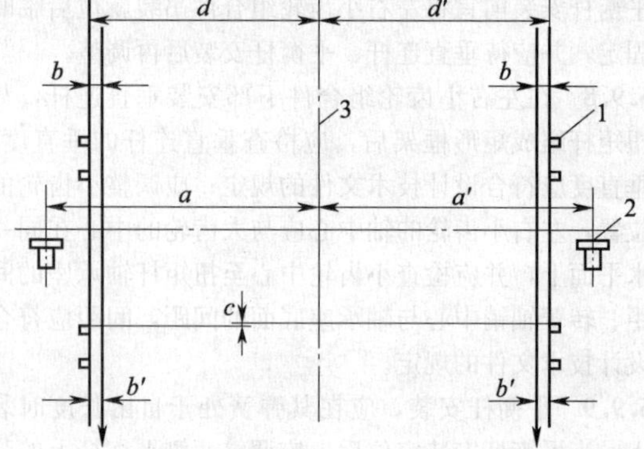

图 6.12.6 平移式尾轮弯道

1—尾部弯道；2—尾轮轴承座；3—烧结机纵向中心线

6.12.7 尾部弯道与中部轨道交接处预留热膨胀间隙，应符合设计技术文件的规定。

6.12.8 平移式尾轮（图6.12.6）应在确认尾部机架、尾部移动架、尾部弯道找正后安装，允许偏差应符合下列要求：

1 应调整轴承座标高，并应用水准仪、钢直尺检查，允许偏差为±0.5mm；

2 应调整尾轮轴水平度，并应用水平仪检查，允许偏差为0.1/1000；

3 应调整左、右轴承座与烧结机纵向中心线的距离 a、a'，并应挂线、用钢尺检查，允许偏差为±1.0mm；

4 应调整轴向中心线，并应挂线、用钢尺检查，允许偏差为1.5mm。

6.12.9 尾轮找正后，应以尾轮的链轮片为基准，复查尾部弯道的安装允许偏差，应按本规范第 6.11.3 条的规定采用。

6.12.10 摆架式尾轮装置的摆架上部轴安装，应符合下列要求：

1 应调整摆架上部轴轴承的标高，并应用水准仪、钢直尺检查，允许偏差为±0.5mm；

2 应调整摆架上部轴轴承水平度，并应用水平仪检查，允许偏差为 0.1/1000；

3 应调整摆架上部轴轴向中心线，并应挂线、用钢尺检查，允许偏差为 0.5mm。

6.12.11 摆架式尾轮装置的安装应符合下列要求：

1 应调整尾轴承标高，并应用水准仪、钢直尺检查，允许偏差为±0.5mm；

2 应调整尾轮轴水平度，并应用水平仪检查，允许偏差为0.2/1000；

3 应以烧结机纵向中心线为基准，调整左、右摆架上部轴轴承座、尾轮轴承座的中心线，并应挂线、用钢尺检查，允许偏差为1.0mm；

4 应调整左、右摆动侧板立柱垂直度，并应挂线坠、用钢尺检查，允许偏差为 1.0/1000。

6.12.12 摆架式尾部弯道的安装应符合下列要求：

1 应调整弯道标高，并应用水准仪、钢直尺检查，允许偏差为±1.0mm；

2 应调整左、右弯道上部、下部对应点的高低差，并应用水准仪、钢直尺检查，允许偏差为 2.0mm；

3 应调整左、右弯道纵向中心线，并应挂线、用钢尺检查，允许偏差为 2.0mm；

4 应调整上部与下部弯道对铅垂线的间距差，并应挂线、用钢尺检查，允许偏差为 2.0mm。

6.13 密封滑道及密封板

6.13.1 密封滑道安装（图 6.13.1）应以烧结机的轨道为基准，其允许偏差应符合下列要求：

1 应调整密封滑道标高，并应用水准仪、钢直尺检查，允许偏差为±1.0mm；

2 应调整两滑道对应点的高低差（a、a'），并应用轨道专用样杆和钢直尺检查，允许偏差为 1.0mm；

3 应调整两滑道对称的纵向中心线，并应挂线、用钢尺检查，允许偏差为 2.0mm；

4 应调整横向中心线，并应挂线、用钢尺检查，允许偏差为 2.0mm；

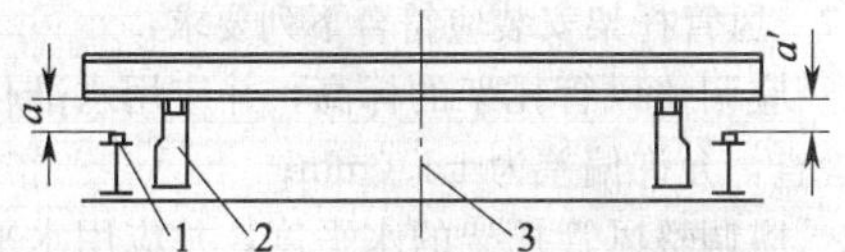

图 6.13.1 密封滑道标高测定

1—台车轨道；2—密封滑道；3—烧结机纵向中心线

5 应调整滑道中心距，并应挂线、用钢尺检查，允许偏差为 2.0mm。

6.13.2 密封滑道固定的埋头螺钉应低于滑道的滑动面。

6.13.3 密封滑道各部位预留热膨胀间隙，应符合设计技术文件的规定。

6.13.4 平板式活动密封板安装应符合下列要求：

1 应调整纵向中心线，并应挂线、用钢尺检查，允许偏差为 2.0mm；

2 应调整横向中心线，并应挂线、用钢尺检查，允许偏差为 2.0mm；

3 应调整密封板上表面与烧结机台车底面间隙，并应用平尺、钢尺检查，允许偏差为（2.0～3.0）mm。

6.13.5 平板式活动密封板平衡块的重量，应调整到密封板上部在规定载荷的情况下能灵活动作，密封板上平面标高应低于烧结机台车底面，其间隙应调整到（1.0～3.0）mm。

6.14 台车及箅条清扫器

6.14.1 烧结机台车的安装宜采用下列方法：

1 烧结机台车应在烧结机头轮试运转合格后安装；

2 台车安装前应清洗弹簧密封板，台车车轮转动应灵活，轴承润滑脂应无变质现象；

3 台车安装时，应将吊放到轨道上的台车推到头轮链轮上，并应通过头轮反方向低速逆转，将台车逐台装入；

4 最后一台台车装入前，应推开移动架，并应保持足够的间距后装入。

6.14.2 箅条安装的热膨胀间隙应符合设计技术文件的规定。

6.14.3 台车安装后，台车的四个车轮与上部轨道接触应贴合，台车滑板与烧结机机体滑道接触应均匀。

6.14.4 箅条清扫器的行程应符合设计技术文件的规定。

6.14.5 台车清扫器安装应符合下列要求：

1 应调整纵向中心线，并应挂线、用钢尺检查，允许偏差为 2.0mm；

2 应调整横向中心线，并应挂线、用钢尺检查，允许偏差为 2.0mm；

3 应调整传动轴中心线对台车箅条的间距，并应用钢尺检查，允许偏差为±3.0mm；

4 用钢尺检查清扫器行程，应符合设计技术文件的规定。

6.15 热破碎机

6.15.1 热破碎机安装应符合下列要求：

1 应调整轴承座标高，并应用水准仪、钢直尺检查，允许偏差为±0.5mm；

2 应调整两轴承座高低差，并应用水准仪、钢直尺检查，允许偏差为0.2mm；

3 应调整轴承座的水平度，并应用水平仪检查，允许偏差为0.05/1000；

4 应以烧结机的纵向中心线、热破碎机棘辊轴向中心线为基准，调整轴承座的纵、横向中心线，并应挂线、用钢尺检查，允许偏差为1.0mm。

6.15.2 定转矩联轴器调整弹簧的压缩量，应符合设计技术文件的规定。

6.15.3 传动装置的齿轮副装配，应符合设计技术文件或现行国家标准《机械设备安装工程施工及验收通用规范》GB 50231的有关规定。

6.15.4 传动装置的联轴器安装，应符合设计技术文件或现行国家标准《机械设备安装工程施工及验收通用规范》GB 50231的有关规定。

6.15.5 可牵出式受齿台车安装应符合下列要求：

1 应调整支承座标高，并应用水准仪、钢直尺检查，允许偏差为±0.5mm；

2 应以烧结机的纵向中心线、热破碎机棘辊轴向中心线为基准，调整支承座纵、横向中心线，并应挂线、用钢尺检查，允许偏差为1.0mm；

3 应调整轨道标高，并应用水准仪、钢直尺检查，允许偏差为±1.0mm；

4 应调整轨道纵向中心线，并应挂线、用钢尺检查，允许偏差为1.0mm；

5 应调整轨道的轨距，并应用钢尺检查，允许偏差为±2.0mm。

6.15.6 水冷式棘齿辊及受齿板的水压试验，应符合下列要求：

1 水冷式棘齿辊及受齿板安装后，必须连同管路一起进行整体水压试验；

2 水冷式棘齿辊及受齿板的水压试验，应符合设计技术文件的规定；无规定时，应按本条第3款～第6款的规定采用；

3 试验压力应为工作压力的1.5倍，应在试验压力下稳压10min，再将试验压力降至工作压力，并应停压30min，检查压力无下降、无渗漏为合格；

4 水压试验的压力表不应少于2块。试验用的压力表应已校验合格，精度等级不应低于1.5级，压力表的满度值应为试验压力的1.5倍～2倍；

5 水压试验应使用洁净水，环境温度不应低于5℃，当环境温度低于5℃时，应采取防冻措施；

6 水压试验应缓慢升压，不应一次升到试验压力。

6.16 风箱及主抽风管道

6.16.1 风箱的安装找正应以其上部的纵向和横向的密封滑道为基准，并应符合下列要求：

1 应调整纵向中心线，并应挂线、用钢尺检查，允许偏差为3.0mm；

2 应调整横向中心线，并应挂线、用钢尺检查，允许偏差为3.0mm；

3 应用塞尺检查风箱联系小梁与烧结机机架横梁预留间隙，允许偏差为（0.1～0.5）mm。

6.16.2 风箱下部与主抽风管道相连接支管上的伸缩节安装，应处于自由状态，不得承受外力。伸缩量及进出口方向应符合设计技术文件的规定。

6.16.3 风管的焊接质量应符合现行国家标准《现场设备、工业管道焊接工程施工及验收规范》GB 50236中有关Ⅳ级焊缝质量标准的规定，并应对焊缝进行渗透检查。

6.16.4 风箱法兰面采用密封胶密封时，应将密封面清洁干净，密封胶的类型和品种应符合设计技术文件的规定，法兰连接处应无泄漏。

6.16.5 支管弹簧吊架压缩量应符合设计技术文件的规定。

6.16.6 主抽风管道安装（图6.16.6）允许偏差应符合下列要求：

1 应调整主抽风管道标高，并应用水准仪、钢直尺检查，允许偏差为±3.0mm；

2 应调整管道端面与铅垂线的平行度 $a-a'$，并应用线坠、钢尺检查，允许偏差为3.0mm；

3 应调整主抽风管道中心线，并应用经纬仪、钢尺检查，允许偏差为3.0mm；

4 应调整风管下部灰斗中心线，并应挂线、用钢尺检查，允许偏差为5.0mm；

5 应调整风管下部法兰标高，并应用水准仪、钢直尺检查，允许偏差为±5.0mm；

6 应调整连接风箱与主轴风管道支管的中心线，并挂线用钢尺检查，允许偏差为5.0mm。

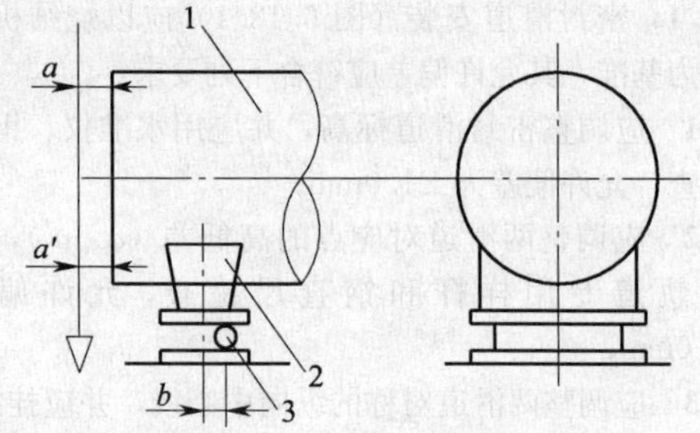

图6.16.6 主轴风管道

1—管道；2—托架；3—滚柱

6.16.7 风管托架安装应符合下列要求：

1 应调整风管托架的标高，并应用水准仪、钢直尺检查，允许偏差为±1.0mm；

2 应调整风管托架的水平度，并应用水平仪检查，允许偏差为0.3/1000；

3 应调整风管托架的中心线，并应挂线、用钢尺检查，允许偏差为2.0mm；

4 应用钢尺检查滑动式管道托架的滚柱安装位置，允许偏差为3.0mm。

6.17 灰斗及溜槽

6.17.1 烧结机下部灰斗安装应符合下列要求：

1 应调整灰斗纵、横向中心线，并应挂线、用钢尺检查，允许偏差为5.0mm；

2 应调整灰斗标高，并应用水准仪、钢直尺检查，允许偏差为±5.0mm。

6.17.2 溜槽安装应符合下列要求：

1 应调整溜槽纵、横向中心线，并应挂线、用钢尺检查，允许偏差为5.0mm；

2 应调整溜槽标高，并应用水准仪、钢直尺检查，允许偏差为±5.0mm。

7 环式冷却机设备安装工程

7.1 一般规定

7.1.1 本章适用于环式冷却机设备的安装。

7.1.2 环式冷却机设备安装前应设置纵向中心线，纵向中心线应是烧结机纵向中心线延伸线或与烧结机纵向中心线延伸线相平行的平行线。

7.1.3 环式冷却机设备安装前应设置环形回转中心线，环形回转中心线的设置应符合下列要求：

1 应以全厂区测量控制网中心标桩和环式冷却机纵向中心线为基准，设置环式冷却机横向中心线，横向中心线与纵向中心线应垂直，纵、横中心线的交点应为环式冷却机的圆心，圆心位置应设永久性供测量用的圆柱体及平台；

2 应根据圆心和回转半径，设置环式冷却机的环形回转中心线。

7.1.4 环式冷却机安装前应设基准点，基准点应设在环式冷却机圆心的圆柱体上，并宜在风机附近增设辅助基准点。

7.2 机　架

7.2.1 环式冷却机机架横梁安装前，宜将其下方的风箱、风管、料斗及环形刮板输送机等部件初步吊装就位。

7.2.2 机架安装的允许偏差应符合下列要求：

1 应调整柱子底板标高，并应用水准仪、钢直尺检查，允许偏差为±2.0mm；

2 应以环式冷却机的纵向中心线和环式冷却机的环形回转中心线为基准，调整柱子纵、横向中心线，并应挂线、用钢尺检查，允许偏差为5.0mm；

3 应调整柱子铅垂度，并应用经纬仪、钢尺检查，允许偏差为1.0/1000；

4 应调整径向梁与环形梁标高，并应用水准仪、钢直尺检查，允许偏差为±3.0mm；

5 应调整各钢轨支承梁两端支承点的高低差，并应用水准仪、钢直尺检查，允许偏差为2.0mm；

6 应调整风机支承梁标高，并应用水准仪、钢直尺检查，允许偏差为±5.0mm。

7.2.3 机架的焊接质量应符合设计技术文件的规定；无规定时，应符合现行国家标准《钢结构工程施工质量验收规范》GB 50205中有关三级焊缝质量标准规定。

7.2.4 高强度螺栓安装应符合现行国家标准《钢结构工程施工质量验收规范》GB 50205的有关规定。

7.3 漏　斗

7.3.1 给矿漏斗宜在环式冷却机机架横梁安装前初步就位，给矿漏斗应在机架验收合格后安装，并应符合下列要求：

1 应调整漏斗下表面标高，并应用水准仪、钢直尺检查，允许偏差为±10.0mm；

2 应以环式冷却机的纵向中心线和环式冷却机的环形回转中心线为基准，调整漏斗上部纵、横向中心线，并应挂线、用钢尺检查，允许偏差为10.0mm；调整漏斗出料口纵、横向中心线并应挂线、用钢尺检查，允许偏差为15mm；

3 应调整下部出料口与台车栏板之间的间距，并应挂线、用钢尺检查，其间距应符合设计技术文件的规定。

7.3.2 排矿漏斗应在环式冷却机机架横梁安装前初步就位，给矿漏斗应在机架验收合格后安装，并应符合下列要求：

1 应以环式冷却机的纵向中心线和环式冷却机的环形回转中心线为基准，调整排矿漏斗纵、横向中心线，并应挂线、用钢尺检查，允许偏差为5.0mm；

2 应调整排矿漏斗下表面标高，并应用水准仪、钢直尺检查，允许偏差为±3.0mm。

7.3.3 抽风环式冷却机散料漏斗安装应符合下列要求：

1 应调整散料漏斗标高，并应用水准仪、钢直尺检查，允许偏差为±5.0mm；

2 应调整散料漏斗纵、横向中心线，并应挂线、用钢尺检查，允许偏差为5.0mm。

7.3.4 漏斗支承座下部的压力传感器，安装时应先用临时钢垫块代替，并应待漏斗找正后再正式安装压力传感器。

7.3.5 漏斗的焊接质量应符合现行国家标准《现场设备、工业管道焊接工程施工及验收规范》GB 50236中有关Ⅳ级焊缝质量标准的规定。

7.4 风箱与密封罩

7.4.1 风箱宜在环式冷却机机架横梁安装前，依次吊放在机架横梁下方，风箱应在机架验收合格后安装。风箱安装的允许偏差应符合下列要求：

1 应以环形回转中心线为基准，调整风箱环形中心线，并应挂线、用钢尺检查，允许偏差为10.0mm；

2 应调整风箱下部法兰处水平度，并应用水平仪检查，允许偏差为2.0/1000；

3 应调整双重阀水平度，并应用水平仪检查，允许偏差为2.0/1000。

7.4.2 风箱上部与横梁应连接紧密，风箱上部密封板应安装平滑、无毛刺，与橡胶板接触部位不得有毛刺和凸凹不平。

7.4.3 环式冷却机的排气筒的垂直度不得超过1.0/1000。

7.4.4 环形密封罩安装的允许偏差应符合下列要求：

1 应以环形回转中心线为基准，调整密封罩环形中心线，并应挂线、用钢尺检查，允许偏差为5.0mm；

2 应调整密封罩两侧面垂度，并应挂线、用钢尺检查，允许偏差为1.5/1000。

7.4.5 密封罩之间连接应紧密，不得漏风；密封罩下端与台车侧板上端的间隙，应符合设计技术文件的规定。

7.4.6 抽风环式冷却机端部密封吊挂回转应灵活，膨胀风罩内密封材料应填满压紧。

7.4.7 风箱及密封罩的焊接质量应符合设计技术文件的规定；无规定时，焊接质量应符合现行国家标准《现场设备、工业管道焊接工程施工及验收规范》GB 50236中有关Ⅳ级焊缝质量标准的规定。

7.5 轨 道

7.5.1 环形水平轨道应在环式冷却机机架验收合格后安装，环形水平轨道的安装宜采用下列方法：

1 环形轨道就位后，应以环形回转中心线为基准，调整内环形水平轨道的位置，并应以内环形水平轨道为基准，调整外环形轨道的中心线；

2 环形水平轨道的标高，应通过增减轨道支承梁两端下部的垫片调整，不得在环形水平轨道与轨道梁之间直接加垫调整。

7.5.2 环形水平轨道安装的允许偏差应符合下列要求：

1 应调整轨道表面标高，并应用水准仪、钢直尺检查，允许偏差为±2.0mm；应检查内或外圆周方向轨道面高低差，允许偏差为2.0mm；应检查内水平轨道与外水平轨道径向对应点高低差，允许偏差为1.0mm；

2 应调整环形水平轨道的半径，并应用钢尺检查，允许偏差为±1.0mm；

3 应调整内外环形水平轨道的轨距，并应用钢尺检查，允许偏差为±2.0mm；

4 应调整轨道接头处高低差，并应用钢尺、塞尺检查，允许偏差为0.5mm；

5 应用钢尺检查轨道接头处错位，允许偏差为1.0mm。

7.5.3 环形水平轨道接头的预留热膨胀间隙，应符合设计技术文件的规定。

7.5.4 环形侧轨轨道安装应以环形水平轨道为基准，并应符合下列要求：

1 应调整环形侧轨标高，并应用水准仪、钢直尺检查，允许偏差为±2.0mm；

2 应调整环形侧轨半径，并应用钢尺检查，允许偏差为±3.0mm；

3 应调整轨道接头处高低差，并应用钢尺检查，允许偏差为1.0mm；

4 应用钢尺检查轨道接头处错位，允许偏差为1.0mm。

7.5.5 曲轨安装前应复查曲轨的尺寸，曲轨的尺寸应符合设计技术文件的规定。

7.5.6 曲轨安装（图7.5.6）的允许偏差应符合下列要求：

1 应以环式冷却机的纵向中心线和环式冷却机的环形回转中心线为基准，调整内、外曲轨与台车环形中心线的间距（$|a-a'|$、$|b-b'|$、$|c-c'|$），并应用钢尺检查，允许偏差为1.5mm；

2 应调整内、外曲轨的最低点位置，并应挂线、用钢尺检查，内、外曲轨的最低点与环形冷却机中心点应连成一直线，允许偏差为1.0mm；

3 应调整护轨与曲轨的间距，并应用钢尺检查，允许偏差为3.0mm；

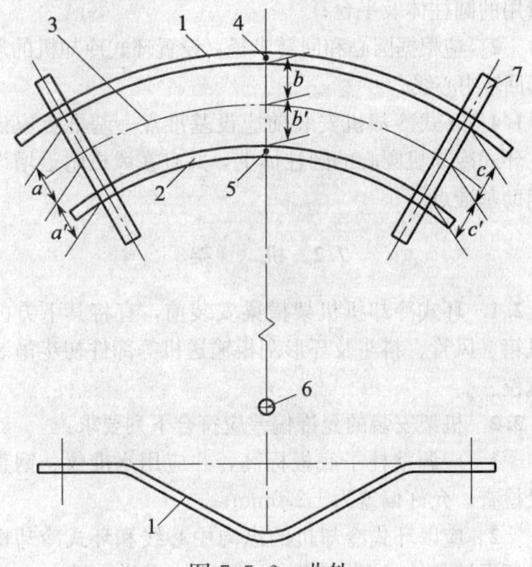

图7.5.6 曲轨

1—外曲轨；2—内曲轨；3—环形回转中心线；4—外曲轨最低点；5—内曲轨最低点；6—环式冷却机中心；7—机架径向梁

4 应调整曲轨与环形水平轨道接头处高低差，并应用钢尺检查，允许偏差为0.5mm；

5 应调整曲轨与环形水平轨道接头处错位，并应用钢尺和塞尺检查，允许偏差为1.0mm；

6 应调整曲轨与环形水平轨道接头间隙，并应用钢尺和塞尺检查，允许偏差为1.0mm。

7.6 传动框架

7.6.1 传动框架应在环形水平轨道、曲轨和环形侧轨验收合格后安装，传动框架应分组组装，传动框架组装后的圆度调整应以侧轨为基准面。正多边形传动框架安装（图7.6.1），应符合下列要求：

1 应调整相邻两个台车外传动框架中心点间的直线距离（a），并应用钢尺检查，允许偏差为±1.0mm；

2 应调整相邻两个台车内传动框架中心点间的直线距离（b），并应用钢尺检查，允许偏差为±0.5mm；

3 应调整外传动框架弧弦长度，并应挂线、用钢尺检查每间隔7个台车为一组外传动框架弧弦长度（c），允许偏差为±3.0mm；

4 应调整内传动框架弧弦长度，并应挂线、用钢尺检查每间隔7个台车为一组内传动框架弧弦长度（d），允许偏差为±2.0mm；

5 应调整挡辊辊面至侧轨轨面距离（e），并应用钢尺检查，允许偏差为±2.0mm；

6 应调整摩擦板接头处高低差，并应用钢尺和塞尺检查，允许偏差为0.5mm；

7 应调整摩擦板接头处错位，并应用钢尺和塞尺检查，允许偏差为1.0mm。

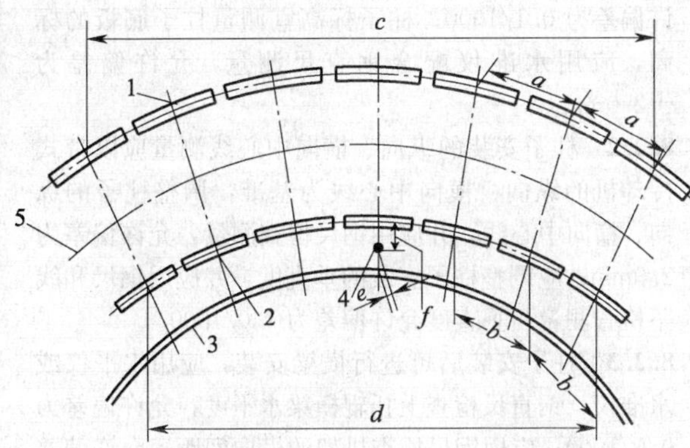

图7.6.1 正多边形传动框架

1—外传动框架；2—内传动框架；3—环形侧轨；4—挡辊；5—环形回转中心线

7.6.2 圆形摩擦传动框架安装的允许偏差，应符合下列要求：

1 应调整传动框架的圆度，并应挂线、用钢尺检查，允许偏差为10.0mm；

2 应调整传动框架上表面高低差，并应用水准仪、钢直尺检查，允许偏差为5.0mm。

7.6.3 焊接材料与母材的匹配应符合设计技术文件的规定，焊接材料使用前，应按产品说明书及焊接工艺文件的规定进行烘焙和存放。

7.6.4 传动框架与加固板和连接板的焊接，应符合设计技术文件的规定；无规定时，焊接质量应符合现行国家标准《现场设备、工业管道焊接工程施工及验收规范》GB 50236中有关Ⅳ级焊缝质量标准的规定。

7.7 台车及传动装置

7.7.1 摩擦轮与被动摩擦轮的压紧力应符合设计技术文件的规定。

7.7.2 定转矩联轴器的安装应符合设计技术文件的规定。

7.7.3 台车调节板边缘应无毛刺。

7.7.4 橡胶密封板与台车的接触应贴合，并应无明显缝隙。

7.7.5 抽风冷却式台车安装应符合下列要求：

1 应调整两台车侧板嵌入部分间隙，并应用钢尺检查，允许偏差为6.0mm；

2 应调整侧板上的内、外调节板圆度，并应用钢尺检查，允许偏差为10.0mm。

7.7.6 鼓风冷却式台车安装应符合下列要求：

1 应调整调节板之间水平错位，并应用钢尺检查，允许偏差为3.0mm；

2 台车应调整在同一水平面上，并应用钢尺检查台车下部内外调节板高低差，允许偏差为3.0mm。

7.7.7 传动装置安装（图7.7.7）应符合下列要求：

1 应调整两个摩擦轮轴向中心线重合度，并应用线坠、钢尺检查，允许偏差为0.5mm；

2 应调整主动摩擦轮轴向中心线，并应用经纬仪、钢尺检查主动摩擦轮轴向中心线的延伸线，应通过环式冷却机圆心，允许偏差为2.0mm；

3 应调整两个摩擦轮轮缘端面错位，并应用线坠、钢尺检查，允许偏差为1.0mm；

4 应调整底座纵、横向中心线，并应挂线、用钢尺检查，允许偏差为1.0mm；

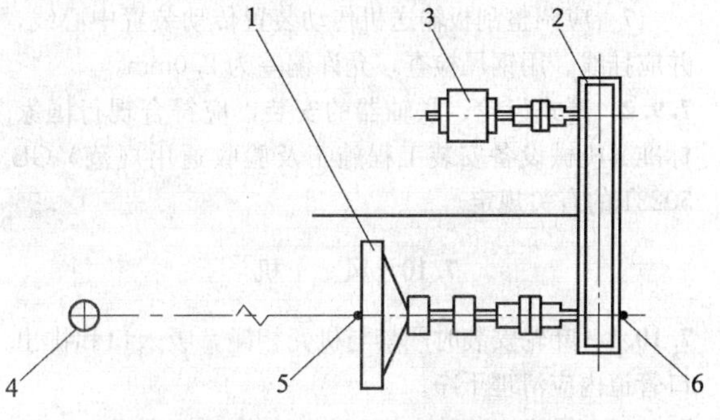

图7.7.7 传动装置

1—主动摩擦轮；2—减速机；3—电动机；4—环冷机中心点；5—主动摩擦轮端面中心点；6—减速机出轴中心点

5　减速机、联轴器的安装，应符合现行国家标准《机械设备安装工程施工及验收通用规范》GB 50231的有关规定。

7.8　挡辊及托辊

7.8.1　弹簧支撑的托辊，弹簧压缩量的调整应符合设计技术文件的规定。

7.8.2　托辊与摩擦板或传动框架底面应接触良好。

7.8.3　托辊安装应符合下列要求：

1　应调整托辊径向中心线，并应挂线、用钢尺检查，允许偏差为5.0mm；

2　应调整托辊轴向中心线，并应挂线、用钢尺检查，允许偏差为2.0mm。

7.8.4　挡辊安装应符合下列要求：

1　应调整挡辊轴标高，并应用水准仪、钢直尺检查，允许偏差为±5.0mm；

2　应调整挡辊中心线，并应挂线、用钢尺检查，允许偏差为5.0mm；

3　应调整挡辊轴面至内传动框架纵向中心线距离，并应用钢尺检查，允许偏差为±1.0mm。

7.9　环式刮板输送机

7.9.1　刮板输送机安装应符合下列要求：

1　应调整刮板轨道的标高，并应用水准仪、钢直尺检查，轨道圆周方向各点高低差，允许偏差为3.0mm；内外轨道径向对应点高低差，允许偏差为2.0mm；

2　应调整刮板轨道接头处高低差，并应用钢尺检查，允许偏差为1.0mm；

3　应调整刮板轨道接头处错位，并应用钢尺检查，允许偏差为1.0mm；

4　应调整刮板输送机环形中心线半径，并应用钢尺检查，允许偏差为20.0mm；

5　应调整刮板输送机传动装置的标高，并应用水准仪、钢直尺检查，允许偏差为±2.0mm；

6　应调整传动齿轮、链轮轴向水平度，并应用水平仪检查，允许偏差为1.0/1000；

7　应调整刮板输送机传动装置传动装置中心线，并应挂线、用钢尺检查，允许偏差为2.0mm。

7.9.2　开式齿轮、联轴器的安装，应符合现行国家标准《机械设备安装工程施工及验收通用规范》GB 50231的有关规定。

7.10　风　　机

7.10.1　叶轮安装时严禁与机壳相碰，吸入口和排出口管道内应清理干净。

7.10.2　风机安装的允许偏差应符合下列要求：

1　应调整轴承座标高，并应用水准仪、钢直尺检查，允许偏差为±2.0mm；

2　应调整风机轴水平度，并应用水平仪检查，允许偏差为0.1/1000；

3　应调整轴承座纵、横向中心线，并应挂线、用钢尺检查，允许偏差为2.0mm。

7.10.3　联轴器的安装，应符合现行国家标准《机械设备安装工程施工及验收通用规范》GB 50231的有关规定。

8　带式冷却机设备安装工程

8.1　一 般 规 定

8.1.1　本章适用于带式冷却机设备的安装。

8.1.2　带式冷却机设备安装前应设置纵向中心线，宜在带式冷却机的头部及尾部设中心标板，并应确定带式冷却机设备安装的纵向中心线，带式冷却机全线较长时，可增设临时性的辅助测量用的中心标板。

8.1.3　带式冷却机设备安装前应设置横向中心线，横向中心线应与纵向中心线相垂直，横向中心线宜设置头轮轴向中心线和尾轮轴向中心线，带式冷却机全线较长时，可增设辅助测量用的横向中心线。

8.1.4　带式冷却机设备安装前应设置基准点，带式冷却机基准点宜设在带式冷却机的头、中、尾部附近。

8.1.5　风机的安装应按本规范第7.10节的规定采用。

8.2　机　　架

8.2.1　带式冷却机柱子垫板安装宜采用座浆法，垫板上表面标高安装的允许偏差为－0.5mm，水平度允许偏差为0.1/1000；柱子标高宜测量柱子底板的标高，应用水准仪配合钢直尺测量，允许偏差为±2.0mm。

8.2.2　柱子安装的纵向、横向中心线测量应以带式冷却机的纵向、横向中心线为基准，调整柱子的纵向、横向中心线，并应用钢尺检查测量，允许偏差为2.0mm；应调整柱子安装的垂直度，并应用钢尺和线坠检查测量，垂直度允许偏差为1.0/1000。

8.2.3　柱子安装后可进行横梁安装，应用水平仪或水准仪、钢直尺检查上托辊横梁水平度，允许偏差为0.5/1000；应用钢尺检查机架的横向间距，允许偏差为±1.5mm。

8.2.4　托辊座的安装应符合下列要求：

1　应调整上托辊座之间的间距，并应用钢尺检查，允许偏差为±1.0mm；

2　应调整下托辊座之间的间距，并应用钢尺检查，允许偏差为±1.0mm；

3　应调整上托辊座与下托辊座间距，并应用钢尺检查，允许偏差为±1.0mm。

8.2.5 机架的焊接质量应符合设计技术文件的规定；无规定时，应符合现行国家标准《钢结构工程施工质量验收规范》GB 50205 中有关三级焊缝质量标准的规定。

8.2.6 高强度螺栓的安装，应符合现行国家标准《钢结构工程施工质量验收规范》GB 50205 的有关规定。

8.3 密封罩和排气筒

8.3.1 密封罩纵向中心线的调整，应以带式冷却机的纵向中心线为基准，并应挂线、用钢尺检查，允许偏差为 3.0mm。

8.3.2 密封罩橡胶密封板与台车拦板的接触应贴合，隔热板下端与台车拦板上端的间隙，应符合设计技术文件的规定，端部密封罩扇形板转动应无卡阻。

8.3.3 焊接质量应符合现行国家标准《现场设备、工业管道焊接工程施工及验收规范》GB 50236 中有关Ⅳ级焊缝质量标准的规定。

8.3.4 排气筒垂直度应用经纬仪、钢尺检查，允许偏差为1.0/1000。

8.4 传动装置

8.4.1 传动装置安装前，检查每五个链节在拉紧状态下的累计长度，应符合设计技术文件的规定。

8.4.2 链条的安装方向、头尾链轮中心距及尾部链轮拉紧装置调整，均应符合设计技术文件的规定，链条与托辊应接触良好。

8.4.3 托辊安装应符合下列要求：

1 应调整托辊的标高，并应用水准仪、钢直尺检查，允许偏差为±0.5mm；全部托辊辊面应在同一斜面上，高低差的允许偏差为 0.5mm；

2 应调整托辊面水平度，并应用水平仪检查，允许偏差为0.2/1000；

3 应以带式冷却机的纵、横向中心线为基准，调整上、下托辊径向中心线，并应挂线、用钢尺检查，允许偏差为 1.0mm；

4 应调整上托辊与下托辊的间距，并应用钢尺检查，允许偏差为±0.5mm；

5 应调整托辊之间的间距，并应用钢尺检查，允许偏差为±2.0mm。

8.4.4 链轮安装应符合下列要求：

1 应调整头、尾链轮标高，并应用水准仪、钢直尺检查，允许偏差为±2.0mm；

2 应调整头、尾链轮轴向水平度，并应用水平仪检查，允许偏差为 0.1/1000；

3 应调整头尾链轮纵、横向中心线，并应挂线、用钢尺检查，允许偏差为 1.0mm；

4 应调整头、尾链轮轴向中心线与托辊面的距离，并应挂线、用钢尺检查，允许偏差为±1.0mm。

8.4.5 台车安装应符合下列要求：

1 应调整台车两侧板间距，并应用钢尺检查，允许偏差为±1.0mm；

2 台车同侧面的侧板应在同一铅垂面上，应用钢尺检查同侧面的侧板错位，允许偏差为 1.0mm；

3 台车同侧面的栏板应在同一铅垂面上，应用钢尺检查同侧面的栏板错位，允许偏差为 0.5mm。

8.4.6 台车的传动装置的安装，应符合现行国家标准《机械设备安装工程施工及验收通用规范》GB 50231 的有关规定。

8.4.7 台车传动装置采用柔性传动装置时，应按本规范第 6.9 节的规定采用。

8.5 带式刮板输送机

8.5.1 带式刮板输送机安装的允许偏差，应符合下列要求：

1 挂线、用钢尺检查纵向中心线，允许偏差为 3.0mm；

2 应调整轨道槽接头处高低差，并应用钢尺检查，允许偏差为 0.5mm；

3 应调整上、下刮板轨道槽间距，并应用钢尺检查，允许偏差为±1.0mm；

4 应调整左右刮板轨道间距，并应用钢尺检查，允许偏差为±1.0mm；

5 应调整头、尾链轮标高，并应用水准仪、钢直尺检查，允许偏差为±2.0mm；

6 应调整头、尾链轮轴向水平度，并应用水平仪检查，允许偏差为 0.2/1000；

7 应调整头、尾链轮轴向中心线平行度，并应挂线、用钢尺检查，允许偏差为 0.3/1000；

8 应调整头、尾链轮横向中心线，并应挂线、用钢尺检查，允许偏差为 1.0mm。

8.5.2 带式刮板输送机的传动装置的安装，应符合现行国家标准《机械设备安装工程施工及验收通用规范》GB 50231 的有关规定。

9 主抽风机设备安装工程

9.1 一般规定

9.1.1 本章适用于烧结机主抽风机设备的安装。

9.1.2 主抽风机安装前应设置基准点和中心标板，并应确定主抽风机安装的纵、横向中心线，基准点和中心标板应采用永久型构造，并应采取保护措施。

9.1.3 主抽风机设备安装时，应进行沉降观测，观测周期应从基础施工完毕后到安装交工验收，观测次数宜为每 15d～30d 一次，对软土地基的沉降观测应适当增加观测次数。

9.2 轴承底座

9.2.1 轴承底座垫板的安装宜采用座浆法，座浆法安装垫板时，应符合现行国家标准《机械设备安装工程施工及验收通用规范》GB 50231的有关规定。

9.2.2 轴承底座安装的允许偏差应符合下列要求：

1 应调整底座标高，并应用水准仪、钢直尺检查，允许偏差为±2.0mm，两底座标高的高低差允许偏差为0.5mm；

2 应通过增减垫板的厚度调整底座的纵向、横向水平度，并应用水平仪检查，纵向水平度允许偏差为0.1/1000，横向水平度允许偏差为0.05/1000；

3 应调整底座的纵、横向中心线，并应挂线、用钢尺检查，允许偏差为1.0mm；

4 应调整两底座的中心距离，并应用钢尺检查，允许偏差为±2.0mm。

9.2.3 轴承底座地脚螺栓紧固后，垫板与垫板间、垫板与轴承底座间接触应均匀，并应用0.05mm塞尺检查其间隙，在垫板同一断面两侧塞入的长度之和不应大于垫板长度或宽度的1/3。

9.3 轴承座

9.3.1 轴承座初安装时，应以风机安装的基准点和纵、横向中心线为基准，调整轴承座的标高及纵、横向中心线，安装时应先调整其中一侧轴承座，并应以此轴承座为基准调整另一侧轴承座，轴承座安装应符合下列要求：

1 应调整两轴承座的标高，并应用水准仪、钢直尺检查，允许偏差为±2.0mm；

2 应调整两轴承座水平度，并应用水平仪、平尺检查，允许偏差为0.05/1000；

3 轴承座的水平度应在轴承座的剖分面上，并应用水平仪检查，每个轴承座横向水平度允许偏差为0.05/1000；纵向水平度允许偏差为0.1/1000；

4 应调整轴承座的纵、横向中心线，并应挂线、用钢尺检查，允许偏差为1.0mm；

5 应调整两轴承座中心距，并应挂线、用钢尺检查，允许偏差为±2.0mm。

9.3.2 主抽风机转子安装后，应以转子为基准进行轴承座的水平度和标高的最终调整，并应在轴颈的上表面及轴承座的剖分面上检查和测量。

9.3.3 轴承座与底座螺栓紧固应符合设计技术文件的规定，紧固后的连接螺栓应紧密贴合，用0.05mm塞尺检查不得塞入。

9.3.4 滑动轴承的装配，应符合设计技术文件和现行国家标准《机械设备安装工程施工及验收通用规范》GB 50231的有关规定。

9.3.5 轴承座与导向键之间的间隙，应符合设计技术文件的规定。

9.4 机壳和转子

9.4.1 机壳宜在现场分段拼装焊接后吊装就位，拼装时应检查相关尺寸，并应与出厂组装记录核对，吊装就位前宜完成下机壳的保温。

9.4.2 下机壳的初找正应以轴承座为基准，纵、横向中心线的允许偏差为1.0mm，应用平尺、水平仪检查机壳各段中分面纵、横向水平度，允许偏差为0.10/1000。

9.4.3 下机壳的镗孔应与两轴承座的镗孔同心，并应挂线、用内径千分尺或塞尺检查下机壳与两轴承座膛孔同轴度，当风机的额定风量不大于6500m^3/min时，允许偏差为0.03mm；当额定风量大于6500m^3/min且小于12000m^3/min时，允许偏差为0.04mm；当额定风量大于或等于12000m^3/min时，允许偏差为0.05mm。

9.4.4 下机壳应在转子吊入轴承座并找正后进行精调。

9.4.5 下机壳与底座应紧密贴合，除设计技术文件规定预留间隙外，局部间隙用0.05mm塞尺检查不得塞入。

9.4.6 机壳导向键槽与底座导向键之间的间隙应用塞尺检查，并应符合设计技术文件的规定。

9.4.7 风机机壳与其支承底座之间的紧固螺栓间隙应用塞尺检查，并应符合设计技术文件的规定。

9.4.8 转子轴向水平度应在电机侧轴颈上测得，并应用水平仪检查轴颈水平度，应呈外扬倾向，允许偏差为0.05/1000，转子各部位的端面和径向跳动量，应符合设计技术文件的规定。

9.4.9 转子就位后，宜用压铅法检查油封间隙、气封间隙，间隙应符合设计技术文件的规定。

9.4.10 径向滑动轴承轴瓦与轴颈接触弧面、顶间隙、侧间隙应用压铅法检查，应符合设计技术文件的规定。

9.4.11 推力轴承的轴向窜动间隙应在轴承座剖分面上检查，窜动间隙应符合设计技术文件的规定。

9.4.12 附有吸入锥套的叶轮与机壳水平方向的轴向重合长度、径向间隙应用钢尺检查，应符合设计技术文件的规定。

9.4.13 上、下机壳水平中分面在自由状态下应相贴合，其局部间隙应符合设计技术文件的规定，上、下机壳连接螺栓的紧固应按对称顺序进行，紧固力矩应符合设计技术文件的规定。

9.4.14 机壳两侧双吸入管的安装应符合设计技术文件的规定。

9.4.15 转子与电动机联轴器的安装，应符合设计技术文件或现行国家标准《机械设备安装工程施工及验收通用规范》GB 50231的有关规定。

9.5 附 属 设 备

9.5.1 伸缩节、吸入和排出阀门的安装应与风管法兰连接严密，连接面间的填料密封应符合设计技术文件的规定。

9.5.2 伸缩节安装应处于自由状态，不得承受外力，严禁强力对口。伸缩量及进出口方向应符合设计技术文件的规定。

9.5.3 消音器安装应符合下列要求：

1 应调整消音器的标高，并应用水准仪、钢直尺检查，允许偏差为±3.0mm；

2 应调整纵、横向水平度，并应用水平仪检查，允许偏差为2.0/1000；

3 应调整纵、横向中心线，并应挂线、用钢尺检查，允许偏差为3.0mm。

9.5.4 润滑设备和管道的安装，应符合现行国家标准《冶金机械液压、润滑和气动设备工程安装验收规范》GB 50387的有关规定。

10 烧结机械设备试运转

10.1 一 般 规 定

10.1.1 本章适用于烧结机械设备单体试运转、无负荷联动试运转。

10.1.2 试运转前应编制试运转方案，应经项目技术负责人审核，并应报总监理工程师（建设单位项目负责人）批准，同时应向参加试运转的人员交底后，再进行试运转。

10.1.3 试运转应有统一指挥，参加人员应有明确的岗位职责分工和工作纪律。

10.1.4 试运转前应准备试运转所需的能源、介质、材料、安全防护设施、调试工具、计量检测器具和试运转记录表格。

10.1.5 试运转前应将试运转的设备及周围环境清扫干净。

10.1.6 设备及其附属装置、管路等应安装完毕，有关资料应齐全。

10.1.7 冷却水系统应完成试压和通水试验；压缩空气管道应完成通气试验。

10.1.8 润滑系统和各润滑点应按设计技术文件的规定加入润滑油、脂，设备的润滑系统应先行试运转，并应符合试运转的要求。

10.1.9 电气系统中控和现场控制的开关切换位置，应正确、清晰，启动和运行参数应进行整定；电机的绝缘电阻和接地电阻应符合设计技术文件的规定。

10.1.10 在电机或减速机与设备脱开时，应手动盘车，不得有卡阻现象。

10.1.11 设备的安全保护装置应符合设计技术文件的规定，在试运转中需调试的装置，应在试运转中完成调试，其功能应符合设计技术文件的规定。

10.1.12 无负荷联动试运转应在设备单体无负荷试运转合格后进行，并应按设计技术文件规定的联动程序和时间要求，连续试运转3次，应无故障。

10.1.13 设备单体试运转启动顺序应符合下列要求：

1 有润滑系统和冷却系统的设备，试运转时，应先启动润滑油泵系统和冷却供水系统，并应符合要求后，再正式开车试运转；

2 设备试运转的顺序应先点动电机，应确认运转方向后进行电机空载试运转，并应试运转合格后电机带动设备试运转；

3 有慢驱动系统时，应先完成慢驱动系统的试运转，再进行正常驱动的试运转；

4 变频电机应先在25%左右的速度下试运转，再进行50%和100%转速条件下的试运转；

5 试运转应在现场启动和操作。

10.1.14 设备试运转时不得有卡阻、异常振动和噪声，设备和管道应无漏油、漏水、漏风现象。

10.1.15 试运转时应测量轴承的温度，轴承温度应符合设计技术文件的规定；无规定时，应符合下列要求：

1 滚动轴承正常运转时，轴承温升不得超过40℃，且最高温度不得超过80℃；

2 滑动轴承正常运转时，轴承温升不得超过35℃，且最高温度不得超过70℃。

10.1.16 试运转结束后，应及时做好下列工作：

1 应切断电源、气源、水源和其他动力源；

2 应进行必要的放气、排水、排污；

3 内有余压的设备应做卸压处理；

4 电气开关和仪表应正确复位；

5 试运转结束后，应进一步检查紧固、锁定及焊接的部位或零部件，不得松动或开焊。

10.2 定量给料装置试运转

10.2.1 圆盘给料机及胶带式电子秤连续试运转时间，不得低于2h，设备运转应平稳，轴承温度和温升应正常，应无异常噪声和振动。

10.2.2 胶带式电子秤的胶带松紧应适宜，并应无打滑现象；电子秤胶带沿纵向中心线跑偏不得大于50mm。

10.2.3 圆盘给料机手动挡板应操作5次，手动挡板操作应灵活。

10.3 混合机试运转

10.3.1 减速机单独连续试运转不得少于1h，减速机运转应平稳，并应无异常噪声和振动。

10.3.2 微动装置试运转应符合下列要求：

1 手动离合的往复动作不得少于5次，离合应灵活，连锁应正确；

2 微动装置单体试运转不得少于0.5h；

3 微动装置带混合机连续低速运转不得少于1h，运转应平稳，并应无异常噪声和振动。

10.3.3 混合机连续试运转不得少于4h，托辊与滚圈、开式齿轮喷油情况应正常；滚筒运转应平稳，并应无异常噪声和振动；进料斗、卸料斗及罩子安装应牢固，与转动部分应无碰卡、抖动现象。

10.4 烧结机试运转

10.4.1 给料装置试运转应符合下列要求：

1 圆筒给料机电动机在不同转速下，连续试运转均不得少于1h，连接圆筒给料机按不同转速累计运转不得少于4h，运转应平稳，轴承温度和温升应正常，并应无异常振动和噪声；

2 可移动反射板和自动清扫器往复动作不得少于5次，位置应准确，并应无卡阻；

3 辊式布料机试运转不得少于2h，运转应平稳，轴承温度和温升应正常，并应无异常振动和噪声；

4 梭式布料机试运转往复不得少于10次，胶带机连续试运转不得少于2h，轴承温度和温升应正常，定位和转向应准确，胶带跑偏应符合设计技术文件的规定。

10.4.2 头部传动装置试运转应符合下列要求：

1 电动机在不同转速下，连续试运转均不得少于2h，转速、电流、轴承温度和温升应正常；

2 连接减速机和头轮，低速连续运转不得少于1h，再按不同转速运转每次不得少于1h，检查电动机与定转距联轴器输出轴转数应一致，减速机及头轮运转应平稳，并应无异常噪声和振动。

10.4.3 平移式尾轮移动架往复动作不得少于5次，动作应平稳可靠，行程应准确。

10.4.4 箅条清扫器试运转不得少于1h，动作应灵活，位置应准确。

10.4.5 烧结机带动台车试运转，低速连续试运转不少于0.5h后应停车检查，应调整平移式尾轮平衡块重量，应按不同的台车转速进行试运转，每次试运转均不得少于1h，累计不得少于6h，应运转平稳，并应无啃轨现象。

10.4.6 热破碎机试运转应符合下列要求：

1 应先进行受齿台车试运转，试验拉出台车的2台卷扬机的旋转方向应正确，应用千斤顶将台车顶起，取出垫块后，应将台车落在轨道上，进行受齿台车拉出与装入试验，试验不得少于3次，动作应平稳，位置应准确；

2 拉出与装入台车试验应在手动盘车的情况下操作，严禁直接拉出与装入；

3 电动机单独连续试运转不得少于1h，连接减速机和破碎机连续试运转不得少于6h，运转应平稳，轴承温度及温升应正常，并应无异常振动和噪声。

10.4.7 主抽风管道的手动调节阀及电动调节阀应做启闭试验，试验次数不得少于3次，动作应灵活，极限位置应准确。

10.4.8 双重阀应做启闭试验，试验次数不得少于5次，开闭程序应正确，动作应灵活，并应无卡阻现象。

10.5 环式冷却机试运转

10.5.1 环式冷却机试运转应符合下列要求：

1 环式冷却机电机单体试运转不得少于1h，带动减速机试运转不得少于1h，轴承温度和温升应正常，并应无异常噪声；

2 环式冷却机应以最低速运转1圈，台车、托辊、挡辊运转状态应正常，台车运行方向应正确；台车在曲轨处倾翻应无卡阻、跳动现象；两车轮与曲轨应接触良好；

3 升速运转（从最低速到最高速）应运转3周，最高速应运转3周，传动装置、台车、托辊和挡辊运转应正常，应无异常噪声和振动，并应无卡阻和跳动现象，运行应平稳，应无严重跑偏现象。台车上、下密封板应接触良好。

10.5.2 环式刮板输送机试运转不得少于2h，刮板运行应平稳，并应无跳动和卡阻现象。

10.5.3 风机连续试运转不得少于6h，风机运转方向应正确，应无异常振动和噪声，轴承温度和温升应正常，应做风门开闭试验，试验次数不得少于5次，开闭应灵活。

10.5.4 双重阀开闭试验应按本规范第10.4.8条的规定采用。

10.6 带式冷却机试运转

10.6.1 带式冷却机试运转应符合下列要求：

1 带式冷却机电机单体试运转不得少于1h，带动减速机试运转不得少于1h，轴承温度和温升应正常，并应无异常噪声；

2 带式冷却机应以最低速运转1h，台车、托辊、链轮和链板的运转状态应正常，台车运行方向应正确；台车在头尾链轮倾翻时应无卡阻、跳动现象；

3 升速运转（从最低速到最高速）连续试运转不得少于2h，最高速运转不得少于3h，传动装置、链轮、台车、托辊等运转状态应正常，应无异常噪声和振动，并应无卡阻和跳动现象，运行应平稳，应无严重跑偏现象，台车上、下密封板应接触良好。

10.6.2 带式刮板输送机试运转不得少于2h，刮板运行应平稳，并应无跳动和卡阻现象。

10.6.3 风机的试运转应按本规范第10.5.3条的规定采用。

10.6.4 双重阀的试运转应按本规范第 10.4.8 条的规定采用。

10.7 主抽风机试运转

10.7.1 吸入和排出阀门试运转应符合下列要求：

1 手动操作阀的开闭机构，开闭动作不得少于 5 次，动作应灵活，阀瓣开闭位置与指示器、限位开关应一致；

2 断开阀瓣，电动操作开闭机构，正、反转均不得少于 0.5h；连接阀瓣后，开闭动作不得少于 5 次，开闭位置与指示器、限位开关应一致。

10.7.2 主电动机与风机的联轴器应断开，进行电动机单体试运转，连续试运转不得少于 4h，轴承温度和温升应正常，并应无异常振动和噪声。

10.7.3 手动盘车无异常后，应连接主电动机与风机之间的联轴器，并应关闭吸入阀门，进行风机的无负荷试运转，试运转时间不得少于 2h，轴承温度和温升应正常，并应无异常振动和噪声。

10.7.4 主抽风机无负荷试运转合格后应进行低负荷试运转，试运转时，应逐渐打开吸入和排出阀门，阀门的开度应符合设计技术文件的规定，低负荷试运转的时间不得少于 1h，各部件动作应平稳，并应无异常振动和噪声。

10.7.5 主抽风机低负荷试运转合格后，应进行负荷试运转，连续试运转的时间不得少于 4h，对试运转情况应作出实况记录，并应符合下列要求：

1 轴承振动应符合设计技术文件的规定；无规定时，轴承的最大振动值不应大于 0.06mm；

2 轴承温度应符合设计技术文件的规定；无规定时，当主抽风机进风量不大于 $12000m^3/min$ 时，轴承的最高温度不应大于65 ℃；当主抽风机进风量大于 $12000m^3/min$ 时，轴承的高温度不应大于 70℃；

3 机壳及法兰接口处应无漏风、漏油、漏水等现象；

4 运转应平稳，并应无异常声响，噪声值应符合设计技术文件的规定。

11 安全和环保

11.1 一般规定

11.1.1 本章适用于烧结机械设备工程安装的安全和环境保护。

11.1.2 从事烧结机械设备工程安装的施工单位必须取得安全生产许可证。

11.1.3 施工现场应建立健全安全生产保证体系和环境保护体系，应有安全生产和环境保护管理制度，应配备专职安全环保管理人员。

11.1.4 施工单位应有经审批的施工组织设计、施工现场临时用电方案、安全技术措施、安全专项方案。

11.1.5 从事烧结机械设备安装的安全管理人员应持有安全管理资格证书，特种作业人员应持有效证件上岗。

11.1.6 烧结机械设备安装前，技术人员应向作业及相关人员进行安全技术措施交底，并应双方签字确认。

11.1.7 施工单位应为作业人员提供符合要求的劳动保护用品，并应培训和监督作业人员正确使用。

11.1.8 施工机械设备和施工机具使用前应检查合格，使用过程中应保持完好状态。

11.2 安 全

11.2.1 高处作业，应符合国家现行标准《建筑施工高处作业安全技术规范》JGJ 80 的有关规定。

11.2.2 脚手架的搭拆，应符合国家现行标准《建筑施工扣件式钢管脚手架安全技术规范》JGJ 130 和《建筑施工碗扣式钢管脚手架安全技术规范》JGJ 166 的有关规定。

11.2.3 施工现场临时用电应符合现行国家标准《施工现场临时用电安全技术规范》JGJ 46 的有关规定；施工现场应有专业人员负责安装、维护和管理用电设备和电线路。

11.2.4 起重机械的使用应符合国家现行标准《建筑机械使用安全技术规程》JGJ 33 的有关规定。

11.2.5 吊装区域应设置安全警戒线，非作业人员严禁入内。

11.2.6 大型设备的运输道路和放置场地、吊车站位场地，应满足承载要求。

11.2.7 高处焊接或气割作业前，应清除作业区下方的可燃、易燃物，并应采取防火措施，高处焊接或气割作业时，应设监护人监护。

11.2.8 油漆涂料应设专用场所妥善保管，涂装人员应配备必要的防护用品。

11.2.9 管道系统压力试验及吹扫应设置禁区，发现异常时，应及时卸压处理，严禁带压补漏与紧固螺栓。

11.2.10 设备试运转前，应对场地进行全面的安全检查，试运转区域应设置必要的安全标志和警戒标志，试车过程中严禁明火作业，严禁随意操作开关、阀门等控制件。

11.3 环 保

11.3.1 施工期间应控制噪声，并应合理安排施工时间，同时应减少对周边环境的影响。

11.3.2 施工区域应保持清洁。

11.3.3 现场油漆涂装施工时，应采取防污染措施。

11.3.4 施工废弃物应统一分类处理，危化品的废弃物应交具有相应资质的消纳单位进行处理，严禁现场焚烧、掩埋。

本规范用词说明

1 为便于在执行本规范条文时区别对待，对要求严格程度不同的用词说明如下：

1）表示很严格，非这样做不可的：
正面词采用“必须”，反面词采用“严禁”；

2）表示严格，在正常情况下均应这样做的：
正面词采用“应”，反面词采用“不应”或“不得”；

3）表示允许稍有选择，在条件许可时首先应这样做的：
正面词采用“宜”，反面词采用“不宜”；

4）表示有选择，在一定条件下可以这样做的，采用“可”。

2 条文中指明应按其他有关标准执行的写法为：“应符合……的规定”或“应按……执行”。

引用标准名录

《工业设备及管道绝热工程施工质量验收规范》GB 50185

《混凝土结构工程施工质量验收规范》GB 50204

《钢结构工程施工质量验收规范》GB 50205

《机械设备安装工程施工及验收通用规范》GB 50231

《现场设备、工业管道焊接工程施工及验收规范》GB 50236

《连续输送设备安装工程施工及验收规范》GB 50270

《冶金机械液压、润滑和气动设备工程安装验收规范》GB 50387

《烧结机械设备工程安装验收规范》GB 50402

《建筑机械使用安全技术规程》JGJ 33

《施工现场临时用电安全技术规范》JGJ 46

《建筑施工高处作业安全技术规范》JGJ 80

《建筑钢结构焊接技术规程》JGJ 81

《建筑施工扣件式钢管脚手架安全技术规范》JGJ 130

《建筑施工碗扣式钢管脚手架安全技术规范》JGJ 166

中华人民共和国国家标准

烧结机械设备安装规范

GB 50723—2011

条 文 说 明

制 订 说 明

《烧结机械设备安装规范》GB 50723—2011，经住房和城乡建设部2011年7月26日以第1089号公告批准发布。

本规范制订过程中，编制组对国内外烧结生产工艺、机械设备的现状和发展趋势进行了深入的调查研究，总结了我国烧结机械设备安装工程建设的实践经验，同时参考了国外相关的先进技术法规、技术标准。

为便于广大设计、施工、科研、学校等单位有关人员在使用本规范时能正确理解和执行条文规定，《烧结机械设备安装规范》编制组按章、节、条顺序编制了本规范的条文说明，对条文规定的目的、依据以及执行中需注意的有关事项进行了说明，还着重对强制性条文的强制性理由作了解释。但是，本条文说明不具备与规范正文同等的法律效力，仅供使用者作为理解和把握规范规定的参考。

目　次

1 总 则

1.0.1 本条阐明了烧结机械设备工程安装应遵循的原则与编制本规范的目的。

1.0.2 本条明确了本规范适用的对象。

1.0.3 本条明确了烧结机械设备工程安装的质量标准和验收程序。

1.0.4 本条反映了其他相关标准、规范的作用。烧结机械设备工程安装涉及的工程技术及安全环保方面很多，并且机械设备工程安装中除专业设备外，还有液压、气动和润滑设备、起重设备、连续运输设备、通用设备、各类介质管道制作安装、工艺钢结构制作安装、防腐、绝热等，因此，烧结机械设备工程安装除应执行本规范外，尚应符合现行国家及行业有关标准的规定。

2 基本规定

2.0.1 为保证施工质量，规范施工管理，本条文规定对从事烧结机械设备工程安装的施工企业应具备的资质提出了要求，强调市场准入制度。

2.0.2 本条文对从事烧结机械设备工程的安装人员和特种作业人员持证上岗作出规定。根据《中华人民共和国安全生产法》第二十三条规定，生产经营单位的特种作业人员必须按照国家有关规定经专门的安全作业培训，取得特种作业操作资格证书方可上岗作业。如与烧结机械设备安装专业相关的起重机械操作人员、脚手架搭设人员、金属焊接（气割）作业人员等特种作业人员，应持证上岗。

2.0.3 本条文是强制性条文，必须严格执行。烧结机械设备工程安装中的焊接质量关系工程的安全使用，焊工是关键因素之一。本条文明确规定从事本工程施焊的焊工，必须经考试合格，方能在其考试合格项目认可范围内施焊，焊工考试按国家现行标准《冶金工程建设焊工考试规程》YB/T 9259 中焊工考试规程或国家现行规范中的规定进行，如：从事钢结构焊接的焊工考试应符合国家现行标准《建筑钢结构焊接技术规程》JGJ 81 的规定，从事现场其他设备及管道焊接的焊工考试应符合现行国家标准《现场设备、工业管道焊接工程施工及验收规范》GB 50236 的规定。

2.0.4 施工过程中，经常会遇到需要修改设计的情况，施工单位不得擅自修改设计，施工图纸修改必须有设计单位的设计变更通知书或技术核定签证。本条根据《中华人民共和国建筑法》规定的“工程设计的修改由原设计单位负责，建筑施工单位不得擅自修改工程设计……”的规定编写，因此，施工单位无权修改设计图纸。施工中发现施工图纸问题，应及时与建设单位和设计单位联系，修改施工图纸必须有设计单位的设计变更正式手续。

2.0.7 安装中使用未经计量检定的不合格的器具，会给工程质量造成严重后果，给企业造成经济损失。为此本条强调烧结机械设备安装必须使用经计量检定、校准合格、且在鉴定有效期内的计量器具。计量器具的精度要与质量标准值的精度相匹配，其等级应符合质量标准的要求。

2.0.8 与烧结机械设备工程安装相关的专业很多，例如土建专业、工业炉专业、电气专业等。各专业之间应按规定的程序进行交接，例如土建基础完工后交设备安装，设备安装完工后交工业炉砌筑，各专业之间交接时，应进行检验并形成质量记录。

2.0.9 烧结机械设备工程安装中的隐蔽工程主要是指设备的二次灌浆、大型轴承座的封闭等。二次灌浆是在设备安装完成并验收合格后，对基础和设备底座间进行灌浆，二次灌浆应符合设计技术文件和现行国家标准《机械设备安装工程施工及验收通用规范》GB 50231 的规定。大型轴承座的封闭主要是指主抽风设备的轴承箱。隐蔽工程的管理程序也是根据《建设工程质量管理条例》第三十条规定的。

2.0.10 本条强调施工安装必须具备的条件。

2.0.11 本条强调做施工准备工作的重要性。施工准备不足就有可能带来施工中各种各样的问题，甚至导致施工质量或安全事故，给国家财产和人们生命造成严重损失。此条的提出也是根据当前许多工程现状，如业主规定的施工工期很短，施工单位往往忽视施工准备或没有充分地进行施工准备而造成施工过程中暴露出施工技术、质量、安全等问题的实际情况提出的。

2.0.12 设备安装过程中或安装后成品保护工作十分重要。安装过程中应采取措施保护设备不被损伤，如安装过程中设备存放采取防潮、防雨措施，放置要平稳。装配时需要敲打轴或套时，应垫以铜垫。吊装时，设备转角处应垫橡胶等物。特别是设备安装后，由于设备试运转、交工尚需较长的时间，在这段时间内，必须防备其他专业施工砸坏设备和操作人员踩踏设备造成设备损伤，此外还要防风、防雨雪侵蚀等，以达到设备完整无损。采取设备保护措施对顺利交工和设备正常投产有很大的影响，对避免国家财产的损失有很重大的意义。

3 设备基础、地脚螺栓和垫板

3.1 设备基础验收

3.1.1 设备安装前，应进行基础的交接和检验，目的是检查设备基础缺陷和地脚螺栓安装的偏差是否符合标准要求，尽早进行处理和暴露某些矛盾，为保证设备正常安装扫除障碍。本条强调，未经验收和交接的设备基础，不得进行设备安装。

3.1.2 烧结机械设备的基础工程，由土建单位施工，设备基础完成后，土建单位应与设备安装单位进行实体交接和资料交接。基础交接资料，包括交接单，基础外形尺寸、地脚螺栓或预留孔、锚板孔、预埋件的中心线、标高等实测记录。

3.2 设备基准线和基准点的设置

3.2.1、3.2.2 设备安装前，应按施工图和测量控制网确定设备安装的基准线。所有设备安装的平面位置和标高，均应以确定的安装基准线为准进行测量。主体设备和连续生产线应埋设永久中心线标板和基准点，使安装施工和今后维修均有可靠的基准。

3.3 地脚螺栓安装

3.3.2 设备就位前，应进行T形头地脚螺栓的试穿，确认T形头地脚螺栓长方头与锚板长方形孔垂直，并在螺栓和基础适当位置做好T形头方向记号，紧固螺栓时必须按记号安装螺栓，以确保T形头地脚螺栓长方头与锚板长方形孔垂直。

3.3.3 烧结机械设备的地脚螺栓，在设备生产运行时受冲击力，涉及设备的安全使用功能，因此将地脚螺栓紧固必须符合设计技术文件的规定，设计技术文件明确规定了紧固力值的地脚螺栓，应按规定进行紧固，并有紧固记录。

4 设备和材料进场

4.2 设　　备

4.2.1 为保证设备安装有序进行，设备进场应根据设备工程承包合同、施工组织设计、设备交货计划、工程进度计划等编制设备进场计划，保证设备安装与设备进场协调统一，做到均衡连续作业。

4.2.2 本条规定"设备检验应按设计文件、施工技术标准和合同的约定进行……未检验或检验不合格的设备，不得使用和安装"，是根据《中华人民共和国建筑法》第五十九条"建筑施工企业必须按照工程设计要求、施工技术标准和合同约定，对建筑材料、建筑构配件和设备进行检验，不合格不得使用"提出的。

4.2.3 本条第5款规定设备必须有合格证明文件，进口设备应通过国家商检部门的查验，具有商检证明文件。以上文件为复印件时，应注明原件存放处，并有抄件人签字和单位盖章。

4.3 材　　料

4.3.2、4.3.3 材料应按设计技术文件、施工技术标准和合同的约定进行进场检验，不合格的不得使用和安装，是根据《中华人民共和国建筑法》中第五十九条"建筑施工企业必须按照工程设计要求、施工技术标准和合同约定，对建筑材料、建筑构配件和设备进行检验，不合格不得使用。"提出的。烧结机械设备安装工程中所涉及的原材料、标准件等进场应进行验收，产品质量合格证明文件应全数检查。证明文件为复印件时，应注明原件存放处，并有经办人签字，单位盖章。验收记录应包括原材料规格，进场数量，用在何处，外观质量等内容。

4.3.5 烧结机械设备工程安装中需要复检的材料主要有钢材、高强度大六角螺栓连接副和扭剪型高强度螺栓连接副。高强度大六角螺栓连接副和扭剪型高强度螺栓连接副应分别进行扭矩系数和紧固轴力（预拉力）复验。复验用的螺栓应在施工现场待安装的螺栓批中随机抽取，每批抽取8套连接副进行复验；当高强度螺栓连接副保管时间超过6个月后使用时，必须按现行国家标准《钢结构工程施工质量验收规范》GB 50205的要求重新进行扭矩系数或紧固轴力试验，检验合格后，方可使用。

5 配料及混合设备安装工程

5.1 定量给料装置

5.1.3 本条编制目的是在施工时保护压力传感器不受损坏。

5.2 混　合　机

5.2.1 本条强调混合机设备安装前应设置安装的基准线。混合机安装的基准线一般有混合机底座的横向中心线、纵向中心线及托辊轴向中心线。混合机的纵向中心线即筒体的轴向中心线；混合机底座的横向中心线与混合机纵向中心线相垂直，即托辊的径向中心线及大齿轮的径向中心线；托辊轴向中心线与底座纵向中心线平行。

5.2.10 本条中的下挡辊是指出料端挡辊，上挡辊是指给料端挡辊。本条指出下挡辊工作面与筒体滚圈侧面贴合用塞尺检查，接触高度必须在60%以上。上挡辊工作面与筒体滚圈侧面的间隙必须按设计技术文件的要求进行调整。

5.2.13 本条指出大型混合机的筒体与齿圈是分体出厂，需在施工现场拼合装配时，其结合面应贴合。

6 烧结机设备安装工程

6.1 一 般 规 定

6.1.1 本条明确规定了本章的适用范围，适用于带式烧结机设备安装。

6.1.2、6.1.3　这两条强调了烧结机械设备安装前应设置安装的基准线，烧结机的纵向中心线是指沿烧结机台车行走方向中心线，烧结机全线较长时，增加几个临时性的辅助测量的中心标板，是为了减少测量误差和方便设备找正。

6.2　烧结机机架

6.2.4　本条强调指出机架安装必须按设计技术文件规定，预留热膨胀间隙，以保证机架在高温下热膨胀的需要。不得以实际的安装误差减少或增大此间隙。

6.2.6　本条强调焊接材料出厂质量必须符合设计文件的规定，规定了焊条的选用和使用要求，尤其强调了烘焙状态，这是保证焊接质量的必要手段。

6.2.7　机架制造厂家在出厂时应随箱带有高强度螺栓连接副及检验报告，施工单位应及时复验。

6.3　梭式布料机

6.3.1　本条适用于输送机安装和胶带现场胶接的质量要求。而在制造厂已经胶接，成品供货的胶带，需提供胶接记录。

6.4　铺底料槽、混合料槽

6.4.2　本条目的是在施工时保护压力传感器不受损坏。

6.6　反射板

6.6.3　本条规定反射板纵向中心线与圆筒给料机轴向等分线应重合，轴向等分线系指圆筒给料机两轴承座的距离等分线，或筒体长度的等分线，依据等分线为基准，找正反射板纵向中心线。

6.8　头轮

6.8.2　本条规定头轮轴向等分线与烧结机纵向中心线应重合，头轮轴向等分线应以头轮两链轮片的中心距离的等分线为基准。

6.8.4　本条强调轴承窜动间隙应符合设计技术文件的规定。

6.9　传动装置

6.9.3　本条指出头轮与轴的装配，采用有键连接(一对斜键的紧固方式)，在大转矩多点啮合柔性传动中有时采用。

6.9.4　本条指出头轮与轴的装配，采用涨紧环无键连接时，主要依靠涨紧环对轴及轮毂的径向压力所产生的摩擦力，传递轴在旋转过程中的扭矩和轴向力，涨紧环的涨紧是通过拧紧螺栓而实现的，因此螺栓拧紧是非常关键的工序，必须按设计技术文件规定的操作方法和程序进行认真操作，才能保证各螺栓均匀地达到设计规定的紧固力或紧固力矩。在多组涨紧环组合使用及大转矩的情况下，为保证涨紧环紧固后的摩擦力，应进行脱脂处理。

6.9.9　本条规定，平衡杆安装应在弹簧处于自由长度时装入，当平衡杆安装定位后，应调整两侧平衡杆上的弹簧压缩量，其目的是为了消除左右小齿轮组合件的质量不一致造成的偏载现象。

6.9.10、6.9.11　柔性传动的齿轮啮合，除齿面啮合以外，在大齿轮与小齿轮的轴向两侧均设有滚道，大齿轮的滚道是在齿轮加工时同时加工的滚动面，而小齿轮的滚道是在小齿轮轴上另设有滚圈，滚圈与小齿轮轴之间为滑动配合，可在运转过程产生微量的角位移以减少滚动磨损，在柔性传动装置运转过程中，是依靠上述大小齿轮滚道的良好接触，保证齿面的啮合。在安装小齿轮组合件的过程中，是通过安装与调整该传动装置上的水平拉杆来调整上述滚道的间隙。在左右两个小齿轮组合件之间的水平方向有两根水平拉杆，一根在外侧下部，另一根在内侧上部，用以夹紧左右小齿轮组合件，保持水平方向大小齿轮之间滚道的接触，在这两根水平拉杆的4个端头的螺帽下均有球面轴承，在运转过程中允许该连接点微动。但在上部水平拉杆的左侧一组螺帽下除了具备一对球面轴承外，还设有一对蝶形弹簧片，即不仅允许该连接点微量角位移，还可以有微量的水平方向活动，使大小齿轮滚道的接触状态也处于微动状态。水平拉杆安装时，连接左右小齿轮组合件的上下水平拉杆端头螺母与球面轴承端面应预留间隙。水平拉杆的端头螺母下各有球面轴承及一组蝶形弹簧，以适应左右组合件的活动调节的需要，安装时应注意拉杆端头的螺母不应拧得过紧，通常应拧到螺母轻微接触球面，球面轴承端面预留间隙应符合设计技术文件的要求。

6.10　点火装置

6.10.4　本条第1款为强制性条款，必须严格执行。炉体水冷隔板和冷却水箱在制造厂应已进行水压试验合格，但经运输、储存等过程至现场安装，有不安全因素，影响设备的安全运行。本条文规定还必须在现场再做水压试验，以保证设备进出水畅通而不漏。本条文还强调现场水压试验应在耐火材料砌筑前进行，以便检查修补。

6.11　头部弯道及中部轨道

6.11.2　现行的烧结机轨道由头部固定式弯道、中部水平轨道和尾部活动式轨道组成。烧结机的工作是在冷热交替、温差较大的状态下循环运行的。烧结机水平轨道间一般预留热膨胀间隙，在中部和头部、中部和尾部之间设有伸缩缝，验收时必须按设计技术文件的规定，预留轨道接头的热膨胀间隙。

6.11.3　本条明确规定头部弯道安装必须以头轮链轮

片为基准。

6.12 尾部装置

6.12.7 现行的烧结机轨道由头部固定式弯道、中部水平轨道和尾部活动式轨道组成。烧结机的工作是在冷热交替、温差较大的状态下循环运行的。烧结机水平轨道间一般预留热膨胀间隙，在中部和头部、中部和尾部之间设有伸缩缝，验收时必须按设计技术文件的规定，预留轨道接头的热膨胀间隙。

6.13 密封滑道及密封板

6.13.2 密封滑道固定的埋头螺钉应低于滑道的滑动面，以免造成密封滑道设备损坏。

6.14 台车及箅条清扫器

6.14.2 台车箅条的安装应按设计技术文件的要求，预留热膨胀间隙。间隙过小（无间隙），生产时高温产生的热膨胀可能导致台车侧板变形或断裂；间隙太大，则可能导致漏料。

6.15 热破碎机

6.15.6 本条第1款为强制性条款，必须严格执行。水冷式棘齿辊及受齿板在制造厂应已进行水压强度试验合格，经运输、储存等过程至现场安装，有不安全因素，影响设备的安全运行，因此本条文规定还必须在现场和管道一起再做水压试验，以保证设备进出水畅通而不漏，设备安全运行。

6.16 风箱及主抽风管道

6.16.1 风箱联系小梁与烧结机机架横梁预留间隙，是为了控制由风箱负高压产生的风箱及密封滑道的上浮，同时保证风箱纵向膨胀。

7 环式冷却机设备安装工程

7.2 机 架

7.2.2 环式冷却机的机架是由多根柱子及各种梁所组装而成的多边形又近似圆形的框架结构。柱子一般为H型钢构造。柱子安装时应以环式冷却机安装的纵向中心线和回转中心线为基准，柱子的横向中心线应平行于回转中心线的切线，柱子的纵向中心线应为回转中心线的法线。

7.2.4 机架制造厂家在出厂时应随箱带有高强度螺栓连接副及检验报告，施工单位应及时复验。

7.5 轨 道

7.5.1～7.5.6 由于环式冷却机的轨道（水平轨、侧轨和曲轨）安装质量对台车和环形摩擦传动装置的平稳运行有较大的影响，是环式冷却机最关键的工序。所以轨道安装应符合本节的规定。

第7.5.3条特别指出轨道安装应符合设计技术文件的规定，预留热膨胀间隙，以保证机架在高温下热膨胀的需要。

7.6 传动框架

7.6.1 本条指出正多边形传动框架安装，可每间隔7个台车为一组组装，检查弧弦长度（c、d）是适宜的，也可根据实际台车总数，适当分组进行。

7.7 台车及传动装置

7.7.1 在摩擦轮与被动摩擦轮之间有可调整压紧力的弹簧夹紧装置，通过调整弹簧的压缩长度，从而调整压紧力，以保证冷却机运转平稳，无打滑现象。本条强调摩擦轮与被动摩擦轮的压紧力，应符合设计技术文件的规定。

7.10 风 机

7.10.1 本条强调叶轮不能碰机壳，出入口管道内不清理干净，风机在试运转时就会发生大的安全事故。

9 主抽风机设备安装工程

9.1 一般规定

9.1.2、9.1.3 一般以风机及电动机的轴向中心线，设为主抽风机的纵向中心线，以该纵向中心线为基准，设置传动侧轴承、非传动侧轴承及电动机的横向中心线；按照设计标高设基准点，并保留四个角上的沉降观测基准点。

9.4 机壳和转子

9.4.6 本条强调机壳与支承座导向键之间的间隙应符合设计技术文件的要求，以满足主抽风机热态工作时机壳轴向热膨胀的需要。

9.4.7 主抽风机机壳的安装有固定式和游动式，风机机壳的游动支承座的地脚螺栓，在机壳找正完毕后，螺帽必须略为松开，螺帽垫圈与风机支承座的间隙应符合设计技术文件的要求，以防止风机在热态运转时，机壳无法膨胀而产生振动等现象。

9.4.11 主抽风机的正常工作温度在150℃左右，转子运转过程中产生轴向热膨胀，因此本条强调传动侧和非传动侧推力轴承的轴向间隙，应符合设计技术文件的要求，以保证风机在热态运转状态下的安全运行。

9.4.12 本条强调主抽风机转子叶轮与机壳的气隙（包括叶轮与机壳水平方向的轴向重合长度、径向间隙），应符合设计技术文件的要求，以满足风机在热态运转产生热膨胀的需要。

10 烧结机械设备试运转

10.1 一 般 规 定

10.1.2～10.1.10 这几条强调了必须保证设备试运转具备的条件。

10.1.11 本条为强制性条文，必须严格执行。强调设备本身的安全保护装置以及设备试运转操作所需的施工单位设置的临时性的安全装置在试运转前，应按设计的规定完成安装，例如联轴器的安全保护罩、制动器、限位保护装置等。在试运转中需调试的装置，例如制动器、限位保护装置等，应在试运转中完成调试，其功能符合设计要求。本条目的在于确保设备试运转和正常运转中的设备和人员的安全。

11 安 全 和 环 保

11.1 一 般 规 定

11.1.2 本条是强制性条文，必须严格执行。强调从事烧结机械设备工程安装的施工单位必须取得安全生产许可证。为了严格规范安全生产条件，进一步加强安全生产监督管理，防止和减少生产安全事故，根据《中华人民共和国安全生产法》的有关规定，制定了《安全生产许可证条例》,《安全生产许可证条例》的第2条规定："国家对矿山企业、建筑施工企业和危险化学品、烟花爆竹、民用爆破器材生产企业实行安全生产许可制度。企业未取得安全生产许可证的，不得从事生产活动。"建筑施工企业主要是指从事土木工程、建筑工程、线路管道和设备安装工程及装修工程的新建、扩建、改建和拆除等有关活动的企业，因此，从事烧结机械设备工程安装的施工单位必须取得安全生产许可证。

11.1.7 本条规定劳动保护用品必须合格，除符合国家相应标准外，对一种劳动保护产品在使用前可进行安全试验。

11.2 安 全

11.2.5 本条是强制性条文，必须严格执行。因为吊装属于危险性较大的作业，为了避免出现机械伤害、物体打击、高空坠物等事故，确保人员生命安全。本条强调在设备吊装的区域，应提前设置安全警戒线，做好防范措施，并有人看管，非吊装作业人员严禁入内。

11.2.7 本条是强制性条文，必须严格执行。强调高处焊接或气割时应采取必要的防护措施，防止火灾和爆炸事故的发生。因高处焊接或切割作业是将高处作业和焊接、气割作业的危险因素进行了叠加，增加了危险性；在高处焊接或切割作业时，产生飞溅的熔珠和火花，尤其是气割时，氧气流的喷射使火星、熔珠和铁渣四处飞溅，若作业区下方有可燃、易燃物，飞溅的熔珠火花会掉入下方的可燃、易燃物中，就可能发生火灾和爆炸事故。因此，为防止火灾和爆炸事故的发生，高处焊接或切割作业前，应清除作业区下方的可燃、易燃物，对确实无法移动的可燃物品应采取可靠的防护措施。高处焊接或切割作业时，设监护人监护，对检查中发现的火灾隐患应及时消除，高处焊接或切割后，应检查确认没有安全隐患后方可离开，以确保施工作业现场的安全。

中华人民共和国国家标准

大宗气体纯化及输送系统工程技术规范

Technical Code for bulk gas purification and delivery system engineering

GB 50724—2011

主编部门：中华人民共和国工业和信息化部
批准部门：中华人民共和国住房和城乡建设部
施行日期：2 0 1 2 年 8 月 1 日

中华人民共和国住房和城乡建设部
公　告

第1111号
关于发布国家标准
《大宗气体纯化及输送系统工程技术规范》的公告

现批准《大宗气体纯化及输送系统工程技术规范》为国家标准，编号为GB 50724—2011，自2012年8月1日起实施。其中，第3.0.3、3.0.4、5.0.5、6.2.2、6.2.3、6.2.5（1、2）、6.4.1、6.4.2、6.4.3、7.0.1、7.0.3、7.0.4、7.0.6、8.0.1、8.0.4、10.0.3、10.0.5（1、3）、10.0.8、10.0.10、11.3.7（9、10）条（款）为强制性条文，必须严格执行。

本规范由我部标准定额研究所组织中国计划出版社出版发行。

中华人民共和国住房和城乡建设部

二〇一一年七月二十九日

前　言

本规范是根据原建设部《关于印发〈2006年工程建设标准规范制定、修订计划（第二批）〉的通知》（建标〔2006〕136号）的要求，由信息产业电子第十一设计研究院科技工程股份有限公司、中国电子系统工程第四建设有限公司会同有关单位共同编制而成。

本规范在编制过程中，编写组结合我国电子信息产品制造业等工厂大宗气体纯化站及输送系统设计、施工、安装、运行的实际情况，进行了大量的调研，对国内外相关规范、产品进行了深入研讨，先后完成了初稿、征求意见稿、送审稿、报批稿的编写，并以多种方式广泛征求了国内各设计院、工程公司、生产厂商和使用单位的意见，并反复讨论、修改，最后经审查定稿。

本规范共分11章和3个附录，主要内容包括：总则、术语、站房布置、工艺系统、设备选择、高纯气体输送系统、建筑结构、采暖通风与空气调节、给水排水及消防、电气及仪表控制、施工及验收等。

本规范中以黑体字标志的条文为强制性条文，必须严格执行。

本规范由住房和城乡建设部负责管理和对强制性条文的解释，由工业和信息化部负责日常管理，由信息产业电子第十一设计研究院科技工程股份有限公司负责具体技术内容的解释。在本规范执行过程中，请各有关单位结合工程实践，认真总结和积累经验，如发现需要修改或补充之处，请将意见和建议寄至信息产业电子第十一设计研究院科技工程股份有限公司（地址：四川省成都市新华大道双林路251号，邮政编码：610021；传真：028－84333172），以供今后修订时参考。

本规范主编单位、参编单位、参加单位、主要起草人和主要审查人：

主编单位： 信息产业电子第十一设计研究院科技工程股份有限公司
中国电子系统工程第四建设有限公司

参编单位： 中国电子工程设计院
上海正帆科技技术有限公司
成都爱德工程有限公司
上海电子工程设计研究院有限公司

参加单位： 上海兄弟微电子技术有限公司
液化空气（中国）投资有限公司

主要起草人： 张家红　刘序忠　万铜良　冯卫中　申云江　薛长立　李东升　杜宝强　李　骥　艾生珍　崔永祥　范双怀　王鹏亮　王世成　陈　平　王金树　刘采峰

主要审查人： 陈霖新　王宗存　侯文川　周礼誉　王开源　刘俊超　陈奕弢　张国兴　杨湧源　王天龙　陈艳程

目　次

Contents

1 总　则

1.0.1 为了适应电子工业大宗气体纯化及输送系统的设计、施工及验收，正确贯彻国家工程建设的方针政策，确保安全、节约能源、保护环境、满足产品生产要求，制定本规范。

1.0.2 本规范适用于电子工业新建、改建和扩建工程的电子工业大宗气体纯化及输送系统的设计、施工及验收。

1.0.3 大宗气体纯化及输送系统的设计、施工及验收应做到技术先进、经济合理、安全可靠、操作、维修方便。

1.0.4 大宗气体纯化及输送系统的设计、施工及验收除应符合本规范外，尚应符合国家现行有关标准的规定。

2 术　语

2.0.1 大宗气体　bulk gas

电子工业中使用的氮气、氢气、氧气、氩气、氦气的统称。

2.0.2 气体纯化站　gas purification station

设有大宗气体纯化装置、气体过滤器及其输送管道和辅助设施的建筑物、构筑物或房间的总称。

2.0.3 高纯气体（超高纯气体）输送系统　(ultra) high purity gas delivery systems

从大宗气体纯化装置至高纯气体（超高纯气体）使用点的输送系统。

2.0.4 制气站　bulk gas generation plant

采用相关的制气工艺制取气体所需的制气设施、压缩储存设施、灌充设施、辅助设施及其建筑物、构筑物的总称。

2.0.5 供气站　bulk gas supply station

不含气体制取设施，以瓶装或管道供应大宗气体的建筑物、构筑物、储气罐或场所的统称。

2.0.6 储气罐　gas storage tank

用于储存气体的定压变容积或变压定容积的容器的总称。

2.0.7 明火地点　open flame site

室内外有外露火焰或赤热表面的固定地点。

2.0.8 气瓶集装格　the bundle of gas cylinders

由专用框架固定，采用集气管将多只气体钢瓶接口并联组合的气体钢瓶组单元。

2.0.9 实瓶　full cylinder

具有一定灌充压力的气瓶，水容积为40L、设计压力为12.0MPa～20.0MPa的气体钢瓶。

2.0.10 空瓶　empty cylinder

无内压或留有残余压力的气体钢瓶。

2.0.11 气体纯度　gas purity

指气体主成分的量占气体总量的比例。

2.0.12 普通气　general gas

气体纯度低于99.99%的气体。

2.0.13 高纯气体　high purity gas

指采用提纯技术达到规定等级纯度的气体。通常指纯度为99.99%～99.9999%、有害杂质含量小于或等于1×10^{-5}的气体。

2.0.14 超高纯气体　ultra high purity gas

指采用提纯技术达到的高等级纯度的气体。通常指纯度等于或高于99.9999%和有害杂质总含量小于或等于1×10^{-6}的气体。

2.0.15 抛光　polishing

为了控制储存和输送高纯气体的钢瓶和管线内壁的表面粗糙度，使其不吸附气体、无杂质脱落而进行的抛光处理。

2.0.16 压缩气体　compressed gas

指在20℃下，绝对压力超过101.325kPa的任何一种或多种气体混合物。

2.0.17 气体过滤器　gas filter

以碰撞、扩散或截获机理将气体中固体粒子去除的装置。

2.0.18 气体纯化器　gas purifier

为提高大宗气体纯度，脱除气体中有害杂质的装置。

2.0.19 氦质谱检漏仪　helium mass spectrometer leak detector

以氦气为检测气体，对设备、管道进行检漏的质谱仪。

2.0.20 AP管　annealed and pickled pipe

真空脱碳制造并经酸洗或钝化的不锈钢管。

2.0.21 BA管　bright annealed pipe

在氢气保护气或真空状态下经高温热处理的光亮退火不锈钢管。

2.0.22 EP管　electro-polished pipe

经电化学抛光，使表层实际面积得到最大程度的减少，表面具有细密富含氧化铬氧化膜的不锈钢管。

2.0.23 VCR连接　Connection of vacuum coupling radius seal

密封元件采用金属垫片的金属面密封接头进行的管道连接。

2.0.24 卡套连接　Connection of let-lok

通过本体、母套头、金属箍套圈进行的连接形式。

3 站房布置

3.0.1 大宗气体纯化站的设置应符合下列规定：

1 纯化站设置在制气站、供气站内时，宜与功能特性相近的装置或房间邻近布置。

2 纯化站与用气车间毗连布置时，应在建筑物的首层靠外墙或端部布置。

3 氢气纯化站宜与采用氢气活化的惰性气体纯化站合建。

4 氧气纯化站宜与非氢气活化的惰性气体纯化站合建。

5 当用气车间设有大宗气体入口室时，气体纯化站宜与气体入口室合建。

6 站房内宜留有适当的扩展余地。

3.0.2 设置在制气站、供气站内的气体纯化站，除应符合本规范的规定外，还应符合现行国家标准《氢气站设计规范》GB 50177 和《氧气站设计规范》GB 50030 的有关规定。

3.0.3 氢气纯化站与用气车间毗连布置时，应符合下列规定：

1 氢气纯化站不得设置在人员密集场所和重要部门的邻近位置，以及主要通道、疏散口的两侧。

2 氢气纯化站不得与相邻房间直接相通，且与氢气纯化站毗连的厂房耐火等级不应低于二级。

3.0.4 氢气纯化站的电气控制室、仪表控制室应布置在与纯化设备相邻的房间，并应采用耐火极限不低于3.00h的不燃烧体隔墙分隔。

3.0.5 气体纯化站内的设备布置应符合下列规定：

1 气体纯化设备之间的净距不宜小于1.2m；设备与墙壁之间的净距不宜小于1.0m，并不宜小于更换纯化材料或抽出零部件的长度再加0.5m。

2 气体纯化设备与其附属设备之间的净距可比本条第1款的规定缩小0.15m～0.30m。

3 气体纯化设备双排布置时，两排之间的净距不宜小于1.5m。

3.0.6 有爆炸危险房间的安全出入口不得少于2个，其中1个应直通室外；但建筑面积不超过100m^{2}时，可只设1个直通室外的出入口。

3.0.7 气体纯化站内，当设备检修或更换纯化材料需要吊装时，宜设起吊设施。

4 工艺系统

4.0.1 气体纯化站原料气的选择应综合下列因素确定：

1 高纯气体耗气量和气体品质要求。

2 气体纯化器对原料气体纯度与其杂质含量的要求。

3 根据现场制气或外购气源的气体品质参数经技术经济分析确定。

4.0.2 气体纯化系统的设置应综合下列因素确定：

1 原料气的纯度、杂质含量和压力。

2 产品气的纯度、杂质含量和压力。

3 气体使用的连续性、负荷变化状况。

4 纯化用材料的品种、活化与再生方法等的技术经济性。

5 用户对系统安全性、可靠性的要求。

4.0.3 催化吸附型气体纯化系统应设置下列装置：

1 原料气的气水分离或过滤装置。

2 纯化反应器及活化、加热设施。

3 吸附器及控制阀组。

4 换热、冷却设施。

4.0.4 金属吸附剂型气体纯化系统应设置下列装置：

1 原料气过滤装置。

2 纯化反应器及活化、加热设施。

3 控制阀组。

4 换热、冷却设施。

4.0.5 钯膜气体纯化系统应设置下列装置：

1 原料气预纯化装置。

2 真空、保护气设施。

3 钯膜纯化器和控制阀组。

4 换热、冷却设施。

4.0.6 低温吸附型气体纯化系统应设置下列装置：

1 原料气预纯化装置。

2 吸附器组和控制阀组。

3 液氮供给和回收装置。

4.0.7 电子产品生产工艺对同种气体有不同纯化系统时，应根据原料气品质、高纯气体用量及其品质要求和纯化方法进行技术经济比较，确定采用一级或二级气体纯化装置。当杂质含量要求严格或高纯气体用量较小时，宜在邻近用气设备邻近处设置气体终端纯化装置。

4.0.8 用气设备对气体含尘量有严格要求时，应在气体纯化后的输气管道上的邻近用气设备处设置高精度终端气体过滤器。

4.0.9 气体纯化装置的气体进、出口未设置气体过滤器时，应在气体纯化站内设置气体过滤器，并宜靠近气体纯化装置。

4.0.10 气体纯化系统的设备及其管道内的冷凝水，应设置各自的专用疏水装置或排水水封排至室外。

4.0.11 气体纯化站应设置每种气体的原料气、产品气的分析取样口。

5 设备选择

5.0.1 气体纯化装置应综合下列因素确定：

1 原料气的纯度、杂质组分和含量。

2 用气设备对气体纯度、杂质组分与含量和供气压力。

3 各类高纯气体的用途、使用特点、品质要求、最大小时消耗量和负荷变化情况。

4 各种纯化装置的特性、活化再生方法等。

5.0.2 气体纯化装置的容量、台数应符合下列规定：

1 气体纯化装置应以最大小时消耗量确定设计容量。

2 同一种气体宜设置1台纯化等级相同的纯化装置，因中断高纯气体供应会引发安全事故或巨大经济损失时，宜设备用纯化装置。

3 气体纯化站内，同一种气体设置2台及以上的相同等级的气体纯化装置时，宜采用相同的气体纯化装置。

5.0.3 气体过滤器应综合下列因素确定：

1 原料气体中的粒径与含尘量。

2 用气设备对气体中的粒径与含尘量的要求。

3 气体压力与允许压力降。

4 氧化性气体过滤器的过滤元件应采用不燃材料制作。

5.0.4 气体纯化装置内压力容器的设计应符合现行国家标准《钢制压力容器》GB 150的有关规定。

5.0.5 氢气纯化装置或采用氢气活化的惰性气体纯化装置采用封闭式整体设备时，气体纯化装置外壳内应设置氢气探测器、强制排风装置，并应进行连锁控制。

5.0.6 气体纯化站的加热、冷却方式或介质应根据气体纯化装置的特点、技术参数和具体供应条件等因素，经技术经济比较后确定。

5.0.7 气体纯化装置中高温工作的单体设备及管道、附件，应按现行国家标准《工业设备及管道绝热工程施工规范》GB 50126的有关规定执行。

5.0.8 气体纯化器的纯化材料为有害物质时，废弃物处理应符合现行国家标准《一般工业固体废物贮存、处置场污染控制标准》GB 18599的有关规定。

6 高纯气体输送系统

6.1 一般规定

6.1.1 各种高纯气体输送系统的设置宜根据用气设备对高纯气体的特性品质、压力的要求确定。

6.1.2 高纯气体输送系统的设计容量应根据用气设备的高纯气体消耗量、使用特点确定，宜以最大小时消耗量计算。

6.1.3 高纯气体管道系统设计除应符合本规范的规定外，还应符合现行国家标准《氢气站设计规范》GB 50177和《氧气站设计规范》GB 50030的有关规定。

6.2 管道设计

6.2.1 高纯气体管道的敷设应满足操作、安装及维修的要求。室内高纯氢气、高纯氧气管道应架空敷设，厂区室外高纯氢气、高纯氧气和窒息性气体管道也可采用直接埋地敷设。高纯气体管道采用架空敷设或直接埋地敷设时，均应符合现行国家标准《氢气站设计规范》GB 50177和《氧气站设计规范》GB 50030的有关规定。

6.2.2 当高纯氢气、高纯氧气管道必须穿过不使用此类气体的房间时，应采用钢套管或双层管保护。

6.2.3 高纯氢气、高纯氧气管道穿过墙壁或楼板时，应敷设在套管内，套管内的管段不应有焊缝。管道与套管间应采用不燃材料填塞。

6.2.4 高纯大宗气体管道设计应符合下列规定：

1 高纯气体输送系统管道应短。

2 应按管道设计容量、气体压力或生产设备要求确定管径，管外径不宜小于6mm，壁厚不宜小于1mm。

3 不得有不易吹除的"盲管"等死空间。

4 应设置吹扫口和取样口。

6.2.5 高纯氧气、氢气管道的末端或最高点应设置放散管，放散管的设置应符合下列规定：

1 氢气放散管应设置阻火器。

2 氢气、氧气放散管应引至室外，放散管口应高出屋脊1.0m以上，并应设置防雷保护措施。

3 氢气、氧气的放散管应分开布置，间距不宜小于4.5m。

4 应采取防雨雪侵入和杂物堵塞的措施。

6.2.6 引入电子工厂的厂房或车间的高纯气体管道上的控制阀门、气体过滤器、调压装置、仪表仪器等，宜集中设置在气体入口室。

6.2.7 高纯气体管道与阀门、设备的连接，可采用法兰、双卡套、VCR连接等方式。

6.3 管材及附件

6.3.1 高纯气体管道的材质、洁净处理以及阀门类型、材质的选择，应根据管内输送气体纯度和杂质含量确定。阀门的材质及表面处理应与管道匹配。

6.3.2 气体纯度低于99.99%，露点低于－40℃的气体管道，宜采用AP管或BA管，阀门宜采用不锈钢球阀。

6.3.3 气体纯度大于或等于99.99%、小于99.999%，露点小于－60℃的气体管道，应采用BA管或EP管，阀门应采用同等级低碳不锈钢波纹管阀或隔膜阀。

6.3.4 纯度大于或等于99.999%，露点小于－70℃的气体管道，应采用EP管，阀门应采用同等级低碳不锈钢的隔膜阀或波纹管阀。

6.3.5 高纯气体管道的连接应采用焊接，并应符合现行国家标准《电子工业洁净厂房设计规范》GB 50472的有关规定。

6.3.6 高纯气体管道采用的BA、EP不锈钢管，应符合本规范附录A的有关规定。

6.3.7 液态大宗气体管道宜采用不锈钢管道及低温

阀门。两端可能关闭的液态气体管道应设置低温管道的安全阀。

6.3.8 低温管道保温应按现行国家标准《工业设备及管道绝热工程施工规范》GB 50126 的有关规定执行。

6.4 安全及标志

6.4.1 设有高纯氢气管道的下列部位，应设置气体报警装置和事故排风装置，且报警装置应与相应的事故排风机连锁控制：

1 气体入口室或气体纯化站。

2 阀门箱内、管廊或技术夹层内的氢气易积聚处。

3 使用高纯氢气处。

6.4.2 高纯氧气管道及附件应采取下列安全技术措施：

1 管道、阀门及附件必须严格脱脂。

2 应设置静电导除装置。

3 厂房入口的管道上应设置自动切断阀。

6.4.3 高纯氢气管道应采取下列安全技术措施：

1 厂房入口的管道上应设置自动切断阀。

2 应设置静电导除装置。

6.4.4 厂房内的高纯氢气管道上设置阀门时，宜设置阀门箱；阀门箱应设置阀门、压力表、吹扫口、取样口和气体报警装置等。

6.4.5 高纯气体输送系统应设置含氧量小于 0.5% 的氮气或氩气置换吹扫设施。

6.4.6 管道涂色宜符合现行国家标准《工业管道的基本识别色、识别符号和安全标识》GB 7231 的有关规定。

7 建筑结构

7.0.1 氢气纯化站的火灾危险性类别应为甲类，氧气纯化站的火灾危险性类别应为乙类，非氢活化的惰性气体纯化站的火灾危险性类别应为戊类。

7.0.2 气体纯化站的耐火等级不应低于二级。

7.0.3 氢气纯化站等有爆炸危险房间的设计应符合下列规定：

1 应采用钢筋混凝土柱承重的框架或排架结构。当采用钢柱承重时，钢柱应设置防火保护，其耐火极限不得小于 2.00h。

2 泄压设施的设置应符合现行国家标准《建筑设计防火规范》GB 50016 的有关规定，泄压面积不得小于屋顶面积或最长一面墙的面积。

3 有爆炸危险房间与无爆炸危险房间之间应采用无门窗洞的耐火极限不低于 3.00h 的不燃烧体隔墙分隔。当设置防爆门斗相通时，应采用甲级防火门，门的耐火极限不应低于 1.50h。

4 有爆炸危险房间与无爆炸危险房间之间必须穿过管线时，应采用不燃烧体材料填塞空隙。

7.0.4 氧气纯化间与毗连房间之间应采用耐火极限不低于 2.00h 的不燃烧体隔墙分隔，隔墙上的门应采用甲级防火门。

7.0.5 气体纯化站的门窗均应向外开启，有爆炸危险房间的门窗及地面应采用撞击时不产生火花的材料制作，其余房间的地面应平整、耐磨和防滑。

7.0.6 氢气纯化站等有爆炸危险房间的上部空间应通风良好。顶棚的内表面应平整，并应避免死角。

7.0.7 气体纯化站屋架下弦的高度应满足设备安装和维修的要求，纯化间屋架下弦的高度不宜低于 4.5m。

8 采暖通风与空气调节

8.0.1 气体纯化间不得采用明火取暖；设集中采暖时，应采用易于清除灰尘的散热器。

8.0.2 集中采暖时，纯化间不宜低于 15℃，控制室不宜低于 18℃。

8.0.3 氧气和非氢气活化的惰性气体纯化间应设自然通风和事故排风，自然通风换气次数不应少于 3 次/h，事故排风换气次数不应少于 12 次/h。

8.0.4 氢气纯化间和采用氢气活化的惰性气体纯化间应设自然通风和事故排风，自然通风换气次数不得少于 3 次/h；事故排风换气次数不得少于 12 次/h，并应与氢气检漏报警装置连锁。排风装置应设置在房间顶部。

8.0.5 有爆炸危险房间事故排风机的选型应符合现行国家标准《爆炸和火灾危险环境电力装置设计规范》GB 50058 的有关规定。

8.0.6 气体纯度分析间宜根据分析仪器的要求设置独立的恒温恒湿空调设备，室内温度宜为 18℃～26℃，相对湿度宜为 40%～60%。

9 给水排水及消防

9.0.1 气体纯化站的供水，除因中断高纯气体供应将造成较大损失者外，宜采用一路供水。

9.0.2 纯化站内设置的冷却水系统应符合下列规定：

1 冷却水系统宜采用集中的闭式循环水。

2 闭式冷却水系统补水应采用软化水。设备冷却水入口应设置过滤器，冷却水排水应设置水流观察装置或排水漏斗。

9.0.3 氢气纯化站、氧气纯化站及其控制室应设置干粉灭火器等，并应符合现行国家标准《建筑灭火器配置设计规范》GB 50140 的有关规定。

9.0.4 纯化站的室内外消防设计应符合现行国家标准《建筑设计防火规范》GB 50016 的有关规定。

10 电气及仪表控制

10.0.1 气体纯化站的供电应按现行国家标准《供配电系统设计规范》GB 50052的有关规定进行负荷分级，除因中断供电将造成较大损失者外，宜为三级负荷。

10.0.2 气体纯化站控制系统宜设置应急电源。

10.0.3 氢气纯化站等有爆炸危险房间内的电气设施应按2区爆炸危险等级设防，并应符合现行国家标准《爆炸和火灾危险环境电力装置设计规范》GB 50058的有关规定。

10.0.4 气体纯化站的防雷、防静电和接地装置的设计应与制气站、供气站或用气车间协同设计。氢气纯化站等有爆炸危险的房间和氢气管道的防雷、防静电设计应符合现行国家标准《氢气站设计规范》GB 50177和《电子工程防静电设计规范》GB 50611的有关规定。

10.0.5 氢气纯化站等有爆炸危险房间的照明设计应符合下列规定：

1 应采用防爆灯具。

2 光源宜采用荧光灯等高效光源。

3 灯具应装在较低处，并不得装在氢气释放源的正上方。

10.0.6 气体纯化站内宜设置应急照明，气体纯化装置等仪表集中处宜设局部照明。

10.0.7 气体纯化站内的电缆及导线敷设应符合现行国家标准《电力工程电缆设计规范》GB 50217的有关规定。敷设的导线或电缆应采用钢管保护，并应在下列位置做隔离密封：

1 导线或电缆引向电气设备接头部件前。

2 相邻的环境之间。

10.0.8 氢气纯化站等有爆炸危险房间内应设置氢气检漏报警装置，并应与相应的事故排风机连锁。当空气中氢气浓度体积比达到0.4%时，事故排风机应连锁自动开启。

10.0.9 氧气和非氢活化的惰性气体纯化间内宜设置氧气检漏报警装置，并应与相应的事故排风机连锁。当空气中氧气浓度体积比低于18%或体积比高于25%时，事故排风机应自动开启。

10.0.10 与氧气接触的仪器仪表必须经过脱脂处理。

10.0.11 高纯气体输送系统应按下列规定设置分析仪器：

1 应按高纯气体系统分别设置在线露点分析仪、微量氧分析仪。

2 应采用气相色谱仪或色质联用仪定期分析高纯、超高纯气体中的杂质含量。

3 原料气纯度或组分应连续分析。

4 应定期分析高纯气体中的粒子数。

10.0.12 高纯气体输送系统应设置下列计量仪表：

1 原料气体流量计。

2 高纯气或外供高纯气流量计。

3 成本核算所必需的用电、用水计量仪表。

4 车间入口处宜设置高纯气体流量记录累计仪表。

10.0.13 高纯气体输送系统应在下列部位设置压力检测仪表：

1 纯化站气体进、出口。

2 气体纯化装置气体进、出口。

3 高纯气体输送系统过滤器气体进、出口。

4 冷却水进、出口。

11 施工及验收

11.1 一般规定

11.1.1 大宗气体纯化及输送工程施工前应编制专项施工组织设计。

11.1.2 施工用材料、部件的性能、规格应符合设计文件要求。

11.1.3 工程施工除应符合本规范的规定外，还应符合现行国家标准《工业金属管道工程施工规范》GB 50235的有关规定。

11.1.4 高纯气体输送系统的焊接除应符合本规范的规定外，还应符合现行国家标准《现场设备、工业管道焊接工程施工及验收规范》GB 50236的有关规定。

11.1.5 高纯气体输送系统管道焊接应采用全自动轨道氩弧焊机，并应以相应高纯氩气保护焊接。

11.1.6 高纯气体纯化及输送工程的施工单位应具有相应的施工和检测设备，各类检测设备应检定合格，并应在有效使用期内。

11.1.7 气体纯化站设备及其附件、材料应已进行现场检查、检验，并应有记录编号。设备、附件和材料均应具有产品合格证、材质证明、使用说明书，以及强度试验、气密性试验报告，并应符合工程设计和设备技术要求。

11.1.8 进口设备、材料进场验收除应符合本规范的规定外，还应提供商检证明和有关质量、规格、型号、性能测试，以及安装、使用、维护和试验要求等技术文件。

11.1.9 设备与材料进场进行验收、管道吹扫、压力试验、气密性检测、纯度测试、氦气检漏、焊接样件鉴定事项时，项目法人单位代表应在场。

11.1.10 高纯气体管道、管件和阀门等的进场验收和验收场所应符合下列规定：

1 在非洁净室全数检查外包装，不得有破损、变形。

2 管道、管件和阀门应在空气洁净度等级不低于7级（0.5μm）的洁净室内进行内包装开封检查。

3 检查合格的管道、管件及阀门应按种类、规格分别存放在洁净度不低于7级（0.5μm）的洁净室的货架上，不得直接放在地面上。

11.1.11 高纯气体系统用管道、管件和阀门的进场检查应符合下列规定：

1 管道、管件、阀门应有独立的内包装，端口均应装有防尘帽；并应在检查合格后恢复内包装及防尘帽。

2 管道外观检查应按全数的5%抽查，规格尺寸、壁厚、真圆度、端面平整度等应符合产品技术要求，且内表面应无刮痕及斑点。

3 材质检查宜采用便携式金属光谱分析仪，其化学成分应符合产品技术要求。

4 管道、管件内表面粗糙度应采用样品比较法在管道两端检查。BA管道内壁平均表面粗糙度 R_a 应小于或等于0.7μm，最大表面粗糙度 R_{max} 应小于或等于3.0μm；EP管道内壁平均表面粗糙度 R_a 应小于或等于0.25μm，最大表面粗糙度 R_{max} 应小于或等于0.5μm。

5 管道、管件、阀门的检查，每批每种规格应随机抽查5%，且不得少于1件，有不合格时应加倍抽查。

11.2 气体纯化站的施工

11.2.1 气体纯化站的施工应符合下列规定：

1 相关的土建工程应已验收合格，并应办理交接手续。

2 应按工程设计文件和相关设备出厂技术说明的要求进行安装。

3 承压设备、附件应具有压力试验、无损检测等有效检验合格文件。

4 与有爆炸危险气体相关的设备、附件，应具有检验合格的文件。

5 有防静电接地要求的设施，相应的防静电接地系统应已施工。

6 气体纯化设备、附件安装前应严格进行外观检查，发现异常时，应与供货商共同检查，并应经确认不影响使用功能后再进行安装。

11.2.2 气体纯化装置的搬运应符合下列规定：

1 搬入安装现场前，应进行认真清洁，符合要求后应从规定的设备搬入口运入。

2 整体设备搬运时，应按设备的构造、管道及阀门等附件的配置状况，采用适当的安全搬运方法，并不得倒置。

11.2.3 气体纯化装置的安装应符合下列规定：

1 气体纯化装置安装时，应按工程设计文件和产品说明书要求准确定位和正确进行接管、接线，并应计及人员操作空间和门的开启方向。

2 气体纯化装置的垂直度偏差不得大于1.5‰，成列安装偏差不应大于5mm。

3 气体纯化装置等设备的混凝土基础及预埋螺栓应具有检验合格的记录，设备就位找平找正后应固定牢固。

11.3 高纯气体输送系统的施工

11.3.1 高纯气体管道安装前应具备下列条件：

1 与高纯气体管道工程相关的土建工程应已验收合格，应满足安装要求，并应已办理交接手续。

2 使用的材料、附件等应已检验合格，并应具有相应的产品出厂合格证书等。

3 管材、管件及性能等应符合设计文件要求，安装前包装应完好无损。

11.3.2 施工材料的储存与搬运应符合下列规定：

1 材料应保存在洁净室内。

2 储存材料时，应以专用的货架或柜子存放，不得将材料直接放置于地面上；并应轻抬轻放，严禁碰撞、抛扔和脚踩。

3 不同材料应分别存放，并应设置明显的区分标记。

4 BA、EP材料进入洁净室（区）前，外包装应除去；BA、EP材料使用前，不得打开内包装。

11.3.3 EP或BA低碳不锈钢管的预制、点固、组装、焊接作业，应在空气洁净度等级6级的洁净室内进行，作业人员作业时，应着洁净工作服、口罩、乳胶手套。

11.3.4 配管切割应符合下列规定：

1 外径等于或小于12.7mm的管材切割宜采用不锈钢切管器；外径大于12.7mm时，宜采用专用不锈钢切割机；并应以高纯氩气吹净管内切口的杂物、灰尘，不得使用手工锯、砂轮切割机切割。

2 使用不锈钢切割器切割时，应缓慢进行，并应确认表面无有害痕迹、破损，被切割管应横放、水平固定，防止切屑进入管内。

3 切割后应用专用的平口器处理切面，并应用专用倒角器消除毛刺，管端切口应垂直、不变形，并应满足不加丝自动焊的要求，应确认配管内、外无杂质或异常现象，并应在两端加塑料盖待用。

4 平口机加工余量应为壁厚的1/10～1/5，加工时应用低压氩气吹扫。加工后应将该端管口向下，另一端应用高纯氮气快速吹扫。刚切割完毕的管道口严禁向上。

11.3.5 高纯气体管道的弯头应符合下列规定：

1 管外径小于或等于12.7mm的不锈钢管弯头应采用专用弯管器煨制，并应与管道规格相匹配，公制弯管器与英制弯管器严禁混用。

2 煨制弯头的弯曲半径应等于或大于管径的5倍。

3 管外径大于 12.7mm 的不锈钢管弯头应采用成品弯头。

11.3.6 管道焊接应符合下列规定：

1 焊接前应编制焊接作业指导书，焊接过程中应做焊接记录；焊口应统一编号，并应标明作业时间、焊接作业人、焊接主要参数等。

2 正式实施自动焊接前，焊工应对每台焊机的各种配管尺寸进行样品制作，样品应经第三方认证检查，并应在合格后再进行焊接作业。

3 在每天正式焊接前、每次更换焊头、更换钨棒、改变焊接口径，以及焊机连续焊接超过 4.00h 等情况均应进行焊接试验，并应经检验员检查合格，同时应填写焊接合格确认单后再正式施焊。

4 自动焊机的电源应保持稳定，宜配置合适容量的稳压装置；焊机本体应可靠接地。

5 EP 或 BA 管道的点焊应采用手工氩弧焊，点焊渗透应适当，并在正常施焊连接时应能去除临时点焊点。

6 点焊时应将待焊接的两管中心对准后沿圆周点焊 3 处～4 处，发现管端无法密合或管道平面错边时，应立即重新检查处理。

7 管道预制焊接总长度不得超过 12m，预制时应放置在专用支座上，支点数量不得少于 4 个。

8 管道预制和运输时，每 3m 长度应增加一个支点。

9 管材、管件、阀门组对时，应做到内、外壁平整，对口错边量不得超过壁厚的 10%。

10 每完成一个焊接接头，应对其表面进行清洁检查，焊缝内、外径凹凸量不得超过管壁厚度的 10%，焊缝不得有下陷、未焊透、不同轴、咬边缺陷，内、外表面氧化膜应无烧伤。

11 焊接时，焊道不可重复烧焊，烧焊失败时应切除后重新施焊。

12 EP 或 BA 管道焊接应按工程设计图顺气流方向依次进行，并应连续不断充纯氩气吹扫、保护；焊接时纯氩气的流量，管外径为 6mm～114mm 时，宜为 5L/min～15L/min；停工时，宜为 2L/min～5L/min。

13 焊接过程应做焊接记录，焊接完成后，焊工应在焊点处签写姓名、日期和焊接主要参数，并应贴上红色标签。

11.3.7 高纯气体管道安装应符合下列规定：

1 气体管道与支架之间、管道与管卡之间应采用聚四氟乙烯或氟橡胶材料作隔离垫层。

2 管道固定支架应设置在刚性结构上。有微振控制场合的管道应固定牢固，必要时应增加固定点。

3 支架材质可采用不锈钢、喷塑型钢或铝制品，且宜与管卡匹配。

4 管卡宜采用不锈钢卡，采用碳钢管卡时，管卡应镀镍。

5 管道平行敷设的中心间距，当管外径小于 6mm 或 (1/4)" 时，应为 40mm，当管外径为 6mm～12mm 或 (1/4)" ～ (1/2)" 时，应为 60mm。成排管道应注意排列顺序，不得影响美观。

6 管道支架间距，当管外径小于或等于 10mm 或 (3/8)" 时，应为 1.2m，管外径大于或等于 12mm 或 (1/2)" 且小于或等于 19mm 或 (3/4)" 时，应为 1.5m；其余管道支吊架间距应符合现行国家标准《工业金属管道设计规范》GB 50316 的有关规定。

7 室内高纯气体管道应敷设在专用支架上，不得与工艺设备、排风管道等接触，且不得利用工艺设备、排风管道的支架。

8 EP、BA 管道连接用垫片应符合设计文件要求或由设备、附件配带；安装前应确认垫片洁净无油、无污染物。

9 氧气管道、管件、垫片及其他附件必须脱脂，阀门、仪表应在制造厂已完成脱脂。

10 氧气用管道、阀门、管件及仪表在安装过程中及安装后，应采取防止受到油脂污染的措施。

11 有振动部位的管道应设置减振支架。

12 室外现场焊接时，应采取封闭措施。

13 高纯气体输送系统安装完毕后，应充高纯氩气保护。

11.3.8 穿过洁净室隔墙或楼板的高纯气体管道应敷设在预埋套管内，管道与套管之间应采取可靠的密封措施。

11.3.9 焊接作业时，施工现场应采取相应的防火措施。

11.4 改、扩建工程的施工

11.4.1 改、扩建的高纯气体管道工程的施工除应符合本规范的规定外，还应符合下列规定：

1 施工单位在开工前应编制改、扩建施工方案。其内容应包括重点部位、危险过程的监控措施、应急预案；对潜在的危险施工技术，负责人应向施工作业人员进行技术交底。

2 施工中进行焊接等明火作业时，应得到建设单位签发的动火许可证及动用消防设施许可证。

3 生产运行区与改、扩建施工区之间应采取安全隔离措施，并应设置危险警示标志。

4 任何不能确认施工区与生产运行区是否有关联的阀门开关、电气开关、气体置换操作等作业，均应在业主技术人员的指导下完成。

11.4.2 高纯氢气、氧气管道，施工作业前，应将管道内的气体用高纯氩气或高纯氮气置换。

11.4.3 高纯氢气、氧气管道施工完毕、测试合格后，应将高纯气体管道系统内的气体用高纯氮气置换。

11.4.4 进入洁净室（区）施工作业的人数应严格控制，洁净度等级为5级和更严的洁净室（区）的施工作业人员密度不得大于0.1人/m²，其余等级的洁净室（区）人员密度宜小于0.25人/m²。

11.5 工程验收

11.5.1 气体纯化站的工程验收测试应符合下列规定：

1 纯度测试介质宜采用工作气体，流量按相应的设备技术文件要求进行。

2 测试气体的压力应与输送介质的设计压力相同。

3 纯度测试过程的取样时间间隔宜为4.00h，气体样品应采用与输送介质纯度及允许杂质含量相应的精度等级的仪器进行分析测试。

11.5.2 工程验收应符合下列规定：

1 工程施工完成的验收应确认各项检测的性能参数符合设计文件要求。

2 竣工验收应由建设单位负责，组织施工、设计、监理等单位进行验收。

3 工程未办理验收前，设备及系统不应投入使用。

11.5.3 竣工验收应具有下列文件资料：

1 设备开箱检查记录。

2 基础复检记录。

3 主要材料和用于重要部位材料的出厂合格证、检验记录和测试资料。

4 隐蔽工程施工记录。

5 设备安装重要工序施工记录。

6 管道焊接检验记录。

7 设计修改通知单、竣工图及其他有关资料。

11.5.4 高纯气体输送系统安装结束后，各项检验应符合下列规定：

1 管道系统安装完毕后，应对各个管路流程、配置图、标识进行详细检查，并应确保与设计图纸相符。

2 管道安装结束后检查系统的设备、管道、配件及阀门的规格、型号、材质及连接形式应符合设计要求。支架设置应合理牢靠，焊缝外观质量检查应合格。

3 室外管道标志间距应为7m～10m，室内管道标志间距应为5m，弯管处的前后、穿隔墙处的前后、靠近用气设备处应添加标志。不同的气体应用不同的颜色标志，且应标明气体的名称及流向。

4 输送高纯气体的压力管道焊缝质量应按设计文件的规定进行射线照相检查。抽查比例不得低于10%，其质量不得低于Ⅱ级。

5 设计压力小于或等于1MPa的惰性气体管道焊缝，可不进行射线照相检查。

6 当检查发现一道焊缝不合格时，该批焊缝应全部进行照相检查，返工后应按原方法进行检查；高纯气体管道焊接检验记录应符合本规范表C.0.1的要求。

11.5.5 管道系统检验后，应进行强度试验、气密性试验、泄漏量试验。试验合格后，高纯气体管路还应进行吹扫、系统测试。高纯气体管道应经过吹扫、测试合格后再投入运行。

11.5.6 对氢气系统的试验宜采用氦检漏试验方法。

11.5.7 管道系统的试验应符合下列规定：

1 高纯气体输送系统的强度试验、严密性试验和泄漏量试验及试验压力应按本规范或设计文件要求执行。试验介质应采用高纯氮气或高纯氩气，试验过程应采取安全保护措施。

2 强度试验时，试验气体压力应为设计压力的1.15倍。试验时，试验压力应逐步升高，达到试验压力后，应保持5min，应以无变形、无泄漏为合格。然后降压至气密性试验压力，气密性试验压力应为设计压力的1.05倍，应保持10min，应检查接口、焊缝是否泄漏，应以不漏为合格，并应按本规范表C.0.2的要求填写试验报告。

3 强度试验和气密性试验合格后，系统应以设计压力保持24h，检查每小时泄漏率不超过0.5%应为合格。不合格时，应检查原因并进行完善后，再次进行泄漏量试验，并应直至合格为止。

4 管道系统的强度试验、气密性试验等均不应包含纯化设备、阀门箱。

11.5.8 高纯气体输送系统的氦检漏应符合下列规定：

1 氦检漏时，应使用记录仪，并应记录其真空度下降趋势线。

2 氦检漏应按本规范附录B的要求执行，并应根据管道状况分别采用内向检漏、阀座检漏、外向检漏。

3 氦检漏应逐点检查，各系统应分别单独检测。

4 氦检漏应按本规范表C.0.3的要求进行记录。

11.5.9 管路吹扫应符合下列规定：

1 应按气体品种、工作参数分别进行吹扫。

2 管路系统吹扫宜采用含氧量小于0.5%的高纯氮气或高纯氩气，并应设置过滤精度小于0.1μm的气体过滤器去除微粒。

3 吹扫气体压力不得超过容器和管道的设计压力，吹扫流速不得小于6 m/s～10m/s，并应以末端吹扫气体的含氧量小于0.5%为合格。

4 吹扫合格后应按本规范表C.0.4的要求填写记录表。

11.5.10 高纯气体输送系统经吹扫合格后，应按下列规定进行系统测试：

1 测试项目应主要有颗粒测试、微量水分测试、微量氧分测试等，测试宜采用同样品质的工作气体，测试结果应达到本规范或设计文件的要求。

2 颗粒测试应符合下列规定：

1） 颗粒测试应采用高纯氮气作为测试气体，以等速采样管采样。

2） 测试前应将过滤器拆除。

3） 测试前所有管路应进行变压循环吹除至少30次以上。

4） 测试中，应使用橡胶槌轻敲管壁。

5） 连续测试3次确认是否合格，以每立方米中大于或等于0.1μm的颗粒小于或等于35颗为合格。

3 微量水分测试应符合下列规定：

1） 高纯气体管道进行微量水分测试时，测试气体速度应低于管道设计流速的10%，且应小于3m/s。

2） 应首先测试气源品质，合格后再进行测试。

3） 气体水分增量应符合使用单位的要求。

4） 测试合格后，应保持稳定或无下降趋势20min后，测试结束。

4 微量氧分测试应符合下列规定：

1） 测试时应连续记录分析值，在测试气体氧分增量小于10×10^{-9}时，继续记录30min，并确认数值没有再上升，测试结束。

2） 测试时，管路不得加装过滤器，接头宜使用金属面密封（VCR）接头，不得使用聚四氟软管。

3） 不应将多条管路合并测试。

5 系统测试合格后，应按本规范表C.0.5、表C.0.6的要求分别填写测试报告。

附录A 高纯气体用BA、EP不锈钢管道技术要求

A.0.1 用于高纯气体输送系统的BA不锈钢管，应符合表A.0.1的要求。

表A.0.1 BA不锈钢管技术要求

序号	项目	内容/指标
1	规格	1.英制管：外径×壁厚 规格：(1/4)"×0.035"；(3/8)"×0.035"；(1/2)"×0.049"；(3/4)"×0.065"；1"×0.065"；(1½)"×0.065"；2"×0.065"；3"×0.065"；4"×0.083"；6"×0.109" 2.公制管：*DN*（mm） 规格：8，10，15，20，25，32，40，50，65，80，100，125，150 3.长度：4m/根～6m/根
2	技术要求	1.内表面粗糙度：*Ra*≤0.7μm 2.熔炼方式：AOD、VOD、VIM、VAR、ESR等的一种或结合 3.锰含量：≤2.00%；硫含量：0.005%～0.012%（无缝管），0.005%～0.017%（焊接管） 4.制作过程：冷延→热处理→冷拉→光亮热处理→脱脂→水洗（7级洁净环境）→纯氮吹扫→（6级洁净环境）→检查→包装（压帽氮封及外包装充气保护） 注：热处理：在露点−40℃的干燥氢气中，或10μmHg真空下，加热到1000℃，然后快速淬火。清洗：应采用16MΩ以上去离子水进行水洗，再用纯度为99.999%，经0.01μm过滤的60℃热氮气吹干
3	检测要求	1.外观检查、真圆度检查、尺寸检查、紫外光油质擦拭检查等 2.内表面粗糙度检查 3.氦检漏：内向检漏法≤1×10^{-9} mbar·L/s，或外向检漏法≤5×10^{-6} mbar·L/s 4.颗粒：≥0.10μm，且≤0.036颗/L 5.不纯物测试（可选）：水分0.5×10^{-6}；氧分0.5×10^{-6}；总碳氢0.5×10^{-6}
4	包装要求	1.应在7级洁净室环境内包装 2.包装前采用清洁高纯氮气吹扫 3.两端用塑料管帽封堵 4.密封包装在厚度为150μm的聚乙烯塑料袋内

A.0.2 用于超高纯气体输送系统的EP不锈钢管，应符合表A.0.2的要求。

表A.0.2 EP不锈钢管技术要求

序号	项目	内容/指标
1	规格	1.英制管：外径×壁厚 规格：(1/4)"×0.035"；(3/8)"×0.035"；(1/2)"×0.049"；(3/4)"×0.065"；1"×0.065"；(1½)"×0.065"；2"×0.065"；3"×0.065"；4"×0.083"；6"×0.109" 2.公制管：*DN*（mm） 规格：8，10，15，20，25，32，40，50，65，80，100，125，150 3.长度：4m/根～6m/根

续表 A.0.2

序号	项目	内容/指标
2	技术要求	1. 内表面粗糙度：$Ra \leqslant 0.25\mu m$ 2. 熔炼方式：AOD、VOD、VIM、VAR、ESR等的一种或结合 3. 锰含量：≤2.00%；硫含量：0.005%～0.012%（无缝管），0.005%～0.017%（焊接管） 4. 制作过程：冷延→热处理→冷拉→光亮热处理→脱脂→一般水洗（7级洁净环境）→电解抛光→碱中和→钝化处理→一般水洗→冷纯水水洗（7级洁净环境）→温纯水水洗（7级洁净环境）→纯氮吹扫（5～6级洁净环境）→检查→包装（压帽氮封及外包装充气保护） 注：热处理：在露点－40℃的干燥氢气中，或10μmHg真空下，加热到1000℃，然后快速淬火。 钝化处理：20%～50%硝酸溶液，≥30min
3	检测要求	1. 外观检查、真圆度检查、尺寸检查、紫外光油质擦拭检查等 2. 表面粗糙度检查 3. 氦检漏：内向检漏法 ≤ 1×10^{-9} mbar·L/s，或外向检漏法 ≤ 5×10^{-6}mbar·L/s 4. 颗粒（可选）：≥0.10μm，且≤0.036颗/L 5. 不纯物测试（可选）：水分 0.5×10^{-6}；氧分 0.5×10^{-6}；总碳氢 0.5×10^{-6} 6. 铬铁比（可选）：1.5∶1 7. 氧化层厚度（可选）：$2\times10^{-3}\mu m$ 8. 表面缺陷（可选）：放大3500倍，40处
4	包装要求	1. 应在7级洁净环境内包装 2. 包装前采用清洁氮气吹扫 3. 两端用厚度为45μm厚聚乙烯塑料膜覆盖后，再用管帽封堵 4. 密封包装在厚度为150μm的聚乙烯塑料袋内

A.0.3 BA、EP不锈钢管管材应符合现行国家标准《流体输送用不锈钢无缝钢管》GB/T 14976和《流体输送用不锈钢焊接钢管》GB/T 12771的有关规定。

附录B 高纯气体管道氦检漏方法

B.0.1 高纯大宗气体管道氦检漏方法宜采用内向检漏法、阀座检漏法、外向检漏法。

B.0.2 内向检漏法（喷氦法）应采用在高纯气体管道内部抽真空，外部喷氦气的方法进行检漏。

B.0.3 阀座检漏法应采用阀门上游充氦气，下游抽真空的方法检漏。

B.0.4 外向检漏法（吸枪法）应采用在高纯气体管道内部充氦气或氦氮混合气，外部用吸枪检查可能泄漏点的方法检漏。

B.0.5 氦检漏仪表应采用质谱型氦检测仪，其检测精度不得低于 1×10^{-10} mbar·L/s。

B.0.6 高纯气体系统氦检漏的泄漏率应符合下列规定：

1 内向检漏法测定的泄漏率不得大于 1×10^{-9} mbar·L/s。

2 阀座检漏法测定的泄漏率不得大于 1×10^{-6} mbar·L/s。

3 外向检漏法测定的泄漏率不得大于 1×10^{-6} mbar·L/s。

B.0.7 氦检漏发现的泄漏点经修补后，应重新进行气密性试验并合格，然后应按规定再进行氦检漏。

B.0.8 所有可能泄漏的点应用塑料袋隔离。

B.0.9 系统测试完毕，应充入高纯氮气或氩气，并应进行吹扫。

B.0.10 测试完毕后，应提交测试报告，测试报告应符合本规范附录C的有关规定。

附录C 施工验收测试记录表

C.0.1 高纯气体管道焊接记录应按表C.0.1进行填写。

表C.0.1 高纯气体管道焊接记录

<table>
<tr><td colspan="7">项目名称：</td></tr>
<tr><td colspan="7">焊机型号：</td></tr>
<tr><td colspan="7">焊接者：</td></tr>
<tr><td>焊口编号</td><td>系统名称</td><td>起止点</td><td>管道尺寸</td><td>评定</td><td>焊接日期</td><td>备注</td></tr>
<tr><td></td><td></td><td></td><td></td><td></td><td></td><td></td></tr>
<tr><td></td><td></td><td></td><td></td><td></td><td></td><td></td></tr>
<tr><td></td><td></td><td></td><td></td><td></td><td></td><td></td></tr>
<tr><td></td><td></td><td></td><td></td><td></td><td></td><td></td></tr>
<tr><td></td><td></td><td></td><td></td><td></td><td></td><td></td></tr>
<tr><td colspan="3">质检员：</td><td colspan="4">焊接工程师：</td></tr>
<tr><td colspan="3">建设单位：</td><td colspan="4">施工单位：</td></tr>
</table>

C.0.2 压力试验报告应按表C.0.2进行填写。

表C.0.2 压力试验报告

压力实验报告	
建设单位：	日期：
地点：	施工单位：
项目名称：	
系统名称：	
开始时间：	结束时间：
起始温度：	结束温度：
起始压力：	结束压力：
保压时间：	校正结束压力：
校正压力偏差：	
保压时间：	
测试气体：	
压力表型号、量程：	
结论说明：	
试验测定人：	日期：
技术负责人：	日期：
建设单位代表：	日期：

C.0.3 氦检漏试验报告应按表C.0.3进行填写。

表C.0.3 氦检漏试验报告

1 项目信息：

项目名称：____________________

项目编号：____________________

2 测试信息：

项目			结果
测试范围	描述		
	从/客户内部设备编号		
	至/客户内部设备编号		
	测试点		
测试设备	氦测漏仪型号	型号	
		序列号	
测试结果	测试方式	□内向检漏法 In—Board Leaking Method	
		□外向检漏法 Out—Board Leaking Method	
		□阀座检漏法 Cross—Seat Leaking Method	
	测试标准	□≤1×10⁻⁹mbar·L/s	
		□≤2×10⁻⁹mbar·L/s	
		□≤5×10⁻⁶mbar·L/s	
		□其他≤ ×10⁻ mbar·L/s	
	测试结果	×10⁻ mbar·L/s	
确认	操作人		年 月 日
	项目经理		年 月 日
	客户		年 月 日

C.0.4 高纯气体管道吹扫记录应按表C.0.4进行填写。

表C.0.4 高纯气体管道吹扫记录

项目名称：

吹扫介质（名称）： （参数）：

序号	系统名称	系统编号	介质流量	持续时间	结论	备注
质检员：			操作者：			
建设单位：			施工单位：			

C.0.5 颗粒数检验报告应按表C.0.5进行填写。

表C.0.5 颗粒数检验报告

颗粒数检验报告				
建设单位：			日期：	
地址：			施工单位：	
项目名称：				
测试类型		仪器/型号	序列号	
LPC				
CNC				
日期	时间	系统	颗粒数/粒径	流量/压力
结论说明：				
实验测定人：				
技术负责人：				
建设单位代表：				

C.0.6 微量水、微量氧测试报告应按表C.0.6进行填写。

表C.0.6 微量水、微量氧测试报告

微量水和微量氧测试报告					
建设单位：			日期：		
地址：			施工单位：		
项目名称：					
测试介质：			参数：		
测试类型		仪器/型号	序列号		
微量氧					
微量水					
日期	时间	系统	起点	终点	说明
结论说明：					
实验测定人：					
技术负责人：					
建设单位代表：					

本规范用词说明

1 为便于在执行本规范条文时区别对待，对要求严格程度不同的用词说明如下：

1） 表示很严格，非这样做不可的：
正面词采用“必须”，反面词采用“严禁”；

2） 表示严格，在正常情况下均应这样做的：
正面词采用“应”，反面词采用“不应”或“不得”；

3） 表示允许稍有选择，在条件许可时首先应这样做的：
正面词采用“宜”，反面词采用“不宜”；

4） 表示有选择，在一定条件下可以这样做的，采用“可”。

2 条文中指明应按其他有关标准执行的写法为：“应符合……的规定”或“应按……执行”。

引用标准名录

《建筑设计防火规范》GB 50016

《氧气站设计规范》GB 50030

《供配电系统设计规范》GB 50052

《爆炸和火灾危险环境电力装置设计规范》GB 50058

《工业设备及管道绝热工程施工规范》GB 50126

《建筑灭火器配置设计规范》GB 50140

《氢气站设计规范》GB 50177

《电力工程电缆设计规范》GB 50217

《工业金属管道工程施工规范》GB 50235

《现场设备、工业管道焊接工程施工及验收规范》GB 50236

《工业金属管道设计规范》GB 50316

《电子工业洁净厂房设计规范》GB 50472

《电子工程防静电设计规范》GB 50611

《钢制压力容器》GB 150

《工业管道的基本识别色、识别符号和安全标识》GB 7231

《流体输送用不锈钢焊接钢管》GB/T 12771

《流体输送用不锈钢无缝钢管》GB/T 14976

《一般工业固体废物贮存、处置场污染控制标准》GB 18599

中华人民共和国国家标准

大宗气体纯化及输送系统工程技术规范

GB 50724—2011

条　文　说　明

制 定 说 明

《大宗气体纯化及输送系统工程技术规范》GB 50724—2011，经住房和城乡建设部2011年7月29日以第1111号公告批准发布。

1. 本规范编制遵循的主要原则。

1）遵循实用性、先进性、合理性、科学性、协调性、规范化、可操作性等原则。

2）严格执行国家住房和城乡建设部标准定额司发布的《工程建设标准编写规定》(建标〔2008〕182号)。

3）将直接涉及人民生命财产和工程安全、人体健康、环境保护、能源资源节约和其他公共利益等条文列为必须严格执行的强制性条文。

2. 本规范编制过程。

1）本规范编制过程中紧密结合当前我国电子信息产品制造领域高科技工程中大宗气体纯化及输送系统工程的技术需求，认真总结了我国工程设计、施工、安装、验收的实践经验，收集、参考了国外相关标准，切实体现了我国大宗气体纯化及输送系统工程新技术、新工艺、新设备和新材料的应用成果和先进经验；特别是参考和借鉴了国内已建成的集成电路芯片生产线和平板显示器件工程建设项目中大宗气体纯化及输送系统工程的先进技术和运行经验，并充分征求了国外工程公司的意见，基本做到了既符合国情又尽量与国际同类标准接轨。

2）本规范编制过程分为准备阶段、征求意见阶段、送审阶段和报批阶段。编写组在各阶段开展的主要编制工作如下：

准备阶段：规范编写组于2007年1月在成都举行了第一次工作会议，就编写大纲、任务分工、编写计划和调研工作等进行了安排。会后编写组结合我国大宗气体纯化与输送系统设计、建造和运行的实际情况，并通过对有关企业的调研基础上形成了本规范的初稿。

征求意见阶段：2009年4月在上海召开了第二次编制工作会议，对该规范初稿进行了详细地讨论，形成了征求意见稿的基础。会后，主编单位根据修改意见在初稿的基础上编写了征求意见稿并于2009年6月18日正式上网征求意见。同时，向有关设计单位、工程公司、生产运行企业和业界专家等寄出函件24份以广泛征求意见。编写组认真对待所征求的意见，在送审稿编写过程中经过多次反复修改和不断完善后形成了送审稿。

送审阶段：2010年9月，电子工程标准定额站在上海组织召开了本规范审查会。评审会专家一致认为本规范填补了我国大宗气体纯化及输送系统工程建设标准的空白，对电子高科技工程项目的建设和运行维护有较好的指导作用。贯彻实施本规范可促进我国大宗气体纯化及输送系统工程的规范化建设，推动该工程领域的技术进步，为大宗气体纯化及输送系统建设及安全、可靠运行提供技术保障。

报批阶段：审查会后，编写组根据审查会收集的专家意见为基础，并结合国际惯例和中国工程的实践经验，经过认真归纳并据此对规范的送审稿进行了修改，形成了《大宗气体纯化及输送系统工程技术规范》专家审查意见汇总处理表，并于2011年4月7日形成了最终的《大宗气体纯化及输送系统工程技术规范》报批稿。

为便于广大设计、施工、科研、学校等单位有关人员在使用本规范时能正确理解和执行条文规定，《大宗气体纯化及输送系统工程技术规范》编写组按章、节、条顺序编制了本规范的条文说明，对条文规定的目的、依据以及执行中需要注意的有关事项进行了说明。但是，本条文说明不具备与规范正文同等的法律效力，仅供使用者作为理解和把握规范规定的参考。

目 次

1 总 则

1.0.1 电子工业使用的各种高纯大宗气体有高纯氢气、高纯氮气、高纯氧气、高纯氩气、高纯氦气。随着科学技术的发展，电子工业中的、半导体器件、集成电路、平板显示器件和太阳能电池工厂等生产工艺对各种高纯气体的纯度、杂质含量的要求日益严格，有的生产工艺要求高纯气体的杂质含量达到 10^{-9} 级甚至 10^{-12} 级。为确保各种高纯气体的供气质量，满足电子产品生产工艺要求，电子工厂大宗气体纯化及输送系统的设计、施工及验收应正确贯彻国家工程建设的方针政策，确保安全、节约能源、保护环境，并做到技术先进、经济合理、安全可靠，以及生产操作、维修方便。为此本规范对大宗气体纯化及输送系统的设计、施工、安装及验收等作了相关规定。

1.0.4 鉴于大宗高纯气体分别属于可燃性、氧化性、窒息性气体，为确保电子工厂的大宗气体纯化及输送系统的设计、施工的工程质量以及安全可靠、技术先进，除应符合本规范外，尚应符合有关的国家现行标准规范的规定，主要的现行国家标准有《电子工业洁净厂房设计规范》GB 50472、《氢气站设计规范》GB 50177、《氧气站设计规范》GB 50030 等。

3 站房布置

3.0.1 鉴于各种高纯大宗气体的物化性质、气体纯化方法的不同和目前我国电子工厂的大宗气体的供应方式的差异，并结合近年来各类电子工厂的工程建设实践，制定本条的有关规定。

1、2 根据调研，目前电子工厂的大宗气体的供应方式有两种模式：一是在厂区内或临近厂区设置大宗气体制气站，制取各种气体后以管道送至用气车间；二是电子工厂外购液态或气态大宗气体，在厂区内设有大宗气体供气站。根据电子工厂的大宗气体用气量、气体纯度和杂质含量的不同以及工厂的总平面或生产厂房的布置特点、要求，大宗气体纯化站可能设置在制气站内或供气站内，也可能与用气车间毗连等三种方式；当大宗气体纯化站设置在制气站、供气站内时，由于这些建筑物内可能有多种气体的制气间或制气装置，并设有多个辅助房间，因气体性质的不同，这些房间或装置区的生产类别、防爆防火要求是不同的；对于有爆炸危险的房间或装置区或甲、乙类房间，按照国内外的有关标准规范的规定应集中设置，并应靠建筑物外墙或端部设置，为此，作出了本条第 1 款和第 2 款的规定。

3 由于氢气纯化装置和采用氢气活化的惰性气体纯化装置均有氢气流过，属于有爆炸危险环境，为了统一设置有关的安全、消防设施，确保气体纯化站的安全可靠，应将氢气纯化装置与采用氢气活化再生的惰性气体纯化装置布置在同一个纯化站内，为此作了本款规定。

4 由于非氢气活化的惰性气体纯化装置不使用氢气，可与氧气纯化装置布置在没有爆炸危险的环境内，所以作了本款规定。

5 为了方便大宗气体纯化及输送系统投入运行后的管理，同时也可节省建筑面积，一般是将大宗气体的计量、过滤、纯化等设施布置在一个房间内，所以作了本款规定。

6 大宗气体纯化站的设计为适应电子工厂扩能技改的需要宜预留必要的扩展余地，为此作了本款规定。

3.0.3 本条作为强制性条文的理由如下：

1 氢气是可燃易爆炸气体，氢气纯化站内一旦发生氢气泄漏将可能引发燃烧、爆炸，为了尽量减少事故的发生并避免发生爆炸时造成较大的人身伤亡和经济损失，因此本条规定氢气纯化站不得设置在人员密集场所和重要部门的临近位置以及主要通道、疏散口的两侧。

2 目前在国内运行的氢气纯化站与其他房间均不相通。一旦发生氢气爆炸，不会直接波及其他生产房间，可减少人身伤亡和经济损失。规定与氢气纯化站毗连厂房耐火等级不得低于二级可以有效遏制火灾蔓延，生产实践证明是必须的，也是有效的。

3.0.4 氢气纯化站属于有爆炸危险环境的房间，本条规定氢气纯化站的电气控制室、仪表控制室应布置在与氢气纯化设备相邻的房间，并应采用耐火极限不低于 3.00h 的不燃烧体隔墙分隔是为了一旦氢气纯化间发生爆炸时，能有效保护操作人员，减少财产损失。本条为强制性条文。

3.0.5 大宗气体纯化站内设备布置应便于操作和设备检修，根据各种纯化设备的特点，设备之间、设备与墙壁之间的净距还应满足更换纯化材料时装入、卸出的方便操作和维修人员通行，所以本条规定“并不宜小于更换纯化材料时装入或抽出零部件的长度再加 0.5m”；但考虑到一些大宗气体纯化设备常常还附带活化再生用的换热器、冷却器甚至是循环水泵等附属设备，它们与主体设备联系紧密，管线应尽量短，为此规定“净距”可适当缩小。

3.0.6 为使气体纯化站有爆炸危险房间内在出现着火爆炸事故时，维护人员能够及时逃逸至室外安全地带，作出了本条“2 个出入口”的规定。但由于气体纯化站内在同一时间的操作维护人员不会超过 5 人，所以参照现行国家标准《建筑设计防火规范》GB 50016—2006 中“甲类厂房，每层建筑面积小于等于 $100m^2$，且同一时间的生产人数不超过 5 人”可只设 1 个安全出入口，作出本条的“建筑面积不超过 $100m^2$，可只设 1 个直通室外的出入口”的较为严格的规定。由于电子工厂的气体纯化站一般均靠外墙布置，所以是可以实施的。

4 工 艺 系 统

4.0.1 目前我国电子工厂的大宗气体的供应方式有三种：管道输送供应；外购液态气体，在现场汽化后管道输送供应；外购气态高压气瓶、集装格、长管拖车，降压后管道输送供应。不同地区的各种气体供应方式具有各自的特点和不同的气体品质、技术经济参数。由于电子工厂的规模不同、用气品质要求不同和所在地区供气条件不同，可选用不同的供气方式、原料气源。如现场制气、管道输送一般适用于耗气量较大的电子工厂；若用气设备或气体纯化器要求原料气纯度较高时，宜外购液态气体或已经过初步纯化的“高纯气体钢瓶”供应。所以具体电子工厂的原料气的选择，应根据用户对高纯度气体耗量、用气品质以及不同供应方式进行技术经济比较后确定。

4.0.2 本条要求基于以下理由：

1、2 原料气和气体纯化后的产品气的纯度、杂质含量和压力是直接影响气体纯化系统设置的主要依据，如原料气纯度较低或杂质含量较高，而电子产品生产工艺对产品气的纯度、杂质含量的要求又十分严格时，有时需要采用二级或多级纯化方法，以满足用气设备的要求，这是目前微电子工厂常常可能遇到的气体纯化系统设计的实际情况。

3 若高纯气体间断使用或负荷变化较大时，气体纯化系统应考虑相应的技术措施，以避免产品气质量的变化或影响气体纯化装置的使用周期、使用寿命等。

4 气体纯化系统中根据原料气、产品气的不同要求将会采用各种不同的纯化材料以满足需要，而不同的纯化材料会有不同的活化、再生方法及其不同的技术参数；由于各类纯化材料的特性，活化再生气体品种和温度以及需要的活化时间等差异，将使气体纯化系统的技术经济效果各不相同，因此在确定气体纯化系统时应充分考虑并进行对比分析。

4.0.3～4.0.6 根据调研，目前国内外电子工厂的大宗气体纯化系统有催化吸附型、金属吸附剂型、低温吸附型和钯膜纯化等类型，各种气体纯化系统均具有自身的特点和不同的用途，它们采用各自不同的工作原理、单元设备和设施、附件，去除气体中一种或多种杂质，提高气体纯度来满足电子产品生产工艺的需要；为了确保各种气体纯化系统的实际使用效果和技术经济指标，所以在第4.0.3条～第4.0.6条对各种纯化系统设计中各自应具有的装置、设施等作出了规定。

4.0.7 在电子产品生产过程中，由于生产工艺的不同要求可能会对同一种气体有不同纯度要求或因纯度、杂质含量要求严格，需要采用不同的纯化方法，有时需要采用二级气体纯化装置。如某电子工厂的邻厂现有空分装置可以制取纯度只有98.5%的普通氮气，而新建的集成电路生产线需要用纯度为99.999%、总杂质含量小于或等于10×10^{-6}和纯度为大于或等于99.9999%、总杂质含量小于或等于0.5×10^{-6}的两种高纯氮气，为了节约能源、降低消耗，可利用邻厂的普通氮气采用二级纯化系统，第一级纯化后获得纯度大于或等于99.999%的高纯氮气供应相应的用气设备，并以此纯度的“高纯氮气”输入第二级氮气纯化装置；经过技术经济比较，条件合适时可以采用金属吸附剂型纯化系统获得大于或等于99.9999%的高纯氮气。又如某电子厂自建氢气站，采用水电解制氢装置制取纯度为99.7%的普通氢气，该厂产品生产工艺设备大部分需要纯度为99.999%、总杂质含量小于或等于5×10^{-6}的高纯氢气，只有少数设备需要纯度为99.9999%、总杂质含量小于或等于0.2×10^{-6}的氢气，该厂采用二级氢气纯化系统，在氢气站内设置催化吸附型氢气纯化系统，制取纯度为99.999%的高纯氢气供用气设备；在需要用99.9999%的高纯氢气的少数设备邻近处设第二级钯膜氢气纯化设备作为终端纯化设备，满足了生产工艺需要。

4.0.8、4.0.9 大宗气体纯化及输送系统中尘埃粒子往往是由原料气、纯化过程中纯化材料粉化和输送管道及其附件由于各种原因产生的尘粒而带入的，所以在气体纯化及输送系统的工程设计中，通常在各种原料气的入口处、气体纯化装置的出口处和高纯气体的用气设备处均设有各种类型的气体过滤器。由于目前电子工厂中的高纯气体管道基本上采用BA或EP不锈钢管和质量优良的波纹管阀、隔膜阀，所以在第4.0.8条中只规定：用气设备对气体含尘量有严格要求时，应设高精度终端气体过滤器。

4.0.10 大宗气体氢气、氧气、氮气、氩气分别属于可燃气体、氧化气体和窒息性气体，各种气体纯化系统的设备及其管道中的冷凝水，在不定期排放过程中将不可避免地有少量的气体同时排出，若运行人员操作不当或未及时关闭冷凝水排放阀，将可能有气体排入房间内或排水沟中，并由于各种气体特性而可能导致爆炸混合物形成，或因密度较大聚集，助燃着火（氧气）或使房间内氧浓度降低引发人员窒息等。工程实践表明，为了杜绝此类事故的发生，本条规定气体纯化系统的冷凝水应经过各自专用疏水装置或排水水封排至室外，就是规定各个气体纯化系统应按系统分别设置，不能合用，也避免各种或各等级高纯气体之间的交叉污染。

4.0.11 为了定期监测各种气体纯化系统的原料气、产品气的纯度、杂质含量，应在适当位置设置分析取样口，为此作了本条规定。

5 设备选择

5.0.1 电子工厂的大宗气体纯化装置主要有催化吸附型、金属吸附剂型、低温吸附型和钯膜纯化等类型。在实际工程选型时，一般是根据大宗气体原料气特性和高纯气体的用途、使用特点、品质要求以及技术经济比较，合理选用一种或两种不同类型的气体纯化装置。如当氢气纯化系统的原料氢气中的甲烷含量为 2×10^{-6}，而用气设备要求供应高纯氢气中的甲烷不得超过 0.1×10^{-6}；为了去除原料氢气中的微量杂质气体甲烷，可选用钯膜纯化装置或低温吸附型纯化装置，此时应根据具体工程的高纯氢气的最大小时消耗量和负荷变化情况以及液氮供应及其成本等因素进行技术经济比较后最终确定选用哪种纯化装置。

5.0.2 本条制定的理由是：

1 由于电子产品生产过程中的高纯气体消耗量是变化的，原料气经过纯化装置提纯后直接由输送管道送至各用气设备，一般均不会有任何形式的高纯气体储存装置，为了能满足各种负荷下的产品气体的品质要求，故应以最大小时消耗量确定气体纯化装置的设计容量。

2 鉴于气体纯化装置的单元设备、设施等基本上均为静置容器或设备，只需按规定更换纯化材料或定期维修，所以一般均为同一种气体设 1 台纯化等级相同的纯化装置，一般不设备用。根据调研，电子工厂中的气体纯化装置大多数未设置备用，符合工程实际。

3 为了运行管理和维修方便，若气体纯化站内根据需要设置 2 台或 2 台以上相同等级的气体纯化装置时，一般均采用相同类型的纯化装置。

5.0.3 气体过滤器的选择除和气体纯化装置类似及与原料气和用气设备要求有关外，由于气体过滤器常常是设置在气体纯化装置之后的高纯气体输送管道上，为了减少输送管路的压力降和防止装设的气体过滤器对高纯气体带来污染，造成供应至用气设备的高纯气体不能满足生产工艺的要求，所以作了本条第 3 款的规定。

工程实践表明，若氧化性气体过滤器内的过滤元件采用可燃或难燃材料时，易发生着火燃烧事故，因此作了本条第 4 款的硬性规定。

5.0.5 有外壳的封闭式整体氢化纯化装置或采用氢气活化的惰性气体纯化装置，按其特点应视同为设在房间内的纯化装置，其外壳内的环境是含氢气的有爆炸危险环境，并且由于纯化装置还设有较多的阀门、附件和连接点，这些均为易泄漏氢气的泄漏点，为此本条作为强制性条文予以规定。

5.0.6 气体纯化站内的各种气体纯化装置，由于采用不同的工作原理和纯化材料，使得各类气体纯化装置的工作温度和纯化材料的活化、再生温度等各不相同。如脱氧催化反应的工作温度，根据所选用的催化剂的不同可能是常温或超过 100℃；而吸附干燥剂的再生温度，因吸附剂的不同可能不超过 150℃，也可能是300℃～350℃；低温吸附纯化器的工作温度为液氮的温度等。目前电子工厂常用的气体纯化装置的加热形式主要有电加热、蒸汽或热水加热，冷却方式或介质主要有循环冷却水、冷冻水、液态氮等。在具体工程中如何确定加热、冷却方式和介质，主要是依据气体纯化装置的特点、技术参数和具体供应条件确定。

5.0.7 本条规定是为了减少气体纯化装置中高温工作的设备以及管道的热损失，降低能源消耗，避免运行人员被烫伤。

6 高纯气体输送系统

6.1 一般规定

6.1.1 电子工厂产品生产工艺常常需要用各种不同的高纯大宗气体，即使同一种大宗气体也可能有不同的纯度、杂质含量、压力等级的需要。如高纯氢气，有的电子工厂生产工艺既要求供应纯度为 99.999%、氧杂质含量为 5×10^{-6} 的高纯氢气作为保护气体，又需要供应纯度为 99.9999% 以上、氧杂质含量为 0.5×10^{-6} 的高纯氢气作为反应气体；此时高纯氢气输送系统应设置两套供应系统，分别供应不同纯度的用气设备。

6.1.2 各种高纯气体输送的设计容量是进行管道直径计算的主要依据，生产工艺对高纯气体需要量往往是随时间变化的，有时消耗多，有时消耗少，甚至间歇用气；为了能使高纯气体输送管道在用气设备最大小时消耗量时，仍然能按所要求的用气压力、流量等供应高纯气体，通常应以最大小时消耗量确定设计容量。工程实践表明，这是合理确定高纯气体输送系统设计容量的方法。

6.2 管道设计

6.2.1 制定本条的理由是：

1 厂房内或厂房外的高纯氢气、氧气、氮气、氩气等气体管道，从运行操作、安装施工、维修方便出发，采用架空敷设是合适的选择。

2 本条是根据电子工厂高纯气体管道工程实践作出的规定。氢气、氧气管道采用地沟敷设是不安全的，即使是高纯氮气、氩气，由于它们的窒息性特性，若采用地沟敷设，一旦发生气体泄漏，地沟通风不良即呈窒息性气氛，可能造成操作维修人员的伤亡事故，实际上也确有此类检修人员窒息事故发生的案例。

6.2.2 氢气为可燃气体，氧气为强氧化性气体。使用氢气、氧气的房间均应设相应的安全设施，而不使用此类气体的房间是不会设置这些安全设施的，一旦发生氢气、氧气泄漏就会引起气体积聚，易引起着火燃烧爆炸事故，因此在一般情况下，氢气与氧气管道不应穿过其他不使用的房间，减少此类气体在这些房间的泄漏的可能性。但在现实中往往由于布管的需要而不得不穿越这些不需要使用的房间，在这种情况下，必须采取套管或双层管等保护措施。为此本条作为强制性条文予以规定。

6.2.3 鉴于氢气、氧气的特性，为避免氢气、氧气在墙体、楼板或套管内的泄漏、积聚，引发事故，本条作为强制性条文予以规定。

6.2.4 为了减少高纯气体输送过程中可能引起的污染、杂质含量的增加，同时也为了使高纯气体管道吹扫置换能较快地达到规定要求，管道系统应尽量短，并且不得出现不容易吹扫的“盲管”等死角，所以作出了本条第1款、第3款的规定。

电子工厂中高纯气体管道一般应严格控制管径，不宜采用过大管径，以避免吹扫置换时间长或气体流速过小，在流量变化或间断供气时，气体品质难于保证，为此规定应按设计容量、气体压力等确定管径，尤其应注意以工作状态的实际气体流量分段计算管径，不能采用估算。

6.2.5 制定本条的理由是：

1 由于氢气的可燃性和氢气放空时间的不确定性，一旦氢气放空时遭雷电，可能发生氢气放散管口燃烧甚至爆炸事故，实际上此类案例在国内外均有发生；鉴于氢气火焰扩散速度快，容易发生回火，为防止一旦发生放散口着火导致事故蔓延扩大，应在氢气放散管口设置阻火器，因此第1款作为强制性条款予以规定。

2 为防止气体放散后，不会发生倒灌而进入室内，所以本款规定气体放散管口应高出屋脊1.0m；另外，因与第1款相同的原因需要设置防雷措施，故作出了第2款也为强制性条款的规定。

3 为防止氢气、氧气排出后可能形成氢氧混合气，为此规定氢气、氧气放散管应分开设置，并应保持规定的距离。

4 为避免雨水从放散管口侵入，加速管道腐蚀和防止放散管被堵塞，制定本款规定。

6.2.7 高纯气体输送管道的防污染是确保气体品质的至关重要的技术措施，高纯气体管道与阀门、设备的连接处是主要易防污染部位，为此本条规定了常用的几种连接方式。

6.3 管材及附件

6.3.1 由于电子产品生产工艺对高纯气体的纯度、杂质含量的要求不同，高纯气体输送管道所选用的管材、洁净处理和阀门类型也不同，工程实践表明，半导体器件、集成电路、光电器件等产品生产用高纯气体大多要求供应气体纯度在99.999%以上，杂质含量可达10^{-9}级甚至更严格。目前高纯气体管道用管材主要是采用洁净处理的光亮退火不锈钢管——BA管或电化学抛光的不锈钢管——EP管，许多场合还要求使用低碳不锈钢管道，如316L等；阀门材质要求与管材匹配，且应采用气密性好、不会发生渗漏的波纹管阀、隔膜阀等。由于材质不同、处理方式不同、阀门类型不同，它们的制造成本、施工方法差异也较大，如隔膜阀比不锈钢球阀价格高数倍，EP管的价格、施工方法与普通不锈钢管差异也较大。

6.3.2～6.3.4 这三条条文的制定是依据近年来电子工业高纯气体输送系统的工程实践中通行的选用管材、阀门等的量化指标。实际应用表明这些量化指标或界面的划分基本合理，可使高纯气体管道系统的设计建造做到“经济、适用、合理”。

6.3.5 为确保高纯气体输送过程中不发生渗漏现象，管道之间的连接、管道与设备、阀门的连接方法至关重要。实际工程表明“焊接”是管道连接不发生渗漏的可靠方法；为保证管道焊接质量，施工后的试压、检漏也是十分重要的，这将会在本规范第11章中作相应规定，对高纯气体管道的连接以及与设备、阀门的连接方法在现行国家标准《电子工业洁净厂房设计规范》GB 50472中已有明确规定。

6.4 安全及标志

6.4.1 鉴于氢气易燃、易爆的特性，且燃烧范围宽、密度小，易扩散、易泄漏等，一旦在高纯氢气管道上容易发生渗漏的地点如阀门或与设备连接处发生泄漏，氢气便可能在相关场所的顶部空间积聚，以致达到燃烧爆炸的下限值，若此时遇明火会引发燃烧爆炸事故，因此本条作为强制性条文予以规定。

6.4.2 由于氧气是强氧化性气体，且氧气的密度比空气大，一旦泄漏易存留于房间内的下部空间，只要相关场所有可燃物体或难燃物就极易发生着火事故，实际情况也表明了由于氧气泄漏遇到油脂、纤维等可燃物更易发生着火事故，因此本条作为强制性条文予以规定。强调在厂房入口的氧气管道上应设置自动切断阀，是为了防止当厂房内在某个部位不慎发生着火事故时，引起氧气管道系统氧气泄漏，会使火势扩大，增加灭火难度。这时，在消防值班室就能及时切断氧气供给而有利于消防。

6.4.3 氢气作为易燃、易爆气体，一旦发生泄漏，在其爆炸浓度范围内遇到火花就会发生猛烈爆炸，因此在厂房入口的管道上设置自动切断阀可及时切断氢气源。同时氢气在金属管道内流动时在管道上容易积聚静电荷，为了加速管道上静电荷的释放，本条规定应设置静电导除装置。本条为强制性条文，必须严格执行。

6.4.4 厂房内高纯氢气管道的氢气易泄漏处主要是阀门及其与管路的连接处，为了防止氢气管道在其经过场所发生泄漏，减少氢气可能的泄漏点，本条推荐将氢气管道上的阀门集中设置在阀门箱内，有利于厂房的安全管理。

6.4.5 鉴于高纯氢气、氧气、氮气、氩气的特性和纯度、杂质含量的严格要求，高纯氢气、氧气、氮气、氩气系统在第一次投运和运行过程中的检修、开车、停车时，均应按运行管理规程规定进行置换吹扫，将系统中残留的空气或气体吹除干净，并分析系统中氧含量达到规定值后，方可投入使用或检修动火、开车、停车。因此本条规定应设置置换吹扫设施。

7 建 筑 结 构

7.0.1 本条是参照现行国家标准《建筑设计防火规范》GB 50016 中生产的火灾危险性分类的规定，将氢气纯化站、氧气纯化站、非氢活化的惰性气体纯化站的生产火灾危险性类别分别规定为甲类、乙类和戊类。本条为强制性条文。

7.0.3 本条为强制性条文，制定的依据是：

1 由于氢气纯化站、采用氢气活化的惰性气体纯化站中有爆炸危险房间与氢气站的爆炸危险相似，所以参照现行国家标准《氢气站设计规范》GB 50177 中的有关规定，对氢气纯化站、采用氢气活化的惰性气体纯化站内有爆炸危险房间的结构设计作了强制性规定。

2 由于氢气纯化站、采用氢气活化的惰性气体纯化站的建筑面积一般不会太大，且均属于有爆炸危险房间，参照现行国家标准《加氢站技术规范》GB 50516 中的有关规定，制定了本款中氢气纯化站等有爆炸危险房间泄压面积设置的强制性规定。

3 参照现行国家标准《建筑设计防火规范》GB 50016 中的有关规定，本条规定有爆炸危险房间与无爆炸危险房间之间采用耐火极限不低于 3.00h 的不燃烧体隔墙分隔。若当设置防爆门斗相通时，应采用甲级防火门，门的耐火极限不应低于 1.50h。

4 据调查了解，现有电子工厂内氢气纯化站等有爆炸危险房间由于布置上的要求，可能会有管线穿过有爆炸危险房间与无爆炸危险房间之间的隔墙，为了防止易燃、易爆气体窜入其他房间而引发着火爆炸事故，作了本款的强制性规定。

7.0.4 鉴于氧气为强氧化性助燃气体，一旦泄漏易引发着火，将造成重大生命安全和财产损失事故，因此本条作为强制性条文予以规定。

7.0.5 本条规定了三方面的内容：一是为确保气体纯化站的安全稳定运行，一旦在运行过程中发生气体泄漏时，应及时进行自然通风、机械排风，为方便开启门窗有利于通风排气，所以规定"门窗均应向外开启"；二是为防止开关门窗时诱发爆炸着火事故的发生，本条规定有爆炸危险房间的门窗应采用撞击时不产生火花的材料制作；三是对其余房间的地面作出了规定。

7.0.6 氢气泄漏时，因其密度小，易积聚在顶棚上方，所以顶棚下空间的构造应有利于氢气的排出，使氢气易从通风装置导出。本条作为强制性条文予以规定。

8 采暖通风与空气调节

8.0.1 根据调研，目前电子工厂内气体纯化站的设置一般采用氢气纯化站与氢气活化的惰性气体纯化站合建，氧气纯化站与非氢活化的惰性气体纯化站合建，一旦泄漏，容易引发火灾事故的发生或迅速扩大火灾事故，故本条为强制性条文，强制性规定"不得采用明火采暖"。同时，强制性规定"应采用易于清除灰尘的散热器"则是为了防止因散热器聚集灰尘，引发着火事故。

8.0.2 本条的规定主要是考虑到气体纯化间操作人员的工作环境，也为了有利于仪器仪表和控制系统的运行稳定。

8.0.3 氧气和非氢气活化的惰性气体纯化间如发生氧气泄漏，极易导致火灾的发生；惰性气体的大量泄漏容易使气体纯化间内空气中氧气浓度降低，引发人员窒息事故。在国内电子工厂中发生过因氮气泄漏引发作业人员窒息死亡的案例，因此从安全角度出发，作出了本条规定。

8.0.4 氢气密度仅为空气的 1/14，极易扩散。在氢气纯化间、采用氢气活化的惰性气体纯化间内一旦发生氢气泄漏，容易在房间的顶部积聚，如果纯化间内通风不良，泄漏的氢气将可能达到着火爆炸极限，一旦遇火花就会立即引发着火爆炸事故。所以本条规定此类纯化间内设置自然通风装置，及时排除泄漏氢气，可以减少甚至防止氢气积聚引发的着火爆炸事故；但从安全可靠、稳定运行出发，同时应设有事故排风装置，并与纯化间内设置的氢气浓度检测报警装置连锁，确保纯化间内空气中氢气不可能达到着火爆炸极限，因此本条作为强制性条文予以规定。

8.0.6 由于气体纯度分析仪器的精度较高，一般对室内的环境条件有一定要求。据了解，目前国内建成的电子芯片工厂中，大部分的高纯气体纯度分析间的温度、相对湿度及其波动范围与本条的推荐性规定基本一致。

9 给水排水及消防

9.0.1 电子工厂的大宗高纯气体主要作为电子产品

生产工艺的反应气、运载气、保护气等，大部分用气设备不会因停止供气使设备造成损坏或引发安全事故，所以气体纯化站一般都可以采用一路供水。

9.0.2 大宗气体纯化站通常都是与制气站、供气站或用气车间毗连布置，为了节约用水和方便运行管理，纯化站的冷却水均采用循环水，本条还强调与所毗连的站房或厂房统一、集中设置循环冷却水系统。

气体纯化站应用冷却水的设备是各种类型的冷却器或冷却盘管，为防止结垢、堵塞，应采用软化水作为循环冷却水系统的补充水。为确保冷却水的供水品质，气体纯化站使用冷却水的设备入口应设水过滤器，出水口设水流观测装置或排水漏斗，作业人员可实时发现冷却水是否断水，并及时采取确保连续供水的措施。

9.0.3 由于氢气纯化间、氧气纯化间的使用情况和一旦发生气体泄漏带来的危险与氢气站、氧气站内的相关房间类似，所以本条参照现行国家标准《氢气站设计规范》GB 50177、《氧气站设计规范》GB 50030中的有关规定作了相应的规定。

10 电气及仪表控制

10.0.1 根据现行国家标准《供配电系统设计规范》GB 50052中规定的负荷分级划分规定，气体纯化站的各类设备在供电系统停电后一般不会发生损坏，为三级负荷。但由于高纯气体主要作为电子产品生产过程中的反应气体、运载气体等，若一旦停止供气可能导致某些用气设备会生产出次品甚至不合格的产品，在这种情况下，供电负荷等级宜提高。因此本条规定除中断供气将造成较大损失外宜为三级负荷。

10.0.2 气体纯化装置的控制系统是对气体纯化过程的阀门、电加热器和仪器仪表按规定程序进行控制。由于气体纯化站按三级负荷设置供电系统，所以一旦发生停电时将会发生气体纯化设备的控制系统尚未按规定程序将其处理到“安全状态”，本条规定“气体纯化站控制系统宜设置应急电源”，是为了确保在一定的时间内控制系统的正常供电。

10.0.3 由于氢气纯化站以及采用氢活化的惰性气体纯化站内的阀门、管路接头较多，因此纯化设备、管路系统应严格按照本规范和相关规范进行制作、安装和验收，在纯化站正常运行状态下不应发生氢气泄漏。参照现行国家标准《爆炸和火灾危险环境电力装置设计规范》GB 50058的有关规定，“氢气纯化站等有爆炸危险房间内的电气设施应按2区设防”。本条作为强制性条文予以规定。

10.0.4 气体纯化站的防雷、防静电和接地设计应与相应的制气站、供气站或用气车间的有关设施统一协同进行设计。在现行国家标准《氢气站设计规范》GB 50177中，对有爆炸危险房间和氢气管道的防雷、防静电接地等技术措施的设置作了明确规定。同时，还应符合现行国家标准《电子工程防静电设计规范》GB 50611的规定。

10.0.5 电子工厂的氢气纯化站、采用氢活化的惰性气体纯化站等有爆炸危险的房间，一般建筑面积不会太大，层高也不会太高，这类房间的电气设施的爆炸危险设防等级为2区，所以此类房间的照明设计应防止照明灯具选择不当或灯具安装位置不合理，在实际运行作业时不慎发生氢气泄漏，引发氢气着火爆炸事故，造成人身伤亡和经济损失，为此本条的第1款和第3款为强制性条款。

10.0.6 为方便气体纯化装置等设备运行管理和检查、维修，本条对应急照明、局部照明作了有关规定。

10.0.7 为确保气体纯化站内的电缆、导线安全稳定运行，在充分考虑纯化站内各类气体的特性后，参照现行国家标准《电力工程电缆设计规范》GB 50217制定了本条规定。

10.0.8 本条强制性规定应设置氢气泄漏报警装置。这里需强调的是空气中氢气浓度值0.4%（体积比）的规定必须严格执行，该值是按氢气在空气中的燃烧爆炸下限的10%确定的，此规定是国内外公认的限值，只能小于此下限值。在一些工程设计或实际运行中，采用空气中氢气浓度0.2%时报警并启动排风机，若空气中氢气浓度继续升高达0.4%时，停止生产运行，检查氢气泄漏处，经改正后按规定恢复生产运行，这种做法与本条规定基本一致。

10.0.9 在空气中氧气的正常浓度为21%，当氧气浓度高于或者低于此值，表明纯化站内有气体泄漏，为了避免作业人员窒息或发生着火燃烧事故，本条规定当空气中氧气浓度低于18%（体积比）或高于25%（体积比）时，氧气报警装置报警并自动开启事故排风机。

10.0.10 由于氧气的强氧化性，所有与氧气接触的仪器仪表一旦被油脂污染，可能引起着火事故，因此本条作为强制性条文予以规定。

10.0.11 本条规定设置的分析仪器主要是为了检测大宗气体纯化及输送系统是否达到设计和使用的要求，在第1款中强调“应按高纯气体输送系统分别设置”，即不能采取不同的高纯气体输送系统共用一台在线露点分析仪、微量氧分析仪；但若纯化装置或用气设备自带了这些分析仪表，则可不另外设置分析仪器。

10.0.12、10.0.13 这两条规定设置的计量仪表、压力检测仪表是为了确保高纯气体系统计量管理、安全稳定运行所需要的。高纯气体输送系统过滤器气体进、出口也可设置差压计。

11 施工及验收

11.1 一般规定

11.1.1 大宗气体纯化及输送系统内是高纯度、高品质的气体，为确保输送系统投入运行后的气体品质不会被污染，这类工程的施工步骤、施工工艺、施工组织、人员素质、人员安排等均应有较严格的要求。专项施工组织设计一般应包括施焊条件、机具准备、焊接工艺的详细说明、保证质量达标的检测仪器、测试流程说明等。

11.1.2 本条强调施工材料、部件的选择应符合设计文件所要求的性能及规格。

11.1.3、11.1.4 大宗气体纯化及输送系统工程的施工（含管道焊接等）除执行本规范外，一些通用性的要求等还应符合现行国家标准中的相关规定，以确保施工质量。

11.1.5 本条规定是基于高纯气体管道系统主要是采用BA或EP等不锈钢材质。

11.1.6 为确保高纯气体管道系统的施工质量，顺利进行工程验收，承接这类系统的施工单位均应根据工程特点配置相应的施工设备、计量仪器和检测设备；本条还强调这些施工、检测设备、仪器应经检定合格并在有效期内，以保证其使用、测试的准确性。

11.1.7～11.1.11 为确保大宗气体纯化及输送系统投入使用后能可靠、稳定运行，不仅要求气体纯化后达到所要求的技术指标，而且在高纯气体管道输送至用户处仍能满足用气设备的纯度、杂质含量的严格要求，对此施工所应用的设备、材料、附件、阀门等的质量至关重要，本规范的这五条较详细地规定了大宗气体纯化及输送系统的各种设备、材料、附件、阀门等进入施工场所必须的检查、检验要求，并对检查、检验的验收场所作了明确的、较严格的规定。

11.2 气体纯化站的施工

11.2.1 本条是对气体纯化站施工应具备的条件和施工安装的依据作出的规定。为避免气体纯化系统施工过程与土建施工等交叉作业或由于专业施工衔接不清，引起施工质量纠纷，强调工程设计文件和设备技术说明是施工安装的依据。气体纯化设备、附件（包括气体纯化器、气体过滤器、阀门等）一般在制造工厂出厂时已进行气密性试验，并对设备采取了必要的密封措施，为了防止这些设备及附件在运输过程中受损，所以规定了安装前应进行外观检查。

11.2.2 鉴于气体纯化装置的构造特点和配管、阀门较多，为确保气体纯化器能清洁、安全地搬运到安装现场，作了本条规定。

11.2.3 本条是根据气体纯化装置的特点，对其就位及安装等作出规定；由于这些设备的配管配线较多，条文中强调接管、接线的正确性。

11.3 高纯气体输送系统的施工

11.3.1 本条是高纯气体输送系统管道工程施工应具备的条件和对施工安装的依据作出的规定。

11.3.2、11.3.3 由于高纯气体输送系统的高洁净度要求，为防止高纯气体管道施工用材料在储存、搬运、预制和焊接过程中被污染，根据国内外高纯气体管道工程施工的实际状况，对施工材料、BA管材、EP管材的储存、搬运和预制作了相应的规定。

11.3.4 根据高纯气体输送系统工程的施工实际，不锈钢管道的切割通常使用专用切管器，较大管径的管道使用不锈钢管专用切割机，不允许使用氧炔焰和等离子切割，也不允许使用手工锯、砂轮切割机切割。切割过程应以高纯氩气通入管内吹扫，不得使用润滑油。切口断面应垂直、不变形、无毛刺，切割后应用专用平口机处理切面，并使用专用倒角器消除毛刺。切管作业时不得将管道外壁损伤，倒角作业时也不得将管道内壁损伤，目的就是为了确保不锈钢管的切割质量。

11.3.5 据了解，目前电子工业的高纯气体管道不锈钢管弯头的选择基本上是以管外径为12.7mm分界，本条按此要求对煨制弯头、成品弯头作了明确规定，并对煨制弯头的制作作了相应的规定。

11.3.6 高纯气体管道的焊接是确保施工质量的关键工序，制定本条的理由主要是：

1 焊接前作业指导书的编制以及焊接口编号、焊接主要参数等的记录是为了有利于施工质量检验人员对施工过程的监督、检查，有利于焊接质量的事后查验、追溯，为此作了本款规定。

2、3 为确保不锈钢管的焊接质量，避免由于焊接作业人员变化、焊接作业条件以及参数的变化等引起的焊接质量不一致，故在本条第2款、第3款中对焊接试验、焊接样品制作和合格认证等作了有关规定，这些规定是十分重要的，应严格、认真地执行。

4 自动焊机的焊接过程是由电脑按规定的程序进行控制，其焊机的电源工作参数应保持稳定，为此在本款推荐配置相应容量的稳压装置。

5、6 高纯气体输送用BA、EP管道的点焊是确保焊接质量的重要步骤，因此在本条的第5款、第6款中作了有关规定。

7、8 不锈钢管的预制长度不宜过长，一般是根据施工现场的作业空间、管道强度、支架的数量等因数确定，第7款、第8款为此作了相应的规定。

9、10 焊缝质量与其外观状态、焊管尺寸有关，本条第9款、第10款为此作了规定。

11.3.7 本条第1款～第7款是对高纯气体管道平行敷设的中心间距、支架间距、支架或固定支架的设置及其要求等作出的明确规定，这些规定是依据近年来国内电子工程高纯气体管道工程的施工实践得出的行之有效的安装方式或量化的数据，在高纯气体管道施工安装中应认真执行。

由于氧气的助燃、强氧化性特性，为避免着火事故的发生，在本条的第9款、第10款中对氧气管道、阀门、管件、垫片等作了强制性的脱脂或防止受到油脂污染的规定。

11.3.8 为防止洁净室内的空气洁净度受到由于隔墙或楼板上穿过的高纯气体管道的不严密、密封材料差而带来的影响，作了本条规定。

11.3.9 由于焊接作业不可避免会产生“火花”，应在施工现场按其具体条件或状态，采取相应的防火措施。

11.4 改、扩建工程的施工

11.4.1 改、扩建工程大多数情况下比新建工程应考虑更多的安全技术因素。改、扩建工程有时是边生产边施工，对危险部位、重点部位施工不仅要求施工的方案详细可行，而且还应编制应急预案，对潜在的危险因素提前预测，并向施工作业人员进行技术交底，必要时应进行培训。特别是与生产区有关的部位的施工作业，应与业主相关部门充分进行交流讨论，制定作业方案，并在业主技术人员的指导下进行施工。

11.4.2、11.4.3 高纯气体管道改、扩建工程施工作业前以及施工完成测试合格后，应对管道内的气体进行吹扫置换，并经检测合格，这是十分重要的安全运行的保证条件。

11.4.4 在电子工业企业中的高纯气体输送管道的大部分均需进入洁净室（区），洁净厂房的实测表明：洁净室（区）的主要污染源之一是作业人员带入的尘粒。为保持各类电子工业洁净室（区）内生产工艺必需的空气洁净度，加强进入洁净室（区）作业人员的管理，数量控制是十分重要的，为此本条根据国内高纯气体管道工程施工实践，作出了在不同洁净等级施工作业人员密度的规定。

11.5 工 程 验 收

11.5.1 目前气体纯化站的工程验收都是以“纯度测试”来考核设备、管道系统的工程质量是否合格。所谓“纯度测试”就是以实际运行时的工作气体在设计压力下通过气体纯化装置等，在气体纯化站出口端测试气体纯度、允许杂质含量等数据是否符合设计要求。

11.5.2、11.5.3 这两条是对大宗气体纯化及输送系统工程验收的目的、验收组织和验收前应具备的条件以及施工方应提供的文件资料等作出的规定。

11.5.4～11.5.6 高纯气体输送系统是指从气体纯化站纯化后的高纯气体经由管道送至用气设备的全部管路系统。本规范的这几条是在高纯气体输送系统安装后，对外观检查、焊缝检查以及强度试验、气密性试验、泄漏量试验或氦检漏试验以及吹扫、测试等程序作出的规定。许多实际工程的经验已经说明这些规定是行之有效的，在高纯气体输送系统工程施工中应认真执行。

11.5.7 本条是对高纯气体输送系统施工安装的强度试验、气密性试验、泄漏量试验的试验压力、试验气体、试验时间、试验范围和试验合格标准等作出的规定，其中泄漏率应按下式进行计算。

$$A=\frac{100}{t}\left(1-\frac{p_2 T_1}{p_1 T_2}\right) \tag{1}$$

式中：A——平均每小时泄漏率（%）；

t——试验时间（h）；

p_1、p_2——试验开始、结束时的绝对压力（MPa）；

T_1、T_2——试验开始、结束时的绝对温度（K）。

11.5.8 本条是对高纯气体管道的氦检漏作出的规定。由于近年来电子工业尤其是微电子产品生产工厂对大宗气体纯度、杂质含量要求十分严格，要求这类高纯气体管道施工安装完成后，宜采用氦检漏法对所有可能的泄漏点（如焊缝、阀门或接头处）均应进行氦检漏。

在本规范附录B中对氦检漏的内向检漏法、阀座检漏法和外向检漏法以及不同氦检漏方法的合格标准作了规定；在实际工程中应根据高纯气体管道状况，按系统泄漏点分别采用不同的氦检漏方法进行泄漏检测。

11.5.9 高纯气体输送系统经过各项试验合格后，应经过吹扫置换达到启用条件，本条是根据目前国内高纯气体输送系统工程施工的实际经验，对吹扫方式、吹扫气体品质、吹扫气体流速和吹扫合格要求等作了明确规定。

11.5.10 高纯气体输送系统的纯度测试也称“系统测试”，是此类工程验收的关键程序。它是确保系统投入运行后能满足用气设备处对气体纯度、允许杂质含量要求的主要技术措施。本条作出了与“系统测试”有关的项目，如测试气体、测试合格要求和颗粒、微量水分、微量氧分测试方式的规定。

中华人民共和国国家标准

液晶显示器件生产设备安装工程施工及验收规范

Code for construction and acceptance of liquid crystal display manufacturing equipment installation engineering

GB 50725—2011

主编部门：中华人民共和国工业和信息化部
批准部门：中华人民共和国住房和城乡建设部
施行日期：2 0 1 2 年 8 月 1 日

中华人民共和国住房和城乡建设部
公　告

第1160号

关于发布国家标准《液晶显示器件生产设备安装工程施工及验收规范》的公告

现批准《液晶显示器件生产设备安装工程施工及验收规范》为国家标准，编号为GB 50725—2011，自2012年8月1日起实施。其中，第3.8.20、5.4.2条为强制性条文，必须严格执行。

本规范由我部标准定额研究所组织中国计划出版社出版发行。

中华人民共和国住房和城乡建设部

二〇一一年九月十六日

前　言

本规范是根据住房和城乡建设部《关于印发〈2008年工程建设标准规范制订、修订计划（第二批）〉的通知》（建标〔2008〕105号）的要求，由中国电子科技集团公司第二研究所会同中国电子系统工程第二建设有限公司、中国电子工程设计院、信息产业电子第十一设计研究院有限公司等有关单位共同编制完成。

本规范在编制过程中，编制组在调查研究的基础上，总结国内实践经验，吸收近年来的科研成果，借鉴国外符合我国国情的先进经验，并广泛征求了国内有关设计、生产、研究等单位的意见，最后经审查定稿。

本规范共分5章和2个附录，主要内容包括：总则、术语、安装工程施工、设备试运行、工程验收等。

本规范中以黑体字标志的条文为强制性条文，必须严格执行。

本规范由住房和城乡建设部负责管理和对强制性条文的解释，工业和信息化部负责日常管理，中国电子科技集团公司第二研究所负责具体技术内容的解释。本规范在执行中，请各单位注意总结经验，积累资料，如发现需要修改或补充之处，请将意见和建议寄至中国电子科技集团公司第二研究所（地址：山西省太原市和平南路115号；邮政编码：030024），以供今后修订时参考。

本规范主编单位、参编单位、主要起草人和主要审查人：

主编单位：中国电子科技集团公司第二研究所

参编单位：中国电子系统工程第二建设有限公司

中国电子工程设计院

信息产业电子第十一设计研究院科技工程股份有限公司

主要起草人：晁宇晴　王开源　廉振华　金美华　黄文胜　郑秉孝　吴建华　王书霞

主要审查人：韩方俊　刘建勋　陈向真　王元光　衡永田　陈国平　何中伟　严　伟　万铜良

目　次

Contents

1 总 则

1.0.1 为规范液晶显示器件生产设备安装工程施工及验收，确保液晶显示器件生产设备安装可靠运行，制定本规范。

1.0.2 本规范适用于液晶显示器件生产设备安装工程的施工及验收。

1.0.3 液晶显示器件生产设备安装工程的施工及验收，除应符合本规范外，尚应符合国家现行有关标准的规定。

2 术 语

2.0.1 液晶显示器件 liquid crystal display device (LCD)

一种靠液晶态物质的液晶分子排列状态在电场中改变而调制外界光，实现显示功能的被动型发光显示器件。

2.0.2 清洗 cleaning process

利用化学试剂与吸附在玻璃基板表面上的杂质及油污发生化学反应及溶解作用，去除有害杂质或油污的工艺过程。

2.0.3 偏光片 polarizer

使特定方向的偏振光通过的光学材料，用于产生和检测偏光现象。

2.0.4 液晶灌注 one drop filling process (ODF)

在CF基板的封框胶内定量大密度地滴下液晶，利用液晶的表面张力流延使显示区内充满液晶。

2.0.5 高纯介质 high purity medium

液晶显示器件生产过程中使用的含水量小于5ppm的高纯气体及电导率小于0.1μs/cm的高纯水的统称。

2.0.6 电荷耦合器件 charge coupled device (CCD)

一种金属—氧化物—半导体结构的摄像器件，能存储由入射光在CCD像敏单元激发出的光信息电荷，并能在适当相序的时钟脉冲驱动下，把存储的电荷以电荷包的形式定向传输转移，实现自扫描，完成从光信号到电信号的转换。

3 安装工程施工

3.1 一 般 规 定

3.1.1 设备安装就位应按经批准的技术文件施工，修改有关技术文件应有相应单位的批准。

3.1.2 使用的搬运设备和工具，应完好、可靠、安全，使用前应进行检查、认定。

3.1.3 操作人员应经相应培训，并应取得相应的资格证书；特殊工种还应取得相应的上岗证。

3.1.4 设备安装环境条件应满足设计文件、工艺文件、技术标准和设备使用说明书的要求。

3.2 安装前设备的贮存

3.2.1 贮存液晶显示器件生产设备的仓库，应符合下列要求：

1 应清洁、干燥、通风，并无腐蚀性介质。

2 环境温度应为10℃～30℃。

3 相对湿度应小于80%。

4 空间高度、门的高度及宽度，应满足单体设备最大外包装箱搬入的要求。

5 应满足防静电操作系统要求。

6 地面应平整并满足叉车搬运最重设备的荷载要求，同时应留有设备出库时叉车的通道。

7 消防设施配置应符合现行国家标准《建筑消防设施的维护管理》GB 25201的有关规定。

8 液晶显示器件生产设备的贮存有温湿度要求时，还应满足温湿度的要求。

3.2.2 设备贮存应符合下列要求：

1 应根据绘制的设备放置平面图进行存放，存放宜按行、列有序排列，并应标注位置编号。

2 包装件应堆放在高于地面300mm的枕木上，严禁倒置，堆叠高度不应超过4.5m。

3 设备不得与腐蚀、易燃、易爆物品同时存放，不得接近火种。

3.3 施 工 条 件

3.3.1 生产设备安装应具备下列技术文件：

1 生产设备安装平面图。

2 设备清单及设备装箱单。

3 建设单位或设备制造商提供的设备安装、运行、维护技术文件及安装技术参数。

4 活动地板承载能力参数及设备搬运路径地板承载能力参数。

5 施工组织及施工方案。

6 设备有防微振要求时，还应有设备防微振基础、独立基础制作图。

3.3.2 设备安装前洁净厂房应符合下列要求：

1 空态验收应合格，且净化空调系统应连续正常运行24h以上。

2 照明系统应已正常工作。

3 人员净化室（包括风淋室）应已启用，并应有专人按洁净厂房管理制度进行管理。

4 建筑结构振动特性应已验收测试及分析合格，且应对防微振设施进行测试验收合格。

5 厂房内消防设施应已通过专项验收，并应已启用。

6 防雷接地设施应已通过专项测试验收。

7 防静电工作区的防静电设施应已通过专项测试验收。

3.4 施工准备

3.4.1 进入净化厂房的施工人员，应进行净化厂房设备安装作业培训，并应取得进入洁净区的通行证，进入净化间施工应严格按管理要求进行。起重工、焊工、电工等特殊工种，应按有关规定持证上岗。

3.4.2 安装搬运液晶显示器生产设备所使用的起重运输机具的使用与管理，除应符合现行国家标准《起重机械安全规程》GB 6067 的有关规定外，还应符合下列要求：

1 室外搬运用机具应性能良好、安全可靠，在能满足负荷要求的情况下，应采用尼龙吊带或锦纶吊带，当尼龙吊带或锦纶吊带的承载不能满足起吊设备重量要求时，应用钢丝绳外套尼龙软管作为吊索。

2 搭建设备搬入临时平台时，平台边长应大于最大设备包装箱的长边，并应留安全作业场地，平台整体上应略向室内倾斜，并应与室内地坪同高，且表面应平整。

3 洁净区安装用机具应为洁净区专用机具，机具外露部分不应产生发尘，或采取防止尘埃污染环境的措施，并不应与非洁净区混用。

3.4.3 洁净室（区）安装设备用材料应符合下列要求：

1 洁净室应使用无尘、无锈、无油脂，且在使用过程中不发尘的材料。

2 制作设备独立基础和地板加固用的碳钢型材，应经防尘处理。

3 设备垫板应按设计或设备技术文件要求制作。

4 不锈钢膨胀螺栓应有产品合格证书；不锈钢化学锚固螺栓除应有产品合格证书外，还应有使用说明书。

5 应以洁净无尘的板材、薄膜等材料保护洁净室（区）的建筑装饰表面。

6 用于嵌缝的弹性密封材料应有注明成分、品种、出厂日期、储存有效期和施工方法的说明书及产品合格证书，且不应含丙酮成分。

7 进入洁净室（区）的施工用文件、资料，应清洁处理或采用无尘专用纸。

3.5 设备开箱

3.5.1 设备开箱应有业主、监理、设备制造厂家和施工方的负责人员共同参加，进口设备还应有海关商检代表及国家检验检疫机关代表参加。

3.5.2 设备开箱拆除外包装可在设备搬入平台附近地面上进行，且应保留内包装。

3.5.3 设备开箱应使用专用开箱器械按开箱程序进行，不得用大锤击打开箱，不应将撬杠等器械插入箱内，拆下的包装材料应及时收集运离现场。

3.5.4 设备开箱前应检查包装箱有无损坏及损坏程度。设备开箱时，应作开箱记录。设备开箱检查记录的内容及格式，应符合本规范表 A.0.1 的规定。设备开箱后应检查内包装是否完好，有监视振动装置的精密设备，设备开箱后应及时检查装置，发现异常情况时应立即进行影像记录，并应提出处理意见。

3.5.5 设备内包装宜在气闸室拆除，拆除前应先用中央集尘系统或无尘室专用吸尘器、洁净布清除内包装表面的尘埃；拆除内包装后，应立即由参加开箱的各方代表共同进行设备的检查和清点，经检查无异常的设备应搬入洁净室就位。在拆除内包装后的作业过程中，不应损坏设备的表面及密封面。

3.5.6 设备开箱后，应按下列要求逐项检查：

1 设备应有铭牌、型号规格，并应与设备清单或技术参数表相符。

2 检查设备的外观和保护包装情况，有缺陷、损坏或锈蚀时，应做出记录。

3 应按装箱清单逐一清点零件、部件、工具、附件、附属材料和其他技术文件是否齐全，并应做出记录。

4 不需要安装或安装时不用的零件、附件、附属材料、工卡具和技术文件，应移交给使用单位保管。

5 发现设备有缺陷、损坏和锈蚀等情况时，应及时提出，并应通过有关单位共同检查。对于制造缺陷，应由使用单位通知制造厂家研究处理。

3.6 设备搬运

3.6.1 在室外搬运设备时，道路应平坦、畅通；搬运过程中，设备应平稳行进，不应有冲击现象。

3.6.2 有恒温恒湿和防微振要求的精密设备，应在厂房设备搬入平台上采用气垫搬运法从恒温恒湿箱内取出设备，并应采用气垫搬运法及时搬入洁净室（区）。

3.6.3 起吊旋转过程中，起重臂、钢丝绳或设备，应与架空线缆保持高于 1.5m 的安全距离。

3.6.4 设备从搬入平台经搬入口、气闸室至洁净室（区）安装就位的搬运时，所经路线的墙壁、墙角、门框、地面应做好保护，保护的材料应不发尘、不集尘。

3.6.5 起吊有内包装的设备时，应符合下列要求：

1 起吊使用的吊索应根据设备重量，按本规范第 3.4.2 条第 1 款的规定选用。

2 吊索捆绑位置应避开仪表及结构脆弱部位，起吊时应注意设备的重心，并应防止设备倾斜跌落。

3 设备起吊不宜过高。

4 起吊时应控制提升和下降速度，不得产生冲击、碰撞现象。

5 使用液压搬运车载运设备时，放置应平稳，且不应偏向一侧。

3.6.6 室内搬运设备宜采用液压手动搬运车；当搬运重大、精密设备时，宜采用平稳、可靠且省力的气垫搬运装置。搬运时操作人员应控制其行进速度，在起步、行进及停止时不应产生冲击振动现象。

3.6.7 当在活动地板上吊装设备时，宜采用龙门架、手动葫芦等起重装置，龙门架支脚应设置荷重分散板，并应核对活动地板的承载能力，不能满足起吊荷载时，应进行加固，并应编制吊装技术方案。

3.7 设备安装

3.7.1 设备的安装应符合下列要求：

1 设备各单元应合理配置。

2 设备的安装环境应与规定的环境要求一致。

3 安装设备时应满足设备人—机—环境工程方面的要求。

4 应按要求安装设备的接地系统。

5 设备的安装应牢固、可靠，运行后不得出现紧固件松动或磨损，以及部件或零件的永久性分离，应根据初步连接件的需要合理选择紧固件。沉头螺钉安装后不应突出被连接件表面。

6 安装时应注意保护设备表面、密封面不被损伤、划伤。

7 设备的安装布线应避免热传导或电磁干扰的影响。

3.7.2 设备安装场所应有符合要求的电源、气源、水源和接地点，并应无腐蚀性气体、无强气流，应有明亮照明光线。根据订货方产品的工艺要求，对安装场所提出洁净度要求，安装需要地基改建时，应提前提供地基图。

3.7.3 设备安装前应先对设备进行定位放线，应根据工程设计图纸在地板上放出设备的定位尺寸平面轮廓线，并应用水性记号笔划出记号，同时应经复核无误后，在设备轮廓转角处贴上醒目的L形彩色黏胶带，设备不应跨越地坪抗震缝、伸缩缝及沉降缝。

3.7.4 设备有防微振控制或承重要求时，还应对设备基础区域采取对应要求的防微振或承重的措施。

3.7.5 设备需独立基础，应采用碳钢镀锌材料或不锈钢材料制作独立基础的金属框架，外露表面应平整，上平面不平整度不应大于2mm。安装独立基础时，应首先拆除基础范围内的活动地板及支承结构，拆除的支承影响承重时，应做好加固。独立基础施工完成后，应补全基础周围的活动地板。基础边沿与活动地板之间的间隙，宜小于10mm，并应采用柔性胶条嵌缝。

3.7.6 独立基础安装水平误差不应大于2‰，且最大不应超过3mm，上平面应与活动地板的地平面齐平，允许误差为3mm。防微振基础的上平面水平误差不应大于1.5‰。

3.7.7 当设备需跨越壁板安装时，应根据设备安装所需的位置在壁板上开洞，开洞作业不得划伤、污染需保留的壁板表面或对洁净环境造成污染。设备安装后，四周间隙应采用铝合金型材和微孔泡沫带密封，其材质应与该厂房内装修所用材质一致。

3.7.8 设备定位时，应按要求确定好定位的基准面、线或点，确定后除设备找正、调平应在选定的测量位置上进行测量外，复查、检验时亦不得改变原测量的基准位置。设备定位的基准面、线或点对安装基准线的平面位置允许偏差，与其他设备无机械联系的设备为±10mm；与其他设备有机械联系的设备为±2mm。

3.7.9 固定安装的设备应留出空间。从机柜正面到和它相对的最近表面或障碍物的最小间隔，应大于最深的抽屉或最宽的门宽度200mm。

3.7.10 设备找正、调平的水平度或铅垂度，应符合设备技术文件的要求；成排同型号同规格的设备，其操作面应在同一直线上，安装偏差不宜大于5mm。

3.7.11 组装各部件时，应按有关技术文件的要求进行。

3.7.12 设备安装完成后应填写设备安装检验批质量验收记录，应按表A.0.2记录。

3.8 二次配管配线

3.8.1 二次配管配线应包括下列范围：

1 从各种给水、排水系统的一次管道至设备接口之间的配管。

2 从各种气体动力系统的一次管道至设备接口之间的配管。

3 从各种排风、排气系统的一次管道至设备接口之间的配管。

4 从生产动力终端配电盘至设备接口之间的配管配线。

3.8.2 二次配管不应包括特种气体系统、化学品供给与回收系统一次管道至设备接口之间的配管。

3.8.3 设备二次配管配线作业应在设备找正、调平并验收合格后进行。

3.8.4 二次配管的主材应符合设计要求，辅材应采用符合工艺要求，且密封性能好、不产尘的材料。

3.8.5 二次配管配线时，应根据现场实际情况对图纸进行空间整合设计，不应在操作面布设管线，在活动地板上开孔时，应符合现行国家标准《微电子生产设备安装工程施工及验收规范》GB 50467的有关规定。

3.8.6 当洁净室内需开洞时，不应影响承重结构，且开洞时不应污染洁净室。

3.8.7 输送大宗气体、非腐蚀性溶剂的不锈钢管，当采用焊接连接时，应采用钨极氩弧自动焊机施焊，其保护气体的纯度不应低于管网本底气体的纯度。

3.8.8 高纯介质的二次配管时，管道预制作业应在专门防尘、防静电的洁净室内进行，加工件应经洁净处理后密封搬入洁净厂房内进行安装，洁净室的洁净度等级不应低于5级。

3.8.9 高纯水管道不宜采用胶水粘接的连接方式，宜采用热熔融自动焊接的连接方式。

3.8.10 二次配管支、吊架应采用碳钢镀锌或不锈钢材料，切割端面应做防锈处理，安装应牢固可靠，管卡应与管子直径相匹配，不锈钢管与碳钢支架、管卡之间应分别设置隔离垫和隔离套管，隔离垫宜用软质聚四氟乙烯板，套管宜用聚乙烯软管。

3.8.11 二次配管的施工工艺应符合材质要求，在洁净室中施工时，不宜在洁净室（区）内进行锯、锉、钻、凿等作业，污染洁净室。

3.8.12 管子与设备连接时，不应使设备承受附加外力，并不得使异物进入设备元器件内。

3.8.13 二次配管采用软管时应符合下列要求：

1 纯水、压缩空气等的配管与设备连接应采用聚四氟乙烯、聚氨酯软管连接。

2 软管长度不宜大于1.2m。

3 应远离热源，当必须靠近热源时，应采取隔热措施。

4 软管相互之间及同其他物件之间不应摩擦。

5 硬管与软管的过渡接头应采用卡套式接头。

6 软管外径大于30mm时，软管的最小弯曲半径不应小于管外径的9倍；软管外径小于或等于30mm时，最小弯曲半径不应小于管外径的6倍。

7 软管接头与开始弯曲处的最短距离不应小于管外径的6倍。

8 软管不应有扭转变形现象。

9 软管的弯曲同软管接头的安装及其运动平面应在同一平面上。

10 软管承受急剧振动时，宜采用夹子夹牢。

3.8.14 二次配管标识应符合现行国家标准《工业管道的基本识别色、识别符号和安全标识》GB 7231的有关规定。

3.8.15 二次配管完成后，应进行压力试验，并符合下列要求：

1 试验介质应采用高纯氮气或氩气，试验气体纯度不应低于管网工作介质纯度，且不应采用水压试验。

2 待试管道与无关系统应已用盲板或采取其他措施隔开，待试管道上的安全阀、爆破板及仪表元件等应已拆下或加以隔离。

3 试验用压力表宜采用专用管道压力测试记录仪，采用压力表时精度不应低于1级。

3.8.16 压力试验应分为强度试验和气密性试验。强度试验应采用设计压力的1.15倍，保压3min，应以无损坏、无泄漏为合格。管道设计压力不大于0.6MPa时，气密性试验应采用设计压力的1.05倍，保压24h，应以无压降、无泄漏为合格。

3.8.17 二次配管压力试验开始时，应测量试验温度，试验温度严禁接近材料脆性转变温度。

3.8.18 当设计文件规定以卤素、氦气或其他方法进行泄漏性试验时，应符合现行国家标准《氦泄漏检测》GB/T 15823的有关规定。

3.8.19 二次配管压力试验完成后，应脱开设备进行冲、吹洗。冲、吹洗气体的纯度不应低于管网输送介质的纯度。

3.8.20 生产设备、电气配管、氢气配管、氧气配管的接地，必须与专用接地线连接。

3.8.21 二次配管压力试验和冲、吹洗完成后应填写设备二次配管压力试验、冲（吹）洗记录，应按表A.0.3记录；二次配管施工完成后应填写设备配管检验批质量验收记录，应按表A.0.4记录。

4 设备试运行

4.1 一般规定

4.1.1 设备单机调试及试运行应在设备安装和二次配管配线完成，并应经检验合格后进行。

4.1.2 设备单机调试及试运行应由建设单位组织实施。在设备安装与单机调试非同一单位时，单机调试应由生产厂或供货方进行，设备安装单位应协助；设备安装与单机调试为同一单位时，应由施工单位进行。

4.1.3 典型国产液晶显示器件生产设备单机试运行及验收范例，应按本规范附录B的要求执行。进口设备应按设备采购技术合同执行。

4.1.4 用于检测的计量器具和仪器、设备，应经国家法定计量检定机构检定合格或校准认可，并应在检定或校准有效期内。

4.2 试运行前的准备

4.2.1 设备试运行前应符合下列要求：

1 设备安装完毕，并验收合格。

2 设备所需各种气体动力配管配线应已与设备接通，各种介质的各项参数（包括纯度）应符合设备使用要求。

3 给水、排水、排气、排风应已与设备接通。

4 电气线路相位正确、接线端子连接应牢固、可靠，器件接线应正确，无短路、断路现象。

5　接地应正确、连接牢固、可靠。

6　房间洁净度、温湿度、照度、静电防护指标测试应合格。

7　室内各项安全设施和消防设施应满足使用要求。

4.2.2　设备安全性测试应符合下列要求：

1　应将绝缘电阻测试仪的正极端接至设备相线端，负极端接至设备机壳进行绝缘电阻测试，电源输入端与机壳之间应施加500V直流电压，并应稳定10s，绝缘电阻值应大于2MΩ。

2　应将耐压测试仪的高压端接至设备相线端，接地端接至设备机壳进行耐压测试，设备抗电强度应符合国家标准《测量、控制和实验室用电器设备的安全要求第1部分：通用需求》GB 4793.1的有关规定。

3　当开路电压超过规定的安全限值（36V）时，应使用一个串接1500Ω电阻的电流表与设备接地导体串联测量设备的泄漏电流，不应大于5mA。

4.2.3　设备噪声测试应采用声级计在设备水平面4个方向上，并应在离地高度1.2m，距离设备1m处进行测量。在人员操作位置以每天暴露时间8h计时，其等效连续A声级噪声不宜大于60dB。

4.3　设备试运行

4.3.1　设备试运行时，应将外接电源及接地与设备电源及各线路按设备电路图接好，应检查确认无误后再接通总电源。

4.3.2　在开机状态下，利用钳形电流表测量设备的电压、电流和功率时，应满足设备使用的要求。

4.3.3　设备调试时，应按产品规范或合同中规定的调试项目和步骤对设备进行调试，并应填写设备调试记录，按表A.0.5记录。

4.3.4　设备试运行合格后，应连续无故障工作48h，并应填写设备试运行记录，按表A.0.6记录。连续工作前、后应进行设备主要性能指标测试，测试结果应符合设备技术指标的要求。

5　工程验收

5.1　一般规定

5.1.1　液晶显示器件生产设备安装工程验收，可分为交接验收与竣工验收阶段。

5.1.2　液晶显示器件生产设备二次配管配线工程完成后，应对各系统进行检验，并应在合格后再进行交接验收。

5.1.3　液晶显示器件生产设备交接验收合格后应进行单机调试及试运行，并应在达到设备技术指标后再进行竣工验收。

5.1.4　设备应按合同规定进行提交。

5.1.5　订购方应具备检测所需的符合标准规定的检测仪器、试验设备、工具及试验场所。检测仪器和试验设备应在有效计量检定周期内。

5.1.6　设备安装施工单位应向建设单位提交工程质量验收记录，验收记录应按附录A的有关规定填写。

5.2　交接验收

5.2.1　建设单位应组织施工单位、设计单位组成验收组，并应根据施工合同、本规范及设备技术文件进行交接验收。

5.2.2　交接验收应按下列步骤进行：

1　设备找正、调平后进行设备安装交接验收。

2　设备配管配线完成后，进行配管配线交接验收。

5.2.3　液晶显示器件生产设备安装单位应提交下列资料：

1　设备安装工程施工合同。

2　主要材料合格证或质量保证书。

3　设备开箱检查记录。

4　设备安装检验批质量记录。

5　设备安装检验批质量记录及分项工程质量验收记录。

6　设备配管配线检验批质量记录及分项工程质量验收记录。

7　管道焊接检验记录。

8　设备二次配管压力试验、冲（吹）洗记录。

9　竣工图及设计变更文件。

10　工程质量事故处理记录。

11　设备随机技术文件。

5.2.4　液晶显示器件生产设备安装工程质量主控项目，应按下列要求和方法检查：

1　设备安装的平面坐标位置应符合设计要求。

检验方法：对照图纸用钢卷尺检查。

2　垫板安装位置应准确，接触应紧密、无松动现象。

检验方法：目测和用小榔头轻击垫板检查。

3　防位移、倾倒的压板设置方向应正确、紧固牢靠。

检验方法：对照设备安装使用说明书目测和用小榔头轻击压板检查。

4　特殊基础上平面不平度、安装水平度应符合设备正常使用要求，调整水平度的螺脚均应与垫板紧密接触。

检验方法：用水平尺和塞尺测量基础上平面不平度；用水平仪测量基础水平度，抽拉垫板检查接触紧密度。

5　设备安装的水平度、垂直度应符合设备安装使用说明书的要求。

检验方法：用水平仪测量。

6 二次配管的管材、阀门应符合设计要求，并应有产品合格证和产品质量证明书。

检验方法：查看设计图纸、产品合格证和产品质量证明书。

7 管线布置和走向应符合设计要求。

检验方法：对照图纸检查。

检验方法：目测或用钢卷尺测量。

8 管道支吊架间距应符合设计或国家现行有关标准的规定。

检验方法：观察或用钢卷尺测量。

9 二次配管压力试验应符合本规范第3.8.15条和第3.8.16条的规定。

检验方法：查看记录。

10 二次配管冲（吹）洗应按本规范第3.8.19条的规定进行，应用洁净白绸布检查，无污染物应为合格。

检验方法：查看记录。

11 二次配线的电线电缆规格、型号，应符合图纸要求；绝缘、相序应符合设备技术文件或现行国家标准《建筑电气工程施工质量验收规范》GB/T 50303的有关规定。

检验方法：对照图纸检查，用相应电压等级的兆欧表检查。

12 接地联接应正确可靠，并应符合现行国家标准《电气装置安装工程接地装置施工及验收规范》GB 50169的有关规定。

检验方法：观察检查或电阻测定。

5.2.5 液晶显示器件生产设备安装工程质量一般项目，可按下列要求和方法检查：

1 设备安装用的垫板表面应无尘无油，每组不应超过3块。

检验方法：观察或用白绸布擦拭检查。

2 设备跨壁板安装的密封应严密。

检验方法：目测，必要时进行夜间漏光检查。

3 防微振基础周围与活动地板之间应柔性接触，嵌入的柔性胶条应牢固。

检验方法：目测与手触检查。

4 有坡度要求的管道，其坡度应符合设计要求。

检验方法：拉线和尺量检查。

5 管材、附件和阀门用螺纹连接时，其螺纹应清洁规整、无断丝乱丝；镀锌件的镀锌层应无损伤、无锈斑；螺纹接口填料应无外露。

检验方法：目测检查。

6 法兰连接应符合下列要求：

1）对接同心、平行、紧密并与管中心垂直。

2）衬垫的材质应符合设计要求，且不应超过1层；螺栓露出螺母的长度应一致，宜露出3个螺距。

检验方法：目测检查。

7 不锈钢管与碳钢支吊架、管卡之间的隔离应无遗漏。

检验方法：目测检查。

8 阀门安装应符合下列要求：

1）型号、规格符合设计要求；

2）进出口方向正确；

3）手轮朝向合理。

检验方法：对照图纸检查型号、规格，观察检查安装的正确性。

5.2.6 设备交接验收应填写设备安装工程交接验收报告，按表A.0.7记录。

5.3 竣 工 验 收

5.3.1 建设单位应组织施工单位、供货单位、设计单位组成验收组，并应根据施工合同、设计文件、本规范及设备技术文件进行液晶显示器件生产设备安装工程竣工验收。

5.3.2 设备安装工程竣工验收时，调试单位应提供每台设备的单机调试及试运行记录。

5.3.3 验收组应对液晶显示器件生产设备安装工程的所有工程内容进行全面审核、检查，检查时应做好记录，各项指标符合设计要求应为合格。审查内容应包括设备安装、配管配线和设备技术指标。

5.3.4 验收组应对工程质量进行评价，并应提出验收结论，并应填写设备安装工程竣工验收报告，按表A.0.8记录，参加验收单位代表应在验收报告上签字认可。

5.3.5 液晶显示器件生产设备竣工验收合格后，可交付进行试生产。

5.4 验收不合格的处置

5.4.1 当液晶显示器件生产设备安装工程、设备二次配管配线安装工程质量不符合要求及设备工艺技术指标不符合要求时，应按下列要求处理：

1 经返工后的设备安装检验批、二次配管配线检验批应重新进行验收。

2 经返修后的分项工程仍能满足安全和使用性能要求时，可按技术处理方案和协商文件进行验收。

5.4.2 经返修仍不能满足安全使用和性能要求的分项工程不得验收。

附录A 工程质量验收记录用表

A.0.1 设备开箱检查记录的内容及格式应符合表A.0.1的规定。

表 A.0.1 液晶显示器件生产设备开箱检查记录

<table>
<tr><td>工程名称</td><td></td><td>工艺平面图号</td><td></td></tr>
<tr><td>设备名称</td><td></td><td>设备型号</td><td></td></tr>
<tr><td>国别、制造厂</td><td></td><td>设备序列号</td><td></td></tr>
<tr><td colspan="4">包装检查情况：</td></tr>
<tr><td colspan="4">技术文件交接情况：</td></tr>
<tr><td colspan="4">授受前倾斜是否超限：</td></tr>
<tr><td colspan="4">授受前振动是否超限：</td></tr>
<tr><td colspan="4">设备外观情况：</td></tr>
</table>

备品、附件及随机工具、量具、仪器明细清单

序号	名称	规格	单位	清单数	实收数	质量情况

清点零件、部件、附件数量有无缺少；质量有无缺陷、损坏锈蚀及对问题的处理意见：

建设单位： 代表（签章）： 年 月 日	供货商检： 代表（签章）： 年 月 日	检验检疫： 代表（签章）： 年 月 日	施工单位： 代表（签章）： 年 月 日

A.0.2 设备安装检验批质量验收记录的内容及格式 应符合表A.0.2的规定。

表 A.0.2 液晶显示器件生产设备安装检验批质量验收记录

<table>
<tr><td colspan="3">工程名称</td><td colspan="2"></td><td>生产设备
平面布置图号</td><td colspan="2"></td></tr>
<tr><td colspan="3">设备名称型号</td><td colspan="2"></td><td>设备位置编号</td><td colspan="2"></td></tr>
<tr><td colspan="3">施工单位</td><td></td><td>专业技术
负责人</td><td></td><td>项目经理</td><td></td></tr>
<tr><td colspan="3">执行标准及编号</td><td colspan="5"></td></tr>
<tr><td></td><td colspan="3">质量验收规范的规定</td><td colspan="2">施工单位检查评定记录</td><td colspan="2">建设单位验收记录</td></tr>
<tr><td rowspan="9">主控项目</td><td>1</td><td>平面位置</td><td></td><td colspan="2"></td><td colspan="2"></td></tr>
<tr><td>2</td><td>垫板安装</td><td></td><td colspan="2"></td><td colspan="2"></td></tr>
<tr><td>3</td><td>底脚固定</td><td></td><td colspan="2"></td><td colspan="2"></td></tr>
<tr><td>4</td><td>特殊基础上平面不平度</td><td></td><td colspan="2"></td><td colspan="2"></td></tr>
<tr><td>5</td><td>特殊基础水平度</td><td></td><td colspan="2"></td><td colspan="2"></td></tr>
<tr><td>6</td><td>特殊基础稳定性</td><td></td><td colspan="2"></td><td colspan="2"></td></tr>
<tr><td>7</td><td>特殊基础与活动地板洞口接触</td><td></td><td colspan="2"></td><td colspan="2"></td></tr>
<tr><td>8</td><td>设备水平度</td><td></td><td colspan="2"></td><td colspan="2"></td></tr>
<tr><td>9</td><td>设备垂直度</td><td></td><td colspan="2"></td><td colspan="2"></td></tr>
<tr><td rowspan="5">一般项目</td><td>1</td><td>特殊基础防锈</td><td></td><td colspan="2"></td><td colspan="2"></td></tr>
<tr><td>2</td><td>特殊基础标高</td><td></td><td colspan="2"></td><td colspan="2"></td></tr>
<tr><td>3</td><td>垫板洁净状况</td><td></td><td colspan="2"></td><td colspan="2"></td></tr>
<tr><td>4</td><td>每组垫板块数</td><td></td><td colspan="2"></td><td colspan="2"></td></tr>
<tr><td>5</td><td>设备跨壁安装密封</td><td></td><td colspan="2"></td><td colspan="2"></td></tr>
<tr><td>施工单位
检查结果
评定</td><td colspan="7">项目专业质量检验员： 年 月 日</td></tr>
<tr><td>建设单位
验收结论</td><td colspan="7">项目专业技术负责人： 年 月 日</td></tr>
</table>

A.0.3 设备二次配管压力试验、冲（吹）洗记录的内容及格式应符合表A.0.3的规定。

表A.0.3 液晶显示器件生产设备二次配管压力试验、冲（吹）洗记录

<table>
<tr><td colspan="2">工程名称</td><td colspan="2"></td><td>设备配管图号</td><td colspan="2"></td></tr>
<tr><td colspan="2">设备名称型号</td><td colspan="2"></td><td>设备位置编号</td><td colspan="2"></td></tr>
<tr><td colspan="2">施工单位</td><td></td><td>项目经理</td><td></td><td>专业技术负责人</td><td></td></tr>
<tr><td colspan="2">执行标准及编号</td><td colspan="5"></td></tr>
<tr><td rowspan="11">主控项目</td><td colspan="3">质量验收规范的规定</td><td colspan="2">施工单位检查评定记录</td><td>建设单位验收记录</td></tr>
<tr><td>1</td><td>配管材料、材质</td><td></td><td colspan="2"></td><td></td></tr>
<tr><td>2</td><td>管线布置、走向</td><td></td><td colspan="2"></td><td></td></tr>
<tr><td>3</td><td>管道焊接</td><td></td><td colspan="2"></td><td></td></tr>
<tr><td>4</td><td>支架、焊缝位置</td><td></td><td colspan="2"></td><td></td></tr>
<tr><td>5</td><td>支吊架间距</td><td></td><td colspan="2"></td><td></td></tr>
<tr><td>6</td><td>管道压力试验</td><td></td><td colspan="2"></td><td></td></tr>
<tr><td>7</td><td>配管冲（吹）洗</td><td></td><td colspan="2"></td><td></td></tr>
<tr><td>8</td><td>电线电缆规格、材质</td><td></td><td colspan="2"></td><td></td></tr>
<tr><td>9</td><td>电气线路绝缘</td><td></td><td colspan="2"></td><td></td></tr>
<tr><td>10</td><td>设备、管道接地</td><td></td><td colspan="2"></td><td></td></tr>
<tr><td rowspan="5">一般项目</td><td>1</td><td>管道坡度</td><td></td><td colspan="2"></td><td></td></tr>
<tr><td>2</td><td>螺纹连接</td><td></td><td colspan="2"></td><td></td></tr>
<tr><td>3</td><td>法兰连接</td><td></td><td colspan="2"></td><td></td></tr>
<tr><td>4</td><td>不锈钢管与碳钢隔离</td><td></td><td colspan="2"></td><td></td></tr>
<tr><td>5</td><td>阀门安装</td><td></td><td colspan="2"></td><td></td></tr>
<tr><td>施工单位检查结果评定</td><td colspan="6">项目专业质量检验员：　　　　年　月　日</td></tr>
<tr><td>建设单位验收结论</td><td colspan="6">项目专业技术负责人：　　　　年　月　日</td></tr>
</table>

A.0.4 设备配管配线检验批质量验收记录的内容及格式应符合表A.0.4的规定。

表A.0.4 液晶显示器件生产设备配管配线检验批质量验收记录

工程名称				设备配管图号		
设备名称型号				设备位置编号		
施工单位			项目经理		专业技术负责人	
执行标准及编号						
	质量验收规范的规定			施工单位检查评定记录	建设单位验收记录	
主控项目	1	配管材料、材质				
	2	管线布置、走向				
	3	管道焊接				
	4	支架、焊缝位置				
	5	支吊架间距				
	6	管道压力试验				
	7	配管冲（吹）洗				
	8	电线电缆规格、材质				
	9	电气线路绝缘				
	10	设备、管道接地				
一般项目	1	管道坡度				
	2	螺纹连接				
	3	法兰连接				
	4	不锈钢管与碳钢隔离				
	5	阀门安装				
施工单位检查结果评定	项目专业质量检验员：　　　年　月　日					
建设单位验收结论	项目专业技术负责人：　　　年　月　日					

A.0.5 设备调试记录的内容及格式应符合表 A.0.5 的规定。

表 A.0.5 液晶显示器件生产设备调试记录

设备型号、名称		设备编号		调试单位	
调试依据		调试环境	温度：	湿度：	其他：

一、调试所需仪器、设备

序号	名称	型号	测量范围	准确度	数量	编号	检定有效期	备注

二、调试情况

序号	调试项目及要求	调试结果	合格判定	调试人员	调试日期	备注

三、调试结论：

编制： 日期： 审核： 日期：

A.0.6 设备试运行记录的内容及格式应符合表 A.0.6 的规定。

表 A.0.6 液晶显示器件生产设备试运行记录

设备型号、名称		设备编号		调试单位	
试运行依据		试运行类型	单机试运行□ 联试□		

一、试运行所需仪器、设备

序号	名称	型号	测量范围	准确度	数量	编号	检定有效期	备注

二、试运行情况

试运行环境	温度：	湿度：	其他：

序号	试运行项目及要求	试运行结果	合格判定	操作人员	试运行日期	备注

三、试运行结论：

编制： 日期： 审核： 日期：

A.0.7 设备安装工程交接验收报告的内容及格式应符合表A.0.7的规定。

表 A.0.7 液晶显示器件生产设备安装工程交接验收报告

<table>
<tr><td>工程名称</td><td colspan="2"></td><td>合同编号</td><td colspan="2"></td></tr>
<tr><td>建设单位</td><td></td><td>开工日期</td><td></td><td>交接日期</td><td></td></tr>
<tr><td>施工单位</td><td></td><td>项目技术负责人</td><td></td><td>项目专业质量检验员</td><td></td></tr>
<tr><td>设备安装完成情况</td><td colspan="5"></td></tr>
<tr><td>二次配管完成情况</td><td colspan="5"></td></tr>
<tr><td>工程质量验收资料状况</td><td colspan="5"></td></tr>
<tr><td>质量控制资料状况</td><td colspan="5"></td></tr>
<tr><td>施工单位项目经理</td><td colspan="5">项目经理：
年 月 日</td></tr>
</table>

A.0.8 设备安装工程竣工验收报告的内容及格式应符合表A.0.8的规定。

表 A.0.8 液晶显示器件生产设备安装工程竣工验收报告

<table>
<tr><td>工程名称</td><td colspan="3"></td><td colspan="2">生产设备平面布置图号</td><td colspan="2"></td></tr>
<tr><td>施工单位</td><td colspan="2"></td><td>项目经理</td><td colspan="2"></td><td>项目技术负责人</td><td></td></tr>
<tr><td>分包单位</td><td colspan="2"></td><td>分包单位负责人</td><td colspan="2"></td><td>分包单位技术负责人</td><td></td></tr>
<tr><td>序号</td><td colspan="2">分项工程名称</td><td>检验批数</td><td colspan="2">施工单位检查评定</td><td colspan="2">验收意见</td></tr>
<tr><td>1</td><td colspan="2"></td><td></td><td colspan="2"></td><td colspan="2" rowspan="12"></td></tr>
<tr><td>2</td><td colspan="2"></td><td></td><td colspan="2"></td></tr>
<tr><td>3</td><td colspan="2"></td><td></td><td colspan="2"></td></tr>
<tr><td>4</td><td colspan="2"></td><td></td><td colspan="2"></td></tr>
<tr><td>5</td><td colspan="2"></td><td></td><td colspan="2"></td></tr>
<tr><td>6</td><td colspan="2"></td><td></td><td colspan="2"></td></tr>
<tr><td>7</td><td colspan="2"></td><td></td><td colspan="2"></td></tr>
<tr><td>8</td><td colspan="2"></td><td></td><td colspan="2"></td></tr>
<tr><td>9</td><td colspan="2"></td><td></td><td colspan="2"></td></tr>
<tr><td>10</td><td colspan="2"></td><td></td><td colspan="2"></td></tr>
<tr><td colspan="3">质量控制资料</td><td></td><td colspan="2"></td></tr>
<tr><td colspan="3">安全和功能检验（检测）报告</td><td></td><td colspan="2"></td></tr>
<tr><td colspan="2">感观质量验收</td><td colspan="6"></td></tr>
<tr><td rowspan="3">验收单位</td><td rowspan="2">建设单位</td><td rowspan="2">设备监理单位</td><td rowspan="2">设备供货方</td><td colspan="2">施工单位</td><td colspan="2" rowspan="2">设计单位</td></tr>
<tr><td>施工单位</td><td>包分单位</td></tr>
<tr><td>（公章）
项目负责人：
年 月 日</td><td>（公章）
代表：
年 月 日</td><td>（公章）
代表：
年 月 日</td><td>（公章）
单位负责人：
年 月 日</td><td>（公章）
单位负责人：
年 月 日</td><td colspan="2">（公章）
项目负责人：
年 月 日</td></tr>
</table>

附录B 部分国产液晶显示器件生产设备单机试运行及验收

B.1 等离子清洗设备

B.1.1 试运行前应符合下列要求：

1 环境温度应为－10℃～40℃，相对湿度应小于80％。

2 真空系统、气路系统、反应仓和管路的密封性，应符合产品要求。

3 应检查接地是否正确可靠。

4 应启动真空泵检查电机旋转方向是否正确。

5 反应仓内电极架的安装应符合使用的要求。

B.1.2 验收应符合下列要求：

1 电源频率、设备功率、射频电源功率、气体流量、反应仓尺寸、设备尺寸，应符合设备使用说明书的要求。

2 设备工作压力的检测，应用真空计测量，压力应达到10Pa～1000Pa。

3 设备极限压力的检测，应在不充入工作气体以及不产生等离子体的情况下，用设备本身配套的真空系统进行试验，在正常工作条件下启动真空泵，极限压力不应大于0.5Pa。

4 反应仓抽气时间的检测应在反应仓空载状态下，当反应仓内起始压力为一个大气压时，可启动真空泵抽气，到反应仓内压力达到技术文件中规定的工作压力所用的时间应为反应仓抽气时间，空载抽气时间不应大于25min。

5 反应仓升压速率的检测，应采用静态升压法测量，并应在反应仓充分除气情况下进行，当仓内达到极限压力后，应关闭真空系统各通气口的阀门，并应关停真空机组。升压速率应按下式计算，计算结果不应大于0.65Pa/min：

$$升压速率\ \Delta_p = (P_2 - P_1)/t \quad (B.1.2)$$

式中：Δ_p——升压速率（Pa/min）；

P_1——第一次读数时真空室内的压力（Pa）；

P_2——第二次读数时真空室内的压力（Pa）；

t——两次读数间隔时间不应少于30min，第一次读数应在关闭真空阀门后15min进行。

6 拓展值的测试应在清洗结束3min之内，在检测环境中可使用卡尺或工具显微镜测量纯净水在1Cr18Ni9Ti贴膜镜面不锈钢样片上的拓展，并应取3次拓展的平均值，直径不应小于6mm。

B.2 干燥炉

B.2.1 安装应符合下列要求：

1 干燥炉安装时应避免设备出入口正对门窗或风源。

2 干燥炉排风口大小的选择，应符合工艺曲线的要求。

B.2.2 试运行前应符合下列要求：

1 环境温度应为15℃～30℃，相对湿度应小于85％。

2 开机前应检查按钮均处在OFF状态，电源线连接应正确、可靠，气路连接应正确。

3 传递运行方式和传递速度应已选择，空气压力应已调整。

4 启动排风扇，应运转正常，并应根据工艺要求选择是否开启冷却风机。

5 设备进入加热状态并到设定温度后，应再稳定一定时间能否进入下一阶段工作状态。

B.2.3 验收应符合下列要求：

1 工件传输方式可分为网带式、铁氟龙带式、网链式、链条式。

2 传送速度检测时应给一定距离，应用秒表记录传送链、网带传送该距离所用的时间，再计算出传送速度，传送速度应根据具体产品确定，可无级调速。

3 温区和风冷区数可目视检查。

4 在恒温一定时间之后，应观察温度仪表实际值与设定值偏差，其控温精度应为±2℃。

5 升温时间应为温度范围内最低点到温控仪设定温度的时间，应用秒表检测，升温时间不应大于40min。

6 用数字温度巡回检测仪检测温度不均匀性时，应为±5℃。

7 干燥温度应根据浆料的要求确定，但不应大于150℃。

8 使用性能的测试应根据现行国家标准《电热设备的试验方法 第1部分：通用部分》GB 10066.1的有关规定进行，并应将WJQ-3温度记录仪的热电耦和基板一同进入炉膛内的方法进行测试，温度记录仪应用K型热电耦，其耦丝直径宜为0.1mm～0.3mm，测试后应将温度记录仪数据输入计算机或专用温度曲线数据处理机，应显示或打印出基板随传送带运行形成的温度曲线，并应满足使用性能的要求。

B.3 划线机

B.3.1 试运行前应符合下列要求：

1 环境温度应为15℃～35℃，相对湿度应小于85％。

2 开机前应确认伺服电机输出轴与机械连接处的螺杆无松动，电缆配线及气源配管应无外力压迫，工作台上应无残渣，工作台上的油封应无外漏。

3 当玻璃定位销边线与导轮轨迹不平行时，应进行工作台的角度调整。

4 应根据具体情况对光学监控系统能进行位置调整。

5 应根据技术要求调整刀头的压力和切深。

6 在切割前应调整真空吸附压力，玻璃应吸附在工作台面上。

7 系统启动后应进行空压检查，应使原点复位，并可按提示进行尺寸输入和画线操作。

B.3.2 验收应符合下列要求：

1 工作台验收应用钢卷尺测量，其有效尺寸应符合产品具体要求。

2 画线精度应用游标卡尺测量，其精度应符合产品具体要求。

3 画线速度应用秒表测量，应符合产品具体要求。

4 电源应为交流单相 220V±10%、频率 50Hz，功率应符合产品具体要求。

5 压缩空气应在开机状态下接通气源，并应通过调压阀调节，目测压力表的气压应为 0.4MPa～0.7MPa。

6 裂板检测应取与工作台尺寸相同的玻璃板，并应输入各项参数进行自动画线，裂板后应用卡尺测量长度和宽度，应符合尺寸要求。

B.4 裂片机

B.4.1 试运行前应符合下列要求：

1 环境温度应为 15℃～35℃，相对湿度应小于 85%。

2 电源电压应为 220V±10%，频率应为 50Hz。

3 压缩空气压力应为 0.4MPa～0.7MPa。

4 工作台吹气压力应为 0.2MPa～0.3MPa。

5 当刀头与工作台上的定位销不平行时，可进行工作台的角度调整。

6 可根据要求调整刀头的升降速度和压力。

B.4.2 验收应符合下列要求：

1 用钢卷尺测量工作台尺寸时，其有效尺寸应符合产品具体要求。

2 工作台运行速度应用计时器测量，应符合产品具体要求。

3 应在开机状态下接通压缩空气气源，应通过调节调压阀，目测压力表的气压应为 0.4MPa～0.7MPa。

4 用游标卡尺测量裂片的长度和宽度时，应符合产品具体要求。

B.5 液晶灌注机

B.5.1 安装应符合下列要求：

1 安装前应用酒精清洗真空室及各连接部件，且应干燥后再进行安装。

2 设备安装完毕后，真空泵应安放平稳，底部应垫橡胶板减震，应将水平仪放置在真空室底面，并应通过调节机架的 6 个支脚，调整设备水平。

3 应装好真空测量规管，且应与真空计连接好。

B.5.2 试运行前应符合下列要求：

1 环境温度应为 20℃～25℃，相对湿度不应大于 85%。

2 检查气路接头不应有漏气现象。

3 应接通罗茨泵冷却水，并应检查有无进出水，且各接头不应有漏水现象。

4 真空室内不应有粉尘和杂物。

5 应调平工件架，每层篮具相对每层工件架均应平行。

6 检查升降盘上、下限位开关位置应正确，动作应可靠，升降盘行程应正确，在运转过程中工件架间不应有碰撞现象。

7 开机前应先判断机械泵、罗茨泵的转向是否正确，不正确时不得运行真空机组。

8 升降机构运行应自如。

9 开机前应将水压调为 0.15MPa～0.20MPa，气压应调为 0.4MPa～0.7MPa。

B.5.3 验收应符合下列要求：

1 真空室的温度应用数字温度巡回检测仪设定、控制和调节，其温控精度应为±3℃。

2 抽气应符合下列要求：

1）慢抽气阶段打开机械泵、排气阀，通过慢抽管路进行抽气，根据产品的不同工艺要求，抽到所需压力。

2）快抽气阶段视产品性能、工艺要求，在机械泵抽到一定压力后，再打开罗茨泵。

3 充气应符合下列要求：

1）慢充气阶段关闭罗茨泵、关闭排气阀，打开慢充气阀，通过慢抽管路开始充气。

2）快充气阶段，真空室内压力达到设定压力值后，可打开快充气阀。

4 电源应为三相交流 380V±10%、频率 50Hz，功率应符合产品具体要求。

5 自动功能应符合下列要求：

1）设定注入定时、排气定时及真空度，将“手动、自动”按钮切换到自动，升降机构回复到初始位置。

2）按下“启动”按钮，机械泵、排气阀开，真空计到设定值时，罗茨泵开；排气时间到设定值，升降机构上升、下降；设定时间到，排气阀关闭，罗茨泵停，慢充气阀打开；达到设定气压时，快充气阀打开；达到大气压时，快充气、慢充气阀关闭；注入时间到设定值时，升降机构运行到初始位置，报警提示一个周期完成，消除报警。

6 真空室抽气速率测试应采用设备配用的数字式真空显示仪，在真空室空载状态下，应通过真空传感器进行测量，应用计时钟监视抽气时间。打开机械泵开始计时，应按抽气线路对真空室进行抽真空，抽气速率应达到设备技术规格书指标。

B.6 整平封口机

B.6.1 试运行前应符合下列要求：

1 环境温度应为15℃～30℃，相对湿度应小于85%。

2 电源应为三相交流380V±10%、频率50Hz。

3 压缩空气应为0.5MPa～0.7MPa。

4 开机前应检查气路，连接应正确、畅通。

5 排风管直径应大于150mm。

B.6.2 验收应符合下列要求：

1 电源接通后在手动状态下应符合下列要求：

1）测试整平座翻转、运行动作正常；

2）UV灯点亮后设备不应有光外泄；

3）用UV照度计测量UV固化灯光照强度，应符合设备技术规格书指标；

4）测试UV固化灯移动正常；

5）检查UV灯箱光栅门开闭自如。

2 应将“手动、自动”开关置于手动位置，设备应具备手动设置加压压力、回压压力、加压时间、回压时间、固化时间等参数的功能。

3 应将“手动、自动”开关置于自动位置上，应按动“启动”按钮，设备应按程序控制自动运行，且应具有联锁、互锁、急停报警的功能，以及自动加压、自动回压、自动开启UV灯等的功能。

B.7 磨边机

B.7.1 安装还应符合下列要求：

1 应调整机架底部4个地脚螺栓使机架上部水平，并应用水平仪测量，调整水平后，应锁紧螺栓。

2 手动调试后，自动运行前应按原点复位。

B.7.2 试运行前应符合下列要求：

1 环境温度应为15℃～35℃，相对湿度应小于85%。

2 电源应为单相交流220V±10%、频率50Hz。

3 压缩空气应为0.4MPa～0.7MPa。

4 水源应为纯净水0.05MPa～0.2MPa。

5 开机前大、小带轮的底面应在同一个平面上。

6 应根据要磨的玻璃片的厚度调节砂轮的前后及上下位置，检查要磨削的玻璃片的尺寸应同显示屏上设定的数值一致。

7 在磨削玻璃前应开启冷却泵。

B.7.3 验收应符合下列要求：

1 工作台尺寸及行程应用钢卷尺测量，其有效尺寸应符合产品具体要求。

2 定位台行程及砂轮调整值应用千分表测量，其精度应符合产品具体要求。

3 砂轮额定转速应用机载仪表测量，应符合产品具体要求。

4 应在开机状态下接通气源，并应调节调压阀，目测压力表的气压应为0.4MPa～0.7MPa。

B.8 偏光片切片机

B.8.1 试运行前应符合下列要求：

1 环境温度应为15℃～35℃，相对湿度应小于80%。

2 电源应为三相交流380V±10%、50Hz。

3 设备安装完毕后，应用水平仪找平，调整地脚使主传动体安装垫板面水平，并应调整梁上平面与垫板平行在0.1mm以内。

4 送料系统调整应用水平仪找平直线导轨，两导轨共面应小于0.03mm，应调整丝杆轴承座，丝杆及导轨平行度应小于0.03mm。

5 调刀应采用硬纸板试切，应根据刀梁组件上安装的百分表读数，调整调刀螺杆，并应调整切刀的上下位置，切刀与梁之间平行误差不应大于0.25mm。

B.8.2 验收应符合下列要求：

1 开机状态下，每个尺寸段内应任意取两组不同尺寸（包括最小尺寸和最大尺寸）输入设备系统，应切割偏振片或厚度0.2mm～0.5mm的硬纸，利用游标卡尺和工具显微镜测量时，应符合切片准确度要求。

2 开机运行状态应利用计时器通过人工计数方式计算切割速度，应为25次/min～80次/min，并可根据切片宽度自动调整切片速度。

3 开机状态下应接通气源，并应调节设备调压阀使压力表气压为0.5MPa～0.7MPa。

B.9 偏光片贴片机

B.9.1 试运行前应符合下列要求：

1 环境温度应为15℃～35℃，湿度应小于80%。

2 电源应为单相交流220V±10%、频率50Hz，功率应符合产品具体要求。

3 开机前应将各气缸速度及各传感器位置调节好，且前、后位及上、下位不应调错或互换。

4 压力开关、光纤传感器、送料时间、电机调速器应调节或设定好。

5 真空系统应畅通，贴片头侧面的工艺孔上的密封胶带应完好。

6 4个支脚应升起并锁紧，并应保证2个定位气缸同步运动；应保证传送部件横、纵向调节灵活且间距合理。

7 贴片胶辊表面应洁净并完好，并应能保证胶辊与运动平台平行，各个传送辊子应运转灵活、无死点。

8 空气净化器的油雾器里应有油。

9 基片和偏振片应合格，可根据LCD基片调节平台的侧定位条，并可根据偏振片大小调节偏振片吹气管的位置。

10 开机后应依序进行平台真空调节，贴片真空调节，贴片胶辊调节，上胶带、放置并定位调节偏振片，调节基片等步骤后再进行贴片操作。

B.9.2 验收应符合下列要求：

1 用游标卡尺测量贴片精度，应符合产品具体要求。

2 用秒表测量贴片速度，应符合产品具体要求。

3 开机状态下应接通气源，并应通过调节设备调压阀使压力表气压为0.5MPa～0.6MPa。

B.10 除 泡 机

B.10.1 试运行前应符合下列要求：

1 环境温度应为15℃～30℃，相对湿度应小于85%。

2 电源应为三相交流380V±10%、频率50Hz。

3 加压检查管道、炉门和阀门的密封性应良好。

4 电源接通后，各仪表应正常工作，风扇转向应正确。

5 开机前气路连接应正确、畅通，工作气压调节应为0.4MPa～0.7MPa。

6 各按钮功能应正常，门开关应灵活。

B.10.2 验收应符合下列要求：

1 加热功率应符合设备技术规格书指标。

2 应根据产品工艺要求，用压力开关和调压阀、电接点压力表设定压力值，并应用其测量工作室压力，设定的压力值不应大于设备技术规格书中允许的最高压力。

3 使用温度控制仪检测设备的升温速率及控温精度时，应符合设备技术规格书指标。

4 应根据产品工艺要求设定所需工作温度，设定温度不得超过设备允许的最高温度。

5 应根据产品工艺要求，用时钟测量定时器设定值，设定值应为0～999h。

B.11 预 压 机

B.11.1 试运行前应符合下列要求：

1 环境温度应为15℃～30℃，相对湿度应小于85%。

2 开机前，检查电气所有的按钮应处于"OFF"态，供电、供气应正常。

3 电气线路接通后，电传感器测试软件应运行正常。

4 原点返回后，可在触屏上选择自动、单步、手动操作或进行数据设定。

B.11.2 验收应符合下列要求：

1 验收的试验条件应为在开机状态下，用下列尺寸的玻璃基板和IC芯片进行实验：

1）玻璃基板（25～150）mm×（20～120）mm×（1.2～2.8）mm。

2）集成电路芯片（4～25）mm×（1～6）mm×（0.3～0.8）mm。

2 电源应为三相交流380V±10%、频率50Hz、功率5kW。

3 在触摸屏上设定压焊时间，压接1个芯片的周期应为11s左右（以主压焊时间5s计算）。

4 压接长度应为5mm～30mm，宽度应为2.0mm～6.0mm，对位精度应为长L±0.3mm、宽W±0.15mm，温度范围应为室温～120℃，压接压力应为9.8N～98N，压接时间应为0.1s～30s，时间调节间隔应为0.1s，压接头平面误差为±5μm。

5 芯片预压焊对位精度X±5μm（3δ）、Y±5μm（3δ）、压头温度范围室温～100℃、焊接压力9.8N～49N，控温精度±5℃、压焊时间0.1s～30s（时间调节间隔0.1s）、底座平台误差不应大于±3μm。

6 芯片主压焊对位精度X及Y与Θ不应大于±5μm（3δ）、±0.02°、温度范围室温～350℃、控温精度应为±5℃、焊接压力9.8N～294N、头部平面误差和底座平面误差不应大于±3μm、压焊时间应为0.1s～30s，时间调节间隔应为0.1s。

7 ACF、预邦定、主邦定对位精度测试是将玻璃基板ACF贴附、预邦定、主邦定后，用设备上的CCD来观察精度是否符合要求。

B.12 紫外光固化机

B.12.1 试运转前应符合下列要求：

1 环境温度应为15℃～30℃，相对湿度应小于85%。

2 通风管道连接好后应畅通无阻。

3 各连接螺栓不应松动。

4 网带上（工作区）不应放置除被照物外的其他杂物。

5 应关闭所有的门，且箱体四周门的密封性应良好。

B.12.2 验收应符合下列要求：

1 关机状态下，利用钢卷尺进行测量时，光照区尺寸、传送带区间尺寸、进料口高度，应符合设备技术规格书指标。

2 在带速一定的情况下，应根据照度计测得的光强、光积量调整灯的高度，应符合工艺要求。

3 网带速度可由调速器设定，开机状态下，应用秒表进行测量，传送带带速应为 0.012mm/s～0.120mm/s 无级调速。

4 开机状态下，应利用数字温度巡回检测仪测量炉内温度，应符合设备技术规格书指标。

5 电源应为三相交流 380V±10%、频率 50Hz。

本规范用词说明

1 为便于在执行本规范条文时区别对待，对要求严格程度不同的用词说明如下：

1） 表示很严格，非这样做不可的：
正面词采用“必须”，反面词采用“严禁”；

2） 表示严格，在正常情况下均应这样做的：
正面词采用“应”，反面词采用“不应”或“不得”；

3） 表示允许稍有选择，在条件许可时首先应这样做的：
正面词采用“宜”，反面词采用“不宜”；

4） 表示有选择，在一定条件下可以这样做的，采用“可”。

2 条文中指明应按其他有关标准执行的写法为：“应符合……的规定”或“应按……执行”。

引用标准名录

《建筑电气工程施工质量验收规范》GB/T 50303

《微电子生产设备安装工程施工及验收规范》GB 50467

《测量、控制和实验室用电器设备的安全要求　第1部分：通用要求》GB 4793.1

《起重机械安全规程》GB 6067

《工业管道的基本识别色、识别符号和安全标识》GB 7231

《电热设备的试验方法　第1部分：通用部分》GB 10066.1

《氦泄漏检测》GB/T 15823

《建筑消防设施的维护管理》GB 25201

中华人民共和国国家标准

液晶显示器件生产设备安装工程施工及验收规范

GB 50725—2011

条 文 说 明

制 定 说 明

《液晶显示器件生产设备安装工程施工及验收规范》GB 50725—2011，经住房和城乡建设部2011年9月16日以第1160号公告批准发布。

本规范按照实用性原则、先进性原则、合理性原则、科学性原则、协调性原则、规范化原则制定。

本规范制定过程分为准备阶段、编制及征求意见阶段、送审阶段和报批阶段，编制组在各阶段开展的主要编制工作如下：

准备阶段：起草规范的开题报告，重点分析规范的主要内容和框架结构、研究的重点问题和方法，制定总体编制工作进度安排和分工合作等。

编制及征求意见阶段：编制组根据审定的编制大纲要求，由专人起草所负责章节的内容。各编制人员在前期收集资料的基础上分析国内外液晶显示技术现状和液晶显示器件生产设备安装施工、搬运、安装就位及工程验收的实际经验，然后起草规范讨论稿，并经过汇总、调整形成规范征求意见稿初稿。

在完成征求意见稿初稿后，编写组组织了多次会议分别就重点问题进行研讨，并进一步了解国内外相关技术现状以及设备安装情况，在此基础上对征求意见稿初稿进行了多次修改完善，形成了征求意见稿和条文说明。并由信息产业部电子工程标准定额站组织向全国各有关单位发出"关于征求《液晶显示器件生产安装工程施工及验收规范》意见的函"，在截止时间内，共有6个单位返回105条有效意见和建议，编制组对意见逐条进行研究，于2010年5月份完成了规范的送审稿编制。

送审阶段：2010年7月13日，由工业和信息化部规划司在上海组织召开了《液晶显示器件生产安装工程施工及验收规范》（送审稿）专家审查会，通过了审查。审查专家组认为，该规范技术内容达到了当今国内液晶显示器件生产设备安装工程领先水平，较好体现了国内液晶显示器件生产设备安装工程施工中新技术、新工艺、新设备的应用成果和先进经验。填补了国内液晶显示器件生产设备安装工程的空白。本规范的实施对促进液晶显示器件生产设备安装工程的规范化，推动液晶显示器件生产领域的技术进步将起到积极的作用，具有较好的经济效益和社会效益。

报批阶段：根据审查会专家意见，编制组认真进行了修改、完善，形成报批稿。

本规范制定过程中，编制组进行了广泛深入的调查研究，总结了我国液晶显示器件制造工程建设领域的实践经验，广泛征求了国内有关设计、生产、研究等单位的意见，最后制定出本规范。

为便于广大设计、施工、科研、学校等单位有关人员在使用本规范时能正确理解和执行条文规定，《液晶显示器件生产安装工程施工及验收规范》编制组按章、节、条顺序编制了本规范的条文说明，对条文规定的目的、依据以及执行中需要注意的有关事项进行了说明。但是，本条文说明不具备与规范正文同等的法律效力，仅供使用者作为理解和把握规范规定的参考。

目　次

1 总 则

1.0.1 由于节能、环保、轻薄和便于携带等特点，在数字显示时代，液晶显示器件已广泛应用于手机、移动DVD、工控仪表、个人电脑监视器、数码相框、笔记本电脑、显示屏和液晶电视等数字终端产品。自2007年以来，中国液晶显示产业发展的主要特点是，产品发展迅速，并呈现多元化发展的趋势；产品链建设取得明显进展；中、小尺寸生产线十分活跃；整机企业开始介入上游领域；中、西部地区的平板显示产业开始起步，这些都为液晶显示器件生产设备的研发和生产提出了更大需求。随之，投资规模逐年扩大，近年来国产液晶显示器件生产设备已进入大生产线，并逐步替代进口。目前液晶显示器件的主流技术是薄膜晶体管液晶显示器（TFT-LCD)。

TFT-LCD是使用薄膜晶体管有源矩阵型的液晶显示器件。为满足液晶显示器多路驱动性能，在每个显示像素位置制作一个薄膜场效应三极管（薄膜晶体管），通过对薄膜场效应管的控制，控制驱动液晶显示器的像素，可以大大改善液晶显示器性能。TFT-LCD是一种三端有源器，a-Si-TFT-LCD是目前技术最为成熟、生产规模最大的平板显示器件。TFT-LCD是一种可以实现视频、真彩、高品质图像显示的液晶显示器，在手机、个人掌上电脑、车载导航仪、笔记本电脑、个人台式电脑、高清晰度电视以及公共显示中被广泛采用。

由于液晶显示器件生产设备属于专用生产设备，其生产、包装、搬运、运输、储存、安装、调试等对人、机、料、法、环和检测诸方面都有不同于其他设备的特殊要求。搞好该类设备的安装工程施工与质量验收，才能确保其可靠运行，从而生产出高质量的产品，并提高其生产效率、经济效益和社会效益，以促进电子信息产业的又好又快发展和社会进步。

1.0.2 本条规定了该规范的适用范围。对于液晶显示器件生产设备，主要是进行阵列、成盒和模组等三个工艺过程，具体包括清洗与干燥、光刻、取向排列、制盒、切割、灌注液晶、目测、电测、贴片、上引线、包装等工艺设备。有关专家指出，目前国内企业应从TFT-LCD后序设备入手，重点是在TFT-LCD移载设备、清洗设备、摩擦线设备、COG设备和TFT薄膜沉积设备等方面形成配套能力，积极开展6代面板生产线阵列等前道工艺设备的研究开发，重点提高湿（干）法刻蚀机、液晶灌注机等研制水平。涉及的液晶显示器件生产设备有：清洗机、干燥炉、磨边机、划线机、裂片机、液晶灌注机、邦定机、光固化机、整平机、偏光片除泡机、偏光片贴片机、预压机等，该规范将适用于这些设备和其他相应设备。

3 安装工程施工

3.1 一 般 规 定

3.1.1 微电子生产设备是按生产流程布置，其位置由工艺决定，不能任意更改，故规定应按批准的技术文件施工，修改有关技术文件应有相应单位的批准。

3.2 安装前设备的贮存

3.2.1 本条对普通液晶显示器件生产设备中转库的结构及库内环境要求作出规定。对液晶显示器件生产设备中转库的消防设施作出的规定，是因为液晶显示器件生产设备一般比较贵重，应有可靠的消防设施，避免因发生火灾造成巨大损失。对特殊液晶显示器件生产设备用中转库还应设置恒温恒湿存放间来满足特定的温湿度要求，但在编制施工作业计划时应尽可能安排将这类设备直接搬入洁净厂房安装就位。

3.2.2 本条对普通液晶显示器件生产设备的贮存要求作出规定。目的在于保证设备出库时不致因设备存放混乱而造成倒库，增加设备损坏的风险，浪费设备出库的时间，这也是保证设备安装进度的措施之一。明确规定不得与腐蚀、易燃、易爆物品同时存放，不得接近火种的要求，其目的除从人身及设备的安全考虑外，设备的价格特别昂贵也是重要原因。所以在设备安装的任何一个环节，对设备的安全都是重点考虑的问题之一。此外，有特殊贮存要求的设备按技术文件的要求进行贮存。

3.3 施 工 条 件

3.3.1 本条列出了液晶显示器件生产设备安装工程施工应具备的技术文件。其中除施工组织及施工方案由施工单位提供外，其余的技术文件应由建设单位提供。

3.3.2 本条提出洁净厂房空态验收合格，且净化空调系统连续正常运行24h以上，目的是保证各洁净室（区）的洁净度、温湿度、房间压差等环境参数达到设计要求，从而满足液晶显示器件生产设备在洁净室（区）安装就位后对环境的要求，所以将这一条定为液晶显示器件生产设备搬入安装的基本条件之一；安装生产设备时，人流已进入受控阶段，为确保洁净室（区）净化指标不被破坏，人员进入洁净室（区）应经过已启用的风淋室，其他临时入口一概封堵，故条文规定人员净化室已启用，并应有专人按洁净厂房管理制度进行管理；建筑结构振动特性已验收测试及分析合格，以及规定要先对防微振设施进行测试验收，目的是为满足有防微振设备的要求；规定厂房内消防设施应已通过专项验收，并应已启用，是要求在设备搬入前厂房的消防设施、防雷设施及防静电设施已安装验收完成，防止设备搬入以后发生火灾或雷击情况无法对设备进行有效保护，以及满足设备对环境的静电要求。

3.4 施工准备

3.4.1 本条对进入洁净厂房设备安装的作业人员、技术人员及管理人员作出规定，其中包括净化施工培训、特殊工种持证上岗、着装要求、限制人数要求，作业人员、技术人员及管理人员安装前需熟悉的技术资料及有关注意事项。这些规定的目的均是为确保洁净厂房环境参数不受破坏，也是确保工艺产品达到设计能力的前提，所以这些规定均很重要，施工人员应严格执行。

3.4.2 为防止对洁净室（区）和开箱后的设备造成污染，凡在洁净室（区）内使用的设备如手动液压搬运车、搬运坦克车、门式起重架、手动葫芦、薄型千斤顶、起道器、镀锌撬杠、橡胶垫块或经防尘处理的垫木、水平尺、框式水平仪或合像水平仪、冲击电钻、手电钻、铝合金人字梯、无尘室专用吸尘器等都应遵守本条第1款规定。第2款对室外搬运用机具从可靠性及吊具的强度、索具的柔软性方面提出要求，防止在捆绑和吊装、运输中对设备造成损伤。

3.4.3 本条对安装设备用的材料作出规定，其中第1款～第6款的核心内容是为防止任何材料上附着的尘埃、铁锈、铜锈、油腻被带入洁净室（区）而破坏工艺环境所作的相关规定；并要求所用材料在使用过程中也不生锈、不散发尘埃，使用的紧固件、易老化的密封材料应有产品合格证都是出于同一目的；第7款是对进入洁净室（区）的文件资料的要求。

3.5 设备开箱

3.5.1 本条明确了开箱责任人员的组成，目的在于设备一旦发现问题，便于分析产生的原因、分清责任，作出正确的处理意见。

3.5.2 本条对拆除外包装的地点作出规定，是为避免在地面拆除外包装后进行垂直吊运对设备增加的风险；规定要保留内包装的目的是不让室外空气中尘埃污染设备。

3.5.3 本条对设备开箱的步骤和应注意的事项作出了明确的规定，是确保生产设备安全的措施之一。

3.5.4 本条提出设备拆除外包装箱以后，要检查内包装是否完好，对设有监视振动装置的精密设备，还要检查其装置是否发生过异常情况，并在出现异常时应留下法律认可的证据，以此作为是否还要对设备作进一步检查的依据之一。

3.5.5 本条规定了拆除内包装的场所，同时规定了拆除内包装后应立即由参加开箱的各方代表共同进行检查和清点，发现异常时应及时照相或录像，为分析、解决问题留下有效依据；设备拆除内包装后应尽快搬入洁净室（区），这是因为设备裸露以后不允许长时间置于亚洁净的气闸室。

3.5.6 本条对设备开箱后需要检查的事项作出了规定，并明确要求及时办好附件、技术文件移交手续，做好详细记录，做到有据可查。

3.6 设备搬运

3.6.1、3.6.2 这两条是保证液晶显示器件生产设备在室外搬运过程中，任何一个环节都不得产生对设备安全有害的振动而作出的相关规定。设备搬运除应遵守本规范的规定外，还应遵守《工程建设安装工程起重施工规范》HG 20201 的相关规定。

3.6.3 国家现行标准《起重机械安全规程》GB 6067 中规定，在架空输电线路一侧工作时，不论在任何情况下，起重臂、钢丝绳或重物等与 1kV 以下架空输电线路的最近距离不小于 1.5m。

3.6.4 条文对搬运通道采取的防护措施作出规定，包括为防止对搬运通道、墙、地面的刮伤而采取的铺垫措施和防止损坏架空地板结构、确保设备安全搬运到位而对地板提出的加固要求，如搬运路线上地面承载能力不足的应做好加固工作，加固材料应符合洁净室使用要求；当需拆除门框或墙板时，拆除后应做好保护且及时恢复。

3.6.5 在拆除外包装的情况下起吊、搬运有内包装的设备时，对设备造成损伤的可能性增大，条文对其作业过程提出了必要的要求，这些规定不但保证了设备不被空气污染，也确保了设备搬运的安全。

3.6.6 从平稳性和省力的角度考虑，气垫搬运法是在平地搬运精密、重型设备较理想的方法，但由于其装置价格相对昂贵且利用率低，使用尚不普遍。

3.6.7 由于活动地板的承载能力有限，在活动地板上吊装设备，要根据设备重量和地板结构情况编制安全可靠的吊装技术方案。

3.7 设备安装

3.7.2 对液晶显示器件生产设备的安装环境作出了规定，安装环境应和规定的环境要求相一致，是为了避免设备间的相互干扰。

3.7.3 放线不能用一般机械设备采用弹墨线的方法，而采用贴标记的方法，目的是为了不污染工艺环境；设备不应跨越地坪伸缩缝及沉降缝是为了防止因伸缩缝或沉降缝的位移发生变化导致设备损坏。

3.7.4～3.7.6 液晶显示器件生产设备如曝光机等各种精密设备，它们的安装，是否采用良好的防微振措施，对它们的性能影响很大，是能否充分发挥设备所具特性的关键。条文仅就精密设备的防微振基础和重型设备的独立基础的制作、安装要求按近十几年的经验作出基本的规定。

3.7.7 壁板开洞是供设备跨室安装用，壁板被划伤不仅降低观感质量，更为重要的是会导致生锈、产尘，因此规定不得划伤壁板表面。不得污染板面是指经切割加工的板面不应留有粉尘、油腻等污染物，但在加工过程中难免不受到污染，所以在搬入洁净室（区）前应清除干净，对油污可用长纤维擦布沾中性溶剂清除，就不至于损伤表面。因间壁两侧的房间的洁净度级别和压差都不同，对设备跨间壁安装后的密封提出要求，是为了不破坏房间的洁净度和压差。

3.8 二次配管配线

3.8.1、3.8.2 条文对二次配管配线的范围作出了明确的规定。二次配管配线与一次管线工程的施工要求基本相同，因此二次管线工程除遵守本节规定外，还应遵守现行国家标准《洁净厂房设计规范》GB 50073中的配管工程、电气工程及净化空调工程的相关规定；二次配管中的压力管道虽然数量小，但仍然存在严重的安全隐患，所以规定还应执行国务院颁发的《特种设备安全监察条例》的相关规定。

3.8.3 规定了二次配管配线必须在设备找平、调平验收合格后再进行，主要是为了减少因设备移位而造成的二次配管配线拆除与重接。

3.8.5 二次配管配线明管较多，设备周围管线布置得不合理，将给设备的使用和维修带来不便，还可能占用操作人员的活动空间，为避免这类情况的发生，规定管线的走向和排列应按二次配管配线图施工。

3.8.7 液晶显示器件生产用的大宗气体为高纯度气体，如被污染，对电子产品质量影响很大，甚至不能生产出合格的电子产品，钨极氩弧自动焊不仅焊缝成型好，又能确保管子内外壁不被氧化，是目前较普遍使用的理想的焊接方式，故在条文中规定输送大宗气体、非腐蚀性溶剂的不锈钢管，当采用焊接连接时，应采用钨极氩弧自动焊机施焊。

3.8.8 高纯介质二次配管应先在专设的防尘、防静电的洁净小室内预制成组件，再搬入洁净厂房安装，其目的是将洁净厂房内的施工焊接作业减至最少。为使组件在预制过程中不受到污染，要求洁净小室具有必要的洁净度，严格地讲，洁净小室的洁净等级应与其安装场所的洁净等级相同，但这在国内目前条件尚不成熟，因此，在条文中采取适中的做法，即洁净小室的洁净度不应低于5级。

3.8.10 为防止碳钢支吊架生锈污染洁净室（区），条文明确规定碳钢支架应采用镀锌材料或不锈钢材料；支吊架制作时的切割端面常被忽视而未做防锈处理，故在条文中明确规定切割端面要做防锈处理。

3.8.11 二次配管配线是在洁净室（区）已经达到生产要求的工艺环境内进行的，这时环境不允许受到污染，因此禁止锯、锉、钻等轻度发尘作业，但在实际施工中并不能完全排除这些发尘作业，当个别情况不可避免时，应在作业前做好围护，并在作业时用中央集尘系统或无尘室专用吸尘器不间断地吸除尘埃。

3.8.13 十几年的工程实践发现，大多数洁净厂房设备的二次配管都会采用PFA、PU管等软管，故本条对设备二次配管采用软管的安装作出了要求。软管的弯曲同软管接头的安装及其运动平面在同一平面上，是为了防止扭转。若不能满足弯曲半径、移动行程及4%的余量时，应增加硬管长度。若软管两端的接头需在两个不同的平面上运动时，应在适当的位置安装夹子，把软管分成两部分，使每一部分在同一平面上运动。

3.8.15 本条对二次配管的压力试验作出规定，是考虑到液晶显示器件厂房的封闭性和对人员及设备的潜在危险。虽然二次配管的管程相对较短，也不能忽视压力试验，所以规定二次配管的管程中有焊缝或其他连接接头，且设计压力大于0.1MPa时应做压力试验。对有毒、可燃及有腐蚀性介质的管道还应做气密性试验。根据液晶显示器件厂房的禁水要求和管内无杂质的要求，压力试验、气密性试验和泄漏性试验的试验介质应为高纯惰性气体，不得采用水压试验。

3.8.16 根据实践经验，气压试验的试验压力为1.15倍设计压力，0.6MPa是个重要界限。当设计压力超过0.6MPa时，应按设计文件进行试压，或拟定安全技术措施经建设单位同意后进行。进行管道压力试验，应缓慢升压和稳压，防止升压过快使管道因受力不均产生有害振动或发生爆炸。保证试验持续时间是进行气密性试验的前提，其所以确定为24h，是根据经验和进行气密性试验的目的确定的。当试验气体升到规定压力后保持24h后进行检测，可完全查出管道的密闭性。持续时间短于24h，对于细微的缝隙可能查不出来；大于24h会增加人力物力，造成浪费。

3.8.17 由于气压试验的最大风险在于温度太低，本条规定试验时应先测量试验温度，严禁试验温度接近材料脆性转变温度。

3.8.19 二次配管的压力试验完成后，除排风、排气管外应进行冲（吹）洗。对于无毒、非可燃气体管道，可用管网本底气体进行冲、吹洗。

3.8.20 因为接地是确保液晶显示器件生产设备能正常运转，并确保厂房、生产设备及人员安全的措施，所以将此条列为强制性条款，要求设备安装施工人员必须严格执行。

4 设备试运行

4.1 一般规定

4.1.2 本条规定液晶显示器件生产设备单机调试及试运行的组织和分工是根据现实情况沿用目前普遍的

做法制定的。因为微电子生产设备安装、二次配管配线及设备单机试运行专业性特别强，往往需要几个单位共同完成。主要是由生产厂或设备供货单位进行生产设备调试，安装单位配合进行，所以由建设单位组织生产厂或设备供货方为主进行较为合适。

4.1.3 鉴于目前国内液晶显示器件生产技术水平有限，本条中所列出的典型国产液晶显示器件生产设备只涉及成盒工程和模块工程的设备。其中成盒工程的主要工艺有：清洗、配向膜、摩擦、液晶灌注、涂封框胶、真空贴合、加热固化、切割、磨边和检测等；主要国产生产设备有等离子清洗设备、干燥炉、划线机、裂片机、液晶灌注机、整平封口机、磨边机、紫外光固化机等。模块工程的主要工艺有：清洗、贴偏光片、除泡、键合、焊接、背光源组装、老化和检测等，主要国产生产设备有偏光片切片机、偏光片贴片机、除泡机、预压机等。

4.1.4 本条所指的法定计量检定机构是指质量技术监督部门依法设置或者授权建立并经质量技术监督部门组织考核合格的计量检定机构。

本条所涉及的通用检测器具有：

1） 钢卷尺。测量范围：0～5m；准确度：1mm。

2） 游标卡尺。测量范围：0～300mm；准确度：±0.02mm。

3） 耐压测试仪。测量范围：0～5000V；准确度：±1.5%。

4） 绝缘电阻测试仪。测量范围：0～50000MΩ；准确度：±3%。

5） 钳形电流表。测量范围：交流电压 0～600V；准确度：±（1.2%±5）。

交流电流 0～400A；准确度：±（1.8%±5）。

6） 数字多用表。测量范围：0～750V（AC）；准确度：±（1%+5）。

7） 压力数显仪。测量范围：0～50kg；准确度：±5%。

8） 温湿度计。测量范围：温度：−20℃～40℃；准确度：±1℃。

湿度：0～100RH%；准确度：±5%RH。

9） 数字声级计。测量范围：35dB～130dB；准确度：0.1dB。

10） 秒表。测量范围：0～999h；准确度：0.001s。

11） 数字温度巡回检测仪。测量范围：−200℃～1600℃；准确度：±0.2℃。

12） 千分尺。测量范围：0～1mm；准确度：±0.001mm。

4.2 试运行前的准备

4.2.1 本条列出液晶显示器件生产设备单机试运行应具备的环境、动力、安全设施等必备条件，只有这些条件均具备方可进行单机试运行。

4.2.2 安全性测试。

1 绝缘电阻测试：设备的电源输入端与机壳之间（电源开关置于接通位置）用绝缘电阻测试仪500V 直流电压，稳定 10s，有绝缘要求的外部带电端子与机壳之间的绝缘电阻在正常大气条件下应不小于100MΩ，在潮湿环境条件下应不小于 2MΩ。

2 耐压测试：除使用低压元、器件的电子、电气电路或另有规定外，设备电源输入端子与机壳之间（电源开关置于接通位置）、有绝缘要求的外部带电端子与机壳之间，以及其他有绝缘要求的载流电路与机壳之间应有足够的绝缘抗电强度。设备抗电强度应符合现行国家标准《测量、控制和实验室用电器设备的安全要求　第1部分：通用要求》GB 4793.1 的规定。试验时，不应发生击穿、飞弧和闪烁等现象。

3 泄漏电流测试：设备工作期间，其金属外壳（包括外壳上的金属构件）与地之间的开路电压超过规定的安全限值（36V）时，应测量外壳与地之间的泄漏电流。

4.2.3 设备噪声测试。设备不应产生有损于人员听力和心力的强噪声。对于限制噪声以避免对器件生产产生影响的设备，噪声测试按产品规范或合同的具体要求进行。声级计用 A 声级、慢速挡。然后计算平均值。

4.3 设备试运行

4.3.2 根据液晶显示器件生产设备需要，选择 380V 或 220V 交流电源供电。设备应具有良好的电源适应性，以保证设备在电源电压或频率变化时能正常工作。若无其他规定，当电源电压在额定值的 90%～110%、电源频率在额定值的 95%～105%范围内变化时，设备变化时，设备应满足规定的性能指标要求；当电源电压为额定值的 80%时，设备应能工作（性能指标允许下降到规定值）；当输入电压为额定值的 115%时，设备不应损坏。

设计液晶显示器件生产设备时应尽量提高设备效率、降低功耗。对于所使用的工作气体应做到充分利用，气源管路精简、气流畅通、密封良好、保证整个系统稳定高效地运行。具体要求在产品规范中规定。

5 工程验收

5.1 一般规定

5.1.1 交接验收是指对生产设备安装及二次配管配线的质量进行检测和评定。竣工验收是在设备单机试运行后对生产设备技术性能进行检验、评定。本条规定液晶显示器件生产设备安装工程分为交接验收和竣工验收两个阶段进行，并明确了各阶段的工作内容和责任范围。这也是因为液晶显示器件生产设备安装、二次配管配线及设备单机试运转专业性特别强，往往需要几个单位来共同完成。

5.1.2 阐明交接验收应具备的条件。

5.1.3 阐明竣工验收应具备的条件。

5.1.4 设备单机试运行后的竣工验收以每个供货合同设备作为一个竣工验收单元，这是为便于设备安装工程竣工验收所作出的规定。因为液晶显示器件生产设备品种多、数量多，这些设备来自不同的生产厂家，而设备单机试运行工作是以设备生产厂家为主的，所以这样划分更具有操作性。

5.2 交接验收

5.2.1 液晶显示器件生产设备安装工程交接验收是安装单位按本规范要求将质量合格的工程移交给建设单位的过程。提出建设单位应及时组织验收组核实安装单位提交的安装工程交接验收报告的符合性。

5.2.3 规定了施工单位应向建设单位提交的技术资料，当有2个以上施工单位分别承担设备安装及二次管线安装时，由各施工单位提交其施工范围的相关技术资料。

5.2.4、5.2.5 提出液晶显示器件生产设备安装工程质量主控项目和一般项目的质量要求和检验方法，这并不是在办理交接验收时对所列检查项目都要一一进行检查，而是要求施工单位按此要求在施工过程中应做的工序质量检查，并应做好质量记录。交接验收时，主要是查看检查记录，当有必要抽验或怀疑记录的真实性时，应用相同的检查方法对怀疑项目进行复查。交接验收实际上就是安装施工结束办理交接手续。

5.3 竣工验收

5.3.2 对于分为二阶段验收的竣工项目，设备调试单位应提供设备试运行记录。采取一阶段验收的竣工项目，施工单位除应提供设备试运行记录外，还应提供本规范第5.2.3条规定的资料。

5.4 验收不合格的处置

5.4.1 本条规定了当验收质量不符合要求时的处理办法。当检验批验收时，其主控项目不能满足本规范验收要求或设备技术文件要求时应进行整改。应允许施工单位采取相应措施重新验收。重新验收符合原验收要求应认为该检验批合格。当检验批验收时发现缺陷，经整改后虽不能完全达到设计或设备技术文件的全部要求，但能满足安全和使用功能，为避免更大的损失，在不影响安全和主要功能的条件下，可按处理技术方案和协议文件进行验收，但责任方应承担经济责任。

5.4.2 当分项工程存在严重质量缺陷，经返修后仍不能满足性能要求和安全使用要求的，并且在一定范围内降低技术指标后也达不到接收允许的条件时，应当严禁验收。本条作为强制性条款，必须严格执行。

中华人民共和国国家标准

工业设备及管道防腐蚀工程施工规范

Code for anticorrosive engineering construction of industrial equipment and pipeline

GB 50726—2011

主编部门：中国工程建设标准化协会化工分会
批准部门：中华人民共和国住房和城乡建设部
施行日期：2 0 1 2 年 6 月 1 日

中华人民共和国住房和城乡建设部
公　告

第1142号

关于发布国家标准
《工业设备及管道防腐蚀工程施工规范》的公告

现批准《工业设备及管道防腐蚀工程施工规范》为国家标准，编号为GB 50726-2011，自2012年6月1日起实施。其中，第3.1.5、3.1.7、15.0.5、15.0.9（3、4、6）、15.0.10（4、5、6）、15.0.11（2、3、4、5、6、7）、15.0.12（3、6）、15.0.14、16.0.1（4）、16.0.2（6）、16.0.3（4）条（款）为强制性条文，必须严格执行。

本规范由我部标准定额研究所组织中国计划出版社出版发行。

中华人民共和国住房和城乡建设部

二〇一一年八月二十六日

前　言

本规范是根据原建设部《关于印发〈2006年工程建设国家标准制订、修订计划（第二批）〉的通知》（建标〔2006〕136号）的要求，由中国石油和化工勘察设计协会和全国化工施工标准化管理中心站会同有关单位共同编制完成的。

本规范在编制过程中，编制组经广泛调查研究，认真总结实践经验，参考有关国际标准和国外先进标准，并在广泛征求意见的基础上，最后经审查定稿。

本规范共分17章和4个附录，主要内容是总则、术语、基本规定、基体表面处理、块材衬里、纤维增强塑料衬里、橡胶衬里、塑料衬里、玻璃鳞片衬里、铅衬里、喷涂聚脲衬里、氯丁胶乳水泥砂浆衬里、涂料涂层、金属热喷涂层、安全技术、环境保护技术措施、工程交接等。

本规范中以黑体字标志的条文为强制性条文，必须严格执行。

本规范由住房和城乡建设部负责管理和对强制性条文的解释，由中国工程建设标准化协会化工分会负责日常管理，由全国化工施工标准化管理中心站负责具体技术内容的解释。本规范执行过程中如有意见或建议，请寄送全国化工施工标准化管理中心站（地址：河北省石家庄市桥东区槐安东路28号仁和商务1－1－1107室；邮政编码：050020），以便今后修订时参考。

本规范主编单位、参编单位、参加单位、主要起草人和主要审查人：

主 编 单 位： 中国石油和化工勘察设计协会
全国化工施工标准化管理中心站

参 编 单 位： 中国化学工程第三建设有限公司
上海富晨化工有限公司
华东理工大学
中国二十冶集团有限公司
山西省防腐蚀学会
中油吉林化建工程有限公司
沁阳华美有限公司
温州赵氟隆有限公司
上海瑞鹏化工材料科技有限公司
大连化工研究设计院
中冶建筑研究总院有限公司
凯迪西北橡胶有限公司
兰州瑞麟防腐有限责任公司
杭州顺豪橡胶工程有限公司
湖北华宁防腐技术股份有限公司
上海沪能防腐隔热工程技术有限公司

参 加 单 位： 中化二建集团有限公司
上海市闵行区科协腐蚀专业委员会
沁阳平原胶泥厂
上海化坚隔热防腐工程有限公司
上海顺缔聚氨酯有限公司

主要起草人： 芦　天　李相仁　陆士平　黄金亮
杨友军　侯锐钢　陈鸿章　陈国龙
柴华敏　王永飞　王东林　李彦海
姜景波　谢　刚　李　烨　张庆虎
石文明　余　健　崔维汉

主要审查人： 何进源　唐向明　沈悦峰　沈志聪
张诗光　余　波　王　娟　潘施宏
刘全好　于汉生　庄继勇　王　逊
王瑞军　王丽霞　李靖波　陈庆林

目　次

Contents

1 总　　则

1.0.1 为提高工业设备及管道防腐蚀工程的施工水平，加强防腐蚀工程施工过程的质量控制，保证工业设备及管道防腐蚀工程施工质量，制定本规范。

1.0.2 本规范适用于新建、改建和扩建的，以钢、铸铁为基体的工业设备及管道防腐蚀衬里和涂层的施工。

1.0.3 用于工业设备及管道防腐蚀工程施工的材料，应具有产品质量证明文件，其质量不得低于国家现行有关标准的规定。

1.0.4 产品质量证明文件应包括下列内容：

1 产品质量合格证。

2 质量技术指标及检测方法。

3 材料检测报告或技术鉴定文件。

1.0.5 需要现场配制使用的材料，应经试验确定。经试验确定的配合比不得任意改变。

1.0.6 工业设备及管道防腐蚀工程的施工，应按设计文件及本规范的规定执行。当需要修改设计、材料代用或采用新材料时，应经原设计单位同意。

1.0.7 工业设备及管道防腐蚀工程的施工除应符合本规范外，尚应符合国家现行有关标准的规定。

2 术　　语

2.0.1 加热硫化橡胶衬里　lining of heat sulphurized rubber

将未经硫化的胶板用胶粘剂贴在受衬设备上，经加热（高压蒸汽、常压蒸汽、热水、热空气）硫化形成的衬里。

2.0.2 自然硫化橡胶衬里　lining of natural sulphurized rubber

将未经硫化的胶板用胶粘剂贴在受衬设备上，在常温条件下完成硫化过程形成的衬里。

2.0.3 预硫化橡胶衬里　lining of presulphurized rubber

将预先硫化好的胶板用胶粘剂贴在受衬设备上形成的衬里。

2.0.4 喷涂聚脲涂层　spray polyurea coating layer

由异氰酸酯预聚体组成的组分（A组分）和端氨基聚醚和胺扩链剂等化合物组成的组分（B组分）通过专用喷涂设备快速混合反应形成的聚脲涂层（含弹性体涂层和钢性体涂层）。

2.0.5 聚脲层间粘合剂　interlayer sdhesive

涂覆在聚脲涂层表面，用于提高与复喷聚脲涂层层间粘结强度的溶剂型涂料。

2.0.6 聚脲修补料　repairing materials of polyurea

用于修补聚脲涂层质量缺陷的双组分无溶剂聚脲手工涂料。

3 基 本 规 定

3.1 一 般 规 定

3.1.1 防腐蚀工程的施工应具备下列条件：

1 设计及其相关技术文件齐全，施工图纸已经会审。

2 施工组织设计或施工方案已批准，技术和安全交底已完成。

3 施工人员已进行安全教育和技术培训，且经考核合格。

4 材料、机具、检测仪器、施工设施及场地已齐备。

5 防护设施安全可靠，施工用水、电、气、汽能满足连续施工的需要。

6 已制定相应的安全应急预案。

3.1.2 设备及管道的加工制作，应符合施工图及设计文件的要求。在防腐蚀工程施工前，应进行全面检查验收，并办理交接手续。

3.1.3 在防腐蚀工程施工过程中应进行中间检查。

3.1.4 设备及管道外壁附件的焊接，应在防腐蚀工程施工前完成。

3.1.5 在防腐蚀工程施工过程中，不得同时进行焊接、气割、直接敲击等作业。

3.1.6 转动设备在防腐蚀工程施工前，应具有静平衡或动平衡的试验报告。防腐蚀工程施工后，应做静平衡或动平衡复核检查。

3.1.7 对不可拆卸的密闭设备必须设置人孔。人孔的大小及数量应根据设备容积、公称尺寸的大小确定，且人孔数量不应少于2个。

3.1.8 防腐蚀工程结束后，吊装和运输设备及管道时，不得碰撞和损伤。

3.2 基 体 要 求

3.2.1 钢制设备及管道的表面不得有伤痕、气孔、夹渣、重叠皮、严重腐蚀斑点等；加工表面应平整，不应有空洞、多孔穴等现象，表面局部凹凸不得超过2mm。

3.2.2 设备及管道表面的锐角、棱角、毛边、铸造残留物等应进行打磨，表面应光滑平整，并应圆弧过渡。

3.2.3 铆接设备的铆接缝应为平缝，铆钉应采用埋头铆钉，设备内部应无铆钉头突出。

3.2.4 在防腐蚀衬里的设备及管道上，必要时应设置检漏孔，并应在适当位置设置排气孔。

3.2.5 基体表面处理完毕应进行检查，合格后办理工序交接手续，方可进行防腐蚀工程的施工。

3.3 焊缝的要求和处理

3.3.1 对接焊缝表面应平整，并应无气孔、焊瘤和夹渣。焊缝高度应小于或等于 2mm。焊缝宜平滑过渡（图 3.3.1）。

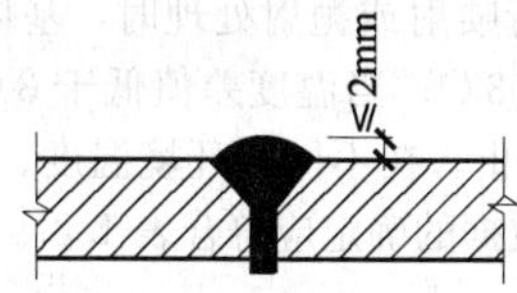

图 3.3.1 对接焊缝

3.3.2 设备转角和接管部位的焊缝应饱满，不得有毛刺和棱角，应打磨成钝角，并应形成圆弧过渡。

3.3.3 角焊缝的圆角部位，焊角高应大于或等于 5mm；凸出角的焊接圆弧半径应大于或等于 3mm；内角的焊接圆弧半径应大于或等于 10mm，见图 3.3.3。

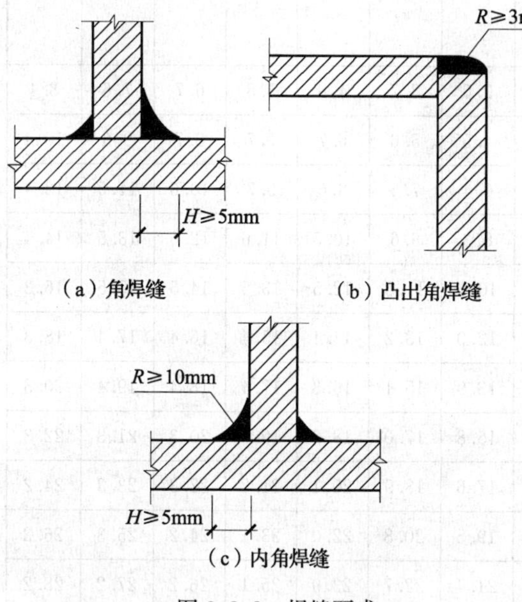

图 3.3.3 焊缝要求

3.3.4 当清理组对卡具时，不得损伤基体母材。在施焊过程中，不得在基体母材上引弧。

4 基体表面处理

4.1 一般规定

4.1.1 基体表面处理的质量等级划分应符合下列规定：

1 喷射或抛射除锈基体表面处理质量等级分为 Sa1、Sa2、Sa2$\frac{1}{2}$、Sa3 四级。

2 手工或动力工具除锈基体表面处理质量等级分为 St2、St3 两级。

4.1.2 喷射或抛射除锈和手工或动力工具除锈的基体表面处理质量等级标准应符合现行国家标准《涂覆涂料前钢材表面处理 表面清洁度的目视评定 第 1 部分：未涂覆过的钢材表面和全面清除原有涂层后的钢材表面的锈蚀等级和处理等级》GB/T 8923.1 的有关规定。

4.1.3 喷射或抛射除锈处理后的基体表面应呈均匀的粗糙面，除基体原始锈蚀或机械损伤造成的凹坑外，不应产生肉眼明显可见的凹坑和飞刺。

4.1.4 喷射处理后的基体表面粗糙度等级划分应符合表 4.1.4 的规定。

表 4.1.4 基体表面粗糙度等级划分

级别	粗糙度参考值 R_y（μm）	
	丸粒状磨料	棱角状磨料
细级	25～40	25～60
中级	40～70	60～100
粗级	70～100	100～150

注：R_y 系指轮廓峰顶线和轮廓谷底线之间的距离。

4.1.5 基体表面粗糙度比较样块的制作应符合本规范附录 A 的规定。

4.1.6 当设计对防腐蚀层的基体表面处理无要求时，其基体表面处理的质量要求应符合表 4.1.6 的规定。

表 4.1.6 基体表面处理的质量要求

防腐层类别	表面处理质量等级
金属热喷涂层	Sa3 级
橡胶衬里、搪铅、纤维增强塑料衬里、树脂胶泥衬砌砖板衬里、涂料涂层、塑料板粘结衬里、玻璃鳞片衬里、喷涂聚脲衬里	Sa2$\frac{1}{2}$级
水玻璃胶泥衬砌砖板衬里、涂料涂层、氯丁胶乳水泥砂浆衬里	Sa2 级或 St3 级
衬铅、塑料板非粘结衬里	Sa1 级或 St2 级

4.1.7 处理后的基体表面不宜含有氯离子等附着物。

4.1.8 处理合格的工件，在运输和保管期间应保持干燥和洁净。

4.1.9 基体表面处理后，应及时涂刷底层涂料，间隔时间不宜超过 5h。

4.1.10 当相对湿度大于 85％时，应停止基体表面处理作业。

4.1.11 在保管或运输中发生再度污染或锈蚀时，基体表面应重新进行处理。

4.2 喷射或抛射处理

4.2.1 采用喷射或抛射处理时，应采取防止粉尘扩散的措施。

4.2.2 使用的压缩空气应干燥洁净，不得含有水分和油污。

4.2.3 磨料应具有一定的硬度和冲击韧性，磨料应净化，使用前应经筛选，不得含有油污。天然砂应选用质坚有棱的金刚砂、石英砂或硅质河砂等，其含水量不应大于1%。

4.2.4 喷射处理薄钢板时，应对磨料粒度、空气压力、喷射距离和角度进行调整。

4.2.5 Sa3级和Sa2$\frac{1}{2}$级不得使用河砂作为磨料。

4.2.6 磨料需重复使用时，应符合本规范第4.2.3条的规定。

4.2.7 磨料的堆放场地及施工现场应平整、坚实，并不得受潮、雨淋或混入杂质。

4.2.8 对螺纹、密封面及光洁面应妥善保护，不得误喷。

4.2.9 当进行喷射或抛射处理时，基体表面温度应高于露点温度3℃；当温度差值低于3℃时，喷射或抛射作业应停止。在不同的环境温度、相对湿度下，露点（*TP*）数据的确定应符合表4.2.9的规定。

表4.2.9 露点（*TP*）数据确定表

相对湿度 *LF*(℃) / 露点 *TP*(℃) / 环境温度 *UT*(℃)	30	35	40	45	50	55	60	65	70	75	80	85	90
10	−6.7	−4.7	−2.9	−1.4	0.1	1.4	2.6	3.7	4.8	5.8	6.7	7.6	8.4
12	−5.0	−2.9	−1.1	0.5	1.9	3.2	4.5	5.6	6.7	7.7	8.7	9.6	10.4
14	−3.3	−1.2	0.6	2.3	3.8	5.1	6.4	7.5	8.6	9.7	10.6	11.5	12.4
16	−1.5	0.6	2.4	4.1	5.6	6.9	8.3	9.6	10.5	11.6	12.6	13.5	14.4
18	0.2	2.3	4.2	5.9	7.4	8.8	10.1	11.3	12.5	13.5	14.5	15.5	16.3
20	1.9	4.1	6.0	7.7	9.3	10.7	12.0	13.2	14.4	15.4	16.4	17.4	18.3
22	3.7	5.9	7.8	9.5	11.1	12.5	13.9	15.1	16.3	17.4	18.4	19.4	20.3
24	5.4	7.6	9.6	11.3	12.9	14.3	15.8	17.0	18.2	19.3	20.3	21.3	22.3
26	7.1	9.3	11.4	13.1	14.8	16.2	17.6	18.9	20.1	21.2	22.3	23.3	24.2
28	8.8	11.1	13.1	14.9	16.6	18.1	19.5	20.8	22.0	23.1	24.2	25.3	26.2
30	10.5	12.8	14.9	16.7	18.4	19.9	21.4	22.7	23.9	25.1	26.2	27.2	28.2
32	12.3	14.6	16.7	18.5	20.3	21.7	23.2	24.6	25.8	27.0	28.1	29.2	30.1
34	14.0	18.4	18.5	20.3	22.1	23.3	25.1	26.5	27.7	28.9	30.0	31.2	32.1
36	15.7	18.1	20.3	22.1	23.9	25.5	27.0	28.4	29.6	30.9	32.0	33.1	34.1
38	17.4	19.8	22.0	23.9	25.7	27.3	28.9	30.1	31.6	32.8	33.9	35.1	36.1
40	19.1	21.5	23.9	25.7	27.6	29.1	30.7	32.2	33.5	34.7	35.9	37.0	38.0
42	20.8	23.2	25.6	27.6	29.4	31.0	32.6	34.1	35.4	36.7	37.8	39.0	40.0
44	22.5	24.9	27.3	29.5	31.2	32.9	34.5	35.9	37.3	38.6	39.7	41.0	42.0
46	24.2	26.7	29.1	31.3	33.0	34.7	36.3	37.8	39.2	40.5	41.7	42.9	43.9
48	25.9	28.5	30.9	33.0	34.8	36.5	38.2	39.7	41.1	42.4	43.8	44.9	45.9
50	27.6	30.2	32.6	34.7	36.7	38.4	40.0	41.6	43.0	43.3	45.8	46.8	47.9

注：环境温度与相对湿度横向与纵向交叉点即为该温度和相对湿度下的露点值。

4.2.10 喷射或抛射后的基体表面不得受潮。

4.3 手工或动力工具处理

4.3.1 动力工具可采用电动钢刷、电动砂轮或除锈机。

4.3.2 手工处理时可采用钢丝刷、铲刀、刮刀等工具。

4.3.3 采用手工或动力工具处理时，不得采用使基体表面受损或使之变形的工具和手段。

5 块 材 衬 里

5.1 一 般 规 定

5.1.1 块材衬里工程应包括下列内容：

1 水玻璃胶泥衬砌块材的设备、管道及管件的衬里层。

2 树脂胶泥衬砌块材的设备、管道及管件的衬里层。

5.1.2 施工环境温度宜为15℃～30℃，相对湿度不宜大于80%。当施工环境温度低于10℃（当采用苯磺酰氯作固化剂时，温度低于17℃；当采用钾水玻璃材料时，温度低于15℃）时，应采取加热保温措施，但不得采用明火或蒸汽直接加热。

5.1.3 水玻璃不得受冻。受冻的水玻璃应加热，并应搅拌均匀后方可使用。

5.1.4 水玻璃胶泥和树脂胶泥在施工或固化期间，不得与水或水蒸气接触，并不得暴晒。施工场所应通风良好。

5.1.5 衬砌前，块材应挑选、洗净和干燥。块材及被衬表面应无灰尘、水分、油污、锈蚀和潮湿等现象。

5.1.6 设备接管部位衬管的施工，应在设备本体衬砌前进行。设备接管内径应比衬管外径大6mm～10mm，衬管材质应与衬砌块材材质相同。衬管不得突出法兰表面，应与法兰面处在同一平面。当采用翻边瓷管作衬管时，应在设备衬完第一层或第二层块材后再进行。衬后应对衬管进行固定，直至胶泥固化，衬管不得出现偏心或位移。

5.1.7 块材衬砌应错缝排列，同层纵缝或横缝应错开块材宽度的1/2，最小不得小于1/3；两层以上块材衬砌不得出现重叠缝。层与层间纵缝或横缝，应错开块材宽度的1/2，最小不得小于1/3。

5.1.8 当衬砌设备的顶盖时，宜将顶盖倒置在地面上衬砌块材，固化后再安装到设备上。当采用胶泥抹面时，应将直径为3mm～4mm的铁丝网点焊在顶盖上，点焊间距应为50mm～100mm，胶泥厚度应为10mm～20mm。

5.2 原材料和制成品的质量要求

5.2.1 块材的品种、规格和等级应符合设计要求，当设计无要求时，应符合下列规定：

1 耐酸砖的质量指标应符合现行国家标准《耐酸砖》GB/T 8488的有关规定。

2 耐酸耐温砖的质量指标应符合现行行业标准《耐酸耐温砖》JC/T 424的有关的规定。

3 铸石板的质量指标应符合现行行业标准《铸石制品 铸石板》JC/T 514.1的有关规定。

4 防腐蚀炭砖的质量指标应符合本规范附录B表B.0.1的规定。

5.2.2 水玻璃的质量应符合下列规定：

1 钠水玻璃的质量应符合现行国家标准《工业硅酸钠》GB/T 4209的有关规定。

2 钾水玻璃的质量应符合本规范附录B表B.0.2的规定。

3 钠水玻璃固化剂应为氟硅酸钠。

4 钾水玻璃的固化剂应为缩合磷酸铝，宜掺入钾水玻璃胶泥粉料内。

5 水玻璃胶泥固化后的质量应符合本规范表5.2.7的规定。

5.2.3 树脂的质量应符合下列规定：

1 环氧树脂的质量应符合现行国家标准《双酚-A型环氧树脂》GB/T 13657的有关规定。

2 乙烯基酯树脂的质量应符合现行国家标准《乙烯基酯树脂防腐蚀工程技术规范》GB/T 50590的有关规定。

3 不饱和聚酯树脂的质量应符合现行国家标准《纤维增强塑料用液体不饱和聚酯树脂》GB/T 8237的有关规定。

4 呋喃树脂的质量应符合本规范附录B表B.0.3的规定。

5 酚醛树脂的质量应符合本规范附录B表B.0.4的规定。

5.2.4 树脂胶泥常用的固化剂应符合下列规定：

1 环氧树脂的固化剂应优先选用低毒固化剂，也可采用乙二胺等各种胺类固化剂。

2 乙烯基酯树脂和不饱和聚酯树脂常温固化使用的固化剂应包括引发剂和促进剂。

3 呋喃树脂的固化剂应为酸性固化剂。

4 酚醛树脂的固化剂应优先选用低毒的萘磺酸类固化剂，也可选用苯磺酰氯等固化剂。

5 环氧树脂、乙烯基酯树脂、不饱和聚酯树脂、呋喃树脂、酚醛树脂胶泥固化后的质量应符合本规范表5.2.8的规定。

5.2.5 树脂类材料的稀释剂应符合下列规定：

1 环氧树脂的稀释剂宜采用正丁基缩水甘油醚、苯基缩水甘油醚等活性稀释剂，也可采用丙酮、无水乙醇、二甲苯等非活性稀释剂。

2　乙烯基酯树脂和不饱和聚酯树脂的稀释剂应采用苯乙烯。

3　呋喃树脂和酚醛树脂的稀释剂应采用无水乙醇。

5.2.6　填料可包括单一填料和复合填料。常用的单一填料应为石英粉、瓷粉、铸石粉、硫酸钡粉、石墨粉等；常用的复合填料应为耐酸灰、钾水玻璃胶泥粉、糠醇糠醛树脂胶泥粉等。其质量应符合下列规定：

1　填料应洁净干燥，其质量应符合本规范附录B表B.0.5的规定。

2　树脂胶泥采用酸性固化剂时，其耐酸度不应小于98%，并不得含有铁质、碳酸盐等杂质；当用于含氢氟酸类介质的防腐蚀工程时，应选用硫酸钡粉或石墨粉；当用于含碱类介质的防腐蚀工程时，不宜选用石英粉。

3　水玻璃胶泥不宜单独使用石英粉。

5.2.7　水玻璃胶泥的质量应符合表5.2.7的规定。

表5.2.7　水玻璃胶泥的质量

项　目		钠水玻璃胶泥	钾水玻璃胶泥	
			密实型	普通型
初凝时间（min）		≥45	≥45	≥45
终凝时间（h）		≤12	≤15	≤15
抗拉强度（MPa）		≥2.5	≥3.0	≥2.5
与耐酸砖粘结强度（MPa）		≥1.0	≥1.2	≥1.2
抗渗等级（MPa）		—	≥1.2	—
吸水率（煤油吸收法，%）		≤15	—	≤10
浸酸安定性		合格	合格	合格
耐热极限温度（℃）	100～300	—	—	合格
	300～900	—	—	合格

注：表中耐热极限温度仅用于有耐热要求的防腐蚀工程。

5.2.8　树脂胶泥的质量应符合表5.2.8的规定。

表5.2.8　树脂胶泥的质量

项　目		环氧树脂	乙烯基酯树脂	不饱和聚酯树脂				呋喃树脂	酚醛树脂
				双酚A型	二甲苯型	间苯型	邻苯型		
抗压强度（MPa）		≥80	≥80	≥70	≥80	≥80	≥80	≥70	≥70
抗拉强度（MPa）		≥9	≥9	≥9	≥9	≥9	≥9	≥6	≥6
粘结强度（MPa）	与耐酸砖	≥3	≥2.5	≥2.5	≥3	≥1.5	≥1.5	≥1.5	≥1.0
	与铸石板	≥4	—	—	—	—	—	≥1.5	≥0.8
	防腐蚀炭砖	≥6	—	—	—	—	—	≥2.5	≥2.5

5.2.9　原材料和制成品的质量指标试验方法应符合本规范附录C的有关规定。

5.3　胶泥的配制

5.3.1　钠水玻璃胶泥的施工配合比可按本规范附录D表D.0.1选用，并应符合下列规定：

1　钠水玻璃胶泥的稠度为30mm～36mm，施工时应有一定的流动性和稠度。

2　氟硅酸钠的用量应按下式计算：

$$G = 1.5 \times \frac{N_1}{N_2} \times 100 \qquad (5.3.1)$$

式中：G——氟硅酸钠用量占钠水玻璃用量的百分率（%）；

N_1——钠水玻璃中含氧化钠的百分率（%）；

N_2——氟硅酸钠的纯度（%）。

5.3.2　钠水玻璃胶泥的配制应符合下列规定：

1　机械搅拌时，应将填料和固化剂加入搅拌机内，干拌均匀，再加入钠水玻璃湿拌，湿拌时间不应少于2min。

2　人工搅拌时，应将填料和固化剂混合，过筛两遍后，干拌均匀，再逐渐加入钠水玻璃湿拌，直至均匀。

3　当配制密实型钠水玻璃胶泥时，可将钠水玻璃与外加剂糠醇单体一起加入，湿拌直至均匀。

5.3.3　钾水玻璃胶泥的施工配合比可按本规范附录D表D.0.2选用。钾水玻璃胶泥的稠度宜为30mm～35mm，施工时应有一定的流动性和稠度。

5.3.4　配制钾水玻璃胶泥时，应将钾水玻璃胶泥粉干拌均匀，再加入钾水玻璃湿拌，直至均匀。

5.3.5　环氧树脂材料的施工配合比可按本规范附录D表D.0.3选用。配制应符合下列规定：

1　各种材料应准确称量。当环氧树脂粘度较大时，可用非明火预热至40℃左右。与稀释剂按比例加入容器中，搅拌均匀并冷却至室温，配制成环氧树脂液备用。

2　使用时，取定量的树脂液，按比例依次加入增塑剂、固化剂和填料，并应逐次搅拌均匀，制成胶泥料。

5.3.6　乙烯基酯树脂和不饱和聚酯树脂材料的施工配合比可按本规范附录D表D.0.4选用。配制应符合下列规定：

1　按施工配合比先将乙烯基酯树脂或不饱和聚酯树脂与促进剂混匀，再加入引发剂混匀，制成树脂胶料。

2　在配制成的树脂胶料中加入填料，搅拌均匀，制成胶泥料。

5.3.7　呋喃树脂胶泥的施工配合比可按本规范附录D表D.0.5选用。配制应符合下列规定：

1 将糠醇糠醛树脂按比例与糠醇糠醛树脂胶泥粉混合，搅拌均匀，制成胶泥料。

2 将糠酮糠醛树脂与增塑剂、固化剂混合，搅拌均匀，制成树脂胶料。在配制成的糠酮糠醛树脂胶料中加入粉料，搅拌均匀，制成胶泥料。

5.3.8 酚醛树脂材料的施工配合比可按本规范附录D表D.0.6选用。配制应符合下列规定：

1 称取定量的酚醛树脂，加入稀释剂搅拌均匀，再加入固化剂搅拌均匀，制成树脂胶料。

2 在配制成的树脂胶料中，加入填料搅拌均匀，制成胶泥料。

3 配制胶泥时，不宜再加入稀释剂。

5.3.9 配料用的工器具应耐腐蚀、清洁和干燥，并应无油污或固化残渣等。

5.3.10 各种胶泥在施工过程中，当出现凝固结块等现象时，不得继续使用。

5.4 胶泥衬砌块材

5.4.1 当采用树脂胶泥衬砌块材时，应先在设备、管道表面均匀涂刷树脂封底料一遍。

5.4.2 块材的结合层厚度和灰缝宽度，应符合表5.4.2的规定。

表 5.4.2 块材结合层厚度和灰缝宽度（mm）

材料名称		水玻璃胶泥衬砌		树脂胶泥衬砌	
		结合层厚度	灰缝宽度	结合层厚度	灰缝宽度
耐酸砖、耐温耐酸砖	厚度≤30mm	3～5	2～3	4～6	2～3
	厚度>30mm	4～7	2～4	4～6	2～4
防腐蚀炭砖		4～5	2～3	4～5	2～3
铸石板		4～5	2～3	4～5	2～3

5.4.3 块材衬砌应符合下列规定：

1 块材衬砌时，宜采用揉挤法。结合层和灰缝的胶泥应饱满密实，块材不得滑移。在胶泥初凝前，应将缝填满压实，灰缝的表面应平整光滑。

2 块材衬砌前，宜先试排；衬砌时，顺序应由低往高。阴角处立面块材应压住平面块材，阳角处平面块材应压住立面块材。

3 当在立面衬砌块材时，一次衬砌的高度应以不变形为限，待凝固后再继续施工。当在平面衬砌块材时，应采取防止滑动的措施。

4 管道衬砌块材时，管道公称尺寸应大于200mm，长度不得大于1.5m。

5.4.4 胶泥常温养护时间应符合表5.4.4的规定。

表 5.4.4 胶泥常温养护时间（d）

胶泥名称		养护时间
钠水玻璃胶泥		>10
钾水玻璃胶泥	普通型	>14
	密实型	>28
环氧树脂胶泥		7～10
乙烯基酯树脂胶泥		7～10
不饱和树脂胶泥		7～10
呋喃树脂胶泥		7～15
酚醛树脂胶泥		20～25

5.4.5 胶泥块材衬砌完毕后，当需进行热处理时，温度应均匀。热处理温度应大于介质的使用温度。

5.4.6 水玻璃胶泥衬砌的块材衬里工程养护后，应采用浓度为30%～40%的硫酸进行表面酸化处理，酸化处理至无白色结晶盐析出时为止。酸化处理次数不宜少于4次。每次间隔时间，钠水玻璃胶泥不应少于8h，钾水玻璃胶泥不应少于4h。每次处理前应清除表面的白色析出物。

6 纤维增强塑料衬里

6.1 一般规定

6.1.1 纤维增强塑料衬里工程应包括以树脂为粘结剂，纤维及其织物为增强材料铺贴或喷射的设备、管道衬里层和隔离层。

6.1.2 施工环境温度宜为15℃～30℃，相对湿度不宜大于80%。当施工环境温度低于10℃时，应采取加热保温措施，不得用明火或蒸汽直接加热；施工时，原材料的使用温度，被铺贴的设备、管道及管件的表面温度，不应低于允许的施工环境温度。

6.1.3 露天施工现场应设置施工棚。施工及养护期间，应采取防水、防火、防结露和防暴晒等措施。

6.1.4 纤维及其织物的贴衬顺序，应符合下列规定：

1 当矩形设备、通风管、立式设备等贴衬时，应先顶面，后垂直面，再水平面。

2 当圆筒形卧式设备等贴衬时，可先将设备放置在滚轮上，先两端封头内表面，后中部筒体，再人孔；先贴衬下半部，待树脂凝胶后，转动一定角度，再贴衬另外半部。

3 内表面贴衬完毕后，再按照上述顺序，进行外表面贴衬。

6.1.5 当采用呋喃树脂或酚醛树脂等进行防腐蚀施工时，基层表面应采用环氧树脂、乙烯基酯树脂、不饱和聚酯树脂等胶料或其纤维增强塑料做隔离层。

6.1.6 树脂材料施工前，应根据施工环境温度、湿度、原材料性能及施工工艺特点，通过试验选定适宜的施工配合比和施工操作方法后，方可进行大面积施工。施工过程不得与其他工种进行交叉作业。

6.1.7 树脂、固化剂、引发剂、促进剂、稀释剂等材料，应密闭贮存在阴凉、干燥的通风处，并应采取防火措施。纤维布、毡等增强材料、粉料等填充材料均应包装完整，并应保存在阴凉、通风、干燥处。

6.2 原材料和制成品的质量要求

6.2.1 树脂类材料的质量要求应符合下列规定：

1 环氧树脂、乙烯基酯树脂和不饱和聚酯树脂的质量应符合本规范第5.2.3条的有关规定。

2 呋喃树脂的质量应符合本规范附录B表B.0.3的规定。

3 酚醛树脂的质量应符合本规范附录B表B.0.4的规定。

6.2.2 树脂类常温下使用的固化剂应符合下列规定：

1 环氧树脂、乙烯基酯树脂、不饱和聚酯树脂、呋喃树脂和酚醛树脂的固化剂应符合本规范第5.2.4条的有关规定。

2 环氧树脂、乙烯基酯树脂、不饱和聚酯树脂、呋喃树脂、酚醛树脂固化后的材料制成品的质量应符合本规范表6.2.6的规定。

6.2.3 树脂类材料的稀释剂应符合本规范第5.2.5条的规定。

6.2.4 纤维增强塑料使用的纤维增强材料应符合下列规定：

1 应采用无碱或中碱玻璃纤维增强材料，其化学成分应符合现行行业标准《玻璃纤维工业用玻璃球》JC 935的有关规定。不得使用陶土坩埚生产的玻璃纤维布。

2 采用非石蜡乳液型的无捻粗纱玻璃纤维方格平纹布，厚度宜为0.2mm～0.4mm，经纬密度应为(4×4～8×8)纱根数/cm^2。

3 当采用玻璃纤维短切毡时，玻璃纤维短切毡的单位质量宜为300g/m^2～450g/m^2。

4 当采用玻璃纤维表面毡时，玻璃纤维表面毡的单位质量宜为30g/m^2～50g/m^2。

5 当用于含氢氟酸类介质的防腐蚀工程时，应采用涤纶晶格布或涤纶毡。涤纶晶格布的经纬密度，应为（8×8）纱根数/cm^2；涤纶毡单位质量宜为30g/m^2。

6.2.5 粉料应洁净干燥，其耐酸度不应小于95%。当使用酸性固化剂时，粉料的耐酸度不应小于98%，并不得含有铁质、碳酸盐等杂质。其体积安定性应合格，含水率不应大于0.5%，细度要求0.15mm筛孔筛余量不应大于5%，0.088mm筛孔筛余量为10%～30%。当用于含氢氟酸类介质的防腐蚀工程时，应选用硫酸钡粉或石墨粉。当用于含碱类介质的防腐蚀工程时，不宜选用石英粉。

6.2.6 纤维增强塑料类材料制成品的质量应符合表6.2.6的规定。

表6.2.6 纤维增强塑料类材料制成品的质量

项目	环氧树脂	乙烯基酯树脂	不饱和聚酯树脂				呋喃树脂	酚醛树脂
			双酚A型	二甲苯型	间苯型	邻苯型		
抗拉强度（MPa）≥	100	100	100	100	90	90	80	60
弯曲强度（MPa）≥	250	250	250	250	250	230	—	—

6.2.7 原材料和制成品的质量指标试验方法应符合本规范附录C的有关规定。

6.3 胶料的配制

6.3.1 树脂材料的施工配合比应符合下列规定：

1 环氧树脂的施工配合比可按本规范附录D表D.0.3选用。

2 乙烯基酯树脂、不饱和聚酯树脂的施工配合比可按本规范附录D表D.0.4选用。

3 呋喃树脂的施工配合比可按本规范附录D表D.0.5选用。

4 酚醛树脂的施工配合比可按本规范附录D表D.0.6选用。

6.3.2 配料的工器具应清洁、干燥，并应无油污、固化残渣等。

6.3.3 纤维增强塑料胶料的配制应符合下列规定：

1 环氧树脂胶料的配制应符合本规范第5.3.5条的规定。

2 乙烯基酯树脂、不饱和聚酯树脂胶料的配制应符合本规范第5.3.6条的规定，当采用已含预促进剂的乙烯基酯树脂或不饱和聚酯树脂时，应加入配套的引发剂，并采用真空搅拌机在真空度不低于0.08MPa条件下搅拌均匀。

3 呋喃树脂胶料的配制应符合本规范第5.3.7条的规定。

4 酚醛树脂胶料配制应符合本规范第5.3.8条的规定。

6.3.4 配制好的各种树脂胶料应在初凝前用完。在使用过程中树脂胶料有凝固、结块等现象时，不得使用。

6.4 施 工

6.4.1 手工糊制工艺贴衬纤维增强塑料，可采用间断法或连续法。纤维增强酚醛树脂应采用间断法。

6.4.2 纤维增强塑料手工糊制工艺铺衬前的施工应符合下列规定：

1 封底层：在基层表面，应均匀地涂刷封底料，不得有漏涂、流挂等缺陷，自然固化不宜少于24h。

2 修补层：在基层的凹陷不平处，应采用树脂胶泥料修补填平，凹凸不平的焊缝及转角处应用胶泥抹成圆弧过渡，自然固化不宜少于24h。

3 纤维增强酚醛树脂或纤维增强呋喃树脂可用环氧树脂或乙烯基酯树脂、不饱和聚酯树脂的胶泥料修补刮平基层。

6.4.3 纤维增强塑料间断法施工应符合下列规定：

1 玻璃纤维布应剪边。涤纶布应进行防收缩的前处理。

2 在基层表面应先均匀涂刷一层铺衬胶料，随即衬上一层纤维增强材料，并应贴实，赶净气泡，再涂一层胶料。胶料应饱满。

3 固化24h后，应修整表面，再按上述程序铺衬以下各层，直至达到设计要求的层数或厚度。

4 每铺衬一层，均应检查前一铺衬层的质量，当有毛刺、脱层和气泡等缺陷时，应进行修补。

5 铺衬时，上下两层的接缝应错开，错开距离不得小于50mm。阴阳角处应增加1层～2层纤维增强材料。搭接应顺物料流动方向；贴衬接管的纤维增强材料与贴衬内壁的纤维增强材料应层层错开，搭接宽度不应小于50mm；设备转角、接管处、法兰平面、人孔及其他受力，并受介质冲刷的部位，均应增加1层～2层纤维增强材料，翻边处应剪开贴紧。

6.4.4 纤维增强塑料连续法施工应符合下列规定：

1 连续法施工的封底、刮胶泥、刷面层，贴衬纤维增强材料的施工和纤维增强材料的搭接要求应符合本规范第6.4.3条的规定。在衬完最后一层纤维增强材料后，应自然固化24h后，方可进行面层施工。

2 平面和立面一次连续铺衬的层数或厚度，层数不宜超过3层；厚度应以不产生滑移，固化后不起壳或脱层进行确定。

3 铺衬时，上下两层纤维增强材料的接缝应错开，错开距离不得小于50mm。阴阳角处应增加1层～2层纤维增强材料。

4 应在前一次连续铺衬层固化后，再进行下一次连续铺衬层的施工。

5 连续铺衬至设计要求的层数或厚度后，应自然固化24h，再进行封面层施工。

6 平盖可采用宽幅纤维增强材料，一次连续成型；弧形面（圆形或椭圆形封头）可将纤维增强材料剪成瓜皮形，再贴衬。

7 面层胶料应涂刷均匀，并应自然固化24h后，再涂刷第二层面层胶料。

6.4.5 纤维增强材料的涂胶除刷涂外，也可采用浸揉法处理。将纤维增强材料放置在配好的胶料里浸泡揉挤，使纤维增强材料完全浸透后，挤出多余的胶料，将纤维增强材料拉平进行贴衬。

6.4.6 用纤维增强塑料做设备、管道及管件衬里隔离层时，可不涂刷面层胶料。

6.4.7 纤维增强塑料手持喷枪喷射成型工艺的施工应符合下列规定：

1 喷射成型工艺应采用乙烯基酯树脂或不饱和聚酯树脂。玻璃纤维无捻粗纱长度应为25mm～30mm。

2 在处理的基体表面应均匀喷涂封底胶料，不得有漏涂、流挂等缺陷，自然固化时间不宜少于24h。

3 将玻璃纤维无捻粗纱切成25mm～30mm长度，与树脂一起喷到被施工设备表面。

4 喷射厚度应为1mm～2mm，纤维含量不应小于30%，喷射后应采用辊子将沉积物压实，表面应平整、无气泡，并应在室温条件下固化。

6.4.8 纤维增强塑料衬里常温养护时间应符合表6.4.8的规定。

表6.4.8 纤维增强塑料衬里常温养护时间（d）

纤维增强塑料树脂名称	养护时间
环氧树脂纤维增强塑料	≥15
乙烯基酯树脂纤维增强塑料	≥15
不饱和聚酯纤维增强塑料	≥15
呋喃树脂纤维增强塑料	≥20
酚醛树脂纤维增强塑料	≥25

6.4.9 纤维增强塑料衬里热处理时，应按程序升温，并应严格控制升降温度的速度。热处理温度应大于介质的使用温度。

7 橡胶衬里

7.1 一般规定

7.1.1 橡胶衬里工程应包括加热硫化橡胶衬里施工、自然硫化橡胶衬里施工和预硫化橡胶衬里施工。

7.1.2 施工环境温度宜为15℃～30℃，相对湿度不宜大于80%，或基体温度应高于空气露点温度3℃以上。当环境温度低于15℃时，应设置安全热源提高环境温度，不得使用明火进行加热升温。当温度超过35℃时，不宜进行施工。

7.1.3 衬胶场所应干燥、无尘，并应通风良好。

7.1.4 从事胶板下料、胶板衬贴和胶粘剂涂刷作业的人员的服装、手套及衬胶用具应清洁，并应防静电。进入设备时，应穿软底鞋。

7.1.5 胶板的储存除应符合现行国家标准《橡胶衬里 第1部分 设备防腐衬里》GB 18241.1的有关规定外，尚应符合下列规定：

1 胶板应悬置，不得挤压或粘连。胶板应按种类、规格、出厂日期分类存放，在保质期内应按出厂日期的先后取用。

2　产品说明书中规定需要低温冷藏的胶板、胶粘剂，在长途运输和施工现场应设置冷藏集装箱。冷藏温度应符合规定。

7.1.6　设备、管道及管件除应符合本规范第3章的规定外，尚应符合下列规定：

1　公称尺寸不大于700mm的衬胶设备，其高度不宜大于700mm；公称尺寸为800mm～1200mm的衬胶设备，其高度不宜大于1500mm。当设备高度大于以上要求时，应分段采用法兰连接。

2　本体硫化的衬胶设备，在衬里施工前，应出具压力试验合格证。衬胶前应选定进汽（气）管、温度计、压力表及排空管接口。底部应设置冷凝水排放口。

3　需衬里的设备内部构件应符合衬胶工艺的要求，焊缝应满焊。

4　管件的制作除应符合现行国家标准《工业金属管道工程施工规范》GB 50235的有关规定外，尚应符合下列规定：

1）衬里管道宜采用无缝管。当采用铸铁管时，内壁应平整光滑，并应无砂眼、气孔、沟槽或重皮等缺陷；

2）当设计无特殊要求时，直管、三通、四通（图7.1.6）的最大允许长度应符合表7.1.6的规定；

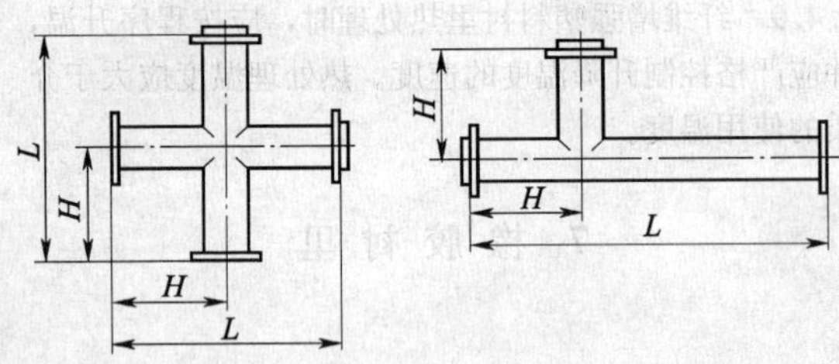

图7.1.6　三通、四通

表7.1.6　直管、三通、四通的最大允许长度（mm）

序号	公称尺寸	直管长	三通、四通	
			L	H
1	25	≤500	≤500	80
2	40	≤1000	≤1000	100
3	50	≤2000	≤2000	110
4	65	≤3000	≤3000	120
5	80	≤3000	≤3000	130
6	100	≤3000	≤3000	140
7	125	≤3000	≤3000	155
8	150	≤3000	≤3000	175
9	200	≤5000	≤5000	200
10	250	≤5000	≤5000	230
11	300	≤5000	≤5000	260

3）弯头、弯管的弯曲角度不应小于90°，并应在一个平面上弯曲；

4）超长弯头、液封管、并联管等复杂管段的管件制作，应分段用法兰连接。三通、四通、弯头、弯管及异径管等管件，宜设置活套法兰。

5　衬里管道不得使用褶皱弯管；法兰密封面不得车制密封沟槽。

7.1.7　胶板供应方应提供与其配套的胶粘剂等。

7.1.8　槽罐类设备衬里的施工宜按先衬罐壁，再衬罐顶，后衬罐底的顺序进行。

7.1.9　设备内脚手架的搭设应牢固、稳定，并应便于衬胶操作。当拆除脚手架时，不得损坏衬里层。

7.2　原材料的质量要求

7.2.1　胶板和胶粘剂的质量应符合下列规定：

1　胶板的质量和胶粘剂的粘合强度指标应符合现行国家标准《橡胶衬里　第1部分　设备防腐衬里》GB 18241.1的有关规定。

2　胶板出现早期硫化变质等现象，不得用于衬里施工。

3　胶粘剂在储存期间不得发生早期交联等现象。

7.2.2　加热硫化橡胶板、自硫化橡胶板和预硫化橡胶板的物理性能指标应符合本规范附录B表B.0.6～表B.0.8的规定。

7.2.3　硫化橡胶制成品质量的试验方法应符合本规范附录C的有关规定。

7.3　加热硫化橡胶衬里

7.3.1　胶板展开后应进行外观检查和针孔检查。对不在允许范围内的缺陷，应做出记号，下料时应剔除；对允许范围内的气泡或针孔等缺陷，应进行修补。

7.3.2　胶板下料应准确，并应减少接缝。形状复杂的零件，应制作样板，并应按样板下料。

7.3.3　胶板衬里层的接缝应采用搭接。搭接尺寸应准确，方向应与介质流动方向一致。胶板厚度为2mm时，搭接宽度应为20mm～25mm；胶板厚度为3mm时，搭接宽度应为25mm～30mm；胶板厚度大于或等于4mm时，搭接宽度应为35mm。设备转角处接缝的搭接宽度应为50mm。多层胶板衬里时，相邻胶层的接缝应错开，错开距离不得小于100mm。

7.3.4　胶板的削边应平直，宽窄应一致，其削边宽度应为10mm～15mm。其斜面与底平面夹角不应大于30°。

7.3.5　裁胶或胶板削边的工具宜采用冷裁刀或电烙铁。当采用电烙铁裁胶时，温度应为170℃～210℃。

7.3.6　胶粘剂的涂刷应符合下列规定：

1　涂刷胶粘剂前，基体表面上不得有灰尘、油污和潮湿等现象，并应采用稀释剂擦洗干净。

2 胶粘剂在使用前应搅拌均匀。胶粘剂的涂刷应薄而均匀，不得漏涂、堆积、流淌或起泡。上下两层胶粘剂的涂刷方向应纵横交错。

7.3.7 两层胶粘剂之间的涂刷间隔时间宜为 0.5h～2h，或每层胶膜干至不粘手指。当涂刷最后一层胶粘剂时，间隔时间宜为 10min～15min，或胶膜干至微粘手指但不起丝。

7.3.8 当涂刷第二层胶粘剂前，应清除第一层底涂面上的砂尘，并应将第一层胶粘剂表面的气孔清理或修补后，方可涂刷第二层胶粘剂。

7.3.9 贴衬胶板时，胶板铺放位置应正确，不得起皱或拉扯变薄。贴衬时胶膜应完整，发现脱落应及时补涂。

7.3.10 胶板贴衬后，应采用专用压滚或刮板依次滚压或刮压，不得漏压或漏刮，并应排净粘合面间的空气。胶板搭接缝应压合严实，边沿应圆滑过渡，不得翘起、脱层。胶板搭接缝的搭接方向应与设备内介质流向一致。

7.3.11 衬至法兰密封面上的胶板应平整，不得有径向沟槽或超过 1mm 的凸起。

7.3.12 当衬胶后的胶板需要加工时，胶层厚度应留出加工余量。

7.3.13 本体硫化设备的法兰衬胶应符合下列规定：

1 应按法兰外径尺寸下料，内径尺寸应比法兰孔大 30mm～60mm，并应切成 30°坡口。

2 施工时应按本规范第 7.3.10 条～第 7.3.12 条的规定，贴衬已硫化的法兰胶板。当全部压合密实后，再衬法兰管内未硫化胶板，并应翻至法兰面上已硫化胶板的坡口上边（图 7.3.13），并应压合密实。搭接处应与底层胶板粘牢，并应圆滑，不得有翘边和毛刺。

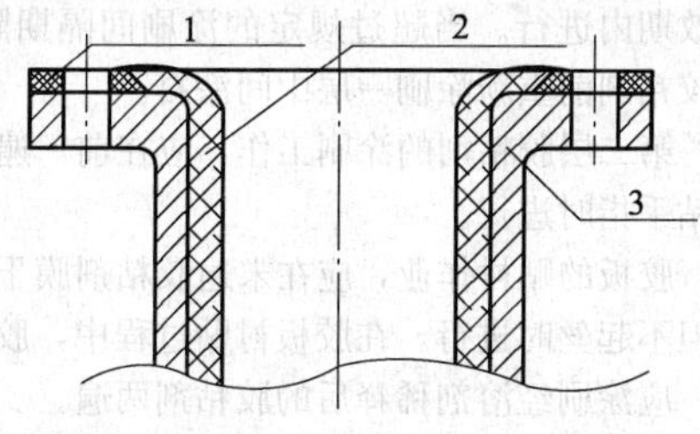

图 7.3.13 法兰衬里

1—已硫化的胶板；2—未硫化胶板；3—设备的法兰

7.3.14 小口径管道衬胶可采用预制胶筒法，并应符合下列规定：

1 管道公称尺寸大于 200mm 的管道，可采用滚压法。

2 管道公称尺寸小于或等于 200mm 的管道，可采用牵引气囊、牵引光滑塑料塞、牵引砂袋或气顶等方法。

7.3.15 贴衬工序完成后，应按下列项目进行中间检查：

1 采用卡尺、直尺或卷尺复核衬胶各部位尺寸，应符合设计文件的规定。

2 检查胶层不得有气泡、空鼓或离层。当胶层出现允许范围内的气泡或离层时，应按本规范第 7.3.16 条的规定进行修补。

3 对衬里层应进行电火花针孔检查，不得出现漏电现象。

4 采用测厚仪检测胶层厚度。

5 检查合格后方可进行硫化。

7.3.16 胶层气泡的修补应符合下列规定：

1 切除气泡的面积应比气泡周边大 10mm～15mm，并应切成 30°坡口。同时剪切一片尺寸相同的胶片，进行衬贴并压合严实，修补块不得翘边和离层。

2 底层修补平整后，间隔时间应为 4h～6h，再衬贴面层修补块。面层修补块尺寸，应比底层修补块外径大 50mm～60mm（图 7.3.16）。

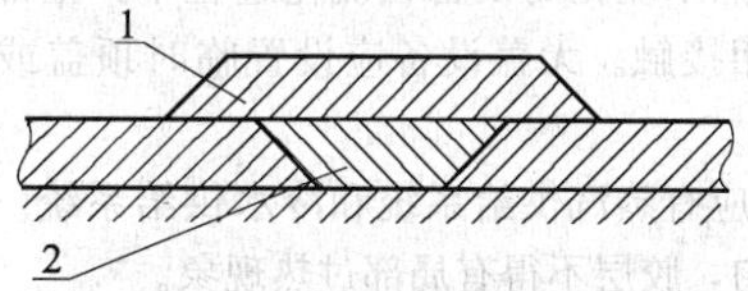

图 7.3.16 橡胶衬里修补示意图

1—上层修补块；2—底层修补块

7.3.17 胶板的硫化可按下列方式之一进行：

1 采用硫化罐直接硫化法。

2 能承受蒸汽压力且可封闭的设备，可采用本体硫化法。

3 大型衬胶设备可采用热水或常压蒸汽硫化法。

7.3.18 硫化罐的硫化应符合下列规定：

1 胶板的硫化条件应由生产厂提供，但最终硫化条件尚应根据衬里胶板种类、胶层厚度、设备或工件厚度、贴衬方法、硫化方式和现场条件等因素确定。

2 在硫化过程中，气源应充足，压力不得波动，并不得产生负压。

7.3.19 本体硫化应符合下列规定：

1 当环境温度低于 15℃时，设备壳体、人孔或接管等突出部位的外部，应采取保温措施。

2 在硫化过程中，设备内不得有积水。应随时排放蒸汽冷凝水。排水管应设置在设备最低处。

3 法兰或盲板密封垫的厚度应大于衬里层的厚度（图 7.3.19）。在最低处的盲板上应设置阀门，应随时排放接管处积水。

7.3.20 热水硫化或常压蒸汽硫化适用于常压或微负压大型设备衬里。热水硫化或常压蒸汽硫化应符合下

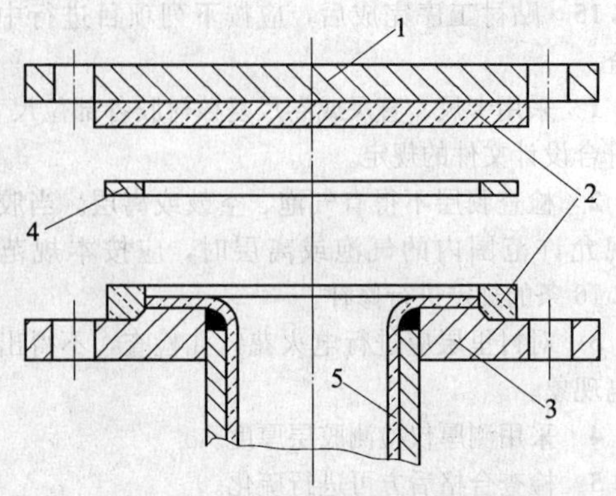

图 7.3.19　法兰硫化密封结构示意图

1—盲板；2—橡胶密封垫；3—接管或人孔；
4—橡胶石棉垫；5—衬胶层

列规定：

1　设备外壳应保温。

2　常压蒸汽硫化设备的顶部或侧部应设置放空管。

3　热水硫化的设备在硫化过程中，全部胶层应与水浴相接触。无盖设备应设置临时顶盖或临时过渡段。

4　应有蒸汽供给系统和冷水供给系统。水浴温度应均匀，胶层不得有局部过热现象。

5　硫化终止时，不应立即排水。应通过上部注入冷水，下部排放热水的方法，进行降温处理，并不得形成负压。当水温冷却至 40℃以下时，方可进行排放。

6　热水硫化温度应为 95℃～100℃，硫化时间应为 16h～32h。

7　常压蒸汽硫化过程中，设备内的温度宜为 100℃±5℃。蒸汽不得直接喷到设备的胶面上，蒸汽硫化时间应为 16h～32h。

8　蒸汽硫化或热水硫化的终止时间，应根据测定其相同条件下，试件硫化的硬度来确定。当硬度不足时，应继续进行硫化，任何部位不得产生过硫化现象。

7.4　自然硫化橡胶衬里

7.4.1　自然硫化橡胶衬里适用于常温自硫化的设备或管道衬里。

7.4.2　施工前胶板和胶粘剂，除应按本规范第 7.3.1 条的规定进行外观检查外，并应按本规范附录 C 的有关规定做粘合强度试验。

7.4.3　经冷藏的胶板，应解冻和预热后方可下料。预热温度宜为 50℃～60℃，预热时间不宜超过 30min。

7.4.4　下料应准确，并应减少接缝。形状复杂的零件，应制作样板，并应按样板下料。

7.4.5　胶板的切割或削边，可采用冷切法或电热切法。电热切温度宜为 170℃～210℃。削边应平直，宽窄应一致，边角不应大于 30°（图 7.4.5）。

图 7.4.5　胶板削边

7.4.6　接缝应采用搭接。设备转角处接缝的搭接宽度应为 30mm～50mm，其余搭接宽度应符合本规范第 7.3.3 条的规定。

7.4.7　接头应采用丁字缝，不得有通缝。贴衬丁字缝时，应先将下层搭接缝处的突出部位削成斜面，再贴衬上层胶板，丁字缝错缝距离应大于 200mm。

7.4.8　底涂料和胶粘剂在使用前，应逐桶进行检查。当发现有凝胶等现象时，不得使用。检查合格后的胶粘剂应做粘合强度测定。当粘稠度过高时，应进行稀释。

7.4.9　底涂料和胶粘剂的使用应符合表 7.4.9 的规定。

表 7.4.9　底涂料和胶粘剂的使用规定

材　料	涂刷部位	涂刷次数
底料	金属侧	2
中间涂料	金属侧	1
胶粘剂	金属侧	2
	胶板	2
经稀释的胶粘剂	胶板搭接坡口	2

注：稀释比例为胶粘剂与溶剂的重量比为 1∶（1～1.5）。

7.4.10　底涂料和胶粘剂的涂刷应符合本规范第 7.3.7 条的规定。

7.4.11　胶粘剂的涂刷，应在底涂料、中间涂料涂刷后的有效期内进行。当超过规定的涂刷间隔期限时，应在涂胶粘剂前重新涂刷一层中间涂料。

7.4.12　第二层胶粘剂的涂刷工作，应在前一遍胶膜干至不粘手指时进行。

7.4.13　胶板的贴衬作业，应在末遍胶粘剂膜干至微粘手指但不起丝时进行。在胶板衬贴过程中，胶板的搭接口，应涂刷经溶剂稀释后的胶粘剂两遍。

7.4.14　胶粘剂和底涂料、中间涂料不得混桶、错涂。每次用后应密封保存。涂刷工具应分类存放，不得混用。

7.4.15　胶膜不得受潮，不得受阳光直射或灰尘、油类污染。

7.4.16　胶板衬贴时应用专用压滚或刮板，依次压合，排净粘结面间的空气，不得漏压。胶板的搭缝应压合严密，边缘呈圆滑过渡。胶板接缝的搭接方向应与设备内介质流动方向一致。

7.4.17　压滚或刮板用力程度应以胶板压合面见到压

（刮）痕为限。前后两次滚压（刮压）应重叠1/3～1/2。

7.4.18 滚压（刮压）出现的气泡，应随时切口放气，并按本规范第7.3.16条进行修补。

7.4.19 衬胶作业每个阶段结束后，应对胶层进行中间检查，检查方法应符合本规范第7.3.15条的规定。

7.4.20 胶板的自然硫化时间应由胶板生产厂提供。

7.4.21 在与贴衬作业同步、条件相同的情况下，制作的试块应符合下列规定：

1 罐顶：施工开始时和施工结束时，应各制作2件。

2 罐壁：上、中、下应各制作2件。

3 罐底：应制作2件。

4 试块应为300mm×300mm的钢板，基体表面处理质量和贴衬工艺应与现场施工相同。制作完毕后，应置于罐内自然硫化，并应作为产品最终检查的依据。

7.5 预硫化橡胶衬里

7.5.1 在衬里施工前，胶板和胶粘剂应按本规范附录C的有关规定做粘合强度试验，试验合格后方可进行衬里施工，并应符合下列规定：

1 贴合工艺试验，应选择贴衬应力最大的部位，应以贴衬后胶板不起鼓、不离层、不翘边为合格。

2 每批胶粘剂应制备试样2件，当其中一件试样不合格时，则认为贴合工艺试验不合格。

7.5.2 底涂料的涂刷作业，应在基体表面处理合格后立即进行；当环境相对湿度超过80%时，应采取加温除湿措施。

7.5.3 胶板下料尺寸应合理、准确，应减少贴衬应力。形状复杂的工件应制作样板，并应按样板下料。接缝应采取搭接，搭接宽度宜为25mm～30mm，不得出现欠搭，搭接方向应与设备内介质流动方向一致。坡口宽度不应小于胶板厚度的3倍～3.5倍。削边应平直，且宽窄一致。

7.5.4 基体表面胶粘剂的涂刷应按本规范第7.3.6条～第7.3.8条的规定进行。在涂刷上层胶粘剂时，下层胶粘剂不得被咬起。第二层胶粘剂的涂刷应在第一层胶粘剂干至不粘手指时进行。

7.5.5 衬胶作业应在第二层胶粘剂干至微粘手指时进行。

7.5.6 底涂料和胶粘剂的刷涂、配制、搅拌等程序，应按胶板生产厂家使用说明书进行。各组分应搅拌均匀，并应在2h内用完。当出现结块现象时，不得使用。

7.5.7 胶板的衬贴操作应符合本规范第7.4.16条～第7.4.18条的规定。

7.5.8 底层胶板衬贴完毕后，应按本规范第7.3.15条的规定进行中间检查。

8 塑料衬里

8.1 一般规定

8.1.1 塑料衬里工程应包括软聚氯乙烯板衬里设备、氟塑料衬里设备和塑料衬里管道。

8.1.2 塑料衬里应符合下列规定：

1 软聚氯乙烯板衬里制压力容器的耐压试验应按现行行业标准《塑料衬里设备　水压试验方法》HG/T 4089的规定执行。

2 氟塑料衬里制压力容器的耐压试验应按现行国家标准《氟塑料衬里压力容器　压力试验方法》GB/T 23711.6的规定执行。

3 工作压力大于或等于0.1MPa，公称尺寸大于或等于32mm的塑料衬里压力管道元件的施工，应按国家现行有关压力管道元件制造许可规定执行。

8.1.3 施工现场应干净，环境温度宜为15℃～30℃。施工宜在室内进行。

8.1.4 设备及管道内基体表面处理的质量要求，应符合本规范表4.1.6的规定。对于公称尺寸较小的管道，可采用手工方法除锈。

8.1.5 塑料材料应贮存在干燥、洁净的仓库内。

8.1.6 从事塑料衬里焊接作业的焊工，应进行塑料焊接培训，并应经考试合格持证上岗。焊工培训应由具有相应专业技术能力和资质的单位进行。

8.2 原材料的质量要求

8.2.1 软聚氯乙烯板的表面应光洁、色泽均匀、厚薄一致，无裂纹、无气泡或杂物。其质量应符合本规范附录B表B.0.9的规定。

8.2.2 软聚氯乙烯板采用的胶粘剂为氯丁胶粘剂与聚异氰酸酯，其比为100：（7～10）。

8.2.3 软聚氯乙烯焊条应与焊件材质相同，焊条表面应无节瘤、折痕和杂质，颜色均匀一致。

8.2.4 氟塑料板表面应光洁、色泽均匀、厚薄一致，无裂纹、黑点等缺陷，并应符合下列规定：

1 聚四氟乙烯板的质量应符合本规范附录B表B.0.10的规定。

2 乙烯-四氟乙烯共聚物板的质量应符合本规范附录B表B.0.11的规定。

3 聚偏氟乙烯板的质量应符合本规范附录B表B.0.12的规定。

8.2.5 氟塑料板过渡层应采用纤维层。

8.2.6 聚四氟乙烯、乙烯-四氟乙烯共聚物和聚偏氟乙烯的焊条应与焊件材质相同，并应具有相熔性，圆柱形焊条的直径宜为2mm～5mm。

8.2.7 聚四氟乙烯管材的质量和热胀冷缩量应符合现行行业标准《金属网聚四氟乙烯复合管和管件》

HG/T 3705 的有关规定。聚丙烯、聚乙烯和聚氯乙烯管材质量应符合现行行业标准《衬塑（PP、PE、PVC）钢管和管件》HG/T 20538 的有关规定。

8.2.8 塑料衬里原材料质量的试验方法应符合本规范附录C的有关规定。

8.3 软聚氯乙烯板衬里

8.3.1 软聚氯乙烯塑料板施工放线、下料应准确；在焊接或粘贴前宜进行预拼。

8.3.2 软聚氯乙烯塑料板空铺法和压条螺钉固定法的施工应符合下列规定：

1 外壳的内表面应光滑平整，无凸瘤凹坑等现象。

2 施工时应先铺衬立面，后铺衬底部；先衬筒体，后装支管。

3 支撑扁钢或压条下料应准确。棱角和焊接接头应磨平，支撑扁钢与设备内壁应撑紧，压条应用螺钉拧紧并固定牢固。支撑扁钢或压条外应覆盖软板并焊牢。

4 当采用压条螺钉固定时，螺钉应成三角形布置，立面行距宜为 400mm～500mm。

5 软聚氯乙烯板接缝应采用搭接，搭接宽度宜为 20mm～25mm。采用热风焊枪熔融本体并加压焊接。焊接时，在上、下两板搭接内缝处，每间隔 200mm 点焊固定，搭接外缝处应采用焊条满焊封缝。焊接工艺参数宜符合表 8.3.2 的规定。

表 8.3.2 软聚氯乙烯板焊接工艺参数

项　目	指　标
焊枪出口热风温度（℃）	165～170
焊接速度（mm/min）	400～500
焊枪与软板平面夹角（°）	20～30

8.3.3 软聚氯乙烯板粘贴法的施工应符合下列规定：

1 软聚氯乙烯板的粘贴可采用满涂胶粘剂法或局部涂胶粘剂法，胶粘剂的配比应符合本规范第 8.2.2 条的规定。

2 板材接缝可采用胶粘剂进行对接或搭接。

3 软聚氯乙烯板粘贴前可采用酒精或丙酮进行处理，粘贴面应打毛至无反光。

4 当采用局部涂胶粘剂法时，应在接头两侧涂刷胶粘剂，软板中间胶粘剂带的间距宜为 500mm，其宽度宜为 100mm～200mm。

5 粘贴时应在软板和基体内壁上各涂刷胶粘剂两遍，并应纵横交错进行。涂刷应均匀，不得漏涂。第二遍涂刷应在第一遍胶粘剂干至不粘手时进行。待第二遍胶粘剂干至微粘手时，再进行软聚氯乙烯板的粘贴。

6 粘贴时，应顺次将粘贴面间的气体排净，并应用辊子进行压合，接缝处应压合紧密，不得出现剥离或翘角等缺陷。

7 当胶粘剂不能满足耐腐蚀和强度要求时，应在接缝处采用焊条封焊。或应按本规范第 8.3.2 条第 5 款的规定执行。

8 粘贴完成后应进行养护。养护时间应按胶粘剂的固化时间确定。固化前不得振动或使用。

8.4 氟塑料板衬里设备

8.4.1 进行松衬法施工时，可先将氟塑料板焊成筒体，再进行衬装，并应翻边。松衬法宜衬装小公称尺寸的设备。

8.4.2 氟塑料板粘贴法的施工应符合下列规定：

1 粘贴时应在氟塑料板的过渡层和基体内壁上各涂刷胶粘剂两遍，并应纵横交错进行。涂刷应均匀，不得漏涂。

2 粘贴时，应顺次将粘贴面间的气体排净，并应用辊子进行压合，接缝处应压合紧密，不得出现剥离或翘角等缺陷。

3 在接缝处应采用焊条封焊或板材搭接焊。

8.4.3 氟塑料板焊接成型可采用热风焊、挤出焊或热压焊。乙烯-四氟乙烯共聚物和聚偏氟乙烯可采用热风焊、挤出焊，聚四氟乙烯可采用热压焊。

8.4.4 乙烯-四氟乙烯共聚物和聚偏氟乙烯板的焊接应符合下列规定：

1 焊接部位应切成 60°～80°的坡口，并应用溶剂清洗焊口。焊条在焊接处宜呈 90°，焊枪宜呈 45°（图 8.4.4-1）。

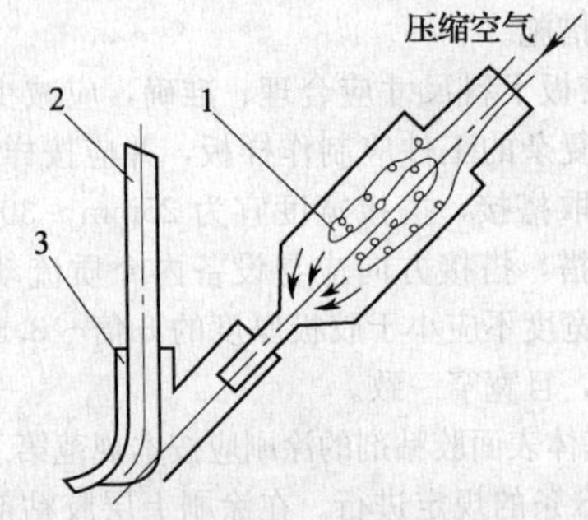

图 8.4.4-1 热风焊和挤出焊

1—焊枪；2—焊条；3—焊头

2 焊接速度每分钟宜为 50mm～100mm。

3 板与板焊接宜采用 V 形坡口〔图 8.4.4-2 (a)、(b)〕，高强度要求的板与板焊接的 V 形坡口上宜采用板增强焊形式〔图8.4.4-2 (c)〕。圆筒与支管焊接宜采用 V 形坡口（图 8.4.4-3）。

8.4.5 聚四氟乙烯板的热压焊接应符合下列规定：

1 焊刀材料应采用导热性能好和具有一定刚性的金属材料。

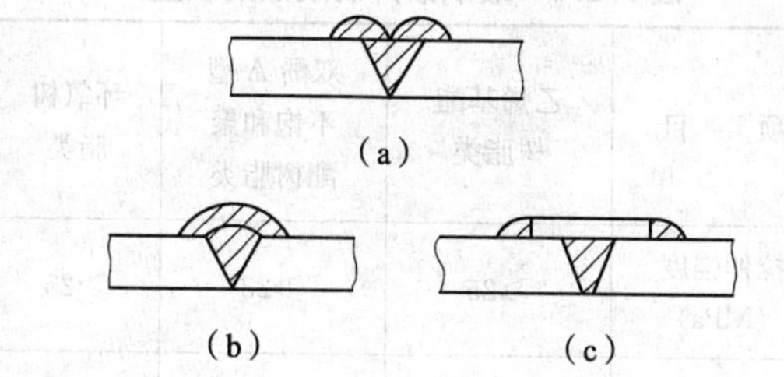

图 8.4.4-2 板与板焊接形式

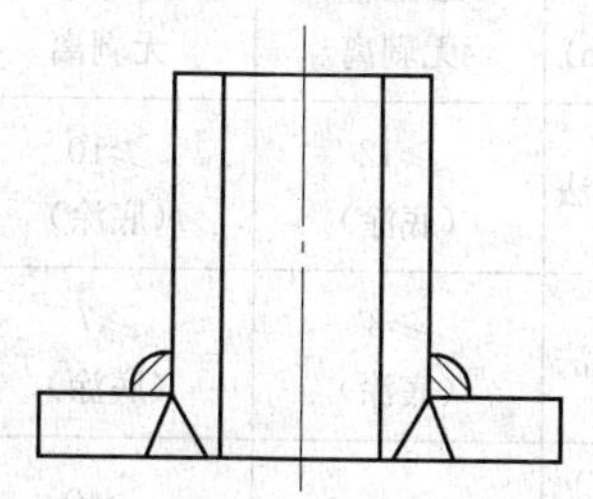

图 8.4.4-3 圆筒与支管焊接形式

2 焊刀几何结构（图 8.4.5-1）宜采用板与板焊接用长条焊刀和板与管焊接用圆筒形焊刀。

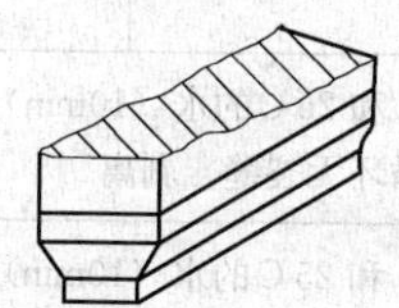

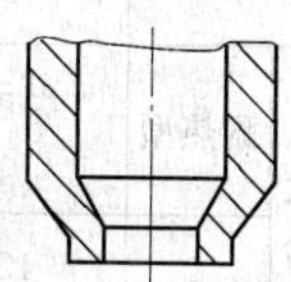

(a) 板与板焊接用长条焊刀 (b) 板与管焊接用圆筒形焊刀

图 8.4.5-1 焊刀几何结构

3 热压焊焊接宜采用搭接形式（图 8.4.5-2）。

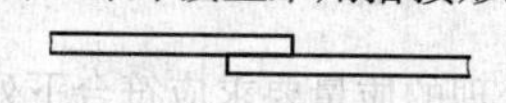

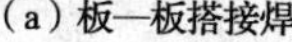

（a）板—板搭接焊

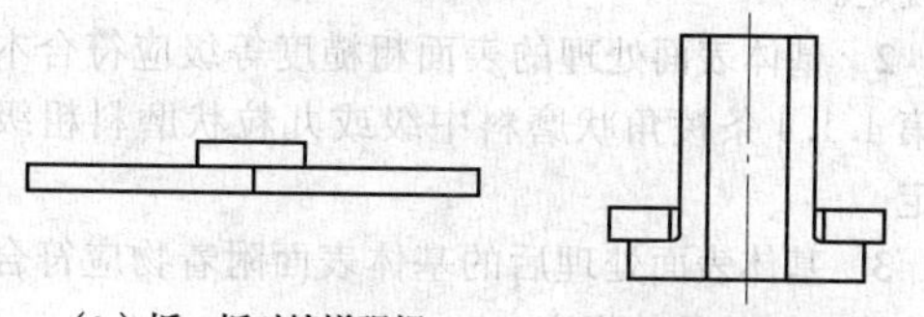

（b）板—板对接增强焊 （c）圆筒支管焊接形式

图 8.4.5-2 热压焊焊接形式

4 聚四氟乙烯焊接温度宜为 380℃±5℃，焊接压力宜为 1MPa～2MPa，焊接时间宜为 4h～8h。

8.5 塑料衬里管道

8.5.1 塑料衬里管道的施工宜采用松衬法。

8.5.2 塑料衬里管的外径应与无缝钢管的内径相匹配。

8.5.3 无缝钢管两端的法兰宜采用板式平焊法兰、带颈平焊法兰或平焊环松套法兰焊接。

8.5.4 法兰与钢管连接处的转角应圆弧过渡。

8.5.5 当设计压力为 1MPa 和公称尺寸小于或等于 200mm 时，其圆弧、角焊焊缝高度及钢管和法兰的间隙（图 8.5.5）应符合表 8.5.5 的规定。

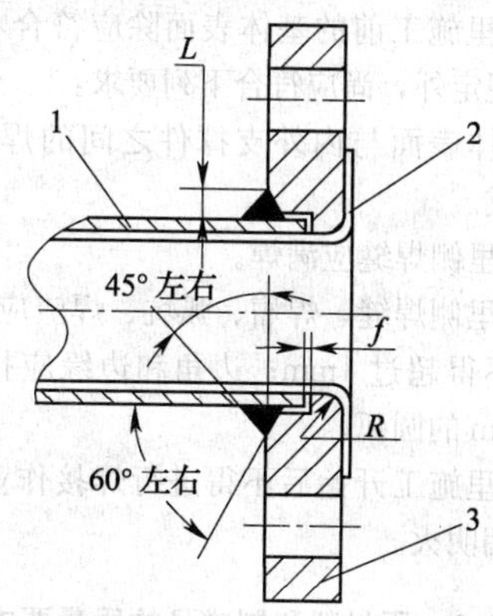

图 8.5.5 圆弧、角焊焊缝高度及钢管和法兰的间隙

1—金属管子；2—塑料衬里；3—金属法兰

表 8.5.5 圆弧、角焊焊缝高度及钢管和法兰的间隙值（mm）

项目 / 指标 / 管子公称尺寸 DN	圆弧 R	角焊焊缝高度 L	钢管和法兰的间隙 f
25～40	$1 \leqslant R \leqslant 2$	$4 \leqslant L \leqslant 9$	$\leqslant 1$
50～80	$1 \leqslant R \leqslant 3$	$5 \leqslant L \leqslant 10$	$\leqslant 1$
100～150	$2 \leqslant R \leqslant 4$	$5 \leqslant L \leqslant 11$	$\leqslant 2$
200～300	$2 \leqslant R \leqslant 5$	$6 \leqslant L \leqslant 12$	$\leqslant 2$

8.5.6 塑料衬里管道的翻边处应进行加热，并应压平。

9 玻璃鳞片衬里

9.1 一 般 规 定

9.1.1 玻璃鳞片衬里工程应包括下列内容：

1 胶泥衬里：底涂层、玻璃鳞片胶泥、封面层。

2 涂料衬里：底涂层、玻璃鳞片面涂料层。

9.1.2 当采用乙烯基酯树脂类或双酚 A 型不饱和聚酯树脂类时，施工环境温度宜为 5℃～30℃；当采用环氧树脂类时，宜为 10℃～30℃；施工环境相对湿度不宜大于 80%；当低于此温度时，应采取加热保温措施，但不得采用明火直接加热。

9.1.3 施工现场应采取通风措施。

9.1.4 在施工和养护期间，应采取防水、防火、防暴晒等措施。

9.1.5 衬里材料应密闭贮存在阴凉、干燥的通风处，并应防火。增强纤维材料应防潮贮存。

9.1.6 衬里施工前，应根据施工环境温度、湿度、原材料特性，通过试验选定适宜的施工配合比，方可进行大面积施工。

9.1.7 衬里施工前的基体表面除应符合本规范第4章的有关规定外，尚应符合下列要求：

1 基体表面与内外支撑件之间的焊接、铆接、螺接应完成。

2 衬里侧焊缝应满焊。

3 衬里侧焊缝、焊瘤、弧坑、焊渣应打磨平整。焊缝高度不得超过1mm；边角和边缘应打磨至大于或等于2mm的圆弧。

4 衬里施工开始后不得进行焊接作业，施工现场不得使用明火。

9.2 原材料和制成品的质量要求

9.2.1 乙烯基酯树脂、双酚A型不饱和聚酯树脂和环氧树脂的质量应符合本规范第5.2.3条的有关规定。

9.2.2 玻璃鳞片的质量应符合现行行业标准《中碱玻璃鳞片》HG/T 2641的有关规定。

9.2.3 采用的固化体系应与选用的树脂相配套，其质量应符合本规范第5.2.4条的规定。

9.2.4 乙烯基酯树脂、双酚A型不饱和聚酯树脂类玻璃鳞片衬里混合料可预先加入促进剂。

9.2.5 乙烯基酯树脂、双酚A型不饱和聚酯树脂类玻璃鳞片衬里施工的滚压作业工序采用的配套稀释剂应为苯乙烯；环氧树脂类玻璃鳞片衬里施工的滚压作业工序采用的配套稀释剂应为无水乙醇或丙酮。

9.2.6 当玻璃鳞片衬里与同类树脂的玻璃纤维增强塑料复合使用时，玻璃纤维的质量应符合本规范第6.2.4条的规定。

9.2.7 玻璃鳞片混合料的质量应符合表9.2.7的规定。

表9.2.7 玻璃鳞片混合料的质量

项目	鳞片胶泥料	鳞片涂料
在容器中状态	在搅拌混合物时，应无结块、无杂质	
施工工艺性	刮抹无障碍、不流挂	喷、滚、刷涂无障碍、不流挂
胶凝时间（25℃，min）	45±15	60±15

9.2.8 玻璃鳞片制成品的质量应符合表9.2.8的规定。

表9.2.8 玻璃鳞片制成品的质量

项目		乙烯基酯树脂类	双酚A型不饱和聚酯树脂类	环氧树脂类
拉伸强度（MPa）		≥25	≥23	≥25
弯曲强度（MPa）		≥35	≥32	≥30
冲击强度（500g×25cm）		无裂缝，无剥离	无裂缝，无剥离	无裂缝，无剥离
粘接强度（MPa）	拉剪法	≥12（底涂）	≥10（底涂）	≥14（底涂）
	拉开法	≥8（底涂）	≥7（底涂）	≥10（底涂）
巴氏硬度		≥40	≥40	≥42
耐磨性（1000g，500r；g）		≤0.05	≤0.05	≤0.05
线膨胀系数（$K\times10^{-5}$）		≤1.04	≤1.02	≤1.06
冷热交替试验	耐热型	150℃（1h）和25℃的水（10min）10个循环无裂缝、剥离		
	普通型	130℃（1h）和25℃的水（10min）10个循环无裂缝、剥离		

9.2.9 玻璃鳞片衬里原材料和制成品质量的试验方法应符合本规范附录C的有关规定。

9.3 施 工

9.3.1 基体表面处理的质量要求应符合下列规定：

1 基体表面处理等级应符合本规范第4.1.6条的规定。

2 基体表面处理的表面粗糙度等级应符合本规范第4.1.4条棱角状磨料中级或丸粒状磨料粗级的规定。

3 基体表面处理后的基体表面附着物应符合本规范第4.1.7条的规定。

9.3.2 基体表面处理完成后，涂刷底涂料的间隔时间应符合本规范第4.1.9条的规定。

9.3.3 底涂层的施工应符合下列规定：

1 在底涂料中按比例加入固化剂后，应搅拌均匀，并应在初凝前用完。

2 底涂料的施工宜采用刷涂或滚涂，不得漏涂。

3 当采用二层底涂料施工时，底涂料的涂装间隔时间应符合表9.3.3的规定。

表 9.3.3 底涂料的涂装间隔时间

底材温度（℃）	10	20	30
最短涂装间隔（h）	10	5	3
最长涂装间隔（h）	48	36	24

9.3.4 玻璃鳞片胶泥的施工应符合下列规定：

1 在玻璃鳞片胶泥料中按比例加入固化剂，宜在真空度不低于 0.08MPa 搅拌机中搅拌均匀。配制好的玻璃鳞片胶泥料应在初凝前用完。

2 第一层玻璃鳞片胶泥的施工应在底涂层施工完成 12h 后进行。

3 玻璃鳞片胶泥宜采用人工涂抹（刮抹）的方法进行施工。应将玻璃鳞片胶泥摊铺在底涂层表面，用抹刀（或刮板）单向有序、均匀地涂抹。

4 单道玻璃鳞片胶泥衬里的施工厚度，在初凝后不宜大于 1mm。

5 滚压作业应与涂抹施工同步进行。在初凝前，应用沾有适量配套稀释剂的羊毛辊往复滚压至胶泥层光滑均匀。

6 同层涂抹的端部界面连接，应采用斜槎搭接方式。

7 当采用两层涂抹施工时，玻璃鳞片胶泥的涂装间隔时间应符合表 9.3.3 的规定。两层胶泥料涂抹方向应相互垂直。

8 玻璃鳞片胶泥涂抹达到设计要求的厚度后，应涂刷封面料。

9.3.5 局部纤维增强塑料的施工应符合下列规定：

1 纤维增强塑料用树脂应采用与玻璃鳞片胶泥相同的树脂配制。

2 应将局部纤维增强区的玻璃鳞片衬里表面打磨平整，并应采用稀释剂清洗干净，再按涂刷胶料、贴衬纤维布（毡）的顺序进行施工。

3 纤维增强塑料材料施工 12h 后，应将纤维增强塑料材料的毛边、气泡或脱层等清除干净，并应采用玻璃鳞片胶泥填平补齐。

9.3.6 玻璃鳞片面涂层的施工应符合下列规定：

1 在面涂料中按比例加入固化剂搅拌均匀。配制好的面涂料应在初凝前用完。

2 面涂料的施工应采用高压无气喷涂，也可采用刷涂和滚涂，应均匀涂覆到底涂层表面。高压无气喷涂一次厚度不宜超过 0.6mm。

3 当采用乙烯基酯树脂或双酚 A 型不饱和聚酯树脂类玻璃鳞片涂料时，最后一层面涂料中，应含有苯乙烯石蜡液。

4 当采用多层玻璃鳞片面涂料施工时，涂装的间隔时间应符合表 9.3.3 的规定。

9.3.7 玻璃鳞片衬里层或涂层的养护时间应符合表 9.3.7 的规定。养护期内不得在衬里层表面进行施工作业或踩踏。

表 9.3.7 衬里层或涂层的养护时间

环境温度（℃）	10	20	30
养护时间（d）	≥14	≥7	≥4

10 铅 衬 里

10.1 一 般 规 定

10.1.1 铅衬里应包括钢制工业设备及管道的衬铅和搪铅。

10.1.2 铅板焊接和搪铅可采用氢氧焰或乙炔氧焰焊接。施焊时应采用中性焰，不应采用仰焊。

10.1.3 焊工考试应符合本规范第 8.1.6 条的规定。

10.2 原材料的质量要求

10.2.1 铅板应无砂眼、裂缝或厚薄不均匀等缺陷。铅板表面应光滑清洁，不得有污物、泥砂和油脂。其化学成分及规格应符合现行国家标准《铅及铅锑合金板》GB/T 1470 的有关规定。

10.2.2 焊条材质应与焊件材质相同。焊条表面应干净，应无氧化膜及污物。也可采用母材制作的焊条。焊条的规格应符合表 10.2.2 的规定。

表 10.2.2 焊条的规格（mm）

焊条号	特	1	2	3	4	5
焊条规格（直径×长度）	2～3×220	5×230	8×250	11×280	14×300	18×320

10.2.3 搪铅母材应符合本规范第 10.2.1 条的规定。

10.2.4 搪铅采用的焊剂配比应符合表 10.2.4 的规定。

表 10.2.4 搪铅采用的焊剂配比

成分			
氯化锌	氯化锡	氯化亚锡	水
65	—	35	300
25	—	5～7	75
45	25	—	30
2	1	—	6

10.3 焊 接

10.3.1 焊接的施工准备应符合下列规定：

1 施焊前，应清除焊缝中的油脂、泥砂、水或酸碱等杂质。

2 焊缝处不应有熔点较高的氧化铅层。在施焊前应采用刮刀刮净，使焊缝区域露出金属光泽。应随焊随刮，刮净的焊口应在 3h 内焊完。多层焊时，每焊完一层，应刮净后再焊下一层。

3 对接焊缝应根据焊件的厚度，留出不同的间隙，并应切出适当的坡口。

4 厚度在 7mm 以下的焊件，应采用搭接焊，搭接尺寸应为 25mm～40mm。

5 铅板焊接时，焊缝应错开，不得十字交叉。错开距离不应小于 100mm。

6 焊接前，焊缝应平整，不得有凸凹不平的现象。

7 焊接前应将焊缝相互对正，可采用点焊固定，点焊间距应为 200mm～300mm。

10.3.2 铅板的焊接应符合下列规定：

1 铅板焊接应采用氢氧焰进行，铅板的气焊焊接工艺应符合表 10.3.2-1 的规定。

表 10.3.2-1 铅板的气焊焊接工艺

板厚（mm）	焊接位置							
	平焊		立焊		横焊		仰焊	
	焊嘴号	焰心长度（mm）	焊嘴号	焰心长度（mm）	焊嘴号	焰心长度（mm）	焊嘴号	焰心长度（mm）
1～3	1～2	8	0～1	4	0～2	6	0～1	4
4～7	3～4	8	0～2	6	1～2	8	0～2	6
8～10	4～5	12	2～3	8	3～4	10	2～3	8
12～15	6	15	2～3	8	3～4	10	2～3	8

注：立焊、横焊应为搭接。

2 焊条的选用应符合表 10.3.2-2 的规定。

表 10.3.2-2 焊条的选用

板厚（mm）	焊接位置			
	平焊	立焊	横焊	仰焊
1～2	1	特	特	特
3～4	2	特	特	特
5～7	3	特	1	特
8～10	4	4#	2	—
12～15	5	5#	3	—

注：1 注有“#”符号为挡模焊。
2 立焊应为对接焊。

3 平焊对接焊缝，当板厚为 1.5mm～3mm 时，焊接不应少于 2 层，也可采用卷边对接（卷边高度等于板厚），施焊时可不加焊条；当板厚为 3mm～6mm 时，焊接不应少于 3 层；当板厚为 6mm～10mm 时，不应少于 4 层；当板厚为 10mm 以上时，不应少于 5 层。平焊接头形式应符合表 10.3.2-3 的规定。

表 10.3.2-3 平焊接头形式（mm）

焊缝形式	板厚 s	间隙 a	钝边 b	焊缝宽 a_1	焊缝高 a_2
a_1、a_2、s、a	3～5	1～3	—	$2s$	1～2
a_1、70°~90°、a_2、s、b、a	>5	<2	2～3	$2s$	2～3
a_1、20~80、a_2、s	1.5～6	—	—	$1.5s$	$s+1$～1.5

4 铅板厚度在 7mm 以下时应采用搭接立焊。

5 横焊应采用搭接。当板厚为 1mm～2mm 时，可不加焊条；当板厚为 3mm～4mm 时，焊接不应少于 2 层；当板厚为 5mm～7mm 时，不应少于 3 层。焊缝尺寸应符合本规范表 10.3.2-3 的规定。

6 仰焊应采用搭接，焊接厚度不得大于 6mm。

10.4 衬铅施工

10.4.1 衬铅的施工准备应符合下列规定：

1 铅板下料的场地应平整清洁，应设置木制平台，下料者应穿软底鞋。

2 敲打铅板时应使用木制工具，不得使用金属工具。

3 已下好料的铅板，应注明尺寸、编号，妥善存放。

4 衬里前，应对受压容器进行压力试验，合格后方可衬里。

5 衬里设备基体的内表面，应符合本规范第

3.3 节的规定。

6 整体设备在衬里前，应在壳体最底部钻直径为 5mm～10mm 的衬铅检漏孔 2 个～4 个。

7 吊装铅板前，应轻起轻放，不得使用钢丝绳直接绑扎起吊。

10.4.2 衬铅的施工应符合下列规定：

1 衬铅可采用搪钉固定法、悬挂固定法、压板固定法和焊接铆钉固定法（图 10.4.2-1～图 10.4.2-4）。

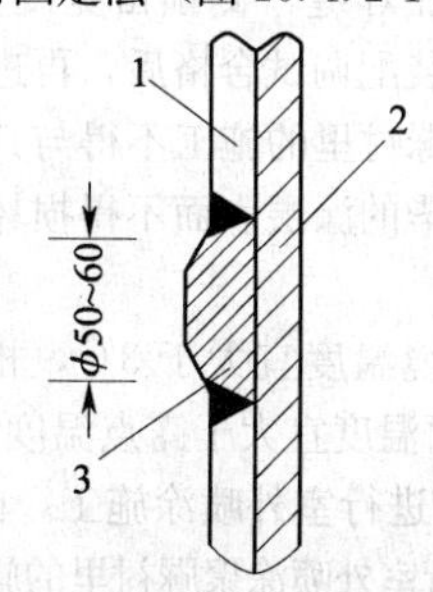

图 10.4.2-1 搪钉固定法

1—衬铅板；2—设备本体；3—搪钉

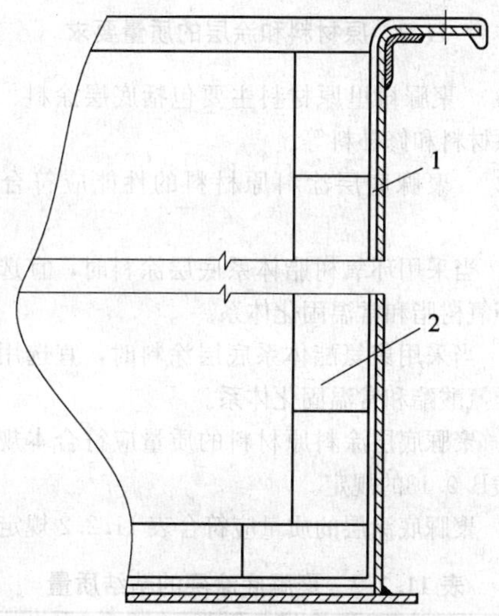

图 10.4.2-2 悬挂固定法

1—衬铅层；2—块材衬里层

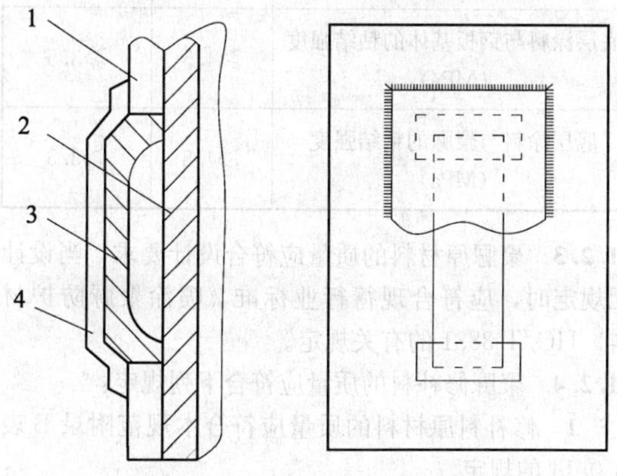

图 10.4.2-3 焊接压板固定法

1—衬铅层；2—设备本体；3—碳钢压板；4—铅覆盖板

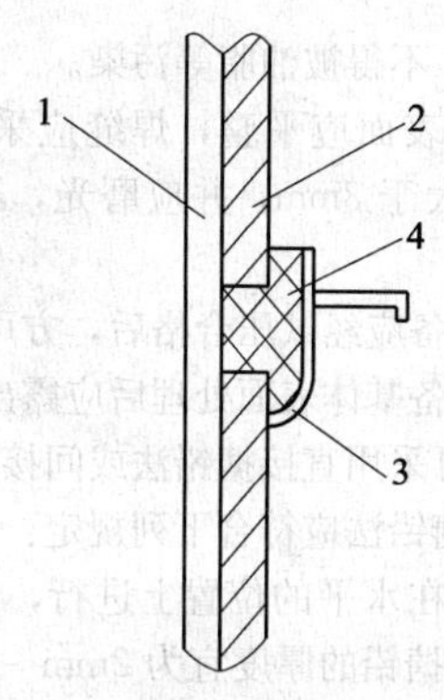

图 10.4.2-4 焊接铆钉固定法

1—衬铅板；2—设备本体；3—挡模；4—铆钉

2 各固定点间的距离宜为 250mm～900mm，成等边三角形排列。设备顶部可适当增加固定点，平底设备的底部可不设固定点。

3 方槽设备拐角处应采用立焊，搭接宽度应为 30mm～40mm。

4 塔、罐、槽等设备的人孔、进出料口的焊接、铅板搭接方向应与介质流向一致（图 10.4.2-5、图 10.4.2-6）。

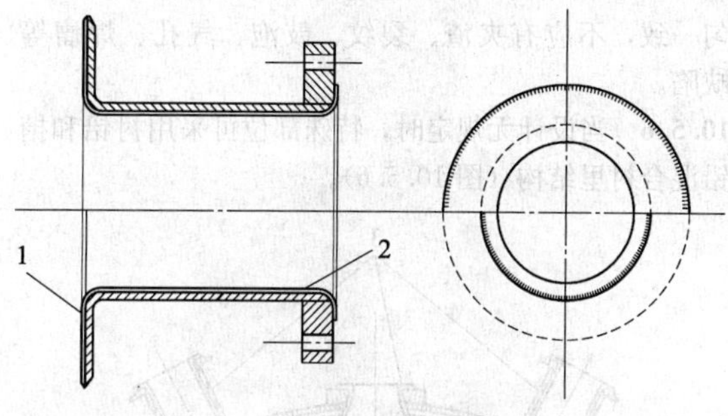

图 10.4.2-5 横向孔衬里及焊接

1—衬铅板；2—孔衬铅板

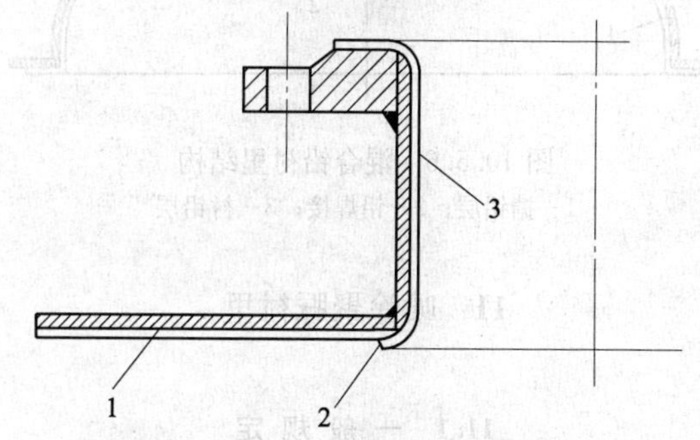

图 10.4.2-6 上下孔衬里及焊接

1—衬铅板；2—焊缝；3—孔衬铅板

5 铅板与设备内壁应紧密贴合，不得凸凹不平。

10.5 搪 铅 施 工

10.5.1 搪铅的施工准备应符合下列规定：

1 称量、配制和盛装焊剂的器皿、涂刷焊剂用的毛刷应清洁，不得被油脂等污染。

2 设备的表面应平整，焊缝应采取对接形式，焊缝高度不应大于3mm，并应磨光，不应有焊渣或毛刺等缺陷。

3 受压设备应经试压合格后，方可进行搪铅。

4 搪铅设备基体表面处理后应露出金属光泽。

10.5.2 搪铅可采用直接搪铅法或间接搪铅法。

10.5.3 直接搪铅法应符合下列规定：

1 搪铅应在水平的位置上进行，当基体倾斜超过30°时，每次搪铅的厚度宜为2mm～4mm，搪道宽度宜为15mm～25mm。

2 搪铅不应少于2层。当搪完第一层铅后，应用清水将附着在表面上的焊剂洗净，并应采用刮刀将表面刮光，再进行第二层搪铅，直至所需厚度。最后一层应用火焰重熔一次。

10.5.4 间接搪铅法应符合下列规定：

1 应先在被搪表面采用加热涂锡法进行挂锡，挂锡层应薄而均匀，挂锡厚度应为15μm～20μm，再进行搪铅。

2 搪铅温度应为190℃～230℃。

10.5.5 搪铅时，每层应进行中间检查。厚度应均匀一致，不应有夹渣、裂纹、鼓泡、气孔、焊瘤等缺陷。

10.5.6 当设计无规定时，特殊部位可采用衬铅和搪铅混合衬里结构（图10.5.6）。

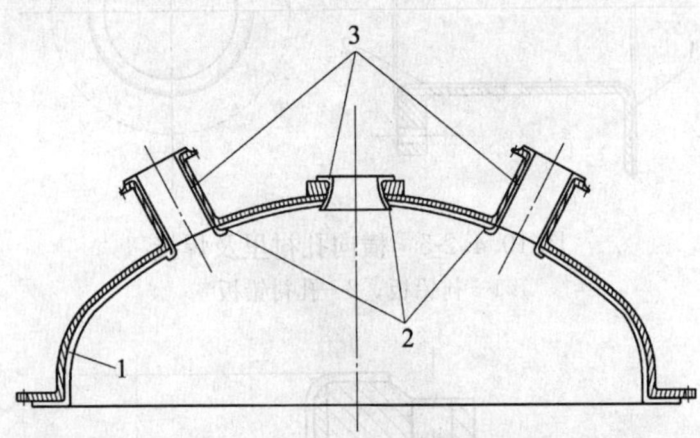

图10.5.6 混合铅衬里结构

1—搪铅层；2—铅焊接；3—衬铅层

11 喷涂聚脲衬里

11.1 一般规定

11.1.1 喷涂聚脲衬里工程应包括采用专用设备施工的聚脲涂装工程。

11.1.2 聚脲材料的质量应符合设计要求或本规范的规定。

11.1.3 采用的辅料应与聚脲具有相容性，宜使用由聚脲材料厂家提供的配套材料。

11.1.4 施工时应经现场试喷后，方可进行喷涂。

11.1.5 工业设备及管道内外壁表面的处理等级，应符合本规范第4.1.6条的有关规定。对焊缝要求及处理应符合本规范第3.3节的规定。

11.1.6 管道（支管）、设备基座、管架、预埋件或预支撑件，应在喷涂施工前安装完毕，并应按要求做好局部处理。

11.1.7 对工厂化预制的防腐管道和拼装式设备喷涂聚脲衬里时，应在焊缝一侧预留宽度为200mm的拼装位置，待现场装配调试合格后，再进行补喷。

11.1.8 喷涂聚脲衬里的施工不得与其他工种进行交叉作业。施工完毕的涂层表面不得损坏，并应采取保护措施。

11.1.9 施工环境温度宜大于3℃，相对湿度宜小于85%，且工件表面温度宜大于露点温度3℃。当风速大于5m/s时，不宜进行室外喷涂施工。在雨、雪、雾天气环境下不得进行室外喷涂聚脲衬里的施工。

11.1.10 施工人员应经过专业施工技术培训，合格后上岗。

11.2 原材料和涂层的质量要求

11.2.1 聚脲衬里原材料主要包括底层涂料、喷涂聚脲原材料和修补料等。

11.2.2 聚脲底层涂料原材料的性能应符合下列规定：

1 当采用环氧树脂体系底层涂料时，宜选用低粘度环氧树脂和常温固化体系。

2 当采用聚氨酯体系底层涂料时，宜选用低挥发性异氰酸酯和常温固化体系。

3 聚脲底层涂料原材料的质量应符合本规范附录B表B.0.13的规定。

4 聚脲底涂层的质量应符合表11.2.2规定。

表11.2.2 聚脲底涂层的粘结质量

项目	指标	
	环氧底涂	聚氨酯底涂
底层涂料与钢板基体的粘结强度(MPa)	≥4.5	≥3.5
底层涂料与聚脲的粘结强度(MPa)	≥4.5	≥3.5

11.2.3 聚脲原材料的质量应符合设计要求，当设计无规定时，应符合现行行业标准《喷涂聚脲防护材料》HG/T 3831的有关规定。

11.2.4 聚脲修补料的质量应符合下列规定：

1 修补料原材料的质量应符合本规范附录B表B.0.14的规定。

2 修补料的涂层质量应符合表11.2.4的规定。

表 11.2.4 修补料的涂层质量

项目	硬度	拉伸强度	断裂伸长率	附着力
指标	≤92 邵 A	≥4.0MPa	≥150%	≥3.5MPa

3 修补料可用于涂层表面针孔和小面积的缺陷修补。

11.2.5 聚脲衬里原材料和涂层的质量试验方法应符合本规范附录C的有关规定。

11.3 施 工

11.3.1 喷涂聚脲的设备应符合下列规定：

1 主机工作压力应大于7.0MPa。

2 A组分和B组分的进料比例泵的体积比为1：1。

3 喷枪应采用撞击式混合高压喷射型式，并应均匀雾化。

4 空气压缩机的压力应大于0.7MPa，其容量应大于0.85m³/min。

5 A、B料设备加热装置的加热温度应大于65℃，管道加热温度应大于45℃。

11.3.2 基体表面底层涂料的施工应符合下列规定：

1 底层涂料应选用环氧或聚氨酯类溶剂型涂料。当环境温度小于10℃时，应采用低温固化体系。

2 底层涂料的干膜厚度应为15μm～150μm。可采用喷涂或滚涂。

3 底层涂料的养护时间应符合表11.3.2的规定。

表 11.3.2 底层涂料的养护时间

底涂种类	养护温度（℃）	养护时间（h）
溶剂型聚氨酯底涂	≥15	1～6
	≥30	1～3
环氧底涂	≥15	4～6
	≤15	6～10
	≤8	24～48

4 相邻的非喷涂基体表面和已喷涂的聚脲表面应采取措施进行遮盖保护。

11.3.3 施工时应根据材料的特性、施工现场环境条件等，对每一批次的材料核定施工工艺和设备参数后，应进行试喷。试喷合格后的工艺应确定为现场施工工艺。

11.3.4 底层涂料的养护和聚脲衬里喷涂间隔时间应符合本规范表11.3.2的规定。当超过间隔时间时，应重新进行底层涂料的施工。

11.3.5 喷涂聚脲衬里的作业应符合下列规定：

1 喷枪与待喷基面的角度应小于或等于±20°，喷枪与基面的距离应为300mm～700mm。

2 喷涂移动速度应均匀、一致，并应采用交叉喷涂。

3 喷涂作业应采用先上后下再底的顺序，宜连续喷涂作业。

4 当接缝不连续喷涂时，表面应进行处理后再喷涂。接缝喷涂宽度应大于120mm。

5 当喷涂作业出现异常时，应立即停止喷涂。应先检查设备，当发现故障时应进行排除。再检查聚脲层表面，当表面出现单组分层、鼓泡或脱层等缺陷时，应按工艺要求处理后，再继续喷涂。

11.3.6 聚脲衬里涂层的修补应符合下列规定：

1 聚脲衬里涂层厚度应在涂层喷涂完毕后立即进行检测，当厚度不符合设计要求时，应及时进行补喷。补喷间隔时间和补喷要求应符合表11.3.6的规定。

表 11.3.6 补喷间隔时间和补喷要求

环境温度（℃）	间隔时间（h）	补喷要求
＞15	＞2	应采用界面处理剂处理后再喷涂
	≤2	可直接补喷
10～15	＞3	应采用界面处理剂处理后再喷涂
	≤3	可直接补喷
≤10	≥4	应采用界面处理剂处理后再喷涂

2 对聚脲涂层出现的大面积鼓泡或脱层等缺陷，可采用机械喷涂方法进行修补。小面积鼓泡、脱层或针孔可采用手工方法进行修补。

3 修补时应将聚脲衬里涂层鼓泡或脱层缺陷周围5mm～20mm范围内的衬里涂层及基体表面清理干净，并应涂刷层间粘合剂或底层涂料后，再机械喷涂或手工修补。

11.3.7 聚脲衬里涂层的养护时间应符合表11.3.7的规定。

表 11.3.7 聚脲衬里涂层的养护时间

环境温度（℃）	＞23	10～23	＜10
养护时间（h）	≥8	≥24	≥48

11.3.8 喷涂作业完成后，应及时清洗喷涂设备，并应进行养护。

12 氯丁胶乳水泥砂浆衬里

12.1 一 般 规 定

12.1.1 氯丁胶乳水泥砂浆衬里工程应包括改性阳离子型氯丁胶乳水泥砂浆衬里整体面层。

12.1.2 施工环境温度宜为10℃～35℃，当施工环境温度低于5℃时，应采取加热保温措施。施工中应防风、雨和阳光直射。

12.1.3 氯丁胶乳的存放，夏季应防止高温、阳光直射，冬季不得受冻。破乳和冻结的氯丁胶乳不得使用。

12.1.4 氯丁胶乳水泥砂浆整体面层衬里施工时，基体表面的处理等级应符合本规范第4.1.6条的规定。焊缝和搭接的部位，应采用氯丁胶乳胶泥找平。

12.1.5 施工前，应根据现场施工环境温度、施工条件等，确定适宜的施工配合比和施工操作方法。

12.1.6 施工用的工具和机械应及时清洗。

12.2 原材料和制成品的质量要求

12.2.1 氯丁胶乳原材料的质量应符合本规范附录B表B.0.15的规定。

12.2.2 氯丁胶乳水泥砂浆采用的硅酸盐水泥或普通硅酸盐水泥的强度不应小于32.5MPa。

12.2.3 氯丁胶乳水泥砂浆的细骨料应采用石英砂或河砂。砂子应符合现行行业标准《普通混凝土用砂、石质量及检验方法标准》JGJ 52的有关规定，细骨料的质量应符合本规范附录B表B.0.16的规定。颗粒级配应符合表12.2.3的规定。

表12.2.3 细骨料的颗粒级配

方筛孔的公称直径	5.0mm	2.5mm	1.25mm	630μm	315μm	160μm
累计筛余（%）	0	0～25	10～50	41～70	70～92	90～100

注：细骨料的最大粒径不应超过涂层厚度或灰缝宽度的1/3。

12.2.4 氯丁胶乳水泥砂浆制成品的质量应符合表12.2.4的规定。

表12.2.4 氯丁胶乳水泥砂浆制成品的质量

项　目	氯丁胶乳水泥砂浆
抗压强度（MPa）	≥30.0
抗折强度（MPa）	≥3.0
与碳钢粘结强度（MPa）	≥1.8
抗渗等级（MPa）	≥1.6
吸水率（%）	≤4.0
初凝时间（min）	>45
终凝时间（h）	<12

12.2.5 氯丁胶乳水泥砂浆原材料和制成品质量的试验方法应符合本规范附录C的有关规定。

12.3 砂浆的配制

12.3.1 氯丁胶乳水泥砂浆的配合比宜按本规范附录D表D.0.7选用。

12.3.2 氯丁胶乳水泥砂浆配制时，应先将水泥与砂子拌和均匀，再倒入氯丁胶乳搅拌均匀。氯丁胶乳水泥砂浆应采用人工拌和，当采用机械拌和时，宜采用立式复式搅拌机。

12.3.3 拌制好的氯丁胶乳砂浆应在初凝前用完，当有凝胶、结块现象时，不得使用。拌制好的水泥砂浆应有良好的和易性。

12.4 施　工

12.4.1 铺抹氯丁胶乳水泥砂浆前，应先涂刷氯丁胶乳水泥素浆一遍，涂刷应均匀，干至不粘手时，再铺抹氯丁胶乳水泥砂浆。

12.4.2 氯丁胶乳水泥砂浆一次施工面积不宜过大，应分条或分块错开施工，每块面积不宜大于12m²，条宽不宜大于1.5m，补缝及分段错开的施工间隔时间不应小于24h。坡面的接缝木条或聚氯乙烯条应预先固定在基体上，待砂浆抹面后可抽出留缝条，24h后在预留缝处涂刷氯丁胶乳素浆，再采用氯丁胶乳水泥砂浆进行补缝。分层施工时，留缝位置应相互错开。

12.4.3 氯丁胶乳水泥砂浆边摊铺边压抹，宜一次抹平，不宜反复抹压。当有气泡时应刺破压紧，表面应密实。

12.4.4 在立面或仰面施工时，当压抹面层厚度大于10mm时，应分层施工，分层抹面厚度宜为5mm～10mm。待前一层干至不粘手时，再进行下一层施工。

12.4.5 氯丁胶乳水泥砂浆施工12h～24h后，宜在面层上再涂刷一层氯丁胶乳水泥素浆。

12.4.6 氯丁胶乳水泥砂浆抹面后，表面干至不粘手时，即可进行喷雾或覆盖塑料薄膜等进行养护。塑料薄膜四周应封严，并应潮湿养护7d，再自然养护21d后方可使用。

13 涂料涂层

13.1 一般规定

13.1.1 涂料涂层应包括环氧树脂类涂料、聚氨酯涂料、氯化橡胶涂料、高氯化聚乙烯涂料、氯磺化聚乙烯涂料、丙烯酸树脂改性涂料、有机硅耐温涂料、氟涂料、富锌涂料（有机、无机）和车间底层涂料的涂层。

13.1.2 涂料进场时，供料方提供的产品质量证明文件除应符合本规范第1.0.4条的规定外，尚应提供涂装的基体表面处理和施工工艺等要求。

13.1.3 腻子、底层涂料、中间层涂料和面层涂料应符合设计文件规定。

13.1.4 施工环境温度宜为10℃～30℃，相对湿度不宜大于85%，或被涂覆的基体表面温度应比露点温度高3℃。

13.1.5 防腐蚀涂料品种的选用、涂层的层数和厚度应符合设计规定。

13.1.6 防腐蚀涂层全部涂装结束后，应养护7d方可交付使用。

13.1.7 基体表面的凹凸不平、焊接波纹和非圆弧拐角处，应采用耐腐蚀树脂配制的腻子进行修补。腻子干透后，应打磨平整，并应擦拭干净，再进行底涂层施工。

13.1.8 涂料的施工可采用刷涂、滚涂、空气喷涂或高压无气喷涂。涂层厚度应均匀，不得漏涂或误涂。

13.1.9 涂料质量的试验方法应符合本规范附录C的有关规定。

13.2 涂料的配制及施工

13.2.1 环氧树脂类涂料应包括环氧型、环氧沥青型、环氧氨基树脂型和环氧聚氨酯型涂料。其配制及施工应符合下列规定：

1 环氧树脂类涂料包括单组分环氧酯底层涂料和双组分环氧树脂涂料，并应符合下列规定：

1）双组分应按质量比配制，并应搅拌均匀。配制好的涂料宜熟化后使用；

2）基体表面处理等级不得低于St2级；

3）每层涂料的涂装应在前一层涂膜实干后，方可进行下一层涂装施工。

2 环氧聚氨酯涂料应符合下列规定：

1）双组分涂料应按规定的质量比配制，并应搅拌均匀；

2）每次涂装应在前一层涂膜实干后进行，施工间隔时间宜大于8h；

3）涂料的贮存期在25℃以下不宜超过10个月。

3 环氧沥青涂料应符合下列规定：

1）双组分涂料应按规定的质量比配制，并应搅拌均匀；

2）每次涂装应在前一层涂膜实干后进行，施工间隔时间宜大于8h；

3）涂料的贮存期在25℃以下不宜超过10个月。

13.2.2 聚氨酯涂料的配制及施工应符合下列规定：

1 涂料可分为单组分和双组分，采用双组分时应按质量比配制，并应搅拌均匀。

2 基体表面处理等级不得低于St2级。

3 每次涂装应在前一层涂膜实干后进行，施工间隔时间不宜超过48h。

4 涂料的施工环境温度不应低于5℃。

5 涂料的贮存期在25℃以下不宜超过6个月。

13.2.3 氯化橡胶涂料的配制及施工应符合下列规定：

1 涂料为单组分，可分普通型和厚膜型。厚膜型涂层干膜厚度每层不应小于70μm。

2 基体表面处理等级不得低于St3级、Sa2级。

3 每次涂装应在前一层涂膜实干后进行，涂覆的间隔时间应符合表13.2.3的规定。

表13.2.3 涂覆间隔时间

温度（℃）	−20～0	0～15	15以上
间隔时间（h）	24	12	8

4 涂料施工环境温度宜为−20℃～50℃。

5 涂料的贮存期在25℃以下不宜超过12个月。

13.2.4 高氯化聚乙烯涂料的配制及施工应符合下列规定：

1 涂料应为单组分。

2 基体表面处理等级不得低于St3级、Sa2级。

3 每次涂装应在前一层涂膜实干后进行，涂覆间隔时间应符合表13.2.4的规定。

表13.2.4 涂覆间隔时间

温度（℃）	0～14	15～30	30以上
间隔时间（h）	≥24	≥10	≥6

4 涂料的施工环境温度宜大于0℃。

5 涂料的贮存期在25℃以下不宜超过10个月。

13.2.5 氯磺化聚乙烯涂料的配制及施工应符合下列规定：

1 涂料可分为单组分和双组分，采用双组分时应按质量比配制，并应搅拌均匀。

2 基体表面处理等级不得低于St3级。

3 每次涂覆间隔时间宜为40min。涂覆完毕在常温下养护7d后方可使用。

4 涂料的贮存期在25℃以下不宜超过10个月。

13.2.6 丙烯酸树脂改性涂料的配制及施工应符合下列规定：

1 涂料包括单组分丙烯酸树脂涂料、丙烯酸树脂改性氯化橡胶涂料和丙烯酸树脂改性聚氨酯双组分涂料。

2 基体表面处理等级不得低于St2级。

3 涂刷丙烯酸树脂改性涂料时，宜采用环氧树脂类涂料做底层涂料。

4 丙烯酸树脂改性聚氨酯双组分涂料应按规定的质量比配制，并应搅拌均匀。

5 每次涂装应在前一层涂膜实干后进行，施工间隔时间应大于3h，且不宜超过48h。

6 涂料的施工环境温度应大于5℃。

7 涂料的贮存期在25℃以下时，单组分不宜超过10个月，双组分不宜超过3个月。

13.2.7 有机硅耐温涂料的配制及施工应符合下列

规定：

1 涂料为双组分，应按质量比配制，并应搅拌均匀。

2 基体表面处理等级不得低于 Sa2 $\frac{1}{2}$ 级。

3 底涂层应选用配套底涂料，不得采用磷化底涂料打底。

4 底层涂料养护 24h 后，再进行面层涂料施工。面层涂料涂覆间隔时间宜为 1h。

5 施工环境温度不宜低于 5℃，相对湿度不应大于 70%。

6 涂料的贮存期在 25℃以下不宜超过 6 个月。

13.2.8 氟涂料的配制及施工应符合下列规定：

1 涂料为双组分，应按质量比配制，并应搅拌均匀。

2 基体表面处理等级不得低于 Sa2 $\frac{1}{2}$ 级。

3 涂料包括氟树脂涂料和氟橡胶涂料。

4 涂料应为底层涂料、中层涂料和面层涂料配套使用。

5 涂料宜采用喷涂法施工。

6 施工环境温度宜为 5℃～30℃，相对湿度不宜大于 80%。

7 涂料的贮存期在 25℃以下不宜超过 6 个月。

13.2.9 富锌涂料应包括有机富锌涂料和无机富锌涂料，其配制及施工应符合下列规定：

1 基体表面处理等级不得低于 Sa2 $\frac{1}{2}$ 级。

2 涂料宜采用喷涂法施工。

3 涂料施工后应采用配套涂层封闭。

4 涂层不得长期暴露在空气中。

5 涂层表面出现白色析出物时，应打磨去除析出物后再重新涂覆。

6 涂料的贮存期在 25℃以下不宜超过 10 个月。

13.2.10 车间底层涂料应包括环氧铁红、有机富锌和无机富锌的底层涂料。其涂料的配制及施工应符合下列规定：

1 基体表面处理等级不得低于 Sa2 $\frac{1}{2}$ 级。

2 涂料宜采用喷涂法施工。

3 涂料的贮存期在 25℃以下不宜超过 6 个月。

14 金属热喷涂层

14.1 一 般 规 定

14.1.1 金属热喷涂层工程应包括火焰或电弧喷涂锌和锌铝合金涂层、铝和铝镁合金涂层。

14.1.2 施工环境温度不宜低于 5℃，相对湿度不宜大于 80%，基体表面温度应比露点温度高 3℃以上。在雨、雪和大雾天气，不得进行室外喷涂施工。

14.1.3 热喷涂施工人员应按现行国家标准《热喷涂 热喷涂操作人员考核要求》GB/T 19824 的有关规定，通过专业考核和资格认定，并应持证上岗。

14.1.4 施工前，应对热喷涂设备进行检查和试验。设备的技术参数和喷涂性能，应符合现行国家标准《热喷涂 热喷涂设备的验收检查》GB/T 20019 的有关规定。

14.1.5 基体表面处理的质量等级应符合本规范表 4.1.6 的规定。处理后的表面清洁度，应采用 Sa3 图片对照检查。

14.1.6 基体表面处理后的粗糙度，宜采用粗糙度参比样板对照检查。不同涂层的喷射或抛射处理表面的粗糙度，应符合表14.1.6的规定。

表 14.1.6 不同涂层的喷射或抛射处理表面的粗糙度（R_z）

热喷涂涂层	涂层设计厚度（mm）	处理表面粗糙度 最小值/最大值（μm）
Zn、ZnAl15 Al、AlMg5	0.10～0.15	40/63
	0.20	63/80
	0.30	80/100

14.1.7 线材火焰喷涂和电弧喷涂的工艺参数，应经喷涂试验和涂层检验优化确定。

14.2 原材料的质量要求

14.2.1 热喷涂线材的质量应符合现行国家标准《热喷涂 火焰和电弧喷涂用线材、棒材和芯材分类和供货技术条件》GB/T 12608的有关规定。

14.2.2 线材在使用前，应进行抽样检查，检查合格的线材应进行清洗、干燥，并应包装贮存。

14.2.3 热喷涂线材质量的试验方法应符合本规范附录 C 的有关规定。

14.3 施 工

14.3.1 金属热喷涂层的施工，应在基体表面处理合格后及时进行。当工件表面无凝露时，喷涂间隔时间不宜大于 4h。

14.3.2 线材火焰喷涂工艺参数应符合表 14.3.2 的规定。

表 14.3.2 线材火焰喷涂工艺参数

项 目		工艺参数	
		Zn、ZnAl15（线径 3mm 时）	Al、AlMg5（线径 3mm 时）
气体压力（MPa）	氧气	0.40～0.55	0.40～0.55
	乙炔	0.07～0.10	0.07～0.10
	空气	0.50～0.55	0.50～0.55

续表 14.3.2

<table>
<tr><td rowspan="2" colspan="2">项　目</td><td colspan="2">工 艺 参 数</td></tr>
<tr><td>Zn、ZnAl15
（线径 3mm 时）</td><td>Al、AlMg5
（线径 3mm 时）</td></tr>
<tr><td colspan="2">火焰焰性</td><td>中性焰</td><td>中性焰</td></tr>
<tr><td colspan="2">线材输送速度（m/min）</td><td>1.80～2.60</td><td>1.60～2.30</td></tr>
<tr><td rowspan="2">喷涂距离（mm）</td><td>底层</td><td>100～120</td><td>100～120</td></tr>
<tr><td>次层</td><td>120～150</td><td>120～150</td></tr>
<tr><td colspan="2">喷涂角度（°）</td><td>75～90</td><td>75～90</td></tr>
<tr><td colspan="2">喷枪或工件移动速度（mm/s）</td><td>300～400</td><td>300～400</td></tr>
<tr><td colspan="2">喷涂基体表面温度（℃）</td><td><100</td><td><100</td></tr>
</table>

注：本工艺适用于射吸式气体喷涂枪。当使用不同参数的喷枪，采用不同直径的线材时，工艺参数应进行调整。

14.3.3 电弧喷涂工艺参数应符合表 14.3.3 的规定。

表 14.3.3 电弧喷涂工艺参数

<table>
<tr><td rowspan="2" colspan="2">项　目</td><td colspan="2">工 艺 参 数</td></tr>
<tr><td>Zn、ZnAl15
（线径 2mm 时）</td><td>Al、AlMg5
（线径 2mm 时）</td></tr>
<tr><td colspan="2">空载电压（V）</td><td>24～28</td><td>30～34</td></tr>
<tr><td colspan="2">喷涂工作电流（A）</td><td>150～180</td><td>160～200</td></tr>
<tr><td colspan="2">空气压力（MPa）</td><td>0.55～0.60</td><td>0.55～0.60</td></tr>
<tr><td colspan="2">线材输送速度（m/min）</td><td>5.5～7.0</td><td>4.2～5.5</td></tr>
<tr><td rowspan="2">喷涂距离（mm）</td><td>底层</td><td>120～150</td><td>120～150</td></tr>
<tr><td>次层</td><td>150～200</td><td>150～200</td></tr>
<tr><td colspan="2">喷涂角度（°）</td><td>75～90</td><td>75～90</td></tr>
<tr><td colspan="2">喷枪或工件移动速度（mm/s）</td><td>400～550</td><td>400～550</td></tr>
<tr><td colspan="2">喷涂基体表面温度（℃）</td><td><100</td><td><100</td></tr>
</table>

注：本工艺适用于封闭雾化式电弧喷涂枪。当使用不同参数的喷枪，采用不同直径的线材时，工艺参数应进行调整。

14.3.4 喷枪点火、引弧及试喷的调整，应按喷枪的使用说明书进行操作。喷枪试喷调整时，应避开待喷涂表面。

14.3.5 当对薄壁工件和构造复杂的表面喷涂时，喷枪的移动速度可进行调整，喷涂角度不得小于 45°，喷涂距离应符合本规范第 14.3.2 条、第 14.3.3 条的有关规定。

14.3.6 设计厚度等于或大于 0.10mm 的涂层，应分层喷涂。分层喷涂时，喷涂的每一涂层均应平行搭接，搭接尺寸宜为喷幅宽度的 1/4～1/3；同层涂层的喷涂方向宜一致；上下两层的喷涂方向应纵横交叉。

14.3.7 喷涂过程中，工件表面温度不得大于 100℃。当表面温度大于 70℃时，应采取间歇喷涂或冷却措施。

14.3.8 难以施工的部位应先喷涂。喷涂操作时，宜降低热源功率，提高喷枪的移动速度，并应预留涂层的阶梯形接头。

14.3.9 当对大型设备或大面积进行施工时，应划区作业，分段、分片喷涂。各分段、分片的接头应错开，错开距离应大于 100mm。

14.3.10 施工过程中应进行涂层外观、厚度和结合性的中间质量检查。

14.3.11 金属热喷涂层的涂料封闭，应在喷涂层检查合格后及时进行。当喷涂层受潮时，不得进行封闭。不做涂料封闭的喷涂层，应采用细铜丝刷进行刷光处理。

15 安 全 技 术

15.0.1 工程施工前应进行危险源辨识和评价，并应针对重大危险源制定应急预案和监控措施。

15.0.2 施工组织设计（方案）应包括安全技术措施。

15.0.3 施工危险性较大的防腐蚀工程，应制定专项安全技术方案和安全技术操作规程；施工前，应对作业班组进行安全技术交底。

15.0.4 施工管理人员、施工操作人员，应具备相应的安全知识和安全技能，并应经安全技术培训和安全技术考核合格，持证上岗。

15.0.5 压力容器设备必须通过法定检测机构定期检验，未经检验或定期检验不合格的压力容器，不得继续使用。

15.0.6 施工机具设备及设施应具备基本的安全功能，并应符合国家现行有关产品标准的规定。安全保护部件应完整配套，安全保险装置应灵敏可靠。

15.0.7 化学危险品的贮存和辨识应符合现行国家标准《常用化学危险品贮存通则》GB 15603 和《危险化学品重大危险源辨识》GB 18218 的有关规定。

15.0.8 施工用电安全应符合现行国家标准《用电安全导则》GB/T 13869和《国家电气设备安全技术规范》GB 19517 的有关规定。

15.0.9 设备、管道内部涂装和衬里作业安全应采取下列措施：

1 办理作业批准手续；划出禁火区；设置警戒线和安全警示标志。

2 分离或隔绝非作业系统，清除内部和周围易燃物。

3 设置机械通风，通风量和风速应符合现行国家标准《涂装作业安全规程　涂漆前处理工艺安全及其通风净化》GB 7692 的有关规定。

4 采用防爆型电气设备和照明器具；采取防静电保护措施。

5 配置相应的消防灭火器具，应由专人负责管理。

6 可燃性气体、蒸汽和粉尘浓度应控制在可燃烧极限和爆炸下限的10%以下。

7 选用快速测定方法，现场跟踪监测。

8 作业期间和涂层、衬里层固化期间应设专人监护。

15.0.10 高处作业安全应采取下列措施：

1 高处作业安全设施应符合施工组织设计，并应在现场检查及验收合格。

2 作业现场应设置安全警示标志，并应设专人监护。

3 施工机具应低处设置，材料应放置在平台上，工具应设置安全绳。

4 作业顺序应合理，不得在同一方向多层垂直作业。

5 作业人员应穿戴防滑鞋、安全帽、安全带；安全带应高挂低用。

6 遇雷雨和五级以上大风，应停止作业。

15.0.11 施工现场动火作业安全应采取下列措施：

1 热喷涂作业、搪铅衬铅作业应办理动火批准手续。

2 动火区内的易燃物应清除。

3 动火作业区应设置安全警示标志，并设专人负责火灾监控。

4 动火区应配备消防水源和灭火器具，消防道路应畅通。

5 动火作业时不得与使用危险化学品的有关作业同时进行。

6 设备管道内部动火应采取通风换气措施；空气中氧含量不得低于18%。

7 动火作业结束，应检查并消除火灾隐患后再离开现场。

15.0.12 施工现场基体表面处理作业安全应采取下列措施：

1 现场临时作业应办理作业批准手续。

2 作业区域应设置安全围挡和安全标志，并应设专人监护。

3 喷射胶管的非移动部分应加设防爆护管，并应避开道路和防火防爆区域。

4 作业人员应规定统一的操作联络方式。

5 喷射作业应执行安全操作规程。

6 设备管道内部通风应符合本规范第15.0.9条第3款的规定。

7 现场临时喷射作业应采取防止粉尘扩散的措施。

15.0.13 防腐蚀工程质量检验的检测设备和仪器的使用安全，应符合有关产品的安全使用规定。

15.0.14 防腐蚀施工作业场所有害气体、蒸汽和粉尘的浓度应符合国家现行有关工作场所有害因素职业接触限值的规定。

15.0.15 防腐蚀施工作业人员应按国家现行职业健康的规定进行定期体检；劳动保护个人装备品的选用应符合现行国家标准《个体防护装备选用规范》GB/T 11651的有关规定。

16 环境保护技术措施

16.0.1 施工中产生的固体废物的处理应符合下列规定：

1 收集、贮存、运输、利用和处置固体废物时，应采取防扬散、防流失或其他防止污染环境的措施。

2 应采用易回收利用、易处置或在环境中易消纳的包装物。

3 工业固体废物应堆放到现场指定的场所，并应及时清运出场。

4 施工现场严禁焚烧各类废弃物。

16.0.2 施工中产生的危险废物的管理和贮存应符合下列规定：

1 施工单位对所产生的危险废物应采取综合利用或无害化处理措施，建立危险废物污染防治的管理制度。

2 施工单位贮存、利用、处理危险废物的设施和场所，应设置统一的识别标志，并应制定事故的防范措施和应急预案。

3 装载液体或半固体危险废物的容器顶部与液体表面之间应留出100mm以上的空间。

4 盛装在容器内的同类危险废物可堆叠存放。不得将不相容的废物混合或合并存放。

5 贮存危险废物的施工单位应做好危险废物情况的记录，记录上应注明危险废物的名称、来源、数量、特性和包装容器的类别、入库日期、存放库位、废物出库日期及接收单位名称，并应定期对所贮存的危险废物包装容器及贮存设施进行检查，发现破损，应及时采取措施清理更换。

6 严禁向未经许可的任何区域内倾倒、堆放、填埋或排放危险废物。

7 运输危险废物时，应按国家和地方有关危险货物和化学危险品运输管理的规定执行。

16.0.3 施工中产生的灰尘、粉尘等污染的防治应符合下列规定：

1 施工现场的主要道路应进行硬化处理，砂石应集中堆放。

2 进行拆除作业时，应采取隔离措施，并应在规定期限内将废弃物清理完毕。

3 不得使用污染大气环境的生产工艺和设备。

4 **收集、贮存、运输或装卸有毒有害气体或粉尘材料时，必须采取密闭措施或其他防护措施。**

5 施工现场胶泥搅拌场所应采取封闭、降尘措施。当进行基体表面处理、机械切割或气喷涂等作业时，应采取防扬尘措施。

6 施工现场应设置密闭式垃圾站。施工垃圾、生活垃圾应分类存放，及时清运出场。

16.0.4 施工中对施工噪声污染的防治应符合下列规定：

1 施工现场应按现行国家标准《建筑施工场界环境噪声排放标准》GB 12523 和《建筑施工场界噪声测量方法》GB 12524 的有关规定制定降噪措施。

2 不得使用对环境有噪声污染的设备。

3 运输材料的车辆进入施工现场不得鸣笛。装卸材料应轻拿轻放。

16.0.5 施工中对水土污染的防治应符合下列规定：

1 施工现场应设置排水沟及沉淀池。施工污水经沉淀后方可排放。

2 施工现场的油料、化学溶剂、酸液、碱液等物品应存放在专用库房内。地面应进行防渗漏处理。废弃的油料、化学溶剂、酸液、碱液等应集中处理，不得随意倾倒。

17 工 程 交 接

17.0.1 施工单位按合同规定的范围，完成全部防腐蚀工程项目后，应及时办理交接手续。

17.0.2 防腐蚀工程交接前，建设单位或监理单位应对其进行检查和验收，并确认下列内容：

1 施工范围和内容符合合同规定。

2 工程质量符合设计文件及本规范的规定。

17.0.3 防腐蚀工程交接时，施工单位应向建设单位或总承包单位提交下列文件：

1 防腐蚀材料的出厂合格证明、进场检（试）验报告或现场抽样的复验报告。

2 设计变更通知单、材料代用的技术文件及施工过程中重大技术问题的处理记录。

3 隐蔽工程检查记录的格式宜符合表 17.0.3-1 的规定。

4 基层表面处理检查记录的格式宜符合表 17.0.3-2 的规定。

5 防腐蚀衬里施工记录的格式宜符合表 17.0.3-3 的规定。

6 设备、管道防腐蚀工程交工汇总表的格式宜符合表17.0.3-4 的规定。

7 防腐蚀工程交接报告的格式宜符合表 17.0.3-5 的规定。

17.0.4 施工质量不符合设计和本规范的要求时，应经返修合格后方可办理交工。

表 17.0.3-1 隐蔽工程检查记录

工程名称		分部分项名称	
图号		隐蔽日期	
隐蔽内容			
简图或说明			
检查意见			
总承包单位： 现场代表： 年 月 日	建设单位（监理单位）： 建设单位项目专业技术负责人（监理工程师）： 年 月 日	施工单位： 项目技术负责人： 项目专业质量检查员： 施工班组长： 年 月 日	

表 17.0.3-2 基层表面处理检查记录

项目：											
装置：											
工号：											
部位名称				施工图号							
相对湿度				环境温度（℃）							
除锈等级				表面处理方式							
实测项目	质量标准	实测数据（表面粗糙度）									平均值

总承包单位：	建设单位（监理单位）：	施工单位：
现场代表： 年 月 日	建设单位项目专业技术负责人（监理工程师）： 年 月 日	项目技术负责人： 项目专业质量检查员： 施工班组长： 年 月 日

表 17.0.3-3 防腐蚀衬里施工记录

<table>
<tr><td colspan="10">项目：</td></tr>
<tr><td colspan="10">装置：</td></tr>
<tr><td colspan="10">工号：</td></tr>
<tr><td>分项名称</td><td colspan="3"></td><td colspan="3">施工图号</td><td colspan="3"></td></tr>
<tr><td>检查部位</td><td colspan="3"></td><td colspan="3">施工阶段</td><td colspan="3"></td></tr>
<tr><td>衬里种类</td><td colspan="3"></td><td colspan="3">环境温度（℃）</td><td colspan="3"></td></tr>
<tr><td>检查内容</td><td>目测</td><td colspan="2">衬里层数</td><td colspan="6">电火花检查</td></tr>
<tr><td rowspan="2">检查结果</td><td rowspan="2"></td><td colspan="2" rowspan="2"></td><td colspan="2">测试电压</td><td colspan="2">行走速度</td><td>衬里厚度</td><td>结论</td></tr>
<tr><td colspan="2"></td><td colspan="2"></td><td></td><td></td></tr>
<tr><td rowspan="4">实测项目</td><td colspan="8">实　测　值</td><td rowspan="1">平均值</td></tr>
<tr><td>厚度（mm）</td><td></td><td></td><td></td><td></td><td></td><td></td><td></td><td></td></tr>
<tr><td>硬度检查</td><td></td><td></td><td></td><td></td><td></td><td></td><td></td><td></td></tr>
<tr><td></td><td></td><td></td><td></td><td></td><td></td><td></td><td></td><td></td></tr>
<tr><td colspan="3">总承包单位：

现场代表：

年　月　日</td><td colspan="4">建设单位（监理单位）：

建设单位项目专业技术负责人（监理工程师）：

年　月　日</td><td colspan="3">施工单位：

项目技术负责人：

项目专业质量检查员：

施工班组长：

年　月　日</td></tr>
</table>

表 17.0.3-4 设备、管道防腐蚀工程交工汇总表

工程名称						工程编号			
设备号或管线号	介质名称	规格型号	数量（m或台）	检查结果					
				基层表面处理		底层		面层	
				方法	等级	材料名称	厚度（μm）	材料名称	厚度（μm）

项目负责人： 年 月 日

项目技术负责人： 年 月 日

项目专业质量检查员： 年 月 日

表 17.0.3-5　防腐蚀工程交接报告

<table>
<tr><td>工程名称</td><td colspan="5"></td></tr>
<tr><td>开工日期</td><td colspan="2">年　月　日</td><td>移交日期</td><td colspan="2">年　月　日</td></tr>
<tr><td colspan="6">工程简要内容：</td></tr>
<tr><td colspan="6">交工情况（符合设计的程度，主要缺陷及处理意见）：</td></tr>
<tr><td colspan="6">工程质量：</td></tr>
<tr><td colspan="6">工程接收意见：</td></tr>
<tr><td colspan="2">总承包单位：

现场代表：

年　月　日</td><td colspan="2">建设单位（监理单位）：

建设单位项目专业技术负责人（监理工程师）：

年　月　日</td><td colspan="2">施工单位：

项目技术负责人：

项目负责人：

年　月　日</td></tr>
</table>

附录A 基体表面粗糙度比较样块的制作

A.0.1 选取外形尺寸为 150mm×100mm×6mm 的钢板制作比较样块，材质和表面状态应与被表面处理的工件相同。

A.0.2 比较样块钢板应采用施工所用的磨料进行喷射处理，并应按设计文件、现行国家标准《产品几何技术规范（GPS）表面结构 轮廓法 表面粗糙度参数及其数值》GB/T 1031 和表 A.0.2 的规定进行测量。

表 A.0.2 表面粗糙度

评定参数	粗糙度范围（μm）	测量仪器
轮廓算术平均偏差 R_a	0.8～63.0	光切显微镜或电动轮廓仪
微观不平度十点高度 R_z	0.05～25.0	电动轮廓仪或光切显微镜

注：当测得被加工表面的表面粗糙度符合设计规定时，该钢板即为某一数值范围的表面粗糙程度比较样块。

附录B 原材料的质量指标

B.0.1 防腐蚀炭砖的质量应符合表 B.0.1 的规定。

表 B.0.1 防腐蚀炭砖的质量

项 目	指 标
耐酸度（%）	≥95
显气孔率（%）	≤12
体积密度（g/cm^3）	≥1.6
常温耐压强度（MPa）	≥60
常温抗折强度（MPa）	≥15

B.0.2 钾水玻璃的质量应符合表 B.0.2 的规定。

表 B.0.2 钾水玻璃的质量

项 目	指 标
密度（g/cm^3）	1.40～1.46
模数	2.60～2.90
二氧化硅（%）	25.00～29.00
氧化钾（%）	15～16

注：采用密实型钾水玻璃材料时，其质量应采用中上限。

B.0.3 呋喃树脂的质量应符合表 B.0.3 的规定。

表 B.0.3 呋喃树脂的质量

项 目	指 标	
	糠醇糠醛型	糠酮糠醛型
固体含量（%）	—	≥42
粘度（涂-4 粘度计，25℃，s）	20～30	50～80
贮存期	常温下 1 年	

B.0.4 酚醛树脂的质量应符合表 B.0.4 的规定。

表 B.0.4 酚醛树脂的质量

项 目	指 标
游离酚含量（%）	<10
游离醛含量（%）	<2
含水率（%）	<12
粘度（落球粘度计，25℃，s）	45～65
贮存期	常温下不超过 1 个月；当采用冷藏法或加入 10% 的苯甲醇时，不宜超过 3 个月

B.0.5 填料的质量应符合表 B.0.5 的规定。

表 B.0.5 填料的质量

项 目	指 标
耐酸度（%）	≥95
含水率（%）	≤0.5
细度	0.15mm 筛孔筛余量不应大于 5%；0.088mm 筛孔筛余量应为 15%～30%

注：钾水玻璃胶泥粉的细度要求 0.45mm 筛孔筛余量不应大于 5%，0.16mm 筛孔筛余量应为 30%～50%。

B.0.6 加热硫化橡胶板物理性能的质量应符合表 B.0.6 的规定。

表 B.0.6 加热硫化橡胶板物理性能的质量

项目 \ 指标 \ 胶种	硬胶	半硬胶	软胶
拉伸强度（MPa）	≥10	≥10	≥9
扯断伸长率（%）	—	≥30	≥350
粘合强度（MPa）二板法	≥6	≥6	—
硬度（邵氏 A）	—	—	40～80
硬度（邵氏 D）	70～85	40～70	—

B.0.7 自然硫化橡胶板物理性能的质量应符合表 B.0.7 的规定。

表 B.0.7 自然硫化橡胶板物理性能的质量

胶种 / 指标 / 项目	溴化丁基	氯丁胶
拉伸强度（MPa）	≥5	≥8
扯断伸长率（%）	≥350	
粘合强度（kN/m）90°剥离法	≥6	
硬度（邵氏 A）	55～70	

B.0.8 预硫化橡胶板物理性能的质量应符合表 B.0.8 的规定。

表 B.0.8 预硫化橡胶板物理性能的质量

胶种 / 指标 / 项目	丁基胶	氯化丁基	氯丁胶
拉伸强度（MPa）	≥6	≥4	≥8
扯断伸长率（%）	≥350		
粘合强度（kN/m）90°剥离法	≥4		
硬度（邵氏 A）	50～65		

B.0.9 软聚氯乙烯板的质量应符合表 B.0.9 的规定。

表 B.0.9 软聚氯乙烯板的质量

项　目	指　标
相对密度（g/cm³）	1.38～1.60
拉伸强度（纵、横向，MPa）	≥14

B.0.10 聚四氟乙烯板的质量应符合表 B.0.10 的规定。

表 B.0.10 聚四氟乙烯板的质量

项　目	指　标
外观	表面洁白，质地均匀，不允许夹带任何杂质
拉伸强度（MPa）	20～45
使用温度（℃）	≤200

B.0.11 乙烯-四氟乙烯共聚物板的质量应符合表 B.0.11 的规定。

表 B.0.11 乙烯-四氟乙烯共聚物板的质量

项　目	指　标
外观	表面自然色，质地均匀，不允许夹带任何杂质
拉伸强度（MPa）	40～50
使用温度（℃）	≤140

B.0.12 聚偏氟乙烯板的质量应符合表 B.0.12 的规定。

表 B.0.12 聚偏氟乙烯板的质量

项　目	指　标
外观	表面自然色，质地均匀，不允许夹带任何杂质
拉伸强度（MPa）	39～59
使用温度（℃）	≤120

B.0.13 聚脲底层涂料原材料的质量应符合表 B.0.13 的规定。

表 B.0.13 聚脲底层涂料原材料的质量

项　目	环氧树脂体系	聚氨酯体系
外观	均匀黏稠体，无凝胶、结块	
表干时间（h）（25℃）	≤6	≤6
粘度 cps	A 组分≤500 B 组分≤3000	A 组分≤3000 B 组分≤400
固化温度（℃）	＞5	＞5

B.0.14 聚脲修补料原材料的质量应符合表 B.0.14 的规定。

表 B.0.14 聚脲修补料原材料的质量

项　目	A 组分	B 组分
组成	异氰酸酯预聚体	聚（胺）醚、胺扩链剂、助剂
外观	浅色液体，无凝胶	有色液体，无凝胶
固体含量（%）	≥98	
粘度 cps	≤3000	≤1200
凝胶时间（min）	≤12	
表干时间（min）	≤40	

B.0.15 氯丁胶乳的质量应符合表 B.0.15 的规定。

表 B.0.15 氯丁胶乳的质量

项目	外观	密度（g/cm³）	pH 值	贮存稳定性
指标	白色乳状液	≥1.05	≥9.0	5℃～40℃，3 个月无明显变化

注：用上述质量指标的氯丁胶乳配制的砂浆不需另加助剂。

B.0.16 细骨料的质量应符合表 B.0.16 的规定。

表 B.0.16 细骨料的质量

项目	含泥量（%）	云母含量（%）	硫化物含量（%）	有机物含量
指标	≤3.0	≤1.0	≤1.0	浅于标准色（如深于标准色，应配成砂浆进行强度对比试验，抗压强度比不应低于0.95）

附录C 原材料和制成品的试验方法

C.1 主要原材料取样法

C.1.1 耐酸砖、耐酸耐温砖和铸石板的取样应按国家现行标准《耐酸砖》GB/T 8488、《耐酸耐温砖》JC/T 424和《铸石制品 铸石板》JC/T 514.1的有关规定执行。

C.1.2 粉料应从每批号中随机抽样3袋，每袋不少于1000g，可混合后检测；当该批号小于或等于3袋时，可随机抽样1袋，样品量不少于3000g。

C.1.3 水玻璃类和树脂类原材料的取样数量是从每批号桶装水玻璃或树脂中随机抽样各3桶，每桶取样不少于1000g，可混合后检测；当该批号小于或等于3桶时，可随机抽样1桶，样品量不少于3000g。

C.2 原材料的试验方法

C.2.1 块材质量的测定应符合下列规定：

1 耐酸砖、耐酸耐温砖、粉料耐酸率的测定应按现行国家标准《耐酸砖》GB/T 8488的规定执行；铸石板耐酸率的测定应按现行行业标准《铸石制品性能试验方法 耐酸、碱性能试验》JC/T 258的有关规定执行。

2 耐酸砖、耐酸耐温砖吸水率的测定应按现行国家标准《耐酸砖》GB/T 8488的规定执行。

3 耐酸砖和耐酸耐温砖热稳定性的测定应按现行国家标准《耐酸砖》GB/T 8488的有关规定执行。铸石板热稳定性的测定应按现行行业标准《铸石制品性能试验方法 耐急冷急热性能试验》JC/T 261的有关规定执行。

4 防腐蚀炭砖的耐酸度、体积密度、显气孔率、耐压强度、抗折强度的测定应按现行国家标准《耐酸砖》GB/T 8488、《致密定型耐火制品体积密度、显气孔率和真气孔率试验方法》GB/T 2997、《耐火材料 常温耐压强度试验方法》GB/T 5072和《耐火材料 常温抗折强度试验方法》GB/T 3001的有关规定执行。

C.2.2 粉料的含水率、细度和耐酸粉料体积安定性、亲水系数的测定应按现行国家标准《建筑防腐蚀工程施工及验收规范》GB 50212的有关规定执行。

C.2.3 水玻璃类材料质量的测定应符合下列规定：

1 钠水玻璃的模数、氧化钠和二氧化硅的含量的测定，模数的计算均应按现行国家标准《工业硅酸钠》GB/T 4209的有关规定执行。钠水玻璃密度的测定应按现行国家标准《建筑防腐蚀工程施工及验收规范》GB 50212的有关规定执行。

2 钾水玻璃模数、二氧化硅含量、密度、混合料的含水率和细度的测定应按现行国家标准《建筑防腐蚀工程施工及验收规范》GB 50212的有关规定执行。氧化钾含量的测定应按现行国家标准《水泥化学分析方法》GB/T 176的有关规定执行。

C.2.4 树脂类材料质量的测定应符合下列规定：

1 双酚-A型环氧树脂环氧当量和软化点的测定应按现行国家标准《双酚-A型环氧树脂》GB/T 13657的有关规定执行。

2 不饱和聚酯树脂和乙烯基酯树脂的酸值、粘度、固体含量和25℃凝胶时间的测定，应符合下列规定：

1）酸值的测定应按现行国家标准《塑料 聚酯树脂 部分酸值和总酸值的测定》GB/T 2895的有关规定执行；

2）粘度、固体含量和25℃凝胶时间的测定应按现行国家标准《不饱和聚酯树脂试验方法》GB/T 7193的有关规定执行。

3 呋喃树脂的固体含量和粘度的测定应按现行国家标准《建筑防腐蚀工程施工及验收规范》GB 50212的有关规定执行。

4 酚醛树脂的游离酚含量、游离醛含量、含水率和粘度的测定应按现行国家标准《建筑防腐蚀工程施工及验收规范》GB 50212的有关规定执行。

C.2.5 硫化橡胶板物理性能的测定应符合下列规定：

1 粘合强度的测定，硬胶应按现行国家标准《硫化橡胶或热塑性橡胶 与金属粘合强度的测定 二板法》GB/T 11211的有关规定执行；软胶应按现行国家标准《硫化橡胶或热塑性橡胶 与硬质板材粘合强度的测定 90°剥离法》GB/T 7760的有关规定执行。

2 拉伸强度的测定应按现行国家标准《硫化橡胶或热塑性橡胶 拉伸应力应变性能的测定》GB/T 528的有关规定执行；硬质胶应按现行行业标准《硬质橡胶 拉伸强度和拉断伸长率的测定》HG/T 3849的有关规定执行。

3 硬度的测定应按现行国家标准《硫化橡胶或热塑性橡胶 压入硬度试验方法 第1部分：邵氏硬度计法（邵尔硬度）》GB/T 531.1的有关规定执行。

C.2.6 压力容器和压力管道塑料衬里的聚四氟乙烯、四氟乙烯乙烯共聚物、聚偏氟乙烯、聚丙烯、聚乙烯和软聚氯乙烯拉伸强度的测定，管材应按现行国家标准《热塑性塑料管材 拉伸性能测定 第1部分：试验方法总则》GB/T 8804.1 的有关规定执行；板材应按现行国家标准《塑料 拉伸性能的测定 第1部分：总则》GB/T 1040.1 的有关规定执行。

C.2.7 玻璃鳞片的中碱玻璃原料的成分和玻璃鳞片的外观、厚度、片径、含水率、耐酸度的测定应按现行国家标准《建筑防腐蚀工程施工及验收规范》GB 50212 的有关规定执行。

C.2.8 聚脲衬里原材料的质量测定应按现行行业标准《喷涂聚脲防护材料》HG/T 3831 的有关规定执行。

C.2.9 聚合物胶乳的质量测定应按现行国家标准《建筑防腐蚀工程施工及验收规范》GB 50212 的有关规定执行。

C.2.10 热喷涂线材质量的测定应按现行国家标准《热喷涂 火焰和电弧喷涂用线材、棒材和芯材分类和供货技术条件》GB/T 12608 的有关规定执行。

C.3 制成品的试验方法

C.3.1 水玻璃胶泥的性能测定应按现行国家标准《建筑防腐蚀工程施工及验收规范》GB 50212 的有关规定执行。

C.3.2 树脂胶泥的性能测定应符合下列规定：

1 树脂胶泥抗拉强度的测定应符合下列规定：

1）试验应采用"8"字形金属试模（图C.3.2-1），先将"8"字形试模擦拭干净，薄涂一层脱模剂，并将树脂胶泥或树脂砂浆装入模内，在跳桌上振动25次，刮去多余的胶泥或砂浆，整平表面，在温度23℃±2℃、湿度50%±5%的条件下养护14d后，测定抗拉强度。将"8"字形试样放入夹具内（图C.3.2-2），开动拉力机，速度为10mm/min，至试样断裂，记录拉力机读数。

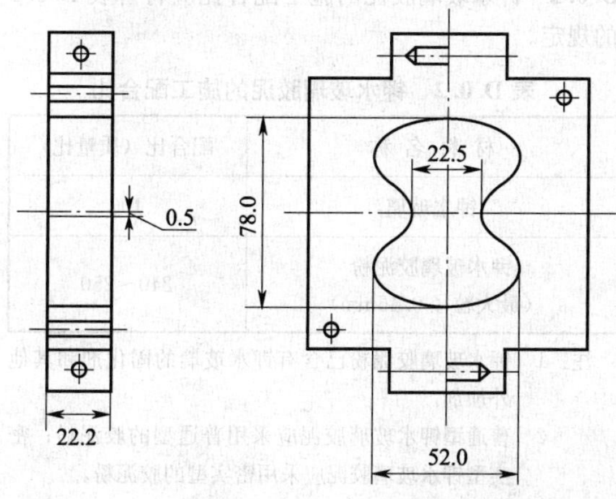

图C.3.2-1 "8"字形金属试模

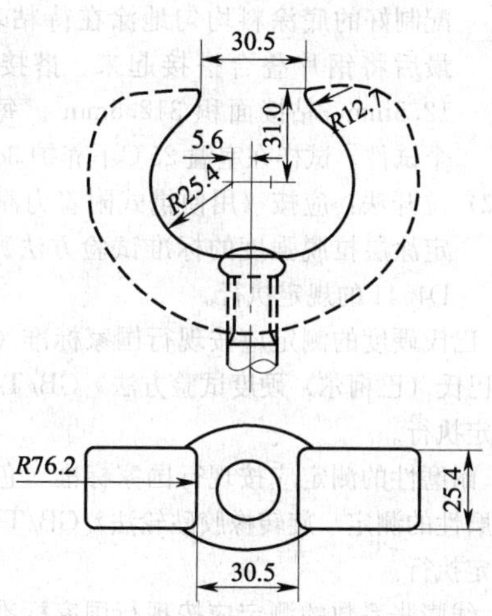

图C.3.2-2 "8"字形试样抗拉强度的夹具

2）抗拉强度应按下式计算：

$$R_{拉} = P/F \tag{C.3.2}$$

式中：$R_{拉}$——抗拉强度（MPa）；

P——破坏荷载（N）；

F——窄腰处截面积（mm^2）。

3）试验应取3块试块的平均值为抗拉强度，当其中1件试验结果超出或低于平均值的15%时，应取其余2块平均值作为最后结果。

2 树脂胶泥抗压强度、粘结强度的测定应按现行国家标准《建筑防腐蚀工程施工及验收规范》GB 50212 的有关规定执行。

C.3.3 纤维增强塑料衬里性能的测定应符合下列规定：

1 拉伸强度应按现行国家标准《纤维增强塑料拉伸性能试验方法》GB/T 1447 的有关规定执行。

2 弯曲强度应按现行国家标准《纤维增强塑料弯曲性能试验方法》GB/T 1449 的有关规定执行。

C.3.4 树脂玻璃鳞片胶泥的测定应符合下列规定：

1 拉伸强度的测定应按现行国家标准《纤维增强塑料拉伸性能试验方法》GB/T 1447 的有关规定执行。

2 弯曲强度的测定应按现行国家标准《纤维增强塑料弯曲性能试验方法》GB/T 1449 的规定执行。

3 冲击强度的测定应按现行国家标准《玻璃纤维增强塑料简支梁式冲击韧性试验方法》GB/T 1451 的有关规定执行。

4 粘接强度的测定应符合下列规定：

1）拉剪法（拉伸剪切法）：应按现行国家标准《胶粘剂 拉伸剪切强度的测定（刚性材料对刚性材料）》GB/T 7124 制做钢-钢剪切试件，先对钢片进行机械打磨处理，再将配制好的底涂料均匀地涂在待粘表面上，最后将钢片叠合搭接起来。搭接长度为12.5mm，粘接面积312.5mm²。每组为5个试件。试样在室温25℃下养护3d；

2）拉开法：应按《用便携式附着力测试仪测定涂层拉脱强度的标准试验方法》ASTM D4541的规定执行。

5 巴氏硬度的测定应按现行国家标准《纤维增强塑料巴氏（巴柯尔）硬度试验方法》GB/T 3854的有关规定执行。

6 耐磨性的测定应按现行国家标准《色漆和清漆 耐磨性的测定 旋转橡胶砂轮法》GB/T 1768的有关规定执行。

7 线膨胀系数的测定应按现行国家标准《纤维增强塑料平均线膨胀系数试验方法》GB/T 2572的有关规定执行。

8 冷热交替试验：取3块碳钢板150mm×75mm×5mm，经表面处理后，按涂覆工艺做好试板（单面），在室温25℃下养护3d。将试板放在150℃（VEGF-2型是130℃）的恒温箱内1h后取出，立即再放入25℃自来水中冷却10min，取出后用干布擦干，再放入恒温箱内循环试验，需进行10次。

C.3.5 塑料衬里制成品的性能测定应符合下列规定：

1 软聚氯乙烯板衬里制压力容器的耐压试验应按现行行业标准《塑料衬里设备 水压试验方法》HG/T 4089的有关规定执行。

2 氟塑料衬里制压力容器的耐压试验应按现行行业标准《氟塑料衬里压力容器 压力试验方法》GB/T 23711.6的有关规定执行。

C.3.6 喷涂聚脲衬里的物理性能的测定应符合下列规定：

1 聚脲衬里涂层的质量测定应按现行行业标准《喷涂聚脲防护材料》HG/T 3831的有关规定执行。

2 聚脲衬里涂层的附着力测定应按现行行业标准《建筑工程饰面砖粘接强度检验标准》JGJ 110的有关规定执行。

C.3.7 氯丁胶乳水泥砂浆性能的测定应按现行国家标准《建筑防腐蚀工程施工及验收规范》GB 50212的有关规定执行。

C.3.8 涂料的漆膜颜色、外观、粘度、干燥时间和附着力测定法应符合下列规定：

1 漆膜颜色的测定应按现行国家标准《清漆、清油及稀释剂颜色测定法》GB/T 1722的有关规定执行。

2 漆膜外观的测定应按现行国家标准《清漆、清油及稀释剂外观和透明度测定法》GB/T 1721的有关规定执行。

3 粘度的测定应按现行国家标准《涂料粘度测定法》GB/T 1723的有关规定执行。

4 干燥时间的测定应按现行国家标准《漆膜、腻子膜干燥时间测定法》GB/T 1728的有关规定执行。

5 附着力的测定应按现行国家标准《漆膜附着力测定法》GB 1720的有关规定执行。

附录D 施工配合比

D.0.1 钠水玻璃胶泥的施工配合比应符合表D.0.1的规定。

表D.0.1 钠水玻璃胶泥的施工配合比

材料名称		配合比（质量比）		
		普通型		密实型
		1	2	
钠水玻璃		100	100	100
氟硅酸钠		15～18	—	15～18
填料	铸石粉	250～270	—	250～270
	瓷粉	（200～250）	—	—
	石英粉：铸石粉=7：3	（200～250）	—	—
	石墨粉	（100～150）	—	—
	IGI耐酸灰	—	240～250	—
糠醇单体		—	—	3～5

注：1 表中氟硅酸钠用量是按水玻璃中氧化钠含量的变动而调整的，氟硅酸钠纯度按100%计。

2 配比1的填料可选一种使用。

D.0.2 钾水玻璃胶泥的施工配合比应符合表D.0.2的规定。

表D.0.2 钾水玻璃胶泥的施工配合比

材料名称	配合比（质量比）
钾水玻璃	100
钾水玻璃胶泥粉（最大粒径0.45mm）	240～250

注：1 钾水玻璃胶泥粉已含有钾水玻璃的固化剂和其他外加剂。

2 普通型钾水玻璃胶泥应采用普通型的胶泥粉；密实型钾水玻璃胶泥应采用密实型的胶泥粉。

D.0.3 环氧树脂材料的施工配合比应符合表D.0.3的规定。

表 D.0.3　环氧树脂材料的施工配合比

材料名称		配合比（质量比）	
		封底料	胶泥
环氧树脂		100	100
稀释剂		40～60	10～20
固化剂	低毒固化剂	15～20	15～20
	乙二胺	(6～8)	(6～8)
增塑剂	邻苯二甲酸二丁酯	—	10
填料	石英粉（或瓷粉）	—	150～250
	铸石粉	—	(180～250)
	硫酸钡粉	—	(180～250)
	石墨粉	—	(100～160)

注：1　除低毒固化剂和乙二胺外，还可用其他胺类固化剂，应优先选用低毒固化剂，用量应按供货商提供的比例或经试验确定。

2　当采用乙二胺时，为降低毒性可将配合比所用乙二胺预先配制成乙二胺丙酮溶液（1∶1）。

3　当使用活性稀释剂时，固化剂的用量应适当增加，其配合比应按供货商提供的比例或经试验确定。

4　固化剂和填料可任选一种使用。

5　本表以环氧树脂 EP 01451-310（E-44）举例。

D.0.4　乙烯基酯树脂和不饱和聚酯树脂材料的施工配合比应符合表 D.0.4 的规定。

表 D.0.4　乙烯基酯树脂和不饱和聚酯树脂材料的施工配合比

材料名称		配合比（质量比）	
		封底料	胶泥
乙烯基酯树脂或不饱和聚酯树脂		100	100
稀释剂	苯乙烯	0～15	—
固化剂	引发剂	2～4	2～4
	促进剂	0.5～4	0.5～4
填料	石英粉	—	200～250
	铸石粉	—	(250～300)
	硫酸钡粉	—	(250～350)

注：1　表中括号内的数据用于耐含氟类介质工程。

2　过氧化二苯甲酰二丁酯糊引发剂与 N，N-二甲基苯胺苯乙烯液促进剂配套；过氧化甲乙酮二甲酯溶液、过氧化环己酮二丁酯糊引发剂与钴盐（含钴 0.6%）的苯乙烯液促进剂配套。

3　填料可任选一种使用。

D.0.5　呋喃树脂材料的施工配合比应符合表 D.0.5 的规定。

表 D.0.5　呋喃树脂材料的施工配合比

材料名称		配合比（质量比）	
		封底料	胶泥
糠醇糠醛树脂		100	—
糠酮糠醛树脂		—	100
固化剂	苯磺酸型	同环氧树脂、乙烯基酯树脂或不饱和聚酯树脂封底料	12～18
增塑剂	亚磷酸三苯酯（液体）		10
填料	石英粉（或瓷粉）		130～200
	石英粉∶铸石粉＝9∶1或8∶2		(130～180)
	硫酸钡粉		(180～220)
	糠醇糠醛树脂胶泥粉	350～400	—

注：1　糠醇糠醛树脂胶泥粉内已含有酸性固化剂。

2　糠酮糠醛树脂胶泥填料可任选一种。

D.0.6　酚醛树脂材料的施工配合比应符合表 D.0.6 的规定。

表 D.0.6　酚醛树脂材料的施工配合比

材料名称		配合比（质量比）		
		封底料	胶泥	
			1	2
酚醛树脂			100	100
稀释剂	无水乙醇	同环氧树脂、乙烯基酯树脂或不饱和聚酯树脂封底料	—	0～5
固化剂	低毒酸性固化剂		6～10	6～10
	苯磺酰氯		(8～10)	(8～10)
填料	石英粉		150～200	150～200
	瓷粉		(150～200)	(150～200)
	铸石粉		(180～230)	(180～230)
	石英粉∶铸石粉＝8∶2		(150～200)	—
	硫酸钡粉		(180～220)	—
	石墨粉		(180～230)	(90～120)

注：表中固化剂和填料可任选一种。

D.0.7　氯丁胶乳水泥砂浆的施工配合比应符合表 D.0.7 的规定。

表 D.0.7　氯丁胶乳水泥砂浆的施工配合比

项目	氯丁胶乳	硅酸盐水泥或普通硅酸盐水泥	砂
指标	45～60	100	150～250

注：应根据施工现场条件配制氯丁胶乳砂浆，水灰比宜经试验后确定。

本规范用词说明

1　为便于在执行本规范条文时区别对待，对要求严格程度不同的用词说明如下：

1）表示很严格，非这样做不可的：
正面词采用"必须"，反面词采用"严禁"；

2）表示严格，在正常情况下均应这样做的：
正面词采用"应"，反面词采用"不应"或"不得"；

3）表示允许稍有选择，在条件许可时首先应这样做的：
正面词采用"宜"，反面词采用"不宜"；

4）表示有选择，在一定条件下可以这样做的，采用"可"。

2　条文中指明应按其他有关标准执行的写法为："应符合……的规定"或"应按……执行"。

引用标准名录

《建筑防腐蚀工程施工及验收规范》GB 50212

《工业金属管道工程施工规范》GB 50235

《乙烯基酯树脂防腐蚀工程技术规范》GB/T 50590

《水泥化学分析方法》GB/T 176

《硫化橡胶或热塑性橡胶　拉伸应力应变性能的测定》GB/T 528

《硫化橡胶或热塑性橡胶　压入硬度试验方法　第1部分：邵氏硬度计法（邵尔硬度）》GB/T 531.1

《产品几何技术规范（GPS）表面结构　轮廓法　表面粗糙度参数及其数值》GB/T 1031

《塑料　拉伸性能的测定　第1部分：总则》GB/T 1040.1

《纤维增强塑料拉伸性能试验方法》GB/T 1447

《纤维增强塑料弯曲性能试验方法》GB/T 1449

《纤维增强塑料简支梁式冲击韧性试验方法》GB/T 1451

《铅及铅锑合金板》GB/T 1470

《漆膜附着力测定法》GB 1720

《清漆、清油及稀释剂外观和透明度测定法》GB/T 1721

《清漆、清油及稀释剂颜色测定法》GB/T 1722

《涂料粘度测定法》GB/T 1723

《漆膜、腻子膜干燥时间测定法》GB/T 1728

《色漆和清漆　耐磨性的测定　旋转橡胶砂轮法》GB/T 1768

《纤维增强塑料平均线膨胀系数试验方法》GB/T 2572

《塑料　聚酯树脂　部分酸值和总酸值的测定》GB/T 2895

《致密定型耐火制品体积密度、显气孔率和真气孔率试验方法》GB/T 2997

《耐火材料常温抗折强度试验方法》GB/T 3001

《纤维增强塑料巴氏（巴柯尔）硬度试验方法》GB/T 3854

《工业硅酸钠》GB/T 4209

《耐火材料常温耐压强度试验方法》GB/T 5072

《胶粘剂　拉伸剪切强度的测定（刚性材料对刚性材料）》GB/T 7124

《不饱和聚酯树脂试验方法》GB/T 7193

《涂装作业安全规程　涂漆前处理工艺安全及其通风净化》GB 7692

《硫化橡胶或热塑性橡胶与硬质板材粘合强度的测定 90°剥离法》GB/T 7760

《纤维增强塑料用液体不饱和聚酯树脂》GB/T 8237

《耐酸砖》GB/T 8488

《热塑性塑料管材　拉伸性能测定　第1部分：试验方法总则》GB/T 8804.1

《涂覆涂料前钢材表面处理　表面清洁度的目视评定　第1部分：未涂覆过的钢材表面和全面清除原有涂层后的钢材表面的锈蚀等级和处理等级》GB/T 8923.1

《硫化橡胶或热塑性橡胶　与金属粘合强度的测定二板法》GB/T 11211

《个体防护装备选用规范》GB/T 11651

《建筑施工场界环境噪声排放标准》GB 12523

《建筑施工场界噪声测量方法》GB 12524

《热喷涂　火焰和电弧喷涂用线材、棒材和芯材分类和供货技术条件》GB/T 12608

《双酚-A型环氧树脂》GB/T 13657

《用电安全导则》GB/T 13869

《常用化学危险品贮存通则》GB 15603

《危险化学品重大危险源辨识》GB 18218

《橡胶衬里　第1部分　设备防腐衬里》GB 18241.1

《国家电气设备安全技术规范》GB 19517

《热喷涂　热喷涂操作人员考核要求》GB/T 19824

《热喷涂　热喷涂设备的验收检查》GB/T 20019

《氟塑料衬里压力容器　压力试验方法》GB/T 23711.6

《普通混凝土用砂、石质量及检验方法标准》JGJ 52

《建筑工程饰面砖粘结强度检验标准》JGJ 110

《铸石制品性能试验方法　耐酸、碱性能试验》JC/T 258

《铸石制品性能试验方法　耐急冷急热性能试验》

JC/T 261

《耐酸耐温砖》JC/T 424

《铸石制品　铸石板》JC/T 514.1

《玻璃纤维工业用玻璃球》JC 935

《中碱玻璃鳞片》HG/T 2641

《金属网聚四氟乙烯复合管和管件》HG/T 3705

《喷涂聚脲防护材料》HG/T 3831

《硬质橡胶　拉伸强度和拉断伸长率的测定》HG/T 3849

《塑料衬里设备　水压试验方法》HG/T 4089

《衬塑（PP、PE、PVC）钢管和管件》HG/T 20538

《用便携式附着力测试仪测定涂层拉脱强度的标准试验方法》ASTM D4541

中华人民共和国国家标准

工业设备及管道防腐蚀工程施工规范

GB 50726—2011

条 文 说 明

制 定 说 明

《工业设备及管道防腐蚀工程施工规范》GB 50726—2011，经住房和城乡建设部 2011 年 8 月 26 日以第 1142 号公告批准发布。

本规范制定过程中，编制组进行了广泛的调查研究，总结了我国工程建设的实践经验，同时参考了国外先进技术法规、技术标准。

为了广大设计、施工、科研、学校等单位有关人员在使用本规范时能理解和执行条文规定，本规范编制组按章、节、条顺序编制了本标准的条文说明，对条文规定的目的、依据以及执行中需注意的有关事项进行了说明，还着重对强制性条文的强制性理由做了解释。但是，本条文说明不具备与标准正文同等的法律效力，仅供使用者作为理解和把握标准规定的参考。

目　次

1 总 则

1.0.1 在腐蚀性介质作用下，工业设备和管道虽然已采取了防腐蚀措施，但达不到应有的使用年限，其中大部分是由于防腐蚀方法及材料选择不当或施工质量低劣造成的。因此，只有正确选材、精心设计、规范施工、科学管理才能确保防腐蚀工程的质量，使工业设备和管道达到应有的使用年限。

制定本规范的目的是从施工的角度，按设计要求，对工业设备和管道从表面处理到防腐层的施工进行控制，保证施工质量。本规范的制定不仅为防腐蚀质量事故判定、工程质量验收确定依据，更重要的是对施工过程的控制提出了具体要求。对整个防腐蚀工程的安全性、耐久性提供了可靠保障。

1.0.2 强调了本规范的适用范围。按工程建设项目划分，一般新建、改建、扩建工程其设计审查、施工组织、项目管理较为严格。而维修工程绝大多数由企业审查确定，应急因素较多，系统管理较欠缺，因此本规范不适用于维修工程。

本规范是工业设备和管道防腐蚀工程专业规范，由于许多耐腐蚀材料都具有一定毒性，故在食品、医药及其他有特殊要求的部门如环保、核工业等使用时，除应遵守本规范的规定外，还应符合有关卫生、环保等要求。

1.0.3、1.0.4 防腐蚀工程采用的原材料优劣是工程质量好坏的决定因素之一。防腐蚀工程所用的材料种类很多，同一种类的产品各生产企业又有众多的商品牌号，其性能也各有差异，且由于新产品、新材料不断出现，有些品种目前尚无国家标准。为防止不合格材料或不符合设计要求的材料用于工程施工，本条规定了防腐蚀工程所用的材料应具有“产品质量证明文件”。“产品质量证明文件”的提出，主要参照了国际通用的《质量管理和质量保证标准》ISO 9000的相关内容。其遵循的基本原则是，对于产品质量的控制及检验通常采用自查自检、互查互检和他方质检。在实施过程中应注意：

1 有国家现行标准规定的，执行现行的国家标准和行业标准。材料供应者应提供材料质量检验报告单和产品合格证，作为自查自检资料，同时对施工现场提供技术保障。

2 当没有国家现行标准规定时，材料供应商必须提供材料的质量技术指标与相应的检测方法。对进入施工现场的材料每一批均提供质量检验报告单和产品合格证，材料应用方以此作为互查互检的根据。

3 对进入施工现场的材料均应有复验合格的报告或提供省部级以上技术鉴定报告，以此作为第三方质检的依据。

1.0.5 防腐蚀工程使用的材料，不少是化学反应型的，各反应组分加入量不同，对材料的耐腐蚀效果有明显的影响；有些耐蚀材料，其制成品是多种材料混配的，当级配不恰当时，不仅影响耐蚀效果，也影响施工工艺性及物理力学性能。因此，所有材料在进入现场施工时，首先必须计量准确，有配制要求的应进行试配，确定的配合比应符合本规范附录B规定的范围。

配制施工材料时，应注意以下几点：

1 出厂时生产企业已明确施工配合比的，如双组分涂料，现场施工时只需按要求将双组分直接混合均匀即可，不需调整配合比。

2 虽然施工配合比有一定的范围，但由于加入量相对较大，对整个系统影响不显著的材料，如环氧树脂、树脂胶泥等施工时固化剂的加入，按本规范附录B确定至一个相对稳定的配合比，不宜经常调整。

3 不饱和聚酯树脂、乙烯基酯树脂等，其固化体系中加入的品种较多，且每一个品种加入量随施工环境条件的影响变化较大，因此施工时，其配合比除应符合本规范附录B规定的范围外，还应通过试验确定一个固定值；当环境条件发生较大变化时，必须重新确定。

1.0.6 随着科学技术的发展，新材料应用日益增多，由于规范的制定往往滞后于材料与产品技术，尤其是我国目前一些材料的生产尚不能满足建设项目需要，还需从国外引进技术、设备和材料。为保证新材料得到应用，确实反映当今科技成果，在通过试验获得可靠数据或有实践证明的前提下，应征得设计部门同意，方可采用。

1.0.7 工业设备和管道防腐蚀工程的施工，应遵守本规范的规定。当与现行的国家有关施工安全、卫生、环保、质量、公共利益等标准规范配套使用时，防腐蚀工程除符合本规范的规定外，尚应符合国家现行有关规范及相应标准的规定。

2 术 语

2.0.1～2.0.6 随着科学技术的进步，很多新用语、名词和概念不断出现，并反映在施工过程中。如不进行统一而明确的定义，规范其正确应用，势必对施工及管理产生不良影响。特别是耐蚀涂料新品种的大量出现，不少具有特定涵义的用语急需定义；而一些陈旧、过时的用语，甚至模糊或错误的概念又急需修正、重新定义，使其符合工程实际。新标准也需与国际相关标准逐步接轨。

这几条术语是根据《工程建设标准编写规定》（建标〔2008〕182号）的要求，针对设备及管道防腐蚀工程施工过程的实际情况列入的。

3 基本规定

3.1 一般规定

3.1.1 是指防腐蚀施工前应具备的条件。条文中分别对设计施工等部门提出要求，同时也对施工现场提出要求。只有具备了这些条件，方可开工，这样才能保证防腐蚀工程施工的质量。

3.1.2 设备及管道的加工制作是防腐蚀施工的基础，在此工序交接时应进行检查，办理交接手续，达到合格标准后，方可进行下道工序的防腐蚀施工。

3.1.3 为保证防腐蚀工程施工质量，在施工过程中应进行中间检查，每日均应进行。不符合标准的，应立即返修，不留隐患。

3.1.5 因防腐蚀工程绝大部分材料是易燃的，故防腐蚀施工开始后如进行动火、气割、敲打等均会对防腐蚀施工质量造成重大影响，或发生火灾造成重大损失。故将其列为强制性条文，必须严格执行。

3.1.6 是指转动设备的转动部位。防腐施工前要检查静平衡和动平衡试验报告，防腐施工后要做静平衡检查，高转速的还应做动平衡检查，无条件者可向外委托检查。

3.1.7 此条为强制性条文，必须严格执行。由于防腐蚀材料大部分有毒、易燃，所以必须设置人孔。人孔直径应为 ϕ500～600，数量不应少于 2 个，作为人员出入、进料和送排风之用。

3.2 基体要求

3.2.2 应保证产品表面的平整和圆弧过渡，对棱角、毛边和铸造残留物应全部彻底打磨、清理干净。

3.2.5 经处理后的基体均应进行中间检查，并检查其粗糙度情况，合格后办理工序交接手续，经签证后方可施工。

3.3 焊缝的要求和处理

3.3.2 接管和焊接转角部位的焊接，一要求焊缝饱满，二要求圆弧过渡。主要是为了保证防腐蚀工程质量。

3.3.3 提出了角焊缝的焊接圆弧半径的具体数据要求，主要是为了贴衬平整，保证防腐蚀施工质量。

3.3.4 因清理卡具时易造成母材产生凹坑，施焊时如在母材上引弧易损伤母材，故在清理卡具和施焊时应严格执行本条规定。

4 基体表面处理

4.1 一般规定

4.1.3～4.1.5 经喷射或抛射处理后的基体表面，由于磨料的磨削和撞击作用在基体表面出现的凹凸不平，用手触摸时有毛糙的感觉，这种表面粗糙不平的程度就叫表面粗糙度。粗糙度的大小应根据衬里层或涂料的种类、性质和涂层的厚度而定。粗糙度太小，影响与基体的结合；粗糙度太大，则涂层需相应增加厚度，使成本提高，否则就会产生“顶峰锈蚀”，留下质量隐患，影响涂料的使用寿命。为了达到理想的粗糙度，本规范规定了磨料种类及其粒度组合。

专门制备一套基准样板，可以定量估计粗糙度。在国际上，如德国、美国、澳大利亚等国已有使用，并已编入标准。在我国，多采用触针式轮廓仪、标准样板等方法进行测量或比较。粗糙度标准样板每 2 块为一套，用于评定丸状磨料清理后的表面用“S”样板，评定棱角状磨料清理后的表面用“G”样板。

4.1.6 根据各类防腐蚀衬里或涂层的性能、种类及使用条件，对基体表面处理的质量要求分别列在表 4.1.6 中。在表中，若有两种以上处理方法时，应优先考虑第一种。

4.2 喷射或抛射处理

4.2.2 压缩空气中含有的凝结水和油污，在喷射或抛射时随磨料一起喷出，污染被处理的表面，影响表面处理质量，故在使用前应除油除水。

4.2.3 本条主要是对磨料质地和纯度的要求。理想的磨料应具备下列条件：动态硬度大、韧性好、比重大、不碎裂、不会嵌入表面、操作过程中粉尘少、磨料不会污染被喷射表面等。磨料在使用前，应净化和筛选，如含有油污，会污染被处理表面，且不筛去大颗粒，喷嘴容易堵塞。天然砂应选择质坚有棱的砂子，不应含有盐分、泥土、生物等混杂物。当含水量大于 1%时，应进行烘干或炒干。

国内常用的磨料主要有石英砂、硅质河砂、金刚砂、铁丸或钢丸、激冷铁砂或激冷铁丸和钢线粒等。

非金属磨料主要有石英砂、河砂和金刚砂等。石英砂质坚有棱，喷射效率高，被喷射表面有粗糙度，且可多次使用，但价格较贵；河砂与石英砂相比，强度低，易破碎，只能使用一次，但价格低廉，可就地取材。两种材料都含有 SiO_2，其粉尘对人体危害很大，应严格控制使用。金刚砂分天然和人造两种，尽管使用时粉尘较大，但不含硅，所以目前使用较为广泛。

金属磨料中，喷射效果以钢线粒为最好，铁砂次之，丸料最差。以上材料尽管一次性投资较大，但能反复多次使用，且喷射条件好，喷射效率高，故应用越来越广泛。金属磨料应防止受潮生锈，硬度是保证喷射效率和质量的关键，一般要求在 RC50 以上，由含碳量大于 0.37%～0.44%的碳钢或合金钢淬火而得。

对于磨料，首先应确定“最大粒度”，若最大粒度太大，打在金属表面上会产生凹坑和飞刺，被喷射表面粗糙度就不会均匀；若颗粒太小，粗糙度就达不到规定的要求。其次是磨料的组成，这关系到喷射效率。磨料群体中大小不同的颗粒，所起作用有别：大颗粒动量大，对于附着于金属表面的铁锈、旧漆等主要起撞碎分割松动作用；而较小的颗粒总量多，承担着清除表面附着物的主要作用。一个合适的磨料组成，大、小颗粒搭配合理，喷射作业就又好又快。

4.2.4 为防止钢板变形，对厚度小于 3mm 的钢板的喷射作业，磨料粒径应小于 1.5mm，空气压力应小于 0.15MPa。

4.2.5 由于河砂颗粒呈圆形无棱角、质地较脆，被处理表面的粗糙度达不到防腐蚀衬里及涂层的要求，故作本条规定。

4.2.6 磨料允许重复使用，但在重复使用前进行检查、筛选，符合本规范第 4.2.3 条的规定，方可使用。

4.2.7 为了防止磨料受潮、雨淋或混入杂质，影响喷射效率和质量，磨料堆放场地应搭设防雨棚，场地应坚实、平整，以便收集和利用磨料。

4.2.9 潮湿天气喷射后基体表面会重新生锈，故当基体表面温度低于露点以上 3℃时，应停止喷射作业。露点数据表引自德国科朗化工有限公司（SGL ACOTEC）技术资料。

5 块材衬里

5.1 一般规定

5.1.1 水玻璃胶泥主要包括钠水玻璃胶泥和钾水玻璃胶泥。钠水玻璃胶泥的缺点是抗渗性能差，由于本身属于一种多孔性材料，这就限制了它的使用范围。钾水玻璃材料是 20 世纪 80 年代研制成功的，由于具有良好的耐酸、耐热、抗渗透性和粘结强度高等性能，经过十几年的施工应用，现已广泛用于防腐蚀工程，并取得了良好的效果。

树脂胶泥主要包括乙烯基酯树脂胶泥、不饱和聚酯树脂胶泥、环氧树脂胶泥、酚醛树脂胶泥、呋喃树脂胶泥。各种树脂胶泥的耐腐蚀性能随着树脂材料的不同而异，可分别用于耐酸碱、盐及有机溶剂等介质的腐蚀，但目前这几种树脂胶泥均不耐强氧化性酸的腐蚀。

乙烯基酯树脂又叫环氧（甲基）丙烯酸树脂，由一种环氧树脂和一种含烯键的不饱和一元羧酸加成反应而得的产物，是一类综合性能优良的高度耐蚀树脂。国外已普遍应用于防腐蚀工程，国内也已规模生产和应用，工程应用情况良好。

不饱和聚酯树脂品种非常多，基本可分为：双酚 A 型、二甲苯型、间苯型和邻苯型四种类型。在国外间苯型树脂因其耐热、耐腐蚀性和力学性能优于邻苯型树脂，且价格相差不大，因此，普遍应用间苯型树脂；而国内由于间苯二甲酸原料的生产规模、价格等因素，使间苯型树脂的价格明显高于邻苯型树脂的价格，但采用间苯型树脂取代邻苯型树脂是一个发展趋势。目前，双酚 A 型、二甲苯型树脂工程应用较多，积累的经验也多。

环氧树脂胶泥耐酸、耐碱，粘结强度较高，但成本也高；酚醛树脂胶泥耐酸性好，但不耐碱，较脆，粘结强度低；呋喃树脂胶泥耐酸、碱和有机溶剂较好，但与块材的粘结力低；乙烯基酯树脂胶泥和不饱和聚酯树脂胶泥耐腐蚀性能较好，与块材的粘结强度低于环氧树脂胶泥，高于酚醛树脂胶泥和呋喃树脂胶泥。

5.1.2 施工环境温度、相对湿度对胶泥的施工质量有较大影响。施工环境温度宜为 15℃～30℃，相对湿度不宜大于 80%。

如施工环境温度大于 30℃时，水玻璃胶泥的粘稠度显著增加，不易于施工。配制时，水玻璃和氟硅酸钠水解过快，胶泥易过早脱水硬化反应不完全，凝结时间太快，造成施工困难，质量指标降低。当钠水玻璃材料施工的环境温度低于 10℃，钾水玻璃材料施工的环境温度低于 15℃时，水玻璃的粘度增大不利于施工，也易造成质量指标降低。虽然固化期达到 28d 或更长时间，但通过浸水 28d 或更长时间实验，均会有溶解溃裂。湿度小，水玻璃和氟硅酸钠未能充分水解，凝结时间长，早期强度低；湿度大，水玻璃与氟硅酸钠反应产物的水分不易蒸发，其表面有泌水现象，并伴有大量盐类析出，水分蒸发后形成许多小孔，降低了抗渗性能。

如施工环境温度大于 30℃时，树脂胶泥初凝时间短，不易施工，但低于 10℃时树脂胶泥初凝时间长，在衬砌后 1h～2h 仍不初凝，易使块材移动，胶泥流坠，使灰缝不饱满，影响施工进度及质量。湿度大，影响稀释剂的挥发速度，从而减缓树脂胶泥的固化速度。施工经验证明，相对湿度大于 80%时，胶泥固化时间长，影响施工质量。

调查我国重点城市和地区的相对湿度，多数冬季在 70%左右，夏季在 75%左右，超过 80%的地区为数不多，故定为相对湿度不宜大于 80%。

当施工环境温度低于 10℃时，乙二胺在 8.5℃时会结晶，苯磺酰氯的熔点为 14.5℃，如用乙醇作稀释剂，温度低时则胶泥不固化。环氧树脂的软化点在 12℃～20℃，造成树脂粘度增大，因此要加过量的稀释剂，树脂的固化收缩力增大。为了保证质量，应严格控制施工环境温度及固化温度。

加热必须采用间接法，否则会使胶泥局部过热或过冷而造成水玻璃胶泥水解反应不充分，树脂胶泥的蒸发物易蒸发不均匀，出现孔隙和起鼓现象。

原材料的使用温度不应低于15℃。考虑到冬季气温低，如没有保温措施，材料处于低温或结冻状态，必然要影响胶泥的使用性能和工程质量，为此要求原材料不能低于15℃，但经预热或烘干的材料应冷却到40℃以下方可使用。

随着树脂材料品质的不断提高，新型功能性固化剂的不断开发应用，出现了许多适合低温环境施工的材料，如使用环氧低毒固化剂即可在相对湿度大于80%或0℃以上的低温环境下施工；高反应活性的乙烯基酯树脂，采用低温固化剂，即可在5℃以上施工等。与此相反，对反应活性低的树脂，如二甲苯型不饱和聚酯树脂、呋喃树脂等，若无加热保温措施，在低温下施工，制成品的质量很难保证。

由于树脂及配套的固化剂品种多，只能确定一个能保证质量的施工环境温度和相对湿度的指标范围。特殊情况下施工（如低温、高湿、高温等）应及时同材料供应方联系，并应经试验确定。

5.1.3 水玻璃受冻后，冻结部分无法与混合料混合，在使用前应将冻结的水玻璃加热搅拌溶化后再使用。

5.1.4 水玻璃胶泥在施工及固化期间，水玻璃与氟硅酸钠发生水解化合反应，尚未形成稳定的Si—O键时，如遇水或水蒸气，则尚未反应部分或反应不完全的部分，表面被溶解而破坏。在固化期间，特别是在早期，水玻璃和氟硅酸钠先进行水解，才相互反应。如暴晒脱水过快，所以应防止暴晒。

树脂胶泥在施工及固化期间，水的存在会影响未固化完全的树脂及制成品的质量；树脂胶泥在初凝阶段，如阳光暴晒，硬化速度过快，造成胶泥裂纹、起鼓，故应防止暴晒。

5.1.7 块材衬砌时，块材排列应按图纸施工。如自选排列方案，首先要考虑如何避免胶泥收缩可能产生的裂缝和砌体的受力方向。特别是应力集中的部位，应有足够的强度。

双层衬里的里外层块材，应交错排列，否则会影响衬里的使用寿命。

5.2 原材料和制成品的质量要求

5.2.1 防腐蚀炭砖的质量是根据现场实际使用情况确定的。现行国家标准《耐酸砖》GB/T 8488规定，根据耐酸砖的尺寸公差和外观质量分为优等品和合格品。在块材衬里防腐蚀工程中，优等品和合格品都可使用，只是在使用前应按尺寸误差的大小进行挑选分类，以便分别使用。所以施工单位在进行材料验收时，可按该标准的级别规定进行。

5.2.2 水玻璃是水玻璃胶泥的胶结料。

2 密实型钾水玻璃比普通型钾水玻璃质量要求高，普通型钾水玻璃材料抗渗等级要求亦低，密实型钾水玻璃材料对其质量指标要求严格，因而对钾水玻璃的质量要求也应严格，所以配制密实型钾水玻璃胶泥时，钾水玻璃的质量应采用表B.0.2的中上限。

3、4 钠水玻璃的固化剂为氟硅酸钠。目前我国生产的氟硅酸钠质量比较稳定，现行国家标准《工业氟硅酸钠》GB 23936中主要是控制外观、氟硅酸钠含量、游离酸、水不溶物含量、水分含量、铅含量、细度等指标。施工单位主要控制其纯度、含水率和细度。为了使氟硅酸钠与水玻璃能充分反应，氟硅酸钠要求纯度不小于98%，氟化钠含量要低，要求细度越细越好，细度要求全部通过0.15mm筛孔。此外，氟硅酸钠应防止受潮，一旦受潮应进行烘干。烘干温度可控制在100℃以下，烘干后研细过筛。

钾水玻璃固化剂为磷酸盐，主要是缩合磷酸铝［$Al_m(PO_3)_{3m}$］。

施工现场主要控制水玻璃的模数和密度。模数愈高，粘度愈大；密度愈高，粘度也愈大。在水玻璃密度较高的情况下，采用高模数，水玻璃用量则增加。密度过高的水玻璃（高于1.45）会造成操作困难，收缩增大，凝结时间延长。模数过低的水玻璃（低于2.4），由于其中氧化钠的相对含量高，有害化学成分增加，酸稳定性降低。根据上述关系，对于水玻璃必须考虑模数和密度的综合影响。在考虑两者关系时，首先考虑密度，应适当考虑选用密度较高的水玻璃（不能超过1.45）。选用高模数的水玻璃没有必要，但也不能低于2.4。目前根据资料及施工实践经验，水玻璃最佳使用模数为2.6～2.9。在气温较低或加速凝结时间，用于胶泥的水玻璃模数可提高到2.9～3.0，但比重可适当降低。模数确定在上述范围内时，密度以选择1.38g/cm³～1.42g/cm³为宜。如购买的水玻璃不符合上述模数和密度的要求时，可予以调整。最简便的方法是：①水玻璃模数过高或过低，均可用一种低模数或一种高模数的水玻璃混合配制；②水玻璃密度高于要求时，加水调至要求范围；低于要求时，用加热法或用不同密度水玻璃调整。

5.2.3 树脂是树脂胶泥的胶结料。

1 双酚-A型环氧树脂：EP 01441—310（E—51）、EP 01451—310（E—44）是目前国内防腐蚀工程常用的品种。

环氧当量是含有1g当量环氧基的环氧树脂的质量克数；环氧值是100g环氧树脂中环氧基的克数。二者关系为：环氧当量=100/环氧值。

环氧树脂是热塑性树脂，不会受热固化，只能是粘度增加，保存好可存放一年以上，不变质。

2 乙烯基酯树脂是一种甲基丙烯酸或丙烯酸和环氧树脂加成反应的产物，易溶于苯乙烯（交链剂）中。一元不饱和羧酸形成了树脂分子末端的不饱和键和酯基，这类树脂由于分子结构中易被水解破坏的酯基含量比双酚A型和通用型不饱和聚酯树脂少，而且都处于邻近交联双键的空间位阻保护之下，因此它具有更好的耐水和耐酸、碱性能。

乙烯基酯树脂品种很多，国内外供应商在国内均有销售和工程应用，应用于工程的主要是环氧甲基丙烯酸型、异氰酸酯改性环氧丙烯酸型和酚醛环氧甲基丙烯酸型。该质量指标在现行国家标准《乙烯基酯树脂防腐蚀工程技术规范》GB/T 50590中已有规定。

3 不饱和聚酯树脂品种非常多，目前市场上用于树脂类防腐蚀工程的耐腐蚀不饱和聚酯树脂主要是双酚A型、间苯型、二甲苯型和邻苯型等品种。

双酚A型树脂品种较多，一般以环氧封端嵌段共聚物和丙烯基双酚A富马酸型树脂的耐蚀性能为佳。

用于防腐蚀工程的二甲苯型不饱和聚酯树脂以二甲苯甲醛树脂为原料，部分取代常用的二元醇，经与不饱和二元酸缩聚反应而得。采用一步法生产的树脂活性比较低，表面固化性能及耐热、耐腐蚀性能有局限性。采用二步法合成的产品，树脂活性比较高，且耐热、耐腐蚀性能均有提高，工程应用性能良好。

间苯型、邻苯型树脂不宜用于较强腐蚀环境。

由于国内外生产厂家众多，液体树脂质量指标应符合现行国家标准《纤维增强塑料用液体不饱和聚酯树脂》GB/T 8237的规定。

4 目前市场上应用较多的是糠醇糠醛型等树脂。对其他类型的呋喃树脂只要经过工程应用证明是成熟可靠的，并符合本规范规定的质量指标，经设计认可，即可使用。

5 在防腐蚀工程中，主要采用热固性酚醛树脂，常温施工中通过加入酸性固化剂，使其产生交联反应而成为热固性材料。酚醛树脂固化物的分子结构中，由于含有大量的苯环结构，因此它具有较好的耐热性和耐腐蚀性（耐酸性更突出）；又由于分子中含有一定量的酸性酚羟基，能与碱发生反应生成可溶性的酚钠，因此，酚醛树脂不宜用于碱性介质中。

酚醛树脂到目前为止全国无统一标准。由于各厂所用的催化剂不同（一般系以碳酸钠、氨水或氢氧化钠为催化剂制成），树脂品种也不同，所以在粘度、性能上也有差异。

本规范给出了酚醛树脂的质量指标。树脂的质量如何，主要看树脂中游离酚、游离醛含量和含水率以及粘度等。为了保证胶泥质量，要求酚醛树脂的粘度以45～65（落球粘度计，25℃，s）为宜。若含水率过高，固化物气孔率增多，抗渗性就差，胶泥强度也低。一般含水率不超过12%。含游离酚量过高，树脂与固化剂反应快，也不利于施工。在常温下酚醛树脂不能久存，一般低于20℃时，储存期为一个月。苯甲醇可作为酚醛树脂的缓聚剂，但加量不能太大，因苯甲醇直接影响树脂硬化过程。加量大，固化太慢或完全不固化，树脂粘度大，粘结力差，施工不方便。

5.2.4 本条是树脂胶泥常用固化剂的规定。

1 环氧树脂固化剂品种非常多，过去主要采用乙二胺，其特点是防腐蚀性能好、取材容易，但毒性大（LD_{50}=620mg/kg）。目前工程上普遍应用的是以T_{31}（LD_{50}=7850±1122mg/kg）等为代表的低毒固化剂。本规范中不可能列出所有的固化剂及施工配合比，但这并不影响其他环氧树脂固化剂的推广使用，其使用方法、配合比等应参照供应方提供的产品技术文件要求，在使用前，应经过检测和验证。

在低温下使用T_{31}固化剂时，为使环氧树脂在低温下能固化，会加大T_{31}使用量，由于过量的胺未同环氧作用，可能浮在固化物表面（有一层棕色粘稠液），如果在其上面采用乙烯基酯、不饱和聚酯树脂等材料，则两种材料的界面粘结力差。因此我们应控制T_{31}的加入量。

2 乙烯基酯树脂和不饱和聚酯树脂的固化是通过聚酯分子链中的不饱和双键与活性单体（如苯乙烯）的双键进行共聚反应发生交联而得以实现的。在常温下，引发剂依靠促进剂的作用发生分解产生自由基，引起上述交联共聚反应，变成不溶的体型结构的固化物。纯粹的过氧化物引发剂极不稳定，易分解、爆炸，因此一般选用过氧化二苯甲酰与邻苯二甲酸二丁酯糊（简称过氧化二苯甲酰二丁酯糊）、过氧化环己酮与邻苯二甲酸二丁酯糊（简称过氧化环己酮二丁酯糊）、过氧化甲乙酮与邻苯二甲酸二甲酯溶液（简称过氧化甲乙酮二甲酯溶液）作为引发剂；与过氧化二苯甲酰二丁酯糊配套的促进剂是N，N-二甲基苯胺苯乙烯液（简称二甲基苯胺液），与过氧化环己酮二丁酯糊或过氧化甲乙酮二甲酯溶液配套的促进剂是钴盐（环烷酸钴、异辛酸钴、萘酸钴）的苯乙烯液（简称钴液）。

引发剂用量对树脂固化速度影响很大。用量过多，固化速度太快，不易控制，并且会影响分子链的长度，使树脂固化物的平均分子量降低，力学性能变坏；用量过少，则不能使固化反应充分进行，树脂的固化度下降，力学性能和耐腐蚀性能达不到要求。实践证明，常温下，通常按纯引发剂计，过氧化甲乙酮二甲酯溶液加入量为树脂重量的1%左右为宜，若用50%的过氧化甲乙酮二甲酯溶液，则引发剂用量为树脂重量的2%；过氧化二苯甲酰二丁酯糊或过氧化环己酮二丁酯糊引发剂的分解只有其中一半形成了自由基，而另一半则被还原剂还原成负离子，故引发剂的用量为树脂重量的2%，若用50%的过氧化二苯甲酰二丁酯糊或50%的过氧化环己酮二丁酯糊，则引发剂用量为树脂重量的4%。在工程施工中，一般当引发剂用量一定时，通过加入促进剂的量来控制树脂凝胶时间。施工时，应通过试验确定引发剂、促进剂的用量。

过氧化环己酮二丁酯糊引发剂或过氧化甲乙酮二甲酯溶液引发剂与钴盐的苯乙烯液促进剂配套的室温

固化体系，应注意少量水分、醇类或其他金属盐类可与钴盐形成铬合物，降低钴的作用，严重的甚至会使树脂不固化。如树脂已配成含钴的预促进体系，则使用时只需加入引发剂即可。

过氧化二苯甲酰二丁酯糊引发剂与N，N-二甲基苯胺苯乙烯液促进剂配套的室温固化体系，在有少量水分存在时，并不影响树脂的固化性能；低温时，亦能引起固化，缺点是固化后的树脂表面发粘、耐光性差、变色泛黄。

3 呋喃树脂和酚醛树脂使用酸性固化剂，所以树脂胶泥不能直接接触基体，酸性强的树脂胶泥会与基体发生化学反应，造成粘结不牢、甚至脱层等现象。

4 目前酚醛树脂固化剂采用的是以萘磺酸型为代表的低毒酸性固化剂，固化物有良好的物理力学性能和耐腐蚀性能；当施工环境温度大于30℃时，加入量较难掌握。使用苯磺酰氯的固化反应稳定，固化物的性能较好，但苯磺酰氯在空气中会冒烟、有刺激性、毒性较大。

5.2.5 稀释剂的主要作用是降低树脂的粘度，获得胶泥适宜的施工稠度，以便操作。稀释剂原则上是少加或不加，视其树脂稠度而定。

丙酮等非活性稀释剂加入到环氧树脂中，只起降低粘度作用，并不参加环氧树脂的固化反应，因此非活性稀释剂在环氧树脂固化过程中大部分被挥发，残留一小部分在树脂中使树脂固化物强度、抗渗性等下降。活性稀释剂主要是指含有环氧基团的低分子环氧化合物，它们可参加环氧树脂的固化反应，成为树脂固化物交联网络的一部分，树脂性能稳定。正丁基缩水甘油醚、苯基缩水甘油醚等单环氧基活性稀释剂，对于胺类固化剂反应活性较大，但是价格比非活性稀释剂高。目前主要还用丙酮等非活性稀释剂，但今后活性稀释剂用量会不断增加，故将其列入规范。

5.2.6 填料的品种和质量直接影响胶泥质量。粉料含水率过大，会使水玻璃比重降低，树脂胶泥强度、粘结力等性能均受影响，严重的会造成树脂不固化。在生产、包装、运输、储存过程中应控制在小于或等于0.5%。

关于粉料的细度问题，粒度过细的粉料，其表面积增加，水玻璃用量也相应增加，并增加了胶泥硬化后的空隙，易产生裂纹。

石英粉和瓷粉耐一般酸性介质，硫酸钡粉和石墨粉耐氢氟酸介质。石英粉的耐碱性差，因此在含碱类介质工程中，一般采用铸石粉和石墨粉作填料，而不采用石英粉作填料。

水玻璃胶泥选用的粉料，其中石英粉因细度过细，收缩率大，容易产生裂纹，因此化学稳定性较差，不宜单独使用；铸石粉结构密实，吸水性小，粘度好，强度高，耐磨和抗渗性能好，可与石英粉混合使用。

由于呋喃树脂、酚醛树脂的固化剂酸性较强，如果粉料中含有铁质、碳酸盐等杂质，它们将会同酸性固化剂发生化学反应，使胶泥产生气泡，强度和抗渗性能降低。辉绿岩粉含铁质较多，不宜配制呋喃树脂胶泥和酚醛树脂胶泥。

硫酸钡粉应呈中性，但在生产过程中，当采用过量的碱中和未反应的硫酸而又未水洗干净，则工程施工中采用了偏碱性的硫酸钡粉后，会使弱酸性钴盐的苯乙烯液促进剂失去作用，会影响乙烯基酯树脂和不饱和聚酯树脂的固化。石墨粉对采用钴盐的苯乙烯液促进剂的乙烯基酯树脂和不饱和聚酯树脂有阻聚现象，使材料长期不固化。

关于IGI耐酸灰、钾水玻璃胶泥粉、糠醇糠醛树脂胶泥粉等复合填料，因已是级配好的粉料，购来即可使用。设计单位和用户可根据工程的特点，按供应商提供的复合填料的技术指标使用。

5.2.7、5.2.8 胶泥的初凝时间对施工操作和质量都至关重要。胶泥初凝时间早，未等施工完就不能使用；胶泥初凝时间长，则在衬后1d～2d仍不初凝，易使块材移动且灰缝不饱满，影响施工进度和质量。特别是胶泥终凝完全与否，对胶泥性能影响很大。胶泥的耐腐蚀性能是对胶泥完全固化后而言，因此要求胶泥固化完全，而终凝时间还不能过长。

表中数据是根据现行国家标准《建筑防腐蚀工程施工及验收规范》GB 50212—2002的有关数据和现场实际使用情况列入的。

5.3 胶泥的配制

5.3.1～5.3.3 水玻璃胶泥的配合比要求比较严格，稍有变动，则直接影响胶泥的物理化学性能，因此配料时应严格控制。一般施工单位都希望有一个现成的配合比，直接用于施工，但一个配合比能适合各种情况是不可能的。因为在配制胶泥时，既要考虑到原材料的具体情况，也要考虑到施工环境条件，所以配合比应根据当地原材料情况和施工环境条件，通过试验确定。本规范提供了水玻璃胶泥参考配合比。

5.3.5～5.3.8 本规范中树脂胶泥的施工配合比，是总结了工程实际应用经验而确定的。因材料质量差异、施工环境条件等因素时有变化，施工单位在选用时，应通过现场试验来确定合适的施工配合比。

5.4 胶泥衬砌块材

5.4.2 胶泥衬砌块材，灰缝太大和太小都不合适。太大则胶泥用量多，造价高，灰缝中胶泥收缩亦大，易出现裂纹，立面施工时胶泥易流动，造成胶缝中胶泥不饱满，抗渗性能差；太小则不易施工，灰缝密实度不易保证，影响使用年限。

5.4.3 胶泥粘度比较大，为了衬砌密实，采用揉挤法较好。

立面衬砌块材衬里时，为了防止受力变形，所以在砌完一定高度时应停止衬砌，待胶泥硬化后受力不致变形时，再继续衬砌。

5.4.4 根据调查研究和试验资料证实，固化温度对水玻璃胶泥的各项性能指标有较大影响，特别是耐水、耐稀酸性能。在工程实践中，产生不耐水、不耐稀酸的情况有两种，一是原材料的质量，配合比选择不合适，施工后不管是在早期或后期遇水或稀酸都遭到破坏；二是水玻璃与固化剂正在水解反应期间，尚未充分反应形成稳定的Si—O键时，正在反应和硬化的水玻璃类材料中尚未反应的部分，遇水被溶解析出而遭到破坏。因此，合理的配合比和适当提高养护温度，特别是早期养护阶段，能为水玻璃和固化剂充分反应创造有利条件，这样可以大大提高其机械强度和抗水、抗稀酸破坏的能力。

由于树脂品种、施工环境条件等存在不同，因此所需养护时间亦不同，同时养护温度的高低，对胶泥最终性能均有影响。一般以常温（15℃～30℃）养护为宜，环境温度低于15℃时，应采取措施，提高温度，延长养护时间。根据施工实际经验和树脂在常温下最完善的固化度情况提出了现在的养护时间。

5.4.5 用胶泥衬砌好的块材衬里，为了保证质量，可进行热处理，以加速胶泥固化。一般热处理最高温度以80℃为宜。要求热处理面受热应均匀，并应防止局部过热，影响质量。

5.4.6 凡水玻璃胶泥衬砌的块材衬里，都应进行酸化处理。酸化处理的实质是用酸溶液将水玻璃工程中未参加反应的水玻璃分解成耐酸、耐水的硅酸凝胶[$Si(OH)_4$]，从而提高耐腐蚀性、抗水性能。处理方式可采用浸泡或涂刷。

大多数施工单位采用硫酸进行酸化处理，原因是硫酸比硝酸、盐酸气味小，工人操作时毒性小，施工较方便。

6 纤维增强塑料衬里

6.1 一般规定

6.1.1 纤维增强塑料衬里是指以树脂为粘结剂，纤维及其织物为增强材料铺贴或喷射的设备、管道衬里层及隔离层。其中的树脂主要包括：环氧树脂、乙烯基酯树脂、不饱和聚酯树脂、呋喃树脂和酚醛树脂等热固性树脂；纤维主要包括玻璃纤维布、毡、有机纤维及其织物等。

6.1.2、6.1.3 以各种树脂为粘结剂，其粘度受施工环境温度的影响比较大，为了满足性能要求和施工质量，故对施工的环境温度作了规定。为了保证施工安全，各种树脂不得用明火或蒸汽直接加热。在施工现场要根据各种树脂材料的特性，采取相应的保护措施，在施工与养护期间，确保工程正常进行。

6.1.5 呋喃树脂或酚醛树脂采用的是酸性固化剂，故在施工前，应采用不使用酸性固化剂的树脂材料做隔离层，再进行施工。

6.1.6 树脂材料的固化速度与环境温度、湿度及固化剂用量有关。当环境温度较高而湿度较低时，可适当降低固化剂的用量，反之则应加大固化剂的用量。因此，施工前应视现场实际情况试配。

6.2 原材料和制成品的质量要求

6.2.1～6.2.6 这几条规定了纤维增强塑料树脂类原材料和制成品的技术要求，是保证纤维增强塑料衬里质量的重要依据。表6.2.6的数据是根据多年现场经验确定的。

6.3 胶料的配制

6.3.3、6.3.4 不同的树脂材料在配制过程中，具有不同的配制要求，故应按要求进行配制。

6.4 施 工

6.4.1 采用手工糊制工艺施工，可分为间断法和连续法两种。一般情况下采用连续法施工。酚醛树脂采用间断法是因为其粘度大，粘结性较差，在固化过程中，会产生小分子和溶剂要挥发，因此酚醛树脂采用间断法施工。

7 橡 胶 衬 里

7.1 一 般 规 定

7.1.1 随着合成橡胶材料的发展，除了传统的天然橡胶、丁苯橡胶、氯丁橡胶外，丁基橡胶及氯化丁基、溴化丁基橡胶、氯磺化聚乙烯橡胶、乙丙橡胶等橡胶材料在防腐橡胶衬里方面也得到了不同程度的应用。随着橡胶助剂技术的日益发展，一种橡胶材料可以生产出适用于不同施工方法的衬里橡胶材料。如丁基类橡胶不但可以制成预硫化衬里胶板，也可以制成自然硫化衬里胶板。为了适应橡胶衬里材料技术的发展，促进新技术、新工艺、新材料、新产品的应用，本规范没有按橡胶材料种类划分，而是以施工工艺方法进行了分类，为今后橡胶衬里材料的发展提供了更加广泛的空间。

7.1.2 当施工环境温度低于15℃时，胶板开始发硬影响衬里操作和贴合质量；胶粘剂涂刷后溶剂不易挥发，影响粘结力。当温度高于35℃时，胶粘剂涂刷后，表面的溶剂蒸发过快，形成干膜，内部溶剂不易挥发，留在胶膜内易出现起泡等质量问题。

相对湿度太高，金属表面易生锈，胶浆干燥时间太长等，均会影响粘结力。

当环境温度较低、湿度较高时，采用除湿和送热风的办法，可获得较好的效果。但因衬胶场所内多为易燃易爆物，为确保安全，不得使用明火进行加温。

7.1.5 未硫化胶板在常温下有自硫化现象，会失去塑性、影响粘结力。胶板的储存应符合现行国家标准《橡胶衬里　第1部分　设备防腐衬里》GB 18241.1的规定，并在规定的使用期限内用完。胶板到达现场后，应分类分批存放，不应乱堆，防止胶板受压粘连变形、碰撞刮破或超过使用期限。

对产品使用说明书中规定需要进行低温冷藏的胶板和胶粘剂，如自硫化胶板等，在运输中或现场存放时，应放入冷藏箱内保持低温，防止胶板出现早期硫化。冷藏温度应符合规定，并做好温度记录。

7.1.6 对本体硫化的设备，在衬胶前应审查设备的强度和刚度是否能承受硫化时的蒸汽压力，应检查有否试压合格证。

本体硫化的设备，在衬里前选定的进汽（气）、排空、排水、温度传感表、压力表、温度自动记录仪等管件、仪表的安装位置，是为保证硫化过程中设备内的温度均匀，冷凝水能随时排放。

表7.1.6中H值是根据最短接管考虑的。三通接管越短，对三通内焊缝的磨修及衬里越有利。

三通、四通、弯头等管件宜设松套法兰，主要是为了便于制作和拆装。

7.2　原材料的质量要求

7.2.1 胶板的分类、产品的标记、技术要求、检验方法、检验规则及包装、运输和贮存等均应符合现行国家标准《橡胶衬里　第1部分　设备防腐衬里》GB 18241.1的有关规定。

7.2.2 表B.0.6～表B.0.8硫化橡胶板的物理性能技术指标大部分直接引用了现行国家标准《橡胶衬里　第1部分　设备防腐衬里》GB 18241.1—2001第6.2节表4的规定。

7.3　加热硫化橡胶衬里

7.3.1 胶板、胶粘剂在使用前进行外观质量、牌号、规格和出厂日期的检查，胶板展开后的目测外观检查和必要时的电火花针孔检查，是把好衬胶层质量的第一关。用电火花针孔检测仪进行检查时应按现行国家标准《橡胶衬里　第1部分　设备防腐衬里》GB 18241.1—2001附录B的规定执行。

7.3.3 搭接缝的宽度以确保接缝质量为前提，若搭接太宽，不仅浪费材料，而且给接缝处的电火花针孔检查造成困难。在调研了国内衬胶施工和使用情况的基础上，对不足1.6mm的衬里层来说，接触表面不应超过20mm（图1）。本条对接缝宽度作以下规定："胶板厚度为2mm时，搭接宽度应为20mm～25mm；胶板厚度为3mm时，搭接宽度应为25mm～30mm；胶板厚度大于或等于4mm时，搭接宽度应为35mm。"从全国大多数单位的使用情况来看，胶层的损坏很少发生在接缝处，因此上述规定的接缝宽度已足够。

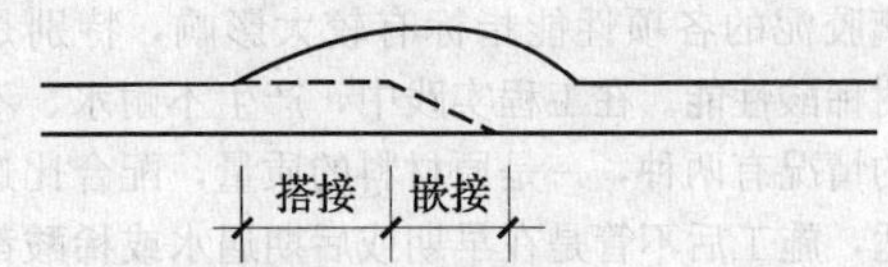

图1　胶板搭接形式

注　上图中胶板厚度为3mm，嵌接长为9.5mm，搭接长为19.5mm。

多层胶板衬里的相邻胶层，其接缝应错开的原因，一是为了方便操作，二是为防止接缝泄漏时形成贯穿缝；其错开净距100mm，为最小间隔距离。

7.3.4 削边是为了保证胶板搭接缝的光滑、平整；当削边宽10mm～15mm时，搭接缝的厚度会相应减薄，有利于粘结强度的提高。

7.3.5 用冷刀裁胶时，刀刃上沾水，能减少胶板对刀的阻力，有利于提高裁胶效率。但裁胶后应用干布擦净斜坡和胶面上的水。

用烙铁热裁胶板时，烙铁温度：达到230℃时，胶板起皮；达到280℃时，胶板会冒白烟；100℃以下时会影响裁胶效率。故在规范中规定烙铁温度控制在170℃～210℃。

7.3.6 涂刷第一遍胶粘剂前，金属表面应用稀释剂先擦干净。

7.3.7 两层胶浆涂刷间隔时间以胶膜干燥程度为准。涂刷间隔时间仅供参考。

7.3.8 衬胶设备内悬浮的灰尘往往因缺少电子，很容易吸附在设备顶部或侧上部的阴角处，在涂刷第二遍胶粘剂前，应进行清除。

7.3.9、7.3.10 胶板衬贴和压实过程中，由中间向两侧推展和滚压（或刮压）是为了将粘合面间的空气顺利排除：

近年来，刮板压实法在加热硫化橡胶衬里、自硫化橡胶衬里、预硫化橡胶衬里中已得到广泛的应用。刮板衬胶一般使用5mm厚、30mm宽的电木板（或同等硬度、强度的塑料板），一端磨成圆弧，另一端磨成30°的斜角，操作时用手握住刮板，用斜角端的平刃与胶面成60°左右夹角均匀用力刮压，每次重合1/3～1/2。其优点是胶面受力均匀，刮出的胶面平展，能较好地排除粘合面间的空气。尤其适于槽罐类或直径ϕ800以上的管道衬胶（图2）。

在常压或正压条件下，过去衬胶采用的挂线排气法，虽便于施工，但线绳里总有微隙，这对衬胶设备带来隐患。近年来，随着衬胶技术的普遍提高和对衬胶质量要求的不断提高，挂线排气法已被淘汰。

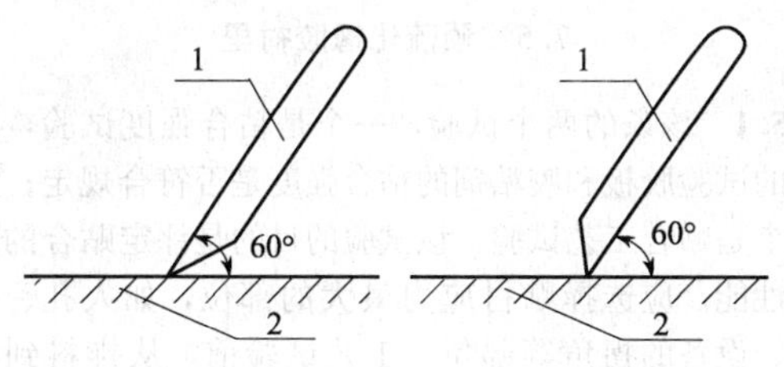

图2　刮板示意图

1—刮板；2—胶板

7.3.13　本体硫化设备的法兰衬胶，先采用与设备衬里相同且硫化过的胶板，按要求下料，涂好凉好胶粘剂后，衬贴在对应的法兰上，再将法兰管内翻出来的未硫化胶板贴衬在法兰面上已硫化胶板的坡口上，并压实、平展圆滑。这样做能保证硫化时密封垫与胶面压合严密、硫化后光滑平整，搭接处结合严密。多年实践证明，这种翻边搭接质量是可靠的（图3）。

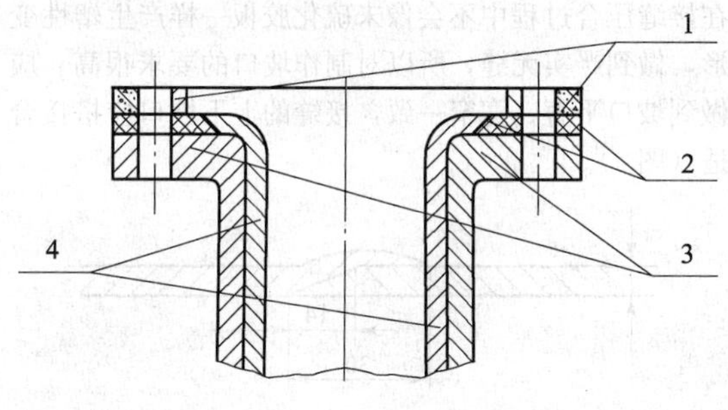

图3　本体硫化法兰衬胶

1—橡胶石棉垫；2—已硫化胶板；3—法兰盘；4—未硫化胶板衬里

7.3.14　小口径管道衬胶可采用预制胶筒法。胶筒的直径宜为：当管道公称尺寸小于100mm时，胶筒外径宜小于钢管内径2mm～4mm；当管道公称尺寸为125mm～150mm时，胶筒外径宜小于钢管内径4mm～6mm；当管道公称尺寸为160mm～200mm时，胶筒外径宜小于钢管内径6mm～8mm。若胶筒直径偏大，送入钢管后，易起褶；若胶筒直径偏小，衬贴时易将胶板拉薄。

7.3.15、7.3.16　中间检查是衬胶过程中极其重要的一道工序，应把好质量关，认真进行三检。"三检"即：检查贴合面是否有空气；检查搭接缝是否有翘边、离层、毛刺，搭接宽度是否不足；检查胶面是否有深度大于0.5mm的气泡、伤痕和嵌杂物。在中间检查中发现的质量问题，应按要求进行处理，以保证产品质量。

7.3.18　硫化罐硫化应严格按照胶板生产厂家提供的硫化条件进行。设备、管道、管件未进硫化罐前，应对硫化罐的仪表、阀门、密封件做仔细检查，失灵失效的要立即更换，并经试验，认定无误方可使用。

设备、管道、管件进入硫化罐后，要先关闭排气阀，用冷空气加压到2.5kg/cm²～3kg/cm²之后，按生产厂家提供的硫化条件逐步打开压力蒸汽阀门，逐步升温，逐步加压至恒温。同时要注意及时排水排汽，直至硫化全过程完成。

待硫化罐内的温度压力降至常温常压后，方可打开罐门、检查衬里硬度是否合格。认定已达到硫化要求后，方可小心出罐。不能碰坏法兰胶面或任何一处衬里。

7.3.19　本体硫化。本体硫化前应检查蒸汽管道是否工作正常，气源是否充足；气压是否符合要求，能否连续稳定供气。应防止压力的波动，避免产生负压，导致胶层脱落或鼓泡。本体硫化的法兰盲板应有足够的强度。

环境温度小于15℃时，本体蒸汽硫化设备要做外保温。特别是在人孔或外接管等突出部位的外保温更要做好，否则，会发生严重欠硫。

本体加压蒸汽硫化和硫化罐硫化基本相同。但仪器仪表应齐全，除各种阀门外，根据设备衬里面积大小应备齐下列仪器仪表：

表1　本体硫化仪器配备（个）

仪器、仪表名称	衬里面积小于60m²	衬里面积大于或等于60m²
蒸汽压力表	2	3
传感温度表	1	2
温度自动记录仪	1	1

衬里60m²以上的设备，为确保设备内温度均匀、监控准确，高压蒸汽进口和压力表、传感温度表应分布在设备顶部和侧下部。但蒸汽管口不得直对设备内的某个部位，以防过硫。排汽出水口应装在设备最低的法兰盲板上，以避免设备内积水，造成欠硫。硫化时，应严格按胶板生产厂家提供的硫化曲线准确控制硫化条件。

7.3.20　热水硫化或常压蒸汽硫化时应注意下列事项：

1　热水硫化：

1）要有足够的冷水和高压蒸汽供给系统，进排水和供汽阀门要事先经过检查，认定合格。

2）硫化时至少要有两个温度计，一可相互校对，二可防备其中一个工作期间损坏使温度失去监控。热水硫化温度应控制在95℃～100℃。

3）硫化结束，当温度降至40℃以下时，关闭进水阀门，只开排水阀门，使水位逐步下降。降至一定高度，便于检测衬里硬度时，应停止放水，进行硬度检测。

4）如果检查认定硬度不够时，应立即注水升温，并计算出尚需恒温硫化时间。到时再降温、排水、复查，直至认定合格为止。

2 常压蒸汽硫化：

1）硫化前要检查，确认有足够的蒸汽供应气源，且阀门调控性能可靠；蒸汽供给方法和供汽管件结构合理；监测用传感温度表数量及安放位置合理；设备外保温层性能可靠；与设备同时硫化的同胶种的试件数量及放置部位合理、安全，方可通汽硫化。

2）预定硫化时间达到后，应先提出同时放进设备内的试件，并经冷却，检测认定合格后，方可停止硫化。

3）拆除硫化管道管件时，要拿稳轻放，不得碰坏硫化设备衬里的任何一个部位。

4）硫化终止时除硫化罐硫化以直接测定衬里层硬度来确认外，其余的硫化方式均可以测定其与设备一起硫化的试件（挂片）的硬度来确定。考虑到挂片两面受热，而设备壳体衬里一面受热，根据经验当挂片的硬度值比规定值高出邵尔 D3 度时设备衬里胶层正好达到正硫化点。

7.4 自然硫化橡胶衬里

7.4.1 自然硫化橡胶衬里，因其具有在常温常压下进行自然硫化的特点，所以适合于大型设备的大面积衬里施工。

7.4.3 冷藏胶板在解冻和预热后，会产生收缩，故下料应在胶板解冻和预热后进行。

7.4.5 胶板的电热切割法操作方便，效率高，已广泛采用。但为避免胶板分解或硫化，电热温度应控制在 170℃～210℃之间。

7.4.10 当罐内相对湿度大于 80%时，应采用热风机和除湿机升温除湿，以防止金属表面返锈或因潮湿而影响胶粘剂的粘结力。

7.4.11、7.4.12 涂刷间隔时间以触指不粘为限。干燥速度与环境温度和相对湿度有关。当环境温度在 10℃～15℃时，1.5h 可干；20℃以上时，0.5h～1h 可干。末遍胶粘剂的胶膜干至微粘手指但不起丝时，进行胶板贴合。

7.4.16、7.4.17 压滚分大、中、小三种规格。大、中型压滚适用板面的压合，小压滚适用于拐角、接缝的压合。使用刮板压合时，刮板有坡口的直边用来压板面，有圆弧的一端用来压合拐角和接缝。

胶板贴合的搭接方向，一定要和槽内的液流方向一致，即逆液流方向衬胶。

7.4.19 衬胶作业每个阶段结束后对胶层的检查（即中间检查），是消除隐患、确保衬胶质量的重要环节。也是培养施工人员的责任感，加强施工人员质量观念的有力措施。

7.4.21 在衬贴作业同步、条件相同情况下制作的试块，应妥善放在罐内，不得放在阳光下暴晒。拆除罐内架杆、架板时，应事先移走，不得碰撞胶面。

7.5 预硫化橡胶衬里

7.5.1 该条的两个试验，一个是粘合强度试验，其目的试验胶板和胶粘剂的粘合强度是否符合规定；第二个是贴合工艺试验，该试验的目的是评定贴合的综合性能。应选择贴衬应力最大的部位，如人孔、接管、设备的拐角等部位。工艺试验前，从排料到下料，贴衬的程序应编制一个合理的方案，然后进行工艺试验。贴衬工作正常，未出现鼓起、离层等异常现象，即认为试验合格。

7.5.3 由于预硫化胶板本身的特点，在排料时应充分考虑到减少贴衬应力。下料应准确，稍有差错，则由于胶板弹性大，不能依靠拉长胶板或塑性变形来弥补，势必造成接缝欠搭或过搭。为保证质量，对球形或椭圆形、锥形等部位，胶板在涂刷胶粘剂前，可进行试排，然后做出修整，直到合适为止。特别是异形部位，应先放样后下料。由于预硫化胶板没有塑性，在接缝压合过程中不会像未硫化胶板一样产生塑性变形，做到严实无缝，所以对制作坡口的要求很高。应做到坡口平直、宽窄一致，接缝的上下坡口应搭接合适（图 4）。

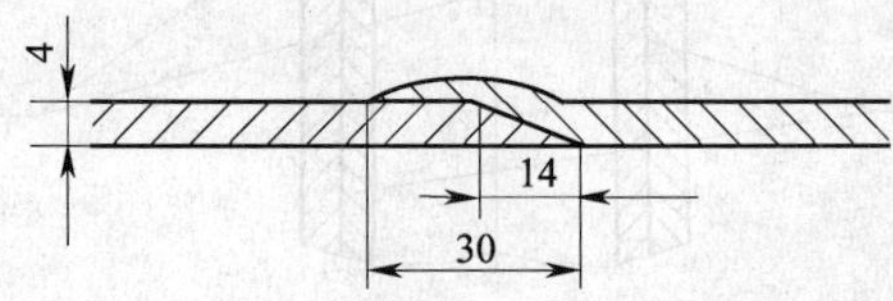

图 4 预硫化胶板削边及搭接缝

7.5.4 预硫化胶板粘结性能较差，在刷胶粘剂前，要求用稀释剂清洗表面，使其微溶解后，再刷第一遍胶粘剂，这样会增强粘结力。

根据经验在基体表面或胶板面上涂刷胶粘剂后，一般情况下 1h～2h 才能达到触指干。在基体表面上涂刷第二遍胶粘剂时，个别情况下发现有将下层胶膜咬起的情况，为此应控制操作方法和晾干时间，具体可由现场试验确定。

7.5.5 第二遍胶粘剂涂刷后，晾胶时间不宜过长。干燥程度至微粘手指为宜，干燥时间宜为 10min～20min（根据环境温度、湿度情况）。干燥时间过长，粘结强度明显下降。涂刷第二遍胶粘剂后的晾胶场所应干净，并应防止太阳直射。

8 塑料衬里

8.1 一般规定

8.1.1 塑料衬里已经广泛应用于工业防腐蚀工程，除了聚氯乙烯、聚乙烯、聚丙烯等常见工程塑料外，近几年氟塑料的使用也十分广泛。常用氟塑料的种类有聚四氟乙烯（PTFE）、乙烯-四氟乙烯共聚物（ETFE）、聚偏氟乙烯（PVDF）。塑料的种类和用途见表2。

表2 塑料的种类和用途

中文名称	聚四氟乙烯	乙烯-四氟乙烯共聚物	聚偏氟乙烯	聚丙烯	聚乙烯	聚氯乙烯
英文缩写	PTFE	ETFE	PVDF	PP	PE	PVC
设备上用	•	•	•			•
管道上用	•		•	•	•	•
推荐耐温值（℃）	−20～200	−20～140	−18～120	−14～100	−20～85	−20～65

氟塑料的制造成本比聚氯乙烯、聚乙烯、聚丙烯等常见工程塑料高，但其耐温更高，耐腐蚀性更强。

8.1.2 塑料衬里压力容器和压力管道均属于特种设备，要符合国家法规并取得国家行政主管部门的制造许可。

8.1.3 塑料衬里的施工环境：当环境温度低于15℃时，软PVC板开始发硬，不利于铺贴，胶粘剂也不易涂刷均匀。当环境温度较低时，可采用加热设备，用热气流局部预热软板的方法提高操作温度，但加热温度不宜太高，防止软板焦化变质。

8.1.6 焊接质量是板材衬里设备的关键，如焊缝有漏点，腐蚀介质会通过该漏点渗到衬里与设备壁之间的夹缝中，导致整个设备损坏及衬里脱落。为了保证焊接质量，应通过具有专业技术能力和资格的机构部门进行塑料焊接培训，经考试合格持证上岗。塑料压力容器的焊接，国家已明确规定，应根据《特种设备焊接操作人员考核细则》中"非金属材料焊工考试范围、内容、方法和评定"的要求进行取证。

8.2 原材料的质量要求

8.2.4 氟塑料中聚四氟乙烯板、乙烯-四氟乙烯共聚物板和聚偏氟乙烯板表B.0.10表～表B.0.12的质量指标是根据现场实践经验和现行行业标准《氟塑料衬里反应釜》HG/T 3915—2006、《聚四氟乙烯衬里设备》HG 20536—1993的有关规定确定的。

8.2.6 聚四氟乙烯、乙烯-四氟乙烯共聚物和聚偏氟乙烯的焊条目前还没有相应的国家和行业标准。

8.3 软聚氯乙烯板衬里

8.3.2 软聚氯乙烯塑料板，根据成型工艺及无数工程质量检测证明，搭接宽度20mm～25mm焊接质量最好、使用最可靠。

为了方便操作和提高焊接质量，空铺法和压条螺钉固定法衬里宜先在设备外面进行预拼装和焊接。软板下料时，应绘制衬里排料图，以避免下错。

衬里工序：对被衬设备的校核和检查→排板、软板下料→设备外预拼装和焊接→设备内铺衬、焊接→衬里层检查。

本体熔融加压焊接法所需机具如下：

1 热风焊枪：电压220V，功率大于500W。

2 气源：出口压力0.1MPa，气量$3m^3$/min。

3 调压变压器最大功率2kW。

操作条件如下：

1 焊嘴运动角度：焊嘴与焊道成30°～35°夹角。

2 焊嘴静态出口温度：165℃～170℃。

3 焊接速度：400mm/min～500mm/min。

4 焊嘴与软板距离约2mm～3mm。

5 焊枪焊接时，应边向前移动，边左右摆动。

8.3.3 软聚氯乙烯板衬里的粘贴法，是通过胶粘剂与设备壁固定。粘贴法衬里虽然对基体表面处理的要求较高，操作条件较差，但其优点是下料较简单，软板与设备贴合紧密，可承受一般的机械振动和搅动。根据现场的需要，有时可将压条螺钉固定法与粘贴法结合起来。如粘贴法衬里，为了使接缝严密可靠，接缝和盖缝板可采用焊接。对于振动强烈或温差变化剧烈的场合，可采用粘贴法结合螺钉固定等。

8.4 氟塑料板衬里设备

8.4.2 氟塑料衬里设备均在耐高温和强腐蚀性介质的场合使用，在接缝处应采用焊条封焊或板材搭接焊的规定，主要是为了避免胶粘剂与介质直接接触。

8.4.3 因乙烯-四氟乙烯共聚物和聚偏氟乙烯流动性比聚四氟乙烯好，所以采用热风焊和挤出焊。

8.4.5 用于化工防腐制品的焊接优先采用热压焊。热压焊是将两块塑料板在一定温度与一定压力下，热压熔结在一起。技术关键是如何使焊接面迅速而准确地达到所需的温度与压力。

板与板焊接：由于对接焊焊缝在焊接时很难夹住，即使夹住也不牢固，所以一般采用搭接焊。但搭接焊的聚四氟乙烯板不宜太厚，因为焊缝处是两块板叠在一起，这对衬里翻边处的密封性能有一定影响。

焊接工艺主要是控制好温度、压力与时间三个条件。用电热元件直接加热焊具，再由焊具把热传给基材。直接测量焊接面的温度是困难的，但可用温度计插到靠近焊接件处的焊具上，测量近似的温度，这个温度要经过多次试验得出。

焊接压力的大小对焊接质量有很大关系，一般控制在1MPa～2MPa为宜。但起始压力（加热前的压力）不宜过高，以能保持焊具与基材之间全部达到良好接触为度。

8.5 塑料衬里管道

8.5.4 法兰与壳体或法兰与钢管连接处转角应圆弧过渡的规定是为了不损坏衬里材料，防止产生应力。

9 玻璃鳞片衬里

9.1 一 般 规 定

9.1.1 乙烯基酯树脂类、双酚A型不饱和聚酯树脂类和环氧树脂类鳞片衬里是国内从1990年以来相继开发成功的产品，具有优异的抗渗透性能和防腐蚀性能，在防腐蚀工程中得到了广泛应用。

本章以乙烯基酯树脂、双酚A型不饱和聚酯树脂和环氧树脂为成膜物，以C型玻璃鳞片为主要骨料，配以其他功能性助剂和固化剂等而形成的防腐蚀衬里层。

树脂玻璃鳞片衬里适用于下列碳钢设备和管道的防腐蚀工程：

1 烟气脱硫系统：烟道、吸收塔、烟囱。

2 化工贮槽、贮罐、塔器及管道。

3 废气、废水处理设备、风机叶片。

4 石油、海水输送管道。

5 与同类树脂的玻璃纤维增强塑料复合使用。

底涂料既要同基体表面附着力良好，又要与覆盖在上的玻璃鳞片胶泥或涂料的层间附着力良好。底涂料可采用同类树脂加入玻璃鳞片，也可不加玻璃鳞片。

胶泥衬里：通常是采用镘刀抹的鳞片胶泥，其鳞片的片径比较大，一般在0.6mm～2mm，一次施工厚度可在1mm以上；封面料则采用不含玻璃鳞片的同类树脂料制造。

涂料衬里：通常采用涂、滚刷或喷涂的小鳞片涂料，鳞片的片径为0.2mm～0.6mm；一次施工厚度：涂、滚刷在100μm～200μm，喷涂可达500μm～700μm。为防止漏涂和便于各层的质量检查，各层调配成不同的颜色。

9.1.2～9.1.6 三类树脂玻璃鳞片材料的固化反应条件与三类树脂基本相同，同样也应满足其在碳钢表面的施工环境条件。三类树脂玻璃鳞片材料的存储、施工、养护等基本要求与其树脂玻璃钢、胶泥、砂浆等材料相同，这些条文均引自现行国家标准《建筑防腐蚀工程施工及验收规范》GB 50212—2002的有关内容。

9.1.7 本条文对衬里施工前的基体表面提出了要求。表面油污、油脂及其他非锈污染物的存在会影响衬里与基体的附着力。一旦衬里施工完毕，任何碳钢面与内外支撑件之间的焊接、铆接、螺接都将破坏衬里层的完整。衬里侧焊缝、焊瘤、弧坑、焊渣等瑕疵都将影响衬里的施工质量。

9.2 原材料和制成品的质量要求

9.2.1～9.2.3 目前在防腐蚀工程上大量应用鳞片衬里技术，所以在本规范中对树脂、固化体系等规格、性能和质量直接引用了本规范第5.2.3条和第5.2.4条的规定。玻璃鳞片的规格、性能和质量应符合现行行业标准《中碱玻璃鳞片》HG/T 2641的有关规定。

9.2.4 乙烯基酯树脂、双酚A型不饱和聚酯树脂玻璃鳞片衬里的混合料，一般在工厂制造过程就加入了促进剂，做成了预促进的混合料。其好处是：只要加入适量的固化剂搅拌均匀后即可使用，便于施工操作。减少施工现场因再加入促进剂而搅拌的次数，并可以减少气泡的混入。

9.2.7、9.2.8 三类树脂玻璃鳞片混合料（指未固化的）和制成品（指固化物）的质量指标，主要依据为化工行业标准《玻璃鳞片衬里胶泥》HG/T 3797—2005、日本《乙烯基酯树脂玻璃鳞片衬里》JIS K6940标准和近十多年来国内研究试验和工程应用经验的总结。

9.3 施 工

9.3.1 鳞片衬里施工前，基体表面处理要求达标。一是表面除锈程度，二是表面粗糙度。这是确保设备衬里质量的先决条件。

9.3.2 由于目前施工条件、水平存在着较大差别，因此在本条执行过程中，涂刷的具体时间由业主（或设计方）同施工方商定。处理好的基体表面，应在返锈前进行底涂料施工，最多不宜超过5h。

9.3.3 底涂料的涂装时间间隔是根据树脂的固化特点确定的，这是确保层与层之间具有优良附着力的重要措施。

9.3.4 由于玻璃鳞片胶泥是膏状的，如果不采用真空搅拌，则加入固化剂后的搅拌，很容易将空气带入胶泥中而难以排出，使得衬里层的致密性受到影响，留下隐患。

玻璃鳞片胶泥的单向刮抹施工，易使衬里表面不平整，通过滚压作业可使胶泥层光滑、平整、均匀。

9.3.5 纤维增强塑料所用树脂与玻璃鳞片胶泥用树脂相同，以避免不同树脂之间的层间附着力受影响。

9.3.6 本条规定只在最后一层面涂料中应加入苯乙烯石蜡液，当有两层以上面涂层施工时，由于涂层固化后石蜡迁移在被涂表面，会影响后一道涂料对前道涂料的层间附着力。

9.3.7 本条规定了不同养护温度下的涂层养护时间。涂层固化是个化学反应过程，为使涂层能固化完全，就需要一定的养护时间。这是涂层能发挥防腐蚀作用的重要保证。

10 铅 衬 里

10.1 一 般 规 定

10.1.1 铅衬里包括衬铅和搪铅，适用于以碳素钢、低合金钢制造的工业设备以及砖板衬里结构中以铅为底层的铅衬里，同时也适用于管道的铅衬里。衬铅主要用于稀硫酸和硫酸盐介质，适用于正压、静负荷、工作温度小于90℃的工艺条件。搪铅的耐腐蚀性能同衬铅，适用于真空、振动、较高温度和传热等工艺条件。搪铅在施工时有大量的有毒铅蒸汽放出，一般很少采用。

10.1.2 铅板焊接的热源一般采用氢氧焰，且焊接时采用中性焰。在焊接厚度大于8mm的平缝时，采用乙炔氧焰可以提高焊接速度。搪铅常用的热源是乙炔氧焰。

10.1.3 从事铅板焊接作业的焊工，应进行焊接培训，考试合格，持证上岗。焊工培训由具有相应专业技术能力和资质的单位负责进行。

10.2 原材料的质量要求

10.2.1 铅板、搪铅母材的表面质量、化学成分及铅板的外形尺寸和允许偏差均应符合现行国家标准《铅及铅锑合金板》GB 1470—2005中的规定。铅板应妥善放置，防止损伤或变形。

10.2.2 铅焊施工中，焊条的质量直接影响焊接质量。铅焊时，熔铅的流动性大，加入焊条速度必须准确迅速。焊条材质应与焊件材质相同；焊条表面应干净；焊条最好是圆形或近似圆形，直径均匀。

一般铅焊的焊条多数是铅焊工自制。制作方法通常采用钢模浇铸法或将铅板剪成正方条形。使用前应将焊条表面氧化铅膜刮净。

10.2.4 搪铅用的典型焊剂有氯化锌（$ZnCl_2$）和氯化亚锡（$SnCl_2$）两种水溶液。4种配方中以第1、2种最为常用。第1种搪铅效果好，但搪铅时有刺激性较大的烟雾发生，其焊剂也容易成粘液状附在搪道上不易清除；第2种结合情况较好，烟雾较小，对搪铅的劳动条件有很大的改善。

配制时应注意以下几点：焊剂所用的氯化锌（$ZnCl_2$）、氯化锡（$SnCl_4$）和氯化亚锡（$SnCl_2$）的纯度应在98%以上；所用的水应该是纯净的，最好是蒸馏水。配制时，加热到50℃～80℃，以利于焊药的溶解。盛装和配制的器具要清洁，可用搪瓷、玻璃、塑料和铅材质的器具。称量要准确。

10.3 焊 接

10.3.1 焊缝的刮净宽度，可以由焊件的厚度或施焊的范围而定。一般焊件的厚度在5mm以下时，刮净宽度应为20mm～25mm；厚度为5mm～8mm时，刮净宽度为30mm～35mm；厚度为9mm～12mm时，刮净宽度为35mm～40mm。每次刮净长度不宜过长，一般为1.5m～2.0m，待焊完再刮。

点焊分为长线点焊和短线点焊；单层点焊和多层点焊。长线点焊适用于大型管件及受力较大的焊缝；短线点焊适用于小型管件及一般焊缝；不加焊条的单层点焊用于较薄铅件或协助组对。

10.3.2 焊接时，焊炬与焊缝保持约50°～70°角，焊条与焊缝约成40°～50°角。火焰正对焊缝。

焊炬摆动的频率、幅度、角度决定焊道的质量、外观和焊接速度。常用的摆动方法有直线形、锯齿形、尖圆形、折线形、月牙形。由于火焰的摆动，熔池的形成是连续的，冷凝也是连续的，从而使焊道上形成各种花纹。常见的花纹如图5所示。

平焊时，经常采用的焊炬摆动方法有直线形、折线形和尖圆形，形成的花纹应是“鱼鳞花”或“箭尖花”。

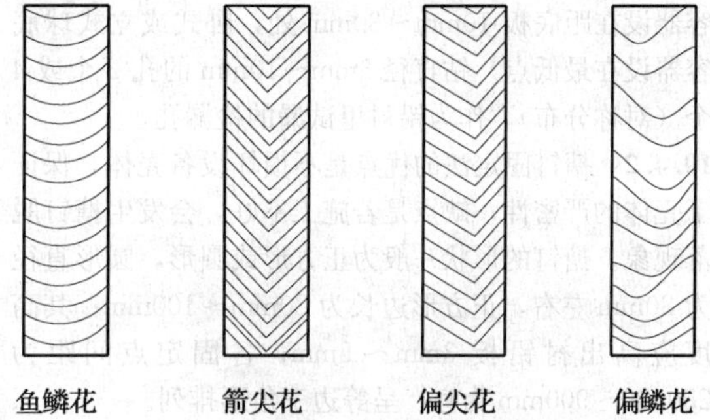

图5 焊道所形成的几种花纹

对接焊缝厚度在1.5mm以下的一层焊完；3mm～6mm的分三层焊完；6mm～10mm的分四层焊完；10mm以上的分五层焊完。分层焊时，第一层应少加焊条，火焰主要对准母材的焊口处，使之焊透；第二层施焊时，火焰针对第一层焊道，左右摆动，使加入焊条与底层的焊道、两侧的母材牢固结合；最后一层施焊时，应根据焊道的高低、宽窄熔化适量的焊条，使其形成的花纹为“鱼鳞花”或“箭尖花”。

搭接平焊的施工方法基本上和对接平焊相同。但第一层施焊时，火焰主要对准下部铅板并稍微摆动，焊炬与搭接边缘略倾斜20°角，加入的焊条可同时熔接在下部铅板与搭接的焊口上。最后一层施焊时，焊道应高出上部搭接铅板，焊炬的角度、摆动方式和幅度可相应调整。焊缝与水平面相垂直的焊接称为立焊。一般铅材厚度在7mm以下常用搭接立焊，焊接时不用加焊条，而是将搭接在上部的母材焊口边缘熔化流入熔池代替焊条，焊接速度较快。

焊接前把搭接部分的焊板采用木制工具相互敲打平整后，再将上部的母材焊口边缘撬起约20mm宽，使两块铅板间约有1.5mm的间隙。焊接时，由下向上焊，火焰要准确稳定，焊炬可做锯齿形摆动。焊炬除了应与焊缝保持80°角左右外，还应与板面成15°角左右。

在垂直面内对水平焊缝施焊的方法称为横焊。横焊一般采用搭接，施焊前应把搭接部分打靠，再把搭接在上部焊口边缘撬起宽约15mm，使之和下部母材有1.5mm～2mm的间隙。此种焊缝施焊的层数，根据铅板的厚度而定。铅板厚度为1mm～2mm的可不加焊条，一次焊成；3mm～4mm厚的可焊两层；5mm～7mm厚的可焊三层。

焊缝与水平方向平行，焊缝的位置在焊工头部上方，需要仰面操作，这种焊接称为仰焊。仰焊是铅焊接施工中最难掌握的方法，应尽量避免采用。仰焊的接头一律采用搭接，并且只能焊接6mm以下厚度的铅板。

10.4 衬铅施工

10.4.1 壳体检验合格后，应在壳体根部（立式平底容器设在距底板10mm～30mm处，卧式或立式球底容器设在最低点）钻直径5mm～10mm的孔2个或4个（对称分布），作为铅衬里试漏的检漏孔。

10.4.2 搪钉固定法的优点是不损坏设备壳体，保证了壳体的严密性；缺点是若施工不好，会发生搪钉脱落现象。搪钉的形状一般为正方形或圆形，圆形直径为80mm左右，正方形边长为80mm～100mm；其高度应高出衬铅板3mm～5mm；各固定点间距为250mm～900mm为宜，呈等边三角形排列。

悬挂固定法适用于砖板衬里中以衬铅层为底层的铅衬里结构，设备上部结构为敞口式或分段组装的可拆卸式，并设有法兰。衬铅板在法兰表面翻边固定，而后使衬铅板悬挂于壳体内壁并紧贴壳体，并对所有焊缝进行焊接，使铅板形成一个整体的铅衬里层。

压板固定法具有不损坏设备本体、施工较方便、施工质量容易保证等特点。铅衬里上方孔之间的距离根据实际情况而定，一般为300mm～500mm。压板是由碳钢制作的，规格一般为长300mm～500mm、宽度为50mm、厚度为3mm左右。压板的数量和分布位置按设备大小、衬里面积、铅板厚薄及使用条件而定。铅覆盖板的材质及厚度应与衬铅板的材质及厚度相同。一般情况下，铅覆盖板的形状与钢制压板的形状类似，铅覆盖板的边缘蒙盖伸出量不小于20mm。

焊接铆钉固定法需在壳体上钻孔，损伤了设备，不能保证壳体的严密性，不宜采用。

铅衬里的质量优劣，关键在于铅板质量和焊接质量，而焊接质量取决于铅板的组对是否妥善，焊缝的多少及位置是否合理。因此在下料和组对时，应该注意以下几点：

1 可在设备外面组焊的应预先焊好，以使铅板面积尽量增大，从而减少焊缝的数量，也考虑挂铅板时的困难。

2 挂铅板时应将焊缝组对到有利于施焊的位置上，以免施焊者看不到或焊炬施展不开。

3 除较厚铅板外，一般衬里均应采用搭接形式，尽量避免对接形式。

4 搭接焊缝也应尽量组对成易施焊的形式。

5 各种衬铅结构应尽量避免仰焊。

10.5 搪铅施工

10.5.2 搪铅施工方法有直接搪铅和间接搪铅。常用的是直接搪铅法，间接搪铅法多一道挂锡工序，成本较高。从寿命来看，直接搪铅比间接搪铅耐用，间接搪铅易脱层，尤其温度在80℃以上使用时，更为严重。另外，若挂锡层较厚，容易使锡混入铅层，从而减弱铅层的耐腐蚀性能。

1 搪铅操作过程中应注意以下几点：

1） 所用的焊嘴大小原则上根据设备外壳的厚度确定，要求能使焊接处温度迅速达到320℃～350℃即可。通常在3mm～5mm厚的钢板上搪铅，选用75号～100号焊嘴；在5mm～10mm厚的钢板上搪铅，选用100号～500号焊嘴。在搪制较薄的设备或零件时，采用氢氧焰比较合适，尤其5mm以下钢板的双面搪铅最合适。焊嘴可选用6号～7号。

2） 火焰不得直接对着未搪铅的设备表面，而应对着已搪铅的表面。若火焰直接对着未搪表面，则易破坏焊剂层。火焰向前移动时，熔池温度降低，会使熔铅速度减慢，甚至产生粘结不全的现象。

3） 搪铅时需要在水平面的位置上进行，倾斜会显著降低搪铅速度。一般不宜超过30°角，否则搪铅温度太高，熔池尚未冷凝就会沿着坡度迅速流走，而温度过低又粘结不好。

4） 为使铅与被搪表面粘结，火焰摆动的方法与铅焊方法相同，只是搪铅摆动的频率比铅焊要慢得多、幅度也小。焊嘴与被搪表面成70°～80°角，内焰离熔池5mm～7mm，焊条与搪道约成60°～70°角。

5） 搪铅层每次可搪2mm～4mm厚，焊道的宽度约为15mm～25mm，长度一般在500mm左右，不宜过长。每次搪道平行排列，后一搪道叠压在前一搪道的1/4宽度上。

6） 搪完第一层铅后，用清水刷净附在表面上的焊剂，并用刮刀将表面刮光，然后与第一层一样，一层层地搪至所需要的厚度。特别注意不得再涂焊剂，以免焊剂中的锌和锡混入搪铅层中，影响其耐腐蚀性能。

7） 搪完最后一层铅，应再用火焰跑一遍，使其平整并消除缺陷。

2 间接搪铅挂锡常用的方法有锅内挂锡和加热涂锡两种。

锅内挂锡具有省锡、速度快的特点，但只适于较小的工件。

熔锡（锡焊条）可采用铅锡合金，其配比（锡：铅）可为60：40、50：50、40：60。三种配比的合金挂锡都很好，但锡的含量越高，其耐热性越低。

间接搪铅要点是：工件施搪温度控制在190℃～230℃，温度不能再高；火焰不能对着工件表面，而是用余火对工件加温。火焰要先烧熔焊条，使之滴落在被搪表面，靠火焰吹动，使熔铅淌开与锡层结合。

搪铅施工工艺较复杂，速度慢，且搪铅过程中又会产生大量的铅蒸汽等有害气体，对人体十分有害。

11 喷涂聚脲衬里

11.1 一般规定

11.1.1 喷涂聚脲衬里技术是在RIM反应成型技术基础上研发的喷涂快速成膜涂装技术。其主要特征是：

1 涂料快速固化，可在任意形状基面表面成型，无流挂。一次性施工厚度可达5mm，符合重防腐厚浆防腐型涂料衬里的要求，涂层与基面的附着性能优异。

2 施工采用专用设备和专业人员操作，施工快速效率高，材料养护周期短。

3 涂料中无有机溶剂挥发，是环境友好型绿色环保产品。

4 衬里涂层具有拉伸强度大、断裂伸长率高等优异的力学性能和优异的耐大气和介质腐蚀性能。

11.1.3 喷涂聚脲与底层涂料、修补料应具有良好的相容性和粘接性能。因不同生产企业的产品有差异性和适应性，为保证施工质量，配套材料宜使用聚脲生产企业推荐且有应用实例的产品，并在技术方案中列出施工方法和验收方法。

11.1.4 喷涂聚脲衬里施工试喷的要求是基于专业施工的特殊性，设备操作技能、材料、操作工艺影响因素较多，应在衬里施工前确定。

11.1.5 对焊缝要求中的无焊缝空隙是指不应有穿透性焊缝空隙，若有会使涂层有针眼孔洞，影响电火花检测，喷涂衬里前应先用树脂填充。

11.1.10 喷涂聚脲衬里应由培训合格的专业操作人员进行施工，还应具备相应的施工经验和至少两名熟练工人配合，方能上岗。

11.2 原材料和涂层的质量要求

11.2.1 聚脲衬里原材料还应包括层间粘合剂和保护面层等，有需要使用时，应在施工方案中列出。

11.2.3 喷涂聚脲防腐涂层若有耐特殊介质腐蚀要求时，应由设计方提供具体设计指标，检测方法应符合现行行业标准《喷涂聚脲防护材料》HG/T 3831的规定。

11.3 施　工

11.3.1 使用聚脲喷涂设备还应注意以下几点：

1 A、B料比例泵压力差应小于或等于5MPa，如因气候、温度等原因造成原料粘度差异大，或喷枪混合室口径大小有磨损不一致，应及时调整A、B料的加热温度或更换混合室后重新喷涂。A、B料比例泵压力差大于5MPa时，施工中应慎用；如施工中必须使用时，应控制压差在5MPa～10MPa内，且应在现场技术掌控条件下施工；压差大于10MPa，不宜施工。

2 环境温度低于15℃，原料应加热至20℃～40℃。

3 施工件温度低于5℃时，应预热后喷涂聚脲。

11.3.2 钢板基体表面底层涂料施工除应符合本条要求外，还应注意以下几点：

1 底层涂料所采用的溶剂宜采用工业级丙酮、丁酮或二甲苯。

2 底层涂料的养护时间是喷涂聚脲提高附着力的一个关键控制指标，本条规定的养护温度和养护时间是一个参考值。由于涉及现场的通风、温度以及涂料的自身干燥时间等因素，其最佳养护时间的确认应以涂层表干为宜。

3 底涂一次涂膜，厚度不宜过厚；底层涂料已过有效养护期后，应刷第二道底涂后再喷聚脲。

11.3.3 喷涂聚脲衬里的施工要求专业性强，属现场一次成型不宜修补施工衬里。因此正式喷涂前，应由现场技术主管对设备控制工艺参数进行试喷确定，涂膜性能和施工状态达到要求后，才能固定设备参数，进行正式喷涂。在喷涂过程中如温湿度、风力、基面环境等发生较大变化时，应适时调整设备控制参数，以确保涂膜层质量，并尽量减少人为质量因素。

11.3.5 聚脲喷涂的施工还应注意以下几点：

1 施工方法应符合小面积移动交叉施工的方法。操作移动速度应满足单层施工0.35mm～0.45mm厚度，设计厚度小于或等于2mm应连续横竖交叉施工5次～6次，设计厚度大于2mm应将总厚度分为两次施工，喷涂衬里间隔时间宜小于60min。

2 转角和焊缝线应比设计厚度多喷厚0.5mm～1.0mm，且喷涂时先喷转角和焊缝，再大面积连续喷涂。设备内表面喷涂时，应先喷接管人孔，后喷内腔，且接管、入孔与设备内腔焊接处应加厚0.5mm～1.5mm。

3 一次施工宽度应小于1200mm，相邻施工的搭接缝应大于120mm。

4 喷涂时喷枪与基面的距离应以聚脲喷涂至基面，无严重凝胶粒子反弹和涂层面表面平整性良好为基准。

11.3.6 衬里涂层的修补还应注意以下几点：

1 层间粘合剂的表干和聚脲补喷时间，应根据材料供应商提供的技术参数，并结合施工现场的温度和湿度进行表干和复喷间隔时间的喷涂试验，主要观察附着力和鼓泡现象，确定现场条件下的最佳表干时间。

2 修补料的配制应多次少配。每次配料量不宜超过300g，且应搅拌均匀，但每次快速搅拌时间不应超过30s，随配随用。当出现凝胶状态时，不得使用。

3 修补的聚脲衬里缺陷，第二天应再进行检查，如仍存在缺陷，应再次修补。

12 氯丁胶乳水泥砂浆衬里

12.1 一 般 规 定

12.1.1 本章氯丁胶乳水泥砂浆衬里是指设备、管道采用改性阳离子氯丁胶乳砂浆衬里工程。

氯丁胶乳是由阳离子氯丁胶乳和助剂混合乳化而成。氯丁胶乳是美国杜邦公司于20世纪30年代初开发并实现工业化生产的，随后即有氯丁胶乳水泥砂浆专利申请。我国氯丁胶乳是四川长寿某化工厂于1975年研制成功并于1983年通过国家鉴定。氯丁胶乳水泥砂浆的研制开始于20世纪80年代初期，最早由上海某大学研制，随后大连某研究设计院也进行了开发性研究并应用于实践。前期主要是用于纯碱、化肥、氯碱、印染、制药等许多部门的建筑防腐。在纯碱厂的建筑防腐有15年以上的成功应用，尿素造粒塔及建筑厂房应用效果较为理想。上海某穿越黄浦江隧道工程采用氯丁胶乳防水，也取得了很好的效果。在污水池、地下水的防水工程都获得了满意效果。做船甲板的敷料早已有应用，现在许多船舶甲板和压水仓都采用氯丁胶乳水泥砂浆做防滑、防腐蚀面层。20世纪90年代中后期在设备防腐的应用也取得了一定成效。在化工企业的纯碱母液桶、澄清桶、结晶器及化盐槽内壁有10年以上的成功应用，在化工行业的设备防腐上的应用逐渐扩大。

考虑到设备、管道内部空间狭窄，不适合做混凝土防腐，所以本章的工程只包括氯丁胶乳水泥砂浆整体面层衬里。考虑到氯丁胶乳砂浆整体面层施工的特点，只适用于内部结构简单的设备、管道，设备、管道内部结构复杂的，施工困难，质量难以保证的，不宜选用氯丁胶乳水泥砂浆衬里。

12.1.2 虽然氯丁胶乳有较好的耐酸、碱、盐性，但由于砂浆中含有水泥，从而使其耐酸性不佳，所以氯丁胶乳应用于耐碱、盐介质环境中。氯丁胶乳使用温度低于5℃时，凝固缓慢不利于施工。考虑到南方夏季气温常超过30℃，所以环境温度定为35℃。温度过高影响工程质量，因此应采取防热防蒸发措施，如喷雾、覆盖、遮挡等。另外，潮湿的环境对氯丁胶乳施工有利。

12.1.3 氯丁胶乳反复高温或低温变化，可引起破乳而失效。

12.2 原材料和制成品的质量要求

12.2.1 阳离子氯丁胶乳存放过程中会产生一定的变化，不加入适当的助剂，在混合料搅拌时，产生破乳现象，失去了防腐作用，而施工现场加入各种助剂，往往受各种因素影响，很难准确掌握加入量，从而使工程质量受到影响。而本章氯丁胶乳是指经过加入助剂改性的阳离子氯丁胶乳，一般应在工厂按标准化生产，那么在现场无论从搅拌砂浆的稳定性，还是到易于施工性都有极大的保证，工程质量会随之提高。

12.2.4 在有的规范中，最初把氯丁胶乳砂浆强度定为20MPa，而大连某研究设计院在先湿后干的养护条件下后可达39MPa。当时考虑到不少单位达不到此要求而采用20MPa，经过15年的发展，综合考虑，本规定将此定为30MPa。

12.3 砂浆的配制

12.3.1 氯丁胶乳砂浆的配合比应参考本规范附录D表D.0.7，并根据现场天气、细骨料的含水率等因素，先试配试用，再确定实际应用的配合比。

12.3.2 氯丁胶乳砂浆具有良好的粘结性能，很容易粘贴在机具上，需随时清理，人工拌和的机具易于清理；采用机械搅拌的机械内部不易清理，时间长了会损坏机具，且机械搅拌易于产生大量气泡而影响施工质量。

12.3.3 配比合适的氯丁胶乳砂浆应有良好的和易性及粘结性，较普通砂浆易于施工，一般在2h内都有较好的施工性能。

12.4 施 工

12.4.1 在基层上先涂一遍氯丁胶乳素浆。第一可起到封闭孔隙作用，第二可增加砂浆与基层的粘结力。

12.4.2 氯丁胶乳砂浆在终凝前收缩性较大，一次施工面积过大，内部会产生较大应力，长时间施工及温度变化，易产生裂缝，因此一次施工面积不宜过大，一般应控制在12m^{2}以内。为使施工方便，条宽宜控制在1.5m以内。最好采用分条施工，中间留缝宽约15mm，用木条或聚氯乙烯等塑料条分开，木条应先固定在基体上再施工。木条两面应杜绝使用脱模剂，在砂浆稍变硬后用抹刀尖端沿板条边缘切开再抽出板条。

补缝应在24h后进行，但最多不超过48h，应清理缝内杂物后用聚合物水泥砂浆补齐，并应仔细抹平接缝表面。补缝时应在砂浆表面铺上木板，以免直接踩在砂浆表面上。

12.4.3 氯丁胶乳砂浆抹面后，在气温较高时，约25min表面即生成一层薄膜，此时反复抹压就会使薄膜破裂而难以修复，影响表面的完整性，因此不宜反复抹压。

氯丁胶乳砂浆平面抹压与普通水泥砂浆相同，氯丁胶乳砂浆用木板刮平再用抹刀抹平即可。

12.4.4 立面或仰面施工，一次抹压厚度不应超过10mm，否则很易脱落。由于加入稳定剂，氯丁胶乳砂浆看似粘稠，实际内聚力较小，厚度过大脱落下来后修复困难，只有等表面干燥后才可抹上。

12.4.5 在氯丁胶乳砂浆表面涂刷氯丁胶乳水泥素浆，可部分修复表面缺陷，同时可在表面形成一层富含氯丁胶乳的薄膜，提高防腐、防水性能。涂刷素浆尽可能一次完成，避免多次涂刷颜色不均匀。

12.4.6 氯丁胶乳砂浆的养护，先湿养护24h，再干养护72h，可以低负荷运行使用。防腐蚀及一些重要工程，应湿养护7d，再干养护21d后方可正式使用。氯丁胶乳砂浆的湿养护很重要，一般在施工后1h，高温大风天气时施工后0.5h内即应养护，方法是喷雾、用遮盖物覆盖等。遮盖物可用塑料薄膜、麻袋及草袋等，遮盖物四周应压实。多孔性覆盖物在8h内淋水，水量不宜过大，保持氯丁胶乳砂浆表面潮湿。

氯丁胶乳砂浆应经过干养护。作用是使氯丁胶乳砂浆内水分充分水化，使氯丁胶乳析出并在内部形成网状结构，不经干养护的氯丁胶乳水泥砂浆不能使用。

13 涂料涂层

13.1 一般规定

13.1.1 随着科技产品开发，施工技术及应用方法的迅速发展，防腐蚀涂料与涂装过程本身已经成为门类繁多、品种齐全、装备复杂的专门技术，有力地推动着涂料工业的进步。这次列入规范的主要防腐品种有：环氧树脂类涂料、聚氨酯涂料、氯化橡胶涂料、高氯化聚乙烯涂料、氯磺化聚乙烯涂料、丙烯酸树脂改性涂料、有机硅耐温涂料、氟涂料、富锌涂料（有机、无机）和车间底层涂料。

13.1.2 本条规定主要是针对涂料供应商的。即供应商应针对自己的产品提供符合国家现行标准的涂料施工使用指南。其主要目的是对涂料的涂装过程、质量检验过程提供指导与帮助。这些内容既是设计选材的主要参考依据，同时也是正确施工的有效保证。为了确保工程质量，应严格涂层配套，按施工工艺进行。

13.1.4 环境温度、相对湿度或露点温度的控制，是施工过程应遵守的一般规定。在施工现场应首先保证基体表面温度高于露点3℃。露点温度的测定方法，现在有测试仪器可以直接测出。

13.1.8 涂料施工可采用的工具很多，施工时应注意两点：涂层厚度应均匀，尤其采用机械喷涂时更应注意涂层厚度。

涂装过程中不得漏涂，也不得误涂。漏涂一般可以随时检查、发现，而误涂则一般不易被人们察觉。为此在涂装检查时，除检查有否漏涂外，还应检查有否误涂。

13.2 涂料的配制及施工

13.2.1 环氧树脂涂料的基本特点是与基层粘结良好，具有较广泛的适用性。但在施工时应注意以下几点：

1 涂料配置以后，大多数需经过一段熟化期方可涂装。

2 因为涂膜固化过程需发生化学反应，因此施工间隔与温度等关系密切，应注意涂膜干燥充分再进行下一层涂装，不可连续作业，以防涂层出现开裂等问题。

13.2.2 聚氨酯树脂涂料是一类应用前景良好的涂料品种。目前产品品种较多，功能差异较大，因此使用时应注意以下几点：

1 单组分聚氨酯涂料固化过程是吸附空气或表面的水分后成膜，因此特别干燥的表面或环境不宜施工。

2 聚氨酯涂料涂装的时间间隔一般以前层涂料实干为依据，未干透时，使用效果不良。

3 涂料不得擅自用烯料稀释。

13.2.3 氯化橡胶涂料用于耐腐蚀领域的历史较长，由于工艺较成熟，因此涂膜性能良好，尤其在抗紫外线、耐候性方面更加突出。在使用氯化橡胶涂料时应注意：优先选用固体含量较高、干膜厚度大、溶剂含量较低的产品。也就是通常所说的厚膜型涂料，俗称“厚浆型涂料”。这类产品较之传统涂料具有固体含量高、使用溶剂少、一次成膜较厚、耐蚀效果好、在垂直面施工不流挂、不易出现针孔缺陷等特点，对节省工程综合费用大有好处。尤其是降低有机溶剂使用量后，挥发性有机化合物（VOC）量也大大减少。对施工安全及环境保护带来诸多好处，不仅降低了污染，而且节约了能源，减少了资源浪费，是目前耐蚀涂料的一个新方向。根据目前国内防腐蚀涂料研究、生产的现状，以及各种不同类型成膜物的性质，溶剂挥发类涂料通常每道干膜厚度为20μm～30μm，而树脂交联型涂料通常每道干膜厚度大于或等于60μm。因此将固体含量高，一层干膜厚度大于通常涂料1倍以上的涂料确定为厚膜型涂料。使用这类涂料时，应特别注意不得任意加入稀释剂。与钢铁基层配套时，应慎重选用配套良好的底层涂料或专用涂料。

13.2.4 高氯化聚乙烯涂料是近几年开发的涂料新品种，其涂膜性能略优于氯化橡胶及氯磺化聚乙烯。其特点是施工工艺较简单，同时涂膜厚度较厚，质感好，因此在工程上得到了广泛的应用。

13.2.6 丙烯酸及其改性涂料主要用于防腐蚀面层涂装。其突出特点是耐酸性好、耐候性好。由于丙烯酸突出的性能，在涂料工业开发出的品种比较多。使用过程中应注意：

1 用于防腐蚀涂装的丙烯酸涂料应是溶剂型的，非溶剂型或水性的品种暂不推荐。

2 丙烯酸改性涂料品种目前使用较广泛，并且工程应用较成功的是：丙烯酸改性聚氨酯涂料及丙烯酸改性氯化橡胶涂料两个品种，其他种类的改性品种暂不推荐。丙烯酸酯树脂包含甲基丙烯酸酯树脂。

13.2.7 有机硅耐温涂料在除尘、烟道脱硫等高温条件下使用较多，通常施工过程应注意：

1 涂层宜薄不宜厚，太厚会产生开裂、起皮等现象。

2 当使用无机硅酸锌底层涂料时，涂层应薄而均匀，并采用有机硅面层涂料封闭。

3 有机硅面层涂料也可以直接作为底层涂料，用于封底再涂装面层涂料。

13.2.9 富锌涂料多用作底层涂料，无机富锌涂料也可用作中间层涂料。施工过程中应注意：

1 有机富锌与无机富锌性能上有较大差异。

2 有机富锌表面应及时用环氧云铁等中间层涂料封闭，以作为过渡层。

3 富锌涂料多用于较重要的、难维修的构配件表面防腐蚀。因此对施工工艺要求较高。

14 金属热喷涂层

14.1 一般规定

14.1.1 本章金属热喷涂工程，规定了线材火焰喷涂和电弧喷涂两种工艺和在设备、管道或金属结构表面制备锌、铝、锌铝合金和铝镁合金四种防腐蚀涂层。

14.1.4 施工前应对在用的或新购置的热喷涂设备进行全面检查和试验，检查试验的系统应包括：氧-乙炔热源和电弧电源供给系统、雾化气输入系统、线材输送系统、喷嘴系统、仪表监视和操作调控系统以及与设备连接的气路、电路系统。试验状态下，各系统的技术参数、性能、喷涂工作的稳定性应符合现行国家标准《热喷涂 热喷涂设备的验收检查》GB/T 20019 的有关规定。

14.1.5、14.1.6 表面清洁度、表面粗糙度的检查是按现行国家标准《热喷涂金属件表面预处理通则》GB 11373 制定的。现场对照检查时应注意以下几点：

1 清洁度的检查应针对钢材表面 A、B、C、D 四个不同的锈蚀等级，正确选用 Sa3 级图片；采用的图片应清晰；检查时应有充足的光线；目视预处理表面应符合 Sa3 级图片的外观标准为合格。

2 表面粗糙度参比样板应经相同工艺处理，并应通过专用仪器检测；样板件数应为 4 件，其 R_z 值分别为 40、63、80、100（μm）。

表面粗糙度的检查应有良好的光线；目视检查宜与触觉检查结合进行（用手触摸、用细铁丝划）；参比样板应按涂层的设计厚度选取；被检查表面的粗糙度以符合表 14.1.6 的最小/最大范围值为合格。

14.3 施 工

14.3.2、14.3.3 这两条规定是线材火焰喷涂和电弧喷涂在工程施工应用中的两个常规喷涂工艺参数。

线材火焰喷涂工艺大多采用氧-乙炔热源，使用射吸式气体喷枪和直径为 2.0mm～3.0mm 线材。

电弧喷涂工艺使用封闭雾化式电弧喷枪及其配套电弧电源，常用线材规格为直径 1.6mm～2.0mm。

当采用不同热源、不同设备，使用不同直径的线材时，其工艺参数应做调整。

14.3.8 构造复杂的局部表面、喷涂空间受限的部位、厚壁与薄壁材料的结合处等，这些部位或局部表面难以采用正常的喷涂参数进行施工，常易出现涂层严重缺陷引起返工，而一旦返工，将会影响更大的范围。因此，难喷涂部位应先喷涂，完工后，再进行大面积的施工。

14.3.11 对裸涂层进行刷光处理，可封闭涂层的部分孔隙。进行刷光处理时，应做纵横两次刷光，且应轻刷，不得造成涂层损伤。

15 安全技术

15.0.1 本条文依据《中华人民共和国安全生产法》、《建设工程安全管理条例》（国务院令第 393 号）和现行行业标准《施工企业安全生产评价标准》JGJ/T 77。

本条文危险源辨识是指对可能导致死亡、伤害、职业病、财产损失、工作环境破坏或上述情况的组合所形成的根源或状态进行辨认和识别。重大危险源是指导致事故发生的可能性较大，并且事故发生会造成严重后果的危险源。应急预案是指针对可能的重大事故，为保证迅速、有序、有效地开展应急与救援行动，降低事故损失而预先制定的有关计划或方案。它是对应急组织的职责、人员、技术、装备、设施、物资、救援行动及其指挥与协调等方面预先作出的具体安排。

企业和工程项目均应编制应急预案。企业应根据承包工程的类型、特征和规模，规定企业内部具有通用性、指导性的应急预案管理标准；工程项目应按企业内部应急预案的要求，编制符合工程项目个性特点的、具体细化的应急预案，指导和规范施工现场的具体操作。工程项目的应急预案应上报企业审批。应急预案应随工程性质的改变、重大危险源的数量和内容的变化以及管理水平的改进及时更新。

15.0.3 本条文依据《建设工程安全生产管理条例》（国务院令第393号）和现行行业标准《建筑工程施工安全检查标准》JGJ 59《施工企业安全生产评价标准》JGJ/T 77的规定，针对专业性强、危险性较大的防腐蚀分项工程施工和关键工序作业而制定。

本条文根据防腐蚀工程安全施工事故案例和史料，结合防腐蚀工程项目现场施工环境，与多个专业安装项目、多个工种、工序穿插交错的特点，部分施工原材料和有关化学品的危险特性，以及高空、地沟、设备、管道的作业条件，将本章第15.0.9条～第15.0.12条具有火灾、爆炸和中毒危险，高处坠落、物体打击危险和喷射伤害危险的几类典型作业项目，作为制订专项安全技术方案的针对性依据。

专项安全技术方案即专项安全施工作业的方法计划或方案。其计划或方案的对象是针对施工作业专项，其目标是为实现专项工程的施工作业安全。

安全技术交底，即对参加项目施工的各类管理人员、作业班组、作业班组的操作人员交待施工过程的危险、有害因素和危害后果，说明应对上述危害应采取的针对性安全措施，提出执行和落实专项安全技术方案的职责和要求准则。

15.0.4 《建设工程安全生产管理条例》（国务院令第393号）第三十六条规定：施工单位应对管理人员和作业人员至少每年进行一次安全生产教育培训，教育培训考核不合格的人员不得上岗。第三十七条规定：作业人员进入新的岗位或者进入新的施工现场前，以及施工单位在采用新技术、新工艺、新设备、新材料时，均应对作业人员进行相应的安全教育培训。

15.0.5 本强制性条文是依据《特种设备安全监察条例》（国务院令第549号）制定的，必须严格执行。

《特种设备安全监察条例》第二条规定的“特种设备”是指：涉及生命安全、危险性较大的锅炉、压力容器（含气瓶）、压力管道、电梯、起重机械、客运索道、大型游乐设施和场（厂）内专用机动车辆。

防腐蚀工程施工中使用的空气贮存、过滤、干燥净化装置及其管道，蒸汽热硫化设备，压力式干喷射和高压水喷射除锈设备，高压无气喷涂设备，以及氧气、乙炔气瓶等，应属于特种设备安全监察的范围。

15.0.7 本条文是依据《危险化学品安全管理条例》（国务院令第344号）和国家现行标准《常用化学危险品贮存通则》GB 15603及《危险化学品重大危险源辨识》GB 18218的规定制定。

危险化学品是指具有易燃、易爆、有毒、有害等特性，会对人员、设施、环境造成伤害或损害的化学品。防腐蚀工程施工期间，应在车间、库房和作业现场设置相应的监测、通风、防火灭火、防爆、防毒、防雷、防静电或者隔离操作等安全设施和设备，并应设置明显的警示标志和配置相应的报警装置。

15.0.9 本条第3款、第4款、第6款为强制性条文，必须严格执行。防腐蚀工程中使用的大多数材料，都要使用有机溶剂进行稀释，如汽油、丙酮、乙醇、二甲苯、苯乙烯等。这些有机溶剂都具有挥发性，当其达到一定浓度时，即对操作人员的身体产生危害，如遇明火，还会引起火灾和爆炸。为使这类可燃性气体、蒸汽和粉尘浓度在设备和管道内不易达到易燃易爆的浓度极限，故必须保证施工现场按要求设置通风。必须采用防爆型电气设备和照明器具，以防止火灾发生。

15.0.10 如在同一方向进行多层垂直作业；安全带如高挂低用；遇雷雨和五级以上大风还在作业易发生人身伤亡事故，故将第4款～第6款列为强制性条文，必须严格执行。

15.0.11 参加施工操作的人员应熟悉、了解动火区作业的规定，掌握动火区消防设备等的使用。进入动火区必须办理动火证后方可动火。同时必须严格遵守安全规程和规定，以防止事故发生。故将第2款～第7款列为强制性条文，必须严格执行。

15.0.12 喷射胶管的非移动部分如不加设防爆护管，易发生胶管爆裂，喷射材料伤人等事故。在设备和管道内进行基体表面处理时，必须按要求设置通风，以保证操作人员的安全。故将第3款、第6款列为强制性条文，必须严格执行。

15.0.13 测量设备和仪器应通过国家法定计量监督主管部门定期检测，不符合国家标准、规范的检验、检测设备和仪器产品（包括国外进口产品）以及未经法定计量主管部门定期检测或检测不合格的设备、仪器不得继续使用。

15.0.14 防腐蚀施工作业场所有害气体、蒸汽和粉尘的浓度超过现行国家标准《工作场所有害因素职业接触限值　第1部分：化学有害因素》GBZ 2.1的规定时，将对人体造成危害，故本条为强制性条文，必须严格执行。

16 环境保护技术措施

16.0.1 本条是施工中产生的固体废物的处理规定：

1 收集、贮存、运输、利用、处置固体废物时，应采取覆盖、密闭措施，以防止固体废物的扩散。此款与《中华人民共和国固体废物污染环境防治法》第十七条的规定相一致。

2 产品的包装物应采用易回收利用、易处置或者在环境中可降解的薄膜覆盖物和商品包装物，并对其进行回收，加以利用。此款与《中华人民共和国固体废物污染环境防治法》第十九条的规定相一致。

3 施工单位应当及时清运工程施工过程中产生的固体废物，固体废物的贮存、利用、处理和处置，应按照所在地县级以上人民政府环境保护行政主管部门的要求执行。此款和《中华人民共和国固体废物污染环境防治法》第四十六条的规定相一致。

4 本款为强制性条文，必须严格执行。严禁焚烧各类废弃物，主要为防止废弃物焚烧后产生的有害气体对大气造成污染。

16.0.2 本条是施工现场危险废物的贮存和管理规定：

1 施工单位应建立危险废物污染防治的管理制度，并向所在地县级以上地方人民政府环境保护行政主管部门备案。本款与《中华人民共和国固体废物污染环境防治法》第六十二条的规定相一致。

2 对危险废物的贮存设施和场所，应设置统一的识别标志。此规定与《中华人民共和国固体废物污染环境防治法》第五十二条的规定相一致。

3～5 危险废物的贮存应当根据危险废物的特性及贮存要求，将危险废物贮存在容器内，分类存放，并采取必要的安全措施。本款与现行国家标准《危险废物贮存污染控制标准》GB 18597 的有关规定相一致。

6 此款为强制性条文，必须严格按照国家有关规定处置危险废物，不得擅自倾倒、堆放。此款与《中华人民共和国固体废物污染环境防治法》第五十五条的规定相一致。

7 运输危险废物，应采取防止污染环境的措施，并遵守国家有关危险货物运输管理的规定。本款与《中华人民共和国固体废物污染环境防治法》第六十条的规定相一致。

16.0.3 本条是施工中产生的灰尘、粉尘等污染的防治规定：

1 硬化处理指可采取铺设混凝土、礁渣、碎石等方法，防止施工车辆在施工现场行驶中产生扬尘污染环境。

2 隔离措施指施工现场应设封闭围挡，防止与施工作业无关的人员进入，防止施工作业影响周围环境。

3 企业应当优先采用能源利用效率高、污染物排放量少的清洁生产工艺，减少大气污染物的产生。本款与《中华人民共和国大气污染防治法》第十九条的规定相一致。

4 本款为强制性条文，必须严格执行。对有毒有害气体或粉尘材料的收集、贮存、运输等，必须采取密闭措施等规定，主要是为防止对人员造成伤害和对环境造成污染。

5 向大气排放粉尘的排污单位应采取除尘措施，搅拌场所一般安装喷水雾装置进行降尘。在大风天气时不得进行对环境产生扬尘污染的施工作业。本款与《中华人民共和国大气污染防治法》第三十六条的规定相一致。

16.0.4 本条是对施工噪声污染的防治规定：

1 在城市市区范围内向周围生活环境排放建筑施工噪声的，应符合现行国家标准《建筑施工场界环境噪声排放标准》GB 12523 和《建筑施工场界噪声测量方法》GB 12524 的规定。本款与《中华人民共和国环境噪声污染防治法》第二十八条的规定相一致。

2 国家对环境噪声污染严重的落后设备实行淘汰制度。本款与《中华人民共和国环境噪声污染防治法》第十八条的规定相一致。

16.0.5 本条是施工中对水土污染的防治规定：

2 存放危险废物的场所，应采取防水、防渗漏、防流失的措施，以防止对地表水和地下水造成污染。本款与《中华人民共和国水污染防治法》第四章和第五章的有关规定相一致。

17 工程交接

17.0.1 防腐蚀工程交接验收应在分部工程全部完成后进行，交工验收后，方可交付使用，这样既能保证工程质量（尤其衬里工程），也容易分清责任界线。

17.0.2 工程交接验收应由建设单位或监理单位组织相关单位，对施工单位所承包的工程全部完成后进行的验收。

17.0.3 本条列出了施工单位向建设单位或总承包单位提交的资料名称。交工文件是防腐蚀工程竣工后施工单位向建设单位或总承包单位交接的资料，它是生产运行、设备及管道等检修的原始依据，也是保证工程质量的关键，不能忽视。

防腐蚀材料的合格证和理化性能检验报告，以及多组分的配比及其指定质量指标的试验报告和现场抽样的复验报告，相关检验（试验）都委托具有相应资质的专业部门做，报告的格式不在本规范范围内。

中华人民共和国国家标准

工业设备及管道防腐蚀工程施工质量验收规范

Code for acceptance of construction quality of anticorrosive engineering of industrial equipment and pipeline

GB 50727—2011

主编部门：中国工程建设标准化协会化工分会
批准部门：中华人民共和国住房和城乡建设部
施行日期：2 0 1 2 年 6 月 1 日

中华人民共和国住房和城乡建设部
公　　告

第1143号

关于发布国家标准《工业设备及管道防腐蚀工程施工质量验收规范》的公告

现批准《工业设备及管道防腐蚀工程施工质量验收规范》为国家标准，编号为GB 50727—2011，自2012年6月1日起实施。其中，第3.2.6、8.2.3条为强制性条文，必须严格执行。

本规范由我部标准定额研究所组织中国计划出版社出版发行。

中华人民共和国建设部

二〇一一年八月二十六日

前　　言

本规范是根据住房和城乡建设部《关于印发〈2008年工程建设国家标准制订、修订计划（第二批）〉的通知》（建标〔2008〕105号）的要求，由中国石油和化工勘察设计协会和全国化工施工标准化管理中心站会同有关单位编制完成的。

本规范在编制过程中，编制组经广泛调查研究，认真总结实践经验，参考有关国际标准和国外先进标准，并在广泛征求意见的基础上，最后经审查定稿。

本规范共分15章和4个附录，主要内容包括：总则、术语、基本规定、基体表面处理、块材衬里、纤维增强塑料衬里、橡胶衬里、塑料衬里、玻璃鳞片衬里、铅衬里、喷涂聚脲衬里、氯丁胶乳水泥砂浆衬里、涂料涂层、金属热喷涂层、分部（子分部）工程验收等。

本规范中以黑体字标志的条文为强制性条文，必须严格执行。

本规范由住房和城乡建设部负责管理和对强制性条文的解释，由中国工程建设标准化协会化工分会负责日常管理，由全国化工施工标准化管理中心站负责具体技术内容的解释。本规范执行过程中如有意见或建议，请寄送全国化工施工标准化管理中心站（地址：河北省石家庄市桥东区槐安东路28号仁和商务1—1—1107室；邮政编码：050020）。

本规范主编单位、参编单位、参加单位、主要起草人和主要审查人：

主 编 单 位：中国石油和化工勘察设计协会
全国化工施工标准化管理中心站

参 编 单 位：中国化学工程第三建设有限公司
上海富晨化工有限公司
华东理工大学
中国二十冶集团有限公司
中油吉林化建工程有限公司
沁阳华美有限公司
温州赵氟隆有限公司
上海瑞鹏化工材料科技有限公司
大连化工研究设计院
中冶建筑研究总院有限公司
陕西化建工程有限责任公司
凯迪西北橡胶有限公司
杭州顺豪橡胶工程有限公司
湖北华宁防腐技术股份有限公司

参 加 单 位：上海化坚隔热防腐工程有限公司
上海顺缔聚氨酯有限公司

主要起草人：芦　天　李相仁　陆士平　侯锐钢　杨友军　孙世波　陈鸿章　陈国龙　柴华敏　王永飞　王东林　黄金亮　李靖波　姜景波　张庆虎　余　健　李秋丽

主要审查人：何进源　唐向明　庄继勇　余　波　沈悦峰　王　娟　潘施宏　张诗光　刘全好　于汉生　沈志聪　王　逊　王瑞军　王丽霞　陈庆林

目　次

Contents

1 总 则

1.0.1 为统一工业设备及管道防腐蚀工程施工质量的验收方法，加强技术管理和施工过程控制，强化验收，确保工程质量，制定本规范。

1.0.2 本规范适用于新建、改建和扩建的钢、铸铁制造的工业设备及管道防腐蚀工程施工质量的验收。

1.0.3 本规范应与现行国家标准《工业安装工程施工质量验收统一标准》GB 50252 及《工业设备及管道防腐蚀工程施工规范》GB 50726 配套使用。

1.0.4 工业设备及管道防腐蚀工程施工质量的验收除应符合本规范外，尚应符合国家现行有关标准的规定。

2 术 语

2.0.1 检验批 inspection lot

按同一生产条件或规定的方式汇总，并由一定数量样本组成的检验体。

2.0.2 允许偏差 allowable deviation

检测过程中，在可满足工程安全和使用功能的前提下，允许检测点在本规范规定的检测比例范围内的偏差。

2.0.3 观察检查 visual inspection

以目测判断被检查物体是否符合规范规定的技术参数的过程。

2.0.4 抽样检验 random examination

在指定的一个检验批中，对某一具体项目按一定比例随机抽取的检查，称作抽样检查。

3 基本规定

3.1 施工质量验收的划分

3.1.1 工业设备及管道防腐蚀工程质量验收，可按检验批、分项工程、分部（子分部）工程进行划分。

3.1.2 检验批的划分，设备应以单台划分为一个检验批；管道可按系统或相同介质、相同压力等级、同一批次检验的，划分为一个检验批。

3.1.3 分项工程可由一个或若干个检验批组成。设备应按台（套）或主要防腐蚀材料的种类进行划分，基体表面处理可单独构成分项工程。

3.1.4 同一单位工程中的工业设备及管道防腐蚀工程可划分为一个分部工程或若干个子分部工程。

3.2 施工质量验收

3.2.1 检验批质量验收合格应符合下列规定：

1 主控项目应符合本规范的规定；

2 一般项目每项抽检的处（点）均应符合本规范的规定；有允许偏差要求的项目，每项抽检的点数中，不低于80%的实测值应在本规范规定的允许偏差范围内；

3 检验批质量保证资料应齐全。

3.2.2 分项工程质量验收合格应符合下列规定：

1 分项工程所含检验批均应符合质量合格的规定；

2 分项工程所含的检验批质量保证资料应齐全。

3.2.3 分部（子分部）工程质量验收合格应符合下列规定：

1 分部（子分部）工程所含分项工程的质量均应符合验收合格的规定；

2 分部（子分部）工程所含分项工程的质量保证资料应齐全。

3.2.4 防腐蚀工程质量验收记录应符合下列规定：

1 检验批质量验收记录应采用本规范附录A的格式；

2 分项工程质量验收记录应采用本规范附录B的格式；

3 分部（子分部）工程质量验收记录应采用本规范附录C的格式；

4 质量保证资料核查记录应采用本规范附录D的格式。

3.2.5 当检验批的防腐蚀工程质量不符合本规范时，应按下列规定进行处理：

1 经返工或返修的检验批，应重新进行验收；

2 经有资质的检测单位检测鉴定能够达到设计要求的检验批，应予以验收；

3 经有资质的检测单位检测鉴定达不到设计要求，但经原设计单位核算认可，能够满足结构安全和使用功能的检验批，可予以验收；

4 经返修处理的分项、分部工程，能满足安全使用要求，可按技术处理方案和协商文件进行验收。

3.2.6 通过返修处理仍不能满足安全使用要求的工程，严禁验收。

3.2.7 凡现场抽样的性能检验及复验报告，应由具有资质的质量检测部门出具。

3.3 施工质量验收的程序及组织

3.3.1 工业设备及管道防腐蚀工程的质量验收程序，应按检验批、分项工程、分部（子分部）工程依次进行。

3.3.2 检验批质量验收应符合下列规定：

1 检验批的质量验收应由施工单位分项工程技术负责人组织作业班组自检，施工单位专业质量检验员填写检验批质量验收记录；

2 建设单位专业技术负责人（监理工程师）组织施工单位专业质量检验员等进行验收。

3.3.3 分项工程质量验收应符合下列规定：

1 分项工程质量验收应由施工单位分部工程技术负责人组织检验，专业质量检验员填写分项工程质量验收记录；

2 建设单位专业技术负责人（监理工程师）组织施工单位专业技术负责人等进行验收。

3.3.4 分部（子分部）工程质量验收应符合下列规定：

1 分部（子分部）工程质量验收应由施工单位项目负责人自行组织有关人员进行检验，在自检合格的基础上，由施工单位项目技术负责人填写分部（子分部）工程质量验收记录；

2 建设单位项目负责人（总监理工程师）组织施工单位项目经理和技术、质量负责人等进行验收。

3.3.5 当防腐蚀工程有分包单位施工时，其总包单位应对质量全面负责。分包单位对所承包工程应按本规范规定的程序检查验收。分包工程完成后，应将工程有关资料交付总包单位。

4 基体表面处理

4.1 一 般 规 定

4.1.1 本章适用于基体表面处理的施工质量验收。

4.1.2 基体表面处理工程的检查数量应符合下列规定：

1 基体表面处理面积小于或等于 10m²，应抽查3处；当基体表面处理面积大于 10m² 时，每增加 10m²，应多抽查1处，不足 10m² 时，按 10m² 计，每处测点不得少于3个；

2 当在基体表面进行金属热喷涂时，应进行全部检查。

4.2 喷射或抛射处理

（Ⅰ）主 控 项 目

4.2.1 基体表面采用喷射或抛射处理后的质量应符合下列规定：

1 基体表面处理的质量等级应符合现行国家标准《涂覆涂料前钢材表面处理 表面清洁度的目视评定 第1部分：未涂覆过的钢材表面和全面清除原有涂层后的钢材表面的锈蚀等级和处理等级》GB/T 8923.1 中 Sa1级、Sa2级、Sa2$\frac{1}{2}$级或 Sa3级的规定；

2 基体表面处理的质量应符合设计要求，当设计无要求时应符合表 4.2.1 的规定。

表 4.2.1 基体表面处理的质量

防腐层类别	表面处理质量等级
金属热喷涂层	Sa3 级
橡胶衬里、搪铅、纤维增强塑料衬里、树脂胶泥衬砌砖板衬里、涂料涂层、塑料板粘结衬里、玻璃鳞片衬里、喷涂聚脲衬里	Sa2 $\frac{1}{2}$ 级
水玻璃胶泥衬砌砖板衬里、涂料涂层、氯丁胶乳水泥砂浆衬里	Sa2 级或 St3 级
衬铅、塑料板非粘结衬里	Sa1 级或 St2 级

检验方法：观察比对各等级标准照片。

4.2.2 磨料应符合设计规定，并应具有一定的硬度和冲击韧性；磨料应净化，不得含有油污，其含水量不应大于1%。

检验方法：检查产品出厂合格证、材料检测报告或现场抽样的复验报告。

4.2.3 对螺纹、密封面及光洁面应采取措施进行保护，不得误喷。

检验方法：观察检查。

（Ⅱ）一 般 项 目

4.2.4 喷射处理后的基体表面粗糙度等级应符合表 4.2.4 的规定。

表 4.2.4 基体表面粗糙度等级

级别	粗糙度参考值 R_y（μm）	
	丸状磨料	棱角状磨料
细	25～40	25～60
中	40～70	60～100
粗	70～100	100～150

注：R_y 系指轮廓峰顶线和轮廓谷底线之间的距离。

检验方法：采用标准样板观察检查。

4.2.5 当露点温度与基体表面温度差值小于或等于3℃时，应停止喷射或抛射作业。

检验方法：观察检查和核对露点温度。

4.2.6 喷射或抛射后的基体表面不得受潮。

检验方法：观察检查。

4.3 手工或动力工具处理

主 控 项 目

4.3.1 手工或动力工具处理后的基体表面质量等级应符合现行国家标准《涂覆涂料前钢材表面处理 表

面清洁度的目视评定　第1部分：未涂覆过的钢材表面和全面清除原有涂层后的钢材表面的锈蚀等级和处理等级》GB/T 8923.1中St2级、St3级的规定；

检验方法：观察比对各等级标准照片。

5 块材衬里

5.1 一般规定

5.1.1 本章适用于水玻璃胶泥和树脂胶泥衬砌块材的设备、管道及管件衬里的施工质量验收。

5.1.2 块材衬里工程质量的检查数量应符合本规范第4.1.2条的规定。

5.1.3 块材的材质、规格和性能的检查数量应符合下列规定：

1 应从每次批量到货的材料中，根据设计要求按不同材质进行随机抽样检验；

2 耐酸砖和耐酸耐温砖的取样，应按国家现行标准《耐酸砖》GB/T 8488和《耐酸耐温砖》JC/T 424及《铸石制品　铸石板》JC 514.1的有关规定执行；

3 防腐蚀炭砖的耐酸度、体积密度、显气孔率、耐压强度、抗折强度的取样，应按现行国家标准《耐酸砖》GB/T 8488、《致密定形耐火制品　体积密度、显气孔率和真气孔率试验方法》GB/T 2997、《耐火材料　常温耐压强度试验方法》GB/T 5072和《耐火材料　常温抗折强度试验方法》GB/T 3001的有关规定执行；

4 当抽样检测结果有一项为不合格时，应再进行一次抽样复检。当仍有一项指标不合格时，应判定该产品质量为不合格。

5.1.4 水玻璃类、树脂类主要原材料的取样数量应符合下列规定：

1 从每批号桶装水玻璃或树脂中，随机抽样3桶，每桶取样不少于1000g，可混合后检测；当该批号小于或等于3桶时，可随机抽样1桶，样品量不少于3000g；

2 粉料应从不同粒径规格的每批号中，随机抽样3袋，每袋不少于1000g，可混合后检测；当该批号小于或等于3袋时，可随机抽样1袋，样品量不少于3000g；

3 当抽样检测结果有一项为不合格时，应再进行一次抽样复检。当仍有一项指标不合格时，应判定该产品质量为不合格。

5.1.5 水玻璃类、树脂类材料制成品的取样数量应符合下列规定：

1 当施工前需要检测时，水玻璃、树脂、粉料的取样数量按本规范第5.1.4条规定执行，并按确定的施工配合比制样，经养护后检测；

2 当需要对已配制材料进行检测时，应随机抽样3个配料批次，每个批次的同种样块不应少于3个。水玻璃应在初凝前制样完毕。材料经养护后检测；

3 当检测结果有一项为不合格时，应再进行一次抽样复检。当仍有一项指标不合格时，应判定该产品质量为不合格。

5.2 原材料和制成品的质量要求

（Ⅰ）主控项目

5.2.1 耐酸砖、耐酸耐温砖、铸石板、防腐蚀炭砖等块材的品种、规格和等级应符合设计要求。

检验方法：检查产品出厂合格证、材料检测报告或复验报告。

5.2.2 钠水玻璃、钾水玻璃等水玻璃类原材料、环氧树脂、乙烯基酯树脂、不饱和聚酯树脂、呋喃树脂、酚醛树脂等树脂类原材料的质量应符合设计要求。

检验方法：检查产品出厂合格证、材料检测报告或现场抽样的复验报告。

5.2.3 填料应洁净、干燥，其质量指标应符合设计要求。

检验方法：检查产品出厂合格证、材料检测报告或现场抽样的复验报告。

5.2.4 水玻璃胶泥的质量应符合设计要求，当设计无要求时应符合表5.2.4的规定。

表5.2.4 水玻璃胶泥的质量

项目		钠水玻璃胶泥	钾水玻璃胶泥	
			密实型	普通型
初凝时间（min）		≥45	≥45	≥45
终凝时间（h）		≤12	≤15	≤15
抗拉强度（MPa）		≥2.5	≥3	≥2.5
与耐酸砖粘结强度（MPa）		≥1.0	≥1.2	≥1.2
抗渗等级（MPa）		—	≥1.2	—
吸水率（煤油吸收法，%）		≤15	—	≤10
浸酸安定性		合格	合格	合格
耐热极限温度（℃）	100～300	—	—	合格
	300～900	—	—	合格

注：表中耐热极限温度，仅用于有耐热要求的防腐蚀工程。

检验方法：检查材料检测报告或现场抽样的复验报告。

5.2.5 树脂胶泥的质量应符合表5.2.5的规定。

表5.2.5 树脂胶泥的质量

<table>
<tr><th colspan="2" rowspan="2">项目</th><th rowspan="2">环氧树脂</th><th rowspan="2">乙烯基酯树脂</th><th colspan="4">不饱和聚酯树脂</th><th rowspan="2">呋喃树脂</th><th rowspan="2">酚醛树脂</th></tr>
<tr><th>双酚A型</th><th>二甲苯型</th><th>间苯型</th><th>邻苯型</th></tr>
<tr><td colspan="2">抗压强度（MPa）</td><td>≥80</td><td>≥80</td><td>≥70</td><td>≥80</td><td>≥80</td><td>≥80</td><td>≥70</td><td>≥70</td></tr>
<tr><td colspan="2">抗拉强度（MPa）</td><td>≥9</td><td>≥9</td><td>≥9</td><td>≥9</td><td>≥9</td><td>≥9</td><td>≥6</td><td>≥6</td></tr>
<tr><td rowspan="3">粘结强度（MPa）</td><td>与耐酸砖</td><td>≥3</td><td>≥2.5</td><td>≥2.5</td><td>≥3</td><td>≥1.5</td><td>≥1.5</td><td>≥1.5</td><td>≥1.0</td></tr>
<tr><td>与铸石板</td><td>≥4</td><td>—</td><td>—</td><td>—</td><td>—</td><td>—</td><td>≥1.5</td><td>≥0.8</td></tr>
<tr><td>与防腐蚀炭砖</td><td>≥6</td><td>—</td><td>—</td><td>—</td><td>—</td><td>—</td><td>≥2.5</td><td>≥2.5</td></tr>
</table>

检验方法：检查材料检测报告或现场抽样的复验报告。

（Ⅱ）一 般 项 目

5.2.6 水玻璃类材料和树脂类材料的施工配合比应经现场试验后确定。

检验方法：检查试验报告。

5.3 胶泥衬砌块材

（Ⅰ）主 控 项 目

5.3.1 胶泥衬砌的块材结合层应饱满密实、粘结牢固、固化完全。平面块材砌体无滑移，立面块材砌体无变形。灰缝应挤严、饱满，表面应平滑，应无裂缝、气孔。结合层厚度和灰缝宽度应符合表5.3.1的规定。

表5.3.1 块材结合层厚度和灰缝宽度（mm）

<table>
<tr><th colspan="2" rowspan="2">材料名称</th><th colspan="2">水玻璃胶泥衬砌</th><th colspan="2">树脂胶泥衬砌</th></tr>
<tr><th>结合层厚度</th><th>灰缝宽度</th><th>结合层厚度</th><th>灰缝宽度</th></tr>
<tr><td rowspan="2">耐酸砖、耐温耐酸砖</td><td>厚度≤30</td><td>3～5</td><td>2～3</td><td>4～6</td><td>2～3</td></tr>
<tr><td>厚度>30</td><td>4～7</td><td>2～4</td><td>4～6</td><td>2～4</td></tr>
<tr><td colspan="2">防腐蚀炭砖</td><td>4～5</td><td>2～3</td><td>4～5</td><td>2～3</td></tr>
<tr><td colspan="2">铸石板</td><td>4～5</td><td>2～3</td><td>4～5</td><td>2～3</td></tr>
</table>

检验方法：面层检查采用敲击法检查；灰缝检查采用尺量检查和检查施工记录；裂缝检查采用5倍～10倍的放大镜检查；树脂固化度采用白棉花球蘸丙酮擦拭方法检查。

（Ⅱ）一 般 项 目

5.3.2 胶泥常温养护时间应符合表5.3.2的规定。

表5.3.2 胶泥常温养护时间（d）

<table>
<tr><th colspan="2">胶泥名称</th><th>养护时间</th></tr>
<tr><td colspan="2">钠水玻璃胶泥</td><td>>10</td></tr>
<tr><td rowspan="2">钾水玻璃胶泥</td><td>普通型</td><td>>14</td></tr>
<tr><td>密实型</td><td>>28</td></tr>
<tr><td colspan="2">环氧树脂胶泥</td><td>7～10</td></tr>
<tr><td colspan="2">乙烯基酯树脂胶泥</td><td>7～10</td></tr>
<tr><td colspan="2">不饱和树脂胶泥</td><td>7～10</td></tr>
<tr><td colspan="2">呋喃树脂胶泥</td><td>7～15</td></tr>
<tr><td colspan="2">酚醛树脂胶泥</td><td>20～25</td></tr>
</table>

检验方法：检查施工记录。

5.3.3 胶泥块材衬里衬砌完毕后，当进行热处理时，温度应均匀，局部不得受热。热处理温度应大于介质的使用温度。

检验方法：检查热处理记录。

5.3.4 水玻璃胶泥衬砌的块材衬里工程养护后，应采用浓度为30%～40%的硫酸进行表面酸化处理，酸化处理至无白色结晶盐析出时为止。酸化处理次数不宜少于4次。每次的间隔时间，钠水玻璃胶泥不应少于8h；钾水玻璃胶泥不应少于4h。每次处理前应清除表面的白色析出物。

检验方法：检查施工记录。

5.3.5 块材衬里面层相邻块材高差和表面平整度应符合下列规定：

1 相邻砖板之间的高差不得大于1mm；

2 块材衬里表面平整度的允许空隙不得大于4mm。

检验方法：高差采用尺量检查，表面平整度采用2m直尺和楔形尺检查。

5.3.6 块材衬里面层坡度的允许偏差为坡长的±0.2%。

检验方法：观察检查、仪器检查或做泼水试验检查。

6 纤维增强塑料衬里

6.1 一 般 规 定

6.1.1 本章适用于纤维增强塑料衬里的施工质量验收。

6.1.2 纤维增强塑料衬里的检查数量应符合本规范第4.1.2条的规定。

6.1.3 树脂类原材料和制成品的取样数量应符合下

列规定：

1 树脂类原材料和制成品的取样应符合本规范第5.1.4条和第5.1.5条的有关规定；

2 纤维增强材料应从每批号中，随机抽样3卷，每卷不少于1.0m²；当该批号小于或等于3卷时，可随机抽样1卷，样品量不少于3.0m²。

6.2 原材料和制成品的质量要求

（Ⅰ）主 控 项 目

6.2.1 树脂类原材料、填料的质量应符合本规范第5.2.2条和第5.2.3条的有关规定。

检验方法：检查产品出厂合格证、材料检测报告或现场抽样的复验报告。

6.2.2 纤维增强材料的质量应符合设计要求。

检验方法：检查产品出厂合格证、材料检测报告或现场抽样的复验报告。

6.2.3 纤维增强塑料类材料制成品的质量应符合表6.2.3的规定。

表 6.2.3 纤维增强塑料类材料制成品的质量

项目	环氧树脂	乙烯基酯树脂	不饱和聚酯树脂				呋喃树脂	酚醛树脂
			双酚A型	二甲苯型	间苯型	邻苯型		
抗拉强度（MPa）≥	100	100	100	100	90	90	80	60
弯曲强度（MPa）≥	250	250	250	250	250	230	—	—

检验方法：检查材料检测报告或现场抽样的复验报告。

（Ⅱ）一 般 项 目

6.2.4 纤维增强塑料材料的施工配合比应经现场试验后确定。

检验方法：检查试验报告。

6.3 衬　　里

（Ⅰ）主 控 项 目

6.3.1 纤维增强塑料衬里的玻璃纤维布的含胶量不应小于45%，玻璃纤维短切毡的含胶量不应小于70%，玻璃纤维表面毡的含胶量不应小于85%。

检验方法：按现行国家标准《玻璃纤维增强塑料树脂含量试验方法》GB/T 2577的有关规定进行检查。

6.3.2 衬里层的外观检查应符合下列规定：

1 衬里表面允许最大气泡直径应为3mm；每平方米直径不大于3mm的气泡应少于3个。衬里表面应平整光滑，并不得出现发白处；

2 衬里层与基体的粘结应牢固，并应无分层、脱层、纤维裸露、色泽明显不匀等现象。

检验方法：观察检查和尺量检查。

6.3.3 衬里层的厚度应符合设计规定，允许偏差应为−0.2mm。

检验方法：检查施工记录和采用磁性测厚仪检查。

6.3.4 衬里层应进行针孔检测。检测时，衬里层应无击穿现象。测试电压和探头行走速度应根据不同膜厚经试验确定。

检验方法：采用电火花针孔检测仪检查。

6.3.5 固化度的检查应符合下列规定：

1 树脂应固化完全，表面应无粘丝或流淌等现象。

检验方法：采用白棉花球蘸丙酮擦拭方法检查。

2 树脂固化度不应小于85%或应符合设计规定。

检验方法：按现行国家标准《增强塑料巴柯尔硬度试验方法》GB/T 3854的有关规定进行检查。

（Ⅱ）一 般 项 目

6.3.6 纤维增强塑料衬里常温养护时间应符合表6.3.6的规定。

表 6.3.6 纤维增强塑料衬里常温养护时间（d）

纤维增强塑料树脂名称	养护时间
环氧树脂纤维增强塑料	≥15
乙烯基酯树脂纤维增强塑料	≥15
不饱和聚酯树脂纤维增强塑料	≥15
呋喃树脂纤维增强塑料	≥20
酚醛树脂纤维增强塑料	≥25

检验方法：检查施工记录。

6.3.7 纤维增强塑料衬里热处理时，应按程序升温，并应严格控制升降温度的速度。热处理温度应大于介质的使用温度。

检验方法：检查热处理记录。

7 橡 胶 衬 里

7.1 一 般 规 定

7.1.1 本章适用于橡胶衬里的施工质量验收。

7.1.2 橡胶衬里工程质量的检查数量应符合本规范第4.1.2条的规定。

（Ⅰ）主 控 项 目

7.1.3 衬胶的设备、管道及管件应符合下列规定：

1　本体硫化的衬胶设备，强度和刚度应符合设计规定。在衬里施工前应出具压力试验合格证。衬胶前应选定进汽（气）管、温度计、压力表及排空管接口。底部应设置冷凝水排放口；

2　需衬里的设备内部构件，应符合衬胶工艺的要求。焊缝应满焊，不得有气孔、砂眼、夹渣和大于1mm的咬边；

3　管件的制作除应符合现行国家标准《工业金属管道工程施工规范》GB 50235的有关规定外，尚应符合下列规定：

1）衬里管道宜采用无缝管。当采用铸铁管时，内壁应平整光滑，并应无砂眼、气孔、沟槽或重皮等缺陷；

2）衬里管道不得使用褶皱弯管；法兰密封面不得车制密封沟槽。

检验方法：检查压力试验合格证、观察检查、尺量检查、放大镜检查、检查衬胶设备和构件的交接记录。

7.1.4　下列衬胶制品的胶层和金属表面不得有脱层现象：

1　真空和受压设备、管道及管件；

2　设计温度高于60℃的设备、管道及管件；

3　需切削加工的衬胶制品；

4　运转设备的转动部件；

5　气流、液流直接冲击的部位和阴角部位；

6　法兰的边缘。

检验方法：检查设备衬胶中间检查记录和检查施工记录。

（Ⅱ）一般项目

7.1.5　施工环境温度宜为15℃～30℃，环境相对湿度不宜大于80%。当施工环境温度较低、湿度较高时，应采取加热和除湿措施。

检验方法：检查温度计和湿度计，检查施工记录。

7.1.6　槽罐类设备衬里的施工，宜按先罐壁、再罐顶、后罐底的顺序进行。

检验方法：观察检查和检查施工记录。

7.2　原材料的质量要求

主控项目

7.2.1　胶板和胶粘剂的质量应符合设计要求或现行国家标准《橡胶衬里　第1部分　设备防腐衬里》GB 18241.1的有关规定。

检验方法：观察检查、检查产品出厂合格证、材料检测报告或现场抽样的复验报告。

7.2.2　胶板出现早期硫化变质等现象，不得使用。

检验方法：观察检查。

7.2.3　超过保质期的胶板应进行复验，复验不合格的胶板不得使用。

检验方法：检查复验报告。

7.2.4　胶粘剂不得发生早期交联等现象。

检验方法：观察检查。

7.3　衬　　里

（Ⅰ）主控项目

7.3.1　橡胶衬里的接缝，应采用搭接。搭接方向应与介质流动方向一致。胶板厚度为2mm时，搭接宽度应为20mm～25mm；胶板厚度为3mm时，搭接宽度应为25mm～30mm；胶板厚度大于或等于4mm时，搭接宽度应为35mm。设备转角处的搭接宽度应为50mm。多层胶板衬里时，上下层的接缝应错开，错开距离不得小于100mm。

检验方法：观察检查、尺量检查和检查施工记录。

7.3.2　接头应采用丁字缝。丁字缝错缝距离应大于200mm，不得有通缝。

检验方法：观察检查、尺量检查和检查施工记录。

7.3.3　胶板贴衬后，不得漏压或漏刮，并应排净粘合面间的空气。胶板搭接缝应压合严实，边沿应圆滑过渡，不得有翘起、脱层、空鼓等现象。

检验方法：观察检查、尺量检查和采用检验锤轻击检查。

7.3.4　衬至法兰密封面上的胶板应平整，并不得有径向沟槽或大于1mm的凸起。

检验方法：观察检查和尺量检查。

7.3.5　本体硫化设备的法兰衬胶应符合下列规定：

1　应按法兰外径尺寸下料，其内径尺寸应比法兰孔大30mm～60mm，并应切成30°坡口；

2　法兰面衬贴的已硫化胶板应全部压合密实。法兰管内衬的未硫化胶板，应翻至法兰面上已硫化胶板的坡口上边（图7.3.5），并应压合密实。搭接处应与底层胶板粘结牢固，并应圆滑，不得有翘边、毛刺、空鼓或离层等现象。

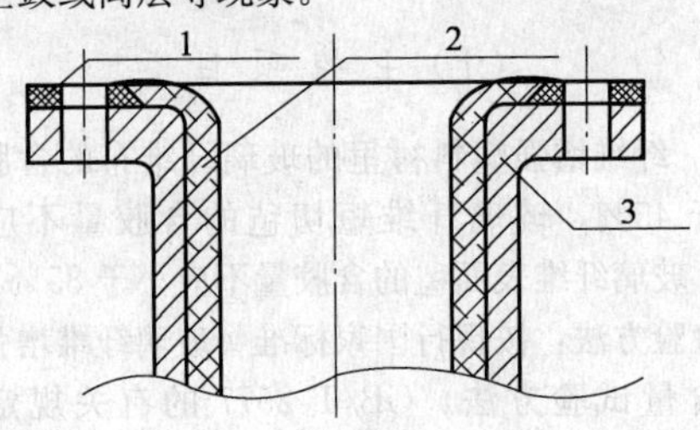

图7.3.5　法兰衬里

1—已硫化的胶板；2—未硫化胶板；3—设备的法兰

检验方法：观察检查、尺量检查和采用检验锤轻击检查。

7.3.6 贴衬工序完成后，应按下列项目进行中间检查：

1 衬胶各部位尺寸应符合设计文件的规定；

2 检查胶层不得有气泡、空鼓等现象；

3 衬里层应按本规范第7.3.7条的规定进行针孔检查；

4 总体检查前应出示施工单位中间检查合格记录；

5 总体检查合格后，方可进行胶板的硫化。

检验方法：观察检查，采用卡尺、直尺或卷尺检查，采用检验锤轻击检查和检查中间检查记录。

7.3.7 橡胶衬里层应进行针孔检测，检测时，衬里层应无击穿现象。

检验方法：采用电火花检测仪检查，检测时，按现行国家标准《橡胶衬里 第1部分 设备防腐衬里》GB 18241.1的有关规定进行检查。

7.3.8 橡胶衬里层厚度的允许偏差应为＋15%～－10%。

检验方法：采用磁性测厚仪检查和检查施工记录。

7.3.9 硫化胶板的硬度除应符合现行国家标准《橡胶衬里 第1部分 设备防腐衬里》GB 18241.1的有关规定外，尚应符合下列规定：

1 硬度测点数：硫化罐硫化，每罐不得少于5点，应取算术平均值；本体硫化的设备，每个衬胶面不得少于2处，每处测点应为3个，应取算术平均值。热水硫化和自然硫化的设备，可在与设备一起硫化的试板上进行，每个衬胶面试板不得少于2块，每块试板的测点不得少于3个，应取算术平均值。上述测点的算术平均值，均应在胶板制造厂提供的硬度值范围内；

2 测点处表面应光滑、平整，不应有机械损伤及杂质等现象；

3 测定点的环境应符合现行国家标准《橡胶物理试验方法试样制备和调节通用程序》GB/T 2941的有关规定。胶板制造厂应提供不同温度下和标准温度下该种胶板硬度换算表。

检验方法：应按现行国家标准《硫化橡胶或热塑性橡胶 压入硬度试验方法 第1部分：邵氏硬度计法（邵尔硬度）》GB/T 531.1的规定进行检查和检查施工记录。

（Ⅱ）一 般 项 目

7.3.10 胶板的削边应平直，宽窄应一致，其削边宽度应为10mm～15mm，其斜面与底平面夹角不应大于30°。

检验方法：观察检查和尺量检查。

8 塑 料 衬 里

8.1 一 般 规 定

8.1.1 塑料衬里工程的质量验收应包括软聚氯乙烯板衬里设备、氟塑料衬里设备和塑料衬里管道。

8.1.2 软聚氯乙烯板衬里设备的检查数量，每$5m^2$衬里面积应抽查1处，每处测点不得少于3个；当不足$5m^2$时，按$5m^2$计。

8.1.3 氟塑料衬里设备，每台设备衬里应全部检查。

8.1.4 塑料衬里管道的检查数量，应按管道衬里的数量抽查10%。抽查的管道应有直管、管件、最大公称尺寸或最大长度尺寸的管道。

（Ⅰ）主 控 项 目

8.1.5 进行压力试验的衬里设备及管道应符合下列规定：

1 对压力容器的塑料衬里，液压试验压力取设计压力的1.25倍，保压时间30min，不得产生泄漏及破裂现象；

2 对压力管道的塑料衬里，液压试验压力取设计压力的1.5倍，保压时间10min，不得产生泄漏及破裂现象；

3 所有压力试验的压力表应在检定有效期内。

检验方法：检查压力试验报告和注水试验报告。

8.1.6 软聚氯乙烯衬里设备衬里前，应在设备底部和其他位置设置检漏孔。进行24h的注水试验，检漏孔内应无水渗出。

检验方法：检查压力试验报告和注水试验报告。

8.1.7 衬里应完好无针孔。进行针孔检测时，检测电压和探头行走速度应符合表8.1.7的规定。衬里层应无击穿现象。

检验方法：采用电火花针孔检测仪检查。

表 8.1.7 检测电压和探头行走速度

材 料		聚四氟乙烯	乙烯-四氟乙烯共聚物、聚偏氟乙烯	聚乙烯、聚丙烯、聚氯乙烯
电压(kV)	衬里厚度1.5mm	8		
	衬里厚度2mm	9		
	衬里厚度2.5mm～4mm	12	10	10
	衬里厚度＞4.5mm	13	12	10
电火花探头的行走速度(m/s)		0.3～0.6		

（Ⅱ）一 般 项 目

8.1.8 衬里的外观质量应光滑平整，并应无可见的油污或碳化黑点。

检验方法：观察检查和采用5倍放大镜检查。

8.1.9 塑料衬里与外壳贴合应紧密，不得有明显的夹层或空隙。

检验方法：采用橡胶锤轻击检查。

8.2 原材料的质量要求

主 控 项 目

8.2.1 软聚氯乙烯板和焊条、氟塑料板（聚四氟乙烯板、乙烯-四氟乙烯共聚物板、聚偏氟乙烯板）和焊条的质量应符合设计要求。

检验方法：观察检查、游标卡尺测量和检查产品出厂合格证、材料检测报告或现场抽样的复验报告。

8.2.2 氯丁胶粘剂、聚异氰酸酯材料的质量应符合设计要求。

检验方法：检查产品出厂合格证、材料检测报告或现场抽样的复验报告。

8.2.3 用于压力容器的衬里板材应进行针孔检测和拉伸强度复验。

检验方法：电火花针孔检测应按本规范第8.1.7条的规定进行和检查拉伸强度复验报告。

8.2.4 聚四氟乙烯、聚丙烯、聚乙烯和聚氯乙烯管材的质量应符合设计要求或国家现行有关标准的规定。

检验方法：观察检查、游标卡尺测量、检查产品出厂合格证和材料检测报告。

8.3 软聚氯乙烯板衬里

（Ⅰ）主 控 项 目

8.3.1 软聚氯乙烯板粘贴前，应用酒精或丙酮进行去污脱脂处理，粘贴面应打毛至无反光。采用满涂胶粘剂法时，3mm厚板材脱落处不得大于200mm²，0.5mm～1mm厚板材脱落处不得大于100mm²，各脱胶处间距不得小于500mm。衬里与外壳贴合应紧密，不得有脱开、空层等现象。

检验方法：观察检查、尺量检查、检查胶粘剂刷涂施工记录或采用橡胶锤轻击检查。

（Ⅱ）一 般 项 目

8.3.2 软聚氯乙烯塑料板施工放线和下料应准确；在焊接或粘贴前应进行预拼。

检验方法：观察检查和尺量检查。

8.3.3 软聚氯乙烯板搭接缝处应采用热熔法焊接。焊接时，在上、下两板搭接内缝处每200mm处先点焊固定，再采用热风枪熔融本体加压焊接，搭接缝处应用焊条满焊封缝。

检验方法：观察检查和尺量检查。

8.3.4 软聚氯乙烯塑料板采用空铺法和压条螺钉固定法施工，设备内表面应光滑平整，并应无凸瘤凹坑等现象。施工尺寸应符合设计规定。

检验方法：观察检查、尺量检查和检查施工记录。

8.4 氟塑料板衬里设备

（Ⅰ）主 控 项 目

8.4.1 乙烯-四氟乙烯共聚物和聚偏氟乙烯板热风焊和聚四氟乙烯板材热压焊的焊缝强度应符合设计规定，表面应无针孔。

检验方法：观察检查和焊缝处进行100%的电火花针孔检查。

（Ⅱ）一 般 项 目

8.4.2 乙烯-四氟乙烯共聚物和聚偏氟乙烯板的焊接坡口应符合设计规定，焊接速度和焊接工艺参数应符合焊接工艺评定的要求。

检验方法：观察检查，检查热风焊、挤出焊的焊接工艺规程及焊接工艺评定和检查施工记录。

8.4.3 聚四氟乙烯板材热压焊的焊刀材料几何结构和焊接工艺参数应符合焊接工艺评定的要求。

检验方法：观察检查、检查热压焊的焊接工艺规程及焊接工艺评定和检查施工记录。

8.5 塑料衬里管道

（Ⅰ）主 控 项 目

8.5.1 塑料衬里管道圆弧、角焊焊缝、钢管和法兰的间隙应符合设计规定。

检验方法：观察检查和尺量检查。

8.5.2 翻边应平整，不宜有波浪面，翻边外圆最大直径应符合设计规定。

检验方法：观察检查和尺量检查。

（Ⅱ）一 般 项 目

8.5.3 管道基体表面处理的质量应符合设计规定或本规范第4.2.1条的有关规定。

检验方法：观察检查和检查施工记录。

9 玻璃鳞片衬里

9.1 一 般 规 定

9.1.1 本章适用于乙烯基酯树脂类、双酚A型不饱和聚酯树脂类和环氧树脂类玻璃鳞片衬里的施工质量验收。

9.1.2 玻璃鳞片衬里的检查数量应符合本规范第4.1.2条的规定。

9.1.3 树脂类主要原材料和制成品的取样数量应符合本规范第5.1.4条和第5.1.5条的有关规定。

（Ⅰ）主 控 项 目

9.1.4 衬里施工前的基体表面外观除应符合本规范第4章的有关规定外，尚应符合下列规定：

1 表面与内外支撑件之间的焊接、铆接、螺接应完成；

2 衬里侧的焊缝应满焊；

3 衬里侧焊缝、焊瘤、弧坑、焊渣应打磨平整，表面应光滑。焊缝高度不得超过1mm；边角和边缘应打磨至大于或等于2mm的圆角。

检验方法：观察检查、尺量检查和检查待衬件的施工交接记录。

（Ⅱ）一 般 项 目

9.1.5 当采用乙烯基酯树脂类、双酚A型不饱和聚酯树脂类时，施工环境温度宜为5℃～30℃；当采用环氧树脂类时，宜为10℃～30℃。施工环境相对湿度应小于80%。基体表面温度应高于环境露点温度3℃。当低于施工环境温度时，应采取加热保温措施，但不得用明火直接加热。

检验方法：采用温度计、湿度计检查和检查施工记录。

9.2 原材料和制成品的质量要求

（Ⅰ）主 控 项 目

9.2.1 乙烯基酯树脂、双酚A型不饱和聚酯树脂和环氧树脂材料的质量应符合本规范第5.2.2条的有关规定。

9.2.2 玻璃鳞片制成品的质量要求应符合表9.2.2的规定。

表9.2.2 玻璃鳞片制成品的质量

项 目		乙烯基酯树脂类	双酚A型不饱和聚酯树脂类	环氧树脂类
拉伸强度（MPa）		≥25	≥23	≥25
弯曲强度（MPa）		≥35	≥32	≥30
冲击强度（500g×25cm）		无裂缝，无剥离	无裂缝，无剥离	无裂缝，无剥离
粘接强度（MPa）	拉剪法	≥12（底涂）	≥10（底涂）	≥14（底涂）
	拉开法	≥8（底涂）	≥7（底涂）	≥10（底涂）
巴氏硬度		≥40	≥40	≥42
耐磨性（1000g,500r）/g		≤0.05	≤0.05	≤0.05
线膨胀系数（$K\times10^{-5}$）		≤1.04	≤1.02	≤1.06
冷热交替试验	耐热型	150℃（1h）和25℃的水（10min）10个循环无裂缝、剥离		
	普通型	130℃（1h）和25℃的水（10min）10个循环无裂缝、剥离		

检验方法：检查材料检测报告或现场抽样的复验报告。

（Ⅱ）一 般 项 目

9.2.3 玻璃鳞片混合料的质量要求应符合表9.2.3的规定。

表9.2.3 玻璃鳞片混合料的质量

项 目	鳞片胶泥料	鳞片涂料
在容器中状态	在搅拌混合物时，应无结块、无杂质	
施工工艺性	刮抹无障碍、不流挂	喷、滚、刷涂无障碍、不流挂
胶凝时间（25℃，min）	45±15	60±15

检验方法：观察检查和检查材料检测报告。

9.3 衬 里

（Ⅰ）主 控 项 目

9.3.1 玻璃鳞片衬里层的表面应平整，颜色应均匀，并应无明显凹凸、漏涂、流淌、气泡或裂纹。面层与基层粘结应牢固，并应无起壳或脱层等现象。

检验方法：观察检查和采用木锤轻击检查。

9.3.2 玻璃鳞片衬里层表面应固化完全，应无发粘现象。硬度值应符合设计规定或大于供货厂家提供指标的90%。

检验方法：表面固化度采用浸湿稀释剂的布擦拭方法检查。硬度按现行国家标准《增强塑料巴柯尔硬度试验方法》GB/T 3854的规定进行检查。

9.3.3 玻璃鳞片衬里层的厚度应符合设计规定，其允许偏差为－0.2mm。

检验方法：采用磁性测厚仪检查。

9.3.4 玻璃鳞片衬里层应进行针孔检测，检测电压不宜小于3000V/mm，探头移动速度不大于0.3m/s，衬里层应无击穿现象。

检验方法：采用电火花针孔检测仪检查。

（Ⅱ）一 般 项 目

9.3.5 玻璃鳞片衬里不同温度下的涂装间隔时间应符合表9.3.5的规定。

表9.3.5 不同温度下的涂装间隔时间

底材温度（℃）	10	20	30
最短涂装间隔（h）	10	5	3
最长涂装间隔（h）	48	36	24

检验方法：检查施工记录。

9.3.6 玻璃鳞片衬里层不同温度下衬里层或涂层的养护时间应符合表9.3.6的规定。

表9.3.6 不同温度下衬里层或涂层的养护时间

环境温度（℃）	10	20	30
养护时间（d）	≥14	≥7	≥4

检验方法：检查施工记录。

10 铅 衬 里

10.1 一 般 规 定

10.1.1 本章适用于铅衬里的施工质量验收。

10.1.2 铅衬里的检查数量应符合本规范第4.1.2条的规定。

10.2 原材料的质量要求

（Ⅰ）主 控 项 目

10.2.1 铅板的化学成分及规格应符合设计要求或现行国家标准《铅及铅锑合金板》GB/T 1470的有关规定。

检验方法：检查产品出厂合格证、材料检测报告和现场抽样的复验报告。

10.2.2 焊条材质应与焊件材质相同，也可采用母材制作的焊条。

检验方法：检查产品出厂合格证、材料检测报告和现场抽样的复验报告。

10.2.3 铅板及搪铅母材表面应光滑清洁，不得有污物、泥砂和油脂，且无砂眼、裂缝或厚薄不均匀等缺陷。

检验方法：观察检查。

（Ⅱ）一 般 项 目

10.2.4 焊条表面应干净、无氧化膜和其他污物。

检验方法：观察检查。

10.3 衬 铅

（Ⅰ）主 控 项 目

10.3.1 衬铅应按设计要求的结构和厚度进行施工。

检验方法：观察检查。

10.3.2 铅板焊接前，应用刮刀将焊缝区域刮净，使其露出金属光泽。应随焊随刮，刮净的焊口应在3h内焊完。多层焊时，每焊完一层，应刮净后再焊下一层。

检验方法：观察检查。

（Ⅱ）一 般 项 目

10.3.3 衬铅的施工质量应符合下列规定：

1 厚度在7mm以下的焊件，应采用搭接焊，搭接尺寸宜为25mm～40mm。焊缝应错开，不得十字交叉，错开距离不应小于100mm。

检验方法：观察检查和尺量检查。

2 各固定法的固定点间距宜为250mm～900mm，应呈等边三角形排列。设备顶部可适当增加固定点，平底设备的底部可不设固定点。

检验方法：观察检查和尺量检查。

3 铅板与设备内壁应紧密贴合，不得凸凹不平。

检验方法：观察检查和锤击检查。

4 衬铅板表面不得有机械损伤、凹陷或减薄。焊缝应平整均匀，并应无漏焊、虚焊、缩孔、错口或咬肉等现象；焊缝内部不得有夹层、气孔或未焊透等现象。

检验方法：观察检查、剖割检查和试压检查。

10.4 搪 铅

（Ⅰ）主 控 项 目

10.4.1 搪铅应按设计要求的结构和厚度进行施工。

检验方法：观察检查。

（Ⅱ）一 般 项 目

10.4.2 搪铅的施工质量应符合下列规定：

1 被搪基体表面处理的等级应符合本规范表4.2.1的有关规定；

检验方法：观察检查。

2 直接搪铅法施工，每次搪铅的厚度宜为2mm～4mm，搪道宽度宜为15mm～25mm；

检验方法：观察检查和尺量检查。

3 间接搪铅法施工，挂锡层应薄而均匀，挂锡厚度应为15μm～20μm；

检验方法：观察检查和磁性测厚仪检查。

4 搪铅层与基体表面应结合紧密，并应无脱层或起壳等现象；

检验方法：锤击检查和超声波探伤器检查。

5 搪铅层应厚薄一致，厚度应符合设计要求。当设计对厚度偏差无规定时，厚度允许偏差为0～25%；

检验方法：观察检查和磁性测厚仪检查。

6 搪铅层的表面应平整均匀，并应无微孔、裂纹、缩孔、夹渣、鼓包、气孔、焊瘤等缺陷。搪铅层中应无夹层、夹渣和氧化物等杂质。

检验方法：观察检查、剖视检查和点蚀检查。

11 喷涂聚脲衬里

11.0.1 本章适用于喷涂型聚脲衬里工程的施工质量验收。

11.0.2 喷涂聚脲衬里涂层的检查数量应符合下列规定：

1 当衬里涂层面积小于或等于50m²时，应抽查3处；当涂层面积大于50m²时，每增加20m²，应多抽查1处；

2 重要部位、难维修部位应按面积抽查30%，每处测点不得少于5个；

3 对质量有严重影响的部位，有异议时可进行破坏性检查。

11.0.3 喷涂聚脲衬里材料品种、规格和性能的检查数量应符合下列规定：

1 应从每次批量到货的材料中，根据设计要求按不同品种进行随机抽样检查。样品大小可由施工单位与供货厂家双方协商确定；

2 测试方法应符合设计规定或现行行业标准《喷涂聚脲防护材料》HG/T 3831的有关规定；

3 当抽样检测结果有一项主要指标为不合格时，应再进行一次抽样复检。当仍有一项主要指标不合格时，应加倍进行抽检，若仍不合格，应判定该产品质量为不合格。

（Ⅰ）主 控 项 目

11.0.4 喷涂聚脲衬里原材料和涂层的质量应符合设计要求。

检验方法：检查产品出厂合格证、材料检测报告或现场抽样的复验报告。

11.0.5 聚脲衬里涂层的厚度应均匀一致，涂层的厚度应符合设计规定。

检验方法：采用超声测厚仪检查。

11.0.6 喷涂聚脲衬里表面应进行针孔检测。涂层厚度为1.0mm时，检测电压应大于或等于3000V；涂层厚度为1.5mm时，检测电压应大于或等于4500V；涂层厚度为2.0mm时，检测电压应大于或等于6000V。探头行走速度应小于或等于0.3m/s，衬里层应无击穿现象。

检验方法：采用电火花针孔检测仪检查。

11.0.7 衬里的附着力应符合设计规定，与基体的附着力（拉开法）不应小于3.5MPa。

检验方法：采用涂层附着力（拉开法）仪器检查。

（Ⅱ）一 般 项 目

11.0.8 衬里涂层表面应平整、色泽应一致，并应无明显尖锐凸出物、龟裂和尖口划伤等缺陷。允许衬里层表面有少量涂料凝胶粒子、少量局部过喷现象或每平方米面积内长度小于200mm的壳层或鼓泡数量不得大于2个。

检验方法：观察检查。

11.0.9 喷涂聚脲衬里的涂装施工条件、涂装配套系统、施工工艺和涂装间隔时间应符合设计要求。

检验方法：检查施工记录和隐蔽工程记录。

12 氯丁胶乳水泥砂浆衬里

12.1 一 般 规 定

12.1.1 本章适用于氯丁胶乳水泥砂浆整体面层衬里的施工质量验收。

12.1.2 氯丁胶乳水泥砂浆防腐蚀工程检查数量应符合下列规定：

1 当设备面积每50m²或不足50m²，管道长度每50m或不足50m时，均应抽查3处；设备每处检查面积应为0.5m²，设备及管道每处检查布点不应少于3个。当设备的面积超过500m²或管道的长度超过500m时，取样检查处的间距可适当增大。每检查处以检查布点的平均值代表其施工质量；

2 当质量检查中有1处不合格时，应在不合格处附近加倍取点复查，仍有1处不合格时，应认定该处为不合格。

12.1.3 氯丁胶乳水泥砂浆主要原材料和制成品的取样数量应符合本规范第5.1.4条和第5.1.5条的有关规定。

12.2 原材料和制成品的质量要求

（Ⅰ）主 控 项 目

12.2.1 氯丁胶乳水泥砂浆防腐工程所用的阳离子氯丁胶乳、硅酸盐水泥和细骨料等原材料质量应符合设计要求。

检验方法：检查产品出厂合格证、材料检测报告和现场抽样的复验报告。

12.2.2 氯丁胶乳水泥砂浆制成品经过养护后的质量应符合表12.2.2的规定。

表 12.2.2 氯丁胶乳水泥砂浆制成品的质量

项目	抗压强度（MPa）	抗折强度（MPa）	与碳钢粘结强度（MPa）	抗渗等级（MPa）	吸水率（%）	初凝时间（min）	终凝时间（h）
指标	≥30.0	≥3.0	≥1.8	≥1.6	≤4.0	>45.0	<12.0

检验方法：检查产品出厂合格证、材料检测报告或现场抽检的复验报告。

（Ⅱ）一 般 项 目

12.2.3 氯丁胶乳水泥砂浆配合比应经试验确定。

检验方法：检查试验报告。

12.3 衬 里

（Ⅰ）主 控 项 目

12.3.1 氯丁胶乳水泥砂浆整体面层与基层应粘结牢固，并应无脱层和起壳等现象。

检验方法：观察检查和敲击检查。

12.3.2 氯丁胶乳水泥砂浆整体面层的表面应平整，并应无明显裂缝、脱皮、起砂和麻面等现象。

检验方法：观察检查和用5倍～10倍放大镜检查。

12.3.3 氯丁胶乳水泥砂浆铺抹的整体衬里面层与转角处、结构件、预留孔、管道出入口应结合严密、粘结牢固、接缝平整，应无渗漏和空鼓。

检验方法：观察检查、敲击法检查和检查隐蔽工程记录。

（Ⅱ）一 般 项 目

12.3.4 氯丁胶乳水泥砂浆面层的厚度应符合设计规定。

检验方法：测厚仪检查或采用150mm钢板尺检查。

12.3.5 整体面层表面平整度的允许偏差不应大于5mm。

检验方法：采用2m直尺和楔形塞尺检查。

12.3.6 氯丁胶乳水泥砂浆铺砌整体面层坡度检验应符合本规范第5.3.6条的规定。

12.3.7 氯丁胶乳水泥砂浆抹面后，表面干至不粘手时应潮湿养护7d，再自然养护21d后，方可使用。

检验方法：检查施工记录和检查隐蔽工程记录。

13 涂 料 涂 层

13.0.1 本章适用于涂料涂层的施工质量验收。

13.0.2 涂料涂层的检查数量应符合本规范第4.1.2条的规定。

13.0.3 涂料类品种、规格和性能的检查数量应符合下列规定：

1 应从每次批量到货的材料中，根据设计要求按不同品种进行随机抽样检查。样品大小可由施工单位与供货厂家双方协商确定；

2 当抽样检测结果有一项为不合格时，应再进行一次抽样复检。当仍有一项指标不合格时，应判定该产品质量为不合格。

（Ⅰ）主 控 项 目

13.0.4 涂料类的品种、型号、规格和性能质量应符合设计要求。

检验方法：检查产品出厂合格证、材料检测报告和现场抽样的复验报告。

13.0.5 涂料类的涂装施工条件、涂装配套系统、施工工艺和涂装间隔时间应符合设计要求。

检验方法：检查施工记录和检查隐蔽工程记录。

13.0.6 涂层的厚度应均匀一致，涂层的层数和厚度应符合设计规定。涂层厚度小于设计规定厚度的测点数，不应大于10%，且测点处实测厚度不应小于设计规定厚度的90%。

检验方法：检查施工记录和采用磁性测厚仪检查。

（Ⅱ）一 般 项 目

13.0.7 涂层表面应平整、色泽应一致，并应无流挂、起皱、脱皮、返锈、漏涂等缺陷。

检验方法：观察检查或采用5倍～10倍放大镜检查。

13.0.8 涂层的附着力应符合设计规定，涂层与钢铁基体的附着力（划格法）不应大于2级。涂层与钢铁基体的附着力（拉开法）不应小于5MPa。

检验方法：采用涂层附着力（划格法）或附着力（拉开法）仪器检查。

检查数量：设备每10m²检测3处，每处测点不得少于3个。管道每隔50m检测一处，每处测点不得少于3个。

13.0.9 当进行涂料涂层针孔检测时，设备涂料涂层的针孔漏点每平方米不得多于2个，管道每5m涂层针孔漏点不得多于1个。检测电压应根据涂料产品技术要求确定。

检验方法：采用涂层高电压火花检测仪或低电压漏涂检测仪检查。

14 金属热喷涂层

14.0.1 本章适用于锌和锌铝合金热喷涂层、铝和铝镁合金热喷涂层的施工质量验收。

（Ⅰ）主 控 项 目

14.0.2 热喷涂用锌和锌合金线材、铝和铝合金线材的化学成分应符合设计要求或现行国家标准《热喷涂 火焰和电弧喷涂用线材、棒材和芯材 分类和供货技术条件》GB/T 12608的有关规定。

检验方法：检查产品出厂合格证和产品化学成分分析报告。

14.0.3 喷涂层厚度应符合设计要求，涂层最小局部厚度不应小于设计规定值。

检验方法：应按现行国家标准《磁性基体上非磁性覆盖层 覆盖层厚度测量 磁性法》GB/T 4956的规定进行检查。

检查数量：每$10m^2$检查3处，在每处的$0.01m^2$基准面内测点不得少于10个。

14.0.4 喷涂层外观应致密、平整、色泽一致，表面应无裂纹、翘皮、起泡、底材裸露的斑点和粗大未熔或附着不牢的金属颗粒。

检验方法：观察检查和指划检查。

检查数量：涂层面积的15%～30%。

（Ⅱ）一 般 项 目

14.0.5 基体表面处理后的粗糙度，宜采用粗糙度参比样板对照检查。不同涂层的喷射或抛射处理表面的粗糙度应符合表14.0.5的规定。

表14.0.5 不同涂层的喷射或抛射处理表面的粗糙度（R_z）

热喷涂涂层	涂层设计厚度（mm）	处理表面粗糙度最小值/最大值（μm）
Zn、ZnAl15 Al、AlMg5	0.10～0.15	40/63
	0.20	63/80
	0.30	80/100

检验方法：观察检查。

检查数量：每$10m^2$检查3处，不足$10m^2$按$10m^2$计。

14.0.6 工件待喷涂时间不应超过4h，待喷涂和喷涂过程中工件表面应干燥、洁净，并应无可见的氧化变色或任何污染。

检验方法：观察检查。

检查数量：全部检查。

14.0.7 设计厚度大于或等于0.10mm的涂层，应分层交叉喷涂；分段或分片喷涂的层数应一致，各层的厚度应均匀。

检验方法：检查分层喷涂施工记录。

14.0.8 喷涂层逐道平行搭接宽度应符合下列规定：

1 普通喷枪喷涂搭接宽度应为喷幅幅宽的1/3；

2 二次雾化喷枪喷涂搭接宽度应为喷幅幅宽的1/4。

检验方法：尺量检查。

检查数量：不小于涂层面积的5%。

14.0.9 喷涂层与基体的结合强度应符合下列规定：

1 当采用定性试验方法时，涂层不应从基体上产生剥离。

检验方法：栅格试验按现行国家标准《金属和其他无机覆盖层 热喷涂锌、铝及其合金》GB/T 9793的规定进行检查。

2 当采用定量测定方法时，抗拉结合强度应符合设计要求。

检验方法：抗拉结合强度按现行国家标准《热喷涂 抗拉结合强度的测定》GB/T 8642的规定进行检查。

检查数量：每$150m^2$测试试样3件，不足$150m^2$按$150m^2$计。

15 分部（子分部）工程验收

15.0.1 工业设备及管道防腐蚀工程检验批、分项工程、分部（子分部）工程的施工质量验收应在施工单位自检合格的基础上进行，构成分项工程的各检验批的质量应符合本规范相应质量标准的规定。

15.0.2 检验批、分项工程施工质量验收全部合格，进行分部（子分部）工程验收。

15.0.3 工程验收时，应提交下列资料：

1 各种防腐蚀材料、成品、半成品的出厂合格证、材料检测报告或现场抽样的复验报告；

2 耐腐蚀胶泥、砂浆、玻璃钢胶料和涂料的配合比和主要技术性能的试验报告；

3 多组分的配比及其指定质量指标的试验报告或现场抽样的复验报告；

4 设计变更通知单、材料代用的技术文件以及施工过程中对重大技术问题的处理记录；

5 隐蔽工程施工记录；

6 修补或返工记录；

7 工业设备及管道防腐蚀工程交工汇总表。

15.0.4 对有特殊要求的防腐蚀工程验收时，应按合同提供加测相关技术指标的检测报告。

附录A 检验批质量验收记录

表A 检验批质量验收记录

<table>
<tr><td colspan="3">单位工程名称</td><td colspan="11"></td></tr>
<tr><td colspan="3">分项工程名称</td><td colspan="6"></td><td colspan="3">验收部位</td><td colspan="2"></td></tr>
<tr><td colspan="3">施工单位</td><td colspan="2"></td><td colspan="3">分项技术负责人</td><td></td><td colspan="3">项目经理</td><td colspan="2"></td></tr>
<tr><td colspan="3">分包单位</td><td colspan="2"></td><td colspan="3">分包技术负责人</td><td></td><td colspan="3">分包项目负责人</td><td colspan="2"></td></tr>
<tr><td colspan="3">施工执行标准
名称及编号</td><td colspan="11"></td></tr>
<tr><td colspan="3">施工质量验收规范规定</td><td colspan="10">施工单位检查记录</td><td>建设（监理）
单位验收记录</td></tr>
<tr><td rowspan="4">主
控
项
目</td><td>1</td><td></td><td colspan="10"></td><td rowspan="18"></td></tr>
<tr><td>2</td><td></td><td colspan="10"></td></tr>
<tr><td>3</td><td></td><td colspan="10"></td></tr>
<tr><td>4</td><td></td><td colspan="10"></td></tr>
<tr><td rowspan="9">一
般
项
目</td><td colspan="2">项目</td><td></td><td></td><td></td><td></td><td></td><td></td><td></td><td></td><td></td><td></td></tr>
<tr><td>1</td><td></td><td></td><td></td><td></td><td></td><td></td><td></td><td></td><td></td><td></td><td></td></tr>
<tr><td>2</td><td></td><td></td><td></td><td></td><td></td><td></td><td></td><td></td><td></td><td></td><td></td></tr>
<tr><td>3</td><td></td><td></td><td></td><td></td><td></td><td></td><td></td><td></td><td></td><td></td><td></td></tr>
<tr><td>4</td><td></td><td></td><td></td><td></td><td></td><td></td><td></td><td></td><td></td><td></td><td></td></tr>
<tr><td>5</td><td></td><td></td><td></td><td></td><td></td><td></td><td></td><td></td><td></td><td></td><td></td></tr>
<tr><td>6</td><td></td><td></td><td></td><td></td><td></td><td></td><td></td><td></td><td></td><td></td><td></td></tr>
<tr><td>7</td><td></td><td></td><td></td><td></td><td></td><td></td><td></td><td></td><td></td><td></td><td></td></tr>
<tr><td>8</td><td></td><td></td><td></td><td></td><td></td><td></td><td></td><td></td><td></td><td></td><td></td></tr>
<tr><td rowspan="3">检
查
结
果</td><td colspan="2">主控项目</td><td colspan="10"></td></tr>
<tr><td rowspan="2">一般
项目</td><td>检查项目</td><td colspan="10">检查 项，其中合格 项，合格率 %</td></tr>
<tr><td>其他</td><td colspan="10"></td></tr>
<tr><td colspan="3">施工单位检查结果</td><td colspan="11">项目专业质量检查员：

年 月 日</td></tr>
<tr><td colspan="3">建设（监理）单位
验收结论</td><td colspan="11">建设单位项目专业技术负责人
（监理工程师）：

年 月 日</td></tr>
</table>

附录B 分项工程质量验收记录

表B 分项工程质量验收记录

<table>
<tr><td colspan="2">单位工程名称</td><td colspan="10"></td></tr>
<tr><td colspan="2">分部工程名称</td><td colspan="6"></td><td colspan="2">检验批数</td><td colspan="2"></td></tr>
<tr><td colspan="2">施工单位</td><td colspan="2"></td><td colspan="2">项目技术
负责人</td><td colspan="2"></td><td colspan="2">项目经理</td><td colspan="2"></td></tr>
<tr><td colspan="2">分包单位</td><td colspan="2"></td><td colspan="2">分包单位技术
负责人</td><td colspan="2"></td><td colspan="2">分包单位
负责人</td><td colspan="2"></td></tr>
<tr><td colspan="2">序号</td><td colspan="3">检验批部位、区段</td><td colspan="3">施工单位检验结果</td><td colspan="4">建设（监理）单位验收结论</td></tr>
<tr><td colspan="2"></td><td colspan="3"></td><td colspan="3"></td><td colspan="4"></td></tr>
<tr><td colspan="2"></td><td colspan="3"></td><td colspan="3"></td><td colspan="4"></td></tr>
<tr><td colspan="2"></td><td colspan="3"></td><td colspan="3"></td><td colspan="4"></td></tr>
<tr><td colspan="2"></td><td colspan="3"></td><td colspan="3"></td><td colspan="4"></td></tr>
<tr><td colspan="2"></td><td colspan="3"></td><td colspan="3"></td><td colspan="4"></td></tr>
<tr><td colspan="2"></td><td colspan="3"></td><td colspan="3"></td><td colspan="4"></td></tr>
<tr><td colspan="2"></td><td colspan="3"></td><td colspan="3"></td><td colspan="4"></td></tr>
<tr><td colspan="2"></td><td colspan="3"></td><td colspan="3"></td><td colspan="4"></td></tr>
<tr><td colspan="2"></td><td colspan="3"></td><td colspan="3"></td><td colspan="4"></td></tr>
<tr><td colspan="2"></td><td colspan="3"></td><td colspan="3"></td><td colspan="4"></td></tr>
<tr><td colspan="2"></td><td colspan="3"></td><td colspan="3"></td><td colspan="4"></td></tr>
<tr><td colspan="2"></td><td colspan="3"></td><td colspan="3"></td><td colspan="4"></td></tr>
<tr><td colspan="2"></td><td colspan="3"></td><td colspan="3"></td><td colspan="4"></td></tr>
<tr><td colspan="2"></td><td colspan="3"></td><td colspan="3"></td><td colspan="4"></td></tr>
<tr><td>检查结论</td><td colspan="5">项目专业质量检查员：

项目技术负责人：

年 月 日</td><td>验收结论</td><td colspan="5">建设单位项目专业技术负责人
（监理工程师）：

年 月 日</td></tr>
</table>

附录C 分部（子分部）工程质量验收记录

表C 分部（子分部）工程质量验收记录

<table>
<tr><td>单位工程名称</td><td colspan="5"></td></tr>
<tr><td>施工单位</td><td></td><td>项目技术负责人</td><td></td><td>项目经理</td><td></td></tr>
<tr><td>分包单位</td><td></td><td>分包技术负责人</td><td></td><td>分包项目负责人</td><td></td></tr>
<tr><td>序号</td><td>分项工程名称</td><td>检验批数</td><td>施工单位
检查意见</td><td colspan="2">建设（监理）单位验收结论</td></tr>
<tr><td></td><td></td><td></td><td></td><td colspan="2"></td></tr>
<tr><td></td><td></td><td></td><td></td><td colspan="2"></td></tr>
<tr><td></td><td></td><td></td><td></td><td colspan="2"></td></tr>
<tr><td></td><td></td><td></td><td></td><td colspan="2"></td></tr>
<tr><td></td><td></td><td></td><td></td><td colspan="2"></td></tr>
<tr><td></td><td></td><td></td><td></td><td colspan="2"></td></tr>
<tr><td></td><td></td><td></td><td></td><td colspan="2"></td></tr>
<tr><td></td><td></td><td></td><td></td><td colspan="2"></td></tr>
<tr><td></td><td></td><td></td><td></td><td colspan="2"></td></tr>
<tr><td></td><td></td><td></td><td></td><td colspan="2"></td></tr>
<tr><td></td><td></td><td></td><td></td><td colspan="2"></td></tr>
</table>

<table>
<tr><td rowspan="2">参加验收单位</td><td>建设单位</td><td>监理单位</td><td>施工单位</td><td>设计单位</td></tr>
<tr><td>项目负责人：

项目技术负责人：

年 月 日</td><td>总监理工程师：

年 月 日</td><td>项目负责人：

项目技术负责人：

年 月 日</td><td>项目负责人：

年 月 日</td></tr>
</table>

附录D 质量保证资料核查记录

表D 质量保证资料核查记录

<table>
<tr><td>单位工程名称</td><td colspan="2"></td><td colspan="2">施工单位</td><td></td></tr>
<tr><td>序号</td><td colspan="2">资料名称</td><td>份数</td><td>核查意见</td><td>核查人</td></tr>
<tr><td>1</td><td colspan="2">各种原材料的出厂合格证、质量证明书或复验报告</td><td></td><td></td><td></td></tr>
<tr><td>2</td><td colspan="2">材料配合比和主要性能的检测报告</td><td></td><td></td><td></td></tr>
<tr><td>3</td><td colspan="2">设计变更单、材料代用单</td><td></td><td></td><td></td></tr>
<tr><td>4</td><td colspan="2">基体检查交接记录</td><td></td><td></td><td></td></tr>
<tr><td>5</td><td colspan="2">中间交接记录</td><td></td><td></td><td></td></tr>
<tr><td>6</td><td colspan="2">隐蔽工程施工记录</td><td></td><td></td><td></td></tr>
<tr><td>7</td><td colspan="2">修补或返工记录</td><td></td><td></td><td></td></tr>
<tr><td>8</td><td colspan="2">交工验收记录</td><td></td><td></td><td></td></tr>
<tr><td></td><td colspan="2"></td><td></td><td></td><td></td></tr>
<tr><td></td><td colspan="2"></td><td></td><td></td><td></td></tr>
<tr><td></td><td colspan="2"></td><td></td><td></td><td></td></tr>
<tr><td></td><td colspan="2"></td><td></td><td></td><td></td></tr>
<tr><td></td><td colspan="2"></td><td></td><td></td><td></td></tr>
<tr><td colspan="6">结论：

施工单位项目负责人：　　　　　建设单位项目负责人：
（总监理工程师）

年　月　日　　　　　　年　月　日</td></tr>
</table>

注：1 有特殊要求的可据实增加核查项目。

2 质量证明书、合格证、试（检）验单或记录内容应齐全、准确、真实；复印件应注明原件存放单位，并有复印件单位的签字和盖章。

本规范用词说明

1 为便于在执行本规范条文时区别对待，对要求严格程度不同的用词说明如下：

1) 表示很严格，非这样做不可的：
正面词采用“必须”，反面词采用“严禁”；

2) 表示严格，在正常情况下均应这样做的：
正面词采用“应”，反面词采用“不应”或“不得”；

3) 表示允许稍有选择，在条件许可时首先应这样做的：
正面词采用“宜”，反面词采用“不宜”；

4) 表示有选择，在一定条件下可以这样做的，采用“可”。

2 条文中指明应按其他有关标准执行的写法为：“应符合……的规定”或“应按……执行”。

引用标准名录

《工业金属管道工程施工规范》GB 50235

《工业安装工程施工质量验收统一标准》GB 50252

《工业设备及管道防腐蚀工程施工规范》GB 50726

《硫化橡胶或热塑性橡胶　压入硬度试验方法　第1部分：邵氏硬度计法（邵尔硬度）》GB/T 531.1

《铅及铅锑合金板》GB/T 1470

《玻璃纤维增强塑料树脂含量试验方法》GB/T 2577

《橡胶物理试验方法试样制备和调节通用程序》GB/T 2941

《致密定型耐火制品　体积密度、显气孔率和真气孔率试验方法》GB/T 2997

《耐火材料　常温抗折强度试验方法》GB/T 3001

《增强塑料巴柯尔硬度试验方法》GB/T 3854

《磁性基体上非磁性覆盖层　覆盖层厚度测量　磁性法》GB/T 4956

《耐火材料　常温耐压强度试验方法》GB/T 5072

《耐酸砖》GB/T 8488

《热喷涂　抗拉结合强度的测定》GB/T 8642

《涂覆涂料前钢材表面处理　表面清洁度的目视评定　第1部分：未涂覆过的钢材表面和全面清除原有涂层后的钢材表面的锈蚀等级和处理等级》GB/T 8923.1

《金属和其他无机覆盖层　热喷涂锌、铝及其合金》GB/T 9793

《热喷涂　火焰和电弧喷涂用线材、棒材和芯材　分类和供货技术条件》GB/T 12608

《橡胶衬里　第1部分　设备防腐衬里》GB 18241.1

《喷涂聚脲防护材料》HG/T 3831

《耐酸耐温砖》JC/T 424

《铸石制品　铸石板》JC 514.1

中华人民共和国国家标准

工业设备及管道防腐蚀工程施工质量验收规范

GB 50727—2011

条文说明

制 定 说 明

《工业设备及管道防腐蚀工程施工质量验收规范》GB 50727—2011，经住房和城乡建设部 2011 年 8 月 26 日以第 1143 号公告批准发布。

本规范制定过程中，编制组进行了广泛的调查研究，总结了我国工程建设的实践经验，同时参考了国外先进技术法规、技术标准。

为了便于广大设计、施工、科研、学校等单位有关人员在使用本规范时能正确理解和执行条文规定，本规范编制组按章、节、条顺序编制了本规范的条文说明，对条文规定的目的、依据以及执行中需注意的有关事项进行了说明，还着重对强制性条文的强制性理由做了解释。但是，本条文说明不具备与规范正文同等的法律效力，仅供使用者作为理解和把握规范规定的参考。

目　次

1 总 则

1.0.1 本条是编制本规范的宗旨。为了适应工业设备及管道防腐蚀工程的发展，制定质量标准，统一验收方法，达到控制质量的目的，使所验收的工程质量结果具有一致性和可比性，有利于促进企业加强管理，确保工程质量。

本规范制订中坚持了“验评分离、强化验收、完善手段、过程控制”的指导思想。对工程质量只需判断合格与否即可。

1.0.2 本条指出了本规范的适用范围。

1.0.3 本条阐明编制本规范的编制依据。工业设备及管道防腐蚀工程的施工是按施工规范执行的，工业设备及管道防腐蚀施工的工程质量是否符合规定是按质量验收规范执行的，两者的技术规定应是一致的。因此，本规范的主要指标和要求是根据现行国家标准《工业设备及管道防腐蚀工程施工规范》GB 50726（以下简称《施工规范》）的规定提出的，而且是把主要控制工程质量的技术规定作为验收工程质量的准绳，并与现行国家标准《工业安装工程施工质量验收统一标准》GB 50252 配合使用。

3 基 本 规 定

3.1 施工质量验收的划分

3.1.1 设备及管道防腐蚀工程质量验收进行检验批划分有利于施工班组及时纠正施工中出现的质量问题，确保工程质量。由于防腐蚀工程不能构成单位工程，因此按上述规定划分检验批，进行验收。

3.1.2 设备及管道防腐蚀工程质量验收中，划分检验批进行验收，增加了施工质量控制的内容，符合施工质量验收的需要。

3.1.3 设备及管道防腐蚀工程中，分项工程的划分主要根据防腐蚀材料的类别进行的，如块材衬里、橡胶衬里、纤维增强塑料衬里、塑料衬里、玻璃鳞片衬里、金属热喷涂层、铅衬里等分别构成一个分项工程，并且本规范与《施工规范》划分相统一，便于对照使用。同时，基体表面处理作业是一个重要的施工程序，单独划分为一个分项工程并与《施工规范》相配套，便于工程项目的验收和管理。

3.2 施工质量验收

3.2.1 检验批是工程验收的最小单位，也是整个设备及管道防腐蚀工程质量验收的基础，本条规定了检验批质量验收合格的标准，并将检验批验收项目分为“主控项目、一般项目和质量保证资料”三个部分。检验批质量验收合格标准主要取决于对主控项目和一般项目的检验结果。

1 主控项目指对检验批的基本质量起决定性影响的检验项目，应全部符合工业设备及管道防腐蚀工程施工质量验收规范的规定。主控项目不允许有不符合要求的检验结果，即这种项目的检查具有否决权，鉴于主控项目对基本质量的决定性影响，应从严要求。

2 一般项目是指检验批工程在实测检验中规定有允许偏差范围的项目，检验后允许有20%的抽检点的实测结果略超过允许偏差的范围，但这些点不能无限止的超差，即对超差有一个最高限值，用以限制超差的范围。

3 质量保证资料反映了检验批从原材料到工程验收的各施工过程的操作依据、检查情况和质量保证所应具备的管理制度等，对其完整性的检查，实际是对施工过程控制的确认，是检验批合格的保证。

3.2.2 本条规定了分项工程质量验收的标准，分项工程的验收在检验批的基础上进行，一般情况下两者具有相同或相近的性质，只是批量大小不同而已。因此，将有关检验批汇集构成分项工程，将构成分项工程的各检验批的验收资料文件完整，并且均已验收合格，则分项工程验收合格。

3.2.3 本条规定了分部（子分部）工程质量验收的标准，分部工程质量验收是防腐蚀专业质量竣工验收，是防腐蚀工程投入使用前的最后一次验收。分部工程的验收应在其所含各分项工程验收合格，且相应的质量保证资料完整的基础上进行。由于各分项工程的性质不尽相同，因此对涉及安全和使用功能的主要分项工程应进行有关见证、取样、送样、试验或抽样检测。分部工程质量验收还包括检查反映工程结构及性能质量的质量保证资料，此外还应对主要使用功能进行抽查，使用功能的检查是对设备及管道防腐蚀工程最终质量的综合检查，也是用户最关心的内容。因此，在检验批、分项工程验收合格的基础上，分部工程竣工验收再做全面检查。

3.2.4 本条统一和规范了防腐蚀工程检验批、分项工程、分部工程（子分部工程）验收记录表和质量保证资料核查记录表表格的基本格式和内容。

3.2.5 本条给出了质量不符合要求时的处理办法。一般情况下，不合格质量出现在最基层的验收单位，检验批时就应发现并及时处理。否则将影响后续检验批和相关分项工程、分部工程的验收。因此所有质量隐患应尽快消灭在萌芽状态，这也是本规范“强化验收促进过程控制”原则的体现。非正常情况的处理分以下四种情况：

1 检验批验收时，其主控项目不能满足验收规定或一般项目超过偏差限值的子项不符合验收规定要求时，允许返工，其中严重的缺陷应推倒重来；一般的缺陷通过适当的方法予以解决，应允许施工单位在采取相应措施后重新验收。如符合防腐蚀工程施工质量验收规范要求，则应认为该检验批合格。

2 个别检验批发现试块强度等不满足要求，难以确定是否验收时，应请具有资质的法定检测单位（经政府有关部门批准并取得相应检测项目资质证明的单位）检测，当鉴定结果能够达到设计要求时，该检验批仍应认为通过验收。

3 如经检测鉴定达不到设计要求，但经原设计单位核算，仍能满足安全和使用功能的，该检验批可予以验收。因为在一般情况下，相关规范标准给出了满足安全和功能的最低限度要求，而设计往往在此基础上留有一些余量，不满足设计要求但符合相应规范标准的要求，两者并不矛盾。

4 更为严重的缺陷和分项、分部工程的缺陷，可能影响结构的安全和使用功能。若经法定检测单位检测鉴定认为达不到规范标准的相应要求，则应按一定的技术方案进行加固处理，使之能保证其安全使用的基本要求。这样会造成一些永久性的缺陷，如改变结构外形尺寸，影响一些次要的使用功能等，为避免社会财产更大的损失，在不影响安全和主要使用功能条件下，可按处理技术方案和协商文件进行验收。责任方除承担经济责任，还应深刻吸取教训，这是应该特别注意的。

3.2.6 存在严重缺陷的工程，经返修或加固处理仍不能满足安全使用要求的，严禁验收。本条为强制性条文，必须严格执行。

3.3 施工质量验收的程序及组织

3.3.2、3.3.3 检验批和分项工程是防腐蚀工程的基础，验收前施工单位应在自检合格的基础上填写“检验批和分项工程质量验收记录”，并由施工单位项目专业质量检查员和施工单位项目技术负责人分别在检验批和分项工程质量验收记录中相关栏目上签字，然后由建设单位项目专业技术负责人（监理工程师）组织，严格按规定程序进行验收。

3.3.4 本条规定了分部（子分部）工程完成后，施工单位依据质量标准、设计图纸等组织有关人员进行自检，并将检查结果进行评定，符合要求后，向建设单位提交验收报告和质量资料，建设单位项目负责人（总监理工程师）组织施工单位项目负责人和项目技术、质量负责人及有关人员进行验收。对于涉及安全的主要结构防腐蚀，由于技术性能要求严格，关系到整个防腐蚀工程的安全，因此规定这些分部工程的设计单位工程项目负责人也参加相关分部的工程质量验收。

3.3.5 本条规定了总承包单位和分包单位的质量责任和验收程序。分包单位对总承包单位负责，也应对建设单位负责。分包单位按程序对承建的项目进行验收时，总承包单位应参加，验收合格后，分包单位应将工程的有关资料移交总承包单位，待建设单位组织单位工程质量验收时，分包单位负责人应参加验收。

4 基体表面处理

4.1 一 般 规 定

4.1.2 根据现场的实际情况确定了设备及管道基体表面处理工程的检查数量。由于在基体表面进行金属热喷涂时，处理等级要求为 Sa3 级，故规定应进行全部检查。

4.2 喷射或抛射处理

（Ⅰ）主 控 项 目

4.2.1 本条明确了经喷射或抛射除锈基体表面处理后的质量等级应符合现行国家标准《涂覆涂料前钢材表面处理 表面清洁度的目视评定 第1部分：未涂覆过的钢材表面和全面清除原有涂层后的钢材表面的锈蚀等级和处理等级》GB/T 8923.1 中 Sa1 级、Sa2 级、Sa2 $\frac{1}{2}$级、Sa3 级的规定。Sa1 级为非彻底清理级，Sa2 级为较彻底清理级，Sa2 $\frac{1}{2}$级为彻底清理级，Sa3 级为最彻底清理级。在施工中，使用较多的为 Sa2 $\frac{1}{2}$级，也就是彻底清除基体表面的油污、软锈和其他附属物；较彻底的清除硬锈、密实氧化皮；彻底清除旧漆膜和粘结物。使基体表面呈现银灰色光色，表面干燥、清洁，有比较均匀的粗糙度，允许有微量的硬锈、氧化皮、旧漆膜和粘结物或基体表面有一定的轻微阴影和色差存在。而 Sa2 级、Sa3 级在处理上分别较其差一点和彻底些。在识别时可对照样板进行比照，故将其列为主控项目。

4.2.2 由于压缩空气中含有的凝结水和油污，在喷射或抛射时随磨料一起喷出，污染被处理的表面，影响表面处理质量，故在使用前应除油除水。故将其列为主控项目。

4.2.3 主要是明确设备或部件的某些部位是绝不允许处理的或者误喷，故将其列为主控项目。

（Ⅱ）一 般 项 目

4.2.5 由于潮湿天气喷射后基体表面会重新生锈，故当基体表面温度低于露点 3℃以上时，喷射作业应停止。

4.3 手工或动力工具处理

主 控 项 目

4.3.1 规定手工或动力除锈后基体表面的质量等级

应符合现行国家标准《涂覆涂料前钢材表面处理 表面清洁度的目视评定 第1部分：未涂覆过的钢材表面和全面清除原有涂层后的钢材表面的锈蚀等级和处理等级》GB/T 8923.1中St2级、St3级的规定。St2级为非彻底清理级，只是清除基体表面疏松的氧化皮、铁锈、灰尘和附着物，基本清除旧的漆膜、粘结物，基体表面应干净、干燥，有暗淡的金属光色，表面可以有清理工具刮痕。St3级为比较彻底清理级，是彻底清除基体表面疏松的氧化皮、铁锈、灰尘和附着物，彻底清除旧的漆膜、粘结物，基体表面应干净、干燥，有明显的金属光色，可以有轻微的清理工具刮痕。凡需手工或动力除锈后的基体表面，均应达到此等级要求，故将其列为主控项目。

5 块材衬里

5.1 一般规定

5.1.1 本条规定了本章的适用范围，防腐蚀工程所用的衬砌块材一般包括：耐酸砖、耐酸耐温砖、铸石板、防腐炭砖等。

5.1.3～5.1.5 根据现场情况规定了块材的材质、规格和性能的检查数量及水玻璃类、树脂类原材料和制成品的取样数量。

5.2 原材料和制成品的质量要求

（Ⅰ）主 控 项 目

5.2.1～5.2.5 块材防腐蚀工程质量好坏的关键在于块材本身的质量、衬砌块材胶泥的质量和块材的施工质量。

防腐蚀块材中常用的有耐酸砖、耐酸耐温砖、铸石制品、防腐蚀炭砖等，这些材料的质量应符合国家现行标准《耐酸砖》GB/T 8488、《耐酸耐温砖》JC/T 424和《铸石制品 铸石板》JC 514.1的有关规定。粘结块材胶泥有水玻璃胶泥（钠水玻璃、钾水玻璃）、树脂胶泥（环氧树脂、乙烯基酯树脂、不饱和聚酯树脂、呋喃树脂、酚醛树脂）等，这些材料的质量应符合现行国家标准《工业设备及管道防腐蚀工程施工规范》GB 50726的有关规定。目前由于生产防腐蚀材料的厂家较多，各厂的生产及管理水平不一，即使部分材料已有国家标准或行业标准，但不同地方、不同厂家生产的材料质量也有很大差异，故对到达现场的材料，应具有出厂合格证、材料检测报告等质量证明文件。当施工方、监理或业主认为需要抽检时，现场有检测条件的，可以在现场复验，或送样请第三方复验。

（Ⅱ）一 般 项 目

5.2.6 胶泥的配合比要求比较严格，稍有变动，则直接影响胶泥的物理化学性能，因此配料时应严格控制。一般施工单位希望材料供应商提供一个现成的配合比，直接用于施工，但一个配合比不可能适合各种情况。因此配制胶泥时，要考虑原材料的具体情况和施工环境条件，配合比应根据当地原材料的具体情况和施工环境条件，通过试验确定。

5.3 胶泥衬砌块材

（Ⅱ）一 般 项 目

5.3.5 根据实际施工中的实际情况及其对工程质量的影响程度，规定了相邻块材的高差和表面平整度的允许空隙值，以此限制超差的范围。

6 纤维增强塑料衬里

6.1 一般规定

6.1.1 本条规定了本章的适用范围。

6.2 原材料和制成品的质量要求

（Ⅰ）主 控 项 目

6.2.2 对树脂类原材料等的质量要求的说明见本规范第5.2.1条～第5.2.5条的条文说明。

6.2.3 纤维增强塑料材料的抗拉强度和弯曲强度是保证树脂类防腐蚀工程质量的两个重要指标。如抗拉强度和弯曲强度达不到设计要求时，会出现开裂、起壳、脱层等现象，甚至会使整个防腐蚀结构遭到破坏。因此，当施工方、监理或业主认为需要抽检时，现场有检测条件的，可以在现场复验，或送样请第三方复验。

（Ⅱ）一 般 项 目

6.2.4 纤维增强塑料材料的施工配合比的说明见本规范第5.2.6条的条文说明。

6.3 衬 里

（Ⅰ）主 控 项 目

6.3.1 纤维增强塑料衬里树脂含量的测定应按现行国家标准《玻璃纤维增强塑料树脂含量试验方法》GB/T 2577的规定进行。

6.3.4 原材料制造和施工工艺水平在近年都取得了很大的进展，与原来相比有了很大的提高，所以根据目前的施工水平制定本条文。针孔检查中电火花针孔检测仪检测电压宜为3000V/mm～5000V/mm。

（Ⅱ）一 般 项 目

6.3.6 纤维增强塑料材料施工完毕后应经过一定时

期的养护，才能达到本规范表6.2.3的物理性能指标，故养护时间应符合本规范表6.3.6的规定。

7 橡胶衬里

7.1 一般规定

7.1.1 本条规定了本章的适用范围。

（Ⅰ）主控项目

7.1.3 对本体硫化的设备，在衬胶前应审查设备的强度和刚度是否能承受硫化时的蒸汽压力，应检查有否试压合格证。

本体硫化的设备，在衬里前还应考虑好进气、排空、排水、温度传感表、压力表、温度自动记录仪等管件、仪表的安装位置。如需另外开设，应征得设计单位同意。蒸汽冷凝水排放口应设在设备硫化位置时的最低法兰盲板上，以便及时排净冷凝水，防止局部欠硫。

需衬里的设备内部构件应适合衬胶工艺要求。焊缝不饱满、气孔、砂眼、夹渣和超过1mm深的咬边，都会给衬里埋下隐患。衬胶前对衬里表面应认真检查，达不到要求，不得施工。

（Ⅱ）一般项目

7.1.5 施工环境温度：当低于15℃时，胶板开始发硬影响衬里操作和贴合质量；胶粘剂涂刷后溶剂不易挥发，影响粘结力。当温度高于30℃时，胶粘剂涂刷后，表面的溶剂蒸发过快，形成干膜，内部溶剂不易挥发，留在胶膜内易出现起泡等质量问题。

相对湿度以不大于80%为宜。相对湿度太高，基体表面易生锈，胶粘剂干燥时间太长等，均会影响粘结力。

当环境温度较低、湿度较高时，可采用除湿和送热风的办法，可获得较好的效果。但因衬胶场所内多为易燃易爆物，为确保安全，罐内不得设置红外线加热器、插销、插座、铡刀等易产生电火花的电器构件。

7.3 衬　里

（Ⅰ）主控项目

7.3.1 搭接缝的宽度（此处指接缝处上下胶板粘结面的宽度）以确保接缝质量为前提，但若搭接太宽，不仅浪费材料，而且给接缝处的电火花针孔检查造成困难。对于大型设备封头与筒体，顶、底与筒体搭接宽度的规定，主要是为了便于衬里操作。

多层胶板衬里的相邻胶层，其接缝应错开的原因，一是为了方便操作，二是为防止表面层接缝暴露时形成贯穿缝。其错开净距100mm，为最小间隔距离。

7.3.2 接头应采用丁字缝不得有通缝，一是为了尽量使接头的横向接缝较平滑过渡，不会因上下缝重叠而在衬里层形成高低差过大的鼓包；二是减少因胶层过多可能造成压合不实，粘结不牢的隐患；三是缓解胶层受力不均、应力集中的弊端。

7.3.3 胶板贴衬后，不得漏压或漏刮，这是排除粘合面空气，确保贴衬质量的基本条件。对发现的翘边、离层、起泡，应进行修复并复检合格。

7.3.4 贴衬密封法兰的胶板应是整块，不得对接、不得有沟槽，应贴衬平整、粘接牢固，才能起到密封、耐用的作用。

7.3.5 先衬贴与设备衬里相同的已硫化的，其内径尺寸较法兰孔大30mm～60mm并切成30°坡口的胶板，全部压合密实后，再衬贴法兰孔内的未硫化胶板，并翻至法兰面上已硫化胶板的坡口上，再压合密实。这是近年来在我国已普遍采用的衬胶新工艺。它较好地解决了长久以来本体硫化法兰面衬胶普遍欠硫的问题。

检查验收的关键：一是已硫化胶板和法兰面粘结应密实、牢固；二是已硫化胶板内孔和法兰孔内径比例要合适，不至于造成法兰孔内衬未硫化胶板变形过大而明显变薄；三是未硫化胶板和已硫化胶板搭边处应粘结牢固，不得翘边；四是未硫化胶板自身接缝处应粘结牢固，不得翘边。

7.3.6 中间检查应注意以下几点：

1 对电火花针孔检测仪和磁性测厚仪应事先用合格胶板进行校对，以免检测有误。

2 不得漏检。

3 电火花检测仪的检测，应按本规范第7.3.7条的规定执行。

7.3.7 衬里层的针孔检查，目前国内和国外通常使用电火花检测仪检查。检测时，应符合现行国家标准《橡胶衬里　第1部分　设备防腐衬里》GB 18241.1—2001附录B的规定。

7.3.9 硫化胶板的硬度检测应按现行国家标准《硫化橡胶或热塑性橡胶　压入硬度试验方法　第1部分：邵氏硬度计法（邵尔硬度）》GB/T 531.1—2008的规定进行。硬度分为邵尔A或邵尔D，邵尔A适用于软胶，邵尔D适用于硬胶或半硬胶。

衬胶制品硬度检测点数，验收规范的规定是从国内实际情况出发，又参考了一些国外标准规定的。对于硫化罐硫化的衬胶制品，由于硫化条件好，同一罐硬度比较一致，所以每罐取5点后，取其算术平均值即代表该罐硫化后胶层的硬度；对于本体硫化设备或热水硫化设备，由于硫化时各部分温度不一致，硫化程度也不尽相同，应选择衬胶面几处有代表性的地方进行硬度测量，每处测量点为3个，其算术平均值应符合胶板制造厂提供的硬度值范围。

环境温度对硬度值的影响较大，按要求应在标准温度下（23℃±2℃）测量，但现场条件满足不了，所以胶板制造厂应提供在不同温度下与在标准温度下硬度值的对照表，以便在环境温度下测得硬度后进行换算。

8 塑料衬里

8.1 一般规定

8.1.2～8.1.4 检验数量的确定，是根据国情和现场的实际情况确定的。

（Ⅰ）主控项目

8.1.5 衬里压力试验的目的是检测强度和密封情况。压力试验的技术参数是根据国家现行标准《塑料衬里设备 水压试验方法》HG/T 4089 和《氟塑料衬里压力容器 压力试验方法》GB/T 23711.6 等有关标准规定的。

8.1.7 电火花检测的主要目的是检验衬里层的耐腐蚀性能、抗渗透性能。塑料衬里大多使用在腐蚀性介质中，如水压检验已通过，表明强度和密封已经合格，但抗渗透性不一定合格，故应进行电火花检测。电火花检测的技术参数是直接引用了现行国家标准《氟塑料衬里压力容器 电火花试验方法》GB/T 23711.1—2009 的规定。

（Ⅱ）一般项目

8.1.8 衬里的外观质量，采用观察检查时，特别要检查翻边支管等关键部位，这些部位往往出问题。碳化黑点主要是在加工成型时，部分灰尘等进入塑料里面形成的，其会影响产品的使用寿命，观测时可用 5 倍放大镜进行观察。

8.1.9 塑料衬里与外壳贴合应紧密，检验方法是用橡胶榔头轻轻拍打是否有明显空隙的回音。

8.2 原材料的质量要求

主控项目

8.2.2 氯丁胶粘剂、聚异氰酸酯材料的质量应注意符合环保的规定。

8.2.3 用于压力容器衬里的塑料板，必须采用电火花针孔检测仪检测材料的针孔，以保证该材料的耐腐蚀性能和抗渗透性能。复验测试拉伸强度，是为了保证材料的强度，以避免不合格材料用到衬里设备上。拉伸强度的测定应按现行国家标准《塑料拉伸性能的测定 第 1 部分：总则》GB/T 1040.1 和《塑料拉伸性能的测定 第 3 部分：薄膜和薄片的试验条件》GB/T 1040.3 的规定执行。本条为强制性条文，必须严格执行。

8.4 氟塑料板衬里设备

（Ⅰ）主控项目

8.4.1 对乙烯-四氟乙烯共聚物和聚偏氟乙烯板热风焊或聚四氟乙烯板材热压焊进行检查时，人体不得踩踏衬里，当必须踩踏时，应穿带套的软鞋。

（Ⅱ）一般项目

8.4.2 焊接工艺评定是为使焊接接头符合标准要求，并对所拟定的焊接工艺规程进行验证性试验及结果评价。焊接工艺因数分重要因数和次要因数，具体评定的要求见塑料焊接工艺评定的系列化工行业标准。

8.5 塑料衬里管道

（Ⅰ）主控项目

8.5.2 由于塑料本身是塑性的，衬里翻边面在装配前如有少许的波浪面，装配压紧后就应密封可靠。

（Ⅱ）一般项目

8.5.3 基体处理表面质量应达到 Sa2 $\frac{1}{2}$级，可以采用对比样板进行比较。

9 玻璃鳞片衬里

9.1 一般规定

9.1.1～9.1.3 在乙烯基酯树脂类、双酚 A 型不饱和聚酯树脂类和环氧树脂类玻璃鳞片衬里施工过程中及结束后，对涂层质量需要进行检查的数量，原材料和制成品的取样作出了规定。

（Ⅰ）主控项目

9.1.4 衬里施工前的基体表面处理达标要求：一是表面除锈程度，二是表面粗糙度。这是确保设备衬里质量的先决条件。表面油污、油脂及其他非锈污染物的存在会影响衬里与基体表面的附着力。一旦衬里施工完毕，任何基体表面与内外支撑件之间的焊接、铆接、螺接都将破坏衬里层的完整。衬里侧焊缝、焊瘤、弧坑、焊渣等瑕疵都将影响衬里的施工质量。

（Ⅱ）一般项目

9.1.5 从国内燃煤电厂 FGD 系统鳞片衬里失效的案例分析中可以看出，绝大多数衬里层在投入使用不久发生了脱层、起壳等现象，都是因为赶工期而未采取任何措施，在低温环境和湿度超标的情况下强行施工造成的。主要原因是涂料与基体表面的附着力出现了问题。因此，需要对施工环境温度和相对湿度进行控制，当超过控制指标时，应采用加温或除湿措施。

9.2 原材料和制成品的质量要求

一 般 项 目

9.2.3 树脂玻璃鳞片混合料（指未固化的）和制成品（指固化物）的质量指标，主要来源有：国家现行标准《玻璃鳞片衬里胶泥》HG/T 3797、日本标准《玻璃干胚料乙烯基脂树脂衬里膜》JISK6940 及近十年来国内研究和工程应用经验的总结。

9.3 衬 里

（Ⅰ）主 控 项 目

9.3.1～9.3.4 这几条规定了衬里层质量检查的具体方法，从附着牢固、表面固化程度、厚度和针孔检查等几方面把关。

（Ⅱ）一 般 项 目

9.3.5 在规定的涂装间隔时间内施工，才能确保涂层间具有优良的附着力。

9.3.6 合理的养护期使衬里层固化完全后，确保其性能发挥作用。

10 铅 衬 里

10.1 一 般 规 定

10.1.1 本条规定了本章的适用范围。

10.2 原材料的质量要求

（Ⅰ）主 控 项 目

10.2.1 铅中含有的杂质对铅的性能有很大的影响。铅的杂质是在其制造过程中，铅矿石中含有的其他元素在冶炼时没有被除去，并混入了铅材之中，这些杂质的存在导致铅的某些性能有所改变。根据铅中含有杂质的种类和数量的不同，铅的牌号也有所不同。故根据现行国家标准《铅及铅锑合金板》GB 1470 对其化学成分及规格作出规定，并将其列为主控项目。

10.2.2 铅焊施工中，焊条的质量直接影响焊接质量，故将其列为主控项目。

10.2.3 铅衬里用于强腐蚀性环境中，如果铅板及搪铅母材存在砂眼、裂缝等缺陷，强腐蚀性介质会从这些缺陷部位腐蚀渗透，从而损坏整个铅衬里层，严重影响其安全使用功能，故列为主控项目。

（Ⅱ）一 般 项 目

10.2.4 为了保证焊接质量，焊条表面应干净、无氧化膜和其他污物。此外铅焊时，熔铅的流动性大，加入焊条速度应准确迅速，因此选择焊条直径的大小也十分重要。

10.3 衬 铅

（Ⅰ）主 控 项 目

10.3.1 衬铅应按设计要求的结构和厚度进行施工，否则会影响其安全使用功能。故将其列为主控项目。

10.3.2 铅表面容易氧化，生成氧化铅膜，随着温度的升高，氧化膜生成的速度加快，氧化铅的熔点比铅高，相对密度较铅小。为了保证焊接质量，在施焊前要用刮刀刮去母材焊口的氧化膜。多层焊接时，施焊到下层前也要刮去焊缝表面的氧化膜，以防施焊时形成夹渣或隔离层，从而影响焊缝的结合。故将其列为主控项目。

（Ⅱ）一 般 项 目

10.3.3 衬铅的施工质量：

1 铅焊时，熔铅的流动性大，故厚度在 7mm 以下的焊件，常采用搭接焊。

2 铅的机械强度低，即使很小的应力，也会产生蠕变现象。因此铅板的固定，是衬铅工作的重要环节。

3 铅板与设备壳壁贴合不良，有凸凹不平现象，常发生在设备拐角部分。这种缺陷，只要仔细拍打即可消除。贴合不紧密，则会加速衬铅板的脱落。

4 衬铅施工时，铅板应妥善保护，避免受到碰伤、刺孔、践踏；不得有铁渣、砂子嵌入铅板中；击打铅板过重或者击打过于集中，这些均能危害衬铅板的质量。焊条混入了杂质，焊接质量不高，焊缝部分不严密，会降低焊缝的耐腐蚀性能和强度，也会加速衬铅板的破坏。

若对焊缝质量有明显怀疑时，可对焊缝做剖割检查。由于铅很软，机械剖割容易将缺陷混淆，难以辨别，所以常用火焰烧削法进行检查。剖割检查属破坏检查，检查后，再将被破坏处重新衬好。

试压检查有水压试验、气压检查、氨气气密性试验三种，可选用其中的一种方法进行检查。

1）水压试验。常压容器的衬铅，多采用盛水试漏。一般衬里前，在设备外壳最低处钻 2 个～4 个直径 5mm～10mm 的小孔。试漏时，分段盛水，每一段停留 2h～4h，若小孔漏水，说明该段有缺陷，应对该段进行检查修补，直至不漏。再全部装满水，保持 24h 以上，无渗漏为止；受压设备，可采用水压试验。将水装满设备密封，用水泵加压，从钻孔处检查有无水漏出。当压力达到工作压力的1.5倍时，保持时间为3min～5min，即降至工作压力进行全面检查，若压力不下降，小孔无漏水即为合格。

2）气压检查。对不适合水压检查的设备，可采用气压检查。设备密闭后，向设备内通入压缩空气，使压力达到0.2MPa～0.3MPa，在设备下部小孔或法兰铅翻边处涂上肥皂水进行检查。若有气泡产生说明有渗漏，需对铅板、焊缝重新检查并对缺陷处重新施焊，直至无渗漏为止。

3）氨气气密性试验。一般采用氨气做气密性试验，将氨气通入设备内或设备与衬里的夹层中，但严格控制氨气的流速和压力，不得将铅板吹凸。在衬里的焊道上涂抹酚酞酒精溶液，溶液不变红色，即说明焊道无漏处。

10.4 搪 铅

（Ⅰ）主 控 项 目

10.4.1 搪铅应按设计要求的结构和厚度进行施工，否则会影响其安全使用功能。故将其列为主控项目。

（Ⅱ）一 般 项 目

10.4.2 搪铅的施工质量：

1 表面处理是搪铅施工中必要且重要的一道工序，增强搪铅层附着力。

2 由于熔铅的流动性大，所以搪铅应在水平的位置上进行。搪铅层每次宜搪2mm～4mm厚，搪道的宽度宜为15mm～25mm，长度一般在500mm左右，不宜过长。

3 间接搪铅法施工，若挂锡层较厚，容易使锡混入铅层，从而减弱铅层的耐腐蚀性能。

4～6 搪铅过程中，由于技术不熟练和设备表面处理不好等原因，容易产生一些缺陷，会造成不良后果，应消除。常发生的缺陷有：搪铅层不平整，表面有凸凹不平、裂纹、焊瘤等现象；搪铅层薄厚不均；搪铅层与被搪表面没有粘结牢，仅仅是覆盖在上面，局部有鼓包现象；搪铅层中有夹层、夹渣和氧化物等杂质；搪铅层中有气孔或熔池缩孔；搪铅层中铅的纯度低，含锡、锑等杂质过多。

用超声波探伤器检查，探头在搪铅层背面移动。若粘结良好，其示波器中显示波形是均匀的；若粘结不好，则波形是杂乱的。

若对搪铅层质量有明显怀疑时，可对搪铅层做剖视检查。在搪铅表面选定2处～3处，用扁铲将搪铅层铲掉一部分，检查粘结情况，同时还可以检查搪铅层厚度。也可采用钻孔的方法检查粘结和厚度情况。剖视检查属破坏检查，检查后，再将被破坏处重新搪好。

点蚀检查有抹酸检查法和蒸汽检查法，应根据现场条件和设备容积，选用其中一种方法进行检查。抹酸检查法，在搪铅表面用20%的硫酸均匀涂抹，放置48h后，检查无腐蚀点为合格；蒸汽检查法，在设备内通入蒸汽，保持设备内特别潮湿，停放40h后，检查无锈斑出现为合格。

上述缺陷中，最常见的是搪铅层不平整。消除的方法是将缺陷处的位置垫平，再用火焰跑一遍，此时火焰走动应略慢。

11 喷涂聚脲衬里

11.0.1 本章喷涂聚脲衬里的质量验收仅适用于防腐工程，不适用于防水工程的验收，因有些检测项目和检测方法存在差异。

11.0.2 对质量有严重影响的部分，可进行破坏性检查，主要是指防腐涂层在液态介质流量冲击变化较大的部位或现场目测有异议的部位。

11.0.3 主要指标是指衬里质量严重影响防腐效果的项目。

（Ⅰ）主 控 项 目

11.0.6 电火花仪测试是检查喷涂型聚脲涂层致密性能的手段。当厚度增加时，其耐电压指标相应增大。当电火花的移动速度小于或等于0.3m/s时，也不能长时间在一点停留。

11.0.7 附着力的测试应按国家现行标准《建筑工程饰面砖粘接强度检验标准》JGJ 110的规定进行检测，一般情况为涂膜后25℃条件下，养护3d～5d后测试。

（Ⅱ）一 般 项 目

11.0.8 影响喷涂型聚脲涂层面层质量的因素包括：基层处理、配合比、施工环境温度、施工方法等。如果表面处理未达标等情况，则可能引起面层局部起壳或鼓泡，从而会蔓延到整个面层；在施工过程中，如施工操作方法不当，也会引起面层的起壳或脱层。故允许少量局部过喷现象或每平方米面积小于200mm的壳层或鼓泡数量不得大于2个。

12 氯丁胶乳水泥砂浆衬里

12.1 一 般 规 定

12.1.1 本条规定了本章的适用范围。氯丁胶乳水泥砂浆防腐蚀工程应包括工业设备、管道内表面铺抹的氯丁胶乳水泥砂浆整体衬里面层。

12.1.2 氯丁胶乳水泥砂浆衬里工程的检验数量是根据现场实际情况确定的。

12.2 原材料和制成品的质量要求

（Ⅰ）主 控 项 目

12.2.1 氯丁胶乳水泥砂浆防腐蚀工程质量，首先取决于所用原材料的质量，所以应严格控制氯丁胶乳水泥砂浆防腐蚀工程所用各种原材料的质量，对于产品质量检验数据不全或对现场产品质量产生怀疑时，应按要求对材料规定的性能指标进行现场抽样复验。

12.3 衬 里

（Ⅰ）主 控 项 目

12.3.2 整体面层出现裂缝、脱皮、起砂和麻面，说明存在材料或施工的质量问题，会造成保护层部分或全部失去保护作用，故列为主控项目。

12.3.3 氯丁胶乳水泥砂浆防腐蚀工程中的转角处、结构件、预留孔、管道出入口的质量难控制，容易在这些地方产生腐蚀，故列为主控项目。

（Ⅱ）一 般 项 目

12.3.7 氯丁胶乳水泥砂浆的强度是随着时间的推移逐渐增加的。另外，氯丁胶乳水泥砂浆面层如果失水过快，会导致开裂，强度降低，失去保护作用，所以要适当洒水养护。

13 涂料涂层

（Ⅰ）主 控 项 目

13.0.4 涂料的品种和质量是涂料类防腐蚀工程质量好坏的重要因素之一。不同品种的涂料性能差别很大，即使用同一品种不同厂家的涂料，其性能也不完全一致。采用不合格的涂料会导致质量事故，为此将涂料的品种和质量列为主控项目。

13.0.5 涂装配套系统、施工工艺及涂刷间隔时间等都是涂料性能要求的，在现场施工时应按涂料性能要求进行。否则会发生涂层咬底、中间层结合不牢等缺陷，故列为主控项目。

13.0.6 涂层的层数和厚度直接影响到涂层的使用寿命，故应满足设计的规定。考虑到因施工的不均匀性，涂层难免出现达不到设计要求的厚度，这虽然不会立即造成质量事故，但会影响使用寿命。为避免不必要的返工，根据现场实际情况作此条规定。

（Ⅱ）一 般 项 目

13.0.7 涂层外观质量的检查是衡量涂料产品质量和施工质量的重要指标。涂层表面的平整和色泽直接影响到涂层的装饰效果。流挂、起皱、无脱皮、返锈、漏涂等缺陷表明产品质量和施工质量有问题，直接影响防腐蚀工程质量和使用寿命。

13.0.8 涂层附着力的检查是控制涂料类防腐蚀工程质量的重要指标，涂层附着力主要使用的标准方法是依据现行国家标准《色漆和清漆　漆膜的划格试验》GB/T 9286、《硫化橡胶或热塑性橡胶撕裂强度的测定（裤形、直角形和新月形试样）》GB/T 529 和《工业建筑防腐蚀设计规范》GB 50046 的规定。

这些方法适用于单层或复合涂层和基层表面附着力的检查，也适用于涂层层间附着力的检查。涂层附着力检验是破坏性的，检查之后要求及时进行修补。

涂层和基层的附着力是涂层质量好坏的关键。涂层的附着力是指涂层牢固地附着在被涂物上而不剥落的能力。涂层间化学键力，涂层和被涂物间分子作用力，涂层和被涂物之间的静电引力等都是决定涂层附着力的关键。为了提高涂层的附着力，常需提高成膜树脂的极性，并控制碳键聚合物的分子量。一般情况使它在成膜前分子量不太大，而在形成固化涂层时转化为高分子量的体型结构，这样可以提高涂层的附着力。涂层的附着力除由树脂结构起决定作用外，还与被涂物的材质和基体表面处理有密切关系。例如：铁红底涂料对铝表面附着力很差，而对除锈良好的钢铁表面有很好的附着力。一旦涂层附着力不好，会出现裂纹、起皱、脱皮等现象，工程投入使用后，腐蚀介质渗入，导致整个涂层的损坏，丧失防腐蚀能力。

13.0.9 涂层针孔质量在检查时宜选用涂层高电压火花仪或低电压漏涂检查仪检查方法。两种方法的区别在涂层上使用高压火花仪法，会导致涂层受损；使用低压漏涂法不会导致涂层受损，但检查针孔误差大。在选用高压火花仪使用前要对涂层的总厚度和涂层的绝缘性进行考虑，选择合适的测量电压。对于检查出的针孔及缺陷应按要求及时进行修补。

14 金属热喷涂层

（Ⅰ）主 控 项 目

14.0.2～14.0.4 金属热喷涂层材料、涂层厚度和涂层外观决定涂层的使用功能和寿命，因此将这三条列为主控项目。

“局部厚度”即在基准面上进行规定次数厚度测量所得涂层厚度的平均值。“最小局部厚度”即各局部厚度中的最小值。现行国家标准《金属和其他无机覆盖层　热喷涂　锌、铝及其合金》GB/T 9793—1997、《热喷涂涂层厚度的无损测量方法》GB/T 11374—1989 和 ISO 2063：2005 规定：“金属喷涂层厚度由其最小局部厚度确定”，故最小局部厚度不应小于设计规定值。

（Ⅱ）一 般 项 目

14.0.9 当设计没有要求抗拉结合强度测定时，应采用定性试验方法检验涂层结合强度。其定性试验方法应符合现行国家标准《金属和其他无机覆盖层 热喷涂 锌、铝及其合金》GB/T 9793 的相关规定。当采用定量测定方法时，抗拉结合强度的测定应按现行国家标准《热喷涂 抗拉结合强度的测定》GB/T 8642 进行。

15 分部（子分部）工程验收

15.0.1、15.0.2 工程验收在施工单位自检合格的基础上进行，有利于加强自控主体的责任心。不符合质量标准要求时，及时进行处理。分项工程按检验批进行，有助于及时纠正施工中出现的质量问题，检验批、分项工程验收合格后再进行分部工程质量验收，确保工程质量，也符合施工实际的需要。

15.0.3 本条规定了工程验收应提交的质量控制文件和保证资料，体现了施工全过程控制，应做到真实、准确，不得有涂改和伪造。

15.0.4 有特殊要求的防腐蚀工程，还会根据设备或管道的使用功能提出一些特殊防腐蚀要求，此类工程验收时，除执行本规范外，还应按设计或材料产品说明对特殊要求进行检测和验收。

中华人民共和国国家标准

工程结构加固材料安全性鉴定技术规范

Technical code for safety appraisal of engineering structural strengthening materials

GB 50728—2011

主编部门：四 川 省 住 房 和 城 乡 建 设 厅

批准部门：中华人民共和国住房和城乡建设部

施行日期：2 0 1 2 年 5 月 1 日

中华人民共和国住房和城乡建设部
公　　告

第1213号

关于发布国家标准《工程结构加固材料安全性鉴定技术规范》的公告

现批准《工程结构加固材料安全性鉴定技术规范》为国家标准，编号为GB 50728－2011，自2012年5月1日起实施。其中，第3.0.1、3.0.5、4.1.4、4.2.2、4.4.2、4.5.2、5.2.5、6.1.4、7.1.5、8.2.1、8.2.4、8.3.4、8.4.2、9.1.2、9.3.1、12.1.2、12.1.3条为强制性条文，必须严格执行。

本规范由我部标准定额研究所组织中国建筑工业出版社出版发行。

中华人民共和国住房和城乡建设部

2011年12月5日

前　　言

本规范是根据原建设部《关于印发〈二〇〇〇至二〇〇一年工程建设国家标准制订、修订计划〉的通知》（建标［2001］87号）的要求，由四川省建筑科学研究院和中国华西企业股份有限公司会同有关单位编制完成的。

本规范在编制过程中，编制组开展了各种工程结构加固材料和制品安全性鉴定方法的专题研究；进行了广泛的调查分析和重点项目的验证性试验和检验试用；总结了二十多年来我国加固材料和制品的性能设计、质量控制和工程应用的经验，并与国外先进的标准、规范进行了比较分析和借鉴。在此基础上以多种方式广泛征求了有关单位和社会公众的意见并进行了检验和对检验效果的评估。据此，还对主要条文进行了反复修改，最后经审查定稿。

本规范共分12章和19个附录。主要技术内容包括：总则、术语、基本规定、结构胶粘剂、裂缝注浆料、结构加固用水泥基灌浆料、结构加固用聚合物改性水泥砂浆、纤维复合材、钢丝绳、合成纤维改性混凝土和砂浆、钢纤维混凝土、后锚固连接件。

本规范中以黑体字标志的条文为强制性条文，必须严格执行。

本规范由住房和城乡建设部负责管理和对强制性条文的解释，由四川省住房和城乡建设厅负责日常管理，由四川省建筑科学研究院负责具体技术内容的解释。为充分提高规范的质量，请各使用单位在执行本规范过程中，结合工程实践，注意总结经验，积累数据、资料，随时将意见和建议寄交成都市一环路北三段55号住房和城乡建设部建筑物鉴定与加固规范管理委员会（四川省建筑科学研究院内，邮编：610081）。

本规范主编单位：四川省建筑科学研究院
中国华西企业股份有限公司

本规范参编单位：同济大学
湖南大学
福州大学
武汉大学
中国科学院大连化学物理研究所
重庆市建筑科学研究院
南京玻璃纤维研究设计院
上海加固行建筑技术工程公司
亨斯迈先进化工材料（广东）有限公司
大连凯华新技术工程有限公司
厦门中连结构胶有限公司
湖南固特邦土木技术发展有限公司
吴江得力建筑结构胶厂
慧鱼集团（太仓）有限公司
喜利得（中国）商贸有限

公司

武汉长江加固技术有限公司

武汉武大巨成加固实业有限公司

上海怡昌碳纤维材料有限公司

上海同华特种土木工程有限公司

本规范主要起草人员：高永昭　梁　坦　陈跃熙　梁　爽　黄光洪　吴善能　王文军　张首文　贺曼罗　卓尚木　林文修　卜良桃　包兆鼎　王立民　张成英　陈友明　彭　勃　孙永根　刘　兵　张　智　侯发亮　保英明　周海明　张坦贤　刘延年　黎红兵

本规范审查人员：刘西拉　戴宝城　高小旺　赵世琦　蒋松岩　弓俊青　邱洪兴　张天宇　石建光　高旭东　毕　琼　单远铭

目　次

Contents

1 总 则

1.0.1 为加强对工程结构加固中应用的有关材料及制品的质量控制和技术管理，确保工程结构加固工程的质量和安全，制定本规范。

1.0.2 本规范适用于结构加固工程中应用的材料及制品的安全性检验与鉴定。

1.0.3 工程结构加固材料及制品的应用安全性鉴定结论应为工程加固选用材料的依据；不得用以替代加固材料及制品进入施工现场的取样复验。

1.0.4 工程结构加固材料及制品的应用安全性鉴定，应由国家有关主管部门批准的具备相应资格的检验、鉴定机构受理。

1.0.5 本规范应与现行国家标准《混凝土结构加固设计规范》GB 50367、《砌体结构加固设计规范》GB 50702、《建筑结构加固工程施工质量验收规范》GB 50550 等配套使用。

1.0.6 工程结构加固材料及制品的应用安全性检验与鉴定，除应执行本规范外，尚应符合国家现行有关标准的规定。

2 术 语

2.0.1 鉴定 appraisal

实施一组工作活动，其目的在于证明一种加固材料或制品在参与工程结构承重构件受力过程中的可靠性（包括安全性、适用性和耐久性）。

2.0.2 验证性试验 verificity test

证明一种加固材料或制品的性能是否符合规定要求的试验。

2.0.3 抽样 sampling

随机抽取或按一定规则组成样本的过程。

2.0.4 样本 sample

按规定方式取自总体的一个或若干个的个体，用以提供关于总体的信息，并作为可能判定总体某一特征的基础。

2.0.5 材料性能标准值 characteristic value of a material property

材料性能的基本代表值。该值应根据符合规定质量的材料性能概率分布的某一分位数确定。在工程结构中，通常取该分位数为 0.05。

2.0.6 基材 substrate

胶接工程中的加固件与原构件同是被粘物，但两者性质不同，为便于区别，而将原构件或其被粘部分称为基材。

2.0.7 结构胶粘剂 structural adhesive

用于承重结构或构件胶接的、能长期承受设计应力和环境作用的胶粘剂，简称结构胶。

2.0.8 底胶 primer

用于被加固构件（基材）的表面处理，为防止表面污染和改善表层粘结性能而使用的胶粘剂。

2.0.9 修补胶 putty

用于被加固构件（基材）表面缺陷修补、找平的胶粘剂。为适应工程结构现场使用条件，一般要求修补胶能在室温条件下固化，且对胶粘表面无苛求。

2.0.10 结构用界面胶 interfacial adhesive for structure

在工程结构加固工程中，为改善新旧混凝土或旧混凝土与新增面层的粘结能力而使用的胶粘剂，也称结构用混凝土界面剂。

2.0.11 裂缝压注胶 pressure injection adhesive for cracks

采用低黏度改性环氧类胶液配制的、以压力注入结构或构件裂缝腔内、具有一定粘结能力的胶粘剂。当仅用于封闭、填充裂缝时，称为“裂缝封闭用压注胶”；当用于恢复开裂构件的整体性和抗拉强度时，称为“裂缝修复用压注胶”；两者不得混淆。

2.0.12 室温固化 room temperature curing

对未经改性的结构胶，指能在不低于 15℃的室温下进行正常化学反应的固化过程；对改性的结构胶，指能在不低于 5℃的室温下进行正常化学反应的固化过程。

2.0.13 低温固化 low temperature curing

能在低于 5℃的低温环境中进行正常化学反应的固化过程。对工程结构加固用的低温固化型胶粘剂，一般按其反应所要求的自然温度分为－5℃、－10℃和－20℃三档。

2.0.14 老化 ageing

胶接件的性能随时间降低的现象。在工程结构设计中，需要考虑的老化现象有湿热老化、热老化以及其他环境作用的老化等。

2.0.15 聚合物改性水泥砂浆 polymer modified cement mortar

以高分子聚合物为增强粘结性能的改性材料配制而成的水泥砂浆。

2.0.16 灌浆料 grouting material

一种高流态、可塑性良好的灌注材料。工程结构用的灌浆料，应具有不分层、不分化、固化收缩极小、体积稳定的物理特性，并具有符合规定要求的粘结性能和力学性能。一般分为改性环氧类灌浆料和改性水泥基类灌浆料。

2.0.17 裂缝注浆料 injection grouting for cracks

灌浆料的一个系列。主要用于压注宽度为 1.5mm～5.0mm 的混凝土裂缝和砌体裂缝。因不用粗骨料，而改称为“注浆料”以示与一般灌浆料的区别。

2.0.18 纤维复合材 fibre reinforced polymer

采用高强度或高模量连续纤维按一定规则排列并经专门处理而成的、具有纤维增强效应的复合材料。

2.0.19 纤维混凝土 fibre concrete

在水泥基混凝土中掺入方向无规则，但分布均匀的短纤维所形成的复合材料。当主要用于提高混凝土强度时，称为纤维增强混凝土；当主要用于改善混凝土抗裂性或韧性时，一般称为纤维改性混凝土。

2.0.20 不锈钢纤维 stainless steel fibre reinforced concrete

仅指适用于混凝土或砂浆面层加固的、以熔抽法生产的、掺有镍、铬组分的不锈钢短纤维。一般多用于对防腐蚀和耐热性有严格要求的重要结构。

2.0.21 不锈钢丝绳 stainless wire ropes

采用不锈钢细钢丝编制而成的金属股芯、内外不涂敷油脂的钢丝绳。在工程结构加固工程中，一般用于聚合物砂浆面层的配筋。当为单股钢丝绳时，也称为不锈钢绞线。

2.0.22 镀锌钢丝绳 zinc-coated steel wire ropes

采用锌层质量不低于AB级的镀锌钢丝编制而成的金属股芯、内外不涂敷油脂的钢丝绳。在有可靠阻锈措施的条件下，可替代不锈钢丝绳用于无化学介质腐蚀的室内环境中。当为单股钢丝绳时，也称为镀锌钢绞线。

2.0.23 植筋 bonded rebars

以锚固型结构胶，将带肋钢筋或全螺纹螺杆胶接固定于混凝土或砌体基材锚孔中的一种后锚固连接件。

3 基本规定

3.0.1 凡涉及工程安全的工程结构加固材料及制品，必须按本规范的要求通过安全性鉴定。

3.0.2 申请安全性鉴定的加固材料或制品应符合下列条件：

1 已具备批量供应能力；

2 基本试验研究资料齐全，且已经过试点工程或工程试用；

3 材料或制品的毒性和燃烧性能，已分别通过卫生部门和消防部门的检验与鉴定。

3.0.3 加固材料或制品的安全性鉴定取样应符合下列规定：

1 安全性鉴定的样本，应由独立鉴定机构从检验批中按一定规则抽取的样品构成。在任何情况下，均不得使用特别制作的或专门挑选的样本，也不得使用委托单位自行抽样的样本。

2 每一性能项目所需的试样（或试件，以下同)，应至少取自3个检验批次；每一批次应至少抽取一组试样；每组试样的数量应符合下列规定：

1）当检验结果以平均值表示时，其有效试样数不应少于5个；

2）当检验结果以标准值表示时，其有效试样数不应少于15个。

3.0.4 安全性鉴定的检验及检验结果的整理，应符合下列规定：

1 按本规范第3.0.3条规定抽取的试样，当需加工成试件时，应按所采用检验方法标准的要求进行加工，并进行检验前的状态调节；

2 安全性鉴定采用的试验方法应符合本规范附录A的规定；

3 检验应在规定的温湿度环境中进行；其程序与操作方法应严格按规定执行；

4 当个别数据的正常性受到怀疑时，应首先查找该数据异常的物理原因；若确实无法查明时，方允许按现行国家标准《正态样本离群值的判断与处理》GB/T 4883进行判断和处理，不得随意取舍；

5 安全性鉴定的检验结果，应直接与本规范规定的合格指标进行比较，并据以作出合格与否的判定。在这过程中，不计其置信区间估计值对判定的有利影响。

3.0.5 根据安全性鉴定检验结果确定的材料性能标准值，应具有按规定置信水平确定的95%的强度保证率。

3.0.6 工程结构加固材料性能标准值的计算方法应符合本规范附录B的规定。计算所取的置信水平(γ)，应符合下列规定：

1 对置信水平取值有经验可依的加固材料：

1）结构胶粘剂：γ应取为0.90；

2）碳纤维复合材：γ应取为0.99；

3）芳纶纤维复合材：γ应取为0.95；

4）玻璃纤维复合材：γ应取为0.90；

5）不锈钢丝：γ应取为0.95；

6）镀锌钢丝：γ应取为0.90；

7）混凝土：γ应取为0.75；

8）砂浆：γ应取为0.60。

2 对置信水平取值无经验可依的加固材料，应按试验结果的变异系数C_{vs}的置信上限C_{vu}值，由表3.0.6查得γ值。

表3.0.6 按变异系数置信上限确定的γ值

变异系数C_{vs}的置信上限C_{vu}值	≤0.07	≤0.11	≤0.15	≤0.25	≤0.30
计算材料性能标准值采用的γ值	0.99	0.95	0.90	0.75	0.60

3 变异系数置信上限C_{vu}值，应按现行国家标准《正态分布变差系数置信上限》GB/T 11791规定的方法计算；计算时取C_{vu}的置信水平为0.90。

3.0.7 经安全性检验合格的结构加固材料或制品，应提出安全性鉴定报告。鉴定报告所附的检验报告中，应具体说明检验所采用的取样规则、取样对象、取样方法和时间。检验报告中不得使用“本报告仅对来样负责”的措词，若存在此类措词，该报告无效。

3.0.8 工程加固材料或制品应用安全性鉴定合格的资格保留期为4年。

4 结构胶粘剂

4.1 一般规定

4.1.1 工程结构加固用的结构胶，应按胶接基材的不同，分为混凝土用胶、结构钢用胶、砌体用胶和木材用胶等，每种胶还应按其现场固化条件的不同，划分为室温固化型、低温固化型和高湿面（或水下）固化型等三种类型结构胶。必要时，尚应根据使用环境的不同，区分为普通结构胶、耐温结构胶和耐介质腐蚀结构胶等。安全性鉴定时，应分别进行取样、检验与评定。

4.1.2 室温固化型结构胶的使用说明书，应按下列规定标明其最高使用温度类别；其相应的合格评定标准由本章各节作出规定：

1 Ⅰ类适用的温度范围为−45℃～60℃；

2 Ⅱ类适用的温度范围为−45℃～95℃；

3 Ⅲ类适用的温度范围为−45℃～125℃。

4.1.3 工程结构用的结构胶粘剂，其设计使用年限应符合下列规定：

1 当用于既有建筑物加固时，宜为30年；

2 当用于新建工程（包括新建工程的加固改造）时应为50年；

3 当结构胶到达设计使用年限时，若其胶粘能力经鉴定未发现有明显退化者，允许适当延长其使用年限，但延长的年限须由鉴定机构通过检测，会同建筑产权人共同确定。

4.1.4 经安全性鉴定合格的结构胶，凡被发现有改变粘料、固化剂、改性剂、添加剂、颜料、填料、载体、配合比、制造工艺、固化条件等情况时，均应将该胶粘剂视为未经鉴定的胶粘剂。

4.1.5 申请安全性鉴定时，应随同研制报告提供有标题、编号和日期的使用说明书。说明书至少应包括下列内容：

1 结构胶的基本化学组成和载体类型；

2 配制说明，包括组分、配比、加料顺序、配胶时必需的环境控制及配好的结构胶适用期（可操作时间）；

3 推荐的基材表面处理方法及其详细说明；

4 胶粘剂施工环境控制；

5 涂布或压注工艺操作及要求的详细说明；

6 固化程序，包括典型的时间、温度、压力以及各参数极限值的说明；

7 储存要求及储存期。

4.2 以混凝土为基材的结构胶

4.2.1 本节规定适用于以混凝土结构构件为基材（基层）粘结钢材、粘贴纤维复合材、种植锚固件等用的结构胶以及需配套使用的底胶和修补胶的安全性鉴定。

4.2.2 以混凝土为基材，室温固化型的结构胶，其安全性鉴定应包括基本性能鉴定、长期使用性能鉴定和耐介质侵蚀能力鉴定。鉴定时，应遵守下列规定：

1 结构胶的基本性能应分别符合表4.2.2-1、表4.2.2-2或表4.2.2-3的要求。

2 结构胶的长期使用性能鉴定应符合表4.2.2-4中的下列要求：

1）对设计使用年限为30年的结构胶，应通过耐湿热老化能力的检验；

2）对设计使用年限为50年的结构胶，应通过耐湿热老化能力和耐长期应力作用能力的检验；

3）对承受动荷载作用的结构胶，应通过抗疲劳能力检验；

4）对寒冷地区使用的结构胶，应通过耐冻融能力检验。

3 结构胶的耐介质侵蚀能力应符合表4.2.2-5的要求。

表4.2.2-1 以混凝土为基材，粘贴钢材用结构胶基本性能鉴定标准

<table>
<tr><th colspan="3" rowspan="3">检验项目</th><th rowspan="3">检验条件</th><th colspan="4">鉴定合格指标</th></tr>
<tr><th colspan="2">Ⅰ类胶</th><th rowspan="2">Ⅱ类胶</th><th rowspan="2">Ⅲ类胶</th></tr>
<tr><th>A级</th><th>B级</th></tr>
<tr><td rowspan="7">胶体性能</td><td colspan="2">抗拉强度(MPa)</td><td rowspan="7">在(23±2)℃、(50±5)%RH条件下，以2mm/min加荷速度进行测试</td><td>≥30</td><td>≥25</td><td>≥30</td><td>≥35</td></tr>
<tr><td rowspan="2">受拉弹性模量(MPa)</td><td>涂布胶</td><td colspan="2">≥3.2×10³</td><td colspan="2">≥3.5×10³</td></tr>
<tr><td>压注胶</td><td>≥2.5×10³</td><td>≥2.0×10³</td><td colspan="2">≥3.0×10³</td></tr>
<tr><td colspan="2">伸长率(%)</td><td>≥1.2</td><td>≥1.0</td><td colspan="2">≥1.5</td></tr>
<tr><td colspan="2" rowspan="2">抗弯强度(MPa)</td><td>≥45</td><td>≥35</td><td>≥45</td><td>≥50</td></tr>
<tr><td colspan="4">且不得呈碎裂状破坏</td></tr>
<tr><td colspan="2">抗压强度(MPa)</td><td colspan="4">≥65</td></tr>
<tr><td rowspan="8">粘结能力</td><td rowspan="5">钢对钢拉伸抗剪强度(MPa)</td><td>标准值</td><td>(23±2)℃、(50±5)%RH</td><td>≥15</td><td>≥12</td><td colspan="2">≥18</td></tr>
<tr><td rowspan="4">平均值</td><td>(60±2)℃、10min</td><td>≥17</td><td>≥14</td><td>—</td><td>—</td></tr>
<tr><td>(95±2)℃、10min</td><td>—</td><td>—</td><td>≥17</td><td>—</td></tr>
<tr><td>(125±3)℃、10min</td><td>—</td><td>—</td><td>—</td><td>≥14</td></tr>
<tr><td>(−45±2)℃、30min</td><td>≥17</td><td>≥14</td><td colspan="2">≥20</td></tr>
<tr><td colspan="2">钢对钢对接粘结抗拉强度(MPa)</td><td rowspan="3">在(23±2)℃、(50±5)%RH条件下，按所执行试验方法标准规定的加荷速度测试</td><td>≥33</td><td>≥27</td><td>≥33</td><td>≥38</td></tr>
<tr><td colspan="2">钢对钢T冲击剥离长度(mm)</td><td>≤25</td><td>≤40</td><td colspan="2">≤15</td></tr>
<tr><td colspan="2">钢对C45混凝土正拉粘结强度(MPa)</td><td colspan="4">≥2.5，且为混凝土内聚破坏</td></tr>
</table>

续表 4.2.2-1

检验项目	检验条件	鉴定合格指标			
		Ⅰ类胶		Ⅱ类胶	Ⅲ类胶
		A级	B级		
热变形温度(℃)	固化、养护21d，到期使用0.45MPa弯曲应力的B法测定	≥65	≥60	≥100	≥130
不挥发物含量(%)	(105±2)℃、(180±5)min	≥99			

注：表中各项性能指标，除标有标准值外，均为平均值。

表 4.2.2-2　以混凝土为基材，粘贴纤维复合材用结构胶基本性能鉴定要求

检验项目			检验条件	鉴定合格指标			
				Ⅰ类胶		Ⅱ类胶	Ⅲ类胶
				A级	B级		
胶体性能	抗拉强度(MPa)		在(23±2)℃、(50±5)%RH条件下，以2mm/min加荷速度进行测试	≥38	≥30	≥38	≥40
	受拉弹性模量(MPa)			≥2.4×10³	≥1.5×10³	≥2.0×10³	
	伸长率(%)			≥1.5			
	抗弯强度(MPa)			≥50	≥40	≥45	≥50
				且不得呈碎裂状破坏			
	抗压强度(MPa)			≥70			
粘结能力	钢对钢拉伸抗剪强度(MPa)	标准值	(23±2)℃、(50±5)%RH	≥14	≥10	≥16	
		平均值	(60±2)℃、10min	≥16	≥12	—	—
			(95±2)℃、10min	—	—	≥15	—
			(125±3)℃、10min	—	—	—	≥13
			(−45±2)℃、30min	≥16	≥12	≥18	
	钢对钢粘结抗拉强度(MPa)		在(23±2)℃、(50±5)%RH条件下，按所执行试验方法标准规定的加荷速度测试	≥40	≥32	≥40	≥43
	钢对钢T冲击剥离长度(mm)			≤20	≤35	≤20	
	钢对C45混凝土正拉粘结强度(MPa)			≥2.5，且为混凝土内聚破坏			
热变形温度(℃)			使用0.45MPa弯曲应力的B法	≥65	≥60	≥100	≥130
不挥发物含量(%)			(105±2)℃、(180±5)min	≥99			

注：表中各项指标，除标有标准值外，均为平均值。

表 4.2.2-3　以混凝土为基材，锚固用结构胶基本性能鉴定标准

检验项目			检验条件		鉴定合格指标			
					Ⅰ类胶		Ⅱ类胶	Ⅲ类胶
					A级	B级		
胶体性能	劈裂抗拉强度(MPa)		在(23±2)℃、(50±5)%RH条件下，以2mm/min加荷速度进行测试		≥8.5	≥7.0	≥10	≥12
	抗弯强度(MPa)				≥50	≥40	≥50	≥55
					且不得呈碎裂状破坏			
	抗压强度(MPa)				≥60			
粘结能力	钢对钢拉伸抗剪强度(MPa)	标准值	(23±2)℃、(50±5)%RH		≥10	≥8	≥12	
		平均值	(60±2)℃、10min		≥11	≥9	—	—
			(95±2)℃、10min		—	—	≥11	—
			(125±3)℃、10min		—	—	—	≥10
			(−45±2)℃、30min		≥12	≥10	≥13	
	约束拉拔条件下带肋钢筋（或全螺杆）与混凝土粘结强度		(23±2)℃、(50±5)%RH	C30 φ25 l=150	≥11	≥8.5	≥11	≥12
				C60 φ25 l=125	≥17	≥14	≥17	≥18
	钢对钢T冲击剥离长度（mm）		(23±2)℃、(50±5)%RH		≤25	≤40	≤20	
热变形温度(℃)			使用0.45MPa弯曲应力的B法		≥65	≥60	≥100	≥130
不挥发物含量（%）			(105±2)℃、(180±5)min		≥99			

注：表中各项指标，除标有标准值外，均为平均值。

表 4.2.2-4　以混凝土为基材，结构胶长期使用性能鉴定标准

检验项目		检验条件	鉴定合格指标			
			Ⅰ类胶		Ⅱ类胶	Ⅲ类胶
			A级	B级		
耐环境作用	耐湿热老化能力	在 50℃、95% *RH* 环境中老化 90d（B 级胶为 60d）后，冷却至室温进行钢对钢拉伸抗剪试验	与室温下短期试验结果相比，其抗剪强度降低率（%）：			
			≤12	≤18	≤10	≤12
	耐热老化能力	在下列温度环境中老化 30d 后，以同温度进行钢对钢拉伸抗剪试验	与同温度 10min 短期试验结果相比，其抗剪强度降低率：			
		(80±2)℃	≤5	不要求	—	—
		(95±2)℃	—	—	≤5	—
		(125±3)℃	—	—	—	≤5
	耐冻融能力	在−25℃⇄35℃冻融循环温度下，每次循环 8h，经 50 次循环后，在室温下进行钢对钢拉伸抗剪试验	与室温下，短期试验结果相比，其抗剪强度降低率不大于 5%			
耐应力作用能力	耐长期应力作用能力	在（23±2）℃、（50±5）%*RH* 环境中承受 4.0MPa 剪应力持续作用 210d	钢对钢拉伸抗剪试件不破坏，且蠕变的变形值小于 0.4mm			
	耐疲劳应力作用能力	在室温下，以频率为 5Hz、应力比为 5∶1.5、最大应力为 4.0MPa 的疲劳荷载下进行钢对钢拉伸抗剪试验	经 2×10^6 次等幅正弦波疲劳荷载作用后，试件不破坏			

注：若在申请安全性鉴定前已委托有关科研机构完成该品牌结构胶耐长期应力作用能力的验证性试验与合格评定工作，且该评定报告已通过安全性鉴定机构的审查，则允许免作此项检验，而改作楔子快速测定（附录 C）。

表 4.2.2-5　以混凝土为基材，结构胶耐介质侵蚀性能鉴定标准

应检验性能	介质环境及处理要求	鉴定合格指标	
		与对照组相比强度下降率（%）	处理后的外观质量要求
耐盐雾作用	5% NaCl 溶液；喷雾压力 0.08MPa；试验温度（35±2）℃；每 0.5h 喷雾一次，每次 0.5h；盐雾应自由沉降在试件上；作用持续时间：A 级胶及Ⅱ、Ⅲ类胶 90d；B 级胶 60d；到期进行钢对钢拉伸抗剪强度试验	≤5	不得有裂纹或脱胶

续表 4.2.2-5

应检验性能	介质环境及处理要求	鉴定合格指标	
		与对照组相比强度下降率（%）	处理后的外观质量要求
耐海水浸泡作用（仅用于水下结构胶）	海水或人造海水；试验温度（35±2）℃；浸泡时间：A 级胶 90d；B 级胶 60d；到期进行钢对钢拉伸抗剪强度试验	≤7	不得有裂纹或脱胶
耐碱性介质作用	$Ca(OH)_2$ 饱和溶液；试验温度（35±2）℃；浸泡时间：A 级胶及Ⅱ、Ⅲ类胶 60d；B 级胶 45d；到期进行钢对混凝土正拉粘结强度试验	不下降，且为混凝土破坏	不得有裂纹、剥离或起泡
耐酸性介质作用	5%H_2SO_4溶液；试验温度（35±2）℃；浸泡时间：各类胶均为 30d；到期进行钢对混凝土正拉粘结强度试验	混凝土破坏	不得有裂纹或脱胶

4.2.3　以混凝土为基材的结构胶，其性能检验的技术细节要求，应符合下列规定：

1　钢试片的粘合面应经喷砂处理合格。

2　钢试片周边应采取防腐蚀的保护措施。当采用防腐漆涂刷时，漆层不得沾染胶层。

3　锚固型结构胶的胶体抗弯强度试验，其试件厚度应为 8mm。

4　检验用的人造海水配方，应符合表 4.2.3 的规定。

5　各检验项目适用的试验方法标准应符合本规范附录 A 的规定。

表 4.2.3　人造海水配方

成　分	含量（g/L）	成　分	含量（g/L）
NaCl	24.5	$NaHCO_3$	0.201
$MgCl\cdot6H_2O$	11.1	KBr	0.101
Na_2SO_4	4.09	H_3BO_2	0.0270
$CaCl_2$	1.16	$SrCl_2\cdot6H_2O$	0.0420
KCl	0.695	NaF	0.0030

4.2.4　以混凝土为基材，低温固化型结构胶的安全性鉴定，应遵守下列规定：

1　试件的制作与测试应符合以下要求：

1）应在胶粘剂使用说明书中标示的最低温度下，静置胶样各组分 24h，使温度达到平衡状态。此时，胶样各组分应无结晶析出。

2）应立即使用经过温度平衡的胶样配制胶液并粘合试件。

3）应在该低温环境中，静置固化试件至规定的时间。

4）应采用本规范附录 A 规定的测试方法标准，对试件进行测试。

2　低温固化型结构胶基本性能鉴定要求应符合表 4.2.4 的规定。

表 4.2.4　低温固化型结构胶基本性能鉴定要求

检验项目	检验条件	鉴定合格指标
钢对钢拉伸抗剪强度标准值（MPa）	低温固化、养护 7d，到期立即在（23±2）℃、（50±5）%RH 条件下测试	与室温固化型同品种、A级结构胶合格指标相比，强度下降不大于10%
	低温固化、养护 7d，再在（23±2）℃下养护 3d，到期立即在（23±2）℃、（50±5）%RH 条件下测试	与室温固化型同品种、A级结构胶合格指标相比，强度不下降
钢对钢粘结抗拉强度（MPa）	低温固化、养护 7d，再在（23±2）℃下养护 3d，到期立即在（23±2）℃、（50±5）%RH 条件下测试	≥30
钢对 C45 混凝土正拉粘结强度（MPa）		≥2.5，且为混凝土内聚破坏
钢对钢 T 冲击剥离长度（mm）		≤35

3　低温固化型结构胶长期使用性能和耐介质侵蚀性能的鉴定，应以低温固化、养护 7d，再在（23±2）℃下养护 3d 的试件进行检验。其检验结果应达到同品种 A 级胶的合格指标要求。

4.2.5　以混凝土为基材，湿面施工、水下固化型结构胶的安全性鉴定，应符合下列规定：

1　试件的制作与测试要求：

1）应在 5℃环境中进行配胶、拌胶并粘合具有湿面（无浮水）的试件。

2）应在静水中固化、养护试件至规定时间。

3）应采用本规范附录 A 规定的试验方法标准对试件进行测试。

2　湿面施工、水下固化型结构胶基本性能鉴定要求，应符合表 4.2.5 的规定。

表 4.2.5　湿面施工、水下固化型结构胶基本性能鉴定要求

检验项目	检验条件	鉴定合格指标
钢对钢拉伸抗剪强度标准值（MPa）	水下固化、养护 7d，到期立即在 5℃条件下测试	≥10
	水下固化、养护 7d 的试件，晾干 3d 后，再在水下浸泡 30d 到期立即测试	≥8
钢对钢拉伸抗剪强度平均值（MPa）	在室温下进行干态粘合的试件，经 7d 固化、养护后立即测试	应达到同品种 A 级胶合格指标的要求
钢对钢 T 冲击剥离长度平均值（mm）		
钢对 C45 混凝土正拉粘结强度平均值（MPa）		

3　湿面施工、水下固化型结构胶长期使用性能的鉴定，应以水下固化、养护 7d，再晾干 3d 的试件进行检验。其检验结果应达到同品种 A 级胶的合格指标要求。

4　湿面施工、水下固化型结构胶耐介质腐蚀性能检验可仅作耐海水浸泡一项。经过 90d 浸泡的试件与浸泡前对照组相比，其钢对钢拉伸抗剪强度的下降百分率不应大于 10%。

4.3　以砌体为基材的结构胶

4.3.1　以钢筋混凝土为面层的组合砌体构件，其加固用结构胶的安全性鉴定应按以混凝土为基材的结构胶的规定进行。

4.3.2　以素砌体为基材，粘贴钢板、纤维复合材及种植带肋钢筋、全螺纹螺杆和化学锚栓用的结构胶，其基本性能的安全性鉴定应分别按以混凝土为基材相应用途的 B 级胶的规定进行。

4.4　以钢为基材的结构胶

4.4.1　本节规定适用于以钢结构构件为基材（基层）粘结加固材料用的结构胶及其配套底胶和修补胶的安全性鉴定。

4.4.2　以钢为基材粘合碳纤维复合材或钢加固件的室温固化型结构胶，其安全性鉴定应包括基本性能鉴定和耐久性能鉴定。鉴定时，应符合下列规定：

1　钢结构加固用胶的设计使用年限，均应按不少于 50 年确定。

2　结构胶的基本性能和耐久性能鉴定，应分别符合表 4.4.2-1、表 4.4.2-2 和表 4.4.2-3 的要求；其耐侵蚀介质性能的鉴定应符合本规范表 4.2.2-5 的要求。

3　胶的粘结能力检验，其破坏模式应为胶层内聚破坏，而不应为粘结界面的粘附破坏。当胶层内聚破坏的面积占粘合面积 85%以上时，均可视为正常的内聚破坏。

4　用于安全性检验的钢材表面处理方法（包括脱脂、除锈、糙化、钝化等），应按结构胶使用说明书采用，检验人员应按说明书规定的程序和方法严格执行。

5　当有使用底胶的要求时，检验、鉴定对其性能的要求，不应低于配套结构胶的标准。对粘结钢材用的底胶，尚应使用耐蚀底胶。

4.4.3　以钢为基材结构胶检验项目适用的试验方法标准应符合本规范附录 A 的规定。

4.5　以木材为基材的结构胶

4.5.1　本节规定适用于以干燥木材为基材粘结木材的室温固化型结构胶的安全性鉴定。

注：干燥木材系指平均含水率不大于 15%的方木和原木，或表面含水率为 12%的板材。

表 4.4.2-1　以钢为基材，粘贴钢加固件的结构胶基本性能鉴定标准

检验项目			检验条件	鉴定合格指标			
				Ⅰ类胶		Ⅱ类胶	Ⅲ类胶
				AAA 级	AA 级		
胶体性能	抗拉强度(MPa)		试件浇注毕养护至7d，到期立即在：(23±2)℃、(50±5)%*RH*条件下测试	≥45	≥35	≥45	≥50
	受拉弹性模量(MPa)	涂布胶		≥4.0×10³	≥3.5×10³	≥3.5×10³	
		压注胶		≥3.0×10³	≥2.7×10³	≥2.7×10³	
	伸长率(%)	涂布胶		≥1.5		≥1.7	
		压注胶		≥1.8		≥2.0	
	抗弯强度(MPa)			≥50		≥60	
				且不得呈碎裂状破坏			
	抗压强度(MPa)			≥65		≥70	
粘结能力	钢对钢拉伸抗剪强度(MPa)	标准值	试件粘合后养护7d，到期立即在(23±2)℃、(50±5)%*RH*条件下测试	≥18	≥15	≥18	
		平均值	(95±2)℃；10min	—	—	≥16	—
			(125±3)℃；10min	—	—	—	≥14
			(−45±2)℃；30min	≥20	≥17	≥20	
	钢对钢对接接头抗拉强度(MPa)		试件粘合后养护7d，到期立即在(23±2)℃、(50±5)%*RH*条件下测试	≥40	≥33	≥35	≥38
	钢对钢T冲击剥离长度(mm)			≤10	≤20	≤6	
	钢对钢不均匀扯离强度(kN/m)			≥30	≥25	≥35	
热变形温度(℃)			使用0.45MPa弯曲应力的B法	≥65		≥100	≥130

注：表中各项性能指标，除标有标准值外，均为平均值。

表 4.4.2-2　以钢为基材，粘贴碳纤维复合材的结构胶基本性能鉴定标准

检验项目			检验条件	鉴定合格指标			
				Ⅰ类胶		Ⅱ类胶	Ⅲ类胶
				AAA 级	AA 级		
胶体性能	抗拉强度（MPa)		试件浇注毕养护至7d，到期立即在：(23±2)℃、(50±5)%*RH*条件下测试	≥50	≥40	≥50	≥45
	受拉弹性模量(MPa)	涂布胶		≥3.3×10³	≥2.8×10³	≥3.0×10³	
		压注胶		≥2.5×10³		≥2.5×10³	
	伸长率(%)	涂布胶		≥1.7		≥2.0	
		压注胶		≥2.0		≥2.3	
	抗弯强度（MPa)			≥50		≥60	
				且不得呈碎裂状破坏			
	抗压强度（MPa)			≥65		≥70	

续表 4.4.2-2

检验项目			检验条件	鉴定合格指标			
				Ⅰ类胶		Ⅱ类胶	Ⅲ类胶
				AAA 级	AA 级		
粘结能力	钢对钢拉伸抗剪强度(MPa)	标准值	试件粘合毕养护7d，到期立即在(23±2)℃、(50±5)%*RH*条件下测试	≥17	≥14	≥17	
		平均值	(95±2)℃；10min	—	—	≥15	—
			(125±3)℃；10min	—	—	—	≥12
			(−45±2)℃；30min	≥19	≥16	≥19	
	钢对钢对接接头抗拉强度(MPa)		试件粘合后养护7d，到期立即在(23±2)℃、(50±5)%*RH*条件下测试	≥45	≥40	≥45	≥38
	钢对钢T冲击剥离长度(mm)			≤10	≤20	≤6	
	钢对钢不均匀扯离强度(kN/m)			≥30	≥25	≥35	
热变形温度(℃)			使用0.45MPa弯曲应力的B法	≥65		≥100	≥130

注：表中各项性能指标，除标有标准值外，均为平均值。

表 4.4.2-3　以钢为基材，结构胶耐久性能鉴定要求

检验项目		检验条件	鉴定合格指标			
			Ⅰ类胶		Ⅱ类胶	Ⅲ类胶
			A 级	B 级		
耐环境作用	耐湿热老化能力	在50℃、95%*RH*环境中老化90d后，冷却至室温进行钢对钢拉伸抗剪强度试验	与室温下短期试验结果相比，其抗剪强度降低率（%）:			
			≤12	≤18	≤10	≤15
	耐热老化能力	在下列温度环境中老化90d后，以同温度进行钢对钢拉伸抗剪试验	与同温度短期试验结果相比，其抗剪强度平均降低率（%）:			
		(60±2)℃恒温	≤5	≤10	—	—
		(95±2)℃恒温	—	—	≤5	—
		(125±3)℃恒温	—	—	—	≤7
	耐冻融能力	在−25℃⇄35℃冻融循环温度下，每次循环8h，经50次循环后，在室温下进行钢对钢拉伸抗剪试验	与室温下短期试验结果相比，其抗剪强度平均降低率（%）不大于5%			
耐应力作用能力	耐长期剪应力作用能力	在各类胶最高使用温度下，承受5.0MPa剪应力，持续作用210d	钢对钢拉伸抗剪试件不破坏，且蠕变的变形值小于0.4mm			
	耐疲劳作用能力	在室温下，以频率为5Hz、应力比为5：1、最大应力为5.0MPa的疲劳荷载下进行钢对钢拉伸抗剪试验	经 5×10^6 次等幅正弦波疲劳荷载作用后，试件未破坏			

4.5.2　木材与木材粘结室温固化型结构胶安全性鉴定标准应符合表 4.5.2 的规定。

表 4.5.2 木材与木材粘结室温固化型结构胶安全性鉴定标准

检验的性能			鉴定合格指标	
			红松等软木松	栎木或水曲柳
粘结性能	胶缝顺木纹方向抗剪强度（MPa）	干试件	≥6.0	≥8.0
		湿试件	≥4.0	≥5.5
	木材对木材横纹正拉粘结强度 f_t^b（MPa）		$f_t^b \geq f_{t,90}$，且为木材横纹撕拉破坏	
耐环境作用性能	以 20℃水浸泡 48h→－20℃冷冻 9h→室温置放 15h→70℃热烘 10h 为一循环，经 8 个循环后，测定胶缝顺纹抗剪破坏形式		沿木材剪坏的面积不得少于剪面面积的 75%	

4.6 裂缝压注胶

4.6.1 本章规定适用于混凝土和砌体结构构件裂缝压注胶的安全性鉴定。

4.6.2 裂缝压注胶分为裂缝封闭胶和裂缝修复胶两类。封闭胶用于封闭和填充裂缝；修复胶用于恢复混凝土构件的整体性和部分强度。

4.6.3 混凝土裂缝封闭胶安全性鉴定的检验项目及合格指标，应符合以混凝土为基材粘结纤维复合材的B级胶的规定。

4.6.4 混凝土裂缝修复胶安全性鉴定标准应符合表4.6.4 的规定。

表 4.6.4 混凝土裂缝修复胶安全性鉴定标准

检验项目		检验条件	鉴定合格指标
胶体性能	抗拉强度（MPa）	浇注毕养护 7d，到期立即在（23±2）℃、（50±5）%RH 条件下测试	≥25
	受拉弹性模量（MPa）		≥1.5×10^3
	伸长率（%）		≥1.7
	抗弯强度（MPa）		≥30 且不得呈碎裂破坏
	抗压强度（MPa）		≥50
	无约束线性收缩率（%）	浇注毕养护 7d，到期立即在（23±2）℃条件下测试	≤0.3
粘结能力	钢对钢拉伸抗剪强度（MPa）	粘合毕养护 7d，到期立即在（23±2）℃、（50±5）%RH 条件下测试	≥15
	钢对钢对接抗拉强度（MPa）		≥20
	钢对干态混凝土正拉粘结强度（MPa）		≥2.5，且为混凝土内聚破坏
	钢对湿态混凝土正拉粘结强度（MPa）		≥1.8，且为混凝土内聚破坏
耐湿热老化性能		在 50℃、（95±3）%RH 环境中老化 90d，冷却至室温进行钢对钢拉伸抗剪强度试验	与室温下，短期试验结果相比，其抗剪强度降低率不大于 18%

注：1 表中各项性能指标均为平均值；
2 干态混凝土指含水率不大于 6%的硬化混凝土；湿态混凝土指饱和含水率状态下的硬化混凝土。

4.7 结构加固用界面胶、底胶和修补胶

4.7.1 承重结构新旧混凝土连接用界面胶的安全性鉴定应符合下列规定：

1 界面胶干态粘结的基本性能、长期使用性能和耐介质侵蚀性能应按配套结构胶的鉴定检验标准确定；

2 界面胶在混凝土对混凝土湿态粘结条件下的压缩抗剪强度，应符合本规范附录 N 的要求；

3 界面胶在钢对钢湿态粘结条件下的拉伸抗剪强度，应符合本规范第 4.2.5 条第 2 款的要求；

4 对重要结构，界面胶胶体的无约束线性收缩率 CS 应符合下列规定：

1）当不加填料时，$CS\leq0.4\%$；

2）当加填料时，$CS\leq0.2\%$。

4.7.2 当胶接的设计要求使用底胶时，应对结构胶配套的底胶进行安全性鉴定。底胶的安全性鉴定标准应符合表 4.7.2 的规定。

表 4.7.2 底胶安全性鉴定标准

检验项目	检验要求	鉴定合格指标
钢对钢拉伸抗剪强度（MPa）	1 试件的粘合面应经喷砂处理 2 试件应先涂刷底胶，待指干时再涂刷结构胶，粘合后固化养护 7d，到期立即测试 3 测试条件：（23±2）℃、（50±5）%RH	≥20，且为结构胶的胶层内聚破坏
钢对混凝土正拉粘结强度（MPa）		≥2.5，且为混凝土内聚破坏
钢对钢 T 冲击剥离长度（mm）		≤25
耐湿热老化能力	1 采用钢对钢拉伸抗剪试件，涂胶要求同本表上栏 2 试件固化后，置于（50±2）℃、（95～98）%RH 环境中老化 90d，到期在室温下测试其抗剪强度	与对照组相比，其强度降低率不大于12%

注：表中各项性能指标均为平均值。

4.7.3 结构加固用的修补胶，其安全性鉴定的检验项目及合格指标应按配套结构胶的要求确定。

4.8 结构胶涉及工程安全的工艺性能要求

4.8.1 结构胶涉及工程安全的工艺性能，也应作为安全性鉴定的一个组成部分进行检验和鉴定。Ⅰ类胶的检验项目及其合格指标应符合表 4.8.1 的规定，Ⅱ、Ⅲ类胶的检验项目及其合格指标应按Ⅰ类 A 级胶的标准采用。

4.8.2 结构胶工艺性能检验的技术细节要求，应符合下列规定：

1 测定结构胶初黏度和触变指数用的试样，其拌胶量应以 250g 为准。

2 当按黏度上升判定法检测受检胶的适用期时，

宜以胶的初黏度测值为基值，并按下列规定进行判定：

1）对一般结构胶：以黏度上升至基值 1.5 倍的时间，定为该胶的适用期；

2）对灌注型结构胶：以黏度上升至基值 2.5 倍的时间，定为该胶的适用期。

表 4.8.1　Ⅰ类结构胶工艺性能鉴定标准

结构胶粘剂类别及其用途				工艺性能鉴定合格指标					
				混合后初黏度（mPa·s）	触变指数	25℃下垂流度（mm）	在各季节试验温度下测定的适用期（min）		
							春秋用（23℃）	夏用（30℃）	冬用（10℃）
适用于涂刷	底　胶			≤600	—	—	≥60	≥30	60～180
	修补胶			—	≥3.0	≤2.0	≥50	≥35	50～180
	纤维复合材结构胶	织物	A级	—	≥3.0	—	≥90	≥60	90～240
			B级	—	≥2.2	—	≥80	≥45	80～240
		板材	A级	—	≥4.0	≤2.0	≥50	≥40	50～180
	涂布型粘钢结构胶		A级	—	≥4.0	≤2.0	≥50	≥40	50～180
			B级	—	≥3.0	≤2.0	≥40	≥30	40～180
适用于压力灌注	压注型粘钢结构胶		A级	≤1000	—	—	≥40	≥30	40～210
	裂缝修复胶	0.05≤ω<0.2	A级	≤150	—	—	≥50	≥40	50～210
		0.2≤ω<0.5		≤300	—	—	≥40	≥30	40～180
		0.5≤ω<1.5		≤800	—	—	≥30	≥20	30～180
	锚固用快固型结构胶		A级	—	≥4.0	≤2.0	10～25	5～15	25～60
锚固用非快固型结构胶			A级	—	≥4.0	≤2.0	≥40	≥30	40～120
			B级	—	≥4.0	≤2.0	≥40	≥25	40～120

注：1　表中的指标，除已注明外，均是在（23±0.5）℃试验温度条件下测定；
　　2　表中符号 ω 为裂缝宽度，其单位为毫米。

3　测定胶液垂流度（下垂度）的模具，其深度应为 3mm，且干燥箱温度应调节到（25±2）℃。

4　当表 4.8.1 中仅给出 A 级胶的指标时，表明该用途不允许使用 B 级胶。

5　当裂缝宽度 ω 大于 1.5mm 时，宜改用裂缝注浆料修补裂缝。

6　结构胶工艺性能各检验项目适用的试验方法标准应符合本规范附录 A 的规定。

5　裂缝注浆料

5.1　一般规定

5.1.1　封闭、填充混凝土和砌体裂缝用的注浆料，应按其所使用粘结材料的不同，分为改性环氧基注浆料和改性水泥基注浆料。改性环氧基注浆料又分为室温固化型和低温固化型两种，水泥基注浆料又分为常温环境用和高温环境用两种。安全性鉴定时，应分别进行取样、检验与评定。

5.1.2　采用符合本规范安全性要求的裂缝注浆料的设计使用年限应符合下列规定：

1　对改性环氧基裂缝注浆料，应按本规范第 4.1.3 条的规定执行；

2　对常温环境使用的改性水泥基裂缝注浆料，应按设计使用年限不少于 50 年进行设计；高温环境使用的裂缝注浆料应按用户与设计单位共同商定的使用年限，且不大于 30 年进行设计。

5.1.3　经安全性鉴定合格的裂缝注浆料，凡被发现有改变用料、配合比或工艺的情况时，均应将其视为未经鉴定的注浆料。

5.2　裂缝注浆料的安全性鉴定

5.2.1　改性环氧基裂缝注浆料安全性鉴定的检验项目及合格指标应符合表 5.2.1 的规定。

表 5.2.1　改性环氧基裂缝注浆料安全性鉴定标准

检验项目		检验条件	鉴定合格指标
浆体性能	劈裂抗拉强度（MPa）	浆体浇注毕养护 7d，到期立即在：（23±2）℃、（50±5）%RH 条件下以 2mm/min 的加荷速度进行测试	≥7.0
	抗弯强度（MPa）		≥25 且不得呈碎裂状破坏
	抗压强度（MPa）		≥60
粘结能力	钢对钢拉伸剪切强度标准值（MPa）	试件粘合毕养护 7d，到期立即在：（23±2）℃、（50±5）%RH 条件下进行测试	≥7.0
	钢对钢粘结抗拉强度（mm）		≥15
	钢对混凝土正拉粘结强度（MPa）		≥2.5，且为混凝土内聚破坏
耐湿热老化能力（MPa）		在 50℃、98%RH 环境中老化 90d 后，冷却至室温进行钢对钢拉伸抗剪强度试验	老化后的抗剪强度平均降低率应不大于 20%

注：表中各项性能指标均为平均值。

5.2.2　改性水泥基裂缝注浆料安全性鉴定标准，应符合表 5.2.2 的规定。

表 5.2.2　改性水泥基裂缝注浆料安全性鉴定标准

检验项目	龄期（d）	检验条件	合格指标
抗压强度（MPa）	3	采用 40mm×40mm×160mm 的试件，按 GB/T 17671 规定的方法在（23±2）℃、（50±5）% RH 条件下检测	≥25.0
	7		≥35.0
	28		≥55.0
劈裂抗拉强度（MPa）	7	采用 GB 50550 规定的试件尺寸和测试方法进行检测	≥3.0
	28		≥4.0

续表 5.2.2

检验项目	龄期（d）	检验条件	合格指标
抗折强度（MPa）	7	采用 GB 50550 规定的试件尺寸和测试方法进行检测	≥5.0
	28		≥8.0
与混凝土正拉粘结强度（MPa）	28	采用 GB 50550 规定的注浆料浇注成型方法和测试方法进行检测	≥1.5
耐施工负温作用能力（抗压强度比，%）	（−7+28）	采用 GB/T 50448 规定的养护条件和测试方法进行检测	≥80
	（−7+56）		≥90

注：（−7+28）表示在规定的负温下养护 7d 再转标准养护 28d，余类推。

5.2.3 用于高温环境的改性水泥基注浆料的性能，除应符合表 5.2.2 的安全性要求外，尚应符合表 5.2.3 的耐热性能要求。

表 5.2.3 用于高温环境的改性水泥基注浆料耐热性能指标

使用环境温度	抗压强度比（%）	抗热震性（20 次）
按注浆料使用说明书规定的耐热性能指标确定，但不高于 500℃	≥100	1 试件热震后表面无脱落； 2 热震后试件浸水端抗压强度与对照组标准养护 28d 的抗压强度比≥90%

5.2.4 裂缝注浆料涉及工程安全的工艺性能要求，应符合表 5.2.4 的规定。

表 5.2.4 裂缝注浆料涉及工程安全的工艺性能标准

检验项目		注浆料性能指标	
		改性环氧类	改性水泥基类
初始黏度（mPa·s）		≤1500	—
流动度（自流）	初始值（mm）	—	≥380
	30min 保留率（%）	—	≥90
竖向膨胀率	3h（%）	—	≥0.10
	24h 与 3h 之差值（%）	—	≥0.020
23℃下 7d 无约束线性收缩率（%）		≤0.20	—
泌水率（%）		—	0
25℃测定的可操作时间（min）		≥60	≥90
适合注浆的裂缝宽度 ω（mm）		1.5<ω≤3.0	3.0<ω≤5.0 且符合材料说明书规定

5.2.5 改性环氧基裂缝注浆料中不得含有挥发性溶剂和非反应性稀释剂；改性水泥基裂缝注浆料中氯离子含量不得大于胶凝材料质量的 0.05%。任何注浆料均不得对钢筋及金属锚固件和预埋件产生腐蚀作用。

6 结构加固用水泥基灌浆料

6.1 一 般 规 定

6.1.1 本章规定适用于结构加固用水泥基灌浆料的安全性鉴定。

6.1.2 当不同标准给出的安全性鉴定的检验项目及合格指标有低于本规范要求时，对工程结构加固用的水泥基灌浆料，必须执行本规范的规定。

6.1.3 采用符合本规范安全性要求的水泥基灌浆料，其结构加固后的使用年限，应按本规范第 5.1.2 条第 2 款确定。

6.1.4 经安全性鉴定合格的灌浆料，凡被发现有改变用料成分、配合比或工艺的情况时，均应视为未经鉴定的灌浆料。

6.2 水泥基灌浆料的安全性鉴定

6.2.1 工程结构加固用水泥基灌浆料安全性鉴定的检验项目及合格指标，应符合表 6.2.1-1 和表 6.2.1-2 的规定。

表 6.2.1-1 结构加固用水泥基灌浆料安全性鉴定标准

检验项目	龄期（d）	检验条件	合格指标
抗压强度（MPa）	1	采用边长为 100mm 立方体试件，按 GB/T 50081 规定的方法在（23±2）℃、（50±5）%*RH* 条件下进行检测	≥20.0
	3		≥40.0
	28		≥60.0
劈裂抗拉强度（MPa）	7	采用直径为 100mm 的圆柱形试件，按 GB/T 50081 规定的方法进行检测	≥2.5
	28		≥3.5
抗折强度（MPa）	7	采用 100mm×100mm×400mm 的试件，按 GB/T 50081 规定的方法进行检测	≥6.0
	28		≥9.0
与钢筋握裹强度（MPa）	28	采用 ϕ20mm 光面钢筋，埋入浆体长度为 200mm，按 DL/T 5150 规定的方法进行检测	≥5.0
对钢筋腐蚀作用	0（新拌浆料）	采用 GB 8076 规定的试样和方法进行检测	无
耐施工负温作用能力（抗压强度比，%）	（−7+28）	采用 GB/T 50448 规定的养护条件和测试方法进行检测	≥80
	（−7+56）		≥90

注：（−7+28）表示在规定的负温下养护 7d 再转标准养护 28d，余类推。

表 6.2.1-2　结构用灌浆料涉及工程安全的工艺性能鉴定标准

检验项目			合格指标
重要工艺性能要求	一般用途的最大骨料粒径（mm）		≤4.75
	流动度	初始值（mm）	≥320
		30min 保留率（%）	≥90
	竖向膨胀率（%）	3h	≥0.10
		24h 与 3h 之差值	0.02～0.30
	泌水率（%）		0

注：1　表中各项目的性能检验，应以灌浆料使用说明书规定的最大用水量制作试样。

2　用于增大截面加固法的灌浆料，其最大骨料粒径应为 20mm。

6.2.2　当结构加固用灌浆料应用于高温环境时，灌浆料的安全性能鉴定，除应符合本规范第 6.2.1 条的要求外，尚应进行耐温性能检验，其检验结果应符合表 6.2.2 的规定。

表 6.2.2　用于高温环境的灌浆料耐热性能鉴定标准

使用环境温度	抗压强度比	热震性（20 次）
按灌浆料使用说明书中耐热性能指标确定，但不高于 500℃	加热至受检温度，并恒温 3h 的试件抗压强度与未加热试件的 28d 抗压强度之比≥95%	按 GB/T 50448 规定的方法测试结果应符合下列要求： 1）试件表面应无崩裂、脱落 2）热震后的试件浸水端抗压强度与标准养护 28d 的抗压强度比≥90%

7　结构加固用聚合物改性水泥砂浆

7.1　一般规定

7.1.1　工程结构加固用的聚合物改性水泥砂浆，按聚合物材料的状态分为乳液类和干粉类。对重要结构加固，应选用乳液类。聚合物改性水泥砂浆中采用的聚合物材料，应为改性环氧类、改性丙烯酸酯类、改性丁苯类或改性氯丁类聚合物，不得使用聚乙烯醇类、苯丙类、氯偏类聚合物以及乙烯-醋酸乙烯共聚物。

7.1.2　使用聚合物改性水泥砂浆的工程结构加固工程，其设计使用年限宜按 30 年确定。当用户要求按 50 年设计时，应具有耐应力长期作用鉴定合格的证书。

7.1.3　承重结构加固使用的聚合物改性砂浆分为Ⅰ级和Ⅱ级，应分别按下列规定采用：

1　对混凝土结构：

1）当原构件混凝土强度等级不低于 C30 时，应采用Ⅰ级聚合物改性水泥砂浆；

2）当原构件混凝土强度等级低于 C30 时，应采用Ⅰ级或Ⅱ级聚合物改性水泥砂浆。

2　对砌体结构：若无特殊要求，可采用Ⅱ级聚合物改性水泥砂浆。

7.1.4　聚合物改性水泥砂浆长期使用的环境温度不应高于 60℃。

7.1.5　经安全性鉴定合格的聚合物改性水泥砂浆，凡被发现有改变用料成分配合比或工艺的情况时，均应视为未经鉴定的聚合物改性水泥砂浆。

7.2　聚合物改性水泥砂浆的安全性鉴定

7.2.1　以混凝土或砖砌体为基材的结构用聚合物改性水泥砂浆的安全性鉴定分为基本性能鉴定和长期使用性能鉴定。鉴定的检验项目及合格指标应分别符合表 7.2.1-1 及表 7.2.1-2 的要求。

表 7.2.1-1　聚合物改性水泥砂浆基本性能鉴定标准（MPa）

检验项目			检验条件	鉴定合格指标	
				Ⅰ级	Ⅱ级
浆体性能	劈裂抗拉强度		浆体成型后，不拆模，湿养护 3d；然后拆侧模，仅留底模再湿养护 25d（个别为 4d），到期立即在 (23±2)℃、(50±5)%*RH* 条件下进行测试	≥7	≥5.5
	抗折强度			≥12	≥10
	抗压强度	7d		≥40	≥30
		28d		≥55	≥45
粘结能力	与钢丝绳粘结抗剪强度	标准值	粘结工序完成后，静置湿养护 28d，到期立即在 (23±2)℃、(50±5)%*RH* 条件下进行测试	≥9	≥5
	与混凝土正拉粘结强度			≥2.5，且为混凝土内聚破坏	

注：表中指标，除注明为标准值外，均为平均值。

表 7.2.1-2　聚合物改性水泥砂浆长期使用性能鉴定标准

检验项目		检验条件	鉴定合格指标	
			Ⅰ级	Ⅱ级
耐环境作用能力	耐湿热老化能力	在 50℃、*RH* 为 98%环境中，老化 90d（Ⅱ级聚合物砂浆为 60d）后，其室温下钢丝绳与浆体粘结（钢套筒法）抗剪强度降低率（%）	≤10	≤15
	耐冻融性能	在－25℃⇄35℃冻融交变流环境中，经受 50 次循环（每次循环 8h）后，其室温下钢丝绳与浆体粘结（钢套筒法）抗剪强度降低率（%）	≤5	≤10
	耐水性能	在自来水浸泡 30d 后，拭去浮水进行测试，其室温下钢标准块与基材的正拉粘结强度（MPa）	≥1.5，且为基材内聚破坏	

8 纤维复合材

8.1 一般规定

8.1.1 工程结构加固用的纤维复合材，包括碳纤维复合材、玻璃纤维复合材和芳纶纤维复合材。为增韧目的，允许以混编或增层方式使用部分玄武岩纤维，但不得单独使用玄武岩纤维复合材。

8.1.2 纤维复合材的纤维必须为连续纤维；其受力方式必须设计成仅承受拉应力作用。

8.1.3 纤维复合材抗拉强度标准值应根据本规范第3.0.5条规定的置信水平，按强度保证率为95%的要求确定。

8.1.4 纤维复合材的安全性鉴定必须与所选用的配套结构胶同时进行。若该品牌纤维拟与其他品牌结构胶配套使用，应分别按下列项目重作适配性检验：

1 纤维复合材抗拉强度；

2 纤维复合材与混凝土正拉粘结强度；

3 纤维复合材层间剪切强度。

8.2 碳纤维复合材

8.2.1 承重结构加固用的碳纤维，其材料品种和规格必须符合下列规定：

1 对重要结构，必须选用聚丙烯腈基（PAN基）12k或12k以下的小丝束纤维，严禁使用大丝束纤维；

2 对一般结构，除使用聚丙烯腈基12k或12k以下的小丝束纤维外，若有适配的结构胶，尚允许使用不大于15k的聚丙烯腈基碳纤维。

8.2.2 碳纤维复合材按其性能分为Ⅰ、Ⅱ、Ⅲ三个等级。安全性鉴定时，应按委托方报的等级进行检验。鉴定结果仅予以确认，不得因该检验批试样性能较高而给予升级。

8.2.3 碳纤维复合材安全性鉴定，应先对申请鉴定的材料进行下列确认工作：

1 应通过检查检验批的中文标志、批号和包装的完整性，以确认取样的有效性；

2 应通过测定碳纤维的k数和导电性，以确认该批材料的真实性；

3 应通过核查结构胶的安全性鉴定报告，以确认粘结材料的可靠性。

8.2.4 碳纤维复合材安全性鉴定的检验项目及合格指标，应符合表8.2.4的规定。

表8.2.4 碳纤维复合材安全性鉴定标准

检验项目		鉴定合格指标				
		单向织物			条形板	
		高强Ⅰ级	高强Ⅱ级	高强Ⅲ级	高强Ⅰ级	高强Ⅱ级
抗拉强度（MPa）	标准值	≥3400	≥3000	—	≥2400	≥2000
	平均值	—	—	≥3000	—	—

续表8.2.4

检验项目		鉴定合格指标				
		单向织物			条形板	
		高强Ⅰ级	高强Ⅱ级	高强Ⅲ级	高强Ⅰ级	高强Ⅱ级
受拉弹性模量（MPa）		≥2.3×10^5	≥2.0×10^5	≥2.0×10^5	≥1.6×10^5	≥1.4×10^5
伸长率（%）		≥1.6	≥1.5	≥1.3	≥1.6	≥1.4
弯曲强度（MPa）		≥700	≥600	≥500	—	—
层间剪切强度（MPa）		≥45	≥35	≥30	≥50	≥40
纤维复合材与基材正拉粘结强度（MPa）		对混凝土和砌体基材：≥2.5，且为基材内聚破坏；对钢基材：≥3.5，且不得为粘附破坏				
单位面积质量（g/m^2）	人工粘贴	≤300			—	
	真空灌注	≤450			—	
纤维体积含量（%）		—			≥65	≥55

注：表中指标，除注明标准值外，均为平均值。

8.3 芳纶纤维复合材

8.3.1 承重结构用的芳纶纤维品种，应符合下列规定：

1 弹性模量不得低于8.0×10^4MPa；

2 饱和含水率不得大于4.5%。

8.3.2 芳纶纤维复合材按其性能分为Ⅰ级和Ⅱ级。安全性鉴定时，应按委托方报的等级进行检验。鉴定结果仅予以确认，不得因该检验批试样性能较高而给予升级。

8.3.3 结构加固用芳纶纤维复合材的安全性鉴定前，应先对送检材料进行下列确认工作：

1 应通过检查检验批的中文标志、批号和包装的完整性，以确认取样的有效性；

2 应通过测定芳纶纤维的饱和含水率，以确认该材料型号的可信性；

3 应通过核查结构胶的安全性鉴定报告，以确认粘结材料的可靠性。

8.3.4 芳纶纤维复合材安全性鉴定的检验项目及合格指标，应符合表8.3.4的规定。

表8.3.4 芳纶纤维复合材安全性鉴定标准

检验项目		鉴定合格指标			
		单向织物		条形板	
		高强度Ⅰ级	高强度Ⅱ级	高强度Ⅰ级	高强度Ⅱ级
抗拉强度（MPa）	标准值	≥2100	≥1800	≥1200	≥800
	平均值	≥2300	≥2000	≥1700	≥1200
受拉弹性模量E_f（MPa）		≥1.1×10^5	≥8.0×10^4	≥7.0×10^4	≥6.0×10^4
伸长率（%）		≥2.2	≥2.6	≥2.5	≥3.0
弯曲强度（MPa）		≥400	≥300	—	—
层间剪切强度（MPa）		≥40	≥30	≥45	≥35
与混凝土基材正拉粘结强度（MPa）		≥2.5，且为混凝土内聚破坏			
纤维体积含量（%）		—		≥60	≥50
单位面积质量（g/m2）	人工粘贴	≤450		—	
	真空灌注	≤650			

注：表中指标，除注明标准值外，均为平均值。

8.4 玻璃纤维复合材

8.4.1 工程结构加固用的玻璃纤维，应为连续纤维，且应采用高强S玻璃纤维或碱金属氧化物含量小于0.8%的E玻璃纤维；严禁使用中碱C玻璃纤维和高碱A玻璃纤维。

8.4.2 玻璃纤维复合材安全性鉴定的检验项目及合格指标，应符合表8.4.2的规定。

表8.4.2 玻璃纤维复合材安全性鉴定标准

检验项目		鉴定合格指标	
		高强玻璃纤维	E玻璃纤维
抗拉强度标准值（MPa）		≥2200	≥1500
受拉弹性模量（MPa）		$\geq 1.0\times10^5$	$\geq 7.2\times10^4$
伸长率（%）		≥2.5	≥1.8
弯曲强度（MPa）		≥600	≥500
层间剪切强度（MPa）		≥40	≥35
纤维复合材与混凝土正拉粘结强度（MPa）		≥2.5，且为混凝土内聚破坏	
单位面积质量（g/m^2）	人工粘贴	≤450	≤600
	真空灌注	≤550	≤750

注：表中指标，除注明标准值外，均为平均值。

9 钢丝绳

9.1 一般规定

9.1.1 本章规定适用于制作结构加固用钢丝绳的钢丝及钢丝绳的安全性鉴定。

9.1.2 工程结构加固用的钢丝绳分为高强度不锈钢丝绳和高强度镀锌钢丝绳两类。选用时，应符合下列规定：

1 重要结构，或结构处于腐蚀介质环境、潮湿环境和露天环境时，应采用高强度不锈钢丝绳；

2 处于正常温、湿度室内环境中的一般结构，当采用高强度镀锌钢丝绳时，应采取有效的阻锈措施；

3 结构加固用钢丝绳的内外均不得涂有油脂。

9.2 制绳用的钢丝

9.2.1 当采用高强度不锈钢丝制绳时，应采用碳含量不大于0.15%及硫、磷含量分别不大于0.025%和0.035%的优质不锈钢制丝。

9.2.2 当采用高强度镀锌钢丝制绳时，应采用硫、磷含量均不大于0.30%的优质碳素结构钢制丝；其锌层重量及镀锌质量应根据结构的重要性，分别符合现行国家标准《钢丝镀锌层》GB/T 15393对A级或AB级的规定。

9.2.3 钢丝的安全性鉴定分为化学成分鉴定和力学性能鉴定，应以钢丝生产企业出具的质量保证书为依据。安全性鉴定机构仅负责审查证书的可信性和有效性。

9.3 钢丝绳的安全性鉴定

9.3.1 结构用钢丝绳安全性鉴定的检验项目及合格指标，应符合表9.3.1的规定。

表9.3.1 高强钢丝绳安全性鉴定标准

种类	符号	高强不锈钢丝绳			高强镀锌钢丝绳		
		钢丝绳公称直径（mm）	抗拉强度标准值（MPa）	弹性模量平均值（MPa）	钢丝绳公称直径（mm）	抗拉强度标准值（MPa）	弹性模量平均值（MPa）
6×7+IWS	Φ^r	2.4～4.0	1800	$\geq 1.05\times10^5$	2.5～4.5	1650	$\geq 1.30\times10^5$
			1700			1560	
1×19	Φ^s	2.5	1560		2.5	1560	

9.3.2 钢丝绳的抗拉强度及弹性模量，应按本规范附录A规定的试验方法标准进行测定。

9.3.3 对钢丝绳的基本性能进行安全性鉴定时，其计算用的截面面积应按表9.3.3的规定值采用。

表9.3.3 钢丝绳计算用截面面积

种类	钢丝绳公称直径（mm）	钢丝直径（mm）	计算用截面面积（mm^2）
6×7+IWS	2.4	0.27	2.81
	2.5	0.28	3.02
	3.0	0.32	3.94
	3.05	0.34	4.45
	3.2	0.35	4.71
	3.6	0.40	6.16
	4.0	0.44	7.45
	4.2	0.45	7.79
	4.5	0.50	9.62
1×19	2.5	0.50	3.73

10 合成纤维改性混凝土和砂浆

10.1 一般规定

10.1.1 本章规定适用于以聚丙烯腈纤维、改性聚酯纤维、聚酰胺纤维、聚乙烯醇纤维和聚丙烯纤维配制的合成纤维改性混凝土或砂浆的安全性鉴定。

10.1.2 当需采用其他品种合成纤维替代时，其安全性鉴定的指标不应低于被替代的纤维。

10.1.3 在工程结构加固工程中，合成纤维改性混凝土或砂浆主要用于下列场合：

1 防止新增混凝土或砂浆的早期塑性收缩开裂；

2 限制新增混凝土或砂浆在使用过程中的干缩裂缝和温度裂缝；

3 增强新增混凝土或砂浆的弯曲韧性、耐冲击性和耐疲劳能力；

4 提高混凝土或砂浆的抗渗性和抗冻性。

当用于结构增韧、增强目的时，应采用聚丙烯腈纤维、改性聚酯纤维、聚酰胺纤维和聚乙烯醇纤维；当仅用于限裂目的时，还可采用聚丙烯纤维。

10.2 合成纤维改性混凝土和砂浆的安全性鉴定

10.2.1 结构加固用的合成纤维，其细观形态和几何特征应符合表10.2.1的规定。

表 10.2.1 合成纤维的形态识别和几何尺寸的控制要求

检测项目	识别标志与控制指标				
	聚丙烯腈纤维（腈纶纤维）	改性聚酯纤维（涤纶纤维）	聚酰胺纤维（尼龙纤维）	聚乙烯醇纤维（PVA纤维）	聚丙烯纤维（丙纶纤维）
纤维形态	束状，纵向有纹理	束状	束状，易分散成丝	集束	单丝或膜裂
截面形状	肾形或圆形	三角形	圆形	异形	圆形或异形
纤维直径（mm）	20～27	10～15	23～30	10～14	10～15
纤维长度（mm）	12～20	6～20	6～19	6～20	6～20

10.2.2 结构加固用的合成纤维，其安全性鉴定标准应符合表10.2.2的规定。

表 10.2.2 合成纤维安全性鉴定标准

检验项目	鉴定合格指标				
	聚丙烯腈纤维（腈纶纤维）	改性聚酯纤维（涤纶纤维）	聚酰胺纤维（尼龙纤维）	聚乙烯醇纤维（PVA纤维）	聚丙烯纤维（丙纶纤维）
抗拉强度（MPa）	≥600	≥600	≥600	≥800	≥280
拉伸弹性模量（MPa）	$\geqslant 1.7\times 10^4$	$\geqslant 1.4\times 10^4$	$\geqslant 5\times 10^3$	$\geqslant 1.2\times 10^4$	$\geqslant 3.7\times 10^3$
伸长率（%）	≥15	≥20	≥18	≥5	≥18
吸水率（%）	<2	<0.4	<4	<2	<0.1
熔点（℃）	240	250	220	210	175
再生链烯烃（再生塑料）含量	不允许	不允许	不允许	不允许	不允许
毒性	无	无	无	无	无

10.2.3 用于防止混凝土或砂浆早期塑性收缩开裂的合成纤维，其纤维体积率一般应控制在0.1%～0.4%范围内；若有特殊要求，应通过试配确定。用于混凝土或砂浆增韧的合成纤维，其纤维体积率应控制在0.5%～1.5%范围内；在能达到设计要求的情况下，应采用较低的纤维体积率。

10.2.4 采用合成纤维增韧的硬化混凝土或砂浆，其安全性鉴定应符合下列规定：

1 混凝土强度等级和砂浆强度等级分别不应低于C20和M10；

2 按本规范附录N确定的弯曲韧性指标——剩余强度指数*RSI*不应小于40%；

3 硬化混凝土或砂浆的抗冻性应分别符合现行有关标准的要求；

4 合成纤维改性混凝土的强度等级，应按普通混凝土的强度等级确定。但当纤维掺率大于0.5%时，应按普通混凝土的强度等级降低一级采用。

11 钢纤维混凝土

11.1 一般规定

11.1.1 本章规定适用于以碳钢纤维、合金钢纤维和不锈钢纤维配制的纤维增强混凝土的安全性鉴定。

11.1.2 在工程结构加固中，钢纤维主要用于对增强、增韧、抗震、抗冲击、抗疲劳和抗爆等有较高要求的结构构件或其局部部位，其中，不锈钢纤维还适用于对耐腐蚀和耐高温有严格要求的重要结构。

11.2 钢纤维混凝土的安全性鉴定

11.2.1 工程结构加固用钢纤维的几何特征应符合下列要求：

1 应采用异形纤维，但不应采用圆直钢丝切断型纤维、波浪形纤维及直角钩纤维。

2 熔抽型工艺仅允许用于不锈钢纤维；不允许用于碳钢纤维和合金钢纤维。

3 钢纤维的几何参数应符合表11.2.1的规定。

表 11.2.1 工程结构加固用钢纤维几何参数要求

检验项目	合格参数	检验项目	合格参数
纤维等效直径（mm）	0.40～0.90	纤维长径比	40～80
纤维长度（mm）	35～60	纤维几何形状合格率	≥85%

11.2.2 工程结构加固用的钢纤维，其抗拉强度等级应符合下列规定：

1 对普通混凝土，应采用380级或600级（490级）；

2 对高强混凝土，应采用600级（490级）或1000级（830级）。

注：括号内的数值适用于不锈钢纤维。

11.2.3 当钢纤维用钢板制作时，允许用切断成型的母材作抗拉强度试验，并用以表示钢纤维的抗拉强度等级。

11.2.4 抗拉强度等级符合本章第 11.2.2 条及第 11.2.3 条规定的钢纤维，其质量应符合下列要求：

1 单根钢纤维在不低于 15℃室温条件下，应能经受绕 $\phi3$ 圆棒弯折 90°不断裂的检验；

2 钢纤维表面不应有油污及影响粘结的杂质，且不得有锈蚀。

11.2.5 钢纤维混凝土采用的钢纤维体积率应符合下列规定：

1 当用于增强、增韧目的时，钢纤维体积率应控制在 1.2%～2.0%范围内，并应符合设计的要求；

2 当仅用于防裂目的时，钢纤维体积率应控制在 0.5%～1.0%范围内，并应符合设计的要求；

3 当用于有特殊要求的场合时，钢纤维体积率应由设计单位通过试配和检验确定。

11.2.6 工程结构加固用钢纤维混凝土的弯曲韧性检验确定的韧性指数 I_5 不应低于 5。

11.2.7 有抗疲劳、抗冲击要求的钢纤维混凝土，其安全性鉴定，除应符合本章规定外，尚应通过专家组设计的检验方案的鉴定。

11.2.8 符合本章各条规定的钢纤维混凝土，可评为对结构加固工程适用的钢纤维增强（或改性）混凝土。

12 后锚固连接件

12.1 一 般 规 定

12.1.1 本章的规定适用于以普通混凝土为基材的后锚固连接件的安全性鉴定。

12.1.2 工程结构用的后锚固连接件应采用胶接植筋、胶接全螺纹螺杆和有机械锁紧效应的自扩底锚栓、模扩底锚栓和特殊倒锥形化学锚栓。

12.1.3 在考虑地震作用的结构中，严禁使用膨胀型锚栓作为承重构件的连接件。

12.1.4 后锚固连接件的安全性鉴定，应包括基材和锚固件的材质鉴定以及连接的性能鉴定。

12.2 基材及锚固件材质鉴定

12.2.1 混凝土基材的安全性鉴定应符合下列规定：

1 当采用胶接植筋和胶接全螺纹螺杆时，其基材混凝土的强度等级应符合下列规定：

1) 当新增构件为悬挑结构构件时，其基材混凝土强度等级不得低于 C25 级；

2) 当新增构件为其他结构构件时，其基材混凝土强度等级不得低于 C20 级。

2 当采用锚栓时，其基材混凝土的强度等级：对重要结构，不得低于 C30 级；对一般结构，不得低于 C25 级。

12.2.2 对碳素钢、合金钢和不锈钢锚栓的安全性鉴定，应分别符合表 12.2.2-1、表 12.2.2-2 的规定。

表 12.2.2-1 碳素钢及合金钢锚栓的安全性能指标

性 能 等 级	4.8	5.8	6.8	8.8
抗拉强度标准值 f_{stk}（MPa）	≥400	≥500	≥600	≥800
屈服强度标准值 f_{yk} 或 $f_{s0.2k}$（MPa）	≥320	≥400	≥480	≥640
伸长率 δ_s（%）	≥14	≥10	≥8	≥12
受拉弹性模量（MPa）	≥2.0×10^5			

注：性能等级 4.8 表示：$f_{stk}=400$；$f_{yk}/f_{stk}=0.8$。

表 12.2.2-2 不锈钢（奥氏体 A_1、A_2、A_4）锚栓性能指标

性能等级	抗拉强度标准值 f_{stk}（MPa）	屈服强度标准值 f_{yk}（MPa）	伸长值 δ
50	≥500	≥210	≥0.6d
70	≥700	≥450	≥0.4d
80	≥800	≥600	≥0.3d

12.2.3 胶接植筋的钢筋应采用 HRB400 级及 HRB335 级的带肋钢筋。胶接全螺纹钢螺杆应采用 Q235 和 Q345 的钢螺杆。鉴定时，钢筋和螺杆的强度指标应分别按现行国家标准《混凝土结构设计规范》GB 50010 和《钢结构设计规范》GB 50017 的规定采用。

12.3 后锚固连接性能安全性鉴定

12.3.1 后锚固连接的承载力鉴定，应采用破坏性检验方法（附录 U），其检验结果的评定，应符合下列规定：

1 当检验结果符合下列要求时，其锚固承载力评为合格：

$$N_{u,m} \geqslant [\gamma_u] N_t \tag{12.3.1-1}$$

且

$$N_{u,min} \geqslant 0.85 N_{u,m} \tag{12.3.1-2}$$

式中：$N_{u,m}$——受检验锚固件极限抗拔力实测平均值；

$N_{u,min}$——受检验锚固件极限抗拔力实测最小值；

N_t——受检验锚固件连接的轴向受拉承载力设计值，应按现行国家标准《混凝土结构加固设计规范》GB 50367 的规定计算确定；

$[\gamma_u]$——破坏性检验安全系数，按表 12.3.1

取用。

2 当 $N_{u,m}$＜[γ_u]N_t，或 $N_{u,min}$＜0.85$N_{u,m}$ 时，应评为锚固承载力不合格。

表 12.3.1 检验用安全系数 [γ_u]

锚固件种类	破坏类型	
	钢材破坏	非钢材破坏
植筋	≥1.45	不允许
锚栓	≥1.65	≥3.5

12.3.2 后锚固连接的专项性能检验与鉴定，应按现行行业标准《混凝土用膨胀型、扩孔型建筑锚栓》JG160 附录 F 的规定执行。通过该专项检验的后锚固连接，可作出其抗震或抗疲劳性能符合安全使用的鉴定。

附录 A 安全性鉴定适用的试验方法标准

A.0.1 结构胶粘剂胶体性能的测定，应采用下列试验方法标准：

1 现行国家标准《塑料试样状态调节和试验的标准环境》GB/T 2918；

2 现行国家标准《树脂浇注体性能试验方法》GB/T 2567；

3 本规范附录 E《富填料胶粘剂胶体及聚合物改性水泥砂浆体劈裂抗拉强度测定方法》；

4 本规范附录 P《胶粘剂浇注体（胶体）收缩率测定方法》。

A.0.2 结构胶粘剂粘结能力的测定，应采用下列试验方法标准：

1 现行国家标准《胶粘剂拉伸剪切强度的测定（刚性材料对刚性材料）》GB/T 7124；

2 现行国家标准《胶粘剂对接接头拉伸强度的测定》GB/T 6329；

3 现行国家军用标准《胶粘剂高温拉伸剪切强度试验方法（金属与金属）》GJB 444；

4 本规范附录 F《结构胶粘剂 T 冲击剥离长度测定方法及评定标准》；

5 本规范附录 G《粘结材料粘合加固材与基材的正拉粘结强度试验室测定方法及评定标准》；

6 本规范附录 K《约束拉拔条件下胶粘剂粘结钢筋与基材混凝土的粘结强度测定方法》；

7 本规范附录 N《混凝土对混凝土粘结的压缩抗剪强度测定方法及评定标准》。

A.0.3 结构胶粘剂耐环境和长期应力作用能力的测定，应采用下列试验方法标准：

1 本规范附录 C《胶接耐久性楔子快速测定法》；

2 本规范附录 J《结构胶粘剂和聚合物改性水泥砂浆湿热老化性能测定方法》；

3 本规范附录 L《结构胶粘剂耐热老化性能测定方法》；

4 现行国家军用标准《胶接耐久性试验方法》GJB 3383（方法 105）；

5 本规范附录 M《胶接试件耐疲劳应力作用能力测定方法》；

6 现行国家标准《木结构试验方法标准》GB/T 50329。

A.0.4 结构胶粘剂物理化学性能的测定，应采用下列试验方法标准：

1 现行国家标准《胶粘剂适用期的测定》GB/T 7123.1；

2 现行国家标准《塑料负荷变形温度的测定》GB/T 1634.2；

3 现行国家标准《建筑密封材料试验方法 流动性的测定》GB/T 13477.6；

4 本规范附录 H《结构胶粘剂不挥发物含量测定方法》；

5 本规范附录 Q《结构胶粘剂初黏度测定方法》；

6 本规范附录 R《结构胶粘剂触变指数测定方法》。

A.0.5 水泥基注浆料和灌浆料性能的测定，应采用下列试验方法标准：

1 现行国家标准《水泥基灌浆材料应用技术规范》GB/T 50448 附录 A；

2 现行国家标准《混凝土外加剂应用技术规范》GB 50119 附录 C；

3 本规范附录 S《聚合物改性水泥砂浆体和灌浆料浆体抗折强度测定方法》；

4 现行行业标准《耐火浇注料抗热震性试验方法（水急冷法）》YB/T 2206.2；

5 现行行业标准《水工混凝土试验规程》DL/T 5150。

A.0.6 纤维复合材性能的测定，应采用下列试验方法标准：

1 现行国家标准《定向纤维增强塑料拉伸性能试验方法》GB/T 3354；

2 现行国家标准《单向纤维增强塑料弯曲性能试验方法》GB/T 3356；

3 现行国家标准《碳纤维增强塑料纤维体积含量试验方法》GB/T 3366；

4 现行国家标准《增强制品试验方法 第 3 部分：单位面积质量的测定》GB/T 9914.3；

5 本规范附录 D《纤维复合材层间剪切强度测定方法》。

A.0.7 钢丝绳抗拉强度和弹性模量的测定，应采用下列试验方法标准：

1 现行国家标准《金属材料　拉伸试验　第1部分：室温试验方法》GB/T 228.1；

2 现行行业标准《光缆用镀锌钢绞线》YB/T 098（附录A）。

A.0.8 纤维改性混凝土或砂浆弯曲韧性的测定应采用本规范附录T《合成纤维改性混凝土弯曲韧性测定方法》。

A.0.9 后锚固连接性能的测定，应采用下列试验方法标准：

1 现行国家标准《紧固件机械性能　螺栓、螺钉和螺柱》GB/T 3098.1；

2 现行国家标准《紧固件机械性能　不锈钢螺栓、螺钉和螺柱》GB/T 3098.6；

3 本规范附录U《锚固承载力检验方法》；

4 现行行业标准《混凝土用膨胀型、扩孔型建筑锚栓》JG 160，附录F《专项性能检验》。

附录B　材料性能标准值计算方法

B.0.1 材料性能标准值（f_k），应根据抽样检验结果按下式确定：

$$f_k = m_f - ks \tag{B.0.1}$$

式中：m_f——按 n 个试件算得的材料性能平均值；

s——按 $n-1$ 个试件算得的材料性能标准差，宜采用计算器的统计模式（MODE S）计算；

k——与 α、c 和 n 有关的材料性能标准值计算系数，由表B.0.1查得；

α——正态概率分布的分位值，根据材料性能标准值所要求的95%保证率，取 $\alpha=0.05$；

γ——检测加固材料性能所取的置信水平（置信度），按本规范第3章第3.0.6条的规定进行确定。

表B.0.1　材料性能标准值计算系数 k 值

n	α=0.05时的 k 值				n	α=0.05时的 k 值			
	γ=0.99	γ=0.95	γ=0.90	γ=0.75		γ=0.99	γ=0.95	γ=0.90	γ=0.75
3	—	—	5.310	3.804	15	3.102	2.566	2.329	1.991
4	—	5.145	3.957	2.680	20	2.807	2.396	2.208	1.933
5	—	4.202	3.400	2.463	25	2.632	2.292	2.132	1.895
6	5.409	3.707	3.092	2.336	30	2.516	2.220	2.080	1.869
7	4.730	3.399	2.894	2.250	45	2.313	2.092	1.986	1.821
10	3.739	2.911	2.568	2.103	50	2.296	2.065	1.965	1.811

附录C　胶接耐久性楔子快速测定法

C.1　适用范围及应用条件

C.1.1 本方法适用于结构胶耐久性能的快速复验与评定。

C.1.2 采用本方法进行耐久性能检验的结构胶应符合下列条件：

1 该结构胶已通过胶体性能、粘结能力、耐老化作用及耐长期应力作用的检验；

2 被检验的样品来源于批量生产的结构胶的随机抽样。

C.2　仪器、设备及工具

C.2.1 适用的仪器、设备及工具应包括：

1 湿热老化试验箱；

2 工具显微镜或5倍～30倍放大镜；

3 游标卡尺，精度为0.002；

4 楔子推进装置，匀速要求应为(30±5)mm/min；

5 划针，应能在不锈钢表面划出显著的划痕；

6 铜槌；

7 台钳（必要时）。

C.2.2 湿热老化试验箱，其性能应符合现行国家标准《湿热试验箱技术条件》GB/T 10586的要求。湿热箱内环境条件应为(50±2)℃、(95～100)%RH。

C.3　楔 子 制 备

C.3.1 制作楔子的材料，不得与结构胶发生电解、锈蚀及其他化学反应作用。

C.3.2 本方法推荐采用 $2C_r13$ 不锈钢制作楔子，当有使用经验时，也允许采用LY12CZ铝合金制作。楔子试件形式及尺寸见图C.3.2。不锈钢楔子经清理洁净后可以反复使用。

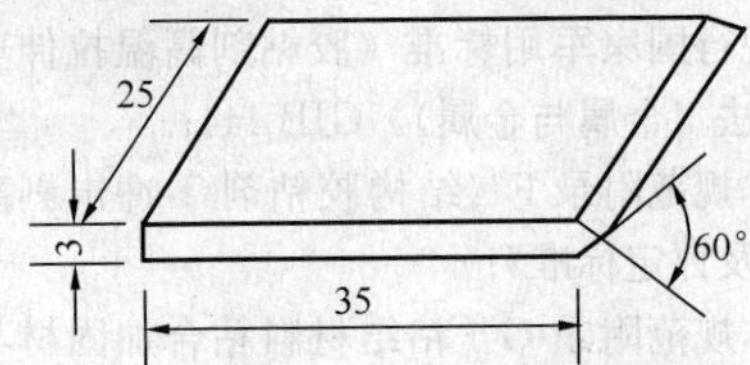

图C.3.2　楔子试件形式及尺寸（mm）

C.4　试板及试件制作

C.4.1 试件由胶接试板加工而成，并应符合下列规定：

1 用3mm厚的不锈钢板材，加工成160mm×160mm的试板两块，经粘合后可制作试件5个（图C.4.1）。

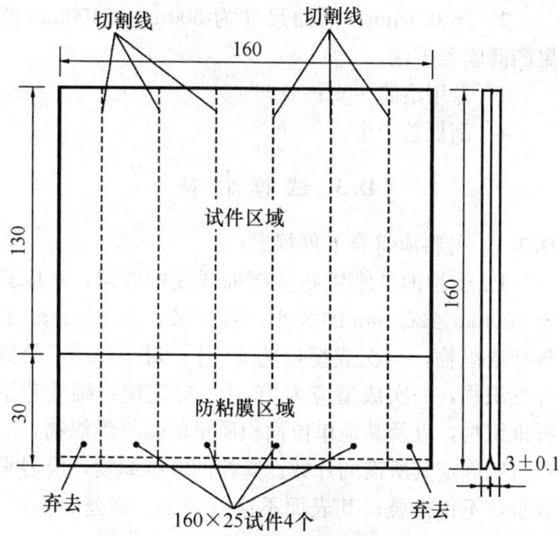

图 C.4.1 试板形式和尺寸（mm）

2 试板表面在涂胶前应经表面处理，处理方法应符合该胶粘剂使用说明书的规定。若使用说明书未作出规定，应采用喷砂法处理。

3 按所采用结构胶的胶接工艺胶接试板，但胶接前应注意先在非胶接区放置好防粘膜（图 C.4.1）。防粘膜可用厚度小于 0.1mm 的聚四氟乙烯薄膜制作。

4 粘合后的试板，应在(23±2)℃温度条件养护 7d。到期时，将试板按图 C.4.1 的要求加工出 5 个试件。试件加工时不允许使用冷却液，以保证胶层不受油污侵蚀；应控制切削速度，使试件表面温度不超过 60℃。

C.4.2 若有使用经验，允许不用试板加工试件，而直接采用 3mm×25mm×160mm 的钢片制作试件。

C.4.3 试件胶层的厚度量测应符合下列要求：

1 每一试件至少需要在 3 个不同位置的测点来量测胶层厚度；

2 每个测点分别在其两侧各读数一次，并精确至 0.01mm；

3 取 3 个测点总平均值作为该试件胶层厚度标准值。

C.4.4 试件数量，应按每一型号结构胶的试件总数不少于 20 个确定。

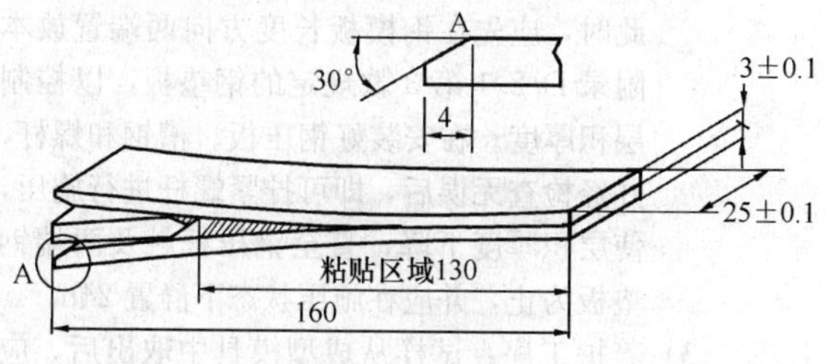

图 C.5.1 试件与楔块示意图（mm）

C.5 试 验 步 骤

C.5.1 在试件非胶接区端部，取出防粘膜，塞进楔子，直至楔子顶端与试件平齐（图 C.5.1），用楔子推进装置顶入楔块时，不允许有大的冲力，也不允许造成塑性变形。

C.5.2 用工具显微镜或放大镜观察试件两侧胶体裂缝的位置，并以划针划出明显标记。

C.5.3 用游标卡尺测量楔子与试件两夹板接触点至划线标记处的距离，以“mm”计，并以两侧量值 l'_0 和 l''_0 的平均值作为初始裂缝长度 l_0。l'_0 和 l''_0 相差大于 5mm，则该试件作废。

C.5.4 将试件置放于温度为(50±2)℃、相对湿度为 95%以上的湿热老化箱中保持 240h(10d)。每 24h (1d)取出试件观察其裂缝尖端位置一次，并做好划线的标记。同时，测量楔块与试件两夹板接触点至划线标记的距离，以“mm”计，并分别记为 l_{F1}、l_{F2}……l_{F9}；第 10 次记录的 l_{F10}，即最终裂缝长度，改记为 l_F。

C.5.5 将经过 240h（10d）湿热处理的试件剥开，观测裂缝的破坏形式，确定是内聚破坏、粘附破坏还是混合破坏，并做好详细记录。

C.6 试验结果整理

C.6.1 按下式计算平均裂缝伸长量 Δl，如图 C.6.1 所示。

$$\Delta l = l_F - l_0 \tag{C.6.1}$$

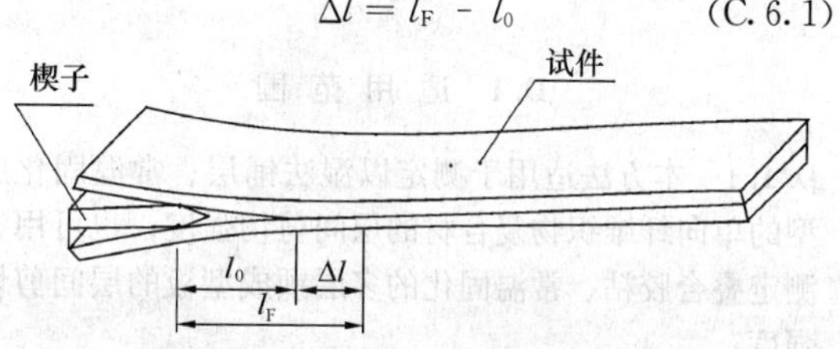

图 C.6.1 裂缝开展示意图

C.6.2 根据 10 次量测的裂缝 Δl_i 值，绘制 Δl_i-t 曲线图（t 为试验时间，按 h 或 d 计）。

C.7 试验结果的评定

C.7.1 试件破坏形式及其正常性判别应符合下列规定：

1 破坏形式的划分：

1）内聚破坏：沿胶粘剂内部破坏；

2）粘附破坏：沿胶粘剂与楔子界面破坏；

3）混合破坏：粘合区内出现两种破坏形式。

2 破坏形式的正常性判别：

1）当破坏形式为结构胶内聚破坏，或虽出现混合破坏，但内聚破坏形式的破坏面积占粘合面积的 75%以上，均可判为正常破坏；

2）当破坏形式为粘附破坏，或粘附破坏面积大于 25%时，均应判为粘结不良破坏。

C.7.2 当结构胶的试验过程表现及试验结果符合下

列要求时，应判为耐久性快速检验合格：

1 Δl-t 曲线走势很快平稳，且渐近于水平线；

2 经湿热老化后的裂缝伸长量 Δl 不大于15mm。

C.8 试验报告

C.8.1 楔子试验报告应包括下列内容：

1 试验项目名称；

2 试样来源：

1）不锈钢板的牌号、规格及表面处理方法；

2）结构胶的品种、型号和批号；

3）抽样规则及抽样数量。

3 试件制备方法及养护条件；

4 试件编号及试件尺寸；

5 试验环境和条件；

6 试验设备的型号及检定日期；

7 试件老化后的裂缝扩展状态描述及主要试验现象；

8 试验结果整理和计算；

9 合格评定结论；

10 试验人员、校核人员及试验日期。

附录D 纤维复合材层间剪切强度测定方法

D.1 适用范围

D.1.1 本方法适用于测定以湿法铺层、常温固化成型的单向纤维织物复合材的层间剪切强度；也可用于测定叠合胶粘、常温固化的多层预成型板的层间剪切强度。

D.1.2 本方法测定的纤维复合材层间剪切强度可用于纤维材料与胶粘剂的适配性评定。

D.2 试样成型模具

D.2.1 试样成型模具的制备应符合下列规定：

1 成型模具由一对尺寸为400mm×300mm×25mm光洁的钢板组成，其中一块作为压板，另一块作为织物铺层的模板。在模具的上下各有一对长500mm的10号或12号槽钢；在槽钢端部钻有 $D=$ 18mm的螺孔，并配有4根用于拧紧施压的直径 $d=$ 16mm的螺杆、螺帽及套在螺杆上的压力弹簧，作为纤维织物粘合成试样时的施压工具。

2 成型模具的钢板，应经刨平后在铣床上铣平，其加工面的表面光洁度应为$\overset{6.3}{\bigtriangledown\bigtriangledown}$级。

3 成型模具尚应配有2块长300mm、宽20mm、厚4mm的钢垫板，用于控制织物铺层经加压后应达到的标准厚度。

D.2.2 辅助工具及材料应符合下列规定：

1 可测力的活动扳手4把；

2 厚0.1mm、平面尺寸为500mm×400mm的聚酯薄膜若干张；

3 专用滚筒一支；

4 刮板若干个。

D.3 试样制备

D.3.1 备料应符合下列规定：

1 受检的纤维织物应按抽样规则取得；并应裁成300mm×200mm的大小。其片数：对200g/m^{2}的碳纤维织物，一次成型应为14片；对300g/m^{2}的碳纤维织物，一次成型应为10片；对玻璃纤维或芳纶纤维织物，以及其他单位面积质量的碳纤维织物，应经试制确定其所需的片数。受检的纤维织物，应展平放置，不得折叠；其表面不应有起毛、断丝、油污、粉尘和皱褶。

2 受检的预成型板应按抽样规则取得；并截成长300mm的片材3片，但不得使用板端50mm长度内的材料作试样。受检的板材，应平直，无划痕，纤维排列应均匀，无污染。

3 受检的胶粘剂，应按抽样规则取得；并应按一次成型需用量由专业人员配制；用剩的胶液不得继续使用。配制及使用胶液的工艺要求应符合该胶粘剂使用说明书的规定。

D.3.2 试样制备应符合下列规定：

1 纤维织物复合材试样的制备应符合下列要求：

1）湿法铺层工序：应在室温条件下，安装好钢模板，经清理洁净后，将聚酯薄膜铺在其板面上，铺时应充分展平，不得有皱褶和破裂口。在薄膜上用刮板均匀涂布胶液，随即进行铺层（即敷上一层纤维织物）；铺层时，应用刮板和滚筒刮平、压实，使胶液充分浸渍织物，使纤维顺直、方向一致；然后再涂胶、再铺层，逐层重复上述操作，直至全部铺完，并在最上层纤维织物面上铺放一张聚酯薄膜。

2）施压成型工序：应在顶层铺放聚酯薄膜后，即可安装钢压板，准备进入施压成型工序。施压成型全过程也应在室温条件下进行。此时，应先在钢模板长度方向两端置放本附录D.2.1第3款规定的钢垫板，以控制层积厚度。在安装好钢压板、槽钢和螺杆，并经检查无误后，即可拧紧螺杆进行施压，使层积厚度下降，直至钢压板触及两端钢垫板为止，并应在施压状态下静置24h。

3）养护工序：试样从成型模具中取出后，应继续养护144h，养护温度应控制在（23±2）℃。严禁采用人工高温的养护方法。在养护期间不得扰动或进行任何机械加工，也不得受到日晒、雨淋或受潮。

2 预成型板试样的制备应符合下列要求：

1）应采用 3 块条形板胶粘叠合而成的试样；

2）制备时，可利用上述成型模具进行涂胶、粘贴、加压（不加垫板）和养护；

3）加压和养护时间应符合本条第 1 款第 3 项的规定。

D.4 试 件 制 作

D.4.1 试件应从试样中部切取；最外一个试件距试样边缘不应小于 30mm，加工试件宜用金刚石车刀，且宜在用水润滑后进行锯、刨或磨光等作业。试件边缘应光滑、平整、相互平行。试件加工人员应穿戴防尘眼镜、防护衣帽及口罩，严防粉尘粘附皮肤。

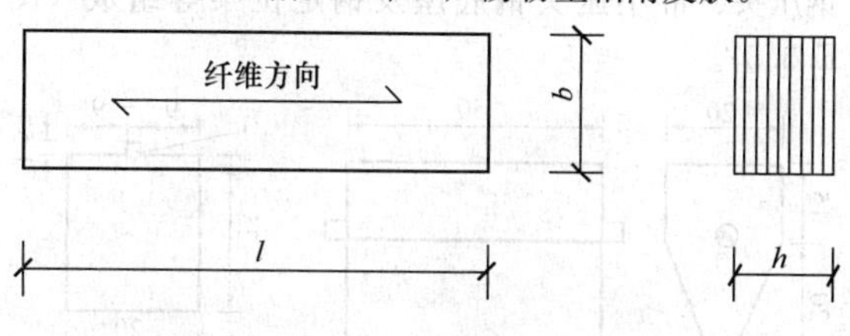

图 D.4.2 试件形状及尺寸符号

l—试件长度；h—试件高度；b—试件宽度

D.4.2 一般情况下，应取试件长度 $l=30\text{mm}\pm1\text{mm}$；宽度 $b=6.0\text{mm}\pm0.5\text{mm}$；对纤维织物制成的试件，其厚度按模压确定，即 $h=4\text{mm}\pm0.2\text{mm}$；对预成型板粘合成的试样，其厚度若大于 4mm，允许在机床上单面细加工到 4mm（图 D.4.2）。每组试件数量不应少于 5 个；若需确定试验结果的标准差，每组试件数量不应少于 15 个；仲裁试验的试件数量应加倍。

D.5 试 验 条 件

D.5.1 试件状态调节、试验设备及试验的标准环境应符合现行国家标准《纤维增强塑料性能试验方法总则》GB/T 1446 的规定。

D.5.2 试验装置（图 D.5.2）的加载压头及支座与试件的抵承面应为圆柱曲面；加载压头及支座应采用 45 号钢制作，其表面应光滑，无凹陷及疤痕等缺陷。加载压头的半径 R 应为 3mm±0.1mm；支座圆柱半径 r 应为（1.5mm～2.0mm）±0.1mm，加荷压头和支座的长度宜比试件的宽度大 4mm。

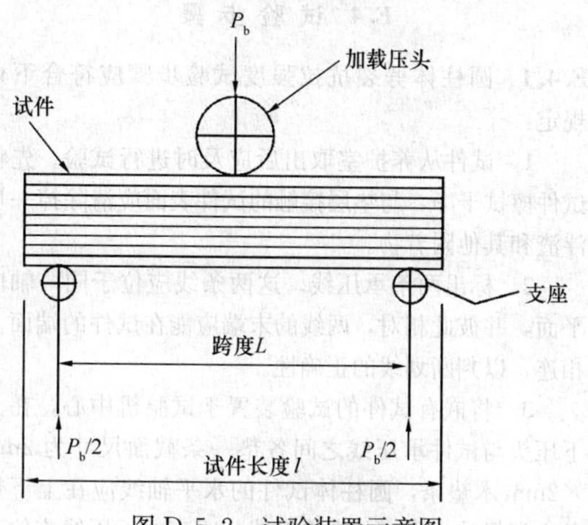

图 D.5.2 试验装置示意图

D.6 试 验 步 骤

D.6.1 试验前应对试件外观进行检查，其外观质量应符合现行国家标准《纤维增强塑料性能试验方法总则》GB/T 1446 的要求。

D.6.2 试件应置于试验装置的中心位置上。其跨度应调整为 $L=20\text{mm}$，且误差不应大于 0.3mm；加载压头的轴线应位于两支座之间的中央；且应与支座轴线平行。

D.6.3 以(1～2)mm/min 的加荷速度连续加荷至试件破坏；记录最大荷载 P_b 及试件破坏形式。

D.6.4 当试验出现下列情形之一时，即可确认试件已破坏，并可立即停止试验：

1 荷载读数已较峰值下降 30%；

2 加荷压头移动的行程已超过试件的名义厚度（即 4mm）；

3 试件分离成两片。

D.7 试 验 结 果

D.7.1 试件层间剪切强度应按下式计算：

$$f_s=\frac{3P_b}{4bh} \tag{D.7.1}$$

式中：f_s——层间剪切强度（MPa）；

P_b——试件破坏时的最大荷载（N）；

b——试件宽度（mm）；

h——试件厚度（mm）。

D.7.2 试件破坏形式及正常性判别，应符合下列规定：

1 试件的破坏典型形式（图 D.7.2）：

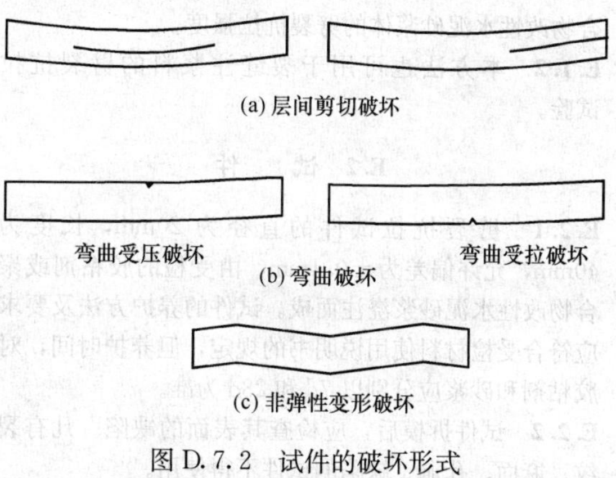

图 D.7.2 试件的破坏形式

1）层间剪切破坏（图 D.7.2a）；

2）弯曲破坏：或呈上边缘纤维压皱，或呈下边缘纤维拉断（图 D.7.2b）；

3）非弹性变形破坏（图 D.7.2c）。

2 破坏正常性判别及处理：

1）当发生图 D.7.2（a）形式的破坏时，属层间剪切正常破坏；当发生图 D.7.2（b）或（c）的破坏时，属非层间剪切的不正常破坏；

2）当一组试件中仅有一根破坏不正常时，可重作试验，但试件数量应加倍。若重作试验全数破坏正常，仍可认为该组试验结果可以使用；若仍有试件破坏不正常，则应认为该种纤维与所配套的胶粘剂在适配性上不良，并应重新对胶粘剂进行改性，或改用其他型号胶粘剂配套。

D.7.3 试验报告应包括下列内容：

1 受检纤维材料及其胶粘剂的来源、品种、型号和批号；

2 取样规则及抽样数量；

3 试件制备方法及养护条件；

4 试件的编号和尺寸；

5 试验环境的温度和相对湿度；

6 试验设备的型号、量程及检定日期；

7 加荷方式及加荷速度；

8 试样的破坏荷载及破坏形式；

9 试验结果的整理和计算；

10 取样、试验、校核人员及试验日期。

附录E 富填料胶粘剂胶体及聚合物改性水泥砂浆体劈裂抗拉强度测定方法

E.1 适用范围

E.1.1 本方法适用于测定富填料结构胶胶体以及聚合物改性水泥砂浆体的劈裂抗拉强度。

E.1.2 本方法也可用于裂缝注浆料的劈裂抗拉试验。

E.2 试件

E.2.1 劈裂抗拉试件的直径为 20mm，长度为 40mm，允许偏差为±0.1mm，由受检的胶粘剂或聚合物改性水泥砂浆浇注而成。试件的养护方法及要求应符合受检材料使用说明书的规定，但养护时间，对胶粘剂和砂浆应分别以 7d 和 28d 为准。

E.2.2 试件拆模后，应检查其表面的缺陷。凡有裂纹、麻面、孔洞、缺陷的试件不得使用。

E.2.3 劈裂抗拉试验的试件数量，每组不应少于 5 个。

E.3 试验设备及装置

E.3.1 劈裂抗拉试件的制作应在专门的模具中浇注而成。模具可自行设计，但应便于脱模，且不应伤及试件；模具的内壁应经抛光，其光洁度应达到$\overset{6.3}{\bigtriangledown\bigtriangledown}$。其他技术要求应符合现行行业标准《混凝土试模》JG 237 的规定。

E.3.2 劈裂抗拉试件的加载，应采用最大压力标定值不大于 4kN 的压力试验机；其力值的示值误差不应大于 1%；每年应检定一次。试件的破坏荷载应处于试验机标定满负荷的 20%～80%之间。

E.3.3 劈拉试验装置，应采用 45 号钢制作；由加载钢压头、带小压头钢底座及钢定位架等组成（图 E.3.3）。

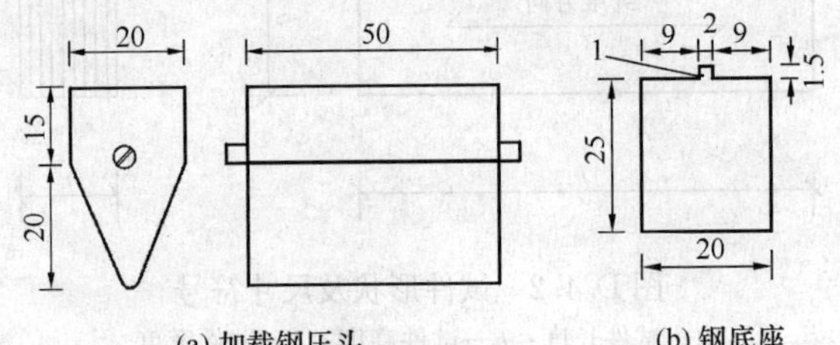

(a) 加载钢压头　　(b) 钢底座

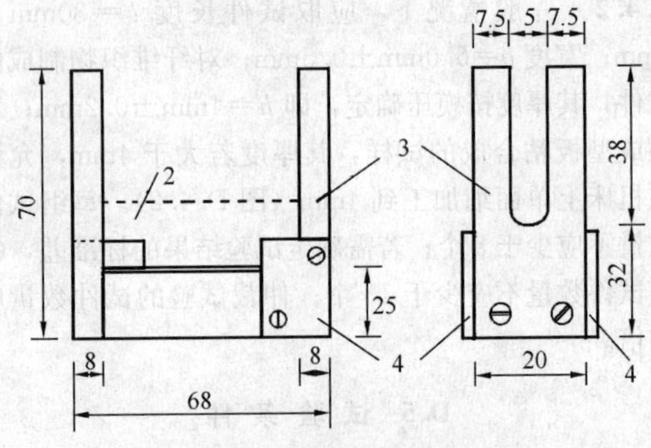

(c) 试验装置的组装

图 E.3.3 劈拉试验装置（mm）

1—小压头；2—试件安装位置；3—定位架；4—挡板

E.4 试验步骤

E.4.1 圆柱体劈裂抗拉强度试验步骤应符合下列规定：

1 试件从养护室取出后应及时进行试验。先将试件擦拭干净，与垫层接触的试件表面应清除掉一切浮渣和其他附着物。

2 标出两条承压线。这两条线应位于同一轴向平面，并彼此相对，两线的末端应能在试件的端面上相连，以判断划线的正确性。

3 将嵌有试件的试验装置于试验机中心，在上下压头与试件承压线之间各垫一条截面尺寸为 2mm×2mm 木垫条，圆柱体试件的水平轴线应在上下垫条之间保持水平，与水平轴线相垂直的承压线应位于垫条的中心，其上下位置应对准（图 E.4.1）。

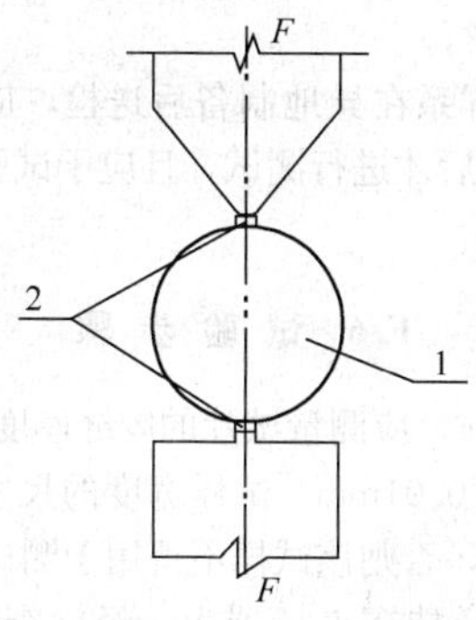

图 E.4.1 试件安装示意图

1—试件；2—木垫条

4 施加荷载应连续均匀地进行，并控制在 1min～1.5min 内破坏。

5 试件破坏时，应记录其最大荷载值及破坏形式。

E.4.2 当按本附录第 E.4.1 条规定的试验步骤进行试验时，若试件的破坏形式不是劈裂破坏，应检查试件的上下对中情况是否符合要求；若对中没有问题，应检查试件的原材料是否固化不良，或不属于富填料的粘结材料。

E.5 试验结果

E.5.1 圆柱体试件劈裂抗拉强度试验结果的整理应符合下列规定：

1 圆柱体劈裂抗拉强度应按下式计算，计算精确至 0.01MPa：

$$f_{ct}=\frac{2F}{\pi dl}=\frac{0.637F}{dl} \qquad (E.5.1)$$

式中：f_{ct}——圆柱体劈裂抗拉强度测试值（MPa）；

F——试件破坏荷载（N）；

d——劈裂面的试件直径（mm）；

l——试件的长度（mm）。

2 圆柱体劈裂抗拉强度有效值应按下列规定进行确定：

1）以 5 个测值的算术平均值作为该组试件的有效强度值；

2）若一组测值中，有一最大值或最小值，与中间值之差大于 15%时，以中间值作为该组试件的有效强度值；

3）若最大值和最小值与中间值之差均大于 15%，则该组试验结果无效，应重做。

E.5.2 当需要计算劈裂抗拉试验结果的标准差及变异系数时，应至少有 15 个有效强度值。

E.5.3 试验报告应包括下列内容：

1 受检材料的来源、品种、型号和批号；

2 取样规则及抽样数量；

3 试件制备方法及养护条件；

4 试件的编号和尺寸；

5 试验环境的温度和相对湿度；

6 试验设备的型号、量程及检定日期；

7 加荷方式及加荷速度；

8 试样的破坏荷载及破坏形式；

9 试验结果的整理和计算；

10 取样、试验、校核人员及试验日期。

附录 F 结构胶粘剂 T 冲击剥离长度测定方法及评定标准

F.1 适用范围

F.1.1 本标准适用于室温固化结构胶粘剂韧性重要标志——T 冲击剥离长度的测定。

F.1.2 抗震设防区建筑加固所使用结构胶粘剂的韧性要求，可按本标准进行测试与合格评定。

F.2 原 理

F.2.1 以一对软钢薄片胶接成 T 冲击剥离试样，在规定的条件下，对试样未胶接端施加冲击力，使试样沿其胶接线产生剥离。韧性不同的结构胶粘剂，其剥离长度有显著差别，从中可判别出其韧性的优劣。

F.2.2 通过测量试样剥离长度以及对不同型号胶粘剂测试数据的比较分析，可制定出以剥离长度为指标的、简易、实用的结构胶粘剂韧性合格评定标准。

F.3 试验装置

F.3.1 采用自由落体式冲击剥离试验装置，如图 F.3.1 所示。

F.3.2 冲击剥离试验装置采用 45 号钢制作，其表面应作防锈处理。

F.3.3 试验装置的零部件加工应符合下列要求：

1 作为自由落体的冲击块，应采用 45 号钢制作，其质量应为 900_{0}^{+5}g；

2 自由滑落导杆应笔直，其表面加工的光洁度应达到 $\overset{6.3}{\bigtriangledown\!\bigtriangledown}$ 级；其设计控制的自由落下高度 H 应为 305mm±1mm。

F.3.4 试验夹具的加工，应能使试样安装后的导杆轴线通过试样两孔中心。

F.4 试 样

F.4.1 T 冲击剥离试样由一对 Q235 薄钢片胶接而成（图 F.4.1）。

F.4.2 试片加工的允许偏差应符合下列规定：

1 试片弯折后长度 l：±1mm；

2 试片宽度 b：仅允许有 0.2mm 负偏差；

3 试片厚度 t：+0.1mm，且不得有负偏差。

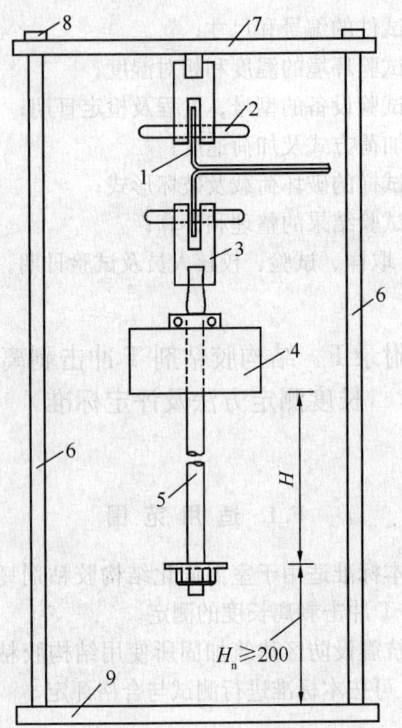

图 F.3.1　冲击剥离试验装置示意图（mm）

1—T 形剥离试件；2—ϕ10 销棒；3—夹持器；4—冲击块 P；5—ϕ20 导杆；6—ϕ20 圆钢杆；7—顶板（厚 20）；8—螺母；9—底板（厚 16）

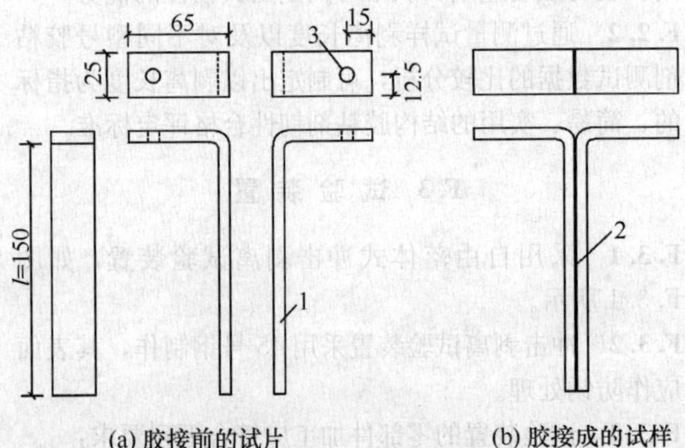

图 F.4.1　T 冲击剥离试样尺寸（mm）

1—试片厚度 t=1.0；2—胶缝；3—ϕ12 孔

F.4.3　试片胶接前应按结构胶粘剂对碳钢表面处理的要求，进行机械喷砂处理。

F.4.4　试样制备应按结构胶粘剂使用说明书规定的胶接工艺及设计要求的胶层厚度进行。胶接后的试样应在加压状态下，固化养护 7d；若有关各方同意，允许采用快速固化养护法，即：胶粘、加压后立即置入烘箱，在(50±2)℃条件下连续烘 24h，经自然冷却并静置 16h 后进行试验。

F.4.5　每组试样不应少于 5 个。

F.5　试 验 条 件

F.5.1　试验环境温度应为（23±2)℃，相对湿度应为 55%～70%。仲裁试验必须按标准的湿度条件 45%～55%执行。

F.5.2　若试样系在异地制备后送检，应在试验室环境下放置 12h 后才进行测试，且应于试验报告上作异地制备的记载。

F.6　试 验 步 骤

F.6.1　试验前，应测量试片的胶缝厚度和胶缝长度，应分别精确到 0.01mm。试样宽度的尺寸偏差应符合 F.4.2 的要求，否则该试样不得用于测试。

F.6.2　将试样挂在夹持器上，经检查对中无误后，用手将作为自由落体的冲击块提至设计高度 H；突然松手，让钢块自由落下，使试样产生剥离。

F.6.3　测量并记录试样的剥离长度，精确到 0.1mm。

F.7　试验结果表示

F.7.1　试验结果以 5 个试样测得的剥离长度的平均值表示。

F.7.2　若 5 个试样中，有一个试样的剥离长度大于其余 4 个试样剥离长度平均值的 25%，表明胶粘工艺有问题，应重新制作 5 个试样进行测试。原测试结果应全部作废，不得参与新测试结果的计算。

F.7.3　试件破坏后的残件应按原状妥为保存，在未经设计人员观察并确认前不得销毁。

F.8　试验结果评定

F.8.1　T 形试样抗冲击剥离的试验结果，应按表 F.8.1 的冲击剥离韧性标准进行评定。

表 F.8.1　结构胶粘剂冲击剥离的韧性评定标准

使用对象	结构胶粘剂等级	平均剥离长度（mm）	评定结论
混凝土结构加固工程	A 级	≤20	韧性符合 A 级胶要求
	B 级	≤35	韧性符合 B 级胶要求
钢结构加固工程	AAA 级（3A 级）	≤6	韧性符合 3A 级要求
	AA 级（2A 级）	≤12	韧性符合 2A 级要求

F.9　试 验 报 告

F.9.1　结构胶粘剂抗冲击剥离能力测试及其韧性评定的报告应包括下列内容：

1　受检结构胶粘剂来源、品种、型号和批号；

2　取样规则及抽样数量；

3　试样制备方法及固化养护条件；

4 试样编号、尺寸、外观质量、数量；

5 试验环境温度和相对湿度；

6 冲击装置的自由落体冲击块质量、自由落下高度；

7 试样剥离长度（应为经设计人员观察后确认的剥离长度）；

8 试验结果的整理、计算和评定；

9 取样、测试、校核人员及测试日期。

附录G 粘结材料粘合加固材与基材的正拉粘结强度试验室测定方法及评定标准

G.1 适用范围

G.1.1 本方法适用于试验室条件下以结构胶粘剂、界面胶（剂）或聚合物改性水泥砂浆为粘结材料粘合（包括涂布、喷抹、浇注等）下列加固材料与基材，在均匀拉应力作用下发生内聚、粘附或混合破坏的正拉粘结强度测定：

1 纤维复合材与基材混凝土；

2 钢板与基材混凝土；

3 结构用聚合物改性水泥砂浆层与基材混凝土；

4 结构界面胶（剂）与基材混凝土。

G.2 试验设备

G.2.1 拉力试验机的力值量程选择，应使试样的破坏荷载发生在该机标定的满负荷的20%～80%之间，力值的示值误差不得大于1%。

G.2.2 试验机夹持器的构造应能使试件垂直对中固定，不产生偏心和扭转的作用。

G.2.3 试件夹具应由带拉杆的钢夹套与带螺杆的钢标准块构成，且应以45号碳钢制作。其形状及主要尺寸如图G.2.3所示。

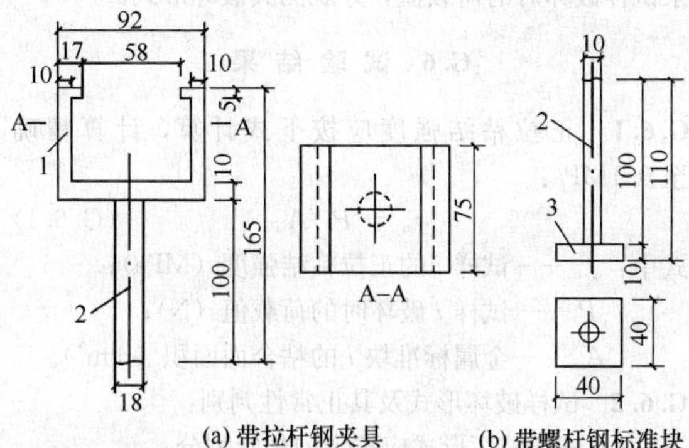

(a) 带拉杆钢夹具　　(b) 带螺杆钢标准块

图G.2.3 试件夹具及钢标准块尺寸（mm）

1—钢夹具；2—螺杆；3—标准块

G.3 试件

G.3.1 试验室条件下测定正拉粘结强度应采用组合式试件，其构造应符合下列规定：

1 以胶粘剂为粘结材料的试件应由混凝土试块（图G.3.1-1）、胶粘剂、加固材料（如纤维复合材或钢板等）及钢标准块相互粘合而成（图G.3.1-2a）；

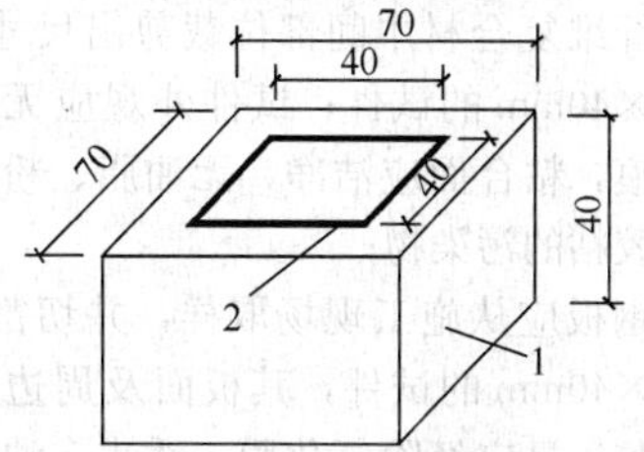

图G.3.1-1 混凝土试块形式及尺寸（mm）

1—混凝土试块；2—预切缝

2 以结构用聚合物改性水泥砂浆为粘结材料的试件应由混凝土试块（图G.3.1-1）、结构界面胶（剂）涂布层、现浇的聚合物改性水泥砂浆层及钢标准块相互粘合而成（图G.3.1-2b）。

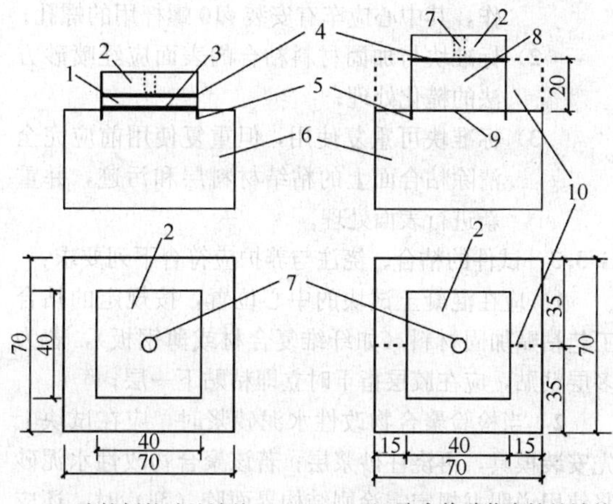

(a) 胶粘剂粘贴的试件　　(b) 聚合物砂浆浇筑的试件

图G.3.1-2 正拉粘结强度试验的试件及尺寸（mm）

1—加固材料；2—钢标准块；3—受检胶的胶缝；4—粘贴标准块的快固胶；5—预切缝；6—混凝土试块；7—ϕ10螺孔；8—现浇聚合物砂浆层（或复合砂浆层）；9—结构界面胶（剂）；10—虚线部分表示浇筑砂浆用可拆卸模具的安装位置

G.3.2 试样组成部分的制备应符合下列规定：

1 受检粘结材料应按其使用说明书规定的工艺要求进行制备。

2 混凝土试块的尺寸应为70mm×70mm×40mm，其混凝土强度等级，对A级和B级胶粘剂均应为C40～C45；对A级和B级界面胶（剂），应分别为C40和C25。对Ⅰ级和Ⅱ级聚合物砂浆，其试块强度等级与界面胶（剂）的要求相同。试块浇筑后应经28d标准养护；试块使用前，应以专用的机械切出深度约5mm的预切缝，缝宽约2mm，如图G.3.1-1

所示。预切缝围成的方形平面，其净尺寸应为 40mm ×40mm，并应位于试块的中心。混凝土试块的粘贴面（方形平面）应作打毛处理。打毛深度应达骨料新面，且手感粗糙，无尖锐突起。试块打毛后应清理洁净，不得有松动的骨料和粉尘。

3 受检加固材料的取样应符合下列要求：

1）纤维复合材应按规定的抽样规则取样，从纤维复合材中间部位裁剪出尺寸为 40mm ×40mm 的试件；试件外观应无划痕和折痕，粘合面应洁净，无油脂、粉尘等影响胶粘的污染物；

2）钢板应从施工现场取样，并切割成 40mm ×40mm 的试件，其板面及周边应加工平整，且应经除氧化膜、锈皮、油污和喷砂处理；粘合前，尚应用工业丙酮擦洗干净；

3）聚合物砂浆和复合砂浆，应从一次性进场的批量中随机抽取其各组分，然后在试验室进行配制和浇注。

4 钢标准块的制作应符合下列要求：

1）钢标准块（图 G. 2. 3b）宜用 45 号碳钢制作，其中心应车有安装 ϕ10 螺杆用的螺孔；

2）标准块与加固材料粘合的表面应经喷砂方法的糙化处理；

3）标准块可重复使用，但重复使用前应完全清除粘合面上的粘结材料层和污迹，并重新进行表面处理。

G. 3. 3 试件的粘合、浇注与养护应符合下列要求：

1 应在混凝土试块的中心位置，按规定的粘合工艺粘贴加固材料（如纤维复合材或薄钢板），若为多层粘贴，应在胶层指干时立即粘贴下一层；

2 当检验聚合物改性水泥砂浆时，应在试块上先安装模具，再浇注砂浆层；若该聚合物改性水泥砂浆使用说明书规定需涂刷结构界面胶（剂）时，还应在混凝土试块上先刷上专门的界面胶（剂），再浇注砂浆层；

3 试件粘贴或浇注时，应采取措施防止胶液或砂浆流入预切缝。粘贴或浇注完毕后，应按受检材料使用说明书规定的工艺要求进行加压、养护，分别经 7d 固化（胶粘剂）或 28d 硬化（砂浆）后，用快固化的高强胶粘剂将钢标准块粘贴在试件表面。每一道作业均应检查各层之间的对中情况。

G. 3. 4 对结构胶粘剂的加压、养护，若工期紧，且征得有关各方同意，允许采用以下快速固化、养护制度：

1 在 50℃条件下烘 24h；热烘过程中允许有±2℃的偏差；

2 自然冷却至 23℃后，再静置 16h，即可贴上标准块。

G. 3. 5 试件应安装在钢夹具（图 G. 3. 5）内并拧上传力螺杆。安装完成后各组成部分的对中标志线应在同一轴线上。

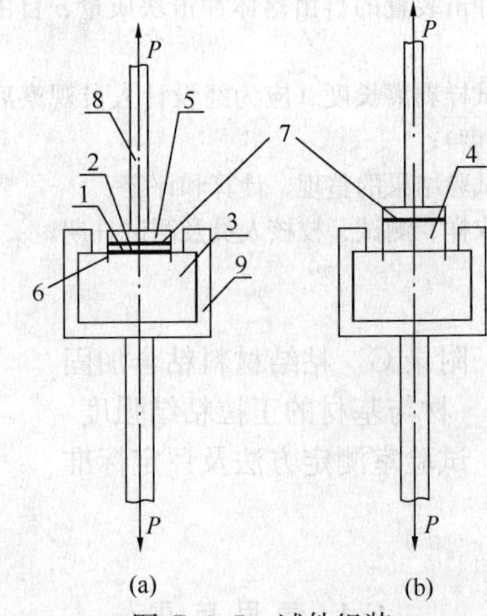

图 G. 3. 5 试件组装

1—受检胶粘剂；2—被粘合的纤维复合材或钢板；3—混凝土试块；4—聚合物砂浆层；5—钢标准块；6—混凝土试块预切缝；7—快固化高强胶粘剂的胶缝；8—传力螺杆；9—钢夹具

G. 3. 6 常规试验的试样数量每组不应少于 5 个，仲裁试验的试样数量应加倍。

G. 4 试 验 环 境

G. 4. 1 试验环境应保持在温度(23±2)℃，相对湿度 45%～70%。对仲裁性试验，相对湿度应控制在 45%～55%。

G. 4. 2 若试样系在异地制备后送检，应在试验标准环境条件下放置 24h 后才进行试验，且应于检验报告上作异地制备的记载。

G. 5 试 验 步 骤

G. 5. 1 将安装在夹具内的试件（图 G. 3. 5）置于试验机上下夹持器之间，并调整至对中状态后夹紧。

G. 5. 2 以 3mm/min 的均匀速率加荷直至破坏。记录试样破坏时的荷载值，并观测其破坏形式。

G. 6 试 验 结 果

G. 6. 1 正拉粘结强度应按下式计算，计算精确至 0. 1MPa：

$$f_{ti} = P_i / A_{ai} \tag{G. 6. 1}$$

式中：f_{ti}——试样 i 的正拉粘结强度（MPa）；

P_i——试样 i 破坏时的荷载值（N）；

A_{ai}——金属标准块 i 的粘合面面积（mm^2）。

G. 6. 2 试样破坏形式及其正常性判别：

1 试样破坏形式应按下列规定划分：

1）内聚破坏：应分为基材混凝土内聚破坏和受检粘结材料的内聚破坏，后者可见于使用低性能、低质量的胶粘剂（或聚合物砂浆和复合砂浆）的场合；

2）粘附破坏（层间破坏）：应分为胶层或砂浆层与基材之间的界面破坏及胶层与纤维复合材或钢板之间的界面破坏；

3）混合破坏：粘合面出现两种或两种以上的破坏形式。

2 破坏形式正常性判别，应符合下列规定：

1）当破坏形式为基材混凝土内聚破坏，或虽出现两种或两种以上的混合破坏形式，但基材混凝土内聚破坏形式的破坏面积占粘合面面积85%以上，均可判为正常破坏；

2）当破坏形式为粘附破坏、粘结材料内聚破坏或基材混凝土内聚破坏面积少于85%的混合破坏，均应判为不正常破坏。

注：钢标准块与检验用高强、快固化胶粘剂之间的界面破坏，属检验技术问题，应重新粘贴；不参与破坏形式正常性评定。

G.7 试验结果的合格评定

G.7.1 组试验结果的合格评定，应符合下列规定：

1 当一组内每一试件的破坏形式均属正常时，应舍去组内最大值和最小值，而以中间三个值的平均值作为该组试验结果的正拉粘结强度推定值。若该推定值不低于本规范规定的相应指标，则可评该组试件正拉粘结强度检验结果合格。

2 当一组内仅有一个试件的破坏形式不正常，允许以加倍试件重做一组试验。若试验结果全数达到上述要求，则仍可评该组为试验合格组。

G.7.2 检验批试验结果的合格评定应符合下列要求：

1 若一检验批的每一组均为试验合格组，则应评该批粘结材料的正拉粘结性能符合安全使用的要求；

2 若一检验批中有一组或一组以上为不合格组，则应评该批粘结材料的正拉粘结性能不符合安全使用要求；

3 若检验批由不少于20组试件组成，且仅有一组被评为试验不合格组，则仍可评该批粘结材料的正拉粘结性能符合使用要求。

G.7.3 试验报告应包括下列内容：

1 受检材料的品种、型号和批号；

2 抽样规则及抽样数量；

3 试件制备方法及养护条件；

4 试件的编号和尺寸；

5 试验环境的温度和相对湿度；

6 仪器设备的型号、量程和检定日期；

7 加荷方式及加荷速度；

8 试件的破坏荷载及破坏形式；

9 试验结果整理和计算；

10 取样、测试、校核人员及测试日期。

附录H 结构胶粘剂不挥发物含量测定方法

H.1 适用范围

H.1.1 本方法适用于室温固化的改性环氧类和改性乙烯基酯类结构胶粘剂不挥发物含量的测定。

H.1.2 本方法的测定结果，可用以判断被检测的胶粘剂中是否掺有影响结构胶粘剂性能和质量的挥发性成分。

H.2 仪器设备

H.2.1 测定胶粘剂不挥发物含量用的仪器设备应符合下列要求：

1 电热鼓风干燥箱（烘箱），其温度波动不应大于±2℃；

2 温度计应备有两种，其测温范围分别为0℃～150℃和0℃～250℃；

3 称量容器应采用铝制称量盒或耐温称量瓶，其直径宜为50mm，高度宜为30mm；

4 称量天平应为分析天平，其感量应为1mg，最大称量应为200g；

5 干燥器应为有密封盖的玻璃干燥器，数量应不少于4个，且均应盛有蓝变色硅胶；

6 胶皿，其制皿材料与胶粘剂原材料之间应不发生化学反应。

H.3 测试前准备工作

H.3.1 仪器设备校正要求：对分析天平及烘箱温控系统，均应按国家计量部门的检定规程定期检定，不得使用已超过检定有效期的仪器设备。

H.3.2 烘干硅胶要求：将两个干燥器所需的硅胶量，置于200℃烘箱中烘烤约8h，至完全蓝变色后取出，分成两份放入干燥器待用。

H.3.3 称量盒（瓶）的烘干要求：应在约105℃的烘箱中，置入所需数量的空称量盒（瓶），揭开盖子烘至恒重，恒重以最后两次称量之差不超过0.002g为准。达到恒重时，记录其质量后再放进干燥器待用。

H.4 取样与状态调节

H.4.1 取样要求：应在包装完好、未启封的结构胶粘剂检验批中，随机抽取一件。经检查中文标志无误后，拆开包装，从每一组分容器中各称取样品约50g，分别盛于取胶皿，签封后送检测机构。

H.4.2 样品状态调节要求：应将所取的各组分样品

连同取胶皿放进干燥器内，在试验室正常温湿度条件下静置一夜，调节其状态。

H.5 测 试 步 骤

H.5.1 制作试样要求：

1 应根据该胶粘剂使用说明书规定的配合比，按配制 30g 胶粘剂分别计算并称取每一组分的用量；经核对无误后，倒入调胶器皿中混合均匀；

2 应用两个称量盒（瓶）从混合均匀的胶液中，各称取一份试样，每份约 1g，分别记其净质量为 m_{01} 和 m_{02}，称量应准确至 0.001g；

3 应将两份试样同时置于 40_{0}^{+2}℃的环境中固化 24h；

4 应将已固化的两份试样移入已调节好温度的烘箱中，在 105℃±2℃条件下，烘烤 180min±5min；

5 取出两份试样，放入干燥器中冷却至室温；

6 分别称量两份试样，记其净质量为 m_{11} 和 m_{12}，称量应精确至 0.001g。

H.6 结 果 表 示

H.6.1 一次平行试验取得的两个结果，可按式（H.6.1-1）和式（H.6.1-2）分别计算试样 1 和试样 2 的不挥发物含量测值，取三位有效数字：

$$x_1 = \frac{m_{11}}{m_{01}} \times 100\% \qquad (\text{H.6.1-1})$$

$$x_2 = \frac{m_{12}}{m_{02}} \times 100\% \qquad (\text{H.6.1-2})$$

式中：x_1 和 x_2——分别为试样 1 和试样 2 的不挥发物含量测值（%）；

m_{01} 和 m_{02}——分别为试样 1 和试样 2 加热前的净质量（g）；

m_{11} 和 m_{12}——分别为试样 1 和试样 2 加热后的净质量（g）。

H.6.2 在完成第一次平行试验后，尚应按同样的步骤完成第二次平行试验，并得到相应的不挥发物含量测值 x_3 和 x_4。测试结果以两次平行试验的平均值表示。

H.7 试 验 报 告

H.7.1 试验报告应包括下列内容：

1 受检结构胶粘剂的品种、型号和批号；

2 取样规则和取样数量；

3 试样制备方法；

4 试样编号；

5 测试环境温度和相对湿度；

6 分析天平型号、精确度和检定日期；

7 测试结果及计算确定的该胶粘剂不挥发物含量；

8 取样、测试、校核人员及测试日期。

附录 J 结构胶粘剂和聚合物改性水泥砂浆湿热老化性能测定方法

J.1 适用范围及应用条件

J.1.1 本方法适用于结构胶粘剂和聚合物改性水泥砂浆耐老化性能的验证性试验。

J.1.2 采用本方法进行老化试验的结构胶粘剂或聚合物改性水泥砂浆应已通过其他项目的安全性能检验。

J.2 试验设备及试验用水

J.2.1 试件的老化应在可程式恒温恒湿试验机中进行。该机老化箱内的温度和相对湿度应能自动控制、连续记录，并保持稳定；箱内的空气流速应能保持在 0.5m/s～1.0m/s；箱壁和箱顶的冷凝水应能自动除去，不得滴在试件上。

J.2.2 试验机用水应采用蒸馏水或去离子水；未经纯化的冷凝水不得再重复利用。仲裁性试验机用水，还应要求其电阻率不得小于 500Ω·m。湿球系统也应采用相同水质的水。每次试验前应更换湿球纱布及剩水，且纱布使用期不得超过 30d。

J.2.3 试验机电源应为双电源，并应能在工作电源断电时自动切换；任何原因引起的短时间断电，均应记录在案备查。

J.3 试 件

J.3.1 对结构胶粘剂老化性能的测定应采用钢对钢拉伸剪切试件，并应按现行国家标准《胶粘剂拉伸剪切强度的测定（刚性材料对刚性材料）》GB/T 7124 的规定和要求制备，粘结用的金属试片应为粘合面经过喷砂处理的 45 号钢。对聚合物改性水泥砂浆的老化性能测定应采用符合国家标准《建筑结构加固工程施工质量验收规范》GB 50550－2010 附录 R 规定的钢套筒式试件。

J.3.2 试件的数量不应少于 15 个，且应随机均分为 3 组；其中一组为对照组，另两组为老化试验组。

J.3.3 试件胶缝静置固化 7d 后，应对金属外露表面涂以防锈油漆进行密封，但应防止油漆沾染胶缝。

J.4 试 验 条 件

J.4.1 湿热条件应符合下列规定：

1 温度：应保持 $50℃_{-1}^{+2}℃$；

2 相对湿度：应保持 95%～100%；

3 恒温、恒湿时间：自箱内温、湿度达到规定值算起，应为 60d 或 90d。

J.4.2 升温、恒温及降温过程的控制：

1　升温制度：应在1.5h～2h内使老化箱内温度自25℃$^{+3}_{-1}$℃连续、均匀地升至50℃$^{+3}_{-1}$℃，相对湿度也应升至95%以上。此过程中试样表面应有凝结水出现。

2　恒温、恒湿制度：老化箱内有效工作区的温、湿度达到规定值后，应分布均匀，且无明显波动，并按传感器的示值进行实时监控。

3　降温制度：应在连续恒温达到90d时立即开始降温，且应在1.5h～2h内从50℃连续、均匀地降至25℃±2℃，但相对湿度仍应保持在95%以上。

J.5　试验步骤

J.5.1　老化性能测定的步骤应符合下列规定：

1　试件经7d（对聚合物改性水泥砂浆为28d）固化后，应立即先测定对照组试件的初始抗剪强度。

2　将老化试验组的试件放入老化箱内，试件相互之间、试件与箱壁之间不得接触。对仲裁性试验，试样与箱壁、箱底和箱顶的距离均不应少于150mm。

3　老化试验的温度和湿度控制应按本附录第J.4节的规定和要求进行。

4　在试验过程中，若需取出或放入试样，开启箱门的时间应短暂，防止试样表面出现凝结水珠。

5　在恒温、恒湿达到30d时，应取出一组试件进行抗剪试验。若试件抗剪强度降低百分率大于15%，该老化试验便应中止，并直接判为不合格；不得继续进行试验。若抗剪强度降低百分率小于15%，应继续进行至规定时间。

6　试验达到90d（对B级胶为60d），并自然降温至35℃时，即可将试样取出置于密闭器皿中，待与室温平衡后，逐个进行抗剪破坏试验，且每组试验均应在30min内完成。

J.6　试验结果

J.6.1　老化试验完成后，应按下式计算抗剪强度降低百分率，取两位有效数字：

$$\rho_{R,i}=\frac{R_{0,i}-R_i}{R_{0,i}}\times 100\% \qquad (J.6.1)$$

式中：$\rho_{R,i}$——第i组老化试验后抗剪强度降低百分率（%）；

$R_{0,i}$——对照组试样初始抗剪强度算术平均值；

R_i——经老化试验后第i组试样抗剪强度算术平均值。

J.7　试验报告

J.7.1　湿热老化试验报告应包括下列各项内容：

1　受检材料来源、品种、型号和批号；

2　取样规则及取样数量；

3　试样制备及试样编号；

4　试验条件和试样状态调节过程；

5　仪器设备型号及检定日期；

6　试验开始和结束日期、实验室的温度及相对湿度；

7　试验过程老化箱内温湿度控制情况（若遇短时间停电，应作记录）；

8　试件的破坏荷载及破坏形式；

9　试验结果的整理和计算；

10　取样、测试、校核人员及测试日期。

附录K　约束拉拔条件下胶粘剂粘结钢筋与基材混凝土的粘结强度测定方法

K.1　适用范围

K.1.1　本方法适用于以锚固型胶粘剂粘结带肋钢筋与基材混凝土，在约束拉拔条件下测定其粘结强度。

K.1.2　本方法也可用于以锚固型胶粘剂粘合全螺纹螺杆与基材粘结强度的测定。

K.2　试验设备和装置

K.2.1　由油压穿心千斤顶、力值传感器、钢制夹具、约束用的钢垫板等组成的约束拉拔式粘结强度检测仪（图K.2.1）。宜配备300kN和60kN穿心千斤顶各一台，其力值传感器测量精度应达±1.0%，试件破坏荷载应处于拉拔装置标定满负荷的20%～80%之间。若需测定拉拔过程的位移，尚应配备位移传感器和力-位移数据同步采集仪及笔记本电脑和适用的绘图程序。拉拔仪应每年检定一次。

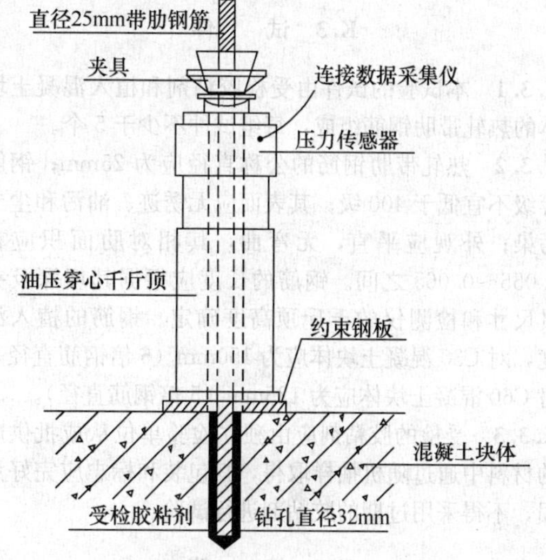

图K.2.1　约束拉拔式粘结强度检测仪示意图

K.2.2　约束用的钢垫板应为中心开孔的圆形钢板，钢板直径不应小于180mm，板中心应开有直径为36mm的圆孔，板厚为15mm～20mm，上下板面应刨平。

K.2.3 植筋用的混凝土块体应按种植15根ϕ25带肋钢筋进行设计，并应符合下列规定：

1 块体尺寸：其长度、宽度和高度应分别不小于1260mm、1060mm和250mm。

2 块体混凝土强度等级：一块应为C30级；另一块应为C60级。

3 块体配筋：仅配置架立钢筋和箍筋（图K.2.3）。若需吊装，尚应设置吊环。必要时，还可在块体底部配少量纵向钢筋，钢筋保护层厚度为30mm。吊环预埋位置及底部配筋位置可根据实际情况确定。

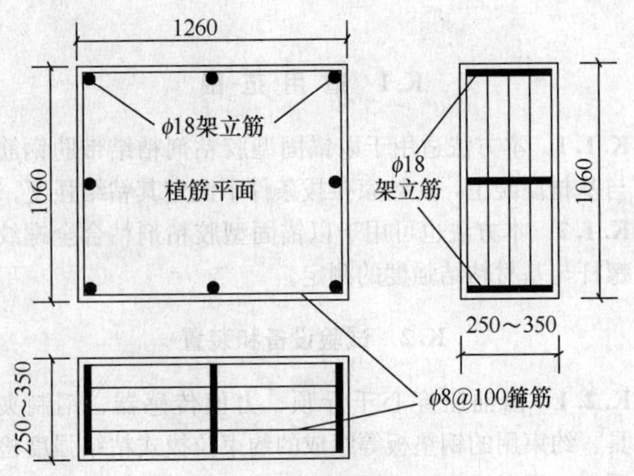

图K.2.3 植筋用混凝土块体配筋图

4 外观要求：混凝土表面应抹平整。

K.2.4 植筋用的钻孔机械，可根据试验设计的要求进行选择。当采用水钻机械时，钻孔后，应对孔壁进行糙化处理。

K.3 试 件

K.3.1 本试验的试件由受检胶粘剂和植入混凝土块体的热轧带肋钢筋组成，每组试件不少于5个。

K.3.2 热轧带肋钢筋的公称直径应为25mm；钢筋等级不宜低于400级；其表面应无锈迹、油污和尘土污染；外观应平直，无弯曲，其相对肋面积应在0.055～0.065之间。钢筋的长度应根据其埋深及夹具尺寸和检测仪的千斤顶高度确定。钢筋的植入深度，对C30混凝土块体应为150mm（6倍钢筋直径）；对C60混凝土块体应为125mm（5倍钢筋直径）。

K.3.3 受检的胶粘剂应由独立检验单位从成批供应的材料中通过随机抽样取得，其包装和标志应完好无损，不得采用过期的胶粘剂进行试验。

K.4 植 筋

K.4.1 植筋前应检测混凝土块材钻孔部位的含水率，其检测结果应符合试验设计的要求。

K.4.2 钻孔的直径及其实测的偏差应符合该胶粘剂使用说明书的规定。

K.4.3 植筋前的清孔，应采用专门的清孔设备，但清孔的吹和刷的次数应比该胶粘剂使用说明书规定的次数减少一半。若使用说明书的规定为两吹一刷，则实际操作时只吹一次而不再刷；若使用说明书未规定清孔的方法和次数，则试验时不得进行清孔。

K.4.4 植筋胶液的调制和注胶方法应严格按胶粘剂使用说明书的规定执行。

K.4.5 在注入胶液的孔中，应立即插入钢筋，并按顺时针方向边转边插，直至达到规定的深度。

K.4.6 植筋完毕应静置养护7d，养护的条件应按使用说明书的规定执行。养护到期的当天应立即进行拉拔试验，若因故推迟不得超过1d。

K.5 拉 拔 试 验

K.5.1 试验环境的温度应为23℃±2℃，相对湿度应不大于70%。若受检的胶粘剂对湿度敏感，相对湿度应控制在45%～55%。

K.5.2 试验步骤应符合下列规定：

1 将粘结强度检测仪的空心千斤顶穿过钢筋安装在混凝土块体表面的钢垫板上，并通过其上部的夹具夹持植筋试件，并仔细对中、夹持牢固；

2 启动可控油门，均匀、连续地施荷，并控制在2min～3min内破坏；

3 记录破坏时的荷载值及破坏形式。

K.6 试 验 结 果

K.6.1 约束拉拔条件下的粘结强度$f_{b,c}$，应按下式计算：

$$f_{b,c}=N_u/\pi d_0 l_b \quad (K.6.1)$$

式中：N_u——拉拔的破坏荷载（N）；

d_0——钢筋公称直径（mm）；

l_b——钢筋锚固深度（mm）。

K.6.2 破坏形式应符合下列情况，若遇到钢筋先屈服的情况，应检查其原因，并重新制作试件进行试验。

1 胶粘剂与混凝土粘合面粘附破坏；

2 胶粘剂与钢筋粘合面粘附破坏；

3 混合破坏。

K.6.3 试验报告应包括下列内容：

1 受检胶粘剂的品种、型号和批号；

2 抽样规则及抽样数量；

3 钻孔、清孔及植筋方法；

4 植筋实测的埋深及植筋编号；

5 试验环境的温度和相对湿度；

6 仪器设备的型号、量程和检定日期；

7 加荷方式及加荷速度；

8 试件破坏荷载及破坏形式；

9 试验结果的整理和计算；

10 试验人员、校核人员及试验日期。

附录L 结构胶粘剂耐热老化性能测定方法

L.1 适用范围及应用条件

L.1.1 本方法适用于结构胶粘剂耐热老化性能的验证性试验。

L.1.2 采用本方法进行热老化试验的结构胶粘剂应已通过其他项目的安全性能检验。

L.2 试验设备及试验用水

L.2.1 试件的热老化应在可程式恒温试验箱中进行。该老化箱内的温度应能自动控制、连续记录，并保持稳定，箱内的空气流速应能保持在0.5m/s～1.0m/s。

L.2.2 试验机电源应为双电源，并应能在工作电源断电时自动切换。任何原因引起的短时间断电，均应记录在案备查。

L.3 试　　件

L.3.1 热老化性能的测定应采用钢对钢拉伸剪切试件，并应按现行国家标准《胶粘剂拉伸剪切强度的测定（刚性材料对刚性材料）》GB/T 7124的规定和要求制备，粘结用的金属试片应为粘合面经过喷砂处理的45号钢。

对聚合物改性水泥砂浆的热老化性能测定应采用符合国家标准《建筑结构加固工程施工质量验收规范》GB 50550－2010附录R规定的钢套筒式试件。

L.3.2 试件的数量不应少于15个，且应随机均分为3组。其中一组为对照组，另两组为老化试验组。

L.3.3 试件胶粘后应静置固化7d。

L.4 试验条件

L.4.1 温度条件应符合下列规定：

1 温度：对Ⅰ类胶应保持80℃$^{+2}_{-1}$℃；对Ⅱ类胶应保持95℃$^{+2}_{-1}$℃；对Ⅲ类胶应保持125℃$^{+3}_{-2}$℃；

2 恒温时间：自箱内温达到规定值算起，应为90d。

L.4.2 升温、恒温及降温过程的控制应符合下列要求：

1 升温制度要求：应在1.5h～2h内，使老化箱内温度自25℃$^{+3}_{-1}$℃连续、均匀地升至规定的高温；

2 恒温制度要求：应使老化箱内有效工作区的温度保持均匀，不得有明显波动，且应按传感器的示值进行实时监控；

3 降温制度要求：应在连续恒温达到90d时立即开始降温，且应在1.5h～2h内连续、均匀地降至(25±2)℃。

L.5 试验步骤

L.5.1 热老化性能测定的步骤应符合下列规定：

1 试件经7d（对聚合物改性水泥砂浆为28d）固化后应立即先测定对照组试件同温度（见本附录L.4.1的规定）的初始抗剪强度。

2 将老化试验组的试件放入老化箱内，试件相互之间、试件与箱壁之间不得接触。对仲裁性试验，试样与箱壁、箱底和箱顶的距离均不应少于150mm。

3 老化试验的温度和湿度控制应按本附录第L.4节的规定和要求进行。

4 在试验过程中，若需取出或放入试样，开启箱门的时间应短暂，防止试样表面出现凝结水珠。

5 在恒温达到30d时，应取出一组试件在带有高温炉的试验机中进行抗剪试验。若试件抗剪强度降低百分率平均大于10%，该老化试验便应中止，并直接判为不合格，不得继续进行试验。若抗剪强度降低百分率小于10%，尚应继续进行至规定时间。

6 试验达到90d，立即将试样逐个取出在带有高温炉的试验机中进行同温度抗剪破坏试验，且每组试验均应在30min内完成。

L.6 试验结果

L.6.1 老化试验完成后，应按下式计算抗剪强度降低百分率，取两位有效数字：

$$\rho_{R,i}=\frac{R_{0,i}-R_i}{R_{0,i}}\times 100\% \qquad (L.6.1)$$

式中：$\rho_{R,i}$——第i组老化试验后抗剪强度降低百分率（%）；

$R_{0,i}$——对照组试样初始抗剪强度算术平均值；

R_i——经老化试验后第i组试样抗剪强度算术平均值。

L.7 试验报告

L.7.1 湿热老化试验报告应包括下列各项内容：

1 受检材料来源、品种、型号和批号；

2 取样规则及取样数量；

3 试样制备及试样编号；

4 试验条件和试样状态调节过程；

5 仪器设备型号及检定日期；

6 试验开始和结束日期、实验室的温度及相对湿度；

7 试验过程老化箱内温度控制情况（若遇短时间停电，应作记录）；

8 试件的破坏荷载及破坏形式；

9 试验结果的整理和计算；

10 取样、测试、校核人员及测试日期。

附录 M 胶接试件耐疲劳应力作用能力测定方法

M.1 适用范围

M.1.1 本方法适用于测定标准剪切试件在规定的试验条件下的胶粘剂拉伸剪切疲劳强度。

M.1.2 采用本方法测定胶粘剂拉伸剪切疲劳强度时，其频率可根据用户的要求确定。当频率未规定时，本方法推荐的频率为5Hz。

M.2 试验设备

M.2.1 试验机应能施加正弦波形的循环荷载。试验机应配有适宜的夹具，能牢固地夹住试件，并便于试件与荷载轴线对中。荷载应精确至±2%。

M.3 试件

M.3.1 试件形状和尺寸如图M.3.1-1和图M.3.1-2所示，允许任选一种。

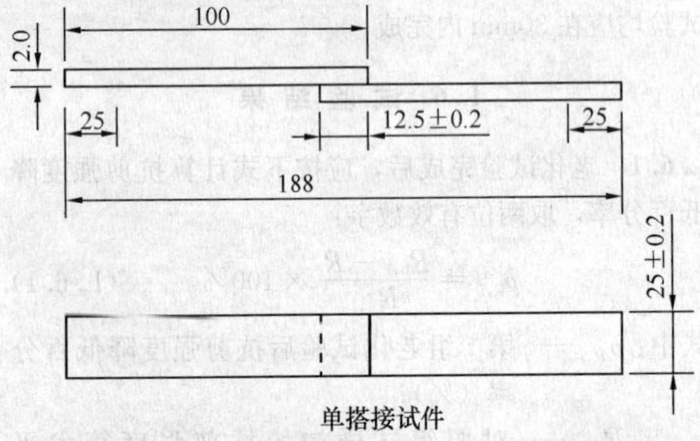

图 M.3.1-1 试件形状和尺寸（一）(mm)

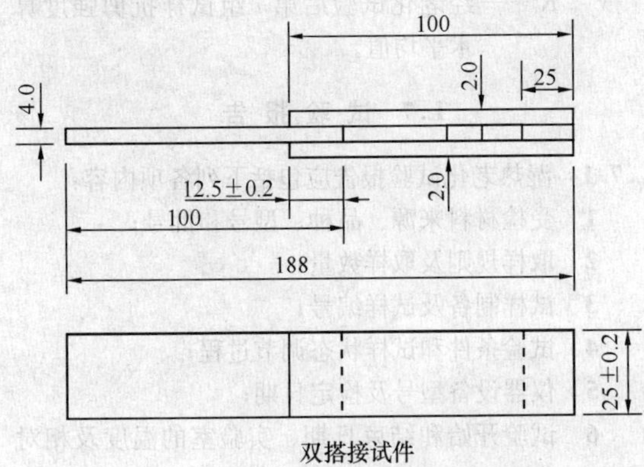

图 M.3.1-2 试件形状和尺寸（二）(mm)

M.3.2 试件数目至少为25个。

M.4 试验步骤

M.4.1 试件预处理

试件应在(23±2)℃和(50±5)%RH的室内环境中，进行试验状态调节，且不少于16h。

M.4.2 试件安装

将试件置于试验机夹具中牢固地夹紧，试件轴线与夹头轴线应呈一直线，夹头棱边距搭接头棱边为25mm。

M.4.3 施加荷载

按M.1.2的规定值，施加交变荷载并定时检查，试验应连续进行到试件破坏或直至所施加的循环应力次数达到最大要求。

M.4.4 记录破坏时的循环次数和相应荷载以及每个试件的破坏情况。

M.5 试验报告

M.5.1 试验报告应包括下列内容：

1 胶的品牌、型号及批号；

2 试验设备型号；

3 试件数量及编号；

4 试验环境的温、湿度；

5 频率、最大应力及应力比；

6 破坏或停止试验时的循环次数和相应荷载；

7 每个试件的破坏情况；

8 试验人员、校核人员和试验日期与时间。

附录 N 混凝土对混凝土粘结的压缩抗剪强度测定方法及评定标准

N.1 适用范围

N.1.1 本方法适用于承重结构混凝土与混凝土粘结的下列项目测定：

1 界面胶（剂）粘结的压缩抗剪强度；

2 混凝土湿面胶接的压缩抗剪强度。

N.1.2 当需检验聚合物改性水泥砂浆或水泥复合砂浆面层与混凝土基材粘结的压缩抗剪强度时，也可采用本方法。

N.2 试验设备及装置

N.2.1 压力试验机的加荷能力，应使试件的破坏荷载处于试验机标定满负荷的20%～80%之间，试验机的示值误差不应大于1%。

N.2.2 剪切加荷装置的构造应为单剪受力方式（图N.2.2），并应采用45号碳钢制作。其零部件的加工允许偏差应取为±0.1mm。

N.2.3 测定界面剂粘合面剪切强度的试件，应以混凝土凸形块为试坯经专门加工而成。混凝土凸形块应在特制的模具中浇注成型。该模具应为钢模，采用45号碳钢制作。其设计和加工应符合下列要求：

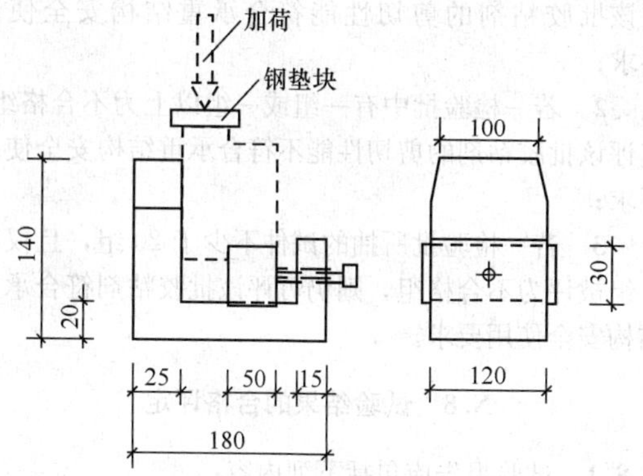

图 N.2.2　剪切加荷装置构造示意图（mm）

1　模具应可拆卸，且拆卸的构造不应在操作时伤及试坯；

2　模具内表面的光洁度应达 6.3 级；

3　模具加工的允许偏差应符合下列规定：

1）模内净截面各边尺寸允许偏差为±0.10mm，模内净长度尺寸允许偏差为±0.50mm；

2）模具各相邻平面的夹角应为90°，其允许偏差为±6′；

3）模具各边组成的上、下两表面，其平面度的允许偏差为短边长度的±1.0%。

N.3　试坯和试件的制备

N.3.1　制作凸形块（图 N.3.1）的混凝土应符合下列要求：

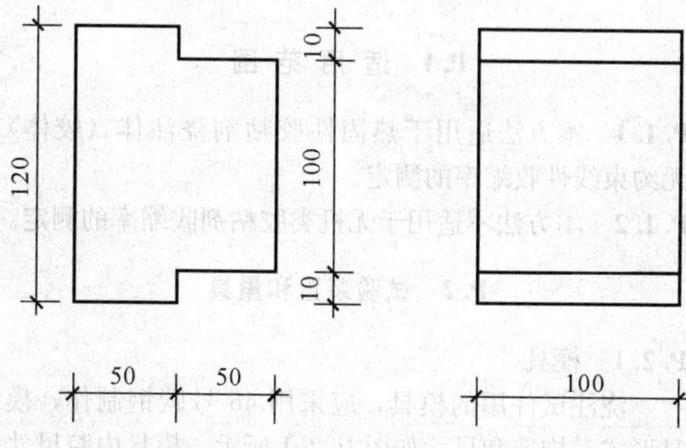

图 N.3.1　混凝土凸形块（mm）

1　水泥应为强度等级不低于42.5级的普通硅酸盐水泥，其质量应符合现行国家标准《通用硅酸盐水泥》GB 175 的规定；

2　细骨料应为中国 ISO 标准砂，其质量应符合现行国家标准《水泥胶砂强度检验方法（ISO 法）》GB/T 17671 的规定；

3　粗骨料应为最大颗粒直径不大于5mm的碎石或卵石，其质量应符合现行国家标准《普通混凝土用砂、石质量及检验方法标准》JGJ 52 的规定；

4　拌合用水应为饮用水；

5　混凝土的配合比应按C40强度等级确定；

6　每次配制混凝土，应制作一组标准尺寸的试块，供检验其强度等级使用。

N.3.2　试坯浇注成型后，应覆盖塑料薄膜进行养护，其养护制度及拆模时间应符合现行国家标准《普通混凝土力学性能试验方法标准》GB/T 50081 的规定。配制混凝土时制作的试块应随同试坯在同条件下进行养护。

N.3.3　试坯拆模后，应检查其外观质量。凡有裂纹、麻面、孔洞、缺损的试坯均应弃用。

N.3.4　测定界面胶（剂）压缩剪切粘结强度时，其试件的制备应符合下列规定：

1　试坯养护到期后，立即置入剪切加荷装置，在压力试验机中加荷至试坯凸出部分完全剪断；

2　弃去试坯的凸出部分，将留下的棱柱形部分作为涂刷界面胶（剂）的基材；

3　清除基材剪断面的松动骨料及粉尘；

4　按界面胶（剂）使用说明书的规定，在基材剪断面上涂刷界面胶（剂）并嵌入原钢模；

5　当涂刷的胶液晾置至指干时，将新配制的细石混凝土填补钢模内原凸出部分的空缺（对砂浆面层与混凝土基材粘结的试验，应改用聚合物改性水泥砂浆填补空缺），经捣实后重新形成的凸形试件，即为本试验方法所使用的试件；

6　新成型的试件，应按本附录 N.3.2 的要求进行养护。

N.3.5　测定结构胶水下或高湿态粘结的压缩抗剪强度时，其试件的制备应符合下列规定：

1　试坯养护到期后，立即置入剪切加荷装置，在压力试验机中加荷至试坯凸出部分完全剪断；

2　清除试件剪断面的松动骨料及粉尘后，将试件剪断的两部分均浸没于水中直至吸水饱和；

3　按结构胶使用说明书的规定，调配结构胶，并涂刷在拭去浮水的试件剪断面上；涂刷时应注意修补剪伤的局部细小缺陷，若修补有困难，应弃用该试件；

4　将涂好胶的试件重新拼好，并嵌入原钢模内，经7d固化、养护后，即成为本试验所使用的试件。

N.4　试验条件

N.4.1　试验应在养护到期的当日进行，若因故需推迟试验日期，应征得有关方面一致同意，且不得超过1d。

N.4.2　试验应在室温为23℃±2℃的环境中进行，仲裁性试验或对环境湿度敏感的胶粘，其试验环境的相对湿度应控制在(50±5)%之间。

N.5　试验步骤

N.5.1　试验时应将试件置入剪切加荷装置，通过调整可移动的下支承块，使试件恰好触及加荷装置的侧壁，而又不产生挤压应力为度。

N.5.2 开动压力试验机，以连续、均匀的3mm/min～5mm/min的速度施加压缩剪切荷载，直至试件破坏，记录最大荷载值，并记录粘合面破坏形式（如内聚破坏、粘附破坏、混合破坏等）。

N.6 试验结果

N.6.1 胶粘剂粘接面压缩抗剪强度 f_{vu} 应按下式计算，取三位有效数字：

$$f_{vu}=P_v/A_v \tag{N.6.1}$$

式中：P_v——压缩剪切施加的最大荷载值（破坏荷载值）（N）；

A_v——剪切面面积（mm^2）。

N.6.2 试件的破坏形式及其正常性判别应符合下列规定：

1 试件破坏形式应按下列规定划分：

1）混凝土内聚破坏——破坏发生在混凝土内部；

2）粘附破坏——破坏发生在涂刷胶粘剂的原剪断面上；

3）混合破坏。

2 破坏形式正常性判别准则，应符合下列规定：

1）混凝土内聚破坏，或混凝土内聚破坏面积占粘合面积85%以上的混合破坏，均可判为正常破坏；

2）粘附破坏，或混凝土内聚破坏面积少于85%的混合破坏，均应判为不正常破坏。

N.7 试验结果的合格评定

N.7.1 组试验结果的合格评定，应符合下列规定：

1 当一组内每一试件的破坏形式均属正常时，以组内最小值作为该组试验结果的粘结剪切强度推定值。若该推定值不低于表N.7.1规定的合格指标，则可评该组试件粘结剪切强度检验结果合格。

表N.7.1 胶粘剂粘结剪切强度合格指标

检验项目	胶粘剂等级	合格指标	
混凝土对混凝土压缩抗剪强度（MPa）	A级	≥4.0	且为混凝土内聚破坏
	B级	≥3.0	

注：界面胶不分等级，均应按A级胶执行。

2 当一组内仅有一个试件的破坏形式不正常，允许以加倍试件重做一组试验。若试验结果全数达到上述要求，仍可评该组为试验合格组。

N.7.2 检验批试验结果的合格评定，应符合下列规定：

1 若一检验批中每一组均为试验合格组，则应评该批胶粘剂的剪切性能符合承重结构安全使用要求；

2 若一检验批中有一组或一组以上为不合格组，应评该批胶粘剂的剪切性能不符合承重结构安全使用要求；

3 若一检验批所抽的试件不少于20组，且仅有一组被评为不合格组，则仍可评该批胶粘剂符合承重结构安全使用要求。

N.8 试验结果的合格评定

N.8.1 试验报告应包括下列内容：

1 受检胶粘剂的品种、型号和批号；

2 抽样规则及抽样数量；

3 试坯及试件制备方法及养护条件；

4 试件的编号和尺寸；

5 试验环境温度和相对湿度；

6 仪器设备的型号、量程和检定日期；

7 加荷方式及加荷速度；

8 试件的破坏荷载及破坏形式；

9 试验结果整理和计算；

10 试验人员、校核人员及试验日期。

N.8.2 当委托方有要求时，试验报告应附有试验结果合格评定报告，且合格评定标准应符合本附录的规定。

附录P 胶粘剂浇注体（胶体）收缩率测定方法

P.1 适用范围

P.1.1 本方法适用于热固性胶粘剂浇注体（胶体）无约束线性收缩率的测定。

P.1.2 本方法不适用于无机类胶粘剂收缩率的测定。

P.2 试验装置和量具

P.2.1 模具

浇注试件用的模具，应采用45号碳钢制作，模具形式、构造和尺寸如图P.2.1所示，模具内腔尺寸的允许偏差为±0.01mm；模具内腔的端面应垂直于模具长轴方向；模具内腔表面应平整、光滑，其光洁度应为$\overset{3.2}{\nabla\nabla\nabla}$。

P.2.2 浇注工具：可采用注射器或灌胶杯，并配有抹平浇注体（试件）表面用的刮刀。

P.2.3 胶液浇注过程中产生的气泡，宜使用真空脱泡装置或振动台清除；若胶液的气泡较少，也可采用针挑法清除。

P.2.4 测量模具内腔净长度及试件长度用的量具，其测量精度应为0.01mm。量具应经计量部门检定，并应在有效检定周期内使用。

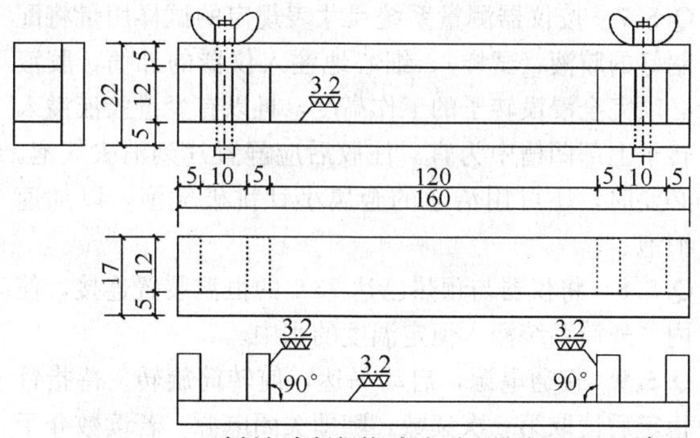

(端板与底板焊接时,应采取措施保证垂直度)

图 P.2.1　浇注试件用的模具形式及尺寸（mm）

P.3　试　　件

P.3.1　测量无约束线性收缩率的试件，应为浇注成型的长方体；其尺寸为 12mm×12mm×120mm；试件尺寸的精确度由模具内腔的加工精确度保证，不另行规定。试件数量为每组不少于 5 个。

P.3.2　试件应采用浇注法制备，并应符合下列要求：

1　制备浇注体试件的模具，应事先置于(23±2)℃、(50±5)%RH 环境(即标准)环境中平衡 24h，到期立即在该温、湿度环境中，测量其内腔的净长度 L_0，精确到 0.01mm，经检查无误后，置于标准环境中待用。

2　模具外表面及内腔表面均应仔细涂刷优质隔离剂，涂刷的质量应经专人检查认可。

3　用于浇注试件的胶液应按其使用说明书配制，且拌胶的速度应受控制，以防止气泡的产生。

4　拌好的胶液应仔细注入模具。在整个浇注过程中应注意防止胶液产生气泡，若有气泡应采取措施消除。胶液浇注饱满后，应使用刮刀抹平浇注体的表面。若发现有麻面等缺陷，应及时填补密实。

5　试件浇注完毕后，应连同模具在标准环境中放置 2d 后脱模，然后敞开放在一个平面上，无约束地以同样温、湿度条件再养护 19d。

P.4　收缩率的测量

P.4.1　浇注体试件经 21d 养护后，应立即在标准环境中进行无约束线性收缩率测量。

P.4.2　为测定浇注体试件的无约束线性收缩率，应使用量具测量其长度，精确至 0.01mm，并取两个方向测值的算术平均值作为试件长度的测量值 L_s。

P.4.3　浇注体试件的无约束线性收缩率应按下式计算：

$$CS = \frac{L_0 - L_s}{L_0} \times 100 \qquad (P.4.3)$$

式中：L_0——模具内腔在标准环境中净长度测量值(mm)；

L_s——浇注体试件 21d 长度测量值（mm）。

P.5　试 验 报 告

P.5.1　试验报告应包括下列内容：

1　受检胶粘剂的品种、型号和批号；

2　取样规则及抽样数量；

3　试件制备方法及固化、养护条件；

4　试验环境的温度和相对湿度；

5　量具名称、型号、量程和检定日期；

6　试件尺寸及编号；

7　试件外观质量；

8　测量方法；

9　试验结果的整理和计算；

10　试验人员、校核人员及试验日期。

附录 Q　结构胶粘剂初黏度测定方法

Q.1　基 本 规 定

Q.1.1　为统一结构胶粘剂混合后初黏度的测试方法，使所测黏度的测量误差能控制在 0.5%以内，并在各试验室之间具有可再现性，制定本规定。

Q.1.2　结构胶粘剂应按其流变特性分为两类：

1　近似牛顿流体特性的结构胶粘剂，其黏度一般低于 8×10^4 mPa·s；

2　非牛顿流体特性的结构胶，其黏度一般大于 8×10^4 mPa·s。

Q.1.3　当加固工程测定结构胶的初黏度时，其所使用的仪器应符合下列规定：

1　当黏度的估计值不大于 8×10^4 mPa·s 时，可使用游丝扭矩式旋转黏度计或具有规定剪切速率的同轴双圆筒旋转黏度计进行测试；

2　当黏度的估计值大于 8×10^4 mPa·s 时，应统一使用具有规定剪切速率的同轴双圆筒旋转黏度计进行测试。

Q.2　仪 器 设 备

Q.2.1　测量黏度仪器的选用，应符合下列规定：

1　对近似牛顿流体的结构胶粘剂，宜使用旋转黏度计。

2　对非牛顿流体的结构胶粘剂，宜使用双圆筒旋转黏度计。

Q.2.2　配套设备应符合下列要求：

1　恒温浴（槽）：应能保持 23℃±0.2℃，且在 20℃～100℃范围内可调。

2　温度计：分度应为 0.1℃。

3　容器：应按黏度计使用说明书的规定，选用合适的形状和尺寸。

Q.3 试验条件

Q.3.1 试验温度应统一定为23℃±0.2℃。若用于个别工程项目的实时控制，也可按设计规定的试验温度进行测试，但应在仪器使用说明书允许范围内。

Q.3.2 测量系统选择应符合下列要求：

1 对旋转黏度计，应按该仪器提供的量程表，决定转子号及转速。

2 对双圆筒旋转黏度计，应统一采用D转子系统，取剪切速率为$7.204s^{-1}$，即转速为65r/min。

Q.4 试样制备

Q.4.1 结构胶初始黏度检测的抽样量应以250g为准。

Q.4.2 测试前，应将抽样取得的各组分，置于23℃～25℃恒温试验室中调节其状态不少于6h。

Q.4.3 在称量试样前，应将试样各组分（包括其容器）置于恒温水浴中30min～60min，然后按配合比分别称量所需的质量。

Q.4.4 对易吸湿的或含有挥发性物质的试样，应密封于容器中。

Q.5 试验步骤

(A) 估计黏度值小于8×10^4mPa·s的胶液

Q.5.1 试样各组分经搅拌混合成均匀胶液后，倒入直径为70mm的烧杯或直筒形容器内，并置于恒温浴中准确控制胶液温度。若试样含有气泡，应在注入前，完全去掉。

Q.5.2 将保护架安装在仪器上。安装前应先熟悉旋入方向。

Q.5.3 按仪器使用说明书给出的量程表（mPa·s），选择转子号及转速（r/min）。

Q.5.4 按仪器使用说明书规定的操作方法和步骤，先旋转升降组，让转子缓缓浸入胶液中，直至转子液面标志和液面齐平。然后启动电机，转动变速旋钮，使所选转速数对准转速指示点，使转子在胶液中旋转，待指针趋于稳定立即读数，然后关闭电源，又重新启动仪器，进行第二、第三次读数。

Q.5.5 若指针读数不处于30格～90格之间，应更换转子号及转速；重新制备试样进行测试。原胶液试样应弃去，不得继续使用。若更换转子号及转速，仍测不出黏度，应改用同轴双圆筒旋转黏度计进行测试。

(B) 估计黏度值大于8×10^4mPa·s的胶液

Q.5.6 按规定的剪切速率选择转筒、转速及固定筒，并按仪器使用说明书规定的步骤和方法安装好仪器。

Q.5.7 按仪器测量系统尺寸表规定的试样用量将配制好的胶液（试样），细心地注入仪器的外筒，胶液必须完全浸没转子的工作高度，且以有少量胶液溢入转子上部凹槽中为宜。注胶后应静置片刻消去气泡。必要时，还可用洁净的金属小针挑破气泡，以加速消泡。

Q.5.8 将仪器与预热已达23℃的恒温装置连接，使内、外筒系统浸入恒定温度的水中。

Q.5.9 接通电源，启动马达，使转筒旋转。待指针稳定后读取第一次读数，随即关闭电源。若读数介于表盘满刻度的20%～90%之间，则认为读数有效。随即又重新启动电源两次，分别读取第二、三两次读数。

Q.5.10 测量结束后，应立即用丙酮或其他适用的洗液，彻底清洗黏度计转子系统及内外筒等零部件，不得因延误此项作业而损坏仪器。

Q.6 结果计算与表示

Q.6.1 结构胶粘剂混合后的初黏度η（mPa·s）应按下式计算：

$$\eta = K \cdot a \qquad (Q.6.1)$$

式中：K——仪器常数（mPa·s），应按仪器使用说明书给出的仪器常数表取值；

a——3次读数平均值。若其中一个读数与平均值之间相差较显著，应采用格拉布斯（Grubbs）检验法进行判定，不得随意舍弃。

Q.6.2 结果表示：测定的黏度值应取3位有效数，并应以括号形式注明下列参数值：

1 对旋转黏度计测定的黏度，应表示为η(23℃)值；

2 对双圆筒旋转黏度计测定的黏度，应表示为η(23℃，$7.204s^{-1}$)值；

3 对其他仪器测定的黏度，应表示为η(23℃，选用的剪切速率)值。

Q.6.3 试验报告应包括下列内容：

1 受检材料品种、型号和批号；

2 抽样规则及抽样数量；

3 试样制备及调节方法；

4 试样编号；

5 试验环境温度和相对湿度；

6 仪器设备的型号、量程和检定日期；

7 采用的转子系统、转速、剪切速率；

8 恒温浴（槽）的水温及其偏差；

9 黏度测定值；

10 试验人员、校核人员及试验日期。

附录R 结构胶粘剂触变指数测定方法

R.1 适用范围

R.1.1 本方法适用于以不同转速下动力黏度比值表征结构胶粘剂触变性能的触变指数（thixotropic index）测定。

R.1.2 对常温下施工的涂刷型结构胶粘剂，其工艺性能所要求的触变性，可通过测定其触变指数进行评估。

R.2 仪器和设备

R.2.1 旋转黏度计：当采用牛顿流体黏度计时，其转子速度应有 6r/min 和 60r/min 两种；当采用非牛顿流体黏度计时，若其转子速度设置不同，允许用 5.6r/min 和 65r/min 替代。

注：对掺有填料的胶粘剂，应采用 NXS-11A 型黏度计。

R.2.2 恒温浴槽：应能在 20℃～100℃范围内可调，且恒定水温的误差不大于 0.2℃。

R.2.3 温度计的分度应为 0.1℃。

R.2.4 容器应按所使用旋转式黏度计的说明书确定容器形状和尺寸。

R.3 试样

R.3.1 结构胶粘剂各组分应从检验批中随机抽取，并在试验室置放不少于 24h。测试前，应按该胶粘剂使用说明书规定的配合比，在 23℃±0.5℃的室温下进行拌合均匀后，作为测定胶液黏度的试样。

R.3.2 试样应均匀、色泽一致，无结块。

R.3.3 试样量应能满足旋转式黏度计测试需要。

R.4 试验步骤

R.4.1 将盛有试样的容器放入已升温至试验温度的恒温浴（槽）中，使试样温度与试验温度 23℃±0.5℃平衡，并保持试样温度均匀。

R.4.2 将 6r/min（或 5.6r/min）的转子垂直浸入试样中的部位，并使液面达到转子液位标线。

R.4.3 按黏度计说明书规定的操作方法启动黏度计，读取旋转的指针稳定后的第一次读数。关闭马达后再重新启动两次，分别读取指针第二次和第三次稳定后的读数。

R.4.4 将 6r/min（或 5.6r/min）的转子更换为 60r/min（或 65r/min）的转子，重复上述步骤，测量其指针稳定后的读数，共三次。

R.5 结果计算与表示

R.5.1 按旋转黏度计使用说明书规定的方法，分别计算 6r/min（或 5.6r/min）和 60r/min（或 65r/min）的黏度 η_6（或 $\eta_{5.6}$）和 η_{60}（或 η_{65}）。计算时，指针读数值 α，取 3 次读数的平均值，且取有效数 3 位。黏度的单位以“mPa·s”表示。

R.5.2 触变指数 I_t 应按下式计算，取两位有效数，并应注明试验的温度：

对中、低黏度胶液：$I_t = \eta_6 / \eta_{60}$ （R.5.2-1）

对高黏度胶液：$I_t = \eta_{5.6} / \eta_{65}$ （R.5.2-2）

R.5.3 试验报告应包括下列内容：

1 受检材料来源、品种、型号和批号；

2 取样规则及抽样数量；

3 试样制备及试样编号；

4 试验条件及试样状态调节过程；

5 仪器设备型号及检定日期；

6 采用的转子号及转速；

7 恒温浴槽的水温及其偏差；

8 黏度测定值及触变指数的计算；

9 试验人员、校核人员及试验日期。

附录S 聚合物改性水泥砂浆体和灌浆料浆体抗折强度测定方法

S.1 适用范围

S.1.1 本方法适用于结构加固用聚合物改性水泥砂浆体和灌浆料浆体抗折强度的测定。

S.1.2 本方法不适用于测定低强度普通水泥砂浆体的抗折强度。

S.2 试验装置和设备

S.2.1 浇注试件用的模具应符合下列要求：

1 应为可拆卸的钢制模具，其钢材宜为 45 号碳钢，模具内表面的光洁度应达 $\overset{6.3}{\bigtriangledown\!\bigtriangledown}$。

2 模具内部净尺寸应为 30mm×30mm×120mm 及 40mm×40mm×160mm 两种；其允许偏差应符合下列规定：

1）模内净截面各边尺寸的偏差不得超过 0.20mm，模内净长度的偏差不得超过 1mm；

2）组装后模内各相邻面的夹角应为 90°，其不垂直度不应超过±0.5°；

3）模具各边组成的上表面，其平面度偏差不得超过短边长度的 1.5%。

3 模具的拆卸构造不应在操作时伤及试件。

S.2.2 当浇注试件需经振实成型时，振实台的技术性能和质量应符合现行行业标准《水泥胶砂试体成型振实台》JC/T 682 的规定。

S.2.3 抗折试验使用的压力试验机应为液压式压力

试验机，其测量精度应达±1.0%。试验机应能均匀、连续、速度可控地施加荷载。试件破坏荷载应处于压力机标定满负荷的20%～80%之间。

S.2.4 试件的支座和加载压头应为直径10mm～15mm、长度分别为35mm和45mm的45号碳钢圆柱体。分配荷载的钢板，应采用45号碳钢制成，其尺寸应根据试件的尺寸分别取为10mm×35mm×50mm和10mm×45mm×60mm。

S.2.5 抗折试验装置，应为图S.2.5所示的三分点加荷装置。

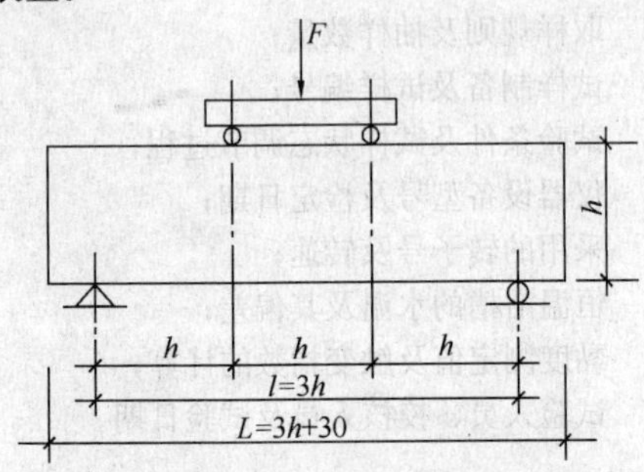

图S.2.5 抗折试验装置（mm）

S.3 取样规则

S.3.1 验证性试验用的抗折试样，应在试验室按该受检材料使用说明书的要求专门配制，并按每盘拌合物取样制作一组试件，每组不少于5个试件的原则确定应拌合的盘数。拌合时试验室的温度应在23℃±2℃。若需采用搅拌机拌合时，宜采用符合现行行业标准《行星式水泥胶砂搅拌机》JC/T 681要求的搅拌机。

S.3.2 工程质量检验用的抗折试样，应在现场随机选取3盘拌合物，每盘取样制作一组试件，每组试件不应少于4个。

S.3.3 拌合物取样后，应在该受检材料使用说明书规定的适用期（按min计）内浇注成试件；不得使用逾期的拌合物浇注试件。

S.4 试件制备

S.4.1 试件形式及尺寸：当测定聚合物砂浆及复合砂浆抗折强度时，应采用30mm×30mm×120mm的棱柱形试件；当测定灌浆料抗折强度时，应采用40mm×40mm×160mm的棱柱形试件。

S.4.2 试件应在符合本附录第S.2.1条要求的模具中制作、浇注、捣实和养护。其养护制度和拆摸时间应按该受检材料使用说明书确定，但为结构加固提供设计、施工依据的试件，其养护时间应以28d为准。

S.4.3 若需评估浆体强度增长的正常性，可增加试件组数，在浇注后1d、3d、7d等时段拆模进行强度试验。

S.4.4 试件拆摸后，应检查试件表面的缺陷；凡有裂纹、麻点、孔洞、缺损的试件应弃用。

S.5 试验步骤

S.5.1 试件养护到期后应及时进行试验，若因故需推迟试验不得超过1d。

S.5.2 在试验机中安装试件（图S.2.5）时，应以试件成型时的侧面作为加荷的承压面，并应从试验机前后两面对试件进行对中，若发现试件与支座或施力点接触不严或不稳时，应予以垫平。

S.5.3 试件加荷应均匀、连续，并应控制在1.5min～2.0min内破坏，破坏时除应记录试验机荷载示值外，还应记录破坏点位置及破坏形式。当试件的破坏点位于两集中荷载作用线之间时为正常破坏；若破坏点位于集中荷载作用线与支座之间时为非正常破坏，应检查其发生原因，并经整改后重新制作试件进行试验。

S.6 试验结果

S.6.1 正常破坏的试件，其抗折强度值f_b应按下式计算，精确至0.1MPa：

$$f_b = Pl_b/bh^2 \quad (S.6.1)$$

式中：P——试件破坏荷载（N）；

l_b——试件跨度（mm）；

b和h——试件截面的宽度和高度。

S.6.2 一组试件的抗折强度值的确定应符合下列规定：

1 当一组试件的破坏均属正常破坏时，以全组测值的算术平均值表示；

2 当一组试件中仅有1个测值为非正常破坏时，应弃去该测值，而以其余3个测值的算术平均值表示；

3 当一组试件中非正常破坏值不止一个时，该组试验无效。

S.6.3 试验报告应包括下列内容：

1 受检材料的来源、品种、型号和批号；

2 取样规则及抽样数量；

3 试件制备方法及养护条件；

4 试件的编号和尺寸；

5 试验环境的温度和相对湿度；

6 仪器设备的型号、量程和检定日期；

7 加荷方式及加荷速度；

8 试件破坏荷载及破坏形式；

9 试验结果的整理和计算；

10 取样、试验、校核人员及试验日期。

附录T 合成纤维改性混凝土弯曲韧性测定方法

T.1 适用范围

T.1.1 本方法适用于合成纤维改性混凝土弯曲韧性

的表征值——弯曲剩余强度指数的测定。

T.1.2 本方法也可用于合成纤维改性砂浆弯曲剩余强度指数的测定。

T.2 试验装置

T.2.1 本试验采用的试验机宜为螺杆传动式或液压式试验机，其变形控制可采用开环控制系统。

T.2.2 试件的钢底板应采用不锈钢制作，其尺寸应为100mm×12mm×350mm。

T.2.3 加荷装置应采用三分点加荷方式的试验架。

T.2.4 挠度测量装置应设计成直接测得纯挠度的测量系统（图T.2.4）。若有条件，可将荷载与挠度的输出信号经放大器与$x-y$记录仪相连接，直接绘制荷载-挠度曲线。

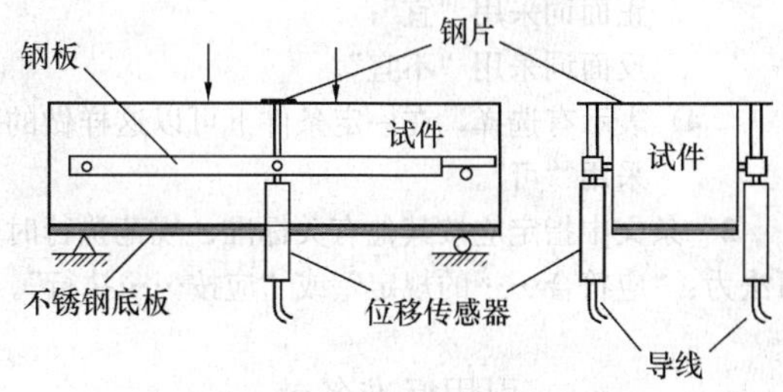

图T.2.4 弯曲试验挠度测量示意图

T.3 试件

T.3.1 试件形式、尺寸及数量应符合下列规定：

试件截面尺寸应为100mm×100mm，试件长度应为350mm，并应设计成梁式试件。梁的计算跨度应为300mm。每组试件不应少于10个。其中5个作抗折强度试验；另5个作本试验。

T.3.2 试件的混凝土强度等级，应按试验设计确定，但不得低于C25。

T.3.3 合成纤维的分布应通过采取正确的投料、浇注和振捣方法，使纤维在混凝土拌合过程中呈方向不规则的均匀分布。

T.3.4 混凝土试件应经7d的标准养护，然后按一般要求养护至第28天进行试验。

T.4 试验步骤

T.4.1 在量测试件尺寸后，将12mm厚的不锈钢垫块垫放于梁式试件的底部。

T.4.2 在试验机中安装带垫板的梁式试件及加荷装置。然后以（0.5±0.1）mm/min的加荷速率施加荷载，直至挠度达到0.20mm。此时，若试件已开裂，即可卸载，并取掉不锈钢垫板。若试件开裂不在三分点内，则该试件的试验结果无效。

T.4.3 对取掉钢垫板的梁式试件，以0.1mm/min的加荷速度继续进行加荷，测得剩余荷载-挠度全曲线。

T.4.4 在剩余荷载-挠度全曲线上，以量尺在图上找出对应于挠度为0.5mm、0.75mm、1.0mm及1.25mm的各荷载值（单位为“N”），并用公式（T.4.4）求取这4个荷载值的平均值：

$$P_r=(P_{0.5}+P_{0.75}+P_{1.0}+P_{1.25})/4 \qquad (T.4.4)$$

T.4.5 按式（T.4.5）计算该梁式试件的剩余强度值f_r，并精确至0.01MPa：

$$f_r=P_r l/bh^2 \qquad (T.4.5)$$

式中：l——梁式试件跨度；

b和h——分别为梁宽和梁高。

T.4.6 根据本试验结果及抗折强度试验结果，可按下式计算该组梁式试件的弯曲剩余强度指数I_r值：

$$I_r=\overline{f_r}/\overline{f_m}\times 100(\%) \qquad (T.4.6)$$

式中：$\overline{f_r}$和$\overline{f_m}$——分别为该组5个试件的剩余强度和抗折强度平均值，计算精确至0.01MPa。

附录U 锚固承载力检验方法

U.1 适用范围

U.1.1 本方法适用于混凝土结构后锚固抗拔承载力的破坏性检验。

U.1.2 本方法适用的后锚固件为带肋钢筋、全螺纹螺杆、自扩底锚栓、模扩底锚栓和特殊倒锥形锚栓。

U.2 取样规则

U.2.1 后锚固件抗拔承载力检验的取样，应以同品种、同规格、同强度等级、同批号的后锚固件为一检验批，并应从每一检验批所含的后锚固件中随机抽取。

U.2.2 破坏性检验的取样数量，应为每一检验批后锚固件总数的0.1%，且不少于5个进行检验。

U.2.3 当不同行业标准的取样规则与本规范不一致时，对承重结构加固用的后锚固承载力检验，必须按本规范的规定执行。

U.3 种植后锚固件的基材

U.3.1 种植后锚固件的基材，应采用强度等级为C30的混凝土块体。块体的设计应符合下列规定：

1 块体尺寸：宜按一组5个后锚固件单行排列进行设计；也可取为1800mm×600mm×300mm；

2 块体配筋：仅在块体周边配置架立钢筋和箍筋；若需吊装尚应设置吊环；

3 外观要求：混凝土表面应平整，且无裂缝。

U.3.2 混凝土块体的制作，应按所要求的强度等级进行配合比设计。块体浇注后应经28d标准养护。在养护期间应保持混凝土处于湿润状态，以防出现早期裂纹。

U.4 仪器设备要求

U.4.1 检测用的加荷设备，可采用专门的拉拔仪或自行组装的拉拔装置，但应符合下列要求：

1 设备的加荷能力应比预计的检验荷载值至少大20%，且应能连续、平稳、速度可控地运行；

2 设备的测力系统，其整机误差不得超过全量程的±2%，且应具有峰值储存功能；

3 设备的液压加荷系统在短时（≤5min）保持荷载期间，其降荷值不得大于5%；

4 设备的夹持器应能保持力线与锚固件轴线的对中；

5 设备的支承点与植筋的净间距不应小于 $6d$（d 为植筋或锚栓的直径），且不应小于125mm；设备的支承点与锚栓的净间距不应小于 $2h_{ef}$（h_{ef} 为有效埋深）。

U.4.2 当委托方要求检测重要结构锚固件连接的荷载-位移曲线时，现场测量位移的装置，应符合下列要求：

1 仪表的量程不应小于50mm，其测量的误差不应超过±0.02mm；

2 测量位移装置应能与测力系统同步工作和连续记录，测出锚固件相对于混凝土表面的垂直位移，并绘制荷载-位移的全程曲线。

U.4.3 若受条件限制，允许采用百分表，以手工操作进行分段记录。此时，在试样到达荷载峰值前，其位移记录点应在12点以上。

U.4.4 现场检验用的仪器设备应定期送检定机构检定。若遇到下列情况之一时，还应及时重新检定：

1 读数出现异常；

2 被拆卸检查或更换零部件后。

U.5 检验步骤与方法

U.5.1 非胶粘的后锚固件在混凝土块体上安装完毕，经检查合格后即可开始检验其承载力。胶粘的后锚固件，其检验应在胶粘剂固化7d时立即进行。若因故需推迟检验日期，除应征得鉴定机构同意外，尚不得超过3d。

U.5.2 检验后锚固拉拔承载力的加荷宜采用连续加荷制度，且应符合下列规定：

1 对锚栓，应以均匀速率加荷，控制在2min～3min时间内发生破坏；

2 对植筋，应以均匀速率加荷，控制在2min～7min时间内发生破坏。

U.5.3 检验结果以后锚固连接抗拔力的实测平均值 $N_{u,m}$ 及实测最小值 $N_{u,min}$ 表示，并按本规范第12.3.1条的规定进行合格评定。

本规范用词说明

1 为便于在执行本规范条文时区别对待，对要求严格程度不同的用词说明如下：

1）表示很严格，非这样做不可的用词：
正面词采用“必须”；
反面词采用“严禁”。

2）表示严格，在正常情况下均应这样做的用词：
正面词采用“应”；
反面词采用“不应”或“不得”。

3）表示允许稍有选择，在条件许可时首先应这样做的用词：
正面词采用“宜”；
反面词采用“不宜”。

4）表示有选择，在一定条件下可以这样做的，采用“可”。

2 条文中指定应按其他有关标准、规范执行时，写法为：“应符合……的规定”或“应按……执行”。

引用标准名录

国 家 标 准

1 《混凝土结构设计规范》GB 50010

2 《钢结构设计规范》GB 50017

3 《混凝土外加剂应用技术规范》GB 50119

4 《木结构试验方法标准》GB/T 50329

5 《混凝土结构加固设计规范》GB 50367

6 《水泥基灌浆料应用技术规范》GB/T 50448

7 《建筑结构加固工程施工质量验收规范》GB 50550

8 《砌体结构加固设计规范》GB 50702

9 《塑料负荷变形温度的测定》GB/T 1634.2

10 《树脂浇注体拉伸强度试验方法》GB/T 2568

11 《树脂浇注体压缩强度试验方法》GB/T 2569

12 《树脂浇注体弯曲强度试验方法》GB/T 2570

13 《紧固件机械性能 螺栓、螺钉和螺柱》GB/T 3098

14 《定向纤维增强塑料拉伸性能试验方法》GB/T 3354

15 《单向纤维增强塑料弯曲性能试验方法》GB/T 3356

16 《碳纤维增强塑料纤维体积含量试验方法》GB/T 3366

17 《正态样本离群值的判断与处理》GB/T 4883

18 《胶粘剂对接接头拉伸强度的测定》GB/T 6329

19 《胶粘剂适用期的测定》GB/T 7123.1

20 《胶粘剂拉伸剪切强度的测定（刚性材料对刚性材料）》GB/T 7124

21 《混凝土外加剂》GB 8076

22 《增强制品试验方法　第3部分：单位面积质量的测定》GB/T 9914.3

23 《正态分布变差系数置信上限》GB/T 11791

24 《液态胶粘剂密度测定方法　重量杯法》GB/T 13354

25 《建筑密封材料试验方法　流动性的测定》GB/T 13477.6

26 《钢丝镀锌层》GB/T 15393

国家军用标准

1 《胶粘剂——不均匀扯离强度试验方法（金属与金属）》GJB 94

2 《胶粘剂高温拉伸剪切强度试验方法（金属与金属）》GJB 444

3 《胶接耐久性试验方法》GJB 3383

行 业 标 准

1 《水工混凝土试验规程》DL/T 5150

2 《混凝土用膨胀型、扩孔型建筑锚栓》JG 160

3 《耐火浇注料抗热震性试验方法（水急冷法）》YB/T 2206.2

4 《混凝土试模》JG 237

中华人民共和国国家标准

工程结构加固材料安全性鉴定技术规范

GB 50728—2011

条 文 说 明

制 订 说 明

《工程结构加固材料安全性鉴定技术规范》GB 50728－2011经住房和城乡建设部2011年12月5日以第1213号公告批准、发布。

本规范制订过程中，编制组进行了广泛的调查研究，总结了我国工程结构加固材料的研制和使用经验；参考了国外有关技术标准。同时，有不少单位和学者还进行了卓有成效的试验研究，为本规范制订提供了有参考价值的数据和资料。

为便于广大生产企业、监督检验、设计、施工、业主、管理等单位和部门的有关人员在使用本规范时能正确理解和执行条文规定，《工程结构加固材料安全性鉴定技术规范》编制组按章、节、条顺序编制了本规范的条文说明，对条文规定的目的、依据以及执行中应注意的有关事项进行了说明。但条文说明不具备与规范正文同等的效力，仅供使用者作为理解和把握规范规定的参考。

目　次

1 总 则

1.0.1 本条规定了制定本规范的目的和要求。这里应说明的是，本规范作为工程结构加固材料应用安全性鉴定的国家标准，主要是针对为保障安全、质量、卫生、环保和维护公共利益所必须达到的最低指标和最低要求作出统一的规定。至于更高的要求和更优的性能指标，则应由其他层次的标准，如专业性很强的行业标准、以新技术应用为主的推荐性标准和企业标准等在国家标准基础上进行优化和提高。然而，在前一段时间里，这一最基本的标准化原则，却由于种种原因而没有得到遵循，出现了上述标准对安全、质量的要求反而低于国家标准的不正常情况。为此，在实施本规范过程中，若遇到这类情况，一定要从国家标准是保证工程结构加固材料安全性的最低标准这一基点出发，按照《中华人民共和国标准化法》和建设部第25号令的规定来实施本规范，只有这样，才能做好安全性鉴定工作，以避免结构加固材料在未使用前，就留有安全隐患。

1.0.2、1.0.3 这两条对本规范的适用范围和具体用途作了明确的规定，并着重指出，本规范主要作为建设单位和设计单位选料的依据，其所以不能用来替代加固材料进场的复验，是因为在批量材料进入施工现场前，其间还要经过几个流通环节；任一环节均可能由于某种原因而造成对加固材料质量的影响。因此，不能以持有安全性鉴定证书为理由而免去进场取样复验这一程序。

另外，还需要说明的是，上述鉴定不包括传统工艺生产的通用材料，如水泥、钢筋、型钢、普通混凝土和普通水泥砂浆等材料。这些材料的安全性已为广大技术人员所了解，无需重新鉴定，只需通过进场复验即可。

1.0.6 本条属原则性规定，未特指哪些具体标准规范。

2 术 语

2.0.1～2.0.23 本规范采用的术语及其定义，是根据下列原则确定的：

1 凡现行工程建设国家标准已作出规定的，一律加以引用，不再另行给出命名和定义；

2 凡现行工程建设国家标准尚未规定的，由本规范参照国家标准和国外先进标准给出命名和定义；若国际标准和国外先进标准尚无这方面术语，则由本规范自行命名和定义；

3 当现行工程建设国家标准虽已有该术语，但若定义不准确或概括的内容不全时，由本规范完善其定义。

3 基本规定

3.0.1 工程结构加固的可靠性，虽然取决于设计、材料、施工、工艺、监理、检验等诸多因素的质量，但实际工程的统计数据表明，因加固材料性能不符合使用要求所造成的安全问题占有很大的比重，其后果甚至是极其严重的。因此，必须在加固材料进入加固现场前，便对它进行系统的安全性检验与鉴定，以确认其性能和质量是否能达到安全使用的要求。

3.0.2 处于研制阶段的加固材料或制品，由于其组分、配方、规格、工艺等尚未定型，且产量很少，是无法进行安全性鉴定的。为此，本规范给出了参与鉴定的条件。其中应指出的是，本规范规定的鉴定项目，不涉及毒性和耐火的检验内容。因此，在参与结构安全性鉴定前，还需先通过卫生部门和消防部门的检验与鉴定。

3.0.3 为了保证安全性检验取样的代表性和可靠性，本条对取样必须遵守的基本原则作出了两款规定。应指出的是：这两款规定是取样工作的最低要求，而不是最佳要求。因此，在具体执行时，还可根据检验项目的不定性，适当增加检验批次，以提高检验结果的精确性。

3.0.4 本条系对检验过程控制及检验结果提出的基本要求。这些要求对保证检验工作正常进行、检验结果正确整理至关重要，应严格执行。

3.0.5、3.0.6 这是根据现行国家标准《正态分布完全样本可靠度单侧置信下限》GB/T 4885、《正态分布变差系数置信上限》GB/T 11791、《混凝土结构加固设计规范》GB 50367 的有关规定，并参照国际标准、欧洲标准、美国 ACI 标准和乌克兰国家标准等所给出的置信水平进行制定的。由于考虑了样本大小和置信水平的影响，更能实现鉴定所要求的 95%保证率。

3.0.7 当前国内加固材料、制品的性能和质量，之所以每况愈下，其中的主要原因之一就是检测机构的责任心缺失。其具体表现就是发放不负责任的“仅对来样负责”的检测报告，以逃避责任。

4 结构胶粘剂

4.1 一般规定

4.1.1 为了使结构胶粘剂（以下简称结构胶）具有各类工程结构安全使用所要求的性能和质量，必须根据基材的种类、特性、胶的固化条件和使用环境等的不同分别进行设计和配制，才能使不同品种的结构胶均具有良好的使用性能、耐久性能和经济性。同时，安全性鉴定时，应分别进行取样、检验和评定。另外，应指出的是，本规范之所以不包括中、高温固化型的结构胶，主要是因为其所要求的粘结设备和工艺条件很复杂，在工程结构施工现场条件下一般很难做到。即使有少数施工单位做得到，也只能作为个案处理。因此，当工程有条件使用中、高温固化工艺时，其鉴定标准由本规范管理机构另行专门提供。

4.1.2 在胶粘工艺不受限制的情况下，胶粘剂一般按常温、中温、高温和特高温分成四类，适用温度的范围，分别为(－55～80)℃、(－55～120)℃、(－55～150)℃和(－55～210)℃。但这在工程结构施工现场的常温胶接的条件下，是很难达到的。为此，本规范根据调查和验证性试验的结果，分为(－45～60)℃、(－45～95)℃、(－45～125)℃和(－45～150)℃四类，但本规范仅列Ⅰ、Ⅱ、Ⅲ类，而对Ⅳ类胶则作为个案处理。因为前三类已有较成熟的工艺，而第Ⅳ类胶的常温固化工艺还很不成熟，需要采取特殊的措施。

4.1.3 结构胶粘剂的使用年限，在一定范围内，是可以根据其所采用的主粘料、固化剂、改性材和其他添加剂进行设计的。目前加固常用的结构胶，一般是按30年使用年限设计的。因此，若要进一步提高其使用年限，则应进行专门设计，并应按本规范的要求通过专项的检验与鉴定。为了保证新建工程使用结构胶的安全，凡通过该专项鉴定的结构胶，在供应时均应出具“可安全工作50年”的质量保证书，并承担相应的法律责任。

4.1.4 这是因为粘料、固化剂、改性剂、添加剂、颜料、填料、载体、配合比、制造工艺、固化条件的任一改变，均有可能改变结构胶粘剂的性能和质量。因此，应将有上述任一变更的胶粘剂视为未经鉴定的胶粘剂。这是胶粘剂行业公认的规则，且涉及使用的安全问题，故必须作为强制性条文予以严格执行。

4.2 以混凝土为基材的结构胶

4.2.2 以混凝土为基材的结构胶，其安全性鉴定包括基本性能鉴定、长期使用性能鉴定和耐侵蚀性介质作用能力的鉴定。现分别说明如下：

1 基本性能鉴定

由胶体性能鉴定与粘结性能构成（见表4.2.2-1、表4.2.2-2及表4.2.2-3），对该表的构成需要指出两点：

1）在基本性能检验中，之所以纳入了胶体性能检验，是因为胶粘剂在承重结构中的应用，虽不以胶体的形式出现，但胶体的性能却与胶的粘结能力有着显著的相关性。例如：胶体拉伸强度高，其粘结强度也高；胶体的弯曲破坏呈韧性，则粘结的韧性也好。尤其是胶体的检验，由于不涉及被粘物的表面处理和粘结方式的影响问题，更能反映胶的质量优劣。与此同时，还可借以判断受检结构胶在选料、配方、固化条件和胶的性能设计与控制上是否存在欠缺和不协调等问题。

2）本条表列的粘结性能指标和要求，是参照国外有关标准（包括著名品牌胶的企业标准），经本规范编制组所组织的验证性试验复核与调整后确定的。尤其是Ⅰ类胶，还经过了GB 50367近五年的实施，在大量工程实践中，验证了其可靠性。因此，专家论证认为：本条所制定的鉴定标准较为稳健、安全、可信。

2 长期使用性能

由耐环境作用能力的鉴定与耐长期应力作用能力的鉴定构成（见表4.2.2-4），其中需要指出的是：

1）对胶的热老化性能鉴定标准，是参照原航空工业部HB 5398，经使用温度调整和试验验证后制定的。至于热老化时间，则是根据工程结构胶使用时间较长的特点，参照国外名牌耐温胶的检验时间作了较大幅度的延长，即从200h提升为720h。但试验表明，胶的性能变化仍然较为规律，可以按720h的强度降低率重新制定合格指标。

2）对胶的耐长期应力作用能力的检验，虽由于利用了Findley理论和公式，可以在5000h（210d）左右完成，但对安全性检验来说，还是嫌时间长了。为此，在表注中给出了可以改做楔子快速检验的条件。该检验方法是我国军用国家标准参照国外著名企业标准提出的。对耐长期应力作用能力较差的结构胶，具有较强的检出能力，已为我国军用标准采用多年。经本规范编制组验证表明该方法可以应用于工程结构。

3 耐介质侵蚀性能

在胶的耐介质侵蚀性能的检验中，之所以要做耐弱酸作用，是因为考虑到即使处于一般环境中的胶接构件，也会遇到酸雨、酸雾以及工业区大气污染的作用。另外，应注意的是本项检验结果不能用于有酸性蒸汽的工业建筑。因为它们需要通过耐酸结构胶的专门检验，其鉴定标准应由有关行业另行制定。

4.2.4 低温固化型结构胶之所以具有低温固化能力，是因为它在主粘料、固化剂和其他改性剂的选择和应用上有着针对性的考虑。以环氧类结构胶为例，其设计很好地解决了如何获得足够的环氧开环活性；如何提高固化剂和稀释剂的反应活性；如何筛选适用的胶粘工艺等关键技术问题。基于这些系统性的技术措施所配制的低温固化型结构胶，从使用要求来说，其性能应与室温固化型结构胶无显著差别，但它毕竟是在低温下固化的，故在安全性鉴定中，既应考核它固化后在室温条件下的常规表现，又要考核它在低温条件下性能的稳定性。为此，提出了对低温固化型结构胶鉴定的专门要求。

4.2.5 湿面（或水下）固化型结构胶，是指能在潮湿面上或饱含水分的粘合面上正常固化的胶粘剂。对这类胶的要求，是它的涂布性必须具有能牢固地附着在水分子集结的被粘物表面上的能力。与此同时，还应要求其所使用的固化剂和促进剂能在湿面和水下进行反应。目前国内已有不少品牌结构胶，不仅具有上述能力，而且还能获得不低于15MPa拉伸粘结抗剪强度平均值。据此，要求这类胶粘剂应能通过本规范的各项检验与鉴定。

4.3 以砌体为基材的结构胶

4.3.1 以钢筋混凝土为面层的组合砌体构件，它的表面特性及其与结构胶的相容性，均与混凝土基材无显著差异。因此，其所用的结构胶的安全性鉴定应按以混凝土为基材的结构胶进行。

4.3.2 传统的概念认为，砌体加固用的结构胶，其性能和质量还可以比混凝土用的B级胶再低一个档次，以取得更好的经济效益。但自从弃用第一代未改性的结构胶以来，很多研制的数据表明，只要选用的改性材料和方法正确，其所配制的砌体用胶，在基本性能和耐久性能的合格指标制定上，很难做到与混凝土用的B级胶有显著差别，成本也不可能有大的下降。因此，本规范规定砌体用胶的安全性鉴定标准按混凝土用的B级胶确定，亦即可以直接采用B级胶，而无需另行配制砌体结构的专用胶。

4.4 以钢为基材的结构胶

4.4.2 钢结构用胶安全性鉴定的标准，系按以下5个原则制定的：

1 被粘物——钢材的表面处理应正确、到位，且符合该胶粘剂使用说明书的要求；

2 胶与被粘物表面应具有相容性，且不致腐蚀被粘物，也不致形成弱界面；

3 粘结的破坏形式，应为胶层内聚破坏，不得为粘附破坏；

4 检验指标应首先保证胶接的蠕变满足安全使用要求，在这一前提下，尽可能提高其剥离强度和断裂韧性；

5 钢结构构件的防护措施，应符合现行国家标准《钢结构设计规范》GB 50017的规定。

4.5 以木材为基材的结构胶

4.5.1 木材为传统的建筑材料，其粘结所采用的胶粘剂品种很多，但从工程结构的承载能力要求来考虑，本规范的规定仅适用于安全性能良好的少数几种结构胶，如：改性间苯二酚-甲醛树脂胶和改性环氧树脂胶等。因为工程结构对胶接的耐水性、耐久性和韧性的要求十分严格，从而使得众多的木材常用胶难以入选，这一点在选择木材粘结用胶时必须予以高度关注。

4.5.2 粘结木材用的结构胶，其安全性鉴定标准的检验项目虽然较少，但它是以下列原则为前提制定的：

1 木材的树种应符合结构用材的要求，尤其是它的含脂率、扭斜纹的斜率应得到控制；

2 木材的含水率应符合现行木结构设计规范对胶合木结构用材的要求；

3 粘结用的木材，其表面应经过刨光，以及除油污处理；

4 粘结用的结构胶应能在室温的条件下正常固化；

5 木材的胶接工艺已定型，且已在胶粘剂使用说明书中予以规定。

4.6 裂缝压注胶

4.6.2 裂缝处理用的结构胶，虽分为裂缝封闭和裂缝修复两类，但当裂缝较大时，一般均只能起到封闭的作用。在《建筑结构加固工程施工质量验收规范》GB 50550中，规定修复胶的适用范围为0.05mm～1.5mm，这一规定与本规范是一致的。执行时，应予以注意。

4.6.3 裂缝封闭胶之所以规定要按纤维复合材B级结构胶的性能指标配制，是因为封闭裂缝一般使用E玻璃纤维布、碳纤维布或无纺布；因此，要求其所使用的胶粘剂应具有较好的湿润性、渗透性和耐久性，而价格又不能太昂贵。经筛选认为B级结构胶较为合适，故规定其安全性鉴定标准应按B级纤维复合材用胶执行。

4.6.4 对裂缝修复胶的胶体性能检验，除了常规项目外，还要求进行无约束线性收缩率检验。这是因为过大的收缩率将影响胶层的粘结能力，使构件的整体性恢复达不到要求。

4.7 结构加固用界面胶、底胶和修补胶

4.7.1 根据现行行业标准生产的界面处理剂，由于其性能要求很低，无法在承重结构加固中应用。因此，有必要另行制定结构加固用界面胶安全性鉴定的检验项目和合格指标。与此同时，为了区别起见，还必须将结构加固用的界面剂更名为界面胶，以防止混淆所导致的负面影响。

对结构加固用的界面胶，其安全性鉴定的性能要求主要有三个方面：一是其基本性能、长期使用性能和耐介质侵蚀性能应与配套的结构胶相当，并具有相容性。二是其粘结抗剪性能，应不受界面高含水率的

影响，在富含水分子的粘合面中能够正常固化，并具有所要求的抗剪强度。三是它的线性收缩率应受到控制，以保证其工作的可靠性。基于上述要求，制定了界面胶安全性鉴定的规定和要求。

4.7.2 对底胶的要求主要有4项：

一是其钢对钢拉伸抗剪强度应略高于配套的结构胶；

二是其拉伸抗剪的破坏模式，应是结构胶的胶层内聚破坏，而不是结构胶与底胶的粘附破坏，也不应是底胶与钢试件间的粘附破坏；

三是底胶与被粘物表面必须相容，不应腐蚀被粘的金属件；

四是底胶的耐老化性能应与结构胶相当。

基于以上要求，制定了底胶安全性鉴定标准。

4.7.3 结构加固用的修补胶，也称找平胶；主要用于修补被粘物表面的局部小缺陷。其安全性鉴定，除了要求其性能与配套结构胶相当外，还要求其使用能适应现场施工的条件，即：要求较低的固化温度和固化压力，且对胶接表面无苛求。

4.8 结构胶涉及工程安全的工艺性能要求

4.8.1 结构胶工艺性能的优劣，直接关系到其粘结性能的可靠性。因此，本条对结构胶涉及工程安全的重要工艺性能指标作出了具体规定。从表4.8.1所列的项目可知：大多数均为本专业人员所熟悉，无需再加以说明。其中只有"触变指数"一项略为生疏，需要作一些说明。为此，应先说明什么是胶粘剂的触变性。所谓的触变性，是指胶液在一定剪切速率作用下，其剪应力随时间延长而减小的特性。在胶粘工艺上具体表现为：搅动下，胶液黏度迅速下降，便于涂刷；停止时，胶液黏度立即增大，不会随意流淌。这一特性对粘钢、粘贴纤维复合材的预成型板和植筋都很重要，因为既可减轻劳动强度，又能保证涂刷的均匀性和胶缝厚度的可控性，故有必要检验涂刷型和锚固型结构胶粘剂的触变性。为此，必须引入触变性的表征量——触变指数 I_t。该指数的测定方法是在规定的温度（一般为23℃）下，采用两个相差悬殊的剪切速率，分别测定一种胶粘剂的表观黏度 η_1 和 η_2，且令 $\eta_1 > \eta_2$，则 $I_t = \frac{\eta_1}{\eta_2}$。当以 I_t 的测值来描述该胶粘剂的触变性大小时，可以从不同配方胶液的表现情况中看出，I_t 值大的胶液，其触变性也大，反之亦然。这里应指出的是：胶液的触变指数并非越大越好。因为过大的触变指数，意味着该胶液的初始黏度很大。虽然在涂刷过程中，其黏度会很快下降，但涂刷一停止，其所下降的黏度会立即升高。从而使胶液没有时间让气泡逃逸，以致将因脱泡性变差而影响到胶粘剂的粘结强度。至于粘贴纤维织物的胶粘剂，虽也要求便于涂刷，但同时还要求胶液对纤维具有良好的浸润、渗透性。这一性质显然与触变性相左。但试验表明：可以通过协调，使两项指标均处于可以接受的范围内。表4.8.1中的初黏度和触变指数的指标就是按协调结果，并考虑到现场条件和经济因素后所确定的可接受的标准。

4.8.2 对本条需要说明的是，结构胶适用期之所以选用黏度上升法测定，是因为此法较为直观而易行，并便于技术人员在检验时进行判断。

5 裂缝注浆料

5.1 一般规定

5.1.1 本规范对裂缝注浆料的分类之所以仅涉及结构加固用途的范畴，主要是因为普通注浆料，已有行业标准，如JC/T 986等控制其质量即可。

裂缝注浆料，对改性环氧类胶粘剂而言，仅划分为室温固化型和低温固化型两种。因为本规范要求，它们均应能够在干燥或潮湿（无浮水）环境中固化。这一点在选择胶粘剂时，必须予以注意。至于中、高温固化型的胶粘剂，其所以未予列入，主要是考虑到在现场条件下很难做到。

另外，在工业建筑中应用注浆料时，可能遇到高温环境问题。因此，规定了耐温型注浆料的使用环境温度，但考虑到注浆料在高温环境下的使用经验较少，故暂限在500℃以下使用。若有可靠的工程实践经验，也可适当调高使用环境的温度，但应以更严格的抗热震性次数进行检验。

5.1.2 正常使用情况下，裂缝注浆料的设计使用年限与水泥砂浆和细石混凝土相应。高温环境使用的裂缝注浆料，由于其水化产物在长期高温下的稳定性尚不明确，因而其设计使用年限，应由业主与设计单位共同商定，且不宜大于30年。

5.2 裂缝注浆料的安全性鉴定

5.2.1 改性环氧基裂缝注浆料主要用于混凝土构件。由于注浆料中含有一定比例的细骨料，故在检测项目的设置与合格指标的取值要求上均低于裂缝修复胶。这种注浆料适合于压注宽度为1.5mm～5.0mm的裂缝。

5.2.2、5.2.3 改性水泥基裂缝注浆料可用于混凝土构件和砌体构件。其安全性鉴定标准，是参照国内外有关的企业标准，经验证和调整后制定的。这里需要指出的是，高温环境下使用的裂缝注浆料，需要满足的是它的耐温性能要求，而非耐火性能要求。尽管引用的是耐火浇注料的试验方法，但所规定的项目和指标是有差别的。

5.2.4 本条规定了裂缝注浆料涉及工程安全的工艺性能要求。其中需要指出的是环氧基注浆料的初始黏度要求，给出的是最高允许值。若裂缝宽度不大或气温较低，最好能控制在600mPa·s～1000mPa·s之间较易压注，但严禁使用非活性的溶剂和稀释剂进行调节。

5.2.5 制定本条系基于以下两点考虑：

1 在改性环氧类裂缝注浆料中掺加挥发性溶剂和非反应性稀释剂，是目前制售劣质注浆料的主要手段之一。其后果是大大降低注浆料的性能和质量，影响其在工程结构中的安全使用。

2 在改性水泥基裂缝注浆料中，氯离子含量过高，将引起钢筋很快锈蚀，从而将严重影响结构构件受力性能和耐久性。

本条为强制性条文，必须严格执行。

6 结构加固用水泥基灌浆料

6.1 一 般 规 定

6.1.1、6.1.2 本规范规定的工程结构加固用的水泥基灌浆料，系针对承重结构的加固用途设计的，况且又是对安全、质量要求仅达可接受水平的国家标准，因而，当遇到其他层次标准的要求还低于国家标准时，必须执行本规范的规定。

这里需要指出的是，因灌浆料的粗骨料细而少，致使其弹性模量、徐变、收缩均显著大于混凝土，而更接近于水泥砂浆。故在混凝土增大截面加固工程中，宜优先采用粗骨料直径在10mm～16mm之间的减缩混凝土或自密实混凝土；只有在必要的情况下，才考虑采用灌浆料。这一点在设计人员的思想上必须明确，不应任意扩大其适用范围。

6.1.4 这是因为浆料组分、配合比和工艺的任一改变，均有可能改变灌浆料的性能和质量。因此，一经变动，便应视为未经鉴定的灌浆料。这是为保证结构加固用灌浆料安全使用的一个重要措施，必须严格执行。

6.2 水泥基灌浆料的安全性鉴定

6.2.1、6.2.2 水泥基灌浆料的安全性鉴定标准，系参照国外有关的标准，经验证和调整后制定的。其检验项目与裂缝注浆料基本相同，但在指标的确定上，考虑了灌浆料含有粗骨料的因素，因而有显著差别。另外，灌浆料的使用环境温度，也参照国外有关标准作了调整。

7 结构加固用聚合物改性水泥砂浆

7.1 一 般 规 定

7.1.1 国际上，一般将砂浆中掺加的聚合物分为三个类型，并赋予不同的名称：一是聚合物砂浆，由于其组分中不含水泥，也称为树脂砂浆；二是聚合物浸渍砂浆，其英文名称为：Polymer Impregnated Mortar，简称PIM；三是聚合物改性水泥砂浆，即本章所要鉴定的材料。这里应提请注意的是，市售的普通聚合物改性水泥砂浆，其性能要求远低于结构加固用的聚合物改性水泥砂浆。因此，在使用上不允许等同对待，也不得随意混淆。

结构加固用的聚合物改性水泥砂浆，按聚合物材料的状态分为干粉类（powder）和乳液类（emulsion）。对重要结构构件的加固，应选用乳液类。因为与干粉类聚合物相比，乳液类虽运输、储存较为麻烦，但它对水泥基材料的改性效果较为显著而稳定。

聚合物改性水泥砂浆中采用的聚合物材料，应有成功的工程应用经验（如改性环氧、改性丙烯酸酯、丁苯、氯丁等），不得使用耐水性差的水溶性聚合物（如聚乙烯醇等），禁止采用可能加速钢筋锈蚀的氯偏乳液、显著影响耐久性能的苯丙乳液等以及对人体健康有危害的其他聚合物。

7.1.2 考虑到聚合物的老化问题，大多数国家均将其设计使用年限定为30年；如果到期复查表明其性能尚未明显劣化，仍可适当延长其使用年限。本规定与GB 50367的规定是一致的。

7.1.4 在聚合物改性水泥砂浆研制过程中，多做过80℃条件下的砂浆粘结性能和耐久性能。尽管如此，但本规范还是将它们的长期使用环境温度定为60℃。因为在这个温控条件下，聚合物不会出现热变形问题。

7.1.5 在聚合物改性水泥砂浆中，聚合物、水泥、其他化学添加剂等存在着适应性的问题，随意变更其中任何一种原材料的种类、品牌、配比，都极易导致不适应的现象，出现如破乳、缓凝、引气等问题。因此，对配方、配合比或工艺的任何改变，均应重新检验；另外，也不允许施工单位自行配制未经安全性鉴定的聚合物改性水泥砂浆。

7.2 聚合物改性水泥砂浆的安全性鉴定

7.2.1 聚合物改性水泥砂浆包括聚合物成膜和水泥水化两个同时进行的过程。因此，试件的标准养护方法与常用的水泥强度测试有一定的差异，采用先湿养、后干养的方法。与普通水泥砂浆相比，聚合物改性水泥砂浆具有韧性好（折压比大）、粘结强度高的显著特点。因此，对其性能首先要求有较高的抗折强度和良好的粘结性能（能使老混凝土基材破坏）。本条对浆体的折压比虽未提出要求，但在制定折、压指标时，已考虑了这个因素。另外，应指出的是：通过采用高效减水剂降低水灰比的手段，不含聚合物的普通高强砂浆虽然更容易达到所要求的浆体抗折及抗压强度，但普通高强砂浆的粘结能力仍难满足安全使用要求。因此，在聚合物改性水泥砂浆的性能检测中，不能仅注重其浆体的抗折、抗压强度，而更应注重其界面粘结强度和折压比，以保证能用到优质聚合物所配制的改性水泥砂浆。

8 纤维复合材

8.1 一般规定

8.1.1 对本条规定需要说明两点：

一是芳纶纤维（芳族聚酰胺纤维），虽然具有不少优越的特性，但它属于人工合成的有机材料，对它的使用，应有防护面层。

二是玄武岩纤维，由于它的弹性模量低，生产工艺尚未定型，因而，以混编方式与碳纤维共用，较能发挥它的增韧作用。

8.1.2 纤维复合材主要用于传递拉应力，故必须采用连续纤维才能设计成仅承受拉应力的作用。

8.1.4 考虑到不同品牌、型号的纤维束，其所用的偶联剂的不同，以及制作工艺的不同，因而与所使用的结构胶存在着适配性问题。故规定纤维复合材的安全性鉴定必须与所选用的结构胶配套进行。

8.2 碳纤维复合材

8.2.1 对本条的规定需要说明以下三点：

1 碳纤维按其主原料分为三类，即聚丙烯腈（PAN）基碳纤维、沥青（PITCH）基碳纤维和粘胶（RAYON）基碳纤维。从结构加固性能要求来考量，只有PAN基碳纤维最符合承重结构的安全性和耐久性要求；粘胶基碳纤维的性能和质量差，不能用于承重结构的加固；沥青基碳纤维只有中、高模量的长丝，可用于需要高刚性材料的加固场合，但在通常的建筑结构加固中很少遇到这类用途，况且在国内尚无实际使用经验，因此，本规范规定：对承重结构加固，必须选用聚丙烯腈基（PAN基）碳纤维。另外，应指出的是最近新推出的玄武岩纤维，由于其强度和弹性模量很低，只能用于替代无碱玻璃纤维，而不能用以替代碳纤维。

2 当采用聚丙烯腈基碳纤维时，对重要结构，还必须采用12k或12k以下的小丝束；严禁使用大丝束纤维；其所以作出这样严格的规定，主要是因为小丝束的抗拉强度十分稳定，离散性很小，其变异系数均在5%以下，且胶液容易浸润、渗透，故在生产和使用过程中，均能对其性能和质量进行有效地控制；而大丝束则不然，其变异系数高达15%～18%，甚至更大。在试验和试用中所表现出的可靠性较差，故不能作为承重结构加固材料使用。

3 应指出的是，k数大于12，但不大于24的碳纤维，虽仍属小丝束的范围，但由于我国工程结构使用碳纤维的时间还很短，所积累的成功经验均是从12k及15k碳纤维的试验和工程中取得的；对大于15k的小丝束碳纤维所积累的试验数据和工程使用经验均嫌不足。因此规定：对一般结构，仅允许使用15k及15k以下的碳纤维。这一点应提请加固设计单位注意。

8.2.2 碳纤维的性能和质量，是可以通过对原材料的选择以及对制作工艺的改良与控制进行设计的。因而在大量生产时，不同型号的碳纤维，其性能、质量和价格不仅有了显著差别，而且这种差别，对大量生产的碳纤维而言，还是很稳定的。这就为制定检验、鉴定标准提供了基本依据。在这种情况下，本规范按照可接受水平的概念，给每个等级材料所制定的性能和质量指标，均属于下限值。这对一次抽样结果来说，完全是有可能高于此限值的，但不会高于高一等级的平均水平。如果是多次抽样，其平均水平也只是越来越接近于本等级碳纤维的总体水平。因此，不能按一次好的抽样结果，便据以作出升级的决定，而只能对其所申报的等级予以确认。

8.2.3 本条规定了安全性鉴定前应对受检材料的真实性进行的确认工作，使安全性鉴定建立在可信的基础上。

8.2.4 表8.2.4给出的碳纤维复合材安全性鉴定标准，是在参照日、美、德、法等国有关标准的基础上，经验证和调整后制定的。试用表明较为稳健、可靠，对次品检出能力较强，能满足工程结构选材的要求。

其中，需要说明的是：Ⅲ级碳纤维织物之所以未给出其复合材抗拉强度的标准值，是因为该级材料的强度离散性较大，不宜用数理统计方法确定其标准值。在这种情况下，正在修订的GB 50367拟在制定其抗拉强度设计值时，采用抗拉强度平均值为基准，按安全系数法进行确定。据此，本表也相应给出了Ⅲ级碳纤维复合材的抗拉强度平均值，以供实际应用。

另外，应指出的是：纤维复合材与基材的正拉粘结强度检验一栏中，对钢基材的粘结破坏形式，之所以只规定："不得为粘附破坏"，是因为粘附破坏最不安全；至于胶层内聚破坏及内聚破坏占85%的混合破坏，在强度达到规定值的前提下，对钢材的粘结而言，都是可以接受的。

8.3 芳纶纤维复合材

8.3.1 芳纶纤维的品种和型号不少，只有符合本条规定的芳纶纤维，其性能和质量才能满足工程结构的使用要求。凡不符合本条规定的材料，不应接受其参与安全性鉴定。

8.3.2 参阅本规范第8.2.2条的条文说明。

8.3.3 参阅本规范第8.2.3条的条文说明。

8.3.4 由于芳纶纤维复合材在我国工程结构工程上

使用的时间较短，所积累的经验不多，对它的安全性鉴定，必须持积极慎重的态度。因而本条所给出的检验项目和指标均是参照国外公司的标准，经验证性试验和调整后制定的。但评估认为：通过本规范鉴定的芳纶复合材可以在混凝土结构加固中安全使用。

8.4 玻璃纤维复合材

8.4.1 工程结构加固用的玻璃纤维，之所以不能用含碱量高的品种，主要是因为这类玻璃纤维很容易被水泥中的碱性所腐蚀，且强度低，耐水、耐老化性能差，故在混凝土结构加固中应严禁使用这类玻璃纤维，以确保加固工程的安全。

8.4.2 迄今在工程结构中，对玻璃纤维复合材仅推荐用于混凝土和砌体结构的加固，故未给出以钢为基材的检验项目和指标。

表 8.4.2 的安全性鉴定标准，是以南京玻璃纤维研究院的数据为基础，参照国外标准的指标，经验证性试验和专家调整后制定的。该标准经 GB 50367 试行了近 6 年，其反馈信息表明：是安全、可行的。

9 钢丝绳

9.1 一般规定

9.1.1 本条之所以加上一注，要求设计、施工单位不得错用术语，主要是因为同直径的钢丝绳与钢绞线，其截面特性及粘结能力有着显著差别。若因此而错用了材料，将导致工程出现安全问题。然而，迄今仍有少数设计人员为了避开现行国家标准《混凝土结构加固设计规范》GB 50367 较严格规定的约束，故意在施工图上将 6×7＋IWS 规格的钢丝绳也写成钢铰线。因此，应视为很严重的问题，必须责成设计单位纠正。

9.1.2 考虑到我国目前小直径钢丝绳，采用高强度不锈钢丝制作的价格昂贵，因此，根据国内试验、试用的结果，引入了高强度镀锌的钢丝绳；在区分环境介质和采取阻锈措施的条件下，将两类钢丝绳分别用于重要结构和一般结构，从而可以收到降低造价和合理利用材料的效果。

另外，之所以规定结构加固用的钢丝绳，其内外不得涂有油脂，是因为一般用途的钢丝绳，在制绳时普遍涂有油脂。如果用涂有油脂的钢丝绳作为加固材料，其粘结能力将大幅度下降。为了防止出现这个问题，应在订货时提出不允许涂油脂的条款，作为进场复验时拒收的依据。

9.2 制绳用的钢丝

9.2.1 本条给出的不锈钢丝牌号，只是作为可用材料的示例，不含非用这个品牌不可的意思。

9.2.2 本条给出的镀锌钢丝级别，只是作为可接受等级的举例，不含非用这个等级不可的意思。

9.2.3 优质钢丝的出厂检验，均较为严格，其质量分布情况也较为均匀，因此，在安全性鉴定时，可仅审查其合格证书的可信性和有效性，只有对材料外观质量有怀疑时，才取样进行检验。

9.3 钢丝绳的安全性鉴定

9.3.1、9.3.2 工程结构加固用的钢丝绳，其安全性鉴定标准，是参照我国航空用绳的相应标准，经验证和调整后制定的。至于安全性鉴定、检验所必需使用的钢丝绳计算截面面积，则是参照原国家标准《圆股钢丝绳》GB 1102－74 确定的。其所以采用原标准，除了其算法较稳健外，还因为现行标准删去了这部分内容，而其他行业标准的算法又很不一致。因此，决定仍按原标准的算法采用。

10 合成纤维改性混凝土和砂浆

10.1 一般规定

10.1.1 根据国内外工程经验，结合纤维的几何参数、物理力学特征，经筛选后，确定了五种纤维可用作混凝土和砂浆的防裂、限裂的改性材料。从大连理工大学等单位所作的统计（见下表 1），可以对表列的四种纤维混凝土的主要性能参数有个概括的了解。

表 1 常用纤维混凝土主要性能参数与同强度等级素混凝土的比较

项 目	掺量及变化	聚丙烯腈纤维混凝土	聚丙烯纤维混凝土	聚酰胺纤维混凝土
收缩裂缝	降低比例(%)	58～73	55	57
	纤维掺量(kg/m³)	0.5～1.0	0.9	0.9
28d 收缩率	降低比例(%)	11～14	10	12
	纤维掺量(kg/m³)	0.5～1.0	0.9	0.9
相同水压下渗透高度降低	降低比例(%)	44～56	29～43	30～41
	纤维掺量(kg/m³)	0.5～1.0	0.9	0.9
50 次冻融循环强度损失	损失比例(%)	0.2～0.4	0.6	0.5～0.7
	纤维掺量(kg/m³)	0.5～1.0	0.9	0.9
冲击耗能	提高比例(%)	42～62	70	80
	纤维掺量(kg/m³)	1.0～2.0	1.0～2.0	1.0～2.0
弯曲疲劳强度	提高比例(%)	9～12	6～8	—
	纤维掺量(kg/m³)	1.0	1.0	—

注：1 表中收缩裂缝降低的试验基体采用砂浆，其余各项试验基体采用混凝土；

2 表中性能适用于中等强度等级(CF20～CF40)的混凝土。

10.1.2 为了使新开发的合成纤维品种也能用于工程

结构加固，作出了本条规定。

10.1.3 近十多年来，合成纤维混凝土（或砂浆）已在许多行业中得到广泛的应用。本条所列的只是在工程结构加固、修补中的应用场合，可供开发的用途还有不少。根据国内外经验，其应用已在下列领域中取得了较好效果。

1 混凝土、砂浆加固面层的防裂；

2 作为纤维复合材、粘钢的防护层；

3 路面、桥面的限裂；

4 屋面、地下室、储液池的防渗漏；

5 喷射混凝土、泵送混凝土的改性；

6 墙体的砂浆抹面；

7 板、壳混凝土置换；

8 水工建筑物、隧道衬砌的防渗、防裂；

9 寒冷地区新增构件的防冻害等。

10.2 合成纤维改性混凝土和砂浆的安全性鉴定

10.2.1 为保证鉴定的可靠性，给出了各品种合成纤维的细观形态的识别标志和几何特征的控制要求，应指出的是：几何特征处于控制范围内的合成纤维，其应用效果较为显著。

10.2.2 表 10.2.2 所列的合成纤维安全性鉴定标准，是参照国内外有关规程和文献资料，经验证和调整后制定的。

这里需要指出的是，对于防止和减小混凝土（或砂浆）早期塑性收缩开裂而言，由于塑性阶段混凝土（或砂浆）基材的抗拉强度和弹性模量极低，故对纤维力学性能要求不高，只要保证纤维间距不超过阻裂要求的临界值，且纤维分散均匀，与基材粘结良好，就能起到阻裂作用。但对硬化后混凝土的增韧要求而言，则需要纤维抗拉强度和弹性模量高，才能在裂缝间起到配筋的阻裂作用，约束裂缝的开展。因此，要注意选用适宜的纤维品种。

10.2.3 考虑到纤维体积率太大时，可能影响所配制混凝土（或砂浆）的强度，故规定：只要能达到设计要求的阻裂、增韧作用，就应该采用较低的纤维体积率。

10.2.4 本条规定了采用合成纤维增韧的混凝土（或砂浆）的安全性鉴定要求。

对本条需要说明的是：合成纤维混凝土（或砂浆）的弯曲韧性之所以用剩余弯拉强度（ARS）与其名义弯拉强度（MOR）之比的无量纲韧性指标 RSI（%）表示，是因为有如下几点考虑：

1 利用 ASTM-C 1399 的方法，可以测出纤维混凝土（或砂浆）梁的荷载-挠度曲线的下降段；

2 对试验机的要求，由必须采用闭环控制系统变为可用开环控制系统；

3 评价体系不再关注很难测定的初裂点，而依靠剩余强度又可较真实地反映纤维对混凝土（或砂浆）的阻裂增韧作用；

4 韧性指标采用剩余强度表示，与当前结构设计概念较易衔接；

5 在峰值荷载后，剩余承载力的提高是纤维增韧程度的体现；

6 试验方法简易，设备容易解决。

11 钢纤维混凝土

11.1 一 般 规 定

11.1.1、11.1.2 这两条规定了钢纤维混凝土的适用范围和选用的品种，其中，应指出的是，不锈钢纤维虽然价格较昂贵，但它具有耐腐蚀和耐高温的良好性能。因此，在有些工程结构加固工程中，还需要应用它。

11.2 钢纤维混凝土的安全性鉴定

11.2.1 碳钢熔抽型纤维，因制作过程中产生氧化皮，对粘结性能不利，故不允许使用；而不锈钢熔抽异形纤维，由于生产过程中加入了镍铬组分，不仅使之具有耐热性能，而且成本较低，所以在工程上使用很多。

另外，表 11.2.1 规定的几何参数要求，是参照国内外有关标准，经验证和调整后确定的。试用表明，能满足工程的需要。

这里需要指出的是，之所以采用等效直径，是因为本规范仅允许使用异形钢纤维，不允许使用圆直的钢纤维。

所谓的等效直径（equivalent diameter），是指当纤维截面为非圆形时，按截面面积相等概念换算成圆形截面的直径，也可按质量等效概念换算为圆柱体尺寸，推算出等效直径。

11.2.2 试验表明，钢纤维的抗拉强度不仅需要分级，而且还与混凝土的强度等级有关，但遗憾的是，迄今为止各行业用的钢纤维尚无统一的强度等级标准。本规范的钢纤维抗拉强度等级系参照行业标准《钢纤维混凝土》JG/T 3064 和《混凝土用钢纤维》YB/T 151 制定的，并根据工程结构加固工程使用经验，与混凝土强度等级挂钩。另外，应说明的是，抗拉强度等级括号内的数值，系供不锈钢纤维使用的。

11.2.3 考虑到钢纤维长度过短，夹持较难，故允许其抗拉强度试验可用母材替代，但应注意的是这一措施并不能完全解决问题。对熔抽和铣削工艺制作的钢纤维，仍然需要另行设计专门的夹具。

11.2.4 弯折 90°不断裂的检验，主要是为了保证钢纤维不致在施工过程中发生脆断。这在国内外标准均有类似的规定。

11.2.5 本条仅给出适用于工程结构加固的钢纤维体积率，不涉及对其他行业是否适用的问题。

11.2.6、11.2.7 这两条是针对目前钢纤维混凝土的应用体系尚未建立的状况，给出了安全性鉴定的最低要求，实际执行时，尚可补充设计提出的要求。

12 后锚固连接件

12.1 一般规定

12.1.2 本条需要说明的是，胶接全螺纹螺杆属于胶接植筋的一种，不能擅自称为"定型化学锚栓"。自切底锚栓和模扩底锚栓的应用，不能使用普通的钻具，而须由厂家随供货配有专用钻具。凡不带钻具的锚栓均不得在工程中使用。另外，特殊倒锥形锚栓，旧称为"定型化学锚栓"，亦即所谓的"糖葫芦型锚栓"。由于"定型化学锚栓"这一名称，已被不诚信的厂商滥用，故改称为较易识别的"特殊倒锥形锚栓"，以便与全螺纹螺杆彻底区分。

12.1.3 膨胀型锚栓在承重结构中应用不断出现危及安全的问题，且在地震灾害中破坏尤为严重，故已被各省工程建设部门禁用很长时间。本条的规定只是重申这一禁令。

12.2 基材及锚固件材质鉴定

12.2.1 本条的规定系参照现行国家标准《混凝土加固设计规范》GB 50367 制定的，但根据汶川 5·12 大地震的震害经验，对一般结构的基材混凝土强度等级作了调整，以确保抗震设防区的工程安全。

12.2.2 本条中碳钢及合金钢锚栓用钢的性能等级及指标，系参照现行国家标准《紧固件机械性能 螺栓、螺钉和螺柱》GB/T 3098.1 制定的；不锈钢锚栓用钢的性能等级及指标，系参照现行国家标准《紧固件机械性能 不锈钢螺栓、螺钉和螺柱》GB/T 3098.6制定的；但由于在后锚固工程中仅采用部分性能等级，故有必要转录这部分标准，以便于设计使用。

12.3 后锚固连接性能安全性鉴定

12.3.1 对本条规定，需说明以下两点：

1 后锚固连接的承载力检验，之所以应采用破坏性检验方法，是因为其检出劣质锚固件和不良锚固工艺的能力最强，且样本量可比非破损检验小得多。故在安全性鉴定的检验中，禁止以非破损检验取代破坏性检验。

2 后锚固连接承载力的设计值，应按现行国家标准《混凝土结构加固设计规范》GB 50367 规定的受拉承载力设计值的计算方法确定；不得采用厂家所谓的"技术手册"的推荐值。

本条为强制性条文，必须严格执行。

12.3.2 涉及后锚固连接安全性的专项性能检验项目和合格指标，在 JG 160 标准中已作出规定，故不再重复，仅要求应按该标准执行。

中华人民共和国国家标准

冶金机械液压、润滑和气动设备工程施工规范

Code for construction of metallurgical mechanical hydraulic，lubricating and dynamic equipment engineering

GB 50730—2011

主编部门：中 国 冶 金 建 设 协 会
批准部门：中华人民共和国住房和城乡建设部
施行日期：2 0 1 2 年 8 月 1 日

中华人民共和国住房和城乡建设部
公　告

第1113号

关于发布国家标准《冶金机械液压、润滑和气动设备工程施工规范》的公告

现批准《冶金机械液压、润滑和气动设备工程施工规范》为国家标准，编号为GB 50730—2011，自2012年8月1日起实施。其中，第2.0.4、5.3.12条为强制性条文，必须严格执行。

本规范由我部标准定额研究所组织中国计划出版社出版发行。

中华人民共和国住房和城乡建设部

二〇一一年七月二十九日

前　言

本规范是根据原建设部《关于印发〈2006年工程建设标准规范制订、修订计划（第二批）〉的通知》（建标函〔2006〕136号）的要求，由中国一冶集团有限公司会同有关单位共同编制完成的。

本规范在编制过程中，规范编制组学习了有关现行国家法律、法规及标准，进行了广泛深入的调查研究，总结了多年来冶金机械液压、润滑和气动设备工程安装的经验，并广泛征求了有关单位和专家的意见，反复讨论，修改完善，最后经审查定稿。

本规范共9章，主要内容包括：总则，基本规定，设备和材料进场，设备安装，管道加工与安装，管道冲洗、吹扫和压力试验，调试和试运转，管道涂漆，安全和环保。

本规范中以黑体字标志的条文为强制性条文，必须严格执行。

本规范由住房和城乡建设部负责管理和对强制性条文的解释，由中国冶金建设协会负责日常管理，由中国一冶集团有限公司负责具体技术内容的解释。本规范在执行过程中，请各单位结合工程实践，认真总结经验，积累资料，请将有关意见和建议反馈给中国一冶集团有限公司（地址：湖北省武汉市青山区工业路3号；邮政编码：430081；E-mail：jisc@ccfmcc.com或xiaolw@cfmcc.com；传真：027－86308221），以便今后修订时参考。

本规范主编单位、参编单位、主要起草人和主要审查人：

主 编 单 位：中国一冶集团有限公司

参 编 单 位：上海宝冶集团有限公司

主要起草人：邹益昌　肖历文　张　莉　武钢平　宋占江　刘诗垠　劳小云　罗　劲　孔大平　李明珠

主要审查人：余华春　郭启蛟　张永新　李　鑫　颜　钰　郑永恒　巫明富　李长良　鲁福利　赵　聪　孙　庆

目　次

Contents

1 总　　则

1.0.1 为适应冶金工业的发展，保证冶金机械液压、润滑和气动设备工程施工的质量和安全，制定本规范。

1.0.2 本规范适用于冶金机械液压传动系统、气压传动系统、润滑油润滑系统、润滑脂润滑系统、油雾润滑系统、滑动轴承静压供油系统及工艺润滑系统的设备安装和管道安装。

1.0.3 冶金机械液压、润滑和气动设备工程的施工，除应符合本规范外，尚应符合国家现行有关标准的规定。

2 基本规定

2.0.1 冶金机械液压、润滑和气动设备工程施工单位应具备相应的工程施工资质，施工人员应经培训合格，并应具有相应的安全操作技能，特殊工种应持证上岗。

2.0.2 设计图纸修改应有设计单位的设计变更通知书或技术核定签证。

2.0.3 设备安装使用的计量器具应为经计量鉴定校准合格的计量器具，精度等级应符合相应设备安装精度控制的要求。

2.0.4 液压、润滑和气动设备施工的焊工必须经考试合格，并应取得合格证书，应在考试合格项目范围内施焊。

2.0.5 施工中应做好半成品和成品保护，不得损伤设备。

2.0.6 施工前应进行图纸自审和会审，应编制施工组织设计或施工方案，并应经项目技术负责人审批。施工前应进行技术交底，施工现场应有相应的施工技术标准。

2.0.7 设备安装前，厂房应基本完工，并应具备设备安装的条件。现场应有水源、电源，应有作业平面和作业空间，运输道路应畅通。

2.0.8 施工应按规定的程序进行，每道工序完成后，应进行自检、专检和监理检查，并应形成记录。上道工序未经检验合格，不得进行下道工序施工。与相关专业之间应进行交接检查，并应形成记录。

2.0.9 二次灌浆及其他隐蔽工程应经有关单位检验合格，应及时隐蔽，并应形成记录。二次灌浆应按现行国家标准《机械设备安装工程施工及验收通用规范》GB 50231 的有关规定执行。

2.0.10 冶金机械液压、润滑和气动设备施工分项工程、分部工程、单位工程的划分及验收，应符合现行国家标准《冶金机械液压、润滑和气动设备工程安装验收规范》GB 50387 的有关规定。

3 设备和材料进场

3.1 设备进场

3.1.1 设备进场应编制设备进场计划，并应有序组织设备进场。

3.1.2 设备应开箱检验，并应符合下列要求：

1 开箱检验应由建设单位组织，工程监理、制造商（或供货商）、施工等单位应参加。

2 开箱检验的场地应清洁，应采取防雨防尘措施。

3 应按装箱单清点设备数量，应按设计技术文件核对设备的型号、规格。

4 检查设备表面质量应无缺损、无变形、无锈蚀，外露的油口、气口应采取封闭保护措施，有充气保护的容器示压表应有正压显示。

5 设备应有质量证明文件，进口设备应有商检合格证。

6 应清点登记随箱文件、备品备件、专用工具。

7 开箱检验应形成记录，并应办理设备交接手续。

3.2 材料进场

3.2.1 材料进场应编制材料计划，应按工程进度组织材料进场。

3.2.2 材料进场应进行检验，并应符合下列要求：

1 应检查原材料、标准件等的出厂质量证明文件，其品种、规格、性能应符合设计技术文件及国家现行有关产品标准的规定。

2 应抽查原材料、标准件的实物质量，每类每批应抽查1%，且不应少于5件。设计技术文件或国家现行有关标准有复验规定时，应按规定进行复验。

3 不合格的原材料、标准件等应及时清退现场，不得使用。

3.2.3 原材料、标准件等进场后应妥善保管、分类存放，不得损伤。

4 设备安装

4.1 一般规定

4.1.1 出厂前已装配和调整好的设备宜进行整体安装，现场不宜拆卸。

4.1.2 以零件和部件供货的设备，现场清洗装配应符合设计技术文件或现行国家标准《机械设备安装工程施工及验收通用规范》GB 50231 的有关规定。

4.1.3 设备与管道不得强力对口，连接后应复查设备的安装精度符合要求。

4.2 设备基础

4.2.1 设备安装前基础应进行交接和验收，未经交接和检验的设备基础，不得安装设备，设备交接验收应符合下列要求：

1 交接资料应完整，应检查基础混凝土试块试验记录，基础强度应符合设计技术文件的规定。

2 应检测基础坐标位置、标高和尺寸，测量地脚螺栓的坐标位置和标高均应符合设计技术文件和现行国家标准《机械设备安装工程施工及验收通用规范》GB 50231的有关规定。

3 基础表面和地脚螺栓预留孔的浮浆、油污、碎石、泥土、积水等，应已清除干净。

4 预埋地脚螺栓应无损伤，螺纹部分应已涂油脂保护。

4.3 设备安装基准线和基准点

4.3.1 设备就位前应设置设备安装的基准线和基准点，并应符合下列要求：

1 应依据设计施工图和测量控制网绘制基准线和基准点布置图，确定中心标板和基准点位置。

2 应按布置图设置中心标记和基准点。

3 应向测量人员下达测量任务书。

4 测量人员应进行测量，应投点放线，并应完成测量工作。

5 测量人员应提交测量成果报告书，并应在现场向安装施工人员交接基准线和基准点。

4.4 地脚螺栓

4.4.1 预留孔地脚螺栓安装应符合下列要求：

1 预留孔应清理干净，预留孔的大小和深度应符合设计技术文件的规定。

2 应清除地脚螺栓的油污和氧化铁皮。

3 安装地脚螺栓时，地脚螺栓应垂直，任何部分离孔壁应大于15.0mm，且不应碰孔底。设备初步找正调平后，地脚螺栓与设备螺栓孔周围宜有间隙。

4 设备初步找正、找平后，应按设计技术文件和现行国家标准《机械设备安装工程施工及验收通用规范》GB 50231的有关规定浇灌预留孔混凝土。

5 预留孔浇注料强度达到设计要求后，应进行设备的精密调整和紧固地脚螺栓。

4.4.2 胀锚式地脚螺栓安装应符合下列要求：

1 胀锚地脚螺栓不得采用预留孔，基础有裂缝的部位不得使用胀锚螺栓。

2 安装胀锚地脚螺栓基础的混凝土强度不得小于10MPa。

3 应按设计技术文件规定及设备地脚螺栓孔确定钻孔位置。孔中心线至基础边缘距离不得小于胀锚螺栓公称直径的7倍，相邻两胀锚孔的中心线不得小于胀锚螺栓公称直径的10倍，孔底至基础底面的距离不得小于胀锚螺栓公称直径3倍，且不应小于30mm。

4 安装胀锚螺栓时，应将螺栓及胀力管置入孔中，并应装上锥套，应调整高度及垂直度，并应初步紧固定位。胀锚螺栓与混凝土接触的部位不得有油脂和污物。

5 设备找正后应紧固胀锚螺栓。

4.5 垫　　板

4.5.1 垫板组底面积总和应按设备重量及生产荷载、地脚螺栓紧固力、基础混凝土抗压强度和安全系数等因素计算确定。

4.5.2 垫板应设置在设备底座主要受力部位，宜在地脚螺栓近旁的两侧或一侧；设备底座有接缝时，两侧均应设置垫板。相邻两组垫板的距离不宜大于1000mm，垫板伸入底座的长度应超过地脚螺栓的中心。

4.5.3 设备找正调平，地脚螺栓紧固后，每一组垫板均应压紧，可采用撞击听声音的方法判断检查；对高速运转或受冲击的设备应采用0.05mm塞尺检查，在垫板同一断面处，两侧塞入的长度总和不得超过总长度的1/3。设备安装完成后，各组垫板之间应采用定位焊相互焊牢。

4.5.4 研磨法安装垫板还应符合下列要求：

1 应清除基础表面浮浆，并应凿平、研磨安放垫板的部位。

2 垫板安装应平稳整齐，与基础接触点应分布均匀，垫板之间、垫板与设备底座之间应接触良好。

3 宜用平垫板和斜垫板组成一个垫板组，斜垫板应放在平垫板之上，每组垫板不宜超过5块。

4.5.5 座浆法安装垫板的施工工艺应符合设计技术文件的规定，设计技术文件未规定时，应按现行国家标准《机械设备安装工程施工及验收通用规范》GB 50231的有关规定执行。

4.5.6 设计技术文件对垫块设置有规定时，应按设计技术文件的规定执行。

4.6 油　　箱

4.6.1 油箱安装应符合下列要求：

1 应调整纵、横向中心线，宜采用挂线尺量检查，允许偏差为10.0mm。

2 应调整标高，宜采用水准仪或尺量检查，允许偏差为±10.0mm。

3 应调整水平度或垂直度，宜采用水平仪或吊线尺量检查，允许偏差为1.5/1000。

4.6.2 油箱应清洗干净，内腔不得有可见的任何污染物。经检查合格后，应及时封闭。

4.6.3 油箱的冷却器和蒸汽加热器，应按本规范第

4.7.2条的规定进行压力试验。

4.7 冷却器、蒸汽加热器

4.7.1 冷却器、蒸汽加热器安装应符合下列要求：

1 应调整纵、横向中心线，宜采用挂线尺量检查，允许偏差为10.0mm。

2 应调整标高，宜采用水准仪或尺量检查，允许偏差为±10.0mm。

3 应调整水平度或垂直度，宜采用水平仪或吊线尺量检查，允许偏差为1.5/1000；应紧固地脚螺栓。

4.7.2 冷却器、蒸汽加热器应按设计技术文件的规定作压力试验，设计技术文件未规定时，应符合下列要求：

1 试验压力应为工作压力的1.25倍。

2 应缓慢升压，在试验压力下稳压30min，应无渗漏、无压降。

3 试验用压力表的精度不应低于1.5级，表的满刻度值应为被测试验压力的1.5倍～2倍；压力表不得少于2块，宜装在进水管和设备本体上。

4 应使用洁净水，注水时应排尽空气。

5 试验时环境温度不宜低于5℃，低于5℃时应采取防冻措施。

6 试验完成后应将水排净，并应用压缩空气吹干。

4.8 过 滤 器

4.8.1 过滤器安装应符合下列要求：

1 应调整纵、横向中心线，宜采用挂线尺量检查，允许偏差为10.0mm。

2 应调整标高，宜采用水准仪或尺量检查，允许偏差为±10.0mm。

3 应调整水平度或垂直度，宜采用水平仪或吊线检查，真空带式过滤器允许偏差为3.0/1000；电动反冲洗过滤器允许偏差为1.5/1000。

4.9 蓄 能 器

4.9.1 蓄能器安装应符合下列要求：

1 应调整纵、横向中心线，宜采用挂线尺量检查，允许偏差为10.0mm。

2 应调整标高，宜采用水准仪或尺量检查，允许偏差为±10.0mm。

3 应调整水平度或垂直度，宜采用水平仪或吊线尺量检查，重力式蓄能器允许偏差为0.1/1000，非重力式蓄能器允许偏差为1.0/1000；应紧固地脚螺栓。

4.9.2 安装蓄能器未经许可不得打开蓄能器气盖，不得拧动安全阀调整螺丝改变出厂调定值。

4.10 泵及泵组

4.10.1 泵及泵组安装应符合下列要求：

1 应调整纵、横向中心线，宜采用挂线尺量检查，允许偏差为10.0mm。

2 应调整标高，宜采用水准仪或尺量检查，允许偏差为±10.0mm。

3 应调整轴向水平度，宜采用水平仪检查，离心式泵轴向水平度允许偏差为0.1/1000，容积式泵轴向水平度允许偏差为0.5/1000。

4 应调整横向水平度，宜采用水平仪检查，离心式泵横向水平度允许偏差为0.2/1000，容积式泵横向水平度允许偏差为0.5/1000。

4.10.2 联轴器的装配，应按现行国家标准《机械设备安装工程施工及验收通用规范》GB 50231的有关规定执行。

4.11 成套液压（润滑）站

4.11.1 成套液压（润滑）站底座安装应符合下列要求：

1 应调整纵、横向中心线，宜采用挂线尺量检查，允许偏差为10.0mm。

2 应调整标高，宜采用水准仪或尺量检查，允许偏差为±10.0mm。

3 应调整水平度，宜采用水平仪检查，允许偏差为1.5/1000。

4.11.2 调整底座上各设备的水平度或垂直度，应符合下列要求：

1 泵的水平度应符合本规范第4.10.1条第3款的规定。

2 过滤器水平度应符合本规范第4.8.1条第3款的规定。

3 冷却器水平度应符合本规范第4.7.1条第3款的规定。

4 油箱水平度应符合本规范第4.6.1条第3款的规定。

4.11.3 油箱清洗应符合本规范第4.6.2条的规定。

4.11.4 冷却器水压试验应符合本规范第4.7.2条的规定。

4.12 阀架和阀

4.12.1 阀架和阀安装应符合下列要求：

1 应调整纵、横向中心线，宜采用挂线尺量检查，允许偏差为10.0mm。

2 应调整标高，宜采用水准仪或尺量检查，允许偏差为±10.0mm。

3 应调整水平度或垂直度，宜采用水平仪或吊线尺量检查，允许偏差为1.5/1000。

4.12.2 控制阀安装的位置和方向应符合设计技术文

件的规定，安设应牢固。

4.12.3 电液伺服阀及比例阀宜在管道系统冲洗合格后安装，并应符合设计技术文件的规定。

4.13 净 油 机

4.13.1 减振垫安装应符合设计技术文件的规定。

4.13.2 净油机的安装应调整纵、横向中心线，宜采用挂线尺量检查，允许偏差为10.0mm；应调整标高，宜采用水准仪或尺量检查，允许偏差为±10.0mm；应调整水平度，宜采用水平仪检查，允许偏差为0.1/1000。

4.14 润滑脂泵站及给油器、分配器

4.14.1 润滑脂泵站及给油器、分配器安装，应符合下列要求：

1 应调整润滑脂泵站纵、横向中心线，宜采用挂线尺量检查，允许偏差为10.0mm。

2 应调整标高，宜采用水准仪或尺量检查，允许偏差为±10.0mm。

3 应调整水平度，宜采用水平仪检查，允许偏差为1.5/1000。

4.14.2 给油器、分配器宜设置在靠近润滑点，且便于观察、调整和维护检修的位置。

4.15 分水滤气器、油雾（油气）器及控制阀

4.15.1 油雾润滑凝缩嘴至润滑点的距离和角度应符合设计技术文件的规定，油雾发生器至凝缩嘴的管道宜短。

4.15.2 气动系统的分水滤气器、油雾器及控制阀安装位置应符合设计技术文件的规定，应调整水平度，宜采用水平仪检查，允许偏差为1.5/1000。

5 管道加工与安装

5.1 一 般 规 定

5.1.1 金属管及管件表面不得有裂纹、折叠、离层和结疤等缺陷，表面有锈蚀麻点、刻痕划伤等缺陷部位的壁厚，不得小于国家现行有关产品标准规定的允许值。

5.1.2 软管应无老化变质等缺陷。软管总成接头密封面应无纵向或螺旋状划痕，螺纹应无断扣及压伤、无毛刺飞边。

5.1.3 管道密封件应符合下列要求：

1 橡胶密封圈表面应光滑平整，并应无气泡、杂质、老化变质及影响密封性能的伤痕。

2 耐油橡胶石棉垫板应无气泡、折损、疙瘩、凹陷、裂纹、皱纹等缺陷。

3 金属垫片和金属包密封垫片应无裂纹、毛刺、凹槽、径向划痕及锈斑等缺陷。金属垫片应退火，金属缠绕式密封垫应无径向划痕，不得松散。

5.1.4 管道支、吊架制作宜采用机械加工方法下料、钻孔。

5.2 管 道 加 工

5.2.1 管子切断应采用机械加工方法。

5.2.2 管子切断表面应平整，应无裂纹、重皮，应将毛刺、铁屑等清除干净，缩口、凸凹应进行处理。

5.2.3 管子切口面应与管子轴线垂直，应采用角尺尺量检查，允许偏差为管子直径的1%，且不应大于2.0mm。

5.2.4 制作弯管应采用冷弯，弯管机胎具应与管子外径相匹配，内槽深度应大于管子半径，大管径、厚管壁的弯管可采用中、高频弯管机制作，也可采用冲压弯头。

5.2.5 采用有缝管制作弯管时，焊缝应避开受拉区和受压区。

5.2.6 弯管的弯曲半径应大于管子外径的3倍。

5.2.7 管子弯制后任一截面上最大外径与最小外径差，不应大于弯管前管子外径的8%。

5.2.8 弯管不得有裂纹，不宜有皱纹、起皮等缺陷。

5.2.9 管道螺纹可采用机械套丝或人工套丝加工，螺纹应符合设计技术文件的规定。

5.2.10 螺纹表面应无裂纹，轻微机械损伤或断面不完整的螺纹，累计长度不应大于1/3圈，螺纹牙高减少量不应大于牙高的1/5。

5.2.11 装配法兰应与管子同心，应调整法兰平面与管子轴线垂直度，宜采用角尺尺量检查，允许偏差应小于法兰外径的0.15%。

5.3 管 道 焊 接

5.3.1 液压和润滑系统的管道应采用氩弧焊接或氩弧焊打底、电弧焊填充。

5.3.2 管道焊接前应有焊接工艺评定，并应根据评定报告确定焊接工艺、编制焊接作业指导书。焊工应按作业指导书的要求施焊。

5.3.3 坡口应采用机械加工，坡口及内外表面不小于10mm范围内的油、漆、垢、锈、毛刺等应清除干净，不得有裂纹、夹层等缺陷。

5.3.4 管子、管件对接焊口内壁应齐平，错边量不应大于壁厚的10%，且不应大于2mm；不等厚的管子、管件对接焊口，内壁错边量大于壁厚的10%或大于2mm或外壁错边量大于3mm时，应进行修整。

5.3.5 不锈钢管道焊接时，坡口两侧表面应采取防焊接飞溅物玷污的措施。

5.3.6 焊条、焊剂使用前应按规定烘干，并应在使用过程中保持干燥；焊丝使用前应清除表面的油污、锈蚀等；氩弧焊所采用的氩气（Ar）纯度（体积分

数）/10^{-2}不应小于 99.99。

5.3.7 定位焊应按焊接作业指导书的要求焊接。在焊接根部焊道前，应对定位焊缝进行检查，发现缺陷应处理后施焊。

5.3.8 坡口之外的管材表面不得引弧和试验电流，并应防止电弧擦伤管材。

5.3.9 焊接时应检测环境风速，手工电弧焊风速大于 8m/s，氩弧焊大于 2m/s 时，应有防风设施，并应防止管内穿堂风。

5.3.10 焊件焊前预热应按焊接作业指导书要求执行，不需预热的焊件当温度低于 0℃时，应在始焊处 100mm 范围内预热到 15℃以上。

5.3.11 焊缝及其边缘不得开孔；直管段上两对接焊缝距离不应小于管子外径，弯管上焊缝距起弯点不应小于 100mm，且不应小于管子外径（不包括压制弯管）。

5.3.12 液压管道和润滑脂管道对接焊缝内部质量必须符合设计技术文件的规定，设计技术文件未规定时，应符合现行国家标准《现场设备、工业管道焊接工程施工规范》GB 50236 对接焊缝内部质量Ⅱ级的规定，并应采用射线探伤检查。工作压力小于 6.3MPa时，抽查量应为 5%；工作压力为 6.3 MPa～31.5 MPa 时，抽查量应为 15%；工作压力大于 31.5 MPa 时，应 100%进行探伤检查。

5.3.13 液压和润滑脂管道焊缝的外观质量和检验方法，应按现行国家标准《冶金机械液压、润滑和气动设备工程安装验收规范》GB 50387 的有关规定执行。

5.3.14 润滑油（液）管道及气动管道的焊缝内部质量和外观质量，应按现行国家标准《冶金机械液压、润滑和气动设备工程安装验收规范》GB 50387 的有关规定执行。

5.4 管道酸洗

5.4.1 液压和润滑管道酸洗宜采用循环酸洗法或槽式酸洗法。

5.4.2 配制酸洗液各元素的成分、比例应符合设计技术文件的规定，设计技术文件未规定时，选配的酸洗液应保证酸洗质量要求。

5.4.3 管道酸洗用水应洁净，不锈钢管道酸洗用水氯离子含量不得大于 50PPm。

5.4.4 配制酸洗液应先将水注入槽内，然后缓慢地注入酸与水混合。

5.4.5 涂有油漆的管子采用槽式酸洗，应先将油漆清除干净。

5.4.6 槽式酸洗管道时，管道应全部浸入酸洗液中，管内空气应全部排出。

5.4.7 循环酸洗一个回路的管道长度不宜超过 300m，酸液应充满每根管道，回路高部位应设置排气点，低部位应设置排放点。设备和元件应拆离回路。

5.4.8 管道酸洗的工序应符合下列要求：

1 槽式酸洗的工序宜为脱脂—水冲洗—酸洗—水冲洗—中和—钝化—水冲洗—干燥—喷涂防锈油—封口。

2 离线循环酸洗的工序宜为组成回路—水试漏—脱脂—水冲洗—酸洗—水冲洗—中和—钝化—水冲洗—干燥—喷涂防锈油。

3 在线酸洗的工序宜为组成酸洗回路—水试漏—脱脂—水冲洗—酸洗—中和—钝化—水冲洗—干燥—油冲洗。

5.4.9 酸洗后管道内壁应无铁锈、氧化铁皮及其他异物。

5.5 管道安装

5.5.1 管道支、吊架的位置和形式应符合设计技术文件的规定，设计技术文件未规定时，直管段支（吊）架间距应符合表 5.5.1 的规定，弯曲段应在起弯点处设置支（吊）架。

表 5.5.1 直管段支（吊）架间距（mm）

管道外径	<10	10～25	25～50	50～80	>80
支架间距	500～1000	1000～1500	1500～2000	2000～3000	3000～5000

5.5.2 管夹安装应与管子接触紧密，同一支架上的管夹应排列整齐。

5.5.3 管道安装坐标位置允许偏差为 15mm，标高允许偏差为±15mm，水平管道平直度允许偏差为 2/1000，且不应大于 30mm，立管垂直度允许偏差为 3/1000，且不应大于 20mm。

5.5.4 管道环缝距支、吊架边缘距离不应小于 50mm，穿墙、穿楼板管应加套管，接头不应在套管内。

5.5.5 相邻管道、管件的边缘距离不应小于 10mm，法兰、活接头应相互错开，并不应小于 100mm。

5.5.6 管道法兰连接时，两法兰对接面平行度允许偏差不应大于法兰直径的 1.5/1000，同轴度允许偏差不应大于 0.50mm；连接螺栓应自由穿入，不得用强紧螺栓的方法消除歪斜。

5.5.7 管道与设备连接设备不得承受附加外力。

5.5.8 管道密封件的材质和规格应符合设计技术文件的规定，安装时应清洗干净，不得有划伤。

5.5.9 不锈钢管法兰连接使用的非金属垫片，不锈钢管与碳素钢支（吊）架间垫入的非金属垫片，氯离子含量不得大于 50×10^{-6}。

5.5.10 润滑油系统的回油管道应向回油方向向下倾斜，倾斜度应符合设计技术文件的规定，设计技术文件未规定时，倾斜坡度宜为 12.5/1000～25/1000。

5.5.11 油雾润滑系统管道应顺油雾流动方向向上倾斜，倾斜度宜大于 5/1000，且不得有存水弯。

5.5.12 液压泵和液压马达的泄漏油管宜高于设备本体的高度。

5.5.13 输送液体介质的管道，支管宜从主管下方或侧面接出；输送气体介质的管道，支管宜从主管上方或侧面接出。

5.5.14 润滑脂管道应在吹扫合格后安装，系统中从给油器至润滑点之间的管道，在安装前宜充满润滑脂。

5.5.15 双线式润滑脂系统的主管和给油器及压力操纵阀连接后，应使系统中所有给油器的指示杆及压力操纵阀的触杆在同一润滑周期内动作方向一致。

5.5.16 双缸同步回路中两液压缸管道应对称排列安装。

5.5.17 管道安装间断期间，敞开的管口应及时封闭。

5.5.18 管道不得承受设计以外的外加载荷。

5.5.19 软管安装应符合下列要求：

1 软管不得有急弯。软管外径若大于 30mm，弯曲半径不应小于外径的 9 倍；若软管外径小于或等于 30mm，弯曲半径不应小于外径的 7 倍。

2 与管接头连接的直线段长度不应小于软管外径的 6 倍。

3 静止和运动中，均不得有扭曲变形。

4 过长或承受急剧振动的软管应设置适当的支托。

5 软管之间、软管与设备之间不得有摩擦。

6 软管离热源近时，应采取隔热措施。

7 软管长度在满足弯曲半径，保证运动行程条件下，宜有适当余量。

6 管道冲洗、吹扫和压力试验

6.1 管道冲洗

6.1.1 管道冲洗宜采用在线循环方式，不允许冲洗的设备和元件应与冲洗回路分离。

6.1.2 冲洗回路中的临时连接钢制管道，应酸洗合格，软管应吹扫干净。

6.1.3 冲洗油（液）宜按系统特性选择，加入油箱前宜作污染度检验，并宜作记录；加入油箱时应经过滤，过滤精度不宜低于系统过滤精度要求。

6.1.4 冲洗油（液）的流速应使油（液）呈紊流状态。

6.1.5 冲洗时使用的过滤器精度不应低于系统的过滤精度，过滤器的额定流量和额定压力应与冲洗流量、压力相匹配；冲洗过程中应对过滤器污染程度进行检查，滤网应经常清洗或更换，不得影响冲洗流量和压力。

6.1.6 冲洗油（液）应保持适当温度，液压油冲洗温度不宜大于 60℃，高水基冲洗液冲洗温度不宜大于 50℃。

6.1.7 管道冲洗后内腔污染度等级应符合设计技术文件的规定，设计技术文件未规定时，污染等级评定应符合现行国家标准《液压传动 油液固体颗粒污染等级代号》GB/T 14039 的有关规定，并应符合下列要求：

1 液压伺服系统的污染等级不应大于—/15/12。

2 带比例阀的液压控制系统及静压供油系统的污染等级不应大于—/17/14。

3 液压传动系统、动压轴承供油系统，润滑油集中润滑系统污染等级不应大于—/19/16。

4 污染等级宜采用颗粒计算法测定。

6.1.8 管道冲洗合格后，应将冲洗油（液）排除干净，不得再进行影响管内清洁的作业。

6.2 管道吹扫

6.2.1 管道吹扫应使用干燥的压缩空气，流速不宜小于 20m/s，吹扫宜分段进行，宜先吹扫主管，后吹扫支管。

6.2.2 不允许吹扫的设备和元件应与管路分离。

6.2.3 吹扫的清洁度在目测排气无烟尘后，在排气口应设置贴白布或涂白漆的木制靶板检验，吹扫不少于 5min 靶板上无铁锈、灰尘及其他脏物应为合格。

6.2.4 管道吹扫合格后，不得再进行影响管内清洁的作业。

6.3 管道压力试验

6.3.1 不允许参与压力试验的设备和元件应与管路分离。

6.3.2 液压及润滑油管道系统压力试验应符合下列要求：

1 压力试验应在冲洗合格后进行。

2 应用工作介质进行压力试验，加入油箱时应经过滤，过滤精度不应低于系统过滤精度。

3 试验压力应符合设计技术文件规定，设计技术文件未规定时，应符合表 6.3.2 的规定。

表 6.3.2 试验压力（MPa）

系统工作压力 P_s	<16	16～31.5	>31.5
试验压力	1.5Ps	1.25Ps	1.15Ps

4 试验用压力表的精度不应低于 1.5 级，表的满刻度值应为被测试验压力的 1.5 倍～2 倍，压力表不得少于 2 块。

5 试压油温应在正常工作油温范围内。

6 压力试验应先作低压循环，应排净系统中空气，然后缓慢升压，在试验压力下，应稳压 10min，再将试验压力降至工作压力，全面检查管道焊缝和接口应无渗漏、管道无永久变形应为合格。

6.3.3　设有压力箱的润滑系统，压力箱应单独进行气密性试验，应以工作压力充压，应刷发泡剂检查，不漏气应为合格。

6.3.4　设有高位油箱的润滑系统，输油管道应以工作压力进行试验，无泄漏应为合格。

6.3.5　润滑脂管道系统压力试验应符合下列要求：

1　应用工作介质进行压力试验，试验压力应符合设计技术文件的规定，设计技术文件未规定时，双线式系统试验压力应为系统工作压力的1.25倍；非双线式系统试验压力应为工作压力。

2　双线式系统压力试验两条主管路应分别进行，不得交叉升压。

3　应缓慢升压，在试验压力下检查管道焊缝及接口应无泄漏。

4　压力试验完毕应立即卸压。

6.3.6　气动管道系统压力试验应符合下列要求：

1　应用压缩空气进行压力试验，试验压力应符合设计技术文件的规定，设计技术文件未规定时，试验压力应为工作压力的1.15倍。工作压力大于0.6MPa时，气压试验应经设计单位或建设单位同意。

2　应缓慢升压至试验压力50%，检查应无异常状况或泄漏，再按试验压力的10%逐级升压，每级稳压3min，在试验压力下应稳压10min，再降至工作压力，在工作压力下以发泡剂检查焊缝和接口应无泄漏，管道无永久变形应为合格。

3　压力试验时不应允许敲击管道。

4　卸压时应缓慢开启排气阀，并应逐步降压。

6.3.7　压力试验过程中发现故障时，应先卸压、后处理。

7　调试和试运转

7.1　一般规定

7.1.1　试运转前，应编写试运转方案，方案应经项目技术负责人和总监理工程师（建设单位技术负责人）审批，并应向参加试运转人员交底。

7.1.2　液压、润滑和气动设备应安装完毕，相关机械设备应安装完毕，检验记录及资料应齐全。

7.1.3　水、气、汽、电、计控仪表等均应按系统试运转合格。

7.1.4　调试和试运转需要的材料、工机具、检测仪器等均应已准备好。

7.1.5　系统中的安全保护装置应按设计技术文件的规定安装完毕，在试运转中需要调试的装置，应在试运转中完成调试，其功能应符合设计技术文件的规定。

7.1.6　设备单体试运转合格后，应按系统回路进行调试，并应在调试合格后再进行无负荷联动试运转。

7.1.7　每次试运转后，应及时做好下列工作：

1　切断电源和其他动力源。

2　进行必要的放气、排水、排污。

3　卸去设备内余压。

7.2　液压系统调试和试运转

7.2.1　系统调试宜按泵站—阀站—执行元件的顺序进行，并应配合机械调试和试运转。

7.2.2　蓄能器调试应符合下列要求：

1　气囊蓄能器应按设计技术文件规定的气体介质和预充压力进行充气，充气应在充油前进行，充气时应将进油阀关闭，并应缓慢充气。充气后应对充气阀进行严密性检查，不应漏气。

2　气液直接接触式和活塞式蓄能器应按设计技术文件规定的介质和预充压力进行充气，充气应在充油之后，并在液位监控装置调试完毕后进行。液位监控装置定位应符合设计技术文件的规定，当液位变动超过规定高度时，应立即发出报警信号和实现规定的联锁动作。

3　重力蓄能器宜在液压泵试运转完成后调试，充油升压或卸压应缓慢进行。配重和液位监控装置调试应符合设计技术文件的规定。

7.2.3　油箱调试应符合下列要求：

1　油箱的液位开关应按设计技术文件的规定定位，当液位变动超过规定的高度时，应立即发出警报信号和实现规定的联锁动作。

2　油温监控装置调试应使油温控制在设定范围内，当油温超过规定的范围时，应立即发出报警信号和实现规定的联锁动作，并应开启或关闭油加热器或油冷却器。调试前检查测定油箱上的温度表应合格。

3　高位油箱应按设计技术文件的规定进行调试，联锁动作应符合设计技术文件的规定。

7.2.4　液压泵试运转应符合下列要求：

1　手动盘车应无卡阻。

2　点动运转检查运转方向应正确。

3　无负荷（无压）运转不应少于10 min，应无异常噪声和振动。

4　工作压力下运转不应少于2h，轴承温度应符合设计技术文件的规定，泵体应无异常噪声和振动，并应无漏油。

7.2.5　系统压力调试应符合下列要求：

1　压力控制阀和压力继电器的调定值，以及压力连锁动作和信号，应符合设计技术文件的规定。

2　调试宜从定压最高的阀开始，逐次调试至定压最低的阀。压力调定后，应将调整螺杆锁紧。

7.2.6　系统执行元件调试应符合下列要求：

1　调试应在正常工作压力和正常工作油温下进行。

2 调试应先点动，再低速，后高速。

3 调试前液压缸和液压马达等应低压排气。

4 带缓冲调节装置的液压缸，在调整过程中应同时调整缓冲装置，并应直至满足液压缸所传动的机械达到运动平稳性的要求。

7.2.7 伺服控制系统及比例控制系统调试应在系统压力调整完毕后进行，宜先用模拟信号操纵伺服阀或比例阀试动执行机构。

7.2.8 执行元件调试后，应往复工作 3 次～5 次，行程、速度和运行的平稳性应符合设计技术文件的规定。

7.2.9 系统调试，应无漏油和异常振动，连锁装置应准确、灵敏、可靠。

7.3 润滑油系统调试和试运转

7.3.1 油箱的液位监控装置和油温监控装置调试，应符合本规范第 7.2.3 条的规定。

7.3.2 润滑油泵的调试应符合本规范第 7.2.4 条的规定。

7.3.3 设有压力箱的润滑油系统，压力箱应在充气前充油，并应对液位监控装置进行调试，当液位变动超过设计技术文件规定的高度时，应立即发出报警信号和实现规定的连锁动作。

7.3.4 系统调试应无漏油和异常振动，连锁装置应准确、灵敏、可靠，各润滑点的供油量和压力应符合设计技术文件的规定。

7.4 润滑脂系统调试和试运转

7.4.1 贮油桶在加脂前应进行检查，不得有任何脏污。

7.4.2 贮油桶加脂应用加油泵通过贮油桶上的加油口经滤油器过滤，不得打开贮油桶上盖直接添加润滑脂。

7.4.3 脂位监控装置应在充填润滑脂的过程中进行调试，当贮油桶内润滑脂量变动超过规定量时，脂位监控装置应立即发出报警信号并实现启动或停止加油泵的动作连锁。

7.4.4 油泵向压力管和主管充润滑脂时，应将主管与给油器或分配器的接口卸开，当接口排出润滑脂后，应再将主管与给油器或分配器重新连接。

7.4.5 系统调试应符合下列要求：

1 油泵工作应正常，供油循环不应少于 3 个，应无异常噪声和振动，轴承温度应符合设计技术文件的规定。

2 系统压力阀的调试值应符合设计技术文件的规定。

3 各连锁和报警装置应准确灵敏。

4 系统工作制度应符合设计技术文件的规定。

5 系统应无漏脂。

7.5 油雾润滑系统调试和试运转

7.5.1 调整油箱的液位监控装置应符合设计技术文件的规定，当液位下降至规定高度时，应立即发出报警信号，连锁装置动作应正确灵敏。

7.5.2 系统进行喷雾试验时，应先将润滑油加热至工作温度，并应调整油温监控装置，应控制油温在规定的范围内，当油温变化超过规定的范围时，应立即发出报警信号，连锁装置动作应正确、灵敏。

7.5.3 调整油雾的压力和油量，应符合设计技术文件的规定。

7.6 工艺润滑系统调试和试运转

7.6.1 润滑液箱的液位监控装置和液温监控装置，应符合本规范第 7.2.3 条的规定。

7.6.2 润滑液箱撇污装置应连续运转不少于 2 个工作周期，并应无异常噪声和振动。

7.6.3 润滑液泵的调试应符合本规范第 7.2.4 条的规定。

7.6.4 电动反冲洗过滤器应按设计技术文件规定或工艺要求调整滤网前后压差设定值，当压差达到规定值时，应自动进行反冲洗。

7.6.5 真空过滤器调试应符合下列要求：

1 应调整滤带下槽箱内的真空度符合设计技术文件的规定，当真空度达到规定值时，输送滤带的金属网带应为自动运行到设定的时间。

2 抽风机应连续运行不少于 1h，应无异常噪声和振动，轴承温度应符合设计技术文件的规定。

7.6.6 冷却器调试应使出口的润滑液温度符合设计技术文件的规定。

7.6.7 系统连动试运转试运行时间不应少于 2h，并应符合下列要求：

1 各设备运行应正常，应无异常噪声和振动，轴承温度应符合设计技术文件的规定。

2 所有监控装置和连锁装置动作应正确、灵敏、可靠。

3 系统应无泄漏。

7.7 气动系统调试和试运转

7.7.1 系统各执行元件应逐个调试，应先手动操作，后电动操作，控制阀调定值应符合设计技术文件的规定。

7.7.2 各执行元件调试合格后应联动操作，连锁装置动作应准确、灵活、可靠；系统应无泄漏，应无异常振动。

7.7.3 自动排水式分水滤气器应自动排水。

8 管道涂漆

8.0.1 管道涂漆前应清除表面的铁锈、焊渣、毛刺、油、水等污物。

8.0.2 管道涂漆宜在压力试验合格后进行，在试压前涂漆时，焊缝及其两侧各不少于50mm长度不得涂漆，并应待试压合格后补漆。

8.0.3 管道安装后不易和不能涂漆的部位应预先涂漆。

8.0.4 管道涂漆的颜色和标记应符合设计技术文件的规定。

8.0.5 涂漆施工应在5℃～40℃的环境温度下进行，并应采取相应的防雨措施。

8.0.6 涂漆作业应采取防止污染地面、墙壁、设备、构件及其他管道的有效措施。

8.0.7 涂层应均匀、完整、颜色一致、无损坏、无流淌，层数和层厚应符合设计技术文件的规定。

8.0.8 漆膜应附着牢固，并应无剥落、皱纹、气泡、针孔等缺陷。

9 安全和环保

9.0.1 冶金机械液压、润滑和气动设备施工应建立健全安全和环保管理体系，专职安全员应持证上岗。

9.0.2 项目开工前应制定安全技术和环保方案。施工过程应切实落实各项安全和环保措施。

9.0.3 施工人员进入施工现场前应进行安全教育，施工人员应严格执行安全操作规程，施工期间应建立安全会议和安全检查制度。

9.0.4 施工机具使用前应经检查合格。

9.0.5 现场用电应符合国家现行标准《建设工程施工现场供用电安全规范》GB 50194和《施工现场临时用电安全技术规范》JGJ 46的有关规定。

9.0.6 管道酸洗时，操作人员应佩戴防护用品，作业区应通风，应有警示牌。酸类物质储存应符合产品说明书的规定。

9.0.7 施工中的废酸、废油、废脂、废清洗液等排放前应进行处理，不得污染环境。

9.0.8 射线检验作业应划定隔离区，应设置警戒线，不得危及人身安全。

9.0.9 油箱清洗时，应采取防窒息措施。

9.0.10 施工过程中应采取防火措施，并应针对现场情况配置相应类别和适当数量的消防器材。

9.0.11 孔洞、坑槽及平台周边应设置防护设施及安全标志。

9.0.12 交叉作业时，上下不应同在一垂直方向操作，下层作业的位置应处于上层可能坠物的范围之外，或设置安全防护层。

9.0.13 试运转、试压应严格按程序操作，操作人员应责任明确，不得擅自合闸送电和开闭阀门。

本规范用词说明

1 为便于在执行本规范条文时区别对待，对要求严格程度不同的用词说明如下：

1）表示很严格，非这样做不可的：
正面词采用“必须”，反面词采用“严禁”；

2）表示严格，在正常情况下均应这样做的：
正面词采用“应”，反面词采用“不应”或“不得”；

3）表示允许稍有选择，在条件许可时首先应这样做的：
正面词采用“宜”，反面词采用“不宜”；

4）表示有选择，在一定条件下可以这样做的，采用“可”。

2 条文中指明应按其他有关标准执行的写法为“应符合……的规定”或“应按……执行”。

引用标准名录

《建设工程施工现场供用电安全规范》GB 50194

《机械设备安装工程施工及验收通用规范》GB 50231

《现场设备、工业管道焊接工程施工规范》GB 50236

《冶金机械液压、润滑和气动设备工程安装验收规范》GB 50387

《液压传动 油液固体颗粒污染等级代号》GB/T 14039

《施工现场临时用电安全技术规范》JGJ 46

中华人民共和国国家标准

冶金机械液压、润滑和气动设备工程施工规范

GB 50730—2011

条文说明

制 定 说 明

《冶金机械液压、润滑和气动设备工程施工规范》（以下简称施工规范）编制组于2006年3月成立，编制组第一次会议上，全体成员学习了国家有关标准的法规和文件，明确了制定施工规范的原则和指导思想，应严格贯彻执行国家有关法律、法规和方针、政策，严格按照住房和城乡建设部《工程建设国家标准管理办法》和《工程建设标准编写规定》编制；应以科学、技术和实践经验的综合成果为基础，具有前瞻性、科学性和可操作性，并以安装工艺为核心，体现当今水平，淘汰落后工艺，促进新工艺、新技术的发展，以求获得最佳效益。在第一次会议上，还制定了工作计划，确定了规范的章、节内容及编制组成员的分工。

按照工作计划，编制组首先开展了收集相关设计、设备资料及标准的工作，并先后到全国各主要冶金建设单位调研和交流，到正在施工的冶金工程项目进行考察，收集了大量的资料。

在对冶金机械液压、润滑和气动设备工程施工的现状和发展了解的基础上，编制组对掌握的大量有关规范的因素和内容进行了深入的分析和研讨，对多样性因素进行方案比较而择优；对多余的、重复的部分进行精炼而简化；对由于不同条件、不同技术活动而产生的差异进行协调而一致，最终使规范达到统一。

2007年10月，完成本规范的第一稿，并印刷少量发送公司相关工程技术人员和高级技工以征求意见。2007年12月，编制组召开了两次座谈会，与会者提出有关施工工艺的修改意见14条，经编制组逐条研讨修改后，于2008年2月完成本规范的第二稿。第二稿当即在相关网站上发布，广泛征求意见。2008年4月召开了内部审查会，提出意见和建议共45条，经编制组逐条研讨修改后，于2009年2月完成征求意见稿。

征求意见稿于2009年6月上旬在住房和城乡建设部标准网站发布，在全国范围内征求意见和建议。遵照中国冶金建设协会要求，2010年3月又向13个冶金建设单位和冶金工程质量监督单位发出了征求意见函和征求意见稿，截至2010年6月，收到各单位专家意见和建议共127条。编制组对各单位专家所提意见和建议逐条归纳整理，分析研究，采纳了70条。2010年7月完成送审稿。中国冶金建设协会于2010年12月7日～12月8日在武汉召开了审查会，同时提出了7条修改意见，编制组修改完善后，于2010年12月31日完成报批稿。

为了在使用本规范时能正确理解和执行条文规定，编制组编写了条文说明。本条文说明不具备与规范正文同等的法律效力，仅供使用者作为理解和把握规范规定的参考。

目　次

1 总　则

1.0.1 阐明了制定本规范的目的。

1.0.2 明确了本规范使用的对象。

1.0.3 反映了其他相关标准、规范的作用和标准、规范的统一性要求。

2 基本规定

2.0.1 对从事冶金机械液压、润滑和气动设备施工的企业资质提出要求，强调市场准入制度，对施工人员的操作技能及特殊工种作出规定，是为对工程的质量和安全起到保证作用。

2.0.2 明确规定设计图纸修改权属设计单位，施工单位不能擅自修改图纸。当施工过程中发现设计有问题时，应及时向设计单位反映，施工单位可以提出处理意见，设计单位同意后必须签发设计变更通知单，或进行技术核定签证。

2.0.3 使用不合格的计量器具，会对工程造成严重后果。冶金机械液压、润滑和气动设备施工中使用的计量器具应按国家计量法规定检验合格，并在检定有效期内。使用计量器具不得破坏其准确度。

2.0.4 冶金机械液压、润滑和气动系统向各生产线设备输送压力油、润滑油（脂）和压缩空气，直接关系到各生产线的正常运行。系统焊接质量不仅可以直接造成人身伤害，污染环境，还可以造成生产线设备严重损坏而停产。因此，必须保证系统的焊接质量，而焊工的操作技能是保证焊缝质量的关键因素，故本条文对焊工资质作出严格规定，要求从事冶金机械液压、润滑、气动设备和管道施工的焊工必须经考试合格，并取得合格证书，在其考试合格项目认可范围内施焊。

2.0.5 成品保护应贯穿整个施工过程中，例如设备存放应垫设平稳、不挤压；管道应分类堆放、不损伤；设备吊装时与钢绳接触处要用橡皮、木材等隔离保护；设备裸露的加工面应涂适量油脂，并用油纸或塑料布覆盖，防止污染和生锈；设备和管道表面应保持清洁，不踩踏；设备、管道安装后要防止后续工序污染，如屋面刷灰掉灰，上部结构刷漆掉漆；电焊作业时二次接地线应直接接到施工焊点，不允许通过设备和管道引接，防止电火花损伤设备；设备不得任意转动等。

2.0.6 明确了施工前主要的技术准备工作。

设计图是施工的基本依据，工程技术人员应认真看图、审图，掌握工程特点及施工技术要求，了解设计思想，作好自审记录。对图中的疑问和问题，图纸会审时与设计、建设及监理各方交流讨论，并载入会审记录；涉及设计修改的问题，应由设计单位发设计变更通知书。

施工组织设计（或施工方案）是指导施工的重要技术文件，应在充分熟悉图纸和规范，对现场深入调研后编写，内容包括工程概况与特点、施工组织与部署，施工进度计划，劳动力计划，设备、材料及机具计划，现场平面布置，施工临时设施，质量技术保证措施，安全技术保证措施，环境保护措施，以及其他内容。

技术交底是施工技术准备的重要环节，施工前应由项目技术负责人向施工操作人员进行技术交底。技术交底要有针对性，应将工程范围，施工方法，关键部位，施工工艺及质量要点、技术、安全及环保措施等交代清楚。技术交底要形成记录。

2.0.7 明确了冶金机械液压、润滑和气动设备安装前对厂房的要求，厂房屋面、外墙、门窗和内部粉刷应基本完工，当需要与设备安装配合作业时，应有有效措施，确保施工人员安全，不影响设备安装质量，不损坏设备，不污染设备。

2.0.8 与冶金机械液压、润滑和气动施工的相关专业很多，各专业之间应按规定的程序进行交接，例如土建基础完工后交设备安装，设备安装完工后交电气安装电机等，各专业之间交接时应进行检验并形成记录。

2.0.9 二次灌浆是指对基础和设备底座间进行灌浆，隐蔽工程还有油箱封闭等。

3 设备和材料进场

3.1 设备进场

3.1.2 设备开箱检验是一项重要的工作，开箱和搬运要细心操作，不得损伤设备。开箱检验要形成记录，设备交接要有交接手续。开箱检验后的设备宜及时安装，暂时不能安装的应妥善保管。

3.2 材料进场

3.2.2 原材料、标准件等进场应进行验收，形成质量记录。检验记录应包括原材料名称、规格、数量、质量情况、进场日期、用在何处，合格证编号等内容。

原材料、标准件等的出厂质量合格证宜为原件，若为复印件时，应注明原件存放处，并有经办人签字，单位盖章。

4 设备安装

4.1 一般规定

4.1.1 本条规定出厂前已装配和调整好的设备现场

不宜拆卸清洗，宜整体安装。有的设备涂抹了防锈脂，或涂注的生产用油已变质，被污染或存在问题需要拆卸清洗，重新装配时，清洗和装配应符合设计技术文件和现行国家标准《机械设备安装工程施工及验收通用规范》GB 50231 的规定。拆卸前，应认真看图，了解设备结构，不得损伤设备。

4.2 设备基础

4.2.1 设备基础由土建单位施工，土建单位在基础验收合格后应向设备安装单位进行交接，本条规定了交接时设备安装单位应检查的项目。

4.3 设备安装基准线和基准点

4.3.1 基准线和基准点是设备安装的基准，设备的平面位置和标高依据基准线和基准点安装测量定位，本条规定了设立基准线和基准点的程序。

4.4 地脚螺栓

4.4.1、4.4.2 冶金机械液压、润滑和气动设备安装常用的地脚螺栓有预埋地脚螺栓、预留孔地脚螺栓和胀锚式地脚螺栓。预埋地脚螺栓由土建单位在基础施工时安装，预留孔地脚螺栓在基础施工时预留地脚螺栓孔，由设备安装单位安装地脚螺栓，设备初步找正调平后要求地脚螺栓与设备螺栓孔周围留有间隙，是为了满足精调的需要，胀锚式地脚螺栓由设备安装单位安装。

4.5 垫板

4.5.4 研磨法安装垫板是将垫板直接放置在研磨好的基础上。平垫板和斜垫板通常用普通碳素钢板切割而成。斜垫板应成对使用，斜面和底面需铯削加工，斜度宜为1/10～1/20。

采用平垫板和一对斜垫板组成一个垫板组，可提高安装工效。

4.5.6 有些设备设计技术文件规定了垫板的类型、规格、垫设位置，有的还随机提供垫板，安装垫板时，应按设计技术文件的规定执行。

4.6 油箱

4.6.1 油箱通常设计在厂房的底层，有的油箱体积大，不能从吊装孔吊入，需在土建完成上层建筑前可吊装就位，此时，应做好与土建施工的配合，并做好保护，防止损坏。

4.6.2 油箱内腔一般用煤油清洗，白绸布揩擦，面团滚粘，在充足的照明下，目测或用放大镜检查，不允许有可见的任何污物。油箱外表面也要清洗干净，重点在上表面及人孔、进出油管周围。检查合格后，按隐蔽工程签证，并及时封闭。

4.9 蓄能器

4.9.2 蓄能器在制造厂调整整定好，随意开启蓄能器盖和拧动安全阀，调整螺丝会造成安全事故。

4.11 成套液压（润滑）站

4.11.1、4.11.2 成套液压（润滑）站系指油箱、冷却器、过滤器、油泵等在同一机座上，组成一体的液压（润滑）装置，安装时，底座的水平位置、标高可整体一次找正、找平。各个设备的水平度或垂直度则应分别检查调整。

5 管道加工与安装

5.2 管道加工

5.2.1 本条规定管子切割应用机械加工方法，常用的机械切割方法有切管机（器）切割，车床切割、锯床切割等。

5.2.2 管子缩口一般采用铰削处理。

5.3 管道焊接

5.3.2 管道焊接前的焊接工艺评定是为了确认拟定的焊接工艺正确性而作的验证试验。焊接工艺评定的材料、规则、试验与评定应符合现行国家标准《现场设备、工业管道焊接工程施工规范》GB 50236的规定。根据焊接工艺评定报告编制的焊接作业指导书是焊接质量的保证，本条明确规定焊工在施焊作业时应严格执行作业指导书的规定。

5.3.12 液压管道输送压力油操控设备，润滑脂管道输送润滑脂润滑设备，在高压下工作。管子连接通常采用焊接，焊缝的质量不仅直接关系自身系统和相关生产线的安全正常运行，裂缝间喷射出的高压油液还可以导致人身伤害。因此，本条管道焊缝质量严格要求，焊缝内部质量必须符合设计技术文件的规定，设计未规定时，必须符合现行国家标准《现场设备、工业管道焊接工程施工规范》GB 50236 对接焊缝内部质量Ⅱ级的规定。焊缝采用射线探伤检查。

5.4 管道酸洗

5.4.1 管道酸洗是为去除管道内腔的锈蚀和污物，循环酸洗和槽式酸洗是常用的两种方法，循环酸洗又分在线循环酸洗和离线循环酸洗。

酸洗方法的选用与管道安装工艺应相适应。一次安装法，配管安装一次完成，采用在线循环酸洗法。二次安装法，先按设计图将管道、元件、阀门、设备连接起来，然后拆卸分离，将管道分件进行槽式酸洗，或在线外组成回路，进行非在线循环酸洗，酸洗合格后，再重新进行装配连接。在良好的环保条件下，也可先将管道进行槽式酸洗，一次完成配管和安装。

酸洗的脱脂槽、酸洗槽、中和槽、钝化槽一般用厚6mm～8mm的钢板制作，内衬耐酸层，槽式酸洗槽的尺寸应适合管道的长度和形状，一般制作成“L”形。循环酸洗法槽的容积应满足酸液的储量。

5.4.2 酸洗液品种较多，配方也不完全一样，本条规定应符合设计技术文件的规定，设计未规定而由施工单位选配时，酸洗液必须是经实验或实践证明是行之有效的，能保证酸洗质量的方能选用，并应征得建设单位（或监理单位）的同意。

5.4.4 本条规定的操作程序应严格执行，不得将水注入浓酸中，以防酸与水混合时引起爆炸。

5.4.7 循环酸洗回路管道长度根据泵的能力和管道大小确定，一般不宜超过300m。循环酸洗时应排除管内空气，工序交替时应排除上一工序留存的溶液，因此，应在回路的高位设置排气点，在低位设置排空点。

5.4.8 本条规定的酸洗工序是目前最常用的，随着技术进步和新材料的开发应用，将会产生新的酸洗工艺，新酸洗工艺应经试验鉴定合格，能保证管道酸洗质量，经建设单位（监理单位）审批同意方能采用。

酸洗时每个工序的质量主要由溶液浓度、温度和酸洗时间控制，因此，在酸洗过程中，应经常检查和调整溶液的浓度、温度，依据实际情况缩短或延长酸洗时间。

脱脂是酸洗工艺中的重要工序，沾有油脂的管道必须先进行脱脂，脱脂质量直接影响酸洗质量，脱脂不干净，酸洗时铁锈除不净，钝化时形成不好钝化膜。酸洗时应经常观察检查酸洗情况，防止过酸洗。酸洗后的管道用高压水冲洗干净后立即中和处理，使其为中性，防止产生酸蚀。中和后的管道应迅速钝化，钝化后再用水冲洗干净，并用蒸汽或热压缩空气吹干，喷油封口保护。

5.4.9 本条规定了酸洗管道的质量要求。酸洗管道的质量检查主要是观察检查，用盐酸、硝酸或硫酸洗后的管内壁应呈灰白色。管道过酸洗，管壁表面会变粗糙，出现蜂窝、麻面；管道欠酸洗，管壁仍会有薄层铁锈或氧化铁皮，手抹有黑灰。

5.5 管道安装

5.5.7 管道与设备连接前，应在自由状态下按本规范第5.5.6条的规定检查法兰的平行度和同轴度，不应进行强力对接，并且在管道与设备连接处应设置管道支（吊）架，避免设备承受附加外力。

5.5.9 不锈钢管与碳素钢支（吊）架直接接触，不锈钢管会产生电化腐蚀；应在不锈钢管与支（吊）架间垫入不锈钢垫或氯离子含量小于50×10^{-6}的非金属垫片。非金属垫片中氯离子超标，氯离子则会对不锈钢管产生腐蚀作用。

5.5.10 回油管的倾斜度一般为12.5/1000～25/1000，可根据润滑油黏度选择，润滑油黏度高，取大值；黏度低，取小值。

5.5.11 对油雾润滑管道坡度和坡向的规定是为了避免管内积存油液，雾化油通过积存的油液时会改变油雾化量和雾化油粒的大小，不利润滑效果。

6 管道冲洗、吹扫和压力试验

6.1 管道冲洗

6.1.1 管道冲洗通常在线构成回路进行循环冲洗，回路中所有管道内壁都应受到油（液）的冲洗，不允许回路中有死角管段。不允许参与冲洗的设备和元件应与回路分离，例如液压缸、液压马达、蓄能器、伺服器、比例阀、安全阀、仪表、设备润滑点等；回路中如有节流阀、减压阀，可与回路分离，也可将其调整到最大开度。

6.1.3 冲洗油（液）选用宜依据下列因素：与系统设备、元件及密封件相容；与系统工作介质相容；黏度宜低。

6.1.4 冲洗油（液）的流速是保证管道冲洗质量的关键，在管壁光滑的管道中形成紊流的最小流速可按下式计算：

$$V=\frac{0.2\gamma}{d} \tag{1}$$

式中：V —— 流速（m/s）；

γ ——冲洗油（液）的运动黏度（mm^2/s）；

d ——冲洗管道内径（cm）。

冲洗泵的最小额定流量可按下式计算：

$$Q=6VA \tag{2}$$

式中：Q ——泵最小额定流量（L/min）；

A ——冲洗管道的横截面积，管道串联时为最大管子的横截面积，管道并联时为并联管子横截面积之和（cm^2）。

冲洗时油箱容积可按下式计算：

$$Q_1=5Q_2 \tag{3}$$

式中：Q_1——油箱容积（m^3）；

Q_2——冲洗回路管道容积（m^3）。

6.1.6 保持冲洗油（液）适当的温度，可取得冲洗的良好效果。本条文规定了冲洗油（液）的温度上限，温度高，冲洗效果好。

6.1.8 管道若以工作介质进行冲洗，冲洗后各项品质指标经检验仍然合格，可以留用。管道冲洗合格后，如进行影响管内清洁的作业，应将此管段重新酸洗和冲洗。

6.2 管道吹扫

6.2.2 不允许参与吹扫的设备和元件，例如气缸、气马达、分水过滤器、油雾化器、阀、仪表等，不得参与吹扫。

6.2.4 管道吹扫合格后，如进行了影响管内清洁的作业，此管道应重新吹扫。

6.3 管道压力试验

6.3.1 按本规范条文说明第6.1.1条，第6.2.2条采用。

6.3.2 工艺润滑系统工作介质为油时，应以油为试验介质，工作介质为乳化液及水时，宜以洁净水为试验介质，乳化液系统试压后应将水排净。

6.3.5 有的设计技术文件未给出润滑脂系统工作压力，压力试验时应按操作程序缓慢逐级升压至系统供油换向，可将此时供油泵的出口压力表值视作系统工作压力。

6.3.6 0.6MPa是一个重要界限，当工作压力大于0.6MPa时，气压试验应经设计单位或建设单位同意是根据现行国家标准《工业金属管道工程施工规范》GB 50235的规定编写的。气压试验的最大风险在于温度过低，严禁试验温度接近金属的脆性转变温度。

8 管道涂漆

8.0.2 本条规定管道压力试验前，焊缝及其两侧各不小于50mm长度不得涂漆，是为保证试压时对焊缝处泄漏的观察检查。

8.0.3 管道安装后不易涂漆的部位，例如距建筑物或构件较近的管道部位，管道间相距较近的部位；不能涂漆的部位，例如穿墙部位，与支架或吊架接触的部位。

9 安全和环保

9.0.3 项目施工前，项目部应对施工人员进行安全教育，针对项目特点进行安全交底，并应形成记录。各工程施工人员应严格执行安全操作规程。项目部应定期召开安全会议，施工班组应每个工作日召开班前安全会议。安全检查应定期和不定期进行。

9.0.4 施工中使用不合格的机具，往往会导致安全事故，危及人身和设备安全，特别是吊装作业使用的设备、绳索和吊具，各工种使用的冲击工具（如大锤、小锤、扁铲等）及小型手提电动机具等，使用前应认真检查，不符合安全规定的不得使用。

中华人民共和国国家标准

建材工程术语标准

Standard for terminology of building materials projects

GB/T 50731—2011

主编部门：国家建筑材料工业标准定额总站

批准部门：中华人民共和国住房和城乡建设部

施行日期：2 0 1 2 年 6 月 1 日

中华人民共和国住房和城乡建设部
公　　告

第1141号

关于发布国家标准
《建材工程术语标准》的公告

现批准《建材工程术语标准》为国家标准，编号为GB/T 50731—2011，自2012年6月1日起实施。

本标准由我部标准定额研究所组织中国计划出版社出版发行。

中华人民共和国住房和城乡建设部

二〇一一年八月二十六日

前　　言

本标准是根据原建设部《关于印发〈2006年度工程建设标准规范制订、修订计划（第二批）〉的通知》（建标〔2006〕136号）的要求，由国家建筑材料工业标准定额总站和中国建筑材料工业规划研究院会同有关单位共同编制完成的。

本标准共分7章，主要技术内容包括：总则、矿山、水泥、平板玻璃、建筑卫生陶瓷、墙体和屋面材料、石材等。

本标准由住房和城乡建设部负责管理，国家建筑材料工业标准定额总站负责日常管理，中国建筑材料工业规划研究院负责具体技术内容的解释。本标准在执行过程中，如发现需要修改或补充之处，请将意见和建议寄交中国建筑材料工业规划研究院（地址：北京市西直门内北顺城街11号；邮政编码：100035），以便今后修订时参考。

本标准主编单位、参编单位、参加单位、主要起草人和主要审查人：

主 编 单 位： 国家建筑材料工业标准定额总站
中国建筑材料工业规划研究院

参 编 单 位： 武汉理工大学
浙江中材工程勘测设计有限公司
苏州中材建设有限公司
中国建筑材料科学研究总院
北京凯盛建材工程有限公司
天津矿山工程有限公司
南京凯盛国际工程有限公司
成都建筑材料工业设计研究院有限公司

参 加 单 位： 天津水泥工业设计研究院有限公司
蚌埠玻璃工业设计研究院
秦皇岛玻璃工业研究设计院
中国新型建筑材料工业杭州设计研究院
武汉建筑材料工业设计研究院有限公司
中材地质工程勘察研究院
国家石材质量监督检验中心
咸阳陶瓷研究设计院
中国建材西安墙体材料研究设计院
中国建筑材料工业建设西安工程有限公司
中国建材工程建设协会

主要起草人： 施敬林　陈　东　张红娜　王立群
程金树　谢　俊　何　峰　沈　杰
沈　军　石红卫　徐　爽　黄　赟
王　浩　周春平　刘玉中　张东望
刘永利　孙雨心

主要审查人： 同继锋　吴佐民　陆秉权　黄东方
王海燕　赵　飞　薛滔菁　李德良
李惠娴　吴东业　李登科　吴志根
周俊兴　鲁承桂　张宗清

目　次

Contents

1 总 则

1.0.1 为统一建材工程建设的基本术语及定义，实现专业术语的标准化，制定本标准。

1.0.2 本标准适用于建筑材料工业中水泥、平板玻璃、建筑卫生陶瓷、墙体和屋面材料、石材等专业工程建设项目中的勘察、设计、施工、验收、维修、工程监理、工程管理。

1.0.3 建材工程的术语除应符合本标准外，尚应符合国家现行有关标准的规定。

2 矿 山

2.1 基本术语

2.1.1 矿产资源量或储量利用评价 evaluation of ore resources or reserves

指对矿床中矿产资源或储量的大小、分布等特点进行分析，结合目前开采、加工技术条件来评价可用性。

2.1.2 矿产质量评价 evaluation of ore quality

根据现有矿产加工技术条件和经济合理性，对矿产品级分布区间、质量波动规律、伴生有益组分与有害组分情况进行的综合评价。

2.1.3 开采条件 mining condition

指开采矿床的地理位置、地形地貌、资源地质、水文地质、工程地质、环境地质等条件。

2.1.4 矿产资源综合利用 comprehensive utilization of ore resources

指在采矿、选矿和生产阶段中，对共生、伴生矿进行的综合开发与合理利用。

2.1.5 土地复垦 land reclaiming

指对在矿山生产过程中因正常开采、压占及地质灾害等原因造成的土地破坏所采取的整治措施，以恢复到可利用的状态。

2.1.6 矿山服务年限 service life of mines

矿山开采境界内具有的工业储量可供生产的年数。

2.1.7 三级矿量 tertiary ore reserves

矿山地下开采过程中按照开采步骤和开采准备的程度而分别圈定的可采储量，分为开拓矿量、采准矿量和备采矿量。

2.1.8 二级矿量 secondary ore reserves

矿山露天开采过程中按照开采步骤和开采准备的程度而分别圈定的可采储量，分为开拓矿量和可采矿量。

2.2 矿山开拓

2.2.1 开采境界线 mining boundary

是指矿山的开采范围界线，由最终开采边界或开采边坡与地表的交线外推而成。

2.2.2 采剥进度计划 mining schedule

对采矿与剥离工作的空间、数量以及质量在时间上的总体安排。

2.2.3 剥采比 stripping ratio

同一开采范围内，剥离物的体积（或质量）与矿石的体积（或质量）之比值。

2.2.4 山坡露天矿 side-hill surface quarry

位于采场凹陷封闭圈以上，且能进行自然往外排水的露天矿山。

2.2.5 凹陷露天矿 open-pit quarry

位于采场凹陷封闭圈以下，通过开段沟进出进行采矿生产，且只能靠机械方式往外排水的露天矿山。

2.2.6 露天开拓 development of quarry

建立地面到露天采场各工作水平以及各工作水平之间的矿岩运输通道，建立采矿场、受矿点、废石场、工业场地之间的运输联系。

2.2.7 地下开拓 underground development

从地面掘进一系列巷道通达矿体，建立完整的提升、运输、通风、排水和动力供应等系统。

2.2.8 回采 quarrying，extraction

由矿体分离矿石的过程。

2.2.9 剥离 overburden stripping，overburden mining

为开采矿体，将矿体周围的非矿体物质清除的过程。

2.2.10 采场 quarry

进行采矿和剥离作业的场所。

2.2.11 采准 opening up

在矿山开拓完成以后，为建立开采工作面而进行的准备工作。

2.2.12 矿块崩落法 block caving

采用十字形掏槽法的崩落采矿方法。

2.2.13 短壁采矿法 shortwall mining

用巷道把采区分隔成几个狭窄的部分，然后进行回采的方法。

2.2.14 房柱式开采法 room and pillar method

一种矿柱呈带状，采掘空间很大，后退时回收矿柱的开采方法。

2.2.15 分段平巷开采法 sublevel stoping

在上下两条水平运输巷道之间，相隔适当的距离开挖出若干条分段平巷，然后以各分段的垂直面作为主自由面，在分段矿体中进行开采的方法。

2.2.16 全断面掘进法 full-face excavating method

将硐室及大断面巷道一次掘出的施工方法。

2.2.17 台阶工作面掘进法 bench face driving method

大断面巷道或硐室掘进工作面呈台阶状推进的方法。

2.2.18 留矿采矿法 shrinkage stoping

把开采下来的矿石留在采场内，作为立足点继续向上开采的一种采矿方法。

2.2.19 留矿柱空场采矿法 open stopes with pillar supports

保留部分矿石不开采作为矿柱，用它支撑采场顶板的一种无支护开采法。

2.2.20 漏斗采矿法 glory-hole method

以竖井为中心，扩大回采面成漏斗状进行采矿的方法。

2.2.21 全面采矿法 full-face mining method

用于采用倾斜或缓倾斜矿体的盘区或矿块中，全面推进回采工作面，在采场顶板不稳固处留矿柱或进行人工支撑的空场采矿法。

2.2.22 阶段强制崩落法 forced block caving method

回采单元或矿块、矿区中按阶段全高用凿岩爆破落矿，并在崩落岩覆盖下放矿的阶段崩落采矿法。

2.2.23 循环进尺 cyclical footage

采掘工作面完成一个循环向前推进的距离。

2.2.24 废石场 waste dump area

集中排放矿山基建时期的剥离物，以及正常生产过程中所产生的废石的场所。

2.3 爆破工程

2.3.1 起爆网路 firing circuit

向多个起爆药包传递起爆信息和能量的系统。

2.3.2 根底 tight bottom

爆破之后在台阶底部残留的未被炸掉的岩体。

2.3.3 底盘抵抗线 toe burden

台阶上，外排炮孔轴线至坡底线的水平距离。

2.3.4 爆破防护 blasting protection

利用掩盖物改善爆破作业安全的一种防护设施。

2.3.5 硐室爆破 chamber blasting

采用集中或条形硐室装药，爆破开挖岩土的作业。

2.3.6 浅孔爆破 short-hole blasting

炮孔直径小于 50mm、深度小于 5m 的爆破技术。

2.3.7 深孔爆破 deep-hole blasting

炮孔直径大于 50mm、深度大于 5m 的爆破技术。

2.3.8 预裂爆破 presplitting blasting

沿开挖边界布置密集炮孔，采取不耦合装药或装填低威力炸药，在主爆区之前起爆，从而在爆区与保留区之间形成预裂缝，以减弱主爆破对保留岩体的破坏并形成平整轮廓面的爆破。

2.3.9 光面爆破 smooth blasting

沿开挖边界布置密集炮孔，采取不耦合装药或装填低威力炸药，在主爆区之后起爆，以形成平整轮廓面的爆破。

2.3.10 挤压爆破 tight blasting

在自由面前覆盖有一定厚度松散矿岩块的条件下进行爆破，使矿岩受到挤压进一步破碎的方法。

2.3.11 静态爆破 static blasting

采用静态裂剂炸药爆破的方法。

2.3.12 最小抵抗线 minimum burden

药包中心离岩体外部裸露自由面的最小距离。

2.4 井巷工程

2.4.1 井巷工程 sinking and driving engineering

为便于开采矿石而从地表向地下开凿的井筒、巷道、硐室等工程。

2.4.2 平硐-溜井工程 adit and winze engineering

由溜井、硐室、平硐及通风巷道等组成、通过矿山内部人工开凿的通道将矿石自上而下直接溜放、再输出至地面的工程的总称。

2.4.3 平硐 adit

在地层中开凿的直通地面的水平巷道。

2.4.4 溜井 winze

依靠重力溜放矿石的井筒。

2.4.5 硐室 chamber

在井下为存放各种材料或设备，或者进行物料破碎或物料转载开挖而成的独立空间。

2.4.6 溜槽 chute

建立在露天矿的山坡地表、依靠重力溜放矿石的沟槽。

2.4.7 风井 air shaft

主要用于通风的井筒或巷道。

2.4.8 斜坡道 inclined roadway

主要供运行无轨设备及安装胶带运输机使用，不铺设轨道，坡度小，方向变换灵活。

2.5 矿山安全

2.5.1 爆破安全警戒线 blasting danger limit

由开采境界线按一定的安全距离外推而成，指按矿山的爆破规模计算得出的界线。

2.5.2 安全开采深度 safe mining depth

在一定的地质和采矿条件下，地表受护物不致因采矿而产生移动和破坏的开采深度。

2.5.3 矿山安全标志 mine safety sign

由安全色、几何图形和图形符号构成，用以表达矿山的特定安全信息。

2.5.4 矿山压力 rock pressure

采掘引起的围岩内的力及作用于支护物上的力。

2.5.5 滑坡 slope slide

岩体、土体向临空面滑动破坏的现象。

2.5.6 加固 reinforcement

为保证岩、土体结构稳固而采取的工程措施。

2.5.7 支护 supporting

安设支架、锚杆作业的总称。

2.5.8 躲避硐 refuge chamber

在巷道一侧专为人员躲避行车或爆破作业危害而设置的硐室。

2.5.9 保护岩柱 protective rock plug

在井筒延深段的顶部，为保护延深作业安全而暂留的一段岩柱。

2.5.10 矿井通风 mine ventilation

向井下连续输送新鲜空气到各用风地点，供给人员呼吸，稀释并排出有毒、有害气体和浮尘，改善井下气候条件，以及救灾时控制风流的作业。

2.5.11 风量分配 air distribution

将矿井总进风量按各采掘工作面、硐室所需的风量进行分配。

2.5.12 风量自然分配 natural distribution of air flow

在通风网络中，依各井巷风阻大小进行风量分配的方法。

2.5.13 自然通风压力 natural ventilation pressure

在矿井通风系统中，由于井内外空气柱质量不同而产生的压力差。

2.5.14 矿井通风系统 mine ventilation system

矿井主要通风机工作方法，进、出风井的布置方式和通风网络、通风设施的总称。

3 水 泥

3.1 基本术语

3.1.1 生料 raw meal

由适当成分的原料按比例配合，粉磨到一定细度的待烧物料。

3.1.2 熟料 clinker

将生料烧至部分熔融，并经冷却而获得的半成品。

3.1.3 硅酸盐水泥熟料 portland cement clinker

将适当成分的生料煅烧至部分熔融，所得以硅酸钙为主要矿物成分的产物。

3.1.4 铝酸盐水泥熟料 high alumina cement clinker

将适当成分的生料煅烧至部分熔融，所得以铝酸钙为主要矿物成分的产物。

3.1.5 硫铝酸盐水泥熟料 sulphoaluminate cement clinker

将适当成分的生料煅烧至部分熔融，所得以无水硫铝酸钙和硅酸二钙为主要矿物成分的产物。

3.1.6 水泥 cement

加水拌和成塑性浆体，能胶结砂、石等材料既能在空气中硬化又能在水中硬化的粉末状水硬性胶凝材料。

3.1.7 特种水泥 special cement

某种性能比较突出的水泥的统称。

3.1.8 散装水泥 bulk cement

指利用专用设备或容器直接运输出厂的无包装水泥。

3.1.9 硅酸盐水泥 portland cement

由硅酸盐水泥熟料、不大于5%的石灰石或粒化高炉矿渣、适量石膏磨细制成的水泥。

3.1.10 普通硅酸盐水泥 ordinary portland cement

由硅酸盐水泥熟料、大于5%且不大于20%的混合材料和适量石膏磨细制成的水泥，代号P·O。

3.1.11 矿渣硅酸盐水泥 portland blastfurnace-slag cement

由硅酸盐水泥熟料、大于20%且不大于70%的粒化高炉矿渣和适量石膏磨细制成的水泥，代号P·S。

3.1.12 火山灰质硅酸盐水泥 portland pozzolana cement

由硅酸盐水泥熟料、大于20%且不大于40%的火山灰质混合材料和适量石膏磨细制成的水泥，代号P·P。

3.1.13 粉煤灰硅酸盐水泥 portland fly-ash cement

由硅酸盐水泥熟料、大于20%且不大于40%的粉煤灰和适量石膏磨细制成的水泥，代号P·F。

3.1.14 复合硅酸盐水泥 composite portland cement

由硅酸盐水泥熟料、大于20%且不大于50%的两种或两种以上规定混合材料和适量石膏磨细制成的水泥，简称复合水泥，代号P·C。

3.1.15 中热硅酸盐水泥 moderate heat portland cement

由硅酸三钙不大于55%、铝酸三钙不大于6%的硅酸盐水泥熟料和适量石膏磨细制成的具有中等水化热的水泥。

3.1.16 低热硅酸盐水泥 low heat portland cement

由硅酸二钙不小于40%、铝酸三钙不大于6%、游离氧化钙不大于1.0%的硅酸盐水泥熟料和适量石膏磨细制成的具有低水化热的水泥。

3.1.17 快硬硅酸盐水泥 rapid hardening portland cement

由硅酸盐水泥熟料加入适量石膏，磨细制成的以3d抗压强度表示标号的水泥。

3.1.18 中抗硫酸盐硅酸盐水泥 moderate sulfate resistance portland cement

由硅酸三钙不大于55%、铝酸三钙不大于5%的硅酸盐水泥熟料，加入适量石膏磨细制成的抗硫酸盐腐蚀性能良好的水泥。

3.1.19 高抗硫酸盐硅酸盐水泥 high sulfate resistance portland cement

由硅酸三钙不大于50%、铝酸三钙不大于3%的硅酸盐水泥熟料，加入适量石膏磨细制成的抗硫酸盐腐蚀性能良好的水泥。

3.1.20 白色硅酸盐水泥 white portland cement

由氧化铁及铬、锰等染色元素含量少、在基本还原气氛下烧成的硅酸盐水泥熟料，加入适量白色石膏和白色的混合材料磨细制成的水泥。

3.1.21 道路硅酸盐水泥 portland cement for road

由铝酸三钙不大于5%、铁铝酸四钙不小于16.0%、游离氧化钙不大于1.0%的硅酸盐水泥熟料、不大于10%的活性混合材料和适量石膏磨细制成主要用于修筑路面的水泥，简称道路水泥。

3.1.22 砌筑水泥 masonry cement

由活性混合材或其他改性材料，加入适量硅酸盐水泥熟料和石膏，磨细制成主要用于配制砌筑砂浆和抹面砂浆的低强度水泥，代号M。

3.1.23 矿渣微粉 slag powder

以粒化高炉矿渣为主要原料，经干燥、粉磨达到相当细度的粉体。

3.1.24 水硬性 hydraulicity

一种材料磨成细粉和水拌和成浆后，能在潮湿空气和水中硬化并形成稳定化合物的性能。

3.1.25 火山灰性 pozzolanicity

一种材料磨成细粉，单独不具有水硬性，但在常温下与石灰一起和水后能形成具有水硬性的化合物的性能。

3.1.26 水泥混合材料 additives of cement

在水泥生产过程中，为改变水泥性能、调节水泥强度等级而在水泥粉磨时与水泥熟料一并加到水泥磨系统或在出磨水泥中添加的除缓凝剂和助磨剂以外的矿物质材料。

3.1.27 石膏缓凝剂 gypsum retarder

在水泥生产过程中，主要为调解水泥的凝结时间而加入的石膏、半水石膏、硬石膏以及其混合物或工业副产石膏。

3.1.28 助磨剂 grinding aid

在水泥粉磨时加入的起助磨作用而又不损害水泥性能的外加剂，加入量应不超过水泥重量的1%。

3.1.29 凝结时间 setting time

水泥从和水开始到失去流动性，即从可塑状态发展到固体状态所需要的时间。水泥凝结时间分初凝时间和终凝时间。

3.1.30 水泥体积安定性 soundness of cement

水泥浆体硬化后体积变化的稳定性。

3.1.31 试饼法 pat test

检验水泥熟料中游离氧化钙含量影响水泥体积安定性的一种方法。

3.1.32 压蒸法 autoclave expansion test

在具有一定压力、温度和水蒸气的环境下加速水泥胶砂试样养护过程，用以检验因方镁石水化而影响水泥体积安定性的快速方法。

3.1.33 标准砂 standard sand

由符合强度要求的高纯度天然石英砂经加工、洗涤和筛分而成的、二氧化硅含量及粒度分布符合标准要求、用于检验水泥强度专用的细集料。

3.1.34 水泥胶砂 cement mortar

以水泥、标准砂和水按特定配合比所拌制的水泥砂浆。

3.1.35 水泥胶砂流动度 flow of cement mortar

表示水泥胶砂流动性的一种量度。

3.1.36 水泥胶砂强度 strength of cement mortar

按水泥强度检验标准规定所配制的水泥胶砂试件，经一定龄期的标准养护后所测得的强度。

3.1.37 水泥胶砂需水量 water requirement of cement mortar

使水泥胶砂达到一定流动度时所需要的加水量。

3.1.38 水灰比 water-cement ratio

水泥浆、水泥胶砂、混凝土混合料中拌和水与水泥的质量比值。

3.1.39 养护 curing

为了使混凝土中的胶凝材料完成水化过程，所采用的使混凝土保持一定温度和湿度的措施。

3.1.40 水泥强度等级 strength grade of cement

水泥强度按等级划分的表述。

3.1.41 水化热 heat of hydration

水泥和水之后在限定条件下和规定时间内化学反应放出的热量。

3.1.42 余热利用 waste heat recovery

以环境温度为基准，对生产过程中排出的热载体中可回收热能的利用。

3.1.43 余热发电 waste heat power generation

仅利用工业生产过程中排放的余热进行发电，也称纯余热发电。

3.1.44 水泥窑协同处置 composition in cement kiln

系指通过高温焚烧及水泥熟料矿物化高温煅烧过程，实现工业废物、污泥、生活垃圾毒害特性分解、降解、消除、惰性化、稳定化等目的的废物处置技术手段。

3.1.45 无害化处置 environmentally sound disposal

系指通过水泥窑协同处置的各种手段，使工业废物、污泥、生活垃圾经处置后对人体健康和环境不构成危害。

3.1.46 工业废物预处理 pretreatment for industrial waste

系指通过改变工业废物的组成或结构等手段，使工业废物转化为适于水泥厂运输、储存、原料及燃料替代以及最终无害化处置的过程。

3.2 主要生产装置及设备

3.2.1 预均化堆场 prehomogenizing stockpile，preblend stockpile

原料在粉磨前的储存过程中，通过水平分层堆放和垂直切割等堆料方法，预先将原料成分进行均化的场地。

3.2.2 堆取料机 stacker and reclaimer

在预均化堆场中按一定程序堆放和取用小块物料的机械设备。

3.2.3 金属探测器 metal detector

利用电磁感应的原理探测混在非金属物料中的金属材料并可相应输出报警信号的装置。

3.2.4 除铁器 magnetic separator

对非金属物料中的铁磁性物件进行连续不断地吸引，达到分选目的的装置。

3.2.5 辊压机 roller press

一种通过两个辊子相对转动将物料带入两辊间，从而对物料施加压力，使物料实现粉碎的设备。

3.2.6 立磨 roller mill

传动轴呈竖直布置，依靠磨辊和磨盘之间的碾压对物料进行粉磨，并可进行烘干、选粉和输送的多功能一体化设备，又称辊式磨。

3.2.7 选粉机 air separator

闭路磨系统中用于粗粉、细粉分离的设备。

3.2.8 生料磨 raw mill

用于粉磨生料的粉磨设备。

3.2.9 开路粉磨系统 open-circuit grinding

被粉磨的物料一次通过磨机粉磨后，即成为合格产品的粉磨系统。

3.2.10 闭路粉磨系统 closed-circuit grinding

被粉磨的物料经过磨机粉磨后，出磨物料要通过分选设备选出产品，将未达到细度要求的物料送回磨机再次粉磨的粉磨系统。

3.2.11 空气输送斜槽 aerated conveying trough，airslide

充气后使槽内粉状物料能沿一定斜度向前，从而达到输送目的的流态化输送设备，又称斜槽。

3.2.12 生料分配器 raw meal distributor

一种为了使生料均化效果更好而将生料分为多路，分别加入到生料均化库多个区域的设备。

3.2.13 空气搅拌库 aerated blending silo

用不同的流化空气，使库内料面发生大小不同的流化膨胀作用并产生倾斜，完成物料水平径向和竖直轴向混合均化的库。

3.2.14 生料均化库 raw meal homogenizing silo

可储存生料，并通过流化空气使生料产生流动并均匀混合，实现生料化学成分均匀分布的库。

3.2.15 气力提升泵 air lift

一种以中压空气为输送介质将粉状物料沿基本竖直的管道提升的设备。

3.2.16 斗式提升机 bucket elevator

由安装于链条、链板或胶带上的一连串料斗，将粉体或小块状物料垂直提升的机械设备。

3.2.17 窑尾框架 preheater tower

支撑和固定预分解炉和旋风预热器的构筑物，又称窑尾塔架。

3.2.18 悬浮预热器 suspension preheater

利用回转窑内的热烟气进行生料悬浮状态下的高速预热的设备。分旋风预热器和立筒预热器两种。

3.2.19 预分解窑 new suspension preheater kiln

预分解窑为在悬浮预热器和回转窑之间增设了一个分解炉的水泥熟料烧成系统。通过向分解炉内通入燃料和助燃的高温三次风，把水泥熟料烧成过程中大量吸热的碳酸钙分解反应从回转窑内传热效率较低的区域转移到可实现高速燃烧和高速气固传热的分解炉中进行，从而大幅度提高了水泥熟料煅烧系统的能量利用水平和系统的生产规模。预分解窑又称窑外分解窑。

3.2.20 旋风筒 cyclone

利用物料颗粒离心力作用和回转气流的作用下进行气固分离的设备。

3.2.21 翻板阀 butterfly valve

物料可畅通通过，且能隔绝空气进入的装置，又称闪动阀。

3.2.22 空气炮 air blaster

利用压缩空气罐内压缩空气突然释放的冲量，防止和消除各种类型料仓、料斗、管道分叉及热工设备内物料的起拱、堵塞、粘壁、滞留等现象的专用装置。

3.2.23 高温风机 high temperature fan

耐高温的离心式风机。通常指在窑尾或煤磨系统排出高温烟气的风机。

3.2.24 增湿塔 conditioning tower

一种在高温废烟气的通道中喷入雾化水，使水快速蒸发，可降低废烟气的温度并同时增加湿度，以提高静电除尘效率的圆筒类塔形装置。

3.2.25 回转窑 rotary kiln

一种略带斜度卧置的钢制圆形筒体，内衬耐火材料，能做低速回转运动的水泥熟料煅烧设备。

3.2.26 托轮 supporting roller for kiln shell

固定在回转窑设备基础之上，用于支撑回转窑筒体并保持筒体稳定转动的成组回转体。

3.2.27 轮带 tyre for kiln shell

套在焊接于回转窑筒体外部的垫板上，并形成间隙配合，用于加强筒体局部刚度、支撑回转窑筒体在对应托轮组上转动的刚性轮缘。

3.2.28 窑筒扫描仪 kiln shell scanner

利用红外测温仪对回转窑筒体进行扫描进行连续测温的装置。

3.2.29 燃烧器 burner

使气态、液态或粉体燃料和空气以一定方式喷出混合（或混合喷出）进行燃烧的装置。

3.2.30 四通道燃烧器 four-channel burner

一种具有中心风、煤粉与输送风的混合物、涡流风和轴向风四个通道、可有效控制火焰形状的高效燃烧器。

3.2.31 窑头罩 ignition hood

连接熟料冷却机和回转窑的设备，通常有三次风管接口，将高温段冷却熟料的热风输送到窑尾以提高热效率。

3.2.32 篦式冷却机 air quenching cooler, grate cooler

一种带固定、活动箅板，对水泥熟料进行冷却输送，同时可进行热回收作业，为回转窑及分解炉等提供助燃空气的设备。

3.2.33 一次风 primary air

一次风是指回转窑窑头燃烧器中喷出的空气。

3.2.34 二次风 secondary air

二次风是指冷却机内回收高温熟料的热量或窑尾热交换器、回收废烟气的热量输送至回转窑的助燃空气。

3.2.35 三次风 thirdly air

三次风是指冷却机内回收高温熟料的热量或窑尾热交换器、回收废烟气的热量输送至预分解炉的助燃空气。

3.2.36 窑尾余热锅炉 suspension preheater boiler

利用窑尾预热器排出的废气余热生产热水、蒸汽等工质的换热装置，简称 SP 或 PH 锅炉。

3.2.37 窑头余热锅炉 air quenching cooler boiler

利用窑头熟料冷却机排出的废气余热生产热水、蒸汽等工质的换热装置，简称 AQC 锅炉。

3.2.38 水泥磨 cement mill

用于粉磨水泥的粉磨设备。

3.2.39 水泥库 cement silo

用于储存水泥成品的构筑物。

3.2.40 库底充气装置 aerating unit under the silo

一组向水泥库或生料库中按一定程序鼓入空气以便卸出粉状物料的设备。

3.2.41 水泥包装机 packing machine of cement

一种将水泥自动定量灌入袋中并封闭袋口的设备。

3.2.42 装车机 truck loading device

一种将袋装水泥自动装入运输卡车的设备。

3.2.43 散装机 bulk loading spout

一种将水泥粉料连续自动装入水泥罐车的设备。

4 平板玻璃

4.1 基本术语

4.1.1 平板玻璃 flat glass

板状硅酸盐玻璃的统称。

4.1.2 浮法玻璃 float glass

用浮法工艺生产的平板玻璃。

4.1.3 压延玻璃 rolled glass

用压延法生产的板状玻璃的统称。

4.1.4 微晶玻璃 glass-ceramics

在特定组成的玻璃中加入适当的晶核剂，经烧结和晶化，制成由晶相和残余玻璃相组成的质地致密、无孔、均匀的混合体。

4.1.5 夹层玻璃 laminated glass

两层或多层玻璃用一层或多层塑料作为中间层胶合而成的玻璃制品。

4.1.6 钢化玻璃 tempered glass

通过热处理工艺，使玻璃具有良好机械性能，且破碎后的碎片达到安全要求的玻璃。

4.1.7 防火玻璃 fire-resistant glass

是指在一定时间内达到阻挡和控制热辐射、烟雾及火焰，防止火灾蔓延的玻璃。

4.1.8 防弹玻璃 bullet-resistant glass

对枪弹具有特定阻挡能力的夹层玻璃。

4.1.9 中空玻璃 insulating glass

两片或多片平板玻璃以有效支撑均匀隔开并周边粘结密封，使玻璃层间形成有干燥气体空间的制品。

4.1.10 真空玻璃 vacuum glass

将两片平板玻璃以有效支撑均匀隔开并周边粘结密封，将玻璃间隙抽成真空并密封排气口而成的制品。

4.1.11 镀膜玻璃 coated glass

表面镀有金属或者金属氧化物薄膜的玻璃总称。

4.1.12 压花玻璃 patterned glass

用压延法生产的表面带有花纹图案、透光但不透明的平板玻璃。

4.1.13 低辐射镀膜玻璃 low emissivity coated glass

对波长 4.5μm～25μm 红外线有较高反射比的镀膜玻璃，又称 Low-E 玻璃。

4.1.14 防紫外线玻璃 UV-absorbing glass

有较大能力吸收波长 360nm 以下的紫外线而透过可见光线的玻璃，又称吸收紫外线玻璃。

4.1.15 红外吸收玻璃 IR-absorbing glass

具有吸收红外光谱性能的玻璃。

4.1.16 超白玻璃 low-iron glass

铁含量不大于 0.15‰的无色透明平板玻璃。

4.1.17 吸热玻璃 heat absorbing glass

能吸收大量的红外线辐射能而又保持良好可见光透过率的平板玻璃。

4.1.18 空心玻璃砖 hollow glass block

两个模压成凹形的半块玻璃砖粘结成为带有空腔的整体，腔内充入干燥稀薄空气或玻璃纤维等绝热材料所形成的玻璃制品。

4.1.19 磨砂玻璃 frosted glass

采用研磨、喷砂等机械方法，使表面呈微细凹凸状态而不透明的玻璃制品。

4.1.20 自洁玻璃 self-cleanness glass

表面涂镀纳米半导体材料，具有降解污物能力的玻璃。

4.1.21 重量箱 weight case

平板玻璃产品的计量单位，50kg 为一重量箱。

4.1.22 浮法 float glass process

将浮在金属锡液面上的玻璃液完成展薄、平整，经连续拉引固化成型和退火而形成平板玻璃的生产方法。

4.1.23 压延法 rolling process

将熔融的玻璃液由料道流出后，经相对回转的对辊碾压成板状玻璃的生产方法。

4.1.24 溶胶凝胶法 sol-gel process

以金属醇化物或金属盐溶液为基础原料制作玻璃的生产工艺。

4.1.25 离子交换法 ion exchange process

将金属熔盐与玻璃在高温下进行离子交换以改变玻璃表面结构与性质的生产工艺。

4.1.26 真空镀膜法 vacuum coating process

将金属在高真空度中加热、蒸发、凝结在材料表面形成薄膜的生产工艺。

4.1.27 化学镀膜法 chemical coating process

应用氧化-还原反应在玻璃表面上获得薄膜的生产工艺。

4.1.28 物理钢化法 physical tempering glass

用物理方法使玻璃表面层产生压应力、内层产生张应力的生产工艺。

4.1.29 化学钢化法 chemical tempering process

采用碱金属离子交换法使玻璃表面层产生压应力、内层产生张应力的生产工艺。

4.1.30 烤窑 heating up

新建或冷修完的熔窑，由点火开始按升温曲线使熔窑升至作业温度的过程。

4.1.31 冷修 cold repair

玻璃熔窑停火冷却后进行大修的过程。

4.1.32 热修 hot repair

在玻璃熔窑运行中，对窑体烧损部位进行修复的操作。

4.2 主要生产装置及设备

4.2.1 浮法联合车间 float process combined workshop

生产浮法玻璃的车间，一般包括熔化工段、成型工段、退火切裁工段、装箱工段。

4.2.2 氮气站 nitrogen station

为锡槽提供氮气的专用气站。

4.2.3 氢气站 hydrogen station

为锡槽提供氢气的专用气站。

4.2.4 余热锅炉 exhaust-heat boiler

利用玻璃窑炉废烟气的余热作为热源的锅炉。

4.2.5 熔窑 melting furnace

用耐火材料砌成的用于熔制玻璃的热工设备，分池窑和坩埚窑两大类。

4.2.6 池窑 tank furnace

将配合料在有炉盖的槽形池内熔制成玻璃液的玻璃熔窑，又称池炉。

4.2.7 电熔窑 electric melting furnace

利用电能作热源的玻璃熔窑。

4.2.8 火焰电热窑 flame electric furnace

火焰-电联合加热玻璃熔窑的简称。以燃料燃烧为主要热源，并在某些部位采用电能作为补充热源的玻璃熔窑。

4.2.9 熔化部 melting end

池窑中矮拱门、卡脖等分割装置之前的部位。

4.2.10 窑墙 furnace wall

用耐火材料砌筑的玻璃窑炉墙壁。

4.2.11 窑底 furnace bottom

用耐火材料铺筑的玻璃窑炉底部。

4.2.12 窑顶 furnace roof

用耐火材料砌筑的玻璃窑炉拱形顶部。

4.2.13 锡槽 tin bath

浮法生产线中，装有锡液以浮载玻璃液，完成玻璃成型的热工设备。

4.2.14 碹 arch

玻璃熔窑的顶盖，是熔窑的关键部位之一，又称窑拱或炉盖。

4.2.15 矮碹 flying arch

位于熔化部和冷却部窑体之间分隔气体空间的拱形窑体结构。

4.2.16 卡脖 neck

熔化部与冷却部之间的缩窄部分，是池窑的一种分隔装置。

4.2.17 小炉 port

火焰式玻璃熔窑的燃烧设备。在用煤气作燃料时，是煤气和助燃空气的混合预燃设备；在烧重油或其他液体燃料时，作为供给助燃空气的设备，是组织燃烧的装置。

4.2.18 储槽 storage tank

用于暂时储存玻璃液的装置。

4.2.19 流道 runner

玻璃液从池窑进入流槽的通道。

4.2.20 流槽 spout

玻璃液从流道流入锡槽的通道。

4.2.21 池壁 side wall

构成玻璃窑池且与玻璃液直接接触的池墙。

4.2.22 胸墙 breast wall

池窑两侧池壁与大碹砖之间的窑墙。

4.2.23 吊隔墙 suspended shadow wall

分隔玻璃池窑熔化部和澄清部、遮断热气流的一种可升降的吊挂式隔墙。

4.2.24 花格墙 chequered wall

池窑内用以分隔熔化部与工作部火焰空间、具有格孔的一种分隔装置。

4.2.25 流液洞 dog hole, flow hole

池窑内玻璃液的一种深层分隔装置，用以沟通熔化池与工作池的玻璃液的一道（或多道）孔洞；能阻挡熔化池中未熔浮渣流入工作池，又称过桥。

4.2.26 桥墙 bridge wall

玻璃池窑中分隔熔化池与工作池的隔墙。两部分用流液洞沟通，玻璃液仅通过流液洞由熔化池流入工作池。

4.2.27 反碹 jack arch

连接窑拱与小炉喷火口拱端，起拱脚作用的一种结构形式，又称反拱。

4.2.28 锡液分隔堰 molten tin division weir

设在锡液面下，用于分别控制锡液温度和对流的分隔设施，又称挡坎。

4.2.29 换向器 reversal device

为周期性地向窑内送入空气、气体燃料及由窑内排出烟气而设置的气体换向设备。

4.2.30 烟道闸板 flue damper

用来改变烟道流通面积，以调节气体的流量和窑压的一种装置。

4.2.31 耳池 auriculate bath

位于池窑熔化部或冷却部两侧的对称小池。

4.2.32 密封箱 sealing box

设置在浮法玻璃生产线锡槽出口端，密封锡槽出口。

4.2.33 蓄热室 regenerator

吸收并储存烟气热量、对助燃空气和气体燃料进行预热的设备。

4.2.34 连通式蓄热室 united regenerator

横火焰池窑每侧的各小炉所共有的连通的煤气蓄热室和空气蓄热室。

4.2.35 分隔式蓄热室 partitioned regenerator

横火焰池窑每侧各小炉单独拥有的煤气蓄热室和空气蓄热室。

4.2.36 箱式蓄热室 box-type regenerator

无垂直上升道，窑内废气沿小炉水平通道直接导入的蓄热室。

4.2.37 格子体 checker work

蓄热室中用耐火砖砌成的格孔状砌体。

4.2.38 熔窑烟道底板 brace floor of furnace flue

固定和支撑熔窑和烟道的底板。

4.2.39 成型室 drawing chamber

玻璃液固化形成玻璃带的区域。

4.2.40 冷端 cold end

冷端是指在玻璃生产线中对玻璃带进行切裁、掰断、去边,并输送至采装区进行堆垛或装箱的生产工段。

4.2.41 冷却部 cooling end

池窑中位于熔化部之后，通路或流道之前的部位。

4.2.42 退火窑 lehr

使玻璃带以一定的速度冷却以降低和均化热应力的热工设备。

4.2.43 玻璃水池 glass basin

冷修前将窑炉内玻璃液放入的专用水池。

4.2.44 重力式混合机 gravity mixer

利用原料自身的重力来进行混合的机械设备，又称转动式混合机。

4.2.45 强制式混合机 forced mixer

强制原料在机内产生涡流运动达到物料混合的设备。

4.2.46 玻璃液水平搅拌器 molten glass horizontal stirrer

为达到玻璃液均化的目的，在熔窑的卡脖处设置水平搅拌玻璃液的搅拌设备。

4.2.47 拉边机 edge roller

浮法玻璃生产中用以控制玻璃板边位置和玻璃带宽度、厚度的机械装置。

4.2.48 扒渣机 dog metal

位于锡槽末端或收缩段，用来清除漂浮在锡液面上的锡灰、锡渣的机械设备。

4.2.49 输送辊道 rollgang

用于输送玻璃板的传输装置。

4.2.50 切割机组 cutting and assembling machine group

由横切机、纵切机、掰板机和掰边机等设备组成的对玻璃进行切割的联合装置。

4.2.51 堆垛机 stacking machine

一种可将切割好的玻璃板集中堆垛的设备。

5 建筑卫生陶瓷

5.1 基本术语

5.1.1 建筑陶瓷 architectural pottery

以黏土和其他无机非金属矿物为主要原料，经成型、烧成等工序而制备的用于房屋、道路、广场、给排水和庭院等各种土木建筑工程用的陶瓷制品。

5.1.2 卫生陶瓷 sanitary porcelain

以黏土和其他无机非金属矿物为主要原料，经成型、烧成等工序而制备的用于卫生设施的有釉陶瓷制品。

5.1.3 陶瓷砖 ceramic tiles

以黏土和其他无机非金属矿物为主要原料，经成型、烧成等工序而制备的用于覆盖墙面和地面的板状或块状陶瓷制品。

5.1.4 瘠性原料 lean materials

一类不具有可塑性的矿物原料，又称非可塑性矿物原料或瘠性物质或骨料，在坯体中起骨架作用。

5.1.5 陶瓷颜料 ceramic color

在陶瓷制品上使用的颜料的通称，包括釉上、釉中、釉下以及使釉料和坯体着色的颜料。

5.1.6 陶瓷釉 ceramic glaze

用矿物原料和化工原料制备，涂覆于坯体表面，经煅烧后形成覆盖在陶瓷制品表面的玻璃态薄层。

5.1.7 生坯 green body

成型后尚未经过烧结的陶瓷坯体。

5.1.8 素坯 ceramic body

经过素烧后的陶瓷坯体。

5.1.9 低温釉 low-melting glaze

温度低于1100℃烧成的釉。

5.1.10 中温釉 intermediate glaze

温度为1100℃～1250℃烧成的釉。

5.1.11 高温釉 high temperature glaze

温度高于1250℃烧成的釉。

5.1.12 生料釉 raw glaze

以天然原料为主要原料而制成的釉料。

5.1.13 挥发釉 vapour glaze

陶瓷制品在高温烧成时，直接向窑内投入食盐、锌盐等高温挥发物，使之与坯体表面发生反应，在蒸汽状态下而形成的釉。

5.1.14 烧成温度 sintering temperature

陶瓷在烧成过程中发生物理、化学反应的最高温度。

5.1.15 筛析 sieve analysis

采用筛分的方法对陶瓷原料进行粒度分析。

5.1.16 陈腐 ageing

将坯泥放置在一定的温度和湿度的环境下储存一定时间，以改善泥料性能的过程，又称陈化、闷料。

5.1.17 修坯 fettling

对陶瓷坯体进行修整的工艺过程。

5.1.18 施釉 glazing

采用喷、淋、浸、刷等方法，使陶瓷釉料按照要求附着在陶瓷坯体上的工艺过程。

5.1.19 低温快烧 low temperature fast firing

与普通烧成相比较，烧成温度有较大幅度降低、烧成时间相应缩短，且产品性能相近的烧成方法称为低温快烧。

5.1.20 一次烧成 once-firing

经过一次烧成过程即可制得最终产品的烧成工艺。

5.1.21 二次烧成 twice firing

经过两次烧成过程方可制得最终产品的烧成工艺。

5.1.22 素烧 biscuit firing

未施釉的生坯的烧成过程称为素烧。

5.1.23 釉烧 gloat firing

经过素烧的坯体施釉后再入窑焙烧的过程称为釉烧。

5.2 主要生产装置及设备

5.2.1 泥浆泵 mud pump

通过动力机带动泵的曲轴回转，再带动活塞或柱塞在泵缸中做往复运动，在吸入和排出阀的交替作用下，完成加压输送泥浆的机械设备，包括往复式和离心式两种型式。

5.2.2 压滤机 press filter

通过压力作用而使泥浆完成过滤脱水工艺的设备。

5.2.3 真空过滤机 vacuum filter

通过真空作用而使泥浆完成过滤脱水工艺的设备。

5.2.4 螺旋挤泥机 screw extruder

通过受料箱内的螺旋铰刀将泥料推向机头，挤压出可塑性泥条（或产品）的成型设备。

5.2.5 真空练泥机 vacuum desiccator

装有真空装备，能完成陶瓷可塑性泥料混练、脱气工艺的设备。

5.2.6 全自动液压机 automatic hydraulic press

可自动实现从加料到出坯等系列功能，并通过液压系统完成坯体成型的设备。

5.2.7 挤压成型机 extruder

通过对含水率为16%～25%的塑性料团施加挤压力，完成坯体成型的设备。

5.2.8 注浆成型机 casting machine

通过使含水率为30%左右的浆料脱水而完成坯体成型的设备，分为立式微压浇注线、台式浇注线、低压快速排水组合浇注线、中压注浆机、高压注浆机等。

5.2.9 修坯机 fettling machine

用于修整、处理生坯表面和外形的设备。

5.2.10 施釉机 glazing machine

将釉料附挂在坯体上的设备。

5.2.11 热风加热炉 hot-blast heater

用于加热空气，提供陶瓷生产过程中粉体喷雾干燥、湿坯体干燥所需热源的设备。

5.2.12 干燥器 dryer

将陶瓷及墙体材料坯体与热风气流充分接触，从而完成坯体脱水、干燥的设备。有室式、隧道式、辊道式和立式等形式。

5.2.13 喷雾干燥器 spraying dryer

将一定浓度的泥浆通过雾化器分散成细滴，在干燥塔内用热风干燥而获得颗粒状粉料的一种连续式干燥装备。

5.2.14 隧道窑 tunnel kiln

将装有坯体的窑车通过隧道式窑体，实现产品烧成的一种连续式热工设备。由窑室、燃烧设备、通风设备及输送设备组成。

5.2.15 梭式窑 shuttle kiln

将装有坯体的窑车往复式通过窑体，实现产品烧成的一种间歇式热工设备。

5.2.16 辊道窑 roller kiln

通过窑底辊子的转动使坯体通过窑体，实现产品烧成的连续式热工设备。

5.2.17 推板窑 slab kiln

采用耐火材料推板运载制品，实现产品烧成的一种隧道窑。

5.2.18 升降窑 elevator kiln

可将窑车或窑体升降的间歇式热工设备。

5.2.19 还原炉 reducing furnace

可在还原气氛中完成烧成过程的热工设备。

5.2.20 真空炉 vacuum furnace

可在真空环境中完成烧成过程的热工设备。

5.2.21 坩埚炉 crucible furnace

在坩埚中将粉料加热熔化、制备瓷釉的一种间歇作业的熔炉，又称圆炉。

5.2.22 池炉 tank furnace

将粉料在窑池内加热熔化而制备陶瓷熔块的一种连续作业式熔炉。

5.2.23 回转炉 rotary furnace

在回转的筒体中熔制陶瓷熔块的一种连续作业式熔炉，又称转炉。

5.2.24 窑车推进器 pusher

用于推动窑车进出窑炉的设备。

6 墙体和屋面材料

6.1 基本术语

6.1.1 墙体材料 wall materials

构成建筑物墙体的制品单元。

6.1.2 砖 brick

建筑用的人造小型块材，长度不超过 365mm，宽度不超过 240mm，高度不超过 115mm。

6.1.3 实心砖 solid brick

无孔洞或孔洞率小于 25%的砖。

6.1.4 空心砖 hollow brick

孔洞率等于或大于 40%，孔的尺寸大而数量少的砖，常用于非承重部位。

6.1.5 多孔砖 perforated brick

孔洞率等于或大于 25%，孔的尺寸小而数量多的砖，常用于承重部位。

6.1.6 瓦 tile

以黏土或其他非金属材料为原料，经特定工艺制成的，用于坡型屋面覆盖以防水渗，且具有装饰效果的板状或片状制品。

6.1.7 砌块 block

建筑用的人造块材，外形多为直角六面体，也有各种异形的。砌块系列中主规格的长度、宽度或高度有一项或一项以上分别大于 365mm、240mm 或 115mm。

6.1.8 墙板 wallboard

用于墙体的建筑板材，包括大型墙板、条板和薄板等。

6.1.9 大型墙板 large wallboard

尺寸相当于整个房屋开间（或进深）的宽度和整个楼层的高度，配有构造钢筋的墙板。

6.1.10 条板 strip panel

可装配在墙体龙骨或框架上的长条形板材。

6.1.11 空心墙板 hollow core wallboard

沿板材长度方向有若干贯通孔洞的墙板。

6.1.12 外墙内保温板 thermal insulation panel at the inside surface of exterior wall

用于外墙内侧的保温板，以改善和提高外墙墙体的保温性能。

6.1.13 外墙外保温板 thermal insulation panel at the outside surface of exterior wall

用于外墙外侧的保温板，以改善和提高外墙墙体的保温性能。

6.1.14 烧结砖 fired brick

经原料处理、成型、干燥和焙烧等工序制成的砖，常结合主要原材料命名，如烧结黏土砖、烧结粉煤灰砖、烧结页岩砖、烧结煤矸石砖等。

6.1.15 烧结普通砖 fired common brick

以黏土、页岩、煤矸石、粉煤灰等为原料，经原料处理、成型、干燥和焙烧等工序制成的尺寸为 240mm×115mm×53mm 的实心砖。

6.1.16 烧结多孔砖 fired perforated brick

以黏土、页岩、煤矸石、粉煤灰等为原料，经原料处理、成型、干燥和焙烧等工序制成的多孔砖。

6.1.17 烧结空心砖 fired hollow brick

以黏土、页岩、煤矸石等为原料，经原料处理、成型、干燥和焙烧等工序制成的空心砖。

6.1.18 烧结装饰砖 fired facing brick

经原料处理、成型、干燥和焙烧等工序制成的用于清水墙或带有装饰面用于墙体装饰的砖。

6.1.19 烧结空心砌块 fired hollow block

以黏土、页岩、煤矸石等为主要原料，经原料处理、成型、干燥和焙烧等工序制成的，用于非承重部位的空心砌块。

6.1.20 烧结保温砌块 fired heat preservation block

以黏土、页岩或煤矸石、粉煤灰等固体废弃物为主要原料（或加入成孔材料），经原料处理、成型、干燥和焙烧等工序制成的，用于建筑物围护结构保温隔热的多孔薄壁砌块。

6.1.21 烧结瓦 fired roofing tiles

由黏土或其他无机非金属原材料，经原料处理、成型、干燥和焙烧等工序制成的瓦。

6.1.22 蒸压砖 autoclaved brick

经原料处理、成型、干燥和蒸压养护等工序制成的砖。常结合主要原材料命名，如蒸压灰砂砖、蒸压粉煤灰砖、蒸压煤渣砖等。

6.1.23 蒸养砖 steam-cured brick

经原料处理、成型、干燥和蒸汽养护等工序制成的砖。常结合主要原材料命名，如蒸养粉煤灰砖、蒸养矿渣砖、蒸养煤矸石砖、蒸养煤渣砖等。

6.1.24 蒸压砌块 autoclaved block

经原料处理、成型、干燥和蒸压养护等工序制成的砌块。常结合主要原材料命名，如蒸压灰砂砌块、蒸压石灰-粉煤灰加气混凝土砌块等。

6.1.25 蒸养砌块 steam-cured block

经原料处理、成型、干燥和蒸汽养护等工序制成的砌块。常结合主要原材料命名，如蒸养粉煤灰砌块、蒸养煤矸石砌块、蒸养矿渣砌块等。

6.1.26 加气混凝土砌块 autoclaved aerated concrete block（AAC）

以硅质材料和钙质材料为主要原料，掺加发气剂经加水搅拌，由化学反应形成空隙，经浇注成型、预养切割、高压蒸汽养护等工艺过程制成的多孔硅酸盐砌块。

6.1.27 石膏砌块 gypsum block

以建筑石膏为主要原料，经加水搅拌、浇注成型和干燥等工序制成的轻质建筑石膏制品。

6.1.28 纸面石膏板 gypsum plasterboard

以建筑石膏为主要原料，掺入纤维增强材料和外加剂等辅助材料，经搅拌成型并粘结护面纸而制成的板材。

6.1.29 硅酸钙板 fiber calcium silicate board

以钙质材料、硅质材料及增强纤维等为主要原料，经搅拌、成型、切割、预养、高压蒸汽养护等工序制成的板材。

6.2 主要生产装置及设备

6.2.1 轮碾机 edge runner

利用碾盘和碾轮之间的相对运动将原料进行破碎、搅拌、压实和湿碾活化的设备。有间歇式和连续式两种形式。

6.2.2 空心砌块成型机 hollow block shaper

利用芯子振动的方法使空心砌块成型的设备，分移动式和固定式两种。

6.2.3 加气混凝土切割机 cutting machine

用于切割已完成发气的加气混凝土砌块的设备。

6.2.4 浇注搅拌机 pouring mixer

在加气混凝土生产过程中，可将硅质材料、钙质材料和发泡剂加水搅拌并浇注到模具中的专用设备。

6.2.5 制板机 sheet machine

用于生产纤维增强硅酸钙板或纤维水泥板的主机设备。在流浆法（或抄取法）的生产方法中，由流浆箱（或网箱）、成型筒、胸辊、真空箱、扯坯装置及毛布组成。

6.2.6 流浆箱 flow box

通过搅拌轴和铺料辊的联合作业将料浆平铺到水平运行的毛毯上，形成薄层湿料坯的生产设备，是生产纤维硅酸钙板或水泥板的流浆制板机的主要装置。

6.2.7 网箱 vat

通过网轮内外液位的压力差，使浆料附着在网轮表面形成薄层湿料坯的生产设备，是用抄取法生产水泥制品的主机设备中的主要装置，由圆网筒、搅拌器等组成。

6.2.8 成型筒 forming cylinder

在湿法工艺制板机中，用于多次缠绕毛毯上的薄层湿料坯，形成多层叠加板坯的筒状成型设备，由筒体、扯坯装置、测厚装置等组成。

6.2.9 逆流搅拌机 counter flow mixer

在纤维硅酸钙板（或水泥板）的生产过程中，可将多种物料进行双向流动搅拌，起到充分混合作用的湿法搅拌设备。

6.2.10 接坯机 receiving conveyor

在输送料坯时可对成型的坯体进行纵切的输送设备。

6.2.11 堆垛-脱模机组 stacker & re-stacker

可将板坯码垛、横切和分开的成套设备。

6.2.12 成组立模 group standing mould

由悬挂式或下行式立模和装拆机构组成的成组竖向生产复合板的装置。

6.2.13 码坯机 setting machine

在窑车（或干燥车）上将砖坯按预定形式码成坯垛的专用设备。

6.2.14 养护设备 curing equipment

对坯体或制品进行水热处理的设备总称，分室式与坑式、常压与高压，以及间歇式与连续式等几种形式。

7　石　材

7.1　基本术语

7.1.1　石材　stone

以天然岩石为主要原材料，经加工制作并用于建筑、装饰、碑石、工艺品或路面等用途的材料，包括天然石材和人造石材。

7.1.2　建筑石材　building stone

具有一定的物理、化学性能，可作为建筑功能和结构用途的石材。

7.1.3　装饰石材　decorative stone

具有装饰性能的建筑石材，加工后可供建筑装饰用。

7.1.4　天然石材　natural stone

经选择和加工而成的特殊尺寸或形状的天然岩石。按照材质主要分大理石、花岗石、石灰石、砂岩、板石等，按照用途主要分天然建筑石材和天然装饰石材等。

7.1.5　人造石材　agglomerated stone

以天然石材碎料、粉体为主要原料，以不饱和聚酯树脂、水泥或两者的混合物为黏合剂，经搅拌混合、真空加压、振动成型、凝结固化等工序加工而成的材料。

7.1.6　大理石　marble

商业上指以大理岩为代表的一类石材，包括结晶的碳酸盐类岩石和质地较软的其他变质岩类石材。

7.1.7　花岗石　granite

商业上指以花岗岩为代表的一类石材，包括岩浆岩和各种硅酸盐类变质岩石材。

7.1.8　石灰石　limestone

商业上指主要由方解石、白云石或两者混合化学沉积形成的石灰岩类石材。

7.1.9　砂岩　sandstone

商业上指矿物成分以石英和长石为主，含有岩屑和其他副矿物机械沉积岩类石材。

7.1.10　板石　slate

商业上指易沿流片理产生的劈理面裂开成薄片的一类变质岩类石材。

7.1.11　毛料　untrimmed quarry stone

由矿山直接分离下来，形状不规则的石料。

7.1.12　荒料　quarry stone

由毛料经加工而成的或由矿山直接分离，具有一定规格且符合加工要求的石料。

7.1.13　荒料堆场　raw stone station

专门用于堆放石材荒料的场地。

7.1.14　板材　stone slab

指天然石材荒料经锯、磨、切等工序加工而成的具有一定厚度的板状石材。

7.1.15　毛板　flag slab

由荒料切割且未经处理的板材。

7.1.16　毛光板　original gloss bat slab

有一面经抛光具有镜面效果的毛板。

7.1.17　薄板　thin slab

厚度小于或等于12mm的板材。

7.1.18　试采区　test minery

在划定范围内，对矿体进行试验性开采，以确定矿山开采方法和测定荒料率。

7.1.19　首采区　initial minery

矿山首先开采的矿段及范围。

7.1.20　石材荒料率　quarrying rate of block

在开采范围内，开采出符合要求的石材荒料体积与开采矿体总体积之比，用百分数表示。

7.1.21　石材板材率　produced slab rate of stone

由石材荒料加工成标准厚度为20mm板材或薄板的成品率，用百分数表示。

7.2　主要开采和生产工艺及设备

7.2.1　金刚石锯切割法　method of diamond saw

采用金刚石结块式工具锯切石材的方法。

7.2.2　绳锯切割法　method of diamond wire saw

采用金刚石串珠绳锯切割石材的方法。

7.2.3　人工劈裂法　manual cleaving method

逐个锤击成排楔窝内的钢楔，使楔窝长轴方向产生贯穿裂纹，将岩石分离的方法。

7.2.4　液压劈裂法　hydraulic cleaving method

利用液压泵给已放入钻孔内的液压劈裂器提供动力，使岩石劈裂的方法。

7.2.5　金属燃烧剂爆裂法　metal incendiary decrepitation method

利用金属燃烧剂的爆燃，将石料从矿体上分离的方法。

7.2.6　黑火药爆裂法　black powder decrepitation method

利用黑火药的低爆速爆燃或爆炸将岩石分离的方法。

7.2.7　火焰切割法　flame cutting method

利用岩石中不同矿物晶体膨胀系数不同的原理，借助高温火焰使切口处的岩石爆裂而达到石料分离的一种切断方法。

7.2.8　岩孔刻槽法　method of carving groove in stone holes

在岩孔内部刻槽，制造导向断裂纹，使岩孔从槽线处断开的方法。

7.2.9 阶梯开采 bench mining

露天矿场阶梯式的开采方式。

7.2.10 金刚石串珠锯 diamond wire saw

利用电机带动钢绳，使钢绳上的金刚石串珠与岩石发生连续摩擦，从而形成锯缝的石材切割设备，又称绳锯。

7.2.11 金刚石圆盘锯 diamond circular saw

一种基体为圆盘型的金刚石结块式石材切割设备，又称圆盘锯。

7.2.12 链臂锯 chain saw arm

一种利用切割臂的逐渐平移，使负载的封闭式切割链与岩石发生连续摩擦，从而形成锯缝的石材开采设备。

7.2.13 砂锯 gang saw

通过一组金属刀片连同含有合金钢砂的磨蚀剂前后移动产生的磨蚀来切割石材荒料的锯切设备。

7.2.14 金刚石框架锯 diamond frame saw

由多片焊有金刚石结块的金属刀片固定在框架体上，通过整体前后移动产生的磨蚀来切割石材荒料的锯切设备，又称拉锯、排锯。

7.2.15 桥锯 bridge saw

轴上带有圆锯片，用于切割石材板材或荒料的桥形石材加工设备。

7.2.16 抛光线 belt polisher

由传送皮带和一系列不同粒度尺寸的抛光头所构成的自动机床。

7.2.17 手扶磨 arm polisher

手工操作的电动抛光或研磨机，由固定在转臂上的抛光器构成。

7.2.18 水刀 water saw

一种使用高压喷射混有磨蚀剂水的切割设备。

索 引

中文索引

英文索引

U

V

W

中华人民共和国国家标准

城市轨道交通综合监控系统工程施工与质量验收规范

Code for construction and acceptance of urban rail transit integrated supervision and control system engineering

GB/T 50732—2011

主编部门：中华人民共和国工业和信息化部
批准部门：中华人民共和国住房和城乡建设部
施行日期：2 0 1 2 年 6 月 1 日

中华人民共和国住房和城乡建设部
公　　告

第 1139 号

关于发布国家标准《城市轨道交通综合监控系统工程施工与质量验收规范》的公告

现批准《城市轨道交通综合监控系统工程施工与质量验收规范》为国家标准，编号为GB/T 50732—2011，自 2012 年 6 月 1 日起实施。

本规范由我部标准定额研究所组织中国计划出版社出版发行。

中华人民共和国住房和城乡建设部

二〇一一年八月二十六日

前　　言

本规范是根据住房和城乡建设部《关于印发〈2008 年工程建设标准规范制订、修订计划（第二批）〉的通知》（建标〔2008〕105 号）的要求，由北京和利时系统工程有限公司和中国电子科技集团公司第十四研究所会同有关单位共同编制而成的。

本规范在编制过程中，编制组在调查研究的基础上，总结了国内最新的实践经验，吸收了符合我国国情的国外先进技术。经过广泛征求意见，反复修改，最后经审查定稿。

本规范共分为 10 章和 7 个附录。主要技术内容有：总则、术语、基本规定、施工安装及质量验收、系统调试、系统功能验收、系统性能验收、系统不间断运行测试、初步验收、竣工验收等。

本规范由住房和城乡建设部负责管理，由工业和信息化部负责日常管理，由北京和利时系统工程有限公司负责具体技术内容的解释。请各单位在执行本规范过程中注意总结经验，积累数据，随时将需要修改和补充的意见寄至北京和利时系统工程有限公司（地址：北京市经济技术开发区地盛中路 2 号院，邮政编码：100176），以供今后修订时参考。

本规范主编单位、参编单位、主要起草人和主要审查人：

主 编 单 位： 北京和利时系统工程有限公司
中国电子科技集团公司第十四研究所

参 编 单 位： 中国电子科技集团公司第五十四研究所
南京恩瑞特实业有限公司
深圳市地铁集团有限公司
铁科院（北京）工程咨询有限公司
武汉地铁集团有限公司
中国中铁电气化局集团有限公司
北京中电兴发科技有限公司

主要起草人： 魏晓东　张健保　薛长立　李树民　王卫东　陈学波　张建国　孙　雷　乔　炜　罗　兵　杜宝强　杨　捷　魏　梅

主要审查人： 吴铀铀　张　劭　陈　洪　侯久望　黄旭虹　王作祥　高军章　章　杨　郑　鸣

目　次

Contents

1 总　　则

1.0.1 为加强城市轨道交通综合监控系统工程施工及质量管理，保证工程质量，规范城市轨道交通综合监控系统工程质量及验收要求，制定本规范。

1.0.2 本规范适用于新建、改建和扩建的城市轨道交通综合监控系统工程的施工与质量验收。

1.0.3 本规范应与现行国家标准《城市轨道交通综合监控系统工程设计规范》GB 50636 配套使用。

1.0.4 城市轨道交通综合监控系统工程施工及质量验收除应符合本规范的规定外，尚应符合国家现行有关标准的规定。

2 术　语

2.0.1 综合监控系统　integrated supervision and control system

对城市轨道交通线路中所有电力和机电设备进行监控的分层分布式计算机集成系统。它包含了内部的集成子系统并与其他自动化专业系统互联，实现信息共享，促进城市轨道交通高效率运营。

2.0.2 集成子系统　integrated subsystem

完全集成在综合监控系统内的专业自动化子系统，其全部功能都由综合监控系统实现，是综合监控系统的一部分。

2.0.3 互联系统　interconnected system

是与城市轨道交通综合监控系统通过外部接口进行信息交互的、独立运行的专业自动化系统。

2.0.4 模式控制　mode control

模式控制是综合监控系统在外部条件的触发下，执行的一个控制序列或控制预案。模式选择的操作输出是预先定义的模式号。

2.0.5 点到点测试　point-to-point test

综合监控系统工程中，检查接口双方系统数据库对应关系正确性的测试。

2.0.6 端到端测试　end-to-end test

综合监控系统工程中，检查接口双方从综合监控系统人机界面经接入系统至现场设备数据传送正确性的测试。

2.0.7 综合联调　integrated test

综合监控系统与一个或多个互联系统进行的联合调试。

3 基本规定

3.0.1 综合监控系统工程施工质量管理应有相应的施工技术标准，健全的质量管理体系、施工质量检验制度和施工质量水平评定考核制度。

3.0.2 综合监控系统施工与质量验收应分两个阶段进行。第一阶段应包括施工安装及验收；第二阶段应包括系统调试和系统验收。

3.0.3 综合监控系统施工安装范围应包含安装材料及系统设备的施工准备、管线敷设、设备安装验收。

3.0.4 综合监控系统的施工安装及验收应按现行国家标准《建筑工程施工质量验收统一标准》GB 50300 划分单位工程、分部工程、分项工程和检验批，并宜符合下列规定：

1 综合监控系统的施工安装及验收宜作为一个单位工程；

2 控制中心、车站、车辆基地等站点宜作为分部工程；

3 站点综合监控系统的各集成子系统宜作为分项工程；

4 线槽安装、缆线布放、设备安装等安装工序宜作为检验批。

3.0.5 综合监控系统的系统调试范围应包括单机调试、集成子系统调试和综合联调。

3.0.6 综合监控系统的系统验收范围应包括系统功能验收和系统性能验收，系统功能验收应包括系统通用功能验收、中心功能验收、车站功能验收和车辆基地功能验收。

3.0.7 系统验收步骤应分为过程验收、初步验收和竣工验收，验收内容应依据设计要求进行。

3.0.8 工程所用材料、设备、装置均应现场检查，其规格、型号、数量应符合设计要求，附件、备件和技术文件应齐全，并应有出厂合格证。

3.0.9 工程所用材料、设备、装置的储存环境和方法及装卸搬运方式应符合产品说明书的规定，安装位置和安装方式应符合设计要求及产品说明书的要求。

3.0.10 工程安装调试、验收使用的仪器仪表应按有关规定具有检验合格证，计量器具应标定后使用并应保证使用时在标定有效期内。

4 施工安装及质量验收

4.1 施工安装准备

4.1.1 施工单位应进行施工现场检查、管线预埋配合、安装材料报验、设备开箱检验。

4.1.2 安装设备所带软件应通过出厂测试。

4.1.3 施工安装开始应具备以下条件：

1 工程开工令已批复；

2 房间隔墙施工完毕，线槽、线管穿墙预留孔、洞无遗漏；

3 设备安装位置、管槽安装路径和标高经现场确认与施工图相符；

4 安装环境及临时电源满足施工要求。

4.2 管线敷设

4.2.1 管槽的预埋应符合现行国家标准《电气安装用导管特殊要求》GB/T 14823.1 的有关规定。管线安装应符合现行国家标准《建筑电气工程施工质量验收规范》GB 50303 和《自动化仪表工程施工及验收规范》GB 50093 的有关规定。

4.2.2 线缆敷设、引入、接续应符合现行国家标准《综合布线系统工程验收规范》GB 50312 的有关规定。

4.2.3 动力电缆、控制电缆、通信电缆的防火、防毒性能及芯线备用余量应符合设计要求。

4.3 设备安装

4.3.1 控制箱、柜、盘的安装应符合下列规定：

1 应符合现行国家标准《建筑电气工程施工质量验收规范》GB 50303 及《自动化仪表工程施工及验收规范》GB 50093 的有关规定；

2 施工人员应根据施工图纸及产品设计图对控制箱、柜、盘进行全面检查，应数量准确，漆饰良好，内部部件齐全，安装稳固，配线正确；

3 控制箱、柜、盘的安装位置与方式应符合设计要求，满足维修和维护要求；

4 控制箱、柜、盘在安装完成后，应进行有效防护。

4.3.2 控制箱、柜、盘的安装应避开通风口、管道阀门等下方位置。无法避开时，应采取防水保护措施。

4.3.3 安装在防静电地板上的控制柜、盘应设置专用设备安装底座，底座上表面应保持水平。

4.3.4 控制箱、柜、盘安装应垂直、平直、牢固。成排安装的控制箱、柜的正面宜平齐，高度宜一致，相邻箱、柜之间的接缝间隙不大于 2mm。

4.3.5 挂墙安装的控制箱应悬挂在承重墙上或采取其他措施加固安装，高度应符合设计要求。

4.3.6 控制箱、柜、盘的线缆孔应设置为敲落孔，线缆敷设接续完成后应对线缆孔进行密封处理。

4.3.7 控制箱、柜、盘内的 PLC 模块和其他可插拔的模块在设备开箱验收完成后，宜拔出放置在环境适宜的仓库中保管。

4.3.8 传感器、执行器、电动二通阀的安装除应满足现行国家标准《自动化仪表工程施工及验收规范》GB 50093 的有关规定外，还应满足下列要求：

1 传感器、执行器、电动二通阀的外观应完整，附件应齐全，型号、规格及材质应符合设计要求；

2 传感器、执行器、电动二通阀的安装位置和方式应符合设计要求，安装应牢固、平整，安装时严禁敲击及晃动。

4.3.9 风管式温、湿度传感器宜在风管内杂质清除干净、空气清洁时安装，安装完毕后应对传感器进行有效防护。

4.4 电源与接地

4.4.1 综合监控系统的电源与接地、防雷应符合现行国家标准《建筑电气工程施工质量验收规范》GB 50303 的有关规定。

4.4.2 综合监控系统设备电源接线、设备接地、浪涌保护器设置应符合设计要求。

4.5 施工安装检测与验收

4.5.1 安装工程验收，应对电源、网络、信号线路进行验收测试。

4.5.2 设备上电前应进行以下验收测试：

1 控制电缆、通信电缆应进行对线测试；

2 设备室内温度、湿度和空气清洁度应符合设计要求；

3 应进行各回路的绝缘检查，绝缘电阻值应符合设计要求，并做好记录；绝缘电阻测量时，应有防止弱电设备及电子元件被损坏的措施；

4 应进行设备接地保护线可靠性检查。对带有漏电保护装置的线路应做模拟动作试验，并做好记录；

5 设备输入的交流电源、直流电源的电压等级应符合设计要求；

6 设备内的所有开关均应置于断开位置，开关的通断电状态都应有显示或警示标识。

4.5.3 设备上电后应观察各设备指示灯工作是否正常，各开关按钮、接触器、继电器的动作是否正确。

4.5.4 安装验收时应对骨干网络及各站点局域网络、现场总线的连通性进行测试。

4.5.5 设备铭牌字迹应清晰完整，参数正确，安装位置应符合要求。

4.5.6 所有接口线缆应在两端予以标注，标注应至少包括起点、终点、类型、编号，标注应清晰完整。

4.5.7 安装后施工单位应进行自检。

4.5.8 施工质量的抽检应符合下列规定：

1 线槽、线管、支架敷设质量抽检比例不应低于20%；

2 线缆敷设和端接质量抽检比例不应低于20%；

3 各类控制箱、柜、盘安装质量抽检比例应不低于20%且不少于10台，少于10台时全部检查；

4 每种类型传感器安装质量抽检比例不应低于10%且不少于10台，少于10台时全部检查；

5 每种类型执行器安装质量抽检比例不应低于10%且不少于10台，少于10台时全部检查。

4.5.9 施工安装及验收过程应做好记录，并应符合本规范附录A的要求。

5 系统调试

5.1 单机调试

5.1.1 系统安装完成后，应进行单机调试。

5.1.2 单机调试应包括以下内容：

1 上电后各设备、模块工作指示灯状态应正常；

2 设备的硬件配置、软件配置、网络地址设置、预置参数应符合设计要求；

3 设备中预装的软件登录正常，应用程序、调试工具软件应运行正常。

5.2 集成子系统调试

5.2.1 单机调试完成后，应进行综合监控集成子系统调试。

5.2.2 集成子系统调试应包括综合监控系统的网络调试、集成子系统与现场监控对象的接口调试；集成子系统现场级监控设备的功能测试；集成子系统与综合监控系统软件平台的接口调试；综合监控系统的集成子系统专业功能测试。

5.2.3 综合监控系统的网络调试应包括集成子系统现场总线、车站局域网、骨干网和中央局域网的联网调试。

5.2.4 冗余设备应实现无扰动自动切换功能。

5.2.5 集成子系统与现场监控对象的接口应属于外部接口，外部接口调试应按照接口调试规范文件要求进行。

5.2.6 集成子系统与综合监控系统软件平台的接口应属于内部接口，内部接口调试应按照接口调试规范文件要求进行。

5.2.7 集成子系统的接口调试应从人机界面至现场监控对象一次完成，点到点测试和端到端测试应同时进行。

5.2.8 集成子系统与现场监控对象的点对点测试应按测点清单进行100%测试。

5.2.9 综合后备盘硬线接口应在现场进行100%端到端测试。

5.2.10 集成子系统现场级监控设备的功能和综合监控系统的集成子系统专业功能应符合设计要求。

5.3 综合联调

5.3.1 集成子系统调试完成后，应进行综合联调。

5.3.2 综合联调应包括综合监控系统与互联系统接口调试、综合监控系统的互联专业功能调试以及联动功能调试。

5.3.3 综合监控系统与互联系统的接口调试应在参与综合联调的各互联系统已经完成本系统调试后进行。

5.3.4 综合监控系统与互联系统的接口调试应按照接口调试规范要求进行。

5.3.5 综合监控系统与互联系统的点对点测试应按测点清单进行100%测试。

5.3.6 综合监控系统与互联系统的端到端测试宜按照以下要求进行：

1 应在点对点测试完成后进行；

2 控制类测点应进行100%测试；

3 非控制类测点应覆盖所有设备类型，每种设备类型宜采用抽测方式，抽测的数量应不低于该类型设备总数的10%，每个抽测设备应100%测试。

5.3.7 综合联调应验证各系统联动功能符合设计要求。

5.3.8 系统调试过程应做好记录，并应符合本规范附录B的要求。

6 系统功能验收

6.1 一般规定

6.1.1 综合监控系统功能验收应按中央级功能、车站级功能和互联系统功能分别验收。

6.1.2 在中央级功能、车站级功能和互联系统功能验收中都应按以下要求验收综合监控系统的基本功能：

1 应具有文件和报表管理、生成和打印功能，可以授权用户定制所需的报表及定制报表格式；

2 应具有对各类操作记录、事件、报警、日志、历史数据和文件进行记录、保存、分析处理和归档功能；

3 应通过应用配置组态工具修改组态，实现用户所需要功能；组态应在线、离线工作；

4 应实现全线与车站的操作权限管理功能；

5 应具有操作指导功能；

6 宜具有设备维护管理系统的功能，提供系统设备运行及设备维护、维修和管理信息；

7 应具有培训管理系统功能，宜包括运行管理、操作、日常维护、故障排除等业务培训，可在在线和离线模式下进行，两种模式应具有相同的人机界面及功能。

6.1.3 综合监控系统中央功能验收应逐项全部验收；车站功能验收应选2个以上典型站逐项全部验收；车辆基地功能验收应逐项全部验收；互联功能验收应分别在中央级与车站级进行，应逐项全部验收。

6.2 综合监控系统中央级功能验收

6.2.1 综合监控系统中央级的综合功能验收应符合下列规定：

1 中央级各调度员工作站和综合显示屏的人机

界面应显示全线与运营管理相关的监控对象的状态、参数等，显示全线综合监控系统主要设备的运行状态和网络通断状态，并进行多层次监控显示及操作；

2 应具有全线与运营管理相关的监控对象、系统主要设备、中央监控网及骨干网网络运行的报警功能；

3 应实现中央级遥控、顺控等控制功能；

4 应按照联动触发条件实现系统间、区间、站间、变电所间的设备联动；

5 应具有与线网指挥中心的接口；

6 应具有中央网络管理功能，应实现网络管理、配置管理、网络监控、故障报告、性能管理、安全管理、事件记录、参数调整、创建、编辑和删除数据库等操作；

7 应具有系统备份和恢复的功能。

6.2.2 综合监控系统中央级电力监控功能验收应符合下列规定：

1 调度员工作站和综合显示屏的人机界面应实现对全线供电系统设备运行状态的实时监视、故障报警和保护复归；

2 调度员工作站和综合显示屏应显示供电系统图、变电所主接线图、牵引网供电分段示意图、程序控制图等用户画面，以及变电所盘面图；

3 应实时采集变电所主要电流、电压、功率等信息；

4 应在综合显示屏系统指定区域显示全线的一次接线图；

5 应实现按选点式、选站式、选线式对全线遥控对象的遥控；

6 应实现多站并发顺序控制。

6.2.3 综合监控系统中央级的环境与设备监控功能验收应符合下列规定：

1 应具有综合监控系统总貌画面和设备运行工况图画面，包括全线任一车站的综合画面、机电设备分类画面、环境与设备监控系统模式控制画面、环境与设备监控系统模式列表；

2 应监视全线各车站的通风与空调系统、给排水系统、空调系统、电梯、自动扶梯、动力照明系统、导向系统及集中冷站等设备的运行状态；

3 应监视和记录各车站站厅、站台和管理设备用房的温度、湿度等环境参数；

4 应实现设备点控和模式控制功能；

5 应实现隧道火灾的模式控制功能；

6 应实现模式和时间表的编辑和下载功能；

7 应在综合显示屏指定区域显示全线隧道通风系统的工作状态、区间水位状态等运行情况。

6.2.4 综合监控系统中央级的火灾自动报警功能验收应符合下列规定：

1 应显示全线的火灾报警信号，自动切换相应画面，显示报警部位，提供报警确认，启动联动功能；

2 应按车站分类接收、显示并储存全线火灾自动报警设备探头、模块、控制盘和电源四类设备的主要运行状态；

3 应实时检测与火灾自动报警系统通信链路的状态。

6.3 综合监控系统车站级功能验收

6.3.1 车站级综合监控系统功能验收应包括车站综合监控系统功能验收和车辆基地综合监控系统功能验收。

6.3.2 综合监控系统车站级的综合功能验收应符合下列规定：

1 应监控本车站范围内的供电设备、环境与机电设备、防灾设备及车站主要设施的运行情况；

2 应实现对各集成子系统、互联系统监控画面的选择和分屏显示，集成子系统和互联系统的监控画面应显示相应系统详细信息；

3 应显示车站综合画面；

4 应实现本车站与运营管理相关的监控对象、系统主要设备、车站监控网网络运行的报警功能。

6.3.3 综合监控系统车站级的电力监控功能验收应符合下列规定：

1 应实现对本车站管辖范围内变电所设备、牵引网设备运行状态和运行参数进行实时监视；

2 应具有在设定的权限范围内遥控、遥信、遥测、遥调的功能；

3 应具有在车站获得控制权后控制主要供电回路断路器及其他开关的遥控操作功能，应实现一个设备在同一时刻只有一个控制者；

4 应具有故障录波监视功能；

5 应具有电能质量管理功能。

6.3.4 综合监控系统车站级的环境与设备监控功能验收应符合下列要求：

1 应实现车站综合显示画面、环境与设备监控系统设备分类画面、环境与设备监控系统模式的显示；

2 应对本车站及所辖区间、车站隧道通风系统、车站通风空调系统、给排水系统、自动扶梯、照明系统、车站事故照明电源、集中冷站等设备进行监视和控制，并对故障进行报警；

3 应监视和记录车站典型区域测试点的温度、湿度、压力等环境参数；

4 应监视车站公共区通风空调系统、水系统的参数和状态，实现对车站公共区通风空调系统的控制；

5 应对所有监控设备实现手动或自动模式控制；

6 应实现将车站被控设备运行状态、报警信号及监测点数据送至控制中心，并接受中央级的各种运行模式指令；

7 应接收火灾自动报警系统发出的模式指令，并监视环境与设备监控系统执行防灾模式的情况。

6.3.5 综合监控系统车站级的火灾自动报警功能验收应符合下列规定：

1 应具有管理车站火灾报警及报警确认功能；

2 应监视本站火灾报警设备的主要运行状态，接收车站火灾报警并显示报警具体位置；

3 火灾发生时，应根据火灾模式联动广播系统进行防灾广播，控制地铁专用消防救灾设备的启、停并显示运行状态；

4 应具有分类存储车站火灾自动报警系统设备的运行、故障、报警数据的功能。

6.3.6 综合监控系统车站级的复示功能验收应符合下列规定：

1 应在设计要求的地点设置环境与设备监控系统、火灾自动报警系统、电力监控系统复示终端；

2 复示终端应具有监视全线环境与设备监控系统、火灾自动报警系统、电力监控系统设备的运行情况及事故信息的功能，并应实现复示信息的存档、打印等功能。

6.3.7 综合监控系统的车站综合后备盘功能验收应符合下列规定：

1 应具备灾害报警以及信号、环境与设备监控系统、电力监控系统、火灾自动报警系统、自动售检票、屏蔽门、自动扶梯等系统的后备应急操作；

2 在系统故障或发生灾害等紧急事件情况下，应具备隧道火灾模式、车站火灾模式、隧道阻塞模式、屏蔽门应急开启、列车自动监控系统的紧急停车、扣车和放行、自动售检票系统闸机释放、门禁系统电锁的释放、牵引网紧急断电以及和各个紧急情况相关的联动控制功能；

3 盘面上应设有列车自动监控系统的紧急停车、扣车和放行开关；

4 盘面指示灯状态显示应与现场设备状态一致，按钮、开关控制及联锁功能、试灯功能应正常。

6.4 互联系统功能验收

6.4.1 综合监控系统的广播系统功能应按下列规定验收：

1 应能选择车站内或隧道内任意一个和多个广播区域；

2 应能选择一个或多个广播源；

3 应能监视广播设备状态和报警信息；

4 应实现列车进站自动广播的联动功能；

5 应实现自动时间表广播。

6.4.2 闭路电视监控系统功能应按下列规定验收：

1 应实现闭路电视监控系统自动或手动操控功能；

2 应显示任意选择的管辖范围内的闭路电视监控视频图像；

3 在中央控制室综合显示屏上应显示闭路电视监控视频图像。

6.4.3 门禁系统功能应按下列规定验收：

1 应实现接收、储存门禁系统的故障信息、状态信息及通信状态信息的功能；

2 应实现接收门禁系统设备报警并显示报警的功能；

3 应实现门禁系统火灾联动控制功能。

6.4.4 乘客信息系统功能应按下列规定验收：

1 中央级应具备乘客信息系统的信息编辑功能，信息应包括列车到发信息、时间、实时通告等；

2 车站级应具备编辑实时文字通告信息功能；

3 应实现乘客信息系统状态监视、乘客信息系统报警监视、显示范围选择、预定义信息播放等功能。

6.4.5 信号系统功能应按下列规定验收：

1 综合监控系统应接入列车信息、阻塞信息、设备报警、通道检测信息并显示；

2 根据信号系统提供的实际运行图信息，实现自动广播、乘客信息显示以及与列车运行有关的联动。

6.4.6 自动售检票系统功能应按下列规定验收：

1 应具备监视客流信息及自动售检票系统主要设备报警信息的功能；

2 应具备控制车站闸机功能。

6.4.7 中央级综合监控系统应接收时钟系统提供的毫秒级时钟信号，使中央级综合监控系统设备的时钟同步，并应下传时钟信号给车站级综合监控系统，使车站级综合监控系统设备的时钟同步，且应在综合监控系统工作站的人机界面、控制中心综合显示屏及综合后备盘上显示时钟信息。

6.4.8 操作员应对不间断电源的工作状态、各种电量参数、报警信息及电池状态等进行监视；具备操作权限的运营人员应具有对UPS实现远程控制及远程参数设置功能。

6.4.9 系统功能验收过程应做好记录，并应符合本规范附录C的要求。

7 系统性能验收

7.1 系统响应性

7.1.1 系统响应性指标应满足设计要求，并应按以下要求验收：

1 遥控命令在综合监控系统中的传送时间应小于2s；

2 设备状态变化信息在综合监控系统中的传送时间应小于2s；

3 实时数据画面在操作员工作站屏幕上整幅调出响应时间应小于1s；

4 冗余服务器切换时间不应大于2s；

5 冗余网络切换时间不应大于0.5s；

6 冗余通信前置机切换时间不应大于1s。

7.2 系统设备负载

7.2.1 系统设备负载指标应满足设计要求，并应按以下要求验收：

1 服务器中央处理器平均负荷率应小于等于30%；

2 工作站中央处理器平均负荷率应小于等于30%；

3 前置机中央处理器平均负荷率应小于等于20%；

4 局域网的平均负荷率应小于等于20%；

5 服务器、工作站平均动态内存占用率应小于等于30%。

7.2.2 系统性能验收过程应做好记录，并应符合本规范附录D的要求。

8 系统不间断运行测试

8.0.1 综合监控系统通过功能验收、性能验收后，应进行不间断运行测试。

8.0.2 不间断运行应保证综合监控系统功能和性能正常，并持续运转。运行时间不得小于144h。

8.0.3 综合监控系统因自身系统故障导致全部或部分系统功能丧失，且故障时间超过5min时，应重新开始不间断运行。

8.0.4 系统不间断运行测试过程应做好记录，并应符合本规范附录E的要求。

9 初步验收

9.0.1 综合监控系统初步验收应在系统不间断运行测试通过后进行。

9.0.2 初步验收应由监理或建设单位组织，设计、施工及质量检查监督站等单位参加。

9.0.3 初步验收应包括资料验收和系统质量验收。

9.0.4 资料验收应包括下列内容：

1 施工安装质量验收记录表；

2 调试记录表；

3 系统功能验收记录表；

4 系统性能验收记录表；

5 不间断运行记录表。

9.0.5 系统初步验收应包括施工安装验收的抽验、系统功能验收的抽验和系统性能验收的抽检。

9.0.6 初步验收过程应做好记录，并应符合本规范附录F的要求。

10 竣工验收

10.0.1 竣工验收应在初步验收后进行。

10.0.2 竣工验收应由建设单位组织，监理单位、设计单位、施工单位、质量监督机构参加。

10.0.3 竣工验收应提交竣工资料供审核。竣工资料应包括下列内容：

1 移交清单；

2 原材料和设备合格证、质量证明、说明书；

3 图纸会审记录、变更设计或洽商记录；

4 安装及质量验收记录；

5 测试与调试记录；

6 开工报告；

7 竣工验收报告；

8 竣工图。

10.0.4 竣工验收过程应做好记录，并应符合本规范附录G的要求。

附录A 施工安装质量验收记录表

A.0.1 分部工程质量验收应按表A.0.1的格式填写记录。

表A.0.1 ______分部工程质量验收记录表

<table>
<tr><td colspan="2">单位工程名称</td><td colspan="4"></td></tr>
<tr><td colspan="2">施工单位</td><td colspan="4"></td></tr>
<tr><td colspan="2">项目负责人</td><td>项目技术负责人</td><td></td><td>项目质量负责人</td><td></td></tr>
<tr><td>序号</td><td colspan="2">分项工程名称</td><td colspan="3">检查评定结果</td></tr>
<tr><td></td><td colspan="2"></td><td colspan="3"></td></tr>
<tr><td></td><td colspan="2"></td><td colspan="3"></td></tr>
<tr><td></td><td colspan="2"></td><td colspan="3"></td></tr>
<tr><td></td><td colspan="2"></td><td colspan="3"></td></tr>
<tr><td></td><td colspan="2"></td><td colspan="3"></td></tr>
<tr><td></td><td colspan="2"></td><td colspan="3"></td></tr>
<tr><td></td><td colspan="2"></td><td colspan="3"></td></tr>
<tr><td colspan="6">说明：</td></tr>
<tr><td rowspan="2">验收单位</td><td>施工单位</td><td colspan="4">项目经理：
年 月 日</td></tr>
<tr><td>监理（建设）单位</td><td colspan="4">总监理工程师（建设单位项目专业负责人）：
年 月 日</td></tr>
</table>

A.0.2 分项工程质量验收应按表 A.0.2 的格式填写记录。

表 A.0.2 ________分项工程质量验收记录表

<table>
<tr><td>单位工程名称</td><td colspan="5"></td></tr>
<tr><td>分部工程名称</td><td colspan="3"></td><td>检验批数</td><td></td></tr>
<tr><td>施工单位</td><td></td><td>项目经理</td><td></td><td>项目技术负责人</td><td></td></tr>
<tr><td>序号</td><td colspan="2">检验批部位</td><td colspan="3">检查评定结果</td></tr>
<tr><td></td><td colspan="2"></td><td colspan="3"></td></tr>
<tr><td></td><td colspan="2"></td><td colspan="3"></td></tr>
<tr><td></td><td colspan="2"></td><td colspan="3"></td></tr>
<tr><td></td><td colspan="2"></td><td colspan="3"></td></tr>
<tr><td></td><td colspan="2"></td><td colspan="3"></td></tr>
<tr><td></td><td colspan="2"></td><td colspan="3"></td></tr>
<tr><td></td><td colspan="2"></td><td colspan="3"></td></tr>
<tr><td colspan="6">说明：</td></tr>
<tr><td rowspan="2">验收单位</td><td>施工单位</td><td colspan="4">分项工程技术负责人：
年 月 日</td></tr>
<tr><td>监理（建设）单位</td><td colspan="4">监理工程师（建设单位项目技术负责人）：
年 月 日</td></tr>
</table>

A.0.3 检验批质量验收应按表 A.0.3 的格式填写记录。

表 A.0.3 ________检验批质量验收记录

<table>
<tr><td>单位工程名称</td><td colspan="3"></td></tr>
<tr><td>分部工程名称</td><td colspan="3"></td></tr>
<tr><td>分项工程名称</td><td></td><td>验收部位</td><td></td></tr>
<tr><td>施工单位</td><td></td><td>项目经理</td><td></td></tr>
<tr><td>施工质量验收标准名称及编号</td><td colspan="3"></td></tr>
<tr><td>序号</td><td>施工质量验收标准的规定</td><td colspan="2">检查评定记录</td></tr>
<tr><td></td><td></td><td colspan="2"></td></tr>
<tr><td></td><td></td><td colspan="2"></td></tr>
<tr><td></td><td></td><td colspan="2"></td></tr>
<tr><td colspan="4">说明：</td></tr>
<tr><td rowspan="2">验收单位</td><td>施工单位</td><td colspan="2">项目专业质量检查员：
年 月 日</td></tr>
<tr><td>监理（建设）单位</td><td colspan="2">监理工程师（建设单位项目技术负责人）：
年 月 日</td></tr>
</table>

附录B　系统调试验收记录表

表B　单机调试/单系统调试/综合联调验收记录表

<table>
<tr><td>标题</td><td colspan="4">单机调试/单系统调试/综合联调</td></tr>
<tr><td colspan="5">测试目的：</td></tr>
<tr><td colspan="5">软件版本号：</td></tr>
<tr><td>调试地点</td><td></td><td>调试时间</td><td colspan="2"></td></tr>
<tr><td colspan="5">调试条件：</td></tr>
<tr><td>序号</td><td>调试项目</td><td>调试验收标准规定</td><td>调试结果</td><td>备注</td></tr>
<tr><td></td><td></td><td></td><td></td><td></td></tr>
<tr><td></td><td></td><td></td><td></td><td></td></tr>
<tr><td></td><td></td><td></td><td></td><td></td></tr>
<tr><td></td><td></td><td></td><td></td><td></td></tr>
<tr><td></td><td></td><td></td><td></td><td></td></tr>
<tr><td></td><td></td><td></td><td></td><td></td></tr>
<tr><td></td><td></td><td></td><td></td><td></td></tr>
<tr><td rowspan="2">验收单位</td><td>施工单位</td><td colspan="3">专业技术负责人：　　年　月　日</td></tr>
<tr><td>监理（建设）单位</td><td colspan="3">监理工程师（建设单位项目负责人）：　　年　月　日</td></tr>
</table>

附录C　系统功能验收记录表

表C　系统功能验收记录表

<table>
<tr><td>验收项目</td><td colspan="3"></td></tr>
<tr><td>验收时间</td><td></td><td>验收地点</td><td></td></tr>
<tr><td colspan="4">验收记录：</td></tr>
<tr><td colspan="4">验收结果：</td></tr>
<tr><td colspan="4">备注：</td></tr>
<tr><td rowspan="3">验收单位</td><td>施工单位</td><td colspan="2">专业技术负责人：　　年　月　日</td></tr>
<tr><td>系统集成商</td><td colspan="2">专业技术负责人：　　年　月　日</td></tr>
<tr><td>监理（建设）单位</td><td colspan="2">监理工程师（建设单位项目负责人）：　　年　月　日</td></tr>
</table>

附录D　系统性能验收记录表

表D　系统性能验收记录表

<table>
<tr><td>验收编号</td><td></td><td>验收内容</td><td></td></tr>
<tr><td>验收目的</td><td colspan="3"></td></tr>
<tr><td>相关引用</td><td colspan="3"></td></tr>
<tr><td>验收结果</td><td colspan="3">通过［　］　未通过［　］　其他［　］</td></tr>
<tr><td colspan="4">备注：</td></tr>
<tr><td>地点</td><td></td><td>日期</td><td></td></tr>
<tr><td rowspan="3">验收单位</td><td>施工单位</td><td colspan="2">专业技术负责人：　　年　月　日</td></tr>
<tr><td>系统集成商</td><td colspan="2">专业技术负责人：　　年　月　日</td></tr>
<tr><td>监理（建设）单位</td><td colspan="2">监理工程师（建设单位项目负责人）：　　年　月　日</td></tr>
</table>

附录E　系统不间断运行测试验收记录表

表E　系统不间断运行测试验收记录表

<table>
<tr><td>测试编号</td><td></td><td>测试内容</td><td></td></tr>
<tr><td>测试地点</td><td></td><td>起止时间</td><td>年　月　日　时～
年　月　日　时</td></tr>
<tr><td>测试目的</td><td colspan="3"></td></tr>
<tr><td>测试结果</td><td colspan="3">通过［　］　未通过［　］　其他［　］</td></tr>
<tr><td colspan="4">备注：</td></tr>
<tr><td rowspan="3">验收单位</td><td>施工单位</td><td colspan="2">专业技术负责人：　　年　月　日</td></tr>
<tr><td>系统集成商</td><td colspan="2">专业技术负责人：　　年　月　日</td></tr>
<tr><td>监理（建设）单位</td><td colspan="2">监理工程师（建设单位项目负责人）：　　年　月　日</td></tr>
</table>

附录F 初步验收记录表

表F 初步验收记录表

组织单位			编号	
工程项目名称		项目负责人	开工日期	
施工单位		技术负责人	验收日期	
验收内容		验收结果	验收人（签字）	验收日期
资料验收				年 月 日
				年 月 日
				年 月 日
				年 月 日
				年 月 日
				年 月 日
系统质量验收				年 月 日
				年 月 日
				年 月 日
				年 月 日
				年 月 日
				年 月 日
工程验收结论		验收组长（签字）		
		验收日期		年 月 日
建议和要求				
单位盖章	建设单位	监理单位	施工单位	设计单位
签字栏	项目负责人	总监理工程师	项目负责人	项目负责人
验收日期	年 月 日	年 月 日	年 月 日	年 月 日

附录G 竣工验收记录表

表G 竣工验收记录表

组织单位			编号	
工程项目名称		项目负责人	开工日期	
施工单位		技术负责人	竣工日期	
验收内容		验收结果	验收人（签字）	验收日期
施工安装及施工安装验收				年 月 日
				年 月 日
				年 月 日
				年 月 日
				年 月 日
				年 月 日
系统调试、测试及系统验收				年 月 日
				年 月 日
				年 月 日
				年 月 日
				年 月 日
				年 月 日
工程验收结论		验收组长（签字）		
		验收日期		年 月 日
建议和要求				
单位盖章	建设单位	监理单位	施工单位	设计单位
签字栏	项目负责人	总监理工程师	项目负责人	项目负责人
验收日期	年 月 日	年 月 日	年 月 日	年 月 日

本规范用词说明

1 为便于在执行本规范条文时区别对待，对要求严格程度不同的用词说明如下：

1）表示很严格，非这样做不可的：
正面词采用“必须”，反面词采用“严禁”；

2）表示严格，在正常情况下均应这样做的：
正面词采用“应”，反面词采用“不应”或“不得”；

3）表示允许稍有选择，在条件许可时首先应这样做的：
正面词采用“宜”，反面词采用“不宜”；

4）表示有选择，在一定条件下可以这样做的，采用“可”。

2 条文中指明应按其他有关标准执行的写法为：“应符合……的规定”或“应按……执行”。

引用标准名录

《自动化仪表工程施工及验收规范》GB 50093
《建筑工程施工质量验收统一标准》GB 50300
《建筑电气工程施工质量验收规范》GB 50303
《综合布线系统工程验收规范》GB 50312
《城市轨道交通综合监控系统工程设计规范》GB 50636
《电气安装用导管特殊要求》GB/T 14823.1

中华人民共和国国家标准

城市轨道交通综合监控系统工程施工及质量验收规范

GB/T 50732—2011

条 文 说 明

制 订 说 明

《城市轨道交通综合监控系统工程施工及质量验收规范》GB/T 50732—2011，经住房和城乡建设部2011年8月26日以第1139号公告批准发布。

本规范制订过程分为准备阶段、征求意见阶段、送审阶段和报批阶段，编制组在各阶段开展的主要编制工作如下：

准备阶段：起草规范的开题报告，重点分析规范的主要内容和框架结构、研究的重点问题和方法，制订总体编制工作进度安排和分工合作等。

征求意见阶段：编制组根据审定的编制大纲要求，由专人起草所负责章节的内容。各编制人员在前期收集资料的基础上分析国内外相关法规、标准、规范和同类工程技术水平，然后起草规范讨论稿，并经过汇总、调整形成规范征求意见稿初稿。

在完成征求意见稿初稿后，编写组组织了多次会议，分别就重点问题进行研讨，并进一步了解国内外有关问题的现状以及管理、实施情况，在此基础上对征求意见稿初稿进行了多次修改完善，形成了征求意见稿和条文说明。并由原信息产业部电子工程标准定额站组织向全国各有关单位发出“关于征求《城市轨道交通综合监控系统工程施工及质量验收规范》意见的函”，在截止时间内，共有3个单位和个人返回了意见共计11条。编制组对意见逐条进行研究，于2010年7月份完成了规范的送审稿编制。

送审阶段：2010年7月22日，由中华人民共和国工业和信息化部规划司在成都组织召开了《城市轨道交通综合监控系统工程施工及质量验收规范》（送审稿）专家审查会，通过了审查。审查专家组认为，本规范以科学成果和实践经验为依据，结合国情，积极采用、借鉴国际标准，做到了技术先进、安全可靠，适用性、兼容性、可操作性均较强，填补了我国此类专业技术工程标准规范的空白，满足未来一段时间内技术发展的需要，达到国际先进水平。

报批阶段：根据审查会专家意见，编制组认真进行了修改、完善，形成报批稿。

本规范制订过程中，编制组进行了深入调查研究，总结了国内同行业的实践经验，同时参考了国外先进技术法规，广泛征求了国内有关设计、生产、检测、计量、研究等单位的意见，最后制订出本规范。

为便于广大设计、施工、科研、学校等单位有关人员在使用本规范时能正确理解和执行条文规定，《城市轨道交通综合监控系统工程施工及质量验收规范》编制组按章、节、条顺序编制了本标准的条文说明，对条文规定的目的、依据以及执行中需要注意的有关事项进行了说明。但是，本条文说明不具备与标准正文同等的法律效力，仅供使用者作为理解和把握标准规定的参考。

目　次

1 总　　则

1.0.1 城市轨道交通综合监控系统是对城市轨道交通线路中所有电力和机电设备进行监控的分层分布式计算机集成系统。它包含了内部的集成子系统并与其他自动化专业系统互联，实现信息共享，促进城市轨道交通高效率运营。本规范的编制目的是为了加强和统一城市轨道交通综合监控系统工程施工及质量验收。本规范不涉及工程决策阶段的质量、勘察设计阶段的质量和运营维修阶段的质量。

1.0.2 本规范适用于城市轨道交通综合监控系统工程施工及质量验收。在标准体系中，本规范是城市轨道交通综合监控系统工程施工及质量验收的主体标准。本规范制定时未能纳入的新技术、新工艺、新设备、新材料等，应待技术成熟后制定补充规定。本规范中规定的质量指标是控制工程质量的最低标准，达不到本规范规定质量要求的工程，其结构安全和使用功能不能得到有效保证和满足，应为不合格的工程。施工中所采用技术文件对施工质量的技术要求不应低于本规范中的规定。

1.0.4 城市轨道交通综合监控系统工程施工过程中环节多、影响工程质量的因素多，所以采用的标准规范较多，既有技术标准又有管理标准，既有国家标准又有行业标准，甚至还有国际标准和国外标准，本规范难以一一详列。对于施工过程涉及的、现行国家标准及行业标准中有强制性执行要求的标准或标准条文则应贯彻执行。

3 基 本 规 定

3.0.1 工程施工质量要体现过程控制的原则。施工现场应配齐相应的施工技术标准，包括国家标准、行业标准和企业标准；施工单位要有健全的质量管理体系，要建立必要的施工质量检验制度；施工准备工作要全面、到位。

施工前，监理单位（未委托监理的项目为建设单位，下同）要对施工单位所做的施工准备工作进行全面检查。这是对监理单位（建设单位）和施工单位两方提出的要求，是保证开工后顺利施工和保证工程质量的基础。一般情况下，每个单位工程应检查一次。施工现场质量管理检查记录由施工单位的现场负责人填写，由监理单位的总监理工程师（建设单位项目负责人）进行检查验收，作出合格或不合格及限期整改的结论。

现场质量管理制度应包括现场施工技术资料的管理制度在内。工程施工现场质量管理可按本规范附录表格要求进行检查记录。

3.0.2 本规范是在总结了我国及国际上的城市轨道交通综合监控系统施工与质量验收的实际经验的基础上编写的。按照目前综合监控系统工程验收的实际，将综合监控系统的验收分为两个阶段进行。第一阶段：施工安装及验收；第二阶段系统调试、测试及系统验收。两个阶段采用不同的工作模式。第一阶段按照传统的安装施工验收模式进行；第二阶段将综合监控系统作为一个整体自动化系统做系统验收，包括了系统测试、系统功能验收、系统性能验收、不间断运行、初步验收与竣工验收。

3.0.5 综合监控系统工程的系统调试应由细节到整体分步骤进行。综合监控系统单机设备一般包括服务器、工作站、通信前置机、交换机、磁盘阵列、打印机、不间断电源、可编程控制器等。单机调试内容包括单机设备的软硬件配置、预设参数、地址设置等。综合监控系统包含了内部的集成子系统，并与其他专业自动化系统互联。因此，单机调试完成后进行集成子系统调试，包括现场集成子系统调试及从中心到车站的集成子系统功能测试。集成子系统调试完成后进行综合联调，完成与互联系统的接口调试、互联专业功能及联动功能测试。

3.0.6 综合监控系统测试重点是分层分布式的监控功能及远动控制性能（遥顺控，模式控制等）。功能测试按照中心和车站运营管理层次的系统功能设定，分别验证中心、车站、车辆基地的功能是否满足设计要求；性能测试除设计约定的容量、系统负荷要求，主要验证系统的远程控制实时性。

4 施工安装及质量验收

4.3 设 备 安 装

4.3.1 控制箱包括环境与设备监控集成子系统的现场控制箱，宜挂墙安装。控制柜包括服务器柜、网络柜、综合后备盘控制柜、环境与设备监控集成子系统的现场控制柜，宜落地安装。控制盘包括综合后备盘、电力监控集成子系统的控制信号盘，宜落地安装。

5 系 统 调 试

5.2 集成子系统调试

5.2.2 集成子系统是完全集成在综合监控系统内的专业自动化子系统，其全部功能都由综合监控系统实现，是综合监控系统的一部分。对集成子系统调试主要是各级网络调试、系统内部接口调试、系统与现场监控对象的外部接口调试及集成子系统专业功能调试。

5.2.5 接口协议测试可按如下步骤进行：

1 建立测试环境；
2 建立连接；
3 连接断开后自动重新连接；
4 错误报文处理；
5 读数据；
6 写数据；
7 轮询错误处理；
8 链路冗余测试。

5.3 综合联调

5.3.1～5.3.7 综合监控系统是城市轨道交通运营综合信息平台、各专业系统数据的集合点，实现各专业的协同工作功能。综合联调是指各集成子系统和互联系统间的协同工作调试，包括与各互联系统接口调试、各互联专业功能调试和联动功能调试等，应由各相关专业共同参与，并保证双方接口通信正常，测点对应准确。“端到端测试记录表”见表1。

表1 ISCS/变电所自动化系统 XX站 端到端测试记录表

设备编号	设备描述	显示标签	类型	测试结果记录											备注
				MCS MMI 图形显示（状态及报警监视）						遥控(DO)	命令执行总时间	时间戳(//)	测试日期	ISCS测试人	
				图形名称	测试结果	图形名称	测试结果	图形名称	测试结果						
H12	线路电流(I_a)	101A	AI	电力系统图		33kV交流电系统图		—	—	—	—				
H12	线路电流(I_b)	101A	AI	电力系统图		33kV交流电系统图		—	—	—	—				
H12	线路电流(I_c)	101A	AI	电力系统图		33kV交流电系统图		—	—	—	—				
H12	定值一组投入	101A	DI1/SOE1	电力系统图		33kV交流电系统图		—	—	—	—				
H12	定值二组投入	101A	DI1/SOE1	电力系统图		33kV交流电系统图		—	—	—	—				
H12	定值三组投入	101A	DI1/SOE1	电力系统图		33kV交流电系统图		—	—	—	—				
H12	定值四组投入	101A	DI1/SOE1	电力系统图		33kV交流电系统图		—	—	—	—				
F1	馈线电流	211	AI	电力系统图		1500V直流电系统图		—	—	—	—				
F1	馈线断路器位置	211	DI2/SOE2	电力系统图		1500V直流电系统图		—	—	—	—				

注：1 测试结果记录部分不应出现空白。对不进行测试的点，测试项和测试结果栏应以“—”填充。
2 黄色标记部分的点目前没有在MMI上反映。

6 系统功能验收

6.1 一 般 规 定

6.1.1 系统功能验收项及验收标准以合同和设计文件为准。可参考表 2、表 3 格式作为验收记录。

表 2 车站系统报警分布表

步骤	类型	名 称	通过	未通过	其他
1	输入项	报表标题	[ ]	[ ]	[ ]
2	筛选项	报表起始时间	[ ]	[ ]	[ ]
3		报表结束时间	[ ]	[ ]	[ ]
4		车站选择	[ ]	[ ]	[ ]
5	报表	矩阵表格及图表	[ ]	[ ]	[ ]
6		报表数据准确性	[ ]	[ ]	[ ]

表 3 全线火灾自动报警系统设备报警报表

步骤	类型	名 称	通过	未通过	其他
1	输入项	报表标题	[ ]	[ ]	[ ]
2	筛选项	设备类型	[ ]	[ ]	[ ]
3		设备名称（设备类型 2 级级联）	[ ]	[ ]	[ ]
4		报表起始时间	[ ]	[ ]	[ ]
5		报表结束时间	[ ]	[ ]	[ ]
6		车站选择	[ ]	[ ]	[ ]
7	报表	矩阵表格	[ ]	[ ]	[ ]
8		报表数据准确性	[ ]	[ ]	[ ]

6.1.2 本条说明如下：

3 软件组态是根据每个具体项目的测点和工艺不同，在平台软件上进行的二次开发，使通用于各城市轨道交通项目的软件平台成为具有唯一性、针对本项目的具体软件系统。工程师和系统管理员级别用户使用组态管理功能，定义哪些工程师可以对实时数据库、历史数据库、人机界面图形和报表进行增减和修改，其增减和修改对最终用户应是开放的。系统管理员具有最高权限。

4 用户操作权限应按操作员角色设定，除各级别的权限不同，同级别不同岗位允许监控的设备范围也应不同，例如环调不得具有电调的操作权限。

6.2 综合监控系统中央级功能验收

6.2.1 本条说明如下：

4 联动功能是综合监控系统的特色功能，可参考表 4 作为验收记录。

表 4 联动功能验收记录

测试 1 车站联动—站台层火灾

测试车站： 测试时间：

测试人： 相关子系统：火灾自动报警系统，变电所自动化系统，广播系统，闭路电视监视系统

优先级别：半自动/高

步骤	输入/动作	预期输出	通过	未通过	其他
1	请在空白位置填写相关信息				
2	触发火灾自动报警系统站台层火灾报警 火灾报警模式______	联动图标红色闪动 联动页面添加站台层火灾联动	[ ]	[ ]	[ ]
3	点击站台层火灾联动项	半自动选项： 选择一个固定序列命令到车站闭路电视监视系统图像 选择显示环境与设备监控系统大系统图 选择控制变电所自动化系统三类负荷 选择查看火灾位置 选择一个预定义广播系统广播报文 ID 到广播系统，系统作定期广播（公共区） 选择一个预定义广播系统广播报文 ID 到广播系统，系统作定期广播（办公区）	[ ]	[ ]	[ ]
4	选择一个固定序列命令到车站闭路电视监视系统图像	闭路电视监视系统图像自动变换固定序列号______	[ ]	[ ]	[ ]
5	选择显示环境与设备监控系统大系统图	切换到环境与设备监控系统大系统图页面______	[ ]	[ ]	[ ]
6	选择控制变电所自动化系统三类负荷	弹出切除变电所自动化系统三类负荷控制界面______	[ ]	[ ]	[ ]
7	选择查看火灾位置	弹出当前火灾位置图	[ ]	[ ]	[ ]
8	选择一个预定义广播系统广播报文 ID 到广播系统，系统作定期广播（公共区）	公共区广播预定义报文 预定义广播号______	[ ]	[ ]	[ ]
9	选择一个预定义广播系统广播报文 ID 到广播系统，系统作定期广播（办公室）	办公室广播预定义报文 预定义广播号______	[ ]	[ ]	[ ]
10	触发______	功能复归	[ ]	[ ]	[ ]

预期效果：通知操作员火灾报警地点，让控制中心及车站操作员监视站台情况。如有需要疏散站台乘客去站厅的安全地点。

联动效果：______。

6.3 综合监控系统车站级功能验收

6.3.7 后备操作盘的验收应包括外观检查、配置检查、电气回路测试和功能验收。可参照表 5～表 8 记录表格。

表5　综合后备盘盘外观检查表

项目名称：____线　　序号：1

车站名：____站　　设备名：综合后备盘

检查项目	外观检查				
分项名称	表面状况	走线	标识	安装、紧固	按钮、开关
检查					
检查结果：　　检验员：　　年　月　日					

表6　综合后备盘配置检查表

项目名称：____线　　序号：1

车站名：____站　　设备名：综合后备盘

检查项目	配置检查				
分项名称	屏体的编号	屏面文字标识	屏面图形位置	元器件型号及位置	柜内配置
检查					
检查结果：　　检验员：　　年　月　日					

表7　综合后备盘电气回路及功能测试表

项目名称：____线　　序号：1

车站名：____站　　设备名：综合后备盘

测试项目	子系统专业电气回路及功能测试							
专业名称	环境与设备监控系统	信号系统	火灾自动报警系统	屏蔽门	防淹门	自动售检票系统	门禁系统	ES
测试								
测试结果：　　检验员：　　年　月　日								

表8　屏蔽门电气回路测试表

序号	专业	综合后备盘盘测试			信号描述	检验结果		备注
		指示灯就地显示	输入/动作	输出		通过	未通过	
1	屏蔽门	指示灯1	24V电源	亮/灭	上行侧屏蔽门开启	[　]	[　]	
2	屏蔽门	指示灯2	24V电源	亮/灭	下行侧屏蔽门开启	[　]	[　]	
3	屏蔽门	指示灯3	24V电源	亮/灭	上行侧屏蔽门开启（按钮）	[　]	[　]	
4	屏蔽门	指示灯4	24V电源	亮/灭	下行侧屏蔽门开启（按钮）	[　]	[　]	
5	屏蔽门	按钮1	按下/弹起	通/断	上行侧屏蔽门开启	[　]	[　]	
6	屏蔽门	按钮2	按下/弹起	通/断	下行侧屏蔽门开启	[　]	[　]	
7	屏蔽门	按钮3	按下/弹起	通/断	试灯按钮	[　]	[　]	
8	屏蔽门	钥匙1	关闭/开启		上行侧屏蔽门禁止/允许	[　]	[　]	
9	屏蔽门	钥匙2	关闭/开启		下行侧屏蔽门禁止/允许	[　]	[　]	

7 系统性能验收

7.1 系统响应性

7.1.1 系统响应性指标由设计确定。系统性能测试参数较多，应按照合同及设计要求内容进行测试，可参照表9记录表格。除特别说明，本测试无顺序要求。

表9 性能指标测试记录

步骤	性能指标描述	测试记录（5次平均值）	通过	失败	注释通过
1	ISCS从与相关系统的接口接收到信号开始，到工作站屏幕更新为止的时间不大于2s（使用与主控系统严格对时的计算机从接口网络层获取ISCS与相关系统接口的通信报文，以该报文中显示相关信号接收时间与ISCS MMI中相应设备状态发生预期改变的时间间隔为准）		[ ]	[ ]	[ ]
2	自动售检票系统统计状态每15min更新一次		[ ]	[ ]	[ ]
3	对现场设备的控制时间小于2s，现场设备的控制时间应包括下列内容： ——从操作员发出控制和指令操作开始，到控制和指令操作条件返回为止的时间； ——控制和指令传送到通信前置机、进行处理和激活控制点或信息的时间（使用与主控系统严格对时的PC从接口网络层获取ISCS与相关系统接口的通信报文，以操作员对某一指定设备发出控制指令到MMI界面相关设备状态发生预期改变时间间隔为准，同时需记录排除从报文层得到的ISCS发出控制信号到相关系统返回相应设备状态发生预期改变的间隔时间后的ISCS相应时间）		[ ]	[ ]	[ ]
4	在操作员请求后，操作员工作站屏幕上的包含400个基本对象（每个对象包含一个动态值，每个动态值最多对应5个输入变量）的动态图形可以在1s内显示完毕，且可在1s内完成400个基本对象的动态刷新。 例如，一个断路器位置是一个动态点，可关联到2个开关量输入点（分位、合位）；包含400个断路器符号的图形可以在1s内完成显示与动态刷新（以操作员对相应界面做出切换选择后从点击需要切换的界面按钮到界面完全显示的时间间隔为准）		[ ]	[ ]	[ ]
5	现场设备状态发生的变化应在3s内完成在事件日志中的存档（使用与主控系统严格对时的PC从接口网络层获取ISCS与相关系统接口的通信报文，以该报文中显示相关信号接收时间与ISCS MMI中事件窗口显示该事件的时间间隔为准）		[ ]	[ ]	[ ]
6	操作员通过鼠标选择操作员工作站上的菜单列表、对话框、符号及图标时，应在0.3s之内进行显示或激活（以操作员利用鼠标点击相关菜单列表、对话框、符号及图标到该菜单列表、对话框、符号及图标完全显示的时间间隔为准）		[ ]	[ ]	[ ]
7	键盘响应时间小于0.3s（以操作员在敲击键盘时间到相应需要输入字符的区域显示该字符的时间间隔为准）		[ ]	[ ]	[ ]

续表 9

步骤	性能指标描述	测试记录（5 次平均值）	通过	失败	注释通过
8	在操作员请求后，一幅包含 1500 个基本对象（对象含有 1 个动态值）的 24 位真彩动态的 OPS 图形将在小于 6s 的时间内完成显示。OPS 可在 1s 内动态刷新 500 个基本对象（以操作员在 MMI 大屏幕图形选择菜单中点击选择相应图形到该图形在 OPS 中完全显示的时间间隔为准）		[ ]	[ ]	[ ]
9	冗余、热备控制中心综合监控系统服务器：当主服务器发生故障（包括软件或硬件故障），备份服务器自动接管主服务器功能。服务器切换时，没有数据丢失。 切换对控制中心操作员完全透明，切换延时取决于备份服务器检查主服务器故障需要的时间（默认的延时是 2s）（从断开控制中心综合监控系统主服务器与综合监控系统骨干网的网络连接开始计时，控制中心 MMI 在 2s 后可保持顺畅无障碍运行为准）		[ ]	[ ]	[ ]
10	冗余、热备车站综合监控系统服务器：当主服务器发生故障（包括软件或硬件故障），备份服务器自动接管主服务器功能。服务器切换时，没有数据丢失。 切换对车站操作员完全透明，切换延时取决于备份服务器检查主服务器故障需要的时间（默认的延时是 2s）（从断开控制中心综合监控系统主服务器与综合监控系统骨干网的网络连接开始计时，控制中心 MMI 在 2s 后可保持顺畅无障碍运行为准）		[ ]	[ ]	[ ]
11	冗余系统网络：系统网络上每台关键设备都至少和两个网络连接，避免一个网络故障，影响数据通信。 当一台交换机故障时，另一台交换机根据网络拓扑，动态切换到网络中最短的路径。在这种情况下，没有信息丢失。但是，由于网络重构，信息传输可能出现延时（网络切换时间：500ms）		[ ]	[ ]	[ ]
12	冗余、热备通信前置机：当主通信前置机发生故障，或主通信前置机和子系统无法通信时，备份通信前置机自动接管主通信前置机的功能。通信前置机切换时，没有数据丢失。 切换对车站操作员完全透明。切换延时取决于备份通信前置机检查主通信前置机故障需要的时间（默认的延时是 1s）。 两个通信前置机通过一条专用串口线连接，相互间定时检查工作状态，以避免当 LAN 网故障，两台通信前置机同时成为主通信前置机		[ ]	[ ]	[ ]
13	带有操作员权限管理的操作员工作站（GWS）：在控制中心和车站，操作员可以用分配给他的身份登录任何一个 GWS。当一台 GWS 发生故障时，操作员可以重新登录其他的 GWS 继续工作		[ ]	[ ]	[ ]
14	整个 ISCS 系统（包括控制中心和车站的所有设备）的重启时间小于 15min（监控和数据采集系统软启动时间，可并行计算）		[ ]	[ ]	[ ]
15	控制中心的不间断电源系统最大负荷为 85%。 试运行阶段测算系统负荷的条件：所有接口系统各自正常运行，在配置不再修改和稳定的操作环境下，连续运行 4h 以上		[ ]	[ ]	[ ]

7.2 系统设备负载

7.2.1 系统设备负载指标由设计确定。

10 竣 工 验 收

竣工验收是项目的质量已经达到合同和设计要求的标志，在主要功能和重要功能都已经实现的前提下，可带缺陷进入竣工验收，但需明确整改责任和期限。在某些场合，按照建设方的要求，也可出具竣工验收证书，竣工验收证书可参照表 10。

表 10　竣工验收证书

设备系统（项目）名称：

<table>
<tr><td>设备名称</td><td></td><td>合同号</td><td></td></tr>
<tr><td>承包商</td><td></td><td>监理单位</td><td></td></tr>
<tr><td colspan="4">

致：<u>（填写设备供货商名称）</u>
贵单位已按<u>　（合同名称及合同号）　</u>全部完成合同约定内容，设备及相关资料已全部完成移交，于____年____月____日同意通过最终验收。
附：设备实体、备品备件、钥匙及文件资料移交记录
备注：（如已全部向建设单位完成移交，请打勾）
变更资料已移交完成　☐　　其他技术资料已归档　☐

<table>
<tr><td>试运行开始日期</td><td></td></tr>
<tr><td>试运行期限</td><td></td></tr>
<tr><td>试运行结束日期</td><td></td></tr>
<tr><td>初步验收证书签发期</td><td></td></tr>
<tr><td>竣工验收日期</td><td></td></tr>
<tr><td>质保期开始日期</td><td></td></tr>
<tr><td>合同规定质保期期限</td><td></td></tr>
<tr><td>合同规定最终验收日期</td><td></td></tr>
</table>

监理单位（公章）：　　总监理工程师：
运营管理部门（公章）：　　分公司负责人：
建设管理部门（公章）：　　分公司负责人：
建设单位（公章）：　　验收委员会负责人：

</td></tr>
</table>

说明：如本设备存在需整改问题，会签单位可将整改意见另附页。

中华人民共和国国家标准

预防混凝土碱骨料反应技术规范

Technical code for prevention of alkali-aggregate reaction in concrete

GB/T 50733—2011

主编部门：中华人民共和国住房和城乡建设部
批准部门：中华人民共和国住房和城乡建设部
施行日期：2 0 1 2 年 6 月 1 日

中华人民共和国住房和城乡建设部
公　告

第1144号

关于发布国家标准《预防混凝土碱骨料反应技术规范》的公告

现批准《预防混凝土碱骨料反应技术规范》为国家标准，编号为GB/T 50733-2011，自2012年6月1日起实施。

本规范由我部标准定额研究所组织中国建筑工业出版社出版发行。

中华人民共和国住房和城乡建设部

2011年8月26日

前　言

根据住房和城乡建设部《关于印发〈2010年工程建设标准规范制订、修订计划〉的通知》（建标[2010] 43号）的要求，规范编制组经广泛调查研究，认真总结实践经验，参考有关国际标准和国外先进标准，并在广泛征求意见的基础上，编制本规范。

本规范的主要技术内容是：1　总则；2　术语；3　基本规定；4　骨料碱活性的检验；5　抑制骨料碱活性有效性检验；6　预防混凝土碱骨料反应的技术措施；7　质量检验与验收；附录A　抑制骨料碱-硅酸反应活性有效性试验方法。

本规范由住房和城乡建设部负责管理，由中国建筑科学研究院负责具体技术内容的解释。执行过程中如有意见和建议，请寄送中国建筑科学研究院（地址：北京市北三环东路30号，邮政编码：100013）。

本规范主编单位：中国建筑科学研究院
浙江舜江建设集团有限公司

本规范参编单位：南京工业大学
中国建筑材料科学研究总院
中冶集团建筑研究总院
建筑材料工业砂石产品质量监督检验中心
中国铁道科学研究院
长江水利委员会长江科学院
贵州中建建筑科研设计院有限公司
中交武汉港湾工程设计研究院有限公司
中铁十二局（集团）有限公司
深圳市安托山混凝土有限公司
上海中技桩业股份有限公司
上海市建筑科学研究院（集团）有限公司
广东三和管桩有限公司
青岛一建集团有限公司
山西省建筑科学研究院
青岛博海建设集团有限公司
云南建工混凝土有限公司
浙江运业建筑工程有限公司
浙江中联建设集团有限公司
浙江湖州市建工集团有限公司
西安建筑科技大学

本规范主要起草人员：丁　威　冷发光　卢都友
王　玲　冯惠敏　周永祥
郝挺宇　谢永江　李鹏翔
张金波　徐立斌　王福川
张国志　何更新　黄直久

尤立峰　魏宜龄　朱建舟
严忠海　尚延青　张　毅
陶官思　韦庆东　王芳芳
王永海　李昕成　王　晶
纪宪坤　徐世木　曹巍巍
张　惠

本规范主要审查人员：姜福田　封孝信　闻德荣
罗保恒　施钟毅　王　元
杜　雷　丁　铸　蔡亚宁

目　次

Contents

1 总　　则

1.0.1 为预防混凝土碱骨料反应，保证混凝土工程的耐久性和安全性，制定本规范。

1.0.2 本规范适用于建设工程中混凝土碱骨料反应的预防。

1.0.3 预防混凝土碱骨料反应除应符合本规范的规定外，尚应符合国家现行有关标准的规定。

2 术　语

2.0.1 混凝土碱骨料反应　alkali-aggregate reaction in concrete

混凝土中的碱（包括外界渗入的碱）与骨料中的碱活性矿物成分发生化学反应，导致混凝土膨胀开裂等现象。

2.0.2 碱-硅酸反应　alkali-silica reaction

混凝土中的碱（包括外界渗入的碱）与骨料中活性 SiO_2 发生化学反应，导致混凝土膨胀开裂等现象。

2.0.3 碱-碳酸盐反应　alkali-carbonate reaction

混凝土中的碱（包括外界渗入的碱）与碳酸盐骨料中活性白云石晶体发生化学反应，导致混凝土膨胀开裂等现象。

2.0.4 碱活性　alkali reactivity

骨料在混凝土中与碱发生反应产生膨胀并对混凝土具有潜在危害的特性。

2.0.5 碱含量　alkali content

混凝土及其原材料中当量 Na_2O 含量；当量 $Na_2O = Na_2O + 0.658K_2O$。

2.0.6 胶凝材料用量　binder content

混凝土中水泥用量和矿物掺合料用量之和。

2.0.7 矿物掺合料　mineral addition

以硅、铝、钙等氧化物为主要成分，并达到规定细度，掺入混凝土中能改善混凝土性能的粉体材料。

2.0.8 矿物掺合料掺量　percentage of mineral addition

混凝土胶凝材料用量中矿物掺合料用量所占的质量百分比。

2.0.9 外加剂掺量　percentage of chemical admixture

混凝土中外加剂用量相对胶凝材料用量的质量百分比。

2.0.10 水胶比　water-binder ratio

混凝土拌合物中用水量与胶凝材料用量之比。

3 基 本 规 定

3.0.1 用于混凝土的骨料应进行碱活性检验。

3.0.2 对采用碱活性骨料或设计要求预防碱骨料反应的混凝土工程，应采取预防混凝土碱骨料反应的技术措施。

3.0.3 对于大型或重要的混凝土工程，采料场的骨料碱活性检验和抑制骨料碱活性有效性检验宜进行不同实验室的比对试验。

4 骨料碱活性的检验

4.1 一 般 规 定

4.1.1 骨料碱活性检验项目应包括岩石类型、碱-硅酸反应活性和碱-碳酸盐反应活性检验。

4.1.2 各类岩石制作的骨料均应进行碱-硅酸反应活性检验，碳酸盐类岩石制作的骨料还应进行碱-碳酸盐反应活性检验。

4.1.3 河砂和海砂可不进行岩石类型和碱-碳酸盐反应活性的检验。

4.2 试 验 方 法

4.2.1 用于检验骨料的岩石类型和碱活性的岩相法，应符合现行行业标准《普通混凝土用砂、石质量及检验方法标准》JGJ 52 的规定。

4.2.2 用于检验骨料碱-硅酸反应活性的快速砂浆棒法，应符合现行国家标准《建筑用卵石、碎石》GB/T 14685 中快速碱-硅酸反应试验方法的规定。

4.2.3 用于检验碳酸盐骨料的碱-碳酸盐反应活性的岩石柱法，应符合现行行业标准《普通混凝土用砂、石质量及检验方法标准》JGJ 52 的规定。

4.2.4 用于检验骨料碱-硅酸反应活性和碱-碳酸盐反应活性的混凝土棱柱体法，应符合现行国家标准《普通混凝土长期性能和耐久性能试验方法标准》GB/T 50082 中碱骨料反应试验方法的规定。

4.3 试验方法的选择

4.3.1 宜采用岩相法对骨料的岩石类型和碱活性进行检验，且检验结果应按下列规定进行处理：

1 岩相法检验结果为不含碱活性矿物的骨料可不再进行检验；

2 岩相法检验结果为碱-硅酸反应活性或可疑的骨料应再采用快速砂浆棒法进行检验；

3 岩相法检验结果为碱-碳酸盐反应活性或可疑的骨料应再采用岩石柱法进行检验。

4.3.2 在不具备岩相法检验条件且不了解岩石类型的情况下，可直接采用快速砂浆棒法和岩石柱法分别进行骨料的碱-硅酸反应活性和碱-碳酸盐反应活性检验。

4.3.3 在时间允许的情况下，可采用混凝土棱柱体法进行骨料碱活性检验或验证。

4.4 检验结果评价

4.4.1 岩相法、快速砂浆棒法、岩石柱法和混凝土棱柱体法的试验结果的判定应符合国家现行相关试验方法标准的规定。

4.4.2 当同一检验批的同一检验项目进行一组以上试验时，应取所有试验结果中碱活性指标最大者作为检验结果。

4.4.3 检验报告结论为碱活性时应注明碱活性类型。

4.4.4 岩相法和快速砂浆棒法的检验结果不一致时，应以快速砂浆棒法的检验结果为准。

4.4.5 岩相法、快速砂浆棒法和岩石柱法的检验结果与混凝土棱柱体法的检验结果不一致时，应以混凝土棱柱体法的检验结果为准。

5 抑制骨料碱活性有效性检验

5.0.1 快速砂浆棒法检验结果不小于 0.10%膨胀率的骨料应进行抑制骨料碱活性有效性检验。

5.0.2 抑制骨料碱-硅酸反应活性有效性试验应按本规范附录A的规定执行，试验结果 14d 膨胀率小于 0.03%可判断为抑制骨料碱-硅酸反应活性有效。

5.0.3 当有效性检验进行一组以上试验时，应取所有试验结果中膨胀率最大者作为检验结果。

6 预防混凝土碱骨料反应的技术措施

6.1 骨 料

6.1.1 混凝土工程宜采用非碱活性骨料。

6.1.2 在勘察和选择采料场时，应对制作骨料的岩石或骨料进行碱活性检验。

6.1.3 对快速砂浆棒法检验结果膨胀率不小于 0.10%的骨料，应按本规范第5章的规定进行抑制骨料碱-硅酸反应活性有效性试验，并验证有效。

6.1.4 在盐渍土、海水和受除冰盐作用等含碱环境中，重要结构的混凝土不得采用碱活性骨料。

6.1.5 具有碱-碳酸盐反应活性的骨料不得用于配制混凝土。

6.2 其他原材料

6.2.1 宜采用碱含量不大于 0.6%的通用硅酸盐水泥。水泥的碱含量试验方法应按现行国家标准《水泥化学分析方法》GB 176 执行。

6.2.2 应采用F类的Ⅰ级或Ⅱ级粉煤灰，碱含量不宜大于 2.5%。粉煤灰的碱含量试验方法应按现行国家标准《水泥化学分析方法》GB 176 执行。

6.2.3 宜采用碱含量不大于 1.0 %的粒化高炉矿渣粉。粒化高炉矿渣粉的碱含量试验方法应按现行国家标准《水泥化学分析方法》GB 176 执行。

6.2.4 宜采用二氧化硅含量不小于 90%、碱含量不大于 1.5%的硅灰。其碱含量试验方法应按现行国家标准《水泥化学分析方法》GB 176 执行。

6.2.5 应采用低碱含量的外加剂。外加剂的碱含量试验方法应按现行国家标准《混凝土外加剂匀质性试验方法》GB/T 8077 执行。

6.2.6 应采用碱含量不大于 1500mg/L 的拌合用水。水的碱含量试验方法应符合现行行业标准《混凝土用水标准》JGJ 63 的规定。

6.3 配 合 比

6.3.1 混凝土配合比设计应符合现行行业标准《普通混凝土配合比设计规程》JGJ 55 的规定。

6.3.2 混凝土碱含量不应大于 3.0kg/m³。混凝土碱含量计算应符合以下规定：

1 混凝土碱含量应为配合比中各原材料的碱含量之和；

2 水泥、外加剂和水的碱含量可用实测值计算；粉煤灰碱含量可用 1/6 实测值计算，硅灰和粒化高炉矿渣粉碱含量可用 1/2 实测值计算；

3 骨料碱含量可不计入混凝土碱含量。

6.3.3 当采用硅酸盐水泥和普通硅酸盐水泥时，混凝土中矿物掺合料掺量宜符合下列规定：

1 对于快速砂浆棒法检验结果膨胀率大于 0.20%的骨料，混凝土中粉煤灰掺量不宜小于 30%；当复合掺用粉煤灰和粒化高炉矿渣粉时，粉煤灰掺量不宜小于 25%，粒化高炉矿渣粉掺量不宜小于 10%；

2 对于快速砂浆棒法检验结果膨胀率为 0.10%～0.20%范围的骨料，宜采用不小于 25%的粉煤灰掺量；

3 当本条第 1、2 款规定均不能满足抑制碱-硅酸反应活性有效性要求时，可再增加掺用硅灰或用硅灰取代相应掺量的粉煤灰或粒化高炉矿渣粉，硅灰掺量不宜小于 5%。

6.3.4 当采用除硅酸盐水泥和普通硅酸盐水泥以外的其他通用硅酸盐水泥配制混凝土时，可将水泥中混合材掺量 20%以上部分的粉煤灰和粒化高炉矿渣掺量分别计入混凝土中粉煤灰和粒化高炉矿渣粉掺量，并应符合本规范第 6.3.3 条的规定。

6.3.5 在混凝土中宜掺用适量引气剂，引气剂掺量应通过试验确定。

6.4 混凝土性能

6.4.1 混凝土拌合物不应泌水，稠度和其他拌合物性能应满足设计要求。

6.4.2 混凝土强度和其他力学性能应满足设计要求。

6.4.3 混凝土耐久性能应满足设计要求。

6.5 生产和施工

6.5.1 混凝土生产和施工应符合现行国家标准《混凝土质量控制标准》GB 50164 的规定。

6.5.2 对于采用快速砂浆棒法检验结果不小于0.10%膨胀率的骨料，当其配制的混凝土用于盐渍土、海水和受除冰盐作用等含碱环境中非重要结构时，除应采取抑制骨料碱活性措施和控制混凝土碱含量之外，还应在混凝土表面采用防碱涂层等隔离措施。

6.5.3 对于大体积混凝土，混凝土浇筑体内最高温度不应高于 80℃。

6.5.4 采用蒸汽养护或湿热养护时，最高养护温度不应高于 80℃。

6.5.5 混凝土潮湿养护时间不宜少于 10d。

6.5.6 施工时应加强对混凝土裂缝的控制，出现裂缝应及时修补。

7 质量检验与验收

7.1 骨料碱活性及其他原材料质量检验

7.1.1 在勘察和选择采料场时岩石碱活性检验应符合下列规定：

1 岩石碱活性检验与评价应符合本规范第 4 章的规定；

2 每个采料场宜分别选取不少于 3 个具有代表性的部位各采集 1 份样品；样品宜为爆破或开采的非表层部分；每份样品不宜少于 20kg，宜为 3～4 块各方向尺寸相近的完整岩石；

3 每份样品应进行不少于 1 组碱活性检验。

7.1.2 骨料进场时，应按规定批量进行骨料碱活性检验，检验样品应随机抽取。

7.1.3 骨料的检验批量应符合下列规定：

1 砂、石骨料的碱活性检验应按每 3000m³ 或 4500t 为一个检验批；当来源稳定且连续两次检验合格，可每 6 个月检验一次；

2 砂、石骨料碱活性以外的质量检验应符合现行国家标准《混凝土质量控制标准》GB 50164 的规定；

3 不同批次或非连续供应的不足一个检验批量的骨料应作为一个检验批。

7.1.4 骨料质量和抑制骨料碱-硅酸反应活性有效性应符合本规范第 6.1 节的规定。

7.1.5 除骨料以外的原材料的质量检验应符合现行国家标准《混凝土质量控制标准》GB 50164 的规定，其质量应符合本规范第 6.2 节的规定。

7.2 混凝土质量检验

7.2.1 混凝土配合比应符合本规范第 6.3 节的规定，并应在每工作班前进行确认和在班中进行检查。

7.2.2 混凝土拌合物性能、硬化混凝土力学性能和耐久性能的检验应符合现行国家标准《混凝土质量控制标准》GB 50164 的规定。

7.2.3 混凝土拌合物性能、硬化混凝土力学性能和耐久性能应符合本规范第 6.4 节的规定。

7.3 工 程 验 收

7.3.1 混凝土工程质量验收应符合现行国家标准《混凝土结构工程施工质量验收规范》GB 50204 的规定。

7.3.2 混凝土工程质量验收时，还应符合本规范对预防混凝土碱骨料反应的规定。

附录 A 抑制骨料碱-硅酸反应活性有效性试验方法

A.0.1 本试验方法适用于评估采用粉煤灰、粒化高炉矿渣粉和硅灰等矿物掺合料抑制骨料碱-硅酸反应活性的有效性。

A.0.2 试验应采用下列仪器设备：

1 烘箱——温度控制范围为 (105±5)℃；

2 天平——称量 1000g，感量 1g；

3 试验筛——筛孔公称直径为 5.00mm、2.50mm、1.25mm、630μm、315μm、160μm 的方孔筛各一只；

4 测长仪——测量范围 280mm～300mm，精度 0.01mm；

5 水泥胶砂搅拌机——应符合现行行业标准《行星式水泥胶砂搅拌机》JC/T 681 的规定；

6 恒温养护箱或水浴——温度控制范围为(80±2)℃；

7 养护筒——由耐酸耐高温的材料制成，不漏水，密封，防止容器内湿度下降，筒的容积可以保证试件全部浸没在水中；筒内设有试件架，试件垂直于试件架放置；

8 试模——金属试模，尺寸为 25mm×25mm×280mm，试模两端正中有小孔，装有不锈钢测头；

9 镘刀、捣棒、量筒、干燥器等。

A.0.3 试验用胶凝材料应符合下列规定：

1 水泥应采用硅酸盐水泥，并应符合现行国家标准《通用硅酸盐水泥》GB 175 的规定；

2 矿物掺合料应为工程实际采用的矿物掺合料；粉煤灰应采用符合现行国家标准《用于水泥和混凝土中的粉煤灰》GB/T 1596 要求的Ⅰ级或Ⅱ级的 F 类粉煤灰；粒化高炉矿渣粉应符合现行国家标准《用于水泥和混凝土中的粒化高炉矿渣粉》GB/T 18046 的规定；硅灰的二氧化硅含量不宜小于 90%。

A.0.4 胶凝材料中矿物掺合料掺量应符合下列

规定：

1 单独掺用粉煤灰时，粉煤灰掺量应为30%；

2 当复合掺用粉煤灰和粒化高炉矿渣粉时，粉煤灰掺量应为25%，粒化高炉矿渣粉掺量应为10%；

3 可掺用硅灰取代相应掺量的粉煤灰或粒化高炉矿渣粉，硅灰掺量不得小于5%。

A.0.5 试验用骨料应符合下列规定：

1 骨料应与混凝土工程实际采用的骨料相同；

2 骨料14 d膨胀率不应小于0.10%，试验方法应为快速砂浆棒法，并应符合现行国家标准《建筑用卵石、碎石》GB/T 14685中快速碱-硅酸反应试验方法的规定；

3 应将骨料制成砂样并缩分成约5kg，按表A.0.5中所示级配及比例组合成试验用料，并将试样洗净烘干或晾干备用。

表 A.0.5 砂级配表

公称粒级	5.00mm～2.50mm	2.50mm～1.25mm	1.25mm～630μm	630μm～315μm	315μm～160μm
分级质量（%）	10	25	25	25	15

A.0.6 试件制作应符合下列规定：

1 成型前24h，应将试验所用材料放入（20±2）℃的试验室中；

2 胶凝材料与砂的质量比应为1∶2.25，水灰比应为0.47；称取一组试件所需胶凝材料440g和砂990g；

3 当胶砂变稠难以成型时，可维持用水量不变而掺加适量非引气型的减水剂，调整胶砂稠度利于成型；

4 将称好的水泥与砂倒入搅拌锅，应按现行国家标准《水泥胶砂强度检验方法（ISO法）》GB/T 17671的规定进行搅拌；

5 搅拌完成后，应将砂浆分两层装入试模内，每层捣20次；测头周围应填实，浇捣完毕后用镘刀刮除多余砂浆，抹平表面，并标明测定方向及编号；

6 每组应制作三条试件。

A.0.7 试验应按下列步骤进行：

1 将试件成型完毕后，应带模放入标准养护室，养护(24±4)h后脱模。

2 脱模后，应将试件浸泡在装有自来水的养护筒中，同种骨料制成的试件放在同一个养护筒中，然后将养护筒放入温度(80±2)℃的烘箱或水浴箱中养护24h。

3 然后应将养护筒逐个取出，每次从养护筒中取出一个试件，用抹布擦干表面，立即用测长仪测试件的基长(L_0)，测试时环境温度应为(20±2)℃，每个试件至少重复测试两次，取差值在仪器精度范围内的两个读数的平均值作为长度测定值（精确至0.02mm），每次每个试件的测量方向应一致；从取出试件擦干到读数完成应在(15±5)s内结束，读完数后的试件应用湿毛巾覆盖。全部试件测完基准长度后，把试件放入装有浓度为1mol/L氢氧化钠溶液的养护筒中，并确保试件被完全浸泡。溶液温度应保持在(80±2)℃，将养护筒放回烘箱或水浴箱中。

注：用测长仪测定任一组试件的长度时，均应先调整测长仪的零点。

4 自测定基准长度之日起，第3d、7d、10d、14d应再分别测其长度(L_t)。测长方法与测基长方法相同。每次测量完毕后，应将试件调头放入原有氢氧化钠溶液养护筒，盖好筒盖，放回(80±2)℃的烘箱或水浴箱中，继续养护到下一个测试龄期。操作时防止氢氧化钠溶液溢溅，避免烧伤皮肤。

5 在测量时应观察试件的变形、裂缝、渗出物等，特别应观察有无胶体物质，并作详细记录。

A.0.8 每个试件的膨胀率应按下式计算，并应精确至0.01%：

$$\varepsilon_t = \frac{L_t - L_0}{L_0 - 2\Delta} \times 100 \qquad (A.0.8)$$

式中：ε_t——试件在t天龄期的膨胀率(%)；

L_t——试件在t天龄期的长度(mm)；

L_0——试件的基长(mm)；

Δ——测头长度(mm)。

A.0.9 某一龄期膨胀率的测定值应为三个试件膨胀率的平均值；任一试件膨胀率与平均值均应符合下列规定：

1 当平均值小于或等于0.05%时，其差值均应小于0.01%；

2 当平均值大于0.05%时，单个测值与平均值的差值均应小于平均值的20%；

3 当三个试件的膨胀率均大于0.10%时，可无精度要求；

4 当不符合上述要求时，应去掉膨胀率最小的，用其余两个试件的平均值作为该龄期的膨胀率。

A.0.10 试验结果应为三个试件14d膨胀率的平均值；当试验结果——14d膨胀率小于0.03%时，可判定抑制骨料碱-硅酸反应活性有效。

本规范用词说明

1 为便于在执行本规范条文时区别对待，对要求严格程度不同的用词说明如下：

1） 表示很严格，非这样做不可的：
正面词采用“必须”，反面词采用“严禁”；

2） 表示严格，在正常情况下均应这样做的：
正面词采用“应”，反面词采用“不应”或“不得”；

3） 表示允许稍有选择，在条件许可时首先应这样做的：

正面词采用“宜”，反面词采用“不宜”；

4）表示有选择，在一定条件下可以这样做的，采用“可”。

2 条文中指明应按其他有关标准执行的写法为：“应符合……的规定”或“应按……执行”。

引用标准名录

1 《普通混凝土长期性能和耐久性能试验方法标准》GB/T 50082

2 《混凝土质量控制标准》GB 50164

3 《混凝土结构工程施工质量验收规范》GB 50204

4 《通用硅酸盐水泥》GB 175

5 《水泥化学分析方法》GB 176

6 《用于水泥和混凝土中的粉煤灰》GB/T 1596

7 《混凝土外加剂匀质性试验方法》GB/T 8077

8 《建筑用卵石、碎石》GB/T 14685

9 《水泥胶砂强度检验方法（ISO法）》GB/T 17671

10 《用于水泥和混凝土中的粒化高炉矿渣粉》GB/T 18046

11 《普通混凝土用砂、石质量及检验方法标准》JGJ 52

12 《普通混凝土配合比设计规程》JGJ 55

13 《混凝土用水标准》JGJ 63

14 《行星式水泥胶砂搅拌机》JC/T 681

中华人民共和国国家标准

预防混凝土碱骨料反应技术规范

GB/T 50733—2011

条 文 说 明

制 定 说 明

《预防混凝土碱骨料反应技术规范》GB/T 50733-2011，经住房和城乡建设部2011年8月26日以第1144号公告批准、发布。

本规范制定过程中，编制组进行了广泛而深入的调查研究，总结了我国工程建设中预防混凝土碱骨料反应的实践经验，同时参考了国外先进技术法规、技术标准，通过试验取得了预防混凝土碱骨料反应的重要技术参数。

为便于广大设计、施工、科研、学校等单位有关人员在使用本规范时能正确理解和执行条文规定，《预防混凝土碱骨料反应技术规范》编制组按章、节、条顺序编制了本规范的条文说明，对条文规定的目的、依据以及执行中需注意的有关事项进行了说明。但是，本条文说明不具备与规范正文同等的法律效力，仅供使用者作为理解和把握规范规定的参考。

目　次

1 总 则

1.0.1 混凝土碱骨料反应破坏一旦发生，往往没有很好的方法进行治理，直接危害混凝土工程耐久性和安全性。解决混凝土碱骨料反应问题的最好方法就是采取预防措施，本规范对此作出相应规定。

1.0.2 本规范的适用范围可包括建筑工程、市政工程、水工、公路、铁路、核电和冶金等各个建设行业的混凝土工程中混凝土碱骨料反应的预防。

1.0.3 本规范涉及的混凝土领域的标准规范较多，对于预防混凝土碱骨料反应的技术内容，以本规范的规定为准，未作规定的其他内容应按其他相关标准规范执行。

2 术 语

2.0.1 混凝土碱骨料反应包括了碱-硅酸反应和碱-碳酸盐反应，这两种反应都会导致混凝土膨胀开裂等现象。

2.0.2 在我国，工程中发生的混凝土碱骨料反应普遍是碱-硅酸反应，用于混凝土骨料的岩石中都有可能存在含活性 SiO_2 的矿物，如蛋白石、火山玻璃体、玉燧、玛瑙和微晶石英等，当含量达到一定程度时就有可能在混凝土中引发碱-硅酸反应的破坏。

2.0.3 混凝土工程中发生碱-碳酸盐反应破坏的情况很少，也不易确认。通常只有碳酸盐骨料中可能存在活性白云石晶体，如细小菱形白云石晶体等，对于纯粹的碱-碳酸盐反应活性的骨料，目前尚无公认的好的预防措施。

2.0.4 骨料碱活性包括碱-硅酸反应活性和碱-碳酸盐反应活性，应采用本规范中规定的标准方法予以鉴别和判定。

2.0.5 混凝土中的碱含量是影响混凝土碱骨料反应的重要因素。混凝土原材料中或多或少存在 Na_2O 和 K_2O，可采用标准方法予以测定。目前，混凝土中的碱含量不计入骨料中的碱含量。混凝土碱含量表达为每立方米混凝土中碱的质量（kg/m^3），水的碱含量表达为每升水中碱的质量（mg/L），其他原材料的碱含量表达为原材料中碱的质量相对原材料质量的百分比（%）。外加剂的碱含量称为总碱量。

2.0.6 胶凝材料用量的术语和定义在混凝土工程技术领域已被普遍接受。

2.0.7 矿物掺合料的种类主要有粉煤灰、粒化高炉矿渣粉、硅灰等。

2.0.8、**2.0.9** 用量含义是使用量（以质量计）；掺量含义是相对质量的百分比。

2.0.10 随着混凝土矿物掺合料的广泛应用，国内外已经普遍采用水胶比取代水灰比。

3 基 本 规 定

3.0.1 碱活性检验可判断骨料在混凝土中是否与碱发生膨胀反应并对混凝土具有潜在危害，以便采取相应的对策。

3.0.2 采用非碱活性骨料，通常无须采取预防混凝土碱骨料反应的技术措施；对设计要求预防碱骨料反应的混凝土工程，应对骨料碱活性进行批量检验，尽量采用非碱活性骨料；如不得已采用碱活性骨料，应采取预防混凝土碱骨料反应的技术措施。

3.0.3 进行不同实验室的比对试验可提高试验结果及其分析的准确性和可靠性，这对大型或重要的混凝土工程的采料场选定是必要的。

4 骨料碱活性的检验

4.1 一 般 规 定

4.1.1 骨料碱活性包括碱-硅酸反应活性和碱-碳酸盐反应活性两种。确定岩石类型对于判断骨料碱活性有一定帮助。

4.1.2 用于制作混凝土骨料的各类岩石（包括碳酸盐岩石）中都有可能存在活性 SiO_2，工程中发生的混凝土碱骨料反应普遍是碱-硅酸反应；而通常只有碳酸盐骨料中才可能存在活性白云石晶体。岩石类型检验可以确定碳酸盐骨料。

4.1.3 在我国，尚未有检验确定为碱-碳酸盐反应活性的河砂和海砂。

4.2 试 验 方 法

4.2.1 岩相法见于现行行业标准《普通混凝土用砂、石质量及检验方法标准》JGJ 52－2006 第 7 章 7.15 节。

4.2.2 快速砂浆棒法见于现行国家标准《建筑用卵石、碎石》GB/T 14685－2001 第 6 章 6.14.2 节，与现行行业标准《普通混凝土用砂、石质量及检验方法标准》JGJ 52－2006 第 7 章 7.16 节的方法的区别在于：前者采用硅酸盐水泥，后者采用普通硅酸盐水泥。本规范的试验方法中采用硅酸盐水泥而不采用普通硅酸盐水泥的原因是，普通硅酸盐水泥中混合材种类和掺量变化较大，且掺量最高可达到 20%，对检验骨料碱活性会有影响。

4.2.3 岩石柱法见于现行行业标准《普通混凝土用砂、石质量及检验方法标准》JGJ 52－2006 第 7 章 7.18 节，目前国内其他标准也普遍采用这一方法。在使用该方法时，最好在小岩石柱两端粘接小测钉，以保证测试的准确性和可重复性。目前，国际上在检验碱-碳酸盐反应活性试验方法方面有近几年来推荐的“RILEM TC 191-ARP AAR-5：碳酸盐骨料快速初步筛选试验方法”，也具有使用价值。

4.2.4 混凝土棱柱体法见于现行国家标准《普通混凝土长期性能和耐久性能试验方法标准》GB/T 50082第15章。该方法是目前唯一采用混凝土试件检验骨料碱活性的正式方法，可检验砂和石的碱活性；当前采用人工砂是大势所趋，该方法也可检验砂石一起用于人工砂混凝土的碱活性。该方法得到普遍认可，但试验周期长，为52周（星期）。

4.3 试验方法的选择

4.3.1 岩相法对检验人员的专业水平要求高，当镜下碱活性矿物清楚且含量与临界量差距较大的情况下，可根据经验进行鉴别和判断。但是，相比较而言，要确切判断骨料碱活性情况，还得采用快速砂浆棒法等测试膨胀率的试验方法比较可靠。岩相法对骨料为非碱活性的判定依据是制作骨料的岩石中不含（镜下看不见）碱活性矿物，因此，岩相法检验结果为非碱活性的骨料可不再进行验证。岩相法检验还应包括确定岩石名称。

4.3.2 一般质量检验单位不具备岩相法检验条件，骨料碱活性检验可按本条规定执行。

4.3.3 混凝土棱柱体法试验周期为52周（星期），一般工程情况无法等待这么长的时间，但是，对于一些重大工程，前期论证和准备有充分的时间进行前期验证试验。

4.4 检验结果评价

4.4.1 岩相法、快速砂浆棒法、岩石柱法和混凝土棱柱体法试验方法中都给出了判定依据，可据此对试验结果进行判定。

4.4.2 由于岩石矿物的不均匀性，并且试验量有限，因此，采取进行一组以上试验时取所有试验结果中碱活性指标最大者作为检验结果的偏于安全的做法。

4.4.3 检验报告明确骨料碱活性类型是必要的，对于碱-硅酸反应活性的骨料，可以通过采取预防混凝土碱骨料反应措施用于混凝土；而对于碱-碳酸盐反应活性的骨料，则不能用于混凝土。碱活性骨料是指具有碱-硅酸反应活性或碱-碳酸盐反应活性；非碱活性骨料是指不具有碱-硅酸反应活性和碱-碳酸盐反应活性。

4.4.4 采用快速砂浆棒法等测试膨胀率的试验方法比较可靠。

4.4.5 混凝土棱柱体法更接近混凝土的实际情况，普遍认可度比较高。

5 抑制骨料碱活性有效性检验

5.0.1 快速砂浆棒法14d膨胀率大于0.2%的骨料为具有碱-硅酸反应活性，14d膨胀率在0.1%～0.2%的骨料属于不确定。对于这类骨料，从偏于安全的角度考虑，14d膨胀率不小于0.10%的骨料需要进行抑制骨料碱活性有效性检验并采取预防碱骨料反应措施是合理的。另外，采用25%粉煤灰掺量的预防措施几乎没有代价，因为25%粉煤灰掺量的混凝土是常规采用的普通混凝土。

5.0.2 抑制骨料碱-硅酸反应活性有效性试验方法是在ASTM C1567-08确定胶凝材料与骨料潜在碱-硅反应活性的标准测试方法（快速砂浆棒法）的基础上制定的，具体说明可见附录A的条文说明。本规范采用该方法取代了国内标准原来采用的抑制骨料碱活性效能试验方法。实际上原方法难以实现，而且采用高活性石英玻璃代替实际骨料，国际和国内都已经很少采用。

5.0.3 经多家实验室比对试验验证，对于碱-硅酸反应活性高的骨料，采用试验方法规定的矿物掺合料掺量的试验结果膨胀率均小于0.025%，最大值为0.021%；曾在实际工程中采用不同骨料的试验结果膨胀率也都小于0.020%。另外，按附录A试验方法的规定，三个试件的膨胀率平均值小于或等于0.05%时，各试件的膨胀率差值均应小于0.01%，因此，膨胀率控制值为0.03%是合理的。

6 预防混凝土碱骨料反应的技术措施

6.1 骨　料

6.1.1、6.1.2 选择采料场是预防混凝土碱骨料反应的关键环节之一。如果选择了非碱活性的骨料料场，就不需要考虑预防碱骨料反应的问题。因此，在勘察和选择采料场时就需要进行岩石或骨料碱活性检验，根据检验结果，作出采用或弃用的抉择。

6.1.3 对快速砂浆棒法检验结果不小于0.1%的骨料，采取预防碱骨料反应措施的关键技术之一就是验证抑制骨料碱-硅酸反应活性有效。

6.1.4 含碱环境中的碱会渗入混凝土，强化碱骨料反应条件，在这种环境下采用碱活性骨料用于混凝土是很危险的。虽然可以采用防碱涂层等外防护技术，但由于外防护材料品种多样，其耐久性和长期有效性值得商榷，实际应用时，对于重要结构（一般设计使用期长）需要定期维护或更新，代价不小，实际操作也不一定能保证，因此，外防护往往作为提高安全储备的辅助技术手段，而采用或换用非碱活性骨料无论是技术方面还是经济方面都是最合理的。对于含碱环境中的非重要结构，可以在采取预防碱骨料反应措施的情况下有条件地采用碱活性骨料。

6.1.5 我国工程中发生的混凝土碱骨料反应普遍是碱-硅酸反应，发生碱-碳酸盐反应破坏的情况很少，也不易确认。对于纯粹的碱-碳酸盐反应活性的骨料，尚无好的预防混凝土碱骨料反应的措施。

6.2 其他原材料

6.2.1 硅酸盐水泥目前各地难以买到；普通硅酸盐水泥（代号P·O）质量相对比较稳定，可以掺加较大掺量的矿物掺合料抑制骨料碱活性，耐久性也可以达到要求；其他品种的通用硅酸盐水泥中混合材比较复杂并掺量较大，用于混凝土时应将水泥中的粉煤灰、粒化高炉矿渣等混合材与配制混凝土外掺的粉煤灰、粒化高炉矿渣等矿物掺合料统筹考虑，可比普通硅酸盐水泥掺加较少的矿物掺合料。由于水泥碱含量是混凝土中碱含量的主要来源，因此，控制水泥碱含量是控制混凝土碱含量的重要环节。许多地方难以购买到碱含量不大于0.6%的低碱水泥，但如果能够控制混凝土中碱含量不超过3kg/m³，水泥碱含量略微大于0.6%也是可以的。

6.2.2 验证试验和工程实践表明，Ⅰ级或Ⅱ级的F类粉煤灰在达到一定掺量的情况下都可以显著抑制骨料的碱-硅活性，粉煤灰碱含量的影响作用不明显，由于验证试验和工程实践采用粉煤灰的碱含量最大值为2.64%，因此规定碱含量不宜大于2.5%。

6.2.3 验证试验和工程实践表明，以粉煤灰为主并复合粒化高炉矿渣粉在达到一定掺量的情况下也可以显著抑制骨料的碱-硅活性。粒化高炉矿渣粉碱含量一般不超过1.0%。

6.2.4 硅灰可以显著抑制骨料的碱-硅活性已经为公认的事实，二氧化硅含量不小于90%的硅灰质量较好，硅灰碱含量一般不超过1.5%。

6.2.5 混凝土外加剂碱含量对混凝土碱骨料反应影响较大，只有采用低碱含量的外加剂，才有利于预防混凝土碱骨料反应。在现行国家标准《混凝土外加剂匀质性试验方法》GB/T 8077碱含量试验方法中，外加剂的碱含量称为总碱量。

6.2.6 一般情况下，水中的碱含量比较低。

6.3 配 合 比

6.3.1 对于预防混凝土碱骨料反应，混凝土配合比设计仍应执行现行行业标准《普通混凝土配合比设计规程》JGJ 55，本章作出的特殊规定与《普通混凝土配合比设计规程》JGJ 55并无矛盾。

6.3.2 控制混凝土碱含量是预防混凝土碱骨料反应的关键环节之一，混凝土碱含量不大于3.0kg/m³的控制指标已经被普遍接受。研究表明：矿物掺合料碱含量实测值并不代表实际参与碱骨料反应的有效碱含量，参与碱骨料反应的粉煤灰、硅灰和粒化高炉矿渣粉的有效碱含量分别约为实测值1/6、1/2和1/2，这也已经被普遍接受，并已经用于工程实际。

混凝土碱含量表达为每立方米混凝土中碱的质量（kg/m³），而除水以外的原材料碱含量表达为原材料中当量Na_2O含量相对原材料质量的百分比（%），因此，在计算混凝土碱含量时，应先将原材料有效碱含量百分比计算为每立方米混凝土配合比中各种原材料中碱的质量（kg/m³），然后再求和计算；水的计算过程类似。

6.3.3 本条规定的混凝土中矿物掺合料掺量与《普通混凝土配合比设计规程》JGJ 55的规定无矛盾，《普通混凝土配合比设计规程》JGJ 55相关规定见表1和表2。

预应力混凝土强度要求较高，在矿物掺合料掺量大的情况下，可取较低的水胶比。

表1 钢筋混凝土中矿物掺合料最大掺量

矿物掺合料种类	水胶比	最大掺量（%）	
		采用硅酸盐水泥时	采用普通硅酸盐水泥时
粉煤灰	≤0.40	45	35
	>0.40	40	30
粒化高炉矿渣粉	≤0.40	65	55
	>0.40	55	45
硅灰	—	10	10
复合掺合料	≤0.40	65	55
	>0.40	55	45

注：1 复合掺合料各组分的掺量不宜超过单掺时的最大掺量；
2 在混合使用两种或两种以上矿物掺合料时，矿物掺合料总掺量应符合表中复合掺合料的规定。

表2 预应力钢筋混凝土中矿物掺合料最大掺量

矿物掺合料种类	水胶比	最大掺量（%）	
		采用硅酸盐水泥时	采用普通硅酸盐水泥时
粉煤灰	≤0.40	35	30
	>0.40	25	20
粒化高炉矿渣粉	≤0.40	55	45
	>0.40	45	35
硅灰	—	10	10
复合掺合料	≤0.40	55	45
	>0.40	45	35

注：同表1的注。

6.3.4 除硅酸盐水泥和普通硅酸盐水泥以外的其他

品种的通用硅酸盐水泥中混合材比较复杂并掺量较大，应将水泥中的粉煤灰、粒化高炉矿渣粉等混合材与配制混凝土外掺的粉煤灰和粒化高炉矿渣粉统筹考虑，因此，采用其他品种的通用硅酸盐水泥可比硅酸盐水泥和普通硅酸盐水泥掺加较少的粉煤灰和粒化高炉矿渣粉。以各地应用较为普遍的复合硅酸盐水泥为例：复合硅酸盐水泥中混合材品种可以包括粒化高炉矿渣、火山灰质混合材料、粉煤灰和石灰石等，复合硅酸盐水泥中混合材掺量范围为＞20％且≤50％，因此，在执行本条规定时，可将混合材掺量20％以上部分（20％以下部分可以包括火山灰质混合材料、石灰石、粉煤灰或其他等）的粉煤灰和粒化高炉矿渣掺量分别计入混凝土中粉煤灰和粒化高炉矿渣粉掺量，20％以上部分其他品种混合材不计入。

6.3.5 混凝土中矿物掺合料掺量较大会影响混凝土的抗冻性能和抗碳化性能，在混凝土中掺用适量引气剂可以改善混凝土的这些耐久性能。掺加引气剂还能对缓解碱骨料反应早期膨胀起一定作用。

6.4 混凝土性能

6.4.1 掺加大量粉煤灰混凝土拌合物的混凝土易于产生泌水。在掺加粉煤灰的同时，复合掺加粒化高炉矿渣粉有利于控制泌水问题。

6.4.2 关于预防混凝土碱骨料反应的混凝土性能方面，强度仍是混凝土最重要的性能之一。

6.4.3 掺加大量粉煤灰会明显影响混凝土的抗冻和抗碳化性能，掺加引气剂可以改善混凝土抗冻和抗碳化性能。

6.5 生产和施工

6.5.1 现行国家标准《混凝土质量控制标准》GB 50164对有预防混凝土碱骨料反应要求的工程同样适用，对于具体有效地落实预防混凝土碱骨料反应的措施和全面保证混凝土工程质量具有重要意义。

6.5.2 盐渍土、海水和受除冰盐作用等含碱环境能不断向混凝土内部提供远高于混凝土碱骨料反应所需要的碱，采取抑制骨料碱活性措施和控制混凝土碱含量后，防碱涂层等隔离措施能阻断外部环境向混凝土内部提供混凝土碱骨料反应所需要的碱。即便这样，也仅可用于非重要结构，可见本规范6.1.4条及其条文说明。

6.5.3、6.5.4 较高的温度会加速混凝土碱骨料反应；采取抑制骨料碱活性措施有效性检验的试验温度为80℃，超过80℃的情况目前缺少试验依据。

6.5.5 矿物掺合料掺量较大的混凝土需要较长的潮湿养护时间。

6.5.6 混凝土开裂后，水分容易进入从而为碱骨料反应创造了条件，同时，裂缝处溶出物集中处的碱度一般比较高，发生碱骨料反应的风险增加。

7 质量检验与验收

7.1 骨料碱活性及其他原材料质量检验

7.1.1 在勘察和选择骨料料场时进行岩石碱活性检验可以最大限度地选择有利于预防混凝土碱骨料反应的骨料料场，如果能排除采用碱活性骨料料场，则是预防混凝土碱骨料反应的最佳方案。在勘察和选择骨料料场时进行岩石碱活性检验时，最好在具有代表性的多个不同部位和未受风化影响的部位取样，在需要用岩石柱法检验碱-碳酸盐反应活性时，由于需要从三个方向钻取小圆柱体，所以样品应具有一定的厚度，最好各方向尺寸相近。

7.1.2、7.1.3 在预拌混凝土生产过程中，无论是商品混凝土搅拌站还是现场搅拌站，对于3000m³的供货量，骨料来源一般变化不大；经验表明，一旦确定某一区域或料场的骨料碱活性与否，相对是比较稳定的；另外，由于检验条件和检验时间的限制，不可能将检验批量规定得太小。

7.1.4 本条规定了骨料质量和抑制骨料碱-硅酸反应活性有效性检验的评定依据。

7.1.5 其他原材料的质量检验在现行国家标准《混凝土质量控制标准》GB 50164已有明确的规定，本规范不再重复引用。

7.2 混凝土质量检验

7.2.1 混凝土配合比是落实预防混凝土碱骨料反应技术措施的关键环节之一，因此，检查并核实施工配合比应体现在每个工作班的全过程中。

7.2.2 现行国家标准《混凝土质量控制标准》GB 50164明确规定了混凝土拌合物性能、硬化混凝土力学性能和耐久性能的检验规则。

7.2.3 本条规定了混凝土拌合物性能、硬化混凝土力学性能和耐久性能检验的评定依据。

7.3 工 程 验 收

7.3.1 预防混凝土碱骨料反应是针对混凝土工程，对于混凝土工程的验收，应符合现行国家标准《混凝土结构工程施工质量验收规范》GB 50204的规定。

7.3.2 对采用碱活性骨料或设计要求预防碱骨料反应的混凝土工程，落实本规范有关规定的技术工作应作为混凝土工程质量验收的内容之一。

附录A 抑制骨料碱-硅酸反应活性有效性试验方法

本试验方法源于ASTM C1567－08《确定胶凝材

料与骨料潜在碱-硅反应活性的标准测试方法》，与 ASTM C1567－08 原理一致。主要变动为：将用胶凝材料控制骨料碱-硅酸反应活性的判据由 0.1%调整为 0.03%，并规定了矿物掺合料的种类和掺量。变动的主要理由是：本试验方法是由快速碱-硅酸反应试验方法——快速砂浆棒法发展而来，不同的是本试验方法采用有矿物掺合料的胶凝材料，而快速碱-硅酸反应试验方法采用水泥。如果试验判据都是 0.1%，这会导致在很少矿物掺合料掺量的情况下也判定抑制骨料碱-硅酸反应活性有效，而采用很少的矿物掺合料掺量可能并不能满足实际工程中抑制骨料碱-硅酸反应活性的要求。

为了验证本试验方法的有效性，编制组组织四个实验室进行了验证和比对试验。结果表明：在胶凝材料中掺加规定的矿物掺合料可以显著抑制骨料的碱-硅活性；该试验方法具有良好的敏感性，能够分辨在胶凝材料中掺加矿物掺合料对抑制骨料碱-硅酸反应的有效程度；抑制骨料碱-硅酸反应及其试验方法的技术规律显著，稳定性良好。

本试验方法已经在采用碱活性骨料的混凝土工程的碱骨料反应预防过程中进行过应用。

中华人民共和国国家标准

铁合金工艺及设备设计规范

Code for design of ferroalloy process and equipment

GB 50735—2011

主编部门：中　国　冶　金　建　设　协　会

批准部门：中华人民共和国住房和城乡建设部

施行日期：２　０　１　２　年　６　月　１　日

中华人民共和国住房和城乡建设部
公　　告

第1218号

关于发布国家标准
《铁合金工艺及设备设计规范》的公告

现批准《铁合金工艺及设备设计规范》为国家标准，编号为GB 50735—2011，自2012年6月1日起实施。其中，第3.1.18、3.2.13、4.1.7、4.6.1、6.0.5、6.0.7、6.0.8条为强制性条文，必须严格执行

本规范由我部标准定额研究所组织中国计划出版社出版发行。

中华人民共和国住房和城乡建设部

二〇一一年十二月五日

前　　言

本规范是根据住房和城乡建设部《关于印发〈2009年工程建设标准规范制定、修订计划〉的通知》（建标〔2009〕88号）的要求，由中钢集团工程设计研究院有限公司会同有关单位共同编制而成的。

本规范在编制过程中，规范编制组学习了有关现行国家法律、法规、政策及标准；进行了调查研究，开展了必要的专题研究和技术论证；总结了多年的铁合金工艺及设备的设计经验；广泛征求了有关生产、设计、设备制造单位和大专院校的意见，对疑难问题进行了反复的研讨和修改，最后经审查定稿。

本规范共分6章，主要内容是：总则、术语、电炉法工艺及设备、金属热法工艺及设备、辅助设施和安全与环保。

本规范中以黑体字标志的条文为强制性条文，必须严格执行。

本规范由住房和城乡建设部负责管理和对强制性条文的解释，由中钢集团工程设计研究院有限公司负责具体技术内容的解释。在执行本规范过程中，如有意见或建议，请反馈给中钢集团工程设计研究院有限公司（地址：北京市海淀区海淀大街8号，邮政编码：100080，E-mail：yuxin@sinosteel.com)，以便今后修订时参考。

本规范主编单位、参编单位、主要起草人和主要审查人：

主编单位： 中钢集团工程设计研究院有限公司

参编单位： 中冶东方工程技术有限公司
中钢集团吉林铁合金股份有限公司
中钢集团吉林机电设备有限公司

主要起草人： 刘玉明　李玉亭　郭飞宇　李艳芬
李　静　郁　昕　赵琪琳　祖兴楹
王　刚

主要审查人： 郭启蛟　江学阁　邬生荣　曹志强
张曾蟾　杨志忠　张　烽　郭鸿发
幺　群　韩忠岳　常玉根　钱启英

目　次

Contents

1 总　　则

1.0.1　为确保铁合金工程建设做到技术先进、经济合理、安全适用、节能、环保等，制定本规范。

1.0.2　本规范适用于新建、改建、扩建铁合金工艺及设备工程的设计。

1.0.3　铁合金工艺及设备工程的设计除应符合本规范外，尚应符合国家现行有关标准的规定。

2 术　　语

2.0.1　矿热炉　submerged arc furnace

矿热炉又称为电阻炉。是利用电弧热和物料的电阻热，用碳质还原剂，还原冶炼矿石生产铁合金的一种炉型，其生产是连续进行的。

2.0.2　电极压放　electrode slipping

冶炼过程中，由于电极的耗损，需要每隔一定时间或根据炉况将电极向下压放一定的长度，以维持电极工作端长度的操作。

2.0.3　电极倒拔　electrode hoist

电极通过抱闸整体向上提起。

2.0.4　自焙电极　self-baked electrode

利用电流产生的电阻热，将块状电极糊在电极壳内局部焙烧成一个整体。

2.0.5　金属热法　metallothermics

用化学活性大的金属作还原剂，还原另一种氧化物，利用化学反应放出的热量制取合金的工艺方法。

2.0.6　摇包法　shaking ladle process

生产中、低碳锰铁及其他一些合金的一种方法。将预热的矿石、熔剂和液态合金一起加入到摇包中，进行摇动，利用炉料的显热和潜热使炉料融化，进行还原反应制得合金的方法。

3 电炉法工艺及设备

3.1 一般规定

3.1.1　铁合金矿热炉应向大型化、封闭型和计算机控制方向发展。

3.1.2　车间各工序选用的设备及辅助生产设施与公用系统应配套完善，工艺过程应流畅。

3.1.3　新设计冶炼车间应提高机械化和自动化水平、改善劳动条件。

3.1.4　选择机械设备时，应选择实用、安全、节能的设备，并应方便操作。

3.1.5　辅助设施应统一配备。

3.1.6　电极升降、压放和把持器液压缸在安装前应进行压力试验，并应将同类液压缸空载动作压力相近的组成一组，安装在同一根电极上。其垂直公差值不得大于0.50mm/m。

3.1.7　两节电极壳互相连接时，筋片上、下应对齐并连接，其电极壳与上抱闸端面的垂直度公差值，不应大于该段电极壳长度的2‰。采用连续焊接时，外表面焊缝焊后应磨平。

3.1.8　安装烟罩或炉盖时，其中心应与电炉中心重合，其同轴度公差值不得大于5mm。

3.1.9　烟罩或炉盖安装完毕应进行绝缘检查，其他单体部件应逐件检查，其绝缘电阻不应小于1.50MΩ，整体部件总绝缘电阻不应小于0.15MΩ，三相电极对地绝缘用电焊机检测时不应起弧。

3.1.10　压缩空气系统安装完毕应进行试压。试验压力应为正常工作时的使用压力的1.25倍，持续30min不得有渗漏。

3.1.11　冷却水系统应符合下列规定：

1　应能满足电炉各冷却部位的冷却要求。

2　供水压力应保持在0.3MPa～0.5MPa，进水总管应设有温度、压力测量装置。

3　回水各支管可设温度流量检测，并应在每根回水管的回水槽处设置标记。

4　每根冷却供水管接头上，均应设置压缩空气接头。

5　软管长度应能满足电极最大行程的要求。

6　管路安装完毕，应进行清洗，并应进行水压试验。

3.1.12　短网、把持器和进入烟罩内的料管，应用软化水冷却。

3.1.13　变压器的冷却，宜设置一个独立的冷却系统。

3.1.14　冷却水循环率不应低于95%。

3.1.15　炉底应强制冷却。

3.1.16　烟气余热、煤气应回收利用。

3.1.17　电炉产生的烟气，宜采用袋式除尘器。

3.1.18　**浇铸间必须采用铸造起重机。**

3.1.19　烧穿母线之间的连接应采用焊接，表面不得有污垢及金属氧化物。

3.1.20　放置时间超过一年的设备，安装前应进行拆洗、上油。已锈蚀的管道和焊接件，应除锈、刷漆。

3.1.21　液压介质应保持清洁，每月应至少过滤一次，每年应更换一次，介质温度应控制为－20℃～＋60℃。

3.2 工　　艺

3.2.1　矿热炉、精炼电炉车间的组成应符合下列规定：

1　矿热炉车间生产系统应由配料站、冶炼间

(包括变压器间及控制室)、浇铸间、精整间和炉渣处理系统等组成。

2 精炼电炉车间生产系统应由配料站、冶炼间(包括变压器间及控制室)、浇铸间和精整破碎间等组成。

3.2.2 矿热炉日生产能力应按下式计算：

$$Q=P \cdot K_1 \cdot K_2 \cdot \cos\varphi \cdot T/W \quad (3.2.2)$$

式中：Q——电炉生产能力(t/d)；

P——变压器额定容量(kV·A)；

K_1——变压器功率利用系数，取0.95～1.00，容量25000kV·A以上的电炉取0.95，年工作日330d～335d；

K_2——电网电压波动系数，取0.95～1.00，容量25000kV·A以上的电炉取0.95，年工作日330d～335d；

$\cos\varphi$——功率因数，二次侧补偿后取0.85～0.93；

T——电炉日生产时间，取24h；

W——产品单位电耗(kW·h/t)。

3.2.3 矿热炉变压器容量应按下式计算：

$$\rho=\frac{Q \cdot W}{24T\cos\varphi K_1 \cdot K_2} \quad (3.2.3)$$

式中：ρ——需要变压器的额定容量(kV·A)；

Q——年需要产量(t/a)；

K_1——变压器功率利用系数，取0.95～1.00；

K_2——电网电压波动系数，取0.95～1.00；

$\cos\varphi$——功率因数，二次侧补偿后取0.85～0.93；

W——产品单位电耗(kW·h/t)。

T——电炉年工作天数，取330d～335d。

3.2.4 精炼电炉年生产能力应按下式计算：

$$Q=1440G \cdot N/T \quad (3.2.4)$$

式中：Q——年产量(t)；

G——炉出铁量(t)；

N——年工作天数(d)；

T——炉冶炼时间(min)。

3.2.5 矿热炉变压器宜采用高网压、低阻抗、有载调压。

3.2.6 矿热炉年工作日不得少于330d，精炼电炉年工作日不得少于300d。

3.2.7 配料、电极控制和除尘系统应采用程序控制或分布式控制。

3.2.8 采用计算机配料时，应将不同的原料分层铺设在皮带机上，重量误差应控制在1%以内，对前后批料误差应进行补偿。

3.2.9 块状物料的下料管内径不应小于最大物料直径的3倍，且不应小于350mm，料管与水平线夹角不应小于50°。

3.2.10 冶炼不同产品时的电极截面电流密度的确定，应符合下列规定：

1 冶炼硅铁时，应为5.50A/cm²～6.00A/cm²。

2 冶炼硅钙合金时，应为7.00A/cm²～8.00A/cm²。

3 半封闭或封闭电炉冶炼高碳锰铁或锰硅合金时，应为5.80A/cm²～7.00A/cm²。

4 冶炼高碳铬铁及硅铬合金时，应为6.00A/cm²～6.50A/cm²。

3.2.11 导电铜管的电流密度宜采用3A/mm²。

3.2.12 电极压放应采取程序控制，并应勤压少压，每次压放量不得大于25mm，电极压放时间及压放量应有记录。停炉后再启动，电极功率没有恢复到满负荷时，不得压放。

3.2.13 倒拔电极时，必须先松开铜瓦，不得带电操作。

3.2.14 封闭电炉炉盖上应设置温度测量计、压力测量计、防爆孔，烟道上应设置氢气测量仪及报警装置。各操作平台应设置一氧化碳检测仪及报警装置。

3.2.15 封闭电炉的炉内压力应控制在±20Pa，炉气中氢含量应低于2%。

3.2.16 封闭电炉炉气中含氧量应小于2%。

3.2.17 炉底应设置不少于3个温度测量点，测量范围应控制在0～900℃。

3.2.18 生产中、低碳锰铁，电炉金属锰和中、低、微碳铬铁时，应采用热装热兑工艺。

3.2.19 铁水粒化应设置缓冲模。

3.2.20 选用炉体旋转式矿热炉时，应符合下列规定：

1 采用变频电机时，可绕垂直轴线360°旋转或120°往复。

2 宜采用齿轮传动加销齿传动的大减速比传动方式。

3 旋转驱动装置宜设置在0.00m以下。

3.2.21 矿热炉、精炼炉应依据冶炼品种和炉渣碱度要求，选择不同的炉衬。炉渣碱度大于1.0时，宜采用镁质或碳质炉衬；炉渣碱度小于1.0时，宜采用碳质炉衬。

3.2.22 大型铁合金矿热炉铁水宜采用浇铸机浇铸。

3.2.23 矿热炉生产主要产品电耗及原料消耗应符合表3.2.23的要求。

3.2.24 冶炼不同产品时其元素回收率应符合表3.2.24的要求。

表 3.2.23 产品电耗及原材料消耗指标

消耗指标 产品名称	冶炼电耗（kW·h/t）	硅石（kg/t）	碳质还原剂（kg/t）	钢屑/铁鳞（kg/t）	锰矿（kg/t）	富锰渣（kg/t）	白云石（kg/t）	石灰（kg/t）	铬矿（kg/t）	粒化碳素铬铁（kg/t）	备注
75%硅铁	8500	1900	1000	230/330	—	—	—	—	—	—	—
高碳锰铁	2600	—	500	—	3000	—	—	500	—	—	矿石含 Mn38%
高碳铬铁	3200	100	450	—	—	—	—	—	1900	—	矿石含 $Cr_2O_3$40%
锰硅合金	4200	300	550	—	2000	含 Mn 36%：800	100	—	—	—	矿石含 Mn34%
硅铬合金	4800	950	430	60	—	—	—	10	—	560	—
纯净硅铁	11000	2000	1000	铁鳞：306	—	—	—	—	—	—	—
硅钙合金	11000	2000	焦炭：1100 木炭：170	—	—	—	—	1000	—	—	含 Ca28%，含 Si60%
中、低碳锰铁	580（热装）	—	—	—	1600	锰硅合金：1050	—	1000	—	—	矿石含 Mn36%
电炉金属锰	1750	—	—	—	高硅锰硅：650	1800	—	2000	萤石：180	—	富锰渣含 Mn45%
中、低碳铬铁	1800	—	—	—	—	—	—	1400	1500	硅铬合金：620	—
高硅锰硅	6000	700	焦炭：450 木炭：550	—	—	含 Mn 45%：1700	—	60	—	—	—

表 3.2.24 不同产品元素回收率

产品名称	元素回收率（%）	备注
75%硅铁	Si≥92	—
工业硅	Si≥85	—
电炉锰铁	Mn≥78	—
硅锰合金	Mn≥82	—
高碳铬铁	Cr≥92	—
硅铬合金	Cr≥94	—
中、低碳锰铁	Mn≥80	—
电炉金属锰	Mn≥83	—
中、低碳铬铁	Cr≥80	—
硅钙合金	Si≥65，Ca≥35	Ca28，Si60
高炉锰铁	Mn≥82	—

3.3 设 备

3.3.1 新建铁合金企业应根据产品品种和规模选择合理的电炉容量和炉型。矿热炉宜采用 25000kV·A 以上容量。除需要炉口操作的电炉应采用矮烟罩外，其他品种宜采用全封闭炉型。精炼电炉宜采用 3500kV·A 以上容量。

3.3.2 矿热炉车间的主要设备选型应包括电炉容量及炉型、变压器供电方式、电极系统、电控方式、液压系统、冷却水系统、原料及配料上料设备、炉顶加料设备、出铁设备、浇铸设备等。

3.3.3 精炼电炉车间主要设备选型应包括电炉变压器、电炉设备、加料设备、热装设备、摇包、出铁设备和浇铸设备等。

3.3.4 封闭炉炉盖的净空高度不应小于其电极直径的 1.10 倍。

3.3.5 半封闭电炉烟罩高度及炉门开启尺寸应符合下列规定：

1 应能储存烟气瞬时高峰量。

2 出现电极断裂时，应能拉出电极。

3 应符合操作加料捣炉机的要求。

3.3.6 电炉短网应符合下列规定：

1 应按电流密度选择短网断面尺寸及载流能力，并应有短时过载能力，短网的电流密度宜控制在 $3A/mm^2 \sim 4A/mm^2$。

2 对地应有良好的绝缘性能。

3 应有良好的机械强度。

4 短网吊挂及穿墙器应采用隔磁材料并绝缘。

5 应减少短网电阻及自身的感抗，三相阻抗不平衡度应小于 5%。

3.3.7 矿热炉低压侧短网应采用水冷铜管和水冷电缆的结构形式。

3.3.8 电极和铜瓦之间的压强应控制在 0.09MPa～0.12MPa。

3.3.9 大型电炉铜瓦宜采用锻造，并应使用含铜 99.5%以上的材料，其厚度不应小于 70mm。

3.3.10 组合把持器的接触元件和压放单元应具有互换性。

3.3.11 铜瓦内表面应成组加工，并应确保与电极有良好的接触面。

3.3.12 矿热炉电极升降速度应控制在 0.50m/min，精炼电炉应控制在 0.40m/min～1.50m/min。

3.3.13 电极上、下抱闸应联锁。

3.3.14 电极的压放量应能在 0～100mm 范围内任意调整。

3.3.15 电极升降位置检测装置应由电极位置指示及二次显示仪表组成。

3.3.16 电炉烟罩、炉盖的水冷骨架和水冷盖板制造完毕后，应进行水压试验和水通路试验。试验压力应为0.6MPa，延续30min不得有泄漏，每条水通路应通畅。

3.3.17 炉盖、烟罩水冷骨架靠近电极处及电极周围的水冷盖板，应采用防磁不锈钢材料制造。水冷盖板下面应采用喷涂或预制耐火混凝土材料隔热，其厚度不应小于50mm。

3.3.18 烟罩、炉盖与把持器、料管之间应有良好密封。

3.3.19 导电铜管与铜瓦的连接宜采用压合式锥形插口结构形式，铜管壁厚不应小于10mm。

3.3.20 导电管宜分两段制造，一段应与水冷电缆相连，另一段应与铜瓦相连。两段间应采用焊接，连接处的间隙应用307银铜焊条焊接填缝。

3.3.21 液压系统应符合下列规定：

1 液压站、蓄能器和液压管路应设置压力阀和截止阀，蓄能器与油路之间应设置紧急开闭装置。

2 安装高压软管时，应能满足电极最大行程的要求，不得有扭曲。

3 排气阀应安装在管路系统的最上方。

4 液压系统的涂漆要求应按现行国家标准《工业管道的基本识别色、识别符号和安全标识》GB 7231的有关规定执行。

5 液压系统安装应符合现行行业标准《冶金机械设备安装工程施工及验收规范 液压、气动和润滑系统》YBJ 207的有关规定。

6 液压系统宜采用水乙二醇介质。

7 电炉液压系统安装完毕应进行试压，试验压力应为工作压力的120%，持续15min～20min不得有渗漏。

3.3.22 压力环式把持器元件不得采用易燃介质。

3.3.23 出现停电事故时，蓄能器应具备将电极提升一定高度的功能。

3.4 原 料

3.4.1 原料应符合下列规定：

1 入炉品位应符合冶炼不同品种的要求，不得混入泥土和污物。

2 化学成分应稳定。

3 大型电炉原料应进行预处理，入炉主要原料水分含量应小于5%。

4 碳质还原剂应根据电炉容量及冶炼品种选择。

5 硅石应有较好的热稳定性及良好的抗爆性。

3.4.2 铁质材料应符合下列规定：

1 钢屑应为碳素材质、清洁，含铁量应大于95%，不得混入有色金属、生铁屑或油污，入炉长度应小于100mm。

2 铁鳞（氧化铁皮）含全铁不应小于65%，粒度宜为3mm～5mm。

3 铁矿球团含全铁应大于65%，含硫应小于0.01%，粒度应为8mm～30mm。

3.4.3 各种原料应按冶炼技术条件要求进行破碎、筛分、干燥或烧结、球团等预处理，进入配料站的原料应为合格原料。

3.4.4 冶炼精炼合金时，矿物中不得夹杂炭质材料。

3.4.5 活性石灰，其成分应符合现行行业标准《冶金石灰》YB/T 042的有关规定。

3.4.6 矿石及熔剂应符合表3.4.6的要求。

表3.4.6 矿石及熔剂的主要技术条件

种类	化学成分（%）												粒度（mm）
	SiO_2	CaO	$CaCO_3$	Mn	Mn/Fe	Cr_2O_3	Cr_2O_3/FeO	T.Fe	Al_2O_3	P/Mn	S	P	
硅石	≥98	—	—	—	—	—	—	≤0.05	≤1.00	—	—	≤0.02	20～120，小于20的不大于5%
锰矿	—	—	—	≥32	≥5	—	—	—	—	≤0.002	—	—	10～80
富锰渣	—	—	—	≥28	—	—	—	≤3	—	—	—	≤0.02	10～60
铬矿	—	—	—	—	—	≥40	≥3	—	—	—	—	—	10～80
石灰石	—	—	≥95	—	—	—	—	—	—	—	≤0.1	—	20～80
石灰	—	≥85	—	—	—	—	—	—	—	—	≤0.1	≤0.02	20～80
白云石	—	$MgCO_3$>40	≥50	—	—	—	—	≤1.20	≤0.85	—	—	—	20～80

3.4.7 碳质还原剂应符合表 3.4.7 的要求。

表 3.4.7 碳质还原剂的主要技术条件

种类	化学成分（%）				常温电阻率（μΩ·m）	粒度（mm）
	固定碳	挥发分	灰分	硫		
冶金焦	>82	<2	<15	<0.60	>2000	5~40，小于5的不大于5%
蓝炭或气煤焦	>82	2~4	<10	<0.60	>2500	5~35
石油焦	90~95	5~10	0.15~0.50	—	—	5~30
烟煤	>60	20~30	5~8	<0.40	—	8~30
木炭	>75	15~20	2~3	—	—	20~120

3.4.8 各种原材料的储存天数应符合表 3.4.8 的要求。

表 3.4.8 原材料的储存天数（d）

原料供应地	储存天数
本省内	15
外省	30
进口	90~180
石灰	3（可依据各地湿度调整）

注：不同地区及不同原料来源可进行调整。

3.4.9 电极糊的理化指标应符合表 3.4.9 的要求。

表 3.4.9 电极糊的理化指标

种类 / 内容	密闭糊		标准电极糊			化工电极糊
	1号	2号	1号	2号	3号	
灰分（%）	≤4.00	≤6.00	≤7.00	≤9.00	≤11.00	≤11.00
挥发分（%）	12.00~15.50	12.00~15.50	9.50~13.50	11.50~15.50	11.50~15.50	11.00~15.50
抗压强度（MPa）	≥18.00	≥17.00	≥22.00	≥21.00	≥20.00	≥18.00
电阻率（μΩ·m）	≥65	≥75	≥80	≥85	≥90	≥90
体积密度（g/cm³）	≥1.38	≥1.38	≥1.38	≥1.38	≥1.38	≥1.38
延伸率（%）	5~20	5~20	5~30	15~40	15~40	5~25

3.5 车 间 布 置

3.5.1 车间总体布置应符合下列规定：

1 矿热炉车间主厂房宜采用多跨横向相连，应依次由电炉间（包括变压器间）、浇铸间和精整成品间组成。

2 精炼电炉车间应由原料、电炉、浇铸及成品精整工序组成，可单跨布置，也可多跨布置。

3 车间各工序应布置紧凑、安全，并应符合消防要求。原料间、烟气净化系统应靠近冶炼间布置。

4 煤气柜及煤气回收设施应设置在远离明火的地方，并应符合现行国家标准《建筑设计防火规范》GB 50016 的有关规定。

3.5.2 矿热炉间应包含生产过程中的上料、布料、下料、电极操作系统、电极糊的提升装置，以及出铁设施。

3.5.3 矿热炉间可设计成多层平台。每层平台还可设置局部平台。其厂房跨度、炉间距及各层平台的标高应依据电炉的容量确定。

3.5.4 车间的工艺布置应做到工艺顺行，物料走向应互不交叉，各工序作业应互不干扰。

3.5.5 设计变压器间时，应符合安装和检修变压器方便的要求，还应设置接地、泄油管道及事故油坑。

3.5.6 设置吊车的跨间两侧应设置贯通的安全走台，两端墙应设置检修平台。检修平台宽应为 1.50m，荷载应为 4.0kN/m²，安全走台宽应为 1.00m，荷载应为 2.0kN/m²。

3.5.7 各跨间门洞尺寸应满足车间内大型设备的进出要求。

3.5.8 设置吊车的跨间，厂房屋架上应设置吊车检修设施。

3.5.9 电炉车间主厂房屋面应能承受风、雨、雪、灰等动、静荷载，并应具备清灰条件。

3.5.10 矿热炉车间厂房及主要设备布置宜符合表 3.5.10 的要求。

表 3.5.10 矿热炉车间厂房及主要设备布置要求

内容	电炉容量（kV·A）	12500	16500~25000	30000~66000	备注
电炉间	跨度（m）	18~21	21~24	24~27	—
	电炉中心距（m）	24	24~30	30~36	—
	电炉外壳距变压器室（m）	4	4	4	—
	变压器出线端高出炉盖（m）	5	5	5	—
	起重机吨位（t）	5	5	5	—
浇铸间	跨度（m）	18~24	24~27	27~30	—
精整成品间	跨度（m）	18	21	24	—

3.5.11 电炉中心距端墙不得小于炉壳直径的 2 倍。

3.5.12 冲渣池距离厂房不得小于 6m。

3.6 粉尘及炉渣处理利用

3.6.1 炉渣应充分利用。应根据炉渣不同的用途采取不同的处理方式。渣中残留金属较多时，不宜采取水淬处理方式。炉渣中含有已还原成合金时，应先回收合金，再加以利用。

3.6.2 除尘回收的粉尘应综合利用。对含有用元素较高的粉尘，应采用处理后回炉利用。

4 金属热法工艺及设备

4.1 一般规定

4.1.1 新设计金属热法车间应提高机械化和自动化水平，改善劳动条件。

4.1.2 工艺流程应顺畅，辅助生产设施和公用设施应配套完善。

4.1.3 选择机械设备时，应实用、安全、节能，并应方便操作。

4.1.4 辅助设施应统一配备。

4.1.5 生产过程中易产生有害蒸气的设备应密闭。设备及厂房柱、梁、平台等应做防腐处理，地面应做防渗处理。排放时应符合现行国家标准《煤炭工业污染物排放标准》GB 20426 的有关规定。

4.1.6 生产设备不得发生跑、冒、滴、漏，漏出的液体应回收利用，不得排放。各工序洗涤水应循环使用。

4.1.7 设计铝粉生产车间时，雾化室必须设置泄压窗，并应符合现行国家标准《钢铁冶金企业设计防火规范》GB 50414 的有关规定。

4.2 工艺

4.2.1 车间生产系统应由原料加工间（包括配料系统）、焙烧间、浸取间、浓缩间、沉淀间、煅烧分解间和冶炼间等部分组成。

4.2.2 回转窑的生产能力应按下列公式计算：

$$G=60\frac{\pi\cdot D}{4}\varepsilon\cdot\gamma\cdot v \qquad (4.2.2\text{-}1)$$

$$v=\pi\cdot D\cdot i\cdot n \qquad (4.2.2\text{-}2)$$

式中：G——回转窑的生产能力（kg/h）；

D——回转窑砌砖后的内径（m）；

ε——回转窑的充满系数，取 0.05～0.12；

γ——物料的堆体积密度（kg/m^3）；

v——物料在窑内的移动速度（m/h）；

i——回转窑对地的倾斜率（%）；

n——回转窑的转数，取 0.5r/min～2.0r/min。

4.2.3 铬矿氧化焙烧时，物料温度应控制在 1100℃～1150℃，其惰性附加物应选用白云石。

4.2.4 铬酸钠的浸出温度应大于 90℃。

4.2.5 生成氢氧化铬时，铬酸钠溶液浓度应控制在 250g/L～350g/L，不应低于 200g/L。

4.2.6 生成氢氧化铬的反应温度应控制在 95℃以上。

4.2.7 洗涤氢氧化铬时，应采用逆流洗涤，最终洗涤液中含硫代硫酸钠应小于 1g/L。

4.2.8 分解氢氧化铬或煅烧三氧化二铬时，不得采用反射炉。煅烧温度应控制在 1300℃～1400℃。

4.2.9 冶炼金属铬时，单位炉料的反应热应控制在 3000kJ/kg。

4.2.10 采用回转窑焙烧钒渣时，其焙烧温度应控制在 800℃～900℃。

4.2.11 五氧化二钒的熔化温度应控制在 900℃～1000℃。

4.2.12 经水浸出后的钒残渣应进行二次焙烧。酸浸后的残渣含钒应小于 0.80%。

4.2.13 生产高钒铁时，炉渣碱度应控制在 2.0～2.2。冶炼温度宜控制在 1600℃～1650℃。

4.3 设备

4.3.1 在确定回转窑的设计参数前，所要焙烧的物料应经过焙烧试验。

4.3.2 回转窑的设计参数应符合下列规定：

1 窑体的倾斜角度宜为 3%～5%，短窑可取 6°。

2 窑的转数应控制在 0.50r/min～2.00r/min。

3 物料的充填系数应为 0.05～0.12，物料易焙烧时可取上限，不易焙烧时可取下限。

4 窑体钢板厚度宜为窑体内径的 0.6%～1%。

4.3.3 焊接回转窑时，应符合下列规定：

1 每节不应超过 4 个纵向焊缝和 1 个横向焊缝。

2 每节圆筒在焊接前应先调整椭圆度，其椭圆度公差应小于 5mm。每节的中心线都应垂直，圆筒的边线凹凸不平度不应大于 1mm。

3 筒体钢板厚度大于 15mm 时，应采用 V 形或 X 形焊缝，其间隙应控制在 3.5mm～4mm，其焊缝强度系数不得小于 0.90。

4 每节圆筒长度公差应小于 5mm，椭圆度公差应为窑体内径的±0.2%。

5 每节的长度公差应在总长度的 1/3000 范围内。

6 两节互相铆接时，其平接缝间隙不得大于 0.50mm。

7 两节直径误差及偏心率不得大于 3mm。

4.3.4 安装回转窑时，应符合下列规定：

1 大齿轮与小齿轮的节圆线之间应有 3mm～4mm 的间隙。

2 大齿轮中心、托圈中心与窑体中心应为同一圆心。

3 安装托圈时，应保持径向间隙相等，其偏差应小于 2mm，轴向振摆应小于 2mm。

4 托轮安装就位后，其斜面应按要求进行校正。

4.3.5 回转窑的制造和安装应符合现行国家标准《机械设备安装工程施工及验收通用规范》GB 50231

的有关规定。

4.3.6 回转窑的砌筑应符合下列规定：

1 新窑应待窑体安装完毕，经过（2～3）昼夜空转并进行调整，并应在合格后再开始砌砖。

2 耐火材料从化学成分至外形尺寸应符合设计要求。

3 窑衬砌好并烘干后，应进行二次空转，并应进行调整，应在不同转数下运转36h，并应在合格后再进行升温烘窑。

4 窑应在空负荷下运转48h，应在一切正常时再投料使用。

4.3.7 压力容器设备的设计应由具备压力容器设计资格证书的人员进行，设备制造单位也应具备相应的资格，并应符合现行行业标准《压力容器压力管道设计许可规则》TSGR 1001的有关规定。

4.3.8 压力容器设计应符合现行国家标准《压力容器》GB 150.1～150.4的有关规定。

4.3.9 输送溶液的管道直径应按最大流量确定。

4.4 原 料

4.4.1 生产金属铬所用的原料应符合下列规定：

1 铬精矿含三氧化二铬不应小于42%，铬铁比不应小于2.50。

2 中间产品三氧化二铬含量不应小于94%，硫应小于0.01%，二氧化硅应小于0.60%，三氧化二铁应小于0.20%，铝不应大于0.0054%，粒度应小于3mm。

3 铝粉含铝应大于98.5%，硅应小于0.20%，三氧化二铁应小于0.25%，铅应小于0.0005%，砷应小于0.0005%，粒度0.10mm～1.00mm应大于90%，1mm～3mm应小于10%。

4 硝石含硝酸钠应大于98.5%，水分应小于2%，不得受潮，使用时应烘干。

4.4.2 粉磨铬矿时，进球磨机的铬矿粒度宜控制在30mm，球磨机的粉磨粒度宜控制在80%通过170目。

4.4.3 钒渣的粉磨粒度宜控制在80%通过120目。

4.4.4 钒渣经磁选后含铁应小于5%。

4.4.5 铝热法生产钒铁，其原料应符合下列规定：

1 五氧化二钒，五氧化二钒应大于95%，磷应小于0.05%，硫应小于0.035%，碳应小于0.05%。

2 铝粉，含铝应大于98.5%，硅不应大于0.20%，粒度应小于3mm。

3 钢屑，含碳应小于0.50%，磷应小于0.03%，粒度应为10mm～15mm。

4 石灰，含氧化钙应大于85%，磷应小于0.015%，粒度应为5mm。

4.4.6 生产高钒铁，其原料应符合下列规定：

1 五氧化二钒，五氧化二钒应大于80%，磷应小于0.01%，硫应小于1.0%，应呈片状，厚度应为3mm～6mm，块度应为100mm。

2 硅铁，含硅应大于72%，磷应小于0.05%，粒度应为20mm～40mm。

3 粒状铝，含铝应大于92%，粒度应为20mm。

4 石灰，含钙应大于85%，磷应小于0.015%，粒度应为30mm～50mm。

5 钢屑，含碳应小于0.5%，磷应小于0.03%，粒度应为20mm～50mm。

4.5 车间布置

4.5.1 金属热法生产车间的厂房宜采用多跨纵向，应依次由原料间（包括干燥、破碎、配料和混料）、焙烧间、浸出间、沉淀洗涤间、熔化煅烧间及冶炼间组成。

4.5.2 浸出间及沉淀洗涤间厂房应做防腐处理，地面应做防渗处理。厂房柱梁宜采用防腐钢结构。

4.5.3 金属热法车间的工艺布置流程应顺行，并应减少管道的输送距离和弯曲。

4.5.4 在多层管架上布置管道时，输送易燃物质的管道应布置在其他管道的上方，输送有腐蚀性物质的管道应布置在其他管道的下方。输送不同介质的管道应涂不同的颜色，并应符合现行国家标准《钢铁冶金企业设计防火规范》GB 50414和《工业管道的基本识别色、识别符号和安全标识》GB 7231的有关规定。

4.6 炉渣处理及利用

4.6.1 含六价铬的浸出渣必须进行还原处理，堆放时不得有渗漏。

4.6.2 含六价铬渣可作为熔剂加入烧结矿中，并应通过冶炼进行还原处理。

4.6.3 生产金属铬的冶炼渣可用作打结炉衬。

5 辅助设施

5.1 供 水

5.1.1 铁合金车间各部位用水应符合下列规定：

1 工业用水应符合表5.1.1-1的要求。

表5.1.1-1 工业用水

水质硬度	<100mg/L（含CaO）
悬浮物含量	混合水<100mg/L， 净循环<50mg/L
pH	6～8
进水温度	<35℃
出水温度	<43℃
水压	0.30MPa

2 电炉冷却软化水应符合表 5.1.1-2 的要求。

表 5.1.1-2 电炉冷却软化水

进水温度	<50℃
出水温度	<65℃
温差	≤15℃
水压	0.30MPa

3 变压器用低温冷却水应符合表 5.1.1-3 的要求。

表 5.1.1-3 变压器用低温冷却水

进水温度	<35℃
水压	不得高于 0.15MPa

4 二次侧母线用水应符合表 5.1.1-4 的要求。

表 5.1.1-4 二次侧母线用水

进水温度	<30℃
出水温度	不大于 38℃

5 冷却用软化水技术条件应符合表 5.1.1-5 的要求。

表 5.1.1-5 冷却用软化水技术条件

序号	部位与数据 / 项目	电炉冷却软水	管式短网冷却软水	直流变压器除盐水
1	硬度（dH°）（德国度）	<3	<1	<0.1
2	悬浮物含量（mg/L）	<50	<20	微量
3	pH 值（25℃）	6～8	7～8.5	7～9
4	氯离子（Cl^-）（mg/L）	<50	<5	1
5	硫酸离子（SO_4^{2-}）（mg/L）	<50	<5	—
6	M 碱度（$CaCO_3$ 计）（mg/L）	<60	<5	1
7	总含盐量（mg/L）	<400	少量	微量
8	含铁量（Fe 计）/（mg/L）	<2	少量	微量
9	硅酸盐（SiO_2 计）（mg/L）	<6	少量	0.1
10	油脂（mg/L）	2～5	<1	<1
11	电导率（25℃）（μS/cm）	<500	<20	≤10

5.1.2 生产循环冷却水用量除应按各用水点用水量的总和计算外，应留有余量。电炉冷却水系统应有 30min 的事故供水能力，其供水量不应小于正常用水量的 1/3。

5.1.3 电炉安全供水，宜采取双回路供水。

5.2 供电及自动化仪表

5.2.1 矿热炉变压器应为有载调压，每台单相变压器的电压应能单独调节，补偿后的功率因数不应低于 0.90。

5.2.2 电炉变压器间内墙与变压器外部轮廓的最小距离应符合下列规定：

1 前墙（靠电炉）应为 0.80m。

2 侧墙和后墙应为 1.20m。

5.2.3 一类负荷应设置安保电源。

5.2.4 计算机过程控制系统应设置应急电源。

5.2.5 电炉的供水设施应双回路供电。

5.2.6 中央变电所应靠近电炉车间。

5.2.7 金属热法生产工艺，原料处理及运输工序的电气设备应进行联锁，启动和停止应有延时。

5.2.8 回转窑的驱动装置应采用双回路供电。

5.3 建 筑 结 构

5.3.1 矿热炉炉口操作平台的炉子周围均载应按 20kN/m² 设计，其余平台均布荷载应按 5kN/m² 设计。烟罩或炉盖压在平台上或设置捣炉机时，应按实际荷载设计。

5.3.2 电炉变压器间的短网出线开孔应采取绝缘和防电磁感应措施，范围不应小于 800mm。

5.3.3 车间内，凡易受到铁水、渣热辐射影响的平台、梁、柱及其他建筑物，均应采取隔热保护措施。

5.3.4 原料间需设置料坑时，应做防水（渗）处理，料坑侧壁及底部应采取防碰撞措施。

5.3.5 设计带式输送机通廊时，应符合下列规定：

1 通廊两侧均设人行道时，人行道净宽不应小于 0.8m；一侧设人行道时，净宽不应小于 1.3m；通廊净空高度不应低于 2.2m。

2 通廊人行道坡度 6°～12°时，应设置防滑条；坡度大于 12°时，应设置踏步。

5.3.6 冶炼间和浇铸间应设置天窗。

6 安全与环保

6.0.1 设计单位必须严格按照国家有关环境保护法的要求进行设计。

6.0.2 铁合金厂厂址与水源地、自然保护区、风景名胜区、居民区等的距离不得小于 1km，并应处于主导风向的下风向。

6.0.3 在符合生产要求的前提下，总图布置时应将污染严重的设施布置在远离非污染区域。

6.0.4 安全与环保设施应与建设项目同时设计、同时施工、同时投产使用。

6.0.5 封闭电炉煤气回收系统必须设置防爆装置。

6.0.6 煤气回收系统及使用装置的设置和设计应符合现行国家标准《工业企业煤气安全规程》GB 6222 的有关规定。

6.0.7 铝粉生产车间严禁使用产生火花的设备和工具，必须采用防爆设备。铝粉生产车间的防火防爆设计应符合现行国家标准《建筑设计防火规范》GB 50016 的有关规定。

6.0.8 制取锰铁粉、硅铁粉和硅钙粉时，必须采取防爆措施。

6.0.9 设备的运转部位、电器导电部位应设置安全防护罩，并应符合现行国家标准《机械安全—防护装置—固定式和活动式防护装置设计与制造一般要求》GB/T 8196 的有关规定。

6.0.10 地下沟、管、坑、井应加装牢固的盖板，并应设置安全提示标识。

6.0.11 易燃易爆、有毒有害、高温高压等危险场所应设置安全警告警示标识及安全防护设施。

6.0.12 手动控制台或控制室应设置警告标志。

6.0.13 对产生噪声的设备应加装隔音设施，并应符合现行国家标准《工业企业噪声控制设计规范》GBJ 87 的有关规定。厂界噪声应符合现行国家标准《工业企业厂界环境噪声排放标准》GB 12348 的有关规定。

6.0.14 生产过程中产生烟尘及扬尘的部位，应设置排烟除尘设施。

6.0.15 凡有有害气体产生的工序，设备应密闭，废气不得排入车间。

6.0.16 生产中产生的固体废弃物应分类堆放。一般工业固体废弃物堆放场应符合现行国家标准《一般工业固体废物贮存、处置场污染控制标准》GB 18599 的有关规定。危险废物堆放场地应符合现行国家标准《危险废物贮存污染控制标准》GB 18597 的有关规定。

6.0.17 铁合金烟气的排放标准应符合现行国家标准《工业炉窑大气污染物排放标准》GB 9078 的有关规定。

6.0.18 生产过程中产生的废水应经过无害化处理。废水排放标准应符合现行国家标准《钢铁工业水污染物排放标准》GB 13456 的有关规定。

6.0.19 按现行国家标准《污水综合排放标准》GB 8978 的有关规定，污水排放中含有第一类污染物，应在车间设置排水井，车间主要污染源应安装在线监测设备。

6.0.20 职业场所的化学有害因素指标应符合现行国家有关工作场所化学有害因素职业接触限值的规定。

6.0.21 选择无害化处理方案时，不应造成二次污染。

本规范用词说明

1 为便于在执行本规范条文时区别对待，对要求严格程度不同的用词说明如下：

1）表示很严格，非这样做不可的：
正面词采用“必须”，反面词采用“严禁”；

2）表示严格，在正常情况下均应这样做的：
正面词采用“应”，反面词采用“不应”或“不得”；

3）表示允许稍有选择，在条件许可时首先应这样做的：
正面词采用“宜”，反面词采用“不宜”；

4）表示有选择，在一定条件下可以这样做的，采用“可”。

2 条文中指明应按其他有关标准执行的写法为：“应符合……的规定”或“应按……执行”。

引用标准名录

《建筑设计防火规范》GB 50016

《机械设备安装工程施工及验收通用规范》GB 50231

《钢铁冶金企业设计防火规范》GB 50414

《工业企业噪声控制设计规范》GBJ 87

《压力容器》GB 150.1～150.4

《工业企业煤气安全规程》GB 6222

《工业管道的基本识别色、识别符号和安全标识》GB 7231

《机械安全　防护装置　固定式和活动式防护装置设计与制造一般要求》GB/T 8196

《污水综合排放标准》GB 8978

《工业炉窑大气污染物排放标准》GB 9078

《工业企业厂界环境噪声排放标准》GB 12348

《钢铁工业水污染物排放标准》GB 13456

《危险废物贮存污染控制标准》GB 18597

《一般工业固体废物贮存、处置场污染控制标准》GB 18599

《煤炭工业污染物排放标准》GB 20426

《冶金机械设备安装工程施工及验收规范　液压、气动和润滑系统》YBJ 207

《冶金石灰》YB/T 042

《压力容器压力管道设计许可规则》TSGR 1001

中华人民共和国国家标准

铁合金工艺及设备设计规范

GB 50735—2011

条 文 说 明

制 定 说 明

《铁合金工艺及设备设计规范》GB 50735—2011，经住房和城乡建设部 2011 年 12 月 5 日以第 1218 号公告批准发布。

本规范制订过程中，编制组进行了短网电流密度、生产不同产品时炉渣碱度等问题的调查研究，总结了我国工程建设的实践经验，同时参考了国外为我国所做的设计数据。

为便于广大设计、施工、科研、学校等单位有关人员在使用本规范时能正确理解和执行条文规定，《铁合金工艺及设备设计规范》编制组按章、节、条顺序编制了本规范的条文说明，对条文规定的目的、依据以及执行中需注意的有关事项进行了说明。但是，本条文说明不具备与规范正文同等的法律效力，仅供使用者作为理解和把握规范规定的参考。

目　次

1 总　则

1.0.2 新建铁合金车间，可按本规范要求进行设计。旧有车间改建或扩建如果难以完全执行本规范，应根据具体条件执行，凡具备条件的都应执行本规范。

1.0.3 铁合金工程设计除执行本规范规定的内容以外，还应执行涉及的其他规范，如有关环保、安全、防火、节能等国家标准、规范。

3 电炉法工艺及设备

3.1 一般规定

3.1.3 铁合金冶炼车间属于高温、多烟尘区域，劳动强度较大，提高机械化水平、改善劳动条件更为重要。

3.1.5 为避免遗漏或重复设置，一些公用辅助设施应统一设置。

3.1.6 液压缸在安装前试压，可检查液压缸是否漏油。将空载动作相近液压缸组成一组，可做到提升高度相同。

3.1.9 烟罩或炉盖安装完毕，应进行绝缘检查，防止造成漏电损失或其他安全事故。

3.1.10 压缩空气系统安装完毕应进行试压，避免生产时出现泄漏或其他安全事故。

3.1.11 每根冷却水的回水管都应设置标记，可依据出水温度的变化，很快确定哪个被冷却部件出了问题，以便维修。

3.1.14 为了节能，冷却水应循环使用。依据《铁合金行业准入条件》的要求，循环率还应达到95%。

3.1.17 电炉烟尘电阻系数较大，用电除尘效果并不好，且建设费用及运行费用较高，故宜采用袋式除尘器。

3.1.18 浇铸间起重机经常用于吊运满罐的铁水和渣，如果用普通的起重机容易造成重大人身安全事故和设备损坏，故本条为强制性条文。

3.1.19 为减少供电线路中因电阻而增大的电流损耗，线路之间的连接应采用焊接，制作也简单。

3.2 工　艺

3.2.8 影响冶炼电耗指标的因素较多，配料准确、混料均匀非常重要。配料时炉料在皮带机上分层铺设，是混料均匀的关键。

3.2.12 压放电极时，应采取“勤压少压”的办法，每次压放量不得大于25mm。如果压放量过大，电极没有烧结好易产生软断。如果电极功率没有恢复到满负荷就压放也会造成电极断裂。

3.2.13 需要倒拔电极时，铜瓦必须松开。如果带电倒拔电极，会造成铜瓦与电极之间产生火花，不但会烧坏铜瓦造成停产，严重时还会造成人身安全事故。本条为强制性条文，必须严格执行。

3.2.15 封闭电炉必须要对烟气中的氢和一氧化碳进行检测。炉气中含氢量正常情况约2%，如果超过此值，一是说明入炉原料水分过高，二是可能炉内漏水。炉内压力应控制在±20Pa。如果炉内正压过大，煤气易溢出，压力过小，冷空气进入炉内过多易引起爆炸事故。

3.2.16 当封闭电炉炉气中含氧量大于2%时，表示密封不好。含氧量达到1%之前，就要停炉检查密封。当含氧量超过2%时，可能会产生爆炸。

3.2.17 炉底设置温度测量点，可以显示出炉子在加热阶段炉衬的温升和炉底的腐蚀情况。

3.2.18 生产中、低碳锰铁，电炉金属锰和中、低、微碳铬铁是在矿热炉、精炼炉和摇包中完成的，此种生产工艺可充分利用从矿热炉和精炼炉中带入的热能。同时也符合《铁合金行业准入条件》。

3.2.19 铁水粒化时，如不设缓冲模，当铁水流量较大时，不但粒化不好，还会造成喷溅。

3.2.20 采用变频电机可任意调节炉体的旋转速度，齿轮传动加销齿传动可实现大减速比，旋转炉体的传动装置布置在0.00m以下可降低厂房高度。

3.2.22 大型铁合金电炉铁水采用浇铸机浇铸，不但提高了机械化水平，而且浇铸出的金属块均衡，减少了破碎工序及损失。

3.3 设　备

3.3.4 封闭电炉要求控制炉盖的最低高度，是为了检修和处理电极事故有一定的空间。

3.3.8 电极和铜瓦之间的压强控制在0.09MPa～0.12MPa可确保电极与铜瓦之间有良好的电流通过。如果压力过小，易造成铜瓦与电极之间打火；压力过大，易将电极壳压瘪变形。

3.3.11 铜瓦成组一起加工，可以做到铜瓦与电极接触的弧面弧度保持一致，与电极接触面相同。

3.3.13 电极上、下抱闸联锁，可防止因误操作使上、下抱闸同时松开，造成下滑。

3.3.17 电极周围的水冷骨架和水冷盖板采用防磁不锈钢材料制造是为了避免产生涡流，防止设备因涡流而过热。

3.3.20 导电铜管分成两段制造比较容易，更换方便。采用锥形插口结构形式连接方便，间隙用307银铜焊条焊接填缝可减少电阻损失。

3.3.22 采用易燃介质时，一旦出现渗漏会引起燃烧。宜采用水乙二醇非燃介质，不易老化，使用安全。

3.4 原　料

3.4.2 要求钢屑为碳素材质，可避免有色金属进入合金并带到钢中而改变钢的性能。

3.4.3 进入原料库的原料应为合格原料，如果在原料库中再进一步加工，不但需要增加设备，破碎下的不合格物料还要再运出，又增加了运输量。

3.5 车 间 布 置

3.5.5 设计变压器间时，除应符合变压器安装、检修方便，还应符合变压器发生事故时，能很快将变压器油泄出并排出。

3.5.8 设置吊车的跨间，屋架上应设置吊挂装置，以供检修吊车时，吊挂起重设备。

4 金属热法工艺及设备

4.1 一 般 规 定

4.1.5 生产中产生的腐蚀性蒸气或水如果不处理直接排入车间，不但会对人的健康造成损害，也会对厂房造成腐蚀。

4.1.6 漏出的溶液都有一定的浓度，应回收利用。否则不但会造成金属元素的流失，同时也会对地下水造成污染。

4.1.7 铝粉生产车间，铝的粉尘遇到火花会引起爆炸，设计雾化室时，要考虑爆炸时的泄压面积。本条为强制性条文，必须严格执行。

4.2 工 艺

4.2.3 焙烧温度过高会造成炉料烧结而粘窑，降低了转化率。若用石灰石作惰性附加物，焙烧料中钙含量高，易生成难浸的铬酸钙。碳酸钙和碳酸镁的分解温度不同，若用石灰石会造成窑内后期焙烧料透气性差。

4.2.5 铬酸钠溶液浓度过高或过低，会在生成氢氧化铬过程中产生胶体，造成过滤困难。

4.2.6 生成氢氧化铬时的反应温度较低，生成的氢氧化铬含水分会较高，分子体积大，同时也易形成胶体。

4.2.8 为了减少污染，国家发改委在《铁合金行业准入条件》中，已明确规定了不得使用反射炉煅烧物料。

4.2.9 如果反应热过高，冶炼时就要多配加发热剂。相应又要多配加铝粉，并易造成喷溅。

4.2.13 炉渣碱度低会使硅的还原度下降，碱度高了易生成钒酸钙（$2CaO \cdot V_2O_5$），增加了硅还原五氧化二钒（V_2O_5）的难度。

4.3 设 备

4.3.1 回转窑设计参数的确定是依据所要焙烧的特定物料决定的。事先应进行试验确定物料需要的焙烧温度及物料达到某种温度需要的时间，从而确定物料需要在窑内的停留时间、产量等，最终确定窑的各个参数。

4.3.4 回转窑在运行过程中，大齿轮由于受热产生膨胀，安装时与小齿轮要留有 3mm～4mm 的膨胀间隙。

4.3.7 依据住房和城乡建设部的要求，压力容器的设计和制造应由经过专门培训并取得证书的人员来完成。

4.4 原 料

4.4.2 采用球磨机磨矿时，应严格控制进出球磨机的粒度。如果进球磨机的粒度过大，而出球磨机的粒度过细，超过限度，不但会增加球磨机的粉磨强度，同时会使球磨机的粉磨效率迅速降低。

4.4.4 经磁选后的钒渣如果含铁较高，焙烧时由于铁的氧化而放热，会使物料局部过热而结窑。

4.5 车 间 布 置

4.5.2 有腐蚀性气体溢出的车间，厂房柱、梁等采用钢结构，做防腐处理简单，持续时间长。

4.5.4 将输送易燃物质的管道布置在其他管道的上方，将输送腐蚀性物质的管道布置在其他管道的下方是考虑如果上述两种管道出现泄漏，不会对其他管道造成损伤。

4.6 炉渣处理及利用

4.6.1 六价铬会对环境造成很大的危害，渗透力很强。尤其是对地下水危害更大，因此浸取渣必须做还原无害化处理。处理前需要短时堆放时，其堆放地面必须要做防渗处理，避免因雨水的冲洗对地下水造成污染。本条为强制性条文，必须严格执行。

6 安全与环保

6.0.5 封闭电炉产生的一氧化碳泄漏出去，会对人身安全造成伤害，严重时会引起爆炸。本条为强制性条文，必须严格执行。

6.0.7 铝粉是易燃易爆物质，遇到火花会燃烧爆炸。本条为强制性条文，必须严格执行。

6.0.8 锰铁粉、硅铁粉和硅钙粉都是易燃易爆物质。本条为强制性条文，必须严格执行。

6.0.10 本条规定是必不可少的安全措施。

6.0.11 本条规定是避免出现安全事故必不可少的措施。

中华人民共和国国家标准

石油储备库设计规范

Code for design of petroleum storage depot

GB 50737—2011

主编部门：中 国 石 油 化 工 集 团 公 司
批准部门：中华人民共和国住房和城乡建设部
施行日期：2 0 1 2 年 5 月 1 日

中华人民共和国住房和城乡建设部
公　告

第 1158 号

关于发布国家标准《石油储备库设计规范》的公告

现批准《石油储备库设计规范》为国家标准，编号为GB 50737—2011，自 2012 年 5 月 1 日起实施。其中，第 4.0.6（1、2、3）、4.0.8、5.1.2、5.1.4、5.1.5、5.2.1、5.3.1、7.1.1、8.1.1、8.1.2、8.1.3、8.1.5、8.2.1 条（款）为强制性条文，必须严格执行。

本规范由我部标准定额研究所组织中国计划出版社出版发行。

中华人民共和国住房和城乡建设部

二〇一一年九月十六日

前　言

本规范是根据原建设部《关于印发〈2005 年工程建设标准规范制订、修订计划（第二批）〉的通知》（建标函〔2005〕124 号）的要求，由中国石化工程建设公司会同有关单位编制而成的。

本规范在编制过程中，编制组经广泛调查研究，认真总结实践经验，参考有关国际标准和国外先进标准，并在广泛征求意见的基础上，最后经审查定稿。

本规范共分 14 章和 2 个附录，主要技术内容是：总则，术语，基本规定，库址选择，库区布置，储运工艺及管道，油罐，消防设施，给排水及含油污水处理，电气，自动控制，电信，建、构筑物，采暖、通风和空气调节。

本规范中以黑体字标志的条文为强制性条文，必须严格执行。

本规范由住房和城乡建设部负责管理和对强制性条文的解释，由中国石油化工集团公司负责日常管理，由中国石化工程建设公司负责具体技术内容的解释。执行过程中如有意见或建议，请寄送中国石化工程建设公司（地址：北京市朝阳区安慧北里安园 21 号；邮政编码：100101），以便今后修改和补充。

本规范主编单位、参编单位、主要起草人和主要审查人：

主 编 单 位： 中国石化工程建设公司

参 编 单 位： 中国石化集团洛阳石油化工工程公司

大庆油田工程设计技术开发有限公司

主要起草人： 韩　钧　黄左坚　马庚宇　吴文革　武铜柱　张建民　于文迅　韩宇丽　陈伟业　谭立净　何龙辉　杜富国　李宏斌　王伏龙　陈月兰　宋承毅　张德发　王金国　董增强

主要审查人： 王惠勤　周家祥　孟庆海　王品强　傅伟庆　杨　森　张守彬

目　次

Contents

1 总　　则

1.0.1　为在石油储备库的设计中贯彻执行国家有关方针政策，统一技术要求，做到技术先进、经济合理、安全适用，制定本规范。

1.0.2　本规范适用于地上储存原油类型的国家石油储备库以及总容量大于或等于 $120\times10^4\text{m}^3$ 的企业石油库；本规范不适用于地下岩洞、地下盐穴、海上浮船、山洞、埋地等储存类型的石油储备库及成品油储备库的设计。

1.0.3　石油储备库的设计除应符合本规范的规定外，尚应符合国家现行有关标准的规定。

2 术　　语

2.0.1　国家石油储备库　national petroleum depot

国家投资建设的长期储存原油的大型油库。

2.0.2　企业石油库　commercial petroleum depot

企业自主经营的储存原油的大型油库。

2.0.3　石油储备库　petroleum depot

国家石油储备库和企业石油库的统称。

2.0.4　明火地点　fired site

室内外有外露火焰、赤热表面的固定地点。

2.0.5　散发火花地点　sparking site

有飞火的烟囱、室外的砂轮、电焊、气焊（割）等固定地点。

2.0.6　防火堤　dike

用于防止油罐泄漏的可燃液态物料外流和火灾蔓延的构筑物。

2.0.7　隔堤　intermediate dike

用于减少防火堤内储罐发生少量泄漏事故时的影响范围，而将一个储罐组分隔成多个分区的构筑物。

2.0.8　油罐组　a group of storage tanks

布置在一个防火堤内的一个或多个油罐。

2.0.9　油罐区　tank farm

一个或多个罐组构成的区域。以环绕油罐区的消防道路中心线为界。

3 基 本 规 定

3.0.1　石油储备库宜储存低凝原油。

3.0.2　原油的火灾危险性类别应划分为甲类。

3.0.3　储罐模数的确定应遵循安全、经济合理的原则。储罐单罐公称容量不宜小于 $10\times10^4\text{m}^3$。

3.0.4　石油储备库职工生活设施、维修设施宜依托社会。

3.0.5　石油储备库应有防止事故状态下原油及液体污染物流出库外的措施，并应将泄露的油品及液体污染物控制在库区较小的范围内。

3.0.6　石油储备库环境保护设计应符合现行国家标准《储油库大气污染物排放标准》GB 20950、《污水综合排放标准》GB 8978、《工业企业噪声控制设计规范》GBJ 87 及《工业企业厂界噪声标准》GB 12348 等有关标准的规定。

3.0.7　石油储备库劳动安全卫生设计应符合现行国家标准《建筑设计防火规范》GB 50016 及《爆炸和火灾危险环境电力装置设计规范》GB 50058 等有关标准及国家现行有关工业企业设计卫生标准、工作场所有害因素职业接触限值的规定。

3.0.8　石油储备库设计，应有效节约和合理利用能源，提高经济效益。

4 库 址 选 择

4.0.1　石油储备库的选址，应根据石油储备库所在地区的地形、地质、水文、气象、交通、消防、供水、供电、通信、可用土地和社会生活等条件，对可供选择的具体库址进行技术、经济、安全、环保、征地、拆迁、管理等方面的综合评价，选择最优建库地址。

4.0.2　石油储备库的选址，应根据储备石油应急加工需求以及接卸、运输原油的条件确定，宜设置在石油需求量大、炼油厂较为集中的地区及有可依托的输油管网和大型石油码头的地区。

4.0.3　石油储备库的选址，应符合当地城镇规划，宜选在自然条件有利于废气扩散、废水排放的地区，并宜远离其他环境敏感目标。

4.0.4　石油储备库应位于不受洪水、潮水或内涝威胁的地带，当不可避免时，应采取可靠的防洪、排涝措施。

4.0.5　石油储备库防洪标准应按重现期不小于 100 年设计。

4.0.6　石油储备库不应设在下列地区和区段内：

1　有土崩、活动断层、滑坡、沼泽、流沙、泥石流的地区和地下矿藏开采后有可能塌陷的地区，以及其他方面不满足工程地质要求的地区；

2　抗震设防烈度为 9 度及以上的地区；

3　蓄（滞）洪区；

4　饮用水水源保护区；

5　自然保护区；

6　历史文物、名胜古迹保护区。

4.0.7　石油储备库不宜建在抗震设防烈度为 8 度的Ⅳ类场地地区。

4.0.8　石油储备库与周围居住区、工矿企业、交通线等的安全距离，不得小于表 4.0.8 的规定。

4.0.9　除本规范表 4.0.8 注 1 特殊说明的外，表 4.0.8 中其他设施或设备的计算间距起讫点应符合本规范附录 A 的规定。

表 4.0.8 石油储备库与周围居住区、工矿企业、交通线等的安全距离

<table>
<tr><th rowspan="2">序号</th><th rowspan="2" colspan="2">名 称</th><th colspan="3">安全距离（m）</th></tr>
<tr><th>油罐区</th><th>油码头</th><th>油泵站</th></tr>
<tr><td rowspan="2">1</td><td rowspan="2">居住区及公共建筑物</td><td>≥100 人或 30 户</td><td>120</td><td>90</td><td>90</td></tr>
<tr><td><100 人或 30 户</td><td>90</td><td>75</td><td>75</td></tr>
<tr><td rowspan="3">2</td><td rowspan="3">工矿企业</td><td>大型企业</td><td>80</td><td>60</td><td>60</td></tr>
<tr><td>中型企业</td><td>70</td><td>55</td><td>55</td></tr>
<tr><td>小型企业</td><td>60</td><td>45</td><td>45</td></tr>
<tr><td>3</td><td colspan="2">国家铁路线</td><td>200</td><td>200</td><td>200</td></tr>
<tr><td>4</td><td colspan="2">工业企业铁路线</td><td>80</td><td>30</td><td>30</td></tr>
<tr><td rowspan="2">5</td><td rowspan="2">道路</td><td>公路、城市道路</td><td>100</td><td>100</td><td>100</td></tr>
<tr><td>其他道路</td><td>35</td><td>25</td><td>25</td></tr>
<tr><td rowspan="3">6</td><td rowspan="3">码头</td><td>油码头</td><td>60</td><td>0.25L，且不小于 55</td><td>45</td></tr>
<tr><td>货运码头</td><td>150</td><td>150</td><td>110</td></tr>
<tr><td>客运码头</td><td>300</td><td>300</td><td>225</td></tr>
<tr><td>7</td><td colspan="2">国家架空通信线路和通信发射塔</td><td>150</td><td>40</td><td>40</td></tr>
<tr><td>8</td><td colspan="2">架空电力线路、非国家架空通信线路和通信发射塔</td><td>1.5 倍杆（塔）高</td><td>1.5 倍杆（塔）高</td><td>1.5 倍杆（塔）高</td></tr>
<tr><td>9</td><td colspan="2">河（海）岸边</td><td>30</td><td>—</td><td>15</td></tr>
<tr><td>10</td><td colspan="2">露天爆破作业场地的爆破点</td><td colspan="3">500</td></tr>
</table>

注：1 油罐区从防火堤内顶角线算起；油泵房从泵房外墙轴线算起，露天油泵和油泵棚从泵体外缘算起；码头从所停靠设计船型的外缘算起，L 为相邻油船中较大油船的总长度；序号 10 的安全距离从储备库围墙算起。

2 工矿企业包括油库、石油化工企业和其他工业企业。毗邻的油库、石油化工企业的起算点应为明火地点、散发火花地点、油罐区的防火堤内顶角线、露天布置的易燃或可燃液体类设备、变配电设备、任何建筑物的外墙轴线；其他工矿企业的起算点应为工矿企业的围墙轴线。

3 对于电压 35kV 及以上的架空电力线路，序号 8 的距离除应满足本表要求外，且不应小于 40m。

4 如果露天爆破作业场地有限制碎石飞行距离的防护措施，序号 10 的距离可以适当减小，但不得小于 300m。

4.0.10 大、中、小型企业划分标准宜按本规范附录 B 执行。

5 库区布置

5.1 总平面布置

5.1.1 石油储备库内的各类设施，可根据需要按表 5.1.1 的规定布置。

表 5.1.1 石油储备库分区及设施布置

序号	分区	区内主要设施
1	生产区	油罐区、油泵站、罐组专用变配电所（间）、计量站、装卸码头、清管器收发设施等
2	辅助生产区	消防泵房、消防站、总变电所、配电间、维修间、器材库、锅炉房、化验室、污水处理设施等
3	库外管道	原油进库及外输管道、阀室、清管器收发设施等
4	行政管理区	办公室、传达室、汽车库、宿舍、浴室、食堂、控制室等

5.1.2 石油储备库内建筑物、构筑物之间的防火距离，不应小于表 5.1.2 的规定。

表 5.1.2 石油储备库内建筑物、构筑物之间的防火距离（m）

序号	建筑物和构筑物名称	油罐	油泵站	油码头	隔油池
1	油罐	应符合本规范第 5.1.4 条的规定	20	45	30
2	油泵站	20	12	15	20
3	油码头	45	15	0.25L，且不小于 55	30
4	隔油池	30	20	30	—
5	消防水池（罐）	35	15	35	25
6	消防泵房	40	30	40	30
7	办公室、控制室、专用消防站、宿舍、食堂等人员集中场所	60	30	60	50
8	变电所和独立变配电间	40	30	40	40
9	罐组专用变配电间	20	15	20	20
10	有明火及散发火花的建筑物	35	20	40	40
11	围墙	25	15	—	10
12	泡沫站	20	12	20	20
13	其他建筑物、构筑物	25	15	25	15

注：1 油码头从所停靠设计船型外缘算起；油泵房从泵房外墙轴线算起，露天油泵和油泵棚从泵体外缘算起，隔油池从池壁内侧算起；

2 L 为相邻油船中较大油船的总长度；

3 隔油池包括漏油及事故污水收集池。油罐组内的隔油池与油罐的距离可不受限制。

5.1.3 除本规范表 5.1.2 注 1 特殊说明的外，表 5.1.2 中其他设施或设备的计算间距起讫点应符合本规范附录 A 的规定。

5.1.4　一个罐组油罐总容量不应大于60×10^4m³。

5.1.5　油罐组内油罐之间的防火距离不应小于0.4D。两个油罐组相邻油罐之间的防火距离不应小于0.8D。油罐总容量大于240×10^4m³ 的石油储备库，应将储油区划分成多个油罐区，每个油罐区油罐总容量不应大于240×10^4m³。两个油罐区相邻油罐之间的防火距离不应小于1.0D。

注：D为相邻油罐中较大油罐的罐壁直径。

5.1.6　油罐不宜布置在性质差异较大的地基上。

5.1.7　消防泵房、专用消防站、变电所和独立变配电间、办公室、控制室、宿舍、食堂等人员集中场所与地上输油管道之间的距离小于15m时，朝向输油管道一侧的外墙应采用无门窗洞口的不燃烧体实体墙。

5.1.8　油泵和多个油罐组共用的隔油池应设置在防火堤外。

5.1.9　石油储备库内使用性质相近的建筑物或构筑物，在符合生产使用和安全防火的要求下，宜合并建造。

5.2　库区道路

5.2.1　每个油罐组均应设环行消防道路。

5.2.2　油罐组周边的消防道路路面标高应高于防火堤外侧地面的设计标高，其高度不宜小于0.5m。位于地势较高处的消防道路路堤高度可适当降低，但不应小于0.3m。

5.2.3　油罐区周边的消防道路宽度不应小于11m，其中路面宽度不应小于7m；油罐组之间的消防道路宽度不应小于9m，其中路面宽度不应小于7m；其他消防道路宽度不应小于6m。消防道路的内边缘转弯半径不应小于12m。

5.2.4　油罐中心与至少两条消防道路的距离均不应大于120m。当不能满足此要求时，油罐中心与最近消防道路之间的距离不应大于80m。消防道路与防火堤外堤脚线之间的距离不宜小于3m。

5.2.5　储备库通向库外公路的车辆出入口不应少于两处，并宜位于不同方位。

5.2.6　两个路口间的消防道路长度大于300m时，该消防道路中段应设置供火灾施救时用的回车场地，回车场不宜小于18m×18m（含道路）。

5.2.7　消防道路上方净空高度不应小于5m，纵坡不宜大于8%。

5.3　防火堤

5.3.1　油罐组应设防火堤。

5.3.2　防火堤内的有效容积，不应小于油罐组内一个最大罐的公称容积。

5.3.3　储罐至防火堤内堤脚线的距离不应小于罐壁高度的一半。

5.3.4　防火堤的计算高度应保证堤内有效容积需要。防火堤的实际高度应高于计算高度0.2m。防火堤的高度不应低于1m（以防火堤内侧设计地坪计），且不宜高于3.2m（以防火堤外侧设计地坪计）。

5.3.5　油罐组内应设隔堤，隔堤内油罐的数量应为1座，隔堤应是采用非燃烧材料建造的实体墙，高度宜为0.8m。

5.3.6　在占地、土质条件能满足需要的前提条件下，宜选用土筑防火堤，土筑防火堤堤顶宽度不应小于0.5m。在土筑堤无条件或困难地区，可选用其他结构形式的防火堤，但不得采用浆砌毛石结构。

5.3.7　防火堤耐火极限不应低于3h，若耐火极限低于3h时应采取在堤内侧培土或喷涂隔热防火涂料等保护措施；在耐火极限内，防火堤应能承受在计算高度范围内所容纳液体的静压力且不应泄漏。

5.3.8　管道穿越防火堤处应采用不燃烧材料严密填实。管道在靠近防火堤处应设固定管墩。

5.3.9　防火堤每一个隔堤区域内均应设置对外人行台阶或坡道，相邻台阶或坡道之间的距离不宜大于60m。台阶或坡道至地面高度大于或等于2m时，应设护栏。

5.4　竖向布置及其他

5.4.1　石油储备库场地设计标高，应符合下列规定：

1　库区场地应避免洪水、潮水及内涝水的淹没；

2　对于受洪水、潮水及内涝水威胁的场地，当靠近江河、湖泊等地段时，库区场地的最低设计标高，应比设计频率水位高0.5m及以上；当在海岛、沿海地段或潮汐作用明显的河口段时，库区场地的最低设计标高，应比设计频率水位高1m及以上；当有波浪侵袭或壅水现象时，尚应加上最大波浪或壅水高度；

3　当有防止石油储备库受淹的可靠措施且技术经济合理时，库区场地也可低于计算水位。

5.4.2　行政管理区、消防泵房、专用消防站、总变电所宜位于地势相对较高的场地上。

5.4.3　防火堤内应采用明沟排放雨水，在雨水沟穿越防火堤处应采取排水阻油措施。

5.4.4　石油储备库应设高度不低于2.5m的不燃烧材料的实体围墙，围墙下部0.5m高度范围内不应留有孔洞。行政管理区与生产区之间应设用不燃烧材料建造的围墙，围墙下部0.5m高度范围内应为无孔洞的实体墙。行政管理区应设单独对外的出入口。

5.4.5　石油储备库绿化面积不宜小于库区面积的12%。

6　储运工艺及管道

6.1　工艺流程

6.1.1　储备库工艺流程在满足各项作业要求前提下

应做到设计合理、调度灵活、投资节省、操作方便、有利于检修和事故处理，并应与依托系统良好衔接。

6.1.2 石油储备库的原油接卸、外输应充分依托现有原油码头和管输系统。

6.1.3 石油储备库应设有连通原油码头及应急用户（炼油厂等）的管道。

6.1.4 石油储备库工艺流程应满足下列主要作业要求：

1 接收外部来油进罐储存；

2 原油外输；

3 进、出库原油计量；

4 原油倒罐和抽罐底油。

6.2 油罐附件

6.2.1 油罐应设置量油孔、人孔和放水管等附件。

6.2.2 油罐应设液位计、温度计和高低液位报警仪表。

6.2.3 油罐进油管道控制阀门应采取高高液位自动联锁关闭措施。

6.2.4 油罐宜采取低低液位自动联锁停泵的措施。

6.2.5 油罐宜设置搅拌设备。

6.3 输油泵站

6.3.1 输油泵站应位于油罐组防火堤外，并宜采用地上式。

6.3.2 输油泵宜露天（包括泵棚）布置，在北方寒冷地区可设置泵房。

6.3.3 外输油泵宜多台并联或串联操作，并宜设置1台备用泵。

6.4 管道安装

6.4.1 石油储备库围墙以内的输油管道，宜地上敷设。

6.4.2 地上输油管道应敷设在管墩或管架上，并应设管托。

6.4.3 管道穿越、跨越道路时，应符合下列规定：

1 管道穿越道路处，其交角不宜小于60°，并应采取涵洞或套管或其他防护措施。套管的端部伸出路基边坡不应小于2m，路边有排水沟时，伸出水沟边不应小于1m。套管顶距道路路面不应小于0.6m。管道桥涵应充沙（土）填实；

2 管道跨越库内道路时，路面以上的净空高度不应小于5m。管架立柱边缘及管道附件凸出部分距道路边缘不应小于1m；

3 管道的穿越、跨越段上，不得装设阀门、波纹管或套筒补偿器、法兰、螺纹接头等附件。

6.4.4 管道与道路平行布置时，管架边缘及管道附件凸出部分距道路边缘不应小于1m。

6.4.5 管道与油罐连接应采用柔性连接。

6.4.6 管道之间的连接应采用焊接方式。有特殊需要的部位可采用法兰连接。

6.4.7 输油管道上的阀门，应采用钢制阀门。

6.4.8 钢管及其附件的外表面，应涂刷防腐涂层。埋地钢管应采取防腐绝缘或其他防护措施。

6.5 主要设备及器材选用

6.5.1 输油泵宜选用离心泵或螺杆泵。露天布置的泵机组应为户外型，并应具有自润滑、风冷性能。

6.5.2 工艺阀门的选择应符合下列规定：

1 阀门应选用钢制阀门；

2 通过清管器的阀门应选用全通径阀门；

3 需要经常操作的阀门应选用电动或气动等自动控制阀门，自动控制阀门除应能在现场操作外，也应能在控制室进行控制和显示状态。

4 选用的电动阀门或气动阀门应具有手动操作功能；公称直径小于或等于 *DN* 600 的阀门，手动关闭阀门的时间不宜超过 15min；公称直径大于 *DN* 600 的阀门，手动关闭阀门的时间不宜超过 20min。

6.5.3 油罐的搅拌设备可采用旋转喷射循环搅拌系统或侧壁叶轮搅拌器。

6.5.4 泵用过滤器宜选用篮式过滤器，过滤器的流通面积宜为接管截面积的5倍～7倍。

6.5.5 管道选用应符合下列规定：

1 输油管道的管径和壁厚的选择，应根据设计条件进行计算，并经技术经济比较后确定；

2 管径小于或等于 *DN*300 的管道，应选用满足现行国家标准《输送流体用无缝钢管》GB/T 8163 要求的无缝钢管。管径大于 *DN* 300 的管道，可选用满足现行国家标准《石油天然气工业输送钢管交货技术条件 第一部分：A级钢管》GB/T 9711.1或《石油天然气工业输送钢管交货技术条件 第二部分：B级钢管》GB/T 9711.2 要求的直缝或螺旋缝埋弧焊钢管；

3 管道设计使用寿命不应少于20年。

7 油 罐

7.1 一般规定

7.1.1 油罐应选用钢制浮顶罐。

7.1.2 油罐实际储存容量不宜小于油罐的公称容量。

7.1.3 公称容量大于 $10\times10^4 m^3$ 的油罐罐体应采用应力分析设计方法进行校核。

7.1.4 罐底腐蚀裕量不应小于2mm，罐壁腐蚀裕量不应小于1mm。

7.1.5 油罐应设置罐顶平台及盘梯等附件。

7.1.6 油罐的防雷、防静电设计应符合本规范第10.2节和第10.3节的有关规定。

7.2 材料选用

7.2.1 油罐用材料应符合油罐的使用条件，并应具有良好的焊接性能、加工性能及经济合理性。

7.2.2 油罐用材料若选用国外材料，应是国外油罐设计规范允许使用的材料。

7.2.3 油罐各部分所用材料应符合下列规定：

1 罐壁下部宜采用高强度钢板，罐壁上部由刚度确定厚度部分宜采用碳素结构钢，高强度材料和碳素结构钢之间可采用低合金钢过渡；

2 罐底边缘板所用材料应与底圈罐壁板相同，罐底中幅板宜采用碳素结构钢；

3 浮顶用钢板、型钢材料宜采用碳素结构钢。

7.3 罐底结构设计

7.3.1 罐底用钢板规格应考虑预制施工能力、经济合理性及运输条件，宜选用大规格钢板。

7.3.2 不包括腐蚀裕量的油罐罐底中幅板厚度不宜小于8mm，不包括腐蚀裕量的边缘板厚度不宜小于14mm。

7.3.3 罐底自身接头应采用带垫板的对接接头。

7.3.4 底圈罐壁板与罐底边缘板之间的T形接头的罐壁内侧角焊缝，其竖向焊脚尺寸，应等于底圈罐壁板和边缘板两者中较薄件的厚度，且不应大于13mm；其水平方向焊脚尺寸，宜取竖向焊脚尺寸的1.0倍～1.35倍，且焊趾部分应圆滑过渡。

7.4 罐壁结构设计

7.4.1 罐壁用钢板规格应考虑预制施工能力、经济合理性及运输条件，宜选用大规格钢板。

7.4.2 罐壁纵、环向接头应采用内壁对齐的对接接头，且焊缝坡口形式应满足自动焊的要求。

7.5 浮顶结构设计

7.5.1 浮顶应采用单盘式或双盘式的结构。浮顶的结构形式应根据建罐地区的气象条件、油罐操作条件、储存油品特性、用户要求等因素进行选择。

7.5.2 浮顶浮力计算应符合下列规定：

1 浮顶浮力应按油品密度700kg/m^{3}计算；

2 单盘设计安装高度，应按储存油品的实际密度计算。

7.5.3 单盘式浮顶的结构设计应满足下列条件：

1 当排水管失效时，浮顶应能承受24h内降水量为250mm的雨水载荷而不沉没；

2 在浮顶上没有雨载荷和活载荷的情况下，单盘板和任意两个浮舱同时泄漏时，浮顶应能漂浮在液面上不沉没；

3 在上述两种情况下，浮顶不发生强度和稳定性破坏。

7.5.4 双盘式浮顶的结构设计应满足下列条件：

1 当排水管失效时，浮顶应能承受24h内降水量为250mm的雨水载荷而不沉没；对设置紧急排水设施的浮顶，可不受此条件限制，但紧急排水设施的排水能力应满足浮顶上存留的积水荷载小于浮顶设计所采用的积水载荷的要求；

2 在浮顶上没有雨荷载和活载荷的情况下，浮顶任意两个浮舱同时泄漏时，浮顶应能漂浮在液面上不沉没；

3 在上述两种情况下，浮顶不发生强度和稳定性破坏。

7.5.5 在罐顶平台和浮顶之间应设置转动扶梯。在浮顶处于最低支撑位置时，转动扶梯与罐壁的夹角不应小于30°。

7.5.6 浮顶应设置浮顶排水系统，排水系统设计应符合下列规定：

1 排水管的直径和数量应根据建罐地区的降雨量确定，但数量不应少于2条；

2 浮顶排水系统应由单向阀、连接管、出口切断阀及挠性件或回转件等组成；

3 浮顶排水系统应采用结构合理、性能可靠、寿命长且有成熟使用经验的结构；

4 有暴雨的地区，浮顶应设置防止雨水超量聚积的紧急排水设施。紧急排水设施应具有防止储液倒流功能。

7.5.7 浮顶边缘应设置有效的边缘密封装置，并应符合下列规定：

1 密封装置应由一次密封和二次密封组成；

2 在浮顶外边缘板与罐壁之间的环形空间间距偏差为±100mm的条件下，一次密封及二次密封应仍能保持良好密封效果；

3 二次密封应设有密闭密封环形空间连续分布的油气隔膜。二次密封的紧固件应采用不锈钢；在腐蚀较严重的场合，二次密封的支撑板亦应采用不锈钢。

7.5.8 穿过浮顶的构件伸出浮顶上表面的高度，应保证在本规范第7.5.3、7.5.4条规定的条件下，油品不倒流到浮顶上。

7.5.9 浮顶和罐体之间应进行可靠的电气连接，并应符合本规范第10.2节和第10.3节的有关规定。

7.6 防腐设计

7.6.1 油罐罐壁外表面、罐壁内表面上下各2m高度、浮顶内外表面及油罐金属结构应采用涂料防腐保护，可维修部位的防腐涂层寿命应为7年～10年。

7.6.2 油罐底板上表面应采用涂层和牺牲阳极联合防护。

7.6.3 油罐底板下表面应采用涂层防护，必要时可采用涂层和阴极保护联合防护。罐底板下阳极的设计寿命不宜小于20年。

7.6.4 油罐底板边缘与基础结合处应设置可靠的防水设施。

7.6.5 油罐宜采用洁净淡水进行充水试验。当采用非洁净淡水作为充水试验介质时，应设置临时防护设施。

7.6.6 油罐的防腐尚应符合现行国家标准《钢质石油储罐防腐蚀工程技术规范》GB 50393的有关规定。

8 消防设施

8.1 一般规定

8.1.1 石油储备库应设消防设施。消防设施的设置，应根据储备库的具体条件与邻近单位的消防协作条件等因素确定。

8.1.2 油罐应设置固定式低倍数泡沫灭火系统。

8.1.3 油罐应设置固定式消防冷却水系统。

8.1.4 油罐的消防冷却水和泡沫系统应采用远程手动启动的程序控制系统，同时具备现场手动操作的功能。

8.1.5 石油储备库应设置火灾自动报警系统。

8.1.6 储备库消防综合能力应符合区域消防规划要求。

8.1.7 泡沫消防水泵和消防水泵宜集中设置。

8.2 消防给水

8.2.1 石油储备库应设独立的自动启动消防给水系统。

8.2.2 消防给水系统压力不应小于在达到设计消防水量时最不利点所需要的压力，并应保证每个消火栓出口处在达到设计消防水量时，给水压力不应小于0.25MPa。

8.2.3 消防给水系统应保持充水状态。

8.2.4 油罐组的消防给水管道应环状敷设；油罐组的消防水环形管道的进水管道不应少于2条，每条管道应能通过全部消防用水量。

8.2.5 储备库的消防用水量，应为下列用水量的总和：

1 扑救一个最大油罐火灾配置泡沫用水量；

2 冷却一个最大着火油罐用水量；

3 移动消防用水量120L/s。

8.2.6 油罐的消防冷却水供水范围和强度计算应符合下列规定：

1 着火罐应按罐壁表面积冷却，冷却水供给强度不应小于2.0L/（min·m^2）；

2 着火油罐的相邻油罐可不冷却；

3 应按实际的消防水管道及其他配置校核油罐实际的消防用水量。

8.2.7 安装在油罐上的固定消防冷却水管和喷头应符合下列规定：

1 油罐抗风圈或加强圈没有设置导流设施时，其下面应设冷却喷水环管；

2 冷却喷水环管上宜设置水幕式喷头，喷头布置间距不宜大于2m，喷头的出水压力不应小于0.2MPa；安装完成后的实际喷水量不宜超出设计计算水量的20%；

3 油罐冷却水的进水立管下端应设清扫口；清扫口下端应高于罐基础顶面，其高差不应小于0.3m；

4 消防水立管直径不宜超过DN 150；

5 消防水立管和水平管道连接时应设金属软管。

8.2.8 消防冷却水管道上应设控制阀和放空阀。控制阀应设在防火堤外，放空阀宜设在防火堤外。

8.2.9 消防冷却水供给时间不应少于4h。

8.2.10 消防冷却水泵的设置应符合下列规定：

1 当具备双电源条件时，消防冷却水主泵应采用电动泵，备用泵应采用柴油机泵；当只有单电源条件时，宜设1台电动消防冷却水泵，其余消防冷却水泵应采用柴油机泵；

2 消防冷却水泵应采用正压启动；

3 消防冷却水泵应设1台备用泵；备用泵的流量、扬程不应小于最大工作主泵的能力；

4 当石油储备库油罐规格形式单一时，消防冷却水泵宜采用2台，备用1台；油罐规格不一样时，消防冷却水泵应按不同油罐的计算消防水量配置，但总数不宜超过4台；

5 消防冷却水泵应设置在泵房或泵棚内；

6 消防冷却水泵的启动应为自动控制；

7 消防水泵应设置超压回流管道。

8.2.11 每台消防冷却水泵的吸水管宜单独设置，当几台消防冷却水泵的吸水管共用1根泵前主管道时，该管道应有不少于2条支管道接入消防水罐（池），且每条支管道应能通过全部用水量。

8.2.12 石油储备库应设置消防水储备设施，并应符合下列规定：

1 消防水储备宜采用钢罐，补水时间不应超过72h；

2 水罐数量不应少于2个，并应用带阀门的连通管连通。采用水池时，水池应分隔为两个池，并应用带阀门的连通管连通；

3 冬季最冷月平均气温低于0℃地区的水罐（池）应设防冻设施；

4 储备库附近有江、河、湖、海等合适的地面水源时，地面水源宜设置为储备库的应急消防水源。

8.2.13 消防水系统管道上应设置消火栓，并应符合下列规定：

1 消防水系统管道上所设置的消火栓的间距不应大于60m；

2 消火栓宜采用1.6MPa的地上消火栓；寒冷地区消防水管道上设置的消火栓应有防冻、放空措施。

8.2.14 消防水管道应采用钢管。油罐上消防水喷淋环管和立管宜分段预制后再内外热镀锌，沟槽式连接或法兰连接。

8.2.15 防火堤内的消防水支管道宜地上安装；防火堤外的消防水管道宜埋地设置。

8.2.16 埋地的消防水管道应采取防腐措施，但不宜采用石油沥青防腐方式。

8.2.17 消防水管道上用于自动控制的阀门阀体应为铸钢。

8.2.18 储备库的消防给水主管道宜与临近同类企业的消防给水主管道连通。

8.3 油罐的低倍数泡沫灭火系统

8.3.1 油罐的低倍数泡沫灭火系统设计，应执行现行国家标准《低倍数泡沫灭火系统设计规范》GB 50151的有关规定，并应符合本规范第8.3.2条～第8.3.17条的规定。

8.3.2 泡沫液混合比不宜低于3%，泡沫液宜选用水成膜型泡沫液。

8.3.3 泡沫混合液量，应满足扑救油罐区内最大单罐火灾所需泡沫混合液用量和为该油罐配置的辅助泡沫枪所需混合液用量之和的要求。油罐区泡沫站泡沫液的总储量除按规定的泡沫混合液供给强度、泡沫枪数量和连续供给时间计算外，尚应增加充满管道的需要量。

8.3.4 油罐需要的泡沫混合液流量，应按罐壁与泡沫堰板之间的环形面积计算。

8.3.5 用于扑救油罐火灾的泡沫混合液供给强度不应小于12.5L/（min·m^2），连续供给时间不应小于30min，单个泡沫产生器的最大保护周长按24m设计。

8.3.6 用于扑救液体流散火灾的辅助泡沫枪数量不应小于3支，每支泡沫枪的流量应按240L/min设计。其泡沫混合液连续供给时间应按30min设计。

8.3.7 油罐的泡沫产生器规格应相同，且应沿罐周均匀布置。

8.3.8 泡沫产生器喷射口宜设置在罐壁顶部。泡沫堰板高度应高于二次密封顶端0.3 m，且不应小于0.9 m；泡沫堰板与罐壁的间距宜为0.9 m～1.2 m。

8.3.9 石油储备库应设置泡沫站，泡沫站位置应满足在泡沫消防水泵启动后，将泡沫混合液输送到最远保护对象的时间小于或等于5min。

8.3.10 配置泡沫混合液用泡沫消防水泵的设置应符合下列规定：

1 泡沫消防水泵应单独设置，不应与消防冷却水泵共用；

2 泡沫消防水泵应设备用泵，宜1用1备，各设置独立的吸水管；备用泵的流量、扬程不应小于最大工作主泵的相应性能；

3 当具备双电源条件时，泡沫消防水主泵应采用电动泵，备用泵应采用柴油机泵；当只有单电源条件时，宜设1台电动泡沫消防水泵，其余泡沫消防水泵应采用柴油机泵；

4 泡沫消防水泵应正压启动；

5 泡沫消防水泵的压力和流量应满足各个泡沫站的需要；

6 泡沫消防水泵宜设置在泵房或泵棚内；

7 泡沫消防水泵的启动应采取自动控制方式；

8 泡沫消防水泵应设置超压回流管道。

8.3.11 泡沫站内泡沫混合装置宜采用平衡压力式泡沫比例混合流程。泡沫液泵应保证在设计流量下泡沫液供给压力大于最大进水压力，宜采用齿轮泵，密封或填充类型应适宜输送所选的泡沫液，其材料应耐泡沫液腐蚀且不影响泡沫液的性能；泡沫液泵应耐受时间不低于10min的空载运行。泡沫液泵宜采用电动泵，备用泵可采用柴油机拖动泵。泡沫液泵、平衡阀和比例混合器应为1用1备。

8.3.12 泡沫液储备量应在计算的基础上增加不少于50%的富裕量。泡沫液罐应使用不锈钢材料或其他符合水成膜泡沫液储存要求的材质。泡沫液罐宜采用卧式或立式圆柱形储罐，其上应设置液面计、排渣孔、进料孔、人孔、取样口、呼吸阀或带控制阀的通气管等设施。

8.3.13 泡沫站内应设置泡沫试验装置。

8.3.14 泡沫混合液管道应采用钢管。

8.3.15 泡沫混合液管道上用于自动控制的阀门阀体应为铸钢。

8.3.16 泡沫液管道应采用不锈钢管道。

8.3.17 配置泡沫混合液的泡沫消防水宜和消防冷却水共用消防水罐（池）。

8.4 灭火器材配置

8.4.1 石油储备库应配置灭火器。控制室、电话间、化验室宜选用二氧化碳灭火器，其他场所宜选用干粉型或泡沫型灭火器。

8.4.2 灭火器材配置应执行现行国家标准《建筑灭火器配置设计规范》GB 50140的有关规定，并应符合下列规定：

1 油罐组按防火堤内面积每400m^2应设1具8kg手提式干粉灭火器，当计算数量超过6具时，可设6具；

2 每个罐组应配备灭火毯4块，灭火沙2m^3；

3 应在管道桥涵、雨水支沟接主沟处、消防泵房、油泵站、变配电间等重要建筑物或设施以及行政管理区连接生产区的出入口等处配置灭火沙，每处不

应少于 $2m^3$。

8.5 消防站设计和消防车设置

8.5.1 石油储备库应设置专用消防站。消防站的位置，应能满足接到火灾报警后，消防车到达火场的时间不超过 5min 的要求。

8.5.2 消防站内消防车的数量和规格，应符合表 8.5.2 的规定；当符合本规范第 8.5.3 条的依托条件时，按依托情况可减少 1 辆消防车。

表 8.5.2 消防站内消防车的数量和规格

车型	介质	数量	人员配制	备　注
泡沫消防车	水/泡沫液	2	6人/辆	单台水和泡沫液量各不少于 6t
举高喷射消防车	水/泡沫液	1	6人/辆	泡沫液储量不少于 3t

8.5.3 石油储备库应和邻近企业或城镇消防站协商组成联防。联防企业或城镇消防站的消防车辆符合下列要求时，可作为油库的可依托消防车辆：

1 在接到火灾报警后 5min 内能对着火罐进行冷却的消防车辆；

2 在接到火灾报警后 10min 内能对相邻油罐进行冷却的消防车辆；

3 在接到火灾报警后 20min 内能对着火油罐提供泡沫的消防车辆。

8.5.4 消防站除应配置消防防护设施外，还应配置移动式泡沫——消防水两用炮 2 门，泡沫液灌装泵、泡沫钩管、泡沫枪等。

8.6 火灾自动报警系统

8.6.1 石油储备库消防站值班室应设专用的"119"受警电话，受警电话应可同时受理 2 个报警，并具备录音功能。消防站应设置无线通信设备。消防站应设置可以监控储备库各处摄像机的控制操作站。消防站内应设置广播系统。消防站内应设置警铃、警灯。

8.6.2 在油罐上应设置火灾自动探测装置，并应根据消防灭火系统联动控制要求划分火灾探测器的探测区域。当采用光纤型感温探测器时，光纤感温探测器应设置在油罐浮盘二次密封圈的上面。当采用光纤光栅感温探测器时，光栅探测器的间距不应大于 3m。

8.6.3 在办公楼、控制室、变配电所等火灾危险性较大或较重要的建筑物内应设火灾探测器、手动火灾报警按钮及声光警报器。在变配电所的电缆桥架上宜设线型感温探测器。在罐区周围道路旁应设手动火灾报警按钮及声光报警器。

8.6.4 火灾报警控制器宜设在有人值班的控制室、值班室内或易于观察到的场所。当火灾报警控制器设置在无人值班的场所时，其全部报警信息和控制功能除在本地火灾报警控制器实现外，还应上传至该区域的消防控制室和生产控制室实现。在石油储备库的消防控制室、消防站值班室和生产控制室，应设置中心报警控制器或控制终端，监控整个石油储备库的火灾报警信息。

9 给排水及含油污水处理

9.1 给　水

9.1.1 石油储备库的水源应就近选用地下水、地表水或城镇自来水。水源的水质应分别符合生活用水、生产用水和消防用水的水质标准。选用城镇自来水做水源时，水管进入原油储备库处的压力不宜低于 0.20MPa。

9.1.2 石油储备库的生产用水和生活用水宜合并建设。当在技术经济上不合理时，亦可分别设置。

9.1.3 石油储备库用水量的确定，应符合下列规定：

1 生产管理人员按三班考虑，生活用水量宜为(25～35) L/(人·班)，洗浴用水量宜为(40～60) L/(人·班)；

2 消防队员按二班考虑，按 200 L/(人·天)考虑用水；

3 生活用水和生产给水的小时变化系数按 2.5 设计。

9.1.4 消防、生产及生活用水采用同一水源时，水源供水能力应满足消防设计补充水量、生产用水量及生活用水量总和的 1.2 倍计算确定。

9.2 排　水

9.2.1 石油储备库的含油与不含油污水，应采用分流制排放。含油污水应采用管道排放；未被油品污染的地面雨水和生产废水可采用明渠排放，但在排出储备库围墙之前应设置水封装置。水封装置与围墙之间的排水通道应采用暗渠或暗管。

9.2.2 油罐脱水排水井上沿高度不应低于罐组地面 0.8m。

9.2.3 防火堤内的含油污水管道引出防火堤时，应在堤外采取防止油品流出罐组的切断措施。

9.2.4 含油污水管道应在下列各处设置水封井：

1 防火堤或建筑物、构筑物的排水管出口处；

2 支管与干管连接处；

3 干管每隔 300m 处。

9.2.5 石油储备库的污水管道在通过储备库围墙处应设置水封设施。

9.2.6 水封井的水封高度不应小于 0.25m。水封井应设沉泥段，沉泥段自最低的管底算起，其深度不应小于 0.25m。

9.2.7 雨水系统设计应符合下列规定：

1 适当加大雨水在罐组内的停留时间，降低雨水的设计流量；

2 罐区排出雨水宜采用明沟系统；

3 当雨水需要使用水泵提升排放时，雨水排出泵宜使用同一规格的水泵，雨水排出泵总数量不宜超过5台。

9.2.8 含油污水和含油雨水宜共用一个管道系统。

9.2.9 洗罐排水应单独处理，不应排入含油污水管道系统。

9.2.10 含油污水管道宜采用连续铸铁管道，纯水泥接口或采用球墨铸铁管道，耐油胶圈接口。也可以采用钢管或复合材料管，接口可以采用焊接或其他形式。

9.2.11 雨水排放如使用管道系统，雨水管道宜采用预应力钢筋混凝土管道、钢管或复合材料管。

9.3 污水和废物处理

9.3.1 生活污水应进行处理，达到排放标准后，可直接排放。如果污水处理有条件依托周边企业，也可送出库外处理。

9.3.2 含油污水处理宜依托周边企业的污水处理能力。如果确实不能依托，宜减小污水处理规模，加大缓冲设施能力。

9.3.3 处理含油污水的构筑物或设备，宜采用密闭式或加设盖板。

9.3.4 油罐总切水量宜根据原油年平均周转量的0.3%计算。

9.3.5 单罐含油初期雨水设计量宜按油罐浮顶全面积上30mm厚的雨水量计算。罐区一次计算水量可按全部罐数量的20%计算。

9.3.6 在石油储备库污水排放处，应设置取样点或检测水质和测量水量的设施。

9.3.7 污水排放应满足有关排放标准和工程项目环境影响报告书的要求。污水排放宜依托周边企业现有排放口；如确实不能依托，排放口的位置、扩散口工程设计参数、扩散器与岸边的距离等参数应根据环境影响报告书要求或模型试验确定。

9.3.8 废物处理（置）应符合下列规定：

1 库区内产生的各种废物均应妥善处理（置）。如库区内不设废物处理设施，可委托具有相应废物处理资质和能力的单位进行处理；

2 清罐作业宜采用同种油清洗油罐的清洗技术。排出的罐底泥渣、污水处理设施排渣，处理前不得堆放在未经防渗处理的场地，应避免废渣溶液污染库区场地。

9.4 漏油收集

9.4.1 应在库区内设置漏油及事故污水收集池。收集池容积不应小于一次最大消防用水量，并应采取隔油措施。

9.4.2 在防火堤外有输油管道的地方，地面应就近坡向雨水收集系统。当雨水收集系统干道采用暗管时，干道宜采用金属暗管。

9.4.3 雨水暗管或雨水沟支线进入雨水主管或主沟处，应设水封隔断设施。

10 电 气

10.1 供配电

10.1.1 石油储备库生产用电负荷等级应为二级，并应设置供信息系统使用的应急电源。

10.1.2 石油储备库的供电宜采用外接电源。当采用外接电源有困难或不经济时，可采用自备电源。

10.1.3 供电电压等级应结合当地供电条件确定。

10.1.4 10kV以上的变电所应独立设置。10kV及以下的变配电间与易燃油品泵房（棚）相毗邻时，应符合下列规定：

1 隔墙应为非燃烧材料建造的实体墙；与变配电间无关的管道，不得穿过隔墙；所有穿墙的孔洞，应用非燃烧材料严密填实；

2 变配电间的门窗应向外开；其门窗应设在泵房的爆炸危险区域以外，如窗设在爆炸危险区以内，应设密闭固定窗并设警示标志；

3 变配电间的地坪应高于油泵房室外地坪0.6m。

10.1.5 消防设备的配电电缆宜采用耐火电缆。

10.1.6 消防泵房应设置应急（事故）照明装置，事故照明可采用蓄电池作备用电源，且其持续供电时间不应小于20min。

10.1.7 变配电所应设置于爆炸危险区域以外，生产区内的变配电设备应设在室内。

10.1.8 爆炸危险场所的低压（380V/220V）配电应采用TN-S系统。

10.1.9 爆炸危险区域的等级划分及防爆措施应按现行国家标准《石油库设计规范》GB 50074的有关规定执行。

10.1.10 石油储备库主要生产作业场所的配电电缆应采用铜芯电缆，并应埋地敷设或采用充沙电缆沟敷设，局部地方确需在地面敷设的电缆应采用阻燃电缆。

10.1.11 供电电缆不得与输油管道、热力管道同沟敷设。

10.1.12 库区道路宜采用路灯照明。

10.1.13 石油储备库宜配置可移动式应急动力电源装置。

10.2 防 雷

10.2.1 浮顶油罐防雷应符合下列规定：

1 油罐应做防雷接地，接地点沿罐壁周长的间距不应大于30m；冲击接地电阻不应大于10Ω；当防雷接地与电气设备的保护接地、防静电接地共用接地网时，实测的工频接地电阻不应大于4Ω；

2 油罐不应装设避雷针。应将浮顶与罐体用两根导线做电气连接；浮顶与罐体连接导线应采用横截面不小于50 mm^2 扁平镀锡软铜复绞线或绝缘阻燃护套软铜复绞线，连接点宜用铜接线端子及两个M12不锈钢螺栓加防松垫片连接；

3 应利用浮顶排水管线将罐体与浮顶做电气连接，每条排水管线的跨接导线应采用一根横截面不小于50 mm^2 扁平镀锡软铜复绞线；

4 浮顶油罐转动浮梯两侧与罐体和浮顶各两处应做电气连接。

10.2.2 油泵房（棚）防雷应符合下列规定：

1 油泵房（棚）应采用避雷网（带）。避雷网（带）的引下线不应少于两根，并应沿建筑物四周均匀对称布置，其间距不应大于18m，避雷网网格不应大于10m×10m或12m×8m；避雷网（带）的接地电阻不宜大于10Ω；

2 进出油泵房（棚）的金属管道、电缆的金属外皮（铠装层）或架空电缆金属槽，在泵房（棚）外侧应做一处接地，接地装置应与保护接地装置及防感应雷接地装置合用。

10.2.3 输油管道防雷应符合下列规定：

1 平行敷设于地上或管沟的金属管道，其净距小于100mm时，应用金属线跨接、跨接点的间距不应大于30m；管道交叉点净距小于100mm时，其交叉点应用金属线跨接；

2 进入装卸油作业区的输油管道在进入点应接地；

3 地上或管沟内敷设的输油管道的始端、末端、分支处以及直线段每间隔200m～300m处，应设置防感应雷的接地装置。

10.2.4 信息系统防雷应符合下列规定：

1 装于地上钢油罐上的信息系统的配线电缆应采用屏蔽电缆；电缆穿钢管配线时，其钢管上、下两处应与罐体连接并接地；

2 石油储备库内信息系统的配电线路首、末端需与电子器件连接时（线路在跨越不同的防雷分区时），应装设与电子器件耐压水平相适应的过电压保护（电涌保护）器；

3 石油储备库内的信息系统配线电缆，宜采用铠装屏蔽电缆，且宜直接埋地敷设；电缆金属外皮两端及在进入建筑物处应接地；当电缆采用穿钢管敷设时，钢管两端及在进入建筑物处应接地；建筑物内电气设备的保护接地与防感应雷接地应共用一个接地装置，接地电阻值应按其中的最小值确定；

4 油罐上安装的信息系统装置，其金属的外壳应与油罐体做连接；

5 石油储备库的信息系统接地，宜就近与接地汇流排连接。

10.2.5 石油储备库建筑物内380V/220V供配电系统的防雷应符合下列规定：

1 建筑物的防雷分类、防雷区划分及防雷措施，应按现行国家标准《建筑物防雷设计规范》GB 50057的有关规定执行；

2 工艺管道、配电线路的金属外壳（保护层或屏蔽层），在各防雷区的界面处应做等电位连接；在各被保护的设备处，应安装与设备耐压水平相适应的过电压（电涌）保护器。

10.2.6 油罐区内除油罐外的建（构）筑物高度不应超过油罐罐壁顶5m。

10.3 防 静 电

10.3.1 油罐应按下列规定采取防静电措施：

1 油罐的自动通气阀、呼吸阀、阻火器、量油孔应与浮顶做电气连接；

2 油罐采用钢滑板式机械密封时，钢滑板与浮顶之间应做电气连接，沿圆周的间距不宜大于3m；

3 二次密封采用I型橡胶刮板时，每个导电片均应与浮顶做电气连接；

4 电气连接的导线应选用一根横截面不小于10mm^2 镀锡软铜复绞线；

5 在油罐的上罐盘梯入口处，应设置人体静电消除装置；

6 油罐浮顶上取样口的两侧1.5m之外应各设一组消除人体静电设施，取样绳索、检尺等工具应与该设施连接。该设施应与罐体做电气连接并接地。

10.3.2 油品装卸码头，应设跨接油船的防静电接地装置。此接地装置应与码头上的油品装卸设备的静电接地装置合用。

10.3.3 地上或管沟敷设的输油管道的始端、末端、分支处以及直线段每隔200m～300m处，应设置防静电接地装置，接地电阻不宜大于30Ω。防感应雷接地装置可兼作防静电装置，接地点宜设在固定管墩（架）处。

10.3.4 地上或管沟敷设的输油管道的防静电接地装置可与防感应雷的接地装置合用。

10.3.5 油品装卸场所用于跨接的防静电接地装置，宜采用能检测接地状况的防静电接地仪器。

10.3.6 移动式的接地连接线，宜采用绝缘附套导线，通过防爆开关，将接地装置与油品装卸设施相连。

10.3.7 防静电接地装置的接地电阻，不宜大于100Ω。

10.3.8 石油储备库内防雷接地、防静电接地、电气设备的工作接地、保护接地及信息系统的接地等，宜共用接地装置，其接地电阻不应大于4Ω。

11 自动控制

11.1 自动控制系统及仪表

11.1.1 石油储备库应设置计算机监控管理系统，对储备库进行集中监测、控制和管理。油库内主要工艺参数应送入计算机监控管理系统进行控制、记录、显示、报警等操作。

11.1.2 每座油罐应设置液位连续测量仪表和高高液位开关、低低液位开关，并应符合下列规定：

1 液位计的精度应优于±1mm；

2 连续液位计应具备高液位报警、低液位报警和高高液位联锁关闭油罐进口阀门的功能，低液位报警设定高度（距罐底板）不宜小于2m；

3 高高液位开关应具备高高液位联锁关闭油罐进口阀门的功能；

4 低低液位开关应具备低低液位联锁停输油泵并关闭泵出口阀门的功能，低低液位开关设定高度（距罐底板）可不小于1.85m；

5 液位连续测量信号应以现场通信总线的方式远传送入控制室的罐区液位数据采集系统，并通过串行接口与储备库计算机监控管理系统通信。

11.1.3 油罐应设多点平均温度测量仪表并应将温度测量信号远传到控制室。

11.1.4 电动设备（如机泵、油罐搅拌器、电动阀等）的开关除应能在现场操作外，也应能在控制室进行控制和显示状态。

11.1.5 输油泵进出口管道应设压力测量仪表，压力测量仪表应能就地显示，并应将压力测量信号远传到控制室。

11.1.6 原油外输管道应设置计量设施并宜采用体积流量计，应将流量信号送入控制室。流量计标定宜采用在线实液标定方式。

11.1.8 油罐组、输油泵站、计量站等可燃性气体易泄漏和易积聚区域，应设置可燃性气体浓度检测器，并应将信号远传到控制室。

11.1.9 储备库消防部分的监测、顺序控制等操作应采用1套专用监控系统，并应经通信接口与油库的计算机监控管理系统通信。

11.1.10 消防泵的启停、消防水管道及泡沫液管道上控制阀的开关均应在消防控制室实现程序启停控制，总控制台可显示泵运行状态和电动阀的阀位信号。

11.2 控制室

11.2.1 石油储备库应设置控制室，控制室宜设在综合楼一层。

11.2.2 控制室宜由操作室、机柜室、工程师室、操作工值班室、仪表值班室、软硬件维护室、备品备件室、UPS室等组成。

11.2.3 消防控制室应能监控火灾报警、灭火系统等各类消防设施日常工作状态和火灾时运行状态，并将有关信息发送至库区消防站。

11.2.4 消防控制室可与其他控制中心合并一处设置，但消防设备的监控和管理应相对独立。

11.2.5 控制室内应设置空调系统。

11.3 仪表电源、接地及防雷

11.3.1 仪表及计算机监控管理系统应采用不间断电源（UPS）供电，UPS的后备电池组应在外部电源中断后提供不少于30min的交流供电时间。仪表及计算机监控管理系统应由配电柜配电，仪表电源应为220V（AC）或24V（DC）。

11.3.2 仪表及控制系统的保护接地、工作接地、防静电接地和防雷接地应采用等电位连接方式，并应接入公共接地系统。

11.3.3 应根据油库所在地区雷击概率及相关标准，在控制室及仪表安装处设置电涌保护器。

11.4 仪表电缆敷设

11.4.1 室外仪表电缆敷设应符合下列规定：

1 在生产区敷设的仪表电缆宜采用电缆沟、电缆管道、直埋等地面下敷设方式；采用电缆沟时；电缆沟应充沙填实；

2 生产区局部地方确需在地面敷设的电缆应采用保护管或带盖板的电缆桥架等方式敷设；

3 非生产区的仪表电缆可采用带盖板的电缆桥架在地面以上敷设。

11.4.2 电缆采用电缆桥架架空敷设时宜采用对绞屏蔽电缆。在同一电缆桥架内应设隔板将信号电缆与220V（AC）电源电缆分开敷设。220V（AC）电源信号也可单独穿管敷设。

11.4.3 仪表电缆保护管宜采用热浸锌钢管。

12 电信

12.1 一般规定

12.1.1 电信系统的设计应满足石油储备库内部以及储备库与外界之间语音、数据、图像等各种类型信息通信的需要。

12.1.2 电信系统应设置行政电话系统、计算机局域网络、无线电通信系统、电视监视系统、周界报警系统、智能卡系统（包括门禁系统和巡更系统）等。可根据需要设置调度电话系统。

12.1.3 对于依托已有工程设施建设的石油储备库，

电信系统设计应按照石油储备库生产和管理体制的要求，充分考虑依托已有工程设施的电信系统。

12.1.4 电信系统与当地电信公司的接口和信号制式，应符合当地电信公网的技术要求。

12.1.5 电信设备供电应采用 220V（AC）/380V（AC）作为主电源，在主电源中断的情况下，应有保证电信设备供电的措施。对于有直流供电端的电信设备，应配备直流备用电源；对于无直流供电端的电信设备，应采用 UPS 供电；在已配置直流备用电源的情况下，小容量交流用电设备，也可采用直流逆变器作为保障供电的措施。

12.1.6 室内电信线路，非防爆场所宜暗敷设，防爆场所应明敷设。

12.1.7 室外电信线路敷设应符合下列规定：

1 在生产区敷设的电信线路宜采用电缆沟、电缆管道埋地、直埋等地面下敷设方式；采用电缆沟时，电缆沟应充沙填实；

2 生产区局部地方确需在地面以上敷设的电缆应采用保护管或带盖板的电缆桥架等方式敷设；

3 非生产区的电信线路可采用带盖板的电缆桥架在地面以上敷设。

12.2 行政电话系统

12.2.1 对于依托已有工程设施且生产和管理也纳入已有工程设施的石油储备库，不宜设独立的行政电话交换机，其行政电话分机可接入已有的行政电话交换机。

12.2.2 对于没有依托设施的石油储备库，当电信公网的电话通信业务可以满足要求时，石油储备库可不设行政电话交换机，其行政电话宜依托电信公网。

12.2.3 对于没有依托设施的石油储备库，当地电信公网提供的电话通信服务不能满足要求时，石油储备库应自建行政电话站，并应符合下列规定：

1 行政电话站宜设在石油储备库行政管理区；

2 电话交换机应选用数字程控交换机等采用数字技术的交换系统；

3 行政电话交换机应采用全浮充直流供电方式。直流供电设备宜采用高频开关整流稳压电源，直流备用电源宜采用免维护密闭蓄电池；

4 行政电话交换机应与当地电信公网建立中继联系；

5 石油储备库重要岗位的行政电话分机，应满足与电信公网相互直拨的要求。

12.2.4 行政电话分机宜设在办公室、控制室、值班室、宿舍等处。行政电话分机宜根据工作需要，设置为不同的呼叫等级。

12.3 调度电话系统

12.3.1 对于依托已有工程设施且生产和管理也纳入已有工程设施的石油储备库，不宜设独立的调度电话交换机，其调度电话分机可接入已有的调度电话交换机。

12.3.2 对于没有依托设施的石油储备库或虽然有依托设施但其生产和管理相对独立的石油储备库，宜设调度电话系统，并应符合下列规定：

1 调度电话站宜与行政电话站合建，合用电源、配线等设备；

2 调度电话交换机宜单独设置；

3 调度电话交换机应选用数字程控交换机等采用数字技术的交换系统；

4 调度台宜设在控制室；

5 调度电话交换机应与行政电话交换机建立中继联系；

6 根据生产管理的需要，调度电话交换机可与无线通信系统联网。

12.3.3 调度电话分机宜设在控制室、值班室等处。

12.4 计算机局域网络

12.4.1 计算机局域网络应满足石油储备库数据通信和信息管理系统建设的要求。对于依托已有工程设施且生产和管理也纳入已有工程设施的储备库，其局域网络宜纳入已有的局域网络。

12.4.2 计算机局域网络的骨干网络传输带宽应达到 1000Mb/s 及以上。

12.4.3 信息插座宜设在石油储备库办公楼、控制室、化验室等场所。

12.4.4 计算机局域网络应通过数据专线接入公用数据网。

12.5 无线电通信系统

12.5.1 储备库流动作业的岗位，应配置无线电通信设备。宜采用无线对讲系统或集群通信系统。

12.5.2 无线通信手持机应采用防爆型。

12.5.3 无线对讲电话应配置成多个对讲组。

12.5.4 无线通信系统宜与调度电话系统联网。

12.6 电视监视系统

12.6.1 石油储备库电视监视系统宜采用网络数字化系统方案，规模较小、功能简单的系统也可采用模拟矩阵方案。

12.6.2 电视监控操作站宜分别设在生产控制室、消防控制室、消防站值班室和保卫值班室等地点。视频信号的传送范围和系统控制的优先等级，应根据电视监视操作站监控管理的范围和职责确定。

12.6.3 电视监视系统的监视范围应覆盖油罐区、油泵站、计量站、围墙、大门、主要路口和主要设施出入口等处。具有联动控制要求的摄像机，应具有预置位功能。

12.6.4 监视油罐的摄像机宜设置在油罐区外围较高的建筑物或构筑物的高处。

12.6.5 室外安装的摄像机应置于接闪器有效保护范围之内。

12.6.6 室外电视监视系统的视频信号和控制信号，宜采用光缆传输。

12.6.7 电视监视系统应与火灾自动报警系统和周界报警系统联动。当报警发生时，应能自动联动控制相关的摄像机按预先设置的参数，转向报警区域。

12.7 周界报警系统

12.7.1 周界报警系统宜沿石油储备库围墙布设。

12.7.2 周界报警主机宜设在门卫值班室或保卫办公室内。

12.7.3 周界报警系统的信号宜采用总线控制形式，采用光缆或电缆传输。

12.8 智能卡系统

12.8.1 在库区大门、重要设施的出入口和重要房间，应设门禁管理系统。系统主机应设在库区办公室。

12.8.2 巡更定位器应沿生产巡检人员和保安人员的巡查点布设。系统主机应设在库区控制室、门卫值班室或保卫办公室内。

13 建、构筑物

13.1 建筑物

13.1.1 石油储备库内主要建筑物的耐火等级和火灾危险分类不得低于表13.1.1的规定。

表13.1.1 石油储备库内主要建筑物的耐火等级和火灾危险分类

建筑物名称	耐火等级	火灾危险分类
油泵房	二级	甲
变配电所	二级	丙
配电间	二级	丁、戊
计量室	二级	甲
控制室	二级	丁、戊
锅炉房	二级	丁、戊
柴油发电机间	二级	丙
空气压缩机间	二级	丁、戊
消防值班室	二级	丁、戊
综合楼	二级	丁、戊
消防泵房	二级	丁、戊
泡沫站	二级	丁、戊

续表13.1.1

建筑物名称	耐火等级	火灾危险分类
消防车库	二级	戊
消防训练塔	三级	丁、戊
维修间及车库	三级	丁、戊

注：1 建筑物构件的燃烧性能和耐火极限应符合现行国家标准《建筑设计防火规范》GB 50016的有关规定；

2 三级耐火等级的建筑物的构件不得采用可燃材料建造。

13.1.2 建筑物装修标准应结合当地情况合理选用经济环保的建筑材料，宜与当地一般工业与民用建筑一致。位于防爆区域内的房间应采用不发火花地面。

13.1.3 建筑物屋面防水等级和设防要求应符合现行国家标准《屋面工程技术规范》GB 50345的有关规定。但对储备库内的油泵房、消防泵房、消防车库等，其屋面防水等级宜选用不低于Ⅱ级防水标准的新型防水材料。

13.2 构筑物

13.2.1 油罐基础工程在设计和施工之前，应按现行国家标准《岩土工程勘察规范》GB 50021的有关要求对场地进行各勘察阶段的岩土工程勘察，并应符合下列规定：

1 每座油罐地基勘探点数量应按表13.2.1-1确定；

表13.2.1-1 每座油罐地基勘探点数量

场地类别	油罐公称容积（m^3）			
	50000	100000	125000	150000
简单场地	5～9	10～13	12～14	13～16
中等复杂场地	9～13	13～21	14～23	16～25
复杂场地	13～18	21～25	23～27	25～30

2 一般性勘探孔深度应根据地基情况和油罐的容积确定。土质地基可按表13.2.1-2确定或勘探到基岩顶面，岩质地基宜勘探到基岩顶面；

表13.2.1-2 一般性勘探孔深度

油罐公称容积（m^3）	一般性勘探孔深度（m）	
	一般地基	软土地基
50000	$0.7D_t$～$0.8D_t$	$0.8D_t$～$0.9D_t$
≥100000	$0.6D_t$～$0.7D_t$	$0.7D_t$～$0.8D_t$

注：D_t为油罐底圈罐壁内直径（m）。

3 控制性勘探点深度宜按表13.2.1-3确定；

表 13.2.1-3 控制性勘探点深度

地基类型	控制性勘探点深度（m）	备 注
土质地基	一般性勘探孔深度+10	—
岩质地基	一般性勘探孔深度+5	进入中风化基岩不小于1m

4 工程地质勘察报告应包含下列内容：

1）对一般地基，应包括场地地形地貌、地质构造、场地的地震效应、不良地质作用、地层成层条件、各岩土的物理力学性质、场地的稳定性、岩土的均匀性、岩土的承载力特征值、压缩系数、压缩模量、地下水、土和水对建筑材料的腐蚀性、土的标准冻结深度，以及由于工程建设可能引起的工程问题等的结论和建议，并附勘探点平面布置图、工程地质剖面图、地质柱状图以及有关测试图表等；

2）对软土地基，除按一般地基要求外，尚应包括土层组成、土质分类、分布范围、垂直和水平方向的渗透系数和固结系数、固结压力和孔隙比的关系、三轴固结不排水抗剪强度、无侧限抗压强度、不固结不排水三轴抗剪强度及有效内摩擦角、内聚力、十字板原位抗剪强度、灵敏度以及地基处理方法的建议等；

3）对山区地基，除按一般地基要求外，尚应探明建设场地地基的滑坡、岩溶、土洞、崩塌、泥石流等不良地质现象，并对场地的稳定性作出评价，确定地基的不均匀性分布范围，以及对地基处理方法的建议等；

4）对特殊性土地基，除按一般地基要求外，尚应按相关现行国家标准提供对特殊性土地基的利用、整治和改造的建议。

13.2.2 位于抗震设防区域的储备库应对场地进行地震安全性评价，并根据地震安全性评价的结果进行抗震设计。建、构筑物抗震设计应符合下列规定：

1 建、构筑物抗震设防类别应按现行国家标准《建筑工程抗震设防分类标准》GB 50223 和《石油化工建（构）筑物抗震设防分类标准》GB 50453 的有关规定确定；

2 抗震设防烈度为 6 度时，应按 7 度的要求对场地的饱和砂土和饱和粉土进行液化判别；抗震设防烈度为 7 度、8 度时，应按本场地抗震设防烈度的要求对场地的饱和砂土和饱和粉土进行液化判别；

3 对存在液化土层的地基应采取措施，全部消除液化沉陷；

4 油罐基础的抗震验算可按现行国家标准《构筑物抗震设计规范》GB 50191 和《钢制储罐地基基础设计规范》GB 50473 中的有关要求执行。

13.2.3 油罐基础选型，应根据油罐的型式、容积、场地地质条件及地基处理方法、施工技术条件和经济合理性等条件综合确定，可采用护坡式基础、环墙式基础、外环墙式罐基础或桩基基础。

13.2.4 油罐基础地基设计应符合下列规定：

1 当罐基础下地基土为软土地基、不良地质现象的山区地基、特殊土地基、不能满足油罐的承载力和沉降要求以及地震作用下地基土有液化时，应采用复合地基、桩基或其他方法对地基进行处理；

2 罐基础下不符合作地基要求的耕土层、杂填土、生活垃圾、工业废料等稳定性差的土层，均不得作为持力层；

3 罐基础不得采用有膨胀性或湿陷性的填料，如必须采用时应采取相应的处理措施；

4 油罐基础下有局部软弱土以及暗塘、暗沟等时，均宜清除，并用素土、级配砂石或灰土分层压（夯）实，压（夯）后地基土的物理力学性能宜力求与同一基础下未经处理者相一致；当清除有困难时，应采取有效的处理措施；

5 油罐基础设计可不计入风荷载作用；

6 非桩基基础设计可不计入地震作用，但应满足抗震措施要求。

13.2.5 地基变形控制应符合下列规定：

1 油罐基础应作沉降量计算，地基沉降量可采用分层总和法进行计算；油罐地基变形允许值应符合表 13.2.5 的规定；

表 13.2.5 油罐地基变形允许值

油罐地基变形特征	油罐型式	油罐底圈罐壁内直径	沉降差允许值
平面倾斜（任意直径方向）	浮顶罐	$40<D_t\leqslant 60$ $60<D_t\leqslant 80$ $80<D_t\leqslant 100$	$0.0040D_t$ $0.0035D_t$ $0.0030D_t$
非平面倾斜（罐周边不均匀沉降）	浮顶罐		$\Delta S/1\leqslant 0.0025$ 见注
罐基础锥面坡度	沉降稳定后≥0.008		

注：“ΔS”为油罐周边相邻测点的沉降差（mm），“1”为油罐周边相邻测点的间距（mm）。

2 除油罐外的建、构筑物的地基变形控制要求应符合现行国家标准《建筑地基基础设计规范》GB 50007 中的相关规定。

13.2.6 结构的耐久性要求应按现行国家标准《混凝土结构设计规范》GB 50010 中的相关要求执行。

13.2.7 结构的防腐蚀设计应按现行国家标准《工业建筑防腐蚀设计规范》GB 50046 中的有关要求执行。

13.2.8 当油罐存储原油泄漏可能污染地下水时，油罐基础部分应采取防渗漏措施。

14 采暖、通风和空气调节

14.1 采　暖

14.1.1 位于累年日平均温度稳定低于或等于5℃的日数大于或等于90天的地区，当储备库的生产厂房及辅助建筑物室内经常有人停留或生产对室内温度有一定要求时，应设置集中采暖。

14.1.2 对冬季集中采暖地区，石油储备库宜依托外来热源。如储备库没有可依托的外来热源或采用外来热源不经济时，可自建采暖锅炉房，锅炉房设计应符合下列规定：

1 锅炉房设计应采取有效措施减轻废气、废水、废渣和噪声对环境的影响，排出的有害物和噪声应符合有关标准、规范的规定；

2 宜选用燃油或燃气热水锅炉，并根据当地要求，取得有关主管部门的批准。热水锅炉出水温度宜为95℃，回水温度宜为70℃；

3 锅炉房的锅炉台数不宜少于2台。但当选用1台能满足热负荷和检修需要时，可只设置1台；

4 锅炉水处理方式应根据原水水质，锅炉类型对给水和锅炉水的水质要求、补给水量、锅炉排污率、水处理设备的设计出力以及当地具体情况等因素，因地制宜予以确定；

5 锅炉房不得与储存易燃、易爆或其他危险物品的房间相连；

6 锅炉房设计尚应符合现行国家标准《锅炉房设计规范》GB 50041的有关规定。

14.1.3 集中采暖的热媒应采用热水。热水温度宜采用95℃/70℃。

14.1.4 对于远离集中热源的独立建筑物，经技术经济比较合理时，可考虑少量采用电采暖的方式。如库区内有工艺用蒸汽，在不违反卫生和技术要求的条件下，也可采用蒸汽做热媒。

14.1.5 采暖室内计算温度宜符合表14.1.5的规定。

表14.1.5 采暖室内计算温度

序号	房间名称	室内采暖计算温度（℃）
1	浴室、更衣室	25
2	办公室、操作室、控制室、营业室、值班室、调度室、通信室、化验室、食堂等	18
3	维修间	14
4	消防车库、油泵房、盥洗室、厕所、蓄电池室等	12
5	生产厂房、仓库、汽车库、水泵房等	5

14.1.6 散热器的选用应符合下列规定：

1 行政、生产福利房间、化验室和仪表控制室等，宜采用外形美观，易于清扫的散热器；

2 相对湿度较大的房间，应采用耐腐蚀的散热器；

3 蒸汽采暖系统不应采用钢制柱型、板型和扁管型散热器；

4 散热器的工作压力应满足系统的工作压力，并符合国家现行有关产品标准的规定。

14.1.7 供热管道的选用应符合下列规定：

1 锅炉房内主管道及室外热水管网应采用输送流体用无缝钢管；

2 压力大于0.3MPa或温度超过200℃的室内蒸汽采暖管道应采用输送流体用无缝钢管，其他室内采暖管道宜采用焊接钢管；

3 浴室等湿度大的房间，局部可采用镀锌钢管。

14.1.8 散热器调节阀宜采用铜制阀体的阀门，采暖系统入口切断阀宜采用钢质法兰截止阀。

14.2 通　风

14.2.1 设置有原油设备的房间（如油泵房）应设置机械排风装置，换气次数宜为（5～6）次/h；同时应设置事故排风装置，事故排风换气次数不应小于12次/h。

14.2.2 变配电间宜设排风装置。炎热地区夏季如无空调降温措施，应采取自然或机械通风排除余热。电缆夹层应充分利用自然通风消除余热，必要时可设置排风装置加强通风效果。

14.2.3 柴油发电机房宜单独设进、排风系统。

14.2.4 燃油燃气锅炉房通风系统设计应符合现行国家标准《锅炉房设计规范》GB 50041的有关规定。

14.2.5 集中散发有害物质的化验室，宜采取局部通风措施。

14.2.6 泡沫站如为封闭建筑，则宜设通风装置，换气次数可采用（5～6）次/h。

14.2.8 消防站蓄电池室应设置机械排风装置，换气次数不应小于6次/h。排风机应采用防爆型。

14.2.9 全面或局部排风系统，应直接从有害物质放散地点或室内污染最严重的地带排风，污染气流不得从操作地带和经常有人停留的地带通过。

14.2.10 设置有原油设备的房间的事故通风机宜与可燃气体检测、报警装置联锁，并应设有手动开启装置。事故排风机的手动开关应分别设置在室内和室外便于操作的地方。

14.2.11 通风口的设置应避免在通风区域内产生空气流动死角。

14.2.12 在爆炸危险区域内，风机、电机等设备应选用防爆型。机械通风系统应采用不燃烧材料制作。风机应采用直接传动或联轴传动。风管、风机及其安装方式均应采取导静电措施。

14.3 空气调节

14.3.1 控制室宜采用风冷式恒温恒湿空调机，并应维持室内微正压。

14.3.2 对于远程 I/O 站、电气控制室等面积较小、布置相对分散但对室内环境参数有控制要求的房间，宜设置柜式空调机。

14.3.3 其他对温度有控制要求的房间，布置较分散时宜设置柜式或壁挂式空调机。

14.3.4 对炎热地区的综合办公楼等建筑，按舒适性空调设计，宜设置集中空调系统。

14.3.5 对于设在综合办公楼内的 IT 工作站、通信站、交换机房等 24h 不间断工作、且设备发热量大的房间，宜设置独立的空调系统。

14.3.6 室内空调设计参数宜符合表 14.3.6 的规定。

表 14.3.6 室内空调设计参数

房间名称	项　目	设 计 参 数
控制室	温度	夏季 26℃±2℃ 冬季 20℃±2℃
	温度变化率	<5℃/h
	相对湿度	50%±10%
	相对湿度变化率	<6%/h
舒适性空调房间	夏季室内设计温度	22℃～28℃
	相对湿度	40%～65%
	冬季室内设计温度	18℃～24℃
	相对湿度	30%～60%
常规工艺性空调房间	夏季室内设计温度	25℃～30℃
	冬季室内设计温度	18℃～20℃
	相对湿度	40%～70%

14.3.7 空气调节装置及制冷装置宜选用机电仪一体化设备。

附录 A 计算间距的起讫点

A.0.1 计算间距的起讫点规定如下：

1 道路——路边；

2 铁路——铁路中心线（指明者除外）；

3 管道——管子中心；

4 油罐——罐外壁；

5 各种设备——最突出的外缘；

6 架空电力和通信线路——线路中心线；

7 埋地电力和通信电缆——电缆中心；

8 建筑物或构筑物——外墙轴线；

9 铁路油品装卸设施——铁路装卸线中心或端部的装卸油品鹤管；

10 油品装卸码头——前沿线（靠船的边缘）；

11 居民区——围墙轴线；无围墙者，建筑物或构筑物外墙轴线；

12 架空电力线杆高、架空通信线杆高和通信发射塔塔高——电线杆和通信发射塔所在地面至杆顶或塔顶的高度。

注：本规范中的防火距离未特殊说明的，均指平面投影距离。

附录 B 大、中、小型企业划分标准

表 B 大、中、小型企业划分标准

行业名称	指标名称	单位	大型	中型	小型
工业企业	从业人员数 销售额 资产总额	人 万元 万元	2000 及以上 30000 及以上 40000 及以上	300～2000 3000～30000 4000～40000	300 以下 3000 以下 4000 以下
建筑业企业	从业人员数 销售额 资产总额	人 万元 万元	3000 及以上 30000 及以上 40000 及以上	600～3000 3000～30000 4000～40000	600 以下 3000 以下 4000 以下
批发业企业	从业人员数 销售额	人 万元	200 及以上 30000 及以上	100～200 3000～30000	100 以下 3000 以下
零售业企业	从业人员数 销售额	人 万元	500 及以上 15000 及以上	100～500 1000～15000	100 以下 1000 以下
交通运输业企业	从业人员数 销售额	人 万元	3000 及以上 30000 及以上	500～3000 3000～30000	500 以下 3000 以下
邮政业企业	从业人员数 销售额	人 万元	1000 及以上 30000 及以上	400～1000 3000～30000	400 以下 3000 以下
住宿和餐饮业企业	从业人员数 销售额	人 万元	800 及以上 15000 及以上	400～800 3000～15000	400 以下 3000 以下
石油化工企业、石油库及液体化工品库	从业人员数 销售额	人 万元	100 及以上 40000 及以上	50～100 4000～40000	50 以下 4000 以下

注：1 表中的“工业企业”包括采矿业、制造业、电力和燃气及水的生产与供应业三个行业的企业。

2 工业企业的销售额以现行统计制度中的年产品销售收入代替；建筑业企业的销售额以现行统计制度中的年工程结算收入代替；批发和零售业的销售额以现行报表制度中的年销售额代替；交通运输和邮政业、住宿和餐饮业企业的销售额以现行统计制度中的年营业收入代替；资产总额以现行统计制度中的资产合计代替。

3 石油化工企业、石油库及液体化工品库以其中一项指标为划分标准，从业人员包括管理人员、生产人员、消防人员和保卫人员。其他大型和中型企业须同时满足所列各项条件的下限指标，否则下划一档。

本规范用词说明

1 为便于在执行本规范条文时区别对待，对要求严格程度不同的用词说明如下：

1）表示很严格，非这样做不可的：

正面词采用“必须”，反面词采用“严禁”；

2）表示严格，在正常情况下均应这样做的：

正面词采用“应”，反面词采用“不应”

或“不得”；

3）表示允许稍有选择，在条件许可时首先应这样做的：

正面词采用“宜”，反面词采用“不宜”；

4）表示有选择，在一定条件下可以这样做的，采用“可”。

2 条文中指明应按其他有关标准执行的写法为：“应符合……的规定”或“应按……执行”。

引用标准名录

《建筑地基基础设计规范》GB 50007

《混凝土结构设计规范》GB 50010

《建筑设计防火规范》GB 50016

《岩土工程勘察规范》GB 50021

《锅炉房设计规范》GB 50041

《工业建筑防腐蚀设计规范》GB 50046

《建筑物防雷设计规范》GB 50057

《爆炸和火灾危险环境电力装置设计规范》GB 50058

《石油库设计规范》GB 50074

《工业企业噪声控制设计规范》GBJ 87

《建筑灭火器配置设计规范》GB 50140

《泡沫灭火系统设计规范》GB 50151

《构筑物抗震设计规范》GB 50191

《建筑工程抗震设防分类标准》GB 50223

《屋面工程技术规范》GB 50345

《钢质石油储罐防腐蚀工程技术规范》GB 50393

《石油化工建（构）筑物抗震设防分类标准》GB 50453

《钢制储罐地基基础设计规范》GB 50473

《污水综合排放标准》GB 8978

《输送流体用无缝钢管》GB/T 8163

《工业企业厂界噪声标准》GB 12348

《储油库大气污染物排放标准》GB 20950

《石油天然气工业输送钢管交货技术条件　第一部分：A级钢管》GB/T 9711.1

《石油天然气工业输送钢管交货技术条件　第二部分：B级钢管》GB/T 9711.2

中华人民共和国国家标准

石油储备库设计规范

GB 50737—2011

条 文 说 明

制 订 说 明

《石油储备库设计规范》GB 50737—2011，经住房和城乡建设部2011年9月16日以第1158号公告批准发布。

本规范制定过程中，编制组进行了广泛的调查研究，总结了我国石油储备系统工程建设的实践经验，同时参考了国外先进的技术法规、技术标准，通过对已经完成的石油储备库的设计进行分析、验证，确定了主要的技术参数。

为便于广大设计、施工和生产单位有关人员在使用本规范时能正确理解和执行条文规定，《石油储备库设计规范》编制组按章、节、条顺序编制了本规范的条文说明，对条文规定的目的、依据以及执行中需注意的有关事项进行了说明，还着重对强制性条文的强制性理由作了解释。但是本条文说明不具备与标准正文同等的法律效力，仅供使用者作为理解和把握标准规定的参考。

目　次

1 总 则

1.0.1 本条阐述了制定本规范的目的。

1.0.2 本条规定了本规范的适用范围，并指明了不适用范围。总容量大于或等于 $120\times10^4m^3$ 的企业石油库的规模，已经远远大于现行国家标准《石油库设计规范》GB 50074 规定的一级石油库规模，故将其纳入本规范适用范围。需要特别说明的是，采用管道输进或输出原油、总容量大于或等于 $120\times10^4m^3$ 的企业石油库属于本规范适用范围。

1.0.3 这一条的规定有两方面的含义：

其一，《石油储备库设计规范》是专业性技术规范，其适用范围和它规定的技术内容，就是针对石油储备库的特点和需求而制定的，因此设计石油储备库应该执行《石油库储备设计规范》的规定。在设计石油储备库时，如遇到其他标准与本规范在同一问题上作出的规定不一致的情况，执行本规范的规定；

其二，石油储备库设计涉及的专业较多，接触的面也广，本规范只能规定石油储备库特有的问题。对于其他专业性较强，且已有国家或行业标准规范作出规定的问题，本规范不便再作规定，以免产生矛盾，造成混乱。本规范明确规定者，按本规范执行；本规范未作规定者，可执行国家现行有关标准的规定。

3 基 本 规 定

3.0.1 “低凝原油”是指不需加热储存的原油。国家石油储备库原油储存周期长，如果储存高凝原油，需要对油罐进行加热，这样将消耗大量热能。为节省国家石油储备库的运营成本，降低能耗，制定本条规定。

3.0.2 按照现行国家标准《石油库设计规范》GB 50074“油品的火灾危险性分类”规定，闪点小于28℃的油品火灾危险性类别为甲类，除个别稠油以外，绝大多数原油的闪点都低于28℃。

3.0.3 大型油罐相对小型油罐土地利用率高，目前国内最大油罐容量可做到 $15\times10^4m^3$，应用较多的大型油罐是 $10\times10^4m^3$ 规格。

3.0.5 事故状况下，泄漏的原油一旦流出库区，有可能与明火接触而引发火灾事故，造成人员伤亡和财产损失；特别是泄漏的原油和受污染的消防水未经处理直接排放，会对居住区、水域及土壤造成重大环境污染。除按要求罐组应设的防火堤外，为了防止泄漏的原油和受污染的消防水流出库区，需另外增设有效措施。如雨水监控池、受污染的消防水池（罐）、排水总出口设置切断阀、堤坝式道路、事故存液池等设施，确保泄漏的可燃液体和受污染的消防水不直接排至库外。

4 库 址 选 择

4.0.1 在库址选择中难以完全满足所有理想条件，因此应对具备基本条件的多个库址方案进行技术经济比较。除进行分项的定性比较外，还进行综合性的定量分析。在经济比较中，不仅比较建设费用，而且比较经营费用和社会效益，以便确定最优的建库库址。

4.0.2 石油储备库依托现有的大型油码头、输油管网，可降低建设投资；企业储备库靠近石油加工企业，可便于向企业供油。

4.0.3 库址的选择符合所在地区的城市规划，不仅有利于城市的建设发展，也有利于储备库的环境安全以及生产和未来的发展。

4.0.5 现行国家标准《防洪标准》GB 50201—94 关于工矿企业的等级和防洪标准是这样规定的：特大型规模工矿企业的防洪标准（重现期）为200年～100年，大型规模工矿企业的防洪标准（重现期）为100年～50年，中型规模工矿企业的防洪标准（重现期）为50年～20年，小型规模的工矿企业的防洪标准（重现期）为20年～10年。由于国家石油储备库规模大，性质重要，故本规范将国家石油储备库视为“大型规模工矿企业”，并规定“防洪标准应按重现期不小于100年设计”。适用本规范的企业石油储备库，规模远超现行国家标准《石油库设计规范》GB 50074 规定的一级石油库规模，故推荐防洪标准按重现期不小于100年设计。

4.0.6 本条从地质和政府需要重点保护的区域方面规定了不适合石油储备库选址的地区和区段。其中，1款～3款为强制性条文，主要是考虑在这类地质不良、条件不好的地区建库发生地质灾害或遭遇洪水灾害的可能性大，对油库的安全威胁大，需要避免；“自然保护区”、“历史文物、名胜古迹保护区”有国家级、省级、市级、县级划分，在这些区域是否可以建设石油储备库，需要根据项目的《环境影响报告书》的要求确定。

4.0.8 本条规定了地上石油储备库与周围居住区、工矿企业、交通线等的安全距离，是参照现行国家标准《石油库设计规范》GB 50074—2002 制定的。由于石油储备库的规模远大于现行国家标准《石油库设计规范》GB 50074—2002 规定的一级库规模，且性质比一般石油库重要，所以本条规定的安全距离比现行国家标准《石油库设计规范》GB 50074—2002 的规定适当增加了距离。其中需要特别说明的内容如下：

1） 地上石油储备库与国家铁路200m安全距离，是根据国务院2004年发布的国务院令第430号《铁路运输安全保护条例》的要求制定的。《铁路运输安全保护条例》的第十七条规定：

任何单位和个人不得在铁路线路两侧距路堤坡脚、路堑坡顶、铁路桥梁外侧200m范围内，或者铁路车站及周围200m范围内，及铁路隧道上方中心线两侧各200m范围内，建造、设立生产、加工、储存和销售易燃、易爆或者放射性物品等危险物品的场所、仓库。但是，根据国家有关规定设立的为铁路运输工具补充燃料的设施及办理危险货物运输的除外；

2） 地上石油储备库与公路100m安全距离，是根据国务院2011年发布的国务院令第593号《公路安全保护条例》的要求制定的。《公路安全保护条例》的第十八条规定：

第十八条　除按照国家有关规定设立的为车辆补充燃料的场所、设施外，禁止在下列范围内设立生产、储存、销售易燃、易爆、剧毒、放射性等危险物品的场所、设施：

（一）公路用地外缘起向外100m；

（二）公路渡口和中型以上公路桥梁周围200m；

（三）公路隧道上方和洞口外100m。

4.0.10 大、中、小企业的划分标准引自原国家经贸委、原国家计委、财政部、国家统计局《关于印发大中小企业标准暂行规定的通知》（国经贸中小企〔2003〕143号）及《大中小企业标准暂行规定》。

5 库区布置

5.1 总平面布置

5.1.1 生产区、辅助生产区、库外管道、行政管理区是石油库的主要构成内容。储备库内的各种设施按照其使用性质、生产操作方式、火灾危险性的不同，适当进行功能分区划分，相对集中布置，有利于安全生产、管理，也便于消防控制等。

5.1.2 本条规定地上石油储备库内建筑物、构筑物之间的防火距离，是参照现行国家标准《石油库设计规范》GB 50074—2002制定的，但考虑到石油储备库的规模和重要性均大于一般石油库，本条规定的防火距离比现行国家标准《石油库设计规范》GB 50074—2002的规定略大一些，尤其是消防泵房、变电所和独立变配电间、办公室、控制室、专用消防站、宿舍、食堂等人员集中场所与原油设施之间的防火距离远大于GB 50074—2002的规定，以加强安全设防力度。

5.1.4 本条规定是参照现行国家标准《石油库设计规范》GB 50074—2002等相关规范制定的。根据我国石油化工企业、石油库多年的实际应用情况，对于大型储罐罐组来说，其自动控制水平及消防设施水平较高，考虑减少占地、合理布置，其总容量控制在不大于$60\times10^4m^3$是合适的。

5.1.5 对于石油储备库来讲，其最大的特点就是单个储罐罐容大、罐的个数多、占地面积大。在库容较大时，为避免油罐过于密集的布置，增加防火分隔是必要的。本条规定每$240\times10^4m^3$罐容作为一个罐区组合，适当加大罐区之间的防火间距为1.0D、罐组之间的防火间距为0.8D是合适的，同时也可使罐区之间的消防道路适当加宽，方便消防车作业。

5.1.6 油罐避免布置在地基差异较大的地段，可有效防止有关的不均匀沉降，方便油罐的地基处理。

5.1.7 消防泵房、专用消防站、变电所和独立变配电间、办公室、控制室、宿舍、食堂等人员集中场所是储备库内的重要设施，本条的规定意在防止地上输油管道发生意外事故时，对这些建筑物造成严重危害。

5.1.9 石油储备库内相近的建筑物或构筑物，在符合生产使用和安全防火的要求下合并建造，可使库区平面布置合理，节约占地，也便于管理。

5.2 库区道路

5.2.1 由于储备库内均为大型储罐，每个罐组的占地面积均较大，因此要求每个油罐组均应设环行消防道路。环形消防道也有利于消防车作业。

5.2.2 油罐组周边消防道路路面高于防火堤外侧地面的设计标高，目的是通过路堤的阻拦作用，将可能泄露到防火堤外面的油品及液体污染物控制在较小的范围内，同时也可避免外泄的油品流淌到路面上妨碍消防车辆的通行。“位于地势较高处的消防道路路堤高度可适当降低，但不应低于0.3m”，是指同一个罐组的周边消防道路地势不同时，位于地势较高处的消防道路路堤高度就没有必要达到0.5m高度了。

5.2.3 由于消防车的大型化，9m宽的消防道路能很好满足消防车作业。为了满足大量消防车辆的通行需要，本条规定要求油罐区周边的消防道路宽度不应小于11m。

5.2.4 规定油罐与消防道路之间的距离，是为满足消防车作业要求。

5.2.5 为方便事故状态下消防车进出库区方便，特要求设置通向库外公路的车辆出入口不应少于两处。

5.2.6 本条规定是为了保证大型消防车作业时，消防道路仍然畅通。

5.3 防火堤

5.3.1 地上油罐一旦发生爆炸、火灾、破裂等事故，油品会流出油罐外，如果没有防火堤，油品就会到处漫流。这样将会使事故影响范围蔓延、扩大，也会使周围环境受到污染。为了限制事故影响范围，把损失降到最低限度，规定地上油罐应设防火堤。

5.3.2 本条规定“防火堤内的有效容积，不应小于油罐组内一个最大罐的公称容积”，意在将极端情况下可能发生的油罐全泄漏事故控制在最小范围内。

5.3.3 当油罐罐壁某处破裂或穿孔时，其最大喷散水平距离等于罐壁高度的一半，所以留出罐壁高度一半的空地，即使储罐破损，罐内液体也不会喷散到防火堤外。

5.3.4 考虑到防火堤内可燃液体着火时用泡沫枪灭火易冲击造成喷溅，故防火堤最好不低于1m，最低高度限制主要是为了防范泡沫喷溅，故从防火堤内侧算起。现行国家标准《石油库设计规范》GB 50074—2002、《石油化工企业设计防火规范》GB 50160—2008等相关规范规定，罐组防火堤高度不应超过2.2m，这是出于方便消防人员手持移动式水枪对油罐进行灭火作业的考虑，但这条规定使得大型油罐罐组防火堤的有效容量很难达到一个最大罐的罐容，一旦发生油罐全泄漏这种极端事故，漏油就不能被完全限制在罐组防火堤内了。现在消防队扑救油罐火灾，主要是依靠消防车辆进行作业，防火堤可以适当增高，以使大型油罐罐组防火堤的有效容量达到一个最大罐的罐容。参考国外标准，本条规定罐组防火堤高出防火堤外侧设计地坪的高度不宜超过3.2m。

5.3.5 在油罐发生油品少量泄漏事故时，为了将溢漏油品控制在较小范围内，以减小事故影响，设置隔堤是必要的。

5.3.6 土筑防火堤耐燃烧性能好、稳定性好、不需要设置伸缩缝，也没有管道穿越防火堤时密封的问题，但其要求的占地面积较大、维护工作量也大。在用地条件许可的情况下，可优先选用土筑防火堤。毛石结构的防火堤整体稳定性差、抗震强度弱，因此规定不得采用。

5.3.8 管道穿越防火堤要保证严密，且杜绝在防火堤上开洞，以防止事故状态下油品流出防火堤。

5.3.9 储备库内每个油罐组的占地面积都较大，为方便操作人员平时工作进出跨越防火堤方便和事故时能及时逃生，人行防火堤相邻踏步之间的距离不宜大于60m。

5.4 竖向布置及其他

5.4.1 场地设计标高高于设计频率水位时，可以有效地避免洪水、潮水及内涝水的淹没。此时场地雨水可自流排出库外。

但如果为了使场地设计标高高于计算水位，工程填方量很大时，可采取设防洪（潮）堤的方案，并同时采取可靠的防、排内涝措施，此时场地设计标高可降低，雨水及其他库内外排水需要采用提升强排方式。该种方式需经过技术经济比较后采用。

5.4.2 行政管理区为储备库内人员最集中的区域，消防泵房、专用消防站、变电所和独立变配电间是储备库的重要设施。这些建筑物位于地势相对较高的场地上，系指相对于相邻的储罐区而言，这样布置可以避免事故状态下油品漫流、存积到行政管理区以及消防泵房、专用消防站、变电所和独立变配电间所在区域内，更好地保护这些建筑物。

5.4.3 防火堤内雨水可以排出堤外，但事故溢出的可燃液体不应排走，故必须要采取排水阻油措施，可以采用安装有切断阀的排水井，也可采用排水阻油器等。

5.4.4 本条规定“石油储备库应设高度不低于2.5m的不燃烧材料的实体围墙”，是安全管理需要，内容与现行国家标准《石油库设计规范》GB 50074—2002一致。要求围墙下部0.5m高度范围内应密实不漏油，是将围墙作为最后一道拦截漏油的措施。要求行政管理区应设单独对外的出入口，是为了避免进出行政管理区的人员和车辆频繁穿越生产区和辅助生产区。

5.4.5 储备库内进行适当的绿化，可以美化和改善库内环境。油性大的树种易燃烧，应避免在库区内种植。防火堤内也不应种植树木。

6 储运工艺及管道

6.2 油罐附件

6.2.2、6.2.3 这两条的规定内容是大型油罐需采取的必要安全措施，相关国家标准都有类似要求。

6.2.5 本条的规定是为了减少油罐内淤泥堆积，进而减少清罐次数。

6.3 输油泵站

6.3.1 输油泵站如果建地下或半地下泵房，泵房内容易积聚油气，于安全不利，所以规定“宜采用地上式”。

6.3.2 原油是甲类火灾危险液体，原油泵设置在房间内不利于油气扩散，所以规定“输油泵宜露天（包括泵棚）布置”。但在北方寒冷地区，原油泵在冬季有保温的需求，设置在房间内较为合适，只要采取必要的措施（如机械通风、可燃气体浓度报警、采用防爆电气设备等），安全也是有保障的。

6.3.3 外输油泵多台并联操作，有利于调节流量，满足不同流量需求，还可提高外输油泵的可靠度。

6.4 管道安装

本节规定了石油储备库围墙以内的输油管道的安装要求，这些要求是参照相关国家标准和行业标准制定的。

6.5 主要设备及器材选用

本节规定了石油储备库主要设备及器材选用要求，这些要求是保证石油储备库建设质量的可靠措施。

6.5.2 本条制定了工艺阀门的选择规定，对其中第3款和第4款说明如下：

3 要求"自动控制阀除应能在现场操作外，也应能在控制室进行控制和显示状态"是为了随时掌握阀门的开关状态，提醒操作人员关闭该关闭的阀门、打开该打开的阀门。

4 2010年发生的北方某大型油库火灾事故教训之一是，供电系统被毁坏后，储罐进出油管道上设置的电动阀不能快速人工关闭，致使事故规模扩大。本条规定意在避免类似情况发生。

7 油 罐

7.1 一般规定

7.1.1 钢制浮顶罐结构稳定、密封性能和防火性能好，适合于大型原油储罐使用。

7.1.3 大型储罐由于采用高强度材料，并且直径比较大，因此带来的应力集中问题更突出；另外，大于$10\times10^4m^3$的储罐国内还不多，生产运行考验时间不长，经验也比较少，因此规定：储罐除按常规的方法进行设计外，对公称容量大于$10\times10^4m^3$的储罐罐体尚应采用应力分析设计方法进行校核。

7.1.4 本条规定了腐蚀裕量的最小值。为了节约钢材，腐蚀裕量和防腐措施结合考虑，但无论采取何种防腐蚀措施，都不应低于本条要求。

7.2 材料选用

本节规定了对原油储罐材料的基本要求。使用国外材料时，要求选用国外储罐设计规范允许使用的材料是为了保证材料的可靠性。

7.3 罐底结构设计

7.3.1 本条规定了罐底用钢板规格选择的原则要求。

7.3.2 本条是以$5\times10^4m^3$储罐为基准确定的最小厚度。对于特殊情况下采用容量更小的储罐，可以突破此条的要求。

7.3.3 对接接头的罐底寿命、抵抗不均匀沉降的能力均高于搭接罐底，另外，大型油罐底板厚度一般在10mm及以上，不宜采用搭接接头。因此本条规定罐底采用对接接头。

7.3.4 本条规定了大型储罐大脚焊缝尺寸的要求。

7.4 罐壁结构设计

7.4.1 本条规定了罐壁用钢板规格选择的原则要求。

7.4.2 本条规定了罐壁纵、环向接头选用要求。

7.5 浮顶结构设计

7.5.1 本条规定了可以使用的浮顶两种结构，并对选用原则作了规定。

7.5.2 本条对浮顶浮力计算的原则作了规定，并明确了单盘安装高度按储存油品的实际密度计算的要求。

7.5.3、7.5.4 本条对单盘式、双盘式浮顶的设计原则作了规定。此规定总结了国内几十年大型储罐的经验，明确提出，对于双盘式浮顶，当采用紧急排水设施时，设计载荷可以取小于相当于250mm降水量的雨水载荷。本条参照了API 650—2007的相关要求。

7.5.6 本条对浮顶排水系统的设置、排水管大小及数量、系统组成、结构可靠性等提出原则要求。由于浮顶排水系统的维修需要清罐后进行，因此强调浮顶排水系统应采用结构合理、性能可靠、寿命长的结构。

7.5.7 本条规定了浮顶边缘密封装置的最低要求。并对二次密封的使用作了规定，符合安全环保的要求。

7.6 防腐设计

7.6.1 涂料防腐保护寿命按一个检修周期考虑的，为7年～10年。

7.6.3 罐底板下阳极的设计寿命规定不宜小于20年，具有可操作性。

7.6.4 储罐底板边缘与基础结合处的防水设施可以大大减轻罐底板的腐蚀，因此做了要求。

7.6.5 本条对无法解决洁净淡水资源的情况下，给出了解决问题的原则要求。当采用非洁净淡水作为充水试验介质时，要求建设单位、设计单位在充分研究论证的基础上，采取防护设施。

8 消防设施

8.1 一般规定

8.1.1 储备库储存大量原油，有发生火灾事故的可能性，所以消防设施必须设置。当储备库周边存在类似的企业如石化企业、油库等，有些移动灭火设施（如消防车）是类似的，可以适当考虑联用以提高石油储备库的消防设置和防护水平，并降低消防设施的投资。

8.1.2 储备库的油罐为大型钢制外浮顶罐，目前来说，低倍数泡沫灭火系统是最有效的灭火系统。由于油罐大，设置固定式的低倍数泡沫灭火系统是必须的。这条规定也和现行国家标准《石油库设计规范》GB 50074、《泡沫灭火系统设计规范》GB 50151、《石油化工企业设计防火规范》GB 50160以及《石油天然气工程设计防火规范》GB 50183一致。

8.1.3 由于油罐为大型钢制外浮顶罐，移动式消防冷却方式难以保证对着火罐进行有效全面的冷却，故规定采用固定式消防冷却水系统。这条规定也和现行国家标准《石油库设计规范》GB 50074 以及《石油化工企业设计防火规范》GB 50160、《石油天然气工程设计防火规范》GB 50183 一致。

8.1.4 由于油罐为大型外浮顶罐，库区面积大，保护对象重要，一旦发生火情需要迅速灭火，故规定油罐的消防水喷淋和泡沫系统应采用远程手动启动的程序控制系统，同时具备现场手动操作的功能。具体说就是油罐的消防喷淋冷却和泡沫灭火系统需达到如下效果：

(1) 当接到某个储罐着火的报警后，可以在消防控制室内，通过简单的一键按钮或自动启动相关的消防水泵、着火罐的喷淋以及泡沫系统，向着火罐提供消防喷淋水和泡沫进行灭火和冷却；

(2) 可以在控制室内人工启动单个的消防泵和控制阀门，向任意一个罐提供喷淋和泡沫；

(3) 可以在消防泵、控制阀安装现场手动启动消防泵或控制阀。

8.1.5 设置火灾自动报警系统，可及时得知火情，以便迅速采取灭火措施。

8.1.6 消防综合能力是指石油储备库自身具备的防范和处置火灾的能力。区域消防规划包括消防安全布局、消防给水、消防设施、消防站、消防装备等内容。当储备库周边存在类似的企业如石化企业、油库等，有些移动灭火设施（如消防车）是类似的，可以与这些企业及当地消防部门建立区域联防体系，以提高石油储备库的消防设置和防护水平。

8.2 消防给水

8.2.1 储备库的消防用水比较大，相比于油库的生产生活给水来说，不可能合用一个系统。由于油库的重要性，以及油罐上设置了固定式的冷却水系统，必须采用自动的消防给水。

8.2.2 消防水的供给压力首先应满足在达到设计水量时消防喷淋所需要的压力。由于消火栓需要供给消防车所需要的移动冷却水，为了更好地满足消防车的需要，规定每个消火栓出口处在达到设计消防水量时，给水压力不小于 0.25MPa。

8.2.3 消防给水系统应保持充水状态，是为了减少消防水到火场的时间。

8.2.4 油罐区的消防给水管道应采用环状敷设，主要考虑油罐区是油库的防火重点，环状管网可以从两侧向用水点供水，较为可靠。

8.2.5 油库的消防水量除了满足油罐的喷淋和配置泡沫混合液用水之外，还应适当考虑移动式冷却的需要，即油罐着火时到现场的消防车的用水需求。平衡建设投资和实际的需求，移动水量定为 120L/s，可以满足 2 台大型消防车的用水需要。由于油库的消防水储备是一定的，油库火灾时消防水的使用应严格控制，不能随意从消防水管网上取用消防水，以防止油库的消防水储备被提早用完。油罐的喷淋应利用罐上的固定式系统，局部位置可以使用移动式冷却。消防车应主要用于少量的流散火灾以及泡沫灭火部分的补充。

8.2.6 本条规定是参照现行国家标准《石油库设计规范》GB 50074—2002 的相关条文制订的。

8.2.7 冷却水环管安装时受到抗风圈、加强圈等油罐上附件的限制，实际安装后的喷淋系统的水量将比按照强度计算出来的水量要大一些，为了减少不必要的消防水量，以及降低消防系统的投资，要求实际喷淋水量比计算水量的超出值不大于 20%。油罐上消防水立管太大时导致安装困难，并且立管在油罐壁上的固定点受力较大，故规定消防水立管直径不宜超过 *DN*150。由于油罐在进油后有一定的沉降，为了防止消防水立管和地面上的水平管道之间产生大的应力，规定消防水立管和水平管道连接时应设金属软管。

8.2.9 本条规定是参照现行国家标准《石油库设计规范》GB 50074—2002 的相关条文制定的。

8.2.10 关于消防泵的规定是在现行国家标准《石油库设计规范》GB 50074—2002 的基础上结合储备库的特点对泵的选择、流量配置方面提出了具体的要求。为了能够在油罐着火时快速启动消防水泵，要求消防水泵正压启动。

8.2.11 本条规定是参照现行国家标准《石油库设计规范》GB 50074—2002 的相关条文制定的。

8.2.12 采用水罐有利于消防泵的安装和快速启动，减少消防水的渗漏和减少占地。消防水补水时间比普通油库的要求提高，以利于油库的安全。

8.2.13 由于油库的油罐为外浮顶罐，外浮顶罐的火灾特点是一般在浮盘密封圈处着火，一般不会发生爆炸而损坏固定式喷淋系统。消防时如果使用安装在消防水管网上的固定水炮，消防水只能达到罐外壁，而罐外壁上安装了固定式喷淋系统，附加的水炮作用很小，而且消耗大量的消防水。如果存在少量的流散火灾，可以使用消火栓和消防车来扑灭，或者利用配置在消防站的移动式二用炮在现场根据实际情况使用。因此，外浮顶罐火灾时应利用固定式喷淋系统来冷却着火油罐，控制消防水量的消耗。水炮安装后，火灾时必定会开启，导致大量的消防水消耗，使消防水储备提前用完，并且有可能导致消防水泵超出正常工况运行，威胁水泵的安全。所以规定不宜设置固定式水炮。

消火栓一般供现场消防车使用和消防人员直接接水带使用，由于罐上安装有固定式喷淋系统，消火栓的出水应适当控制，防止消防水的无序使用，并降低投资。

8.2.14 油罐的固定式喷淋管道正常时为空管，较易受大气环境影响腐蚀，为降低腐蚀，延长使用寿命，规定采用镀锌钢管。

8.2.15 罐区内的消防水支管平常为空管，腐蚀比较严重，如果埋地，腐蚀情况难以监测，地上安装可以比较直观地监测腐蚀情况。

8.2.16 管道防腐方式较多，石油沥青防腐影响环境且施工条件也比较差。

8.2.17 自动控制阀门在灭火系统中的位置非常重要，铸钢阀比铸铁阀更容易保证制造质量。

8.3 油罐的低倍数泡沫灭火系统

8.3.2 泡沫比例装置在混合水和泡沫液时混合比在一定的范围内波动，如果设计混合比较低，混合比稍有波动，就会对泡沫液用量产生比较大的影响，因此建议设计混合比不宜低于3%。水成膜泡沫液储存时间长，泡沫流动性也较好，推荐使用。

8.3.3～8.3.7 这5条规定是参照现行国家标准《低倍数泡沫灭火系统设计规范》GB 50151—2010的相关条文制定的。

8.3.8 泡沫产生器设置有管壁顶部设置和中心软管分配式设置两种方式。中心软管分配方式需要有泡沫软管穿越油罐中心的原油，一旦损坏漏油将导致这个油罐的泡沫系统全部停用，检修必须将所有原油清空，检修代价昂贵。而且，泡沫软管造价高昂。所以建议采用泡沫产生器管壁顶部设置方式。油罐火灾时，二次密封经常不是全部损坏，为了保证泡沫通过二次密封进入着火部位，规定泡沫堰板必须高于二次密封。为了保证泡沫的淹没深度，规定泡沫堰板高度不小于0.9m。为方便检修，规定了泡沫堰板距管壁的距离。

8.3.9 本条规定是参照现行国家标准《低倍数泡沫灭火系统设计规范》GB 50151—2010的相关条文制定的。

8.3.10 用于油罐喷淋的消防水管道在火灾时经常由于消防车和消火栓的用水而压力不稳定，为了保证泡沫系统的有效使用，规定用于配置泡沫混合液的消防水单独设置系统，泵和管道单独设置。

8.3.11 目前泡沫混合流程有环泵式比例混合流程、压力比例式混合流程以及平衡压力式比例混合流程。由于使用条件比较苛刻，一般环泵式比例混合流程很少使用。压力比例式混合流程简单，但是在泡沫液用完之后再加泡沫液比较困难，特别是在泡沫灭火系统使用时不能加泡沫液，也不太合适，因此推荐使用平衡压力式比例混合流程。这个规定也和现行国家标准《低倍数泡沫灭火系统设计规范》GB 50151—2010相关条文一致。

8.3.12～8.3.16 这5条规定是参照现行国家标准《低倍数泡沫灭火系统设计规范》GB 50151—2010的相关条文制定的。

8.4 灭火器材配置

本节规定是参照现行国家标准《石油库设计规范》GB 50074—2002的相关条文制定的。

8.4.2

3 本款要求“应在管道桥涵、雨水支沟接主沟处、消防泵房、油泵站、变配电间等重要建筑物或设施以及行政管理区连接生产区的出入口等处配置灭火沙”，是为了在发生管道漏油事故时，能够迅速地对漏油进行堵截，防止漏油流向重要设施。

8.5 消防站设计和消防车设置

8.5.2 储备库配备的消防车主要用于扑灭零散火灾或用于油罐平台上的二分水器，当泡沫系统出现故障或泡沫站内泡沫液用完还没有灭火时也可用于向固定泡沫灭火系统内提供泡沫混合液。由于储备库的油罐为外浮顶罐，火灾时着火部位在密封圈处，油罐上又设置了固定式的泡沫灭火系统以及固定式的喷淋系统，可以对油罐的火灾作出快速的反应，而且消防车的一次投资和长期运行费用都很高，综合各项因素，本条规定了储备库的消防车配备数量和规格。

8.5.3 本条规定是参照现行国家标准《石油库设计规范》GB 50074—2002的相关条文制定的。

8.5.4 配备移动式泡沫－消防水两用炮可以根据火灾现场的实际情况使用。

8.6 火灾自动报警系统

8.6.1 本条规定是参照现行国家标准《石油化工企业设计防火规范》GB 50160—2008的相关条文制定的。

8.6.2 本条规定是参照现行国家标准《石油化工企业设计防火规范》GB 50160—2008的相关条文制订的。国内工程中，大型油罐大部分采用光纤感温探测器，其中又以采用光纤光栅型感温探测器居多。光纤感温探测器是一种无电检测技术，与其他类型探测装置相比，在安全性、可靠性和精确性等方面，具有明显的技术优势。

8.6.3 本条规定是参照现行国家标准《石油化工企业设计防火规范》GB 50160—2008和现行国家标准《火灾自动报警系统设计规范》GB 50116—1998的相关条文制定的。

9 给排水及含油污水处理

9.1 给 水

9.1.2 储备油库的生产给水和生活用水量一般都比较小，合建系统有利于减少投资。

9.1.3 本条规定了石油储备库生活用水量的确定原

则，其中第1款和第3款是参照现行国家标准《石油库设计规范》GB 50074—2002的规定制定的；第2款是考虑消防人员需全天在库区驻守，且经常训练，用水量远大于库区生产和管理人员，故参照现行国家标准《建筑给水排水设计规范》GB 50015—2003中"集体宿舍、旅馆等公共建筑的生活用水定额"，规定库区消防队员用水量宜为200L/（人·天）。

9.2 排　水

9.2.1、9.2.3～9.2.6 这5条规定是参照现行国家标准《石油库设计规范》GB 50074—2002的相关条文制定的。

9.2.7 储备库区雨水主要来自罐组内的雨水存量。罐组内雨水适当壅水即罐组内的雨水存留时间延长可以大幅度降低雨水管网或明沟的设计流量，降低造价。罐组外的雨水系统采用明沟也可以降低建设费用。雨水需要提升时，泵型号一致有利于检修及配件的配置。

9.2.8 含油雨水主要来自罐顶的浮盘，和含油污水共用一套系统可以节省造价。

9.2.9 油罐清洗时的污水夹杂大量油泥，如果进入含油污水系统，会导致污水处理出现问题。因此，洗罐排水应单独收集后再处理。

9.2.10 含油污水管道采用铸铁管是比较合理的，既耐腐蚀，相对来说造价也较低。个别支线由于接管的原因可以使用钢管等方便施工的材料。

9.2.11 雨水管道采用预应力钢筋混凝土管道是比较合理适用的，造价也比较低，完全可以满足使用。个别支线管段或特殊点由于施工的原因可以使用钢管等材料。

9.3 污水和废物处理

9.3.2 储备油库的含油污水量较少，含油污水产生的时间比较集中，一般在油罐切水或下雨时罐顶浮盘上有含油雨水。储备油库单独设置含油污水处理一般来说经济上并不合算，能依托周边企业的污水池宜尽量依托。当必须设置含油污水处理设施时，减少处理规模，加大储存设施是一个比较合理的方法，既可以满足含油污水集中排放时的储存，又可以使污水处理尽量在稳定状态下运行，达到污水处理合格排放的目的。以一期国家原油储备库的设计举例，当时四个国家储备库的含油污水处理流程为：含油污水→调节罐、储存罐→油水分离器→高效加气浮选器→曝气生物滤池（BAF）→核桃壳过滤器→水排放。含油污水处理设施主要设备能力为：调节罐：3000m^3；处理设备：50m^3/h；污水储存罐：3000m^3。

9.3.3 为了减少油气散发，改善污水处理场的环境，建议采用密闭式设备或池子加盖。

9.3.4 根据目前的原油中转的实际数据确定的切水量占周转量的0.3%。

9.3.5 罐顶浮盘的含油雨水量参照国家现行标准《石油化工污水处理设计规范》SH 3095—2000。由于储备库的运行特点，一般来说，大部分油罐会长期处于高液位储存原油，这个时候的罐顶雨水可以认为不会带有油品污染，结合一期国家储备库的设计经验，考虑20%的油罐会同时产生含油雨水。

9.3.6 为了满足环保的监测要求，在污水排放出油库处设置流量和水质监测设施。

9.3.7 油库的污水排放标准在不同的地区有不同的要求，需满足环评的要求。污水排放口的位置同样如此，如果排入自然水体，还有一些更加具体的要求，都需符合环评的要求。

9.4 漏油收集

9.4.1 本条规定是为了将事故漏油和火灾时的消防所用冷却水收集起来，防止漏油及含油污水四处漫延，避免漏油及含油污水流到库外。当漏油及含油污水量比较大，收集池容纳不下时，需要排放部分消防水，要求收集池采取隔油措施可以防止油品流出收集池。

9.4.2 利用雨水收集系统收集漏油是简便易行的方式。要求雨水收集系统主干道采用金属暗管，是为了使雨水收集系统主干道具有一定强度的抗爆性能。

9.4.3 水封隔断设施可以阻断火焰传播路径，本条规定是为了避免火情迅速蔓延。

10 电　气

10.1 供配电

10.1.1 石油储备库的生产电力负荷多为输油作业用电，突然停电一般不会造成人员伤亡或重大经济损失。石油储备库最大生产电力负荷为外输原油作业，一般石油储备库外输原油作业频率较低，但一旦开启外输原油泵可能会运行较长时间。根据电力负荷分类标准，生产用电负荷等级定为二级。石油储备库的自动化水平要求较高，若油库突然停电，火灾自动报警、生产运行参数（压力、温度、液位等）自动检测等信息系统就不能正常工作，因此本条规定"应设置供信息系统使用的应急电源"。

10.1.2 石油储备库采用外接电源供电，具有建设投资少、经营费用低、维护管理方便等优点，故推荐采用外接电源。但若石油储备库位于偏僻的地区，距外电源太远，采用外接电源在技术和经济方面均不合理，在此情况下，采用自备电源也是可行的。

10.1.4 10kV以上的变配装置独立设置较为安全。油泵是储备库的主要用电设备，电压为10 kV及以下的变配装置的变配电间与油品泵房（棚）相毗邻布置于油泵配电较为方便、经济。由于变配电间的电器设备是非防爆型的，操作时容易产生电弧，而易燃油品泵房又属于爆炸和火灾危险场所，故它们相毗邻时，应符合一定要求。

1 本款规定是为了防止油泵房（棚）的油气通过隔墙孔洞、沟道窜入变配电间而发生爆炸火灾事故，且当油泵发生火灾时，也可防止其蔓延到变配电间；

2 本款规定变配电间的门窗应向外开，是为了当发生事故时便于工作人员撤离现场。变配电间的门窗应设在爆炸危险区以外的规定，是为了防止油泵房的油气通过门窗进入变配电间；

3 油气一般比空气重，易于在低洼处流动和积聚，故规定变配电间的地坪应高出油泵房的室外地坪 0.6m。

10.1.7 变配电设备一般不具备防爆性能，故要求“变配电所应设置于爆炸危险区域以外”；变配电设备是储备库的重要设备，设在室内比设在室外安全性好得多。

10.1.9 原油属于甲 B 类易燃液体，其设备、管道法兰等处可能存在爆炸性气体，需采取严格的防爆措施。石油库爆炸危险区域的等级划分及防爆措施现行国家标准《石油库设计规范》GB 50074 已有规定，本规范不再另行规定。

10.1.10 本条要求“储备库主要生产作业场所的配电电缆应埋地敷设”，是为了保护电缆在火灾事故中免受损坏。

10.1.13 储备库发生火灾事故时，供电设备可能被毁坏，配置可移动式应急动力电源装置，在紧急情况下，能保证必要的电力供应。可移动式应急动力电源装置主要是为电动阀门提供应急动力，可以采用可移动式应急动力蓄电池，也可以采用车载柴油发电机组。

10.2 防 雷

10.2.1

1 浮顶油罐良好接地很重要，可以降低雷击点的电位、反击电位和跨步电压，消除放电危险；

2、3 此两款是参考国外相关研究资料编入的，其目的是为了加强浮顶和罐壁的等电位连接；

4 本款是参考国外标准（NFPA 780）编入的，其目的是为了让浮梯与罐体和浮顶等电位。

10.3 防静电

10.3.1 本条款是参照现行国家标准《输油管道工程设计规范》GB 50253—2003 和中石化《大型浮顶储罐安全设计施工、管理规定》的相关条款制定的。

10.3.2～10.3.8 这几条规定是参照现行国家标准《石油库设计规范》GB 50074—2002 的相关条文制定的。

11 自动控制

本章规定了储备库自动控制系统设置要求，这些要求体现了“石油储备库工程建设应立足国情，采用先进适用技术”的建设原则，与第一期国家石油储备基地 4 座油库的自动控制系统水平是基本相当的。

11.1 自动控制系统及仪表

11.1.2 液位是油罐需要监控的最重要参数，故要求“每座油罐应设置液位连续测量仪表”。高高液位联锁关进口阀可防止油罐进油时溢油，是必要的安全保护措施。低低液位开关的设置是为了避免浮顶支腿降落到罐底。浮顶罐的浮顶一般情况下漂浮在油面上，直接与油面接触，可以有效抑制油气挥发，且除密封圈处外没有气相空间，极大地消除了爆炸环境。使用过程中需要注意的是，除检修油罐外，须避免浮顶落底。浮顶一旦落底，就会在油面与浮顶之间出现气相空间，对于原油来说，有气相空间就会有爆炸性气体，就大大增加了火灾危险性。2010 年发生的北方某大型油库火灾事故中，有多个 $10\times10^4m^3$ 油罐在 10 余米的近距离受到火焰的烘烤，但只有 103 号罐被引燃并最终被烧毁，主要原因是该罐当时浮顶已落地，罐内有少量存油，在火焰的烘烤下，存在于气相空间的油气很容易就被引爆起火了。浮顶支腿一般高度是 1.8m，故规定“低低液位开关设定高度（距罐底板）可不小于 1.85m”；考虑报警后需有 10min～15min 的处理时间，故规定“低液位报警设定高度（距罐底板）不宜小于 2m”。

11.1.8 本条要求“油罐组、输油泵站、计量站等可燃性气体易泄漏和易积聚区域，应设置可燃性气体浓度检测器”，是为了能及时检测到油品泄漏，以便迅速采取应对措施。

11.4 仪表电缆敷设

11.4.1 本条规定是为了保护仪表电缆在火灾事故中免受损坏。“生产区局部地方确需在地面敷设的电缆”，主要指仪表、阀门、设备电缆接头等处以及其他不便采取地面下敷设的电缆。

12 电 信

12.1 一般规定

12.1.1 储备库电信系统的作用在于为储备库生产和管理提供电信支持，为储备库提供防火、防盗、防破坏等安全方面的保障。

12.1.2 本条规定了储备库电信系统一般应包括的内

容，这些电信设施是保证石油储备库通信可靠畅通、保障储备库安全的有效手段。

12.1.3 对于依托已有工程设施建设的储备库，如果其运营管理与已有工程设施融为一体，其电信系统与已有工程设施的电信系统兼容，相互联网，以实现电信系统的方便和畅通。如果储备库的运营管理与已有工程设施相对独立，其电信系统相对独立组网，在不影响独立组网的前提下，充分考虑依托已有工程设施的电信设施。

12.1.7 本条规定是为了保护电信线路在火灾事故中免受损坏。"生产区局部地方确需在地面以上敷设的电缆"，主要指与设备电缆接头处以及其他不便采取地面下敷设的电缆。

12.2 行政电话系统

12.2.2 目前电信公网比较发达，一般情况下均可以满足企业的电话通信要求，企业电话通信依托电信公网的方式已被越来越多地采用。采用这种方式，可以提高系统的运行管理水平和可靠性，节约管理和维护成本。

12.3 调度电话系统

12.3.2 储备库的调度电话交换机不宜与行政电话交换机合用，主要基于以下两点考虑：①调度电话交换系统和行政电话交换系统同为语音交换系统，可以互为备用，保障重要岗位的语音交换通信不中断；②行政电话通信，一般采用依托电信公网的方式。储备库自设调度电话交换系统，有利于企业重要信息的安全，并且可以按照储备库的需要，开发和设定调度电话交换系统的工作模式。

12.5 无线电通信系统

12.5.1 无线通信设备，可为储备库各种流动性作业提供方便快捷的通信。无线对讲系统的优点是投资少、操作简单，已有工程多采用这种形式；集群通信系统的优点是功能丰富。

12.6 电视监视系统

12.6.1 电视监视系统主要用于储备库的生产监视、消防监视和安全监视。电视监视系统主要有数字和模拟两种技术。近年来，数字系统发展很快，其实用性和可靠性有了很大提高，在实际工程中得到迅速推广和应用。数字系统与模拟系统相比，在系统控制、系统管理、系统配置的灵活性、图像存储检索等方面，在技术上具有优势。储备库的电视监视系统规模较大，优先考虑采用数字系统较为适宜。

12.6.6 光缆传输与电缆传输相比，在传输质量、传输距离、信号稳定性、抗干扰性等方面具有优势，且光缆便于敷设，所以在室外环境中宜采用光缆传输方式。

12.6.7 控制室、值班室内的人员接收到报警信号后，需借助电视监视系统远程确认警情。火灾自动报警系统和周界报警系统与电视监视系统联动，可以提高系统反应速度，为迅速处理警情赢得时间。储备库的火灾自动报警系统、周界报警系统和电视监视系统规模大，设置联动控制功能更加必要。

12.7 周界报警系统

12.7.1 周界报警系统可供采用有微波对射入侵报警系统、激光对射入侵报警系统、振动电缆入侵报警系统、振动光缆入侵报警系统、红外对射入侵报警系统等形式。红外对射入侵探测器受气候环境因素的影响比较大，在雾天容易产生误报，在多雾地区慎重采用。

12.8 智能卡系统

12.8.1 智能卡系统包括门禁管理系统和巡更系统。门禁管理系统用于控制、管理和记录人员和车辆出入；巡更系统用于记录和管理生产人员巡检工作和保安人员巡逻工作。

13 建、构筑物

13.2 构 筑 物

13.2.1 随着国民经济的发展，储罐的容量也越来越大，特别是大型储罐，直径、高度大，对地基土的承载能力和变形要求高，影响深度大，尤其是软土地基、山区地基以及特殊性土地基，地层复杂。对于储罐基础，如不均匀沉降过大，将导致储罐的倾斜或失稳，使浮顶罐的浮船（盘）不能升降，甚至产生储罐破裂，并造成严重的次生灾害。因此本规范中特别强调了储罐基础的设计，必须进行建筑场地的岩土工程地质勘察。

13.2.3 储罐基础的选型是至关重要的，作用于储罐基础上的主要荷载是罐体及储存介质的重量，该作用荷载的特点是荷载强度大、分布面积大，对地基的影响深度大。特别是对软弱地基产生的沉降和不均匀沉降大。储罐基础主要是支撑罐体，在建造和正常操作状态下保证储罐的安全可靠，一旦地基基础失稳，其严重后果将不堪设想，并将带来严重的次生灾害。因此在对储罐基础的选型中，应认真考虑地质条件，对地基土的稳定性要有足够的重视，基础必须具有足够的安全性、适用性（满足业主的使用要求）和耐久性。

储罐基础的型式很多，各型基础有其各自的特点和适用条件，因此在选型时应根据储罐的型式、容积、地质条件、材料供应情况、业主要求和施工技术条件、地基处理方法和经济合理性进行综合考虑。按照地质条件并参考国内外常用的基础型式，规范中提出的四种储罐基础型式说明如下：

1 护坡式基础一般用于硬和中硬场地土，多用于固定顶储罐，其优点是省钢材、水泥、工程投资小。缺点是基础的平面抗弯刚度差，因而对调整地基不均匀沉降作用小，效果较差。且占地面积大。

2 环墙式基础一般用于软和中软场地土，多用于浮顶罐与内浮顶罐，罐壁下设置钢筋混凝土环墙，这种型式的罐基础，在国内用的较多，它的优点是：①可减少罐周的不均匀沉降。钢筋混凝土环墙平面抗弯刚度较大，能很好地调整在地基下沉过程中出现的不均匀沉降，从而减少罐壁的变形，避免浮顶罐与内浮顶罐发生浮顶不能上浮的现象；②罐体荷载传递给地基的压力分布较为均匀；③增加基础的稳定性，抗震性能较好。防止由于冲刷、浸蚀、地震等造成环墙内各填料层的流失，保持罐底下填料层基础的稳定；④有利于罐壁的安装。环墙为罐壁底端提供了一个平整而坚实的表面，并为校平储罐基础面和保持外形轮廓提供了有利条件；⑤有利于事故的处理。当罐体出现较大的倾斜时，可用环墙进行顶升调整，或采用半圆周挖沟纠偏法；⑥起防潮作用。钢筋混凝土环墙顶面不积水，减少罐底的潮气和对罐底板的腐蚀；⑦比护坡式罐基础占地面积小。缺点是：①由于环墙的竖向抗力刚度比环墙内填料层相差较大，因此罐壁和罐底的受力状态较外环墙式储罐基础差；②钢筋水泥耗量较多。

3 外环墙式储罐基础一般多用于硬和中硬场地土。它的优点是：①由于罐体坐落在由砂石土构成的基础上，其竖向抗力刚度相差不大，因此对罐壁和罐底的受力状态较环墙式储罐基础好；②由于设置外环墙式基础具有一定的稳定性，因此其抗震性能也较好；③较环墙式罐基础省钢筋和水泥。缺点是：①外环墙式罐基础的整体平面抗弯刚度较钢筋混凝土环墙式基础差，因此调整不均匀沉降的能力较差；②当罐壁下节点处的下沉量低于外环墙顶时易造成两者之间的凹陷。

4 桩基基础，有一定的应用范围，但要注意桩基承台板的设计。缺点是投资规模较大。

13.2.5 地基变形允许值的规定，主要是根据现行国家标准《立式圆筒形钢制焊接油罐设计规范》GB 50341，附录E“油罐对基础和基础的基本要求”和大量的实测数据并参考国外标准而制定的。

13.2.8 由于环境保护日益受到重视，建设场地的有关环境评价报告可能会提出防止油品污染地下水的要求，所以制定本条规定。防渗漏措施一般采用黏土、防渗土工膜（如HDPE膜）或相应的材料铺设，并设检查井等配套设施。

14 采暖、通风和空气调节

14.1 采 暖

14.1.1 本条规定了设置集中采暖的条件。

14.1.2 石油储备库通常远离市政设施，采暖没有可依托的外来热源时，依靠自建锅炉房解决采暖和生活用热。

锅炉房燃料的选用，应从合理利用能源和节约能源的角度出发，并与安全生产、经济效益和环境保护相协调。石油储备库自建锅炉房从就地取材和环保角度考虑，建议采用燃油或燃气锅炉。

锅炉房的锅炉台数不宜少于2台的规定，是考虑了备用因素。但特殊情况下，如果只设置1台锅炉也能满足热负荷和检修需要，并且在锅炉故障停运无法对外供热时，不会对生产生活产生影响或这种影响也能被接受时，可以只设置1台锅炉。

14.1.3 现行国家标准《石油库设计规范》GB 50074—2002第15.1.1条规定集中采暖的热媒应采用热水，此处沿用。石油储备库通常办公建筑及辅助生产建筑较完善，又没有可依托的热源，常常自建锅炉房采暖及提供生活用热。锅炉房供暖要求采用热水做热媒。热水采暖比蒸汽采暖具有许多优势，见现行国家标准《采暖通风与空气调节设计规范》GB 50019阐述。

14.1.4 这条是针对远离集中热源的独立建筑物来讲的。石油储备库内有些建筑物设置比较分散，远离集中热源，采暖负荷又小。接入集中供热管网不现实或者不经济时，可以采用电采暖的方式。如果就近有工艺用蒸汽时，也可考虑采用蒸汽做热媒，但需不违反卫生、技术和节能要求。

14.1.5 本条规定是参照现行国家标准《锅炉房设计规范》GB 50041的相关规定制定的。

14.1.8 本条要求是为了减少泄漏。

14.2 通 风

14.2.1 现行国家标准《采暖通风与空气调节设计规范》GB 50019—2003第5.4.3条规定：事故通风量，宜根据工艺设计要求通过计算确定，但换气次数不应小于每小时12次。本规范给出了事故排风的换气次数为不小于12次/h，但这个换气次数不是指在正常通风（5～6）次/h的基础上再附加12次/h，而是指在发生事故时，应能保证不少于12次/h的通风量。

14.2.2 变配电间配电设备技术提高，已基本不会产生氢类等有害气体，所以现在变电所及配电间可不设置事故通风装置（特殊设备除外）。但由于电气短路产生刺激气味或火灾事故发生后使用CO_2灭火产生烟雾，需要及时排除，故规范建议变电所及配电间设置不定期开启的排风设施。

变配电间设备运行会产生大量的余热，适宜的温湿度环境可以保证设备长周期稳定运行。尤其是近年大量采用的微机监控设备及高低压变频器，对温湿度的要求相对较高。因此，炎热地区建设的变配电间建议采用空调设备降温，如不具备设置空调的条件，自然或机械通风排除余热是必须的。

14.2.4 燃油燃气锅炉房通风要求在现行国家标准《建筑设计防火规范》GB 50016—2006 中以强制性条文的形式（第 10.3.17 条）作出规定，此处予以引用。

14.2.5 在化验室进行的化验项目可能散发有害物质，需要采取局部通风措施，如设置通风柜、局部排气罩、万向抽气罩等。

14.2.9 从有害物质放散源处排风是最经济有效的排风方式。当不具备条件时，则在室内污染最严重的地带排风。不得在操作地带设置排风口，是为了避免污染气流流向操作地带。

14.2.10 当油泵房等需要设置事故通风的建筑物设有可燃气体检测、报警装置时，事故通风机宜与其连锁。事故通风机包括兼作事故通风的常开风机。事故排风机的手动开关要求分别设置在室内和室外便于操作的地方，以便突发紧急事故时能立即投入运行，达到要求的事故排风量。

14.2.12 在爆炸危险区域内，空气中含有燃烧或爆炸危险性物质，遇火星有可能引起燃烧或爆炸事故。因此，通风机和电动机要求采用防爆型。由于皮带连接容易产生静电，所以防爆区域内风机要求直接传动。

14.3 空气调节

14.3.1 石油储备库的仪表控制室通常面积不大，同时要求 24h 不间断稳定运行，采用风冷式恒湿机是合适的。

14.3.5 设在炎热地区的综合办公楼可设置集中空调系统。但设在办公楼内的工作站、通信站、交换机房等，由于运行时间与办公房间不同，为了保证设备正常运行，并节省集中空调系统的能耗，建议设置独立的风冷空调机。

14.3.6 分散型控制系统控制室及常规仪表控制室室内空调设计参数仍然沿用国家现行标准《石油化工控制室和自动分析室设计规范》SH 3006—1999 及《石油化工采暖通风与空气调节设计规范》SH 3004—1999 中给出的规定。

14.3.7 为了操作维护简单，运行可靠，系统允许时建议空调设备选用机电仪一体化设备。

中华人民共和国国家标准

通风与空调工程施工规范

Code for construction of ventilation and air conditioning

GB 50738—2011

主编部门：中华人民共和国住房和城乡建设部
批准部门：中华人民共和国住房和城乡建设部
施行日期：２　０　１　２　年　５　月　１　日

中华人民共和国住房和城乡建设部
公　告

第1157号

关于发布国家标准《通风与空调工程施工规范》的公告

现批准《通风与空调工程施工规范》为国家标准，编号为GB 50738－2011，自2012年5月1日起实施。其中，第3.1.5、11.1.2、16.1.1条为强制性条文，必须严格执行。

本规范由我部标准定额研究所组织中国建筑工业出版社出版发行。

中华人民共和国住房和城乡建设部

2011年9月16日

前　言

根据住房和城乡建设部《关于印发〈2008年工程建设标准规范制订、修订计划（第一批）〉的通知》（建标［2008］102号）的要求，中国建筑科学研究院和北京住总集团有限责任公司会同有关单位编制本规范。

本规范在编制过程中，编制组经广泛调查研究，认真总结实践经验，参考有关国际标准和国外先进标准，并在广泛征求意见的基础上，最后经审查定稿。

本规范共分16章，主要技术内容包括：总则、术语、基本规定、金属风管与配件制作、非金属与复合风管及配件制作、风阀与部件制作、支吊架制作与安装、风管与部件安装、空气处理设备安装、空调冷热源与辅助设备安装、空调水系统管道与附件安装、空调制冷剂管道与附件安装、防腐与绝热、监测与控制系统安装、检测与试验、通风与空调系统试运行与调试。

本规范中以黑体字标志的条文为强制性条文，必须严格执行。

本规范由住房和城乡建设部负责管理和对强制性条文的解释，由中国建筑科学研究院负责具体技术内容的解释。请各单位在执行本规范的过程中，注意总结经验，积累资料，随时将有关意见和建议寄送给中国建筑科学研究院《通风与空调工程施工规范》编制组（地址：北京市北三环东路30号，邮编：100013，E-mail：TFKT163@163.com），以供今后修订时参考。

本规范主编单位：中国建筑科学研究院
北京住总集团有限责任公司

本规范参编单位：湖南省工业设备安装有限公司
北京市设备安装工程集团有限公司
广州市机电安装有限公司
新奥能源服务有限公司
中国建筑第八工程局有限公司
上海市安装工程有限公司
杭州源牌环境科技有限公司
广东省工业设备安装公司
四川省建筑科学研究院
天津市建工工程总承包有限公司
湖南省建筑工程集团总公司
合肥工业大学
湖北风神净化空调设备工程有限公司
河南省建筑科学研究院有限公司
广西壮族自治区建筑科学研究设计院
南京五洲制冷集团有限公司
昆山台佳机电有限公司

本规范主要起草人员：宋　波　史新华　刘　晶
刘元光　何伟斌　吕　莉
孙怀常　魏艳萍　苗冬梅
张耀良　宋勤峰　张广志
徐斌斌　高　翔　连　淳
陈　浩　闵泽鹏　栾景阳
茅伟东　张　勇　薛　智
张劲松　张　景　唐一兵
陆文波　刘一民

本规范主要审查人员：许文发　林运斌　孙延勋
万水娥　王　为　于晓明
邵宗义　李善国

目 次

Contents

1 总 则

1.0.1 为加强通风与空调工程施工安装技术的管理，规范施工工艺，强化施工安装过程控制，确保工程质量，制定本规范。

1.0.2 本规范适用于建筑工程中通风与空调工程的施工安装。

1.0.3 通风与空调工程施工安装中采用的工程技术文件、承包合同文件对工程质量的要求不应低于本规范的规定。

1.0.4 通风与空调工程施工除应符合本规范外，尚应符合国家现行有关标准的规定。

2 术 语

2.0.1 风管 air duct

采用金属、非金属薄板或其他材料制作而成，用于空气流通的管道。

2.0.2 非金属风管 nonmetallic duct

采用硬聚氯乙烯、玻璃钢等非金属材料制成的风管。

2.0.3 复合风管 composite duct

采用不燃材料面层与绝热材料内板复合制成的风管。

2.0.4 风道 air channel

采用混凝土、砖等建筑材料砌筑而成，用于空气流通的通道。

2.0.5 风管配件 duct fittings

风管系统中的弯头、三通、四通、各类变径及异形管、导流叶片和法兰等。

2.0.6 风管部件 duct component

风管系统中的各类风口、阀门、风罩、风帽、消声器、过滤器等。

2.0.7 漏风量 air leakage rate

风管系统中，在某一静压下通过风管本体结构及其接口，单位时间内泄出或渗入的空气体积量。

2.0.8 漏光检测 air leak check with lighting

用强光源对风管的接缝、法兰及其他连接处进行透光检查，确定孔洞、缝隙等渗漏部位及数量的方法。

2.0.9 固定支架 fixing trestle

不允许管道与其有相对位移的管道支架。

2.0.10 防晃支架 restraining trestle

不随管道晃动产生位移的管道支架。

2.0.11 型式检验报告 type inspection report

由生产厂家委托有资质的检测机构，对定型产品或成套技术的全部性能及其适用性所作的检验，其报告称型式检验报告。

2.0.12 强度性试验 strength test

在规定的压力和保压时间内，对管路、压力容器、阀门、附件等进行的耐压能力检验。

2.0.13 严密性试验 leakage test

在规定的压力和保压时间内，对管路、压力容器、阀门、附件等进行的泄漏检验。

3 基 本 规 定

3.1 施工技术管理

3.1.1 承担通风与空调工程施工的企业应具有相应的施工资质；施工现场具有相应的技术标准。

3.1.2 施工企业承担通风与空调工程施工图深化设计时，其深化设计文件应经原设计单位确认。

3.1.3 通风与空调工程施工前，建设单位应组织设计、施工、监理等单位对设计文件进行交底和会审，形成书面记录，并应由参与会审的各方签字确认。

3.1.4 通风与空调工程施工前，施工单位应编制通风与空调工程施工组织设计（方案），并应经本单位技术负责人审查合格、监理（建设）单位审查批准后实施。施工单位应对通风与空调工程的施工作业人员进行技术交底和必要的作业指导培训。

3.1.5 施工图变更需经原设计单位认可，当施工图变更涉及通风与空调工程的使用效果和节能效果时，该项变更应经原施工图设计文件审查机构审查，在实施前应办理变更手续，并应获得监理和建设单位的确认。

3.1.6 系统检测与试验，试运行与调试前，施工单位应编制相应的技术方案，并应经审查批准。

3.1.7 通风与空调工程采用的新技术、新工艺、新材料、新设备，应按有关规定进行评审、鉴定及备案。施工前应对新的或首次采用的施工工艺制定专项的施工技术方案。

3.2 施工质量管理

3.2.1 通风与空调工程施工现场应建立相应的质量管理体系，并应包括下列内容：

1 岗位责任制；

2 技术管理责任制；

3 质量管理责任制；

4 工程质量分析例会制。

3.2.2 施工现场应建立施工质量控制和检验制度，并应包括下列内容：

1 施工组织设计（方案）及技术交底执行情况检查制度；

2 材料与设备进场检验制度；

3 施工工序控制制度；

4 相关工序间的交接检验以及专业工种之间的

中间交接检查制度；

5 施工检验及试验制度。

3.2.3 管道穿越墙体和楼板时，应按设计要求设置套管，套管与管道间应采用阻燃材料填塞密实；当穿越防火分区时，应采用不燃材料进行防火封堵。

3.2.4 管道与设备连接前，系统管道水压试验、冲洗（吹洗）试验应合格。

3.2.5 隐蔽工程在隐蔽前，应经施工项目技术（质量）负责人、专业工长及专职质量检查员共同参加的质量检查，检查合格后再报监理工程师（建设单位代表）进行检查验收，填写隐蔽工程验收记录，重要部位还应附必要的图像资料。

3.2.6 隐蔽的设备及阀门应设置检修口，并应满足检修和维护需要。

3.2.7 用于检查、试验和调试的器具、仪器及仪表应检定合格，并应在有效期内。

3.3 材料与设备质量管理

3.3.1 通风与空调工程施工应根据施工图及相关产品技术文件的要求进行，使用的材料与设备应符合设计要求及国家现行有关标准的规定。严禁使用国家明令禁止使用或淘汰的材料与设备。

3.3.2 通风与空调工程所使用的材料与设备应有中文质量证明文件，并齐全有效。质量证明文件应反映材料与设备的品种、规格、数量和性能指标，并与实际进场材料和设备相符。设备的型式检验报告应为该产品系列，并应在有效期内。

3.3.3 材料与设备进场时，施工单位应对其进行检查和试验，合格后报请监理工程师（建设单位代表）进行验收，填写材料（设备）进场验收记录。未经监理工程师（建设单位代表）验收合格的材料与设备，不应在工程中使用。

3.3.4 通风与空调工程使用的绝热材料和风机盘管进场时，应按现行国家标准《建筑节能工程施工质量验收规范》GB 50411 的有关要求进行见证取样检验。

3.4 安全与环境保护

3.4.1 承担通风与空调工程施工的企业应具有相应的安全生产许可证；施工安装现场应建立相应的安全与环境保护管理制度，并应配备专职安全员。

3.4.2 通风与空调工程施工前应进行安全技术交底；施工中各项安全防护措施和设施应达到国家有关规定的要求；施工机具应按相应的安全操作规程要求使用。

3.4.3 施工现场临时用电应符合国家现行有关标准的规定，施工过程中应采取保证用电与机具操作安全的有效措施。

3.4.4 电、气焊施焊作业时，操作人员应持证上岗，设专人监督，并应配备灭火器材；电、气焊操作完毕后，应认真检查，消除隐患后方可离开。

3.4.5 现场搬运、吊装各种材料和设备时，应有专人指挥，协调一致，避免伤人和损坏材料及设备。

3.4.6 大型设备吊装、运输前应编制专项技术方案，经批准后方可实施。

3.4.7 在空气流通不畅的环境中作业时，应采取临时通风措施。

3.4.8 油漆、胶粘剂涂刷时，应采取防护措施，并应在操作区域内保持空气流通。

3.4.9 易燃易爆及其他危险物品应单独安全存放，易挥发物品应密闭保存；危险品残余物及存放容器应妥善回收。

3.4.10 可能产生烟尘、噪声的施工工序作业时，应采取防尘及降噪措施。

4 金属风管与配件制作

4.1 一 般 规 定

4.1.1 金属风管与配件制作宜选用成熟的技术和工艺，采用高效、低耗、劳动强度低的机械加工方式。

4.1.2 金属风管与配件制作前应具备下列施工条件：

1 风管与配件的制作尺寸、接口形式及法兰连接方式已明确，加工方案已批准，采用的技术标准和质量控制措施文件齐全；

2 加工场地环境已满足作业条件要求；

3 材料进场检验合格；

4 加工机具准备齐全，满足制作要求。

4.1.3 洁净空调系统风管材质的选用应符合设计要求，宜选用优质镀锌钢板、不锈钢板、铝合金板、复合钢板等。制作场地应整洁、无尘，加工区域内应铺设表面无腐蚀、不产尘、不积尘的柔性材料。

4.1.4 洁净空调系统风管制作前，应采用柔软织物擦拭板材，除去板面的污物和油脂。制作完成后应及时采用中性清洁剂进行清理，并采用丝光布擦拭干净风管内部，并采用塑料膜密封风管端口。

4.1.5 圆形风管规格应符合表 4.1.5-1 的规定，并宜选用基本系列；矩形风管规格应符合表 4.1.5-2 的规定。

表 4.1.5-1 圆形风管规格（mm）

风管直径 D					
基本系列	辅助系列	基本系列	辅助系列	基本系列	辅助系列
100	80	140	130	200	190
	90	160	150	220	210
120	110	180	170	250	240

续表 4.1.5-1

风管直径 D					
基本系列	辅助系列	基本系列	辅助系列	基本系列	辅助系列
280	260	560	530	1120	1060
320	300	630	600	1250	1180
360	340	700	670	1400	1320
400	380	800	750	1600	1500
450	420	900	850	1800	1700
500	480	1000	950	2000	1900

表 4.1.5-2　矩形风管规格（mm）

风管边长								
120	200	320	500	800	1250	2000	3000	4000
160	250	400	630	1000	1600	2500	3500	—

注：椭圆形风管可按表 4.1.5-2 中矩形风管系列尺寸标注长短轴。

4.1.6　钢板矩形风管与配件的板材最小厚度应按风管断面长边尺寸和风管系统的设计工作压力选定，并应符合表 4.1.6-1 的规定；钢板圆形风管与配件的板材最小厚度应按断面直径、风管系统的设计工作压力及咬口形式选定，并应符合表 4.1.6-2 的规定。排烟系统风管采用镀锌钢板时，板材最小厚度可按高压系统选定。不锈钢板、铝板风管与配件的板材最小厚度应按矩形风管长边尺寸或圆形风管直径选定，并应符合表 4.1.6-3 和表 4.1.6-4 的规定。

表 4.1.6-1　钢板矩形风管与配件的板材最小厚度（mm）

风管长边尺寸 b	低压系统（P≤500Pa）中压系统（500Pa＜P≤1500Pa）	高压系统（P＞1500Pa）
b≤320	0.5	0.75
320＜b≤450	0.6	0.75
450＜b≤630	0.6	0.75
630＜b≤1000	0.75	1.0
1000＜b≤1250	1.0	1.0
1250＜b≤2000	1.0	1.2
2000＜b≤4000	1.2	按设计

表 4.1.6-2　钢板圆形风管与配件的板材最小厚度（mm）

风管直径 D	低压系统（P≤500Pa）		中压系统（500Pa＜P≤1500Pa）		高压系统（P＞1500Pa）	
	螺旋咬口	纵向咬口	螺旋咬口	纵向咬口	螺旋咬口	纵向咬口
D≤320	0.50		0.50		0.50	
320＜D≤450	0.50	0.60	0.50	0.7	0.60	0.7
450＜D≤1000	0.60	0.75	0.60	0.7	0.60	0.7
1000＜D≤1250	0.7（0.8）	1.00	1.00	1.00	1.00	
1250＜D≤2000	1.00	1.20	1.20		1.20	
＞2000	1.20	按设计				

注：对于椭圆风管，表中风管直径是指其最大直径。

表 4.1.6-3　不锈钢板风管与配件的板材最小厚度（mm）

矩形风管长边尺寸 b 或圆形风管直径 D	板材最小厚度
100＜b(D)≤500	0.5
560＜b(D)≤1120	0.75
1250＜b(D)≤2000	1.0
2500＜b(D)≤4000	1.2

表 4.1.6-4　铝板风管与配件的板材最小厚度（mm）

矩形风管长边尺寸 b 或圆形风管直径 D	板材最小厚度
100＜b(D)≤320	1.0
360＜b(D)≤630	1.5
700＜b(D)≤2000	2.0
2500＜b(D)≤4000	2.5

4.1.7　金属风管与配件的制作应满足设计要求，并应符合下列规定：

1　表面应平整，无明显扭曲及翘角，凹凸不应大于 10mm；

2　风管边长（直径）小于或等于 300mm 时，边长（直径）的允许偏差为±2mm；风管边长（直径）大于 300mm 时，边长（直径）的允许偏差为±3mm；

3　管口应平整，其平面度的允许偏差为 2mm；

4　矩形风管两条对角线长度之差不应大于 3mm；圆形风管管口任意正交两直径之差不应大于 2mm。

4.1.8　风管制作在批量加工前，应对加工工艺进行验证，并应进行强度与严密性试验。

4.1.9 金属风管与配件制作的成品保护措施应包括下列内容：

1 下料时，应避免板面划伤；

2 成品风管露天放置时，应码放整齐，并应采取防雨措施，叠放高度不宜超过 2m；

3 搬运风管时，应轻拿轻放，防止磕碰、摔损。

4.1.10 金属风管与配件制作的安全和环境保护措施应包括下列内容：

1 制作场地应有安全管理规定和设备安全操作说明，禁止违章操作；

2 制作场地应划分安全通道、操作加工和产品堆放区域；

3 加工机具操作时，操作人员的身体应与机具保持一定的安全距离，应控制好机具启停及加工件的运动方向；

4 现场分散加工应采取防雨、雪、大风等设施；

5 加工过程中产生的边角余料应充分利用，剩余废料应集中堆放和处理。

4.2 金属风管制作

4.2.1 金属风管制作应按下列工序（图 4.2.1）进行。

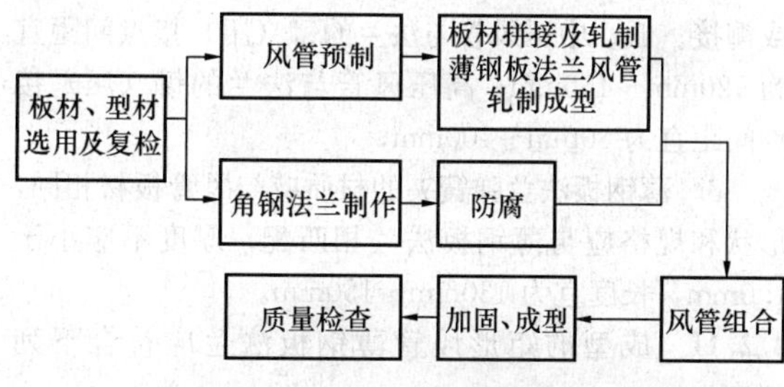

图 4.2.1 金属风管制作工序

4.2.2 选用板材或型材时，应根据施工图及相关技术文件的要求，对选用的材料进行复检，并应符合本规范第 4.1.6 条的规定。

4.2.3 板材的画线与剪切应符合下列规定：

1 手工画线、剪切或机械化制作前，应对使用的材料（板材、卷材）进行线位校核；

2 应根据施工图及风管大样图的形状和规格，分别进行画线；

3 板材轧制咬口前，应采用切角机或剪刀进行切角；

4 采用自动或半自动风管生产线加工时，应按照相应的加工设备技术文件执行；

5 采用角钢法兰铆接连接的风管管端应预留 6mm～9mm 的翻边量，采用薄钢板法兰连接或 C 形、S 形插条连接的风管管端应留出机械加工成型量。

4.2.4 风管板材拼接及接缝应符合下列规定：

1 风管板材的拼接方法可按表 4.2.4 确定；

表 4.2.4 风管板材的拼接方法

板厚（mm）	镀锌钢板（有保护层的钢板）	普通钢板	不锈钢板	铝板
$\delta \leqslant 1.0$	咬口连接	咬口连接	咬口连接	咬口连接
$1.0 < \delta \leqslant 1.2$			氩弧焊或电焊	
$1.2 < \delta \leqslant 1.5$	咬口连接或铆接	电焊		铆接
$\delta > 1.5$	焊接			气焊或氩弧焊

2 风管板材拼接的咬口缝应错开，不应形成十字形交叉缝；

3 洁净空调系统风管不应采用横向拼缝。

4.2.5 风管板材拼接采用铆接连接时，应根据风管板材的材质选择铆钉。

4.2.6 风管板材采用咬口连接时，应符合下列规定：

1 矩形、圆形风管板材咬口连接形式及适用范围应符合表 4.2.6-1 的规定。

表 4.2.6-1 风管板材咬口连接形式及适用范围

名称	连接形式	适用范围
单咬口	内平咬口	低、中、高压系统
	外平咬口	低、中、高压系统
联合角咬口		低、中、高压系统矩形风管或配件四角咬口连接
转角咬口		低、中、高压系统矩形风管或配件四角咬口连接
按扣式咬口		低、中压系统的矩形风管或配件四角咬口连接
立咬口、包边立咬口		圆、矩形风管横向连接或纵向接缝，弯管横向连接

2 画线核查无误并剪切完成的片料应采用咬口机轧制或手工敲制成需要的咬口形状。折方或卷圆后的板料用合口机或手工进行合缝，端面应平齐。操作时，用力应均匀，不宜过重。板材咬合缝应紧密，宽度一致，折角应平直，并应符合表 4.2.6-2 的规定。

表 4.2.6-2 咬口宽度表（mm）

板厚 δ	平咬口宽度	角咬口宽度
$\delta \leqslant 0.7$	6～8	6～7
$0.7<\delta \leqslant 0.85$	8～10	7～8
$0.85<\delta \leqslant 1.2$	10～12	9～10

3 空气洁净度等级为 1 级～5 级的洁净风管不应采用按扣式咬口连接，铆接时不应采用抽芯铆钉。

4.2.7 风管焊接连接应符合下列规定：

1 板厚大于 1.5mm 的风管可采用电焊、氩弧焊等；

2 焊接前，应采用点焊的方式将需要焊接的风管板材进行成型固定；

3 焊接时宜采用间断跨越焊形式，间距宜为 100mm～150mm，焊缝长度宜为 30mm～50mm，依次循环。焊材应与母材相匹配，焊缝应满焊、均匀。焊接完成后，应对焊缝除渣、防腐，板材校平。

4.2.8 风管法兰制作应符合下列规定：

1 矩形风管法兰宜采用风管长边加长两倍角钢立面、短边不变的形式进行下料制作。角钢规格，螺栓、铆钉规格及间距应符合表 4.2.8-1 的规定。

表 4.2.8-1 金属矩形风管角钢法兰及螺栓、铆钉规格（mm）

风管长边尺寸 b	角钢规格	螺栓规格（孔）	铆钉规格（孔）	螺栓及铆钉间距	
				低、中压系统	高压系统
$b \leqslant 630$	∟25×3	M6 或 M8	φ4 或 φ4.5	≤150	≤100
$630<b \leqslant 1500$	∟30×3	M8 或 M10			
$1500<b \leqslant 2500$	∟40×4	M8 或 M10	φ5 或 φ5.5		
$2500<b \leqslant 4000$	∟50×5	M8 或 M10			

2 圆形风管法兰可选用扁钢或角钢，采用机械卷圆与手工调整的方式制作，法兰型材与螺栓规格及间距应符合表 4.2.8-2 的规定。

表 4.2.8-2 金属圆形风管法兰型材与螺栓规格及间距（mm）

风管直径 D	法兰型材规格		螺栓规格（孔）	螺栓间距	
	扁钢	角钢		中、低压系统	高压系统
$D \leqslant 140$	−20×4	—	M6 或 8	100～150	80～100
$140<D \leqslant 280$	−25×4	—			
$280<D \leqslant 630$	—	∟25×3			
$630<D \leqslant 1250$	—	∟30×4	M8 或 10		
$1250<D \leqslant 2000$	—	∟40×4			

3 法兰的焊缝应熔合良好、饱满，无夹渣和孔洞；矩形法兰四角处应设螺栓孔，孔心应位于中心线上。同一批量加工的相同规格法兰，其螺栓孔排列方式、间距应统一，且应具有互换性。

4.2.9 风管与法兰组合成型应符合下列规定：

1 圆风管与扁钢法兰连接时，应采用直接翻边，预留翻边量不应小于 6mm，且不应影响螺栓紧固。

2 板厚小于或等于 1.2mm 的风管与角钢法兰连接时，应采用翻边铆接。风管的翻边应紧贴法兰，翻边量均匀、宽度应一致，不应小于 6mm，且不应大于 9mm。铆接应牢固，铆钉间距宜为 100mm～120mm，且数量不宜少于 4 个。

3 板厚大于 1.2mm 的风管与角钢法兰连接时，可采用间断焊或连续焊。管壁与法兰内侧应紧贴，风管端面不应凸出法兰接口平面，间断焊的焊缝长度宜为 30mm～50mm，间距不应大于 50mm。点焊时，法兰与管壁外表面贴合；满焊时，法兰应伸出风管管口 4mm～5mm。焊接完成后，应对施焊处进行相应的防腐处理。

4 不锈钢风管与法兰铆接时，应采用不锈钢铆钉；法兰及连接螺栓为碳素钢时，其表面应采用镀铬或镀锌等防腐措施。

5 铝板风管与法兰连接时，宜采用铝铆钉；法兰为碳素钢时，其表面应按设计要求作防腐处理。

4.2.10 薄钢板法兰风管制作应符合下列规定：

1 薄钢板法兰应采用机械加工；薄钢板法兰应平直，机械应力造成的弯曲度不应大于 5‰；

2 薄钢板法兰与风管连接时，宜采用冲压连接或铆接。低、中压风管与法兰的铆（压）接点间距宜为 120mm～150mm；高压风管与法兰的铆（压）接点间距宜为 80mm～100mm；

3 薄钢板法兰弹簧夹的材质应与风管板材相同，形状和规格应与薄钢板法兰相匹配，厚度不应小于 1.0mm，长度宜为 130mm～150mm。

4.2.11 成型的矩形风管薄钢板法兰应符合下列规定：

1 薄钢板法兰风管连接端面接口处应平整，接口四角处应有固定角件，其材质为镀锌钢板，板厚不应小于 1.0mm。固定角件与法兰连接处应采用密封胶进行密封；

2 薄钢板法兰风管端面形式及适用风管长边尺寸应符合表 4.2.11 的规定；

表 4.2.11 薄钢板法兰风管端面形式及适用风管长边尺寸（mm）

法兰端面形式		适用风管长边尺寸 b	风管法兰高度	角件板厚
普通型		$b \leqslant 2000$（长边尺寸大于 1500 时，法兰处应补强）	25～40	≥1.0
增强型	整体	$b \leqslant 630$		
		$630<b \leqslant 2000$		
	组合式	$2000<b \leqslant 2500$		

3 薄钢板法兰可采用铆接或本体压接进行固定。中压系统风管铆接或压接间距宜为 120mm～150mm；高压系统风管铆接或压接间距宜为 80mm～100mm。低压系统风管长边尺寸大于 1500mm、中压系统风管长边尺寸大于 1350mm 时，可采用顶丝卡连接。顶丝卡宽度宜为 25mm～30mm，厚度不应小于 3mm，顶丝宜为 M8 镀锌螺钉。

4.2.12 矩形风管 C 形、S 形插条制作和连接应符合下列规定：

1 C 形、S 形插条应采用专业机械轧制（图 4.2.12）。C 形、S 形插条与风管插口的宽度应匹配，C 形插条的两端延长量宜大于或等于 20mm。

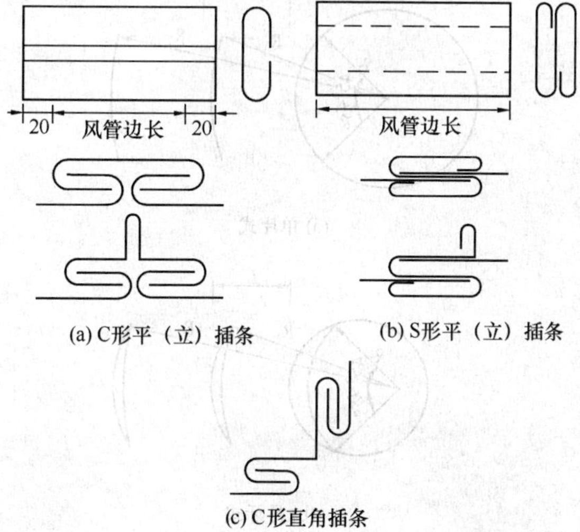

(a) C形平（立）插条　(b) S形平（立）插条　(c) C形直角插条

图 4.2.12 矩形风管 C 形和 S 形插条形式示意

2 采用 C 形平插条、S 形平插条连接的风管边长不应大于 630mm。S 形平插条单独使用时，在连接处应有固定措施。C 形直角插条可用于支管与主干管连接。

3 采用 C 形立插条、S 形立插条连接的风管边长不宜大于 1250mm。S 形立插条与风管壁连接处应采用小于 150mm 的间距铆接。

4 插条与风管插口连接处应平整、严密。水平插条长度与风管宽度应一致，垂直插条的两端各延长不应少于 20mm，插接完成后应折角。

5 铝板矩形风管不宜采用 C 形、S 形平插条连接。

4.2.13 矩形风管采用立咬口或包边立咬口连接时，其立筋的高度应大于或等于角钢法兰的高度，同一规格风管的立咬口或包边立咬口的高度应一致，咬口采用铆钉紧固时，其间距不应大于 150mm。

4.2.14 圆形风管连接形式及适用范围应符合表 4.2.14 的规定。风管采用芯管连接时，芯管板厚度应大于或等于风管壁厚度，芯管外径与风管内径偏差应小于 3mm。

表 4.2.14 圆形风管连接形式及适用范围

连接形式		附件规格（mm）	接口要求	适用范围
角钢法兰连接		按表 4.2.8-2 规定	法兰与风管连接采用铆接或焊接	低、中、高压风管
承插连接	普通	—	插入深度大于或等于 30mm，有密封措施	低压风管直径小于 700mm
	角钢加固	∟25×3 ∟30×4	插入深度大于或等于 20mm，有密封措施	低、中压风管
	加强筋	—	插入深度大于或等于 20mm，有密封措施	低、中压风管
芯管连接		芯管板厚度大于或等于风管壁厚度	插入深度每侧大于或等于 50mm，有密封措施	低、中压风管
立筋抱箍连接		抱箍板厚度大于或等于风管壁厚度	风管翻边与抱箍结合严密、紧固	低、中压风管
抱箍连接		抱箍板厚度大于或等于风管壁厚度，抱箍宽度大于或等于100mm	管口对正，抱箍应居中	低、中压风管

4.2.15 风管加固应符合下列规定：

1 风管可采用管内或管外加固件、管壁压制加强筋等形式进行加固（图 4.2.15）。矩形风管加固件宜采用角钢、轻钢型材或钢板折叠；圆形风管加固件宜采用角钢。

2 矩形风管边长大于或等于 630mm、保温风管边长大于或等于 800mm，其管段长度大于 1250mm 或低压风管单边面积大于 1.2m²，中、高压风管单边面积大于 1.0m² 时，均应采取加固措施。边长小于或等于 800mm 的风管宜采用压筋加固。边长在 400mm～630mm 之间，长度小于 1000mm 的风管也可采用压制十字交叉筋的方式加固。

3 圆形风管（不包括螺旋风管）直径大于或等于 800mm，且其管段长度大于 1250mm 或总表面积大于 4m² 时，均应采取加固措施。

4 中、高压风管的管段长度大于 1250mm 时，应采用加固框的形式加固。高压系统风管的单咬口缝应有防止咬口缝胀裂的加固措施。

5 洁净空调系统的风管不应采用内加固措施或

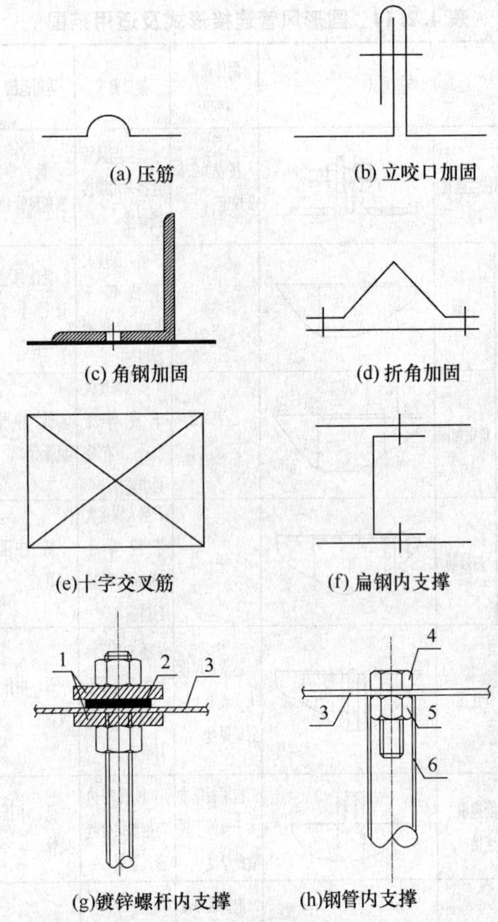

图 4.2.15 风管加固形式示意

1—镀锌加固垫圈；2—密封圈；3—风管壁面；4—螺栓；5—螺母；6—焊接或铆接（$\phi10\times1\sim\phi16\times3$）

加固筋，风管内部的加固点或法兰铆接点周围应采用密封胶进行密封。

6 风管加固应排列整齐，间隔应均匀对称，与风管的连接应牢固，铆接间距不应大于 220mm。风管压筋加固间距不应大于 300mm，靠近法兰端面的压筋与法兰间距不应大于 200mm；风管管壁压筋的凸出部分应在风管外表面。

7 风管采用镀锌螺杆内支撑时，镀锌加固垫圈应置于管壁内外两侧。正压时密封圈置于风管外侧，负压时密封圈置于风管内侧，风管四个壁面均加固时，两根支撑杆交叉成十字状。采用钢管内支撑时，可在钢管两端设置内螺母。

8 铝板矩形风管采用碳素钢材料进行内、外加固时，应按设计要求作防腐处理；采用铝材进行内、外加固时，其选用材料的规格及加固间距应进行校核计算。

4.3 配 件 制 作

4.3.1 风管的弯头、三通、四通、变径管、异形管、导流叶片、三通拉杆阀等主要配件所用材料的厚度及制作要求应符合本规范中同材质风管制作的有关规定。

4.3.2 矩形风管的弯头可采用直角、弧形或内斜线形，宜采用内外同心弧形，曲率半径宜为一个平面边长。

4.3.3 矩形风管弯头的导流叶片设置应符合下列规定：

1 边长大于或等于 500mm，且内弧半径与弯头端口边长比小于或等于 0.25 时，应设置导流叶片，导流叶片宜采用单片式、月牙式两种类型（图 4.3.3）；

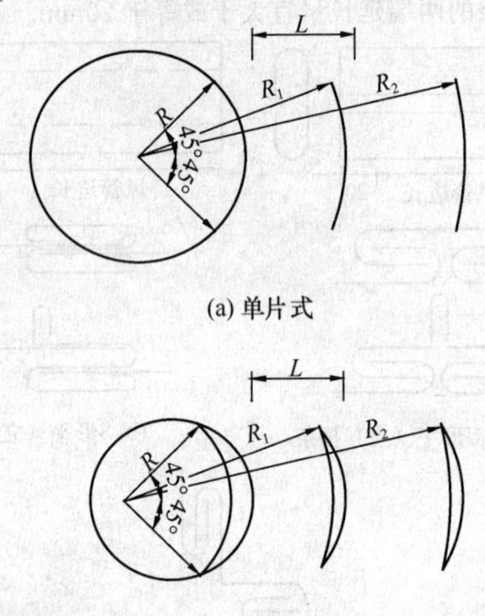

图 4.3.3 风管导流叶片形式示意

2 导流叶片内弧应与弯管同心，导流叶片应与风管内弧等弦长；

3 导流叶片间距 L 可采用等距或渐变设置的方式，最小叶片间距不宜小于 200mm，导流叶片的数量可采用平面边长除以 500 的倍数来确定，最多不宜超过 4 片。导流叶片应与风管固定牢固，固定方式可采用螺栓或铆钉。

4.3.4 圆形风管弯头的弯曲半径（以中心线计）及最少分段数应符合表 4.3.4 的规定。

表 4.3.4 圆形风管弯头的弯曲半径和最少分段数

风管直径 D (mm)	弯曲半径 R (mm)	弯曲角度和最少节数							
		90°		60°		45°		30°	
		中节	端节	中节	端节	中节	端节	中节	端节
80<D≤220	≥1.5D	2	2	1	2	1	2	—	2
240<D≤450	D~1.5D	3	2	2	2	1	2	—	2
480<D≤800	D~1.5D	4	2	2	2	1	2	1	2
850<D≤1400	D	5	2	3	2	2	2	1	2
1500<D≤2000	D	8	2	5	2	3	2	2	2

4.3.5 变径管单面变径的夹角宜小于30°，双面变径的夹角宜小于60°。圆形风管三通、四通、支管与总管夹角宜为15°～60°。

4.4 质 量 检 查

4.4.1 金属风管与配件制作可按表4.4.1进行质量检查。

表4.4.1 金属风管与配件制作质量检查

序号	主要检查内容	检查方法	判定标准
1	金属风管材料种类、规格	查验材料质量证明文件、检测报告，尺量，观察检查	符合设计要求
2	板材的拼接	尺量、观察检查	符合本规范第4.2.4条、4.2.5条、4.2.6条、4.2.7条的规定
3	不锈钢板或铝板连接件防腐措施	观察检查	防腐良好，无锈蚀
4	管口平面度、表面平整度、允许偏差	尺量、观察检查	符合本规范第4.1.7条的规定
5	风管的连接形式	尺量、观察检查	符合本规范第4.2.8条、4.2.9条、4.2.12条、4.2.13条、4.2.14条的规定
6	薄钢板法兰风管的接口及连接件、附件固定，端面及缝隙	尺量、观察检查	符合本规范第4.2.10条和第4.2.11条的规定
7	风管加固	观察和尺量检查	符合本规范第4.2.15条的规定
8	风管弯头导流叶片的设置	尺量、观察检查	符合本规范第4.3.3条的规定
9	洁净空调风管与配件制作	观察检查、尺量	符合现行国家标准《通风与空调工程施工质量验收规范》GB 50243的有关规定
10	风管工艺性验证	现场加工风管进行风管强度和严密性试验	查验检测报告

5 非金属与复合风管及配件制作

5.1 一 般 规 定

5.1.1 非金属与复合风管材料的防火性能应符合设计要求及现行国家有关标准的规定。

5.1.2 非金属与复合风管板材的技术参数及适用范围应符合表5.1.2的规定。

表5.1.2 非金属与复合风管板材的技术参数及适用范围

风管类别			材料密度（kg/m³）	厚度（mm）	强度	适用范围
非金属风管	无机玻璃钢风管		≤2000	符合现行国家标准《通风与空调工程施工质量验收规范》GB 50243的有关规定	弯曲强度≥65MPa	低、中、高压空调系统及防排烟系统
非金属风管	硬聚氯乙烯风管		1300～1600	—	拉伸强度≥34MPa	洁净室及含酸碱的排风系统
复合风管	酚醛铝箔复合风管		60	20	弯曲强度≥1.05MPa	设计工作压力≤2000Pa的空调系统及潮湿环境，风速≤12m/s，b≤2000mm
复合风管	聚氨酯铝箔复合风管		≥45	≥20	弯曲强度≥1.02MPa	设计工作压力≤2000Pa的空调系统、洁净空调系统及潮湿环境，风速≤12m/s，b≤2000mm
复合风管	玻璃纤维复合风管		≥70	≥25	—	设计工作压力≤1000Pa的空调系统，风速≤10m/s，b≤2000mm
复合风管	玻镁复合风管	普通型	—	≥25	—	按复合板不同类型分别适合空调系统、洁净系统及防排烟系统
复合风管	玻镁复合风管	节能型	—	≥31	—	按复合板不同类型分别适合空调系统、洁净系统及防排烟系统
复合风管	玻镁复合风管	低温节能型	—	≥43	—	按复合板不同类型分别适合空调系统、洁净系统及防排烟系统
复合风管	玻镁复合风管	洁净型	—	≥31	—	按复合板不同类型分别适合空调系统、洁净系统及防排烟系统
复合风管	玻镁复合风管	排烟型	—	≥18	—	按复合板不同类型分别适合空调系统、洁净系统及防排烟系统
复合风管	玻镁复合风管	防火型	—	≥35	—	按复合板不同类型分别适合空调系统、洁净系统及防排烟系统
复合风管	玻镁复合风管	耐火型	—	≥45	—	按复合板不同类型分别适合空调系统、洁净系统及防排烟系统

注：b为风管内边长尺寸。

5.1.3 非金属与复合风管及配件制作前应具备下列施工条件：

1 风管及配件的制作尺寸、接口形式及法兰连接方式已明确，加工方案已批准；采用的技术标准和质量控制措施文件齐全；

2 现场风管制作环境应满足作业条件，并应采用机械通风；

3 非金属与复合风管材料符合相关产品技术标准，板材、胶粘剂的性能满足制作要求，与风管系统功能相匹配，材料进场检验合格；

4 加工机具准备齐全，满足制作要求。

5.1.4 非金属与复合风管的制作方式应根据风管连接形式确定，非金属与复合风管连接形式及适用范围应符合表5.1.4的规定。

表5.1.4 非金属与复合风管连接形式及适用范围

非金属与复合风管连接形式		附件材料	适用范围
45°粘接	45°	铝箔胶带	酚醛铝箔复合风管、聚氨酯铝箔复合风管，$b \leqslant 500$mm
承插阶梯粘接	δ δ	铝箔胶带	玻璃纤维复合风管
对口粘接		—	玻镁复合风管 $b \leqslant 2000$mm
槽形插接连接		PVC连接件	低压风管 $b \leqslant 2000$mm；中、高压风管 $b \leqslant 1500$mm
工形插接连接		PVC连接件	低压风管 $b \leqslant 2000$mm；中、高压风管 $b \leqslant 1500$mm
		铝合金连接件	$b \leqslant 3000$mm
外套角钢法兰		∟25×3	$b \leqslant 1000$mm
		∟30×3	$b \leqslant 1600$mm
		∟40×4	$b \leqslant 2000$mm
C形插接法兰	高度（25～30）mm	PVC连接件 铝合金连接件	$b \leqslant 1600$mm
		镀锌板连接件，板厚≥1.2mm	
"h"连接法兰		铝合金连接件	用于风管与阀部件及设备连接

注：1 b为矩形风管长边尺寸，δ为风管板材厚度；

2 PVC连接件厚度大于或等于1.5mm；

3 铝合金连接件厚度大于或等于1.2mm。

5.1.5 非金属与复合风管在使用胶粘剂或密封胶带前，应将风管粘接处清洁干净。

5.1.6 非金属与复合风管及法兰制作的允许偏差应符合表5.1.6的规定。

表5.1.6 非金属与复合风管及法兰制作的允许偏差（mm）

风管长边尺寸b或直径D	允许偏差				
	边长或直径偏差	矩形风管表面平面度	矩形风管端口对角线之差	法兰或端口端面平面度	圆形法兰任意正交两直径
$b(D) \leqslant 320$	±2	3	3	2	3
$320 < b(D) \leqslant 2000$	±3	5	4	4	5

5.1.7 非金属与复合风管制作的成品保护措施应包括下列内容：

1 复合风管板材应妥善保存，覆面层不应划伤，板材不应变形、压瘪；

2 风管粘接后，胶粘剂干燥固化后再移动、叠放或安装；

3 风管在制作过程中及制作完成后应采取防护措施，避免风管划伤、损坏及水污染、浸泡；

4 装卸、搬运风管时，应轻拿轻放，防止其覆面层破损；玻璃纤维复合风管和玻镁复合风管的运输、存放应采取防潮措施；

5 风管堆放场地应有防尘、防雨措施，地面不应有泛潮或积水。

5.1.8 非金属与复合风管制作的安全与环境保护措施应包括下列内容：

1 制作人员应戴口罩，制作场地应通风；

2 胶粘剂应妥善存放，注意防火，且不应直接在阳光下曝晒；

3 操作现场不应使用明火，应配备灭火器材；

4 失效的胶粘剂及废胶粘剂容器不应随意抛弃或燃烧，应集中处理；

5 板材下料使用刀具时，应戴手套。

5.2 聚氨酯铝箔与酚醛铝箔复合风管及配件制作

5.2.1 聚氨酯铝箔与酚醛铝箔复合风管及配件制作应按下列工序（图5.2.1）进行。

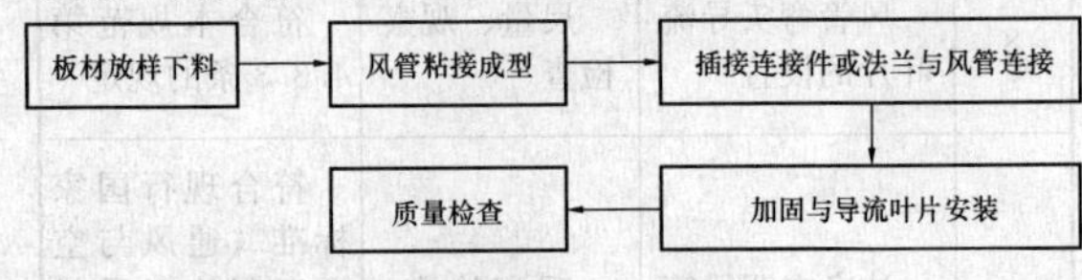

图5.2.1 聚氨酯铝箔与酚醛铝箔复合风管及配件制作工序

5.2.2 板材放样下料应符合下列规定：

1 放样与下料应在平整、洁净的工作台上进行，并不应破坏覆面层。

2 风管长边尺寸小于或等于1160mm时，风管宜按板材长度做成每节4m。

3　矩形风管的板材放样下料展开宜采用一片法、U形法、L形法、四片法（图 5.2.2-1）。

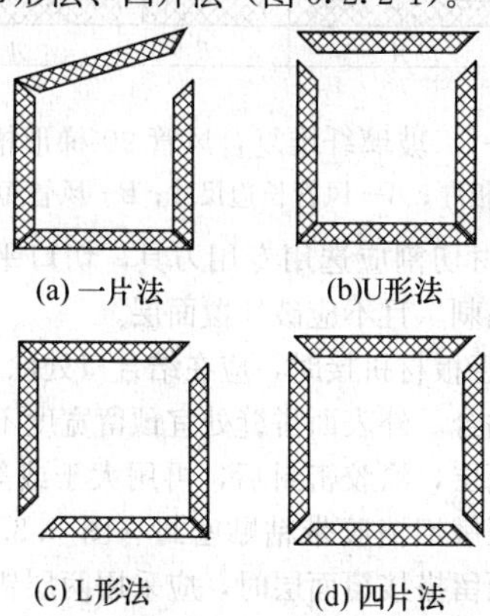

图 5.2.2-1　矩形风管 45°角组合方式示意

4　矩形弯头宜采用内外同心弧型。先在板材上放出侧样板，弯头的曲率半径不应小于一个平面边长，圆弧应均匀。按侧样板弯曲边测量长度，放内外弧板长方形样。弯头的圆弧面宜采用机械压弯成型制作，其内弧半径小于 150mm 时，轧压间距宜为 20mm～35mm；内弧半径为 150mm～300mm 时，轧压间距宜为 35mm～50mm；内弧半径大于 300mm 时，轧压间距宜为 50mm～70mm。轧压深度不宜超过 5mm。

5　制作矩形变径管时，先在板材上放出侧样板，再测量侧样板变径边长度，按测量长度对上下板放样。

6　板材切割应平直，板材切断成单块风管板后，进行编号。

7　风管长边尺寸小于或等于 1600mm 时，风管板材拼接可切 45°角直接粘接，粘接后在接缝处两侧粘贴铝箔胶带；风管长边尺寸大于 1600mm 时，板材需采用 H 形 PVC 或铝合金加固条拼接（图 5.2.2-2）。

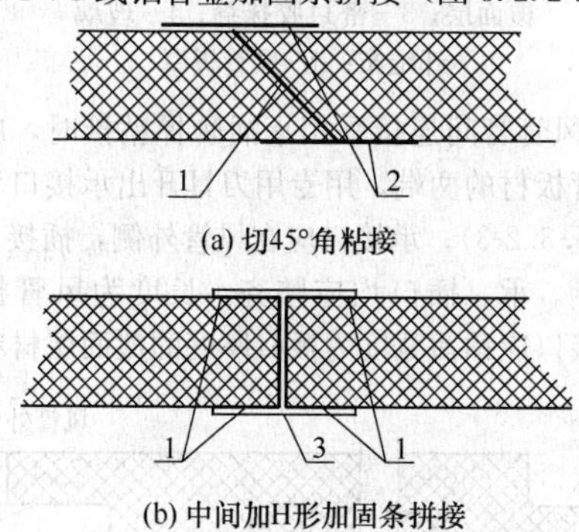

图 5.2.2-2　风管板材拼接方式示意
1—胶粘剂；2—铝箔胶带；
3—H 形 PVC 或铝合金加固条

5.2.3　风管粘接成型应符合下列规定：

1　风管粘合成型前需预组合，检查接缝准确、角线平直后，再涂胶粘剂。

2　粘接时，切口处应均匀涂满胶粘剂，接缝应平整，不应有歪扭、错位、局部开裂等缺陷。管段成型后，风管内角缝应采用密封材料封堵；外角缝铝箔断开处应采用铝箔胶带封贴，封贴宽度每边不应小于 20mm。

3　粘接成型后的风管端面应平整，平面度和对角线偏差应符合本规范表 5.1.6 的规定。风管垂直摆放至定型后再移动。

5.2.4　插接连接件或法兰与风管连接应符合下列规定：

1　插接连接件或法兰应根据风管采用的连接方式，按本规范表 5.1.4 中关于附件材料的规定选用。

2　插接连接件的长度不应影响其正常安装，并应保证其在风管两个垂直方向安装时接触紧密。

3　边长大于 320mm 的矩形风管安装插接连接件时，应在风管四角粘贴厚度不小于 0.75mm 的镀锌直角垫片，直角垫片宽度应与风管板材厚度相等，边长不应小于 55mm。插接连接件与风管粘接应牢固。

4　低压系统风管边长大于 2000mm、中压或高压系统风管边长大于 1500mm 时，风管法兰应采用铝合金等金属材料。

5.2.5　加固与导流叶片安装应符合下列规定：

1　风管宜采用直径不小于 8mm 的镀锌螺杆做内支撑加固，内支撑件穿管壁处应密封处理。内支撑的横向加固点数和纵向加固间距应符合表 5.2.5 的规定。

表 5.2.5　聚氨酯铝箔复合风管与酚醛铝箔复合风管内支撑横向加固点数及纵向加固间距

类别		系统设计工作压力（Pa）						
		≤300	301～500	501～750	751～1000	1001～1250	1251～1500	1501～2000
		横向加固点数						
风管内边长 b (mm)	410<b≤600	—	—	—	1	1	1	1
	600<b≤800	—	1	1	1	1	1	2
	800<b≤1000	1	1	1	1	1	2	2
	1000<b≤1200	1	1	1	1	1	2	2
	1200<b≤1500	1	1	1	2	2	2	2
	1500<b≤1700	2	2	2	2	2	2	2
	1700<b≤2000	2	2	2	2	2	2	3
纵向加固间距（mm）								
聚氨酯铝箔复合风管		≤1000	≤800	≤600				≤400
酚醛铝箔复合风管		≤800						—

2　风管采用外套角钢法兰或 C 形插接法兰连接时，法兰处可作为一加固点；风管采用其他连接形

式，其边长大于1200mm时，应在连接后的风管一侧距连接件250mm内设横向加固。

3 矩形弯头导流叶片宜采用同材质的风管板材或镀锌钢板制作，其设置应按本规范第4.3.3条执行，并应安装牢固。

5.2.6 三通制作宜采用直接在主风管上开口的方式，并应符合下列规定：

1 矩形风管边长小于或等于500mm的支风管与主风管连接时，在主风管上应采用接口处内切45°粘接（图5.2.6a）。内角缝应采用密封材料封堵；外角缝铝箔断开处应采用铝箔胶带封贴，封贴宽度每边不应小于20mm。

2 主风管上接口处采用90°专用连接件连接时（图5.2.6b），连接件的四角处应涂密封胶。

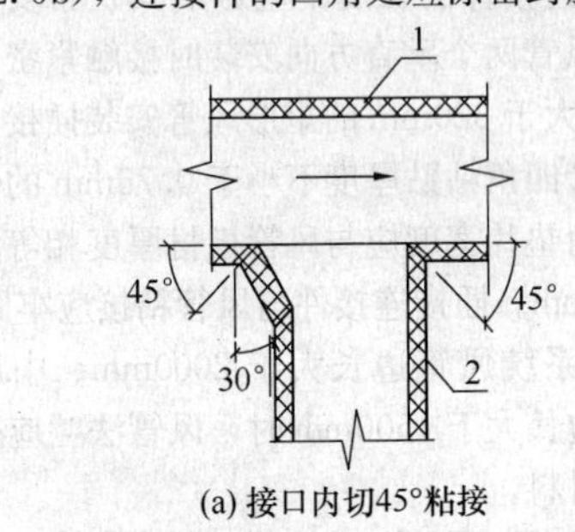

(a) 接口内切45°粘接

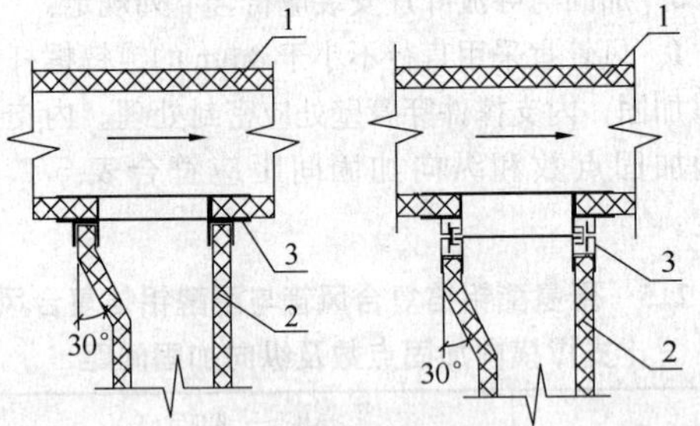

(b) 90°专用连接件连接

图5.2.6 三通的制作示意

1—主风管；2—支风管；3—90°专用连接件

5.3 玻璃纤维复合风管与配件制作

5.3.1 玻璃纤维复合风管与配件制作应按下列工序（图5.3.1）进行。

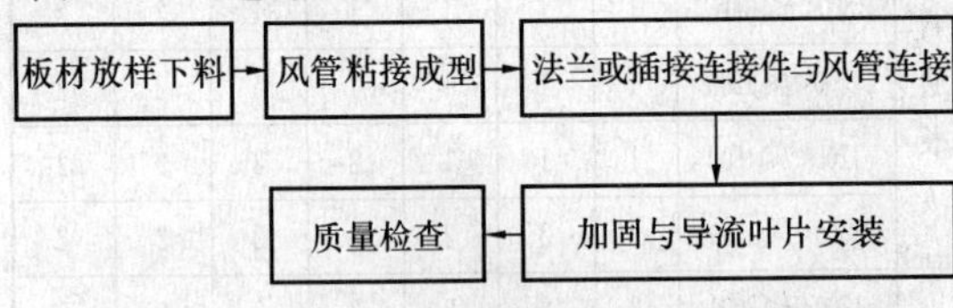

图5.3.1 玻璃纤维复合风管与配件制作工序

5.3.2 板材放样下料应符合下列规定：

1 放样与下料应在平整、洁净的工作台上进行。

2 风管板材的槽口形式可采用45°角形或90°梯形（图5.3.2-1），其封口处宜留有不小于板材厚度的外覆面层搭接边量。展开长度超过3m的风管宜用两片法或四片法制作。

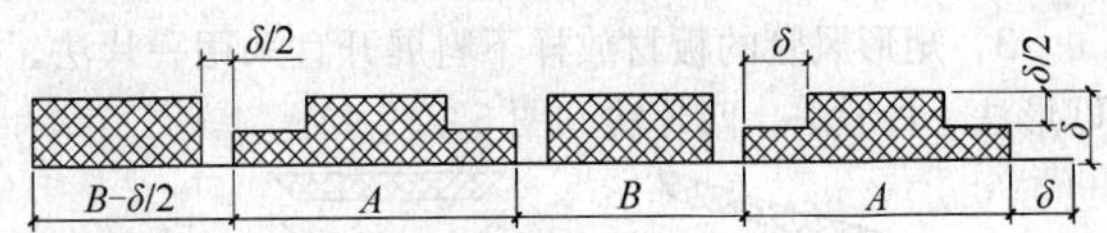

图5.3.2-1 玻璃纤维复合风管90°梯形槽口示意

δ—风管板厚；A—风管长边尺寸；B—风管短边尺寸

3 板材切割应选用专用刀具，切口平直、角度准确、无毛刺，且不应破坏覆面层。

4 风管板材拼接时，应在结合口处涂满胶粘剂，并应紧密粘合。外表面拼缝处宜预留宽度不小于板材厚度的覆面层，涂胶密封后，再用大于或等于50mm宽热敏或压敏铝箔胶带粘贴密封（图5.3.2-2a）；当外表面无预留搭接覆面层时，应采用两层铝箔胶带重叠封闭，接缝处两侧外层胶带粘贴宽度不应小于25mm（图5.3.2-2b），内表面拼缝处应采用密封胶抹缝或用大于或等于30mm宽玻璃纤维布粘贴密封。

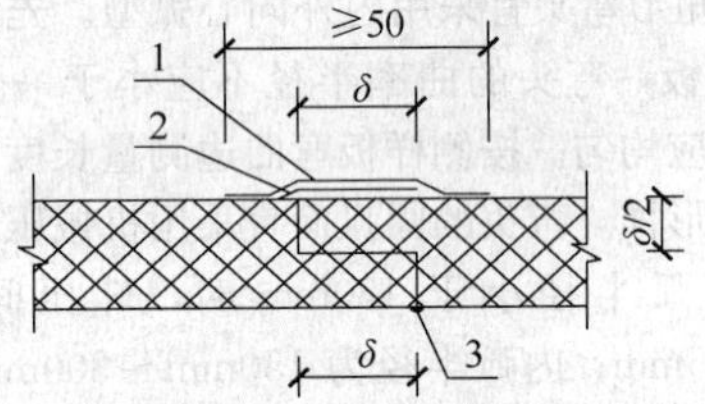

(a) 外表面预留搭接覆面层

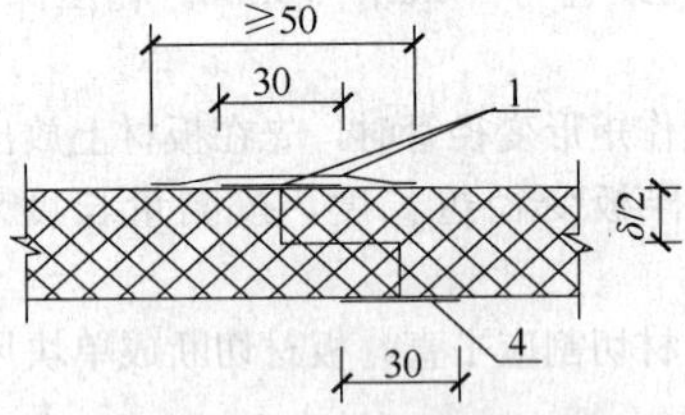

(b) 外表面无预留搭接覆面层

图5.3.2-2 玻璃纤维复合板阶梯拼接示意

1—热敏或压敏铝箔胶带；2—预留覆面层；3—密封胶抹缝；4—玻璃纤维布；δ—风管板厚

5 风管管间连接采用承插阶梯粘接时，应在已下料风管板材的两端，用专用刀具开出承接口和插接口（图5.3.2-3）。承接口应在风管外侧，插接口应在风管内侧。承、插口均应整齐，长度为风管板材厚度；插接口应预留宽度为板材厚度的覆面层材料。

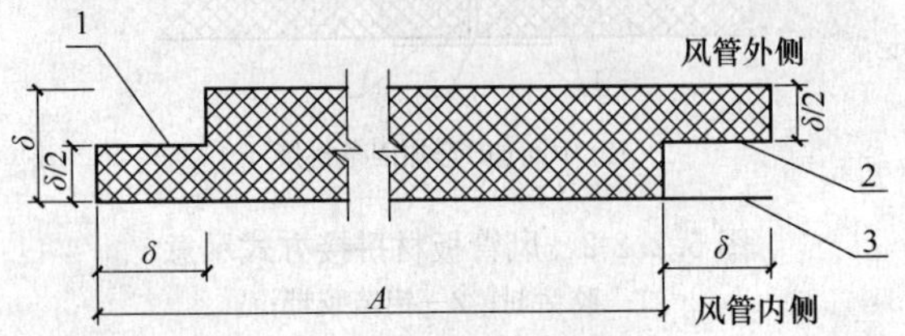

图5.3.2-3 风管承插阶梯粘接示意

1—插接口；2—承接口；3—预留搭接覆面层；A—风管有效长度；δ—风管板厚

5.3.3 风管粘接成型应符合下列规定：

1 风管粘接成型应在洁净、平整的工作台上进行。

2 风管粘接前，应清除管板表面的切割纤维、油渍、水渍，在槽口的切割面处均匀满涂胶粘剂。

3 风管粘接成型时，应调整风管端面的平面度，槽口不应有间隙和错口。风管外接缝宜用预留搭接覆面层材料和热敏或压敏铝箔胶带搭叠粘贴密封（图5.3.3a）。当板材无预留搭接覆面层时，应用两层铝箔胶带重叠封闭（图5.3.3b）。

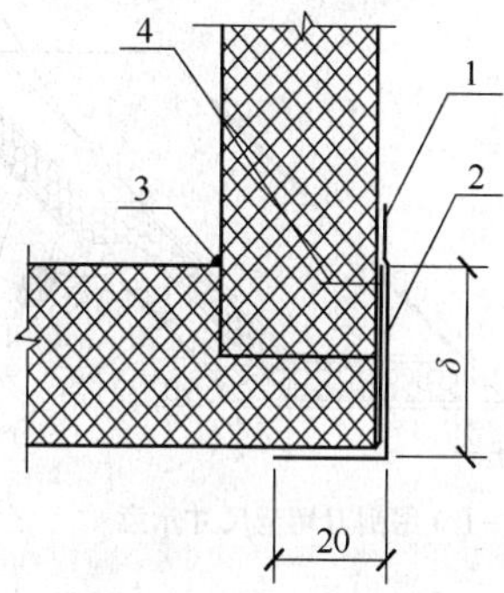

(a) 外表面预留搭接覆面层

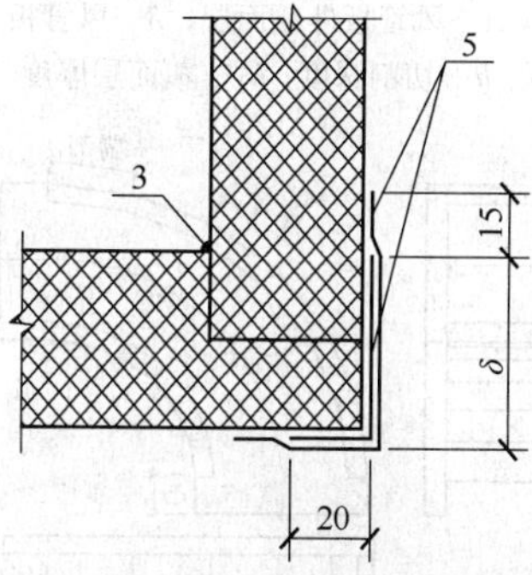

(b) 外表面无预留搭接覆面层

图 5.3.3 风管直角组合示意

1—热敏或压敏铝箔胶带；2—预留覆面层；3—密封胶勾缝；4—扒钉；5—两层热敏或压敏铝箔胶带；δ—风管板厚

4 风管成型后，内角接缝处应采用密封胶勾缝。

5 内面层采用丙烯酸树脂的风管成型后，在外接缝处宜采用扒钉加固，其间距不宜大于50mm，并应采用宽度大于50mm的热敏胶带粘贴密封。

5.3.4 法兰或插接连接件与风管连接应符合下列规定：

1 采用外套角钢法兰连接时，角钢法兰规格可比同尺寸金属风管法兰小一号，槽形连接件宜采用厚度为1.0mm的镀锌钢板制作。角钢外法兰与槽形连接件应采用规格为M6镀锌螺栓连接（图5.3.4），螺孔间距不应大于120mm。连接时，法兰与板材间及螺栓孔的周边应涂胶密封。

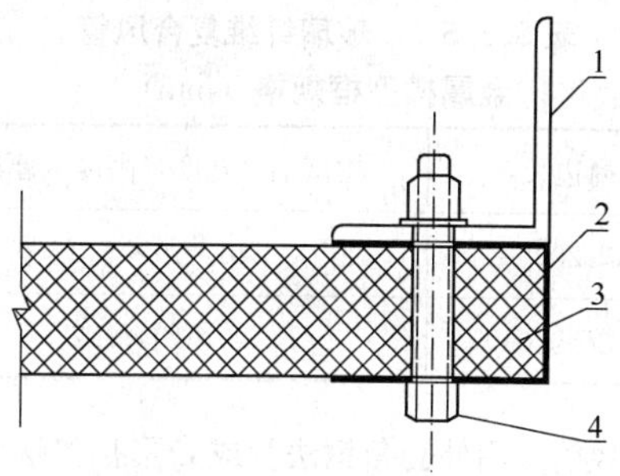

图 5.3.4 玻璃纤维复合风管角钢法兰连接示意

1—角钢外法兰；2—槽形连接件；3—风管；4—M6镀锌螺栓

2 采用槽形、工形插接连接及C形插接法兰时，插接槽口应涂满胶粘剂，风管端部应插入到位。

5.3.5 风管加固与导流叶片安装应符合下列规定：

1 矩形风管宜采用直径不小于6mm的镀锌螺杆做内支撑加固。风管长边尺寸大于或等于1000mm或系统设计工作压力大于500Pa时，应增设金属槽形框外加固，并应与内支撑固定牢固。负压风管加固时，金属槽形框应设在风管的内侧。内支撑件穿管壁处应密封处理。

2 风管的内支撑横向加固点数及金属槽型框纵向间距应符合表5.3.5-1的规定，金属槽型框的规格应符合表5.3.5-2规定。

表 5.3.5-1 玻璃纤维复合风管内支撑横向加固点数及金属槽型框纵向间距

类别		系统设计工作压力（Pa）				
		≤100	101～250	251～500	501～750	751～1000
		内支撑横向加固点数				
风管内边长 b (mm)	300<b≤400	—	—	—	—	1
	400<b≤500	—	—	1	1	1
	500<b≤600	—	1	1	1	1
	600<b≤800	1	1	1	2	2
	800<b≤1000	1	1	2	2	3
	1000<b≤1200	1	2	2	3	3
	1200<b≤1400	2	2	3	3	4
	1400<b≤1600	2	3	3	4	5
	1600<b≤1800	2	3	4	4	5
	1800<b≤2000	3	3	4	5	6
金属槽形框纵向间距（mm）		≤600		≤400		≤350

表 5.3.5-2　玻璃纤维复合风管金属槽型框规格（mm）

风管内边长 b	槽型钢（宽度×高度×厚度）
b≤1200	40×10×1.0
1200＜b≤2000	40×10×1.2

3　风管采用外套角钢法兰或C形插接法兰连接时，法兰处可作为一加固点；风管采用其他连接方式，其边长大于1200mm时，应在连接后的风管一侧距连接件150mm内设横向加固；采用承插阶梯粘接的风管，应在距粘接口100mm内设横向加固。

4　矩形弯头导流叶片可采用PVC定型产品或采用镀锌钢板弯压制成，其设置应按本规范第4.3.3条执行，并应安装牢固。

5.4　玻镁复合风管与配件制作

5.4.1　玻镁复合风管与配件制作应按下列工序（图5.4.1）进行。

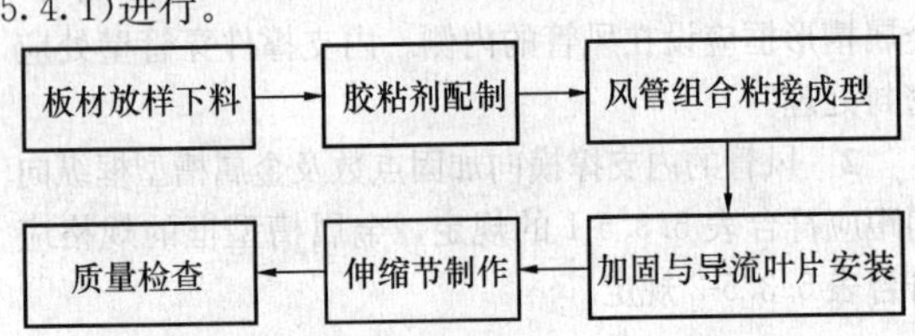

图 5.4.1　玻镁复合风管与配件制作

5.4.2　板材放样下料应符合下列规定：

1　板材切割线应平直，切割面和板面应垂直。切割后的风管板对角线长度之差的允许偏差为5mm。

2　直风管可由四块板粘接而成（图5.4.2-1）。切割风管侧板时，应同时切割出组合用的阶梯线，切割深度不应触及板材外覆面层，切割出阶梯线后，刮去阶梯线外夹芯层（图5.4.2-2）。

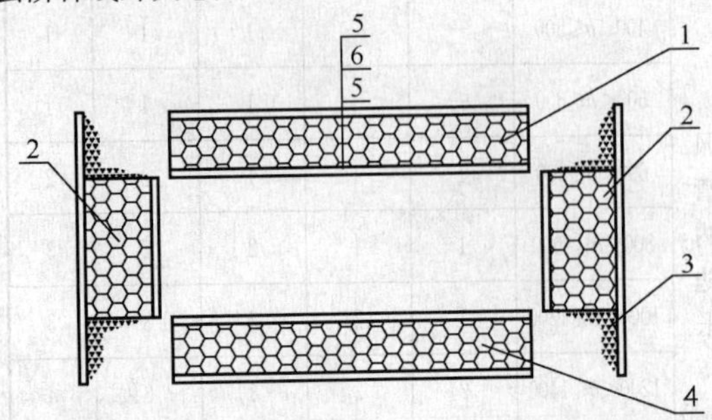

图 5.4.2-1　玻镁复合矩形风管组合示意

1—风管顶板；2—风管侧板；3—涂专用胶粘剂处；4—风管底板；5—覆面层；6—夹芯层

3　矩形弯管可采用由若干块小板拼成折线的方法制成内外同心弧型弯头，与直风管的连接口应制成错位连接形式（图5.4.2-3）。矩形弯头曲率半径（以中心线计）和最少分节数应符合表5.4.2的规定。

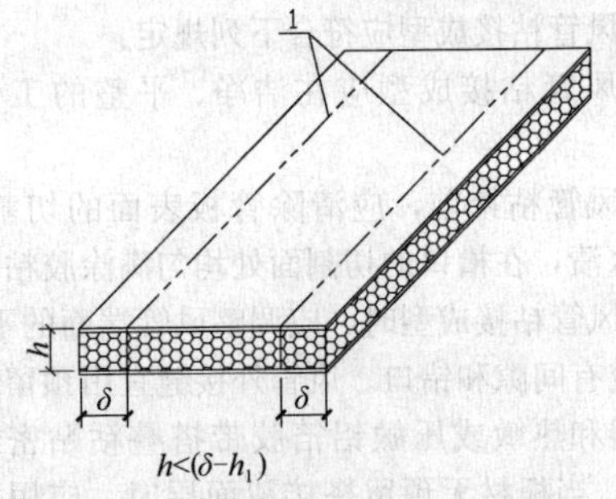

(a) 板材阶梯线切割示意

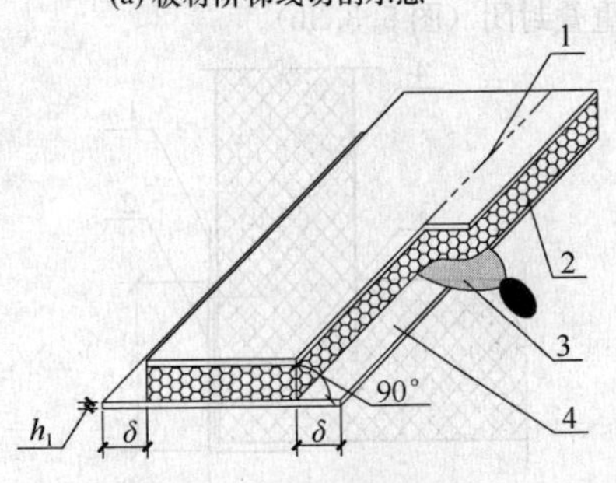

(b) 用刮刀切至尺寸示意

图 5.4.2-2　风管侧板阶梯线切割示意

1—阶梯线；2—待去除夹芯层；3—刮刀；4—风管板外覆面层；δ—风管板厚；h—切割深度；h_1—覆面层厚度

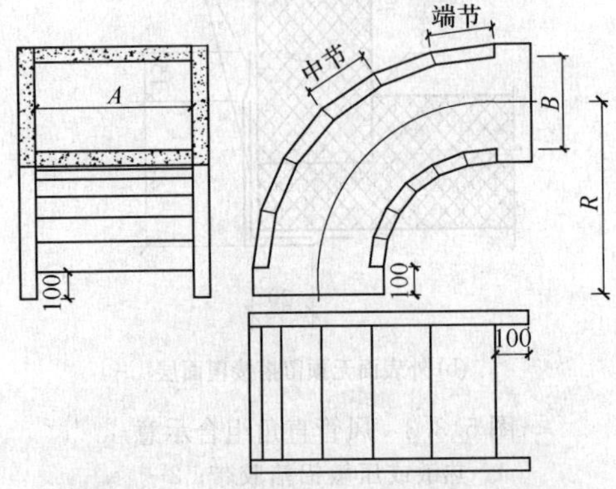

图 5.4.2-3　90°弯头放样下料示意

表 5.4.2　弯头曲率半径和最少分节数

弯头边长 B (mm)	曲率半径 R	弯头角度和最少分节数							
		90°		60°		45°		30°	
		中节	端节	中节	端节	中节	端节	中节	端节
B≤600	≥1.5B	2	2	1	2	1	2	—	2
600＜B≤1200	(1.0～1.5)B	2	2	2	2	1	2	—	2
1200＜B≤2000	(1.0～1.5)B	3	2	2	2	1	2	1	2

4　三通制作下料时，应先画出两平面板尺寸线，再切割下料（图5.4.2-4），内外弧小板片数应符合表5.4.2的规定。

5　变径风管与直风管的制作方法应相同，长度不应小于大头长边减去小头长边之差。

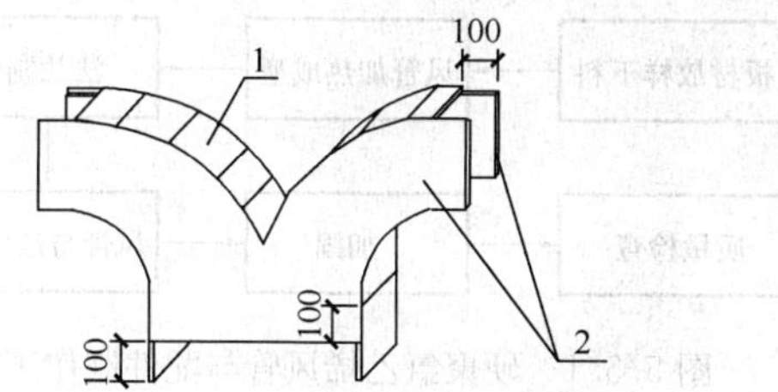

图 5.4.2-4　蝴蝶三通放样下料示意
1—外弧拼接板；2—平面板

6　边长大于 2260mm 的风管板对接粘接后，在对接缝的两面应分别粘贴（3～4）层宽度不小于 50mm 的玻璃纤维布增强（图 5.4.2-5）。粘贴前应采用砂纸打磨粘贴面，并清除粉尘，粘贴牢固。

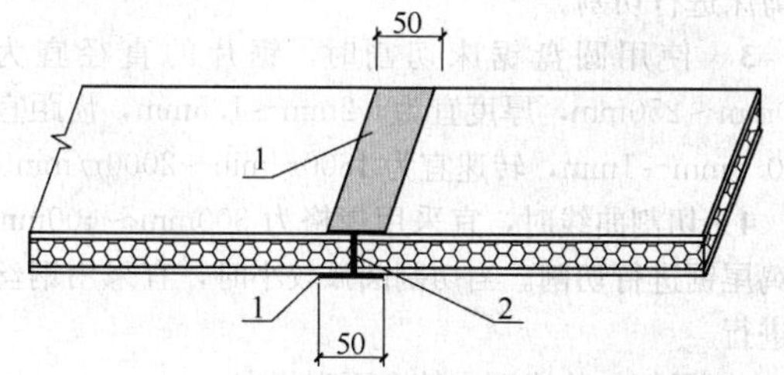

图 5.4.2-5　复合板拼接方法示意
1—玻璃纤维布；2—风管板对接处

5.4.3　胶粘剂应按产品技术文件的要求进行配置。应采用电动搅拌机搅拌，搅拌后的胶粘剂应保持流动性。配制后的胶粘剂应及时使用，胶粘剂变稠或硬化时，不应使用。

5.4.4　风管组合粘接成型应符合下列规定：

1　风管端口应制作成错位接口形式。

2　板材粘接前，应清除粘接口处的油渍、水渍、灰尘及杂物等。胶粘剂应涂刷均匀、饱满。

3　组装风管时，先将风管底板放于组装垫块上，然后在风管左右侧板阶梯处涂胶粘剂，插在底板边沿，对口纵向粘接应与底板错位 100mm，最后将顶板盖上，同样应与左右侧板错位 100mm，形成风管端口错位接口形式（图 5.4.4-1）。

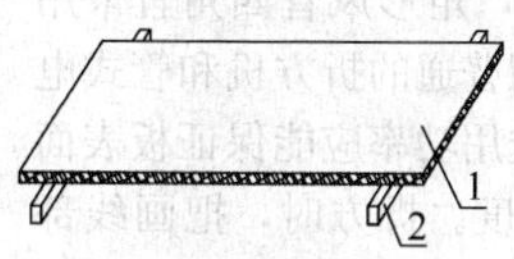

(a) 风管底板放于组装垫块上

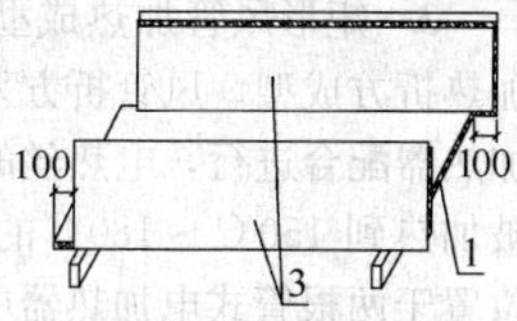

(b) 装风管侧板

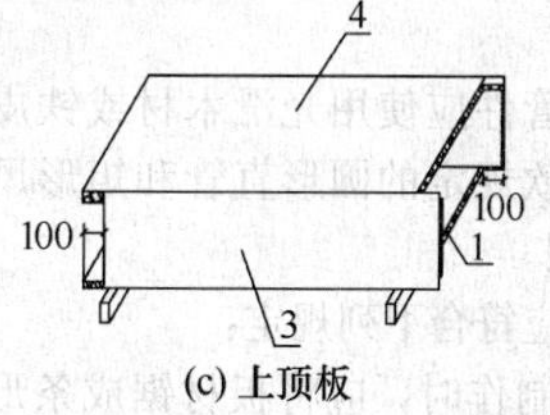

(c) 上顶板

图 5.4.4-1　风管组装示意
1—底板；2—垫块；3—侧板；4—顶板

4　风管组装完成后，应在组合好的风管两端扣上角钢制成的"冂"形箍，"冂"形箍的内边尺寸应比风管长边尺寸大 3mm～5mm，高度应与风管短边尺寸相同。然后用捆扎带对风管进行捆扎，捆扎间距不应大于 700mm，捆扎带离风管两端短板的距离应小于 50mm（图 5.4.4-2）。

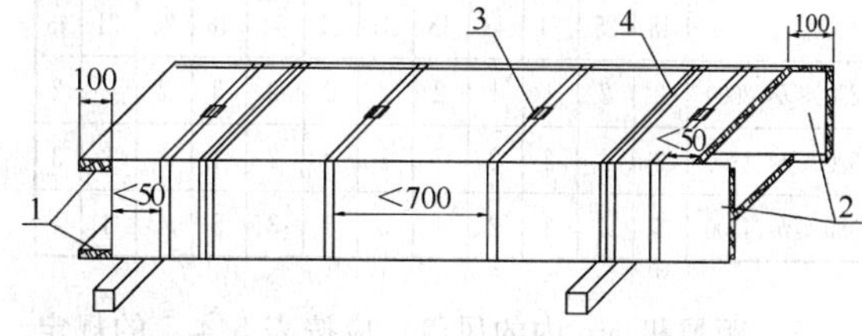

图 5.4.4-2　风管捆扎示意
1—风管上下板；2—风管侧板；3—扎带紧固；4—冂形箍

5　风管捆扎后，应及时清除管内外壁挤出的余胶，填充空隙。风管四角应平直，其端口对角线之差应符合表 5.1.6 的规定。

6　粘接后的风管应根据环境温度，按照规定的时间确保胶粘剂固化。在此时间内，不应搬移风管。胶粘剂固化后，应拆除捆扎带及"Ⅱ"形箍，并再次修整粘接缝余胶，填充空隙，在平整的场地放置。

5.4.5　风管加固与导流叶片安装应符合下列规定：

1　矩形风管宜采用直径不小于 10mm 的镀锌螺杆做内支撑加固，内支撑件穿管壁处应密封处理（图 5.4.5）。负压风管的内支撑高度大于 800mm 时，应采用镀锌钢管内支撑。

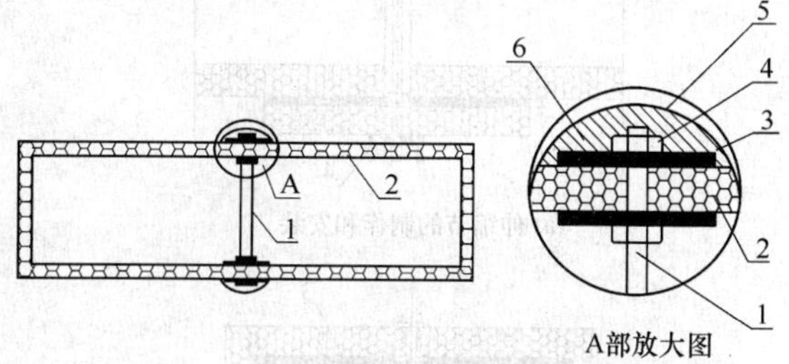

图 5.4.5　正压保温风管内支撑加固示意
1—镀锌螺杆；2—风管；3—镀锌加固垫圈；4—紧固螺母；5—保温罩；6—填塞保温材料

2　风管内支撑横向加固数量应符合表 5.4.5 的规定，风管加固的纵向间距应小于或等于 1300mm。

表 5.4.5　风管内支撑横向加固数量

风管长边尺寸 b (mm)	系统设计工作压力 (Pa)											
	低压系统 $P\leqslant500$				中压系统 $500<P\leqslant1500$				高压系统 $1500<P\leqslant3000$			
	复合板厚度 (mm)				复合板厚度 (mm)				复合板厚度 (mm)			
	18	25	31	43	18	25	31	43	18	25	31	43
$1250\leqslant b<1600$	1	—	—	—	1	—	—	—	1	1	—	—
$1600\leqslant b<2300$	1	1	1	1	2	1	1	1	2	2	1	1

续表 5.4.5

风管长边尺寸 b (mm)	系统设计工作压力 (Pa)											
	低压系统 $P \leqslant 500$				中压系统 $500 < P \leqslant 1500$				高压系统 $1500 < P \leqslant 3000$			
	复合板厚度 (mm)				复合板厚度 (mm)				复合板厚度 (mm)			
	18	25	31	43	18	25	31	43	18	25	31	43
$2300 \leqslant b < 3000$	2	2	1	1	2	2	2	2	3	2	2	2
$3000 \leqslant b < 3800$	3	2	2	2	3	3	3	2	4	3	3	3
$3800 \leqslant b < 4000$	4	3	3	2	4	3	3	3	5	4	4	4

3 距风机 5m 内的风管，应按表 5.4.5 的规定再增加 500Pa 风压计算内支撑数量。

4 矩形弯头导流叶片宜采用镀锌钢板弯压制成，其设置应按本规范第 4.3.3 条执行，并应安装牢固。

5.4.6 水平安装风管长度每隔 30m 时，应设置 1 个伸缩节。伸缩节长宜为 400mm，内边尺寸应比风管的外边尺寸大 3mm～5mm，伸缩节与风管中间应填塞 3mm～5mm 厚的软质绝热材料，且密封边长尺寸大于 1600mm 的伸缩节中间应增加内支撑加固，内支撑加固间距按 1000mm 布置，允许偏差±20mm。

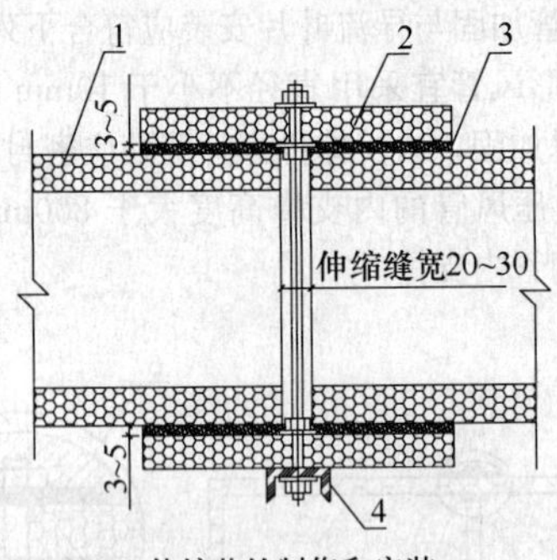

(a) 伸缩节的制作和安装

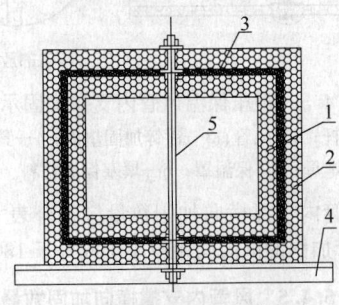

(b) 伸缩节中间设支撑柱

图 5.4.6 伸缩节的制作和安装示意

1—风管；2—伸缩节；3—填塞软质绝热材料并密封；4—角钢或槽钢防晃支架；5—内支撑杆

5.5 硬聚氯乙烯风管与配件制作

5.5.1 硬聚氯乙烯风管与配件制作应按下列工序（图 5.5.1）进行。

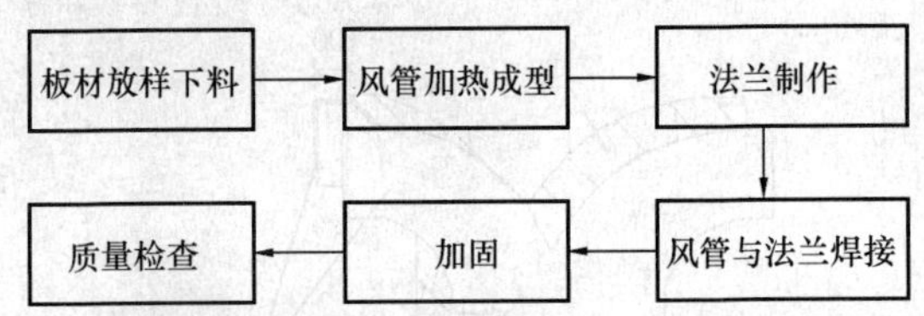

图 5.5.1 硬聚氯乙烯风管与配件制作工序

5.5.2 板材放样下料应符合下列规定：

1 风管或管件采用加热成型时，板材放样下料应考虑收缩余量。

2 使用剪床切割时，厚度小于或等于 5mm 的板材可在常温下进行切割；厚度大于 5mm 的板材或在冬天气温较低时，应先把板材加热到 30℃左右，再用剪床进行切割。

3 使用圆盘锯床切割时，锯片的直径宜为 200mm～250mm，厚度宜为 1.2mm～1.5mm，齿距宜为 0.5mm～1mm，转速宜为 1800r/min～2000r/min。

4 切割曲线时，宜采用规格为 300mm～400mm 的鸡尾锯进行切割。当切割圆弧较小时，宜采用钢丝锯进行。

5.5.3 风管加热成型应符合下列规定：

1 硬聚氯乙烯板加热可采用电加热、蒸汽加热或热空气加热等方法。硬聚氯乙烯板加热时间应符合表 5.5.3 的规定。

表 5.5.3 硬聚氯乙烯板加热时间

板材厚度 (mm)	2～4	5～6	8～10	11～15
加热时间 (min)	3～7	7～10	10～14	15～24

2 圆形直管加热成型时，加热箱里的温度上升到 130℃～150℃并保持稳定后，应将板材放入加热箱内，使板材整个表面均匀受热。板材被加热到柔软状态时应取出，放在帆布上，采用木模卷制成圆管，待完全冷却后，将管取出。木模外表应光滑，圆弧应正确，木模应比风管长 100mm。

3 矩形风管加热成型时，矩形风管四角宜采用加热折方成型。风管折方采用普通的折方机和管式电加热器配合进行，电热丝的选用功率应能保证板表面被加热到 150℃～180℃的温度。折方时，把画线部位置于两根管式电加热器中间并加热，变软后，迅速抽出，放在折方机上折成 90°角，待加热部位冷却后，取出成型后的板材。

4 各种异形管件应使用光滑木材或铁皮制成的胎模，按第 2、3 款规定的圆形直管和矩形风管加热成型方法煨制成型。

5.5.4 法兰制作应符合下列规定：

1 圆形法兰制作时，应将板材锯成条形板，开出内圆坡口后，放到电热箱内加热。加热好的条形板取出后应放到胎具上煨成圆形，并用重物压平。板材冷却定型后，进行组对焊接。法兰焊好后应进行钻孔。直径较小的圆形法兰，可在车床上车制。圆形法兰的用料规格、螺栓孔数和孔径应符合表 5.5.4-1 的规定。

表 5.5.4-1 硬聚氯乙烯圆形风管法兰规格

风管直径 D（mm）	法兰（宽×厚）（mm）	螺栓孔径（mm）	螺孔数量	连接螺栓
$D \leqslant 180$	35×6	7.5	6	M6
$180 < D \leqslant 400$	35×8	9.5	8～12	M8
$400 < D \leqslant 500$	35×10	9.5	12～14	M8
$500 < D \leqslant 800$	40×10	9.5	16～22	M8
$800 < D \leqslant 1400$	45×12	11.5	24～38	M10
$1400 < D \leqslant 1600$	50×15	11.5	40～44	M10
$1600 < D \leqslant 2000$	60×15	11.5	46～48	M10
$D > 2000$	按设计			

2 矩形法兰制作时，应将塑料板锯成条形，把四块开好坡口的条形板放在平板上组对焊接。矩形法兰的用料规格、螺栓孔径及螺孔间距应符合表 5.5.4-2 的规定。

表 5.5.4-2 硬聚氯乙烯矩形风管法兰规格（mm）

风管长边尺寸 b	法兰（宽×厚）	螺栓孔径	螺孔间距	连接螺栓
$\leqslant 160$	35×6	7.5	≤120	M6
$160 < b \leqslant 400$	35×8	9.5		M8
$400 < b \leqslant 500$	35×10	9.5		M8
$500 < b \leqslant 800$	40×10	11.5		M10
$800 < b \leqslant 1250$	45×12	11.5		M10
$1250 < b \leqslant 1600$	50×15	11.5		M10
$1600 < b \leqslant 2000$	60×18	11.5		M10

5.5.5 风管与法兰焊接应符合下列规定：

1 法兰端面应垂直于风管轴线。直径或边长大于 500mm 的风管与法兰的连接处，宜均匀设置三角支撑加强板，加强板间距不应大于 450mm。

2 焊接的热风温度、焊条、焊枪喷嘴直径及焊缝形式应满足焊接要求。

3 焊缝形式宜采用对接焊接、搭接焊接、填角或对角焊接。焊接前，应按表 5.5.5-1 的规定进行坡口加工，并应清理焊接部位的油污、灰尘等杂质。

表 5.5.5-1 硬聚氯乙烯板焊缝形式和坡口尺寸及使用范围

焊缝形式	图形	焊缝高度（mm）	板材厚度（mm）	坡口角度 α（°）	使用范围
V形对接焊缝	α；1～1.5；0.5	2～3	3～5	70～90	单面焊的风管
X形对接焊缝	α；1～1.5；0.5～1	2～3	≥5	70～90	风管法兰及厚板的拼接
搭接焊缝	a；≥3a	≥最小板厚	3～10	—	风管和配件的加固
角焊缝（无坡口）		2～3	6～18	—	风管和配件的加固
角焊缝（无坡口）		≥最小板厚	≥3	—	风管配件的角部焊接
V形单面角焊缝	1～1.5；α	2～3	3～8	70～90	风管的角部焊接
V形双面角焊缝	3～5；α	2～3	6～15	70～90	厚壁风管的角部焊接

4 焊接时，焊条应垂直于焊缝平面，不应向后或向前倾斜，并应施加一定压力，使被加热的焊条与板材粘合紧密。焊枪喷嘴应沿焊缝方向均匀摆动，喷嘴距焊缝表面应保持 5mm～6mm 的距离。喷嘴的倾角应根据被焊板材的厚度按表 5.5.5-2 的规定选择。

表 5.5.5-2 焊枪喷嘴倾角的选择

板厚（mm）	≤5	5～10	>10
倾角（°）	15～20	25～30	30～45

5 焊条在焊缝中断裂时，应采用加热后的小刀把留在焊缝内的焊条断头修切成斜面后，再从切断处继续焊接。焊接完成后，应采用加热后的小刀切断焊条，不应用手拉断。焊缝应逐渐冷却。

6 法兰与风管焊接后，凸出法兰平面的部分应刨平。

5.5.6 风管加固宜采用外加固框形式，加固框的设置应符合表 5.5.6 的规定，并应采用焊接将同材质加固框与风管紧固。

表 5.5.6 硬聚氯乙烯风管加固框规格（mm）

圆形				矩形			
风管直径 *D*	管壁厚度	加固框		风管长边尺寸 *b*	管壁厚度	加固框	
		规格（宽×厚）	间距			规格（宽×厚）	间距
D≤320	3	—	—	*b*≤320	3	—	—
320<*D*≤500	4	—	—	320<*b*≤400	4	—	—
500<*D*≤630	4	40×8	800	400<*b*≤500	4	35×8	800
630<*D*≤800	5	40×8	800	500<*b*≤800	5	40×8	800
800<*D*≤1000	5	45×10	800	800<*b*≤1000	6	45×10	400
1000<*D*≤1400	6	45×10	800	1000<*b*≤1250	6	45×10	400
1400<*D*≤1600	6	50×12	400	1250<*b*≤1600	8	50×12	400
1600<*D*≤2000	6	60×12	400	1600<*b*≤2000	8	60×15	400

5.5.7 风管直管段连续长度大于 20m 时，应按设计要求设置伸缩节（图 5.5.7-1）或软接头（图 5.5.7-2）。

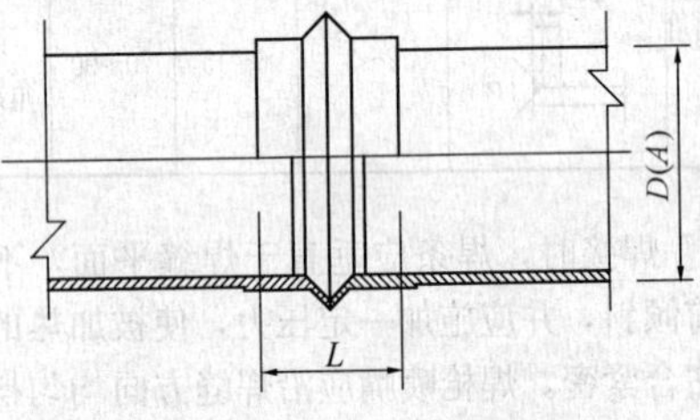

图 5.5.7-1 伸缩节示意

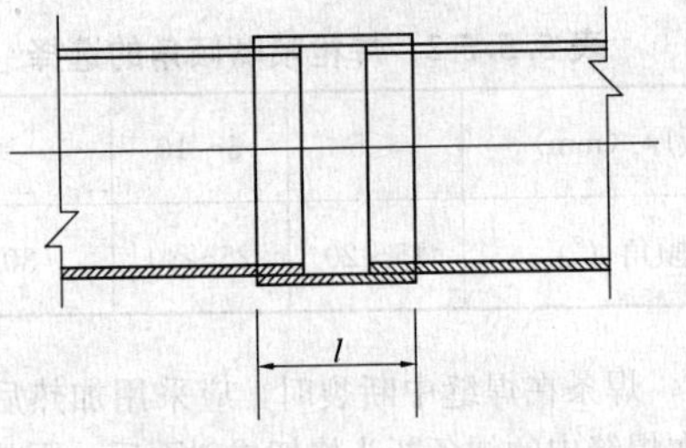

图 5.5.7-2 软接头示意

5.6 质量检查

5.6.1 聚氨酯铝箔、酚醛铝箔、玻璃纤维复合风管及配件制作可按表 5.6.1 进行质量检查。

表 5.6.1 聚氨酯铝箔、酚醛铝箔、玻璃纤维复合风管及配件制作质量检查

序号	主要检查内容	检查方法	判定标准
1	风管材料品种、规格、性能等参数	查验材料质量证明文件、性能检测报告，尺量、观察检查	符合设计要求
2	外观质量	尺量、观察检查	折角应平直，两端面平行，风管无明显扭曲；风管内角缝均采用密封胶密封，外角缝铝箔断开处采用铝箔胶带封贴；外覆面层没有破损
3	风管与配件尺寸	尺量检查	符合本规范表 5.1.6 的规定
4	风管两端连接口制作	观察检查	玻璃纤维复合风管采用承插阶梯粘接形式时，其承插口应符合本规范第 5.3.2 条的规定； 复合风管采用插接或法兰连接时，其插接连接件或法兰材质、规格应符合本规范表 5.1.4 的规定；连接应牢固可靠，其绝热层不应外露
5	加固与导流叶片安装	尺量、观察检查	聚氨酯铝箔和酚醛铝箔复合风管加固应符合本规范第 5.2.5 条的规定；玻璃纤维复合风管加固应符合本规范第 5.3.5 条的规定

5.6.2 玻镁复合风管与配件制作可按表 5.6.2 进行质量检查。

表 5.6.2 玻镁复合风管与配件制作质量检查

序号	主要检查内容	检查方法	判定标准
1	风管材料品种、规格、性能等参数	查验材料质量证明文件、性能检测报告，尺量、观察检查	符合设计要求
2	外观质量	尺量、观察检查	玻镁复合板应无分层、裂纹、变形等现象；折角应平直；两端面平行，风管无明显扭曲；外覆面层无破损
3	风管与配件尺寸	尺量检查	符合本规范表 5.1.6 的规定
4	加固与导流叶片安装	尺量、观察检查	符合本规范第 5.4.5 条的规定
5	伸缩节的制作	尺量、观察检查	符合本规范第 5.4.6 条的规定

5.6.3 硬聚氯乙烯风管与配件制作可按表5.6.3进行质量检查。

表5.6.3 硬聚氯乙烯风管与配件制作质量检查

序号	主要检查内容	检查方法	判定标准
1	风管材料品种、规格、性能参数	查验材料质量证明文件、性能检测报告，尺量、观察检查	符合设计要求
2	外观质量要求	尺量、观察检查	风管两端面应平行，无明显扭曲；煨角圆弧应均匀；焊缝应饱满，焊条排列应整齐，无焦黄、断裂现象；焊缝形式符合本规范表5.5.5-1的规定
3	风管与配件尺寸	尺量检查	符合本规范表5.1.6的规定；法兰规格符合本规范表5.5.4-1和表5.5.4-2的规定
4	加固	尺量、观察检查	符合本规范第5.5.6条的规定
5	伸缩节或软接头制作	尺量、观察检查	符合本规范第5.5.7条的规定

6 风阀与部件制作

6.1 一 般 规 定

6.1.1 制作风阀与部件的材料应符合设计及相关技术文件的要求。

6.1.2 选用的成品风阀及部件应具有合格的质量证明文件。

6.2 风 阀

6.2.1 成品风阀质量应符合下列规定：

1 风阀规格应符合产品技术标准的规定，并应满足设计和使用要求；

2 风阀应启闭灵活，结构牢固，壳体严密，防腐良好，表面平整，无明显伤痕和变形，并不应有裂纹、锈蚀等质量缺陷；

3 风阀内的转动部件应为耐磨、耐腐蚀材料，转动机构灵活，制动及定位装置可靠；

4 风阀法兰与风管法兰应相匹配。

6.2.2 手动调节阀应以顺时针方向转动为关闭，调节开度指示应与叶片开度相一致，叶片的搭接应贴合整齐，叶片与阀体的间隙应小于2mm。

6.2.3 电动、气动调节风阀应进行驱动装置的动作试验，试验结果应符合产品技术文件的要求，并应在最大设计工作压力下工作正常。

6.2.4 防火阀和排烟阀（排烟口）应符合国家现行有关消防产品技术标准的规定。执行机构应进行动作试验，试验结果应符合产品说明书的要求。

6.2.5 止回风阀应检查其构件是否齐全，并应进行最大设计工作压力下的强度试验，在关闭状态下阀片不变形，严密不漏风；水平安装的止回风阀应有可靠的平衡调节机构。

6.2.6 插板风阀的插板应平整，并应有可靠的定位固定装置；斜插板风阀的上下接管应成一直线。

6.2.7 三通调节风阀手柄开关应标明调节的角度；阀板应调节方便，且不与风管相碰擦。

6.3 风罩与风帽

6.3.1 风罩与风帽制作时，应根据其形式和使用要求，按施工图对所选用材料放样后，进行下料加工，可采用咬口连接、焊接等连接方式，制作方法可按本规范第4章的有关规定执行。

6.3.2 现场制作的风罩尺寸及构造应满足设计及相关产品技术文件要求，并应符合下列规定：

1 风罩应结构牢固，形状规则，内外表面平整、光滑，外壳无尖锐边角；

2 厨房锅灶的排烟罩下部应设置集水槽；用于排出蒸汽或其他潮湿气体的伞形罩，在罩口内侧也应设置排出凝结液体的集水槽；集水槽应进行通水试验，排水畅通，不渗漏；

3 槽边侧吸罩、条缝抽风罩的吸入口应平整，转角处应弧度均匀，罩口加强板的分隔间距应一致；

4 厨房锅灶排烟罩的油烟过滤器应便于拆卸和清洗。

6.3.3 现场制作的风帽尺寸及构造应满足设计及相关技术文件的要求，风帽应结构牢固，内、外形状规则，表面平整，并应符合下列规定：

1 伞形风帽的伞盖边缘应进行加固，支撑高度一致；

2 锥形风帽锥体组合的连接缝应顺水，保证下部排水畅通；

3 筒形风帽外筒体的上下沿口应加固，伞盖边缘与外筒体的距离应一致，挡风圈的位置应正确；

4 三叉形风帽支管与主管的连接应严密，夹角一致。

6.4 风 口

6.4.1 成品风口应结构牢固，外表面平整，叶片分布均匀，颜色一致，无划痕和变形，符合产品技术标准的规定。表面应经过防腐处理，并应满足设计及使用要求。风口的转动调节部分应灵活、可靠，定位后应无松动现象。

6.4.2 百叶风口叶片两端轴的中心应在同一直线上，叶片平直，与边框无碰擦。

6.4.3 散流器的扩散环和调节环应同轴，轴向环片间距应分布均匀。

6.4.4 孔板风口的孔口不应有毛刺，孔径一致，孔距均匀，并应符合设计要求。

6.4.5 旋转式风口活动件应轻便灵活，与固定框接合严密，叶片角度调节范围应符合设计要求。

6.4.6 球形风口内外球面间的配合应松紧适度、转动自如、定位后无松动。

6.5 消声器、消声风管、消声弯头及消声静压箱

6.5.1 消声器、消声风管、消声弯头及消声静压箱的制作应符合设计要求，根据不同的形式放样下料，宜采用机械加工。

6.5.2 外壳及框架结构制作应符合下列规定：

1 框架应牢固，壳体不漏风；框、内盖板、隔板、法兰制作及铆接、咬口连接、焊接等可按本规范第4章的有关规定执行；内外尺寸应准确，连接应牢固，其外壳不应有锐边。

2 金属穿孔板的孔径和穿孔率应符合设计要求。穿孔板孔口的毛刺应锉平，避免将覆面织布划破。

3 消声片单体安装时，应排列规则，上下两端应装有固定消声片的框架，框架应固定牢固，不应松动。

6.5.3 消声材料应具备防腐、防潮功能，其卫生性能、密度、导热系数、燃烧等级应符合国家有关技术标准的规定。消声材料应按设计及相关技术文件要求的单位密度均匀敷设，需粘贴的部分应按规定的厚度粘贴牢固，拼缝密实，表面平整。

6.5.4 消声材料填充后，应采用透气的覆面材料覆盖。覆面材料的拼接应顺气流方向、拼缝密实、表面平整、拉紧，不应有凹凸不平。

6.5.5 消声器、消声风管、消声弯头及消声静压箱的内外金属构件表面应进行防腐处理，表面平整。

6.5.6 消声器、消声风管、消声弯头及消声静压箱制作完成后，应进行规格、方向标识，并通过专业检测。

6.6 软接风管

6.6.1 软接风管包括柔性短管和柔性风管，软接风管接缝连接处应严密。

6.6.2 软接风管材料的选用应满足设计要求，并应符合下列规定：

1 应采用防腐、防潮、不透气、不易霉变的柔性材料；

2 软接风管材料与胶粘剂的防火性能应满足设计要求；

3 用于空调系统时，应采取防止结露的措施，外保温软管应包覆防潮层；

4 用于洁净空调系统时，应不易产尘、不透气、内壁光滑。

6.6.3 柔性短管制作应符合下列规定：

1 柔性短管的长度宜为150mm～300mm，应无开裂、扭曲现象。

2 柔性短管不应制作成变径管，柔性短管两端面形状应大小一致，两侧法兰应平行。

3 柔性短管与角钢法兰组装时，可采用条形镀锌钢板压条的方式，通过铆接连接（图6.6.3）。压条翻边宜为6mm～9mm，紧贴法兰，铆接平顺；铆钉间距宜为60mm～80mm。

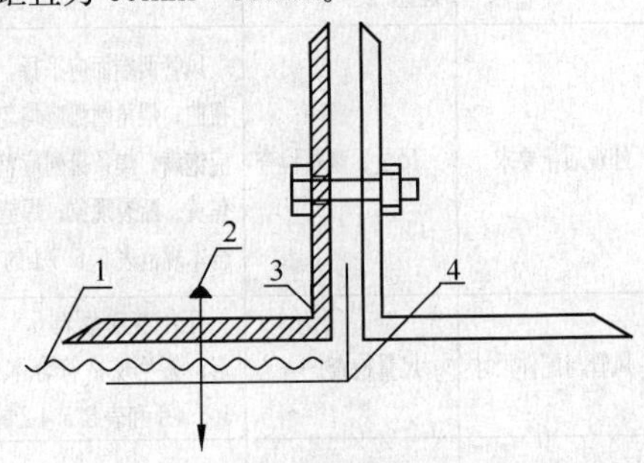

图6.6.3 柔性短管与角钢法兰连接示意

1—柔性短管；2—铆钉；3—角钢法兰；4—镀锌钢板压条

4 柔性短管的法兰规格应与风管的法兰规格相同。

6.6.4 柔性风管的截面尺寸、壁厚、长度等应符合设计及相关技术文件的要求。

6.7 过滤器

6.7.1 成品过滤器应根据使用功能要求选用。过滤器的规格及材质应符合设计要求；过滤器的过滤速度、过滤效率、阻力和容尘量等应符合设计及产品技术文件要求；框架与过滤材料应连接紧密、牢固，并应标注气流方向。

6.8 风管内加热器

6.8.1 加热器的加热形式、加热管用电参数、加热量等应符合设计要求。

6.8.2 加热器的外框应结构牢固、尺寸正确，与加热管连接应牢固，无松动。

6.8.3 加热器进场应进行测试，加热管与框架之间应绝缘良好，接线正确。

6.9 质量检查

6.9.1 风阀可按表6.9.1进行质量检查。

表6.9.1 风阀质量检查

序号	主要检查内容	检查方法	判定标准
1	风阀材质	对照施工图和产品技术标准	符合设计要求

续表 6.9.1

序号	主要检查内容	检查方法	判定标准
2	手动调节阀调节是否灵活	扳动手轮或扳手	应以顺时针方向转动为关闭，其调节范围及开启角度指示应与叶片开启角度相一致
3	电动、气动调节风阀的驱动装置	测试	动作应可靠，在最大设计工作压力下工作正常
4	防火阀和排烟阀（排烟口）的防火性能	核查	应符合有关消防产品技术标准的规定，并具有相应的产品质量证明文件
5	止回风阀	测试	止回风阀应进行最大设计工作压力下的强度试验，在关闭状态下阀片不变形，严密不漏风
6	设计工作压力大于1000Pa的调节风阀的强度试验	核查检测报告	调节灵活，壳体不变形

6.9.2 风罩与风帽可按表 6.9.2 进行质量检查。

表 6.9.2 风罩与风帽质量检查

序号	主要检查内容	检查方法	判定标准
1	材质	对照施工图	符合设计要求
2	外形尺寸及配置	核查	风罩、风帽尺寸正确，连接牢固，形状规则，表面平整光滑，外壳不应有尖锐边角；配置附件满足使用功能要求

6.9.3 风口可按表 6.9.3 进行质量检查。

表 6.9.3 风口质量检查

序号	主要检查内容	检查方法	判定标准
1	外观	观察检查	风口的外装饰面应平整，叶片或扩散环的分布应匀称，颜色应一致，无明显的划伤和压痕，焊点应光滑牢固
2	机械性能	手动检查	风口的活动零件动作自如、阻尼均匀，无卡死和松动。导流片可调或可拆卸的部分，应调节、拆卸方便和可靠，定位后无松动
3	调节装置	手动试验	转动应灵活、可靠，定位后应无明显自由松动
4	风口尺寸	尺量	符合《通风与空调工程施工质量验收规范》GB 50243 的要求

6.9.4 消声器可按表 6.9.4 进行质量检查。

表 6.9.4 消声器质量检查

序号	主要检查内容	检查方法	判定标准
1	外形尺寸	对照施工图	制作尺寸准确，框架与外壳连接牢固，内贴覆面固定牢固，外壳不应有锐边
2	性能	核查	应有产品质量证明文件，其性能满足设计及产品技术标准的要求
3	标识	观察	出厂产品应有规格、型号、尺寸、方向的标识
4	内部构造	观察	消声弯头的平面边长大于800mm时，应加设吸声导流叶片；消声器内直接迎风面布置的覆面层应有保护措施；洁净空调系统消声器内的覆面应为不易产尘的材料

6.9.5 软接风管可按表 6.9.5 进行质量检查。

表 6.9.5 软接风管质量检查

序号	主要检查内容	检查方法	判定标准
1	材质	观察，检查材质检测报告	防腐、防潮、不透气、不易霉变，防火性能同该系统风管要求；用于洁净空调系统的材料应不易产尘、不透气、内壁光滑；用于空调系统时，应采取防止结露的措施
2	外观尺寸	观察	柔性短管长度为150mm～300mm，无开裂、无扭曲、无变径
3	制作情况	观察	柔性材料搭接宽度20mm～30mm，缝制或粘接严密、牢固
4	与法兰的连接	观察、尺量	压条材质为镀锌钢板，翻边尺寸符合要求，铆钉间距为（60～80）mm，与法兰连接处应严密、牢固可靠

6.9.6 过滤器可按表 6.9.6 进行质量检查。

表 6.9.6 过滤器质量检查

序号	主要检查内容	检查方法	判定标准
1	材质	观察	符合设计要求
2	性能	核查	核查检测报告，过滤精度、过滤效率、过滤材料、风量、滤芯材质、表面处理等性能应符合设计及相关技术文件要求
3	框架	观察、尺量	尺寸应正确，框架与过滤材料连接紧密、牢固，标识清楚

6.9.7 风管内加热器可按表 6.9.7 进行质量检查。

表 6.9.7 风管内加热器质量检查

序号	主要检查内容	检查方法	判定标准
1	材质	观察	符合设计及相关技术文件的要求
2	用电参数、加热量	观察	符合设计要求
3	接线情况	观察	加热管与框架之间经测试绝缘良好，接线正确，符合有关电气安全标准的规定

7 支吊架制作与安装

7.1 一 般 规 定

7.1.1 支、吊架的固定方式及配件的使用应满足设计要求，并应符合下列规定：

1 支、吊架应满足其承重要求；

2 支、吊架应固定在可靠的建筑结构上，不应影响结构安全；

3 严禁将支、吊架焊接在承重结构及屋架的钢筋上；

4 埋设支架的水泥砂浆应在达到强度后，再搁置管道。

7.1.2 支、吊架的预埋件位置应正确、牢固可靠，埋入结构部分应除锈、除油污，并不应涂漆，外露部分应做防腐处理。

7.1.3 空调风管和冷热水管的支、吊架选用的绝热衬垫应满足设计要求，并应符合下列规定：

1 绝热衬垫厚度不应小于管道绝热层厚度，宽度应大于支、吊架支承面宽度，衬垫应完整，与绝热材料之间应密实、无空隙；

2 绝热衬垫应满足其承压能力，安装后不变形；

3 采用木质材料作为绝热衬垫时，应进行防腐处理；

4 绝热衬垫应形状规则，表面平整，无缺损。

7.1.4 支、吊架制作与安装的成品保护措施应包括下列内容：

1 支、吊架制作完成后，应用钢刷、砂布进行除锈，并应清除表面污物，再进行刷漆处理；

2 支、吊架明装时，应涂面漆；

3 管道成品支、吊架应分类单独存放，做好标识。

7.1.5 支、吊架制作与安装的安全和环境保护措施应包括下列内容：

1 支、吊架安装进行电锤操作时，严禁下方站人；

2 安装支、吊架用的梯子应完好、轻便、结实、稳固，使用时应有人扶持；

3 脚手架应固定牢固，作业前应检查脚手板的固定。

7.2 支吊架制作

7.2.1 支、吊架制作前应具备下列施工条件：

1 支、吊架的形式及制作方法已明确，采用的技术标准和质量控制措施文件齐全；

2 加工场地环境满足作业条件要求；

3 型钢及附属材料进场检验合格；

4 加工机具准备齐备，满足制作要求。

7.2.2 支、吊架制作应按下列工序（图 7.2.2）进行。

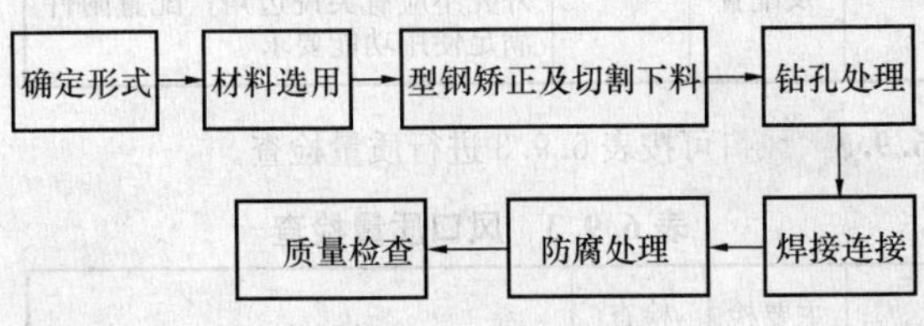

图 7.2.2 支、吊架制作工序

7.2.3 支、吊架形式应根据建筑物结构和固定位置确定，并应符合设计要求。

7.2.4 支、吊架的型钢材料选用应符合下列规定：

1 风管支、吊架的型钢材料应按风管、部件、设备的规格和重量选用，并应符合设计要求。当设计无要求时，在最大允许安装间距下，风管吊架的型钢规格应符合表7.2.4-1、表 7.2.4-2、表 7.2.4-3、表 7.2.4-4 的规定。

2 水管支、吊架的型钢材料应按水管、附件、设备的规格和重量选用，并应符合设计要求。当设计无要求时，应符合表 7.2.4-5 的规定。

表 7.2.4-1 水平安装金属矩形风管的吊架型钢最小规格（mm）

风管长边尺寸 b	吊杆直径	吊架规格	
		角钢	槽钢
b≤400	φ8	∟25×3	[50×37×4.5
400<b≤1250	φ8	∟30×3	[50×37×4.5
1250<b≤2000	φ10	∟40×4	[50×37×4.5 [63×40×4.8
2000<b≤2500	φ10	∟50×5	—

表 7.2.4-2 水平安装金属圆形风管的吊架型钢最小规格（mm）

风管直径 D	吊杆直径	抱箍规格		角钢横担
		钢丝	扁钢	
D≤250	φ8	φ2.8	25×0.75	—
250<D≤450	φ8	*φ2.8 或 φ5		
450<D≤630	φ8	*φ3.6		
630<D≤900	φ8	*φ3.6	25×1.0	
900<D≤1250	φ10	—		
1250<D≤1600	*φ10	—	*25×1.5	∟40×4
1600<D≤2000	*φ10	—	*25×2.0	

注：1 吊杆直径中的“*”表示两根圆钢；
2 钢丝抱箍中的“*”表示两根钢丝合用；
3 扁钢中的“*”表示上、下两个半圆弧。

表 7.2.4-3 水平安装非金属与复合风管的吊架横担型钢最小规格（mm）

风管类别		角钢或槽钢横担				
		∟25×3 [50×37×4.5	∟30×3 [50×37×4.5	∟40×4 [50×37×4.5	∟50×5 [63×40×4.8	∟63×5 [80×43×5.0
非金属风管	无机玻璃钢风管	b≤630	—	b≤1000	b≤1500	b<2000
	硬聚氯乙烯风管	b≤630	—	b≤1000	b≤2000	b>2000
复合风管	酚醛铝箔复合风管	b≤630	630<b≤1250	b>1250	—	—
	聚氨酯铝箔复合风管	b≤630	630<b≤1250	b>1250	—	—
	玻璃纤维复合风管	b≤450	450<b≤1000	1000<b≤2000	—	—
	玻镁复合风管	b≤630	—	b≤1000	b≤1500	b<2000

表 7.2.4-4 水平安装非金属与复合风管的吊架吊杆型钢最小规格（mm）

风管类别		吊杆直径			
		φ6	φ8	φ10	φ12
非金属风管	无机玻璃钢风管	—	b≤1250	1250<b≤2500	b>2500
	硬聚氯乙烯风管	—	b≤1250	1250<b≤2500	b>2500
复合风管	聚氨酯复合风管	b≤1250	1250<b≤2000	—	—
	酚醛铝箔复合风管	b≤800	800<b≤2000	—	—
	玻璃纤维复合风管	b≤600	600<b≤2000	—	—
	玻镁复合风管	—	b≤1250	1250<b≤2500	b>2500

注：b 为风管内边长。

表 7.2.4-5 水平管道支吊架的型钢最小规格（mm）

公称直径	横担角钢	横担槽钢	加固角钢或槽钢（斜支撑型）	膨胀螺栓	吊杆直径	吊环、抱箍
25	∟20×3	—	—	M8	φ6	30×2 扁钢或 φ10 圆钢
32	∟20×3	—	—	M8	φ6	
40	∟20×3	—	—	M10	φ8	
50	∟25×4	—	—	M10	φ8	40×3 扁钢或 φ12 圆钢
65	∟36×4	—	—	M14	φ8	
80	∟36×4	—	—	M14	φ10	
100	∟45×4	[50×37×4.5	—	M16	φ10	50×3 扁钢或 φ16 圆钢
125	∟50×5	[50×37×4.5	—	M16	φ12	
150	∟63×5	[63×40×4.8	—	M18	φ12	50×4 扁钢或 φ18 圆钢
200	—	[63×40×4.8	*∟45×4 或 [63×40×4.8	M18	φ16	
250	—	[100×48×5.3	*∟45×4 或 [63×40×4.8	M20	φ18	60×5 扁钢或 φ20 圆钢
300	—	[126×53×5.5	*∟45×4 或 [63×40×4.8	M20	φ22	60×5 扁钢或 φ20 圆钢

注：表中“*”表示两个角钢加固件。

7.2.5 支、吊架制作前，应对型钢进行矫正。型钢宜采用机械切割，切割边缘处应进行打磨处理。型钢切割下料应符合下列规定：

1 型钢斜支撑、悬臂型钢支架栽入墙体部分应采用燕尾形式，栽入部分不应小于120mm；

2 横担长度应预留管道及保温宽度（图 7.2.5-1 和图 7.2.5-2）；

3 有绝热层的吊环，应按保温厚度计算；采用扁钢或圆钢制作吊环时，螺栓孔中心线应一致，并应与大圆环垂直；

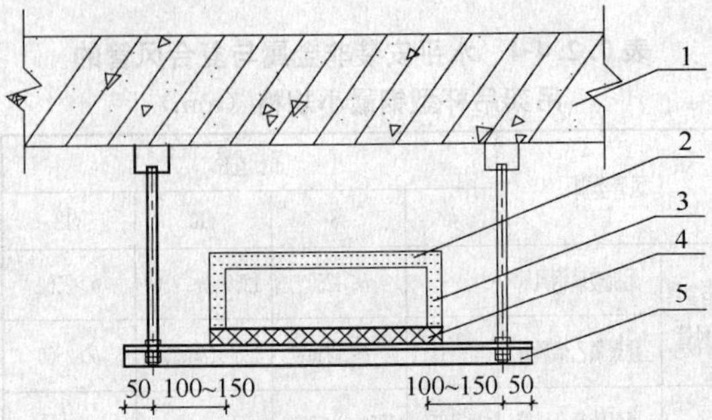

图 7.2.5-1　风管横担预留长度示意

1—楼板；2—风管；3—保温层；4—隔热木托；5—横担

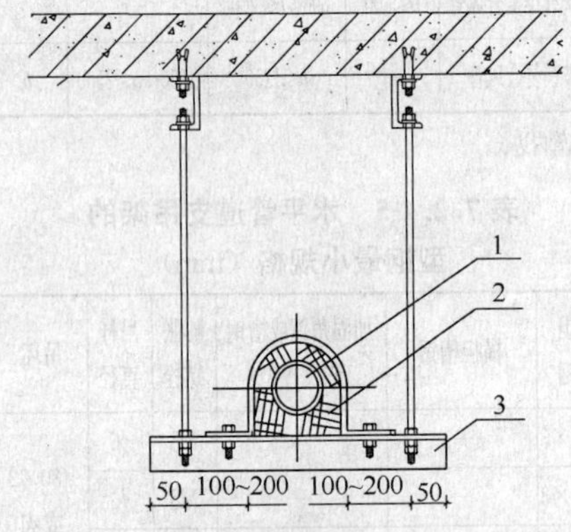

图 7.2.5-2　水管横担预留长度示意

1—水管；2—隔热木托；3—横担

4　吊杆的长度应按实际尺寸确定，并应满足在允许范围内的调节余量；

5　柔性风管的吊环宽度应大于 25mm，圆弧长应大于 1/2 周长，并应与风管贴合紧密（图 7.2.5-3）。

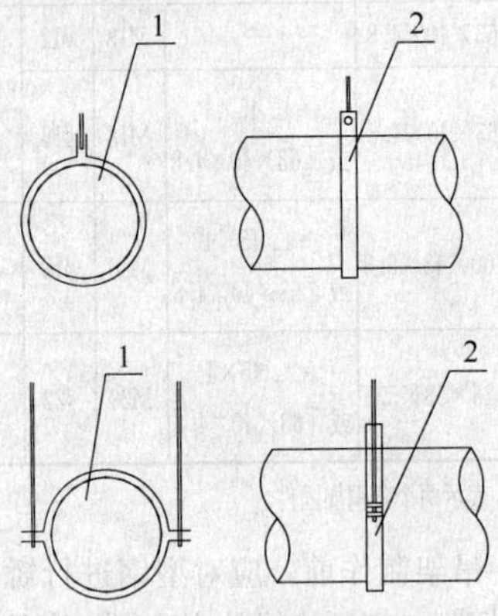

图 7.2.5-3　柔性风管吊环安装

1—风管；2—吊环或抱箍

7.2.6　型钢应采用机械开孔，开孔尺寸应与螺栓相匹配。

7.2.7　采用圆钢制作 U 形卡时，应采用圆板牙扳手在圆钢的两端套出螺纹，活动支架上的 U 形卡可一头套丝，螺纹的长度宜套上固定螺母后留出 2 扣～3 扣。

7.2.8　支、吊架焊接应采用角焊缝满焊，焊缝高度应与较薄焊接件厚度相同，焊缝饱满、均匀，不应出现漏焊、夹渣、裂纹、咬肉等现象。采用圆钢吊杆时，与吊架根部焊接长度应大于 6 倍的吊杆直径。

7.2.9　支、吊架防腐处理应按本规范第 13 章的有关规定执行。

7.3　支吊架安装

7.3.1　支、吊架安装前应具备下列施工条件：

1　支、吊架安装前，应对照施工图核对现场。支、吊架安装施工方案已批准，专项技术交底已完成。

2　固定材料、垫料、焊接材料、减振装置和成品支、吊架以及制作完成的支、吊架等满足施工要求。

3　支、吊架安装现场环境满足作业条件要求。

4　支、吊架安装的机具已准备齐备，满足安装要求。

7.3.2　支、吊架安装应按照下列工序（图 7.3.2）进行。

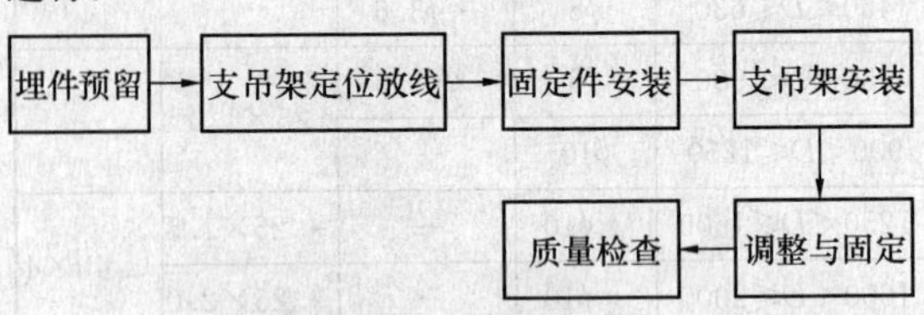

图 7.3.2　支、吊架安装工序

7.3.3　预埋件形式、规格及位置应符合设计要求，并应与结构浇筑为一体。

7.3.4　支、吊架定位放线时，应按施工图中管道、设备等的安装位置，弹出支、吊架的中心线，确定支、吊架的安装位置。严禁将管道穿墙套管作为管道支架。支、吊架的最大允许间距应满足设计要求，并应符合下列规定：

1　金属风管（含保温）水平安装时，支、吊架的最大间距应符合表 7.3.4-1 规定。

表 7.3.4-1　水平安装金属风管支吊架的最大间距（mm）

风管边长 b 或直径 D	矩形风管	圆形风管	
		纵向咬口风管	螺旋咬口风管
≤400	4000	4000	5000
＞400	3000	3000	3750

注：薄钢板法兰，C 形、S 形插条连接风管的支、吊架间距不应大于 3000mm。

2　非金属与复合风管水平安装时，支、吊架的最大间距应符合表 7.3.4-2 规定。

表 7.3.4-2 水平安装非金属与复合风管支吊架的最大间距（mm）

风管类别		风管边长 b						
		≤400	≤450	≤800	≤1000	≤1500	≤1600	≤2000
		支、吊架最大间距						
非金属风管	无机玻璃钢风管	4000	3000			2500	2000	
	硬聚氯乙烯风管	4000	3000					
复合风管	聚氨酯铝箔复合风管	4000	3000					
	酚醛铝箔复合风管	2000				1500		1000
	玻璃纤维复合风管	2400		2200		1800		
	玻镁复合风管	4000	3000			2500	2000	

注：边长大于 2000mm 的风管可参考边长为 2000mm 风管。

3 钢管水平安装时，支、吊架的最大间距应符合表 7.3.4-3 的规定。

表 7.3.4-3 钢管支吊架的最大间距

公称直径（mm）		15	20	25	32	40	50	70	80	100	125	150	200	250	300
支架的最大间距（m）	L_1	1.5	2.0	2.5	2.5	3.0	3.5	4.0	5.0	5.0	5.5	6.5	7.5	8.5	9.5
	L_2	2.5	3.0	3.5	4.0	4.5	5.0	6.0	6.5	6.5	7.5	7.5	9.0	9.5	10.5
	管径大于 300mm 的管道可参考管径为 300mm 管道														

注：1 适用于设计工作压力不大于 2.0MPa，非绝热或绝热材料密度不大于 200kg/m³ 的管道系统；

2 L_1 用于绝热管道，L_2 用于非绝热管道。

4 管道采用沟槽连接水平安装时，支、吊架的最大间距应符合表 7.3.4-4 的规定。

表 7.3.4-4 沟槽连接管道支吊架允许最大间距

公称直径（mm）	50	70	80	100	125	150	200	250	300	350	400
间距（m）	3.6			4.2			4.8			5.4	

注：支、吊架不应支承在连接头上，水平管的任意两个连接头之间应有支、吊架。

5 铜管支、吊架的最大间距应符合表 7.3.4-5 的规定。

表 7.3.4-5 铜管道支吊架的最大间距

公称直径（mm）		15	20	25	32	40	50	65	80	100	125	150	200
支、吊架的最大间距（m）	垂直管道	1.8	2.4	2.4	3.0	3.0	3.0	3.5	3.5	3.5	3.5	4.0	4.0
	水平管道	1.2	1.8	1.8	2.4	2.4	2.4	3.0	3.0	3.0	3.0	3.5	3.5

6 塑料管及复合管道支、吊架的最大间距应符合表 7.3.4-6 的规定。

表 7.3.4-6 塑料管及复合管道支吊架的最大间距

管径（mm）		12	14	16	18	20	25	32	40	50	63	75	90	110
支、吊架的最大间距（m）	立管	0.5	0.6	0.7	0.8	0.9	1.0	1.1	1.3	1.6	1.8	2.0	2.2	2.4
水平管	冷水管	0.4	0.4	0.5	0.5	0.6	0.7	0.8	0.9	1.0	1.1	1.2	1.35	1.55
	热水管	0.2	0.2	0.25	0.3	0.3	0.35	0.4	0.5	0.6	0.7	0.8	—	—

7 垂直安装的风管和水管支架的最大间距应符合表 7.3.4-7 的规定。

表 7.3.4-7 垂直安装风管和水管支架的最大间距（mm）

管道类别		最大间距	支架最少数量
金属风管	钢板、镀锌钢板、不锈钢板、铝板	4000	单根直管不少于 2 个
复合风管	聚氨酯铝箔复合风管	2400	
	酚醛铝箔复合风管		
	玻璃纤维复合风管	1200	
	玻镁复合风管		
非金属风管	无机玻璃钢风管	3000	
	硬聚氯乙烯风管		
金属水管	钢管、钢塑复合管	楼层高度小于或等于 5m 时，每层应安装 1 个；楼层高度大于 5m 时，每层不应少于 2 个	

8 柔性风管支、吊架的最大间距宜小于 1500mm。

7.3.5 支、吊架的固定件安装应符合下列规定：

1 采用膨胀螺栓固定支、吊架时，应符合膨胀螺栓使用技术条件的规定，螺栓至混凝土构件边缘的距离不应小于 8 倍的螺栓直径；螺栓间距不小于 10 倍的螺栓直径。螺栓孔直径和钻孔深度应符合表 7.3.5 的规定。

表 7.3.5 常用膨胀螺栓规格、钻孔直径和钻孔深度（mm）

膨胀螺栓种类	图示	规格	螺栓总长	钻孔直径	钻孔深度
内螺纹膨胀螺栓		M6	25	8	32~42
		M8	30	10	42~52
		M10	40	12	43~53
		M12	50	15	54~64
单胀管式膨胀螺栓		M8	95	10	65~75
		M10	110	12	75~85
		M12	125	18.5	80~90
双胀管式膨胀螺栓		M12	125	18.5	80~90
		M16	155	23	110~120

2 支、吊架与预埋件焊接时，焊接应牢固，不应出现漏焊、夹渣、裂纹、咬肉等现象。

3 在钢结构上设置固定件时，钢梁下翼宜安装钢梁夹或钢吊夹，预留螺栓连接点、专用吊架型钢；吊架应与钢结构固定牢固，并应不影响钢结构安全。

7.3.6 风管系统支、吊架的安装应符合下列规定：

1 风机、空调机组、风机盘管等设备的支、吊架应按设计要求设置隔振器，其品种、规格应符合设计及产品技术文件要求。

2 支、吊架不应设置在风口、检查口处以及阀门、自控机构的操作部位，且距风口不应小于200mm。

3 圆形风管U形管卡圆弧应均匀，且应与风管外径相一致。

4 支、吊架距风管末端不应大于1000mm，距水平弯头的起弯点间距不应大于500mm，设在支管上的支吊架距干管不应大于1200mm。

5 吊杆与吊架根部连接应牢固。吊杆采用螺纹连接时，拧入连接螺母的螺纹长度应大于吊杆直径，并应有防松动措施。吊杆应平直，螺纹完整、光洁。安装后，吊架的受力应均匀，无变形。

6 边长（直径）大于或等于630mm的防火阀宜设独立的支、吊架；水平安装的边长（直径）大于200mm的风阀等部件与非金属风管连接时，应单独设置支、吊架。

7 水平安装的复合风管与支、吊架接触面的两端，应设置厚度大于或等于1.0mm，宽度宜为60mm～80mm，长度宜为100mm～120mm的镀锌角形垫片。

8 垂直安装的非金属与复合风管，可采用角钢或槽钢加工成“井”字形抱箍作为支架。支架安装时，风管内壁应衬镀锌金属内套，并应采用镀锌螺栓穿过管壁将抱箍与内套固定。螺孔间距不应大于120mm，螺母应位于风管外侧。螺栓穿过的管壁处应进行密封处理。

9 消声弯头或边长（直径）大于1250mm的弯头、三通等应设置独立的支、吊架。

10 长度超过20m的水平悬吊风管，应设置至少1个防晃支架。

11 不锈钢板、铝板风管与碳素钢支、吊架的接触处，应采取防电化学腐蚀措施。

7.3.7 水管系统支、吊架的安装应符合下列规定：

1 设有补偿器的管道应设置固定支架和导向支架，其形式和位置应符合设计要求。

2 支、吊架安装应平整、牢固，与管道接触紧密。支、吊架与管道焊缝的距离应大于100mm。

3 管道与设备连接处，应设独立的支、吊架，并应有减振措施。

4 水平管道采用单杆吊架时，应在管道起始点、阀门、弯头、三通部位及长度在15m内的直管段上设置防晃支、吊架。

5 无热位移的管道吊架，其吊杆应垂直安装；有热位移的管道吊架，其吊架应向热膨胀或冷收缩的反方向偏移安装，偏移量为1/2的膨胀值或收缩值。

6 塑料管道与金属支、吊架之间应有柔性垫料。

7 沟槽连接的管道，水平管道接头和管件两侧应设置支吊架，支、吊架与接头的间距不宜小于150mm，且不宜大于300mm。

7.3.8 制冷剂系统管道支、吊架的安装应符合下列规定：

1 与设备连接的管道应设独立的支、吊架；

2 管径小于或等于20mm的铜管道，在阀门处应设置支、吊架；

3 不锈钢管、铜管与碳素钢支、吊架接触处应采取防电化学腐蚀措施。

7.3.9 支、吊架安装后，应按管道坡向对支、吊架进行调整和固定，支、吊架纵向应顺直、美观。

7.4 装配式管道吊架安装

7.4.1 装配式管道吊架应按设计要求及相关技术标准选用。装配式管道吊架进行综合排布安装时，吊架的组合方式应根据组合管道数量、承载负荷进行综合选配，并应单独绘制施工图，经原设计单位签字确认后，再进行安装。

7.4.2 装配式管道吊架安装应符合下列规定：

1 吊架安装位置及间距应符合设计要求，并应固定牢靠；

2 采用膨胀螺栓固定时，螺栓规格应符合产品技术文件的要求，并应进行拉拔试验；

3 装配式管道吊架各配件的连接应牢固，并应有防松动措施。

7.5 质量检查

7.5.1 支吊架制作可按表7.5.1进行质量检查。

表7.5.1 支吊架制作质量检查

序号	主要检查内容	检查方法	判定标准
1	支、吊架材质的选型、规格和强度	目测，查验材料质量证明文件	符合本规范第7.2.4条的规定
2	支、吊架的焊接	目测	焊接牢固，焊缝饱满，无夹渣
3	支、吊架的防腐	目测	防锈漆涂刷均匀，无漏刷

7.5.2 支吊架安装可按表7.5.2进行质量检查。

表 7.5.2 支吊架安装质量检查

序号	主要检查内容	检查方法	判定标准
1	固定支架、导向支架安装	目测，尺量，按设置区域检查	符合设计要求
2	支、吊架设置间距	目测、尺量	符合本规范第 7.3.4 条的规定
3	固定件安装	观察检查	符合本规范第 7.3.5 条的规定
4	支、吊架安装	目测、尺量	符合本规范第 7.3.6 条、7.3.7 条的规定

8 风管与部件安装

8.1 一般规定

8.1.1 风管与部件安装前应具备下列施工条件：

1 安装方案已批准，采用的技术标准和质量控制措施文件齐全；

2 风管及附属材料进场检验已合格，满足安装要求；

3 施工部位环境满足作业条件；

4 风管的安装坐标、标高、走向已经过技术复核，并应符合设计要求；

5 安装施工机具已齐备，满足安装要求；

6 核查建筑结构的预留孔洞位置，孔洞尺寸应满足套管及管道不间断保温的要求。

8.1.2 风管穿过需要密闭的防火、防爆的楼板或墙体时，应设壁厚不小于 1.6mm 的钢制预埋管或防护套管，风管与防护套管之间应采用不燃且对人体无害的柔性材料封堵。

8.1.3 风管安装应符合下列规定：

1 按设计要求确定风管的规格尺寸及安装位置；

2 风管及部件连接接口距墙面、楼板的距离不应影响操作，连接阀部件的接口严禁安装在墙内或楼板内；

3 风管采用法兰连接时，其螺母应在同一侧；法兰垫片不应凸入风管内壁，也不应凸出法兰外；

4 风管与风道连接时，应采取风道预埋法兰或安装连接件的形式接口，结合缝应填耐火密封填料，风道接口应牢固；

5 风管内严禁穿越和敷设各种管线；

6 固定室外立管的拉索，严禁与避雷针或避雷网相连；

7 输送含有易燃、易爆气体或安装在易燃、易爆环境的风管系统应有良好的接地措施，通过生活区或其他辅助生产房间时，不应设置接口，并应具有严密不漏风措施；

8 输送产生凝结水或含蒸汽的潮湿空气风管，其底部不应设置拼接缝，并应在风管最低处设排液装置；

9 风管测定孔应设置在不产生涡流区且便于测量和观察的部位；吊顶内的风管测定孔部位，应留有活动吊顶板或检查口。

8.1.4 风管连接的密封材料应根据输送介质温度选用，并应符合该风管系统功能的要求，其防火性能应符合设计要求，密封垫料应安装牢固，密封胶应涂抹平整、饱满，密封垫料的位置应正确（图 8.1.4-1、图 8.1.4-2），密封垫料不应凸入管内或脱落。当设计无要求时，法兰垫料材质及厚度应符合下列规定：

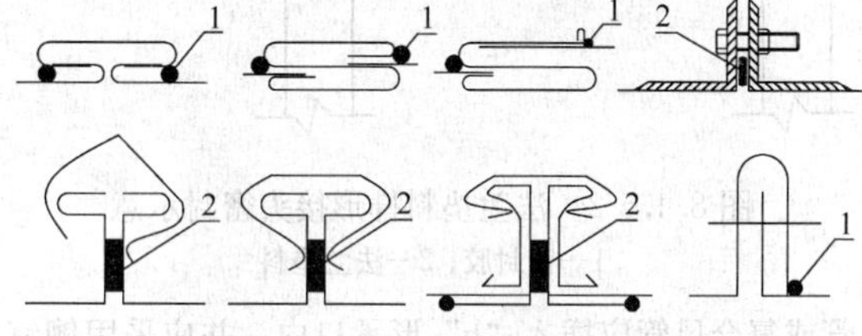

图 8.1.4-1 矩形风管连接的密封示意

1—密封胶；2—密封垫

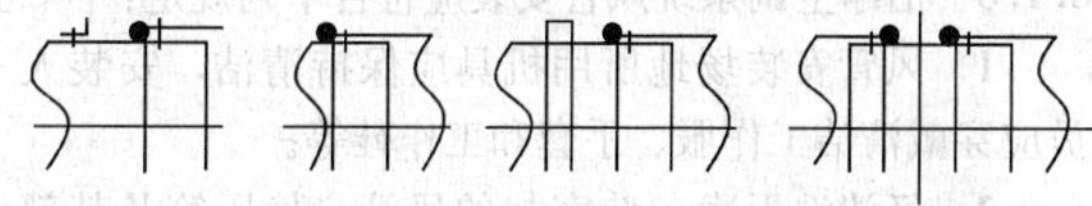

图 8.1.4-2 圆形风管连接的密封示意

1 输送温度低于 70℃的空气时，可采用橡胶板、闭孔海绵橡胶板、密封胶带或其他闭孔弹性材料；输送温度高于 70℃的空气时，应采用耐高温材料；

2 防、排烟系统应采用不燃材料；

3 输送含有腐蚀性介质的气体，应采用耐酸橡胶板或软聚乙烯板；

4 法兰垫料厚度宜为 3mm～5mm。

8.1.5 法兰垫料的接口形式应符合下列规定：

1 法兰垫料采用对接接口和阶梯形接口（图 8.1.5-1）时，应在对接部位涂密封胶；

2 洁净空调系统风管的法兰垫料接口应采用阶梯形或榫形（图 8.1.5-2），并应涂密封胶。

8.1.6 连接风管的阀部件安装位置及方向应符合设计要求，并便于操作。防火分区隔墙两侧安装的防火阀距墙不应大于 200mm。

8.1.7 非金属风管或复合风管与金属风管及设备连接时，应采用“h”形金属短管作为连接件；短管一端为法兰，应与金属风管法兰或设备法兰相连接；另一端为深度不小于 100mm 的“h”形承口，非金属风

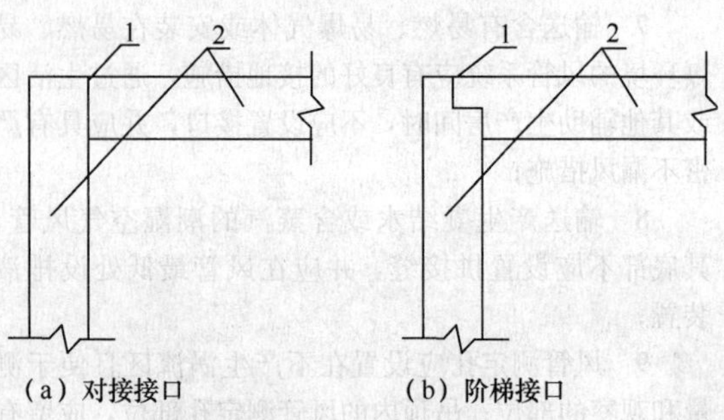

图 8.1.5-1 法兰垫料接头示意

1—密封胶；2—法兰垫料

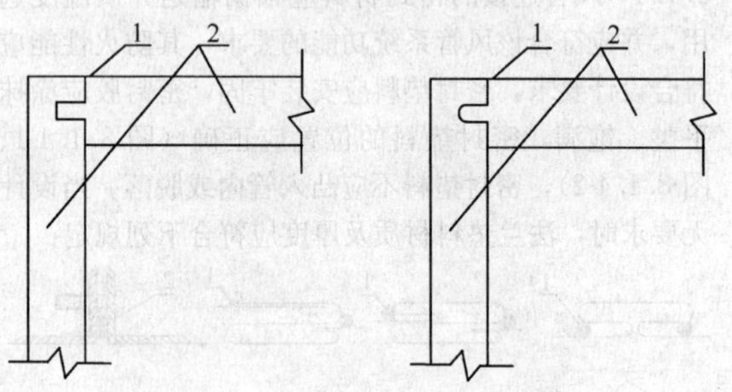

图 8.1.5-2 法兰垫料榫形接头密封示意

1—密封胶；2—法兰垫料

管或复合风管应插入“h”形承口内，并应采用铆钉固定牢固、密封严密。

8.1.8 洁净空调系统风管安装应符合下列规定：

1 风管安装场地所用机具应保持清洁，安装人员应穿戴清洁工作服、手套和工作鞋等。

2 经清洗干净包装密封的风管、静压箱及其部件，在安装前不应拆封。安装时，拆开端口封膜后应随即连接，安装中途停顿时，应将端口重新封好。

3 法兰垫料应采用不产尘、不易老化并具有一定强度和弹性的材料，厚度宜为 5mm～8mm，不应采用乳胶海绵、厚纸板、石棉橡胶板、铅油麻丝及油毡纸等。法兰垫料不应直缝对接连接，表面严禁涂刷涂料。

4 风管与洁净室吊顶、隔墙等围护结构的接缝处应严密。

8.1.9 风管穿出屋面处应设防雨装置，风管与屋面交接处应有防渗水措施（图 8.1.9）。

8.1.10 风机盘管的送、回风口安装位置应符合设计要求。当设计无要求时，安装在同一平面上的送、回风口间距不宜小于 1200mm。

8.1.11 空调机组、风机盘管、阀门等设备及部件暗装在吊顶内时，应在其下部吊顶的适当位置处设置检查口，并应与装饰综合考虑，统一布置。

8.1.12 风管与部件安装的成品保护措施应包括下列内容：

1 严禁以风管作为支、吊架，不应将其他支、吊架焊在或挂在风管法兰或风管支、吊架上。严禁在

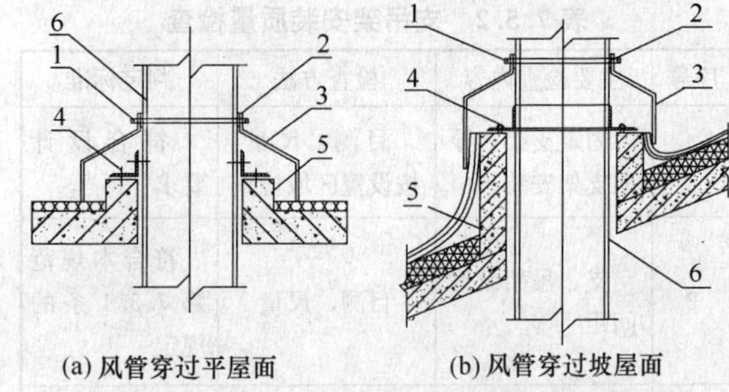

图 8.1.9 风管穿屋面防雨渗漏装置示意

1—卡箍；2—防水材料；3—防雨罩；4—固定支架；5—挡水圈；6—风管

风管上踩踏，堆放重物，不应随意碰撞。

2 风管在搬运和吊装就位时，应轻拿、轻放，不应拖拉、扭曲；吊装作业使用钢丝绳捆绑时，应在钢丝绳与风管之间设置隔离保护措施。

3 风管上空进行油漆、粉刷等作业时，应对风管采取遮盖等保护措施。

4 非金属风管码放总高度不应超过 3m，上面应无重物，搬运时应采取防止碎裂的措施。无机玻璃钢和硬聚氯乙烯风管应在其上方有动火作业的工序完成后才能进行安装，或者在风管上方进行有效遮挡。

8.1.13 风管安装的安全和环境保护措施应包括下列内容：

1 风管提升时，应有防止施工机械、风管、作业人员突然坠落、滑倒等事故的措施。

2 屋面风管、风帽安装时，应对屋面上的露水、霜、雪、青苔等采取防滑保护措施。

3 整体风管吊装时，两端起吊速度应同步。

4 胶粘剂应正确使用、安全保管。粘结材料采用热敏胶带时，应避免热熨斗烫伤，过期或废弃的胶粘剂不应随意倒洒或燃烧，废料应集中堆放，及时清运到指定地点。

5 玻璃钢风管现场修复或风管开孔连接风口，硬聚氯乙烯风管开孔或焊接作业时，操作位置应设置通风设备，作业人员应按规定穿戴防护用品。

8.2 金属风管安装

8.2.1 金属风管安装应按下列工序（图 8.2.1）进行。

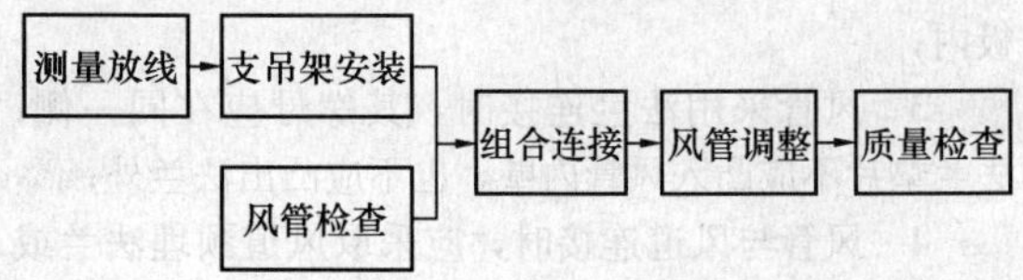

图 8.2.1 金属风管安装工序

8.2.2 风管安装前，应先对其安装部位进行测量放线，确定管道中心线位置。

8.2.3 风管支吊架的安装应符合本规范第 7 章的有

关规定。

8.2.4 风管安装前，应检查风管有无变形、划痕等外观质量缺陷，风管规格应与安装部位对应。

8.2.5 风管组合连接时，应先将风管管段临时固定在支、吊架上，然后调整高度，达到要求后再进行组合连接。

8.2.6 金属矩形风管连接宜采用角钢法兰连接、薄钢板法兰连接、C形或S形插条连接、立咬口等形式；金属圆形风管宜采用角钢法兰连接、芯管连接。风管连接应牢固、严密，并应符合下列规定：

1 角钢法兰连接时，接口应无错位，法兰垫料无断裂、无扭曲，并在中间位置。螺栓应与风管材质相对应，在室外及潮湿环境中，螺栓应有防腐措施或采用镀锌螺栓。

2 薄钢板法兰连接时，薄钢板法兰应与风管垂直、贴合紧密，四角采用螺栓固定，中间采用弹簧夹或顶丝卡等连接件，其间距不应大于150mm，最外端连接件距风管边缘不应大于100mm。

3 边长小于或等于630mm的风管可采用S形平插条连接；边长小于或等于1250mm的风管可采用S形立插条连接，应先安装S形立插条，再将另一端直接插入平缝中。

4 C形、S形直角插条连接适用于矩形风管主管与支管连接，插条应从中间外弯90°做连接件，插入翻边的主管、支管，压实结合面，并应在接缝处均匀涂抹密封胶。

5 立咬口连接适用于边长（直径）小于或等于1000mm的风管。应先将风管两端翻边制作小边和大边的咬口，然后将咬口小边全部嵌入咬口大边中，并应固定几点，检查无误后进行整个咬口的合缝，在咬口接缝处应涂抹密封胶。

6 芯管连接时，应先制作连接短管，然后在连接短管和风管的结合面涂胶，再将连接短管插入两侧风管，最后用自攻螺丝或铆钉紧固，铆钉间距宜为100mm～120mm。带加强筋时，在连接管1/2长度处应冲压一圈ϕ8mm的凸筋，边长（直径）小于700mm的低压风管可不设加强筋。

8.2.7 边长小于或等于630mm的支风管与主风管连接应符合下列规定：

1 S形直角咬接（图8.2.7a）支风管的分支气流内侧应有30°斜面或曲率半径为150mm的弧面，连接四角处应进行密封处理；

2 联合式咬接（图8.2.7b）连接四角处应作密封处理；

3 法兰连接（图8.2.7c）主风管内壁处应加扁钢垫，连接处应密封。

8.2.8 风管安装后应进行调整，风管应平正，支、吊架顺直。

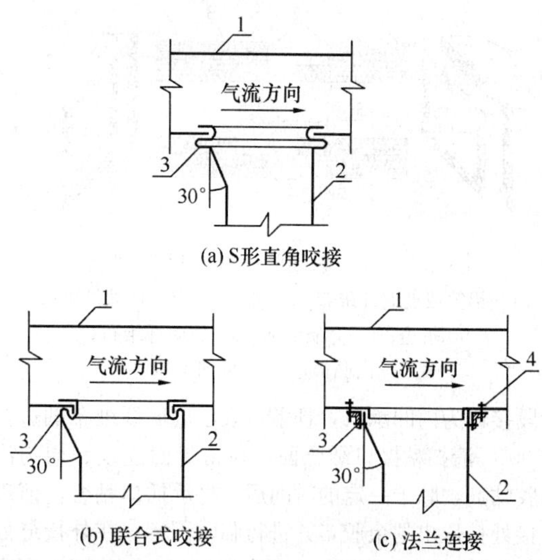

图8.2.7 支风管与主风管连接方式

1—主风管；2—支风管；3—接口；4—扁钢垫

8.3 非金属与复合风管安装

8.3.1 非金属与复合风管安装应按下列工序（图8.3.1）进行。

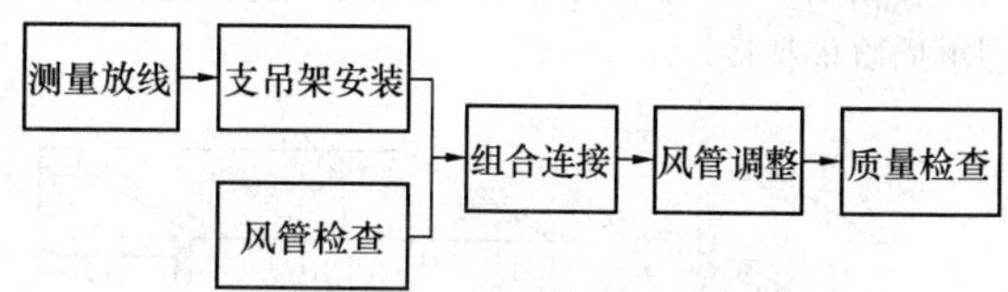

图8.3.1 非金属与复合风管安装工序

8.3.2 风管安装前，应先对其安装部位进行测量放线，确定管道中心线位置。

8.3.3 风管支吊架的安装应符合本规范第7章的有关规定。

8.3.4 风管安装前，应检查风管有无破损、开裂、变形、划痕等外观质量缺陷，风管规格应与安装部位对应，复合风管承插口和插接件接口表面应无损坏。

8.3.5 非金属风管连接应符合下列规定：

1 法兰连接时，应以单节形式提升管段至安装位置，在支、吊架上临时定位，侧面插入密封垫料，套上带镀锌垫圈的螺栓，检查密封垫料无偏斜后，做两次以上对称旋紧螺母，并检查间隙均匀一致。在风管与支吊架横担间应设置宽于支撑面、厚1.2mm的钢制垫板。

2 插接连接时，应逐段顺序插接，在插口处涂专用胶，并应用自攻螺钉固定。

8.3.6 复合风管连接宜采用承插阶梯粘接、插件连接或法兰连接。风管连接应牢固、严密，并应符合下列规定：

1 承插阶梯粘接时（图8.3.6-1），应根据管内介质流向，上游的管段接口应设置为内凸插口，下游

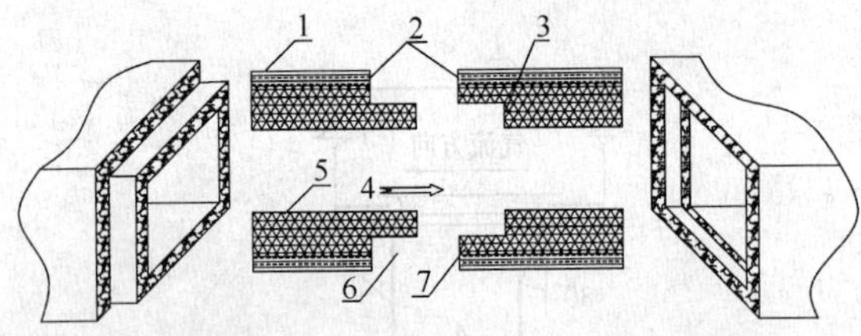

图 8.3.6-1　承插阶梯粘接接口示意

1—铝箔或玻璃纤维布；2—结合面；3—玻璃纤维布90°折边；4—介质流向；5—玻璃纤维布；6—内凸插口；7—内凹承口

管段接口为内凹承口，且承口表层玻璃纤维布翻边折成90°。清扫粘接口结合面，在密封面连续、均匀涂抹胶粘剂，晾干一定的时间后，将承插口粘合，清理连接处挤压出的余胶，并进行临时固定；在外接缝处应采用扒钉加固，间距不宜大于50mm，并用宽度大于或等于50mm的压敏胶带沿接合缝两边宽度均等进行密封，也可采用电熨斗加热热敏胶带粘接密封。临时固定应在风管接口牢固后才能拆除。

2　错位对接粘接（图8.3.6-2）时，应先将风管错口连接处的保温层刮磨平整，然后试装，贴合严密后涂胶粘剂，提升到支、吊架上对接，其他安装要求同承插阶梯粘接。

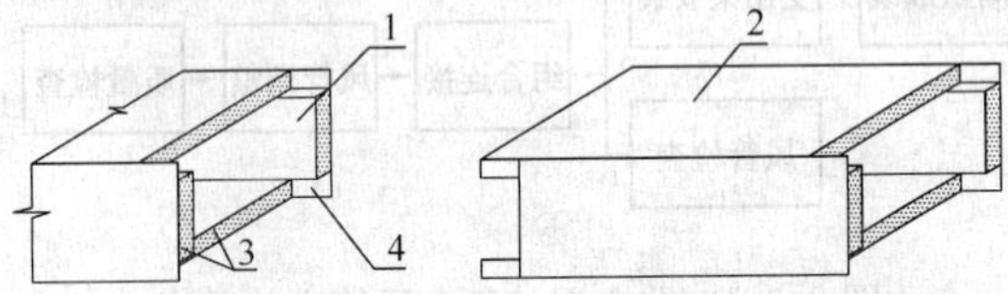

图 8.3.6-2　错位对接粘接示意

1—垂直板；2—水平板；3—涂胶粘剂；4—预留表面层

3　工形插接连接时，应先在风管四角横截面上粘贴镀锌板直角垫片，然后涂胶粘剂粘接法兰，胶粘剂凝固后，插入工形插件，最后在插条端头填抹密封胶，四角装入护角。

4　空调风管采用PVC及铝合金插件连接时，应采取防冷桥措施。在PVC及铝合金插件接口凹槽内可填满橡塑海绵、玻璃纤维等碎料，应采用胶粘剂粘接在凹槽内，碎料四周外部应采用绝热材料覆盖，绝热材料在风管上搭接长度应大于20mm。中、高压风管的插接法兰之间应加密封垫料或采取其他密封措施。

5　风管预制的长度不宜超过2800mm。

8.3.7　风管安装后应进行调整，风管平正，支、吊架顺直。

8.4　软接风管安装

8.4.1　柔性短管的安装宜采用法兰接口形式。

8.4.2　风管与设备相连处应设置长度为150mm～300mm的柔性短管，柔性短管安装后应松紧适度，不应扭曲，并不应作为找正、找平的异径连接管。

8.4.3　风管穿越建筑物变形缝空间时，应设置长度为200mm～300mm的柔性短管（图8.4.3-1）；风管穿越建筑物变形缝墙体时，应设置钢制套管，风管与套管之间应采用柔性防水材料填塞密实。穿越建筑物变形缝墙体的风管两端外侧应设置长度为150mm～300mm的柔性短管，柔性短管距变形缝墙体的距离宜为150mm～200mm（图8.4.3-2），柔性短管的保温性能应符合风管系统功能要求。

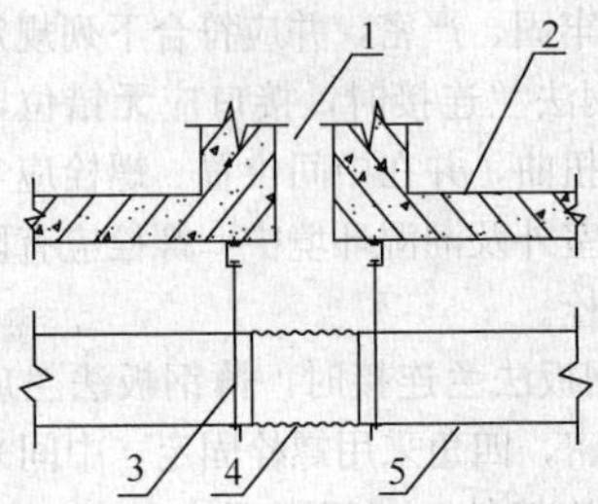

图 8.4.3-1　风管过变形缝空间的安装示意

1—变形缝；2—楼板；3—吊架；4—柔性短管；5—风管

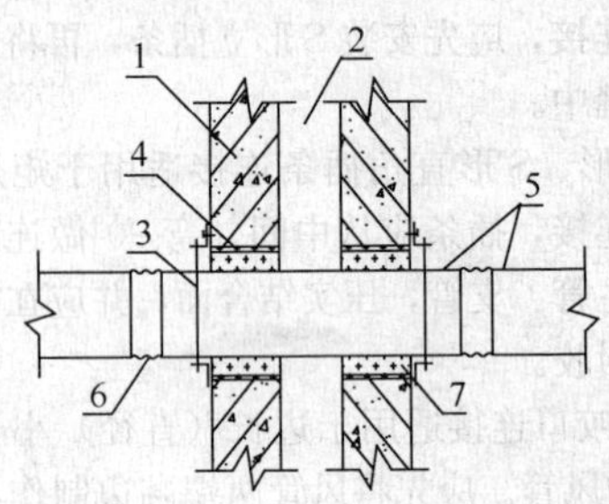

图 8.4.3-2　风管穿越变形缝墙体的安装示意

1—墙体；2—变形缝；3—吊架；4—钢制套管；5—风管；6—柔性短管；7—柔性防水填充材料

8.4.4　柔性风管连接应顺畅、严密，并应符合下列规定：

1　金属圆形柔性风管与风管连接时，宜采用卡箍（抱箍）连接（图8.4.4），柔性风管的插接长度应大于50mm。当连接风管直径小于或等于300mm时，宜用不少于3个自攻螺钉在卡箍紧固件圆周上均布紧固；当连接风管直径大于300mm时，宜用不少于5个自攻螺钉紧固。

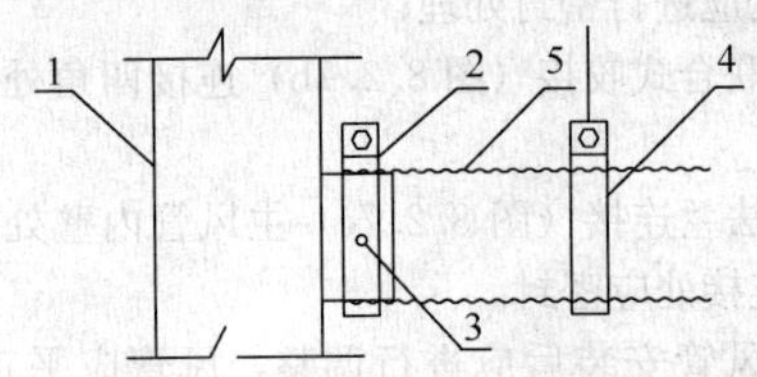

图 8.4.4　卡箍（抱箍）连接示意

1—主风管；2—卡箍；3—自攻螺钉；4—抱箍吊架；5—柔性风管

2 柔性风管转弯处的截面不应缩小，弯曲长度不宜超过 2m，弯曲形成的角度应大于 90°。

3 柔性风管安装时长度应小于 2m，并不应有死弯或塌凹。

8.5 风 口 安 装

8.5.1 风管与风口连接宜采用法兰连接，也可采用槽形或工形插接连接。

8.5.2 风口不应直接安装在主风管上，风口与主风管间应通过短管连接。

8.5.3 风口安装位置应正确，调节装置定位后应无明显自由松动。室内安装的同类型风口应规整，与装饰面应贴合严密。

8.5.4 吊顶风口可直接固定在装饰龙骨上，当有特殊要求或风口较重时，应设置独立的支、吊架。

8.6 风 阀 安 装

8.6.1 带法兰的风阀与非金属风管或复合风管插接连接时，应按本规范第 8.1.7 条执行。

8.6.2 阀门安装方向应正确、便于操作，启闭灵活。斜插板风阀的阀板向上为拉启，水平安装时，阀板应顺气流方向插入。手动密闭阀安装时，阀门上标志的箭头方向应与受冲击波方向一致。

8.6.3 风阀支、吊架安装应按本规范第 7 章的有关规定执行。

8.6.4 电动、气动调节阀的安装应保证执行机构动作的空间。

8.7 消声器、静压箱、过滤器、风管内加热器安装

8.7.1 消声器、静压箱安装时，应单独设置支、吊架，固定应牢固。

8.7.2 消声器、静压箱等设备与金属风管连接时，法兰应匹配。

8.7.3 消声器、静压箱等部件与非金属或复合风管连接时，应按本规范第 8.1.7 条执行。

8.7.4 回风箱作为静压箱时，回风口应设置过滤网。

8.7.5 过滤器的种类、规格及安装位置应满足设计要求，并应符合下列规定：

1 过滤器的安装应便于拆卸和更换；

2 过滤器与框架及框架与风管或机组壳体之间应严密；

3 静电空气过滤器的安装应能保证金属外壳接地良好。

8.7.6 风管内电加热器的安装应符合下列规定：

1 电加热器接线柱外露时，应加装安全防护罩；

2 电加热器外壳应接地良好；

3 连接电加热器的风管法兰垫料应采用耐热、不燃材料。

8.8 质 量 检 查

8.8.1 金属风管安装可按表 8.8.1 进行质量检查。

表 8.8.1 金属风管安装质量检查

序号	主要检查内容	检查方法	判定标准
1	风管安装位置及标高、坐标	对照施工图检查，尺量	符合设计要求及《通风与空调工程施工质量验收规范》GB 50243 的规定
2	风管表面平整情况	目测，尺量	表面平整、无坑瘪
3	风管连接垫料	目测	材质符合设计要求及本规范第 8.1.4 条的要求
4	绝热衬垫的厚度及防腐情况	目测，尺量	与保温层厚度一致，防腐良好，无遗漏
5	法兰连接螺栓	目测	螺母应在同一侧
6	薄钢板法兰连接的弹簧夹数量、间距	目测，尺量	符合本规范第 8.2.6 条的规定
7	支、吊架安装	目测	符合本规范第 7 章的有关规定
8	风管严密性	查看试验记录	符合本规范第 15.3 节的有关规定

8.8.2 非金属风管安装可按表 8.8.2 进行质量检查。

表 8.8.2 非金属风管安装质量检查

序号	主要检查内容	检查方法	判定标准
1	风管安装位置及标高、坐标	对照施工图检查，尺量	符合《通风与空调工程施工质量验收规范》GB 50243 的规定
2	伸缩节设置	目测，按系统逐个风管进行检查	
3	风管表面应无裂纹、分层、明显泛霜且光洁	目测	
4	风管的连接垫料	目测	
5	法兰连接螺栓	目测	螺母应在同一侧
6	支、吊架安装	目测、尺量	符合本规范第 7 章的有关规定
7	风管严密性	查看试验记录	符合本规范第 15.3 节的有关规定

8.8.3 复合风管安装可按表 8.8.3 的规定进行质量检查。

表 8.8.3　复合风管安装质量检查

序号	主要检查内容	检查方法	判定标准
1	风管安装位置及标高、坐标	对照施工图检查、尺量	符合设计要求及《通风与空调工程施工质量验收规范》GB 50243 的规定
2	玻镁复合风管伸缩节设置	目测，按系统逐个风管进行检查	水平安装风管长度每隔 30m 时，应设置 1 个伸缩节
3	风管支、吊架安装	目测、尺量	符合《通风与空调工程施工质量验收规范》GB 50243 的规定
4	风管严密性	查看试验记录	符合《通风与空调工程施工质量验收规范》GB 50243 的规定

9　空气处理设备安装

9.1　一 般 规 定

9.1.1　空气处理设备安装前应具备下列施工条件：

1　施工方案已批准，采用的技术标准、质量和安全控制措施文件齐全；

2　设备及辅助材料经进场检查和试验合格，熟悉设备安装说明书；

3　基础验收已合格，并办理移交手续；

4　运输道路畅通，安装部位清理干净，照明满足安装要求；

5　设备利用建筑结构作起吊、搬运的承力点时，应对建筑结构的承载能力进行核算，并应经设计单位或建设单位同意；

6　安装施工机具已齐备，满足安装要求。

9.1.2　空气处理设备的运输和吊装应符合下列规定：

1　应核实设备与运输通道的尺寸，保证设备运输通道畅通；

2　应复核设备重量与运输通道的结构承载能力，确保结构梁、柱、板的承载安全；

3　设备应运输平稳，并应采取防振、防滑、防倾斜等安全保护措施；

4　采用的吊具应能承受吊装设备的整个重量，吊索与设备接触部位应衬垫软质材料；

5　设备应捆扎稳固，主要受力点应高于设备重心，具有公共底座设备的吊装，其受力点不应使设备底座产生扭曲和变形。

9.1.3　空气处理设备的安装应满足设计和技术文件的要求，并应符合下列规定：

1　设备安装前，油封、气封应良好，且无腐蚀；

2　设备安装位置应正确，设备安装平整度应符合产品技术文件的要求；

3　采用隔振器的设备，其隔振安装位置和数量应正确，各个隔振器的压缩量应均匀一致，偏差不应大于 2mm；

4　空气处理设备与水管道连接时，应设置隔振软接头，其耐压值应大于或等于设计工作压力的 1.5 倍。

9.1.4　空气处理设备安装的成品保护措施应包括下列内容：

1　设备应按照产品技术要求进行搬运、拆卸包装、就位。严禁手执叶轮或蜗壳搬动设备，严禁敲打、碰撞设备外表、连接件及焊接处。

2　设备运至现场后，应采取防雨、防雪、防潮措施，妥善保管。

3　设备安装就位后，应采取防止设备损坏、污染、丢失等措施。

4　设备接口、仪表、操作盘等应采取封闭、包扎等保护措施。

5　安装后的设备不应作为脚手架等受力的支点。

6　传动装置的外露部分应有防护罩；进风口或进风管道直通大气时，应采取加保护网或其他安全措施。

7　过滤器的过滤网、过滤纸等过滤材料应单独储存，系统除尘清理后，调试时安装。

9.1.5　空气处理设备安装的安全和环保措施应包括下列内容：

1　大型设备运输安装前，应进行试吊，检查吊点、吊卡及支架是否牢固，有无脱落危险，检验机具的安全性能是否满足要求；

2　运输起吊着力点应符合设备技术文件的要求；

3　地面孔、洞、沟和其他障碍物应有防护及隔离措施；

4　仪表和控制装置应采取保护措施。

9.2　空调末端装置安装

9.2.1　空调末端装置安装包括风机盘管、诱导器、变风量空调末端装置、直接蒸发式室内机的安装。

9.2.2　空调末端装置安装应按下列工序（图 9.2.2）进行。

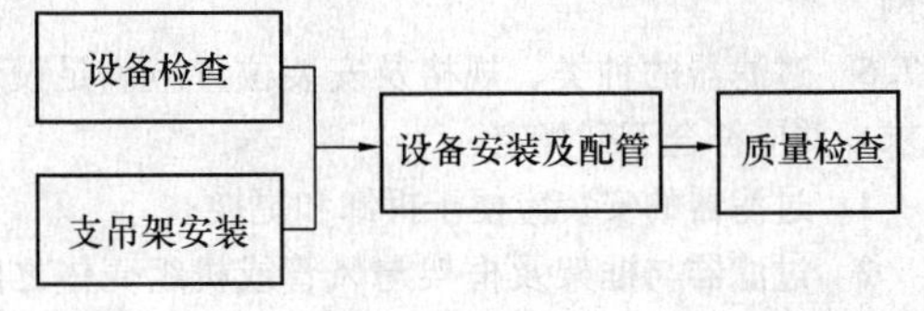

图 9.2.2　空调末端装置安装工序

9.2.3　风机盘管、变风量空调末端装置的叶轮应转动灵活、方向正确，机械部分无摩擦、松脱，电机接线无误；应通电进行三速试运转，电气部分不漏电，声音正常。

9.2.4　风机盘管、空调末端装置安装时，应设置独立的支、吊架，并应符合本规范第 7 章的有关规定。

9.2.5 风机盘管、变风量空调末端装置的安装及配管应满足设计要求，并应符合下列规定：

1 风机盘管、变风量空调末端装置安装位置应符合设计要求，固定牢靠，且平正；

2 与进、出风管连接时，均应设置柔性短管；

3 与冷热水管道的连接，宜采用金属软管，软管连接应牢固，无扭曲和瘪管现象；

4 冷凝水管与风机盘管连接时，宜设置透明胶管，长度不宜大于150mm，接口应连接牢固、严密，坡向正确，无扭曲和瘪管现象；

5 冷热水管道上的阀门及过滤器应靠近风机盘管、变风量空调末端装置安装；调节阀安装位置应正确，放气阀应无堵塞现象；

6 金属软管及阀门均应保温。

9.2.6 诱导器安装时，方向应正确，喷嘴不应脱落和堵塞，静压箱封头的密封材料应无裂痕、脱落现象。一次风调节阀应灵活可靠。

9.2.7 变风量空调末端装置的安装尚应符合设计及产品技术文件的要求。

9.2.8 直接蒸发冷却式室内机可采用吊顶式、嵌入式、壁挂式等安装方式；制冷剂管道应采用铜管，以锥形锁母连接；冷凝水管道敷设应有坡度，保证排放畅通。

9.3 风机安装

9.3.1 风机安装应按下列工序（图9.3.1）进行。

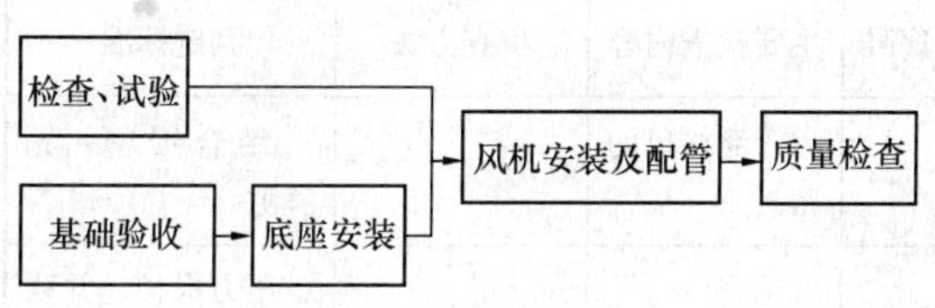

图9.3.1 风机安装工序

9.3.2 风机安装前应检查电机接线正确无误；通电试验，叶片转动灵活、方向正确，机械部分无摩擦、松脱，无漏电及异常声响。

9.3.3 风机落地安装的基础标高、位置及主要尺寸、预留洞的位置和深度应符合设计要求；基础表面应无蜂窝、裂纹、麻面、露筋；基础表面应水平。

9.3.4 风机安装应符合下列规定：

1 风机安装位置应正确，底座应水平；

2 落地安装时，应固定在隔振底座上，底座尺寸应与基础大小匹配，中心线一致；隔振底座与基础之间应按设计要求设置减振装置；

3 风机吊装时，吊架及减振装置应符合设计及产品技术文件的要求。

9.3.5 风机与风管连接时，应采用柔性短管连接，风机的进出风管、阀件应设置独立的支、吊架。

9.4 空气处理机组与空气热回收装置安装

9.4.1 空气处理机组与空气热回收装置安装应按下列工序（图9.4.1）进行。

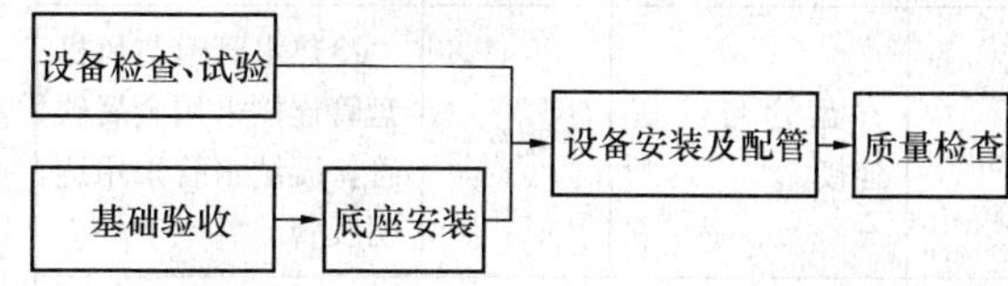

图9.4.1 空气处理机组与空气热回收装置安装工序

9.4.2 空气处理机组安装前，应检查各功能段的设置符合设计要求，外表及内部清洁干净，内部结构无损坏。手盘叶轮叶片应转动灵活、叶轮与机壳无摩擦。检查门应关闭严密。

9.4.3 基础表面应无蜂窝、裂纹、麻面、露筋；基础位置及尺寸应符合设计要求；当设计无要求时，基础高度不应小于150mm，并应满足产品技术文件的要求，且能满足凝结水排放坡度要求；基础旁应留有不小于机组宽度的空间。

9.4.4 设备吊装安装时，其吊架及减振装置应符合设计及产品技术文件的要求。

9.4.5 组合式空调机组及空气热回收装置的现场组装应由供应商负责实施，组装完成后应进行漏风率试验，漏风率应符合现行国家标准《组合式空调机组》GB/T 14294的规定。

9.4.6 空气处理机组与空气热回收装置的过滤网应在单机试运转完成后安装。

9.4.7 组合式空调机组的配管应符合下列规定：

1 水管道与机组连接宜采用橡胶柔性接头，管道应设置独立的支、吊架；

2 机组接管最低点应设泄水阀，最高点应设放气阀；

3 阀门、仪表应安装齐全，规格、位置应正确，风阀开启方向应顺气流方向；

4 凝结水的水封应按产品技术文件的要求进行设置；

5 在冬季使用时，应有防止盘管、管路冻结的措施；

6 机组与风管采用柔性短管连接时，柔性短管的绝热性能应符合风管系统的要求。

9.4.8 空气热回收装置可按空气处理机组进行配管安装。接管方向应正确，连接可靠、严密。

9.5 质量检查

9.5.1 风机盘管安装可按表9.5.1进行质量检查。

表 9.5.1 风机盘管安装质量检查

序号	主要检查内容	检查方法	判定标准
1	规格及安装位置	观察	符合设计要求
2	盘管与管道连接	观察	冷热水管道与风机盘管连接采用金属软管，凝结水管采用透明胶管
3	阀门与部件	观察	管道及阀门保温齐全、无遗漏
4	保温	观察	管道及阀门均保温
5	凝结水盘水平度	测量	凝结水盘水平度保证凝结水全部排放
6	与风管、回风箱接缝的严密性	观察	连接严密、无缝隙
7	吊架及隔振	观察	符合设计及产品技术文件的要求

9.5.2 风机安装可按表 9.5.2 进行质量检查。

表 9.5.2 风机安装质量检查

序号	主要检查内容	检查方法	判定标准
1	风机安装位置	观察检查	符合设计要求
2	叶轮转子试转	手盘动、目测	停转后，不应每次停留在同一位置上，并不应碰撞外壳
3	风机减振	检查、尺量	减振装置符合设计及产品技术要求；压缩量均匀，高度误差＜2mm，且不应偏心，有防止移位的保护措施
4	轴水平度偏差	测量	符合现行国家标准《风机、压缩机、泵安装工程施工及验收规范》GB 50275 的有关规定

9.5.3 组合式空调机组安装可按表 9.5.3 进行质量检查。

表 9.5.3 组合式空调机组安装质量检查

序号	主要检查内容	检查方法	判定标准
1	功能段连接面的密封	观察	结合严密、无缝隙
2	凝结水封高度	尺量	符合产品技术文件要求
3	组对顺序	与施工图对照检查	符合设计要求
4	机组接管	与施工图对照检查	连接正确、阀部件及仪表安装齐全
5	机组水平度	测量	符合现行国家标准《通风与空调工程施工质量验收规范》GB 50243 的有关规定
6	换热器、加热器有无损坏	观察	无损坏
7	与加热段结合面的密封胶材质	查材质说明书	耐热密封
8	现场组装机组的漏风率测试	查看试验报告	符合现行国家标准《组合式空调机组》GB/T 14294 的有关规定

9.5.4 空气热回收装置安装可按表 9.5.4 进行质量检查。

表 9.5.4 空气热回收装置安装质量检查

序号	主要检查内容	检查方法	判定标准
1	管路接口的密封	观察	结合严密、无缝隙
2	保护元件	观察	压力保护、并联时设置的止回阀、排污阀、放气阀等齐全
3	安装位置	对照施工图检查	符合设计要求
4	管路坡度	对照施工图检查	符合设计要求
5	机组水平度	测量	符合现行国家标准《通风与空调工程施工质量验收规范》GB 50243 的有关规定
6	换热器有无损坏	观察	无损坏

10 空调冷热源与辅助设备安装

10.1 一 般 规 定

10.1.1 本章适用于除锅炉外的空调冷热源设备与辅助设备的安装。

10.1.2 空调冷热源与辅助设备安装前应具备下列施工条件：

1 施工方案已批准，采用的技术标准、质量和安全控制措施文件齐全；燃油、燃气机组的施工图已经消防部门审批；

2 设备及辅助材料进场检验合格，设备安装说明已熟悉；

3 基础验收已合格，并办理移交手续；

4 道路、水源、电源、蒸汽、压缩空气和照明等满足设备安装要求；

5 设备利用建筑结构作为起吊、搬运的承力点时，应对建筑结构的承载能力进行核算，并应经设计单位或建设单位同意再利用；

6 安装施工机具和工具已齐备，满足使用要求。

10.1.3 空调冷热源与辅助设备的运输和吊装应符合下列规定：

1 应核实设备与运输通道的尺寸，保证设备运输通道畅通；

2 应复核设备重量与运输通道的结构承载能力，确保结构梁、柱、板的承载安全；

3 设备运输应平稳，并采取防振、防滑、防倾斜等安全保护措施；

4 采用的吊具应能承受吊装设备的整个重量，吊索与设备接触部位应衬垫软质材料；

5 设备应捆扎稳固，主要受力点应高于设备重心，具有公共底座设备的吊装，其受力点不应使设备底座产生扭曲和变形。

10.1.4 空调冷热源与辅助设备的安装应满足设计及产品技术文件的要求，并应符合下列规定：

1 设备安装前，油封、气封应良好，且无腐蚀；

2 设备安装位置应正确，设备安装平整度应符合产品技术文件的要求；

3 采用隔振器的设备，其隔振器安装位置和数量应正确，每个隔振器的压缩量应均匀一致，偏差不应大于 2mm；

4 现场组装的制冷机组安装前，应清洗主机零部件、附属设备和管道。清洗后，应将清洗剂和水分除净，并应检查零部件表面有无损伤及缺陷，合格后应在表面涂上一层冷冻机油。

10.1.5 空调冷热源与辅助设备安装的成品保护措施应包括下列内容：

1 设备应按照产品技术要求进行搬运、拆卸包装、就位。严禁敲打、碰撞机组外表、连接件及焊接处。

2 设备运至现场后，应采取防雨、防雪、防潮措施，妥善保管。

3 设备安装就位后，应采取防止设备损坏、污染、丢失等措施。

4 设备接口、仪表、操作盘等应采取封闭、包扎等保护措施。

5 安装后的设备不应作为其他受力的支点。

6 管道与设备连接后，不宜再进行焊接和气割，必须进行焊接和气割时，应拆下管道或采取必要的措施，防止焊渣进入管道系统内或损坏设备。

10.1.6 空调冷热源与辅助设备安装的安全和环境保护措施应包括下列内容：

1 大型设备运输安装前，应对使用的机具进行安全检查；

2 设备运输、安装时，应注意路面上的孔、洞、沟和其他障碍物；

3 油品等废料应统一收集和处理。

10.2 蒸汽压缩式制冷（热泵）机组安装

10.2.1 蒸汽压缩式制冷（热泵）机组安装应按下列工序（图 10.2.1）进行。

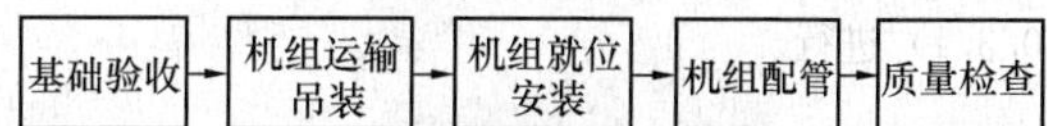

图 10.2.1 蒸汽压缩式制冷（热泵）机组安装工序

10.2.2 蒸汽压缩式制冷（热泵）机组的基础应满足设计要求，并应符合下列规定：

1 型钢或混凝土基础的规格和尺寸应与机组匹配；

2 基础表面应平整，无蜂窝、裂纹、麻面和露筋；

3 基础应坚固，强度经测试满足机组运行时的荷载要求；

4 混凝土基础预留螺栓孔的位置、深度、垂直度应满足螺栓安装要求；基础预埋件应无损坏，表面光滑平整；

5 基础四周应有排水设施；

6 基础位置应满足操作及检修的空间要求。

10.2.3 蒸汽压缩式制冷（热泵）机组的运输和吊装应符合本规范第 10.1.3 条的规定；水平滚动运输机组时，机组应始终处在滚动垫木上，直到运至预定位置后，将防振软垫放于机组底脚与基础之间，并校准水平后，再去掉滚动垫木。

10.2.4 蒸汽压缩式制冷（热泵）机组就位安装应符合下列规定：

1 机组安装位置应符合设计要求，同规格设备成排就位时，尺寸应一致；

2 减振装置的种类、规格、数量及安装位置应符合产品技术文件的要求；采用弹簧隔振器时，应设有防止机组运行时水平位移的定位装置；

3 机组应水平，当采用垫铁调整机组水平度时，垫铁放置位置应正确、接触紧密，每组不超过3块。

10.2.5 蒸汽压缩式制冷（热泵）机组配管应符合下列规定：

1 机组与管道连接应在管道冲（吹）洗合格后进行；

2 与机组连接的管路上应按设计及产品技术文件的要求安装过滤器、阀门、部件、仪表等，位置应正确、排列应规整；

3 机组与管道连接时，应设置软接头，管道应设独立的支吊架；

4 压力表距阀门位置不宜小于200mm。

10.2.6 空气源热泵机组安装还应符合下列规定：

1 机组安装在屋面或室外平台上时，机组与基础间的隔振装置应符合设计要求，并应采取防雷措施和可靠的接地措施；

2 机组配管与室内机安装应同步进行。

10.3 吸收式制冷机组安装

10.3.1 吸收式制冷机组安装应按下列工序（图10.3.1）进行。

图10.3.1 吸收式制冷机组安装工序

10.3.2 吸收式制冷机组的基础应符合本规范第10.2.2条的规定。

10.3.3 吸收式制冷机组运输和吊装可按本规范第10.2.3条执行。

10.3.4 吸收式制冷机组就位安装可按本规范第10.2.4条执行，并应符合下列规定：

1 分体机组运至施工现场后，应及时运入机房进行组装，并抽真空。

2 吸收式制冷机组的真空泵就位后，应找正、找平。抽气连接管宜采用直径与真空泵进口直径相同的金属管，采用橡胶管时，宜采用真空胶管，并对管接头处采取密封措施。

3 吸收式制冷机组的屏蔽泵就位后，应找正、找平，其电线接头处应采取防水密封。

4 吸收式机组安装后，应对设备内部进行清洗。

10.3.5 燃油吸收式制冷机组安装尚应符合下列规定：

1 燃油系统管道及附件安装位置及连接方法应符合设计与消防的要求。

2 油箱上不应采用玻璃管式油位计。

3 油管道系统应设置可靠的防静电接地装置，其管道法兰应采用镀锌螺栓连接或在法兰处用铜导线进行跨接，且接合良好。油管道与机组的连接不应采用非金属软管。

4 燃烧重油的吸收式制冷机组就位安装时，轻、重油油箱的相对位置应符合设计要求。

10.3.6 直燃型吸收式制冷机组的排烟管出口应按设计要求设置防雨帽、避雷针和防风罩等。

10.3.7 吸收式制冷机组的水管配管应按本规范第10.2.5条执行。

10.4 冷却塔安装

10.4.1 冷却塔安装应按下列工序（图10.4.1）进行。

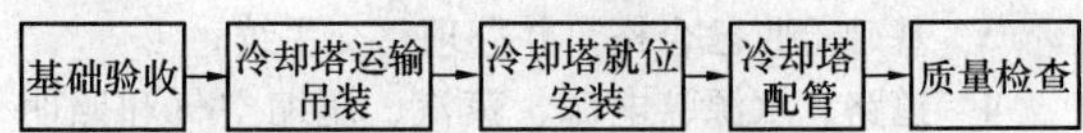

图10.4.1 冷却塔安装工序

10.4.2 冷却塔的基础应符合本规范第10.2.2条的规定。

10.4.3 冷却塔运输吊装可按本规范第10.2.3条执行。

10.4.4 冷却塔安装应符合下列规定：

1 冷却塔的安装位置应符合设计要求，进风侧距建筑物应大于1000mm。

2 冷却塔与基础预埋件应连接牢固，连接件应采用热镀锌或不锈钢螺栓，其紧固力应一致，均匀。

3 冷却塔安装应水平，单台冷却塔安装的水平度和垂直度允许偏差均为2/1000。同一冷却水系统的多台冷却塔安装时，各台冷却塔的水面高度应一致，高差不应大于30mm。

4 冷却塔的积水盘应无渗漏，布水器应布水均匀。

5 冷却塔的风机叶片端部与塔体四周的径向间隙应均匀。对于可调整角度的叶片，角度应一致。

6 组装的冷却塔，其填料的安装应在所有电、气焊接作业完成后进行。

10.4.5 冷却塔配管可按本规范第10.2.5条执行。

10.5 换热设备安装

10.5.1 换热设备安装应按下列工序（图10.5.1）进行。

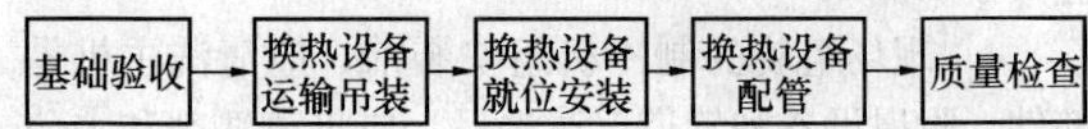

图10.5.1 换热设备安装工序

10.5.2 换热设备的基础应符合本规范第10.2.2条的规定。

10.5.3 换热设备运输吊装可按本规范第10.2.3条

执行。

10.5.4 换热设备安装应符合下列规定：

1 安装前应清理干净设备上的油污、灰尘等杂物，设备所有的孔塞或盖，在安装前不应拆除；

2 应按施工图核对设备的管口方位、中心线和重心位置，确认无误后再就位；

3 换热设备的两端应留有足够的清洗、维修空间。

10.5.5 换热设备与管道冷热介质进出口的接管应符合设计及产品技术文件的要求，并应在管道上安装阀门、压力表、温度计、过滤器等。流量控制阀应安装在换热设备的进口处。

10.5.6 换热设备安装应有可靠的成品保护措施，除应符合本规范第10.1.5条的规定外，尚应包括下列内容：

1 在系统管道冲洗阶段，应采取措施进行隔离保护；

2 不锈钢换热设备的壳体、管束及板片等，不应与碳钢设备及碳钢材料接触、混放；

3 采用氮气密封或其他惰性气体密封的换热设备应保持气封压力。

10.6 蓄热蓄冷设备安装

10.6.1 冰蓄冷、水蓄热蓄冷设备安装应按下列工序（图10.6.1）进行。

图10.6.1 冰蓄冷、水蓄热蓄冷设备安装工序

10.6.2 冰蓄冷、水蓄热蓄冷设备基础应符合本规范第10.2.2条的规定。

10.6.3 蓄冰槽、蓄冰盘管吊装就位应符合下列规定：

1 临时放置设备时，不应拆卸冰槽下的垫木，防止设备变形；

2 吊装前，应清除蓄冰槽内或封板上的水、冰及其他残渣；

3 蓄冰槽就位前，应画出安装基准线，确定设备找正、调平的定位基准线；

4 应将蓄冰盘管吊装至预定位置，找正、找平。

10.6.4 蓄冰盘管布置应紧凑，蓄冰槽上方应预留不小于1.2m的净高作为检修空间。

10.6.5 蓄冰设备的接管应满足设计要求，并应符合下列规定：

1 温度和压力传感器的安装位置处应预留检修空间；

2 盘管上方不应有主干管道、电缆、桥架、风管等。

10.6.6 管道系统试压和清洗时，应将蓄冰槽隔离。

10.6.7 冰蓄冷系统管道充水时，应先将蓄冰槽内的水填充至视窗上0%的刻度上，充水之后，不应再移动蓄冰槽。

10.6.8 乙二醇溶液的填充应符合下列规定：

1 添加乙二醇溶液前，管道应试压合格，且冲洗干净；

2 乙二醇溶液的成份及比例应符合设计要求；

3 乙二醇溶液添加完毕后，在开始蓄冰模式运转前，系统应运转不少于6h，系统内的空气应完全排出，乙二醇溶液应混合均匀，再次测试乙二醇溶液的密度，浓度应符合要求。

10.6.9 现场制作水蓄冷蓄热罐时，其焊接应符合现行国家标准《立式圆筒形钢制焊接储罐施工及验收规范》GB 50128、《钢结构工程施工质量验收规范》GB 50205和《现场设备、工业管道焊接工程施工规范》GB 50236的有关规定。

10.7 软化水装置安装

10.7.1 软化水装置安装应按下列工序（图10.7.1）进行。

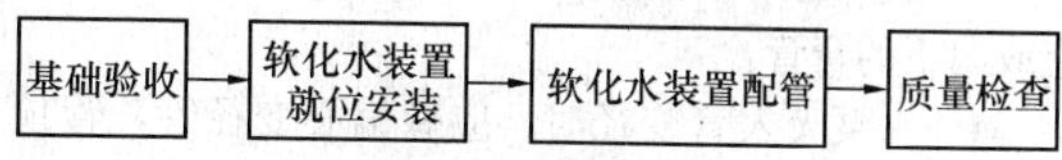

图10.7.1 软化水装置安装工序

10.7.2 软化水装置的安装场地应平整，软化水装置的基础应符合本规范第10.2.2条规定。

10.7.3 软化水装置安装应符合下列规定：

1 软化水装置的电控器上方或沿电控器开启方向应预留不小于600mm的检修空间；

2 盐罐安装位置应靠近树脂罐，并应尽量缩短吸盐管的长度；

3 过滤型的软化水装置应按设备上的水流方向标识安装，不应装反；非过滤型的软化水装置安装时可根据实际情况选择进出口。

10.7.4 软化水装置配管应符合设计要求，并应符合下列规定：

1 进、出水管道上应装有压力表和手动阀门，进、出水管道之间应安装旁通阀，出水管道阀门前应安装取样阀，进水管道宜安装Y形过滤器；

2 排水管道上不应安装阀门，排水管道不应直接与污水管道连接；

3 与软化水装置连接的管道应设独立支架。

10.8 水泵安装

10.8.1 水泵安装应按下列工序（图10.8.1）进行。

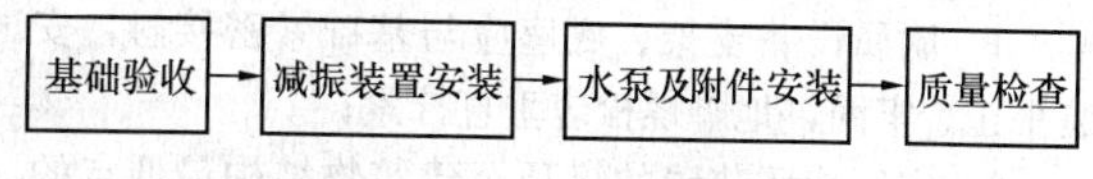

图10.8.1 水泵安装工序

10.8.2 水泵基础应符合本规范第10.2.2条的规定。

10.8.3 水泵减振装置安装应满足设计及产品技术文件的要求，并应符合下列规定：

1 水泵减振板可采用型钢制作或采用钢筋混凝土浇筑。多台水泵成排安装时，应排列整齐。

2 水泵减振装置应安装在水泵减振板下面。

3 减振装置应成对放置。

4 弹簧减振器安装时，应有限制位移措施。

10.8.4 水泵就位安装应符合下列规定：

1 水泵就位时，水泵纵向中心轴线应与基础中心线重合对齐，并找平找正；

2 水泵与减振板固定应牢靠，地脚螺栓应有防松动措施。

10.8.5 水泵吸入管安装应满足设计要求，并应符合下列规定：

1 吸入管水平段应有沿水流方向连续上升的不小于0.5%坡度。

2 水泵吸入口处应有不小于2倍管径的直管段，吸入口不应直接安装弯头。

3 吸入管水平段上严禁因避让其他管道安装向上或向下的弯管。

4 水泵吸入管变径时，应做偏心变径管，管顶上平。

5 水泵吸入管应按设计要求安装阀门、过滤器。水泵吸入管与泵体连接处，应设置可挠曲软接头，不宜采用金属软管。

6 吸入管应设置独立的管道支、吊架。

10.8.6 水泵出水管安装应满足设计要求，并应符合下列规定：

1 出水管段安装顺序应依次为变径管、可挠曲软接头、短管、止回阀、闸阀（蝶阀）；

2 出水管变径应采用同心变径；

3 出水管应设置独立的管道支、吊架。

10.9 制冷制热附属设备安装

10.9.1 制冷制热附属设备安装应按下列工序（图10.9.1）进行。

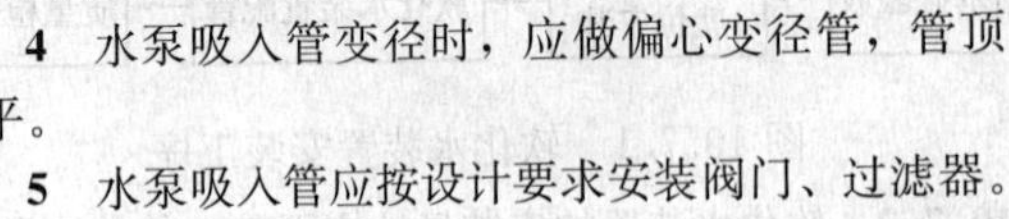

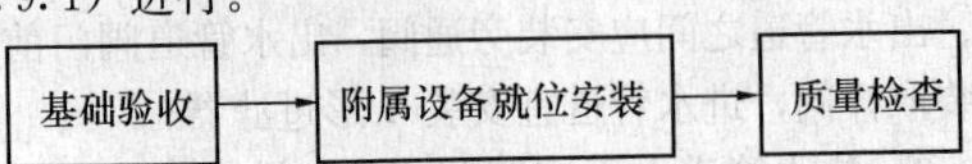

图10.9.1 制冷制热附属设备安装工序

10.9.2 制冷制热附属设备基础应符合本规范第10.2.2条的规定。

10.9.3 制冷制热附属设备就位安装应符合设计及产品技术文件的要求，并应符合下列规定：

1 附属设备支架、底座应与基础紧密接触，安装平正、牢固，地脚螺栓应垂直拧紧；

2 定压稳压装置的罐顶至建筑物结构最低点的距离不应小于1.0m，罐与罐之间及罐壁与墙面的净距不宜小于0.7m；

3 电子净化装置、过滤装置安装应位置正确，便于维修和清理。

10.10 质量检查

10.10.1 冷热源与辅助设备安装可按表10.10.1进行质量检查。

表10.10.1 冷热源与辅助设备安装质量检查

序号	主要检查内容	检查方法	判定标准
1	设备安装位置、管口方向	对照施工图，目测，尺量	符合设计要求
2	整体安装的制冷机组机身纵横向水平度；辅助设备的水平度或垂直度	水准仪或经纬仪测量，拉线，尺量检查	允许偏差为1/1000
3	设有弹簧隔振的制冷机组、燃油系统油泵和蓄冷系统载冷剂泵的定位装置、纵、横向水平度、联轴器两轴心偏差	水准仪或经纬仪测量，拉线，尺量检查	应设有防止机组运行时水平位移的定位装置；纵、横向水平度允许偏差为1/1000；轴向允许偏差为0.2/1000
4	设备隔振器的安装位置，偏差	观察、尺量	检查安装位置应正确，各个隔振器的压缩量应均匀一致，偏差不应大于2mm
5	制冷系统吹扫、排污	观察或查阅实验记录	压力为0.6MPa的干燥压缩空气或氮气，将浅色布放在出风口检查5min，无污物为合格；系统吹扫干净后，应将系统中阀门的阀芯拆下清洗干净
6	模块式冷水机组单元多台并联组合	尺量、观察检查	接口牢固、严密不漏；连接后机组的外表平整、完好，无明显的扭曲
7	冷却塔清理和密闭性检查	观察或查阅实验记录	冷却塔水盘、过滤网处的污物清理干净，塔脚的密闭良好，水盘水位符合使用要求，喷水量和吸水量应平衡，补给水和集水池的水位正常

10.10.2 冷热源与辅助设备的基础安装允许偏差应符合表10.10.2的规定。

表 10.10.2　设备基础的允许偏差和检验方法

序号	项　目		允许偏差（mm）	检验方法
1	基础坐标位置		20	经纬仪、拉线、尺量
2	基础各不同平面的标高		0，−20	水准仪、拉线、尺量
3	基础平面外形尺寸		20	尺量检查
4	凸台上平面尺寸		0，−20	尺量检查
5	凹穴尺寸		+20，0	尺量检查
6	基础上平面水平度	每米	5	水平仪（水平尺）和楔形塞尺检查
		全长	10	
7	竖向偏差	每米	5	经纬仪、吊线、尺量
		全高	10	
8	预埋地脚螺栓	标高（顶端）	+20，0	水准仪、拉线、尺量
		中心距（根部）	2	

11　空调水系统管道与附件安装

11.1　一 般 规 定

11.1.1　空调水系统管道与附件安装前应具备下列施工条件：

1　材料进场检验已合格；

2　施工部位环境满足作业条件；

3　施工方法已明确，技术交底已落实；管道的安装位置、坡向及坡度已经过技术复核，并应符合设计要求；

4　建筑结构的预留孔洞及预留套管位置、尺寸满足管道安装要求；

5　施工机具已齐备。

11.1.2　管道穿过地下室或地下构筑物外墙时，应采取防水措施，并应符合设计要求。对有严格防水要求的建筑物，必须采用柔性防水套管。

11.1.3　管道穿楼板和墙体处应设置套管，并应符合下列规定：

1　管道应设置在套管中心，套管不应作为管道支撑；管道接口不应设置在套管内，管道与套管之间应用不燃绝热材料填塞密实；

2　管道的绝热层应连续不间断穿过套管，绝热层与套管之间应采用不燃材料填实，不应有空隙；

3　设置在墙体内的套管应与墙体两侧饰面相平，设置在楼板内的套管，其顶部应高出装饰地面20mm，设置在卫生间或厨房内的穿楼板套管，其顶部应高出装饰地面 50mm，底部应与楼板相平。

11.1.4　管道穿越结构变形缝处应设置金属柔性短管（图 11.1.4-1、图 11.1.4-2），金属柔性短管长度宜为150mm～300mm，并应满足结构变形的要求，其保温性能应符合管道系统功能要求。

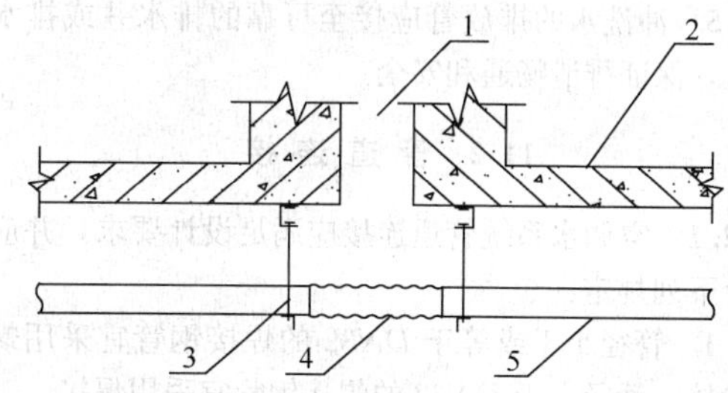

图 11.1.4-1　水管过结构变形缝空间安装示意

1—结构变形缝；2—楼板；3—吊架；4—金属柔性短管；5—水管

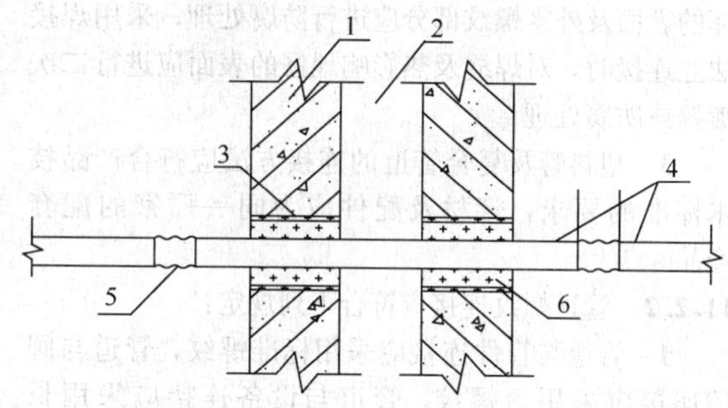

图 11.1.4-2　水管过结构变形缝墙体安装示意

1—墙体；2—变形缝；3—套管；4—水管；5—金属柔性短管；6—填充柔性材料

11.1.5　管道弯曲半径应符合下列规定：

1　热弯时不应小于管道直径的 3.5 倍，冷弯时不应小于管道直径的 4 倍；

2　焊接弯头的弯曲半径不应小于管道直径的 1.5 倍；

3　采用冲压弯头进行焊接时，其弯曲半径不应小于管道外径，并且冲压弯头外径应与管道外径相同。

11.1.6　空调水系统管道与附件安装的成品保护措施应包括下列内容：

1　管道安装间断时，应及时将各管口封闭；

2　管道不应作为吊装或支撑的受力点；

3　安装完成后的管道、附件、仪表等应有防止损坏的措施；

4　管道调直时，严禁在阀门处加力，以免损坏阀体。

11.1.7　空调水系统管道与附件安装的安全和环境保护措施应包括下列内容：

1　临时脚手架应搭设平稳、牢固，脚手架跨度不应大于 2m；

2　安装管道时，应先将管道固定在支、吊架上再接口，防止管道滑脱伤人；

3　顶棚内焊接应严加注意防火，焊接地点周围严禁堆放易燃物；

4 管道水压试验对管道加压时，应集中注意力观察压力表，防止超压；

5 冲洗水的排放管应接至可靠的排水井或排水沟里，保证排泄畅通和安全。

11.2 管道连接

11.2.1 空调水系统管道连接应满足设计要求，并应符合下列规定：

1 管径小于或等于 *DN*32 的焊接钢管宜采用螺纹连接；管径大于 *DN*32 的焊接钢管宜采用焊接。

2 管径小于或等于 *DN*100 的镀锌钢管宜采用螺纹连接；管径大于 *DN*100 的镀锌钢管可采用沟槽式或法兰连接。采用螺纹连接或沟槽连接时，镀锌层破坏的表面及外露螺纹部分应进行防腐处理；采用焊接法兰连接时，对焊缝及热影响地区的表面应进行二次镀锌或防腐处理。

3 塑料管及复合管道的连接方法应符合产品技术标准的要求，管材及配件应为同一厂家的配套产品。

11.2.2 管道螺纹连接应符合下列规定：

1 管道与管件连接应采用标准螺纹，管道与阀门连接应采用短螺纹，管道与设备连接应采用长螺纹。

2 螺纹应规整，不应有毛刺、乱丝，不应有超过10%的断丝或缺扣。

3 管道螺纹应留有足够的装配余量可供拧紧，不应用填料来补充螺纹的松紧度。

4 填料应按顺时针方向薄而均匀地紧贴缠绕在外螺纹上，上管件时，不应将填料挤出。

5 螺纹连接应紧密牢固。管道螺纹应一次拧紧，不应倒回。螺纹连接后管螺纹根部应有 2 扣～3 扣的外露螺纹。多余的填料应清理干净，并做好外露螺纹的防腐处理。

11.2.3 管道熔接应符合下列规定：

1 管材连接前，端部宜去掉 20mm～30mm，切割管材宜采用专用剪和割刀，切口应平整、无毛刺，并应擦净连接断面上的污物。

2 承插热熔连接前，应标出承插深度，插入的管材端口外部宜进行坡口处理，坡角不宜小于 30°，坡口长度不宜大于 4mm。

3 对接热熔连接前，检查连接管的两个端面应吻合，不应有缝隙，调整好对口的两连接管间的同心度，错口不宜大于管道壁厚的 10%。

4 电熔连接前，应检查机具与管件的导线连接正确，通电加热电压满足设备技术文件的要求。

5 熔接加热温度、加热时间、冷却时间、最小承插深度应满足热熔加热设备和管材产品技术文件的要求。

6 熔接接口在未冷却前可校正，严禁旋转。管道接口冷却过程中，不应移动、转动管道及管件，不应在连接件上施加张拉及剪切力。

7 热熔接口应接触紧密、完全重合，熔接圈的高度宜为 2mm～4mm，宽度宜为 4mm～8mm，高度与宽度的环向应均匀一致，电熔接口的熔接圈应均匀地挤在管件上。

11.2.4 管道焊接应符合下列规定：

1 管道坡口应表面整齐、光洁，不合格的管口不应进行对口焊接；管道对口形式和组对要求应符合表 11.2.4-1 和表 11.2.4-2 的规定。

表 11.2.4-1 手工电弧焊对口形式及组对要求

接头名称	对口形式	接头尺寸(mm)			
		壁厚 δ	间隙 C	钝边 P	坡口角度 α (°)
对接不开坡口	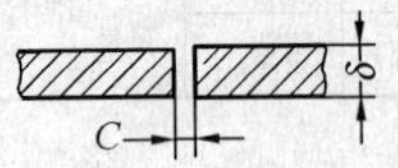	1～3	0～1.5	—	—
		3～6 双面焊	1～2.5		
对接V形坡口	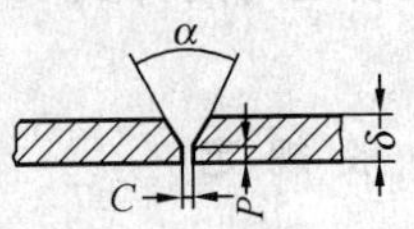	6～9	0～2	0～2	65～75
		9～26	0～3	0～3	55～65
T形坡口	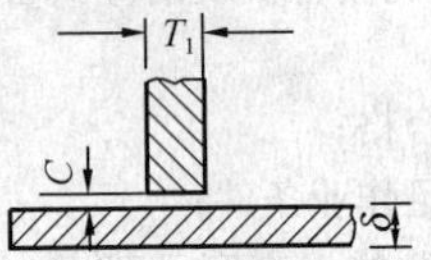	2～30	0～2	—	—

表 11.2.4-2 氧-乙炔焊对口形式及组对要求

接头名称	对口形式	接头尺寸(mm)			
		厚度 δ	间隙 C	钝边 P	坡口角度 α (°)
对接不开坡口	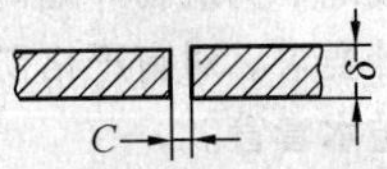	<3	1～2	—	—
对接V形坡口	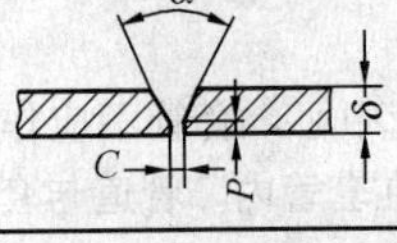	3～6	2～3	0.5～1.5	70～90

2 管道对口、管道与管件对口时，外壁应平齐。

3 管道对口后进行点焊，点焊高度不超过管道壁厚的 70%，其焊缝根部应焊透，点焊位置应均匀对称。

4 采用多层焊时，在焊下层之前，应将上一层的焊渣及金属飞溅物清理干净。各层的引弧点和熄弧点均应错开 20mm。

5 管材与法兰焊接时，应先将管材插入法兰内，先点焊2 点～3 点，用角尺找正、找平后再焊接。法兰应两面焊接，其内侧焊缝不应凸出法兰密封面。

6 焊缝应满焊，高度不应低于母材表面，并应与母材圆滑过渡。焊接后应立刻清除焊缝上的焊渣、氧化物等。焊缝外观质量不应低于现行国家标准《现场设备、工业管道焊接工程施工规范》GB 50236 的有关规定。

11.2.5 焊缝的位置应符合下列规定：

1 直管段管径大于或等于 *DN*150 时，焊缝间距不应小于 150mm；管径小于 *DN*150 时，焊缝间距不应小于管道外径；

2 管道弯曲部位不应有焊缝；

3 管道接口焊缝距支、吊架边缘不应小于 100mm；

4 焊缝不应紧贴墙壁和楼板，并严禁置于套管内。

11.2.6 法兰连接应符合下列规定：

1 法兰应焊接在长度大于 100mm 的直管段上，不应焊接在弯管或弯头上。

2 支管上的法兰与主管外壁净距应大于 100mm，穿墙管道上的法兰与墙面净距应大于 200mm。

3 法兰不应埋入地下或安装在套管中，埋地管道或不通行地沟内的法兰处应设检查井。

4 法兰垫片应放在法兰的中心位置，不应偏斜，且不应凸入管内，其外边缘宜接近螺栓孔。除设计要求外，不应使用双层、多层或倾斜形垫片。拆卸重新连接法兰时，应更换新垫片。

5 法兰对接应平行、紧密，与管道中心线垂直，连接法兰的螺栓应长短一致，朝向相同，螺栓露出螺母部分不应大于螺栓直径的一半。

11.2.7 沟槽连接应符合下列规定：

1 沟槽式管接头应采用专门的滚槽机加工成型，可在施工现场按配管长度进行沟槽加工。钢管最小壁厚、沟槽尺寸、管端至沟槽边尺寸应符合表 11.2.7-1 的规定。

表 11.2.7-1 钢管最小壁厚和沟槽尺寸（mm）

公称直径	钢管外径	最小壁厚	管端至沟槽边尺寸（偏差 −0.5～0）	沟槽宽度（偏差 0～0.5）	沟槽深度（偏差 0～0.5）
20	27	2.75	14	8	1.5
25	33	3.25			1.8
32	43	3.25			
40	48	3.50			

续表 11.2.7-1

公称直径	钢管外径	最小壁厚	管端至沟槽边尺寸（偏差 −0.5～0）	沟槽宽度（偏差 0～0.5）	沟槽深度（偏差 0～0.5）
50	57	3.50	14.5	13	2.2
50	60	3.50			
65	76	3.75			
80	89	4.00			
100	108	4.00	16		
100	114	4.00			
125	133	4.50			
125	140	4.50			
150	159	4.50			
150	165	4.50			
150	168	4.50			
200	219	6.00	19	13	2.5
250	273	6.50			
300	325	7.50			
350	377	9.00	25		5.5
400	426	9.00			
450	480	9.00			
500	530	9.00			
600	630	9.00			

2 现场滚槽加工时，管道应处在水平位置上，严禁管道出现纵向位移和角位移，不应损坏管道的镀锌层及内壁各种涂层或内衬层，沟槽加工时间不宜小于表 11.2.7-2 的规定。

表 11.2.7-2 加工 1 个沟槽的时间

公称直径 *DN*（mm）	50	65	80	100	125	150	200	250	300	350	400	450	500	600
时间（min）	2	2	2.5	2.5	3	3	4	5	6	7	8	10	12	16

3 沟槽接头安装前应检查密封圈规格正确，并应在密封圈外部和内部密封唇上涂薄薄一层润滑剂，在对接管道的两侧定位。

4 密封圈外侧应安装卡箍，并应将卡箍凸边卡进沟槽内。安装时应压紧上下卡箍的耳部，在卡箍螺孔位置穿上螺栓，检查确认卡箍凸边全部卡进沟槽内，并应均匀轮换拧紧螺母。

11.3 管道安装

11.3.1 空调水系统管道与附件安装应按下列工序（图11.3.1）进行。

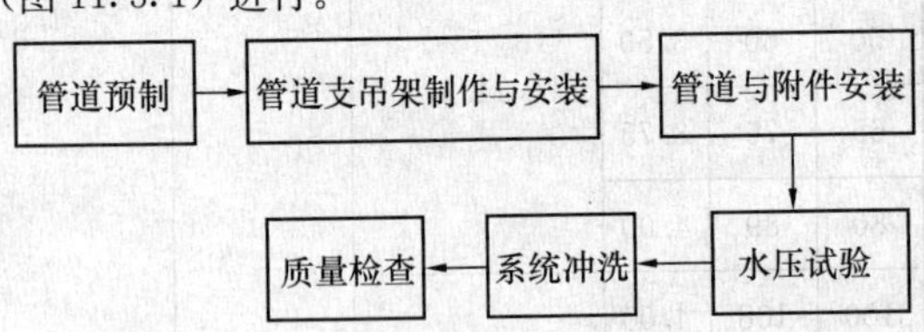

图11.3.1 空调水系统管道与附件安装工序

11.3.2 水系统管道预制应符合下列规定：

1 管道除锈防腐应按本规范第13章有关规定执行。

2 下料前应进行管材调直，可按管道材质、管道弯曲程度及管径大小选择冷调或热调。

3 预制前应先按施工图确定预制管段长度。螺纹连接时，应考虑管件所占的长度及拧进管件的内螺纹尺寸。

4 切割管道时，管道切割面应平整，毛刺、铁屑等应清理干净。

5 管道坡口加工宜采用机械方法，也可采用等离子弧、氧乙炔焰等热加工方法。采用热加工方法加工坡口后，应除去坡口表面的氧化皮、熔渣及影响接头质量的表面层，并应将凹凸不平处打磨平整。管道坡口加工应符合本规范表11.2.4-1和表11.2.4-2的规定。

6 螺纹连接的管道因管螺纹加工偏差使组装管段出现弯曲时，应进行调直。调直前，应先将有关的管件上好，再进行调直，加力点不应离螺纹太近。

7 管道上直接开孔时，切口部位应采用校核过的样板画定，用氧炔焰切割，打磨掉氧化皮与熔渣，切断面应平整。

8 管道预制长度宜便于运输和吊装。

9 预制的半成品应标注编号，分批分类存放。

11.3.3 水系统管道支吊架制作与安装应符合本规范第7章的有关规定。

11.3.4 管道安装应符合下列规定：

1 管道安装位置、敷设方式、坡度及坡向应符合设计要求。

2 管道与设备连接应在设备安装完毕，外观检查合格，且冲洗干净后进行；与水泵、空调机组、制冷机组的接管应采用可挠曲软接头连接，软接头宜为橡胶软接头，且公称压力应符合系统工作压力的要求。

3 管道和管件在安装前，应对其内、外壁进行清洁。管道安装间断时，应及时封闭敞开的管口。

4 管道变径应满足气体排放及泄水要求。

5 管道开三通时，应保证支路管道伸缩不影响主干管。

11.3.5 冷凝水管道安装应符合下列规定：

1 冷凝水管道的坡度应满足设计要求，当设计无要求时，干管坡度不宜小于0.8%，支管坡度不宜小于1%。

2 冷凝水管道与机组连接应按设计要求安装存水弯。采用的软管应牢固可靠、顺直，无扭曲，软管连接长度不宜大于150mm。

3 冷凝水管道严禁直接接入生活污水管道，且不应接入雨水管道。

11.3.6 管道安装完毕外观检查合格后，应进行水压试验，并应按本规范第15.5节的规定执行；冷凝水管道应进行通水试验，并应按本规范第15.6节的规定执行；提前隐蔽的管道应单独进行水压试验。

11.3.7 管道与设备连接前应进行冲洗试验。冲洗试验应按本规范第15.7节的规定执行。

11.4 阀门与附件安装

11.4.1 阀门与附件的安装位置应符合设计要求，并应便于操作和观察。

11.4.2 阀门安装应符合下列规定：

1 阀门安装前，应清理干净与阀门连接的管道。

2 阀门安装进、出口方向应正确；直埋于地下或地沟内管道上的阀门，应设检查井（室）。

3 安装螺纹阀门时，严禁填料进入阀门内。

4 安装法兰阀门时，应将阀门关闭，对称均匀地拧紧螺母。阀门法兰与管道法兰应平行。

5 与管道焊接的阀门应先点焊，再将关闭件全开，然后施焊。

6 阀门前后应有直管段，严禁阀门直接与管件相连。水平管道上安装阀门时，不应将阀门手轮朝下安装。

7 阀门连接应牢固、紧密，启闭灵活，朝向合理；并排水平管道设计间距过小时，阀门应错开安装；并排垂直管道上的阀门应安装于同一高度上，手轮之间的净距不应小于100mm。

11.4.3 电动阀门安装尚应符合下列规定：

1 电动阀安装前，应进行模拟动作和压力试验。执行机构行程、开关动作及最大关紧力应符合设计和产品技术文件的要求。

2 阀门的供电电压、控制信号及接线方式应符合系统功能和产品技术文件的要求。

3 电动阀门安装时，应将执行机构与阀体一体安装，执行机构和控制装置应灵敏可靠，无松动或卡涩现象。

4 有阀位指示装置的电磁阀，其阀位指示装置应面向便于观察的方向。

11.4.4 安全阀安装应符合下列规定：

1 安全阀应由专业检测机构校验，外观应无损伤，铅封应完好。

2 安全阀应安装在便于检修的地方，并垂直安装；管道、压力容器与安全阀之间应保持通畅。

3 与安全阀连接的管道直径不应小于阀的接口直径。

4 螺纹连接的安全阀，其连接短管长度不宜超过 100mm；法兰连接的安全阀，其连接短管长度不宜超过 120mm。

5 安全阀排放管应引向室外或安全地带，并应固定牢固。

6 设备运行前，应对安全阀进行调整校正，开启和回座压力应符合设计要求。调整校正时，每个安全阀启闭试验不应少于 3 次。安全阀经调整后，在设计工作压力下不应有泄漏。

11.4.5 过滤器应安装在设备的进水管道上，方向应正确且便于滤网的拆装和清洗；过滤器与管道连接应牢固、严密。

11.4.6 制冷机组的冷冻水及冷却水管道上的水流开关应安装在水平直管段上。

11.4.7 补偿器的补偿量和安装位置应满足设计及产品技术文件的要求，并应符合下列规定：

1 应根据安装时施工现场的环境温度计算出该管段的实时补偿量，进行补偿器的预拉伸或预压缩；

2 设有补偿器的管道应设置固定支架和导向支架，其结构形式和固定位置应符合设计要求；

3 管道系统水压试验后，应及时松开波纹补偿器调整螺杆上的螺母，使补偿器处于自由状态；

4 "⊓"形补偿器水平安装时，垂直臂应呈水平，平行臂应与管道坡向一致；垂直安装时，应有排气和泄水阀。

11.4.8 仪表安装前应校验合格；仪表应安装在便于观察、不妨碍操作和检修的地方；压力表与管道连接时，应安装放气旋塞及防冲击表弯。

11.5 质量检查

11.5.1 空调水系统管道安装可按表 11.5.1 进行质量检查。

表 11.5.1 管道安装质量检查

序号	主要检查内容	检查方法	判定标准
1	管道安装位置	对照施工图	符合设计要求
2	支吊架位置、间距及每个支路防晃支架的设置情况，防腐情况	目测，按系统逐个进行检查	
3	管道的材质及连接方式	目测	

续表 11.5.1

序号	主要检查内容	检查方法	判定标准
4	隔热垫的厚度及防腐情况	目测，尺量	与绝热层厚度一致，防腐良好，无遗漏
5	管道变径	目测	应有利于排气和泄水
6	管道水压试验、通水试验、冲洗试验	查看试验记录	符合本规范第 15.5 节、第 15.6 节和第 15.7 节的相关规定

11.5.2 阀门与附件安装可按表 11.5.2 进行质量检查。

表 11.5.2 阀门与附件安装质量检查

序号	主要检查内容	检查方法	判定标准
1	阀门与附件规格	目测，对照施工图	符合设计要求
2	阀门安装位置	目测，按系统逐个管道进行检查	符合设计要求
3	补偿器安装	查看安装记录	符合本规范第 11.4.7 条的规定
4	仪表安装	目测	位置正确，便于观察
5	过滤器及其他附件安装	目测	数量齐全，位置正确

12 空调制冷剂管道与附件安装

12.1 一般规定

12.1.1 本章适用于制冷系统中设计工作压力低于 2.5MPa，温度在−20℃～150℃范围内，输送介质为制冷剂或载冷剂的管道安装工程。

12.1.2 空调制冷剂管道安装前应具备下列施工条件：

1 材料进场检验合格；

2 施工部位环境满足作业条件；

3 施工方法已明确，技术交底已落实；管道的安装位置、坡向已经过技术复核，并满足设计要求；

4 建筑结构的预留孔洞及预留套管位置、尺寸满足管道安装要求；

5 施工机具已齐备。

12.1.3 制冷剂管道穿墙或楼板处应设置套管，可按本规范第 11.1.3 条执行。

12.1.4 制冷剂管道弯曲半径不应小于管道直径的 4 倍。铜管煨弯可采用热弯或冷弯，椭圆率不应大于 8%。

12.1.5 不锈钢管道连接、铜管连接应符合设计要求及有关标准的规定。无缝钢管连接应按本规范第 11.2.4 条的规定执行。

12.1.6 制冷剂管道与附件安装的成品保护措施除应按本规范第 11.1.6 条执行，尚应包括下列内容：

1 不锈钢管道搬运和存放时，不应与其他金属直接接触；

2 制冷剂管道安装完成后，应刷漆标识。

12.1.7 制冷剂管道与附件安装的安全和环境保护措施可按本规范第 11.1.7 条执行。

12.2 管 道 安 装

12.2.1 空调制冷剂管道与附件安装应按下列工序（图 12.2.1）进行。

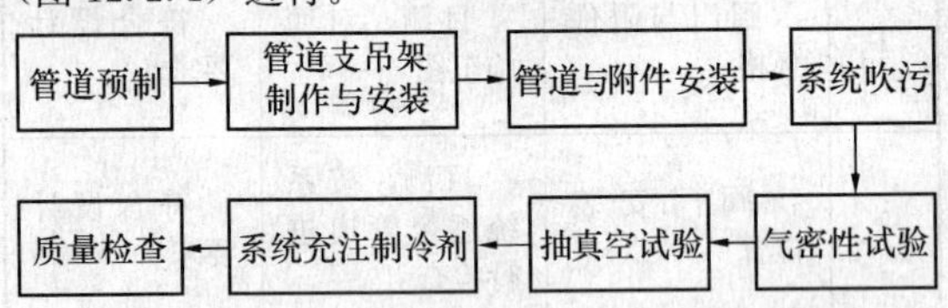

图 12.2.1 空调制冷剂管道与附件安装工序

12.2.2 制冷剂管道预制可按本规范第 11.3.2 条执行。

12.2.3 制冷剂管道支吊架的制作与安装应符合本规范第 7 章的有关规定。

12.2.4 制冷剂管道与附件安装应符合下列规定：

1 管道安装位置、坡度及坡向应符合设计要求。

2 制冷剂系统的液体管道不应有局部上凸现象；气体管道不应有局部下凹现象。

3 液体干管引出支管时，应从干管底部或侧面接出；气体干管引出支管时，应从干管上部或侧面接出。有两根以上的支管从干管引出时，连接部位应错开，间距不应小于支管管径的 2 倍，且不应小于 200mm。

4 管道三通连接时，应将支管按制冷剂流向弯成弧形再进行焊接，当支管与干管直径相同且管道内径小于 50mm 时，应在干管的连接部位换上大一号管径的管段，再进行焊接。

5 不同管径的管道直接焊接时，应同心。

12.2.5 分体式空调制冷剂管道安装应符合设计要求及产品技术文件的规定，并应符合下列规定：

1 连接前，应清洗制冷剂管道及盘管；

2 制冷剂配管安装时，应尽量减少钎焊接头和转弯；

3 分歧管应依据室内机负荷大小进行选用；

4 分歧管应水平或竖直安装，安装时不应改变其定型尺寸和装配角度；

5 有两根以上的支管从干管引出时，连接部位应错开，分歧管间距不应小于 200mm；

6 制冷剂管道安装应顺直、固定牢固，不应出现管道扁曲、褶皱现象。

12.2.6 系统吹污、气密性试验、抽真空试验以及系统充制冷剂应按本规范第 15.10 节的规定执行。

12.3 阀门与附件安装

12.3.1 制冷系统阀门安装前应进行水压试验，试验合格后，应保持阀体内干燥。

12.3.2 制冷系统阀门及附件安装除应按本规范第 11.4 节的规定执行，尚应符合下列规定：

1 阀门安装位置、方向应符合设计要求；

2 安装带手柄的手动截止阀，手柄不应向下；电磁阀、调节阀、热力膨胀阀、升降式止回阀等的阀头均应向上竖直安装；

3 热力膨胀阀的感温包应安装在蒸发器末端的回气管上，接触良好，绑扎紧密，并用绝热材料密封包扎、其厚度与管道绝热层相同。

12.4 质 量 检 查

12.4.1 空调制冷剂管道安装可按表 12.4.1 进行质量检查。

表 12.4.1 制冷剂管道安装质量检查

序号	主要检查内容	检查方法	判定标准
1	管道坡度、位置	对照施工图	符合设计要求及本规范的有关规定
2	支吊架位置、间距，防腐情况	目测，按系统逐个进行检查	
3	制冷剂管道材质及连接方式	观察	
4	制冷管道绝热及防腐情况	目测，尺量	与绝热层厚度一致，防腐良好，没有遗漏
5	法兰连接螺栓	目测	螺母应在同一侧
6	液体管道安装是否易形成气囊；气体管道是否易形成液囊	目测	无气囊和液囊形成
7	管道分支开口	实地观察	符合设计及本规范第 12.2.4 条和第 12.2.5 条的规定
8	管道吹污试验、气密性试验、抽真空试验	查看试验记录	符合设计及本规范第 15.10 节的有关规定

12.4.2 阀门与附件安装完成后，可按表12.4.2进行质量检查。

表 12.4.2 阀门与附件安装质量检查

序号	主要检查内容	检查方法	判定标准
1	阀门及附件规格、尺寸	目测，对照施工图	符合设计要求
2	阀门安装位置	目测，按系统逐个进行检查	符合设计要求
3	阀门强度及严密性	查看试验记录	符合本规范第15.4节的有关规定
4	仪表安装	目测	便于观察

13 防腐与绝热

13.1 一般规定

13.1.1 防腐与绝热施工前应具备下列施工条件：

1 防腐与绝热材料符合环保及防火要求，进场检验合格；

2 风管系统严密性试验合格；

3 空调水系统管道水压试验、制冷剂管道系统气密性试验合格。

13.1.2 空调设备绝热施工时，不应遮盖设备铭牌，必要时应将铭牌移至绝热层的外表面。

13.1.3 防腐与绝热施工完成后，应按设计要求进行标识，当设计无要求时，应符合下列规定：

1 设备机房、管道层、管道井、吊顶内等部位的主干管道，应在管道的起点、终点、交叉点、转弯处，阀门、穿墙管道两侧以及其他需要标识的部位进行管道标识。直管道上标识间隔宜为10m。

2 管道标识应采用文字和箭头。文字应注明介质种类，箭头应指向介质流动方向。文字和箭头尺寸应与管径大小相匹配，文字应在箭头尾部。

3 空调冷热水管道色标宜用黄色，空调冷却水管道色标宜用蓝色，空调冷凝水管道及空调补水管道的色标宜用淡绿色，蒸汽管道色标宜用红色，空调通风管道色标宜为白色，防排烟管道色标宜为黑色。

13.1.4 防腐与绝热的成品保护措施应包括下列内容：

1 防腐施工完毕后，应注意产品的保护，避免污染；

2 严禁在绝热后的风管上上人、走动；如有碍通行的地方，可增设人行通道；

3 空调风管绝热施工后应有防止损坏的保护措施。

13.1.5 防腐与绝热的安全与环境保护措施应包括下列内容：

1 防腐工程施工中，应采取防止污染环境和侵害作业人员健康的措施；

2 绝热施工应根据施工位置和现场的作业条件，采用相应的防止高空坠落和物体打击的技术措施；

3 在地下或封闭空间的场合施工时，应在施工前完善相应的通风技术措施。

13.2 管道与设备防腐

13.2.1 管道与设备防腐施工前应具备下列施工条件：

1 选用的防腐涂料应符合设计要求；配制及涂刷方法已明确，施工方案已批准；采用的技术标准和质量控制措施文件齐全；

2 管道与设备面层涂料与底层涂料的品种宜相同；当不同时，应确认其亲溶性，合格后再施工；

3 从事防腐施工的作业人员应经过技术培训，合格后再上岗；

4 防腐施工的环境温度宜在5℃以上，相对湿度宜在85%以下。

13.2.2 管道与设备防腐施工应按下列工序（图13.2.2）进行。

图 13.2.2 管道与设备防腐施工工序

13.2.3 防腐施工前应对金属表面进行除锈、清洁处理，可选用人工除锈或喷砂除锈的方法。喷砂除锈宜在具备除灰降尘条件的车间进行。

13.2.4 管道与设备表面除锈后不应有残留锈斑、焊渣和积尘，除锈等级应符合设计及防腐涂料产品技术文件的要求。

13.2.5 管道与设备的油污宜采用碱性溶剂清除，清洗后擦净晾干。

13.2.6 涂刷防腐涂料时，应控制涂刷厚度，保持均匀，不应出现漏涂、起泡等现象，并应符合下列规定：

1 手工涂刷涂料时，应根据涂刷部位选用相应的刷子，宜采用纵、横交叉涂抹的作业方法。快干涂料不宜采用手工涂刷。

2 底层涂料与金属表面结合应紧密。其他层涂料涂刷应精细，不宜过厚。面层涂料为调和漆或瓷漆时，涂刷应薄而均匀。每一层漆干燥后再涂下一层。

3 机械喷涂时，涂料射流应垂直喷漆面。漆面为平面时，喷嘴与漆面距离宜为250mm～350mm；漆面为曲面时，喷嘴与漆面的距离宜为400mm。喷嘴的移动应均匀，速度宜保持在13m/min～18m/min。喷漆使用的压缩空气压力宜为0.3MPa

～0.4MPa。

4 多道涂层的数量应满足设计要求，不应加厚涂层或减少涂刷次数。

13.3 空调水系统管道与设备绝热

13.3.1 空调水系统管道与设备绝热施工前应具备下列施工条件：

1 选用的绝热材料与其他辅助材料应符合设计要求，胶粘剂应为环保产品，施工方法已明确。

2 管道系统水压试验合格；钢制管道防腐施工已完成。

13.3.2 空调水系统管道与设备的绝热施工应按下列工序（图13.3.2）进行。

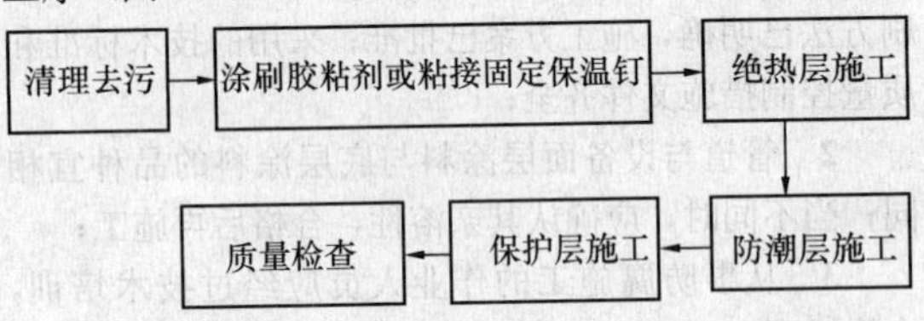

图13.3.2 空调水系统管道与设备的绝热施工工序

13.3.3 空调水系统管道与设备绝热施工前应进行表面清洁处理，防腐层损坏的应补涂完整。

13.3.4 涂刷胶粘剂和粘接固定保温钉应符合下列规定：

1 应控制胶粘剂的涂刷厚度，涂刷应均匀，不宜多遍涂刷。

2 保温钉的长度应满足压紧绝热层固定压片的要求，保温钉与管道和设备的粘接应牢固可靠，其数量应满足绝热层固定要求。在设备上粘接固定保温钉时，底面每平方米不应少于16个，侧面每平方米不应少于10个，顶面每平方米不应少于8个；首行保温钉距绝热材料边沿应小于120mm。

13.3.5 空调水系统管道与设备绝热层施工应符合下列规定：

1 绝热材料粘接时，固定宜一次完成，并应按胶粘剂的种类，保持相应的稳定时间。

2 绝热材料厚度大于80mm时，应采用分层施工，同层的拼缝应错开，且层间的拼缝应相压，搭接间距不应小于130mm。

3 绝热管壳的粘贴应牢固，铺设应平整；每节硬质或半硬质的绝热管壳应用防腐金属丝捆扎或专用胶带粘贴不少于2道，其间距宜为300mm～350mm，捆扎或粘贴应紧密，无滑动、松弛与断裂现象。

4 硬质或半硬质绝热管壳用于热水管道时拼接缝隙不应大于5mm，用于冷水管道时不应大于2mm，并用粘接材料勾缝填满；纵缝应错开，外层的水平接缝应设在侧下方。

5 松散或软质保温材料应按规定的密度压缩其体积，疏密应均匀；毡类材料在管道上包扎时，搭接处不应有空隙。

6 管道阀门、过滤器及法兰部位的绝热结构应能单独拆卸，且不应影响其操作功能。

7 补偿器绝热施工时，应分层施工，内层紧贴补偿器，外层需沿补偿方向预留相应的补偿距离。

8 空调冷热水管道穿楼板或穿墙处的绝热层应连续不间断。

13.3.6 防潮层与绝热层应结合紧密，封闭良好，不应有虚粘、气泡、皱褶、裂缝等缺陷，并应符合下列规定：

1 防潮层（包括绝热层的端部）应完整，且封闭良好。水平管道防潮层施工时，纵向搭接缝应位于管道的侧下方，并顺水；立管的防潮层施工时，应自下而上施工，环向搭接缝应朝下。

2 采用卷材防潮材料螺旋形缠绕施工时，卷材的搭接宽度宜为30mm～50mm。

3 采用玻璃钢防潮层时，与绝热层应结合紧密，封闭良好，不应有虚粘、气泡、皱褶、裂缝等缺陷。

4 带有防潮层、隔汽层绝热材料的拼缝处，应用胶带密封，胶带的宽度不应小于50mm。

13.3.7 保护层施工应符合下列规定：

1 采用玻璃纤维布缠裹时，端头应采用卡子卡牢或用胶粘剂粘牢。立管应自下而上，水平管道应从最低点向最高点进行缠裹。玻璃纤维布缠裹应严密，搭接宽度应均匀，宜为1/2布宽或30mm～50mm，表面应平整，无松脱、翻边、皱褶或鼓包。

2 采用玻璃纤维布外刷涂料作防水与密封保护时，施工前应清除表面的尘土、油污，涂层应将玻璃纤维布的网孔堵密。

3 采用金属材料作保护壳时，保护壳应平整，紧贴防潮层，不应有脱壳、皱褶、强行接口现象，保护壳端头应封闭；采用平搭接时，搭接宽度宜为30mm～40mm；采用凸筋加强搭接时，搭接宽度宜为20mm～25mm；采用自攻螺钉固定时，螺钉间距应匀称，不应刺破防潮层。

4 立管的金属保护壳应自下而上进行施工，环向搭接缝应朝下；水平管道的金属保护壳应从管道低处向高处进行施工，环向搭接缝口应朝向低端，纵向搭接缝应位于管道的侧下方，并顺水。

13.4 空调风管系统与设备绝热

13.4.1 空调风管系统与设备绝热施工前应具备下列施工条件：

1 选用的绝热材料与其他辅助材料应符合设计要求，胶粘剂应为环保产品，施工方法已明确。

2 风管系统严密性试验合格。

13.4.2 空调风管系统与设备绝热应按下列工序（图13.4.2）进行。

13.4.3 镀锌钢板风管绝热施工前应进行表面去油、

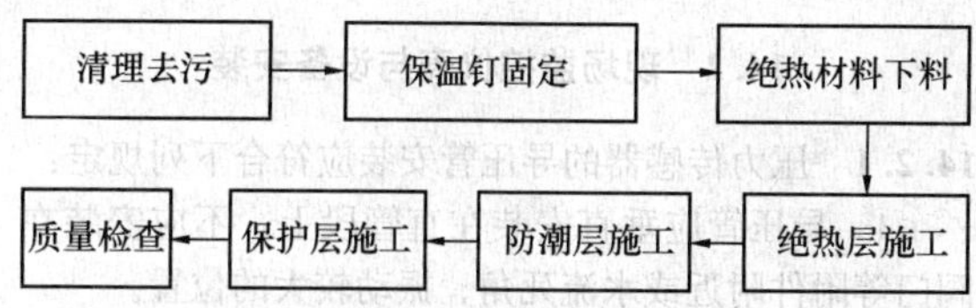

图 13.4.2 空调风管系统与设备绝热施工工序

清洁处理；冷轧板金属风管绝热施工前应进行表面除锈、清洁处理，并涂防腐层。

13.4.4 风管绝热层采用保温钉固定时，应符合下列规定：

1 保温钉与风管、部件及设备表面的连接宜采用粘接，结合应牢固，不应脱落。

2 固定保温钉的胶粘剂宜为不燃材料，其粘结力应大于 25N/cm²。

3 矩形风管与设备的保温钉分布应均匀，保温钉的长度和数量可按本规范第 13.3.4 条的规定执行。

4 保温钉粘结后应保证相应的固化时间，宜为 12h～24h，然后再铺覆绝热材料。

5 风管的圆弧转角段或几何形状急剧变化的部位，保温钉的布置应适当加密。

13.4.5 风管绝热材料应按长边加 2 个绝热层厚度，短边为净尺寸的方法下料。绝热材料应尽量减少拼接缝，风管的底面不应有纵向拼缝，小块绝热材料可铺覆在风管上平面。

13.4.6 绝热层施工应满足设计要求，并应符合下列规定：

1 绝热层与风管、部件及设备应紧密贴合，无裂缝、空隙等缺陷，且纵、横向的接缝应错开。绝热层材料厚度大于 80mm 时，应采用分层施工，同层的拼缝应错开，层间的拼缝应相压，搭接间距不应小于 130mm。

2 阀门、三通、弯头等部位的绝热层宜采用绝热板材切割预组合后，再进行施工。

3 风管部件的绝热不应影响其操作功能。调节阀绝热要留出调节转轴或调节手柄的位置，并标明启闭位置，保证操作灵活方便。风管系统上经常拆卸的法兰、阀门、过滤器及检测点等应采用能单独拆卸的绝热结构，其绝热层的厚度不应小于风管绝热层的厚度，与固定绝热层结构之间的连接应严密。

4 带有防潮层的绝热材料接缝处，宜用宽度不小于 50mm 的粘胶带粘贴，不应有胀裂、皱褶和脱落现象。

5 软接风管宜采用软性的绝热材料，绝热层应留有变形伸缩的余量。

6 空调风管穿楼板和穿墙处套管内的绝热层应连续不间断，且空隙处应用不燃材料进行密封封堵。

13.4.7 绝热材料粘接固定应符合下列规定：

1 胶粘剂应与绝热材料相匹配，并应符合其使用温度的要求；

2 涂刷胶粘剂前应清洁风管与设备表面，采用横、竖两方向的涂刷方法将胶粘剂均匀地涂在风管、部件、设备和绝热材料的表面上；

3 涂刷完毕，应根据气温条件按产品技术文件的要求静放一定时间后，再进行绝热材料的粘接；

4 粘接宜一次到位，并加压，粘接应牢固，不应有气泡。

13.4.8 绝热材料使用保温钉固定后，表面应平整。

13.4.9 防潮层施工可按本规范第 13.3.6 条执行。

13.4.10 风管金属保护壳的施工可按本规范第 13.3.7 条执行，外形应规整，板面宜有凸筋加强，边长大于 800mm 的金属保护壳应采用相应的加固措施。

13.5 质量检查

13.5.1 管道与设备防腐施工可按表 13.5.1 进行质量检查。

表 13.5.1 管道与设备防腐质量检查

序号	主要检查内容	检查方法	判定标准
1	防腐涂料质量	核查质量证明文件	符合设计要求
2	除锈	目测	不应有残留锈斑和焊渣
3	表面去污	目测	无积尘、水或油污
4	防锈涂层	目测	管道与支吊架的防腐完整无遗漏，不露底，不皱皮；涂层数量符合设计要求
5	面漆	目测	漆种性能和涂层数量（厚度）符合设计要求；面漆完整无遗漏，不露底、色泽一致；表面平整无起泡、皱褶

13.5.2 空调水系统管道与设备绝热施工可按表 13.5.2 进行质量检查。

表 13.5.2 空调水系统管道与设备绝热质量检查

序号	主要检查内容	检查方法	判定标准
1	绝热材料性能	核查产品质量证明文件	其技术性能（材质、导热率、密度、规格及厚度）参数符合设计要求
2	保温钉	目测，手扳	符合本规范第 13.3.4 条中第 2 款的规定
3	绝热层	目测，测量	固定牢固，表面平整，无十字形拼缝
4	防潮层	目测，测量	与绝热层固定无位移；搭接缝口顺水，封闭良好
5	保护层	目测，测量	搭接缝顺水，宽度一致；接口平整，外观无明显缺陷；封闭良好

13.5.3 空调风管系统与设备绝热施工可按表13.5.3进行质量检查。

表13.5.3 空调风管系统与设备绝热质量检查

序号	主要检查内容	检查方法	判定标准
1	绝热材料性能	核查产品质量证明文件	技术性能（材质、导热率、密度、规格及厚度）参数符合设计要求
2	防腐涂层	目测	无遗漏
3	保温钉	目测，手扳	符合本规范第13.4.4条的规定
4	绝热层	目测，测量	固定牢固；表面平整；无十字形拼缝；厚度为$+0.1\delta$和-0.05δ
5	防潮层	目测，测量	与绝热层固定无位移；搭接缝口顺水，封闭良好；胶带宽度不小于50mm；粘贴平整良好
6	保护层	目测，测量	搭接缝顺水，宽度一致；接口平整，外观无明显缺陷；封闭良好

14 监测与控制系统安装

14.1 一般规定

14.1.1 监测与控制系统安装前应具备下列施工条件：

1 施工方案已批准，采用的技术标准和质量控制措施文件齐全。

2 材料、设备进场检验合格。

3 监测和控制系统安装部位的管道系统等已安装完成，并预留监测和控制系统设备及管线的安装位置；监控室的土建部分已完成验收。

4 施工机具已齐备，满足安装要求。

14.1.2 监测与控制系统的安装应符合设计要求及现行国家标准的有关规定。

14.1.3 监测与控制系统安装时，应采取避免电磁干扰的措施。

14.1.4 不同的监测与控制系统对接时，其接口协议应一致。

14.2 现场监控仪表与设备安装

14.2.1 压力传感器的导压管安装应符合下列规定：

1 导压管应垂直安装在直管段上，不应安装在阀门等附件附近或水流死角、振动较大的位置。

2 液体压力传感器的导压管不应安装在有气体积存的管道上部，蒸汽压力传感器的导压管不应安装在管道下部。

3 液体和蒸汽压力传感器的导压管上应安装检修阀门。

4 液体压力传感器的导压管安装应与管道预制和安装同时进行。

14.2.2 风管上安装的空气压力（压差）传感器时，应在风管绝热施工前开测压孔，测压点与风管连接处应采取密封措施。

14.2.3 液体压差传感器（压差开关）的安装应符合下列规定：

1 安装前应进行零点校准。

2 连接导压管的端口宜朝下安装；高、低压接入点应与高、低压管道相对应。

3 安装位置应便于检修，固定应牢固。

4 与导压管的连接应设置避振弯管。

14.2.4 温度传感器的安装应符合下列规定：

1 液体温度传感器的底座安装应与管道预制和安装同时进行。

2 空气温度传感器应设在避开空气滞流的风管直管段上。传感器插入时应加密封圈，固定后应对接口周围用密封胶密封。

3 液体温度传感器应安装在避开水流死角和振动较大的直管段上，距管道焊缝的间距不应小于100mm。

4 液体温度传感器的探针应置于套管内，安装前应保证套管内导热硅胶充满。套管宜迎水流方向倾斜安装，且不应接触管道内壁。

14.2.5 温湿度传感器的安装应符合下列规定：

1 安装位置应空气流通，且不易积尘。

2 风管型温湿度传感器的安装应在风管绝热施工完成后进行。

14.2.6 空气质量传感器的安装应符合下列规定：

1 检测气体密度小于空气密度时，空气质量传感器应安装在风管或房间的上部；检测气体密度大于空气密度时，空气质量传感器应安装在风管或房间的下部。

2 风管空气质量传感器的安装应在风管保温层完成之后进行。

14.2.7 流量传感器的安装应满足设计和产品技术文件要求，并应符合下列规定：

1 流量传感器应安装在便于检修、不受曝晒、污染或冻结的管道上。当环境温度低于0℃时，应采取保温、防冻措施。

2 流量传感器入口直管段长度宜大于或等于管道直径的10倍，不应小于管道直径的5倍，出口直管段长度宜大于或等于管道直径的5倍，不应小于管道直径的3倍。

3 流量传感器上的箭头所指方向应与管道内介质流动方向一致。

4 流量传感器的信号电缆应单独穿管敷设，当接地时，接地线宜采用总截面积大于或等于4mm²的多股铜线，单独接地，其接地电阻应小于4Ω。

14.2.8 落地式机柜安装可采用槽钢或混凝土基础，基础应平整。控制柜应与基础平面垂直，并应与基础固定牢固。控制柜接地应接入整个弱电系统接地网。

14.2.9 壁挂式机柜的安装应在墙面装修完成后进行，安装应平正，与墙面固定应牢固，并应可靠接地。挂墙安装时，机柜底边距地面高度宜为1.5m，正面操作空间距离应大于1.2m，靠近门轴的侧面空间距离应大于0.5m。

14.3 线管与线槽安装及布线

14.3.1 线管与线槽安装及布线应符合现行国家标准《建筑电气工程施工质量验收规范》GB 50303和《智能建筑质量验收规范》GB 50339的有关规定。

14.3.2 强、弱电线应分开在不同线槽内敷设。当强、弱电线槽交错时，强电线槽应在弱电线槽之上，两者间距不应小于300mm。

14.3.3 线缆（光缆）敷设应符合设计要求，并应符合下列规定：

1 线槽内线缆应排列整齐，不拧绞；线缆出现交叉时，交叉处应粗线在下，细线在上；不同电压的线缆应分类绑扎，并应固定牢固。

2 线管内穿入多根线缆时，线缆之间不应相互拧绞，线管内不应有接头，接头应在线盒（箱）处连接。

3 不同回路、不同电压、交流与直流的导线不应穿入同一根线管内，导线在管内或线槽内不应有接头或扭结，导线的接头应在接线盒内焊接或用端子连接。

4 线管出线终端口与设备接线端子之间应采用金属软管连接，不应将线缆直接裸露。

5 敷设至设备处的导线预留长度不应少于150mm，敷设至控制器的导线预留长度不应少于控制器安装高度的1.5倍。

6 进入机柜后的线缆应分别进入机架内分线槽或分别绑扎固定。

7 敷设光缆时，其弯曲半径不应小于20倍光缆外径，光缆的牵引端头应做好技术处理。

14.3.4 设备接线应符合下列规定：

1 接线前应根据施工图编号校对线路，同根导线两端应套上相应编号的接线端子，进入端子的导线应留适当余量。

2 连接电缆应排列整齐，避免交叉，固定应牢固。

3 接线完毕应认真检查线路，并在适当部位对导线标识。

14.4 中央监控与管理系统安装

14.4.1 监控室设备安装前，应具备下列条件：

1 监控室的土建、装修施工和设备基础验收合格；

2 室内环境满足设备安装要求；

3 配置总供电电源；

4 有单独的弱电接地体。

14.4.2 监控室设备布置与安装应符合设计要求。当设计无要求时，应符合下列规定：

1 控制台正面与墙的净距不应小于1.2m；侧面与墙的净距不应小于0.8m，侧面为主要走道时，不应小于1.5m。

2 设备应整体布局规整，间距合理，满足操作和维护要求。

3 机柜内监控主机应安装牢固，控制台及机柜内插件应接触牢固，无扭曲、脱落现象。

4 主监视器距监控人员的距离宜为主监视器荧光屏对角线长度的4倍～6倍；避免阳光或人工光源直射荧光屏。

5 引线与设备连接时，应留有余量，并做永久性标识。

6 配线宜采用辐射方式。

7 系统软件安装时，应考虑软件的安全性、通用性、兼容性和可维护性。

14.5 质量检查

14.5.1 监测与控制系统设备安装可按表14.5.1进行质量检查。

表14.5.1 监测与控制系统设备安装质量检查

序号	主要检查内容	检查方法	判定标准
1	传感器的安装	对照施工图检查，查验质量证明文件、检测报告	符合现行国家标准《智能建筑质量验收规范》GB 50339第6章的规定，符合设计和产品技术文件的要求
2	执行器的安装		
3	控制箱(柜)的安装	实地观察，尺量	

14.5.2 监测与控制系统设备安装性能可按表14.5.2进行质量检查。

表 14.5.2 监测与控制系统设备安装性能检查

序号	主要检查内容	检查方法	判定标准
1	传感器精度测试	通电测试，检测传感器采样显示值与现场实际值的一致性	符合现行国家标准《智能建筑质量验收规范》GB 50339第6章的规定，符合设计和产品技术文件的要求
2	控制设备性能测试	通电测试，测定控制设备的有效性、正确性和稳定性	
3	阀门执行器性能测试	通电测试，测试核对电动调节阀在零开度、50%和80%的行程处与控制指令的一致性及响应速度	

14.5.3 软件产品可按表 14.5.3 进行质量检查。

表 14.5.3 软件产品质量检查

序号	主要检查内容	检查方法	判定标准
1	操作系统、数据库管理系统、应用系统软件、信息软件和网管软件测试	查验技术文件和质量证明文件、检测报告	满足设计和产品技术文件的要求，符合现行国家标准《智能建筑质量验收规范》GB 50339的有关规定
2	系统承包商编制的用户使用软件、用户组态软件及接口软件等应用软件的功能测试	进行容量、可靠性、安全性、可恢复性、兼容性自诊断	
3	系统接口软件的兼容性及通信瓶颈	测试各项通信功能	

15 检测与试验

15.1 一 般 规 定

15.1.1 通风与空调系统检测与试验项目应包括下列内容：

1 风管批量制作前，对风管制作工艺进行验证试验时，应进行风管强度与严密性试验。

2 风管系统安装完成后，应对安装后的主、干风管分段进行严密性试验，应包括漏光检测和漏风量检测。

3 水系统阀门进场后，应进行强度与严密性试验。

4 水系统管道安装完毕，外观检查合格后，应进行水压试验。

5 冷凝水管道系统安装完毕，外观检查合格后，应进行通水试验。

6 水系统管道水压试验合格后，在与制冷机组、空调设备连接前，应进行管道系统冲洗试验。

7 开式水箱（罐）在连接管道前，应进行满水试验；换热器及密闭容器在连接管道前，应进行水压试验。

8 风机盘管进场检验时，应进行水压试验。

9 制冷剂管道系统安装完毕，外观检查合格后，应进行吹污、气密性和抽真空试验。

10 通风与空调设备进场检验时，应进行电气检测与试验。

15.1.2 检测与试验前应具备下列条件：

1 检测与试验技术方案已批准。

2 检测与试验所使用的测试仪器和仪表齐备，已检定合格，并在有效期内；其量程范围、精度应能满足测试要求。

3 参加检测与试验的人员已经过培训，熟悉检测与试验内容，掌握测试仪器和仪表的使用方法。

4 所需用的水、电、蒸汽、压缩空气等满足检测与试验要求。

5 检测与试验的项目外观检查合格。

15.1.3 检测与试验时，应根据检测与试验项目选择相应的测试仪器和仪表。

15.1.4 检测与试验应在监理工程师（建设单位代表）的监督下进行，并应形成书面记录，签字应齐全；检测与试验结束后，应提供完整的检测与试验报告。

15.1.5 检测与试验用水应清洁，试验结束后，试验用水应排入指定地点。水压试验的环境温度不宜低于5℃，当环境温度低于5℃时，应有防冻措施。试验后应排净管道内积水，并使用0.1MPa～0.2MPa的压缩空气吹扫管道内积水。

15.1.6 检测与试验时的成品保护措施应包括下列内容：

1 检测与试验时，不应损坏管道、设备的外保护（绝热）层。

2 漏光检测拖动光源时，应避免划伤风管内壁。

3 管道冲洗合格后，应采取保护措施防止污物进入管内。

15.1.7 检测与试验时的安全和环境保护措施应包括下列内容：

1 漏光检测时，所用电源应为安全电压。

2 启动漏风量测试装置内的风机时，应分段调高转速直至达到规定试验压力。

3 试压过程中，应缓慢进行升压，集中注意力观察压力表，防止超压；试验过程中如发生泄漏，不应带压修理；缺陷消除后，应重新试验。

4 应避免制冷剂泄漏，减少对大气的污染。

5 管道吹扫时，应做好隔离防护工作，不应污染已安装的设备及周围环境。

15.2 风管强度与严密性试验

15.2.1 风管强度与严密性试验应按风管系统的类别和材质分别制作试验风管，均不应少于3节，并且不应小于15m²。制作好的风管应连接成管段，两端口进行封堵密封，其中一端预留试验接口。

15.2.2 风管严密性试验采用测试漏风量的方法，应在设计工作压力下进行。漏风量测试可按下列要求进行：

1 风管组两端的风管端头应封堵严密，并应在一端留有两个测量接口，分别用于连接漏风量测试装置及管内静压测量仪。

2 将测试风管组置于测试支架上，使风管处于安装状态，并安装测试仪表和漏风量测试装置（图15.2.2）。

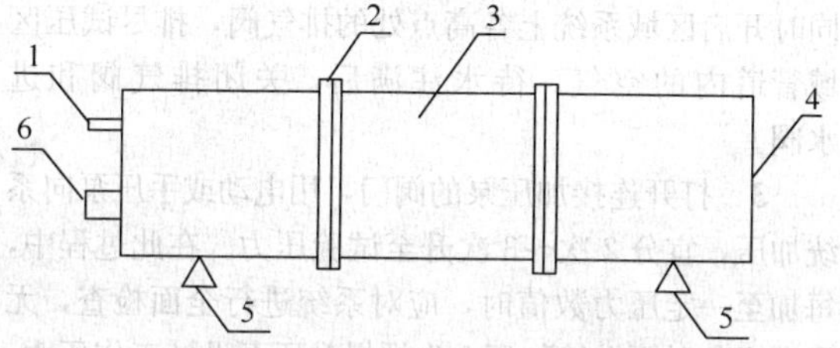

图 15.2.2 漏风量测试装置连接示意

1—静压测管；2—法兰连接处；3—测试风管组（按规定加固）；4—端板；5—支架；6—漏风量测试装置接口

3 接通电源、启动风机，调整漏风量测试装置节流器或变频调速器，向测试风管组内注入风量，缓慢升压，使被测风管压力示值控制在要求测试的压力点上，并基本保持稳定，记录漏风量测试装置进口流量测试管的压力或孔板流量测试管的压差。

4 记录测试数据，计算漏风量；应根据测试风管组的面积计算单位面积漏风量；计算允许漏风量；对比允许漏风量判定是否符合要求。实测风管组单位面积漏风量不大于允许漏风量时，应判定为合格。

15.2.3 风管的允许漏风量应符合下列规定：

1 矩形风管的允许漏风量可按下式计算：

低压系统： $Q_L \leqslant 0.1056P^{0.65}$ (15.2.3-1)

中压系统： $Q_M \leqslant 0.0352P^{0.65}$ (15.2.3-2)

高压系统： $Q_H \leqslant 0.0117P^{0.65}$ (15.2.3-3)

式中 Q_L、Q_M、Q_H——在相应设计工作压力下，单位面积风管单位时间内的允许漏风量[$m^3/(h \cdot m^2)$]；

P——风管系统的设计工作压力（Pa）。

2 圆形金属风管、复合风管及采用非法兰连接的非金属风管的允许漏风量，应为矩形风管规定值的50%。

3 排烟、低温送风系统的允许漏风量应按中压系统风管确定；1级～5级洁净空调系统的允许漏风量应按高压系统风管确定。

15.2.4 风管强度试验宜在漏风量测试合格的基础上，继续升压至设计工作压力的1.5倍进行试验。在试验压力下接缝应无开裂，弹性变形量在压力消失后恢复原状为合格。

15.3 风管系统严密性试验

15.3.1 风管系统严密性试验应按不同压力等级和不同材质分别进行，并应符合下列规定：

1 低压系统风管的严密性试验，宜采用漏光法检测。漏光检测不合格时，应对漏光点进行密封处理，并应做漏风量测试。

2 中压系统风管的严密性试验，应在漏光检测合格后，对系统漏风量进行测试。

3 高压系统风管的严密性试验应为漏风量测试。

4 1级～5级洁净空调系统风管的严密性试验应按高压系统风管的规定执行；6级～9级洁净空调系统风管的严密性试验应按中压系统风管的规定执行。

15.3.2 风管系统漏光检测可按下列要求进行：

1 风管系统漏光检测时（图15.3.2），移动光源可置于风管内侧或外侧，其相对侧应为暗黑环境。

2 检测光源应沿着被检测风管接口、接缝处作垂直或水平缓慢移动，检查人在另一侧观察漏光情况。

3 有光线射出，应作好记录，并应统计漏光点。

4 应根据检测风管的连接长度计算接口缝长度值。

5 系统风管的检测，宜采用分段检测、汇总分析的方法。系统风管的检测应以总管和主干管为主。低压系统风管每10m接缝，漏光点不大于2处，且100m接缝平均不大于16处为合格；中压系统风管每10m接缝，漏光点不大于1处，且100m接缝平均不大于8处为合格。

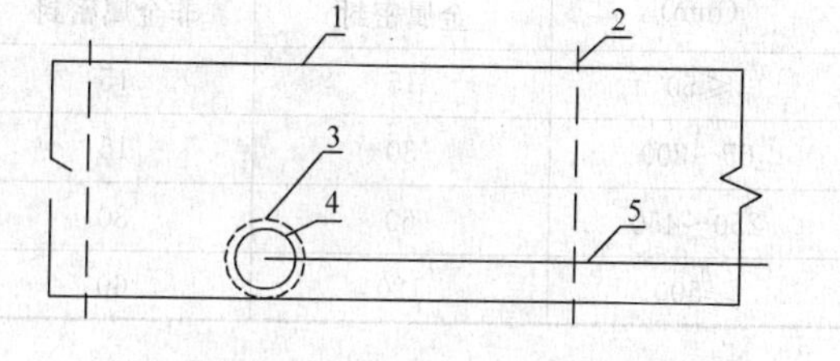

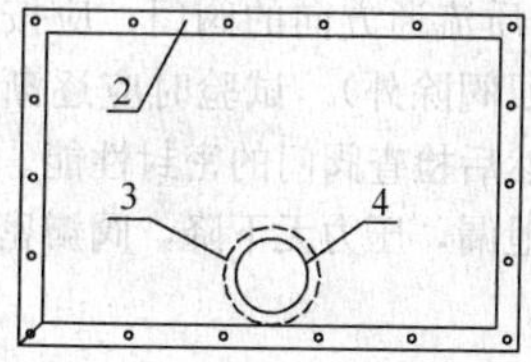

图 15.3.2 风管漏光检测示意

1—风管；2—法兰；3—保护罩；4—低压光源（>100W）；5—电源线

15.3.3 风管系统漏风量测试应符合下列规定：

1 风管分段连接完成或系统主干管已安装完毕。

2 系统分段、面积测试应已完成，试验管段分支管口及端口已密封。

3 按设计要求及施工图上该风管（段）风机的风压，确定测试风管（段）的测试压力。

4 风管漏风量测试方法可按本规范第 15.2.2 条执行。

15.4 水系统阀门水压试验

15.4.1 阀门进场检验时，设计工作压力大于 1.0MPa 及在主干管上起切断作用的阀门应进行水压试验（包括强度和严密性试验），合格后再使用。其他阀门不单独进行水压试验，可在系统水压试验中检验。阀门水压试验应在每批（同牌号、同规格、同型号）数量中抽查 20%，且不应少于 1 个。安装在主干管上起切断作用的阀门应全数检查。

15.4.2 阀门强度试验应符合下列规定：

1 试验压力应为公称压力的 1.5 倍。

2 试验持续时间应为 5min。

3 试验时，应把阀门放在试验台上，封堵好阀门两端，完全打开阀门启闭件。从一端口引入压力（止回阀应从进口端加压），打开上水阀门，充满水后，及时排气。然后缓慢升至试验压力值。到达强度试验压力后，在规定的时间内，检查阀门壳体无破裂或变形，压力无下降，壳体（包括填料函及阀体与阀盖连接处）不应有结构损伤，强度试验为合格。

15.4.3 阀门严密性试验应符合下列规定：

1 阀门的严密性试验压力应为公称压力的 1.1 倍。

2 试验持续时间应符合表 15.4.3 的规定。

表 15.4.3 阀门严密性试验持续时间

公称直径 DN (mm)	最短试验持续时间(s)	
	金属密封	非金属密封
≤50	15	15
65～200	30	15
250～450	60	30
≥500	120	60

3 规定介质流通方向的阀门，应按规定的流通方向加压（止回阀除外）。试验时应逐渐加压至规定的试验压力，然后检查阀门的密封性能。在试验持续时间内无可见泄漏，压力无下降，阀瓣密封面无渗漏为合格。

15.5 水系统管道水压试验

15.5.1 水系统管道水压试验可分为强度试验和严密性试验，包括分区域、分段的水压试验和整个管道系统水压试验。试验压力应满足设计要求，当设计无要求时，应符合下列规定：

1 设计工作压力小于或等于 1.0MPa 时，金属管道及金属复合管道的强度试验压力应为设计工作压力的 1.5 倍，但不应小于 0.6MPa；设计工作压力大于 1.0MPa 时，强度试验压力应为设计工作压力加上 0.5MPa。严密性试验压力应为设计工作压力。

2 塑料管道的强度试验压力应为设计工作压力的 1.5 倍；严密性试验压力应为设计工作压力的 1.15 倍。

15.5.2 分区域分段水压试验应符合下列规定：

1 检查各类阀门的开、关状态。试压管路的阀门应全部打开，试验段与非试验段连接处的阀门应隔断。

2 打开试验管道的给水阀门向区域系统中注水，同时开启区域系统上各高点处的排气阀，排尽试压区域管道内的空气。待水注满后，关闭排气阀和进水阀。

3 打开连接加压泵的阀门，用电动或手压泵向系统加压，宜分 2 次～3 次升至试验压力。在此过程中，每加至一定压力数值时，应对系统进行全面检查，无异常现象时再继续加压。先缓慢升压至设计工作压力，停泵检查。观察各部位无渗漏，压力不降后，再升压至试验压力，停泵稳压，进行全面检查。10min 内管道压力不应下降且无渗漏、变形等异常现象，则强度试验合格。

4 应将试验压力降至严密性试验压力进行试验，在试验压力下对管道进行全面检查，60min 内区域管道系统无渗漏，严密性试验为合格。

15.5.3 系统管路水压试验应符合下列规定：

1 在各分区、分段管道与系统主、干管全部连通后，应对整个系统的管道进行水压试验。最低点的压力不应超过管道与管件的承受压力。

2 试验过程同分区域、分段水压试验。管道压力升至试验压力后，稳压 10min，压力下降不应大于 0.02MPa，管道系统无渗漏，强度试验合格。

3 试验压力降至严密性试验压力，外观检查无渗漏，严密性试验为合格。

15.6 冷凝水管道通水试验

15.6.1 冷凝水管道通水试验应符合下列规定：

1 分层、分段进行。

2 封堵冷凝水管道最低处，由该系统风机盘管接水盘向该管段内注水，水位应高于风机盘管接水盘最低点。

3 应充满水后观察 15min，检查管道及接口；应确认无渗漏后，从管道最低处泄水，排水畅通，同时应检查各盘管接水盘无存水为合格。

15.7 管道冲洗试验

15.7.1 管道冲洗前，对不允许参加冲洗的系统、设备、仪表及管道附件应采取安全可靠的隔离措施。

15.7.2 冲洗试验应以水为介质，温度应在 5℃～40℃之间。

15.7.3 冲洗试验可按下列要求进行：

1 检查管道系统各环路阀门，启闭应灵活、可靠，临时供水装置运转应正常，冲洗流速不低于管道介质工作流速；冲洗水排出时有排放条件。

2 首先冲洗系统最低处干管，后冲洗水平干管、立管、支管。在系统入口设置的控制阀前接上临时水源，向系统供水；关闭其他立、支管控制阀门，只开启干管末端最低处冲洗阀门，至排水管道；向系统加压，由专人观察出水口水质、水量情况。以排出口的水色和透明度与入口水目测一致为合格。

3 冲洗出水口处管径宜比被冲洗管道的管径小1号。

4 冲洗出水口流速，如设计无要求，不应小于1.5m/s，不宜大于2m/s。

5 最低处主干管冲洗合格后，应按顺序冲洗其他各干、立、支管，直至全系统管道冲洗完毕为止。

6 冲洗合格后，应如实填写记录，然后将拆下的仪表等复位。

15.8 开式水箱（罐）满水试验和换热器及密闭容器水压试验

15.8.1 开式水箱（罐）进行满水试验时，应先封堵开式水箱（罐）最低处的排水口，再向开式水箱（罐）内注水至满水。灌满水后静置24h，检查开式水箱（罐）及接口有无渗漏，无渗漏为合格。

15.8.2 密闭容器进行水压试验时，试验压力应满足设计要求。设计无要求时，按设计工作压力的1.5倍进行试验，换热器试验压力不应小于0.6MPa，密闭容器试验压力不应小于0.4MPa。水压试验可按下列步骤进行：

1 试压管道连接后，应开启进水阀门向密闭容器或换热器内充水，同时打开放气阀，待水灌满后，关闭放气阀。

2 应缓慢升压至设计工作压力，检查无渗漏后，再升压至规定的试验压力值，关闭进水阀门，稳压10min，观察各接口无渗漏、压力无下降为合格。

3 排水时应先打开放气阀。

15.9 风机盘管水压试验

15.9.1 风机盘管水压试验应符合下列规定：

1 试验压力应为设计工作压力的1.5倍。

2 应将风机盘管进、出水管道与试压泵连接，开启进水阀门向风机盘管内充水，同时打开放气阀，待水灌满后，关闭放气阀。

3 应缓慢升压至风机盘管的设计工作压力，检查无渗漏后，再升压至规定的试验压力值，关闭进水阀门，稳压2min，观察风机盘管各接口无渗漏、压力无下降为合格。

15.10 制冷系统试验

15.10.1 制冷系统安装后应采用洁净干燥的空气对整个系统进行吹污，将残存在系统内部的污物吹净，制冷系统吹污应符合下列规定：

1 管道吹污前，应将孔板、喷嘴、滤网、阀门的阀芯等拆掉，妥善保管或采取流经旁路方法。

2 对不允许参加吹污的仪表及管道附件应采取安全可靠的隔离措施。

3 吹污前应选择在系统的最低点设排污口，采用压力为0.6MPa的干燥空气或氮气进行吹扫；系统管道较长时，可采用几个排污口进行分段排污，用白布检查，5min无污物为合格。

15.10.2 系统内污物吹净后，应对整个系统（包括设备、阀件）进行气密性试验。系统气密性试验应符合下列规定：

1 制冷剂为氨的系统，应采用压缩空气进行试验。制冷剂为氟利昂的系统，应采用瓶装压缩氮气进行试验，较大的制冷系统可采用经干燥处理后的压缩空气进行试验。

2 应采用肥皂水对系统所有焊缝、阀门、法兰等连接部件进行涂抹检漏。

3 试验过程中发现泄漏时，应做好标记，应在泄压后进行检修，禁止带压修补。

4 应在试验压力下，经稳压24h后观察压力值，压力无变化为合格。因环境温度变化而引起的压力误差应进行修正。记录压力数值时，应每隔1h记录一次室温和压力值。试验终了时的压力值应按下式计算：

$$P_1 = P_2 \frac{273 + t_1}{273 + t_2} \tag{15.10.2}$$

式中：P_1——试验起始压力（MPa）；

P_2——试验终了压力（MPa）；

t_1——试验起始温度（℃）；

t_2——试验终了温度（℃）。

5 制冷系统气密性试验压力应符合表15.10.2的规定。

表15.10.2 制冷系统气密性试验压力（MPa）

制冷剂	R717/R502	R22	R12/R134a	R11/R123
低压系统	1.8	1.8	1.2	0.3
高压系统	2.0	2.5	1.6	0.3

注：1 低压系统：指自节流阀起，经蒸发器到压缩机吸入口；

2 高压系统：指自压缩机排出口起，经冷凝器到节流阀。

6 溴化锂吸收式制冷系统的气密性试验应符合产品技术文件要求。无要求时，气密性试验正压为0.2MPa（表压力）保持24h，压力下降不大于66.5Pa为合格。

15.10.3 制冷系统抽真空试验应符合下列规定：

1 氟利昂制冷系统真空试验的剩余压力不应高于5.3kPa，氨制冷系统真空试验的剩余压力不应高于8kPa。保持24h，氟利昂系统压力回升不大于0.53kPa为合格，氨系统压力无变化为合格。

2 氨制冷系统的真空试验应采用真空泵进行。无真空泵时，应将压缩机的专用排气阀（或排气口）打开，抽空时将气体排至大气，通过压缩机的吸气管道使整个系统抽空。

3 溴化锂吸收式制冷系统真空试验应符合产品技术文件要求，设计无要求时，真空气密性试验的绝对压力应小于66.5Pa，持续24h，升压不大于25Pa为合格。

15.10.4 制冷系统充制冷剂应符合下列规定：

1 系统充制冷剂时，可采用由压缩机低压吸气阀侧充灌制冷剂或在加液阀处充灌制冷剂。

2 由压缩机低压吸气阀侧充灌制冷剂时，应先将压缩机低压吸气阀逆时针方向旋转到底，关闭多用通道口，并应拧下多用通道口上的丝堵，然后接上三通接头，一端接真空压力表，另一端通过紫铜管与制冷剂钢瓶连接。稍打开制冷剂阀门，使紫铜管内充满制冷剂，再稍拧松三通接头上的接头螺母，将紫铜管内的空气排出。拧紧接头螺母，并开大制冷剂钢瓶阀门，在磅秤上读出重量，做好记录。再将压缩机低压吸气阀顺时针方向旋转，使多用通道和低压吸气端处于连通，制冷剂即可进入系统。

3 在加液阀处充灌制冷剂时，出液阀应关闭，其他阀门均应开启，操作方法与低压吸气阀侧充灌制冷剂相同。

4 当系统压力升至0.2MPa时，应对系统再次进行检漏。氨系统使用酚酞试纸，氟利昂系统使用卤素检漏仪。如有泄漏应在泄压后修理。

15.11 通风与空调设备电气检测与试验

15.11.1 通风与空调设备安装外观检查合格后，再进行电气检测与试验。

15.11.2 通风与空调系统电气设备及电动执行机构的可接近裸露导体应接地或接零。电动机、电加热器及电动执行机构绝缘电阻值应大于0.5MΩ。100kW以上的电动机应测量各相直流电阻值，相互差不应大于最小值的2%，无中性点引出的电动机，测量线间直流电阻值，相互差不应大于最小值的1%。

15.11.3 通风与空调设备的配电（控制）柜、箱等的运行电压、电流应正常，各种仪表指示正常。

15.11.4 电动机应试通电，检查转向和机械转动有无异常情况，可空载试运行的电动机，时间宜为2h，记录空载电流，且应检查机身和轴承的温升。

15.11.5 电动执行机构的动作方向及指示，应与通风与空调系统设备装置的设计要求保持一致。

15.11.6 风机盘管机组的三速、温控开关的动作应正确，并应与机组运行状态一一对应。

16 通风与空调系统试运行与调试

16.1 一 般 规 定

16.1.1 通风与空调系统安装完毕投入使用前，必须进行系统的试运行与调试，包括设备单机试运转与调试、系统无生产负荷下的联合试运行与调试。

16.1.2 试运行与调试前应具备下列条件：

1 通风与空调系统安装完毕，经检查合格；施工现场清理干净，机房门窗齐全，可以进行封闭。

2 试运转所需用的水、电、蒸汽、燃油燃气、压缩空气等满足调试要求。

3 测试仪器和仪表齐备，检定合格，并在有效期内；其量程范围、精度应能满足测试要求。

4 调试方案已批准。调试人员已经过培训，掌握调试方法，熟悉调试内容。

16.1.3 通风与空调系统试运行与调试应由施工单位负责，监理单位监督，供应商、设计、建设等单位参与配合。试运行与调试也可委托给具有调试能力的其他单位实施。试运行与调试应做好记录，并应提供完整的调试资料和报告。

16.1.4 通风与空调系统无生产负荷下的联合试运行与调试应在设备单机试运转与调试合格后进行。通风系统的连续试运行不应少于2h，空调系统带冷（热）源的连续试运行不应少于8h。联合试运行与调试不在制冷期或采暖期时，仅做不带冷（热）源的试运行与调试，并应在第一个制冷期或采暖期内补做。

16.1.5 洁净空调系统的试运行与调试尚应符合下列规定：

1 洁净空调系统试运行前，应全面清扫系统和房间。

2 试运行前应在新风、回风的吸入口处和粗、中效过滤器前设置临时用过滤器，对系统进行保护，待系统稳定后再撤去。

3 调试应在系统试运行24h后，并达到稳定状态时进行。调试人员应穿洁净工作服，无关人员不应进入。

4 洁净室的洁净度检测应在空态或静态下进行。检测时，人员不宜多于3人，且应穿与洁净室洁净度等级相适应的洁净工作服。

16.1.6 通风与空调系统试运行与调试的成品保护措施应包括下列内容：

1 通风空调机房、制冷机房的门应上锁，非工作人员不应入内。

2 系统风量测试调整时，不应损坏风管绝热层。调试完成后，应将测点截面处的绝热层修复好，测孔应封堵严密。

3 系统调试时，不应踩踏、攀爬管道和设备等，不应破坏管道和设备的外保护（绝热）层。

4 系统调试完毕后，应在各调节阀的阀门开度指示处做好标记。

5 监测与控制系统的仪表元件、控制盘箱等应采取特殊保护措施。

16.2 设备单机试运转与调试

16.2.1 水泵试运转与调试可按表16.2.1的要求进行。

表16.2.1 水泵试运转与调试要求

项目	方法和要求
试运转前检查	1 各固定连接部位应无松动； 2 各润滑部位加注润滑剂的种类和剂量应符合产品技术文件的要求；有预润滑要求的部位应按规定进行预润滑； 3 各指示仪表、安全保护装置及电控装置均应灵敏、准确、可靠； 4 检查水泵及管道系统上阀门的启闭状态，使系统形成回路；阀门应启闭灵活； 5 检测水泵电机对地绝缘电阻应大于0.5MΩ； 6 确认系统已注满循环介质
试运转与调试	1 启动时先“点动”，观察水泵电机旋转方向应正确； 2 启动水泵后，检查水泵紧固连接件有无松动，水泵运行有无异常振动和声响；电动机的电流和功率不应超过额定值； 3 各密封处不应泄漏。在无特殊要求的情况下，机械密封的泄漏量不应大于10mL/h；填料密封的泄漏量不应大于60mL/h； 4 水泵应连续运转2h后，测定滑动轴承外壳最高温度不超过70℃，滚动轴承外壳温度不超过75℃； 5 试运转结束后，应检查所有紧固连接部位，不应有松动

16.2.2 风机试运转与调试可按表16.2.2的要求进行。

表16.2.2 风机试运转与调试要求

项目	方法和要求
试运转前检查	1 检测风机电机绕组对地绝缘电阻应大于0.5MΩ； 2 风机及管道内应清理干净； 3 风机进、出口处柔性短管连接应严密，无扭曲； 4 检查管道系统上阀门，按设计要求确定其状态； 5 盘车无卡阻，并关闭所有人孔门
试运转与调试	1 启动时先“点动”，检查电动机转向正确；各部位应无异常现象，当有异常现象时，应立即停机检查，查明原因并消除； 2 用电流表测量电动机的启动电流，待风机正常运转后，再测量电动机的运转电流，运转电流值应小于电机额定电流值； 3 额定转速下的试运转应无异常振动与声响，连续试运转时间不应少于2h； 4 风机应在额定转速下连续运转2h后，测定滑动轴承外壳最高温度不超过70℃，滚动轴承外壳温度不超过75℃

16.2.3 空气处理机组试运转与调试可按表16.2.3的要求进行。

表16.2.3 空气处理机组试运转与调试要求

项目	方法与要求
试运转前检查	1 各固定连接部位应无松动； 2 轴承处有足够的润滑油，加注润滑油的种类和剂量应符合产品技术文件的要求； 3 机组内及管道内应清理干净； 4 用手盘动风机叶轮，观察有无卡阻及碰擦现象；再次盘动，检查叶轮动平衡，叶轮两次应停留在不同位置； 5 机组进、出风口处的柔性短管连接应严密，无扭曲； 6 风管调节阀门启闭灵活，定位装置可靠； 7 检测电机绕组对地绝缘电阻应大于0.5MΩ； 8 风阀、风口应全部开启；三通调节阀应调到中间位置；风管内的防火阀应放在开启位置；新风口、一次回风口前的调节阀应开启到最大位置
试运转	1 启动时先“点动”，检查叶轮与机壳有无摩擦和异常声响，风机的旋转方向应与机壳上箭头所示方向一致； 2 用电流表测量电动机的启动电流，待风机正常运转后，再测量电动机的运转电流，运转电流值应小于电机额定电流值；如运转电流值超过电机额定电流值，应将总风量调节阀逐渐关小，直至降到额定电流值； 3 额定转速下的试运转应无异常振动与声响，连续试运转时间不应少于2h

16.2.4 冷却塔试运转与调试可按表16.2.4的要求进行。

表 16.2.4 冷却塔试运转与调试要求

项目	方法与要求
试运转前检查	1 冷却塔内应清理干净，冷却水管道系统应无堵塞； 2 冷却塔和冷却水管道系统已通水冲洗，无漏水现象； 3 自动补水阀动作灵活、准确； 4 校验冷却塔内补水、溢水的水位； 5 检测电机绕组对地绝缘电阻应大于 0.5MΩ； 6 用手盘动风机叶片，应灵活，无异常现象
试运转	1 启动时先“点动”，检查风机的旋转方向应正确； 2 运转平稳后，电动机的运行电流不应超过额定值，连续运转时间不应少于 2h； 3 检查冷却水循环系统的工作状态，并记录运转情况及有关数据，包括喷水的偏流状态，冷却塔出、入口水温，喷水量和吸水量是否平衡，补给水和集水池情况； 4 测量冷却塔的噪声。在塔的进风口方向，离塔壁水平距离为一倍塔体直径(当塔形为矩形时，取当量直径：$D=1.13\sqrt{a\cdot b}$，a、b 为塔的边长)及离地面高度 1.5m 处测量噪声，其噪声应低于产品铭牌额定值； 5 试运行结束后，应清洗冷却塔集水池及过滤器

16.2.5 风机盘管机组试运转与调试可按表 16.2.5 的要求进行。

表 16.2.5 风机盘管机组试运转与调试要求

项目	方法与要求
试运转前检查	1 电机绕组对地绝缘电阻应大于 0.5MΩ； 2 温控(三速)开关、电动阀、风机盘管线路连接正确
试运转与调试	1 启动时先“点动”，检查叶轮与机壳有无摩擦和异常声响； 2 将绑有绸布条等轻软物的测杆紧贴风机盘管的出风口，调节温控器高、中、低档转速送风，目测绸布条迎风飘动角度，检查转速控制是否正常； 3 调节温控器，检查电动阀动作是否正常，温控器内感温装置是否按温度要求正常动作

16.2.6 水环热泵机组试运转与调试可按表 16.2.6 的要求进行。

表 16.2.6 水环热泵机组试运转与调试要求

项目	方法与要求
试运转前检查	1 冷凝水管道通水试验合格，排水畅通； 2 冷却塔、辅助热源及循环水泵已完成单机试运转； 3 分体式水环热泵机组制冷剂管道的高、低压阀门关闭； 4 循环水系统相关阀门按设计处于相应的开闭位置
试运转	1 旋松制冷剂管道低压侧阀门接头锁母，微开高压侧阀门，通过低压侧阀门接头锁母排气，直到手感冷气吹出，拧紧锁母，高低压侧阀门全开，并用肥皂水或制冷剂专用检漏仪检查气阀、液阀及铜管连接处是否有泄漏现象； 2 按产品技术文件要求启动水环热泵机组，运行 10min 以上，观察有无异常现象； 3 测试压缩机的吸气压力与排气压力是否与技术文件及当时气温相适应； 4 检查运行电流是否正常； 5 测试机组循环水流量与进、出口温差是否正常，作好记录； 6 机组正常运行后，设定风速，关闭门窗，不应有外界和室内噪声干扰，测定噪声不应超过设计值； 7 在出风口与回风口处分别测试温度，并计算出温差值，当回风温度不低于 25℃时，温差值应大于 7℃

16.2.7 蒸汽压缩式制冷（热泵）机组试运转与调试可按表 16.2.7 的要求进行。

表 16.2.7 蒸汽压缩式制冷（热泵）机组试运转与调试要求

项目	方法与要求
试运转前检查	1 冷冻(热)水泵、冷却水泵、冷却塔、空调末端装置等相关设备已完成单机试运转与调试； 2 机组启动当天，应具有足够的冷(热)负荷，满足调试需要； 3 电气系统工作正常
试运转	1 制冷(热泵)机组启动顺序：冷却水泵→冷却塔→空调末端装置→冷冻(热)水泵→制冷(热泵)机组； 2 制冷(热泵)机组关闭顺序：制冷(热泵)机组→冷却塔→冷却水泵→空调末端装置→冷冻(热)水泵； 3 各设备的开启和关闭时间应符合制冷(热泵)机组的产品技术文件要求； 4 运行过程中，检查设备工作状态是否正常，有无异常的噪声、振动、阻滞等现象； 5 记录机组运转情况及主要参数，应符合设计及产品技术文件的要求，包括制冷剂液位、压缩机油位、蒸发压力和冷凝压力、油压、冷却水进/出口温度及压力、冷冻(热)水进/出口温度及压力、冷凝器出口制冷剂温度、压缩机进气和排气温度等； 6 正常运转不少于 8h

续表 16.2.7

项目	方法与要求
注意事项	1 加制冷剂时，机房应通风良好； 2 采取措施确保调试过程中的人身安全及设备安全。机组通电前，应关闭好启动柜和控制箱的柜门；检查机组前，应拉开启动柜上方的隔离开关，切断电源；进行带电线路检查和测试工作时，应有专人监护，并采取防护措施； 3 机组不应反向运转；机组启动前应对供电电源进行相序测定，确定供电相位是否符合要求； 4 试运转过程中，出现突然停水，发生保护措施失灵，压力温度超过允许范围，发生异常响声，离心式压缩机发生喘振等特殊情况时，应作紧急停机处理； 5 压缩机渐渐减速至完全停止的过程中，注意倾听是否有异常声音从压缩机或齿轮箱中传出

16.2.8 吸收式制冷机组试运转与调试可按表16.2.8的要求进行。

表 16.2.8 吸收式制冷机组试运转与调试要求

项目	方法与要求
试运转前检查	1 冷冻(热)水泵、冷却水泵、冷却塔、空调末端装置等相关设备已完成单机试运转与调试； 2 燃油、燃气、蒸汽、热水等供能系统已安装调试完毕，验收合格； 3 主机启动的当天，应具有足够的冷负荷； 4 燃油、燃气、蒸汽、热水等能源供应充足，满足连续试运转要求； 5 检查机组内屏蔽泵、真空泵、真空压力表、电控柜、变频器、燃烧机、仪表、阀门及电缆等是否正常； 6 机组气密性检查已经完成； 7 机组已经完成溴化锂溶液和冷剂水的充注； 8 机房泄爆与事故通风等安全系统处于正常状态
试运转与调试	1 启动冷却水泵和冷冻水泵，水温均不应低于20℃，水量应符合产品技术文件的要求； 2 启动发生器泵、吸收器泵及真空泵，使溶液循环； 3 机组电气系统通电试验：将外部电源接入电控柜内，合上空气开关，按“通电”按钮，观察各指示灯及各温度、液位、压力、流量检测点是否正常；

续表 16.2.8

项目	方法与要求
试运转与调试	4 向机组少量供应运行所需能源，先使机组在较低负荷状态下运转，无异常现象后，逐渐将能源供应量提高到产品技术文件的规定值，并调节机组，使其正常运转； 5 试运转时，系统应始终保持规定的真空度；冷剂水的相对密度不应超过1.1；屏蔽泵工作稳定，无阻塞、过热、异常声响等现象；各类仪表指示正常； 6 记录机组运转情况及主要参数，应符合设计及产品技术文件的要求，包括稀溶液、浓溶液、混合溶液的浓度和温度，冷却水、冷冻水的水量、水温和进出口温度差，加热蒸汽的压力、温度和流量，冷剂系统各点温度等； 7 正常运转不少于8h
注意事项	1 燃烧机运行过程中，机房应通风良好； 2 调试地点照明充足，道路畅通，防止安全阀动作后蒸汽喷出伤人，无关人员禁止在旁逗留； 3 发生器停止供能后，冷却水泵、冷冻水泵、吸收器泵、发生器泵、蒸发器泵继续运转直到发生器浓溶液和吸收器稀溶液浓度平衡； 4 试运转结束后，若系统停止运转时间较长且环境温度低于15℃时，应将蒸发器中的冷剂水排到吸收器中，避免结晶； 5 紧急停机时，立即停止向燃烧室供油、供气，停用燃烧器

16.2.9 电动调节阀、电动防火阀、防排烟风阀（口）调试可按表16.2.9的要求进行。

表 16.2.9 电动调节阀、电动防火阀、防排烟风阀（口）调试要求

项目	方法与要求
调试前检查	1 执行机构和控制装置应固定牢固； 2 供电电压、控制信号和阀门接线方式符合系统功能要求，并应符合产品技术文件的规定
调试	1 手动操作执行机构，无松动或卡涩现象； 2 接通电源，查看信号反馈是否正常； 3 终端设置指令信号，查看并记录执行机构动作情况。执行机构动作应灵活、可靠，信号输出、输入正确

16.3 系统无生产负荷下的联合试运行与调试

16.3.1 系统无生产负荷下的联合试运行与调试前的检查可按表16.3.1进行。

表16.3.1 系统调试前的检查内容

类型	检查内容
监测与控制系统	1 监控设备的性能应符合产品技术文件要求； 2 电气保护装置应整定正确； 3 控制系统应进行模拟动作试验
风管系统	1 通风与空调设备和管道内清理干净； 2 风量调节阀、防火阀及排烟阀的动作正常； 3 送风口和回风口（或排风口）内的风阀、叶片的开度和角度正常； 4 风管严密性试验合格； 5 空调设备及其他附属部件处于正常使用状态
空调水系统	1 管道水压试验、冲洗合格； 2 管道上阀门的安装方向和位置均正确，阀门启闭灵活； 3 冷凝水系统已完成通水试验，排水通畅
供能系统	提供通风与空调系统运行所需的电源、燃油、燃气等供能系统及辅助系统已调试完毕，其容量及安全性能等满足调试使用要求

16.3.2 系统无生产负荷下的联合试运行与调试应包括下列内容：

1 监测与控制系统的检验、调整与联动运行；
2 系统风量的测定和调整；
3 空调水系统的测定和调整；
4 变制冷剂流量多联机系统联合试运行与调试；
5 变风量（VAV）系统联合试运行与调试；
6 室内空气参数的测定和调整；
7 防排烟系统测定和调整。

16.3.3 监测与控制系统的检验、调整与联动运行可按表16.3.3的要求进行。

表16.3.3 监测与控制系统的检验、调整与联动运行要求

序号	步骤	内容
1	控制线路检查	1 核实各传感器、控制器和调节执行机构的型号、规格和安装部位是否与施工图相符； 2 仔细检查各传感器、控制器、执行机构接线端子上的接线是否正确
2	调节器及检测仪表单体性能校验	1 检查所有传感器的型号、精度、量程与所配仪表是否相符，并应进行刻度误差校验和动特性校验，均应达到产品技术文件要求； 2 控制器应作模拟试验，模拟试验时宜断开执行机构，调节特性的校验及动作试验与调整，均应达到产品技术文件要求； 3 调节阀和其他执行机构应作调节性能模拟试验，测定全行程距离与全行程时间，调整限位开关位置，标出满行程的分度值，均应达到产品技术文件要求
3	监测与控制系统联动调试	1 调试人员应熟悉各个自控环节（如温度控制、相对湿度控制、静压控制等）的自控方案和控制特点；全面了解设计意图及其具体内容，掌握调节方法； 2 正式调试之前应进行综合检查。检查控制器及传感器的精度、灵敏度和量程的校验和模拟试验记录；检查反/正作用方式的设定是否正确；全面检查系统在单体性能校验中拆去的仪表，断开的线路应恢复；线路应无短路、断路及漏电等现象； 3 正式投入运行前应仔细检查连锁保护系统的功能，确保在任何情况下均能对空调系统起到安全保护的作用； 4 自控系统联动运行应按以下步骤进行： 1）将控制器手动－自动开关置于手动位置上，仪表供电，被测信号接到输入端开始工作。 2）手动操作，以手动旋钮检查执行机构与调节机构的工作状况，应符合设计要求。 3）断开执行器中执行机构与调节机构的联系，使系统处于开环状态，将开关无扰动地切换到自动位置上。改变给定值或加入一些扰动信号，执行机构应相应动作。 4）手动施加信号，检查自控连锁信号和自动报警系统的动作情况。顺序连锁保护应可靠，人为逆向不能启动系统设备；模拟信号超过设定上下限时自动报警系统发出报警信号，模拟信号回到正常范围时应解除报警。 5）系统各环节工作正常，应恢复执行机构和调节机构的联系

16.3.4 系统风量的测定和调整包括通风机性能的测定，风口风量的测定，系统风量测定和调整，可按表16.3.4-1、表16.3.4-2、表16.3.4-3的要求进行。

表 16.3.4-1 通风机性能测定

项 目	检 测 方 法
风压和风量的测定	1 通风机风量和风压的测量截面位置应选择在靠近通风机出口而气流均匀的直管段上，按气流方向，宜在局部阻力之后大于或等于4倍矩形风管长边尺寸(圆形风管直径)，及局部阻力之前大于或等于1.5倍矩形风管长边尺寸(圆形风管直径)的直管段上。当测量截面的气流不均匀时，应增加测量截面上测点数量； 2 测定风机的全压时，应分别测出风口端和吸风口端测定截面的全压平均值； 3 通风机的风量为风机吸入口端风量和出风口端风量的平均值，且风机前后的风量之差不应大于5%，否则应重测或更换测量截面
转速的测定	1 通风机的转速测定宜采用转速表直接测量风机主轴转速，重复测量三次，计算平均值； 2 现场无法用转速表直接测风机转速时，宜根据实测电动机转速按下式换算出风机的转速： $n_1 = n_2 \cdot D_2/D_1$ (16.3.4-1) 式中：n_1——通风机的转速(rpm)； n_2——电动机的转速(rpm)； D_1——风机皮带轮直径(mm)； D_2——电动机皮带直径(mm)
输入功率的测定	1 宜采用功率表测试电机输入功率； 2 采用电流表、电压表测试时，应按下式计算电机输入功率： $P = \sqrt{3} \cdot V \cdot I \cdot \eta/1000$ (16.3.4-2) 式中：P——电机输入功率(kW)； V——实测线电压(V)； I——实测线电流(A)； η——电机功率因素，取0.8～0.85； 3 输入功率应小于电机额定功率，超过时应分析原因，并调整风机运行工况到达设计点

表 16.3.4-2 送（回）风口风量的测定

项 目	检 测 方 法
送(回)风口风量的测定	1 百叶风口宜采用风量罩测试风口风量； 2 可采用辅助风管法求取风口断面的平均风速，再乘以风口净面积得到风口风量值；辅助风管的内截面应与风口相同，长度等于风口长边的2倍； 3 采用叶轮风速仪贴近风口测定风量时，应采用匀速移动测量法或定点测量法。匀速移动法不应少于3次，定点测量法的测点不应少于5个

表 16.3.4-3 系统风量的测定和调整

项 目	检测步骤与方法
系统风量的测定和调整步骤	1 按设计要求调整送风和回风各干、支管道及各送(回)风口的风量； 2 在风量达到平衡后，进一步调整通风机的风量，使其满足系统的要求； 3 调整后各部分调节阀不变动，重新测定各处的风量。应使用红油漆在所有风阀的把柄处作标记，并将风阀位置固定
绘制风管系统草图	根据系统的实际安装情况，绘制出系统单线草图供测试时使用。草图上，应标明风管尺寸、测定截面位置、风阀的位置、送(回)风口的位置以及各种设备规格、型号等。在测定截面处，应注明截面的设计风量、面积
测量截面的选择	风管的风量宜用热球式风速仪测量。测量截面的位置应选择在气流均匀处，按气流方向，应选择在局部阻力之后大于或等于5倍矩形风管长边尺寸(圆形风管直径)，及局部阻力之前大于或等于2倍矩形风管长边尺寸(圆形风管直径)的直管段上，见图16.3.4。当测量截面上的气流不均匀时，应增加测量截面上的测点数量
测量截面的选择	$L \geq 5D$或$L \geq 5b$；$L \geq 2D$或$L \geq 2b$；1；2 图 16.3.4 测量截面位置示意 1—测定断面；2—静压测点； D—圆形风管直径；b—矩形风管长边尺寸
测量截面内测点的位置与数目选择	应按现行国家标准《通风与空调工程施工质量验收规范》GB 50243、《洁净室施工及验收规范》GB 50591，现行行业标准《公共建筑节能检测标准》JGJ/T 177执行
风管内风量的计算	通过风管测试截面的风量可按下式确定： $Q = 3600 \cdot F \cdot V$ (16.3.4-3) 式中：Q——风管风量(m^3/h)； F——风管测试截面的面积(m^2)； V——测试截面内平均风速(m/s)

16.3.5 空调水系统流量的测定与调整应符合下列规定：

1 主干管上设有流量计的水系统，可直接读取冷热水的总流量。

2 采用便携式超声波流量计测定空调冷热水及冷却水的总流量以及各空调机组的水流量时，应按仪器要求选择前后远离阀门或弯头的直管段。当各空调机组水流量与设计流量的偏差大于20%时，或冷热水及冷却水系统总流量与设计流量的偏差大于10%时，需进行平衡调整。

3 采用便携式超声波流量计测试空调水系统流量时，应先去掉管道测试位置的油漆，并用砂纸去除管道表面铁锈，然后将被测管道参数输入超声波流量计中，按测试要求安装传感器；输入管道参数后，得出传感器的安装距离，并对传感器安装位置作调校；检查流量计状态，信号强度、信号质量、信号传输时间比等反映信号质量参数的数值应在流量计产品技术文件规定的正常范围内，否则应对测试工序进行重新检查；在流量计状态正常后，读取流量值。

16.3.6 变制冷剂流量多联机系统联合试运行与调试可按表16.3.6的要求进行。

表16.3.6 变制冷剂流量多联机系统联合试运行与调试要求

项 目	内 容
试运行与调试前检查	1 熟悉和掌握调试方案及产品技术文件要求； 2 电源线路、控制配线、接地系统应与设计和产品技术文件一致； 3 冷媒配管、绝热施工应符合设计与产品技术文件要求； 4 系统气密性试验和抽真空试验合格； 5 冷媒追加量应符合设计与产品技术文件的要求； 6 截止阀应按要求开启
试运行与调试步骤	1 系统通电预热6h以上，确认自检正常； 2 控制系统室内机编码，确保每台室内机控制器可与主控制器正常通信； 3 选定冷暖切换优先控制器，按照工况要求进行设定； 4 按照产品技术文件的要求，依次运行室内机，确认相应室外机组能进行运转，确认室内机是否吹出冷风(热风)，调节控制器的风量和风向按钮，检查室内机组是否动作； 5 所有室内机开启运行60min后，测试主机电源电压和运转电压、运转电流、运转频率、制冷系统运转压力、吸排风温差、压缩机吸排气温度、机组噪声等，应符合设计与产品技术文件要求

16.3.7 变风量（VAV）系统联合试运行与调试可按表16.3.7的要求进行。

表16.3.7 变风量（VAV）系统联合试运行与调试要求

项 目	内 容
试运行与调试前检查	1 空调系统上的全部阀门灵活开启； 2 清理机组及风管内的杂物，保证风管的通畅； 3 检查变风量末端装置的各控制线是否连接可靠，变风量末端装置与风口的软管连接是否严密； 4 空调箱冷热源供应正常
试运行与调试步骤	1 逐台开启变风量末端装置，校验调节器及检测仪表性能； 2 开启空调箱风机及该空调箱所在系统全部变风量末端装置，校验自控系统及检测仪表联动性能； 3 所有的空调风阀置于自动位置，接通空调箱冷热源； 4 每个房间设定合理的温度值，使变风量末端装置的风阀处在中间开启状态； 5 按本规范第16.3.4条的要求进行系统风量的调整，确保空调箱送至变风量末端各支管风量的平衡及回风量与新风量的平衡； 6 测定与调整空调箱的性能参数及控制参数，确保风管系统的控制静压合理

16.3.8 室内空气参数的测定，包括空调房间的干、湿球温度的测定，室内噪声的测定，房间之间静压差的测定，应按国家现行有关标准的规定执行。

16.3.9 防排烟系统测定和调整可按表16.3.9的要求进行。

表16.3.9 防排烟系统的测定和调整

步 骤	内 容
测定与调整前检查	1 检查风机、风管及阀部件安装符合设计要求； 2 检查防火阀、排烟防火阀的型号、安装位置、关闭状态，检查电源、控制线路连接状况、执行机构的可靠性； 3 送风口、排烟口的安装位置、安装质量、动作可靠性
机械正压送风系统测试与调整	1 若系统采用砖或混凝土风道，测试前应检查风道严密性，内表面平整，无堵塞、无孔洞、无串井等现象； 2 关闭楼梯间的门窗及前室或合用前室的门(包括电梯门)，打开楼梯间的全部送风口；

续表 16.3.9

步 骤	内 容
机械正压送风系统测试与调整	3 在大楼选一层作为模拟火灾层(宜选在加压送风系统管路最不利点附近)，将模拟火灾层及上、下层的前室送风阀打开，将其他各层的前室送风阀关闭； 4 启动加压送风机，测试前室、楼梯间、避难层的余压值；消防加压送风系统应满足走廊→前室→楼梯间的压力呈递增分布；测试楼梯间内上下均匀选择3个～5个测试点，重复不少于3次的平均静压；静压值应达到设计要求；测试开启送风口的前室的一个点，重复次数不少于3次的静压平均值，测定前室、合用前室、消防楼梯前室、封闭避难层(间)与走道之间的压力差应达到设计要求；测试是在门全部关闭下进行，压力测点的具体位置应视门、排烟口、送风口等的布置情况而定，应该远离各种洞口等气流通路； 5 同时打开模拟火灾层及其上、下层的走道→前室→楼梯间的门，分别测试前室通走道和楼梯间通前室的门洞平面处的平均风速，应符合设计要求；测试时，门洞风速测点布置应均匀，可采用等小矩形面法，即将门洞划分为若干个边长为(200～400)mm的小矩形网格，每个小矩形网格的对角线交点即为测点，如图16.3.9所示； B 200～400 200～400 H 测点 图 16.3.9 门洞风速测点布置示意 6 以上4、5两项可任选其一进行测试
机械排烟系统测试与调整	1 走道(廊)排烟系统：打开模拟火灾层及上、下一层的走道排烟阀，启动走道排烟风机，测试排烟口处平均风速，根据排烟口截面(有效面积)及走道排烟面积计算出每平方米面积的排烟量，应符合设计要求；测试宜与机械加压送风系统同时进行，若系统采用砖或混凝土风道，测试前还应对风道进行检查；平均风速测定可采用匀速移动法或定点测量法，测定时，风速仪应贴近风口，匀速移动法不小于3次，定点测量法的测点不少于4个；

续表 16.3.9

步 骤	内 容
机械排烟系统测试与调整	2 中庭排烟系统：启动中庭排烟风机，测试排烟口处风速，根据排烟口截面计算出排烟量(若测试排烟口风速有困难，可直接测试中庭排烟风机风量)，并按中庭净空换算成换气次数，应符合设计要求； 3 地下车库排烟系统：若与车库排风系统合用，须关闭排风口，打开排烟口。启动车库排烟风机，测试各排烟口处风速，根据排烟口截面计算出排烟量，并按车库净空换算成换气次数，应符合设计要求； 4 设备用房排烟系统：若排烟风机单独担负一个防烟分区的排烟时，应把该排烟风机所担负的防烟分区中的排烟口全部打开；如排烟风机担负两个以上防烟分区时，则只需把最大防烟分区及次大的防烟分区中的排烟口全部打开，其他一律关闭。启动机械排烟风机，测定通过每个排烟口的风速，根据排烟口截面计算出排烟量，符合设计要求为合格

本规范用词说明

1 为了便于在执行本规范条文时区别对待，对要求严格程度不同的用词说明如下：

1） 表示很严格，非这样做不可的用词：
正面词采用“必须”，反面词采用“严禁”；

2） 表示严格，在正常情况下均应这样做的用词：
正面词采用“应”，反面词采用“不应”或“不得”；

3） 表示允许稍有选择，在条件许可时首先应这样做的用词：
正面词采用“宜”，反面词采用“不宜”；

4） 表示有选择，在一定条件下可以这样做的，采用“可”。

2 条文中指明应按其他有关标准执行的写法为：“应符合……的规定”或“应按……执行”。

引用标准名录

1 《立式圆筒形钢制焊接储罐施工及验收规范》GB 50128

2 《钢结构工程施工质量验收规范》GB 50205

3 《现场设备、工业管道焊接工程施工规范》GB 50236

4 《通风与空调工程施工质量验收规范》GB 50243

5 《风机、压缩机、泵安装工程施工及验收规范》GB 50275

6 《建筑电气工程施工质量验收规范》GB 50303

7 《智能建筑质量验收规范》GB 50339

8 《建筑节能工程施工质量验收规范》GB 50411

9 《洁净室施工及验收规范》GB 50591

10 《组合式空调机组》GB/T 14294

11 《玻镁风管》JC/T 646

12 《公共建筑节能检测标准》JGJ/T 177

中华人民共和国国家标准

通风与空调工程施工规范

GB 50738—2011

条 文 说 明

制 订 说 明

《通风与空调工程施工规范》GB 50738－2011 经住房和城乡建设部 2011 年 9 月 16 日以第 1157 号公告批准、发布。

本规范制订过程中，编制组进行了通风与空调系统施工技术的调查研究，结合近年来我国通风与空调工程施工和管理方面的实践经验，同时参考了国外先进技术法规、技术标准，借鉴了国际先进经验和做法，充分考虑到我国现阶段建筑、通风与空调系统施工的实际情况，遵循技术先进，经济合理，安全适用，管理方便，可操作性的原则进行编制工作。突出施工操作工序、施工质量控制及运行调试的基本要求和重点内容，是一部涉及各种通风与空调系统形式、指导现场全过程操作的施工规范。

为便于广大设计、施工、科研、学校等单位有关人员在使用本规范时能正确理解和执行条文规定，《通风与空调工程施工规范》编制组按章、节、条顺序编制了本规范的条文说明，对条文规定的目的、依据以及执行中需注意的有关事项进行了说明，还着重对强制性条文的强制性理由做了解释。但是，本条文说明不具备与规范正文同等的法律效力，仅供使用者作为理解和把握规范规定的参考。

目 次

1 总　　则

1.0.1 国家标准《通风与空调工程施工质量验收规范》GB 50243－2002颁布实施以来，部分省市及企业制定了本地区、本单位的施工技术标准，但这些标准大同小异，基本上是一些工艺操作内容，并没有突出施工过程控制及施工质量控制的基本要求和重点内容。为了规范全国通风与空调工程施工安装行业的技术管理及施工工艺，强化施工过程控制，提高工程质量，在有关单位和专业人员总结近年来我国通风与空调工程施工和管理方面的实践经验基础上，借鉴国际先进经验和做法，充分考虑我国现阶段建筑、通风与空调系统的实际情况，遵循技术先进，经济合理，安全适用，管理方便，可操作性强的原则，编制了本规范。本规范突出施工操作工序、施工质量控制及运行调试的基本要求和重点内容，是一部涉及各种通风与空调系统形式、指导现场全过程操作的施工规范。

2 术　　语

为了防止应用过程的错误理解，本规范仅列出了在通风与空调施工过程中的几个不易理解、并易混淆的术语进行解释。

3 基本规定

3.1 施工技术管理

3.1.1 通风与空调工程专业性较强，施工企业应具备相应的施工技术水平，未取得相应施工资质的施工企业不能承担通风与空调工程施工。目前，在我国的施工资质管理中，取得机电施工资质的企业可以承担通风与空调工程的施工，但承担规模要和资质上所规定的内容相符。

施工现场要求具有相应的施工技术标准，包括国家及地方颁布的现行标准、规范，行业及企业标准，经审批的施工组织设计或方案等。

3.1.2 施工图深化设计是对原施工图的补充和完善，也是施工图变更的一种形式，所以应经过原设计单位确认。

3.1.3 设计交底及施工图会审是工程施工前的一项技术工作，由建设单位、监理、设计和施工单位有关人员共同参加。通过设计交底和施工图审查，可以有效解决施工图本身以及施工图中各工种之间存在的问题，设计交底及施工图会审记录可以作为以后办理变更洽商的依据，也是工程结算依据之一。

3.1.4 本条强调了施工组织设计（方案）的重要性。施工组织设计（方案）未被批准不能进行施工。单位技术负责人是指工程施工合同单位的技术负责人，而不是施工项目的技术负责人。

技术交底通常按照工程施工的规模、难易程度等情况，在不同层次的施工人员范围内进行，技术交底的内容与深度也各不相同。技术交底一般分为设计交底、施工组织设计（施工方案）交底、专项施工方案交底、分项工程施工技术交底、四新技术交底和设计变更技术交底。本条强调的是分项工程施工技术交底，也就是专业工长向各作业班组长和各工种作业人员进行技术交底，是技术交底的重要环节。

3.1.5 本条为强制性条文。施工中，施工图的变更是不可避免的，但不能任意改动施工图，如改动必须经过设计单位同意；当施工图改动影响到使用效果和节能效果时，应视为建筑功能发生重要改变，此时不能只由设计单位同意即可，应经审查机构审查同意，并经监理和建设单位认可后，再办理变更手续。为了强调设计及使用功能和节能效果的重要性，此条列为强制性条文。

3.1.6 系统检测与试验、试运行与调试是技术性很高又比较复杂的一项工作，要求施工单位在检测与试验、试运行与调试前编制技术方案，并经审查批准，审查流程同施工组织设计（方案）。

3.1.7 工程中采用的新技术、新设备、新材料、新工艺，因为没有相应的标准可以依据，应采取慎重的态度对待。在通风与空调工程施工安装中应当遵守国家制定的关于“四新”技术应用的一些规定。

当施工中采用新的施工工艺或本单位首次使用的施工工艺时，为了能熟练掌握施工操作内容，施工前应对施工人员进行详细的技术交底，并制定专项技术方案，保证该施工工艺的贯彻落实。

3.2 施工质量管理

3.2.1 所有施工技术管理措施的落实，施工质量的最终结果是否符合施工计划目标，还要靠有效的质量责任制度和管理制度来保证。加强制度建设，用行之有效的管理制度来约束施工人员的行为是提高工程管理水平、加强施工队伍建设的根本所在和重中之重。施工单位要建立相应的管理制度来保证工程目标的实现。

3.2.2 通风与空调工程施工质量控制和检验主要包括五个方面的内容：一是对技术方案和技术交底的落实情况进行检查，这是提高工程质量的前提；二是用于施工安装工程的材料、半成品、成品、建筑构配件、器具和设备应进行进场检验，这是保证工程质量的关键；三是施工过程的工序控制，自检、互检、交接检验以及隐蔽工程检验等是保证工程质量的重要手段；四是工序间及专业工种之间的交接检查，是保证质量连续性的重要手段；五是各种检验和试验，这是保证施工质量的重要措施。

建筑安装施工技术标准、质量管理体系和工程质量控制和检验制度三者结合，缺一不可，共同组成了施工现场的质量保证体系。

3.2.3 水管或风管穿越墙体或楼板时，应设置套管。对于需要绝热的管道，套管尺寸应保证绝热材料连续不间断穿过，在绝热材料与套管间，采用阻燃材料填塞密实。穿越防火分区的风管或水管与套管间的填塞材料应为不燃材料。

3.2.4 管道水压试验不是一次就能完成的，往往会经过几次反复充水、泄水。一般设备安装在该管道系统最低点，如果管道提前与设备连接，系统中的水不易排净，杂质很容易进入到设备内。另外，压力试验时，一旦试验压力超压，会危及设备的安全。因此强调管道与设备连接前，系统管道应清洗、试压合格。

3.2.5 隐蔽工程检查部位及检查内容包括下列主要方面：

1 绝热的风管和水管。检查内容应包括管道、部件、附件、阀门、控制装置等的材质与规格尺寸，安装位置，连接方式；管道防腐；水管道坡度；支吊架形式及安装位置，防腐处理；水管道强度及严密性试验，冲洗试验；风管严密性试验等。

2 封闭竖井内、吊顶内及其他暗装部位的风管、水管和相关设备。风管及水管的检查内容同上；设备检查内容包括设备型号、安装位置、支吊架形式、设备与管道连接方式、附件的安装等。

3 暗装的风管、水管和相关设备的绝热层及防潮层。检查内容包括绝热材料的材质、规格及厚度，绝热层与管道的粘贴，绝热层的接缝及表面平整度，防潮层与绝热层的粘贴，穿套管处绝热层的连续性等。

4 出外墙的防水套管。检查内容包括套管形式、做法、尺寸及安装位置。

3.2.6 阀门包含风阀和水阀。

3.2.7 用于检查、试验和调试的器具、仪器及仪表应定期检定，其本身精度误差应符合相关要求。

3.3 材料与设备质量管理

3.3.1 产品技术文件是指材料与设备的使用技术要求等文件，是材料与设备生产企业配套供应的质量证明文件。在选择材料与设备时，应按设计要求的技术参数进行选择，同时应满足现行国家标准《通风与空调工程施工质量验收规范》GB 50243及《建筑节能工程施工质量验收规范》GB 50411等国家标准的要求。有些材料与设备，行业主管部门也出台了相应的产品技术标准，所以，在选用上，也要符合该产品技术标准的规定。

3.3.2 本条说明如下：

1 本条所指材料包括工程中使用的材料、成品、半成品及构配件等。

2 质量证明文件是指产品合格证、质量合格证、检验报告、试验报告、产品生产许可证和质量保证书等的总称。

3 各类管材、板材等型材应有材质检测报告。

4 风管部件、水管管件、法兰等应有出厂合格证。

5 焊接材料和胶粘剂等应有出厂合格证、使用期限及检验报告。

6 阀门、开（闭）式水箱（罐）、分（集）水器、除污器、过滤器、软接头、绝热材料、衬垫等应有产品出厂合格证及相应检验报告。

7 制冷（热泵）机组、空调机组、风机、水泵、热交换器、冷却塔、风机盘管、诱导器、水处理设备、加湿器、空气幕、消声器、补偿器、防火阀、防排烟风口等应有产品合格证和型式检验报告，型式检验报告应为同系列定型产品，不同系列的产品应分别具有该系列产品的型式检验报告。

8 压力表、温度计、湿度计、流量计（表）、传感器等应有产品合格证和有效检测报告。

9 主要设备应有中文安装使用说明书。

3.3.3 本条强调材料与设备进场时，施工单位应自行检验，合格后才能报请监理工程师（建设单位代表）验收。同时强调，工程中使用的所有材料与设备，均应经监理工程师（建设单位代表）验收合格。

3.4 安全与环境保护

3.4.3 施工现场临时用电应遵守现行行业标准《施工现场临时用电安全技术规范》JGJ 46的有关规定，确保临时用电安全。

4 金属风管与配件制作

4.1 一般规定

4.1.2 本条文说明如下：

1 风管的制作工艺已确定，技术要求与质量控制措施等已落实。

2 风管的加工场地应具备下列作业条件：

1）具有独立的加工场地，场地应平整、清洁；加工平台应平整。

2）有安放加工机具和材料的堆放场地；设备和电源应有可靠的安全防护装置。

3）场地位置不应有水，周围不应堆放易燃物。

4）道路应畅通，应预留进入现场的材料、成品及半成品的运输通道，加工场地不应阻碍消防通道。

5）应具有良好的照明；应有消防设施，并应符合要求。

6）加工设备布置在建筑物内时，应考虑建筑物楼板、梁的承载能力，必要时应采取相应措施。

7）洁净空调系统的风管制作应有干净、封闭的库房，用于储存成品或半成品风管。

3 材料进场检验内容主要包括检查质量证明文件齐全，材料的形式、规格符合要求，观感良好。

制作金属风管的板材及型材的种类、材质和特性要求应符合表1的规定。

4 主要机具包括剪板机、电冲剪、手用电动剪、倒角机、咬口机、压筋机、折方机、合缝机、振动式曲线剪板机、卷圆机、圆弯头咬口机、型钢切割机、角（扁）钢卷圆机、液压钳、钉钳、电动拉铆枪、台钻、手电钻、冲孔机、插条法兰机、螺旋卷管机、电气焊设备、空气压缩机、油漆喷枪等设备，不锈钢板尺、钢直尺、角尺、量角器、划规、划针、铁锤、手锤、木锤、拍板等小型工具。

表1 金属板材及型材的种类、材质和特性要求

种类	材质要求	板材特性要求
钢板	材质应符合现行国家标准《优质碳素结构钢冷轧薄钢板和钢带》GB/T 13237或《优质碳素结构钢热轧薄钢板和钢带》GB/T 710的规定	钢板表面应平整光滑，厚度应均匀，不应有裂纹、结疤等缺陷
镀锌钢板（带）	材质应符合现行国家标准《连续热镀锌钢板及钢带》GB/T 2518的规定	钢板表面应平整光滑，厚度应均匀，不应有裂纹、结疤镀锌层脱落、锈蚀、划痕等缺陷；满足机械咬合功能，板面镀锌层厚度采用双面三点试验平均值应大于或等于100g/m²（或100号以上）
不锈钢板	应采用奥氏体不锈钢，其材质应符合现行国家标准《不锈钢冷轧钢板和钢带》GB/T 3280的规定	不锈钢板表面不应有明显的划痕、刮伤、斑痕和凹穴等缺陷
型材	材质应符合现行国家标准《热轧等边角钢尺寸、外形、重量及允许偏差》GB 9787、《热轧扁钢尺寸、外形、重量及允许偏差》GB 704、《热轧槽钢尺寸、外形、重量及允许偏差》GB 707、《热轧钢棒尺寸、外形、重量及允许偏差》GB/T 702的规定	

仪器仪表包括漏风量测试装置、压差计等。

4.1.3 制作场地应整洁、无尘，加工区域内应满铺橡胶垫等表面无腐蚀、不产尘、不积尘的柔性材料，是为了避免异物划伤风管。

4.1.4 丝光布不产尘，有利于保证风管的洁净度。风管端口密封是为了减少运输过程中产生的灰尘对风管洁净度的影响。

4.1.5 金属风管的标注尺寸为外径或外边长。

4.1.6 排烟系统风管采用镀锌钢板时，板材最小厚度可参照高压系统选定。

4.1.8 成品风管由工厂加工完成，应进行型式检验，进场时应核查其强度和严密性检验报告；对于非采购的现场加工（含施工现场制作、委托加工及其他场地加工）制作风管，因受加工工艺及加工场地、加工方法、加工设备、操作人员的不同，其质量情况会有所不同，为检验其加工工艺是否满足施工要求，在风管批量加工前，应对现场加工制作的风管进行强度和严密性试验，试验结果应符合现行国家标准《通风与空调工程施工质量验收规范》GB 50243的要求。

4.2 金属风管制作

4.2.7 焊缝形式应根据风管的接缝形式、强度要求和焊接方法确定。各类焊缝形式见图1。

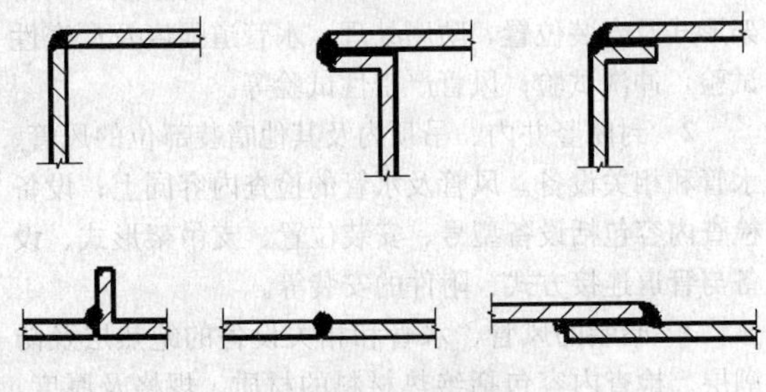

图1 风管焊接焊缝形式示意

4.2.11 普通型薄钢板法兰本身强度相对较低，单边尺寸过大，强度降低。为保证风管在受压状态下减少变形量，提出长边尺寸大于1500mm时应对法兰进行补强，补强形式可采用法兰加强板或管内支撑。同时对弹簧夹长度等要求进行了规定。

4.2.12 由于C形、S形插条连接工艺的特殊性，只能采用机械加工。同时对C形、S形插条的配合使用方式及要求进行了规定。S形插条无法实现自有紧固，因而不允许单独使用。

4.2.13 立咬口或包边立咬口相对于角钢法兰的强度要小，因而提出其高度不应小于同种规格角钢法兰的高度。

4.3 配件制作

4.3.3 内外同心弧型弯头的阻力小，建议优先采用。弯头的曲率半径越大，风阻越小，但往往会受安装条件限制，无法做到随意加大弯头制作的曲率半径时，增加导流叶片可适当减小弯头的风阻，所以提出在无法保证曲率半径的前提下加设导流叶片。

5 非金属与复合风管及配件制作

5.1 一 般 规 定

5.1.1 目前，国家现行有关防火标准有《高层民用建筑设计防火规范》GB 50045、《建筑内部装修设计防火规范》GB 50222、《建筑设计防火规范》GB 50016及《建筑材料燃烧性能分级方法》GB 8624等。

5.1.2 不同类型玻镁复合风管板材的适用场合：

普通型：用于制作安装在同一防火分区内，没有保温要求的矩形通风管道；

节能型：用于制作安装在同一防火分区内，需达到节能保温要求的空调系统的矩形风管；

低温节能型：用于制作安装在同一防火分区内，需达到节能保温要求的低温送风空调系统的矩形风管；

洁净型：用于制作洁净空调系统风管；

排烟型：用于制作室内消防防排烟风管；

防火型：用于制作火灾时需持续送、排风1.5h的风管；

耐火型：用于制作火灾时需持续送、排风2.0h的风管。

5.1.3 非金属与复合风管制作过程中，可能产生粉尘及挥发物，故要求风管制作场地内应采用机械排风。

非金属与复合风管材料应符合《非金属及复合风管》JG/T 258、《通风管道技术规程》JGJ 141等标准的规定。硬聚氯乙烯板材应符合现行国家标准《硬质聚氯乙烯层压板材》GB/T 4454或《硬质聚氯乙烯挤出板材》GB/T 13520的规定。无机玻璃钢风管材料应符合《玻镁风管》JC/T 646的规定。

风管粘接胶料宜采用环保阻燃型胶粘剂，并与风管材质相匹配，无有害气体挥发。复合风管所用的胶粘剂应是板材厂商认定的专用胶粘剂。

聚氨酯铝箔和酚醛铝箔复合风管制作机具包括量具、工作台、压尺、切割刀（90°双刃刀、左45°单刃刀、右45°单刃刀和垂直切断刀）、打胶枪、密封枪、橡胶锤、切割机、压弯机、台钻、手电钻、电焊机等。量具包括角尺、钢板尺、钢卷尺、画规等。

玻璃纤维复合风管制作机具包括量具、工作台、压尺、双刃刀、单刃刀、壁纸刀、扳手、打胶枪、切割机、台钻、手电钻等。

玻镁复合风管制作机具包括量具、工作台、压尺、工具刀、丝织带、切割机、台钻、手电钻、角磨机等。

硬聚氯乙烯风管制作机具包括量具、木工锯、钢丝锯、鸡尾锯、手用电动曲线锯、木工刨、电热焊枪、各类胎模、割板机、锯床、圆盘锯、电热烘箱、管式电热器、空气压缩机、砂轮机、坡口机、电动折弯机、对挤焊机等。

5.1.4 45°粘接是指风管两端加工成45°切口，用胶粘剂将切口粘接，切口内外表面分别用密封胶和铝箔胶带密封；插接连接是指用槽形铝型材或PVC型材的连接件与风管端部粘接，再用插条（“Ⅰ”、“H”、“C”插条）将型材插接；外套角钢法兰连接是指用槽形铝型材与风管端部粘接，再用铆钉将风管与角钢法兰铆接，角钢法兰用于风管连接。

5.2 聚氨酯铝箔与酚醛铝箔复合风管及配件制作

5.2.2 聚氨酯铝箔与酚醛铝箔复合风管板材规格一般为4000mm×1200mm×20mm（长×宽×厚）及2000mm×1200mm×20mm（长×宽×厚）两种，风管长边尺寸小于1160mm时，风管可按板材长度做成每节4m，以减少管段接口。

矩形内外同心弧型弯头风阻小，宜优先采用。

45°角度切割时，要求刀片的安装向左或向右倾斜45°，以便切出的“V”形槽口成90°直角。刀片留出的长度一定要经过调试，保持合适，使其既能将板材保温部分切穿，又能保证外层的铝箔不被割破。

当风管长边尺寸大于1600mm时，复合风管应采用专用连接件拼接，而不允许采用胶粘剂直接粘接，这主要是考虑铝箔复合风管强度太弱，采用专用连接件进行拼接起加固作用，以增强大型风管的整体强度和刚度。

5.3 玻璃纤维复合风管与配件制作

5.3.2 制作风管的板材实际展开长度应包括风管内尺寸和为开槽准备的余量及纵向搭边宽度。

5.3.5 风管采用外套角钢法兰或C形插件法兰连接时，由于法兰具有较高的抗弯曲强度，其连接部位相当于风管的一个外加固框。当采用其他连接方式且风管边长大于1200mm时，连接强度要小于外加固框强度，故要求连接部位与加固框的间距不大于150mm；采用承插阶梯粘接时，由于阶梯粘接部位是风管壁抗弯曲最薄弱点，因此要求阶梯粘接的接缝处与相邻加固框的间距不超过100mm。

5.4 玻镁复合风管与配件制作

5.4.2 矩形风管板材切割采用平台式切割机，变径、三通、弯头等异径风管板材切割采用手提式切割机。

异径风管板切割时，先在风管板上画出切割线，然后用手提式切割机切割。小于或等于90°角的转角板，画线时要计算转角大小，确定角度后切割。

异径风管放样下料时，一般采用由若干块小板拼成折线的方法制成内外同心弧型弯头，与直风管连接口制成错位连接形式。两端的两块板叫端节，中间小板叫中节，常用的弯头有90°、60°、45°、30°四种，

其曲率半径一般为 $R=(1\sim1.5)B$（曲率半径是从风管中心计算）。

玻镁复合板的标准尺寸为 2260mm×1300mm，故边长尺寸大于 2260mm 的风管，须经复合板拼接后制作。拼接前应用砂纸打磨粘贴面并清除粉尘，如果风管板表面贴有铝箔，应将粘贴面的铝箔撕掉或打磨干净，以保证粘贴牢固。

5.4.3 专用胶粘剂按说明书配制。为保证专用胶粘剂的均匀性，应采用电动搅拌机搅拌，禁止手工搅拌配制。配制后的专用胶粘剂应及时使用。在使用过程中，如发现胶粘剂变稠和硬化，禁止使用。

5.4.4 玻镁复合风管连接采用错位对口粘接形式，见图 2。

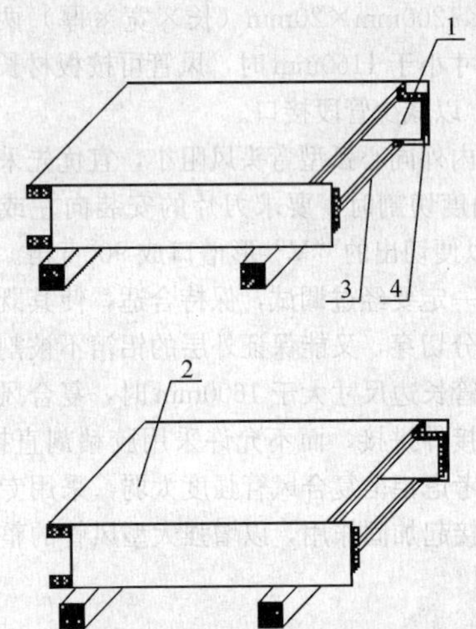

图 2 风管错位对口粘接示意

1—垂直板；2—水平板；3—涂胶；4—预留表面层

在阶梯面上涂上专用胶粘剂，专用胶粘剂要均匀，用量应合理控制，风管捆扎后挤出的余胶太多既造成浪费，也影响美观。两块板材粘接时，挤出来的余胶应立即用干净的抹布擦掉，尤其应注意及时清理内壁的余胶。

5.4.6 设置伸缩节是科学地解决风管湿胀干缩产生的物理现象。采用同样厚度的风管板制作伸缩节。

5.5 硬聚氯乙烯风管与配件制作

5.5.3 制作圆形风管时，将塑料板放到烤箱内预热变软后取出，把它放在垫有帆布的木模或铁卷管上卷制（图 3）。木模外表应光滑，圆弧正确，比风管长 100mm。各种异形管件的加热成型也应使用光滑木材或铁皮制成的胎膜煨制成形，胎膜可按整体的 1/2 或 1/4 制成，以节约材料，胎膜形式见图 4。

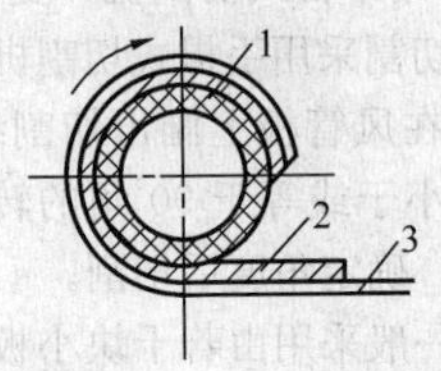

图 3 塑料板卷管示意

1—木模；2—塑料板；3—帆布

(a) 天圆地方胎膜 (b) 圆形大小头胎膜

图 4 异形胎膜示意

5.5.4 法兰钻孔时，为了避免塑料板过热，应间歇地提起钻头或用压缩空气进行冷却。

5.5.5 本条对风管与法兰焊接作出了规定。硬聚氯乙烯板材属热塑性塑料，可以在一定温度下软化直至塑性流动，一旦冷却又会重新硬化，在这种反复多次的可逆过程中，大分子的化学性质不会改变，但当温度大于极限温度后，热塑性塑料会发生化学分解。塑料的焊接正是利用热塑性塑料的这种可逆性质。

6 风阀与部件制作

6.2 风 阀

6.2.2 手动调节阀包括单叶和多叶调节阀，均按本条执行。

6.2.3 电动、气动调节风阀进场应按产品说明书的要求进行驱动装置的试验，在最大设计工作压力下，执行机构启闭灵活。

6.2.5 止回风阀进场时，应进行强度试验，在最大设计工作压力下不弯曲变形。

6.3 风罩与风帽

6.3.1 风罩与风帽没有风管尺寸规整，加工前应放样，以保证加工的准确性。

6.6 软 接 风 管

6.6.1 本条中的柔性风管是指可伸缩性金属或非金属软风管。

6.6.4 柔性风管阻力大，因此不能随意加长使用。

7 支吊架制作与安装

7.1 一 般 规 定

7.1.2 支、吊架与结构固定可采用膨胀螺栓、预埋件焊接及穿楼板螺栓固定。结构现浇板内不设预埋件时，吊架与结构固定点（吊架根部）采用槽钢或角钢，通过膨胀螺栓与结构固定。吊杆与槽钢或角钢采用螺栓连接或焊接连接（图 5、图 6）。结构现浇板内设预埋件时，吊架根部采用角钢或槽钢，与预埋件焊

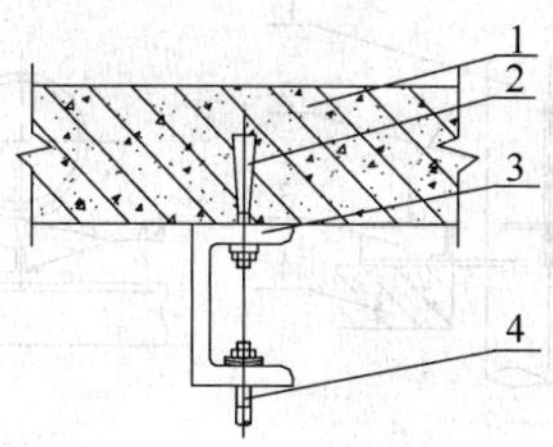

图5 吊杆与槽钢吊架螺栓连接示意

1—楼板；2—膨胀螺栓；3—槽钢；4—吊杆

接连接（图7）或螺栓连接。吊杆与槽钢或角钢采用螺栓、吊钩或焊接连接。结构为预制板时，吊架根部采用穿楼板螺栓固定连接（图8）。当结构为梁时，吊架根部采用槽钢或角钢，通过膨胀螺栓与梁连接固定（图9）。

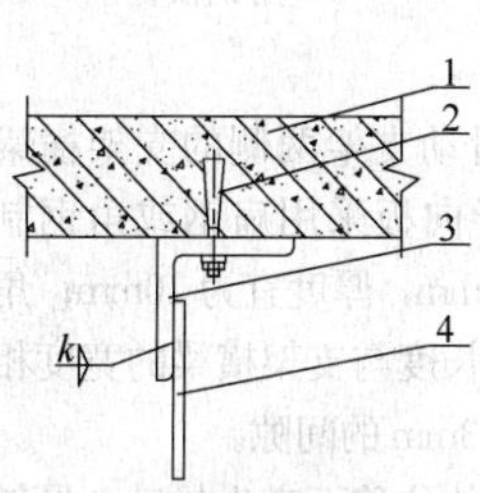

图6 吊杆与角钢吊架焊接连接示意

1—楼板；2—膨胀螺栓；3—角钢；4—吊杆

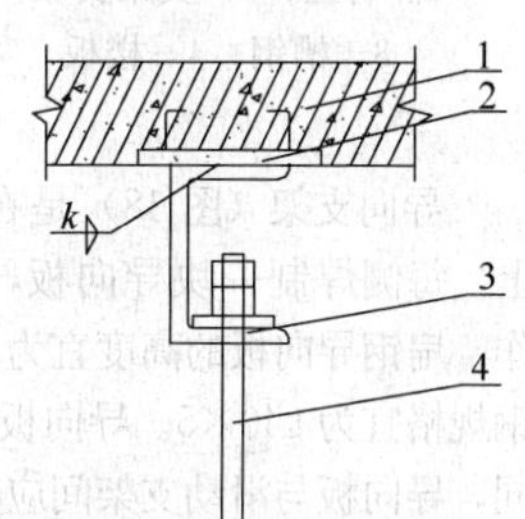

图7 吊架与预埋件焊接固定示意

1—楼板；2—预埋件；3—槽钢；4—吊杆

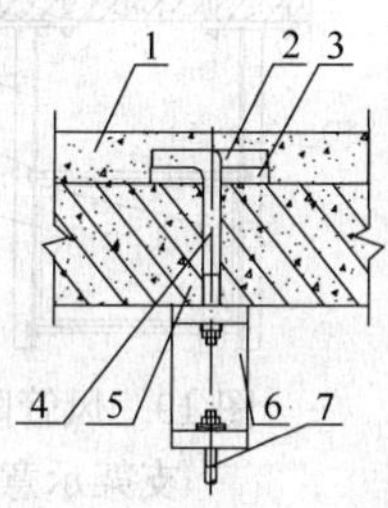

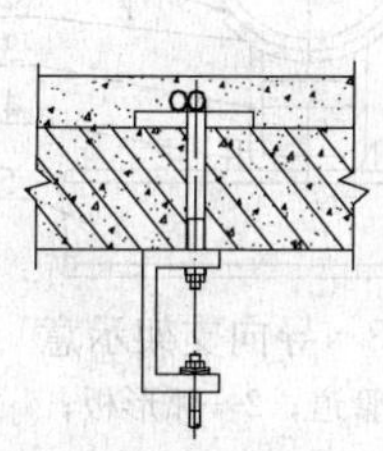

图8 穿楼板螺栓固定示意

1—面层；2—加强筋；3—钢板；4—螺栓；5—楼板；6—槽钢；7—吊杆

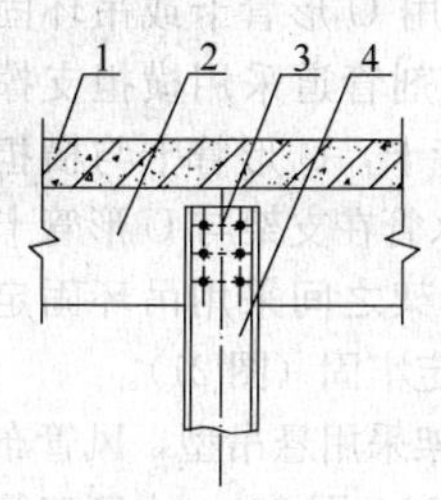

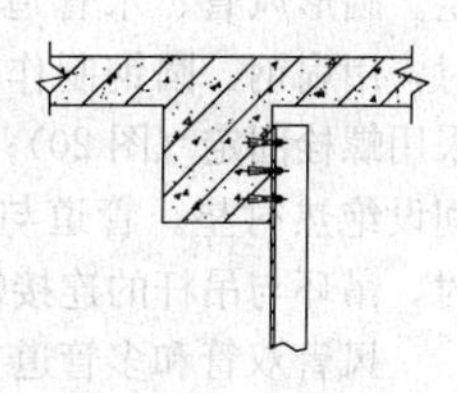

图9 支架与梁固定示意

1—楼板；2—梁；3—螺栓；4—槽钢

7.2 支吊架制作

7.2.3 管道支、吊架的类型见表2。

表2 管道支吊架的类型

序号	分类方法	支、吊架类型	
1	按支、吊架与墙体、梁、楼板等固定结构的相互位置关系划分	悬臂型	
		斜支撑型	
		地面支撑型	
		悬吊型	
2	按支、吊架对管道位移的限制情况划分	固定支架	
		活动支架	滑动支架
			导向支架
			防晃支架

悬臂型及斜支撑型支、吊架宜安装在混凝土墙、混凝土柱及钢柱上。悬臂支架及斜支撑采用角钢或槽钢制作，支、吊架与结构固定方式采用预埋件焊接固定或螺栓固定（图10、图11）。

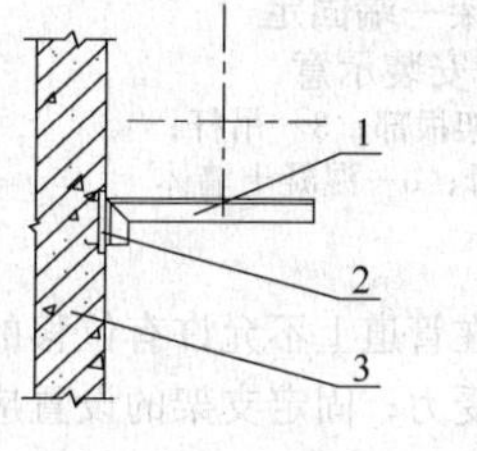

(a) 预埋件焊接固定

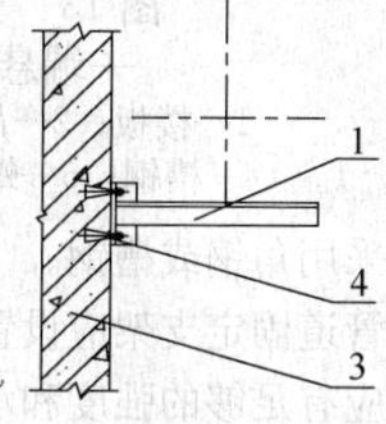

(b) 螺栓固定

图10 悬臂型支架示意

1—支架；2—预埋件；3—混凝土墙体；4—螺栓

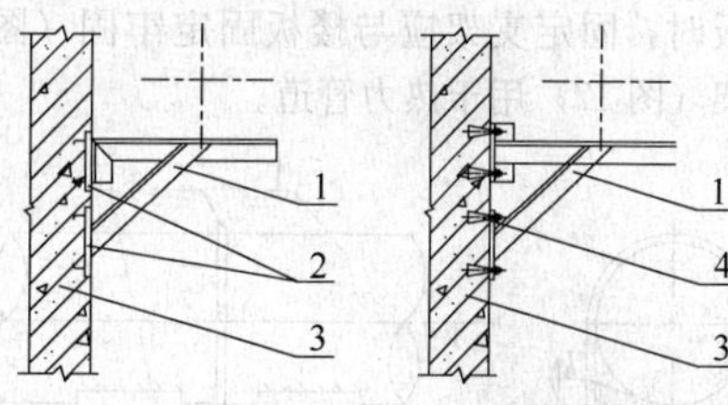

(a) 预埋件焊接固定　(b) 螺栓固定

图11 斜支撑型支架示意

1—支架；2—预埋件；3—混凝土墙体；4—螺栓

地面支撑型支架用于设备、管道的落地安装，支架采用角钢、槽钢等型钢制作，与地面或支座用螺栓固定牢固（图12）。

支、吊架采用一端固定，一端悬吊方式时，悬臂采用角钢或槽钢，吊杆可采用圆钢、角钢或槽钢，吊架根部采用钢板、角钢、槽钢。悬臂与柱、墙固定，吊架与楼板或梁固定（图13）。

悬吊架安装在混凝土梁、楼板下时，吊架根部采用钢板、角钢或槽钢，吊杆采用圆钢、角钢或槽钢，

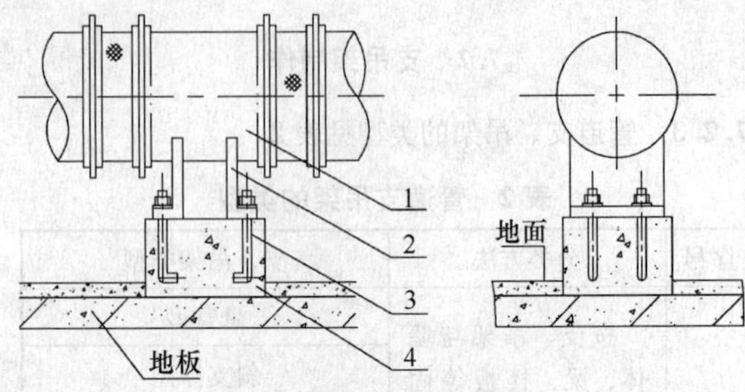

图 12　支撑型支架示意

1—管道或设备；2—支架；3—地脚螺栓；4—混凝土支座

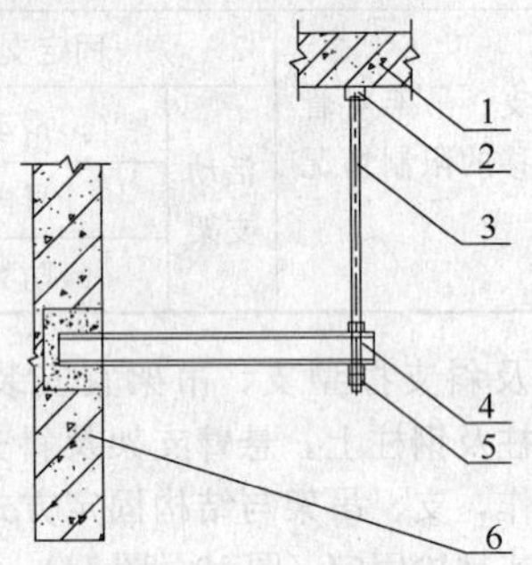

图 13　支架一端固定
一端悬吊安装示意

1—楼板；2—吊架根部；3—吊杆；
4—槽钢；5—螺母；6—混凝土墙体

横担采用角钢或槽钢。

管道固定支架应设置在管道上不允许有位移的位置，应有足够的强度和承受力；固定支架的设置应经过设计核算，其设置结构形式、安装位置应符合设计要求及相关标准的规定，固定支架可采用带弧形挡板的管卡式（图 14），双侧挡板式（图 15）等形式。固定支架采用钢板、角钢、槽钢等与管道固定牢固。管道穿楼板时，固定支架应与楼板固定牢固（图 16）。滑动支架（图 17）用于热力管道。

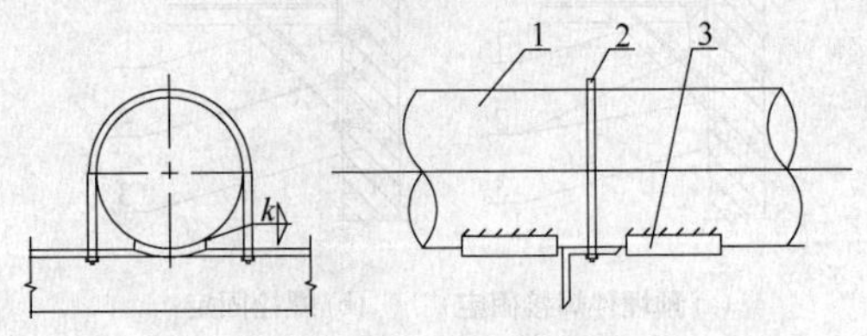

图 14　带弧形挡板管卡式固定支架示意

1—管道；2—管卡；3—弧形挡板

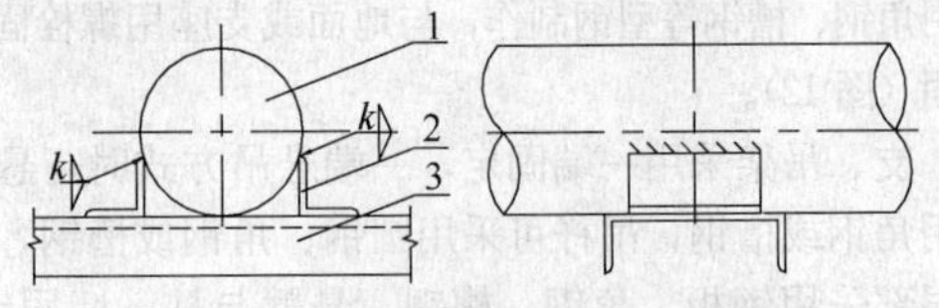

图 15　双侧挡板式固定支架示意

1—管道；2—双侧挡板；3—横担

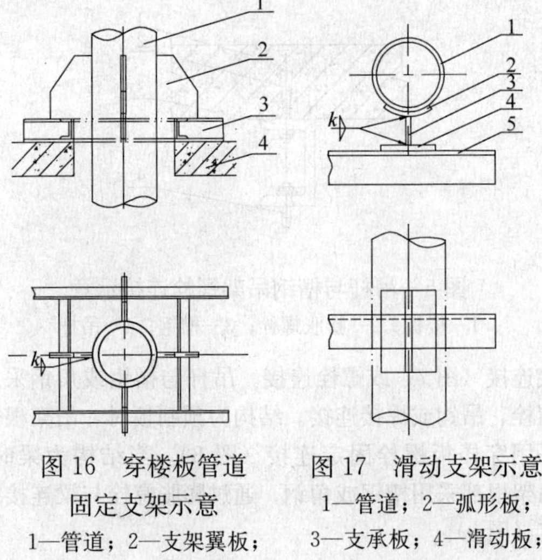

图 16　穿楼板管道
固定支架示意

1—管道；2—支架翼板；
3—槽钢；4—楼板

图 17　滑动支架示意

1—管道；2—弧形板；
3—支承板；4—滑动板；
5—角钢横担

导向支架（图 18）是在滑动支架两侧的支架横梁上，每侧焊制一块导向板，导向板采用扁钢或角钢制作。扁钢导向板的高度宜为 30mm，厚度宜为 10mm；角钢规格宜为 L40×5。导向板的长度与支架横梁的宽度相同，导向板与滑动支架间应有 3mm 的间隙。

防晃支架不因管道或设备的位移而产生晃动，吊架采用角钢或槽钢制作，与吊架根部和横担焊接牢固。防晃支架用于支撑风管和水管，风管防晃支架见图 19。

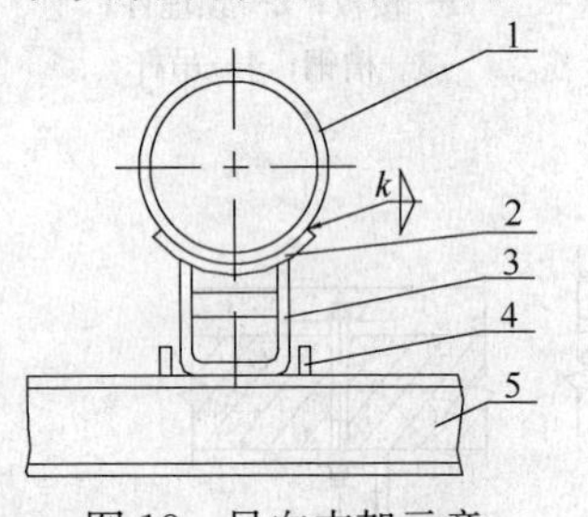

图 18　导向支架示意

1—管道；2—弧形板；
3—曲面板；4—导向板；
5—槽钢横梁

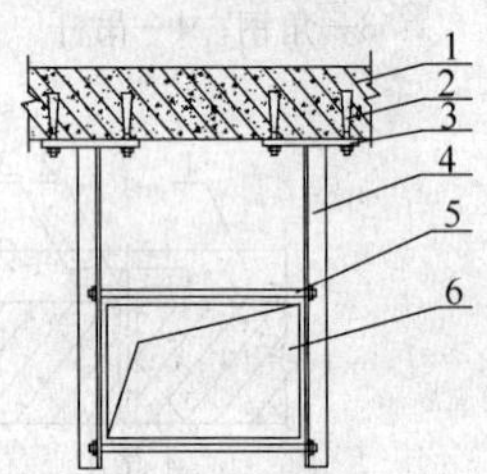

图 19　风管防晃
支架示意

1—楼板；2—膨胀螺栓；
3—钢板；4—角钢；
5—圆钢；6—风管

管道与支、吊架之间可采用 U 形管卡或吊环固定。圆形风管、水管道及制冷剂管道采用横担支撑时，用扁钢、圆钢制作 U 形管卡，U 形管卡与横担采用螺栓固定（图 20）；保温水管在支架与 U 形管卡间设绝热衬垫。管道与支、吊架之间采用吊环固定时，吊环与吊杆的连接螺栓固定牢固（图 21）。

风管双管和多管道支、吊架采用悬吊型，风管布置一般为水平和垂直方向（图 22、图 23）。水管双管和多管的支、吊架采用悬臂型、斜支撑、悬吊型（图 24、图 25）。共用支、吊架的承载、材料规格须经校核计算。

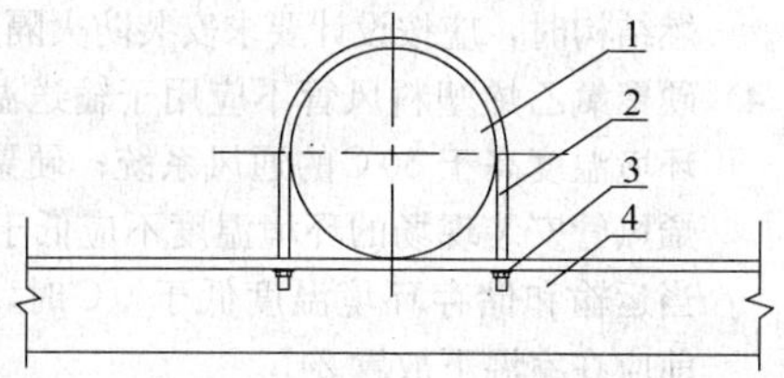

图 20　U 形管卡安装示意

1—管道；2—U 形管卡；3—螺栓；4—横担

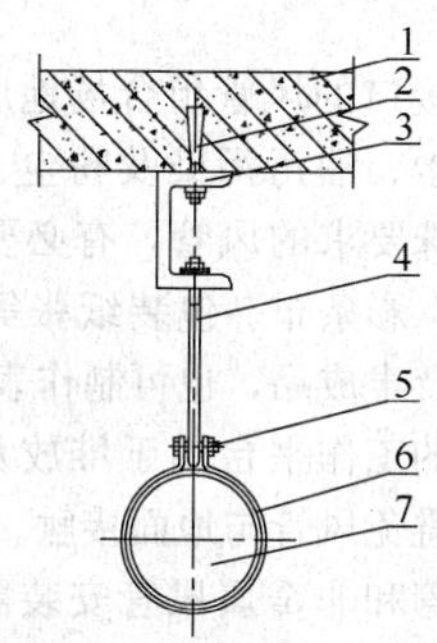

图 21　吊环安装示意

1—楼板；2—膨胀螺栓；3—吊架根部；
4—吊杆；5—螺栓；6—吊环；7—管道

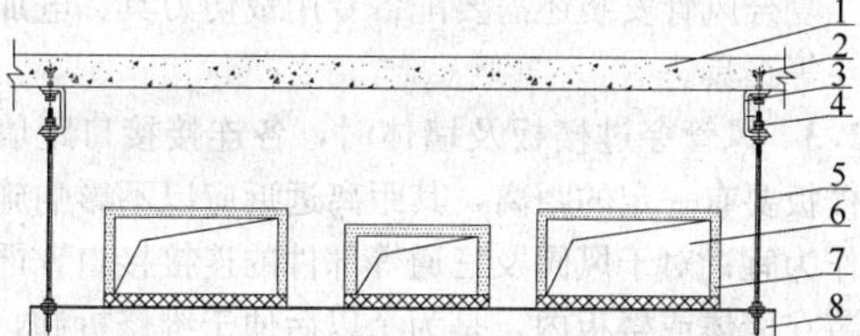

图 22　水平布置多风管共用吊架示意

1—楼板；2—膨胀螺栓；3—槽钢；4—螺母；
5—吊杆；6—风管；7—绝热材料；8—横担

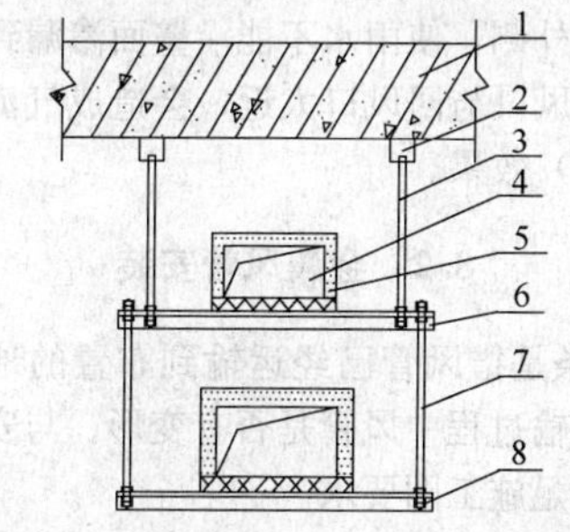

图 23　垂直布置双风管吊架示意

1—楼板；2—吊架根部；3—吊杆 1；4—风管；
5—绝热层；6—角钢 1；7—吊杆 2；8—角钢 2

靠墙、柱安装的水平风管宜采用悬臂型或斜支撑型支架；不靠墙、柱安装的水平风管宜采用悬吊型或地面支撑型支架；靠墙安装的垂直风管宜采用悬臂型支架或斜支撑型支架；不靠墙、柱，穿楼板的垂直风管应根据施工现场结构形式，管道相互位置及排列方式，管道荷载，水平、垂直或弯管（头）类型，管道

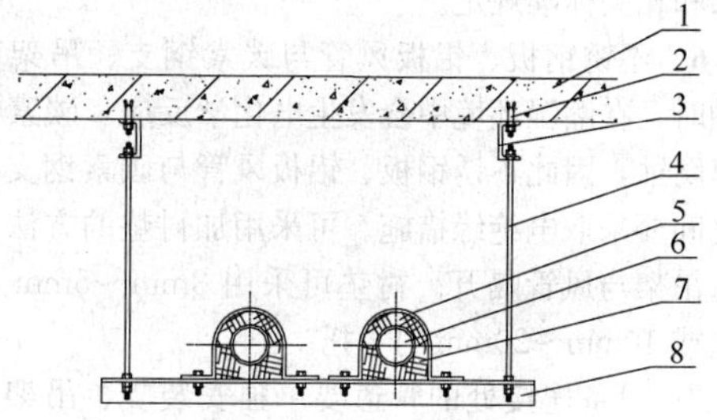

图 24　水管双管道共用悬吊架示意

1—楼板；2—膨胀螺栓；3—槽钢；4—吊杆；
5—管卡；6—水管；7—木托；8—横担

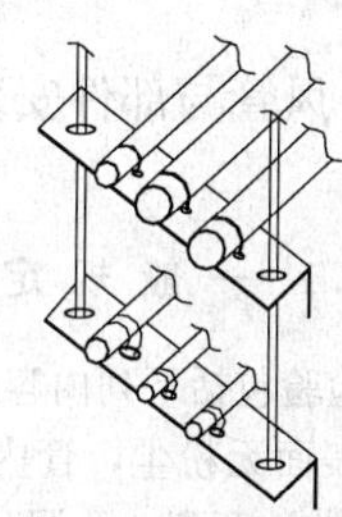

图 25　水管多管道垂直分层共用悬吊架示意

保温或非保温等不同要求选用合适的支、吊架类型。

7.2.4　支、吊架的悬臂、斜支撑采用角钢或槽钢制作。支、吊架的吊架根部采用钢板、角钢或槽钢与墙柱固定；悬臂、斜支撑、吊臂及吊杆采用角钢、槽钢或圆钢制作；横担采用角钢、槽钢制作；抱箍采用圆钢或扁钢制作。支、吊架的固定件与墙、柱采用焊接或膨胀螺栓固定。

7.3　支吊架安装

7.3.1　支、吊架固定所采用的膨胀螺栓等应是符合国标的正规产品，其强度应能满足管道及设备的安装要求。装配式管道吊架和快速吊装组合支、吊架应符合相关产品标准，并有质量合格证明文件。连接和固定装配式管道吊架，快速吊装组合支、吊架，减振器等成型产品的连接件，应符合相关产品要求。

支、吊架安装场所应清洁；现场具备管道设备安装条件；作业地点要有相应的辅助设施，如梯子、架子、电源和安全防护装置、消防器材等；焊接工人操作应持证上岗，并有防护措施。

支、吊架安装所需的主要机具、工具包括手电钻、电锤、手锯、电气焊具、水平尺、钢直尺、钢卷尺、角尺、线坠等。

7.3.4　支、吊架的数量按间距和设置要求根据现场情况进行排布。悬吊型按标高及坡度高差确定吊杆长度。悬臂型和斜支撑型按标高及坡度高差确定安装位置。土建施工时已在墙上预留了埋设支架的孔洞，或在钢筋混凝土柱、构件上预埋了焊接支架的钢板，也应拉线找坡、检查其标高、位置及数量是否符合设计

要求和相关标准规定。

7.3.6 不锈钢板、铝板风管与碳素钢支、吊架直接接触时，在潮湿环境中会发生电化学反应，碳素钢会迅速腐蚀，因此不锈钢板、铝板风管与碳素钢支、吊架之间要采取电绝缘措施。可采用加衬垫的方法，使支、吊架与风管隔开。衬垫可采用3mm～5mm的橡胶垫或10mm～20mm的木托。

7.3.7 设备连接处的管道要单独安装支、吊架，一方面防止管道及部件重量传递给设备，另一方面防止系统运行时产生的冲力对管道或部件的连接接口造成损坏。

8 风管与部件安装

8.1 一般规定

8.1.1 风管进场检验包括下列内容：

1 外观：外表面无粉尘，管内无杂物；金属风管不应有变形、扭曲、开裂、孔洞、法兰脱落、焊口开裂、漏铆、缺孔等缺陷。非金属风管与复合风管表面平整、光滑、厚度均匀，无毛刺、气泡、气孔、分层，无扭曲变形及裂纹等缺陷。

2 加工质量：风管与法兰翻边应平整、长度一致，四角没有裂缝，断面应在同一平面；法兰与风管管壁铆接应严密牢固，法兰与风管应垂直；法兰螺栓孔间距符合要求，螺栓孔应能互换。硬聚氯乙烯风管焊接不应出现焦黄、断裂等缺陷，焊缝应饱满、平整。

3 非金属风管包括无机玻璃钢风管和硬聚氯乙烯风管，宜采用成品风管，成品风管在进场时，应检查其合格证或强度及严密性等技术性能证明资料。

无机玻璃钢风管外购预制成品应按有关标准要求制作，并标明生产企业名称、商标、生产日期、燃烧性能等级等标记。现场组装前验收时，重点检查表面裂纹、四角垂直度、法兰螺栓孔间距与定位尺寸等内容。

4 风管安装的附属材料有：连接材料、垫料、焊接材料、防腐材料、型钢等，应检查规格、型号、生产时间、防火性能等满足施工要求，与风管材质匹配，并应符合相关标准规定。

5 施工作业环境满足要求是指：

1) 建筑结构工程已验收完成。

2) 安装部位和操作场地已清理，无灰尘、油污污染；设计有特殊要求时，安装现场地面应铺设玻璃布、彩条布、包装纸张或制作表面水平、光滑、洁净的工作平台，人员机具进场保持干净。

3) 风管与热力管道或发热设备间应保持安全距离，防止风管过热发生变形。当通过可燃结构时，应按设计要求安装防火隔层。

4) 硬聚氯乙烯塑料风管不应用于输送温度或环境温度高于50℃的通风系统；硬聚氯乙烯风管安装现场的环境温度不应低于5℃。当运输和储存环境温度低于0℃时，安装前应在室温下放置24h。

5) 洁净空调系统风管安装，应在建筑结构、门窗和地面施工已完成，墙面抹灰完毕，室内无灰尘飞扬或有防尘措施的条件下进行。

6) 粘接接口的风管组合场地应清理干净，严禁灰尘、油污污染及粉尘、纤维飞扬。对于特殊要求的风管，有必要在地面铺设玻璃布、彩条布、包装纸张等用于堆放风管成品及半成品，也可制作表面水平、光滑、洁净的工作平台用于堆放及涂胶、组对安装，避免风管与地面接触。

6 金属风管和非金属风管安装需要的施工机具和工具有升降机、移动式组装平台、吊装葫芦、滑轮绳索、手电钻、砂轮锯、电锤、台钻、电气焊工具、扳手、柔性吊带等，测量工具有钢直尺、钢卷尺、角尺、经纬仪、线坠。

复合风管安装还需要配备专用裁切刀具、电加热熨斗等工具。

8.1.3 风管穿过楼板及墙体时，各连接接口距墙体或楼板要有一定的距离，其距离远近应以不影响施工操作为宜；对于风阀及三通等部件的连接接口，严禁安装在墙体或楼板内，是为了以后便于维修拆卸，其他风管接口未做规定；风管敷设距墙体或楼板的距离应按设计要求，本规范不再规定。

8.1.9 风管穿出屋面的防雨罩应设置在建筑结构预制的挡水圈外侧，使雨水不能沿壁面渗漏到屋内。

8.1.10 送风口与回风口太近，会造成气流短路，影响供冷（热）效果。

8.2 金属风管安装

8.2.4 此条是指风管已经运输到布置的地面或楼面时，检查运输过程中风管是否有变形、与安装部位是否对应，满足施工图要求。

8.3 非金属与复合风管安装

8.3.5 采用人工作业时，应以单节形式提升管段，防止用力不均匀导致风管损坏。条件许可时，边长（直径）大于1250mm的玻璃钢风管可吊两节，边长（直径）小于1250mm的玻璃钢风管不应超过三节。风管边长大于2000mm时，横担上设置100mm×1.2mm的钢制垫板加大接触面积，减少局部负载。

8.3.6 在管内侧按介质流向，上游接口设置为内凸插口，下游为内凹承口，可以减少漏风。内层为玻璃纤维布时，将下游内凹承口的内层玻璃纤维布翻边折成90°，可以防止内层被迎风吹起脱落。

对于溶剂型胶粘剂，晾置几分钟到数十分钟，使胶粘剂中的溶剂大部分挥发，有利于提高初粘力，这是必要的工序。

铝箔热敏胶带熨烫面设有感温色点，当热敏铝箔上带色光点全部变成黑灰色即可停止加热，以此控制加温，保证粘接质量。

错位对接粘结连接方式主要适用于刚性较大的板材制作的风管，该连接方式漏风量较大，因此，应在地面试装，检查接缝严密后，再涂胶粘接。

9 空气处理设备安装

9.1 一 般 规 定

9.1.1 设备安装常用的施工机具和工具有起重机械、钢丝绳、电锤、坡口机、套丝板、管钳、套筒扳手、活扳手、平尺、电气焊设备等。测量工具有钢直尺、钢卷尺、角尺、水平仪、百分表、塞尺、线坠、水准仪、经纬仪、测温计、毕托管、U形压力计等。

施工环境温度有要求时，应满足相关规定。冬期施工在无采暖、环境温度低于5℃时，应采取防冻措施。

9.1.4 搬运过程中，叶轮、蜗壳、热交换器容易损坏，因此应小心谨慎，应轻抬轻放盘管底座，严禁手执叶轮或蜗壳搬动机组，以免造成叶轮变形，增加噪声，影响使用效果。不应碰撞热交换器，以免损坏管路，出现漏水现象。

9.1.5 大型设备运输安装前进行试吊是非常重要的工作，可以校核钢丝绳、吊具的选型是否正确，承载能力大小，吊点是否牢固。

9.2 空调末端装置安装

9.2.3 手盘叶片，转动灵活、方向正确，机械部分无摩擦、松脱现象，这是风机盘管安装前非常重要的工作，防止通电后因叶轮卡住而烧坏电机。检查电机接线是检查配置双电机时是否接线正确无误，以临时电源通电进行三速试运转，可以检验叶轮能否同时转动，保证运行时的风量。

9.2.7 变风量空调系统在大风量高速运行时，接缝处若有大的渗漏容易造成结露，污染天花板。因此，风管接缝处采用低温状态下不硬化、不脆化、粘接性能良好的密封胶密封，咬口、铆接部位均应涂胶密封。

9.4 空气处理机组与空气热回收装置安装

9.4.3 盘管和过滤器的长度略短于机组宽度，为了拆卸盘管和抽取过滤器，基础旁应留有至少与机组宽度同长的空间。

9.4.5 具体的漏风率标准为：机组内静压保持段700Pa，负压段－400Pa时，机组漏风率不大于2%；用于洁净空调系统的机组，机组内净压应保持1000Pa，机组漏风率不大于1%。

10 空调冷热源与辅助设备安装

10.1 一 般 规 定

10.1.1 本章涉及的空调冷热源设备包括蒸汽压缩式制冷（热泵）机组、吸收式制冷机组。其中蒸汽压缩式制冷（热泵）机组包括常规（以冷却塔为冷却方式）电制冷机组、水源热泵机组、空气源热泵机组和水环热泵机组；吸收式制冷机组包括燃气或燃油的直燃吸收式制冷机组、蒸汽型或热水型吸收式制冷机组。本章涉及的空调冷热源辅助设备包括冷却塔、换热设备、水泵、蓄冷蓄热设备、软化水装置、制冷制热附属设备等。制冷制热附属设备包括分集水器、净化设备、过滤装置、定压稳压装置等。

10.1.2 设备施工安装常用的施工机具和工具有起重机、叉车、钢丝绳、电锤、吊装葫芦、千斤顶、管钳、套筒扳手、活扳手、电气焊设备、道木、滚杠、撬棒等。测量工具有钢直尺、钢卷尺、角尺、水平仪、百分表、塞尺、线坠、水准仪、经纬仪、测温计、毕托管、U形压力计等。

10.1.3 本条中的设备运输是指施工现场内的水平运输和垂直运输。

11 空调水系统管道与附件安装

11.1 一 般 规 定

11.1.1 材料进场检验包括以下主要内容：

1 各类管材、型钢等应有材质检测报告；管件、法兰等应有出厂合格证；焊接材料和胶粘剂等应有出厂合格证、使用期限及检验报告；阀门、除污器、过滤器、软接头、补偿器、绝热材料、衬垫等应有产品出厂合格证及相应检验报告。

2 钢管外壁应光滑、平整，无气泡、裂口、裂纹、脱皮、分层和严重的冷斑及明显的痕纹、凹陷等缺陷；塑料管材、管件颜色应一致，无色泽不均匀及分解变色线。管件应完整、无缺损、变形规整、无开裂。管材外径、壁厚公差应符合有关标准的要求。法兰不应有砂眼、裂纹，表面应光滑，并应清除密封面上的铁锈、油污等。阀门的规格、型号和适用温度、压力满足设计和使用功能要求，外观无毛刺、无裂纹，开关灵活，丝扣和手轮无损伤。阀杆应灵活，无卡位或歪斜现象。沟槽式连接橡胶密封圈应选择天然橡胶、乙丙橡胶等材质，并应满足输送介质的要求。

空调水系统管道与附件安装时所需的主要作业条件包括：建筑物围护结构基本施工完毕；施工场地平整、清洁，道路畅通；作业地点电源安装完毕；梯子、架子及各种施工机具准备或安装完成；安全防护装置和消防设施符合要求。

空调水系统管道与附件安装所需的施工机具主要包括套丝机、砂轮切割机、台钻、电锤、手电钻、电焊机、热熔机、电熔机、坡口机、氧气乙炔瓶、沟槽加工机、试压泵、钢管专用开孔机等。

11.1.2 地下构筑物主要指地下水池，防水措施一般指安装刚性或柔性防水套管，柔性防水套管一般适用于管道穿墙处有振动或有严密防水要求的构筑物；刚性防水套管一般适用于管道穿墙处要求一般防水的构筑物，忽略此条内容或不够重视将造成质量问题，且此部位维修困难，所以此条列为强制性条文。

11.1.4 结构变形缝是指各种结构伸缩缝、防震缝及沉降缝，设置金属柔性短管防止因建筑结构变形导致管道扭曲破裂。

11.1.5 弯头的弯曲半径越大，阻力越小。受到施工安装条件限制，无法做到随意加大弯头制作的弯曲半径，所以对弯头的弯曲半径作出限制。

11.2 管道连接

11.2.1 管径小于或等于 *DN*32 的管道多用于连接空调末端支管，拆卸相对较多，且截面积较小，施焊时，易使其截面缩小，因此应采用螺纹连接。

镀锌钢管表面的镀锌层是管道防腐的主要保护层，为了不破坏镀锌层，故提倡采用螺纹连接，并强调镀锌层破坏的表面及外露螺纹部分应进行防腐处理。根据国内工程的施工情况，当管径大于 *DN*100mm 时，螺纹加工与连接质量不太稳定，采用沟槽、法兰或其他连接方法更为合适。对于闭式循环运行的冷冻水系统，管道内部的腐蚀性相对较弱，对被破坏的表面进行局部防腐处理可以满足需要。但是，对于开式运行的冷却水系统，则应采取二次镀锌。

11.2.2 管道螺纹连接一般采用圆锥形外螺纹与圆柱形内螺纹连接，称为锥接柱。管道螺纹规格见表 3。

表 3 管道螺纹规格

序号	公称直径		标准螺纹（连接管件用）		长螺纹（连接设备用）		短螺纹（连接阀门用）	
	公制（mm）	英制（in）	长度（mm）	螺纹数（个）	长度（mm）	螺纹数（个）	长度（mm）	螺纹数（个）
1	15	1/2	14	8	50	28	12.0	6.5
2	20	3/4	16	9	55	30	13.5	7.5
3	25	1	18	8	60	26	15.0	6.5
4	32	1 1/4	20	9	—	—	17.0	7.5
5	40	1 1/2	22	10	—	—	19.0	8.0
6	50	2	24	11	—	—	21.0	9.0
7	70	2 1/2	27	12	—	—	—	—
8	80	3	30	13	—	—	—	—
9	100	4	33	14	—	—	—	—

11.2.3 管道熔接包括电熔连接和热熔连接，热熔连接还分为对接连接和承插连接，电熔连接主要为承插连接。电熔连接主要是利用电熔管件内电阻丝的热作用熔化塑料管上连接部位，达到紧密连接目的。热熔连接是采用特殊的加热工具，将两个连接面加热到规定温度，通过一定的加热时间，施加一定的压力使加热的连接面熔融成一体。

管道材质不同，熔接的温度也不同，一般最佳温度可根据制造厂家推荐，通过现场试验后得到。

11.2.7 润滑剂可采用肥皂水等，不应采用油润滑剂。

11.3 管道安装

11.3.2 管道预制一般包括管道除锈、防腐、切割、调直、坡口加工、开孔、螺纹加工、管段预组装等工作。管道调直包括下料前初步调直，加工预制过程中因管螺纹加工偏差使组装管段出现弯曲调直。

11.4 阀门与附件安装

11.4.7 预拉伸或预压缩量应由施工人员根据施工现场的环境温度计算出管道的实时补偿量，然后进行补偿器的预拉伸或预压缩数值计算。管道的热伸长量计算公式为：

$$\Delta x = \alpha \Delta t L$$

式中：Δx——管道热伸长量 m；

α——管道的线膨胀系数，一般可取 $\alpha = 12 \times 10^{-6}$ m/m·℃；

L——计算管段长度 m；

Δt——温差（最高温度与最低温度之差）℃。

采用上式计算补偿器预拉伸或预压缩数值时，计算管段长度为所需补偿管道固定支架间的距离；温差取介质温度与安装时环境温度之差。

11.4.8 仪表主要包括压力表、温度计、流量计、水流开关等指示数据的仪器。

12 空调制冷剂管道与附件安装

12.1 一 般 规 定

12.1.2 空调制冷剂管道与附件材料进场检验内容同本规范第11章空调水系统管道与附件的材料进场检验。

钢管与不锈钢管外壁应光滑、平整，无气泡、裂口、裂纹、脱皮、分层和严重的冷斑及明显的痕纹、凹陷等缺陷；铜管内外表面应光滑、清洁、不应有针孔、裂纹、分层、夹渣、气泡等缺陷。管材外径、壁厚公差应符合有关标准要求。法兰不应有砂眼、裂纹，表面应光滑，并应清除密封面上的铁锈、油污等。阀门规格、型号和适用温度、压力满足设计和使用功能要求，外观无毛刺、无裂纹、开关灵活、丝扣和手轮无损伤。

空调制冷剂管道与附件安装的主要作业条件同本规范第11章空调水系统管道与附件安装的作业条件。

施工机具主要包括套丝机、砂轮切割机、台钻、电锤、手电钻、电焊机、坡口机、氧气乙炔瓶、沟槽加工机、试压泵、专用开孔机等。

12.1.5 现行不锈钢管道技术规程包括《建筑给水薄壁不锈钢管管道工程技术规程》CECS 153，《建筑给水排水薄壁不锈钢管连接技术规程》CECS 277，《供水用不锈钢焊接钢管》YB/T 4204。现行铜管道技术规程包括《建筑给水铜管管道工程技术规程》CECS 171。

13 防 腐 与 绝 热

13.2 管道与设备防腐

13.2.1 管道与设备在进行防腐施工前，应根据设计要求了解防腐涂料的品种和使用要求，包括油漆的组分和配合比、表干时间、实干时间、理论用量、施工方法、层次以及漆膜厚度等。

13.3 空调水系统管道与设备绝热

13.3.1 常用的绝热材料包括下列类型：

1 板材：岩棉板、铝箔岩棉板、超细玻璃棉毡、铝箔超细玻璃棉板、自熄性聚苯乙烯泡沫塑料板、阻燃聚氨酯泡沫塑料板、发泡橡塑板、铝镁质隔热板等。

2 管壳制品：岩棉、矿渣棉、玻璃棉、硬聚氨酯泡沫塑料管壳、铝箔超细玻璃棉管壳、发泡橡塑管壳、聚苯乙烯泡沫塑料管壳、预制瓦块（泡沫混凝土、珍珠岩、蛭石）等。

3 卷材：聚苯乙烯泡沫塑料、岩棉、发泡橡塑、铝箔超细玻璃棉等。

常用的防潮层材料有：树脂玻璃布、聚乙烯薄膜、夹筋铝箔（兼保护层）等。

常用的保护层材料有：镀锌钢丝网、玻璃丝布、铝板、镀锌铁板、不锈钢板、铝箔纸等。

其他材料有：铝箔胶带、胶粘剂、防火涂料、保温钉等。

14 监测与控制系统安装

14.1 一 般 规 定

14.1.2 现行监测与控制系统安装应符合的标准有：《建筑电气工程施工质量验收规范》GB 50303、《智能建筑工程质量验收规范》GB 50339、《建筑节能工程施工质量验收规范》GB 50411以及《智能建筑工程检测规程》CECS 182等。

14.1.3 电磁干扰以电流的形式沿载流导体传播，或以电磁波的形式通过空间传播。所以各种控制器、传感器元器件、线路均应采取措施避免电磁干扰。如有电磁干扰时，可采用电源滤波、电线屏蔽、加装滤波器、设备重复接地等措施避免干扰。

14.2 现场监控仪表与设备安装

14.2.1 液体压力传感器的安装见图26。

14.2.2 空气压差传感器（压差开关）的安装见图27。

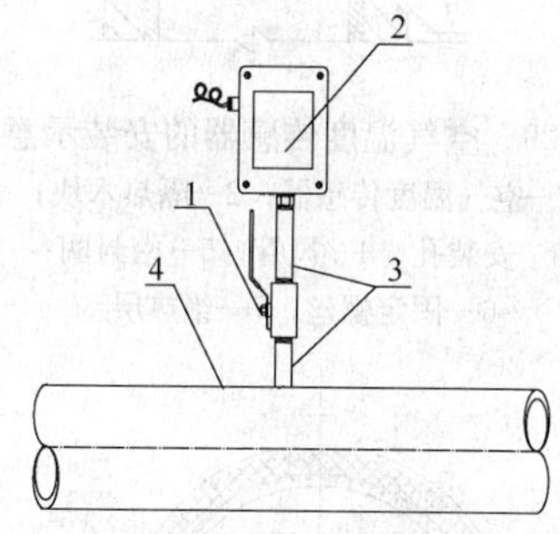

图26 液体压力传感器安装示意

1—检修阀门；2—压力传感器；3—导压管；4—管道

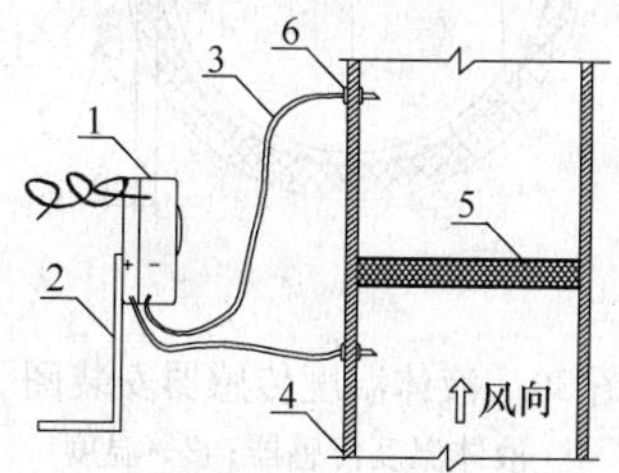

图27 空气压差传感器（压差开关）安装示意

1—空气压差开关；2—支架；3—塑料导压管；4—风管；5—过滤器；6—固定件

14.2.3 液体压差传感器（压差开关）的安装见图 28。

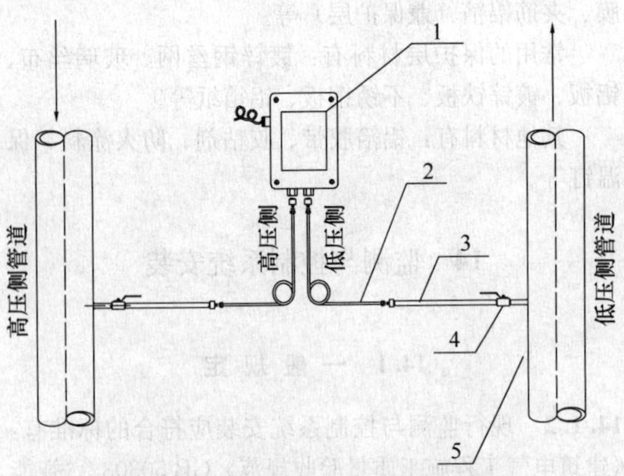

图 28 液体压差传感器（压差开关）安装示意

1—液体压差传感器；2—避振弯管；3—导压管；4—阀门；5—管道

14.2.4 风管上的温度传感器安装见图 29，液体温度传感器的安装见图 30。

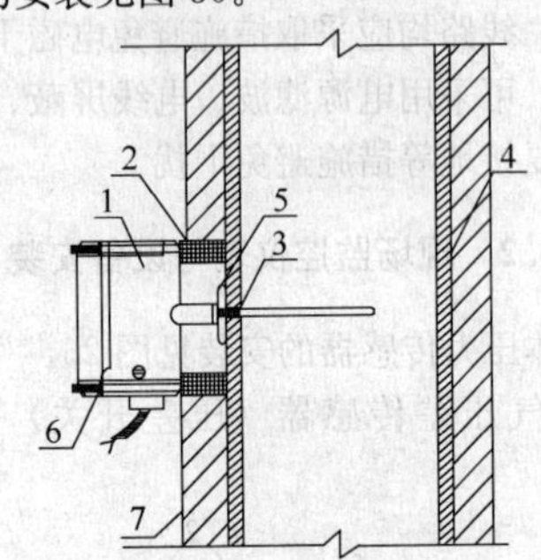

图 29 空气温度传感器的安装示意

1—空气温度传感器；2—隔热木块；3—安装孔；4—风管；5—密封圈；6—固定螺丝；7—绝热层

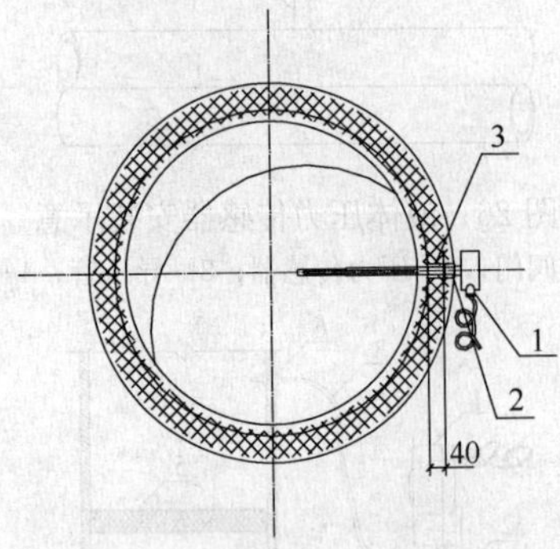

图 30 液体温度传感器安装图

1—液体温度传感器；2—温度传感器套管；3—束节

14.3 线管与线槽安装及布线

14.3.2 线管在穿过伸缩缝或沉降缝时，应装接线盒、金属软管等补偿装置，并做好接地柔性跨接。

14.4 中央监控与管理系统安装

14.4.2 监控室常用配备设备包括控制台、系统控制柜、监控主机、服务器、交流净化稳压电源、UPS 不间断供电电源、打印机等。

管理系统软件一般包括控制器编程软件、服务器和监控计算机控制软件、节能管理软件、计量系统软件、远程客户端接口软件等应用软件。

15 检 测 与 试 验

15.1 一 般 规 定

15.1.4 检测与试验是施工过程的一项重要内容，监理工程师应旁站验收。

15.2 风管强度与严密性试验

15.2.4 风管强度试验是在严密性试验的基础上进行，试验压力为设计工作压力的 1.5 倍。

15.4 水系统阀门水压试验

15.4.1 本条对阀门试压范围进行了规定。

15.4.2 阀门强度试验应在启闭件（阀瓣）完全打开时进行，主要检查壳体、填料函及阀体与阀盖连接处耐压强度。

15.4.3 阀门严密性试验主要检查在关闭状态下，阀门是否严密。

15.5 水系统管道水压试验

15.5.1 本条对水系统管道试验压力进行了规定。

15.5.2 对于系统较大或提前隐蔽的系统管道，应分区域进行试验。

15.5.3 系统水压试验应在管道系统全部完成后进行。

15.7 管道冲洗试验

15.7.3 冲洗时应保证有一定流速及压力。流速过大，不容易观察水质情况，流速过小，冲洗无力。冲洗应先冲洗大管，后冲洗小管；先冲洗横干管，然后冲洗立管，再冲洗支管。严禁以水压试验过程中的放水代替管道冲洗。

15.8 开式水箱（罐）满水试验和换热器及密闭容器水压试验

15.8.2 热交换器水压试验时，升压过程应缓慢，以免造成局部压力过大，损坏加热面。

15.10 制冷系统试验

15.10.2 系统气密性试验应在管道系统吹污完成后

进行。

16 通风与空调系统试运行与调试

16.1 一 般 规 定

16.1.2 调试所需仪器和仪表一般包括声级计、温度计、湿度计、热球风速仪、叶轮式风速仪、倾斜式微压差计、毕托管、超声波流量计、钳形电流表、转速表。

调试方案一般包括系统概况，调试工作内容，调试步骤与方法，安全与事故应急措施，仪器仪表的配备，调试人员，进度安排等。调试方案要报送专业监理工程师审核批准。调试方案应包括现场安全措施与事故应急处理方案。通风与空调系统安装完毕，其是否能正常运行处于未知状态，应预先考虑好应急方案，以确保调试过程人身与设备的安全。

16.3 系统无生产负荷下的联合试运行与调试

16.3.4 风口处的风速如采用风速仪测量时，应贴近格栅或网格，平均风速测定可采用匀速移动法或定点测量法。送（回）风口风量按下式计算：

$$Q = 3600 \cdot A \cdot V \cdot K \tag{1}$$

式中：Q——风口风量（m^3/h）；

A——送风口的外框面积（m^2）；

V——风口处测得的平均风速（m/s）；

K——考虑风口的结构和装饰形式的修正系数，一般取 0.7～1.0。

采用叶轮风速仪贴近风口测定风量时，有两种方法：

1 匀速移动测量法。对于截面积不大的风口，可将叶轮风速仪沿整个截面按图 31 路线慢慢地匀速移动，移动时叶轮风速仪不应离开测定平面，此时测得的结果可认为是截面平均风速。此法需进行三次，取其平均值。

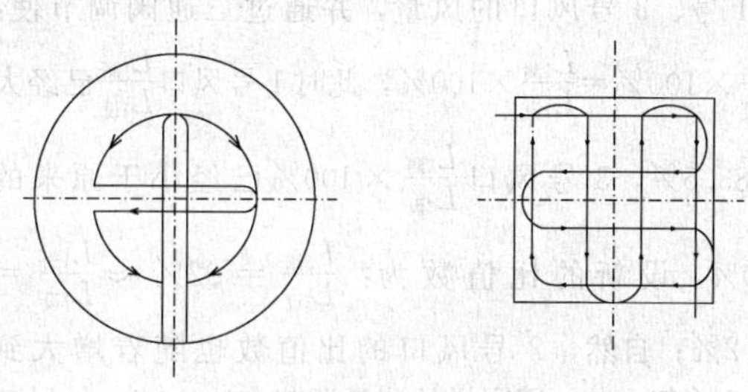

图 31 匀速移动测量路线

2 定点测量法。按风口截面大小，划分为若干个面积相等的小块，在其中心处测量。对于尺寸较大的矩形风口可划分为同样大小的 8 个～12 个小方格进行测量；对于尺寸较小的矩形风口，一般测 5 个点即可。对于条缝形风口，在其高度方向至少应有 2 个点，沿条缝方向根据长度可分别取为 4、5、6 对测点；对于圆形风口，按其直径大小在圆弧上可分别测 4 个点或 5 个点。如图 32、图 33 所示。

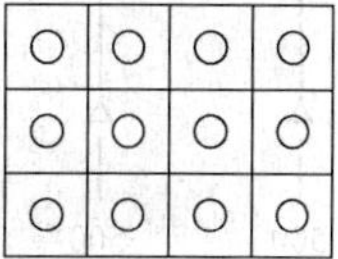

(a) 较大矩形风口

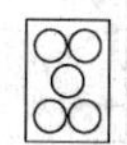

(b) 较小矩形风口

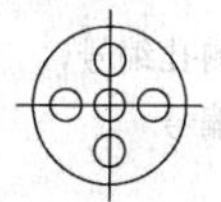

(c) 圆形风口

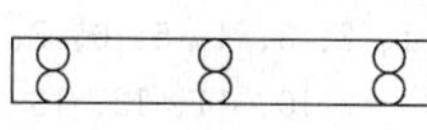

(d) 条缝形风口

图 32 各种形式风口的测点布置示意

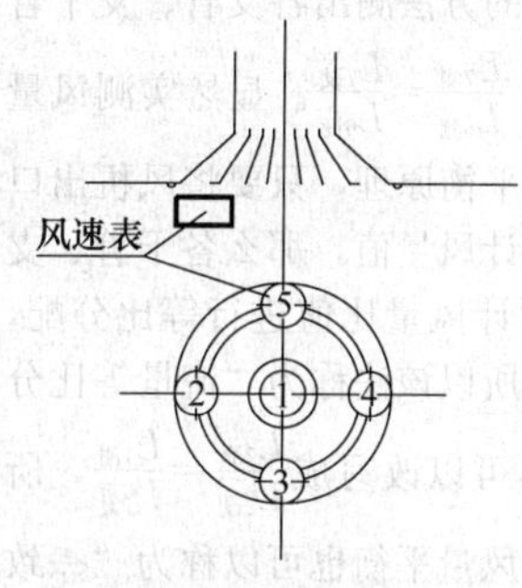

图 33 用风速仪测定散流器出口平均风速

系统风量的调整，即风量平衡，一般靠改变阀门或风口人字阀的叶片开启度使阻力发生变化，从而风量也发生变化，达到调节的目的。系统风量调整后，应达到新风量、排风量、回风量的实测值与设计风量的偏差不应大于 10%；风口风量的实测值与设计风量的偏差不应大于 15%。新风量与回风量之和应近似等于总的送风量或各送风量之和。

系统风量的调整方法有两种：流量等比分配法、基准风口调整法。由于每种方法都有各自的适应性，在风量调整过程中，可根据管网系统的具体情况，选用相应的方法。

1 流量等比分配法

用该方法对通风空调送（回）风系统进行调整，一般需从系统的最远管段，也就是从最不利的风口开始，逐步地调向通风机。该方法适用于风口数量较少的系统。

举例说明，从图 34 可知，离风机最远的风口为 1 号，最不利管路应是 1-3-5-9，应从支管 1 开始测定调整。为了加快调整速度，利用两套仪器分别测量支管 1 和 2 的风量，并用三通拉杆阀进行调节，使这两条支管的实测风量比值与设计风量比值近似相等，即：$\frac{L_{2测}}{L_{1测}}=\frac{L_{2设}}{L_{1设}}$。虽然两条支管的实测风量不一定能够马上调整到设计风量值，但是总可以调整到使两支管的实测风量的比值与设计风量的比值相等。例如：支管 1 的 $L_{1设}=550m^3/h$，支管 2 的 $L_{2设}=500m^3/h$。经调整后的实测风量为 $L_{1测}=515m^3/h$，$L_{2测}=$

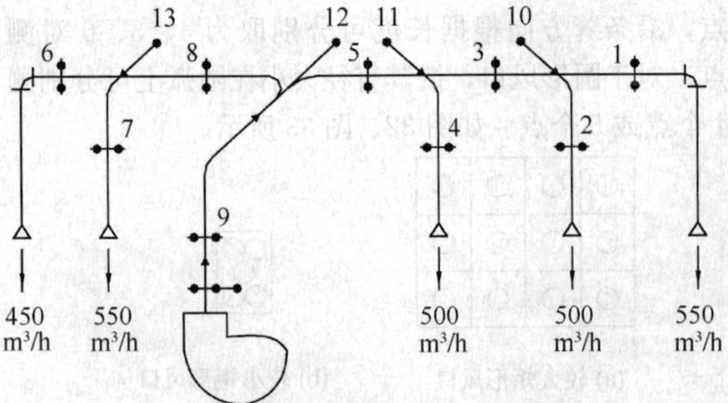

图 34 送风系统

1、2、3、4、5、6、7、8、9—测孔编号；
10、11、12、13—三通阀编号

470m³/h。它们的比值为：

$\frac{L_{2测}}{L_{1测}}=\frac{470}{515}=0.912$，$\frac{L_{2设}}{L_{1设}}=\frac{500}{550}=0.909$，可以认为两个比值近似相等。用同样的方法测出各支管、支干管的风量，即，$\frac{L_{4测}}{L_{3测}}=\frac{L_{4设}}{L_{3设}}$，$\frac{L_{7测}}{L_{6测}}=\frac{L_{7设}}{L_{6设}}$。显然实测风量不是设计风量，根据风量平衡原理，只要将风机出口总干管的总风量调整到设计风量值，那么各干管、支管的风量就会按各自的设计风量比值进行等比分配，也就会符合设计风量值。所以该法称为"流量等比分配法"。对于$\frac{L_{2测}}{L_{1测}}=\frac{L_{2设}}{L_{1设}}$，可以改写成$\frac{L_{2测}}{L_{2设}}=\frac{L_{1测}}{L_{1设}}$，所以利用这个比值方法进行风量平衡也可以称为"一致等比变化"调整方法。

2 基准风口调整法

图 35 所示为送风系统图，该系统共有三条支干管路，支干管Ⅰ上带有风口 1 号～4 号，支干管Ⅱ上带有风口 5 号～8 号，支干管Ⅳ上带有风口 9 号～12 号。调整前，先用风速仪将全部风口的送风量初测一遍，并将计算出的各个风口的实测风量与设计风量比值的百分数列入表 4 中。

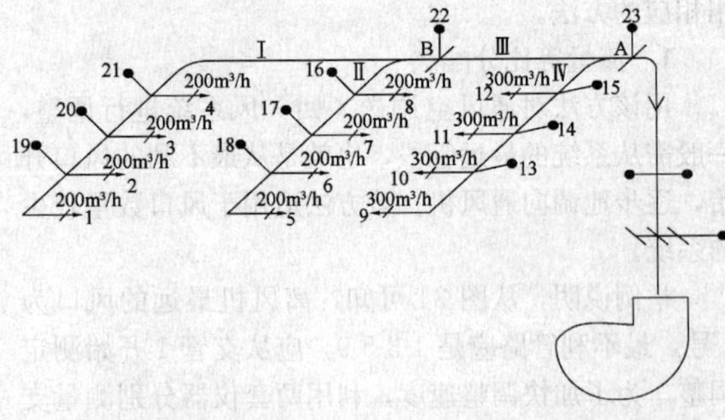

图 35 送风系统图

1、2、3、4、5、6、7、8、9、10、11、12—测孔编号；
13、14、15、16、17、18、19、20、21、22、23—三通阀编号

从表 4 中可以看出，各支干管上最小比值的风口分别是支干管Ⅰ上的 1 号风口，支干管Ⅱ上的 7 号风口，支干管Ⅳ上的 9 号风口。所以就选取 1 号、7 号、9 号风口作为调整各分支干管上风口风量的基准风口。

表 4 各风口实测风量

风口编号	设计风量 (m^3/h)	最初实测风量 (m^3/h)	$\frac{最初实测风量}{设计风量}\times100\%$
1	200	160	80
2	200	180	90
3	200	220	110
4	200	250	125
5	200	210	105
6	200	230	115
7	200	190	95
8	200	240	120
9	300	240	80
10	300	270	90
11	300	330	110
12	300	360	120

风量的测定调整一般应从离通风机最远的支干管Ⅰ开始。

为了加快调整速度，使用两套仪器同时测量 1 号、2 号风口的风量，此时借助三通调节阀，使 1 号、2 号风口的实测风量与设计风量的比值百分数近似相等，即：$\frac{L_{2测}}{L_{2设}}\times100\%=\frac{L_{1测}}{L_{1设}}\times100\%$。经过这样调节，1 号风口的风量必然有所增加，其比值数要大于 80%，2 号风口的风量有所减少，其比值小于原来的 90%，但比 1 号风口原来的比值数 80%要大一些。假设调节后的比值数为：$\frac{L_{2测}}{L_{2设}}\times83.7\%=\frac{L_{1测}}{L_{1设}}\times83.5\%$，说明两个风口的阻力已经达到平衡，根据风量平衡原理可知，只要不变动已调节过的三通阀位置，无论前面管段的风量如何变化，1 号、2 号风口的风量总是按新比值数等比地进行分配。1 号风口处的仪器不动，将另一套仪器放到 3 号风口处，同时测量 1 号、3 号风口的风量，并通过三通阀调节使：$\frac{L_{3测}}{L_{3设}}\times100\%=\frac{L_{1测}}{L_{1设}}\times100\%$，此时 1 号风口$\frac{L_{1测}}{L_{1设}}$已经大于 83.5%，3 号风口$\frac{L_{3测}}{L_{3设}}\times100\%$已经小于原来的 110%，设新的比值数为：$\frac{L_{3测}}{L_{3设}}=92\%\approx\frac{L_{1测}}{L_{1设}}=92.2\%$；自然，2 号风口的比值数也随着增大到 92.2%多一点；用同样的测量调节方法，使 4 号风口与 1 号风口达到平衡。假设：$\frac{L_{4测}}{L_{4设}}=106\%\approx\frac{L_{1测}}{L_{1设}}=106.2\%$。自然，2 号、3 号风口的比值数也随着增大到 106.2%。至此，支干管Ⅰ上的四个风口均调整平衡，其比值数近似相等。

对于支干管Ⅱ、Ⅳ上的风口风量也按上述方法调

节到平衡。虽然7号风口不在支干管的末端，仍以7号风口作为基准风口，但要从5号风口上开始向前逐步调节。

各条支干管上的风口调整平衡后，就需要调节支干管上的总风量。此时，从最远处的支干管开始向前调节。选取4号、8号风口为Ⅰ、Ⅱ支干管的代表风口，调节节点B处的三通阀使4号、8号风口风量的比值数相等。即：$\frac{L_{4测}}{L_{4设}}\times100\%\approx\frac{L_{8测}}{L_{8设}}\times100\%$；调节后，1号～3号，5号～7号风口风量的比值数也相应地变化到4号、8号风口的比值数。那么证明支干管Ⅰ、Ⅱ的总风量已经调整平衡。选取12号风口为支干管Ⅳ的代表风口，选取支干管Ⅰ，Ⅱ上任一个风口（例如选8号风口）为管段Ⅲ的代表风口。利用节点A处的三通阀进行调节使12号、8号风口风量的比值数近似相等，即：$\frac{L_{12测}}{L_{12设}}\times100\%\approx\frac{L_{8测}}{L_{8设}}\times100\%$；于是其他风口风量的比值数也随着变化到新的比值数。则支干管Ⅳ、管段Ⅲ的总风量也调节平衡。但此时所有风口的风量都不等于设计风量。将总干管Ⅴ的风量调节到设计风量，则各支干管和各风口的风量将按照最后调整的比值数进行等比分配达到设计风量。

16.3.8 室内空气参数的测定应按以下国家现行有关标准的规定执行：《通风与空调工程施工质量验收规范》GB 50243、《公共建筑节能检测标准》JGJ/T 177、《居住建筑节能检测标准》JGJ/T 132、《洁净室施工及验收规范》GB 50591等。

中华人民共和国国家标准

复合土钉墙基坑支护技术规范

Technical code for composite soil nailing wall in retaining and protection of excavation

GB 50739—2011

主编部门：山 东 省 住 房 和 城 乡 建 设 厅
批准部门：中华人民共和国住房和城乡建设部
施行日期：2 0 1 2 年 5 月 1 日

中华人民共和国住房和城乡建设部
公　告

第1159号
关于发布国家标准
《复合土钉墙基坑支护技术规范》的公告

现批准《复合土钉墙基坑支护技术规范》为国家标准，编号为GB 50739—2011，自2012年5月1日起实施。其中，第6.1.3条为强制性条文，必须严格执行。

本规范由我部标准定额研究所组织中国计划出版社出版发行。

中华人民共和国住房和城乡建设部
二〇一一年九月十六日

前　言

本规范是根据住房和城乡建设部《关于印发〈2009年工程建设标准规范制订、修订计划（第一批）〉的通知》（建标〔2009〕88号文）的要求，由济南大学和江苏省第一建筑安装有限公司会同中国京冶工程技术有限公司等11个单位共同编制完成。

本规范在编制过程中，编制组调查总结了近年来复合土钉墙基坑支护的实践经验，吸收了国内外相关科技成果，开展了多项专题研究并形成了专题研究报告。本规范的初稿、征求意见稿通过各种方式在全国范围内广泛征求了意见，并经多次编制工作会议讨论、反复修改后，形成送审稿，最后经审查定稿。

本规范共分7章和2个附录，主要内容包括总则、术语和符号、基本规定、勘察、设计、施工与检测、监测等。

本规范中以黑体字标志的条文为强制性条文，必须严格执行。

本规范由住房和城乡建设部负责管理和对强制性条文的解释，山东省住房和城乡建设厅负责日常管理，济南大学负责具体技术内容的解释。为了提高本规范的质量，请各单位在执行过程中，注意总结经验，积累资料，随时将有关意见和建议反馈给济南大学国家标准《复合土钉墙基坑支护技术规范》管理组（地址：山东省济南市济微路106号，邮政编码：250022），以供今后修订时参考。

本规范主编单位、参编单位、主要起草人和主要审查人：

主 编 单 位： 济南大学
江苏省第一建筑安装有限公司

参 编 单 位： 中国京冶工程技术有限公司
同济大学
中国科学院武汉岩土力学研究所
昆山市建设工程质量检测中心
济南鼎汇土木工程技术有限公司
武汉市勘测设计研究院
胜利油田胜利工程建设（集团）有限责任公司
济南四建（集团）有限责任公司
山东宁建建设集团有限公司
南通市欣达工程股份有限公司
山东鑫国基础工程有限公司

主要起草人： 刘俊岩　杨志银　孔令伟　应惠清
付文光　刘　燕　李象范　史春乐
任　锋　马凤生　王　勇　杨育文
顾浩声　张　军　原玉磊　鞠建中
赵吉刚　杨根才　刘厚纯　刘　俭
殷伯清　王庆军　沈　灏　曾剑峰

主要审查人： 赵志缙　程良奎　宋二祥　桂业琨
张旷成　高文生　王士川　吴才德
刘小敏　焦安亮　冯晓腊

目 次

Contents

1 总 则

1.0.1 为使复合土钉墙基坑支护工程达到安全适用、技术先进、经济合理、质量可靠及保护环境的要求，制定本规范。

1.0.2 本规范适用于建筑与市政工程中复合土钉墙基坑支护工程的勘察、设计、施工、检测和监测。

1.0.3 复合土钉墙支护工程应综合考虑工程地质与水文地质条件、场地及周边环境限制要求、基坑规模与开挖深度、施工条件等因素的影响，并结合工程经验，合理设计、精心施工、严格检测和监测。

1.0.4 复合土钉墙基坑支护工程除应符合本规范外，尚应符合国家现行有关标准的规定。

2 术语和符号

2.1 术 语

2.1.1 土钉 soil nail

采用成孔置入钢筋或直接钻进、击入钢花管，并沿杆体全长注浆的方法形成的对原位土体进行加固的细长杆件。

2.1.2 土钉墙 soil nailing wall

由土钉群、被加固的原位土体、钢筋网混凝土面层等构成的基坑支护形式。

2.1.3 预应力锚杆 pre-stressed anchor

能将张拉力传递到稳定的岩土体中的一种受拉杆件，由锚头、杆体自由段和杆体锚固段组成。

2.1.4 截水帷幕 curtain for cutting off water

沿基坑侧壁连续分布，由水泥土桩相互咬合搭接形成，起隔水、超前支护和提高基坑稳定性作用的壁状结构。

2.1.5 微型桩 mini-sized pile

沿基坑侧壁断续分布，用于控制基坑变形、提高基坑稳定性的各种小断面竖向构件。

2.1.6 复合土钉墙 composite soil nailing wall

土钉墙与预应力锚杆、截水帷幕、微型桩中的一类或几类结合而成的基坑支护形式。

2.1.7 截水帷幕复合土钉墙 composite soil nailing wall with curtain for cutting off water

由截水帷幕与土钉墙结合而成的基坑支护形式。

2.1.8 预应力锚杆复合土钉墙 composite soil nailing wall with pre-stressed anchor

由预应力锚杆与土钉墙结合而成的基坑支护形式。

2.1.9 微型桩复合土钉墙 composite soil nailing wall with mini-sized pile

由微型桩与土钉墙结合而成的基坑支护形式。

2.2 符 号

2.2.1 土的物理力学指标

c——土的粘聚力；

d_s——坑底土颗粒的相对密度；

e——坑底土的孔隙比；

γ_1、γ_2——分别为地表、坑底至微型桩或截水帷幕底部各土层加权平均重度；

φ——土的内摩擦角。

2.2.2 几何参数

A——构件的截面面积；

d_j——第 j 根土钉直径；

H——基坑开挖深度；

h_j——第 j 根土钉与基坑底面的距离；

h_c——承压水层顶面至基坑底面的距离；

L_i——第 i 个土条在滑弧面上的弧长；

l_j——第 j 根土钉长度；

S_{xj}——第 j 根土钉与相邻土钉的平均水平间距；

S_{zj}——第 j 根土钉与相邻土钉的平均竖向间距；

t——微型桩或截水帷幕在基坑底面以下的深度；

α_j——第 j 根土钉与水平面之间的夹角；

α_{mj}——第 j 根预应力锚杆与水平面之间的夹角；

β——土钉墙坡面与水平面的夹角；

θ_i——第 i 个土条在滑弧面中点处的法线与垂直面的夹角；

θ_j——第 j 根土钉或预应力锚杆与滑弧面相交处，滑弧切线与水平面的夹角。

2.2.3 作用、作用效应及承载力

E_a——朗肯主动土压力；

f_{yj}——第 j 根土钉杆体材料抗拉强度设计值；

h_w——基坑内外的水头差；

i——渗流水力梯度；

i_c——基坑底面土体的临界水力梯度；

k_a——主动土压力系数；

N_{uj}——第 j 根土钉在稳定区（即滑移面外）所提供的摩阻力；

p——土钉长度中点所处深度位置的土体侧压力；

p_m——土钉长度中点所处深度位置由土体自重引起的侧压力；

p_q——土钉长度中点所处深度位置由地表及土体中附加荷载引起的侧压力；

P_{uj}——第 j 根预应力锚杆在稳定区（即滑移面外）的极限抗拔力；

P_w——承压水水头压力；

q_{sik}——第 i 层土体与土钉的粘结强度标准值；

q——地面及土体中附加荷载；

T_{jk}——土钉轴向荷载标准值；

T_{yj}——第 j 根土钉验收抗拔力；

T_m——土钉极限抗拔力；

W_i——第 i 个土条重量，包括作用在该土条上的各种附加荷载；

ζ——坡面倾斜时荷载折减系数；

τ_q——假定滑移面处相应龄期截水帷幕的抗剪强度标准值；

τ_y——假定滑移面处微型桩的抗剪强度标准值。

2.2.4 计算系数及其他

K_s——整体稳定性安全系数；

K_{s0}、K_{s1}、K_{s2}、K_{s3}、K_{s4}——整体稳定性分项抗力系数，分别为土、土钉、预应力锚杆、截水帷幕及微型桩产生的抗滑力矩与土体下滑力矩比；

K_l——坑底抗隆起稳定性安全系数；

K_{w1}——抗渗流稳定性安全系数；

K_{w2}——抗突涌稳定性安全系数；

N_q、N_c——坑底抗隆起验算时的地基承载力系数；

ψ——土钉的工作系数；

η_1、η_2、η_3、η_4——土钉、预应力锚杆、截水帷幕及微型桩组合作用折减系数。

3 基本规定

3.0.1 复合土钉墙基坑支护安全等级的划分应符合现行行业标准《建筑基坑支护技术规程》JGJ 120 的有关规定。

3.0.2 复合土钉墙基坑支护可采用下列形式：

1 截水帷幕复合土钉墙。

2 预应力锚杆复合土钉墙。

3 微型桩复合土钉墙。

4 土钉墙与截水帷幕、预应力锚杆、微型桩中的两种及两种以上形式的复合。

3.0.3 复合土钉墙适用于黏土、粉质黏土、粉土、砂土、碎石土、全风化及强风化岩，夹有局部淤泥质土的地层中也可采用。地下水位高于基坑底时应采取降排水措施或选用具有截水帷幕的复合土钉墙支护。坑底存在软弱地层时应经地基加固或采取其他加强措施后再采用。

3.0.4 软土地层中基坑开挖深度不宜大于 6m，其他地层中基坑直立开挖深度不宜大于 13m，可放坡时基坑开挖深度不宜大于 18m。

3.0.5 复合土钉墙基坑支护方案应根据工程地质、水文地质条件、环境条件、施工条件以及使用条件等因素，通过工程类比和技术经济比较确定。

3.0.6 复合土钉墙基坑支护工程的使用期不应超过 1 年，且不应超过设计规定。超过使用期后应重新对基坑进行安全评估。

3.0.7 复合土钉墙基坑支护设计和验算采用的岩土性能指标应根据地质勘察报告、基坑降水、固结的情况，按相关参数试验方法并结合邻近场地的工程类比、现场试验、当地经验作出分析判断后合理取值。侧压力计算时，宜采用直剪快剪指标或三轴固结不排水剪切指标。稳定性验算时，饱和软黏土宜采用三轴不固结不排水剪切、直剪快剪指标或十字板剪切试验指标，粉土、砂性土、碎石土宜采用原位测试取得的有效应力指标，其他土层宜采用三轴固结不排水剪切或直剪固结快剪指标。

3.0.8 复合土钉墙应按照承载能力极限状态和正常使用极限状态两种极限状态进行设计。支护结构的构件强度、基坑稳定性、锚杆的抗拔力等应按承载能力极限状态进行验算，支护结构的位移计算、基坑周边环境的变形应按正常使用极限状态进行验算。

3.0.9 复合土钉墙用于对变形控制有严格要求的基坑支护时，应根据工程经验采用工程类比法，并结合数值法进行变形分析预测。

3.0.10 施工前，施工单位应按照审核通过的基坑工程设计方案，根据工程地质与水文地质条件、施工工艺、作业条件和基坑周边环境限制条件，编制专项施工方案。

3.0.11 复合土钉墙基坑支护工程应实施监测。监测单位应编制监测方案，并依据监测方案实施监测。设计和施工单位应及时掌握监测情况，并实施动态设计和信息化施工。

4 勘 察

4.0.1 基坑工程的岩土勘察和周边环境调查应与拟建建筑的岩土工程勘察同时进行。当已有勘察成果不能满足基坑工程设计和施工要求时，应补充基坑工程专项勘察。

4.0.2 基坑工程勘察的范围应根据基坑的复杂程度、设计要求和场地条件综合确定。勘察的平面范围宜超出基坑开挖边界线外开挖深度的 2 倍，且不宜小于土钉或锚杆估算长度的1.2倍。

4.0.3 勘探点宜沿基坑边线布置，基坑每边中间位置、基坑主要转角处、相邻重要建（构）筑物附近应布置勘探点，勘察点间距宜取 15m～25m。若地下存在障碍物或软土、饱和粉细砂、暗沟和暗塘等特殊地段以及岩溶地区应适当加密勘探点，查明其分布和工程特性。

4.0.4 勘探孔深度宜为基坑开挖深度的 2.0 倍～3.0 倍；基坑底面以下存在软弱土层或承压含水层时，勘探孔应穿过软弱土层或承压含水层。在勘探深度范围内如遇中等风化及微风化岩石时，可减小勘探孔深度。

钻入基坑底以下的砂土、粉土中的钻探孔应及时进行封堵。

4.0.5 主要土层的取样和原位测试数量应根据基坑安全等级、规模、土层复杂程度等确定。每一主要土层的原状土试样或原位测试数据不应少于6个（组），当土层差异性较大时，应增加取样或原位测试数量。

4.0.6 土的抗剪强度试验方法应根据复合土钉墙实际工作状况确定，且应与基坑工程设计计算所采用的指标要求相符合。

4.0.7 勘察阶段应查明地下水类型、地下水位、含水层埋深和厚度、相对不透水层埋深和厚度、与外界的水力联系、承压水头以及施工期间地下水变化等情况。必要时应进行现场试验，确定土层渗透系数和影响半径。

4.0.8 周边环境调查的内容应包括：

1 基坑开挖影响范围内既有建筑的层数、结构形式、基础形式与埋深及建成时间、沉降变形和损坏情况。

2 基坑开挖影响范围内的暗沟、暗塘、暗浜、老河道、轨道交通设施、地下人防设施及地下管线等的类型、空间尺寸、埋深及其重要性，贮水、输水等用水设施及其渗漏情况。必要时，可用坑探或工程物探方法查明。

3 场地周围地表水汇流和排泄条件。

4 场地周围道路的类型、位置及宽度、车辆最大荷载情况等。

5 场地周围堆载及其他与基坑工程设计、施工相关的信息。

4.0.9 勘察报告应包括下列主要内容：

1 对基坑工程影响深度范围内的岩土层埋藏条件、分布和特性作出综合分析评价。

2 阐明地下水的埋藏情况、类型、水位及其变化幅度、与地表水间的联系以及土层的渗流条件。

3 提供基坑工程影响范围内的各岩土层物理、力学试验指标的统计值和计算参数的建议值。

4 阐明填土、暗浜、地下障碍物等浅层不良地质现象分布情况，评价对基坑工程的影响，并对设计、施工提出建议。

5 分析评价地下水位变化对周边环境的影响以及施工过程中可能形成的流土、管涌、坑底突涌等现象，并对设计、施工提出建议。

6 对支护方案选型、地下水控制方法、环境保护和监测提出建议。

7 勘察成果文件应附下列图件：

1）勘探点平面布置图；

2）工程地质柱状图；

3）工程地质剖面图；

4）室内土（水）试验成果图表；

5）原位测试成果图表；

6）其他所需的成果图表，如暗浜分布、地下障碍物分布图等。

5 设　　计

5.1 一 般 规 定

5.1.1 复合土钉墙基坑支护的设计应包括下列内容：

1 支护体系与各构件选型及布置。

2 支护构件设计。

3 基坑稳定性分析验算。

4 各构件及连接件的构造设计。

5 变形控制标准及周边环境保护要求。

6 地下水和地表水处理。

7 土方开挖要求。

8 施工工艺及技术要求。

9 质量检验和监测要求。

10 应急措施要求。

5.1.2 设计计算时可取单位长度按平面应变问题分析计算。

5.1.3 设计荷载除土压力、水压力外，还应包括邻近建筑、材料、机具、车辆等附加荷载。地面上的附加荷载应按实际作用值计取，实际值如小于20kPa，宜按20kPa的均布荷载计取。

5.1.4 设计计算时对邻近基坑侧壁的承台、地梁、集水坑、电梯井等坑中坑，应根据坑中坑的开挖深度确定基坑设计深度。

5.1.5 对缺乏类似工程经验的地层及安全等级为一级的基坑，土钉及预应力锚杆均应先进行基本试验，并根据试验结果对初步设计参数及施工工艺进行调整。

5.1.6 预应力锚杆抗拔承载力和杆体抗拉承载力验算应按现行行业标准《建筑基坑支护技术规程》JGJ 120的有关规定执行。

5.1.7 土钉与土体界面粘结强度 q_{sk} 宜按照附录A的方法通过抗拔基本试验确定；无试验资料或无类似经验时，可按表5.1.7初步取值。

表 5.1.7 土钉与土体之间粘结强度标准值 q_{sk}（kPa）

土的名称	土的状态	土钉
素填土	—	15～30
淤泥质土	—	10～20
黏性土	流塑	15～25
	软塑	20～35
	可塑	30～50
	硬塑	45～70
	坚硬	55～80
粉土	稍密	20～40
	中密	35～70
	密实	55～90

续表 5.1.7

土的名称	土的状态	土钉
砂土	松散	25～50
	稍密	45～90
	中密	60～120
	密实	75～150

注：1 钻孔注浆土钉采用压力注浆或二次注浆时，表中数值可适当提高。

2 钢管注浆土钉在保证注浆质量及倒刺排距 0.25m～1.0m 时，外径 48mm 的钢管，土钉外径可按 60mm～100mm 计算，倒刺较密时可取较大值。

3 对于粉土，密实度相同，湿度越高，取值越低。

4 对于砂土，密实度相同，粉细砂宜取较低值，中砂宜取中值，粗砾砂宜取较高值。

5 土钉位于水位以下时宜取较低值。

5.1.8 土钉和锚杆的设置不应对既有建筑、地下管线以及邻近的后续工程造成损害。

5.1.9 季节性冻土地区应根据冻胀及冻融对复合土钉墙的不利影响采取相应的防护措施。

5.1.10 基坑需要降水时，应事先分析降水对周边环境产生的不良影响。

5.1.11 基坑内设置车道时，应验算车道边坡的稳定性，并采取必要的加固措施。

5.1.12 复合土钉墙除应满足基坑稳定性和承载力的要求外，尚应满足基坑变形的控制要求。当基坑周边环境对变形控制无特殊要求时，可依据地层条件、基坑安全等级按照表 5.1.12 确定复合土钉墙变形控制指标。

5.1.12 复合土钉墙变形控制指标（基坑最大侧向位移累计值）

地层条件	基坑安全等级		
	一级	二级	三级
黏性土、砂性土为主	0.3%H	0.5%H	0.7%H
软土为主	—	0.8%H	1.0%H

注：H——基坑开挖深度。

当基坑周边环境对变形控制有特殊要求时，复合土钉墙变形控制指标应同时满足周边环境对基坑变形的控制要求。

5.2 土钉长度及杆体截面确定

5.2.1 土钉长度及间距可按表 5.2.1 列出的经验值作初步选择，也可按本规范第 5.2.2 条～第 5.2.5 条的规定通过计算初步确定，再根据基坑整体稳定性验算结果最终确定。

表 5.2.1 土钉长度与间距经验值

土的名称	土的状态	水平间距（m）	竖向间距（m）	土钉长度与基坑深度比
素填土	—	1.0～1.2	1.0～1.2	1.2～2.0
淤泥质土	—	0.8～1.2	0.8～1.2	1.5～3.0
黏性土	软塑	1.0～1.2	1.0～1.2	1.5～2.5
	可塑	1.2～1.5	1.2～1.5	1.0～1.5
	硬塑	1.4～1.8	1.4～1.8	0.8～1.2
	坚硬	1.8～2.0	1.8～2.0	0.5～1.0
粉土	稍密、中密	1.0～1.5	1.0～1.4	1.2～2.0
	密实	1.2～1.8	1.2～1.5	0.6～1.2
砂土	稍密、中密	1.2～1.6	1.0～1.5	1.0～2.0
	密实	1.4～1.8	1.4～1.8	0.6～1.0

5.2.2 单根土钉长度 l_j（图 5.2.2）可按下列公式初步确定：

$$l_j = l_{zj} + l_{mj} \quad (5.2.2\text{-}1)$$

$$l_{zj} = \frac{h_j \sin\dfrac{\beta - \varphi_{ak}}{2}}{\sin\beta \sin\left(\alpha_j + \dfrac{\beta + \varphi_{ak}}{2}\right)} \quad (5.2.2\text{-}2)$$

$$l_{mj} = \sum l_{mi,j} \quad (5.2.2\text{-}3)$$

$$\pi d_j \sum q_{sik} l_{mi,j} \geqslant 1.4 T_{jk} \quad (5.2.2\text{-}4)$$

式中：l_j——第 j 根土钉长度；

l_{zj}——第 j 根土钉在假定破裂面内长度；

l_{mj}——第 j 根土钉在假定破裂面外长度；

h_j——第 j 根土钉与基坑底面的距离；

β——土钉墙坡面与水平面的夹角；

φ_{ak}——基坑底面以上各层土的内摩擦角标准值，可按不同土层厚度取加权平均值；

α_j——第 j 根土钉与水平面之间的夹角；

$l_{mi,j}$——第 j 根土钉在假定破裂面外第 i 层土体中的长度；

q_{sik}——第 i 层土体与土钉的粘结强度标准值；

d_j——第 j 根土钉直径；

T_{jk}——计算土钉长度时第 j 根土钉的轴向荷载标准值，可按本规范第 5.2.3 条确定。

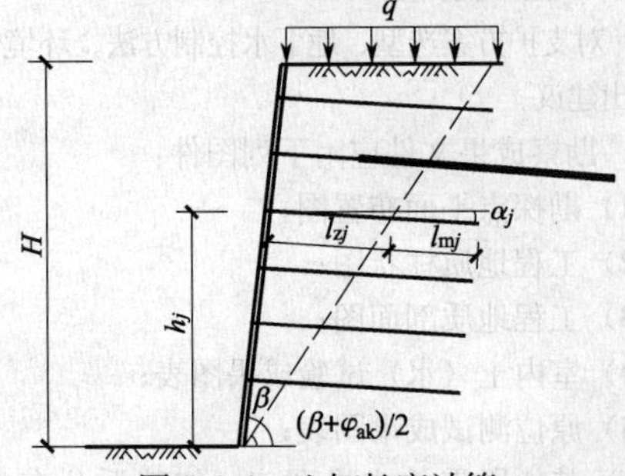

图 5.2.2 土钉长度计算

H—基坑开挖深度；q—地面及土体中附加分布荷载

5.2.3 计算单根土钉长度时，土钉轴向荷载标准值 T_{jk}（图 5.2.2、图 5.2.3）可按下列公式计算：

$$T_{jk}=\frac{1}{\cos\alpha_j}\zeta p S_{xj} S_{zj} \quad (5.2.3-1)$$

$$p=p_m+p_q \quad (5.2.3-2)$$

式中：S_{xj}——第 j 根土钉与相邻土钉的平均水平间距；

S_{zj}——第 j 根土钉与相邻土钉的平均竖向间距；

ζ——坡面倾斜时荷载折减系数，可按本规范第 5.2.5 条确定；

p——土钉长度中点所处深度位置的土体侧压力；

p_m——土钉长度中点所处深度位置由土体自重引起的侧压力，可按图 5.2.3（b）求出；

p_q——土钉长度中点所处深度位置由地面及土体中附加荷载引起的侧压力，计算方法按现行行业标准《建筑基坑支护技术规程》JGJ 120 的有关规定执行。

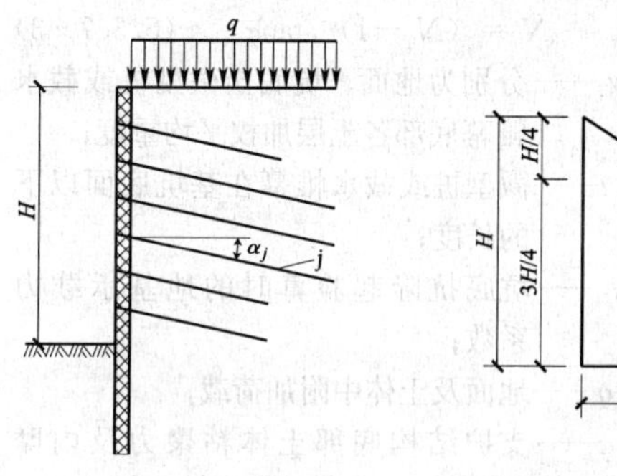

（a）复合土钉墙　（b）土体自重引起的侧压力分布

图 5.2.3 土钉轴向荷载标准值计算

5.2.4 土体自重引起的侧压力峰值 $p_{m,max}$ 可按下列公式计算，且不宜小于 $0.2\gamma_{m1}H$：

$$p_{m,max}=\frac{8E_a}{7H} \quad (5.2.4-1)$$

$$E_a=\frac{k_a}{2}\gamma_{m1}H^2 \quad (5.2.4-2)$$

$$k_a=\tan^2\left(45°-\frac{\varphi_{ak}}{2}\right) \quad (5.2.4-3)$$

式中：$P_{m,max}$——土体自重引起的侧压力峰值；

H——基坑开挖深度；

E_a——朗肯主动土压力；

γ_{m1}——基坑底面以上各土层加权平均重度，有地下水作用时应考虑地下水位变化造成的重度变化；

k_a——主动土压力系数。

5.2.5 坡面倾斜时的荷载折减系数 ζ 可按下列公式计算：

$$\zeta=\tan\frac{\beta-\varphi_{ak}}{2}\left(\frac{1}{\tan\frac{\beta+\varphi_{ak}}{2}}-\frac{1}{\tan\beta}\right)\Bigg/\tan^2\left(45°-\frac{\varphi_{ak}}{2}\right) \quad (5.2.5)$$

5.2.6 土钉杆体截面面积 A_j 可按下列公式计算：

$$A_j\geqslant 1.15T_{yj}/f_{yj} \quad (5.2.6-1)$$

$$T_{yj}=\psi\pi d_j\sum q_{sik}l_{i,j} \quad (5.2.6-2)$$

式中：A_j——第 j 根土钉杆体（钢筋、钢管）截面面积；

f_{yj}——第 j 根土钉杆体材料抗拉强度设计值；

T_{yj}——第 j 根土钉验收抗拔力；

$l_{i,j}$——第 j 根土钉在第 i 层土体中的长度；

ψ——土钉的工作系数，取 0.8～1.0。

5.3 基坑稳定性验算

5.3.1 复合土钉墙必须进行基坑整体稳定性验算。验算可考虑截水帷幕、微型桩、预应力锚杆等构件的作用。

5.3.2 基坑整体稳定性分析（图 5.3.2）可采用简化圆弧滑移面条分法，按本条所列公式进行验算。最危险滑裂面应通过试算搜索求得。验算时应考虑开挖过程中各工况，验算公式宜采用分项系数极限状态表达法。

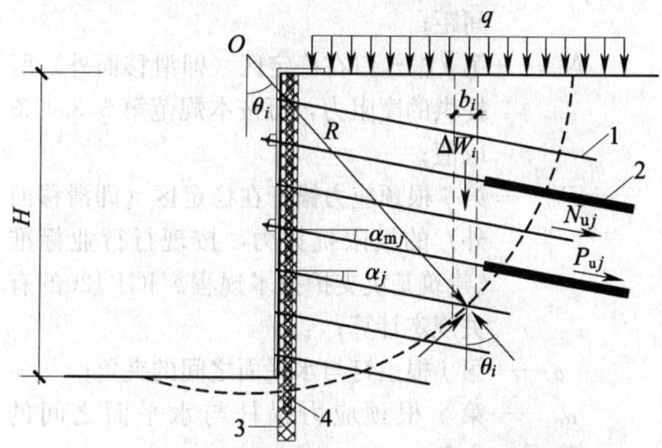

图 5.3.2 复合土钉墙稳定性分析计算

1—土钉；2—预应力锚杆；3—截水帷幕；4—微型桩

q—地面附加分布荷载；R—假定圆弧滑移面半径；b_i—第 i 个土条的宽度

$$K_{s0}+\eta_1K_{s1}+\eta_2K_{s2}+\eta_3K_{s3}+\eta_4K_{s4}\geqslant K_s \quad (5.3.2-1)$$

$$K_{s0}=\frac{\sum c_iL_i+\sum W_i\cos\theta_i\tan\varphi_i}{\sum W_i\sin\theta_i} \quad (5.3.2-2)$$

$$K_{s1}=\frac{\sum N_{uj}\cos(\theta_j+\alpha_j)+\sum N_{uj}\sin(\theta_j+\alpha_j)\tan\varphi_j}{s_{xj}\sum W_i\sin\theta_i} \quad (5.3.2-3)$$

$$K_{s2}=\frac{\sum P_{uj}\cos(\theta_j+\alpha_{mj})+\sum P_{uj}\sin(\theta_j+\alpha_{mj})\tan\varphi_j}{s_{2xj}\sum W_i\sin\theta_i} \quad (5.3.2-4)$$

$$k_{s3}=\frac{\tau_qA_3}{\sum W_i\sin\theta_i} \quad (5.3.2-5)$$

$$k_{s4}=\frac{\tau_yA_4}{s_{4xj}\sum W_i\sin\theta_i} \quad (5.3.2-6)$$

式中：K_s——整体稳定性安全系数，对应于基坑安全等级一、二、三级分别取 1.4、1.3、1.2；开挖过程中最不利工况下可乘以 0.9 的系数；

K_{s0}、K_{s1}、K_{s2}、

K_{s3}、K_{s4}——整体稳定性分项抗力系数，分别为土、土钉、预应力锚杆、截水帷幕及微型桩产生的抗滑力矩与土体下滑力矩比；

c_i、φ_i——第 i 个土条在滑弧面上的粘聚力及内摩擦角；

L_i——第 i 个土条在滑弧面上的弧长；

W_i——第 i 个土条重量，包括作用在该土条上的各种附加荷载；

θ_i——第 i 个土条在滑弧面中点处的法线与垂直面的夹角；

η_1、η_2、

η_3、η_4——土钉、预应力锚杆、截水帷幕及微型桩组合作用折减系数，可按本规范第5.3.3条取值；

s_{xj}——第 j 根土钉与相邻土钉的平均水平间距；

s_{2xj}、s_{4xj}——第 j 根预应力锚杆或微型桩的平均水平间距；

N_{uj}——第 j 根土钉在稳定区（即滑移面外）所提供的摩阻力，可按本规范第 5.3.4 条取值；

P_{uj}——第 j 根预应力锚杆在稳定区（即滑移面外）的极限抗拔力，按现行行业标准《建筑基坑支护技术规程》JGJ 120的有关规定计算；

α_j——第 j 根土钉与水平面之间的夹角；

α_{mj}——第 j 根预应力锚杆与水平面之间的夹角；

θ_j——第 j 根土钉或预应力锚杆与滑弧面相交处，滑弧切线与水平面的夹角；

φ_j——第 j 根土钉或预应力锚杆与滑弧面交点处土的内摩擦角；

τ_q——假定滑移面处相应龄期截水帷幕的抗剪强度标准值，根据试验结果确定；

τ_y——假定滑移面处微型桩的抗剪强度标准值，可取桩体材料的抗剪强度标准值；

A_3、A_4——单位计算长度内截水帷幕或单根微型桩的截面积。

5.3.3 组合作用折减系数的取值应符合下列规定：

1 η_1宜取 1.0。

2 $P_{uj}\leqslant$300kN 时，η_2宜取 0.5～0.7，随着锚杆抗力的增加而减小。

3 截水帷幕与土钉墙复合作用时，η_3 宜取 0.3～0.5，水泥土抗剪强度取值较高、水泥土墙厚度较大时，η_3宜取较小值。

4 微型桩与土钉墙复合作用时，η_4宜取 0.1～0.3，微型桩桩体材料抗剪强度取值较高、截面积较大时，η_4宜取较小值。基坑支护计算范围内主要土层均为硬塑状黏性土等较硬土层时，η_4取值可提高 0.1。

5 预应力锚杆、截水帷幕、微型桩三类构件共同复合作用时，组合作用折减系数不应同时取上限。

5.3.4 第 j 根土钉在稳定区的摩阻力 N_{uj}应符合下式的规定：

$$N_{uj}=\pi d_j\sum q_{sik}l_{mi,j} \tag{5.3.4}$$

5.3.5 K_s 在满足本规范第 5.3.2 条的同时，K_{s0}、K_{s1}、K_{s2}的组合应符合下式的规定：

$$K_{s0}+K_{s1}+0.5K_{s2}\geqslant 1.0 \tag{5.3.5}$$

5.3.6 复合土钉墙底部存在软弱黏性土时，应按地基承载力模式进行坑底抗隆起稳定性验算。

5.3.7 坑底抗隆起稳定性（图 5.3.7）可按下列公式进行验算：

$$\frac{\gamma_2 tN_q+cN_c}{\gamma_1(H+t)+q}\geqslant K_l \tag{5.3.7-1}$$

$$N_q=\exp(\pi\tan\varphi)\tan^2(45^\circ+\varphi/2) \tag{5.3.7-2}$$

$$N_c=(N_q-1)/\tan\varphi \tag{5.3.7-3}$$

式中：γ_1、γ_2——分别为地面、坑底至微型桩或截水帷幕底部各土层加权平均重度；

t——微型桩或截水帷幕在基坑底面以下的长度；

N_q、N_c——坑底抗隆起验算时的地基承载力系数；

q——地面及土体中附加荷载；

c、φ——支护结构底部土体粘聚力及内摩擦角；

K_l——坑底抗隆起稳定安全系数，对应于基坑安全等级二、三级时分别取 1.4、1.2。

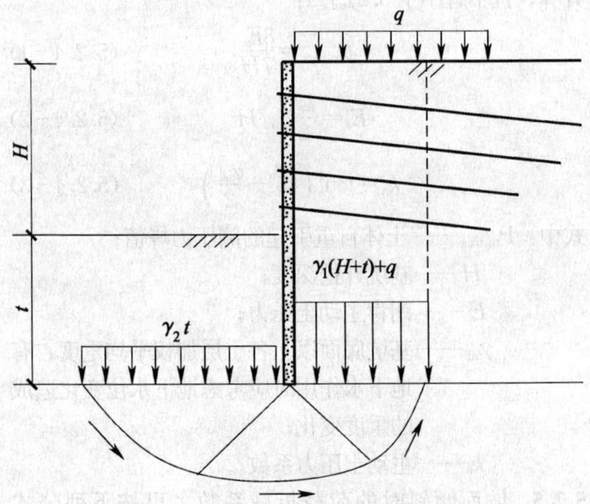

图 5.3.7 坑底抗隆起稳定性验算

5.3.8 有截水帷幕的复合土钉墙，基坑开挖面以下有砂土或粉土等透水性较强土层且截水帷幕没有穿透该土层时，应进行抗渗流稳定性验算。

5.3.9 抗渗流稳定性（图 5.3.9）可按下列公式进

行验算：

$$i_c/i \geqslant K_{w1} \quad (5.3.9-1)$$

$$i_c = (d_s - 1)/(e+1) \quad (5.3.9-2)$$

$$i = h_w/(h_w + 2t) \quad (5.3.9-3)$$

式中：i_c——基坑底面土体的临界水力梯度；

i——渗流水力梯度；

d_s——坑底土颗粒的相对密度；

e——坑底土的孔隙比；

h_w——基坑内外的水头差；

t——截水帷幕在基坑底面以下的长度；

K_{w1}——抗渗流稳定安全系数，对应基坑安全等级一、二、三级时宜分别取 1.50、1.35、1.20。

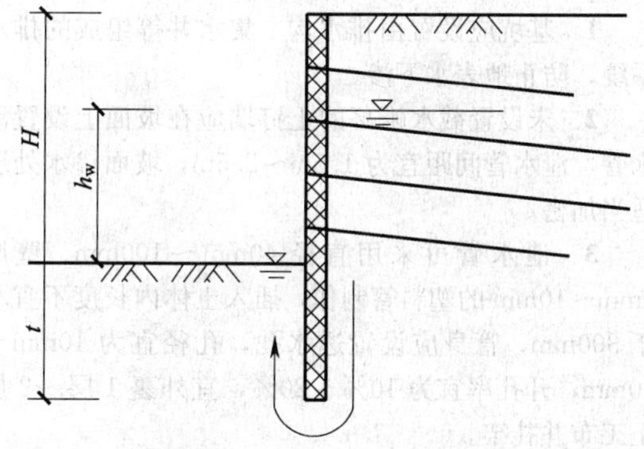

图 5.3.9　抗渗流稳定性验算

5.3.10　基坑底面以下存在承压水时（图 5.3.10），可按公式（5.3.10）进行抗突涌稳定性计算。当抗突涌稳定性验算不满足时，宜采取降低承压水等措施。

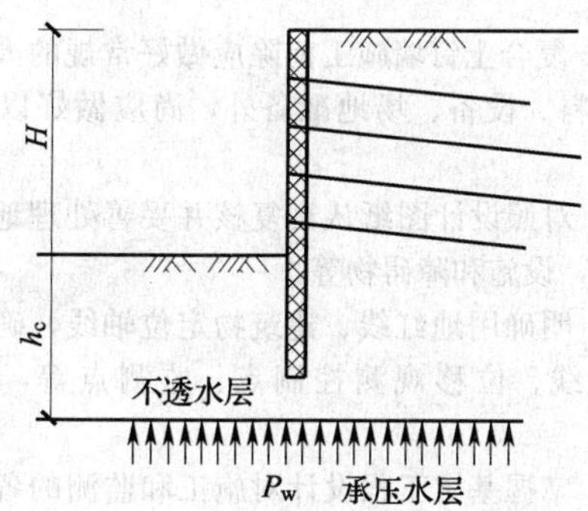

图 5.3.10　抗突涌稳定性验算

$$\gamma_{m2} h_c / P_w \geqslant K_{w2} \quad (5.3.10)$$

式中：γ_{m2}——不透水土层平均饱和重度；

h_c——承压水层顶面至基坑底面的距离；

P_w——承压水水头压力；

K_{w2}——抗突涌稳定性安全系数，宜取 1.1。

5.4　构造要求

5.4.1　土钉墙的设计及构造应符合下列规定：

1　土钉墙墙面宜适当放坡。

2　竖向布置时土钉宜采用中部长上下短或上长下短布置形式。

3　平面布置时应减少阳角，阳角处土钉在相邻两个侧面宜上下错开或角度错开布置。

4　面层应沿坡顶向外延伸形成不少于 0.5m 的护肩，在不设置截水帷幕或微型桩时，面层宜在坡脚处向坑内延伸 0.3m～0.5m 形成护脚。

5　土钉排数不宜少于 2 排。

5.4.2　土钉的构造应符合下列规定：

1　应优先选用成孔注浆土钉。填土、软弱土及砂土等孔壁不易稳定的土层中可选用打入式钢花管注浆土钉。

2　土钉与水平面夹角宜为 5°～20°。

3　成孔注浆土钉的孔径宜为 70mm～130mm；杆体宜选用 HRB335 级或 HRB400 级钢筋，钢筋直径宜为 16mm～32mm；全长每隔 1m～2m 应设置定位支架。

4　钢管土钉杆体宜采用外径不小于 48mm、壁厚不小于 2.5mm 的热轧钢管制作。钢管上应沿杆长每隔 0.25m～1.0m 设置倒刺和出浆孔，孔径宜为 5mm～8mm，管口 2m～3m 范围内不宜设出浆孔。杆体底端头宜制成锥形，杆体接长宜采用帮条焊接，接头承载力不应低于杆体材料承载力。

5　注浆材料宜选用早强水泥或水泥浆中掺入早强剂，注浆体强度等级不宜低于 20MPa。

5.4.3　面层的构造应符合下列规定：

1　应采用钢筋网喷射混凝土面层。

2　面层混凝土强度等级不应低于 C20，终凝时间不宜超过 4h，厚度宜为 80mm～120mm。

3　面层中应配置钢筋网。钢筋网可采用 HPB300 级钢筋，直径宜为 6mm～10mm，间距宜为 150mm～250mm，搭接长度不宜小于 30 倍钢筋直径。

5.4.4　连接件的构造（图 5.4.4）应符合下列规定：

1　土钉之间应设置通长水平加强筋，加强筋宜采用 2 根直径不小于 12mm 的 HRB335 级或 HRB400 级钢筋。

2　喷射混凝土面层与土钉应连接牢固。可在土钉杆端两侧焊接钉头筋，并与面层内连接相邻土钉的加强筋焊接。

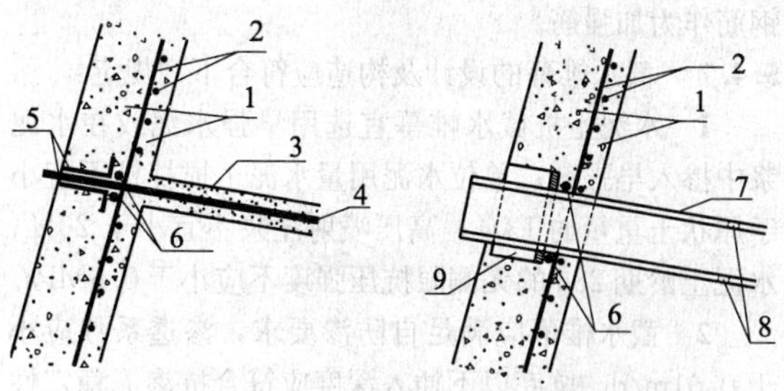

（a）钻孔注浆钉　　（b）打入式钢花管注浆钉

图 5.4.4　土钉与面层连接构造示意

1—喷射混凝土；2—钢筋网；3—钻孔；4—土钉杆体；5—钉头筋；6—加强筋；7—钢管；8—出浆孔；9—角钢或钢筋

5.4.5 预应力锚杆的设计及构造应符合下列规定：

1 锚杆杆体材料可采用钢绞线、HRB335 级、HRB400 级或 HRB500 级钢筋、精轧螺纹钢及无缝钢管。

2 竖向布置上预应力锚杆宜布设在基坑的中上部，锚杆间距不宜小于 1.5m。

3 钻孔直径宜为 110mm～150mm，与水平面夹角宜为 10°～25°。

4 锚杆自由段长度宜为 4m～6m，并应设置隔离套管；钻孔注浆预应力锚杆沿长度方向每隔 1m～2m 设一组定位支架。

5 锚杆杆体外露长度应满足锚杆张拉锁定的需要，锚具型号及尺寸、垫板截面刚度应能满足预应力值稳定的要求。

6 锚孔注浆宜采用二次高压注浆工艺，注浆体强度等级不宜低于 20MPa。

7 锚杆最大张拉荷载宜为锚杆轴向承载力设计值的 1.1 倍（单循环验收试验）或 1.2 倍（多循环验收试验），且不应大于杆体抗拉强度标准值的 80%。锁定值宜为锚杆承载力设计值的 60%～90%。

5.4.6 围檩的设计及构造应符合下列规定：

1 围檩应通长设置。不便于设置围檩时，也可采用钢筋混凝土承压板。

2 围檩宜采用混凝土结构，也可采用型钢结构。围檩应具有足够的强度和刚度。混凝土围檩的截面和配筋应通过设计计算确定，宽度不宜小于 400mm，高度不宜小于 250mm，混凝土强度等级不宜低于 C25。

3 承压板宜采用预制钢筋混凝土构件，尺寸和配筋应通过设计计算确定，长度、宽度不宜小于 800mm，厚度不宜小于250mm。

4 围檩应与面层可靠连接，承压板安装前宜用水泥砂浆找平。

5 采用混凝土承压板时，面层内应配置 4 根～6 根直径16mm～20mm 的 HRB335 级或 HRB400 级变形钢筋作为加强筋。

5.4.7 截水帷幕的设计及构造应符合下列规定：

1 水泥土桩截水帷幕宜选用早强水泥或在水泥浆中掺入早强剂；单位水泥用量水泥土搅拌桩不宜小于原状土重量的 13%，高压喷射注浆不宜小于 20%；水泥土龄期 28d 的无侧限抗压强度不应小于 0.6MPa。

2 截水帷幕应满足自防渗要求，渗透系数应小于 0.01m/d。坑底以下插入深度应符合抗渗流稳定性要求，且不应小于 1.5m～2m。截水帷幕宜穿过透水层进入弱透水层 1m～2m。

3 相邻两根桩的地面搭接宽度不宜小于 150mm，且应保证相邻两根桩在桩底面处能够相互咬合。对桩间距、垂直度、桩径及桩位偏差等应提出控制要求。

5.4.8 微型桩的设计及构造应符合下列规定：

1 微型桩宜采用小直径混凝土桩、钢管、型钢等。

2 小直径混凝土桩、钢管、型钢等微型桩直径或等效直径宜取 100mm ～300mm。

3 小直径混凝土桩、钢管、型钢等微型桩间距宜为 0.5m～2.0m，嵌固深度不宜小于 2m。桩顶上宜设置通长冠梁。

4 微型桩填充胶结物抗压强度等级不宜低于 20MPa。

5.4.9 防排水的构造应符合下列规定：

1 基坑应设置由排水沟、集水井等组成的排水系统，防止地表水下渗。

2 未设置截水帷幕的土钉墙应在坡面上设置泄水管，泄水管间距宜为 1.5m～2.5m，坡面渗水处应适当加密。

3 泄水管可采用直径 40mm～100mm、壁厚 5mm～10mm 的塑料管制作，插入土体内长度不宜小于 300mm，管身应设置透水孔，孔径宜为 10mm～20mm，开孔率宜为 10%～20%，宜外裹 1 层～2 层土工布并扎牢。

6 施工与检测

6.1 一般规定

6.1.1 复合土钉墙施工前除应做好常规的人员、技术、材料、设备、场地准备外，尚应做好以下准备工作：

1 对照设计图纸认真复核并妥善处理地下、地上管线，设施和障碍物等。

2 明确用地红线、建筑物定位轴线，确定基坑开挖边线、位移观测控制点、监测点等，并妥善保护。

3 掌握基坑工程设计对施工和监测的各项技术要求及有关规范要求，编制专项施工方案，分析关键质量控制点和安全风险源，并提出相应的防治措施。

4 做好场区地面硬化和临时排水系统规划，临时排水不得破坏基坑边坡和相邻建筑的地基。检查场区内既有给水、排水管道，发现渗漏和积水应及时处理。雨季作业应加强对施工现场排水系统的检查和维护，保证排水通畅。

5 编制应急预案，做好抢险准备工作。

6.1.2 基坑周围临时设施的搭设以及建筑材料、构件、机具、设备的布置应符合施工现场平面布置图的要求，基坑周边地面堆载、动载严禁超过设计规定。

6.1.3 土方开挖应与土钉、锚杆及降水施工密切结合，开挖顺序、方法应与设计工况相一致；复合土钉

墙施工必须符合"超前支护，分层分段，逐层施作，限时封闭，严禁超挖"的要求。

6.1.4 施工过程中，如发现地质条件、工程条件、场地条件与勘察、设计不符，周边环境出现异常等情况应及时会同设计单位处理；出现危险征兆，应立即启动应急预案。

6.2 复合土钉墙施工

6.2.1 复合土钉墙施工宜按以下流程进行：

1 施作截水帷幕和微型桩。

2 截水帷幕、微型桩强度满足后，开挖工作面，修整土壁。

3 施作土钉、预应力锚杆并养护。

4 铺设、固定钢筋网。

5 喷射混凝土面层并养护。

6 施作围檩，张拉和锁定预应力锚杆。

7 进入下一层施工，重复第2款～第6款步骤直至完成。

6.2.2 截水帷幕的施工应符合下列规定：

1 施工前，应进行成桩试验，工艺性试桩数量不应少于3根。应通过成桩试验确定注浆流量、搅拌头或喷浆头下沉和提升速度、注浆压力等技术参数，必要时应根据试桩参数调整水泥浆的配合比。

2 水泥土桩应采取搭接法施工，相邻桩搭接宽度应符合设计要求。

3 桩位偏差不应大于50mm，桩机的垂直度偏差不应超过0.5%。

4 水泥土搅拌桩施工要求：

1）宜采用喷浆法施工，桩径偏差不应大于设计桩径的4%。

2）水泥浆液的水灰比宜按照试桩结果确定。

3）应按照试桩确定的搅拌次数和提升速度提升搅拌头。喷浆速度应与提升速度相协调，应确保喷浆量在桩身长度范围内分布均匀。

4）高塑性黏性土、含砂量较大及暗浜土层中，应增加喷浆搅拌次数。

5）施工中如因故停浆，恢复供浆后，应从停浆点返回0.5m，重新喷浆搅拌。

6）相邻水泥土搅拌桩施工间隔时间不应超过24h，如超过24h，应采取补强措施。

7）若桩身插筋，宜在搅拌桩完成后8h内进行。

5 高压喷射注浆施工要求：

1）宜采用高压旋喷，高压旋喷可采用单管法、二重管法和三重管法，设计桩径大于800mm时宜用三重管法。

2）高压喷射水泥浆液水灰比宜按照试桩结果确定。

3）高压喷射注浆的喷射压力、提升速度、旋转速度、注浆流量等工艺参数应按照土层性状、水泥土固结体的设计有效半径等选择。

4）喷浆管分段提升时的搭接长度不应小于100mm。

5）在高压喷射注浆过程中出现压力陡增或陡降、冒浆量过大或不冒浆等情况时，应查明原因并及时采取措施。

6）应采取隔孔分序作业方式，相邻孔作业间隔时间不宜小于24h。

6.2.3 微型桩施工应符合下列规定：

1 桩位偏差不应大于50mm，垂直度偏差不应大于1.0%。

2 成孔类微型桩孔内应充填密实，灌注过程中应防止钢管或钢筋笼上浮。

3 桩的接头承载力不应小于母材承载力。

6.2.4 土钉施工应符合下列规定：

1 注浆用水泥浆的水灰比宜为0.45～0.55，注浆应饱满，注浆量应满足设计要求。

2 土钉施工中应做好施工记录。

3 钻孔注浆法施工要求：

1）成孔机具的选择要适应施工现场的岩土特点和环境条件，保证钻进和成孔过程中不引起塌孔；在易塌孔土层中，宜采用套管跟进成孔。

2）土钉应设置对中架，对中架间距1000mm～2000mm，支架的构造不应妨碍注浆。

3）钻孔后应进行清孔，清孔后方应及时置入土钉并进行注浆和孔口封闭。

4）注浆宜采用压力注浆。压力注浆时应设置止浆塞，注满后保持压力1min～2min。

4 击入法施工要求：

1）击入法施工宜选用气动冲击机械，在易液化土层中宜采用静力压入法或自钻式土钉施工工艺。

2）钢管注浆土钉应采用压力注浆，注浆压力不宜小于0.6MPa，并应在管口设置止浆塞，注满后保持压力1min～2min。若不出现返浆时，在排除窜入地下管道或冒出地表等情况外，可采用间歇注浆的措施。

6.2.5 预应力锚杆的施工应符合下列规定：

1 锚杆成孔设备的选择应考虑岩土层性状、地下水条件及锚杆承载力的设计要求，成孔应保证孔壁的稳定性。当无可靠工程经验时，可按下列要求选择成孔方法：

1）不易塌孔的地层，宜采用长螺旋干作业钻进和清水钻进工艺，不宜采用冲洗液钻进工艺。

2）地下水位以上的含有石块的较坚硬土层及风化岩地层，宜采用气动潜孔锤钻进或气动冲击回转钻进工艺。

3）松散的可塑黏性土地层，宜采用回转挤密钻进工艺。

4）易塌孔的砂土、卵石、粉土、软黏土等地层及地下水丰富的地层，宜采用跟管钻进工艺或采用自钻式锚杆。

2 杆体应按设计要求安放套管、对中架、注浆管和排气管等构件，围檩应平整，垫板承压面应与锚杆轴线垂直。

3 锚固段注浆宜采用二次高压注浆法。第一次宜采用水泥砂浆低压注浆或重力注浆，灰砂比宜为1∶0.5～1∶1、水灰比不宜大于0.6；第二次宜采用水泥浆高压注浆，水灰比宜为0.45～0.55，注浆时间应在第一次灌注的水泥砂浆初凝后即刻进行，注浆压力宜为2.5MPa～5.0MPa。注浆管应与锚杆杆体一起插入孔底，管底距离孔底宜为100mm～200mm。

4 锚杆张拉与锁定应符合下列规定：

1）锚固段注浆体及混凝土围檩强度应达到设计强度的75%，且大于15MPa后，再进行锚杆张拉。

2）锚杆宜采用间隔张拉。正式张拉前，应取10%～20%的设计张拉荷载预张拉1次～2次。

3）锚杆锁定时，宜先张拉至锚杆承载力设计值的1.1倍，卸荷后按设计锁定值进行锁定。

4）变形控制严格的一级基坑，锚杆锁定后48h内，锚杆拉力值低于设计锁定值的80%时，应进行预应力补偿。

6.2.6 混凝土面层施工应符合下列规定：

1 钢筋网应随土钉分层施工、逐层设置，钢筋保护层厚度不宜小于20mm。

2 钢筋的搭接长度不应小于30倍钢筋直径；焊接连接可采用单面焊，焊缝长度不应小于10倍钢筋直径。

3 面层喷射混凝土配合比宜通过试验确定。

4 湿法喷射时，水泥与砂石的质量比宜为1∶3.5～1∶4，水灰比宜为0.42～0.50，砂率宜为0.5～0.6，粗骨料的粒径不宜大于15mm。

5 干法喷射时，水泥与砂石的质量比宜为1∶4～1∶4.5，水灰比宜为0.4～0.45，砂率宜为0.4～0.5，粗骨料的粒径不宜大于25mm。

湿法喷射的混合料坍落度宜为80mm～120mm。干混合料宜随拌随用，存放时间不应超过2h，掺入速凝剂后不应超过20min。

6 喷射混凝土作业应与挖土协调，分段进行，同一段内喷射顺序应自下而上。

7 当面层厚度超过100mm时，混凝土应分层喷射，第一层厚度不宜小于40mm，前一层混凝土终凝后方可喷射后一层混凝土。

8 喷射混凝土施工缝结合面应清除浮浆层和松散石屑。

9 喷射混凝土施工24h后，应喷水养护，养护时间不应少于7d；气温低于＋5℃时，不得喷水养护。

10 喷射混凝土冬期施工的临界强度，普通硅酸盐水泥配制的混凝土不得小于设计强度的30%；矿渣水泥配制的混凝土不得小于设计强度的40%。

6.3 降排水施工

6.3.1 降水井深度、水泵安放位置应与设计要求一致。设有截水帷幕的基坑工程，应待截水帷幕施工完成后方可坑内降水。

6.3.2 基坑降水应遵循“按需降水”的原则，水位应降至设计要求深度。

6.3.3 当设计采用降水方法提高坑底土体承载力时，应提前降水，提前时间应符合设计要求。

6.3.4 降水井停止使用后应及时进行封堵。

6.3.5 基坑内、外的排水系统应满足下列要求：

1 宜在基坑场地外侧设置排水沟、集水井等地表水排水系统，有截水帷幕时，排水系统应设置在截水帷幕外侧；排水系统距离基坑或截水帷幕外侧不宜小于0.5m；排水沟、集水井应具有防渗措施。

2 基坑周边汇水面积较大或位于山地时，尚应考虑地表水的截排措施。

3 基坑内宜随开挖过程逐层设置临时排水系统。开挖至坑底后，宜在坑内设置排水沟、盲沟和集水坑，排水沟、盲沟和集水坑与基坑边距离不宜小于0.5m。

4 基坑内、外的排水系统设计应能满足排水流量要求，保证排水畅通。

6.4 基坑开挖

6.4.1 截水帷幕及微型桩应达到养护龄期和设计规定强度后，再进行基坑开挖。

6.4.2 基坑土方开挖分层厚度应与设计要求相一致，分段长度软土中不宜大于15m，其他一般性土不宜大于30m。基坑面积较大时，土方开挖宜分块分区、对称进行。

6.4.3 上一层土钉注浆完成后的养护时间应满足设计要求，当设计未提出具体要求时，应至少养护48h后，再进行下层土方开挖。预应力锚杆应在张拉锁定后，再进行下层土方开挖。

6.4.4 土方开挖后应在24h内完成土钉及喷射混凝土施工。对自稳能力差的土体宜采用二次喷射，初喷应随挖随喷。

6.4.5 基坑侧壁应采用小型机具或铲锹进行切削清坡，挖土机械不得碰撞支护结构、坑壁土体及降排水设施。基坑侧壁的坡率应符合设计规定。

6.4.6 开挖后发现土层特征与提供地质报告不符或有重大地质隐患时，应立即停止施工并通知有关各方。

6.4.7 基坑开挖至坑底后应尽快浇筑基础垫层，地下结构完成后，应及时回填土方。

6.5 质量检查

6.5.1 复合土钉墙基坑工程可划分为截水帷幕、微型桩、土钉墙、预应力锚杆、降排水、土方开挖等若干分项工程。土钉墙、预应力锚杆的工程质量检验应符合表6.5.1的规定，其他各分项工程质量检验标准宜根据检查内容按照现行国家标准《建筑地基基础工程施工质量验收规范》GB 50202的相关规定执行。

表6.5.1 土钉墙和锚杆质量检验标准

项	序	检查项目	允许偏差或允许值
主控项目	1	土钉或锚杆杆体长度	土钉：±30mm，锚杆：杆体长度的0.5%
	2	土钉验收抗拔力或锚杆抗拔承载力	设计要求
一般项目	1	土钉或锚杆位置	±100mm
	2	土钉或锚杆倾角	±2°
	3	成孔孔径	±10mm
	4	注浆体强度	设计要求
	5	注浆量	大于计算浆量
	6	混凝土面层钢筋网间距	±20mm
	7	混凝土面层厚度	平均厚度不小于设计值，最小厚度不小于设计值的80%
	8	混凝土面层抗压强度	设计要求

6.5.2 施工前应检查原材料的品种、规格、型号以及相应的检验报告。

6.5.3 截水帷幕（水泥土桩）质量检查应符合下列规定：

1 施工前应对机械设备工作性能及计量设备进行检查。

2 施工过程应检查施工状况，检查内容应包括桩机垂直度、提升和下沉速度、注浆压力和速度、注浆量、桩长、桩的搭接长度等。

3 水泥土桩的施工质量检验应符合下列规定：

1）桩直径、搭接长度：检查数量为总桩数的2%，且不小于5根；

2）采用钻孔取芯法检验桩体强度和墙身完整性。检查数量不宜少于总桩数的1%，且不应少于3根。

4 检验点宜布置在以下部位：

1）施工中出现异常情况的桩；

2）地层情况复杂，可能对截水帷幕质量产生影响的桩；

3）其他有代表性的桩。

6.5.4 微型桩质量检查应符合下列规定：

1 施工过程应检查施工状况，检查内容应包括桩机垂直度、桩截面尺寸、桩长、桩距等。

2 质量检验应检查桩身完整性，检查数量为总数的10%，且不少于3根。

6.5.5 土钉墙质量检查应符合下列规定：

1 施工过程中应对土钉位置，成孔直径、深度及角度，土钉长度，注浆配比、压力及注浆量，墙面厚度及强度，土钉与面板的连接情况、钢筋网的保护层厚度等进行检查。

2 土钉墙检测应符合下列规定：

1）土钉应通过抗拔试验检测抗拔承载力。抗拔试验应分为基本试验及验收试验。验收试验数量不宜少于土钉总数的1%，且不应少于3根。

2）墙面喷射混凝土厚度应采用钻孔检测，钻孔数宜每200m²墙面积一组，每组不应少于3点。

6.5.6 预应力锚杆质量检查应符合下列规定：

1 施工过程中应对预应力锚杆位置，钻孔直径、长度及倾角，自由段与锚固段长度，浆液配合比、注浆压力及注浆量，锚座几何尺寸，锚杆张拉值和锁定值等进行检查。

2 锚杆应采用抗拔验收试验检测抗拔承载力，试验数量不宜少于锚杆总数的5%，且不应少于3根。验收试验时最大试验荷载应取轴向承载力设计值的1.1倍（单循环验收试验）或1.2倍（多循环验收试验）。

6.5.7 降排水工程质量检查应符合下列规定：

1 降水系统施工应检查井点（管）的位置、数量、深度、滤料的填灌情况及排水沟（管）的坡度、抽水状况等。

2 降水系统安装完毕后应进行试抽，检查管路连接质量、泵组的工作状态、井点的出水状况等。

6.5.8 土方开挖质量检查应符合下列规定：

1 土方开挖过程中应检查开挖的分层厚度、分段长度、边坡坡度和平整度。

2 土方开挖完成后，应对基坑坑底标高、基坑平面尺寸、边坡坡度、表面平整度、基底土性进行检查。

7 监 测

7.0.1 监测方案的编制和实施应符合现行国家标准《建筑基坑工程监测技术规范》GB 50497 的有关规定。

7.0.2 现场监测应采用仪器监测与巡视检查相结合的方法，基坑施工及使用期内应有专人进行巡视检查。

7.0.3 监测项目、监测报警值、监测频率应由基坑工程设计方提出。

7.0.4 当出现下列情况之一时，必须立即进行危险报警，并通知有关各方对基坑支护结构和周边环境中的保护对象采取应急措施。

1 监测项目的内力及变形监测累计值达到报警值。

2 复合土钉墙或周边土体的位移值突然明显增大或基坑出现流土、管涌、隆起、陷落或较严重的渗漏等。

3 土钉、锚杆体系出现断裂、松弛或拔出的迹象。

4 周边建筑的结构部分、周边地面出现较严重的突发裂缝或危害结构的变形裂缝。

5 周边管线变形突然明显增长或出现裂缝、泄漏等。

6 根据当地工程经验判断，出现其他必须进行危险报警的情况。

7.0.5 监测技术成果应包括当日报表、阶段性报告和总结报告。技术成果提供的内容应真实、准确、完整。技术成果应按时报送。

附录 A 土钉抗拔基本试验

A.0.1 基本试验用土钉均应采用非工作钉。

A.0.2 每一典型土层中基本试验土钉数量不应少于 3 根。

A.0.3 基本试验土钉宜设置 0.5m～1.0m 的自由段，其他条件（施工工艺、设计及施工参数等）应与工作土钉相同。

A.0.4 可按本规范式（5.2.6-2）预估土钉极限抗拔力 T_m。

A.0.5 选取土钉杆体材料时，应保证杆体设计抗拉力不小于 $1.25T_m$。

A.0.6 试验应在注浆体无侧限抗压强度达到 10MPa 后进行。

A.0.7 加载装置（千斤顶、油泵等）、计量仪表（压力表、测力计、位移计等）等应在有效率定期内；千斤顶的额定负载宜为最大试验荷载的 1.2 倍～2.0 倍，计量仪表的量程应与之匹配；压力表精度不应低于 0.4 级，位移计精度不应低于 0.01mm；试验装置应保证土钉与千斤顶同轴；反力装置（承压板或支座梁）应有足够的强度和刚度；位移计应远离千斤顶的反力点，避免受到影响。

A.0.8 荷载应逐级增加，加荷等级与观测时间宜符合表 A.0.8 的规定。每级加荷结束后，下级加荷前及中间时刻宜各测读钉头位移 1 次。

表 A.0.8 土钉抗拔基本试验加荷等级与观测时间

加荷等级	$0.1T_y$	$0.3T_y$	$0.6T_y$	$0.8T_y$	$0.9T_y$	$1.0T_y$	……	破坏
观测时间（min）	2	5	5	5	10	10	10	—

A.0.9 每级加荷观测时间内如钉头位移增量小于 1.0mm，可施加下一级荷载，否则应延长观测时间 15min；如增量仍大于 1.0mm，应再次延长观测时间 45min，并应分别在 15min、30min、45min、60min 时测读钉头位移。

A.0.10 试验荷载超过 T_m 后，宜按每级增量 $0.1T_m$ 继续加荷试验，直至破坏。

A.0.11 试验完成后，应按每级荷载及对应的钉头位移整理制表，绘制荷载—位移（$Q-S$）曲线。

A.0.12 出现下述情况之一时可判定土钉破坏并终止试验：

1 后一级荷载产生的位移量超过前一级（第一、二级除外）荷载产生的位移量的 3 倍。

2 钉头位移不稳定（延长观测时间 45min 内位移增量大于 2.0mm）。

3 土钉杆体断裂。

4 土钉被拔出。

A.0.13 单钉极限抗拔力应取破坏荷载的前一级荷载。

A.0.14 每组试验值极差不大于 30%时，应取最小值作为极限抗拔力标准值；极差大于 30%时，应增加试验数量，并应按 95%保证概率计算极限抗拔力标准值。

A.0.15 根据土钉极限抗拔力标准值反算土钉与土体的粘结强度标准值 q_{sk}。

附录 B 土钉抗拔验收试验

B.0.1 验收试验土钉数量应为土钉总数的 1%，且不应少于3根。

B.0.2 试验应在注浆体无侧限抗压强度达到 10MPa 后进行。

B.0.3 加载装置（千斤顶、油泵等）、计量仪表（压力表、测力计、位移计等）等应在有效率定期内；千斤顶的额定负载宜为最大试验荷载的1.2倍～2.0倍，计量仪表的量程应与之匹配；压力表精度不应低于0.4级，位移计精度不应低于0.01mm；试验装置应保证土钉与千斤顶同轴；反力装置（承压板或支座梁）应有足够的强度和刚度；位移计应远离千斤顶的反力点，避免受到影响。

B.0.4 试验土钉应与面层完全脱开，处于独立受力状态。

B.0.5 荷载应逐级增加，加荷等级与观测时间宜符合表B.0.5的规定。每级加荷结束后，下级加荷前及中间时刻宜各测读钉头位移1次。

表 B.0.5 土钉抗拔验收试验加荷等级与观测时间

加荷等级	$0.1T_y$	$0.5T_y$	$0.8T_y$	$1.0T_y$	$1.1T_y$	$0.1T_y$
观测时间（min）	2	5	10	10	10	2

B.0.6 每级加荷观测时间内如钉头位移增量小于1.0mm，可施加下一级荷载，否则应延长观测时间15min；如增量仍大于1.0mm，应再次延长观测时间45min，并分别在15min、30min、45min、60min时测读钉头位移。

B.0.7 试验完成后，应按每级荷载对应的钉头位移整理制表，绘制荷载—位移（$Q-S$）曲线。

B.0.8 出现下述情况之一时可判定土钉破坏：

1 后一级荷载产生的位移量超过前一级（第一级除外）荷载产生的位移量的3倍。

2 钉头位移不稳定（延长观测时间45min内位移增量大于2.0mm）。

3 杆体断裂。

4 土钉被拔出。

B.0.9 土钉破坏或加载至$1.1T_y$时位移稳定，应终止试验。

B.0.10 单钉抗拔力应取破坏荷载的前一级荷载，如没有破坏则应取最大试验荷载。

B.0.11 验收合格标准：检验批土钉平均抗拔力不应小于T_y，且单钉抗拔力不应小于$0.8T_y$。不能同时符合这两个条件则应判定为验收不合格。

B.0.12 验收不合格时，可抽取不合格数量2倍的样本扩大检验。将扩大抽检结果计入总样本后如仍不合格，则应判断该检验批产品不合格，并应对不合格部位采取相应的补救措施。

本规范用词说明

1 为便于在执行本规范条文时区别对待，对要求严格程度不同的用词说明如下：

1） 表示很严格，非这样做不可的：
正面词采用“必须”，反面词采用“严禁”；

2） 表示严格，在正常情况下均应这样做的：
正面词采用“应”，反面词采用“不应”或“不得”；

3） 表示允许稍有选择，在条件许可时首先应这样做的：
正面词采用“宜”，反面词采用“不宜”；

4） 表示有选择，在一定条件下可以这样做的，采用“可”。

2 条文中指明应按其他有关标准执行的写法为：“应符合……的规定”或“应按……执行”。

引用标准名录

《建筑地基基础工程施工质量验收规范》GB 50202
《建筑基坑工程监测技术规范》GB 50497
《建筑基坑支护技术规程》JGJ 120

中华人民共和国国家标准

复合土钉墙基坑支护技术规范

GB 50739—2011

条 文 说 明

制 定 说 明

《复合土钉墙基坑支护技术规范》GB 50739—2011经住房和城乡建设部2011年9月16日以第1159号公告批准发布。

本规范编制过程中，编制组进行了广泛和深入的调查研究，总结了我国复合土钉墙基坑支护的勘察、设计、施工、检查、监测的实践经验，同时参考了国外先进的技术法规、技术标准。

为便于广大设计、施工、科研、学校等单位有关人员在使用本规范时能正确理解和执行条文规定，《复合土钉墙基坑支护技术规范》编制组按章、节、条顺序编制了本规范的条文说明，对条文规定的目的、依据以及执行中需要注意的有关事项进行了说明。但是，本条文说明不具备与规范正文同等的法律效力，仅供使用者作为理解和把握规范规定的参考。

目　次

1 总　　则

1.0.4 本条规定除遵守本规范外，复合土钉墙基坑支护工程尚应符合国家现行有关标准的规定。与本规范有关的国家现行规范、规程主要有：

1 《岩土工程勘察规范》GB 50021；

2 《建筑地基基础设计规范》GB 50007；

3 《建筑基坑工程监测技术规范》GB 50497；

4 《建筑地基基础工程施工质量验收规范》GB 50202；

5 《锚杆喷射混凝土支护技术规范》GB 50086；

6 《建筑基坑支护技术规程》JGJ 120；

7 《建筑桩基技术规范》JGJ 94；

8 《建筑地基处理技术规范》JGJ 79；

9 其他未列出的相关标准。

2 术语和符号

2.1 术　　语

2.1.4 用作截水帷幕的水泥土桩主要有水泥土搅拌桩和高压喷射水泥土桩。

2.1.5 微型桩包括直径 100mm～300mm 的灌注桩（骨架可为钢筋笼、型钢、钢管等，胶结物可为混凝土、水泥砂浆、水泥净浆等）和各种材料及形式的预制构件，如小直径预制桩、木桩、型钢等。本规范考虑了微型桩对基坑整体稳定性的贡献。

2.1.6 复合土钉墙中强调以土钉为主要受力构件，整体稳定性主要由土和钉的共同作用提供，同时考虑预应力锚杆、截水帷幕、微型桩对整体稳定性的贡献。

3 基本规定

3.0.1 作为基坑工程的专项技术标准之一，复合土钉墙基坑支护安全等级应与现行行业标准《建筑基坑支护技术规程》JGJ 120 相一致。《建筑基坑支护技术规程》JGJ 120 中规定，应综合考虑基坑周边环境状况、地质条件的复杂程度、基坑深度等因素，根据可能产生的破坏后果的严重程度，按表 1 采用基坑支护的安全等级。对基坑的不同侧壁可采用不同的安全等级。

表 1　基坑支护安全等级

安全等级	破坏后果
一级	支护结构失效、土体失稳或基坑过大变形对基坑周边环境及主体结构施工的影响很严重
二级	支护结构失效、土体失稳或基坑过大变形对基坑周边环境及主体结构施工的影响严重
三级	支护结构失效、土体失稳或基坑过大变形对基坑周边环境及主体结构施工的影响不严重

3.0.2 复合土钉墙基坑支护的形式主要有下列七种形式（图 1）：

1 截水帷幕复合土钉墙［图 1（a）］。

2 预应力锚杆复合土钉墙［图 1（b）］。

3 微型桩复合土钉墙［图 1（c）］。

4 截水帷幕－预应力锚杆复合土钉墙［图 1（d）］。

5 截水帷幕－微型桩复合土钉墙［图 1（e）］。

6 微型桩－预应力锚杆复合土钉墙［图 1（f）］。

7 截水帷幕－微型桩－预应力锚杆复合土钉墙［图 1（g）］。

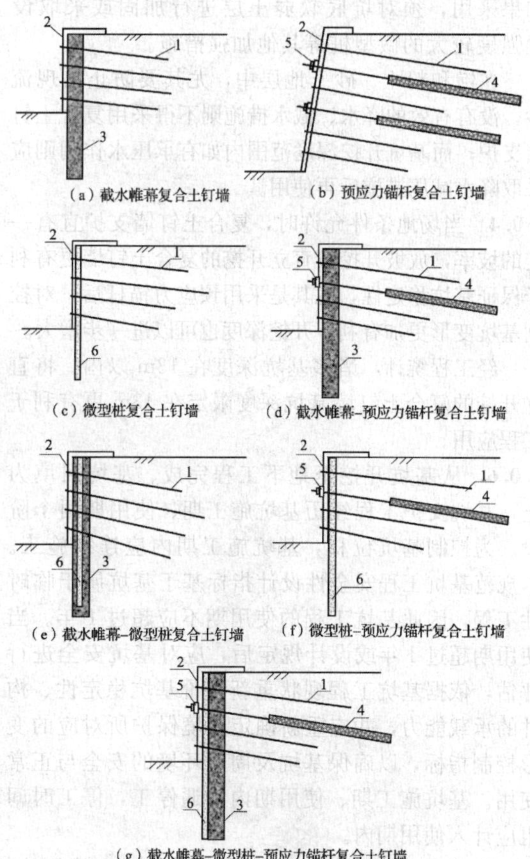

图 1　复合土钉墙基坑支护形式

1—土钉；2—喷射混凝土面层；3—截水帷幕；4—预应力锚杆；5—围檩；6—微型桩

复合土钉墙支护方案的选型应综合考虑土质、地下水、周边环境以及现场作业条件，通过工程类比和技术经济比较后确定。有地下水影响时，宜采用有截水帷幕参与工作的复合土钉墙形式；周边环境对基坑变形有较高控制要求或基坑开挖深度较深时，宜采用有预应力锚杆参与工作的复合土钉墙形式；基坑侧壁土体自立性较差时，宜采用有微型桩参与工作的复合土钉墙形式；当受多种因素影响时，应根据具体情况采取多种组合构件共同参与工作的复合土钉墙形式。

3.0.3 复合土钉墙较一般土钉墙具有更广泛的适用性。截水帷幕在隔水的同时，对土体也起到了加固作用，增加了坑壁的自稳能力，因此较一般土钉墙，复合土钉墙更适用于地下水位浅、土体强度低、自立性差的地层中，在我国诸多软土地区较浅基坑（一般坑深不超过5m～7m）中有广泛的工程实践，积累了丰富的经验。但在软土地层中采用复合土钉墙应满足一定的限制条件。许多工程实践表明，当基坑计算范围内存在厚度大于5m的流塑状土（当为淤泥和泥炭时厚度大于2m）或坑底存在泥炭时不宜采用复合土钉墙支护；当坑底为淤泥和淤泥质土时应慎用复合土钉墙支护，如果采用，须对坑底软弱土层进行加固或采取设置强度较大的微型桩等其他加强措施。

在饱和粉土、砂土地层中，尤其要防止出现流砂，没有有效的降水、截水措施则不得采用复合土钉墙支护；而基坑开挖深度范围内如有承压水作用则应采取降水减压措施后再使用。

3.0.4 当场地条件允许时，复合土钉墙支护宜有一定的坡率，放坡开挖较直立开挖的复合土钉墙更有利于保证基坑稳定性，尤其是采用预应力锚杆后，对控制基坑变形更加有利，开挖深度也可以进一步增大。

经工程统计，诸多基坑深度在13m以内，将直立开挖的复合土钉墙基坑深度限定在13m更有利于工程应用。

3.0.6 从基坑开挖至地下工程完成、基坑回填为止，基坑支护工程经历基坑施工期、使用期两个阶段。为控制基坑位移，基坑施工期内应连续施工。本规范基坑工程安全性设计指标基于基坑属于临时性工程，因此基坑工程的使用期不应超过1年。当使用期超过1年或设计规定后，应对基坑安全进行评估，依据基坑工程现状重新评价基坑稳定性、构件的承载能力，并应重新确定环境保护所对应的变形控制指标，以确保基坑及周边环境的安全与正常使用。基坑施工期、使用期内如遇停工，停工时间也应计入使用期内。

3.0.9 复合土钉墙基坑支护的变形与地质条件、周边环境条件、施工工况以及基坑开挖深度、土钉长度、土钉注浆量、基坑单边长度、超前支护刚度等多方面因素有关，由于地质勘察所获得的数据还很难准确代表岩土层的全面情况，对岩土层和复合土钉墙本身所作的计算模型、计算假定等也不能完全准确代表实际状况，而施工过程中复合土钉墙受力又经常发生动态变化，因此目前对复合土钉墙基坑支护的变形进行计算是十分困难的。

复合土钉墙基坑支护的变形可用有限元等数值分析方法作出估算，但成果的可靠性难以评估。目前较成熟的复合土钉墙变形计算研究成果主要是根据监测资料反演取得的。一些重要的、大型基坑工程建立了数值分析模型，将已观测到的成果作为数据输入，据此预测下一步变化，如此反复，得出的预测值与实测较为接近。但是，由于建模的复杂性及早期预测的准确度较低等因素，这类方法目前未能普遍应用。近些年，不少学者致力于建立相对简单的经验公式对变形进行预测，取得了一定成果，但成果都是针对某地层、某地区取得的。

图2是上海市工程建设标准《基坑工程技术规范》DG/T J08－61—2010提出的上海地区估算复合土钉墙位移的经验公式。图中单排超前支护指单排水泥土搅拌桩（宽0.7m），双排超前支护指双排水泥土搅拌桩（宽1.2m）。

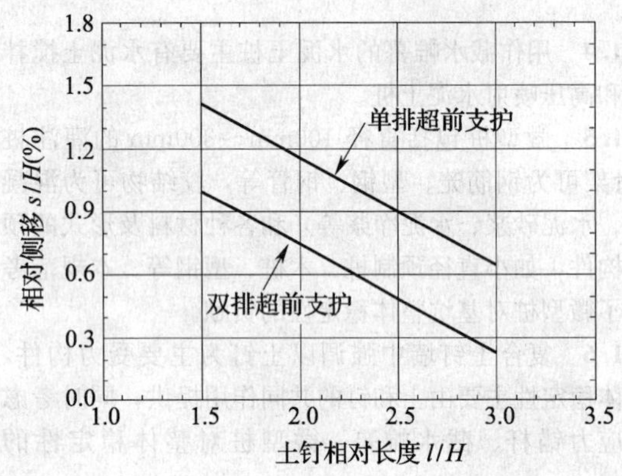

图2 土钉支护位移估算

4 勘 察

4.0.1 基坑工程勘察包括岩土勘察和周边环境调查两项工作，应与拟建建筑的岩土工程勘察同时进行。目前岩土工程勘察重点是建筑物轮廓线以内范围，着重基础持力层调查，较少单独进行基坑开挖边界以外范围的勘察，并经常忽略浅部土层的土层划分、取样试验、土性参数，而这些内容正是基坑工程设计、施工的重要依据。当已有勘察成果不能满足基坑工程设计和施工要求时，应补充基坑工程专项勘察。

勘察阶段须同时进行周边环境安全性调查工作。其目的一方面是评估基坑开挖和降水引起的变形对周边环境产生不利影响的可能性以及地下障碍物是否影响到土钉及锚杆施工，另一方面是避免钻探和土钉、锚杆成孔过程中损坏地下管线等设施。本章内容适用于土质岩土工程勘察。

4.0.2 基坑开挖及降水对周边环境的影响范围较广，开挖边界线外开挖深度的1倍～5倍范围内均有可能受到影响，有时甚至更远，因此勘察的范围应根据基坑的复杂程度、设计要求、场地条件、周边环境条件等综合确定，但平面范围不宜小于基坑开挖边界线外开挖深度的2倍。考虑到土钉、锚杆的设置要求，平面范围也不宜小于土钉或锚杆估算长度的1.2倍。

由于受场地、周边环境的限制，基坑开挖线外的勘察主要以现场踏勘、调查和收集已有资料为主，必要时布置适量的勘探点。

4.0.4 我国发生的滑塌破坏的土钉墙及复合土钉墙实例的统计数据表明，勘察中忽略了软弱土夹层的存在是发生滑塌破坏的原因之一。因此勘察中应将软弱土夹层（特别是坑底附近的）划分出来。

4.0.6 土工试验应为基坑工程设计、施工提供符合实际情况的土性指标。勘察方应根据复合土钉墙设计计算、施工的要求，选择合适的试验方法（包括取样的方法等），提供的土性参数应综合考虑试验方法、工程经验，并与计算模型相匹配。

4.0.9 应明确提供基坑开挖影响范围内各地层的物理力学指标；有地下水时，应提供各含水层的渗透系数；存在承压水时，应分层提供水头高度。

5 设 计

5.1 一 般 规 定

5.1.2 设计计算时可取单位长度按平面应变问题分析计算，也可按照空间协同作用理论分析计算。当采用空间协同作用理论时，复合土钉墙设计宜考虑时空效应对稳定性的不利影响，不宜考虑边角效应对稳定性的有利影响。

5.1.3 附加荷载包括基坑周边施工材料和机械设备荷载、邻近既有建筑荷载、周边道路车辆荷载等。对基坑周边土方运输车等重型车辆荷载、土方堆置荷载等应做必要的复核或荷载限制。

5.1.4 因为坑中坑设计和处理不当而造成的基坑事故屡有发生，故制定本条规定。坑中坑对复合土钉墙支护的局部稳定存在不利影响，进而可能引发基坑整体性破坏。

5.1.7 表5.1.7数据是根据大量抗拔试验结果反算出来的，试验时，土钉长度为6m～12m；钻孔注浆土钉采用一次重力式注浆工艺，成孔直径70mm～120mm。钢管注浆土钉均设置倒刺，倒刺排距0.25m～1.0m，数量2个/m～4个/m，注浆压力0.6MPa～1.0MPa。反算时，假定钢管注浆土钉直径80mm；钻孔注浆土钉如无明确要求则假定直径100mm。

备注中的压力注浆指注浆压力大于0.6MPa，二次注浆系指第二次采用高压注浆。

表5.1.7土钉与土体粘结强度标准值 q_{sk} 是以一定工艺为基础的统计值，也参考了相关规范和工程经验，给出的 q_{sk} 值是一个较宽泛的范围值。由于各地区地层特性差异和施工工艺区域性特点明显，q_{sk} 取值原则是在有地区经验情况下，应优先根据地区经验选取。

5.1.8 土钉及锚杆施工易造成水土流失，可能对周边环境产生不利影响，土钉及锚杆设置时应予以充分考虑；此外，基坑回填后土钉及锚杆残留在土体中，也可能会影响邻近地块的后续工程，必要时可采用可回收式锚杆及土钉。

5.1.9 冻融对季节性冻土影响非常明显，季节性冻土区采用复合土钉基坑支护时，应考虑冻胀后土钉受力增大、基坑位移增加以及融化后土体强度降低等不利影响。有研究表明，在冻胀力作用下土钉所受拉力会比初始拉力大3倍～5倍，土钉拉力分布形式也将发生改变；同时喷射混凝土面层后的土压力增大，基坑位移增加并且解冻后不可恢复。考虑地下水的影响，尤其是在有渗水的情况下，复合土钉墙不宜设置短土钉；考虑冻融深度的影响，该范围内的土体强度和模量以及土钉与土体的界面粘结强度也应适度折减；设计和施工还应确保土钉钉头连接牢固，同时应加强基坑监测。

5.1.12 复合土钉墙基坑变形既受荷载作用下土体自身变形的影响，同时还受到周边环境变形控制的约束。受荷作用下土体自身变形的大小主要与荷载、土性、开挖深度等因素有关。复合土钉墙基坑在满足自身稳定的同时，还应考虑变形对周边环境的影响，满足周边环境对变形的控制要求。

变形控制指标是基坑正常变形的一个范围值，反映了基坑仍处于正常状态之中，是基坑变形设计的允许控制指标，超出该指标意味着基坑可能进入安全储备低、变形异常甚至进入危险工作状态。

确定非常准确的基坑变形控制指标是十分困难的。从我国复合土钉墙工程实践和现有的研究水平出发，编制组在对202个复合土钉墙基坑工程监测数据的分析基础上，结合工程经验和地方工程建设标准等提出了依据地层条件、基坑安全等级确定复合土钉墙变形控制指标的建议值。

对202个复合土钉墙基坑工程监测的统计情况分析结果表明，复合土钉墙侧向位移范围一般在0.1%H～1.5%H（H为基坑开挖深度）之间，软土中多数在0.3%H～1.5%H之间，一般土层中多数在0.1%H～0.7%H之间。

5.2 土钉长度及杆体截面确定

5.2.1 表5.2.1提供的土钉长度及间距主要是依据工程经验，用于初步选择复合土钉墙中土钉的设计参数。设计时须进行稳定性分析验算，根据验算结果再对土钉初选设计参数进行修改和调整。

表 5.2.1 给出的土钉长度与基坑深度比是一个范围值，基坑较浅时可取较大值，有预应力锚杆或截水帷幕时可取较小值。

5.2.3 图 5.2.3（b）是根据工程实测数据并考虑安全条件后简化的结果，通过假定土体侧压力总值等于朗肯主动土压力计算后得出。

假定土钉轴向荷载标准值的主要目的是为了估算土钉的长度与分布密度。

5.2.4 规定 $p_{m,max}$ 不宜小于 $0.2\gamma_{m1}H$ 的主要目的是避免局部土钉长度偏短。

5.2.5 ζ 是在一定假设条件下得到的半理论半经验系数，该假设条件是土压力水平向分布且作用在面层上。实际上，复合土钉墙的主动土压力并不作用在面层上，ζp 也不是作用在倾斜面上的主动土压力。

5.2.6 检验土钉施工质量的最好办法是对土钉进行全长现场抗拔试验，故应对抗拔力进行设计计算以便于工程检测。土钉验收抗拔力并非该土钉应承受的荷载，只是设计检验值，与计算单根土钉长度时假定的土钉轴向荷载标准值没有对应关系。

考虑到土体的变异性、施工水平的波动性及对成品土钉的保护，式（5.2.6-2）中引入了工作系数，其主要目的是防止过高评估土钉验收抗拔力在整体稳定中的作用。

5.3 基坑稳定性验算

5.3.1 一些文献中，把滑移面全部或部分穿过被土钉加固的土体时的破坏模式称为“内部稳定破坏”，完全不穿过时称为“外部整体稳定破坏”或“深部稳定破坏”。按本规范推荐的整体稳定性验算模型及公式，程序自动搜索最危险滑移面时，是不分“内外”的，搜索到的最危险滑移面，是土体、土钉及各复合构件提供的安全度之和为最小值的滑移面，如果此时土钉及各构件的贡献值为零，即为“外部整体稳定”模式。但经验与理论分析表明，土钉贡献值为零的情况不会出现，因为最危险滑移面至少要穿过最下一排或最长一排土钉，如图 3 曲线 1 所示。曲线 2 为“外部整体稳定”最危险滑移面，与曲线 1 相比，因位置后移导致滑弧长度增加，土体抗剪强度提供的安全度增加。土钉在滑弧外的长度 l_m 很小时，摩阻力 N_u 很小，N_u 对安全度的贡献，小于曲线 1 后移至曲线 2 时土体抗剪强度提供的安全度增量，故曲线 2 的安全度大于曲线 1，曲线 2 并非最危险滑移面。故本规范不采用“外部整体稳定”及“内部整体稳定”等概念。

整体稳定验算可计取止水帷幕、预应力锚杆及微型桩的作用，这是对大量工程实践统计的结果。如果不计取这些构件的作用，设计将过于保守，不仅与事

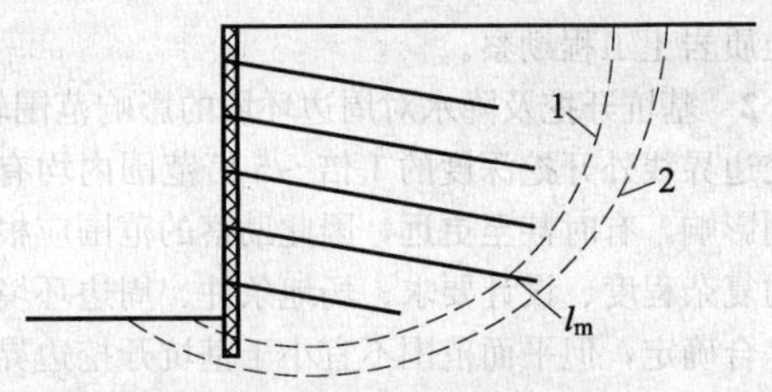

图 3　整体稳定性分析比较

实不符，且有些情况下（如在软弱土层中）设计计算很难达到一定的安全度，人为地限制了复合土钉墙技术的应用。当然，也不能过高估算这些复合构件的作用，如果这些复合构件（如微型桩或锚杆）起到了主导性作用，就已经不适用本规范推荐的整体稳定性验算公式了。验算公式中，通过设置组合作用折减系数，限制了这些复合构件的作用程度。

5.3.2 式（5.3.2-1）以在国内广泛使用、直观、易于理解的瑞典条分法作为理论基础，采用极限平衡法作为分析方法，认为截水帷幕、预应力锚杆及微型桩能够与土钉共同工作，计算时考虑这些复合构件的作用。

为便于研究，公式作了如下假定及简化：

1 破坏模式为圆弧滑移破坏；

2 土钉为最主要受力构件；

3 土钉、预应力锚杆只考虑抗拉作用，截水帷幕及微型桩只考虑抗剪作用，忽略这些构件的其他作用；

4 破坏时土钉与土体能够发挥全部作用，复合构件不能与土钉同时达到极限平衡状态，即不能发挥最大作用，也不能同时发挥较大作用，要按一定规则进行强度折减，构件强度越高、类型越多、组合状态越不利，则折减越大；

5 预应力锚杆拉力的法向分力与切向分力可同时达到极限值，但只是计取假定滑移面之后的锚固段提供的抗滑力矩；

6 滑移面穿过截水帷幕或微型桩时，平行于桩的正截面；

7 不考虑地震作用；

8 安全系数定义为滑移面的抗滑力矩与滑动力矩之比。

破裂面的形状不能事先确定，取决于坡面的几何形状、土体的性状、土钉参数及地面附加荷载等许多因素，采用圆弧形主要因为它与一些试验结果及大多数工程实践比较接近，且分析计算相对容易一些。在某些特殊情况下，圆弧滑动并非最佳，需要与其他破坏模式对比。例如，在深厚的软土地层，采用圆弧形可能会过高估计软土的被动土压力，如图 4（a）所示，土钉墙可能会沿着曲线 2 破坏而并非圆弧 1，因土质软弱，坑底的滑移面不会扩展到很远的地方；基坑上半部分为软弱土层、下半部分为坚硬土层，且层

面向基坑内顺层倾斜时，可能产生顺层滑动，破裂面为双折线或上曲下直的双线，如图4（b）所示；土体中存在较薄弱的土层或薄夹层时，可能会产生沿薄弱面的滑动破坏，如图4（c）所示。

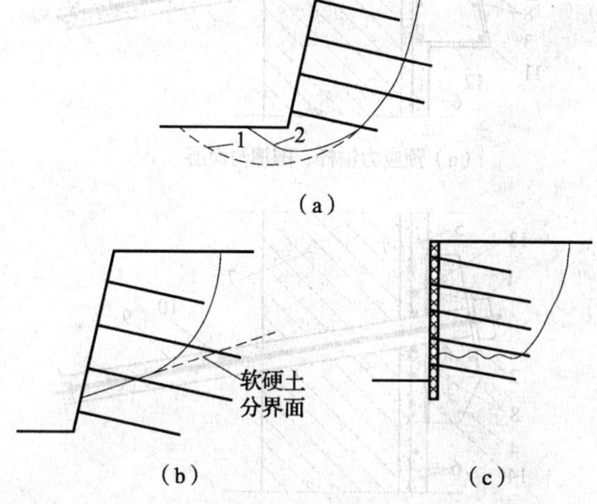

图4　特殊地质条件下的破坏模式

无试验资料或类似经验时，截水帷幕如采用深层搅拌法形成，可按表2取值［喷浆法，单轴，（2～4）喷、4搅工艺］，工艺不同时可参考该表取值。高压喷射注浆法形成的水泥土截水帷幕抗剪强度可参考表2，按水泥土设计抗压强度标准值的15%～20%取值，但最大不应超过800kPa。

表2　深层搅拌法水泥土抗剪强度标准值 τ_s

抗压强度（MPa）	0.5～1.0	1.0～1.5	1.5～2.0	＞2.0
抗剪强度（kPa）	100～250	150～300	200～400	400

5.3.3　式（5.3.2-1）是个半经验半理论公式，其中的组合作用折减系数根据实际工程反算而来。反算时，在国内外已实施的约500个复合土钉墙案例中，挑选了202个有代表性的进行了详细计算。思路为：通过对一些特殊案例（已塌方或变形很大的工程）的定性分析及定量计算，估算出折减系数的大致范围，然后再通过大量的案例（正常使用的工程），验证该范围的合理性。

组合作用折减系数 η 是经验值，根据大量失稳、濒临失稳及正常使用工程的监测数据反算而来。反算时作了如下假设：

1　基坑坍塌时支护体系达到了承载能力极限状态，略低于临界稳定，整体稳定安全系数 K_s 为0.98～0.99。

2　基坑水平位移很大时，支护体系为正常使用极限状态，接近临界稳定，K_s 为1.01～1.03。

3　正常使用时，土钉墙的位移量与整体稳定安全系数 K_s 之间大致存在着表3所示的经验关系。

表3　土钉墙位移与整体稳定安全系数 K_s 关系

位移量级	很小	较小	一般	较大	很大
位移比（%）	＜0.2	0.2～0.4	0.35～0.7	0.6～1.0	＞1.0
位移（mm）	10～20	15～40	25～70	40～100	＞100
K_s	＞1.40	1.30～1.45	1.15～1.35	1.05～1.20	1.01～1.05

4　微型桩与土钉墙结合后整体性不如截水帷幕与土钉墙结合后整体性效果好。

5　预应力锚杆的组合作用折减系数取0.5时，作用效果与将其视为土钉相当。而预应力锚杆的作用效果应好于将之完全视为土钉。

提高截水帷幕及微型桩材料的抗剪强度、增大截面面积等会使复合构件自身抗剪能力得到较大提高，但复合土钉墙整体稳定性依靠地是土、土钉与复合构件的协同作用，复合构件自身抗剪能力提高的程度越大，复合土钉墙整体稳定性提高的程度越小，并不同比增长。

5.3.5　复合土钉墙的整体稳定性首先应由土与土钉的共同作用提供基本保证，设置复合构件的主要目的是隔水或减小变形、控制位移，同时对整体稳定性亦有贡献。本条规定保证了土钉是最主要受力构件，弱化了复合构件的抗力作用，从而保证了工程安全性及整体稳定性验算公式的适用性。

大量基坑监测数据统计结果表明，如满足以下条件，基坑位移不大：

1　截水帷幕单独或与微型桩组合作用时，$K_{s0}+K_{s1}\geqslant0.86$。

2　微型桩单独作用时，$K_{s0}+K_{s1}\geqslant0.97$。

3　预应力锚杆单独作用时，$K_{s0}+K_{s1}\geqslant0.96$。

4　截水帷幕及微型桩分别与预应力锚杆组合或三者一起组合作用时，$K_{s0}+K_{s1}+0.5K_{s2}\geqslant1.0$。

本条统一为式（5.3.5），是偏于安全的。

5.3.6　常用的基坑抗隆起稳定性分析模式主要有地基承载力模式及圆弧滑动模式。复合土钉墙的刚度及构件强度均较弱，很难形成转动中心，不宜采用圆弧滑动模式。

5.3.7　采用式（5.3.7-1）验算坑底抗隆起稳定性时，注意以下问题：

1　式（5.3.7-1）忽略了土钉及锚杆的抗剪作用。

2　坡面倾斜时可考虑倾斜区土体自重减轻的有利因素。

3　以下情况可计取 t：微型桩为直径大于

200mm 的钻孔混凝土桩、不小于 16 号的工字钢、预制桩或预应力管桩，间距不超过 4 倍桩径；插入不小于 12 号工字钢的水泥土墙；厚度不小于 1m 的水泥土墙等。

4 以下情况不宜计取 t：厚度小于 0.5m 的水泥土墙；超前支护桩为竹桩，直径不大于 48mm 的钢管及直径不大于 50mm 的木桩等。

5 坡脚附近有软弱土层的一级基坑，采用复合土钉墙支护很难满足抗隆起稳定性要求，故没有给出安全等级为一级的基坑抗隆起稳定安全系数指标。

5.4 构造要求

5.4.1 从利于基坑稳定和控制变形考虑，土钉在竖向布置上不应采用上短下长布置形式。上下等长这种布置形式性价比不好，一般只在基坑较浅、坡角较大、土质较好及土钉较短时采用。上长下短这种布置形式有利于减小坑顶水平位移，但有时因上排土钉受到周边环境（如地下管线或障碍物）限制可能难以实施。中部长上下短这种布置形式性价比较好，宜优先选用。在这种布置形式中，第一排土钉对减少土钉墙位移有较大帮助，所以也不宜太短。

5.4.2 成孔注浆土钉施工质量容易保证，与土层摩阻力较高，应优先选用。

5.4.3、5.4.4 面层及连接件受力较小，一般按构造设计即可满足安全要求。

5.4.5 预应力锚杆间距小于 1.5m 时，为减小群锚效应，相邻锚杆可采用不同倾角、不同长度的布置方式。基坑阳角处两侧的预应力锚杆可斜向设置，使锚杆锚固段远离阳角，位于阳角滑移面之外。

本条还规定，预应力锚杆的自由段长度宜为 4m～6m。控制预应力锚杆自由段长度是基于如下考虑：土钉对土体变形比预应力锚杆敏感，即较小的位移即可使土钉承受较大的荷载，为使土钉与预应力锚杆在相同位移下受力协调，应控制预应力锚杆变形不能太大；复合土钉墙中的预应力锚杆自由段长度 4m～6m 能够满足张拉伸长产生预应力的要求。

复合土钉墙基坑位移往往会引起预应力锚杆应力值增大。锚杆锁定时，应为基坑开挖变形后锚杆预应力的增长留有余地，故锁定值宜取锚杆轴向承载力设计值的 60%～90%。

5.4.6 钢筋混凝土围檩具有刚度大、与桩的结合紧密、锚杆预应力损失小等优点，因此宜优先选用。当采用钢围檩时，一定要保证钢围檩的刚度满足锚杆设计锁定值要求，截面应通过设计计算确定，并应充分考虑缺陷的影响。

围檩可按以锚杆为支点的多跨连续梁设计计算。

预应力锚杆与面层及围檩连接构造可参考图 5。

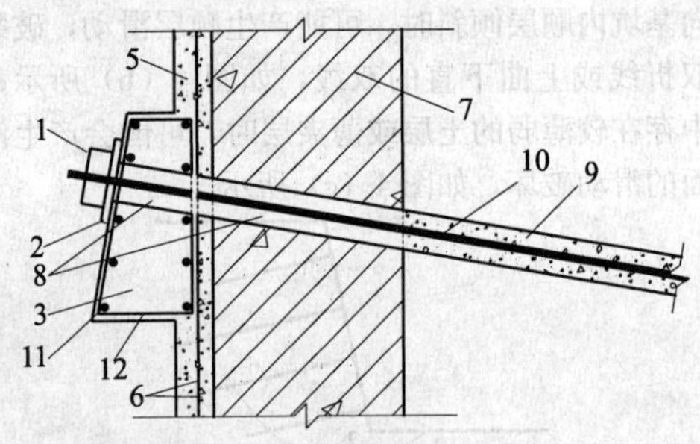

（a）预应力锚杆、围檩与面层

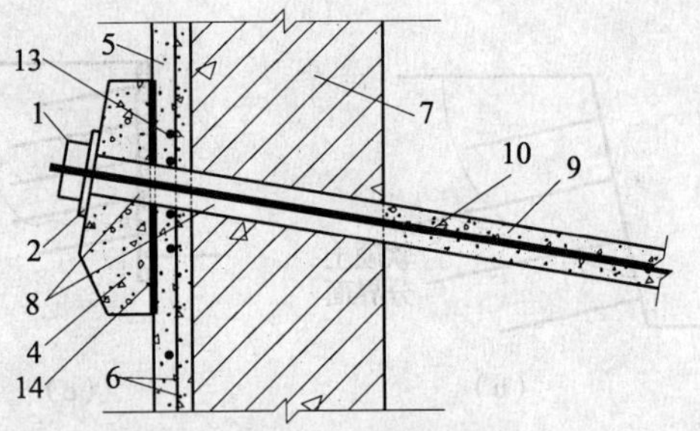

（b）预应力锚杆、承压板与面层

图 5 预应力锚杆与面层及围檩连接构造示意

1—锚具；2—钢垫板；3—围檩；4—承压板；5—喷射混凝土；6—钢筋网；7—土体、截水帷幕或微型桩；8—预留孔；9—钻孔；10—杆体；11—围檩主筋；12—围檩箍筋；13—加强筋；14—水泥砂浆

5.4.8 微型桩宜采用小直径混凝土桩、型钢及钢管等，特殊情况下也可采用木桩、竹桩、管桩等。采用木桩、竹桩时桩间距宜适当减小。

6 施工与检测

6.1 一般规定

6.1.1 位移观测控制点包括基准点和工作基点，基坑工程施工前应布设好位移观测控制点和监测点，并予以妥善保护。

水患是复合土钉墙基坑支护的“大敌”。雨水和施工用水下渗、旧管道渗漏等会使土体下滑力增大，抗剪强度降低，从而引发基坑坍塌事故，因此应做好场区的排水系统规划和地面硬化，地面排水坡度不宜小于 0.3%，并宜设置排水沟。

6.1.2 地面超载是复合土钉墙基坑支护的又一“大敌”。土方、材料、构件、机具的超载堆放，大型运输车辆随意改变行车路线等都易导致基坑坍塌事故的发生，因此，本条强调应按照施工现场平面布置图进行材料、构件、机具、设备的布置，而施工现场平面布置图应与基坑工程设计工况相一致。

6.1.3 本条为强制性条文。本条提出了复合土钉墙施工的 20 字方针，即“超前支护，分层分段，逐层施作，限时封闭，严禁超挖”，20 字方针是复合土钉墙长期施工经验的总结。

为了控制地下水和限制基坑侧壁位移，保证基坑稳定，截水帷幕、微型桩应提前施工完成，达到规定强度后方可开挖基坑，即所谓“超前支护”。

基坑开挖所产生的地层位移受时空效应的影响，开挖暴露的面积越大，位移也越大，为控制位移，施工应按照设计工况分段、分层开挖，分层厚度应与土钉竖向间距一致。下层土的开挖应等到上层土钉注浆体强度达到设计强度的70%后方可进行。

每层开挖后应及时施作该层土钉并喷护面层，封闭临空面，减少基坑无土钉的暴露时间，即所谓“逐层施作，限时封闭”，一般情况下，应在1d内完成土钉安设和喷射混凝土面层；在淤泥质地层和松散地层中开挖基坑时，应在12h内完成土钉安设和喷射混凝土面层。

超挖是基坑工程的又一“大敌”。工程中因超挖而造成的基坑坍塌事故屡有发生，即使未造成基坑坍塌事故，基坑开挖期位移过大，也会使基坑使用期的安全度下降。因此，分层开挖时应严格控制每层开挖深度，协调好挖土与土钉施工的进度，严禁多层一起开挖或一挖到底。

6.2 复合土钉墙施工

6.2.1 本条规定的流程为截水帷幕－微型桩－预应力锚杆复合土钉墙形式的施工流程，其他组合形式的复合土钉墙施工流程应根据组合构件在此基础上取舍。

复合土钉墙是截水帷幕先施工还是微型桩先施工，应根据不同施工工艺确定，如果微型桩是非挤土桩，可以截水帷幕先施工，微型桩后施工；如果微型桩是挤土桩，则宜微型桩先施工，再施工截水帷幕。

6.2.2 水泥土桩止水帷幕的水泥掺量应符合设计要求，水泥浆液的水灰比宜按照试桩结果确定。一般双轴水泥土搅拌桩水灰比宜取0.5～0.6，三轴水泥土搅拌桩水灰比宜取1.0～1.5；高压喷射注浆水灰比宜取0.9～1.1。

水泥土搅拌桩施工时，双轴搅拌机钻头搅拌下沉速度不宜大于1.0m/min，喷浆搅拌时钻头的提升速度不宜大于0.5m/min；三轴搅拌机钻头的提升速度宜为1m/min～2m/min，搅拌下沉速度宜为0.5m/min～1m/min。

高压喷射注浆分高压旋喷、高压摆喷和高压定喷三种形式，因高压旋喷帷幕厚度大，止水和稳定性效果好，是目前复合土钉墙中采用的主要形式。高压喷射注浆可根据工程实际情况采用单管法、二重管法、三重管法。单管法及二重管法的高压液流压力一般大于20MPa，压力范围多为20MPa～30MPa。高压三重管比单管和二重管喷射直径大，高压水射流的压力可达40MPa左右，常用的压力范围为30MPa～40MPa；低压水泥浆的注浆压力宜大于1MPa，气流压力不宜小于0.7MPa，提升速度宜为50mm/min～200mm/min，旋转速度宜为10r/min～20r/min。对于较硬的黏性土层、密实的砂土和碎石土层及较深处土层宜取较小的提升速度、较大的喷射压力。

高压喷射注浆过程中如出现异常情况，应及时查明原因并采取措施。当孔口返浆量大于注浆量的20%时，宜采取提高喷射压力、加快提升速度等措施。当因浆液渗漏而出现孔口不返浆时，宜在漏浆部位停止提升注浆管并进行补浆，注浆液中宜掺入速凝剂，同时采取从孔口填入中粗砂等措施，直至孔口返浆。

6.2.5 采用二次注浆的方法可以明显提高锚杆锚固力，但要掌握好二次高压注浆的时机。二次注浆的时间宜根据注浆工艺试验确定。

6.3 降排水施工

6.3.2 基坑降水会引起周边地表和建筑沉降，而且过量降水也不符合节约水资源的规定，因此基坑降水应遵循“按需降水”的原则。

6.3.5 为了保证排水通畅，防止雨水、施工用水等地表水漫坡流动或倒流回渗基坑，硬化后的场区地面排水坡度不宜小于0.3%，并宜设置排水沟。基坑内应设置排水沟、集水坑，及时排放积聚在基坑内的渗水和雨水。

6.4 基坑开挖

6.4.4 对自稳能力差的土体，如含水量高的黏性土、淤泥质土及松散砂土等开挖后应立即进行支护，初喷混凝土应随挖随喷。

6.4.7 基坑开挖至坑底后应及时浇筑基础垫层，在软土地区及时浇筑垫层尤其显得重要。根据软土地区淤泥和淤泥质土的特点，基坑垫层浇筑时间宜控制在2h以内，最迟不应超过4h。

7 监测

7.0.2 巡视检查主要以目测为主，配以简单的工器具，巡视的检查方法速度快、周期短，可以及时弥补仪器监测的不足。基坑工程施工期间的各种变化具有时效性和突发性，加强巡视检查是预防基坑工程事故简便、经济而又有效的方法。通过巡视检查和仪器监测，可以定性、定量相结合，更加全面地分析基坑的工作状态，作出正确的判断。

7.0.3 复合土钉墙基坑工程监测是一个系统，系统内的各项目监测有着必然的、内在的联系。某一单项的监测结果往往不能揭示和反映基坑工程的整体情况，必须形成一个有效的、完整的、与设计施工工况相适应的监测系统并跟踪监测，才能通过监测项目之间的内在联系作出准确地分析、判断，因此监测项目的确定要做到重点量测、项目配套。

基坑工程设计方应根据地层特性和周边环境保护要求，对复合土钉墙进行必要的计算与分析后，结合当地的工程经验确定合适的监测报警值。

复合土钉墙基坑工程工作状态一般分为正常、异常和危险三种情况。异常是指监测对象受力或变形呈现出不符合一般规律的状态。危险是指监测对象的受力或变形呈现出低于结构安全储备、可能发生破坏的状态。

附录A　土钉抗拔基本试验

1　基本试验是对试验土钉所采取的现场抗拔试验。目的是通过检测土钉极限抗拔力，从而确定土钉与岩土层之间的粘结强度，同时确定施工工艺、部分设计及施工参数，为设计提供依据。

2　较薄土层中可不进行基本试验。

附录B　土钉抗拔验收试验

验收试验是对实际工作土钉所采用的现场抗拔试验，目的是通过检测土钉实际抗拔力能否达到验收抗拔力，从而判断土钉长度、注浆质量等施工质量，为工程验收提供依据。

中华人民共和国国家标准

轧机机械设备安装规范

Code for installation of rolling mill mechanical equipment

GB/T 50744—2011

主编部门：中 国 冶 金 建 设 协 会
批准部门：中华人民共和国住房和城乡建设部
施行日期：2 0 1 2 年 4 月 1 日

中华人民共和国住房和城乡建设部
公　　告

第1219号
关于发布国家标准
《轧机机械设备安装规范》的公告

现批准《轧机机械设备安装规范》为国家标准，编号为GB/T 50744—2011，自2012年4月1日起实施。

本规范由我部标准定额研究所组织中国计划出版社出版发行。

中华人民共和国住房和城乡建设部

二〇一一年十二月五日

前　　言

本规范是根据原建设部《关于印发〈2006年工程建设标准规范制订、修订计划（第二批）〉的通知》（建标函〔2006〕136号）的要求，由中国二十冶集团有限公司会同有关单位编制完成的。

在编制过程中，编制组进行了调查研究，总结了多年来轧机机械设备安装的经验，并广泛征求了有关单位和专家的意见，最后经审查定稿。

本规范共分17章，主要技术内容包括：总则，基本规定，设备基础、地脚螺栓和垫板，设备和材料，轧机主机列机械设备，剪切机设备，卷取机、开卷机设备，辊道设备，冷床设备，轧材输送设备，翻转和移送设备，矫直机设备，活套设备，加热炉设备，轧机其他设备，轧机机械设备试运转以及安全和环保。

本规范由住房和城乡建设部负责管理，由中国冶金建设协会负责日常管理，由中国二十冶集团有限公司负责具体技术内容的解释。为了提高施工质量，请各单位在执行本规范的过程中，注意积累资料、总结经验，随时将有关意见和建议反馈给中国二十冶集团有限公司技术中心（地址：上海市宝山区盘古路777号；邮政编码：201900；E－mail：jszx99@126.com），以供今后修订时参考。

本规范主编单位、参编单位、主要起草人和主要审查人：

主编单位： 中国二十冶集团有限公司

参编单位： 中国一冶集团有限公司
中国三冶集团有限公司
中冶天工集团有限公司
宝钢工程质量监督站

主要起草人： 刘光明　曹国良　郭　峰　温　良　张洪亮

主要审查人： 郭启蛟　吴景刚　李明珠　李　文　李中元　胡英明　胡高举　宋德朝　郭恒明　赵　聪　张岩洪　李长良　李　虹

目　次

Contents

1 总 则

1.0.1 为了加强轧机机械设备工程安装施工技术、质量的管理，进一步规范轧机机械设备安装的施工工艺，保证工程质量，制定本规范。

1.0.2 本规范适用于新建、改建和扩建的轧机机械设备工程的安装。

1.0.3 对有特殊要求的轧机设备，安装技术要求应符合设备技术文件的规定。

1.0.4 轧机机械设备工程安装中的辅助设备，起重设备，除尘设备，风机，水泵以及各类介质管道的制作安装，工艺钢结构的制作安装，防腐、绝热等的施工，应符合现行国家标准《机械设备安装工程施工及验收通用规范》GB 50231、《起重设备安装工程施工及验收规范》GB 50278、《冶金除尘设备工程安装与质量验收规范》GB 50566 和《风机、压缩机、泵安装工程施工及验收规范》GB 50275 等的有关规定。

1.0.5 轧机机械设备安装除应符合本规范外，尚应符合国家现行有关标准的规定。

2 基 本 规 定

2.0.1 轧机机械设备工程安装单位应具有相应的工程施工资质；施工现场应有相应的施工技术标准，健全的安全、质量管理体系；应有经审批的施工组织设计、施工方案、作业设计等技术文件。

2.0.2 施工图纸修改应有设计单位的设计变更通知单或技术核定单。

2.0.3 轧机机械设备的安装调整应使用经计量检定、校准合格的检测器具。

2.0.4 轧机机械设备安装中从事焊接作业的焊工应持有特殊工种安全操作证和职业资格证，并在其考试合格项目及其认可范围内作业。

2.0.5 轧机机械设备工程安装应按规定的程序进行，本专业每道工序完成后应进行自检和专检并形成记录。上道工序未经检查确认不得进行下道工序施工。

2.0.6 轧机机械设备工程安装中设备的二次灌浆及其他隐蔽工程在隐蔽前应自检合格，隐蔽前施工单位应通知监理及有关单位进行现场确认，签字并形成隐蔽验收记录。

2.0.7 轧机机械设备安装前，设备基础及有关厂房应基本完工，并应具备设备安装的条件；施工运输道路应畅通。

2.0.8 轧机机械设备安装应文明施工，施工中的废油、废脂、废清洗液等应收集处理，不得任意排放，防止污染环境。

3 设备基础、地脚螺栓和垫板

3.1 设备基础检查验收

3.1.1 设备安装前应进行基础的检查验收，未经验收合格的基础，不得进行设备安装。

3.1.2 设备基础强度应符合设计技术文件要求。

3.1.3 设备基础的坐标位置、标高和几何尺寸，直埋地脚螺栓及预留孔的坐标位置和标高均应符合设计文件和现行国家标准《机械设备安装工程施工及验收通用规范》GB 50231 的有关规定。

3.1.4 设备基础表面和地脚螺栓预留孔中的模板、碎石、泥土、积水应清除干净；直埋地脚螺栓的螺纹和螺母应保护完好。

3.1.5 地脚螺栓预留孔的底标高和垂直度应符合设计技术文件要求；T形地脚螺栓预留孔中预埋件的标高和方口尺寸及方向应符合设计技术文件要求。

3.1.6 轧机机械主体设备基础应做沉降观测，并应有沉降观测记录、沉降曲线图。

3.2 设置基准线和基准点

3.2.1 设备安装前，应根据设备工艺布置图和测量控制网绘制基准线和基准点布置图，确定中心标板和基准点的位置。连续生产线主轴中心线和主体设备应埋设永久性中心标板和基准点。

3.2.2 永久性中心标板和永久性基准点（图 3.2.2）的埋设应牢固并应予以保护。

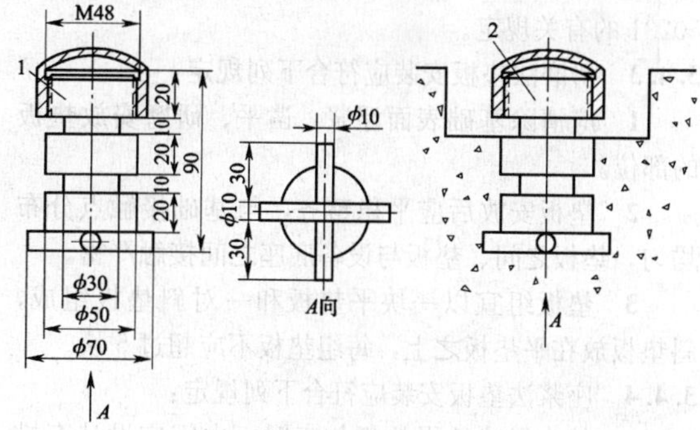

图 3.2.2 永久性中心标板和永久性基准点示意图

1—永久性中心标板；2—永久性基准点

3.2.3 基准线和基准点施工测量中整个机组应一次性施测完成。

3.2.4 沉降观测点宜在设备基础交验后埋设，并开始观测。沉降观测宜每 7d～30d 测量一次，并绘出沉降曲线图表。

3.3 地 脚 螺 栓

3.3.1 地脚螺栓应具有质量合格证明文件。

3.3.2 预留孔地脚螺栓安装应符合下列规定：

1 清除地脚螺栓的油污和氧化皮，螺纹部分应涂适量油脂。

2 检查地脚螺栓的直径、长度（包括螺纹长度）等，应符合设计技术文件要求。

3 地脚螺栓安装应垂直，四周距孔壁尺寸应大于15mm，且不应碰孔底，设备初步找平找正后，地脚螺栓与设备螺栓孔周围应有间隙。

4 设备一次、二次灌浆时应对设备表面进行保护。

5 预留孔混凝土达到设计要求强度后，设备方可进行精密调整和紧固地脚螺栓。

3.3.3 锚固板地脚螺栓安装应符合下列规定：

1 T形地脚螺栓的直径、长度、标记、锤头尺寸、锤头与螺杆的连接形式及防腐应符合设计文件要求。

2 按设计文件要求在设备二次灌浆前，应在螺栓套筒内填塞充填物封闭套筒口。

3 根据紧固力要求和现场工作环境，选择合适的方法和工具紧固地脚螺栓，紧固力应符合设计文件的规定。

3.4 垫 板

3.4.1 设计技术文件对垫板尺寸和设置有规定时，应按设计文件规定执行。

3.4.2 施工前应根据设备工艺布置图、设备基础螺栓布置图及设备底座外形尺寸绘制垫板布置图，以设备的负荷、基础螺栓的紧固力和基础混凝土抗压强度等确定垫板的尺寸和数量。垫板设置应符合现行国家标准《机械设备安装工程施工及验收通用规范》GB 50231的有关规定。

3.4.3 研磨法垫板安装应符合下列规定：

1 应清除基础表面浮浆，凿平、研磨安放垫板的部位。

2 垫板安放后应平稳整齐，与基础接触点分布均匀，垫板之间、垫板与设备底座之间接触严密。

3 垫板组宜以一块平垫板和一对斜垫板组成，斜垫板放在平垫板之上，每组垫板不应超过5块。

3.4.4 座浆法垫板安装应符合下列规定：

1 较大尺寸的平垫板加工时，中间应设计有排气孔。

2 座浆时座浆材料应严格计量，同时制作一组混凝土试块，其48h抗压强度应达到基础混凝土的设计强度，并提出检验报告单。

3 座浆垫板标高应根据设备安装标高及斜垫板的组合高度确定，斜垫板组合高度应按0.75L（L—垫板长度）重叠计算。

4 座浆垫板安装精度应符合表3.4.4的规定。

5 设备座浆模盒的规格尺寸应根据座浆垫板埋设要求（图3.4.4）确定，模盒宜采用厚度δ为6mm的花纹钢板制作。

表 3.4.4 座浆垫板安装精度表

内 容	单 位	Ⅰ级精度	Ⅱ级精度	Ⅲ级精度
标高允差	mm	+0 −0.5	+0.5 −1	±2
纵向水平度	mm/m	0.1	0.3	0.5
横向水平度	mm/m	0.1	0.3	0.5

注：1 Ⅰ级精度：指设备底座已加工，设备安装精度要求高，生产连续性和相互关系要求严的设备，如轧机、开卷机、热卷箱、卷取机、焊机等。

2 Ⅱ级精度：指设备底座加工或未加工，设备安装精度要求较高，生产连续和相互关系要求较高的设备，如酸洗槽、辊道、进出炉设备等。

3 Ⅲ级精度：指设备底座未加工，设备安装精度要求不高的设备，如炉体结构、工艺结构、平台等。

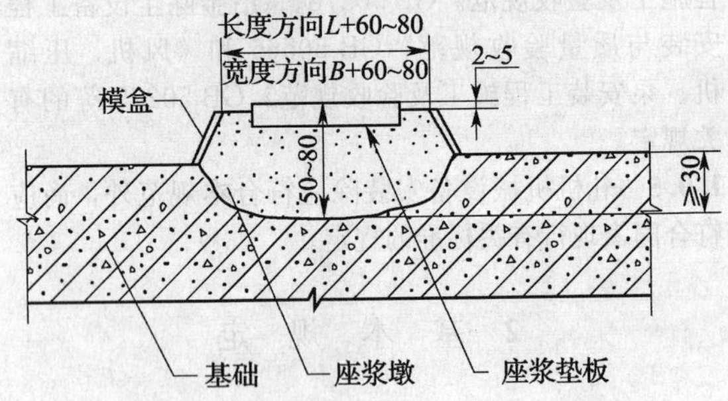

图 3.4.4 座浆垫板埋设要求示意图

注：L、B分别为平垫板的长度和宽度

4 设备和材料

4.1 设 备

4.1.1 施工单位应编制设备进场计划，提交设备管理部门。

4.1.2 设备开箱检验应符合下列规定：

1 设备安装前应进行开箱检查并形成检验记录，办理设备交接手续。

2 开箱检验应由建设单位或工程总承包单位组织，监理单位、设备供应商和施工等单位参加。

3 按装箱单清点设备的数量，按设计文件核对设备的型号、规格。

4 设备表面质量应无缺损、无变形、无锈蚀。

5 核查设备合格证等质量保证资料，设备随机资料应妥善保存或移交业主方，办理移交手续。

4.1.3 设备开箱以后应及时安装，并应做好成品保护。

4.2 材 料

4.2.1 施工单位应编制材料计划及材料的用料计划，提交物资部门。

4.2.2 材料进场检查检验应符合下列规定：

1 材料进场应进行检验，材料型号、规格、数量应符合设计技术文件要求，检查材料质量合格证明文件，检验结论应填写材料检验记录。

2 不合格的材料、标准件等应及时清退现场，不得使用。

4.2.3 原材料进入现场应按规格分类存放、妥善保管，不得损伤，液压润滑等材料不得二次污染。

4.2.4 材料进场后应及时建账入库，堆放应整齐，并设专人管理、接收和发放。

4.2.5 原材料进入现场后，应按有关规定及时做好抽样复验工作。

5 轧机主机列机械设备

5.1 一般规定

5.1.1 本章适用于板带轧机、带材连轧机、平整机、管材连轧机、高速线材轧机、中厚板轧机、多辊轧机、型钢轧机机械设备安装。

5.1.2 轧机主机列机械设备应按下列条件确定安装精度等级：

1 轧制产品精度要求的高低。

2 安装误差对产品质量影响的大小。

3 设备本身性能对安装精度要求的高低。

4 设备制造精度的高低。

5 轧机主机列机械设备安装精度等级划分应符合表 5.1.2 的规定。

表 5.1.2 轧机主机列机械设备安装精度等级划分

精度等级	设备名称
Ⅰ	板带轧机、带材连轧机、平整机、管材连轧机、高速线材轧机、中厚板轧机、多辊轧机、型钢和钢坯轧机
Ⅱ	其他

5.2 底座

5.2.1 底座安装前应按本规范第 3 章的规定进行基础检查验收，设置中心标板和基准点，安装地脚螺栓和设置垫板。

5.2.2 底座底面的防锈油和污物应进行清除。

5.2.3 单机架轧机底座安装测量（图 5.2.3）应符合下列规定：

1 以标高基准点为基准，用水准仪或内径千分尺配合平尺测量底座上平面。

2 以轧制中心线为基准挂设钢线，用掉线坠测量底座纵向中心线偏差。

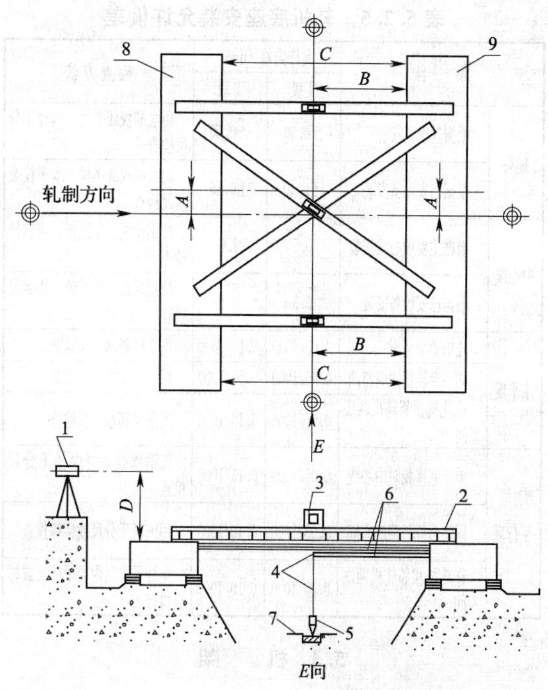

图 5.2.3 单机架轧机底座安装测量

1—精密水准仪；2—平尺；3—水平仪；4—钢琴线；5—线锤；6—内径千分尺；7—中心标板；8—入口侧底座；9—出口侧底座

3 以轧机机列中心线为基准挂设钢线，用内径千分尺测量出口底座横向中心线偏差和相对机列中心线的平行度偏差。

4 以出口底座为基准，用内径千分尺测量入口底座相对出口底座的平行度偏差。

5.2.4 连轧机底座安装测量（图 5.2.4）应符合下列规定：

1 连轧机各底座安装测量应符合本规范第 5.2.3 条规定。

2 连轧机底座安装，宜以中间轧机底座为基准向两侧轧机底座延伸。

3 相邻轧机底座的水平度偏差方向不应相同，相对各机列中心线平行度偏差方向亦不应相同。

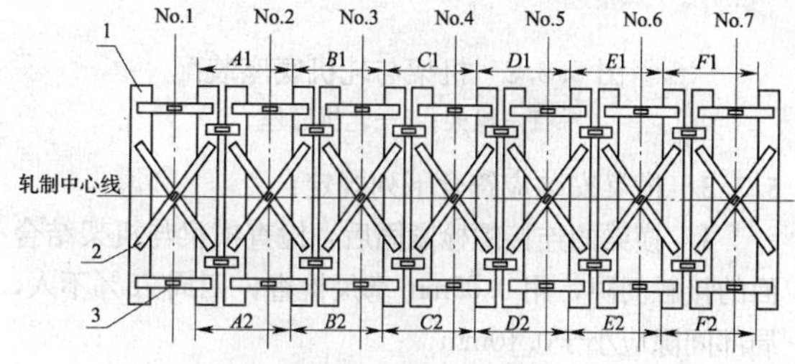

图 5.2.4 连轧机底座安装测量

1—底座；2—平尺；3—水平仪

5.2.5 轧机底座安装允许偏差应符合表 5.2.5 的规定。

表 5.2.5　轧机底座安装允许偏差

项　目		允许偏差（mm）		检查方法
		Ⅰ级	Ⅱ级	
标高	根据基准点安装	±0.30	±0.50	用水准仪或平尺、内径千分尺检查
	根据已安设备安装	±0.10	±0.25	用水准仪或平尺、水平仪及塞尺检查
中心线	根据主要中心线安装	0.5	1.0	拉钢丝线、吊线锤，用钢尺检查
	根据已安设备安装	0.3	0.5	拉钢丝线、吊线锤，用钢尺检查
水平度	轧机单个底座	0.05/1000	0.10/1000	用平尺和水平仪检查
	同一台轧机两底座间	0.05/1000	0.10/1000	用平尺和水平仪检查
	连轧机相邻轧机两底座间	0.05/1000	0.10/1000	用平尺和水平仪检查
平行度	单个底座相对中心线	0.05/1000	0.10/1000	拉钢丝线，用内径千分尺检查
	同一台轧机两底座间	0.05/1000	0.10/1000	用内径千分尺或样棒检查
	连轧机相邻轧机两底座间	0.05/1000	0.10/1000	立短平尺用内径千分尺或样棒检查

5.3　机　　架

5.3.1　轧机机架必须在底座验收合格后安装，宜先安装传动侧机架，后安装操作侧机架。

5.3.2　机架与底座装配（图 5.3.2）要求，应符合下列规定：

1　机架与底座结合面的平面和侧面应严密。

2　用 0.05mm 塞尺检查，四周 75%不入，局部间隙应小于0.10mm。

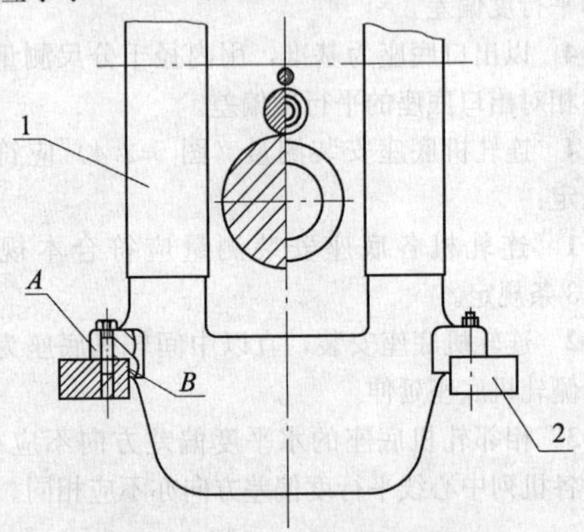

图 5.3.2　机架与轧机底座装配

1—机架；2—轧机底座

5.3.3　横梁安装应符合下列规定：

1　横梁的连接螺栓紧固后，检查横梁与机架结合面的接触间隙，用 0.05mm 塞尺检查，四周 75%不入，局部间隙应小于0.10mm。

2　连接螺栓的紧固应符合设计要求，若设计未要求时，应符合现行国家标准《机械设备安装工程施工及验收通用规范》GB 50231 的有关规定。

5.3.4　轧机机架垂直度测量（图 5.3.4）要求，应符合下列规定：

1　机架与底座、上下横梁装配后，应进行机架窗口面和机架侧面的垂直度测量与调整。

2　机架窗口垂直度应选取两个机架窗口的出口侧衬板面上测量。

3　机架窗口侧面垂直度应在传动侧和操作侧机架内侧面或外侧面上测量。

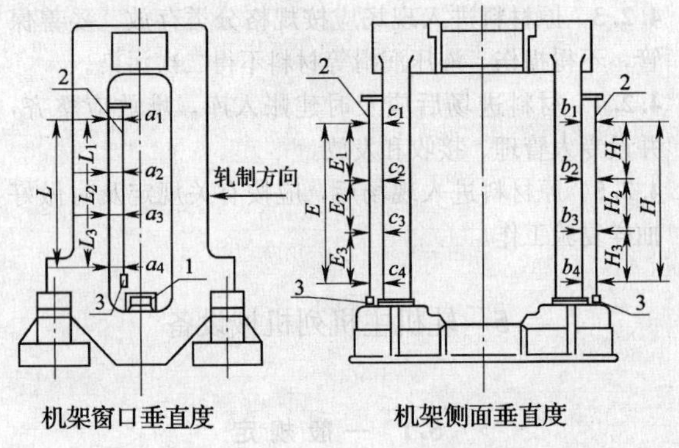

图 5.3.4　机架垂直度测量

1—水平仪；2—挂设测量铅垂线；3—重锤

5.3.5　轧机机架水平度测量（图 5.3.5）要求，应符合下列规定：

1　机架水平度应在传动侧和操作侧机架窗口底面上测量。

2　传动侧和操作侧机架应分别进行纵向和横向的水平度测量。

3　传动侧和操作侧机架应进行相对水平度测量。

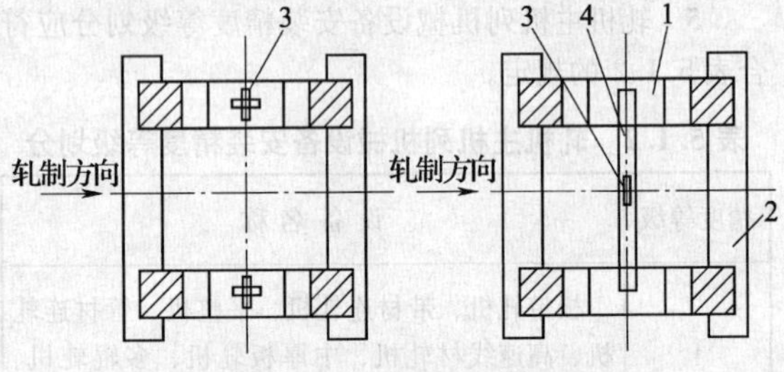

图 5.3.5　机架水平度测量

1—机架；2—底座；3—框式水平仪；4—长平尺

5.3.6　轧机机架窗口面扭斜和水平偏斜测量（图 5.3.6）要求，应符合下列规定：

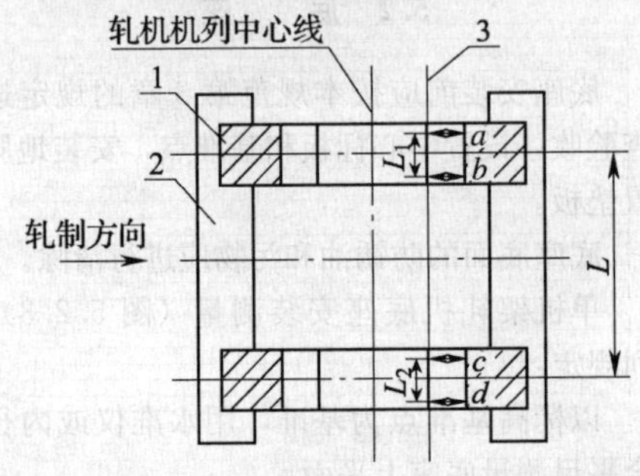

图 5.3.6　机架窗口面的扭斜和水平偏斜测量

1—机架；2—底座；3—与轧机机列中心线平行的辅助线

1 机架窗口面扭斜和水平偏斜测量应以轧机机列中心线或平行于轧机机列中心线的辅助线为基准。

2 机架窗口扭斜和水平偏斜应在传动侧和操作侧两个机架窗口出口侧衬板面上测量。

5.3.7 轧机机架中心线偏移测量（图5.3.7）要求，应符合下列规定：

1 应以轧制中心线为基准测量机架轧制中心线偏移。

2 应以轧机机列中心线为基准测量机架机列中心线偏移。

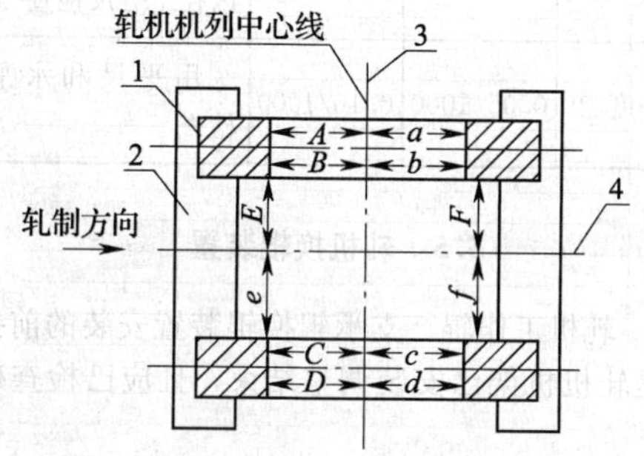

图5.3.7 轧制中心线偏移测量

1—机架；2—底座；3—轧机机列中心线；4—轧制中心线

5.3.8 连轧机相邻两机架平行度测量（图5.3.8）要求，应符合下列规定：

1 连轧机相邻两机架平行度宜以中间轧机为基准向两侧轧机延伸测量。

2 连轧机相邻两机架平行度宜选取在传动侧和操作侧两个机架窗口出口侧衬板面上测量。

3 中间轧机左右相邻轧机机架相对中间轧机机架平行度偏差方向不宜相同。

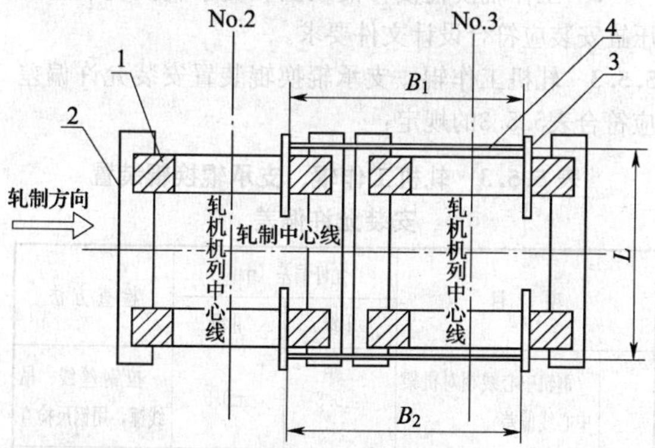

图5.3.8 连轧机相邻两机架平行度测量

1—机架；2—轧机底座；3—短平尺；4—内径千分尺

5.3.9 轧机机架安装允许偏差应符合表5.3.9的规定。

5.3.10 螺栓固定应符合下列规定：

1 采用液压拉伸螺母拉伸时，根据螺栓的设计紧固力或紧固力矩计算拉伸螺母的液压压强数值。

2 采用撞击等其他机械紧固方法时，根据螺栓的设计紧固力或紧固力矩计算螺栓拧紧后的伸长长度值或拧紧时螺母的旋转角度值。

表5.3.9 轧机机架安装允许偏差

项目		允许偏差(mm) Ⅰ级	允许偏差(mm) Ⅱ级	检查方法
垂直度	机架窗口面	0.05/1000	0.10/1000	吊垂线，用内径千分尺、耳机或灯光检查
垂直度	机架窗口侧面	0.05/1000	0.10/1000	吊垂线，用内径千分尺、耳机或灯光检查
水平度	窗口底面平行轧线方向	0.05/1000	0.10/1000	用水平仪检查
水平度	窗口底面垂直轧线方向	0.05/1000	0.10/1000	用水平仪检查
水平度	两机架窗口底面	0.10/1000	0.20/1000	用平尺、块规和水平仪检查
两机架窗口中心线的水平偏斜		0.20/1000	0.20/1000	拉钢丝线，用内径千分尺、耳机或灯光检查
机架窗口在水平方向扭斜		0.20/1000	0.20/1000	拉钢丝线，用内径千分尺、耳机或灯光检查
机架中心线偏移		0.5	1.0	拉钢丝线、吊线锤，用钢尺检查
连轧机相邻两机架平行度		0.05/1000	0.10/1000	用平尺内径千分尺、耳机或灯光检查

5.3.11 轧辊调整装置安装应在轧机机架安装完、地脚螺栓和机架各部连接螺栓已全部紧固，符合设计文件或现行国家标准《机械设备安装工程施工及验收通用规范》GB 50231的有关规定后进行。

5.3.12 轧辊调整装置安装允许偏差应符合表5.3.12的规定。

表5.3.12 轧辊调整装置安装允许偏差

项目		允许偏差(mm) Ⅰ级	允许偏差(mm) Ⅱ级	检查方法
减速机	纵向水平度	0.05/1000	0.10/1000	用水平仪检查
减速机	横向水平度	0.05/1000	0.10/1000	用水平仪检查
压下螺母与机架镗孔端面接触间隙		四周70%不入，局部允许0.05mm间隙		用0.05mm塞尺检查
各减速机轴承同轴度		0.05	0.10	拉钢线，用内径千分尺检查

5.4 轧机主传动装置

5.4.1 整体安装的减速机或齿轮机座应符合下列规定：

1 以轧机机列中心线为基准，测量减速机或齿轮机座输入或输出轴纵向中心线。轴端面测量横向中心线。

2 以标高基准点或轧机底座上平面标高为基准，测量减速机或齿轮座机箱体剖分面的标高。

3 测量减速机或齿轮机座箱体剖分面水平度。

5.4.2 解体安装的主减速机或齿轮机座，应符合下列规定：

1 以轧机机列中心线为基准，测量减速机或齿轮机座输入轴或输出轴的轴承座纵向中心线。轴承座止口面测量横向中心线。

2 标高测量应符合本规范第5.4.1条第2款的规定。

3 水平度测量应符合本规范第5.4.1条第3款的规定。

4 滑动轴承、滚动轴承装配及传动齿轮啮合装配，应符合设计技术文件和现行国家标准《机械设备安装工程施工及验收通用规范》GB 50231的有关规定。

5 主减速机或齿轮机座箱体封闭前，应由监理工程师检查合格，并进行隐蔽工程验收确认。

6 箱体封闭剖分面应接触严密，用塞尺检查，其局部间隙不大于0.05mm。

5.4.3 轧机主减速机或齿轮机座安装允许偏差应符合表5.4.3的规定。

表5.4.3 轧机主减速机、齿轮机座安装允许偏差

项　目	允许偏差（mm）		检查方法
	Ⅰ级	Ⅱ级	
主减速机纵向中心线	0.3	0.5	拉钢丝线、吊线锤，用钢尺检查
主减速机横向中心线	0.5	1.0	拉钢丝线、吊线锤，用钢尺检查
主减速机标高	±0.30	±0.50	用水准仪或平尺、内径千分尺检查
主减速机纵向水平度	0.05/1000	0.10/1000	用平尺和水平仪检查
主减速机横向水平度	0.05/1000	0.10/1000	用平尺和水平仪检查

5.4.4 轧机主传动电机安装分两种情形，应符合下列规定：

1 通过中间轴连接减速机传动的电机，应以减速机输入端半联轴器为基准，利用中间假轴测量调整主电机端半联轴器与减速机端半联轴器径向位移和两轴线倾斜，并应符合设计技术文件和现行国家标准《机械设备安装工程施工及验收通用规范》GB 50231的有关规定。

2 通过中间轴直接传动轧辊的电机，安装时，应以轧制中心线和轧机主传动中心线为基准调整主传动电机的纵横向中心线；以轧制线高度为基准调整主传动电机转子中心标高。

3 整体安装的传动电机水平度以转子轴颈为测量面，分体安装的传动电机以转子两轴承座剖分面为水平度测量面，装配后仍在转子轴颈进行复核。

5.4.5 轧机主传动电机安装允许偏差应符合表5.4.5的规定。

表5.4.5 轧机主传动电机安装允许偏差

项　目	允许偏差（mm）		检查方法
	Ⅰ级	Ⅱ级	
纵向中心线	0.3	0.5	拉钢丝线、吊线锤，用钢尺检查
横向中心线	0.5	1.0	拉钢丝线、吊线锤，用钢尺检查
机标高	±0.30	±0.50	用水准仪或平尺、内径千分尺检查
水平度	0.05/1000	0.10/1000	用平尺和水平仪检查

5.5 轧机换辊装置

5.5.1 轧机工作辊、支承辊换辊装置安装的前提条件应是轧机机架已安装调整结束，且应已检查确认合格。

5.5.2 轧机工作辊、支承辊换辊装置安装应符合下列规定：

1 应以轧机机列中心线为基准测量工作辊换辊轨道纵向中心线。

2 应以轧机机列中心线为基准测量支承辊换辊车滑道纵向中心线。

3 应以机架内换辊轨道标高为基准，测量调整轧机工作辊轨道和支承辊换辊车滑道标高。

4 在轧机工作辊换辊轨道面和支承辊换辊车滑道面上测量水平度。

5 工作辊换辊横移液压缸和支承辊换辊取送液压缸安装应符合设计文件要求。

5.5.3 轧机工作辊、支承辊换辊装置安装允许偏差应符合表5.5.3的规定：

表5.5.3 轧机工作辊、支承辊换辊装置安装允许偏差

项　目		允许偏差（mm）		检查方法
		Ⅰ级	Ⅱ级	
工作辊更换轨道	钢轨中心线相对机架中心线偏差	±0.3	±0.5	拉钢丝线、吊线锤，用钢尺检查
	钢轨标高	±0.30	±0.50	用水准仪检查
	同一横截面内两钢轨轨面高低差	0.20	0.30	用平尺、水平仪及塞尺或水准仪检查
	钢轨纵向水平度	0.50/1000	0.80/1000	用水准仪检查
	两钢轨的轨距	±1.0	±1.5	用样棒或内径千分尺检查
	轨道与机内换辊轨道接头部高低差	0.10	0.15	用平尺及塞尺检查

续表 5.5.3

项目		允许偏差（mm）		检查方法
		Ⅰ级	Ⅱ级	
支承辊更换滑道	滑道中心线相对机架中心线偏差	±0.3	±0.5	拉钢丝线、吊线锤，用钢尺检查
	滑道上平面标高	±0.30	±0.50	用水准仪检查
	滑道纵向水平度	0.30/1000	0.50/1000	用水平仪检查
	同一横截面内两滑道上平面高低差	0.20	0.30	用平尺、水平仪及塞尺或水准仪检查
	两滑道的间距	±0.5	±1.0	用样棒或内径千分尺检查
	滑道与机内换辊滑道接头部高低差	0.10	0.15	用平尺及塞尺检查
	液压缸纵向中心线	0.5	1.0	拉钢丝线、吊线锤，用钢尺检查
	液压缸横向中心线	0.5	1.0	拉钢丝线、吊线锤，用钢尺检查
	液压缸水平度	0.10/1000	0.20/1000	用水平仪检查

6 剪切机设备

6.1 一般规定

6.1.1 本章适用于钢坯剪切机、钢板剪切机及带钢剪切机机械设备的安装。

6.1.2 剪切机设备传动齿轮箱及联轴器装配，应符合技术文件和现行国家标准《机械设备安装工程施工及验收通用规范》GB 50231的有关规定。

6.2 钢坯剪切机

6.2.1 底座安装应符合本规范第5.2.1条～第5.2.3条的规定。

6.2.2 底座安装允许偏差应符合表6.2.2的规定。

表 6.2.2 底座安装允许偏差

项目		允许偏差（mm）	检查方法
底座顶面标高		±0.50	用水准仪或平尺、内径千分尺检查
纵向中心线偏移		1.0	拉钢丝线、吊线锤，用钢尺检查
横向中心线偏移		1.0	拉钢丝线、吊线锤，用钢尺检查
水平度	单独底座	0.10/1000	用平尺和水平仪检查
	两底座间	0.10/1000	用平尺和水平仪检查
相对剪子中心线的平行度	基准底座的侧面	0.10/1000	拉钢丝线，用内径千分尺检查
	两底座间的侧面	0.10/1000	用内径千分尺检查

6.2.3 机架安装应符合本规范第5.3.1条～第5.3.7条的规定。

6.2.4 机架安装允许偏差应符合表6.2.4的规定。

表 6.2.4 机架安装允许偏差

项目		允许偏差（mm）	检查方法
垂直度	机架窗口面	0.20/1000	吊垂线，用内径千分尺、耳机或灯光检查
	机架窗侧口面	0.20/1000	吊垂线，用内径千分尺、耳机或灯光检查
水平度	轧线方向	0.10/1000	用水平仪检查
	垂直轧线方向	0.20/1000	用水平仪检查
	两机架间	0.20/1000	用平尺、块规和水平仪检查
机架中心线偏移		1.0	拉钢丝线、吊线锤，用钢尺检查
出口侧机架侧面相对轧制中心线的平行度	单机架	0.20/1000	拉钢丝线，用内径千分尺、耳机或灯光检查
	两机架间	0.15/1000	拉钢丝线，用内径千分尺、耳机或灯光检查
机架与底座接触间隙	上平面	用0.05mm塞尺检查，四周75%不入	
	侧面	用0.05mm塞尺检查，四周75%不入	

6.2.5 剪切机减速机安装应符合本规范第5.4.1条和第5.4.2条的规定。

6.2.6 剪切机减速机安装允许偏差应符合表6.2.6的规定。

表 6.2.6 剪切机减速机安装允许偏差

项目		允许偏差（mm）	检查方法
中心线	相对轧制中心线偏差	1.0	拉钢丝线、吊线锤，用钢尺检查
	相对剪切机中心线偏差	0.3	拉钢丝线、吊线锤，用钢尺检查
标高		±0.50	用水准仪或平尺、内径千分尺检查
水平度		0.10/1000	用水平仪、平尺检查

6.2.7 钢坯剪切机换刃装置安装应符合下列规定：

1 应以机架中心线为基准，测量换刃装置轨道中心线。

2 应以轧制中心线为基准，测量横移底座上滑道中心线。

3 以机架内换刃轨道为基准，测量换刃轨道面标高和横移底座上滑道面标高。

4 测量换刃轨道面、横移底座上滑道面的水平度及相对水平度。

6.2.8 钢坯剪切机换刃装置安装允许偏差应符合表6.2.8的规定。

表 6.2.8　钢坯剪切机换刃装置安装允许偏差

项　　目		允许偏差 (mm)	检查方法
轨道相对剪切机机架中心线偏移		0.3	拉钢丝线、吊线锤，用钢尺检查
滑道相对轧制中心线偏移		1.0	拉钢丝线、吊线锤，用钢尺检查
轨（滑）道水平度	剪切机中心线方向	0.10/1000	用水平仪、平尺检查
	垂直剪切机中心线方向	0.20/1000	用水平仪、平尺检查
标高		±0.30	用水准仪或平尺、内径千分尺检查
液压缸水平度		0.20/1000	用水平仪检查
轨道与底座间隙		0.50～1.00	用塞尺检查

6.3　钢 板 剪 切 机

6.3.1　切头剪、定尺剪设备安装应符合下列规定：

1　应以机组中心线为基准，测量左右机架中心线。

2　测量左右机架内侧面的垂直度。

3　应在下刀台面上测量标高和水平度。

4　下刀台、前板及连接梁与左右机架装配结合面应严密，用塞尺检查。

5　上下剪刃的装配间隙应符合设计文件要求。

6.3.2　切头剪、定尺剪设备安装允许偏差应符合表6.3.2的规定。

表 6.3.2　切头剪、定尺剪安装允许偏差

项　　目	允许偏差 (mm)	检查方法
标高	±1.00	用水准仪或平尺、内径千分尺检查
机架纵、横向中心线偏移	1.0	拉钢丝线、吊线锤，用钢尺检查
机架垂直度	0.10/1000	吊线锤，用钢尺检查
水平度	0.10/1000	用水平仪、平尺检查
剪刃对夹送辊的平行度	0.10/1000	用内径千分尺检查

6.3.3　双边剪切机设备安装应符合下列规定：

1　应以机组中心线为基准，测量双边剪切机的纵向中心线；以机列中心线为基准，测量双边剪切机的横向中心线。

2　双边剪切机的固定剪机架垂直度测量应符合本规范第6.3.1条第3款的规定。

3　应测量下刀台面上标高和水平度。

4　应以固定剪机架中心线为基准，测量移动剪机架导轨纵向中心线。

5　移动剪导轨面与固定剪下刀台面的高差应符合设计要求。

6　测量移动剪导轨的水平度及两个导轨平行度。

7　应以机组中心线为基准，测量固定剪和移动剪下剪刃相对基准的平行度。

6.3.4　双边剪切机安装允许偏差应符合表6.3.4的规定。

表 6.3.4　双边剪切机安装允许偏差

项　　目		允许偏差 (mm)	检查方法
标高		±1.00	用水准仪或平尺、钢尺检查
纵横向中心线偏移		1.0	拉钢丝线、吊线锤，用钢尺检查
固定剪水平度（在底座或下剪刃上测量）		0.10/1000	用水平仪、平尺检查
移动剪导轨（非液压式）水平度		0.05/1000	用水平仪、平尺检查
移动剪导轨（液压式）水平度		0.03/1000	用水平仪、平尺检查
移动剪导轨在垂直平面内的直线度	非液压式	0.05/1000	用水平仪检查
	液压式	0.03/1000	用水平仪检查
移动剪导轨在垂直平面内的平行度	非液压式	0.05/1000	用水平仪、平尺检查
	液压式	0.03/1000	用水平仪、平尺检查
剪刃对机组中心线的平行度		0.10/1000	拉钢丝线，用内径千分尺检查

6.4　飞　剪　机

6.4.1　飞剪机设备安装应符合下列规定：

1　应以机组中心线为基准，测量底座的纵向中心线；以剪刃中心线为基准，测量底座的横向中心线。

2　在底座与机架结合面上测量底座的标高和水平度。

3　在曲柄轴承座镗孔内侧面测量操作侧和传动侧机架相对机组中心线的偏移。

4　在上下曲柄轴承座镗孔内侧面测量机架垂直度。

5　测量操作侧和传动侧机架上下曲柄轴承座对应镗孔中心线同轴度。

6　机架与底座装配、连接梁与机架装配接触面应严密，用塞尺检查。

6.4.2　飞剪机安装允许偏差应符合表6.4.2的规定。

表 6.4.2　飞剪机安装允许偏差

项　　目	允许偏差 (mm)	检查方法
底座标高	±0.50	用水准仪或平尺、内径千分尺检查
底座纵横向中心线	1.0	拉钢丝线、吊线锤，用钢尺检查
底座水平度	0.10/1000	用平尺和水平仪检查
机架中心线偏移	1.0	拉钢丝线、吊线锤，用钢尺检查
机架垂直度	0.10/1000	吊垂线用内径千分尺、耳机或灯光检查
镗孔剖分面上的水平度	0.10/1000	用水平仪、平尺检查
镗孔同轴度	0.10	拉钢丝线，用内径千分尺检查
机架与底座接触间隙	用0.05mm塞尺检查，75%不入	

6.5 圆盘式双边剪切机

6.5.1 圆盘式双边剪设备安装应符合下列规定：

1 测量调整底座纵横向中心线。

2 应测量底座上部滑道面的标高和水平度。

3 安装固定侧剪体时，应测量调整剪刃中心线相对机组中心线的偏移。

4 测量固定侧剪体的纵横向水平度。

5 以固定侧剪体为基准，测量调整移动侧剪体剪刃中心线相对机组中心线偏移。

6 测量移动侧剪体相对固定侧剪体的高差和水平度偏差。

7 以固定侧剪体为基准，测量调整中间托辊中心线、标高和水平度。

8 圆盘式双边剪传动装置安装应符合设计技术文件和现行国家标准《机械设备安装工程施工及验收通用规范》GB 50231 的有关规定。

6.5.2 圆盘式双边剪安装允许偏差应符合表 6.5.2 的规定。

表 6.5.2 圆盘式双边剪安装允许偏差

项目		允许偏差（mm）	检查方法
底座	底座标高	±0.50	用水准仪或平尺、钢尺检查
	纵横向中心线偏移	1.0	拉钢丝线、吊线锤，用钢尺检查
	水平度	0.10/1000	用水平仪、平尺检查
圆盘剪本体	标高	±0.50	用水准仪或平尺、钢尺检查
	剪刃相对机组中心线	0.3	拉钢丝线、吊线锤，用钢尺检查
	剪体水平度	0.10/1000	用水平仪、平尺检查
	两剪体相对高差	0.50	用水准仪或平尺、钢尺检查
	两剪体相对中心线	0.5	拉钢丝线、吊线锤，用钢尺检查
中间托辊	标高	±0.50	用水准仪或平尺、钢尺检查
	中心线	1.0	拉钢丝线、吊线锤，用钢尺检查
	水平度	0.20/1000	用水平仪、平尺检查

6.5.3 圆盘式双边剪剪刃的端面跳动应符合设计技术文件规定，设计技术文件无规定时，符合表 6.5.3 的规定。

表 6.5.3 圆盘式双边剪剪刃端面跳动允许值（mm）

带材厚度	端面跳动
≤0.5	0.01
0.5～2.0	0.02～0.03
>2.0	0.05～0.08

7 卷取机、开卷机设备

7.1 一般规定

7.1.1 本章适用于热轧地下带钢卷取机和冷轧开卷机、卷取机设备安装工程。

7.1.2 开卷机、卷取机设备传动齿轮箱及联轴器装配，应符合技术文件和现行国家标准《机械设备安装工程施工及验收通用规范》GB 50231 的有关规定。

7.1.3 开卷机、卷取机设备精度等级划分应符合表 7.1.3 的规定。

表 7.1.3 开卷机、卷取机设备精度等级划分

精度等级	设备名称
Ⅰ	卷取速度大于 10m/s，如酸连轧机组、酸洗涂层机组、连续退火机组、热镀锌机组、冷轧重卷横切机组等
Ⅱ	卷取速度小于 10m/s，如热连轧地下卷取机

7.2 冷轧带钢卷取机、开卷机

7.2.1 本节适用于斜楔式、柱销连杆式和弓形板式卷筒的悬臂式开卷机、卷取机安装工程。

7.2.2 移动式的开卷机、卷取机安装标高、中心线和水平度均在底座滑动面上测量，并在卷筒上进行复核。

7.2.3 开卷机卷筒相对机组中心线的垂直度偏差，卷筒悬臂端应偏向来料方向。

7.2.4 卷取机卷筒相对机组中心线的垂直度偏差，卷筒悬臂端应偏向出料方向。

7.2.5 卷筒水平度在允许偏差范围内悬臂端应高于固定端。

7.2.6 开卷机、卷取机安装允许偏差应符合表 7.2.6 的规定。

表 7.2.6 开卷机、卷取机安装允许偏差

项目	允许偏差（mm）		检查方法
	Ⅰ级	Ⅱ级	
纵向中心线偏移	1.0	1.5	拉钢丝线、吊线锤，用钢尺检查
标高	±0.50	±1.00	用水准仪或平尺、内径千分尺检查
水平度	0.05/1000	0.10/1000	用平尺、水平仪检查
卷筒相对机组中心线的垂直度	0.05/1000	0.10/1000	拉钢丝线，用摇臂、内径千分尺检查

7.3 冷轧回转式双卷筒带钢卷取机

7.3.1 回转式双卷筒带钢卷取机安装应严格按照设计技术文件规定设置安装基准线。

7.3.2 回转齿轮箱支承装置安装标高、中心线和水平度均在支承托辊面或支承托辊轴承座剖分面上测量。

7.3.3 测量调整传动齿轮箱和回转齿轮箱上的卷筒

传动主轴各轴承镗孔中心线与基准线尺寸，应符合纵向中心线允许偏差要求；以机组中心线为基准，在传动齿轮箱和回转齿轮箱上的卷筒传动主轴轴承镗孔止口面与基准线尺寸，应符合横向中心线允许偏差要求。

7.3.4 应测量调整传动齿轮箱和回转齿轮箱的标高和水平度。

7.3.5 齿轮箱的滑动轴承、滚动轴承装配及传动齿轮啮合装配，应符合设计技术文件和现行国家标准《机械设备安装工程施工及验收通用规范》GB 50231的有关规定。

7.3.6 双卷筒装配后，应测量卷筒水平度和卷筒相对机组中心线的垂直度。

7.3.7 回转式双卷筒带钢卷取机安装允许偏差应符合表7.3.7的规定。

表 7.3.7 回转式双卷筒带钢卷取机安装允许偏差

项目		允许偏差（mm）	检查方法
回转齿轮箱支承装置	纵向中心线偏移	0.5	拉钢丝线、吊线锤，用钢尺检查
	横向中心线偏移	1.0	拉钢丝线，吊线锤，用钢尺检查
	标高	±0.50	用水准仪或平尺、内径千分尺检查
	单个底座纵、横向水平度	0.05/1000	用水平仪检查
	两底座水平度	0.05/1000	用平尺、水平仪检查
	两底座平行度（全长）	1.00	用内径千分尺检查
传动齿轮箱与回转齿轮箱	纵向中心线偏移	1.0	拉钢丝线、吊线锤，用钢尺检查
	横向中心线偏移	0.5	拉钢丝线，吊线锤，用钢尺检查
	标高	±0.50	用水准仪或平尺、内径千分尺检查
	水平度	0.05/1000	用平尺、水平仪检查
	空心轴镗孔同轴度	0.05	拉钢丝线，用内径千分尺检查
卷筒	相对机组中心线的垂直度	0.05/1000	拉钢丝线，用摇臂、内径千分尺检查
	筒身水平度	0.05/1000	吊线锤，用摇臂、内径千分尺检查
回转驱动装置	纵向中心线偏移	1.0	拉钢丝线、吊线锤，用钢尺检查
	横向中心线偏移	0.5	拉钢丝线、吊线锤，用钢尺检查
	标高	±0.50	用水准仪或平尺、内径千分尺检查
	水平度	0.10/1000	用平尺、水平仪检查

7.4 热轧带钢卷取机

7.4.1 本节适用于热轧带钢卷取机的安装。

7.4.2 以机列中心线为基准，在底座出口方向的侧滑道面上测量卷取机纵向中心线；以机组中心线为基准，测量滑道端部相对基准的设计尺寸，确定卷取机横向中心线。

7.4.3 在底座滑道面上测量底座标高、水平度及直线度。

7.4.4 卷筒安装应符合本规范第7.2.4条和第7.2.5条规定。

7.4.5 热轧带钢卷取机安装允许偏差应符合表7.4.5的规定。

表 7.4.5 热轧带钢卷取机安装允许偏差

项目	允许偏差（mm）	检查方法
纵向中心线偏移	0.5	拉钢丝线、吊线锤，用钢尺检查
横向中心线偏移	0.5	拉钢丝线、吊线锤，用钢尺检查
标高	±0.50	用水准仪或平尺、内径千分尺检查
底座滑道纵横向水平度	0.05/1000	用平尺、水平仪检查
底座滑道直线度	全长0.20	用水平仪检查
卷筒相对轧制中心线垂直度	0.10/1000	拉钢丝线，用摇臂、内径千分尺检查
各辊系相对轧制中心线垂直度	0.10/1000	拉钢丝线，用摇臂、内径千分尺检查
卷筒水平度	0.10/1000	用平尺、水平仪检查
各辊系辊面水平度	0.10/1000	用水平仪检查
传动装置相对卷筒高度差	0.30	用水准仪或平尺、水平仪检查
传动装置水平度	0.10/1000	用水平仪检查

7.5 卷取机、开卷机辅助设备

7.5.1 辅助设备助卷器、外置轴承架、压紧辊等设备均应以卷取机和开卷机的卷筒芯轴为基准安装。

7.5.2 辅助设备助卷器、外置轴承架、压紧辊等设备全部为液压缸执行动作，调整可采用临时液压装置或机械方法使助卷器、外置轴承架、压紧辊等设备动作，调整助卷器、外置轴承架、压紧辊等设备与卷取机和开卷机的卷筒芯轴的相对位置。

7.5.3 卷取机和开卷机辅助设备安装允许偏差应符合表7.5.3规定。

表 7.5.3 卷取机和开卷机辅助设备安装允许偏差

项目		允许偏差(mm)	检查方法
助卷器	纵向中心线偏移	1.0	拉钢丝线、吊线锤，用钢尺检查
	横向中心线偏移	1.0	拉钢丝线，吊线锤，用钢尺检查
	标高	±1.00	用水准仪或平尺、钢尺检查
	水平度	0.10/1000	用水平仪检查
	角度偏差	±1°	用角度水平仪检查
外置轴承架	纵向中心线偏移	1.0	拉钢丝线、吊线锤，用钢尺检查
	横向中心线偏移	0.5	拉钢丝线、吊线锤，用钢尺检查
	标高	±0.20	用水准仪或平尺、内径千分尺检查
	轴承瓦口水平度	0.10/1000	用水平仪检查
压紧辊、深弯辊、开卷刀	纵向中心线偏移	1.0	拉钢丝线、吊线锤，用钢尺检查
	横向中心线偏移	1.0	拉钢丝线、吊线锤，用钢尺检查
	标高	±1.00	用水准仪或平尺、钢尺检查
	水平度	0.20/1000	用水平仪检查

8 辊道设备

8.1 一般规定

8.1.1 本章适用于热轧集中传动和单独传动输送辊道及冷轧带钢传输辊道等设备安装工程。

8.1.2 辊道设备传动齿轮箱及联轴器装配，应符合技术文件和现行国家标准《机械设备安装工程施工及验收通用规范》GB 50231的有关规定。

8.1.3 辊道设备精度等级划分应符合表8.1.3的规定。

表 8.1.3 辊道设备精度等级划分

精度等级	热轧辊道设备	冷轧辊系设备
Ⅰ	轧制生产线上辊道设备	带钢运行速度大于10m/s机组的辊系设备
Ⅱ	输送钢锭、钢坯、方圆坯等原料辊道设备	其他

8.2 集中传动辊道

8.2.1 整体供货集中传动辊道设备安装应符合下列规定：

1 以机组中心线为基准，测量集中传动辊道的纵向中心线；应以一个基准辊轴向中心线测量集中传动辊道的横向中心线。

2 测量辊面标高及水平度。

3 测量基准辊中心线相对机组中心线的垂直度。

4 检查相邻辊子中心线相对基准辊的平行度和相邻辊组辊子中心线的平行度。

8.2.2 分体供货集中传动辊道设备安装应符合下列规定：

1 测量调整辊道传动侧齿轮分配箱和操作侧轴承座架中心线相对机组中心线的偏差，确定辊道机架的纵向中心线；测量机架上辊子轴承座中心线相对基准线的偏差，确定辊道机架的横向中心线。

2 测量辊道机架轴承座剖分面、齿轮分配箱的剖分面的标高和水平度。

3 检测辊道机架相对机组中心线的平行度。

4 测量传动侧机架和操作侧机架装配后对角线偏差。

5 辊道辊子装配后应符合本规范第8.2.1条的规定。

6 传动齿轮箱装配应符合设计文件或现行国家标准《机械设备安装工程施工及验收通用规范》GB 50231的有关规定。

8.2.3 集中传动辊道安装允许偏差应符合表8.2.3的规定。

表 8.2.3 集中传动辊道安装允许偏差

项目		允许偏差(mm) Ⅰ级	允许偏差(mm) Ⅱ级	检查方法
中心线偏移	根据中心线安装	1.0	1.5	拉钢丝线、吊线锤，用钢尺检查
	根据已安设备安装	0.5	1.0	拉钢丝线、吊线锤，用钢尺检查
标高	根据基准点安装	±0.50	±1.00	用平尺、水平仪、钢尺或水准仪检查
	根据已安设备安装	±0.25	±0.50	用平尺、水平仪，钢尺或水准仪检查

续表 8.2.3

项　目	允许偏差（mm）		检查方法
	Ⅰ级	Ⅱ级	
机架相对机组中心线的平行度	0.15/1000 全长 0.30	0.20/1000 全长 0.40	拉钢丝线，用内径千分尺检查
机架上面基准点的对角线差	0.5	0.5	用钢盘尺、衡力指示器检查
辊面水平度	0.05/1000	0.10/1000	用平尺、水平仪检查
基准辊轴线对机组纵向中心线的垂直度	0.10/1000	0.15/1000	拉钢丝线，用摇臂、内径千分尺检查
相邻两辊子（含组与组间）的平行度	0.30/1000	0.30/1000	用内径千分尺检查
辊子平行度累计误差	0.60/1000	0.60/1000	吊锤线，用钢盘尺检查
减速箱、分配箱水平度	0.15/1000	0.20/1000	用水平仪检查

8.3 单独传动辊道

8.3.1 独立辊道架的单独传动辊道设备安装应符合下列规定：

1 测量调整辊道辊身的中点距机组中心线偏差，确定辊道组纵向中心线；测量辊子轴向中心线与基准线的偏差，确定辊道组横向中心线。

2 在辊面上测量辊子标高及轴向水平度。

3 测量辊子中心线相对轧制中心线的垂直度。

4 测量相邻辊子相对基准辊的平行度和水平度。

8.3.2 同辊道架的多个单独传动辊道机架设备安装应符合本规范第 8.2.2 条的规定。

8.3.3 单独传动辊道安装允许偏差应符合表 8.3.3 的规定。

表 8.3.3 单独传动辊道安装允许偏差

项　目		允许偏差（mm）		检查方法
		Ⅰ级	Ⅱ级	
纵横向中心线	单独布置的辊道	1.0	2.0	拉钢丝线、吊线锤，用钢尺检查
	与其他设备有机械衔接关系的辊道	0.5	1.0	拉钢丝线、吊线锤，用钢尺检查
辊道机架	机架顶面标高	±0.30	±1.00	用水准仪或平尺、内径千分尺检查
	机架顶面水平度	0.10/1000	0.20/1000	用平尺、水平仪或水准仪检查
辊子	基准辊相对机组中心线的垂直度	0.10/1000	0.20/1000	拉钢丝线，用摇臂、内径千分尺检查
	相邻两辊子平行度	0.20/1000	0.40/1000	用内径千分尺检查
	辊子平行度累计误差	每组 1.0	每组 1.5	吊锤线，用钢盘尺检查
	辊子轴向水平度	0.10/1000	0.20/1000	用水平仪检查
	辊子间辊面高度差	0.20	0.60	用平尺、水平仪、塞尺或水准仪检查

8.4 升降、摆动及移动辊道

8.4.1 升降、摆动及移动辊道的台面为集中传动辊道时，安装应符合本规范第 8.2.1 条～第 8.2.3 条的有关规定；台面为单独传动辊道时，安装应符合本规范第 8.3.1 条～第 8.3.3 条的有关规定。

8.4.2 升降辊道设备安装应符合下列规定：

1 测量调整升降底座的纵横向中心线。

2 测量升降底座标高和相对高差。

3 测量导向滑板的垂直度。

4 测量调整升降驱动轴标高和水平度。

5 测量调整升降驱动轴相对轧机中心线偏差，及相对机组中心线的垂直度偏差。

6 测量调整驱动液压缸的中心线、标高和水平度。

8.4.3 摆动辊道设备安装应符合下列规定：

1 测量调整摆动台体固定支架的纵横向中心线。

2 测量调整摆动台体固定支架的标高和水平度。

3 测量调整升降曲轴轴承座纵横向中心线。

4 测量调整升降曲轴轴承座的标高和水平度。

8.4.4 移动辊道设备安装应符合下列规定：

1 测量调整辊道移动台车驱动侧轨道的中心线相对机组中心线的偏差。

2 测量驱动侧轨道标高及相对台车运输中心线的平行度偏差。

3 应以驱动侧轨道为基准，测量调整从动侧轨道中心线、标高及相对高差。

8.4.5 升降、摆动及移动驱动装置安装允许偏差应符合表 8.4.5 的规定。

表 8.4.5 升降、摆动及移动驱动装置安装允许偏差

项　目		允许偏差（mm）	检查方法
升降装置	底座中心线偏移	1.0	拉钢丝线、吊线锤，用钢尺检查
	各支座中心的标高	±1.00	用水准仪或平尺、钢尺检查
	各支座中心线的距离	±1.0	用钢盘尺检查
	驱动轴标高	±1.00	用水准仪或平尺、钢尺检查
	驱动轴水平度	0.10/1000	用平尺、水平仪或水准仪检查
	主轴相对机组纵向中心线垂直度	0.15/1000	拉钢丝线，用摇臂、内径千分尺检查
	导向滑板垂直度	全长 1.0	吊锤线，用钢尺检查
	升降油缸底座水平度	0.20/1000	用水平仪检查
	升降油缸底座标高	±0.50	用水准仪或平尺、内径千分尺检查
摆动装置	台体固定支座中心线偏移	1.0	拉钢丝线、吊线锤，用钢尺检查
	摆动台体固定支座标高	±1.00	用水准仪或平尺、钢尺检查
	台面横向水平度	0.20/1000	用水平仪检查
	升降装置曲轴支承座中心线偏移	1.0	拉钢丝线、吊线锤，用钢尺检查
	曲轴支承座标高	±1.00	用水准仪或平尺、钢尺检查
	曲轴支承座水平度	0.10/1000	用水平仪检查

续表 8.4.5

项目		允许偏差(mm)	检查方法
移动装置	轨面标高	0～−1.00	用水准仪或平尺、内径千分尺检查
	同一横断面上两轨面高低差	0.50	用平尺、水平仪、塞尺检查
	轨道纵向横向中心线偏移	1.0	拉钢丝线，用钢尺检查
	轨距	±0.5	用钢尺检查
	驱动侧轨道的直线度	0.3/1000	拉钢丝线，用钢尺检查

8.5 特殊辊道

8.5.1 张力辊、夹送辊、转向辊、控制辊、纠偏辊、跳动辊等特殊辊道设备安装应符合本规范第8.3.1条的规定。

1 辊子设备安装应符合本规范第8.3.1条的规定。

2 张力辊安装时，张力计应有等高替代垫块；夹送辊、控制辊、纠偏辊等设备在零工位下安装调整。

8.5.2 特殊辊道安装允许偏差应符合表8.5.2的规定。

表8.5.2 特殊辊道安装允许偏差

项目	允许偏差(mm)		检查方法
	Ⅰ级	Ⅱ级	
纵向、横向中心线偏移	1.0	1.0	拉钢丝线、吊线锤，用钢尺检查
标高	±0.50	±1.00	用水准仪或平尺、内径千分尺检查
辊子水平度	0.05/1000	0.10/1000	用水平仪检查
辊子轴线相对机组纵向中心线的垂直度	0.05/1000	0.10/1000	拉钢丝线，用摇臂、内径千分尺检查

8.5.3 压紧辊、刮酸辊、挤干辊安装允许偏差应符合表8.5.3的规定。

表8.5.3 压紧辊、刮酸辊、挤干辊安装允许偏差

项目	允许偏差(mm)	检查方法
纵向、横向中心线偏移	1.5	拉钢丝线、吊线锤，用钢尺检查
标高	±1.50	用水准仪或平尺、水平仪、钢尺检查
辊子水平度	0.10/1000	用水平仪检查
辊子轴线相对机组纵向中心线的垂直度	0.10/1000	拉钢丝线，用摇臂、内径千分尺检查

9 冷床设备

9.1 一般规定

9.1.1 本章适用于热轧钢板、管棒材及型材等冷床设备安装工程。

9.1.2 冷床设备传动齿轮箱及联轴器装配，应符合技术文件和现行国家标准《机械设备安装工程施工及验收通用规范》GB 50231的有关规定。

9.2 冷床轧材分离和取送装置

9.2.1 冷床轧材分离装置安装应符合下列规定：

1 应以轧材输入辊道或输出辊道中心线为基准，测量轧材分离装置传动同步轴的轴向中心线；以冷床中心线为基准，测量同步轴的轴承座中心线。

2 先调整固定轴承座，再以固定轴承座为基准，调整浮动轴承座。

3 在轴承座剖分面上测量标高、水平度及各轴承座相对高差和水平度。

4 同步轴各段联轴节连接时，应使各分离拨杆处于同一工位状态。

5 同步轴各段联轴节端面间隙应符合设计文件或现行国家标准《机械设备安装工程施工及验收通用规范》GB 50231的有关规定。

9.2.2 冷床轧材分离装置安装允许偏差应符合表9.2.2的规定。

表9.2.2 冷床轧材分离装置安装允许偏差

项目		允许偏差(mm)	检查方法
传动轴轴承座	纵向、横向中心线偏移	1.0	拉钢丝线、吊线锤，用钢尺检查
	标高	±0.50	用水准仪或平尺、内径千分尺检查
	水平度	0.20/1000	用水平仪检查
	同轴度	0.30	拉钢丝线，用内径千分尺检查
减速机剖分面水平度		0.15/1000	用水平仪检查

9.2.3 冷床轧材台车式取送装置安装应符合下列规定：

1 台车传动链同步轴和轨道梁升降传动同步轴安装应符合本规范第9.2.1条的规定。

2 台车式取送装置支承钢结构安装应符合现行

国家标准《钢结构工程施工质量验收规范》GB 50205 的有关规定。

3 测量调整台车轨道梁、升降托辊梁纵横向中心线。

4 测量调整台车轨道梁、升降托辊梁标高及各轨道梁、托辊梁的相对高差。

5 测量调整升降梁驱动液压缸相对梁升降传动同步轴尺寸和标高。

9.2.4 冷床轧材台车式取送装置安装允许偏差安装应符合表9.2.4的规定。

表 9.2.4 冷床轧材台车式取送装置安装允许偏差

<table>
<tr><th colspan="2">项　目</th><th>允许偏差（mm）</th><th>检 查 方 法</th></tr>
<tr><td rowspan="3">台车轨道梁托辊梁</td><td>纵向、横向中心线偏移</td><td>1.0</td><td>拉钢丝线、吊线锤，用钢尺检查</td></tr>
<tr><td>标高</td><td>±1.0</td><td>用水准仪检查</td></tr>
<tr><td>相对高差</td><td>0.50</td><td>用水准仪检查</td></tr>
<tr><td rowspan="3">升降液压缸</td><td>纵向、横向中心线偏移</td><td>1.0</td><td>拉钢丝线、吊线锤，用钢尺检查</td></tr>
<tr><td>标高</td><td>±1.0</td><td>用水准仪检查</td></tr>
<tr><td>水平度</td><td>0.15/1000</td><td>用水平仪检查</td></tr>
</table>

9.3 步进式齿条冷床

9.3.1 本节适用于方圆坯、芯棒、棒材、钢管步进式齿条冷床设备安装。

9.3.2 步进式齿条冷床安装应符合下列规定：

1 测量调整固定框架结构纵横向中心线。

2 固定框架结构安装要求测量支撑柱垂直度，测量固定框架结构顶部标高。

3 定齿条、动齿条框架结构连接螺栓的紧固力矩应符合设计要求。

4 应以输入辊道中心线和冷床中心线为基准，测量调整升降减速器、横移减速器的纵横向中心线。

5 测量调整升降减速器、横移减速器标高和水平度。

6 升降传动、横移传动同步轴安装应符合本规范第 9.2.1 条的规定。

7 升降同步连杆装配应在各动齿条处于同一工位状态下进行。

8 应使用样棒（管）检查调整定齿条、动齿条的齿尖和齿沟的尺寸偏差，测量齿顶标高。

9.3.3 步进式齿条冷床安装允许偏差应符合表 9.3.3 的规定。

表 9.3.3 步进式齿条冷床安装允许偏差

<table>
<tr><th colspan="2">项　目</th><th colspan="2">允许偏差（mm）</th><th>检 查 方 法</th></tr>
<tr><td rowspan="4">升降横移减速器</td><td>纵向、横向中心线偏移</td><td colspan="2">1.0</td><td>拉钢丝线、吊线锤，用钢尺检查</td></tr>
<tr><td>标高</td><td colspan="2">±0.50</td><td>用水准仪或平尺、内径千分尺检查</td></tr>
<tr><td>水平度</td><td colspan="2">0.15/1000</td><td>用平尺、水平仪检查</td></tr>
<tr><td>减速器相对中心线</td><td colspan="2">1.0</td><td>拉钢丝线、吊线锤，用钢尺检查</td></tr>
<tr><td rowspan="3">固定框架结构</td><td>纵横向中心线</td><td colspan="2">1.0</td><td>拉钢丝线、吊线锤，用钢尺检查</td></tr>
<tr><td>标高</td><td colspan="2">±0.50</td><td>用水准仪或平尺、内径千分尺检查</td></tr>
<tr><td>垂直度</td><td colspan="2">0.15/1000</td><td>用平尺、水平仪检查</td></tr>
<tr><td rowspan="5">摇动托架</td><td>托架纵向、横向中心线偏移</td><td colspan="2">1.0</td><td>拉钢丝线、吊线锤，用钢尺检查</td></tr>
<tr><td>托架之间距离</td><td colspan="2">±1.0</td><td>用钢盘尺检查</td></tr>
<tr><td>托架标高</td><td colspan="2">±0.50</td><td>用水准仪或平尺、内径千分尺检查</td></tr>
<tr><td>托架水平度（轧材运输方向）</td><td colspan="2">0.30/1000</td><td>用水平仪检查</td></tr>
<tr><td>托架水平度（支承轴两侧方向）</td><td colspan="2">全长 0.30</td><td>用水平仪、塞尺检查</td></tr>
<tr><td rowspan="3">横梁组装</td><td>横梁中心距离</td><td colspan="2">±1.0</td><td>用钢盘尺检查</td></tr>
<tr><td>高度差</td><td colspan="2">±1.00</td><td>用水准仪检查</td></tr>
<tr><td>水平度</td><td colspan="2">0.30/1000</td><td>用长水平仪检查</td></tr>
<tr><td rowspan="6">齿条</td><td></td><td>Ⅰ</td><td>Ⅱ</td><td></td></tr>
<tr><td>在检定位置上，齿条齿尖与各自轴心间的尺寸差</td><td>±5.0</td><td>±2.0</td><td>拉钢丝线、吊线锤，用钢尺（或通过样棒）检查</td></tr>
<tr><td>在检定位置上，每根齿条齿沟的偏移</td><td>±5.0</td><td>±2.0</td><td>拉钢丝线、吊线锤，用钢尺（或通过样棒）检查</td></tr>
<tr><td>每根齿条上，距检定位置最远部位齿沟的偏移</td><td>±10.0</td><td>±4.0</td><td>拉钢丝线、吊线锤，用钢尺（或通过样棒）检查</td></tr>
<tr><td>固定齿条齿顶标高</td><td>±5.00</td><td>±2.00</td><td>用水准仪检查</td></tr>
<tr><td>活动齿条齿顶高度差</td><td>8.00</td><td>4.00</td><td>用水准仪检查</td></tr>
</table>

注：表中Ⅰ适用于方圆坯、芯棒、钢管步进式齿条冷床，Ⅱ适用于棒材步进式齿条冷床。

9.4 链式、绳式拖运机冷床

9.4.1 钢坯等重型轧材的链式、绳式拖运机冷床安装应符合下列规定：

1 测量调整链（绳）轮传动轴的轴向中心线。

2 链（绳）轮传动轴的各轴承座安装应符合本规范第 9.2.1 条的规定。

3 以冷床中心线为基准，测量调整链槽、运输机滑道及各运输链托轮中心线。

4 测量调整链槽、滑道及各托轮的标高和水平度。

5 测量调整头、尾链（绳）轮中心线。

6 尾轮拉紧弹簧力调整应符合设计文件要求。

7 床体结构安装应符合现行国家标准《钢结构工程施工质量验收规范》GB 50205 的有关规定。

9.4.2 钢坯等重型轧材的链式、绳式拖运机冷床本体安装允许偏差应符合表 9.4.2 的规定。

表 9.4.2 钢坯等重型轧材的链式、绳式托运机冷床安装允许偏差

项目		允许偏差（mm）	检查方法
驱动机构	传动轴或链（绳）轮轴轴向中心线与辊道中心线距离	±1.5	拉钢丝线、吊线锤，用钢尺检查
	链（绳）轮中心对冷床纵向中心线的偏移	1.0	拉钢丝线、吊线锤，用钢尺检查
	传动轴轴承座剖分面标高	±0.30	用水准仪或平尺、内径千分尺检查
	传动轴相对冷床中心线的垂直度	0.15/1000	拉钢丝线，用摇臂、内径千分尺检查
	轴承座剖分面水平度（单个及相邻两个间）	0.10/1000	用平尺、水平仪检查
	传动减速机水平度	0.15/1000	用水平仪检查
返回链托辊（轮）	各托辊（轮）中心至冷床纵向中心线的距离	±2.0	拉钢丝线、吊线锤，用钢尺检查
	托辊（轮）标高	±3.00	用水准仪或平尺、钢尺检查
	托辊顶面水平度	1.00/1000	用水平仪检查
	托辊（轮）轴线相对冷床纵向中心线的垂直度	轴长 0.50	拉钢丝线，用摇臂法检查
机架（横梁、纵梁、滑道）	各纵梁中心至冷床纵向中心线的距离	±2.0	拉钢丝线、吊线锤，用钢尺检查
	横梁相对冷床中心线的垂直度	0.50/1000	拉钢丝线、吊线锤，用钢尺检查
	横梁顶面标高	±1.00	用平尺、水平仪、钢尺或水准仪检查
	横梁顶面水平度（指纵梁、横梁交接处）	0.20/1000	用水平仪检查
	滑道顶面标高	±3.00	用平尺、水平仪、钢尺或水准仪检查
	各滑道间距	±3.0	用钢盘尺检查
	滑道顶面水平度	0.50/1000	用水平仪检查

9.4.3 轻型轧材的链式、绳式拖运机冷床安装应符合下列规定：

1 以冷床输送中心线为基准，测量冷床床体结构纵向中心线，以输送辊道中心线为基准，测量冷床床体结构横向中心线。

2 测量结构柱、横梁顶部及滑道上面标高。

3 链（绳）轮传动轴的各轴承座安装应符合本规范第 9.2.1 条的规定。

4 以冷床输送中心线为基准，测量链（绳）滑道梁中心线和链（绳）轮中心线。

9.4.4 轻型轧材的链式、绳式拖运机冷床安装允许偏差应符合表 9.4.4 的规定。

表 9.4.4 轻型轧材链式、绳式拖运机冷床安装允许偏差

项目		允许偏差（mm）	检查方法
驱动机构	链轮传动轴纵向中心线偏移	0.5	拉钢丝线、吊线锤，用钢尺检查
	链轮传动轴横向中心线偏移	1.0	拉钢丝线、吊线锤，用钢尺检查
	传动轴标高	±0.50	用水准仪或平尺、内径千分尺检查
驱动机构	传动轴相对冷床中心线的垂直度	0.25/1000	拉钢丝线，用摇臂、内径千分尺检查
	传动减速机水平度	0.15/1000	用水平仪检查
床体柱子横梁滑道	支柱、横梁纵横向中心线偏移	2.0	拉钢丝线、吊线锤，用钢尺检查
	链子托梁纵向中心线偏移	2.0	拉钢丝线、吊线锤，用钢尺检查
	支柱、横梁标高	±1.00	用水准仪检查
	链子托梁标高	±3.00	用水准仪检查
	滑道侧弯曲	3.0	拉钢丝线，用钢尺检查
	滑道接口处上下高低差	0.5	用钢尺检查
链轮与链子托梁中心的重合度		1.0	拉钢丝线、吊线锤，用钢尺检查

9.5 托轮斜轨步进式冷床

9.5.1 托轮斜轨步进式冷床取送装置安装应符合本规范第 9.2.2 条的规定。

9.5.2 活动床面托轮安装应符合下列规定：

1 测量调整各托轮组纵横向中心线。

2 测量调整托轮组标高及各托轮组之间相对高差。

3 测量托轮组轴向水平度和轴承座沿冷床中心线方向的水平度。

9.5.3 活动床面安装应符合下列规定：

1 活动床面升降框架装配应使斜轨面处于零工位的状态下进行。

2 测量调整升降框架、水平移动框架的纵横向中心线。

3　测量调整升降框架上的移动框架轨道面标高和水平度。

4　检查测量水平移动框架标高。

9.5.4　活动床面升降及水平移动传动安装应符合下列规定：

1　活动床面升降及水平移动传动同步轴安装应符合本规范第9.2.1条的规定。

2　应测量调整活动床面水平移动装置齿条推杆箱纵横向中心线、标高及水平度。

3　齿条推杆顶面与压辊的间隙应符合设计技术文件的规定。

9.5.5　固定床体安装应符合下列规定：

1　测量调整下部底座纵横向中心线。

2　调整下部底座面标高及各底座之间高差。

3　测量调整下部底座水平度。

4　固定床体钢结构件安装应符合现行国家标准《钢结构工程施工质量验收规范》GB 50205的有关规定。

9.5.6　托轮斜轨步进式冷床安装允许偏差应符合表9.5.6的规定。

表9.5.6　托轮斜轨步进式冷床安装允许偏差

项　目		允许偏差（mm）	检查方法
活动床面托轮	托轮轮面标高	±0.50	用水准仪检查
	托轮纵向、横向中心线偏移	0.5	拉钢丝线、吊线锤，用钢尺检查
	定位托轮径向相对冷床横向中心线偏移	0.20	拉钢丝线，用内径千分尺检查
	定位托轮轴向相对冷床纵向中心线的平行度	全长1.0	拉钢丝线、吊线锤，用钢尺检查
	托轮轴向水平度	0.10/1000	用平尺、水平仪检查
	托轮轴承座沿冷床输送中心线方向水平度	0.20/1000	用平尺、水平仪检查
活动床面	升降框架纵向、横向中心线	0.5	拉钢丝线、吊线锤，用钢尺检查
	升降框架标高	±0.50	用水准仪检查
	水平度	0.20/1000	用平尺、水平仪检查
	水平移动框架纵向、横向中心线	0.5	拉钢丝线、吊线锤，用钢尺检查
	水平移动框架标高	±1.0	用水准仪检查
活动床面提升机构	提升主轴纵向、横向中心线偏移	1.0	拉钢丝线、吊线锤，用钢尺检查
	提升主轴标高（轴承座剖分面）	±1.00	用水准仪或平尺、内径千分尺检查
	提升主轴中心相对冷床横向中心线的平行度	全长0.5	拉钢丝线、吊线锤，用钢尺检查
	轴承座剖分面水平度（单个及相邻两个间）	0.15/1000	用平尺、水平仪检查

续表9.5.6

项　目		允许偏差（mm）	检查方法
活动床面提升机构	提升主轴水平度	全长0.50	用水准仪检查
	提升主轴轴承镗孔同轴度	0.20	拉钢丝线，用内径千分尺检查
	传动减速机水平度	0.15/1000	用水平仪检查
活动床面移动装置	移动主轴纵向、横向中心线偏移	1.0	拉钢丝线、吊线锤，用钢尺检查
	移动主轴标高（轴承座剖分面）	±0.50	用水准仪或平尺、内径千分尺检查
	移动主轴中心相对冷床横向中心线的平行度	全长0.5	拉钢丝线、吊线锤，用钢尺检查
	轴承座剖分面水平度（单个及相邻两个间）	0.15/1000	用平尺、水平仪检查
	移动主轴水平度	全长0.50	用水准仪检查
	移动主轴轴承镗孔同轴度	0.20	拉钢丝线，用内径千分尺检查
	同步轴纵向、横向中心线偏移	1.0	拉钢丝线、吊线锤，用钢尺检查
	同步轴标高（轴承座剖分面）	±0.50	用水准仪或平尺、内径千分尺检查
	同步轴同轴度	0.20	拉钢丝线，用内径千分尺检查
	同步轴水平度	全长0.50	用水准仪检查
	移动床面传动减速机水平度	0.15/1000	用水平仪检查
	齿条推杆箱剖分面标高	±0.50	用水准仪或平尺、内径千分尺检查
	齿条推杆箱纵向、横向中心线偏移	1.0	拉钢丝线、吊线锤，用钢尺检查
	齿条推杆箱剖分面水平度	0.15/1000	用水平仪检查
	齿条推杆相对冷床纵向中心线的平行度	推杆长1.0	拉钢丝线、吊线锤，用钢尺检查
	齿条推杆前托辊标高	±0.50	用水准仪或平尺、内径千分尺检查
	齿条推杆水平度	0.15/1000	用水平仪检查
固定床面	下部支座纵向、横向中心线偏移	1.0	拉钢丝线、吊线锤，用钢尺检查
	下部支座上平面标高	±1.00	用水准仪检查
	下部支座上平面高低差	全床面1.00	用水准仪检查
	下部支座上平面水平度	0.20/1000	用水平仪检查

10 轧材输送设备

10.1 一 般 规 定

10.1.1 本章适用于钢坯、钢板、钢管、钢卷等运输设备安装工程。

10.1.2 运输设备传动齿轮箱及联轴器装配，应符合技术文件和现行国家标准《机械设备安装工程施工及验收通用规范》GB 50231 的有关规定。

10.2 步进梁式运输机

10.2.1 步进梁式运输机安装应符合下列规定：

1 测量调整各导轨梁轨道的纵向中心线，以轨道端部或撞档确定导轨梁横向中心线。

2 测量调整轨道面的标高、水平度及两轨道高差。

3 测量调整行走液压缸座和提升液压缸座的中心线、标高和液压缸耳轴座的水平度。

4 测量调整固定梁和支柱的中心线和支柱的垂直度。

5 调整固定在固定梁底部的步进梁压轨，使压轨与步进梁行走轮间隙符合设计要求。

10.2.2 步进梁式输送机安装允许偏差应符合表 10.2.2 的规定。

表 10.2.2 步进梁式输送机安装允许偏差

项 目		允许偏差 (mm)	检 查 方 法
固定梁柱	纵向中心线偏移	2.0	拉钢丝线、吊线锤，用钢尺检查
	横向中心线偏移	2.0	拉钢丝线、吊线锤，用钢尺检查
	标高	±1.00	用平尺、钢尺或水准仪检查
	支柱垂直度	1.0/1000	吊线锤，用钢尺检查
导轨梁	标高	±1.00	用平尺、钢尺或水准仪检查
	轨距	0~1.0	用钢尺检查
	纵向水平度	0.50/1000	用水平仪检查
	同一横断面上两轨面水平度	0.50/1000	用平尺、水平仪检查
平移油缸底座	纵、横向中心线偏移	1.0	拉钢丝线、吊线锤，用钢尺检查
	标高	±1.00	用平尺、钢尺或水准仪检查
	底座水平度	0.20/1000	用水平仪检查

10.3 链式运输机

10.3.1 链式运输机安装应符合下列规定：

1 测量调整结构框架纵横向中心线。

2 框架结构安装应测量支撑柱垂直度，测量顶部纵向梁上滑轨面和下部回链槽标高和水平度。

3 框架结构安装应符合现行国家标准《钢结构工程施工质量验收规范》GB 50205 的有关规定。

4 测量调整主动轮和被动轮的纵横向中心线；测量链轮轴相对链式运输机中心线的垂直度。

5 测量调整链轮轴上的标高和水平度。

6 测量主动链轮和从动链轮中心距，从动链轮浮动尺寸应符合设计要求。

7 测量链轮导向装置及链轮张紧装置相对运输机中心线偏差。

10.3.2 链式输送机安装允许偏差应符合表 10.3.2 的规定。

表 10.3.2 钢卷链式运输机安装允许偏差

项 目		允许偏差 (mm)	检 查 方 法
结构框架	运输机结构框架纵、横向中心线偏移	1.0	拉钢丝线、吊线锤，用钢尺检查
	支柱中心线偏移	1.0	拉钢丝线、吊线锤，用钢尺检查
	支柱标高	±1.00	用水准仪或平尺、钢尺检查
传动链装置	头尾链轮横向、轴向中心相对机组纵横中心线的偏差	±0.5	拉钢丝线、吊线锤，用钢尺检查
	头尾链轮轴线相对机组纵向中心线的垂直度	0.50/1000	拉钢丝线，用摇臂、内径千分尺检查
	链轮轴标高	±0.50	用水准仪或平尺、内径千分尺检查
	链轮轴水平度	0.20/1000	用水平仪检查
	滑轨轨面标高	±1.00	用水准仪检查
	滑轨轨距	±1.0	用钢尺检查
	同一横断面上四条滑轨轨面高低差	0.50	用平尺、水平仪、塞尺检查
	滑轨对运输机纵向中心线的对称度	1.0	拉钢丝线，用钢尺检查
移送链机架	上部滑轨轨面标高	±1.00	用水准仪检查
	同一横断面上滑轨轨面高低差	0.50	用平尺、水平仪、塞尺检查
	滑轨轨距	±1.0	用钢尺检查
	下部滑轨轨面标高	±2.0	用平尺、水平仪、钢尺检查
	滑轨对运输机纵向中心线的对称度	1.0	拉钢丝线，用钢尺检查
	移送链的导向装置对运输机纵向中心线的偏移	0.5	拉钢丝线，用钢尺检查
	移送链的张紧装置对运输机纵向中心线的偏移	0.5	拉钢丝线，用钢尺检查

10.4 双链刮板式运输机

10.4.1 双链刮板式运输机安装应符合下列规定：

1 运输机框架结构安装应符合本规范第 10.3.1 条的规定。

2 测量调整两个主动轮和两个从动轮的纵横向中心线。

3 应测量调整头、尾轮轴的标高和水平度，头、尾轮轴中心线的相对高差应符合设计文件要求。

4 测量主动链轮和从动链轮中心距，调整从动链轮浮动尺寸要求符合设计要求。

5 调整输送槽上刮板滑道的中心线。

6 测量输送槽或刮板滑道接口处的高差。

10.4.2 双链刮板式运输机安装允许偏差应符合表10.4.2的规定。

表 10.4.2 双链刮板式运输机安装允许偏差

项 目	允许偏差(mm)	检查方法
运输机纵、横向中心线偏移	1.5	拉钢丝线、吊线锤，用钢尺检查
两链轮轴向中心线相对机组中心线的偏移	1.0	拉钢丝线、吊线锤，用钢尺检查
链轮相对对机机列中心线的偏移	1.0	拉钢丝线、吊线锤，用钢尺检查
链轮轴线相对机组中心线的垂直度	1.00/1000	拉钢丝线，用摇臂、内径千分尺检查
链轮轴标高	±1.00	用水准仪或平尺、钢尺检查
链轮轴水平度	0.30/1000	用水平仪检查
输送槽中心相对机列中心线的偏移	±2.5	拉钢丝线、吊线锤，用钢尺检查
输送槽横向水平度	1.00/1000	用水平仪检查
输送槽顶部滑轨接头高低差	1.0	用钢尺检查
输送槽底部衬板接头高低差	2.0	用钢尺检查
返回轨道横向水平度	1.50/1000	用水平仪检查
返回轨道中心相对机列中心线的偏移	1.0	拉钢丝线、吊线锤，用钢尺检查

10.5 管材螺旋运输机

10.5.1 管材螺旋输送机安装应符合下列规定：

1 测量调整各螺旋输送辊纵横向中心线。

2 测量各螺旋辊中心相对输出辊道中心线的垂直度。

3 测量调整各螺旋辊传动侧和从动侧轴承座标高。

4 螺旋辊轴倾斜角度符合设计要求。

10.5.2 管材螺旋运输机安装允许偏差应符合表10.5.2的规定。

表 10.5.2 管材螺旋运输机安装允许偏差

项 目	允许偏差(mm)	检查方法
螺旋辊纵向中心线偏移	1.5	拉钢丝线、吊线锤，用钢尺检查
螺旋辊横向中心线偏移	1.5	拉钢丝线、吊线锤，用钢尺检查
螺旋辊相对输出辊道中心线的垂直度	0.40/1000	拉钢丝线，用摇臂、内径千分尺检查
螺旋轴入料端标高	±1.00	用平尺、水平仪、钢尺或水准仪检查
螺旋轴及滑轨倾斜角度	±10′	用角度仪检查
螺旋辊轴间中心距	±1.5	用钢尺检查

10.6 钢卷运输小车

10.6.1 钢卷运输小车安装应符合下列规定。

1 以钢卷运输方向中心线为基准，测量运输车定位轮轨道纵向中心线；再以此调整浮动轮轨道中心线。

2 测量轨道面标高和水平度。

3 钢卷运输车与开卷机、卷取机等设备安装相关尺寸应符合设计规定。

10.6.2 钢卷运输小车轨道安装允许偏差应符合表10.6.2的规定。

表 10.6.2 钢卷运输小车轨道安装允许偏差

项 目	允许偏差(mm)	检查方法
轨道纵向中心线相对开卷机或卷取机中心线的偏移	1.0	拉钢丝线、吊线锤，用钢尺检查
轨道横向中心线相对机组纵向中心线的偏移	2.0	拉钢丝线、吊线锤，用钢尺检查
轨距	±0.5	用钢尺检查
轨道顶面标高	±0.50	用水准仪检查
轨道顶面纵向水平度	0.20/1000	用水平仪检查
轨道顶面横向水平度（两轨道间）	0.20/1000	用平尺、水平仪检查
车挡同位性	1.0	拉钢丝线，用钢尺检查

10.7 运 锭 车

10.7.1 运锭车安装应符合下列规定。

1 运锭车轨道安装应符合本规范第10.6.1条的

规定。

2 运锭车上输送辊道安装应符合本规范第8.1节～第8.3节的规定。

10.7.2 运锭车安装允许偏差应符合表10.7.2的规定。

表10.7.2 运锭车安装允许偏差

项目		允许偏差（mm）	检查方法
轨道	轨道实际中心线对安装基准线的偏移	3.0	拉钢丝线、吊线锤，用钢尺检查
	轨距	±5.0	用钢尺检查
	轨道顶面标高	±3.00	用水准仪检查
	同一横断面上两轨道高低差	±2.0	用平尺、水平仪、钢尺检查
	轨道侧面直线度	0.5/1000 全长5.0	拉钢丝线，用钢尺检查
	轨道顶面纵向水平度	0.50/1000 全长5.00	用水准仪检查
走行装置	轮距	±1.0	用钢尺检查
	轴承箱榫口距离（轨距方向）	±0.5	用钢检查
	对角线	2.0	用钢尺检查

11 翻转和移送设备

11.1 一般规定

11.1.1 本章适用于钢坯、板、卷材，钢管、棒材等型材的推、装、取和翻回转料机设备的安装工程。

11.1.2 运输设备传动齿轮箱及联轴器装配，应符合技术文件和现行国家标准《机械设备安装工程施工及验收通用规范》GB 50231的有关规定。

11.2 推 床

11.2.1 推床设备安装应符合下列规定：

1 测量调整推杆导向托辊纵横向中心线，标高及水平度。

2 测量调整推杆传动齿轮座箱体的纵横向中心线。

3 在推拉杆传动齿轮座箱体的剖分面测量标高及水平度。

4 测量调整辊道两侧推拉杆托架的纵横向中心线。

5 在推拉杆托架的箱体的剖分面测量标高及水平度。

6 测量调整两侧推板与轧制中心线对称。

7 推拉杆与压紧轮、导向轮装配间隙应符合设计文件规定。

8 驱动液压缸应测量调整液压缸座纵横向中心线、标高及水平度。

9 电机驱动应进行推拉杆传动齿轮轴与减速机输出轴的对中定心，应符合现行国家标准《机械设备安装工程施工及验收通用规范》GB 50231的有关规定。

11.2.2 推床安装允许偏差应符合表11.2.2的规定

表11.2.2 推床安装允许偏差

项目	允许偏差（mm）	检查方法
导向托辊纵横向中心线	1.0	拉钢丝线、吊线锤，用钢尺检查
导向托辊标高	±1.0	用水准仪检查
导向托辊水平度	0.10/1000	用水平仪检查
传动齿轮座箱体（推拉杆传动轴）纵横向中心线	±2.0	拉钢丝线、吊线锤，用钢尺检查
传动齿轮座箱体标高	0～+2.00	用水准仪检查
推拉杆传动轴标高	±1.0	用水准仪检查
传动齿轮座箱体（轴承座）水平度	0.10/1000	用水平仪检查
推床传动轴同轴度	0.15	拉钢丝线，用内径千分尺检查
支承辊中心线与传动齿轮座中心线的距离	±3.0	拉钢丝线、吊线锤，用钢尺检查
推板与轧制中心线的平行度	0.3/1000 全长5.0	拉钢丝线、吊线锤，用钢尺检查
推板与轧制中心线对称	0.50	拉钢丝线、吊线锤，用钢尺检查
液压缸中心线	1.0	拉钢丝线、吊线锤，用钢尺检查
液压缸座标高	±1.0	用水准仪检查
液压缸座水平度	0.20/1000	用水平仪检查

11.3 推 钢 机

11.3.1 板坯推钢机设备安装应符合下列规定：

1 板坯推钢机推杆传动齿轮座、推杆及传动安装应符合本规范第11.2.1条的有关规定。

2 各推杆与传动齿轮座装配，应测量各推杆推头与轧制中心线的平行度。

3 板坯推钢机安装允许偏差应符合表11.2.2的规定。

11.3.2 板坯加热炉齿条式推钢机安装应符合下列

规定：

1 测量调整推杆传动齿轮箱纵横向中心线。

2 在推钢杆齿轮箱剖分面测量标高及水平度。

3 测量推钢杆齿轮箱瓦口测量同轴度。

4 测量推杆端部推头与上料辊道中心线的平行度。

5 推钢杆顶面与压辊的间隙应符合设计文件规定。

11.3.3 板坯加热炉齿条式推钢机安装允许偏差应符合表11.3.3的规定。

表 11.3.3 板坯加热炉齿条式推钢机安装允许偏差

项　　目	允许偏差（mm）	检查方法
推钢机传动轴中心线	±1.0	拉钢丝线、吊线锤，用钢尺检查
推杆中心线相对加热炉中心线的偏移	1.0	拉钢丝线、吊线锤，用钢尺检查
推钢杆齿轮箱剖分面顶面标高	0～+2.0	用水准仪检查
推钢杆齿轮箱剖分面水平度	0.15/1000	用水平仪检查
推钢杆齿轮箱瓦口同轴度	0.15	拉钢丝线，用内径千分尺检查
推杆端部推头与上料辊道中心线的平行度	0.5/1000 5.0/全长	拉钢丝线、吊线锤，用钢尺检查
推钢杆顶面与压辊的间隙	0.30～1.30	用塞尺检查

11.3.4 四连杆式推钢机安装应符合下列规定：

1 以轧材来料方向中心线为基准，测量四连杆传动轴的纵向中心线；以轧材推出方向中心线为基准，测量四连杆的横向中心线。

2 在传动轴轴承座剖分面上测量标高及水平度。

3 检测测量传动轴的同心度。

4 以轧材来料方向中心线为基准，测量各推杆托轮的纵向中心线；以轧材推出方向中心线为基准，测量各推杆托轮的横向中心线。

5 在推杆托轮面上测量标高和水平度。

6 驱动装置以四连杆传动轴为基准进行测量调整。

11.3.5 四连杆式推钢机安装允许偏差应符合表11.3.5的规定。

表 11.3.5 四连杆式推钢机安装允许偏差

项　　目		允许偏差（mm）	检查方法
传动轴轴承座	纵向、横向中心线偏移	1.0	拉钢丝线、吊线锤，用钢尺检查
	标高	±0.50	用水准仪或平尺、内径千分尺检查
	座上面水平度：单独	0.20/1000	用水平仪检查
	座上面水平度：座间	0.20/1000	用平尺、水平仪检查
	轴承座瓦口同轴度	0.15/1000	拉钢丝线，用内径千分尺检查
推杆托辊	纵向、横向中心线偏移	1.0	拉钢丝线、吊线锤，用钢尺检查
	标高	±0.50	用水准仪或平尺、内径千分尺检查
	托辊水平度：单独	0.20/1000	用水平仪检查
	托辊水平度：座间	0.20/1000	用平尺、水平仪检查

11.4 长行程装、出钢机

11.4.1 长行程装钢机送钢杆的水冷系统应按设计技术文件进行水压试验，应无变形和泄漏现象。

11.4.2 板坯加热炉长行程装、出钢机平移装置安装应符合下列规定：

1 测量调整装、出钢机托杆传动齿轮箱纵横向中心线。

2 应测量调整装、出钢托杆传动齿轮箱剖分面测量标高和水平度。

3 测量装、出钢机托杆传动齿轮轴、托辊曲柄轴同轴度。

4 装、出钢托杆顶面与压辊的间隙应符合设计文件规定。

11.4.3 板坯加热炉长行程装、出钢机平移装置安装允许偏差应符合表11.4.3的规定。

表 11.4.3 板坯加热炉长行程装、出钢机平移装置安装允许偏差

项　　目	允许偏差（mm）	检查方法
装、出钢机传动轴与上料（下料）辊道中心线的距离	±1.0	拉钢丝线、吊线锤，用钢尺检查
装、出钢杆中心线相对加热炉中心线的偏移	±1.0	拉钢丝线、吊线锤，用钢尺检查
装、出钢杆齿轮箱剖分面标高	±1.0	用水准仪检查
装、出钢杆齿轮箱剖分面水平度	0.15/1000	用水平仪检查
装、出钢杆齿轮箱瓦口同轴度	0.15	拉钢丝线，用内径千分尺检查
装、出钢杆顶面与压辊的间隙	0.30～1.30	用塞尺检查

11.4.4　板坯加热炉长行程装、出钢机升降装置安装应符合下列规定：

1　测量调整装、出钢机托杆托辊曲柄轴承座纵横向中心线。

2　应测量调整装、出钢机托杆托辊曲柄轴承座标高和水平度。

3　测量装、出钢机托辊曲柄轴同轴度。

4　应测量调整装、出钢机托杆升降液压缸座中心线、标高和水平度。

11.4.5　板坯加热炉长行程装、出钢机升降装置安装允许偏差应符合表11.4.5的规定。

表11.4.5　板坯加热炉长行程装、出钢机升降装置安装允许偏差

项　　目	允许偏差(mm)	检查方法
曲柄轴纵向、横向中心线偏移	1.0	拉钢丝线、吊线锤，用钢尺检查
曲柄轴标高	±0.50	用水准仪或平尺、内径千分尺检查
曲柄轴轴承座水平度	0.15/1000	用水平仪检查
曲柄轴水平度	0.10/1000	用水平仪检查
曲柄轴轴承座同轴度	0.15	拉钢丝线，用内径千分尺检查
驱动装置与曲柄轴距离	±1.0	拉钢丝线、吊线锤，用钢尺检查
驱动装置相对曲柄中心线的偏移	0.5	拉钢丝线、吊线锤，用钢尺检查
驱动装置标高	±1.00	用水准仪或平尺、钢尺检查

11.5　长材横向取（送）装置

11.5.1　取（送）装置的传动轴、摇杆的各连接部及支承轴承座的轴承或轴套装配，应符合设计技术文件和现行国家标准《机械设备安装工程施工及验收通用规范》GB 50231的有关规定。

11.5.2　长材横向取（送）装置安装允许偏差应符合表11.5.2的规定。

表11.5.2　长材横向取（送）装置安装允许偏差

项　　目	允许偏差(mm)	检查方法
摇杆传动轴中心线偏移	1.5	拉钢丝线、吊线锤，用钢尺检查
油缸铰点中心线偏移	1.5	拉钢丝线、吊线锤，用钢尺检查
摇杆传动轴轴承座剖分面标高	±0.50	用水准仪或平尺、内径千分尺检查
传动轴轴承座水平度：单独	0.20/1000	用水平仪检查
传动轴轴承座水平度：座间	0.20/1000	用平尺、水平仪检查
传动轴承瓦口同轴度	0.15	拉钢丝线，用内径千分尺检查

11.6　翻　转　机

11.6.1　方坯翻转机安装应符合下列规定：

1　测量调整方坯翻转机横移底座的纵横向中心线。

2　在横移底座上面测量标高和水平度。

3　测量横移底座上旋转架定位滑道与轧机中心线的平行度。

4　测量调整横移液压缸座的中心线、标高和水平度。

5　旋转架与横移底座装配间隙应符合设计要求。

6　夹紧楔铁与滑道接触应严密。

11.6.2　方坯翻转机安装允许偏差应符合表11.6.2的规定。

表11.6.2　方坯翻转机安装允许偏差

项　　目		允许偏差(mm)	检查方法
翻转机横移底座	纵横向中心线	±1.0	拉钢丝线、吊线锤，用钢尺检查
	底座内侧滑道基准面与轧机中心线的平行度	0.2/1000	拉钢丝线、吊线锤，用钢尺检查
	底座顶面标高	±1.00	用水准仪或平尺、钢尺检查
	底座水平度	0.10/1000	用水平仪检查
横移油缸底座	油缸座中心线	±1.0	拉钢丝线、吊线锤，用钢尺检查
	油缸座中心与基准中心线的平行度	0.3/1000	拉钢丝线、吊线锤，用钢尺检查
	油缸座标高	±1.00	用水准仪或平尺、钢尺检查
	油缸座水平度	0.20/1000	用水平仪检查

11.6.3　板坯翻转机安装应符合下列规定：

1　测量调整翻转臂同步轴轴承座纵横向中心线。

2　在翻转臂同步轴轴承座剖分面上测量标高和水平度。

3　翻转臂与同步轴装配，检查同侧翻转臂应等高。

11.6.4 板坯翻转机安装允许偏差应符合表 11.6.4 的规定。

表 11.6.4 板坯翻转机安装允许偏差

项　目	允许偏差（mm）	检 查 方 法
同步轴中心线	1.0	拉钢丝线、吊线锤，用钢尺检查
同步轴轴承座中心至运输机中心线距离	±1.0	拉钢丝线、吊线锤，用钢尺检查
同步轴轴承座剖分面标高	±1.00	用水准仪或平尺、钢尺检查
同步轴轴承座剖分面水平度：单独	0.10/1000	用水平仪检查
同步轴轴承座剖分面水平度：座间	0.10/1000	用平尺、水平仪检查
同步轴轴承座瓦口同轴度	0.15	拉钢丝线，用内径千分尺检查
减速机剖分面水平度	0.10/1000	用水平仪检查

11.6.5 钢板翻转机安装应符合下列规定：

1 测量调整送料拨杆和接料拨杆固定轴承座纵横向中心线。

2 在轴承座剖分面上测量标高和水平度及轴承座中间水平度偏差。

3 测量送料拨杆轴、接料拨杆轴的同轴度。

4 送料拨杆和接料拨杆浮动轴承座浮动间隙值应符合设计文件要求。

11.6.6 钢板翻转机安装允许偏差应符合表 11.6.6 的规定。

表 11.6.6 钢板翻板机安装允许偏差

项　目	允许偏差（mm）	检 查 方 法
送接料杆轴承座纵向、横向中心线	1.0	拉钢丝线、吊线锤，用钢尺检查
轴承座相对检查台横向中心线的平行度	全长 0.5	拉钢丝线、吊线锤，用钢尺检查
轴承座剖分面标高	±0.50	用水准仪或平尺、内径千分尺检查
两翻板轴距离	±1.0	拉钢丝线、吊线锤，用钢尺检查
两翻板轴平行度	全长 0.5	拉钢丝线、吊线锤，用钢尺检查
两翻板轴轴向相对位置偏差	2.0	拉钢丝线、吊线锤，用钢尺检查

续表 11.6.6

项　目	允许偏差（mm）	检 查 方 法
轴承座剖分面水平度：单独	0.10/1000	用水平仪检查
轴承座剖分面水平度：座间	0.10/1000	用平尺、水平仪检查
轴承座瓦口同轴度	0.20	拉钢丝线，用内径千分尺检查

11.6.7 钢卷翻转机安装应符合下列规定：

1 测量调整钢卷翻转机支承座的纵横向中心线。

2 在支承轴承座剖分面上测量调整钢卷翻转机支承座台面的标高和水平度。

3 翻卷机驱动液压缸安装应以翻卷机支承轴为基准进行测量。

11.6.8 钢卷翻转机安装允许偏差应符合表 11.6.8 的规定。

表 11.6.8 钢卷翻转机安装允许偏差

项　目	允许偏差（mm）	检 查 方 法
支座纵横向中心线偏移	0.5	拉钢丝线、吊线锤，用钢尺检查
支座标高	±0.50	用水准仪或平尺、内径千分尺检查
支座水平度	0.20/1000	用水平仪检查

11.7 回 转 台

11.7.1 钢锭回转台的回转机构和辊子传动机构及钢卷回转台的升降装置和回转机构其轴承间隙、齿轮啮合要求，应符合设计技术文件和现行国家标准《机械设备安装工程施工及验收通用规范》GB 50231 的有关规定。

11.7.2 回转台安装允许偏差应符合表 11.7.2 的规定。

表 11.7.2 回转台安装允许偏差

项　目	允许偏差（mm）	检 查 方 法
回转台纵向、横向中心线偏移	1.0	拉钢丝线、吊线锤，用钢尺检查
回转台标高	±1.00	用水准仪或平尺、钢尺检查
回转台底座水平度	0.10/1000	用水平仪检查

续表 11.7.2

项　　目	允许偏差(mm)	检 查 方 法
传动轴中心线相对转台中心线的偏差	±0.5	拉钢丝线、吊线锤，用钢尺检查
各托辊中心至转台中心半径的偏差	±1.0	拉钢丝线、吊线锤，用钢尺检查
各托辊顶面间的水平度	0.10/1000	用平尺、水平仪检查
各托辊与转台的接触间隙	0.05	用塞尺检查
回转台上辊道中心线与前后辊道中心线的平行度	全长 2.0	拉钢丝线、吊线锤，用钢尺检查
转台中轴垂直度	0.15/1000	用水平仪检查
减速机剖分面水平度	0.10/1000	用水平仪检查

11.8 垛 板 机

11.8.1 垛板机安装应符合下列规定：

1 分别以输入辊道中心线和推钢机推出中心线为基准，测量朵板机定位导向装置纵横向中心线。

2 在非工作状态，测量定位导向承架各工作台面的标高。

3 测量定位导向承架垂直度。

4 升降台架与定位导向承架装配间隙应符合设计要求。

5 测量涡轮涡杆传动同步轴同心度，两根升降螺杆或齿条安装高度应一致。

11.8.2 垛板机安装允许偏差应符合表 11.8.2 的规定。

表 11.8.2　垛板机安装允许偏差

项　　目	允许偏差(mm)	检 查 方 法
定位导向装置纵向、横向中心线	1.0	拉钢丝线、吊线锤，用钢尺检查
定位导向承架、工作台基面的标高	±1.00	用水准仪或平尺、钢尺检查
定位装置导承架垂直度	0.20/1000	吊线锤，用内径千分尺检查或用水平仪检查
侧向导承架与定向导承架的距离	±2.0	用钢尺检查
涡轮减速机剖分面水平度	0.10/1000	用水平仪检查
涡轮涡杆传动同步轴同心度	0.25	拉钢丝线，用内径千分尺检查

11.8.3 悬挂式垛板机安装允许偏差应符合表 11.8.3 的规定。

表 11.8.3　悬挂式垛板机安装允许偏差

项　　目	允许偏差(mm)	检 查 方 法
垛板机纵向、横向中心线偏移	1.0	拉钢丝线、吊线锤，用钢尺检查
垛板机标高	±1.00	用水准仪或平尺、钢尺检查
齿条柱机座水平度：单独	0.10/1000	用水平仪检查
齿条柱机座水平度：座间	0.10/1000	用平尺、水平仪检查
减速机剖分面水平度	0.10/1000	用水平仪检查
齿条柱、减速机轴承瓦口同轴度	0.15	拉钢丝线，用内径千分尺检查
齿条柱与套筒座的配合间隙	0.10	用塞尺检查
台面水平度	1.00/1000	用长水平仪检查
台体滑板与滑槽间隙(单)	1.00～1.20	用塞尺检查

12 矫直机设备

12.1 一 般 规 定

12.1.1 本章适用于钢板、带钢、钢管及型材等轧材矫直机设备的安装工程。

12.1.2 矫直机设备传动齿轮箱及联轴器装配，应符合技术文件和现行国家标准《机械设备安装工程施工及验收通用规范》GB 50231 的有关规定。

12.2 压 力 矫 直 机

12.2.1 液压压力矫直机安装应符合下列规定：

1 测量调整底座纵横向中心线。

2 在底座面上测量标高和水平度。

3 左右中间机架与上横梁、下底座装配后接口应严密。

4 测量调整移动台车轨道纵向中心线。

5 测量调整移动台车轨道水平度。

6 机架预紧螺柱的紧固力应符合设计文件要求。

12.2.2 液压压力矫直机安装允许偏差应符合表 12.2.2 的规定。

表 12.2.2 液压压力矫直机安装允许偏差

项　　目	允许偏差(mm)	检查方法
底座纵横向中心线	1.0	拉钢丝线、吊线锤，用钢尺检查
底座标高	±1.00	用水准仪或平尺、钢尺检查
底座水平度	0.10/1000	用平尺、水平仪检查
压头移动台车轨道纵向中心线	1.0	拉钢丝线、吊线锤，用钢尺检查
压头移动台车轨道水平度	0.10/1000	用平尺、水平仪检查
压头移动台车两轨道相对水平度	0.10/1000	用平尺、水平仪检查

12.3 平行辊式矫直机

12.3.1 本节适用于热、冷矫直机设备安装工程。

12.3.2 轧机结构平行辊式矫直机设备安装应符合本规范第5章的有关规定。

12.3.3 平行辊式矫直机组合机架安装应符合下列规定：

1 测量调整入口和出口底板纵横向中心线。

2 在底板面上测量标高和水平度。

3 测量调整下机架的纵横向中心线。

4 在下机架顶部更换矫直辊座滑道面上测量标高和水平度。

5 左右中间机架与上、下机架装配后接口应严密。

6 检查测量中间机架窗口面垂直度。

12.3.4 平行辊式矫直机组合机架安装允许偏差应符合表12.3.4的规定。

表 12.3.4 平行辊式矫直机组合机架安装允许偏差

项　　目	允许偏差(mm)	检查方法
底板标高	±0.50	用水准仪或平尺、内径千分尺检查
底板纵横向中心线偏移	0.5	拉钢丝线、吊线锤，用钢尺检查
底板水平度	0.05/1000	用平尺、水平仪检查
两底板间水平度	0.10/1000	用平尺、水平仪检查
下框架标高	±0.50	用水准仪或平尺、内径千分尺检查

续表 12.3.4

项　　目	允许偏差(mm)	检查方法
下框架纵横向中心线	0.5	拉钢丝线、吊线锤，用钢尺检查
下框架水平度	0.05/1000	用平尺、水平仪检查
中间机架窗口面垂直度	0.05/1000	吊垂线用内径千分尺、耳机或灯光检查
框架接合面间隙	用0.05mm塞尺检查，四周75%不入	

12.3.5 平行辊式矫直机本体预紧拉杆的预紧力应符合设计规定。

12.3.6 平行辊式矫直机换辊装置安装应符合下列规定：

1 以机列中心线为基准，测量换辊定位轨道纵向中心线。

2 以机内换辊轨道面为基准，测量外部换辊轨道面标高和水平度。

3 测量调整换辊液压缸的纵横向中心线。

4 在换辊液压缸耳轴座上测量标高和水平度。

12.3.7 平行辊式矫直机换辊装置安装允许偏差应符合表12.3.7的规定。

表 12.3.7 平行辊式矫直机换辊装置安装允许偏差

项　　目	允许偏差(mm)	检查方法
换辊轨道标高	±0.30	用水准仪检查
换辊轨道中心线	0.3	拉钢丝线、吊线锤，用钢尺检查
换辊轨道水平度	0.50/1000	用水平仪检查
液压缸纵横向中心线	0.5	拉钢丝线、吊线锤，用钢尺检查
液压缸标高	±0.50	用水准仪检查
液压缸水平度	0.20/1000	用水平仪检查

12.4 斜辊式矫直机

12.4.1 斜辊矫直机安装应符合下列规定：

1 测量调整斜辊矫直机下机架的纵横向中心线。

2 测量调整下机架矫直辊轴承座结合面的标高和水平度。

3 测量机架各螺柱的垂直度。

4 利用标准样管或样棒，测量调整矫直辊曲面与样管或样棒接触面的严密。

12.4.2 斜辊矫直机安装允许偏差应符合表12.4.2的规定。

表 12.4.2　斜辊矫直机安装允许偏差

项　目	允许偏差(mm)	检查方法
底座标高	±0.50	用样棒、水准仪检查
底座纵横向中心线	0.5	拉钢丝线、吊线锤，用钢尺检查
水平度	0.10/1000	用样棒、水平仪检查
机架立柱垂直度	0.10/1000	吊线锤，用内径千分尺检查
样棒与全部工作辊辊型曲面接触，局部允许间隙	0.10	用样棒、塞尺检查
驱动减速机中心线偏移	1.0	拉钢丝线、吊线锤，用钢尺检查
驱动减速机标高	±0.50	用水准仪或平尺、内径千分尺检查
驱动减速机水平度	0.10/1000	用水平仪检查

12.5　张力矫直机

12.5.1　张力矫直机本体安装应符合下列规定：

1　测量调整矫直机下矫直辊座支承千斤顶的纵横向中心线。

2　调节各支承千斤顶全部处于零工作位，测量其顶部标高。

3　测量调整拉矫机本体机架纵横向中心线。

4　在矫机本体换辊轨道面上测量调整本体的标高和水平度。

5　测量矫机本体夹送辊的标高、水平度及相对机组中心线的垂直度。

12.5.2　张力矫直机换辊装置安装应符合本规范第12.3.6条的有关规定。

12.5.3　张力辊安装应符合下列规定：

1　张力矫直机入、出口侧张力辊整体安装时，应以每组一个张力辊为检测对象。

2　测量调整本检测的张力辊纵横向中心线。

3　测量调整被检测的张力辊标高和水平度。

4　测量调整本检测的张力辊辊子中心线相对机组中心线的垂直度。

5　张力矫直机入、出口侧张力辊分体安装时，应测量调整另一张力辊相对被检测辊的各检查项的偏差。

6　张力计辊安装时，张力计应由等高垫块替代。

12.5.4　张力矫直机安装允许偏差应符合表12.5.4的规定。

表 12.5.4　张力矫直机安装允许偏差

项　目	允许偏差(mm)	检查方法
千斤顶座标高	±0.30	用水准仪或平尺、内径千分尺检查
千斤顶座纵横向中心线	0.5	拉钢丝线、吊线锤，用钢尺检查
千斤顶相对水平度	0.10/1000	用平尺、水平仪检查
张力矫直机本体标高	±0.30	用水准仪或平尺、内径千分尺检查
张力矫直机本体纵横向中心线	0.5	拉钢丝线、吊线锤，用钢尺检查
张力矫直机本体水平度	0.10/1000	用平尺、水平仪检查
张力辊纵横向中心线	0.5	拉钢丝线、吊线锤，用钢尺检查
张力辊相对高差	±0.30	用水准仪或平尺、内径千分尺检查
张力辊水平度	0.10/1000	用平尺、水平仪检查
张力辊相对机组中心线的垂直度	0.05/1000	拉钢丝线，用摇臂、内径千分尺检查

13　活 套 设 备

13.1　一 般 规 定

13.1.1　本章适用于冷轧带钢连续生产线中的酸连轧、连续退火、热镀锌、电镀锡、彩涂等机组中的立式活套和卧式活套设备安装工程。

13.1.2　活套设备传动齿轮箱及联轴器装配，应符合技术文件和现行国家标准《机械设备安装工程施工及验收通用规范》GB 50231的有关规定。

13.2　活套钢结构

13.2.1　钢结构表面应干净，无焊疤、油污和泥砂。构件的安装结合面应无油漆、无变形、无毛刺，接触面不少于70%，且边缘最大间隙不得超过0.8mm。

13.2.2　高强螺栓安装应符合现行国家标准《钢结构工程施工质量验收规范》GB 50205的有关规定。

13.2.3 活套钢结构安装应符合下列规定：

1 以机组中心线为基准测量各立柱的纵向中心线，以活套横向中心线为基准，测量各立柱的横向中心线。

2 测量立柱底面标高。

3 吊线锤或用经纬仪测量各立柱垂直度。

4 测量立柱对角线差。

13.2.4 活套钢结构安装允许偏差应符合表13.2.4的规定。

表13.2.4 活套钢结构安装允许偏差

项目		允许偏差（mm）	检查方法
卧式活套	纵向中心线偏移	2.0	拉钢丝线、吊线锤，用钢尺检查
	横向中心线偏移	2.0	拉钢丝线、吊线锤，用钢尺检查
	标高	±2.00	用水准仪检查
	立柱垂直度	0.5/1000 全高6.0	吊线锤，用钢尺检查
	立柱对角线	5.0	用钢盘尺检查
立式活套	立柱纵向、横向中心线偏移	2.0	拉钢丝线、吊线锤，用钢尺检查
	标高	±2.00	用水准仪检查
	立柱垂直度	0.5/1000 全高10.0	吊线锤，用钢尺检查
	立柱对角线	5.0	用钢盘尺检查

13.3 活套车轨道

13.3.1 活套车轨道安装应符合下列规定：

1 活套车轨道应经过矫直。

2 活套车轨道的中心线及两轨平行度调整宜以轨道内侧为准。

3 水平活套轨道标高在轨道面上测量。

4 轨道焊接接头焊波应均匀，焊渣和飞溅物清理干净，轨道的上面和侧面焊缝应磨平，接头处无明显弯曲。

5 轨道的连接螺栓、固定螺栓安装应垂直、固定可靠，螺母、垫圈与结构件间接触良好。紧固后螺栓应露出螺母或与螺母齐平，外露螺纹无损伤，螺栓穿入方向除构造原因外应一致。

13.3.2 活套车轨道安装允许偏差应符合表13.3.2的规定。

表13.3.2 活套车轨道安装允许偏差

项目		允许偏差（mm）	检查方法
卧式活套车轨道	基准轨中心线偏移	0.5	拉钢丝线、吊线锤，用钢尺检查
	非基准轨中心线偏移	1.0	拉钢丝线、吊线锤，用钢尺检查
	标高	±0.50	用水准仪或平尺、水平仪检查
	两轨平行度	全长1.0	用样棒或钢尺检查
	同一横断面上两轨道高低差	0.50	用水准仪检查
立式活套车导轨	纵向中心线偏移	1.5	拉钢丝线、吊线锤，用钢尺检查
	横向中心线偏移	1.5	拉钢丝线、吊线锤，用钢尺检查
	垂直度	0.5/1000 全高3.0	吊线锤，用钢尺检查

13.4 摆动门

13.4.1 摆动门安装应符合下列规定：

1 摆动门中心线应以轨道中心为基准，标高以轨道面为基准。

2 以托辊面为基准，测量其水平度。

3 以轨道纵向中心线为基准，测量导轮开、闭门时的中心位置，并满足活套车通过S形轨道的要求。

13.4.2 活套摆动门安装允许偏差应符合表13.4.2的规定。

表13.4.2 活套摆动门安装允许偏差

项目	允许偏差（mm）	检查方法
标高（以轨道面为基准）	±1.00	用钢尺检查
纵向中心线偏移	0.5	拉钢丝线、吊线锤，用钢尺检查
横向中心线偏移	1.0	拉钢丝线、吊线锤，用钢尺检查
旋转轴的垂直度	0.15/1000	用水平仪或吊线锤，用钢尺检查
摆动门闭时，托辊上面水平度（内端不应高于外端）	0.20/1000	用水平仪检查

续表 13.4.2

项　　目	允许偏差(mm)	检 查 方 法
摆动门闭时，左右侧摆动门两托辊高低差	0.5	用钢尺检查
摆动门闭时，左右侧摆动门两托辊直线度	1.0	拉线，用钢尺检查
摆动门闭时，左右侧摆动门两托辊与活套横向中心线的平行度	两托辊全长 1.0	拉钢丝线，用钢尺检查
摆动门开时，开闭导轮中心距活套纵向中心线的距离	±1.0	拉钢丝线、吊线锤，用钢尺检查
摆动门闭时，开闭导轮中心距活套纵向中心线的距离	±1.0	拉钢丝线、吊线锤，用钢尺检查
摆动门轮胎辊式传动机构		
标高	±2.0	用钢尺检查
纵向、横向中心线偏移	2.0	拉钢丝线、吊线锤，用钢尺检查
水平度（底座上面）	0.20/1000	用水平仪检查

13.5 活　套　车

13.5.1 活套车车轮与轨道的间隙应符合设计技术文件的规定。

13.5.2 立式活套车导轮与垂直轨道的间隙应符合设计文件的规定。

13.5.3 活套车安装应符合下列规定：

1 在托辊面上测量其水平度；以辊面为基准，测量立式活套车转向辊的水平度。

2 以轨道纵向中心线为基准，测量托辊中心线。

3 用平尺和水平仪测量立式活套车上转向辊组机组中心线方向的水平度。

13.5.4 活套车安装允许偏差应符合表 13.5.4 的规定。

表 13.5.4　活套车安装允许偏差

项　　目		允许偏差(mm)	检 查 方 法
卧式活套的活套车	转向辊轴向水平度	0.20/1000	用水平仪检查
	转向辊与活套纵向中心垂直度	0.10/1000	拉钢丝线，用摇臂、内径千分尺检查
	S形导槽两端头与活套纵向中心线的距离	±1.0	拉钢丝线、吊线锤，用钢尺检查

续表 13.5.4

项　　目		允许偏差(mm)	检 查 方 法
立式活套的活套车	转向辊轴向水平度	0.20/1000	用水平仪检查
	相邻转向辊的平行度	0.20/1000	用内径千分尺检查
	转向辊对机组纵向中心线的垂直度	0.10/1000	拉钢丝线，用摇臂、内径千分尺检查

13.6 活套带钢托辊和托辊车

13.6.1 带钢中间托辊车车轮与轨道的间隙应符合设计技术文件的规定。

13.6.2 带钢托辊安装允许偏差应符合表 13.6.2 的规定。

表 13.6.2　带钢托辊安装允许偏差

项　　目	允许偏差(mm)	检 查 方 法
纵向、横向中心线偏移	1.0	拉钢丝线、吊线锤，用钢尺检查
标高	±2.00	用水准仪或平尺、钢尺检查
辊子水平度	0.20/1000	用水平仪检查
辊子轴线相对机组纵向中心线的垂直度	0.30/1000	拉钢丝线，用摇臂、内径千分尺检查

13.6.3 带钢中间托辊车安装允许偏差应符合表 13.6.3 的规定。

表 13.6.3　中间托辊车安装允许偏差

项　　目	允许偏差(mm)	检 查 方 法
托辊车在锁定位置时纵向中心线偏移	1.0	拉钢丝线、吊线锤，用钢尺检查
托辊车在锁定位置时横向中心线偏移	5.0	拉钢丝线、吊线锤，用钢尺检查
托辊车在锁定位置时托辊轴向水平度	0.20/1000	用水平仪检查
托辊车在锁定位置时托辊与活套纵向中心线垂直度	0.10/1000	拉钢丝线，用摇臂、内径千分尺检查

13.7 活套卷扬机

13.7.1 活套卷扬机安装应符合下列规定：

1 在减速机箱体剖分面测量标高及水平度。

2 卷筒加工表面为基准，测量其水平度。

3 以活套中心线为基准，测量卷筒中心线。

13.7.2 活套卷扬机安装允许偏差应符合表 13.7.2

的规定。

表 13.7.2 活套卷扬机安装允许偏差

项　目	允许偏差（mm）	检查方法
标高	±1.00	用水准仪或平尺、钢尺检查
纵向、横向中心线偏移	1.0	拉钢丝线、吊线锤，用钢尺检查
卷筒水平度	0.10/1000	用水平仪检查
驱动减速机水平度	0.10/1000	用水平仪检查

14 加热炉设备

14.1 一般规定

14.1.1 本章适用于板坯、方坯、圆坯加热炉和冷轧带钢连续退火炉设备安装。

14.1.2 加热炉设备传动齿轮箱及联轴器装配，应符合技术文件和现行国家标准《机械设备安装工程施工及验收通用规范》GB 50231 的有关规定。

14.2 步进式加热炉

14.2.1 炉底设备安装应符合下列规定：

1 以加热炉纵向中心线为基准，测量斜台面纵向中心线；以轧制中心线为基准，测量斜台面横向中心线。

2 以加热炉纵向中心线为基准，测量斜台面与炉子中心线的平行度。

3 利用专用模块测量斜台面的标高和水平度。

4 测量提升框架对角线差。

5 以加热炉纵向中心线为基准，测量提升滚轮纵向中心线；以轧制中心线为基准，测量提升滚轮横向中心线。

6 以加热炉纵向中心线为基准，测量提升滚轮与炉子中心线的平行度。

7 以加热炉纵向中心线为基准，测量平移滚轮纵向中心线；以轧制中心线为基准，测量平移滚轮横向中心线。

8 以加热炉纵向中心线为基准，测量平移滚轮与炉子中心线的平行度。

9 在平移滚轮上顶面测量标高。

10 利用专用模块测量提升框架侧导向座的标高和水平度。

11 以加热炉纵向中心线为基准，测量侧导向座纵向中心线；以轧制中心线为基准，测量侧导向座横向中心线。

12 导向轮与轨道的间隙应符合设计文件规定。

13 在平移框架立柱支座顶面测量标高。

14 以加热炉纵向中心线为基准，测量平移框架立柱支座纵向中心线；以轧制中心线为基准，测量平移框架立柱支座横向中心线。

15 测量平移框架对角线差。

16 以加热炉纵向中心线为基准，测量平移轨道纵向中心线；以轧制中心线为基准，测量平移轨道横向中心线。

17 测量平移轨道的水平度。

18 平移框架导向轮与轨道的间隙应符合设计文件规定。

19 以加热炉纵向中心线为基准，测量提升油缸和平移油缸底座纵向中心线中心线；以轧制中心线为基准，测量提升油缸底座横向中心线。

20 测量提升油缸和平移油缸销轴孔标高。

14.2.2 步进梁加热炉炉体设备安装允许偏差应符合表 14.2.2 的规定。

表 14.2.2 步进梁加热炉炉体设备安装允许偏差

项　目		允许偏差（mm）	检查方法
斜台面	纵向中心相对炉子中心线偏移	1.0	拉钢丝线、吊线锤，用钢尺检查
	横向中心线偏移	2.0	拉钢丝线、吊线锤，用钢尺检查
	相对炉子纵向中心线平行度	0.5	用钢尺检查
	标高	±0.50	用专用模块、水准仪检查
	水平度	0.20/1000	用专用模块、水平仪检查
提升框架组装	提升框架对角线差	4.0	用钢尺检查
	提升滚轮纵向中心偏移	1.0	拉钢丝线、吊线锤，用钢尺检查
	提升滚轮横向中心偏移	2.0	拉钢丝线、吊线锤，用钢尺检查
	提升滚轮与炉子中心线平行度	0.50/1000	用钢尺检查
平移滚轮	平移滚轮纵向中心偏移	2.0	拉钢丝线、吊线锤，用钢尺检查
	平移滚轮横向中心偏移	2.0	拉钢丝线、吊线锤，用钢尺检查
	平移滚轮与炉子中心线平行度	±0.5	用钢尺检查
	平移滚轮顶面标高差	0.50	用水准仪检查
提升框架侧导向座	标高	±1.00	用水准仪检查
	纵向、横向中心线偏移	2.0	拉钢丝线、吊线锤，用钢尺检查
	水平度	0.50/1000	用水平仪检查
	导向轮与轨道的间隙偏差	±0.10	用块规、塞尺检查
平移框架	立柱支座顶面标高	±2.00	用水准仪检查
	立柱支座横向中心线偏移	2.0	拉钢丝线、吊线锤，用钢尺检查
	立柱支座纵向中心线偏移	1.0	拉钢丝线、吊线锤，用钢尺检查
	框架对角线差	4.0	用钢尺检查

续表 14.2.2

项目		允许偏差(mm)	检查方法
平移轨道	纵向、横向中心线	2.0	拉钢丝线、吊线锤，用钢尺检查
	平移滚轮与炉子中心线平行度	0.50/1000	用钢尺检查
	平移滚轮顶面标高	±0.50	用水准仪检查
	水平度	0.50/1000	用水平仪检查
	导向轮与轨道的间隙	0.10	用块规、塞尺检查
提升油缸	底座纵向、横向中心线偏移	1.0	拉钢丝线、吊线锤，用钢尺检查
	销轴孔标高	±1.0	水平仪、钢尺检查
	底座角度偏差	±0.1°	用角度规检查
平移传动装置油缸	底座纵向、横向中心线偏移	1.0	拉钢丝线、吊线锤，用钢尺检查
	销轴孔标高	±1.00	水平仪、钢尺检查
水梁立柱	固定板纵向、横向中心线	1.0	拉钢丝线、吊线锤，用钢尺检查
	活动立柱垂直度	1.0	吊线锤，用钢尺检查
	固定立柱垂直度（横向）	1.0	吊线锤，用钢尺检查
	固定立柱垂直度（纵向）	3.0	吊线锤，用钢尺检查

14.2.3 步进式加热炉炉体钢结构安装应符合下列规定：

1 以加热炉纵向中心线为基准，测量炉底立柱纵向中心线（沿炉宽方向）；以轧制中心线为基准，测量炉底梁横向中心线（沿炉长方向）。

2 以加热炉纵向中心线为基准，测量炉底纵梁与炉子中心线的平行度。

3 在炉底梁上平面测量标高。

4 在圈梁上平面测量标高。

5 以加热炉纵向中心线为基准，测量侧墙立柱中心线。

6 在侧墙立柱上测量垂直度。

7 在侧墙相邻两立柱间测量墙板的平面度。

8 以轧制中心线为基准，测量炉顶梁在炉长方向的位置偏移。

9 在炉顶梁上平面测量标高。

10 在装、出料端门柱侧面测量垂直度。

11 在装、出料端门梁上顶面测量标高。

12 在水梁立柱上顶面测量标高。

13 以轧制中心线为基准，测量水梁立柱的横向中心线；以炉纵向中心线为基准，测量水梁立柱的纵向中心线。

14 测量水梁立柱的垂直度。

15 在水梁垫块上顶面测量标高。

14.2.4 步进式加热炉炉体钢结构安装允许偏差应符合表14.2.4的规定。

表 14.2.4 步进式加热炉炉体钢结构安装允许偏差

项目		允许偏差(mm)	检查方法
炉底结构	炉底立柱纵向中心线（沿炉宽方向）偏移	1.0	拉钢丝线、吊线锤，用钢尺检查
	炉底梁横向中心线（沿炉长方向）偏移	2.0	拉钢丝线、吊线锤，用钢尺检查
	炉底纵梁与炉子中心线平行度	±2.0	用钢尺检查
	炉底梁上平面标高	±2.00	用水准仪检查
侧墙结构	圈梁标高	±2.00	用水准仪检查
	侧墙与炉子中心线距离	±2.0	用钢尺检查
	侧墙垂直度	全高5.0	吊线锤，用钢尺检查
	侧墙平面度（两柱间）	5.0	拉钢线，用钢尺检查
炉顶结构	炉顶梁在炉长方向位置偏移	2.0	拉钢线、吊线锤，用钢尺检查
	炉顶梁标高	±5.00	用水准仪检查
装出料端结构	门柱垂直度	全高3.0	吊线锤，用钢尺检查
	门梁顶面标高	±3.00	用水准仪检查
	水冷梁顶面标高	±2.00	用水准仪检查
水梁及其立柱	立柱顶标高	±1.00	用水准仪检查
	立柱纵向、横向位置偏移	1.0	拉钢线，用钢尺检查
	活动立柱垂直度	全高1.0	吊线锤，用钢尺检查
	固定立柱垂直度（横向）	全高1.0	吊线锤，用钢尺检查
	固定立柱垂直度（纵向）	全高3.0	吊线锤，用钢尺检查
	水梁垫块标高	±2.00	用水准仪检查

14.2.5 炉门框水冷梁、水冷炉门等水冷设备构件安装前应按设计技术文件规定进行水压试验。

14.2.6 炉底板与炉底梁的焊接应符合设计文件要求；炉内水梁承压耐热等部件现场组对焊接的焊缝，应按设计技术文件规定进行无损检验。

14.2.7 炉内水冷系统在耐材施工前，应按设计技术文件规定进行水压试验。

14.3 辊底式加热炉

14.3.1 水冷炉辊、水冷炉门等水冷设备构件安装前应按设计技术文件规定进行水压试验。

14.3.2 炉底梁与基础预埋件的连接固定应符合设计技术文件的规定。

14.3.3 辊底式加热炉炉体钢结构安装应符合下列规定：

1 以机组纵向中心线为基准，测量炉底梁的纵向中心线；以加热炉膨胀固定端的横向中心线为基准，测量炉底梁的横向中心线。

2 在侧墙炉辊孔的中心线上测量侧墙的标高；在侧墙立柱上测量侧墙的垂直度。

3 炉体钢结构的焊接应符合设计文件的规定。

14.3.4 辊底式加热炉炉体钢结构的安装允许偏差应符合表14.3.4的规定。

表 14.3.4 辊底式加热炉炉体钢结构安装允许偏差

项目		允许偏差(mm)	检查方法
炉底梁	纵向、横向中心线偏移	1.5	拉钢丝线、吊线，用钢尺检查
	梁上平面标高	±1.50	用水准仪检查
侧墙	纵向、横向中心线偏移	1.5	拉钢丝线、吊线锤，用钢尺检查
	标高	±1.50	用水准仪检查
	垂直度	全高 6.0	吊线锤，用钢尺检查
炉顶结构	炉顶梁相对炉墙柱中心偏移	3.0	用钢尺检查
	炉顶梁标高	±3.00	用水准仪检查

14.3.5 辊底式加热炉炉辊安装应符合下列规定：

1 以辊底式加热炉驱动侧、非驱动侧炉辊轴承的上表面为检测面测量炉辊的标高。

2 在辊底式加热炉驱动侧炉辊轴承上表面测量辊子的水平度。

3 在加热炉驱动侧外部，距离炉辊轴端约100mm处架设与机组中心线平行的辅助线，使用摇臂及内径千分尺测量炉辊与机组纵向中心线的垂直度。

4 使用内径千分尺，在加热炉驱动侧及非驱动侧分别测量相邻炉辊的间距，确定相邻两炉辊的平行度。

14.3.6 底式加热炉炉辊安装允许偏差应符合表14.3.6的规定。

表 14.3.6 底式加热炉炉辊安装允许偏差

项目	允许偏差(mm)		检查方法
	Ⅰ级	Ⅱ级	
标高	±0.50	±1.00	用水准仪检查
纵向、横向中心线偏移	1.0	±1.5	拉钢丝线、吊线锤，用钢尺检查
辊子轴向水平度	0.15/1000	0.20/1000	用水平仪检查
辊子间辊面高度差	0.20	0.30	用平尺、水平仪、塞尺或水准仪检查
辊子与机组中心线的垂直度	0.10/1000	0.15/1000	拉钢丝线，用摇臂、内径千分尺检查
相邻两辊子平行度	0.20/1000	0.30/1000	用内径千分尺检查
辊子平行度累计误差	每组 1.0	每组 1.0	吊锤线，用钢盘尺检查

注：Ⅰ级精度适用于辊底式钢板热处理炉的炉辊；Ⅱ级精度适用于薄板坯辊底式加热炉的炉辊。

14.4 环形加热炉

14.4.1 炉门框水冷梁、水冷炉门设备构件安装前应按设计技术文件规定进行水压试验。

14.4.2 炉体钢结构表面应清洁，无焊疤、油污和泥砂。油漆涂刷均匀。构件的安装结合面应无油漆、无变形、无毛刺。

14.4.3 底部内侧和外侧的固定圈梁应按出厂标记对号安装，先从0°开始，底部内、外环圈梁圆周方向位置偏差在0°、90°、180°、270°、360°及传动装置中心线上测量。

14.4.4 环形加热炉炉体钢结构的安装允许偏差应符合表14.4.4的规定。

表 14.4.4 环形加热炉炉体钢结构安装允许偏差

项目			允许偏差(mm)	检查方法
底部圈梁	底部内环圈梁直径偏差	$\phi>15m$ $\phi\leqslant15m$	±6.0 ±4.0	用钢尺检查
	底部外环圈梁直径偏差	$\phi>15m$ $\phi\leqslant15m$	±6.0 ±4.0	用钢尺检查
	底部内环圈梁圆周方向位置偏移		1.0	拉钢丝线、吊线锤，用钢尺检查
	底部外环圈梁圆周方向位置偏移		1.0	拉钢丝线、吊线锤，用钢尺检查
底部圈梁	底部内环圈梁径向位置偏移		2.0	用钢尺检查
	底部外环圈梁径向位置偏移		2.0	用钢尺检查
	底部内环圈梁标高		±2.00	用水准仪检查
	底部外环圈梁标高		±2.00	用水准仪检查
	同一半径上内外环圈高差		3.00	用水准仪检查

续表 14.4.4

项 目		允许偏差 (mm)	检 查 方 法
炉体内、外立柱垂直度		全高 5.0	吊线锤，用钢尺检查
炉顶结构	炉顶梁相对炉墙柱中心偏移	3.0	用钢尺检查
	炉顶梁标高	±3.00	用水准仪检查

14.4.5 环形加热炉炉体设备安装应符合下列规定：

1 以炉子十字中心为基准，用经纬仪分度找出支承辊、定心辊、传动装置的中心线（射线）。

2 在炉子中心点设置中心台架，在台架上设置上下可调整，能旋转的测量装置，可将窥视棒穿入支承辊的空心轴中，配合测量辊子中心位置及水平度。

3 内侧支承辊与外侧支承辊的标高差应符合设计文件规定。

4 支承辊的倾斜角度应符合设计文件规定。

5 支承辊与支承轨道间隙小于或等于 3mm，且不得同时出现相邻两辊不接触现象。

6 支承轨道接头处高低差小于或等于 1mm，接头间隙1mm～2mm。

7 下部台车的直径与炉子直径差应符合设计文件规定。

14.4.6 环形加热炉炉体设备的安装允许偏差应符合表 14.4.6 的规定。

表 14.4.6 环形加热炉炉体设备安装允许偏差

项 目	允许偏差 (mm)	检 查 方 法
支承辊的支承母线标高	±0.50	用水准仪检查
内支承辊直径方向中心距偏差	±3.0	吊线锤，用钢尺检查
外支承辊直径方向中心距偏差	±3.0	吊线锤，用钢尺检查
内、外支承辊圆周方向位置偏移	1.0	拉钢丝线、吊线锤，用钢尺检查
支承辊的水平度	0.20/1000	用水平仪检查
定心辊标高	±3.00	用水准仪或平尺、钢尺检查
定心辊中心线偏移	1.5	拉钢丝线、吊线锤，用钢尺检查
定心辊垂直度	0.10/1000	用水平仪检查

续表 14.4.6

项 目	允许偏差 (mm)	检 查 方 法
炉底传动装置标高	±1.00	用水准仪或平尺、钢尺检查
炉底传动装置水平度	0.10/1000	用水平仪检查
炉底传动装置中心线偏移	1.0	拉钢丝线、吊线锤，用钢尺检查
炉底台车内环半径差	±5.0	吊线锤，用钢尺检查
炉底台车中部半径差	±5.0	吊线锤，用钢尺检查

14.5 连续退火炉

14.5.1 连续退火炉炉体钢结构安装应符合下列规定：

1 钢结构表面应干净，无油污和泥砂。油漆涂刷均匀。安装接口面应无油漆、无变形、无毛刺，接触面不少于 70%，且边缘最大间隙不得超过 0.8mm。

2 高强螺栓安装应符合现行国家标准《钢结构工程施工质量验收规范》GB 50205 的规定。

3 以机组中心线为基准测量各立柱的纵向中心线，以炉子横向中心线为基准，测量各立柱的横向中心线。

4 测量立柱底面标高。

5 吊线锤或用经纬仪测量各立柱垂直度。

6 测量相邻立柱对角线差。

14.5.2 连续退火炉炉体钢结构的安装允许偏差应符合表 14.5.2 的规定。

表 14.5.2 连续退火炉炉体钢结构安装允许偏差

项 目		允许偏差 (mm)	检 查 方 法
炉子平台结构	柱子纵向、横向中心线偏移	3.0	拉钢丝线、吊线锤，用钢尺检查
	柱子垂直度	0.8/1000	吊线锤，用钢尺检查
	柱子垂直度（全高）	15.0	吊线锤，用钢尺检查
	柱子标高	±5.00	用水准仪检查
	梁标高	±5.00	用水准仪检查
	相邻立柱对角线	10.00	用钢尺检查

续表 14.5.2

项　　目		允许偏差（mm）	检 查 方 法
炉壳	炉底室纵向、横向中心线偏移	3.0	拉钢丝线、吊线锤，用钢尺检查
	炉底室标高	±3.00	用水准仪检查
	炉顶室纵向、横向中心线偏移	3.0	拉钢丝线、吊线锤，用钢尺检查
	炉顶室标高	±3.00	用水准仪检查
	炉侧板纵向、横向位置偏移	3.0	拉钢丝线、吊线锤，用钢尺检查
	炉侧板垂直度（全高）	6.0	吊线锤，用钢尺检查
	炉室对角线差	5.0	用钢尺检查

14.5.3 炉壳安装应符合下列规定：

1 以机组纵向中心线为基准，测量炉底室、中间室、炉顶室两端的纵向中心线。

2 以相对应的炉子横向中心线为基准，测量炉底室、炉顶室炉辊的轴向中心线。

3 以标高基准点为基准，分别测量炉底室、炉顶室上两侧上下炉辊中心线标高。

4 炉底室、炉顶室的炉辊孔中心线相对于垂线尺寸应一致。

5 吊线坠测量炉底室支腿的垂直度。

6 吊线坠测量炉侧板的垂直度。

7 炉壳安装允许偏差应符合本规范表14.5.2的规定。

14.5.4 连续退火炉炉辊轴承的装配应符合设计技术文件的规定。

14.5.5 炉体设备安装应符合下列规定：

1 炉底辊的中心标高应与炉底室辊孔的中心标高相一致。

2 炉顶辊的中心标高应高于炉顶室的辊孔中心标高，其高出数值应符合设计文件规定。

3 以机组中心线为基准，测量炉辊的横向中心线。

4 炉底辊、炉顶辊的轴向中心线应与炉底室、炉顶室的辊孔中心线相一致。

5 炉底辊、炉顶辊相对于垂线尺寸应一致。

6 以辊面为检测面测量炉辊的水平度。

7 挂辅助中心线，用摇杆、内径千分尺测量辊子相对机组中心的垂直度。

14.5.6 炉体设备安装允许偏差应符合表14.5.6的规定。

表 14.5.6 炉体设备安装允许偏差

项　　目		允许偏差（mm）	检 查 方 法
冷风箱 热风箱	标高	±5.00	用水准仪检查
	纵向、横向中心线偏移	3.0	拉钢丝线、吊线锤，用钢尺检查
	垂直度（全高）	3.0	吊线锤，用钢尺检查
炉辊	标高	±3.00	用水准仪检查
	纵向、横向中心线偏移	1.0	拉钢丝线、吊线锤，用钢尺检查
	辊面水平度	0.10/1000	用水平仪检查
	辊子与机组纵向中心线的垂直度	0.10/1000	拉钢丝线，用摇臂、内径千分尺检查

14.5.7 连续退火炉炉体在耐材施工、设备安装结束后，应按设计技术文件的规定进行气密性试验。

14.5.8 风机的安装应符合现行国家标准《压缩机、风机、泵安装工程施工及验收规范》GB 50275的有关规定。

15 轧机其他设备

15.1 一 般 规 定

15.1.1 本章适用于轧线上的锯机、定尺机、打印机、称量机、打捆机、带钢自动焊机及热卷箱设备的安装。

15.1.2 各传动齿轮箱及联轴器装配，应符合技术文件和现行国家标准《机械设备安装工程施工及验收通用规范》GB 50231的有关规定。

15.2 锯　机

15.2.1 移动式热锯机的安装应符合下列规定：

1 测量调整锯机横移台车轨道纵横向中心线。

2 测量调整锯机横移台车轨道面的标高和水平度及两轨道在同一截面的相对高差和水平度。

3 测量锯机横移台车轨道中心线相对轧制中心线偏差。

4 测量调整锯机横移台车行走传动齿条中心线。

5 测量锯机横移台车行走传动齿条侧面的标高和水平度。

6 检查测量锯机送进轨道面标高、水平度及中心线相对轧制中心线的垂直度。

7 测量调整夹紧装置液压缸座架纵横向中心线。

8 测量调整夹紧液压缸座标高和水平度。

15.2.2 移动式热锯机的安装允许偏差应符合表

15.2.2 的规定。

表 15.2.2 移动式热锯机安装允许偏差

项 目	允许偏差(mm)	检查方法
轨顶面标高	±1.00	用水准仪检查
两轨顶面全长内高低差	1.00	用水准仪检查
轨顶面水平度(沿轨长方向)	0.50/1000	用水平仪或水准仪检查
两轨顶面横向水平度	0.50/1000	用平尺、水平仪检查
轨道纵向中心线对轧制中心线的偏移	1.0	拉钢丝线、吊线锤,用钢尺检查
轨距	±1.0	用钢尺检查
辊道侧(基准轨)轨道直线度	0.2/1000 全长 0.5	拉钢丝线,用钢尺检查
轨道横向中心线偏移	2.0	拉钢丝线、吊线锤,用钢尺检查
齿条中心线	1.0	拉钢丝线、吊线锤,用钢尺检查
齿条的标高	±1.00	用水平仪检查
齿条的水平度	0.30/1000	用水平仪检查
夹紧装置纵横向中心线	2.0	拉钢丝线、吊线锤,用钢尺检查
夹紧装置液压缸座标高	±1.00	用水准仪检查
夹紧装置液压缸座水平度	0.30/1000	用水平仪检查

15.2.3 固定式热锯机的安装应符合下列规定:

1 以轧制中心线为基准,测量锯机支承辊纵向中心线;以锯机送进中心线为基准,测量锯机支承辊横向中心线。

2 测量支承辊标高和水平度。

3 夹紧装置安装应符合本规范第 15.2.1 条的规定。

15.2.4 固定式热锯机的安装允许偏差应符合表 15.2.4 的规定。

表 15.2.4 固定式热锯机安装允许偏差

项 目	允许偏差(mm)	检查方法
支承辊顶面标高	±1.00	用水准仪或平尺、钢尺检查
支承辊纵横向中心线	±1.0	拉钢丝线、吊线锤,用钢尺检查
支承辊间水平度(纵向、横向)	0.20/1000	用水平仪检查

15.2.5 立式锯机安装允许偏差应符合表 15.2.5 的规定。

表 15.2.5 立式锯机安装允许偏差

项 目	允许偏差(mm)	检查方法
标高	±1.00	用水准仪或平尺、钢尺检查
纵向、横向中心线偏移	1.0	拉钢丝线、吊线锤,用钢尺检查
水平度(纵向、横向)	0.10/1000	用水平仪检查

15.3 定 尺 机

15.3.1 方圆坯、管棒材固定式及移动式定尺机安装应符合下列规定:

1 测量调整定尺机移动台车轨道纵横向中心线。

2 测量调整移动台车轨道的标高、水平度。

3 测量调整移动式台车传动齿条中心线。

4 在传动齿条侧面测量标高和水平度。

5 定尺机移动小车压轮及侧面导辊与底座衬板的装配间隙应符合设计文件规定。

15.3.2 方圆坯、管棒材固定式及移动式定尺机安装允许偏差应符合表 15.3.2 的规定。

表 15.3.2 方圆坯、管棒材固定式及移动式定尺机安装允许偏差

项 目	允许偏差(mm)	检查方法
定尺机移动轨道纵向中心线	±1.0	拉钢丝线、吊线锤,用钢尺检查
轨道顶面标高	±1.00	用水准仪或平尺、钢尺检查
轨道顶面水平度	0.20/1000	用水平仪检查
轨距	±1.0	用钢尺检查
传动齿条的标高	0.30/1000	用水平仪检查
传动齿条的水平度	0.30/1000	用水平仪检查

15.3.3 板坯切断定尺机安装允许偏差应符合表 15.3.3 的规定。

表 15.3.3 板坯切断定尺机安装允许偏差

项 目	允许偏差(mm)	检查方法
纵向中心线偏移	1.0	拉钢丝线、吊线锤,用钢尺检查
横向中心线偏移	2.0	拉钢丝线、吊线锤,用钢尺检查
机架上承载梁的标高	±1.00	用水准仪或平尺、钢尺检查
机架顶面水平度	0.10/1000	用水平仪检查

15.4 打 印 机

15.4.1 高架式打印机安装应符合下列规定：

1 测量调整打印机门型架机构纵横向中心线。

2 测量调整门型架立柱标高和垂直度。

3 测量调整横梁两侧打印机头移动轨道顶面标高和水平度。

4 打印机头两侧导向轮与轨道导向面的间隙应符合设计文件要求。

5 应在升降螺旋千斤顶调平状态下，调整传动同步轴同心度，检测调整升降横梁的标高和水平度。

15.4.2 高架式打印机安装允许偏差应符合表15.4.2的规定。

表 15.4.2 高架式打印机安装允许偏差

项 目		允许偏差(mm)	检查方法
门型架	纵横向中心线偏移	1.5	拉钢丝线、吊线锤，用钢尺检查
	轨道顶面标高	±1.00	用水准仪检查
	轨道顶面四角处高低差	2.00	用水准仪检查
	立柱垂直度	1.0/1000	吊线锤、钢尺检查
	轨距	0～2.0	用钢尺检查
升降传动轴同轴度		0.30	拉钢丝线，用内径千分尺检查
升降减速机水平度		0.20/1000	用水平仪检查

15.4.3 落地式固定打印机安装允许偏差应符合表15.4.3的规定。

表 15.4.3 落地式固定打印机安装允许偏差

项 目	允许偏差(mm)	检查方法
纵向中心线偏移	1.5	拉钢丝线、吊线锤，用钢尺检查
横向中心线偏移	1.5	拉钢丝线、吊线锤，用钢尺检查
标高	±1.00	用水准仪或平尺、钢尺检查
水平度	0.20/1000	用水平仪检查

15.4.4 打印机夹紧装置安装应符合下列规定：

1 测量调整支承框架纵横向中心线。

2 测量调整支承框架顶部标高。

3 测量调整侧面夹紧滑道梁中心线。

4 测量调整侧面夹紧滑道梁标高和水平度。

5 测量调整侧面夹紧液压缸纵横向中心线。

6 测量调整液压缸座标高和水平度。

15.4.5 打印机夹紧装置安装允许偏差应符合表15.4.4的规定。

表 15.4.4 打印机夹紧装置安装允许偏差

项 目	允许偏差(mm)	检查方法
框架中心线	2.0	拉钢丝线、吊线锤，用钢尺检查
框架上平面标高	±1.00	用水准仪检查
夹紧滑道梁中心线	2.0	拉钢丝线、吊线锤，用钢尺检查
夹紧滑道梁标高	±1.00	用水准仪检查
夹紧滑道梁水平度	0.30/1000	用水平仪检查
液压缸中心线	1.0	拉钢丝线、吊线锤，用钢尺检查
液压缸座标高	±1.0	用水准仪检查
液压缸座水平度	0.30/1000	用水平仪检查

15.5 称 量 机

15.5.1 板坯称量机安装应符合下列规定：

1 测量调整各传感器座的纵横向中心线。

2 测量调整各传感器座的标高和水平度及高差。

3 测量调整支承结构纵横向中心线。

4 测量调整板坯承台标高。

15.5.2 板坯称量机安装允许偏差应符合表15.5.2的规定。

表 15.5.2 板坯称量机安装允许偏差

项 目	允许偏差(mm)	检查方法
传感器座纵横向中心线	2.0	拉钢丝线、吊线锤，用钢尺检查
传感器座标高	±1.00	用平尺、水平仪、块规、塞尺检查
传感器座水平度（纵向、横向）	0.20/1000	用水平仪检查
支承结构纵横向中心线	2.0	拉钢丝线、吊线锤，用钢尺检查
板坯承台标高	±1.00	用水准仪检查

15.5.3 钢锭称量机安装应符合下列规定：

1 测量调整称重台架结构的纵横向中心线。

2 测量称重台架结构顶部标高、平面度和对角线。

3　测量调整称重台架支点座的水平度。

4　测量调整称重升降吊架的纵横向中心线。

5　升降吊架与输送辊道辊子的间距应符合设计要求。

15.5.4　钢锭称量机安装允许偏差应符合表15.5.4的规定。

表15.5.4　钢锭称量机安装允许偏差

项　　目		允许偏差（mm）	检查方法
称重台架结构	平面度	5.00	用水准仪检查
	对角线	5.0	用钢尺检查
	标高	±2.00	用水准仪检查
	纵向、横向中心线	5.0	拉钢丝线、吊线锤，用钢尺检查
支点台座水平度		0.30/1000	用水平仪检查
升降吊架纵向、横向中心线		10.0	拉钢丝线、吊线锤，用钢尺检查
升降吊架与输送辊道辊子间距		±10.0	用钢尺检查

15.5.5　管材料筐电子称量机安装允许偏差应符合表15.5.5的规定。

表15.5.5　管材料筐电子称量机安装允许偏差

项　　目	允许偏差（mm）	检查方法
料筐托架标高	±1.00	用水准仪检查
料筐托架纵向、横向中心线偏移	1.5	拉钢丝线、吊锤，用钢尺检查
称重传感器支承面水平度	0.20/1000	用水平仪检查
称重传感器上下支承面的间隙	0.05	用塞尺检查

15.5.6　钢卷电子称量机安装应符合下列规定：

1　测量调整各传感器座的纵横向中心线。

2　测量调整各传感器座的标高和水平度及高差。

3　测量调整支承结构顶部标高、平面度和对角线。

4　测量调整钢卷鞍座的纵横向中心线和标高。

15.5.7　钢卷电子称量机安装允许偏差应符合表15.5.7的规定。

表15.5.7　钢卷电子称量机安装允许偏差

项　　目	允许偏差（mm）	检查方法
传感器座纵横向中心线	1.0	拉钢丝线、吊线锤，用钢尺检查
传感器座标高	±0.50	用平尺、水平仪、块规、塞尺检查
传感器座水平度（纵向、横向）	0.20/1000	用水平仪检查
支承结构纵横向中心线	2.0	拉钢丝线、吊线锤，用钢尺检查
支承结构顶部标高	±1.0	用水准仪检查
鞍座纵横向中心线	1.0	拉钢丝线、吊线锤，用钢尺检查
鞍座标高（以已安设备为基准）	±1.00	用水准仪检查

15.6　打　捆　机

15.6.1　全自动打捆机安装应符合下列规定：

1　打捆机框架结构应符合本规范第15.5.3条和第15.5.4条的有关规定。

2　测量调整打捆机移动轨道纵横向中心线。

3　测量调整打捆机移动轨道标高及两轨道高差。

15.6.2　固定架式打捆机安装应符合下列规定：

1　测量调整固定架的纵横向中心线。

2　测量调整固定架悬臂标高。

3　调整捆扎带上料装置与固定架中心线保持一致。

15.6.3　打捆机安装允许偏差应符合表15.6.3的规定。

表15.6.3　打捆机安装允许偏差

项　　目		允许偏差（mm）	检查方法
移动式带卷打捆机	轨道纵向、横向中心线	1.5	拉钢丝线、吊线锤，用钢尺检查
	轨面标高	±1.50	用水准仪检查
	轨面水平度（纵向、横向）	0.15/1000 全长0.30	用平尺、水平仪检查
固定架式带卷打捆机	纵、横向中心线	2.0	拉钢丝线、吊线锤，用钢尺检查
	标高	±2.00	用水准仪检查

15.7　带钢自动焊机

15.7.1　闪光对焊机基础的绝缘和固定机架与底座间

的绝缘应符合设计技术文件的规定。

15.7.2 闪光对焊机安装允许偏差应符合表15.7.2的规定。

表15.7.2 闪光对焊机安装允许偏差

项目	允许偏差（mm）	检查方法
焊机纵向中心线偏移	0.5	拉钢丝线、吊线锤，用钢尺检查
焊机横向中心线偏移	1.0	拉钢丝线、吊线锤，用钢尺检查
标高	±0.50	用水准仪或平尺、内径千分尺检查
纵向水平度	0.10/1000	用水平仪检查
横向水平度	0.10/1000	用水平仪检查
橡胶辊面水平度	0.10/1000	用水平仪检查

15.7.3 窄搭接滚压缝焊机安装允许偏差应符合表15.7.3的规定。

表15.7.3 窄搭接滚压缝焊机安装允许偏差

项目	允许偏差（mm）	检查方法
焊机本体纵向中心线偏移	1.0	拉钢丝线、吊线锤，用钢尺检查
焊机本体横向中心线偏移	1.0	拉钢丝线、吊线锤，用钢尺检查
本体标高	0～+2.00	用水准仪或平尺、钢尺检查
本体纵向水平度	0.10/1000	用水平仪检查
本体横向水平度	0.10/1000	用水平仪检查
辊子辊颈顶面水平度	0.10/1000	用水平仪检查
辊子标高	0～+2.00	用水准仪或平尺、钢尺检查

15.8 热卷箱

15.8.1 热卷箱安装应符合下列规定：

1 测量调整两个机架机组方向中心线和机列方向中心线。

2 在机架上的定辊铰轴座剖分面测量机架的标高和水平度。

3 检测偏转辊、弯曲辊及成型辊与机架装配后各辊的轴向水平度。

4 测量调整稳定器侧推板的开度和对称。

5 测量各托辊的水平度和相对轧制中心线的垂直度。

6 测量调整夹送辊纵横向中心线。

7 测量调整夹送辊的标高和水平度。

8 测量调整夹送辊相对轧机中心线的垂直度。

15.8.2 热卷箱安装允许偏差应符合表15.8.2的规定。

表15.8.2 热卷箱安装的允许偏差

项目		允许偏差（mm）	检查方法
热卷箱本体	机架纵向中心线	0.3	拉钢丝线、吊线锤，用钢尺检查
	机架横向中心线	0.5	拉钢丝线、吊线锤，用钢尺检查
	机架标高	±0.30	用水准仪或平尺、内径千分尺检查
	偏转辊、下弯辊轴向水平度	0.10/1000	用平尺、水平仪检查
	稳定器侧推板相对轧制中心线对称	2.0	拉钢丝线，吊线锤，用钢尺检查
卷取、开卷站	托卷辊辊面水平度（沿轧制方向）	0.10/1000	用平尺、水平仪检查
	托卷辊辊面水平度（沿辊轴方向）	0.10/1000	用水平仪检查
	托卷辊与轧制中心线的垂直度	0.10/1000	拉钢丝线，用摇臂、内径千分尺检查
夹送辊	纵向中心线	0.5	拉钢丝线、吊线锤，用钢尺检查
	横向中心线	3.0	拉钢丝线、吊线锤，用钢尺检查
	标高	±0.30	用水准仪或平尺、内径千分尺检查
	水平度	0.10/1000	用平尺、水平仪检查
	垂直度	0.10/1000	拉钢丝线，用摇臂、内径千分尺检查

16 轧机机械设备试运转

16.1 一 般 规 定

16.1.1 本章适用于轧机机械设备工程安装设备单体无负荷试运转和无负荷联动试运转。

16.1.2 试运转前，施工单位应编写无负荷试车方案，经审批后方可进行试运转。

16.1.3 轧机机械设备及其附属装置、管路等均应全部施工完毕，施工质量记录及资料应齐全。液压、润滑、气动、水、汽、风、乳化液、电气等系统调试检验完毕，并应符合试运转要求。

16.1.4 试运转需要的能源、介质、材料、工机具、检测仪器等均应符合试运转的要求。

16.1.5 设备的安全保护设施应符合设计文件的规定，在试运转中需要调试的装置，应在试运转中完成调试，其功能符合设计文件的规定。

16.1.6 单体设备无负荷试运转时间或次数，无特殊要求时应符合下列规定：

1 连续旋转的设备连续运转不应少于 2h。

2 往复运动的设备在全行程或回转范围内往返动作不应少于 5 次。

16.1.7 轴承温度应符合下列规定：

1 滚动轴承温升不超过 40℃，且最高温度不超过 80℃。

2 滑动轴承温升不超过 35℃，且最高温度不超过 70℃。

16.1.8 设备单体无负荷试运转合格后，进行无负荷联动试运转，按设计技术文件规定的联动程序和时间要求连续操作运行不少于 3 次。

16.1.9 每次试运转结束后，应及时做好下列工作：

1 切断电源和其他动力源。

2 进行必要的卸压、放气、排水和检查。

3 设备内有余压的卸压。

16.2 轧机主机列设备试运转

16.2.1 液压、气动执行机构调试后，往返运行 5 次～10 次，行程、速度和功能应符合设计技术文件的规定。所有设备、元件及管道必须无漏油和异常振动现象。

16.2.2 设备的安全防护设施应齐全、可靠、各限位开关调整定位后，动作准确无误。

16.2.3 离合器及制动装置动作灵敏可靠。

16.2.4 轧机低速压下装置、高速压下装置往返运转 5 次～10 次，高低极限位置准确。

16.2.5 主传动电动机空载试运转 30min；电动机带动减速机试运转 30min；电动机带动减速机、齿轮机座试运转 30min；电动机带动减速机、齿轮机座和轧机试运转，按照最大工作转速的 25%、50%、75%、100%四个速度等级分别试运转 2h～4h。如果是可逆式轧机，则按上述四个等级正反转各 1h～2h。当数台轧机由一个传动装置带动时，应在第一台轧机试运转后，方能带动第二台轧机，以此类推，直至最后一台轧机试运转完毕。

16.2.6 支承辊换辊装置及换辊装置往返运行 5 次～10 次，行程、速度、规定的停止位置应符合设计技术文件的规定。

16.2.7 在运转中，传动部件转动应灵活、平稳，无异常振动和声响。

16.2.8 各紧固件、联接件不得松动。

16.3 剪切机试运转

16.3.1 剪切机设备试运转应符合下列规定：

1 接近开关、限位开关调整定位后，动作准确无误，安全、可靠。

2 离合器及制动装置动作应灵敏可靠。

3 设备上液压缸、气动缸往返运行 5 次～10 次，行程、速度应符合设计技术文件的规定。

4 剪切机连续试运转 2h～4h。

5 在运转中，传动部件转动应灵活、平稳，无异常振动和声响。

6 各紧固件、联接件不得松动。

16.4 卷取机、开卷机试运转

16.4.1 卷取机和开卷机试运转应符合下列规定：

1 制动器、限位开关在制动、限位时动作应准确、灵敏、平稳、可靠。

2 卷筒涨缩液压缸和机体移动液压缸分别往返运行 5 次～10 次，行程、速度应符合设计技术文件的规定。

3 卷筒运转前，必须套好安全套，卷筒的外置轴承架处于工作位置。

4 外置轴承架升降动作灵活，接触卷筒的轴承间隙应符合设计技术文件的规定，且四周均匀，并能保证卷筒的水平度在允许偏差范围内。

5 卷筒连续运转 2h～4h。

6 冷轧回转式双卷筒卷取机回转机构反复运行 5 次～10 次，卷筒的停止位置应准确。

7 在运转中，传动部件转动应灵活、平稳，无异常振动和声响。

8 各紧固件、联接件不得松动。

16.4.2 开卷刀动作灵活，无卡阻现象，升降位置符合设计技术文件的规定。

16.4.3 压紧辊、深弯辊动作平稳，转动灵活，升降位置符合设计技术文件的规定。

16.4.4 助卷器移动灵活，与卷取机卷筒接触紧密、均匀。

16.5 辊道试运转

16.5.1 制动装置动作应灵敏、平稳、可靠。

16.5.2 电动机驱动的辊子单体无负荷试运转连续运行 2h。

16.5.3 辊道无负荷试运转正、反转各连续运行 1h～2h。

16.5.4 变速辊道，按低、中、高速各运行 0.5h～1h；并应按设计技术文件的规定，进行加速、减速试验。

16.5.5 辊道的升降、移动和摆动装置，应在全行程或回转范围内，往返运行 5 次～10 次，行程、速度应符合设计技术文件的规定。

16.5.6 在运转中，传动部件转动应灵活、平稳，无异常噪声和振动。

16.5.7 各紧固件、联接件不得松动。

16.6 冷床试运转

16.6.1 制动器、限位开关在制动、限位时动作应准确、灵敏、平稳、可靠。

16.6.2 离合器动作应灵活、可靠。

16.6.3 冷床机组设备单体无负荷试运转连续运行 4h（冷床本体若有反转要求时，应反转 1h）。

16.6.4 变速设备，应按设计技术文件的规定，进行低速、高速运转。

16.6.5 冷床多台传动机构，转向、转速应相同。强制驱动机构联接后，应同步运转。

16.6.6 四连杆机构的设备，各铰接点应灵活，无卡阻现象，行程准确、制动可靠。

16.6.7 各部动作（升降、平移）速度和行程应符合设计技术文件的规定。

16.6.8 在运转中，传动部件转动应灵活、平稳，无异常振动和声响。

16.6.9 液压、气动执行机构调试后，往返运行 5 次～10 次，行程、速度和运行平稳性应符合设计技术文件的规定。所有设备、元件及管道必须无漏油和异常振动现象。

16.6.10 各紧固件、联接件不得松动。

16.7 步进梁式输送机试运转

16.7.1 步进梁式输送机设备试运转应符合下列规定：

1 步进梁式输送机设备及其附属装置、管路等均应全部安装完毕，安装质量记录及资料齐全。液压、润滑、电气等系统调试检验完毕，并应符合试运转要求。

2 设备的安全防护设施必须齐全、可靠，限位开关动作准确无误。

3 升降装置、平移装置、位置测量装置在回转范围或全行程内往返 5 次～10 次，各部动作应平稳，无异常声响。

4 步进梁升降、平移速度和行程应符合设计技术文件的规定。

5 各紧固件、联接件不得松动。

16.8 链式、双链刮板式、管材螺旋运输机试运转

16.8.1 钢卷链式运输机、双链刮板式运输机、管材螺旋运输机设备试运转应符合下列规定：

1 钢卷链式运输机、双链刮板式运输机、管材螺旋运输机设备及其附属装置、管路等均应全部安装完毕，安装质量记录及资料齐全。链子自动润滑装置、传动链自动喷射润滑装置、尾部张紧装置的液压系统及电气系统等调试检验完毕，并应符合试运转要求。

2 设备的安全防护设施必须齐全、可靠，限位开关动作准确无误。

3 按照设计技术文件规定的试运转程序，进行多组传动台的试运转，多台传动机构的转向、转速应相同。

4 链条与链轮运转应平稳，不得有啃卡和异常噪声。

5 离合器、制动器装置动作应灵活、可靠。

6 单体无负荷试运转，连续运行 4h。

7 按照设计技术文件的规定，进行低速、加减速和高速试运转各 3 次。

8 各紧固件、联接件不得松动。

16.8.2 减速机、托辊等各部位运转应平稳，链板、刮板无跳动和卡阻现象。

16.8.3 螺旋轴的转向必须保证奇数为正转，偶数为反转。螺旋轴内冷却水无跑、冒、滴、漏情况。

16.8.4 减速器、伞齿轮箱及螺旋轴等各部位运转平稳，不得有异常振动和声响。

16.8.5 根据设计技术文件规定，可作冷管假投料试验，检验螺旋推进同步动作的精确性。

16.9 钢卷运输小车试运转

16.9.1 钢卷运输小车试运转应符合下列规定：

1 钢卷运输小车及其附属装置、管路等均应全部安装完毕，安装质量记录及资料齐全。液压、润滑、电气等系统调试检验完毕，并应符合试运转要求。

2 设备的安全防护设施必须齐全、可靠，限位开关动作准确无误。

3 制动装置动作应灵活、可靠。

4 升降装置、走行机构或平移装置、旋转机构在全行程或回转范围内试验 5 次～10 次，各部动作应平稳，且无异常声响和振动。小车走行应无卡轨现象。

5 各部运行速度、行程应符合设计技术文件的规定。

16.10 推床试运转

16.10.1 推床设备试运转应符合下列规定：

1 推床设备及其附属装置、管路等均应全部安装完毕，安装质量记录及资料齐全。强制循环给油润滑、冷却水、电气等系统调试检验完毕，并应符合试运转要求。

2 单体试运转应按照工艺要求进行单开、单闭、同开、同闭，一齐右行及一齐左行的动作。往返5次～10次，各部动作应平稳，无异常声。推板的最大开度，传动侧推板的最大检修行程和推板移动速度，应符合设计技术文件的规定。

3 推板开度的齿轮限位开关必须准确无误。

4 离合器、制动器动作应准确、平稳、可靠。

5 推板内的冷却水工作应正常、无泄漏。

6 各紧固件、联接件不得松动。

16.11 推钢机和长行程装、出钢机试运转

16.11.1 推钢机和长行程装、出钢机设备试运转，应符合下列规定：

1 推钢机和长行程装、出钢机设备及其附属装置、管路等均应全部安装完毕，安装质量记录及资料齐全。液压、润滑、冷却水、电气等系统调试检验完毕，并应符合试运转要求。

2 试运转需要的材料、工机具、检测仪器等均应符合试运转要求。

3 在推钢和装、出钢全行程上，正常往返3次～5次，速度符合设计技术文件的规定，各部件运行平稳，无卡阻现象及异常声响。

4 装、出钢机应在钢杆运动的任何位置上进行升降试验各3次，升降动作平稳，极限开关准确、灵敏、可靠。

5 推钢和装、出钢杆的行程限位开关应准确无误。

6 离合器、制动器动作应准确、平稳、可靠。

7 各紧固件、联接件不得松动。

16.12 长材横向取（送）装置试运转

16.12.1 长材横向取（送）设备及其附属装置、管路等均应全部安装完毕，安装质量记录及资料齐全。液压、润滑、电气等系统调试检验完毕，并应符合试运转要求。

16.12.2 设备的安全防护设施必须齐全、可靠。

16.12.3 横向取送装置单体试运转应在全行程或回转范围内，往返运行5次～10次，各运动部件运行平稳，无异常声响及卡阻现象。

16.12.4 制动器、限位开关在制动、限位时动作应准确、灵敏、平稳、可靠。

16.12.5 各油缸行程、速度应符合设计技术文件的规定。

16.13 翻转机试运转

16.13.1 翻转机设备试运转应符合下列规定：

1 翻转机设备及其附属装置、管路等均应全部安装完毕，安装质量记录及资料齐全。液压、润滑、电气等系统调试检验完毕，并应符合试运转要求。

2 全液压的方坯翻转机试运转，其轧材夹紧装置、旋转装置、夹辊驱动装置、座架横移装置、座架固定装置及旋转中心的调整装置等部件，逐次按工艺程序，在全行程或回转范围内，往返运行5次～10次，各部动作应平稳，无异常声响及卡阻现象。

3 夹辊速度应符合设计技术文件的规定。

4 座架横移、旋转架位置、夹辊张开、上夹辊的定位挡板的限位开关，位置应正确，动作应灵敏、可靠。

5 钢卷翻转机试运转，其调节臂装置和倾翻装置等部件，必须在全行程或回转范围内往返5次～10次，各运动部件应动作平稳，无异常声响和振动。

6 倾翻装置液压缸的动作、速度应同步，限位开关的角度应符合设计技术文件要求。

7 轧机导板、轧辊等翻转装置试运转，其倾翻装置应在全行程或回转范围内，往返5次～10次，各部动作应平稳，无异常声响和振动，夹紧装置应灵活、可靠。

8 板坯、钢管翻转机试运转时传动轴带着杠杆（或检查叉口）回转0.5h～1h，各部动作应平稳，无异常声响和卡阻现象。钢管翻转机的所有V形托架，必须对准在一条直线上，且均匀一致的上升。制动器应准确灵敏、平稳、可靠。

9 钢板翻转机两侧的钢板托臂应分别调整在同一平面上，两侧托臂运行到最少距离时，其距离值应符合设计技术文件的规定，两侧托臂的起始和运行终止位置应符合设计技术文件的规定。以上项目调整完成后，模拟钢板翻转5次～10次，各部动作应平稳，无异常声响和卡阻现象。

10 各紧固件、联接件不得松动。

16.14 回转台试运转

16.14.1 回转台设备试运转应符合下列规定：

1 回转台设备及其附属装置、管路等均应全部安装完毕，安装质量记录及资料齐全。液压、润滑、电气等系统调试检验完毕，并应符合试运转要求。

2 钢锭回转台的回转机构和辊道装置应各运转1h，各部动作应平稳，不得有异常噪声和振动。

3 制动器、离合器动作准确、灵活、可靠。

4 钢卷回转台的升降装置和回转装置，按工艺

动作程序，在全行程或回转范围内往返 5 次～10 次。各部动作应平稳，不得有异常噪声和振动。

5 行程和速度应符合设计技术文件的规定。

6 限位开关定位后动作应准确灵敏、平稳、可靠。

7 各紧固件、联接件不得松动。

16.15 垛板机试运转

16.15.1 垛板机设备试运转应符合下列规定：

1 垛板机设备及其附属装置、管路等均应全部安装完毕，安装质量记录及资料齐全。润滑、电气等系统调试检验完毕，并应符合试运转要求。

2 垛板机在全行程内正常升降运行 5 次～10 次，各部动作平稳，不得有异常噪声和振动，行程和速度应符合设计技术文件的规定。

3 限位开关、制动器动作应准确灵敏、平稳、可靠。双电动机驱动及两制动器动作应同步。

16.16 矫直机试运转

16.16.1 矫直机试运转应符合下列规定：

1 矫直机设备及其附属装置、管路等均应全部安装完毕，安装质量记录及资料齐全。液压、润滑、气动、电气等系统调试检验完毕，并应符合试运转要求。

2 设备的安全防护设施必须齐全、可靠，限位开关动作准确无误。

3 离合器及制动装置动作应灵敏、平稳、可靠。

4 横移式液压压力矫直机往返运行 5 次～10 次，夹紧液压缸、移动液压缸及液压马达运动平稳，无爬行，不漏油，行程和速度符合设计技术文件的规定。

5 辊式矫直机、张力矫直机及斜辊式矫直机连续运转 2h。有反转要求的，则正反转各运转 1h。

6 运转中，传动部件转动应灵活、平稳，无异常振动和声响。

7 各紧固件、联接件不得松动。

16.17 活套设备试运转

16.17.1 活套设备试运转应符合下列规定：

1 活套设备、结构及其附属装置、管路等均应全部安装完毕，安装质量记录及资料齐全。润滑、气动、电气等系统调试检验完毕，并应符合试运转要求。

2 设备的安全防护设施必须齐全、可靠。

3 钢丝绳安装前，活套卷扬机应连续运转 2h～4h，并进行增减速试验。其减速机运转平稳，无异常声响和振动，制动装置动作应灵敏、可靠。

4 卧式活套的活套车在全行程内往返运行 5 次～10 次，并进行增减速试验。活套车运行应平稳，无明显卡轨、跳动现象。

5 摆动门开闭应灵活可靠，无撞击现象；各限位开关动作准确、灵活、可靠。

6 中间托辊车随活套车在全行程内往返运行 5 次～10 次，并进行增减速试验。托辊车的锁定装置动作应灵活可靠，锁定位置符合设计技术文件的规定；运行应平稳，无明显卡轨、跳动和撞击现象；各限位开关动作应准确、可靠。

7 立式活套的活套车在全行程内升降运行 5 次～10 次，并进行增减速试验。活套车运行应平稳，无卡轨现象，配重应符合设计技术文件规定，升降平稳无卡阻现象。

8 转向辊和卧式活套带钢托辊转动应灵活，无异常声响和振动。

9 各紧固件、联接件不得松动。

16.17.2 各轴承温度应符合本规范第 16.1.7 条的规定。

16.18 加热炉试运转

16.18.1 加热炉设备、结构及其附属装置、管路等均应全部安装完毕，安装质量记录及资料齐全。液压润滑、热力、燃气、给排水、电气等系统调试检验完毕，并应符合试运转要求。

16.18.2 步进式加热炉试运转应符合下列规定：

1 加热炉的装料端、出料端炉门开闭正常，无卡阻现象，配重应符合设计技术文件的规定，限位开关动作应准确、灵敏、可靠，正常往返运行 3 次～5 次，速度符合设计技术文件的规定。

2 加热炉步进系统运行平稳，无卡阻无爬行现象，平移和升降行程和速度符合设计技术文件的规定，步进系统在全炉长范围内连续运行 3 次～5 次。

3 步进系统运行时，冷却水系统活动管道动作应灵活，无卡阻无泄漏现象。

4 步进系统运行时，活动水梁的立柱与炉底结构及耐材无碰磨现象，水封槽工作正常。

5 用板坯模拟运行时，板坯的偏移量符合设计技术文件的规定。

16.18.3 环形加热炉试运转应符合下列规定：

1 装料端、出料端炉门开闭正常，无卡阻现象，限位开关动作准确、灵敏、可靠，正常往返运行 3 次～5 次，速度符合设计技术文件的规定。

2 台车运行时，与支承辊、定心辊接触正常。

3 台车运行平稳，无卡阻现象，运行速度符合设计技术文件的规定，连续运行 3 周～5 周。

4 传动部件转动应灵活、平稳，无异常振动和声响。

16.18.4 带钢连续式退火炉试运转应符合下列规定：

1 电动机驱动的炉辊单体无负荷试运转连续运行 2h。

2 纠偏辊的液压系统工作正常，对中功能正常。

3 炉辊在运转中，各部动作应平稳，转动灵活，无异常振动和声响。

4 水冷炉辊无泄漏现象。

16.18.5 辊底式加热炉试运转应符合下列规定：

1 加热炉的进料端、出料端炉门开闭正常，无卡阻现象，配重符合设计，限位开关动作准确、灵敏、可靠，正常往返运行 3 次～5 次，速度符合设计技术文件的规定。

2 辊子单体无负荷试运转连续运行 2h。

3 炉辊在运转中，各部动作应平稳，转动灵活，无异常振动和声响，且无泄漏水现象。

4 用薄板坯模拟运行时，板坯的偏移量符合设计技术文件的规定。

16.18.6 各风机运转应无卡阻和碰擦现象，叶轮旋转方向必须正确，无异常振动和声响，运转时间不得少于 2h。

16.18.7 各紧固件、联接件不得松动，各介质管道无泄漏现象。

16.18.8 各轴承温度应符合本规范第 16.1.7 条的规定。

16.19 锯机试运转

16.19.1 锯机试运转应符合下列规定：

1 锯机设备及其附属装置、管路等均应全部安装完毕，安装质量记录及资料齐全。液压、润滑、电气等系统调试检验完毕，并应符合试运转要求。

2 固定或移动式的锯机试运转，其锯片送进装置，材料夹紧装置，锯罩开启装置，夹轨装置和锯片回转装置等部件，按工艺动作程序，在全行程或回转范围内，往返 3 次～5 次。锯片回转 1h。各部动作应平稳，无异常声响和卡阻现象。转向、速度和行程应符合设计技术文件的规定。

3 移动式热锯机的走行机构，应在全行程内往返 3 次～5 次。齿条齿轮传动平稳，无卡轨现象。定心导辊与轨道的间隙应符合设计技术文件的规定。夹钳器动作应灵活，紧固可靠。

4 圆盘锯的试运转，其锯片送进装置、材料夹紧装置、夹紧钳中心位置调整装置、锯片回转传动装置、喷淋冷却装置等部件，按工艺动作程序，在全行程或回转范围内，往返 3 次～5 次，锯片回转 1h。各部动作应平稳，无异常声响和卡阻现象。转向、速度和行程应符合设计技术文件的规定。

5 设备的安全防护设施必须齐全，限位开关动作应准确无误、灵活、可靠。

6 各紧固件、联接件不得松动。

16.20 定尺机试运转

16.20.1 定尺机试运转应符合下列规定：

1 定尺机设备及其附属装置、管路等均应全部安装完毕，安装质量记录及资料齐全。液压、气动、润滑、冷却水、电气等系统调试检验完毕，并应符合试运转要求。

2 制动装置、限位开关动作应准确无误、灵敏、可靠。

3 定尺机的定尺挡头的走行装置（丝杠式或台车走行式）、定尺挡头的升降装置及台车定位夹紧装置等部件，在全行程或回转范围内，往返运转 3 次～5 次。各部动作应平稳，无异常声响和卡阻现象。速度和行程应符合设计技术文件的规定。

4 齿轮齿条传动运转时，不得有异常噪声和振动。

5 台车定位夹紧装置动作应灵活，紧固、可靠。

6 各紧固件、联接件不得松动。

16.21 打印机试运转

16.21.1 打印机设备及其附属装置、管路等均应全部安装完毕，安装质量记录及资料齐全。液压、气动、润滑、电气等系统调试检验完毕，并应符合试运转要求。

16.21.2 板坯、方圆坯打印机的走行机构、车体升降机构、活动轨道升降装置、打印头气动装置、防热罩开闭装置等部件，按设计程序，在全行程或回转范围内，往返动作 5 次～10 次。各部动作应平稳，无异常声响和卡阻现象。速度和行程应符合设计技术文件的规定。

16.21.3 落地式固定打印机的试运转，按机构的功能，在全行程或回转范围内往返动作 5 次～10 次。各部动作应平稳，无异常声响和卡阻现象。速度和行程应符合设计技术文件的规定。

16.21.4 打印机的附属设备、升降挡板和夹紧装置，在全行程内往返动作 5 次～10 次，动作应平稳、可靠。

16.21.5 限位开关定位后动作应准确无误、灵敏、可靠。

16.21.6 各紧固件、联接件不得松动。

16.22 称量机试运转

16.22.1 称量机设备、管路等均应全部安装完毕，安装质量记录及资料齐全。液压、润滑、电气等系统调试检验完毕，并应符合试运转要求。

16.22.2 设备的安全防护设施必须齐全，限位开关动作应准确无误、灵敏、可靠。

16.22.3 钢锭、钢坯称量机的称盘（衡桥及料筐）、升降装置，在全行程内，往返升降 5 次～10 次，各部动作应平稳，无卡阻现象。

16.22.4 四油缸升降应同步，速度、行程应符合设计技术文件的规定。

16.22.5 钢卷称量机的称量辊道或称量运输链，无负荷试运转 2h，运转平稳。

16.22.6 各紧固件、联接件不得松动。

16.23 打捆机试运转

16.23.1 打捆机设备、管路等均应全部安装完毕，安装质量记录及资料齐全。气动、润滑、电气等系统调试检验完毕，并应符合试运转要求。

16.23.2 轨道式带卷打捆机的打捆小车走行机构、打捆头升降小车机构、摆动导槽装置、捆带开卷机、打捆头、捆带锁紧及切断机构等部件，应逐项调试，先手动、后电动，在全行程内往返 3 次～5 次。

16.23.3 滑道式带卷打捆机的捆带输入装置移动机构、压紧辊、弯曲装置、摆动装置等部件，逐项调试，在全行程内往返 3 次～5 次。

16.23.4 气动缸的行程、速度应符合设计技术文件的规定。

16.23.5 各部动作应平稳，无异常声响和卡阻现象。

16.23.6 限位开关动作应准确无误、灵敏、可靠。

16.24 带钢自动焊机试运转

16.24.1 带钢自动焊机设备及其附属装置、管路等均应全部安装完毕，安装质量记录及资料齐全。液压、润滑、电气等系统调试检验完毕，并应符合试运转要求。

16.24.2 闪光对焊机的活套举起装置、对中及矫正装置、焊钳夹紧装置、定缝刀升降装置、焊接夹头清理装置、顶锻滑座驱动装置、焊缝加工装置、侧边冲切装置等部件，应逐项调试，在全行程内往返 5 次～10 次。液压缸的行程、速度应符合设计技术文件规定。各部动作应平稳，无异常声响和卡阻现象。

16.24.3 窄搭接滚压缝焊机的进出口夹紧装置、进口对中装置、带钢头部剪切装置、焊缝压平装置、冲孔装置等部件，应逐项调试，在全行程内往返 5 次～10 次。液压缸的行程、速度应符合设计技术文件规定。各部动作应平稳，无异常声响和卡阻现象。

16.24.4 限位开关动作应准确无误、灵敏、可靠。

16.24.5 液压缸的行程、速度应符合设计技术文件的规定。

16.24.6 各部动作应平稳，无异常声响和卡阻现象。

16.24.7 各紧固件、联接件不得松动。

16.25 热卷箱试运转

16.25.1 热卷箱设备试运转应符合下列规定：

1 热卷箱设备及其附属装置、管路等均应全部安装完毕，安装质量记录及资料齐全。液压、润滑、冷却水、电气等系统调试检验完毕，并应符合试运转要求。

2 感应开关动作灵敏，限位开关动作准确无误。

3 制动装置动作应平稳、灵敏、可靠。

4 热卷箱的托卷辊、夹送辊、弯辊、成形辊、推出辊、开卷器、钢卷稳定器、侧导板等装置，应逐项调试。

5 设备上的液压缸往返运行 3 次～5 次，行程、速度应符合设计技术文件的规定。

6 各种辊子无负荷试运转正、反转均连续运行 1h～2h。变速辊子，应按设计技术文件规定，进行加速、减速和最高速的运转各 3 次。

7 在运转中，传动部件转动灵活、平稳，无异常振动和声响；水冷辊应无漏水现象。

8 各紧固件、联接件不得松动。

17 安全和环保

17.1 一 般 规 定

17.1.1 本章适用于轧机机械设备工程安装的安全和环境保护。

17.1.2 从事轧机机械设备安装工程的施工单位应取得安全生产许可证。

17.1.3 施工单位应建立健全安全生产保证体系和环境保护体系，设立安全生产管理机构，配备专职安全生产管理人员。

17.1.4 轧机机械设备安装工程应符合环境保护、劳动保护和安全文明等有关现行国家法律法规和标准的规定。建立、健全安全生产责任制，制定完备的安全生产规章制度和操作规程，制定环境保护管理制度。

17.1.5 施工单位应有经审批的施工组织设计和临时用电施工组织设计，应当根据工程的特点制定相应的安全技术措施和安全专项方案。

17.1.6 从事轧机机械设备安装的安全管理人员应持有安全管理相应资格证书，特种作业人员必须持有效证件上岗。

17.1.7 轧机机械设备安装前，施工单位的技术负责人应向有关人员进行安全技术措施交底，并经双方签字确认。

17.1.8 施工单位必须为作业人员提供符合国家标准或行业标准要求的合格劳动保护用品，并培训和监督作业人员正确使用。

17.2 安 全

17.2.1 高空作业应符合国家现行标准《建筑施工高处作业安全技术规范》JGJ 80 的有关规定。

17.2.2 脚手架的搭拆应符合国家现行标准《建筑施工扣件式钢管脚手架安全技术规范》JGJ 130 和《建筑施工碗扣式钢脚手架安全技术规范》JGJ 166 的有关规定。

17.2.3 施工现场应有专业人员负责安装、维护和管理用电设备和线路。

17.2.4 起重机械的使用应符合现行行业标准《建筑机械使用安全技术规程》JGJ 33的有关规定。

17.2.5 吊装区域应设置安全警戒线，非作业人员禁止入内。

17.2.6 大件设备的运输道路和放置场地、吊车站位处应满足承载要求。

17.2.7 高空焊接和气割作业时，应设监护人监护，清除作业区域内危险易燃物，并采取防火措施。

17.2.8 油漆、油品应设专用场所妥善保管，涂装及使用人员应配备必要的防护用品。

17.2.9 管道系统压力试验及吹扫应设置禁区，充气时应缓慢逐级升压，升压过程中设专人监视压力表和开闭气源阀门，如发现异常，及时卸压处理，严禁带压补漏与紧固螺栓，管道系统卸压、吹扫排气应朝向无人区，严禁对着设备、人员、道路和出入口。

17.2.10 设备试运转前，应对场地进行全面的安全检查，参加试运转的人员应穿戴安全防护装备。

17.2.11 试运转区域应设置安全标志和警戒标志。试车过程中严禁吸烟和明火作业，严禁随意操作开关、阀门等控制件，如发现问题，应停机后再进行处理。

17.3 环　保

17.3.1 施工期间应控制和降低施工机械和运输车辆造成的噪声污染，合理安排施工时间，减少对周边环境的影响。

17.3.2 严禁在施工现场焚烧易产生有毒有害气体、烟尘、臭气的物质，施工区域应保持清洁。

17.3.3 现场油漆涂装施工时，应采取防污染措施。

17.3.4 工程废料及废油分类堆放，及时集运至当地环保部门指定的地点，避免造成污染。

17.3.5 对有害物质和施工废水进行处理，严禁直接排放。

本规范用词说明

1 为便于在执行本规范条文时区别对待，对要求严格程度不同的用词说明如下：

1）表示很严格，非这样做不可的：
正面词采用“必须”，反面词采用“严禁”；

2）表示严格，在正常情况下均应这样做的：
正面词采用“应”，反面词采用“不应”或“不得”；

3）表示允许稍有选择，在条件许可时首先应这样做的：
正面词采用“宜”，反面词采用“不宜”；

4）表示有选择，在一定条件下可以这样做的，采用“可”。

2 条文中指明应按其他有关标准执行的写法为“应符合……的规定”或“应按……执行”。

引用标准名录

《钢结构工程施工质量验收规范》GB 50205

《机械设备安装工程施工及验收通用规范》GB 50231

《风机、压缩机、泵安装工程施工及验收规范》GB 50275

《起重设备安装工程施工及验收规范》GB 50278

《冶金除尘设备工程安装与质量验收规范》GB 50566

《建筑机械使用安全技术规程》JGJ 33

《建筑施工高处作业安全技术规范》JGJ 80

《建筑施工扣件式钢管脚手架安全技术规范》JGJ 130

《建筑施工碗扣式钢管脚手架安全技术规范》JGJ 166

中华人民共和国国家标准

轧机机械设备安装规范

GB/T 50744—2011

条 文 说 明

制 定 说 明

《轧机机械设备安装规范》GB/T 50744—2011，经住房和城乡建设部2011年12月5日以1219号公告批准发布。

为了便于广大设计、施工、科研和教学等单位在使用本规范时能正确理解和执行条文规范，本规范编制组根据国家工程建设主管部门关于编制标准规范条文说明的统一规定，按《轧机机械设备安装规范》的章、节、条顺序，编写了本规范的条文说明，对条文规定的目的、依据以及执行中需注意的有关事项进行了说明。但是，本条文说明不具备与规范正文同等的法律效力，仅供使用者作为理解和执行本规范时参考。

目　次

1 总 则

1.0.1 本条阐明了编制本规范的目的。

1.0.2 本条明确了本规范的适用范围。

1.0.3 本条所谓特殊要求的轧机机械设备系指进口设备、安装时有特殊要求的设备等，其安装工程的技术要求则应符合设备的技术条件的规定。

1.0.4 本条规定了轧机机械设备工程安装中所涉及的辅助设备（如液压、润滑和气动设备），起重设备，除尘设备，通用机械设备，各类介质管道的制作安装，工艺钢结构的制作安装，防腐、绝热等的施工应按现行国家有关标准执行。

1.0.5 轧机机械设备工程安装中除专业设备外，还涉及通用设备，钢结构，安全环保等很多方面，因此，轧机机械设备工程安装除应执行本规范外，尚应符合现行国家有关标准的规定。

2 基 本 规 定

2.0.1 轧机机械设备工程是专业性很强的工程施工项目，为保证工程施工质量，本条规定对从事轧机机械设备安装的施工企业必须具有相应的资质，强调市场准入制度。

2.0.2 施工过程中，经常会遇到需要修改设计的情况。本条明确规定，施工单位无权修改设计图纸，施工中发现施工图纸问题，应及时与建设单位和设计单位联系，修改施工图纸必须有设计单位的设计变更手续。

2.0.3 使用不合格的计量器具，会对工程造成严重后果。轧机机械设备安装中使用的计量器具必须按国家计量规定，定期计量检验合格，并在检定有效期内。

2.0.4 轧机机械设备工程安装中的焊接质量关系到设备生产安全和人身安全，焊工操作水平和能力是保证焊接质量的重要因素。本条明确要求轧机机械设备工程安装中的焊工，应经考试合格，取得相应的资质证书，方能在其考试合格项目认可范围内作业。

2.0.5 与轧机机械设备工程相关的专业很多，例如土建专业、工业炉专业、电气专业等。各专业之间应按规定的程序进行交接检查，例如土建基础完工后交设备安装，设备安装完工后交工业炉砌筑，各专业之间交接时，应进行检验并形成记录。

2.0.6 轧机机械设备工程安装中的隐蔽工程主要是指设备的二次灌浆、变速箱或齿轮箱的封闭、大型轴承座的封闭等。二次灌浆是在设备安装完成并验收合格后，对基础和设备底座间进行灌浆，二次灌浆应符合设计技术文件和现行国家标准《机械设备安装工程施工及验收通用规范》GB 50231 的规定。

2.0.7 本条强调机械设备安装应具备的条件。

2.0.8 本条明确要求在机械设备安装工程中要搞好文明施工和环境保护工作。

3 设备基础、地脚螺栓和垫板

3.1 设备基础检查验收

3.1.2 本条明确了设备基础交接时强度应达到设计文件规定。

3.1.3 测量基础坐标位置、标高和尺寸、地脚螺栓的坐标位置和标高均应符合现行国家标准的有关规定。

3.1.4 本条规定了设备基础中间交接时应检查的项目。

3.1.5 本条规定了设备基础中间交接后复查地脚螺栓孔时应检查的项目。采用模拟安装法检测T形地脚螺栓预留孔中预埋件的标高和方口尺寸及方向，并做好原始记录。

3.1.6 本条对多机架连轧机设备基础及有沉降观测要求的设备基础应进行沉降观测，并做好沉降观测记录。

3.2 设置基准线和基准点

3.2.1 本条规定根据机组工艺设备的布置情况绘制中心标板和基准点布置图。

3.2.2 本条要求中心标板和基准点一定要埋设牢固和便于保护。中心标板和基准点埋设时其顶面与基础面平齐或略低于基础面。中心标板和基准点的结构形状不限于条文中图 3.2.2 所示一种。

3.2.3 基准线和基准点的测量应符合国家标准《工程测量规范》GB 50026 相关规定。基准线和基准点对于设备的安装质量至关重要，为提高基准线和基准点的准确性，应一次测量完，特别是连续轧制中心线。

3.2.4 本条规定沉降观测点宜在设备基础交验后埋设，并开始观测。对于连轧机组或单机架机组设备重量较大，地基状况不稳的设备基础，应进行沉降观测。根据设备安装进度和基础沉降变化，确定每 7d 天～30d 天为一个测量周期。

3.3 地 脚 螺 栓

3.3.1 本条规定地脚螺栓必须具有质量合格证明文件，无质量合格证明文件的地脚螺栓不能使用。

3.3.2 本条对预埋地脚螺栓安装前的检查和安装提出了要求。对于紧固力无测定要求的预埋地脚螺栓，通常按螺栓直径的大小及现场操作条件可选用普通扳手、打击扳手、电动扳手、大锤或游锤撞击扳手紧固。对于紧固力有测定要求的预埋地脚螺栓，通常采用力矩扳手、液压扳手、液压拉伸螺母进行紧固。

3.3.3　本条对锚固地脚螺栓、T形地脚螺栓安装前的检查和安装提出了要求。一般锚固地脚螺栓、T形地脚螺栓的直径相对较大，通常采用液压拉伸螺母、大锤或游锤撞击扳手紧固。

3.4　垫　板

3.4.1　设备垫板的设置，设计技术文件中有要求的应按设计技术文件要求设置；设计技术文件无要求时，每个地脚螺栓的旁边应设置两个垫板组，垫板组应靠近地脚螺栓和设备主要受力部位。垫板施工应符合现行国家标准《机械设备安装工程施工及验收通用规范》GB 50231的有关规定。

3.4.3　研磨法设置垫板是将垫板安置在研磨好的基础上，一块平垫板和一对斜垫板为一垫板组，每组垫板不应超过5块。二次灌浆前，各垫板组应进行点焊。

3.4.4　座浆法安装垫板是在基础上用高强度无收缩混凝土埋设垫板，垫板的标高根据设备标高计算得出。座浆法安装垫板的施工工艺应符合国家现行标准的有关规定。近年来，在大型轧机安装中，轧机本体采用灌浆法安装垫板，其方法是先将平垫板固定并调整好，再用高强度微膨胀灌浆料浇注。

4　设备和材料

4.1　设　备

4.1.1　本条要求编制设备进场计划，提交设备管理部门，以便做好设备的进场准备工作和确保设备的安装工期。

4.1.2　设备安装前，设备开箱检验十分重要，建设、监理、施工及厂商等各方代表均应参加，并应形成检验记录。检验内容主要有：箱号、设备名称、型号、规格、数量、表面质量、有无缺损件、随机文件、备品备件、专用工具、混装箱设备清点分类等。设备必须有质量合格证明文件。

4.1.3　设备安装期间，施工单位是设备管理的责任方，设备开箱验收后，应做好设备的保管、监护工作，防止损坏、遗漏和丢失。

4.2　材　料

4.2.1　本条要求编制材料进场计划，交材料采购、材料管理部门，以便做好材料的供应工作和确保材料的使用。

4.2.2　轧机机械设备工程安装中所涉及的材料、标准件等进场应进行检查验收。验收记录应包括原材料规格，进场数量，用在何处，外观质量等内容。产品质量合格证明文件应齐全，并检查是否与实物相符。

4.2.3　本条要求材料进场后安全、文明、规范堆放。

4.2.4　本条要求材料进场后管理科学、有序，并建立有效的管理责任机制。

5　轧机主机列机械设备

5.1　一般规定

5.1.2　轧机主机列一般包括：主传动装置、换辊装置和工作机座等部分。主传动装置包括：减速机、齿轮座、中间轴和联轴器及主电机；工作机座包括：底座、机架、横梁、轧辊和轧辊轴承、轧辊调整装置及导位装置；换辊装置包括：工作辊换辊和支承辊换辊装置。

5.2　底　座

轧机底座极限偏差、公差项目的调整可能要进行两次。底座本身已验收合格，但在轧机机架安装后可能由于以下原因不得不进行二次调整。由于基础的不均匀沉降造成已验收合格的轧机底座和机架某些项目超差；轧机机架加工精度和底座安装精度的积累误差引起机架的安装项目超差；轧机机架加工精度超差等。为了保证轧机更好地运行，机架的某些精度项目比起底座来显得更为重要。为确保机架的精度，不得不进行底座的二次调整，甚至要发生牺牲底座的安装精度项目的现象。施工单位通过观测认为有必要进行底座的二次调整时，事前要通报建设单位项目有关负责人和监理工程师，并经批准后方可进行。调整结果要报监理工程师确认并作为工程验收时的质量控制资料之一。

5.2.3　单机架轧机底座安装通常是出口底座固定，入口底座浮动，待轧机机架安装后，再将入口底座推进靠紧轧机机架。底座调整测量如条文中图5.2.3所示，以标高基准点为基准，用精密水准仪或内径千分尺配合平尺测量底座上平面D；分别挂设轧制中心线和机列中心线，利用线坠测量底座纵、横向中心线偏差值A、B；用内径千分尺测量出口底座相对机列中心线的平行度偏差；出口底座调整后，测量入口底座相对出口底座的水平度和平行度偏差C。

5.2.4　连轧机的每台轧机底座安装测量方法同单机架轧机底座。本条要求连轧机底座安装从中间轧机开始向两侧轧机延伸，要求兼顾相邻轧机底座的偏差，如条文中图5.2.4所示，相邻轧机底座的水平度偏差方向不应相同，相对各机列中心线平行度偏差方向亦不应相同。

5.3　机　架

5.3.1　本条阐明了轧机机架一般是按照先安装传动

侧机架，后安装操作侧机架的顺序。连轧机机架安装应从中间轧机开始，向相邻两侧穿插安装，保证连轧机基础承载的均衡。

5.3.2 机架与底座装配时，入口底座与机列中心线尺寸放大0.5mm～1.0mm，待机架安装后，再推进靠实。机架与底座装配后，如条文中图 5.3.2 所示，应做机架与底座结合的平面 A、侧面 B 的接触面检测，用0.05mm 塞尺检查，四周 75％不入，局部间隙应小于 0.10mm。

5.3.4 本条说明了轧机机架与底座、上下横梁装配后，进行机架窗口面和机架侧面垂直度测量的部位和方法。参照条文中图 5.3.4 机架垂直度测量示意图，机架窗口垂直度和机架侧面垂直度分别按（1）式和（2）式计算：

$$机架窗口垂直度=\frac{|a_1-a_2|}{L_1} \quad (1)$$

式中：a——垂直度测量点读数值（mm）；

L——相邻测量点的距离（mm）。

$$机架侧面垂直度=\frac{|b_1-b_2|}{H_1}或\frac{|c_1-c_2|}{E_1} \quad (2)$$

式中：b、c——垂直度测量点读数值（mm）；

H、E——相邻测量点的距离（mm）。

轧机机架垂直度是整个轧机安装重要的检测项，如条文中图 5.3.4 所示，机架窗口垂直度应在传动侧和操作侧两个机架窗口出口方向的衬板面上测量，每块衬板不少于两个测量点；机架窗口侧面垂直度应在传动侧和操作侧机架内侧面或外侧面上测量，全长不少于两个测量点。

5.3.6 轧机机架窗口面的扭斜和水平偏斜测量部位和方法，如条文中图 5.3.6 所示，设置轧机机列中心线或平行于轧机机列中心线的辅助线为基准线，用内径千分尺分别测量传动侧机架和操作侧机架窗口侧衬板面到基准线的尺寸，每侧不少于两个测量点，按下列公式计算：

单片机架窗口面在水平方向的扭斜

$$=\frac{|a-b|}{L_1}或\frac{|c-d|}{L_2} \quad (3)$$

式中：a、b、c、d——机架窗口面测量点到基准线读数值（mm）；

L_1、L_2——同一机架上两个测量点的距离（mm）。

同一轧机两机架窗口中心线的水平偏斜

$$=\frac{\left|\frac{a+b}{2}-\frac{c+d}{2}\right|}{L} \quad (4)$$

式中：L——两个机架的中心距离（mm）。

5.3.7 本条说明了轧机机架中心线偏移测量部位和方法，如条文中图 5.3.7 所示。以轧制中心线为基准，测量传动侧和操作侧两个机架内侧面距基准线的尺寸，每侧不少于两个测量点，确定机架的轧制中心线偏移，入口侧和出口侧轧制中心线偏移的方向应一致；以轧机机列中心线为基准，测量传动侧和操作侧两个机架窗口面距基准线的尺寸，每侧不少于两个测量点，确定机架的机列中心线偏移，传动侧和操作侧机列中心线偏移方向应一致。偏移量按下列公式计算：

$$入口侧轧制中心线偏移=\frac{E-e}{2} \quad (5)$$

$$出口侧轧制中心线偏移=\frac{F-f}{2} \quad (6)$$

$$传动侧机列中心线偏移=\frac{\frac{A+B}{2}-\frac{a+b}{2}}{2} \quad (7)$$

$$操作侧机列中心线偏移=\frac{\frac{C+D}{2}-\frac{c+d}{2}}{2} \quad (8)$$

式中 ：E、F、e、f——机架内侧面测量点到基准线读数值（mm）；

A、B、C、D、a、b、c、d——机架窗口面测量点到基准线读数值（mm）。

5.3.7 本条说明了连轧机相邻两个机架平行度测量部位和方法，如条文中图 5.3.8 所示，连轧机相邻两机架平行度测量，宜以中间轧机为基准向两侧轧机延伸测量，均在同侧机架窗口的出口方向衬板上测量，中间轧机左右相邻轧机机架相对中间轧机机架平行度偏差方向不宜相同，相邻机架平行度按下式计算：

$$相邻机架平行度=\frac{B_1-B_2}{L} \quad (9)$$

式中：B——相邻的同侧机架两个窗口面测量点读数值（mm）；

L——相邻的传动侧机架和操作侧机架测量点的距离（mm）。

5.3.10 单机架、连轧机机架安装调整验收合格后，可进行底座的地脚螺栓和机架的固定螺栓紧固，紧固过程一般是先达到地脚螺栓紧固力设计值的 70％～80％，二次灌浆达到强度后，进行终紧。也有一次性达到螺栓紧固力设计值，然后二次灌浆。

5.4 轧机主传动装置

轧机主传动装置由主传动电机、减速机、齿轮分配箱和中间轴组成。主减速机和齿轮机座分为整体和分体安装两种形式，不论是哪一种安装形式，主减速机和齿轮机座都应在轧机机架安装验收后进行安装。

5.4.1 整体安装的减速机或齿轮机座，以轧机机列中心线为基准，对中测量齿轮机座齿轮轴输入端和输出端中心，确定齿轮机座的纵向中心线；用同样方法对中测量主减速机纵向中心线。测量主减速机、齿轮机座轴端面距轧制中心线或平行于轧制中心线的辅助基准线的距离，确定主减速机、齿轮机座的横向中心线。四辊水平轧机主传动纵向中心线一般偏于轧机机列中心线出口方向 10mm。

主减速机和齿轮机座的标高以轧机底座上平面为基准，用精密水准仪测量，也可以采用就近埋设标高基准点，用内径千分尺和水平尺配合测量。

主减速机和齿轮机座水平度一般在设备出厂时给定的箱体剖分面上测量，在没有给定测量检测面的情况下，也可以测量齿轮轴水平度的间接测量方法。

5.4.2 解体安装的主减速机或齿轮机座安装基准线和基准点同本规范第5.4.1条的规定，主要根据基准测量调整主减速机下箱体和齿轮机座壳体的中心线、标高和水平度，符合要求后方可进行齿轮轴、轴承座、润滑管道的装配和箱体的封闭。滑动轴承、滚动轴承装配及传动齿轮啮合装配，应符合设计技术文件和现行国家标准《机械设备安装工程施工及验收通用规范》GB 50231的有关规定。

5.4.4 轧机主传动电机分为通过主减速机、齿轮机座转动轧辊和主传动电机通过中间轴直接转动轧辊两种传动形式。

第一种形式，一般是在主减速机安装后安装主传动电机，通常以减速机输入端半联轴器为基准，利用中间假轴测量调整减速机端半联轴器与主电机端半联轴器径向位移和两轴线倾斜，应符合设计技术文件和现行国家标准《机械设备安装工程施工及验收通用规范》GB 50231的有关规定。

第二种形式，在轧机机架安装后，以轧机机列中心线为基准测量主传动电机的纵向中心线；以轧制中心线或平行于轧制中心线的辅助基准线测量主传动电机的横向中心线；以轧机底座上平面为基准，利用精密水准仪测量调整主传动电机转子中心标高；利用水平仪测量转子的水平度。

对于定子、转子分体供货的大型电机安装，先安装定子底板和转子轴承座底板，调整测量方法同轧机底座。以轧机机列中心线为基准测量转子轴承座纵向中心线；以轧制中心线或平行于轧制中心线的辅助基准线测量转子轴承座横向中心线；转子两轴承座剖分面为水平度及相对水平度，然后进行定子安装和转子穿心。

5.5 轧机换辊装置

5.5.1 本条说明轧机工作辊、支承辊换辊装置安装应在轧机机架安装调整结束后进行，应分别以轧机中心线、标高和水平为基准进行调整。

5.5.2 挂设轧机机列中心线，测量工作辊换辊轨道、支承辊换辊车滑道的纵向中心线；以机架内换辊轨道面为基准，利用水平仪或精密水准仪测量调整轧机工作辊轨道和支承辊换辊车滑道标高及水平度，工作辊换辊轨道、支承辊换辊车滑道与机架内换辊轨道接口高低差应符合本规范要求，接口间隙应符合设计文件要求。分别以轧制中心线、轧机机列中心线为基准，测量调整工作辊换辊横移液压缸及支承辊取送液压缸平面位置，保证液压缸的行程符合设计要求。

6 剪切机设备

6.2 钢坯剪切机

6.2.1～6.2.4 热轧钢坯剪切机机架装配结构形式与水平轧机机架结构形式相同，是由底座、机架和上下连接梁组成的封闭型结构，其安装方法、技术要求参照本规范第5章第5.2节和第5.3节的有关规定。

6.2.5～6.2.6 板坯剪传动装置由电动机带动减速机，减速机输出轴端通过齿形联轴器连接曲轴，曲轴带动连杆上下运动，达到剪断钢坯的目的。在通常的情况下，减速机在板坯剪本体设备安装后，以曲轴端半联轴器为基准，测量调整减速机端半联轴器与曲轴端半联轴器径向位移和两轴线倾斜。

6.2.7 钢坯剪切机换刃装置主要由刃台拉出装置、横移装置、横移底座、横移框架和中间底座组成。设备安装要点主要是测量调整刃台拉出装置轨道、横移装置轨道的中心线、标高和水平度。安装中要注意横移框架与固定拉出装置轨道间隙应符合设计文件要求。拉出液压缸、横移液压缸的行程应符合设计文件要求。

6.3 钢板剪切机

6.3.1 本条适用于热轧中厚板厂的切头剪、定尺剪设备安装。切头剪、定尺剪设备安装，应先安装剪切机主机，然后安装传动机构。安装时应以机组中心线为基准，测量左右机架中心线；在左右机架与下刀台的装配结合面测量机架的横向中心线。应在左右机架内侧面和机架与下刀台或前板的装配结合面上测量机架的垂直度。利用精密水准仪和水平仪测量下刀台面标高和水平度。下刀台、前板及连接梁与左右机架装配结合面应严密，用0.05mm塞尺进行检查，四周75%不入。钢板剪切机的滑动轴承、滚动轴承装配及传动齿轮啮合装配，应符合设计技术文件和现行国家标准《机械设备安装工程施工及验收通用规范》GB 50231的有关规定。

6.3.3 本条适用于热轧中厚板厂钢板边部修剪的双边剪切机设备安装。双边剪切机分为固定剪和移动剪，通常是先安装调整固定剪，后安装调整移动剪。根据设计图纸，设置机组中心线和双边剪齐机剪刃中心线基准，测量固定剪切机下剪刃距机组中心线的距离，确定固定剪机架的纵向中心线；利用内径千分尺测量下剪刃相对机组中心线的平行度；将下剪刃在长度方向分中心点，测量中心点距剪刃中心基准线的距离，确定固定剪机架的横向中心线。利用吊线坠方法或水平仪贴靠法测量固定剪机架垂直度。利用精密水准仪和水平仪在下刀台面上测量标高和水平度。

以固定机架纵向中心线为基准，测量调整移动剪机架导轨纵向中心线，用水准仪测量移动剪导轨面与固定剪下刀台面的高差应符合设计要求，用精密水准仪测量移动剪导轨水平度及两个导轨平行度。整移动剪机架导轨装配后，检查项和方法同固定剪的要求。

6.4 飞 剪 机

本节适用于热轧中厚板的滚筒式飞剪、曲柄回转杠杆式飞剪、曲柄偏心式飞剪设备安装。飞剪机设备安装应以机组中心线为基准，在底座与机架结合面上测量调整底座的纵向中心线；以上下剪刃中心线为基准，在底座与机架结合面的止口面上测量调整底座的横向中心线。利用精密水准仪和水平仪测量底座与机架结合面标高和水平度。机架安装后，利用内径千分尺在曲柄轴承座镗孔内侧面测量操作侧和传动侧机架相对机组中心线的偏移；利用吊线坠法或水平仪贴靠法在上下曲柄轴承座镗孔内侧面测量机架垂直度；通过操作侧和传动侧机架上或下曲柄轴承孔挂设钢线，钢线对中调平，利用内径千分尺测量孔壁距钢线的距离，确定操作侧和传动侧机架曲柄轴承孔中心线同轴度。飞剪机装配时，机架与底座装配、连接梁与机架装配接触面应严密，用0.05mm塞尺进行检查，四周75%以上不入。滑动轴承、滚动轴承装配及传动齿轮啮合装配，应符合设计技术文件和现行国家标准《机械设备安装工程施工及验收通用规范》GB 50231的有关规定。

6.5 圆盘式双边剪切机

本节适用于钢板的纵向边缘切齐和带钢切边的圆盘式双边剪设备的安装。在生产线上圆盘式双边剪与碎边剪配套使用，因此安装时要兼顾碎边剪设备安装。

6.5.1 圆盘剪安装底座即是剪体的支承座，亦是移动侧剪体和中间托辊横移的滑道，设置机组中心线为基准，测量底座横向中心线；以机列中心线为基准，测量调整横移滑道内侧面距基准线的尺寸符合设计，确定底座的纵向中心线；利用精密水准仪和水平仪测量底座上部滑道面的标高和水平度。

以机组中心线为基准，测量调整固定侧剪体剪刃中心线相对机组中心线的尺寸符合设计，检测固定侧剪体的标高和水平度在允许偏差范围内，再以固定侧剪体为基准，检测移动侧剪体各检查项的相对偏差，此时移动侧剪体滑道定位侧应靠实。

6.5.3 圆盘式双边剪剪刃的端面跳动的测量方法是，在圆盘式双边剪的剪盘外设置百分表，触头置于剪盘端部，旋转剪盘，观察百分表的数值变化，取最大值为测量结果。

7 卷取机、开卷机设备

7.2 冷轧带钢卷取机、开卷机

7.2.1 本条说明具有斜锲式、柱销连杆式和弓形板式卷筒的悬臂式开卷机、卷取机安装应符合本节要求。

7.2.2 冷轧带钢开卷机和卷取机按照功能可分为固定式和移动式，移动式开卷机和卷取机均为本体相对固定底座浮动，本条阐明了移动式开卷机和卷取机设备安装。对于固定式开卷机和卷取机，除无底座安装工序要求外，其他均参照执行本节相应条款。

7.2.3～7.2.5 开卷机和卷取机安装关键在于卷筒的水平度、相对机组中心线的垂直度的精度控制，通常采用在卷筒上设置摆臂法进行测量。开卷机卷筒相对机组中心线的垂直度偏差，卷筒悬臂端应偏向来料方向；卷取机卷筒相对机组中心线的垂直度偏差，卷筒悬臂端应偏向出料方向。卷筒水平度在允许偏差范围内悬臂端应高于固定端。

7.3 冷轧回转式双卷筒带钢卷取机

回转式双卷筒带钢卷取机又称卡罗塞尔（Carrousel）卷取机设备。广泛应用于全连续冷连轧生产线，以国外设计的较多，随着引进消化国外先进技术，回转式双卷筒带钢卷取机设备制造日趋国产化，设备安装技术也已成熟。

7.3.1 本条所述安装基准线，即回转式双卷筒带钢卷取机在正常生产时，卷筒受到钢卷垂直向下重力和带钢来料方向的涨力作用，卷筒的水平度和垂直度发生改变，为弥补变化量，安装前预设卷筒中心线的水平倾斜角度，依据机组中心线，设置具有反方向变化量的托辊偏移中心线、主减速机偏移中心线和卡罗塞尔卷取机偏移中心线。

7.3.3 以预设的卡罗塞尔卷取机偏移中心线为基准，利用内径千分尺和直角座分别测量调整传动齿轮箱和回转齿轮箱上的卷筒传动主轴各轴承镗孔中心线与基准线尺寸，使各轴承镗孔两侧读数的偏差符合纵向中心线允许偏差要求；以主减速机偏移中心线为基准，利用钢尺测量传动齿轮箱和回转齿轮箱上的卷筒传动主轴轴承镗孔止口面与基准线尺寸，符合横向中心线允许偏差要求。

7.3.4 根据预设卷筒中心线的水平倾斜角度，计算传动齿轮箱和回转齿轮箱的剖分面沿纵向中心线方向不同位置的高差，利用精密水准仪测量不同位置的高程，从而计算传动齿轮箱和回转齿轮箱的剖分面标高和水平度。

7.3.5 回转式双卷筒带钢卷取机的齿轮箱一般都是分体供货，现场装配时应保持箱体的清洁、润滑油管路畅通，滑动轴承、滚动轴承装配及传动齿轮啮合装配，应按设计技术文件或现行国家标准《机械设备安装工程施工及验收通用规范》GB 50231的有关规定进行。

7.3.6 双卷筒装配后，利用摆臂法测量卷筒相对铅垂线的倾斜和卷筒相对机组中心线的垂直度。

7.4 热轧带钢卷取机

7.4.2、7.4.3 底座安装是热轧带钢卷取机设备的关键工序，分别挂设机列中心线和机组中心线，用内径千分尺测量底座出口方向的侧滑道面与机列向中心线尺寸，应符合纵向中心线允许偏差；用钢尺测量滑道端部相对基准的设计尺寸，确定卷取机横向中心线。利用精密水准仪测量底座滑道面的标高、水平度。

7.4.4 热轧带钢卷取机卷筒和冷轧带钢卷取机卷筒在工作时状态相同，都受到钢卷的重力和带钢的拉力作用，因此安装时卷取机卷筒相对机组中心线的垂直度偏差，应使卷筒悬臂端偏向出料方向；卷筒水平度在允许偏差范围内悬臂端应高于固定端。

7.5 卷取机、开卷机辅助设备

7.5.1 本条规定卷取机或开卷机的助卷器、外置轴承架、压紧辊等辅助设备安装均应以卷取机和开卷机的卷筒芯轴为基准安装。

7.5.2 本条说明卷取机或开卷机的助卷器、外置轴承架、压紧辊等辅助设备安装中，可借用临时液压装置或机械方法辅助这些设备动作，来实现对中调整。

8 辊道设备

8.1 一般规定

8.1.1 本条所述集中传动辊道是指由一台电机通过减速机减速和分配齿轮箱传动多个辊子组成的辊道组；单独传动辊道是由一台电机传动一个辊子，有独立辊道架的单独传动辊道和多个单独传动辊道同一辊道架两种形式。

8.1.3 冷轧辊系设备精度等级按机组带钢运行速度划分，其中张力辊、夹送辊、转向辊、控制辊、纠偏辊、跳动辊等特殊辊道均应按Ⅰ级精度执行。

8.2 集中传动辊道

8.2.1 整体供货集中传动辊道设备安装，应以机组中心线为基准，选取每组辊道首尾两个辊子辊身长度中点，测量集中传动辊道组的纵向中心线；一般选取辊道组的中间辊子为基准辊，测量集中传动辊道的横向中心线。可利用精密水准仪或水平仪配合长平尺测量辊道面的水平度，辊道之间要进行纵向和横向两个方向水平度测量。利用摆臂测量方法测量基准辊中心线相对机组中心线的垂直度，根据辊道组的基准辊，利用内径千分尺检查相邻辊子中心线相对基准辊的平行度和相邻辊组辊子中心线的平行度。

8.2.2 分体供货集中传动辊道设备安装分为两个步骤，首先应进行辊道架的安装，传动侧齿轮分配箱、操作侧轴承架和连接梁组装，测量调整辊道传动侧齿轮分配箱和操作侧轴承架中心线相对机组中心线的偏差，确定辊道机架的纵向中心线；测量机架上辊子轴承座中心线相对基准线的偏差，确定辊道机架的横向中心线。测量辊道架装配后对角线偏差应符合设计要求。利用精密水准仪测量高差法或水平仪配合长平尺的方法测量辊道机架轴承座剖分面、齿轮分配箱的剖分面水平度。

8.3 单独传动辊道

8.3.1 独立辊道架的单独传动辊道组设备安装，一般应以中间的辊道为基准辊先进行调整，再以基准辊向两侧延伸测量调整。

8.3.2 同辊道架的多个单独传动辊道安装步骤和方法类似于分体供货的集中传动辊道安装，机架设备安装参照本规范第8.2.2条的规定执行。

8.4 升降、摆动及移动辊道

8.4.1 升降、摆动及移动辊道的台面是辊道形式，由下部设置的电机或液压缸等驱动装置，实现辊道台面的升降、摆动或整体移动。对于辊道台面为集中传动辊道时，辊道台面设备安装应符合本规范第8.2.1条～第8.2.3条的有关规定；辊道台面为单独传动辊道时，安装应符合本规范第8.3.1条～第8.3.3条的有关规定。各种驱动装置安装应符合本规范第8.4.2条～第8.4.5条的有关规定。

8.5 特殊辊道

8.5.1 本条说明冷轧带钢生产线上的张力辊、夹送辊、转向辊、控制辊、纠偏辊、跳动辊等特殊辊道设备安装应符合第8.3.1条规定，其中张力辊安装时，张力计应由等高替代垫块代替，夹送辊、控制辊、纠偏辊等设备在零工位下进行安装调整。

9 冷床设备

9.2 冷床轧材分离和取送装置

9.2.1 本条规定冷床轧材分离装置传动同步轴安装应以冷床输入辊道或输出辊道中心线为基准；同步轴各段联轴节连接对中时，要在各分离拨杆处于同一工位状态下进行，或按照同步轴各段联轴节出厂对中标记进行连接，以保证分离拨杆同步。

9.2.3 冷床轧材台车式取送装置设置在冷床前后，从热输入辊道取出轧材到冷床上冷却，再将冷却后的轧材取送到冷床输出辊道。以冷床中心线为基准，测量调整台车轨道梁、升降托辊梁纵向中心线；以轧材输入辊道或输出辊道中心线为基准，测量调整台车轨道梁、升降托辊梁的横向中心线。利用水准仪测量调整台车轨道梁面、升降托辊梁面标高及各轨道梁、升降托辊梁的相对高差。以升降梁同步轴为基准，测量调整升降梁驱动液压缸座的相对尺寸和标高。

9.3 步进式齿条冷床

9.3.2 用于热轧方圆坯、芯棒、棒材、钢管步进式齿条冷床设备，主要由升降传动装置、横移传动装置定、动齿条及结构框架组成。安装以输入辊道中心线和冷床中心线为基准，测量调整升降减速器、横移减速器及传动同步轴的纵横向中心线，减速器调整时，先调整中间部位减速器，再调整两侧减速器；同步轴承座调整时，先调整固定端轴承座，再调整浮动轴承座。

挂设冷床中心线和冷床边部控制线，从中部开始向两侧延伸调整固定框架结构，以减少累积误差。

定、动齿条装配后，选用样棒（管）测量调整各定齿条的齿尖和齿沟标高及相对尺寸偏差，利用升降装置将动齿条起升到上位时，用同样方法测量调整各动齿条的齿尖和齿沟标高及相对尺寸偏差。

9.4 链式、绳式拖运机冷床

9.4.1 链式、绳式拖运机冷床安装，通常以输入（输出）辊道中心线为基准，测量调整链（绳）轮传动轴的轴向中心线，以冷床中心线为基准，测量调整链（绳）轮传动轴轴承座和头、尾链（绳）轮中心线。轴承座调整时，要先调整固定轴承座，再调整浮动轴承座。以冷床中心线为基准，测量调整链槽、运输机滑道及各运输链托轮中心线，调整按照由中间向冷床两侧的顺序进行，以减少累计误差。

9.5 托轮斜轨步进式冷床

本节适用于热轧宽厚板生产线托轮斜轨步进式冷床，简称步进式冷床。主要由托轮组、固定床面、活动床面、升降传动装置和横移传动装置等组成。

9.5.2 活动床面的托轮组安装中心线，应以输入或输出辊道中心线为基准，测量调整每个托轮组的纵向中心线，以冷床输送中心线为基准，测量调整托轮组横向中心线。从中间行托轮组开始，向两侧延伸调整，保持每行托轮组纵向中心线的平行度。利用水准仪逐个测量调整托轮面标高和相对高差。利用水平仪和平尺在托轮面上测量托轮组轴向水平度和轴承座沿冷床中心线方向的水平度。

9.5.3 活动床面的升降框架下装有斜轨，上部装有水平移动框架轨道。升降框架装配应使斜轨面与托轮处于活动床面设计的最低位置，并采取措施固定，以水平移动框架轨道为测量面，测量调整升降框架的中心线、标高和水平度。从凹形轮对应的轨道向两侧延伸测量调整。

9.5.4 工作时，活动床面升降装置电机、减速机传动同步轴，通过曲柄拉杆牵引升降框架沿斜轨移动，带动活动床面上升托起钢板。然后，横移装置电机、减速机传动齿条推杆，通过曲柄拉杆牵引活动床面移送钢板。活动床面升降及水平移动传动同步轴安装应符合本规范第9.2.1条的规定。

10 轧材输送设备

10.2 步进梁式运输机

10.2.1 本条适用于热轧和冷轧钢卷步进梁式运输机安装。安装时应以运输方向中心线为基准，测量调整各导轨梁轨道的纵向中心线，测量调整轨道端部或撞档相对开卷机或卷取机中心线尺寸，确定导轨梁横向位置。测量轨道的标高、水平度及两轨道高差，轨道调整时，应以定位侧行走轮的轨道为基准轨，调整另侧轨道。以运输方向中心线为基准，测量固定梁和支柱的纵向中心线，固定梁安装时，要兼顾钢卷存放鞍座。

10.3 链式运输机

本节适用于热轧和冷轧带钢鞍座型、平顶型、托架型钢卷链式运输机安装。

10.3.1 链式运输机结构框架中心线调整应以链式运输机中心线为基准，以传动链轮中心线为基准确定框架横向中心线。测量调整框架结构立柱的垂直度，利用水准仪测量纵向梁上部链轮滑轨面和下部回链槽标高和水平度。主动链轮和从动链轮装配后，应测量调整相对运输方向中心线的偏差，在链轮轴上测量其标高和水平度，并测量主动链轮和从动链轮中心距，从动链轮浮动尺寸应符合设计要求。

10.4 双链刮板式运输机

本节适用于方圆坯、板坯的切头双排链刮板式运输机安装。

10.4.1 双链刮板式运输机安装应以机组中心线和机列中心线为基准，分别测量两个主动轮和两个从动轮的纵横向中心线。利用水准仪在头尾轮轴上测量标高和水平度。运输机安装具有一定倾斜角度，安装的头、尾轮和返回链支承链轮的相对高差应符合设计文件要求，刮板在与双排链上装配应对称，间隔尺寸应符合设计文件要求。

10.5 管材螺旋运输机

10.5.1 热轧钢管横向输送的螺旋输送机安装，以输送方向中心线为基准测量调整各螺旋输送辊的纵向中心线，以钢管输出辊道中心线为基准测量调整螺旋输送机的横向中心线。按照螺旋辊轴倾斜角度设计值，制造专用模块，利用水平仪测量模块水平度的方法间接测量调整螺旋辊轴倾斜角度。在螺旋辊轴端安装摆臂，测量调整各螺旋辊中心相对钢管输出辊道中心线的垂直度。

11 翻转和移送设备

11.2 推 床

11.2.1 本条适用于热轧钢坯、中厚板平移对中推床（又称侧导板）设备安装。推床分液压缸和电动机两种驱动形式，其结构形式基本相同。安装时，以轧制中心线为基准，测量调整推杆传动齿轮座、推杆导向托辊的轴向中心线，以轧机机列中心线为基准，测量调整横向中心线，用精密水准仪和水平仪测量调整标高和水平度；推拉杆与齿轮座装配，应测量调整两侧推板与轧制中心线对称，符合允许偏差范围后，尚可连接推杆传动齿轮座之间的同步轴。

11.3 推 钢 机

11.3.1 本条适用于热轧生产线中间板坯推钢机设备安装，推钢机与推床设备结构类似，推床为轧制线上板坯对中设备，而推钢机是将板坯推离轧制线的设备，安装参照推床设备。

11.3.2 本条适用于板坯加热炉齿条式推钢机安装，以上料辊道中心线为基准测量调整推杆传动齿轮座轴向中心线，以加热炉中心线为基准测量推杆方向中心线。各推拉杆与齿轮座装配，应测量调整推杆端部推头与上料轨道中心线对称，符合允许偏差范围后，方可连接推杆传动齿轮座之间的同步轴。

11.4 长行程装、出钢机

11.4.1 本条规定具有水冷却系统的装出钢杆在设备出厂前应进行水压试验，并随机提交试验合格记录报告。设备安装前，安装单位核验试验合格记录报告，当外观检查发现设备有被碰、压损伤、变形等迹象时，应按设计技术文件的要求进行水压试验。

11.4.2、11.4.3 板坯加热炉长行程装、出钢机设置在加热炉入口和出口，其构造相同。在安装时分别以上料辊道中心线和出料辊道中心线为基准，测量调整装、出钢机托杆传动齿轮箱纵向中心线，以加热炉中心线为基准，测量调整装、出钢机托杆传动齿轮箱横向中心线；用相同的基准和方法测量调整装、出钢机托杆托辊曲柄轴承座纵横向中心线；用水准仪和水平仪在装、出钢托杆传动齿轮箱剖分面、托杆托辊曲柄轴承座上测量标高和水平度。在各装、出钢机托杆端部调节距基准线同一尺寸和相同高度的状态下，检测装、出钢机托杆传动齿轮轴、托辊曲柄轴承座同轴度，符合允许偏差要求后，方可连接各段联轴器。

11.5 长材横向取（送）装置

本节适用于方圆坯、管材和型材的横向取出和送出装置安装，安装方法及技术要求参照本规范第9.2节冷床轧材分离和取送装置有关要求。

11.6 翻 转 机

11.6.1 本条适用于热轧机前方坯翻转机安装。安装时要以轧制中心线为基准，测量调整方坯翻转机横移底座的横向中心线，以相邻轧机机列中心线为基准测量方坯翻转机横移底座的纵向中心线；利用精密水准仪和水平仪测量调整横移底座上的旋转架滑道面的标高和水平度，应检查测量旋转架定位滑道内侧面相对轧机中心线的平行度。装配后，夹紧楔铁与旋转架底座接触应严密，测量旋转架与浮动侧滑道内侧面间隙应符合设计要求。

11.6.3 本条适用于热轧板坯表面清理的板坯翻转机安装。安装时要以输入辊道中心线为基准，测量板坯翻转机翻转臂传动同步轴各轴承座纵向中心线，以板坯运输机中心线为基准，测量轴承座横向中心线。用水准仪和水平仪测量调整各轴承座的标高和水平度，测量各轴承座瓦口同心度，翻转臂与同步轴装配时，应保持同侧各翻转臂口方向一致，相同检测位置的标高一致。

11.6.5 本条适用于中厚板钢板翻转机安装。安装时先调整送料拨杆和接料拨杆固定轴承座中心线、标高及水平度，再以固定轴承座为基准，测量调整浮动轴承座。应以输入辊道中心线为基准，测量送料拨杆和接料拨杆固定轴承座纵向中心线；以检测台或冷却台架中心线为基准，测量固定轴承座横向中心线。

11.6.7 本节适用于冷、热轧生产线上的钢卷翻转机安装。钢卷翻转机按照钢卷轴线水平状态翻转90°和钢卷轴线垂直状态翻转90°两种形式，其结构基本相同。热轧带钢钢卷翻转机安装时，以轧制中心线为基准，测量钢卷翻转机支承轴承座的纵向中心线，以卷取机中心线为基准，测量翻卷机支承轴承座的横向中心线。对于整体安装的钢卷支承座，可利用水准仪直接测量支承座台面标高和水平度；分体安装则先测量调整翻转机支承轴承座的标高和水平度，装配后再检查钢卷支承台面的标高和水平度。

12 矫直机设备

12.2 压力矫直机

12.1.1 本条适用于矫平中厚板的液压压力矫直机安装，管棒材、型材压力矫直机可参照。压力矫直机一般属于生产线外独立安装的设备，主要由底座、中间机架、上横梁及压头移动台车和液压压头等设备组成。安装时测量调整底座纵横向中心线、标高和水平度，然后组装中间机架和上横梁，预紧四角的拉紧螺柱，测量调整移动台车轨道的纵向中心线和水平度。

12.3 平行辊式矫直机

12.3.2 本条规定具有轧机结构形式的热、冷轧生产线上的平行辊式矫直机设备安装应符合本规范第5章单机架轧机设备安装相关条款规定。

12.3.3 本条适用于平行辊式矫直机组合机架安装。组合机架由底板、下机架、左右中间机架和传动侧、工作侧上横梁组成。安装时均以机组中心线和机列中心线为基准，测量调整各部分的纵横向中心线，测量调整下机架与中间机架接口定位键槽为检测面相对基准的尺寸偏差应符合要求。用精密水准仪和水平仪测量底板上面、下机架顶部更换矫直辊座滑道面标高和水平度。组合机架装配后各接口应严密，用0.05mm塞尺检查，四周75%以上不入。

12.3.6 本条适用于液压缸水平拉出矫直辊座的平行辊式矫直机换辊装置安装。以机列中心线为基准，测量调整换辊轨道纵向中心线，换辊轨道端部与机架接口间隙应符合设计文件要求。以机内换辊轨道面为基准，用精密水准仪和水平仪测量外部换辊轨道面标高和水平度。以矫直机中心线为基准，测量调整拉出液压缸的纵横向中心线，以保证液压缸的行程。

12.4 斜辊式矫直机

12.4.1 本节适用于钢管斜辊矫直机安装，棒材斜辊矫直机可参照执行。斜辊矫直机是由下机架、立柱和上机架通过多个立柱螺杆连接形成的组合机架，下机架装配是整个斜辊矫直机安装的关键，安装时，应以机组中心线为准，测量调整斜辊矫直机下机架装配的纵向中心线，以机列中心线为基准，测量调整斜辊矫直机下机架装配的横向中心线；利用精密水准仪和水平仪测量调整下机架装配的标高和水平度；立柱装配后测量垂直度；选用标准样管或样棒与上下矫直辊辊曲面接触，利用0.05mm塞尺检测接触的曲面间隙应严密，对不符合要求的辊面通过调整辊子轴承座使其满足要求。

12.5 张力矫直机

本节适用冷轧带钢生产线张力矫直机安装。张力矫直机又称拉伸矫直机，由矫直机本体、传动装置和张力辊组组成。

12.5.1 张力矫直机本体安装应先安装矫直机本体下矫直辊支承千斤顶，然后方可安装矫直机本体机架。安装时分别以机组中心线和机列中心线为基准，测量调整矫直机下矫直辊支承千斤顶的纵横向中心线，将支承千斤顶全部调节在零位时，测量其顶部标高，并调整千斤顶座的水平度，符合设计文件和本规范要求后，进行二次灌浆，以避免矫直机本体机架安装后，内部无法进行灌浆操作。

矫直机本体机架安装以机组中心线为基准，测量拉矫机本体机架中心线；以机列中心线为基准，测量拉矫机矫正辊轴承座窗口中心线。利用精密水准仪和水平仪在拉矫机本体换辊轨道面上测量标高和水平度。

12.5.3 张力矫直机入、出口侧张力辊整体安装时，应以每组的一个张力辊为检测对象，以机组中心线为基准，被检测的张力辊辊身长度分中，测量张力辊的纵向中心线；以张力矫直机机列中心线为基准，测量张力辊的横向中心线，在被检测的张力辊辊面测量标高和纵向水平度，测量被检测的张力辊辊子中心线相对机组中心线的垂直度。

13 活套设备

13.2 活套钢结构

13.2.1 本条规定立式活套钢结构安装表面应干净，无焊疤、油污和泥砂。构件的安装结合面应无油漆、无变形、无毛刺，接触面不少于70%，且边缘最大间隙不得超过0.8mm。

13.2.2 本条规定立式活套钢结构由高强螺栓连接时，应进行高强螺栓连接摩擦面的抗滑移系数复验，高强螺栓连接副安装应符合现行国家标准《钢结构工程施工质量验收规范》GB 50205的规定。

13.4 摆动门

13.4.1 本条规定卧式活套摆动门安装标高和中心线要以轨道面标高和轨道中心线为基准进行测量调整。测量摆动门托辊组中任一托辊水平度；摆动门在通过活套车开闭试验合格后进行构件焊接和基础二次灌浆。

13.5 活套车

13.5.1 卧式活套车一般均为整体供货现场安装，本条规定活套车车轮与轨道的间隙应符合设计技术文件的规定。

14 加热炉设备

14.2 步进式加热炉

14.2.5 炉门框水冷梁、水冷炉门等水冷设备构件正常工作是保证加热炉安全运行的首要条件。因此，炉门框水冷梁、水冷炉门等水冷设备构件在设备出厂前应进行水压试验，并随机提交试验记录。设备安装前，安装单位在随机资料中若未见到试验合格的试验记录或在开箱检验时发现设备有被碰、压损伤、变形等迹象时，必须按设计技术文件的要求进行水压试验。

14.2.6 炉底板与炉底梁的焊接形式直接关系到炉底的热膨胀问题，涉及炉底耐材的正常使用，所以必须严格按设计技术文件的要求施焊。对炉内水梁承压耐热等部件现场组对焊接的焊缝，应按设计技术文件规定进行无损检验。

14.3 辊底式加热炉

本节适用于薄板坯辊底式加热炉、钢板辊底式热处理炉、钢管辊底式热处理炉安装。其他类似结构的辊底式加热炉可参照执行。

14.3.1 水冷炉辊、水冷炉门等水冷设备构件在设备出厂前应进行水压试验，并随机提交试验记录。设备安装前，安装单位在随机资料中若未见到试验合格的试验记录或在开箱检验时发现设备有被碰、压损伤、变形等迹象时，必须按设计技术文件的要求进行水压试验。

14.3.2 一般辊底式加热炉炉体很长，炉底梁与基础埋件的连接形式分固定式和移动式，以满足炉体热膨胀的需要，因此安装时必须严格按设计技术文件的要求施工。

14.4 环形加热炉

本节适用于圆坯环形加热炉安装。其他类似结构的环形加热炉可参照执行。

14.5 连续退火炉

本节适用于冷轧带钢连续退火炉、热镀锌退火炉安装。其他类似结构的连续退火炉可参照执行。

14.5.4 不同温度炉室段的炉辊轴承及各炉辊的固定端、自由端轴承，其装配要求应符合设计技术文件的要求。

14.5.7 带钢连续退火炉炉体的密封性关系到炉内保护气体压力的变化和带钢的退火质量。因此，炉体耐材施工、设备安装结束后，应根据炉子技术文件进行气密性试验，其质量标准应符合设计技术文件的规定。

15 轧机其他设备

15.2 锯　　机

15.2.1 本条适用于热轧生产线的棒材、管材和型材移动式热锯机的安装。移动式热锯机由锯片传动、锯机送进机构、调整定尺的锯机横移机构及夹紧装置组成。安装时应以轧制中心线为基准，测量调整锯机横移台车轨道纵向中心线；以锯机送进中心线为基准，进行横移台车轨道端部定位；在横移台车轨道面上测量轨道标高、水平度及两轨道在同一截面的相对高差；检测横移台车轨道中心线相对轧制中心线偏差。应以轧制中心线为基准，调整横移台车行走传动齿条中心线，并用水准仪测量传动齿条标高和水平度。锯机横移台车安装后，应检查测量锯机送进轨道标高、水平度及中心线相对轧制中心线的垂直度等出厂状态的装配精度，当不符合设计文件或本规范要求时应作调整。

15.2.3 固定式热锯机与移动式热锯机的功能相同，结构差别在于固定式锯机不具有定尺调整的横向移动机构，锯机本体安装在带有支承辊的底座上，底座安装时，应以轧制中心线为基准，测量调整锯机支承辊纵向中心线；以锯机送进中心线为基准，测量锯机支承辊横向中心线，利用水准仪、水平仪和长平尺测量调整支承辊标高和水平度。

15.3 定 尺 机

15.3.1 本条适用于方圆坯、管棒材固定式及移动式定尺机安装。在生产线上定尺机是固定锯机的配套设备，安装时应以轧制中心线为基准，测量定尺机移动台车轨道纵向中心线；以锯机中心线为基准，测量定尺机移动轨道横向中心线，利用精密水准仪、水平仪和长平尺测量轨道面标高、水平度。装配后，检查各定尺挡头的相对尺寸应符合设计文件要求。

15.4 打 印 机

15.4.1 本条适用于板坯、方圆坯和中厚板高架式打印机安装。以输送辊道纵横向中心线为基准，测量调整门架结构纵横向中心线。测量调整立柱与横梁接口面的标高，利用垂线锤吊线测量立柱垂直度。测量调整横梁两侧打印机头移动轨道顶面标高和水平度，并要求检查测量两侧导向轮与轨道导向面的间隙，应符合设计文件要求。对于升降式横梁，应在四个螺旋千斤顶调零的状态下，测量调整打印机升降装置传动轴的同心度，以保证升降式轨道横梁的水平度。

15.4.4 本条适用于打印机夹紧装置安装。夹紧装置分为上部压紧和侧面夹紧两个功能。安装时应以辊道纵向中心线为基准，调整辊道两侧夹紧装置支承框架纵向中心线，以辊道基准辊中心线为基准，调整支承框架横向中心线。测量调整夹紧滑道梁中心线相对基准辊中心线的相对尺寸，测量滑道梁上平面的标高和水平度。调节上部压头处于压紧位置、侧面夹紧处于最大卡口位置时，调整驱动液压缸的位置。

15.5 称 量 机

15.5.1 本条适用于板坯称量机安装。应以称重辊道纵横向中心线为基准，测量调整各传感器座的纵横向中心线。测量调整各传感器座的标高和水平度及高差。支承结构与传感器座装配时，应用临时垫块代替传感器，以称重辊道标高为基准，测量调整板坯称重台面的标高。

15.5.3 本条适用于初轧生产线轧前钢锭称量机安装。安装时应分别以轧制中心线和轧机中心线为基准，测量调整称重台架结构的纵向、横向中心线，测量称重台架结构顶面标高和平面度，并进行台架结构对角线的检查。升降吊架装配后应检查升降吊架的纵向、横向中心线，利用吊线锤法测量升降吊架与输送辊道辊子的间距，应符合设计要求。

15.5.6 本条适用于热、冷轧钢卷电子称量机安装。钢卷电子称量机属于钢卷运输机线上中间设备，安装时应以运输机中心线为基准，测量调整各传感器座、支承结构及鞍座的纵横向中心线，装配后最终应检查鞍座的中心线和标高，应符合设计文件要求。

15.6 打 捆 机

15.6.1 本条适用于热、冷轧带钢卷全自动打捆机安装。打捆机本体是机电一体化设备，安装在钢结构框架上，可沿结构上部移动轨道纵向移动。按照本条规定钢结构框架及移动轨道安装验收合格后，整体吊装打捆机本体。

15.6.2 本条适用于热、冷轧带钢卷半自动打捆设备，自动穿带后人工用气动捆扎头进行打捆，采用钢带或 PET 塑钢带捆扎。安装时以卷取机中心线为基准，调整固定架的纵横向中心线，测量固定架悬臂标高，使捆扎带上料装置与固定架中心线保持一致。

15.7 带钢自动焊机

适用于冷轧带钢生产线上的窄搭接焊机、闪光对接焊机和激光焊机等，均为进口机电一体化设备，安装一般在设备供应商专家的指导下进行。

15.8 热 卷 箱

热卷箱是热轧生产线上的重要设备，既起到钢板轧制过程中间保温作用，又能使经粗轧机轧制后的钢板首尾倒向进入精轧机轧制，减小中间坯温降。主要由机架、入口辊、弯曲辊、成型辊、翻转辊、托辊和夹送辊、稳定器、保温罩、开卷臂等设备组成。安装辊多为动态，安装中要重视各辊的水平度、平行度和摆动行程，要符合设计文件要求及本节规定。

15.8.1 本条规定热卷箱安装中，应以轧制中心线为基准，测量两个机架连接梁接口面或偏转辊架、弯辊架与机架装配止口面的尺寸，调整机架纵向中心线；以轧机中心线为基准，测量两个机架端部尺寸，调整机架横行中心线。应在机架上的偏转辊和成型辊等固定辊架铰轴座剖分面测量机架的标高和水平度，以轧制中心线为基准，测量调整稳定器侧推板的开度和对称。卷取、开卷站的各动态托辊要求处于两个极限位置任一状态下，测量水平度和相对轧制中心线的垂直度。以轧制中心线为基准，测量夹送辊底辊的纵向中心线；以轧机中心线为基准，测量底辊的横向中心线，利用摆臂法测量底辊相对轧制线的垂直度偏差。

16 轧机机械设备试运转

16.1 一 般 规 定

16.1.1 本条阐明本章适用于轧机机械设备工程安装设备单体无负荷试运转和无负荷联动试运转。

16.1.2 本条规定轧机机械设备工程安装设备单体无负荷试运转和无负荷联动试运转前，施工单位应编写试车方案，经审批后方可执行。

16.1.3、16.1.4 这两条强调设备试运转应具备的条件。

16.1.5 为保证试车人员及设备的安全，本条规定试运转前，安全保护装置应按设计技术文件的规定完成安装，例如联轴器、接轴、离合器的安全保护罩等。在试运转中需调试的装置，如制动器、限位保护装置等，应在试运转中完成调试，其功能符合设计技术文件的规定。

16.1.6～16.1.8 这三条是轧机机械设备工程安装设备单体无负荷试运转和无负荷联动试运转的通用规定。

中华人民共和国国家标准

选煤工艺制图标准

Standard for drawing of coal preparation technology

GB/T 50748—2011

主编部门：中 国 煤 炭 建 设 协 会

批准部门：中华人民共和国住房和城乡建设部

施行日期：2 0 1 2 年 6 月 1 日

中华人民共和国住房和城乡建设部
公　　告

第1217号
关于发布国家标准
《选煤工艺制图标准》的公告

现批准《选煤工艺制图标准》为国家标准，编号为GB/T 50748—2011，自2012年6月1日起实施。

本标准由我部标准定额研究所组织中国计划出版社出版发行。

中华人民共和国住房和城乡建设部

二〇一一年十二月五日

前　　言

本标准是根据中华人民共和国住房和城乡建设部《关于印发〈2009年工程建设规范制定、修订计划〉的通知》（建标〔2009〕88号）的要求，由中国煤炭建设协会勘察设计委员会和中煤国际工程集团北京华宇工程有限公司会同有关单位共同编制完成的。

本标准在编制过程中，编制组经广泛调查研究，认真总结多年来我国煤炭洗选工程工艺制图规定，参考国内外相关标准，在广泛征求意见的基础上，最后经审查定稿。

本标准共分7章和2个附录，主要技术内容是：总则，基本规定，定位轴线，图名及位置号，剖切符号及常用材料断面图例，尺寸及标高注法和选煤专业各类图纸的画法等。

本标准由住房和城乡建设部负责管理，由中国煤炭建设协会负责日常管理，由中煤国际工程集团北京华宇工程有限公司负责具体技术内容的解释。执行过程中如有意见或建议，请寄送至中煤国际工程集团北京华宇工程有限公司（地址：北京德外安德路67号，邮政编码：100120），以供今后修订时参考。

本标准主编单位、参编单位、主要起草人和主要审查人：

主编单位： 中国煤炭建设协会勘察设计委员会
中煤国际工程集团北京华宇工程有限公司

参编单位： 煤炭工业合肥设计研究院
煤炭工业太原设计研究院
中煤昊翔高新技术有限公司
中煤国际工程集团武汉设计研究院
中煤西安设计工程有限责任公司
唐山国华科技有限公司

主要起草人： 吴　影　侯世成　谢冬梅　洪　霆　牛宏宇　王　宏　付　勇　周西杰　李伟坡

主要审查人： 陶能进　段锡章　秦凤广　李　涵　朱　彧　孙建利　赵　明　刘宗时　刘　毅

目　次

Contents

1 总 则

1.0.1 为规范煤炭洗选工程选煤工艺制图规则、保证制图质量、提高制图效率，做到图面清晰、简明，符合设计、施工、存档的要求，适应煤炭洗选工程建设需要，制定本标准。

1.0.2 本标准适用于煤炭洗选工程各设计阶段选煤工艺手工及计算机辅助制图。

1.0.3 煤炭洗选工程选煤工艺制图，除应符合本标准外，尚应符合国家现行有关标准的规定。

2 基本规定

2.1 图纸幅面、图框格式

2.1.1 选煤厂工艺制图图纸幅面尺寸，应选用现行国家标准《技术制图 图纸幅面和格式》GB/T 14689 中规定的基本幅面，必要时也可选用加长幅面。

2.1.2 图纸上均应用粗实线绘出图框，并应采用现行国家标准《技术制图 图纸幅面和格式》GB/T 14689 中规定的有装订边的图框格式。图框具体尺寸应按现行国家标准《技术制图 图纸幅面和格式》GB/T 14689 中的相应规定执行。

2.1.3 图纸目录应采用 4 号图幅，格式应符合图 2.1.3 的规定。

2.2 标题栏和会签栏

2.2.1 每张图纸均应绘出标题栏，地面工艺总布置图和安装关系图应绘出会签栏。图纸的标题栏、会签栏与装订边的位置，应符合下列规定：

1 以短边作为垂直边的 X 型图纸，应按图 2.2.1-1 的形式布置。

2 以短边作为水平边的 Y 型图纸，应按图 2.2.1-2 的形式布置。

2.2.2 标题栏可由更改区、签字区、工程名称区、单位工程名称区、图名区、图号区、设计单位名称区和其他区组成，可采用图 2.2.2 的形式。标题栏各部分尺寸与格式宜符合本规范附录 A 的规定。

2.2.3 会签栏应设于首图中。会签栏格式可按图 2.2.3 的规定绘制，会签栏行数应按参加会签的专业数确定。

2.3 图 线

2.3.1 选煤工艺制图用线型可分为基本线型和特殊线型。常用基本线型及其一般用途宜符合表 2.3.1 的规定，图线的构成及画法宜符合现行国家标准《技术制图 图线》GB/T 17450的有关规定；特殊线型应

设计单位名称区	单项工程名称区 单位工程名称区			共 页 第 页
规格内容介绍				
×× 图纸目录				
序号	图纸名称	图纸编号	图幅规格	备注

左侧栏：设计 / 校核 / 审核 / 审定 / 专业负责人 / 项目总工程师 / 日期 / 保管期限 / 保密等级

图 2.1.3 图纸目录格式

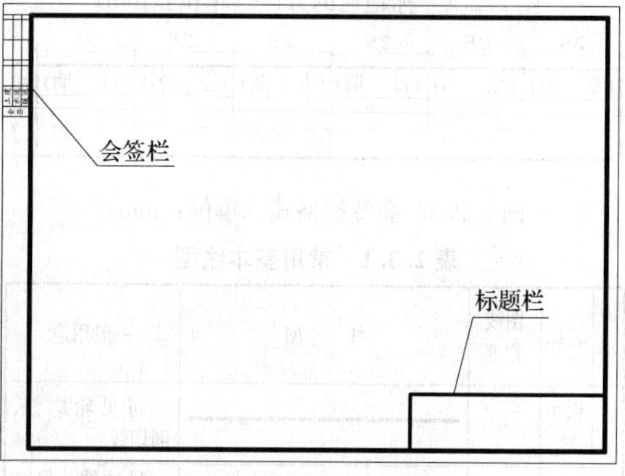

图 2.2.1-1 X 型图纸

符合现行国家标准《选煤厂用图形符号》GB/T 16660 中有关流程线表示方法的规定。

2.3.2 图线的基本宽度 b，应从线宽系列 2.0、1.4、1.0、0.7、0.5、0.35mm 中选取。

2.3.3 图样应根据复杂程度和比例大小，先选定基本线宽 b，再选用表 2.3.3 中的线宽组。粗线、中粗线和细线的宽度比例应为 4 : 2 : 1。在同一张图纸内，相同比例的各图样应选用相同线宽组。

2.3.4 两条相互平行图线间的最小间距，不宜小于其中较粗图线的宽度，且不宜小于 0.7mm。

2.3.5 图线的构成、画法，CAD 制图图线的颜色、各种线型在计算机中的分层等，可按现行国家标准

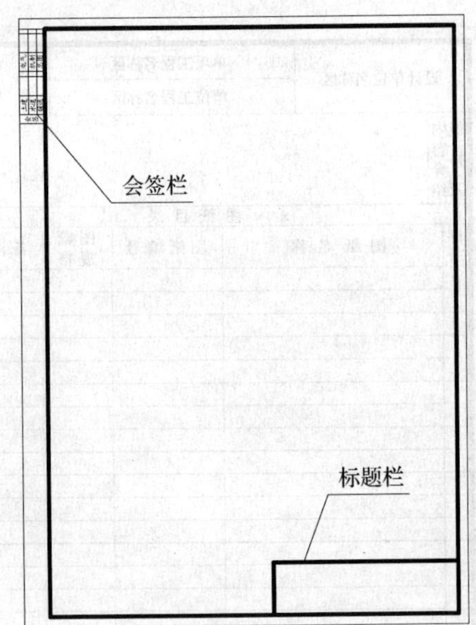

图 2.2.1-2　Y型图纸

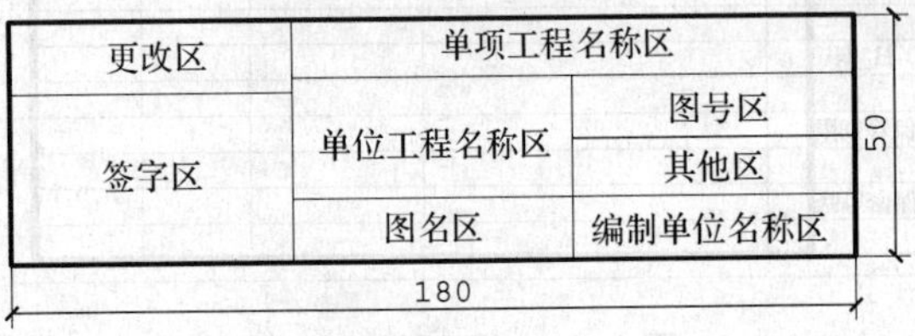

更改区	单项工程名称区	
签字区	单位工程名称区	图号区
		其他区
	图名区	编制单位名称区

180　50

图 2.2.2　标题栏的分区（单位：mm）

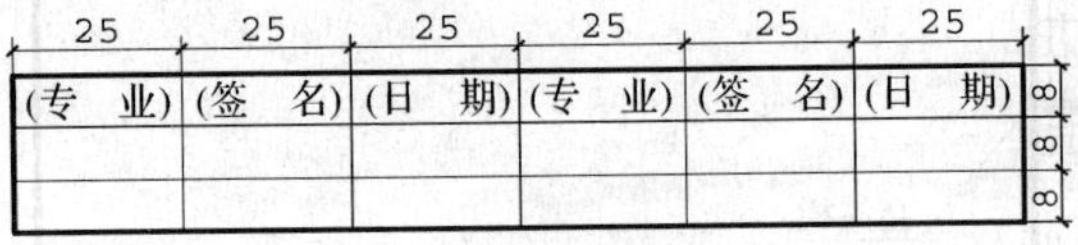

25	25	25	25	25	25
(专　业)	(签　名)	(日　期)	(专　业)	(签　名)	(日　期)

8　8　8

图 2.2.3　会签栏格式（单位：mm）

表 2.3.1　常用基本线型

序号	名称	图线宽度	线　型	一般用途
1	粗实线	b		可见轮廓线、剖切线
2	细实线	0.25b		尺寸线、尺寸界线、引出线、辅助线
3	虚线	0.25b		不可见轮廓线
4	点划线	0.25b		中心线、建（构）筑物轴线
5	双点划线	0.25b		假想轮廓线
6	折断线	0.25b		长断开线
7	波浪线	0.25b		断开线
8	粗双点划线	b		移动检修物件轮廓线、起重梁平面投影

表 2.3.3　线宽组

线宽比	线宽组（mm）					
b	2.0	1.4	1.0	0.7	0.5	0.35
0.5b	1.0	0.7	0.5	0.35	0.25	0.18
0.25b	0.5	0.35	0.25	0.18	0.13	—

注：b 为图线的基本宽度。

《技术制图　图线》GB/T 17450 和《机械工程　CAD 制图规则》GB/T 14665 的有关规定执行。

2.4　字　体

2.4.1　图形中的文字、数字和符号所选用的字体高度系列、字体的选用范围和对书写的基本要求，应符合现行国家标准《技术制图　字体》GB/T 14691 和《CAD工程制图规则》GB/T 18229 的有关规定。

2.4.2　在同一幅图纸上，宜选用一种型式的字体。

2.5　比　例

2.5.1　选煤专业制图图纸比例应根据图幅大小、图形复杂程度及清晰度选用表 2.5.1 中的比例。

表 2.5.1　常用制图比例

比　例	适用范围
1∶5，1∶20，1∶50	适用道路断面及零件
1∶100，1∶200	适用于车间布置图及栈桥布置图
1∶500，1∶1000	适用于工艺总平面
1∶2000，1∶5000	

2.5.2　在同一幅图纸上采用一种比例绘制图形时，可只在标题栏的比例栏中注出所采用的比例。

2.5.3　在同一幅图纸上采用两种或两种以上的比例绘制图形时，应在标题栏的比例栏内注出“见图”，并应在各图名下方分别注出所采用的比例（图 2.5.3）。

0.00平面	A—B剖面 (断面)
1∶100	1∶50
（a）	（b）

图 2.5.3　图形比例的表示

2.5.4　示意图、工艺流程图、设备流程图等可不按比例绘制，但应在图幅中做到适当匀称。

2.6　附表及说明

2.6.1　当图纸中需要附表时，表格宜布置在图纸右端的适当位置，布置应合理、匀称、美观。

2.6.2　表格均应有表名，并应标注于表格上方或下方居中。

2.6.3　图纸中需要说明的事项，应标注在图纸右下端，并应在所标注事项的左上角标示“说明”字样。

2.6.4 几张图组成的同类型图纸，说明宜标注在第一张图上。

3 定位轴线

3.0.1 厂房及建（构）筑物柱子轴心应用定位轴线标出。

3.0.2 定位轴线应用点划线绘制，轴线编号的圆圈应用细实线绘制，圆圈直径宜为8mm～10mm，圆心应在定位轴线的延长线或延长线的折线上。

3.0.3 平面图上定位轴线的编号，宜标注在图样的下方和右侧，标注在右侧的轴线编号应字头向左。

3.0.4 定位轴线的编号应依其在工艺布置总平面图上的方位确定，水平方向的编号应采用阿拉伯数字由左向右依次编注，垂直方向的编号应采用大写的英文字母由下而上依次编注（图3.0.4）。英文字母中，I、O、Z三个字母不得采用。

3.0.5 改、扩建项目，其旧有建（构）筑物与新增建（构）筑物轴线编号，应分别用同心双圆圈和单圆圈标注，并应在图纸上加以文字说明。

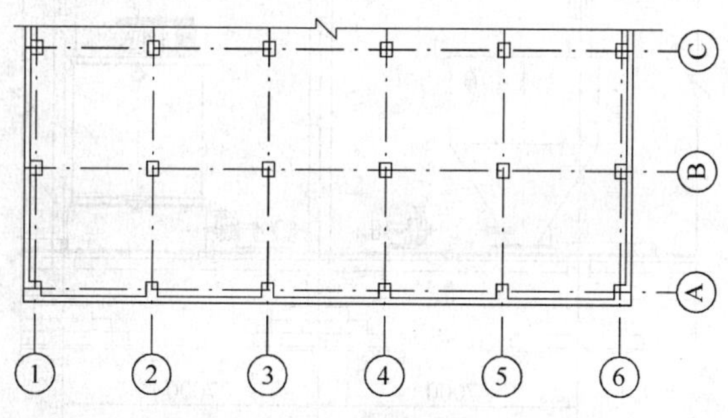

图3.0.4 定位轴线编号及标注

4 图名及位置号

4.1 图 名

4.1.1 图形名称应与标题栏“图名区”中的图名相对应，标注在图形上方或下方中心位置。图名下应加一条横粗实线，需注比例时应在横线下方标注（图2.5.3）。

4.1.2 车间平面图图名应标注出所画楼层平面的标高数字（图4.1.2）。

10.60m平面

图4.1.2 车间平面图图名标注

4.1.3 一个平面图同时包括几个不同标高平面时，图名应将所含不同标高全部标出，并应在相应图样中将不同标高以标高符号标出（图4.1.3）。

4.1.4 不易标注标高的平面图可直接写建（构）筑物的名称（图4.1.4）。

4.20m，8.60m，12.20m平面

（a）

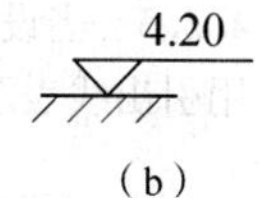

（b）

图4.1.3 一个平面图同时包括几个不同标高平面时的图名及标高标注

储煤场平面图

图4.1.4 不易标注标高的图名标注

4.1.5 剖面图图名应标明剖面所处轴线间的位置关系以及所视的方向（图4.1.5）。

3—2剖面　　B—C剖面

图4.1.5 剖面图的图名标注

4.1.6 在平面图上以罗马数字标注剖面位置及方向时，剖面图名应以罗马数字标注（图4.1.6）。

Ⅰ—Ⅰ剖面

图4.1.6 以罗马数字表示的剖面图图名标注

4.1.7 一个图样中同时包含几个建（构）筑物时，应注出每个建（构）筑物的名称。

4.2 设备位置号

4.2.1 设备的位置号应标注在图形轮廓线外、由图形引出的横线符号上面（图4.2.1）。位置号的编法应符合现行国家标准《煤炭工业选煤厂工程建设项目设计文件编制标准》GB/T 50553的有关规定。

301

图4.2.1 位置号标注示意

4.2.2 位置号符号应由引出线和横线组成（图4.2.2），引出线应用细实线，横线应用粗实线，引出线不可彼此相交，引出点位置应在设备图形的主要部位上。

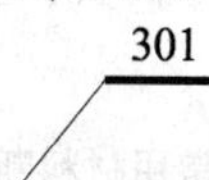

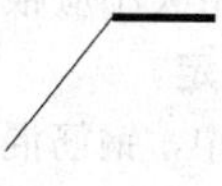

图4.2.2 位置号符号

4.2.3 当改造旧厂房设计时，应将新、旧设备位置号加以区分。新增设备位置号符号应符合本标准第4.2.2条的规定，原有设备位置号符号的横线应采用双横线，在粗实线的下面应再加一条平行细实线（图4.2.3）。

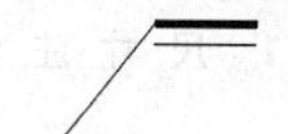

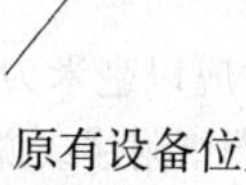

图4.2.3 原有设备位置号符号

4.2.4 位置号宜顺煤流方向用阿拉伯数字编写，字高应较尺寸标注略大。

4.2.5 当设备较多，出现重叠、拥挤时，可采用公用引出线表示（图 4.2.5）。

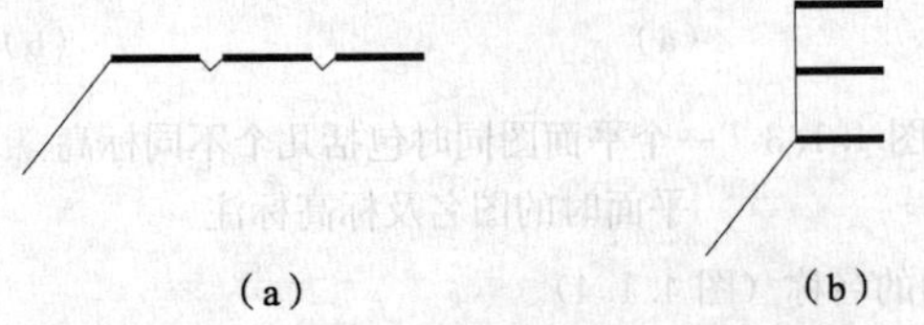

图 4.2.5 采用公用引出线表示的位置符号

5 剖切符号及常用材料断面图例

5.1 剖切符号

5.1.1 剖视图、剖面图、向视图及局部视图的表示方法，可按现行国家标准《技术制图 图样画法 视图》GB/T 17451 和《技术制图 图样画法 剖视图和断面图》GB/T 17452 的有关规定执行。

5.1.2 剖视图剖切线编号应采用罗马数字，其他视图可采用英文字母。

5.1.3 同一张图样中剖切线符号的大小、线条粗细应一致；在同一单位工程中，同类的剖切线编号不应重复。

5.1.4 剖切线宜标注在平面图上，在必要或无平面图时，可标注在剖面图上；剖切线有转折时，应在转折处将转折方位表示清楚。

5.1.5 剖切线的箭头表示所视方向，宜向上方和向左方向看，剖切线编号的顺序宜先由下而上，再由左而右。

5.2 常用材料断面图例

5.2.1 常用材料的剖面区域表示方法，可按现行国家标准《技术制图 图样画法 剖面区域的表示法》GB/T 17453 和《房屋建筑制图统一标准》GB/T 50001 的有关规定执行。

5.2.2 断面线的间距大小应根据图形的大小及易于与其相邻材料区别确定。

5.2.3 工艺布置图中，钢筋混凝土结构的煤仓、水池、楼板、梁、柱及工字钢等断面，可用涂色代替断面线。

6 尺寸及标高注法

6.1 尺寸注法

6.1.1 图面的尺寸应以毫米为单位，可不加注计量单位符号，但应在图纸附注或说明中注明计量单位。

6.1.2 尺寸线、尺寸界限的线型、尺寸线终端形式、尺寸数字标注位置及方向，可按现行国家标准《机械制图 尺寸注法》GB 4458.4 和《机械工程 CAD 制图规则》GB/T 14665 的有关规定执行。在同一套图纸中，尺寸线终端形式应统一。

6.1.3 标注建（构）筑物的尺寸应以轴线为基准，建（构）筑物相互间的关系尺寸宜用轴线间的距离表示。

6.1.4 栈桥、地道等应标注出净高、净宽尺寸。

6.1.5 设备安装位置的尺寸标注方法，应符合下列规定：

1 当设备的中心线可明确表示时，应以设备中心线与建（构）筑物轴线或楼板（地板）的距离表示。

2 当设备中心线不易表示时，可用设备地脚中心线或外形轮廓线标注。

3 当某一台设备位置确定后，其他设备可以此设备为基准标注其位置尺寸。

6.1.6 车间剖面或平面图轴线间的尺寸线应标注在建（构）筑物边线外，距边线宜为 30mm，距轴线号圈边线宜为 5mm（图 6.1.6）。

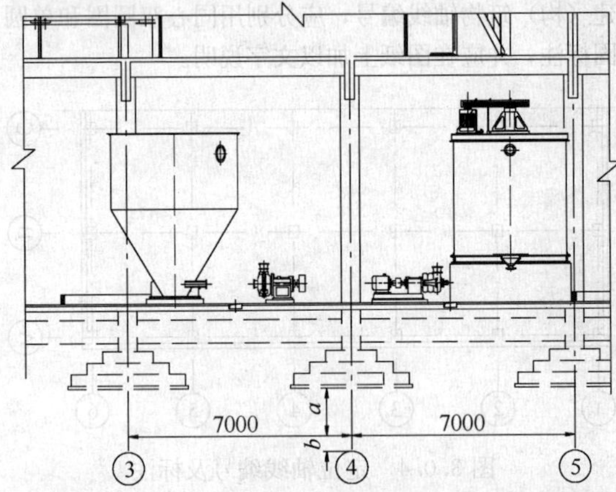

图 6.1.6 车间剖面或平面图轴线间尺寸标注方法

a—尺寸线距建（构）筑物外边线距离；

b—尺寸线距轴线号圈边线距离

6.2 标高注法

6.2.1 标高符号应采用细实线绘制的等腰三角形表示，三角形的尖端应指至被标注点，尖端可向上，也可向下；三角形高可采用 3mm，底角可采用 45°［图 6.2.1（a）］；当图形复杂时，可采用引出线形式标注［图 6.2.1（b）］。

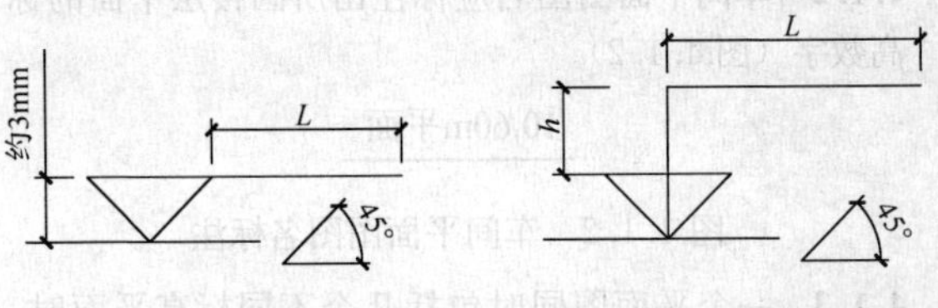

图 6.2.1 标高符号的表示方法

L—以注写数字所占位置的长短为准；*h*—以实际需要为准

6.2.2 标高标注应符合下列规定：

1 图中所标示标高宜为相对标高，并应在图纸说明中说明相对标高和绝对标高的关系，应在图样所标注的±0.00标高后用括号注出绝对标高数值（图6.2.2）。

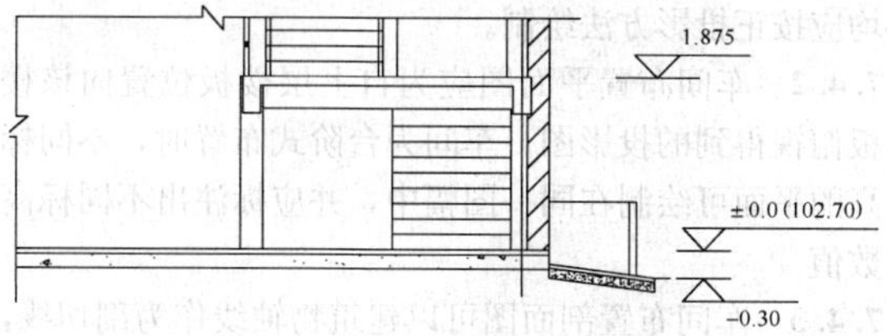

图6.2.2 标高标注方法示例

2 标高值应以m为单位，可不加注计量单位，数字可取至小数点后两位。

3 零点标高可在数字前加注“±”号（图6.2.2）。

4 负数标高可在数字前加注“－”号（图6.2.2）。

5 正数标高在数字前不应加符号（图6.2.2）。

6 在标高标注同时需加文字或数字时，应在括号内标注。

7 在文字叙述中，应加“标高”二字。

6.2.3 标高宜标注在图形右侧轮廓线外，必要时可标注在图形左侧轮廓线外。当图形较长时，可在轮廓线的左右两边同时标注（图6.2.2）。

6.2.4 在平面图中局部需注明标高时，可按图6.2.4所示的形式标注。

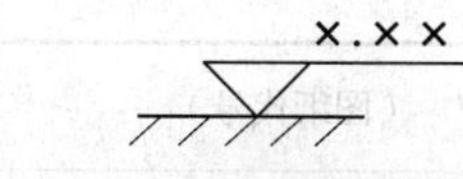

图6.2.4 平面图上标高的注法

6.2.5 标注轨顶标高时，应在数字后加注“GD”符号，也可加注“轨顶”二字。

7 选煤专业各类图纸的画法

7.1 流 程 图

7.1.1 流程图可按不同设计阶段对图纸深度的要求，分为原则流程图和工艺流程图。

7.1.2 原则流程图应按原料煤加工顺序表示出工艺过程中各作业间的相互关系，图中可只标注作业名称，可不标注数量、质量等（图B.0.1）。

7.1.3 工艺流程图的标示应符合下列规定：

1 应标注各作业及作业名称。

2 应标注各作业的入料及产品名称，并应注明其产率、产量、灰分、水分、水量、液固比等指标。重介选工艺流程图还应注明悬浮液体积、悬浮液中的固体量、悬浮液中的磁性物数量、悬浮物中的非磁性物数量，以及悬浮液密度等。

3 工艺流程图应将数质量流程、水量流程和介质流程合并。

4 破碎、筛分、分级作业应注明粒度变化指标，在粒度数字前应加“＋”和“－”符号表示大于和小于该粒度。

5 工艺流程图上应绘出最终产品平衡表、图例、符号和说明。

7.1.4 工艺流程图（图B.0.2）的绘制应符合下列规定：

1 工艺流程图中的作业应采用一粗一细的双横线符号表示［图7.1.4（a）］，作业名称应标注在作业符号的上方，表示可能和预留作业时，应采用虚线符号［图7.1.4（b）］。

2 各作业之间应采用现行国家标准《选煤厂用图形符号》GB/T 16660中有关流程线表示法规定的流程线连接。在流程线的末端和转折、交汇点，应用箭头表明其流向。

3 产品的数量、质量指标应写在流程线的右方，当右方写不下时可写在左方，产品的各项指标符号应按现行国家标准《煤炭工业选煤厂工程建设项目设计文件编制标准》GB/T 50553的有关规定执行。

4 各种线条不得与作业符号相交。

5 选后最终产品平衡表的格式应按现行国家标准《煤炭工业选煤厂工程建设项目设计文件编制标准》GB/T 50553的有关规定执行。

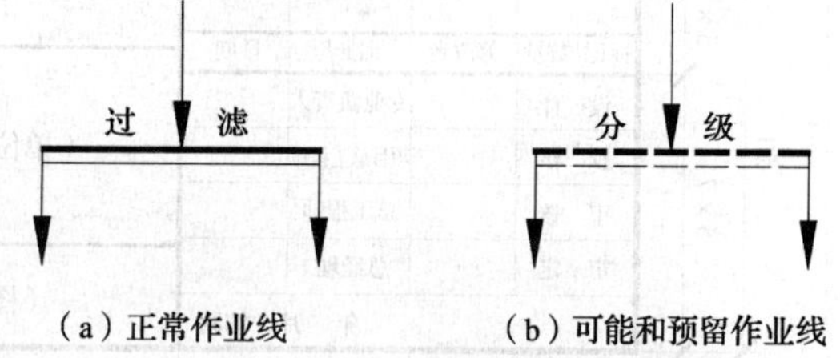

图7.1.4 作业线和作业名称的标注

7.2 设备流程图

7.2.1 设备流程图应以图形符号表明工艺过程中所使用的全部设备、设施及其相互联系方式。

7.2.2 设备流程图应绘出下列内容：

1 全厂的工艺设备、辅助设备及附属件。

2 与工艺相关的建（构）筑物。

3 各煤流系统、煤泥水系统、生产用水系统、介质系统以及药剂系统等的料流及走向。

4 起重设备、计量检测设备及电动闸阀、自动取样设备等。

5 图例、符号和必要的说明。

7.2.3 设备流程图的绘制应符合下列规定：

1 应按煤流顺序和作业程序，从原煤受煤、储存、筛分破碎、分选、产品储存及产品装车等依次绘制，同一作业的设备应如数绘出，并宜在图纸上由左至右绘制，功能联系紧密的设备应集中布置。

2 设备图形应按现行国家标准《选煤厂用图形符号》GB/T 16660 中规定的图形符号绘制，对无规定的设备或设施，其图形可自行绘制。

3 流程线画法应与工艺流程图中的流程线相同。

4 各种煤仓、储煤场及受煤漏斗等设施，应标示出容量和所存物料的品种、粒度。各种水池、水箱、料槽等应注出名称和容积。

5 图中的设备和有关建筑设施宜用细实线绘制，主要流程线宜用粗实线绘制。

6 设备及附属件应标出位置号，并应与车间布置图中标注的位置号一致。

7 改造厂新、旧设备及分期建设或预留设备，应用不同线型和位置号符号表示。

7.3 地面工艺总布置图

7.3.1 地面工艺总布置图宜按现行国家标准《总图制图标准》GB/T 50103 的有关规定执行。

7.3.2 地面工艺总布置图中的各建（构）筑物，应按煤流顺序和生产环节先后进行编号，并应列出建（构）筑物一览表。

7.3.3 带式输送机、栈桥、转载点的绘制应与车间布置图相同。

7.4 车间布置图

7.4.1 车间布置图的平面、剖面、断面和各种图形，均应按正投影方法绘制。

7.4.2 车间布置平面图应为自上层楼板位置向该楼板俯视得到的投影图。车间为台阶式布置时，不同标高的平面可绘制在同一图幅中，并应标注出不同标高数值。

7.4.3 车间布置剖面图可以建筑物轴线作为剖切线，并可以轴线编号的顺序区别剖视方向。车间布置剖面图的剖视方向宜在平面图上从右向左、从下向上看。

7.4.4 车间布置剖面图对设备可不做剖视，可以设备的正投影绘制。

7.4.5 带式输送机栈桥横截面应采用断面图绘制，当车间局部设备布置需特别交代清楚时，也可采用断面图绘制。

7.4.6 车间内改造工程的新、旧设备及分期建设或预留设备，应以不同线型或位置号符号表示。

7.4.7 车间布置图应在图纸的首图中标注必要的说明和图例。

附录A 标题栏各部分尺寸与格式

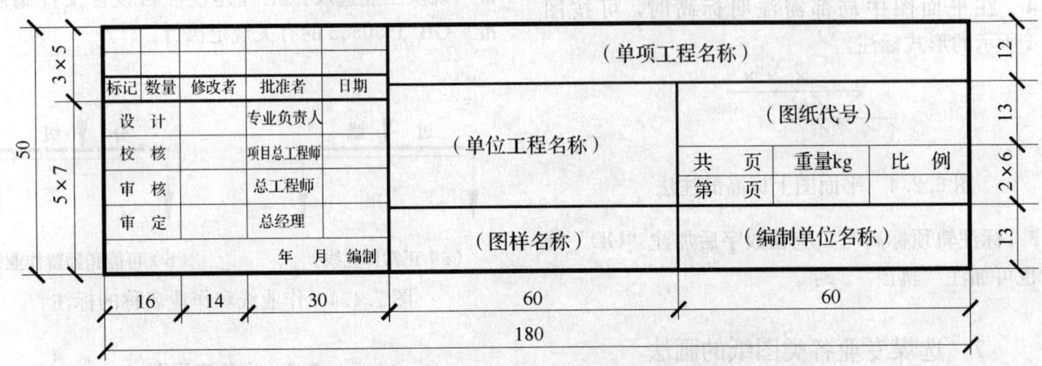

图A 标题栏各部分尺寸与格式（单位：mm）

附录B 流程图示例

B.0.1 原则流程图示例见图B.0.1（见书后插页）。

B.0.2 工艺流程图示例见图B.0.2（见书后插页）。

本标准用词说明

1 为便于在执行本标准条文时区别对待，对要求严格程度不同的用词说明如下：

1）表示很严格，非这样做不可的：
正面词采用"必须"，反面词采用"严禁"；

2）表示严格，在正常情况下均应这样做的：
正面词采用"应"，反面词采用"不应"或"不得"；

3）表示允许稍有选择，在条件许可时首先应这样做的：
正面词采用"宜"，反面词采用"不宜"；

4）表示有选择，在一定条件下可以这样做的，采用"可"。

2 条文中指明应按其他有关标准执行的写法为：

“应符合……的规定”或“应按……执行”。

引用标准名录

《房屋建筑制图统一标准》GB/T 50001

《总图制图标准》GB/T 50103

《煤炭工业选煤厂工程建设项目设计文件编制标准》GB/T 50553

《机械制图　尺寸注法》GB 4458.4

《机械工程 CAD 制图规则》GB/T 14665

《技术制图　图纸幅面和格式》GB/T 14689

《技术制图　字体》GB/T 14691

《选煤厂用图形符号》GB/T 16660

《技术制图　图线》GB/T 17450

《技术制图　图样画法　视图》GB/T 17451

《技术制图　图样画法　剖视图和断面图》GB/T 17452

《技术制图　图样画法　剖面区域的表示方法》GB/T 17453

《CAD 工程制图规则》GB/T 18229

中华人民共和国国家标准

选煤工艺制图标准

GB/T 50748—2011

条 文 说 明

制 定 说 明

《选煤工艺制图标准》GB/T 50748—2011，经住房和城乡建设部2011年12月5日以第1217号公告批准发布。

为便于使用本标准的有关人员在使用本标准时能正确理解和执行条文规定，《选煤工艺制图标准》编制组按照章、节、条顺序编制了本标准的条文说明，对条文规定的目的、依据以及执行中需要注意的有关事项进行了说明。但是，本条文说明不具备与标准正文同等的法律效力，仅供使用者作为理解和把握标准规定的参考。

目　次

1 总　则

1.0.1 本条阐述了制定本标准的目的。
1.0.2 本条明确了本标准的适用范围。
1.0.3 本条阐述煤炭洗选工程选煤专业制图除符合本标准外，还应符合国家现行有关标准的规定。

2 基本规定

2.1 图纸幅面、图框格式

2.1.3 图纸目录采用了有装订边的Y型4号图幅，本条对图纸目录的基本格式作了规定，但没有对图框内的具体尺寸进行规定，使用者可根据需要进行设置。

2.2 标题栏和会签栏

2.2.1 本条规定的图框格式引用了现行国家标准《技术制图　图纸幅面和格式》GB/T 14689的相关规定，所示X型图框格式，其标题栏长边平行图纸长边（图2.2.1-1）；所示Y型图框格式，其标题栏长边平行图纸短边（图2.2.1-2），适合于绘制工艺流程图。

2.3 图　线

2.3.1 常用基本线型表中只列入了实际应用中的常用线型，使用中如需要表中未列入的线型，可按照现行国家标准《技术制图　图线》GB/T 17450的有关规定绘制。
2.3.2 图线的基本宽度b引用了《技术制图　图线》GB/T 17450中的线宽系列。
2.3.3 表2.3.3中，选煤工艺制图最常用的为0.7、0.35、0.18mm线宽组，图样较简单的，也可选用1.0、0.5、0.25mm线宽组。1.4mm线宽多用于图框绘制，2.0mm线宽可用于铁路线的绘制。

4 图名及位置号

4.1 图　名

4.1.5 如图4.1.5中3—2剖面，即指该剖面为第3轴线至第2轴线之间的剖面，所视方向是从3轴线向2轴线方向看。

6 尺寸及标高注法

6.1 尺寸注法

6.1.1 本条规定图面尺寸单位应在图纸附注或说明中注明，如在图纸说明中注明："标高以米计，其余均以毫米计"。
6.1.2 尺寸线终端形式一般为箭头或斜杠。

7 选煤专业各类图纸的画法

7.1 流　程　图

7.1.3 第1款中常用的作业名称如下：

准备筛分、检查性手选、手选、破碎、检查筛分、脱泥、主选（可为跳汰选或重介选）、再选、浮选、搅拌、脱水、脱介、分级脱水、最终筛分、水利分级、浓缩、澄清、过滤、压滤、加压过滤、干燥等，有时为了进一步明确作业层次可以细划分如：跳汰主选、三产品重介选、分流、离心脱水、加压过滤等，但不得将设备名称直接写上。

7.2 设备流程图

7.2.2 本条第1款中附属件一般为溜槽、工作台、过桥等。第2款中与工艺相关的建（构）筑物一般为煤仓、水池等。
7.2.3 第7款中在设备流程图中用不同位置号符号（见本标准第4.2.3条）区分改造厂的新、旧设备；用虚线表示的图形符号表示预留设备。

7.4 车间布置图

7.4.3 车间布置图通常不画出剖切线，而是以建筑物轴线作为剖切线。如"6—5剖面"表示剖视方向是从6轴线向5轴线方向看，"A—B剖面"表示从A轴线向B轴线方向看。
7.4.6 在车间布置图中，用不同位置号符号（见本标准第4.2.3条）区分改造厂的新、旧设备；用双点划线表示车间内预留设备（见本标准"表2.3.1　常用基本线型"中序号5）。

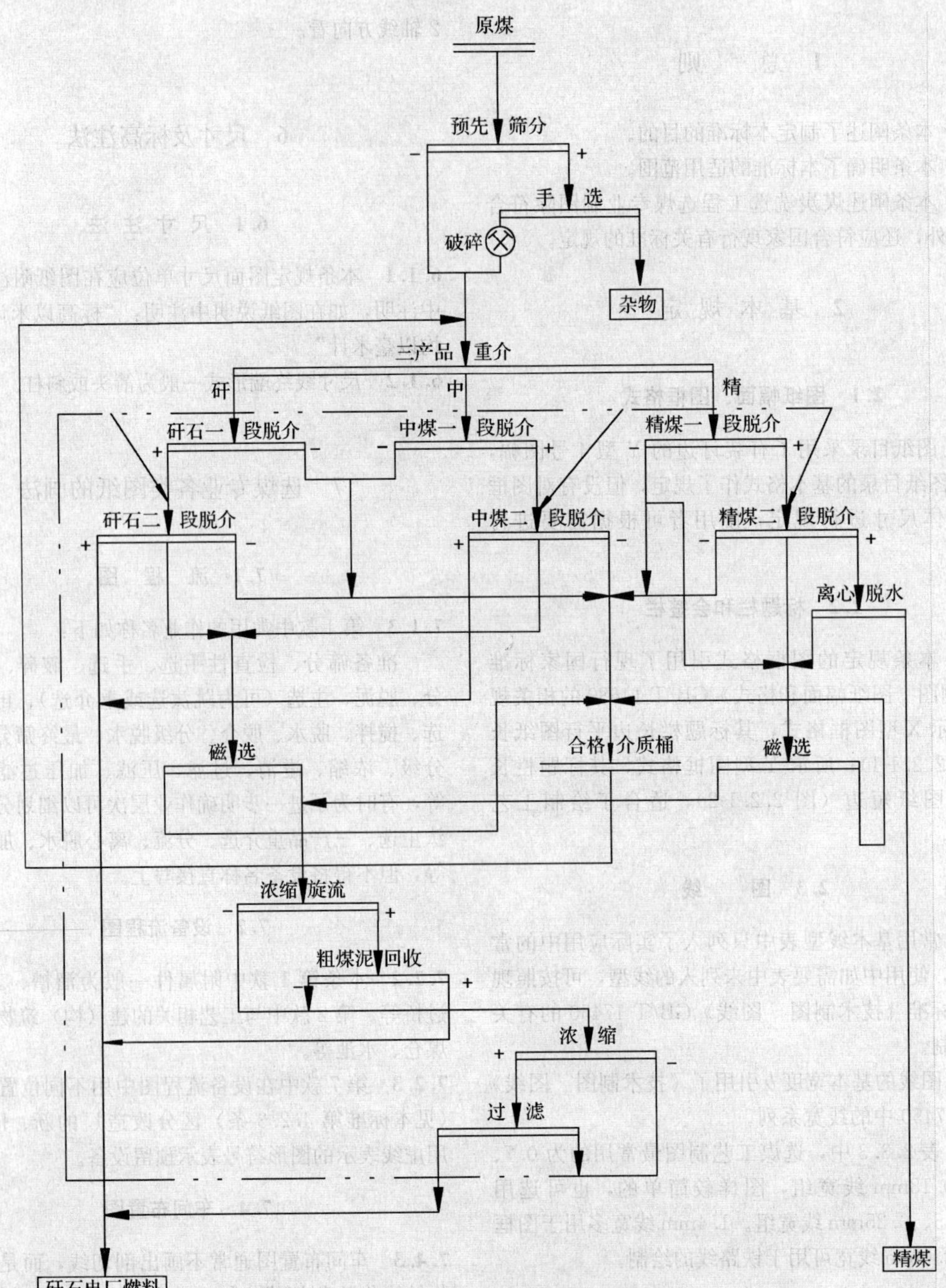

图 B.0.1 原则流程图示例

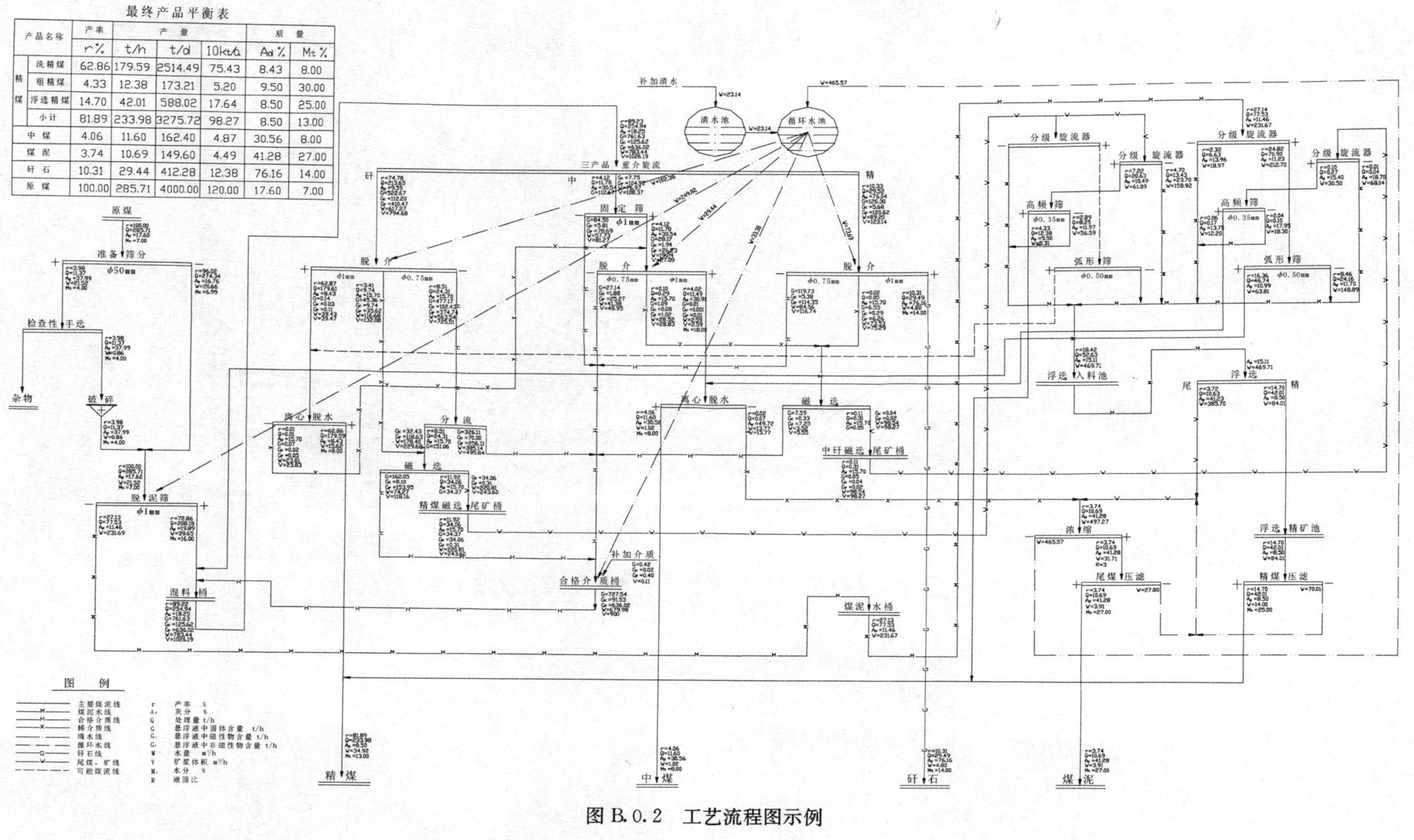

最终产品平衡表

产品名称		产率	产量			质量	
		r%	t/h	t/d	10kt/a	Ad%	Mt%
精煤	洗精煤	62.86	179.59	2514.49	75.43	8.43	8.00
	粗精煤	4.33	12.38	173.21	5.20	9.50	30.00
	浮选精煤	14.70	42.01	588.02	17.64	8.50	25.00
	小计	81.89	233.98	3275.72	98.27	8.50	13.00
中煤		4.06	11.60	162.40	4.87	30.56	8.00
煤泥		3.74	10.69	149.60	4.49	41.28	27.00
矸石		10.31	29.44	412.28	12.38	76.16	14.00
原煤		100.00	285.71	4000.00	120.00	17.60	7.00

图 B.0.2 工艺流程图示例